Sie nutzen das gesammelte Know-how im **Vieweg Handbuch Maschinenbau**

Nutzen **Sie** auch das umfassende Know-how von **Gühring für Zerspanungswerkzeuge**

Alfred Böge (Hrsg.)

Vieweg Handbuch Maschinenbau

Beiträge und Mitarbeiter

A	**Mathematik**	Dr. Friedrich Kemnitz, Prof. Dr. Arnfried Kemnitz
B	**Naturwissenschaftliche Grundlagen**	Gert Böge, Prof. Dr. rer. nat. Peter Kurzweil
C	**Mechanik**	Alfred Böge, Gert Böge, Prof. Dr.-Ing. Dominik Surek
D	**Festigkeitslehre**	Alfred Böge, Gert Böge
E	**Werkstofftechnik**	Wolfgang Weißbach
F	**Thermodynamik**	Heinz Wittig
G	**Elektrotechnik**	Gert Böge
H	**Mechatronik**	Prof. Dr.-Ing. Werner Roddeck
I	**Maschinenelemente**	Alfred Böge, Wolfgang Böge, Prof. Dr.-Ing. Ulrich Borutzki, Prof. Dr.-Ing. Frank Weidermann, Prof. Dr.-Ing. Petra Wieland
K	**Fördertechnik**	Dr.-Ing. Johannes Sebulke
L	**Kraft- und Arbeitsmaschinen**	Wolfgang Böge, Manfred Ristau
M	**Spanlose Fertigung**	Wolfgang Böge, Prof. Dr.-Ing. Ulrich Borutzki
N	**Zerspantechnik**	Alfred Böge
O	**Werkzeugmaschinen**	Prof. Dr.-Ing. Werner Bahmann
P	**Programmierung von Werkzeugmaschinen**	Rainer Ahrberg, Jürgen Voss
Q	**Steuerungstechnik**	Werner Thrun
R	**Regelungstechnik**	Berthold Heinrich
S	**Betriebswirtschaft**	Klaus-Dieter Arndt, Prof. Jürgen Bauer
T	**Produktionslogistik**	Prof. Jürgen Bauer

Alfred Böge (Hrsg.)

Vieweg Handbuch Maschinenbau

Grundlagen und Anwendungen der Maschinenbau-Technik

Mit 2022 Bildern, 441 Tabellen
und mehr als 5000 Stichwörtern

18., überarbeitete und erweiterte Auflage

Bibliografische Information der Deutschen Nationalbibliothek
Die Deutsche Nationalbibliothek verzeichnet diese Publikation in der
Deutschen Nationalbibliographie; detaillierte bibliografische Daten sind im Internet über
<http://dnb.d-nb.de> abrufbar.

1. Auflage 1964
    Nachdruck 1968
2., überarbeitete und erweiterte Auflage 1969
    Nachdruck 1971, 1975
3., völlig neu überarbeitete Auflage 1977
4., überarbeitete Auflage 1979
5., überarbeitete Auflage 1981
6., durchgesehene Auflage 1982
7., überarbeitete Auflage 1983
8., überarbeitete und erweiterte Auflage 1985
9., überarbeitete Auflage 1986
10., überarbeitete und erweiterte Auflage 1987
11., überarbeitete und erweiterte Auflage 1989
12., überarbeitete und erweiterte Auflage 1990
13., überarbeitete Auflage 1992
14., überarbeitete und erweiterte Auflage 1995
15., überarbeitete und erweiterte Auflage 1999
16., überarbeitete Auflage November 2000
17., vollständig neu bearbeitete Auflage September 2004
18., überarbeitete und erweiterte Auflage Januar 2007

Bis zur 16. Auflage erschien das Buch unter dem Titel *Das Techniker Handbuch* ebenfalls unter der
Herausgeberschaft von Alfred Böge.

Umschlaggestaltung unter Verwendung eines Fotos der
Firma Demag Cranes & Components GmbH, Wetter.

Umschlaggestaltung: Ulrike Weigel, www.CorporateDesignGroup.de
Technische Redaktion und Satz: Hartmut Kühn von Burgsdorff, Wiesbaden
Satz: Zerosoft, Temeswar
Bilder: Graphik & Text Studio, Dr. Wolfgang Zettlmeier, Barbing
Druck und buchbinderische Verarbeitung: Těšínská tiskárna, a.s.; Tschechische Republik
Gedruckt auf säurefreiem und chlorfrei gebleichtem Papier

ISBN 978-3-8348-0110-4

Vorwort zur 18. Auflage

Das „Vieweg Handbuch Maschinenbau" ist seit der 17ten Auflage die völlige Neubearbeitung des Techniker Handbuchs, das sich mit über 100.000 verkauften Exemplaren in der Techniker- und Ingenieurausbildung einen festen Platz erworben hat. Neue Autoren aus dem Fachhochschulbereich und verantwortlicher Industriearbeit haben ihren Erkenntnisstand und ihre fachwissenschaftlichen Erfahrungen engagiert in die Entwicklung des neuen Handbuchs eingebracht.

Das Handbuch Maschinenbau erfasst in der bewährten praxisnahen und verständlichen Darstellung neben dem aktualisierten Stoff neue, unerlässliche Stoffgebiete wie Mechatronik und Produktionslogistik mit SAP.

Der Abschnitt A Mathematik wurde inhaltlich vollständig neu gestaltet, ebenso der Abschnitt B Naturwissenschaftliche Grundlagen, der jetzt einen Abschnitt zur Chemie enthält.

Im Abschnitt C Mechanik wurde die Hydrodynamik überarbeitet und um die Gasdynamik erweitert.

Der Abschnitt I Maschinenelemente enthält jetzt eine Einführung in die Konstruktionsmethodik.

Im Abschnitt L Kraft- und Arbeitsmaschinen wurden bei den Verbrennungsmotoren die Einspritzsysteme für Ottomotore und die elektronisch gesteuerte Dieseleinspritzung aktualisiert, ebenso Maßnahmen zur Leistungssteigerung und zur Verringerung von Abgasemissionen.

Im Abschnitt O Werkzeugmaschinen werden nun auch Zahnbearbeitungsmaschinen, Maschinen zur Feinstbearbeitung und Umformmaschinen behandelt.

Im Abschnitt Q Steuerungstechnik wurden Beispiele für bibliotheksfähige Programmbausteine aufgenommen, die in Anwenderprogrammen aufgerufen und parametriert werden können. Zur Projektierung der dezentralen Peripherie einer SPS wurden Beispiele ergänzt. Die neuen Sprachen Strukturierter Text und Ablaufsprache (Graph) nach IEC 61131 wurden angemessen berücksichtigt.

Der Abschnitt R Regelungstechnik enthält neu die Fuzzy-Regelung.

Der Abschnitt S Betriebswirtschaft wurde vollständig überarbeitet und enthält jetzt die Kapitel Betriebswirtschaftliche Grundlagen, Arbeitswissenschaft und Qualitätsmanagement.

Der überarbeitete Abschnitt P Produktionslogistik enthält nun Produktkalkulation, Wirtschaftlichkeitsrechnung, Materialfluss im Fertigungsprozess, Lagercontrolling und Auftragskontrolle.

Im Handbuch Maschinenbau führen anwendungsorientierte Problemstellungen in das Stoffgebiet ein, Berechnungs- und Dimensionierungsgleichungen werden mit vielen Abbildungen verständlich hergeleitet und die Anwendung an Beispielen gezeigt.

Das Werk ist als Arbeitsbuch für das Studium an Fach- und Fachhochschulen und als Nachschlagewerk für die Praxis unverzichtbar. Es unterstützt auch Bachelor-Studiengänge für die Fachbereiche des Maschinenbaus.

Autoren, Herausgeber und Verlag nehmen jede Anregung zur Verbesserung des Handbuchs dankbar an. Email-Adresse des Herausgebers: aboege@t-online.de.

Braunschweig, Dezember 2006   *Alfred Böge*

Inhaltsverzeichnis

B Naturwissenschaftliche Grundlagen

C Mechanik

D Festigkeitslehre

E   Werkstofftechnik

F Thermodynamik

G Elektrotechnik

H Mechatronik

I Maschinenelemente

K Fördertechnik

L   Kraft- und Arbeitsmaschinen

M   Spanlose Fertigung

N   Zerspantechnik

O Werkzeugmaschinen

P Programmierung von Werkzeugmaschinen

Q Steuerungstechnik

R Regelungstechnik

S Betriebswirtschaft

T Produktionslogistik

Sachwortverzeichnis

A Mathematik

Friedrich Kemnitz
Arnfried Kemnitz

---

1 Grundlagen

1.1 Mengen

Die in der Mathematik betrachteten Gegenstände werden oftmals durch Symbole, meistens Buchstaben, bezeichnet. Dabei kennzeichnen manche Symbole feste Dinge, zum Beispiel π das Verhältnis zwischen Umfang und Durchmesser eines beliebigen Kreises. Andere Symbole sind Veränderliche (auch Variable oder Platzhalter genannt), das heißt, sie können jeden Gegenstand einer Klasse von Gegenständen bezeichnen.

In der Mathematik wird jede Zusammenfassung von bestimmten wohlunterscheidbaren Objekten zu einer Gesamtheit eine Menge genannt. Eine Menge ist definiert, wenn feststeht, welche Objekte zu dieser Menge gehören und welche nicht. Die zur Menge gehörenden Objekte heißen ihre Elemente. Mengen werden meistens mit großen lateinischen Buchstaben bezeichnet und die Elemente mit kleinen Buchstaben. Es gibt zwei Möglichkeiten, Mengen zu definieren:

- Durch Aufzählen ihrer Elemente, die in beliebiger Reihenfolge zwischen geschweiften Klammern (Mengenklammern) gesetzt sind und durch Kommata getrennt werden
  (Schreibweise: {Element 1, Element 2, ...}).
- Durch Angabe einer die Elemente charakterisierenden Eigenschaft
  (Schreibweise: $\{x|x$ erfüllt Eigenschaft$\}$).

Eine Menge von Punkten heißt Punktmenge.

- **Beispiele:**
  1. $A = \{1,2,3\}$ (die Menge A besteht aus den Elementen 1, 2 und 3)
  2. $B = \{x|x^2 - 1 = 0\}$ (die Menge B besteht aus den Elementen x, für die $x^2 - 1 = 0$ gilt)
  3. $B = \{1, -1\}$ (da $x^2 - 1 = 0$ die Lösungen $x = 1$ und $x = -1$ besitzt, kann man die Menge B auch in dieser Form schreiben)
  4. $C = \{-1,0,1,2,3,4,5\}$ (die Menge C besteht aus den Elementen $-1,0,1,2,3,4,5$)

Gehört ein Objekt a einer Menge M an, so schreibt man $a \in M$ (gelesen: a ist Element von M). Gehört a nicht zu M, so schreibt man $a \notin M$.

Wenn jedes Element einer Menge M auch Element einer Menge N ist, so nennt man M Teilmenge von N und schreibt $M \subseteq N$. Nach dieser Definition ist offenbar jede Menge Teilmenge von sich selbst.

Die leere Menge $\varnothing = \{\}$ enthält kein Element.

- **Beispiele:**
  $2 \in A; 2 \in C; 4 \in C; 4 \notin A; A \subseteq C; \varnothing = \{x|x \neq x\}$

Die Vereinigung $A \cup B$ zweier Mengen A und B besteht aus denjenigen Elementen, die in A oder in B, also in mindestens einer der beiden Mengen A, B enthalten sind:

$$A \cup B = \{x|x \in A \text{ oder } x \in B\}$$

Der Durchschnitt $A \cap B$ zweier Mengen A und B besteht aus denjenigen Elementen, die sowohl in A als auch in B, also gleichzeitig in beiden Mengen A, B enthalten sind:

$$A \cap B = \{x|x \in A \text{ und } x \in B\}$$

- **Beispiel:**
  $A = \{1,2,3\}, B = \{1,-1\}; \quad A \cup B = \{-1,1,2,3\}, A \cap B = \{1\}$

Eine Menge heißt endlich, wenn sie nur endlich viele Elemente besitzt. Die Anzahl der Elemente einer endlichen Menge M heißt Mächtigkeit der Menge, bezeichnet mit $|M|$.

- **Beispiele:**
  1. $M = \{2,4,6,8,10\} \quad \Rightarrow \quad |M| = 5$
  2. $M = \{1,2,3,...,99,100\} \quad \Rightarrow \quad |M| = 100$

1.2 Aussageformen und logische Zeichen

1.2.1 Aussageformen

Eine Aussageform ist ein mathematischer Ausdruck, in dem Variable vorkommen.

Aussageformen erhalten einen Wahrheitswert, wenn allen in ihnen vorkommenden Variablen ein Wert zugeordnet wird.

- **Beispiele:**
  1. Die Aussageform „$x - 3 = 5$" wird zu einer wahren Aussage, wenn man für x die Zahl 8 einsetzt ($x = 8$ ist die Lösung der Gleichung).
  2. Die Aussageform „$x^2 = 1$" wird zu einer wahren Aussage, wenn man für x die Zahl 1 oder -1 einsetzt ($x_{1,2} = \pm 1$ sind die Lösungen der quadratischen Gleichung).
  3. Die Aussageform „$x + 1 = 3$" wird zu einer falschen Aussage, wenn man für x die Zahl 1 einsetzt (denn die Lösung der Gleichung ist $x = 2$).

1.2.2 Logische Zeichen

In der Mathematik ist es häufig sinnvoll, kompliziertere Aussagen mit Hilfe logischer Zeichen zu formalisieren.

Sind A und B Aussagen, dann bedeutet

$A \wedge B$,	dass A und B gelten,
$A \vee B$,	dass A oder B gilt,
$\neg A$ (nicht A),	dass das Gegenteil von A gilt,
$A \Rightarrow B$,	dass B aus A folgt,
$A \Leftrightarrow B$,	dass sowohl $A \Rightarrow B$ als auch $B \Rightarrow A$ gelten.

Die logischen Zeichen bezeichnet man auch als Junktoren. Das Symbol $\vee$ ist das nicht ausschließende Oder (also nicht entweder ... oder).
Eine Aussage $A \Rightarrow B$ heißt eine Implikation, man sagt: A impliziert B. Man nennt A die Prämisse, B die Konklusion. Die Prämisse enthält die Voraussetzungen, unter denen die Aussage B gilt.
Gilt $A \Leftrightarrow B$, so sagt man, die beiden Aussagen A und B sind äquivalent oder gleichwertig.

■ **Beispiele:**
1. Für eine natürliche Zahl n ist die Implikation „6 teilt $n \Rightarrow 2$ teilt n" wahr. Die umgekehrte Implikation gilt nicht.
2. „6 teilt n" und „2 teilt n und 3 teilt n" sind zwei äquivalente Aussagen.

1.3 Indizes, Summenzeichen, Produktzeichen

Ein Index (Plural Indizes) ist ein Zeichen, das an Symbole für Variable, Funktionen oder Operationen angebracht wird.
Bezeichnet man zum Beispiel eine Variable mit x, dann kennzeichnet man verschiedene Variable dadurch, dass man an das x verschiedene tiefgestellte Indizes anhängt: x_1, x_2, x_3, ... Ein Index ist meistens eine Zahl.
Das Summenzeichen Σ (entstanden aus dem griechischen Buchstaben für S) dient zur vereinfachten Darstellung von Summen (gesprochen: Summe über a_k von $k = 1$ bis $k = n$).

$$\sum_{k=1}^{n} a_k = a_1 + a_2 + a_3 + ... + a_n$$

Man erhält alle Summanden der Summe, wenn man in a_k für den Index k zunächst 1, dann 2 usw. und schließlich n setzt. Dieser Buchstabe k heißt Summationsindex und kann durch einen beliebigen anderen Buchstaben ersetzt werden. Es gilt also zum Beispiel

$$\sum_{k=1}^{n} a_k = \sum_{i=1}^{n} a_i = \sum_{j=1}^{n} a_j .$$

■ **Beispiele:**
1. $\displaystyle\sum_{k=1}^{6} k^2 = 1^2 + 2^2 + 3^2 + 4^2 + 5^2 + 6^2$

2. $\displaystyle\sum_{i=1}^{3} \log(2i) = \log 2 + \log 4 + \log 6$

Das Produktzeichen Π dient zur vereinfachten Darstellung von Produkten (gesprochen: Produkt über a_k von $k = 1$ bis $k = n$).

$$\prod_{k=1}^{n} a_k = a_1 \cdot a_2 \cdot a_3 \cdot ... \cdot a_n$$

Man erhält alle Faktoren des Produkts, wenn man in a_k für den Index k zunächst 1, dann 2 usw. und schließlich n setzt. Der Index k kann durch einen beliebigen anderen Buchstaben ersetzt werden.

Zum Beispiel gilt $\displaystyle\prod_{k=1}^{n} a_k = \prod_{i=1}^{n} a_i = \prod_{j=1}^{n} a_j$.

■ **Beispiele:**
3. $\displaystyle\prod_{k=1}^{7} k^2 = 1^2 \cdot 2^2 \cdot 3^2 \cdot 4^2 \cdot 5^2 \cdot 6^2 \cdot 7^2$

4. $\displaystyle\prod_{i=2}^{4} 3^i = 3^2 \cdot 3^3 \cdot 3^4 = 3^{2+3+4} = 3^9$

1.4 Einteilung der Zahlen

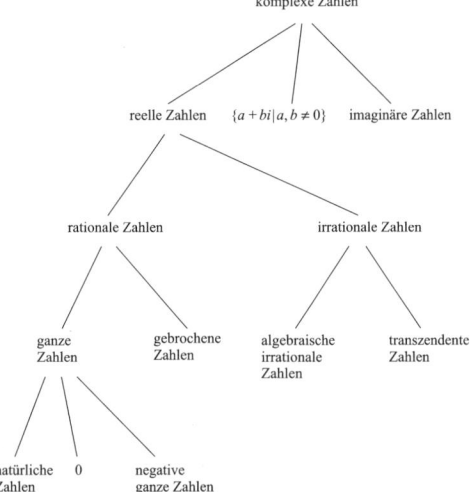

Einige der Zahlenbereiche werden häufig in Mengenschreibweise dargestellt:

$$\mathbb{N} = \{1,2,3...\}:$$

Menge der natürlichen Zahlen

$$\mathbb{Z} = \{...,-3,-2,-1,0,1,2,3,...\}:$$

Menge der ganzen Zahlen

$$\mathbb{Q} = \{ \tfrac{m}{n} \,|\, m, n \in \mathbb{Z}, n \neq 0\}:$$

Menge der rationalen Zahlen

$$\mathbb{R}:$$

Menge der reellen Zahlen

$$\mathbb{C} = \{z = a + bi \,|\, a,b \in \mathbb{R}, i = \sqrt{-1}\ \}:$$

Menge der komplexen Zahlen

Die natürlichen Zahlen sind die positiven ganzen Zahlen.
Eine Teilmenge der natürlichen Zahlen sind die Primzahlen. Eine Primzahl ist eine natürliche Zahl größer als 1, die nur durch 1 und durch sich selbst ohne Rest teilbar ist.
Die Primzahlen sind die Zahlen 2,3,5,7,11,13,17,19, 23,29,..., die Zahl 1 ist keine Primzahl. Es gibt unendlich viele Primzahlen, das heißt, es gibt keine größte Primzahl, zu jeder Primzahl gibt es noch größere. 2 ist die einzige gerade Primzahl. Alle Primzahlen zusammen bilden die Menge $\mathbb{P}$ der Primzahlen, die eine Teilmenge der Menge $\mathbb{N}$ der natürlichen Zahlen ist.

Jede natürliche Zahl $n \geq 2$ lässt sich in ein Produkt von Primzahlen zerlegen, die Zerlegung ist eindeutig bis auf die Reihenfolge der Faktoren (so genannte Primfaktorzerlegung).

■ **Beispiele zur Primfaktorzerlegung:**
$100 = 2 \cdot 2 \cdot 5 \cdot 5 = 2^2 \cdot 5^2; \quad 546 = 2 \cdot 3 \cdot 7 \cdot 13$

Die ganzen Zahlen setzen sich zusammen aus den natürlichen Zahlen, der Null und den negativen ganzen Zahlen.

■ **Beispiele für ganze Zahlen:**
$38; -700632; 0; 105$

Die rationalen Zahlen sind alle ganzen und gebrochenen Zahlen. Rationale Zahlen lassen sich als Brüche aus ganzen Zahlen darstellen. Jede rationale Zahl kann als endlicher oder unendlicher periodischer Dezimalbruch dargestellt werden.

■ **Beispiele für rationale Zahlen:**

$-2; \quad \dfrac{3}{2} = 1,5; \quad \dfrac{4}{3} = 1,333... = 1,\overline{3}; \quad -\dfrac{1}{8} = -0,125;$

$-\dfrac{16}{11} = -1,454545... = -1,\overline{45}$ (der periodische Teil wird überstrichen)

Die reellen Zahlen sind alle Zahlen, die auf der reellen Achse der Zahlenebene (Gaußsche Zahlenebene, vgl. Abschnitt 1.5.1), der so genannten Zahlengeraden, darstellbar sind.

■ **Beispiele für reelle Zahlen:**

$-4; \quad \dfrac{3}{4}; \quad 4 - \pi; \quad e^3; \quad \sqrt{3}; \quad \sin 5°$

Die reellen Zahlen setzen sich zusammen aus den rationalen Zahlen und den irrationalen Zahlen. Der Dezimalbruch einer irrationalen Zahl hat unendlich viele Stellen und keine Periode.

■ **Beispiele für irrationale Zahlen:**

$\sqrt{3} = 1,732\ 050\ 808...; \quad \sqrt[3]{4} = 1,587\ 401\ 052...;$

$5 - 2\sqrt{3} = 1,535\ 898\ 385...;$

$-\pi = 3,141\ 592\ 654...; \quad e = 2,718\ 281\ 828...$

Man unterteilt die irrationalen Zahlen in algebraische irrationale Zahlen und transzendente Zahlen.
Eine algebraische irrationale Zahl ist eine irrationale Zahl, die Lösung (Wurzel) einer algebraischen Gleichung (Bestimmungsgleichung) $x^n + a_{n-1}x^{n-1} + a_{n-2}x^{n-2} + ... + a_1 x + a_0 = 0$ mit rationalen Zahlen als Koeffizienten $a_{n-1}, a_{n-2}, ..., a_1, a_0$ ist, wobei n für eine natürliche Zahl steht. Irrationale Zahlen, die nicht algebraisch irrational sind, heißen transzendent.

■ **Beispiele für algebraische irrationale Zahlen:**

$\sqrt{3}$ (denn $\sqrt{3}$ ist Lösung der Gleichung $x^2 - 3 = 0$);

$\sqrt[3]{4}$ (denn $\sqrt[3]{4}$ ist Lösung der Gleichung $x^3 - 4 = 0$);

$5 - 2\sqrt{3}$ (denn $5 - 2\sqrt{3}$ ist Lösung der Gleichung $x^2 - 10x + 13 = 0$)

■ **Beispiele für transzendente Zahlen:**
$-\pi; e$

Es gibt keine reelle Zahl, die Lösung der Gleichung $x^2 + 1 = 0$ ist. Deshalb werden die reellen Zahlen zu den komplexen Zahlen erweitert.

Komplexe Zahlen sind Zahlen der Form $z = a + bi$, wobei a und b reelle Zahlen sind und i die imaginäre Einheit, $i^2 = -1$ (i ist eine Lösung der algebraischen Gleichung $x^2 + 1 = 0$).
Eine komplexe Zahl z besteht also aus einem reellen Teil a (Realteil) und einem imaginären Teil b (Imaginärteil). Komplexe Zahlen z mit Realteil gleich 0 (also $a = 0$) heißen imaginäre Zahlen, die komplexen Zahlen z mit Imaginärteil gleich 0 (also $b = 0$) sind die reellen Zahlen.
Komplexe Zahlen lassen sich in der Zahlenebene darstellen.

■ **Beispiele für komplexe Zahlen:**
$3 + \sqrt{2}i; \quad -1 + 5i; \quad e + \pi^2 i; \quad -4i$ (imaginäre Zahl); $3\sqrt{2}$ (reelle Zahl)

Ein hochgestelltes Plus bedeutet die Menge der entsprechenden positiven Zahlen:

$$\mathbb{Z}^+ = \mathbb{N} = \{1,2,3,...\} = \{x \mid x \in \mathbb{Z}, x > 0\}:$$

Menge der positiven ganzen Zahlen

$$\mathbb{Q}^+ = \{\tfrac{m}{n} \mid m,n \in \mathbb{N}\} = \{x \mid x \in \mathbb{Q}, x > 0\}:$$

Menge der positiven rationalen Zahlen

$$\mathbb{R}^+ = \{x \mid x \in \mathbb{R}, x > 0\}:$$

Menge der positiven reellen Zahlen

1.5 Komplexe Zahlen

1.5.1 Algebraische Form

Im Bereich der reellen Zahlen besitzt die Gleichung $x^2 + 1 = 0$ keine Lösung. Ebenso stellen $\sqrt{-3}$ oder $\sqrt[4]{-6}$ keine reellen Zahlen dar.

Falls eine quadratische Gleichung keine reelle Lösung besitzt, ist es trotzdem möglich, Lösungen anzugeben und zwar komplexe Zahlen als Lösungen. Zur Darstellung dieser komplexen Zahlen wird eine Erweiterung des Bereichs der reellen Zahlen vorgenommen.

Ausgangspunkt ist die imaginäre Einheit i, deren Quadrat gleich -1 ist: $i^2 = -1$.

Imaginäre Einheit i $\qquad$ $\boxed{i^2 = -1}$

Für die imaginäre Einheit gilt

$$\boxed{\begin{array}{l} i^2 = -1, \quad i^3 = -i, \quad i^4 = 1 \\ i^{4n-3} = i, \quad i^{4n-2} = -1, \quad i^{4n-1} = -i, \quad i^{4n} = 1 \\ (n \in \mathbb{N}) \end{array}}$$

Die Zahlen i und $-i$ sind Lösungen der quadratischen Gleichung $x^2 + 1 = 0$.

Mit dieser imaginären Einheit i und zwei reellen Zahlen a und b stellt $z = a + bi$ eine komplexe Zahl dar.

$$z = a + bi, \quad a, b \in \mathbb{R}, \quad i^2 = -1$$

Eine komplexe Zahl z besteht also aus einem reellen Teil a (Realteil) und einem imaginären Teil b (Imaginärteil).

Wenn a und b alle möglichen reellen Werte durchlaufen, dann werden alle möglichen komplexen Zahlen z erzeugt. Alle komplexen Zahlen bilden zusammen die Menge $\mathbb{C}$ der komplexen Zahlen.

$$\mathbb{C} = \{z = a + bi \mid a, b \in \mathbb{R}\}$$

Komplexe Zahlen z mit Realteil gleich 0 (also $a = 0$) heißen imaginäre Zahlen, die komplexen Zahlen z mit Imaginärteil gleich 0 (also $b = 0$) sind die reellen Zahlen. Die komplexen Zahlen umfassen also die imaginären Zahlen und die reellen Zahlen.

$z = a + bi$	komplexe Zahlen
$z = bi \, (a = 0)$	imaginäre Zahlen
$z = a \, (b = 0)$	reelle Zahlen

Komplexe Zahlen $z = a + bi$ und $\bar{z} = a - bi$, also mit gleichem Realteil und entgegengesetzt gleichem Imaginärteil, heißen konjugiert komplex.

Komplexe Zahlen sind nicht mehr auf einer Zahlengeraden, sondern nur noch in einer Zahlenebene, der so genannten Gaußschen Zahlenebene, darstellbar (Name nach dem deutschen Mathematiker Carl Friedrich Gauß, 1777 – 1855).

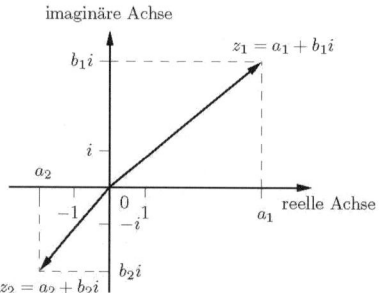

Bild 1. Darstellung komplexer Zahlen in der Gaußschen Zahlenebene

Dabei wird in einem kartesischen Koordinatensystem der Ebene (siehe Abschnitt 4.1.1) der Realteil a von z auf der Abszissenachse und der Imaginärteil b von z auf der Ordinatenachse abgetragen. Jeder komplexen Zahl entspricht ein Punkt der Ebene und umgekehrt. Die Zuordnung von Zahl und Punkt ist eineindeutig. Die reellen Zahlen liegen auf der Abszissenachse, die imaginären Zahlen liegen auf der Ordinatenachse. Deshalb nennt man die Abszissenachse auch reelle Achse und die Ordinatenachse imaginäre Achse.

Die Darstellung einer komplexen Zahl in der Form $z = a + bi$, bei der kartesische Koordinaten verwendet werden, heißt algebraische Form. Daneben gibt es für die Darstellung der komplexen Zahlen die trigonometrische Form und die Exponentialform.

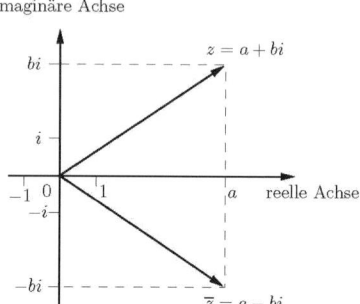

Bild 2. Konjugiert komplexe Zahlen z und $\bar{z}$ in algebraischer Form

1.5.2 Trigonometrische Form

Neben der Darstellung der komplexen Zahlen in algebraischer Form gibt es die Darstellung in trigonometrischer Form (vgl. Abschnitt 3): $z = r(\cos\varphi + i\sin\varphi)$.

Dabei heißt r Modul oder Absolutbetrag (also $r = |z|$) und φ Argument der komplexen Zahl z. Der (orientierte) Winkel φ wird im Bogenmaß gemessen und ist nur bis auf Vielfache von 2π bestimmt. Deshalb wählt man meist für φ das halboffene Intervall $[0, 2\pi)$, also $0 \leq \varphi < 2\pi$.

$$z = r(\cos\varphi + i\sin\varphi), \, r \in \mathbb{R}, \, r \geq 0, \, 0 \leq \varphi < 2\pi$$

Für $\varphi = 0$ ergeben sich die positiven reellen Zahlen, für $\varphi = \pi$ die negativen reellen Zahlen, für

$\varphi = \dfrac{\pi}{2}$ die positiven imaginären Zahlen und für

$\varphi = \dfrac{3}{2}\pi$ die negativen imaginären Zahlen.

Statt trigonometrischer Form sagt man mitunter auch goniometrische Form der komplexen Zahlen.

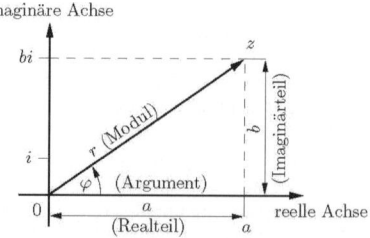

Bild 3. Algebraische und trigonometrische Form einer komplexen Zahl z

Für die Darstellung der komplexen Zahlen in der Ebene werden für die trigonometrische Form Polarkoordinaten (siehe Abschnitt 4.1.2) verwendet, wohingegen für die algebraische Form kartesische Koordinaten (siehe Abschnitt 4.1.1) benutzt werden. Für den Zusammenhang zwischen algebraischer und trigonometrischer Form gilt

$$r = \sqrt{a^2 + b^2} \; , \; \tan\varphi = \frac{b}{a}$$
$$a = r\cos\varphi, \, b = r\sin\varphi$$

Derselbe Zusammenhang gilt für die kartesischen Koordinaten und die Polarkoordinaten eines Punktes in der Ebene.

Multiplizieren, Dividieren, Potenzieren und Radizieren komplexer Zahlen lassen sich in der trigonometrischen Form einfacher durchführen.

1.5.3 Addieren und Subtrahieren komplexer Zahlen

Komplexe Zahlen $z_1 = a_1 + b_1 i$ und $z_2 = a_2 + b_2 i$ werden addiert, indem man die Realteile addiert und die Imaginärteile addiert.

$$z_1 + z_2 = (a_1 + b_1 i) + (a_2 + b_2 i)$$
$$= (a_1 + a_2) + (b_1 + b_2)i$$

Komplexe Zahlen $z_1 = a_1 + b_1 i$ und $z_2 = a_2 + b_2 i$ werden voneinander subtrahiert, indem man die Realteile subtrahiert und die Imaginärteile subtrahiert.

$$z_1 - z_2 = (a_1 + b_1 i) - (a_2 + b_2 i)$$
$$= (a_1 - a_2) + (b_1 - b_2)i$$

imaginäre Achse

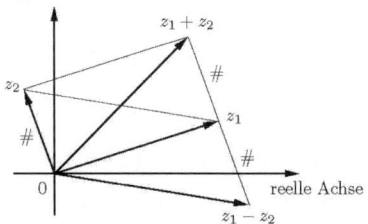

Bild 4. Addition und Subtraktion komplexer Zahlen z_1 und z_2 (die mit # gekennzeichneten Strecken sind parallel und gleich lang)

Die Summe konjugiert komplexer Zahlen $z = a + bi$ und $\bar{z} = a - bi$ ist reell, die Differenz konjugiert komplexer Zahlen ist imaginär.

$$z + \bar{z} = (a + bi) + (a - bi) = 2a$$
$$z - \bar{z} = (a + bi) - (a - bi) = 2bi$$

■ **Beispiele:**
1. $z_1 + z_2 = (2,66 + 0,89i) + (-0,81 + 1,49i) = 1,85 + 2,38i$
2. $z_1 - z_2 = (2,66 + 0,89i) - (-0,81 + 1,49i) = 3,47 - 0,60i$
3. $z + \bar{z} = (2,4 + 0,9i) + (2,4 - 0,9i) = 4,8$
4. $z - \bar{z} = (2,4 + 0,9i) - (2,4 - 0,9i) = 1,8i$

1.5.4 Multiplizieren komplexer Zahlen

Komplexe Zahlen $z_1 = a_1 + b_1 i$ und $z_2 = a_2 + b_2 i$ in algebraischer Form werden wie algebraische Summen multipliziert (denn $z_1 \cdot z_2 = (a_1 + b_1 i)(a_2 + b_2 i) = a_1 a_2 + a_1 b_2 i + b_1 a_2 i + b_1 b_2 i^2 = (a_1 a_2 - b_1 b_2) + (a_1 b_2 + a_2 b_1)i$ wegen $i^2 = -1$).

$$z_1 \cdot z_2 = (a_1 + b_1 i)(a_2 + b_2 i)$$
$$= (a_1 a_2 - b_1 b_2) + (a_1 b_2 - a_2 b_1)i$$

Das Produkt konjugiert komplexer Zahlen ist reell.

$$z \cdot \bar{z} = (a + bi)(a - bi) = a^2 + b^2$$

■ **Beispiele:**
1. $z_1 \cdot z_2 = (3 + 4i)(5 - 2i) = (3 \cdot 5 - 4 \cdot (-2)) + (3(-2) + 5 \cdot 4)i = 23 + 14i$
2. $z \cdot \bar{z} = (2,4 + 0,9i)(2,4 - 0,9i) = (2,4)^2 + (0,9)^2 = 5,76 + 0,81$
   $= 6,57$

Komplexe Zahlen $z_1 = r_1(\cos\varphi_1 + i\sin\varphi_1)$ und $z_2 = r_2(\cos\varphi_2 + i\sin\varphi_2)$ in trigonometrischer Form werden multipliziert, indem man die Moduln (r_1 und r_2) multipliziert und die Argumente (φ_1 und φ_2) addiert.

$$z_1 \cdot z_2 = r_1(\cos\varphi_1 + i\sin\varphi_1) \cdot r_2(\cos\varphi_2 + i\sin\varphi_2)$$
$$= r_1 r_2[\cos(\varphi_1 + \varphi_2) + i\sin(\varphi_1 + \varphi_2)]$$

■ **Beispiele:**
3. $z_1 = 3(\cos 20° + i\sin 20°), z_2 = 7(\cos 65° + i\sin 65°)$
   $\Rightarrow z_1 \cdot z_2 = 3(\cos 20° + i\sin 20°) \cdot 7(\cos 65° + i\sin 65°)$
   $= 21(\cos 85° + i\sin 85°)$

4. $z_1 = 5(\cos 30° + i\sin 30°) = \frac{5}{2}\sqrt{3} + \frac{5}{2}i$,

   $z_2 = 13(\cos 60° + i\sin 60°) = \frac{13}{2} + \frac{13}{2}\sqrt{3}i$

   (denn $\sin 30° = \cos 60° = \frac{1}{2}$ und $\sin 60° = \cos 30° = \frac{1}{2}\sqrt{3}$).

   Es folgt $z_1 \cdot z_2 = 5(\cos 30° + i\sin 30°) \cdot 13(\cos 60° + i\sin 60°)$
   $= 65(\cos 90° + i\sin 90°) = 65i$

   oder $z_1 \cdot z_2 = \left(\frac{5}{2}\sqrt{3} + \frac{5}{2}i\right)\left(\frac{13}{2} + \frac{13}{2}\sqrt{3}i\right)$

   $= \frac{65}{4}\sqrt{3} - \frac{65}{4}\sqrt{3} + \left(\frac{65 \cdot 3}{4} + \frac{65}{4}\right)i = 65i$

1.5.5 Dividieren komplexer Zahlen

Komplexe Zahlen $z_1 = a_1 + b_1 i$ und $z_2 = a_2 + b_2 i$ in algebraischer Form werden dividiert, indem man mit der konjugiert komplexen Zahl des Nenners (Divisors) erweitert.

$$\frac{z_1}{z_2} = \frac{a_1 + b_1 i}{a_2 + b_2 i} = \frac{a_1 a_2 + b_1 b_2}{a_2^2 + b_2^2} + \frac{b_1 a_2 - a_1 b_2}{a_2^2 + b_2^2}i \, (z_2 \neq 0)$$

Der Quotient konjugiert komplexer Zahlen ist wieder eine komplexe Zahl.

$$\boxed{\frac{z}{\overline{z}} = \frac{a+bi}{a-bi} = \frac{a^2 - b^2}{a^2 + b^2} + \frac{2ab}{a^2 + b^2}i \, (z_2 \neq 0)}$$

■ **Beispiele:**

1. $\dfrac{z_1}{z_2} = \dfrac{3+4i}{5-2i} = \dfrac{3 \cdot 5 + 4 \cdot (-2)}{5^2 + (-2)^2} + \dfrac{4 \cdot 5 - 3 \cdot (-2)}{5^2 + (-2)^2}i$

   $= \dfrac{15-8}{25+4} + \dfrac{20+6}{25+4}i = \dfrac{7}{29} + \dfrac{26}{29}i$

2. $\dfrac{z}{\overline{z}} = \dfrac{2,4+0,9i}{2,4-0,9i} = \dfrac{(2,4)^2 - (0,9)^2}{(2,4)^2 + (0,9)^2} + \dfrac{2 \cdot 2,4 \cdot 0,9}{(2,4)^2 + (0,9)^2}i$

   $= \dfrac{5,76-0,81}{5,76+0,81} + \dfrac{4,32}{5,76+0,81}i = \dfrac{4,95}{6,57} + \dfrac{4,32}{6,57}i$

3. $\dfrac{1}{i} = \dfrac{1 \cdot (-i)}{i \cdot (-i)} = -i$

Komplexe Zahlen $z_1 = r_1(\cos\varphi_1 + i\sin\varphi_1)$ und $z_2 = r_2(\cos\varphi_2 + i\sin\varphi_2)$ in trigonometrischer Form werden dividiert, indem man die Moduln (r_1 und r_2) dividiert und die Argumente (φ_1 und φ_2)subtrahiert.

$$\boxed{\begin{aligned} \frac{z_1}{z_2} &= \frac{r_1(\cos\varphi_1 + i\sin\varphi_1)}{r_2(\cos\varphi_2 + i\sin\varphi_2)} = \\ &= \frac{r_1}{r_2}[\cos(\varphi_1 - \varphi_2) + i\sin(\varphi_1 - \varphi_2)] \end{aligned}}$$

■ **Beispiele:**

4. $z_1 = 3(\cos 20° + i\sin 20°)$, $z_2 = 7(\cos 65° + i\sin 65°)$

   $\Rightarrow \dfrac{z_2}{z_1} = \dfrac{7(\cos 65° + i\sin 65°)}{3(\cos 20° + i\sin 20°)} = \dfrac{7}{3}(\cos 45° + i\sin 45°)$

5. $z_1 = 5(\cos 30° + i\sin 30°) = \dfrac{5}{2}\sqrt{3} + \dfrac{5}{2}i$,

   $z_2 = 13(\cos 60° + i\sin 60°) = \dfrac{13}{2} + \dfrac{13}{2}\sqrt{3}i$

Es folgt

$\dfrac{z_1}{z_2} = \dfrac{5(\cos 30° + i\sin 30°)}{13(\cos 60° + i\sin 60°)} = \dfrac{5}{13}(\cos(-30°) + i\sin(-30°))$

$= \dfrac{5}{13}(\cos 30° - i\sin 30°) = \dfrac{5}{13}\left(\dfrac{1}{2}\sqrt{3} - \dfrac{1}{2}i\right) = \dfrac{5}{26}\sqrt{3} - \dfrac{5}{26}i$

oder

$\dfrac{z_1}{z_2} = \dfrac{\frac{5}{2}\sqrt{3} + \frac{5}{2}i}{\frac{13}{2} + \frac{13}{2}\sqrt{3}i} = \dfrac{\left(\frac{5}{2}\sqrt{3} + \frac{5}{2}i\right)\left(\frac{13}{2} - \frac{13}{2}\sqrt{3}i\right)}{\left(\frac{13}{2} + \frac{13}{2}\sqrt{3}i\right)\left(\frac{13}{2} - \frac{13}{2}\sqrt{3}i\right)}$

$\dfrac{\frac{65}{4}\sqrt{3} - \frac{65}{4} \cdot 3i + \frac{65}{4}i + \frac{65}{4}\sqrt{3}}{169} = \dfrac{5}{26}\sqrt{3} - \dfrac{5}{26}i$

1.5.6 Potenzieren komplexer Zahlen

Ist n eine nichtnegative ganze Zahl, so wird die n-te Potenz z^n von z wie üblich durch $z^0 = 1$, $z^n = z^{n-1} \cdot z$ definiert.

■ **Beispiele:**

1. $z^3 = (a+bi)^2(a+bi) = a^3 - 3ab^2 + (3a^2b - b^3)i$
2. $z^4 = (a+bi)^3(a+bi) = [a^3 - 3ab^2 + (3a^2b - b^3)i](a+bi)$
   $= a^4 - 6a^2b^2 + b^4 + (4a^3b - 4ab^3)i$

Einfacher lässt sich das Potenzieren komplexer Zahlen in der trigonometrischen Form durchführen. Mit

Hilfe von Additionstheoremen für die trigonometrischen Funktionen erhält man die Formel von Moivre (nach dem französischen Mathematiker Abraham de Moivre, 1667–1754).

$$\boxed{\begin{aligned} z^n &= [r(\cos\varphi + i\sin\varphi)]^n = r^n(\cos n\varphi + i\sin n\varphi) \\ &(n \in \mathbb{N}) \end{aligned}}$$

Eine komplexe Zahl in trigonometrischer Form wird also in die n-te Potenz erhoben, indem man den Modul (r) in die entsprechende Potenz r^n erhebt und das Argument (φ) mit dem Exponenten n multipliziert.

■ **Beispiel:**

3. $z = 5(\cos 30° + i\sin 30°) = \dfrac{5}{2}\sqrt{3} + \dfrac{5}{2}i$

   $z^4 = \left[\dfrac{5}{2}\sqrt{3} + \dfrac{5}{2}i\right]^4$

   $= \left(\dfrac{5}{2}\sqrt{3}\right)^4 - 6\left(\dfrac{5}{2}\sqrt{3}\right)^2\left(\dfrac{5}{2}\right)^2 + \left(\dfrac{5}{2}\right)^4$

   $+ \left[4\left(\dfrac{5}{2}\sqrt{3}\right)^3 \cdot \dfrac{5}{2} - 4\dfrac{5}{2}\sqrt{3}\left(\dfrac{5}{2}\right)^3\right]i$

   $= \dfrac{625 \cdot 9}{16} - \dfrac{6 \cdot 25 \cdot 3 \cdot 25}{4 \cdot 4} + \dfrac{625}{16} +$

   $\left[\dfrac{4 \cdot 125 \cdot 3 \cdot \sqrt{3} \cdot 5}{8 \cdot 2} - \dfrac{4 \cdot 5 \cdot \sqrt{3} \cdot 125}{2 \cdot 8}\right]i$

   $= -\dfrac{625}{2} + \dfrac{625 \cdot \sqrt{3}}{2}i$

4. $z^4 = [5(\cos 30° + i\sin 30°)]^4 = 5^4(\cos 120° + i\sin 120°)$

   $= 5^4(-\sin 30° + i\cos 30°) =$

   $= 5^4\left(-\dfrac{1}{2} + \dfrac{1}{2}\sqrt{3}i\right) = -\dfrac{625}{2} + \dfrac{625 \cdot \sqrt{3}}{2}i$

Die Moivresche Formel lässt sich durch vollständige Induktion beweisen. Ihre Gültigkeit lässt sich schrittweise bis auf reelle Exponenten ausdehnen.

1.5.7 Radizieren komplexer Zahlen

Die n-te Wurzel $\sqrt[n]{z}$ einer komplexen Zahl z ist definiert als eine komplexe Zahl w, deren n-te Potenz gleich z ist, also eine Lösung der Gleichung $w^n = z$. Setzt man $z = r(\cos\varphi + i\sin\varphi)$ und $w = \rho(\cos\psi + i\sin\psi)$, dann folgt mit der Formel von Moivre $w^n = \rho^n(\cos n\psi + i\sin n\psi)$ und wegen $w^n = z = r(\cos\varphi + i\sin\varphi)$ weiter $\rho^n = r$, $\cos n\psi = \cos\varphi$, $\sin n\psi = \sin\varphi$. Aus $\rho^n = r$ ergibt sich $\rho = \sqrt[n]{r}$, während es für $\cos n\psi = \cos\varphi$, $\sin n\psi = \sin\varphi$ wegen $\cos\varphi = \cos(\varphi + 2k\pi)$, $\sin\varphi = \sin(\varphi + 2k\pi)$ genau n verschiedene Lösungen $\psi_\kappa = \dfrac{\varphi + 2(k-1)\pi}{n}$, $k = 1, 2, 3, \ldots, n$, gibt.

Somit gilt:
Für $n \in \mathbb{N}$ besitzt die Gleichung $w^n = z = r(\cos\varphi + i\sin\varphi)$ genau n verschiedene Lösungen w_1, w_2, ..., w_n (die n-ten Wurzeln aus z).

$$w_k = \sqrt[n]{r}\left(\cos\frac{\varphi + 2(k-1)\pi}{n} + i\sin\frac{\varphi + 2(k-1)\pi}{2}\right),$$
$$k = 1, 2, ..., n$$

Die n-te Wurzel aus z ist also nicht eindeutig. Für $k = 1$ ergibt sich der so genannte Hauptwert w_1 der n-ten Wurzel.

Hauptwert
$$w_1 = \sqrt[n]{r}\left(\cos\frac{\varphi}{n} + i\sin\frac{\varphi}{n}\right)$$

Stellt man die n-ten Wurzeln w_k, $k = 1, 2, 3, ..., n$ in der Gaußschen Zahlenebene dar, so ergeben sich die Eckpunkte eines regelmäßigen n-Ecks mit dem Mittelpunkt im Koordinatenursprung. Die Punkte liegen auf einem Kreis mit dem Radius $\rho = \sqrt[n]{r}$.

Der Hauptwert w_1 besitzt das Argument $\dfrac{\varphi}{n}$.

Durch wiederholte Drehung um den Winkel $\dfrac{2\pi}{n}$ erhält man die weiteren Lösungen.

■ **Beispiele:**
$z = 2,985\,984\,(\cos 60° + i\sin 60°) = (1,2)^6\,(\cos 60° + i\sin 60°)$, $n = 6$

Wegen $\sqrt[n]{r} = \sqrt[6]{(1,2)^6} = 1,2$ und $\dfrac{\varphi}{n} = \dfrac{60°}{6} = 10°$ lauten die sechs-

ten Wurzeln aus z:
$w_1 = 1,2\,(\cos 10° + i\sin 10°)$,
$w_2 = 1,2\,(\cos 70° + i\sin 70°)$,
$w_3 = 1,2\,(\cos 130° + i\sin 130°)$,
$w_4 = 1,2\,(\cos 190° + i\sin 190°)$
$w_5 = 1,2\,(\cos 250° + i\sin 250°)$,
$w_6 = 1,2\,(\cos 310° + i\sin 310°)$.

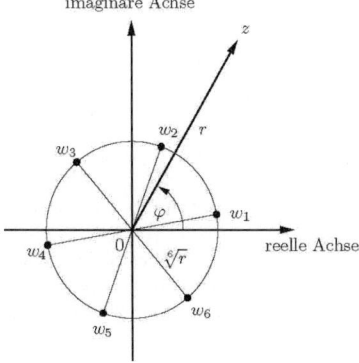

Bild 5. Die sechsten Wurzeln w_1, w_2, ... ,w_6 aus $z = (1,2)^6\,(\cos 60° + i\sin 60°)$

Die n-ten Wurzeln aus $z = 1$ sind die so genannten n-ten Einheitswurzeln.

n-te Einheitswurzeln:

$$\text{Lösungen von } w^n = z = 1$$

■ **Beispiele:**
1. $n = 2 : z = w^2 = 1$
$w_1 = 1(\cos 0° + i\sin 0°) = 1$;
$w_2 = 1(\cos 180° + i\sin 180°) = -1$

2. $n = 3 : z = w^3 = 1$
$w_1 = 1(\cos 0° + i\sin 0°) = 1$
$w_2 = 1(\cos 120° + i\sin 120°)$
$= 1(-\cos 60° + i\sin 60°) = -\dfrac{1}{2} + \dfrac{1}{2}\sqrt{3}i$
$w_3 = 1(\cos 240° + i\sin 240°)$
$= 1(-\cos 60° - i\sin 60°) = -\dfrac{1}{2} - \dfrac{1}{2}\sqrt{3}i$

3. $n = 4 : z = w^4 = 1$
$w_1 = 1(\cos 0° + i\sin 0°) = 1$
$w_2 = 1(\cos 90° + i\sin 90°) = i$
$w_3 = 1(\cos 180° + i\sin 180°) = -1$
$w_4 = 1(\cos 270° + i\sin 270°) = -i$

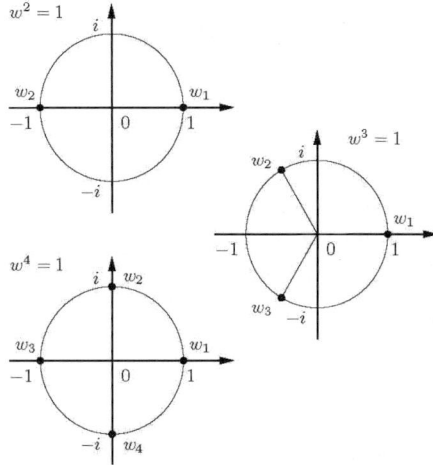

Bild 6. Die n-ten Einheitswurzeln für $n = 2$, $n = 3$ und $n = 4$

1.5.8 Eulersche Formel

Die Eulersche Formel für komplexe Zahlen z verknüpft die Exponentialfunktion (vgl. Abschnitt 2.7.1) und die trigonometrischen Funktionen (siehe Abschnitt 3) miteinander (nach dem Schweizer Mathematiker Leonhard Euler, 1707–1783). Dabei ist $e = 2,718\,281\,828\,4\,...$ die Eulersche Zahl.

$$e^{iz} = \cos z + i\sin z, z \in \mathbb{C}$$

Für reelle Zahlen x (die reellen Zahlen sind eine Teilmenge der komplexen Zahlen) gilt $e^{ix} = \cos x + i\sin x$.

Setzt man $x = \varphi$, dann erhält man die so genannte Exponentialform der komplexen Zahlen.

$$z = r(\cos\varphi + i\sin\varphi) = re^{i\varphi}$$

Dabei ist r der Modul und φ das Argument der komplexen Zahl z.

Für das Produkt und den Quotienten zweier komplexer Zahlen $z_1 = r_1 \cdot e^{i\varphi_1}$ und $z_2 = r_2 \cdot e^{i\varphi_2}$ ergibt sich

$$z_1 \cdot z_2 = r_1 \cdot e^{i\varphi_1} \cdot r_2 \cdot e^{i\varphi_2} = r_1 \cdot r_2 \cdot e^{i(\varphi_1 + \varphi_2)}$$

$$\frac{z_1}{z_2} = \frac{r_1}{r_2} \frac{e^{i\varphi_1}}{e^{i\varphi_2}} = \frac{r_1}{r_2} e^{i(\varphi_1 - \varphi_2)} \qquad (z_2 \neq 0)$$

■ **Beispiel für eine komplexe Zahl in verschiedenen Formen:**

$$z = 2\left(\frac{1}{2} + \frac{\sqrt{3}}{2}i\right) = 1 + \sqrt{3}i \qquad \text{(algebraische Form)}$$

$$= 2\left(\cos\frac{\pi}{3} + i\sin\frac{\pi}{3}\right) \qquad \text{(trigonometrische Form)}$$

$$= 2e^{i\frac{\pi}{3}} \qquad \text{(Exponentialform)}$$

1.6 Matrizen und Determinanten

1.6.1 Matrizen

Eine Matrix (Plural Matrizen) ist ein System von $m \cdot n$ Größen, die in einem rechteckigen Schema von m (waagerechten) Zeilen und n (senkrechten) Spalten angeordnet sind. Die $m \cdot n$ Größen nennt man die Elemente der Matrix, es sind beliebige reelle (oder komplexe) Zahlen. Die Stellung eines Elementes, etwa a_{ij}, im Schema wird durch einen Doppelindex gekennzeichnet. Dabei gibt der erste Index i die Zeile und der zweite Index j die Spalte an, in der das Element steht. Die Nummerierungen der Zeilen verlaufen von oben nach unten, die der Spalten von links nach rechts. Das Element a_{ij} befindet sich also im Kreuzungspunkt der i-ten Zeile und der j-ten Spalte.

Eine Matrix mit m Zeilen und n Spalten nennt man (m,n)-Matrix. Meist kürzt man Matrizen durch große lateinische Buchstaben A, B, ... ab. Man schreibt eine Matrix, indem man das Schema in eckige Klammern (oder auch in runde Klammern) setzt:

Matrix

$$A = \begin{bmatrix} a_{11} & a_{12} & \cdots & a_{1n} \\ a_{21} & a_{22} & \cdots & a_{2n} \\ \cdots & \cdots & \cdots & \cdots \\ a_{m1} & a_{m2} & \cdots & a_{mn} \end{bmatrix}$$

$$A = \begin{pmatrix} a_{11} & a_{12} & \cdots & a_{1n} \\ a_{21} & a_{22} & \cdots & a_{2n} \\ \cdots & \cdots & \cdots & \cdots \\ a_{m1} & a_{m2} & \cdots & a_{mn} \end{pmatrix}$$

Abkürzend schreibt man dafür auch $A = (a_{ij})$.

■ **Beispiel:**

$$A = \begin{bmatrix} 5 & -2 & 0 & 5 \\ 14 & 0 & -6 & 1 \\ -1 & 0 & 2 & 5 \end{bmatrix}$$

Dies ist eine (3,4)-Matrix, also eine Matrix mit 3 Zeilen und 4 Spalten. Zum Beispiel ist $a_{12} = -2$ das Element, das in der ersten Zeile und zweiten Spalte steht.

Achtung: Die Doppelindizes sind einzeln zu lesen, zum Beispiel wird a_{12} gesprochen: $a - eins - zwei$.

Quadratische Matrizen:
Gilt $m = n$, also Zeilenanzahl gleich Spaltenanzahl, dann heißt A eine n-reihige quadratische Matrix oder eine quadratische Matrix der Ordnung n. Die Elemente einer quadratischen Matrix, für die $i = j$ gilt, bilden die so genannte Hauptdiagonale der Matrix.

■ **Beispiel:**

$$A = \begin{bmatrix} \frac{4}{5} & 0 & -\frac{5}{2} \\ 1 & 1 & 1 \\ -1 & 10 & -\frac{4}{3} \end{bmatrix}$$

A ist eine quadratische 3-reihige Matrix. Die Hauptdiagonalelemente sind

$$a_{11} = \frac{4}{5}, a_{22} = 1, a_{33} = -\frac{4}{3}.$$

Alle Elemente der zweiten Zeile sind gleich 1: $a_{21} = a_{22} = a_{23} = 1$.

Nullmatrix 0:
Eine Matrix, deren Elemente alle gleich Null sind, also $a_{ij} = 0$ für $i = 1, ..., m$ und $j = 1, ..., n$, heißt eine Nullmatrix.

Einheitsmatrix E:
Eine quadratische Matrix heißt Einheitsmatrix, falls

$$a_{ij} = \begin{cases} 1 & \text{für } i = j, \\ 0 & \text{für } i \neq j. \end{cases}$$

Diagonalmatrix:
Eine quadratische Matrix, bei der für alle $i \neq j$ die Elemente a_{ij} gleich Null sind, heißt Diagonalmatrix.

■ **Beispiele:**

$$A = \begin{bmatrix} 2 & 0 & 0 \\ 0 & -3 & 0 \\ 0 & 0 & 7 \end{bmatrix}$$

Obere Dreiecksmatrix:
Eine quadratische Matrix, bei der für alle $i > j$ die Elemente a_{ij} gleich Null sind, heißt obere Dreiecksmatrix.

■ **Beispiele:**

$$A = \begin{bmatrix} -1 & 6 & 0 \\ 0 & 4 & 1 \\ 0 & 0 & -7 \end{bmatrix}$$

Untere Dreiecksmatrix:
Eine quadratische Matrix, bei der für alle $i < j$ die Elemente a_{ij} gleich Null sind, heißt untere Dreiecksmatrix.

Matrizen vom gleichen Typ:
Zwei Matrizen heißen vom gleichen Typ, wenn sie die gleiche Anzahl von Zeilen und die gleiche Anzahl von Spalten haben, wenn also beide (m,n)-Matrizen sind mit dem gleichen m und dem gleichen n.

■ **Beispiel:**

$$A = \begin{bmatrix} -1 & 2 & 3 \\ 1 & 24 & 0 \end{bmatrix}; \quad B = \begin{bmatrix} 2 & 2 & 0 \\ 0 & 6 & 1 \end{bmatrix}; \quad C = \begin{bmatrix} -1 & 6 \\ 0 & 4 \end{bmatrix}$$

A und B sind vom gleichen Typ, C ist jedoch nicht vom gleichen Typ wie A und B.

Gleichheit von Matrizen:
Zwei Matrizen A und B heißen gleich, wenn beide vom gleichen Typ sind und wenn die entsprechenden Elemente übereinstimmen, wenn also $a_{ij} = b_{ij}$ für alle $i = 1, ..., m$ und $j = 1, ..., n$ gilt.

■ **Beispiel:**

$$A = \begin{bmatrix} -1 & 2 & 3 \\ 1 & 24 & 0 \end{bmatrix}; \quad B = \begin{bmatrix} -1 & 2 & 3 \\ 1 & 24 & 0 \end{bmatrix}: \quad A = B$$

Transponierte Matrix:
Die transponierte oder gespiegelte Matrix A^T der Matrix A ist die Matrix, die durch Vertauschung von Zeilen und Spalten von A gebildet wird:

$$A = \begin{bmatrix} a_{11} & a_{12} & \cdots & a_{1n} \\ a_{21} & a_{22} & \cdots & a_{2n} \\ \cdots & \cdots & \cdots & \cdots \\ a_{m1} & a_{m2} & \cdots & a_{mn} \end{bmatrix}; \quad A^T = \begin{bmatrix} a_{11} & a_{21} & \cdots & a_{m1} \\ a_{12} & a_{22} & \cdots & a_{m2} \\ \cdots & \cdots & \cdots & \cdots \\ a_{1n} & a_{2n} & \cdots & a_{mn} \end{bmatrix}$$

■ **Beispiel:**

$$A = \begin{bmatrix} 2 & 3 & -1 \\ -5 & 0 & 4 \end{bmatrix}; \quad A^T = \begin{bmatrix} 2 & -5 \\ 3 & 0 \\ -1 & 4 \end{bmatrix}$$

Symmetrische Matrix:
Eine quadratische Matrix A heißt symmetrisch, wenn $A = A^T$ ist, wenn also $a_{ij} = a_{ji}$ für alle i und j gilt.

■ **Beispiel:**

$$A = \begin{bmatrix} -1 & 2 & 3 \\ 2 & -6 & 0 \\ 3 & 0 & 5 \end{bmatrix} = A^T$$

Antisymmetrische Matrix:
Eine quadratische Matrix A heißt antisymmetrisch oder schiefsymmetrisch, wenn $A^T = -A$ ist.

Addition und Subtraktion von Matrizen:
Matrizen können nur dann addiert oder subtrahiert werden, wenn sie vom gleichen Typ sind.
Zwei Matrizen vom gleichen Typ werden addiert bzw. subtrahiert, indem man ihre korrespondierenden Elemente addiert bzw. subtrahiert:

$$A + B = (a_{ij}) + (b_{ij}) = (a_{ij} + b_{ij})$$

$$A - B = (a_{ij}) - (b_{ij}) = (a_{ij} - b_{ij})$$

Eigenschaften der Addition:
1. $A + B = B + A$ (Kommutativgesetz)
2. $(A + B) + C = A + (B + C) = A + B + C$ (Assoziativgesetz)
3. $(A + B)^T = A^T + B^T$

■ **Beispiele:**

$$A = \begin{bmatrix} 2 & -2 & 0 \\ -1 & 3 & 2 \end{bmatrix}; \quad B = \begin{bmatrix} 4 & 1 & -3 \\ 1 & 0 & -2 \end{bmatrix}$$

$$A + B = \begin{bmatrix} 6 & -1 & -3 \\ 0 & 3 & 0 \end{bmatrix}$$

$$A - B = \begin{bmatrix} -2 & -3 & 3 \\ -2 & 3 & 4 \end{bmatrix}; \quad B - A = \begin{bmatrix} 2 & 3 & -3 \\ 2 & -3 & -4 \end{bmatrix}$$

Multiplikation einer Matrix mit einer reellen Zahl:
Man multipliziert eine Matrix A mit einer reellen Zahl k, indem man jedes Element der Matrix mit k multipliziert:

$$kA = k\,(a_{ij}) = (k\,a_{ij})$$

Eigenschaften:
Sind k und l zwei reelle Zahlen und A und B zwei Matrizen, so gilt:
1. $k\,(lA) = l\,(kA) = (kl)A$
2. $(k + l)\,A = kA + lA$
3. $k\,(A + B) = kA + kB$
4. $(kA)^T = kA^T$

■ **Beispiel:**

$$3A = 3 \begin{bmatrix} 2 & -2 & 0 \\ -1 & 3 & 2 \end{bmatrix} = \begin{bmatrix} 6 & -6 & 0 \\ -3 & 9 & 6 \end{bmatrix}$$

Multiplikation von Matrizen:
Das Produkt AB zweier Matrizen A und B kann nur dann gebildet werden, wenn die Spaltenanzahl von A gleich der Zeilenanzahl von B ist.
Ist $A = (a_{ij})$ eine (m, n)-Matrix und $B = (b_{jk})$ eine (n,r)-Matrix (Anzahl der Spalten von A = Anzahl der Zeilen von B), so ist die Produktmatrix $C = AB$ eine (m, r)-Matrix mit den Elementen $c_{ik} = \sum_{j=1}^{n} a_{ij} \cdot b_{jk}$.

Das Element c_{ik} von $C = AB$ für ein festes i und ein festes k erhält man also, indem man das j-te Element der i-ten Zeile von A mit dem j-ten Element der k-ten Spalte von B multipliziert für $j = 1, ..., n$ und alle diese Produkte addiert.

$$A = (a_{ij}),\ B = (b_{jk}) \Rightarrow C = AB = (c_{ik})$$

$$\text{mit } c_{ik} = \sum_{j=1}^{n} a_{ij} \cdot b_{jk}$$

Schematische Darstellung:

$$
\begin{bmatrix}
b_{11} & b_{12} & \cdots & b_{1k} & \cdots & b_{1r} \\
b_{21} & b_{22} & \cdots & b_{2k} & \cdots & b_{2r} \\
\multicolumn{6}{c}{\cdots\cdots\cdots\cdots\cdots\cdots\cdots} \\
b_{n1} & b_{n2} & \cdots & b_{nk} & \cdots & b_{nr}
\end{bmatrix} = B
$$

$$
A = \begin{bmatrix}
a_{11} & a_{12} & \cdots & a_{1n} \\
a_{21} & a_{22} & \cdots & a_{2n} \\
a_{i1} & a_{i2} & \cdots & a_{in} \\
\cdots & \cdots & \cdots \\
a_{m1} & a_{m2} & \cdots & a_{mn}
\end{bmatrix}
\begin{bmatrix}
\cdots & \cdots & \cdots & \cdots & \cdots & \cdots \\
\cdots & \cdots & \cdots & \cdots & \cdots & \cdots \\
\cdots & \cdots & c_{ik} & \cdots & \cdots \\
\cdots & \cdots & \cdots & \cdots & \cdots & \cdots \\
\cdots & \cdots & \cdots & \cdots & \cdots & \cdots
\end{bmatrix} = AB
$$

■ **Beispiel:**

$$
A = \begin{bmatrix} 2 & 3 & 4 \\ 1 & -4 & 0 \end{bmatrix}; \quad
B = \begin{bmatrix} 1 & -1 & 2 & 1 \\ 0 & 1 & 2 & -1 \\ 1 & 1 & 0 & 1 \end{bmatrix}
$$

$$
\begin{bmatrix} 1 & -1 & 2 & 1 \\ 0 & 1 & 2 & -1 \\ 1 & 1 & 0 & 1 \end{bmatrix} = B
$$

$$
A = \begin{bmatrix} 2 & 3 & 4 \\ 1 & -4 & 0 \end{bmatrix}
\begin{bmatrix} 6 & 5 & 10 & 3 \\ 1 & -5 & -6 & 5 \end{bmatrix} = AB
$$

$$
AB = \begin{bmatrix} 6 & 5 & 10 & 3 \\ 1 & -5 & -6 & 5 \end{bmatrix}
$$

BA existiert nicht.

Eigenschaften der Matrizenmultiplikation:
1. $A(BC) = (AB)C$ (Assoziativgesetz)
2. $A(B + C) = AB + AC$ (Distributivgesetz)
3. $AB \neq BA$ (Kommutativgesetz gilt nicht)
4. $AE = EA = A$ (E Einheitsmatrix)
5. $A0 = 0A = 0$ (0 Nullmatrix)
6. $(AB)^T = B^T A^T$ (Reihenfolge ändert sich)

Orthogonale Matrix:
Eine quadratische Matrix A heißt orthogonal, wenn $A A^T = A^T A = E$ (E Einheitsmatrix) ist.

Inverse Matrix:
Eine Matrix B heißt Inverse der quadratischen Matrix A, wenn $AB = E$ (E Einheitsmatrix) gilt. Man schreibt dann $B = A^{-1}$. Existiert die Inverse einer Matrix, dann ist sie eindeutig.
Eine Matrix A, für die die Inverse A^{-1} existiert, heißt regulär, andernfalls heißt sie singulär.

■ **Beispiel:**

Man berechne die Inverse der Matrix $A = \begin{bmatrix} -2 & 3 \\ 1 & -2 \end{bmatrix}$.

$$
\begin{bmatrix} a & b \\ c & d \end{bmatrix} = A^{-1}
$$

$$
A = \begin{bmatrix} -2 & 3 \\ 1 & -2 \end{bmatrix} \begin{bmatrix} 1 & 0 \\ 0 & 1 \end{bmatrix} = E
$$

Es ergibt sich das lineare Gleichungssystem
$-2a + 3c = 1, -2b + 3d = 0, a - 2c = 0, b - 2d = 1$.
Die Lösung des Gleichungssystems ist $a = -2, b = -3, c = -1, d = -2$.
Es folgt:

Inverse $A^{-1} = \begin{bmatrix} -2 & -3 \\ -1 & -2 \end{bmatrix}$

1.6.2 Determinanten

Eine Determinante D ist ein algebraischer Ausdruck, der jeder n-reihigen quadratischen Matrix A mit reellen (oder komplexen) Elementen a_{ij} eindeutig zugeordnet wird. Dieser algebraische Ausdruck ist eine reelle (oder komplexe) Zahl. Die Determinante einer n-reihigen quadratischen Matrix nennt man n-reihige Determinante.
Man schreibt eine Determinante, indem man das quadratische Schema der Matrix zwischen senkrechte Striche setzt, oder in Kurzform $D = \det(A) = |A|$.

Determinante:

$$
D = \det(A) = |A| = \begin{vmatrix}
a_{11} & a_{12} & \cdots & a_{1n} \\
a_{21} & a_{22} & \cdots & a_{21} \\
\cdots & \cdots & \cdots & \cdots \\
a_{n1} & a_{n2} & \cdots & a_{nn}
\end{vmatrix}
$$

Definition für zweireihige Determinanten ($n = 2$):

$$
D = \begin{vmatrix} a_{11} & a_{12} \\ a_{21} & a_{22} \end{vmatrix} = a_{11}a_{22} - a_{12}a_{21}
$$

Die Elemente a_{11}, a_{22} bilden die Hauptdiagonale, die Elemente a_{12}, a_{21} die so genannte Nebendiagonale.

Merkregel zur Berechnung: Produkt der Hauptdiagonalelemente minus Produkt der Nebendiagonalelemente.

■ **Beispiel:**

$$
D = \begin{vmatrix} -1 & 1 \\ 2 & 1 \end{vmatrix} = (-1) \cdot 1 - 1 \cdot 2 = -3
$$

Die allgemeine Lösungsformel $x = \dfrac{b_2 c_1 - b_1 c_2}{a_1 b_2 - a_2 b_1}$,

$y = \dfrac{a_1 c_2 - a_2 c_1}{a_1 b_2 - a_2 b_1}$ für ein lineares Gleichungssystem

$a_1 x + b_1 y = c_1$, $a_2 x + b_2 y = c_2$ lässt sich auch mit Hilfe von zweireihigen Determinanten schreiben:

$$
x = \frac{\begin{vmatrix} c_1 & b_1 \\ c_2 & b_2 \end{vmatrix}}{\begin{vmatrix} a_1 & b_1 \\ a_2 & b_2 \end{vmatrix}}, \quad
y = \frac{\begin{vmatrix} a_1 & c_1 \\ a_2 & c_2 \end{vmatrix}}{\begin{vmatrix} a_1 & b_1 \\ a_2 & b_2 \end{vmatrix}}
$$

Die gemeinsame Nennerdeterminante wird aus den Koeffizienten von x und y der beiden Gleichungen in der gegebenen Anordnung gebildet. Die Nennerdeterminante heißt deshalb auch Koeffizientendeterminante. Man erhält die Zählerdeterminante von x, indem man die Koeffizienten von x durch die Absolutglieder ersetzt, und die Zählerdeterminante von y

entsprechend durch Ersetzung der Koeffizienten von y durch die Absolutglieder (immer in der gleichen Reihenfolge, also Ersetzung von b_1 durch c_1 usw.).

Man nennt diese Methode Cramersche Regel zur Berechnung der Lösung eines linearen Gleichungssystems (nach dem schweizerischen Mathematiker Gabriel Cramer, 1704–1752).

■ **Beispiel:**

Lineares Gleichungssystem:

$x - 2y = 4$
$2x + 5y = 35$

Einsetzen von $a_1 = 1$, $a_2 = 2$, $b_1 = -2$, $b_2 = 5$, $c_1 = 4$, $c_2 = 35$ in die Determinantengleichungen für x und y ergibt:

$$x = \frac{\begin{vmatrix} 4 & -2 \\ 35 & 5 \end{vmatrix}}{\begin{vmatrix} 1 & -2 \\ 2 & 5 \end{vmatrix}} = \frac{4 \cdot 5 - (-2) \cdot 35}{1 \cdot 5 - (-2) \cdot 2} = \frac{20 + 70}{5 + 4} = \frac{90}{9} = 10,$$

$$y = \frac{\begin{vmatrix} 1 & 4 \\ 2 & 35 \end{vmatrix}}{\begin{vmatrix} 1 & -2 \\ 2 & 5 \end{vmatrix}} = \frac{1 \cdot 35 - 4 \cdot 2}{1 \cdot 5 - (-2) \cdot 2} = \frac{35 - 8}{5 + 4} = \frac{27}{9} = 3$$

Definition für dreireihige Determinanten ($n = 3$):

$$D = \begin{vmatrix} a_{11} & a_{12} & a_{13} \\ a_{21} & a_{22} & a_{23} \\ a_{31} & a_{32} & a_{33} \end{vmatrix} = a_{11} \begin{vmatrix} a_{22} & a_{23} \\ a_{32} & a_{33} \end{vmatrix} - a_{21} \begin{vmatrix} a_{12} & a_{13} \\ a_{32} & a_{33} \end{vmatrix}$$

$$+ a_{31} \begin{vmatrix} a_{12} & a_{13} \\ a_{22} & a_{23} \end{vmatrix}$$

$$= a_{11}(a_{22}a_{33} - a_{23}a_{32}) - a_{21}(a_{12}a_{33} - a_{13}a_{32}) + a_{31}(a_{12}a_{23} - a_{13}a_{22})$$

$$= a_{11}a_{22}a_{33} - a_{11}a_{23}a_{32} + a_{13}a_{21}a_{32} - a_{12}a_{21}a_{33} + a_{12}a_{23}a_{31} - a_{13}a_{22}a_{31}$$

■ **Beispiel:**

$$D = \begin{vmatrix} 3 & 7 & -2 \\ 4 & 0 & 6 \\ -2 & -4 & 1 \end{vmatrix} = 3 \begin{vmatrix} 0 & 6 \\ -4 & 1 \end{vmatrix} - 4 \begin{vmatrix} 7 & -2 \\ -4 & 1 \end{vmatrix} + (-2) \begin{vmatrix} 7 & -2 \\ 0 & 6 \end{vmatrix}$$

$$= 3(0 \cdot 1 - 6(-4)) - 4(7 \cdot 1 - (-2)(-4)) - 2(7 \cdot 6 - (-2)0)$$

$$= 3 \cdot 24 - 4(-1) - 2 \cdot 42 = -8$$

Man nennt dies „Entwickeln" der dreireihigen Determinante nach der ersten Spalte. Dabei wird nacheinander jedes Element der ersten Spalte mit derjenigen zweireihigen Determinante multipliziert, die man erhält, wenn man in der dreireihigen Determinante die Zeile und die Spalte streicht, in der das Element steht. Die so gebildeten Produkte werden mit alternierenden (wechselnden) Vorzeichen versehen, angefangen mit einem +, und anschließend addiert.

Bezeichnet man die Determinante, die man durch Streichen der i-ten Zeile und der j-ten Spalte der Determinante D erhält, mit D_{ij}, so kann man das obige Entwickeln auch darstellen als

$$\boxed{D = a_{11} \cdot D_{11} - a_{21} \cdot D_{21} + a_{31} \cdot D_{31}}$$

Die mit dem Faktor $(-1)^{i+j}$ (dieser Faktor ist $+1$ oder -1) multiplizierte Determinante D_{ij} heißt Adjunkte oder algebraisches Komplement A_{ij} des Elements a_{ij}. Somit kann man für das obige Entwickeln auch schreiben

$$\boxed{D = a_{11} \cdot A_{11} + a_{21} \cdot A_{21} + a_{31} \cdot A_{31}}$$

Zur Berechnung kann man die Determinante nach einer beliebigen Zeile oder Spalte entwickeln. Entwicklung nach einer beliebigen Zeile:

$$\boxed{D = a_{i1} \cdot A_{i1} + a_{i2} \cdot A_{i2} + a_{i3} \cdot A_{i3} = \sum_{j=1}^{3} a_{ij} A_{ij}, 1 \le i \le 3}$$

Bei Entwicklung nach der ersten Zeile ist $i = 1$, bei Entwicklung nach der zweiten Zeile ist $i = 2$, und bei Entwicklung nach der dritten Zeile ist $i = 3$.
Entwicklung nach einer beliebigen Spalte:

$$\boxed{D = a_{1j} \cdot A_{1j} + a_{2j} \cdot A_{2j} + a_{3j} \cdot A_{3j} = \sum_{i=1}^{3} a_{ij} A_{ij}, 1 \le j \le 3}$$

Bei Entwicklung nach der ersten Spalte ist $j = 1$, bei Entwicklung nach der zweiten Spalte ist $j = 2$, und bei Entwicklung nach der dritten Spalte ist $j = 3$.

■ **Beispiel:**

$$D = \begin{vmatrix} 3 & 7 & -2 \\ 4 & 0 & 6 \\ -2 & -4 & 1 \end{vmatrix}$$

Entwicklung nach der zweiten Zeile:

$$D = a_{21} \cdot A_{21} + a_{22} \cdot A_{22} + a_{23} \cdot A_{23}$$

$$= 4 \cdot (-1)^{2+1} \begin{vmatrix} 7 & -2 \\ -4 & 1 \end{vmatrix} + 0 \cdot A_{22} + 6 \cdot (-1)^{2+3} \begin{vmatrix} 3 & 7 \\ -2 & -4 \end{vmatrix}$$

$$= -4[7 \cdot 1 - (-2)(-4)] + 0 - 6[3 \cdot (-4) - 7 \cdot (-2)]$$

$$= -4 \cdot (-1) - 6 \cdot 2 = 4 - 12 = -8$$

Dreireihige Determinanten können auch mit der Regel von Sarrus berechnet werden (nach dem französischen Mathematiker Pierre F. Sarrus, 1798–1861).

Man fügt bei der Regel von Sarrus die ersten beiden Spalten der Determinante nochmals als 4. und 5. Spalte hinzu. Dann multipliziert man je drei diagonal aufeinander folgende Elemente und addiert (Hauptdiagonalen) bzw. subtrahiert (Nebendiagonalen) die so entstehenden sechs Produkte.

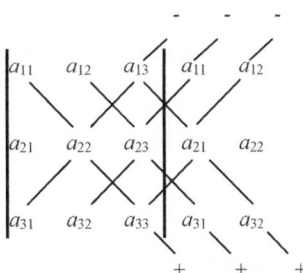

Die Regel ausgeführt ergibt

$$\det(A) = \begin{vmatrix} a_{11} & a_{12} & a_{13} \\ a_{21} & a_{22} & a_{23} \\ a_{31} & a_{32} & a_{33} \end{vmatrix} =$$

$$a_{11}a_{22}a_{33} + a_{12}a_{23}a_{31} + a_{13}a_{21}a_{32}$$
$$-a_{13}a_{22}a_{31} - a_{11}a_{23}a_{32} - a_{12}a_{21}a_{33}$$

■ **Beispiel:**

$$\begin{vmatrix} 3 & 7 & -2 \\ 4 & 0 & 6 \\ -2 & -4 & 1 \end{vmatrix} = 3 \cdot 0 \cdot 1 + 7 \cdot 6 \cdot (-2) + (-2) \cdot 4 \cdot (-4)$$
$$-(-2) \cdot 0 \cdot (-2) - 3 \cdot 6 \cdot (-4) - 7 \cdot 4 \cdot 1$$
$$= 0 - 84 + 32 - 0 + 72 - 28 = -8$$

Fehlerwarnung: Die Regel von Sarrus gilt nur für dreireihige Determinanten!
Definition für n-reihige Determinanten ($n \geq 4$):
Auch für beliebige n-reihige Determinanten lässt sich der Wert mit Hilfe des Entwicklungssatzes definieren.
Entwicklung nach einer beliebigen Zeile:

$$D = a_{i1} \cdot A_{i1} + a_{i2} \cdot A_{i2} + \ldots + a_{in} \cdot A_{in} = \sum_{j=1}^{n} a_{ij} A_{ij}$$

$$(1 \leq i \leq n)$$

Bei Entwicklung nach der ersten Zeile ist $i = 1$, bei Entwicklung nach der zweiten Zeile ist $i = 2$, usw., und bei Entwicklung nach der n-ten Zeile ist $i = n$.
Entwicklung nach einer beliebigen Spalte:

$$D = a_{1j} \cdot A_{1j} + a_{2j} \cdot A_{2j} + \ldots + a_{nj} \cdot A_{nj} = \sum_{i=1}^{n} a_{ij} A_{ij}$$

$$(1 \leq j \leq n)$$

Bei Entwicklung nach der ersten Spalte ist $j = 1$, bei Entwicklung nach der zweiten Spalte ist $j = 2$, usw., und bei Entwicklung nach der n-ten Spalte ist $j = n$.
Die Cramersche Regel zur Berechnung der Lösung eines linearen Gleichungssystems ist immer dann anwendbar, wenn bei dem betrachteten linearen Gleichungssystem die Anzahl der Gleichungen und die Anzahl der Variablen übereinstimmen (und die Koeffizientendeterminante von Null verschieden ist).
Die allgemeine Form eines linearen Gleichungssystems mit drei Gleichungen und drei Variablen x, y, z lautet:

$$\begin{aligned} a_1 x + b_1 y + c_1 z &= d_1 \\ a_2 x + b_2 y + c_2 z &= d_2 \\ a_3 x + b_3 y + c_3 z &= d_3 \end{aligned}$$

Die Koeffizientendeterminante eines solchen linearen Gleichungssystems ist also

$$D = \begin{vmatrix} a_1 & b_1 & c_1 \\ a_2 & b_2 & c_2 \\ a_3 & b_3 & c_3 \end{vmatrix}$$

Ersetzt man die erste Spalte von D, also die Koeffizienten von x, durch die Absolutglieder des linearen Gleichungssystems, so ergibt sich die Determinante

$$D_x = \begin{vmatrix} d_1 & b_1 & c_1 \\ d_2 & b_2 & c_2 \\ d_3 & b_3 & c_3 \end{vmatrix}$$

Durch Ersetzen der Koeffizienten von y und z erhält man analog die Matrizen

$$D_y = \begin{vmatrix} a_1 & d_1 & c_1 \\ a_2 & d_2 & c_2 \\ a_3 & d_3 & c_3 \end{vmatrix}, \quad D_z = \begin{vmatrix} a_1 & b_1 & d_1 \\ a_2 & b_2 & d_2 \\ a_3 & b_3 & d_3 \end{vmatrix}$$

Für $D \neq 0$ ergibt sich dann als eindeutige Lösung des linearen Gleichungssystems

$$x = \frac{D_x}{D} = \frac{\begin{vmatrix} d_1 & b_1 & c_1 \\ d_2 & b_2 & c_2 \\ d_3 & b_3 & c_3 \end{vmatrix}}{\begin{vmatrix} a_1 & b_1 & c_1 \\ a_2 & b_2 & c_2 \\ a_3 & b_3 & c_3 \end{vmatrix}}$$

$$y = \frac{D_y}{D} = \frac{\begin{vmatrix} a_1 & d_1 & c_1 \\ a_2 & d_2 & c_2 \\ a_3 & d_3 & c_3 \end{vmatrix}}{\begin{vmatrix} a_1 & b_1 & c_1 \\ a_2 & b_2 & c_2 \\ a_3 & b_3 & c_3 \end{vmatrix}}$$

$$z = \frac{D_z}{D} = \frac{\begin{vmatrix} a_1 & b_1 & d_1 \\ a_2 & b_2 & d_2 \\ a_3 & b_3 & d_3 \end{vmatrix}}{\begin{vmatrix} a_1 & b_1 & c_1 \\ a_2 & b_2 & c_2 \\ a_3 & b_3 & c_3 \end{vmatrix}}$$

Ist jedoch $D = 0$, dann gibt es entweder keine oder unendlich viele Lösungen des linearen Gleichungssystems. In diesem Fall ist die Cramersche Regel nicht anwendbar.

■ **Beispiel:**
Lineares Gleichungssystem:

$$\begin{aligned} 3x + 15y + 8z &= 10 \\ -5x + 10y + 12z &= -1 \\ 2x + 7y + z &= 1 \end{aligned}$$

Nennerdeterminante (Determinante der Koeffizientenmatrix):

$$D = \begin{vmatrix} 3 & 15 & 8 \\ -5 & 10 & 12 \\ 2 & 7 & 1 \end{vmatrix} = 30 + 360 - 280 - 160 - 252 + 75 = -227$$

Zählerdeterminanten:

$$D_x = \begin{vmatrix} 10 & 15 & 8 \\ -1 & 10 & 12 \\ 1 & 7 & 1 \end{vmatrix} = 100 + 180 - 56 - 80 - 840 + 15 = -681$$

$$D_y = \begin{vmatrix} 3 & 10 & 8 \\ -5 & -1 & 12 \\ 2 & 1 & 1 \end{vmatrix} = -3 + 240 - 40 + 16 - 36 + 50 = 227$$

$$D_z = \begin{vmatrix} 3 & 15 & 10 \\ -5 & 10 & -1 \\ 2 & 7 & 1 \end{vmatrix} = 30 - 30 - 350 - 200 + 21 + 75 = -454$$

Somit ergibt sich als Lösung des linearen Gleichungssystems:

$$x = \frac{D_x}{D} = \frac{-681}{-227} = 3, \; y = \frac{D_y}{D} = \frac{227}{-227} = -1, \; z = \frac{D_z}{D} = \frac{-454}{-227} = 2$$

Die Lösung des Gleichungssystems ist also das (geordnete) Zahlentripel $(x, y, z) = (3, -1, 2)$ (oder Lösungsmenge: $L = \{(3, -1, 2)\}$).

2 Funktionen

2.1 Definition und Darstellungen von Funktionen

2.1.1 Definitionen

Eine Abbildung oder Funktion f ist eine Zuordnung, die jeder Zahl x einer gegebenen Zahlenmenge D eine Zahl y einer Zahlenmenge W zuordnet. Die Zuordnung ist eindeutig, das heißt, jeder Zahl x wird genau eine Zahl y zugeordnet. Man schreibt dafür $y = f(x)$ oder manchmal auch $x \mapsto f(x)$. Man nennt $f(x)$ das Bild von x und umgekehrt x das Urbild von $f(x)$.
Die Menge D heißt Urbildmenge, Definitionsmenge oder Definitionsbereich. Die Menge W, aus der die Bilder stammen, heißt Wertemenge oder Wertebereich. Die Menge der Bilder (also alle y-Werte zusammen) heißt Bildmenge, bezeichnet mit $f(D)$.

D	Definitionsbereich
W	Wertebereich
$f(D)$	Bildmenge

Die Elemente der Bildmenge nennt man Funktionswerte. Die Bildmenge $f(D)$ ist eine Teilmenge des Wertebereichs W, und W ist eine Teilmenge der Menge $\mathbb{R}$ der reellen Zahlen.

$$f(D) \subseteq W \subseteq \mathbb{R}$$

Eine Funktion besteht aus drei Teilen: der Zuordnungsvorschrift f, dem Definitionsbereich D und dem Wertebereich W.
Zwei Funktionen sind genau dann gleich, wenn sowohl die Zuordnungsvorschriften als auch die Definitionsbereiche als auch die Wertebereiche übereinstimmen.

■ **Beispiele:**

1. $y = f(x) = 5x, D = \mathbb{N}, W = \mathbb{N}$

    Die Zuordnungsvorschrift ist hier „5 mal", das heißt, man muss jeden x-Wert mit 5 multiplizieren, um den zugehörigen

Funktionswert y zu erhalten. Für $x = 3$ erhält man zum Beispiel $y = f(3) = 5 \cdot 3 = 15$.
Sowohl der Definitionsbereich als auch der Wertebereich sind die natürlichen Zahlen. Für die Bildmenge ergibt sich $f(D) = \{5, 10, 15, 20, ...\}$.

2. $y = f(x) = x + 2, D = \mathbb{R}, W = \mathbb{R}$

2.1.2 Funktionsgleichung

Explizite Darstellung der Funktionsgleichung
Die Zuordnungsvorschrift für eine Funktion ist im Regelfall eine Gleichung, die Funktionsgleichung $y = f(x)$ (gesprochen: y gleich f von x). Dabei heißt x unabhängige Variable und y abhängige Variable. Man nennt x auch das Argument der Funktion.
Die Form $y = f(x)$ heißt explizite Darstellung der Funktionsgleichung. Darüber hinaus gibt es die implizite Darstellung und die Parameterdarstellung der Funktionsgleichung (siehe A14).
Funktionen können aber zum Beispiel auch durch Tabellen, Schaubilder (Graphen), Pfeildiagramme oder geordnete Wertepaare (Wertetabelle) dargestellt werden.
Fehlt bei einer Funktion die Angabe des Definitionsbereichs, so gilt $D = \mathbb{R}$. Fehlt bei einer Funktion die Angabe des Wertebereichs, so gilt ebenfalls $W = \mathbb{R}$.
Die Schreibweise $y = f(x), f: D \to W$ für eine Funktion bedeutet, dass $y = f(x)$ die Funktionsgleichung ist, dass die Funktion den Definitionsbereich D und den Wertebereich W hat.

$$y = f(x), f: D \to W$$

■ **Beispiele:**

1. $y = f(x) = x^3 - 4x^2 - x + 4, f: \mathbb{R} \to \mathbb{R}$

2. $y = f(x) = \dfrac{x - 3}{x^2 - 2}, \quad f: [1, 1] \to \mathbb{R}$ (also $D = [1, 1], W = \mathbb{R}$)

Eine Funktion mit der Funktionsgleichung $y = f(x)$, deren Definitions- und Wertemenge nur reelle Zahlen enthalten, nennt man eine reelle Funktion einer reellen Variablen.

Implizite Darstellung der Funktionsgleichung

Die Darstellung einer Funktion in der Form $F(x,y) = 0$ heißt implizit, falls sich diese Gleichung eindeutig nach y auflösen lässt.

Statt impliziter Darstellung der Funktion sagt man auch einfach nur implizite Funktion.

■ **Beispiel:**

    3. $F(x,y) = x^2 + y^2 - 1 = 0$, $D = [-1, 1]$, $y \geq 0$

        Es handelt sich hierbei um die obere Hälfte des Einheitskreises mit dem Mittelpunkt im Koordinatenursprung (vgl. Abschnitt 4.3).

        Man beachte, dass mit $x^2 + y^2 - 1 = 0$ keine reelle Funktion definiert wird, denn die Zuordnung ist nicht eindeutig, da jedem Element des Definitionsbereichs zwei Werte zugeordnet werden (einer auf dem oberen Halbkreis und einer auf dem unteren Halbkreis).

Parameterdarstellung der Funktionsgleichung

Die Darstellung einer Funktion in der Form $x = \varphi(t)$, $y = \psi(t)$ heißt Parameterdarstellung. Die Werte von x und y werden dabei jeweils als Funktion einer Hilfsvariablen t angegeben, die Parameter genannt wird. Die Funktionen $\varphi(t)$ und $\psi(t)$ müssen denselben Definitionsbereich haben.

■ **Beispiel:**

    4. $x = 2t + 5$, $y = 8t + 4$, $t \in \mathbb{R}$

        Durch Elimination von t erhält man

        $4x - 20 = y - 4 \Rightarrow y = 4x - 16$,

        also eine Geradengleichung (in expliziter Form) (vgl. Abschnitt 4.2.1).

2.1.3 Graph einer Funktion

Eine Möglichkeit der Funktionsdarstellung ist, den Graph der Funktion zu zeichnen. Der Graph einer Funktion f mit dem Definitionsbereich D ist das Bild, das man erhält, wenn man die geordneten Zahlenpaare $(x,y) = (x, f(x))$ mit $x \in D$ in ein Koordinatenkreuz einträgt. Geordnet bedeutet, dass in (x,y) die Reihenfolge von x und y wichtig ist: (x,y) ist verschieden von (y,x) (außer möglicherweise in Sonderfällen).

■ **Beispiel:**

    Graph der Funktion mit der Funktionsgleichung $y = f(x) = 2x + 1$ und dem Definitionsbereich $D = \mathbb{R}$:

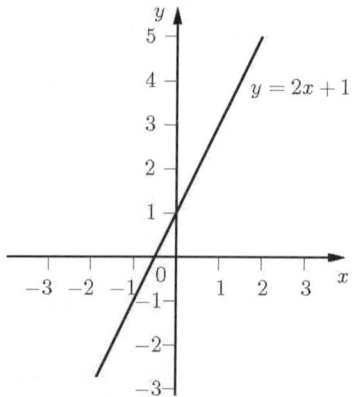

Bild 1. Graph der Funktion mit der Gleichung $y = f(x) = 2x + 1$

In einem kartesischen Koordinatensystem (siehe Abschnitt 4.1) ist die waagerechte Achse die x-Achse oder Abszissenachse, die senkrechte Achse ist die y-Achse oder Ordinatenachse. Die Zahl x ist die Abszisse und y die Ordinate eines Punktes $(x|y)$ mit den Koordinaten x und y.

Statt Graph einer Funktion sagt man auch Schaubild oder Kurve der Funktion.

Bemerkung: Bei einem Zahlenpaar setzt man ein Komma oder ein Semikolon zwischen die beiden Komponenten: (x,y) oder $(x;y)$. Bei der Darstellung eines Punktes setzt man einen senkrechten Strich zwischen die beiden Koordinaten: $(x|y)$.

2.1.4 Wertetabelle einer Funktion

Auch mittels einer Wertetabelle kann eine Funktion dargestellt werden.

In einer Wertetabelle werden für einige ausgewählte Argumente x die geordneten Zahlenpaare $(x,y) = (x, f(x))$ für eine Funktion $y = f(x)$ eingetragen. Dabei müssen die ausgewählten Werte für x Elemente des Definitionsbereichs D der Funktion sein.

Man stellt oftmals eine Wertetabelle auf, um den Graph einer Funktion zeichnen zu können.

■ **Beispiel:**

    Wertetabelle für die Funktion $y = -x^2 - 4x + 3$, $D = \mathbb{R}$:

x	−5	−4	−3	−2	−1	0	1	2
y	−2	3	6	7	6	3	−2	−9

2.2 Verhalten von Funktionen

2.2.1 Monotone Funktionen

Eine Funktion mit der Gleichung $y = f(x)$ heißt in einem bestimmten Bereich B (B ist eine Teilmenge des Definitionsbereichs D)

– monoton wachsend, wenn aus $x_1 < x_2$ stets $f(x_1) \leq f(x_2)$ folgt,

– streng monoton wachsend, wenn aus $x_1 < x_2$ stets $f(x_1) < f(x_2)$ folgt,

– monoton fallend, wenn aus $x_1 < x_2$ stets $f(x_1) \geq f(x_2)$ folgt,

– streng monoton fallend, wenn aus $x_1 < x_2$ stets $f(x_1) > f(x_2)$ folgt.

Dabei sind x_1, x_2 beliebige Punkte aus diesem Bereich B.

■ **Beispiele:**

    1. $f(x) = 3x$, $D = \mathbb{R}$ ist streng monoton wachsend in D.

    2. $f(x) = 3$, $D = \mathbb{R}$ ist in D monoton wachsend (und monoton fallend).

    3. $f(x) = x^2$, $D = \mathbb{R}$ ist in $B_1 = \{x | x \in D$ und $x \leq 0\}$ streng monoton fallend und in $B_2 = \{x | x \in D$ und $x \geq 0\}$ streng monoton wachsend.

2.2.2 Symmetrische Funktionen

Der Graph einer Funktion mit der Gleichung $y = f(x)$ ist symmetrisch zur y-Achse, wenn $f(x) = f(-x)$ für alle $x \in D$ gilt. Eine solche Funktion heißt eine gerade Funktion.

Der Graph einer Funktion $y = f(x)$ ist symmetrisch zum Koordinatenursprung, wenn $f(-x) = -f(x)$ für alle $x \in D$ gilt. Eine solche Funktion heißt eine ungerade Funktion.

■ **Beispiele:**
1. $f(x) = 2x^4 + 1$
   Wegen $f(-x) = 2(-x)^4 + 1 = 2x^4 + 1 = f(x)$ ist $y = f(x)$ symmetrisch zur y-Achse, also eine gerade Funktion.
2. $f(x) = 2x^3 - 3x$
   Wegen $f(-x) = 2(-x)^3 - 3(-x) = -2x^3 + 3x = -f(x)$ ist $y = f(x)$ symmetrisch zum Koordinatenursprung, also eine ungerade Funktion.
3. $f(x) = x^2 - x$
   Wegen $f(-x) = (-x)^2 - (-x) = x^2 + x$, also $f(x) \neq f(-x)$ und $f(x) \neq -f(-x)$, ist $y = f(x)$ weder eine gerade noch eine ungerade Funktion.

2.2.3 Beschränkte Funktionen

Eine Funktion heißt nach oben beschränkt, wenn ihre Funktionswerte eine bestimmte Zahl nicht übertreffen, und nach unten beschränkt, wenn ihre Funktionswerte nicht kleiner als eine bestimmte Zahl sind. Eine Funktion, die sowohl nach oben als auch nach unten beschränkt ist, heißt beschränkt.

Bei einer beschränkten Funktion $y = f(x)$ existieren also reelle Zahlen a und b mit $a < b$, so dass gilt:

$$a \leq f(x) \leq b \quad \text{für alle } x \in D$$

■ **Beispiele:**
1. $y = 1 - x^2$ ist nach oben beschränkt, denn $y \leq 1$.
2. $y = e^x$ ist nach unten beschränkt, denn $y > 0$.
3. $y = \dfrac{4}{1 + x^2}$ ist beschränkt, denn $0 < y \leq 4$.

2.2.4 Injektive Funktionen

Eine Funktion heißt injektiv, wenn jedes Bild genau ein Urbild besitzt.

Bei einer injektiven Funktion gehören zu verschiedenen Argumenten also stets verschiedene Bilder.

$$x_1 \neq x_2 \quad \Rightarrow \quad f(x_1) \neq f(x_2)$$

■ **Beispiele:**
Folgende Funktionen sind injektiv:
1. $y = f(x) = x + 2, f\colon \mathbb{R} \to \mathbb{R}$ (also $D = W = \mathbb{R}$)
2. $y = f(x) = \sqrt{x},\ f\colon \mathbb{N} \to \mathbb{R}$
Folgende Funktionen sind nicht injektiv:
1. $y = f(x) = x^3 - 4x^2 - x + 4, f\colon \mathbb{R} \to \mathbb{R}$
2. $y = f(\mathrm{x}) = x^2 - 1, f\colon \mathbb{R} \to \mathbb{R}$

2.2.5 Surjektive Funktionen

Eine Funktion heißt surjektiv, wenn ihre Bildmenge gleich dem Wertebereich ist.

$$f(D) = W$$

■ **Beispiele:**
Folgende Funktionen sind surjektiv:
1. $y = f(x) = x + 2, f\colon \mathbb{R} \to \mathbb{R}$
2. $y = f(x) = x^3 - 4x^2 - x + 4, f\colon \mathbb{R} \to \mathbb{R}$
Folgende Funktionen sind nicht surjektiv:
1. $y = f(x) = x^2 - 1, f\colon \mathbb{R} \to \mathbb{R}$
2. $y = f(x) = \sqrt{x},\ f\colon \mathbb{N} \to \mathbb{R}$

2.2.6 Bijektive Funktionen

Eine Funktion heißt bijektiv, wenn sie sowohl injektiv als auch surjektiv ist.

Bei einer bijektiven Funktion ist also die Bildmenge gleich dem Wertebereich, und jedes Bild besitzt genau ein Urbild. Ist $y = f(x), f\colon D \to W$ eine bijektive Funktion, so sind die Mengen D und W gleich mächtig, das heißt, sie besitzen gleich viele Elemente.

Die bijektiven Funktionen besitzen eine Umkehrfunktion.

■ **Beispiele:**
Folgende Funktion ist bijektiv:
$y = f(x) = x + 2, f\colon \mathbb{R} \to \mathbb{R}$
Folgende Funktionen sind nicht bijektiv:
1. $y = f(x) = x^3 - 4x^2 - x + 4, f\colon \mathbb{R} \to \mathbb{R}$
2. $y = f(x) = x^2 - 1, f\colon \mathbb{R} \to \mathbb{R}$
3. $y = f(x) = \sqrt{x}\ \ f\colon \mathbb{N} \to \mathbb{R}$

2.2.7 Periodische Funktionen

Eine Funktion, deren Funktionsgleichung die Bedingung $f(x + T) = f(x)$ erfüllt, wobei T eine Konstante (feste reelle Zahl) ist, heißt periodische Funktion. Die Gleichung $f(x + T) = f(x)$ gilt für alle x aus dem Definitionsbereich.

$$f(x + T) = f(x)$$

Die kleinste positive Zahl T mit dieser Eigenschaft heißt die Periode der Funktion. Den absolut größten Funktionswert nennt man Amplitude der periodischen Funktion.

Beispiele für periodische Funktionen sind die trigonometrischen Funktionen (vgl. Kapitel 3).

2.2.8 Umkehrfunktionen

Die Funktion, die durch Vertauschen von x und y aus einer bijektiven Funktion $y = f(x)$ entsteht, heißt Umkehrfunktion oder inverse Funktion von $y = f(x)$.

Bei einer bijektiven Funktion $y = f(x), f\colon D \to W$ ist jedes Element $y \in W$ Bild von genau einem Element $x \in D$. Man kann eine neue Funktion definieren, die jedem $y \in W$ als Bild gerade das $x \in D$ zuordnet, das Urbild von y ist. Diese Funktion leistet das Umgekehrte wie f, ihr Definitionsbereich ist W, und ihr Wertebereich ist D. Man nennt diese Funktion daher die Umkehrfunktion von f und bezeichnet sie mit f^{-1}.

$$y = f^{-1}(x), f^{-1}: W \to D$$

Versteht man unter der Schreibweise $g(f(x))$, dass man auf x die Zuordnungsvorschrift f und dann auf $f(x)$ die Vorschrift g anwendet, so gilt $f^{-1}(f(x)) = x$ und $f(f^{-1}(x)) = x$.

Zu einer streng monoton wachsenden oder streng monoton fallenden Funktion existiert die Umkehrfunktion.

Bestimmung der Umkehrfunktion:

1. Auflösen von $y = f(x)$ nach x: $\quad x = f^{-1}(y)$
2. Vertauschen von x und y: $\quad y = f^{-1}(x)$

Diesen Operationen entspricht die Spiegelung des Graphen der Funktion an der Winkelhalbierenden $y = x$.

■ **Beispiele:**

1. $y = f(x) = 4x - 1, D = W = \mathbb{R}$

Umkehrfunktion: $\quad y = f^{-1}(x) = \dfrac{1}{4}x + \dfrac{1}{4}, D = W = \mathbb{R}$

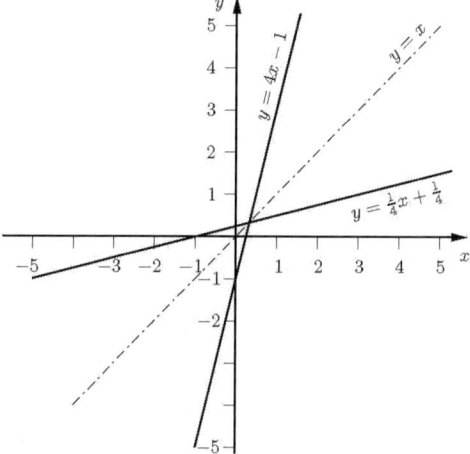

Bild 2. Graphen der Funktionen von Beispiel 1

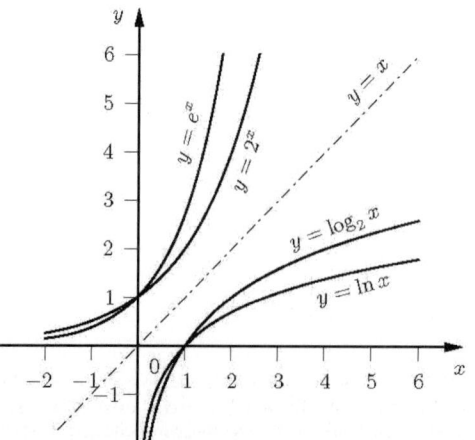

Bild 3. Funktion $y = 2^x$ und Umkehrfunktion $y = \log_2 x$ sowie Funktion $y = e^x$ und Umkehrfunktion $y = \ln x$

2. $y = f(x) = 2^x, D = \mathbb{R}, W = \mathbb{R}^+$

Umkehrfunktion: $y = f^{-1}(x) = \log_2 x, D = \mathbb{R}^+, W = \mathbb{R}$

2.2.9 Reelle und komplexe Funktionen

Eine Funktion mit der Funktionsgleichung $y = f(x)$, deren Definitions- und Wertebereich nur reelle Zahlen enthalten, nennt man eine reelle Funktion einer reellen Variablen.

■ **Beispiele:**

1. $y = x^2, D = (-\infty, \infty), W = [0, \infty)$
2. $y = \sqrt{x}, D = [0, \infty), W = [0, \infty)$

Ist dagegen die unabhängige Variable einer Funktionsgleichung eine komplexe Zahl z, dann wird durch $w = f(z)$ eine komplexe Funktion einer komplexen Variablen beschrieben. Komplexe Funktionen werden in dem mathematischen Gebiet Funktionentheorie behandelt.

2.3 Einteilung der elementaren Funktionen

Eine elementare Funktion ist eine Funktion, deren Funktionsgleichung durch einen geschlossenen analytischen Ausdruck dargestellt werden kann.

Elementare Funktionen sind durch Formeln definiert, die nur endlich viele mathematische Operationen mit der unabhängigen Variablen x und den Koeffizienten enthalten.

Man teilt die elementaren Funktionen in algebraische Funktionen und transzendente Funktionen ein.

Bei algebraischen Funktionen lassen sich die Verknüpfung der unabhängigen Variablen x und der abhängigen Variablen y in einer algebraischen Gleichung folgender Form darstellen, wobei $p_0, p_1, ..., p_n$ Polynome in x beliebigen Grades sind.

$$p_0(x) + p_1(x)y + p_2(x)y^2 + ... + p_n(x)y^n = 0$$

Ein Polynom n-ten Grades ist ein Ausdruck der Form

$$a_n x^n + a_{n-1} x^{n-1} + ... + a_2 x^2 + a_1 x + a_0 = \sum_{k=0}^{n} a_k x^k$$

mit $a_0, a_1, a_2, ..., a_{n-1}, a_n \in \mathbb{R}, a_n \neq 0, n \in \mathbb{N}$.

Elementare Funktionen, die nicht algebraisch sind, heißen transzendent.

■ **Beispiele für algebraische Funktionen:**

1. $y = 3x^2 + 4$
2. $y = \dfrac{2x}{x^3 + 2x - 1}$
3. $3xy^3 - 4xy + x^3 - 1 = 0$ (hier also

$p_0(x) = x^3 - 1, p_1(x) = -4x, p_2(x) = 0, p_3(x) = 3x$)

Zu den transzendenten Funktionen gehören zum Beispiel die Exponentialfunktionen, die Logarithmusfunktionen und die trigonometrischen Funktionen.

■ **Beispiele für transzendente Funktionen:**
1. $y = e^x$
2. $y = \sin x$
3. $y = \ln x$

Die algebraischen Funktionen untergliedern sich in die rationalen Funktionen und in die irrationalen Funktionen.

Eine rationale Funktion ist eine algebraische Funktion, für die die Funktionsgleichung $y = f(x)$ als eine explizite Formel angegeben werden kann, in der auf die unabhängige Variable x nur endlich viele rationale Rechenoperationen (Addition, Subtraktion, Multiplikation und Division) angewandt werden.

Eine algebraische Funktion, die nicht rational ist, heißt irrational.

■ **Beispiele für rationale Funktionen:**
1. $y = 3x^3 - \dfrac{1}{4}$
2. $y = \dfrac{2x^2 - 3x + 5}{x^3 + 3x^2 - 2}$

Bei irrationalen Funktionen tritt die unabhängige Variable auch unter einem Wurzelzeichen auf.

■ **Beispiele für irrationale Funktionen:**
1. $y = \sqrt{3x^2 + 4}$
2. $y = \sqrt[3]{(x^2+1)\sqrt{x}}$

Für rationale Funktionen ist $f(x)$ ein Polynom (dann ist $y = f(x)$ eine ganze rationale Funktion) oder ein Quotient aus Polynomen (dann heißt $y = f(x)$ eine gebrochene rationale Funktion).

Ganze rationale Funktionen lassen sich also darstellen in folgender Form mit $a_0, a_1, a_2 ..., a_{n-1}, a_n \in \mathbb{R}, a_n \neq 0, n \in \mathbb{Z}, n \geq 0$.

$$y = a_n x^n + a_{n-1} x^{n-1} + \ldots + a_2 x^2 + a_1 x + a_0 = \sum_{k=0}^{n} a_k x^k$$

Ist n der Grad des Polynoms, so nennt man die Funktion ganze rationale Funktion n-ten Grades. Bei ganzen rationalen Funktionen werden auf die unabhängige Variable x nur die Operationen Addition, Subtraktion und Multiplikation angewandt.

Ganze rationale Funktionen vom Grad 0 ($y = a_0$) nennt man konstante Funktionen, vom Grad 1 ($y = a_1 x + a_0$) lineare Funktionen, vom Grad 2 ($y = a_2 x^2 + a_1 x + a_0$) quadratische Funktionen und vom Grad 3 ($y = a_3 x^3 + a_2 x^2 + a_1 x + a_0$) kubische Funktionen.

Konstante Funktionen:
$$y = a_0$$
Lineare Funktionen:
$$y = a_1 x + a_0$$
Quadratische Funktionen:
$$y = a_2 x^2 + a_1 x + a_0$$
Kubische Funktionen:
$$y = a_3 x^3 + a_2 x^2 + a_1 x + a_0$$

■ **Beispiele für ganze rationale Funktionen:**
1. $y = 23x^4 - 12x + 4$
2. $y = 1 - 3x + x^6 - 2x^2$
3. $y = 3x - 4\pi$ (lineare Funktion)
4. $y = 4x^3 - 2x + 5$ (kubische Funktion)

Gebrochene rationale Funktionen sind Funktionen mit einer Funktionsgleichung $y = f(x)$, bei der $f(x)$ als Quotient zweier Polynome darstellbar ist. Sie besitzen also eine Darstellung folgender Form mit $a_0, a_1, ..., a_n$, $b_0, b_1, ..., b_m \in \mathbb{R}, a_n, b_m \neq 0, n \in \mathbb{Z}, n \geq 0, m \in \mathbb{N}$.

$$y = \frac{a_n x^n + a_{n-1} x^{n-1} + \ldots + a_2 x^2 + a_1 x + a_0}{b_m x^m + b_{m-1} x^{m-1} + \ldots + b_2 x^2 + b_1 x + b_0} = \frac{\displaystyle\sum_{i=0}^{n} a_i x^i}{\displaystyle\sum_{k=0}^{m} b_k x^k}$$

Eine gebrochene rationale Funktion kann also immer als Quotient zweier ganzer rationaler Funktionen dargestellt werden. Bei gebrochenen rationalen Funktionen werden auf die unabhängige Variable x nur die Grundrechenarten (also die Operationen Addition, Subtraktion, Multiplikation und Division) angewandt. Die Definitionsmenge einer gebrochenen rationalen Funktion besteht aus denjenigen reellen Zahlen, für die der Nenner nicht Null wird.

Für $n < m$ heißt die Funktion echt gebrochene rationale Funktion, für $n \geq m$ heißt sie unecht gebrochene rationale Funktion.

Gebrochene rationale Funktionen mit $n = 1$ und $m = 1$, also $y = \dfrac{a_1 x + a_0}{b_1 x + b_0}$ heißen gebrochene lineare Funktionen.

■ **Beispiele für gebrochene rationale Funktionen:**
1. $y = \dfrac{2}{x}$
2. $y = \dfrac{2x}{x^3 - 5x^2 - 2x + 1}$
3. $y = \dfrac{2x + 4}{x - 3}$ (gebrochene lineare Funktion)
4. $y = x^2 + x + \dfrac{1}{x} \quad \left(= \dfrac{x^3 + x^2 + 1}{x}\right)$

Bei den ersten beiden Beispielen handelt es sich um echt gebrochene rationale Funktionen, bei den letzten beiden Beispielen um unecht gebrochene rationale Funktionen.

Zusammenfassende Übersicht über die elementaren Funktionen

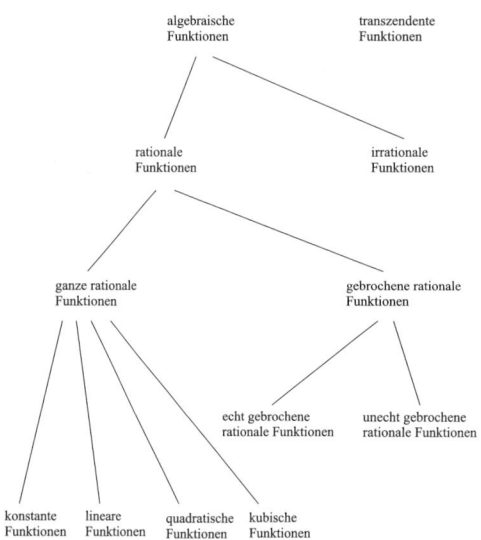

2.4 Ganze rationale Funktionen

2.4.1 Konstante Funktionen

Funktionen mit einer Funktionsgleichung

$$y = f(x) = n \quad (n \in \mathbb{R})$$

Der Graph einer konstanten Funktion ist eine Parallele zur x-Achse, und zwar im Abstand n. Im Fall n = 0 ist die Gerade die x-Achse selbst. Die Geradengleichung der x-Achse ist also y = 0.

2.4.2 Lineare Funktionen

Funktionen mit einer Funktionsgleichung

$$y = f(x) = mx + n \quad (m,n \in \mathbb{R}, m \neq 0)$$

Eine lineare Funktion ist eine ganze rationale Funktion 1. Grades.
Der Graph einer linearen Funktion ist eine Gerade (daher der Name lineare Funktion), und zwar die Gerade mit der Steigung m und dem Achsenabschnitt n auf der y-Achse (vgl. Abschnitt 4.2.1). Die Steigung m einer Geraden ist der „Höhenzuwachs" (die Differenz der y-Werte) bei einem Schritt um 1 nach rechts. Der Achsenabschnitt n ist der y-Wert, bei dem die Gerade die y-Achse schneidet.
Für m > 0 ist die Funktion streng monoton wachsend, für m < 0 ist sie streng monoton fallend.

Der Schnittpunkt des Graphen der Funktion mit der x-Achse ist $S_x\left(\dfrac{-n}{m}\middle|0\right)$, der Schnittpunkt mit der y-Achse $S_y(0|n)$.

Ist n = 0, so nennt man die lineare Funktion y = mx (m ∈ ℝ, m ≠ 0) auch Proportionalfunktion. Der Graph einer Proportionalfunktion ist eine Gerade durch den Koordinatenursprung, und zwar mit der Steigung m. Man nennt m auch den Proportionalitätsfaktor der Gleichung, denn es gilt $m = \dfrac{y}{x}$.

2.4.3 Quadratische Funktionen

Funktionen mit einer Funktionsgleichung

$$y = f(x) = a_2x^2 + a_1x + a_0 \quad (a_2, a_1, a_0 \in \mathbb{R}, a_2 \neq 0)$$

Eine quadratische Funktion ist eine ganze rationale Funktion 2. Grades.
Der Graph jeder quadratischen Funktion ist eine Parabel (vgl. auch Abschnitt 4.5.3). Für spezielle Koeffizienten a_2, a_1, a_0 in der Funktionsgleichung erhält man spezielle Parabeln.

Normalparabel
Mit den Koeffizienten $a_2 = 1$, $a_1 = 0$, $a_0 = 0$ in der Gleichung $y = a_2x^2 + a_1x + a_0$ der quadratischen Funktion erhält man die Gleichung $y = x^2$ der Normalparabel.

$$y = x^2$$

Der Punkt (0|0), also der Koordinatenursprung, ist der Scheitelpunkt der Normalparabel. Die Normalparabel ist symmetrisch zur y-Achse und nach oben geöffnet. Der Definitionsbereich ist $D = \mathbb{R}$, der Wertebereich ist $W = \mathbb{R}$, und die Bildmenge $f(D)$ ist die Menge der nichtnegativen reellen Zahlen: $f(D) = \mathbb{R}_0^+ = \mathbb{R}^+ \cup \{0\}$.

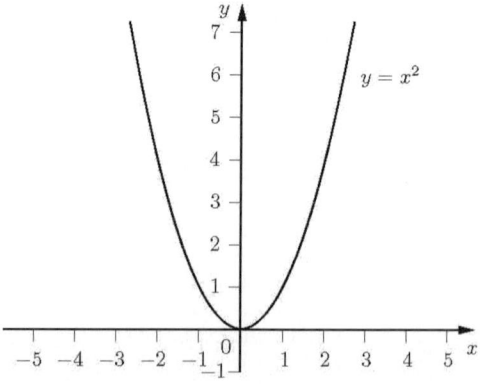

Bild 4. Normalparabel

Allgemeiner Fall

$$y = a_2x^2 + a_1x + a_0$$

Für $a_2 > 0$ ist die Parabel nach oben, für $a_2 < 0$ nach unten geöffnet.

Für $|a_2| > 1$ ist die Parabel im Vergleich zur Normalparabel gestreckt und für $|a_2| < 1$ gestaucht. Man nennt $|a_2|$ deshalb den Streckungsfaktor der Parabel. Eine Änderung des Koeffizienten a_1 bewirkt eine Verschiebung der Parabel in x-Richtung, eine Änderung von a_0 bewirkt eine Verschiebung in y-Richtung. Scheitelpunkt S der Parabel:

$$S(x_s|y_s) = S\left(-\frac{a_1}{2a_2}\middle|a_0 - \frac{a_1^2}{4a_2}\right)$$

Man nennt die Gleichung $y - y_s = a_2(x - x_s)^2$ Scheitelform der quadratischen Funktion, wohingegen $y = a_2x^2 + a_1x + a_0$ Normalform der quadratischen Funktion heißt.

$$y - y_s = a_2(x - x_s)^2$$

Schnittpunkt S_y mit der y-Achse: $S_y = S_y(0|a_0)$.
Der Wert $D = a_1^2 - 4a_2a_0$ heißt Diskriminante der quadratischen Funktion $y = a_2x^2 + a_1x + a_0$. Gilt $D > 0$, so hat die zugehörige Parabel zwei Schnittpunkte mit der x-Achse. Für $D = 0$ gibt es einen Schnittpunkt (der Schnittpunkt ist dann ein Berührpunkt). Für $D < 0$ gibt es keinen Schnittpunkt mit der x-Achse. Schnittpunkte mit der x-Achse:

$$S_{x_1}\left(\frac{1}{2a_2}(-a_1 + \sqrt{a_1^2 - 4a_2a_0})\middle|0\right),$$

$$S_{x_2}\left(\frac{1}{2a_2}(-a_1 - \sqrt{a_1^2 - 4a_2a_0})\middle|0\right)$$

2.4.4 Kubische Funktionen

Funktionen mit einer Funktionsgleichung

$$y = f(x) = a_3x^3 + a_2x^2 + a_1x + a_0$$
$$(a_3, a_2, a_1, a_0 \in \mathbb{R}, a_3 \neq 0)$$

Eine kubische Funktion ist eine ganze rationale Funktion 3. Grades.
Der Graph einer kubischen Funktion ist eine kubische Parabel.

■ **Beispiele:**

1. $y = x^3$ (kubische Normalparabel

2. $y = -\frac{1}{2}x^3$

3. $y = \frac{1}{4}x^3 - x$

Das Verhalten der Funktion hängt wesentlich von dem Koeffizienten a_3 und der Diskriminante $D = 3a_3a_1 - a_2^2$ ab. Wenn $D \geq 0$ ist, dann ist die Funktion für $a_3 > 0$ monoton wachsend und für $a_3 < 0$ monoton fallend (vgl. Abschnitt 2.2.1). Für $D < 0$

besitzt die Funktion ein Maximum und ein Minimum (siehe Abschnitt 5.4.7). Für $a_3 > 0$ ist die Funktion dann von $-\infty$ bis zum Maximum monoton wachsend, monoton fallend vom Maximum bis zum Minimum und danach bis $+\infty$ wieder monoton wachsend. Für $a_3 < 0$ (und $D < 0$) ist die Funktion von $-\infty$ bis zum Minimum monoton fallend, vom Minimum bis zum Maximum monoton wachsend und danach bis $+\infty$ wieder monoton fallend.

Es gibt einen, zwei (dann ist ein Schnittpunkt ein Berührpunkt) oder drei Schnittpunkte mit der x-Achse (abhängig von den Koeffizienten a_3, a_2, a_1, a_0. Der Schnittpunkt mit der y-Achse ist $S_y(0|a_0)$.

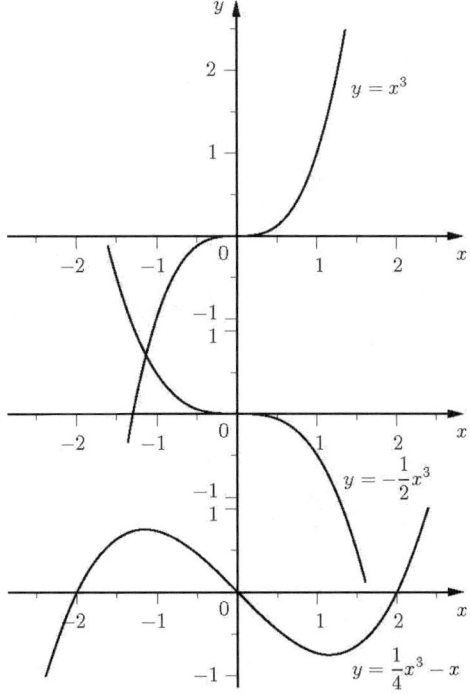

Bild 5. Graphen der kubischen Funktionen

$$y = x^3, \quad y = -\frac{1}{2}x^3 \quad \text{und} \quad y = \frac{1}{4}x^3 - x$$

2.4.5 Ganze rationale Funktionen n-ten Grades

Funktionen mit einer Funktionsgleichung folgender Art, wobei $a_0, a_1, a_2, \ldots, a_{n-1}, a_n \in \mathbb{R}, a_n \neq 0, n \in \mathbb{N}$, heißen ganze rationale Funktionen n-ten Grades.

$$y = a_nx^n + a_{n-1}x^{n-1} + \ldots + a_2x^2 + a_1x + a_0 = \sum_{k=0}^{n} a_kx^k$$

Die rechte Seite der Gleichung heißt auch Polynom n-ten Grades.
Der Graph einer ganzen rationalen Funktion n-ten Grades ist eine zusammenhängende Kurve, die von links aus dem Unendlichen kommt und nach rechts

im Unendlichen verschwindet. Dabei hängt der Kurvenverlauf ganz wesentlich vom Grad n der Funktion und vom Vorzeichen von a_n ab. Es gilt:

n gerade   ($n = 2, 4, 6, ...$) und $a_n > 0$: $\qquad x \to -\infty \Rightarrow y \to +\infty$ $\qquad x \to +\infty \Rightarrow y \to +\infty$
n gerade   ($n = 2, 4, 6, ...$) und $a_n < 0$: $\qquad x \to -\infty \Rightarrow y \to -\infty$ $\qquad x \to +\infty \Rightarrow y \to -\infty$
n ungerade ($n = 1, 3, 5, ...$) und $a_n > 0$: $\qquad x \to -\infty \Rightarrow y \to -\infty$ $\qquad x \to +\infty \Rightarrow y \to +\infty$
n ungerade ($n = 1, 3, 5, ...$) und $a_n < 0$: $\qquad x \to -\infty \Rightarrow y \to +\infty$ $\qquad x \to +\infty \Rightarrow y \to -\infty$

Dabei bedeutet zum Beispiel $x \to -\infty$, dass x sich $-\infty$ nähert.

Ist von den Koeffizienten in der Funktionsgleichung nur $a_n \neq 0$, gilt also $a_0 = a_1 = a_2 = ... = a_{n-2} = a_{n-1} = 0$, dann nennt man die Funktion Potenzfunktion.

$$\boxed{y = a_n x^n \quad (n \in \mathbb{N},\, a_n \in \mathbb{R},\, a_n \neq 0)}$$

Die Graphen der Potenzfunktionen heißen für $n \geq 2$ Parabeln n-ter Ordnung.

Der Definitionsbereich der Potenzfunktionen ist $D = \mathbb{R}$. Für die Bildmenge gilt $f(D) = \{z | z \in \mathbb{R},\, z \geq 0\}$ für gerade $n \geq 2$ und $a_n > 0$, $f(D) = \{z | z \in \mathbb{R},\, z \leq 0\}$ für gerade $n \geq 2$ und $a_n < 0$ und $f(D) = \mathbb{R}$ für ungerade n. Die Kurve der Funktion $y = ax^n$ ist im Vergleich zur Kurve der Funktion $y = x^n$ für $|a| < 1$ gestaucht, für $|a| > 1$ gestreckt und für $a < 0$ an der x-Achse gespiegelt.

■ **Beispiele:**
1. $y = x^2$ und $y = x^4$
    Die Graphen dieser Funktionen sind Parabeln 2. bzw. 4. Ordnung.

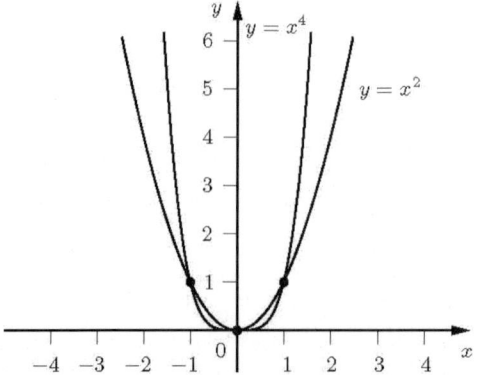

Bild 6. Parabeln 2. und 4. Ordnung

2. $y = x^3$ und $y = x^5$
    Die Graphen dieser Funktionen sind Parabeln 3. bzw. 5. Ordnung.

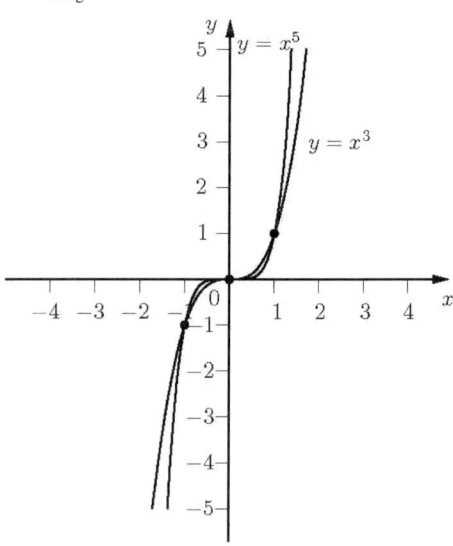

Bild 7. Parabeln 3. und 5. Ordnung

3. $y = \dfrac{1}{100}x^6 + \dfrac{1}{100}x^5 - \dfrac{17}{100}x^4 - \dfrac{1}{20}x^3 + \dfrac{16}{25}x^2 + \dfrac{1}{25}x - \dfrac{12}{25}$

    Das Polynom der rechten Seite lässt sich umformen:

$$\dfrac{1}{100}x^6 + \dfrac{1}{100}x^5 - \dfrac{17}{100}x^4 - \dfrac{1}{20}x^3 + \dfrac{16}{25}x^2 + \dfrac{1}{25}x - \dfrac{12}{25}$$

$$= \dfrac{1}{100}(x^2 - 1)(x^2 - 4)(x^2 + x - 12)$$

Da ein Produkt genau dann gleich 0 ist, wenn mindestens einer der Faktoren gleich 0 ist, erhält man als Nullstellen der gegebenen Funktion die Lösungen der drei quadratischen Gleichungen $x^2 - 1 = 0$, $x^2 - 4 = 0$ und $x^2 + x - 12 = 0$:
$x_1 = 1, x_2 = -1, x_3 = 2, x_4 = -2, x_5 = 3, x_6 = -4$
Die Nullstellen sind die Abszissen der Schnittpunkte des Graphen der Funktion mit der x-Achse.

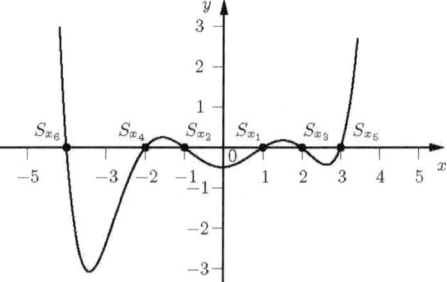

Bild 8. Graph der Funktion zu der Gleichung aus Beispiel 3

Weil eine algebraische Gleichung n-ten Grades höchstens n reelle Wurzeln besitzt, hat die Kurve für den gegebenen Grad die Höchstzahl an Schnittpunkten mit der x-Achse, nämlich $n = 6$.

Da $a_n = \dfrac{1}{100} > 0$ und $n = 6$ geradzahlig ist, kommt die Kurve von links aus dem Positiv-Unendlichen und geht nach rechts ins Positiv-Unendliche.

Zur Berechnung des Schnittpunkts S_y mit der y-Achse setzt man in der Funktionsgleichung $x = 0$ ein und erhält

$y = -\dfrac{12}{25}$ als Ordinate des Schnittpunkts und damit als

Schnittpunkt mit der y-Achse:

$$S_y = S_y\left(0\left|-\frac{12}{25}\right.\right)$$

2.4.6 Horner-Schema

Das Horner-Schema ist ein Verfahren zur Berechnung von Funktionswerten ganzer rationaler Funktionen.

Ist eine Funktion $f(x) = a_n x^n + a_{n-1} x^{n-1} + \dots a_2 x^2 +$

$a_1 x + a_0 = \sum\limits_{k=0}^{n} a_k x^k$ gegeben und der Funktionswert

an der Stelle x_0 gesucht, so dividiert man das Polynom $\sum\limits_{k=0}^{n} a_k x^k$ durch $(x - x_0)$:

$(a_n x^n + a_{n-1} x^{n-1} + \dots + a_2 x^2 + a_1 x + a_0) : (x - x_0) =$

$a_n x^{n-1} + c_1 x^{n-2} + \dots + c_{n-2} x + c_{n-1} + \dfrac{c_n}{x - x_0}$.

Für die Koeffizienten c_i gilt $c_1 = a_n x_0 + a_{n-1}$ und $c_i = c_{i-1} x_0 + a_{n-i}$ für $i = 2,3, \dots, n$. Damit kann die Funktion $f(x)$ auch durch die Gleichung $f(x) = (a_n x^{n-1} + c_1 x^{n-2} + \dots + c_{n-2} x + c_{n-1})(x - x_0) + c_n$ beschrieben werden. Für $x = x_0$ ergibt sich dann $f(x_0) = c_n$. Die Berechnung des Funktionswertes $f(x_0)$ ist somit auf die Berechnung der Konstante c_n zurückgeführt worden, die man in n Schritten durch einander folgende Berechnung von $c_1, c_2, \dots, c_n$ ermittelt. Man berechnet zuerst c_1 aus $c_1 = a_n x_0 + a_{n-1}$, dann c_2 aus $c_2 = c_1 x_0 + a_{n-2}$, und so weiter und schließlich c_n aus $c_n = c_{n-1} x_0 + a_0$.

Dieses Verfahren nennt man Horner-Schema (nach dem englischen Mathematiker William George Horner, 1786–1837). Es lässt sich folgendermaßen schematisch darstellen:

	a_n	a_{n-1}	a_{n-2}	...	a_1	a_0
+		$a_n x_0$	$c_1 x_0$	...	$c_{n-2} x_0$	$c_{n-1} x_0$
	a_n	c_1	c_2	...	c_{n-1}	c_n

■ **Beispiel:**

$f(x) = 2x^4 - 8x^3 + 2x^2 + 28x - 48$

Gesucht ist $f(-3)$, also der Funktionswert an der Stelle $x_0 = -3$. Horner-Schema:

	2	−8	2	28	−48
+		−6	42	−132	312
		$(= 2\,(-3))$	$(= (-14)\,(-3))$	$(= 44\,(-3))$	$(= (-104)\,(-3))$
	2	−14	44	−104	264

Es gilt also $f(-3) = 264$.

2.5 Gebrochene rationale Funktionen

2.5.1 Nullstellen, Pole, Asymptoten

Funktionen mit einer Funktionsgleichung folgender Art, wobei $a_0, a_1, \dots, a_n, b_0, b_1, \dots, b_m \in \mathbb{R}$, $a_n, b_m \neq 0$,

$n \in \mathbb{Z}$, $n \geq 0$, $m \in \mathbb{N}$ heißen gebrochene rationale Funktionen.

$$y = \frac{a_n x^n + a_{n-1} x^{n-1} + \dots + a_2 x^2 + a_1 x + a_0}{b_m x^m + b_{m-1} x^{m-1} + \dots + b_2 x^2 + b_1 x + b_0} = \frac{\sum\limits_{i=o}^{n} a_i x^i}{\sum\limits_{k=0}^{m} b_k x^k}$$

Eine gebrochene rationale Funktion $y = f(x)$ kann immer als Quotient zweier ganzer rationaler Funktionen dargestellt werden (sowohl Zähler als auch Nenner sind Polynome in x).

$$y = \frac{P_n(x)}{P_m(x)}$$

Eine gebrochene rationale Funktion ist nicht für alle x definiert. Die Nullstellen des Nenners gehören nicht zum Definitionsbereich der Funktion.

Ist der Grad des Nennerpolynoms größer als der Grad des Zählerpolynoms ($n < m$), dann heißt die Funktion echt gebrochene rationale Funktion, andernfalls (also für $n \geq m$) heißt sie unecht gebrochene rationale Funktion.

Gebrochene rationale Funktionen, bei denen sowohl das Zählerpolynom als auch das Nennerpolynom den Grad 1 haben (also $n = 1$ und $m = 1$), heißen gebrochene lineare Funktionen.

$$y = \frac{a_1 x + a_0}{b_1 x + b_0}$$

Die Graphen der gebrochenen rationalen Funktionen $y = \dfrac{a}{x^n}$, $n \in \mathbb{N}$, $a \in \mathbb{R}$, $a \neq 0$ heißen Hyperbeln n-ter Ordnung (zu Hyperbeln vgl. auch Abschnitt 4.5.2).

Durch Polynomdivision lässt sich jede unecht gebrochene rationale Funktion $y = f(x)$ darstellen als Summe einer ganzen rationalen Funktion $g(x)$ und einer echt gebrochenen rationalen Funktion $h(x)$: $y = f(x) = g(x) + h(x)$.

■ **Beispiel:**

1. $\dfrac{2x^4 + 3x^3 + 5x^2 - 4x + 1}{x^2 - 3x + 1} = 2x^2 + 9x + 30 + \dfrac{77x - 29}{x^2 - 3x + 1}$

Eine Zahl x_0 ist eine Nullstelle von $y = f(x) = \dfrac{P_n(x)}{P_m(x)} = \dfrac{P(x)}{Q(x)}$, wenn an der Stelle $x = x_0$ der Zähler Null ist und der Nenner von Null verschieden, also $P(x_0) = 0$, $Q(x_0) \neq 0$.

Eine Stelle $x = x_p$ heißt ein Pol der Funktion $y = \dfrac{P(x)}{Q(x)}$, wenn x_p eine Nullstelle des Nenners $Q(x)$ ist und der Zähler $P(x)$ an der Stelle x_p von Null verschieden ist, also $Q(x_p) = 0$, $P(x_p) \neq 0$. Ist $x = x_p$ eine

k-fache Nullstelle des Nenners $Q(x)$ und gilt $P(x_p) \neq 0$, dann heißt x_p ein Pol k-ter Ordnung von $y = \dfrac{P(x)}{Q(x)}$.

Zwei Polynome $P(x)$ und $Q(x)$ heißen teilerfremd, wenn alle ihre Nullstellen verschieden sind. Gilt also für eine Stelle $x = x_1$, dass $P(x_1) = 0$, so folgt $Q(x_1) \neq 0$, und gilt umgekehrt für eine Stelle $x = x_2$, dass $Q(x_2) = 0$, so folgt $P(x_2) \neq 0$.

Jede gebrochene rationale Funktion lässt sich als Quotient zweier teilerfremder Polynome darstellen.

$$y = \frac{P(x)}{Q(x)}, \quad P(x) \text{ und } Q(x) \text{ teilerfremd}$$

Eine solche Darstellung heißt Normalform der gebrochenen rationalen Funktion.

Die Nullstellen einer gebrochenen rationalen Funktion in Normalform sind die Nullstellen des Zählerpolynoms $P(x)$.

Ist $x = x_p$ ein Pol k-ter Ordnung der Funktion $y = \dfrac{P(x)}{Q(x)}$ mit teilerfremden $P(x)$ und $Q(x)$, dann lässt sich die Funktion in der Nähe des Pols darstellen

durch $y = \dfrac{P(x)}{Q(x)} = \dfrac{1}{(x - x_p)^k} \cdot \dfrac{P(x)}{Q_1(x)}$.

Dabei haben weder $P(x)$ noch $Q_1(x)$ in der Nähe von $x = x_p$ eine Nullstelle, sie ändern also ihr Vorzeichen nicht. Ihr Quotient hat deshalb einen von Null verschiedenen, beschränkten positiven oder negativen Wert. Die Funktion $\dfrac{1}{(x - x_p)^k}$ wächst aber, wenn sich x dem Pol x_p nähert, über alle Grenzen.

Nähert man sich dem Pol mit wachsenden x-Werten (also $x < x_p$), so ist $x - x_p$ negativ. Für ungerade k ($k = 1, 3, 5, \ldots$) geht dann $\dfrac{1}{(x - x_p)^k}$ gegen $-\infty$, für gerade k ($k = 2, 4, 6, \ldots$) dagegen gegen $+\infty$.

Nähert man sich dem Pol mit abnehmenden x-Werten (also $x > x_p$), so ist $x - x_p$ positiv, $\dfrac{1}{(x - x_p)^k}$ geht dann also stets gegen $+\infty$.

Für negative Werte des Faktors $\dfrac{P(x)}{Q_1(x)}$ dreht sich das Vorzeichen der Funktion $y = f(x)$ um.

Die Gerade $x = x_p$ heißt Asymptote der gebrochenen rationalen Funktion $y = f(x)$. Asymptoten einer Funktion sind Geraden, denen sich der Graph der Funktion unbeschränkt nähert, ohne sie je zu erreichen (Asymptote = Nichtzusammenlaufende).

Das Verhalten einer gebrochenen rationalen Funktion

$$y = f(x) = \frac{P_n(x)}{P_m(x)} \quad \text{im Unendlichen:}$$

– Ist $y = f(x)$ eine echt gebrochene rationale Funktion, gilt also $n < m$, dann ist die x-Achse (Gerade mit der Gleichung $y = 0$) eine Asymptote.

– Im Falle $n = m$ ist die zur x-Achse parallele Gerade mit der Gleichung $y = \dfrac{a_n}{b_m}$ eine Asymptote.

– Ist $n > m$, so gilt $y = f(x) = g(x) + h(x)$, wobei $g(x)$ eine ganze rationale Funktion und $h(x)$ eine echt gebrochene rationale Funktion sind. Die Funktion $y = f(x)$ verhält sich dann im Unendlichen wie die rationale Funktion $y = g(x)$.

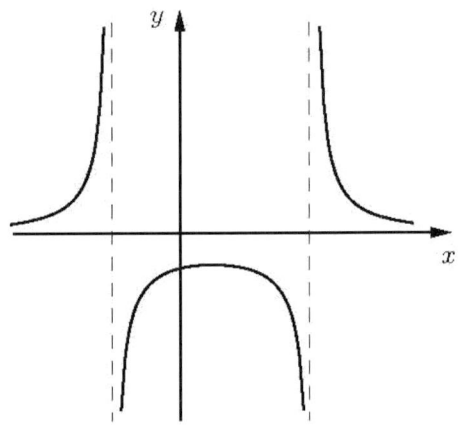

Bild 9. Funktionsverlauf bei Polen ungerader Ordnung

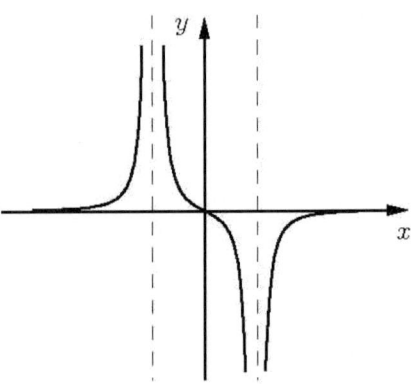

Bild 10. Funktionsverlauf bei Polen gerader Ordnung

■ **Beispiele:**

2. $y = \dfrac{1}{x}$

Zum Definitionsbereich gehören alle x außer $x = 0$.

Wegen $f(-x) = \dfrac{1}{-x} = -\dfrac{1}{x} = -f(x)$ ist die Funktion ungerade, der Graph der Funktion ist also symmetrisch zum Nullpunkt (Koordinatenursprung).

Die Funktion hat keine Nullstelle, denn der Zähler ist stets von Null verschieden ($P(x) = 1$).

Die Stelle $x = 0$ ist ein Pol erster Ordnung der Funktion. Nähert man sich diesem Pol mit wachsenden x-Werten (also $x < 0$), dann geht y gegen $-\infty$. Nähert man sich dem Pol dagegen mit abnehmenden x-Werten (also $x > 0$), so geht y gegen $+\infty$. Die Geraden $x = 0$ (y-Achse) und $y = 0$ (x-Achse) sind Asymptoten der Funktion.
Der Graph der Funktion ist eine Hyperbel.

x	± 3	± 2	$\pm 1,5$	$\pm 1,1$	$\pm 0,9$	$\pm 0,5$	0
y	0,125	0,333	0,800	4,762	$-5,263$	$-1,333$	-1

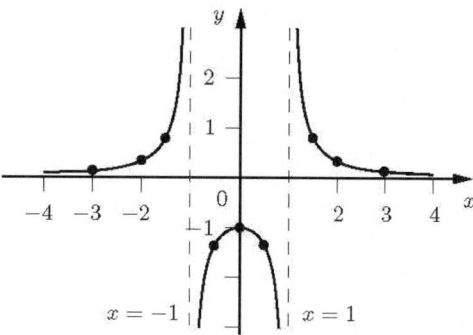

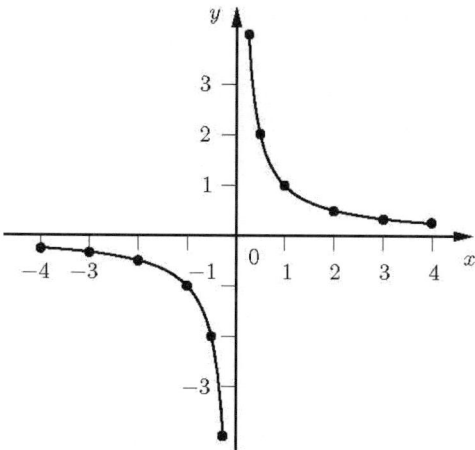

Bild 11. Graph der Funktion mit der Gleichung $\; y = \dfrac{1}{x}$

Bild 12. Graph der Funktion mit der Gleichung
$$y = \frac{1}{x^2 - 1}$$

3. $\quad y = \dfrac{1}{x^2 - 1}$

Die Funktion ist für alle die x definiert, für die der Nenner ungleich 0 ist.
Die Nullstellen des Nenners berechnet man, indem man den Nenner (das Nennerpolynom) gleich Null setzt: $x^2 - 1 = 0$. Diese quadratische Gleichung hat die Lösungen $x_1 = 1$ und $x_2 = -1$.

Wegen $\; f(-x) = \dfrac{1}{(-x)^2 - 1} = \dfrac{1}{x^2 - 1} = f(x) \;$ ist die Funktion

gerade, der Graph der Funktion ist also symmetrisch zur y-Achse.
Die Funktion hat keine Nullstellen (Schnittpunkte mit der x-Achse), denn der Zähler ist für alle x des Definitionsbereiches von Null verschieden.
Die Stellen $x_1 = 1$ und $x_2 = -1$ sind Pole erster Ordnung der Funktion.
Nähert man sich dem Pol x_2 mit wachsenden x-Werten (also $x < -1$), dann ist der Faktor $\dfrac{P(x)}{Q_1(x)} = \dfrac{1}{x - 1}$ in der Zerlegung

der Funktion
$$y = \frac{P(x)}{Q(x)} = \frac{1}{x - x_2} \cdot \frac{P(x)}{Q_1(x)} = \frac{1}{x - (-1)} \cdot \frac{1}{x - 1}$$

negativ, das heißt, y geht gegen $+\infty$.
Nähert man sich entsprechend dem Pol x_2 mit abnehmenden x-Werten (also $x > -1$) oder dem Pol x_1 mit wachsenden x-Werten (also $x < 1$), so geht y gegen $-\infty$. Nähert man sich dagegen x_1 mit abnehmenden x-Werten (also $x > 1$), so geht y gegen $+\infty$.
Die Geraden $x_1 = 1$ und $x_2 = -1$ sowie $y = 0$ (x-Achse) sind Asymptoten der Funktion.
Funktionswerte für $-1 < y \leq 0$ gibt es nicht, da der Nenner nicht kleiner als -1 werden kann.
Wertetabelle (y-Werte auf drei Stellen nach dem Komma gerundet):

2.5.2 Partialbruchzerlegung

Eine Partialbruchzerlegung ist die Zerlegung einer gebrochenen rationalen Funktion $y = f(x)$ mit $f(x) = \dfrac{a_n x^n + a_{n-1} x^{n-1} + \ldots + a_2 x^2 + a_1 x + a_0}{b_m x^m + b_{m-1} x^{m-1} + \ldots + b_2 x^2 + b_1 x + b_0}$ in eine Summe von Brüchen.
Durch eine Partialbruchzerlegung von $f(x)$ wird oftmals die Integration der Funktion einfacher oder überhaupt erst möglich (vgl. Abschnitt 5.5.2).
Jede echt gebrochene rationale Funktion (also $n < m$) kann eindeutig in eine Summe von Partialbrüchen zerlegt werden.
Praktische Durchführung der Partialbruchzerlegung:
1. Im Falle $n \geq m$ Abspalten des ganzen rationalen Anteils mit Polynomdivision.
2. Kürzen des Bruches (also Division des Zählers und des Nenners) durch b_m, den Koeffizienten der höchsten Potenz des Nenners:
$$f(x) = \frac{c_n x^n + c_{n-1} x^{n-1} + \ldots + c_2 x^2 + c_1 x + c_0}{x^m + d_{m-1} x^{m-1} + \ldots + d_2 x^2 + d_1 x + d_0}$$

Es gilt also $\dfrac{a_i}{b_m} = c_i \; (1 \leq i \leq n)$ und $\dfrac{b_j}{b_m} = d_j$

$(1 \leq j < m)$.
3. Bestimmung der Nullstellen $x_1, x_2, \ldots, x_r \; (r \leq m)$ des Nennerpolynoms.
4. Zerlegung des Nennerpolynoms in die Form
$$x^m + d_{m-1} x^{m-1} + \ldots + d_2 x^2 + d_1 x + d_0$$
$$= (x - x_1)^{k_1} \cdot (x - x_2)^{k_2} \cdot \ldots \cdot (x - x_r)^{k_r} \cdot (x^2 + p_1 x + q_1)^{l_1} \cdot$$
$$(x^2 + p_2 x + q_2)^{l_2} \cdot \ldots \cdot (x^2 + p_s x + q_s)^{l_s}$$

Eine solche Zerlegung ist immer möglich. Dabei sind $x_1, x_2, \ldots, x_r$ alle reellen Nullstellen mit den Vielfachheiten $k_1, k_2, \ldots, k_r$. Die restlichen quadratischen Faktoren ergeben die konjugierten Paare komplexer Nullstellen (also $p_i^2 - 4q_i < 0$).

5. Zerlegung von $f(x)$ in eine Summe von Brüchen:

$$f(x) = \frac{A_{11}}{x-x_1} + \frac{A_{12}}{(x-x_1)^2} + \ldots + \frac{A_{1k_1}}{(x-x_1)^{k_1}}$$

$$+ \frac{A_{21}}{x-x_2} + \frac{A_{22}}{(x-x_2)^2} + \ldots + \frac{A_{2k_2}}{(x-x_2)^{k_2}}$$

$$+ \ldots\ldots\ldots\ldots\ldots\ldots\ldots\ldots\ldots\ldots\ldots$$

$$+ \frac{A_{r1}}{x-x_r} + \frac{A_{r2}}{(x-x_r)^2} + \ldots + \frac{A_{rk_r}}{(x-x_r)^{k_r}}$$

$$+ \frac{B_{11}+C_{11}x}{x^2+p_1x+q_1} + \frac{B_{12}+C_{12}x}{(x^2+p_1x+q_1)^2} + \ldots + \frac{B_{1l_1}+C_{1l_1}x}{(x^2+p_1x+q_1)^{l_1}}$$

$$+ \frac{B_{21}+C_{21}x}{x^2+p_2x+q_2} + \frac{B_{22}+C_{22}x}{(x^2+p_2x+q_2)^2} + \ldots + \frac{B_{2l_2}+C_{2l_2}x}{(x^2+p_2x+q_2)^{l_2}}$$

$$+ \ldots\ldots\ldots\ldots\ldots\ldots\ldots\ldots\ldots\ldots\ldots\ldots$$

$$+ \frac{B_{s1}+C_{s1}x}{x^2+p_sx+q_s} + \frac{B_{s2}+C_{s2}x}{(x^2+p_sx+q_s)^2} + \ldots + \frac{B_{sl_s}+C_{sl_s}x}{(x^2+p_sx+q_s)^{l_s}}$$

Dabei sind die Koeffizienten A_{ij}, B_{ij}, C_{ij} reelle Zahlen.

6. Bestimmung der Koeffizienten der Partialbrüche zum Beispiel mit der Methode des Koeffizientenvergleichs.

Die Brüche im Schritt 5 nennt man die Partialbrüche der gebrochenen rationalen Funktion $f(x)$.

Spezialfälle:

– Wenn das Nennerpolynom nur reelle Nullstellen besitzt, dann fallen die Partialbrüche mit den nicht zerlegbaren quadratischen Funktionen im Nenner weg.

– Besitzt das Nennerpolynom nur die einfachen reellen Nullstellen x_1, x_2, ..., x_m, dann lautet die Partialbruchzerlegung

$$f(x) = \frac{A_1}{x-x_1} + \frac{A_2}{x-x_2} + \ldots + \frac{A_m}{x-x_m}.$$

■ **Beispiel:**

$$f(x) = \frac{6x^2-4}{2x^3+4x^2+4x+2}$$

Division durch $b_3 = 2$: $f(x) = \frac{3x^2-2}{x^3+2x^2+2x+1}$

Nullstelle des Nennerpolynoms: $x_1 = -1$
Zerlegung des Nennerpolynoms:
$x^3+2x^2+2x+1 = (x+1)(x^2+x+1)$
Zerlegung von $f(x)$ in eine Summe von Partialbrüchen:

$$f(x) = \frac{3x^2-2}{x^3+2x^2+2x+1} = \frac{A}{x+1} + \frac{Bx+C}{x^2+x+1}$$

Bestimmung der Koeffizienten A, B, C durch Koffizientenvergleich:

$$f(x) = \frac{3x^2-2}{(x+1)(x^2+x+1)}$$

$$= \frac{A(x^2+x+1) + (Bx+C)(x+1)}{(x+1)(x^2+x+1)}$$

$$\Rightarrow 3x^2-2 = A(x^2+x+1) + (Bx+C)(x+1)$$

$$= (A+B)x^2 + (A+B+C)x + (A+C)$$

Vergleich der Koeffizienten von x^2, von x und der Absolutglieder links und rechts vom Gleichheitszeichen ergibt:

$A+B=3$, $A+B+C=0$, $A+C=-2$
$\Rightarrow A=1$, $B=2$, $C=-3$

Lösung somit:

$$f(x) = \frac{6x^2-4}{2x^3+4x^2+4x+2} = \frac{1}{x+1} + \frac{2x-3}{x^2+x+1}$$

2.6 Irrationale Funktionen

Irrationale Funktionen sind algebraische Funktionen, die nicht rational sind. In der Funktionsgleichung $y = f(x)$ einer rationalen Funktion werden auf die unabhängige Variable x nur endlich viele rationale Rechenoperationen (Addition, Subtraktion, Multiplikation und Division) angewandt. Bei irrationalen Funktionen tritt die unabhängige Variable x auch unter einem Wurzelzeichen auf.

■ **Beispiele:**

1. $y = x^2 + x + \sqrt{x}$

2. $y = \sqrt{5x^3 - 2}$

3. $y = \sqrt[7]{(x^2-1)\sqrt[3]{5x+1}}$

Eine besonders wichtige Klasse von irrationalen Funktionen sind die so genannten Wurzelfunktionen.

$$\boxed{y = \sqrt[n]{x}\ (n \in \mathbb{N},\, n \geq 2)}$$

Der Definitionsbereich der Wurzelfunktionen ist $D = \{x | x \in \mathbb{R},\, x \geq 0\}$ für gerade n und $D = \mathbb{R}$ für ungerade n, die Bildmenge ist gleich dem Definitionsbereich, also $f(D) = D$.

Die Wurzelfunktionen sind im ganzen Definitionsbereich streng monoton wachsend.

Für ungerade n ist $y = \sqrt[n]{x}$ eine ungerade Funktion, der Graph der Funktion ist also punktsymmetrisch zum Koordinatenursprung.

Die Graphen der Wurzelfunktionen gehen durch den Koordinatenursprung und durch den Punkt $P(1|1)$.

Für das Verhalten der Wurzelfunktionen im Unendlichen gilt:

$n \in \mathbb{N},\, n \geq 2$:	$x \to +\infty \Rightarrow y \to +\infty$
n ungerade ($n = 3, 5, 7, \ldots$)	$x \to -\infty \Rightarrow y \to -\infty$

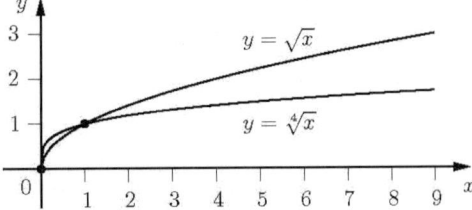

Bild 13. Graph der Wurzelfunktionen
$y = \sqrt{x}$ und $y = \sqrt[4]{x}$

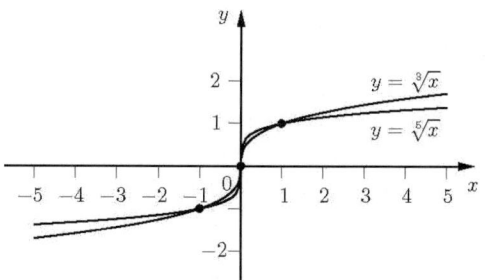

Bild 14. Graph der Wurzelfunktionen
$y = \sqrt[3]{x}$ und $y = \sqrt[5]{x}$

Die quadratische Funktion $y = x^2$ ist in den zwei getrennten Intervallen $0 \leq x < +\infty$ und $-\infty < x \leq 0$ jeweils monoton. Sie hat deshalb zwei Umkehrfunktionen, und zwar $y = +\sqrt{x}$ und $y = -\sqrt{x}$. Für beide Umkehrfunktionen ist der Definitionsbereich $0 \leq x < +\infty$ (entspricht $0 \leq y < +\infty$ der Funktion $y = x^2$), die Bildmenge ist $0 \leq y < +\infty$ bzw. $-\infty < y \leq 0$. Die Graphen der Umkehrfunktionen ergeben sich aus der Normalparabel durch Spiegelung an der Winkelhalbierenden $y = x$. Die (positive) Quadratwurzelfunktion $y = \sqrt{x}$ zum Beispiel ist also die Umkehrfunktion der Funktion des rechten Normalparabelastes.

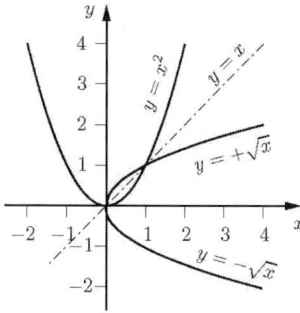

Bild 15. Graphen von Funktionen und ihren Umkehrfunktionen

Die kubische Funktion $y = x^3$ ist in ihrem ganzen Definitionsbereich $D = (-\infty, \infty)$ monoton steigend. Ihre Umkehrfunktion ist $y = \sqrt[3]{x}$. Der Definitionsbereich der Umkehrfunktion ist $-\infty < x < \infty$, die Bildmenge $-\infty < y < \infty$. Der Graph der Umkehrfunktion ergibt sich aus der kubischen Normalparabel durch Spiegelung an der Winkelhalbierenden $y = x$.

Allgemein gilt:

- Für ungerade n ist die Wurzelfunktion $y = f(x) = \sqrt[n]{x}, f: \mathbb{R} \to \mathbb{R}$ die Umkehrfunktion der Potenzfunktion $y = f(x) = x^n\ f: \mathbb{R} \to \mathbb{R}$.
- Für gerade n ist die Wurzelfunktion $y = f(x) = \sqrt[n]{x}, f: [0,\infty) \to [0,\infty)$ die Umkehrfunktion der Potenzfunktion $y = f(x) = x^n, f: [0,\infty) \to [0,\infty)$.

Man bezeichnet allgemeiner auch Funktionen $y = a\sqrt[n]{x}$, $a \in \mathbb{R}$, $a \neq 0$ als Wurzelfunktionen. Die Kurve der Funktion $y = a\sqrt[n]{x}$ ist im Vergleich zur Kurve der Funktion $y = \sqrt[n]{x}$ für $|a| < 1$ gestaucht, für $|a| > 1$ gestreckt und für $a < 0$ an der x-Achse gespiegelt.

■ **Beispiel:**

4. $y = b + \sqrt{r^2 - (x - a)^2}$, $D = \{x \,|\, |x{-}a| \leq r\}$, $W = \mathbb{R}$

Der Graph dieser Funktion ist der obere Halbkreis des Kreises mit dem Mittelpunkt $M(a|b)$ und dem Radius r.
Fehlerwarnung: Die Gleichung $(x - a)^2 + (y - b)^2 = r^2$ des Kreises mit dem Mittelpunkt $M(a|b)$ und dem Radius r (vgl. Abschnitt 4.3) ist keine (implizite) Funktion, denn die Zuordnung einer Zahl y zu einer Zahl x ist nicht eindeutig, wie in der Definition einer Funktion gefordert (zu jedem x mit $|x{-}a| < r$ gibt es zwei y)!
Analog zu oben ist der Graph der Funktion $y = b - \sqrt{r^2 - (x - a)^2}$ $D = \{x \,|\, |x{-}a| \leq r\}$, $W = \mathbb{R}$ die untere Hälfte des Kreises mit dem Mittelpunkt $M(a|b)$ und dem Radius r.

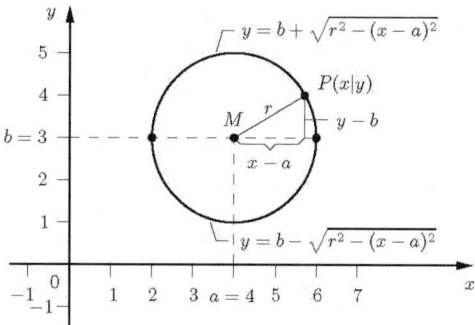

Bild 16. Graphen der Funktionen von Beispiel 4

2.7 Transzendente Funktionen

Elementare Funktionen, die nicht algebraisch sind, heißen transzendent.
Wichtige Klassen von transzendenten Funktionen sind die Exponentialfunktionen, die Logarithmusfunktionen sowie die trigonometrischen Funktionen und ihre Umkehrfunktionen, die Arkusfunktionen.
Die trigonometrischen Funktionen und die Arkusfunktionen werden in Kapitel 6 behandelt.

2.7.1 Exponentialfunktionen

Bei einer Exponentialfunktion steht die unabhängige Variable x im Exponenten.

$$y = a^x, a \in \mathbb{R}^+$$

Dabei ist die Basis a eine beliebige positive reelle Zahl.
Alle Exponentialfunktionen $y = a^x; a \in \mathbb{R}^+$ haben als Definitionsbereich $D = \mathbb{R}$ und, falls $a \neq 1$, als

Bildmenge $W = f(D) = \mathbb{R}^+$. Alle Funktionswerte sind also positiv.

Wegen $a^0 = 1$ gehen die Graphen aller Funktionen durch den Punkt $P(0|1)$.

Für $a > 1$ ist die Funktion $y = a^x$ streng monoton wachsend mit $y \to 0$ für $x \to -\infty$ und $y \to \infty$ für $x \to \infty$. Die (negative) x-Achse ist also Asymptote.

Für $0 < a < 1$ ist die Funktion $y = a^x$ streng monoton fallend mit $y \to \infty$ für $x \to -\infty$ und $y \to 0$ für $x \to \infty$. Die (positive) x-Achse ist somit Asymptote.

Der Graph der Funktion nähert sich um so schneller der x-Achse, je größer $|\ln a|$ ist, für $a > 1$ also je größer a ist und für $a < 1$ je kleiner a ist.

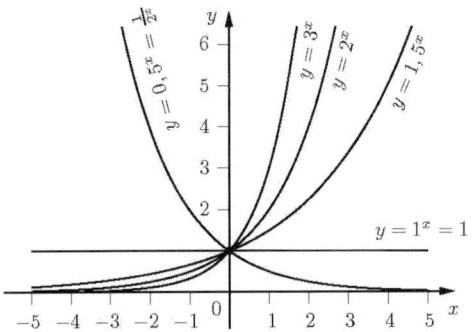

Bild 17. Graphen von Exponentialfunktionen

Für $a = 1$ gilt $y = 1$, der Graph der Funktion ist also eine Parallele zur x-Achse.

Die Exponentialfunktionen $y = a^x$, $a > 0$ können wegen der Regeln der Logarithmen- und der Potenzrechnung auch in der Form

$$y = a^x = e^{\ln(a^x)} = e^{x \cdot \ln a}$$

dargestellt werden. Dabei ist $e = 2{,}718\ 281\ 828\ 4...$ die Eulersche Zahl (vgl. Abschnitt 5.4.5).

Die Funktion $y = e^x$, $D = \mathbb{R}$, $W = f(D) = \mathbb{R}^+$ also die Exponentialfunktion mit der Basis $a = e$, heißt natürliche Exponentialfunktion oder e-Funktion.

$$y = e^x,\ D = \mathbb{R},\ W = f(D) = \mathbb{R}^+$$

Es handelt sich um eine spezielle Exponentialfunktion, die häufig als *die* Exponentialfunktion bezeichnet wird. Diese Funktion spielt bei vielen Wachstumsprozessen eine wichtige Rolle.

Noch allgemeiner bezeichnet man manchmal auch solche Funktionen, die eine algebraische Funktion des Arguments x im Exponenten haben, als Exponentialfunktionen, zum Beispiel $y = 2^{3x^2 - 7x}$.

Die Umkehrfunktionen der Exponentialfunktionen $y = a^x$ sind für $a \neq 1$ die Logarithmusfunktionen

$y = \log_a x$. Die Umkehrfunktion der e-Funktion ist die natürliche Logarithmusfunktion $y = \ln x$.

2.7.2 Logarithmusfunktionen

Logarithmusfunktionen sind Funktionen der Form

$$y = \log_a x,\ a \in \mathbb{R}^+, a \neq 1$$

Alle Logarithmusfunktionen $y = \log_a x$ $a \in \mathbb{R}^+$, $a \neq 1$ haben als Definitionsbereich $D = \mathbb{R}^+$ und als Bildmenge $W = f(D) = \mathbb{R}$.

Wegen $\log_a 1 = 0$ gehen die Graphen aller Funktionen durch den Punkt $P(1|0)$.

Für $a > 1$ ist die Funktion $y = \log_a x$ streng monoton wachsend mit $y \to \infty$ für $x \to \infty$ und $y \to -\infty$ für $x \to 0$, $x > 0$. Die (negative) y-Achse ist also Asymptote. Für $x > 1$ gilt $\log_a x > 0$, für $x = 1$ gilt $\log_a 1 = 0$ und für x mit $0 < x < 1$ gilt $\log_a x < 0$.

Für $0 < a < 1$ ist die Funktion $y = \log_a x$ streng monoton fallend mit $y \to -\infty$ für $x \to \infty$ und $y \to \infty$ für $x \to 0$, $x > 0$. Die (positive) y-Achse ist somit Asymptote.

Für $x > 1$ gilt $\log_a x < 0$, für $x = 1$ gilt $\log_a 1 = 0$ und für x mit $0 < x < 1$ gilt $\log_a x > 0$.

Der Graph der Funktion nähert sich für alle a um so schneller der y-Achse, je größer $|\ln a|$ ist, für $a > 1$ also je größer a ist und für $a < 1$ je kleiner a ist.

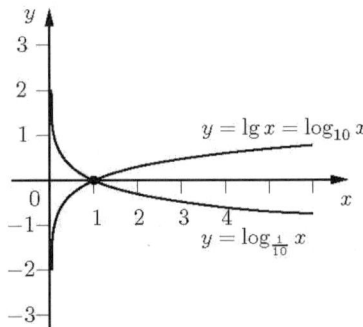

Bild 18. Graphen der logarithmischen Funktionen $y = \lg x$ und $y = \log_{\frac{1}{10}} x$.

Die Logarithmusfunktionen $y = \log_a x$, $a > 0$, $a \neq 1$ können wegen der Regeln der Logarithmenrechnung auch in folgender Form dargestellt werden.

$$y = \log_a x = \frac{1}{\ln a} \cdot \ln x,\quad a \neq 1$$

Dabei heißt die Logarithmusfunktion mit der Basis $a = e = 2{,}7182...$ natürliche Logarithmusfunktion.

$$y = \ln x, \ D = \mathbb{R}^+, \ W = f(D) = \mathbb{R}$$

Allgemeiner noch bezeichnet man auch solche Funktionen, die eine algebraische Funktion des Arguments x als Numerus haben, als Logarithmusfunktion, zum Beispiel $y = \log_2(5x^2 - 4x)$.
Die Logarithmusfunktion $y = \log_a x$ ist für $a \neq 1$ die Umkehrfunktion der Exponentialfunktion $y = a^x$ und umgekehrt. Die natürliche Logarithmusfunktion $y = \ln x$ ist die Umkehrfunktion der e-Funktion $y = e^x$ und umgekehrt.

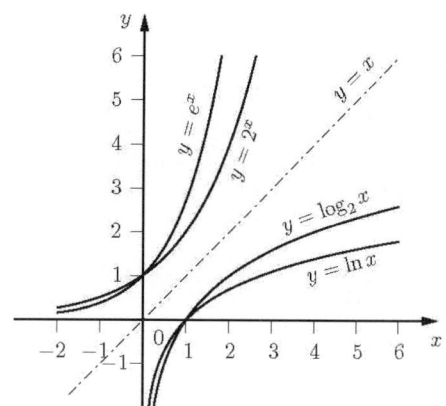

Bild 19. Graphen von $y = \ln x$ und $y = \log_2 x$ und ihrer Umkehrfunktionen

3 Trigonometrie

Das Wort Trigonometrie kommt aus dem Griechischen und bedeutet Dreiecksmessung. Die Trigonometrie ist die Lehre von der Dreiecksberechnung mit Hilfe von Winkelfunktionen (trigonometrischen Funktionen).

3.1 Definition der trigonometrischen Funktionen

In einem rechtwinkligen Dreieck ist die Hypotenuse die dem rechten Winkel gegenüberliegende Dreiecksseite, die beiden anderen Seiten (also die Schenkel des rechten Winkels) sind die Katheten.
In einem rechtwinkligen Dreieck mit den Winkeln α, β und $\gamma = 90°$ gilt $\alpha + \beta = 90°$.
Die Ankathete eines Winkels α in einem rechtwinkligen Dreieck ist die Kathete, die auf einem Schenkel von α liegt. Die andere Kathete heißt Gegenkathete von α.
Das Verhältnis zweier beliebiger Seiten im rechtwinkligen Dreieck ist abhängig von dem Winkel α (und wegen $\beta = 90° - \alpha$ natürlich auch vom Winkel β), das heißt, das Verhältnis zweier Seiten ist eine Funktion des Winkels α (bzw. des Winkels β). Die trigonometrischen Funktionen sind definiert als das Verhältnis zweier Seiten im rechtwinkligen Dreieck.

In einem rechtwinkligen Dreieck ist

– $\sin\alpha$, der Sinus des Winkels α, das Verhältnis von Gegenkathete zu Hypotenuse,

– $\cos\alpha$, der Kosinus des Winkels α, das Verhältnis von Ankathete zu Hypotenuse,

– $\tan\alpha$, der Tangens des Winkels α, das Verhältnis von Gegenkathete zu Ankathete,

– $\cot\alpha$, der Kotangens des Winkels α, das Verhältnis von Ankathete zu Gegenkathete.

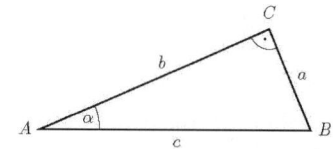

Bild 1. $\sin\alpha = \dfrac{a}{c}$, $\cos\alpha = \dfrac{b}{c}$, $\tan\alpha = \dfrac{a}{b}$, $\cot\alpha = \dfrac{b}{a}$

Sinus:	$\sin\alpha = \dfrac{a}{c} = \dfrac{\text{Gegenkathete}}{\text{Hypotenuse}}$
Kosinus:	$\cos\alpha = \dfrac{b}{c} = \dfrac{\text{Ankathete}}{\text{Hypotenuse}}$
Tangens:	$\tan\alpha = \dfrac{a}{b} = \dfrac{\text{Gegenkathete}}{\text{Ankathete}}$
Kotangens:	$\cot\alpha = \dfrac{b}{a} = \dfrac{\text{Ankathete}}{\text{Gegenkathete}}$

Andere, weniger gebräuchliche Namen für die trigonometrischen Funktionen sind Winkelfunktionen oder Kreisfunktionen oder goniometrische Funktionen.

3.2 Trigonometrische Funktionen für beliebige Winkel

Die Definition der trigonometrischen Funktionen eines Winkels α im rechtwinkligen Dreieck ist nur für spitze Winkel möglich (also $0° < \alpha < 90°$). Am Einheitskreis (Kreis mit dem Radius $r = 1$) lassen sich die trigonometrischen Funktionen für beliebige Winkel definieren.
Der Mittelpunkt des Einheitskreises sei der Koordinatenursprung O eines kartesischen Koordinatensystems (vgl. Abschnitt 4.1.1). Ein beliebiger Punkt $P = P(x|y)$ auf dem Einheitskreis legt einen Winkel α fest, nämlich den Winkel zwischen der x-Achse und der Geraden durch O und P. Dabei wird α in mathematisch positiver Richtung, also gegen den Uhrzeigersinn, gemessen.

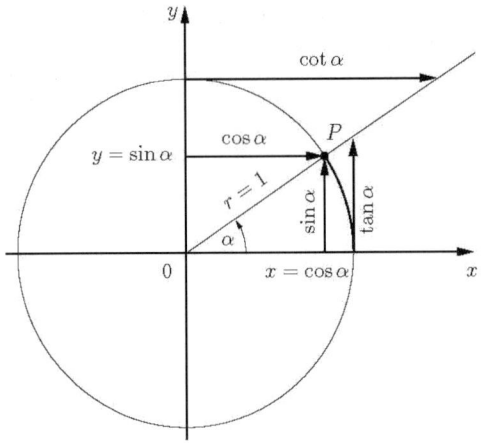

Bild 2. Definition der trigonometrischen Funktionen für beliebige Winkel

Mit den vorzeichenbehafteten Koordinaten x und y des Punktes P werden die trigonometrischen Funktionen dann definiert durch

Sinus:	$\sin \alpha = y$
Kosinus:	$\cos \alpha = x$
Tangens:	$\tan \alpha = \dfrac{y}{x}$
Kotangens:	$\cot \alpha = \dfrac{x}{y}$

Der Abschnitt des Einheitskreises zwischen der x-Achse und dem Punkt P ist das Bogenmaß b des Winkels α.

Durchläuft P den Einheitskreis im mathematisch positiven Drehsinn, dann sind α und b positiv. Durchläuft P den Einheitskreis jedoch im mathematisch negativen Drehsinn, dann sind α und b negativ.

Im Einheitskreis sind damit die trigonometrischen Funktionen für beliebige Winkel α im Gradmaß oder für beliebige reelle Zahlen b (Bogenmaß von α) definiert, für die die entsprechenden Nenner nicht verschwinden.

Bei der Berechnung von Funktionswerten muss beachtet werden, ob das Argument im Gradmaß oder im Bogenmaß angegeben ist.

Durch die beiden orientierten Achsen eines kartesischen Koordinatensystems wird die Ebene in vier Teile eingeteilt, die Quadranten.

Die Punkte des ersten Quadranten haben sowohl positive x- als auch positive y-Koordinaten, die Punkte des zweiten Quadranten haben negative x- und positive y-Koordinaten, die Punkte des dritten Quadranten haben negative x- und negative y-Koordinaten und die Punkte des vierten Quadranten haben positive x- und negative y-Koordinaten.

Für die Vorzeichen der trigonometrischen Funktionen in den einzelnen Quadranten gilt:

Quadrant	sin	cos	tan	cot
I	+	+	+	+
II	+	−	−	−
III	−	−	+	+
IV	−	+	−	−

3.3 Beziehungen für den gleichen Winkel

Für beliebige Winkel α gelten folgende Umrechnungsformeln [1]:

$\tan \alpha = \dfrac{\sin \alpha}{\cos \alpha} = \dfrac{1}{\cot \alpha}$	$\cot \alpha = \dfrac{\cos \alpha}{\sin \alpha} = \dfrac{1}{\tan \alpha}$
$\sin^2 \alpha + \cos^2 \alpha = 1$	$\tan \alpha \cdot \cot \alpha = 1$
$1 + \tan^2 \alpha = \dfrac{1}{\cos^2 \alpha}$	$1 + \cot^2 \alpha = \dfrac{1}{\sin^2 \alpha}$

Diese Beziehungen lassen sich im rechtwinkligen Dreieck leicht nachrechnen.

■ **Beispiel:**

$$\sin^2 \alpha + \cos^2 \alpha = \left(\frac{a}{c}\right)^2 + \left(\frac{b}{c}\right)^2 = \frac{a^2 + b^2}{c^2} = 1, \quad \text{denn nach dem}$$

Satz des Pythagoras gilt im rechtwinkligen Dreieck $a^2 + b^2 = c^2$.

Alle Beziehungen gelten auch allgemein, das heißt, für beliebige Winkel α.

Nach diesen Beziehungen lässt sich jede trigonometrische Funktion durch jede andere desselben Winkels ausdrücken.

Will man zum Beispiel $\sin \alpha$ durch $\cos \alpha$ ausdrücken, so folgt $\sin \alpha = \pm\sqrt{1 - \cos^2 \alpha}$ aus $\sin^2\alpha + \cos^2 a = 1$.

Für Winkel im ersten Quadranten, also für Winkel α mit $0° < \alpha < 90°$ gilt:

	$\sin \alpha$	$\cos \alpha$	$\tan \alpha$	$\cot \alpha$
$\sin \alpha =$	$\sin \alpha$	$\sqrt{1-\cos^2 \alpha}$	$\dfrac{\tan \alpha}{\sqrt{1+\tan^2 \alpha}}$	$\dfrac{1}{\sqrt{1+\cot^2 \alpha}}$
$\cos \alpha =$	$\sqrt{1-\sin^2 \alpha}$	$\cos \alpha$	$\dfrac{1}{\sqrt{1+\tan^2 \alpha}}$	$\dfrac{\cot \alpha}{\sqrt{1+\cot^2 \alpha}}$
$\tan \alpha =$	$\dfrac{\sin \alpha}{\sqrt{1-\sin^2 \alpha}}$	$\dfrac{\sqrt{1-\cos^2 \alpha}}{\cos \alpha}$	$\tan \alpha$	$\dfrac{1}{\cot \alpha}$
$\cot \alpha =$	$\dfrac{\sqrt{1-\sin^2 \alpha}}{\sin \alpha}$	$\dfrac{\cos \alpha}{\sqrt{1-\cos^2 \alpha}}$	$\dfrac{1}{\tan \alpha}$	$\cot \alpha$

■ **Beispiel:**

Im dritten Quadranten sind sowohl $\sin \alpha$ als auch $\cos \alpha$ negativ. Deswegen gilt für Winkel α mit $180° < \alpha < 270°$ zum Beispiel

$$\sin \alpha = -\sqrt{1-\cos^2 \alpha} \quad \text{und} \quad \cos \alpha = -\sqrt{1-\sin^2 \alpha} \ .$$

In den übrigen Quadranten sind die Vorzeichen der Wurzeln nach der Vorzeichentabelle (vgl. Abschnitt 3.2) oder am Einheitskreis zu bestimmen.

---

1)   Für Potenzen $(f(x))^k$ von Funktionswerten ist die Schreibweise $f^k(x)$ üblich, etwa $\sin^2\alpha$ (gesprochen: Sinus Quadrat Alpha) für $(\sin \alpha)^2$.

3.4 Graphen der trigonometrischen Funktionen

Ein anschauliches Bild von Eigenschaften der trigonometrischen Funktionen erhält man, wenn in einem kartesischen Koordinatensystem (vgl. Abschnitt 4.1.1) als Abszissen (x-Werte) die Winkel (im Gradmaß oder im Bogenmaß) und als Ordinaten (y-Werte) die Werte der betreffenden trigonometrischen Funktionen eingetragen werden. Die Funktionswerte ergeben sich als vorzeichenbehaftete Längen der entsprechenden Strecken am Einheitskreis.

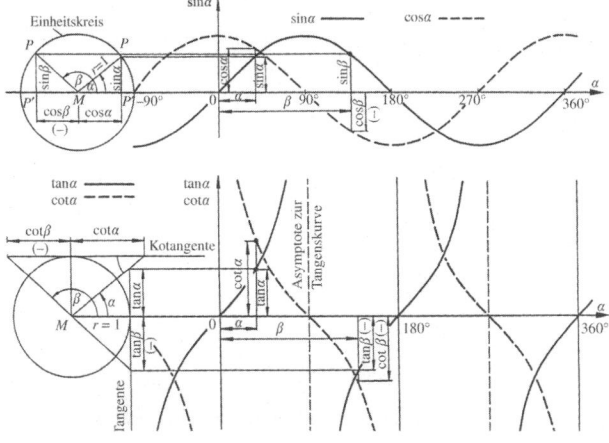

Bild 3. Sinuskurve und Kosinuskurve

Bild 4. Tangenskurve und Kotangenskurve

Die Graphen der trigonometrischen Funktionen nennt man auch Kurven. So ist zum Beispiel die Sinuskurve der Graph der Sinusfunktion.

In der folgenden Aufzählung sind alle Winkel im Bogenmaß angegeben.

1. *Sinusfunktion*

   Die Funktion $y = \sin x$ mit dem Definitionsbereich $D = \mathbb{R}$ und dem Wertebereich $W = [-1,1]$.

   Die Sinusfunktion hat die Periode 2π, es gilt also $\sin(x + 2k\pi) = \sin x$ für $k = 0, \pm1, \pm 2, \dots$ Die Amplitude der Funktion ist 1, denn es gilt $|\sin x| \le 1$ und $\sin \frac{\pi}{2} = 1$.

   Die Sinusfunktion ist wegen $\sin(-x) = -\sin x$ für alle x eine ungerade Funktion. Die Sinuskurve ist also symmetrisch zum Koordinatenursprung.

2. *Kosinusfunktion*

   Die Funktion $y = \cos x$ mit dem Definitionsbereich $D = \mathbb{R}$ und dem Wertebereich $W = [-1,1]$.

   Die Kosinusfunktion hat ebenfalls die Periode 2π, es gilt $\cos(x + 2k\pi) = \cos x$ für $k = 0, \pm1, \pm2, \dots$ Die Amplitude der Funktion ist 1, denn es gilt $|\cos x| \le 1$ und $\cos 0 = 1$.

   Die Kosinusfunktion ist wegen $\cos(-x) = \cos x$ für alle x eine gerade Funktion. Die Kosinuskurve ist also symmetrisch zur y-Achse.

3. *Tangensfunktion*

   Die Funktion $y = \tan x$ mit dem Definitionsbereich $D = \mathbb{R}; x \ne \frac{\pi}{2} + k\pi, k \in \mathbb{Z}$ und dem Wertebereich $W = \mathbb{R}$.

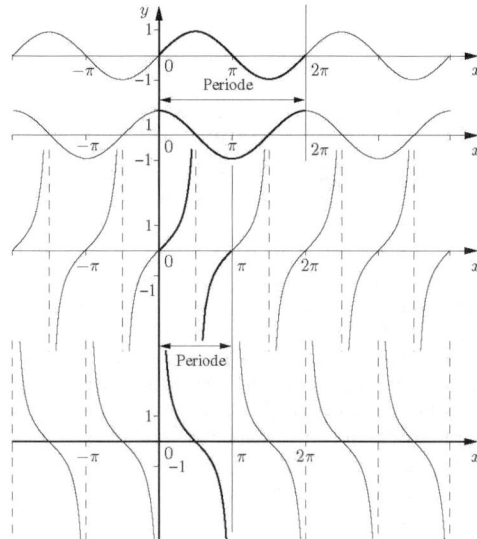

Bild 5. $y = \sin x$, $y = \cos x$, $y = \tan x$, $y = \cot x$ (von oben nach unten)

Die Stellen $x = \frac{\pi}{2} + k\pi$ sind Pole der Funktion.

Nähert man sich einem Pol $x = x_p$ mit wachsenden x-Werten (also $x < x_p$), dann geht $\tan x$ gegen $+\infty$. Nähert man sich dagegen einem Pol $x = x_p$ mit abnehmenden x-Werten (also $x > x_p$), so geht $\tan x$ gegen $-\infty$. Die Geraden $x = \frac{\pi}{2} + k\pi$ sind Asymptoten der Funktion.

Die Tangensfunktion hat die Periode π, es gilt also $\tan(x + k\pi) = \tan x$ für $k = 0, \pm1, \pm2, \dots$ Eine Amplitude besitzt die Funktion nicht (Pole!).

Die Tangensfunktion ist wegen $\tan(-x) = -\tan x$ für alle x eine ungerade Funktion. Die Tangenskurve ist also symmetrisch zum Koordinatenursprung.

4. *Kotangensfunktion*

Die Funktion $y = \cot x$ mit dem Definitionsbereich $D = \mathbb{R}$; $x \neq \pi + k\pi$, $k \in \mathbb{Z}$ und dem Wertebereich $W = \mathbb{R}$.

Die Stellen $x = k\pi$, $k \in \mathbb{Z}$ sind Pole der Funktion. Nähert man sich einem Pol $x = x_p$ mit wachsenden x-Werten (also $x < x_p$), dann geht $\cot x$ gegen $-\infty$. Nähert man sich dagegen einem Pol $x = x_p$ mit abnehmenden x-Werten (also $x > x_p$), so geht $\cot x$ gegen $+\infty$. Die Geraden $x = k\pi$ sind Asymptoten der Funktion.

Die Kotangensfunktion hat die Periode π, es gilt also $\cot(x + k\pi) = \cot x$ für $k = 0, \pm1, \pm2, \dots$ Eine Amplitude besitzt die Funktion nicht (Pole!).

Die Kotangensfunktion ist ungerade, denn es gilt $\cot(-x) = -\cot x$. Die Kotangenskurve ist also symmetrisch zum Koordinatenursprung.

3.5 Sinussatz und Kosinussatz

Sinussatz

In einem beliebigen Dreieck verhalten sich die Längen der Seiten wie die Sinuswerte der gegenüberliegenden Winkel.

$$\frac{\sin\alpha}{a} = \frac{\sin\beta}{b} = \frac{\sin\gamma}{c}$$

oder

$$\sin\alpha : \sin\beta : \sin\gamma = a : b : c$$

Kosinussatz

In einem beliebigen Dreieck ist das Quadrat einer Seitenlänge gleich der Summe der Quadrate der beiden anderen Seitenlängen minus dem doppelten Produkt der Längen dieser beiden anderen Seiten und dem Kosinus des von ihnen eingeschlossenen Winkels.

$$a^2 = b^2 + c^2 - 2bc\cos\alpha$$
$$b^2 = a^2 + c^2 - 2ac\cos\beta$$
$$c^2 = a^2 + b^2 - 2ab\cos\gamma$$

oder

$$\cos\alpha = \frac{b^2 + c^2 - a^2}{2bc}$$
$$\cos\beta = \frac{a^2 + c^2 - b^2}{2ac}$$
$$\cos\gamma = \frac{a^2 + b^2 - c^2}{2ab}$$

3.6 Arkusfunktionen

Kennt man den Funktionswert einer trigonometrischen Funktion, etwa $y = \sin x$, und will man daraus den zugehörigen Winkel bestimmen, so muss man die Gleichung nach dem Winkel x auflösen, was mit Hilfe der Arkusfunktionen möglich ist: $x = \arcsin y$. Die Arkusfunktionen sind also die Umkehrfunktionen der trigonometrischen Funktionen.

Die Arkusfunktionen werden auch zyklometrische Funktionen oder inverse trigonometrische Funktionen genannt.

Zu ihrer eindeutigen Definition wird der Definitionsbereich der trigonometrischen Funktionen in Monotonieintervalle zerlegt, so dass für jedes Monotonieintervall eine Umkehrfunktion erhalten wird (vgl. Abschnitt 2.2.8: Streng monotone Funktionen besitzen Umkehrfunktionen). Diese wird entsprechend dem zugehörigen Monotonieintervall mit dem Index k gekennzeichnet.

Die Vorgehensweise wird am Beispiel des Arkussinus gezeigt. Der Definitionsbereich von $y = \sin x$ wird in die Monotonieintervalle $k\pi - \dfrac{\pi}{2} \leq x \leq k\pi + \dfrac{\pi}{2}$ mit $k = 0, \pm 1, \pm 2, \dots$ zerlegt. Durch Spiegelung von $y = \sin x$ an der Winkelhalbierenden $y = x$ erhält man die Umkehrfunktionen $y = \text{arc}_k\sin x$ mit den Definitionsbereichen $D_k = [-1,1]$ und den Wertebereichen $W_k = [k\pi - \dfrac{\pi}{2}, \ k\pi + \dfrac{\pi}{2}]$, wobei $k = 0, \pm1, \pm2,\dots$ Die Schreibweise $y = \text{arc}_k\sin x$ ist gleichbedeutend mit $x = \sin y$.

$$y = \text{arc}_k \sin x \quad \Leftrightarrow \quad x = \sin y$$

Die übrigen Arkusfunktionen ergeben sich analog. In der Tabelle sind die Definitions- und Wertebereiche aller Arkusfunktionen zusammengestellt, die Bilder 6 bis 9 zeigen die Graphen der Arkusfunktionen.

Name	Schreibweise	Definitionsbereich	Wertebereich	Gleichbedeutende trigometrische Funktion
Arkussinus	$y = \text{arc}_k \sin x$	$-1 \leq x \leq 1$	$k\pi - \dfrac{\pi}{2} \leq y$ $\leq k\pi + \dfrac{\pi}{2}$	$x = \sin y$
Arkuskosinus	$y = \text{arc}_k \cos x$	$-1 \leq x \leq 1$	$k\pi \leq y \leq (k+1)\pi$	$x = \cos y$
Arkustangens	$y = \text{arc}_k \tan x$	$-\infty < x < \infty$	$k\pi - \dfrac{\pi}{2} < y$ $< k\pi + \dfrac{\pi}{2}$	$x = \tan y$
Arkuskotangens	$y = \text{arc}_k \cot x$	$-\infty < x < \infty$	$k\pi < y < (k+1)\pi$	$x = \cot y$

Arkusfunktionen

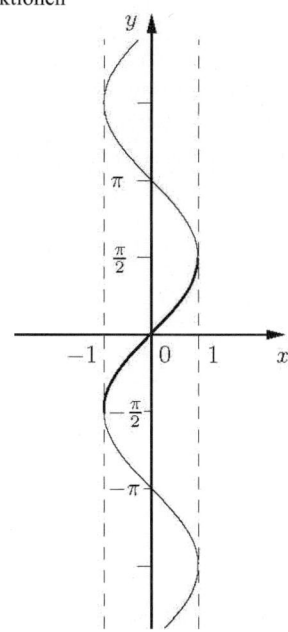

Bild 6. Arkussinuskurve

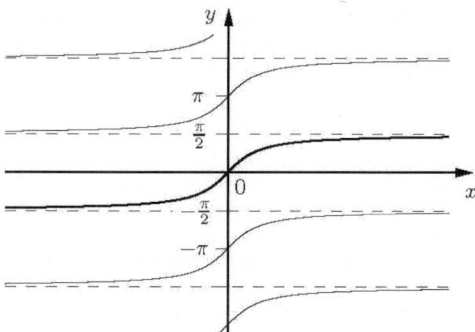

Bild 8 Arkustangenskurve

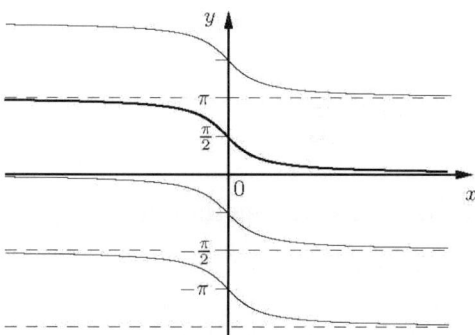

Bild 9. Arkuskotangenskurve

Setzt man $k = 0$, dann erhält man jeweils den so genannten Hauptwert der Arkusfunktion. Den Hauptwert schreibt man ohne den Index k, also zum Beispiel arcsin $x = \mathrm{arc}_0\sin x$. Für andere Werte von k erhält man Nebenwerte der entsprechenden Arkusfunktion. Den Hauptwert der Arkusfunktionen zeigt Bild 10.

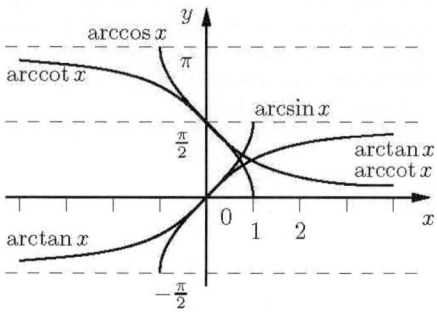

Bild 10. Hauptwerte der Arkusfunktionen

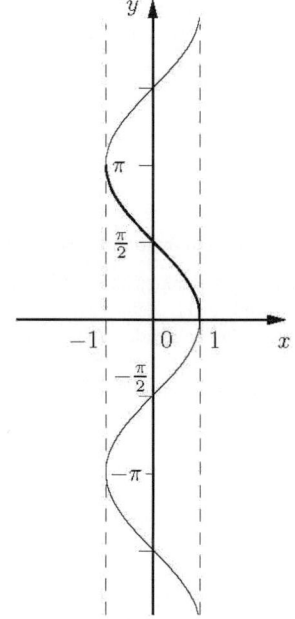

Bild 7. Arkuskosinuskurve

Die Zurückführung von Nebenwerten auf die Hauptwerte der Arkusfunktionen erfolgt mit Hilfe der folgenden Formeln:

$$\text{arc}_k \sin x = k\pi + (-1)^k \arcsin x$$

$$\text{arc}_k \cos x = \begin{cases} (k+1)\pi - \arccos x & \text{falls } k \text{ ungerade} \\ k\pi + \arccos x & \text{falls } k \text{ gerade} \end{cases}$$

$$\text{arc}_k \tan x = k\pi + \arctan x$$

$$\text{arc}_k \cot x = k\pi + \text{arc}\cot x$$

Rechenprogramme geben immer die Hauptwerte der Arkusfunktionen an.

Beziehungen zwischen den Hauptwerten:

$$\arcsin x = \frac{\pi}{2} - \arccos x = \arctan \frac{x}{\sqrt{1-x^2}}$$

$$\arccos x = \frac{\pi}{2} - \arcsin x = \text{arc}\cot \frac{x}{\sqrt{1-x^2}}$$

$$\arctan x = \frac{\pi}{2} - \text{arc}\cot x = \arcsin \frac{x}{\sqrt{1+x^2}}$$

$$\text{arc}\cot x = \frac{\pi}{2} - \arctan x = \arccos \frac{x}{\sqrt{1+x^2}}$$

Formeln für negative Argumente:

$$\arcsin(-x) = -\arcsin x$$

$$\arccos(-x) = \pi - \arccos x$$

$$\arctan(-x) = -\arctan x$$

$$\text{arccot}(-x) = \pi - \text{arc}\cot x$$

■ **Beispiele:**

1. $\arcsin 0 = 0$; $\text{arc}_k \sin 0 = k\pi$

2. $\arccos \dfrac{1}{2} = \dfrac{\pi}{3}$; $\text{arc}_k \cos \dfrac{1}{2} = \begin{cases} -\dfrac{\pi}{3} + (k+1)\pi & \text{falls } k \text{ ungerade} \\ \dfrac{\pi}{3} + k\pi & \text{falls } k \text{ gerade} \end{cases}$

   $\text{arccot} 1 = \dfrac{\pi}{4}$; $\text{arc}_k \cot 1 = \dfrac{\pi}{4} + k\pi$

4 Analytische Geometrie

Der Grundgedanke der Analytischen Geometrie besteht darin, dass geometrische Untersuchungen mit rechnerischen Mitteln geführt werden. Geometrische Objekte werden dabei durch Gleichungen beschrieben und mit algebraischen Methoden untersucht.

4.1 Koordinatensysteme

Die Verbindung von Geometrie und Algebra wird dadurch erreicht, dass man die geometrischen Objekte als Punktmengen auffasst und jedem Punkt Zahlenwerte zuordnet, durch die er sich von anderen unterscheidet. Eine Kurve oder eine Gerade ist dann eine Menge von Punkten, für deren Zahlenwerte bestimmte Bedingungen gelten, die man Gleichungen dieser Objekte nennt, zum Beispiel Gleichung eines Kreises oder einer Geraden. Das geometrische Bild einer linearen Gleichung in zwei Variablen ist immer eine Gerade, das einer quadratischen Gleichung in zwei Variablen immer ein Kegelschnitt.

Die Grundlage für eine solche analytische Darstellung der Geometrie ist die Zuordnung zwischen Punkt und Zahl, die eindeutig sein muss. Auf einer Geraden oder allgemeiner auf einer Kurve genügt eine Zahl, auf einer Ebene oder einer Fläche ein Zahlenpaar und im Raum ein Zahlentripel (drei Zahlen), um einen Punkt eindeutig festzulegen. Umgekehrt bestimmt ein Punkt auf einer Kurve eindeutig eine Zahl, auf einer Fläche ein Zahlenpaar und im Raum ein Zahlentripel. Diese Zahlen werden Koordinaten des entsprechenden Punktes genannt. Die Koordinaten sind abhängig von dem zugrunde liegenden Koordinatensystem.

Es gibt verschiedene Möglichkeiten für Koordinatensysteme, von denen hier einige wichtige beschrieben werden. Allgemein kann man ein Koordinatensystem als ein System von geometrischen Objekten, mit deren Hilfe die Lage anderer geometrischer Objekte durch Zahlenwerte (Koordinaten) umkehrbar eindeutig beschrieben werden kann, bezeichnen.

Legt man auf einer Geraden g einen Anfangspunkt 0 (Nullpunkt), eine positive Richtung (Orientierung) und eine Längeneinheit l (Maßstab) fest, dann entspricht jeder reellen Zahl x ein bestimmter Punkt dieser Geraden, und umgekehrt entspricht jedem Punkt der Geraden eine reelle Zahl. Die Gerade g wird Zahlengerade genannt.

4.1.1 Kartesisches Koordinatensystem der Ebene

Um die Lage eines Punktes in der Ebene eindeutig festzulegen, sind zwei Zahlengeraden notwendig. Man ordnet die Zahlengeraden stets so an, dass ihre Nullpunkte zusammenfallen. Die Zahlengeraden werden Achsen des Koordinatensystems oder Koordinatenachsen genannt und als x- oder Abszissenachse und als y- oder Ordinatenachse bezeichnet. Der gemeinsame Nullpunkt, also der Schnittpunkt der beiden Geraden, heißt Koordinatenursprung oder Nullpunkt. Auf jeder der beiden Geraden wird vom Koordinatenursprung aus eine positive und eine negative Orientierung sowie ein Maßstab festgelegt.

In einem kartesischen (rechtwinkligen) Koordinatensystem stehen die Koordinatenachsen senkrecht aufeinander, die Achsen haben den gleichen Maßstab und bilden ein so genanntes Rechtssystem: Die x-Achse geht durch Drehung um einen rechten Winkel im mathematisch positiven Sinne (linksdrehend, entgegen dem Uhrzeigersinn) in die y-Achse über.

Ein beliebiger Punkt P der Ebene kann dann durch seine kartesischen Koordinaten beschrieben werden: $P(x|y)$ mit x als Abszisse und y als Ordinate.

Dieses Koordinatensystem ist benannt nach dem französischen Mathematiker René Descartes, genannt Cartesius (1596–1650).

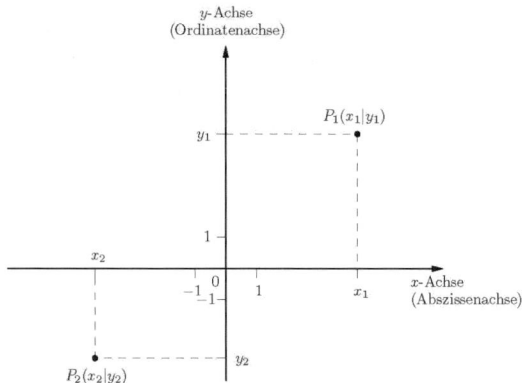

Bild 1. Kartesisches Koordinatensystem der Ebene

4.1.2 Polarkoordinatensystem der Ebene

Ein Polarkoordinatensystem der Ebene ist bestimmt durch einen festen Punkt, den Pol O, und einer von ihm ausgehenden fest gewählten Achse, der Polarachse, auf der wie bei einem Zahlenstrahl eine Orientierung und ein Maßstab festgelegt sind.

Ein beliebiger Punkt P der Ebene lässt sich dann durch seine Polarkoordinaten beschreiben: $P(r|\varphi)$, wobei r der Abstand des Punktes P vom Pol O ist und φ der Winkel, den der Strahl vom Pol O durch den Punkt P mit der Polarachse bildet.

Dabei wird der Winkel φ in mathematisch positiver Richtung (linksdrehend, entgegen dem Uhrzeigersinn) gemessen. Dieser Winkel φ ist nur bis auf ganzzahlige Vielfache von 2π bestimmt. Man nennt φ auch Polarwinkel des Punktes P.

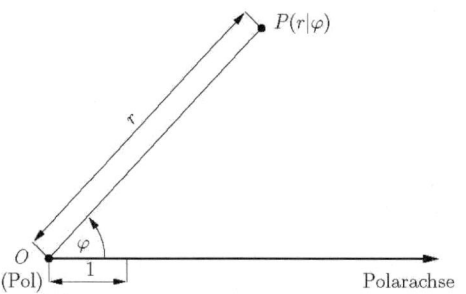

Bild 2. Polarkoordinatensystem der Ebene

4.1.3 Zusammenhang zwischen kartesischen und Polarkoordinaten

Ein beliebiges geometrisches Objekt kann in verschiedenen Koordinatensystemen beschrieben werden, zum Beispiel in einem kartesischen und in einem Polarkoordinatensystem. Für dieselben geometrischen Eigenschaften findet man dann zwei Gleichungen $f_1(x,y) = 0$ und $f_2(r,\varphi) = 0$. Durch Transformation (Überführung) des einen Koordinatensystems in das andere geht die eine Gleichung des geometrischen Objekts in die andere über.

Die Transformationsgleichungen für den Übergang von Polarkoordinaten zu kartesischen Koordinaten und umgekehrt ergeben sich mit Hilfe der trigonometrischen und der Arkusfunktionen. Zur Vereinfachung wird dabei vorausgesetzt, dass der Pol des Polarkoordinatensystems mit dem Koordinatenursprung des kartesischen Koordinatensystems und die Polarachse mit der x-Achse (Abszisse) zusammenfallen.

Transformationsgleichungen:

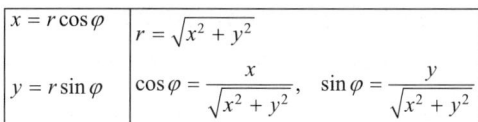

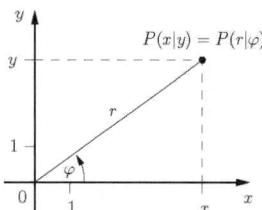

Bild 3. Kartesische Koordinaten und Polarkoordinaten

4.1.4 Kartesisches Koordinatensystem des Raums

Ein kartesisches Koordinatensystem des Raums besteht aus drei paarweise aufeinander senkrecht stehenden Geraden (Koordinatenachsen), die sich in einem Punkt, dem Koordinatenursprung, schneiden.

Die drei Koordinatenachsen bilden ein Rechtssystem: Winkelt man Daumen, Zeigefinger und Mittelfinger der rechten Hand so ab, dass sie aufeinander senkrecht stehen, dann können diese Finger als positive Richtungen eines Rechtssystems aufgefasst werden. Man bezeichnet die Achsen in dieser Reihenfolge meist als x-Achse, y-Achse und z-Achse. Auf allen drei Achsen sind die Maßstäbe gleich.

Ein beliebiger Punkt P des Raums kann dann durch seine kartesischen Koordinaten beschrieben werden: $P(x|y|z)$, wobei x, y und z die senkrechten Projektionen des Punktes auf die drei Koordinatenachsen sind.

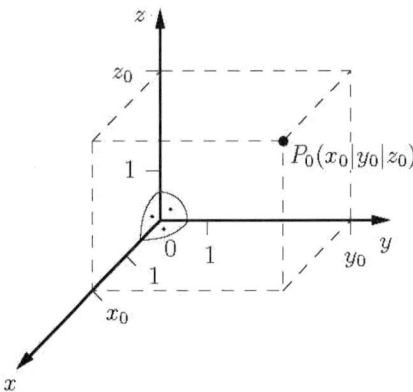

Bild 4. Kartesische Koordinaten eines Raumpunktes P_0

4.2 Geraden

4.2.1 Geradengleichungen

Eine Gerade ist die kürzeste Verbindung zweier Punkte. Eine Gerade ist durch zwei beliebige auf ihr liegende Punkte eindeutig bestimmt.

Für eine Gerade gibt es verschiedene Gleichungsformen.

1. Die Gleichung $ax + by + c = 0$ ist die allgemeine Geradengleichung, wobei die Koeffizienten a und b nicht gleichzeitig Null sein dürfen.

$$ax + by + c = 0$$

Die Variablen x und y sind die Koordinaten eines beliebigen Punktes der Geraden. Ein Punkt $P_0 = P(x_0|y_0)$ der Ebene liegt also genau dann auf der Geraden, wenn seine Koordinaten x_0 und y_0 die Gleichung erfüllen, wenn also $ax_0 + by_0 + c = 0$ gilt. Die Koeffizienten a, b, c legen die Gerade eindeutig fest. Für $a = 0$ ist die Gerade eine Parallele zur x-Achse, für $b = 0$ eine Parallele zur y-Achse und für $c = 0$ verläuft die Gerade durch den Koordinatenursprung (Nullpunkt).

2. Dividiert man die allgemeine Geradengleichung durch $b \neq 0$ (die Gerade ist also nicht parallel zur y-Achse), dann ergibt sich mit $m = -\dfrac{a}{b}$ und

$n = -\dfrac{c}{b}$ die Hauptform oder Normalform der Geradengleichung.

$$y = mx + n$$

Geraden, die Parallelen zur y-Achse sind, besitzen also keine Hauptform (Normalform).

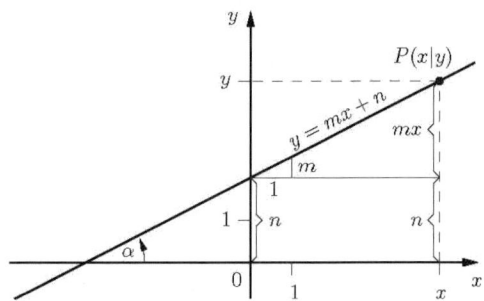

Bild 5. Hauptform der Geradengleichung

Die Größe m wird Richtungskoeffizient oder Steigung der Geraden genannt. Die Steigung ist gleich dem Tangens des Winkels, den die Gerade mit der positiven Richtung der x-Achse einschließt. Die Strecke n wird von der Geraden auf der y-Achse abgeschnitten, deshalb heißt n auch Achsenabschnitt oder genauer y-Achsenabschnitt. Er kann ebenso wie der Tangens je nach Lage unterschiedliches Vorzeichen besitzen.

3. Sind von einer Geraden ein Punkt $P_1 = P(x_1|y_1)$ und die Steigung m bekannt, dann lautet die Gleichung der Geraden $y = m(x - x_1) + y_1$. Dies ist die Punktsteigungsform der Geradengleichung.

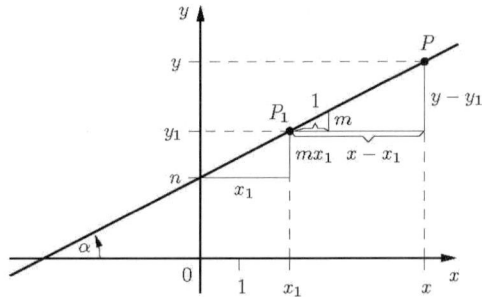

Bild 6. Punktsteigungsform der Geradengleichung

$$y = m(x - x_1) + y_1$$

Wegen der Ähnlichkeit der rechtwinkligen Dreiecke mit den Katheten $y - y_1$ und $x - x_1$ und mit den Katheten m und 1 gilt die Proportion

$$(y - y_1) : (x - x_1) = m : 1 \quad \text{oder} \quad \frac{y - y_1}{x - x_1} = m \ .$$

Auflösung nach y ergibt die Punktsteigungsform.

4. Die Gleichung einer Geraden durch zwei Punkte $P_1 = P(x_1|y_1)$ und $P_2 = P(x_2|y_2)$ mit $x_1 \neq x_2$ ergibt die Zweipunkteform der Geradengleichung.

$$y = \frac{y_2 - y_1}{x_2 - x_1}(x - x_1) + y_1$$

oder

$$\frac{y - y_1}{x - x_1} = \frac{y_2 - y_1}{x_2 - x_1}$$

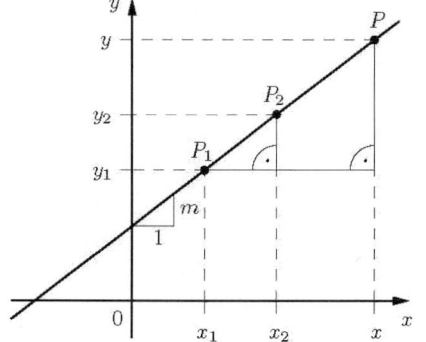

Bild 7. Zweipunkteform der Geradengleichung

Die Proportion ergibt sich aus der Ähnlichkeit der rechtwinkligen Dreiecke mit den Hypotenusen $\overline{P_1P}$ und $\overline{P_1P_2}$.

5. Hat eine Gerade den Achsenabschnitt x_0 auf der x-Achse und den Achsenabschnitt y_0 auf der y-Achse, das heißt, die Gerade geht durch die Punkte $P_1(x_0|0)$ und $P_2(0|y_0)$, und gilt $x_0 \neq 0$ und $y_0 \neq 0$, dann lautet die Gleichung der Geraden $\frac{x}{x_0} + \frac{y}{y_0} = 1$.

Dies ist die Achsenabschnittsform der Geradengleichung.

$$\frac{x}{x_0} + \frac{y}{y_0} = 1$$

Aus der allgemeinen Geradengleichung $ax + by + c = 0$ ergibt sich die Achsenabschnittsform durch Division durch $-c \neq 0$.

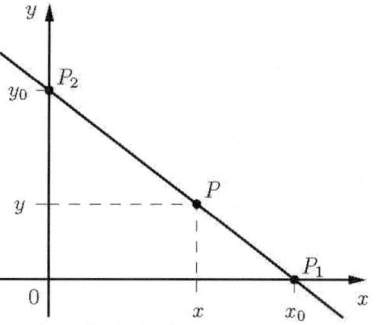

Bild 8. Achsenabschnittsform der Geradengleichung

6. Die Hesse-Form oder Hessesche Normalform der Geradengleichung (nach dem deutschen Mathematiker Ludwig Otto Hesse, 1811–1874) lautet $x \cos\varphi + y \sin\varphi - d = 0$. Dabei ist $d \geq 0$ der Abstand des Koordinatenursprungs O von der Geraden g, also die Länge des Lotes von O auf die Gerade g (Fußpunkt F), und φ mit $0 \leq \varphi < 2\pi$ der Winkel zwischen der positiven x-Achse und dem Lot $\overline{OF}$.

$$x \cos\varphi + y \sin\varphi - d = 0$$

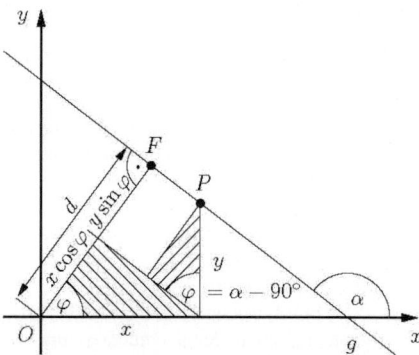

Bild 9. Hessesche Normalform der Geradengleichung

Man kann die Hessesche Normalform aus der allgemeinen Geradengleichung $ax + by + c = 0$ durch Multiplikation mit dem Normierungsfaktor $\pm \frac{1}{\sqrt{a^2 + b^2}}$

herleiten. Das Vorzeichen des Normierungsfaktors muss entgegengesetzt zu dem von c gewählt werden.

4.2.2 Abstände

Mit Hilfe der Hesseschen Normalform der Geradengleichung lässt sich der Abstand zwischen einem Punkt und einer Geraden oder zwischen zwei parallelen Geraden berechnen. Zunächst werden jedoch Formeln zur Berechnung des Abstandes zwischen zwei Punkten hergeleitet.

1. *Punkt – Punkt*

Der Abstand zweier Punkte P_1 und P_2 ist die Länge $\left|\overline{P_1P_2}\right|$ der Verbindungsstrecke $\overline{P_1P_2}$.

Sind die Punkte im kartesischen Koordinatensystem dargestellt, also $P_1 = P_1(x_1|y_1)$, $P_2 = P_2(x_2|y_2)$, dann gilt für den Abstand $d(P_1,P_2)$ von P_1 und P_2 nach dem Satz des Pythagoras

$$d(P_1P_2) = \left|\overline{P_1P_2}\right| = \sqrt{(x_2 - x_1)^2 + (y_2 - y_1)^2}$$

Sind die Punkte in Polarkoordinaten dargestellt, also $P_1 = P_1(r_1|\varphi_1)$, $P_2 = P_2(r_2|\varphi_2)$, dann folgt aus dem Kosinussatz

$$d(P_1P_2) = \left|\overline{P_1P_2}\right| = \sqrt{r_1^2 + r_2^2 - 2r_1r_2 \cdot \cos(\varphi_1 - \varphi_2)}$$

2. *Gerade – Gerade*

Sind g_1: $y = mx + n_1$ und g_2: $y = mx + n_2$ zwei parallele Geraden (parallele Geraden haben gleiche Steigung), so ermittelt man die Hessesche Normalform der Geraden:

$g_1 : x\cos\varphi + y\sin\varphi - d_1 = 0,$

$g_2 : x\cos\varphi + y\sin\varphi - d_2 = 0.$

Für den Abstand l der parallelen Geraden g_1 und g_2 voneinander gilt dann
– $l = |d_1 - d_2|$, wenn die Geraden auf der gleichen Seite des Koordinatenursprungs liegen,
– $l = d_1 + d_2$, wenn die Geraden auf verschiedenen Seiten des Koordinatenursprungs liegen.

3. *Punkt – Gerade*

Ist $P_1(x_1|y_1)$ ein Punkt und g_1: $y = mx + n$ eine Gerade, dann ermittelt man zunächst die Hessesche Normalform von g_1:

$g_1 : x\cos\varphi + y\sin\varphi - d_1 = 0.$

Durch den Punkt P_1 legt man eine zu g_1 parallele Gerade g_2:

$g_2 : x\cos\varphi + y\sin\varphi - d_2 = 0.$

Ist l der Abstand zwischen P_1 und g_1, so ist l auch der Abstand zwischen den Geraden g_1 und g_2, und es gilt

$g_2 : x\cos\varphi + y\sin\varphi - (d_1 \mp l) = 0.$

Da P_1 auf g_2 liegt, erfüllen seine Koordinaten die Geradengleichung

$x_1 \cos\varphi + y_1 \sin\varphi - (d_1 \mp l) = 0,$

woraus sich für den Abstand l ergibt

$l = \left|x_1 \cos\varphi + y_1 \sin\varphi - d_1\right| .$

■   **Beispiele:**
1. Gegeben: Die Punkte $P_1(3|4)$ und $P_2(-2|6)$.
    Gesucht: Der Abstand $d(P_1, P_2)$ von P_1 und P_2.
    Es gilt:

$$d(P_1,P_2) = \sqrt{(x_2 - x_1)^2 + (y_2 - y_1)^2} =$$
$$\sqrt{(-2-3)^2 + (6-4)^2} = \sqrt{5^2 + 2^2} = \sqrt{29} = 5,3851...$$

2. Gegeben: Die beiden parallelen Geraden g_1: $2x - 4y + 7 = 0$, g_2: $-3x + 6y + 30 = 0$.
    Gesucht: Der Abstand l der beiden Geraden.
    Hessesche Normalform von g_1:

$$-\frac{2}{\sqrt{20}}x + \frac{4}{\sqrt{20}}y - \frac{7}{\sqrt{20}} = 0$$

(durch Multiplikation der allgemeinen Geradengleichung mit dem Normierungsfaktor

$$-\frac{1}{\sqrt{a^2 + b^2}} = -\frac{1}{\sqrt{2^2 + (-4)^2}} = -\frac{1}{\sqrt{20}})$$

Hessesche Normalform von g_2:

$$\frac{2}{\sqrt{20}}x - \frac{4}{\sqrt{20}}y - \frac{20}{\sqrt{20}} = 0$$

Entgegengesetzte Vorzeichen der x- und y-Glieder, also liegen die Geraden auf verschiedenen Seiten des Koordinatenursprungs.

Somit gilt für den Abstand l von g_1 und g_2:

$$l = d_1 + d_2 = \frac{7}{\sqrt{20}} + \frac{20}{\sqrt{20}} = \frac{27}{\sqrt{20}} = \frac{27}{2\cdot\sqrt{5}} = \frac{27 \cdot \sqrt{5}}{10}$$

3. Gegeben: Punkt $P_1(5|10)$ und Gerade g_1: $3x - 4y + 10 = 0$.
    Gesucht: Der Abstand l des Punktes P_1 von der Geraden g_1.

Hessesche Normalform von g_1: $-\dfrac{3}{5}x + \dfrac{4}{5}y - 2 = 0$

(durch Multiplikation der allgemeinen Geradengleichung mit dem Normierungsfaktor

$$-\frac{1}{\sqrt{a^2 + b^2}} = -\frac{1}{\sqrt{3^2 + (-4)^2}} = -\frac{1}{5})$$

Durch Einsetzen der Koordinaten von P_1 erhält man den gesuchten Abstand:

$$l = \left|-\frac{3}{5}\cdot 5 + \frac{4}{5}\cdot 10 - 2\right| = \left|-3 + 8 - 2\right| = 3$$

4.3 Kreise

Der Kreis ist der geometrische Ort aller Punkte der Ebene, die von einem festen Punkt M (Mittelpunkt des Kreises) einen konstanten Abstand r (Radius des Kreises) haben.

Für einen Kreis gibt es verschiedene Gleichungsformen.

1. Liegt der Mittelpunkt eines Kreises mit dem Radius r im Koordinatenursprung, dann lautet die Gleichung des Kreises in kartesischen Koordinaten $x^2 + y^2 = r^2$. Dabei sind x und y die Koordinaten eines beliebigen Punktes $P(x|y)$ des Kreises. Die Gleichung ergibt sich nach dem Satz des Pythagoras.

$$\boxed{x^2 + y^2 = r^2}$$

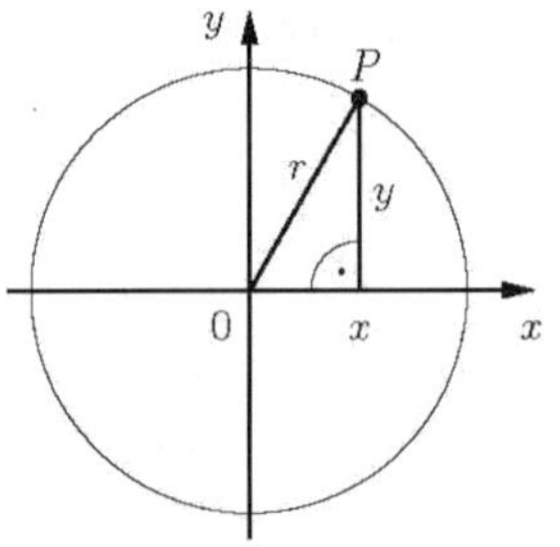

Bild 10. Kreisgleichung $x^2 + y^2 = r^2$

2. Hat der Mittelpunkt allgemeiner die Koordinaten x_m und y_m, also $M = M(x_m|y_m)$, dann ergibt sich die Mittelpunktsform oder Hauptform der Kreisgleichung.

$$(x - x_m)^2 + (y - y_m)^2 = r^2$$

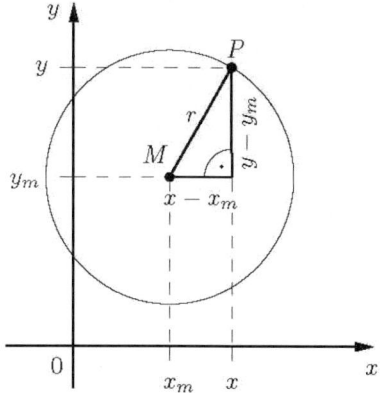

Bild 11. Kreisgleichung $(x - x_m)^2 + (y - y_m)^2 = r^2$

3. Löst man in der Mittelpunktsform die Klammern auf, dann ergibt sich die allgemeine Form der Kreisgleichung.

$$x^2 + y^2 + 2ax + 2by + c = 0$$

Hierin bedeuten $a = -x_m$, $b = -y_m$, $c = x_m^2 + y_m^2 - r^2$. Aus der letzten Gleichung folgt $a^2 + b^2 - c = r^2 > 0$ als Bedingung dafür, dass es sich bei einer Gleichung der allgemeinen Form wirklich um eine Kreisgleichung handelt (für $c > a^2 + b^2$ liefert die Gleichung keine reelle Kurve, für $c = a^2 + b^2$ ergibt sich ein einziger Punkt $M(x_m|y_m)$).

4. Werden die beiden Koordinaten x und y jeweils als Funktion einer Hilfsvariablen t angegeben, so erhält man die Parameterdarstellung des Kreises mit dem Radius r und dem Mittelpunkt $M(x_m|y_m)$ (vgl. Abschnitt 2.1.2).

$$x = x_m + r\cos t, \; y = y_m + r\sin t, \;\; 0 \le t < 2\pi$$

■ **Beispiel:**
Welches geometrische Objekt beschreibt die Gleichung $1{,}5x^2 + 1{,}5y^2 + 3x - 6y + 4{,}5 = 0$?
Lösung:
Division durch 1,5 ergibt $x^2 + y^2 + 2x - 4y + 3 = 0$, eine Kreisgleichung in allgemeiner Form.

Dabei ist $a = -x_m = 1$, $b = -y_m = -2$, c = 3. Die Bedingung $a^2 + b^2 - c > 0$ ist erfüllt, denn $1 + 4 - 3 = 2 > 0$.
Die Koordinaten des Kreismittelpunktes sind $x_m = -1$, $y_m = 2$, der Radius ist $r = \sqrt{a^2 + b^2 - c} = \sqrt{2}$. Die Mittelpunktsform (Hauptform) dieses Kreises lautet somit

$$(x+1)^2 + (y-2)^2 = 2$$

Die aus der gegebenen Gleichung abgeleitete Gleichung $x^2 + y^2 + 2x - 4y + 3 = 0$ lässt sich auch ohne Benutzung der Formeln für die Mittelpunktskoordinaten und den Radius auf die Mittelpunktsform bringen, und zwar mit Hilfe von quadratischen Ergänzungen:

$x^2 + y^2 + 2x - 4y + 3 = 0$
$(x^2 + 2x) + (y^2 - 4y) = -3$
$(x^2 + 2x + 1) + (y^2 - 4y + 4) = 1 + 4 - 3$
$(x + 1)^2 + (y - 2)^2 = 2$

4.4 Kugeln

Eine Kugel ist der geometrische Ort aller Punkte des Raumes, die von einem festen Punkt M (Mittelpunkt der Kugel) einen konstanten Abstand r (Radius der Kugel) haben.
Für eine Kugel gibt es verschiedene Gleichungsformen.

1. Liegt der Mittelpunkt einer Kugel mit dem Radius r im Ursprung eines (dreidimensionalen) kartesischen Koordinatensystems, dann lautet die Gleichung der Kugel $x^2 + y^2 + z^2 = r^2$. Dabei sind x, y und z die Koordinaten eines beliebigen Punktes $P(x|y|z)$ der Kugel (Kugeloberfläche).

$$x^2 + y^2 + z^2 = r^2$$

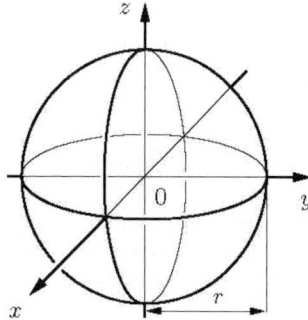

Bild 12. Kugel mit der Gleichung $x^2 + y^2 + z^2 = r^2$

Hat der Mittelpunkt allgemeiner die Koordinaten x_m, y_m und z_m, also $M = M(x_m|y_m|z_m)$ dann ergibt sich die Mittelpunktsform oder Hauptform der Kugelgleichung.

$$(x - x_m)^2 + (y - y_m)^2 + (z - z_m)^2 = r^2$$

Eine Kugel ist festgelegt durch den Mittelpunkt und einen weiteren Punkt oder durch vier Punkte (die nicht alle in einer Ebene liegen).

■ **Beispiele:**
1. Gegeben: Mittelpunkt im Koordinatenursprung, also $M = M(0|0|0)$, Punkt $P_1(4|3|1)$.
   Gesucht: Kugel mit dem Mittelpunkt M durch den Punkt P_1.

   Berechnung des Radius: $r = \sqrt{4^2 + 3^2 + 1^2} = \sqrt{26}$

   Die gesuchte Kugel hat die Gleichung $x^2 + y^2 + z^2 = 26$.

2. Gegeben: Mittelpunkt $M(2|-1|1)$, Punkt $P_1(0|4|-3)$.
   Gesucht: Kugel mit dem Mittelpunkt M durch den Punkt P_1.
   Berechnung des Radius:

   $r = \sqrt{(0-2)^2 + (4-(-1))^2 + (-3-1)^2} = \sqrt{45}$

   Die gesuchte Kugel hat die Gleichung
   $(x-2)^2 + (y+1)^2 + (z-1)^2 = 45.$

4.5 Kegelschnitte

Ein Kegelschnitt ist die Schnittfigur einer Ebene und des Mantels eines geraden Doppelkreiskegels.

Ein gerader Kreiskegel entsteht durch Rotation einer Geraden (die Erzeugende oder Mantellinie) in einem festen Punkt (der Spitze) um eine vertikale Achse, wobei sich die rotierende Gerade entlang eines Kreises bewegt (also mit einem Kreis als Leitkurve), der in einer Ebene senkrecht zur Rotationsachse liegt.

Ein gerader Doppelkreiskegel besteht aus zwei gleichen geraden Kreiskegeln, deren Rotationsachsen parallel sind und deren Spitzen sich berühren. Schneidet man einen geraden Doppelkreiskegel mit einer nicht durch die (gemeinsame) Spitze S gehenden Ebene E, dann entsteht als Kurve ein Kegelschnitt. Abhängig von der Lage der Ebene E zum Doppelkegel erhält man verschiedene Kurven.

– Kreis
  Liegt die Ebene senkrecht zur Kegelachse (Rotationsachse), so schneidet sie aus der Mantelfläche des Kegels einen Kreis heraus.

– Ellipse
  Ist die Neigung der Ebene so, dass sie nur eine Hälfte des Doppelkegels schneidet und dass sie nicht parallel zu einer Mantellinie verläuft, so wird eine Ellipse ausgeschnitten.

– Parabel
  Verläuft die Ebene parallel zu einer Mantellinie, so schneidet sie aus der Mantelfläche eine Parabel heraus.

– Hyperbel
  Trifft die Ebene beide Hälften des Doppelkegels (zum Beispiel wenn sie parallel zur Kegelachse steht), dann ist die Schnittfigur eine Hyperbel (es werden zwei Kurven ausgeschnitten, die beiden Äste einer Hyperbel).

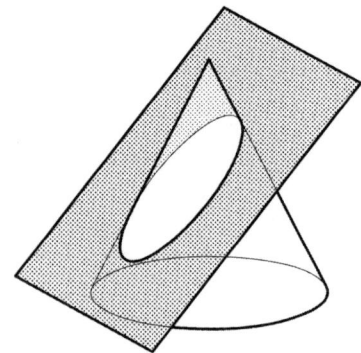

Bild 13. Kegelschnitt Ellipse

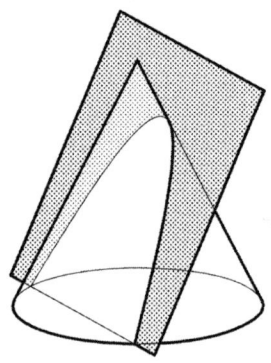

Bild 14. Kegelschnitt Parabel

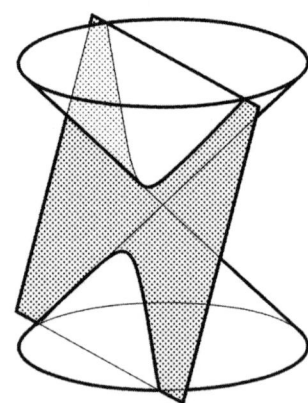

Bild 15. Kegelschnitt Hyperbel

Die Kegelschnitte lassen sich bezüglich der Lage der Ebene E zu den Mantellinien des Doppelkegels charakterisieren:

Beim Kreis und bei der Ellipse ist die Ebene zu keiner der Mantellinien parallel, bei der Parabel ist die Ebene zu einer Mantellinie parallel, und bei der Hyperbel ist die Ebene zu zwei Mantellinien des Doppelkegels parallel.

Die Kegelschnitte lassen sich auch durch die Beziehung des Öffnungswinkels α des Kegels zum Neigungswinkel β der Schnittebene E zur Rotationsachse beschreiben:

Kreis: $\qquad \beta = 90°$

Ellipse: $\qquad \dfrac{\alpha}{2} < \beta < 90°$

Parabel: $\qquad \beta = \dfrac{\alpha}{2}$

Hyperbel: $\quad 0 \le \beta < \dfrac{\alpha}{2}$

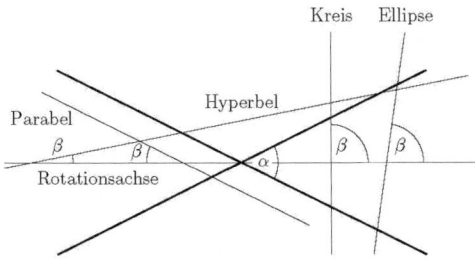

Bild 16. Beschreibung der Kegelschnitte

Der Kreis ist bezüglich der verschiedenen Lagen von Ebene und Doppelkegel ein Spezialfall der Ellipse.
Kreis und Ellipse sind beschränkt, nicht jedoch Parabel und Hyperbel. Die Parabel besteht aus einem einzigen Ast (sie ist also zusammenhängend), während die Hyperbel zwei getrennte symmetrische Äste besitzt.
Falls die Ebene E durch die Kegelspitze S geht, dann besteht die Schnittmenge entweder nur aus einem Punkt (dem Punkt S) oder aus einer Gerade durch S oder aus einem durch S gehenden Geradenpaar. Solche Schnittmengen heißen entartete Kegelschnitte.
Die nahe Verwandtschaft der Kegelschnitte zeigt sich auch in ihren Gleichungen. Jeder Kegelschnitt ist der Graph einer Funktion, die als Funktionsgleichung eine Gleichung zweiten Grades in x und y hat. In einer solchen Gleichung kommen x und y nur linear und quadratisch vor. Die allgemeine Gleichung eines Kegelschnitts lautet:

$$\boxed{Ax^2 + 2Bxy + Cy^2 + Dx + Ey + F = 0}$$

Diese Gleichung enthält als Sonderfälle auch Gleichungen von Punkten, Geraden, Geradenpaaren und imaginären Kurven.

■ **Beispiele:**
1. $A = -1, B = C = D = 0, E = 1, F = 0 \Rightarrow y = x^2$
   Gleichung der Normalparabel
2. $A = 1, B = 0, C = 1, D = E = 0, F = -r^2 \Rightarrow x^2 + y^2 = r^2$
   Mittelpunktsform der Gleichung eines Kreises mit dem Mittelpunkt im Koordinatenursprung
3. $A = \dfrac{1}{a^2}, B = 0, C = \dfrac{1}{b^2}, D = E = 0, F = -1 \Rightarrow \dfrac{x^2}{a^2} + \dfrac{y^2}{b^2} = 1$
   Mittelpunktsform der Gleichung einer Ellipse mit dem Mittelpunkt im Koordinatenursprung

4. $A = \dfrac{1}{a^2}, B = 0, C = -\dfrac{1}{b^2}, D = E = 0, F = -1 \Rightarrow \dfrac{x^2}{a^2} - \dfrac{y^2}{b^2} = 1$
   Mittelpunktsform der Gleichung einer Hyperbel mit dem Mittelpunkt im Koordinatenursprung
5. $A = B = C = 0, D = -1, E = 1, F = 0 \Rightarrow y = x$
   Gleichung der Winkelhalbierenden (Gerade)

4.5.1 Ellipsen

Eine Ellipse ist der geometrische Ort aller Punkte einer Ebene, für die die Summe der Abstände von zwei festen Punkten F_1 und F_2 konstant ist. Die Punkte F_1 und F_2 heißen Brennpunkte der Ellipse.
Bezeichnet man den Abstand eines beliebigen Punktes P_1 der Ellipse zu F_1 mit r_1 und den Abstand von P_1 zu F_2 mit r_2, also $\left|P_1F_1\right| = r_1$, $\left|P_1F_2\right| = r_2$ dann gilt $r_1 + r_2 = 2a$ mit einer Konstanten a.

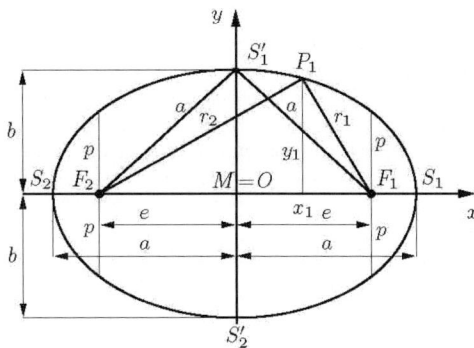

Bild 17. Bezeichnungen für die Ellipse

– *Bezeichnungen*

$M(0\|0)$	Mittelpunkt
$F_1(e\|0), F_2(-e\|0)$	Brennpunkte
$S_1(a\|0), S_2(-a\|0)$	Hauptscheitelpunkte
$S_1'(0\|b), S_2'(0\|-b)$	Nebenscheitelpunkte
$\overline{S_1S_2}$	Hauptachse
$\overline{S_1'S_2'}$	Nebenachse
$\left|\overline{S_1S_2}\right| = 2a$	Länge der Hauptachse
$\left|\overline{S_1'S_2'}\right| = 2b$	Länge der Nebenachse $(b < a)$
$\left|\overline{MF_1}\right| = \left|\overline{MF_2}\right| = e$	Abstand der Brennpunkte vom Mittelpunkt
$p = \dfrac{b^2}{a}$	Halbparameter (die halbe Länge einer parallel zur Nebenachse gezogenen Sehne durch einen Brennpunkt)
$P_1(x_1\|y_1)$	beliebiger Punkt der Ellipse
$\left|\overline{P_1F_1}\right| = r_1, \left|\overline{P_1F_2}\right| = r_2$	Abstand von P_1 zu den Brennpunkten

– *Eigenschaften*

$r_1 + r_2 = 2a$ — Summe der Abstände ist konstant

$e^2 + b^2 = a^2$ — gilt nach dem Satz des Pythagoras

$e = \sqrt{a^2 - b^2} > 0$ — heißt lineare Exzentrizität der Ellipse

$\varepsilon = \dfrac{e}{a} < 1$ — heißt numerische Exzentrizität der Ellipse

– *Bemerkungen*

Eine der drei Größen a, b, e kann wegen $e^2 + b^2 = a^2$ aus den beiden anderen berechnet werden.
Im Falle $a = b$ entartet die Ellipse zu einem Kreis. Die beiden Brennpunkte F_1, F_2 fallen dann mit dem Kreismittelpunkt zusammen.

Ellipsengleichungen

1. Fallen die Koordinatenachsen mit den Ellipsenachsen zusammen, und ist der Koordinatenursprung der Mittelpunkt der Ellipse, dann lautet die Gleichung der Ellipse $\dfrac{x^2}{a^2} + \dfrac{y^2}{b^2} = 1$. Dies ist die Normalform der Ellipsengleichung.

$$\boxed{\dfrac{x^2}{a^2} + \dfrac{y^2}{b^2} = 1}$$

2. Ist $M(x_m|y_m)$ der Mittelpunkt der Ellipse, und sind die Ellipsenachsen parallel zu den Koordinatenachsen, dann erhält man die Mittelpunktsform der Ellipsengleichung.

$$\boxed{\dfrac{(x - x_m)^2}{a^2} + \dfrac{(y - y_m)^2}{b^2} = 1}$$

3. Werden die beiden Koordinaten x und y jeweils als Funktion einer Hilfsvariablen t angegeben, so erhält man die Parameterdarstellung einer Ellipse, deren Achsen mit den Koordinatenachsen zusammenfallen (vgl. Abschnitt 2.1.2).

$$\boxed{x = a\cos t, \; y = b\sin t, \;\; 0 \le t < 2\pi}$$

Für die Fläche A und den Umfang u einer Ellipse gilt

Ellipsenfläche	$A = \pi ab$
Ellipsenumfang	$u \approx \pi\left[1{,}5\,(a + b) - \sqrt{ab}\right]$

Der Wert für den Umfang ist nur eine Näherung, eine exakte Formel gibt es nicht.

■ **Beispiel:**

Gegeben: Ellipsengleichung $\dfrac{x^2}{6{,}25} + \dfrac{y^2}{4} = 1$.

Gesucht: Länge der Achsen, Brennpunkte, numerische Exzentrizität.

Länge der Hauptachse $= 2a = 2 \cdot 2{,}5 = 5$ (denn $a = \sqrt{6{,}25} = 2{,}5$)

Länge der Nebenachse $= 2b = 2 \cdot 2 = 4$ (denn $b = \sqrt{4} = 2$
Berechnung der Brennpunkte:

$e^2 = a^2 - b^2 = 6{,}25 - 4 = 2{,}25 = 1{,}5^2 \;\Rightarrow\; F_1(1{,}5|0), F_2(-1{,}5|0)$

Numerische Exzentrizität: $\varepsilon = \dfrac{e}{a} = \dfrac{1{,}5}{2{,}5} = 0{,}6$

4.5.2 Hyperbeln

Eine Hyperbel ist der geometrische Ort aller Punkte einer Ebene, für die der Betrag der Differenz der Abstände von zwei festen Punkten F_1 und F_2 konstant ist. Die Punkte F_1 und F_2 heißen Brennpunkte der Hyperbel.
Bezeichnet man den Abstand eines beliebigen Punktes P_1 der Hyperbel zu F_1 mit r_1 und den Abstand von P_1 zu F_2 mit r_2, also $\left|P_1F_1\right| = r_1$, $\left|P_1F_2\right| = r_2$ dann gilt $\left|r_1 - r_2\right| = 2a$ mit einer Konstanten a.

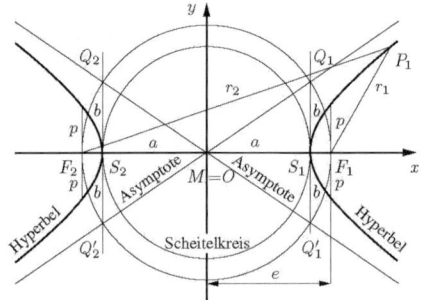

Bild 18. Bezeichnungen für die Hyperbel

Die Hyperbel ist nicht zusammenhängend, sie besteht aus zwei getrennten symmetrischen Ästen (die Hyperbel hat also auch keinen endlichen Flächeninhalt). Sie besitzt zwei Asymptoten.

– *Bezeichnungen*

$M(0|0)$ — Mittelpunkt
$F_1(e|0)$, $F_2(-e|0)$ — Brennpunkte
$S_1(a|0)$, $S_2(-a|0)$ — Scheitelpunkte
$\overline{S_1S_2}$ — Hauptachse (Hyperbelachse)
$\left|\overline{S_1S_2}\right| = 2a$ — Länge der Hauptachse
$\left|\overline{MF_1}\right| = \left|\overline{MF_2}\right| = e$ — Abstand der Brennpunkte vom Mittelpunkt
Q_1, Q_1', Q_2, Q_2' — Schnittpunkte der Asymptoten mit den Senkrechten zur Hauptachse durch die Scheitelpunkte

$\left|\overline{S_1Q_1}\right| = \left|\overline{S_1Q_1'}\right|$

$= \left|\overline{S_2Q_2}\right| = \left|\overline{S_2Q_2'}\right| = b$ Abstand der Schnittpunkte zu den Scheitelpunkten

$p = \dfrac{b^2}{a}$ Halbparameter (die halbe Länge einer senkrecht zur Hauptachse gezogenen Sehne durch einen Brennpunkt)

$P_1(x_1|y_1)$ beliebiger Punkt der Hyperbel

$\left|\overline{P_1F_1}\right| = r_1, \left|\overline{P_1F_2}\right| = r_2$ Abstand von P_1 zu den Brennpunkten

— *Eigenschaften*

$|r_1 - r_2| = 2a$ Betragsdifferenz der Abstände ist konstant

$a^2 + b^2 = e^2$ gilt nach dem Satz des Pythagoras

$e = \sqrt{a^2 + b^2} > 0$ heißt lineare Exzentrizität der Hyperbel

$\varepsilon = \dfrac{e}{a} > 1$ heißt numerische Exzentrizität der Hyperbel

— *Bemerkung*
Eine der drei Größen a, b, e kann wegen $a^2 + b^2 = e^2$ aus den beiden anderen berechnet werden.

Hyperbelgleichungen

1. Scheitelpunkte auf der x-Achse, Mittelpunkt im Koordinatenursprung:

$$\boxed{\dfrac{x^2}{a^2} - \dfrac{y^2}{b^2} = 1}$$

Beide Koordinatenachsen sind Symmetrieachsen der Hyperbel. Die Hyperbel ist nach rechts und nach links geöffnet. Diese Gleichung nennt man auch die Normalform der Hyperbelgleichung.

Gleichungen der Asymptoten: $y = \pm\dfrac{b}{a}x$

Nur im Falle $a = b$ stehen die Asymptoten senkrecht aufeinander. Solche Hyperbeln heißen gleichseitige Hyperbeln.

2. Hauptachse parallel zur x-Achse, Mittelpunkt $M(x_m|y_m)$:

$$\boxed{\dfrac{(x - x_m)^2}{a^2} - \dfrac{(y - y_m)^2}{b^2} = 1}$$

Die Hyperbel ist nach rechts und nach links geöffnet. Diese Gleichung heißt auch Mittelpunktsform der Hyperbelgleichung.
Gleichungen der Asymptoten:

$$y = \pm\dfrac{b}{a}(x - x_m) + y_m$$

3. Koordinatenachsen als Asymptoten, Mittelpunkt im Koordinatenursprung:

$$\boxed{x \cdot y = c \quad \text{oder} \quad y = \dfrac{c}{x} \ (c \neq 0)}$$

Für $c > 0$ ist die Winkelhalbierende $y = x$ die Hauptachse, die Hyperbeläste liegen im ersten und im dritten Quadranten. Im Falle $c < 0$ ist die Winkelhalbierende $y = -x$ die Hauptachse, die Hyperbeläste liegen im zweiten und im vierten Quadranten.
Gleichungen der Asymptoten: $x = 0$, $y = 0$

■ **Beispiel:**

Gegeben: Hyperbelgleichung $\dfrac{x^2}{16} - \dfrac{y^2}{20} = 1$.

Gesucht: Brennpunkte, numerische Exzentrizität.
Berechnung der Brennpunkte:

$e^2 = a^2 + b^2 = 16 + 20 = 36 = 6^2 \quad \Rightarrow \quad F_1(6\,|\,0), \ F_2(-6\,|\,0)$

Numerische Exzentrizität: $\varepsilon = \dfrac{e}{a} = \dfrac{6}{4} = 1{,}5$

4.5.3 Parabeln

Eine Parabel ist der geometrische Ort aller Punkte einer Ebene, die von einem festen Punkt F (Brennpunkt) und einer festen Geraden l (Leitlinie) den gleichen Abstand besitzen.
Der Punkt, der in der Mitte zwischen dem Brennpunkt F und der Leitlinie l liegt, ist der Scheitelpunkt S. Die Gerade durch die Punkte F und S heißt Parabelachse. Sie ist Symmetrieachse für die Parabel und steht senkrecht auf der Leitlinie l. Der Abstand p des Brennpunkts F von der Leitlinie l heißt Parameter der Parabel.
Der Brennpunkt hat die Eigenschaft, alle innen an der Parabel reflektierten achsenparallelen Strahlen in sich zu vereinigen (Anwendung: Parabolspiegel).

Parabelgleichungen

1. x-Achse ist Parabelachse, Scheitelpunkt im Koordinatenursprung, Parabel nach rechts geöffnet:

$$\boxed{y^2 = 2px, \quad p > 0}$$

Der Brennpunkt ist $F(\frac{p}{2}|0)$, die Gleichung der

Leitlinie ist $x = -\frac{p}{2}$. Diese Gleichung nennt

man auch die Normalform der Parabelgleichung.

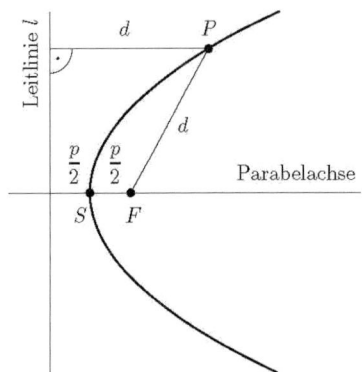

Bild 19. Parabel mit Brennpunkt F und Scheitelpunkt S

2. Parabelachse parallel zur x-Achse, Scheitelpunkt $S(x_s|y_s)$, Parabel nach rechts geöffnet:

$$(y - y_s)^2 = 2p(x - x_s), \quad p > 0$$

Der Brennpunkt ist $F(\frac{p}{2} + x_s|y_s)$, die Gleichung

der Leitlinie ist $x = x_s - \frac{p}{2}$. Diese Gleichung

heißt auch Scheitelpunktsform der Parabelglei-chung.

3. Parabelachse parallel zur x-Achse, Scheitelpunkt $S(x_s|y_s)$, Parabel nach links geöffnet:

$$(y - y_s)^2 = -2p(x - x_s), \quad p > 0$$

Der Brennpunkt ist $F(-\frac{p}{2} + x_s|y_s)$, die Glei-

chung der Leitlinie ist $x = x_s + \frac{p}{2}$.

4. y-Achse ist Parabelachse, Scheitelpunkt im Ko-ordinatenursprung, Parabel nach oben geöffnet:

$$x^2 = 2py \quad \text{oder} \quad y = \frac{1}{2p}x^2 \quad (p > 0)$$

Der Brennpunkt ist $F(0|\frac{p}{2})$, die Gleichung der

Leitlinie ist $y = -\frac{p}{2}$.

Eine Parabel in dieser Lage ist der Graph einer quadratischen Funktion (vgl. Abschnitt 2.4.3).

■ **Beispiel:**

Gegeben: Parabelgleichung $y^2 = 6x$.

Gesucht: Brennpunkt, Gleichung der Leitlinie.

Parameter: $p = 3$

Brennpunkt: $F(\frac{p}{2}|0) = F(\frac{3}{2}|0)$

Gleichung der Leitlinie: $x = -\frac{p}{2} = -\frac{3}{2}$

4.5.4 Anwendungsbeispiel

Ein parabelförmiger Brückenbogen (Achse vertikal und Parabel nach unten geöffnet) hat zwischen den in gleicher Höhe liegenden Lagern (Enden) des Bogens L und L' die Spannweite $2a = |LL'| = 32$ m. Die Schei-telhöhe (Höhe des Scheitelpunktes S über LL') be-trägt $b = 10$ m. Die horizontal verlaufende Straße liegt $h = 4$ m über LL' und schneidet den Brücken-bogen in P_1 und P_1', den Befestigungspunkten des Straßenkörpers. Der Straßenkörper wird außer von einem Vertikalstab im Scheitelpunkt S (Länge $b - h = 6$ m) noch von zwei weiteren Vertikalstäben gehalten, die in der Mitte des horizontalen Abstandes von S und P_1 sowie von S und P_1' in den Punkten P_2 und P_2' am Brückenbogen angebracht sind.

Wie groß ist die Länge l dieser Vertikalstäbe? Wie groß sind $|P_1P_1'|$ und $|P_2P_2'|$?

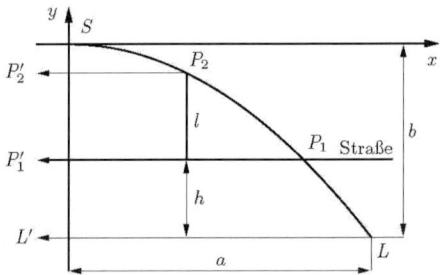

Bild 20. Zum Anwendungsbeispiel

Die Skizze veranschaulicht nur eine Hälfte der sym-metrischen Straßenbrücke.

Zur Lösung der Aufgabe denkt man sich ein Koordi-natenkreuz gelegt, so dass die Parabel des Brücken-bogens die Gleichung $y = -px^2$ hat.

Setzt man die Koordinaten des Lagerpunktes L ein, so ergibt sich

$$-b = -pa^2 \quad \Rightarrow \quad p = \frac{b}{a^2}$$

Der Befestigungspunkt P_1 hat nach Aufgabenstellung die Ordinate $y_1 = -(b - h)$. Mit Hilfe der Parabelgleichung $y = -px_1^2$ erhält man seine Abszisse x_1 durch Auflösen nach x_1 und Einsetzen von y_1 und p:

$$x_1 = \sqrt{\frac{y_1}{-p}} = \sqrt{\frac{-(b-h)}{-\dfrac{b}{a^2}}} = a\sqrt{\frac{b-h}{b}}$$

Der Befestigungspunkt P_2 soll die Abszisse

$x_2 = \dfrac{1}{2}x_1 = \dfrac{a}{2}\sqrt{\dfrac{b-h}{b}}$ haben, also ist seine Ordinate

$$y_2 = -px_2^2 = -\frac{b}{a^2}\left(\frac{a}{2}\sqrt{\frac{b-h}{b}}\right)^2 = -\frac{b-h}{4}.$$

Die gesuchte Vertikalstablänge l ist $l = y_2 - y_1 = \dfrac{3}{4}(b-h)$. Die Strecken $\left|\overrightarrow{P_1 P_1}\right|$ und $\left|\overrightarrow{P_2 P_2}\right|$ haben die Längen

$$2x_1 = 2a\sqrt{\frac{b-h}{b}} \text{ und } 2x_2 = a\sqrt{\frac{b-h}{b}}.$$

Mit den gegebenen Abmessungen ergibt sich für die gesuchten Längen

$$l = \frac{3}{4}(10-4) = 4{,}50\text{m}, \; 2x_1 = 2 \cdot 16\sqrt{\frac{10-4}{10}} = 24{,}78\ldots\text{m},$$

$$2x_2 = 16\sqrt{\frac{10-4}{10}} = 12{,}39\ldots\text{m}.$$

4.6 Vektoren

4.6.1 Definitionen

Eine gerichtete und orientierte Strecke bezeichnet man als Vektor. Ein Vektor ist durch drei Größen bestimmt: Richtung, Orientierung und Länge. Vektoren, die in diesen drei Größen übereinstimmen, sind gleich, unabhängig von ihrer Lage in der Ebene oder im Raum.

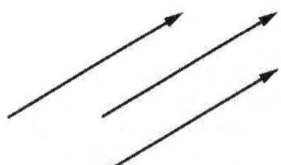

Bild 21. Gleiche Vektoren

Eine Größe, die durch einen einzigen reellen Zahlenwert charakterisiert wird, heißt Skalar. Beispiele für Skalare sind Temperatur, Arbeit, Masse, Energie. Vektoren dagegen sind Größen, zu deren vollständiger Beschreibung neben einem Zahlenwert, ihrem Betrag (Länge des Vektors), noch die Angabe ihrer Richtung und Orientierung erforderlich sind. Beispiele für Vektoren sind Kraft, Geschwindigkeit, Beschleunigung, magnetische Feldstärke. Vektoren werden meist mit kleinen lateinischen Buchstaben, die mit einem Pfeil versehen sind, be-

zeichnet: $\vec{a} = \overrightarrow{PQ}$ (gesprochen: Vektor a, Vektor PQ). Der Punkt P ist der Anfangspunkt und der Punkt Q der Endpunkt des Vektors. Der Betrag $|\vec{a}| = \left|\overrightarrow{PQ}\right|$ eines Vektors ist die Länge des Vektors, also die Länge der Verbindungsstrecke $\overline{PQ}$. Der Betrag ist eine nichtnegative reelle Zahl.

Zwei Vektoren $\vec{a}$ und $\vec{b}$ sind gleich, in Zeichen $\vec{a} = \vec{b}$, wenn sie den gleichen Betrag und gleiche Richtung und gleiche Orientierung haben. Vektoren dürfen daher parallel verschoben werden. Gleiche Vektoren gehen durch Parallelverschiebung ineinander über.

Im Unterschied zu diesen so genannten freien Vektoren haben Ortsvektoren $\overrightarrow{OP}$ einen festen Anfangspunkt O. Ortsvektoren können also nicht verschoben werden.

Spezielle Vektoren

- Der Nullvektor $\vec{0}$ hat den Betrag 0 und unbestimmte Richtung.
- Ein Vektor $\vec{e}$ mit dem Betrag $|\vec{e}| = 1$ heißt Einheitsvektor. Man bezeichnet Einheitsvektoren auch als normierte Vektoren.

4.6.2 Multiplikation eines Vektors mit einem Skalar

Multipliziert man einen Vektor $\vec{a}$ mit einem Skalar (also einer reellen Zahl) $\lambda \in \mathbb{R}$, dann erhält man einen Vektor $\lambda\vec{a}$ mit dem Betrag $|\lambda\vec{a}| = |\lambda| \cdot |\vec{a}|$ ($|\lambda|$-facher Betrag des Vektors $\vec{a}$). Für $\lambda > 0$ haben $\lambda\vec{a}$ und $\vec{a}$ gleiche Richtung und Orientierung, für $\lambda < 0$ haben $\lambda\vec{a}$ und $\vec{a}$ gleiche Richtung und entgegengesetzte Orientierung.

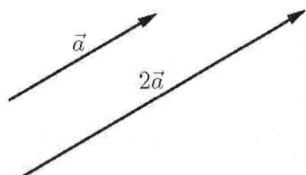

Bild 22. Vektoren $\vec{a}$ und $2\vec{a}$

Multiplikation mit $\lambda = -1$ ergibt den Vektor $-\vec{a}$. Dieser Vektor hat den gleichen Betrag und die gleiche Richtung wie der Vektor $\vec{a}$, jedoch die entgegengesetzte Orientierung.

4.6.3 Addition und Subtraktion zweier Vektoren

Sollen zwei Vektoren $\vec{a}$ und $\vec{b}$ addiert werden, so bringt man durch Parallelverschiebung den Anfangspunkt des Vektors $\vec{b}$ in den Endpunkt des Vektors $\vec{a}$. Die Summe $\vec{a} + \vec{b}$ ist dann derjenige Vektor, der vom Anfangspunkt von $\vec{a}$ zum Endpunkt von $\vec{b}$ führt.

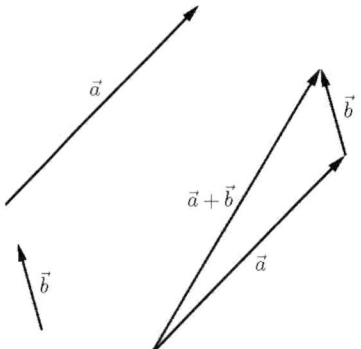

Bild 23. Vektoraddition

Die Subtraktion zweier Vektoren $\vec{a}$ und $\vec{b}$ ist definiert als Addition von $\vec{a}$ und $-\vec{b}$.

$$\boxed{\vec{a} - \vec{b} = \vec{a} + (-\vec{b})}$$

Legt man die Anfangspunkte von $\vec{a}$ und $\vec{b}$ übereinander, dann ist der Vektor $\vec{a} - \vec{b}$ der Vektor vom Endpunkt von $\vec{b}$ zum Endpunkt von $\vec{a}$.

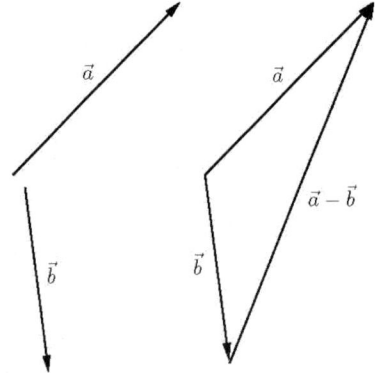

Bild 24. Vektorsubtraktion

Zeichnet man ein Parallelogramm mit den Seiten $\vec{a}$ und $\vec{b}$, so kann man die Diagonale als $\vec{a} + \vec{b}$ oder als $\vec{b} + \vec{a}$ auffassen. Die Addition von Vektoren ist also kommutativ.

Kommutativgesetz

$$\boxed{\vec{a} + \vec{b} = \vec{b} + \vec{a}}$$

Auch das Assoziativgesetz und das Distributivgesetz sind erfüllt.

Assoziativgesetz

$$\boxed{\vec{a} + (\vec{b} + \vec{c}) = (\vec{a} + \vec{b}) + \vec{c} = \vec{a} + \vec{b} + \vec{c}}$$

Distributivgesetz

$$\boxed{\lambda \cdot (\vec{a} + \vec{b}) = \lambda \cdot \vec{a} + \lambda \cdot \vec{b} \quad (\lambda \in \mathbb{R})}$$

4.6.4 Komponentendarstellung von Vektoren in der Ebene

Wählt man in einem kartesischen Koordinatensystem der Ebene einen Einheitsvektor $\vec{e}_1$ mit Richtung und Orientierung wie die positive x-Achse und einen Einheitsvektor $\vec{e}_2$ mit Richtung und Orientierung wie die positive y-Achse, dann lässt sich jeder Vektor $\vec{a}$ in der Ebene in eindeutiger Weise als Linearkombination der beiden so genannten Basisvektoren $\vec{e}_1$ und $\vec{e}_2$ darstellen.

$$\boxed{\vec{a} = a_1\vec{e}_1 + a_2\vec{e}_2, \ a_1, a_2 \in \mathbb{R}}$$

Die beiden Vektoren $a_1\vec{e}_1$ und $a_2\vec{e}_2$ werden durch Parallelen zu den Basisvektoren $\vec{e}_1$ und $\vec{e}_2$ konstruiert.

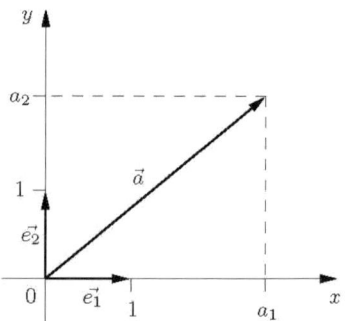

Bild 25. Komponentendarstellung eines Vektors in der Ebene

Der Vektor $\vec{a} = a_1\vec{e}_1 + a_2\vec{e}_2$ wird identifiziert mit dem so genannten Spaltenvektor

$$\boxed{\vec{a} = \begin{pmatrix} a_1 \\ a_a \end{pmatrix}}$$

Dabei heißen a_1 und a_2 die beiden Komponenten oder die kartesischen Koordinaten des Vektors $\vec{a}$. Mit Hilfe der Komponenten lassen sich Addition und Subtraktion von Vektoren sowie die Multiplikation eines Vektors mit einem Skalar folgendermaßen darstellen:

$$\boxed{\vec{a} + \vec{b} = \begin{pmatrix} a_1 \\ a_2 \end{pmatrix} + \begin{pmatrix} b_1 \\ b_2 \end{pmatrix} = \begin{pmatrix} a_1 + b_1 \\ a_2 + b_2 \end{pmatrix}}$$

$$\boxed{\vec{a} - \vec{b} = \begin{pmatrix} a_1 \\ a_2 \end{pmatrix} - \begin{pmatrix} b_1 \\ b_2 \end{pmatrix} = \begin{pmatrix} a_1 - b_1 \\ a_2 - b_2 \end{pmatrix}}$$

$$\boxed{\lambda \cdot \vec{a} = \lambda \cdot \begin{pmatrix} a_1 \\ a_2 \end{pmatrix} + \begin{pmatrix} b_1 \\ b_2 \end{pmatrix} = \begin{pmatrix} \lambda a_1 \\ \lambda a_2 \end{pmatrix}}$$

Der Betrag $|\vec{a}| = |\overrightarrow{PQ}|$, also die Länge des Vektors $\vec{a} = \overrightarrow{PQ}$, ist die Entfernung zwischen den Punkten P und Q. Nach dem Satz des Pythagoras gilt:

$$|\vec{a}| = \sqrt{a_1^2 + a_2^2}$$

4.6.5 Komponentendarstellung von Vektoren im Raum

Ganz analog wählt man in einem kartesischen Koordinatensystem des Raums drei Einheitsvektoren $\vec{e}_1$, $\vec{e}_2$, $\vec{e}_3$ mit Richtung und Orientierung wie die positive x-Achse, die positive y-Achse und die positive z-Achse. Dann lässt sich jeder Vektor $\vec{a}$ im Raum in eindeutiger Weise als Linearkombination der drei Basisvektoren $\vec{e}_1$, $\vec{e}_2$ und $\vec{e}_3$ darstellen.

$$\vec{a} = a_1\vec{e}_1 + a_2\vec{e}_2 + a_3\vec{e}_3, \; a_1, a_2, a_3 \in \mathbb{R}$$

Die drei Vektoren $a_1\vec{e}_1$, $a_2\vec{e}_2$ und $a_3\vec{e}_3$ werden durch Parallelen zu den Basisvektoren $\vec{e}_1$, $\vec{e}_2$ und $\vec{e}_3$ konstruiert.

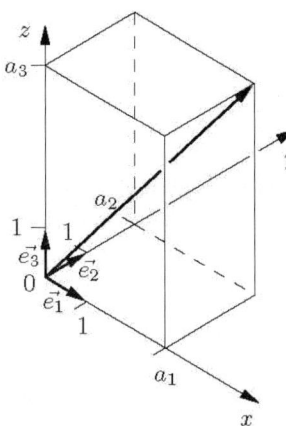

Bild 26. Komponentendarstellung eines Vektors im Raum

Der Vektor $\vec{a} = a_1\vec{e}_1 + a_2\vec{e}_2 + a_3\vec{e}_3$ wird identifiziert mit dem Spaltenvektor

$$\vec{a} = \begin{pmatrix} a_1 \\ a_2 \\ a_3 \end{pmatrix}$$

Dabei heißen a_1, a_2, a_3 die Komponenten oder die kartesischen Koordinaten des Vektors $\vec{a}$.

Mit Hilfe der Komponenten lassen sich auch im Raum Addition und Subtraktion von Vektoren sowie die Multiplikation eines Vektors mit einem Skalar darstellen:

$$\vec{a} + \vec{b} = \begin{pmatrix} a_1 \\ a_2 \\ a_3 \end{pmatrix} + \begin{pmatrix} b_1 \\ b_2 \\ b_3 \end{pmatrix} = \begin{pmatrix} a_1 + b_1 \\ a_2 + b_2 \\ a_3 + b_3 \end{pmatrix}$$

$$\vec{a} - \vec{b} = \begin{pmatrix} a_1 \\ a_2 \\ a_3 \end{pmatrix} - \begin{pmatrix} b_1 \\ b_2 \\ b_3 \end{pmatrix} = \begin{pmatrix} a_1 - b_1 \\ a_2 - b_2 \\ a_3 - b_3 \end{pmatrix}$$

$$\lambda \cdot \vec{a} = \lambda \cdot \begin{pmatrix} a_1 \\ a_2 \\ a_3 \end{pmatrix} = \begin{pmatrix} \lambda a_1 \\ \lambda a_2 \\ \lambda a_3 \end{pmatrix}$$

Der Betrag $|\vec{a}| = |\overrightarrow{PQ}|$, also die Länge des Vektors $\vec{a} = \overrightarrow{PQ}$, ist die Entfernung zwischen den Punkten P und Q. Durch zweimalige Anwendung des Satzes von Pythagoras errechnet man:

$$|\vec{a}| = \sqrt{a_1^2 + a_2^2 + a_3^2}$$

4.6.6 Skalarprodukt

Für die beiden Vektoren $\vec{a} = \begin{pmatrix} a_1 \\ a_2 \\ a_3 \end{pmatrix}$ und $\vec{b} = \begin{pmatrix} b_1 \\ b_2 \\ b_3 \end{pmatrix}$

heißt

$$\vec{a} \cdot \vec{b} = \begin{pmatrix} a_1 \\ a_2 \\ a_3 \end{pmatrix} \cdot \begin{pmatrix} b_1 \\ b_2 \\ b_3 \end{pmatrix} = a_1 b_1 + a_2 b_2 + a_3 b_3$$

Skalarprodukt oder inneres Produkt. Das Skalarprodukt zweier Vektoren ist kein Vektor, sondern eine reelle Zahl, also ein Skalar. Geometrisch ist das Skalarprodukt das Produkt der Länge des Vektors $\vec{a}$ und der Länge der senkrechten Projektion des Vektors $\vec{b}$ auf $\vec{a}$, also, falls $\varphi = \sphericalangle\,(\vec{a}, \vec{b})$ den Winkel zwischen $\vec{a}$ und $\vec{b}$ bezeichnet,

$$\vec{a} \cdot \vec{b} = |\vec{a}| \cdot |\vec{b}| \cdot \cos\varphi$$

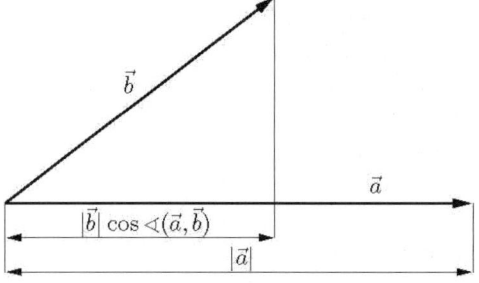

Bild 27. Skalarprodukt: $\vec{a} \cdot \vec{b} = |\vec{a}| \cdot |\vec{b}| \cdot \cos\varphi$

Für den Winkel $\varphi = \sphericalangle\,(\,\vec{a},\vec{b}\,)$ gilt somit:

$$\cos\varphi = \frac{\vec{a}\cdot\vec{b}}{|\vec{a}|\cdot|\vec{b}|} = \frac{a_1 b_1 + a_2 b_2 + a_3 b_3}{\sqrt{a_1^2 + a_2^2 + a_3^2}\cdot\sqrt{b_1^2 + b_2^2 + b_3^2}}$$

Die folgenden Rechenregeln lassen sich aus der Definition ableiten:

1. $\vec{a}\cdot\vec{b} = \vec{b}\cdot\vec{a}$
2. $(\lambda\cdot\vec{a})\cdot\vec{b} = \vec{a}\cdot(\lambda\cdot\vec{b}) = \lambda\cdot(\vec{a}\cdot\vec{b})$
3. $(\vec{a}+\vec{b})\cdot\vec{c} = \vec{a}\cdot\vec{c} + \vec{b}\cdot\vec{c}$
4. $\vec{a}\cdot\vec{b} = 0 \Leftrightarrow \vec{a}\perp\vec{b}$ ($\vec{a}$ und $\vec{b}$ stehen senkrecht aufeinander)
5. $|\vec{a}| = \sqrt{\vec{a}\cdot\vec{a}}$

So folgt zum Beispiel aus 4., nämlich dass $\vec{a}\cdot\vec{b} = 0$ genau für zwei senkrecht aufeinander stehende (man sagt auch orthogonale) Vektoren $\vec{a}$ und $\vec{b}$ gilt, dass genau dann der Winkel φ gleich 90° ist ($\Rightarrow \cos\varphi = 0$). Das Skalarprodukt lässt sich entsprechend auch in der Ebene, also für Vektoren mit zwei Komponenten, definieren.

■ **Beispiel:**

Das Skalarprodukt der Vektoren $\vec{a} = \begin{pmatrix} 2 \\ 3 \\ -1 \end{pmatrix}$ und $\vec{b} = \begin{pmatrix} 4 \\ -5 \\ 2 \end{pmatrix}$ ist

$$\vec{a}\cdot\vec{b} = \begin{pmatrix} 2 \\ 3 \\ -1 \end{pmatrix}\cdot\begin{pmatrix} 4 \\ -5 \\ 2 \end{pmatrix} = 2\cdot 4 + 3\cdot(-5) + (-1)\cdot 2 = 8 - 15 - 2 = -9$$

4.6.7 Vektorprodukt

Sind $\vec{a} = \begin{pmatrix} a_1 \\ a_2 \\ a_3 \end{pmatrix}$ und $\vec{b} = \begin{pmatrix} b_1 \\ b_2 \\ b_3 \end{pmatrix}$ zwei Vektoren im Raum,

so heißt der Vektor

$$\vec{a}\cdot\vec{b} = \begin{pmatrix} a_1 \\ a_2 \\ a_3 \end{pmatrix}\cdot\begin{pmatrix} b_1 \\ b_2 \\ b_3 \end{pmatrix} = \begin{pmatrix} a_2 b_3 - a_3 b_2 \\ a_3 b_1 - a_1 b_3 \\ a_1 b_2 - a_2 b_1 \end{pmatrix}$$

Vektorprodukt oder Kreuzprodukt oder äußeres Produkt der Vektoren $\vec{a}$ und $\vec{b}$. Das Vektorprodukt ist im Unterschied zum Skalarprodukt nur im Raum definiert.

Das Vektorprodukt besitzt folgende Eigenschaften:
1. $\vec{b}\cdot\vec{a} = -\vec{a}\cdot\vec{b}$
2. $\vec{a}\cdot\vec{b} = \vec{0}$, falls $\vec{a} = 0$ oder $\vec{b} = 0$ oder $\vec{a}$ parallel zu $\vec{b}$
3. $(\lambda\vec{a})\cdot\vec{b} = \vec{a}\cdot(\lambda\vec{b}) = \lambda(\vec{a}\cdot\vec{b})$
4. $(\vec{a}+\vec{b})\cdot\vec{c} = \vec{a}\cdot\vec{c} + \vec{b}\cdot\vec{c}$
5. $\vec{a}\cdot\vec{b}$ steht senkrecht auf den Vektoren $\vec{a}$ und $\vec{b}$
6. $|\vec{a}\cdot\vec{b}| = |\vec{a}|\cdot|\vec{b}|\cdot\sin\varphi = |\vec{a}|\cdot|\vec{b}|\cdot\sin\sphericalangle\,(\vec{a},\vec{b})$
7. $\vec{a}, \vec{b}, \vec{a}\cdot\vec{b}$ bilden in dieser Reihenfolge ein Rechtssystem

Der Vektor $\vec{a}\cdot\vec{b}$ steht also senkrecht auf $\vec{a}$ und auf $\vec{b}$. Sein Betrag (seine Länge) ist gleich dem Flächeninhalt des von den beiden Vektoren $\vec{a}$ und $\vec{b}$ aufgespannten Parallelogramms. Falls $\vec{a}$ auf dem kürzesten Weg nach $\vec{b}$ gedreht wird, zeigt $\vec{a}\cdot\vec{b}$ in Richtung der Bewegung einer Schraube mit Rechtsgewinde.

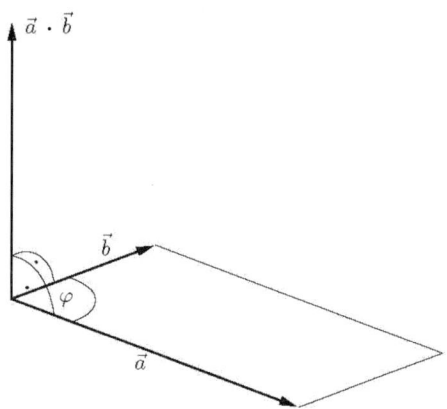

Bild 28. Vektorprodukt $\vec{a}\cdot\vec{b}$ der Vektoren $\vec{a}$ und $\vec{b}$

■ **Beispiel:**

Für die Vektoren $\vec{a} = \begin{pmatrix} -1 \\ 2 \\ -3 \end{pmatrix}$ und $\vec{b} = \begin{pmatrix} 2 \\ 1 \\ -2 \end{pmatrix}$ ergibt sich für das

Vektorprodukt $\vec{a}\cdot\vec{b} = \begin{pmatrix} -1 \\ -8 \\ -5 \end{pmatrix}$.

Zur Probe kann man etwa Eigenschaft 5. benutzen: Es muss $(\vec{a}\cdot\vec{b})\cdot\vec{a} = 0$ (und auch $(\vec{a}\cdot\vec{b})\cdot\vec{b} = 0$ gelten:

$$(\vec{a}\cdot\vec{b})\cdot\vec{a} = \begin{pmatrix} -1 \\ -8 \\ -5 \end{pmatrix}\cdot\begin{pmatrix} -1 \\ 2 \\ -3 \end{pmatrix} = 1 - 16 + 15 = 0\,.$$

4.6.8 Spatprodukt

Sind $\vec{a}$, $\vec{b}$ und $\vec{c}$ drei Vektoren im Raum, so heißt der Skalar

$$(\vec{a}\cdot\vec{b})\cdot\vec{c}$$

Spatprodukt. Aus der geometrischen Interpretation des Skalarprodukts folgt, dass $(\vec{a}\cdot\vec{b})\cdot\vec{c}$ gleich dem Produkt aus der Länge von $\vec{a}\cdot\vec{b}$ und der Länge der Projektion von $\vec{c}$ auf $\vec{a}\cdot\vec{b}$ ist. Da $|\vec{a}\cdot\vec{b}|$ gleich dem Flächeninhalt des von $\vec{a}$ und $\vec{b}$ aufgespannten Parallelogramms ist, stellt $(\vec{a}\cdot\vec{b})\cdot\vec{c}$ das Volumen des von den Vektoren $\vec{a}$, $\vec{b}$, $\vec{c}$ aufgespannten Spates dar, falls die Vektoren eine Lage wie in Bild 29 haben. Spat ist ein anderer Name für Parallelepiped oder Parallelflach. Zeigt $\vec{c}$ nach unten, so ist das Spatprodukt negativ, und es ist dem Betrage nach das Volumen des Spates.

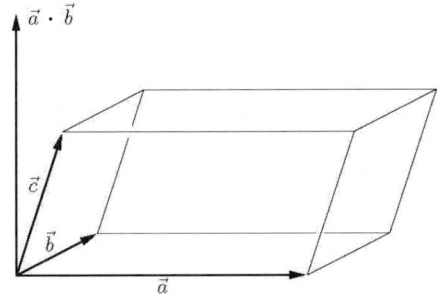

Bild 29. Geometrische Veranschaulichung des Spatprodukts

Mit der abkürzenden Schreibweise

$$\left[\vec{a},\vec{b},\vec{c}\right] = (\vec{a}\cdot\vec{b})\cdot\vec{c}$$

für das Spatprodukt können einige Eigenschaften des Spatprodukts formuliert werden:

1. $$\left[\vec{a},\vec{b},\vec{c}\right] = (\vec{a}\cdot\vec{b})\cdot\vec{c} = \begin{pmatrix} a_2b_3 - a_3b_2 \\ a_3b_1 - a_1b_3 \\ a_1b_2 - b_1a_2 \end{pmatrix} \cdot \begin{pmatrix} c_1 \\ c_2 \\ c_3 \end{pmatrix}$$
    $$= c_1(a_2b_3 - a_3b_2) - c_2(a_3b_1 - a_1b_3) + c_3(a_1b_2 - b_1a_2)$$

2. Eine zyklische (kreisförmige) Vertauschung der Vektoren ändert das Spatprodukt nicht:
    $$\left[\vec{a},\vec{b},\vec{c}\right] = \left[\vec{b},\vec{c},\vec{a}\right] = \left[\vec{c},\vec{a},\vec{b}\right]$$

3. Das Spatprodukt ändert das Vorzeichen (bei gleichem Betrag), falls zwei Vektoren miteinander vertauscht werden:
    $$\left[\vec{b},\vec{a},\vec{c}\right] = \left[\vec{c},\vec{b},\vec{a}\right] = \left[\vec{a},\vec{c},\vec{b}\right] = -\left[\vec{a},\vec{b},\vec{c}\right]$$

4. $\left[\vec{a},\vec{b},\vec{c}\right] = 0 \Leftrightarrow \vec{a},\vec{b},\vec{c}$ liegen in einer Ebene (man sagt dann: $\vec{a},\vec{b},\vec{c}$ sind linear abhängig)

5. $\left[\vec{a},\vec{b},\vec{c}\right] > 0 \Leftrightarrow \vec{a},\vec{b},\vec{c}$ bilden ein Rechtssystem

6. Das Volumen V des von den Vektoren $\vec{a},\vec{b},\vec{c}$ gebildeten Tetraeders ist $V = \frac{1}{6}\left[\vec{a},\vec{b},\vec{c}\right]$.

■ **Beispiel:**
Das Volumen V des von den Vektoren

$$\vec{a} = \begin{pmatrix} 1 \\ 0 \\ -1 \end{pmatrix}, \ \vec{b} = \begin{pmatrix} 2 \\ -1 \\ 1 \end{pmatrix}, \ \vec{c} = \begin{pmatrix} 1 \\ 1 \\ 2 \end{pmatrix} \text{ aufgespannten Tetraeders}$$

beträgt

$$V = \frac{1}{6}\left[\vec{a},\vec{b},\vec{c}\right] = \frac{1}{6}\left|(\vec{a}\cdot\vec{b})\cdot\vec{c}\right| = \frac{1}{6}\left|\begin{pmatrix} -1 \\ -3 \\ -1 \end{pmatrix} \cdot \begin{pmatrix} 1 \\ 1 \\ 2 \end{pmatrix}\right| = \frac{1}{6}|-6| = \frac{1}{6}\cdot 6 = 1.$$

5 Differenzial- und Integralrechnung

5.1 Folgen

5.1.1 Grundbegriffe

Eine Folge besteht aus Zahlen einer Menge, die in einer bestimmten Reihenfolge angeordnet sind:

$$a_1, a_2, a_3, \ldots, a_n, \ldots$$

Sind alle diese Zahlen reelle Zahlen, dann nennt man die Folge auch reelle Zahlenfolge. Die Zahlen der Folge heißen Glieder der Folge.
Handelt es sich um endlich viele Zahlen, so heißt die Folge endlich, andernfalls unendliche Folge.
Eine unendliche Folge lässt sich auch als Funktion (Abbildung) definieren:

$$f\colon \mathbb{N} \to \mathbb{R}, \ n \mapsto f(n) = a_n$$

Unter den Gliedern einer Folge können auch gleiche Zahlen auftreten.
Eine Folge kann durch direkte Angabe ihrer Glieder oder auch durch einen arithmetischen Ausdruck gegeben sein. Ein solcher arithmetischer Ausdruck kann entweder eine explizite Formel für das Folgenglied a_n oder eine rekursive Definition sein. Bei einer Rekur-

sion wird a_n durch Folgenglieder mit kleineren Indizes definiert.
Schreibweise von Folgen:

$$(a_n) = (a_1, a_2, a_3, \ldots)$$

Eine konstante Folge a_n ist eine Folge mit $a_n = (a, a, a, \ldots)$.

■ **Beispiele:**
1. $(a_n) = (n) = (1, 2, 3, 4, \ldots)$
2. $(a_n) = (4 + 3(n-1)) = (4, 7, 10, 13, \ldots)$
3. $(a_n) = ((-1)^{n+1}) = (1, -1, 1, -1, 1, \ldots)$
4. $(a_n) = \left(\frac{1}{n}\right) = \left(1, \frac{1}{2}, \frac{1}{3}, \frac{1}{4}, \ldots\right)$

Die erste Folge ist endlich, alle anderen sind unendlich. Die erste Folge ist durch Angabe ihrer Glieder definiert und alle anderen durch eine explizite Formel.

Monotone Folgen

Eine Folge (a_n) heißt

– monoton wachsend, wenn
  $a_1 \le a_2 \le a_3 \le \ldots \le a_n \le \ldots$ gilt,

– streng monoton wachsend, wenn
  $a_1 < a_2 < a_3 < \ldots < a_n < \ldots$ gilt,

– monoton fallend, wenn
  $a_1 \geq a_2 \geq a_3 \geq \ldots \geq a_n \geq \ldots$ gilt,
– streng monoton fallend, wenn
  $a_1 > a_2 > a_3 > \ldots > a_n > \ldots$ gilt.

■ **Beispiele:**
Die Folgen der Beispiele 1 und 2 sind streng monoton wachsend,
die Folge aus Beispiel 4 ist streng monoton fallend.

Alternierende Folgen
Eine alternierende Folge ist eine Folge, deren Glieder
abwechselnd unterschiedliche Vorzeichen haben.
Von zwei aufeinander folgenden Gliedern a_k und a_{k+1}
einer solchen Folge (a_n) ist also genau ein Glied positiv und eins negativ.

■ **Beispiel:**
Die Folge aus Beispiel 3 ist alternierend.

Beschränkte Folgen
Eine Folge (a_n) heißt
– nach oben beschränkt, wenn es eine konstante
  Zahl K_o gibt, so dass für alle Glieder $a_n \leq K_o$ gilt,
– nach unten beschränkt, wenn es eine konstante
  Zahl K_u gibt, so dass für alle Glieder $a_n \geq K_u$ gilt,
– beschränkt, wenn die Folge sowohl nach oben als
  auch nach unten beschränkt ist, wenn es also
  zwei Zahlen K_u, K_o gibt mit $K_u \leq a_n \leq K_o$ für alle
  $n \in \mathbb{N}$.
  Gleichwertig damit ist, dass es eine Konstante
  $K > 0$ mit $|a_n| \leq K$ für alle n gibt.
Monoton wachsende und streng monoton wachsende
Folgen sind nach unten beschränkt, monoton fallende
und streng monoton fallende Folgen sind nach oben
beschränkt.

■ **Beispiele:**
Die Folgen der Beispiele 3 und 4 sind beschränkt, die Folgen der
Beispiele 1 und 2 sind nach unten beschränkt.

5.1.2 Arithmetische Folgen

Bei einer arithmetischen Folge ist die Differenz je
zweier aufeinander folgender Glieder konstant. Durch
das Anfangsglied $a_1 = a$ und diese Differenz d ist die
Folge dann eindeutig bestimmt.

$$(a_n) = (a, a+d, a+2d, a+3d, \ldots, a+(n-1)d, \ldots)$$

Das n-te Glied einer arithmetischen Folge lautet $a_n =$
$a + (n-1)d$, $n \in \mathbb{N}$. Das Glied $a_1 = a$ nennt man Anfangsglied der Folge und $d = a_{n+1} - a_n$ (für $n = 1, 2, 3,$
$\ldots$) die (konstante) Differenz der Folge. In einer
arithmetischen Folge ist jedes Folgenglied a_n ($n \geq 2$)
das arithmetische Mittel seiner Nachbarglieder.

■ **Beispiele:**
1. $(a_n) = (n) = (1, 2, 3, 4, \ldots)$ (arithmetische Folge mit $a = 1$ und
   $d = 1$)
2. $(a_n) = (4 + 3(n-1)) = (4, 7, 10, 13, \ldots)$ (arithmetische Folge
   mit $a = 4$ und $d = 3$)

5.1.3 Geometrische Folgen

Bei einer geometrischen Folge ist der Quotient je
zweier aufeinander folgender Glieder konstant. Durch
das Anfangsglied $a_1 = a$ und diesen Quotienten q ist
die Folge dann eindeutig bestimmt.

$$(a_n) = (a, aq, aq^2, aq^3, \ldots, aq^{n-1}, \ldots)$$

Das n-te Glied einer geometrischen Folge lautet $a_n =$
aq^{n-1}, $n \in \mathbb{N}$. Das Glied $a_1 = a$ nennt man Anfangsglied der Folge und $q = \dfrac{a_{n+1}}{a_n}$ (für $n = 1, 2, 3, \ldots$) den
(konstanten) Quotienten der Folge. In einer geometri-
schen Folge ist jedes Folgenglied a_n ($n \geq 2$) das geometrische Mittel seiner Nachbarglieder (bis eventuell
auf das Vorzeichen).

■ **Beispiele:**
1. $(a_n) = (3 \cdot 2^{n-1}) = (3, 6, 12, 24, \ldots)$ (geometrische Folge mit
   $a = 3$ und $q = 2$)
2. $(a_n) = (2^{-n}) = \left(\dfrac{1}{2}, \dfrac{1}{4}, \dfrac{1}{8}, \dfrac{1}{16}, \ldots\right)$ (geometrische Folge mit
   $a = \dfrac{1}{2}$ und $q = \dfrac{1}{2}$)

5.1.4 Grenzwert einer Folge

Man sagt, die Folge (a_n) besitzt den Grenzwert (oder
auch Limes genannt) $\lim\limits_{n \to \infty} a_n = a$ oder $(a_n) \to a$
(gesprochen: Limes a_n gleich a), wenn die Abwei-
chung $|a - a_n|$ der Folgenglieder a_n von diesem Wert a
für genügend große n beliebig klein wird.

Grenzwert (Limes)

$$\lim\limits_{n \to \infty} a_n = a \quad \text{oder} \quad (a_n) \to a$$

Exakte Definition:
Die Folge (a_n) besitzt den Grenzwert $\lim\limits_{n \to \infty} a_n = a$,
wenn sich nach Vorgabe einer beliebig kleinen posi-
tiven Zahl $\varepsilon \in \mathbb{N}$ ein $n_0 \in \mathbb{N}$ so finden lässt, dass für alle n
$\geq n_0$ gilt

$$|a - a_n| < \varepsilon$$

Das n_0 hängt offensichtlich von der Wahl von ε ab,
also $n_0 = n_0(\varepsilon)$.
Besitzt (a_n) den Grenzwert a, so sagt man, dass (a_n)
gegen a konvergiert. Eine Folge, die einen Grenzwert
besitzt, heißt konvergent. Eine Folge, die keinen
Grenzwert besitzt, heißt dagegen divergent.
Eine Folge besitzt höchstens einen Grenzwert.
Eine Nullfolge ist eine Folge, die den Grenzwert 0
besitzt.

■ **Beispiel:**

1. Die Folge (a_n) mit $a_n = \dfrac{1}{10^n}$ hat den Grenzwert $a = 0$, denn

   die Differenz $|a - a_n| = \left|0 - \dfrac{1}{10^n}\right| = \dfrac{1}{10^n}$ wird für große n beliebig klein. Wählt man etwa $\varepsilon = \dfrac{1}{10^{10}}$ so gilt $|a - a_n| < \varepsilon$ für

   $n \geq 11$. Es gilt also $\lim\limits_{n \to \infty} a_n = \lim\limits_{n \to \infty} \dfrac{1}{10^n} = 0$.

   Die Folge (a_n) ist somit eine Nullfolge.

Konvergente Folgen sind beschränkt. Eine beliebige Folge kann also nur konvergent sein, wenn sie beschränkt ist.
Es gilt folgendes Konvergenzkriterium:
Eine monotone und beschränkte Folge ist stets konvergent.
Für konvergente Folgen gelten verschiedene Rechenregeln:

$$\begin{array}{l}
\lim\limits_{n \to \infty} (a_n + b_n) = \lim\limits_{n \to \infty} a_n + \lim\limits_{n \to \infty} b_n \\[2mm]
\lim\limits_{n \to \infty} (a_n - b_n) = \lim\limits_{n \to \infty} a_n - \lim\limits_{n \to \infty} b_n \\[2mm]
\lim\limits_{n \to \infty} (a_n \cdot b_n) = \lim\limits_{n \to \infty} a_n \cdot \lim\limits_{n \to \infty} b_n \\[2mm]
\lim\limits_{n \to \infty} \dfrac{a_n}{b_n} = \dfrac{\lim\limits_{n \to \infty} a_n}{\lim\limits_{n \to \infty} b_n}, \quad \text{falls } b_n \neq 0 \text{ und } \lim\limits_{n \to \infty} b_n \neq 0
\end{array}$$

■ **Beispiele:**

2. $\lim\limits_{n \to \infty} a_n = \lim\limits_{n \to \infty} \dfrac{1}{n} = 0$

3. $\lim\limits_{n \to \infty} a_n = \lim\limits_{n \to \infty} \dfrac{n}{n+1} = 1$

4. $\lim\limits_{n \to \infty} a_n = \lim\limits_{n \to \infty} \left(\dfrac{1}{2}\right)^n = 0$

Die Folge aus Beispiel 4 ist eine geometrische Folge.
Es gilt:
Jede geometrische Folge mit $a_n = aq^{n-1}$ konvergiert gegen Null, wenn $|q|$, der Betrag von q, kleiner als 1 ist.

5.1.5 Tabelle einiger Grenzwerte

Für einige wichtige konvergente Zahlenfolgen sind in der folgenden Tabelle ihre Grenzwerte angegeben.

$$\lim\limits_{n \to \infty} \sqrt[n]{q} = 1 \quad (q > 0)$$

$$\lim\limits_{n \to \infty} \sqrt[n]{n} = 1$$

$$\lim\limits_{n \to \infty} \dfrac{c_r n^r + c_{r-1} n^{r-1} + \ldots + c_1 n + c_o}{d_s n^s + d_{s-1} n^{s-1} + \ldots + d_1 n + d_o} = \begin{cases} \dfrac{c_r}{d_r} & \text{für } r = s \\[3mm] 0 & \text{für } r < s \end{cases}$$

$(c_0, c_1, \ldots, c_r, d_0, d_1, \ldots, d_s \in \mathbb{R}, c_r \neq 0, d_s \neq 0)$

$$\lim\limits_{n \to \infty} \dfrac{\log_a n}{n} = 0 \quad (a > 0, a \neq 0)$$

$$\lim\limits_{n \to \infty} q^n = 0 \quad (|q| < 1)$$

$$\lim\limits_{n \to \infty} nq^n = 0 \quad (|q| < 1)$$

$$\lim\limits_{n \to \infty} \dfrac{a^n}{n!} = 0 \quad (a \in \mathbb{R})$$

$$\lim\limits_{n \to \infty} \left(1 + \dfrac{1}{n}\right)^n = e = 2,7182818284\ldots$$

5.1.6 Divergente Folgen

Eine Folge, die keinen Grenzwert besitzt, heißt divergent. Bei divergenten Folgen unterscheidet man zwischen bestimmter und unbestimmter Divergenz.
Eine Folge (a_n) heißt bestimmt divergent gegen $+\infty$, wenn zu jeder beliebig großen vorgegebenen Zahl K ein Index n_0 existiert, so dass $a_n > K$ für alle Indizes $n \geq n_0$ gilt. Eine solche bestimmt divergente Folge wächst für $n \to \infty$ über alle Grenzen. Man schreibt dann

$$\boxed{\lim\limits_{n \to \infty} a_n = \infty}$$

Eine Folge (a_n) heißt dagegen bestimmt divergent gegen $-\infty$, wenn zu jeder noch so kleinen vorgegebenen Zahl $-K$ ($K > 0$) ein Index n_0 existiert, so dass $a_n < -K$ für alle Indizes $n \geq n_0$ gilt. Eine solche bestimmt divergente Folge fällt für $n \to \infty$ unter alle Grenzen. Man schreibt dann

$$\boxed{\lim\limits_{n \to \infty} a_n = -\infty}$$

Eine Folge, die nicht konvergent und nicht bestimmt divergent ist, heißt unbestimmt divergent.
Monoton (streng monoton) wachsende und nicht beschränkte Folgen (a_n) sind bestimmt divergent mit $\lim a_n = \infty$.
Monoton (streng monoton) fallende und nicht beschränkte Folgen (a_n) sind bestimmt divergent mit $\lim a_n = -\infty$.

■ **Beispiele:**

1. $\lim\limits_{n \to \infty} n = \infty$

   (denn $(a_n) = (n)$ ist streng monoton wachsend und nicht beschränkt)

2. $\lim\limits_{n \to \infty} (-n)^3 = -\infty$

   (denn $(a_n) = (-n^3)$ ist streng monoton fallend und nicht beschränkt)

3. $(a_n) = ((-3)^n) = ((-1)^n \times 3^n)$ ist unbestimmt divergent

Die Folge aus Beispiel 1 ist eine arithmetische Folge.
Es gilt:

Jede arithmetische Folge ist divergent, denn die Differenz zweier aufeinander folgender Glieder ist stets d.

Für positive Werte von d werden die Glieder a_n der Folge ab einer Stelle größer als jede beliebig große Zahl. Für negative Werte von d werden die Glieder a_n dagegen ab einer Stelle kleiner als jede vorgegebene beliebig kleine Zahl. Jede arithmetische Folge ist also bestimmt divergent.

Die Folge aus Beispiel 3 ist eine geometrische Folge. Es gilt:

Jede geometrische Folge mit $a_n = aq^{n-1}$ ist divergent, wenn der Betrag $|q|$ größer als 1 ist, und zwar für $q > 1$ bestimmt divergent und für $q < -1$ unbestimmt divergent.

5.2 Reihen

5.2.1 Definitionen

Eine Reihe ist die Summe der Glieder einer Folge (Zahlenfolge) (a_n).

$$a_1 + a_2 + \ldots + a_n + \ldots$$

Ist die Folge endlich, so nennt man auch die Reihe endlich. Für unendliche Folgen ergeben sich unendliche Reihen.

$$a_1 + a_2 + \ldots + a_n + \ldots = \sum_{k=1}^{\infty} a_k$$

Das Zeichen ∞ bedeutet dabei, dass die Reihe nicht abbricht. Sie besteht aus unendlich vielen Summanden. Die Zahlen a_n, also die Summanden, heißen auch Glieder der Reihe.

■ **Beispiele:**

1. $\displaystyle\sum_{k=1}^{10} 2^k = 2^1 + 2^2 + 2^3 + \ldots + 2^{10} = 2 + 4 + 8 + \ldots + 1024$

   (endliche Reihe)

2. $\displaystyle\sum_{k=1}^{\infty} \frac{3^k}{k} = 3 + \frac{3^2}{2} + \frac{3^3}{3} + \ldots + \frac{3^n}{n} + \ldots$ (unendliche Reihe)

Folgende Summen heißen Teilsummen oder Partialsummen der Reihe:

$$s_1 = a_1,\ s_2 = a_1 + a_2, \ldots,$$
$$s_n = a_1 + a_2 + a_3 + \ldots + a_n = \sum_{k=1}^{n} a_k, \ldots$$

Man spricht von einer konvergenten unendlichen Reihe, wenn die Folge (s_n) der Partialsummen konvergiert, also einen Grenzwert s besitzt.

$$s = \lim_{n \to \infty} s_n = \sum_{k=1}^{\infty} a_k$$

Dieser Grenzwert s heißt die Summe der Reihe. Eine unendliche Reihe ist also genau dann konvergent, wenn die Folge der Partialsummen konvergiert.

Besitzt die Folge der Partialsummen keinen Grenzwert, dann heißt die unendliche Reihe divergent. In diesem Fall können die Partialsummen unbegrenzt wachsen oder oszillieren (die Folge der Partialsummen ist alternierend).

Die unendliche Reihe heißt bestimmt divergent, wenn die Folge (s_n) der Partialsummen bestimmt divergent ist. Ist die Folge der Partialsummen unbestimmt divergent, so heißt auch die unendliche Reihe unbestimmt divergent.

Die Frage nach der Konvergenz einer unendlichen Reihe wird somit auf die Frage nach der Existenz eines Grenzwertes der Folge (s_n) der Partialsummen zurückgeführt.

Die Folge der Glieder (a_n) einer konvergenten Reihe muss gegen Null konvergieren, also eine Nullfolge sein. Diese Bedingung ist notwendig, sie reicht jedoch für die Konvergenz einer unendlichen Reihe nicht aus (vgl. Abschnitt 5.2.4).

Für konvergente Reihen gelten verschiedene Rechenregeln:

Konvergieren die Reihen $\displaystyle\sum_{k=1}^{\infty} a_k$ und $\displaystyle\sum_{k=1}^{\infty} b_k$, so konvergieren auch die Reihen $\displaystyle\sum_{k=1}^{\infty} (a_k + b_k)$ und $\displaystyle\sum_{k=1}^{\infty} c \cdot a_k$, $c \in \mathbb{R}$, und es gilt

$$\sum_{k=1}^{\infty} (a_k + b_k) = \sum_{k=1}^{\infty} a_k + \sum_{k=1}^{\infty} b_k$$

$$\sum_{k=1}^{\infty} c \cdot a_k = c \sum_{k=1}^{\infty} a_k$$

■ **Beispiele:**

3. $\displaystyle\sum_{k=1}^{6} k \cdot 2^k = 2 + 2 \cdot 2^2 + 3 \cdot 2^3 + 4 \cdot 2^4 + 5 \cdot 2^5 + 6 \cdot 2^6$

   $= 2 + 8 + 24 + 64 + 160 + 384 = 642$

4. $\displaystyle\sum_{k=1}^{\infty} k = 1 + 2 + 3 + \ldots + n + \ldots$

   Diese unendliche Reihe ist bestimmt divergent, denn die Folge $(a_n) = (n)$ ist bestimmt divergent (vgl. Abschnitt 5.1.6).

5. $\displaystyle\sum_{k=1}^{\infty} (-1)^k = -1 + 1 - 1 + 1 - 1 + 1 - \ldots$

   Für die Partialsummen gilt

   $$s_n = \begin{cases} 0 & \text{falls } n \text{ gerade ist} \\ -1 & \text{falls } n \text{ ungerade ist} \end{cases}$$

   Die unendliche Reihe ist unbestimmt divergent.

6. $\displaystyle\sum_{k=1}^{\infty} \frac{1}{k(k+1)} = \frac{1}{1 \cdot 2} + \frac{1}{2 \cdot 3} + \frac{1}{3 \cdot 4} + \frac{1}{4 \cdot 5} + \ldots$

   Aus $a_k = \dfrac{1}{k(k+1)} = \dfrac{1}{k} - \dfrac{1}{k+1}$ folgt

$$s_n = \sum_{k=1}^{n} a_k = \left(1 - \frac{1}{2}\right) + \left(\frac{1}{2} - \frac{1}{3}\right) + \left(\frac{1}{3} - \frac{1}{4}\right) + \ldots + \left(\frac{1}{n} - \frac{1}{n+1}\right) = 1 - \frac{1}{n+1}$$

Wegen $\lim\limits_{n\to\infty} s_n = \lim\limits_{n\to\infty}\left(1 - \frac{1}{n+1}\right) = 1 - \lim\limits_{n\to\infty}\frac{1}{n+1} = 1$ ist die

gegebene Reihe konvergent mit dem Grenzwert 1:

$$\sum_{k=1}^{\infty} \frac{1}{k(k+1)} = 1.$$

7. $\sum\limits_{k=1}^{\infty} \frac{k+1}{3k+2}$ ist nicht konvergent, denn die Glieder

$a_k = \frac{k+1}{3k+2}$ bilden wegen $\lim\limits_{n\to\infty} a_n = \lim\limits_{n\to\infty}\frac{n+1}{3n+2} = \frac{1}{3}$ keine

Nullfolge.

5.2.2 Arithmetische Reihen

Eine arithmetische Reihe entsteht aus den Gliedern einer arithmetischen Folge. Da schon jede unendliche arithmetische Folge divergiert, ist auch jede unendliche arithmetische Reihe divergent. Da unendliche arithmetische Folgen bestimmt divergent sind (vgl. Abschnitt 5.1.6), sind auch unendliche arithmetische Reihen bestimmt divergent.
Die Summe s_n einer endlichen arithmetischen Reihe

$$\sum_{k=1}^{n}(a + (k-1)d) \quad \text{lässt sich jedoch allgemein berech-}$$

nen. Wegen $a_1 = a$ folgt $s_n = a_1 + (a_1 + d) + (a_1 + 2d) + \ldots + (a_1 + (n-1)d)$. Dreht man die Reihenfolge der Summanden um und beachtet, dass die Differenz zweier aufeinander folgender Glieder gleich d ist, so folgt andererseits $s_n = a_n + (a_n - d) + (a_n - 2d) + \ldots + (a_n - (n-1)d)$. Schreibt man diese beiden Ausdrücke für s_n untereinander
$s_n = a_1 + (a_1 + d) + (a_1 + 2d) + \ldots + (a_1 + (n-1)d)$
$s_n = a_n + (a_n - d) + (a_n - 2d) + \ldots + (a_n - (n-1)d)$
und addiert jeweils die beiden übereinander stehenden Terme, so folgt $2s_n = n(a_1 + a_n)$, denn jede dieser Summen ist $a_1 + a_n$ und es gibt insgesamt n solcher Summen.

$$s_n = \sum_{k=1}^{n}(a + (k-1)d) = \frac{n}{2}(a_1 + a_n)$$

Die Summe einer endlichen arithmetischen Reihe mit n Summanden ist also die Summe des ersten und des letzten Glieds multipliziert mit der halben Anzahl der Summanden.

■ **Beispiele:**

1. $\sum\limits_{k=1}^{100} k = 50(1 + 100) = 5050$

2. $\sum\limits_{k=1}^{100} (3 + 4k) = \frac{100}{2}(7 + 403) = 50 \cdot 410 = 20500$

5.2.3 Geometrische Reihen

Eine geometrische Reihe entsteht aus den Gliedern einer geometrischen Folge. Die Summe s_n einer end-

lichen geometrischen Reihe $\sum\limits_{k=1}^{n} aq^{k-1}$ ergibt sich für

$q \neq 1$ aus folgender Rechnung:

$$s_n = a + aq + aq^2 + \ldots + aq^{n-1}$$

$$qs_n = \quad\ aq + aq^2 + \ldots + aq^{n-1} + aq^n$$

Zieht man die zweite Gleichung von der ersten ab, so folgt $s_n - qs_n = a - aq^n$ und somit für die Summe s_n einer endlichen geometrischen Reihe mit $q \neq 1$:

$$s_n = \sum_{k=1}^{n} aq^{k-1} = a\frac{1 - q^n}{1 - q} \quad (q \neq 1)$$

Für $q = 1$ gilt $s_n = n \cdot a$.

■ **Beispiele:**

1. $\sum\limits_{k=1}^{5} 2^{k-1} = \frac{1 - 2^5}{1 - 2} = 31$

2. $\sum\limits_{k=1}^{10} 3 \cdot 5^{k-1} = 3 \cdot \frac{1 - 5^{10}}{1 - 5} = 3 \cdot \frac{9765624}{4} = 7324218$

Die Summe $s_n = a\frac{1 - q^n}{1 - q}$ ist für $q \neq 1$ das n-te Glied

der Folge der Partialsummen. Die Größen a und q sind Konstanten, die Konvergenz der Folge hängt nur von der Größe $1 - q^n$ ab. Für $q > 1$ und $q \leq -1$ divergiert die Folge (q^n), die geometrische Reihe ist dann also ebenfalls divergent. Für $q \geq 1$ ist die unendliche geometrische Reihe bestimmt divergent, für $q \leq -1$ ist sie unbestimmt divergent.
Für $|q| < 1$ wird $|q|^n = |q^n|$ beliebig klein, wenn n nur groß genug gewählt wird, das heißt, es gilt

$\lim\limits_{n\to\infty} q^n = 0$. Für $|q| < 1$ konvergiert deshalb die Fol-

ge (q^n), es gilt dann $\lim\limits_{n\to\infty}(1 - q^n) = 1 - \lim\limits_{n\to\infty} q^n = 1$. In

diesem Fall konvergiert die unendliche geometrische Reihe und hat den Grenzwert

$$s = \lim_{n\to\infty} s_n = \sum_{k=1}^{n} aq^{k-1} = \lim_{n\to\infty} a\frac{q^n - 1}{q - 1} = \frac{a}{1 - q}$$
$$(|q| < 1)$$

■ **Beispiele:**

3. $\sum\limits_{k=1}^{\infty} 5 \cdot \left(-\frac{11}{12}\right)^{k-1} = \frac{5}{1 + \frac{11}{12}} = \frac{60}{23} \quad \left(a = 5, q = -\frac{11}{12}\right)$

4. $\sum\limits_{k=1}^{\infty} \left(\frac{1}{2}\right)^k = \frac{\frac{1}{2}}{1 - \frac{1}{2}} = 1 \quad \left(a = q = \frac{1}{2}\right)$

5.2.4 Harmonische Reihen

Ist $(a_n) = \left(\dfrac{1}{2}\right)$, so nennt man $\displaystyle\sum_{k=1}^{n} a_k = \sum_{k=1}^{n} \frac{1}{k}$ endliche

harmonische Reihe und $\displaystyle\sum_{k=1}^{\infty} a_k = \sum_{k=1}^{\infty} \frac{1}{k}$ unendliche

harmonische Reihe.

Ist $(a_n) = \left((-1)^{n+1}\dfrac{1}{n}\right)$, dann heißt die Reihe alternieren-

de harmonische Reihe.

Die unendliche harmonische Reihe ist bestimmt divergent, wie folgende Rechnung zeigt:

$$\sum_{k=1}^{\infty} \frac{1}{k} = 1 + \frac{1}{2} + \frac{1}{3} + \frac{1}{4} + \frac{1}{5} + \frac{1}{6} + \frac{1}{7} + \frac{1}{8}$$

$$+ \frac{1}{9} + \frac{1}{10} + \frac{1}{11} + \frac{1}{12} + \frac{1}{13} + \frac{1}{14} + \frac{1}{15} + \frac{1}{16} + \frac{1}{17} + \dots$$

$$= \left(1 + \frac{1}{2}\right) + \left(\frac{1}{3} + \frac{1}{4}\right) + \left(\frac{1}{5} + \frac{1}{6} + \frac{1}{7} + \frac{1}{8}\right)$$

$$+ \left(\frac{1}{9} + \frac{1}{10} + \frac{1}{11} + \frac{1}{12} + \frac{1}{13} + \frac{1}{14} + \frac{1}{15} + \frac{1}{16}\right) + \frac{1}{17} + \dots$$

$$> \left(\frac{1}{2}\right) + \left(\frac{1}{4} + \frac{1}{4}\right) + \left(\frac{1}{8} + \frac{1}{8} + \frac{1}{8} + \frac{1}{8}\right)$$

$$+ \left(\frac{1}{16} + \frac{1}{16} + \frac{1}{16} + \frac{1}{16} + \frac{1}{16} + \frac{1}{16} + \frac{1}{16} + \frac{1}{16}\right) + \frac{1}{32} + \dots$$

$$= \frac{1}{2} + \frac{1}{2} + \frac{1}{2} + \frac{1}{2} + \frac{1}{2} + \dots$$

Die unendliche Reihe $\displaystyle\sum_{k=1}^{\infty} \frac{1}{2}$ ist eine arithmetische

Reihe (mit $d = 0$) und deshalb bestimmt divergent. Somit folgt

$$\boxed{\sum_{k=1}^{\infty} \frac{1}{k} = +\infty}$$

Die harmonische Reihe ist bestimmt divergent, obwohl die Glieder der Reihe eine Nullfolge bilden. Die unendliche alternierende harmonische Reihe ist dagegen konvergent.

- **Beispiele:**

  1. $\displaystyle\sum_{k=1}^{6} \frac{1}{k} = 1 + \frac{1}{2} + \frac{1}{3} + \frac{1}{4} + \frac{1}{5} + \frac{1}{6}$ (endliche harmonische Reihe)

  2. $\displaystyle\sum_{k=1}^{\infty} (-1)^{k+1} \frac{1}{k} = 1 - \frac{1}{2} + \frac{1}{3} - \frac{1}{4} + \dots + (-1)^{n+1}\frac{1}{n} + \dots = \ln 2$

     (unendliche alternierende harmonische Reihe)

5.2.5 Alternierende Reihen

Ist (a_n) eine alternierende Folge, also eine Folge, deren Glieder abwechselnd unterschiedliches Vorzei-

chen haben, dann nennt man $\displaystyle\sum_{k=1}^{n} a_k$ eine endliche

alternierende Reihe und $\displaystyle\sum_{k=1}^{\infty} a_k$ eine unendliche alter-

nierende Reihe.

- **Beispiele:**

  1. $\displaystyle\sum_{k=1}^{10} (-1)^k k = -1 + 2 - 3 + 4 - 5 + 6 - 7 + 8 - 9 + 10$

  2. $\displaystyle\sum_{k=1}^{\infty} \frac{(-1)^{k+1}}{k}$

Für alternierende Reihen gibt es ein einfaches Kriterium, mit dem sich die Konvergenz der Reihe untersuchen lässt:

Eine alternierende Reihe $\displaystyle\sum_{k=1}^{\infty} a_k$, bei der die $(|a_n|)$, also

die Folge der Beträge der Glieder, eine monoton fallende Nullfolge bildet, ist stets konvergent (Leibnizsches Konvergenzkriterium).

- **Beispiel:**

  3. $\displaystyle\sum_{k=1}^{\infty} (-1)^{k+1} \frac{1}{k} = 1 - \frac{1}{2} + \frac{1}{3} - \frac{1}{4} + \dots + (-1)^{n+1}\frac{1}{n} + \dots$

     Die alternierende harmonische Reihe ist konvergent nach dem Leibnizschen Konvergenzkriterium, denn die Folge der

     Beträge der Glieder, also $\left(\left|(-1)^{n+1}\dfrac{1}{n}\right|\right) = \left(\dfrac{1}{n}\right)$, ist monoton

     fallend und eine Nullfolge.

5.3 Grenzwerte von Funktionen

5.3.1 Grenzwert an einer endlichen Stelle

Die Funktion $y = f(x)$ besitzt an der Stelle $x = a$ den Grenzwert $\lim\limits_{x \to a} f(x) = A$ oder $f(x) \to A$ für $x \to a$

(gesprochen: Limes $f(x)$ gleich A für x gegen a), wenn sich die Funktion $f(x)$ bei unbegrenzter Annäherung von x an a unbegrenzt an A nähert. Die Variable x nähert sich a unbegrenzt an, es gilt jedoch stets $x \neq a$. Die Funktion $f(x)$ muss an der Stelle $x = a$ den Wert A nicht annehmen und braucht an dieser Stelle auch nicht definiert zu sein.

$$\boxed{\lim_{x \to a} f(x) = A \quad \text{oder} \quad f(x) \to A \text{ für } x \to a}$$

Exakte Definition: Die Funktion $y = f(x)$ besitzt an der Stelle $x = a$ den Grenzwert $\lim\limits_{x \to a} f(x) = A$, wenn sich nach Vorgabe einer beliebig kleinen positiven Zahl ε eine zweite positive Zahl $\delta = \delta(\varepsilon)$ so finden lässt, dass für alle x mit $|x - a| < \delta(\varepsilon)$ gilt $|f(x) - A| < \varepsilon$ eventuell mit Ausnahme der Stelle a.

Der Unterschied $|f(x) - A|$ zwischen den Funktionswerten und dem Grenzwert wird kleiner als jede beliebig vorgegebene positive Zahl ε, wenn die x-Werte sich um weniger als eine passend gewählte, von ε abhängige Zahl $\delta = \delta(\varepsilon)$ vom Wert a unterscheiden, wenn also $0 < |x - a| < \delta(\varepsilon)$ gilt.

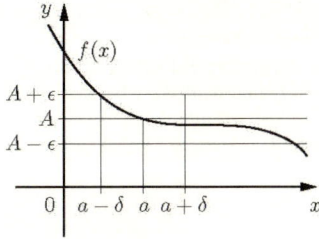

Bild 1. Veranschaulichung des Grenzwertbegriffes

Besitzt die Funktion $y = f(x)$ an der Stelle $x = a$ den Grenzwert $\lim\limits_{x \to a} f(x) = A$, so sagt man auch, der Grenzwert $\lim\limits_{x \to a} f(x)$ existiert und ist gleich A.

■ **Beispiele:**

1. Die Funktion $y = f(x) = x^3$ hat für $x \to 0$ den Grenzwert $A =$ 0: $\lim\limits_{n \to 0} x^3 = 0$. Soll etwa $|x^3 - 0|$, der Unterschied zwischen $y = x^3$ und $A = 0$, kleiner als $\varepsilon = 0{,}000\,001$ sein, so ist dies erfüllt, wenn man für $\delta = \delta(\varepsilon) < 0{,}01$ wählt, denn $(10^{-2})^3 = 10^{-6}$. Für ein beliebiges positives ε erfüllt $\delta(\varepsilon) < \sqrt[3]{\varepsilon}$ die geforderte Bedingung.

2. Die Funktion $y = f(x) = \dfrac{2x^2 + 5x}{3x}$ ist an der Stelle $x = 0$ nicht definiert, da für $x = 0$ der Nenner Null ist. Es gilt

$$\lim_{x \to 0} f(x) = \lim_{x \to 0} \frac{2x^2 + 5x}{3x} = \lim_{x \to 0} \frac{2x + 5}{3}$$

(Kürzen durch $x \neq 0$), und Anwendung der Rechenregeln für Grenzwerte (siehe Abschnitt 5.3.4) ergibt weiter

$$\lim_{x \to 0} f(x) = \frac{2}{3} \lim_{x \to 0} x + \frac{5}{3} = \frac{5}{3}.$$

Die Funktion $y = f(x)$ besitzt an der Stelle $x = 0$ den Grenzwert $\dfrac{5}{3}$.

5.3.2 Einseitige Grenzwerte

Die Funktion $y = f(x)$ besitzt an der Stelle $x = a$ den linksseitigen Grenzwert A, wenn sich die Funktion $f(x)$ bei unbegrenzter Annäherung von x von links an a unbegrenzt an A nähert.

Linksseitiger Grenzwert

$$\lim_{\substack{x \to a \\ x < a}} f(x) = \lim_{x \to a-0} f(x) = A$$

Die Funktion $y = f(x)$ besitzt an der Stelle $x = a$ den rechtsseitigen Grenzwert A, wenn sich die Funktion $f(x)$ bei unbegrenzter Annäherung von x von rechts an a unbegrenzt an A nähert.

Rechtsseitiger Grenzwert

$$\lim_{\substack{x \to a \\ x > a}} f(x) = \lim_{x \to a+0} f(x) = A$$

Die Variable x nähert sich a unbegrenzt an, es gilt jedoch stets $x \neq a$.
Die Funktion $f(x)$ muss an der Stelle $x = a$ den Wert A nicht annehmen und braucht an dieser Stelle auch nicht definiert zu sein.
Die Funktion $y = f(x)$ besitzt an der Stelle $x = a$ den Grenzwert A, wenn an dieser Stelle sowohl der linksseitige als auch der rechtsseitige Grenzwert existieren und gleich sind ($=A$).
Grenzwert

$$\lim_{\substack{x \to a \\ x < a}} f(x) = \lim_{\substack{x \to a \\ x > a}} f(x) = A \Rightarrow \lim_{x \to a} f(x) = A$$

■ **Beispiel:**

$$f(x) = \begin{cases} 1 & \text{für } x > 0 \\ 0 & \text{für } x < 0 \end{cases}$$

Linksseitiger Grenzwert: $\lim\limits_{\substack{x \to 0 \\ x < 0}} f(x) = \lim\limits_{x \to 0-0} f(x) = 0$

Rechtsseitiger Grenzwert: $\lim\limits_{\substack{x \to 0 \\ x > 0}} f(x) = \lim\limits_{x \to 0+0} f(x) = 1$

Die Funktion $y = f(x)$ besitzt an der Stelle $x = 0$ sowohl den linksseitigen als auch den rechtsseitigen Grenzwert. Da diese jedoch verschieden sind, existiert der Grenzwert an der Stelle $x = 0$ nicht.

5.3.3 Grenzwert im Unendlichen

Die Funktion $y = f(x)$ besitzt für $x \to \infty$ den Grenzwert A, wenn es zu jedem beliebigen $\varepsilon > 0$ ein hinreichend großes $\omega = \omega(\varepsilon)$ gibt, so dass $|f(x) - A| < \varepsilon$ für alle $x > \omega(\varepsilon)$ gilt. Man schreibt dafür

$$\lim_{x \to \infty} f(x) = A$$

Analog besitzt die Funktion $y = f(x)$ für $x \to -\infty$ den Grenzwert A, wenn es zu jedem beliebigen $\varepsilon > 0$ ein hinreichend großes $\omega = \omega(\varepsilon)$ gibt, so dass $|f(x) - A| < \varepsilon$ für alle $x < -\omega(\varepsilon)$ gilt. Man schreibt dann

$$\lim_{x \to -\infty} f(x) = A$$

Die Grenzwerte $\lim\limits_{x \to \infty} f(x)$ und $\lim\limits_{x \to -\infty} f(x)$ der Funktion $y = f(x)$ beschreiben, falls sie existieren, den Verlauf der Funktion im Unendlichen, das heißt, das Verhalten der Funktion für sehr großes positives und für sehr kleines negatives Argument x.

■ **Beispiele:**

1. Es ist $\lim\limits_{x \to \infty} \dfrac{1}{x} = 0$, denn es gilt $\left| \dfrac{1}{x} - 0 \right| = \left| \dfrac{1}{x} \right| < \varepsilon$ für alle x, die der Bedingung $x > \omega(\varepsilon) = \dfrac{1}{\varepsilon}$ genügen. Ebenso gilt $\lim\limits_{x \to -\infty} \dfrac{1}{x} = 0$.

2. Die Funktion $y = f(x) = \dfrac{5x+3}{2x+7}$ hat für $x \to \pm\infty$ den Grenz-

wert $\dfrac{5}{2}$, also $\lim\limits_{x \to \infty} \dfrac{5x+3}{2x+7} = \lim\limits_{x \to \infty} \dfrac{5x+3}{2x+7} = \dfrac{5}{2}$ wie folgende

Rechnung unter Anwendung der Rechenregeln für Grenzwerte (siehe Abschnitt 5.3.4) zeigt:

$$\lim_{x \to \infty} \frac{5x+3}{2x+7} = \lim_{x \to \infty} \frac{5 + \dfrac{3}{x}}{2 + \dfrac{7}{x}} = \frac{5 + 3 \lim\limits_{x \to \infty} \dfrac{1}{x}}{2 + 7 \lim\limits_{x \to \infty} \dfrac{1}{x}} = \frac{5}{2},$$

Die Rechnung für $\lim\limits_{x \to \infty} \dfrac{5x+3}{2x+7} = \dfrac{5}{2}$ verläuft ganz analog.

3. Der Grenzwert $\lim\limits_{x \to \infty} \sin x$ existiert nicht. Wie groß man x

auch wählt, es lassen sich wegen der Periodizität der Sinusfunktion unendlich viele größere x-Werte angeben, für die die Funktion einen vorgegebenen Wert zwischen −1 und 1 hat.

5.3.4 Rechenregeln für Grenzwerte

Die für Folgen aufgestellten Regeln für das Rechnen mit Grenzwerten (vgl. Abschnitt 5.1.4) lassen sich auf das Rechnen mit Grenzwerten von Funktionen übertragen.

Gilt $\lim\limits_{x \to a} f(x) = F$ und $\lim\limits_{x \to a} g(x) = G$ für zwei

Funktionen $f(x)$ und $g(x)$, so existieren auch die folgenden Grenzwerte:

$$\lim_{x \to a}\big[f(x) + g(x)\big] = \lim_{x \to a} f(x) + \lim_{x \to a} g(x) = F + G$$

$$\lim_{x \to a}\big[f(x) - g(x)\big] = \lim_{x \to a} f(x) - \lim_{x \to a} g(x) = F - G$$

$$\lim_{x \to a}\big[c \cdot f(x)\big] \quad = c \cdot \lim_{x \to a} f(x) = c \cdot F \quad (c \in \mathbb{R})$$

$$\lim_{x \to a}\big[f(x) \cdot g(x)\big] = \lim_{x \to a} f(x) \cdot \lim_{x \to a} g(x) = F \cdot G$$

$$\lim_{x \to a} \frac{f(x)}{g(x)} = \frac{\lim\limits_{x \to a} f(x)}{\lim\limits_{x \to a} g(x)} = \frac{F}{G} \quad (g(x) \neq 0, G \neq 0)$$

Diese Regeln sagen aus, dass man die Operation der Grenzwertbildung mit der Addition, Subtraktion, Multiplikation und Division (falls $G \neq 0$) vertauschen darf.
Die Regeln wurden schon bei den Beispielen der vorangegangenen Abschnitte angewandt.

5.3.5 Stetigkeit einer Funktion

Die Stetigkeit einer Funktion $y = f(x)$ an einer Stelle $x = a$ wird mit Hilfe des Grenzwertes der Funktion an dieser Stelle definiert.
Eine Funktion $y = f(x)$ heißt an der Stelle $x = a$ stetig, wenn $f(x)$ an der Stelle a definiert ist und der Grenzwert $\lim\limits_{x \to a} f(x)$ existiert und gleich $f(a)$ ist.

Das ist genau dann der Fall, wenn es zu jedem vorgegebenen $\varepsilon > 0$ ein $\delta = \delta(\varepsilon) > 0$ gibt, so dass $|f(x) - f(a)| < \varepsilon$ für alle x mit $|x - a| < \delta$ gilt.

Ist eine Funktion $y = f(x)$ stetig, dann ändert sich bei kleinen Änderungen der Variablen x auch der Funktionswert $f(x)$ nur geringfügig. Die meisten Funktionen, die in den Anwendungen vorkommen, sind stetig.

Der Graph einer stetigen Funktion ist eine zusammenhängende Kurve. Ist dagegen die Kurve an verschiedenen Stellen (mindestens an einer) unterbrochen, dann heißt die zugehörige Funktion unstetig, und die Werte der unabhängigen Variablen x, an denen die Unterbrechung auftritt, heißen Unstetigkeitsstellen.
Eine an jeder Stelle ihres Definitionsbereichs stetige Funktion $y = f(x)$ heißt stetig.
Sind $f(x)$ und $g(x)$ zwei Funktionen mit dem Definitionsbereich D und dem Wertebereich $W = \mathbb{R}$, und ist c eine reelle Zahl, so gilt:
Sind $f(x)$ und $g(x)$ stetig an der Stelle $x = a$ des Definitionsbereichs D, so sind auch $f(x) + g(x)$, $c \cdot f(x)$, $f(x) \cdot g(x)$, $\dfrac{f(x)}{g(x)}$ (falls $g(x) \neq 0$ für $x \in D$) und $|f(x)|$ stetig an der Stelle $x = a$. Da die Sinusfunktion $y = \sin x$ eine stetige Funktion ist, folgt hieraus zum Beispiel, dass eine so kompliziert gebaute Funktion wie etwa

$$f \colon \mathbb{R} \to \mathbb{R}, \ f(x) = \frac{x \cdot \sin(x^2 + 1)}{1 + |\sin x|} \ \text{ebenfalls stetig ist.}$$

■ **Beispiele:**
1. Die Funktion $f(x) = 5x + 2$ ist an jeder Stelle $x = a$ des Definitionsbereichs stetig, denn es gilt
$$\lim_{x \to a} (5x + 2) = 5a + 2 = f(a). \text{ Die Funktion ist also eine ste-}$$
tige Funktion.
2. Die Funktion $f(x) = 3x^2$ ist für jedes reelle x stetig, die Funktion ist eine stetige Funktion.
3. Die Funktion $f(x) = \begin{cases} 1 & \text{für } x \geq 0 \\ 0 & \text{für } x < 0 \end{cases}$ besitzt für $x = 0$ eine Unstetigkeitsstelle, also ist $y = f(x)$ eine unstetige Funktion.

5.3.6 Unstetigkeitsstellen

Eine Unstetigkeitsstelle ist eine Stelle $x = a$ einer Funktion $y = f(x)$, an der die Funktion nicht stetig ist. Die Kurve einer Funktion ist an einer Unstetigkeitsstelle unterbrochen. Eine Funktion, die mindestens eine Unstetigkeitsstelle besitzt, heißt unstetig.
Die häufigsten Unstetigkeitsstellen sind Sprungstellen und Pole.
An einer Sprungstelle $x = a$ sind der rechtsseitige Grenzwert $\lim\limits_{x \to a+0} f(x)$ und der linksseitige Grenzwert $\lim\limits_{x \to a-0} f(x)$ voneinander verschieden. Die Funktion $f(x)$ springt beim Durchlaufen des Punktes $x = a$ von einem auf einen anderen endlichen Wert. Die Funktion $f(x)$ braucht für $x = a$ nicht definiert zu sein.
Ein Pol oder eine Unendlichkeitsstelle $x = a$ einer Funktion $y = f(x) = \dfrac{g(x)}{h(x)}$ ist eine Stelle, für die der Nenner von $f(x)$ den Wert 0 hat und der Zähler von 0 verschieden ist, also $h(a) = 0$ und $g(a) \neq 0$ (vgl. Abschnitt 2.5). An einer solchen Stelle ist die Funktion also nicht definiert. Die Funktion strebt bei Annäherung an einen Pol nach (plus oder minus) Unend-

lich. Die Kurve der Funktion läuft an einer solchen Stelle ins Unendliche.

■ **Beispiele:**

1. $f(x) = \begin{cases} 1 & \text{für } x > 0 \\ 0 & \text{für } x < 0 \end{cases}$

Linksseitiger Grenzwert: $\lim\limits_{\substack{x \to 0 \\ x<0}} f(x) = \lim\limits_{x \to 0-0} = 0$

Rechtsseitiger Grenzwert: $\lim\limits_{\substack{x \to 0 \\ x>0}} f(x) = \lim\limits_{x \to 0+0} = 1$

Der linksseitige und der rechtsseitige Grenzwert der Funktion $y = f(x)$ sind verschieden, also besitzt die Funktion bei $x = 0$ eine Sprungstelle. Die Funktion springt beim Durchlaufen des Punktes $x = 0$ von 0 auf 1.

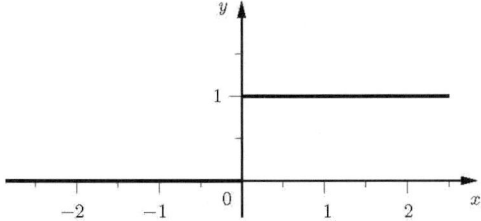

Bild 2. Graph der Funktion von Beispiel 1

2. $f(x) = \dfrac{1}{x}, D = \mathbb{R}, x \neq 0$

Einseitige Grenzwerte: $\lim\limits_{\substack{x \to 0 \\ x<0}} \dfrac{1}{x} = -\infty, \quad \lim\limits_{\substack{x \to 0 \\ x>0}} \dfrac{1}{x} = +\infty$

Die Funktion $y = \dfrac{1}{x}$ besitzt bei $x = 0$ einen Pol. Bei Annäherung von links an den Pol strebt die Funktion nach minus Unendlich, bei Annäherung von rechts nach plus Unendlich.

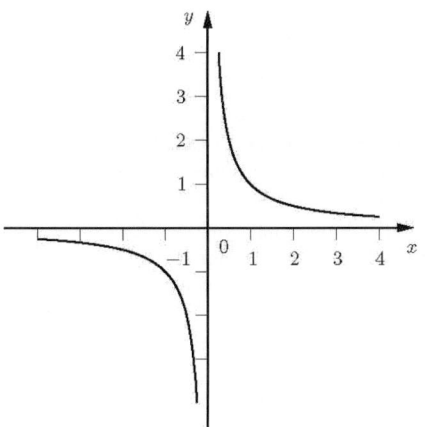

Bild 3. Graph der Funktion von Beispiel 2

5.4 Ableitung einer Funktion

5.4.1 Definitionen

Existiert für eine Funktion $y = f(x)$ mit dem Definitionsbereich D der Grenzwert

$$f'(x_0) = \lim\limits_{x \to x_0} \frac{f(x) - f(x_0)}{x - x_0} \quad (x_0 \in D)$$

dann nennt man $f'(x_0)$ die Ableitung der Funktion $f(x)$ an der Stelle $x = x_0$ (gesprochen: f Strich von x_0). Die Funktion $f(x)$ heißt dann differenzierbar in x_0.

Statt $f'(x_0)$ schreibt man auch $y'(x_0)$ oder $\dfrac{dy}{dx}(x_0)$

oder $\dfrac{df}{dx}(x_0)$ (gesprochen: y Strich von x_0 bzw. dy nach dx an der Stelle x_0 bzw. df nach dx an der Stelle x_0).

Der Bruch $\dfrac{f(x) - f(x_0)}{x - x_0}$ heißt auch Differenzenquotient, da im Zähler die Differenz zweier Funktionswerte und im Nenner die Differenz zweier x-Werte steht. Deshalb nennt man den Grenzwert

$$f'(x_0) = \lim\limits_{x \to x_0} \frac{f(x) - f(x_0)}{x - x_0}$$

statt Ableitung auch Differenzialquotient.

Geometrische Deutung:
Ist die Funktion $y = f(x)$ als Kurve in einem kartesischen Koordinatensystem dargestellt, dann ist der Differenzenquotient gleich der Steigung (also dem Tangens des Steigungswinkels β) der Sekante durch die Punkte $P_0(x_0 | f(x_0))$ und $P(x | f(x))$. Der Grenzwert $f'(x_0)$ ist die Steigung der Tangente in x_0 an den Graphen von $f(x)$, also $f'(x_0) = \tan \alpha$. Dabei ist α der Winkel zwischen der x-Achse und der Tangente an den Graphen in x_0, wobei der Winkel von der positiven x-Achse zur Tangente im entgegengesetzten Drehsinn des Uhrzeigers gemessen wird.
Anschaulich bedeutet die Existenz der Ableitung an der Stelle $x = x_0$, dass der Kurvenverlauf in x_0 glatt ist (keine „Knickstelle" hat).

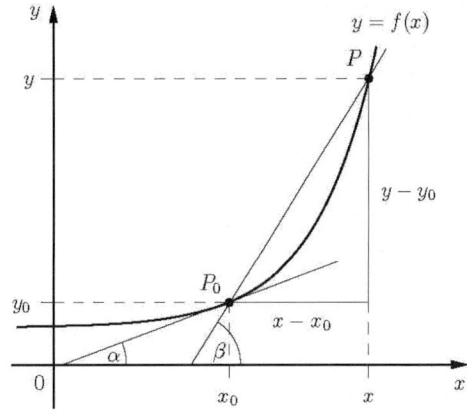

Bild 4. Geometrische Deutung des Differenzen- und des Differenzialquotienten

Eine Funktion $y = f(x)$ heißt (generell) differenzierbar, wenn sie an jeder Stelle ihres Definitionsbereichs differenzierbar ist. Dann heißt die durch $g(x) = f'(x)$ definierte Funktion $y' = f'(x)$ die Ableitung oder die Ableitungsfunktion von $f(x)$.

Eine an der Stelle x_0 differenzierbare Funktion $y = f(x)$ ist dort auch stetig. Falls $f(x)$ an der Stelle x_0 nicht stetig ist, kann $f(x)$ dort auch nicht differenzierbar sein. Aus der Stetigkeit an der Stelle x_0 folgt jedoch noch nicht die Differenzierbarkeit an dieser Stelle.

Eine Funktion $y = f(x)$ heißt stetig differenzierbar, wenn $f(x)$ differenzierbar ist und die Ableitung $f'(x)$ eine stetige Funktion ist.

■ **Beispiele:**

1. Für die konstante Funktion $f(x) = c$ ($c \in \mathbb{R}$) gilt

$$f'(x_0) = \lim_{x \to x_0} \frac{f(x) - f(x_0)}{x - x_0} = \lim_{x \to x_0} \frac{c - c}{x - x_0} = \lim_{x \to x_0} 0 = 0$$

Die Ableitungsfunktion einer konstanten Funktion ist somit $f'(x) = 0$.

2. Die Funktion $f(x) = x^2$ mit $D = \mathbb{R}$ ist in jedem Punkt $x_0 \in D$ differenzierbar. Es ist

$$\frac{f(x) - f(x_0)}{x - x_0} = \frac{x^2 - x_0^2}{x - x_0} = \frac{(x + x_0)(x - x_0)}{x - x_0} = x + x_0 \text{ und so-}$$

mit $f'(x_0) = \lim\limits_{x \to x_0} \dfrac{f(x) - f(x_0)}{x - x_0} = \lim\limits_{x \to x_0} (x + x_0) = 2x_0$

Die Funktion $f(x) = x^2$ ist eine (überall) differenzierbare Funktion, und es gilt $f'(x) = 2x$.

5.4.2 Differenziationsregeln

Die folgenden Regeln gelten sowohl für die Ableitungen einer Funktion $y = f(x)$ an einer bestimmten Stelle $x = x_0$ als auch für die Ableitungsfunktionen $y' = f'(x)$.

1. *Konstante Funktion*
    Die Ableitung einer konstanten Funktion ist Null (vgl. Beispiel 1 im Abschnitt 5.4.1).

$$\boxed{y = f(x) = c \ (c \in \mathbb{R}, \text{konstant}) \Rightarrow y' = 0}$$

■ **Beispiel:**
$y = 3 \ \Rightarrow \ y' = 0$

2. *Faktorregel*
    Die Ableitung einer Funktion mal konstantem Faktor ist gleich konstanter Faktor mal abgeleitete Funktion.

$$\boxed{y = c \cdot f(x) \ (c \in \mathbb{R}, \text{konstant}) \Rightarrow y' = c \cdot f'(x)}$$

■ **Beispiel:**
$y = 3x^2 \ \Rightarrow \ y' = 3 \cdot 2x = 6x$, denn $\dfrac{d}{dx} x^2 = 2x$

(vgl. Beispiel 2 in Abschnitt 5.4.1)

3. *Summenregel*
    Die Ableitung der Summe (Differenz) zweier Funktionen ist gleich der Summe (Differenz) der Ableitungen der Funktionen.

$$\boxed{\begin{aligned} y = f(x) + g(x) &\Rightarrow y' = f'(x) + g'(x) \\ y = f(x) - g(x) &\Rightarrow y' = f'(x) - g'(x) \end{aligned}}$$

■ **Beispiel:**
$y = x^2 + 3x \ \Rightarrow \ y' = 2x + 3$, denn $\dfrac{d}{dx} x^2 = 2x$ und $\dfrac{d}{dx} 3x = 3$

4. *Produktregel*
    Die Ableitung des Produkts zweier Funktionen ist gleich der Summe aus der ersten Funktion multipliziert mit der Ableitung der zweiten Funktion und der zweiten Funktion multipliziert mit der Ableitung der ersten Funktion.

$$\boxed{y = f(x) \cdot g(x) \Rightarrow y' = f'(x) \cdot g(x) + f(x) \cdot g'(x)}$$

Für die Ableitung des Produkts von drei Funktionen gilt

$$\boxed{\begin{aligned} y = f(x) \cdot g(x) \cdot h(x) &\Rightarrow y' = f(x) \cdot g(x) \cdot h'(x) \\ &+ f(x) \cdot g'(x) \cdot h(x) + f'(x) \cdot g(x) \cdot h(x) \end{aligned}}$$

Mehrfache Anwendung der Produktregel ergibt die Ableitung der Potenzfunktion (Potenzregel).

$$\boxed{y = x^n \ (n \in \mathbb{N}) \ \Rightarrow \ y' = nx^{n-1}}$$

Mit Hilfe von Polynomdivision lässt sich dieses Ergebnis auch direkt herleiten:

$$\frac{d}{dx} x^n (x_0) = \lim_{x \to x_0} \frac{x^n - x_0^n}{x - x_0}$$

$$= \lim_{x \to x_0} (x^{n-1} + x_0 x^{n-2} + x_0^2 x^{n-3} + \ldots + x_0^{n-1})$$

$$= nx_0^{n-1}$$

Durch Anwendung von Quotienten- und Kettenregel (siehe unten) kann man dieses Ergebnis auf reelle Exponenten ausweiten.

$$\boxed{y = x^r \ (r \in \mathbb{R}) \ \Rightarrow \ y' = rx^{r-1}}$$

Summen- und Potenzregel zusammen ergeben die Ableitung eines Polynoms.

$$\boxed{\begin{aligned} y = \sum_{k=0}^{n} c_k x^k &= c_0 + c_1 x + \ldots + c_n x^n \\ \Rightarrow y' = \sum_{k=0}^{n} k \cdot c_k x^{k-1} &= c_1 + 2c_2 x + \ldots + nc_n x^{n-1} \end{aligned}}$$

■ **Beispiele:**

1. $y = 3x^2 \cdot \sin x \;\Rightarrow\; y' = 3x^2 \cdot \cos x + 6x \cdot \sin x$

2. $y = x^7 \;\Rightarrow\; y' = 7x^6$

3. $y = x^{\frac{7}{3}} \;\Rightarrow\; y' = \frac{7}{3} x^{\frac{5}{3}}$

4. $y = 3x^7 - 5x^4 + x^2 + 3 \;\Rightarrow\; y' = 21x^6 - 20x^3 + 2x$

5. *Quotientenregel*
   Die Ableitung des Quotienten zweier Funktionen ist gleich der Differenz der Ableitung der Zählerfunktion multipliziert mit der Nennerfunktion und der Zählerfunktion multipliziert mit der Ableitung der Nennerfunktion dividiert durch das Quadrat der Nennerfunktion.

$$y = \frac{f(x)}{g(x)} \;(g(x) \neq 0) \Rightarrow y' = \frac{f'(x) \cdot g(x) - f(x) \cdot g'(x)}{g^2(x)}$$

Der Zähler von y' beginnt also mit der Ableitung der Zählerfunktion $f(x)$.
Im Spezialfall, dass $f(x)$ eine konstante Funktion mit $f(x) = 1$ ist, gilt

$$y = \frac{1}{g(x)} \Rightarrow y' = -\frac{g'(x)}{g^2(x)}$$

■ **Beispiele:**

1. $y = \frac{5x-1}{2x+3} \Rightarrow y' = \frac{(2x+3)\cdot 5 - (5x-1)\cdot 2}{(2x+3)^2} = \frac{17}{(2x+3)^2}$

2. $y = \frac{x^3}{x^2-1} \Rightarrow y' = \frac{3x^2(x^2-1) - 2x \cdot x^3}{(x^2-1)^2} = \frac{x^2(x^2-3)}{(x^2-1)^2}$

3. $y = \frac{1}{x^2+3x} \Rightarrow y' = \frac{2x+3}{(x^2+3x)^2}$

6. *Kettenregel*
   Die Kettenregel ist eine Regel zur Differenziation zusammengesetzter Funktionen.
   Ist $y = F(x)$ eine zusammengesetzte Funktion, also $F(x) = f(h(x))$, und setzt man $z = h(x)$, dann ist $y = F(x)$ differenzierbar, wenn die Funktionen $y = f(z)$ und $z = h(x)$ differenzierbar sind, und es gilt

$$y' = F'(x) = \frac{df}{dz} \cdot \frac{dh}{dx} = f'(z) \cdot h'(x) = f'(h(x)) \cdot h'(x)$$

Man nennt $f'(h(x))$ die äußere Ableitung und $h'(x)$ die innere Ableitung der Funktion $y = f(h(x))$.

■ **Beispiele:**

1. $y = F(x) = (x^3 - 2x + 1)^3$, also $z = h(x) = x^3 - 2x + 1$ und

$y = f(z) = z^3 \;\Rightarrow\; y' = F'(x) = f'(z) \cdot h'(x)$

$= 3z^2 \cdot (3x^2 - 2) = 3(x^3 - 2x + 1)^2 \cdot (3x^2 - 2)$

2. $y = F(x) = \sqrt{5x^2 - 7x + 8}$, also $z = h(x) = 5x^2 - 7x + 8$ und

$y = f(z) = \sqrt{z} \;\Rightarrow\; y' = F'(x) = f'(z) \cdot h'(x)$

$= \frac{1}{2} z^{-\frac{1}{2}} \cdot (10x - 7) = \frac{10x - 7}{2\sqrt{5x^2 - 7x + 8}}$

7. *Ableitung der Umkehrfunktion*
   Ist $y = f(x)$ eine differenzierbare Funktion mit $f'(x) \neq 0$, die eine Umkehrfunktion $y = f^{-1}(x)$ besitzt, so ist auch die Umkehrfunktion differenzierbar, und es gilt

$$(f^{-1})'(x) = \frac{1}{f'(f^{-1}(x))}$$

5.4.3 Höhere Ableitungen

Ist die Funktion $y = f(x)$ differenzierbar oder zumindest in einem ganzen Intervall ihres Definitionsbereichs differenzierbar, so kann dort also an jeder Stelle die Ableitung $f'(x)$ gebildet werden. Dann ist $y = f'(x)$ wieder eine Funktion von x. Ist diese Funktion wieder differenzierbar, so nennt man diese Ableitung der (ersten) Ableitung die zweite Ableitung der Ausgangsfunktion $y = f(x)$, geschrieben $f''(x)$

oder $y''(x)$ oder $\dfrac{d^2 y}{dx^2}(x)$ oder $\dfrac{d^2 f}{dx^2}(x)$ (gespro-

chen: f zwei Strich von x bzw. y zwei Strich von x bzw. d zwei y nach dx Quadrat an der Stelle x bzw. d zwei f nach dx Quadrat an der Stelle x).
Entsprechend kann es auch eine dritte, vierte, ... Ableitung von $f(x)$ geben. Die n-te Ableitung von $f(x)$ schreibt man

$$f^{(n)}(x) = y^{(n)}(x) = \frac{d^n y}{dx^n}(x) = \frac{d^n f}{dx^n}(x)$$

■ **Beispiele:**

1. $f(x) = 4x^4 - 12x^3 + 5x - 2 \Rightarrow f'(x) = 16x^3 - 36x^2 + 5$,

$f''(x) = 48x^2 - 72x$, $f'''(x) = 96x - 72$, $f^{(4)}(x) = 96$,

$f^{(5)}(x) = f^{(6)}(x) = \ldots = 0$

2. $f(x) = \frac{x^2}{(x-1)^2} \;\Rightarrow\; f'(x) = -\frac{2x}{(x-1)^3}$,

$f''(x) = \frac{2(2x+1)}{(x-1)^4}$, $f'''(x) = -\frac{12(x+1)}{(x-1)^5}, \ldots$

5.4.4 Ableitungen einiger algebraischer Funktionen

Mit den Differenziationsregeln aus Abschnitt 5.4.2 lassen sich die Ableitungen von algebraischen Funktionen berechnen.

Rationale Funktionen

$y = c$ (c konstant) $\;\Rightarrow\; y' = 0$

$y = x \;\Rightarrow\; y' = 1$

$y = x^n \;\Rightarrow\; y' = nx^{n-1}$

$$y = c_n x^n + c_{n-1} x^{n-1} + \ldots + c_2 x^2 + c_1 x + c_0$$
$$\Rightarrow \quad y' = n c_n x^{n-1} + (n-1) c_{n-1} x^{n-2} + \ldots + 2 c_2 x + c_1$$

$$y = \frac{1}{x} \quad \Rightarrow \quad y' = -\frac{1}{x^2}$$

$$y = \frac{1}{x^n} \quad \Rightarrow \quad y' = -\frac{n}{x^{n+1}}$$

$$y = \frac{x^m}{x^n} \quad \Rightarrow \quad y' = \frac{(m-n) x^m}{x^{n+1}}$$

Irrationale Funktionen

$$y = \sqrt{x} \quad \Rightarrow \quad y' = \frac{1}{2\sqrt{x}}$$

$$y = \sqrt[n]{x} \quad \Rightarrow \quad y' = \frac{1}{n\sqrt[n]{x^{n-1}}}$$

$$y = \frac{\sqrt[m]{x}}{\sqrt[n]{x}} \quad \Rightarrow \quad y' = \frac{n-m}{mn} \frac{\sqrt[m]{x}}{\sqrt[n]{x^{n+1}}}$$

5.4.5 Ableitungen einiger transzendenter Funktionen

Trigonometrische Funktionen

$$y = \sin x \quad \Rightarrow \quad y' = \cos x$$

$$y = \cos x \quad \Rightarrow \quad y' = -\sin x$$

$$y = \tan x \quad \Rightarrow \quad y' = \frac{1}{\cos^2 x} \quad (x \neq (2k+1)\frac{\pi}{2}, k \in \mathbb{Z})$$

$$y = \cot x \quad \Rightarrow \quad y' = -\frac{1}{\sin^2 x} \quad (x \neq k\pi, k \in \mathbb{Z})$$

Exponentialfunktionen

$$y = e^x \quad \Rightarrow \quad y' = e^x = y$$

$$y = a^x \quad \Rightarrow \quad y' = a^x \ln a \quad (a \in \mathbb{R}, a > 0 \text{ konstant})$$

Logarithmusfunktionen

$$y = \ln x \quad \Rightarrow \quad y' = \frac{1}{x} \quad (x > 0)$$

$$y = \log_a x \quad \Rightarrow \quad y' = \frac{1}{x} \log_a e = \frac{1}{\ln a} \cdot \frac{1}{x}$$

$(a \notin \mathbb{R}, a > 0, a \neq 1 \text{ konstant}, x > 0)$

5.4.6 Sekanten und Tangenten

Eine Sekante ist eine Gerade, die eine Kurve, also den Graph einer Funktion $y = f(x)$, in (mindestens) zwei Punkten schneidet (Sekante = Schneidende). Der Teil zwischen den Schnittpunkten heißt Sehne. Die Gleichung der Sekante durch die Punkte $P_1(x_1 | f(x_1))$ und $P_2(x_2 | f(x_2))$ lautet

$$\boxed{y = \frac{f(x_2) - f(x_1)}{x_2 - x_1} (x - x_1) + f(x_1)}$$

■ **Beispiele:**

1. $f(x) = x^2$, $P_1(0 \mid 0)$, $P_2(1 \mid 1)$

   Die Gleichung der Sekante durch die Punkte P_1 und P_2 lautet

   $$y = \frac{1-0}{1-0}(x-0) + 0, \text{ also } y = x.$$

2. $f(x) = x^3 - 2x + 1$, $P_1(1 \mid 2)$, $P_2(2 \mid 5)$

   Die Gleichung der Sekante durch die Punkte P_1 und P_2 lautet

   $$y = \frac{5-2}{2-(-1)}(x-(-1)) + 2 = x + 3.$$

Eine Tangente ist eine Gerade, die den Graph einer Funktion $y = f(x)$ in einem Punkt berührt, aber nicht schneidet (Tangente = Berührende).
Die Funktion $f(x)$ hat in dem Punkt $P(a \mid f(a))$ genau dann eine Tangente, wenn die Funktion in a differenzierbar ist. Die Ableitung der Funktion an der Stelle, also $f'(a)$, ist die Steigung der Tangente. Die Gleichung der Tangente an die Kurve im Punkt $P(a \mid f(a))$ lautet

$$\boxed{y = f'(a)(x - a) + f(a)}$$

■ **Beispiele:**

1. $f(x) = x^2$, $P(1 \mid 1)$

   $f'(x) = 2x \Rightarrow f'(1) = 2$

   Die Gleichung der Tangente an die Kurve im Punkt $P(1|1)$ lautet somit

   $y = 2(x - 1) + 1 = 2x - 1$.

2. $f(x) = x^3 - 2x + 1$, $P(1 \mid 0)$

   $f'(x) = 3x^2 - 2 \Rightarrow f'(1) = 1$

   Die Gleichung der Tangente an die Kurve im Punkt $P(1|0)$ lautet somit

   $y = 1 \cdot (x - 1) + 0 = x - 1$.

5.4.7 Extremwerte von Funktionen

Eine Funktion $y = f(x)$ besitzt an der Stelle $x = a$ ein relatives Maximum, wenn es eine Umgebung von a gibt, in der alle Funktionswerte kleiner als an der Stelle $x = a$ sind. Dieser Funktionswert $f(a)$ heißt relatives Maximum. Es gilt dann $f(x) < f(a)$ für alle $x \neq a$ aus einer passenden Umgebung von a. Alle benachbarten Funktionswerte sind also kleiner als $f(a)$.

Relatives Maximum $f(a)$:

$$\boxed{f(x) < f(a) \text{ für } x \neq a}$$

Entsprechend besitzt eine Funktion $y = f(x)$ an der Stelle $x = a$ ein relatives Minimum, wenn es eine Umgebung von a gibt, in der alle Funktionswerte größer als an der Stelle $x = a$ sind. Der Funktionswert $f(a)$ heißt dann relatives Minimum. Für ein relatives Minimum gilt analog $f(x) > f(a)$ für alle $x \neq a$ aus einer geeigneten Umgebung von a. Alle benachbarten Funktionswerte sind also größer als $f(a)$.

Relatives Minimum $f(a)$:

$$\boxed{f(x) > f(a) \quad \text{für} \quad x \ne a}$$

Es handelt sich bei einem relativen Maximum oder einem relativen Minimum um eine lokale Eigenschaft, denn es wird nur eine Umgebung von $x = a$ betrachtet.

Das absolute oder globale Maximum einer Funktion $y = f(x)$, die in einem abgeschlossenen Intervall $[c, d]$ differenzierbar ist, ist entweder ein relatives Maximum, oder es wird am Rand, also für $x = c$ oder $x = d$, angenommen. Entsprechend ist das absolute oder globale Minimum ein relatives Minimum, oder es wird an einem der Intervallränder $x = c$ oder $x = d$ angenommen.

Ein Extremwert einer Funktion ist ein Funktionswert $f(a)$, der ein relatives Minimum oder ein relatives Maximum ist. Statt Extremwert sagt man auch Extremum oder relatives Extremum.

Eine notwendige Bedingung dafür, dass die Funktion $y = f(x)$ an der Stelle $x = a$ ein relatives Extremum besitzt, ist das Verschwinden der Ableitung an dieser Stelle, also $f'(a) = 0$ (falls sie existiert). Zur Bestimmung der relativen Extrema müssen alle x berechnet werden, die die Gleichung $f'(x) = 0$ erfüllen.

Eine hinreichende Bedingung für ein relatives Extremum (das heißt, ist die Bedingung erfüllt, dann liegt ein relatives Extremum vor) ist, dass die zweite Ableitung von Null verschieden ist, also $f''(a) \ne 0$. Gilt jedoch auch $f''(a) = 0$, so ist $f(a)$ ein relatives Extremum, wenn es ein gerades n gibt, so dass $f'(a) = f''(a) = \ldots = f^{(n-1)}(a) = 0$, $f^{(n)}(a) \ne 0$ (n gerade). Ein Extremum liegt vor, wenn die erste an der Stelle a nicht verschwindende Ableitung von gerader Ordnung ist.

Dieses relative Extremum ist ein relatives Minimum, wenn im ersten Fall $f''(a) > 0$ und im zweiten Fall $f^{(n)}(a) > 0$ gilt. Das relative Extremum ist ein relatives Maximum, wenn im ersten Fall $f''(a) < 0$ und im zweiten Fall $f^{(n)}(a) < 0$ gilt.

Geometrisch bedeutet $f'(a) = 0$, dass die Tangente an die Kurve der Funktion im Punkt $P(a\,|\,f(a))$ waagerecht, also parallel zur x-Achse, verläuft.

■ **Beispiele:**

1. $f(x) = x^2$

    $f'(x) = 2x, \quad f''(x) = 2$

    $f'(x) = 0 \quad \Rightarrow \quad x = 0$

    $f''(0) = 2 > 0 \quad \Rightarrow \quad f(0) = 0$ ist ein relatives Minimum von
    $y = f(x)$

2. $f(x) = -x^4 + 1$

    $f'(x) = -4x^3, \quad f''(x) = -12x^2, \quad f'''(x) = -24x, \quad f^{(4)}(x) = -24$

    $f'(x) = 0 \quad \Rightarrow \quad x = 0$

    $f''(0) = f'''(0) = 0, \quad f^{(4)} = -24 < 0 \quad \Rightarrow \quad f(0) = 0$ ist ein relatives Maximum von $y = f(x)$

3. $f(x) = x^3 - 4x^2 + 4x = x(x-2)^2$

    $f'(x) = 3x^2 - 8x + 4, \quad f''(x) = 6x - 8$

    $f'(x) = 0 \quad \Rightarrow \quad 3x^2 - 8x + 4 = 0 \quad \Rightarrow \quad x_1 = 2, x_2 = \dfrac{2}{3}$

    $f''(2) = 4 > 0, f''(\dfrac{2}{3}) = -4 < 0 \quad \Rightarrow \quad f(x_1) = f(2) = 0$

    ist ein relatives Minimum und $f(x_2) = f(\dfrac{2}{3}) = \dfrac{32}{27}$

    ist ein relatives Maximum von $y = f(x)$

5.4.8 Krümmungsverhalten von Funktionen

Das Krümmungsverhalten einer Funktion ist die Verteilung von konvexen und konkaven Bereichen der Kurve der Funktion.

Eine Funktion $y = f(x)$ heißt an der Stelle $x = a$ von unten konvex, wenn alle Punkte der Kurve der Funktion in einer Umgebung von a oberhalb der Tangente im Punkt $P(a\,|\,f(a))$ liegen.

In einem von unten konvexen Bereich ist die Ableitungsfunktion $y' = f'(x)$ monoton wachsend. Die Funktion $y = f(x)$ hat dort eine Linkskrümmung (der Graph macht in x-Richtung eine Linkskurve). Existiert in dem Bereich auch die zweite Ableitung $f''(x)$, so ist die Kurve konvex, wenn $f''(x) \ge 0$ gilt.

Entsprechend heißt die Funktion an der Stelle $x = a$ von unten konkav (oder von oben konvex), wenn alle Punkte der Kurve der Funktion in einer Umgebung von a unterhalb der Tangente im Punkt $P(a\,|\,f(a))$ liegen.

In einem von unten konkaven Bereich ist die Ableitungsfunktion $y' = f'(x)$ monoton fallend. Die Funktion $y = f(x)$ hat dort eine Rechtskrümmung (der Graph macht in x-Richtung eine Rechtskurve). Existiert in dem Bereich auch die zweite Ableitung $f''(x)$, so ist die Kurve konkav, wenn $f''(x) \le 0$ gilt.

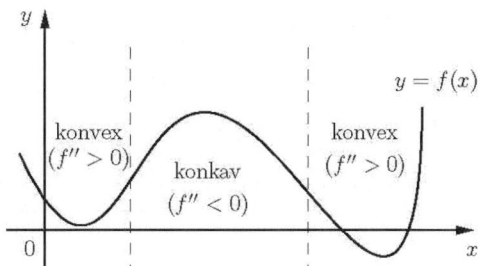

Bild 5. Konkave und konvexe Bereiche der Funktion $y = f(x)$

Die Krümmung einer Funktion ist die Abweichung der Kurve der Funktion von der Geraden.

Die Krümmung der Kurve der Funktion $y = f(x)$ im Punkt $P(x\,|\,y)$ ist definiert als der Grenzwert κ des Quotienten aus der Differenz der Steigungswinkel α_1 und α der Tangenten durch einen Punkt P_1 und durch P an die Kurve und der Länge Δs des Kurvenbogens zwischen den Punkten (falls der Grenzwert existiert):

$$\kappa = \lim_{P_1 \to P} \frac{\alpha_1 - \alpha}{\Delta s} = \lim_{P_1 \to P} \frac{\Delta \alpha}{\Delta s} = \frac{d\alpha}{ds}$$

Die Krümmung einer Funktion ist in einem konvexen Bereich (Linkskurve) positiv, in einem konkaven Bereich (Rechtskurve) negativ. Für eine Gerade gilt $\kappa = 0$.

Mit Hilfe der Kettenregel berechnet man für die Krümmung in einem Punkt $P(x|y)$ der Funktion $y = f(x)$:

$$\kappa = \frac{f''(x)}{\left[1 + f'^2(x)\right]^{\frac{3}{2}}} = \frac{f''(x)}{\left[\sqrt{1 + f'^2(x)}\right]^3}$$

Für $\kappa \neq 0$ heißt $\rho = \dfrac{1}{|\kappa|}$ Krümmungsradius und der Kreis mit diesem Radius Krümmungskreis der Kurve im Punkt $P(x|y)$.

■ **Beispiel:**

$f(x) = 3x^2 - 1$

$\Rightarrow \quad f'(x) = 9x^2, \quad f''(x) = 18x$

Es folgt: $\kappa = \dfrac{18x}{(1 + 81x^4)^{\frac{3}{2}}}$.

Krümmung im Punkt $P(1|2)$ zum Beispiel: $\kappa = \dfrac{18}{82^{\frac{3}{2}}} \approx 0{,}0242$.

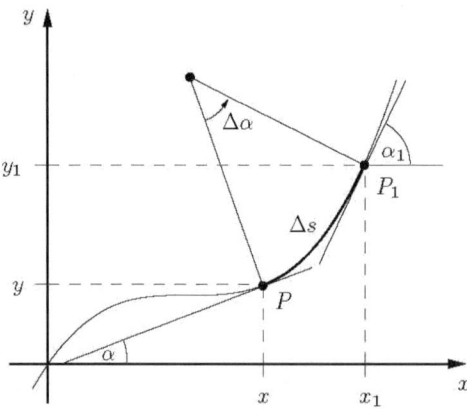

Bild 6. Zur Definition der Krümmung einer Kurve

5.4.9 Wendepunkte von Funktionen

Ein Wendepunkt einer Funktion $y = f(x)$ ist ein Punkt $P(a|f(a))$, in dem sich das Krümmungsverhalten der Kurve ändert. In einem Wendepunkt findet der Übergang von einem konvexen zu einem konkaven Bereich oder umgekehrt statt. Die Kurve liegt in der unmittelbaren Nähe eines Wendepunktes nicht auf einer Seite der Tangente, sondern wird von dieser durchsetzt.

Eine notwendige Bedingung für die Existenz eines Wendepunkts $P(a|f(a))$ einer Funktion $y = f(x)$ ist das Verschwinden der zweiten Ableitung im Wendepunkt, also $f''(x) = 0$ (falls sie existiert). Zur Bestimmung der Wendepunkte müssen alle x berechnet werden, die die Gleichung $f''(x) = 0$ erfüllen.

Eine hinreichende Bedingung für einen Wendepunkt ist, dass die dritte Ableitung von Null verschieden ist, also $f'''(x) \neq 0$. Gilt jedoch auch $f'''(x) = 0$, so hat $f(x)$ an der Stelle a einen Wendepunkt, wenn es ein ungerades n gibt, so dass $f''(a) = f'''(a) = \ldots = f^{(n-1)}(a) = 0$, $f^{(n)}(a) \neq 0$ (n ungerade). Ein Wendepunkt liegt vor, wenn die erste an der Stelle a nicht verschwindende Ableitung von ungerader Ordnung ist.

Falls in einem Wendepunkt $P(a|f(a))$ auch noch die erste Ableitung verschwindet, wenn also zusätzlich $f'(a) = 0$ gilt, dann ist dort die Tangente waagerecht. Ein solcher Wendepunkt heißt Sattelpunkt.

■ **Beispiele:**

1. $f(x) = x^3 - 4x^2 + 4x = x(x-2)^2$

   $f'(x) = 3x^2 - 8x + 4, \quad f''(x) = 6x - 8, \quad f'''(x) = 6$

   $f''(x) = 0 \quad \Rightarrow \quad 6x - 8 = 0 \quad \Rightarrow \quad x = \dfrac{4}{3}$

   $f'''\left(\dfrac{4}{3}\right) = 6 \neq 0 \Rightarrow$ bei $x = \dfrac{4}{3}$ liegt der Wendepunkt

   $P = \left(\dfrac{4}{3}\Big|f\left(\dfrac{4}{3}\right)\right) = \left(\dfrac{4}{3}\Big|\dfrac{16}{27}\right)$

2. $f(x) = x^3 - 3x^2 + 3x$

   $f'(x) = 3x^2 - 6x + 3 = 3(x-1)^2, \quad f''(x) = 6x - 6, \quad f'''(x) = 6$

   $f''(x) = 0 \quad \Rightarrow \quad x = 1$

   $f'''(1) = 6 \neq 0 \quad \Rightarrow \quad f(x)$ besitzt bei $x = 1$ einen Wendepunkt

   Da auch $f'(1) = 0$ gilt, ist dort die Tangente waagerecht, und somit ist $P = (1|1)$ ein Sattelpunkt.

5.4.10 Kurvendiskussion

Eine Kurvendiskussion ist die Untersuchung einer Funktion $y = f(x)$ bzw. des Graphen der Funktion auf typische Eigenschaften. Dazu gehören die Untersuchung auf Symmetrie und Monotonie sowie die Bestimmung von Definitionsbereich, Nullstellen, relativen Extrema, Wendepunkten, Unstetigkeitsstellen und Asymptoten.

■ **Beispiel:**

$f(x) = \dfrac{1}{2}x(x-2)^3$

Ableitungen:

$f'(x) = \dfrac{1}{2}(x-2)^3 + \dfrac{3}{2}x(x-2)^2 = \dfrac{1}{2}(x-2)^2(x-2+3x) = (x-2)^2(2x-1)$

$f''(x) = 2(x-2)(2x-1) + 2(x-2)^2 = (x-2)(4x-2+2x-4) = 6(x-1)(x-2)$

$f'''(x) = 6(x-1) + 6(x-2) = 6(2x-3)$

Definitionsbereich:

$D = \mathbb{R}$

Nullstellen:

$$f(x) = \frac{1}{2}x(x-2)^3 = 0 \implies x_1 = 0, x_2 = 2$$

Relative Extremwerte:

$$f'(x) = (x-2)^2(2x-1) = 0 \implies x_3 = 2, x_4 = \frac{1}{2}$$

$$f''(x_3) = f''(2) = 0, f'''(2) = 6 > 0 \text{ (n ungerade)} \implies \text{ bei } x_3 = 2$$

Wendepunkt; wegen $f'(2) = 0$ ist $P(2|0)$ ein Sattelpunkt

$$f''(x_4) = f''\left(\frac{1}{2}\right) = 6 \cdot \frac{1}{2} \cdot \frac{3}{2} > 0 \implies \text{ Minimum bei } x_4 = \frac{1}{2}$$

Wendepunkte:

$$f''(x) = 6(x-1)(x-2) = 0 \implies x_5 = 1, x_6 = x_3 = 2$$

$$f'''(x_5) = f'''(1) \neq 0 \implies \text{ Wendepunkt bei } x_5 = 1$$

Sattelpunkt $x_6 = x_3 = 2$ (siehe oben)

Zusammenfassung:

Die Funktion $f(x) = \frac{1}{2}x(x-2)^3$ hat die Nullstellen $x_1 = 0$ und

$x_2 = 2$, das relative Minimum $f\left(\frac{1}{2}\right) = \frac{1}{2} \cdot \frac{1}{2} \cdot \left(-\frac{3}{2}\right)^3 = -\frac{27}{32}$, den

Wendepunkt $P\left(1\left|-\frac{1}{2}\right.\right)$ (denn $f(1) = \frac{1}{2} \cdot 1 \cdot (-1)^3 = -\frac{1}{2}$) und den

Sattelpunkt $P(2|0)$. Die Funktion besitzt keine Unstetigkeitsstellen und Asymptoten, sie ist weder zur y-Achse noch zum Koordinatenursprung symmetrisch. Die Funktion ist streng monoton fallend im Intervall $\left(-\infty, \frac{1}{2}\right]$ und streng monoton wachsend im Intervall $\left[\frac{1}{2}, \infty\right)$.

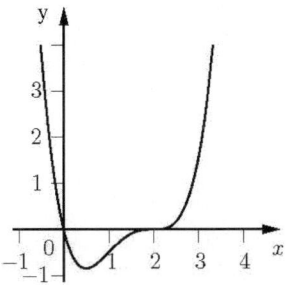

Bild 7. Graph der Funktion $f(x) = \frac{1}{2}x(x-2)^3$

5.4.11 Anwendungsbeispiele

1. Ein halbrunder Balken soll so besäumt werden, dass ein rechtwinkliger Balken mit maximalem Widerstandsmoment W entsteht.

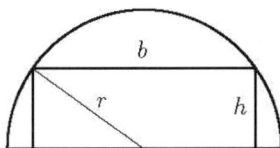

Bild 8. Zu Anwendungsbeispiel 1

Die Gleichung für das Widerstandsmoment lautet:

$$(1) \quad W = \frac{hb^2}{6}$$

Nach dem Satz des Pythagoras gilt für die Beziehung zwischen b und h:

$$(2) \quad \left(\frac{b}{2}\right)^2 + h^2 = r^2$$

Auflösen von Gleichung (2) nach b^2:

$$b^2 = 4(r^2 - h^2)$$

Einsetzen in (1):

$$W = \frac{h}{6} \cdot 4(r^2 - h^2) = \frac{2}{3}(r^2 h - h^3)$$

Da r eine feste Größe ist, hängt W nur von h ab, das heißt, W ist eine Funktion von h: $W = W(h)$. Notwendige Voraussetzung für ein Maximum von W ist das Verschwinden der Ableitung: $W' = 0$.
Berechnung der Ableitung:

$$W'(h) = \frac{2}{3}(r^2 - 3h^2)$$

$$W'(h) = 0 \implies \frac{2}{3}(r^2 - 3h^2) = 0 \implies$$

$$r^2 - 3h^2 = 0 \implies h = \frac{1}{3}r\sqrt{3}$$

(Da die Höhe h nicht negativ sein kann, kommt für das Maximum nur das positive Vorzeichen in Frage.) Wegen $W''(h) = -4h$ ist für $h = \frac{1}{3}r\sqrt{3}$ die zweite Ableitung negativ, es liegt also ein Maximum vor.

Ergebnis:

$h = \frac{1}{3}r\sqrt{3}$ und $b = \frac{2}{3}r\sqrt{6}$ sind die Abmessungen für das maximale Widerstandsmoment, es beträgt

$$W = \frac{2}{9}r\sqrt{3}\left(r^2 - \frac{1}{3}r^2\right) = \frac{4}{27}r^3\sqrt{3}.$$

2. Aus einem kreiskegelförmigen Stück Holz soll ein Zylinder größtmöglichen Rauminhalts (Gewichts) gedreht werden. Welchen Radius x und welche Höhe y hat dieser Zylinder, wenn r der Radius und h die Höhe des Kegels sind?

$$(1) \quad V = \pi x^2 y \quad \text{Zylindervolumen}$$

$$(2) \quad \frac{h-y}{x} = \frac{h}{r} \quad \text{Beziehung zwischen } x \text{ und } y$$

Die Beziehung zwischen x und y folgt aus der Ähnlichkeit der schraffierten Dreiecke.
Auflösen von (2) nach y:

$$y = h\left(1 - \frac{x}{r}\right)$$

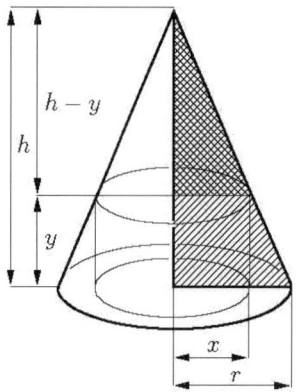

Bild 9. Zu Anwendungsbeispiel 2

Einsetzen in (1):

$$V = \pi x^2 h \left(1 - \frac{x}{r}\right) = \pi h \left(x^2 - \frac{1}{r}x^3\right)$$

h ist eine feste Größe, V ist also eine Funktion der Variablen x: $V = V(x)$.
Berechnung der Ableitung:

$$V'(x) = \pi h \left(2x - \frac{3}{r}x^2\right)$$

$$V'(x) = 0 \Rightarrow \pi h \left(2x - \frac{3}{r}x^2\right) = \pi h x \left(2 - \frac{3}{r}x\right) = 0$$

$$\Rightarrow x_1 = 0 \quad \text{und} \quad x_2 = \frac{2}{3}r$$

Wegen $V''(x) = \pi h \left(2 - \frac{6}{r}x\right)$ gilt $V''(x_1) > 0$ und

$V''(x_2) < 0$, das heißt, bei x_1 liegt ein Minimum und bei x_2 ein Maximum vor.

Ergebnis:

$x = \frac{2}{3}r$ und $y = \frac{1}{3}h$ sind Radius und Höhe des gesuchten Zylinders, das maximale Zylindervolumen beträgt $V = \frac{4}{27}\pi r^2 h$.

5.5 Integralrechnung

5.5.1 Unbestimmtes Integral

Ist $y = f(x)$ eine Funktion mit einem Intervall I als Definitionsbereich, dann heißt eine differenzierbare Funktion $F(x)$ mit demselben Intervall I als Definitionsbereich eine Stammfunktion von $f(x)$, wenn für alle $x \in I$ gilt

$$\boxed{F'(x) = f(x)}$$

Die Funktion $f(x)$ heißt dann integrierbar.
Ist $F(x)$ eine Stammfunktion von $f(x)$, so ist auch $F(x) + c$ für eine beliebige Konstante c eine Stamm-

funktion, denn eine additive Konstante verschwindet bei der Differenziation. Somit ist $\{F(x) + C | C \in \mathbb{R}\}$ die Menge aller Stammfunktionen von $f(x)$. Stammfunktionen sind also bis auf eine additive Konstante eindeutig bestimmt.

- **Beispiele:**

  1. Funktion: $f(x) = x^2 - 2x - 3$

     Stammfunktion: $F(x) = \frac{1}{3}x^3 - x^2 - 3x$, aber zum Beispiel

     auch $F_1(x) = \frac{1}{3}x^3 - x^2 - 3x + 5$

  2. Funktion: $f(x) = \sin x$

     Stammfunktion: $F(x) = -\cos x$ oder etwa

     $F_1(x) = -\cos x + 3$

  3. Funktionen: $f(x) = x^k \; (k \in \mathbb{R}, k \neq -1)$

     Stammfunktionen: $F(x) = \frac{x^{k+1}}{k+1} + C \; (C \in \mathbb{R})$

  4. Funktion: $f(x) = x^{-1} = \frac{1}{x}$

     Stammfunktionen: $F(x) = \ln x + C \; (C \in \mathbb{R})$

  5. Funktion: $f(x) = e^x$

     Stammfunktionen: $F(x) = e^x + C \; (C \in \mathbb{R})$

Die Gesamtheit aller Stammfunktionen $F(x) + C$ heißt unbestimmtes Integral der Funktion $y = f(x)$, gesprochen: Integral über $f(x)\,dx$ und geschrieben

$$\boxed{\int f(x)\,dx = F(x) + C}$$

Das Zeichen $\int$ heißt Integralzeichen, und $f(x)$ heißt Integrand. Die Variable x nennt man Integrationsvariable und C Integrationskonstante.
Die Konstante C soll andeuten, dass $F(x)$ durch die Funktion $f(x)$ bis auf eine additive Konstante bestimmt ist.

- **Beispiele:**

  1. $\int x^3 dx = \frac{1}{4}x^4 + C$

  2. $\int \cos x\, dx = \sin x + C$

  3. $\int (x^4 - 3x^2 + 1)\, dx = \frac{1}{5}x^5 - 3 \cdot \frac{1}{3}x^3 + x + C = \frac{1}{5}x^5 - x^3 + x + C$

5.5.2 Integrationsregeln

Die folgenden Integrationsregeln zur Berechnung der unbestimmten Integrale von Funktionen lassen sich durch Differenziation der entsprechenden Gleichung beweisen.

1. *Faktorregel*
   Ein konstanter Faktor im Integranden kann vor das Integralzeichen gezogen werden.

$$\boxed{\int c f(x)\, dx = c \int f(x)\, dx \quad (c \in \mathbb{R})}$$

- **Beispiel:**

$$\int 3x\,dx = 3\int x\,dx = 3\cdot\frac{1}{2}x^2 + C = \frac{3}{2}x^2 + c$$

2. *Potenzregel*

$$\boxed{\int x^n dx = \frac{1}{n+1}x^{n+1} + C}$$

- **Beispiel:**

$$\int x^5 dx = \frac{1}{6}x^6 + C$$

3. *Summenregel*

Das unbestimmte Integral einer Summe ist gleich der Summe der unbestimmten Integrale (falls Stammfunktionen existieren).

$$\boxed{\int (f(x) + g(x))\,dx = \int f(x)\,dx + \int g(x)\,dx}$$

- **Beispiel:**

$$\int (4x^3 - 3x^2 + 5)\,dx = \int 4x^3 dx - \int 3x^2 dx + \int 5\,dx$$

$$= 4\int x^3 dx - 3\int x^2 dx + \int 5\,dx = 4\cdot\frac{1}{4}x^4 - 3\cdot\frac{1}{3}x^3 + 5x + C$$

$$x^4 - x^3 + 5x + C$$

4. Ist der Integrand ein Bruch, in dem der Zähler die Ableitung des Nenners ist, dann ist das unbestimmte Integral gleich dem natürlichen Logarithmus des Absolutbetrages der Nennerfunktion.

$$\boxed{\int \frac{f'(x)}{f(x)}\,dx = \ln|f(x)| + C}$$

- **Beispiel:**

$$\int \frac{2x+3}{x^2 + 3x - 5}\,dx = \ln|x^2 + 3x - 5| + C$$

5. *Partielle Integration*

Lässt sich die Funktion $f(x)$ als Produkt zweier Funktionen $g(x) = u(x)$ und $h(x) = v'(x)$ darstellen, also $f(x) = g(x)\cdot h(x) = u(x)\cdot v'(x)$, dann gilt

$$\boxed{\int u(x)v'(x)\,dx = u(x)v(x) - \int u'(x)v(x)\,dx}$$

Mit dieser Methode wird ein Integral der Form $\int u(x)v'(x)\,dx$ auf das oft leichter berechenbare Integral $\int u'(x)v(x)\,dx$ zurückgeführt.

- **Beispiele:**

1. $\int \ln x\ \,dx$

   Setzt man $u(x) = \ln x$ und $v'(x) = 1$, dann ist $u'(x) = \dfrac{1}{x}$ und

   $v(x) = x$, und es ergibt sich

$$\int \ln x\ \,dx = \int 1\cdot\ln x\ \,dx = x\cdot\ln x - \int x\cdot\frac{1}{x}\,dx = x\cdot\ln x - \int dx$$

$$= x\cdot\ln x - x + C$$

2. $\int xe^e dx$

   Setzt man $u(x) = x$ und $v'(x) = e^x$, dann ist $u'(x) = 1$ und

   $v(x) = e^x$, und es folgt

$$\int xe^x dx = xe^x - \int 1\cdot e^x dx = xe^x - e^x + C = (x-1)e^x + C$$

3. $\int x\cdot\cos x\ \,dx$

   Setzt man $u(x) = x$ und $v'(x) = \cos x$, dann ist $u'(x) = 1$ und

   $v(x) = \sin x$, und es ergibt sich

$$\int x\cdot\cos x\ \,dx = x\cdot\sin x - \int 1\cdot\sin x\ \,dx = x\cdot\sin x + \cos x + C$$

6. *Substitutionsmethode*

Durch Substitution $x = \varphi(t)$ der unabhängigen Variablen einer Funktion $y = f(x)$, also Einführung einer neuen Variablen t, ergibt sich für das unbestimmte Integral

$$\boxed{\int f(x)\,dx = \int f(\varphi(t))\varphi'(t)\,dt}$$

Durch geeignete Substitution kann das Integral auf der rechten Seite der Gleichung einfacher zu berechnen sein als das Ausgangsintegral $\int f(x)\,dx$. Die Substitution muss so gewählt sein, dass $x = \varphi(t)$ nach t differenzierbar ist.

- **Beispiele:**

1. $\int \dfrac{dx}{(2+3x)^2}$

   Substituiert man $2 + 3x = t$, also $x = \varphi(t) = \dfrac{t-2}{3}$, , dann ist

   $$\varphi' = \frac{dx}{dt} = \frac{1}{3} \quad \text{oder} \quad dx = \frac{dt}{3}, \quad \text{und es ergibt sich}$$

   $$\int \frac{dx}{(2+3x)^2} = \int \frac{1}{t^2}\cdot\frac{dt}{3} = -\frac{1}{3t} + C = -\frac{1}{3}\cdot\frac{1}{2+3x} + C$$

2. $\int (x^2 + 7)^8\cdot x\ \,dx$

   Die Substitution $x^2 + 7 = t$, also $x = \varphi(t) = \sqrt{t-7}$, ergibt

   mit der Kettenregel $\varphi'(t) = \dfrac{dx}{dt} = \dfrac{1}{2}\dfrac{1}{\sqrt{t-7}}\cdot 1$ oder

   $$dx = \frac{dt}{2}\cdot\frac{1}{\sqrt{t-7}}, \quad \text{und es folgt}$$

   $$\int (x^2+7)^8\cdot x\,dx = \int t^8\cdot\sqrt{t-7}\cdot\frac{dt}{2}\cdot\frac{1}{\sqrt{t-7}} = \frac{1}{2}\int t^8 dt$$

   $$= \frac{1}{2}\cdot\frac{1}{9}\cdot t^9 + C = \frac{1}{18}(x^2 + 7)^9 + C$$

Das letzte Integral lässt sich noch einfacher berechnen, wenn man die obige Substitutionsgleichung von rechts nach links liest (mit der Substitution $u = \varphi(t)$).

$$\boxed{\int f(\varphi(x))\varphi'(x)\,dx = \int f(u)\,du}$$

■ **Beispiel 2.**

$$\int (x^2 + 7)^8 \cdot x\, dx = \frac{1}{2}\int u^8\, du = \frac{1}{18}u^9 + C = \frac{1}{18}(x^2 + 7)^9 + C$$

mit der Substitution $u = x^2 + 7$, woraus $du = 2x\, dx$ folgt.

Spezialfall

$$\boxed{\int [f(x)]^n \cdot f'(x)\, dx = \frac{[f(x)]^{n+1}}{n+1} + C \quad (n \neq -1)}$$

■ **Beispiel:**

$$\int \cos^5 x \cdot \sin x\, dx = -\int \cos^5 x \cdot (-\sin x)\, dx = -\frac{1}{6}\cos^6 x + C$$

7. *Partialbruchzerlegung*

Die Integration gebrochener rationaler Funktionen $y = f(x)$ mit

$$f(x) = \frac{a_n x^n + a_{n-1}x^{n-1} + \ldots + a_2 x^2 + a_1 x + a_0}{b_m x^m + b_{m-1}x^{m-1} + \ldots + b_2 x^2 + b_1 x + b_0}$$

wird oftmals durch eine Partialbruchzerlegung von $f(x)$ (siehe Abschnitt 2.5.2) einfacher oder überhaupt erst möglich.

■ **Beispiel:**

$$\int \frac{6x^2 - x + 1}{x^3 - x}\, dx$$

Partialbruchzerlegung der Funktion liefert:

$$\frac{6x^2 - x + 1}{x^3 - x} = \frac{1}{x} + \frac{3}{x-1} + \frac{4}{x+1}$$

Mit der Summenregel folgt:

$$\int \frac{6x^2 - x + 1}{x^3 - x}\, dx = \int \frac{1}{x}\, dx + \int \frac{3}{x-1}\, dx + \int \frac{4}{x+1}\, dx$$

$$= \ln|x| + 3\ln|x-1| + 4\ln|x+1| + C$$

5.5.3 Unbestimmte Integrale einiger algebraischer Funktionen

Mit den Integrationsregeln aus Abschnitt 5.5.2 lassen sich die unbestimmten Integrale von algebraischen Funktionen berechnen.

Rationale Funktionen

$$\int a\, dx = ax + C$$

$$\int x\, dx = \frac{1}{2}x^2 + C$$

$$\int x^n\, dx = \frac{x^{n+1}}{n+1} + C$$

$$\int \left(a_n x^n + a_{n-1}x^{n-1} + \ldots + a_1 x + a_0 \right) dx$$

$$= \frac{a_n}{n+1}x^{n+1} + \frac{a_{n-1}}{n}x^n + \ldots + \frac{a_1}{2}x^2 + a_0 x + C$$

$$\int \frac{1}{x}\, dx = \ln|x| + C$$

$$\int \frac{1}{x^n}\, dx = -\frac{1}{n-1}\frac{1}{x^{n-1}} + C \quad (n \neq 1)$$

$$\int \frac{x^m}{x^n}\, dx = \frac{1}{m-n+1}\frac{x^{m+1}}{x^n} + C \quad (n \neq m+1)$$

Irrationale Funktionen

$$\int \sqrt{x}\, dx = \frac{2}{3}x^{\frac{3}{2}} + C$$

$$\int \sqrt{x}\, dx = \frac{2}{3}x^{\frac{3}{2}} + C$$

$$\int \frac{\sqrt[m]{x}}{\sqrt[n]{x}}\, dx = \frac{mn}{n-m+mn}\frac{\sqrt[m]{x^{m+1}}}{\sqrt[n]{x}} + C$$

5.5.4 Unbestimmte Integrale einiger transzendenter Funktionen

Auch für einige transzendente Funktionen lassen sich die unbestimmten Integrale mit den Integrationsregeln aus Abschnitt 5.5.2 berechnen.

Trigonometrische Funktionen

$$\int \sin x\, dx = -\cos x + C$$

$$\int \cos x\, dx = \sin x + C$$

$$\int \tan x\, dx = -\ln|\cos x| + C$$

$$\int \cot x\, dx = \ln|\sin x| + C$$

$$\int \frac{1}{\cos^2 x}\, dx = \tan x + C \quad \left(x \neq (2k+1)\frac{\pi}{2}, k \in \mathbb{Z} \right)$$

$$\int \frac{1}{\sin^2 x}\, dx = -\cot x + C \quad (x \neq k\pi, k \in \mathbb{Z})$$

Exponentialfunktionen

$$\int e^x\, dx = e^x + C$$

$$\int a^x\, dx = \frac{1}{\ln a} \cdot a^x + C \quad (a \in \mathbb{R}, a > 0 \text{ konstant})$$

Logarithmusfunktionen

$$\int \ln x\, dx = x \cdot (\ln x - 1) + C \quad (x > 0)$$

$$\int \log_a x\, dx = \frac{1}{\ln a} \cdot x \cdot (\ln x - 1) + C$$

$$(a \in \mathbb{R}, a > 0 \text{ konstant}, x > 0)$$

5.5.5 Bestimmtes Integral

Ist $y = f(x)$ eine beschränkte Funktion mit einem abgeschlossenen Intervall als Definitionsbereich, also $D = [a,b]$, dann ist das bestimmte Integral von $f(x)$ definiert durch $\displaystyle\int_a^b f(x)\, dx = \lim_{n \to \infty} \sum_{k=1}^{n} f(\xi_k)\Delta x_k$, falls dieser Grenzwert existiert und unabhängig von der Wahl der Zahlen x_k und ξ_k ist (gesprochen: Integral von a bis b über $f(x)\,dx$). Dabei ist $a = x_0 < x_1 < \ldots < x_n = b$ eine Einteilung (Zerlegung) des Intervalls $[a,b]$ mit $\Delta x_k = x_k - x_{k-1}$ und ξ_k, $k = 1, 2, \ldots, n$, ein beliebiger Zwischenpunkt mit $x_{k-1} \leq \xi_k \leq x_k$.

$$\int_a^b f(x)\,dx = \lim_{n \to \infty} \sum_{k=1}^n f(\xi_k)\Delta x_k$$

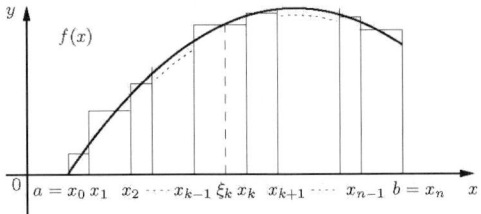

Bild 10. Zur Definition des bestimmten Integrals

Die Funktion $f(x)$ heißt dann im Intervall $[a,b]$ integrierbar. Das Zeichen $\int$ heißt Integralzeichen. Man nennt a die untere Integrationsgrenze, b die obere Integrationsgrenze, $f(x)$ den Integranden und x die Integrationsvariable.
Diese Integraldefinition geht auf Bernhard Riemann zurück (deutscher Mathematiker, 1826–1866).

Gilt $f(x) \geq 0$ für alle $x \in [a,b]$, dann ist $\int_a^b f(x)\,dx$ gleich dem Inhalt des von der Kurve (Graph der Funktion $y = f(x)$) und der x-Achse zwischen $x = a$ und $x = b$ berandeten Fläche. Für $f(x) \leq 0$ für alle $x \in [a,b]$ ist $\int_a^b f(x)\,dx$ der negative Flächeninhalt. Besitzt $y = f(x)$ in $[a,b]$ Nullstellen, so ist $\int_a^b f(x)\,dx$ die Differenz der Flächeninhalte oberhalb („+") und unterhalb („–") der x-Achse.

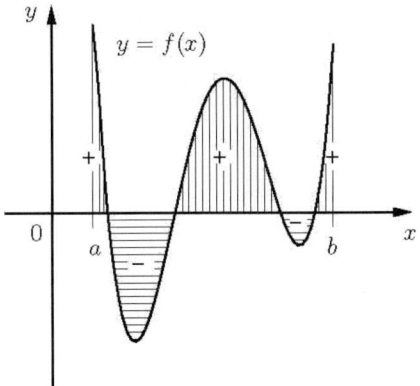

Bild 11. Bestimmtes Integral

Existenz des bestimmten Integrals:
Jede in einem Intervall $[a,b]$ stetige Funktion ist dort auch integrierbar. Auch jede im Intervall $[a,b]$ beschränkte Funktion, die in $[a,b]$ nur endlich viele Unstetigkeitsstellen besitzt, ist in diesem Intervall integrierbar.

■ **Beispiel:**

Für die Funktion $f(x) = c$, $c \in \mathbb{R}$, $D = [a,b]$ und eine beliebige Einteilung $a = x_0 < x_1 < \ldots < x_n = b$ des Intervalls $[a,b]$ gilt

$$\lim_{n \to \infty} \sum_{k=1}^n f(\xi_k)\Delta x_k = \lim_{n \to \infty} \sum_{k=1}^n c \cdot \Delta x_k = \lim_{n \to \infty} c \sum_{k=1}^n (x_k - x_{k-1})$$
$$= \lim_{n \to \infty} c \cdot (b - a) = c \cdot (b - a)$$

Also ist die Funktion $f(x)$ im Intervall $[a,b]$ integrierbar, und es gilt

$$\int_a^b c\,dx = c \cdot (b - a)$$

5.5.6 Hauptsatz der Differenzial- und Integralrechnung

Der Hauptsatz der Differenzial- und Integralrechnung liefert den Zusammenhang zwischen bestimmtem und unbestimmtem Integral einer Funktion $y = f(x)$.
Ist die Funktion $y = f(x)$ mit $D = [a,b]$ im Intervall $[a,b]$ integrierbar, und besitzt $f(x)$ eine Stammfunktion $F(x)$, so gilt

$$\int_a^b f(x)\,dx = F(b) - F(a)$$

Das bestimmte Integral ist also Funktionswert von F an der oberen Intervallgrenze minus Funktionswert von F an der unteren Intervallgrenze. Dabei ist $F(x)$ eine beliebige Stammfunktion von $f(x)$.
Statt $F(b) - F(a)$ schreibt man auch

$$F(x)\Big|_{x=a}^{x=b} = F(x)\Big|_a^b$$

Mit diesem Satz wird die Berechnung des bestimmten Integrals einer Funktion auf die Berechnung einer Stammfunktion der Funktion zurückgeführt. Der Satz stellt somit den Zusammenhang zwischen dem bestimmten und dem unbestimmten Integral einer Funktion $y = f(x)$ her. Er wurde von Gottfried Wilhelm Leibniz (deutscher Mathematiker, 1646–1716) und Isaac Newton (englischer Mathematiker, 1642–1727) entdeckt.

■ **Beispiele:**

1. $\displaystyle \int_a^b x\,dx = \frac{1}{2}x^2 \Big|_a^b = \frac{1}{2}(b^2 - a^2)$

2. $\displaystyle \int_1^5 x^3\,dx = \frac{1}{4}x^4 \Big|_1^5 = \frac{1}{4}5^4 - \frac{1}{4}1^4 = \frac{5^4 - 1}{4} = 156$

3. $\displaystyle \int_0^\pi \sin x\,dx = -\cos x \Big|_0^\pi = -\cos\pi - (-\cos 0) = 1 + 1 = 2$

5.5.7 Eigenschaften des bestimmten Integrals

Die folgenden Eigenschaften zur Berechnung des bestimmten Integrals einer Funktion lassen sich mit Hilfe der Definition beweisen.

1. *Vertauschung der Integrationsgrenzen*

$$\int_b^a f(x)\,dx = -\int_a^b f(x)\,dx$$

■ **Beispiel:**

$$\int_6^2 x\,dx = \frac{1}{2}x^2 \Big|_6^2 = \frac{1}{2}2^2 - \frac{1}{2}6^2 = 2 - 18 = -16$$

$$-\int_2^6 x\,dx = -\frac{1}{2}x^2 \Big|_2^6 = -\left(\frac{1}{2}6^2 - \frac{1}{2}2^2\right) = -(18 - 2) = -16$$

2. *Zusammenfassen der Integrationsintervalle*

$$\int_a^b f(x)\,dx + \int_b^c f(x)\,dx = \int_a^c f(x)\,dx$$

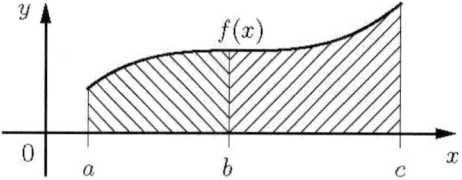

Bild 12. Zusammenfassen der Integrationsintervalle

■ **Beispiel:**

$$\int_0^\pi \cos x\,dx = \int_0^{\frac{\pi}{2}} \cos x\,dx + \int_{\frac{\pi}{2}}^\pi \cos x\,dx$$

Einzelberechnung der Integrale:

$$\int_0^\pi \cos x\,dx = \sin x \Big|_0^\pi = \sin \pi - \sin 0 = 0 - 0 = 0$$

$$\int_0^{\frac{\pi}{2}} \cos x\,dx = \sin x \Big|_0^{\frac{\pi}{2}} = \sin \frac{\pi}{2} - \sin 0 = 1 - 0 = 1$$

$$\int_{\frac{\pi}{2}}^\pi \cos x\,dx = \sin x \Big|_{\frac{\pi}{2}}^\pi = \sin \pi - \sin \frac{\pi}{2} = 0 - 1 = -1$$

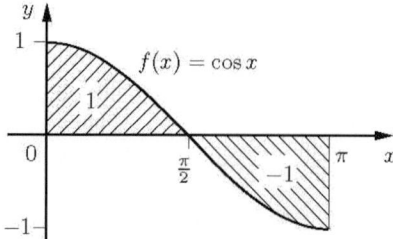

Bild 13. $\int_0^\pi \cos x\,dx = 0$

3. *Gleiche untere und obere Integrationsgrenze*

$$\int_a^a f(x)\,dx = 0$$

■ **Beispiel:**

$$\int_3^3 x^3\,dx = \frac{1}{4}x^4 \Big|_3^3 = \frac{1}{4}3^4 - \frac{1}{4}3^4 = 0$$

4. Existieren die bestimmten Integrale $\int_a^b f(x)\,dx$

und $\int_a^b g(x)\,dx$, so gilt für beliebige $c_1, c_2 \in \mathbb{R}$

$$\int_a^b (c_1 \cdot f(x) + c_2 \cdot g(x))\,dx = c_1 \int_a^b f(x)\,dx + c_2 \int_a^b g(x)\,dx$$

■ **Beispiel:**

$$\int_1^4 (2x - 4x^3)\,dx = 2\int_1^4 x\,dx - 4\int_1^4 x^3\,dx$$

Einzelberechnung der Integrale

$$\int_1^4 (2x - 4x^3)\,dx = (x^2 - x^4) \Big|_1^4 = (4^2 - 4^4) - (1^2 - 1^4) = -240 - 0 = -240$$

$$\int_1^4 x\,dx = 2 \cdot 2 \left(\frac{1}{2}x^2 \Big|_1^4\right) = 2\left(\frac{1}{2} \cdot 4^2 - \frac{1}{2} \cdot 1^2\right) = 2\left(8 - \frac{1}{2}\right) = 15$$

$$-4\int_1^4 x^3\,dx = -4\left(\frac{1}{4}x^4 \Big|_1^4\right) = -4\left(\frac{1}{4} \cdot 4^4 - \frac{1}{4} \cdot 1^4\right) = -4\left(64 - \frac{1}{4}\right) = -255$$

5.5.8 Einige Anwendungen der Integralrechnung

Es gibt sehr viele Anwendungen der Integralrechnung in der Technik und in den Ingenieurwissenschaften. Im Folgenden sind exemplarisch zwei davon genannt.

Bogenlänge

Die Länge eines Kurvenstücks bezeichnet man als Bogenlänge.
Lässt sich der Bogen durch eine stetig differenzierbare Funktion $y = f(x)$, $f: [a,b] \to W$ beschreiben, dann gilt für die Bogenlänge s

$$s = \int_a^b \sqrt{1 + \left[f'(x)\right]^2}\,dx$$

■ **Beispiel:**

Bogen: $y = \sqrt{1 - x^2}$, $D = [a,b] = [-1,1]$ (Halbkreis)

Bogenlänge:

$$s = \int_{-1}^1 \sqrt{1 + \left(\frac{-x}{\sqrt{1 - x^2}}\right)^2}\,dx = \int_{-1}^1 \frac{1}{\sqrt{1 - x^2}}\,dx = \arcsin x \Big|_{-1}^1 = \pi$$

Volumen und Mantelfläche von Rotationskörpern
Ein Rotationskörper ist ein Körper, der entsteht, wenn die Kurve einer Funktion $y = f(x)$ mit $f(x) \geq 0$ um die x-Achse (Rotationsachse) zwischen $x = a$ und $x = b$ rotiert (oder die inverse Funktion um die y-Achse). Rotationskörper sind aus dem Alltag bekannt: Vasen, Gläser oder gedrechselte Figuren zum Beispiel.

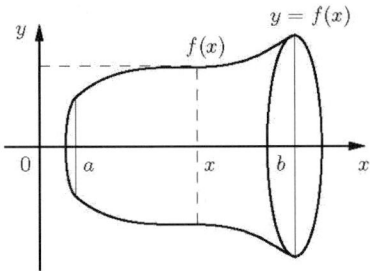

Bild 14. Rotationskörper

Ein Rotationskörper ist durch zwei Schnitte senkrecht zur Rotationsachse begrenzt. Die von der Kurve, der x-Achse und den Geraden $x = a$ und $x = b$ begrenzte Fläche heißt die erzeugende Fläche des Rotationskörpers.
Die Kugel ist zum Beispiel ein Rotationskörper. Sie entsteht durch Rotation eines Kreises mit dem Mittelpunkt im Koordinatenursprung um eine der beiden Achsen. Auch gerade Kreiskegel und gerade Kreiszylinder sind Rotationskörper.

Für das Volumen V und für den Inhalt A_M der Mantelfläche eines Rotationskörpers gilt

Volumen	$V = \pi \displaystyle\int_a^b f^2(x)\,dx$
Mantelfläche	$A_M = 2\pi \displaystyle\int_a^b f(x)\sqrt{1 + \left[f'(x)\right]^2}\,dx$

■ **Beispiel:**
Die Gleichung des oberen Halbkreises mit dem Radius r lautet (explizite Form in kartesischen Koordinaten) $y = \sqrt{r^2 - x^2}$, $D = [-r, r]$.

Die Ableitung dieser Funktion ist

$$y'(x) = \frac{1}{2}(-2x)\frac{1}{\sqrt{r^2 - x^2}} = \frac{-x}{\sqrt{r^2 - x^2}}.$$

Somit berechnet man nach den obigen Formeln für das Volumen V und die Oberfläche A_O (hier: Mantelfläche = Oberfläche) einer Kugel mit dem Radius r

$$V = \pi \int_{a=-r}^{b=r}\left(r^2 - x^2\right)dx = 2\pi \int_0^r \left(r^2 - x^2\right)dx = 2\pi\left(r^2 x - \frac{1}{3}x^3\right)\Big|_0^r$$

$$= 2\pi \cdot \frac{2}{3}r^3 = \frac{4}{3}\pi r^3$$

$$A_O = 2\pi \int_{a=r}^{b=r}\sqrt{r^2 - x^2}\sqrt{1 + \frac{x^2}{r^2 - x^2}}\,dx = 4\pi \int_0^r \sqrt{r^2 - x^2}\sqrt{\frac{r^2}{r^2 - x^2}}\,dx$$

$$= 4\pi \int_0^r r\,dx = 4\pi \cdot rx\Big|_0^r = 4\pi r^2$$

Symbole und Bezeichnungsweisen

$=$	gleich
$\neq$	ungleich
$\approx$	ungefähr gleich
$<$	kleiner als
$\leq$	kleiner oder gleich
$>$	größer als
$\geq$	größer oder gleich
$\ll$	sehr viel kleiner als
$\gg$	sehr viel größer als
$\sim$	proportional
$\pm$	plus oder minus
$\mp$	minus oder plus
$\displaystyle\sum_{k=1}^{n} a_k$	$= a_1 + a_2 + a_3 + \ldots + a_n$; Summe über a_k von $k = 1$ bis $k = n$
$\displaystyle\prod_{k=1}^{n} a_k$	$= a_1 \cdot a_2 \cdot a_3 \cdot \ldots \cdot a_n$; Produkt über a_k von $k = 1$ bis $k = n$
$\{a, b, c\}$	Menge aus den Elementen a, b, c
$\{x|E(x)\}$	Menge aller x, die die Eigenschaft $E(x)$ haben
$\in$	Element von
$\notin$	nicht Element von
$\subseteq$	Teilmenge
$\varnothing$	leere Menge
$\cup$	Vereinigung von Mengen
$\cap$	Durchschnitt von Mengen
$|M|$	Mächtigkeit der Menge M
$A \wedge B$	A und B
$A \vee B$	A oder B
$\neg A$	nicht A (Negation von A)
$A \Rightarrow B$	aus A folgt B
$A \Leftrightarrow B$	A und B sind äquivalent (gleichwertig)
(a, b)	geordnetes Paar
(a, b, c)	geordnetes Tripel
$\parallel$	parallel
AB	Gerade durch die Punkte A und B
$\overline{AB}$	Strecke AB
$|\overline{AB}|$	Länge (Betrag) der Strecke AB
$\vec{a}$	Vektor a
$\overrightarrow{PQ}$	Vektor PQ
$|\vec{a}|, |\overrightarrow{PQ}|$	Länge des Vektors
$\sim$	ähnlich
$\cong$	kongruent
$\mathbb{N}$	$= \{1, 2, 3, \ldots\}$; Menge der natürlichen Zahlen
$\mathbb{Z}$	$= \{\ldots, -3, -2, -1, 0, 1, 2, 3, \ldots\}$; Menge der ganzen Zahlen
$\mathbb{Q}$	$= \{\dfrac{m}{n} \,|\, m, n \in \mathbb{Z}, n \neq 0\}$; Menge der rationalen Zahlen

$\mathbb{R}$ Menge der reellen Zahlen

$\mathbb{C}$ $= \{z = a + bi | a,\, b \in \mathbb{R}\,,\, i = \sqrt{-1}\ \}$; Menge der komplexen Zahlen

$\mathbb{Z}^*$ $= \{\ldots, -3, -2, -1,\, 1,\, 2,\, 3, \ldots\} = \{x | x \in \mathbb{Z}\,,\, x \neq 0\}$; Menge der ganzen Zahlen ohne die Null

$\mathbb{Q}^*$ $= \{\frac{m}{n}\ | m,\, n \in \mathbb{Z}^*\} = \{x | x \in \mathbb{Q}\,,\, x \neq 0\}$; Menge der rationalen Zahlen ohne die Null

$\mathbb{R}^*$ $= \{x | x \in \mathbb{R}\,,\, x \neq 0\}$; Menge der reellen Zahlen ohne die Null

$\mathbb{Z}^+$ $= \mathbb{N} = \{1,\, 2,\, 3, \ldots\} = \{x | x \in \mathbb{Z}\,,\, x > 0\}$; Menge der positiven ganzen Zahlen

$\mathbb{Q}^+$ $= \{\frac{m}{n}\ | m,\, n \in \mathbb{N}\} = \{x | x \in \mathbb{Q}\,,\, x > 0\}$; Menge der positiven rationalen Zahlen

$\mathbb{R}^+$ $= \{x | x \in \mathbb{R}\,,\, x > 0\}$; Menge der positiven reellen Zahlen

$\mathbb{P}$ $= \{2,\, 3,\, 5,\, 7,\, 11,\, 13,\, 17,\, 19,\, 23,\, 29, \ldots\}$; Menge der Primzahlen

i $= \sqrt{-1}$; imaginäre Einheit

∞ unendlich (größer als jede reelle Zahl)

$-\infty$ minus unendlich (kleiner als jede reelle Zahl)

$|a|$ Betrag oder Absolutbetrag einer Zahl a

a^n a hoch n, n-te Potenz von a

$\sqrt{a}$ Wurzel aus a

$\sqrt[n]{a}$ n-te Wurzel aus a

$\log_a b$ Logarithmus b zur Basis a

$\lg b$ dekadischer Logarithmus (Zehnerlogarithmus), Logarithmus zur Basis $a = 10$

$\ln b$ natürlicher Logarithmus, Logarithmus zur Basis $a = e = 2,\, 718\,281\,82 \ldots$

$\text{ld } b$ binärer Logarithmus (Zweierlogarithmus), Logarithmus zur Basis $a = 2$

$[a,\, b]$ $= \{x | x \in \mathbb{R}\ \text{und}\ a \leq x \leq b\}$; abgeschlossenes beschränktes Intervall

$(a,\, b)$ $= \{x | x \in \mathbb{R}\ \text{und}\ a < x < b\}$; offenes beschränktes Intervall

$[a,\, b)$ $= \{x | x \in \mathbb{R}\ \text{und}\ a \leq x < b\}$; halboffenes beschränktes Intervall

$(a,\, b]$ $= \{x | x \in \mathbb{R}\ \text{und}\ a < x \leq b\}$; halboffenes beschränktes Intervall

$[a, \infty)$ $= \{x | x \in \mathbb{R}\ \text{und}\ x \geq a\}$; halboffenes Intervall, nach rechts unbeschränkt

(a, ∞) $= \{x | x \in \mathbb{R}\ \text{und}\ x > a\}$; offenes Intervall, nach rechts unbeschränkt

$(-\infty,\, a]$ $= \{x | x \in \mathbb{R}\ \text{und}\ x \leq a\}$; halboffenes Intervall, nach links unbeschränkt

$(-\infty,\, a)$ $= \{x | x \in \mathbb{R}\ \text{und}\ x < a\}$; offenes Intervall, nach links unbeschränkt

$(-\infty, \infty)$ $= \{x | x \in \mathbb{R}\ \}$; offenes Intervall, nach links und nach rechts unbeschränkt

(a_n) $= (a_1,\, a_2,\, a_3, \ldots)$; Folge, Zahlenfolge

$\displaystyle\sum_{k=1}^{n} a_k$ endliche Reihe

$\displaystyle\sum_{k=1}^{\infty} a_k$ unendliche Reihe

$\displaystyle\lim_{n \to \infty} a_n$ Limes, Grenzwert der Folge (a_n)

$\displaystyle\lim_{x \to a} f(x)$ Grenzwert (Limes) der Funktion $f(x)$ für x gegen a

$\displaystyle\lim_{x \to a-0} f(x)$ linksseitiger Grenzwert der Funktion $y = f(x)$ an der Stelle $x = a$

$\displaystyle\lim_{x \to a+0} f(x)$ rechtsseitiger Grenzwert der Funktion $y = f(x)$ an der Stelle $x = a$

$f'(x_0)$ Ableitung von $f(x)$ an der Stelle $x = x_0$

$\dfrac{df}{dx}(x_0)$ Ableitung von $f(x)$ an der Stelle $x = x_0$

$f'(x)$ Ableitung der Funktion $f(x)$

$f''(x)$ zweite Ableitung der Funktion $f(x)$

$f'''(x)$ dritte Ableitung der Funktion $f(x)$

$f^n(x_0)$ n-te Ableitung der Funktion $f(x)$

$\displaystyle\int f(x)\,dx$ unbestimmtes Integral der Funktion $y = f(x)$

$\displaystyle\int_a^b f(x)\,dx$ bestimmtes Integral der Funktion $y = f(x)$ von $x = a$ bis $x = b$

Das griechische Alphabet

Alpha	A	α	Jota	I	ι	Rho	P	ρ
Beta	B	β	Kappa	K	κ	Sigma	Σ	σ
Gamma	Γ	γ	Lambda	Λ	λ	Tau	T	τ
Delta	Δ	δ	My	M	μ	Ypsilon	Υ	υ
Epsilon	E	ϵ	Ny	N	ν	Phi	Φ	φ
Zeta	Z	ζ	Xi	Ξ	ξ	Chi	X	χ
Eta	H	η	Omikron	O	o	Psi	Ψ	ψ
Theta	Θ	ϑ	Pi	Π	π	Omega	Ω	ω

B Naturwissenschaftliche Grundlagen

Gert Böge, Peter Kurzweil

B1 Physik

G. Böge

Im Abschnitt Physik werden drei Themen eingehend behandelt:

1. das Internationale Einheitensystem,
2. die physikalischen Basisgrößen, die Größenarten und die Größengleichungen,
3. Begriffe aus der Mechanik.

Die Physik wird klassisch gegliedert in Mechanik, Thermodynamik (Wärmelehre), Akustik, Optik, Elektrizitätslehre, Elektrodynamik. Neuere Zweige sind Atom- und Kernphysik, Wellenmechanik, Festkörpertheorie, Geophysik, Astrophysik. Viele Gebiete gehen ineinander über.

Aufgabe der Physik ist es, die in ihren Bereich fallenden Naturvorgänge durch Beobachtung und Versuch (Messen) auf möglichst einfache, eindeutige Weise zu beschreiben, vorhandene Gesetzmäßigkeiten zu erfassen und auf diesen aufbauend, neue Gesetze zu finden. Die naturwissenschaftlichen Gesetze werden möglichst mathematisch formuliert.

1 Physikalische Größen und Größenarten

Definition der physikalischen Größe

Eine physikalische Größe macht quantitative und qualitative Aussagen über eine messbare Äußerung eines physikalischen Zustands oder Vorgangs. Sie ist formal das Produkt aus einer *Maßzahl* und einer *Einheit*.

Quantitativ heißt „auf die Menge bezogen", qualitativ „auf die Art der Größe bezogen".

Unter *messbarer Äußerung* des physikalischen Zustandes oder Vorgangs ist beispielsweise zu verstehen: die *Form* eines Körpers (seine *Ausdehnung*), die *Masse* eines Körpers, die *Trägheit* (das *Beharrungsvermögen*), der *Auftrieb*, der *Wärmeinhalt*, die *Geschwindigkeit* oder die *Beschleunigung* eines bewegten Körpers, die *Festigkeit*, die *elektrische Leitfähigkeit* usw. Soll z.B. die Ortsveränderung eines bewegten Körpers näher gekennzeichnet werden, so erfordert das

a) die Angabe, dass es sich um eine Ortsveränderung (zurückgelegter Weg) handelt als Kennzeichen der *Art* des physikalischen Geschehens. Das ist die qualitative Aussage der physikalischen Größe.

b) die Angabe, wie groß dieser zurückgelegte Weg ist (Wert, Betrag) als Kennzeichen des *Umfangs*

des physikalischen Vorgangs. Das ist die quantitative Aussage der physikalischen Größe.

Man sagt dann kurz:
Der Körper legt einen Weg s von 5 Meter zurück und bezeichnet den „Weg s" als physikalische Größe, „s" ist darin das Formelzeichen der Größe.

Die physikalische Größe gibt also den Betrag (Wert) – z.B. 5 m – und die Eigenschaft oder Art – z.B. Länge, Weg – eines Zustands oder Vorgangs an. Der „Größenwert" der physikalischen Größe wird als Produkt aus *Zahlenwert* und *Einheit* aufgefasst:

Größe = Zahlenwert · Einheit
Weg s =   5   m

Solche physikalischen Größen, die in Einheiten gleicher *Art* gemessen werden, gehören zur gleichen *Größenart*, z.B. gehören die Größen Weg s, Kantenlänge l, Gitterabstand a, Verlängerung Δl zur Größenart **Länge**.

Der Name **Länge** – ohne spezielle Angaben, um welche Länge es sich handelt (Länge des Weges, Länge der Körperkante usw.) – kennzeichnet die Größen*art*.

Die Bezeichnung „Größenart" soll nur den *qualitativen* Wesensinhalt eines bestimmen physikalischen Begriffs erfassen, während in der Bezeichnung „Größe" noch eine quantitative Ausdehnung enthalten ist.

Zu jeder Größen*art* gehören beliebig viele Größen gleicher Art aber unterschiedlicher quantitativer Größen*ausdehnung* (Wert, Betrag). Zur Größenart **Länge** gehören z.B. die Größen „Verlängerung eines Zugstabs", „Länge der Diagonale im Rechteck", „Gitterkonstante des Eisenkristalls", „Fallhöhe eines frei fallenden Körpers".

Größen gleicher Größenart werden in Einheiten gleicher Art gemessen, z.B. die Größen der Größenart „Länge" in *Längen*einheiten (Meter, Zentimeter, Millimeter usw.), solche der Größenart „**Zeit**" in *Zeit*einheiten (Sekunde, Minute usw.).

Die Einheiten sind demnach selbst Größen ihrer Größenart und zu jeder Größenart gehört wenigstens *eine* Einheit mit ihren Vielfachen und Teilen (siehe Tabelle 4), z.B. gehört zur Größenart „**Länge**" die Längeneinheit „**Meter**" mit dem Vielfachen „Kilometer" und den Teilen „Zentimeter" oder „Millimeter".

Zulässige Rechenoperationen für Größen:
Addieren und Subtrahieren von Größen *gleicher* Art;

Multiplizieren und Dividieren zwischen *allen* Größen; Potenzieren und Radizieren der Größen.

2 Basisgrößen und abgeleitete Größen

Die meisten physikalischen Größen sind mit Hilfe weniger Basisgrößen definierbar. Sie heißen deshalb abgeleitete Größen.

Die Basisgrößen wurden willkürlich festgelegt mit der einzigen Einschränkung, dass keine der gewählten Basisgrößen durch die übrigen Größen definierbar sein darf. Auch die Wahl der entsprechenden Basiseinheiten ist daher willkürlich. Die Einheiten der abgeleiteten Größen dagegen sind durch deren Definition festgelegt. Sie werden als Potenzprodukt der Basiseinheiten angegeben (siehe S. B4).

Zur Definition aller in der Mechanik vorkommenden Größen genügt die Wahl von drei Basisgrößen und ihrer Basiseinheiten:

Basisgröße **Länge** l	mit der Basiseinheit **Meter**	m
Basisgröße **Masse** m	mit der Basiseinheit **Kilogramm**	kg
Basisgröße **Zeit** t	mit der Basiseinheit **Sekunde**	s

In der **Thermodynamik** kommt als vierte Basisgröße die **Thermodynamische Temperatur** T hinzu mit der Basiseinheit **Kelvin**. Außerdem hat man noch festgelegt: für die Elektrotechnik die Basisgröße **Elektrische Stromstärke** I mit der Basiseinheit **Ampere** , für die Lichttechnik die **Lichtstärke** I_v mit der Basiseinheit **Candela**, für die Chemie als Basisgröße die **Stoffmenge** n mit der Basiseinheit **Mol**.

Demnach gibt es 7 Basisgrößen mit 7 Basiseinheiten.

Die wichtigsten Basisgrößen und abgeleiteten Größen sind in der Tabelle 1 zusammengestellt (s. S. B20 f).

Die abgeleiteten Größen entstehen entweder

a) durch *willkürlich aufgestellte Definitionsgleichungen* oder

b) durch *Naturgesetze*.

Die mathematische Verknüpfung aller abgeleiteten Größen wurde durch Beobachtung, Versuch, Messung gefunden und stellt damit die Rechen- und Messvorschrift für die jeweilige Größenart dar.

Beispiele für abgeleitete Größen durch

willkürliche Definition:

Geschwindigkeit $v = \dfrac{\Delta s}{\Delta t}$

Leistung $P = Fv$

Beschleunigung $a = \dfrac{\Delta v}{\Delta t}$

Drehmoment $M = Fl$

Naturgesetz:

Kraft $F = m\,a$

Fallhöhe $h = \dfrac{1}{2}\,g\,t^2$

Spannung $\sigma = \epsilon\,E$

Gaskonstante $R = \dfrac{pv}{T}$

Die durch *willkürliche Definition* abgeleiteten Größen wie Geschwindigkeit v, Drehmoment M, Leistung P usw. sind Rechengrößen, deren Zweckmäßigkeit allgemein anerkannt wurde. *Naturgesetze* erfährt man durch Versuche. Man findet z.B. die Proportion: Spannung $\sigma \sim$ Dehnung ϵ. Um daraus eine Rechenvorschrift (Formel, Gleichung) zu erhalten, wird ein *Proportionalitätsfaktor* geschaffen, hier der Elastizitätsmodul E. Damit wird $\sigma = \epsilon\,E$. Der Proportionalitätsfaktor (meist eine Konstante) wird dann auch eine physikalische Größe, deren Dimension (siehe 4) sich nach der Form der aufgestellten Gleichung richtet. Andere Beispiele: Werden verschiedenartige Körper beschleunigt, so lässt sich durch Messungen Proportionalität zwischen beschleunigender Kraft F und hervorgerufener Beschleunigung a feststellen: $F \sim a$. Der Proportionalitätsfaktor ist dann die Masse m des Körpers (Konstante) $F = m\,a$. Oder: Messungen zeigen Proportionalität zwischen Fallhöhe h und Zeit t: $h \sim t^2$. Proportionalitätsfaktor ist die Fallbeschleunigung g. Damit wird: $h = \frac{1}{2}\,g\,t^2$. Die Dimension von g wird durch die Rechenvorschrift festgelegt:

$$\dim g = \frac{\dim h}{(\dim t)^2} = \frac{l}{t^2} = l\,t^{-2}$$

3 Größengleichungen

Sie beschreiben formelmäßig physikalische Gesetzmäßigkeiten und enthalten außer den Formelzeichen für die Größen nur solche Zahlenfaktoren (z.B. π), die durch Differenzieren oder Integrieren entstanden sind. Daher sind Größengleichungen von der Wahl der Einheiten unabhängig.

Physikalische Größengleichungen sind entweder willkürlich aufgestellte Definitionsgleichungen oder in zweckmäßige mathematische Form gebrachte Naturgesetze.

Besondere Vorteile bringt die Größengleichung beim Rechnen, weil es völlig gleichgültig ist, in welchen Einheiten die Größen erscheinen, wenn nur die bekannten Größen nach der Regel

$$\boxed{\text{Größe} = \text{Zahlenwert} \cdot \text{Einheit}}$$

eingesetzt werden.

■ **Beispiele:**

1. Ein Körper bewegt sich gleichförmig. Gemessen wird der zurückgelegte Wegabschnitt $\Delta s = 300$ m und die dazu benötigte Zeit $\Delta t = 6$ s. Die Größengleichung $v = \Delta s / \Delta t$ verbindet die physikalischen Größenarten Geschwindigkeit v, Weg s und Zeit t miteinander. Die gesuchte Geschwindigkeit v ergibt sich, indem die bekannten Größen nach obiger Regel eingesetzt werden:

   Geschwindigkeit $v = \dfrac{\Delta s}{\Delta t} = \dfrac{300\ \text{m}}{6\ \text{s}} = 50\,\dfrac{\text{m}}{\text{s}}$

Das Ergebnis (50 m/s) hat dann ebenfalls die Form „Zahlenwert" (50) mal Einheit (m/s). Wird $\Delta s = 0,3$ km und Δt $(= \frac{1}{600}$ h) in die Größengleichung eingesetzt, ergibt sich:

Geschwindigkeit $v = \dfrac{\Delta s}{\Delta t} = \dfrac{0,3 \text{ km}}{\dfrac{1}{600} \text{ h}} = 0,3 \cdot 600 \dfrac{\text{km}}{\text{h}} =$

$= \dfrac{180}{3,6} \dfrac{\text{m}}{\text{s}} = 50 \dfrac{\text{m}}{\text{s}}$

2. Für den freien Fall gilt die Größengleichung $h = \frac{1}{2} g\, t^2$. Sie beschreibt die Beziehung zwischen Fallhöhe h, Fallbeschleunigung g und Fallzeit t. Es soll die Fallhöhe berechnet werden für die Fallzeit von 10 s. Die Fallbeschleunigung g sei mit 10 m/s^2 eingesetzt:

Fallhöhe $h = \dfrac{1}{2} g\, t^2 = \dfrac{1}{2} \cdot 10 \dfrac{\text{m}}{\text{s}^2} \cdot (10 \text{ s})^2 = 500 \dfrac{\text{m s}^2}{\text{s}^2} = 500 \text{ m}$

Wird die Fallzeit t nicht in Sekunden, sondern in Minuten eingesetzt, also $t = \frac{1}{6}$ min, so ergibt sich die Fallhöhe

$h = \dfrac{1}{2} g\, t^2 = \dfrac{1}{2} \cdot 10 \dfrac{\text{m}}{\text{s}^2} \cdot \left(\dfrac{1}{6} \text{ min}\right)^2 = \dfrac{1}{2} \cdot 10 \dfrac{\text{m}}{\text{s}^2} \cdot \left(\dfrac{1}{6}\right)^2 \text{min}^2$

$h = 0,139 \dfrac{\text{m min}^2}{\text{s}^2}$

Auch dieses Ergebnis ist richtig, jedoch etwas ungewöhnlich mit der Einheit m min^2/s^2 (Meter mal Quadratminute durch Quadratsekunde). Wird jedoch für min$^2 = 60$ s $\cdot$ 60 s $= 3\,600$ s^2 eingesetzt, ergibt sich wie oben:

$h = 0,139 \cdot 3600 \dfrac{\text{m s}^2}{\text{s}^2} = 500 \text{ m}$

4 Dimension einer Größe

> Die Dimension einer Größe kennzeichnet ihre Beziehung zu den Basisgrößen.
> Sie wird aus der Definitionsgleichung gewonnen und danach als Potenzprodukt der Basisgröße geschrieben.

Im allgemeinen Sprachgebrauch wird unter *Dimension* die Abmessung oder Ausdehnung eines Gegenstands verstanden. So spricht man in der Festigkeitslehre vom „Dimensionieren" eines Bauteils, d.h. vom Festlegen seiner Abmessungen.
In der *Geometrie* kennzeichnet die Dimension die Richtungsangabe eines Gebildes (Länge, Breite, Höhe). Danach ist eine Länge eindimensional (l^1), sie hat *eine* Dimension; eine Fläche ist zweidimensional (l^2), sie hat *zwei* Dimensionen; ein Raum ist dreidimensional (l^3), er hat *drei* Dimensionen. Ein Punkt ist demnach nulldimensional, er hat keine Ausdehnung, er ist *dimensionslos*.
Gegenüber den drei Dimensionen der euklidischen Geometrie behandelt die nichteuklidische Geometrie auch Ausdrücke mit vier, fünf usw., allgemein n Dimensionen. In der Physik und Technik wird der Begriff Dimension allgemein gedeutet. Die Dimension einer Größe wird aus ihrer Definitionsgleichung

(als Größengleichung geschrieben) entwickelt, wobei man etwaige Zahlenfaktoren (z.B. π) weglässt und auf der rechten Gleichungsseite für jede Größe deren Basisgröße einsetzt. Diese schreibt man als Potenzprodukt.

■ **Beispiel:**
Die Dimension der physikalischen Größe *Geschwindigkeit v* ergibt sich aus der Definitionsgleichung $v = s/t$. Da in der Mechanik mit den Basisgrößen Masse m, Länge l und Zeit t gearbeitet wird, ergibt sich die Dimension von v aus:

Definitionsgleichung für v:

$v = \dfrac{s}{t}$ $\rightarrow$ $\dim v = \dfrac{\dim s}{\dim t} = \dfrac{\text{Länge } l}{\text{Zeit } t} = l\, t^{-1}$

Dimensionsgleichung für v:

Die Dimension der physikalischen Größe Geschwindigkeit ist demnach „Länge mal Zeit hoch minus eins".
Die Dimension der Geschwindigkeit v kann aber auch aus jeder anderen Größengleichung gewonnen werden, in der v enthalten ist, z.B.:

Definitionsgleichung für v:

$v = \sqrt{2\,g\,h}$ $\rightarrow$ $\dim v = \sqrt{\dim g \cdot \dim h}$

$\dim v = \sqrt{l\, t^{-2} \cdot l} = l\, t^{-1}$

(wie oben)

Dimensionsgleichung für v:

Bereits bekannte Dimensionen werden entsprechend eingesetzt, wie hier die Dimension der Fallbeschleunigung g:
$\dim g = $ Länge l $\cdot$ Zeit $t^{-2} = l\, t^{-2}$. Diese ergibt sich ebenfalls aus der Definitionsgleichung für g:

Fallbeschleunigung $g = \dfrac{\text{Geschwindigkeitsänderung } \Delta v}{\text{zugehöriger Zeitabschnitt } \Delta t}$

$\dim g = \dfrac{l}{t} \cdot \dfrac{1}{t} = l\, t^{-1} \cdot t^{-1} = l\, t^{-2}$

Einheiten sind physikalische Größen und haben daher wie alle anderen Größen ebenfalls eine Dimension. Meter, Millimeter, Zentimeter bezeichnen „Längen", sie haben also die Dimension l einer Länge. Dagegen ist es falsch, die Einheiten selbst als Dimensionen zu bezeichnen. Ein Meter ist etwas anderes als ein Kilometer, beide haben jedoch die Dimension l (Länge). Die „Dimension" der Geschwindigkeit ist also nicht „Meter durch Sekunde" (das ist *eine* Einheit), sondern $l\, t^{-1}$.
Dimensionslose Größen gibt es in der Physik nicht. Kürzen sich die *Exponenten* der Basis in einer Dimensionsbetrachtung zu null, hat die Größe die *Dimension eins*, wie im folgenden Beispiel gezeigt wird:

■ **Beispiel:**
In der Festigkeitslehre gibt es die Größe *Dehnung* ϵ. Sie ist definiert als

Dehnung $\epsilon = \dfrac{\text{Längenänderung } \Delta l}{\text{Ursprungslänge } l_0}$

Damit ergibt sich die

Definitionsgleichung für ϵ:

$\epsilon = \dfrac{\Delta l}{l_0}$ $\rightarrow$ $\dim \epsilon = \dfrac{\dim \Delta l}{\dim l_0} = \dfrac{l}{l} = l^1\, l^{-1} = l^0 = 1$

Dimensionsgleichung für ϵ:

Die Dehnung besitzt also die Dimension „eins". Größen der Dimension eins werden als *Verhältnisgrößen* bezeichnet. Auch die Einheiten solcher Verhältnisgrößen ergeben gekürzt den Wert eins.

5 Einheiten

> Einheiten dienen der Messung physikalischer Größen. Sie sind Vergleichsgrößen von ganz bestimmtem Betrag und von der gleichen Art wie die zu messende Größe. Der Betrag der Einheit ist so festgelegt, dass er jederzeit wieder reproduziert werden kann.

Der *physikalische Zustand* eines Körpers oder ein *physikalischer Vorgang* lassen sich nur durch *Messungen* kennzeichnen oder beschreiben. So kann der physikalische Zustand des Schmieröls im Kreislauf eines Verbrennungsmotors nur angegeben werden, wenn u.a. Temperatur und Druck des Öls bekannt sind. Der physikalische Vorgang im Motor lässt sich nur dann näher beschreiben, wenn u.a. die Drehzahl der Kurbelwelle gemessen wird.

Jede Messung einer Größe – hier der physikalischen Größen *Druck*, *Temperatur* und *Drehzahl* – setzt aber voraus, dass *Vergleichsgrößen* vorhanden sind. Diese Vergleichsgrößen heißen *Einheiten*. Sie müssen von *gleicher Art* sein wie die zu messende Größe. Sie sind außerdem genau festgelegt (definiert) und sollen international gültig sein.

Eine Sekunde, *ein Grad* oder auch *ein Kilometer pro Stunde* stellen also eine ganz bestimmte Zeit, Temperatur, Geschwindigkeit dar, mit deren Hilfe immer wieder eine beliebige Zeit, Temperatur, Geschwindigkeit quantitativ erfasst werden kann.

Dazu wird die Beziehung benutzt: Größenwert der zu messenden Größe = Zahlenwert (Maßzahl) mal Einheit.

Grundsätzlich wäre es gleichgültig, von welchem *Betrag* die Einheiten festgelegt werden, ob beispielsweise ein Meter länger oder kürzer wäre als das heute international festgelegte Meter, wenn nur die Möglichkeit gegeben ist, diesen Betrag jederzeit nachzuprüfen und ihn leicht an jedem Ort wieder darzustellen.

Zur Verständigung über die Grenzen des persönlichen Bereichs hinaus ist es aber nötig, alle in der Physik und Technik benutzten Einheiten möglichst auf internationaler Ebene gesetzlich festzulegen, und zwar so, dass ihre genaue Reproduktion an beliebigen Orten möglich ist. In Deutschland beschäftigt sich der „Ausschuss für Einheiten und Formelzeichen (AEF) im Deutschen Normenausschuss" mit der Festlegung der Einheiten und ihrer Kennzeichnung. Die gesetzliche Grundlage gibt das 1970 in Kraft getretene „Gesetz über Einheiten im Messwesen".

Als Kurzzeichen für die Einheiten sind bestimmte Buchstaben eingeführt (DIN 1301), meistens die Anfangsbuchstaben der Einheitennamen, z.B. für die Längeneinheit Meter „m", für die Zeiteinheit Sekunde „s" usw. Werden die Namen der Einheiten von Eigennamen hergeleitet, sollen die Kurzzeichen groß geschrieben werden, z.B. für die Krafteinheit Newton „N" und für die Leistungseinheit Watt „W".

Wichtig ist die Erkenntnis, dass es *viele* Längeneinheiten, *viele* Zeiteinheiten, *viele* Masseeinheiten usw. gibt, z.B. Meter, Zentimeter, Millimeter als Längeneinheiten oder Sekunde, Minute, Stunde als Zeiteinheiten usw. Es ist deshalb nicht korrekt, von *der* Längeneinheit, *der* Zeiteinheit, *der* Masseeinheit zu sprechen, vielmehr ist zu sagen: *eine* Zeiteinheit ist die Sekunde, eine andere z.B. die Minute usw. Richtig ist dagegen die Bezeichnung *gesetzlich* festgelegte Einheit für z.B. Meter, Sekunde, Kilogramm.

Welche der Einheiten verwendet wird, ist eine Frage der Gewohnheit oder Zweckmäßigkeit. Die Entfernung zweier Städte wird man nicht in Millimeter, sondern in Kilometer angeben. Die Geschwindigkeit eines Autos gibt man nicht in Zentimeter je Minute, sondern gewohnheitsmäßig in Kilometer je Stunde an. Alle Einheiten gleicher Art lassen sich exakt ineinander umrechnen, also mm in km oder cm/min in km/h usw.

Beim *Schreiben und Aussprechen* der Einheiten werden häufig grobe Fehler gemacht, besonders bei Einheiten, die aus *Quotienten* von Basiseinheiten bestehen, wie z.B. bei der Geschwindigkeitseinheit „Kilometer *pro* Stunde" oder „Meter *pro* Sekunde". Formal richtige Schreibweise: $\frac{km}{h}$ oder $\frac{m}{s}$, also mit *waagerechtem* Bruchstrich. Dieser wird in der Aussprache häufig unterschlagen und von „Stundenkilometer" oder „Metersekunde" gesprochen, was jedoch ein *Produkt* kennzeichnet (Kilometer *mal* Stunde oder Meter *mal* Sekunde). *Produkte* von Grundeinheiten werden immer richtig ausgesprochen, wie z.B. „Nm" als „Newtonmeter". Die Einführung eines besonderen Namens für eine Geschwindigkeitseinheit würde die falschen Ausdrücke verschwinden lassen.

6 Basiseinheiten, abgeleitete Einheiten, kohärente Einheiten, Hilfs- oder Sondereinheiten

Basiseinheiten sind die Einheiten der *Basisgrößen*. Wie diese lassen sie sich nicht mehr durch andere Einheiten definieren, sondern werden selbst zur Festlegung von Einheiten benutzt.

Entsprechend den 7 *Basisgrößen* sind folgende *Basiseinheiten* gesetzlich und international festgesetzt (siehe Tabelle 1):

Das **Meter** (m)	als Basiseinheit der Basisgröße	**Länge**	l
die **Sekunde** (s)	als Basiseinheit der Basisgröße	**Zeit**	t
das **Kilogramm** (kg)	als Basiseinheit der Basisgröße	**Masse**	m
das **Kelvin** (K)	als Basiseinheit der Basisgröße	**Temperatur**	T
das **Ampère** (A)	als Basiseinheit der Basisgröße	**Stromstärke**	I
das **Candela** (cd)	als Basiseinheit der Basisgröße	**Lichtstärke**	I_v
das **Mol** (mol)	als Basiseinheit der Basisgröße	**Stoffmenge**	n

Diese Einheiten heißen auch SI-Einheiten, weil sie Einheiten des so genannten *Internationalen Einheitensystems* sind.

Abgeleitete Einheiten sind aus Basiseinheiten zusammengesetzte Einheiten. Sie sind wie die zugehörigen Größen entweder willkürlich oder durch ein Naturgesetz definiert.

■ **Beispiele:**

Über die willkürliche Definition der Geschwindigkeit als *Quotient* aus Wegabschnitt Δs und zugehörigem Zeitabschnitt Δt ergeben sich die Einheiten der Geschwindigkeit, z.B.

Einheit der Geschwindigkeit

$$(v) = \frac{\text{Einheit des Weges}\,(s)}{\text{Einheit der Zeit}\,(t)} = \frac{\text{Meter}}{\text{Sekunde}} = \frac{\text{m}}{\text{s}}$$

Die Klammer um das Formelzeichen der Größe soll darauf hinweisen, dass hier nur die Einheit dieser Größe betrachtet wird, also ohne Zahlenwert.
Über das dynamische Grundgesetz „Kraft F = Masse m mal Beschleunigung a" ergeben sich die Einheiten der Kraft, z.B.

(F) = Einheit der Masse (m) mal Einheit Beschleunigung (a)
(F) = Kilogramm mal Meter durch (pro) Quadratsekunde

$$(F) = \frac{\text{kg m}}{\text{s}^2} = \text{Newton (N)}$$

Einige solcher hergeleiteten Einheiten haben einen besonderen Namen erhalten, z.B. die oben entwickelte Krafteinheit

$\frac{\text{kg m}}{\text{s}^2}$ = Newton (N). Es ist also

$$1 \text{ Newton} = 1 \text{ N} = 1 \, \frac{\text{kg m}}{\text{s}^2}$$

Damit wird die Kennzeichnung weiterer Einheiten vereinfacht. So ist z.B. die Einheit für die physikalische Größe *Arbeit*, das Newtonmeter (Nm), leichter als die aus Kraft- und Längeneinheit zusammengesetzte Einheit erkennbar, als das entsprechende Potenzprodukt der Basiseinheiten:

$$1 \text{ Newtonmeter} = 1 \text{ Nm} = 1\frac{\text{kg m}}{\text{s}^2} \cdot \text{m} = 1 \text{ kg}\frac{\text{m}^2}{\text{s}^2}$$

Die hier beteiligten Basiseinheiten sind „Kilogramm (kg)", „Meter (m)" und „Sekunde (s)", wie ein Vergleich mit der obigen Aufstellung erkennen lässt.

Kohärente Einheiten sind solche Einheiten, die ohne weiteres miteinander multipliziert oder dividiert werden können, ohne dass besondere Umrechnungszahlen nötig sind. Kohärente Einheiten haben die Umrechnungszahl Eins.

■ **Beispiel:**

Es soll der zurückgelegte Weg s berechnet werden, wenn der Körper 6 min lang mit einer Geschwindigkeit von 36 km/h geradlinig gleichförmig bewegt wird:

mit *kohärenten* Einheiten   mit *nicht kohärenten* Einheiten

$$s = vt = 10\frac{\text{m}}{\text{s}} \cdot 360 \text{ s} \qquad s = vt = 36\frac{\text{km}}{\text{h}} \cdot 6 \text{ min} = 216\frac{\text{km min}}{\text{h}}$$

$$s = 3600 \qquad s = 216\frac{\text{km min}}{60 \text{ min}} = 3{,}6 \text{ km} = 3600 \text{ m}$$

Hilfs- oder Sondereinheiten sind solche Einheiten, die lediglich der Umschreibung für die Einheit **eins** dienen. Das ist sinnvoll vor allem bei den *Verhältnisgrößen*, wie zum Beispiel beim *Bogenmaß eines Winkels*. Dieses ist definiert als das Verhältnis (der Quotient) der Bogenlänge eines Winkels zum zugehörigen Radius. Damit ergibt sich die

$$\text{Einheit des Winkels}\,(\alpha) = \frac{\text{Einheit des Bogens}\,(b)}{\text{Einheit des Radius}\,(r)} =$$

$$= \frac{\text{Meter}}{\text{Meter}} = \frac{\text{m}}{\text{m}} = \textbf{eins} = \text{Radiant} = \text{rad}$$

Es ist also die Einheit

$$1 \text{ Radiant} = 1 \text{ rad} = 1\frac{\text{m}}{\text{m}} = 1\frac{\text{cm}}{\text{cm}} = 1\frac{\text{mm}}{\text{mm}} \text{ usw.} \equiv 1$$

(identisch gleich 1)

Das Gleiche gilt z.B. auch für die Einheit *Umdrehung* U. Es ist

$$1 \text{ Umdrehung} = 1 \text{ U} \equiv 1$$

sodass auch geschrieben werden kann:

$$\text{Drehzahl n} = 1000\frac{\text{U}}{\text{min}} = 1000\frac{1}{\text{min}} = 1000 \text{ min}^{-1}$$

7 Das Meter ist die Basiseinheit der Basisgröße Länge

Definition des Meters
1 Meter ist das 1 650 763,73-fache der Wellenlänge der von Atomen des Nuklids ^{86}Kr beim Übergang vom Zustand $2p_{10}$ ausgesandten, sich im Vakuum ausbreitenden Strahlung.
1 Meter = 1 650 763,73 Lichtwellen des Krypton 86, wobei eine Lichtwelle 0,605 892 Mikrometer entspricht.

Dekadische Teile und Vielfache des Meters (siehe auch Tabelle 4)

1 Dezimeter (dm)	$= 10^{-1}$ m		1 Dekameter	(dam)	$= 10^{1}$ m
1 Zentimeter (cm)	$= 10^{-2}$ m		1 Hektometer	(hm)	$= 10^{2}$ m
1 Millimeter (mm)	$= 10^{-3}$ m		1 Kilometer	(km)	$= 10^{3}$ m
1 Mikrometer (μm)	$= 10^{-6}$ m		1 Megameter	(Mm)	$= 10^{6}$ m
1 Nanometer (nm)	$= 10^{-9}$ m		1 Gigameter	(Gm)	$= 10^{9}$ m
1 Pikometer (pm)	$= 10^{-12}$ m		1 Terameter	(Tm)	$= 10^{12}$ m

Die hier bei der Basiseinheit Meter verwendeten Vorsätze „Dezi", „Zenti" usw. dürfen bei allen Basiseinheiten und bei den abgeleiteten Einheiten mit selbstständigem Namen benutzt werden, z.B. beim Newton (N) das da N (Deka-Newton).

Das Meter – Kurzzeichen m – ist die gesetzliche deutsche und internationale Einheit zum Messen der *Basisgröße Länge*. Das Meter ist deshalb, ebenso wie Kilogramm und Sekunde, eine so genannte *Basiseinheit*, im Gegensatz zu *den abgeleiteten* Einheiten, wie z.B. m/s oder Nm (Meter pro Sekunde oder Newtonmeter).

Die *Flächeneinheit* ist das Quadrat, dessen Seite 1 Meter (oder Teile oder Vielfache davon) lang ist. Man schreibt: 1 Quadratmeter = 1 m^2; ebenso 1 cm^2; 1 mm^2 usw. Umrechnung:
$1\ m^2 = 10^2\ dm^2 = 10^4\ cm^2 = 10^6\ mm^2$.

Die *Raumeinheit* (Volumeneinheit) ist der Würfel, dessen Kante 1 Meter (oder Teile oder Vielfache davon) lang ist. Man schreibt: 1 Kubikmeter = 1 m^3; ebenso 1 cm^3; 1 mm^3 usw. Umrechnung:
$1\ m^3 = 10^3\ dm^3 = 10^6\ cm^3 = 10^9\ mm^3$.

8 Das Kilogramm ist die Basiseinheit der Basisgröße Masse

Definition und Verkörperung des Kilogramms

1 Kilogramm ist die Masse des internationalen Kilogrammprototyps und entspricht etwa der Masse eines Kubikdezimeters Wasser (1 dm^3 = $10^3\ cm^3$) bei einer Temperatur von 4 ºC.

Dekadische Teile und Vielfache des Kilogramms

1 Gramm (g)	$= 10^{-3}$ kg	
1 Milligramm (mg)	$= 10^{-6}$ kg	$= 10^{-3}$ g
1 Mikrogramm (µg)	$= 10^{-9}$ kg	$= 10^{-6}$ g
1 Megagramm (Mg)	$= 10^3$ kg	$= 10^6$ g =
	$= 1\,000$ kg	= 1 Tonne (t)

weitere Vorsätze sind nach Tabelle 4 möglich.

Das Kilogramm – Kurzzeichen kg – ist die gesetzliche deutsche und internationale Einheit zum Messen der *Basis*größe *Masse*. Das Kilogramm ist deshalb, ebenso wie Meter und Sekunde, eine so genannte *Basis*einheit, im Gegensatz zu den abgeleiteten Einheiten, z.B. das Kilogramm-Meter pro Sekunde-Quadrat (kgm/s^2).

Die durch einen Vorsatz nach Tabelle 4 bezeichneten Vielfachen und Teile werden nicht von der Einheit Kilogramm, sondern von ihrem 1 000sten Teil, dem Gramm, gebildet, also z.B.:
1 ng = 1 Nanogramm = 10^{-9} g = 0,000 000 001 g.

Die bei Wägungen auf Hebelwaagen zur Bestimmung der Masse dienenden Vergleichskörper heißen Wägestücke nicht Gewichte.

9 Die Sekunde ist die Basiseinheit der Basisgröße Zeit

Definition der Sekunde

1 Sekunde ist das 9 192 631 770-fache der Periodendauer der dem Übergang zwischen den beiden Hyperfeinstrukturniveaus des Grundzustands von Atomen des Nuklids ^{133}Cs entsprechenden Strahlung.

Gebräuchliche Vielfache der Sekunde

1 Minute (min)	= 60 Sekunden
1 Stunde (h)	= 60 Minuten =
	= 3 600 Sekunden
1 Tag (d)	= 24 Stunden =
	= 1 440 Minuten =
	= 86 400 Sekunden

Dekadische Teile der Sekunde werden mit den Vorsatzzeichen nach Tabelle 4 gebildet, z.B. die Mikrosekunde (µs) für das 10^{-6} fache (Millionstel) der Sekunde.

Die Sekunde – Kurzzeichen s – ist die gesetzliche deutsche und internationale Maßeinheit zum Messen der *Basis*größe *Zeit*. Sie ist deshalb, ebenso wie Meter und Kilogramm, eine so genannte *Basis*einheit, im Gegensatz zu den abgeleiteten Einheiten.

10 Krafteinheit Newton

Definition des Newton

1 Newton – Kurzzeichen N – bewirkt an einem Körper der Masse 1 kg die Beschleunigung 1 m/s^2.

Als so genannte Basiseinheiten sind die Einheiten der Basisgrößen festgelegt. Für das Gebiet der Mechanik, in der die Größe Kraft eine vorherrschende Rolle spielt, wurden ausgewählt: als Basiseinheit der Länge das *Meter*, als Basiseinheit der Zeit die *Sekunde* und als Basiseinheit der Masse das *Kilogramm*.

Im *dynamischen Grundgesetz* sind diese drei Basisgrößen mit der Größe Kraft verbunden:
Kraft F = Masse m mal Beschleunigung a. Damit wird die Einheit der Kraft nach dem dynamischen Grundgesetz notwendigerweise eine *abgeleitete* Einheit. Denn es kann in der Gleichung $F = ma$ entweder die Masse m oder die Kraft F als Basisgröße festgelegt werden. *Eine der beiden physikalischen Größen muss also eine abgeleitete Größe sein.* Nach jetzt gültiger Festlegung ist die Kraft F die abgeleitete Größe.

Als *kohärente* Einheit der Kraft F wird nun diejenige Kraft festgelegt, die an der Masseeinheit 1 kg die Beschleunigung 1 m/s^2 bewirkt. Diese Kraft nennt man nach dem Begründer der Dynamik *Newton* – abgekürzt N.

Kohärente Einheiten sind Einheiten eines Systems, bei dem ausschließlich die Umrechnungszahl „eins" vorkommt (siehe 6).

Zur Zahlenrechnung ist das Newton noch durch die Basiseinheiten Meter, Kilogramm, Sekunde auszudrücken. Den Zusammenhang liefert die Definitionsgleichung für die Kraft, das dynamische Grundgesetz. Mit Masse m = 1 kg und Beschleunigung a = 1 m/s^2 ergibt sich:

Definitionsgleichung für Kraft F: Einheitengleichung für Kraft F:

$$F = m\,a \quad \rightarrow \quad (F) = (m) \cdot (a)$$

$$1\,\text{N} = 1\,\text{kg} \cdot 1\,\frac{\text{m}}{\text{s}^2} = 1\,\frac{\text{kg m}}{\text{s}^2} = 1\,\text{Newton}$$

Das in Klammern gesetzte Formelzeichen einer Größe soll kennzeichnen, dass nur die Einheit der Größe betrachtet wird.

Es ist also ein Newton gleich ein Kilogramm mal Meter durch Sekunde-Quadrat.

Eine Federwaage könnte in der Krafteinheit Newton geeicht werden, in dem einer Masse m = 1 kg jeweils die Beschleunigung 1 m/s^2, 2m/s^2 usw. erteilt wird. Damit würden dann jeweils ein, zwei usw. Krafteinheiten aufgebracht. In bestimmten Bereichen ist die Längenänderung einer Schraubenfeder direkt proportional der einwirkenden Kraft, sodass sich eine entsprechende Teilung anbringen lässt.

11 Arbeits- und Energieeinheit Joule

Definition des Joule

1 Joule ist gleich der Arbeit, die verrichtet wird, wenn der Angriffspunkt der Kraft 1 N in Richtung der Kraft um 1 m verschoben wird.

Energie ist das Vermögen eines Körpers, Arbeit zu verrichten. Seit *Robert Mayer* ist die Gleichwertigkeit von Wärme und Arbeit bekannt (mechanisches Wärmeäquivalent). Energie, Arbeit und Wärmemenge sind also physikalische Größen gleicher Art und es war daher sinnvoll, die Gleichartigkeit dieser drei Größen durch ein und dieselbe Einheit zu unterstreichen. Das Einheitengesetz schreibt die SI-Einheit *Joule* vor (Kurzzeichen: J, Aussprache dsch<u>ul</u>).

Nach der obigen Definition ist 1 Joule gleich 1 Newtonmeter, nämlich gleich dem Produkt aus der Krafteinheit 1 N und der Längeneinheit 1 m. Zugleich wurde festgelegt, dass 1 Joule gleich einer Wattsekunde ist, sodass gilt:

$$1\,\text{Joule} = 1\,\text{Newtonmeter} = 1\,\text{Wattsekunde}$$

$$1\,\text{J} = 1\,\text{Nm} = 1\,\text{Ws} = 1\,\frac{\text{kg m}^2}{\text{s}^2} = 1\,\text{m}^2\,\text{kg s}^{-2}$$

Ebenso wie mit dem Newton N können auch mit dem Joule J Teile und Vielfache gebildet werden (siehe auch Vorsatzzeichen nach Tabelle 4), zum Beispiel kJ (Kilojoule), Nmm (Newtonmillimeter), kWh (Kilowattstunde).

Am Schluss von Berechnungen sollte immer die Einheit Joule J stehen, wenn es sich um die Größen Arbeit, Energie oder Wärmemenge handelt.

■ **Beispiele:**
1. In der Mechanik ergibt die Berechnung der mechanischen Arbeit einer Kraft W_{mech} = 150 Nm. Als Endergebnis schreibt man W_{mech} = 150 J.
2. In der Elektrotechnik ergibt die Berechnung der elektrischen Arbeit W_{el} = 150 Ws. Als Endergebnis schreibt man W_{el} = 150 J.
3. In der Thermodynamik ergibt sich für die Wärme (Wärmemenge) automatisch Q z.B. Q = 150J.

Sämtliche Berechnungen in der Technik und Physik lassen sich mit der Krafteinheit Newton bequem ausführen, weil alle Umrechnungen mit Einheiten des Internationalen Einheitensystems mit der Zahl eins erfolgen können. So ist z.B.:

1 Newtonmeter (Nm) = 1 Joule (J) = 1 Wattsekunde (Ws). Das ist das Kennzeichen der *kohärenten* Einheiten (siehe 6).

12 Skalare und Vektoren

Definition der Skalare und Vektoren

Skalare Größen – kurz „Skalare" – sind solche physikalischen Größen, die allein durch die Angabe ihres *Betrags* vollständig bestimmt sind, wie z.B. Masse m, Temperatur T, Arbeit W, Leistung P, Dichte ϱ.

Vektorielle Größen – kurz „Vektoren" – sind solche physikalischen Größen, die neben der Angabe ihres *Betrags* noch der Festlegung einer *Richtung* bedürfen, wie z.B. Kraft F, Weg s, Geschwindigkeit v, Beschleunigung a, Drehmoment M, Gewichtskraft F_{G}, elektrische Feldstärke E.

Die physikalischen Größen müssen in solche mit und ohne Richtungssinn unterteilt werden.

Die Angabe, die Masse eines Körpers beträgt m = 15 kg reicht zur eindeutigen Kennzeichnung der Stoffmenge und Trägheit dieses Körpers aus. Das Gleiche gilt für den Hinweis, ein Motor hat eine Leistung von 1 kW. Solche *nicht gerichteten* Größen heißen *Skalare* (von lat. scala = Leiter). Sie können auf „Leitern", „Skalen" abgelesen werden und sind damit vollständig bestimmt.

Im Gegensatz dazu ist die Angabe, ein Körper bewegt sich mit einer Geschwindigkeit $v = 10$ m/s, *allein* nicht ausreichend. Es ist noch nicht bekannt, in welche Richtung sich der Körper bewegt, sodass auch nicht klar ist, ob die vorliegende Richtung technisch brauchbar ist. Solche *gerichteten* Größen heißen *Vektoren* (von lat. vehere, vectus = bewegen, bewegt). Soll die Vektoreneigenschaft, d.h. der Richtungssinn der physikalischen Größe, hervorgehoben werden, schreibt man ihr Formelzeichen in Frakturbuchstaben oder bringt einen Pfeil über dem Formel-

zeichen an oder benutzt Fettdruck (DIN 1303).

Für die mathematische Behandlung von Vektoren gibt es die *Vektorrechnung*, mit deren Hilfe physikalische, technische und geometrische Probleme übersichtlich geordnet auf einfache Weise gelöst werden können. Die Grundregeln der Behandlung von Vektoren wurden aus physikalischen Tatsachen gewonnen, z.B. die Zusammensetzung und Zerlegung von Kräften, Geschwindigkeiten und Beschleunigungen aus dem so genannten Parallelogrammsatz.

13 Geschwindigkeit

Definition der Geschwindigkeit
Die Geschwindigkeit v eines Körpers ist der Quotient aus dem Wegabschnitt Δs und dem zugehörigen Zeitabschnitt Δt. Die Geschwindigkeit ist ein Vektor.

Definitionsgleichung

$$\text{Geschwindigkeit } v = \frac{\text{Wegabschnitt } \Delta s}{\text{Zeitabschnitt } \Delta t}$$

$$v = \frac{\Delta s}{\Delta t}$$

v	Δs	Δt
$\dfrac{\text{m}}{\text{s}}$	m	s

Dimensionsgleichung

Die Dimension der Geschwindigkeit v ist die Basisgrößenart Länge l, dividiert durch die Basisgrößenart Zeit t:

$$\dim v = \frac{\dim s}{\dim t} = \frac{l}{t} = l\,t^{-1}$$

Formelzeichen:

v Abkürzung von velocitas   (lat. Schnelligkeit)
s Abkürzung von spatium   (lat. Entfernung, Weg)
t Abkürzung von tempus   (lat. Zeit)

Gebräuchliche Einheiten

für v: m/s, km/h, m/min, cm/s
für s: m, km, cm
für t: s, h, min

Ist die Bewegung des Körpers *gleichförmig*, seine Geschwindigkeit v also gleich bleibend (konstant), kann der Zeitabschnitt Δt beliebig groß gewählt werden (Minuten, Stunden, Tage).
Wird vom Wegabschnitt Δs oder vom Zeitabschnitt Δt gesprochen, kennzeichnet der griechische Buchstabe Delta (Δ) die Differenz zweier Wege oder Zeiten: $\Delta s = s_2 - s_1$ oder $\Delta t = t_2 - t_1$. Dabei können Δs und Δt beliebig klein werden. In der Technik und der Physik ist mit dieser Schreibweise die Vorstellung sehr kleiner Beträge der Wege, Zeiten usw. verbunden.
Ist die Bewegung eines Körpers *ungleichförmig*, ändert sich seine Geschwindigkeit auch während eines kleinen Zeitabschnitts Δt unter Umständen erheblich. Ein anfahrendes Auto z.B. ändert seine Geschwindigkeit fortwährend.
Nach der obigen Definitionsgleichung ist v dann die *Durchschnittsgeschwindigkeit* des Körpers (auch mittlere Geschwindigkeit genannt). Ein (gedachter)

zweiter Körper würde mit dieser Durchschnittsgeschwindigkeit in der gleichen Zeit denselben Weg zurückgelegt haben wie der ungleichförmig bewegte Körper.
Zur genaueren Begriffsbestimmung der *Momentangeschwindigkeit* muss dann der Zeitabschnitt sehr klein gewählt werden. Als Kennzeichen für etwas sehr Kleines wird der Buchstabe d benutzt. Im Zeitabschnitt dt legt der Körper das sehr kleine Wegstück ds zurück, sodass sich seine Geschwindigkeit während dt kaum ändert. Die Geschwindigkeit kann damit in jedem Augenblick genau bestimmt werden, wenn nur der Zeitabschnitt dt klein genug wird.
Die unbeschränkt gültige Definitionsgleichung für die Geschwindigkeit v lautet demnach: $v = \mathrm{d}s/\mathrm{d}t$
In der Mathematik werden ds und dt als „Differenziale" bezeichnet und Ausdrücke der Form ds/dt (sprich: de es nach de te) als Differenzialquotient oder Ableitung. Bei $\Delta s/\Delta t$ spricht man vom Differenzenquotienten (siehe Mathematik).

14 Beschleunigung

Definition der Beschleunigung

Die Beschleunigung a eines Körpers ist der Quotient aus der Geschwindigkeits*änderung* Δv und dem zugehörigen Zeitabschnitt Δt. Die Beschleunigung ist ein Vektor.

Definitionsgleichung

$$\text{Beschleunigung } a = \frac{\text{Geschwindigkeitsänderung } \Delta v}{\text{Zeitabschnitt } \Delta t}$$

$$a = \frac{\Delta v}{\Delta t} \qquad \begin{array}{c|c|c} a & \Delta v & \Delta t \\ \hline \dfrac{m}{s^2} & \dfrac{m}{s} & s \end{array}$$

Dimensionsgleichung

Die Dimension der Beschleunigung a ergibt sich aus den Dimensionen von Geschwindigkeit und Zeit:

$$\dim a = \frac{\dim v}{\dim t} = \frac{l\,t^{-1}}{t} = l\,t^{-2}$$

Auf dem Tisch liegt eine Streichholzschachtel. Sie wird mit dem Finger angestoßen: Der Körper wird *beschleunigt*. Jeder Wechsel vom Zustand der Ruhe in den Bewegungszustand ist ein *Beschleunigungsvorgang* und setzt als Ursache einen äußeren Zwang – eine äußere Kraftwirkung – auf den Körper voraus. Nach dem Anstoß wird die Streichholzschachtel durch die Reibung abgebremst, sodass sie wieder in den Ruhezustand zurückkehrt: Der Körper wird verzögert.

Die Verzögerung ist vorstellbar als Umkehrung der Beschleunigung. Man spricht deshalb von „negativer Beschleunigung" oder von einer „Beschleunigung mit umgekehrtem Vorzeichen ($-a$)". Alles, was für die Beschleunigung gültig ist, gilt sinngemäß (d.h. mit umgekehrtem Vorzeichen oder mit entgegengesetztem Richtungssinn) auch für die Verzögerung eines Körpers.

Alle Bewegungsvorgänge, bei denen ein Körper auf geradliniger Bahn beschleunigt oder verzögert wird, heißen *ungleichförmig*. Ist dabei die Beschleunigung konstant, spricht man von *gleichmäßig* beschleunigter (oder verzögerter) Bewegung, sonst von ungleichmäßiger. Kennzeichen der ungleichförmigen Bewegung ist die *Änderung* des im Betrachtungsaugenblick vorliegenden Bewegungszustands; bei geradliniger Bahn also die *Änderung der Geschwindigkeit*, genauer des *Betrags* der Geschwindigkeit: Der Betrag wird in jedem Augenblick größer oder kleiner.

Bewegt sich ein Körperpunkt auf beliebiger Bahn in der Ebene, entsteht die Beschleunigung entweder durch eine *Änderung des Betrags* der Geschwindig-

keit (z.B. von $v_1 = 10$ m/s auf $v_2 = 18$ m/s), durch eine *Änderung der Richtung* der Geschwindigkeit oder auch durch beides. Die Geschwindigkeit v ist ein Vektor und durch Betrag *und* Richtung bestimmt. (Anfahren oder Bremsen des Autos *und* Kurvenfahrt.) Die allgemeinste Bewegung eines Körpers soll in die technisch wichtigen zwei Sonderfälle aufgeschlüsselt werden: Bewegung auf gerader Bahn und Kreisbewegung mit konstanter Umfangsgeschwindigkeit:

1. Bei *Bewegungen auf geradliniger Bahn*, z.B. beim Arbeits- oder Rückhub von Stoßmaschinen, ist die *Richtung* des Geschwindigkeitsvektors unverändert, sie liegt immer parallel zur Bahn. Die Beschleunigung (Verzögerung) kommt dann allein durch die Änderung des *Betrags* (der Größe) der Geschwindigkeit zustande. Der Beschleunigungsvektor ist zum Geschwindigkeitsvektor parallel oder antiparallel gerichtet.

> Bei geradliniger Bahn ist die Beschleunigung a ein Maß für die zeitliche Änderung des Geschwindigkeits*betrags*.

Während einer kurzen Zeitspanne dt erhält die Geschwindigkeit v einen kleinen Zuwachs dv. Damit kann die Beschleunigung unbeschränkt gültig definiert werden als Differenzialquotient dv/dt.

$$a = \frac{dv}{dt} \quad \text{(gilt immer)}$$

Ändert sich bei einem Beschleunigungsvorgang die Geschwindigkeit v *gleichmäßig*, d.h. es ist die Beschleunigung a = konstant, dann ist es gleichgültig, wie groß der Zeitabschnitt Δt gewählt wird:

$$a = \frac{\Delta v}{\Delta t} \quad \text{(gilt nur bei } a \text{ = konstant).}$$

Ein solcher Fall liegt vor beim *freien Fall* der Körper im luftleeren Raum. Hierbei werden alle Körper mit der *Fallbeschleunigung* $g = 9{,}81$ m/s² ≈ 10 m/s² von der Erde angezogen, und die erreichte Endgeschwindigkeit v_e eines frei fallenden Körpers wird:

$$v_e = g\,\Delta t.$$

2. *Bei gleichförmiger Bewegung* eines Körperpunkts auf der *Kreisbahn* bleibt der *Betrag* der Geschwindigkeit derselbe, im Gegensatz zur ungleichförmigen Bewegung auf geradliniger Bahn. Die Beschleunigung kommt allein durch die *Änderung der Richtung* der Geschwindigkeit zustande.

Da der Körperpunkt K in jedem Moment mit der Umfangsgeschwindigkeit v in tangentialer Richtung die Kreisbahn verlassen will, muss er durch einen äußeren Zwang in jedem Augenblick zum Mittelpunkt der Kreisbahn hin beschleunigt werden (Hammerwerfer). Die Geschwindigkeit v ändert demnach bei der gleichförmigen Bewegung auf der Kreisbahn ständig ihre Richtung, genau so wie die Tangente T an der Kreisbahn (Bild 1).

Damit diese fortwährende Richtungsänderung möglich ist, muss die Beschleunigung immer rechtwinklig zur momentanen Bewegungsrichtung des Körpers erfolgen. Man spricht dann von einer *Normalbeschleunigung* a_n oder – weil sie zum Zentrum des Kreises hin gerichtet ist – von der *Zentripetalbeschleunigung* a_z:

> Die Beschleunigung a_z ist ein Maß für die zeitliche Änderung der Geschwindigkeits*richtung*.

Der Betrag der Beschleunigung ergibt sich aus der Zentripetalbeschleunigung

$$a_\text{z} = r\,\omega^2 = \frac{v^2}{r}$$

mit ω als Winkelgeschwindigkeit und r als Radius der Kreisbahn.

Bei beliebig ablaufender Bewegung des Körperpunkts K tritt sowohl eine Normalbeschleunigung a_n als auch eine Tangentialbeschleunigung a_t auf. Geschwindigkeit v und resultierende Beschleunigung a schließen dann den Winkel α ein (Bild 1 unten).

Die gebräuchlichste Einheit der Beschleunigung ist „Meter pro Sekunde-Quadrat" oder „Meter pro Quadratsekunde". Das ist erkennbar aus der Definitionsgleichung für die Beschleunigung $a = \Delta v/\Delta t$, wenn die Geschwindigkeit in m/s und die Zeit in s eingesetzt werden. Die sich ergebende Einheit m/s^2 kann also auch gelesen werden als „m/s pro s":

$$(a) = \frac{\dfrac{\text{m}}{\text{s}}}{\text{s}} = \frac{\text{m}}{\text{s}\cdot\text{s}} = \frac{\text{m}}{\text{s}^2}$$

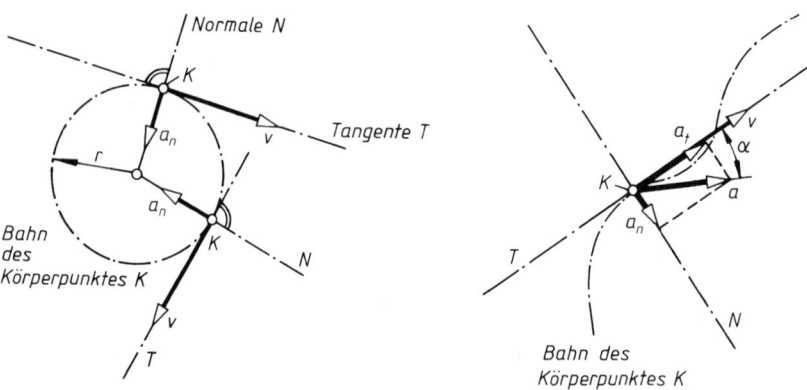

Bild 1. Beschleunigung bei gleichförmigem Umlauf auf einer Kreisbahn und bei beliebiger krummliniger Bewegung

15 Masse

Definition der Masse

Die *Masse* m eines Körpers ist ein Maß für seine *Stoffmenge* und damit zugleich für die *Trägheit* des Körpers, d.h. für seinen Widerstand gegen eine Änderung seines Zustands der Ruhe oder der gleichförmig geradlinigen Bewegung. Die Masse ist ein Skalar und wird durch Vergleich mit Körpern bekannter Masse (Wägestücke) bestimmt.

Die Länge eines Körpers ist ein Maß für seine Ausdehnung, die Temperatur ist ein Maß für die innere Energie, die Zerreißkraft ist ein Maß für die Festigkeit usw. In gleicher Weise ist die Masse m eines Körpers ein Maß für die Trägheit oder das Beharrungsvermögen seiner Stoffmenge gegen die Einwirkung von Kräften.

Während physikalische Größenarten wie Temperatur, Festigkeit, elektrische Leitfähigkeit, Gewichtskraft usw. für ein und denselben Körper verschiedene Beträge annehmen können, bleibt die Masse m eines Körpers eine ihm eigene, unveränderliche Eigenschaft.

Die Erfahrung lehrt, dass ein Körper mit größerer Masse auch eine größere Antriebskraft erfordert, um ihm die gleiche Beschleunigung zu vermitteln wie einem Körper mit kleinerer Masse. Körper mit größerer Masse besitzen deshalb auch größere Trägheit oder größeres Beharrungsvermögen.

16 Dichte

Definition der Dichte

Die Dichte ϱ eines Körpers ist der Quotient aus seiner Masse m und seinem Volumen V.

Definitionsgleichung

$$\text{Dichte } \varrho = \frac{\text{Masse } m}{\text{Volumen } V}$$

$$\varrho = \frac{m}{V}$$

ϱ	m	V
$\dfrac{\text{kg}}{\text{m}^3}$	kg	m^3

Außer der Masseeinheit kg und der Volumeneinheit m^3 können auch alle anderen zulässigen Masse- und Volumeneinheiten eingesetzt werden, sodass sich z.B. als Einheit der Dichte g/cm^3 ergibt.
Wie die Masse m ist auch die Dichte ϱ *unabhängig* von Zeit und Ort der Messung

17 Gewichtskraft

Definition der Gewichtskraft

Die Gewichtskraft F_G eines Körpers ist diejenige Kraft, mit der ein Körper von der Erde angezogen wird. Oder:

Die Gewichtskraft F_G eines Körpers ist eine physikalische Größe von der Art einer Kraft. F_G muss also in Krafteinheiten angegeben werden.

F_G ist diejenige Kraft, die sich als Produkt aus der Körpermasse m und der an seinem Ort herrschenden Fallbeschleunigung g ergibt: $F_G = mg$.

Definitionsgleichung für die Gewichtskraft

Gewichtskraft F_G des Körpers = Masse m des Körpers · Fallbeschleunigung g

$$F_G = mg$$

F_G	m	g
$\dfrac{\text{kg m}}{\text{s}^2}$	kg	$\dfrac{\text{m}}{\text{s}^2}$

$$1\frac{\text{kg m}}{\text{s}^2} = 1\,\text{N}$$

Die Gewichtskraft F_G ist eine der wichtigsten Größenarten in der Technik. Eine klare Vorstellung vom Wesen der Gewichtskraft eines Körpers vermitteln das dynamische Grundgesetz $F = ma$ und die Erkenntnis, dass alle Massen sich gegenseitig anziehen (siehe Gravitation). Also zieht auch die Masse der Erde jede andere Masse an. Diese Anziehungskraft (Schwerkraft) heißt Gewichtskraft F_G des Körpers. Ein frei beweglicher Körper im „Schwerefeld" der Erde wird demnach durch F_G beschleunigt mit der *Fallbeschleunigung* g. Da diese nicht an jedem Ort der Erde gleich groß ist, kann auch die Gewichtskraft

ein und desselben Körpers nicht überall die gleiche sein. Die Abweichungen sind zwar für die meisten Fälle der Praxis bedeutungslos, für die wissenschaftliche Erkenntnis jedoch zu beachten.
Der Betrag von g hat z.B. auf einer geographischen Breite von 45° auf Meeresniveau einen Wert von 9,80629 m/s^2 und nimmt mit zunehmender Höhe und, wegen der Abplattung der Erde von den Polen, zum Äquator hin ab. Der Betrag der Gewichtskraft F_G eines Körpers ändert sich deshalb in gleicher Weise.
Normgewichtskraft F_{Gn} ist diejenige Gewichtskraft, die der Körper unter dem Einfluss einer ganz bestimmten Fallbeschleunigung – der sogenannten *Normfallbeschleunigung* g_n – besitzt:

Normge-wichtskraft des Körpers	$F_{Gn} = $ Masse m des Körpers · Normfallbe-schleunigung g_n
	$F_{Gn} = m g_n$

Als *Normfallbeschleunigung* g_n wurde festgelegt: $g_n = 9,80665$ m/s^2.
Da die Fallbeschleunigung g auf anderen Planeten größer (Planet Jupiter) oder kleiner (Mond) sein kann als auf der Erde, ist die Gewichtskraft F_G eines Körpers dort auch größer oder kleiner. Sie beträgt auf dem Mond infolge der dort viel geringeren Fallbeschleunigung (ca. 1,7 m/s^2) ca. $\frac{1}{6}$ der „Erdgewichtskraft".
Hier wird der Unterschied zwischen den beiden physikalischen Größen „Masse" und „Gewichtskraft" eines Körpers besonders deutlich: Während die Masse m des Körpers unabhängig vom Ort überall die gleiche bleibt, ändert sich seine Gewichtskraft F_G je nach dem Ort und der dort herrschenden Fallbeschleunigung.
Die Anziehungskraft der Erde (und anderer Planeten) wirkt immer, gleichgültig ob der Körper ruht oder sich irgendwie bewegt. Also kann man die Gewichtskraft F_G als diejenige Kraft bezeichnen, mit der der Körper auf seine Unterlage gepresst wird oder die er auf seine Unterlage ausübt.
Flüssigkeiten und Gase (z.B. Wasser und Luft) verringern die Gewichtskraft. Diese Kraftwirkung des umgebenden Mittels heißt *Auftrieb*. Er ist jedoch in Luft so gering (im Gegensatz zum Auftrieb in Wasser), dass er in allen praktischen Fällen vernachlässigt werden kann. Es ist nur nötig zu erkennen, dass er vernachlässigt wird.
Da die Gewichtskraft F_G zur Größenart *Kraft* gehört, muss sie auch in definierten *Kraft*einheiten gemessen werden. Aus dem dynamischen Grundgesetz wurde das Newton (N) = kg m/s^2 als Krafteinheit hergeleitet.
Beträgt z.B. die Masse m eines Körpers 12 Kilogramm ($m = 12$ kg), wird seine Normgewichtskraft F_{Gn} (mit $g_n = 9,80665$ m/s^2 gerechnet):

$$F_{Gn} = mg_n = 12\,\text{kg} \cdot 9,80665\,\frac{\text{m}}{\text{s}^2} \approx 120\,\frac{\text{kg m}}{\text{s}^2} = 120\,\text{N}$$

Der Körper mit der Masse m = 12 kg wird also an einem Ort mit der Fallbeschleunigung g_n = 9,80665 m/s^2 mit einer Kraft von rund 120 N auf seine Unterlage gepresst, seine Normgewichtskraft F_{Gn} beträgt ca. 120 N.

18 Gravitation oder Massenanziehung

> **Gravitationsgesetz**
> Alle Massen ziehen sich gegenseitig an. Die Anziehungskraft zwischen zwei Massen ist beiden Massen proportional und dem Quadrat ihres Abstands umgekehrt proportional.

Die instinktive Erfahrung lehrt, dass die Erde alle Körper mit einer Kraft anzieht. Sie wird *Schwerkraft* oder *Gewichtskraft* des Körpers genannt. Am frei beweglichen Körper ruft die Schwerkraft die *Fallbeschleunigung g* hervor.

Die Schwerkraft auf der Erde ist jedoch nur ein spezieller Fall der allgemeinen Gravitation zwischen materiellen Körpern. Die Gravitation ist eine allgemeine Eigenschaft aller Massen, auch der Himmelskörper. Durch sie wird der Mond an das Gravitationsfeld der Erde gefesselt; ebenso die Erde und die anderen Planeten an das der Sonne. Die Eigengeschwindigkeit der Himmelskörper verhindert dabei ein Zusammentreffen, weil die auftretende Zentrifugalkraft genau so groß ist wie die Gravitationskraft. Im Laboratorium kann die Gravitationskraft zwischen zwei Massen nur mit Hilfe sehr empfindlicher Apparate nachgewiesen werden, z.B. mit der Drehwaage nach *Cavendish*, weil die Anziehungskraft zwischen solchen Massen sehr gering ist.

Der Betrag der Gravitationskraft F zwischen zwei Massen wird mit dem *Newton'schen Gravitationsgesetz* bestimmt.

$$F = f \frac{m_1 m_2}{r^2}$$

F	f	m_1, m_2	r
N	$\dfrac{Nm^2}{kg^2} = \dfrac{m^3}{kg\,s^2}$	kg	m

f Gravitationskonstante; m_1, m_2 Massen der beiden Körper; r Abstand der beiden Massenschwerpunkte.

Das Gravitationsgesetz ist allgemein gültig. Es gilt für die Anziehungskraft zwischen zwei Massen an der Erdoberfläche (oder an der Oberfläche eines anderen Planeten) wie für diejenige zwischen der Erde und einer Masse an ihrer Oberfläche. Es gilt ebenso für zwei Himmelskörper untereinander innerhalb oder außerhalb unseres Sonnensystems.

Die *Gravitationskonstante f* wurde gemessen:

$$f = 6,67390 \cdot 10^{-11} \frac{Nm^2}{kg^2}$$

und ist damit die Kraft zwischen zwei Massen von 1 kg im Schwerpunktabstand von 1 m oder die Beschleunigung, die eine Masse von 1 kg einer anderen Masse im Abstand von 1 m erteilt.

Nach dem dynamischen Grundgesetz kann die Gewichtskraft $F_G = mg$ gesetzt werden. F_G ist nichts anderes als die Anziehungskraft, welche die Erde (Masse M) auf eine andere Masse m an ihrer Oberfläche ausübt. Damit gilt:

$$F_G = mg = F = f \frac{mM}{R^2}$$

Darin ist g Fallbeschleunigung, M Erdmasse, R mittlerer Erdradius, f Gravitationskonstante. Der Radius r der Masse m ist gegenüber R vernachlässigbar klein und erscheint in der Gleichung nicht.

Die Fallbeschleunigung g ergibt sich dann aus:

$$g = \frac{fM}{R^2}$$

g	f	M	R
$\dfrac{m}{s^2}$	$\dfrac{Nm^2}{kg^2} = \dfrac{m^3}{kg\,s^2}$	kg	m

Mit der Gravitationskonstante f lässt sich die Masse M der Erde und ebenso deren Dichte ϱ berechnen. Mit $g \approx 10$ m/s^2; $R = 6378$ km $= 6,378 \cdot 10^6$ m ergibt sich:

Erdmasse

$$M = \frac{gR^2}{f} =$$

$$= 10 \frac{m}{s^2} \cdot \frac{\left(6,378 \cdot 10^6\right)^2 m^2 \cdot kg\,s^2}{6,67 \cdot 10^{-11} m^3} \approx 6 \cdot 10^{24}\,kg$$

Erddichte

$$\varrho = \frac{3\,g}{4\pi\,fR} =$$

$$= \frac{3 \cdot 10 \frac{m}{s^2}}{4 \cdot \pi \cdot 6,67 \cdot 10^{-11} \frac{m^3}{kg\,s^2} \cdot 6,378 \cdot 10^6\,m} \approx$$

$$\approx 5,6 \cdot 10^3 \frac{kg}{m^3}$$

Das Gravitationsgesetz setzt gleichmäßige Dichte innerhalb der sich anziehenden Massen voraus. Das ist bei der Erde nicht der Fall, weshalb der Betrag von g ortsabhängig ist. Befinden sich „leichtere" Stoffe dicht unter der Erdkruste, wird g kleiner als gewöhnlich. Durch genaue g-Messungen lassen sich so Lagerstätten von Erdöl oder Salz finden.

Damit ein Körper das Gravitationsfeld der Erde verlässt, muss seine kinetische Energie $m\,v^2/2$ gleich der potentiellen Energie (Lageenergie) $m\,g\,R$ sein.

Daraus ergibt sich die „Fluchtgeschwindigkeit" v des Körpers:

$$v = \sqrt{2gR} = \sqrt{2 \cdot 9{,}81 \frac{m}{s^2} \cdot 6{,}378 \cdot 10^6 \, m} \approx 11 \frac{km}{s}$$

Mit dem Gravitationsgesetz lässt sich z.B. derjenige Punkt zwischen Mond und Erde berechnen, an dem Mond- und Erdanziehungskraft gleich groß sind (Bild 2). Für die Masse m_{Erde} kann das 81-fache der Masse m_{Mond} gesetzt werden. Rechnet man mit dem Abstand $A = r_1 + r_2 = 3{,}84 \cdot 10^8$ m zwischen Erde und Mond, dann wird:

$$f \frac{m \, m_{Mond}}{r_1^2} = \frac{m \, 81 \, m_{Mond}}{\left(A - r_1\right)^2}$$

$$r_1^2 + \frac{2}{80} A \, r_1 - \frac{1}{80} A^2 = 0$$

$$r_1 = \frac{1}{10} A; \quad r_2 = \frac{9}{10} A$$

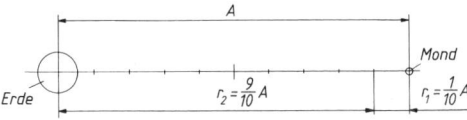

Bild 2.

d.h. der Punkt gleicher Massenanziehungskraft zwischen Mond und Erde liegt im Abstand 9/10 A von der Erde entfernt.

19 Trägheit und Trägheitsgesetz
(Erstes Newton'sches Axiom)

Definition der Trägheit
Die Eigenschaft der Körper, ohne äußere Einflüsse im Zustand der Ruhe oder der geradlinig gleichförmigen Bewegung zu bleiben, heißt *Trägheit* oder *Beharrungsvermögen*.

Trägheitsgesetz
Wirken auf einen Körper keine äußeren Einflüsse, so beharrt er im Zustand der Ruhe oder in gleichförmig geradliniger Bewegung.
Oder:
Jeder Körper beharrt im Zustand der Ruhe oder der geradlinig gleichförmigen Bewegung, wenn er nicht durch eine resultierende Kraft gezwungen wird, diesen Zustand zu ändern.

Man kann zwischen „Zuständen" und „Wirkungen" unterscheiden. Unter *Zustand* wird dann diejenige Bewegungsform verstanden, die der Körper von sich aus besitzt, die er dauernd beibehalten will und erst dann aufgibt, wenn ein äußerer Zwang diesen Zustand stört.

Seit *Galilei* haben die Physiker entschieden, dass die Ruheform und die in gerader Richtung erfolgende gleichförmige Bewegung solche Zustände sind. *Wirkungen* dagegen sind Vorgänge, die der Körper *nicht* von sich aus ausführt, sondern zu denen er durch einen äußeren Zwang, durch äußere Einflüsse kommt. Wirkungen sind demnach im Gegensatz zu den Zuständen alle anderen Bewegungsformen, also solche mit veränderlicher Geschwindigkeit (beschleunigte oder verzögerte Bewegung) und auch solche gleichförmigen Bewegungen, bei denen sich die Richtung ändert. Dass ein Körper von sich aus, also ohne die Einwirkung eines äußeren Zwangs, nur die Ruheform oder die gleichförmig geradlinige Bewegung besitzt, lässt sich experimentell nicht nachweisen, weil auf der Erde jeder Körper zumindest dem Zwang der Erdanziehung unterliegt. Auch die geradlinig gleichförmige Bewegung aller Körper auf der Erde erfordert einen Zwang, einen Antrieb von außen, der die Bewegung hemmenden Einflüsse, insbesondere die Reibung, überwindet. Eine in Bewegung gesetzte Scheibe auf glatter horizontaler Unterlage kommt dem Idealbild am nächsten. Ein völlig zwangfreier Körper ist nur denkbar in genügender Entfernung von unserem Planeten, genauer dort, wo die Massenanziehung der Erde und Sonne sich gerade aufheben.

20 Dynamisches Grundgesetz
(Zweites Newton'sches Axiom)

Eine resultierende Kraft F_r gibt einem Körper der Masse m die Beschleunigung a.
Die Vektoren F_r und a haben immer die gleiche Richtung, sodass mit ihren Beträgen gerechnet werden kann.
resultierende Kraft F_r =
= Masse m des Körpers · Beschleunigung a

$F_r = m \, a$	F_r	m	a
	$N = \frac{kg \, m}{s^2}$	kg	$\frac{m}{s^2}$

Das dynamische Grundgesetz $F_r = m \, a$ wurde von *Newton* aufgestellt und regiert sämtliche Bewegungen frei beweglicher Körper unter dem Einfluss resultierender Kräfte. Es ist damit das wichtigste Gesetz der Dynamik, also jenes Teilgebiets der Mechanik, das sich mit der durch Kräfte hervorgerufenen Bewegung des Körpers befasst.

Anhand des dynamischen Grundgesetzes lässt sich das Wesen solcher differenziell-kausal-deterministischen Gesetze erkennen:
Ein beliebiger Körper bewegt sich nach dem dynamischen Grundgesetz $a = F_r/m$ so, dass in jedem

Augenblick seine Beschleunigung a gleich der auf ihn wirkenden resultierenden Kraft F_r, dividiert durch die Körpermasse m, ist. Beim beliebig bewegten Körper bestimmt das Gesetz den Bewegungsablauf nur von einem Augenblick zum nächsten, d.h. innerhalb einer Zeitdifferenz. Das Gesetz ist demnach *differenziell*.

Da jede Bewegungsänderung eine Ursache, die resultierende Kraft F_r, erfordert, ist das Gesetz *kausal*.

Sind die Anfangsbedingungen der Bewegung bekannt, also die resultierende Kraft F_r, und zu einem bestimmten Zeitpunkt die Lage und die Geschwindigkeit des Körpers, lässt sich durch Summierung aller augenblicklichen Wirkungen die Bahn des Körpers *voraus*berechnen. Das Gesetz ist also auch *deterministisch*.

Das dynamische Grundgesetz gilt für den ausdehnungslosen Massenpunkt. Als solcher kann ein Körper *dann* aufgefasst werden, wenn die Wirklinie der Beschleunigungskraft durch den Schwerpunkt geht.

Bei der Untersuchung praktischer Verhältnisse ist zu beachten, dass andere Kräfte (z.B. Magnetkräfte, Windkräfte) oder Widerstände (Reibung) den Bewegungszustand beeinflussen.

Immer ist – zumal bei Vertikalbewegung – die Gewichtskraft F_G der Körper in die Betrachtung einzubeziehen.

Das Gleiche gilt für die Reibung und zwar gleichgültig, ob es sich um feste, flüssige oder gasförmige Körper handelt.

Die ursprüngliche Fassung des dynamischen Grundgesetzes bezieht sich auf eine *einzelne* äußere Kraft, die am Körper der Masse m die Beschleunigung a erzielt. Einen solchen Fall gibt es nur beim freien Fall eines Körpers im luftleeren Raum. Deshalb ist es zweckmäßig, das Gesetz mit dem Begriff der *resultierenden* Kraft F_r zu koppeln.

Die Angabe, es wirkt auf den Körper *eine* Kraft, bedeutet, dass am Körper eine *resultierende* Kraft wirksam ist und der Körper beschleunigt wird.

Die häufig gebrauchten Aussagen, „die resultierende Kraft ist gleich null", „es wirkt keine resultierende Kraft", „die Resultierende ist gleich null", „die Kräfte stehen im Gleichgewicht", „es wirken keine äußeren Kräfte" oder „es wirken keine äußeren Einflüsse" sind bezüglich der Wirkung auf den Körper gleichwertig. Ein solcher Körper würde entweder in Ruhe bleiben oder in gleichförmig geradliniger Bewegung verharren.

Das ist auch aus dem dynamischen Grundgesetz zu erkennen; denn wenn $F_r = 0$ ist, kann nur die Beschleunigung selbst gleich null werden oder sein, d.h. der Körper ruht oder bewegt sich gleichförmig.

21 Wechselwirkungsgesetz
(Drittes Newton'sches Axiom)

> Überträgt ein Körper auf einen anderen eine Kraft F_1, wirkt dieser mit gleich großer und gegensinniger Kraft F_2 auf derselben Wirklinie zurück.
> (actio = reactio).
> Oder:
> Jede Kraft tritt immer zusammen mit einer gleich großen gegensinnigen Gegenkraft auf, die auf den Gegenkörper einwirkt. Beide Kräfte haben eine gemeinsame Wirklinie.

Die Formulierung „auf den Körper wirkt eine Kraft" besagt, dass ein oder mehrere andere Körper eine Wirkung auf den betrachteten Körper ausüben. Auf das Pedal des Fahrrads übt ein anderer Körper – der Fuß des Fahrers – eine Kraft aus. Ein Stein wird deshalb beschleunigt, weil die Hand ihn fortschleudert, also eine Kraft auf ihn ausübt. Der andere Körper – hier also der Stein – wirkt mit gleicher Kraft auf die Hand zurück.

Immer dann, wenn eine Kraft ausgeübt wird, stehen demnach zwei Körper miteinander in Wechselwirkung. Dabei brauchen sich die beteiligten Körper nicht zu berühren. Man spricht von *Nah*kräften, wenn diese unmittelbar von Körper zu Körper übertragen werden und von *Fern*kräften, wenn die beteiligten Körper einen an der Kraftübertragung nicht beteiligten Zwischenraum besitzen, also nicht miteinander in Verbindung stehen. Solche Fernkräfte sind z.B. magnetische Kräfte und Massenanziehungskräfte, also auch die Gewichtskraft. In diesem Fall ist der andere Körper die Erde.

Die Körper wirken immer wechselseitig aufeinander, d.h. mit der gleichen Kraft, mit der ein Körper auf einen anderen einwirkt, wirkt dieser auf den ersten Körper zurück. So übt das auf dem Tisch liegende Buch eine Kraft auf die Tischplatte aus, nämlich die Gewichtskraft F_G. Mit gleicher Kraft wirkt auch die Tischplatte auf das Buch zurück.

Die beiden Kräfte sind gleich groß, gegensinnig und wirken auf einer gemeinsamen Wirklinie. Das Gleiche gilt auch für den frei fallenden Körper. Die Erde zieht jeden Körper mit einer bestimmten Kraft an (Gewichtskraft F_G). Mit der gleichen Kraft zieht auch der Körper die Erde an. Die nach dem Wechselwirkungsgesetz auftretenden Gegenkräfte lassen sich an ihren Wirkungen leicht erkennen: Ein Mann, der vom ruhenden Boot aus ein anderes wegstößt, wird selbst in entgegengesetzter Richtung beschleunigt (Rückstoß). Beide Boote kommen in Bewegung und ihre Beschleunigungen sind ihren Massen umgekehrt proportional.

Das Beispiel zeigt, dass jede Kraft eine Gegenkraft zur Folge hat. Wichtig ist die Erkenntnis, dass diese Gegenkraft immer am *anderen* Körper ansetzt. Ohne Kraft gibt es keine Gegenkraft und eine Gegenkraft kann nur auftreten, wenn eine Kraft wirkt; dann allerdings entsteht sie immer. Dabei ist es gleichgültig, ob der Körper ruht oder sich gleichförmig geradlinig bewegt, ob er beschleunigt oder verzögert wird.

Alle mechanischen Kräfte sind zunächst so genannte *innere* Kräfte eines Systems mehrerer Bauteile. Wie die inneren Kräfte zwischen den einzelnen Teilchen ein und desselben Körpers treten auch sie immer paarweise auf. Die zwischen Buch und Tischplatte wirkende Kraft ist im System „Buch-Tischplatte" eine innere Kraft. Erst wenn an der Berührungsstelle ein „Schnitt" gelegt wird. d.h. wenn jeder der beiden beteiligten Körper für sich „frei gemacht" wird, erscheinen sie als äußere Wechselwirkungskräfte. So sind die innerhalb des Kurbeltriebs einer Lokomotive wirkende Kolbenkraft, Schubstangenkraft, Reibkräfte usw. für die ganze Lokomotive gesehen „innere" Kräfte. Das Gleiche gilt für die zwischen Rad und Schiene übertragenen Kräfte, die beim Freimachen als äußere Kräfte (Stützkräfte) erscheinen. Auch alle Gewichtskräfte im System „Körper-Erde" werden erst durch den Kunstgriff des Freimachens zu äußeren Kräften.

Dabei ist an jedem Körper immer nur eine der beiden Wechselwirkungskräfte anzutragen. Würden im Beispiel des fortgeschleuderten Steins, der beschleunigt wird, die von der Hand auf den Stein ausgeübte Kraft und zugleich die vom Stein auf die Hand übertragene Gegenkraft am selben Körper angetragen, so wäre dieser im Gleichgewicht, also in Ruhe oder gleichförmig geradliniger Bewegung.

Beachte: Eine äußere Kraft tritt nur *einmal* am Körper auf oder anders ausgedrückt: Die Angriffspunkte von Kraft und Gegenkraft liegen immer an verschiedenen Körpern. Diese Erkenntnis wird beim Freimachen technischer Bauteile benutzt (siehe: Statik).

22 Kraft

Definition der Kraft

Kraft ist die Ursache jeder Bewegungsänderung oder Formänderung oder die Ursache beider Änderungen zugleich. Die Kraft ist ein Vektor.

Ruhelage oder gleichförmig geradlinige Bewegung eines Körpers können als natürliche Zustände bezeichnet werden. Eine Änderung kann (im Bereich rein physikalischer Betrachtungen) nur durch eine äußere Einwirkung auf diesen Zustand eintreten. Ursache einer solchen Einwirkung wird immer das Auftreten einer äußeren Kraft sein, die als mechanische, magnetische, elektrische oder auch atomare Kraft die beobachtete Zustandsänderung bewirkt.

Eine auf den Körper wirkende Kraft kann außer der Änderung des Bewegungszustands auch eine *Formänderung* des Körpers hervorrufen. In diesem Fall ist als „Gegenkraft" der von außen wirksamen Kraft die

Summe der elastischen Molekularkräfte (also des Gefügezusammenhangs) anzusehen.

Häufig gebrauchte Benennungen der Kraft

Äußere Kraft ist die auf das zu betrachtende Bauteil von außen, d.h. von einem anderen Bauteil her, ausgeübte Kraft. Äußere Kraft ist z.B. die von der Schiene auf das Rad einer Lokomotive ausgeübte Stützkraft. Im System Rad-Schiene ist diese Stützkraft zunächst noch eine innere Kraft.

Sie wird erst durch das Freimachen des Rades zur äußeren Kraft. Die Gewichtskraft F_G eines Körpers ist immer eine äußere Kraft.

Innere Kräfte (genauer: innere Wechselwirkungskräfte) treten zwischen den einzelnen Teilen desselben Körpers auf. Sie werden durch einen Schnitt zu äußeren Kräften gemacht und dadurch veranschaulicht. An jeder Schnittfläche tritt dann eine der beiden Wechselwirkungskräfte als äußere Kraft auf. Während eine äußere Kraft am betrachteten Bauteil nur einmal auftritt, treten die inneren Kräfte am Körper selbst immer paarweise auf. Sie heben sich nach dem Wechselwirkungsgesetz auf, d.h. am gemeinsamen Angriffspunkt ist ihre Summe gleich null.

Die durch äußere Kräfte hervorgerufenen inneren Kräfte spielen in der Festigkeitslehre eine Rolle. Im weiteren Sinn spricht man nicht nur am selben Körper von inneren Kräften, sondern auch bei Berührung zweier Bauteile. Alle Stützkräfte sind demnach zunächst noch innere Kräfte im geschlossenen System der beiden Bauteile. Erst eine Schnittebene durch die Berührungsstelle macht diese inneren Wechselwirkungskräfte zu äußeren Kräften. Zwischen den Backen eines Schraubstocks und dem eingespannten Werkstück wirken innere Kräfte, die beim Freimachen beider Bauteile zu jeweils einer äußeren Kraft werden.

Volumenkräfte F_V sind solche, die man sich im Schwerpunkt eines jeden einzelnen noch so kleinen Volumenelements (Körperteilchens) angreifend denken muss. Dazu gehören die Massenanziehungskräfte (Schwerkräfte, Gravitationskräfte, Gewichtskräfte), aber auch die Magnetkräfte (Bild 3).

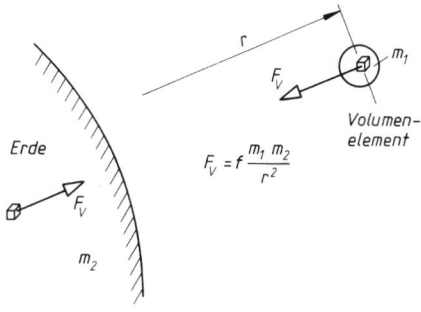

Bild 3.

Beiden gemeinsam ist das Vorhandensein eines „Feldes", sodass es zweckmäßig ist, die Volumenkräfte nach ihrer Herkunft als Feldkräfte zu bezeichnen. Ein Feld (Gravitationsfeld, Magnetfeld) pflanzt sich in den Raum hinein fort. Die Kräfte wirken also auch ohne gegenseitige Berührung der Körper. Feldkräfte werden daher auch als Fernkräfte bezeichnet.

Oberflächenkräfte F_0 (auch als Flächenkräfte bezeichnet) greifen an der Oberfläche eines Körpers an. Das setzt voraus, dass sich die beteiligten Körper berühren, wie etwa Tisch und darauf liegendes Buch oder die Haut des Schwimmers und das ihn umgebende Wasser (Bild 4).

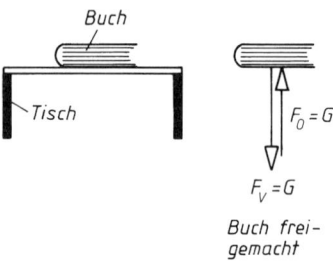

Bild 4.

In der Mechanik wird vereinfacht gesagt, die Kraft wirkt nur in einer Linie (der Wirklinie) und greift daher auch nur an einem Punkt des Körpers an. In Wirklichkeit verteilt sich jede äußere Kraft entweder über eine Fläche (Oberflächenkraft) oder über alle Teilchen des Körpers (Volumenkraft = Feldkraft).

Im Zusammenhang mit den Begriffen Volumenkraft und Oberflächenkraft lässt sich der Begriff der so genannten *Schwerelosigkeit* eines Körpers erläutern: Ein Körper von der Masse m befindet sich immer dann im Zustand scheinbarer Schwerelosigkeit, wenn keine *Oberflächenkräfte* an ihm angreifen. Massenkräfte wirken immer, weil sich ein Körper immer in einem Gravitationsfeld befindet, also kann auch nur von einer *scheinbaren* Schwerelosigkeit gesprochen werden.

In einem solchen Zustand befindet sich beispielsweise jeder in den luftleeren Raum abgeschossene Körper, gleichgültig welcher Beschleunigung oder Verzögerung er im freien Flug unterliegt, also auch die Astronauten beim antriebslosen Rückflug zur Erde bis zum Wiedereintritt in die Atmosphäre.

Lasten werden in der Technik häufig solche äußeren Kräfte genannt, die den Körper nicht als Ganzes bewegen, sondern nur verformen oder um eine Ruhelage schwingen lassen.

23 Trägheitskraft

Nach dem Wechselwirkungsgesetz erzeugt jede Kraft am *anderen* Körper eine *Gegenkraft*. Der Finger kann

nur deshalb mit $F = 2$ N auf die Tischplatte drücken, weil diese ebenfalls mit $F = 2$ N auf den Finger wirkt. Dabei wird allerdings die Gegenkraft, die der Tisch auf den Finger ausübt, von anderen Körpern durch äußere Kräfte (in Bezug auf den Tisch) übertragen, also vom Fußboden auf den Tisch. Der Tisch überträgt demnach die Kräfte nur von einer Stelle (Fußboden) auf die andere (Finger). Das gilt für alle ruhenden oder gleichförmig geradlinig bewegten Körper. Sie erzeugen die Gegenkraft gewissermaßen nicht „von selbst"; sie sind nur indirekt daran beteiligt. Es ist auch gleichgültig, welche Stoffmenge der Körper besitzt und aus welcher Stoffart er hergestellt wurde. Beim Tisch ist es also gleichgültig, ob er aus Stahl oder Holz besteht.

Das ist anders beim frei beweglichen Körper, bei dem ja kein anderer Körper abstützend wirken kann. Auch hier entwickelt sich eine Gegenkraft. Sie ist wahrnehmbar beim Anstoßen einer Stahlkugel, die an einem langen Faden aufgehängt ist, sodass angenommen werden kann, sie sei für kurze horizontale Wege ohne Widerstand beweglich. Während der ruhende oder der gleichförmig bewegte Körper die Gegenkraft nur überträgt, ohne an deren Auftreten direkt beteiligt zu sein, entwickelt der beschleunigt bewegte Körper – hier die Stahlkugel – die Gegenkraft von selbst, offenbar aus sich heraus. Sie kommt zustande durch die bekannte Eigenschaft „Trägheit" des Körpers, also durch seine Masse. Der Körper entwickelt die Gegenkraft aus dem Bestreben heraus, seinen natürlichen Zustand beizubehalten, also zu ruhen oder sich gleichförmig geradlinig zu bewegen.

Die Trägheit ist demnach erst der Grund für das Zustandekommen der beschleunigenden Kraft. Wäre der Körper nicht von sich aus träge, wäre zum Beschleunigen keine Kraft nötig.

Diese sich aus dem Körper selbst entwickelnde Gegenkraft heißt *Trägheitskraft T* (oder Trägheitswiderstand oder d'Alembert-Kraft). Nach dem Wechselwirkungsgesetz muss T genau so groß sein wie die beschleunigende Kraft selbst, jedoch von entgegengesetztem Richtungssinn.

Sinnlich wahrnehmbar ist die Trägheitskraft in folgendem Beispiel: In einem Fahrstuhl hängt ein Körper an einer Federwaage. Sie zeigt bei Ruhestellung und bei gleichförmiger Auf- oder Abwärtsfahrt die „wahre" Gewichtskraft des Körpers an. Beim Anfahren zur Aufwärtsfahrt und Bremsen aus der Abwärtsfahrt zeigt die Waage eine größere Gewichtskraft an, weil in diesem Fall Gewichtskraft (Schwerkraft) *und* Trägheitskraft die gleiche Richtung haben und sich algebraisch addieren. Beim Anfahren zur Abwärtsfahrt und Bremsen aus der Aufwärtsfahrt verringert sich die Anzeige der Waage, weil Schwerkraft und Trägheitskraft entgegengesetzt gerichtet sind.

Von der beschleunigenden Kraft F ist seit *Newton* bekannt, dass sie der Beschleunigung a und der Körpermasse m proportional ist, nämlich $F = m a$ (dynamisches Grundgesetz). Demnach ist die Trägheitskraft T ebenfalls gleich Masse mal Beschleunigung und es ist üblich, den entgegengesetzten Richtungssinn durch ein Minuszeichen zu kennzeichnen:

T	m	a
$\dfrac{\text{kg m}}{\text{s}^2}$	kg	$\dfrac{\text{m}}{\text{s}^2}$

$T = -m\,a$

Wichtig ist folgende Erkenntnis:
Die Trägheitskraft ist weder eine innere noch eine äußere Kraft. Während die äußeren Kräfte von anderen Körpern auf den betrachteten übertragen und die inneren letztlich durch äußere Kräfte hervorgerufen werden, entwickelt der *Körper selbst* die Trägheitskraft T, natürlich auch nur dann, wenn ein anderer Körper eine Kraft einwirken lässt.

Wegen dieses grundsätzlichen Unterschieds zwischen den Trägheitskräften, den inneren und äußeren Kräften werden die Trägheitskräfte meist als „gedachte Kräfte" oder „Hilfskräfte" bezeichnet. Ihre Bedeutung liegt in der von *d'Alembert* entwickelten Methode, Aufgaben der Dynamik auf solche der Statik zurückzuführen. Das wird erst möglich durch die Einführung der Trägheitskräfte, die den am frei gemachten Körper angreifenden äußeren Kräften hinzugefügt werden (siehe dynamisches Gleichgewicht und Prinzip von d'Alembert).

24 Statisches Gleichgewicht

Satz vom statischen Gleichgewicht

Aus der Tatsache, dass sich ein ruhender oder geradlinig gleichförmig bewegter Körper im Gleichgewicht befindet, folgert man, dass die Summe seiner geometrisch addierten äußeren Kräfte und Momente den Wert null ergibt.

Dieser Satz wird zur Bestimmung der noch unbekannten Kräfte benutzt.

Greifen an einen „starren" Körper äußere Kräfte nur in einer Ebene an, spricht man vom „ebenen Kräftesystem" im Gegensatz zum „räumlichen Kräftesystem", bei dem die Wirklinien der Kräfte in verschiedenen Ebenen angreifen.

Sowohl beim ebenen als auch beim räumlichen Kräftesystem gibt es den Fall, dass die Kräfte einen gemeinsamen Angriffspunkt haben (zentrales Kräftesystem) oder dass mehrere Angriffspunkte zu finden sind (allgemeines Kräftesystem). Als Ergebnis der Kräftereduktion beliebiger Kräftesysteme ergeben sich folgende Möglichkeiten:

1. Das Ergebnis der Kräftereduktion ist eine Einzelkraft F_r und ein Kräftepaar:
   $\Sigma F \neq 0$ (Summe aller Kräfte ungleich null),
   $\Sigma M \neq 0$ (Summe aller Momente ungleich null).

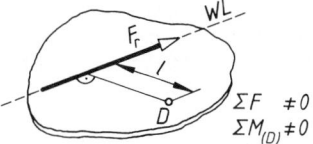

Bild 5.

$$\Sigma F \neq 0$$
$$\Sigma M_{(D)} \neq 0$$

Ein solches Kräftesystem ist statisch gleichwertig (äquivalent) einer Einzelkraft im Wirkabstand l vom Bezugspunkt D.

Die Summe der geometrisch addierten Kräfte F_1, F_2, F_3 ... ist ungleich null, d.h. es bleibt eine resultierende Einzelkraft F_r übrig, die den Körper auf der Wirklinie von F_r verschiebt oder verschieben könnte.

Außerdem ergibt die Kräftereduktion, dass ein resultierendes Moment M_r (Kraft F_r · Wirkabstand l) übrig bleibt, d.h. die Summe der geometrisch addierten Momente M_1, M_2, M_3 ... ist ungleich null. Dieses statische Moment würde den Körper um eine beliebige Drehachse drehen. Unter dem Einfluss des vorliegenden Kräftesystems kann sich der frei bewegliche Körper sowohl verschieben als auch drehen (Translation und Rotation).

Aus der Überlegung, dass offenbar das vorliegende Kräftesystem gleichwertig ist einer im Abstand l wirkenden Resultierenden F_r (Bild 5) wird der so genannte *Momentensatz* hergeleitet:

Summe der Momente aller Kräfte in Bezug auf beliebigen Drehpunkt	$=$	Moment der Resultierenden F_r in Bezug auf den gleichen Drehpunkt

$$\Sigma M = l\,F_r$$

Daraus lässt sich der Wirkabstand l der Resultierenden F_r berechnen:

$$l = \frac{\Sigma M}{\Sigma F} = \frac{M_1 + M_2 + M_3 \ldots M_n}{F_1 + F_2 + F_3 \ldots F_n}$$

2. Das Ergebnis der Kräftereduktion ist eine Einzelkraft F_r:
   $\Sigma F \neq 0$ (Summe aller Kräfte ungleich null),
   $\Sigma M = 0$ (Summe aller Momente gleich null).

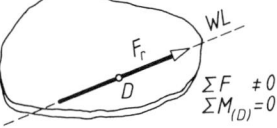

$$\Sigma F \neq 0$$
$$\Sigma M_{(D)} = 0$$

Bild 6.

Ein solches Kräftesystem ist statisch gleichwertig einer durch den Drehpunkt laufenden Einzelkraft.

Die Summe der geometrisch addierten Kräfte F_1, F_2, F_3 ... ist also auch hier ungleich null und es bleibt wieder eine resultierende Einzelkraft F_r übrig, die den

Körper auf ihrer Wirklinie verschiebt oder verschieben könnte. Die Summe der geometrisch addierten Momente ist hier jedoch gleich null, weil kein Kräftepaar übrig bleibt; der Körper kann sich jetzt nicht drehen.

Ein solches Kräftesystem kann nur existieren, wenn die Wirklinie der resultierenden Einzelkraft F_r genau durch den gewählten Drehpunkt hindurchläuft, denn nur in diesem Fall ist der Wirkabstand von F_r gleich null und damit auch die Summe der Momente.

3. Das Ergebnis der Kräftereduktion ist ein Kräftepaar:

$\Sigma F = 0$ (Summe aller Kräfte gleich null),

$\Sigma M \neq 0$ (Summe aller Momente ungleich null).

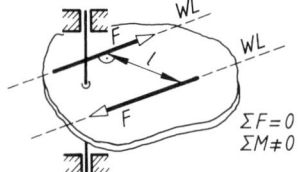

$$\Sigma F = 0$$
$$\Sigma M \neq 0$$

Bild 7.

Ein solches Kräftesystem ist statisch äquivalent einem *Kräftepaar*, d.h. es bleibt bei der Kräftereduktion ein Kräftesystem übrig, das aus zwei gleich großen, gegensinnigen Kräften besteht, deren Wirklinien außerdem parallel liegen, sodass es sich nicht weiter vereinfachen lässt.

Man bezeichnet deshalb eine resultierende Einzelkraft F_r und ein Kräftepaar als statisch äquivalent (gleichwertig); beide lassen sich nicht weiter reduzieren.

Der Körper bleibt dann am Ort stehen und dreht sich um jede beliebige Achse mit der Drehkraftwirkung des Kräftepaares, d.h. mit seinem Moment $M = F l$.

4. Ergibt die Kräftereduktion, dass die Summe der geometrisch addierten Kräfte *und* Momente gleich null ist, sagt man, die Kräfte stehen im Gleichgewicht.

$\Sigma F = 0$ (Summe aller Kräfte gleich null),

$\Sigma M = 0$ (Summe aller Momente gleich null).

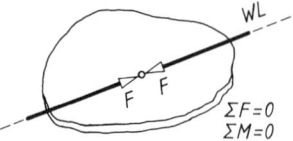

$$\Sigma F = 0$$
$$\Sigma M = 0$$

Bild 8.

Ein solcher Körper muss nach dem Trägheitsgesetz entweder ruhen oder sich mit konstanter Geschwindigkeit auf geradliniger Bahn fortbewegen. Deshalb sagt man auch, der *Körper* befindet sich im Gleichgewicht, weil er sich weder beschleunigt verschiebt

(Summe aller Kräfte ungleich null) noch beschleunigt dreht (Summe aller Momente ungleich null).

Manchmal sagt man auch kurz, es herrscht Gleichgewicht. Es bleibt dann der Anschauung des Betrachters überlassen, ob er das begrifflich auf den Körper oder das Kräftesystem bezieht. Das ist tatsächlich gleichgültig, wenn nur erkannt wird:

Wenn ein Körper ruhen oder sich geradlinig gleichförmig bewegen soll, muss die Summe seiner geometrisch addierten Kräfte und Momente gleich null sein. Man nennt deshalb $\Sigma F = 0$, $\Sigma M = 0$ die *Gleichgewichtsbedingungen* am starren Körper. Da sich ein frei beweglicher *Körper im Raum* in Richtung der drei Achsen (x, y, z) eines rechtwinkligen Achsenkreuzes sowohl *verschieben* als auch um diese Achsen *drehen* kann, spricht man von den *sechs Freiheitsgraden* des Körpers im Raum.

Analytisch aufgespalten gelten dann die *sechs* rechnerischen Gleichgewichtsbedingungen:

$$\left.\begin{array}{l} \Sigma F_x = 0 \\ \Sigma F_y = 0 \\ \Sigma F_z = 0 \end{array}\right\} \begin{array}{l}\text{keine beschleunigte oder} \\ \text{verzögerte Verschiebung} \\ \text{möglich}\end{array}$$

$$\left.\begin{array}{l} \Sigma M_{(x)} = 0 \\ \Sigma M_{(y)} = 0 \\ \Sigma M_{(z)} = 0 \end{array}\right\} \begin{array}{l}\text{keine beschleunigte oder} \\ \text{verzögerte Drehung} \\ \text{möglich}\end{array}$$

Ein *Körper in der Ebene* kann sich in zwei rechtwinklig aufeinander stehenden Richtungen in der Ebene (x, y) verschieben und sich um eine zur Ebene stehende Achse drehen. Ein solcher Körper besitzt demnach *drei Freiheitsgrade*.

Analytisch aufgespalten gelten dann die drei rechnerischen Gleichgewichtsbedingungen:

$$\left.\begin{array}{l} \Sigma F_x = 0 \\ \Sigma F_y = 0 \end{array}\right\} \begin{array}{l}\text{keine beschleunigte oder} \\ \text{verzögerte Verschiebung} \\ \text{möglich}\end{array}$$

$$\left.\begin{array}{l} \Sigma M_{(z)} = 0 \end{array}\right\} \begin{array}{l}\text{keine beschleunigte oder} \\ \text{verzögerte Drehung} \\ \text{möglich}\end{array}$$

Mit Hilfe der rechnerischen Gleichgewichtsbedingungen können noch unbekannte Kräfte berechnet werden. Für jede unbekannte Größe muss dann eine Gleichung existieren, sonst ist das Kräftesystem „statisch unbestimmt" und nach den Gesetzen der Statik allein nicht zu lösen. Es müssen dann noch Gesetze der Elastizitätslehre bekannt sein, z.B. das Hooke'sche Gesetz.

Da beim zentralen Kräftesystem in der Ebene eine Momentwirkung nicht auftreten kann, weil die Wirklinien aller Kräfte durch den gemeinsamen Angriffspunkt gehen, also keine Kraft einen Wirkabstand besitzt, genügen die beiden Kraft-Gleichgewichtsbedingungen $\Sigma F_x = 0$, $\Sigma F_y = 0$. Analog gilt für das zentrale räumliche Kräftesystem $\Sigma F_x = 0$, $\Sigma F_y = 0$, $\Sigma F_z = 0$.

Bei der zeichnerischen Behandlung solcher Kräftesysteme muss sich das Krafteck aller Kräfte schließen, weil nur dann die Resultierende $F_r = 0$ ist.

25 Dynamisches Gleichgewicht

Satz vom dynamischen Gleichgewicht

Für jeden *ungleichförmig* bewegten Körper ist die Summe der geometrisch addierten äußeren Kräfte *einschließlich der Trägheitskräfte* gleich null.

Dieser Satz wird zur Bestimmung unbekannter Kräfte benutzt.

Nach dem Trägheitsgesetz ist am ruhenden oder geradlinig gleichförmig bewegten Körper die Summe aller geometrisch addierten Kräfte und Momente gleich null. Auch ohne besondere Angabe ist bekannt, dass es sich nur um äußere Kräfte und Momente handeln kann, also solche, die von irgendeinem anderen Körper auf den betrachteten übertragen werden.

Bleibt bei der Kräftereduktion, der Vereinfachung des vorliegenden Kräftesystems, eine Kraft als „Resultierende" übrig, wird der Körper entweder beschleunigt oder verzögert.

Den Zusammenhang zwischen der sich einstellenden Beschleunigung a und der resultierenden Kraft F_r liefert über die Masse m des Körpers das dynamische Grundgesetz $F_r = m\,a$.

Nach dem Wechselwirkungsgesetz ist diese resultierende Kraft F_r gleich groß gegensinnig der Trägheitskraft T, die der beschleunigte oder verzögerte Körper aus sich heraus entwickelt und die auf den beschleunigenden Körper zurückwirkt.

Mit Hilfe dieser Trägheitskraft T ist es nun möglich, die statischen Gleichgewichtsbetrachtungen auch auf solche Körper zu beziehen, die beschleunigte oder verzögerte Bewegungen ausführen, also auf Körper, für die die Kräftesumme *nicht* gleich null ist. Auf den gleichen Körper bezogen heben sich die angreifende Beschleunigungskraft F_r und die dadurch hervorgerufene Trägheitskraft T auf: Sie stehen also im Gleichgewicht wie zwei äußere Kräfte, die gleich groß und gegensinnig sind. Damit gilt:

$$F_r - T = 0 \quad \text{und mit } T = m\,a$$

$$F_r - m\,a = 0$$

Beachte: Die Trägheitskraft T ist immer der Beschleunigung a entgegengerichtet.

Mathematisch formuliert, ergibt sich der *Satz vom dynamischen Gleichgewicht*:

$$\Sigma\left(F + T\right) = \Sigma\left(F - m\frac{\Delta v}{\Delta t}\right) = 0$$

Ein bekanntes Beispiel für die Benutzung des Begriffs der Trägheitskraft ist die *Zentrifugalkraft F_z*.

Bewegt sich ein Körper der Masse m auf einem Kreis mit dem Radius r, ist dazu eine zum Mittelpunkt des Kreises gerichtete Kraft nötig (Hammerwerfer). Diese Kraft heißt *Zentripetalkraft F_c*. Sie hält den Körper auf der Kreisbahn. Wäre sie nicht da, würde der Körper in tangentialer Richtung davonfliegen. Sie wird berechnet aus:

$$F_c = m\frac{v^2}{r}$$

F_c	m	v	r
$N = \dfrac{kg\,m}{s^2}$	kg	$\dfrac{m}{s}$	m

m Körpermasse, v Umfangsgeschwindigkeit, r Kreisbahnradius

Von der Schwerkraft abgesehen ist die Zentripetalkraft die einzige am Körper angreifende äußere Kraft. Ihr muss nach dem Wechselwirkungsgesetz eine gleich große Kraft entgegenwirken. Das kann hier nur eine Trägheitskraft sein. Man nennt sie Zentrifugalkraft F_z und schreibt:

$$F_z = -m\frac{v^2}{r}$$

F_z ist demnach vom gleichen Betrag wie F_c, nur mit entgegengesetztem Richtungssinn.

Es ist zu beachten, dass Trägheitskräfte *nur dann* eingesetzt werden dürfen, wenn eine Dynamikaufgabe nach den statischen Gleichgewichtsbedingungen (also „statisch") behandelt werden soll. Wird eine solche Aufgabe nicht statisch gelöst, also etwa mit Hilfe des dynamischen Grundgesetzes oder eines daraus entwickelten Satzes, dann sind die Trägheitskräfte – eben weil sie keine „äußeren" Kräfte sind – als nicht vorhanden anzusehen.

Literatur

[1] Böge, A.: *Physik, Grundlagen – Versuche – Aufgaben – Lösungen*. Braunschweig: Vieweg, 2005

[2] Föppl, L.: *Elementare Mechanik vom höheren Standpunkt*. München: Oldenbourg

[3] Franke, H.: *Lexikon der Physik*. Stuttgart: Francksche Verlagshandlung

[4] Gerlach, W.: *Physik*. Frankfurt am Main: Fischer Bücherei KG

[5] Heitler, W.: *Der Mensch und die naturwissenschaftliche Erkenntnis*. Braunschweig: Vieweg

[6] Sacklowski, A.: *Physikalische Größen und Einheiten*. Stuttgart: Deva Fachverlag

[7] Wallot, J.: *Größengleichung, Einheiten und Dimensionen*. Leipzig: Barth

Tabelle 1. Physikalische Größen, Definitionsgleichungen, Einheiten und Dimensionen

Mechanik

Größe	Formel-zeichen	Definitions-gleichung	SI-Einheit[1]	Bemerkung, Beispiel andere zulässige Einheiten
Länge	l, s, r	Basisgröße	m (Meter)	1 Seemeile (sm) = 1 852 m
Fläche	A	$A = l^2$	m^2	Hektar (ha), 1 ha = 10^4 m^2 Ar (a), 1 a = 10^2 m^2
Volumen	V	$V = l^3$	m^3	Liter (l) 1 l = 10^{-3} m^3 = 1 dm^3
ebener Winkel	$\alpha, \beta, \gamma \ldots$	$\alpha = \dfrac{\text{Kreisbogen}}{\text{Kreisradius}}$	$rad \equiv 1$ (Radiant)	$\alpha = 1{,}7 \dfrac{m}{m} = 1{,}7 \text{ rad}$
Raumwinkel	Ω	$\Omega = \dfrac{\text{Kugelfläche}}{\text{Radiusquadrat}}$	$sr \equiv 1$ (Steradiant)	$\Omega = 0{,}4 \dfrac{m^2}{m^2} = 0{,}4 \text{ sr}$
Zeit	t	Basisgröße	s (Sekunde)	1 min = 60 s; 1 h = 60 min 1 d = 24 h = 86 400 s
Frequenz	f	$f = \dfrac{1}{T}$	$\dfrac{1}{s} = s^{-1} = Hz$ (Hertz)	bei *Umlauf*frequenz wird U/s statt 1/s benutzt T Periodendauer
Drehfrequenz (Drehzahl)	n	$n = 2\,\pi\,f$	$\dfrac{1}{s} = s^{-1}$	$\dfrac{U}{min} = \dfrac{1}{min} = min^{-1} = \dfrac{1}{60\,s}$
Geschwindigkeit	v	$v = \dfrac{ds}{dt} = \dfrac{\Delta s}{\Delta t}$	$\dfrac{m}{s}$	$1\,\dfrac{km}{h} = \dfrac{1}{3{,}6}\,\dfrac{m}{s}$
Beschleunigung	a	$a = \dfrac{dv}{dt} = \dfrac{\Delta v}{\Delta t}$	$\dfrac{m}{s^2}$	$\dfrac{cm}{h^2}, \dfrac{km}{s^2} \ldots$
Fallbeschleunigung	g		$\dfrac{m}{s^2}$	Normfallbeschleunigung $g_n = 9{,}80665$ m/s^2
Winkelgeschwindig-keit	ω	$\omega = \dfrac{\Delta\varphi}{\Delta t} = \dfrac{v_u}{r}$	$\dfrac{1}{s} = \dfrac{rad}{s}$	φ Drehwinkel in rad
Umfangsgeschwindig-keit	v_u	$v_u = \pi\,d\,n = \omega r$	$\dfrac{m}{s}$	d Durchmesser n Drehzahl
Winkelbeschleunigung	α	$\alpha = \dfrac{d\omega}{dt} = \dfrac{\Delta\omega}{\Delta t} = \dfrac{a}{r}$	$\dfrac{1}{s^2} = \dfrac{rad}{s^2}$	ω Winkelgeschwindigkeit

[1]   Einheit des „Système International d'Unités" (Internationales Einheitensystem)

Größe	Formel-zeichen	Definitionsglei-chung	SI-Einheit	Bemerkung, Beispiel andere zulässige Einheiten
Masse	m	Basisgröße	kg	$1\text{ g} = 10^{-3}\text{ kg}$ $1\text{ t} = 10^{3}\text{ kg}$
Dichte	ϱ	$\varrho = \dfrac{m}{V}$	$\dfrac{\text{kg}}{\text{m}^3}$	$\dfrac{\text{g}}{\text{cm}^3}$; $\dfrac{\text{t}}{\text{m}^3}$
Kraft	F	$F = m\,a$	$\text{N} = \dfrac{\text{kgm}}{\text{s}^2}$ (Newton)	$1\text{ dyn} = 10^{-5}\text{ N}$
Gewichtskraft	F_G	$F_G = m\,g$	$\text{N} = \dfrac{\text{kgm}}{\text{s}^2}$	Normgewichtskraft $F_{Gn} = m\,g_n$
Druck	p	$p = \dfrac{F}{A}$	$\dfrac{\text{N}}{\text{m}^2} = \dfrac{\text{kgm}}{\text{m}^2\text{s}^2}$	$1\text{ bar} = 10^5\,\dfrac{\text{N}}{\text{m}^2} = 10^5\text{ Pa}$ $\dfrac{\text{N}}{\text{m}^2} = \text{Pa (Pascal)}$
dynamische Viskosität	η		$\dfrac{\text{Ns}}{\text{m}^2} = \dfrac{\text{kgms}}{\text{m}^2\text{s}^2}$	$\dfrac{\text{Ns}}{\text{m}^2} = \text{Pa s}$ $1\text{ P} = 0{,}1\text{ Pa s (P Poise)}$
kinematische Viskosität	v	$v = \dfrac{\eta}{\varrho}$	$\dfrac{\text{m}^2}{\text{s}} = \dfrac{\text{Ns/m}^2}{\text{kg/m}^3}$	$1\text{ St} = 10^{-4}\,\dfrac{\text{m}^2}{\text{s}}$ (St Stokes)
Arbeit	W	$W = F\,s$	$\text{J} = \dfrac{\text{kgm}^2}{\text{s}^2}$	$1\text{ J} = 1\text{ Nm} = 1\text{ Ws}$ J Joule
Energie	W	$W = \dfrac{m}{2}v^2$ $W = m\,g\,h$	$\text{J} = \dfrac{\text{kgm}^2}{\text{s}^2}$	Nm Newtonmeter Ws Wattsekunde kWh Kilowattstunde $1\text{ kWh} = 3{,}6 \cdot 10^6\text{ J} = 3{,}6\text{ MJ}$
Leistung	P	$P = \dfrac{W}{t}$	$W = \dfrac{\text{Nm}}{\text{s}}$	$1\,\dfrac{\text{Nm}}{\text{s}} = 1\,\dfrac{\text{J}}{\text{s}} = 1\text{ W}$
Drehmoment	M	$M = F\,l$	$\text{Nm} = \dfrac{\text{kgm}^2}{\text{s}^2}$	Biegemoment M_b Torsionsmoment T
Trägheitsmoment	J	$J = \displaystyle\int \text{d}m\,\varrho^2$	kgm^2	Massenmoment 2. Grades (früher: Massenträgheitsmoment)
Elastizitätsmodul	E	$E = \sigma\dfrac{l_0}{\Delta l}$	$\dfrac{\text{N}}{\text{m}^2} = \dfrac{\text{kg}}{\text{s}^2\text{m}}$	$\dfrac{\text{N}}{\text{mm}^2}$
Schubmodul	G	$G = \dfrac{E}{2(1+\mu)}$	$\dfrac{\text{N}}{\text{m}^2} = \dfrac{\text{kg}}{\text{s}^2\text{m}}$	$\dfrac{\text{N}}{\text{mm}^2}$ (μ Poisson-Zahl)

Thermodynamik

Größe	Formel-zeichen	Definitions-gleichung	SI-Einheit	Bemerkung, Beispiel andere zulässige Einheiten
Temperatur (thermodynamische Temperatur)	T, Θ	Basisgröße	K (Kelvin)	1 K = 1 °C (Grad Celsius) t, ϑ Celsius-Temperatur
spezifische innere Energie	u	$\Delta u = q + w_v$	$\dfrac{J}{kg} = \dfrac{kgm^2}{s^2 kg}$	$1\dfrac{kgm^2}{s^2} = 1\,Nm = 1\,J$
Wärme (Wärmemenge)	Q	$Q = m\,c\,\Delta\vartheta$ $Q = \Delta U - W_v$	$J = \dfrac{kgm^2}{s^2}$	$1\dfrac{kgm^2}{s^2} = 1\,Nm = 1\,J$
spezifische Wärme	q	$q = \Delta u - w_v$	$\dfrac{J}{kg} = \dfrac{kgm^2}{s^2 kg}$	
spezifische Wärmekapazität	c	$c = \dfrac{Q}{m\,\Delta\vartheta} = \dfrac{q}{\Delta T}$	$\dfrac{J}{kg\,K} = \dfrac{kgm^2}{s^2 kg\,K}$	
Enthalpie	H	$H = U + pV$ $h = u + pv$	$J = \dfrac{kgm^2}{s^2}$	$h = \dfrac{H}{m}$ spezifische Enthalpie
Wärmeleitfähigkeit	λ		$\dfrac{W}{m\,K} = \dfrac{kgm}{s^3 K}$	$\dfrac{J}{m\,h\,K}$ 1 K = 1 °C
Wärmeübergangs-koeffizient	α		$\dfrac{W}{m^2\,K} = \dfrac{kg}{s^3 K}$	$\dfrac{J}{m^2\,h\,K}$ 1 K = 1 °C
Wärmedurchgangs-koeffizient	k		$\dfrac{W}{m^2\,K} = \dfrac{kg}{s^3 K}$	$\dfrac{J}{m^2\,h\,K}$ 1 K = 1 °C
spezifische Gaskonstante	$R_i = \dfrac{R}{M}$	$R_i = \dfrac{p}{T\varrho}$	$\dfrac{J}{kg\,K} = \dfrac{m^2}{s^2 K}$	M molare Masse
universelle Gaskonstante	R	$R = 8315\dfrac{J}{kmol\,K}$	$\dfrac{J}{kmol\,K}$	1 kmol = 1 Kilomol
Strahlungskonstante	C		$\dfrac{W}{m^2\,K^4} = \dfrac{kg}{s^3\,K^4}$	$C_s = 5{,}67\dfrac{W}{m^2 K^4}$ C_s Strahlungskonstante des schwarzen Körpers

Elektrotechnik

Größe	Formel-zeichen	Definitions-gleichung	SI-Einheit	Bemerkung, Beispiel andere zulässige Einheiten
elektrische Stromstärke	I	Basisgröße	A (Ampere)	
elektrische Spannung	U	$U = \Sigma\, E\, \Delta s$	V (Volt)	$1\,\mathrm{V} = 1\dfrac{\mathrm{W}}{\mathrm{A}} = 1\dfrac{\mathrm{kgm^2}}{\mathrm{s^3A}}$ W (Watt)
elektrischer Widerstand	R		Ω (Ohm)	$1\dfrac{\mathrm{V}}{\mathrm{A}} = 1\,\Omega = 1\dfrac{\mathrm{kgm^2}}{\mathrm{s^3A^2}}$
elektrischer Leitwert	G		$\dfrac{1}{\Omega}$	$1\dfrac{\mathrm{A}}{\mathrm{V}} = 1\,\mathrm{S} = 1\dfrac{\mathrm{A^2\,s^3}}{\mathrm{kgm^2}}$ S (Siemens)
elektrische Ladung (Elektrizi-tätsmengen)	Q		C = As (Coulomb)	1 As = 1 C 1 Ah = 3 600 As
elektrische Kapazität	C	$C = \dfrac{Q}{U}$	$\mathrm{F} = \dfrac{\mathrm{As}}{\mathrm{V}}$ (Farad)	$1\,\mathrm{F} = 1\dfrac{\mathrm{C}}{\mathrm{V}} = 1\dfrac{\mathrm{As}}{\mathrm{V}} = 1\dfrac{\mathrm{A^2s^4}}{\mathrm{kgm^2}}$
elektrische Flussdichte	D	$D = \epsilon_0\,\epsilon_\mathrm{r}\,E$	$\dfrac{\mathrm{C}}{\mathrm{m^2}}$	$1\dfrac{\mathrm{C}}{\mathrm{m^2}} = 1\dfrac{\mathrm{As}}{\mathrm{m^2}}$
elektrische Feldstärke	E	$E = \dfrac{F}{Q}$	$\dfrac{\mathrm{V}}{\mathrm{m}}$	$1\dfrac{\mathrm{V}}{\mathrm{m}} = 1\dfrac{\mathrm{kgm}}{\mathrm{s^3A}}$
Permittivität (früher Dielektrizi-tätskonstante)	ϵ	$\epsilon = \epsilon_0\,\epsilon_\mathrm{r}$ ϵ_0 elektrische Feldkonstante ϵ_r Permittivitätszahl	$\dfrac{\mathrm{F}}{\mathrm{m}} = \dfrac{\mathrm{A^2s^4}}{\mathrm{kgm^3}}$	$1\dfrac{\mathrm{s}}{\mathrm{V}} = \dfrac{\mathrm{s^2\,C^2}}{\mathrm{kgm^3}}$
elektrische Energie	W_e	$W_\mathrm{e} = \dfrac{Q\,U}{2}$	Ws	$1\,\mathrm{Nm} = 1\,\mathrm{J} = 1\,\mathrm{Ws} = 1\dfrac{\mathrm{kgm^2}}{\mathrm{s^2}}$
magnetische Feldstärke	H	$H = \dfrac{I}{2\,\pi\,r}$	$\dfrac{\mathrm{A}}{\mathrm{m}}$	
magnetische Flussdichte, Induktion	B	$B = \mu\,H$	$\mathrm{T} = \dfrac{\mathrm{kg}}{\mathrm{s^2A}}$ T (Tesla)	$1\dfrac{\mathrm{Wb}}{\mathrm{m^2}} = 1\dfrac{\mathrm{Vs}}{\mathrm{m^2}} = 1\dfrac{\mathrm{kg}}{\mathrm{s^2A}}$ $1\,\mathrm{T} = 1\dfrac{\mathrm{Vs}}{\mathrm{m^2}}$ Wb (Weber)
magnetischer Fluss	Φ	$\Phi = \Sigma\,B\,\Delta A$	$\mathrm{Wb} = \dfrac{\mathrm{kgm^2}}{\mathrm{s^2A}}$	$1\,\mathrm{Wb} = 1\,\mathrm{Vs} = 1\dfrac{\mathrm{kgm^2}}{\mathrm{s^2A}}$
Induktivität	L	$L = -\dfrac{N\Phi}{I}$ N (Windungszahl)	$\mathrm{H} = \dfrac{\mathrm{kgm^2}}{\mathrm{s^2A^2}}$ H (Henry)	$1\,\mathrm{H} = 1\dfrac{\mathrm{Vs}}{\mathrm{A}} = 1\dfrac{\mathrm{Wb}}{\mathrm{A}} = 1\dfrac{\mathrm{kgm^2}}{\mathrm{s^2A^2}}$
Permeabilität	μ	$\mu = \mu_0\,\mu_\mathrm{r}$ μ_0 magnetische Feldkonstante μ_r Permeabilitätszahl	$\dfrac{\mathrm{H}}{\mathrm{m}} = \dfrac{\mathrm{kgm}}{\mathrm{s^2A^2}}$	$1\dfrac{\mathrm{Vs}}{\mathrm{Am}} = 1\dfrac{\mathrm{kgm}}{\mathrm{s^2A^2}}$

Optik

Größe	Formel-zeichen	Name der Einheit	SI-Einheit	Bemerkung
Lichtstärke	I_v	Candela	cd	Basisgröße
Beleuchtungsstärke	E_v	Lux	lx	
Lichtstrom	Φ_v	Lumen	lm	1 lm = 1 cd sr (sr Steradiant)
Lichtmenge	Q_v	Lumen · Sekunde	lm · s	
Lichtausbeute	η	$\dfrac{\text{Lumen}}{\text{Watt}}$	$\dfrac{\text{lm}}{\text{W}}$	
Leuchtdichte	L_v	$\dfrac{\text{Candela}}{\text{Quadratmeter}}$	$\dfrac{\text{cd}}{\text{m}^2}$	

Tabelle 1 (Fortsetzung)	Farbtemperatur	HK/cd	cd/HK
Umrechnungsfaktoren von	2 043 K (Platinpunkt)	0,903	1,107
Candela in Hefnerkerzen (HK)	2 360 K (Wolfram-Vakuum-Lampe)	0,877	1,140
und umgekehrt	2 750 K (gasgefüllte Wolframlampe)	0,861	1,162

Tabelle 2. Allgemeine und atomare Konstanten

Bezeichnung	Beziehung
Avogadro-Konstante	$N_A = 6,0\,221\,367 \cdot 10^{23}$ mol^{-1}
Boltzmann-Konstante	$k = 1,380\,658 \cdot 10^{-23}$ J/K
elektrische Elementarladung	$e = 1,60\,217\,733 \cdot 10^{-19}$ C
elektrische Feldkonstante	$\epsilon_0 = 8,854\,187\,817 \cdot 10^{-12}$ F/m
Faraday-Konstante	$F = 96\,485,309$ C/mol
Lichtgeschwindigkeit im leeren Raum	$c_0 = 2,99\,792\,458 \cdot 10^8$ m/s
magnetische Feldkonstante	$\mu_0 = 1,256\,637\,061\,4 \cdot 10^{-6}$ H/m
molares Normvolumen idealer Gase	$V_{mn} = 2,24\,208 \cdot 10^4$ cm^3/mol
Planck-Konstante	$h = 6,6260\,755 \cdot 10^{-34}$ J · s
Ruhemasse des Elektrons	$m_e = 9,1\,093\,897 \cdot 10^{-31}$ kg
Ruhemasse des Protons	$m_p = 1,672\,622 \cdot 10^{-27}$ kg
Stefan-Boltzmann-Konstante	$\sigma = 5,67\,051 \cdot 10^{-8}$ W/(m^2 · K^4)
(universelle) Gaskonstante	$R = 8,314\,510$ J/(mol · K)
Gravitationskonstante	$G = 6,67\,259 \cdot 10^{-11}$ m^3 kg^{-1} s^{-2}

Tabelle 3. Umrechnungstafel für metrische Längeneinheiten

Einheit	Pico-meter pm	Ång-ström[1]) Å	Nano-meter nm	Mikro-meter μm	Milli-meter mm	Zenti-meter cm	Dezi-meter dm	Meter m	Kilo-meter km
1 pm =	1	10^{-2}	10^{-3}	10^{-6}	10^{-9}	10^{-10}	10^{-11}	10^{-12}	10^{-15}
1 Å [1]) =	10^{2}	1	10^{-1}	10^{-4}	10^{-7}	10^{-8}	10^{-9}	10^{-10}	10^{-13}
1 nm =	10^{3}	10	1	10^{-3}	10^{-6}	10^{-7}	10^{-8}	10^{-9}	10^{-12}
1 μm =	10^{6}	10^{4}	10^{3}	1	10^{-3}	10^{-4}	10^{-5}	10^{-6}	10^{-9}
1 mm =	10^{9}	10^{7}	10^{6}	10^{3}	1	10^{-1}	10^{-2}	10^{-3}	10^{-6}
1 cm =	10^{10}	10^{8}	10^{7}	10^{4}	10	1	10^{-1}	10^{-2}	10^{-5}
1 dm =	10^{11}	10^{9}	10^{8}	10^{5}	10^{2}	10	1	10^{-1}	10^{-4}
1 m =	10^{12}	10^{10}	10^{9}	10^{6}	10^{3}	10^{2}	10	1	10^{-3}
1 km =	10^{15}	10^{13}	10^{12}	10^{9}	10^{6}	10^{5}	10^{4}	10^{3}	1

[1]) Das Ångström ist nicht als Teil des Meters definiert, gehört also nicht zum metrischen System. Es ist benannt nach dem schwedischen Physiker *A. J. Ångström* (1814 – 1874).

Beachte: Der negative Exponent gibt die Anzahl der Nullen (vor der 1) *einschließlich* der Null vor dem Komma an, z.B. 10^{-4} = 0,0001; 10^{-1} = 0,1; 10^{-6} = 0,000 001. Der positive Exponent gibt die Anzahl der Nullen (nach der 1) an, z.B. 10^{4} = 10 000; 10^{1} = 10; 10^{6} = 1 000 000.

Tabelle 4. Vorsatzzeichen zur Bildung von dezimalen Vielfachen und Teilen von *Grundeinheiten* oder hergeleiteten Einheiten *mit selbstständigem* Namen

Vorsatz	Kurzzeichen	Bedeutung	
Tera	T	1 000 000 000 000 (= 10^{12})	Einheiten
Giga	G	1 000 000 000 (= 10^{9})	Einheiten
Mega	M	1 000 000 (= 10^{6})	Einheiten
Kilo	k	1 000 (= 10^{3})	Einheiten
Hekto	h	100 (= 10^{2})	Einheiten
Deka	da	10 (= 10^{1})	Einheiten
Dezi	d	0,1 (= 10^{-1})	Einheiten
Zenti	c	0,01 (=10^{-2})	Einheiten
Milli	m	0,001 (= 10^{-3})	Einheiten
Mikro	μ	0,000001 (= 10^{-6})	Einheiten
Nano	n	0,000 000 001 (= 10^{-9})	Einheiten
Pico	p	0,000 000 000 001 (= 10^{-12})	Einheiten

B2 Chemie   *P. Kurzweil*

1 Stoffe

Chemie ist die Lehre von den Stoffen und Stoffänderungen. Durch *chemische Reaktionen (Synthese)* entstehen aus Ausgangsstoffen (Edukte) andere Stoffe (Produkte) mit neuen Eigenschaften.

Chemische Elemente (Grundstoffe) bestehen aus gleichartigen Atomen und sind durch chemische Reaktionen nicht weiter zerlegbar; z. B. Wasserstoff, Sauerstoff, Eisen.

Chemische Verbindungen (Reinstoffe) setzen sich aus Elementen in bestimmten Massenverhältnissen zusammen; z. B. Wasser, Methan, Eisenoxid. Man kann sie nur durch chemische Reaktionen in stoffliche Bestandteile zerlegen (Analyse).

Gemische bestehen aus zwei oder mehr Stoffen, z. B. Erdgas, Benzin, Schwarzpulver. Man kann sie durch physikalische Verfahren (Sedimentation, Destillation, Extraktion u.s.w.) trennen.

Lösungen sind homogene (einphasige) Gemische aus einem meist flüssigen Lösemittel und mindestens einem darin gelösten, ursprünglich festen, flüssigen oder gasförmigen Stoff; z. B. Zuckerwasser, Kupfer-Nickel-Legierungen („Feste Lösung").

2 Aufbau der Materie

2.1 Atombau und atomare Konstanten

Atome bilden die kleinsten Teilchen der chemischen Elemente.

Der *Atomkern* misst nur $1/10000$ des Atomdurchmessers (10^{-10} bis 10^{-9} m); doch konzentriert sich dort die Masse des Atoms. Die Masse der voluminösen *Elektronenhülle* ist winzig.

Das *Elektron* gilt als stabiles **Elementarteilchen** und Träger der negativen Elementarladung. *Proton* und *Neutron* sind 1836-mal schwerer als das Elektron und bestehen nach neuerer Erkenntnis aus *Quarks*. Die Kernbausteine aus Protonen und Neutronen bezeichnet man als *Nucleonen*. Ihr Zusammenhalt wird durch *Gluonen* („Kittteilchen") erklärt.

Das *Neutron* bildet den Anregungszustand des Nucleons, das Proton den Grundzustand. Freie Neutronen zerfallen in Protonen und Elektronen.

Tabelle 1. Elementarteilchen.

Teil-chen	Sym-bol	Masse in kg	Masse in u	Ladung in C = As	Quarks
Elek-tron	e^-	$9{,}109 \cdot 10^{-31}$	0,000549	$-1{,}602 \cdot 10^{-19}$	unteil-bar
Proton	p	$1{,}673 \cdot 10^{-27}$	1,00728	$+1{,}602 \cdot 10^{-19}$	uud
Neu-tron	n	$1{,}675 \cdot 10^{-27}$	1,00867	0	udd

2.2 Elementsymbole und Atommassen

Chemische Elemente unterscheiden sich eindeutig durch die Zahl der Protonen, die **Ordnungszahl** Z; danach sind die Elemente im Periodensystem sortiert. Atome sind aus Z Elektronen, Z Protonen und $A - Z$ Neutronen aufgebaut. Sie tragen keine elektrische Ladung, weil die Zahl der Elektronen und Protonen gleich ist. Durch Elektronenabgabe oder -aufnahme entstehen aus Atomen elektrisch geladene *Ionen*.

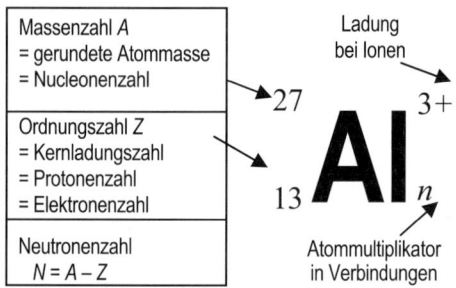

Massenzahl A = gerundete Atommasse = Nucleonenzahl

Ordnungszahl Z = Kernladungszahl = Protonenzahl = Elektronenzahl

Neutronenzahl $N = A - Z$

Ladung bei Ionen

$^{27}_{13}\text{Al}^{3+}_{n}$

Atommultiplikator in Verbindungen

Bild 1. Bedeutung der Ziffern am Elementsymbol

Die **atomare Masseneinheit** ist als $1/12$ der Masse eines „Kohlenstoff-12"-Atoms festgelegt. Ein ^{12}C-Atom wiegt etwa soviel wie zwölf Wasserstoffatome.

$$1 \text{ u} = {}^1/_{12}\, m(^{12}\text{C}) = 1{,}66054 \cdot 10^{-27} \text{ kg}$$

Die gemessene Atommasse ist um den **Massendefekt** kleiner als die berechnete Summe aus Elektronen-, Protonen- und Neutronenmasse. Wenn die Elementarteilchen zum Atomkern zusammentreten, wird nämlich die **Kernbindungsenergie** frei.

$$\Delta m = [Z \cdot (m_p + m_e) + (A - Z) \cdot m_n] - m_{\text{atom}}$$
$$E_B = \Delta m \cdot c^2 \qquad \text{(in J für } \Delta m \text{ in kg)}$$
$$1 \text{ u} \;\hat{=}\; 931{,}494 \text{ MeV}$$

Bei stabilen Kernen ist $\Delta m > 0$. Die Kernbindungsenergie je Nucleon E_B/A ist ein Maß für die Stabilität eines Atomkernes. Kerne mit 40 bis 100 Nucleonen sind am stabilsten. Die *Spaltung* schwerer Kerne und die Verschmelzung (*Kernfusion*) leichter Kerne führt zu stabilen Endprodukten mit höherer Kernbindungsenergie, wobei Energie freigesetzt wird.

■ **Beispiel:**
Für Silber ($Z = 47$) mit der tabellierten Atommasse $A_r = 108{,}90$ berechnet sich mit Tabelle 1 der Massendefekt:
$\Delta m = [47 \cdot (m_p + m_e) + (109 - 47) \cdot m_n] - 108{,}90 \text{ u} = 1{,}0 \text{ u}$
$E_B = \Delta m \cdot 931{,}49 \text{ MeV} = 931{,}49 \text{ MeV}$

Isotope sind Atomarten (*Nuklide*) desselben Elementes, die sich nur in der *Massenzahl* unterscheiden. Die Kohlenstoffisotope ^{12}C, ^{13}C und ^{14}C verhalten sich in chemischen Reaktionen völlig gleich, aber sie haben 6, 7 bzw. 8 Neutronen, sind somit unterschiedlich schwer. Viele Isotope sind radioaktiv, z. B. Kohlenstoff-14 (^{14}C), Cobalt-60 (^{60}Co) und Tritium (^{3}H).

Reinelemente kommen in der Natur nur mit jeweils einer Neutronenzahl (einem Isotop) vor, z. B. Aluminium, Arsen, Gold, Natrium und Phosphor. Die meisten Elemente sind *Mischelemente*, also Gemische mehrerer Isotope.

Isotopentrennung. Das natürliche Gemisch aus ^{238}U, ^{235}U und ^{234}U ist chemisch nicht trennbar. In Gaszentrifugen jedoch fließt $^{238}UF_6$ zum Rand des Drehzylinders, leichteres $^{235}UF_6$ sammelt sich im Inneren. Bei der *Wasserelektrolyse* reichert sich „schweres Wasser" D_2O an, weil H_2O schneller zersetzt wird.

Die im Periodensystem tabellierte **Atommasse** berücksichtigt das natürliche *Isotopengemisch* der Elemente; daher weicht sie von der ganzzahligen Nucleonenzahl ab.

Tabelle 2. Tabellierte Atommasse von Chlor

Isotop	Häufigkeit	Isotopenmasse in u
^{35}Cl	75,77% ·	34,968853
^{37}Cl	+ 24,23% ·	36,965903 =
$A_r(Cl)$		35,4527

Tabelle 3. Bedeutung der Massenzahl im PSE

		Beispiel: Eisen
Massenzahl	A	1 Atom Eisen enthält 56 Nucleonen
Relative Atommasse	A_r	1 Atom ist 55,845-mal schwerer als ein zwölftel ^{12}C-Atom.
Absolute Atommasse	m	1 Atom wiegt 55,845 u = $9,273 \cdot 10^{-26}$ kg
Molare Masse	M	1 mol Eisen wiegt 55,845 g und enthält $6,02 \cdot 10^{23}$ Atome

2.3 Radioaktivität und Kernchemie

Der *radioaktive Zerfall* ist kein chemischer Vorgang; durch Vorgänge im Atomkern entstehen jedoch neue Elemente und große Energiebeträge werden frei.

In den natürlichen Zerfallsreihen treten α-Strahlung (Heliumkerne), β-Strahlung (Elektronen) und γ-Strahlung (elektromagnetische Wellen) auf, bei künstlichen Kernumwandlungen auch Positronstrahlung. Der Zerfall in uranhaltigen Erzen endet bei Pb-206, in thoriumhaltigen Erzen bei Pb-208.

Bei der **künstlichen Kernumwandlung** wird ein Zielkern (*Target*) mit einem Teilchen (*Projektil*) beschossen. Neue Elemente entstehen.

$$^{14}_{7}N + ^{4}_{2}He \rightarrow ^{18}F^* \rightarrow ^{17}_{8}O + ^{1}_{1}H \quad \text{oder} \quad ^{4}N(\alpha,p)^{17}O$$

$$^{19}_{9}F + ^{1}_{0}n \rightarrow ^{20}F^* \rightarrow ^{20}_{10}Ne + ^{0}_{-1}e^- \quad \text{oder} \quad ^{19}F(n,e)^{20}Ne$$

Tabelle 4. Beispiele für den radioaktiven Zerfall

α-Zerfall	$^{226}_{88}Ra \rightarrow ^{222}_{86}Rn + ^{4}_{2}He$

Das Tochternuklid steht im PSE 2 Stellen links vom Ausgangsnuklid (typisch $Z > 83$).

β-Zerfall	$^{12}_{5}N \rightarrow ^{12}_{6}C + ^{0}_{-1}e^- + \bar{\nu}_e$

Das Tochternuklid steht im PSE eine Stelle rechts vom Ausgangsnuklid. Häufig bei Nukliden mit Neutronenüberschuss.

$$^{1}_{0}n \rightarrow ^{1}_{1}p + ^{0}_{-1}e^- + \bar{\nu}_e \quad (\bar{\nu}_e \text{ Antineutrino})$$

β⁺-Zerfall	$^{14}_{8}O \rightarrow ^{14}_{7}N + ^{0}_{1}e^+ + \nu_e$

Das Tochternuklid steht im PSE eine Stelle links vom Ausgangsnuklid. Häufig bei „künstlichen" Nukliden mit Protonenüberschuss.

$$^{1}_{1}p \rightarrow ^{1}_{0}n + ^{0}_{1}e^+ + \nu_e \quad (\nu_e \text{ Neutrino})$$

Die natürlichen Isotope ^{14}C und ^{40}K eignen sich für die **radioaktive Altersbestimmung**. Jede Sekunde zerfallen gleiche Bruchteile λ der vorhandenen Radionuklide. In frischem Holz finden 15,3 Zerfälle pro Minute und Gramm Kohlenstoff statt.

$$^{14}_{6}C \rightarrow ^{14}_{7}N + ^{1}_{-1}e \quad \text{mit} \quad \tau = 5730 \text{ a}$$

Aktivität: Zerfälle pro Sekunde	$A = \dfrac{dN}{dt} = -\lambda N$	(s⁻¹)
Zerfallsgesetz: Restmenge zur Zeit t	$N = N_0 \cdot e^{-\lambda t} = N_0 \cdot 2^{-t/\tau}$	
Zerfallskonstante: Kehrwert der mittleren Lebensdauer	$\lambda = \dfrac{\ln 2}{\tau} = \dfrac{1}{T}$	(s⁻¹)
Halbwertszeit, Zeit, in der 50% der Kerne zerfallen:	$\tau = \dfrac{\ln 2}{\lambda} \approx \dfrac{0,693}{\lambda}$	(s)
Altersbestimmung	$t = -\dfrac{1}{\lambda} \ln \dfrac{N}{N_0}$	

3 Periodensystem der Elemente (PSE)

3.1 Atommodelle und Quantenzahlen

Wasserstoff und andere verdünnte Gase kann man in einer Gasentladungsröhre durch Elektronenstoß zum Leuchten anregen; angeregte Natriumatome in Kochsalz färben eine Bunsenflamme gelb. Die emittierte Strahlung lässt sich durch ein optisches Gitter in ein charakteristisches *Linienspektrum* zerlegen.

Das **Atommodell von** *Bohr* beschreibt die „diskrete" Linienstrahlung durch Sprünge von Elektronen zwischen Elektronenschalen unterschiedlicher Energie. Angeregte Elektronen kehren innerhalb von 10^{-8} s von angeregten Energieniveau E_2 in den Grundzustand E_1 zurück und emittieren Licht der Frequenz f bzw. Wellenlänge λ.

$$\Delta E = E_2 - E_1 = h f = hc/\lambda$$

$h = 6{,}626 \cdot 10^{-34}$ Js (*Planck*-Wirkungsquantum)

Das **wellenmechanische Atommodell** geht von Wahrscheinlichkeitsräumen, den *Orbitalen*, aus. Dort hält sich das Elektron (als Teilchen) bzw. seine Ladung (Elektron als Welle) überwiegend auf. Nach der *Unschärferelation von Heisenberg* ist es grundsätzlich unmöglich, Ort <u>und</u> Impuls gleichzeitig exakt zu bestimmen. Folglich können exakte Umlaufbahnen für Elektronen nicht ermittelt werden.

Die Z Elektronen der Atomhülle verteilen sich auf maximal sieben Elektronenschalen (K bis Q), die sich in Unterniveaus (s, p, d, f) gliedern. Jedes Elektron im Atom hat eine andere Energie und ist durch vier **Quantenzahlen** charakterisiert.

1. *Hauptquantenzahl* $n = 1...7$: Periode im Periodensystem bzw. äußerste Elektronenschale (K bis Q).

2. *Nebenquantenzahl* $l = 0, 1, 2, 3$: Zahl der Knotenebenen durch den Atomkern, in denen sich kein Elektron aufhalten darf. Geometrische *Form* der Orbitale: s (Kugel), p (Hantel), d und f (Rosette). Sie nehmen 2, 6, 10 bzw. 14 Elektronen auf.

3. *Magnetquantenzahl* $m = -l,...,0,...l$: Räumliche Ausrichtung der drei p-, fünf d- und sieben f-Orbitale (mit je zwei Elektronen) in einem äußeren magnetischen oder elektrischen Feld (*Zeeman*-Effekt bzw. *Stark*-Effekt).

4. *Spinquantenzahl* $s = +\frac{1}{2}$ oder $-\frac{1}{2}$: Der Eigendrehimpuls des Elektrons kann sich gleichsinnig (parallel) oder gegensinnig (antiparallel) zur Umlaufbahn ausrichten.

***Pauli*-Prinzip.** In einem Atom stimmen niemals zwei Elektronen in allen *vier Quantenzahlen* überein. Zwei Elektronen im gleichen Orbital müssen sich durch den „Spin nach oben" oder „unten" unterscheiden.

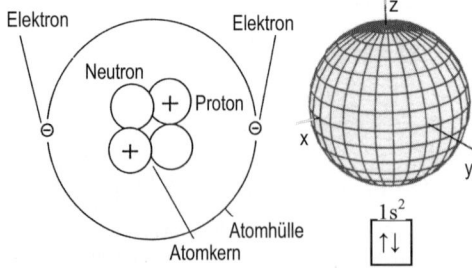

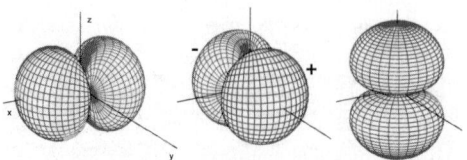

Bild 2. Heliumatom im Atommodell nach *Bohr*, als *s*-Orbital (Kugelwolke) und in Kästchenschreibweise.

Bild 3. Die *p*-Orbitale fassen $3 \cdot 2 = 6$ Elektronen.

Bild 4. Die *d*-Orbitale fassen $5 \cdot 2 = 10$ Elektronen.

3.2 Aufbau des Periodensystems

Das Periodensystem ordnet die Elemente nach steigender *Kernladungszahl* (Ordnungszahl, Protonenzahl) und fasst Elemente mit ähnlichen chemischen Eigenschaften in *Gruppen* (senkrechte Spalten) zusammen. Nach steigender Atommasse geordnet, würden Argon und Kalium, Cobalt und Nickel, Tellur und Iod wegen ihrer häufigsten Isotope in vertauschte Gruppen fallen.

Das **chemische Symbol** bezeichnet zugleich ein Element und ein Atom eines Elementes. Elemente, die schon im Altertum bekannt waren, tragen lateinische Kürzel. Seit 1985 sind internationale Schreibweisen üblich: Bismut statt Wismut, Iod statt Jod.

Die künstlich erzeugten **Transfermiumelemente** werden bis zur endgültigen Festlegung mit Zahlworten benannt, z. B. Element 112 als *Ununbium* (Uub) oder „Eka-Quecksilber".

Die **häufigsten Elemente**, Sauerstoff und Silicium, bilden 74% der Erdrinde; Aluminium, Eisen, Calcium, Natrium, Kalium, Magnesium, Titan und Wasserstoff 25%, die übrigen Elemente zusammen 1%.

Wasserstoff H_2, Sauerstoff O_2 und die Halogene (F_2, Cl_2, Br_2, I_2) kommen als **zweiatomige Moleküle** vor. Nur bei chemischen Reaktionen treten sie für Sekundenbruchteile „aktiv" (atomar) auf. Die übrigen Elemente kommen *atomar* vor, etliche sind *radioaktiv* oder entstehen durch Kernumwandlung.

Die **Periode** (waagrechte Zeile im PSE) bezeichnet die Nummer der äußersten BOHR-Schale. Innerhalb einer Gruppe wächst der Atomdurchmesser an. Das Bariumatom ist z. B. größer als das Calciumatom.

Die **Gruppen** werden von 1 bis 18 durchnummeriert. Auch römische Gruppennummern sind üblich: Die Hauptgruppenelemente (Ia bis VIIIa) sind Metalle; Halbmetalle oder Nichtmetalle, die Nebengruppenelemente (Ib bis VIIIb) heißen *Übergangsmetalle*.

Die Elemente in einer Gruppe besitzen in ihrer Außenschale die gleiche Zahl von **Valenzelektronen.** Sie gehen daher mit anderen Elementen Bindungen gleicher Oxidationsstufe („Wertigkeit") ein.

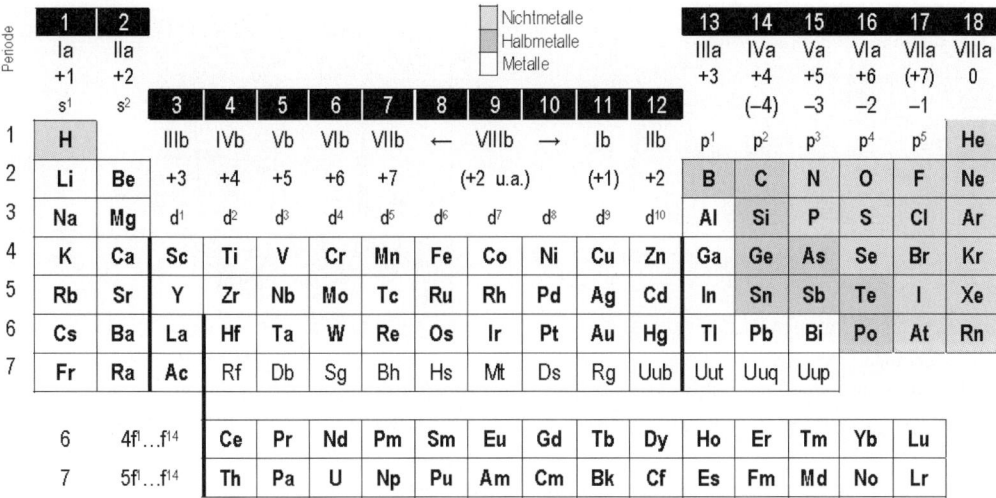

Bild 5. Periodensystem der Elemente (PSE) mit Gruppenbezeichnungen, Valenzorbitalen (s, p, d, f) und der höchsten Oxidationsstufe gegenüber Sauerstoff (positiv: in Oxiden und Sauerstoffsäuren) bzw. Wasserstoff (negativ: in Hydriden und Metallsalzen).

Tabelle 5. Gruppen im Periodensystem der Elemente

Gruppe		Hauptgruppen	Valenzelektronen
1	Ia	Alkalimetalle	s^1 (sehr reaktiv)
2	IIa	Erdalkalimetalle	s^2 (reaktiv)
13	IIIa	Erdmetalle, Borgruppe	s^2p^1
14	IVa	Kohlenstoffgruppe	s^2p^2
15	Va	Stickstoffgruppe, Pnicogene	s^2p^3
16	VIa	Sauerstoffgruppe, Chalkogene	s^2p^4 (reaktiv)
17	VIIa	Halogene	s^2p^5 (sehr reaktiv)
18	VIIIa	Edelgase	s^2p^6 (inert)
		Nebengruppen	
3	IIIb	Scandiumgruppe	d^1s^2
		Lanthanoide: Ce ... Lu	f^1s^2 bis $f^{14}s^2$
		Actinoide: Th ... Lr	
4	IVb	Titangruppe	d^2s^2
5	Vb	Vanadiumgruppe	d^3s^2
6	VIb	Chromgruppe	d^5s^1 (d^4s^2)
7	VIIb	Mangangruppe	d^5s^2
8–10	VIIIb	Eisenmetalle (Fe, Co, Ni)	d^6s^2 bis d^8s^2
		Platinmetalle (Ru...Pt)	
11	Ib	Kupfergruppe	$d^{10}s^1$
12	IIb	Zinkgruppe	$d^{10}s^2$ (reaktiv)

Die **Periode** (waagrechte Zeile im PSE) bezeichnet die Nummer der äußersten BOHR-Schale. Innerhalb einer Gruppe wächst der Atomdurchmesser an. Das Bariumatom ist z. B. größer als das Calciumatom.

Die **Gruppen** werden von 1 bis 18 durchnummeriert. Auch römische Gruppennummern sind üblich: Die Hauptgruppenelemente (Ia bis VIIIa) sind Metalle; Halbmetalle oder Nichtmetalle, die Nebengruppenelemente (Ib bis VIIIb) heißen *Übergangsmetalle*.

Die Elemente in einer Gruppe besitzen in ihrer Außenschale die gleiche Zahl von **Valenzelektronen.** Sie gehen daher mit anderen Elementen Bindungen gleicher Oxidationsstufe („Wertigkeit") ein.

3.3 Elektronenkonfiguration

Die Elektronenkonfiguration beschreibt die Anordnung der Elektronen im Atom. Das *Energieniveauschema* zeigt die Orbitale nach steigender Energie.

s-Orbitale nehmen maximal zwei, *p*-Orbitale sechs, *d*-Orbitale zehn, *f*-Orbitale 14 Elektronen auf.

Wasserstoff und Helium füllen das 1s-Niveau auf, Alkali- und Erdalkalimetalle die höheren **s-Niveaus**. Die Nicht- und Halbmetalle besetzen die **p-Niveaus**. Die Nebengruppenelemente füllen die **d-Niveaus**, der vorletzten Schale (n-1 = 3,...,6). Lanthanoide und Actinoide füllen die **4f-** bzw. **5f-Niveaus.**

Jedes hinzu kommende Elektron besetzt ein möglichst niedriges Energieniveau – was nicht immer der numerischen Reihenfolge entspricht.

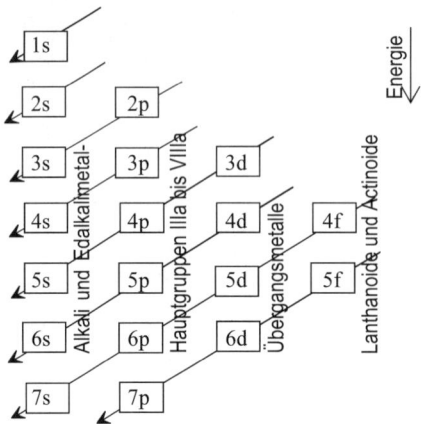

Bild 6. Reihenfolge der Orbitalauffüllung

In den Nebengruppen Ib und Vb, bei einigen Platin-
metallen und den Actinoiden gibt es Ausnahmen.

Halb und vollbesetzte d-Schalen sind energetisch
bevorzugt.

An Stelle d^4s^2 tritt d^5s^1 (bei Cr, Mo).
An Stelle d^9s^2 tritt $d^{10}s^1$ (bei Cu, Ag, Au).

■ **Beispiel:**
   Kupfer hat theoretisch die Besetzung [Ar] $3d^94s^2$, experimentell
   ermittelt wurde [Ar] $3d^{10}4s^1$.

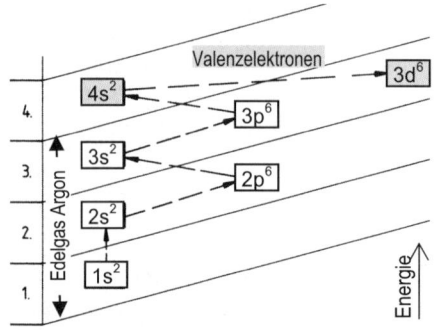

Bild 7. Energieniveauschema von Eisen (26 e⁻).
Elektronenkonfiguration: $1s^2\,2s^2\,2p^6\,3s^2\,3p^6\,3d^6\,4s^2$,
kurz: [Ar] $3d^64s^2$. Dabei wird 4s vor 3d gefüllt. Die
Zahl der Elektronen im gleichen Energieniveau steht
als Exponent im Termsymbol. Weil für chemische
Reaktionen nur die Valenzelektronen wichtig sind,
beginnt die Aufstellung zweckmäßig bei der abgeschlossenen Schale des vorangehenden Edelgases.

3.4 Periodische Eigenschaften der Elemente

Nach der elektrischen Leitfähigkeit werden Metalle
(Leiter), Halbmetalle (Halbleiter) und Nichtmetalle
(Nichtleiter) unterschieden. Im PSE links stehen
Metalle, rechts Nichtmetalle. Chemisch ähnliche Ele-
mente fallen in den Gruppen zusammen.

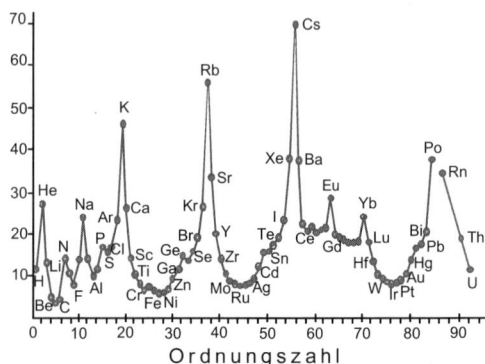

Bild 8. Periodizität der Atomvolumina (in cm³/mol).

Metalle sind *elektropositiv.* Wegen ihrer niedrigen
Ionisierungsenergie – der Energieaufwand zur Ab-
trennung eines Valenzelektrons – bilden sie leicht
positiv geladene Ionen (*Kationen*), die kleiner als das
Metallatom sind. Weil die inneren Elektronenschalen
die Kernladung abschirmen, werden die äußeren
Elektronen weniger stark gebunden als die inneren. In
einer Periode wächst jedoch mit jedem weiteren Proton im Kern die Ionisierungsenergie an. Die Alkalimetalle sind daher leicht ionisierbar, die Edelgase nur
unter extremen Bedingungen.
In der Schräge durch die 3. bis 6. Hauptgruppe finden
sich **Halbmetalle** (z. B. Graphit, Silicium und
schwarzer Phosphor), die den Nichtmetallen nahe
stehen. *Metametalle* (Be, Zn, Cd, Hg, Ga, In, Tl, Sn,
Pb, Bi) zeigen teilweise halbleitende Eigenschaften.
Arsen hat metallische und nichtmetallische *Modifikationen* (Erscheinungsformen).
Nichtmetalle sind *elektronegativ.* Wegen ihrer großen *Elektronenaffinität* – die freigesetzte Energie bei
Aufnahme eines Elektrons in die äußerste Schale –
bilden sie elektrisch negativ geladene Ionen (*Anionen*), die größer als das Nichtmetallatom sind.
Die **Elektronegativität** (EN) charakterisiert die Neigung der Elemente, Elektronen an sich zu ziehen; sie
steigt in den Perioden von links nach rechts, in den
Hauptgruppen von unten nach oben. Am stärksten
elektronegativ ist *Fluor* (4,0) am stärksten elektropositiv ist *Francium* bzw. *Cäsium* (0,7).
Im PSE stehen die **Basenbildner** (Metalle) tenden-
ziell links, die **Säurebildner** (Nichtmetalle) rechts.
Nichtmetalloxide – CO_2, NO_2, SO_2 und SO_3 – bilden
in Wasser Säuren; *Metalloxide* – Na_2O, CaO – bilden
Basen (Laugen). Mit steigender Oxidationsstufe
nimmt die Basizität ab. *Amphotere Oxide* – wie
Al_2O_3, MnO_2 – bilden je nach Reaktionspartner Säuren oder Basen.
Die reaktionsträgen *Edelgase* haben eine abgeschlossene *p*-Schale. Sie sind nullwertig; es sind jedoch
Verbindungen bekannt. *Metalle* geben Valenzelektronen ab, *Nichtmetalle* nehmen Elektronen auf, um
ebenfalls die stabile **Edelgasschale** zu erreichen.

Tabelle 6. Bindigkeit von Hauptgruppenelementen
+ Elektronenabgabe, – Elektronenaufnahme.

H	↑				±I	H_2
He	↑↓				0	

Li	[He]	↑				+I	Li_2O, LiH
Be	[He]	↑↓				+II	BeO, BeH_2
B	[He]	↑↓	↑			+III	Al_2O_3, AlH_3
C	[He]	↑↓	↑	↑		±IV	CO_2, CH_4
N	[He]	↑↓	↑	↑	↑	+V, –III	N_2O_5, NH_3
O	[He]	↑↓	↑↓	↑	↑	–II	H_2O
F	[He]	↑↓	↑↓	↑↓	↑	–I	HF
Ne	[He]	↑↓	↑↓	↑↓	↑↓	0	Edelgase

                3s   3p

S	[Ne]	↑↓	↑↓	↑	↑	+VI, –II	SO_3, H_2S
Cl	[Ne]	↑↓	↑↓	↑↓	↑	+VII, –I	Cl_2O_7, HCl

Alkalimetalle, Erdalkalimetalle und Halogene sind daher besonders reaktionsfreudig.

Nach der **Regel von *Hund*** werden *p*-, *d*- und *f*-Orbitale zunächst einfach besetzt, ehe sich die Elektronen paaren (Prinzip der größten Multiplizität).

Die **Oxidationsstufe** oder „stöchiometrische Wertigkeit" beschreibt die maximale *Bindigkeit* eines Elementes und hängt von der Zahl der Valenzelektronen ab – die an der Gruppennummer im PSE ablesbar ist. Sie entspricht der Zahl der Wasserstoffatome, die ein Element binden oder in der Bindung ersetzen kann.

Sauerstoff ist immer zweiwertig, nur in den Peroxiden einwertig. *Fluor* ist immer einwertig. Die *Eisen- und Platinmetalle* sind typisch zweiwertig (nicht 8-wertig). *Kupfer* gibt es ein- und zweiwertig, *Gold* ist dreiwertig. *Blei* und *Zinn* sind zwei- und vierwertig. Die *Lanthanoiden* (Seltenerdmetalle) sind dreiwertig.

Tabelle 7. Die chemischen Elemente:

* radioaktiv, Z Ordnungszahl, A_r relative Atommasse, […] Massenzahl des stabilsten Isotops. z Wichtigste Oxidationsstufe. *Kursiv:* englische Bezeichnungen.

Element		Z	A	z
Actinium*	Ac	89	[227]	+III
Aluminium	Al	13	26,98154	+III
Americium*	Am	95	[243]	+III
Antimon, *antimony*	Sb	51	121,760	+III
Argon	Ar	18	39,948	0
Arsen, *arsenic*	As	33	74,92160	+III, V
Astat*, *astatine*	At	85	[210]	–I
Barium	Ba	56	137,327	+II
Berkelium*	Bk	97	[247]	+III

Element		Z	A	z
Beryllium	Be	4	9,01218	+II
Bismut, *bismuth*	Bi	83	208,9804	+III
Blei, *lead*	Pb	82	207,2	+II, IV
Bohrium*	Bh	107	[264]	
Bor, *boron*	B	5	10,811	+III
Brom, *bromine*	Br	35	79,904	–I
Cadmium	Cd	48	112,411	+II
Caesium	Cs	55	132,90545	+I
Calcium	Ca	20	40,078	+II
Californium*	Cf	98	[251]	+III
Cer, *cerium*	Ce	58	140,116	+III
Chlor, *chlorine*	Cl	17	35,4527	–I
Chrom, *chromium*	Cr	24	51,9961	+III, VI
Cobalt	Co	27	58.93320	+II
Curium*	Cm	96	[247]	+III
Darmstadtium*	Ds	110	[281]	
Dubnium*	Db	105	[262]	
Dysprosium	Dy	66	162,500	+III
Einsteinium*	Es	99	[252]	+III
Eisen, *iron*	Fe	26	55,845	+II, III
Erbium	Er	68	167,26	+III
Europium	Eu	63	151,964	+III
Fermium*	Fm	100	[253]	+III
Fluor, *fluorine*	F	9	18,99840	–I
Francium*	Fr	87	[223]	+I
Gadolinium	Gd	64	157,25	+III
Gallium	Ga	31	69,723	+III
Germanium	Ge	32	72,61	+IV
Gold	Au	79	196,96655	+III
Hafnium	Hf	72	178,49	+IV
Hassium*	Ha	108	[265]	
Helium	He	2	4,00260	0
Holmium	Ho	67	164,93032	+III
Indium	In	49	114,818	+III
Iod, *iodine*	I	53	126,90447	–I
Iridium	Ir	77	192,217	+III
Kalium, *potassium*	K	19	39,0983	+I
Kohlenstoff, *carbon*	C	6	12,0107	IV
Krypton	Kr	36	83,798	0
Kupfer, *copper*	Cu	29	63,546	+II
Lanthan, *lanthanum*	La	57	138.9055	+III
Lawrencium*	Lr	103	[262]	+III
Lithium	Li	3	6,941	+I
Lutetium	Lu	71	174,967	+III
Magnesium	Mg	12	24,3050	+II
Mangan, *manganese*	Mn	25	54,93805	+II,IV,VII
Meitnerium*	Mt	109	[266]	
Mendelevium*	Md	101	[260]	+III
Molybdän, *molybdenum*	Mo	42	95,94	+VI
Natrium, *sodium*	Na	11	22,98977	+I
Neodym, *neodymium*	Nd	60	144,24	+III
Neon	Ne	10	20,1797	0
Neptunium*	Np	93	237,0482	+IV
Nickel	Ni	28	58,6934	+II
Niob, *niobium*	Nb	41	92,90638	+V
Nobelium*	No	102	[259]	+II
Osmium	Os	76	190,23	+IV
Palladium	Pd	46	104,42	+II
Phosphor, *phosphorus*	P	15	30,973761	+V, –III
Platin, *platinum*	Pt	78	195,078	+II, IV
Plutonium*	Pu	94	[244]	+IV
Polonium*	Po	84	[209]	+II, IV
Praseodym, *-ium*	Pr	59	140,90765	+III, IV

Element		Z	A	z
Promethium*	Pm	61	[145]	+III
Protactinium	Pa	91	231,05388	+IV, V
Quecksilber, *mercury*	Hg	80	200,59	+II
Radium	Ra	88	226,0254	+II
Radon*	Rn	86	222,0176	0
Rhenium	Re	75	186,207	+VII
Rhodium	Rh	45	102,90550	+I, III
Röntgenium*	Rg	111	[272]	
Rubidium	Rb	37	85,4678	+I
Ruthenium	Ru	44	101,07	+III
Rutherfordium*	Rf	104	[261]	
Samarium	Sm	62	150,36	+III
Sauerstoff, *oxygen*	O	8	15,9994	–II
Scandium	Sc	21	44,95591	+III
Schwefel, *sulfur*	S	16	32,066	–II, +VI
Seaborgium*	Sg	106	[266]	
Selen, *selenium*	Se	34	78,96	+IV
Silber, *silver*	Ag	47	107,8682	+I
Silicium, *silicon*	Si	14	28,0855	IV
Stickstoff, *nitrogen*	N	7	14,00674	+V, III
Strontium	Sr	38	87,62	+II
Tantal, *tantalum*	Ta	73	180,9479	+V
Technetium*	Tc	43	98,90625	+VII
Tellur, *tellurium*	Te	52	127,60	+IV

Element		Z	A	z
Terbium	Tb	65	158,92534	+III
Thallium	Tl	81	204,3833	+I
Thorium	Th	90	232,0381	+IV
Thulium	Tm	69	168,93421	+III
Titan, *titanium*	Ti	22	47,867	+IV
Uran*, *uranium*	U	92	238,0289	+VI
Vanadium	V	23	50,9415	+V
Wasserstoff, *hydrogen*	H	1	1,00794	I
Wolfram, *tungsten*	W	74	183,84	+VI
Xenon	Xe	54	131,293	0
Ytterbium	Yb	70	173,04	+III
Yttrium	Y	39	88,90585	+III
Zink, *zinc*	Zn	30	65,409	+II
Zinn, *tin*	Sn	50	118,710	+II, IV
Zirconium	Zr	40	91,224	+IV

4 Chemische Bindung

Die chemische Bindung erklärt den Zusammenhalt der Atome in Molekülen und Kristallgittern, ihre räumliche Gestalt (*Struktur*) und unterschiedlichen Stoffeigenschaften.

Tabelle 8: Grundtypen der chemischen Bindung

Ionenbindung (heteropolare Bindung, elektrovalente Bindung)	Atombindung (Elektronenpaarbindung, kovalente Bindung, homöopolare Bindung)	Metallbindung
Metall (elektropositiv) und *Nichtmetall* (elektronegativ)	*Nichtmetallatome* (elektroneutral)	*Metallatome* (elektropositiv)
Beispiel: $Na \cdot + \cdot \overline{Cl}| \rightarrow Na^+ + |\overline{Cl}|^-$	*Beispiel:* **unpolare Atombindung** $H \cdot + \cdot H \rightarrow H\text{–}H$ *Beispiel:* **polare Atombindung** $H \cdot + \cdot \overline{Cl}| \rightarrow H \triangleleft \overline{Cl}|$ H₂-Molekül	*Beispiel:* $M \rightarrow M^{z+} + z\,e^-$
Bildung von **Ionen**. Durch Elektronenabgabe erreicht das Metall, durch Elektronenaufnahme das Nichtmetall die stabile Edelgasschale (*Oktettregel*). Elektrostatische COULOMB-Kräfte zwischen Anionen und Kationen	Gemeinsame **Elektronenpaare** (= bindende Molekülorbitale), die bei der polaren Atombindung zum elektronegativeren Atom hin verschoben sind. Gerichtete quantenmechanische Austauschkräfte (Valenzkräfte)	**Elektronengas** (freie Valenzelektronen) und positiv geladene **Atomrümpfe** (ionisierte Metallatome). Zusammenhalt durch ungerichtete COULOMB-Kräfte
Ionenkristalle (**Salze**)	**Moleküle** / **Atomgitter**	**Metallgitter**
■ salzartig, spröde, Ionenleiter (Elektrolyte); z. B. LiF, CaO, NaOH, Oxid- und Silicatkeramik	■ flüchtig (CO_2, Cl_2, CH_4, Benzoll) oder ■ makromolekular (Stärke, Polymere) ▏ ■ diamantartig oder ■ glasartig-spröde: SiC, BN, Si, Ge, Quarz, Hartstoffe	■ metallisch, duktil, Elektronenleiter, z. B. Natrium; Eisen, Wolfram, Halbmetalle, Legierungen

Die meisten chemischen Elemente kommen in der Natur in *Verbindungen* vor. Nur wenige – wie Gold, Silber, Schwefel, Kohlenstoff – treten *elementar* (gediegen) auf. Triebkraft der chemischen Bindung ist die **Gitterenergie,** die bei Bildung von Kristallen frei wird. In *amorphen* Stoffen, Flüssigkeiten, Gläsern und Kunststoffen liegt ein ungeordneter Teilchenverband vor. Isolierte Atome gibt es nur bei den Edelgasen und hocherhitzten Dämpfen.

Oktettregel. An der chemischen Bindung nehmen nur die Elektronen der äußersten Schalen *(Valenzelektronen)* teil, nicht aber die Atomkerne. Jedes Atom strebt die stabile Edelgasschale an, indem es Elektronen aufnimmt (elektronegatives Element) oder abgibt (elektropositives Element).

4.1 Ionenbindung (Salze)

Ein Metallatom gibt ein oder mehrere Elektronen an ein Nichtmetallatom ab. Die entstehenden Metall*kationen* (positiv geladen) und Nichtmetall*anionen* (negativ geladen) ziehen sich gegenseitig an und bilden ein Ionengitter.

Valenzstrichformeln nach *Lewis* verdeutlichen die Bildung von Salzen. Die Zahl der Valenzelektronen – die wir der Gruppennummer des PSE entnehmen – schreiben wir als *Punkte* um die chemischen Symbole herum. Zwei Punkte, ein freies Elektronenpaar, wird durch einen Strich symbolisiert (vgl. Tabelle 8).

Eine Ionenbindung tritt ein, wenn die *Elektronegativitätsdifferenz* der Bindungspartner $\Delta EN \geq 1{,}7$ beträgt. In *Gläsern* und *Keramiken* liegen Ionenbindungen mit kovalenten Anteilen vor.

Die starken elektrostatischen COULOMB-Kräfte verhindern eine Verschiebung der Kristallgitterebenen. *Salze* sind daher hochschmelzend, spröde und Ionenleiter (Elektrolyte) in wässriger Lösung oder im geschmolzenen Zustand.

Die Zahl der Gegenionen, die einem zentralen Ion direkt benachbart sind, wird als **Koordinationszahl** (KZ) bezeichnet. Weicht das Verhältnis der Radien von 1 : 1 ab, treten kompliziertere Gitter auf.

Kochsalz:	$[NaCl]_{6:6}$	(oktaedrisch)
Quarz	$[SiO_2]_{4:2}$	(tetraedrisch)

Mit der **Ionenwertigkeit** (Tabelle 9) kann man chemische Verbindungen benennen. In Oxiden erreichen Metallionen ihre höchsten Wertigkeiten. Bei Elementen mit mehreren Wertigkeiten gibt man diese als *Oxidationsstufe* in römischen Ziffern hinter dem Elementnamen an.

Elementverbindungen lauten auf **-id,** Salze der Sauerstoffsäuren auf **-at,** Salze der „igen"-Säuren auf **-it.**

- **Beispiel:**

Lithiumnitrid (aus 3 Li$^+$ und N^{3-})	Li$_3$N
Titantetrachlorid, Titan(IV)-chlorid	TiCl$_4$
Chromtrioxid, Chrom(VI)-oxid	CrO$_3$
Natriumsulfid	Na$_2$S
Eisen(II)-sulfat	FeSO$_4$

Beim Zusammentritt der Ionen zum Ionengitter wird die **Gitterenergie** (*Gitterenthalpie*) frei. Bevor Natri-

ummetall und Chlorgas einen Kochsalzkristall formen, muss festes Natrium in die Gasphase überführt (sublimiert) und ionisiert werden; das Cl_2-Molekül muss gespalten (dissoziiert) und die Chloratome in Chloridionen überführt werden. Insgesamt wird die **molare Bildungsenthalpie** frei.

Tabelle 9. Ionen in anorganischen Verbindungen.

Kationen (Metalle)		Anionen (Nichtmetalle)		
+I	Alkaliionen: Li$^+$, Na$^+$, K$^+$ Ammonium: NH$_4^+$ Silber: Ag$^+$	Hydrid Fluorid Chlorid Bromid Iodid Hydroxid Nitrat Chlorat	H$^-$ F$^-$ Cl$^-$ Br$^-$ I$^-$ OH$^-$ NO$_3^-$ ClO$_4^-$	**–I**
+II	Erdalkaliionen: Mg^{2+}, Ca^{2+}, Sr^{2+}, Ba^{2+} Weitere: Fe^{2+}, Co^{2+}, Ni^{2+}; Mn^{2+}; Cu^{2+}, Zn^{2+}, Pb^{2+}	Oxid Sulfid Selenid Sulfat	O^{2-} S^{2-} Se^{2-} SO$_4^{2-}$	**–II**
+III	Erd- und Seltenerdmetalle B^{3+}, Al^{3+}, Ga^{3+}, In^{3+} Sc^{3+}, Y^{3+}, La^{3+}, Ce^{3+}, Nd^{3+} Weitere: Cr^{3+}, Au^{3+}	Nitrid Phosphid Arsenid Phosphat	N^{3-} P^{3-} As^{3-} PO$_4^{3-}$	**–III**
+IV	Sn^{4+}, Pb^{4+}, Ti^{4+}	Carbid Silicid Germanid	C^{4-} Si^{4-} Ge^{4-}	**–IV**

$$2\,Na + Cl_2 \longrightarrow 2\,NaCl \qquad \Delta H_f^0 = -403\ \text{kJ/mol}$$

Der Index f bedeutet „Bildung" (engl. *formation*), die hochgestellte Null Standardbedingungen (25 °C = 298,15 K und 1013,25 mbar).

Bei der **Hydratation,** der Umhüllung von Ionen durch Wassermoleküle beim Lösen von Salzen, wird die Hydratationsenthalpie frei. Getrieben durch die Wärmebewegung, fliehen an den Außenzonen des Salzkristalls Ionen aus dem Gitterverband; das Salz *dissoziiert* (zerfällt). Im freien Wasser werden Anionen und Kationen dann vollständig „aquotiert" (aq), d. h. von Wasserdipolen umhüllt.

$$NaCl \rightarrow Na^+_{(aq)} + Cl^-_{(aq)}$$

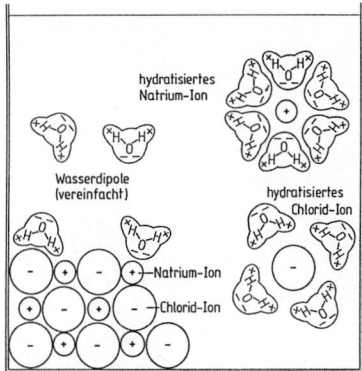

Bild 9. Lösen von Kochsalz in Wasser.

Übersteigt die *Hydratationsenthalpie* die Gitterenergie, erwärmt sich die Lösung. Andernfalls kühlt die Lösung ab und ein Energieeintrag durch Rühren wirkt förderlich.

Tabelle 10. Wärme beim Lösen von Salzen.

Lösungs-enthalpie	Temperatur-änderung	Beispiele
> 0	Erwärmung	NaOH in H_2O
= 0	keine	NaCl in H_2O
< 0	Abkühlung	NH_4Cl in H_2O

In anderen Lösungsmitteln als Wasser spricht man von **Solvatation** und *Solvatationsenthalpie*. Hydratisierte Wassermoleküle, die ins Ionengitter eingebaut werden, nennt man *Kristallwasser* (Hydratwasser).

4.2 Atombindung (Moleküle)

Bei der Atombindung (kovalente Bindung) teilen sich zwei oder mehr *Nichtmetallatome* gemeinsame Elektronenpaare und bilden *Moleküle*. Die Atome schwingen auf Grund der Wärmebewegung um einen Gleichgewichtsabstand, in dem die abstoßenden und die anziehenden Kräfte gleich groß sind.

a) Die **Elektronegativität** (EN) nach PAULING misst die Fähigkeit von Atomen, in einer chemischen Bindung Elektronen an sich zu ziehen. Die höchste Elektronegativität zeigen Fluor, Sauerstoff, Chlor, Stickstoff und Brom; die geringste die Alkalimetalle.

$\Delta EN = 0$ symmetrische Atombindung (H_2, O_2, N_2, Cl_2)
$\Delta EN < 1{,}7$ polare Atombindung (HCl, H_2O, NH_3)
$\Delta EN > 1{,}7$ Ionenbindung ($NaCl$, K_2O)

Bei der *polaren Atombindung* ist das Bindungspaar zum elektronegativeren Partner verschoben. Polare Moleküle zeigen ein permanentes *Dipolmoment*.

Moleküle sind flüchtig, niedrig schmelzend und leiten den elektrischen Strom nicht (Isolatoren). In *Polymeren* und *Gläsern* liegen Atombindungen mit ionischen Anteilen vor, z. B. Na^+ im Quarzglas. Gemischte Atom- und Ionenbindungen gibt es in *Komplexverbindungen* wie $K_4[Fe(CN)_6]$.

Strukturformeln nach *Lewis* verknüpfen die Atome im Molekül durch Bindungsstriche (bindende Elektronenpaare). *Freie Elektronenpaare* nehmen nicht an der Atombindung teil. Nach der *Oktettregel* zählen wir einfach von jedem Atom *vier Bindungsstriche* (einschließlich der freien Elektronenpaare) ab. Die *Bindigkeit* bezeichnet die Zahl der von einem Atom hergestellten Atombindungen.

Tabelle 11. Bindigkeit nach der Oktettregel

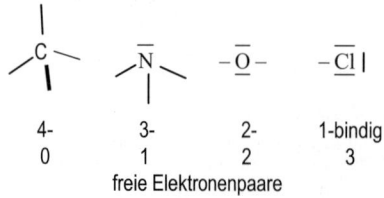

freie Elektronenpaare

b) Molekülorbitaltheorie (MO-Theorie)

Atombindungen entstehen durch Überlappung der Valenzelektronenorbitale zweier Atome.

σ-Bindungen (Einfachbindungen) bestehen aus *s*- oder *p*-Atomorbitalen in Bindungsrichtung, z. B. in Kohlenwasserstoffen.

π-Bindungen (in Mehrfachbindungen) entstehen aus *p*-Orbitalen, die nicht in Bindungsrichtung stehen, z. B. in Ethen, Acetylen, Benzol.

Die *Bindungsordnung* beschreibt den Grad der Atombindung als Einfach-, Doppel- oder Dreifachbindung.

$$BO = \frac{\left(\begin{array}{c}\text{bindende}\\ \text{Elektronen}\end{array}\right) - \left(\begin{array}{c}\text{antibindende}\\ \text{Elektronen}\end{array}\right)}{2}$$

■ **Beispiele**

Einfachbindung

$$H\cdot + \cdot H \rightarrow H_2$$
$$|\overline{Cl}\cdot + \cdot\overline{Cl}| \rightarrow |\overline{Cl} - \overline{Cl}|$$
$$3\,H\cdot + \cdot\underline{N}| \rightarrow \overline{N}H_3$$

Doppelbindung

$$\cdot\overline{O}\cdot + \cdot\overline{O}\cdot \rightarrow \overline{O} = \overline{O}$$

Tatsächlich liegt ein Biradikal $\overline{O}\div\overline{O}$ vor.

Dreifachbindung

$$\cdot\underline{N}| + |\underline{N}\cdot \rightarrow N \equiv N$$

Wasserstoff und die *Halogene* (F_2, Cl_2, Br_2, I_2) kommen in der Natur molekular vor, weil die σ-Bindung mit einem Energievorteil verbunden ist.

■ **Beispiel:**
MO-Schema der *p-p*-σ-Einfachbindung im Chlormolekül

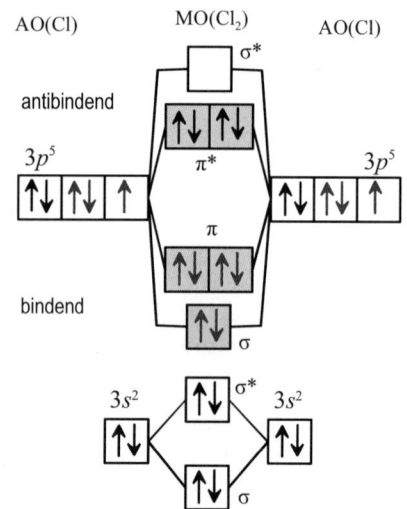

Bild 10. Jedes Cl-Atom mit der Elektronenkonfiguration $1s^2 2s^2 2p^5$ erreicht die Argonschale. Die unteren Elektronenschalen bis zum Edelgas Neon sind nicht eingezeichnet.

Bindungsordnung in Cl_2: $BO = (6 - 4)/2 = 1$

Sauerstoff (O$_2$) ist ein Biradikal, weil in den π*-Orbitalen zwei ungepaarte Elektronen sitzen; die Bindungsordnung ist 2, d. h. es liegt eine Doppelbindung aus einer σ- und einer π-Bindung vor. *Stickstoff* (N$_2$) hat eine Dreifachbindung aus einer σ- und zwei π-Bindungen; die Bindungsordnung beträgt 3.

c) Hybridisierungsmodell

Hybridorbitale erklären die räumliche Struktur von Molekülen. Die *Liganden* (gebundene Atomgruppen) ordnen sich in größtmöglichem Abstand um ein *Zentralatom*. Die großen freien Elektronenpaare am Zentralatom stoßen sich maximal ab. Die Bindungspaare nehmen die restlichen Positionen ein.

Die *Vierbindigkeit des Kohlenstoffatoms* widerspricht der $2s^2 2p^2$-Konfiguration des Grundzustandes. Vier gleichwertige Bindungen (Hybridorbitale) entstehen, wenn ein $2s$-Elektron in den $2p_z$-Zustand angehoben wird. Bei C=C-Doppel- und C≡C-Dreifachbindungen formen die nichtbindenden p_z- und p_y-Elektronen π-Wolken ober- und unterhalb der Bindungsebene.

Hybridorbitale mit *d*-Elektronen bilden die Elemente ab der 3. Periode. Jeder Ligand am Zentralatom liefert ein Bindungselektron, das wir in die Orbitale des Zentralatoms und mit einzeichnen. Die Zahl der Hybridorbitale nennt Hybridisierung.

■ **Beispiel:**
SF$_6$ hat sp^3d^2-Hybridorbitale und ist oktaedrisch gebaut.

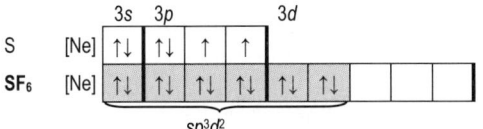

Tabelle 13. Hybridisierung und Molekülstruktur

2	*sp*	**linear** (180°): CH≡CH, CO$_2$, HCN, N$_3^-$
3	*sp²*	**trigonal-planar** (120°): „ebenes Dreieck": SO$_3$, NO$_3^-$, CO$_3^{2-}$BCl$_3$, COCl$_2$, NO$_2$Cl, TeO$_3$ Gewinkelt: SnCl$_2$
4	*sp³*	**tetraedrisch** (109°28') CH$_4$, BF$_4^-$, NH$_4^+$, SO$_4^{2-}$ NH$_3$, PCl$_3$ (ein freies Elektronenpaar) H$_2$O, SCl$_2$ (zwei freie Elektronenpaare)
4	*sp²d*	**quadratisch** (90°): PtCl$_4^{2-}$, Ni(CN)$_4^{2-}$
5	*sp³d*	**trigonal-bipyramidal** PF$_5$, PCl$_5$, SbCl$_5$, Fe(CO)$_5$, ClF$_3$
6	*sp³d²*	**oktaedrisch** (90°): SF$_6$, PF$_6^-$, SiF$_6^{2-}$, Te(OH)$_6$, MnCl$_6^{3-}$
7	*sp³d³*	**pentagonal-bipyramidal** IF$_7$, ZrF$_7^{3-}$, V(CN)$_7^{4-}$, Mo(CN)$_7^{5-}$
8	*sp³d⁴*	**quadratisch-antiprismatisch:** TaF$_8^{3-}$, ZrF$_8^{3-}$, Mo(CN)$_8^{4-}$, W(CN)$_8^{4-}$
4	*sd³*	**tetraedrisch:** CrO$_4^{2-}$, MnO$_4^{2-}$

Tabelle 12. Hybridisierung und Mehrfachbindungen beim Kohlenstoffatom

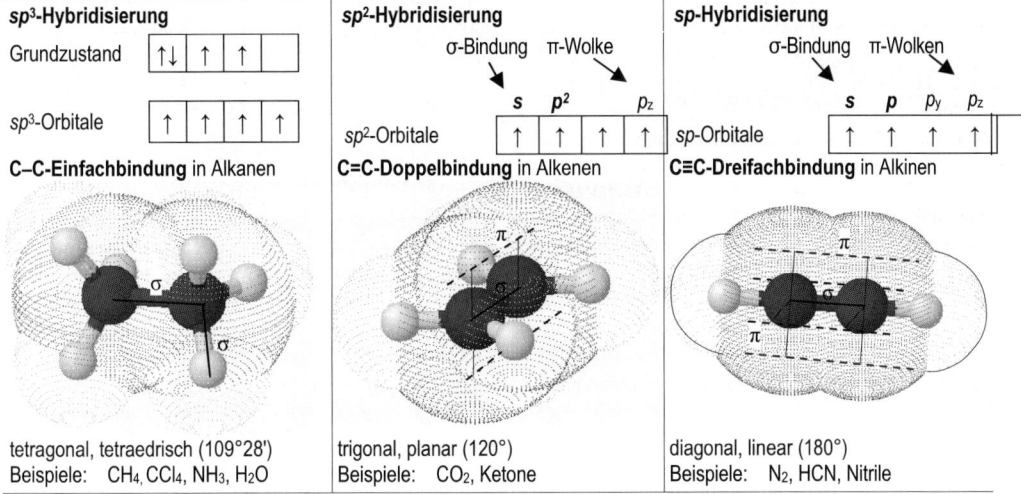

d) Atomgitter

Diamant, Silicium, Germanium, Bornitrid BN und Siliciumcarbid SiC kristallisieren in Atomgittern mit höchster Härte und Schmelztemperatur.

Das *Diamantgitter* besteht aus sp^3-hybridisierten Kohlenstoffatomen, die tetraedrisch mit vier Nachbaratomen durch bindende Elektronenpaare eng verbunden sind. Die Dichte beträgt 3,5 g/cm^3! Diamant ist der beste bekannte Wärmeleiter, ohne jedoch den elektrischen Strom zu leiten.

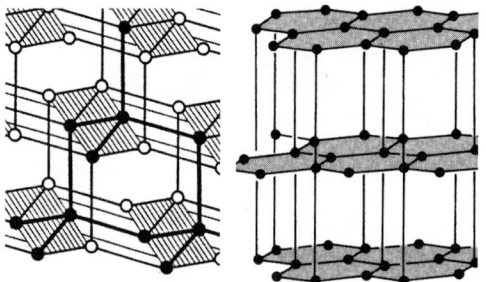

Bild 11. Struktur von Diamant und Graphit

Im *Graphit* sind die Kohlenstoffatome sp^2-hybridisiert und bauen benzolähnliche Sechsringe auf, die eben aneinander geknüpft sind. Die nichtbindenden p_z-Elektronen „verschmieren" zu Elektronenwolken zwischen den Schichtebenen. Zwischen den Grafitschichten wirken schwache *van-der-Waals*-Anziehungskräfte. In den Schichten leitet Grafit den elektrischen Strom und Wärme nahezu so gut wie ein Metall, zwischen den Schichten sperrt Grafit die Strom- und Wärmeleitung. Deshalb eignet sich Grafit sowohl als Elektrodenmaterial wie auch als wärmeisolierende Ofenauskleidung. Unter Schubeinfluss gleiten die Schichten leicht aufeinander ab, so dass Grafit als Schmiermittel und Belag für Trommelbremsen verwendet wird.

4.3 Metallbindung (Metalle und Legierungen)

Das *Elektronengasmodell* erklärt die elektrische und thermische Leitfähigkeit der Metalle, ihre Duktilität (Verformbarkeit) und ihren Glanz. Die Metallatome geben ihre Valenzelektronen ab und bilden positiv geladene *Atomrümpfe*, die durch das freie *Elektronengas* zusammengehalten werden.

Legierungen sind aus Metallen oder aus Metallen und Nichtmetallen aufgebaut. Sie können stöchiometrisch zusammengesetzt sein oder „Phasen" bilden.

Kristallstruktur der Elemente. Metalle bilden hochsymmetrische, dichte Packungen gleich großer Atome. Ein Metallgitter verhält sich typischerweise zäh, d. h. es dehnt sich vor dem Gewaltbruch; ein Ionengitter ist spröde. Bei der plastischen Verformung gleiten die Kristallebenen aneinander ab.

Härte und *Schmelzpunkte* nehmen in den Hauptgruppen von oben nach unten ab – z. B. von „Hartdiamant" bis „Weichblei" –, in den Perioden zu.

Die stabilsten Metallgitter – mit der höchsten Gitterenergie und Härte – bilden Wolfram, Molybdän und Chrom (6-wertig), gefolgt von Tantal, Niob und Vanadium (5-wertig). Die Alkalimetalle sind *weich*, ebenso Quecksilber (flüssig), Cadmium und Zink.

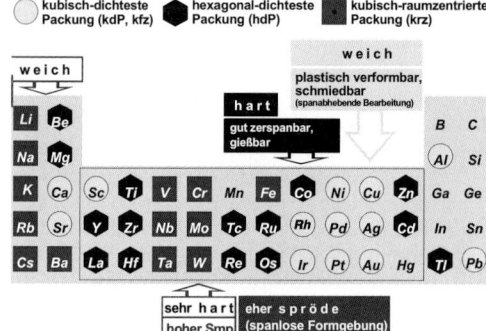

Bild 12. Kristallstruktur der Elemente

Eisen kommt in mehreren Modifikationen vor (sog. *Polymorphie* oder *Allotropie*): in der Kälte im Wolframgitter, bei Rotglut im weichen Goldgitter.

Halbleiter sind Stoffe, deren elektrische Leitfähigkeit zwischen denen der metallischen Leiter und der nichtmetallischen Isolatoren liegt.

Diamant, Silicium, Germanium und Zinn zeigen eine geringe *Eigenleitung* durch frei bewegliche, thermisch angeregte Elektronen. *Verbindungshalbleiter* – wie GaAs, InP, ZnTe, CsSe – zeigen eine Störstellenleitung, die durch gezielte „Verunreinigung" (Dotierung) mit Fremdatomen herbeigeführt wird.

n-Halbleiter sind Elektronenleiter; sie enthalten im Siliciumgitter (4 Valenzelektronen) Elektronendonatoren wie N, P, A, Sb (5 Valenzelektronen).

p-Halbleiter sind „Löcherleiter"; sie enthalten im Siliciumgitter Elektronenakzeptoren wie B, Al, Ga, In (3 Valenzelektronen).

4.4 Koordinationsverbindungen („Komplexe")

Koordinationsverbindungen bestehen aus einem *Zentralatom* und *Liganden,* die mit ihren freien Elektronenpaaren Atombindungen zum Zentralatom knüpfen.

Die **Benennung von Komplexverbindungen** (Nomenklatur) gelingt nach folgendem Schema.

1. Liganden mit griechischen Zahlworten (mono, di, tri, tetra, penta, hexa) alphabetisch aufzählen. Hinter anionischen Liganden steht –**o**.

2. Komplex*anionen* tragen die Endung –**at** am lateinischen Namen des Zentralatoms. Bei Komplexkationen steht nur der deutsche Elementname.

3. Die *Oxidationsstufe* („Wertigkeit") des Zentralatoms steht als römische Zahl in runden Klammern hintan.

Komplexanionen und -kationen bilden mit einfachen oder komplexen Gegenionen *Salze*. Die Summe der Oxidationszahlen aller Atome in der Verbindung ist Null.

■ **Beispiel:**

Salze mit Komplexanionen

K₄[Fe(**CN**)₆]	Kaliumhexa**cyano**fer**rat**(II)
Na₃[Al**F**₆]	Natriumhexa**fluoro**alumin**at**(III)
Na₂[Pt**Cl**₆]	Natriumhexa**chloro**platin**at**(IV)

Neutrale Koordinationsverbindungen

Ni(**CO**)₄	Tetra**carbonyl**nickel(0)

Salze mit Komplexkationen

[Cu(**NH₃**)₄]²⁺	Tetra**ammin**kupfer(II)-ion
[Cr(**H₂O**)₆]Cl₃	Hexa**aqua**chrom(III)-trichlorid

Chelate sind ringförmige Komplexe mit *mehrzähnigen* Liganden, also solchen, die zwei und mehr Bindungsstellen am Zentralatom besetzen, z. B. Oxalat, Carbonat und Ethylendiamin.

Das **Hybridisierungsmodell** (Valence Bond Theory) erklärt Struktur, Stabilität, Farbe und Magnetismus der Koordinationsverbindungen. Es liegen Atombindungen vor, in denen *jeder Ligand ein* Bindungselekt-

ronenpaar in die freien *s*-, *p*- oder *d*-Orbitale des Zentralatoms schiebt. Dadurch erreicht das Zentralatom die stabile Edelgasschale (18-Elektronen-Regel). Man beachte: Bei der gewöhnlichen Atombindung liefert jedes Atom nur ein Elektron zum gemeinsamen Bindungselektronenpaar!

Ein *High Spin*-Komplex („Anlagerungskomplex") ist paramagnetisch, weil ungepaarte Elektronen am Zentralatom vorliegen. Ein *Low Spin*-Komplex („Durchdringungskomplex") ist diamagnetisch („unmagnetisch"), weil in den Orbitalen des Zentralatoms nur gepaarte Elektronen auftreten.

■ **Beispiel:**

Das Hexaaquachrom(III)-Ion $[Cr(H_2O)_6]^{3+}$ ist d^2sp^3-hybridisiert und oktaedrisch gebaut.

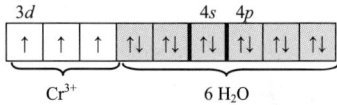

Cr(III) hat die Elektronenkonfiguration $[Ar]\ 4d^3$, also drei Elektronen weniger als das ungeladene Chromatom. Jeder Aqualigand schiebt ein Elektronenpaar in die d^2sp^3-Hybridorbitale; Chrom erreicht die Edelgasschale und ist paramagnetisch.

Tabelle 14. Benennung wichtiger Reste

Gruppe	ungeladener Rest in Molekülen	Kation X^{z+} in Salzen	Anion X^{z−} in Salzen	Ligand M_a[X_b] in Komplexen	Substituent X in organischen Stoffen
H	Wasserstoff	Proton	Hydrid	Hydrido	
F	Fluor	Fluor	Fluorid	Fluoro	Fluor
Cl	Chlor	Chlor	Chlorid	Chloro	Chlor
ClO		Chlorosyl	Hypochlorit	Hypochlorito	Chlorosyl
ClO₂	Chlordioxid	Chloryl	Chlorit	Chlorito	Chloryl
ClO₃		Perchloryl	Chlorat	Chlorato	Perchloryl
ClO₄			Perchlorat	Perchlorato	
O	Sauerstoff		Oxid	Oxo	Oxo, Oxy, Oxido
O₂	Disauerstoff	Disauerstoff O₂⁺	Peroxid O₂²⁻	Peroxo	Dioxy
H₂O	Wasser			Aqua	Oxonio H₂O⁺
OH	Hydroxyl		Hydroxid	Hydroxo	Hydroxy
S	Schwefel		Sulfid	Thio, Sulfido	Thio
S₂O₃			Thiosulfat	Thiosulfato	
SO₄			Sulfat	Sulfato	Sulfonyldioxy
NH₂		Aminyl	Amid	Amido	Amino
NH₃	Ammoniak			Ammin	Ammonio H₃N⁺–
NH₄		Ammonium			
NO	Stickstoffoxid	Nitrosyl		Nitrosyl	Nitroso
NO₂	Stickstoffdioxid	Nitryl	Nitrit	Nitro, Nitrito-N	Nitro –NO₂
NO₃			Nitrat	Nitrato	
P	Phosphor		Phosphid	Phosphido	Phosphintriyl
PH₃	Phosphin			Phosphin	Phosphonio H₃P⁺–
PO₄			Phosphat	Phosphato	
CO	Kohlenstoffmonoxid	Carbonyl		Carbonyl	Carbonyl
COOH				Carboxyl	Carboxy
CH₃O			Methoxid, Methanolat	Methoxo, Methanolato	Methoxy
CN		Cyan	Cyanid	Cyano	Cyan –CN
SCN		Thiocyan	Thiocyanat	Thiocyanato-S	Thiocyanato –SCN
CO₃			Carbonat	Carbonato	Carbonyldioxy-
HCO₃			Hydrogencarbonat	Hydrogencarbonato	
CH₃CO₂		Acetoxy	Acetat	Acetato	Acetoxy
CH₃CO		Acetyl		Acetyl	Acetyl
C₂O₄			Oxalat	Oxalato	

4.5 Zwischenmolekulare Kräfte

van-der-Waals-Kräfte erklären die schwachen Kohäsionskräfte zwischen unpolaren Molekülen, z. B. von Kohlenwasserstoffketten und den Schichten im Grafit. Auf Grund von Ladungsschwankungen entstehen vorübergehend induzierte Dipole, die sich anziehen.

Dipolmoleküle haben eine polare Atombindung. Die elektrisch entgegengesetzt geladenen Atome erzeugen ein permanentes Dipolmoment.

Wasserstoffbrückenbindung erklären die außergewöhnlichen Schmelz- und Siedepunkte polarer Stoffe, z. B. Wasser, Methanol und Essigsäure im Gegensatz zu Schwefelwasserstoff, Methan bzw. Ethan. Sie sind verantwortlich für die Raumstruktur von lebenswichtigen Proteinen, Kohlenhydraten und den Nucleinsäuren im genetischen Code.

5 Chemische Reaktionen

5.1 Stöchiometrie

Stöchiometrie ist die Lehre von der Zusammensetzung chemischer Verbindungen und den Massenverhältnissen bei chemischen Reaktionen.

In **chemischen Gleichungen** beschreiben *Koeffizienten* die Anzahl der gleichartigen Reaktionsteilnehmer.

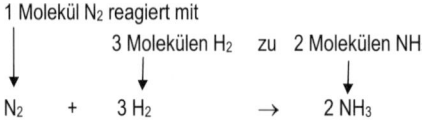

$$N_2 \quad + \quad 3\,H_2 \quad \rightarrow \quad 2\,NH_3$$

Summenformeln geben die Zusammensetzung von Stoffen als Atomzahlenverhältnis der Elemente an. Die tief gestellten *Atommultiplikatoren* (Indices) bezeichnen die Anzahl gleichartiger Atome oder Atomgruppen. Statt NHHH schreibt man NH_3.

Gesetz der konstanten Proportionen (*Proust*). Die Zusammensetzung chemischer Verbindungen ist konstant. Die Elemente verbinden sich in festen Massenverhältnissen.

Gesetz der multiplen Proportionen (*Dalton*). In chemischen Verbindungen stehen die molaren Massen der Elemente im Verhältnis kleiner ganzer Zahlen.

Gesetz der Äquivalentmassen. Zwei Elemente verbinden sich im Verhältnis ihrer Äquivalentmassen oder ganzzahliger Vielfacher davon.

Die *stöchiometrische Wertigkeit* besagt, mit wievielen einwertigen Atomen (z. B. Wasserstoff) sich ein Atom eines Elementes verbindet. Stoffe gleicher Wertigkeit reagieren miteinander in gleichen Stoffmengen, d. h. im Verhältnis ihrer molaren Massen M (in g/mol).

■ **Beispiel**

Wasser enthält Wasserstoff und Sauerstoff immer im Verhältnis $m(H) : m(O) = 2{,}02 : 16{,}00 = 1 : 7{,}94$ (*Proust*)

Wasser H_2O enthält Wasserstoff und Sauerstoff im *Atomzahlverhältnis* $H : O = 2 : 1$.

14 g Stickstoff binden 8, 16, 24, 32 oder 40 g Sauerstoff in N_2O, NO, NO_2, N_2O_3, NO_2 bzw. N_2O_5 (*Dalton*).

Gesetz von der Erhaltung der Masse. Bei chemischen Reaktionen entstehen aus Ausgangsstoffen (*Edukte*) neue Stoffe (Reaktions*produkte*). Die Gesamtmasse bleibt konstant, d. h. links und rechts des Reaktionspfeils steht dieselbe Masse m (in kg) – nicht aber unbedingt das gleiche Volumen!

Chemisches Volumengesetz (*Gay-Lussac*): Bei chemischen Reaktionen stehen Gasvolumina in ganzzahligen Verhältnissen zueinander. 1 mol eines idealen Gases nimmt bei 0 °C und 101325 Pa das *molare Normvolumen* $V_{mn} = 22{,}414$ ℓ/mol ein.

■ **Beispiel:**

Massenerhaltung bei der Verbrennung von Erdgas Die Reaktionspartner stehen im Verhältnis der molaren Massen M, die Summe der Atommassen, die im PSE tabelliert sind, z. B. $M(CH_4) = 12 + 4 \cdot 1 = 16$ g/mol.

	$CH_4 +$	$2\,O_2$	$\rightarrow$	$CO_2 +$	$2\,H_2O$	
n	1 mol	2 mol		1 mol	2 mol	
V	22,4 ℓ	2·22,4 ℓ		22,4 ℓ	2·22,4 ℓ	
M	16	2·32		44	2·18	g/mol
m	16 g	2·32 g		44 g	2·18 g	
		80 g			**80 g**	

Die **Stoffmenge** $n = 1$ mol eines beliebigen Stoffes oder 22,4 Liter eines idealen Gases enthalten $N_A = 6{,}022 \cdot 10^{23}$ Teilchen; das sind ebenso viele Atome wie in 12 g des Kohlenstoffisotops ^{12}C.

$$n = \frac{N}{N_A} = \frac{m}{M}$$

Die **molare Masse** („Molmasse") ist als stoffmengenbezogene Masse $M = m/n$ (in g/mol) definiert, das **molare Volumen** als stoffmengenbezogenes Volumen $V_m = V/n$ (in m³/mol).

Das **ideale Gasgesetz** erlaubt die Umrechnung von Gasvolumina bei unterschiedlichen Drücken und Temperaturen.

$$pV = \frac{p_0 V_0}{T_0}\,T = nRT = \frac{p_0 V_{mn}}{T_0}\,T$$

Die *Normbedingungen* sind $T_0 = 0\,°C = 273{,}15$ K und $p_0 = 101325$ Pa $= 1{,}01325$ bar.
$R = 8{,}3144$ J mol⁻¹K⁻¹ ist die molare Gaskonstante.

Stöchiometrische Berechnungen basieren auf dem Produkt aus Stoffmenge mal molarer Masse – wobei man vereinfacht davon ausgeht, dass die chemische Reaktion *vollständig* verläuft.

$$\frac{\text{unbekannte Komponente}}{\text{bekannte Komponente}} \qquad \frac{m_A}{m_B} = \frac{n_A}{n_B} \cdot \frac{M_A}{M_B}$$

■ **Beispiel:**

Wieviel Aluminiumpulver und Magnetit Fe_3O_4 braucht man, um 250 kg Eisen herzustellen?

$$3\ Fe_3O_4 \quad + 8\ Al \quad \rightarrow \quad 9\ Fe \quad + \quad 4\ Al_2O_3$$

1.
$$8\ \text{mol Al} \qquad \hat{=} \qquad 9\ \text{mol Fe}$$

$n\,M =$

$$8 \cdot 26{,}98\ \text{g Al} \qquad \hat{=} \qquad 9 \cdot 55{,}85\ \text{g}\ \ Fe$$

$$8 \cdot 26{,}98\ \text{kg Al} \qquad \hat{=} \qquad 9 \cdot 55{,}85\ \text{kg}\ \ Fe$$

$$250\ \text{kg} \cdot \frac{8 \cdot 26{,}98\ \text{kg}}{9 \cdot 55{,}85\ \text{kg}} = 107{,}4\ \text{kg Al} \quad \text{sind notwendig.}$$

2.

$n\,M =$ $\qquad 3 \cdot 231{,}55\ \text{kg}\ \ Fe_3O_4 \ \hat{=}\ 9 \cdot 55{,}85\ \text{kg Fe}$

$$250\ \text{kg} \cdot \frac{3 \cdot 231{,}55\ \text{kg}}{9 \cdot 55{,}85\ \text{kg}} = 345{,}5\ \text{kg}\ Fe_3O_4$$

5.2 Thermochemie

Bei einer **exothermen Reaktion** ($\Delta H < 0$) wird Wärme frei; die Reaktionsprodukte sind *energieärmer* als die Ausgangsstoffe. Bei einer **endothermen Reaktion** ($\Delta H > 0$) wird Wärme zugeführt; die Reaktionsprodukte sind *energiereicher* als die Edukte.

Chemische Energie kann in Wärme, Lichtenergie oder elektrische Energie gewandelt werden. Die *Gibbs*'**sche Freie Enthalpie** erfasst die Gesamtheit der Energieäußerungen und berücksichtigt die Entropieänderung (Unordnung) des Systems.

$$\Delta G_R = \Delta H_R - T \cdot \Delta S_R$$

T thermodynamische Temperatur (K), H Enthalpie, S Entropie

Die Änderung der Reaktionswärme bei konstantem Druck nennt man **Reaktionsenthalpie** ΔH_R. Sie wird als Differenz der in Tabellenwerken gesammelten Bildungsenthalpien berechnet.

$$\Delta H_R = \sum \Delta H_{B(\text{Produkte})} - \sum \Delta H_{B(\text{Edukte})}$$

Die **Bildungsenthalpie** ΔH_B ist die Reaktionswärme, die bei der Bildung einer Verbindung oder eines Ions aus den Elementen freigesetzt wird und zur Zersetzung des Stoffes wieder aufzuwenden ist (*1. Thermochemisches Gesetz* nach LAVOISIER). ΔH_B ist für Elemente definitionsgemäß Null.

Hess-**Satz** (2. thermochemisches Gesetz, Gesetz der konstanten Wärmesummen): Man darf die Reaktionsenthalpien von Teilreaktionen aufsummieren; der Reaktionsweg spielt keine Rolle.

Verbrennungsenthalpie ΔH_V oder *Brennwert* H_o heißt die Reaktionsenthalpie bei vollständiger Umsetzung eines Stoffes mit Sauerstoff (bei konstantem Atmosphärendruck, alle Stoffe bei 25 °C).

Der **Heizwert** H_u umfasst die *nutzbare Verbrennungswärme* eines Brennstoffes bei der Verbrennung zu *gasförmigen* Endprodukten und Wasserdampf. Die Verdampfungswärme des Wassers wird korrigiert.

$$H_u = \Delta H_V - 44{,}016\ \text{kJ/mol}\ (2442\ \text{kJ/kg})$$

■ **Beispiel:**

Verbrennungsenthalpie von Acetylen

$$2\ C_2H_2(g) + 5\ O_2(g) \rightarrow 4\ CO_2(g) + 2\ H_2O(fl)$$

$\Delta H_R \quad = [4\ \Delta H_B(CO_2) + 2\ \Delta H_B(H_2O)] -$
$\qquad\qquad [2\ \Delta H_B(C_2H_2) + 5\ \Delta H_B(O_2)]$

$\qquad = [4 \cdot (-393) + 2 \cdot (-285)] - [2 \cdot (+227) + 5 \cdot 0]\ \ \text{kJ/mol}$

$\qquad = -2596\ \text{kJ (Reaktionsenthalpie für 2 mol Acetylen)}$

$$\Delta H_V(C_2H_2) = \frac{\Delta H_R}{2} = -1298\ \text{kJ/mol}$$

Brennwert: $\qquad H_o = +1298\ \text{kJ/mol}$

5.3 Chemisches Gleichgewicht

Chemische Reaktionen laufen selten freiwillig ab, selbst wenn sie exotherm sind. Unter **Aktivierungsenergie** versteht man die Energie zur Überwindung einer Reaktionshemmung.

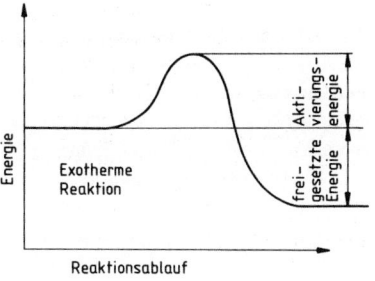

Bild 13. Exotherme Reaktion

Chemische Reaktionen sind meist Gleichgewichtsreaktionen. Die Ausgangsstoffe werden *unvollständig* umgesetzt und die Produkte sind mit den Ausgangsstoffen verunreinigt! Wird pro Zeiteinheit genauso viel Produkt gebildet, wie durch Rückreaktion wieder zerfällt, ist das Gleichgewicht erreicht.

Die **Reaktionsgeschwindigkeit** beschreibt die pro Zeiteinheit umgesetzte Stoffmenge. Für eine Reaktion 1. Ordnung (d. h. A → Produkte):

$$r = -\frac{d c_A}{d t} = k \cdot c_A$$

Arrhenius-**Gleichung:** Die Geschwindigkeitskonstante k hängt von der Aktivierungsenergie E_A ab.

$$k = A \cdot e^{-E_A / RT}$$

Nach der *Halbwertszeit* $\tau = \ln 2/k$ ist die Hälfte der Ausgangskonzentration $c_{A,0}$ umgesetzt.

van't-Hoff-**Regel:** Eine Temperaturerhöhung um 10 K verdoppelt bis verdreifacht die Reaktionsgeschwindigkeit.

Massenwirkungsgesetz (MWG). Das Verhältnis der Gleichgewichtskonzentrationen c – nicht der Ausgangskonzentrationen! – aller Produkte und Edukte ist konstant. Die *Gleichgewichtskonstante* K_c ist das Verhältnis der Geschwindigkeitskonstanten von Hin- und Rückreaktion (k_1 und k_{-1}).

Reaktionsgleichung:

$$a\,A + b\,B \rightleftharpoons c\,C + d\,D$$

Edukte   Produkte

Im Gleichgewicht:

$$r_1 = r_{-1} \;\Rightarrow\; k_1 c_A^a c_B^b = k_{-1} c_C^c c_D^d$$

Gleichgewichtskonstante (MWG)

$$K_c = \frac{k_1}{k_{-1}} = \frac{c_C^c \cdot c_D^d}{c_A^a \cdot c_B^b}$$ ◄— Produkte

                    ◄— Edukte

Für *Gase* werden statt Konzentrationen auf den Normdruck bezogene Partialdrücke p_i/p_0 eingesetzt.

Für $K > 1$ liegt das Gleichgewicht liegt *rechts* (produktseitig), für $K < 1$ liegt das Gleichgewicht *links* (eduktseitig).

Prinzip des kleinsten Zwangs (*Le Chatelier*)

Das chemische Gleichgewicht weicht einem äußeren Zwang aus, so dass eine Wärme- oder Stoffzufuhr verbraucht wird oder der Gasdruck abnimmt.

a) *Temperaturerhöhung* begünstigt die *endotherme* Reaktion, Temperatursenkung die exotherme.

b) Eine *Druckerhöhung* (Kompression) verschiebt das Gleichgewicht auf die Seite mit dem *kleineren Volumen*, z. B. $N_2 + 3\,H_2 \rightarrow 2\,NH_3$ nach rechts.

Druckerniedrigung (Expansion) begünstigt die Seite mit dem größeren Volumen. Kein Einfluss besteht bei einer Gasreaktion ohne Molzahländerung.

c) *Konzentrationserhöhung* oder Entfernen des Produkts begünstigen die stoffverbrauchende Reaktion.

5.4 Katalyse

Katalysatoren beschleunigen die Einstellung des chemischen Gleichgewichts, indem sie die Aktivierungsenergie senken, ohne die Gleichgewichtslage zu verändern. Sie gehen unverbraucht aus den Reaktionen wieder hervor. Viele Katalysatoren beeinflussen allerdings den Reaktionsmechanismus, so dass mehrere Übergangszustände durchlaufen werden.

Inhibitoren bremsen die Reaktionsgeschwindigkeit, z. B. bei Korrosionsvorgängen.

Katalytische Abgasreinigung im Auto. Der *Dreiwegekatalysator* für Viertakt-Benzinmotoren wandelt bei 300 bis 850 °C die Schadstoffe Kohlenmonoxid (CO), Kohlenwasserstoffe („C_nH_m") und Stickstoffoxide (NO und NO_2) in ungefährliches Kohlendioxid (CO_2), Wasser und Stickstoff (N_2) um. *Platin* (für Oxidationsprozesse) und *Rhodium* (für Reduktionsprozesse) befinden sich feinverteilt auf einem Zeolith-Wabenkörper (Aluminium-Silicium-Oxid).

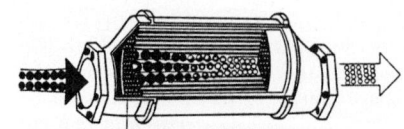

Bild 14. Kfz-Abgaskatalysator.

Gleichzeitig werden Kohlenwasserstoffe *oxidiert* und Stickstoffoxide *reduziert*.

(1) $CO \;\; + \frac{1}{2} O_2 \;\;\;\;\;\;\; \rightarrow \;\; CO_2$

(2) $NO \;\; + CO \;\;\;\;\;\;\;\; \rightarrow \;\; \frac{1}{2} N_2 + CO_2$

(3) $C_nH_m + (n + \frac{m}{4})\,O_2 \;\rightarrow\; n\,CO_2 + \frac{m}{2} H_2O$

Entscheidend ist die richtige Menge CO, die sich nur bei stöchiometrisch zugemischtem Sauerstoffangebot einstellt. Das **Kraftstoff-Luft-Verhältnis** $\lambda \approx 1$ wird durch die „Lambda-Sonde" (ein Sauerstoffsensor aus Zirconiumdioxid-Keramik) gemessen und geregelt.

$$\lambda = \frac{\text{zugeführte Luftmenge}}{\text{stöchiometrische Luftmenge}}$$

> 1   Mageres Gemisch, *Luftüberschuss*: Mangel an CO, Abgas enthält NO_x.

= 1   Stöchiometrisch

< 1   Fettes Gemisch, *Luftmangel*: Kohlenwasserstoffe im Abgas.

Kontaktgifte (CO, H_2S, Metalle) schädigen die Wirksamkeit der heterogenen Katalyse. Das Antiklopfmittel *Tetraethylblei* $Pb(C_2H_5)_4$ wurde daher im „bleifreien" Benzin durch *t*-Butylmethylether (MTBE) ersetzt.

5.5 Chemische Reaktionen

a) Bei **Ionenreaktionen** bilden sich Salze. Die beteiligten Metallionen tauschen z. B. ihre Gegenionen aus. Starke Säuren verdrängen schwächere Säuren aus deren Salzen. Unedle Metalle befreien Wasserstoff aus Säuren.

$AgNO_3 \;\; + NaCl \;\;\;\;\;\; \rightarrow \;\; AgCl\downarrow \;\; + NaNO_3$

$CaCO_3 \;\; + H_2SO_4 \;\;\;\; \rightarrow \;\; CaSO_4 \;\; + CO_2\uparrow + H_2O$

$2\,Na \;\;\; + 2\,H_2O \;\;\; \rightarrow \;\; 2\,NaOH \; + H_2\uparrow$

b) Bei **Säure-Base-Reaktionen** bildet sich H_2O aus H^+ und OH^-.

$H_2SO_4 \;\;\; + 2\,NaOH \;\; \rightarrow \;\; Na_2SO_4 \;\; + \underline{H_2O}$

$2\,H_3PO_4 + 3\,Ca(OH)_2 \;\rightarrow\; Ca_3(PO_4)_2 + 6\,H_2O$

c) Oxidationen sind Reaktionen von Stoffen mit Sauerstoff. **Reduktion** bedeutet den Entzug von Sauerstoff, zum Beispiel durch Umsetzung mit Wasserstoff, Kohlenstoff oder unedlen Metallen.

$3\,Fe \;\;\; + 2\,O_2 \;\;\;\;\;\; \rightarrow \;\; Fe_3O_4$

$3\,C \;\;\;\; + Fe_2O_3 \;\;\;\; \rightarrow \;\; 3\,CO \;\;\; + 2\,Fe$

$3\,H_2 \;\;\; + WO_3 \;\;\;\;\;\; \rightarrow \;\; 3\,H_2O \; + W$

Bei **Redoxreaktionen** ändert sich der Oxidationszustand der Reaktionspartner. Häufig werden Sauerstoff oder Wasserstoff ausgetauscht. Bei elektrochemischen Reaktionen werden Ionen gebildet.

$Zn \;\;\;\;\;\; + CuSO_4 \;\;\;\; \rightarrow \;\; ZnSO_4 \;\; + Cu$

6 Säuren und Basen

6.1 Definitionen und Eigenschaften

Säuren – z. B. Mineralsäuren, Carbonsäuren, viele Nichtmetalloxide und Nichtmetalle – sind *Protonendonatoren*; sie bilden durch Dissoziation in wässriger Lösung H^+-Ionen (bzw. H_3O^+). *Lewis*-Säuren sind Elektronenakzeptoren (Elektrophile).

Basen – z. B. Alkalilaugen, Ammoniakwasser, Metalloxide, unedle Metalle – sind *Protonenakzeptoren*; sie bilden OH^--Ionen. *Lewis*-Basen sind Elektronenpaardonatoren (Nucleophile).

Der Begriff *Protolyse* bezeichnet eine Säure-Base-Reaktion und die Eigenschaft eines Lösungsmittels, durch Protonenübergang mit Säuren oder Basen zu reagieren. Wasser als *Ampholyt* wirkt je nach Reaktionspartner als Säure oder Base.

Säuren und Basen neutralisieren einander und es entstehen **Salze**.

■ **Beispiele**

Die stärkere Säure verdrängt die schwächere aus ihren Salzen; z. B. Salzsäure zersetzt Carbonate zu Kohlensäure (bzw. $CO_2 + H_2O$).

Verdünnte Mineralsäuren reagieren mit unedlen Metallen (Zink, Aluminium) unter Freisetzung von Wasserstoff.

Aus konzentrierten Mineralsäuren werden beim Erhitzen mit edlen Metallen (Kupfer, Silber) die gasförmigen *Säureanhydride* freigesetzt: „nitrose Gase" aus HNO_3 bzw. SO_2 aus H_2SO_4.

Tabelle 15: Beispiele für Säure-Base-Reaktionen

Säure A	+ Base B	⇌	Säure B	+ Base A
H_2SO_4	$+ 2 H_2O$	⇌	$2 H_3O^+$	$+ SO_4^{2-}$
H_2O	$+ NH_3$	⇌	NH_4^+	$+ OH^-$
HCl	$+ NH_3$	⇌	NH_4^+	$+ Cl^-$
Säure	+ Base	→	Salz	
HCl	+ NaOH	→	NaCl	$+ H_2O$
H_2SO_4	+ CuO	→	$CuSO_4$	$+ H_2O$
2 HCl	+ Zn	→	$ZnCl_2$	$+ H_2\uparrow$
CO_2	+ 2 NaOH	→	Na_2CO_3	$+ H_2O$
SiO_2	+ CaO	→	$CaSiO_3$	
Cl_2	+ 2 Na	→	2 NaCl	

6.2 Benennung von Säuren und Salzen

Salze der *wichtigsten Sauerstoffsäure* enden auf **-at**.

„*ige-Säuren*" und ihre Salze (auf **–it**) haben ein O-Atom weniger; *Persäuren* ein O-Atom mehr.

Disäuren entstehen durch Verdoppeln der Summenformeln und Subtraktion von H_2O. In *Thiosäuren* ist ein O- durch ein S-Atom ersetzt.

Salze einer Elementwasserstoffsäure enden auf **–id**.

Bei *mehrprotonigen* („mehrwertige") Säuren tragen die Zwischenstufen die Vorsilbe *Hydrogen-*.

Tabelle 16. Benennung der Sauerstoffsäuren

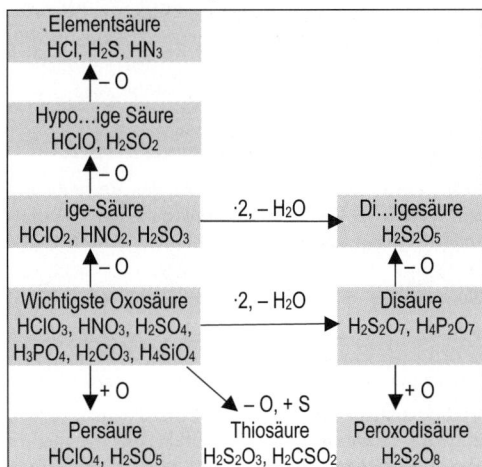

6.3 Beispiele für Säuren und Basen

Salzsäure HCl wird durch Einleiten von Chlorwasserstoffgas in Wasser hergestellt; durch Umsetzung mit Basen oder Metallen entstehen Chloride.

Flusssäure HF ist eine mittelstarke Säure, die Glas ätzt. Fluorwasserstoffgas wird aus Calciumfluorid CaF_2 mit konzentrierter Schwefelsäure ausgetrieben und in Wasser eingeleitet.

Chlorsäure $HClO_3$ und **Perchlorsäure** $HClO_4$ – und ihre Salze, die Chlorate bzw. Perchlorate – sind starke Oxidationsmittel, u. a. in Explosivstoffen. **Hypochlorige Säure** HOCl entsteht durch chemische Reaktion von Chlorgas mit Wasser und dient zur Desinfektion von Schwimmbadwasser und als Bleichmittel.

Schwefelsäure H_2SO_4 entsteht durch chemische Reaktion von Schwefeltrioxid SO_3 mit Wasser. Durch Rösten (Oxidation) von Sulfiden wird zunächst SO_2 hergestellt und dieses katalytisch zu SO_3 oxidiert.

Salpetersäure HNO_3 entsteht durch chemische Reaktion von Stickstoffdioxid NO_2 in sauerstoffreichem Wasser. Bei der „katalytischen Ammoniakverbrennung" nach *Ostwald* wird NH_3 mit Luft katalytisch zu NO und weiter zu NO_2 oxidiert.

Königswasser ist eine Mischung aus konz. Salzsäure und konz. Salpetersäure (3 : 1) und löst sogar Gold.

Schweflige Säure H_2SO_3, **Salpetrige Säure** HNO_2 und **Kohlensäure** H_2CO_3 sind in freier Form nicht stabil; beim Erwärmen entweichen die Säureanhydride SO_2, NO_2 bzw. CO_2. Schwefeldioxid und Sulfite dienen zur „Schwefelung" von Weinfässern und Tockenobst. Natriumnitrit dient als „Pökelsalz" zum Färben von Fleischwaren. Kohlensäure verursacht die Korrosion von Rohrleitungen.

Phosphorsäure H_3PO_4 wird aus Calciumphosphat und Schwefelsäure hergestellt. Das Anhydrid Phosphorpentaoxid P_2O_5 dient als scharfes Trocknungsmittel. Phosphorsäure wirkt als Säuerungsmittel in Limonaden; Phosphate dienen zur Wasserenthärtung, als Kuttermittel für Brühwürste und Antioxidantien in Fetten. *Phosphatierung* nennt man den Korrosionsschutz von Eisen durch Zinkphosphatüberzüge.

6.4 Luftschadstoffe und saurer Regen

Kohle, Holz und Erdöl bilden bei der Verbrennung Schwefeloxide. In der Atmosphäre laufen die gleichen Vorgänge wie bei der Synthese der Säuren ab.

$$SO_2 \xrightarrow{H_2O} H_2SO_3 \xrightarrow{\frac{1}{2}O_2} H_2SO_4 \xleftarrow{H_2O} SO_3$$

$$O_3\uparrow-H_2O \qquad\quad H_2O\downarrow \qquad\qquad H_2O\downarrow$$

$$H_2S \qquad\qquad SO_3^{2-} \xrightarrow{\frac{1}{2}O_2} SO_4^{2-}$$

Verbrennungsmotoren und Feuerungsanlagen werden mit Luft betrieben. N_2 und O_2 bilden im Brennraum schädliche Stickstoffoxide („NO_x" = $NO + NO_2$), die im „sauren Regen" gelöst sind.

$$4\,NO_2 + O_2 + 2\,H_2O \qquad\quad \rightarrow 4\,HNO_3$$

Die *Rauchgasentschwefelung* in Kraftwerken erfolgt mit Kalk, Calciumoxid oder Kalkmilch.

$$CaCO_3 + SO_2 + \tfrac{1}{2}\,O_2 \rightarrow CaSO_4 + CO_2$$

Bei der *Denoxierung* (Rauchgas-Entstickung) durch *Selektive katalytische Reduktion* (SCR-Verfahren) dient Ammoniakgas als Reduktionsmittel.

$$2\,NH_3 + 2\,NO + \tfrac{1}{2}\,O_2 \qquad\quad \rightarrow 2\,N_2 + 3\,H_2O$$

6.5 Bauchemie und Wasserhärte

Mauersalpeter (Calciumnitrat) zerstört Putz und Wände.

$$2\,HNO_3 + Ca(OH)_2 + 2\,H_2O \rightarrow Ca(NO_3)_2{\cdot}4\,H_2O$$

Kohlendioxid aus der Luft bewirkt das *Härten von Mörtel.*

Kalkbrennen   „Löschen"

$$CaCO_3 \xrightleftharpoons{-\,CO_2} CaO \xrightarrow{+H_2O} Ca(OH)_2$$

Aushärten: $+CO_2,\,-H_2O$

Wasserhärte. Regenwasser reagiert durch den Gehalt an Kohlensäure sauer und greift Kalkstein an. Das gelöste Calciumhydrogencarbonat gelangt ins Trinkwasser und fällt beim Wasserkochen als „Kesselstein" wieder aus.

$$CaCO_3 \xrightleftharpoons{H_2CO_3} Ca(HCO_3)_2 \xrightleftharpoons{-CO_2\,-H_2O} CaCO_3$$

6.6 Verbrennungsvorgänge

Generatorgas: Bei der unvollständigen Verbrennung von Kohle mit Luft entsteht CO-reiches Gas mit 30% Stickstoffanteil. Bei hoher Temperatur liegt überwiegend CO vor.

$$2\,C \xrightarrow{O_2} 2\,CO \xrightarrow{O_2} CO_2 + CO_2$$

$$\text{c}$$

Boudouard-Gleichgewicht

Wassergas: Beim Überleiten von Wasserdampf auf glühenden Koks entsteht an CO und Wasserstoff reiches Gas.

$$C \xrightarrow{H_2O} CO\,(+\,H_2) \xrightarrow{H_2O} CO_2 + H_2$$

Gichtgas: Beim Hochofenprozess entweichen 24 % CO, 12 % CO_2, 60 % N_2.

$$C \xrightarrow[-Fe]{+FeO} CO \xrightarrow[-Fe]{+FeO} CO_2$$

Der *Treibhauseffekt* wird durch Luftschadstoffe verstärkt. CO_2, FCKW, CH_4, O_3, N_2O u. a. absorbieren die irdische Wärmestrahlung, speichern sie in Form von Molekülschwingungen und strahlen sie zur Erdoberfläche zurück, so dass es zur globalen Erwärmung kommt.

6.7 Anorganische Basen

Natronlauge entsteht beim Auflösen von festem Natriumhydroxid oder bei der Reaktion von Natriummetall in Wasser.

Kalkmilch (Calciumhydroxid-Lösung) bildet sich beim Lösen von Calciumoxid in Wasser.

Ammoniakwasser ist eine Lösung von Ammoniakgas in Wasser. Ein winziger Teil liegt als dissoziiertes Ammoniumhydroxid „NH_4OH" vor. Stärkere Basen vertreiben Ammoniak aus Ammoniumsalzen.

$$NH_4Cl + NaOH \rightarrow NH_3\uparrow + NaCl + H_2O$$

6.8 Stärke von Säuren und Basen

Reines Wasser dissoziiert durch *Autoprotolyse* in je 10^{-7} mol/ℓ Hydronium- und Hydroxidionen. Wasser ist daher kein Isolator, sondern zeigt die winzige elektrische Leitfähigkeit von 0,055 μS/cm (25°C).

Der **pH-Wert** beschreibt die Acidität einer Lösung als Logarithmus der Hydroniumionenkonzentration, der pOH-Wert die Basizität.

$$pH = -\log c(H_3O^+) \left.\begin{array}{l} <7 \quad sauer \\ =7 \quad neutral \\ >7 \quad basisch\ (alkalisch) \end{array}\right.$$

c molare Konzentration (mol/ℓ)

Der **Dissoziationsgrad** (Protolysegrad in %) beschreibt das Ausmaß des Zerfalls von Säuren und Basen in Lösungsmitteln in Ionen (sog. Dissoziation). Er hängt von der Dissoziationskonstante K und der Konzentration c ab.

$$\alpha = \frac{\text{Zahl dissoziierter Teilchen } N}{\text{Gesamtzahl der Teilchen } N_{ges}} \approx \sqrt{\frac{K}{c}}$$

Starke Säuren und Basen sind praktisch 100%ig dissoziiert, z. B. HCl, H_2SO_4, HNO_3, NaOH.

Die **Dissoziationskonstante** K und der **pK-Wert** beschreiben die Stärke von Säuren (Index a = acid) bzw. Basen (Index b). Je kleiner der pK-Wert ist, umso stärker ist eine Säure bzw. Base.

Säure- und Basenkonstante multiplizieren sich zum Ionenprodukt des Wassers K_W.

■ **Beispiel:**

Je stärker eine Säure ist, umso schwächer ist ihre korrespondierende Base (und umgekehrt).

$$NH_4^+ + H_2O \rightleftharpoons NH_3 + OH^-$$

korrespondierende Säure $\quad$ Base
$pK_a = 9{,}24 \qquad\qquad\qquad pK_b = 14 - 9{,}24 = 4{,}75$

Tabelle 17. pH-Rechnung in verdünnten Lösungen (a = Säure, b = Base, s = Salz)

	Säure	Base	Wasser
Dissoziations-gleichgewicht	$HA + H_2O \rightleftharpoons H_3O^+ + A^-$	$B + H_2O \rightleftharpoons BH^+ + OH^-$	$2\,H_2O \rightleftharpoons H_3O^+ + OH^-$
Dissoziations-konstante	$K_a = \dfrac{c(H_3O^+) \cdot c(A^-)}{c(HA)}$	$K_b = \dfrac{c(BH^+) \cdot c(OH^-)}{c(B)}$	$K_W = K_a \cdot K_b = 10^{-14}$
Titrationskurve	$pH = pK_a + \log \dfrac{c(A^-)}{c(HA)}$	$pOH = pK_b + \log \dfrac{c(BH^+)}{c(B)}$	$pH + pOH = 14$
pK-Wert	$pK_a = -\log K_a$	$pK_b = -\log K_b$	$pK_W = pK_a + pK_b = 14$
Starke Säure bzw. Base	$pH = -\log c_a$	$pOH = -\log c_b$	$pH + pOH = 14$
Schwache Säure bzw. Base	$pH = \dfrac{pK_a - \log c_a}{2}$	$pH = 14 - \dfrac{pK_b - \log c_b}{2}$	

6.9 Neutralisation und Hydrolyse

Die chemische Reaktion von Säuren und Basen zu Salzen heißt *Neutralisation*. Die Zerlegung von Salzen beim Lösungsvorgang durch Wasser heißt *Hydrolyse*.

$$\text{Säure + Base} \underset{\text{Hydrolyse}}{\overset{\text{Neutralisation}}{\rightleftharpoons}} \text{Salz + Wasser}$$

Bei der *Säure-Base-Titration* wird die Konzentration von Säuren oder Basen durch stöchiometrisches Zudosieren des Titrationsmittels mit einer Bürette quantitativ bestimmt.

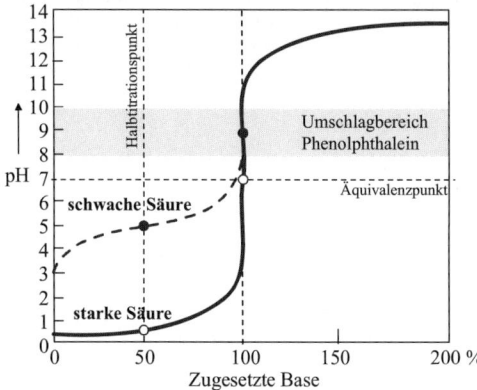

Bild 15. Titrationskurve

Am *Halbtitrationspunkt* ist die Hälfte der vorgelegten Säure bzw. Base neutralisiert, also $c(HA) = c(A^-)$ und es gilt $pH = pK_a$. Am *Äquivalenzpunkt* ist die vorgelegte Säure oder Base 100%ig in das Salz des Titrationsmittels umgewandelt. Der Äquivalenzpunkt liegt nicht bei pH 7, wenn durch Hydrolyse eine schwache Säure bzw. Base zurückgebildet wird.

Tabelle 18. pH bei der Säure-Base-Titration

Säure	Base	am Äquivalenzpunkt
stark	stark	neutral, z. B. NaCl
stark	schwach	sauer, z. B. NH₄Cl
schwach	stark	basisch, z. B. Na-acetat

Indikatoren zeigen durch Farbumschlag den Endpunkt einer Titration an. Mit einer Glaselektrode kann man den pH aber auch direkt messen.

pH-Puffer dämpfen pH-Änderungen bei Säure- oder Laugenzusatz in wässriger Lösung. Sie sind Mischungen aus einer schwachen Säuren oder Base und einem Salz davon, z. B. Essigsäure/Natriumacetat oder Ammoniak/Ammoniumchlorid. Die pH-Rechnung erfolgt mit der Formel für die Titrationskurve (Tabelle 17).

Titrationsformel. Gleiche Volumina äquivalenter Säuren und Basen neutralisieren einander. 2 mol der „einwertigen" Natronlauge sind 1 mol der „zweiwertigen" Schwefelsäure sind äquivalent.

$$\boxed{V_1 \cdot z_1 \cdot c_1 = V_2 \cdot z_2 \cdot c_2}$$

c molare Konzentration (mol/ℓ), 1 = Säure, 2 = Base
V Volumen (ℓ)
z Äquivalentzahl = Zahl der H-Atome (Säure) bzw. OH-Gruppen (Lauge)

6.10 Konzentrationsmaße

Eine 1-molare Lösung wird durch Auflösen von 1 mol eines Stoffes in exakt 1 ℓ Lösung (bei 20 °C) hergestellt. Man füllt im Messkolben die Einwaage m bis zum Eichstrich mit Wasser auf.

$$c = \frac{n}{V} = \frac{m}{M \cdot V} = \frac{\beta}{M} = \frac{\rho \cdot w}{M} = \frac{\rho \cdot x_i}{\sum\limits_{i=1}^{N} x_i M_i} = \frac{\rho \cdot b}{1 + M \cdot b}$$

Molare Konzentration (Molarität)	c (in mol/ℓ); Stoffmenge des gelösten Stoffes in einem Liter Lösung
Molalität	b (in mol/kg); Masse gelöster Stoff pro Kilogramm Lösungsmittel
Massenkonzentration	β (in g/ℓ); Masse des gelösten Stoffes in einem Liter Lösung
Massenanteil	w (in %): Masse des gelösten Stoffes in 100 g Lösung.
Molenbruch	x (ohne Einheit); Stoffmenge eines Stoffes bezogen auf die Stoffmenge aller Stoffe im Gemisch.
Molare Masse	M (in g/mol): aufsummierte Atommassen der Elemente in der Formel
Dichte	ρ (g/cm^3 = 1000 g/ℓ)

Die **Verdünnungsformel** gibt die Konzentration c_1 nach Zugabe des Wasservolumens V_1 zu einer Lösung der Konzentration c_0 (Ausgangsvolumen V_0) an.

$$c_1 = c_0 \cdot \frac{V_0}{V_0 + V_1}$$

Für das *Aufkonzentrieren* von Lösungen durch Verdampfen von Wasser setzt man im Nenner $-V_1$ ein.

Starke Säuren und Basen kann man durch Verdünnen mit Wasser nur begrenzt „entschärfen". Um den pH um eine Stufe in den Neutralbereich zu verschieben, muss mit der zehnfachen Menge Wasser verdünnt werden.

7 Fällungen und Wasserhärte

7.1 Löslichkeitsprodukt

Das *Löslichkeitsprodukt* beschreibt die Schwerlöslichkeit eines Salzes. Über dem unlöslichen Bodensatz einer gesättigten Lösung findet man immer eine kleine Konzentration an hydratisierten Salzionen. Niederschlag und Lösung stehen im ionischen Gleichgewicht. Selbst im Rost löst sich jedes siebenmilliardste Eisenion.

$$A_a B_{b(s)} \downarrow \; \rightleftharpoons \; a\, A^{b+} + b\, B^{a-}$$

$$\boxed{K_L = c(A^{b+})^a \cdot c(B^{a-})^b} \quad \text{und} \quad pK_L = -\log K_L$$

Beim Herstellen einer Lösung löst sich der Stoff auf, bis das Löslichkeitsprodukt erreicht wird. Bei Fällungsreaktionen fällt solange ein Niederschlag aus der Lösung aus, bis das Löslichkeitsprodukt unterschritten wird.

$c(A^{b+})^a \cdot c(B^{a-})^b = K_L$ gesättigte Lösung
$c(A^{b+})^a \cdot c(B^{a-})^b > K_L$ Niederschlag fällt aus

Leicht löslich sind Alkali- und Erdalkaliverbindungen, Nitrate, Chlorate und Acetate.
Schwer löslich sind die meisten Oxide, Carbonate, Phosphate und Sulfide.

Die **Löslichkeit** ist die molare Konzentration c_L (in mol/ℓ) bzw. Massenkonzentration β_L (in g/ℓ) des gelösten Stoffes mit der molaren Masse M:

$$c_L = a+b\sqrt{\frac{K_L}{a^a b^b}} \quad \text{bzw.} \quad \beta_L = c_L \cdot M$$

Schwerlösliche Salze lösen sich in Lösungen, die Fremdionen enthalten, besser als in Wasser. Gleichionische Zusätze senken die Löslichkeit.

Hydroxidfällung. Viele Metallionen bilden mit Laugen Hydroxide.

- **Beispiel:**
  Welchen pH braucht man mindestens zur quantitativen Fällung von Magnesiumionen aus Natronlauge, bis eine Restkonzentration von 10 µmol/ℓ erreicht ist?
  $Mg^{2+} + 2\, OH^- \rightarrow Mg(OH)_2 \downarrow$
  $K_L = c(Mg^{2+}) \cdot c(OH^-)^2 = 10^{-10,9}$ (Tabellenwert)
  $\Rightarrow c(OH^-) = \sqrt{\dfrac{K_L}{c(Mg^{2+})}} = \sqrt{\dfrac{10^{-10,9}}{10^{-5}}} = 0,00112$ mol/ℓ
  $\Rightarrow pH = 14 - \log c(OH^-) = 11$

Sulfidfällung. Viele Metallionen bilden mit Schwefelwasserstoff schwerlösliche Sulfide. H_2S ist in wässriger Lösung eine schwache zweibasige Säure (pK_a 19,8). Die gesättigte Lösung enthält etwa $c(H_2S) = 0,1$ mol/ℓ. Die Sulfidkonzentration hängt vom pH ab.

$$K_a = \frac{c(S^{2-}) \cdot c(H_3O^+)^2}{c(H_2S)} \; \Rightarrow \; c(H_3O^+) = \sqrt{\frac{K_a \cdot c(H_2S)}{c(S^{2-})}}$$

- **Beispiel:**
  Welche Sulfidkonzentration erfordert die Fällung von Bleisulfid bis zu einer Bleirestkonzentration von 10^{-5} mol/ℓ?
  $Pb^{2+} + S^{2-} \rightarrow PbS$
  $K_L = c(Pb^{2+})\, c(S^{2-}) = 10^{-28} \Rightarrow c(S^{2-}) = 10^{-28}/10^{-5} = 10^{-23}$ mol/ℓ
  Bei welchem pH liegt diese Sulfidkonzentration in 0,1-molarer Lösung von Schwefelwasserstoff vor?
  $pH = (19,8 - \log 0,1 + \log 10^{-23}) / 2 = 1,1$
  Für eine quantitative Fällung von PbS muss der pH unter 1,1 liegen.

7.2 Wasserhärte

Regenwasser nimmt aus der Luft CO_2 auf und löst dann Kalkgestein an. In Form des löslichen Calciumhydrogencarbonats gelangt Kalk ins Trinkwasser.

$$CaCO_3 + \underbrace{CO_2 + H_2O}_{H_2CO_3} \rightleftharpoons Ca(HCO_3)_2$$

Beim Abkochen des Wassers scheidet sich Calciumcarbonat als *Kesselstein* ab. Der Wärmeübergang wird empfindlich herabgesetzt.

Die *Carbonathärte* („temporäre Härte") umfasst die im Wasser gelösten Erdalkaliionen (im Millimol pro Liter). Erdalkaliionen hemmen die Schaumbildung von *Seifen*.

Die *Nichtcarbonathärte* („permanente Härte") umfasst die gelösten Salze, die sich durch Abkochen nicht beseitigen lassen.

Tabelle 19. Wasserhärte nach DIN 38409

Härtegrad	1	<1,3 mmol/ℓ	sehr weich
	2	bis 2,5	weich
	3	bis 3,8	hart
	4	> 3,8	sehr hart

$1°dH = 0{,}1785$ mmol/ℓ Erdalkaliionen

Die **Gesamthärte** wird durch Titration der Erdalkaliionen in der Wasserprobe mit dem Komplexbildner EDTA (Ethylendiamintetraessigsäure Dinatriumsalz, „Titriplex") bestimmt.

$$Ca^{2+} + Na_2EDTA^{2-} \; [Ca^{2+}(Na_2EDTA)]$$

7.3 Wasserreinigung

Für die Dampferzeugung in Kesselanlagen wird *vollentsalztes Wasser* verwendet.

Ionenaustauscher sind organische Harze, die Ionen gegen H^+ bzw. OH^- austauschen. Verbrauchte Austauschersäulen werden mit verdünnter Schwefelsäure bzw. Natronlauge regeneriert.

a) *Kationenaustauscher* bestehen aus einem Polymergerüst und *sauren* Gruppen (z. B. von Sulfonsäuren $-SO_3H$ oder Carbonsäuren $-COOH$).

$$2\,R\text{-}SO_3H + Ca^{2+} \rightarrow (R\text{-}SO_3)_2Ca + 2\,H^+$$

b) *Anionenaustauscher* tragen *basische* Gruppen am Polymergerüst, z. B. $-N(CH_3)_3^+$. Sie sind dem Kationentauscher nachgeschaltet und neutralisieren den pH wieder.

$$R\text{-}N(CH_3)_3OH + Cl^- \rightarrow R\text{-}N(CH_3)_3Cl + OH^-$$

Membranverfahren nutzen halbdurchlässige Membranen zur Stofftrennung.

a) Bei der *Umkehrosmose* wird Wasser bei Drücken bis zu 80 bar durch eine Polymermembran gepresst. Die Lösungsbestandteile bleiben zurück.

b) Bei der *Dialyse* diffundieren kleine Teilchen aus einer Kolloidlösung durch die semipermeable Membran ins umgebende Lösungsmittel, das laufend erneuert wird. Große Teilchen werden zurückgehalten.

Wasserenthärtung. Calciumionen kann man mit Kalkmilch, Soda oder Trinatriumphosphat fällen.

$$Ca(HCO_3)_2 + Ca(OH)_2 \rightarrow 2\,CaCO_3\downarrow + 2\,H_2O$$
$$CaSO_4 + Na_2CO_3 \rightarrow CaCO_3\downarrow + Na_2SO_4$$
$$3\,CaSO_4 + 2\,Na_3PO_4 \rightarrow Ca_3(PO_4)_2\downarrow + 3\,Na_2SO_4$$

7.4 Kennwerte der Wasserqualität

Die Verschmutzung von Wasser mit oxidierbaren Stoffen wird in der Praxis durch *Summenparameter* charakterisiert.

Der **Chemische Sauerstoffbedarf** (CSB) gibt die Sauerstoffmenge zur vollständigen Oxidation der organischen Wasserinhaltsstoffe mit Kaliumdichromat in einem Liter einer Wasserprobe an.

$$\text{Organische Stoffe} + Cr_2O_7^{2-} \rightarrow 2\,Cr^{3+},\, CO_2,\, H_2O$$

Der **Biochemische Sauerstoffbedarf** (BSB₅) gibt die notwendige Menge Gelöstsauerstoff (in mg/ℓ) an, den Mikroben zum Abbau der organischer Stoffe in Abwasserproben innerhalb von 5 Tagen bei 20 °C im Dunkeln benötigen.

$$\text{Organische Stoffe} + O_2 \xrightarrow{\text{Bakterien}} CO_2 + H_2O$$

Die Summe *organischer Kohlenstoffverbindungen* (**TOC**) wird durch Messung der entstandenen CO_2-Menge beim Verbrennen der Probe bestimmt und auf C zurückgerechnet.

Leichtflüchtige organische Verbindungen (**VOC**) werden mit Lösungsmitteln extrahiert und mit der GC/MS-Methode (Kopplung von Gaschromatographie und Massenspektrometer) analysiert.

Abdampfrückstand nennt man die Feststoffmasse nach dem Trocknen (105 °C, 24 h).

Glührückstand heißt der auf Rotglut (650 °C) erhitzte Abdampfrückstand. Organische Stoffe veraschen, Carbonate und Nitrate zersetzen sich.

7.5 Trinkwasseraufbereitung

a) *Entkeimung:* Einblasen von Chlorgas oder Ozon O_3 (Ozonierung).

b) *Flockung:* Eisen- und Aluminiumsulfat bilden in Wasser kolloide Hydroxide, die organische Stoffe und Ölspuren binden.

c) *Enteisenung* und *Entmanganung:* Verdüsen von Wasser unter Luftzufuhr und durch Zugabe von Kalkmilch beseitigt braune Färbungen durch FeO(OH) und MnO(OH).

d) *Entsäuerung:* Filtration über Marmorkalk oder ein MgO/CaCO₃.

e) *Desodorierung:* Filtration über Aktivkohle.

8 Elektrochemie

8.1 Oxidation und Reduktion

Lavoisier erkannte die Oxidation als Vereinigung mit Sauerstoff und die Reduktion als Entzug von Sauerstoff.

In der *elektrochemischen Spannungsreihe* sind die Metalle nach ihrer Oxidierbarkeit geordnet.

K Ca Na Mg Al Mn Zn Cr Fe Ni Sn Pb **H** Cu Ag Pt Au
unedel ◄————————————————————► edel

Heute verstehen wir Redoxreaktionen als Elektronenverschiebungen zwischen einer oxidierten (Ox) und reduzierten Form (Red) eines Elementes.

Oxidation bedeutet *Elektronenabgabe.*
Reduktion bedeutet *Elektronenaufnahme.*

$$\text{Ox} + z\,e^- \underset{\text{Oxidation}}{\overset{\text{Reduktion}}{\rightleftharpoons}} \text{Red}$$
„edel"   „unedel"

■ Beispiele:
$$Fe^{2+} \rightleftharpoons Fe^{3+} + e^- \quad (\text{Oxidation:} \ +II \rightarrow +III)$$
$$Cl_2 + 2\,e^- \rightleftharpoons 2\,Cl^- \quad (\text{Reduktion:} \ \ 0 \rightarrow -I)$$

Das *Oxidationsmittel* (Ox) nimmt Elektronen auf, wird reduziert. Das *Reduktionsmittel* (Red) gibt Elektronen ab, wird oxidiert. Ein starkes Oxidationsmittel hat ein schwaches korrespondierendes Reduktionsmittel und umgekehrt.

Die **Oxidationszahl** eines Atoms gibt seine Elektronenüberschuss (negativ) bzw. Elektronenmangel (positiv) in Verbindungen an – und entspricht meist der Gruppennummer des Periodensystems.

a) bei Salzen: die Ionenwertigkeiten
b) bei Molekülen tut man so, als lägen Ionen vor, also im Wasser 2 H^+ und O^{2-}.
c) bei Elementen (Metalle, H_2, O_2, Cl_2): null
d) Fluor stets $-I$; Sauerstoff in Oxiden $-II$, in Peroxiden $-I$; Wasserstoff stets $+I$, in Hydriden $-I$.

Oxidationszahlen werden in römischen Ziffern hinter oder über die Elementsymbole geschrieben.
Die Summe Oxidationszahlen ergibt Null (in Salzen und Molekülen) bzw. die Ladung von Ionen.

Redoxgleichungen beschreiben die Stöchiometrie von Redoxreaktionen.

1. Ausgleich der *Differenz der Oxidationszahlen* mit Elektronen
2. Ausgleich der *Differenz der Ladungen* mit
   a) H^+ (oder H_3O^+) im sauren Milieu,
   b) OH^- im basischen Milieu,
   c) O^{2-} in Schmelze
3. Ausgleich der H^+ bzw. OH^- mit Wasser (H_2O)

8.2 Elektrochemische Zellen

Zwei **Elektroden** (*Elektronenleiter:* Metalle, Grafit, Metalloxide, Halbleiter), die in einen **Elektrolyten** (*Ionenleiter:* verdünnte Säuren und Laugen, Salzschmelzen, ionenleitende Membranen) tauchen, bilden eine elektrochemische Zelle; z. B. eine Batterie oder ein Korrosionselement.

Legt man eine elektrische Spannung zwischen den Elektroden an, wandern die positiv geladenen Ionen (Kationen) im Elektrolyten zur Kathode (Minuspol), die negativ geladenen Ionen (Anionen) zur Anode. Ab einer gewissen Spannung setzt die Zersetzung des Elektrolyten (Elektrolyse) ein.

An der **Anode** läuft die *Oxidation* (= elektronenliefernder Vorgang) ab. Anionen werden entladen.
An der **Kathode** läuft *Reduktion* (= elektronenverbrauchender Vorgang) ab. Kationen werden entladen.

8.3 Normalpotential

Die Elektrode lädt sich gegenüber der Lösung positiv oder negativ auf, je nachdem ob sie edel oder unedel ist. Oberflächennahe Atome des Elektrodenmaterials geben Elektronen ins Leiterinnere ab und bilden Kationen. Das Elektrodeninnere (E) und das Elektrolytinnere (L) erreichen dadurch unterschiedliche elektrische Potentiale, deren Differenz man *Elektrodenpotential* φ = $\varphi_E - \varphi_L$ nennt. Die negativ geladene Elektrode zieht Gegenionen aus dem Elektrolyten an; die *elektrolytische Doppelschicht* bildet sich aus.

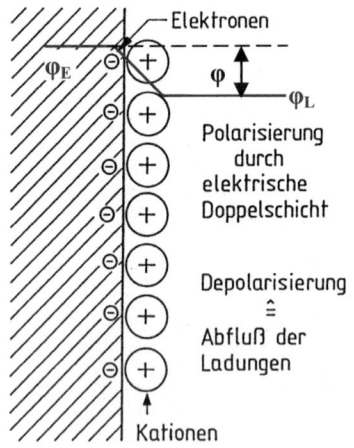

Bild 16. Elektrolytische Doppelschicht

Das **Normalpotential** E^0 ist ein Maß für die Oxidierbarkeit (Reduktionskraft) eines Redoxsystems.

Oxidierte Stoffe + Elektronen $\rightleftharpoons$ *Reduzierte Stoffe*

Unedle Metalle haben ein negatives Normalpotential, *edle Metalle* ein positives.

Man misst E^0 als *reversible Zellspannung* zwischen einer Halbzelle (Elektrode in einem Elektrolyten) und einer Bezugselektrode.

$$E^0 = \varphi(\text{Halbzelle}) - \varphi_{\text{NHE}}$$

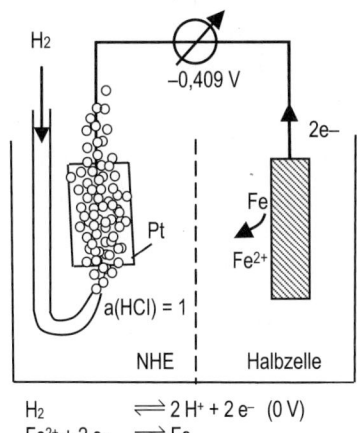

$$H_2 \rightleftharpoons 2\,H^+ + 2\,e^- \quad (0\ \text{V})$$
$$Fe^{2+} + 2\,e^- \rightleftharpoons Fe$$

Bild 17. Messung des Normalpotentials von Eisen

Tabelle 20. Spannungsreihe und Normalpotentiale

↑	−2,92	K⁺	+ e⁻	← K
	−2,866	Ca²⁺	+ 2e⁻	Ca
	−2,71	Na⁺	+ e⁻	Na
	−2,37	Mg²⁺	+ 2e⁻	Mg
	−1,662	Al³⁺	+ 3e⁻	Al
	−1,180	Mn²⁺	+ 2e⁻	Mn
starke Reduktionsmittel	−0,828	2 H₂O (pH 14)	+ 2e⁻	H₂ + 2 OH⁻
	−0,7628	Zn²⁺	+ 2e⁻	Zn
	−0,74	Cr³⁺	+ 3e⁻	Cr
	−0,409	Fe²⁺	+ 2e⁻	Fe
	−0,28	Co²⁺	+ 2e⁻	Co
	−0,23	Ni²⁺	+ 2e⁻	Ni
	−0,1364	Sn²⁺	+ 2e⁻	Sn
	−0,1263	Pb²⁺	+ 2e⁻	Pb
	0	2 H⁺	+ 2e⁻	H₂
	+0,154	Sn⁴⁺	+ 2e⁻	Sn²⁺
	+0,158	SO₄²⁻ + 4 H⁺	+ 2e⁻	SO₂
	+0,3402	Cu²⁺	+ 2e⁻	Cu
	+0,401	O₂ + 2 H₂O	+ 4e⁻	4 OH⁻ (pH 14)
	+0,62	I₂(aq)	+ 2e⁻	2 I⁻
	+0,771	Fe³⁺	+ e⁻	Fe²⁺
	+0,7991	Ag⁺	+ e⁻	Ag
	+0,959	NO₃⁻ + 4 H⁺	+ 3e⁻	NO↑ + 2 H₂O
	+1,2	Pt²⁺	+ 2e⁻	Pt
starke Oxidationsmittel	+1,229	O₂ + 4 H⁺	+ 4e⁻	2 H₂O
	+1,33	Cr₂O₇²⁻ +14H⁺	+ 6e⁻	2 Cr³⁺ +7 H₂O
	+1,40	Cl₂(aq)	+ 2e⁻	2 Cl⁻
	+1,51	MnO₄⁻ + 8 H⁺	+ 5e⁻	Mn²⁺ + 4 H₂O
	+1,63	2 HOCl + 2 H⁺	+ 2 e⁻	Cl₂(g) +2 H₂O
	+1,679	MnO₄⁻ + 4 H⁺	+ 3e⁻	MnO₂+ 2 H₂O
	+1,776	H₂O₂ + 2 H⁺	+ 2e⁻	2 H₂O
	+2,075	O₃ + 2 H⁺	+ 2e⁻	O₂ + H₂O
	+3,053	F₂+2H⁺	+ 2e⁻	→ 2 HF

Die **Normalwasserstoffelektrode** (NHE) besteht aus einem mit Wasserstoffgas umspülten, platinierten Platinblech in Salzsäure (1 mol/ℓ, 25 °C, 101325 Pa Luftdruck). Dem Elektrodenvorgang $H_2 \rightleftharpoons 2\,H^+ + 2\,e^-$ wird das Potential Null für alle Temperaturen zugeordnet. Die NHE wird über eine poröse Scheidewand (Diaphragma) mit dem Halbelement ionisch leitend verbunden.

Die Anordnung der Metalle nach steigendem Normalpotential, also ihrer Fähigkeit, Kationen zu bilden und edlere Metalle zu reduzieren, heißt **elektrochemische Spannungsreihe**. Jedes Metall verdrängt die in der Spannungsreihe edleren Metalle durch Reduktion aus ihren Salzlösungen.

■ **Beispiel:**

> An einem Eisennagel, der in eine Kupfersulfatlösung taucht, scheidet sich metallisches Kupfer ab. Ein Kupferstab in Eisensulfatlösung bleibt unverändert; in Silbernitratlösung aber wird er versilbert und Cu(II)-Ionen gehen in Lösung.

8.4 Galvanische Elemente und Korrosion

Zwei beliebige Metallbleche (Halbzellen), die in eine Salzlösung tauchen, bilden eine *galvanische Zelle*.

Das unedle Metall löst sich im Elektrolyten auf und bildet die **Anode** (Oxidation, Elektronenabgabe, Minuspol). Das edle Metall nimmt Elektronen auf und bildet die **Kathode** (Reduktion, Pluspol).

Zwischen den Elektroden liegt die **reversible Zellspannung** an, früher „*elektromotorische Kraft*" (EMK) genannt. Es ist die größtmögliche Spannung, die eine galvanische Zelle im unbelasteten Zustand liefert.

$$\Delta E^0 = E^0(\text{Kathode}) - E^0(\text{Anode})$$

$$\Delta E^0 > 0 \quad \Rightarrow \quad \text{Zellreaktion läuft spontan ab.}$$

Ein *Korrosionselement* (Lokalelement) ist eine kurzgeschlossene galvanische Zelle.

■ **Beispiele:**

> 1. Beim Rosten von Eisen (*Sauerstoffkorrosion*) bildet Luftsauerstoff eine Gaselektrode. Ein Elektrolyttropfen teilt die Stahloberfläche in eine Eisenelektrode unter dem Tropfen und eine Luftelektrode am Tropfenrand.

Anode Fe	→ Fe²⁺ + 2e⁻	$E^0 = -0{,}41$ V
Kathode O₂ + 4e⁻ + 2 H₂O	→ 4 OH⁻	$E^0 = +0{,}40$ V

$$2\,Fe + O_2 + 2\,H_2O \rightarrow 2\,Fe^{2+} + 4\,OH^-$$

> Das Eisen-Luft-Element liefert $\Delta E^0 = 0{,}40 - (-0{,}41) = 0{,}81$ V Spannung. Fe²⁺ wird zu Fe³⁺ oxidiert und bildet mit OH⁻ rostbraunes Fe₂O₃·xH₂O.
>
> 2. Stahlblech kann man durch eine edlere Zinnschicht schützen, die das unedlere Eisen abdeckt.
>
> 3. Beim *kathodischen Korrosionsschutz* werden Bauteile mit „Opferanoden" aus Magnesium oder Zink leitend verbunden, die sich auflösen und Elektronen an den Eisenwerkstoff abgeben. Man kann auch den Minuspol einer Batterie aufschalten.

Das *Pourbaix*-Diagramm veranschaulicht, welche Stoffe bei der Korrosion je nach Elektrodenpotential und pH-Wert vorliegen. Viele Metalle *passivieren* durch Ausbildung oxidischer Deckschichten, die vor weiterer Korrosion schützen. Wirklich „rostfreie" Stähle gibt es nicht.

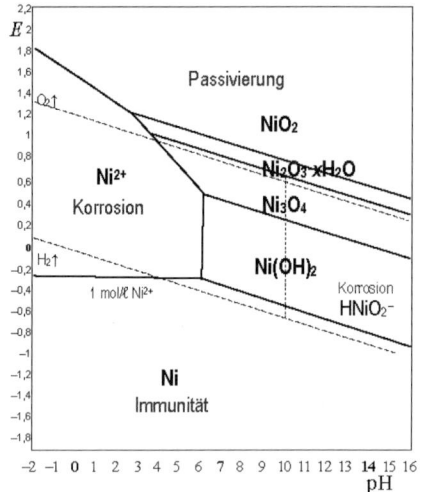

Bild 18: *Pourbaix*-Diagramm von Nickel (25 °C).

a) In *Säuren* verwendbar sind: Grafit, Platin, Gold, Iridium, Osmium, Ruthenium, Wolfram, Tantal, Niob und Titan.

b) In *Alkalien* verwendbar sind: Grafit, Platin, Palladium, Rhodium, Titan, Hafnium, Nickel, Bleidioxid.

Nernst-**Gleichung**
Die *Nernst*-Gleichung beschreibt die Abhängigkeit des Normalpotentials E^0 von Temperatur und Konzentration der Reaktionspartner. Sie gilt für Redoxgleichgewichte, Elektroden, Halbzellen und galvanische Elemente. E bezeichnet Redoxpotentiale, Elektrodenpotentiale oder die reversible Zellspannung galvanischer Zellen.

*Ox*idierte Stoffe + Elektronen $\rightleftharpoons$ *Red*uzierte Stoffe

$$E = E^0 - \frac{RT}{zF} \ln \frac{c(\text{Red})}{c(\text{Ox})} \quad \longleftarrow \text{Produkte} \\ \longleftarrow \text{Edukte}$$

Für Standardbedingungen (25 °C) gilt der Faktor 0,059 V = 59 mV („Nernst-Spannung"):

$$E = E^0 - \frac{0,059159}{z} \log \frac{c(\text{Red})}{c(\text{Ox})}$$

Die maximale Nutzarbeit der Zellreaktion $\Delta G = -z\,F\,E$. ist bei einer spontanen Reaktion negativ, somit ΔE positiv.

■ **Beispiel:**
Warum führt man Oxidationen mit Permanganat in schwefelsaurer Lösung durch?

$$\text{MnO}_4^- + 5\,\text{e}^- + 8\,\text{H}^+ \rightleftharpoons \text{Mn}^{2+} + 4\,\text{H}_2\text{O}$$

$$E = 1{,}51\,\text{V} - \frac{0{,}059}{5} \log \frac{c(\text{Mn}^{2+})}{c(\text{MnO}_4^-) \cdot c(\text{H}^+)^8}$$

Wenn man Säure zusetzt, also $c(\text{H}^+)$ erhöht, sinkt die Gleichgewichtskonstante $1/c(\text{H}^+)^8$. Der Logarithmus einer winzigen Zahl ist negativ groß. Das bedeutet, die Zellspannung steigt. Man arbeitet also vorteilhaft in saurer Lösung.

8.5 Batterien und Akkumulatoren

Primärelemente („Batterien") wandeln chemische Energie unumkehrbar in elektrische Energie und Wärme um; sie sind nicht wiederaufladbar.

Sekundärelemente oder *Akkumulatoren* („Sammler") speichern elektrische Energie in Form von chemischer Energie; sie sind wiederaufladbar. Beim Entladen laufen die Elektrodenvorgänge rückwärts.

Tabelle 21. Batterien und Akkumulatoren

	Anode (Minuspol) und Kathode (Pluspol)	Elektrolyt
Leclanché-Element: *Zink-Braunstein-Batterie*	(–) Zinkbecher Zn $\rightarrow$ Zn^{2+} + 2e$^-$ Zn^{2+} + 2 NH$_4$Cl + 2 OH$^-$ $\rightarrow$ Zn(NH$_3$)$_2$Cl$_2$ + 2 H$_2$O (+) Braunstein/Ruß um einen Grafitstab 2 MnO$_2$ + H$_2$O + 2 e$^-$ $\rightarrow$ 2 MnO(OH) + 2 OH$^-$	Feuchtmasse aus 25% Ammoniumchlorid, Zinkchlorid und Methylcellulose als Quellmittel
Alkali-Mangan-Batterie *Alkalisches Zink-Braunstein-Element*	(–) Zinkflitter, (–) Folienkathode mit MnO$_2$. Zn + 2 OH$^-$ $\rightarrow$ ZnO + H$_2$O + 2 e$^-$ MnO$_2$ + 2 H$_2$O + 2 e$^-$ $\rightarrow$ Mn(OH)$_2$ + 2 OH$^-$	verdickte Kalilauge

	Anode (Minuspol) und Kathode (Pluspol)	Elektrolyt
Bleiakkumulator	(–) Pb-PbO-Paste in Hartbleigitter (+) Mit Bleidioxid beschichtete Bleinetze Beim Formieren (Laden) entsteht anodisch poröses PbO_2, kathodisch ein Bleischwamm. Oberhalb 2,4 V „gast" der Akku durch Elektrolyse der Schwefelsäure. $\overset{0}{Pb} + SO_4^{2-} \rightleftharpoons \overset{+II}{Pb}SO_4 + 2\,e^-$ $\overset{+IV}{Pb}O_2 + SO_4^{2-} + 4\,H^+ + 2\,e^- \rightleftharpoons \overset{+II}{Pb}SO_4 + 2\,H_2O$ $Pb + PbO_2 + 2\,H_2SO_4 \underset{\text{Laden}}{\overset{\text{Entladen}}{\rightleftharpoons}} 2\,PbSO_4 + 2\,H_2O$	37%ige Schwefelsäure (1,28 g/cm³), mit SiO_2-Gel verdickt; Kunststoffseparatoren als Abstandshalter
Nickel-Metallhydrid-Akku	(–) Wasserstoff-Speicherelektrode ($LaNi_5$, $NiTi_2$ u. a.) (+) Nickelschaum $MH + OH^- \overset{\text{Entladen}}{\rightleftharpoons} H_2O + M + e^-$ $NiO(OH) + H_2O + e^- \rightleftharpoons Ni(OH)_2 + OH^-$	30% KOH in Kunststoffvlies
Lithium-Akkumulator	(–) Lithiummetall oder Grafit (beim Lithiumionen-Akku) (+) Metalloxid (Perowskit), in das sich Lithium einlagert. $Li_x\overset{+III}{Mn}O_2 \rightleftharpoons Li_{x-1}\overset{+IV}{Mn}O_2 + Li^+ + e^-$	aprotisches Lösungsmittel (Propylencarbonat) mit Leitsalz ($LiPF_6$, $LiBF_4$)

8.6 Brennstoffzellen

Brennstoffzellen wandeln wie Batterien die chemische Energie des Brennstoffes direkt in elektrischen Strom um – ohne Umweg über Wärme oder mechanische Energie! Die *elektrochemische Oxidation* („stille Verbrennung") von Wasserstoff, Methanol oder Erdgas mit Sauerstoff zu Wasser und CO_2 erreicht theoretisch 100% Wirkungsgrad.

Das Elektrolytsystem prägt das Namenskürzel des Brennstoffelementes.

Die **Polymerelektrolyt-Brennstoffzelle** (PEFC) ist die wichtigste Wasserstoff-Sauerstoff-Zelle, z. B. für umweltfreundliche Elektroantriebe. Wasserstoff und Sauerstoff werden über Strömungskanäle in poröse Gasdiffusionselektroden gepresst und an der Grenzfläche zum Elektrolyten direkt in Wasser und elektrischen Strom gewandelt. Die Elektrodenreaktionen der Elektrolyse laufen dabei rückwärts. An der Anode wird der Brennstoff oxidiert, an der Kathode Sauerstoff reduziert; Wasser entsteht. Der Elektrolyt liefert verbrauchte Ladungsträger H^+ nach.

Anode (–): Wasserstoffoxidation
$$2\,H_2 \rightleftharpoons 4\,H^+ + 4\,e^-$$

Kathode (+): Sauerstoffreduktion
$$\overset{0}{O_2} + 4\,e^- + 4\,H^+ \rightleftharpoons 2\,H_2\overset{-II}{O}$$

$$2\,H_2 + O_2 \underset{\text{Elektrolyse}}{\overset{\text{Brennstoffzelle}}{\rightleftharpoons}} 2\,H_2O$$

Reversible Zellspannung:
$$\Delta E^0 = E^0(\text{Reduktion}) - E^0(\text{Oxidation}) = 1{,}23 \text{ V}.$$
Nutzenergie je H_2-Molekül:
$$\Delta G^0 = -2 \cdot 96485 \text{ C/mol} \cdot 1{,}23 \text{ V} = -237 \text{ kJ/mol}.$$

Die Sauerstoffreduktion ist kinetisch gehemmt, so dass in der Praxis nur Leerlaufspannungen um 0,9 V erzielt werden.

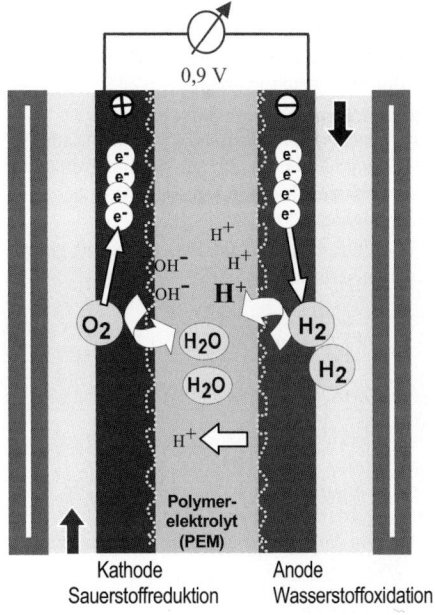

Bild 19. Prinzip der PEM-Brennstoffzelle (PEFC)

Direktbrennstoffzellen bei Raumtemperatur erbringen nur geringe Leistungsdichten, sind aber als Batterieersatz interessant, z. B. die DMFC:
$$CH_3OH + {}^3/_2 O_2 \rightleftharpoons CO_2 + 2\,H_2O$$

Hochtemperaturbrennstoffzellen (MCFC, SOFC) verstromen schwefelarmes Erdgas direkt, indem es zuvor durch *interne Reformierung* an einem Katalysator im Anodenraum in Wasserstoff gespalten wird.

$$CH_4 + 2\,H_2O \rightarrow CO_2 + 2\,H_2$$

Tabelle 22. Typen von Brennstoffzellen

Kürzel	Name	Elektrolyt	Elektroden	a) Brenngas b) Oxidans
PEFC	Polymerelektrolyt-Brennstoffzelle	Protonenaustauschermembran (PEM), 80°C	Platiniertes Grafitpapier, mit der Elektrolytfolie zu einer *Membran-Elektroden-Einheit* (MEA) verpresst	a) Wasserstoff b) Sauerstoff oder Luft
DMFC	Direkt-Methanol-Brennstoffzelle	wie PEFC	wie PEFC	a) Methanol/Wasser b) Sauerstoff oder Luft
AFC	Alkalische Brennstoffzelle	Kalilauge, 30%ig	Poröses Nickel (RANEY-Nickel)	a) reiner Wasserstoff b) reiner Sauerstoff
PAFC	phosphorsaure Brennstoffzelle	Phosphorsäure-Gel in SiC/PTFE-Matrix, 190°C	Platin, feinverteilt auf Russpartikeln auf porösen Kohlenstofffasermatten	a) Wasserstoff b) Luft
MCFC	Carbonatschmelzen-Brennstoffzellen	Alkalicarbonatschmelze in hitzefester Matrix (LiAlO₂); 620 – 650 °C	*Anode:* poröse Nickelplatten mit 2–10 % Chrom *Kathode:* lithiiertes Nickeloxid	a) Wasserstoff oder Erdgas; b) Luft/CO₂-Gemisch
SOFC	Festoxid-Brennstoffzelle	Zirconiumdioxid-Keramik (YSZ) 800 – 1000 °C	*Anode:* 30 % Nickel auf YSZ *Kathode:* La(Ca,Sr)MnO₃ Zellverbindung: La(Mg,Sr)CrO₃	a) Wasserstoff oder Erdgas b) Luft

8.7 Elektrolyse

Die Zersetzung eines festen, flüssigen oder schmelzflüssigen Ionenleiters (Elektrolyt) durch den elektrischen Strom nennt man Elektrolyse.

Bei der Elektrolyse *wässriger* Säuren, Basen und Salzlösungen entstehen *stets Wasserstoff* (an der Kathode) *und Sauerstoff* (an der Anode) im Volumenverhältnis 2 : 1. Aus chloridhaltigen Lösungen wird anodisch auch Chlor abgeschieden.

Plus- und Minuspol der Elektrolysezelle sind gegenüber Batterien vertauscht.

Elektrolyse in saurer Lösung:

Kathode (−) $4\,H^+ + 4\,e^- \rightleftharpoons 2\,H_2\uparrow$ $E^0 = 0\ V$

Anode (+) $2\,H_2O \rightleftharpoons \overset{0}{O_2}\uparrow + 4\,e^- + 4\,H^+$ $E^0 = 1{,}23\ V$

$2\,H_2O \rightleftharpoons 2\,H_2 + O_2$ $\Delta E^0 = -1{,}23\ V$

Die *Zersetzungsspannung* von 1,23 V ist die Mindestspannung der Elektrolyse, um die Überspannungen an den Elektroden und den Elektrolytwiderstand zu überwinden.

Faraday'sche-Gesetze

1. Die aus einem Elektrolyten bei der Gleichstromelektrolyse abgeschiedene Stoffmasse m ist der durchgeflossenen Ladungsmenge Q proportional.

$$m = k \cdot Q = k\,I\,t$$

I Strom (A), *t* Zeit (s), *m* Masse (kg)

2. Die Abscheidung von 1 mol eines einwertigen Stoffes erfordert die Ladungsmenge:

$F = 96485\ C/mol$ (*Faraday*-Konstante)

Die Ladung 1 C genügt zur Abscheidung der Stoffmasse:

$$k = \frac{M}{zF}$$ (elektrochemisches Äquivalent)

M molare Masse (g/mol), *z* Ionenwertigkeit.

Knallgas: 0,1743   mℓ/C = 0,6273 ℓ/Ah
Sauerstoff   0,05802 mℓ/C = 0,2089 ℓ/Ah
Wasserstoff: 0,1162 mℓ/C = 0,4185 ℓ/Ah

8.8. Metallgewinnung

Die **Schmelzflusselektrolyse** eignet sich zur Gewinnung unedler Metalle. An einer *Kathode* (Minuspol) kann man z. B. Magnesium und Natrium aus wasserfreien Salzschmelzen abscheiden.

Aluminium wird an Kohleelektroden durch Reduktion von Aluminiumoxid (in einem Eutektikum mit Na₃AlF₆) bei 950 °C gewonnen.

(−) Kathode $2\,Al^{3+} + 6\,e^- \rightarrow 2\,Al$
(+) Anode $3\,O^{2-} \rightarrow {}^3/_2 O_2 + 6\,e^-$

$1677\ kJ + 2\,Al_2O_3 \rightarrow 2\,Al + {}^3/_2 O_2$

${}^3/_2 O_2 + 3\,C \rightarrow 3\,CO + 332\ kJ$

Die **Raffinationselektrolyse** dient zur Feinreinigung von Metallen (Cu, Ag, Ni, Zn, Al). Als *Anode* (Pluspol) wird das Metallstück aufgelöst und kathodisch wieder abgeschieden.

8.9 Galvanotechnik

Beim **Eloxal-Verfahren** (*El*ektrolytische *Ox*idation des *Al*uminiums) wird das Bauteil als Anode (Pluspol) in Schwefelsäure oxidiert, wobei Al_2O_3-Schichten aufwachsen.

$$
\begin{array}{ll}
(+) \text{ Anode} & 2\,OH^- \rightarrow H_2O + \langle O\rangle + 2\,e^- \\
& 2\,Al + 3\,\langle O\rangle \rightarrow Al_2O_3 \\
(-) \text{ Kathode} & 2\,H^+ + 2\,e^- \rightarrow H_2\uparrow \\
\hline
& 2\,Al + 3\,H_2O \rightarrow Al_2O_3 + 6\,H^+ + 6\,e^-
\end{array}
$$

Phosphatieren nennt man den Korrosionsschutz von Eisen in phosphorsaurer Zinkdihydrogenphosphat-Lösung, wobei Schutzschichten aus Zinkphosphat aufwachsen.

$$3\,Zn^{2+} + 2\,H_2PO_4^- + 4\,H_2O \rightarrow Zn_3(PO_4)_2\cdot 4H_2O + 4\,H^+$$

Bei der **Elektrotauchlackierung** (elektrophoretische Lackierung) wandern wasserlösliche Lackvorstufen zum kathodisch geschalteten Werkstück und scheiden sich dort als Lack ab.

9 Organische Chemie

9.1 Kohlenwasserstoffe

Kohlenstoff bildet ketten- und ringförmige *Moleküle* mit Wasserstoff, Sauerstoff, Stickstoff, Schwefel, Phosphor, Halogenen und einigen Metallen.

Isomere besitzen bei gleicher Summenformel unterschiedliche Atomanordnungen (Strukturen). Sie unterscheiden sich wenig in ihrer chemischen Reaktivität; mit jeder zusätzlichen CH_2-Gruppe steigen jedoch die Schmelz- und Siedepunkte an.

a) Alkane und *Cycloalkane* sind „gesättigte Kohlenwasserstoffe" allein aus sp^3-hybridisierten C-Atomen, die C–C- und C–H-Einfachbindungen knüpfen. Alkane sind reaktionsträge; sie verbrennen zu CO_2 und Wasser. Bei Einstrahlung von ultraviolettem Licht tauschen sie H-Atome gegen Fluor, Chlor oder Brom aus (*radikalische Substitution*).

■ **Beispiel**

Die längste unverzweigte Kohlenstoffkette bestimmt den Stammnamen des Alkans: 1 = Meth, 2 = Eth, 3 = Prop, 4 = But, 5 = Pent, 6 = Hex, 7 = Hept, 8 = Oct, 9 = Non, 10 = Dec.

2,3-Dimethyl-butan

Stammname (Hauptkette)
Radikalname der Seitenkette
Die gleiche Seitenkette kommt doppelt vor.
Abzweigungen am 2. und 3. C-Atom

b) Alkene und *Cycloalkene* sind „ungesättigte Kohlenwasserstoffe": mit C=C-Doppelbindungen aus sp^2-hybridisierten C-Atomen. *Ethen* und *Propen*, werden weiter zu Polyethylen bzw. Polypropylen verarbeitet. Sie lagern bereitwillig Teilchen mit Elektronenmangel an (*elektrophile Addition*), z. B. Brom zu Dibromalkanen, Wasser in Gegenwart von Schwefelsäure zu Alkoholen.

c) Alkine haben C≡C-Dreifachbindungen aus *sp*-hybridisierten C-Atomen. *Ethin* (Acetylen) dient als Heizgas zum Schweißen.

d) Aromatische Kohlenwasserstoffe leiten sich vom *Benzol* C_6H_6 ab. Es besteht aus sechs sp^2-hybridisierten C-Atomen, wobei weder reine C–C- noch reine C=C-Bindungen vorliegen. Der Begriff *Mesomerie* beschreibt die Eigenart eines solchen „konjugierten Systems" mit π-Elektronenwolken ober- und unterhalb der Ringebene. In Gegenwart von Katalysatoren kann man H-Atome des Benzolrings gegen Halogenatome, $-SO_3H$ (mit Schwefelsäure), $-NO_2$ (mit Salpetersäure) austauschen (*elektrophile Substitution*).

Polyzyklische aromatische Kohlenwasserstoffe (PAK) sind Moleküle aus mehreren aneinander hängenden Benzolringen, z. B. Naphthalin, Anthracen und das krebserzeugende Benzopyren.

9.2 Stoffklassen

Funktionelle Gruppen bestimmen als „aktive Stellen" im Molekül die chemischen Eigenschaften; das Kohlenwasserstoffgerüst verhält sich reaktionsträge.

Die höchstwertige funktionelle Gruppe bestimmt die *Stoffklasse*, z. B. –OH in den Alkoholen.

Tabelle 23. Systematik der organischen Chemie

aliphatisch, alizyklisch kettenförmig			carbozyklisch (ringförmig mit Kohlenstoffatomen)			heterozyklisch (mit Heteroatomen)
gesättigt	ungesättigt		gesättigt	ungesättigt	aromatisch	
Alkane	Alkene	Alkine	Cycloalkane	Cycloalkene	Aromaten (Arene)	Heterozyklen
C_nH_{2n+2}	C_nH_{2n}	C_nH_{2n-2}	C_nH_{2n}	C_nH_{2n-2}		
Ethan	Ethen	Ethin (Acetylen)	Cyclohexan	Cyclopenten	Benzol C_6H_6	Pyrrol
Hexan C_6H_{14}	Butadien	Strichformeln stellen die einzelnen C- und H-Atome nicht explizit dar.				

Tabelle 24. Stoffklassen

Stoffklasse	Gruppe		Chemische Eigenschaften und Verwendung
Carbonsäuren	–COOH	Carboxy-	Oxidationsprodukte der Aldehyde.
Sulfonsäuren	–SO₂OH	Sulfo-	Ionentauscherharze, Waschmittel
Ester der Carbonsäuren	–CO–OR		Ethylacetat $CH_3CO–C_2H_5$ (Lösungsmittel); *Phthalate* als Weichmacher in Kunststoffen; *Fette* sind Ester aus Glycerin und höheren Carbonsäuren: Alkohol + Säure → Ester + Wasser
Amide der Carbonsäuren	–CO–NH₂		Peptidbindung in Proteinen; Polyamide (z. B. Nylon)
Nitrile	–C≡N	Cyan-	Vorstufen für Carbonsäuren. *Acetonitril* $CH_3C≡N$ (Lösungsmittel); weit weniger giftig als Blausäure.
Alkohole (Alkan**ole**)	–OH	Hydroxy-	Lösemittel, Süßstoffe; Aromatische Alkohole heißen *Phenole*.
Ether	–OR		Alkohol + Alkohol' → Ether + Wasser *Epoxide* (Oxirane) $RCH(O)CH_2$ sind ringförmige Ether.
Aldehyde (Alkan**ale**)	–CHO	Formyl-	Oxidationsprodukte der primären Alkohole ROH. *Formaldehyd* (Methanal) HCHO dampft aus Melaminharzen aus. *Propenal* (Acrolein) $H_2C=CH–CHO$ bei der Fettspaltung.
Ketone (Alkan**one**)	>C=O	Carbonyl-	Oxidationsprodukte der sekundären Alkohole R–CH(OH)–R. An der CO-Gruppe greifen Teilchen mit freien Elektronenpaaren an (NH_3, H_2O etc.; nucleophile Addition).
Amine	–NH₂	Amino-	Organische Basen; Vorstufen für Isocyanate und Polyurethane. *Anilin* (Aminobenzol) $C_6H_5NH_2$ in Azofarbstoffen.
Halogenkohlenwasserstoffe	–F, Cl, Br, I	Halogen-	Löse-, Flammschutz-, Kühlmittel, Pestizide, Treibgase. Natronlauge ersetzt das Halogen durch –OH (nucleophile Substitution). Bei hohen Temperaturen Abspaltung (Eliminierung) von Halogenwasserstoff HX.
Nitroverbindungen	–NO₂	Nitro-	Explosivstoffe

C Mechanik

Alfred Böge, Gert Böge, Dominik Surek

1 Statik starrer Körper in der Ebene

G. Böge

Formelzeichen und Einheiten

A	m^2, cm^2, mm^2	Fläche
b	m, cm, mm	Breite
d	m, cm, mm	Durchmesser
E	$J = Nm$	Energie
e	1	Euler'sche Zahl
F	$N = \dfrac{kgm}{s^2}$	Kraft; wenn nötig oder zweckmäßig werden durch Zeiger unterschieden, z.B. F_r resultierende Kraft = Resultierende, F_R Reibungskraft (kurz: Reibkraft), F_N Normalkraft, F_q Querkraft (Belastung), F_A Stützkraft im Lagerpunkt A usw.
F_G	$N = \dfrac{kgm}{s^2}$	Gewichtskraft
g	$\dfrac{m}{s^2}$	Fallbeschleunigung
h	m, cm, mm	Höhe
l	m, cm, mm	Länge jeder Art, Abstände
M	Nm	Drehmoment, Moment einer Kraft oder eines Kräftepaars (Kraftmoment)
m	kg, g	Masse
n	$\dfrac{1}{min} = min^{-1}$	Drehzahl
P	W, kW	Leistung
r	m, cm, mm	Radius
s	m, cm, mm	Weglänge, Wanddicke
V	m^3, cm^3, mm^3	Volumen, Rauminhalt
v	$\dfrac{m^3}{kg}$	spezifisches Volumen
v	$\dfrac{m}{s}, \dfrac{km}{h}, \dfrac{m}{min}$	Geschwindigkeit
W	$J = Nm$	Arbeit
x, y	m, cm, mm	Wirkabstände der Einzelkräfte (und -flächen oder -linien)
x_0, y_0, z_0	m, cm, mm	Schwerpunktsabstände
α, β, γ	°	ebener Winkel
η	1	Wirkungsgrad
μ	1	Reibungszahl (kurz: Reibzahl)
ρ	°	Reibungswinkel (kurz: Reibwinkel)

1.1 Grundlagen

1.1.1 Die Kraft

Kraft ist die Ursache einer Bewegungs- oder (und) Formänderung. Man arbeitet in der Statik mit dem Gedankenbild des „starren" Körpers, schließt also die bei jedem Körper auftretende Formänderung aus der Betrachtung aus. Jede Kraft lässt sich durch Vergleich mit der Gewichtskraft eines Wägestücks messen. Eindeutige Kennzeichnung einer Kraft F erfordert drei Bestimmungsstücke (Bild 1):
Betrag der Kraft, z.B. $F = 18$ N; in bildlicher Darstellung festgelegt durch Länge einer Strecke in bestimmtem Kräftemaßstab (KM).
Lage der Kraft; festgelegt durch ihre Wirklinie (WL) und den Angriffspunkt im *Lageplan*. *Richtungssinn* der Kraft; gekennzeichnet durch den *Richtungspfeil*.
Kräfte sind *Vektoren*, d.h. gerichtete Größen, ebenso wie z.B. Geschwindigkeiten und Beschleunigungen, im Gegensatz zu den *Skalaren*, das sind nicht gerichtete Größen, wie Zeit, Temperatur, Masse und andere. Näheres zu Vektoren und Skalaren im Abschnitt Physik.
Die *Resultierende* F_r zweier oder mehrerer Kräfte F_1, F_2, ... ist diejenige gedachte Ersatzkraft, die dieselbe Wirkung auf den Körper ausübt wie alle Einzelkräfte F_1, F_2 ... zusammen.

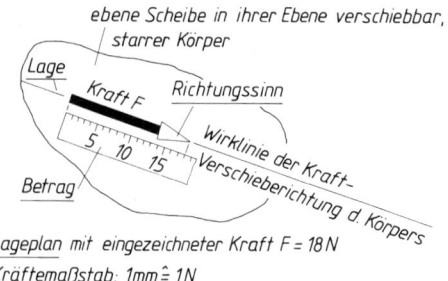

Lageplan mit eingezeichneter Kraft F = 18 N
Kräftemaßstab: 1mm ≙ 1N

Bild 1. Bestimmungsstücke einer Kraft F

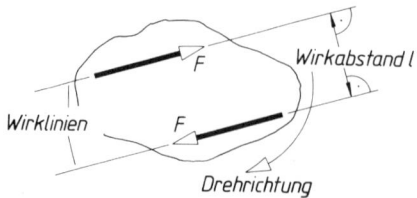

Bild 2. Das Kräftepaar erzeugt ein Kraftmoment

1.1.2 Das Kräftepaar (Kraftmoment, Drehmoment)

Ein Kräftepaar besteht aus zwei gleich großen, parallelen, entgegengesetzt gerichteten Kräften F, deren Wirklinien einen *Wirkabstand* l voneinander haben ($\perp$ zu den Wirklinien gemessen, Bild 2).

Es wirkt immer dann ein Kräftepaar, wenn sich ein starrer Körper dreht oder – ohne Bindungen – drehen würde (Welle, Handrad, Tretkurbel).
Die *Drehkraftwirkung* eines Kräftepaars heißt *Drehmoment M*. Der Betrag des Drehmoments wird bestimmt durch das Produkt aus *einer* der beiden Kräfte F und deren Wirkabstand l:

$$\text{Drehmoment } M = \text{Kraft } F \cdot \text{Wirkabstand } l$$
$$M = F\,l \qquad (1)$$

M	F	l
Nm	N	m

(Wirkabstand l immer $\perp$ zur Wirklinie gemessen)

Die Drehrichtung von Drehmomenten wird durch Vorzeichen gekennzeichnet:

$(-)$ = rechtsdrehend
$(+)$ = linksdrehend

Eine der beiden Kräfte eines Kräftepaars ist vielfach „verborgen" wirksam, meistens als Lagerkraft; beim Freimachen des Körpers muss sie erscheinen!
Das Drehmoment eines Kräftepaars bleibt unabhängig von der Wahl des Bezugspunkts D (Drehpunkt) immer dasselbe ($M = F\,l$), wie die Entwicklung im Bild 3 zeigt. In Bezug auf den Drehpunkt D übt nur die rechts liegende Kraft F ein Drehmoment aus ($M_{(D)} = F\,l$), weil die Wirklinie der zweiten Kraft des Kräftepaars durch den Drehpunkt D geht, also keinen Wirkabstand besitzt. Die Entwicklung für den Drehpunkt D_1 zeigt aber, dass auch für diesen Drehpunkt $M_{(D1)} = F\,l$ wird.

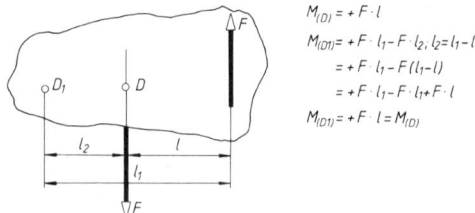

$$M_{(D)} = +F \cdot l$$
$$M_{(D1)} = +F \cdot l_1 - F \cdot l_2,\; l_2 = l_1 - l$$
$$\quad = +F \cdot l_1 - F(l_1 - l)$$
$$\quad = +F \cdot l_1 - F \cdot l_1 + F \cdot l$$
$$M_{(D1)} = +F \cdot l = M_{(D)}$$

Bild 3. Das Drehmoment eines Kräftepaars ist immer $M = F\,l$

Ein Kräftepaar kann demnach beliebig in der Ebene (oder in parallele Ebenen) verschoben oder durch ein anderes ersetzt werden, wenn nur beide gleiches Moment (einschließlich Drehsinn) haben.

■ **Beispiel:**
Zahnräder können achsparallel auf der Welle verschoben werden. Die Kraft und das Drehmoment sind die beiden „Grundgrößen" der Statik, mit ihnen werden alle Lehrsätze der Statik aufgebaut.

1.1.3 Moment einer Einzelkraft (Kraftmoment)

Das Moment einer Einzelkraft F in Bezug auf einen gewählten Drehpunkt D ist festgesetzt (definiert) als das Produkt aus der Kraft und deren Wirkabstand l (Lot von der Wirklinie auf den gewählten Drehpunkt D); Bild 4. Wirkabstand l heißt auch „*Hebelarm*".

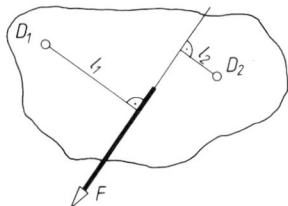

Bild 4. Moment einer Kraft F in Bezug auf Drehpunkt D_1: $M_1 = -Fl_1$ und auf D_2: $M_2 = +Fl_2$

Kraftmoment M = Kraft F · Wirkabstand l

$$M = Fl$$

M	F	l
Nm	N	m

(2)

Die Drehrichtung wird wie beim Drehmoment durch Vorzeichen gekennzeichnet:

$(-)$ = rechtsdrehend
$(+)$ = linksdrehend

Im Gegensatz zum Drehmoment des Kräftepaars, dessen Betrag und Richtungssinn unabhängig von der Wahl des Drehpunkts am Körper immer gleich groß ist, hängen Betrag und Richtung des Moments einer Kraft F von der Wahl des Bezugspunkts D ab (siehe Bild 4 und den Momentensatz 1.2.2.2).

1.1.4 Das Versatzmoment

Soll geklärt werden, welche Wirkung die Kraft F, in Bild 5 in I angreifend auf II ausübt, so wird mit dem Begriff des Versatzmomentes gearbeitet. Zwei gleich große, gegensinnige Parallelkräfte in II angebracht verändern den Zustand des starren Körpers nicht. F_1 und F_2 stellen ein Kräftepaar dar, können also sinnbildlich zum Moment $M = -F_1 l$ zusammengefasst werden. Punkt II wird demnach belastet durch die parallel verschobene Ursprungskraft F_1 *und* dem Drehmoment $M = -F_1 l$. Man spricht dann vom Versatzmoment.

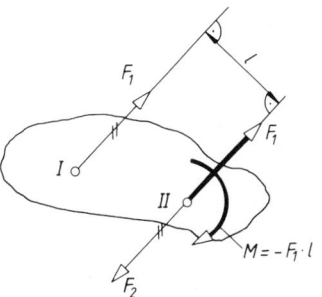

Bild 5. Versatzmoment einer Kraft

1.1.5 Die drei Grundoperationen (Arbeitssätze) der Statik

Fast alle Verfahren der Statik lassen sich auf drei Grundoperationen zurückführen:

> **Parallelogrammsatz (Kräfteparallelogramm, Zusammensetzen und Zerlegen zweier Kräfte):**
> Die Resultierende F_r zweier Kräfte F_1 und F_2 ist die Diagonale des aus beiden Kräften gebildeten Parallelogramms (Bild 6).

Meistens arbeitet man nur mit dem halben Parallelogramm, dem Kräftedreieck, denn man kommt zum gleichen Ergebnis, wenn man die gegebenen Kräfte in beliebiger Reihenfolge aneinander reiht: Die Resultierende F_r ist dann die Verbindungslinie *vom* Anfangspunkt A der ersten *zum* Endpunkt E der letzten Kraft. Dieser Satz gilt für beliebig viele Kräfte.

Die Resultierende F_r zweier Kräfte F_1 und F_2, die den Winkel α einschließen, lässt sich berechnen (Bild 6):

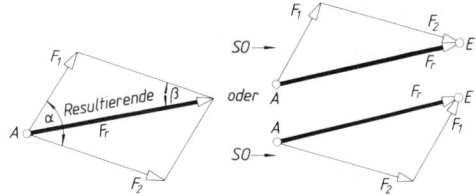

Bild 6. Parallelogrammsatz
gegeben: F_1, F_2; gesucht: F_r

$$F_r = \sqrt{F_1^2 + F_2^2 + 2F_1 F_2 \cos \alpha} \qquad (3)$$

$$\beta = \arcsin \frac{F_1 \sin \alpha}{F_r} \qquad (4)$$

Die Umkehrung des Parallelogrammsatzes ist der *Satz von der Zerlegung einer Kraft* in zwei Komponenten (Bild 7):

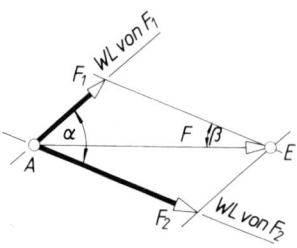

Bild 7. Kraftzerlegung
gegeben: F; gesucht: F_1, F_2

Die gegebenen Wirklinien werden parallel zu sich selbst in den Endpunkt E der gegebenen Kraft F verschoben, dadurch entsteht das Parallelogramm. Die Aufgabe, eine Kraft in mehr als zwei Komponenten zu zerlegen, ist statisch unbestimmt, d.h. es sind unendlich viele Lösungen möglich.
Die beiden Komponenten F_1, F_2 einer gegebenen Kraft F lassen sich berechnen (Bild 7):

$$F_1 = F\,\frac{\sin\beta}{\sin\alpha} \qquad (5)$$

$$F_2 = F\cos\beta - F_1\cos\alpha \qquad (6)$$

Soll eine gegebene Kraft F nach Bild 8 in zwei parallele Komponenten F_1, F_2 zerlegt werden, gilt

$$F_1 = F\,\frac{l_2}{l_1 + l_2} \qquad (7)$$

$$F_2 = F\,\frac{l_1}{l_1 + l_2} \qquad (8)$$

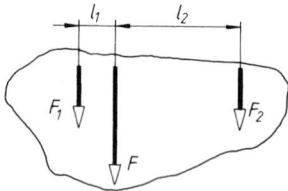

Bild 8. Zerlegung einer Kraft F in zwei parallele Komponenten

---

Erweiterungssatz:
Zwei gleich große, gegensinnige, auf gleicher Wirklinie liegende Kräfte können zu einem Kräftesystem hinzugefügt oder von ihm fortgenommen werden, ohne dass sich damit die Wirkung des Kräftesystems ändert (siehe Bild 5).

Verschiebesatz:
Kräfte können frei auf ihrer Wirklinie verschoben werden; es sind linienflüchtige Vektoren.

■ **Beispiel:**
Wie groß ist die Resultierende F_r zweier Kräfte von 5 N und 8 N, die den Winkel $\alpha = 30°$ einschließen. Welchen Winkel β schließt die Resultierende mit einer der beiden Komponenten ein?

Lösung:

$$F_r = \sqrt{F_1^2 + F_2^2 + 2F_1F_2\cos\alpha}$$

$$F_r = \sqrt{(5\,\text{N})^2 + (8\,\text{N})^2 + 2\cdot 5\,\text{N}\cdot 8\,\text{N}\cdot\cos 30°} = 12{,}6\,\text{N}$$

$$\beta = \arcsin\frac{F_1\sin\alpha}{F_r} = \frac{5\,\text{N}\cdot\sin 30°}{12{,}6\,\text{N}} = 0{,}198;$$

$$\beta = 11{,}4°$$

■ **Beispiel:**
Eine Kraft F von 50 N ist so in zwei Komponenten zu zerlegen, dass die beiden Komponenten den Winkel $\alpha = 120°$ einschließen. Der Winkel β zwischen F und der einen Komponente beträgt 20°.

Lösung:

$$F_1 = F\,\frac{\sin\beta}{\sin\alpha} = 50\,\text{N}\,\frac{\sin 20°}{\sin 120°} = 19{,}7\,\text{N}$$

$$F_2 = F\cos\beta - F_1\cos\alpha =$$
$$= 50\,\text{N}\cdot\cos 20° - 19{,}7\,\text{N}\cdot\cos 120° =$$
$$= 56{,}8\,\text{N}$$

1.1.6 Das Freimachen der Körper

Die Lösung jeder Aufgabe der Mechanik sollte mit dem Freimachen des zu untersuchenden Körpers beginnen, weil nur damit gewährleistet ist, dass *alle* am Körper angreifenden Kräfte richtig erfasst wurden. Die Anzahl der unbekannten Stützkräfte am Körper ist abhängig von der Bauart der Lagerung.

Einen Körper (Hebel, Stange, Feder, Welle u.a.) *„frei machen"* heißt: in Gedanken den Körper an allen Stütz-, Verbindungs- oder sonstigen Berührungsstellen von seiner Umgebung loslösen und für jeden der weggenommenen Bauteile *diejenigen* Kräfte eintragen, die von der Umgebung auf den frei zu machenden Körper übertragen werden. *Beachte:*
Richtungssinn immer in *Bezug auf den „frei zu machenden" Körper* eintragen.
Fehler werden häufig beim Anbringen der Reibkraft gemacht.
Die Grundregel zur Lösung statischer Aufgaben heißt:

Freimachen und Gleichgewichtsbedingungen ansetzen.

Im Einzelnen ist beim Freimachen zu beachten:

1.1.6.1 Seile, Ketten, Bänder, Riemen o.ä. (Bild 9)
übertragen nur *Zugkräfte* in Seilrichtung auf den frei zu machenden Körper. Werden Seile durch Rollen o.ä. reibungsfrei umgelenkt, wirkt an jeder Stelle des Seiles die gleiche Zugkraft in der jeweiligen Seilrichtung.

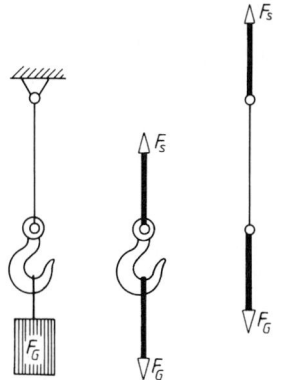

Bild 9. Kranhaken und Seil frei gemacht

1.1.6.2 Zweigelenkstäbe (Bild 10) übertragen *nur Zug-* oder *Druckkräfte*, d.h. in der Verbindungsgeraden der beiden Gelenke, wenn die Kräfte nur in den Gelenkpunkten in den Stab eingeleitet werden, wie z.B. bei der Schubstange des Schubkurbelgetriebes. Zweigelenkstäbe nennt man auch Pendelstützen.

1.1.6.3 Stützflächen (Bild 10 und 11) übertragen nur Normalkräfte F_N (⊥ zur Stützfläche), wenn sie sich reibungsfrei berühren; sonst in tangentialer Richtung auch Reibkräfte F_r, wie z.B. die Gleitflächen des Kreuzkopfes oder die Übertragungsflächen des Gleitschiebers in Bild 11.
Beachte: Der Richtungssinn der Reibkraft muss immer von Anfang an am frei gemachten Körper richtig eingesetzt werden; er ist immer der Bewegungsrichtung des Körpers entgegengesetzt.

1.1.6.4 Kugeln und Rollen (Bild 12) übertragen reibungsfrei nur Kräfte, deren Wirklinie durch Kugel-(Rollen-)mittelpunkt *und* Berührungspunkt geht, also auch Normalkräfte.

1.1.6.5 Tragwerke (Stützträger) nach Bild 13 sind statisch bestimmt gelagert, wenn die drei Gleichgewichtsbedingungen ($\Sigma F_x = 0$; $\Sigma F_y = 0$; $\Sigma M = 0$) zur Bestimmung der Stützkräfte ausreichen. Sie besitzen ein einwertiges und ein zweiwertiges Lager. Reibkräfte werden meistens nicht berücksichtigt.
Wichtig zur Lösung statischer Aufgaben ist immer das Erkennen und Festlegen der Wirklinie der einwertigen Stützkraft F_A, weil damit der erste Schritt zur Lösung getan ist. Weder bei der einwertigen noch bei der zweiwertigen Stützkraft kommt es zunächst auf die Festlegung des Richtungs*sinnes* an; das kann nach Gefühl erfolgen. Den tatsächlichen Richtungssinn liefern die zeichnerischen oder rechnerischen Lösungsverfahren selbst. Wurde der Richtungssinn bei einer unbekannten Kraft falsch angenommen, erscheint sie im rechnerischen Ergebnis negativ.

1.1.6.6 Einwertige, zweiwertige und dreiwertige Lagerungen sind solche, bei denen entweder eine, zwei oder drei unbekannte Stützkräfte auftreten. Bei Berücksichtigung der Reibung kommt noch eine Unbekannte hinzu.
Einwertige Lagerungen, wie Kugeln, Rollen, Querlager und Zweigelenkstäbe (Pendelstützen) übertragen ohne Berücksichtigung der Reibung *eine* unbekannte Stützkraft. Ihre Wirklinie ist eindeutig bestimmt: Die Stützkraft wirkt rechtwinklig zur Stützebene, bei Zweigelenkstäben in der Verbindungsgeraden der beiden Gelenke (Bild 10, 12, 13).
Zweiwertige Lagerungen übertragen ohne Berücksichtigung der Reibung immer zwei unbekannte Stützkräfte, eine in x-Richtung, die andere in y-Richtung (Bild 13).
Dreiwertige Lagerungen entstehen z.B. bei eingepressten Bolzen (Einspannungen). Sie übertragen drei unbekannte Größen: eine Kraft in x-Richtung, eine in y-Richtung und ein Drehmoment M.

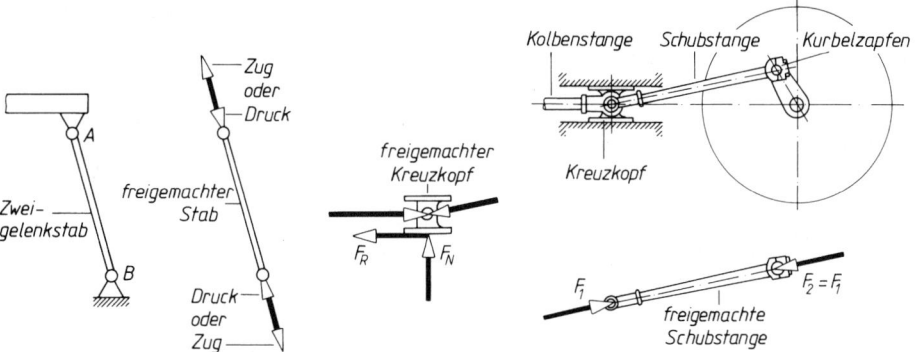

Bild 10. Schubstange (Zweigelenkstab) und Kreuzkopf eines Schubkurbelgetriebes (Kurbeltrieb) frei gemacht (ohne Massenkräfte)

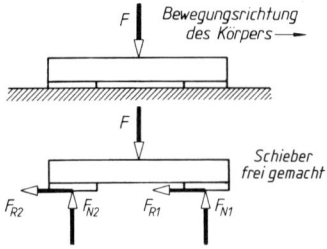

Bild 11. Gleitschieber frei gemacht

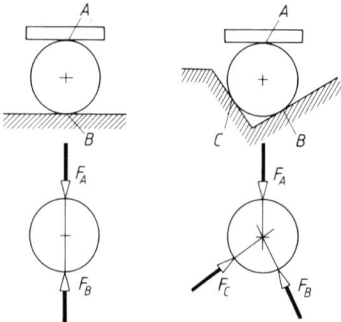

Bild 12. Kugel (Rolle) frei gemacht

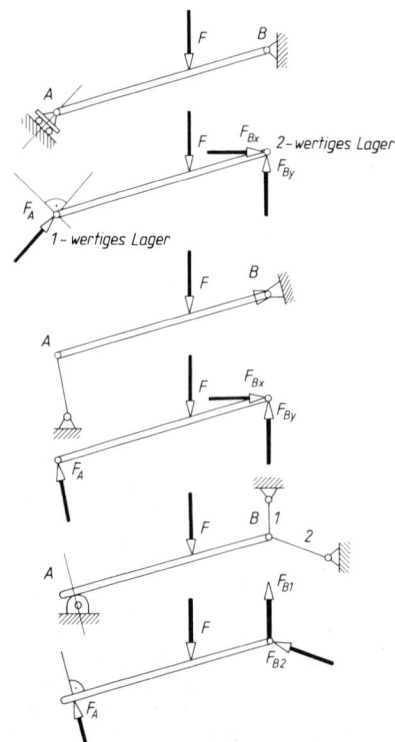

Bild 13. Stützträger frei gemacht
einwertige Lager A; zweiwertige Lager B

1.2 Zusammensetzen, Zerlegen und Gleichgewicht von Kräften in der Ebene

1.2.1 Die Kräfte greifen am gleichen Punkt der Ebene an (Zentrales Kräftesystem)

1.2.1.1 Zeichnerische Bestimmung der Resultierenden F_r. Die gegebenen Kräfte werden in beliebiger Reihenfolge maßstabgerecht und richtungsgemäß derart aneinander gereiht, dass sich ein fortlaufender Kräftezug ergibt (Bilder 14 und 15).

Die gesuchte Resultierende F_r ist immer die Verbindungslinie *vom* Anfangspunkt A der zuerst gezeichneten *zum* Endpunkt E der zuletzt gezeichneten Kraft.

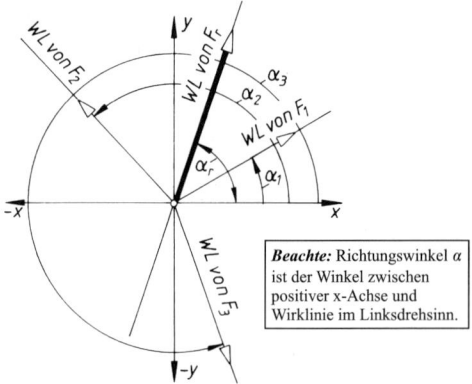

Bild 14. Lageplan mit den Wirklinien (WL) der gegebenen Kräfte F_1, F_2, F_3 und Richtungswinkel α_1, α_2, α_3; gesucht: Resultierende F_r und Winkel α_r

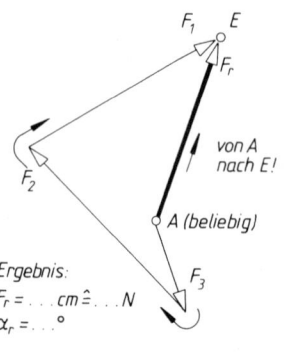

Ergebnis:
$F_r = \ldots cm \,\hat{=}\, \ldots N$
$\alpha_r = \ldots °$

$KM: 1cm \,\hat{=}\, \ldots N$

Bild 15. Kräfteplan, durch Parallelverschiebung der Wirklinien (WL) aus dem Lageplan gewonnen

Arbeitsplan zur zeichnerischen Bestimmung der Resultierenden

Rechtwinkliges Achsenkreuz zeichnen.
Wirklinien (WL) der gegebenen Kräfte F_1, F_2, F_3 unter den Richtungswinkeln α_1, α_2, α_3 zur positiven x-Achse eintragen.
Im Kräfteplan beliebigen Anfangspunkt A festlegen.
Beliebige Wirklinie durch Parallelverschiebung aus dem Lageplan durch den gewählten Anfangspunkt legen.
Auf dieser Wirklinie die gegebene Kraft im gewählten Kräftemaßstab richtungsgemäß abtragen.
Die restlichen Kräfte in gleicher Weise an die zuerst gezeichnete Kraft anschließen (Reihenfolge beliebig).
Pfeilspitze der letzten Kraft ergibt Endpunkt E des Kräfteplans.
Resultierende F_r als Verbindungslinie *vom Anfangspunkt A zum Endpunkt E* zeichnen; Länge abgreifen; Wirklinie in den Lageplan übertragen; Richtungswinkel α_r messen.

1.2.1.2 Rechnerische (analytische) Bestimmung der Resultierenden F_r

Man rechnet mit den Kraftkomponenten $F_{nx} = F_n \cos\alpha_n$ und $F_{ny} = F_n \sin\alpha_n$. Der Rechner liefert das Vorzeichen (+) oder (−) automatisch mit, wenn für α_n die *Richtungswinkel* zwischen der positiven x-Achse und der Wirklinie eingegeben werden.
Die Addition der Kraftkomponenten liefert die Komponenten F_{rx} und F_{ry} der Resultierenden.
Diese ergeben mit Hilfe des Lehrsatzes des Pythagoras die Resultierende F_r.

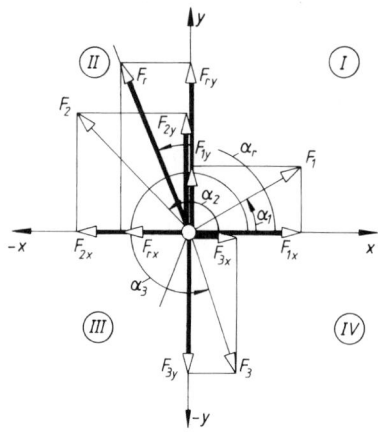

Bild 16. Lageskizze (unmaßstäblich) mit den Komponenten F_{1x}, F_{1y}, F_{2x}, F_{2y} ... der gegebenen Kräfte F_1, F_2 ... am frei gemachten Körper; gesucht: Resultierende F_r und Winkel α_r

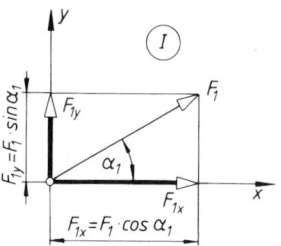

Bild 17. Gegebene Kraft F_1 und deren Komponenten $F_{1x} = F_1 \cos\alpha_1$ und $F_{1y} = F_1 \sin\alpha_1$

Kraftkomponenten:

x-Komponenten:
$$\begin{aligned} F_{1x} &= F_1 \cos\alpha_1 \\ F_{2x} &= F_2 \cos\alpha_2 \\ F_{nx} &= F_n \cos\alpha_n \end{aligned} \qquad (9)$$

y-Komponenten:
$$\begin{aligned} F_{1y} &= F_1 \cos\alpha_1 \\ F_{2y} &= F_2 \cos\alpha_2 \\ F_{ny} &= F_n \cos\alpha_n \end{aligned} \qquad (10)$$

Komponenten der Resultierenden:

$$\begin{aligned} F_{rx} &= F_{1x} + F_{2x} + F_{3x} + \ldots F_{nx} \\ F_{ry} &= F_{1y} + F_{2y} + F_{3y} + \ldots F_{ny} \end{aligned} \qquad (11)$$

Betrag der Resultierenden:

$$F_r = \sqrt{F_{rx}^2 + F_{ry}^2} \qquad (12)$$

Richtungswinkel α_r der Resultierenden F_r:

$$\alpha_r = \arctan \frac{|F_{ry}|}{|F_{rx}|} \qquad (13)$$

(nur mit den Beträgen $|F_{ry}|$ und $|F_{rx}|$ rechnen)

Richtungswinkel α_r ist der Winkel, den die Wirklinie der Resultierenden F_r mit der positiven x-Achse einschließt; Bestimmung des Quadranten I, II, III, IV aus den Vorzeichen der beiden Komponenten F_{rx} und F_{ry}.

1.2.1.3 Zeichnerische Bestimmung unbekannter Kräfte.

Die gegebenen Kräfte werden in beliebiger Folge maßstabgerecht und richtungsgemäß zu einem fortlaufenden Kräftezug aneinander gereiht. Mit den Wirklinien der noch unbekannten Kräfte muss das *Krafteck so geschlossen* werden, dass die Pfeilrichtungen „Einbahnverkehr" ermöglichen. Anfangspunkt A und Endpunkt E des Kräftezuges müssen zusammenfallen (Bilder 18 und 19).

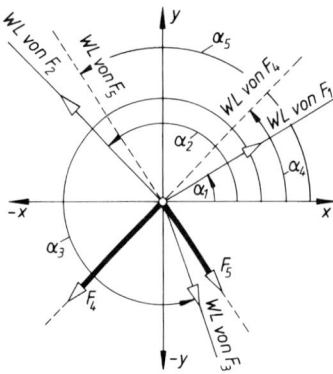

Bild 18. Lageplan mit den Wirklinien (WL) sämtlicher Kräfte (F_1 ... F_5) am frei gemachten Körper
gegeben: F_1, F_2, F_3, α_1, α_2, α_3, α_4, α_5
gesucht: F_4, F_5

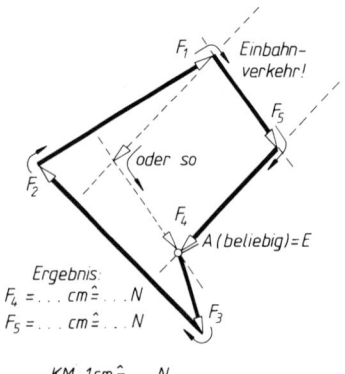

Bild 19. Kräfteplan, durch Parallelverschiebung der Wirklinien (WL) aus dem Lageplan gewonnen

---

Arbeitsplan zur zeichnerischen Bestimmung unbekannter Kräfte

Rechtwinkliges Achsenkreuz zeichnen.
Wirklinien der gegebenen und der noch unbekannten Kräfte eintragen.
Im Kräfteplan die gegebenen Kräfte oder die gegebene Kraft vom beliebigen Anfangspunkt A aus maßstäblich und richtungsgemäß aneinander reihen wie bei der zeichnerischen Bestimmung der Resultierenden (1.2.1.1), jedoch ohne die Resultierende zu zeichnen.
Mit den Wirklinien der gesuchten Kräfte durch Parallelverschiebung aus dem Lageplan in den Kräfteplan dort das Krafteck „schließen".
Kraftrichtungen (Pfeile) nach der Bedingung des „geschlossenen" Kräftezuges (Einbahnverkehr) an den gesuchten Kräften anbringen.
Gefundene Kräfte (Gleichgewichtskräfte, Stützkräfte) in den Lageplan übertragen.

1.2.1.4 Rechnerische (analytische) Bestimmung unbekannter Kräfte.

Werden alle am Körper angreifenden Kräfte in ihre Komponenten nach den beiden Richtungen eines rechtwinkligen Achsenkreuzes zerlegt und ist die algebraische Summe der Komponenten in x- und y-Richtung gleich null, stehen die Kräfte im Gleichgewicht (Bild 20).
Die rechnerischen Gleichgewichtsbedingungen beim zentralen Kräftesystem lauten:

I. $\Sigma F_x = 0$; $F_{1x} + F_{2x} + F_{3x} + ... F_{nx} = 0$ (14)
II. $\Sigma F_y = 0$; $F_{1y} + F_{2y} + F_{3y} + ... F_{ny} = 0$

$F_{nx} = F_n \cos\alpha$ $F_{ny} = F_n \sin\alpha_n$ (15)

Winkel α ist immer der *Richtungswinkel* der Kraft. Das ist der Winkel zwischen positiver x-Achse und Wirklinie.

Arbeitsplan zur rechnerischen (analytischen) Bestimmung unbekannter Kräfte

Rechtwinkliges Achsenkreuz skizzieren.
Sämtliche Kräfte – auch die noch unbekannten – in ihre x- und y-Komponenten zerlegen und unmaßstäblich eintragen, dabei den Richtungssinn der noch unbekannten Kräfte zunächst annehmen.
Nach dieser Lageskizze die beiden rechnerischen Gleichgewichtsbedingungen ansetzen. Bekannte Komponenten evtl. erst ausrechnen und diese Beträge in die beiden Gleichungen einsetzen.
Die Gleichungen nach dem Einsetzungsverfahren oder nach dem Gleichsetzungsverfahren lösen (siehe A Mathematik).
Ergibt eine der Lösungen für eine Kraft einen negativen Wert (Minuszeichen), dann wurde eine falsche Richtung angenommen. Die tatsächliche Richtung ist entgegengesetzt, der Zahlenwert stimmt jedoch. Bei weiteren Rechnungen muss nun die tatsächliche Richtung berücksichtigt werden (Vorzeichenumkehr).
Errechnete Komponenten können schließlich mit Hilfe des Lehrsatzes des Pythagoras zur gesuchten Kraft vereinigt werden.
Kraftrichtungen der gefundenen Kräfte in den Lageplan übertragen.

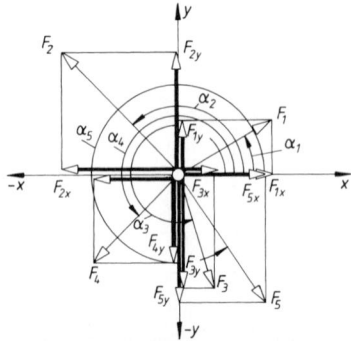

Bild 20. Lageskizze (unmaßstäblich) mit den Komponenten *sämtlicher* Kräfte am frei gemachten Körper
gegeben: F_1, F_2, F_3, α_1, α_2, α_3, α_4, α_5 gesucht: F_4, F_5

■ **Beispiel:**

Ein zentrales Kräftesystem nach Bild 20 besteht aus den gegebenen Kräften $F_1 = 55$ N; $\alpha_1 = 30°$; $F_2 = 63$ N; $\alpha_2 = 135°$; $F_3 = 22$ N; $\alpha_3 = 290°$. Die Wirklinien der gesuchten Gleichgewichtskräfte F_4 und F_5 liegen unter $\alpha_4 = 225°$ und $\alpha_5 = 305°$.

Lösung:

F_4 und F_5 ergeben sich aus den beiden rechnerischen Gleichgewichtsbedingungen:

I. $\Sigma F_x = 0 = + F_1\cos\alpha_1 + F_2\cos\alpha_2 + F_3\cos\alpha_3 + F_4\cos\alpha_4 + F_5\cos\alpha_5$

II. $\Sigma F_y = 0 = + F_1\sin\alpha_1 + F_2\sin\alpha_2 + F_3\sin\alpha_3 + F_4\sin\alpha_4 + F_5\sin\alpha_5$

Ausrechnung:

$F_4 \cdot \cos 225° = -55$ N $\cdot \cos 30° - 63$ N $\cdot \cos 135° -$
-22 N $\cdot \cos 290° - F_5 \cdot \cos 305° - 0{,}707 \cdot F_4 =$
$= -10{,}608$ N $- F_5 \cdot 0{,}573$

$F_4 \cdot \sin 225° = -55$ N $\cdot \sin 30° - 63$ N $\cdot \sin 135° -$
-22 N $\cdot \sin 290° - F_5 \cdot \sin 305° - 0{,}707 \cdot F_4 =$
$= -51{,}374$ N $- F_5 \cdot (-0{,}819)$

Daraus, z. B. mit der Gleichsetzungsmethode:

$F_5 = 29{,}286$ N und $F_4 = 38{,}781$ N

1.2.2 Die Kräfte greifen an verschiedenen Punkten der Ebene an (Allgemeines Kräftesystem)

1.2.2.1 Zeichnerische Bestimmung der Resultierenden F_r (Seileckverfahren).
Das Krafteck bestimmt Betrag und Richtung der Resultierenden F_r, das Seileck deren Lage. Schnittpunkt des ersten und letzten Seilstrahls ist ein Punkt der Wirklinie der Resultierenden (Bild 21 und 22).

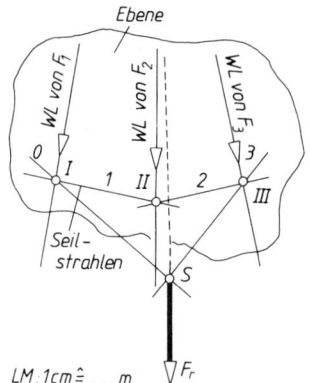

Bild 21. Lageplan mit den Wirklinien (WL) der gegebenen Kräfte F_1, F_2, F_3 am frei gemachten Körper; Seilstrahlen aus dem Kräfteplan; gesucht: *Lage* der Resultierenden F_r

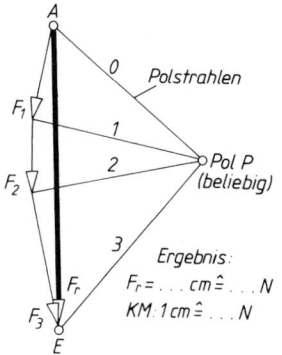

Bild 22. Kräfteplan mit den Polstrahlen; gesucht: Betrag und Richtungssinn der Resultierenden F_r

---

Arbeitsplan zum Seileckverfahren

Lageplan mit den Wirklinien der gegebenen Kräfte zeichnen.

Mit Hilfe der parallel verschobenen Wirklinien im Kräfteplan das Krafteck zeichnen, dazu Kräfte in beliebiger Reihenfolge maßstäblich und richtungsgetreu aneinander reihen.

Resultierende F_r *vom Anfangspunkt A* der zuerst gezeichneten Kraft *zum Endpunkt E* der zuletzt gezeichneten Kraft eintragen.

Pol P beliebig wählen.

Polstrahlen im Kräfteplan zeichnen und fortlaufend numerieren.

Polstrahlen durch Parallelverschiebung aus dem Kräfteplan im Lageplan zu Seilstrahlen machen, dazu Anfangspunkt I beliebig wählen und genau auf Zuordnung achten: Die zur jeweiligen Kraft im Kräfteplan gehörigen Polstrahlen als Seilstrahlen auf der Wirklinie *dieser* Kraft zum Schnitt bringen (Numerierung beachten). Anfangs- und Endseilstrahl im Lageplan zum Schnitt S bringen; sie entsprechen den beiden Polstrahlen der Resultierenden F_r.

Wirklinie der Resultierenden F_r durch gefundenen Schnittpunkt S legen, ergibt damit die *Lage* der Resultierenden.

1.2.2.2 Rechnerische (analytische) Bestimmung der Resultierenden F_r (Momentensatz).
Betrag und *Richtung* der Resultierenden werden ebenso bestimmt wie beim zentralen Kräftesystem (1.2.1.2).

Der *Momentensatz* lautet:

Wirken mehrere Kräfte (Bild 23) drehend auf einen Körper, so ist die algebraische Summe ihrer Momente gleich dem Moment der Resultierenden in Bezug auf den gleichen Drehpunkt.

Einfacher: Drehkraftwirkung der Einzelkräfte gleich Drehkraftwirkung der Resultierenden.

$$M_1 + M_2 + M_3 + \ldots M_n = M_r$$
$$F_1 l_1 + F_2 l_2 + F_3 l_3 + \ldots F_n l_n = F_r l_0$$

Aus diesem *Momentensatz* lässt sich der Abstand l_0 der Resultierenden F_r von einem beliebig gewählten Drehpunkt D aus berechnen, sodass deren *Lage* bestimmt ist:

$$l_0 = \frac{F_1 l_1 + F_2 l_2 + F_3 l_3 + \ldots F_n l_n}{F_r} \qquad (16)$$

$F_1, F_2 \ldots$	Einzelkräfte; F_r, *Resultierende*
$l_1, l_2 \ldots$	Wirkabstände der Einzelkräfte
l_0	Wirkabstand der Resultierenden vom gewählten Bezugs(Dreh-)punkt D

■ **Beispiel:**

$F_1 = 3\,N \quad F_2 = 4{,}0\,N \quad F_3 = 5\,N \quad F_4 = 2\,N$

$l_1 = 0\,mm;\ l_2 = 15\,mm;\ l_3 = 20\,mm;\ l_4 = 30\,mm$

gesucht: Wirkabstand l_0

Lösung:

$$-F_r l_0 = F_1 l_1 + F_2 l_2 - F_3 l_3 - F_4 l_4$$

$$l_0 = \frac{F_1 l_1 + F_2 l_2 - F_3 l_3 - F_4 l_4}{-F_r}$$

$$l_0 = \frac{(3\cdot 0 + 4\cdot 15 - 5\cdot 20 - 2\cdot 30)\,Nmm}{-6\,N} =$$

$$= \frac{-100\,Nmm}{-6\,N} = 16{,}67\,mm$$

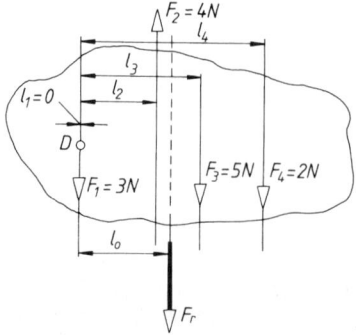

Bild 23. Anwendung des Momentensatzes zur Lagebestimmung (l_0) der Resultierenden F_r

Arbeitsplan zum Momentensatz

Lageskizze (unmaßstäblich) der gegebenen Kräfte zeichnen.

Drehpunkt (Bezugspunkt) D wählen, zweckmäßig so, dass alle gleich gerichteten Kräfte gleichen Drehsinn haben und möglichst auf der Wirklinie einer Kraft; Rechnung wird einfacher.

Wirkabstände als Lot von der Wirklinie der Kraft auf den gewählten Drehpunkt festlegen (berechnen oder aus maßstäblichen Lageplan abgreifen).

Resultierende berechnen (nach 1.2.1.2); bei Parallelkräften einfach durch algebraische Addition; schräge Kräfte in Komponenten zerlegen und zwar derart, dass x-Komponenten kein Moment haben, also deren WL durch D laufen; dann ist die Resultierende nur der y-Komponenten zu bilden und deren Drehmoment einzubeziehen.

Momente der Einzelkräfte berechnen und unter Berücksichtigung der Vorzeichen addieren. Wirkabstand l_0 nach Gleichung (16) berechnen.

1.2.2.3 Zeichnerische Bestimmung unbekannter Kräfte.
Es wird der Lageplan mit dem frei gemachten Körper gezeichnet und die gegebenen Kräfte werden zu einer Resultierenden zusammengefasst. Jetzt ist leicht zu erkennen, welches der folgenden Verfahren angewendet werden muss, um die unbekannten (Stütz- oder Lager-)Kräfte zu bestimmen.

1.2.2.3.1 Zweikräfteverfahren (Gleichgewicht von zwei Kräften). Zwei Kräfte F_1 und F_2 stehen im Gleichgewicht, wenn sie gleichen Betrag und Wirklinie, jedoch entgegengesetzten Richtungssinn haben. (Krafteck muss sich schließen, Bilder 24 und 25).

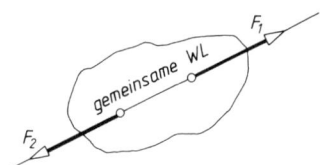

Bild 24. Lageplan zweier Gleichgewichtskräfte

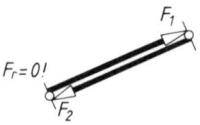

Bild 25. Kräfteplan zweier Gleichgewichtskräfte

1.2.2.3.2 Dreikräfteverfahren (Gleichgewicht von drei nicht parallelen Kräften). Drei nicht parallele Kräfte stehen im Gleichgewicht, wenn die Wirklinien der Kräfte sich in einem Punkt schneiden und das Krafteck sich schließt.

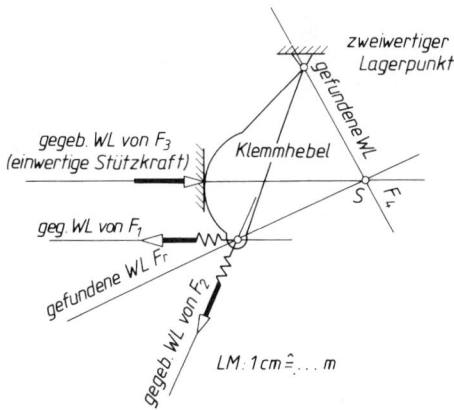

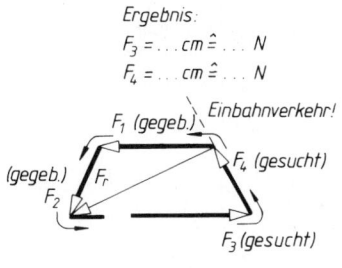

Bild 27. Kräfteplan zum Dreikräfteverfahren

Bild 26. Lageplan zum Dreikräfteverfahren. Gegebene Kräfte F_1, F_2 müssen zuerst zur Resultierenden F_r vereinigt werden (z.B. auch durch Parallelogramm-zeichnung im Lageplan)
gegeben: F_1, F_2 und damit F_r
gesucht: F_3, F_4

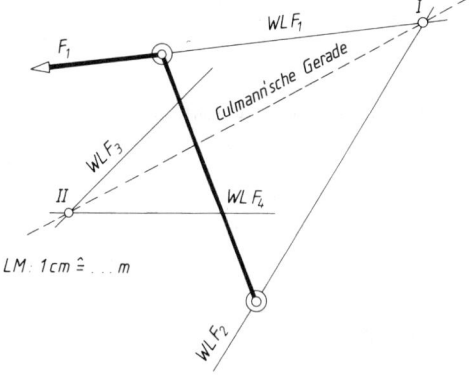

Arbeitsplan zum Dreikräfteverfahren

Lageplan des frei gemachten Körpers zeichnen (maßstäblich) und damit Wirklinien der Belastungen und der einwertigen Stützkraft (hier F_3) festlegen.

Resultierende F_r der gegebenen Kräfte (F_1 und F_2) nach 1.2.1.1 bestimmen und deren Wirklinie in den Lageplan übertragen.

Bekannte Wirklinien zum Schnitt S bringen.

Schnittpunkt S mit zweiwertigem Lagerpunkt verbinden, womit alle Wirklinien bekannt sein müssen.

Krafteck mit der nach Betrag und Richtung bekannten Kraft entwickeln (hier Resultierende F_r), dazu gefundene Wirklinien aus dem Lageplan verwenden. Richtungssinn der gefundenen Kräfte festlegen: Krafteck muss sich schließen.

Einbahnverkehr! Kraftrichtungen in den Lageplan übertragen.

Bild 28. Lageplan zum Vierkräfteverfahren
gegeben: F_1, WL_1; WL_2, WL_3, WL_4
gesucht: F_2, F_3, F_4

1.2.2.3.3 Vierkräfteverfahren (Gleichgewicht von vier nicht parallelen Kräften). Vier nicht parallele Kräfte stehen im Gleichgewicht, wenn die Resultierenden je zweier Kräfte ein geschlossenes Krafteck bilden und eine gemeinsame Wirklinie – die Culmann'sche Gerade – haben. Damit ist das Vierkräfteverfahren auf das Zweikräfteverfahren zurückgeführt (Bilder 28 und 29).

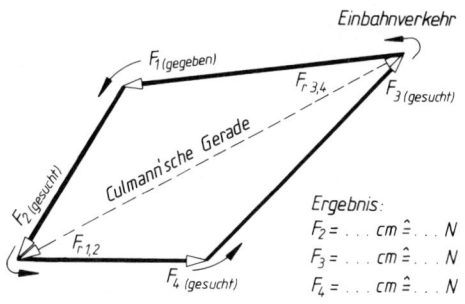

Bild 29. Kräfteplan zum Vierkräfteverfahren

Arbeitsplan zum Vierkräfteverfahren

Lageplan mit frei gemachtem Körper zeichnen (maßstäblich) und damit Wirklinien aller Kräfte festlegen.

Wenn nötig: Resultierende von mehreren gegebenen Kräften bestimmen; Wirklinien je zweier Kräfte zum Schnitt bringen (I und II); im allgemeinsten Fall (keine Parallelkräfte vorhanden) lassen sich drei Culmann'sche Gerade zeichnen; sind zwei oder vier Kräfte parallel, nur zwei Culmann'sche Gerade; sind drei Kräfte parallel, lässt sich das Verfahren nicht anwenden, dann *Schlusslinienverfahren* benutzen.

Kräfteplan mit der nach Betrag und Richtung bekannten Kraft beginnen (hier F_1).

Wirklinie der zugehörigen Schnittpunktskraft (hier F_2) durch Pfeilspitze der ersten Kraft legen und erstes Dreieck mit Culmann'scher Geraden abschließen.

Zweites Dreieck mit Wirklinien der beiden anderen Schnittpunktskräfte (hier F_3 und F_4) an Culmann'sche Gerade ansetzen.

Richtungssinn der gefundenen Kräfte festlegen: Krafteck muss sich schließen. Einbahnverkehr! Kraftrichtungen in den Lageplan übertragen.

Kontrolle: Die Kräfte eines Schnittpunkts im Lageplan ergeben ein Teildreieck im Kräfteplan.
Fehlerquelle: Die Kräfte werden nicht „schnittpunktsgerecht" zusammengebracht; also im Kräfteplan nur solche Kräfte zusammenbringen, die gemeinsamen Schnittpunkt im Lageplan haben.

1.2.2.3.4 Schlusslinienverfahren (Gleichgewicht von parallelen Kräften oder solchen, die sich nicht auf der Zeichenebene zum Schnitt bringen lassen).

Alle an einem Körper angreifenden Kräfte stehen im Gleichgewicht, wenn sich Seileck und Krafteck schließen. Dieser Satz gilt für beliebige Kräftesysteme (Bilder 30 und 31).

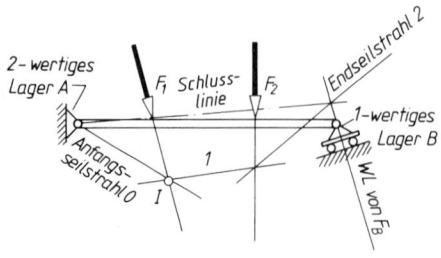

LM: 1 cm ≙ ... m   KM: 1 cm ≙ ... N

Bild 30. Lageplan zum Schlusslinienverfahren
gegeben: F_1, F_2, WL von F_B
gesucht: Stützkräfte F_A und F_B

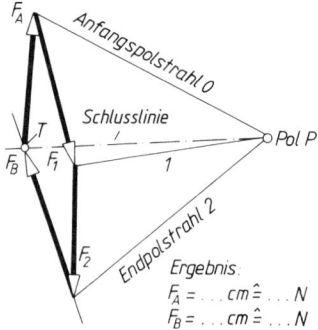

Bild 31. Kräfteplan zum Schlusslinienverfahren

Arbeitplan zum Schlusslinienverfahren

Lageplan mit freigemachtem Körper zeichnen (maßstäblich) und damit Wirklinien der gegebenen Kräfte und einwertigen Stützkraft (hier F_B) festlegen.

Gegebene Kräfte im Kräfteplan aneinander reihen und Pol P wählen; Polstrahlen zeichnen und fortlaufend numerieren.

Seilstrahlen im Lageplan zeichnen; Anfangspunkt I bei parallelen Kräften beliebig, sonst Anfangsseilstrahl (0) durch Lagerpunkt (A) des zweiwertigen Lagers legen (Bild 30). Anfangs- und Endseilstrahl (0 und 2) mit den Wirklinien der gesuchten Stützkräfte zum Schnitt bringen; Zuordnung beliebig.

Verbindungslinie der gefundenen Schnittpunkte als „Schlusslinie" im Seileck zeichnen. Schlusslinie in den Kräfteplan übertragen.

Wirklinien der unbekannten Stützkräfte (F_A, F_B) in das Krafteck übertragen: ergibt Teilpunkt T. Krafteck durch Pfeile im „Einbahnverkehr" schließen.

1.2.2.4 Rechnerische (analytische) Bestimmung unbekannter Kräfte. Alle am freigemachten Körper angreifenden Kräfte werden nach den beiden Richtungen eines rechtwinkligen Achsenkreuzes zerlegt. Ist dann die algebraische Summe der Komponenten in x- und y-Richtung gleich null und ist ebenso die algebraische Summe aller Momente dieser Kräfte gleich null, so stehen die Kräfte im Gleichgewicht.

Die *rechnerischen Gleichgewichtsbedingungen* beim allgemeinen Kräftesystem lauten:

    I. $\Sigma F_x = 0$
(Summe aller x-Kräfte gleich null)
    II. $\Sigma F_y = 0$
(Summe aller y-Kräfte gleich null)   (17)
    III. $\Sigma M_{(D)} = 0$
(Summe aller Kraftmomente um jeden beliebigen Drehpunkt D gleich null)

$$F_{nx} = F_n \cos\alpha_n \qquad F_{ny} = F_n \sin\alpha_n \qquad (18)$$

Winkel α ist immer spitzer Winkel der Wirklinie zur x-Achse.

Mit Bezug auf Bild 32 ist

  I. $+ F_1\cos\alpha_1 - F_{Ax} = 0$

  II. $+ F_{Ay} - F_1\sin\alpha_1 - F_2 + F_B = 0$

  III. $- F_1\sin\alpha_1 l_1 - F_2 l_2 + F_B l = 0$

  III. $F_B = \dfrac{-F_1\sin\alpha_1 l_1 - F_2 l_2 + F_B l}{l}$

  II. $F_{ay} \;\;= F_1\sin\alpha_1 + F_2 - F_B$

  I. $F_{ax} \;\;= F_1\cos\alpha_1$

      $F \;\;\;\;= \sqrt{F_{Ax}^2 + F_{Ay}^2}$

$$\alpha = \arctan\frac{|F_y|}{|F_x|}$$

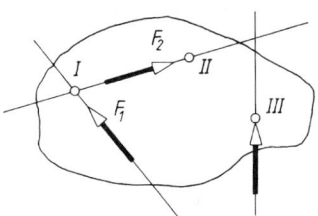

Bild 32. Lageskizze (unmaßstäblich) mit den Komponenten sämtlicher Kräfte am freigemachten Körper

---

Arbeitsplan zur rechnerischen (analytischen) Bestimmung unbekannter Kräfte

Lageskizze des frei gemachten Körpers zeichnen und sämtliche Kräfte unmaßstäblich eintragen.

Rechtwinkliges Achsenkreuz so legen, dass möglichst wenig Kräfte zerlegt werden müssen. Sämtliche Kräfte – auch die noch unbekannten – in ihre x- und y-Komponenten zerlegen, dabei die Richtungen der noch unbekannten Kräfte zunächst annehmen.

Nach der so angelegten Lageskizze die drei Gleichgewichtsbedingungen ansetzen; meist enthält die Momenten-Gleichgewichtsbedingung (III) nur eine Unbekannte; damit beginnen.

Ergibt die Lösung für eine der unbekannten Kräfte einen negativen Wert (Minus-Vorzeichen), dann war die Richtungsannahme für diese Kraft falsch, der Zahlenwert stimmt jedoch. In weiterer Entwicklung mit tatsächlicher Richtung arbeiten.

Errechnete Komponenten mit $F = \sqrt{F_x^2 + F_y^2}$ zusammenfassen.

Kraftrichtungen der gefundenen Kräfte in den Lageplan übertragen.

Die *rechnerischen Gleichgewichtsbedingungen* nach (17) lassen sich noch in eine andere Form bringen. Die Momentengleichungsbedingung um Punkt I in Bild 33 ($\Sigma M_{(I)} = 0$) ergibt noch kein Gleichgewicht, weil die Kraft F_1 nicht mit erfasst wird: Körper verschiebt sich in Richtung F_1.

Auch $\Sigma M_{(II)} = 0$ garantiert noch nicht Gleichgewicht, weil eine durch Punkte I *und* II gehende Kraft F_2 nicht erfasst wird. Sie würde den Körper ebenfalls verschieben. Erst $\Sigma M_{(III)} = 0$ erfasst *alle* Kräfte und garantiert Gleichgewicht, wenn die Punkte I, II, III *nicht* auf einer Geraden liegen.

Unbekannte Kräfte lassen sich demnach beim allgemeinen Kräftesystem auf zwei Arten bestimmen:

$$\left.\begin{array}{l} \Sigma F_x = 0 \\ \Sigma F_y = 0 \\ \Sigma M_{(D)} = 0 \end{array}\right\} \;\; \begin{array}{c} \text{ergibt} \\ \text{Gleichgewicht} \end{array} \;\; \left\{\begin{array}{l} M_{(I)} = 0 \\ M_{(II)} = 0 \\ M_{(III)} = 0 \end{array}\right.$$

Die zweite Möglichkeit wird beim *Ritter'schen Schnitt* benutzt (1.1.3).

Bild 33. $\Sigma M = 0$ um drei Punkte ergibt auch Gleichgewicht

1.3 Kräfte im Raum (Sonderfälle)

1.3.1 Bestimmung der wahren Größe eines Vektors im Raum

Ein im Raum beliebig gerichteter Vektor F (Kraft, Geschwindigkeit, Beschleunigung) ist durch seine Projektionen F_1 in der Vorderansicht, F_2 in der Draufsicht und F_3 in der Seitenansicht festgelegt. Zur eindeutigen Bestimmung der wahren Länge (des Betrags) des Vektors genügen zwei Projektionen, z.B. in Vorderansicht und Draufsicht (Bild 34).

Ermittlung nach den Regeln der darstellenden Geometrie, z.B. durch Drehen der Projektion $F_2(\overline{A_2 E_2})$ um A_2 parallel zur Draufsichtebene nach $A_2 E'_2$. Strecke $A_1 E$ in Vorderansicht ist dann die wahre Größe von F mit dem wahren Richtungswinkel α zur Draufsichtebene. Das Verfahren ist auch umgekehrt sowie in Vorderansicht und Seitenansicht durchführbar.

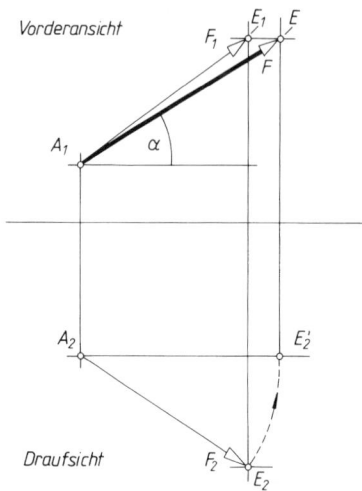

Vorderansicht

Draufsicht

Bild 34. Bestimmung der wahren Größe einer räumlichen Kraft

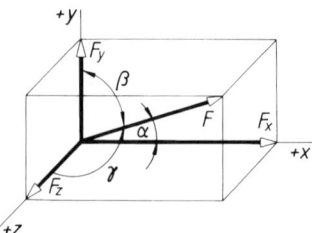

Bild 35. Einzelkraft im Raum und ihre Komponenten in Richtung der Achsen

1.3.2 Zerlegung einer Kraft

Die räumliche Darstellung einer Kraft F zeigt Bild 35. Sie lässt sich danach leicht in die drei rechtwinklig aufeinander stehenden *Komponenten* F_x, F_y, F_z zerlegen:

$$F_x = F \cos \alpha$$
$$F_y = F \cos \beta \qquad (19)$$
$$F_z = F \cos \gamma$$

Winkel α, β, γ sind die *Richtungswinkel*, welche die Kraft mit der x-, y-, z-Richtung des räumlichen Achsenkreuzes bilden.

1.3.3 Zusammensetzung dreier rechtwinkliger Kräfte (Zentrales Kräftesystem)

Nach Bild 35 können drei rechtwinklig aufeinander stehende Kräfte F_x, F_y, F_z zur *Resultierenden F* vereinigt werden. F ist die Diagonale eines Quaders, der aus den drei Komponenten gebildet wird. Der Betrag der Resultierenden kann demnach mit dem räumlichen Pythagoras berechnet werden:

$$F = \sqrt{F_x^2 + F_y^2 + F_z^2} \qquad (20)$$

Die *Richtungswinkel* α, β, γ, die F mit den drei Richtungen des räumlichen Achsenkreuzes bildet, ergeben sich aus den drei Kosinuswerten:

$$\alpha = \arccos \frac{F_x}{F}$$
$$\beta = \arccos \frac{F_y}{F} \qquad (21)$$
$$\gamma = \arccos \frac{F_z}{F}$$

Die algebraische Weiterentwicklung von (20) ergibt:

$$\sqrt{F^2 \cos^2 \alpha + F^2 \cos^2 \beta + F^2 \cos^2 \gamma} = F$$
$$F\sqrt{\cos^2 \alpha + \cos^2 \beta + \cos^2 \gamma} = F \qquad (22)$$
$$\cos^2 \alpha + \cos^2 \beta + \cos^2 \gamma = 1$$

Durch zwei gegebene Winkel ist demnach der dritte bestimmt, von dem nur noch festgelegt werden darf, ob er spitz oder stumpf sein soll (positiver oder negativer Kosinus).

1.3.4 Zusammensetzung mehrerer Kräfte und Gleichgewichtsbedingungen (zentrales Kräftesystem)

Jede Kraft eines zentralen räumlichen Kräftesystems lässt sich nach (19) und Bild 35 in die drei Komponenten F_x, F_y, F_z zerlegen.
Die *Teilresultierenden* F_{rx}, F_{ry}, F_{rz} der x-, y- und z-Kräfte sowie die *Gesamtresultierende* F_r ergeben sich dann sinngemäß:

$$F_{rx} = \Sigma F_x = \Sigma F \cos \alpha$$
$$F_{ry} = \Sigma F_y = \Sigma F \cos \beta \qquad (23)$$
$$F_{rz} = \Sigma F_z = \Sigma F \cos \gamma$$

$$F_r = \sqrt{(\Sigma F_x)^2 + (\Sigma F_y)^2 + (\Sigma F_z)^2}$$
$$F_r = \sqrt{F_{rx}^2 + F_{ry}^2 + F_{rz}^2} \qquad (24)$$

Die drei Richtungswinkel α_r, β_r, γ_r, die die Gesamtresultierende F_r mit den drei Achsen x, y, z einschließt, ergeben sich wieder aus den drei *Kosinuswerten*:

$$\alpha_r = \arccos \frac{F_{rx}}{F_r}$$
$$\beta_r = \arccos \frac{F_{ry}}{F_r} \qquad (25)$$
$$\gamma_r = \arccos \frac{F_{rz}}{F_r}$$

Entsprechend den rechnerischen Gleichgewichtsbedingungen eines ebenen zentralen Kräftesystems (14) gelten für das *räumliche zentrale Kräftesystem* die drei *Gleichgewichtsbedingungen*:

I. $\Sigma F_x = 0;\ F_{1x} + F_{2x} + F_{3x} \ldots F_{nx} = 0$

II. $\Sigma F_y = 0;\ F_{1y} + F_{2y} + F_{3y} \ldots F_{ny} = 0$ (26)

III. $\Sigma F_z = 0;\ F_{1z} + F_{2z} + F_{3z} \ldots F_{nz} = 0$

$$F_{nx} = F_n \cos \alpha_n$$
$$F_{ny} = F_n \cos \beta_n \qquad (27)$$
$$F_{nz} = F_n \cos \gamma_n$$

Gleichgewicht des *allgemeinen* räumlichen Kräftesystems erfordert außer (26) noch die Erfüllung der drei *Momentengleichgewichtsbedingungen* um die drei Achsen des Achsenkreuzes:

IV. $\Sigma M_{(x)} = 0$

V. $\Sigma M_{(y)} = 0$ (28)

VI. $\Sigma M_{(z)} = 0$

1.3.5 Bestimmung der Stützkräfte beim dreibeinigen Bockgerüst (Bild 36)

Ansicht und Draufsicht des dreibeinigen Bockgerüstes sind gegeben; ebenso die äußere Belastung F. Die Stützkräfte F_1, F_2, F_3 sind zeichnerisch zu bestimmen.

Lösungsgedanken: Äußere Kraft F und Stützkräfte F_1, F_2, F_3 müssen im Gleichgewicht sein. Durch je zwei der vier gegebenen Wirklinien lässt sich je eine Ebene legen, in der je zwei Kräfte zur Hilfsresultierenden zusammengefasst werden können. Damit sind die vier Kräfte gedanklich auf zwei reduziert, die bei Gleichgewicht gleich groß und gegensinnig sind und eine gemeinsame Wirklinie haben müssen (Zwei-Kräfteverfahren). Diese gemeinsame Wirklinie heißt Culmann'sche Gerade; es kann nur die Schnittlinie beider Hilfsebenen sein. Damit lassen sich die Hilfsresultierenden und auch die Kraftecke zeichnen. Diese Kraftecke stellen die Projektionen eines räumlichen Kraftecks in Vorderansicht und Draufsicht dar.

Ausführung: Durchstoßpunkt D der Wirklinie (WL) von F festlegen; Punkte A, D und B, C verbinden, ergibt die horizontalen Spuren der Hilfsebenen und Schnittpunkt E. Strecke $\overline{ME}$ in der Draufsicht ist dann die Schnittlinie der Ebenen, also die Culmann'sche Gerade l, d.h. zugleich die Wirklinie beider Hilfsresultierenden. Damit kann das Krafteck in Draufsicht und Vorderansicht gezeichnet werden:

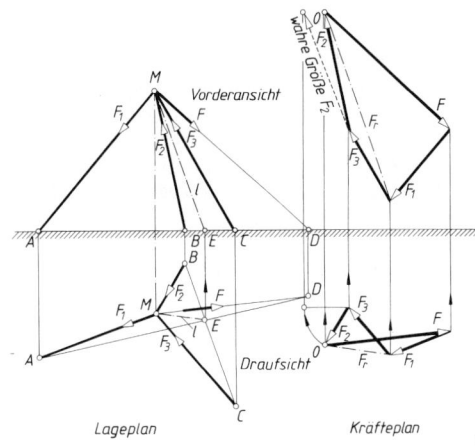

Bild 36. Zeichnerische Bestimmung der Stützkräfte (Stabkräfte) beim dreibeinigen Bockgerüst

In Vorderansicht und Draufsicht von beliebigem Punkt 0 aus Kraft F maßstäblich und richtungsgemäß aufzeichnen; Wirklinie von F_1 antragen durch Parallelverschiebung aus dem Lageplan; Parallele zu $\overline{ME}$ (Culmann'sche Gerade l) durch Endpunkt von F zeichnen, sie schneidet Kraft F_1 ab und ergibt außerdem die Hilfsresultierende F_r. Parallelen zu den Wirklinien von F_2 und F_3 ergeben auch diese Kräfte. Aus den derart gefundenen Projektionen der Kräfte können nach 1.3.1 die wahren Größen der Kräfte bestimmt werden wie z.B. Kraft F_2 in Bild 36.

Kontrolle: Alle zugehörigen Pfeilspitzen in den Kräfteplänen (Vorderansicht und Draufsicht) müssen rechtwinklig übereinander liegen.

■ **Beispiel:**

Beim Schruppdrehen einer Stahlwelle werden mit einem Dreikomponenten-Messgerät die drei rechtwinklig aufeinander stehenden Kräfte an der Werkzeugschneide gemessen:

Hauptschnittkraft $F_h = 1\,000$ N
Vorschubkraft $F_v = 400$ N
Abdrängkraft $F_a = 300$ N

Zu berechnen ist die Schnittkraft F als Resultierende der Komponenten sowie die Richtungswinkel der Schnittkraft.

Lösung:

$$F = \sqrt{F_x{}^2 + F_y{}^2 + F_z{}^2} =$$
$$= \sqrt{400^2\ N^2 + 1000^2\ N^2 + 300^2\ N^2} = 1118\ N$$

$$\alpha = \text{arc} \cos \frac{F_x}{F} = \text{arc} \cos \frac{400\ N}{1118\ N} = 69{,}036°$$

$$\beta = \text{arc} \cos \frac{F_y}{F} = \text{arc} \cos \frac{1000\ N}{1118\ N} = 26{,}562°$$

$$\gamma = \text{arc} \cos \frac{F_z}{F} = \text{arc} \cos \frac{300\ N}{1118\ N} = 74{,}435°$$

$$\cos^2 \alpha + \cos^2 \beta + \cos^2 \gamma = 1$$

1.4 Schwerpunkt (Massenmittelpunkt)

Derjenige Punkt, in dem man einen Körper, eine Fläche oder ein Liniengebilde abstützen oder aufhängen müsste, damit er in jeder beliebigen Lage stehen bleibt, heißt Schwerpunkt. Die Lage des Schwerpunkts wird rechnerisch mit dem *Momentensatz* (16) und zeichnerisch mit dem *Seileckverfahren* (1.2.2.1) bestimmt.

Alle durch den Schwerpunkt gehenden Linien oder Ebenen heißen *Schwerlinien* oder *Schwerebenen*.

Jede *Symmetrielinie* ist eine Schwerlinie, jede *Symmetrieebene* ist Schwerebene. Der gemeinsame Schwerpunkt von zwei Teilen liegt auf der Verbindungslinie der Teilschwerpunkte und teilt sie im umgekehrten Verhältnis der Gewichtskräfte oder Größen beider Teile.

1.4.1 Rechnerische Bestimmung des Schwerpunkts

1.4.1.1 Schwerpunkt *S* eines Körpers ist derjenige ausgezeichnete, körperfeste Punkt, durch den die Resultierende aller Teil-Gewichtskräfte in jeder Lage des Körpers hindurchgeht.

Zur Lagebestimmung zerlegt man den Körper in „*n*" Einzelteile bekannter Schwerpunktlage (z.B. 3 in Bild 37), bringt in deren Teilschwerpunkten die entsprechende Teilgewichtskraft F_{G1}, F_{G2} ... F_{Gn} an und berechnet mit Hilfe des *Momentensatzes* (16) die Lage der Resultierenden der Parallelkräfte. Damit hat man eine Schwerlinie. Der Schwerpunkt ist der Schnittpunkt der Schwerlinien, deren Abstand sich aus den folgenden Gleichungen ergibt:

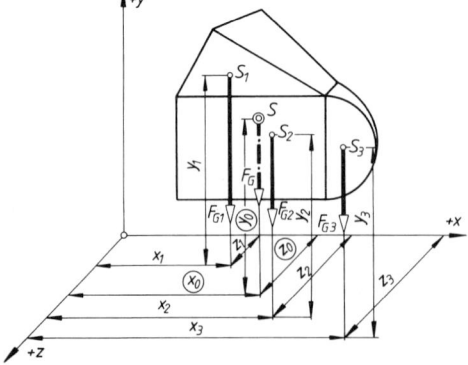

Bild 37. Rechnerische Schwerpunktbestimmung eines Körpers
gegeben: $x_1 ... x_3, y_1 ... y_3, z_1 ... z_3, G_1 ... G_3$
gesucht: x_0, y_0, z_0

Betrag der Resultierenden

$$F_G = F_{G1} + F_{G2} + F_{G3} + ... F_{Gn} = \Sigma \Delta F_G \qquad (29)$$

Schwerpunktabstand von der y, z-Ebene

$$x_0 = \frac{F_{G1}x_1 + F_{G2}x_2 + F_{G3}x_3 + ... F_{Gn}x_n}{F_G} =$$

$$= \frac{\Sigma \Delta F_G x}{\Sigma \Delta F_G} \qquad (30)$$

Schwerpunktabstand von der x, z-Ebene

$$y_0 = \frac{F_{G1}y_1 + F_{G2}y_2 + F_{G3}y_3 + ... F_{Gn}y_n}{F_G} =$$

$$= \frac{\Sigma \Delta F_G y}{\Sigma \Delta F_G} \qquad (31)$$

Schwerpunktabstand von der x, y-Ebene

$$z_0 = \frac{F_{G1}z_1 + F_{G2}z_2 + F_{G3}z_3 + ... F_{Gn}z_n}{F_G} =$$

$$= \frac{\Sigma \Delta F_G z}{\Sigma \Delta F_G} \qquad (32)$$

Setzt man in vorstehende Gleichungen für $F_G = mg$ ein, so kürzt sich die Fallbeschleunigung g heraus. Statt mit den Gewichtskräften F_G kann man also auch mit den Massen m rechnen, daher die Bezeichnung *Massenmittelpunkt*.

Setzt man in die vorstehenden Gleichungen für $F_G = mg = V \rho g$ ein, so kürzen sich bei *homogenen Körpern*, das sind Körper gleichmäßiger Dichte, sowohl Dichte ρ als auch Fallbeschleunigung g heraus. Statt mit den Gewichtskräften F_G kann man hier also mit dem Volumen V rechnen, daher die Bezeichnung *geometrischer Schwerpunkt*.

1.4.1.2 Schwerpunkt *S* einer ebenen Fläche ist durch die Gleichungen (29) bis (32) definiert, wenn man für die Gewichtskräfte F_G die Flächen A einsetzt. Meistens handelt es sich um *ebene* Flächen, für die alle z-Werte gleich null sind, sodass es genügt, ein ebenes Achsenkreuz mit x- und y-Achse zu verwenden.

Zur Lagebestimmung zerlegt man die Fläche in n Einzelflächen mit bekannter Schwerpunktlage (z.B. 3 in Bild 38), denkt sich in den Teilschwerpunkten die Teilflächen vereinigt und berechnet die Lage des Gesamtschwerpunkts S mit Hilfe des *Momentensatzes für Flächen*:

Betrag der Gesamtfläche

$$A = A_1 + A_2 + A_3 + \dots A_n = \Sigma\Delta A \tag{33}$$

Schwerpunktabstand von der *y*-Achse

$$x_0 = \frac{A_1 x_1 + A_2 x_2 + A_3 x_3 + \dots A_n x_n}{A} =$$

$$= \frac{\Sigma\Delta A x}{\Sigma\Delta A} \tag{34}$$

Schwerpunktabstand von der *x*-Achse

$$y_0 = \frac{A_1 y_1 + A_2 y_2 + A_3 y_3 + \dots A_n y_n}{A} =$$

$$= \frac{\Sigma\Delta A y}{\Sigma\Delta A} \tag{35}$$

Beachte: Bohrungen werden mit entgegengesetztem Drehsinn eingesetzt.

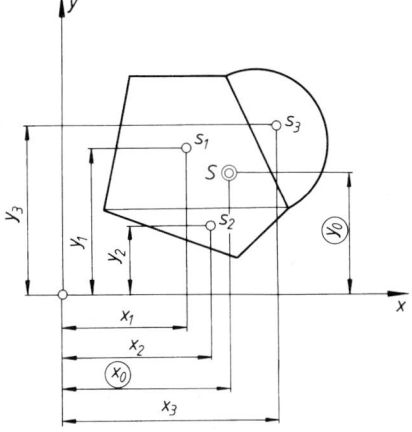

Bild 38. Rechnerische Schwerpunktbestimmung einer Fläche
gegeben: $x_1, x_2, x_3, y_2, y_3, A_1, A_2, A_3$
gesucht: x_0, y_0

1.4.1.3 Schwerpunkt *S* eines ebenen Liniengebildes ist durch die Gleichungen (29) bis (32) definiert, wenn man für die Gewichtskräfte F_G die Linienlängen *l* einsetzt. Zur Lagebestimmung zerlegt man das Liniengebilde in Einzellängen mit bekannter Schwerpunktlage (Bild 39), denkt sich in den Teilschwerpunkten die Teillinien vereinigt und berechnet die Lage des Gesamtschwerpunkts mit Hilfe des *Momentensatzes für Linien*:

Gesamtlänge des Liniengebildes

$$l = l_1 + l_2 + l_3 + \dots l_n = \Sigma\Delta l \tag{36}$$

Schwerpunktabstand von der *y*-Achse

$$x_0 = \frac{l_1 x_1 + l_2 x_2 + l_3 x_3 + \dots l_n x_n}{l} =$$

$$= \frac{\Sigma\Delta l x}{\Sigma\Delta l} \tag{37}$$

Schwerpunktabstand von der *x*-Achse

$$y_0 = \frac{l_1 y_1 + l_2 y_2 + l_3 y_3 + \dots l_n y_n}{l} =$$

$$= \frac{\Sigma\Delta l y}{\Sigma\Delta l} \tag{38}$$

Bei allen Schwerpunktberechnungen ist zu beachten:

Für eine Schwerebene (Schwerlinie) ist das statische Moment der Resultierenden gleich null ($F_G x_0 = 0$: $A x_0 = 0$; $l x_0 = 0$), weil der Hebelarm der Resultierenden in diesem Fall gleich null wird ($x_0 = 0$; $y_0 = 0$; $z_0 = 0$). Umgekehrt heißt das: Ist das statische Moment von F_G, A, l, bezogen auf eine Ebene (Gerade) gleich null, so liegt der Schwerpunkt in dieser Ebene (Geraden).

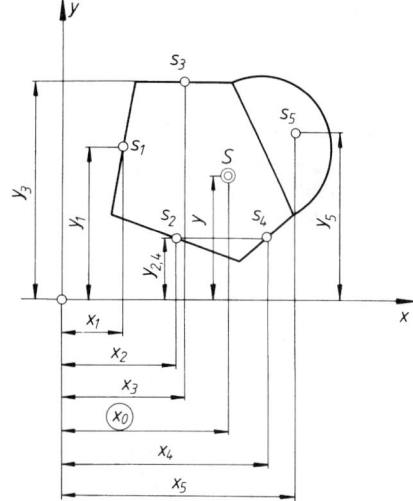

Bild 39. Rechnerische Schwerpunktbestimmung eines Liniengebildes, z.B. Schnittkante eines Schnittwerkzeugs
gegeben: $l_1 \dots l_5$; $x_1 \dots x_5, y_1 \dots y_5$
gesucht: x_0, y_0

1.4.2 Schwerpunkt wichtiger Linien, Flächen und Körper

1.4.2.1 Linienschwerpunkt

Gerade Strecke (Bild 40). Schwerpunkt *S* ist ihr Mittelpunkt.

Dreieckumfang (Bild 41).

Dreieckseiten halbieren und Mittelpunkte a, b, c verbinden. S ist Mittelpunkt des dem Dreieck a, b, c einbeschriebenen Kreises.

$$y_0 = \frac{h}{2} \cdot \frac{a+b}{a+b+c} \qquad (39)$$

Kreisbogen (Bild 42). S liegt auf der Winkelhalbierenden des Zentriwinkels 2α (Symmetrielinie):

$$y_0 = \frac{rs}{b} \qquad \begin{array}{l} s = 2r\sin\alpha \\ b = 2\pi\, r\alpha°/180° \end{array} \qquad (40)$$

$$y_0 = \frac{2r}{\pi} = 0,6366\, r \qquad \begin{array}{l} \text{für Halbkreisbogen} \\ 2\alpha = 180° \end{array}$$

$$y_0 = \frac{2r}{\pi}\sqrt{2} = \qquad \begin{array}{l} \text{für Viertelkreis-} \\ \text{bogen } 2\alpha = 90° \end{array}$$

$$= 0,9003\, r$$

$$y_0 = \frac{3r}{\pi} = 0,9549\, r \qquad \begin{array}{l} \text{für Sechstelkreis-} \\ \text{bogen } 2\alpha = 60° \end{array} \qquad (41)$$

$$y_{01} \approx \frac{2}{3}h \qquad \text{für flache Bögen}$$

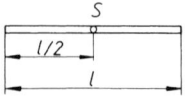

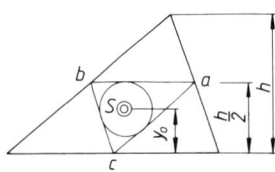

Bild 40. Linienschwerpunkt der geraden Strecke

Bild 41. Linienschwerpunkt des Dreieckumfangs

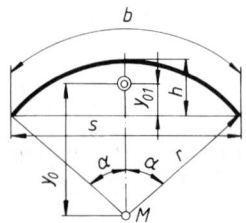

Bild 42. Linienschwerpunkt des Kreisbogens

1.4.2.2 Flächenschwerpunkt. *Dreieck* (Bild 43). S liegt im Schnittpunkt der Seitenhalbierenden.

$$y_0 = \frac{1}{3}h \qquad (42)$$

Liegt ein Dreieck im ebenen Achsenkreuz und sind x_1, x_2, x_3 bzw. y_1, y_2, y_3 die Koordinaten der Eckpunkte des Dreiecks, so sind die Koordinaten des Schwerpunkts:

$$x_0 = \frac{1}{3}(x_1 + x_2 + x_3)$$

$$\qquad\qquad\qquad\qquad\qquad (43)$$

$$y_0 = \frac{1}{3}(y_1 + y_2 + y_3)$$

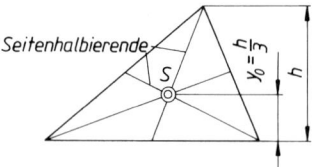

Bild 43. Flächenschwerpunkt des Dreiecks

Parallelogramm. S liegt im Schnittpunkt der Diagonalen als Symmetrielinien.

Trapez (Bild 44). Grundseiten a und b wechselseitig antragen und Endpunkte dieser Strecken verbinden, ebenso Mitten der Seiten a und b verbinden. S liegt im Schnittpunkt beider Verbindungslinien.

$$y_0 = \frac{h}{3} \cdot \frac{a+2b}{a+b} \qquad (44)$$

$$y_{01} = \frac{h}{3} \cdot \frac{2a+b}{a+b} \qquad (45)$$

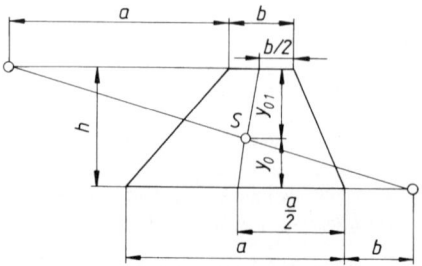

Bild 44. Flächenschwerpunkt des Trapezes

Kreisausschnitt (Bild 45). *S* liegt auf der Winkelhalbierenden des Zentriwinkels 2α (Symmetrielinie):

$$y_0 = \frac{2}{3}\cdot\frac{rs}{b} \tag{46}$$

$$y_0 = \frac{4r}{3\pi} = 0,4244\,r \quad \begin{array}{l}\text{für Halbkreis-}\\\text{fläche mit}\\2\alpha = 180^\circ\end{array}$$

$$y_0 = \frac{4r}{3\pi}\sqrt{2} = 0,6002\,r \quad \begin{array}{l}\text{für Viertelkreis-}\\\text{fläche mit}\\2\alpha = 90^\circ\end{array} \tag{47}$$

$$y_0 = \frac{2r}{\pi} = 0,6366\,r \quad \begin{array}{l}\text{für Sechstelkreis-}\\\text{fläche mit}\\2\alpha = 60^\circ\end{array}$$

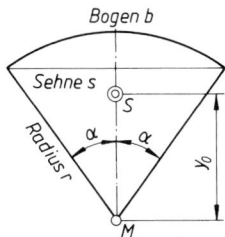

Bild 45. Flächenschwerpunkt des Kreisausschnitts

Kreisringstück (Bild 46). *S* liegt auf der Winkelhalbierenden des Zentriwinkels 2α (Symmetrielinie):

$$y_0 = 38,197\,\frac{(R^3 - r^3)\sin\alpha}{(R^2 - r^2)\,\alpha^\circ} \tag{48}$$

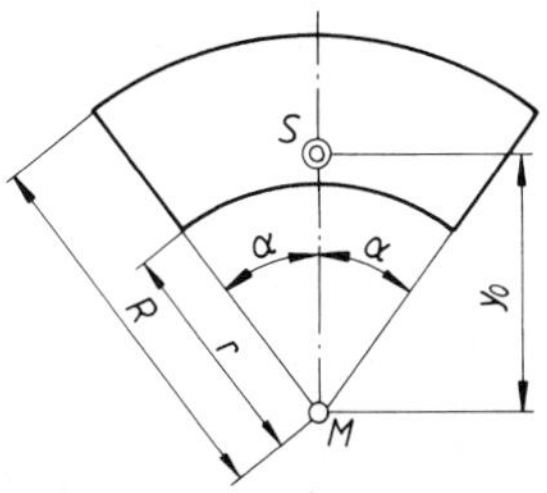

Bild 46. Flächenschwerpunkt des Kreisringstücks

Kreisabschnitt (Bild 47). *S* liegt auf der Winkelhalbierenden des Zentriwinkels 2α (Symmetrielinie):

$$y_0 = \frac{2}{3}\cdot\frac{r\sin^3\alpha}{(\text{arc }\alpha - \sin\alpha\cos\alpha)} = \frac{s^3}{12A} \tag{49}$$

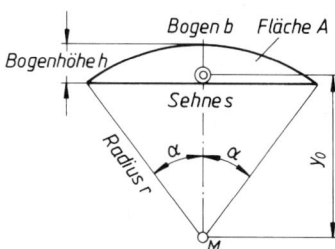

Bild 47. Flächenschwerpunkt des Kreisabschnitts

Parabelfläche (Bild 48)

$$x_{01} = \frac{3}{8}a \qquad\qquad x_{02} = \frac{3}{4}a$$

$$y_{01} = \frac{3}{5}b \qquad\qquad y_{02} = \frac{3}{10}b \tag{50}$$

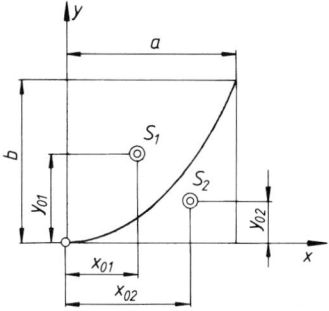

Bild 48. Flächenschwerpunkt der Parabelfläche

Kugelzone und Kugelhaube (Bild 49):

Für die Kugelzone ist $y_0 = \dfrac{r}{2}\ (\cos\alpha_1 + \cos\alpha_2)$.

Mit $\cos\alpha_1 = \dfrac{h+h_0}{r}$ und $\cos\alpha_2 = \dfrac{h_0}{r}$ wird

$$y_0 = \frac{r}{2}\cdot\left(\frac{h+h_0}{r} + \frac{h_0}{r}\right) = \frac{h}{2} + h_0$$

d.h. der Schwerpunkt der Mantelfläche liegt in halber Zonenhöhe. Für die Mantelfläche der Kugelhaube ($\alpha_1 = 0$) gilt das Gleiche.

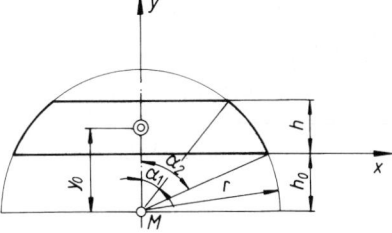

Bild 49. Flächenschwerpunkt der Kugelzone und der Kugelhaube

Kegelmantel und Pyramidenmantel. Man verbindet Kegel- bzw. Pyramidenspitze mit dem Schwerpunkt des Umfangs der Grundfläche. Auf dieser Schwerlinie liegt der Mantelschwerpunkt *S* im Abstand ein Drittel der Höhe von der Grundfläche entfernt:
$y_0 = h/3$.

Mantel des abgestumpften Kreiskegels. Man verbindet die Mitten beider Stirnflächen (Schwerlinie). Der Schwerpunktabstand von der Grundfläche beträgt:

$$y_0 = \frac{h}{3} \cdot \frac{R+2r}{R+r} \tag{51}$$

h Höhe des Kegelstumpfes
R Radius der unteren Stirnfläche
r Radius der oberen Stirnfläche

Profilstähle: Die Schwerpunktabstände sind mit e bezeichnet. Beim Ablesen müssen die dort gewählten Bezugsachsen beachtet werden.

1.4.2.3 Körperschwerpunkt. Gerades oder schiefes *Prisma (und Zylinder) mit parallelen Stirnflächen* (Bild 50). S liegt in der Mitte der Verbindungslinie der beiden Flächenschwerpunkte S_0, also $y_0 = h/2$.

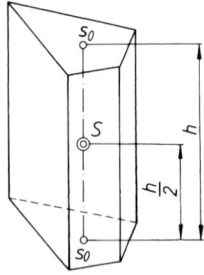

Bild 50. Körperschwerpunkt von Prisma und Zylinder

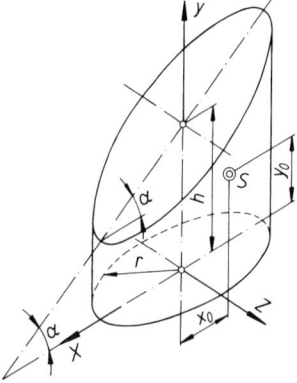

Bild 51. Körperschwerpunkt des abgeschrägten geraden Kreiszylinders

Abgeschrägter gerader Kreiszylinder (Bild 51).
S liegt auf der x, y-Ebene als Symmetrieebene (Schwerebene) mit den Abständen:

$$x_0 = \frac{1}{4} \cdot \frac{r^2 \tan \alpha}{h}$$
$$y_0 = \frac{h}{2} + \frac{1}{8} \cdot \frac{r^2 \tan^2 \alpha}{h} \tag{52}$$

Gerade und schiefe Pyramide und Kegel. Man verbindet die Spitze mit dem Schwerpunkt der Grundfläche. S liegt auf dieser Schwerlinie im Abstand ein Viertel der Höhe von der Grundfläche.
Pyramidenstumpf mit beliebiger Grundfläche. Sind A_1 und A_2 die Stirnflächen und h die Höhe des Stumpfes, so ist der Abstand des Schwerpunkts S von A_1:

$$y_0 = \frac{h}{4} \cdot \frac{A_1 + 2\sqrt{A_1 A_2} + 3A_2}{A_1 + \sqrt{A_1 A_2} + A_2} \tag{53}$$

Gerader Kegelstumpf. Der Schwerpunktabstand von der Grundfläche beträgt:

$$y_0 = \frac{h}{4} \cdot \frac{R^2 + 2Rr + 3r^2}{R^2 + Rr + r^2} \tag{54}$$

Keil (Bild 52).

$$y_0 = \frac{h}{2} \cdot \frac{a + a_1}{2a + a_1} \tag{55}$$

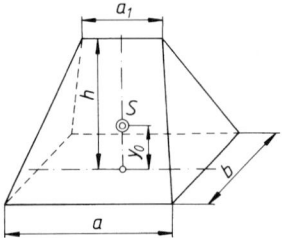

Bild 52. Körperschwerpunkt des Keils

Kugelabschnitt. Der Schwerpunktabstand vom Mittelpunkt beträgt:

$$y_0 = \frac{3}{4} \cdot \frac{(2R-h)^2}{3R-h} \qquad R \text{ Kugelradius} \quad h \text{ Abschnittshöhe} \tag{56}$$

$$y_0 = \frac{3}{8} R \qquad \text{für Halbkugel}$$

$$y_0 = \frac{3}{8} \cdot \frac{R^4 - r^4}{R^3 - r^3} \qquad \text{für halbe Hohlkugel} \tag{57}$$

Kugelausschnitt. Bezeichnungen wie in Bild 42.

$$y_0 = \frac{3}{8} R (1 + \cos \alpha)$$
$$y_0 = \frac{3}{8} (2R - h) \tag{58}$$

Umdrehungsparaboloid (Bild 53).

$$y_0 = \frac{2}{3} b \tag{59}$$

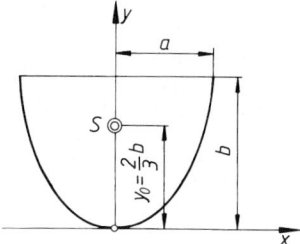

Bild 53. Körperschwerpunkt des Umdrehungsparaboloids

1.4.3 Zeichnerische Bestimmung des Schwerpunkts

Das zeichnerische Gegenstück zum Momentensatz ist das *Seileckverfahren.* Wie dieser dient es zur Lagebestimmung der Resultierenden. Das damit gekoppelte *Krafteck* gibt Betrag und Richtung der Resultierenden an. Bild 54 zeigt ein maßstäblich aufgezeichnetes Beispiel: Man zeichnet das gegebene Gebilde (hier Fläche) maßstäblich auf (bei räumlichen Gebilden in Vorderansicht und Draufsicht).

Man zerlegt die Fläche in Teilflächen bestimmter Schwerpunktlage. Die Flächeninhalte werden als Parallelkräfte bzw. Gewichtskräfte, die in den Teilschwerpunkten angreifen betrachtet. Krafteck und Seileck für zwei beliebig gewählte Richtungen (meistens unter 90°) werden gezeichnet und die Wirklinien der Resultierenden nach 1.2.2.1 ermittelt.

Schnittpunkt der gefundenen Wirklinien ist der gesuchte Schwerpunkt der Fläche. In gleicher Weise wird bei körper- oder linienförmigen Gebilden vorgegangen.

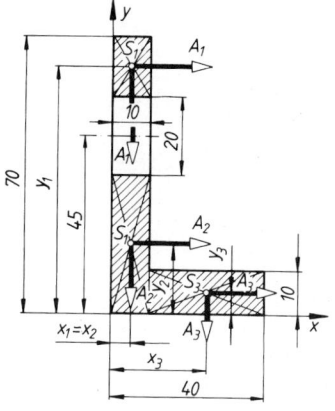

Bild 55. Rechnerische Bestimmung des Schwerpunkts eines Winkelprofils mit Bohrung

1.4.4 Rechenbeispiel zur Schwerpunktbestimmung einer Fläche (Bild 55)

Für das skizzierte Winkelprofil sind die Schwerpunktabstände x_0, y_0 rechnerisch zu bestimmen. Zweckmäßig wird die folgende Rechentafel benutzt. Man zeichnet ein Achsenkreuz in die Skizze so ein, dass genau zu ersehen ist, von wo aus die berechneten x_0-, y_0-Werte zu messen sind.

Nach (34) und (35) ergeben sich die Schwerpunktabstände:

$$x_0 = \frac{\Sigma \Delta A x}{\Sigma \Delta A} = \frac{10 \text{ cm}^3}{8 \text{ cm}^2} = 1{,}25 \text{ cm}$$

$$y_0 = \frac{\Sigma \Delta A y}{\Sigma \Delta A} = \frac{17 \text{ cm}^3}{8 \text{ cm}^2} = 2{,}13 \text{ cm}$$

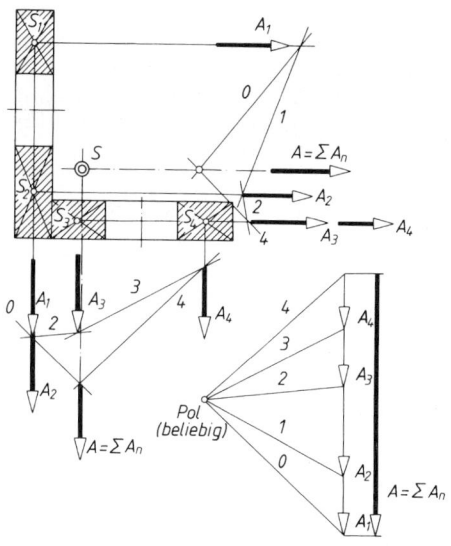

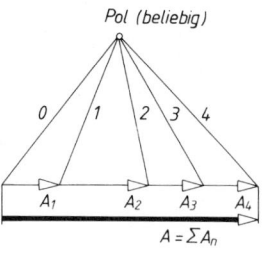

Bild 54. Zeichnerische Bestimmung des Flächenschwerpunkts eines Winkelprofils mit Bohrungen

Tabelle 1. Rechentafel für Schwerpunktbestimmung

Nr.	Querschnitt	Fläche ΔA	Schwer-punkt-abstand x	Flächen-moment ΔAx	Schwer-punkt-abstand y	Flächen-moment ΔAy
	mm^2	cm^2	cm	cm^3	cm	cm^3
1	15×10	1,5	0,5	0,75	6,25	9,375
2	35×10	3,5	0,5	1,75	1,75	6,125
3	30×10	3,0	2,5	7,50	0,50	1,500
Summe:		8,0	–	10,00	–	17,000

■ **Beispiel:**
Der Achsstand eines Kraftfahrzeugs beträgt 2,1 m. Das Fahrzeug wird zuerst mit den Vorderrädern auf eine Waage gefahren, die dabei 485 kg anzeigt. Bei den Hinterrädern zeigt die Waage 870 kg an. Welchen Wirkabstand hat die Wirklinie der resultierenden Gewichtskraft von der Fahrzeug-Vorderachse?

Lösung: Nach (29) ist

$$F_G = \Sigma F_{Gn} = F_{GV} + F_{GH} = g\,(m_V + m_H) =$$
$$= 9,81\,\frac{m}{s^2}\cdot 1\,355\;kg = 13\,293\;N$$

Mit Vorderradachse als Bezugspunkt ergibt (30):

$$x_0 = \frac{\Sigma F_{Gn} x_n}{\Sigma F_{Gn}} = \frac{F_{GV} x_1 + F_{GH} x_2}{F_G} =$$
$$= \frac{485\;kg\cdot 9,81\,\frac{m}{s^2}\cdot 0\;m + 870\;kg\cdot 9,81\,\frac{m}{s^2}\cdot 2,1\;m}{13\,293\;N} = 1,348\;m$$

1.5 Guldin'sche Regeln

1.5.1 Oberfläche A eines Umdrehungskörpers

Dreht sich eine ebene Linie von der Länge l nach Bild 56 um eine in ihrer Ebene liegende Gerade, die Drehachse, so beschreibt sie eine *Umdrehungsfläche*. Jeder Punkt der Linie beschreibt einen Kreisbogen.
Der Inhalt einer Umdrehungsfläche ist gleich der Länge l der erzeugenden Linie (Profillinie) multipliziert mit dem Weg $2\,\pi\,x_0$ des Schwerpunkts S:

$$A = 2\pi\,l\,x_0 \qquad \begin{array}{c|c|c} A & l & x_0 \\ \hline cm^2 & cm & cm \\ mm^2 & mm & mm \end{array} \qquad (60)$$

x_0 Schwerpunktsabstand von der Drehachse nach 1.4.2.1

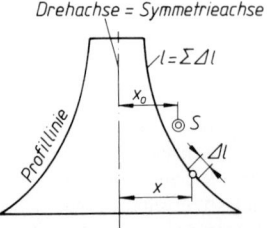

Bild 56. Schnitt durch eine Umdrehungsfläche

Herleitung der Gleichung: Kleine Teillänge Δl erzeugt bei Drehung eine Ringfläche $\Delta A = \Delta l\,2\pi\,x$.
Die Summe dieser Teilflächen ist die Oberfläche $A = \Sigma\Delta A = \Sigma\Delta l\,2\pi\,x = 2\pi\Sigma\Delta lx$. Der Summenausdruck $\Sigma\Delta lx$ ist nach (37) die Momentensumme aller Teillängen Δl für die Drehachse und damit gleich dem Moment der resultierenden Länge l: $\Sigma\Delta lx = lx_0$; also $A = 2\pi\Sigma\Delta lx = 2\pi lx_0$.

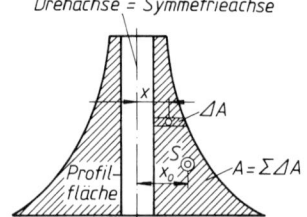

Bild 57. Schnitt durch einen Umdrehungskörper

1.5.2 Volumen V eines Umdrehungskörpers

Dreht sich eine ebene Fläche vom Inhalt A (nach Bild 57) um eine in ihrer Ebene liegende, sie nicht schneidende Gerade, die Drehachse, so beschreibt sie einen *Umdrehungskörper*. Jeder Punkt der Fläche beschreibt einen Kreisbogen.
Der Inhalt eines Umdrehungskörpers ist gleich der erzeugenden Fläche (Profilfläche) multipliziert mit dem Weg $2\pi x_0$ des Schwerpunkts S:

$$V = 2\,\pi\,A\,x_0 \qquad \begin{array}{c|c|c} V & A & x_0 \\ \hline cm^3 & cm^2 & cm \\ mm^3 & mm^2 & mm \end{array} \qquad (61)$$

x_0 Schwerpunktsabstand von der Drehachse nach 1.4.2.2

Herleitung der Gleichung: Kleine Teilfläche ΔA erzeugt bei Drehung ein Ringvolumen $\Delta V = \Delta A\,2\pi\,x$.
Die Summe dieser Teilvolumen ist das Volumen $V = \Sigma\Delta V = \Sigma\Delta A 2\pi\,x = 2\pi\Sigma\Delta Ax$. Der Summenausdruck $\Sigma\Delta Ax$ ist nach (34) die Momentensumme aller Teilflächen ΔA für die Drehachse und damit gleich dem Moment der resultierenden Fläche A: $\Sigma\Delta Ax = Ax_0$; also $V = 2\pi\Sigma\Delta Ax = 2\pi Ax_0$.

Beachte: Führt die erzeugende Linie oder Fläche keinen vollen Umlauf (2π) aus, sind die Gleichungen (60) und (61) mit dem Verhältnis $\alpha°/360°$ zu multiplizieren; bei 90°-Drehung also mit $\frac{1}{4}$. Profillinien und Profilflächen dürfen die Drehachse nicht durchsetzen. Ist der Schwerpunkt der erzeugenden Linie oder Fläche nicht bekannt, können auch die Inhalte der Umdrehungsflächen bzw. -körper nicht berechnet werden. Man kann diese dann im Versuch messen und mit Hilfe der Guldin'schen Regeln die entsprechenden Schwerpunkte berechnen.

■ **Beispiel:**

Bild 58 zeigt eine Gummidichtung mit Dichte $\rho = 1,35$ kg/dm³.
Gesucht: a) das Volumen V, b) die Masse m

Lösung:

Die erzeugende Fläche wird nach Bild 58 in die Teilflächen A_1, A_2 zerlegt.

$A_1 = 3,60$ cm²
$A_2 = 9,8$ cm²
$A = A_1 + A_2 = 13,4$ cm²
$x_1 = 3,95$ cm
$x_2 = 6,0$ cm

Nach (34) wird

$$x_0 = \frac{A_1 x_1 + A_2 x_2}{A}$$

$$x_0 = \frac{3,6 \text{ cm}^2 \cdot 3,95 \text{ cm} + 9,8 \text{ cm}^2 \cdot 6 \text{ cm}}{13,4 \text{ cm}^2} = 5,45 \text{ cm}$$

Nach (61) wird

$V = 2\pi A x_0 = 2\pi \cdot 13,4 \text{ cm}^2 \cdot 5,45 \text{ cm} = 459 \text{ cm}^3$
$V = 0,459$ dm³

$m = V\rho = 0,459 \text{ dm}^3 \cdot 1,35 \frac{\text{kg}}{\text{dm}^3} = 0,62 \text{ kg}$

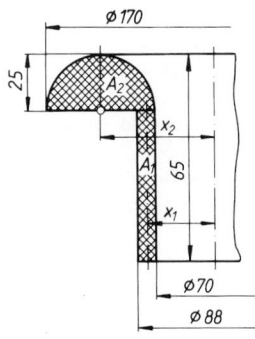

Bild 58. Schnitt durch eine Gummidichtung

1.6 Standsicherheit, Gleichgewichtslagen

1.6.1 Arten des Gleichgewichts

1.6.1.1 Stabiles Gleichgewicht (Bild 59) liegt vor, wenn der Schwerpunkt S bei kleinster Lageänderung *gehoben* wird. Es entsteht immer ein *rückstellendes Moment Fl* (aus Kräftepaar F_G, F), das den Körper in

die stabile Gleichgewichtslage zurückführt. Dort ist die potenzielle Energie des Körpers ein Minimum, Schwerpunkt S hat seine tiefste Lage.

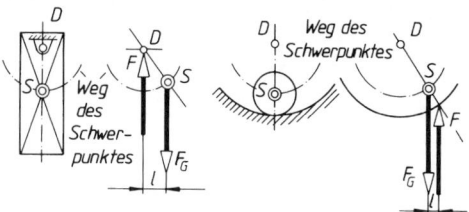

Bild 59. Stabiles (sicheres) Gleichgewicht

1.6.1.2 Labiles Gleichgewicht (Bild 60) liegt vor, wenn der Schwerpunkt S bei kleinster Lageänderung *gesenkt* wird. Es entsteht immer ein *ablenkendes Moment Fl*, das den Körper immer weiter aus der labilen Gleichgewichtslage herausführt. Dort war die potenzielle Energie des Körpers ein Maximum, Schwerpunkt S hatte seine höchste Lage.

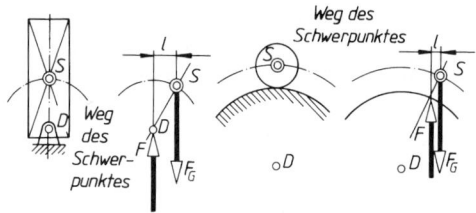

Bild 60. Labiles (unsicheres) Gleichgewicht

1.6.1.3 Indifferentes Gleichgewicht (Bild 61) liegt vor, wenn der Schwerpunkt S bei kleinster Lageänderung *weder gehoben noch gesenkt* wird. Es entstehen weder rückstellende noch ablenkende Momente: Jede neue Stellung ist wieder Gleichgewichtslage, die potenzielle Energie ist stets die gleiche, der Schwerpunktabstand von der Unterlage ist gleich bleibend.

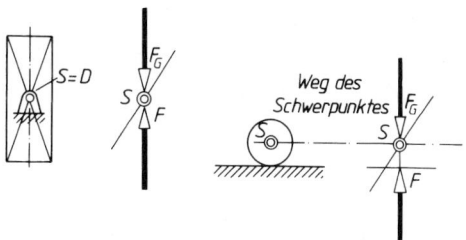

Bild 61. Indifferentes (unentschiedenes) Gleichgewicht

1.6.2 Standsicherheit

Die äußeren Kräfte F_1, F_2 ... F_G bewirken in Bezug auf die gewählte Kippkante K stützende Momente M_S (Standmomente) und kippende Momente M_K (Kippmomente):

$$\Sigma M_S = F_1 l_1 + F_G l$$
$$\Sigma M_K = F_2 l_2 + F_3 l_3$$

Der Körper ist standsicher, wenn die Summe aller Stützmomente (ΣM_S) größer ist als die Summe der Kippmomente (ΣM_K): *Standsicherheit*

$$S = \frac{\Sigma M_S}{\Sigma M_K} > 1 \qquad (62)$$

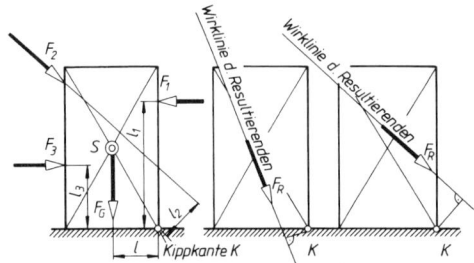

Bild 62. Überprüfung der Standsicherheit eines Körpers

Für $S > 1$ liegt die Resultierende aller äußeren Kräfte innerhalb der Kippkante K, für $S < 1$ außerhalb (Bild 62).
Untersuchungen von Standsicherheit bei Leitern, Krananlagen, Fahrzeugbewegungen usw. müssen für mehrere Kippkanten durchgeführt werden.

■ **Beispiel:**
  Ein Schlepper von 1 400 kg Masse fährt nach Bild 63 gleichförmig eine steile Böschung hinauf. Wie groß darf der Böschungswinkel α höchstens sein, wenn die Standsicherheit $S = 2$ sein soll?

Lösung:
  Um die Kippkante K wirken:
  Stützmoment $M_S = F_G \cos \alpha \cdot 760$ mm
  Kippmoment $M_K = F_G \sin \alpha \cdot 710$ mm

  Standsicherheit $S = \dfrac{M_S}{M_K}$

  $$S = \frac{F_G \cos \alpha \cdot 760 \text{ mm}}{F_G \sin \alpha \cdot 710 \text{ mm}} = 2$$

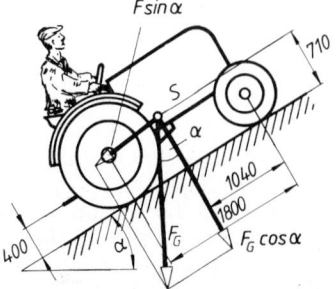

Bild 63. Standsicherheit eines Schleppers

$$\frac{\cos \alpha}{\sin \alpha} = \frac{1}{\tan \alpha} = 2 \cdot \frac{710 \text{ mm}}{760 \text{ mm}} = 1{,}868$$

  $\alpha = \arctan 1{,}868 = 28{,}15°$

  Böschungswinkel $\alpha \leq 28{,}2°$

Wie die algebraische Entwicklung zeigt, hat die Gewichtskraft des Schleppers keinen Einfluss auf den maximalen Böschungswinkel und auf die Standsicherheit S.

1.7 Statik der ebenen Fachwerke

1.7.1 Gestaltung von Fachwerkträgern

Fachwerkträger sind aus Profilstäben zusammengesetzte Tragkonstruktionen (Biegeträger), z.B. für Brücken, Krane, Dachbinder, Gerüste. Sie haben einen geringeren Materialaufwand als Vollwandträger und erscheinen durch ihre Netzkonstruktion optisch leichter. Nachteilig ist die arbeitsintensivere Fertigung.

Fachwerkträger sind meist in zwei oder mehr parallelen Ebenen aufgebaut. Jede Trägerebene wird dann als ebenes Fachwerk angesehen.

Die äußere Form eines Fachwerkträgers kann frei gestaltet werden. Geometrisches Element des Fachwerks ist der Dreiecksverband. Das Dreieck ist die einfachste „starre" Figur. Durch Ansetzen solcher Dreiecksverbände werden die verschiedenen Fachwerksformen (z.B. parallelgurtig, trapezförmig) als Streben- oder Pfosten-Streben-Fachwerk entwickelt (Bild 65). Der Obergurt kann parallel zum Untergurt laufen, aber auch z. B. dem Biegemomentenverlauf des Trägers angepasst werden (Bilder 64, 65, 66).

Unter den skizzierten Fachwerkformen stehen in Klammern die Angaben für die Anzahl der Knoten k (z. B. $k = 11$) und die Anzahl der Stäbe s des Fachwerks (z.B. $s = 19$). Diese Größen werden im folgenden Kapitel zum Ansatz der Gleichgewichtsbedingungen für die statische Bestimmtheit des Trägers gebraucht.

Die Profilstäbe werden untereinander im so genannten Knoten mit Knotenblechen verbunden, wobei sich die Profil-Schwerachsen möglichst im Knotenpunkt schneiden sollen (Bild 67). Damit wird das Einleiten von größeren Biegemomenten in die Verbindung vermieden und die Knotenpunkte können als Gelenkpunkte für Zweigelenkstäbe angesehen werden. Der Knoten kann genietet, geschraubt, geschweißt oder z.B. bei Leichtmetallprofilen geklebt sein.

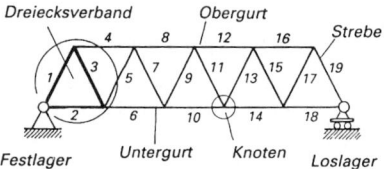

Bild 64. Streben-Fachwerkträger, parallelgurtig ($k = 11$ Knoten, $s = 19$ Stäbe)

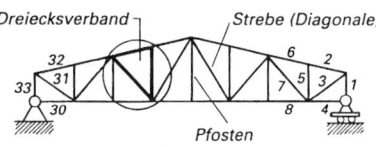

Bild 65. Pfosten-Streben-Fachwerkträger, Biegemomentenverlauf trapezförmig angepasst ($k = 18$ Knoten, $s = 33$ Stäbe)

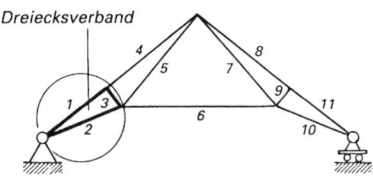

Bild 66. Polygon-Fachwerkträger, Biegemomentenverlauf angepasst, ($k = 7$ Knoten, $s = 11$ Stäbe)

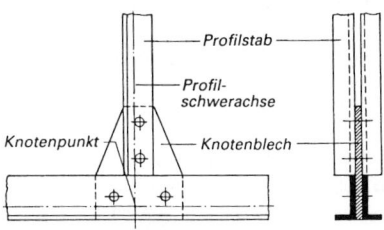

Bild 67. Geschraubter Knoten

1.7.2 Die Gleichgewichtsbedingungen am statisch bestimmten Fachwerkträger

Der einfachste Fachwerkträger besteht aus den drei Stäben 1, 2, 3, die in Dreiecksform in den Knoten I, II und III miteinander verbunden sind (Bild 68). Äußere Kräfte F dürfen nur über die Knoten in das Tragwerk eingeleitet werden (Kraft F in Knoten II). Im Festlager A und Loslager B ist der Träger mit den drei Auflagerkräften F_{Ax}, F_{Ay} und F_B wie üblich statisch bestimmt abgestützt (statisches Gleichgewicht. Beim Vollwandträger sind damit die Gleichgewichtsbetrachtungen abgeschlossen. Beim Fachwerkträger dagegen muss zusätzlich die Verschiebbarkeit der Stäbe gegeneinander untersucht werden. Man unter-

scheidet daher zwischen äußerer und innerer statischer Bestimmtheit.

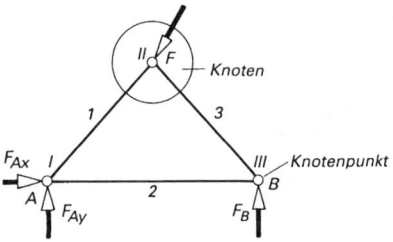

Bild 68. Frei gemachter einfachster Fachwerkträger (Stabdreieck, Dreiecksverband) $k = 3$ Knoten, $s = 3$ Stäbe

Ist k die Anzahl der Knoten für das ganze System, so ist wegen $\Sigma F_x = 0$, $\Sigma F_y = 0$ die Anzahl der zur Verfügung stehenden Gleichgewichtsbedingungen $2k$.

$2k$ = Anzahl der Gleichgewichtsbedingungen (hier $2 \cdot 3$ Knoten = 6 Gleichgewichtsbedingungen)

Ist s die Anzahl der unbekannten Stabkräfte, dann ist mit den drei Lagerkräften F_{Ax}, F_{Ay}, F_B die Anzahl der unbekannten Kräfte $s + 3$.

$s + 3$ = Anzahl unbekannter Kräfte (hier $s + 3 = 3 + 3$ = 6 unbekannte Kräfte)

Bei einem statisch bestimmten System muss die Anzahl der Lösungsgleichungen gleich der Anzahl der Unbekannten sein, hier also $2k = s + 3$. Es ist üblich, diese Gleichung nach der Anzahl s der erforderlichen Profilstäbe aufzulösen und als Bedingung für die innere statische Bestimmtheit die Gleichung $s = 2k - 3$ zu verwenden.

$$2k = s + 3 \qquad (63)$$
$$s = 2k - 3:$$

Bedingung für die innere statische Bestimmtheit (mit $s = 2 \cdot k - 3 = 2 \cdot 3 - 3 = 6 - 3 = 3$ Stäbe hier erfüllt)

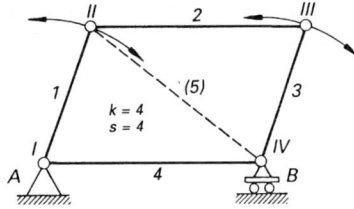

Bild 69. Bewegliches Fachwerk, statisch unbestimmt (Gelenkviereck): $s < 2 \cdot 4 - 3 = 5$

Der Fachwerkträger nach Bild 69 mit vier Knoten ($k = 4$) und vier Stäben ($s = 4$) ist in der eingezeichneten Drehrichtung beweglich (Gelenkviereck), für Kraftübertragungen daher ungeeignet. Enthält ein Fachwerk ein solches Stabsystem, nennt man es statisch unbestimmt. Die Bedingung für statische Bestimmtheit ist hier mit $k = 4$ Knoten und $s = 4$ Stäben nicht erfüllt ($s = 4 < 2k - 3 = 5$). Aus dem statisch unbestimmten wird ein statisch bestimmtes Fachwerk erst bei Hinzunahme eines fünften Stabes: $s = 5 = 2 \cdot 4 - 3$.

Die skizzierten vier Fachwerke mit 6 Knoten (Bild 70) sollen mit Hilfe der Bedingung für statische Bestimmtheit untersucht werden.

Fachwerk a) ist mit einem Fest- und einem Loslager sowie mit $s = 9$ Stäben äußerlich und innerlich statisch bestimmt ($2k - 3 = 2 \cdot 6 - 3 = 9$).

Fachwerk b) ist wie a) äußerlich statisch bestimmt, jedoch innerlich statisch unbestimmt, weil bei $2k - 3 = 2 \cdot 6 - 3 = 9$ die Stabzahl $s = 8 < 9$ ist.

Fachwerk c) ist wie a) und b) äußerlich statisch bestimmt, innerlich mit $s = 10$ Stäben jedoch statisch unbestimmt. Fachwerk d) ist zwar wie a) innerlich statisch bestimmt, mit einem Fest- und zwei Loslagern jedoch äußerlich statisch unbestimmt.

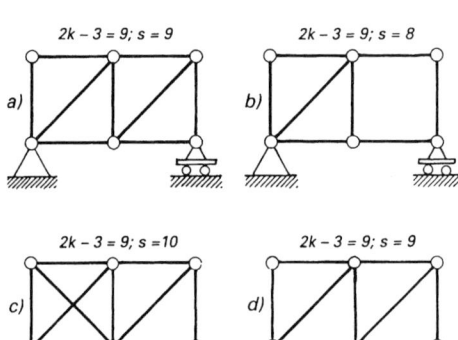

Bild 70. Beispiel für die Bestimmtheit

1.7.3 Ermittlung der Stabkräfte im Fachwerkträger

Die Verfahren zur Ermittlung der Stabkräfte werden am Beispiel des gezeichneten Fachwerkträgers erläutert (Knotenschnittverfahren, Ritter'sches Schnittverfahren und Cremonaplan).

Der Träger besteht aus den Obergurtstäben 1, 4, 8, 11, den Untergurtstäben 2, 6, 10, den Pfosten oder Vertikalen 3, 9 und den Schrägen oder Diagonalen 5 und 7. Belastet wird der Träger mit den Vertikalkräften $F_1 = 4$ kN, $F_2 = 2$ kN und $F_3 = 3$ kN.

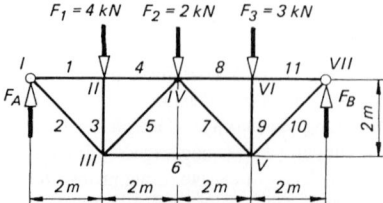

Bild 71. Aufgabenskizze

Hinweis: Der Träger ist äußerlich und innerlich statisch bestimmt. $s = 2 \cdot 7 - 3 = 11$ Stäbe.

Es ist immer zweckmäßig, zuerst aus der Trägerbelastung und den Abmessungen die Auflagerkräfte zu bestimmen. Nach der Ermittlung aller Stabkräfte hat man dann immer eine Kontrolle auch für die Auflagerkräfte (siehe Knoten VII im folgenden Knotenschnittverfahren).

Mit den rechnerischen Gleichgewichtsbedingungen $\Sigma F_x = 0$, $\Sigma F_y = 0$ und $\Sigma M = 0$ ergibt sich:

$F_A = 4,75$ kN und $F_B = 4,25$ kN.

$\Sigma F_x = 0$; keine waagerechten Kräfte vorhanden.

$\Sigma F_y = 0 = + F_A - F_1 - F_2 - F_3 + F_B$

$\Sigma M_{(I)} = - F_1 \cdot 2\,\text{m} - F_2 \cdot 4\,\text{m} - F_3 \cdot 6\,\text{m} + F_B \cdot 8\,\text{m}$

$$F_B = \frac{F_1 \cdot 2\,\text{m} + F_2 \cdot 4\,\text{m} + F_3 \cdot 6\,\text{m}}{8\,\text{m}} = 4,25\,\text{kN}$$

$$F_A = F_1 + F_2 + F_3 - F_B = 4,75\,\text{kN}$$

1.7.3.1 Das Knotenschnittverfahren (rechnerisches oder zeichnerisches Verfahren zur Ermittlung aller Stabkräfte)

Mit einem Rundschnitt werden alle Knoten ($k = 7$) frei gemacht und in ein rechtwinkliges Achsenkreuz gelegt.

Die noch unbekannten Stabkräfte $F_{S1} \ldots F_{S11}$ trägt man in den Knotenpunkten I ... VII als Zugkräfte positiv (+) ein.

Für jeden Knotenpunkt stehen die beiden Gleichgewichtsbedingungen $\Sigma F_x = 0$ und $\Sigma F_y = 0$ zur Berechnung von zwei unbekannten Stabkräften zur Verfügung. Wurden vorher die Auflagerkräfte F_A und F_B berechnet, liegen meistens dort die Ausgangsknoten für den Berechnungsgang, wie hier im Beispiel die Knoten I und VII mit den zwei unbekannten Stabkräften F_{S1} und F_{S2} am Knoten I und F_{S10} und F_{S11} am Knoten VII (Bild 71). Von den anschließenden Knoten sucht man sich denjenigen mit maximal zwei unbekannten Stabkräften heraus und erhält nacheinander alle Stabkräfte des Fachwerkträgers. Häufig ist dieses schrittweise Vorgehen einfacher als das Aufstellen und Lösen eines Gleichungssystems.

Das Knotenschnittverfahren kann auch zeichnerisch durchgeführt werden.

Die entsprechenden Skizzen der Kräftepläne zur zeichnerischen Ermittlung der unbekannten Stabkräfte sind daher mit aufgenommen worden. Sie stehen neben den Skizzen der frei gemachten Knoten und führen zum Verständnis des *Cremonaplans* in 1.7.3.3.

Zur Lagebestimmung der schrägen Stabkräfte als Zugkräfte wird der Winkel α als spitzer Winkel zur x-Achse verwendet.

Es gelten dann die Beziehungen $F_{Sx} = F_S \cos \alpha$ für die x-Komponente und $F_{Sy} = F_S \sin \alpha$ für die y-Komponente der Stabkraft F_S. Der Winkel α beträgt 45°.

Die vorher berechneten Stützkräfte betragen
$F_A = 4,75$ kN, $F_B = 4,25$ kN.
Im Knoten I greifen außer der bereits ermittelten Stützkraft $F_A = 4,75$ kN nur noch die beiden Stabkräfte F_{S1} und F_{S2} an, die nun berechnet werden können:

Für Knoten I gilt:
I) $\Sigma F_x = 0 = F_{S1} + F_{S2} \cos \alpha$
II) $\Sigma F_y = 0 = F_A - F_{S2} \sin \alpha$
I) und II) $F_{S2} = -F_{S1} / \cos \alpha = F_A / \sin \alpha$
und mit $\cos \alpha / \sin \alpha = 1 / \tan \alpha$
$F_{S1} = -F_A / \tan \alpha = -4,75$ kN $/ 1 = -4,75$ kN
(Druck)
$F_{S2} = F_A / \sin \alpha = +6,72$ kN (Zug)

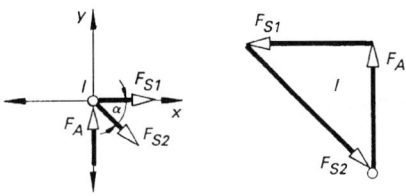

Für Knoten II gilt:
I) $\Sigma F_x = 0 = -F_{S1} + F_{S4}$
$\rightarrow F_{S4} = F_{S1} = -4,75$ kN (Druck)
II) $\Sigma F_y = 0 = -F_1 - F_{S3}$
$\rightarrow F_{S3} = -F_1 = -4$ kN (Druck)

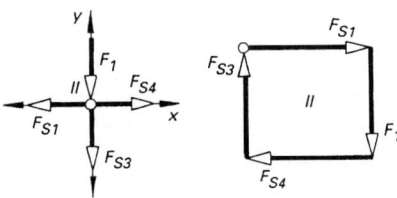

Hinweis zum Kräfteplan: Die Stabkraft F_{S1} (Druckkraft) drückt von rechts nach links wirkend auf den Knoten I. Im Kräfteplan II muss F_{S1} als Druckkraft auf den Knoten II nach rechts wirken.

Für Knoten III gilt:
I) $\Sigma F_x = 0 = F_{S6} + F_{S5} \cos \alpha - F_{S2} \cos \alpha$
II) $\Sigma F_y = 0 = F_{S3} + F_{S2} \sin \alpha + F_{S5} \sin \alpha$
II) $F_{S5} = (-F_{S3} - F_{S2} \sin \alpha) / \sin \alpha =$
$= -1,06$ kN (Druck)
I) $F_{S6} = F_{S2} \cos \alpha - F_{S5} \cos \alpha = +5,5$ kN (Zug)

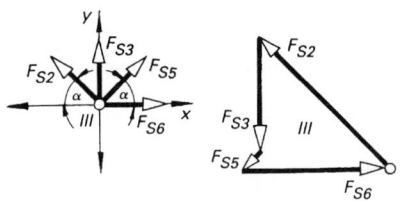

Für Knoten IV gilt:
I) $\Sigma F_x = 0 = F_{S8} + F_{S7} \cos \alpha - F_{S4} - F_{S5} \cos \alpha$
II) $\Sigma F_y = 0 = -F_2 - F_{S7} \sin \alpha - F_{S5} \sin \alpha$
II) $F_{S7} = (-F_2 - F_{S5} \sin \alpha) / \sin \alpha =$
$= -1,77$ kN (Druck)
I) $F_{S8} = F_{S4} + F_{S5} \cos \alpha - F_{S7} \cos \alpha =$
$= -4,25$ kN (Druck)

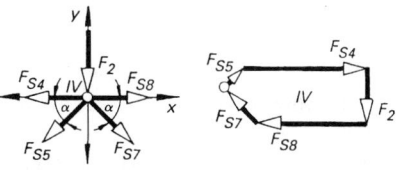

Für Knoten V gilt:
I) $\Sigma F_x = 0 = F_{S10} \cos \alpha - F_{S6} - F_{S7} \cos \alpha$
II) $\Sigma F_y = 0 = F_{S9} + F_{S10} \sin \alpha + F_{S7} \sin \alpha$
I) $F_{S10} = 0 = (F_{S6} + F_{S7} \cos \alpha) / \cos \alpha =$
$= +6,01$ kN (Zug)
II) $F_{S9} = 0 = -F_{S7} \sin \alpha - F_{S10} \sin \alpha =$
$= -3$ kN (Druck)

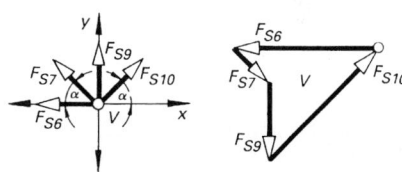

Für Knoten VI gilt:
I) $\Sigma F_x = 0 = F_{S11} - F_{S8}$
$\rightarrow F_{S11} = F_{S8} = -4,25$ kN (Druck)
II) $\Sigma F_y = 0 = -F_3 - F_{S9}$
$\rightarrow F_{S9} = -F_3 = -3$ kN (Druck)

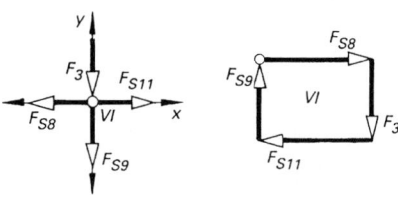

Für Knoten VII gilt:

I) $\Sigma F_x = 0 = -F_{S11} - F_{S10} \cos \alpha$

    $\rightarrow F_{S10} = -F_{S11}/\cos \alpha = +6,01 \text{ kN (Zug)}$

II) $\Sigma F_y = 0 = F_B - F_{S10} \sin \alpha$

    $\rightarrow F_B = F_{S10} \sin \alpha = +4,25 \text{ kN}$

    (Kontrollrechnung)

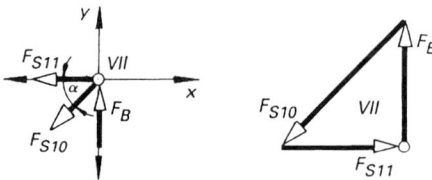

Bild 72. Knotenschnitte, Knoten I ... VII frei gemacht und Krafteckskizzen

1.7.3.2 Das Ritter'sche Schnittverfahren (rechnerisches Verfahren zur Ermittlung einzelner Stabkräfte)

An statisch bestimmten Fachwerkträgern können einzelne Stabkräfte rechnerisch ermittelt werden, z.B. F_{S4}, F_{S5} und F_{S6}. Dazu wird der Träger mit dem *Ritter'schen Schnitt* $x - x$ in die beiden Teile (a) und (b) zerlegt und an einem der beiden Teile (a) das Gleichgewicht wieder hergestellt (Bild 73).

Die Stützkräfte müssen bei diesem Verfahren vorher ermittelt worden sein:

$F_A = 4,75 \text{ kN}, F_B = 4,25 \text{ kN}.$

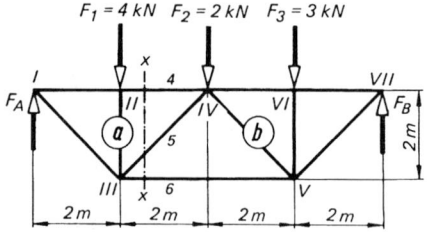

Bild 73. Lageskizze des Fachwerkträgers mit Ritter'schem Schnitt $x - x$

Nach den Regeln des Freimachens werden in den drei Stabquerschnitten die unbekannten Stabkräfte F_{S4}, F_{S5} und F_{S6} als Zugkräfte angebracht. Das am Trägerteil (a) angreifende Kräftesystem aus den drei Stabkräften F_{S4}, F_{S5}, F_{S6}, der Belastungskraft F_1 und der Stützkraft F_A muss im Gleichgewicht sein. Nach Ritter werden zur Berechnung der unbekannten Stabkräfte die drei Momenten-Gleichgewichtsbedingungen angesetzt. Der Ritter'sche Schnitt darf daher auch nur drei Fachwerkstäbe treffen.

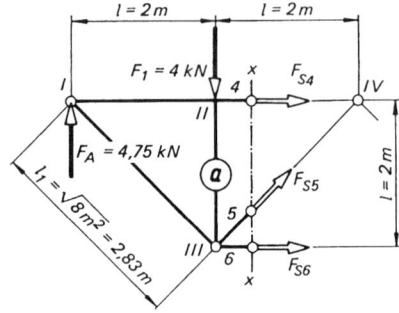

Bild 74. Kräftesystem am abgeschnittenen Trägerteil (a)

Die drei Momenten-Bezugspunkte dürfen nicht auf einer Geraden liegen. Knotenpunkt III bietet sich als erster Bezugspunkt an, weil er Schnittpunkt zweier unbekannter Kräfte ist (F_{S5} und F_{S6}) und sich damit eine Gleichung mit nur einer Unbekannten ergibt. Die Momenten-Gleichgewichtsbedingung $\Sigma M_{(III)} = 0$ liefert direkt die Stabkraft $F_{S4} = -4,75 \text{ kN}$ (Druckstab).

$$\Sigma M_{(III)} = 0 = -F_{S4}l - F_A l$$

$$F_{S4} = \frac{-F_A l}{l} = -F_A = -4,75 \text{ kN}$$

Das Minuszeichen zeigt an, dass die Kraft F_{S4} dem angenommenen Richtungssinn entgegen wirkt: Stab 4 ist also ein Druckstab.

Als zweiter Bezugspunkt wird der Knotenpunkt IV gewählt. Er ist Schnittpunkt der Stabkräfte F_{S4} und F_{S5} und liefert wieder eine Gleichung mit einer Unbekannten, der Stabkraft $F_{S6} = +5,5 \text{ kN}$ (Zugstab).

$$\Sigma M_{(IV)} = 0 = F_1 l - F_A \cdot 2l + F_{S6} l$$

$$F_{S6} = \frac{F_A \cdot 2l - F_1 l}{l} = 2F_A - F_1 = 5,5 \text{ kN}$$

Dritter Bezugspunkt kann I oder II sein. Mit $\Sigma M_{(I)} = 0$ wird $F_{S5} = -1,06 \text{ kN}$ (Druckkraft).

$$\Sigma M_{(I)} = 0 = F_{S6} l + F_{S5} l_1 - F_1 l$$

$$F_{S5} = \frac{F_1 l - F_{S6} l}{l_1} = \frac{(F_1 - F_{S6})l}{l_1} = -1,06 \text{ kN}$$

In manchen Fällen wird die Rechnung einfacher, wenn der Lösungsansatz mit den üblichen drei Gleichgewichtsbedingungen

$\Sigma F_x = 0$, $\Sigma F_y = 0$, $\Sigma M_{()} = 0$ aufgestellt wird.

Ergebnis:

Stab 4 ist ein Druckstab mit 4,75 kN
Stab 5 ist ein Druckstab mit 1,06 kN
Stab 6 ist ein Zugstab mit 5,5 kN

Arbeitsplan zum Ritter'schen Schnittverfahren

1. Schritt
Stützkräfte ermitteln ($\Sigma F_x = 0$, $\Sigma F_y = 0$, $\Sigma M_0 = 0$).

2. Schritt
Fachwerk durch einen Schnitt trennen. Der Schnitt darf höchstens drei Fachwerkstäbe treffen, sie dürfen keine gemeinsamen Knoten haben.

3. Schritt
Lageskizze des abgeschnittenen Trägerteils zeichen , dabei Stabkräfte als Zugkräfte annehmen.

4. Schritt
Die drei Momenten-Gleichgewichtsbedingungen $\Sigma M_0 = 0$ aufstellen und auswerten: positives Ergebnis beim Zugstab, negatives beim Druckstab.

1.7.3.3 Der Cremonaplan
(zeichnerisches Verfahren zur Ermittlung
aller Stabkräfte)

Beim Knotenschnittverfahren in 1.7.3.1 wurde neben der rechnerischen auch die zeichnerische Ermittlung der beiden unbekannten Stabkräfte dargestellt. Für jeden Knoten konnte das geschlossene Krafteck aus der gegebenen Kraft und den Wirklinien der zwei unbekannten Stabkräfte konstruiert werden, z.B. am Knoten I mit der gegebenen Stützkraft F_A und den Wirklinien der Stabkräfte F_{S1} und F_{S2}. Jede Stabkraft musste bei diesem Verfahren zweimal gezeichnet werden.
Im *Cremonaplan* erscheint jede Stabkraft nur einmal. Dazu ist es erforderlich, jedes Krafteck im gleichen Umfahrungssinn aufzuzeichnen, z.B. im Uhrzeigerdrehsinn. Für den Knoten I des bekannten Fachwerkträgers ergibt sich dann der Kraftfolgesinn

$$F_A \rightarrow F_{S1} \rightarrow F_{S2}.$$

Nach der Aufzeichnung des maßstäblichen Lageplans wird der Kräfteplan der äußeren Kräfte im festgelegten Kraftfolgesinn konstruiert, hier im Uhrzeigerdrehsinn mit der Folge $F_A \rightarrow F_1 \rightarrow F_2 \rightarrow F_3 \rightarrow F_B$.

Längenmaßstab: $M_L = 1 \dfrac{m}{cm} (1\,cm \triangleq 1\,m)$

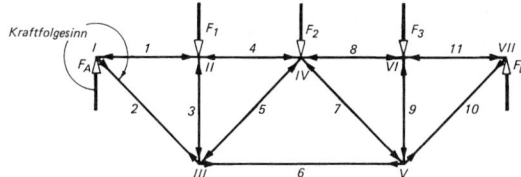

Bild 75. Lageplan

Begonnen wird der Cremonaplan mit dem Knoten, an dem nur zwei unbekannte Stabkräfte angreifen, hier z. B. mit Knoten I (auch VII wäre möglich). Im festgelegten Uhrzeigerdrehsinn ist an die gegebene Stützkraft F_A die Stabkraft F_{S1} (hier waagerecht) anzuschließen. Das geschlossene Krafteck mit F_{S2} kommt nur zustande, wenn von der Pfeilspitze F_A die Stabkraft F_{S1} nach links gezogen wird.

Kräftetabelle
Kräfte in kN (aus Cremonaplan)

Stab	Zug	Druck
1		4,75
2	6,70	
3		4,00
4		4,75
5		1,05
6	5,50	
7		1,75
8		4,25
9		3,00
10	6,00	
11		4,25

Kräftemaßstab

$$M_K = 1{,}2 \frac{m}{cm} (1\,cm \triangleq 1{,}2\,m)$$

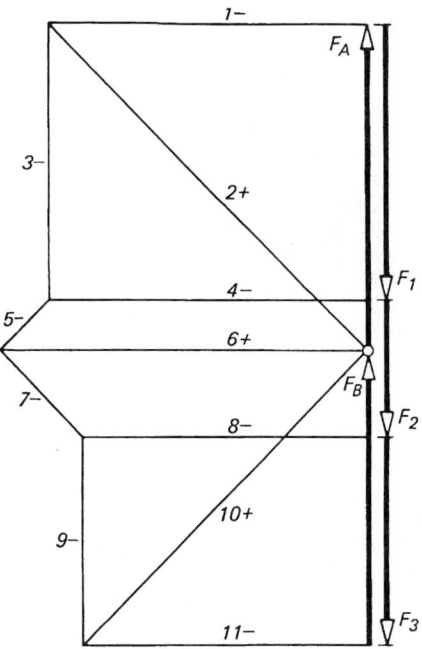

Bild 76. Cremonaplan

Wird das gewonnene Krafteck von F_A ausgehend umfahren, erhält man den Richtungssinn der Stabkräfte in Bezug auf den Knoten I. Der gefundene Richtungssinn wird als Pfeil im Lageplan dicht neben dem Knotenpunkt I eingetragen und man erkennt: Stab 1 ist ein Druckstab (F_{S1} drückt auf Knotenpunkt I), Stab 2 ist ein Zugstab (F_{S2} zieht am Knotenpunkt I). Mit dem Eintragen der Gegenpfeile an den Knotenpunkten II und III im Lageplan und der Vorzeichen (+) für Zugstäbe und (–) für Druckstäbe im Kräfteplan ist die Bearbeitung am Knoten I abgeschlossen.

Man geht nun zum Knoten II über, an dem jetzt auch nur noch zwei Stabkräfte (F_{S3} und F_{S4}) unbekannt sind, F_{S1} wurde schon ermittelt. Mit F_{S1} beginnend (von links nach rechts wirkend) wird das geschlossene Krafteck im Kraftfolgesinn mit F_{S1}, F_1, F_{S4} und F_{S3} zurück zum Anfangspunkt von F_{S1} konstruiert.

Die Reihenfolge der Knotenpunkte ist beliebig, allerdings dürfen höchstens zwei Kräfte unbekannt sein.

Zum Schluss greift man die Längen für die Stabkräfte ab, berechnet diese mit dem Kräftemaßstab M_K und trägt die Beträge in eine nach Zug- und Druckkräften unterteilte Tabelle ein. Ist der Fachwerkträger symmetrisch aufgebaut und belastet, genügt es, eine Hälfte des Cremonaplans zu konstruieren

---

Arbeitsplan zur Aufzeichnung des Cremonaplans

1. Schritt
Stützkräfte ermitteln ($\Sigma F_x = 0$, $\Sigma F_y = 0$, $\Sigma M_0 = 0$).

2. Schritt
Lageplan zeichnen und den Kraftfolgesinn (Umfahrungssinn) festlegen, z.B. Uhrzeigerdrehsinn.

3. Schritt
Krafteck der äußeren Kräfte konstruieren, z.B. mit F_A, F_1, F_2, F_3, F_B.

4. Schritt
Mit dem gewählten Kraftfolgesinn die Kraftecke der Stabkräfte aneinander reihen, für jeden Knoten eins in beliebiger Reihenfolge.

---

5. Schritt
Nach jeder Krafteckzeichnung den Richtungssinn der Stabkräfte durch Pfeile in den Lageplan übertragen und Gegenpfeile eintragen.

6. Schritt
Im Kräfteplan die Stabkräfte durch Plus- oder Minuszeichen als Zug- oder Druckkräfte kennzeichnen.

7. Schritt
Längen der Stabkräfte abgreifen und deren Beträge unterteilt nach Zug- und Druckkräften in eine Tabelle eintragen.

Liegt ein Fachwerkstab in der Wirklinie einer äußeren Kraft wie im Knoten II, so ist die Stabkraft gleich der in Stabrichtung angreifenden Belastung, hier also $F_{S3} = F_1 = 4$ kN.

Trägt der Knoten in einem solchen Fall keine Belastung ($F_1 = 0$), so nennt man den Stab einen Nullstab. Diese Nullstäbe nehmen erst bei elastischer Verformung Kräfte auf. Meist sollen sie die Knickgefahr langer Druckstäbe verringern.

1.8 Reibung

1.8.1 Gleitreibung

Ein fester Körper, z.B. der Werkzeugträger einer Drehmaschine, kann auf ebener Unterlage mit konstanter Geschwindigkeit nur dann verschoben werden, wenn eine Kraft F die tangential zur Gleitfläche wirkende *Reibkraft* F_R überwindet (Bild 77).

Die Richtung der Reibkraft F_R am frei gemachten Körper ist immer der (zu erwartenden) Bewegungsrichtung des Körpers entgegengesetzt. Die Reibkraft F_R ist abhängig von der rechtwinklig zur Unterlage wirkenden *Normalkraft* F_N und der *Gleitreibzahl* μ (kurz Reibzahl):

Gleitreibkraft F_R = Normalkraft F_N · Gleitreibzahl μ

$$F_R = F_N \mu \qquad \begin{array}{c|c|c} F_R & F_N & \mu \\ \hline N & N & 1 \end{array} \qquad (64)$$

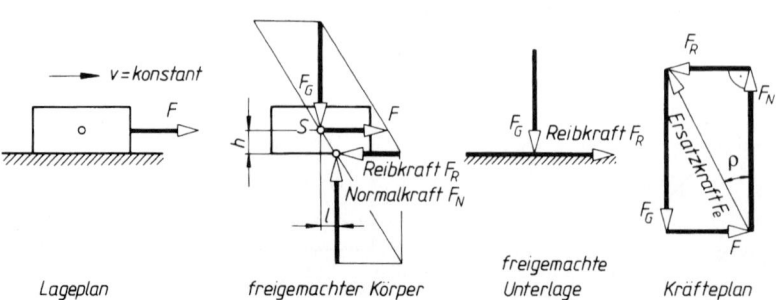

Lageplan   freigemachter Körper   freigemachte Unterlage   Kräfteplan

Bild 77. Gleitreibung auf ebener Fläche

Tabelle 2. Gleitreibzahl μ und Haftreibzahl μ_0
(Klammerwerte sind die Gradzahlen für den Reibwinkel ρ bzw. ρ_0)

Werkstoff	Haftreibzahl μ_0				Gleitreibzahl μ			
	trocken		gefettet		trocken		gefettet	
Stahl auf Stahl	0,15	(8,5)	0,1	(5,7)	0,15	(8,5)	0,01	(0,6)
Stahl auf Gusseisen oder CuSn-Leg	0,19	(10,8)	0,1	(5,7)	0,18	(10,2)	0,01	(0,6)
Gusseisen auf Gusseisen			0,16	(9,1)			0,1	(5,7)
Holz auf Holz	0,5	(26,6)	0,16	(9,1)	0,3	(16,7)	0,08	(4,6)
Holz auf Metall	0,7	(35)	0,11	(6,3)	0,5	(26,6)	0,1	(5,7)
Lederriemen auf Gusseisen			0,3	(16,7)				
Gummiriemen auf Gusseisen					0,4	(21,8)		
Textilriemen auf Gusseisen					0,4	(21,8)		
Bremsbelag auf Stahl					0,5	(26,6)	0,4	(21,8)
Lederdichtung auf Metall	0,6	(31)	0,2	(11,3)	0,2	(11,3)	0,12	(6,8)

Die *Gleitreibzahl* μ ist ein Erfahrungswert und abhängig von der Werkstoffpaarung, der Schmierung, der Flächenpressung und der Gleitgeschwindigkeit; letzteres hauptsächlich bei flüssiger Reibung. Ein gesetzmäßiger Zusammenhang dieser Größen lässt sich bei trockener und halbflüssiger Reibung nicht aufstellen. Man rechnet deshalb mit einer konstanten Gleitreibzahl nach Tabelle 2.

Die Gleichgewichtsbedingungen für den frei gemachten Körper nach Bild 77 lauten:

$$\Sigma F_x = 0 = +F - F_R \qquad F = F_R = F_N \mu = F_G \mu$$
$$\Sigma F_y = 0 = +F_N - F_G \qquad F_N = F_G$$
$$\Sigma M_{(S)} = 0 = \qquad\qquad l = \frac{F_R h}{F_N}$$
$$= -F_R h + F_N l$$

F und F_R bilden ein Kräftepaar, dem bei Gleichgewicht ein gleich großes Kräftepaar aus F_G und F_N entgegenwirkt. Die Wirklinie von F_N muss deshalb um l gegenüber der Wirklinie von F_G verschoben sein.
Beachte: Normalkraft F_N = Gewichtskraft F_G gilt nur bei horizontaler Unterlage und dazu paralleler Kraft F.
Bei allen zeichnerischen Lösungen ist es zweckmäßig, mit der Resultierenden aus Reibkraft F_R und Normalkraft F_N, der *Ersatzkraft* F_e, zu arbeiten (Bild 77):

$$F_e = \sqrt{F_R^2 + F_N^2} \qquad (65)$$

Der Winkel zwischen Ersatzkraft F_e und Normalkraft F_N heißt *Reibwinkel* ρ (Zahlenwerte aus Tabelle 2). Aus dem Kräfteplan in Bild 77. lässt sich in Verbindung mit (64) ablesen:

$$\tan \rho = \frac{F_R}{F_N} = \text{Reibzahl } \mu \qquad \rho = \arctan \mu \quad (66)$$

1.8.2 Haftreibung

Befindet sich der Körper in Bild 77 in Ruhe, ist eine größere Kraft aufzuwenden ($F_{R0} > F$), um den Körper in Bewegung zu setzen: Die *Haftreibkraft* F_{R0} ist größer als die Gleitreibkraft $F_R (F_{R0} > F_R)$. Man rechnet dann mit der etwas größeren *Haftreibzahl* μ_0 nach Tabelle 2. Während die Gleitreibkraft F_R einen festen Wert besitzt, kann die *Haftreibkraft* F_{R0} von null ansteigend jeden beliebigen Wert annehmen, bis die verschiebende Kraft F den Grenzwert $F_{R0\,max}$ erreicht hat:

$$F_{R0\,max} \le F_N \mu_0$$
$$\mu_0 = \tan \rho_0$$
$$\text{Haftreibzahl}$$

F_{R0max}	F_N	μ_0
N	N	1

(67)

1.8.3 Bestimmung der Reibzahlen und Selbsthemmung

Befindet sich ein Prüfkörper der Gewichtskraft F_G auf einer schiefen Ebene mit veränderlichem Neigungswinkel α nach Bild 78 (Versuchsanordnung), ergeben die Gleichgewichtsbedingungen für den frei gemachten ruhenden Prüfkörper:

$$\Sigma F_x = 0 = +F_{R0} - F_G \sin \alpha$$

$$F_{R0} = F_G \sin \alpha$$

$$\Sigma F_y = 0 = +F_N - F_G \cos \alpha$$

$$F_N = F_G \cos \alpha$$

Daraus folgt $\dfrac{F_{R0}}{F_N} = \dfrac{F_G \sin \alpha}{F_G \cos \alpha} = \tan \alpha$, wie auch das Krafteck zeigt.

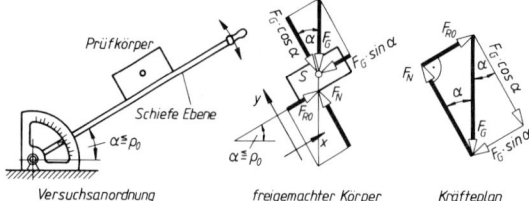

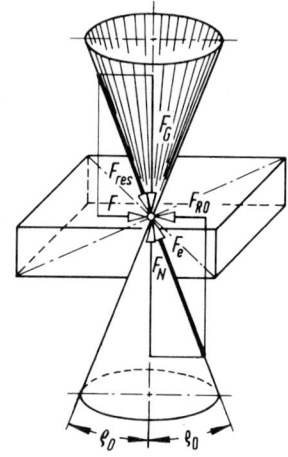

Bild 78. Bestimmung der Reibzahl

Es kann nun derjenige Winkel α festgestellt werden, bei dem der Prüfkörper gerade gleichförmig abwärts gleitet, dann ist nach (66) $\tan \alpha = \tan \rho = $ Gleitreibzahl μ gefunden. Ebenso wird μ_0 ermittelt.

Der Körper bleibt auf einer schiefen Ebene so lange in Ruhe, d.h. es liegt *Selbsthemmung* vor, so lange der Neigungswinkel α einen Grenzwinkel ρ_0 nicht überschreitet. *Selbsthemmungsbedingung*:

$$\tan \alpha \le \tan \rho_0$$
$$\tan \alpha \le \mu_0 \qquad\qquad (68)$$
$$\rho_0 = \arctan \mu_0$$

1.8.4 Reibungskegel

Ist die Haftreibzahl μ_0 (oder bei Gleiten des Körpers die Gleitreibzahl μ) bekannt, ist nach (66) bzw. (67) auch der Reibwinkel ρ_0 (ρ) gegeben und es kann der *Reibungskegel* nach Bild 79 gezeichnet werden.

Dazu wird eine um den Reibwinkel ρ_0 geneigte Gerade um die Pfeilspitze von F_G gedreht. Der Körper bleibt so lange in Ruhe, wie die Resultierende F_{res} der äußeren Kräfte *innerhalb* des Reibungskegels liegt. Jede Mantellinie des Reibungskegels ist eine Wirklinie der aus Reibkraft F_{R0} und Normalkraft F_N (hier $F_G = F_N$) zusammengesetzten Ersatzkraft F_e. Die Wirklinie dieser Ersatzkraft wird bei der zeichnerischen Lösung von Aufgaben mit Reibung immer gebraucht. Beispiele siehe Bild 82.

1.8.5 Anleitung zur zeichnerischen und rechnerischen Lösung von Aufgaben mit Reibung

Bei der *zeichnerischen* Lösung wird die Überlegung benutzt, dass mit der Reibzahl μ nach (66) auch der Reibwinkel ρ bekannt ist. Damit lässt sich die Wirklinie der Ersatzkraft F_e zeichnen. Zweckmäßig fertigt man eine Lösungsskizze an, in der zuerst die Reibkraft F_R und die Normalkraft F_N zur Ersatzkraft F_e vereinigt werden ($F_R \perp F_N$). Der Winkel zwischen F_N und F_e ist der Reibwinkel ρ.

Bei der *rechnerischen* Lösung wird in allen Gleichungen nach (64) $F_R = F_N \mu$ gesetzt. Dann ergeben sich meist Gleichungen mit einer Unbekannten.

Bild 79. Reibungskegel

F_G Gewichtskraft des Körpers
F Verschiebekraft
F_{res} Resultierende aus F und F_G
F_N Normalkraft, F_{R0} Haftreibkraft
F_e Ersatzkraft (Resultierende) aus F_N und F_{R0}

■ **Beispiel:**

Zwei glatte Holzbalken liegen in horizontaler Stellung aufeinander, der untere festgeklemmt. Die Gewichtskraft F_G des oberen Körpers beträgt 500 N. Um ihn aus der Ruhelage anzuschieben, ist eine parallel zur Auflagefläche wirkende Kraft von $F_0 = 250$ N erforderlich. Beim gleichförmigen Weiterschieben sinkt die Kraft auf $F = 150$ N.

Gesucht: Haft- und Gleitreibzahl für Holz auf Holz.

Lösung:

$$F_0 = F_{R0max} = F_N \mu_0 = F_G \mu_0$$

$$\mu_0 = \frac{F_0}{F_G} = \frac{250\ \text{N}}{500\ \text{N}} = 0,5$$

$$F = F_R = F_N \mu = F_G \mu$$

$$\mu = \frac{F}{F_G} = \frac{150\ \text{N}}{500\ \text{N}} = 0,3$$

■ **Beispiel:**

Der Kreuzkopf einer Dampfmaschine drückt im Betrieb mit einer mittleren Normalkraft von 3 500 N auf seine Gleitbahn. Die Drehzahl der Maschine beträgt 150 min^{-1}, der Kolbenhub $H = 500$ mm. Reibzahl 0,06.

Gesucht: a) die mittlere Geschwindigkeit des Kreuzkopfes, b) die Reibkraft am Kreuzkopf, c) der Leistungsverlust infolge Reibung.

Lösung:

a) $v = \dfrac{s}{t} = 2nH = \dfrac{2 \cdot 150 \cdot 0,5\ \text{m}}{60\ \text{s}} = 2,5\ \dfrac{\text{m}}{\text{s}}$

b) $F_R = F_N \mu = 3\,500\ \text{N} \cdot 0,06 = 210\ \text{N}$

c) Reibleistung $P_R = F_R v = 210\ \text{N} \cdot 2,5\ \dfrac{\text{m}}{\text{s}} = 525\ \dfrac{\text{Nm}}{\text{s}} = 525\ \text{W}$

- **Beispiel:**
  Die Kurbelwelle einer Brikettpresse hat 24 000 N Gewichtskraft. Ihre Lagerzapfen haben 410 mm Durchmesser. Die Welle trägt ein Schwungrad von 102 000 N Gewichtskraft; am Kurbelzapfen nimmt sie 7 000 N der Schubstangengewichtskraft auf. Die Zapfenreibzahl beträgt beim Anfahren 0,08.

  a) Wie groß ist die gesamte Reibkraft am Lagerzapfenumfang beim Anfahren?

  b) Welches Drehmoment ist zur Überwindung der Reibung erforderlich?

  Lösung:

  a) $F_R \mu = F_G \mu = (24\,000 + 102\,000 + 7\,000)\,\text{N} \cdot 0,08 = 10\,640\,\text{N}$

  b) $M = F_R r = 10\,640\,\text{N} \cdot 0,205\,\text{m} = 2\,181\,\text{Nm}$

- **Beispiel:**
  Auf den Kolben eines senkrecht stehenden Dieselmotors wirkt ein Druck von 10 bar $= 10 \cdot 10^5\,\text{N/m}^2$, wobei die Pleuelstange um $\alpha = 12°$ zur Senkrechten geneigt ist. Kolbendurchmesser 400 mm; Reibzahl zwischen Kolben und Zylinderwand 0,1.
  Gesucht: a) die Kolbenkraft F_k; b) die Normalkraft F_N zwischen Kolben und Zylinderwand; c) die Reibkraft F_R an der Zylinderwand; d) die Druckkraft F_s in der Pleuelstange.

  Lösung:

  a) $F_k = p A_k = 10 \cdot 10^5\,\dfrac{\text{N}}{\text{m}^2} \cdot \dfrac{\pi}{4} \cdot (0,4\,\text{m})^2 = 125\,700\,\text{N}$

  b) Aus Bild 10 lassen sich die beiden Gleichgewichtsbedingungen ablesen:

  I. $\Sigma F_x = 0 = +F_k - F_R - F_s \cos\alpha$　　$F_s = \dfrac{F_k - F_N \mu}{\cos\alpha}$

  II. $\Sigma F_y = 0 = +F_N - F_s \sin\alpha$　　$F_s = \dfrac{F_N}{\sin\alpha}$

Gleichgesetzt:

$$F_k - F_N \mu = F_N \frac{\cos\alpha}{\sin\alpha} = F_N \frac{1}{\tan\alpha}$$

$$F_k = F_N \left(\frac{1}{\tan\alpha} + \mu \right) = F_N \left(\frac{1 + \mu \tan\alpha}{\tan\alpha} \right)$$

$$F_N = \frac{F_k \tan\alpha}{1 + \mu \tan\alpha} = \frac{125\,700\,\text{N} \cdot 0,2126}{1 + 0,1 \cdot 0,2126} = 26\,170\,\text{N}$$

c) $F_R = F_N \mu = 26\,170\,\text{N} \cdot 0,1 = 2\,617\,\text{N}$

d) $F_s = \dfrac{F_N}{\sin\alpha} = \dfrac{26\,170\,\text{N}}{0,2079} = 125\,900\,\text{N}$

1.8.6 Reibung auf der schiefen Ebene (Bild 80)

Auf der unter Winkel α geneigten schiefen Ebene befindet sich ein Körper mit der Gewichtskraft F_G. *Gegeben*: Neigungswinkel $\alpha > \rho$, Gewichtskraft F_G, Reibzahl μ (Reibwinkel ρ); *gesucht*: die parallel zur Ebene wirkende bzw. waagerechte Kraft F. In allen Fällen der Ruhe oder gleichförmigen Bewegung des Körpers müssen die Kräfte F, F_G *und* F_e (= Ersatzkraft von Reibkraft F_R und Normalkraft F_N) ein geschlossenes Krafteck bilden. Die Berechnungsgleichungen (69) bis (72) können aus den Kraftecksskizzen direkt abgelesen werden.

Kraft F wirkt *in Richtung der Ebene* (Bild 80a und 80b).

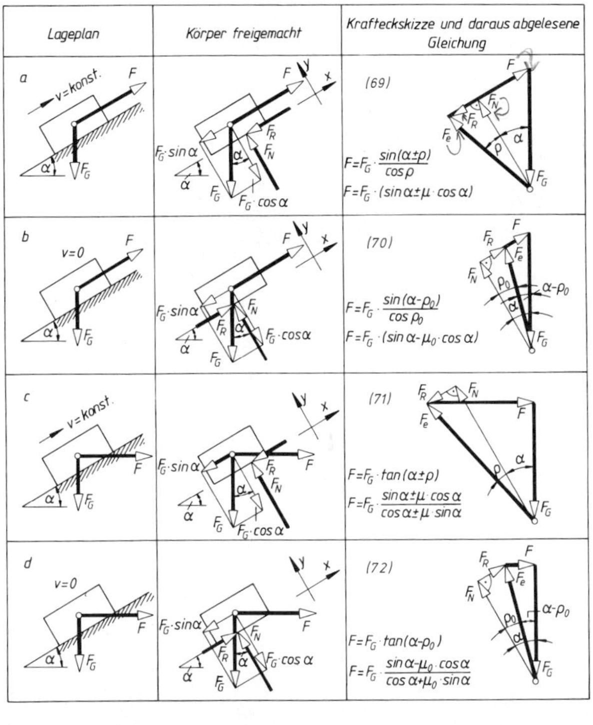

Kraft F zum gleichförmigen Aufwärtsgang (+) und Abwärtsgang (−)

$$F = F_G \frac{\sin(\alpha \pm \rho)}{\cos\rho} = F_G (\sin\alpha \pm \mu \cos\alpha) \tag{69}$$

Kraft F zum Halten des Körpers

$$F = F_G \frac{\sin(\alpha - \rho_0)}{\cos\rho_0} = F_G (\sin\alpha - \mu_0 \cos\alpha) \tag{70}$$

Bild 80. Reibung auf der schiefen Ebene

F_G　Gewichtskraft des Körpers oder Resultierende aller Belastungen
F　Verschiebe- oder Haltekraft
F_R　Reibkraft
F_N　Normalkraft
F_e　Ersatzkraft

Kraft F wirkt *waagerecht* (Bild 80c und 80d)
Kraft F zum gleichförmigen Aufwärtsgang (+) und
Abwärtsgang (−)

$$F = F_G \tan(\alpha \pm \rho) = F_G \frac{\sin\alpha \pm \mu\cos\alpha}{\cos\alpha \mp \mu\sin\alpha} \qquad (71)$$

Kraft F zum Halten des Körpers

$$F = F_G \tan(\alpha - \rho_0) = F_G \frac{\sin\alpha - \mu_0\cos\alpha}{\cos\alpha + \mu_0\sin\alpha} \qquad (72)$$

Ist der Neigungswinkel α gleich oder kleiner als der
Reibwinkel $\rho(\alpha \le \rho)$ oder kleiner als ρ_0, liegt *Selbsthemmung* vor. In den Gleichungen für die Abwärtsbewegung und das Halten des Körpers wird die Kraft
F negativ (bei $\alpha \le \rho$), d.h. zur Abwärtsbewegung
muss eine abwärts gerichtete Kraft eingesetzt werden
und zum Halten ist überhaupt keine Kraft erforderlich
($\alpha \le \rho_0$), oder F wird gleich null ($\alpha = \rho_0$), d.h. der
ruhende Körper bleibt allein gerade noch in Ruhe und
der abwärts gleitende Körper gleitet allein weiter ($\alpha
= \rho$). Die Krafteckskizzen in Bild 80a und c sind für
den Fall der gleichförmigen *Aufwärts*bewegung gezeichnet; bei der Abwärtsbewegung würde sich die
Richtung der Reibkraft F_R umkehren und es könnten
die entsprechenden Gleichungen mit negativem Vorzeichen (69 und 71) ebenfalls direkt abgelesen werden.
Die beiden Formeln in (69) und (70) ergeben sich bei
Verwendung von $\tan\rho = \mu$ in Verbindung mit den
entsprechenden Summenformeln der Trigonometrie
wie $\sin(\alpha + \beta) = \sin\alpha\cos\beta + \cos\alpha\sin\beta$ (siehe
Mathematik).
Die rein rechnerische Behandlung mit Hilfe der
Gleichgewichtsbedingungen $\Sigma F_x = 0$; $\Sigma F_y = 0$ liefert
die gleichen Beziehungen, jedoch ist der mathematische Aufwand größer.

1.8.7 Reibung in Getrieben

1.8.7.1 Keilnutreibung (Bild 81).

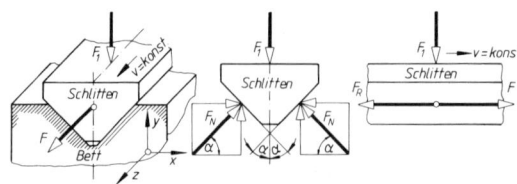

Bild 81. Keilnutreibung; Schlitten frei gemacht
F_1 Resultierende aller Belastungen

Die Anwendung der drei Kraft-Gleichgewichtsbedingungen für den frei gemachten Schlitten liefert:

I. $\Sigma F_x = 0 = F_N \cos\alpha - F_N \cos\alpha$

II. $\Sigma F_y = 0 = 2 F_N \sin\alpha - F_1 \qquad F_N = \dfrac{F_1}{2\sin\alpha}$

III. $\Sigma F_z = 0 = F - 2F_R = F - 2F_N\mu$

Wird II. in III. eingesetzt, so ergibt sich

$$F = 2\frac{F_1}{2\sin\alpha}\mu, \text{ also die } \textit{Verschiebekraft}$$

$$F = \frac{\mu F_1}{\sin\alpha} = \mu' F_1 \qquad (73)$$

Darin ist die *Keilnut-Reibzahl*

$$\mu' = \frac{\mu}{\sin\alpha} \qquad (74)$$

1.8.7.2 Zylinderführung (Bild 82). Die Führungsbuchse klemmt sich fest, solange die Wirklinie der
resultierenden Verschiebekraft F durch die Überdeckungsfläche der beiden Reibungskegel geht. Dann
stehen die Stützkräfte (= Ersatzkräfte aus Reibkraft
F_R und Normalkraft F_N) mit der Kraft F im Gleichgewicht; ihre Wirklinien schneiden sich in einem
Punkt, der innerhalb der Überdeckungsfläche liegt.

Die drei Gleichgewichtsbedingungen ergeben:

I. $\Sigma F_x = 0 = + F_{R1} + F_{R2} - F$

II. $\Sigma F_y = 0 = + F_{N1} - F_{N2}$
also $F_{N1} = F_{N2}$ und damit auch $F_{R1} = F_{R2}$

III. $\Sigma M_{(II)} = 0 = -F_{R1}d + F_{N1}l - F(l_a - d/2)$

Mit $F_R = F_N\mu$ und $F = 2 F_R$ aus Gleichung I wird
Gleichung III weiterentwickelt:

III. $F_N\mu d - F_N l + 2F_N\mu\left(l_a - \dfrac{d}{2}\right) = 0$

$$\mu d - l + 2\mu l_a - 2\mu\frac{d}{2} = 0$$

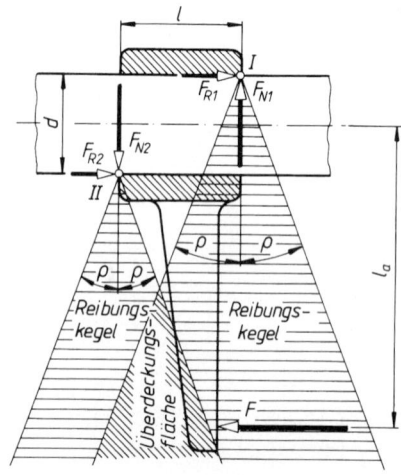

Bild 82. Kräfte an einer Zylinderführung

Daraus ergibt sich die *Führungslänge*

$$l = 2\mu\, l_a \qquad \frac{l}{mm} \quad \frac{l_a}{mm} \quad \frac{\mu}{1} \qquad (75)$$

Bei $l < 2\,\mu\, l_a$ klemmt sich die Buchse fest, bei $l > 2\mu\, l_a$ gleitet sie. Festklemmen oder Gleiten ist unabhängig von der verschiedenden Kraft F.

1.8.7.3 Keilgetriebe (Bild 83). Durch Verschieben des Keiles 2 in Richtung der Kraft F wird der mit F_1 belastete Stößel 1 angehoben. Zeichnerisch und rechnerisch soll die Verschiebekraft F bestimmt werden. Gegeben: F_1, Reibzahlen μ_1, μ_2, μ_3 und Winkel α.

Zeichnerische Lösung: Zuerst sind die Lagepläne der frei gemachten Teile 1 und 2 zu zeichnen. Da F_1 gegeben ist, wird mit Stößel 1 begonnen. Auf ihn wirken die drei Kräfte F_1, F_{e1}, F_{e2}, letztere sind die Ersatzkräfte aus Reibkraft und Normalkraft. Aus $\mu = \tan\rho$ sind die Reibwinkel ρ_1 und ρ_2 bekannt, sodass die Wirklinien der Ersatzkräfte F_{e1}, F_{e2} festliegen. Wird im Kräfteplan die gegebene Kraft F_1 hingelegt, kann durch Parallelverschiebung der Wirklinien der Ersatzkräfte das geschlossene Krafteck 1 gezeichnet werden. $F_{e2'} = -F_{e2}$ ist die Reaktionskraft von F_{e2}. Im *gesamten* Getriebe sind beides *innere* Kräfte, also gleich groß, gegensinnig und auf gemeinsamer Wirklinie liegend.

Mit ρ_2 und ρ_3 sind am Keil 2 die Wirklinien der dort angreifenden Ersatzkräfte $F_{e2'}$, F_{e3} bekannt, sodass durch Parallelverschiebung der Wirklinien von F_{e3} und F das Krafteck 2 an 1 angeschlossen werden kann. Die Zerlegung der Ersatzkräfte F_e in Reibkraft F_R und Normalkraft F_N vervollständigt den Kräfteplan. Die gesuchte Verschiebekraft F kann daraus abgegriffen werden.

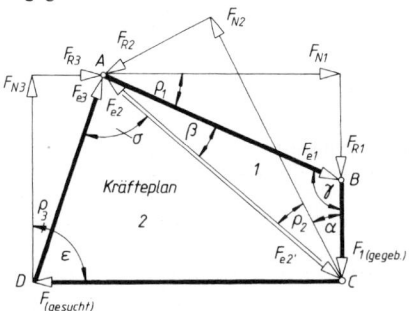

Rechnerische Lösung: Neben der analytischen Lösung mit Hilfe der Gleichgewichtsbedingungen $\Sigma F_x = 0$; $\Sigma F_y = 0$ wird häufig von der Möglichkeit Gebrauch gemacht, das Krafteck zu skizzieren (Kraftecksskizze) und trigonometrisch auszuwerten, z.B. wie hier mit dem Sinussatz. Aus Bild 83 liest man ab:

$$\frac{F_1}{F_{e2}} = \frac{\sin\beta}{\sin\gamma} = \frac{\sin[90° - (\alpha + \rho_1 + \rho_2)]}{\sin(90° + \rho_1)} =$$

$$= \frac{\cos(\alpha + \rho_1 + \rho_2)}{\cos\rho_1} \quad \text{und}$$

$$\frac{F}{F_{e2}} = \frac{\sin\delta}{\sin\varepsilon} = \frac{\sin(\alpha + \rho_2 + \rho_3)}{\sin(90° - \rho_3)} =$$

$$= \frac{\sin(\alpha + \rho_2 + \rho_3)}{\cos\rho_3} \;. \text{ Daraus wird}$$

$$\frac{F}{F_1} = \frac{\big[\sin(\alpha + \rho_2 + \rho_3)\big]\cos\rho_1}{(\cos\rho_3)\cos(\alpha + \rho_1 + \rho_2)}$$

Daraus ergibt sich die *Verschiebekraft*

$$F = F_1\,\frac{\sin(\alpha + \rho_2 + \rho_3)\cos\rho_1}{\cos(\alpha + \rho_1 + \rho_2)\cos\rho_3} \qquad (76)$$

Mit gleichen Reibzahlen wird $\rho_1 = \rho_2 = \rho_3$ und die *Verschiebekraft*

$$F = F_1\,\frac{\sin(\alpha + 2\rho)\cos\rho}{\cos(\alpha + 2\rho)\cos\rho} = F_1\tan(\alpha + 2\rho) \quad (77)$$

Ohne Reibung wäre die ideelle Verschiebekraft $F_i = F_1\tan\alpha$. Damit ergibt sich der *Wirkungsgrad des Keilgetriebes beim Heben der Last*

$$\eta = \frac{F_i}{F} = \frac{F_1\tan\alpha}{F_1\tan(\alpha + 2\rho)} =$$

$$= \frac{\tan\alpha}{\tan(\alpha + 2\rho)} \qquad (78)$$

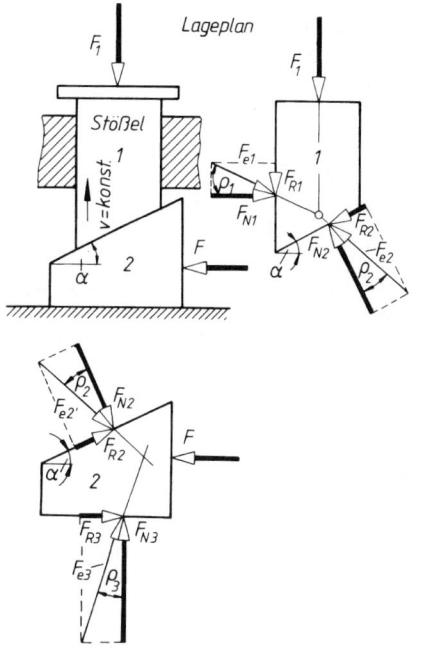

Bild 83. Keilgetriebe
Kräfte beim Anheben des Stößels

Die *Haltekraft F'*, die ein Herausdrücken des Keils verhindert, ist

$$F' = F_1 \tan(\alpha - 2\rho) \qquad (79)$$

Ist der Neigungswinkel $\alpha < 2\rho_0$, so wird F' negativ, d.h. das Keilgetriebe ist selbsthemmend; um es zu lösen, muss eine Kraft F' den Keil herausziehen.

1.8.7.4 Schraube

1.8.7.4.1 Bewegungsschraube mit Rechteckgewinde (Bild 84.). Das Anziehen (Heben der Last) oder Lösen (Senken der Last) einer *Bewegungsschraube* entspricht dem Hinaufschieben oder Herabziehen einer Last auf einer schiefen Ebene durch eine waagerechte Umfangskraft, wie es in den Bildern 80c und 80d dargestellt ist.
Es bezeichnet F Schraubenlängskraft = Vorspannkraft in der Schraube; F_u Umfangskraft, angreifend am Flankenradius r_2; F_R Reibkraft im Gewinde; F_N Normalkraft; α Steigungswinkel der mittleren Gewindelinie; P Steigung der Schraubenlinie; ρ Reibwinkel; $\tan\rho = \mu$ = Reibzahl im Gewinde. In den Gewindenormen heißt der Flankendurchmesser d_2.

$$\tan\alpha = \frac{P}{2\pi r_2} = \frac{P}{\pi d_2} \qquad (80)$$

Unter Verwendung der hier gültigen Formelzeichen wird nach (71) die *Umfangskraft* beim Anziehen (+) und beim Lösen (−) der Schraube

$$F_u = F \tan(\alpha \pm \rho) \qquad (81)$$

Die Umfangskraft F_u wirkt am Flankenradius r_2 als Hebelarm; somit ergibt sich das erforderliche *Drehmoment* beim Anziehen (+) und beim Lösen (−) der Schraube

$$M = F_u r_2 = F \tan(\alpha \pm \rho) r_2 \qquad (82)$$

Ohne Reibung ($\rho = 0$) wäre die ideelle Umfangskraft $F_i = F \tan \alpha$. Damit ergibt sich der *Wirkungsgrad* der Bewegungsschraube

$$\eta = \frac{F_i}{F_u} = \frac{F \tan \alpha}{F \tan(\alpha + \rho)}$$

$$\eta = \frac{\tan \alpha}{\tan(\alpha + \rho)} \qquad \eta = \frac{\tan(\alpha - \rho)}{\tan \alpha} \qquad (83)$$

beim Anziehen oder	beim Absinken der
Heben der Mutter	Mutter (absinkende
durch die Schraube	Mutter dreht Schraube)

Selbsthemmung tritt auf bei $\alpha \leq \rho_0$, das Drehmoment M wird dann negativ oder null; negatives M muss dann zum Lösen (Senken) aufgebracht werden.

Im Grenzfall $\alpha = \rho_0$ ist der *Wirkungsgrad*

$$\eta = \frac{\tan \alpha}{\tan 2\alpha} \approx 0,5 \qquad (84)$$

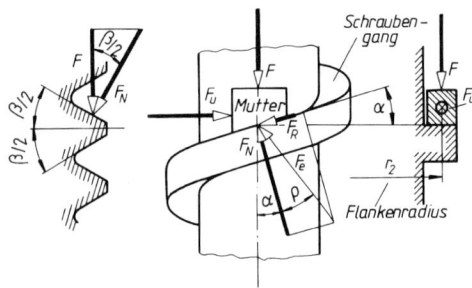

Bild 84. Kräfte am Flachgewindegang und Schraubenlängskraft am Gang eines Spitzgewindes

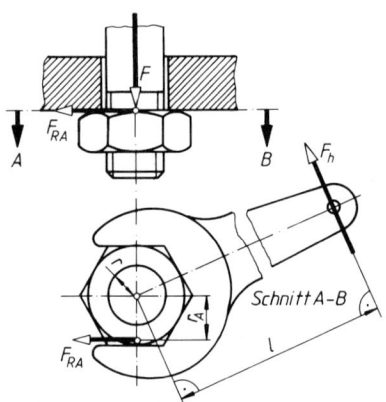

Bild 85. Befestigungsschraube
F_V Vorspannkraft,
F_h Handkraft,
F_{RA} Auflagereibkraft

1.8.7.4.2 Bewegungsschraube mit Spitz- und Trapezgewinde.
Nach Bild 84 ist die rechtwinklig zur Fläche des Gewindegangs stehende Komponente der Schraubenlängskraft F die Normalkraft $F_N = F / \cos(\beta/2)$.
Die *Reibung im Gewinde* ist damit größer als beim Flachgewinde:

$$F_N \mu = \mu \frac{F}{\cos \frac{\beta}{2}} \qquad (85)$$

Man setzt nun

$$\frac{\mu}{\cos \frac{\beta}{2}} = \mu' = \tan \rho' \qquad (86)$$

und kann damit die oben für das Rechteckgewinde aufgestellten Beziehungen (81) bis (83) auch für Schrauben mit Spitz- oder Trapezgewinde benutzen, wenn man ρ durch ρ' bzw. μ durch μ' ersetzt.

Für *Trapezgewinde* nach DIN 103 ist

$\beta = 30°$ $\mu' = 1,04\,\mu$

Für *Metrisches ISO-Gewinde* nach DIN 13 ist

$\beta = 60°$ $\mu' = 1,15\,\mu$

1.8.7.4.3 Befestigungsschraube mit Spitzgewinde.

Durch das Anziehen der Mutter(oder der Schraube) nach Bild 85 mit dem *Anziehdrehmoment*

$$M_A = F_h\,l \qquad (87)$$

wird in der Schraubenverbindung die Schrauben-längs- (Vorspann-)kraft F_V erzeugt. Sie presst die verbindenden Teile aufeinander. Dem Anziehdreh-moment M_A wirken das Gewindereibmoment M_{RG} und das Auflagereibmoment M_{RA} entgegen. Bild 85 zeigt die Auflagereibkraft F_{RA} mit einem angenommenen Wirkabstand $r_A = 1,4\,r$ für Sechs-kantmuttern, $r = d/2$ mit $d =$ Gewindeaußendurch-messer.

Die Auflagereibkraft F_{RA} wird mit μ_A als Reibzahl der Mutterauflage: $F_{RA} = F_V\,\mu_A$ und damit das *Auf-lagereibmoment*

$$M_{RA} = F_V\,\mu_A\,r_A \qquad (88)$$

Wird Gleichung (81) für das Gewindereibmoment M_{RG} eingesetzt, ergibt sich das Anziehdrehmoment zum Anziehen (+) und zum Lösen (−) einer Schrau-benverbindung

$$M_A = F_V\,[r_2 \tan(\alpha \pm \rho') + \mu_A\,r_A] \qquad (89)$$

Für Gewinde mit metrischem Profil (Stahl auf Stahl) setzt man für Überschlagsrechnungen:
$\mu' = \tan\rho' = 0,25$; $\rho' = 14°$ und $\mu_A = 0,15$; ebenso für $r_A = 1,4\,r$

■ **Beispiel:**
Die Zylinderkopfschrauben M10 eines Verbrennungsmotors sol-len mit einem Drehmoment von 60 Nm angezogen werden. Die Reibzahl an der Kopfauflage sei 0,15, im Gewinde beträgt sie $\mu' = 0,25$. Mit welcher Kraft presst jede Schraube den Zylinder-kopf auf den Zylinderblock?

Lösung:
Für M10 ist nach I Maschinenelemente, Tabelle 7, $r_2 \approx 4,5$ mm und $\alpha = 3,03°$

$\mu' = \tan\rho' = 0,25$; $\rho' = 14°$
$\tan(\alpha + \rho') = 0,306$; $r_a = 1,4\,r = 7$ mm

$$F_V = \frac{M_A}{r_2 \tan(\alpha + \rho') + \mu_A r_A}$$

$$F_V = \frac{60 \cdot 10^3 \text{ Nmm}}{4,5 \text{ mm} \cdot 0,306 + 0,15 \cdot 7 \text{ mm}}$$

$F_V = 24\,722 \approx 24,7$ kN

1.8.8 Lagerreibung

1.8.8.1 Tragzapfenreibung, Querlager (Bild 86)

Die *mittlere Flächenpressung* im Lager beträgt

$$p_m = \frac{F}{d\,l} \qquad \begin{array}{c|c} p_m & F \quad d,l \\ \hline \dfrac{N}{mm^2} & N \quad mm \end{array} \qquad (90)$$

Bei *trockener* (Anlauf) und halbflüssiger Reibung verlagert sich der Angriffspunkt von $F' = F$ um l entgegen der Drehrichtung. Die Reibkraft ist dann $F_R = \mu\,F_N = F_N \tan\rho = F \sin\rho$. Setzt man $\sin\rho = \mu$ = Zapfenreibzahl, wird das dem Wellendrehmoment entgegengerichtete *Reibmoment*

$$M_R = F\,\mu\,r \qquad \begin{array}{c|c|c|c} M_R & F & \mu & r \\ \hline Nm & N & 1 & m \end{array} \qquad (91)$$

Dreht sich der Lagerzapfen mit der Umfangsge-schwindigkeit $v = \omega\,r = 2\pi\,n\,r$ (mit ω Winkelge-schwindigkeit, r Zapfenradius, n minutlicher Deh-zahl), beträgt die *Reibleistung*

$$P_R = M_R\,\omega = \frac{F\,\mu\,r\,\pi\,n}{30}$$

$$\begin{array}{c|c|c|c|c|c} P_R & M_R & \omega & F & r & n \\ \hline \dfrac{Nm}{s} = W & Nm & \dfrac{1}{s} & N & m & min^{-1} \end{array} \qquad (92)$$

Zapfenreibzahl μ ist empirisch zu bestimmen.

Bei *flüssiger* Reibung (siehe I Maschinenelemente) trennt ein Schmiermittelfilm Zapfen- und Schalen-werkstoff; es bildet sich ein Ölkeil aus, der den Zap-fen aus der Mittellage in Drehrichtung verlagert (im Gegensatz zur trockenen Reibung).
Tatsächlich sind die Verhältnisse bei der Lagerrei-bung sehr kompliziert, weil sich keine Gesetzmäßig-keiten zur Druckverteilung und Zapfenreibzahl auf-stellen lassen.

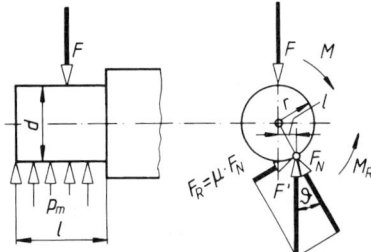

Bild 86. Kräfte bei trockener Tragzapfenreibung
F Wellenlast, F_N Normalkraft, F_R Lagerreibkraft, M Wellendrehmoment, M_R Reibmoment

1.8.8.2 Spurzapfenreibung, Längslager (Bild 87).
Die Wirklinie der Belastung F fällt mit der Drehachse
der Welle zusammen. Den Wirkabstand der Reibkraft
F_R nimmt man mit $r_m = (r_1 + r_2)/2$ an. Wie bei der
Tragzapfenreibung rechnet man mit Reibkraft
$F_R = F\mu$, worin μ die *Spurzapfenreibzahl* ist, die
ebenfalls empirisch bestimmt werden muss. Damit
wird das *Reibmoment*

$$M_R = F\mu\, r_m \qquad \begin{array}{c|c|c|c} M_R & F & \mu & r_m \\ \hline Nm & N & 1 & m \end{array} \quad (93)$$

und die *Reibleistung*

$$P_R = M_R\omega = \frac{F\,\mu\, r_m\,\pi\, n}{30}$$

$$\begin{array}{c|c|c|c|c|c} P_R & & M_R & \omega & F & r_m & n \\ \hline \dfrac{Nm}{s} = W & & Nm & \dfrac{1}{s} & N & m & min^{-1} \end{array} \quad (94)$$

Meistens wird der Zapfen nach Bild 87 zentrisch
ausgespart, um den in Richtung der Drehachse wachsenden Druckanstieg zu vermeiden. Die Bohrung
kann der Schmiermittelzufuhr dienen.
Für den *Vollspurzapfen* wird $r_m = (0 + r_2)/2 = r_2/2$
in die Gleichungen eingesetzt.

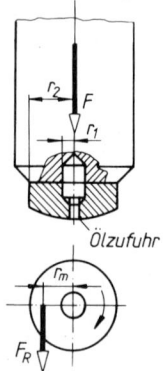

Bild 87. Spurzapfenreibung

1.8.9 Rollreibung (Rollwiderstand)

Die Haftreibung zwischen Rollkörper (Rad, Walze,
Kugel) und ebener Fahrbahn verursacht das Rollen.
Der Rollkörper drückt sich etwas in die Fahrbahn ein,
sodass zur Überwindung des Rollwiderstands F_R bei
konstanter Geschwindigkeit des Körpers eine treibende Kraft F erforderlich wird. Nach Bild 88 steht
die Resultierende F_{res} aus Last F_1 und Rollkraft F im
Gleichgewicht mit der Ersatzkraft F_e aus Rollwiderstand F_R (Rollreibung) und Normalkraft F_N. Die
Gleichgewichtsbedingungen lassen sich ablesen:

I. $\Sigma F_x = 0 = +F - F_R$ $\qquad F = F_R$
II. $\Sigma F_y = 0 = +F_N - F_1$ $\qquad F_N = F_1$
III. $\Sigma M_{(D)} = 0 = -Fr + F_1 f$

daraus die *Rollkraft*

$$F = F_1\,\frac{f}{r} \qquad \begin{array}{c|c|c|c} F & F_1 & f & r \\ \hline N & N & cm & cm \end{array} \quad (95)$$

Nach Bild 88 wurde für die Höhe h der Radius r
eingesetzt, was bei metallischen Wälzkörpern auf
metallischer Unterlage wegen der geringen Eindringtiefe zulässig ist.

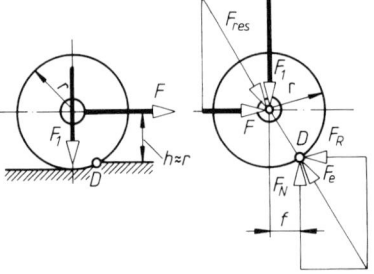

Bild 88. Rollreibung; Rollkörper auf ebener
Fahrbahn
F_1 Belastung, F treibende Kraft,
F_N Normalkraft, F_R Rollwiderstand

Der Wert „f" in cm wird als *Hebelarm der Rollreibung* bezeichnet; er ist ein reiner Erfahrungswert. Für
Stahlräder auf Stahlschienen setzt man $f \approx 0,05$ cm,
für gehärtete Stahlkugeln auf Laufringen $f \approx 0,0005$
bis $0,001$ cm.
Damit kein Gleiten auftritt, muss der Rollwiderstand
F_R kleiner sein als die Haftreibung zwischen Rollkörper und Fahrbahn. *Rollbedingung*:

$$F_R < \mu_0\, F_N \text{ oder } \frac{f}{r} < \mu_0 \quad (96)$$

1.8.10 Fahrwiderstand

Wird ein Fahrzeug mit konstanter Geschwindigkeit
auf *horizontaler* Fahrbahn fortbewegt, ist, abgesehen
vom *Luftwiderstand*, außer dem *Rollwiderstand* noch
der durch *Lagerreibung* entstehende Widerstand zu
überwinden. Man fasst beide zusammen zum *Fahrwiderstand*

$$F_f = F_n\,\mu_f \qquad \begin{array}{c|c|c} F_f & \mu_f & F_N \\ \hline N & 1 & N \end{array} \quad (97)$$

Darin sind F_N die gesamte Normalkraft (Anpresskraft) des Fahrzeugs; bei horizontaler Bahn ist F_N die
Gesamtgewichtskraft F_G des Fahrzeugs; μ_f ist die
Fahrwiderstandszahl; hierfür kann nach Tabelle 3 gesetzt werden:

Tabelle 3. Fahrwiderstandszahlen μ_f

Eisenbahn	0,0025
Straßenbahn mit Wälzlagern	0,005
Straßenbahn mit Gleitlagern	0,018
Kraftfahrzeuge auf Asphalt	0,025
Drahtseilbahnen	0,01

Damit kein Gleiten auftritt, muss der Fahrwiderstand F_f kleiner sein als die Haftreibung zwischen Rad und Fahrbahn. *Rollbedingung* bei horizontaler Bahn:

$$F_f < \mu_0 F_N$$
$$\mu_f < \mu_0 \tag{98}$$

Bei *geneigter* Fahrbahn wird die Zugkraft am Fahrzeug meist stärker durch die Abtriebskomponente der Gewichtskraft beeinflusst als durch den Fahrwiderstand.

1.8.11 Seilreibung

(Bild 89) liegt vor, wenn um eine gegen Drehung gesicherte Scheibe ein vollkommen biegsames Zugmittel liegt. Durch die Reibkraft F_R zwischen Zugmittel und Scheibe wird die Spannkraft F_1 größer als die Gegenkraft F_2. Bei Gleichgewicht ist

$$F_1 = F_2\, e^{\mu\alpha} \tag{99}$$

μ Reibzahl zwischen Zugmittel und Scheibe; $\alpha = 2\pi\alpha°/360° = \alpha°/57,3°$ Umschlingungswinkel im Bogenmaß.

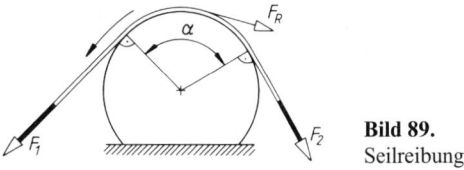

Bild 89. Seilreibung

Am umspannten Teil der Scheibe beträgt die *Seilreibung*

$$F_R = F_1 - F_2 = F_2(e^{\mu\alpha} - 1) = F_1\,\frac{e^{\mu\alpha} - 1}{e^{\mu\alpha}}$$

$$\frac{F_R, F_1, F_2}{N} \quad \Big|\quad \frac{e^{\mu\alpha}}{1} \tag{100}$$

Die Seilreibkraft F_R ist die größte Umfangskraft, die eine Seil-, Band- oder Riemenscheibe zu übertragen vermag.

Die $e^{\mu\alpha}$-Werte können mit der *ln*-Taste oder mit der e^x-Taste ermittelt werden. Die Werte in Tabelle 4 dienen der Kontrolle und geben einen Überblick zum Funktionsverlauf für $y = e^{\mu\alpha}$.

Tabelle 4. Werte für $e^{\mu\alpha}$ in Abhängigkeit vom Umschlingungswinkel α und von der Reibzahl μ

$\alpha°$	α	\multicolumn{10}{c}{Reibzahlen μ}

$\alpha°$	α	0,05	0,1	0,15	0,2	0,25	0,3	0,35	0,4	0,45	0,5
36	$0,2\,\pi$	1,032	1,065	1,099	1,134	1,170	1,207	1,246	1,286	1,327	1,369
72	$0,4\,\pi$	1,065	1,134	1,207	1,286	1,369	1,458	1,552	1,653	1,760	1,874
108	$0,6\,\pi$	1,099	1,207	1,327	1,458	1,602	1,760	1,934	2,125	2,336	2,566
144	$0,8\,\pi$	1,134	1,286	1,458	1,653	1,874	2,125	2,410	2,733	3,099	3,514
180	$1,0\,\pi$	1,170	1,369	1,602	1,874	2,193	2,566	3,003	3,514	4,111	4,810
216	$1,2\,\pi$	1,207	1,458	1,760	2,125	2,566	3,099	3,741	4,518	5,455	6,586
252	$1,4\,\pi$	1,246	1,552	1,934	2,410	3,003	3,741	4,662	5,808	7,237	9,017
288	$1,6\,\pi$	1,286	1,653	2,125	2,733	3,514	4,518	5,808	7,468	9,602	12,35
324	$1,8\,\pi$	1,327	1,760	2,336	3,099	4,111	5,455	7,237	9,602	12,74	16,90
360	$2,0\,\pi$	1,369	1,874	2,566	3,514	4,810	6,586	9,017	12,35	16,90	23,14
540	$3\,\pi$	1,602	2,566	4,111	6,586	10,55	16,90	27,08	43,38	69,49	111,3
720	$4\,\pi$	1,874	3,514	6,586	12,35	23,14	43,38	81,31	152,1	285,7	535,5
900	$5\,\pi$	2,193	4,810	10,55	23,14	50,75	111,3	244,2	535,5	1 174	2 576
1 080	$6\,\pi$	2,566	6,586	16,90	43,38	111,3	285,7	733,1	1 881	4 829	12 390
1 260	$7\,\pi$	3,003	9,017	27,08	81,31	244,2	733,1	2 202	6 611	19 850	59 610
1 440	$8\,\pi$	3,514	12,35	43,38	152,4	535,5	1 881	6 611	23 230	81 610	286 800
1 620	$9\,\pi$	4,111	16,90	69,49	285,7	1 174	4 829	19 850	81 610	335 500	1 379 000
1 800	$10\,\pi$	4,810	23,14	111,3	535,5	2 576	12 390	59 610	286 800	1 379 000	6 636 000

■ **Beispiel:**

Um einen horizontal feststehenden Zylinder ist ein Hanfseil viermal geschlungen. Welche Last F_G darf das eine Ende des Seiles höchstens tragen, wenn am anderen Ende eine Handkraft von 150 N die Last bei $\mu_0 = 0,3$ halten soll?

Lösung:

$$F_1 = F_G \quad F_2 = 150\ \text{N}$$
$$F_1 = F_2\, e^{\mu_0\alpha} = 150\ \text{N} \cdot e^{0,3\,\cdot\,8\pi} = 150\ \text{N} \cdot 1\,882$$
$$F_1 = F_G = 282\,300\ \text{N}$$

■ **Beispiel:**

Das Lastseil eines 4-fach umschlungenen Spillkopfes soll eine Zugkraft von 5 000 N aufbringen. Mit welcher Handkraft muss das Seil gezogen werden und welche Umfangskraft am Spillkopf hat der Antriebsmotor aufzubringen? $\mu_0 = 0,15$.

Lösung:

Handkraft $\quad F_2 = \dfrac{F_1}{e^{\mu_0\alpha}} = \dfrac{5\,000\ \text{N}}{e^{0,15\,\cdot\,8\pi}} = \dfrac{5000\text{N}}{43,38} = 115\ \text{N}$

Umfangskraft $F_u = F_1 - F_2 =$
$$= 5\,000\ \text{N} - 115\ \text{N} = 4\,885\ \text{N}$$

1.8.12 Rollen und Flaschenzüge

1.8.12.1 Feste Rolle (Leit- oder Umlenkrolle). Durch die Reibung zwischen Rolle und Rollenbolzen und infolge des Biegewiderstands des Seils ist zum Heben der Last F_1 in Bild 90 eine Zugkraft $F > F_1$ erforderlich. Diese Erfahrung wird im *Wirkungsgrad der festen Rolle* η_f erfasst, der das Verhältnis vom Nutzen zum Aufwand ausdrückt. Für einen beliebigen Weg s der Last F_1 und der Zugkraft F ist damit der *Wirkungsgrad der festen Rolle*

$$\eta_f = \frac{F_1 s}{F s} = \frac{F_1}{F} \qquad (101)$$

η_f für Ketten und Seile $\approx 0{,}96$ bei Gleitlagerung und $\approx 0{,}97$ bis $0{,}98$ bei Wälzlagerung.

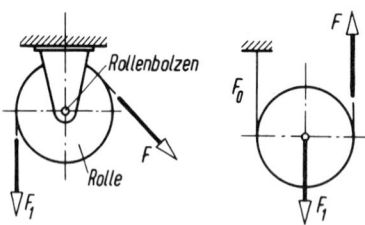

Bild 90. Feste Rolle   **Bild 91.** Lose Rolle

1.8.12.2 Lose Rolle (Bild 91). Die am Rollbolzen hängende Last F_1 verteilt sich auf *zwei* Seilenden; es ist der Kraftweg $s_f = 2 \cdot$ Lastweg s_g (Übersetzung $i = 2$). Nach (101) ist $F = F_0/\eta_f$, außerdem $F_1 = F + F_0$ und damit der *Wirkungsgrad* η_L der losen Rolle:

$$\eta_L = \frac{F_1 s_g}{F s_f} = \frac{(F + F_0) s_g}{F 2 s_g} =$$
$$= \frac{F + F \eta_f}{2 F} = \frac{1 + \eta_f}{2} \qquad (102)$$

und die *Zugkraft*

$$F = \frac{F_1}{\eta_f + 1} \qquad (103)$$

Mit $\eta_f = 0{,}95$ wird $\eta_L = (1 + 0{,}95)/2 = 0{,}975$; d.h. der Wirkungsgrad der losen Rolle ist günstiger als derjenige der festen Rolle. In der Praxis rechnet man jedoch für beide mit $\eta_f = \eta_L = \eta = 0{,}95$.

1.8.12.3 Flaschenzüge (Rollenzüge) sind Übersetzungsmittel zwischen Zugkraft F und Last F_1 (Bild 92). Die festen und losen Rollen sind in den Flaschen gelagert und können untereinander oder nebeneinan-

der liegen. In Bild 92 wirkt F nach oben, das freie Seilende läuft von einer *losen* Rolle ab. Soll F nach unten gerichtet sein, muss das Seil noch über die Umlenkrolle (linkes Bild) geführt werden. Es läuft dann von einer *festen* Rolle ab.

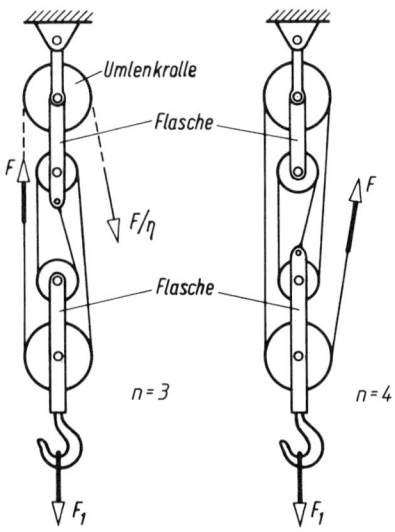

Bild 92. Flaschenzug mit $n = 3$ und $n = 4$ Rollen

Bezeichnet n die *Rollenzahl* des Flaschenzugs (*ohne* Umlenkrolle), so ist die Zahl der tragenden Seilstränge immer $n + 1$. Der *Kraftweg* $s_f = $ Länge des ablaufenden Seils ist demnach:

$$s_f = (n + 1) s_g \qquad (104)$$

Ohne Verluste ist die Zugkraft $F_0 = F_1/(n + 1)$. Mit $\eta_r = $ *Wirkungsgrad des Rollenzugs* ergibt sich die *Zugkraft*

$$F = \frac{F_1}{\eta_r (n + 1)} \qquad (105)$$

Seil läuft von loser Rolle ab

Läuft das Seil von einer *festen* Rolle (Umlenkrolle) ab, ist noch der Wirkungsgrad der festen Rolle η_f zu berücksichtigen:

$$F = \frac{F_1}{\eta_r \, \eta_f \, (n + 1)} \qquad (106)$$

Seil läuft von fester Rolle (Umlenkrolle) ab

Tabelle 5. Wirkungsgrad η_r des Rollenzugs in Abhängigkeit von der Rollenzahl (ohne Umlenkrolle)

n	1	2	3	4	5	6	7	8	9	10
η_r	0,975	0,951	0,927	0,904	0,881	0,859	0,838	0,817	0,796	0,776

1.8.13 Bremsen

In den Skizzen erscheinen die Bauteile nicht frei gemacht im Sinn von Kapitel 1.1.6.
(F Bremskraft, M Bremsmoment, P Wellenleistung).

Backenbremse mit überhöhtem Drehpunkt D
(Bild 93)

$$F = F_N \frac{(l_1 \pm \mu l_2)}{l} \tag{107}$$

(+) bei Rechtslauf, (–) bei Linkslauf
Selbsthemmung bei Linkslauf, wenn $l_1 < \mu l_2$ ist.

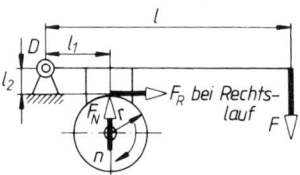

Bild 93. Backenbremse mit überhöhtem Drehpunkt D; Kräfte auf den Hebel

Backenbremse mit unterzogenem Drehpunkt D
(Bild 94)

$$F = F_N \frac{(l_1 \mp \mu l_2)}{l} \tag{108}$$

(–) bei Rechtslauf, (+) bei Linkslauf

Selbsthemmung tritt auf bei Rechtslauf, wenn $l_1 < \mu l_2$ ist.

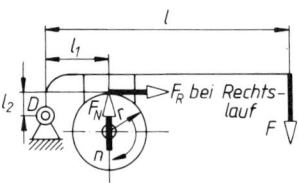

Bild 94. Backenbremse mit unterzogenem Drehpunkt D; Kräfte auf den Hebel

Backenbremse mit tangentialem Drehpunkt D
(Bild 95)

$$F = F_N \frac{l_1}{l} \tag{109}$$

Selbsthemmung tritt nicht auf.

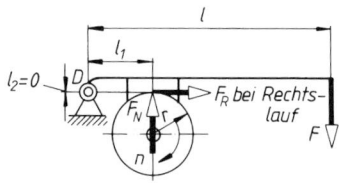

Bild 95. Backenbremse mit tangentialem Drehpunkt D; Kräfte auf den Hebel

Die Normalkraft F_N in (107) bis (109) ist entweder aus den Gleichgewichtsbedingungen am frei gemachten Hebel zu ermitteln oder aus gegebenem Bremsmoment $M = F_R r = F_N \mu r$.

Einfache Bandbremse (Bild 96)

$$M = F_R r = Fr \frac{l}{l_1} (e^{\mu\alpha} - 1) \tag{110}$$

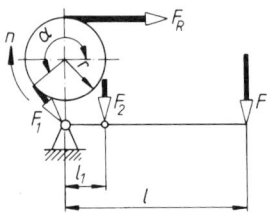

Bild 96. Einfache Bandbremse

Summenbremse (Bild 97)

$$M = F_R r = Fr \frac{l}{l_1} \frac{e^{\mu\alpha} - 1}{e^{\mu\alpha} + 1} \tag{111}$$

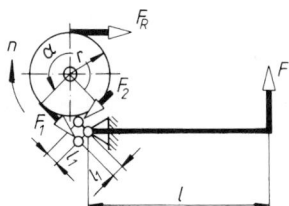

Bild 97. Summenbremse

Differenzbremse (Bild 98)

$$M = F_R r = Flr \frac{e^{\mu\alpha} - 1}{l_2 - l_1 e^{\mu\alpha}} \tag{112}$$

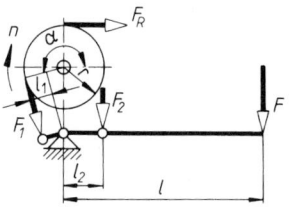

Bild 98. Differenzbremse

Bremszaum (Bild 99)

$$P = \frac{F_G \, l \, n}{9550} \qquad \begin{array}{c|c|c|c} P & F_G & l & n \\ \hline kW & N & m & min^{-1} \end{array} \qquad (113)$$

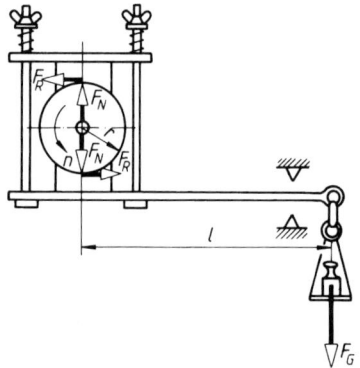

Bild 99. Bremszaum

Bandbremszaum (Bild 100). Die Bandkräfte F und F_G werden mit Federwaage und Zuggewicht gemessen. Daraus die *Wellenleistung* (114)

$$P = \frac{(F_G - F) \, r \, n}{9550} \qquad \begin{array}{c|c|c|c} P & F_G, F & r & n \\ \hline kW & N & m & min^{-1} \end{array} \qquad (114)$$

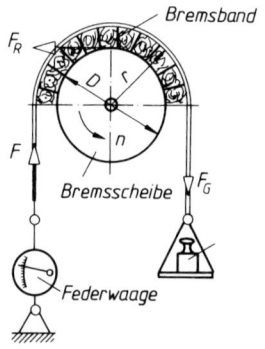

Bild 100. Bandbremszaum

Eine Backenbremse nach Bild 93 besitzt folgende Maße:
$l = 870$ mm; $l_1 = 120$ mm; $l_2 = 80$ mm; $r = 190$ mm. Bei Rechtslauf der Bremsscheibe mit $n = 400$ U/min soll eine Leistung von $P = 10$ kW abgebremst werden.

Gesucht: a) das erforderliche Bremsmoment, b) die Reibkraft am Scheibenumfang, c) die Normalkraft an der Bremsbacke bei $\mu = 0{,}5$, d) die erforderliche Gewichtskraft F_G und die Stützkraft F_D im Hebellager D.

Lösung:

a) Bremsmoment $M = 9550\dfrac{P}{n} = 9550 \cdot \dfrac{10}{400}\,\text{Nm} =$

$= 238{,}75\ \text{Nm}$

b) Reibkraft $F_R = \dfrac{M}{r} = \dfrac{238{,}75\ \text{Nm}}{0{,}19\ \text{m}} = 1257\ \text{N}$

c) Normalkraft $F_N = \dfrac{F_R}{\mu} = \dfrac{1257\ \text{N}}{0{,}5} = 2514\ \text{N}$

d) Gewichtskraft $F_G = F = F_N\dfrac{(l_1 + \mu\,l_2)}{l} =$

$= 2514\ \text{N} \cdot \dfrac{(120 + 0{,}5 \cdot 80)\ \text{mm}}{870\ \text{mm}} = 462\ \text{N}$

Aus den Gleichgewichtsbedingungen für den frei gemachten Bremshebel wird die Stützkraft F_D berechnet:

I. $\Sigma F_x = 0 = +F_R - F_{Dx}$

   $F_{Dx} = F_R = 1257\ \text{N}$

II. $\Sigma F_y = 0 = +F_N - F - F_{Dy}$

   $F_{Dy} = F_N - F = 2514\ \text{N} - 462\ \text{N} = 2052\ \text{N}$

III. $\Sigma M = 0$; hier nicht mehr nötig

   $F_D = \sqrt{(1257\ \text{N})^2 + (2052\ \text{N})^2} = 2406\ \text{N}$

2 Dynamik

A. Böge

Formelzeichen und Einheiten

A	m^2, cm^2, mm^2	Flächeninhalt, Fläche
a	$\dfrac{m}{s^2}$	Beschleunigung (a_t Tangentialbeschleunigung, a_n Normalbeschleunigung)
D_i	m, mm	Trägheitsdurchmesser $= 2\,i$
d	m, mm	Durchmesser, allgemein
E	$J = Nm$	Energie
F	N	Kraft (F_T Tangentialkraft, F_N Normalkraft)
$f = \dfrac{1}{T}$	$\dfrac{1}{s}$	Frequenz, Periodenfrequenz
F_G	N	Gewichtskraft (F_{Gn} Normgewichtskraft)
g	$\dfrac{m}{s^2}$	Fallbeschleunigung (g_n Normalfallbeschleunigung)
h	m	Fallhöhe, Höhe allgemein
i	1	Übersetzungsverhältnis (Übersetzung)
i	m, mm	Trägheitsradius $= \dfrac{D_i}{2}$
J	kgm^2	Trägheitsmoment , Zentrifugalmoment
k	1	Stoßzahl
l	m, mm	Länge allgemein
M	Nm, Nmm	Drehmoment, Kraftmoment
m	kg	Masse
n	$\dfrac{U}{min} = min^{-1} = \dfrac{1}{min}$	Drehzahl, Umlauffrequenz, -zahl
P	W, kW	Leistung
R	$\dfrac{N}{m}, \dfrac{N}{mm}$	Federrate
r	m, mm	Radius
s	m, mm	Weglänge
T	s	Periodendauer
T	N	Trägheitskraft $T = m\,a$
α, β	°	Winkel allgemein
α	$\dfrac{1}{s^2} = \dfrac{rad}{s^2} = s^{-2}$	Winkelbeschleunigung
φ	rad, Bogenmaß	Drehwinkel
μ	1	Reibzahl
t	s, min, h	Zeit
v	$\dfrac{m}{s}$	Geschwindigkeit
W	$J = Nm = Ws$	Arbeit
z	1	Anzahl der Umdrehungen
η	1	Wirkungsgrad
ρ	$\dfrac{kg}{dm^3}, \dfrac{kg}{m^3}$	Dichte
ρ	m, mm	Krümmungsradius
ω	$\dfrac{1}{s} = \dfrac{rad}{s} = s^{-1}$	Winkelgeschwindigkeit

Beachte: Der griechische Buchstabe Delta (Δ) wird stets zur Kennzeichnung einer Differenz zweier gleichartiger Größen verwendet. Beispiele:

$\Delta s = s_2 - s_1$ = Wegabschnitt
$\Delta t = t_2 - t_1$ = Zeitabschnitt
$\Delta \varphi = \varphi_2 - \varphi_1$ = Drehwinkelbereich
$\Delta v = v_2 - v_1$ = Geschwindigkeitsänderung oder Geschwindigkeitsbereich.

2.1 Bewegungslehre (Kinematik)

2.1.1 Bewegungsablauf

Zur Kennzeichnung des Bewegungsablaufs unterteilt man *zeitlich* (Bewegungszustand) in Ruhe, gleichförmige und ungleichförmige Bewegung; *geometrisch* (Bewegungsbahn) in geradlinige und krummlinige Bewegung (z.B. auf der Kreisbahn).

Die ungleichförmige Bewegung heißt auch beschleunigte oder verzögerte Bewegung. Sie ist entweder gleichmäßig oder ungleichmäßig beschleunigt bzw. verzögert.

Bewegungen der Punkte und Körper in der Technik sind Kombinationen von Bewegungszuständen und Bewegungsbahnen, z.B.

– geradlinig gleichförmige Bewegung (Vorschubbewegung an Werkzeugmaschinen),
– kreislinig gleichförmige Bewegung (an Drehbank und Bohrmaschine),
– geradlinig gleichmäßig beschleunigte Bewegung (freier Fall),
– kreislinig gleichmäßig beschleunigte Bewegung (An- und Auslauf der Spannfutter an Werkzeugmaschinen),
– geradlinig ungleichmäßig beschleunigte Bewegung (Stößel an Stoßmaschine).

2.1.2 Geradlinige Bewegung des Punktes

2.1.2.1 Gleichförmige Bewegung. Bei gleichförmiger Bewegung werden in gleichen Zeitabschnitten Δt (z.B. eine Sekunde) *gleiche* Wegabschnitte Δs zurückgelegt. Die *Geschwindigkeit* v ist zu jedem Zeitpunkt gleich groß:

$$v = \frac{\Delta s}{\Delta t} \,\hat{=}\, \tan\alpha \qquad (1)$$

v	Δs	Δt
$\dfrac{\text{m}}{\text{s}}$	m	s

$$\Delta s = s_2 - s_1 \qquad \Delta t = t_2 - t_1$$

(1) ist zugleich Gleichung für die Durchschnittsgeschwindigkeit.

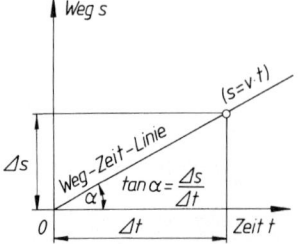

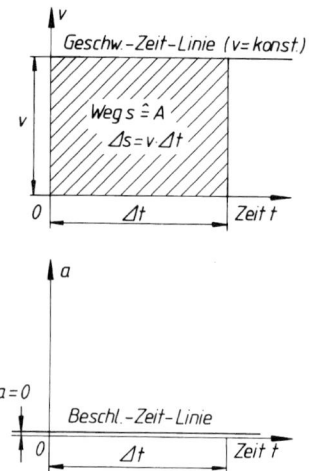

Bild 1. s, t-, v, t- und a, t-Diagramm der gleichförmigen Bewegung

Aufgaben der Bewegungslehre lassen sich leichter lösen, wenn das v, t-Diagramm aufgezeichnet und ausgewertet wird (Skizze genügt).

Der zurückgelegte Weg wird immer durch die schraffierte Fläche unter der Geschwindigkeits-Zeit-Linie dargestellt (Bild 1). Dadurch ist der Bewegungsablauf bildlich vorgeführt und durch geometrische Betrachtung der Rechnung leichter zugänglich, besonders bei ungleichförmiger Bewegung.

■ **Beispiel:**
   Ein Kraftwagen fährt gleichförmig mit einer Geschwindigkeit von 80 km/h. Welchen Weg legt er in 10 min zurück?

Lösung:

$$\Delta s = v \, \Delta t = 80 \,\frac{\text{km}}{\text{h}} \cdot 10 \text{ min} =$$

$$= 80 \cdot 10 \,\frac{\text{km min}}{60 \text{ min}} = 13{,}33 \text{ km}$$

2.1.2.2 Ungleichförmige Bewegung. Bei ungleichförmiger Bewegung werden in gleichen Zeitabschnitten Δt (z.B. in einer Sekunde) ungleiche Wegabschnitte Δs zurückgelegt. Die Geschwindigkeit v ist also zu jedem Zeitpunkt verschieden groß, im Gegensatz zur gleichförmigen Bewegung. Technisch besonders wichtig ist die

2.1.2.2.1 Gleichmäßig beschleunigte oder verzögerte Bewegung. Hierbei ist die Beschleunigung a konstant. Das Beschleunigungs-Zeit-Diagramm zeigt also eine zur x-Achse parallele Gerade (Bild 2). Die Weg-Zeit-Kurve ist eine Parabel. Die Geschwindigkeit im Punkt A entspricht $\tan\alpha$ = Tangentenneigung.

Zur rechnerischen Behandlung sollte immer das Geschwindigkeits-Zeit-Diagramm gezeichnet werden, weil in jedem Fall die Fläche unter der Geschwindigkeits-Zeit-Linie dem zurückgelegten Weg Δs entspricht.

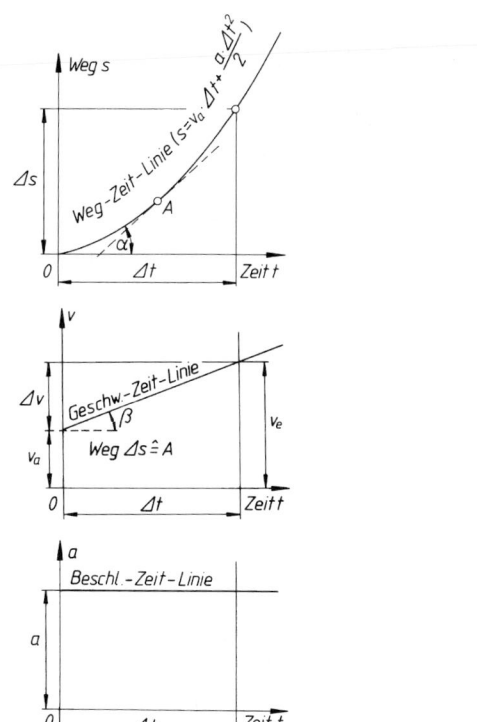

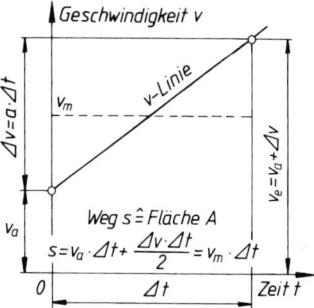

Weg $s \triangleq$ Dreiecksfläche

$$s = \frac{v_e \Delta t}{2} = \frac{a \Delta t^2}{2} = \frac{v_e^2}{2a} \tag{4}$$

$$Zeit \quad \Delta t = \frac{v_e}{a} = \sqrt{\frac{2s}{a}} \tag{5}$$

Beschleunigung

$$a = \frac{\Delta v}{\Delta t} = \frac{v_e^2}{2s} = \frac{2s}{\Delta t^2} \tag{6}$$

Bild 4. v, t-Diagramm der gleichmäßig beschleunigten Bewegung *mit* Anfangsgeschwindigkeit v_a

Endgeschwindigkeit

$$v_e = v_a + a \Delta t = \sqrt{v_a^2 + 2 a s} \tag{7}$$

Weg $s \triangleq$ Trapezfläche oder Rechteck + Dreieck

$$s = v_a \Delta t + \frac{a \Delta t^2}{2} = \frac{v_a + v_e}{2} \Delta t \tag{8}$$

$$Zeit \quad \Delta t = \frac{v_e + v_a}{a}$$

$$\Delta t = -\frac{v_a}{a} \pm \sqrt{\left(\frac{v_a}{a}\right)^2 + \frac{2s}{a}} \tag{9}$$

Beschleunigung

$$a = \frac{v_e - v_a}{\Delta t} = \frac{v_e^2 - v_a^2}{2s} \tag{10}$$

Bild 2. s, t-, v, t- und a, t-Diagramm der gleichmäßig beschleunigten Bewegung (mit Anfangsgeschwindigkeit v_a)

Mit der Grundgleichung für gleichmäßig beschleunigte Bewegungen:

$$Beschleunigung \; a \; (Verzögerung) = \frac{\Delta v}{\Delta t}$$

$$a = \frac{\Delta v}{\Delta t} \triangleq \tan\beta; \; \Delta v = v_2 - v_1; \; \Delta t = t_2 - t_1 \tag{2}$$

und der geometrischen Auswertung des v, t-Diagramms ergeben sich alle übrigen Berechnungsgleichungen.

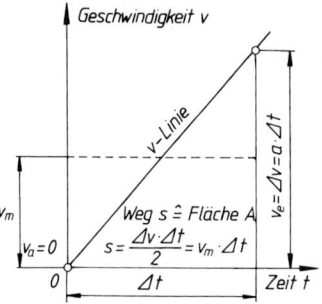

Bild 3. v, t-Diagramm der gleichmäßig beschleunigten Bewegung *ohne* Anfangsgeschwindigkeit ($v_a = 0$)

Endgeschwindigkeit

$$v_e = a \Delta t \sqrt{2 a s} \tag{3}$$

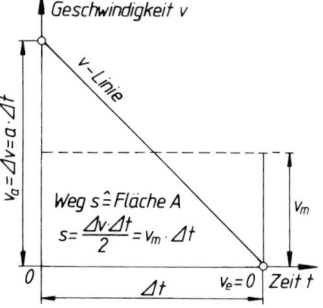

Bild 5. v, t-Diagramm der gleichmäßig verzögerten Bewegung *ohne* Endgeschwindigkeit ($v_e = 0$)

Anfangsgeschwindigkeit

$$v_a = a\Delta t = \sqrt{2\,a\,s} \tag{11}$$

Weg s $\triangleq$ Dreiecksfläche

$$s = \frac{v_a\,\Delta t}{2} = \frac{a\,\Delta t^2}{2} = \frac{v_a^2}{2a} \tag{12}$$

Zeit $\quad \Delta t = \frac{v_a}{a} = \sqrt{\frac{2s}{a}} \tag{13}$

Verzögerung a $\quad = \frac{\Delta v}{\Delta t} = \frac{v_a^2}{2s} = \frac{2s}{\Delta t^2} \tag{14}$

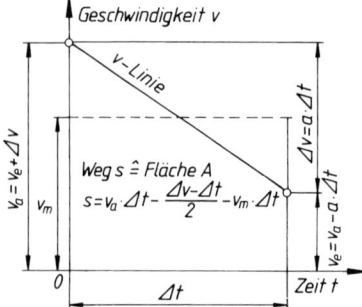

Bild 6. *v, t*-Diagramm der gleichmäßig verzögerten Bewegung *mit* Endgeschwindigkeit v_e

Endgeschwindigkeit

$$v_e = v_a - a\Delta t = \sqrt{v_a^2 - 2as} \tag{15}$$

Weg s $\triangleq$ Trapezfläche oder Rechteck + Dreieck

$$s = v_a\Delta t - \frac{a\,\Delta t^2}{2} = \frac{v_a + v_e}{2}\cdot\Delta t \tag{16}$$

Zeit $\Delta t = \frac{v_a - v_e}{a}$

$$\Delta t = +\frac{v_a}{a} \pm \sqrt{\left(\frac{v_a}{a}\right)^2 - \frac{2s}{a}} \tag{17}$$

Verzögerung $a = \frac{v_a - v_e}{\Delta t} = \frac{v_a^2 - v_e^2}{2\,s} \tag{18}$

■ **Beispiel:**

Ein Fahrzeug wird in 10 s gleichmäßig beschleunigt bis auf die Geschwindigkeit von 45 km/h, mit der es sich gleichförmig fortbewegt. Am Fahrtende wird es auf 15 m zum Stillstand gebracht. Die gesamte Fahrstrecke beträgt 500 m.
Gesucht: Beschleunigung, Anfahrweg, Bremszeit, Verzögerung, gesamte Fahrzeit.

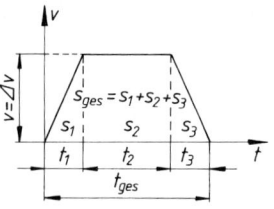

Bild 7. *v, t*-Diagramm

Lösung:

$$a_1 = \frac{\Delta v}{\Delta t} = \frac{v}{t_1} = \frac{12{,}5\,\frac{m}{s}}{10\,s} = 1{,}25\,\frac{m}{s^2}$$

$$s_1 = \frac{vt_1}{2} = \frac{12{,}5\,\frac{m}{s}\cdot 10s}{2} = 62{,}5\,m$$

$$a_3 = \frac{v^2}{2s_3} = \frac{12{,}5^2\,\frac{m^2}{s^2}}{2\cdot 15\,m} = 5{,}2\,\frac{m}{s^2}$$

$$t_2 = \frac{s_2}{v} = \frac{500\,m - 62{,}5\,m - 15\,m}{12{,}5\,\frac{m}{s}} = 33{,}8\,s$$

$$t_3 = \frac{v}{a_3} = \frac{12{,}5\,\frac{m}{s}}{5{,}2\,\frac{m}{s^2}} = 2{,}4\,s$$

$$t_1 = 10\,s$$

$$t_{ges} = 46{,}2\,s$$

2.1.2.2.2 Freier Fall (ohne Luftwiderstand) bedeutet gleichmäßig beschleunigte Bewegung bei der alle Körper gleiche *Fallbeschleunigung* $g = 9{,}81$ m/s^2 besitzen.
Für die meisten technischen Rechnungen kann $g = 10$ m/s^2 gesetzt werden.

Fallgeschwindigkeit $\quad v = g\,t = \sqrt{2gh} \tag{19}$

Fallhöhe $\quad h = \frac{gt^2}{2} = \frac{v^2}{2g} = \frac{vt}{2} \tag{20}$

Fallzeit $\quad t = \frac{2h}{v} = \frac{v}{g} = \sqrt{\frac{2h}{g}} \tag{21}$

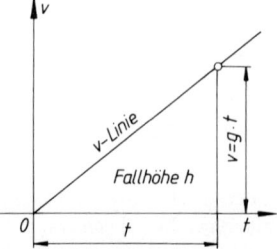

Bild 8. *v, t*-Diagramm des freien Falls *ohne* Anfangsgeschwindigkeit ($v_a = 0$)

2.1.2.2.3 Senkrechter Wurf (ohne Luftwiderstand) ist eine gleichmäßig verzögerte Bewegung mit der Verzögerung $g = 9{,}81$ m/s^2 (negative Fallbeschleunigung).

Steiggeschwindigkeit im Umkehrpunkt ist $v_e = 0$ zu setzen

$$v_e = v_a - g\,t = v_a - \sqrt{2gh} \qquad (22)$$

Steighöhe $\qquad h = v_a\,t - \dfrac{g\,t^2}{2} \qquad (23)$

maximale Steighöhe

$$h = \frac{v_a^2}{2g} = \frac{g\,t^2}{2} = \frac{v_a t}{2} \qquad (24)$$

Steigzeit $\qquad t = \dfrac{v_a - v_e}{g} = \dfrac{v_a - \sqrt{v_a^2 - 2g\,h}}{g} \qquad (25)$

maximale Steigzeit

$$t = \frac{v_a}{g} = \frac{2h}{v_a} = \sqrt{\frac{2h}{g}} \qquad (26)$$

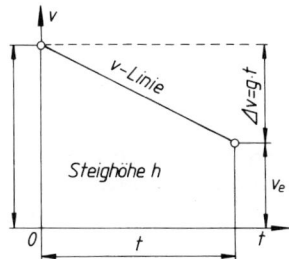

Bild 9. *v, t*-Diagramm des senkrechten Wurfs *mit* verbleibender Endgeschwindigkeit v_e

2.1.2.2.4 Horizontaler Wurf (ohne Luftwiderstand) ist die Überlagerung der waagerechten gleichförmigen Bewegung mit Anfangsgeschwindigkeit $v_x = v_a$ mit der rechtwirkligen Fallbewegung $v_y = g\,t$.

Geschwindigkeit in einem Bahnpunkt

$$v = \sqrt{v_x^2 + v_y^2} = \sqrt{v_a^2 + (g\,t)^2} \qquad (27)$$

Geschwindigkeit nach Fallhöhe *h*

$$v = \sqrt{v_a^2 + 2g\,h} \qquad (28)$$

Fallhöhe nach Wurfweite *w*

$$h = \frac{g\,w^2}{2v_a^2} \qquad (29)$$

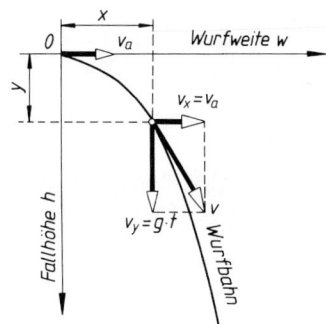

Bild 10. Horizontaler Wurf (ohne Luftwiderstand)

2.1.2.2.5 Wurf schräg nach oben (ohne Luftwiderstand) ist die Überlagerung von geradlinig gleichförmiger Bewegung mit freiem Fall.

Wurfweite (Größtwert bei $\alpha = 45°$)

$$w = \frac{v_a^2 \sin 2\alpha}{g} \qquad (30)$$

Wurfdauer

$$t = \frac{w}{v_a \cos \alpha} = \frac{2\,v_a \sin \alpha}{g} \qquad (31)$$

Wurfhöhe

$$h = \frac{v_a^2 \sin^2 \alpha}{2g} \qquad (32)$$

Wurfarbeit

$$W = m\,g\,h = F_G\,h \qquad (33)$$

Geschwindigkeit in x-Richtung

$$v_x = v_a \cos\alpha \qquad (34)$$

Geschwindigkeit in y-Richtung

$$v_y = v_a \sin\alpha - g\,t \qquad (35)$$

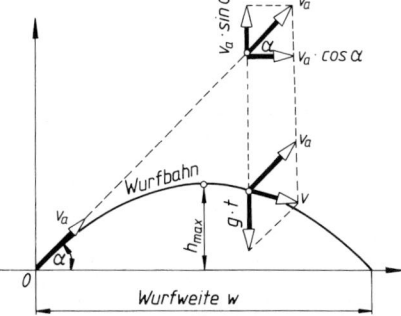

Bild 11. Schräger Wurf (ohne Luftwiderstand)

■ **Beispiel:**

Ein Stein wird senkrecht nach oben geworfen und schlägt nach 4 s wieder auf. Wie groß waren Steighöhe h und Anfangsgeschwindigkeit v_a?

Lösung:

Wie das v, t-Diagramm zeigt, wird die Steighöhe h während 4 s zweimal zurückgelegt, also

$$h = \frac{g\left(\frac{t}{2}\right)^2}{2} = \frac{10\,\frac{m}{s^2}\cdot(2\,s)^2}{2} = 20\,m$$

$$v_a = \frac{g\,t}{2} = \frac{10\,\frac{m}{s^2}\cdot 4\,s}{2} = 20\,\frac{m}{s}$$

oder mit $h = 20$ m gerechnet

$$v_a = \sqrt{2\,g\,h} = \sqrt{2\cdot 10\,\frac{m}{s^2}\cdot 20\,m} = 20\,\frac{m}{s}$$

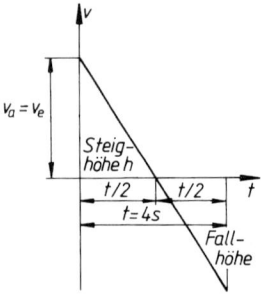

Bild 12. v, t-Diagramm zum Beispiel senkrechter Wurf und freier Fall

■ **Beispiel:**

Ein Stein wird in waagerechter Richtung mit einer Geschwindigkeit von 15 m/s abgeworfen. Welche Geschwindigkeit besitzt er nach 2,5 s?

Lösung:

$$v = \sqrt{v_a^2 + (g\,t)^2} =$$

$$= \sqrt{\left(15\,\frac{m}{s}\right)^2 + \left(10\,\frac{m}{s^2}\cdot 2,5\,s\right)^2} = 29,2\,\frac{m}{s}$$

■ **Beispiel:**

Ein Stein wird unter einem Winkel von 30° zur Horizontalen mit einer Geschwindigkeit von 15 m/s abgeworfen. Es sind die fehlenden Größen zu berechnen.

Lösung:

Wurfweite

$$w = \frac{v_a^2 \sin 2\alpha}{g} = \frac{\left(15\,\frac{m}{s}\right)^2 \cdot \sin 60°}{10\,\frac{m}{s^2}} = 19,5\,m$$

Wurfdauer

$$t = \frac{2\,v_a \sin\alpha}{g} = \frac{2\cdot 15\,\frac{m}{s}\cdot \sin 30°}{10\,\frac{m}{s^2}} = 1,5\,s$$

Wurfhöhe

$$h = \frac{v_a^2 \sin^2\alpha}{2\,g} = \frac{\left(15\,\frac{m}{s}\right)^2 \cdot \sin^2 30°}{2\cdot 10\,\frac{m}{s^2}} = 2,82\,m$$

Wurfarbeit bei $m = 0,5$ kg

$$W = m\,g\,h = 0,5\,kg\cdot 10\,\frac{m}{s^2}\cdot 2,82\,m =$$

$$= 14,1\,\frac{kgm^2}{s^2} = 14,1\,Nm = 14,1\,J$$

Geschwindigkeit in x-Richtung

$$v_x = v_a \cos\alpha = 15\,\frac{m}{s}\cdot\cos 30° = 13\,\frac{m}{s}$$

Geschwindigkeit in y-Richtung

$$v_y = v_a \sin\alpha - g\,t = 15\,\frac{m}{s}\cdot\sin 30° - 10\,\frac{m}{s^2}\cdot 1,5\,s$$

$$v_y = -7,5\,\frac{m}{s}$$

2.1.3 Bewegung des Punktes auf der Kreisbahn

2.1.3.1 Bei der gleichförmigen Bewegung auf der Kreisbahn werden in gleichen Zeitabschnitten Δt (z.B. in einer Sekunde) gleiche *Drehwinkel* $\Delta\varphi$ vom Radius r überstrichen. Die Umfangsgeschwindigkeit v_u ist zu jedem Zeitpunkt gleich groß und immer tangential gerichtet (Bild 13). Der von P nach P_1 zurückgelegte *Weg* Δs kann aus dem *Drehwinkel* $\Delta\varphi$ und dem Radius r berechnet werden:

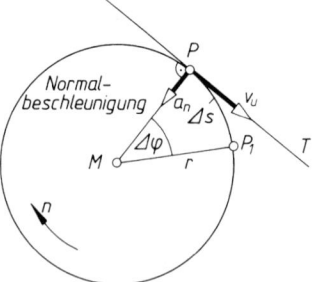

Bild 13. Bewegung des Punktes P auf der Kreisbahn

$$\Delta s = \Delta\varphi\,r \tag{36}$$

$$\Delta\varphi = \frac{\Delta s}{r} \tag{37}$$

Definitionsgemäß ist Geschwindigkeit allgemein Wegabschnitt durch zugehörigen Zeitabschnitt, also auch die

$$\text{Umfangsgeschwindigkeit } v_\text{u} = \frac{\Delta s}{\Delta t} = \frac{\Delta \varphi\, r}{\Delta t}$$

Der Bruch $\dfrac{\Delta \varphi}{\Delta t}$ heißt *Winkelgeschwindigkeit ω*.

Damit ergeben sich folgende Gleichungen:

Umfangsgeschwindigkeit

$$v_\text{u} = \frac{\Delta \varphi}{\Delta t} r = \omega r = \pi\, d\, n \qquad (38)$$

Winkelgeschwindigkeit

$$\omega = \frac{\Delta \varphi}{\Delta t} = \frac{v_\text{u}}{r} \qquad (39)$$

v_u	ω	Δt	r	$\Delta \varphi$	n
$\dfrac{\text{m}}{\text{s}}$	$\dfrac{1}{\text{s}}$	s	m	rad	$\dfrac{1}{\text{s}}$

Drehwinkel

$$\Delta \varphi = \omega \Delta t \qquad (40)$$

$$\Delta \varphi = \varphi_2 - \varphi_1 \qquad \Delta t = t_2 - t_1 \qquad (41)$$

In der Technik sind die folgenden Zahlenwertgleichungen gebräuchlich:

$$v_\text{u} = \frac{\pi\, d\, n}{1000} \qquad \begin{array}{c|c|c} v & d & n \\ \hline \dfrac{\text{m}}{\text{min}} & \text{mm} & \dfrac{1}{\text{m}} = \text{min}^{-1} \end{array} \qquad (42)$$

$$v_\text{u} = \frac{\pi\, d\, n}{60\,000} \qquad \begin{array}{c|c|c} v & d & n \\ \hline \dfrac{\text{m}}{\text{s}} & \text{mm} & \dfrac{1}{\text{m}} = \text{min}^{-1} \end{array} \qquad (43)$$

$$\omega = \frac{\pi\, n}{30} \qquad \begin{array}{c|c} \omega & n \\ \hline \dfrac{1}{\text{s}} & \dfrac{1}{\text{min}} = \text{min}^{-1} \end{array} \qquad (44)$$

$$\omega \approx 0{,}1\, n = \frac{n}{10} \qquad (45)$$

Während bei gleichförmigem Umlauf einer Scheibe jeder Punkt mit anderem Radius r auch andere Umfangsgeschwindigkeit v_u besitzt ($v_1 = \pi d_1 n$; $v_2 = \pi d_2 n$), ist für alle Punkte die Winkelgeschwindigkeit ω gleich groß. Mit Hilfe eines Zahlenwerts für ω ist demnach der Bewegungszustand sämtlicher Punkte festgelegt.

2.1.3.2 Bei der gleichmäßig beschleunigten oder verzögerten Bewegung auf der Kreisbahn werden in gleichen Zeitabschnitten Δt ungleich große Drehwinkel $\Delta \varphi$ vom Radius überstrichen, d.h. die Winkelgeschwindigkeit ω ändert ihren Betrag fortlaufend.

Bei der *gleichmäßig* beschleunigten oder verzögerten Bewegung bleibt die *Winkelbeschleunigung α* konstant. Definitionsgemäß ist Beschleunigung allgemein Geschwindigkeitsänderung durch zugehörigen Zeitabschnitt, also auch die

$$\text{Tangentialbeschleunigung } a_\text{T} = \frac{\Delta v}{\Delta t}$$

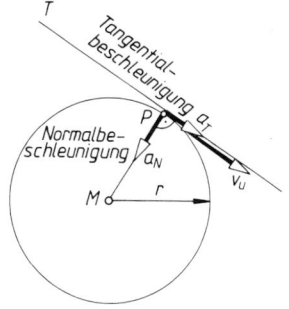

Bild 14. Gleichmäßig beschleunigte Bewegung des Punktes P auf der Kreisbahn

Für die Geschwindigkeitsänderung Δv kann gesetzt werden: $\Delta v = \Delta \omega r$. Damit wird die

Tangentialbeschleunigung

$$a_\text{T} = \frac{\Delta v}{\Delta t} = \frac{\Delta \omega r}{\Delta t} = \frac{\Delta \omega}{\Delta t} r$$

Der Bruch $\Delta \omega / \Delta t$ heißt *Winkelbeschleunigung α*. Damit ergeben sich folgende Gleichungen:

Umfangsgeschwindigkeit

$$v_\text{u} = a_\text{T} \Delta t = \alpha r \Delta t \qquad (46)$$

Winkelbeschleunigung

$$\alpha = \frac{\Delta \omega}{\Delta t} = \frac{a_\text{T}}{r} \qquad (47)$$

Drehwinkel

$$\Delta \varphi = \frac{\alpha \Delta t^2}{2}$$

v	a_T	Δt	r	$\Delta \omega$	α	$\Delta \varphi$
$\dfrac{\text{m}}{\text{s}}$	$\dfrac{\text{m}}{\text{s}^2}$	s	m	$\dfrac{1}{\text{s}}$	$\dfrac{1}{\text{s}^2}$	rad

$$(48)$$

Winkelgeschwindigkeitsänderung

$$\Delta \omega = \alpha \Delta t \qquad (49)$$

$$\Delta \omega = \omega_2 - \omega_1$$

$$\Delta t = t_2 - t_1$$

$$\Delta \varphi = \varphi_2 - \varphi_1 \qquad (50)$$

In der Technik gebräuchliche Zahlenwertgleichung für die *Winkelbeschleunigung*:

$$\alpha = \frac{\pi}{30} \cdot \frac{n_2 - n_1}{t_2 - t_1} \quad \begin{array}{c|c|c} \alpha & n_2, n_1 & t_2, t_1 \\ \hline \dfrac{1}{s^2} & \dfrac{1}{min} & s \end{array} \qquad (51)$$

Zweckmäßig wird bei der rechnerischen Behandlung solcher Bewegungsvorgänge das ω, t-Diagramm

gezeichnet. Es entspricht dem v, t-Diagramm der geradlinigen Bewegung (Bild 2). Die dort aufgeführten Hinweise und Regeln lassen sich auch auf das ω, t-Diagramm übertragen. Vor allem: Die Fläche unter der ω, t-Linie entspricht dem überstrichenen Drehwinkel $\Delta\varphi$.

Die folgende Gegenüberstellung zeigt die einander entsprechenden Größen (siehe auch Tabelle 1 und 2):

Allgemeine Größe mit Definitionsgleichung	Einheit	Kreisgröße mit Definitionsgleichung	Einheit
Zeitabschnitt Δt	s	Zeitabschnitt Δt	s
Wegabschnitt Δs	m	Drehwinkel $\Delta\varphi$	rad $= 1$
Geschwindigkeit (v = konstant) $\quad v = \dfrac{\Delta s}{\Delta t}$	$\dfrac{m}{s}$	Winkelgeschwindigkeit (ω = konstant) $\quad \omega = \dfrac{\Delta\varphi}{\Delta t}$	$\dfrac{rad}{s} = \dfrac{1}{s}$
Geschwindigkeitsänderung $\quad \Delta v = a\,\Delta t$	$\dfrac{m}{s}$	Winkelgeschwindigkeitsänderung $\Delta\omega = \alpha\Delta t$	$\dfrac{rad}{s} = \dfrac{1}{s}$
Beschleunigung (Grundgleichung) $\quad a = \dfrac{\Delta v}{\Delta t}$	$\dfrac{m}{s^2}$	Winkelbeschleunigung (Grundgleichung) $\quad \alpha = \dfrac{\Delta\omega}{\Delta t}$	$\dfrac{rad}{s^2} = \dfrac{1}{s^2}$

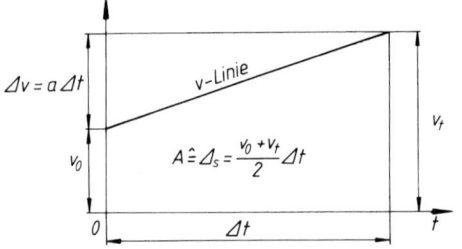

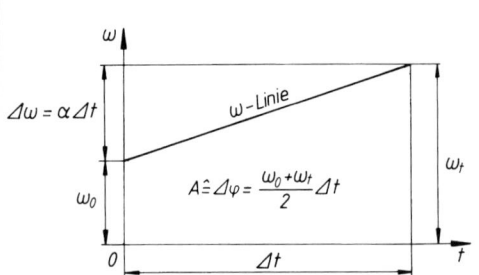

■ **Beispiel:**

Eine Schleifscheibe von 400 mm Durchmesser läuft in 15 s gleichmäßig beschleunigt auf eine Drehzahl von 250 min^{-1} an. Es sollen alle wichtigen Größen der Drehbewegung bestimmt werden.

Lösung:

Winkelgeschwindigkeit nach Anlaufzeit Δt

$$\Delta\omega = \frac{\pi n}{30} = \frac{\pi \cdot 250}{30} = 26,2 \frac{1}{s}$$

Umfangsgeschwindigkeit eines Punktes der Peripherie

$$v = r\,\omega = 0,2\ m \cdot 26,2\ \frac{1}{s} = 5,24\ \frac{m}{s}$$

Winkelbeschleunigung

$$\alpha = \frac{\Delta\omega}{\Delta t} = \frac{26,2\,\frac{1}{s}}{15\ s} = 1,75\ \frac{1}{s^2}$$

Tangentialbeschleunigung eines Punktes

$$a_T = \alpha r = 1,75\ \frac{1}{s^2} \cdot 0,2\ m = 0,25\ \frac{m}{s^2}$$

Drehwinkel

$$\Delta\varphi = \frac{\alpha\Delta t^2}{2} = \frac{1,75\,\frac{1}{s^2} \cdot (15\ s)^2}{2} = 197\ rad$$

Umlaufzahl $\quad z = \dfrac{\Delta\varphi}{2\pi} = \dfrac{197}{2\pi} = 31,4$

Tabelle 1. Gleichmäßig beschleunigte Kreisbewegung

Die Gleichungen dieser Tabelle gelten in Verbindung mit den Bezeichnungen der nebenstehenden ω, t-Diagramme

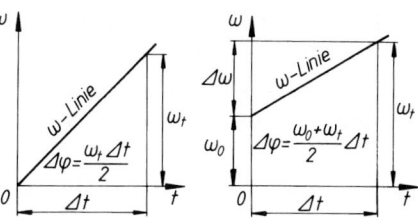

Einheiten

$\Delta\varphi$	Δt	ω_0, ω_t	α	r	v_u	a_T
rad	s	$\dfrac{rad}{s}$	$\dfrac{rad}{s^2}$	m	$\dfrac{m}{s}$	$\dfrac{m}{s}$

Beschleunigte Kreisbewegung ohne Anfangsgeschwindigkeit ($\omega_0 = 0$)

Beschleunigte Kreisbewegung mit Anfangsgeschwindigkeit ($\omega_0 \neq 0$)

Winkelbeschleunigung α (Definition)	$\alpha = \dfrac{\text{Winkelgeschwindigkeitszunahme } \Delta\omega}{\text{Zeitabschnitt } \Delta t}$ in $\dfrac{rad}{s^2}$
Winkelbeschleunigung α (bei $\omega_0 = 0$)	$\alpha = \dfrac{\omega_t}{\Delta t} = \dfrac{\omega_t^2}{2\Delta\varphi} = \dfrac{2\Delta\varphi}{(\Delta t)^2}$
Winkelbeschleunigung α (bei $\omega_0 \neq 0$)	$\alpha = \dfrac{\omega_t - \omega_0}{\Delta t} = \dfrac{\omega_t^2 - \omega_0^2}{2\Delta\varphi}$
Tangentialbeschleunigung a_T	$a_T = \alpha\, r = \dfrac{\Delta\omega}{\Delta t}\, r = \dfrac{\Delta v_u}{\Delta t}$ 
Endwinkelgeschwindigkeit ω_t (bei $\omega_0 = 0$)	$\omega_t = \alpha\Delta t = \sqrt{2\alpha\Delta t}$
Endwinkelgeschwindigkeit ω_t (bei $\omega_0 \neq 0$)	$\omega_t = \omega_0 + \Delta\omega = \omega_0 + \alpha\Delta t$ $\omega_t = \sqrt{\omega_0^2 + 2\alpha\Delta\varphi}$
Drehwinkel $\Delta\varphi$ (bei $\omega_0 = 0$)	$\Delta\varphi = \dfrac{\omega_t\Delta t}{2} = \dfrac{\alpha(\Delta t)^2}{2} = \dfrac{\omega_t^2}{2\alpha}$
Drehwinkel $\Delta\varphi$ (bei $\omega_0 \neq 0$)	$\Delta\varphi = \dfrac{\omega_0 + \omega_t}{2}\Delta t = \omega_0\Delta t + \dfrac{\alpha(\Delta t)^2}{2}$ $\Delta\varphi = \dfrac{\omega_t^2 - \omega_0^2}{2\alpha}$
Zeitabschnitt Δt (bei $\omega_0 = 0$)	$\Delta t = \dfrac{\omega_t}{\alpha} = \sqrt{\dfrac{2\Delta\varphi}{\alpha}}$
Zeitabschnitt Δt (bei $\omega_0 \neq 0$)	$\Delta t = \dfrac{\omega_t - \omega_0}{\alpha} = -\dfrac{\omega_0}{\alpha} \pm \sqrt{\left(\dfrac{\omega_0}{\alpha}\right)^2 + \dfrac{2\Delta\varphi}{\alpha}}$

Tabelle 2. Gleichmäßig verzögerte Kreisbewegung

Die Gleichungen dieser Tabelle gelten in Verbindung mit
den Bezeichnungen der nebenstehenden ω,t-Diagramme

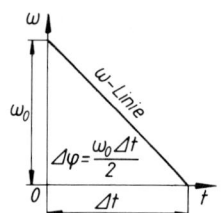

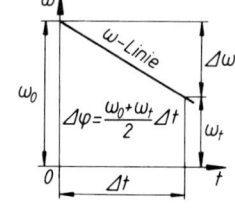

Einheiten

$\Delta\varphi$	Δt	ω_0, ω_t	α	r	v_u	a_T
rad	s	$\dfrac{\text{rad}}{\text{s}}$	$\dfrac{\text{rad}}{\text{s}^2}$	m	$\dfrac{\text{m}}{\text{s}}$	$\dfrac{\text{m}}{\text{s}^2}$

Verzögerte Kreisbewegung ohne Endgeschwindigkeit ($\omega_t = 0$)

Verzögerte Kreisbewegung mit Endgeschwindigkeit ($\omega_t \neq 0$)

Winkelverzögerung α (Definition)	$\alpha = \dfrac{\text{Winkelgeschwindigkeitszunahme } \Delta\omega}{\text{Zeitabschnitt } \Delta t}$ in $\dfrac{\text{rad}}{\text{s}^2}$
Winkelverzögerung α (bei $\omega_t = 0$)	$\alpha = \dfrac{\omega_0}{\Delta t} = \dfrac{\omega_0^2}{2\Delta\varphi} = \dfrac{2\Delta\varphi}{(\Delta t)^2}$
Winkelverzögerung α (bei $\omega \neq 0$)	$\alpha = \dfrac{\omega_0 - \omega_t}{\Delta t} = \dfrac{\omega_0^2 - \omega_t^2}{2\Delta\varphi}$
Tangentialverzögerung a_T	$a_T = \alpha r = \dfrac{\Delta\omega}{\Delta t} r = \dfrac{\Delta v_u}{\Delta t}$ 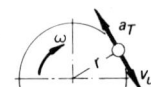
Anfangswinkelgeschwindigkeit ω_0 (bei $\omega_t = 0$)	$\omega_0 = \alpha\Delta t = \sqrt{2\alpha\Delta\varphi}$
Endwinkelgeschwindigkeit ω_t	$\omega_t = \omega_0 - \Delta\omega = \omega_0 - \alpha\Delta t$ $\omega_t = \sqrt{\omega_0^2 - 2\alpha\Delta\varphi}$
Drehwinkel $\Delta\varphi$ (bei $\omega_t = 0$)	$\Delta\varphi = \dfrac{\omega_0\Delta t}{2} = \dfrac{\alpha(\Delta t)^2}{2} = \dfrac{\omega_0^2}{2\alpha}$
Drehwinkel $\Delta\varphi$ (bei $\omega_t \neq 0$)	$\Delta\varphi = \dfrac{\omega_0 + \omega_t}{2}\Delta t = \omega_0\Delta t - \dfrac{\alpha(\Delta t)^2}{2}$ $\Delta\varphi = \dfrac{\omega_0^2 - \omega_t^2}{2\alpha}$
Zeitabschnitt Δt (bei $\omega_t = 0$)	$\Delta t = \dfrac{\omega_0}{\alpha} = \sqrt{\dfrac{2\Delta\varphi}{\alpha}}$
Zeitabschnitt Δt (bei $\omega_t \neq 0$)	$\Delta t = \dfrac{\omega_0 - \omega_t}{\alpha} = \dfrac{\omega_0}{\alpha} \pm \sqrt{\left(\dfrac{\omega_0}{\alpha}\right)^2 - \dfrac{2\Delta\varphi}{\alpha}}$

2.1.3.3 Harmonische Bewegung (Kreuzschleife)

liegt vor, wenn das Weg-Zeit-Diagramm durch eine Sinus- oder Kosinusfunktion dargestellt wird, wie Bild 16 zeigt.

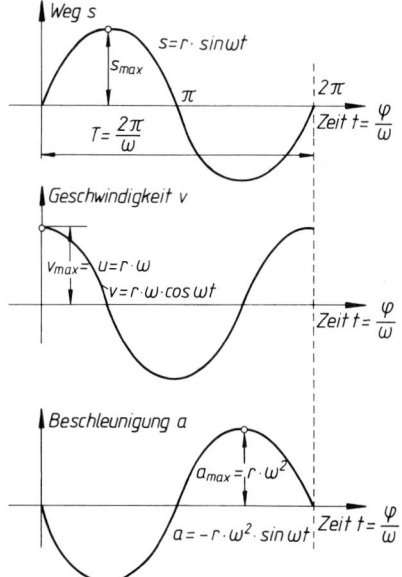

Bild 16. Weg-Zeit-, Geschwindigkeits-Zeit- und Beschleunigungs-Zeit-Diagramm der harmonischen Bewegung

2.1.3.3.1 Rechnerische Bestimmung der Wege, Geschwindigkeiten und Beschleunigungen (Bild 16). Ist v_u die Umfangsgeschwindigkeit des Kurbelpunkts P und $\omega = \pi\, n/30$ die konstante Winkelgeschwindigkeit der Kurbel MP, wird

$$v_u = r\omega ; \quad \omega = \frac{\pi\, n}{30}$$

v_u	r	ω	n
$\dfrac{m}{s}$	m	$\dfrac{1}{s}$	$\text{min}^{-1} = \dfrac{1}{\text{min}}$

(52)

In der Zeit t überstreicht die Kurbel den *Kurbeldrehwinkel*

$$\varphi = \omega t$$

φ	ω	t
rad	$\dfrac{1}{s}$	s

(53)

Die *Auslenkung* (Weg s) eines Punktes auf dem Schieber beträgt nach Bild 16:

$$s = r \sin \varphi$$
$$s = r \sin \omega t$$

s	r	ω	t	φ
m	m	$\dfrac{1}{s}$	s	°

(54)

Die größte Auslenkung tritt auf beim Kurbeldrehwinkel $\varphi = 90°$, weil dann $\sin\varphi = 1$ und damit $s = r$ ist. Sie heißt *Amplitude* (Schwingungsweite).

Mit *Periode T* in Sekunden wird die Zeit für einen Hin- und Rückgang bezeichnet: $T = 2\pi/\omega$. Die Zahl der Schwingungen in einer Sekunde heißt

Frequenz (oder *Schwingungszahl*)

Kreisfrequenz $\omega = 2\pi/T$

$$f = \frac{1}{T} = \frac{\omega}{2\omega}$$

f	T	ω
$\dfrac{1}{s}$	s	$\dfrac{1}{s}$

(55)

Ein Punkt auf dem Schieber erhält die *Geschwindigkeit*

$$v = r\,\omega \cos \omega t$$

v	r	ω	t	a
$\dfrac{m}{s}$	m	$\dfrac{1}{s}$	s	$\dfrac{m}{s^2}$

(56)

maximale Geschwindigkeit (in Mittelstellung)

$$v_{\max} = v_u = r\,\omega$$

Beschleunigung

$$a = \omega^2 s$$
$$a_{\max} = r\,\omega^2 \sin\omega t$$

(57)

maximale Beschleunigung in den Totlagen

$$a = r\,\omega^2$$

■ **Beispiel:**

An einer Schraubenfeder hängt ein Körper und schwingt in der Sekunde einmal auf und ab. Die Entfernung zwischen den äußersten Totpunktlagen des Körpers beträgt 0,5 m.
Wie groß ist die maximale Beschleunigung $a_{\max}$?

Lösung:

$$f = \frac{1}{T} = \frac{\omega}{2\pi}$$

$$\omega = \frac{2\pi}{T} = \frac{2\pi}{1\,s}$$

$$a_{\max} = r\omega^2$$

$$r = 0{,}25 \text{ m}$$

$$a_{\max} = r\omega^2 = r\left(2\pi \cdot 1\frac{1}{s}\right)^2 = 9{,}87\ \frac{m}{s^2}$$

2.1.3.3.2 Zeichnerische Bestimmung der Wege, Geschwindigkeiten und Beschleunigungen (Bild 17).

Die in jedem beliebigen Zeitpunkt auftretenden Momentangeschwindigkeiten v und Beschleunigungen a können zeichnerisch bestimmt werden: Im Lageplan wird die Umfangsgeschwindigkeit v_u auf der Kurbel MP abgetragen, z.B. $MB = v_u$.

Dann ist im Dreieck *MCB* die Kathete *BC* = *MB* cos $\omega t = v_u$ cos ωt = Geschwindigkeit *v* eines Schieberpunkts. Mit den gefundenen Strecken lässt sich das *v*, *s*-Diagramm aufzeichnen.

In gleicher Weise wird die Momentanbeschleunigung *a* bestimmt: Im Lageplan die maximale Beschleunigung (Zentripetalbeschleunigung) $a_{max} = r\,\omega^2$ im bestimmten Maßstab auf Kurbel *MP* auftragen, z.B. wiederum $MB = r\,\omega^2$. Dann ist im Dreieck *MCB* die Kathete *MC* die Beschleunigung *a* eines Schieberpunkts. Mit den gefundenen Strecken *MC* wird das *a*, *s*-Diagramm entwickelt. *Erkenntnis*: Zu gleichen Drehwinkeln gehören Maximalgeschwindigkeit und Beschleunigung null bzw. Maximalbeschleunigung und Geschwindigkeit null.

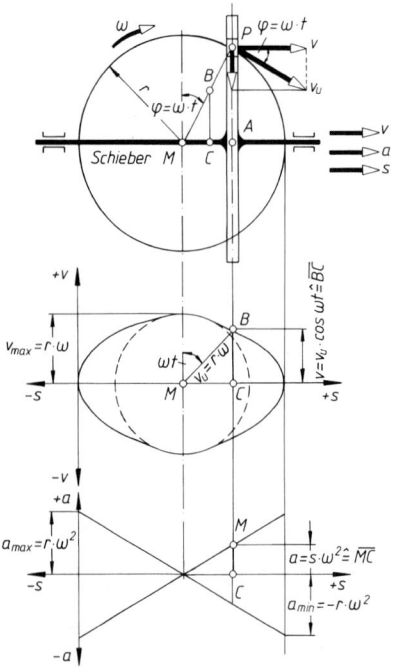

Bild 17. Lageplan der Kreuzschleife mit Geschwindigkeits-Weg- und Beschleunigungs-Weg-Diagramm

2.1.3.4 Schubkurbelgetriebe (Bild 18)

2.1.3.4.1 Rechnerische Bestimmung der Wege, Geschwindigkeiten und Beschleunigungen. Ist v_u die *Umfangsgeschwindigkeit* des Kurbelpunkts *P*, ω die konstante *Winkelgeschwindigkeit* der Kurbel *MP* und *h* der Hub des Kolbens bzw. Kreuzkopfs, so wird

$$v_u = r\,\omega = \frac{\pi\,h\,n}{60}$$

$$\omega = \frac{\pi\,n}{30}$$

v_u	r	ω	h	n
$\dfrac{m}{s}$	m	$\dfrac{1}{s}$	m	$\dfrac{1}{min}$

(58)

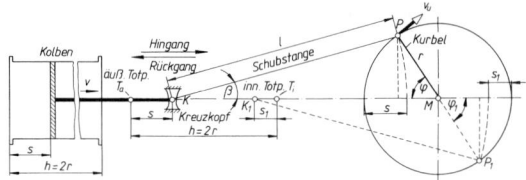

Bild 18. Lageplan des Schubkurbelgetriebes zur Bestimmung des Kreuzkopf- bzw. Kolbenwegs *s*

Aus den geometrischen Bedingungen des Bildes 18 lässt sich ablesen:

$$s = r\,(1 - \cos\varphi) \pm l\,(1 - \cos\beta)$$

+ für Kolbenhingang (zur Kurbelwelle)
– für Kolbenrückgang (von der Kurbelwelle) mit s_1 und φ_1

Der Weg s_1 (Auslenkung) beim Rückgang wird vom inneren Totpunkt T_i der Kurbelseite aus gemessen.

Mit *Schubstangenverhältnis*

$$\lambda = \frac{\text{Kurbelradius } r}{\text{Länge der Schubstange } l}$$

(59)

und $r \sin\varphi = l \sin\beta$ (Bild 18), $\sin\beta = \lambda \sin\varphi$,
$\cos\beta = \sqrt{1 - \sin^2\beta} = \sqrt{1 - (\lambda\sin\varphi)^2}$ wird der Weg

$$s = r\,(1 - \cos\varphi) \pm l\,[1 - \sqrt{1 - (\lambda\sin\varphi)^2}\,]$$

(60)

Der Ausdruck $\sqrt{1 - (\lambda\sin\varphi)^2}$ lässt sich als Reihe entwickeln:

$$\sqrt{1 - (\lambda\sin\varphi)^2} =$$
$$= 1 - \frac{1}{2}(\lambda\sin\varphi)^2 - \frac{1}{8}(\lambda\sin\varphi)^4 - \dots$$

Die Reihe konvergiert sehr schnell und man kann daher mit ausreichender Genauigkeit den Weg *s* (Auslenkung) mit der Näherungsformel berechnen:

$$s = r\,(1 - \cos\varphi \pm \frac{1}{2}\lambda\sin^2\varphi)$$

(61)

Mathematische Entwicklungen führen zu den Gleichungen für die

Geschwindigkeit

$$v = v_u(\sin\varphi \pm \frac{1}{2}\lambda\sin 2\,\varphi)$$

$$v = r\omega\,(\sin\omega t \pm \frac{1}{2}\lambda\sin 2\,\omega t)$$

(62)

maximale Geschwindigkeit

$$v_{max} = v_u \left(1 + \frac{1}{2}\lambda^2\right) = r\omega\left(1 + \frac{1}{2}\lambda^2\right) \qquad (63)$$

für $\lambda = \frac{1}{5} = 0{,}2$ wird $v_{max} = 1{,}02\, v_u = 1{,}02\, r\,\omega$

bei φ = 79° 16' (Hingang)
bei φ_1 = 100° 44' (Rückgang)

mittlere Geschwindigkeit

$$v_m = \frac{h\,n}{30} \qquad (64)$$

Beschleunigung

$$a = \frac{v_u^2}{r}(\cos\varphi \pm \lambda\cos 2\varphi) \qquad (65)$$

$$a = r\omega^2(\cos\omega t \pm \lambda\cos 2\omega t)$$

maximale Beschleunigung (in den Totlagen)

$$a_{max} = r\omega^2(1 \pm \lambda) \qquad (66)$$

Wird das Schubstangenverhältnis $\lambda = 0$ gesetzt, also die Länge der Schubstange $l = \infty$, ergeben sich aus den obigen Gleichungen die Formeln der harmonischen Bewegung.

2.1.3.4.2 Zeichnerische Bestimmung der Wege, Geschwindigkeiten und Beschleunigungen.

Der Weg s (bzw. s_1) und damit der Lagepunkt K (bzw. K_1) in Abhängigkeit vom Drehwinkel φ wird festgelegt im Lageplan (Bild 18) durch Kreisbogen um Kurbelpunkt P (bzw. P_1) mit der Schubstangenlänge l.

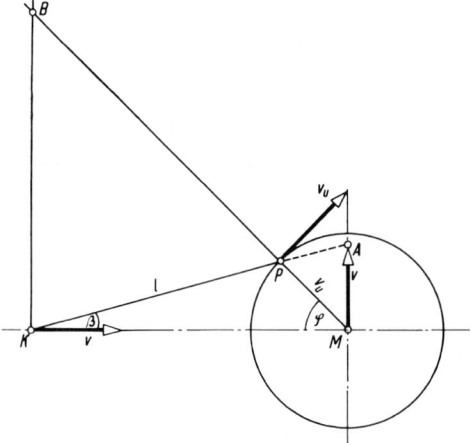

Bild 19. Zeichnerische Bestimmung der Kreuzkopf- bzw. Kolbengeschwindigkeit v beim Schubkurbelgetriebe

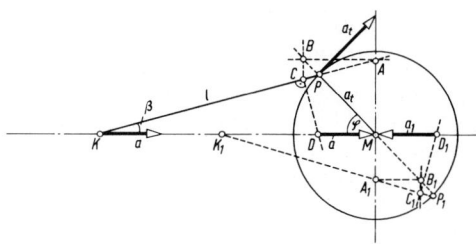

Bild 20. Zeichnerische Bestimmung der Kreuzkopf- bzw. Kolbenbeschleunigung a beim Schubkurbelgetriebe ($\omega = 1$ gesetzt; sonst Maßstabsumrechnung erforderlich)

Zur *Geschwindigkeitsbestimmung* des Kolbens (Bild 19) wird Radius MP = der Umfangsgeschwindigkeit v_u gesetzt. Für jede Kurbelstellung ist dann Geschwindigkeit v = Strecke MA.

Das ergibt sich aus der Ähnlichkeit der Dreiecke KPB und MAP, worin Punkt B der „Momentanpol" ist.

Die *Beschleunigung* a des Kolbens ergibt sich aus der um 90° gedrehten Normalbeschleunigung a_n des Kurbelpunkts P (Bild 20). Es wird $MP = a_n = v_u^2/r$ gesetzt, KP bis A verlängert, $AB \parallel KM$ gezogen, $BC \parallel MA$ geführt und $CD \perp KC$ gefällt. Strecke DM stellt dann für jede Kurbelstellung den Betrag (Größe) der Beschleunigung a des Kolbens oder Kreuzkopfs dar, jedoch nur dann, wenn die Umfangsgeschwindigkeit v_u konstant ist.

In Bild 21 ist der Geschwindigkeits- und der Beschleunigungsverlauf über dem Hub $h = 2r$ aufgetragen (v, s- und a, s-Diagramm). Maximale Geschwindigkeit und Beschleunigung null treten in der gestrichelt gezeichneten Schubstangenstellung auf (Tangentenstellung). Je länger die Schubstange im Verhältnis zum Kurbelradius wird, d.h. λ sehr klein, um so mehr nähert sich die Geschwindigkeitslinie einer Ellipse und die Beschleunigungslinie wird eine Gerade, wie bei harmonischer Bewegung.

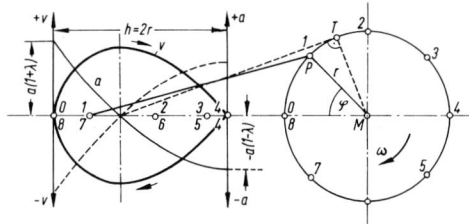

Bild 21. Geschwindigkeit v und Beschleunigung a in Abhängigkeit von Hub h beim Schubkurbelgetriebe

2.2 Mechanische Arbeit W und Leistung P, Wirkungsgrad η, Übersetzung i

2.2.1 Mechanische Arbeit W

Die *mechanische Arbeit W* einer den Körper bewegenden Kraft ist das Produkt aus den Wegabschnitten Δs und der jeweiligen Kraftkomponente F in Wegrichtung:

$$W = \Sigma \Delta W = \Sigma F \Delta s =$$
$$= F_1 \Delta s_1 + F_2 \Delta s_2 + ... F_n \Delta s_n \qquad (67)$$

Ist Kraft F konstant, wird mit $s = \Sigma \Delta s$ die Arbeit $W = Fs$ (Bild 22). Die Arbeit ist eine skalare Größe. Häufig lassen sich die Verhältnisse durch Aufzeichnung des *Kraft-Weg-Diagramms* besser übersehen (Bilder 23, 24, 26, 28).
Die von der Kraft F oder dem Drehmoment M verrichtete Arbeit W entspricht immer der Fläche unter der Kraftlinie oder Momentenlinie.
Meistens lässt sich die Berechnungsgleichung für die Arbeit W aus der Flächenform des Kraft-Weg-Diagramms entwickeln (z.B. Trapez in Bild 26); sonst kann die Fläche auch ausgezählt oder durch graphische Integration oder mittels Planimeter bestimmt werden (Maßstab berücksichtigen).
Wirken mehrere Kräfte auf den Körper ein, ist die Gesamtarbeit gleich der Summe der Einzelarbeiten oder gleich der Arbeit der resultierenden Kraft.
Die *Einheit der Arbeit* ergibt sich, wenn die Kraft F in N und der Weg s in m eingesetzt wird (gesetzliche und internationale Einheiten):

$$(W)^{1)} = (F) \text{ mal } (s)$$

$$(W) = \text{N mal m} = \text{Newtonmeter Nm}$$

$$1 \text{ Nm} = \frac{1 \text{ kgm}}{\text{s}^2} = 1 \frac{\text{kgm}^2}{\text{s}^2} \qquad (68)$$

Beachte: Die gesetzliche und SI-Einheit für die Arbeit W und für die Energie E ist das Joule J. Es gilt:

$$1 \text{ J} = 1 \text{ Nm} = 1 \text{ Ws} = 1 \frac{\text{kgm}^2}{\text{s}^2} \qquad (69)$$

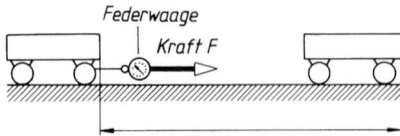

Bild 22. Arbeit W einer konstanten Kraft F

2.2.1.1 Geradlinige Bewegung des Körpers. Im Einzelnen wird bei der Berechnung der Arbeit W einer Kraft F unterschieden:

2.2.1.1.1 Arbeit W der konstanten Kraft F (Bilder 23 und 25). Kraft- und Wegrichtung fallen zusammen oder F ist Komponente in Wegrichtung, z.B. Vorschubkraft und Vorschubweg am Drehbanksupport. Das Kraft-Weg-Diagramm (Bild 23) zeigt eine Rechteckfläche.

$$W = Fs \qquad \begin{array}{c|c|c} W & F & s \\ \hline \text{J = Nm} & \text{N} & \text{m} \end{array} \qquad (70)$$

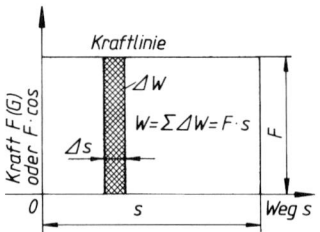

Bild 23. Arbeit W einer konstanten Kraft F längs des Weges s

2.2.1.1.2 Arbeit W der veränderlichen Kraft F (Bild 24). Kraft und Wegrichtung fallen zusammen oder F ist Komponente in Wegrichtung:

$$W = \Sigma \Delta W = \Sigma F s \triangleq \text{ Fläche unter Kraftlinie} \quad (71)$$

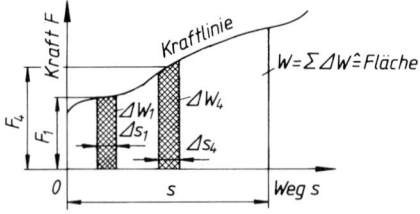

Bild 24. Arbeit W einer veränderlichen Kraft F längs des Weges s

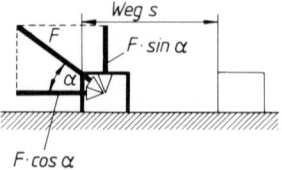

Bild 25. Arbeit W einer schrägen Kraft F

---

1) Die Formelzeichen in Klammern sollen nur die *Einheit* der physikalischen Größe kennzeichnen, also (W) = Einheit der Arbeit; (F) = Einheit der Kraft usw.

2.2.1.1.3 Arbeit W der konstanten Kraft F (Bilder 23 und 25). Kraft- und Wegrichtung schließen den Winkel α ein:

$$W = Fs\cos\alpha \qquad (72)$$

Die Kraftkomponente $F\sin\alpha$ bzw. allgemein alle Kräfte rechtwinklig zur Bewegungsrichtung verrichten *keine* Arbeit ($\alpha = 90°$; $\cos\alpha = 0$).

2.2.1.1.4 Arbeit W der Gewichtskraft $F_G = mg$. Körper der Gewichtskraft F_G (also konstante Kraft F) bzw. Masse m wird um die rechtwinklige Höhe h gehoben; es gilt demnach Bild 23 und für die *Hubarbeit* wird:

$$\begin{aligned} W &= F_G h \\ W &= mgh \end{aligned} \qquad \begin{array}{c|c|c|c} W & m & g & h \\ \hline J = Nm & kg & \dfrac{m}{s^2} & m \end{array} \qquad (73)$$

2.2.1.1.5 Beschleunigungsarbeit W der konstanten resultierenden Kraft F. Kraft und Wegrichtung fallen zusammen oder F ist Komponente in Wegrichtung (Bild 23).
Der Körper wird von der Geschwindigkeit v_1 auf v_2 gleichmäßig beschleunigt (oder verzögert). Die Entwicklung mit Hilfe des dynamischen Grundgesetzes $F_r = ma$ ergibt sich folgendermaßen:

$$W = F_r s = m\,a\,s$$

$$a = \frac{\Delta v}{\Delta t} = \frac{v_2 - v_1}{\Delta t}$$

$$s = \frac{v_2 + v_1}{2}\Delta t$$

$$W = m\frac{v_2 - v_1}{\Delta t}\cdot\frac{v_2 + v_1}{2}\Delta t$$

$$W = \frac{m}{2}(v_2^2 - v_1^2)$$

$$\begin{array}{c|c|c} W & m & v_2, v_1 \\ \hline J = Nm & kg & \dfrac{m}{s} \end{array} \qquad (74)$$

Wird der Körper von $v_1 = 0$ an beschleunigt oder auf $v_1 = 0$ verzögert, wird die Beschleunigungsarbeit

$$W = \frac{m}{2}v^2 \qquad (75)$$

2.2.1.1.6 Verschiebung eines Körpers der Masse m auf horizontaler Unterlage durch horizontale Kraft F ergibt die *Reibungsarbeit*

$$\begin{aligned} W_R &= \mu F_G s \\ W_R &= \mu m g s \end{aligned} \qquad (76)$$

$$\begin{array}{c|c|c|c|c} W_R & \mu & F_G & s & m & g \\ \hline J = Nm & 1 & N & m & kg & \dfrac{m}{s^2} \end{array}$$

μ Gleitreibzahl nach Tabelle 2.

2.2.1.1.7 Verschiebung eines Körpers der Masse m auf schiefer Ebene mit Neigungswinkel α durch Kraft F parallel zur Bahn ergibt die *Reibungsarbeit*

$$\begin{aligned} W_R &= \mu F_G s\cos\alpha \\ W_R &= \mu m g s\cos\alpha \end{aligned} \qquad (77)$$

2.2.1.1.8 Elastischer Körper wird durch Kraft F elastisch verformt; z.B. eine Schraubenfeder nach Bild 26 um Δs verlängert oder verkürzt: *Formänderungsarbeit*

$$\begin{aligned} W_f &= \frac{F_1 + F_2}{2}\cdot\Delta s \\ W_f &= \frac{R}{2}(s_2^2 - s_1^2) \end{aligned} \qquad (78)$$

$$\begin{array}{c|c|c|c} W_f & F_1, F_2 & s_1, s_2 & R \\ \hline J = Nm & N & m & \dfrac{N}{m} \end{array}$$

Darin ist R die Federrate in N / m, d.h. die Belastung je m Verlängerung: $R = F/s$.

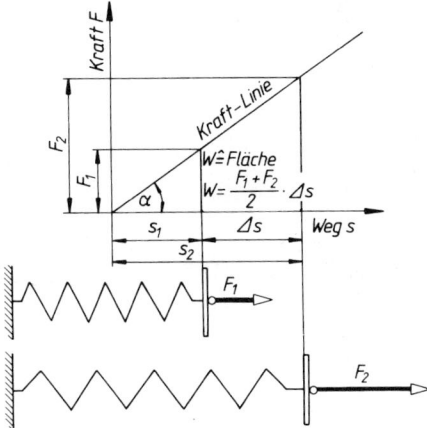

Bild 26. Formänderungsarbeit W_f beim Spannen einer Schraubenfeder

2.2.1.2 Drehung des Körpers (Bild 27). Der Angriffspunkt P der Tangentialkraft F_T beschreibt einen Kreisbogen vom Radius r, z.B. bei einer Kurbel. Das Bogenstück Δs ergibt sich aus Drehwinkel $\Delta\varphi = \Delta s / r$; $\Delta s = \Delta\varphi r$ und damit die Teilarbeit $\Delta W = F_T\,\Delta s = F_T r\,\Delta\varphi$.

Da $F_T r = M$ das Drehmoment der Kraft F_T in Bezug auf die Drehachse ist, wird mit Drehwinkel $\Delta\varphi = \omega\Delta t$ (39) die *Arbeit des Moments (Dreharbeit)*

$$W = \Sigma\Delta W = \Sigma F_T\, r\, \Delta\varphi = \Sigma M\, \Delta\varphi$$
$$W = \Sigma M\, \omega\, \Delta t \tag{79}$$

Sind F_T oder M konstant, so wird $W = M\varphi$.

Im Einzelnen wird bei der Berechnung der Arbeit W eines Drehmoments M (Dreharbeit einer Kraft F_T) unterschieden:

2.2.1.2.1 Arbeit W des konstanten Drehmoments M (konstante Tangentialkraft F_T). Das Momenten-Drehwinkel-Diagramm (Bild 28) zeigt eine Rechteckfläche wie in Bild 23 und es gilt:
Dreharbeit $W = $ Drehmoment $M \cdot$ Drehwinkel φ

$$W = M\varphi$$
$$W = 2\pi\, F_T\, r\, z \tag{80}$$

W	M	φ	F_T	r	z
$J = Nm$	Nm	rad	N	m	1

z Anzahl der Umdrehungen

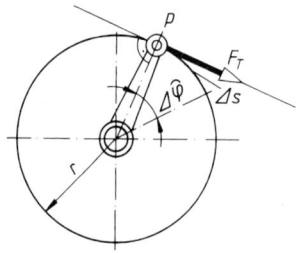

Bild 27. Dreharbeit einer Tangentialkraft F_T

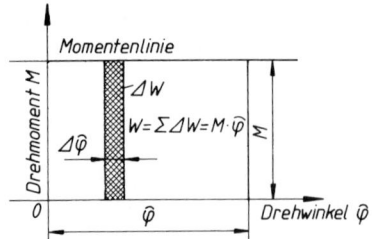

Bild 28. Arbeit eines konstanten Drehmoments M (Dreharbeit) über einem Drehwinkel φ

2.2.1.2.2 Arbeit W des veränderlichen Drehmoments M (veränderliche Tangentialkraft F_T). Es gilt Bild 24 mit Drehmoment M statt Kraft F und Drehwinkel φ statt Weg s: *Dreharbeit:*

$$W = \Sigma\Delta W = \Sigma M\, \Delta\varphi \;\triangleq$$
$$\triangleq \text{ Fläche unter der Momentenlinie} \tag{81}$$

2.2.1.2.3 Beschleunigungsarbeit W des konstanten resultierenden Moments M (konstante Tangentialkraft F_T); der Körper wird von Winkelgeschwindigkeit ω_1 auf ω_2 gleichmäßig beschleunigt oder verzögert; Entwicklung mit Hilfe des dynamischen Grundgesetzes für Drehung $M = J\,\alpha$ (J Trägheitsmoment, α Winkelbeschleunigung):

$$W = M\,\varphi = J\,\alpha\,\varphi \qquad \alpha = \frac{\Delta\omega}{\Delta t} = \frac{\omega_2 - \omega_1}{\Delta t}$$

$$\varphi = \frac{\omega_2 + \omega_1}{2}\,\Delta t$$

$$W = J\,\frac{\omega_2 - \omega_1}{\Delta t}\cdot\frac{\omega_2 + \omega_1}{2}\,\Delta t$$

Beachte: $(\omega_2 - \omega_1)(\omega_2 + \omega_1) = \omega_2^2 - \omega_1^2$

Nach Bild 15 eingesetzt ergibt sich die *Beschleunigungsarbeit*

$$W = \frac{J}{2}(\omega_2^2 - \omega_1^2) \tag{82}$$

W	J	ω_1, ω_2
$J = Nm = \dfrac{kgm^2}{s^2}$	kgm^2	$\dfrac{1}{s}$

Wird der Körper von $\omega_1 = 0$ an beschleunigt oder auf $\omega_1 = 0$ verzögert, wird die *Beschleunigungsarbeit*

$$W = \frac{J}{2}\,\omega^2 \tag{83}$$

2.2.2 Leistung P

Die konstante oder *mittlere Leistung P* ist der Quotient aus Arbeit W und Zeit t:

$$P = \frac{W}{t}$$

	P	W	t
$W = \dfrac{Nm}{s}$	Nm	s	(84)

Der Betrag der Leistung ist damit auch gleich dem in der Zeiteinheit (meist 1 s) verrichteten Arbeitsbetrag. Die Leistung ist eine skalare Größe. Aus (84) ergibt sich für die *Arbeit W* bei konstanter Leistung P:

$$W = P\, t \tag{85}$$

Beachte: Die gesetzliche und SI-Einheit für die Leistung P ist das Watt (W), 1 Watt ist gleich der Leistung, bei der während der Zeit 1 s die Energie 1 J umgesetzt wird:

$$1\,W = \frac{1\,\text{Joule}}{1\,\text{Sekunde}} = \frac{J}{s} \tag{86}$$

Da nach (69) 1 J = 1 Nm = 1 Ws ist, gilt:

$$1\,\text{W} = 1\,\frac{\text{J}}{\text{s}} = 1\,\frac{\text{Nm}}{\text{s}} = 1\,\frac{\text{kgm}^2}{\text{s}^3} \qquad (87)$$

Die letzte Form ergibt sich mit 1 N = 1 kgm/s^2.

2.2.2.1 Geradlinige Bewegung. Sind verschiebende Kraft F und konstante Geschwindigkeit v gleichgerichtet, so gilt mit (84) für die *Leistung P*:

$$P = \frac{W}{t} = \frac{Fs}{t} = F\frac{s}{t} = Fv$$

$$P = Fv \qquad \begin{array}{c|c|c} P & F & v \\ \hline \text{W} = \dfrac{\text{Nm}}{\text{s}} & \text{N} & \dfrac{\text{m}}{\text{s}} \end{array} \qquad (88)$$

2.2.2.2 Drehung des Körpers. Greift die Tangentialkraft F_T an einer Kurbel vom Radius r an, die sich mit gleich bleibender Geschwindigkeit v bzw. Winkelgeschwindigkeit ω dreht, so ist $P = F_T v = F_T r \omega$. Mit $F_T r$ = Drehmoment M wird die *Leistung*

$$P = M\omega \qquad \begin{array}{c|c|c|c|c} P & M & \omega & F_T & v & r \\ \hline \text{W} = \dfrac{\text{Nm}}{\text{s}} & \text{Nm} & \dfrac{1}{\text{s}} & \text{N} & \dfrac{\text{m}}{\text{s}} & \text{m} \end{array} \qquad (89)$$

Wird für die Winkelgeschwindigkeit $\omega = \pi n/30$ eingesetzt, ergeben sich zwei in der Technik wichtige Zahlenwertgleichungen zur Berechnung von Leistung P oder Drehmoment M:

$$P = \frac{Mn}{9550} \qquad \begin{array}{c|c|c} P & M & n \\ \hline \text{kW} & \text{Nm} & \text{min}^{-1} \end{array} \qquad (90)$$

$$M = 9550\frac{P}{n} \qquad (91)$$

2.2.3 Wirkungsgrad

Der Wirkungsgrad η einer Maschine oder eines Vorgangs (Spannen einer Feder, Gewinnung eines Stoffes, Umwandlung von Wasser in Dampf usw.) ist das Verhältnis der von der Maschine oder während des Vorgangs verrichteten *Nutzarbeit W_n* zu der der Maschine oder während des Vorgangs *zugeführten Arbeit W_z*:

$$\eta = \frac{W_n}{W_z} < 1 \qquad (92)$$

Ohne Berücksichtigung der bei allen Maschinen auftretenden Formänderungsarbeiten wird als Wirkungsgrad η auch das Verhältnis der *Nutzleistung P_n* zur *zugeführten Leistung P_z* bezeichnet:

$$\eta = \frac{P_n}{P_z} < 1 \qquad (93)$$

Der Wirkungsgrad η ist immer kleiner als 1 ($\eta < 1$) bzw. kleiner als 100 % ($\eta < 100$ %). Man gibt ihn auch in Prozenten an, statt $\eta = 0{,}78$ auch $\eta = 78$ %.

Den Zusammenhang zwischen *Wirkungsgrad η*, *Antriebsdrehmoment M_1*, *Abtriebsdrehmoment M_2* und *Übersetzung i* liefert die erweiterte Gleichung (93) mit

$$\eta = \frac{P_n}{P_z} = \frac{P_2}{P_1} = \frac{M_2}{M_1}\frac{\omega_2}{\omega_1} \qquad \frac{\omega_2}{\omega_1} = i$$

$$\eta = \frac{M_2}{M_1}\cdot\frac{1}{i} \qquad (94)$$

In einer Maschine oder Vorrichtung sind mehrere Getriebeteile hintereinander geschaltet, jeder besitzt einen bestimmten Wirkungsgrad η_1, η_2, η_3 ... . Das Gleiche gilt für einen in Teilvorgänge zerlegten Gesamtvorgang. Der erste Getriebeteil gibt die Nutzarbeit $W_1 = \eta_1 W_z$ an den folgenden Teil weiter. Dieser leitet demnach

$W_2 = \eta_2 W_1 = \eta_1\eta_2 W_z$ weiter, sodass
$W_3 = \eta_3 W_2 = \eta_1\eta_2\eta_3 W_2$ wird usw. bis zur Nutzarbeit W_n:

$W_n = \eta_1\eta_2\eta_3 ... W_z$ oder *Gesamtwirkungsgrad*

$$\eta_{gesamt} = \frac{W_n}{W_z} = \eta_1\,\eta_2\,\eta_3\,... \qquad (95)$$

Der Gesamtwirkungsgrad lässt sich als Produkt aller Einzelwirkungsgrade berechnen.

2.2.4 Übersetzung (Übersetzungsverhältnis)

Nach DIN 868 ist die Übersetzung i eines Getriebes das Verhältnis von treibender Drehzahl n_1 zur getriebenen n_2: $i = n_1/n_2$. i lässt sich in gleicher Weise ausdrücken durch die Winkelgeschwindigkeiten: $i = \omega_1/\omega_2$. Bei Zahnrad-, Riemen-Reibgetrieben u.a. sind die Umfangsgeschwindigkeiten v sich abwälzender Kreise (Teil- oder Wälzkreise) bzw. die Riemengeschwindigkeit bei schlupffreier Übertragung für beide Räder bzw. Scheiben gleich groß. Es ist dann $v_1 = v_2$ oder auch $d_1\pi n_1 = \pi d_2 n_2$, d.h. $n_1/n_2 = d_2/d_1$. Bei Zahnrädern ist der Teilkreisdurchmesser d = Zähnezahl z mal Modul m: $d = z\,m$; damit auch: $n_1/n_2 = z_2/z_1$. Allgemein gilt demnach:
Die Baugrößen eines Räder- oder Scheibenpaars verhalten sich umgekehrt wie die Drehzahlen bzw. Winkelgeschwindigkeiten.

$$i = \frac{n_1}{n_2} = \frac{\omega_1}{\omega_2} = \frac{d_2}{d_1} = \frac{z_2}{z_1} = \frac{M_2}{M_1} \qquad (96)$$

$$i_{gesamt} = i_1 i_2 i_3 ... i_n \qquad (97)$$

■ **Beispiel:**

Welche Beschleunigungsarbeit W verrichtet ein Kraftwagenmotor, wenn er mit einer Masse von 1 000 kg von 10 km/h auf 50 km/h beschleunigt. Welche mittlere Leistung P ist aufzuwenden, wenn der Beschleunigungsvorgang 20 s dauert?

Lösung:

$$W = \frac{m}{2}(v_2^2 - v_1^2) =$$

$$= \frac{1000 \text{ kg}}{2} \cdot \left[\left(\frac{50}{3,6}\right)^2 \frac{m^2}{s^2} - \left(\frac{10}{3,6}\right)^2 \frac{m^2}{s^2}\right]$$

$$W = 92\,650 \frac{\text{kgm}^2}{s^2} = 92\,650 \text{ J}$$

$$P = \frac{W}{t} = \frac{92\,650 \text{ Nm}}{20 \text{ s}} =$$

$$= 4\,632,5 \frac{\text{Nm}}{s} = 4,633 \text{ kW}$$

■ **Beispiel:**

Ein Körper der Masse $m = 500$ kg soll 3 m hoch gehoben werden. Es steht dazu eine Winde mit Kurbelradius $r = 300$ mm zur Verfügung. Die an der Kurbel tangential angreifende Handkraft soll 150 N betragen. Wieviel Kurbelumdrehungen z sind nötig?

Lösung:

$$W = mgh = 500 \text{ kg} \cdot 9,81 \frac{m}{s^2} \cdot 3 \text{ m} =$$

$$= 14\,715 \text{ Nm}$$

$$W = 2\pi F_T r z$$

$$z = \frac{W}{2\pi F_T r} = \frac{14\,715 \text{ Nm}}{2\pi \cdot 150 \text{ N} \cdot 0,3 \text{ m}} =$$

$$= 52 \text{ Umdrehungen}$$

■ **Beispiel:**

Welches Drehmoment M überträgt ein Elektromotor, der bei einer Drehzahl von 1 000 min^{-1} eine Leistung von 10 kW abgibt?

Lösung:

$$M = 9\,550 \frac{P}{n} = 9\,550 \cdot \frac{10}{10^3} \text{ Nm} = 95,5 \text{ Nm}$$

■ **Beispiel:**

In ein Getriebe mit der Übersetzung $i = 25$ wird ein Drehmoment $M_1 = 5$ Nm eingeleitet. Der Getriebewirkungsgrad beträgt 80 %. Wie groß ist das Abtriebsdrehmoment M_2?

Lösung:

$$\eta = \frac{M_2}{M_1 i} \Rightarrow M_2 = \eta M_1 i =$$

$$= 0,8 \cdot 5 \text{ Nm} \cdot 25 = 100 \text{ Nm}$$

■ **Beispiel:**

Welche Masse m kann durch eine Handwinde mit 40facher Übersetzung und 80 % Wirkungsgrad gehoben werden, wenn am Kurbelradius $r = 350$ mm eine Tangentialkraft $F_T = 150$ N angreift und die Handkurbel $z = 50$ mal gedreht wird?

Lösung:

$$\eta = \frac{W_n}{W_z} = \frac{F_G h}{2\pi F_T r z}$$

$$i = \frac{2\pi r z}{h} = \frac{\text{Kraftweg}}{\text{Lastweg}}$$

$$\eta = \frac{F_G}{F_T i} = \frac{mg}{F_T i} \Rightarrow m = \frac{\eta F_T i}{g} =$$

$$= \frac{0,8 \cdot 150 \text{ N} \cdot 40}{9,81 \frac{m}{s^2}} = 489,3 \frac{\text{kgm}}{s^2} \frac{m}{s^2} = 489,3 \text{ kg}$$

■ **Beispiel:**

Eine Schraubenfeder mit der Federrate $R = 1\,540$ N/m ist durch den Federweg $s_1 = 70$ mm vorgespannt und wird beim Betrieb um $\Delta s = 90$ mm verlängert. Wie groß sind die Spannkräfte F_1, F_2 und die in der Feder gespeicherte Formänderungsarbeit?

Lösung:

$$F_1 = R s_1 = 1\,540 \frac{N}{m} \cdot 0,07 \text{ m} = 107,8 \text{ N}$$

$$F_2 = R s_2 = R(s_1 + \Delta s) = 1\,540 \frac{N}{m} \cdot 0,16 \text{ m} =$$

$$= 246,4 \text{ N}$$

$$W = \frac{F_1 + F_2}{2} \Delta s =$$

$$= \frac{(107,8 + 246,4) \text{ N}}{2} \cdot 0,09 \text{ m} = 15,94 \text{ Nm} =$$

$$= 15,94 \text{ J}$$

2.3 Dynamik der Verschiebebewegung (Translation) des starren Körpers

In der reinen Bewegungslehre (Kinematik) werden die Bewegungsvorgänge ohne Berücksichtigung der ursächlichen Kräfte behandelt. In der eigentlichen Dynamik dagegen (Kinetik) untersucht man den Zusammenhang zwischen den wirkenden Kräften und der von ihnen bewirkten Bewegungsänderung der Körper.

2.3.1 Dynamisches Grundgesetz

Wirken am Körper mehrere Kräfte F_1, F_2, F_3 ... (z.B. am Auto die Triebkraft, der Luftwiderstand und der Fahrwiderstand), und ist F_r die Resultierende der Kräftegruppe ($F_r = \Sigma F$), erfährt der Körper eine dieser Resultierenden proportionale und gleich gerichtete Beschleunigung a:

Resultierende Kraft $F_r =$ Körpermasse $m \cdot$ Beschleunigung a

$F_r = m a$	F_r	m	a
	$N = \frac{\text{kgm}}{s^2}$	kg	$\frac{m}{s^2}$	(98)

Bei der reinen Verschiebebewegung muss die Resultierende F_r aller angreifenden Kräfte durch den Körperschwerpunkt hindurchgehen; sonst zusätzliche Drehung des Körpers.

Ist F_r konstant, wird der Körper *gleichmäßig* beschleunigt. Ist $F_r = 0$, wird er nicht beschleunigt ($a = 0$); der Körper bleibt dann in Ruhe oder in gleichförmiger geradliniger Bewegung (Trägheitsgesetz von Galilei). Übt ein Körper A auf den Körper B eine Kraft aus, übt auch B auf A eine gleich große, entgegengesetzt gerichtete *Wechselwirkungskraft* auf gleicher Wirklinie aus (Wechselwirkungsgesetz: Aktion = Reaktion).

2.3.1.1 Dynamisches Grundgesetz für Tangenten- und Normalenrichtung.

Bei beliebiger krummliniger Bahn des Körpers (Bild 29) setzen sich Beschleunigung a und Kraft F aus den beiden rechtwinklig aufeinander stehenden Komponenten zusammen:

$$F_T = m\,a_T$$
$$F_N = m\,a_N \tag{99}$$

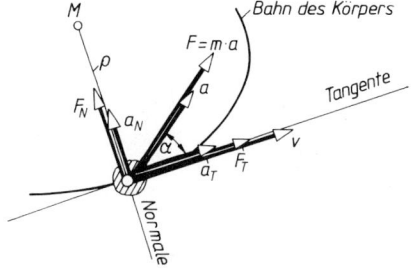

Bild 29. Kraft- und Beschleunigungsvektor und deren Komponenten

F_T *Tangentialkraft*
F_N *Normalkraft*
a_T *Tangentialbeschleunigung*
a_N *Normalbeschleunigung*, auch Zentripetalbeschleunigung genannt

Die Tangentialkraft F_T bewirkt allein die *Betragsänderung* der Geschwindigkeit v (Beschleunigung bei gleichem, Verzögerung bei entgegengesetztem Richtungssinn). Die Normalkraft F_N bewirkt allein eine *Richtungs*änderung der Geschwindigkeit v. Sie ist zum Mittelpunkt M (Zentrum) hin gerichtet und heißt deshalb *Zentripetalkraft*. Die so genannte Fliehkraft ist von gleichem Betrag aber entgegengesetztem Richtungssinn.

$$F_N = m\,a_N = m\frac{v^2}{\rho} = m\,\rho\,\omega^2 \tag{100}$$

F_N	m	a_N	v	ρ	ω
$N = \dfrac{kgm}{s^2}$	kg	$\dfrac{m}{s^2}$	$\dfrac{m}{s}$	m	$\dfrac{1}{s}$

ρ Krümmungsradius der Bahn, im Allgemeinen veränderlich. Bei Kreisbogen ist ρ = Kreisbogenradius r = konstant einzusetzen.

2.3.1.2 Dynamisches Grundgesetz für den freien Fall.

Beim freien Fall des Körpers im luftleeren Raum wirkt auf ihn lediglich die Gewichtskraft F_G als resultierende Kraft ($F_r = F_G$).

Mit der *Fallbeschleunigung g* erhält das Grundgesetz für *Gewichtskraft F_G und Normgewichtskraft F_{Gn}* die Form:

$$F_G = mg$$
$$F_{Gn} = mg_n$$

F_G	m	g
$N = \dfrac{kgm}{s^2}$	kg	$\dfrac{m}{s^2}$

(101)

Gewichtskraft F_G und Fallbeschleunigung g ändern sich mit dem Ort und auch mit der Entfernung vom Erdmittelpunkt, die Masse m des Körpers dagegen ist überall dieselbe; sie wird mit der Hebelwaage gemessen.

Die *Normfallbeschleunigung g_n* international festgelegt:

$$g_n = 9{,}80665 \ \frac{m}{s^2} \tag{102}$$

(gilt etwa für 45° geographischer Breite und Meeresspiegelhöhe)

Allgemein gilt für die *Fallbeschleunigung* die Zahlenwertgleichung:

$$\begin{aligned}g &= 980{,}632 - 2{,}586 \cos 2\varphi + \\ &\quad + 0{,}003 \cdot \cos 4\varphi - 0{,}293\,h\end{aligned} \tag{103}$$

g in cm/s^2
φ geographische Breite
h Höhe über dem Meeresspiegel in km

2.3.1.3 Dynamisches Grundgesetz für horizontale Beschleunigung mit Reibung.

Soll ein Körper auf horizontaler Ebene die Beschleunigung a erhalten, und ist F_R die Reibkraft zwischen Körper und Unterlage mit μ als Reibzahl, so wird die erforderliche konstante *Zugkraft F_z* (oder Bremskraft) parallel zur Bahn:

$$F_z = ma + F_R = ma + F_G\mu = ma + mg\mu$$
$$F_z = m\,(a \pm g\mu)$$

$+$ für Beschleunigung a
$-$ für Verzögerung a

F_z	m	a	g	μ
$N = \dfrac{kgm}{s^2}$	kg	$\dfrac{m}{s^2}$	$\dfrac{m}{s^2}$	1

(104)

2.3.1.4 Dynamisches Grundgesetz für vertikale Beschleunigung ohne Reibung.

Soll ein Körper durch eine Zugkraft F_s in vertikaler Richtung die Beschleunigung a erhalten, gilt für die *Seilkraft*:

$F_\mathrm{s} = m\,(g \pm a)$

+ für Beschleunigung nach oben
− für Beschleunigung nach unten   (105)

F_s	m	g	a
$N = \dfrac{\mathrm{kgm}}{\mathrm{s}^2}$	kg	$\dfrac{\mathrm{m}}{\mathrm{s}^2}$	$\dfrac{\mathrm{m}}{\mathrm{s}^2}$

$(g + a)$ und $(g - a)$ stellen praktisch die resultierende Beschleunigung für Aufwärts- und Abwärtsbewegung dar.

2.3.1.5 Beschleunigung frei rutschender Körper auf schiefer Ebene mit Neigungswinkel

$a = g \sin \alpha$ ohne Reibung
$a = g\,(\sin \alpha - \mu \cos \alpha)$ mit Reibung

(106)

a, g	μ
$\dfrac{\mathrm{m}}{\mathrm{s}^2}$	1

■ **Beispiel:**
Ein Kraftwagen der Masse $m = 1\,000$ kg soll aus dem Ruhezustand so beschleunigt werden, dass er innerhalb 18,5 s eine Geschwindigkeit von 100 km/h besitzt. Der Fahrwiderstand beträgt $F_\mathrm{w} = 300$ N. Er wird als gleich bleibend angenommen.
Gesucht: a) die mittlere Beschleunigung a; b) die erforderliche Antriebskraft F; c) der Anfahrweg s.

Lösung:

a) $v = 100\,\dfrac{\mathrm{km}}{\mathrm{h}} = \dfrac{100\,\mathrm{m}}{3,6\,\mathrm{s}} = 27,8\,\dfrac{\mathrm{m}}{\mathrm{s}}$

(v, t-Diagramm nach Bild 3)

$a = \dfrac{\Delta v}{\Delta t} = \dfrac{27,8\,\dfrac{\mathrm{m}}{\mathrm{s}}}{18,5\,\mathrm{s}} = 1,5\,\dfrac{\mathrm{m}}{\mathrm{s}^2}$

b) Resultierende Antriebskraft

$F_\mathrm{r} = m\,a = 1\,000\,\mathrm{kg} \cdot 1,5\,\dfrac{\mathrm{m}}{\mathrm{s}^2} = 1\,500\,\dfrac{\mathrm{kgm}}{\mathrm{s}^2}$

$F_\mathrm{r} = 1\,500$ N

Antriebskraft

$F = F_\mathrm{r} + F_\mathrm{w} = (1\,500 + 300)\,\mathrm{N} = 1\,800\,\mathrm{N}$

oder mit Gleichung (104):

$F_\mathrm{z} = m\,(a + g\,\mu)$

$\mu = \dfrac{F_\mathrm{w}}{F_\mathrm{G}} = \dfrac{F_\mathrm{w}}{m\,g} = \dfrac{300\,\mathrm{N}}{1000\,\mathrm{kg} \cdot 10\,\dfrac{\mathrm{m}}{\mathrm{s}^2}} = 0,03$

$F_\mathrm{z} = 1\,000\,\mathrm{kg}\left(1,5\,\dfrac{\mathrm{m}}{\mathrm{s}^2} + 10\,\dfrac{\mathrm{m}}{\mathrm{s}^2} \cdot 0,03\right) = 1800\,\dfrac{\mathrm{kgm}}{\mathrm{s}^2} = 1800\,\mathrm{N}$

c) $s = \dfrac{v^2}{2\,a} = \dfrac{\left(27,8\,\dfrac{\mathrm{m}}{\mathrm{s}}\right)^2}{2 \cdot 1,5\,\dfrac{\mathrm{m}}{\mathrm{s}^2}} = 257,6\,\mathrm{m}$ oder

$s = \dfrac{v\,t}{2} = \dfrac{27,8\,\dfrac{\mathrm{m}}{\mathrm{s}} \cdot 18,5\,\mathrm{s}}{2} = 257\,\mathrm{m}$

■ **Beispiel:**
Ein Kraftwagen der Masse $m = 1\,000$ kg soll bei 50 km/h Geschwindigkeit einen Bremsweg $s_\mathrm{b} = 18$ m haben.
Gesucht: a) die Bremszeit t_b; b) die Bremskraft F_b; c) die Mindestreibzahl zwischen Rädern und Fahrbahn.

Lösung:

a) Für die gleichmäßig verzögerte Bewegung des Fahrzeugschwerpunkts gilt mit dem v, t-Diagramm (Bild 5):

$t_\mathrm{b} = \dfrac{2\,s_\mathrm{b}}{v}$

$v = 50\,\dfrac{\mathrm{km}}{\mathrm{h}} = \dfrac{50\,\mathrm{m}}{3,6\,\mathrm{s}} = 13,9\,\dfrac{\mathrm{m}}{\mathrm{s}}$

$t_\mathrm{b} = \dfrac{2 \cdot 18\,\mathrm{m}}{13,9\,\dfrac{\mathrm{m}}{\mathrm{s}}}$

Verzögerung $a = \dfrac{\Delta v}{\Delta t} = \dfrac{13,9\,\mathrm{m}}{2,59\,\mathrm{s}^2} = 5,37\,\dfrac{\mathrm{m}}{\mathrm{s}^2}$

$t_\mathrm{b} = 2,59$ s

oder auch

$a = \dfrac{v^2}{2\,s_\mathrm{b}} = \dfrac{\left(13,9\,\dfrac{\mathrm{m}}{\mathrm{s}}\right)^2}{2 \cdot 18\,\mathrm{m}} = 5,37\,\dfrac{\mathrm{m}}{\mathrm{s}^2}$

b) $F_\mathrm{r} = m\,a = 1\,000\,\mathrm{kg} \cdot 5,37\,\dfrac{\mathrm{m}}{\mathrm{s}^2} = 5\,370\,\dfrac{\mathrm{kgm}}{\mathrm{s}^2} = 5370\,\mathrm{N}$

$F_\mathrm{b} = F_\mathrm{r} - F_\mathrm{w}$ (weil der Fahrwiderstand F_w in Richtung der Verzögerung wirkt)

$F_\mathrm{b} = (5\,370 - 300)\,\mathrm{N} = 5\,070\,\mathrm{N}$, oder mit Gleichung (104) und $\mu = 0,03$ (wie oben):

$F_\mathrm{b} = m\,(a - g\,\mu)$

$F_\mathrm{b} = 1\,000\,\mathrm{kg}\left(5,37\,\dfrac{\mathrm{m}}{\mathrm{s}^2} - 10\,\dfrac{\mathrm{m}}{\mathrm{s}^2} \cdot 0,03\right) =$

$= 5\,070\,\dfrac{\mathrm{kgm}}{\mathrm{s}^2} = 5\,070\,\mathrm{N}$

c) Die Bremskraft F_b muss als Reibkraft F_R von der Fahrbahn auf den Umfang der gebremsten Räder ausgeübt werden. Es ist Reibkraft $F_\mathrm{R} = \mu_0\,F_\mathrm{N} = \mu_0\,F_\mathrm{G} = \mu_0\,m\,g$ (auf *ebener* Bahn kann hier Normalkraft F_N = Gewichtskraft F_G gesetzt werden).

Daraus die Haftreibzahl

$\mu_0 \geq \dfrac{F_\mathrm{R}}{F_\mathrm{G}} = \dfrac{F_\mathrm{R}}{m\,g} = \dfrac{5\,070\,\mathrm{N}}{1\,000\,\mathrm{kg} \cdot 10\,\dfrac{\mathrm{m}}{\mathrm{s}^2}} = 0,507$

■ **Beispiel:**
Ein am Kranseil hängender Körper der Masse $m = 1\,000$ kg soll mit einer Beschleunigung von 1,2 m/s² gehoben oder gesenkt werden. Seil und Trommel werden als masselos und reibungsfrei angegeben.
Gesucht: die im Seil auftretende Zugkraft F_s bei
a) Aufwärtsbewegung
b) Abwärtsbewegung

Lösung:

a) $F_\mathrm{s} = m\,(g + a) = 1\,000\,\mathrm{kg}\,(10 + 1,2)\,\dfrac{\mathrm{m}}{\mathrm{s}^2} = 11\,200\,\mathrm{N}$

b) $F_\mathrm{s} = m\,(g - a) = 1\,000\,\mathrm{kg}\,(10 - 1,2)\,\dfrac{\mathrm{m}}{\mathrm{s}^2} = 8\,800\,\mathrm{N}$

Überlegung:
Resultierende Kraft $F_\mathrm{r} = m\,a = 1\,000\,\mathrm{kg} \cdot 1,2\,\mathrm{m/s}^2 = 1\,200\,\mathrm{N}$, die einmal zur Gewichtskraft $F_\mathrm{G} = m\,g = 1\,000\,\mathrm{kg} \cdot 10\,\mathrm{m/s}^2 = 10\,000\,\mathrm{N}$ addiert, einmal davon subtrahiert werden muss.

■ **Beispiel:**
Auf einer unter $\alpha = 20°$ geneigten Sackrutsche von 4 m Länge gleiten Fördergüter aus dem Ruhezustand frei abwärts. Reibzahl $\mu = 0,2$.
Gesucht: a) Beschleunigung a des Fördergutes; b) Endgeschwindigkeit v_e; c) Rutschzeit t.

Lösung:

a) $a = g\,(\sin\alpha - \mu\cos\alpha) =$

$= 10\,\dfrac{m}{s^2}\,(0,342 - 0,2 \cdot 0,94) = 1,54\,\dfrac{m}{s^2}$

b) $v_e = \sqrt{2\,a\,s} = \sqrt{2 \cdot 1,54\,\dfrac{m}{s^2} \cdot 4m} = 3,5\,\dfrac{m}{s}$

c) $t = \dfrac{v_e}{a} = \dfrac{3,5\,\dfrac{m}{s}}{1,54\,\dfrac{m}{s^2}} = 2,27\,s$

2.3.2 Energie, Energieerhaltungssatz

Energie nennt man die im Körper aufgespeicherte Arbeit und damit die Fähigkeit des Körpers, Arbeit aufzubringen. Energie ist wie die Arbeit eine skalare Größe.
Man unterscheidet drei Arten *mechanischer* Energie: *Bewegungsenergie* (kinetische Energie), *Höhenenergie* im Bereich der Erdanziehung (potenzielle Energie) und *Verformungsenergie* des elastischen Körpers. Außerdem: Wärmeenergie, elektrische Energie, magnetische Energie, Strahlungsenergie, chemische Energie u.a.

Energieerhaltungssatz
Die Energie am Ende eines Vorgangs E_E ist gleich der Energie am Anfang des Vorgangs E_A, vermehrt um die während des Vorgangs zugeführte Arbeit W_{zu}, vermindert um die inzwischen abgegebene Arbeit W_{ab}.

$$
\begin{array}{ccccccc}
E_E & = & E_A & + & W_{zu} & - & W_{ab} \quad (107)\\
\text{Energie am} & & \text{Energie am} & & & & \\
\text{Ende des} & = & \text{Anfang des} & + & \text{zugeführte} & - & \text{abgeführte}\\
\text{Vorgangs} & & \text{Vorgangs} & & \text{Arbeit} & & \text{Arbeit}
\end{array}
$$

Die Einheit für Energie und Arbeit ist im Kapitel 2.2 erläutert; siehe dort auch Gleichung (69).

2.3.2.1 Höhenenergie (potenzielle Energie) ist im Bereich der Erdanziehung diejenige Arbeitsfähigkeit, die ein Körper der Masse m in Bezug auf eine um die Höhe h tiefer gelegene Ebene besitzt. Sie ist gleich der Hubarbeit $W = F_G\,h = mgh$, die bei der Aufwärtsbewegung aufzubringen war (73):

Potenzielle Energie

$$E_{pot} = F_G\,h = mgh \quad \begin{array}{c|c|c|c} E & m & g & h \\ \hline J = Nm & kg & \dfrac{m}{s^2} & m \end{array} \quad (108)$$

Potenzielle Energie ist außerdem noch die Formänderungsenergie, z.B. die Arbeitsfähigkeit einer gespannten Feder (siehe D Festigkeitslehre) und eines komprimierten Gases.

2.3.2.2 Bewegungsenergie (kinetische Energie, Wucht) ist die Arbeitsfähigkeit eines mit der Geschwindigkeit v bewegten Körpers der Masse m:

Kinetische Energie oder Wucht

$$E_{kin} = \dfrac{m}{2}\,v^2 \quad \begin{array}{c|c|c} E & m & v \\ \hline J = Nm & kg & \dfrac{m}{s^2} \end{array} \quad (109)$$

W_{kin} ist gleich der vom Körper aus dem Ruhezustand heraus aufgespeicherten Beschleunigungsarbeit $W = m\,v^2/2$ nach (75).

2.3.3 Wuchtsatz (Arbeitssatz)

Er gibt den Zusammenhang zwischen Beschleunigungsarbeit W und Wucht E_{kin} an:

> Der Zuwachs an kinetischer Energie (oder der Unterschied zwischen der kinetischen Energie E_E am Ende des Weges und der kinetischen Energie E_A am Anfang) ist gleich der von den angreifenden Kräften F_1, F_2, F_3 ... (oder deren Resultierender Kraft F_r) verrichteten Arbeit W.

$$W = \Sigma F \Delta s = F_r\,s = E_E - E_A = \dfrac{m}{2}\,v_2^2 - \dfrac{m}{2}\,v_1^2$$

$$W = \dfrac{m}{2}\left(v_2^2 - v_1^2\right) \quad (110)$$

$$\begin{array}{c|c|c} W & m & v_2, v_1 \\ \hline J = Nm & kg & \dfrac{m}{s} \end{array}$$

Der Energiezuwachs ist gleich der vom Körper aufgespeicherten Beschleunigungsarbeit nach (74). Dort ist auch die Herleitung der Gleichung angegeben.
Beachte: In der Gesamtarbeit W sind gegebenenfalls die Arbeit der Schwerkräfte (Höhenenergie) und die Arbeit der Spannkräfte (Formänderungsenergie) enthalten.
Der Wuchtsatz ist ein Sonderfall des allgemeinen Energieerhaltungssatzes (107), zugeschnitten auf die mechanischen Energieformen:

$$
\begin{array}{ccccccc}
E_E & = & E_A & + & W_{zu} & - & W_{ab}\\
\text{Wucht am} & & \text{Wucht am} & & & & \\
\text{Ende} & = & \text{Anfang} & + & \text{zugeführte} & - & \text{abgeführte}\\
\text{des Vorgangs} & & \text{des Vorgangs} & & \text{Arbeit} & & \text{Arbeit}
\end{array} \quad (111)
$$

$$\dfrac{m}{2}\,v_2^2 = \dfrac{m}{2}\,v_1^2 \pm F_r\,s$$

■ **Beispiel:**

Ein Körper wird in horizontaler Richtung mit einer Geschwindigkeit v_1 fortgeschleudert. Infolge der Erdanziehung beginnt er sofort zu fallen. Welche Geschwindigkeit v_2 besitzt der Körper, wenn er um die Höhe h gefallen ist (ohne Luftwiderstand)?

Lösung:

Nach dem Energieerhaltungssatz (107) ist

$$E_E = E_A + W_{zu} - W_{ab}$$

$$\frac{m}{2}v_2^2 = \frac{m}{2}v_1^2 + mgh + 0 - 0$$

$$v_2 = \sqrt{v_1^2 + 2gh}$$

E_E Energie am Ende des Vorgangs

$$E_E = \frac{m}{2}v_2^2$$

E_A Energie am Anfang des Vorgangs

$$E_A = \frac{m}{2}v_1^2 + mgh$$

$W_{zu} = 0$ und auch $W_{ab} = 0$

■ **Beispiel:**

Ein rollender Eisenbahnwagen gelangt mit einer Geschwindigkeit $v = 10$ km/h an eine Steigung von 0,3 %. Es wirkt ihm ein Fahrwiderstand F_w von 1 360 N entgegen. Wagenmasse $m = 34$ t.
Zu berechnen ist der Auslaufweg s auf der Steigung.

Lösung:

Energie am Ende des Vorgangs $E_E = F_G h = mgh$; Energie am Anfang des Vorgangs $E_A = \frac{m}{2}v^2$; infolge des Fahrwiderstands wird Arbeit abgeführt $W_{ab} = F_w s$. Nach (107) wird also:

$$E_E = E_A + W_{zu} - W_{ab}$$

$$mgh = \frac{m}{2}v^2 + 0 - F_w s \quad \text{und mit}$$

$$\tan\alpha = 0,003 = \sin\alpha = \frac{h}{s} ; h = s \sin\alpha:$$

$$mgs \sin\alpha = \frac{m}{2}v^2 - F_w s$$

$$s = \frac{m v^2}{2(mg \sin\alpha + F_w)} =$$

$$= \frac{34\,000\,\text{kg} \cdot 2{,}78^2 \dfrac{\text{m}^2}{\text{s}^2}}{2\,(34\,000\,\text{kg} \cdot 10\dfrac{\text{m}}{\text{s}^2} \cdot 3 \cdot 10^{-3} + 1\,360\dfrac{\text{kgm}}{\text{s}^2})} = 55{,}2\,\text{m}$$

■ **Beispiel:**

Am Ende einer frei herabhängenden Schraubenfeder mit Federrate $R = F/s$ hängt ein Körper der Masse m, der aus der ungespannten Federlage plötzlich losgelassen wird. Welche Geschwindigkeit v besitzt der Körper nach der Längung s_x der Feder und wie groß ist der maximale Federweg s_{max} ?

Lösung:

Die Energie E_E des Körpers am Ende des Vorgangs beträgt $E_E = mv^2/2$. Am Anfang besitzt er die Lageenergie $E_A = mgs_x$. Abgeführt wird die von der Feder aufgenommene Arbeit $W_{ab} = c\,s_x^2/2$ zum Spannen der Feder. Dem Körper wird keine Arbeit zugeführt, also ist $W_{zu} = 0$.

Damit ergibt sich:

$$E_E = E_A + W_{zu} - W_{ab}$$

$$\frac{m}{2}v^2 = mgs_x + 0 - \frac{c}{2}s_x^2$$

$$v = \sqrt{2gs_x - \frac{c}{m}s_x^2}$$

Die größte Längung s_{max} tritt auf, wenn die Geschwindigkeit $v = 0$ ist. Dann ist

$$s_{max} = \frac{2mg}{R}$$

Der größte Federweg ist hier also doppelt so groß wie bei langsamer Längung der Feder ($s_{max} = F_G/R = mg/R$).

■ **Beispiel:**

Von einer Sackrutsche mit dem Neigungswinkel $\alpha = 20°$ und der Länge $l = 5$ m wird das Fördergut abgelassen. Reibzahl $\mu = 0,1$. Mit welcher Endgeschwindigkeit v kommt das Fördergut unten an?

Lösung:

Energie am Ende des Vorganges $E_E = \frac{m}{2}v^2$

Energie am Anfang $E_A = F_G h = mgh = mgl \sin\alpha$
zugeführte Arbeit $W_{zu} = 0$
abgeführte Arbeit W_{ab} = Arbeit der Reibkraft =
$F_R l = F_G \cos\alpha\, l = mg \cos\alpha\, \mu l$, siehe (77). Damit wird

$$E_E = E_A + W_{zu} - W_{ab}$$

$$\frac{m}{2}v^2 = mgl \sin\alpha + 0 - mg \cos\alpha\, \mu l$$

$$v = \sqrt{2\,gl(\sin\alpha - \mu \cos\alpha)} =$$

$$= \sqrt{2 \cdot 10\frac{\text{m}}{\text{s}^2} \cdot 5\,\text{m}\,(0{,}342 - 0{,}1 \cdot 0{,}94)} \approx 5\frac{\text{m}}{\text{s}}$$

2.3.4 Impuls, Impulserhaltungssatz

Wird das dynamische Grundgesetz nach (98) in der Form $F_r = m\,a$ geschrieben und werden beide Seiten der Gleichung mit dem Zeitabschnitt $\Delta t = t_2 - t_1$ multipliziert, so ergibt sich:

$$F_r \Delta t = m\,a\,\Delta t = m\frac{\Delta v}{\Delta t}\Delta t = m\,\Delta v$$

Wird also ein Körper der Masse m während des Zeitabschnitts Δt von der Geschwindigkeit v_1 auf v_2 beschleunigt, gilt

$$F_r (t_2 - t_1) = m (v_2 - v_1) \tag{112}$$

F_r	t	m	v
$\text{N} = \dfrac{\text{kgm}}{\text{s}^2}$	s	kg	$\dfrac{\text{m}}{\text{s}}$

Beim Antrieb aus der Ruhe heraus wird

$$F_r t = m v \tag{113}$$

Das Produkt $m\,v$ aus Körpermasse m und Geschwindigkeit v heißt *Impuls* oder *Bewegungsgröße*. Der Impuls ist ein Vektor. Das Produkt $F_r\,t$ heißt *Kraftstoß*:

> Die Zunahme des Impulses eines Körpers ist gleich dem Kraftstoß während der betrachteten Zeit.

Wie die Herleitung zeigt, besteht kein physikalischer Unterschied zum dynamischen Grundgesetz jedoch lässt sich häufig das Geschwindigkeitsgesetz der Bewegung einfacher aufstellen.
Bevorzugt wird dieser Satz angewendet auf den „kräftefreien" Körper, also für den Fall $F_r = 0$. Dann bleibt der Impuls $m\,v$ des Körpers erhalten und es gilt der *Impulserhaltungssatz*:

$$m\,v_2 - m\,v_1 = 0$$
$$m\,v_2 = m\,v_1 = \text{konstant} \qquad (114)$$

Sind also in einem System keine äußeren Kräfte vorhanden oder ist die geometrisch addierte Summe der vorhandenen Kräfte gleich null, bleibt der Impuls $m\,v$ des Systems nach Betrag und Richtung (Vektor) unverändert. Innere Kräfte haben keinen Einfluss auf den Impuls des Systems.

■ **Beispiel:**
Aus einem mit $v_1 = 0{,}5$ m/s Geschwindigkeit auf das Ufer zutreibenden Boot der Gesamtmasse $m_1 = 400$ kg springt ein Mann der Masse $m_2 = 70$ kg mit einer Absolutgeschwindigkeit $v_2 = 2$ m/s in Fahrtrichtung an Land.
Mit welcher Geschwindigkeit v und in welche Richtung bewegt sich das Boot nach dem Absprung des Mannes?

Lösung:
Wird die Flüssigkeitsreibung zwischen Bootswand und Wasser vernachlässigt, gilt der Satz (114), d.h. die Bewegungsgröße $m_1 v_1$ muss gleich der Summe der Impulse des leeren Bootes $(m_1 - m_2)\,v$ und des abspringenden Mannes $m_2 v_2$ sein:

$$m_1 v_1 = (m_1 - m_2)\,v + m_2 v_2$$
$$v = \frac{m_1 v_1 - m_2 v_2}{m_1 - m_2} =$$
$$= \frac{400\ \text{kg} \cdot 0{,}5\ \frac{\text{m}}{\text{s}} - 70\ \text{kg} \cdot 2\ \frac{\text{m}}{\text{s}}}{400\ \text{kg} - 70\ \text{kg}} = 0{,}182\ \frac{\text{m}}{\text{s}}$$

Das positive Vorzeichen bei v zeigt an, dass sich das Boot mit dieser Geschwindigkeit in der ursprünglichen Richtung weiterbewegt.

■ **Beispiel:**
Zum Verschieben von Waggons wird ein Elektro-Waggondrücker verwendet, der eine Schubkraft von 6 000 N entwickelt. Es sollen zwei Waggons von je 18 t Masse mit einer Geschwindigkeit von 2 m/s abgestoßen werden.
Zu berechnen ist die Zeit, die der Drücker wirken muss; Reibungswiderstände bleiben unberücksichtigt.

Lösung:
Beim Antrieb aus der Ruhe heraus gilt (113):

$$F_r\,t = m\,v \quad \text{daraus}$$
$$t = \frac{m\,v}{F_r} = \frac{2 \cdot 18 \cdot 10^3\,\text{kg} \cdot 2\,\frac{\text{m}}{\text{s}}}{6\,000\,\frac{\text{kgm}}{\text{s}^2}}$$
$$t = 12\ \text{s}$$

■ **Beispiel:**
Ein Triebwagen von 10 000 kg Masse fährt mit einer Geschwindigkeit von 30 km/h und wird kurzzeitig 4 s lang gebremst. Dadurch wird eine Bremskraft von 12 000 N ausgelöst. Fahrwiderstand (Reibungswiderstand) bleibt unberücksichtigt.
Wie groß ist die Geschwindigkeit v_2 nach dem Bremsvorgang?

Lösung:
Gegeben: $m = 10^4$ kg

$$v_1 = 30\,\frac{\text{km}}{\text{h}} = \frac{30}{3{,}6}\,\frac{\text{m}}{\text{s}} = 8{,}33\,\frac{\text{m}}{\text{s}}$$

$$F_r = 12\,000\,\frac{\text{kgm}}{\text{s}^2} \qquad \Delta t = 4\ \text{s}$$

Gesucht: v_2

Nach (112) ist $F_r\,\Delta t = m\,(v_1 - v_2) = m\,v_1 - m\,v_2$ und daraus

$$v_1 = \frac{m v_1 - F_r \Delta t}{m} =$$
$$= \frac{10^4\,\text{kg} \cdot 8{,}33\,\frac{\text{m}}{\text{s}} - 1{,}2 \cdot 10^4\,\frac{\text{kgm}}{\text{s}^2} \cdot 4\text{s}}{10^4\,\text{kg}} =$$
$$= 3{,}53\,\frac{\text{m}}{\text{s}}$$

2.3.5 d'Alembert'scher Satz

Das Grundgesetz $F_r = m\,a$ lässt sich auch in der Form $F_r - m\,a = 0$ schreiben. Darin ist F_r die Resultierende aller äußeren Kräfte, m die Masse des Körpers und a die Beschleunigung in Richtung von F_r. Das Produkt $m\,a$ bezeichnet man als *Trägheitskraft*

$$T = m\,a \qquad
\begin{array}{c|c|c}
T & m & a \\
\hline
\text{N} = \frac{\text{kgm}}{\text{s}^2} & \text{kg} & \frac{\text{m}}{\text{s}^2}
\end{array}
\qquad (115)$$

womit das dynamische Grundgesetz die Form einer statischen Gleichgewichtsbedingung erhält.

$$\Sigma F = 0$$
$$F_r - T = 0 \qquad (116)$$

Danach gilt der *Satz von d'Alembert*:

> Bewegt sich ein Körper unter der Einwirkung äußerer Kräfte beschleunigt, kann das Kräftesystem trotzdem als im Gleichgewicht befindlich betrachtet werden, wenn zur Resultierenden F_r eine gleich große *gegensinnige* Trägheitskraft $T = m\,a$ hinzugefügt wird.
> Innere Kräfte spielen keine Rolle.

Kürzer:

An jedem Körper stehen die äußeren Kräfte und die Trägheitskräfte im Gleichgewicht (siehe B Physik).

Beachte: Die Trägheitskraft T ist immer der Beschleunigung (oder Verzögerung) entgegengerichtet.

Arbeitsplan
Körper frei machen.
Beschleunigungsrichtung eintragen.
Trägheitskraft $T = m\,a$ entgegengesetzt zur Beschleunigungsrichtung eintragen, Gleichgewichtsbedingungen unter Einschluss der Trägheitskraft ansetzen.

Wie in der Statik kann jede Aufgabe dieser Art zeichnerisch oder rechnerisch gelöst werden.

Fehlerwarnung: Die Trägheitskräfte sind gedachte *Hilfskräfte*; sie dürfen daher nur *dann* am Körper angebracht werden, wenn nach d'Alembert – also mit Gleichgewichtsansatz – gearbeitet werden soll; keinesfalls also beim Grundgesetz oder Wuchtsatz oder Impulssatz.

■ **Beispiel:**

Ein Auto von 1 000 kg Masse wird auf ebener Straße so gebremst, dass es gerade ohne zu gleiten mit einer Verzögerung von 3 m/s² bremst. Sein Achsabstand beträgt 3 m, sein Schwerpunkt liegt in der Fahrzeugmitte 0,6 m über der Straße. Es werden nur die Hinterräder abgebremst.
Zu berechnen sind die Stützkräfte an Vorder- und Hinterachse beim Bremsen.

Lösung:

Aus der Skizze des frei gemachten Autos lassen sich die drei Gleichgewichtsbedingungen der Statik ablesen (Bild 30):

$$\text{I.}\; \Sigma F_x = 0 = -F_R + T = -F_B\mu + m\,a$$

$$\text{II.}\; \Sigma F_y = 0 = -F_G + F_A + F_B$$

$$\text{III.}\; \Sigma M_{(B)} = 0 = -F_G\,\frac{l}{2} + F_A l - T h$$

$$F_A = \frac{F_G\,\dfrac{l}{2} + T h}{l} = \frac{m\,g\,l + 2\,m\,a\,h}{2\,l} =$$

$$= \frac{m\,(g\,l + 2\,a\,h)}{2\,l}$$

$$F_A = \frac{1000\,\text{kg}\,(10\,\frac{\text{m}}{\text{s}^2}\cdot 3\,\text{m} + 2\cdot 3\,\frac{\text{m}}{\text{s}^2}\cdot 0,6\,\text{m})}{2\cdot 3\,\text{m}}$$

$$F_A = 5\,600\,\frac{\text{kgm}}{\text{s}^2} = 5\,600\,\text{N}$$

$$F_B = F_G - F_A = mg - F_A =$$

$$= 1\,000\,\text{kg}\cdot 10\,\frac{\text{m}}{\text{s}^2} - 5\,600\,\frac{\text{kgm}}{\text{s}^2} = 4\,400\,\text{N}$$

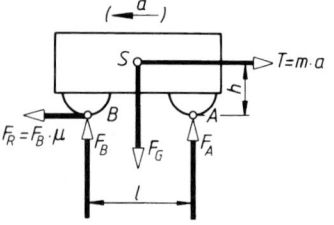

Bild 30. Auto frei gemacht
F_A, F_B Stützkräfte
F_G Gewichtskraft
F_R Reibungskraft

2.4 Dynamik der Drehung (Rotation) des starren Körpers

2.4.1 Dynamisches Grundgesetz für die Drehung um eine feste Achse

Das dynamische Grundgesetz (98) gilt für jedes Masseteilchen Δm des sich drehenden Körpers (Bild 31):
Tangentialkraft $\Delta F_T = \Delta m\,a_T$. Werden beide Seiten der Gleichung mit dem Radius r multipliziert, ergibt sich $\Delta F_T\,r = \Delta m\,a_T\,r$.

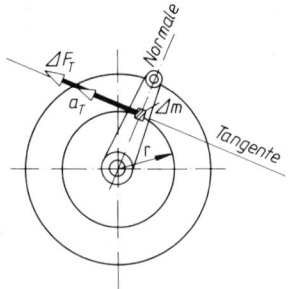

Bild 31. Tangentialkraft ΔF_T und Beschleunigung a_T des Masseteilchens einer gleichmäßig beschleunigt umlaufenden Kurbel

Darin ist $\Delta F_T\,r$ (Kraft mal Hebelarm) das Teildrehmoment der Tangentialkraft ΔF_T bezüglich der Drehachse. Wird die Summe aller Teilmomente gebildet, erscheint auf der linken Gleichungsseite das resultierende Drehmoment aller am Körper angreifenden Tangentialkräfte.

$$\begin{aligned}
\Sigma \Delta F_T\,r &= \Sigma \Delta m\,a_T\,r\\
M_r &= \Sigma \Delta m\,a_T\,r \quad \text{für } a_T = \alpha\,r \text{ eingesetzt:}\\
M_r &= \Sigma \Delta m\,\alpha\,r\,r
\end{aligned}$$

Mit Tangentialbeschleunigung $a_T = \alpha r$ nach (47) erscheint in der letzten Gleichung der Ausdruck $\Sigma \Delta m r^2$; er heißt *Trägheitsmoment*

$$J = \Sigma \Delta m r^2 \qquad \begin{array}{c|c|c} J & m & r \\ \hline \mathrm{kgm^2} & \mathrm{kg} & \mathrm{m} \end{array} \qquad (117)$$

weil von dieser Größe die *Trägheit* des Körpers gegen die Wirkung beschleunigender und verzögernder Kräfte abhängt.

Für die Drehung eines Körpers um eine raumfeste Achse nimmt damit das *dynamische Grundgesetz für die Drehung* die Form an:
Resultierendes Moment M_r = Trägheitsmoment J multipliziert mit der Winkelbeschleunigung α.

$$M_r = J\,\alpha \qquad \begin{array}{c|c|c} M_r & J & \alpha \\ \hline \mathrm{Nm} = \dfrac{\mathrm{kgm^2}}{\mathrm{s^2}} & \mathrm{kgm^2} & \dfrac{1}{\mathrm{s^2}} \end{array} \qquad (118)$$

Ist die Winkelbeschleunigung α konstant, ist die Drehung gleichmäßig beschleunigt. Es muss dann bezüglich der Drehachse ein gleich bleibendes resultierendes Drehmoment wirken.

2.4.2 Trägheitsmoment J (Massenmoment 2. Grades), Trägheitsradius i

2.4.2.1 Definition des Trägheitsmoments. Das Trägheitsmoment J eines Körpers in Bezug auf eine gegebene Achse ist festgesetzt als Summe (genauer: Grenzwert der Summe) aller Masseteilchen Δm, jedes multipliziert mit dem Quadrat seines Abstands r von der Drehachse; siehe Definitionsgleichung (117). Aus dieser ergibt sich auch die Einheit für das Trägheitsmoment:

$$(J) = (m) \cdot (r^2) = \mathrm{kg} \cdot \mathrm{m^2} \qquad (119)$$

Der Zahlenwert dieses Summenausdrucks muss wegen r^2 immer positiv sein. Er lässt sich bei geometrisch einfachen Körpern berechnen, bei beliebigen Körperformen zeichnerisch, durch Bremsversuche oder durch Schwingungsversuche am Körper oder am maßstäblichen Modell bestimmen. Gegenüber der geradlinigen Bewegung kommt es bei der Drehung nicht nur auf den *Betrag* der Masse an, sondern auch auf deren *Verteilung* um die Drehachse. Je mehr Masseteilchen einen großen Abstand von der Drehachse besitzen, um so schwerer ist es, den Körper zu beschleunigen (zu verzögern). Für bestimmte Querschnittsformen lässt sich das Trägheitsmoment J nach den in Tabelle 3 angegebenen Gleichungen berechnen.

2.4.2.2 Verschiebesatz (Satz von Steiner). Die fertigen Gleichungen nach Tabelle 3 sind ausnahmslos auf eine durch den Masseschwerpunkt S gehende Achse bezogen. Liegt der Schwerpunkt S nicht auf der gegebenen Drehachse O und sind beide Achsen um den Abstand l parallel verschoben, muss das Trägheitsmoment für die Achse O nach dem Verschiebesatz berechnet werden:

Trägheitsmoment für gegebene parallele Drechachse $O - O$	=	Trägheitsmoment für parallele Schwerachse $S - S$	+	Masse m mal Abstandsquadrat l^2 der beiden Achsen

$$J_O = J_S + m\,l^2 \qquad \begin{array}{c|c|c} J_O, J_S & m & l \\ \hline \mathrm{kgm^2} & \mathrm{kg} & \mathrm{m} \end{array} \qquad (120)$$

Eine der beiden Achsen muss immer Schwerachse sein und beide müssen parallel zueinander laufen. Ist der Abstand l gleich null, fällt das Glied $m \cdot l^2$ weg. Demnach ist das Trägheitsmoment J mehrerer Körper oder mehrerer Teile eines Körpers in Bezug auf die *gleiche* gegebene Drehachse einfach gleich der Summe der Teilträgheitsmomente J_1, J_2, J_3 ... in Bezug auf diese gegebene Achse:

$$J = J_1 + J_2 + J_3 + ... \qquad (121)$$

(gilt nur, wenn Teil- und Gesamtschwerachse zusammenfallen). Herleitung des Verschiebesatzes (Bild 32)

$$J_O = \Sigma \Delta m r^2 = \Sigma \Delta m\,(l + \rho)^2 = \Sigma \Delta m\,(l^2 + 2l\rho + \rho^2)$$
$$J_O = l^2 \Sigma \Delta m + 2l\,\Sigma \Delta m \rho + \Sigma \Delta m \rho^2$$
$$\Sigma \Delta m = \text{Gesamtmasse } m$$
$$J_O = l^2 m \quad + \quad 0 \quad + \quad J_S$$
$$J_O = J_S + m\,l^2 \quad \text{wie (120)}$$

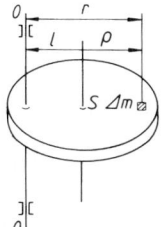

Bild 32. Verschiebesatz für Schwerachse S und gegebene parallele Drehachse O

Der Ausdruck $\Sigma \Delta m$ des ersten Gliedes ist die Masse m des Körpers, sodass sich $l^2\,m$ ergibt. Der Ausdruck $\Sigma \Delta m \rho$ des zweiten Gliedes ist die Summe der Drehmomente aller Masseteilchen in Bezug auf die *Schwerachse* der Masse m; der Zahlenwert muss daher null ergeben; siehe dazu Momentensatz der Statik. Der Ausdruck $\Sigma \Delta m \rho^2$ des dritten Gliedes ist das Trägheitsmoment der Masse m in Bezug auf die Schwerachse S: $J_S = \Sigma \Delta m \rho^2$, kann also nach den Gleichungen aus Tabelle 3 berechnet werden.

Tabelle 3. Gleichungen für Trägheitsmomente J

Art des Körpers	Trägheitsmoment J (J_x um die x-Achse; J_z um die z-Achse); ρ Dichte
Rechteck, Quader	$J_x = \dfrac{1}{12}m(b^2+h^2) = \dfrac{1}{12}\rho\,h\,b\,s\,(b^2+h^2)$ bei geringer Plattendicke s ist $J_z = \dfrac{1}{12}mh^2 = \dfrac{1}{12}\rho\,b\,h^3 s \qquad J_0 = \dfrac{1}{3}mh^2 = \dfrac{1}{3}\rho\,b\,h^3 s$ Würfel mit Seitenlänge a: $J_x = J_z = m\dfrac{a^2}{6}$
Kreiszylinder	$J_x = \dfrac{1}{2}mr^2 = \dfrac{1}{8}md^2 = \dfrac{1}{32}\rho\pi\,d^4 h = \dfrac{1}{2}\rho\pi\,r^4 h$ $J_z = \dfrac{1}{16}m\left(d^2+\dfrac{4}{3}h^2\right) = \dfrac{1}{64}\rho\pi\,d^2 h\left(d^2+\dfrac{4}{3}h^2\right)$
Hohlzylinder	$J_x = \dfrac{1}{2}m(R^2+r^2) = \dfrac{1}{8}m(D^2+d^2) = \dfrac{1}{32}\rho\pi\,h\ (D^4-d^4)$ $J_x = \dfrac{1}{2}\rho\pi\,h\,(R^4-r^4)$ $J_z = \dfrac{1}{4}m\left(R^2+r^2+\dfrac{1}{3}h^2\right) = \dfrac{1}{16}m\left(D^2+d^2+\dfrac{4}{3}h^2\right)$
Zylindermantel	$J_x = \dfrac{1}{4}m\,d_\mathrm{m}^{\,2} = \dfrac{1}{4}\rho\pi\,d_\mathrm{m}^{\,3}\,h\,s$ $J_z = \dfrac{1}{8}m\left(d_\mathrm{m}^{\,2}+\dfrac{2}{3}h^2\right) = \dfrac{1}{8}\rho\pi\,d_\mathrm{m}\,h\,s\left(d_\mathrm{m}^{\,2}+\dfrac{2}{3}h^2\right)$ Hohlzylinder mit Wanddicke $s = \dfrac{1}{2}(D-d)$ sehr klein im Verhältnis zum mittleren Durchmesser $d_\mathrm{m} = \dfrac{1}{2}(D+h)$
Kreiskegel	$J_x = \dfrac{3}{10}mr^2$ Kreiskegelstumpf: $J_x = \dfrac{3}{10}m\dfrac{r_2^{\,5}-r_1^{\,5}}{r_2^{\,3}-r_1^{\,3}}$ r_2 Grundkreisradius r_1 Deckkreisradius
Kugel	$J_x = \dfrac{2}{5}mr^2 = \dfrac{1}{10}md^2 = \dfrac{1}{60}\rho\pi\,d^5 = \dfrac{8}{15}\rho\pi\,r^5$
Hohlkugel (Kugelschale)	$J_x = J_z = \dfrac{1}{6}m\,d_\mathrm{m}^{\,2} = \dfrac{1}{6}\rho\pi\,d_\mathrm{m}^{\,4}\,s$ Wanddicke $s = \dfrac{1}{2}(D-d)$ sehr klein im Verhältnis zum mittleren Durchmesser $d_\mathrm{m} = \dfrac{1}{2}(D+d)$
Ring	$J_z = m\left(R^2+\dfrac{3}{4}r^2\right) = \dfrac{1}{4}m\left(D^2+\dfrac{3}{4}d^2\right) \qquad m = 2\pi^2 r^2 R\,\rho$ $J_z = \dfrac{1}{16}\rho\pi^2 D\,d^2(D^2+\dfrac{3}{4}d^2) = \dfrac{1}{4}m D^2\left[1+\dfrac{3}{4}\left(\dfrac{d}{D}\right)^2\right]$

2.4.2.3 Trägheitsradius i ist derjenige Abstand von der gegebenen Drehachse, in dem man die punktförmig gedachte Masse m des Körpers anbringen muss, um das Trägheitsmoment J des Körpers zu erhalten. Trägheitsmoment J = Masse m · Trägheitsradius-Quadrat i^2

$$J = m\,i^2 \tag{122}$$

$$i = \sqrt{\dfrac{J}{m}} \qquad \begin{array}{c|c|c} J & m & i \\ \hline \mathrm{kgm^2} & \mathrm{kg} & \mathrm{m} \end{array} \tag{123}$$

2.4.2.4 Reduzierte Masse m_red. Denkt man sich die verteilte tatsächliche Masse m des Körpers im willkürlichen Abstand r von der Drehachse angebracht, wobei das Trägheitsmoment eingehalten werden soll, dann spricht man von der *reduzierten Masse* m_red. Je nach Wahl des Abstands r erhält man einen anderen Wert für m_red. Jedoch lässt sich auch gerade derjenige Radius finden, für den die Ersatzmasse gleich der tatsächlich vorliegenden wird. Dieser Radius heißt *Trägheitsradius* i:

$$J = m_{\text{red}}\, r^2 \qquad\qquad m_{\text{red}} = \frac{J}{r^2} \qquad (124)$$

$$r = \sqrt{\frac{J}{m_{\text{red}}}} = \sqrt{\frac{J}{m}} = i \qquad (125)$$

2.4.2.5 Reduktion von Trägheitsmomenten heißt die Rückführung der Trägheitsmomente aller Massen des betrachteten Systems, z.B. eines Rädertriebes, auf eine einzige Welle.

Sind $J_1, J_2, J_3 \dots$ die Trägheitsmomente der einzelnen auf Welle 1, 2, 3 ... drehenden Massen und ω_1, ω_2, ω_3, ... ihre Winkelgeschwindigkeiten, ist ihre gesamte

Rotationsenergie

$$E_{\text{rot}} = \frac{1}{2}\left(J_1\omega_1^2 + J_2\omega_2^2 + J_3\omega_3^2 + \dots\right) =$$

$$= \frac{1}{2}\,\omega_1^2 \underbrace{\left(J_1 + J_2\frac{\omega_2^2}{\omega_1^2} + J_3\frac{\omega_3^2}{\omega_1^2} + \dots\right)}_{J_{\text{red}}}$$

$$E_{\text{rot}} = \frac{1}{2}\,\omega_1^2\, J_{\text{red}} \qquad (126)$$

$$J_2\frac{\omega_2^2}{\omega_1^2};\ J_3\frac{\omega_3^2}{\omega_1^2} \dots \text{ sind darin die auf Welle 1}$$

reduzierten (bezogenen) Trägheitsmomente

Statt der Winkelgeschwindigkeiten ω können auch die Drehzahlen n eingesetzt werden. *Reduktion der Trägheitsmomente* $J_1, J_2, J_3, \dots$ bei Getrieben

$$J_{\text{red}} = J_1 + J_2\left(\frac{\omega_2}{\omega_1}\right)^2 + J_3\left(\frac{\omega_3}{\omega_1}\right)^2 + \dots$$

$$J_{\text{red}} = J_1 + J_2\left(\frac{n_2}{n_1}\right)^2 + J_3\left(\frac{n_3}{n_1}\right)^2 + \dots \qquad (127)$$

Das *resultierende Beschleunigungsmoment* der Antriebsachse 1 ist dann nach (118)

$$M_{\text{r}} = J_{\text{red}}\, \alpha_1$$

2.4.3 Bewegungsenergie bei Drehung Drehenergie oder Drehwucht)

Die Definitionsgleichung für die kinetische Energie

$E_{\text{kin}} = \frac{m}{2}\,v^2$ gilt auch für die Drehung des Körpers

mit der Geschwindigkeit v. Mit den entsprechenden Größen, insbesondere $v = \omega r$ nach (38) wird für ein Masseteilchen Δm die *Rotationsenergie (Drehenergie oder Drehwucht)*:

$$E_{\text{rot}} = \Sigma\frac{\Delta m}{2}(\omega r)^2 = \frac{\omega^2}{2}\Sigma\Delta m\, r^2 \qquad (128)$$

Darin ist der Ausdruck $\Sigma\Delta m\, r^2$ das auf die Drehachse bezogene *Trägheitsmoment* J, also die Summe der Massenteilchen, jedes multipliziert mit dem Quadrat seines Abstands von der Drehachse. Damit wird die *Rotationsenergie* oder *Drehwucht*

$$E_{\text{rot}} = J\,\frac{\omega^2}{2} \qquad (129)$$

E_{rot}	J	ω
$J = Nm = \dfrac{\text{kgm}^2}{\text{s}^2}$	kgm^2	$\dfrac{1}{\text{s}}$

E_{rot} ist gleich der vom Körper aus dem Ruhezustand heraus aufgespeicherten Beschleunigungsarbeit $E = J\,\omega^2/2$ nach (83). Die Drehwucht ist eine skalare Größe.

2.4.4 Energieerhaltungssatz für Rotation (Wucht- oder Arbeitssatz)

Er kennzeichnet den Zusammenhang zwischen Beschleunigungsarbeit W und Drehwucht E_{rot}:

> Der Zuwachs an Drehwucht (oder der Unterschied zwischen der Drehwucht $E_{\text{rot\,E}}$ am Ende des Vorgangs und der Drehwucht $E_{\text{rot\,A}}$ am Anfang) ist gleich der von den angreifenden Drehmomenten $M_1, M_2, M_3 \dots$ (oder dem resultierenden Drehmoment M_{r}) verrichteten Arbeit W.

$$W = \Sigma M\,\Delta\varphi = M_{\text{r}}\,\varphi = E_{\text{rot\,E}} - E_{\text{rot\,A}} =$$

$$= \frac{J}{2}\,\omega_{\text{E}}^2 - \frac{J}{2}\,\omega_{\text{A}}^2$$

$$W = \frac{J}{2}\left(\omega_{\text{E}}^2 - \omega_{\text{A}}^2\right) \qquad (130)$$

(*Wuchtsatz oder Arbeitssatz*)	W	J	ω
$J = Nm = \dfrac{\text{kgm}^2}{\text{s}^2}$		kgm^2	$\dfrac{1}{\text{s}}$

Der Energiezuwachs ist also gleich der vom Körper aufgespeicherten Beschleunigungsarbeit nach (82).
Der Wuchtsatz ist ein Sonderfall des allgemeinen Energieerhaltungssatzes (107), zugeschnitten auf die mechanischen Energieformen:

E_{E}	$=$	E_{A}	$+$	$W_{\text{zu}} - W_{\text{ab}}$
$\dfrac{J}{2}\,\omega_{\text{E}}^2$	$=$	$\dfrac{J}{2}\,\omega_{\text{A}}^2$	$\pm$	$M_{\text{r}}\,\varphi$
Drehwucht am Ende des Vorgangs	$=$	Drehwucht am Anfang des Vorgangs	$\pm$	zu- oder abgeführter Arbeit des resultierenden Drehmoments aller Kräfte

(131)

2.4.5 Drehimpuls (Drall)

Werden beide Seiten des dynamischen Grundgesetzes für die Drehung (118) $M_r = J\,\alpha$ mit dem Zeitabschnitt $\Delta t = t_2 - t_1$ multipliziert, ergibt sich:

$$M_r\,\Delta t = J\alpha\,\Delta t = J\,\frac{\Delta\omega}{\Delta t}\Delta t = J\Delta\omega$$

Wird also ein Körper der Masse m bzw. des Trägheitsmoments J während des Zeitabschnitts Δt durch ein konstantes resultierendes Drehmoment M_r von der Winkelgeschwindigkeit ω_1 auf ω_2 beschleunigt, gilt:

$$M_r\,(t_2 - t_1) = J\,(\omega_2 - \omega_1) \qquad (132)$$

M_r	t	J	ω
$\mathrm{Nm} = \dfrac{\mathrm{kgm}^2}{\mathrm{s}^2}$	s	kgm^2	$\dfrac{1}{\mathrm{s}}$

Beim Antrieb aus der Ruhe heraus wird $M_r\,t = J\,\omega$.

Das Produkt $J\,\omega$ aus Trägheitsmoment J und Winkelgeschwindigkeit ω heißt *Drehimpuls* oder *Drall* des Körpers. Er ist ein Vektor. Das Produkt $M_r\,t$ heißt *Momentenstoß* des resultierenden Drehmoments aller *äußeren* Kräfte bezüglich der Drehachse:

> Die Zunahme des Drehimpulses eines Körpers ist gleich dem Momentenstoß des resultierenden Moments während der betrachteten Zeit.

Wie die Herleitung des Satzes zeigt, besteht kein physikalischer Unterschied zum dynamischen Grundgesetz.
Bevorzugt wird der Satz auf den „kräftefreien" Körper angesetzt, also für den Fall $M_r = 0$. Dann bleibt der Drehimpuls (Drall) des Körpers erhalten und es gilt:

> $J\omega_2 - J\omega_1 = 0 \quad J\omega_2 = J\omega_1 = \text{konstant}$
>
> *Impulserhaltungssatz*

$$(133)$$

> Wirken also auf ein System keine äußeren Drehmomente oder ist deren Summe gleich null, so bleibt der Drehimpuls $J\omega$ des Systems nach Betrag und Richtung unverändert.
> Innere Kräfte haben keinen Einfluss auf den Drehimpuls (Drall) des Systems.

2.4.6 Fliehkraft

Bei der Drehung des Körpers der Masse m um eine nicht durch den Schwerpunkt gehende Achse bezeichnet man die durch den Schwerpunkt gehende und vom Drehpunkt weg gerichtete Trägheitskraft als

Fliehkraft F_z (Zentrifugalkraft). Sie ist gleich groß gegensinnig der Zentripetalkraft F_N nach Gleichung (100):

$$F_z = m\,r_s\omega^2 = m\,\frac{v^2}{r_s} \qquad (134)$$

F_z	r_s	ω	m	v
$\mathrm{N} = \dfrac{\mathrm{kgm}}{\mathrm{s}^2}$	m	$\dfrac{1}{\mathrm{s}}$	kg	$\dfrac{\mathrm{m}}{\mathrm{s}}$

Darin ist r_s der Abstand des Körperschwerpunkts S von der Drehachse, ω die Winkelgeschwindigkeit des Schwerpunkts um die Drehachse und v seine Umfangsgeschwindigkeit. Die Wirklinie der Fliehkraft geht nur dann durch den Körperschwerpunkt, wenn der Körper eine zur Drehachse parallele Symmetrieachse besitzt. Ist $r_s = 0$, d.h., geht die Drehachse durch den Schwerpunkt S des Körpers, ist die resultierende Fliehkraft gleich null.

Beachte: Die Zentrifugalkraft oder Fliehkraft F_z ist keine am sich drehenden Körper wirklich angreifende Kraft. Sie wird vielmehr als Hilfskraft (Trägheitskraft nach d'Alembert) nur hinzugedacht, um für den frei gemachten, sich gleichförmig drehenden Körper die Gleichgewichtsbedingungen der Statik ansetzen zu können.

Je nach Lage der Drehachse kann die Fliehkraft auch eine Momentwirkung erzeugen. Bild 33 soll das erläutern: Ein Körper dreht sich mit der Winkelgeschwindigkeit ω um die z-Achse. Die Zentrifugalkraft ΔF_z des Masseteilchens Δm erzeugt je ein Moment um die

x-Achse: $\Delta M_{(x)} = \Delta F_z \sin\alpha\,z = \Delta m\,r\,\omega^2 \sin\alpha\,z =$
$\qquad\qquad = \omega^2 z\,y\,\Delta m;\; (r\sin\alpha = y)$

y-Achse: $\Delta M_{(y)} = -\Delta F_z \cos\alpha\,z =$
$\qquad\qquad = -\omega^2 z\,x\,\Delta m;\; (r\cos\alpha = x)$

z-Achse: $\Delta M_{(z)} = 0$

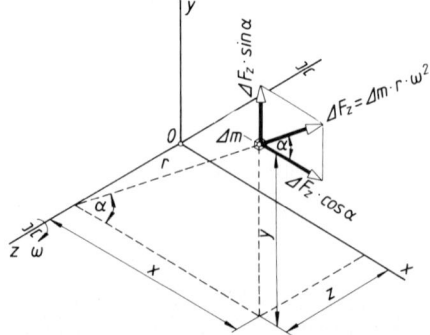

Bild 33. Zentrifugalkraft ΔF_z des Massenteilchens Δm um die z-Achse

Das Gesamtmoment $M_{(x)}$ bzw. $M_{(y)}$ ist die Summe aller Teilmomente.

$$M_{(x)} = \Sigma \Delta M_{(x)} \qquad M_{(y)} = \Sigma \Delta M_{(y)}$$

Die *statischen Momente der Zentrifugalkräfte* sind

$$M_{(x)} = \omega^2 \Sigma\, y\, z\, \Delta m = \omega^2 J_{yz} \tag{135}$$
$$M_{(y)} = \omega^2 \Sigma\, x\, z\, \Delta m = \omega^2 J_{xz}$$

Die Summenausdrücke der Form $\Sigma\, y\, z\, \Delta m$ heißen *Zentrifugalmoment*

$$J_{yz} = \Sigma\, y\, z\, \Delta m \tag{136}$$

Wie (135) zeigt, werden die Momente der Zentrifugalkräfte gleich null, wenn $J_{yz} = J_{xz} = 0$ ist. Das ist der Fall, wenn die Drehachse eine so genannte Hauptträgheitsachse (HTA) ist. Bei Symmetriekörpern ist jede zur Symmetrieebene rechtwinklige Schwerachse eine HTA.

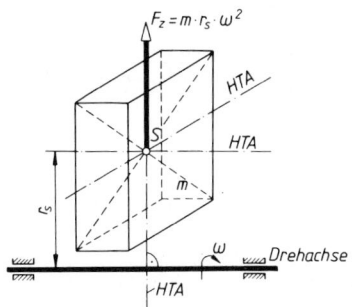

Bild 34. Drehachse parallel zur Hauptträgheitsachse (HTA)

Für die *praktische Rechnung* sind folgende Fälle zu unterscheiden:

Fall 1: Die Drehachse ist zugleich eine durch den Schwerpunkt S des Körpers gehende HTA. Es entsteht dann weder eine resultierende Zentrifugalkraft F_z noch ein Drehmoment der Zentrifugalkräfte.

Fall 2: Die Drehachse (Bild 34) liegt parallel oder rechtwinklig zu einer durch den Schwerpunkt S des Körpers oder Massensystems gehende HTA (= Symmetrieachse). Es entsteht nur eine Einzelfliehkraft $F_z = m\, r_s\, \omega^2$ nach (134), deren Wirklinie durch den Schwerpunkt S geht und rechtwinklig zur Drehachse steht. Die Fliehkraft besitzt kein Drehmoment in Bezug auf eine der Achsen.

Fall 3: Die Drehachse (Bild 35) geht durch den Schwerpunkt S, bildet aber mit der HTA den Winkel α. Es entsteht keine resultierende Zentrifugalkraft, sondern ein Kräftepaar, das um die rechtwinklig zur Zeichenebene stehende x-Achse dreht und von den Lagern aufgenommen werden muss.

Das Zentrifugalmoment des Zylinders (auch Scheibe) nach Bild 35 wird

$$J_{yz} = \frac{m}{8}\sin 2\alpha \left(r^2 - \frac{h^2}{3}\right) \tag{137}$$

$\dfrac{\mathrm{J}}{\mathrm{kgm^2}}$	$\dfrac{m}{\mathrm{kg}}$	$\dfrac{r,\,h}{\mathrm{m}}$

Die Zentrifugalkraft jeder Zylinderhälfte der Masse

$$m_1 = m_2 \text{ beträgt } F_{z1} = F_{z2} = F_z = \frac{m}{2}r_s \omega^2$$

Sie bilden das Drehmoment:
$M_{(x)} = \omega^2 J_{yz} = F_A l = F_B l$; woraus sich die Stützkräfte bestimmen lassen (hier $F_A = F_B$). Der Hebelarm l_z des Trägheitskräftepaares mit den Teilkräften F_z wird nach Bild 35:

$$M_{(x)} = \omega^2 J_{yz} = 2 F_z l_z = 2\frac{m}{2}r_s \omega^2\, l_z \text{ und daraus}$$

$$l_z = \frac{J_{yz}}{m\, r_s} \tag{138}$$

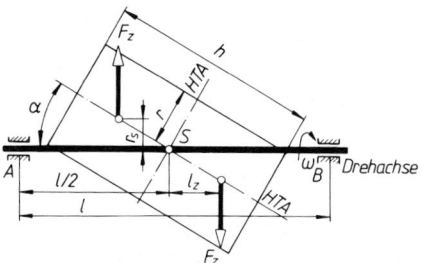

Bild 35. Zylinder (Scheibe); Drehachse durch Schwerpunkt S, aber unter α zur HTA

Sollen die Stützkräfte gleich null werden, muss ein gleich großes, entgegengesetztes Zentrifugalmoment angebracht werden (Massenzusatz). Dann ist die Symmetrie des Massensystems hergestellt und die Drehachse zugleich HTA geworden (Fall 1). (Über den Angriffspunkt der Zentrifugalkräfte des Kräftepaares siehe Schleifscheibenbeispiel).

Fall 4: Die Drehachse (Bild 36) geht nicht durch den Schwerpunkt S und bildet mit der HTA den Winkel α. Es entsteht eine resultierende Einzelfliehkraft F_z, die nicht durch den Schwerpunkt geht, also auch ein Drehmoment $M_{(x)}$ der Zentrifugalkraft:

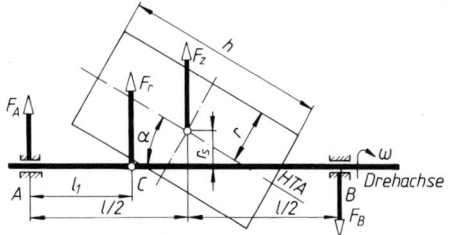

Bild 36. Zylinder (Scheibe) mit beliebig verlaufender Drehachse

Einzel-Zentrifugalkraft $F_z = m\, r_s\, \omega^2$; verursacht durch die Exzentrizität des Schwerpunkts S. F_z greift im Schwerpunkt S an.

Das Drehmoment

$$M_{(x)} = \omega^2 J_{yz} = \omega^2\left[\frac{m}{8}\sin 2\alpha\left(r^2 - \frac{h^2}{3}\right)\right]$$

(für Zylinder oder Scheibe)

wird durch die Neigung der Drehachse zur HTA verursacht; $M_{(x)}$ dreht um die rechtwinklig zur Zeichenebene stehende x-Achse und muss von den Stützlagern aufgenommen werden. Einzel-Zentrifugalkraft und Drehmoment $M_{(x)}$ lassen sich zu einer Resultierenden F_r zusammenfassen, die $F_r = F_z = m\, r_s\, \omega^2$ ist. Ihr Angriffspunkt ist nach dem Momentensatz zu ermitteln. Mit den Bezeichnungen in Bild 36 gilt:

$$F_r\, l_1 = \frac{F_z\, l}{2} - M_{(x)} \quad \text{mit } F_r = F_z \text{ und } M_{(x)} = J_{yz}\, \omega^2$$

wird der *Angriffspunkt der resultierenden Zentrifugalkraft*

$$l_1 = \frac{l}{2} - \frac{J_{yz}\, \omega^2}{m\, r_s\, \omega^2} = \frac{l}{2} - \frac{J_{yz}}{m\, r_s} \tag{139}$$

Die Teilmassen der Körper brauchen nicht – wie in Bild 36 – in einer Ebene zu liegen. Soll die Welle dynamisch ausgewuchtet sein, dürfen die Lager weder Zentrifugalkräfte noch Zentrifugalmomente aufgenommen haben. Auf besonderen Auswuchtmaschinen werden Größe und Lage solcher Unwuchten festgestellt und durch Anbringen von Zusatzmassen in geeigneten Punkten beseitigt.

■ **Beispiel:**
   Es sind die Spannungen im Schnitt $A - B$ des mit der Winkelgeschwindigkeit ω (bzw. Umfangsgeschwindigkeit v) umlaufenden dünnen Ringes nach Bild 37 zu berechnen.

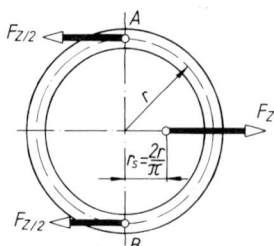

Bild 37. Berechnung der Zugspannung im umlaufenden Ring

Lösung:
   Das innere Kräftesystem jeder Schnittstelle besteht aus der Normalkraft $F_z / 2$ = halber Fliehkraft F_z. Die Fliehkraft F_z greift im Schwerpunkt der Halbkreislinie mit dem Radius r an.

Nach Kapitel 1 (41) ist $r_s = 2\, r / \pi$. In jedem Ringquerschnitt des Schnittes $A - B$ treten Normalspannungen σ auf, die nach der Zughauptgleichung berechnet werden können:

$$\sigma = \frac{F_z}{2A} = \frac{m\, r_s\, \omega^2}{2A}$$

A = Ringquerschnitt; $m = r\, \pi\, A\, \rho$; $r_s = 2\dfrac{r}{\pi}$

$$\sigma = \frac{r\, \pi\, A\, r_s\, \rho\, \omega^2}{2A} = \frac{r\, \pi\, \rho\, r_s\, \omega^2}{2} = r^2\, \omega^2\, \rho$$

Mit $r^2\, \omega^2 = v^2$ (= Umfangsgeschwindigkeit auf mittlerem Kreisbogen mit Radius r) wird die *Normalspannung im umlaufenden Ring*

$$\sigma = v^2\, \rho \qquad \begin{array}{c|c|c} \sigma & v & \rho \\ \hline \dfrac{\mathrm{N}}{\mathrm{m}^2} & \dfrac{\mathrm{m}}{\mathrm{s}} & \dfrac{\mathrm{kg}}{\mathrm{m}^3} \end{array} \tag{140}$$

Zahlenbeispiel: Mit Umfangsgeschwindigkeit $v = 30$ m/s und Dichte $\rho = 7\,800$ kg/m³ (Stahl) wird

$$\sigma = 30^2\, \frac{\mathrm{m}^2}{\mathrm{s}^2} \cdot 7800\, \frac{\mathrm{kg}}{\mathrm{m}^3} = 7{,}02 \cdot 10^6\, \frac{\mathrm{kg\,m}}{\mathrm{s}^2 \mathrm{m}^2} =$$

$$= 7{,}02 \cdot 10^6\, \frac{\mathrm{N}}{\mathrm{m}^2} = 7{,}02 \cdot 10^{-3}\, \frac{\mathrm{N}}{\mathrm{mm}^2}$$

■ **Beispiel:**
   Die Drehachse z der Schleifspindel in Bild 38 geht durch den Schwerpunkt S der schief sitzenden Schleifscheibe. Drehachse und Hauptträgheitsachse der Scheibe schließen also den Winkel $\alpha = 1°$ ein. Die Scheibe läuft mit $n = 1\,460$ U/min um.
   Gegeben: Masse der Schleifscheibe $m_1 = 60$ kg; der Welle $m_2 = 20$ kg; der Riemenscheibe $m_3 = 10$ kg; resultierende Riemenzugkraft $F_s = 700$ N.
   Gesucht: Stützkräfte F_A, F_B.

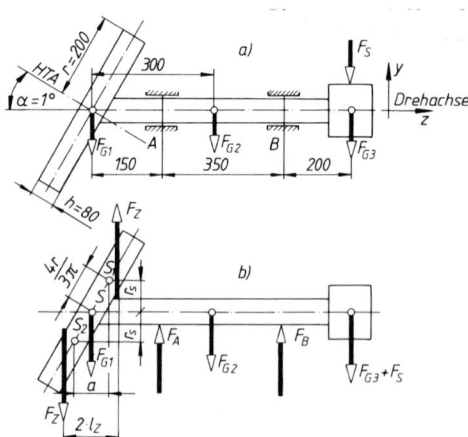

Bild 38. Schleifspindel mit schief sitzender Schleifscheibe; Fall 3
a) Lageplan
b) Spindel mit Scheibe frei gemacht

Lösung:

Die von den statischen Lasten hervorgerufenen Stützkräfte F_{A0}, F_{B0} werden mit Hilfe der statischen Gleichgewichtsbedingungen berechnet:

I. $\Sigma F_x = 0$
II. $\Sigma F_y = 0 = -F_{G1} + F_{A0} - F_{G2} + F_{B0} - (F_{G3} + F_S)$
III. $\Sigma M_{(A)} = 0 = +F_{G1} \cdot 0{,}15 \text{ m} - F_{G2} \cdot 0{,}15 \text{ m} + $
$+ F_{B0} \cdot 0{,}35 \text{ m} - (F_{G3} + F_S) \cdot 0{,}55 \text{ m}$

Für $F_G = mg$ eingesetzt und nach F_{B0} aufgelöst:

$$F_{B0} = \frac{m_2 g \cdot 0{,}15 \text{ m} + (m_3 g + F_S) \cdot 0{,}55 \text{ m} - m_1 g \cdot 0{,}15 \text{ m}}{0{,}35 \text{ m}} = 1\,086 \text{ N}$$

Aus II. ergibt sich:

$$F_{A0} = F_{G1} + F_{G2} - F_{B0} + F_{G3} + F_S = 514 \text{ N}$$

Eine resultierende Einzelfliehkraft tritt nicht auf, weil die Drehachse durch den Schwerpunkt S der Schleifscheibe geht. Da jedoch die Drehachse nicht Hauptträgheitsachse ist, tritt ein Trägheitskräftepaar mit dem Moment $M_{(x)} = \omega^2 J_{yz}$ nach (135) hinzu. Es dreht um die rechtwinklig zur Zeichenebene stehende x-Achse. Aus (137) ergibt sich mit $h = 80$ mm, $r = 200$ mm und $\alpha = 1°$ das Zentrifugalmoment J_{yz} der Scheibe zu:

$$J_{yz} = \frac{m_1}{8}\left(r^2 - \frac{h^2}{3}\right)\sin 2\alpha =$$

$$= \frac{60 \text{ kg}}{8}\left(0{,}2^2 \text{m}^2 - \frac{0{,}08^2 \text{m}^2}{3}\right)\sin 2°$$

$$J_{yz} = 9{,}92 \cdot 10^{-3} \text{ kgm}^2$$

Mit $\omega^2 = \left(\dfrac{\pi n}{30}\right)^2 = \left(\dfrac{\pi \cdot 1460}{30}\right)^2 = 2{,}34 \cdot 10^4 \dfrac{1}{s^2}$

wird das Moment

$$M_{(x)} = \omega^2 J_{yz} = 232 \frac{\text{kgm}}{s^2} = 232 \text{ Nm}$$

Dem Drehmoment $M_{(x)}$ muss ein Kräftepaar aus den zusätzlichen Stützkräften F_{Az}, F_{Bz} das Gleichgewicht halten:

$$F_{Az} = F_{Bz} = \frac{M_{(x)}}{0{,}35 \text{ m}} = \frac{232 \text{ Nm}}{0{,}35 \text{ m}} = 663 \text{ N}$$

Beachte: Das Drehmoment $M_{(x)}$ kann auch mit den Fliehkräften F_z berechnet werden. Die Teilkräfte des Trägheitskräftepaares greifen *nicht* in den Teilschwerpunkten S_1, S_2 der Scheibenhälften an; vielmehr ist nach (138)

$$l_z = \frac{J_{yz}}{m r_s} = \frac{9{,}92 \cdot 10^{-3} \text{kg m}^2}{60 \text{ kg} \cdot 0{,}085 \text{ m}} =$$

$$= 1{,}943 \text{ mm} \approx 2 \text{ mm}$$

$$r_s = \frac{4r}{3\pi}\cos\alpha \qquad \text{nach Kapitel 1 (47) für die Halbkreisfläche}$$

$$r_s = \frac{4 \cdot 200 \text{ mm}}{3\pi} \cdot 0{,}9998 =$$

$$= 84{,}8 \text{ mm} \approx 0{,}085 \text{ m}$$

Mit $F_z = \dfrac{m}{2} r_s \omega^2 =$

$$= 30 \text{ kg} \cdot 85 \cdot 10^{-3} \text{ m} \cdot 2{,}34 \cdot 10^4 \frac{1}{s^2} =$$

$$= 5{,}97 \cdot 10^4 \frac{\text{kgm}}{s^2} =$$

$$= 5{,}97 \cdot 10^4 \text{ N}$$

ergibt sich das Moment wie oben zu:

$$M_{(x)} = F_z 2 l_z =$$

$$= 5{,}97 \cdot 10^4 \text{ N} \cdot 2 \cdot 1{,}943 \cdot 10^{-3} \text{ m} =$$

$$= 232 \text{ Nm}$$

Würden die Fliehkräfte F_z dagegen fälschlicherweise in den Schwerpunkten S_1, S_2 der Scheibenhälften angebracht, wäre der Abstand

$$a = 2 \frac{4r}{3\pi}\sin\alpha = 2{,}96 \cdot 10^{-3} \text{ m}$$

und damit

$$F_z a = 5{,}97 \cdot 10^4 \text{ N} \cdot 2{,}96 \cdot 10^{-3} \text{ m} = 177 \text{ Nm}$$

Dieser Betrag ist um ca. 24 % kleiner als der Wert des tatsächlichen Drehmoments $M_{(x)}$.

■ **Beispiel:**

Wie groß muss das resultierende Drehmoment M_r sein, wenn damit ein Schwungrad mit dem Trägheitsmoment $J = 5\,000 \text{ kgm}^2$ in einer Minute aus dem Stillstand auf 150 U/min gebracht werden soll?

Lösung:

Nach (51) ist die Winkelbeschleunigung

$$\alpha = \frac{\pi}{30} \cdot \frac{\Delta n}{\Delta t} = \frac{\pi}{30} \cdot \frac{150}{60} = 0{,}262 \frac{1}{s^2}$$

Damit wird nach (118) das resultierende Moment:

$$M_r = J \alpha = 5\,000 \text{ kgm}^2 \cdot 0{,}262 \frac{1}{s^2} =$$

$$= 1\,310 \frac{\text{kgm}^2}{s^2} = 1\,310 \text{ Nm}$$

■ **Beispiel:**

Ein Schleifstein hat eine Masse $m_1 = 50$ kg und ein Trägheitsmoment $J_1 = 6 \text{ kgm}^2$. Er sitzt auf einer Welle mit dem Zapfendurchmesser $d_1 = 30$ mm und wird mittels Riemen angetrieben. Die Riemenscheibe hat eine Masse $m_2 = 8$ kg, einen Durchmesser $d_2 = 250$ mm und ein Trägheitsmoment $J_2 = 0{,}2 \text{ kgm}^2$. Die Zapfenreibzahl in den Gleitlagern der Welle beträgt $\mu = 0{,}08$. Der Schleifstein soll bei Anlaufen aus der Ruhe heraus in 20 s auf $n = 300 \text{ min}^{-1}$ beschleunigt werden.
Wie groß sind a) das erforderliche Antriebsmoment, b) die dabei erforderliche Riemenzugkraft?

Lösung:

a) Winkelbeschleunigung

$$\alpha = \frac{\Delta\omega}{\Delta t} = \frac{\pi\,n}{30\,\Delta t} = \frac{\pi\cdot 300}{30\cdot 20} = 1{,}57\,\frac{1}{s^2}$$

Gesamtgewichtskraft Stein + Scheibe:

$$F_G = F_{G1} + F_{G2} = 580\ \text{N}$$

Lager-Reibmoment

$$M_R = F_G\,\mu\,r_1 = 580\ \text{N}\cdot 0{,}08\cdot 0{,}015\ \text{m} \approx 0{,}7\ \text{Nm}$$

Gesamtes Trägheitsmoment von Stein + Scheibe

$$J = J_1 + J_2 = 6{,}2\ \text{kgm}^2$$

Antriebsmoment

$$M_{an} = M_{res} + M_R = J\alpha + M_R =$$
$$= 6{,}2\ \text{kgm}^2\cdot 1{,}57\,\frac{1}{s^2} + 0{,}7\,\frac{\text{kgm}}{s^2}\ \text{m} =$$
$$= 10{,}43\ \text{Nm}$$

b) Riemenzugkraft

$$F = \frac{M_{an}}{r_2} = \frac{10{,}43\ \text{Nm}}{0{,}125\ \text{m}} = 83{,}4\ \text{N}$$

■ **Beispiel:**
Ein Schwungrad soll beim Auslauf von $n_2 = 400\ \text{min}^{-1}$ auf $n_1 = 100\ \text{min}^{-1}$ eine Arbeit $W = 10^4\ \text{J} = 10^4\ \text{Nm}$ abgeben. Wie groß muss das Trägheitsmoment J des Schwungrades sein?

Lösung:

Nach (130) ist $W = \dfrac{J}{2}(\omega_2^2 - \omega_1^2)$; mit $\omega = \dfrac{\pi\,n}{30}$ wird

$$W = \frac{J}{2}\left[\left(\frac{\pi\,n_2}{30}\right)^2 - \left(\frac{\pi\,n_1}{30}\right)^2\right]$$

$$= \frac{J}{2}\left(\frac{\pi}{30}\right)^2 (n_2^2 - n_1^2)$$

$$J = \frac{2\,W}{\left(\dfrac{\pi}{30}\right)^2 (n_2^2 - n_1^2)} = 12{,}16\ \text{kgm}^2$$

2.5 Gegenüberstellung der Gesetze für Drehung und Schiebung (Tabelle 4)

Die allgemeinste Bewegung eines starren Körpers lässt sich gedanklich für jeden Augenblick zerlegen in

a) eine reine *Verschiebebewegung* (*Translation*) mit der jeweiligen Geschwindigkeit v des Schwerpunkts S des Körpers und in

b) eine zusätzliche reine Drehbewegung (Rotation) mit der Winkelgeschwindigkeit ω um eine durch den Schwerpunkt S gehende Drehachse.

Jeder dieser Bewegungsanteile kann dann für sich durch eine Gleichung beschrieben werden (Tabelle 4).

Tabelle 4. Gegenüberstellung einander entsprechender Größen und Definitionsgleichungen für Schiebung und Drehung

Geradlinige (translatorische) Bewegung			Drehende (rotatorische) Bewegung		
Größe	Definitionsgleichung	Einheit	Größe	Definitionsgleichung	Einheit
Weg s	Basisgröße	m	Drehwinkel φ	$\dfrac{\text{Bogen } b}{\text{Radius } r}$	rad = 1
Zeit t	Basisgröße	s	Zeit t	Basisgröße	s
Masse m	Basisgröße	kg	Trägheitsmoment J	$J = \int \Delta m\,\rho^2$	kgm^2
Geschwindigkeit v	$v = \dfrac{ds}{dt}\left(=\dfrac{\Delta s}{\Delta t}\right)$	$\dfrac{\text{m}}{\text{s}}$	Winkelgeschwindigkeit ω	$\omega = \dfrac{d\varphi}{dt}\left(=\dfrac{\Delta\varphi}{\Delta t}\right)$	$\dfrac{\text{rad}}{\text{s}} = \dfrac{1}{\text{s}}$
Beschleunigung a	$a = \dfrac{dv}{dt}\left(=\dfrac{\Delta v}{\Delta t}\right)$	$\dfrac{\text{m}}{\text{s}^2}$	Winkelbeschleunigung α	$\alpha = \dfrac{d\omega}{dt}\left(=\dfrac{\Delta\omega}{\Delta t}\right)$	$\dfrac{\text{rad}}{\text{s}^2} = \dfrac{1}{\text{s}^2}$
Beschleunigungskraft F_r	$F_r = m\,a$	$\text{N} = \dfrac{\text{kgm}}{\text{s}^2}$	Beschleunigungsmoment M_r	$M_r = J\,\alpha$	$\text{Nm} = \dfrac{\text{kgm}^2}{\text{s}^2}$
Arbeit W_{trans}	$W_{trans} = F\,s$	J = Nm = Ws	Arbeit W_{rot}	$W_{rot} = M\,\varphi$	J = Nm = Ws
Leistung P_{trans}	$P_{trans} = \dfrac{W_{trans}}{t} = Fv$	$\dfrac{\text{J}}{\text{s}} = \dfrac{\text{Nm}}{\text{s}} = \text{W}$	Leistung P_{rot}	$P_{rot} = \dfrac{W_{rot}}{t} = M\,\omega$	$\dfrac{\text{J}}{\text{s}} = \dfrac{\text{Nm}}{\text{s}} = \text{W}$
Wucht E_{trans}	$E_{trans} = \dfrac{m}{2}v^2$	$\text{Nm} = \dfrac{\text{kgm}^2}{\text{s}^2}$	Drehwucht E_{rot}	$E_{rot} = \dfrac{J}{2}\omega^2$	$\text{Nm} = \dfrac{\text{kgm}^2}{\text{s}^2}$
Arbeitssatz (Wuchtsatz)	$W_{trans} = \dfrac{m}{2}(v_2^2 - v_1^2)$ $F_r(t_2 - t_1) = m\,(v_2 - v_1)$ Kraftstoß = Impulsänderung	$\text{Nm} = \dfrac{\text{kgm}^2}{\text{s}^2}$	Arbeitssatz (Wuchtsatz)	$W_{rot} = \dfrac{J}{2}(\omega_2^2 - \omega_1^2)$ $M_r(t_2 - t_1) =$ $= J(\omega_2 - \omega_1)$ Momentenstoß = Drehimpulsänderung	$\text{Nm} = \dfrac{\text{kgm}^2}{\text{s}^2}$

Wie ein Vergleich der Gesetze für die Drehung des Körpers mit denen für die Verschiebung des Körpers oder für die Bewegung eines Punktes zeigt, gibt es zu jeder Gleichung der einen Bewegung eine im Wesen und Aufbau entsprechende Gleichung der anderen Bewegungsform. Dabei entsprechen den Größen der einen Bewegungsform (z.B. Weg s) ganz bestimmte Größen der anderen (z.B. Drehwinkel φ). Es genügt daher, sich die Größen und Definitionsgleichungen der einen Bewegungsform einzuprägen und daraus die anderen zu entwickeln (Tabelle 4).

2.6 Gerader zentrischer Stoß

2.6.1 Stoßbegriff, Kräfte und Geschwindigkeiten beim Stoß

Man spricht vom physikalischen Vorgang *Stoß*, wenn sich zwei Körper während eines sehr kleinen Zeitabschnitts Δt (Millisekunden) berühren und dabei ihren Bewegungszustand ändern.

Änderung des Bewegungszustands heißt Änderung der Geschwindigkeit der Körper nach *Betrag* oder *Richtung* oder auch nach beiden gleichzeitig.

Bei der Berührung wirken an den Berührungsflächen gleich große *Normalkräfte* (Wechselwirkungsgesetz). Während der Berührungszeit Δt erfahren also beide Körper den gleichen *Kraftstoß* $F\Delta t$ (siehe 2.3.4). Dadurch verringert sich der Impuls $m\,v$ des einen Körpers um denselben Betrag, um den der Impuls des anderen Körpers zunimmt. Die Summe der Impulse beider Körper bleibt in jedem Augenblick des Stoßes konstant (114):

$$m_1 v_1 + m_2 v_2 = m_1 c_1 + m_2 c_2$$
$$\Sigma m v = \Sigma m c \tag{141}$$

m_1, m_2 Massen beider Körper
v_1, v_2 Geschwindigkeiten vor dem Stoß
c_1, c_2 Geschwindigkeiten nach dem Stoß

Da die Massen beider Körper unverändert bleiben, bedeutet das, dass die Geschwindigkeit des einen Körpers kleiner, die des anderen größer wird.

Werden die beiden Körper als *ein* System betrachtet, dann sind die Normalkräfte beim Stoß *innere* Kräfte dieses Systems. Da während des Stoßes keine *äußeren* Kräfte auf die beiden Körper wirken, handelt es sich also um ein *kräftefreies System* nach 2.3.4, dessen Gesamtimpuls auch während des Stoßes konstant bleibt (Impulserhaltungssatz).

2.6.2 Merkmale des geraden zentrischen Stoßes

Durch den Berührungspunkt beider Körper bei Stoßbeginn wird die *Tangentialebene* errichtet und darauf im Berührungspunkt eine Senkrechte, die *Stoßnormale*. Sie ist die Wirklinie der beiden Normalkräfte, die

während des Stoßes zwischen beiden Körpern wirken.

Verläuft die Stoßnormale *durch die Schwerpunkte beider* Körper, handelt es sich um den *zentrischen Stoß*. Wird diese Bedingung nicht erfüllt, liegt *exzentrischer Stoß* vor.

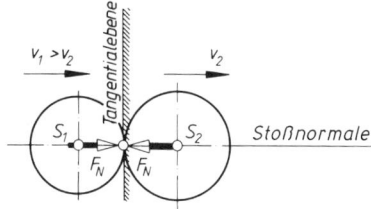

Bild 39. Gerader zentrischer Stoß

Liegen die Geschwindigkeitsvektoren v_1 und v_2 *beider Körper* beim Stoßbeginn *parallel zur Stoßnormalen*, handelt es sich um den *geraden Stoß*. Bewegt sich einer der Körper oder auch beide nicht parallel zur Stoßnormalen, liegt *schiefer Stoß* vor.

Beim *geraden zentrischen Stoß* verläuft die Stoßnormale durch beide Körperschwerpunkte und beide Körper bewegen sich in Richtung der Stoßnormalen.

Beispiele für geraden zentrischen Stoß: Zusammenstoß von Kegelkugeln auf der Rücklaufbahn, Schmieden mit dem Fallhammer, Einrammen von Spundbohlen, Härteprüfung nach Shore.

Beachte: Vollkommen elastische Körper, vollkommen unelastische Körper, wirkliche Körper (unvollkommen elastisch) verhalten sich beim Stoß unterschiedlich.

Eine weitere Unterteilung der Stoßarten ist notwendig wegen des unterschiedlichen *Verformungsverhaltens* der Körper, man unterscheidet daher *elastischen*, *unelastischen* und *wirklichen* Stoß.

2.6.3 Elastischer Stoß

Elastische Körper verformen sich beim Stoß federnd, nach dem Stoß ist die Verformung vollständig zurückgegangen. Es wird also angenommen, dass sich keiner der Körper plastisch verformt und die Körper sich nach dem Stoß vollständig voneinander trennen, wie z.B. beim Stoß von Billardkugeln oder Gummibällen.

Zwei Kugeln bewegen sich in gleichem Richtungssinn auf gemeinsamer Bahn. Stößt die schnellere Kugel mit der Masse m_1 und der Geschwindigkeit v_1 auf die langsamere Kugel mit der Masse m_2 und der Geschwindigkeit v_2, wird beim Stoß die schnellere Kugel verzögert und die langsamere Kugel beschleunigt.

Zur Berechnung der Geschwindigkeiten c_1, c_2 beider Kugeln nach dem Stoß wird der gesamte Stoßvorgang in zwei Abschnitte unterteilt (Bild 40).

Erster Stoßabschnitt (Zusammendrücken)
Er beginnt mit der Berührung der Kugeln und endet, wenn ihr Abstand ein Minimum (l_{min}) geworden ist. Dabei verformen sich die Kugeln und die Formänderungsarbeit W_1 wird der kinetischen Energie der schnelleren Kugel entzogen.

Am Ende des ersten Stoßabschnitts besitzen beide Kugeln dieselbe Geschwindigkeit c.

Nach dem Impulserhaltungssatz bleibt die Summe der Impulse konstant:

$$\underbrace{\underset{\text{Stoß}}{\text{vor dem}}}_{m_1 v_1 + m_2 v_2} = \underbrace{\underset{\text{Stoßabschnitt}}{\text{nach dem ersten}}}_{m_1 c + m_2 c}$$

$$c = \frac{m_1 v_1 + m_2 v_2}{m_1 + m_2} \tag{142}$$

Geschwindigkeit beider Körper am Ende des ersten Stoßabschnitts

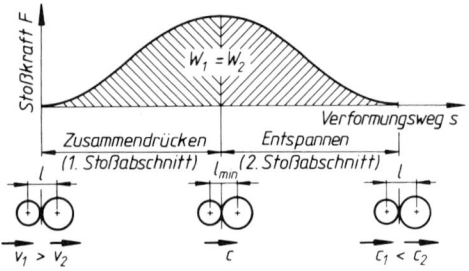

Bild 40. Die beiden Stoßabschnitte beim elastischen Stoß im F, s-Diagramm

Zweiter Stoßabschnitt (Entspannen)
Er beginnt beim Abstandsminimum l_{min} der Kugelmittelpunkte und endet mit der Trennung der Kugeln. Dabei wird die durch die Abplattung der Kugeln gespeicherte Spannungsenergie *verlustlos* an die Kugel 2 abgegeben ($W_2 = W_1$). Kugel 1 ändert dabei ihre Geschwindigkeit von c auf c_1 und Kugel 2 von c auf c_2.

Beim Entspannen wirkt auf beide Kugeln der gleiche Kraftstoß wie beim Zusammendrücken. Folglich ist für jede der beiden Kugeln die Geschwindigkeitsänderung in beiden Stoßabschnitten gleich groß: $v_1 - c = c - c_1$ und $c - v_2 = c_2 - c$. Aus dieser Erkenntnis lässt sich eine Gleichung für die Geschwindigkeit c_1 der Kugel 1 nach dem Stoß entwickeln und in gleicher Weise eine entsprechende Gleichung für die Kugel 2:

Für Kugel 1 gilt:

$v_1 - c = c - c_1$ daraus folgt:

$$c_1 = 2c - v_1 = 2\frac{m_1 v_1 + m_2 v_2}{m_1 + m_2} - v_1 =$$

$$= \frac{2(m_1 v_1 + m_2 v_2) - (m_1 + m_2)\, v_1}{m_1 + m_2}$$

$$c_1 = \frac{m_1 v_1 + 2m_2 v_2 - m_2\, v_1}{m_1 + m_2} =$$

$$= \frac{(m_1 - m_2)\, v_1 + 2m_2\, v_2}{m_1 + m_2}$$

$$c_1 = \frac{(m_1 - m_2)\, v_1 + 2m_2\, v_2}{m_1 + m_2}$$

$$c_2 = \frac{(m_2 - m_1)\, v_2 + 2m_1\, v_1}{m_1 + m_2}$$

Geschwindigkeiten beider Körper nach dem Stoß (143)

Da beim elastischen Stoß die von beiden Körpern aufgenommene Formänderungsarbeit *verlustlos* zurückgegeben wird, ändert sich der Energieinhalt des Systems nicht, d.h. die Summe der kinetischen Energien beider Körper bleibt bei horizontaler Bewegung unverändert:

$$W_{\text{Ende des Stoßes}} = W_{\text{Anfang des Stoßes}}$$

$$\frac{1}{2}\,(m_1 c_1^2 + m_2 c_2^2) = \frac{1}{2}\,(m_1 v_1^2 + m_2 v_2^2)$$

Mit Hilfe des Energieerhaltungssatzes und des Impulserhaltungssatzes lässt sich nachweisen, dass sich beim elastischen Stoß die Relativgeschwindigkeit (Differenz der Geschwindigkeiten v_1 und v_2) nicht geändert hat: Dazu wird der umgeformte Energieerhaltungssatz durch den Impulserhaltungssatz dividiert:

$$\frac{m_1(v_1^2 - c_1^2)}{m_1(v_1 - c_1)} = \frac{m_2(c_2^2 - v_2^2)}{m_2(c_2 - v_2)} \tag{144}$$

$$v_1 + c_1 = c_2 + v_2$$

$$v_1 - v_2 = c_2 - c_1$$

Sonderfälle des geraden zentrischen Stoßes elastischer Körper:
a) Beim Stoß zweier Körper mit *gleichen Massen* tauschen die Körper ihre Geschwindigkeiten aus. Aus der Gleichung (143)

$$c_1 = \frac{(m_1 - m_2)\, v_1 + 2m_2\, v_2}{m_1 + m_2}$$

ergibt sich mit $m_1 = m_2 = m$:

$$c_1 = \frac{(m - m)\, v_1 + 2m\, v_2}{m + m} \tag{145}$$

$$c_1 = \frac{2m\, v_2}{2m} = v_2 \quad \text{und analog} \quad c_2 = v_1$$

b) Beim Stoß eines Körpers gegen eine starre Wand prallt er mit gleicher Geschwindigkeit zurück:

$m_2 = \infty$; $v_2 = 0$; m_1 vernachlässigt

$$c_1 = \frac{-m_2 v_1 + 2 m_2 0}{m_2} = -v_1 \qquad (146)$$

$$c_1 = -v_1$$

c) Beim Stoß eines Körpers sehr großer Masse m_1 gegen einen ruhenden Körper kleiner Masse m_2 erhält der ruhende Körper die doppelte Geschwindigkeit des stoßenden Körpers ($c_2 = 2v_1$):

$m_1 \geq m_2$; $v_2 = 0$; m_2 vernachlässigt

$$c_2 = \frac{-m_1 + 2 m_1 v_1}{m_1} = 2 v_1 \qquad (147)$$

$$c_2 = 2 v_1$$

d) Bewegen sich die beiden Körper auf der Stoßnormalen *aufeinander zu*, erhalten die Geschwindigkeiten v_1 und v_2 entgegengesetzte Vorzeichen. Dadurch wird auch der Impuls des einen Körpers positiv und der des anderen negativ (der Impuls ist ein Vektor!). Beim Stoß kehrt entweder einer der beiden Körper seine Bewegungsrichtung um oder beide.

Auch für diesen Fall gelten für die Geschwindigkeiten c, c_1 und c_2 die entwickelten Gleichungen. Die Richtungsumkehr eines Körpers lässt sich daran erkennen, dass seine Geschwindigkeit nach dem Stoß ein anderes Vorzeichen hat als vor dem Stoß.

2.6.4 Unelastischer Stoß

Unelastische Körper verformen sich beim Stoß plastisch, d.h. sie erleiden eine bleibende Formänderung. Es wird also angenommen, dass keiner der beiden Körper federt und die Körper sich nach dem Stoß nicht voneinander trennen, wie z.B. beim Fall einer Weichbleikugel auf einen Betonklotz.

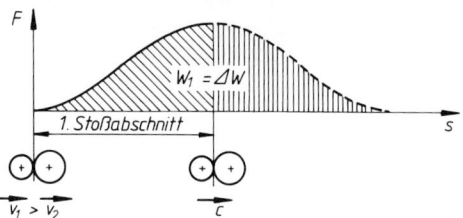

Bild 41. Der unelastische Stoß im F, s-Diagramm

Erster Stoßabschnitt
Er verläuft wie beim elastischen Stoß, beide Körper besitzen am Ende des ersten Stoßabschnitts die gemeinsame Geschwindigkeit c. Die Formänderungsarbeit ist jedoch nicht als Spannungsenergie gespeichert, sondern in Wärme umgesetzt worden.

Da auch hier ein kräftefreies System vorliegt, bleibt die Summe beider Impulse konstant, und für die Geschwindigkeit c gilt dieselbe Beziehung wie beim elastischen Stoß.

Zweiter Stoßabschnitt
Er entfällt, weil ohne die gespeicherte Spannungsenergie auch kein Impuls auftritt, sobald beide Körper die gemeinsame Geschwindigkeit c erreicht haben. Beide bewegen sich mit der Geschwindigkeit c weiter; d.h. beim unelastischen Stoß wird die Relativgeschwindigkeit zu null. Ein Teil der kinetischen Energie wird über die Formänderungsarbeit ΔW in Wärme umgesetzt.

Der Energieverlust der Körper (= Formänderungsarbeit ΔW) wird aus dem Energieerhaltungssatz berechnet, in den der Ausdruck für die Geschwindigkeit c einzusetzen ist:

$$\frac{1}{2}(m_1 + m_2) c^2 = \frac{1}{2}(m_1 v_1^2 + m_2 v_2^2) - \Delta W$$

$$\Delta W = \frac{1}{2}[m_1 v_1^2 + m_2 v_2^2 - (m_1 + m_2) c^2]$$

$$c^2 = \left[\frac{m_1 v_1 + m_2 v_2}{m_1 + m_2}\right]^2 \text{ eingesetzt und umgeformt}$$

ergibt:

$$\Delta W = \frac{1}{2} \frac{m_1 m_2 (v_1 - v_2)^2}{m_1 + m_2} \qquad \begin{array}{c|c|c} W & m & v \\ \hline J & kg & \dfrac{m}{s} \end{array} \quad (148)$$

Energieabnahme beim unelastischen Stoß

Dieser Energie„verlust" ist für einige technische Anwendungsfälle, die vereinfacht als unelastischer Stoß angesehen werden können, von großer Bedeutung, z.B. das Schmieden und Kaltumformen von Werkstücken, das Nieten und das Rammen.

2.6.4.1 Schmieden und Nieten mit Hämmern
Hierbei soll die aufgebrachte Energie der *Formänderung* dienen. Die verbleibende *kinetische Energie* der Körper nach dem Stoß muss *niedrig* gehalten werden. Die Erfahrung lehrt, dass zum Nieten ein Hammer kleiner Masse und als Gegenhalter ein Körper großer Masse zweckmäßig sind.

Beim Schmieden ist der angestrebte technische Nutzen die *Formänderung* des Werkstücks. Der *Schlagwirkungsgrad* η ist dann also das Verhältnis zwischen der Formänderungsarbeit ΔW und der kinetischen Energie $E_1 = m_1 v_1^2 / 2$ des Hammerbärs beim Stoßbeginn, mit m_1 und v_1 gleich Masse und Geschwindigkeit des Hammerbärs. Amboss und Werkstück haben die gemeinsame Masse m_2 und ihre Geschwindigkeit vor dem Stoß ist $v_2 = 0$.

$$\eta = \frac{\text{Formänderungsarbeit } \Delta W}{\text{kinetische Energie } E_1 \text{ vor dem Stoß}}$$

$$\eta = \frac{\dfrac{m_1 m_2 (v_1 - v_2)^2}{2(m_1 + m_2)}}{\dfrac{m_1 v_1^{\,2}}{2}} = \frac{m_2 (v_1 - v_2)^2}{(m_1 + m_2)\, v_1^{\,2}}; \; v_2 = 0$$

$$\eta = \frac{m_2}{m_1 + m_2} = \frac{1}{1 + \dfrac{m_1}{m_2}} \qquad (149)$$

Wirkungsgrad beim Schmieden

Die Wirkungsgradgleichung zeigt: Je größer die Ambossmasse m_2 im Verhältnis zur Bärmasse m_1 wird, um so größer wird der Wirkungsgrad.
Bei normalen Maschinenhämmern ist die Masse der Schabotte (= Amboss mit Unterbau) etwa zwanzigmal so groß wie die Masse des Bärs.
Tatsächlich verformt sich der Bär elastisch. Er springt also nach dem Schlag geringfügig zurück. Dadurch wird der Wirkungsgrad verringert. Der Schmiedevorgang ist also nur annähernd ein unelastischer Stoß.

2.6.4.2 Rammen von Pfählen, Eintreiben von Keilen.
Hier wird keine Formänderung angestrebt. Vielmehr sollen beide Körper nach dem ersten Stoßabschnitt eine möglichst große gemeinsame *Geschwindigkeit c* besitzen, um den Widerstand der Unterlage gegen das Eindringen zu überwinden. Die Erfahrung lehrt, dass beim Rammen und Eintreiben ein schwerer Bär oder Hammer wirksamer ist als ein leichter.
Beim Rammen ist der angestrebte technische Nutzen eine *möglichst große kinetische Energie W_2* beider Körper nach dem Stoß (genauer: nach dem 1. Stoßabschnitt, weil der Untergrund unelastisch nachgibt). Der *Schlagwirkungsgrad η* ist darum hier das Verhältnis zwischen der kinetischen Energie W_2 bei Stoßende und der kinetischen Energie W_1 bei Stoßbeginn. Auch hier ist die Geschwindigkeit des einzurammenden Pfähles (Körper 2) $v_2 = 0$.

$$\eta = \frac{\text{kinetische Energie } E_2 \text{ bei Stoßende}}{\text{kinetische Energie } E_1 \text{ bei Stoßbeginn}}$$

$$\eta = \frac{\dfrac{(m_1 + m_2)c^2}{2}}{\dfrac{m_1 v_1^{\,2}}{2}}; \qquad c^2 = \left[\frac{m_1 v_1 + m_2 v_2}{m_1 + m_2}\right]^2$$
$$v_2 = 0$$

$$\eta = \frac{(m_1 + m_2)m_1^{\,2} v_1^{\,2}}{m_1 v_1^{\,2} (m_1 + m_2)^2} = \frac{m_1}{m_1 + m_2}$$

$$\eta = \frac{1}{1 + \dfrac{m_2}{m_1}} \qquad (150)$$

Wirkungsgrad beim Rammen

Die entwickelte Gleichung zeigt, dass der Wirkungsgrad um so größer wird, je größer die Masse m_1 des Bärs oder Hammers gegenüber der Masse m_2 des Pfahls oder Keils ist. Damit wird die praktische Erfahrung bestätigt.
Tatsächlich *federn* aber beide Körper beim Schlag. Dadurch wird der Wirkungsgrad kleiner.
Beachte: Das Rammen ist nur annähernd ein unelastischer Stoß.

2.6.5 Wirklicher Stoß

Wirkliche Körper sind weder vollkommen elastisch noch vollkommen unelastisch, sodass ihr Verhalten zwischen den beiden in 2.6.3 und 2.6.4 behandelten Grenzfällen liegt. Die Aussagen für elastischen und unelastischen Stoß lassen sich für den wirklichen Stoß kombinieren.
Beim wirklichen Stoß verkleinert sich die Relativgeschwindigkeit, die Formänderungsarbeit wird im zweiten Stoßabschnitt nicht vollständig zurückgegeben, sondern teilweise in Wärme umgewandelt.

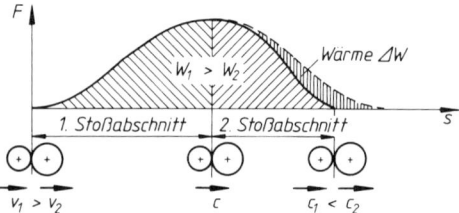

Bild 42. Der wirkliche Stoß im F, s-Diagramm

Merkmale des wirklichen Stoßes sind demnach:
Ein Teil der Formänderungsarbeit W_1 verwandelt sich infolge der inneren Reibung in Wärme ΔW und wird nicht zurückgegeben.
Es kann bleibende Formänderung auftreten (geringer als beim unelastischen Stoß).
Trennung der Körper nach dem Stoß.
Die für den elastischen Stoß hergeleiteten Gleichungen lassen sich für den wirklichen Stoß weiterentwickeln, wenn als Verhältnis der Relativgeschwindigkeiten die Stoßzahl k eingeführt wird.

$$k = \frac{c_2 - c_1}{v_1 - v_2} \qquad (151)$$

Definitionsgleichung der Stoßzahl

Die Stoßzahl k hängt von der Werkstoffpaarung ab und wird durch Fallversuche ermittelt.
Beim Fallversuch fällt eine Kugel aus dem einen Werkstoff auf eine fest liegende Unterlage aus dem anderen Werkstoff. Die Geschwindigkeit der Unterlage vor und nach dem Stoß ist gleich null ($v_2 = 0$ und $c_2 = 0$). Die Fallhöhe h und die Rücksprunghöhe h_1 werden gemessen und daraus wird mit den Gesetzen des freien Falls und des Wurfs rechtwinklig nach oben die Stoßzahl k berechnet:

$$k = \frac{c_1 - 0}{v_1 - 0} = \frac{c_1}{v_1} = \frac{\sqrt{2gh_1}}{\sqrt{2gh}} = \sqrt{\frac{h_1}{h}}$$

$$k = \sqrt{\frac{h_1}{h}} \qquad \begin{array}{l} h \quad \text{Fallhöhe} \\ h_1 \quad \text{Rücksprunghöhe} \end{array} \qquad (152)$$

Stoßzahlen:

$k = 1$ elastischer Stoß
$k = 0$ unelastischer Stoß
$k = 0,35$ Stahl bei 1 100 °C
$k = 0,7$ Stahl bei 20 °C

Auch für den wirklichen Stoß gilt der Impulserhaltungssatz für kräftefreie Systeme. Wird in den Impulserhaltungssatz die Beziehung für c_2 eingesetzt, die aus der Definitionsgleichung für die Stoßzahl entwickelt werden kann, dann ergibt die weitere Entwicklung eine Gleichung für die Geschwindigkeit c_1 des Körpers 1 nach dem wirklichen Stoß.
Durch Vertauschen der Indizes wird die entsprechende Gleichung für die Geschwindigkeit c_2 des Körpers 2 gebildet:

$$m_1 v_1 + m_2 v_2 = m_1 c_1 + m_2 c_2$$

$c_2 = k(v_1 - v_2) + c_1$ eingesetzt ergibt:

$$c_1 = \frac{m_1 v_1 + m_2 v_2 - m_2(v_1 - v_2)k}{m_1 + m_2}$$

$$c_2 = \frac{m_1 v_1 + m_2 v_2 + m_1(v_1 - v_2)k}{m_1 + m_2} \qquad (153)$$

Geschwindigkeiten nach dem wirklichen Stoß

Wird in die so entwickelten Beziehungen für c_1 und c_2 in die Gleichung für den Energieerhaltungssatz des wirklichen Stoßes $E_2 = E_1 - \Delta W$ eingesetzt, erhält man nach einer längeren Entwicklung die Gleichung für den Energieverlust ΔE beim wirklichen Stoß:

$$E_2 = E_1 - \Delta W$$

$$\frac{1}{2}(m_1 c_1^2 + m_2 c_2^2) = \frac{1}{2}(m_1 v_1^2 + m_2 v_2^2) - \Delta W$$

$$\Delta W = \frac{1}{2} \frac{m_1 m_2 (v_1 - v_2)^2 (1 - k^2)}{m_1 + m_2} \qquad (154)$$

Energieverlust beim wirklichen Stoß

2.6.6 Übungen zum geraden zentrischen Stoß[1]

■ **1. Übung:**
Ein beladener Waggon von 80t Masse stößt mit einer Geschwindigkeit von 1 m/s auf einen Waggon von 5 t Masse, der ihm mit 1,8 m/s entgegenkommt.
Welche Geschwindigkeit c haben beide nach dem ersten Stoßabschnitt und mit welchen Geschwindigkeiten c_1 c_2 fahren sie nach dem Stoß weiter, wenn elastischer Stoß angenommen wird?

Gegeben: $m_1 = 80$ t $v_1 = 1 \dfrac{\text{m}}{\text{s}}$

             $m_2 = 5$ t $v_2 = 1,8 \dfrac{\text{m}}{\text{s}}$

Gesucht: Geschwindigkeiten
           c, c_1 und c_2

Lösung:
Da sich beide Waggons aufeinander zu bewegen, muss die eine Geschwindigkeit ein negatives Vorzeichen bekommen. Man wählt dafür die Geschwindigkeit v_2 des kleineren Körpers, da die Erfahrung lehrt, dass meistens der Körper mit größerer Masse seine Bewegungsrichtung beibehält.
Der Betrag für die gemeinsame Geschwindigkeit c hat ein positives Vorzeichen, also gleichen Richtungssinn wie v_1 (kein Vorzeichenwechsel), aber entgegengesetzten Richtungssinn wie v_2 (Vorzeichenwechsel).
Zur Berechnung der Geschwindigkeiten c_1 und c_2 setzt man in die Gleichungen aus 2.6.3 den Betrag der Geschwindigkeit v_2 mit negativem Vorzeichen ein.
Beide Geschwindigkeiten c_1 und c_2 ergeben sich positiv, d.h. Waggon 1 behält seine Bewegungsrichtung bei, Waggon 2 läuft rückwärts weiter.

Die gemeinsame Geschwindigkeit c nach der ersten Stoßperiode beträgt:

$$c = \frac{m_1 v_1 + m_2 v_2}{m_1 + m_2}$$

$$c = \frac{80\text{t} \cdot 1\frac{\text{m}}{\text{s}} + 5\text{t} \cdot (-1,8\frac{\text{m}}{\text{s}})}{80\text{t} + 5\text{t}}$$

$$c = \frac{71\,\text{m}}{85\,\text{s}} = 0,835\,\frac{\text{m}}{\text{s}}$$

$$c_1 = \frac{(m_1 - m_2)v_1 + 2m_2 v_2}{m_1 + m_2}$$

$$c_1 = \frac{(80 - 5)\,\text{t} \cdot 1\frac{\text{m}}{\text{s}} + 2 \cdot 5\,\text{t} \cdot (-1,8\frac{\text{m}}{\text{s}})}{80\,\text{t} + 5\,\text{t}}$$

$$c_1 = \frac{57\frac{\text{t} \cdot \text{m}}{\text{s}}}{85\,\text{t}} = 0,6706\,\frac{\text{m}}{\text{s}}$$

$$c_2 = \frac{(m_2 - m_1)v_2 + 2m_1 v_1}{m_1 + m_2}$$

$$c_2 = \frac{(5 - 80)\,\text{t} \cdot (-1,8\frac{\text{m}}{\text{s}}) + 2 \cdot 80\,\text{t} \cdot 1\frac{\text{m}}{\text{s}}}{80\,\text{t} + 5\,\text{t}}$$

$$c_2 = \frac{295\,\text{m}}{85\,\text{s}} = +3,4706\,\frac{\text{m}}{\text{s}}$$

Zusammenfassend kann man sagen: Waggon 2 läuft nach dem Stoß in entgegengesetzter Richtung mit erhöhter Geschwindigkeit weiter, Waggon 1 wird langsamer, behält aber seine Bewegungsrichtung bei.

■ **2. Übung:**
Der Bär eines Fallhammers wiegt 1 000 kg und seine Schabotte 25 000 kg. Der Bär trifft mit einer Geschwindigkeit von 6 m/s auf das Werkstück. Die Stoßzahl betrage $k = 0,5$.
Es soll der Schlagwirkungsgrad η und die prozentuale Verteilung der Gesamtenergie am Schlagende auf Bär, Schabotte und Werkstück berechnet werden. Die Massen von Amboss und Werkstück können vernachlässigt werden.

---

[1]   Aus: Technische Mechanik von *A. Böge*, Verlag Vieweg, Braunschweig.

Gegeben:
Bärmasse $m_1 = 1\,000$ kg
Schabottenmasse $m_2 = 25\,000$ kg

Auftreffgeschwindigkeit $v_1 = 6\,\dfrac{m}{s}$

Stoßzahl $k = 0,5$

Gesucht:
Wirkungsgrad η, prozentuale Verteilung der Energie auf Bär, Werkstück und Schabotte.

Lösung:
Den Wirkungsgrad berechnet man aus *Nutzen* und *Aufwand* beim Schlag.
Der Nutzen besteht hierbei in der dem Werkstück zugeführten Verformungsarbeit. Das ist der Energieverlust ΔW beim Stoß.

$$\Delta W = \frac{m_1 m_2}{2(m_1 + m_2)}(v_1 - v_2)^2 (1 - k^2)$$

$$\Delta W = \frac{10^3\,kg \cdot 25 \cdot 10^3\,kg}{2 \cdot 26 \cdot 10^3\,kg} \cdot 36\,\frac{m^2}{s^2} \cdot 0,75$$

$$\Delta W = 12\,980,77\ \text{Nm} = 1,298 \cdot 10^4\ \text{J}$$

Als Aufwand setzt man die Energie E_1 beider Körper unmittelbar vor dem Stoß ein. Das ist die kinetische Energie des Bärs, da die Schabotte mit Amboss und Werkstück ruht.

$$E_1 = \frac{m_1 v_1^2}{2} = \frac{1000\,kg \cdot 36\,\frac{m^2}{s^2}}{2} = 1,8 \cdot 10^4\ \text{J}$$

$$\eta = \frac{\Delta W}{W_1} = \frac{1,298 \cdot 10^4\ \text{J}}{1,8 \cdot 10^4\ \text{J}} = 0,7211$$

Der errechnete Wirkungsgrad sagt aus, dass die Anfangsenergie zu 72,11% in Verformungsarbeit umgesetzt wird. Der Rest verbleibt als kinetische Energie nach dem Stoß bei beiden Körpern. Zunächst werden die Geschwindigkeiten c_1 und c_2 der Körper nach dem Stoß berechnet.

$$c_1 = \frac{m_1 v_1 + m_2 v_2 - m_2 (v_1 - v_2)k}{m_1 + m_2} \qquad v_2 = 0$$

$$c_1 = \frac{m_1 v_1 - m_2 v_1 k}{m_1 + m_2}$$

Die Geschwindigkeit c_1 erhält ein negatives Vorzeichen, d.h. sie ist der positiv in die Rechnung eingesetzten Geschwindigkeit v_1

entgegengerichtet (Vorzeichenwechsel = Rückprall des Hammers).

$$c_1 = \frac{10^3\,kg \cdot 6\,\frac{m}{s} - 25 \cdot 10^3\,kg \cdot 6\,\frac{m}{s} \cdot 0,5}{26 \cdot 10^3\,kg}$$

$$c_1 = \frac{6\,\frac{m}{s} - 75\,\frac{m}{s}}{26} = -2,6538\,\frac{m}{s}$$

Die Geschwindigkeit c_2 der Schabotte nach dem Stoß bestimmt man am einfachsten aus der Definitionsgleichung für die Stoßzahl k.
In die Gleichung für c_2 muss c_1 mit seinem Minus-Zeichen eingesetzt werden.

$$k = \frac{c_2 - c_1}{v_1 - v_2} = \frac{c_2 - c_1}{v_1} \quad \text{mit } v_2 = 0$$

$$c_2 = k\,v_1 + c_1$$

$$c_2 = 0,5 \cdot 6\,\frac{m}{s} + \left(-2,6538\,\frac{m}{s}\right) = +0,3462\,\frac{m}{s}$$

Nun kann man die kinetischen Energien W_{2B} für den Bär und W_{2S} für die Schabotte *nach* dem Stoß berechnen.

$$W_{2B} = \frac{m_1 c_1^2}{2} = \frac{10^3\,kg \cdot \left(2,6538\,\frac{m}{s}\right)^2}{2}$$

$$W_{2B} = 3\,521,33\ \text{Nm} = 3,521 \cdot 10^3\ \text{J}$$

$$W_{2S} = \frac{m_2 c_2^2}{2} = \frac{25 \cdot 10^3\,kg \cdot \left(0,3462\,\frac{m}{s}\right)^2}{2}$$

$$W_{2S} = 1\,498,18\ \text{Nm} = 1,498 \cdot 10^3\ \text{J}$$

Die Energiebilanz zeigt, dass fast 20 % der aufgewendeten Energie durch den Rückprall des Bärs nicht in Verformungsarbeit umgesetzt wird, eine Folge des halbelastischen Stoßes mit der Stoßzahl 0,5.
Der Schlagwirkungsgrad wird dadurch beträchtlich verschlechtert.

Energiebilanz:

Körper	Energie in J	%
Bär	3 521,33	19,56
Schabotte	1 498,18	8,32
Werkstück	12 980,77	72,11
E_1	18 000,28	99,99

3 Statik der Flüssigkeiten (Hydrostatik)   *A. Böge*

Formelzeichen und Einheiten zur Hydrostatik und Hydrodynamik

A	m^2, mm^2	Fläche, von Flüssigkeit erfüllter Rohr- oder Kreisquerschnitt
d	m, mm	Kolben- und Rohrdurchmesser
e	m	Abstand des Druckmittelpunkts vom Flächenschwerpunkt
F	N	Kraft; F_b Bodenkraft, F_s Seitenkraft usw.
F_a	N	Auftrieb
F_G	N	Gewichtskraft
g	$\dfrac{m}{s^2}$	Fallbeschleunigung; g_n = Normfallbeschleunigung
h	m	Höhe, Lagehöhe, Ortshöhe
I	m^4, mm^4	Flächenmoment 2. Grades
l	m	Länge, Rohrlänge
m	kg	Masse
q_m	$\dfrac{kg}{s}$	Massenstrom (Massendurchsatz durch Rohrleitungen o.ä.)
p	$\dfrac{N}{m^2} = Pa$, bar	Druck
Re	1	Reynolds'sche Zahl (Re-Zahl)
t	s	Zeit
V	m^3	Volumen
q_V	$\dfrac{m^3}{s}$	Volumenstrom (Volumendurchsatz durch Rohrleitungen o.ä.)
w		Strömungsgeschwindigkeit, Ausflussgeschwindigkeit
α	1	Durchflusszahl bei Blenden
ζ	1	Widerstandszahl eines einzelnen Hindernisses in Rohrleitungen
η	1	Wirkungsgrad
η	$\dfrac{Ns}{m^2} = \dfrac{kg}{ms}$	dynamische Viskosität
λ	1	Widerstandszahl für Rohrleitung
μ	1	Reibzahl zwischen Kolben und Dichtung
μ	1	Ausflusszahl
ν	$\dfrac{m^2}{s}$	kinematische Viskosität; $\nu = \dfrac{\eta}{\rho}$
ρ	$\dfrac{kg}{m^3}$	Dichte
φ	1	Geschwindigkeitszahl

3.1 Eigenschaften der Flüssigkeiten und Gase

Ruhende oder sehr langsam bewegte Flüssigkeiten und Gase können im Gegensatz zu festen Körpern nur Normalkräfte übertragen, keine Schubkräfte. Sie nehmen ohne Widerstand jede äußere Form an. Flüssigkeiten zeigen außerdem im Gegensatz zu Gasen großen Widerstand gegen Volumenänderung; sie lassen sich erst bei hohen Drücken geringfügig zusammendrücken. Wird die Flüssigkeit wieder entlastet, nimmt sie ihr ursprüngliches Volumen wieder an (Volumenelastizität). Die leichte Zusammendrückbarkeit der Gase kann bei Strömungsgeschwindigkeiten bis zu etwa 1/3 Schallgeschwindigkeit vernachlässigt werden. Sie werden deshalb in der praktischen Strömungslehre wie Flüssigkeiten behandelt.

3.2 Hydrostatischer Druck (Flüssigkeitsdruck, hydraulische Pressung)

Eine Flüssigkeit überträgt auf eine Fläche beliebiger Lage immer nur Normalkräfte. Der hydrostatische Druck – kurz *Druck p* – gibt die Normalkraft je Flächeneinheit an (*Normalkraft dividiert durch Fläche*) und steht daher ebenfalls immer rechtwinklig auf der betrachteten Fläche.

$$\text{Druck } p = \frac{\text{Normalkraft } F_N}{\text{Fläche } A}$$

$$p = \frac{F_N}{A} \qquad \begin{array}{c|c|c} p & F_N & A \\ \hline \dfrac{N}{m^2} = Pa & N & m^2 \end{array} \qquad (1)$$

Die gesetzliche und internationale Einheit (SI-Einheit) für den Druck p ist das Pascal[1] (Kurzzeichen Pa).
1 Pa ist gleich dem auf eine Fläche gleichmäßig wirkenden Druck, bei dem rechtwinklig auf die Fläche 1 m² die Kraft 1 N ausgeübt wird. Das 100 000 fache (10^5-fache) des Pa ist das Bar (Kurzzeichen bar):

$$1 \text{ Pa} = 1\frac{N}{m^2} = 1\frac{kgm}{s^2m^2} = 1\frac{kg}{s^2m} \qquad (2)$$

$$1 \text{ bar} = 100\,000 \text{ Pa} = 10^5 \text{ Pa} = 0,1 \text{ MPa}$$

Beachte: Der hydrostatische Druck p kann von außen auf die Flüssigkeit ausgeübt werden, aber auch die Schwerkraft (Gewichtskraft) der Flüssigkeit selbst erzeugt einen hydrostatischen Druck p. Bei hohen Drücken in kleinen Flüssigkeitsmengen (hydraulische Geräte) wird der hydraulische Druck infolge der Schwerkraft nicht berücksichtigt.

3.3 Druck-Ausbreitungsgesetz

Wird der hydrostatische Druckanteil infolge der Schwerkraft der Flüssigkeit vernachlässigt, gilt das Grundgesetz des hydrostatischen Drucks von *Pascal*:

> Der Druck einer im Gleichgewicht stehenden abgesperrten Flüssigkeit steht überall rechtwinklig auf der Fläche, auf die er einwirkt und ist an jedem Ort und in jeder Richtung gleich groß.
>
> Mit anderen Worten:
> Der Druck, der von außen auf irgendeinen Teil der abgesperrten Flüssigkeit ausgeübt wird (z.B. durch Kolbenkraft), pflanzt sich auf alle Teile nach allen Richtungen hin unverändert fort.

3.4 Anwendung des Druck-Ausbreitungsgesetzes

3.4.1 Wanddruckkraft

Die hydrostatische Druckkraft F auf eine gekrümmte Fläche ist das Produkt aus dem Druck p und der Projektion der Fläche auf eine Ebene rechtwinklig zur Kraftrichtung: *Wanddruckkraft*

$$F = p\,A \qquad \begin{array}{c|c|c} F & p & A \\ \hline N & \dfrac{N}{m^2} = Pa & m^2 \end{array} \qquad (3)$$

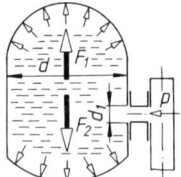

Bild 1. Druckkraft auf gekrümmte Flächen

- **Beispiel:**
  Die Projektion der gewölbten Böden des Behälters in Bild 1 ist in Richtung der Behälter-Längsachse eine Kreisfläche $A = \pi\,d^2/4$. Die Wanddruckkraft F in dieser Richtung wird also
  $F = F_1 = F_2 = p\,A = p\,\pi\,d^2/4$.
  Beachte: Auf die Flanschverbindung in Bild 1 wirkt die Zugkraft $F_z = p\,\pi\,d_1^2/4$.

---
[1] *Blaise Pascal*, franz. Physiker, Mathematiker und Philosoph, 1623 – 1662.

3.4.2 Beanspruchung einer Kessellängsnaht

Die Projektion der gewölbten Kesselwand ist nach Bild 2: $A = d\,l$ und damit die *Wanddruckkraft*

$$F = pA = p\,d\,l \tag{4}$$

F	d, l	p
N	m	$\dfrac{\text{N}}{\text{m}^2} = \text{Pa}$

Diese Kraft versucht bei Kessel und Rohren die Längsnaht in Umfangsrichtung aufzureißen. Ist s die Wanddicke des Rohres oder Kessels und σ_{zul} die zulässige Spannung, so wird: $F = d\,l\,p = 2\,s\,l\,\sigma_{\text{zul}}$ und daraus die *Wanddicke*

$$s = \frac{d\,l\,p}{2\,l\,\sigma_{\text{zul}}} = \frac{d\,p}{2\,\sigma_{\text{zul}}} \tag{5}$$

s, d	p, σ_{zul}
m	$\dfrac{\text{N}}{\text{m}^2} = \text{Pa}$

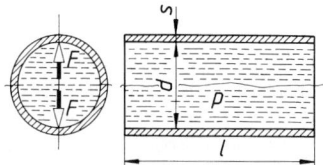

Bild 2. Beanspruchung einer Kessellängsnaht

3.5 Hydraulische Kraftübertragung

Die Anwendung des Druck-Fortpflanzungsgesetzes auf die in Bild 3 dargestellte hydraulische Presse ergibt *ohne* Reibung an den Dichtungsstellen die *Triebkraft* (Kolbenkraft)

$$F_1 = \frac{\pi\,d_1^{\,2}}{4}\,p$$

und die *Last* (Kolbenkraft)

$$F_2 = \frac{\pi\,d_2^{\,2}}{4}\,p$$

Daraus folgt unter Berücksichtigung der Reibung mit dem *Wirkungsgrad* η die *Last* (Kolbenkraft)

$$F_2 = F_1\left(\frac{d_2}{d_1}\right)^2 \eta \tag{6}$$

F_1, F_2	d_1, d_2	η
N	m	1

Darin ist der *Wirkungsgrad*

$$\eta = \frac{1 - \dfrac{4\mu h_2}{d_2}}{1 + \dfrac{4\mu h_1}{d_1}} \tag{7}$$

μ Reibzahl zwischen Kolben und Dichtung

Bewegt sich der Triebkolben um den Kolbenweg s_1 nach unten, so verdrängt er das Volumen $V_1 = A_1 s_1$. Das vom Triebkolben verdrängte Volumen muss gleich dem vom Lastkolben freigegebenen Raum sein, also $A_1 s_1 = A_2 s_2$ oder auch

$$s_2 = s_1\left(\frac{d_1}{d_2}\right)^2 \tag{8}$$

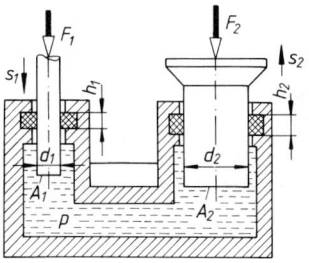

Bild 3. Hydraulische Presse

Die *Druckübersetzung* wird in der Anordnung nach den Bildern 4 und 5:

$$p_2 = p_1\,\frac{d_1^{\,2}}{d_1^{\,2} - d_2^{\,2}} \tag{9}$$

$$p_2 = p_1\left(\frac{d_1}{d_2}\right)^2 \tag{10}$$

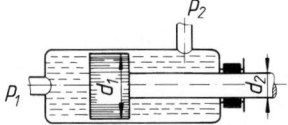

Bild 4. Druckübersetzung nach (9)

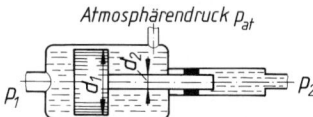

Bild 5. Druckübersetzung nach (10)

■ **Beispiel:**
An einer hydraulischen Presse werden die folgenden Werte gemessen (nach Bild 3): $d_1 = 20$ mm, $d_2 = 280$ mm, Dichtungshöhe $h_1 = 8$ mm, $h_2 = 20$ mm. Die Reibzahl für die Lippendichtungen ist 0,12. Der Pumpenkolben wird über dem Pumpenhebel mit einer Kraft $F_1 = 2\,000$ N belastet. Sein Hub beträgt $s_1 = 30$ mm.

Zu berechnen sind:

a) Pressen-Wirkungsgrad
b) Presskraft F_2
c) Flüssigkeitsdruck p
d) Weg s_2 des Presskolbens je Hub des Pumpenkolbens
e) aufgewandte Hubarbeit W_a
f) Nutzarbeit W_n je Hub
g) erforderliche Anzahl der Pumpenhübe für 28 mm Weg des Presskolbens

Lösung:

Zuerst muss der Wirkungsgrad η berechnet werden (7):

a) $\eta = \dfrac{1 - \dfrac{4\mu h_2}{d_2}}{1 + \dfrac{4\mu h_1}{d_1}} = \dfrac{1 - 4 \cdot 0{,}12 \cdot \dfrac{20}{280}}{1 + 4 \cdot 0{,}12 \cdot \dfrac{8}{20}} = 0{,}81$

damit kann die Presskraft F_2 bestimmt werden (6)

b) $F_2 = F_1 \left(\dfrac{d_2}{d_1}\right)^2 \eta =$

$= 2\,000\ \text{N} \cdot \dfrac{280\ \text{mm}}{20\ \text{mm}}^2 \cdot 0{,}81 =$

$= 317\,520\ \text{N}$

c) Flüssigkeitsdruck

$p = \dfrac{F_2 \, 4}{\pi d_2^2} = \dfrac{317\,520\ \text{N} \cdot 4}{0{,}28^2\ \text{m}^2 \cdot \pi} =$

$= 51{,}6 \cdot 10^5\ \dfrac{\text{N}}{\text{m}^2} = 51{,}6\ \text{bar}$

d) Kolbenweg

$s_2 = s_1 \left(\dfrac{d_1}{d_2}\right)^2 =$

$= 30\ \text{mm}\ \left(\dfrac{20\ \text{mm}}{280\ \text{mm}}\right)^2 = 0{,}153\ \text{mm}$

e) Hubarbeit

$W_a = F_1 s_1 = 2\,000\ \text{N} \cdot 0{,}03\ \text{m} = 60\ \text{Nm} = 60\ \text{J}$

f) Nutzarbeit

$W_n = F_2 s_2 = 317\,520\ \text{N} \cdot 0{,}153 \cdot 10^{-3}\text{m} =$

$= 48{,}58\ \text{Nm}$

g) Anzahl Pumpenhübe $= \dfrac{28\ \text{mm}}{0{,}153\ \text{mm}} = 183$

3.6 Druckverteilung durch Gewichtskraft der Flüssigkeit

Werden die Gleichgewichtsbedingungen $\Sigma F_y = 0$ auf den „erstarrten" Flüssigkeitskörper der Gewichtskraft F_G in Bild 6 in Richtung seiner vertikalen Achse angewendet, so ergibt sich:

$\Sigma F_y = 0 = -F_1 - F_G + F_2$

Für $F_1 = p_1 A$; $F_2 = p_2 A$; $F_G = mg = V\rho g = Ah\rho g$ eingesetzt:

$F_2 = F_1 + F_G$

$p_2 A = p_1 A + Ah\rho g$

$p_2 = p_1 + h\rho g \hspace{2cm} (11)$

Liegt die Oberkante des gedachten Flüssigkeitskörpers in der Oberfläche der Flüssigkeit, ist dort der hydrostatische Druck $p_1 = 0$ und damit der *Druck*

$$p = \rho g h \quad \begin{array}{c|c|c|c} p & \rho & g & h \\ \hline \dfrac{\text{N}}{\text{m}^2} = \text{Pa} & \dfrac{\text{kg}}{\text{m}^3} & \dfrac{\text{m}}{\text{s}^2} & \text{m} \end{array} \quad (12)$$

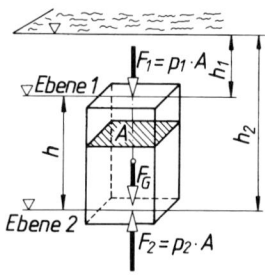

Bild 6. Druckhöhe oder Pressungshöhe

Der hydrostatische Druck infolge der Schwerkraft hängt demnach nur von der Niveauhöhe h (Flüssigkeitshöhe oder Pressungshöhe), der Fallbeschleunigung g und der Dichte ρ der Flüssigkeit ab. In gleicher Höhe h wirkt überall der gleiche Druck, also auch auf die Gefäßwand. Der Druck nimmt linear von der Oberfläche nach unten zu. Er steigt für jede Längeneinheit um den Betrag ρg an. Gleichung (12) ergibt den Druck als *Überdruck*. Der *absolute Druck* schließt den auf der Oberfläche lastenden Druck p_a (z.B. den umgebenden Atmosphärendruck) mit ein:

$p_{abs} = \rho g h + p_a \hspace{2cm} (13)$

■ **Beispiel:**

Wie groß ist der hydrostatische Druck einer Flüssigkeitssäule von 1 mm Höhe für Wasser und Quecksilber?

Lösung:

Für Wasser beträgt die Dichte $\rho_W = 1\,000\ \text{kg/m}^3$, für Quecksilber ist $\rho_Q = 13\,600\ \text{kg/m}^3$. Damit wird (mit $g = 10\ \text{m/s}^2$ gerechnet):

$p_W = \rho_W g h = 10^3\ \dfrac{\text{kg}}{\text{m}^3} \cdot 10\ \dfrac{\text{m}}{\text{s}^2} \cdot 10^{-3}\text{m} =$

$= 10\ \dfrac{\text{kgm}}{\text{s}^2 \text{m}^2} = 10\ \dfrac{\text{N}}{\text{m}^2} = 10\ \text{Pa}$

$p_Q = \rho_Q g h = 13{,}6 \cdot 10^3\ \dfrac{\text{kg}}{\text{m}^3} \cdot 10\ \dfrac{\text{m}}{\text{s}^2} \cdot 10^{-3}\text{m} =$

$= 136\ \dfrac{\text{N}}{\text{m}^2} = 136\ \text{Pa}$

3.7 Hydrostatische Kräfte gegen ebene Wände offener Gefäße

3.7.1 Bodenkraft F_b

Die Bodenkraft F_b (Bild 7) ist abhängig von Dichte ρ, der Druckhöhe h und der gedrückten Fläche A, dagegen unabhängig von der Gefäßform:

$$F_b = \rho g h A \qquad \begin{array}{c|c|c|c|c} F_b & \rho & g & h & A \\ \hline N & \dfrac{kg}{m^3} & \dfrac{m}{s^2} & m & m^2 \end{array} \qquad (14)$$

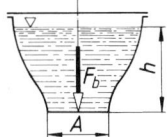

Bild 7. Bodenkraft F_b ist unabhängig von der Gefäßform

3.7.2 Seitenkraft F_s

Die Seitenkraft F_s (Bild 8) gegen eine symmetrische Fläche A, die unter einem beliebigen Winkel α zur Horizontalen geneigt ist, ist abhängig von der Dichte ρ, dem Abstand h_S des Flächenschwerpunkts S vom Flüssigkeitsspiegel und der gedrückten Fläche A:

$$\begin{aligned} F_s &= \rho g h_S A \\ F_s &= \rho g y_S \sin\alpha\, A \\ h_S &= y_S \sin\alpha \end{aligned} \qquad (15)$$

$$\begin{array}{c|c|c|c|c} F_s & \rho & g & h_S, y_S & A \\ \hline N & \dfrac{kg}{m^3} & \dfrac{m}{s^2} & m & m^2 \end{array}$$

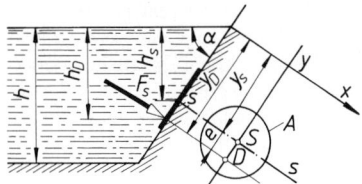

Bild 8. Seitenkraft F_s und Druckmittelpunkt D

Die Seitenkraft F_s auf eine ebene Fläche ist demnach ebenso groß, wie wenn der im Schwerpunkt S der Fläche wirkende hydrostatische Druck auf die Gesamtfläche A wirkte. F_s ist unabhängig von der Neigung der Fläche. Der Angriffspunkt der Seitenkraft F_s heißt *Druckmittelpunkt D*; er liegt immer um das Maß e tiefer als der Schwerpunkt S der gedrückten Fläche A. Der *Abstand e* wird berechnet aus

$$e = \frac{\text{Flächenmoment 2. Grades der gedrückten Fläche, bezogen auf die Flächenschwerachse } s-s}{\text{Flächenmoment 1. Grades der gedrückten Fläche, bezogen auf die Achse } x-x}$$

$$e = \frac{I_S}{A y_S} \qquad \begin{array}{c|c|c|c} e & I & A & y_S \\ \hline m & m^4 & m^2 & m \end{array} \qquad (16)$$

y_S Schwerpunktsabstand der gedrückten Fläche von der Achse $x-x$; bei lotrechten Flächen ist $y_S = h_S$.
A gedrückte Fläche.

Damit wird allgemein der *Abstand y_D* des Druckmittelpunkts D von der Achse $x-x$:

$$y_D = y_S + e = y_S + \frac{I_S}{A y_S} \qquad (17)$$

Der *Abstand e* wird für die

Rechteckfläche

$$e = \frac{I_S}{A y_S} = \frac{b h^3}{12 b h y_S} = \frac{h^2}{12 y_S} \qquad (18)$$

Kreisfläche

$$e = \frac{I_S}{A y_S} = \frac{\pi d^4 4}{64 \pi d^2 y_S} = \frac{d^2}{16 y_S} \qquad (19)$$

■ **Beispiel:**
Für die Ablassklappe eines Wasserbehälters nach Bild 8 ist $\alpha = 50°$; $h_S = 2{,}5$ m; Rohrdurchmesser $d = 500$ mm. Zu berechnen sind Betrag und Angriffspunkt der auf die Klappe wirkenden Seitenkraft F_s.

Lösung:

$$F_s = \rho g h_S A =$$

$$= 10^3 \frac{kg}{m^3} \cdot 9{,}81 \frac{m}{s^2} \cdot 2{,}5\,m \cdot \frac{\pi}{4}(0{,}5\,m)^2 =$$

$$= 4815\ N$$

$$y_S = \frac{h_S}{\sin\alpha} = \frac{2{,}5\,m}{0{,}766} = 3{,}264\,m$$

$$e = \frac{I_S}{A y_S} = \frac{d^2}{16 y_S} = \frac{0{,}5^2 \cdot m^2}{16 \cdot 3{,}264\,m} = 4{,}8\,mm$$

$$y_D = y_S + e = 3{,}264\,m + 4{,}8\,mm = 3{,}269\,m$$

3.8 Auftrieb

Der Auftrieb F_a ist die Resultierende der beiden rechtwinkligen Kräfte $F_1 = p_1 A$ und $F_2 = p_2 A$ nach Bild 6. Mit $p_1 = \rho g h_1$ und $p_2 = \rho g h_2$ wird der Auftrieb

$$F_a = F_2 - F_1 = A \rho g (h_2 - h_1)$$

Da $A(h_2 - h_1) =$ Volumen V_v ist, wird der *Auftrieb*

$$F_a = V_v \rho g \qquad \begin{array}{c|c|c|c} F_a & V_v & \rho & g \\ \hline N & m^3 & \dfrac{kg}{m^3} & \dfrac{m}{s^2} \end{array} \qquad (20)$$

V_v ist das verdrängte Flüssigkeitsvolumen.

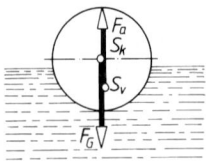

Bild 9. Körper- und Verdrängungsschwerpunkt S_k, S_v

Der Auftrieb ist immer rechtwinklig nach oben gerichtet und gleich der Gewichtskraft des durch den eingetauchten Körper verdrängten Flüssigkeitsvolumens. Der Auftrieb greift im Verdrängungsschwerpunkt S_v der verdrängten Flüssigkeitsmenge an. Das Gesetz gilt für ganz und teilweise eingetauchte Körper. Der in Flüssigkeit eingetauchte Körper verliert an Gewichtskraft genau soviel, wie die Gewichtskraft der von ihm verdrängten Flüssigkeit beträgt: *scheinbare Gewichtskraft*

$$F_{Gs} = F_G - F_a \qquad (21)$$

■ **Beispiel:**
Ein Körper der Masse $m = 25$ kg hängt völlig in Wasser eingetaucht an einer hydrostatischen Waage. Die Waage steht im Gleichgewicht bei $m_1 = 22$ kg. Wie groß sind Volumen V und Dichte ρ des Körpers?

Lösung:

Der Auftrieb ist

$$F_a = F_G - F_{G1} = mg - m_1 g = g\,(m - m_1)$$

Volumen

$$V = \frac{F_a}{\rho g} = \frac{g(m - m_1)}{\rho g} = \frac{m - m_1}{\rho} =$$

$$= \frac{3\,\text{kg}}{1000\,\dfrac{\text{kg}}{\text{m}^3}} = 3 \cdot 10^{-3}\,\text{m}^3 = 3\,\text{dm}^3$$

Dichte

$$\rho = \frac{m}{V} = \frac{25\,\text{kg}}{3 \cdot 10^{-3}\,\text{m}^3} = 8{,}333 \cdot 10^3\,\frac{\text{kg}}{\text{m}^3}$$

$$= 8\,333\,\frac{\text{kg}}{\text{m}^3}$$

■ **Beispiel:**
Ein dünner Holzstab der Länge $l = 500$ mm und der Dichte $\rho_k = 600$ kg/m³ wird lotrecht über die Wasseroberfläche gehalten und dann losgelassen. Wie weit taucht die obere Stirnfläche des Stabes unter den Wasserspiegel (x = Tauchtiefe), wenn von Reibungswiderständen abgesehen wird?

Lösung:
Der Energieerhaltungssatz S. C 63 (107) in Verbindung mit S. C 47 (19) ergibt:

Energie am Ende des Vorgangs	=	Energie am Anfang des Vorgangs	±	zu- bzw. abgeführter Arbeit

$$0 = F_G\,(l + x) - \frac{F_a\,l}{2} - F_a x$$

Mit $F_G = m\,g = V\rho_k g$ und $F_a = V\rho_w g$ wird daraus

$$0 = V\rho_k g\,l + V\rho_k g\,x - V\rho_w g\,\frac{l}{2} - V\rho_w g\,x$$

$$x = \frac{l\left(\rho_k - \dfrac{\rho_w}{2}\right)}{\rho_w - \rho_k} = \frac{0{,}5\,\text{m} \cdot 100\,\dfrac{\text{kg}}{\text{m}^3}}{400\,\dfrac{\text{kg}}{\text{m}^3}} = 0{,}125\,\text{m} =$$

$$= 125\,\text{mm}$$

Beachte: Die bis zum vollständigen Eintauchen des Stabes abgeführte Arbeit ergibt im Kraft-Weg-Diagramm eine Dreieckfläche und damit $W_1 = F_a \cdot l / 2$. Danach ist beim weiteren Eintauchen F_a = konstant, also $W_2 = F_a x$.

3.9 Schwimmen

Wirken nur Gewichtskraft F_G und Auftrieb F_a auf einen in der Flüssigkeit liegenden Körper, sind drei Fälle möglich:
Der Körper *sinkt*, wenn $F_a < F_G$ ist; er schwebt, d.h. er bleibt an jeder beliebigen Stelle innerhalb der Flüssigkeit, wenn $F_a = F_G$ ist und er *schwimmt* an der Oberfläche, wenn $F_a > F_G$ ist. Bei Gleichgewicht taucht der Körper so weit auf, dass der Auftrieb gleich der Gewichtskraft der verdrängten Flüssigkeit ist.

3.10 Gleichgewichtslagen schwimmender Körper

Stabile Schwimmlage zeigt Bild 10. Auftrieb F_a und Gewichtskraft F_G wirken längs der gemeinsamen Wirklinie W – der Körpermittellinie – in entgegengesetzter Richtung. Neigt sich der schwimmende Körper um Winkel φ, bleibt die Lage des Körperschwerpunkts S_k (Angriffspunkt von F_G) erhalten, jedoch wandert Verdrängungsschwerpunkt S_v nach $S_{v'}$ (Angriffspunkt von F_a): F_G und F_a bilden ein Kräftepaar und damit das Wiederaufrichtmoment (Stabilität genannt). h ist der *Hebelarm der statischen Stabilität.*

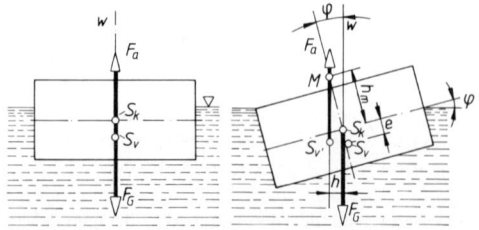

Bild 10. Stabile Schwimmlage

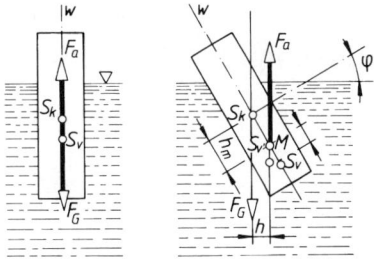

Bild 11. Labile Schwimmlage

F_a Auftrieb, in S_v angreifend; F_G Gewichtskraft, in S_k angreifend; W Mittellinie des Körpers (Schwimmachse); S_v Verdrängungsschwerpunkte = Schwerpunkte der verdrängten Flüssigkeit; S_k Körperschwerpunkt; M Metazentrum = Schnittpunkt der Wirklinie des Auftriebs mit der Mittellinie W; $\overline{MS_k}$ metazentrische Höhe = h_m; φ Neigungswinkel; $h = \overline{MS_k} \cdot \sin\varphi$ = Hebelarm der statischen Stabilität

Wichtig ist das *Metazentrum M*, der Schnittpunkt der Körpermittellinie W mit der Wirklinie des Auftriebs. Liegt M *über* S_k, schwimmt der Körper stabil, andernfalls *labil* (Bild 11). Das Drehmoment aus Auftrieb und Gewicht unterstützt dann die Drehung des Körpers, bis er in die stabile Schwimmlage nach Bild 10 kommt. Strecke $\overline{MS_k}$ heißt *metazentrische Höhe h_m*.

Ist I_{min} das kleinste Flächenmoment 2. Grades der Schwimmfläche in Bezug auf die Drehachse durch den Schwerpunkt der Schwimmfläche, V das Volumen der verdrängten Flüssigkeit, e die Strecke $S_k S_v$, so gilt für die *metazentrische Höhe*

$$h_m = \frac{I_{min}}{V} - e \qquad \begin{array}{c|c|c|c} h_m & I_{min} & V & e \\ \hline m & m^4 & m^3 & m \end{array} \quad (22)$$

Die *Stabilitätsbedingung* lautet

$$h_m > 0 \qquad \frac{I_{min}}{V} > e \qquad\qquad (23)$$

4 Hydrodynamik; Eindimensionale stationäre inkompressible Strömung

Dominik Surek

Formelzeichen und Einheiten[1] zur Hydro- und Gasdynamik

A	m^2	Strömungsquerschnitt		Sr	1	Strouhalzahl
a	$\dfrac{m}{s}$	Schallgeschwindigkeit		St	1	Stockeszahl
				t	s	Zeit
Bi	1	Binghamzahl		u	$\dfrac{J}{kg}$	spezifische innere Energie
c	$\dfrac{m}{s}$	Strömungsgeschwindigkeit		V	m^3	Volumen
c_p	$\dfrac{J}{kg \cdot K}$	isobare spezifische Wärme-kapazität		$\dot{V}$	$\dfrac{m^3}{h}$	Volumenstrom
c_v	$\dfrac{J}{kg \cdot K}$	isochore spezifische Wärme-kapazität		α	$\circ$	Winkel
				α	1	Durchflusszahl bei Blenden
c_w	1	Widerstandsbeiwert		β	$\circ$	Winkel
Eu	1	Eulerzahl		ϑ	$\circ$	Diffusoröffnungswinkel
F	N	Kraft		ζ	1	Druckverlustbeiwert
F_G	N	Gewichtskraft		δ	m	Grenzschichtdicke
Fr	1	Froudezahl		δ_U	m	laminare Unterschicht
g	$\dfrac{m}{s^2}$	Fallbeschleunigung		δ'	m	Verdrängungsdicke
				δ''	m	Impulsverlustdicke
H	m	Bernoulli'sche Konstante		η	$Pa \cdot s$	dynamische Viskosität
h	$\dfrac{J}{kg \cdot K}$ m	spezifische Enthalpie; Höhe		κ	1	Isentropenexponent
				λ	1	Rohrreibungsbeiwert
Ha	1	Hagenzahl		ν	$\dfrac{m^2}{s}$	kinematische Viskosität; $\nu = \eta/\rho$
He	1	Helmholtzzahl				
I	$\dfrac{kg \cdot m}{s}$	Impuls		ρ	$\dfrac{kg}{m^3}$	Dichte
L	m	Länge, Rohrlänge		σ	1	Kavitationszahl
m	kg	Masse		τ	$\dfrac{N}{m^2}$	Schubspannung
$\dot{m}$	$\dfrac{kg}{s}$	Massenstrom		τ_w	$\dfrac{N}{m^2}$	Wandschubspannung
M	1	Machzahl				
p	Pa	Druck				
p_0	Pa	Ruhedruck				
p_t	Pa	Totaldruck				
Pr	1	Prandtlzahl				
R	$\dfrac{J}{kg \cdot K}$	Gaskonstante				
Re	1	Reynoldszahl				
Ro	1	Rossbyzahl				
r	m	Radius				
So	1	Sommerfeldzahl				

Indizes	
0	Ruhezustand
① ②	Grenzwerte
$*$	kritischer Zustand
$\wedge$	Zustandsgrößen nach Verdichtungsstoß

---

[1] s. Seite B3

4.1 Einführung

Strömungsvorgänge in Maschinen, Apparaten, Anlagen und in der Natur verlaufen in der Regel dreidimensional und viele davon auch instationär, d.h. zeitabhängig wie z.B. An- und Abfahrvorgänge von Maschinen. Es gibt genügend Strömungsvorgänge, bei denen zwei Geschwindigkeitskomponenten gegenüber der Hauptströmungsrichtung c_x in erster Näherung vernachlässigt werden können, ohne nennenswerte Fehler zu begehen wie z.B. in Trinkwasserversorgungsrohrleitungen, in Pipelines oder in anderen Rohrleitungen für Fluide mit konstanter Dichte (ρ = konst.). Diese Strömungen nennt man stationär, eindimensional und inkompressibel. Ist die stationäre, eindimensionale Strömung kompressibel, wie z.B. in Gasrohrleitungen, Gasturbinen oder in Kompressoren, dann wird sie durch die Gesetze der Gasdynamik beschrieben.

Alle Strömungsvorgänge verlaufen reibungsbehaftet, besonders in der Nähe angrenzender Wände mit der Wandhaftung. Sie werden als viskose Strömungen bezeichnet. Überwiegen die Trägheitskräfte und die äußeren Kräfte (Druckkräfte, Gewichtskraft und Zentrifugalkraft) gegenüber der Reibungskraft, wie z.B. bei Tragflügelumströmungen, kann die Strömung näherungsweise reibungsfrei behandelt werden.

Diese stationären, eindimensionalen, inkompressiblen Strömungen sind Gegenstand der folgenden Abschnitte, in denen die drei Erhaltungssätze der Strömungsmechanik – Kontinuitätsgleichung, Bernoulligleichung und Impulsgleichung – behandelt werden. Analog dazu können die Erhaltungssätze für die instationäre dreidimensionale, kompressible und reibungsbehaftete Strömung formuliert werden, die zu den Navier-Stokes'schen-Gleichungen führen. Der mathematische Aufwand dafür ist infolge der beiden zusätzlichen Ortskoordinaten y und z sowie der freien Parameter Zeit t, Dichte ρ und Schubspannung τ unvergleichlich höher [1] [2] [3].

4.2 Stromlinie, Bahnlinie, Stromfaden und Stromröhre

Eine Stromlinie ist eine gerade oder gekrümmte Linie aus Fluidteilchen, die in jedem Punkt von ihren Geschwindigkeitsvektoren tangiert wird (Bild 1). Bei stationären Strömungen ist die Stromlinie eine ortsfeste Raumkurve, z.B. die Mittellinie bei der stationären Rohrströmung (Bild 2a). Sie ist dabei auch mit der Bahnlinie der einzelnen Teilchen identisch.

Mehrere Stromlinien, die von einer geschlossenen Kurve umschlungen werden, nennt man eine Stromröhre. In ihr befinden sich die Stromlinien und auch der Stromfaden.

Bei instationären, d.h. zeitabhängigen Strömungen, ändern die Stromlinien ihre räumliche Lage mit der Zeit und sie sind nicht mehr mit den Bahnlinien identisch (Bild 2b).

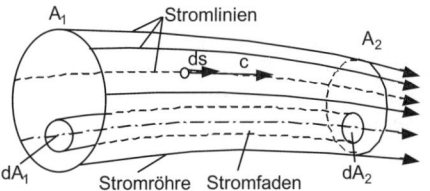

Bild 1. Stromröhre mit Stromfaden und Stromlinien

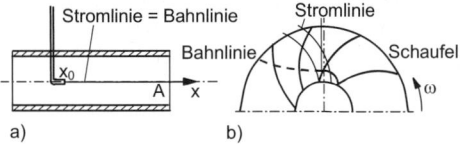

Bild 2. Stromlinie und Bahnlinie bei
a) stationärer Rohrströmung
b) Laufradströmung im Absolutsystem

Teile der Stromröhre mit den Querschnitten dA, in denen der Druck p und die Geschwindigkeit c als konstant angenommen werden können, stellen einen Stromfaden dar. Gerade Rohrströmungen mit p = konst. und c = konst. über dem Querschnitt A stellen ebenfalls einen Stromfaden dar.

Die Bahnlinien sind die Kurven, die von den Fluidteilchen x_o im Laufe der Zeit beschrieben werden.

Die Streichlinien sind jene Kurven aus allen Fluidteilchen, die im Laufe der Zeit durch den selben Punkt x_o strömen. Sie können an umströmten Wänden sichtbar gemacht werden.

4.3 Kontinuitätsgleichung für die eindimensionale Strömung (Stromfadenströmung)

Die Kontinuitätsgleichung stellt den Massenerhaltungssatz für offene durchströmte Systeme dar. Sie besagt, dass der ausströmende Massenstrom $\dot{m}_2$ aus einem abgegrenzten System, entsprechend Bild 3, gleich dem einströmenden Massenstrom $\dot{m}_1$ sein muss.

Es gilt:

$$\dot{m}_1 = \rho \dot{V}_1 = \rho c_1 A_1 = \dot{m}_2 = \rho \dot{V}_2 = \rho c_2 A_2 \qquad (1)$$

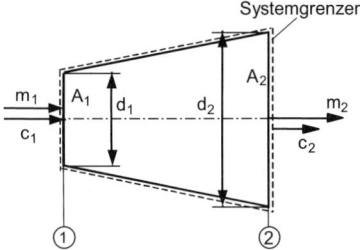

Bild 3. Diffusor mit Systemgrenzen

Für konstante Dichte ρ und für die konstanten mittleren Geschwindigkeiten c_1 und c_2 über den Querschnitten A_1 und A_2 sowie mit den kreisförmigen Diffusorquerschnitten $A_1 = \pi\, r_1^2$ und $A_2 = \pi\, r_2^2$ lautet die Gleichung für den Volumenstrom

$$\frac{\dot m_1}{\rho} = \dot V_1 = \dot V_2 = c_1\, A_1 = c_2\, A_2 \qquad (2)$$

Gleichung 2 sagt aus, dass bei einem Fluid konstanter Dichte ρ die Geschwindigkeiten umgekehrt proportional zu den Strömungsquerschnitten sind $c_1/c_2 = A_2/A_1$. Die Geschwindigkeit im Diffusor wird also im Maß des Querschnittsverhältnisses A_1/A_2 verzögert auf $c_2 = c_1 \cdot A_1/A_2$. Diese Verzögerung der Geschwindigkeit von $\Delta c = c_1 - c_2 = c_1\,(1 - A_1/A_2)$ führt in verlustfreien Diffusoren zur Drucksteigerung. Der Einsatz von Diffusoren erfolgt z.B. in Wasserturbinen, Kompressoren und Rohrleitungen.

4.4 Bernoulligleichung

Die Bernoulligleichung formuliert den Energieerhaltungssatz für strömende Fluide in durchströmten Maschinen, Anlagen und Rohrleitungen mit folgenden spezifischen Energieanteilen:

Spezifische Druckenergie p/ρ
Spezifische dynamische Energie $c^2/2$
Spezifische Energie des Höhenpotenzials $g\, h$.

Sie kann aus dem Kräftegleichgewicht der an einem Fluidteilchen in Strömungsrichtung angreifenden Kräfte, das sich auf der Stromlinie bewegt, über die Euler'sche Bewegungsgleichung gewonnen werden. Bei Bewegung eines Fluidteilchens auf einer Stromlinie entsprechend Bild 4 greifen folgende Kräfte in der Bewegungsrichtung an:

Trägheitskraft $a\, m = \dfrac{dc}{dt}\, m$

Druckkraft $A\, p$
Potenzialkraft aus dem Höhenpotenzial

$g\, m \sin\alpha \approx g\, m \dfrac{dh}{ds}$.

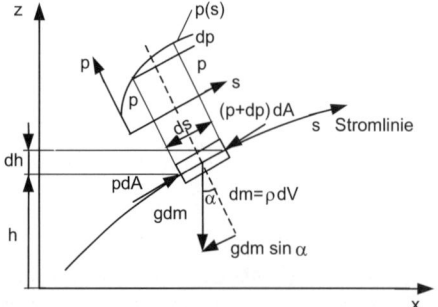

Bild 4. Kräfte an einem Fluidelement dm in Strömungsrichtung

Das Kräftegleichgewicht in Strömungsrichtung s lautet:

$$a\, dm + A\, dp + g\, dm \frac{dh}{ds} = 0 \qquad (3)$$

Mit der Masse des Fluidteilchens $dm = \rho\, dV = \rho\, A\, ds$ ergibt sich die Gl. 4, wenn man beachtet, dass die

Geschwindigkeit $c = \dfrac{ds}{dt}$ ist.

$$c\, dc + \frac{dp}{\rho} + g\, dh = 0 \qquad (4)$$

Gl. 4 wird zu Ehren von Leonhard Euler als Euler'sche Bewegungsgleichung bezeichnet. Durch Integration von Gl. 4, die erstmals von Daniel Bernoulli vorgenommen wurde, erhält man die Bernoulligleichung. Die Konstante wird als Bernoulli'sche Konstante H bezeichnet.

$$\frac{c^2}{2} + \frac{p}{\rho} + g\, h = H \qquad (5)$$

Die Gl. 5 besagt, dass die Summe der spezifischen Energieanteile auf einer Stromlinie eines durchströmten Bereichs immer konstant ist.

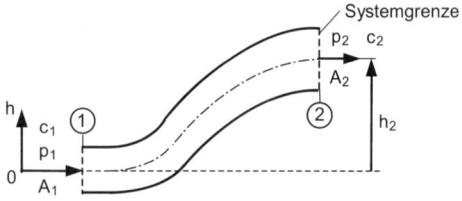

Bild 5. Diffusorförmiges Rohr mit Systemgrenzen

Die Bernoulligleichung lautet für das diffusorförmig erweiterte Rohr im Bild 5 bei reibungsfreier Strömung

$$\frac{c_1^2}{2} + \frac{p_1}{\rho} + g\, h_1 = \frac{c_2^2}{2} + \frac{p_2}{\rho} + g\, h_2 \qquad (6)$$

c	p	ρ	g	h	H
$\frac{\text{m}}{\text{s}}$	Pa	$\frac{\text{kg}}{\text{m}^3}$	$\frac{\text{m}}{\text{s}^2}$	m	m

Sind fünf Parameter dieser Gleichung bekannt, kann der sechste Parameter bestimmt werden. Nimmt man die Kontinuitätsgleichung hinzu, lassen sich mit diesen beiden Gleichungen zwei unbekannte Größen eines Strömungsfeldes bestimmen. Damit können viele technische Aufgaben gelöst werden.
Gl. 6 wurde für die spezifischen Energien aufgeschrieben. Sie kann bei Bedarf durch Multiplikation mit der Dichte ρ als Druckgleichung (Gl. 7) oder bei Division mit der Fallbeschleunigung g auch als Höhengleichung aufgeschrieben werden (Gl. 8). Im Bild 6 sind die variablen Höhenanteile der Bernoulligleichung für eine gekrümmte Düse graphisch dargestellt.

$$\frac{\rho}{2}c_1{}^2 + p_1 + g\,\rho h_1 = \frac{\rho}{2}c_2{}^2 + p_2 + g\,\rho h_2 \qquad (7)$$

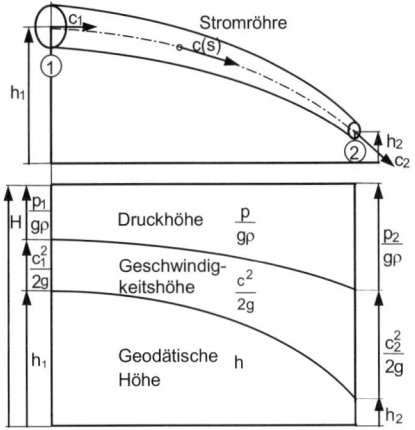

Bild 6. Graphische Darstellung der Höhenanteile der Bernoulligleichung

$$\frac{c_1{}^2}{2g} + \frac{p_1}{g\,\rho} + h_1 = \frac{c_2{}^2}{2g} + \frac{p_2}{g\,\rho} + h_2 \qquad (8)$$

Wird die Bernoulligleichung (Gl. 8) für einen offenen Behälter mit konstantem Flüssigkeitsspiegel und Ausfluss (Bild 7) aufgeschrieben, erhält man die Ausflussgleichung von Torricelli.

■ **Beispiel 1:**
Zu bestimmen ist die Ausflussgeschwindigkeit c_1 aus einem offenen Behälter der Höhe $h = 2,5$ m und der Ausflussrohrlänge von $h_1 = 0,8$ m bei konstantem Wasserspiegel mit $c_2 \approx 0$ für $A_2/A_1 \gg 1,0$. Rohrdurchmesser $d = 40$ mm, Dichte $\rho = 1000$ kg/m³.

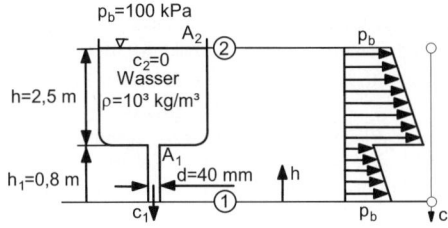

Bild 7. Ausfließen aus einem offenen Behälter $(h_2 = h + h_1)$

Lösung:

Aus der Bernoulligleichung Gl. 8 folgt:

$$\frac{c_1{}^2}{2g} = h_2 \rightarrow c_1 = \sqrt{2\,g\,h_2} = \sqrt{2\cdot 9,81\,\frac{m}{s^2}\cdot 3,3\,m} = 8,046\,\frac{m}{s}$$

Diese Gleichung stellt die Ausflussgleichung von Torricelli dar. Die Ausflussgeschwindigkeit ist gleich der Fallgeschwindigkeit einer Kugel nach der Fallhöhe h_2.

Ausflussvolumenstrom:

$$\dot{V} = c_1\,A_1 = 8,046\,\frac{m}{s}\cdot\left(\frac{\pi}{4}\right)\cdot 0,04^2\,m^2 = 0,01\,\frac{m^3}{s}$$

4.5 Impulssatz

Der Impuls oder die Bewegungsgröße auf ein System beträgt $I = c\,m = c\,\rho V$. Er kann beim Eintritt und beim Austritt aus einem begrenzten System entsprechend Bild 8 auftreten und übt eine Kraft auf das System aus, die mit den äußeren Kräften im Gleichgewicht steht. Die Impulskraft stellt die erste Ableitung des Impulses nach der Zeit für die stationäre Strömung dar.

$$F = \frac{I}{t} \qquad (9)$$

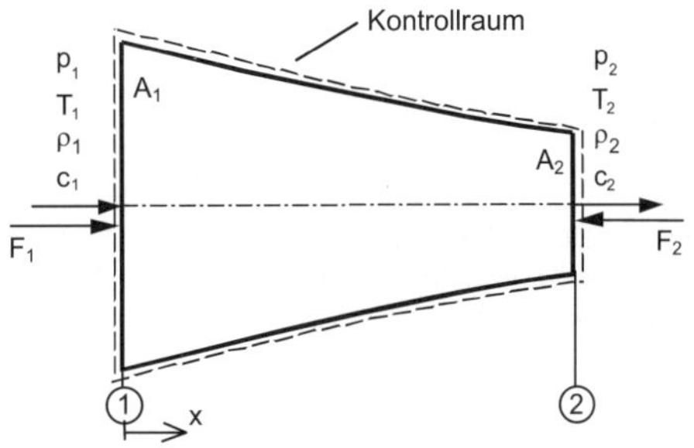

Bild 8. Systemgrenzen einer Düsenströmung mit Impulskraft

Die Impulskräfte am Ein- und Austritt der Systemgrenzen mit dem Volumenstrom $\dot{V} = Ac$ betragen:

$$F = \rho\dot{V}(c_2 - c_1) = \rho Ac(c_2 - c_1) \quad \begin{array}{c|c|c|c|c} F & \rho & \dot{V} & c & A \\ \hline N & \frac{kg}{m^3} & \frac{m^3}{s} & \frac{m}{s} & m^2 \end{array} \qquad (10)$$

Diese Impulskräfte weisen in die positive x-Richtung und stehen mit den äußeren Kräften, insbesondere mit den Druckkräften im Gleichgewicht. Damit kann für das System der Spritzdüse gemäß Bild 8 geschrieben werden

$$\dot{m}_1 c_1 + p_1 A_1 = \dot{m}_2 c_2 + p_2 A_2 \qquad (11)$$

Wird für den Massenstrom $\dot{m} = \rho Ac$ geschrieben und diese Beziehung in Gl. 11 eingeführt, erhält man die Impulsgleichung in der Form:

$$\rho A_1 c_1 c_1 + p_1 A_1 = \rho A_2 c_2 c_2 + p_2 A_2 \qquad (12)$$

Die beiden Geschwindigkeiten in Gl. 12 sind Vektoren und sie sind nur dann gleich groß, wenn beide normal auf der Grenzfläche am Ein- und Austritt von Bild 8 stehen. Das ist am Austritt 2 von Bild 9 und an der geneigten Platte von Bild 10 nicht der Fall. Am

Austritt 2 von Bild 9 beträgt die resultierende Kraft im angegebenen kartesischen Koordinatensystem

$$F_y = \rho\, A_2\, c_2\, c_2 \cos\alpha + p_2\, A_2 \qquad (13)$$

F_y	ρ	A	c	p
N	$\frac{kg}{m^3}$	m^2	$\frac{m}{s}$	Pa

und an der Platte von Bild 10 beträgt die Impulskraft

$$F_l = \rho\,\pi\,\frac{d^2}{4}\,c^2 \cos\alpha = \rho\,c^2\,\frac{\pi\,d^2}{4}\cos\alpha \qquad (14)$$

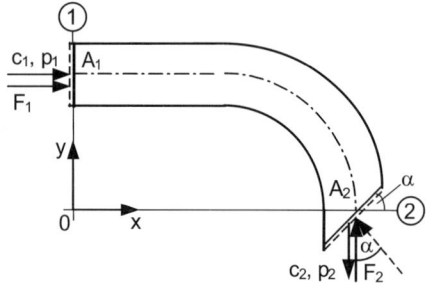

Bild 9. Darstellung des Impulses auf einen schräg geschnittenen Rohrkrümmer

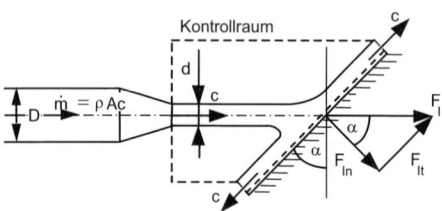

Bild 10. Impulskraft eines Flüssigkeitsstrahls auf eine geneigte ebene Wand

Die resultierende Kraft aus Impuls- und Druckkraft am Austritt von Bild 9 wirkt also in der positiven y-Richtung.

Die Richtung der Impulskraft kann mathematisch mit Hilfe eines Einheitsflächenvektors ermittelt werden, der stets normal auf der Grenzfläche steht und nach außen gerichtet ist (Bild 11). Sie kann aber auch durch die Anschauung gewonnen werden. Ein Eintrittsimpuls versucht das betrachtete System stets in Strömungsrichtung zu bewegen. Der Austrittsimpuls aus einem System übt die Impulskraft entgegen der Strömungsrichtung auf das System aus.

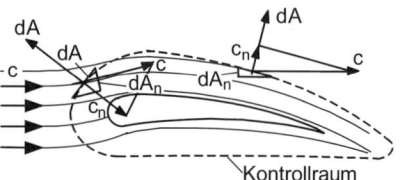

Bild 11. Flächennormalenvektor für den Kontrollraum des Impulses ist der normal auf der Fläche stehende Vektor

■ **Beispiel 2:**
Zu bestimmen ist die resultierende Impulskraft auf den Rohrbogen von $d = 80$ mm entsprechend Bild 9, wenn er von $\dot{V} = 62$ m³/h Wasser mit $\rho = 1000$ kg/m³ reibungsfrei durchströmt wird, $\alpha = 45°$.

Lösung:

$$c_1 = \frac{\dot{V}}{A_1} = \frac{4 \cdot 0{,}0172\,\frac{m^3}{s}}{\pi \cdot 0{,}08^2\, m^2} = 3{,}422\,\frac{m}{s}$$

Eintrittsimpulskraft, Gl. 10:

$$F_{x1} = \dot{m}\, c_1 = \rho\, A_1\, c_1^2 = 10^3\,\frac{kg}{m^3} \cdot \frac{\pi \cdot 0{,}08\,m^2 \cdot 3{,}43^2\,\frac{m^2}{s^2}}{4} = 58{,}861\, N$$

Austrittsimpulskraft: $c_1 = c_2$, Gl. 10

$$F_{y2} = \dot{m}\, c_2 = \rho\, A_2 \sin\alpha\, c_2^2 = \rho\, A_1\, c_2^2$$

$$F_{y2} = 10^3\,\frac{kg}{m^3}\,\frac{\pi \cdot 0{,}08^2\, m^2\, 3{,}43^2\,\frac{m^2}{s^2}}{4} = 58{,}861\, N$$

Größe und Richtung der resultierenden Kraft:

$$F = \sqrt{F_{x1}^2 + F_{y2}^2} = 83{,}64\, N \qquad \alpha = \arctan\frac{F_{y2}}{F_{x1}} = 45°$$

4.6 Eindimensionale inkompressible reibungsbehaftete Strömung

Die reibungsbehaftete Strömung wird auch Viskose- oder Zähigkeitsströmung genannt, weil dabei neben der Trägheitskraft $a\,m$, der Druckkraft $p\,A$ und der Potenzialkraft $m\,g \sin\alpha$ auch die Zähigkeitskraft $F_\tau = \tau A$ einwirkt, die sich aus der Schubspannung und der reibenden Fläche der Strömung A zusammensetzt. Die reibende Fläche ist die von der Strömung benetzte Fläche. Sie beträgt bei der Rohrströmung $dA = U dx = \pi d(dx)$ (Bild 12).

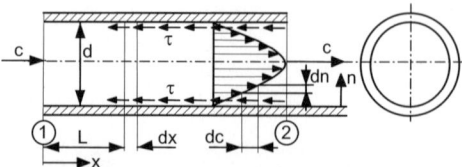

Bild 12. Reibungsbehaftete Rohrströmung

Die Schubspannung τ der reibenden Schicht ist der dynamischen Viskosität η und dem Geschwindigkeitsgradienten dc/dn proportional, der normal zur

Hauptströmungsrichtung steht. Sie beträgt für Newton'sche Fluide z.B. für Luft, technische Gase, Wasser, Alkohol, bei denen keine Schubspannung im Ruhezustand auftritt (Bild 13)

$$\tau = \eta \frac{dc}{dn} = \rho v \frac{dc}{dn} \qquad (15)$$

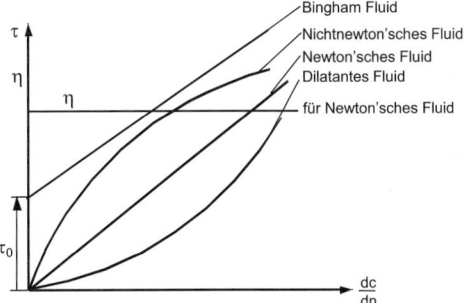

Bild 13. Schubspannung und dynamische Viskosität Newton'scher Fluide und Schubspannung Nichtnewton'scher Fluide

Die dynamische Viskosität in $Pa\ s$ ergibt sich aus der Stoffdichte ρ und der kinematischen Viskosität v zu $\eta = \rho v$.
Für Nichtnewton'sche Fluide beträgt die Schubspannung

$$\tau = \tau_0 + \eta \frac{dc}{dn} = \tau_0 + \rho v \frac{dc}{dn} \qquad (16)$$

Die dynamische Viskosität η Newton'scher Fluide ist in der Regel temperaturabhängig, jedoch unabhängig vom Geschwindigkeitsgradienten (Tabelle 1). Die Schubspannung der vielen Nichtnewton'schen Fluide, insbesondere der Bingham'schen Fluide beschreibt die Rheologie[1] [4].

Tabelle 1. Dynamische und kinematische Viskosität von Wasser und von Luft in Abhängigkeit der Temperatur bei $p = 101,3$ kPa

H$_2$O	°C	0	10	20	30	40	50	60	80	100
$\eta \cdot 10^{-4}$	Pa s	17,92	13,07	10,02	8,05	6,53	5,45	4,66	3,55	2,82
$v \cdot 10^{-6}$	m²/s	1,79	1,305	1,004	0,81	0,658	0,56	0,477	0,365	0,295
Luft	°C	-20	0	20	40	60	80	100	200	500
$\eta \cdot 10^{-4}$	Pa s	16,24	17,16	18,12	18,93	20,03	20,9	21,95	26,11	38,0
$v \cdot 10^{-6}$	m²/s	11,6	13,3	15,1	16,9	18,9	20,9	23,1	35,0	96,7

Wird die Reibungskraft Nichtnewton'scher Fluide für ein Flächenelement $dF_\tau = (\tau_0 + \eta\, dc/dn)\, dA$ in die Gl. 3 für das Kräftegleichgewicht eingesetzt, erhält

man nach der Integration die Bernoulligleichung für die reibungsbehaftete Strömung

$$\frac{c^2}{2} + \frac{p}{\rho} + g\,h + \left(\frac{\tau_0}{\rho} + v\frac{dc}{dn}\right)\frac{L}{r_{\mathrm h}} = H \qquad (17)$$

Darin stellt τ_0/ρ die spezifische Reibungsenergie dar. Sie wird auch als das Quadrat der Schubspannungsgeschwindigkeit bezeichnet. A/U ist der hydraulische Radius $r_{\mathrm h} = A/U$ mit dem Strömungsquerschnitt A und dem benetzten Umfang U.
Für die gekrümmte Rohrleitung gemäß Bild 14 lautet die Bernoulligleichung für die viskose Strömung in den Grenzen 1 und 2 für ein Newton'sches Fluid mit $\tau_0 = 0$

$$\frac{c_1^2}{2} + \frac{p_1}{\rho} + g\,h_1 + \frac{\eta}{\rho}\frac{dc}{dn}\frac{L_1}{r_{\mathrm h}} =$$
$$= \frac{c_2^2}{2} + \frac{p_2}{\rho} + gh_2 + \frac{\eta}{\rho}\frac{dc}{dn}\frac{L_2}{r_{\mathrm h}} \qquad (18)$$

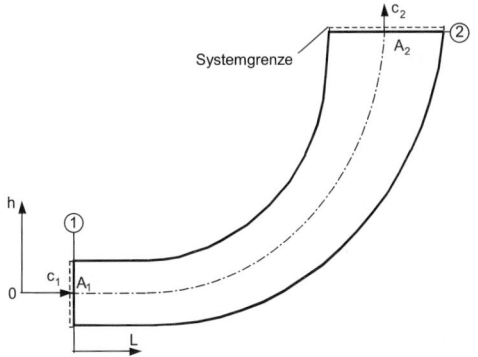

Bild 14. Diffusorförmiger Rohrbogen

Da nach Bild 14 $h_1 = 0$ und $L_1 = 0$ sind, lautet die Gleichung:

$$\frac{c_1^2}{2} + \frac{p_1}{\rho} = \frac{c_2^2}{2} + \frac{p_2}{\rho} + gh_2 + \frac{\eta}{\rho}\frac{dc}{dn}\frac{L_2}{r_{\mathrm h}} \qquad (19)$$

Der Druckverlust $\Delta p_{\mathrm v}$ tritt erst im Verlauf der Strömung auf. Er wird in spezifische Dissipationsenergie gewandelt und erhöht die innere Energie des Fluids $du = c_{\mathrm v}dT$. Die geringe Temperaturerhöhung dT durch die Dissipationsenergie kann bei genauer Temperaturmessung trotz der großen spezifischen Wärmekapazität der Fluide experimentell nachgewiesen werden. Dieses Verfahren der Temperaturmessung wird zur Wirkungsgradbestimmung von großen Wasserturbinen genutzt.
Mit Rücksicht darauf, dass der hydraulische Durchmesser für den kreisförmigen Rohrquerschnitt gleich dem geometrischen Rohrinnendurchmesser sein soll,

---

[1] **Rheologie**, griechisch, Lehre von den Fließeigenschaften der Stoffe

wird der hydraulische Durchmesser folgendermaßen definiert:

$$d_h = 4\frac{A}{U} \qquad\qquad \frac{d_h}{m}\bigg|\frac{A}{m^2}\bigg|\frac{U}{m} \qquad (20)$$

Im Bild 15 sind die hydraulischen Durchmesser einiger geometrischer Strömungsquerschnitte angegeben.

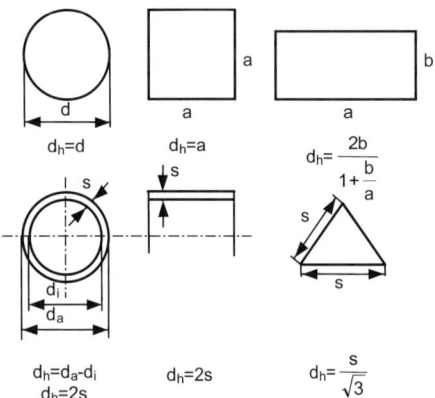

$d_h = d$ $\qquad$ $d_h = a$ $\qquad$ $d_h = \dfrac{2b}{1+\dfrac{b}{a}}$

$d_h = d_a - d_i$ $\qquad$ $d_h = 2s$ $\qquad$ $d_h = \dfrac{s}{\sqrt{3}}$
$d_h = 2s$

Bild 15. Hydraulischer Durchmesser d_h verschiedener geometrischer Strömungsquerschnitte

4.6.1 Reibungsbehaftete Rohrströmung

Bei der reibungsbehafteten Rohrströmung wird die spezifische Reibungsenergie τ/ρ aus der spezifischen Druckenergie p/ρ gedeckt. Dadurch sinkt entsprechend Bild 16 der statische Druck in der Rohrleitung, was durch zwei Druckmessrohre in der Rohrleitung experimentell angezeigt werden kann.

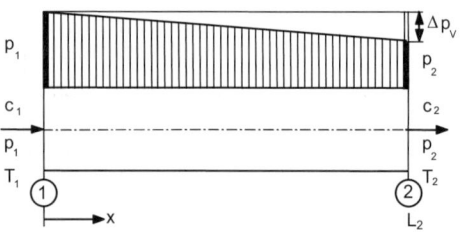

Bild 16. Druckabfall bei reibungsbehafteter Rohrströmung

Dieser Reibungsdruckverlust führt bei Erdölpipelines dazu, dass der in der Pumpstation aufgebaute Druck von $p = 80$ bar nach dem Strömungsweg in der Rohrleitung von $L = 80$ bis 100 km durch Reibung aufgebraucht ist und eine nächste Pumpstation installiert werden muss. Gleiches gilt für Gaspipelines, die ebenfalls mit statischen Drücken von ca. $p = 80$ bar betrieben werden und für Trinkwasserversorgungsleitungen, die Betriebsdrücke von $p = 350$ kPa bis 450 kPa Überdruck besitzen. Die reibungsbehaftete Rohrströmung entsprechend Bild 12 kann bei Beachtung

der Haftbedingung $c = 0$ an der Rohrwand mit Hilfe der Eulergleichung berechnet werden.

Die Euler'sche Bewegungsgleichung für die reibungsbehaftete Strömung mit der spezifischen Reibungsenergie $\dfrac{d\tau}{\rho} = \lambda\left(\dfrac{c^2}{2}\right)\left(\dfrac{dx}{d}\right)$ lautet:

$$c\,dc + \frac{dp}{\rho} + g\,dh + \frac{d\tau}{\rho} = 0 \qquad (21)$$

$$c\,dc + \frac{dp}{\rho} + g\,dh + \lambda\frac{c^2}{2}\frac{dx}{d} = 0 \qquad (22)$$

Daraus erhält man die Bernoulligleichung für die reibungsbehaftete Strömung.

$$\frac{c_1^2}{2} + \frac{p_1}{\rho} + gh_1 = \frac{c_2^2}{2} + \frac{p_2}{\rho} + gh_2 + \lambda\frac{c^2}{2}\frac{L_2}{d} \qquad (23)$$

Das Kräftegleichgewicht auf das Fluidteilchen der Länge dx in Strömungsrichtung von Bild 12 lautet:

$$A\,dp - 2\pi\,r\,\tau\,dx = 0 \qquad (24)$$

Mit der Querschnittsfläche $A = \pi r^2$ und der Schubspannung $\tau = \eta\,dc/dn = \eta\,dc/dr$ ergibt sich nach Umformung die Gl. 25

$$\frac{dp}{dx}r\,dr - 2\,\eta\,dc = 0 \qquad (25)$$

Daraus erhält man die Geschwindigkeitsverteilung im Rohrquerschnitt:

$$c = \frac{1}{4\,\eta}\frac{dp}{dx}r_a^2\left[1-\left(\frac{r}{r_a}\right)^2\right] \qquad (26)$$

Das ist die Gleichung eines Rotationsparaboloids. Die Geschwindigkeitsverteilung im Rohr verläuft also paraboloidförmig und sie erreicht bei $r = 0$ ihren Maximalwert c_{max} von

$$c_{max} = \frac{r_a^2}{4\,\eta}\frac{dp}{dx} \qquad (27)$$

Bezieht man die Lösung in Gl. 26 auf c_{max}, so erhält man die paraboloide Geschwindigkeitsverteilung im Rohrquerschnitt zu

$$\frac{c}{c_{max}} = 1-\left(\frac{r}{r_a}\right)^2 \qquad (28)$$

Gl. 28 zeigt, dass die Geschwindigkeit an der Rohrwand bei $r = r_a$ $c = 0$ ist (Bild 17).

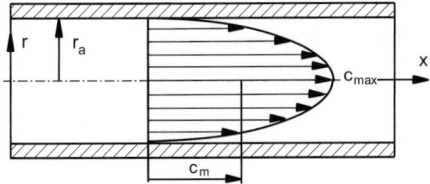

Bild 17. Geschwindigkeitsprofil der laminaren Rohrströmung

Die mittlere Geschwindigkeit c_m beträgt

$$c_m = \frac{c_{max}}{2} \qquad (29)$$

Damit kann der Druckverlust dp der Rohrströmung berechnet werden zu

$$dp = \frac{4\eta}{r_a^2} c_{max} dx \qquad (30)$$

Mit Hilfe dieser Gleichung kann auch der Durchflussvolumenstrom $\dot{V}$ durch die Rohrleitung berechnet werden. Der Volumenstrom beträgt

$$\dot{V} = \frac{\pi r_a^4}{8\eta} \frac{dp}{dx} \qquad (31)$$

Mit Gl. 29 für die mittlere Geschwindigkeit ergibt sich der Volumenstrom $\dot{V}$ zu

$$\dot{V} = \pi r_a^2 c_m = A c_m \qquad \begin{array}{c|c|c|c} \frac{\dot{V}}{\frac{m^3}{s}} & \frac{r_a}{m} & \frac{c_m}{\frac{m}{s}} & \frac{A}{m^2} \end{array} \qquad (32)$$

Die mittlere Geschwindigkeit c_m ist gleich der halben Maximalgeschwindigkeit $c_{max}/2$ für die laminare Strömung.

Aus Gl. 24 kann schließlich auch die Schubspannung τ an der Rohrwand für konstanten Druck bestimmt werden zu

$$\tau = \frac{A}{2\pi r} \frac{dp}{dx} = \frac{r}{2} \frac{dp}{dx} \qquad (33)$$

An der Rohrwand bei $r = r_a$ beträgt die Wandschubspannung

$$\tau_W = \frac{r_a}{2} \frac{dp}{dx} = 4\eta \frac{c_m}{r_a} \qquad (34)$$

Der Druckverlust in der Rohrleitung beträgt somit

$$\Delta p = \frac{2\tau}{r_a} \Delta L = \frac{2\eta}{r_a} \frac{dc}{dr} \Delta L \qquad (35)$$

4.6.2 Rohrreibungsbeiwert, Druckverlustbeiwert und Strömungsformen in Rohrleitungen

Der Rohrreibungsbeiwert λ stellt den auf den Staudruck der Strömung $\rho c^2/2$ und auf das Längenverhältnis l/d bezogenen Druckverlust Δp dar

$$\lambda = \frac{\Delta p}{\frac{l}{d} \frac{\rho}{2} c^2} \qquad \begin{array}{c|c|c|c|c|c} \lambda & \Delta p & l & d & \rho & c \\ \hline 1 & Pa & m & m & \frac{kg}{m^3} & \frac{m}{s} \end{array} \qquad (36)$$

Der Rohrreibungsbeiwert λ ist von einer großen Zahl von Parametern abhängig, $\lambda = f$ (Geschwindigkeit c, Rohrdurchmesser d, Oberflächenrauigkeit k, kinematische Viskosität des Fluides ν). Die Einschränkung der Zahl der Einflussgrößen gelingt mit der Reynoldszahl Re und mit der auf den Rohrdurchmesser bezogenen relativen Oberflächenrauigkeit k/d

$$\lambda = f(Re, k/d) \qquad (37)$$

In Abhängigkeit der Reynoldszahl Re, d.h. in Abhängigkeit der in der Strömung wirkenden Trägheits- und Zähigkeitskräfte tritt in Rohrleitungen eine laminare (geschichtete) Strömung oder eine turbulente (ungeordnete) Strömung auf. Bei kleinen Reynoldszahlen von $Re = 100$ bis ca. 2320 überwiegt der Einfluss der Zähigkeitskräfte $\tau \cdot A$ gegenüber der Trägheitskraft $m \cdot a$ und die Fluidteilchen strömen auf geschichteten Bahnen ohne merkliche Querbewegung rechtwinklig zur Hauptströmungsrichtung. Führt man in eine laminare Rohrströmung eine Farbstoffsonde entsprechend Bild 18 ein, bleibt die Farbstoffstromlinie nach Austritt aus der Sonde in der Schichtform erhalten.

a) Laminare Strömung

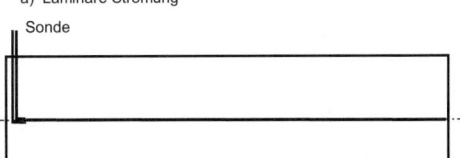

b) Turbulente Strömung

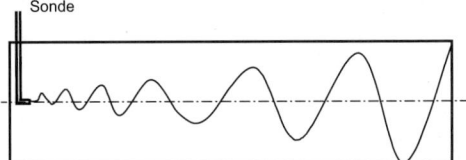

Bild 18. Experimentelle Demonstration der laminaren und turbulenten Strömung mittels Farbstoffsonden

Führt man diese Farbstoffsonde in eine turbulente Rohrströmung mit Reynoldszahlen von $Re > 2320$ bis $5 \cdot 10^7$ ein, bei der infolge großer Geschwindigkeiten und geringer kinematischer Viskosität die Trägheitskraft gegenüber der Zähigkeitskraft überwiegt, dann treten in der turbulenten Strömung starke Querbewegungen zur Hauptströmungsrichtung auf, die den Farbstofffaden nach Verlassen der Sonde in die Querbewegung führen. Praktisch tritt dabei nach kurzer Zeit eine intensive Durchmischung des Farbstoffes im gesamten Strömungsquerschnitt ein.

Der Übergang der laminaren in die turbulente Rohrströmung erfolgt bei der kritischen Reynoldszahl von $Re_{krit} = 2320$. Es ist aber kein plötzlich einsetzender Vorgang, sondern der Übergang stellt ein Stabilitätsproblem dar, das von mehreren Einflussgrößen und Störungen abhängig ist. So entstehen zunächst einzelne Turbulenzflecken an der Rohrwand, die von der Strömungsgeschwindigkeit weggeschwemmt werden (Bild 19). Erst wenn die an den Störstellen entstehenden Turbulenzflecken so dicht und stabil sind, dass sie nicht mehr von der Grundströmung mitgenommen werden können, ist der turbulente Strömungsübergang vollzogen. Damit erklären sich auch die Übergangsgebiete in den Nikuradse- und Colebrook-Diagrammen.

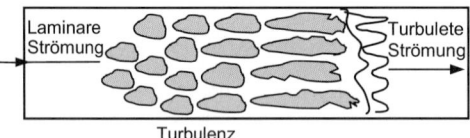

Bild 19. Übergang der laminaren in die turbulente Strömungsform

Dieses Stabilitätsproblem des Strömungsüberganges erklärt auch, weshalb der Übergang der laminaren in die turbulente Strömungsform an umströmten ebenen Platten und sehr schlanken Profilen erst bei Reynoldszahlen von $Re = 4 \cdot 10^5$ bis 10^6 erfolgt.

4.6.3 Ermittlung des Rohrreibungsbeiwertes λ

Bei laminarer Strömung nimmt die Rohrrauigkeit keinen Einfluss auf den Rohrreibungsbeiwert. Er beträgt für kreisrunde Rohre

$$\lambda = \frac{64}{Re} \tag{38}$$

Weicht der Strömungsquerschnitt stark von der Kreisform ab, wie z.B. beim Kreisringquerschnitt mit d_a und d_i oder bei elliptischen Querschnitten mit der Breite b und der Höhe h oder beim Rechteckquerschnitt, dann ist die Wandschubspannung am Umfang nicht mehr konstant und der Rohrreibungswert ändert sich gemäß Tabelle 2 mit $\lambda = C \, 64/Re$.

Tabelle 2. Korrekturbeiwerte für den Rohrreibungsbeiwert bei laminarer Strömung in Rohrleitungen mit nicht kreisförmigem Querschnitt

		1	2	5	10	20	50	100
⊙ d_i d_a	$\frac{d_a}{d_i}$	1	2	5	10	20	50	100
	C	1,50	1,49	1,45	1,40	1,35	1,28	1,25
▭ h b	$\frac{h}{b}$	0,05	0,1	0,2	0,3	0,5	0,8	1,0
	C	1,41	1,34	1,20	1,10	0,97	0,90	0,88
⬭ h b	$\frac{h}{b}$	0,05	0,1	0,2	0,3	0,5	0,8	1,0
	C	1,22	1,20	1,16	1,11	1,05	1,01	1,0

Für den Bereich der turbulenten Strömung gibt es Berechnungsgleichungen für die verschiedenen Bereiche. Die Grenzlinie für die hydraulisch glatte Wand wird durch das Blasiusgesetz für den Reynoldszahlenbereich von $Re = 2320$ bis 10^5 beschrieben (Bild 20).

$$\lambda = \frac{0,3164}{Re^{1/4}} \tag{39}$$

Die Gleichung von Nikuradse ist für Reynoldszahlen von $Re = 10^5$ bis 10^8 gültig. Sie lautet

$$\lambda = 0,0032 + \frac{0,221}{Re^{0,237}} \tag{40}$$

Zwei Kurven von Nikuradse sind im Colebrook-Diagramm (Bild 21) zum Vergleich angegeben.

Die implizite Gleichung von L. Prandtl und von Th. v. Kármán sind für den gesamten turbulenten Bereich gültig von $Re \geq 2320$.

$$\lambda = \frac{1}{\left[2 \lg \left(Re \, \frac{\sqrt{\lambda}}{2,51} \right) \right]^2} \tag{41}$$

Für den Übergangsbereich von der glatten zur rauen Rohrwand kann die implizite Gl. 42 von Colebrook benutzt werden $\lambda = f(Re, k/d)$.

$$\lambda = \frac{1}{\left[2,0 \lg \left(\frac{2,51}{Re\sqrt{\lambda}} + 0,27 \frac{k}{d} \right) \right]^2} \tag{42}$$

Für die ausgebildete Rauigkeitsströmung im Rohr, bei der die Rauigkeitserhebungen der Wand die Grenzschichtdicke durchstoßen gilt Gl. 43 $\lambda = f(d/k)$, die nur von der relativen Rauigkeit abhängig ist.

$$\lambda = \frac{1}{\left[-2,0 \lg \left(0,27 \frac{k}{d} \right) \right]^2} \tag{43}$$

Die ausgebildete Rauigkeitsströmung beginnt rechts von der Grenzkurve im Colebrook-Diagramm (Bild 21), die durch folgende Beziehung angegeben werden kann:

$$Re_G = 198\frac{d}{k}\left[1,138 - 2,0\lg\left(\frac{k}{d}\right)\right] \qquad (44)$$

Diese Grenzlinie für den Beginn der ausgebildeten Rauigkeitsströmung ist im Colebrook-Diagramm als strichpunktierte Linie (Bild 21) enthalten.

Mit Rücksicht auf die Größe der Zahlenwerte der relativen Rauigkeit wird oft der Kehrwert d/k angegeben.

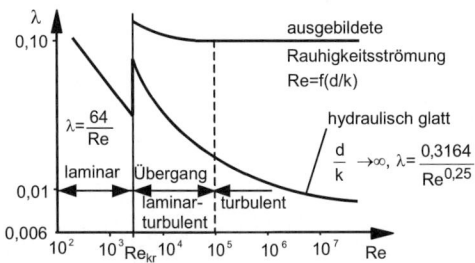

Bild 20. Nikuradse-Diagramm für Rohrreibungsbeiwerte

Als hydraulisch glatt gilt eine gezogene, geschliffene oder polierte Oberfläche, wenn die geringen Rauigkeitserhebungen die laminare Unterschicht der Grenzschicht nicht durchstoßen und somit die Grenzschichtströmung nicht beeinflussen.

Nikuradse [5] hat 1931 erstmals die Rohrreibungsbeiwerte von Rohren mit Sandrauigkeit ausgemessen und in dem nach ihm benannten Nikuradse-Diagramm $\lambda = f(Re, d/k)$ dargestellt. Nachfolgend hat Colebrook ein gleiches Diagramm mit experimentell bestimmten Rohrreibungsbeiwerten veröffentlicht. Bild 20 zeigt den prinzipiellen Aufbau des Nikuradse-Diagramms und aus Bild 21 können die Rohrreibungsbeiwerte $\lambda = f(Re, d/k)$ entnommen werden. Im Übergangsgebiet der laminaren in die turbulente Strömung zwischen $Re = Re_{krit}$ bis zur Grenzlinie im Bild 21 ist der Rohrreibungsbeiwert stets eine Funktion der Reynoldszahl und der relativen Wandrauigkeit $\lambda = f(Re, d/k)$ (Bilder 20 und 21).

Erst wenn die Rauigkeitserhebungen der umströmten Oberfläche so groß werden, dass sie die laminare Unterschicht durchstoßen und die Grenzschichtströmung beeinflussen, setzt die ausgebildete Rauigkeitsströmung ein (Bild 20) und der Rohrreibungsbeiwert ist nur noch eine Funktion der relativen Oberflächenrauigkeit $\lambda = f(d/k)$, aber unabhängig von der Reynoldszahl.

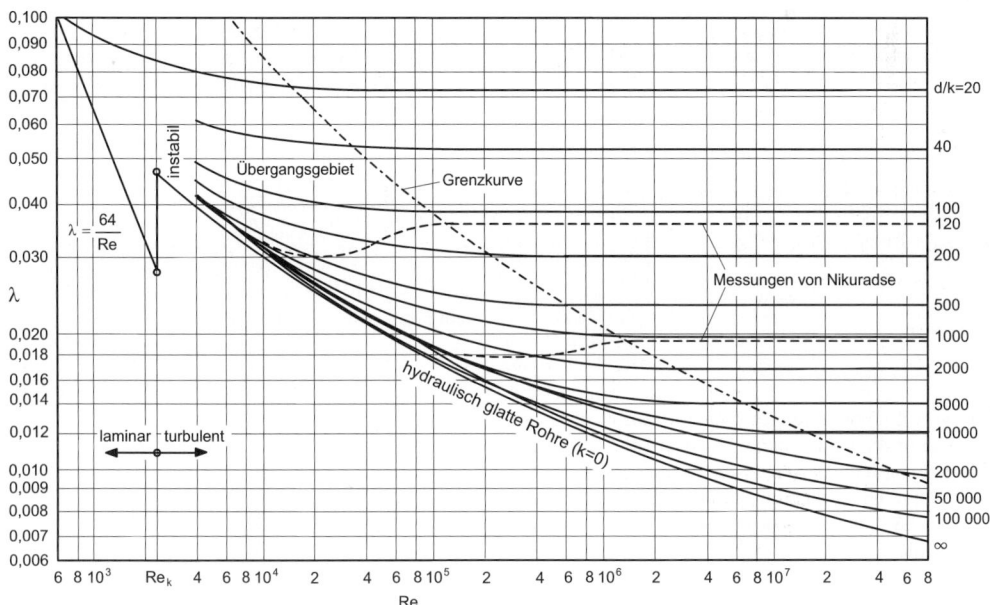

Bild 21. Colebrook-Diagramm zur Bestimmung der Rohrreibungsbeiwerte λ

Die mittleren Geschwindigkeiten in Rohrleitungen sind stoffabhängig und sie sollen betragen:

Flüssigkeiten	$c = 0,5 \dots 3,2$ m/s
Flüssigkeits-Feststoffgemische	$c = 0,4 \dots 2,0$ m/s
Luft und technische Gase	$c = 15 \dots 40$ m/s

Im Bild 22 sind drei Beispiele technischer Rauhigkeiten mit den Rauigkeitstiefen dargestellt. Die technischen Oberflächenrauigkeiten von Rohren sind im Neuzustand mit $k = 0,0012$ mm sehr gering, sie können nach längerem Gebrauch durch Abrasion und Verkrustungen aber Werte bis $k = 4,0$ mm erreichen (Tabelle 3).

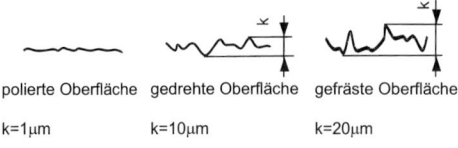

polierte Oberfläche   gedrehte Oberfläche   gefräste Oberfläche

k=1µm   k=10µm   k=20µm

Bild 22. Beispiele technischer Oberflächenrauigkeiten

Tabelle 3. Rauigkeitswerte von Rohren

Rohrwerkstoff	Zustand der Rohrwand	Rahigkeit k in mm
gezogene Rohre aus Metall (Cu, Messing, Bronze, Leichtmetall), Glas oder Plexiglas	neu, technisch glatt	0,0012 bis 0,0015
Gummidruckschlauch	neu, unversprödet	0,0016
nahtlose Stahlrohre	Walzhaut gebeizt, neu verzinkt	0,02 bis 0,06 0,03 bis 0,04 0,07 bis 0,16
längsgeschweißte Stahlrohre	Walzhaut bituminiert, neu galvanisiert	0,04 bis 0,1 0,01 bis 0,05 0,008
benützte Stahlrohre	verrostet oder leicht verkrustet stark verkrustet	0,15 bis 0,2 bis 3,0
gusseiserne Rohre	neu mit Gusshaut neu bituminiert leicht angerostet verkrustet	0,2 bis 0,6 0,1 bis 0,13 0,5 bis 1,5 bis 4,0
Asbestzementrohre	neu	0,03 bis 0,1
Drainagerohre aus gebranntem Ton	neu	0,07
Betonrohre	neu mit Glattstrich neuer Stahlbeton Schleuderbeton, neu	0,3 bis 0,8 0,1 bis 0,15 0,2 bis 0,8

Die von Nikuradse angegebenen Rohrreibungsbeiwerte λ wurden für Sandrauhigkeiten ermittelt. Der Rohrreibungsbeiwert für eine wasserdurchströmte Rohrleitung mit dem Innendurchmesser $d_i = 50$ mm, der Oberflächenrauigkeit von $k = 0,1$ mm, der mittleren Strömungsgeschwindigkeit von $c = 3$ m/s und der kinematischen Viskosität von Wasser $\nu = 10^{-6}$ m^2/s beträgt mit der Reynoldszahl $Re = dc/\nu = 1,5 \cdot 10^5$; $\lambda = f(Re, d/k = 500) = 0,0246$.

4.6.4 Druckverlustbeiwerte

In Rohrbögen, Rohrverzweigungen, Ventilen, Schiebern und anderen Armaturen treten neben den Wandreibungsverlusten auch Umlenkverluste und Sekundärströmungsverluste auf, die nicht vom Rohrreibungsbeiwert λ erfasst werden. Deshalb werden für diese Bauelemente die experimentell bestimmten Druckverlustbeiwerte ζ angegeben. Der Druckverlustbeiwert stellt den Druckverlust Δp_V bezogen auf den Staudruck der charakteristischen Geschwindigkeit $\rho c^2/2$ dar.

$$\zeta = \frac{\Delta p_V}{\frac{\rho}{2} c^2} \qquad (45)$$

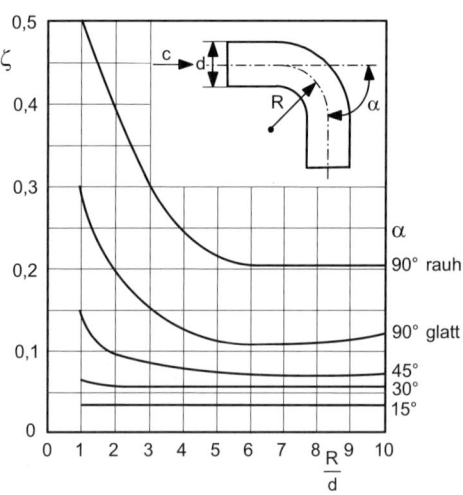

Bild 23. Druckverlustbeiwert von Rohrkrümmern mit kreisförmigem Querschnitt

Für Rohrleitungen beträgt der Druckverlustbeiwert $\zeta = \lambda \, L/d$. Im Bild 23 und in den Tabellen 4 und 5 sind die Druckverlustbeiwerte von Rohrbögen und von Rohrverzweigungen bei Fluidstromtrennung und Fluidzusammenführung und von weiteren Rohrleitungselementen dargestellt. Weitere Werte findet man z.B. bei Wagner [6].

Tabelle 4. Druckverlustbeiwerte ζ von Formstücken und Rohrbögen

a) Kreisbogenkrümmer

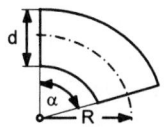

α		glatt					rau
		15°	22,5°	45°	60°	90°	90°
R/d=1		0,03	0,04	0,14	0,19	0,21	0,51
2		0,03	0,04	0,09	0,12	0,14	0,3
4	ζ	0,03	0,04	0,08	0,10	0,11	0,23
6		0,03	0,04	0,07	0,09	0,09	0,18
10		0,03	0,04	0,07	0,07	0,11	0,20

b) Segmentkrümmer

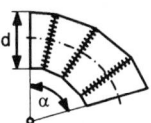

α	15°	22,5°	30°	45°	60°	90°
Anzahl der Rundnähte	1	1	2	2	3	3
ζ	0,06	0,08	0,1	0,15	0,2	0,25

c) Faltenrohrbogen 90°

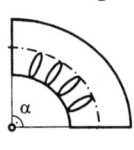

$\zeta = 0,40$

d) Zusammengesetzte Krümmer aus 2·90°

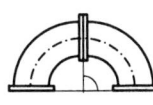

$\zeta_{180°} = 2\zeta$

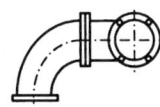

$\zeta_{RK} = 3\zeta$

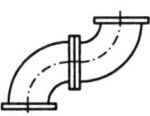

$\zeta_{DK} = 4\zeta$

e) Gusskrümmer 90°

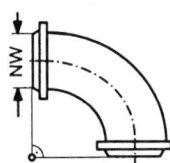

NW	50	100	200	300	400	500
ζ	1,3	1,5	1,8	2,1	2,2	2,2

f) Kniestücke

δ	22,5°	30°	45°	60°	90°
glatt ζ	0,07	0,11	0,24	0,47	1,13
rauh ζ	0,11	0,17	0,32	0,88	1,27

g) Kniestücke

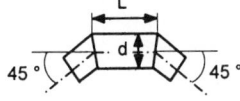

l/d	0,71	0,943	1,174	1,42	1,86	2,56	6,25
glatt ζ	0,51	0,35	0,33	0,28	0,29	0,36	0,40
rauh ζ	0,51	0,41	0,38	0,38	0,39	0,43	0,45

h) Kniestücke

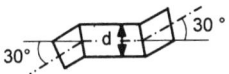

l/d	1,23	1,67	2,37	3,77
glatt ζ	0,16	0,16	0,14	0,16
rauh ζ	0,30	0,28	0,26	0,24

i) Kniestücke

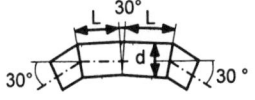

l/d	1,76 ... 6,0
glatt ζ	0,15 ... 0,2
rauh ζ	0,3 ... 0,4

Tabelle 5. Druckverlustbeiwerte ζ von Rohrverzweigungen und Drosselgeräten

T-Stücke
(Stromtrennung)

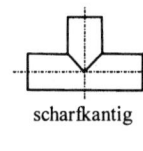 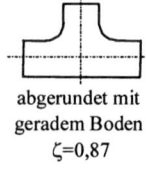 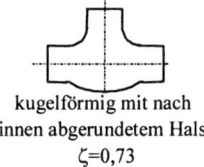

scharfkantig   abgerundet mit   kugelförmig mit nach
               geradem Boden   innen abgerundetem Hals
$\zeta=1,2$ $\zeta=0,87$ $\zeta=0,73$

Abzweigstücke

Die ζ-Werte beziehen sich auf den Querschnitt vor der Trennung bzw. Vereinigung
$\dot{V}$ = Gesamtvolumenstrom
$\dot{V}a$ = ab- bzw. zufließender Volumenstrom
ζd = Widerstand im Hauptrohr
ζa = Widerstand im Abzweigrohr
Minuszeichen bedeutet Druckgewinn

	Trennung				Vereinigung			
$\dot{V}a/\dot{V}$	ζa	ζd	ζa	ζd	ζa	ζd	ζa	ζd
0	0,95	0,04	0,90	0,04	-1,2	0,04	-0,92	0,04
0,2	0,88	-0,08	0,88	-0,06	-0,4	0,17	-0,38	0,17
0,4	0,89	-0,05	0,50	-0,04	0,08	0,30	0,00	0,19
0,6	0,95	0,07	0,38	0,07	0,47	0,41	0,22	0,09
0,8	1,10	0,21	0,35	0,20	0,72	0,51	0,37	-0,17
1,0	1,28	0,35	0,48	0,33	0,91	0,60	0,37	-0,54

Zusammengesetzte Leitungsstücke   **Ausgleichsstücke**

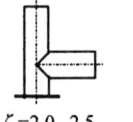 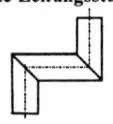 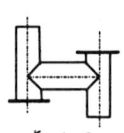 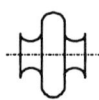

$\zeta=2,0...2,5$ $\zeta=3$ $\zeta=4...5$ Wellrohrausgleicher $\zeta=0,2$

Plattrohr-Lyrabogen $\zeta=0,7$
Faltenrohr-Lyrabogen $\zeta=1,4$

Druckverlustbeiwerte für Normdüsen und Normblenden in Abhängigkeit des Öffnungsverhältnisses

Normdüse   Normblende

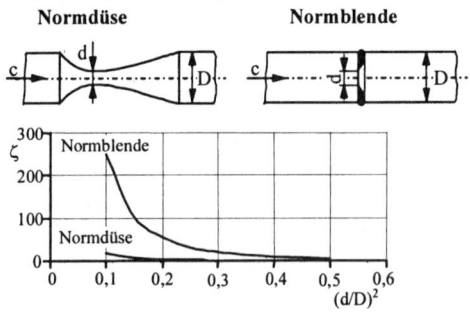

d/D	0,32	0,39	0,45	0,50	0,55	0,63	0,71
$(d/D)^2$	0,1	0,15	0,2	0,25	0,3	0,4	0,5
Normdüse							
ζ	17	7	3	2	1	0,5	0,3
Normblende							
ζ	249	102	53	31	19	9	4

Absperrschieber mit Reduzierstücken in Abhängigkeit vom Durchmesserverhältnis und vom Reduzierwinkel β

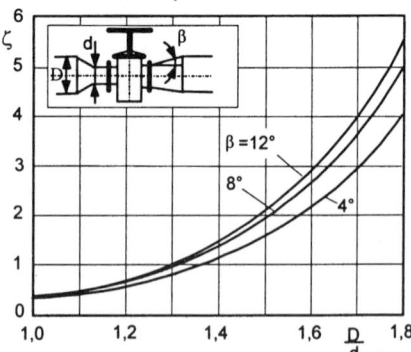

Drosselgeräte in Abhängigkeit des Öffnungsverhältnisses

$\Delta p'$=Wirkdruck

$(d/D)^2$	0,05	0,1	0,2	0,3	0,4	0,5	0,6
$(p_1-p_2)/\Delta p'$	0,90	0,81	0,65	0,52	0,42	0,33	0,27
ζ	360	81	16,3	5,8	2,6	1,3	0,75

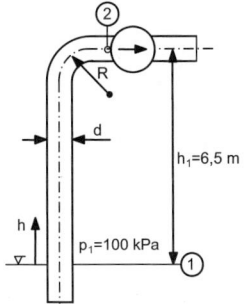

Bild 24. Saugrohrleitung einer Pumpenanlage

■ **Beispiel 3.**
Für die Saugleitung der NW 120 einer Pumpenanlage mit der geodätischen Saughöhe $h_1 = 6{,}5$ m und einem Rohrbogen $R/d = 2{,}5$, mit dem Druckverlustbeiwert $\zeta = 0{,}26$ und der Rohrrauigkeit $k = 0{,}1$ mm für ein neues gezogenes Stahlrohr ist für den Wasservolumenstrom von $\dot{V} = 120$ m³/h, $\rho = 1000$ kg/m³ und $\nu = 10^{-6}$ m²/s der Pumpe für die reibungsbehaftete Strömung entsprechend Bild 24 der absolute statische Druck vor der Pumpe zu berechnen.

Geschwindigkeit:

$$c = \frac{\dot{V}}{A} = \frac{4\,\dot{V}}{\pi d^2} = \frac{4 \cdot 0{,}0333 \frac{\text{m}^3}{\text{s}}}{\pi \cdot 0{,}12^2\,\text{m}^2} = 2{,}944\,\frac{\text{m}}{\text{s}}$$

Reynoldszahl:

$$Re = \frac{c\,d}{\nu} = \frac{2{,}944\,\frac{\text{m}}{\text{s}} \cdot 0{,}12\,\text{m}}{10^{-6}\,\frac{\text{m}^2}{\text{s}}} = 353280$$

Rohrreibungsbeiwert aus Colebrook-Diagramm:

$$\lambda = f\left(Re, \frac{d}{k}\right) = 0{,}022 \text{ aus Colebrook-Diagramm, Bild 21}$$

Druckverlust im Saugrohr:

$$\Delta p_V = \lambda\left(\frac{l}{d}\right)c^2\frac{\rho}{2} = 0{,}022 \cdot 54{,}1 \cdot 2{,}944^2\,\frac{\text{m}^2}{\text{s}^2} \cdot \frac{1000\frac{\text{kg}}{\text{m}^3}}{2} = 5157{,}8\,\text{Pa}$$

Druckverlust im Rohrbogen:

$$\Delta p_{VR} = \zeta c^2\frac{\rho}{2} = 0{,}26 \cdot 2{,}944^2\,\frac{\text{m}^2}{\text{s}^2} \cdot \frac{1000\frac{\text{kg}}{\text{m}^3}}{2} = 1126{,}73\,\text{Pa}$$

Gesamtdruckverlust:

$$\sum \Delta p_V = \Delta p_V + \Delta p_{VR} = 5157{,}8\,\text{Pa} + 1126{,}73\,\text{Pa} = 6284{,}53\,\text{Pa}$$

Mit Bernoulligleichung Gl. 5

$$p_2 = p_1 - g\,\rho\,h_1 - \frac{\rho c^2}{2} - \sum \Delta p_V = 25{,}62\,\text{kPa}$$

$p_2 > p_t = 2{,}46$ kPa Dampfbildungsdruck für Wasser bei $t = 20$ °C

4.6.5 Strömung im ebenen Spalt mit geringer Reynoldszahl; Couette-Strömung

In Fluiden mit hoher kinematischer Viskosität mit Werten von $\nu \geq 50 \cdot 10^{-6}$ m²/s oder in strömenden Wasserfilmschichten geringer Dicke von $s = 0{,}1$ bis $1{,}0$ mm und geringer Geschwindigkeit mit der kinematischen Viskosität des Fluids von $\nu = 10^{-6}$ m²/s dominiert die Zähigkeitskraft gegenüber der Trägheitskraft ($a\,m$) und sie strömen infolgedessen bei geringen Reynoldszahlen von $Re = 1$ bis 6. Deshalb kann der Term $c\delta c/\delta s$ in der Euler'schen Bewegungsgleichung vernachlässigt werden. Man nennt

diese geschichtete Strömung deshalb auch eine „schleichende Strömung". Unter Vernachlässigung der spezifischen Gravitationskraft $g\,dh$ lautet die Bewegungsgleichung für die stationäre Strömung zwischen zwei ebenen Platten mit dem Zähigkeitseinfluss $\eta\,\delta^2 c/\delta y^2$

$$\eta\frac{\delta^2 c}{\delta y^2} - \frac{\delta p}{\delta x} = 0 \tag{46}$$

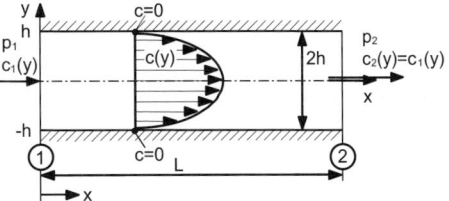

Bild 25. Laminare Spaltströmung

Die Gl. 46 beschreibt das Gleichgewicht zwischen der Zähigkeits- und Druckkraft der Strömung, wobei die Druckkraft an der Stelle x im Spalt konstant ist und nur von der x-Koordinate abhängt $p(x)$ (Bild 25). Aus der Gleichung 46 erhält man den Verlauf des Geschwindigkeitsprofils im Spalt zu:

$$c(y) = -\frac{h^2}{2\eta}\frac{dp}{dx}\left[1 - \left(\frac{y}{h}\right)^2\right] \tag{47}$$

Die Maximalgeschwindigkeit in der Mitte des Spaltes bei $y = 0$ beträgt

$$c_{\max} = -\frac{h^2}{2\eta}\frac{dp}{dx} \tag{48}$$

In der folgenden Lösung ist die Hagenzahl enthalten. Für einen ebenen Spalt der Breite b kann durch Integration der Geschwindigkeit $c(y)$ über die Spalthöhe der Volumenstrom bestimmt werden.

$$\dot{V} = 2\,b\,h\,c_m \tag{49}$$

Das Verhältnis der mittleren c_m zur maximalen Geschwindigkeit $c_{\max}$ im Spalt beträgt $c_m/c_{\max} = 2/3$. Der Volumenstrom weicht somit von dem Geschwindigkeitsverhältnis in Rohrleitungen mit Kreisquerschnitt $c_m/c_{\max} = 1/2$ ab. Der Druckabfall im ebenen Spalt beträgt damit

$$\frac{dp}{dx} \approx \frac{\Delta p_{12}}{L} = -\frac{3\,\eta c_m}{h^2} \tag{50}$$

Die Bewegungsgleichung (Gl. 46) ist auch für ebene Spalte mit einer ruhenden und einer bewegten Wand entsprechend Bild 26 gültig, nur ändern sich dafür die Randbedingungen $c(-h) = 0$ und $c(h) = c_0$.

Für diese Randbedingungen lautet die Lösung von Gl. 46

$$c(y) = -\frac{h^2}{2\eta}\frac{dp}{dx}\left[1-\left(\frac{y}{h}\right)^2\right] + \frac{c_0}{2h}(h+y)\,\text{mit}\,\frac{dp}{dx} = \text{konst.}$$

(51)

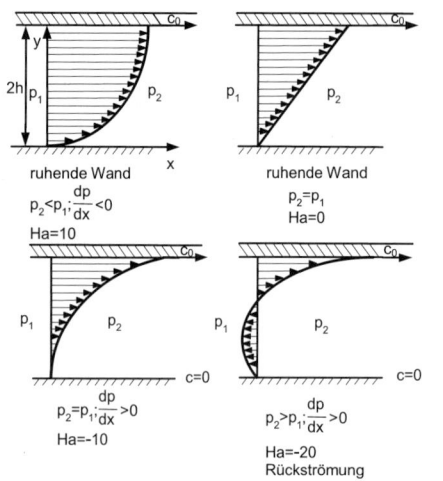

Bild 26. Geschwindigkeitsprofile einer Spaltströmung zwischen ruhender und bewegter Wand mit Druckabfall und Druckanstieg

Für konstanten Druck im Spalt $p(x)$ = konst, dp/dx = 0 stellt sich eine Scherströmung mit linearer Geschwindigkeitsverteilung $c(y)$ ein (Bild 26).

$$c(y) = \frac{c_0}{2h}(h+y)\quad\text{für}\quad\frac{dp}{dx} = 0$$

(52)

Gl. 51 zeigt, dass sich das Geschwindigkeitsprofil im ebenen Spalt mit einer ruhenden und einer bewegten Wand aus der Überlagerung der durch einen Druckgradienten dp/dx hervorgerufenen Geschwindigkeit und der Geschwindigkeit der Schleppströmung der bewegten Wand zusammensetzt. Im Bild 26 sind vier Geschwindigkeitsprofile mit verschieden großen negativen und positiven Druckgradienten dp/dx dargestellt. Das Bild 26 zeigt auch, dass bei großen Druckgradienten in der Nähe der ruhenden Wand Rückströmungen auftreten können, während die Zähigkeitsströmung an der bewegten Wand das Fluid in positiver Richtung gegen den Druckanstieg bewegt.
In keilförmigen Spalten mit einer bewegten Wand stellt sich ein anderer Druck- und Geschwindigkeitsverlauf ein.
Wird die bewegte Wand in einem Winkel entgegen der Strömungsrichtung angestellt, erhält man daraus Strömungsverhältnisse wie in hydrodynamischen Gleitlagern und es gilt die Lagertheorie von Sommerfeld [7] [8], die sowohl für radiale als auch axiale Gleitlager angewandt wird.

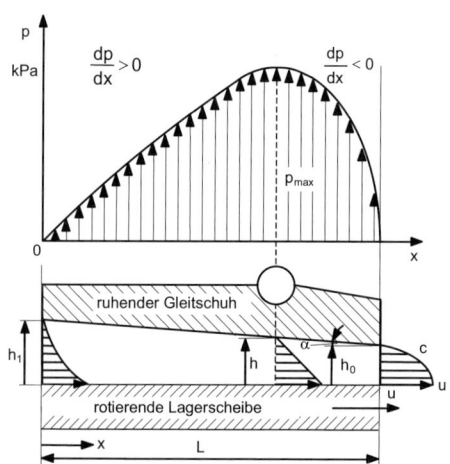

Bild 27. Geschwindigkeitsprofil und Druckverteilung im geneigten Axiallagerspalt

Im Bild 27 ist der angestellte Gleitschuh eines axialen Kippsegmentlagers mit der Geschwindigkeits- und Druckverteilung im keilförmigen Spalt dargestellt. Bild 28 zeigt die dimensionslose Belastungskennzahl:

$$\frac{p\,h_0^2}{u_m\,\eta b}\qquad \begin{array}{c|c|c|c|c}p & h_0 & u_m & \eta & b\\\hline \text{Pa} & \text{m} & \dfrac{\text{m}}{\text{s}} & \text{Pa s} & \text{m}\end{array}$$

(53)

Die dimensionslose Reibmomentkennzahl eines Axialgleitlagers beträgt in Abhängigkeit des Öffnungsverhältnisses vom Gleitschuh:

$$\frac{\mu(pb)^{1/2}}{(u_m\,\eta)^{1/2}}\qquad \begin{array}{c|c|c|c|c}\mu & p & b & u_m & \eta\\\hline - & \text{Pa} & \text{m} & \dfrac{\text{m}}{\text{s}} & \text{Pa s}\end{array}$$

(54)

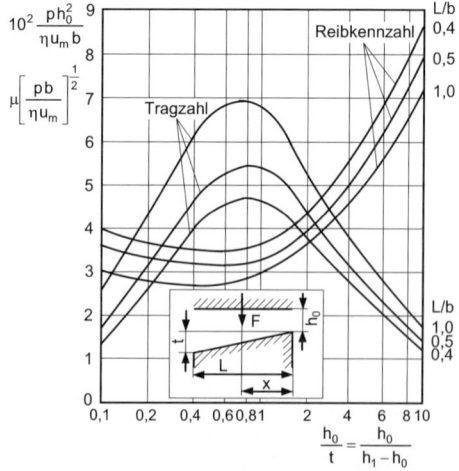

Bild 28. Tragzahl $10^2 ph_0{}^2/\eta u_m b$ und Reibkennzahl $\mu[pb/\eta u_m]^{1/2}$ in Abhängigkeit von L/b nach Drescher [9]

4.7 Ähnlichkeitsgesetze der Strömungs-mechanik

Es gibt verschiedene Ähnlichkeiten, z.B. die geometrische Ähnlichkeit, die statische Ähnlichkeit, die dynamische Ähnlichkeit, die strömungsmechanische und die thermodynamische Ähnlichkeit. Zwei Vorgänge sind ähnlich, wenn sie von der gleichen Differenzialgleichung beschrieben werden, wie z.B. das strömungstechnische und das elektrische Potenzialfeld. Im Ergebnis dessen erhält man z.B. die Elektroanalogie von ebenen Strömungsfeldern. Die Euler'sche Bewegungsgleichung ist eine solche Differenzialgleichung, die für Ähnlichkeitsbetrachtungen geeignet ist. Sie liefert bei Umformung in die dimensionslose Schreibweise eine Reihe wichtiger Ähnlichkeitskennzahlen. Gleichwohl gibt es neben den Differenzialgleichungen weitere Methoden für die Ähnlichkeitsbetrachtung wie z.B. die Dimensionsanalyse und das π-Theorem [10] [11].

Aus der Euler'schen Gleichung für die eindimensionale, inkompressible, stationäre reibungsbehaftete Strömung können die nachfolgenden Ähnlichkeitskennzahlen abgeleitet werden.

Reynoldszahl

$$Re = \frac{\text{Trägheitskraft}}{\text{Zähigkeitskraft}} = \frac{cd}{\nu} = 1...5 \cdot 10^7 \qquad (55)$$

Hagenzahl

$$Ha = \frac{\text{Druckkraft}}{\text{Zähigkeitskraft}} = -\frac{\dfrac{dp}{ds} r_{h0}}{\bar{c}\,\eta} = -20...+20 \qquad (56)$$

Froudezahl

$$Fr = \frac{\text{Trägheitskraft}}{\text{Gewichtskraft}} = \frac{c}{\sqrt{g\,r_{h0}}} = 0,4...1,6 \qquad (57)$$

Binghamzahl

$$Bi = \frac{\text{Ruheschubspannungskraft}}{\text{Trägheitskraft}} = \frac{\tau_0\,r_{h0}}{\bar{c}\,\eta} \qquad (58)$$

Rohrreibungsbeiwert λ

$$\lambda = \frac{\text{Hagenzahl}}{\text{Reynoldszahl}} = 2\frac{Ha}{Re} = 0,0070...0,10 \qquad (59)$$

Die Reynoldszahl charakterisiert die Strömungsform eines Fluids als schleichende, laminare oder turbulente Strömung. Sie nimmt Werte von $Re = 1$ (schleichende Strömung) bis $5 \cdot 10^7$ für die turbulente Strömung an, bei der die Trägheitskraft dominiert und die Zähigkeitskraft nur noch eine untergeordnete Bedeutung hat, wie z.B. bei Tragflügelprofilen von Flugzeugen oder bei axialen Gasturbinenschaufeln.

Die Hagenzahl charakterisiert den Druckgradienten einer beschleunigten oder verzögerten Strömung. Sie nimmt in freien Strömungen Werte von $Ha = -20$ bis $+20$ an und kann in erzwungenen turbulenten Strömungen in Strömungsmaschinen weit höhere Werte erreichen.

Die Froudezahl stellt das Verhältnis der Trägheitskraft zur Gewichtskraft dar. Sie charakterisiert damit Strömungen mit freier Oberfläche wie Gerinneströmungen, Kanalströmungen und die Oberflächenwellen dieser Strömungen, die von der Gewichtskraft beeinflusst werden. Sie nimmt Werte von $Fr = 0,4$ bis $1,6$ an.

Bei einer zu hohen Strömungsgeschwindigkeit einer Wasserströmung an einem Wehr wird die kritische Froudezahl $Fr_{\text{krit}} = 1,0$ erreicht und das Wasser schießt am Wehr herunter.

Die Binghamzahl stellt das Verhältnis der Ruheschubspannung zur Trägheitskraft dar. Sie charakterisiert damit die Nichtnewton'schen Fluide der Klasse der Binghamschen Fluide wie z.B. Harz, Ton, Talg, Zahnpaste, trockener Sand (Bild 13).

Eine Auswahl der wichtigen strömungstechnischen und thermodynamischen Kennzahlen ist in Tabelle 6 angegeben.

■ **Beispiel 4.**

Wie groß müssen der Rohrdurchmesser d und die mittlere Strömungsgeschwindigkeit einer Luftströmung bei $t_L = 20\,°C$, $\rho_L = 1,215$ kg/m³, $\nu_L = 15,1 \cdot 10^{-6}$ m²/s gewählt werden, damit sie der Wasserströmung bei $t_W = 20\,°C$ mit $\nu_W = 10^{-6}$ m²/s in einem Rohr mit dem Durchmesser $d_W = 80$ mm⌀ und $c_W = 2,2$ m/s dynamisch ähnlich ist.

Bedingung: $Re_L = Re_W = \dfrac{c\,d}{\nu}$

$$Re_W = \frac{c_W\,d_W}{\nu_W} = \frac{2,2\,\dfrac{m}{s}\,0,08\,m}{10^{-6}\,\dfrac{m^2}{s}} = 176000$$

$$c_L\,d_L = Re_L\,\nu_L = c_W\,d_W\frac{\nu_L}{\nu_W} = 2,2\,\frac{m}{s}\,0,08\,m\frac{15,1\cdot 10^{-6}\,\dfrac{m^2}{s}}{10^{-6}\,\dfrac{m^2}{s}} =$$

$$= 2,658\,\frac{m^2}{s}$$

$d_L = 80$ mm mit $c_L = 33,22$ m/s; $d_L = 100$ mm mit $c_L = 26,58$ m/s oder $d_L = 120$ mm mit $c_L = 22,15$ m/s

Tabelle 6. Wichtige Ähnlichkeitskennzahlen

Kennzahl	Symbol	Gleichung	Kräfteverhältnis	Namensgeber	Anwendung
Reynoldszahl	Re	$\dfrac{c\,d}{\nu}$	$\dfrac{\text{Trägheitskraft}}{\text{Zähigkeitskraft}}$	Osborne Reynolds 1842-1912 englischer Physiker	Laminare, turbulente Strömung, Druckverlust infolge Viskosität und Reibung
Hagenzahl	Ha	$-\dfrac{\frac{dp}{ds}\,r}{\eta\,c}$	$\dfrac{\text{Druckkraft}}{\text{Gravitationskraft}}$	Gotthilf Heinrich Ludwig Hagen 1797-1884 deutscher Strömungstechniker	Strömung mit Druckgradient
Froudezahl	Fr	$\dfrac{c}{\sqrt{g\,d}}$	$\dfrac{\text{Trägheitskraft}}{\text{Gravitationskraft}}$	William Froude 1810-1879 englischer Ingenieur	Strömungen mit Schwerkrafteinfluss
Eulerzahl	Eu	$\dfrac{\Delta p}{\rho c^2}$	$\dfrac{\text{Druckkraft}}{\text{Trägheitskraft}}$	Leonhard Euler 1707-1873 schweizer Mathematiker	Für Strömungsfelder, bei denen die Reibungskraft vernachlässigbar ist und Druck- und Trägheitskräfte überwiegen, Messtechnik
Strouhalzahl	Sr	$\dfrac{f\,d}{c}$	$\dfrac{\text{lokale Trägheitskraft}}{\text{konvektive Trägheitskraft}}$	Vincent Strouhal 1850-1922 tschechischer Physiker	Instationäre Bewegung (Turbulenz, Wirbel, Schwingungen), Strömungsakustik
Stockeszahl	St	$\dfrac{\Delta p\,k}{\eta}$	$\dfrac{\text{Druckkraft}}{\text{Zähigkeitskraft}}$	George Stockes 1819-1913 englischer Physiker	Strömung mit Druckabfall
Rossbyzahl	Ro	$\dfrac{c}{\omega\,L}$	$\dfrac{\text{Trägheitskraft}}{\text{Corioliskraft}}$	Carl Gustav Rossby 1898-1957 schwedischer Meteorologe	Strömung unter Zentrifugalbeschleunigung (auf gekrümmten Bahnen)
Helmholtzzahl	He	$\dfrac{L}{\lambda}$	$\dfrac{\text{Länge}}{\text{Wellenlänge}}$	Hermann v. Helmholts 1821-1894 deutscher Mathematiker, Physiker, Physiologe, Philosoph	Strömungsakustik
Prandtlzahl	Pr	$\dfrac{\eta\,c_p}{\lambda}$	$\dfrac{\text{Zähigkeit spez.Wärmek.}}{\text{Wärmeleitfähigkeit}}$	Ludwig Prandtl 1876-1953 deutscher Strömungsingenieur	Analogie zwischen Geschwindigkeits- und Temperaturfeld
Sommerfeldzahl	So	$\dfrac{p\left(2s_c/R\right)^2}{2\,b\,R\,\eta\,\omega}$	$\dfrac{\text{Druckkraft}}{\text{Reibungskraft}}$	Arnold Sommerfeld 1868-1951 deutscher Physiker	Hydrodynamische Schmierung von Gleitlagern
Kavitationszahl	σ	$\dfrac{dp}{\rho c^2}$	$\dfrac{\text{Druckkraft}}{\text{dynam.Kraft}}$		Flüssigkeitsströmung in Dampfdrucknähe
Binghamzahl	Bi	$\dfrac{\tau\,d}{c\,\eta}$	$\dfrac{\text{Ruheschubspannungskraft}}{\text{Trägheitskraft}}$	Eugene Cook Bingham 1878-1945 amerikanischer Chemiker	Zähfließende Stoffe, Rührerauslegung

Tabelle 7. Widerstandsbeiwerte c_W umströmter Körper in Abhängigkeit der Geometrie und der Reynoldszahl

	c_W		c_W		c_W		c_W
Kugel		**Rotationsellipsoid** $\frac{a}{b} = \frac{1}{0,75}$		**Kreiszylinder**		**Profilstab**	
$10^3 < Re < 2\cdot 10^5$	0,47	$Re < 5\cdot 10^5$	0,6	$Re < 9\cdot 10^4$: $l/d = 1$	0,63	$Re > 5\cdot 10^5$: $t/d = 2$	0,2
$Re = 4\cdot 10^5$	0,09	$Re > 5\cdot 10^5$	0,21	2	0,68	3	0,1
$Re = 10^6$	0,13			5	0,74	5	0,06
				10	0,82	10	0,083
				40	0,98	20	0,094
				∞	1,20		
				$Re > 5\cdot 10^5$: ∞	0,35		
Halbkugel		**Halbkugel**		**Kegel (ohne Boden)**		**Kegel (schlank)**	0,58
ohne Boden	0,34	ohne Boden	1,33	$\alpha = 30°$	0,34		
mit Boden	0,40	mit Boden	1,17	$60°$	0,51		
Kreiszylinder		**Prisma**		**Prisma**		**2 Kreisplatten in Reihe**	
$l/d = 1$	0,91	$l/a = 2,5$	0,81	$\alpha = 90°$: $l/a = 5$	1,56	$\frac{l}{d} = 1$	0,93
2	0,85			∞	2,03	1,5	0,78
4	0,87			$\alpha = 45°$ 5	0,92	2	1,04
7	0,99			∞	1,54	3	1,52
Kreisplatte	1,1	**Kreisringplatte** $\frac{d}{D} = 0,5$	1,22	**Rechteckplatte**		**Rechteckplatte mit Boden**	
				$b/h = 1$	1,10	$b/h \geq 1$	1,2
				2	1,15		
				4	1,19		
				10	1,29		
				18	1,40		
				∞	1,90		
Prisma, dreieckig		**Doppel-T-Profil**	2,04	**Winkel-Profil**	2,0	**Winkel-Profil**	1,45
$b/h = \infty$	1,55		1,8		1,83		1,72
$\alpha = 90°$	1,2	$\frac{b}{h} = \infty$		$\frac{b}{h} = \infty$		$\frac{b}{h} = \infty$	
$\alpha = 60°$	(1,1)						
	2,0						
$a = h$	(1,3)						

4.8 Strömungswiderstand umströmter Körper

Umströmte Körper wie z.B. Straßenfahrzeuge, Schienenfahrzeuge, Flugkörper, Fallschirmspringer, Schornsteine und Maste von Windrädern oder Leitungen erfahren einen Strömungswiderstand und sie werden durch die Widerstandskraft beansprucht bzw. in der Fortbewegungsgeschwindigkeit beeinträchtigt.

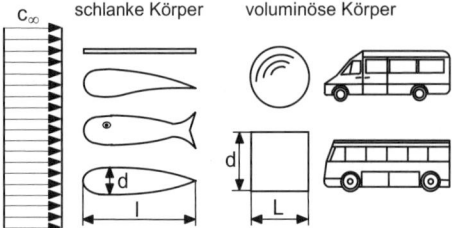

Bild 29. Klassen umströmter Körper

Der Strömungswiderstand ist unter anderem auch wesentlich von der Geometrie des umströmten Körpers abhängig. Die geometrischen Formen umströmter Körper lassen sich in zwei Gruppen einteilen:
- Schlanke Körper mit $d/l \leq 0{,}25$ wie z.B. längs angeströmte ebene Platten, Tragflügelprofile, Fische und stromliniengeführte Körper mit geringem Strömungswiderstand entsprechend Bild 29.
- Voluminöse Körper mit $d/l \geq 0{,}25$ bis 1,0 wie z.B. Kugel, Zylinder, Schornstein, Quader oder Lastkraftfahrzeuge mit großem Strömungswiderstand.

Es gibt vier verschiedene Widerstandsarten, von denen zwei bei den unterschiedlichen Körperformen dominieren:

Reibungswiderstand

Der Reibungswiderstand c_{wR} entsteht durch die Reibungskraft in der körpernahen Strömungsschicht, der Grenzschicht. Er tritt bei allen umströmten Körpern auf. Durch glatte Oberflächen mit geringer Rauigkeit oder durch Laminarprofilstrukturen auf der Oberfläche kann er gering gehalten werden. Der Reibungswiderstand von schlanken Körpern erreicht Werte bis zum zehnfachen des geringen Druckwiderstandes. Der Reibungswiderstand beträgt:

$$F_{wR} = \tau_W \, A \tag{60}$$

Druckwiderstand

Durch die unterschiedlichen Druckverteilungen auf der Vorder- und Rückseite von umströmten Körpern entsprechend Bild 30 tritt eine Druckwiderstandskraft F_{wP} und ein Druckwiderstandsbeiwert c_{wp} auf. Er erreicht die dominanten Werte bei voluminösen Körpern, bei denen die Grenzschichtströmung auf der Rückseite ablöst, wie z.B. an der Kugel oder am Zylinder. Dadurch entstehen erhebliche Druckunterschiede auf der Vorder- und Rückseite des Körpers.

Sie führen zum Druckwiderstand. Die Druckwiderstandskraft ist bei voluminösen Körpern bis zu 9 mal größer als die Reibungswiderstandskraft und deshalb vorrangig zu beachten. Sie beträgt:

$$F_{wP} = p \, A \tag{61}$$

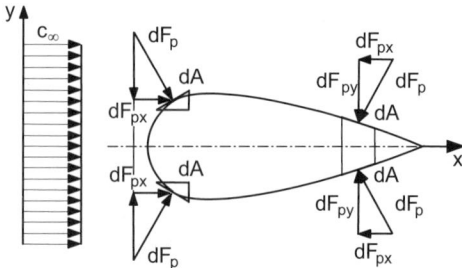

Bild 30. Druckwiderstand am umströmten Körper

Induzierter Widerstand

Am Ende von Tragflügeln, von Flügeln der Windkraftanlagen und im Heckbereich von Kraftfahrzeugen, ebenso an den Kanten von Außenspiegeln der Kraftfahrzeuge werden durch die Umströmung Wirbel induziert, die einen Widerstand hervorrufen (Bild 31).

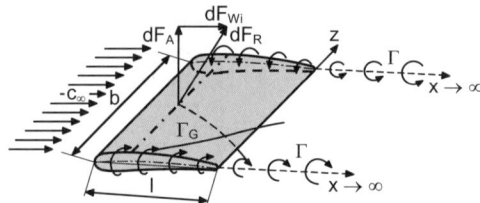

Bild 31. Umströmung der Tragflügelenden und Hufeisenwirbel mit dem gebundenen Wirbel Γ_G und dem freien Wirbel Γ_F

Wellenwiderstand

Wird ein Schwimmkörper oder ein Schiff von einer Flüssigkeit umströmt, so entstehen an der freien Oberfläche Oberflächenwellen, deren Bewegungsenergie vom Schwimmkörper aufgebracht werden muss. Dadurch entsteht für den Schwimmkörper ein zusätzlicher Widerstand (Wellenwiderstand). Gleiches tritt bei der Umströmung von Flugkörpern in Luft mit hohen Geschwindigkeiten bzw. Machzahlen von $M = 0{,}55$ bis 0,90 auf. Die entstehenden Druckwellen am Körpervorderteil führen zu den Mach'schen Wellen, die ebenfalls den Widerstand erhöhen. Der Widerstandsbeiwert umströmter Körper stellt die Widerstandskraft bezogen auf den Staudruck $c^2 \rho / 2$ und die Fläche A dar.

$$c_w = \frac{F_W}{A \dfrac{\rho}{2} c^2} \tag{62}$$

Beim Druckwiderstand beträgt der Widerstandsbeiwert:

$$c_{wp} = \frac{2\Delta p}{\rho c^2} \qquad (63)$$

In der Tabelle 7 sind die Widerstandsbeiwerte einiger umströmter Körper dargestellt. Weitere Widerstandsbeiwerte können [6] [12] entnommen werden.

4.8.1 Kármánsche Wirbelstraße

Löst die Strömung an den Kanten umströmter Körper ab, wie z.B. an Brückenpfeilern in Flüssen, an Einbauten in strömungstechnischen Anlagen, an Schornsteinen oder an engen Fjordeinläufen bei Flut, bilden sich paarweise Wirbel, die sich zu einem Strömungsvorgang formieren. Sie wurden von Kármán entdeckt und werden deshalb nach ihm benannt (Bild 32).
Die periodische Wirbelablösung beginnt bei höheren Geschwindigkeiten und Reynoldszahlen von $Re \approx 40$. Sie bleibt bis zur kritischen Reynoldszahl von $Re_{krit.} = 2 \cdot 10^5$ stabil.

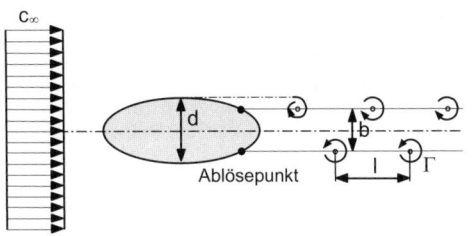

Bild 32. Kármánsche Wirbelstraße hinter einem elliptischen Pfeiler

Aus der Anströmgeschwindigkeit c, der Ablösefrequenz f und der Pfeilerdicke d kann die Strouhalzahl Sr als Verhältnis der lokalen zur konvektiven Beschleunigung bzw. als Verhältnis der beiden Trägheitskräfte ermittelt werden. Sie beträgt $Sr = fd/c$ (Tabelle 6).

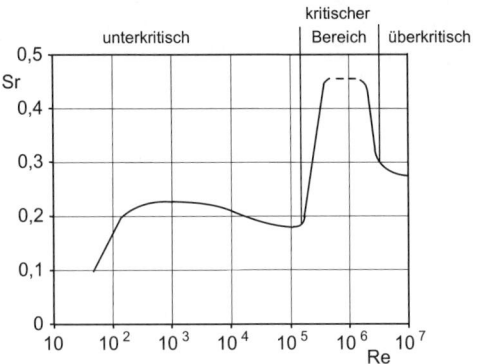

Bild 33. Strouhalzahl in Abhängigkeit der Anströmreynoldszahl

Im Reynoldszahlbereich von $Re = 100$ bis $2 \cdot 10^5$ stellt sich entsprechend Bild 33 eine Strouhalzahl von $Sr \approx 0{,}2$ ein. Entsprechend den Ablösepunkten stellt sich ein Geometrieverhältnis von $d/b \approx 1{,}25$ und ein Abstandsverhältnis der Wirbel von $l/b \approx 3{,}558$ für den unterkritischen Reynoldszahlbereich von $Re = 100$ bis $2 \cdot 10^5$ ein. Die periodische Wirbelablösung an einem Profilstab wird auch für die Volumenstrommesstechnik genutzt.

4.9 Düsen- und Diffusorströmung

In Düsen erfolgt eine Beschleunigung der Strömung zur Erzeugung hoher Geschwindigkeit. Dabei wird eine beliebig hohe Druckenergie $\Delta p/\rho$ in dynamische Energie $c^2/2$ gemäß Bild 34 umgesetzt. Beispiele ausgeführter Düsen sind, z.B. die Düsen in Peltonwasserturbinen, Spritzdüsen für Feuerwehrschläuche oder Düsen von Springbrunnen und Wasserfontänen sowie Düsen für Triebwerke von Flugzeugen und Raketen.

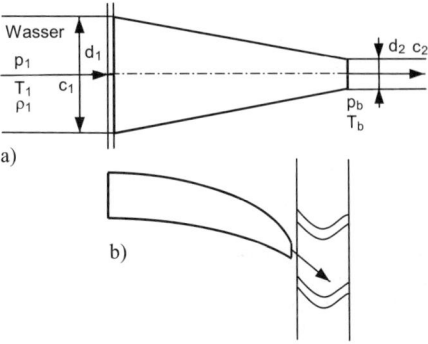

Bild 34. Düsen zur Beschleunigung der Eintrittsströmung a) Spritzdüse, b) Turbineneintrittsdüse

In Dampf- und Gasturbinen werden ebenfalls zur Beschleunigung der Eintrittsströmung in das Laufradschaufelgitter besonders geformte Düsen eingesetzt (Bild 34).
Charakteristisch für Düsen ist, dass eine beliebig große Druckenergie $\Delta p/\rho$ in dynamische Energie umgewandelt werden kann. Bei der Düsenströmung treten Reibungsverluste auf, die mit dem Druckverlustbeiwert ζ beschrieben werden können.

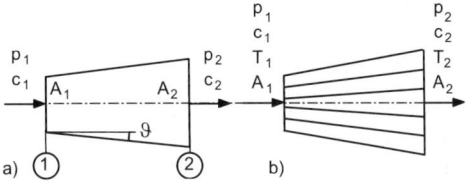

Bild 35. Diffusorströmung;
a) Einfachdiffusor;   b) Multidiffusor

In Diffusoren (Bild 35) wird die Strömung verzögert und der Verzögerungsanteil der Strömung $c_1^2 \rho/2$ $[1- (c_2/c_1)^2]$ in Druck umgesetzt (Austrittsdiffusoren in Strömungsmaschinen, in Wasserturbinen oder in lufttechnischen Anlagen).

Da die Grenzschicht einer Strömung zwar eine beliebige Beschleunigung und damit verbunden eine beliebige Druckumsetzung in Geschwindigkeit verträgt, aber nur eine begrenzte Geschwindigkeitsverzögerung, darf der Erweiterungswinkel von Diffusoren einen kritischen Wert von $\vartheta = (1/U) \cdot dA/ds$ nicht überschreiten, wenn die Grenzschichtablösung von der Diffusorwand vermieden werden soll (Diffusorkriterium). Der Erweiterungswinkel des Diffusors soll in der Regel $\vartheta = 6°$ bis $7°$ nicht überschreiten, wenn die Grenzschichtablösung von der Diffusorwand vermieden werden soll. Der Druckverlustbeiwert ζ oder der Diffusorwirkungsgrad für kegelförmige Diffusoren kann in Abhängigkeit des Erweiterungswinkels ϑ Bild 36 entnommen werden [13][14].

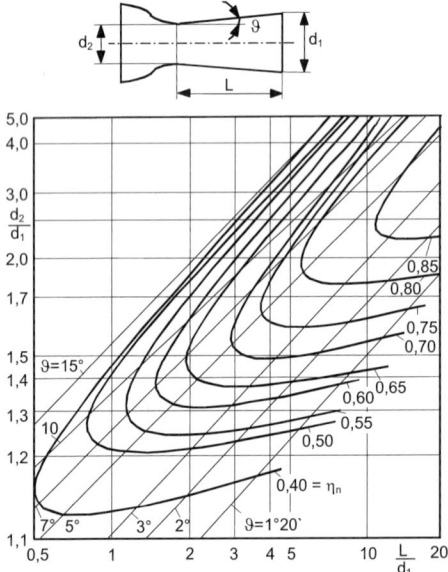

Bild 36. Abhängigkeit des Diffusorwirkungsgrades vom Erweiterungswinkel ϑ und der relativen Diffusorlänge [13]

Soll eine starke Verzögerung auf kurzer Länge erreicht werden, können Multidiffusoren gemäß Bild 35b eingebaut werden. Dabei wird aber der Reibungsdruckverlust vergrößert.

In radialen Turbokompressoren und in mehrstufigen Radialkreiselpumpen werden zur Verzögerung der Austrittsströmung aus dem Laufrad parallelwandige oder konische Radialdiffusoren eingesetzt (Bild 37). Bei parallelwandigen Radialdiffusoren mit radialer Durchströmung ist das Geschwindigkeitsverhältnis

c_2/c_1 entsprechend der Kontinuitätsgleichung dem Reziprokwert des Radienverhältnisses proportional

$$\frac{c_2}{c_1} = \frac{A_1}{A_2} = \frac{2 \pi r_1 b_1}{2 \pi r_2 b_2} = \frac{r_1}{r_2} \qquad (64)$$

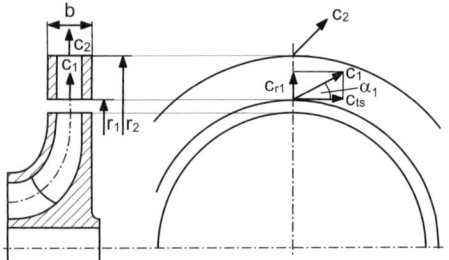

Bild 37. Laufrad mit schaufellosem Radialdiffusor einer mehrstufigen Radialpumpe

4.10 Grenzschicht

Dreidimensionale, reibungsbehaftete Strömungen werden durch die Navier-Stokes'schen Gleichungen beschrieben, die für eine Reihe von Anwendungen analytisch [15] oder mit Hilfe von Computern näherungsweise gelöst werden können. Prandtl gelang es 1904 erstmals, durch Analyse der Navier-Stokes-Gleichungen das Modell der wandnahen, reibungsbehafteten Schichten (Grenzschicht) und der reibungsfreien Außenströmung (Potentialströmung) zu schaffen. Dafür ist die nach ihm benannte Prandtl'sche Grenzschichtgleichung verfügbar. Die Potenzialströmung beginnt definitionsgemäß dort, wo die Geschwindigkeit in der Nähe einer Wand den Wert von 99 % der ungestörten Anströmung c_∞ erreicht hat.

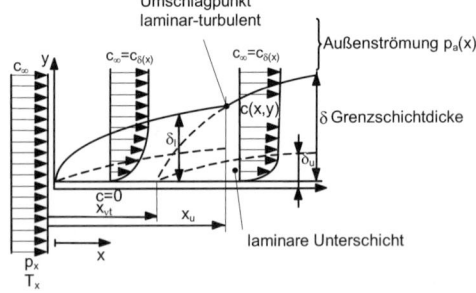

Bild 38. Grenzschicht an einer längs angeströmten ebenen Platte

Die Grenzschicht soll für eine längs angeströmte dünne ebene Platte gemäß Bild 38 erläutert werden. Sie besteht aus

- der laminaren Grenzschicht δ_l, ohne Querbewegung zur Hauptströmungsrichtung,

– der turbulenten Grenzschicht nach dem Umschlag bei $Re_{krit.} = 4 \cdot 10^5$ und starker Querbewegung zur Hauptströmungsrichtung,

– der laminaren Unterschicht geringer Dicke ab

$$\delta_U = \frac{5\nu}{c_\tau} = \frac{5\nu}{\sqrt{\tau_w / \rho}}$$ im Bereich der turbulenten

Grenzschicht.

Die Grenzschicht wird durch folgende Größen beschrieben:

– Grenzschichtdicke als Funktion der Lauflänge $\delta(x)$

– Verdrängungsdicke $\delta'(x)$ als Funktion der Lauflänge. Das ist die Dicke, um die die ungestörte Geschwindigkeit nach außen gedrängt wird. Sie kann als eine Verdickung des umströmten Körpers oder als eine Verengung des durchströmten Kanals verstanden werden.

– Impulsverlustdicke $\delta''(x)$ als Funktion der Lauflänge. Die Impulsverlustdicke gibt die Verminderung der Impulsgröße $(c-c_\infty)m$ gegenüber der Impulsgröße der ungestörten Außenströmung $c_\infty m$ an.

– Die Anlauflänge x oder laminare Grenzschicht bis zum Umschlagpunkt in die turbulente Grenzschicht beträgt

$$x_u = Re_u \nu / c_\infty = \left(5 \cdot 10^5 .... 10^6\right) \nu / c_\infty \qquad (65)$$

– Die Haftbedingung der Strömung an der Wand ergibt die Geschwindigkeit $c = 0$.

– Das Geschwindigkeitsprofil in der Grenzschicht (Bild 39)

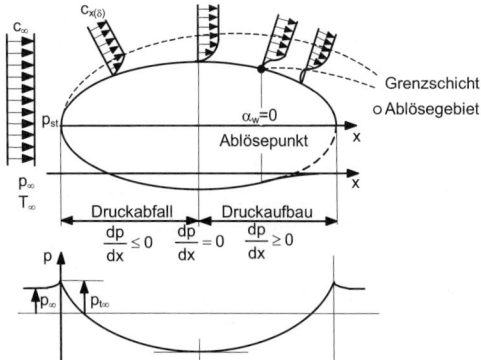

Bild 39. Geschwindigkeitsprofil in einer Grenzschicht und Druckverlauf

Berechnungen von Grenzschichten sind in [1] und [15] enthalten.

■ **Beispiel 5.**
Eine ebene Platte wird von Wasser der Dichte $\rho = 1000$ kg/m³ und $\nu = 10^{-6}$ m²/s mit einer Geschwindigkeit $c_\infty = 3,8$ m/s längs angeströmt. Berechnet werden soll die laminare Anlaufstrecke x_u und die Dicke der laminaren Grenzschicht am Umschlagpunkt. Umschlag der laminaren in die turbulente Grenzschicht:

$$Re_u = \frac{c_\infty x_u}{\nu} \approx 7,5 \cdot 10^5 \rightarrow x_u = \frac{Re_u \cdot \nu}{c_\infty} = \frac{7,5 \cdot 10^5 \cdot 10^{-6}\, \frac{m^2}{s}}{3,8\, \frac{m}{s}} =$$

$$= 0,1974\,m$$

Dicke der laminaren Grenzschicht am Umschlagpunkt:

$$\delta_{lam} \approx 5 \sqrt{\nu \frac{x_u}{c_\infty}} = 5 \sqrt{10^{-6}\, \frac{m^2}{s}\, \frac{0,1974\,m}{3,8\, \frac{m}{s}}} = 1,139 \cdot 10^{-3}\,m$$

4.11 Strömungstechnische Messtechnik

4.11.1 Druck- und Geschwindigkeitsmessung

Die Aufgabe der strömungstechnischen Messtechnik ist die Bestimmung von Druck, Geschwindigkeit, Volumen- und Massenstrom. Dafür gibt es strömungstechnische und elektronische Sonden verschiedener Bauart. Der statische Druck kann durch Wandanbohrung, Pitotrohre oder Prandtlrohre (Bild 40) gemessen und an U-Rohrmanometern (Bilder 40 und 41) oder an Schrägrohrmanometern angezeigt werden (Bild 42).

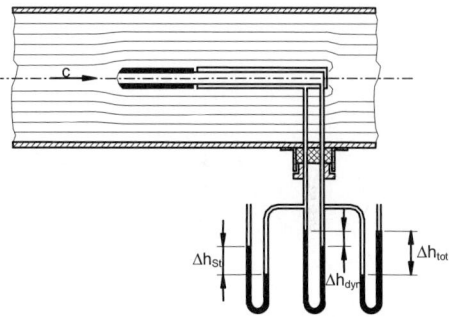

Bild 40. Prandtlrohr mit U-Rohrmanometern

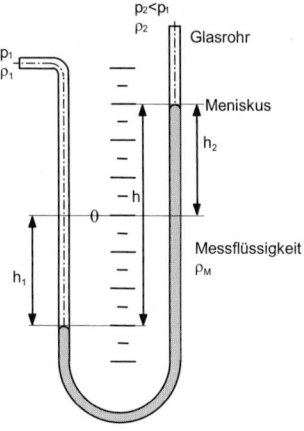

Bild 41. Gleichschenkliges U-Rohrmanometer

Als Messflüssigkeit in U-Rohrmanometern werden Flüssigkeiten unterschiedlicher Dichte in Abhängigkeit der Größe des zu messenden Druckes verwendet.
- Wasser mit $\rho = 1000$ kg/m^3 für Gasströmungen
- Tetrachlorkohlenstoff (CCl$_4$) mit $\rho = 1542$ kg/m^3
- Quecksilber mit $\rho = 13546$ kg/m^3 für Flüssigkeitsströmungen

Da die Ablesung an einem kalibrierten U-Rohr mit Ablesenonius von 0,2 mm WS möglich ist, stellt diese Druckmesstechnik für schwingungsfreie Drücke ein sehr genaues Verfahren dar, weil 1 mm Wassersäule den Druck von 10 Pa und 0,2 mm WS den Druck von 2 Pa darstellen. Eine Quecksilbersäule von 1 mm stellt dagegen den Druck von 132,886 Pa dar.
Genauere Druckmessungen können mit einem Schrägrohrmanometer erfolgen (Bild 42).

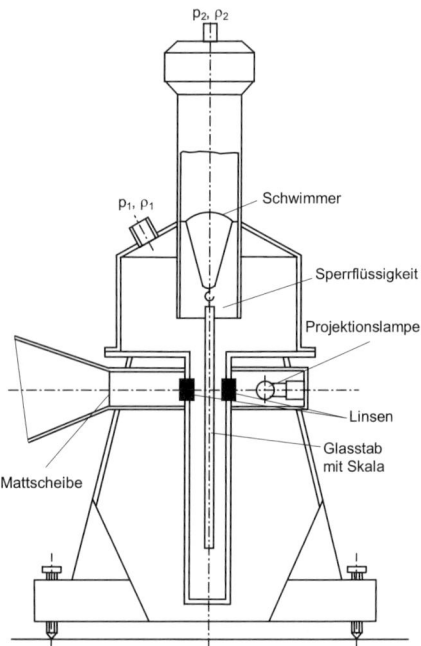

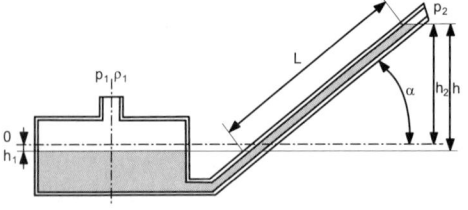

Bild 43. Präzisionsmanometer nach Betz

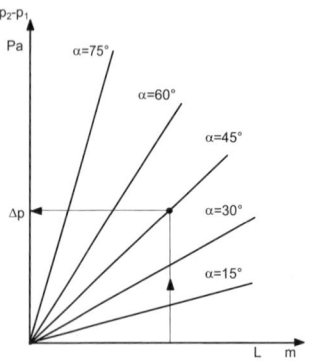

Bild 42. Schrägrohrmanometer mit einstellbarem Messschenkel und Auswertungsdiagramm

Noch genauere Druckmessungen sind mit einem Betzmanometer möglich (Bild 43).
Der statische Überdruck kann auch mit Federrohr- und Plattenfederrohrmanometern gemessen werden. Um den Absolutdruck zu erhalten, muss dabei auch der barometrische Druck genau gemessen werden.
Moderne elektrische Druckmessgeräte (Transmitter) sind je nach Genauigkeitsklasse mit einem Absolutdruck von 10^{-5} Pa bis 10^{-7} Pa evakuiert und erlauben so die Absolutdruckmessung (Bild 44). Die Absolutdruckmessung vereinfacht die Handhabung und die Verarbeitung von Druckangaben. Die Transmitter besitzen oft einen elektrischen Ausgang des Druckwertes.

Bild 44. Piezoresistiver Drucktransmitter der Klasse 0,5 % mit offener Messwertverarbeitung, Fa. Keller

Geschwindigkeiten einschließlich der Geschwindigkeitsrichtung werden mit Dreiloch- oder Fünfloch-Kugelsonden (Bild 45) oder Kegelsonden oder mittels Laser-Lichtschnittverfahren gemessen. Beim Laser-Lichtschnittverfahren unterscheidet man die Laser-Doppler-Anemometrie (LDA), die Particel-Image-Velocimetry (PIV) und die Digitalparticel-Image-Velocimetry. In Entwicklung befindet sich die dreidimensionale Particel-Image-Velocimetry.

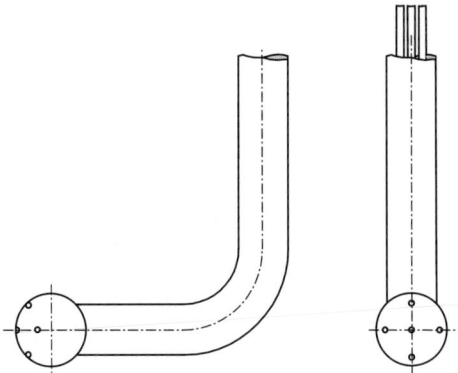

Bild 45. Fünfloch-Kugelsonde

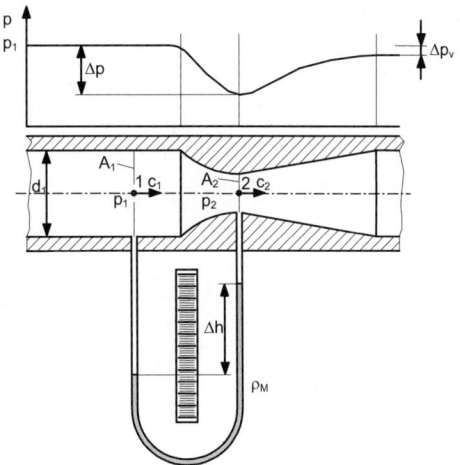

Bild 46. Volumenstrommessdüse mit dem Wirkdruck Δp und dem bleibenden Druckverlust Δp_v

Zu beachten ist, dass U-Rohrmanometer für die Druckmessung in Flüssigkeiten an der höchsten Stelle des Druckmessschlauches stets mit einem Entlüftungsventil ausgerüstet werden müssen, um die Ansammlung von Luftblasen zu vermeiden. U-Rohrmanometer für die Druckmessung in Luft und Gasen können beliebig oberhalb und unterhalb der Druckmessstelle angeschlossen werden.

4.11.2 Volumenstrom- und Massenstrommessung

Bei den Volumenstrom- und Massenstrommessgeräten unterscheidet man folgende Ausführungen:

- volumetrische Messgeräte (Ringkolbenzähler, Trommelzähler, Ovalradzähler, Flügelradzähler)
- Voltmannzähler
- Wirkdruckmessgeräte, Drosselgeräte (Düsen und Blenden)
- Wirbelstabmessgeräte auf der Basis der Kármánschen Wirbelablösung und der Messung der Wirbelfrequenz $f \sim c$, die über die Strouhalzahl $Sr = f\,d/c$ der Geschwindigkeit proportional ist.
- elektrische Volumenstrommessgeräte, magnetisch-induktive Messgeräte für elektrisch leitende Flüssigkeiten und Ultraschallmessgeräte für große und sehr große Rohrdurchmesser, die vorrangig in der Wasserversorgung genutzt werden.

Nachfolgend werden nur die strömungstechnisch wirkenden Messgeräte wie Düsen, Blenden und Wirbelstabmessgeräte behandelt.

Im Bild 46 ist eine Messdüse für die Volumenstrommessung von Flüssigkeiten oder Gasströmen dargestellt. Der Druckverlauf zeigt den Wirkdruck $\Delta p = p_1 - p_2$ an, der in einem U-Rohrmanometer angezeigt wird. Der Wirkdruck Δp ergibt sich aus der Bernoulligleichung (Gl. 7) für die Systemgrenzen zwischen 1 und 2 mit $h_1 = h_2$ zu $\Delta p = p_1 - p_2 = \rho/2\,(c_2^2 - c_1^2)$. Mit der Kontinuitätsgleichung $\dot V = c\,A = c_1 A_1 = c_2 A_2$ und mit dem Flächenverhältnis $A_2/A_1 = (d_2/d_1)^2$ erhält man die Geschwindigkeit im engsten Düsenquerschnitt zu

$$c_2 = \left\{ \frac{2\,\Delta p}{\rho\left[1 - \left(\dfrac{d_1}{d_2}\right)^4\right]} \right\}^{\frac{1}{2}} = \left\{ \frac{2\,g\,\rho_M\,\Delta h}{\rho\left[1 - \left(\dfrac{d_1}{d_2}\right)^4\right]} \right\}^{\frac{1}{2}} \tag{66}$$

und der Volumenstrom beträgt dann $\dot V_2 = A_2 c_2 = \pi r_2^2 c_2$.

Der Volumenstrom kann also mit den Düsendurchmessern d_1 und d_2, dem Wirkdruck Δp und der Fluiddichte berechnet werden. Zu beachten ist, dass sich der Wirkdruck aus dem Ausschlag Δh der Messflüssigkeit mit der Dichte ρ_M im U-Rohrmanometer ergibt $\Delta p = g\rho_M\,\Delta h$.

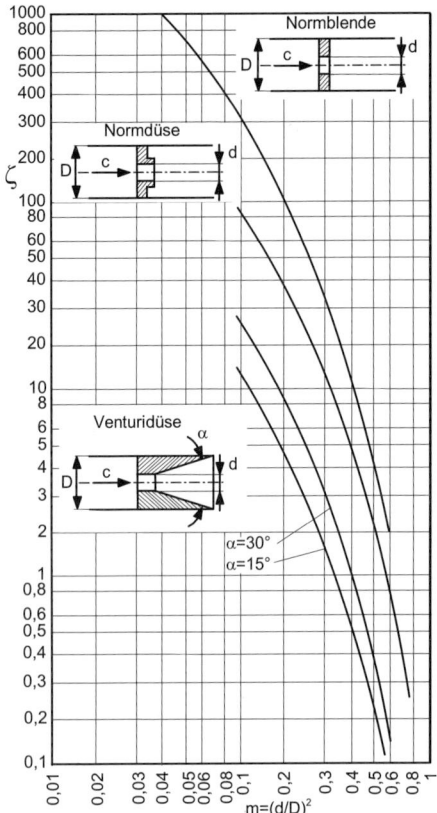

Bild 47. Druckverlustbeiwerte von Drosselorganen

Der Druckverlustbeiwert von Normdüsen und Normblenden ist im Bild 47 dargestellt, mit dem der wirkliche Volumenstrom berechnet werden kann. Im Druckverlustbeiwert ist der bleibende Druckverlust Δp_v enthalten, der sich durch die Strahleinschnürung, den Reibungsdruckverlust und die Strahlexpansion ergibt.

Die Normdüsen und Normblenden (Bild 48) müssen nach der Norm DIN EN ISO 5167 gefertigt werden.

Im Bild 49 ist ein Wirbelstabmessgerät für Volumenströme dargestellt. Die Messelektronik und die Messwertanzeige sind außerhalb der Messrohrleitung in einem eigenen Gehäuse untergebracht und für verschiedene Volumenstrombereiche einstellbar. Am prismatisch geformten Stab, der durch den gesamten Rohrdurchmesser reicht, lösen die periodisch entstehenden Wirbel ab und die Druckschwankung der Wirbelablösefrequenz wird gemessen und an die Messelektronik zur weiteren Verarbeitung geleitet.

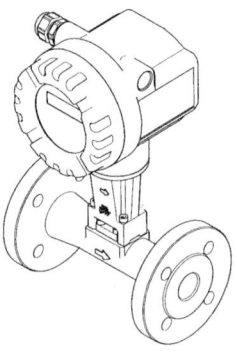

Bild 49. Volumenstrommessgerät nach dem Wirbelstromprinzip

4.11.3 Messung instationärer Strömungsvorgänge

Viele Strömungsvorgänge haben instationären Charakter, d.h. der Strömungszustand c, p, T, ρ ändert sich mit der Zeit. Dazu gehören die An- und Abfahrvorgänge von Strömungsmaschinen und -anlagen, die Laufradströmungen in Strömungsmaschinen, die Start- und Landevorgänge von Flugzeugen und Weltraum-Shuttles und auch die Auffüll- und Evakuierungsvorgänge von Behältern. Instationäre Strömungen können mit Hilfe der Computational Fluid Dynamics (CFD) berechnet und mit Hilfe zeitlich hochauflösender Messmethoden wie z.B. mit Hilfe der Lasermesstechnik in Form der Laser-Doppler-Anemometrie (LDA) oder der Particle-Image-Velocimetry (PIV) oder auch mit Hilfe von Miniaturdrucksonden mit Eigenfrequenzen von $f_E = 300$ kHz experimentell analysiert werden.

Die momentane Geschwindigkeit in einem Strömungsgebiet im zeitlichen Bereich von $t = 2$ µs bis 10 µs kann durch Aufspannen eines Lichtschnitts mit Laserlicht der Dicke von ca. 1 mm und der zweimali-

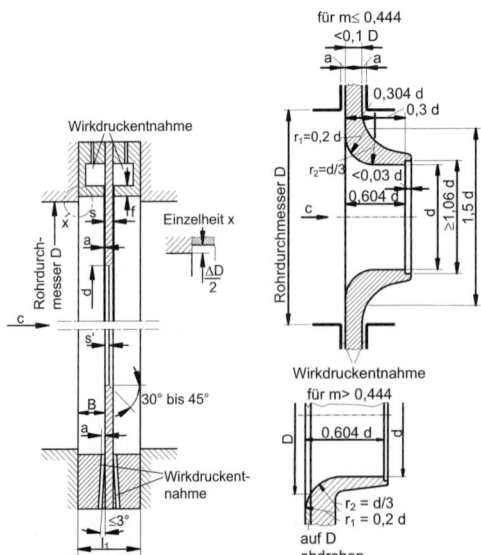

Bild 48. Normdüse und Normblende nach DIN EN ISO 5167

gen Photographie der Strömung im Lichtschnitt mittels einer speziellen Charge-Coupled-Device (CCD) Kamera ermittelt werden. Als Laser werden vorwiegend Festkörperlaser z.B. Dual-Nd:YAG Laser mit einer Pulsenergie von 10 bis 400 mJ für Pulszeiten von 4 bis 20 ns mit einer Wellenlänge von 532 nm und einer Pulsrate von 10 bis 30 Hz verwendet. Wird das Strömungsfluid mit Tracern versetzt, das sind kleine hohle Glaskugeln mit Durchmessern von einigen μm und der Dichte des Fluids, dann werden diese Tracer in den beiden Bildern der CCD-Kamera im zeitlichen Abstand von 2 μs bis 10 μs sichtbar. Mit Hilfe von Rechenprogrammen kann daraus das Geschwindigkeitsfeld mit der Größe und Richtung im Laserlichtschnittbereich ermittelt werden (Bild 50).

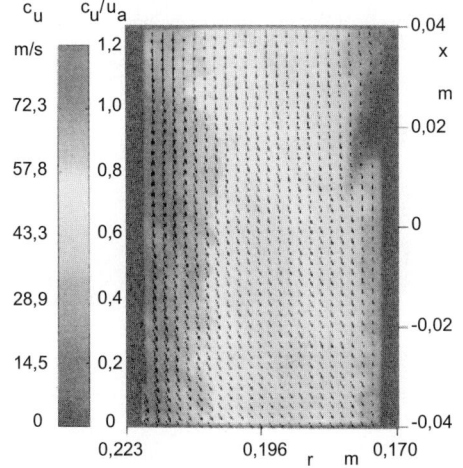

Bild 50. Geschwindigkeitsfeld im Seitenkanal eines Verdichters

Das Druckfeld eines ebenen oder räumlichen Strömungsbereiches kann mittels Miniaturdrucksonden in Vierleiterschaltung mit einer Aufnahmefrequenz von f = 200 kHz bis 300 kHz aufgenommen werden. Das bedeutet, dass im zeitlichen Abstand von Δt = 3,3 μs bis 5 μs je nach Einstellung ein Messwert, z.B. mit dem automatisierten Messwerterfassungssystem Musycs gewonnen wird. Bei einer angemessenen Messzeit in einem Messpunkt von t = 1s erhält man entsprechend der Einstellung 300 000 bis 200 000 Messwerte, die eine hinreichende zeitliche Auflösung der instationären dynamischen Druckverläufe liefern. Bild 51 zeigt den instationären dynamischen Druckverlauf in einer Seitenkanalströmungsmaschine für zwei Laufradumdrehungen.

Mittels der Miniaturdrucksonde kann sowohl der statische Druck in der Strömung als auch die zeitliche Druckschwankung während der gewählten Messzeit z.B. von t = 1s gemessen werden. Die Auswertung der Messsignale liefert

– statischen Druck im Messpunkt,

– zeitliche Druckschwankung im Messpunkt,
– die Fast-Fourier-Transformation des zeitlichen Drucksignals z.B. im geforderten Frequenzbereich bis f = 10 kHz mit der Grunderregerfrequenz und deren Harmonischen mit den zugehörigen Amplitudenanteilen,
– den Spitzenwert der zeitlichen Druckschwingung.

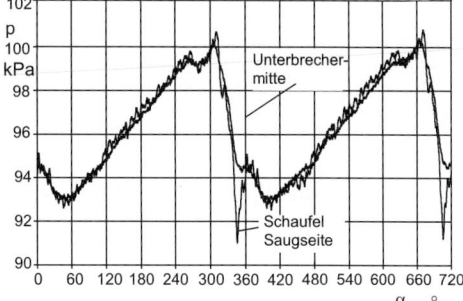

Bild 51. Druckverläufe im Laufrad eines Seitenkanalverdichters für zwei Laufradumdrehungen bei Δp = 6,5 kPa, π = 1,07 und φ = 0,72, f_S = 2400 Hz

Für die Auswertung können vorteilhaft das Programm Famos© oder andere Programme verwendet werden.

Wenn ausreichende Erfahrungen zur Messung und Messauswertung vorliegen, kann die Auswertung auch für geringere Sequenzen von t = 0,2 s mit 60000 bis 40000 Messwerten vorgenommen werden. Es ist jedoch nicht empfehlenswert, die Messzeit auf diese geringen Werte zu reduzieren.

Wird die instationäre Druckmessung in einem Strömungsfeld bezüglich des Strömungszustandes und der Messpunkte mit der Lasermesstechnik (PIV) oder der DPIV, Digital-Particle-Image-Velocimetry, , gekoppelt, können weitere Resultate wie z.B. die momentane spezifische Energieverteilung im Strömungsfeld ermittelt werden, die ebenfalls eine wichtige Größe zur Beurteilung der Strömungsstruktur und der Homogenität einer instationären Strömung darstellt.

4.12 Numerische Berechnung instationärer Strömungen

Die Berechnung der instationären Strömung erfolgt durch Näherungslösung der Navier-Stokes-Gleichungen unter Hinzuziehen der Anfangs- und Randbedingungen des Strömungsfeldes. Dazu muss das Berechnungsgebiet für die Finit-Element-Berechnung vernetzt und aufbereitet werden. Die Berechnung des Strömungs- und Druckfeldes kann zweidimensional, also für ebene Strömungsgebiete oder dreidimensional $c(x, y, z, t)$ für räumliche Strömungsgebiete erfolgen, wobei der Rechenaufwand und die Berechnungszeit natürlich mit jeder weiteren Ortskoordinate zunehmen.

Wichtig ist die Validierung der Berechnungsergebnisse mit Hilfe ähnlicher oder vergleichbarer experimenteller Ergebnisse.

Literatur

[1] Oertel, H.; Böhle, M.: *Strömungsmechanik.* Wiesbaden: Vieweg, 2002

[2] Oertel, H. (Hrsg.): *Prandtl-Führer durch die Strömungslehre.* Braunschweig/Wiesbaden: Vieweg, 2001

[3] Albring, W.: *Angewandte Strömungslehre.* Berlin: Akademie-Verlag, 1990

[4] Reiner, M.: *Rheologie.* München: Hanser, 1990

[5] Nikuradse, J.: *VDI-Forschungsheft 361: Strömungsgesetze in rauhen Rohren.* VDI, 1933

[6] Wagner, W.: *Strömung und Druckverlust.* Würzburg: Vogel, 1997

[7] Sommerfeld, A.: *Zur hydrodynamischen Theorie der Schmiermittelreibung.* In: Zeitschrift für Mathematik und Physik (1904), Heft 50

[8] Vogelpohl, C.: *Betriebssichere Gleitlager.* Berlin/Göttingen/Heidelberg: Springer, 1957

[9] Drescher, H.: *Zur Berechnung von Axiallagern mit Hydrodynamischer Schmierung.* In: Konstruktion 8 (1954), Nr. 3, S. 94-104

[10] Zierep, J.: *Ähnlichkeitsgesetze und Modellregeln der Strömungslehre.* Karlsruhe: Braun-Verlag, 1991

[11] Zierep, J.; Bühler, K.: *Strömungsmechanik.* Berlin: Springer, 1991

[12] Bohl, W.: *Technische Strömungslehre.* Würzburg: Vogel-Verlag, 2002

[13] Rippl, E.: *Experimentelle Untersuchungen über Wirkungsgrade und Abreißverhalten von schlanken Kegeldiffusoren.* In: Maschinenbautechnik (1956), Heft 5, S. 241-246

[14] Liepe, F.: *Wirkungsgrade von schlanken Kegeldiffusoren bei drallbehafteten Strömungen.* In: Maschinenbautechnik (1960) Heft 9

[15] Schlichting, H.: *Grenzschichttheorie.* Karlsruhe: Verlag G. Braun, 1997

[16] Kümmel, W.: *Technische Strömungsmechanik.* Stuttgart/Leipzig: Teubner-Verlag, 2002

[17] Eck B.: *Technische Strömungslehre.* Berlin: Springer-Verlag, 1988

[18] Schade, H.; Kunz E.: *Strömungslehre.* Berlin: Walter de Gruyter-Verlag, 1989

[19] Kalide, W.: *Einführung in die Technische Strömungslehre.* München: Hanser-Verlag, 1990

[20] Schroll, M.: *Untersuchungen der instationären Strömungsvorgänge in Seitenkanalverdichtern mit Hilfe des Particle-Image-Velocimetry.* Berlin: TU Berlin, Dissertation, 2003

5 Gasdynamik; Eindimensionale kompressible stationäre Strömung

Dominik Surek

5.1 Einführung

Bei der eindimensionalen kompressiblen stationären Strömung $c(x, \rho)$ ist die Dichte des Kontinuums eine variable Größe. Sie verändert sich entsprechend der Euler'schen Bewegungsgleichung in Abhängigkeit des Druckes, der Geschwindigkeit und der Temperatur.

Mit den Gesetzen der Gasdynamik werden Unterschall- und Überschallströmungen in den Schaufelgittern von Gas- und Dampfturbinen, in Schaufelgittern von Axial- und Radialkompressoren, in den Überschalldüsen nach de Laval, in Gasrohrleitungen, an den Tragflächen und in den Triebwerken von Flugzeugen sowie an den Weltraumshuttles und Raketen berechnet. So werden z.B. die Triebwerke von Raketen mit Überschalldüsen ausgerüstet. Auch ballistische Geschosse werden mit den Gesetzen der Gasdynamik beschrieben. Extreme Bodenfahrzeuge mit Geschwindigkeiten von $c \geq 500$ km/h = 138,89 m/s und Machzahlen von $M \geq 0,40$ reichen ebenfalls in den Bereich der kompressiblen Strömung hinein.

Im Vakuum bei Drücken von $p \leq 0,1$ Pa stellt das Gas kein Kontinuum mehr dar, sondern es herrscht die freie Molekularströmung, die den Gesetzen der Gaskinetik folgt.

Da in der Kontinuitätsgleichung $\dot{m}_1 = \dot{m}_2$, die Dichte ρ mit der Geschwindigkeit c und mit dem Strömungsquerschnitt A gekoppelt ist, bewirkt die Änderung einer Zustandsgröße oder die Veränderung des Strömungsquerschnitts auf die Änderung der anderen beiden Zustandsgrößen $\rho(c, A)$, $c(\rho, A)$, $A(\rho, c)$

$$d\dot{m} = d(\rho \dot{V}) = d(\rho A c) \qquad (1)$$

Beschreibt man nun die Zustandsänderung des Gases während des Strömungsvorganges mit den Gesetzen der Thermodynamik, so können die Erhaltungssätze der kompressiblen Strömung formuliert werden. Mit dem Gibb'schen Gesetz werden die Gleichungen für die spezifische innere Energie $du = Tds - pd(1/\rho)$ und für die spezifische Enthalpie $dh = Tds + dp/\rho$ eingeführt. Die Bernoulligleichung für kompressible Strömungen ist sowohl für isentrope als auch für adiabate Strömungen gültig, d.h. für reibungsfreie und reibungsbehaftete Strömungen.

Vorangestellt werden einige Zustandsbezeichnungen. Es gelten:
0 Ruhezustand für p_0, T_0, ρ_0, bei $c = 0$
* kritischer Zustand für p^*, T^*, ρ^*, M^* bei $c^* = a^*$
^ Zustandsgrößen nach dem Verdichtungsstoß

$\hat{p}$, $\hat{T}$, $\hat{\rho}$, $\hat{M}$

5.2 Schallgeschwindigkeit und Schallausbreitung

5.2.1 Schallgeschwindigkeit

Schall besteht aus kleinen Druckschwankungen im mPa-Bereich (Bild 1), der sich in einem elastischen Kontinuum in Wellenform mit der Schallgeschwindigkeit kugelförmig ausbreitet.

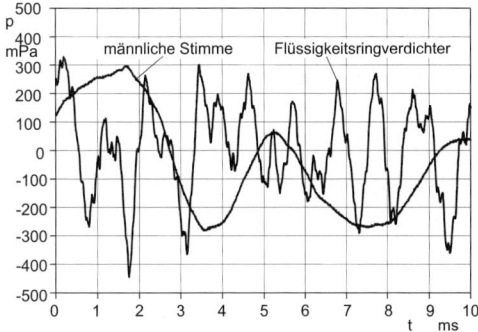

Bild 1. Schalldruckschwingung einer männlichen Stimme und eines Flüssigkeitsringverdichters im 1 m Abstand

Wegen der Kopplung des Druckes p mit der Dichte ρ und der Geschwindigkeit c durch die Euler'sche Bewegungsgleichung verursachen die Druckschwankungen auch Schwankungen der Dichte und der Geschwindigkeit. Vernachlässigt man die Dämpfung der geringen Druckschwankungen durch Reibung, so kann der Vorgang reibungsfrei, isentrop berechnet werden, da auch kein Wärmeaustausch auftritt.

Für die Strömung im mitbewegten Kontrollraum kann die Kontinuitätsgleichung und der Impulssatz längs einer Stromlinie nach Bild 2 für A = konst. aufgeschrieben werden.

$$\dot{m} = \rho \dot{V} = \rho c A = \text{konst.} \qquad (2)$$

Für A = konstant erhält man die Stromdichte ρc:

$$\dot{m}/A = \rho c = \text{konst.} \qquad (3)$$

Die Kontinuitätsgleichung in der differenziellen Form lautet:

$$\frac{d\rho}{\rho} + \frac{dc}{c} + \frac{dA}{A} = 0 \qquad (4)$$

Sie zeigt deutlich, dass die drei Größen Dichte ρ, Geschwindigkeit c und Querschnittsfläche A voneinander abhängig sind.

Nach Differenziation von Gl. 3 ergibt sich:

$$\rho dc + c d\rho = 0 \rightarrow c d\rho = -\rho dc \tag{5}$$

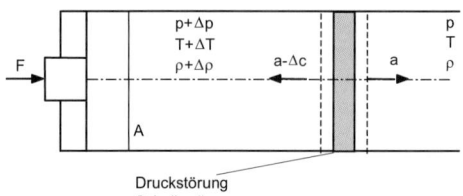

Druckstörung
Schallwelle
mit der Schallwelle mitbewegter Kontrollraum

Bild 2. Ausbreitung einer Druckstörung im Fluid eines Zylinders

Der Impulssatz längs der horizontalen Stromlinie in Bild 2 lautet:

$$\dot{m} c + p A = \text{konst.} \tag{6}$$

Nach Division durch A erhält man Gl. 7

$$\rho c^2 + p = \text{konst.} \tag{7}$$

Nach Differenziation von Gl. 7 ergibt sich:

$$2 \rho c dc + c^2 d\rho + dp = 0 \tag{8}$$

Mit $c d\rho = -\rho dc$ aus Gl. 5 erhält man die Gleichungen:

$$\rho c dc + dp = 0 \tag{9}$$

$$-c^2 d\rho + dp = 0 \rightarrow c^2 = a^2 = dp / d\rho \tag{10}$$

Für die vorausgesetzte isentrope Strömung kann die Gl. 10 für die Fortpflanzungsgeschwindigkeit c der Druckstörung, als Schallgeschwindigkeit a bezeichnet, geschrieben werden:

$$a^2 = \left(\frac{\delta p}{\delta \rho} \right)_S \tag{11}$$

Mit der Isentropengleichung $p / \rho^\kappa = \text{konst.}$ bzw. in der differenziellen Schreibweise

$$\frac{dp}{p} = \kappa \frac{d\rho}{\rho} \tag{12}$$

und mit der thermischen Zustandsgleichung der idealen Gase mit konstanter spezifischer Wärmekapazität c_p $p/\rho = RT$ bzw.:

$$\frac{dp}{d\rho} = \kappa \frac{p}{\rho} = \kappa RT \tag{13}$$

kann die Schallgeschwindigkeit a für ideale Gase bei isentroper Ausbreitung angegeben werden zu:

$$a = \sqrt{\left(\frac{\delta p}{\delta \rho} \right)_S} = \sqrt{\kappa \frac{p}{\rho}} = \sqrt{\kappa RT} \tag{14}$$

Für feste Stoffe ergibt sich die Schallgeschwindigkeit mit Hilfe des Hooke'schen Gesetzes und dem Elastizitätsmodul E

$$a = \sqrt{\frac{dp}{d\rho}} = \sqrt{\frac{E}{\rho}} \qquad \begin{array}{c|c|c|c} a & p & \rho & E \\ \hline \frac{m}{s} & Pa & \frac{kg}{m^3} & \frac{N}{m^2} \end{array} \tag{15}$$

Die wichtigsten Gleichungen der Thermodynamik, die für die Behandlung der Gasdynamik herangezogen werden müssen, sind in der Tabelle 1 zusammengestellt. Sie werden an den entsprechenden Stellen benutzt.

Tabelle 1. Wichtige Gleichungen der Thermodynamik

Größen	Gleichungen
Kalorische Zustandsgrößen	
spezifische innere Energie	$du = c_v dT$
spezifische Enthalpie	$dh = c_p dT$; $h = u + \dfrac{p}{\rho}$
spezifische Wärme	$dq = du + p d\left(\dfrac{1}{\rho} \right)$
Thermische Zustandsgleichung idealer Gase	$pv = \dfrac{p}{\rho} = RT$; $\dfrac{dp}{p} - \dfrac{d\rho}{\rho} - \dfrac{dT}{T} = 0$
Kalorische Zustandsgleichung	$h = u + \dfrac{p}{\rho}$; $\dfrac{h}{h_0} = 1 + \dfrac{c_p}{h_0}(T - T_0)$
Gibb'sche Fundamentalgleichung	$du = Tds - p dv = Tds - p d\left(\dfrac{1}{\rho} \right)$
	$dh = Tds + v dp = Tds + \dfrac{dp}{\rho}$
spezifische Entropie	$ds = c_p \dfrac{dT}{T} - R \dfrac{dp}{p}$
	$s - s_0 = c_p \ln \dfrac{T}{T_0} - R \ln \dfrac{p}{p_0}$
Zweiter Hauptsatz	$ds \geq 0$
Isentropengleichung	$\dfrac{p}{\rho^\kappa} = \dfrac{p}{T^{\frac{\kappa}{\kappa-1}}} = \dfrac{T}{\rho^{\kappa-1}} = \text{konstant}$
	$\dfrac{dp}{p} = \kappa \dfrac{d\rho}{\rho} = \dfrac{\kappa}{\kappa-1} \dfrac{dT}{T}$ mit $\kappa = \dfrac{c_p}{c_v}$
	$\dfrac{dp}{p} = \dfrac{c_p}{R} \dfrac{dT}{T} = \dfrac{c_p}{c_p - c_v} \dfrac{dT}{T} = \dfrac{\kappa}{\kappa-1} \dfrac{dT}{T}$
	$\dfrac{dT}{T} = \dfrac{dp}{p} - \dfrac{d\rho}{\rho}$
	$\dfrac{dp}{p} = \dfrac{\kappa}{\kappa-1} \left(\dfrac{dp}{p} - \dfrac{d\rho}{\rho} \right)$
Gaskonstante	$R = c_p - c_v = \dfrac{\kappa-1}{\kappa} c_p = (\kappa-1) c_v$
Isentropenexponent	$\kappa = \dfrac{c_p}{c_v} = 1 + \dfrac{R}{c_v} = \dfrac{1}{1 - \dfrac{R}{c_p}}$

Tabelle 2 enthält die Größe der Schallgeschwindigkeit in einigen Stoffen bei $t_0 = 20\,°C$ und $p_0 = 100$ kPa.

Tabelle 2. Schallgeschwindigkeit in einigen Stoffen für $p_0 = 100$ kPa und $T_0 = 293{,}16$ K

Stoff	Luft	Wasser-dampf	Helium He	Stick-stoff N	Wasser-stoff H	Wasser H_2O	Stahl
Dichte kg/m³	1,21	0,804	0,179	1,25	0,089	999,2	7800
Schall-geschw. m/s	343,5	413	971	334	1320	1485	5100

5.2.2 Schallausbreitung

Schallquellen (Druckstörungen) erzeugen in der Regel eine periodische Aufeinanderfolge von Druckschwankungen, die sich als Schallwelle ausbreiten. Dabei werden die von der Schallwelle erreichten Teilchen zu Schwingungen angeregt (Bild 3), sie bleiben aber an ihrem Ort.

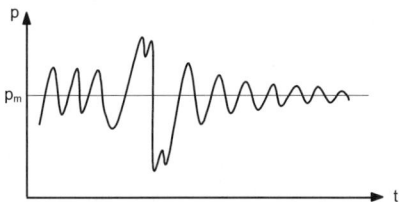

Bild 3. Druckstörung in einem Fluid

Je nachdem, ob die Schallquelle ortsfest ist oder sich bewegt, wie z.B. an einem Fahrzeug oder Flugzeug,

erfolgt die Ausbreitung der Schallwellen unterschiedlich.

Sie ist vor allem von der Größe der Bewegungsgeschwindigkeit der Störquelle abhängig, $c = 0$, $c < a$, $c = a$ oder $c > a$ (Bild 4).

Das Verhältnis der Geschwindigkeit c zur Schallausbreitungsgeschwindigkeit a wird Machzahl $M = c/a$ genannt.

Die Machzahl kann entsprechend der Geschwindigkeit der Druckstörung c oder der Anströmgeschwindigkeit der Druckstörung Werte von $M = 0$ (ruhendes Fluid) bis $M = \infty$ annehmen für $c = c_{max}$. In diesem Bereich unterscheidet man die Gebiete von:

$M = 0$ ruhendes Fluid, Aerostatik und Thermodynamik
$M < 1$ Unterschallströmung, subsonische Strömung
$M = 1$ Schallströmung, transonische Strömung
$M > 1$ Überschallströmung, supersonische Strömung
$M > 5$ Hyperschallströmung, hypersonische Strömung

Die Schallausbreitungslinien im Bild 4 stellen Kugelflächen dar, die bei Überschallströmung mit $M > 1{,}0$ im Bild 4d von dem Mach'schen Kegel eingehüllt werden. Der Mach'sche Kegel wird umso schlanker, je größer die Bewegungsgeschwindigkeit der Störquelle c, d.h. je größer die Machzahl ist.

Der halbe Öffnungswinkel α des Mach'schen Kegels beträgt (Bild 4d)

$$\sin \alpha = \frac{at}{ct} = \frac{a}{c} = \frac{1}{M} \tag{16}$$

Machzahl

$$M = \frac{c}{a} = \frac{1}{\sin \alpha} \tag{17}$$

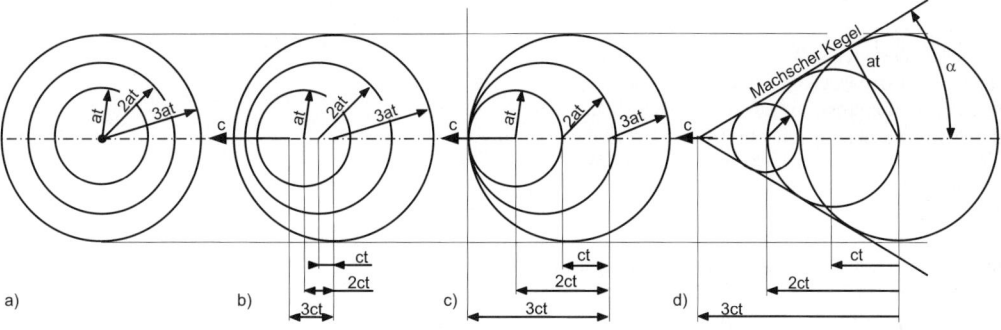

Bild 4.　Ausbreitung von Druckstörungen bei verschiedenen Geschwindigkeiten der Störquelle
　　　　　a) im ruhenden Gas, Ruhezustand, der mit 0 bezeichnet wird
　　　　　b) Störquelle bewegt sich mit Unterschallgeschwindigkeit $c < a$
　　　　　c) Störquelle bewegt sich mit Schallgeschwindigkeit $c = a$
　　　　　d) Störquelle bewegt sich mit Überschallgeschwindigkeit $c > a$
　　　　　Die Störquelle bewegt sich während der Zeit t um den Weg $s = ct$ und die Schallwelle um $s = at$

■ Beispiel 1.

Ein Überschallflugzeug fliegt mit der Machzahl von $M = 1,8$ in 10 km Höhe bei der Lufttemperatur von $t = -48°$ C horizontal über einen Beobachter auf der Erde.

Wie groß sind die Geschwindigkeit des Flugzeugs und der Mach'sche Winkel? Wie weit ist das Flugzeug horizontal vom Beobachter entfernt, wenn dieser den Überschallknall hört und welche Zeit ist bis dahin vergangen? Die Gaskonstante von Luft beträgt $R = 287,6$ J/kgK und $\kappa = 1,4$.

Schallgeschwindigkeit nach Gl. 14:

$$a = \sqrt{\kappa RT} = \sqrt{1,4 \cdot 287,6 \, \frac{J}{kg\,K} \cdot 225,16 \, K} = 301,10 \, \frac{m}{s}$$

Geschwindigkeit des Flugzeugs nach Gl. 17:

$$c = M\,a = 1,8 \cdot 301,10 \, \frac{m}{s} = 541,97 \, \frac{m}{s} = 1951,1 \, \frac{km}{h}$$

Mach'scher Winkel nach Gl. 16:

$$\sin \alpha = \frac{1}{M} = 0,555 \rightarrow \alpha = 33,72°$$

Horizontale Entfernung des Flugzeugs vom Beobachter:

$$s = \frac{h}{\tan \alpha} = \frac{10 \, km}{0,6674} = 14,984 \, km$$

Zeit:

$$t = \frac{s}{c} = \frac{14984 \, m}{541,97 \, \frac{m}{s}} = 27,64 \, s$$

5.3 Energiegleichung der kompressiblen eindimensionalen Strömung; Bernoulligleichung der kompressiblen Strömung

Die Euler'sche Bewegungsgleichung wurde im vorangehenden Abschnitt aus dem Kräftegleichgewicht an einem Fluidteilchen für die stationäre Strömung abgeleitet. Da keine Voraussetzungen über die Stoffdichte ρ getroffen wurden, gilt die Bewegungsgleichung auch für die kompressible Strömung; sie lautet:

$$c\,dc + \frac{dp}{\rho} + g\,dh = 0 \tag{18}$$

Da die Thermodynamik verschiedene Zustandsänderungen von der isochoren über die isobare, die isotherme, die isentrope bis zur polytropen Zustandsänderung kennt, muss die nachfolgende Berechnung für eine diskrete thermodynamische Zustandsänderung erfolgen. Dafür wird die isentrope Zustandsänderung gewählt, bei der keine Wärme mit der Umgebung ausgetauscht wird. Da die Höhenkoordinate bei den gasdynamischen Betrachtungen infolge der geringen Gasdichte nur sehr geringen Einfluss nimmt, wenn man meteorologische Vorgänge mit großen Höhendifferenzen ausschließt, lautet die Bewegungsgleichung 18

$$c\,dc + \frac{dp}{\rho} = 0 \tag{19}$$

Die Druckänderung in Gasen infolge Höhenänderung $dp = g\rho\,dh$ ist gegenüber den anderen beiden Größen vernachlässigbar klein. Das lehrt auch die Erfahrung, wenn man bedenkt, dass das Fliegen von Vögeln und Flugzeugen auf dem aerodynamischen Prinzip basiert und Ballonfahren auf dem thermischen Prinzip, d.h. auf der Dichtedifferenz zweier Systeme beruht.

Nach der Integration von Gl. 19 erhält man die Bernoulligleichung der Gasdynamik

$$\frac{c^2}{2} + \int \frac{dp}{\rho} = H \tag{20}$$

Die Integrationskonstante H ist auch hier die Bernoulli'sche Konstante der Gasdynamik.

Bezieht man die Isentropengleichung auf den Ruhezustand 0, so ergibt sich das Druckverhältnis:

$$\frac{p}{p_0} = \left(\frac{\rho}{\rho_0}\right)^\kappa \tag{21}$$

Wird diese Beziehung in Gl. 20 eingeführt, erhält man nach Integration die Energiegleichung (Bernoulligleichung) der Gasdynamik

$$\frac{c^2}{2} + \frac{\kappa}{\kappa-1} \frac{p_0}{\rho_0} \left(\frac{p}{p_0}\right)^{\frac{\kappa-1}{\kappa}} = H \tag{22}$$

Wird die Energiegleichung für die Ausströmung des Gases aus einem Behälter mit $c_0 \approx 0$ im Ruhezustand des Gases p_0, ρ_0, T_0 entsprechend Bild 5 in die Atmosphäre mit p_2, T_2 und ρ_2 aufgeschrieben, so erhält man Gl. 23

$$\frac{\kappa}{\kappa-1} \frac{p_0}{\rho_0} = \frac{c_2^2}{2} + \frac{\kappa}{\kappa-1} \frac{p_0}{\rho_0} \left(\frac{p_2}{p_0}\right)^{\frac{\kappa-1}{\kappa}} \tag{23}$$

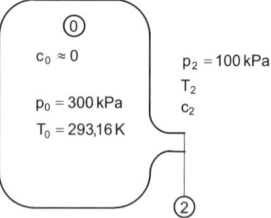

Bild 5. Ausströmen aus einem Druckbehälter

Die Ausströmgeschwindigkeit aus dem Behälter beträgt somit

$$c_2 = \left\{ \frac{2\kappa}{\kappa-1} \frac{p_0}{\rho_0} \left[1 - \left(\frac{p_2}{p_0}\right)^{\frac{\kappa-1}{\kappa}} \right] \right\}^{\frac{1}{2}} \tag{24}$$

Wie Gl. 24 zeigt, wird die höchste Ausströmgeschwindigkeit bei $p_2 = 0$ erreicht, d.h. beim Ausströmen aus dem Druckbehälter in ein vollständiges Vakuum. Die Maximalgeschwindigkeit beträgt dann

$$c_{max} = \left[\frac{2\,\kappa}{\kappa-1}\frac{p_0}{\rho_0}\right]^{\frac{1}{2}} = \left[\frac{2\,\kappa}{\kappa-1}RT_0\right]^{\frac{1}{2}}$$

$$= \left[\frac{2}{\kappa-1}a_0^2\right]^{\frac{1}{2}} = \left[c_p T_0\right]^{\frac{1}{2}} \qquad (25)$$

Gl. 25 sagt aus, dass die gesamte im Kessel enthaltene spezifische Energie $c_p T_0 = (2\kappa p_0/(\kappa-1)\rho_0)$ gegenüber der Umgebung in Geschwindigkeit umgesetzt wird. Die spezifische Energie im Kessel entspricht der spezifischen Ruheenthalpie $h_0 = c_p T_0$ im Kessel. Das bedeutet aber, dass die Energiegleichung für kompressible Gasströmungen (Gl. 23) mit der spezifischen Enthalpie $dh = Tds + dp/\rho = du + p\,d(1/\rho) - (1/\rho)dp$ auch noch in der folgenden Form geschrieben werden kann.

$$u_1 + \frac{p_1}{\rho_1} + \frac{c_1^2}{2} = u_2 + \frac{p_2}{\rho_2} + \frac{c_2^2}{2} \qquad (26)$$

oder mit der spezifischen Enthalpie
$h = u + pv = u + p/\rho$

$$h_1 + \frac{c_1^2}{2} = h_2 + \frac{c_2^2}{2} \qquad \begin{array}{c|c} h & c \\ \hline \frac{J}{kg\,K} & \frac{m}{s} \end{array} \qquad (27)$$

wobei h die spezifische Enthalpie des Stromfadens ist, mit $h = c_p T = (c_p/R)(p/\rho) = (2\kappa/(\kappa-1))(p/\rho)$. Die Summe der spezifischen Enthalpie h und der spezifischen Bewegungsenergie wird gelegentlich auch als spezifische Totalenthalpie $h_t = h + c^2/2$ bezeichnet, die während eines Strömungsvorgangs auf der Stromlinie konstant bleibt. Gl. 27 zeigt auch, dass die Energiegleichung der Gasströmung für adiabate und reibungsbehaftete Strömungen gültig ist.

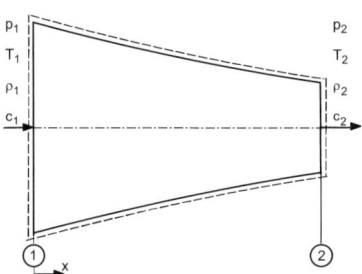

Bild 6. Systemgrenzen einer Düsenströmung

Der Ausdruck $\kappa p/\rho$ entspricht nach Gl. 14 dem Quadrat der Schallgeschwindigkeit a^2.
Werden diese Beziehungen für die spezifische Enthalpie und die Schallgeschwindigkeit (Gl. 14) in

die Gl. 27 eingesetzt, ergibt sich für die Energiegleichung folgende Form für die Düsenströmung, Bild 6

$$\frac{a_1^2}{\kappa-1} + \frac{c_1^2}{2} = \frac{a_2^2}{\kappa-1} + \frac{c_2^2}{2} \qquad (28)$$

Mit der Machzahl $M = c/a$ erhält man die folgende Form der Energiegleichung

$$\frac{a_1^2}{\kappa-1}\left[1+\frac{\kappa-1}{2}M_1^2\right] = \frac{a_2^2}{\kappa-1}\left[1+\frac{\kappa-1}{2}M_2^2\right] \quad (29)$$

für Ausströmvorgänge aus Behältern entsprechend Bild 5 mit $c_0 = 0$. Mit der Ruheschallgeschwindigkeit $a_0 = \sqrt{\kappa R T_0}$ erhält man eine neue Form der Energiegleichung.

$$\frac{a_0^2}{\kappa-1} = \frac{\kappa}{\kappa-1}\frac{p_0}{\rho_0} = c_p T_0 = \frac{a_2^2}{\kappa-1}\left[1+\frac{\kappa-1}{2}M_2^2\right] \quad (30)$$

Mit Hilfe dieser Gleichung können die Austrittsschallgeschwindigkeit a_2 und die Austrittsmachzahl M_2 an der Austrittsöffnung eines Behälters berechnet werden.
Will man den Einfluss einer Strömung, besonders bei hohen Machzahlen, auf die Temperatur von umströmten Körpern erkennen, so kann Gl. 27 mit der spezifischen Enthalpie $h = c_p T$ auch in der folgenden Form geschrieben werden:

$$T_1 + \frac{c_1^2}{2\,c_p} = T_2 + \frac{c_2^2}{2\,c_p} \qquad \begin{array}{c|c|c} T & c & c_p \\ \hline K & \frac{m}{s} & \frac{J}{kg\,K} \end{array} \qquad (31)$$

Der Term $c^2/(2c_p)$ stellt den Temperaturanstieg eines Gasteilchens mit der Geschwindigkeit c dar, wenn es im Staupunkt eines Körpers isentrop auf $c = 0$ verzögert wird. Gl. 31 zeigt aber auch, dass sich Gasströmungen bei Beschleunigung abkühlen. Dadurch besteht Vereisungsgefahr in feuchten Gasen. Die Gln. 26 bis 31 sind unterschiedliche Schreibformen der Bernoulligleichung der Gasdynamik.
Die Machzahl $M^* = 1,0$ wird die kritische Machzahl M^* genannt. Sie stellt sich ein bei der kritischen Geschwindigkeit von $c^* = a^*$, die der kritischen Schallgeschwindigkeit a^* gleich ist. Die allgemeine Schreibweise von Gl. 28 lautet:

$$\frac{a^2}{\kappa-1} + \frac{c^2}{2} = H \qquad (32)$$

Wird Gl. 32 für den Ruhezustand, z.B. in einem Behälter mit $c_0 = 0$ und für einen Strömungszustand in einer Austrittsöffnung mit der Geschwindigkeit c aufgeschrieben, so lautet sie

$$\frac{a_0^2}{\kappa-1} = \frac{a^2}{\kappa-1} + \frac{c^2}{2} \qquad (33)$$

Strömt das Gas in einen Behälter mit dem absoluten Vakuum von $p = 0$ und $T = 0$, ist dafür auch die Ausström-Schallgeschwindigkeit $a = \sqrt{\kappa RT} = 0$ und es stellt sich die erreichbare Maximalgeschwindigkeit c_{max} ein (Gl. 25).

Die maximal erreichbare Ausströmgeschwindigkeit von Luft mit $t = 20\ °C$, $\kappa = 1{,}40$ und $a_0 = 343{,}26$ m/s in ein absolutes Vakuum beträgt damit $c_{max} = 768{,}24$ m/s = 2765,66 km/h.

Für den kritischen Zustand $c^* = a^*$ und $a = a^*$ lautet die Energiegleichung

$$\frac{a_0^2}{\kappa-1} = \frac{1}{2}\frac{\kappa+1}{\kappa-1}a^{*2} \tag{34}$$

Das Verhältnis einer Strömungsgröße a, p, ρ oder T in einem beliebigen Punkt auf der Stromlinie zu der entsprechenden Ruhegröße der Stromlinie a_0, p_0, ρ_0, T_0 ist nur vom Stoff (κ) und von der Machzahl in dem betrachteten Punkt abhängig, wie nachfolgend gezeigt wird.

5.4 Ruhegrößen und kritischer Zustand

Aus Gl. 30 ergibt sich für den Ruhezustand und für den Strömungszustand am Behälter entsprechend Bild 5

$$\frac{a_0^2}{\kappa-1} = \frac{a^2}{\kappa-1}\left[1+\frac{\kappa-1}{2}\left(\frac{c}{a}\right)^2\right] \tag{35}$$

Daraus folgt mit $a^2 = \kappa RT$ und $a_0^2/a^2 = T_0/T$ aus Gl. 14 für das Verhältnis der Schallgeschwindigkeiten

$$\left(\frac{a_0}{a}\right)^2 = \frac{T_0}{T} = 1+\frac{\kappa-1}{2}M^2 \tag{36}$$

Mit der Isentropengleichung $p_0/p = (T_0/T)^{\frac{\kappa}{\kappa-1}}$ erhält man die Verhältniswerte der Ruhegrößen für den Druck p_0 und die Dichte ρ_0 bezogen auf die örtlichen Größen p und ρ

$$\frac{p_0}{p} = \left(\frac{T_0}{T}\right)^{\frac{\kappa}{\kappa-1}} = \left[1+\frac{\kappa-1}{2}M^2\right]^{\frac{\kappa}{\kappa-1}} \tag{37}$$

$$\frac{\rho_0}{\rho} = \left(\frac{T_0}{T}\right)^{\frac{1}{\kappa-1}} = \left[1+\frac{\kappa-1}{2}M^2\right]^{\frac{1}{\kappa-1}} \tag{38}$$

Gl. 38 sagt aus, dass die Dichteänderung $\Delta\rho = \rho_0 - \rho$ eines strömenden Gases um so größer ist, je größer die Geschwindigkeit c bzw. die Machzahl der Strömung ist. Nun stellt sich die Frage, welchen Fehler begeht man bei üblichen Geschwindigkeiten von Gasströmungen mit Werten von $c = 15$ m/s bis 70 m/s, wenn die Dichteänderung nicht berücksichtigt wird. Die Fehler der bezogenen Dichte- und Druckänderungen sind in Abhängigkeit der Machzahl von $M = 0{,}1$ bis 1,0 bzw. der Geschwindigkeit c in der Tabelle 3 angegeben.

Tabelle 3. Größe des Dichte- und Druckfehlers bei inkompressiblen Rechnungen für Luft bei $p = 100$ kPa, $T = 293{,}16$ K, $R = 287{,}6$ J/kgK in Abhängigkeit von der Machzahl M.

Machzahl M	0,1	0,2	0,4	0,6	0,8	1,0
Geschwindigkeit c m/s	34,32	68,64	137,42	205,92	274,56	343,26
spez. Dichteänderung $1-\rho/\rho_0=\Delta\rho/\rho_0$	0,005	0,020	0,076	0,160	0,260	0,366
spez. Druckänderung $1-p/p_0=\Delta p/p_0$	0,007	0,028	0,104	0,216	0,344	0,472

Ventilatoren mit geringen Totaldruckverhältnissen bis zu $p_{tD}/p_{tS} = 1{,}18$ und geringen Geschwindigkeiten bis $c = 40$ m/s können demzufolge inkompressibel ausgelegt werden ohne nennenswerte Fehler zu begehen. Bei Hochdruckventilatoren mit Totaldruckverhältnissen $p_{tD}/p_{tS} > 1{,}20$ muss jedoch die Kompressibilität bei der Auslegung der Ventilatoren berücksichtigt werden.

Ebenso wie die Ruhegrößen eines Fluids charakterisieren auch die kritischen Größen (Gl. 34) die Bernoulli'sche Konstante auf einer Stromlinie. Deshalb muss auch das Verhältnis dieser beiden Bernoulli'schen Konstanten wieder eine konstante Größe sein, die für alle Stromlinien den gleichen Wert hat, d.h. sie ist von der Strömung unabhängig und nur von der Stoffgröße κ des Fluids abhängig (Gln. 39 bis 42). Aus Gl. 34 für den Ruhezustand und für den kritischen Zustand können die folgenden Verhältniswerte im kritischen und im Ruhezustand mit $a^2 = \kappa RT$ ermittelt werden.

$$\left(\frac{a^*}{a_0}\right)^2 = \frac{2}{\kappa+1} \tag{39}$$

Temperaturverhältnis:

$$\frac{T^*}{T_0} = \left(\frac{a^*}{a_0}\right)^2 = \frac{2}{\kappa+1} \tag{40}$$

Druckverhältnis:

$$\frac{p^*}{p_0} = \left(\frac{2}{\kappa+1}\right)^{\frac{\kappa}{\kappa-1}} \tag{41}$$

Dichteverhältnis:

$$\frac{\rho^*}{\rho_0} = \left(\frac{2}{\kappa+1}\right)^{\frac{1}{\kappa-1}} \tag{42}$$

In der Tabelle 4 sind die kritischen Verhältniswerte für einige gebräuchliche Gase und Dämpfe zusammengestellt. Hervorzuheben sind darin die Werte für Luft und zweiatomige Gase mit $\kappa = 1,4$ mit $p^*/p_0 = 0,528$; $\rho^*/\rho_0 = 0,634$ und $T^*/T_0 = 0,833$.

Tabelle 4. Kritische Zustandsgrößen einiger Gase und Dämpfe

Gasart	κ	$\kappa/(\kappa{-}1)$	p^*/p_0	ρ^*/ρ_0	T^*/T_0
Helium	1,66	2,515	0,488	0,649	0,752
andere Edelgase	1,60	2,666	0,497	0,646	0,769
Luft	1,40	3,50	0,528	0,634	0,833
Heißdampf	1,30	4,333	0,546	0,628	0,870
Sattdampf	1,135	8,407	0,577	0,616	0,937

Der Isentropenexponent κ von Gasen nimmt mit steigendem Druck zu und er sinkt mit steigender Temperatur ab. Im Bild 7 ist der Isentropenexponent von Luft in Abhängigkeit der Temperatur und des Druckes nach Baehr, H. D. und Schwier, K. [1] angegeben. Daraus wird sichtbar, dass für Luft bei $p = 100$ kPa im Temperaturbereich von $T = 175$ K bis 450 K mit $\kappa = 1,40$ gerechnet werden kann.

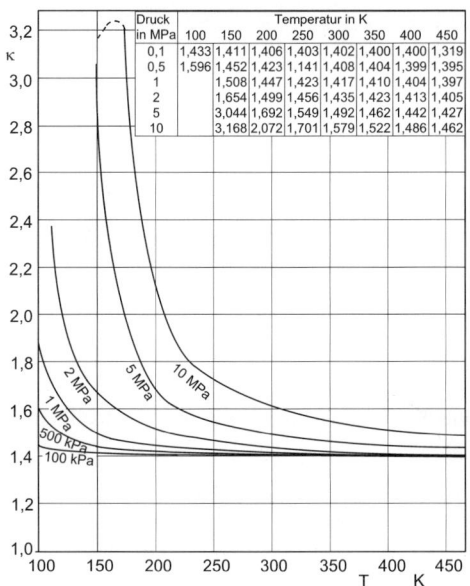

Bild 7. Isentropenexponent κ von Luft in Abhängigkeit der Temperatur und des Druckes nach [1]

5.5 Das Geschwindigkeitsdiagramm der Energiegleichung

Wird die Energiegleichung (Gl. 33) für den Ruhezustand und für einen beliebigen Strömungszustand umgeformt und auf die Schallgeschwindigkeit a_0 bezogen, erkennt man, dass sie eine Ellipsen-

gleichung mit den Koordinatenabschnitten a_0 und

$$a_0 \sqrt{\frac{2}{\kappa - 1}} \text{ darstellt (Gl. 43).}$$

$$\left(\frac{a}{a_0}\right)^2 + \left(\frac{c}{a_0 \sqrt{\dfrac{2}{\kappa-1}}}\right)^2 = 1 \qquad (43)$$

Der Ausdruck $a_0 \sqrt{\dfrac{2}{\kappa-1}} = c_{max}$ stellt nach Gl. 25 die maximale Ausströmgeschwindigkeit aus einem Druckbehälter in das absolute Vakuum dar, sodass die Ellipsengleichung auch in der Form geschrieben werden kann.

$$\left(\frac{a}{a_0}\right)^2 + \left(\frac{c}{c_{max}}\right)^2 = 1 \qquad (44)$$

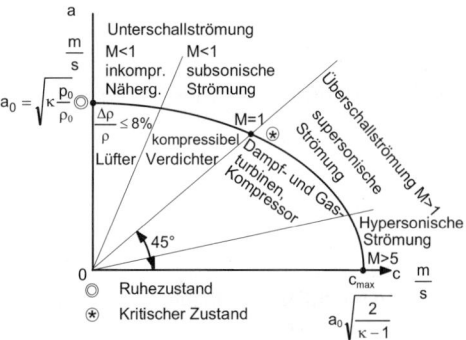

Bild 8. Geschwindigkeitsellipse mit allen Bereichen der kompressiblen Strömung

Ein Viertel dieser Ellipse ist mit allen Bereichen der kompressiblen Strömung im Bild 8 dargestellt. In der Ellipsendarstellung der Energiegleichung sind der Unterschall- und der Überschallbereich der kompressiblen Strömung mit folgenden Strömungsbereichen dargestellt:

– Unterschallströmung
  • inkompressible Näherung mit $M < 0,25$
  • subsonische Strömung mit $M < 1$
  • kritische Strömung mit $M^* = 1$

– Überschallströmung
  • supersonische Strömung mit $M > 1$
  • hypersonische Strömung mit $M > 5$

■ **Beispiel 2.**
Aus dem Druckbehälter für Luft mit $p_0 = 180$ kPa, $R = 287,6$ J/kgK, $T_0 = 293,16$ K, $c_p = 1004$ J/kgK und $\kappa = 1,40$ entsprechend Bild 5 ist die Ausströmgeschwindigkeit c der Luft in die freie Atmosphäre mit $p = 100$ kPa zu berechnen.

Luftdichte im Behälter:

$$\rho_0 = \frac{p_0}{R T_0} = \frac{180\,\text{kPa}}{287{,}6\,\dfrac{\text{J}}{\text{kg K}} \cdot 293{,}16\,\text{K}} = 2{,}135\,\frac{\text{kg}}{\text{m}^3}$$

Druckverhältnis aus Tabelle 4:

$$\frac{p}{p_0} = 0{,}556 > \frac{p^*}{p_0} = 0{,}528 \text{ , unterkritische Ausströmung}$$

Ausströmgeschwindigkeit, Gl. 24:

$$c_2 = \left\{ \frac{2{,}8}{0{,}4}\, \frac{180\,\text{kPa}}{2{,}135\,\dfrac{\text{kg}}{\text{m}^3}} \left[1 - \left(\frac{100}{180} \right)^{\frac{0{,}4}{1{,}4}} \right] \right\}^{\frac{1}{2}} = 302{,}053\,\frac{\text{m}}{\text{s}}$$

Austrittstemperatur , Gl. 31:

$$T_2 = T_0 - \frac{c_2^{\,2}}{2 c_p} = 247{,}724\,\text{K}$$

Austrittsmachzahl, Gl. 17:

$$M_2 = \frac{c_2}{a_2} = \frac{c_2}{\sqrt{\kappa R T_2}} = \frac{302{,}053\,\dfrac{\text{m}}{\text{s}}}{\sqrt{1{,}4 \cdot 287{,}6\,\dfrac{\text{J}}{\text{kg K}} \cdot 247{,}724\,\text{K}}} = 0{,}956$$

■ **Beispiel 3.**
Für eine Luftströmung mit der Geschwindigkeit von $c_1 = 160$ m/s bei $T_1 = 305$ K und bei der spezifischen Wärmekapazität von $c_p = 1004$ J/kgK der Luft ist die Temperaturerhöhung im Staupunkt $\Delta T = T_2 - T_1$ eines umströmten Körpers bei $c_2 = 0$ m/s zu errechnen.
Aus der Bernolligleichung (Gl. 31) folgt:

$$\Delta T = T_2 - T_1 = \frac{c_1^{\,2}}{2 c_p} = \frac{160^2\,\dfrac{\text{m}^2}{\text{s}^2}}{2 \cdot 1004\,\dfrac{\text{J}}{\text{kg K}}} = 12{,}75\,\text{K}$$

5.6 Die Durchflussfunktion

Mit Hilfe der Kontinuitätsgleichung $\dot{m} = \rho c A$ und der Ausströmgeschwindigkeit in Gl. 24 kann auch der ausfließende theoretische Massenstrom aus einem Druckbehälter berechnet werden. Er beträgt:

$$\dot{m} = A_2 \left\{ \frac{2\kappa}{\kappa-1}\, p_0 \rho_0 \left[\left(\frac{p}{p_0} \right)^{\frac{2}{\kappa}} - \left(\frac{p}{p_0} \right)^{\frac{\kappa+1}{\kappa}} \right] \right\}^{\frac{1}{2}} \quad (45)$$

Darin ist die Durch- oder Ausflussfunktion Ψ enthalten, sie lautet:

$$\Psi = \left\{ \frac{\kappa}{\kappa-1} \left[\left(\frac{p}{p_0} \right)^{\frac{2}{\kappa}} - \left(\frac{p}{p_0} \right)^{\frac{\kappa+1}{\kappa}} \right] \right\}^{\frac{1}{2}} \quad (46)$$

Ist die Ausflussfunktion bekannt, kann der ausfließende theoretische Massenstrom $\dot{m}$ bestimmt werden.

$$\dot{m} = \Psi A_2 \sqrt{2 p_0 \rho_0} \qquad \begin{array}{c|c|c|c} \dot{m} & A_2 & p_0 & \rho_0 \\ \hline \dfrac{\text{kg}}{\text{s}} & \text{m}^2 & \text{Pa} & \dfrac{\text{kg}}{\text{m}^3} \end{array} \quad (47)$$

Werden schließlich noch die Strahlkontraktion mit $\alpha = f(Re, (d/D)) = 0{,}60$ bis $1{,}20$ oder die Druckver-

lustbeiwert ζ berücksichtigt, beträgt der ausfließende Massenstrom

$$\dot{m} = \alpha\, \Psi\, A_2 \sqrt{2 p_0 \rho_0} \quad (48)$$

Berechnung der Durchflussfunktion
Die Durchflussfunktion in Gl. 46 ist nur abhängig vom Isentropenexponent κ, d.h. von der Gasart und vom Druckverhältnis p/p_0; $\Psi = f(\kappa, p/p_0)$.
Die Durchflussfunktion steigt mit sinkendem Druckverhältnis p/p_0 an und sie erreicht beim kritischen Druckverhältnis ihren Maximalwert. Danach sinkt sie wieder ab, weil die Flächen-Geschwindigkeitsbeziehung in Gl. 46 unberücksichtigt blieb. In Wirklichkeit bleibt jedoch der erreichte Maximalwert der Durchflussfunktion Ψ und auch der erreichte maximale ausströmende Volumen- und Massenstrom im gesamten Druckbereich p/p_0 unterhalb der kritischen Druckverhältnisse $(p/p_0)_{\text{krit}}$ konstant.

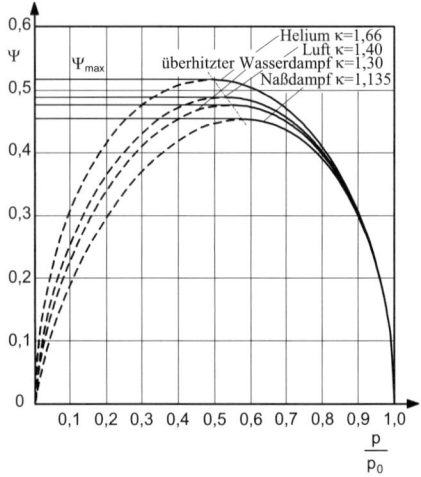

Bild 9. Durchflussfunktion Ψ für Gase und Dämpfe

Die Durchflussgeschwindigkeit c, die Durchflussfunktion Ψ und der durchfließende Massenstrom können unterhalb des kritischen Druckverhältnisses $p/p_0 < (p/p_0)_{\text{krit}}$ weiter erhöht werden, wenn entsprechende technische Vorkehrungen in Form einer Überschalldüse (de Laval-Düse) getroffen werden. Im Bild 9 sind die Verläufe der Durchflussfunktion für zwei Gase und für zwei Dämpfe in Abhängigkeit des Druckverhältnisses p/p_0 dargestellt.

Das kritische Druckverhältnis in Gl. 41 bestimmt den Maximalwert der Durchflussfunktion.

Damit wird der Maximalwert von Ψ_{max}

$$\Psi_{\text{max}} = \left(\frac{2}{\kappa+1} \right)^{\frac{1}{\kappa-1}} \sqrt{\frac{\kappa}{\kappa+1}} \quad (49)$$

Der maximale Massenstrom $\dot{m}_{max}$ beträgt damit

$$\dot{m}_{max} = \alpha A_2 \sqrt{2 \, p_0 \, \rho_0} \left[\left(\frac{2}{\kappa+1} \right)^{\frac{1}{\kappa-1}} \sqrt{\frac{\kappa}{\kappa+1}} \right] \quad (50)$$

Bei dem überkritischen Druckverhältnis $p/p_0 < p^*/p_0$ expandiert der Strahl nach dem Austritt aus der Öffnung und erweitert sich (Bild 10).

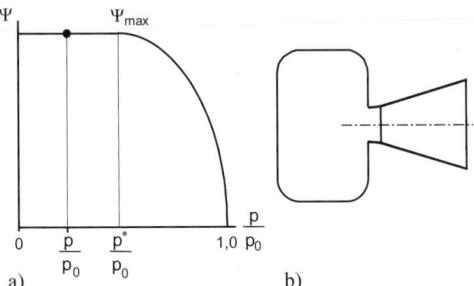

Bild 10. a) Ausflussfunktion für überkritisches Ausströmen ohne Überschalldüse
b) Behälter mit Strahlexpansion

5.7 Isentrope Strömung in Düsen und Blenden

Mit Hilfe der Durchflussfunktion kann auch der Durchfluss durch Blenden und Düsen (Bild 11) berechnet werden.

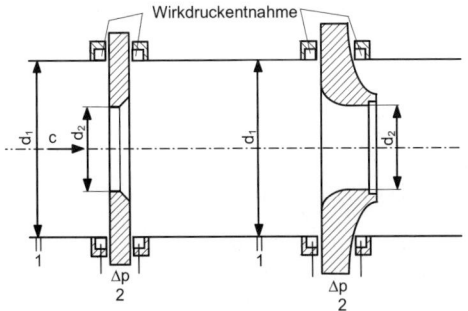

Bild 11. Normblende und Normdüse

Somit kann die Durchflussgleichung und die Durchflussfunktion für die Volumenstrommessung bzw. für die Massenstrommessung in Düsen und Blenden benutzt werden. Um den Massenstrom genau ermitteln zu können, müssen auch der Düsenbeiwert α und die Strahlkontraktion berücksichtigt werden. Im Bild 12 ist die Strahlkontraktion für einige Aus- und Durchflussöffnungen dargestellt.

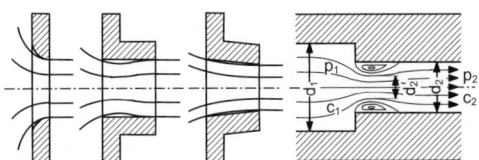

Bild 12. Strahlkontraktion in verschiedenen Aus- und Durchflussöffnungen

Die Gleichung für den Massenstrom lautet:

$$\dot{m} = \alpha \varepsilon \Psi \sqrt{2 \rho_0 \, p_0} \quad (51)$$

■ **Beispiel 4.**
Aus einem Dampfbehälter mit dem konstanten absoluten Innendruck von $p_0 = 860$ kPa und der Temperatur von $t_0 = 380\ °C$ strömt überhitzter Dampf durch eine Öffnung mit dem Durchmesser von $d = 38\ mm^{\varnothing}$ isentrop in eine Anlage mit dem Druck von $p_2 = 480$ kPa abs. Zu bestimmen sind für die Dampfströmung mit der spezifischen Wärmekapazität von $c_p = 2398$ J/kgK, $R = 595{,}0$ J/kgK und $\kappa = 1{,}30$ die Dampftemperatur und die Dichte der Austrittsströmung, die Dampfgeschwindigkeit am Austritt, die örtliche und kritische Machzahl; die Abkühlung des Dampfes bei der Ausströmexpansion.
Aus der Isentropengleichung folgt für die unterkritische Strömung nach Tabelle 4:

$$\frac{p}{p_0} = 0{,}558 > \left(\frac{p^*}{p_0} \right) = 0{,}547$$

Austrittstemperatur aus Isentropengleichung, Gl. 37:

$$T_2 = T_0 \left(\frac{p_2}{p_0} \right)^{\frac{\kappa-1}{\kappa}} = 653{,}16\ \text{K} \cdot 0{,}558^{0{,}231} = 570{,}8\ \text{K}$$

Dampfdichte am Austritt:

$$\rho_2 = \frac{p_2}{R T_2} = \frac{480\ \text{kPa}}{595{,}0\ \dfrac{\text{J}}{\text{kg K}} \cdot 570{,}8\ \text{K}} = 1{,}413\ \frac{\text{kg}}{\text{m}^3}$$

Austrittsgeschwindigkeit des Dampfes aus der Öffnung, Gl. 31:

$$c_2 = \left[2 c_p \left(T_0 - T_2 \right) \right]^{\frac{1}{2}} = \left[2 \cdot 2398\ \frac{\text{J}}{\text{kg K}} \left(653{,}16\ \text{K} - 570{,}8\ \text{K} \right) \right]^{\frac{1}{2}} =$$

$$= 628{,}49\ \frac{\text{m}}{\text{s}}$$

örtliche Machzahl, Gl. 17:

$$M_2 = \frac{c_2}{a_2} = c_2 / \sqrt{\kappa R T_2} = \frac{628{,}49\ \dfrac{\text{m}}{\text{s}}}{\sqrt{1{,}30 \cdot 595{,}0\ \dfrac{\text{J}}{\text{kg K}} \cdot 570{,}8\ \text{K}}} = 0{,}946$$

kritische Schallgeschwindigkeit, Gl. 34:

$$a^* = \sqrt{2 c_p \frac{\kappa-1}{\kappa+1} T_0} = \sqrt{2 \cdot 2398\ \frac{\text{J}}{\text{kg K}} \frac{1{,}30-1}{1{,}30+1} 653{,}16\ \text{K}} = 639{,}21\ \frac{\text{m}}{\text{s}}$$

kritische Machzahl, Gl. 17:

$$M^* = \frac{c_2}{a^*} = \frac{628{,}49\ \dfrac{\text{m}}{\text{s}}}{639{,}21\ \dfrac{\text{m}}{\text{s}}} = 0{,}983$$

Abkühlung des Dampfes bei der isentropen Expansionsströmung

$$\Delta T = T_0 - T_2 = 653{,}16\ \text{K} - 570{,}8\ \text{K} = 82{,}36\ \text{K}$$

5.8 Beschleunigte kompressible Strömung

5.8.1 Reibungsbehaftete kompressible Rohrströmung

Bei der reibungsbehafteten Rohrströmung wird die Reibungsarbeit an der Rohrwand dem Gas als Dissipationsenergie zugeführt. Die Energiezufuhr führt zur Beschleunigung der Strömung auch bei konstantem Rohrquerschnitt.

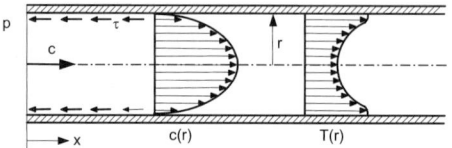

Bild 13. Geschwindigkeits- und Temperaturverlauf bei reibungsbehafteter Rohrströmung

Die Euler'sche Bewegungsgleichung für die reibungsbehaftete Strömung eines Newton'schen Fluids lautet unter Vernachlässigung des Gravitationsanteils gemäß Bild 13:

$$c\,dc + \frac{dp}{\rho} + \frac{d\tau}{\rho} = 0 \qquad (52)$$

Mit der thermischen Zustandsgleichung der Gase $p/\rho = RT$ in der differenziellen Schreibweise $d(p/\rho) = R\,dT$ erhält man nach der Differenziation

$$\frac{dp}{p} - \frac{d\rho}{\rho} = \frac{dT}{T} \qquad (53)$$

und mit der Kontinuitätsgleichung $\dot{m} = \rho c A$ in der differentiellen Form für die Rohrleitung mit konstantem Rohrquerschnitt, A = konst. folgt

$$\frac{d\rho}{\rho} + \frac{dc}{c} = 0 \qquad (54)$$

Setzt man die Kontinuitätsgleichung für A = konst. (Gl. 54) in Gl. 53 ein und ersetzt den Druck p durch $p = R\rho T$, ergibt sich die Gleichung für die Druckänderung infolge einer Temperatur- und Geschwindigkeitsänderung

$$\frac{dp}{\rho} = RT\left(\frac{dT}{T} - \frac{dc}{c}\right) \qquad (55)$$

Wird Gl. 55 in Gl. 52 eingeführt, erhält man mit der spezifischen Reibungsenergie $\tau/\rho = \lambda(c^2/2)(x/d_h)$ die Gleichung für die kompressible reibungsbehaftete Rohrströmung

$$c\,dc + R\,dT - RT\frac{dc}{c} + \lambda\frac{c^2}{2}\frac{dx}{d_h} = 0 \qquad (56)$$

Wenn der Temperaturverlauf $T(x)$ entlang der Rohrachse bekannt ist, liefert diese Gleichung die Geschwindigkeit entlang der Rohrachse $c(x)$. Sie kann in einfacher Weise zunächst für die isotherme Rohrströmung mit $dT = 0$ gelöst werden.

5.8.2 Reibungsbehaftete isotherme Rohrströmung

In langen erdverlegten Gasrohrleitungen wie z.B. in Pipelines und Gasversorgungsleitungen nehmen die Rohrleitungen und das Gas annähernd die konstante Temperatur des Erdreichs an und es findet ein Wärmeaustausch dq statt (Bild 14).
Mit $dT = 0$ vereinfacht sich die Euler'sche Bewegungsgleichung für die kompressible reibungsbehaftete Rohrströmung (Gl. 56) zu

$$\left(1 - \frac{RT}{c^2}\right)c\,dc + \lambda\frac{c^2}{2}\frac{dx}{d_h} = 0 \qquad (57)$$

Der Rohrreibungsbeiwert λ ist auch bei kompressibler Unterschallströmung ($M < 1{,}0$) unabhängig von der Machzahl und nur eine Funktion der Reynoldszahl Re und der relativen Oberflächenrauhigkeit $\lambda = f(Re, d/k)$. Er kann dem Nikuradse- oder Colebrook-Diagramm entnommen werden und er ist vom Strömungsweg x unabhängig. Damit kann Gl. 57 in den Grenzen 1 und 2 in Bild 14 berechnet werden.

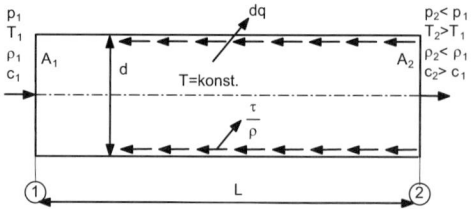

Bild 14. Isotherme reibungsbehaftete Rohrströmung bei A = konst.

Die Lösung der Gl. 57 lautet:

$$2\ln\frac{c_2}{c_1} - 2RT\left[\frac{1}{c_2^{\,2}} - \frac{1}{c_1^{\,2}}\right] + \lambda\frac{L}{d_h} = 0 \qquad (58)$$

Mit dem Quadrat der Schallgeschwindigkeit $a_1^2/\kappa = RT_1$ und der Machzahl am Rohranfang $M_1^2 = c_1^2/a_1^2 = c_1^2/\kappa RT_1$ ergibt sich die Gleichung 59 mit der Machzahl M_1:

$$2\ln\frac{c_1}{c_2} + \frac{1}{\kappa}\frac{1}{M_1^2}\left[1 - \left(\frac{c_1}{c_2}\right)^2\right] = \lambda\frac{L}{d} \qquad (59)$$

Der erste Term der Gl. 59 $2\ln(c_1/c_2)$ stellt die Beschleunigung des Gases durch den kompressiblen Einfluss dar. Er kann zunächst bei der iterativen Lösung der Gleichung näherungsweise null gesetzt werden. Mit Hilfe der Kontinuitätsgleichung

$\dot{m} = \rho_1 c_1 A_1 = \rho_2 c_2 A_2$ für $A = $ konst. und mit der thermischen Zustandsgleichung der Gase $p = R\rho T$ können die Verhältniswerte ρ_2/ρ_1 und p_2/p_1 und die Zustandsgrößen am Ende der Rohrleitung bestimmt werden. Es folgt für $A = $ konst.

$$\frac{\rho_2}{\rho_1} = \frac{c_1}{c_2} \quad \text{und} \quad \frac{p_2}{p_1} = \frac{\rho_2}{\rho_1} = \frac{c_1}{c_2} \qquad (60)$$

Wird die vollständige Gl. 59 iterativ gelöst, können die Resultate in Abhängigkeit der Rohrgeometrie $\lambda L/d$ und der Machzahl in einem Diagramm dargestellt werden. Im Bild 15 ist das Geschwindigkeitsverhältnis für die kompressible isotherme Rohrströmung dargestellt. Das Verhältnis der Geschwindigkeit am Anfang und am Ende der Rohrleitung c_1/c_2, ist im Bereich von 0,2 bis 1, über $\lambda L/d$ mit Werten von 10^{-1} bis 10^3, für verschiedene Machzahlen von $M_1 = 0,02$ bis $0,50$ dargestellt. Ebenfalls dargestellt ist der Verlauf der Grenzmachzahl, die sich aus der Grenzwertbetrachtung von Gl. 59 für

$$\left(\frac{c_1}{c_2}\right)_{\mathrm{Gr}} = \left(\frac{M_1}{M_2}\right)_{\mathrm{Gr}} = \sqrt{\kappa}\, M_1 \qquad (61)$$

ergibt zu

$$M_{2\mathrm{Gr}} = \frac{1}{\sqrt{\kappa}} \qquad (62)$$

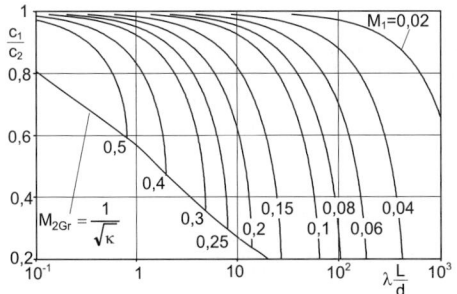

Bild 15. Geschwindigkeitsverlauf bei kompressibler isothermer Rohrströmung für Luft und zweiatomige Gase mit $\kappa = 1{,}4$

Bild 15 zeigt die Beschleunigung der Strömung infolge von Wärmezufuhr durch Reibung. Bei sehr langen Rohrleitungen bzw. sehr großen Werten $\lambda L/d$ > 10 bis 10^3 führt diese Strömung zum Verdichtungsstoß mit dem Druckanstieg und der Geschwindigkeitsabsenkung. Danach kann der isotherme reibungsbehaftete Strömungsvorgang von Neuem beginnen. Wird das Beschleunigungsglied in Gl. 58 vernachlässigt, ergibt die Lösung der vereinfachten Gl. 58 den Druckverlust Δp für die reibungsbehaftete kompressible Strömung:

$$\Delta p = p_1 - p_2 = p_1\left\{1 - \sqrt{1 - \lambda\frac{L}{d}\frac{\rho_1}{p_1}c_1^{\,2}}\right\} \qquad (63)$$

Gl. 63 zeigt, dass der Druckverlust Δp bei kompressibler Rohrströmung und sonst gleichen Rohrparametern und Anfangsbedingungen stets größer ist als der Druckverlust bei inkompressibler reibungsbehafteter Strömung mit $\Delta p = \lambda\,(L/d)c_1^{\,2}\rho/2$. Bei kompressibler Strömung mit Machzahlen von $M_1 > 0,2$ ist der Druckverlust stets kompressibel mit Gl. 59 oder Gl. 63 zu berechnen. Dabei ist zu beachten, dass sich für das Geschwindigkeitsverhältnis c_1/c_2 und für die Rohrlänge Grenzwerte ergeben, die nicht überschritten werden sollen, da sie zu Verdichtungsstößen führen können.

Ein anderer Grenzwert für die kompressible Berechnung von Druckverlusten in Gasrohrleitungen ist das Verhältnis des Druckverlustes Δp zum absoluten Eintrittsdruck p_1 von $\Delta p/p_1 \geq 0,08$.

Durch Reihenentwicklung von Gl. 63 erhält man den Druckverlust für die inkompressible Rohrströmung

$$\Delta p = p_1 - p_2 = \lambda\frac{L}{d}\frac{\rho}{2}c_1^{\,2} \quad \begin{array}{c|c|c|c|c|c} p & L & d & \rho & c & \lambda \\ \hline \mathrm{Pa} & \mathrm{m} & \mathrm{m} & \dfrac{\mathrm{kg}}{\mathrm{m}^3} & \dfrac{\mathrm{m}}{\mathrm{s}} & 1 \end{array} \qquad (64)$$

■ **Beispiel 5.**

Für eine Erdgasleitung mit dem Innendurchmesser $d = 80$ mm$^\varnothing$ und der Länge $L = 4,5$ km, die nicht isoliert in 1 m Tiefe im Erdreich verlegt wurde, ist der Druckverlust für die Gasgeschwindigkeit von $c = 22$ m/s in einer neuen Stahlrohrleitung mit der Oberflächenrauigkeit von $k = 0,08$ mm zu berechnen. Der absolute Druck beträgt $p = 580$ kPa, die Gasdichte $\rho = 0,795$ kg/m^3 und die kinematische Viskosität $\nu = 15,8 \cdot 10^{-6}$ m^2/s.

Reynoldszahl:

$$Re = \frac{cd}{\nu} = \frac{22\,\dfrac{\mathrm{m}}{\mathrm{s}}\,0,08\,\mathrm{m}}{15,8\cdot 10^{-6}\,\dfrac{\mathrm{m}^2}{\mathrm{s}}} = 111392,4$$

relative Oberflächenrauigkeit:

$$\frac{d}{k} = \frac{80\,\mathrm{mm}}{0,08\,\mathrm{mm}} = 1000$$

Rohrreibungsbeiwert aus Colebrook-Diagramm:

$$\lambda = f\left(Re, \frac{d}{k}\right) = 0,0218$$

Druckverlust nach Gl. 63:

$$\Delta p = p_1 - p_2 = p_1\left\{1 - \sqrt{1 - \lambda\frac{L}{d}\frac{\rho_1}{p_1}c^2}\right\} =$$

$$= 580\,\mathrm{kPa}\left(1 - \sqrt{1 - \frac{0,0218\cdot 4500\,\mathrm{m}\cdot 0,795\,\dfrac{\mathrm{kg}}{\mathrm{m}^3}}{0,08\,\mathrm{m}\,\cdot\,580\cdot 10^3\,\mathrm{Pa}}22^2\,\dfrac{\mathrm{m}^2}{\mathrm{s}^2}}\right)$$

$$\Delta p = 329,5\,\mathrm{kPa}$$

Die inkompressible Rechnung nach Gl. 64 ergibt einen Druckverlust $\Delta p = 235,92$ kPa. Daraus ergibt sich eine Differenz für den Druckverlust der kompressiblen und der inkompressiblen Rechnung von

$\Delta(\Delta p) = 93{,}58$ kPa. Bezogen auf den Druckverlust der kompressiblen Rechnung von $\Delta p = 329{,}5$ kPa entspricht dieser Wert einer Abweichung von 28,4%. Das Verhältnis des Druckverlustes Δp zum Eintrittsdruck nimmt den folgenden Wert an.

$$\frac{\Delta p}{p_1} = \frac{329{,}5 \text{ kPa}}{580 \text{ kPa}} = 0{,}568$$

Somit beträgt der absolute Druck am Ende der betrachteten Erdgasleitung
$p_2 = p_1 - \Delta p = 580$ kPa $- 329{,}5$ kPa $= 250{,}5$ kPa.

5.8.3 Reibungsbehaftete adiabate Rohrströmung für $dq = 0$

Bei isolierten Gasleitungen, aber auch bei kurzen nichtisolierten Gasversorgungsleitungen, kann der Wärmeaustausch durch die Rohrwand näherungsweise vernachlässigt werden. Mit der Beziehung für die Totaltemperatur einer Strömung $T_t = T + c^2/(2c_p)$ und der spezifischen Wärmekapazität $c_p = \kappa R/(\kappa - 1)$ erhält man für die Gastemperatur

$$T = T_t - \frac{c^2}{2 \, c_p} = T_t - \frac{(\kappa - 1)}{2\kappa} \frac{c^2}{R} \qquad (65)$$

Aus Gl. 65 folgt nach Differenziation:

$$dT = -\frac{\kappa - 1}{\kappa R} \, c \, dc \qquad (66)$$

Wird diese Temperaturänderung in die Gleichung der kompressiblen reibungsbehafteten Rohrströmung (Gl. 56) eingesetzt, erhält man

$$\frac{\kappa + 1}{\kappa} \frac{dc}{c} - 2 R T_{t_1} \frac{dc}{c^3} + \lambda \frac{dx}{d_h} = 0 \qquad (67)$$

Der Rohrreibungsbeiwert λ ist auch bei der adiabaten Strömung näherungsweise von der Lauflänge unabhängig und nur von der Reynoldszahl und der relativen Oberflächenrauigkeit abhängig $\lambda = f(Re, k/d)$. Die Lösung der Gleichung zwischen den Stellen 1 und 2 des Bildes 16 ergibt die Gl. 68

$$\frac{\kappa + 1}{\kappa} \ln\left(\frac{c_2}{c_1}\right) - \frac{R T_{t_1}}{c_1^2}\left[1 - \left(\frac{c_1}{c_2}\right)^2\right] + \lambda \frac{L}{d_h} = 0 \qquad (68)$$

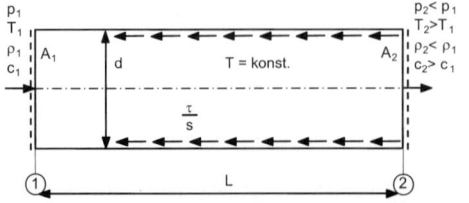

Bild 16. Adiabate reibungsbehaftete Rohrströmung bei $A =$ konst.

Für den Ausdruck RT_{t1}/c_1^2 in Gl. 68 kann man nach Umformung von Gl. 65 mit

$$\frac{T_t}{T} = 1 + \frac{(\kappa - 1)}{2} \frac{c^2}{\kappa R T} = 1 + \frac{(\kappa - 1)}{2} \frac{c^2}{a^2} = 1 + \frac{(\kappa - 1)}{2} M^2 \quad (69)$$

schreiben

$$\frac{R T_{t_1}}{c_1^2} = \frac{1}{\kappa M_1^2} + \frac{\kappa - 1}{2\kappa} \qquad (70)$$

Wird dieser Ausdruck in Gl. 68 eingesetzt, erhält man die Beziehung für das Geschwindigkeitsverhältnis c_1/c_2 in Abhängigkeit der Gasart κ, der Machzahl M_1, des Rohrreibungsbeiwertes λ, der Rohrlänge L und des hydraulischen Rohrdurchmessers d_h:

$$\left[\frac{1}{\kappa}\frac{1}{M_1^2} + \frac{\kappa - 1}{2\kappa}\right]\left[1 - \left(\frac{c_1}{c_2}\right)^2\right] + \frac{\kappa + 1}{\kappa}\ln\left(\frac{c_1}{c_2}\right) - \lambda\frac{L}{d_h} = 0 \quad (71)$$

Diese transzendente Gleichung kann bei bekannter Rohrgeometrie $d_h = d$, L, λ, bekannten Anfangsbedingungen p_1, T_1 und c_1 und bekanntem Isentropenexponenten κ iterativ gelöst werden.
Die Lösungen der Gl. 71 für die adiabate Rohrströmung können wieder in Abhängigkeit der Rohrgeometrie $\lambda L/d$ und der Eintrittsmachzahl M_1 dargestellt werden. Bild 17 zeigt die Geschwindigkeitsverhältnisse für die kompressible adiabate Rohrströmung. Das Geschwindigkeitsverhältnis c_1/c_2 ist für den Bereich von $c_1/c_2 = 0{,}2$ bis 1, über $\lambda L/d$ mit Werten von 10^{-1} bis 10^3 dargestellt. Bei variierten Machzahlen von $M_1 = 0{,}02$ bis 0,5 stellen sich die abfallenden Verläufe c_1/c_2 ein (Bild 17). Ebenfalls aufgetragen ist der Verlauf der Grenzmachzahl mit $M_{2Gr} = 1$.

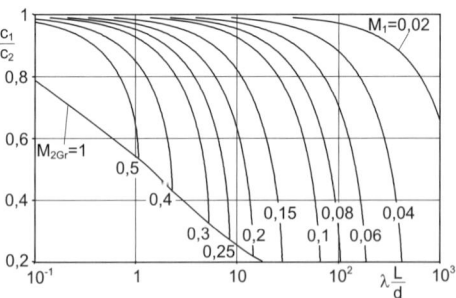

Bild 17. Geschwindigkeitsverhältnis bei kompressibler adiabater Rohrströmung für Gase mit $\kappa = 1{,}4$

Bei Vernachlässigung des Beschleunigungsgliedes $\ln(c_2/c_1)(\kappa + 1)/\kappa$, was für geringe Geschwindigkeiten zulässig ist, lautet die Lösung von Gl. 71 für das Geschwindigkeitsverhältnis c_1/c_2:

$$\frac{c_1}{c_2} = \left\{ 1 - \frac{2\lambda \dfrac{L}{d_h} \kappa M_1^2}{2 + (\kappa - 1) M_1^2} \right\}^{\frac{1}{2}} \tag{72}$$

Das Temperaturverhältnis T_2/T_1, das Dichte- und das Druckverhältnis betragen für die Rohrströmung:

$$\frac{T_2}{T_1} = 1 + \frac{\kappa - 1}{2} M_1^2 \left[1 - \left(\frac{c_2}{c_1} \right)^2 \right] \tag{73}$$

Dichteverhältnis:

$$\frac{\rho_2}{\rho_1} = \frac{c_1}{c_2} \tag{74}$$

Druckverhältnis:

$$\frac{p_2}{p_1} = \frac{\rho_2}{\rho_1} \frac{T_2}{T_1} = \frac{c_1}{c_2} \frac{T_2}{T_1} \tag{75}$$

Die Zustandsänderung der reibungsbehafteten adiabaten Gasströmung in der Rohrleitung kann im h-s-Diagramm dargestellt werden. Sie verläuft auf der so genannten Fanno-Kurve (Bild 18) bis zum kritischen Druck p^*, bei dem die Geschwindigkeit den möglichen Grenzwert c_{Grenz} erreicht. Das Geschwindigkeitsverhältnis im Grenzpunkt von Bild 18 beträgt

$$\left(\frac{c_1}{c_2} \right)_{\text{Grenz}} = \left[\frac{(\kappa + 1) M_1^2}{2 + (\kappa - 1) M_1^2} \right]^{\frac{1}{2}} \tag{76}$$

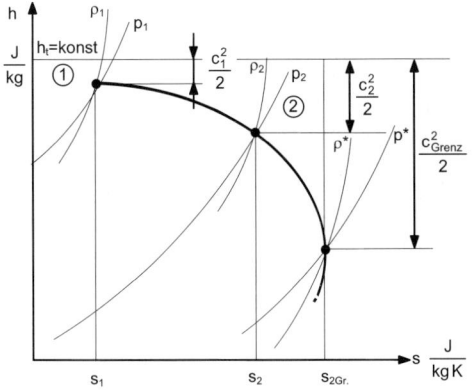

Bild 18. Zustandsänderung der adiabaten Rohrströmung im h-s-Diagramm (Fanno-Kurve)

■ **Beispiel 6.**
Für eine isolierte Heißdampfleitung mit dem Innendurchmesser $d = 100$ mm Ø und der Länge L von 550 m ist das Geschwindigkeitsverhältnis c_1/c_2, für $dq = 0$ für die Heißdampfgeschwindigkeit von $c_1 = 26$ m/s und $t_1 = 280$ °C in der Stahlrohrleitung mit der Oberflächenrauigkeit von $k = 0,1$ mm, das Temperaturver-

hältnis T_2/T_1, das Druckverhältnis p_2/p_1 am Ende der Rohrleitung zum Anfangsdruck sowie der Druckverlust zu berechnen.
Die Heißdampfparameter betragen $p_1 = 1,0$ MPa, $t_1 = 280$ °C, $T_1 = 553,16$ K, Dichte $\rho_1 = 4,0$ kg/m³, die kinematische Viskosität $\nu = 51,6 \cdot 10^{-6}$ m²/s und der Isentropenexponent $\kappa = 1,30$, Gaskonstante $R = 595$ J/kgK.

Reynoldszahl der Dampfströmung:

$$Re = \frac{cd}{\nu} = \frac{26 \dfrac{\text{m}}{\text{s}} \cdot 0,10 \text{ m}}{51,6 \cdot 10^{-6} \dfrac{\text{m}^2}{\text{s}}} = 50387,6$$

Relative Oberflächenrauigkeit:

$$\frac{d}{k} = \frac{100 \text{ mm}}{0,1 \text{ mm}} = 1000$$

Rohrreibungsbeiwert aus Colebrook-Diagramm:

$$\lambda = f \left(Re, \frac{d}{k} \right) = 0,040$$

Schallgeschwindigkeit des Heißdampfes, Gl. 14:

$$a = \sqrt{\kappa R T} = \sqrt{1,30 \cdot 595 \frac{\text{J}}{\text{kg K}} \cdot 553,16 \text{ K}} = 654,12 \frac{\text{m}}{\text{s}}$$

Machzahl, Gl. 17:

$$M_1 = \frac{c}{a} = \frac{26 \dfrac{\text{m}}{\text{s}}}{654,12 \dfrac{\text{m}}{\text{s}}} = 0,040$$

Geschwindigkeitsverhältnis mit Gl. 72 und Endgeschwindigkeit c_2 bei Vernachlässigung des Beschleunigungsanteils:

$$\frac{c_1}{c_2} = \left\{ 1 - \frac{2\lambda \dfrac{L}{d_h} \kappa M_1^2}{2 + (\kappa - 1) M_1^2} \right\}^{\frac{1}{2}} =$$

$$= \left\{ 1 - \frac{2 \cdot 0,040 \dfrac{550 \text{ m}}{0,10 \text{ m}} \cdot 1,30 \cdot 0,04^2}{2 + (1,30 - 1) \cdot 0,04^2} \right\}^{\frac{1}{2}} = 0,737$$

$$c_2 = \frac{c_2}{c_1} \cdot c_1 = \frac{1}{0,737} \cdot 26 \frac{\text{m}}{\text{s}} = 35,28 \text{ m/s}$$

Temperaturverhältnis und Endtemperatur T_2, Gl. 73:

$$\frac{T_2}{T_1} = 1 + \frac{\kappa - 1}{2} M_1^2 \left[1 - \left(\frac{c_2}{c_1} \right)^2 \right] =$$

$$= 1 + \frac{1,30 - 1}{2} \cdot 0,04^2 \cdot \left[1 - \left(\frac{1}{0,737} \right)^2 \right] = 0,999$$

$$T_2 = \frac{T_2}{T_1} \cdot T_1 = 0,999 \cdot 553,16 \text{ K} = 553,05 \text{ K}$$

Dichteverhältnis und Dichte ρ_2, Gl. 74:

$$\frac{\rho_2}{\rho_1} = \frac{c_1}{c_2} = 0,737$$

$$\rho_2 = \frac{\rho_2}{\rho_1} \cdot \rho_1 = 0,737 \cdot 4,0 \frac{\text{kg}}{\text{m}^3} = 2,948 \frac{\text{kg}}{\text{m}^3}$$

Druckverhältnis, Enddruck p_2 und Druckverlust, Gl. 75:

$$\frac{p_2}{p_1} = \frac{\rho_2}{\rho_1} \frac{T_2}{T_1} = 0,737 \cdot 0,999 = 0,737$$

$$p_2 = \frac{p_2}{p_1} \cdot p_1 = 0,737 \cdot 1000 \text{ kPa} = 737 \text{ kPa}$$

Druckverlust $\Delta p = p_1 - p_2 = 1000 \text{ kPa} - 737 \text{ kPa} = 263 \text{ kPa}$

5.8.4 Flächen-Geschwindigkeits-Beziehung

Bei der kompressiblen, reibungsfreien, beschleunigten Strömung in Düsen ändern sich die Zustandsgrö-
ßen p, T, ρ, c und auch der Strömungsquerschnitt A in
Abhängigkeit von der Größe der Geschwindigkeit c
bzw. der Machzahl entlang der Wegkoordinate x.

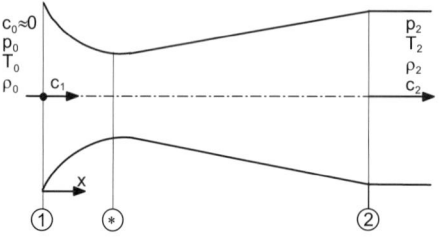

Bild 19. Eindimensionale Düsenströmung in einer
de Laval-Düse

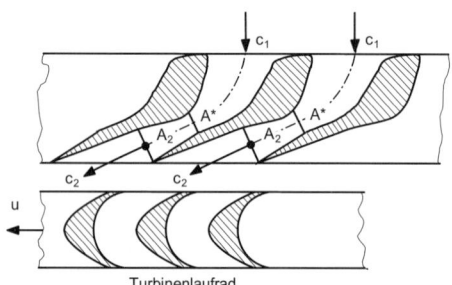

Bild 20. Leitapparat mit de Laval-Düsen einer
Dampfturbine

Solche Strömungen treten in Überschalldüsen nach
de Laval auf (Bilder 19 und 20) oder in Schaufelgittern von Dampf- und Gasturbinen, wenn große spezifische Energieströme in Geschwindigkeit umgesetzt
werden sollen. Dafür wird eine eindimensionale isentrope Strömung entlang eines Stromfadens gemäß
(Bild 19) betrachtet.
Die Kontinuitätsgleichung für die kompressible Strömung $\dot{m} = \rho c A$ ist in der differenziellen Schreibweise in Gl. 4 angegeben.
Gl. 4 zeigt, dass eine Geschwindigkeitsänderung auch
die Dichteänderung der Strömung und des Strömungsquerschnitts bedingt. Die Dichteänderung verursacht wiederum eine Druck- und Temperaturänderung, wie die thermische Zustandsgleichung (Gl. 77)
zeigt

$$\frac{dp}{p} - \frac{d\rho}{\rho} - \frac{dT}{T} = 0 \tag{77}$$

Eliminiert man aus der differenziellen Form der
Energiegleichung der Gasdynamik (Gl. 78)

$$\frac{\kappa}{\kappa-1}\frac{p}{\rho}\left(\frac{dp}{p} - \frac{d\rho}{\rho}\right) + c\,dc = 0 \tag{78}$$

den Druck dp/p und aus der Isentropengleichung
ebenfalls $dp/p = \kappa\,d\rho/\rho$, erhält man Gleichungen für
die Dichte-Geschwindigkeitsbeziehung und die Flächen-Geschwindigkeitsbeziehung.
Aus Gl. 78 folgt

$$\frac{dp}{p} = -\frac{\kappa-1}{\kappa}\frac{\rho}{p}c\,dc + \frac{d\rho}{\rho} = \kappa\frac{d\rho}{\rho} \tag{79}$$

Mit dem Quadrat der Schallgeschwindigkeit $a^2 = \kappa p/\rho$
und der Machzahl $M = c/a$ erhält man die Dichte-
Geschwindigkeitsbeziehung

$$\frac{d\rho}{\rho} = -\frac{c^2}{a^2}\frac{dc}{c} = -M^2\frac{dc}{c} \tag{80}$$

Wird diese Dichteänderung in die Kontinuitätsgleichung (Gl. 4) eingeführt, erhält man die Flächen-
Geschwindigkeitsbeziehung

$$\frac{dA}{A} = \left(M^2-1\right)\frac{dc}{c} \tag{81}$$

Die Größe der Machzahl beeinflusst sowohl die Dich-
teänderung als auch die Querschnittsänderung dA der
Düse, wie Tabelle 5 für vier verschiedene Zustände
entsprechend Gln. 80 und 81 zeigt.
Der Querschnittsverlauf einer Düse ist im Bild 21 in
Abhängigkeit der Düsenlänge für die kompressible
und für die inkompressible Strömung dargestellt. Die
Flächen-Geschwindigkeitsbeziehung (Gl. 81) kann
nun gelöst werden und man erhält für eine konstante
Machzahl M das Querschnittsverhältnis A_2/A_1 einer
Überschalldüse

$$\ln\frac{A_2}{A_1} = \left(M^2-1\right)\ln\frac{c_2}{c_1} = \ln\left(\frac{c_2}{c_1}\right)^{\left(M^2-1\right)} \tag{82}$$

Tabelle 5. Wirkung der Größe der Machzahl auf die
Dichte- und Querschnittsänderung von Strömungen

$M = 0$	Ruhezustand	$\left|\dfrac{d\rho}{\rho}\right| = 0$	$\dfrac{dA}{A} = -\dfrac{dc}{c} = 0$
$M < 1{,}0$	Unterschallge-schwindigkeit	$\left|\dfrac{d\rho}{\rho}\right| < \left|\dfrac{dc}{c}\right|$	$\dfrac{dA}{A} < \dfrac{dc}{c}$
$M = M^* = 1{,}0$	Kritischer Zustand	$\left|\dfrac{d\rho}{\rho}\right| = \left|\dfrac{dc}{c}\right|$	$\dfrac{dA}{A} = 0$
$M > 1{,}0$	Überschallge-schwindigkeit	$\left|\dfrac{d\rho}{\rho}\right| > \left|\dfrac{dc}{c}\right|$	$\dfrac{dA}{A} > \dfrac{dc}{c}$

Daraus folgt für das Querschnittsverhältnis von Düsen

$$\frac{A_2}{A_1} = \left(\frac{c_2}{c_1}\right)^{\left(M^2-1\right)} \tag{83}$$

oder

$$\frac{A}{c^{\left(M^2-1\right)}} = \text{konst.} \tag{84}$$

Für den Unterschallbereich $M < 1{,}0$ lautet die Gl. 84

$$\frac{A_2}{A_1} = \frac{c_1^{\left(1-M_1^2\right)}}{c_2^{\left(1-M_2^2\right)}} \tag{85}$$

Die Beschleunigung der Strömung im Unterschallgebiet erfordert die Verengung und im Überschallbereich die Erweiterung des Düsenquerschnitts (Bilder 21 und 22).

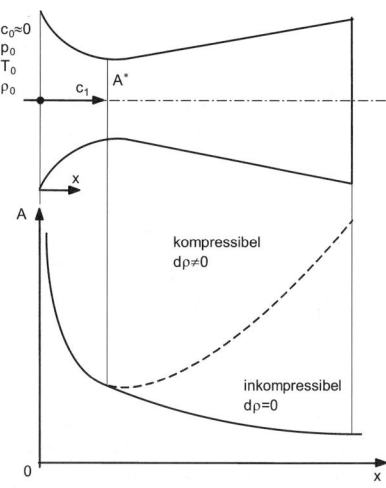

Bild 21. Querschnittsverlauf in einer Düse bei kompressibler und inkompressibler Strömung

Die Dichte- und Druckänderung im Überschallbereich einer de Laval-Düse betragen:

$$\frac{d\rho}{\rho} = -\frac{M^2}{\left(M^2-1\right)}\frac{dA}{A} \tag{86}$$

Diese Dichteänderung in die Isentropengleichung

$$\frac{dp}{p} = \kappa\frac{d\rho}{\rho} = -\frac{\kappa M^2}{\left(M^2-1\right)}\frac{dA}{A}$$

eingeführt, ergibt das Druckverhältnis:

$$\frac{p_2}{p_1} = \left(\frac{A_1}{A_2}\right)^{\frac{\kappa M^2}{M^2-1}} \tag{87}$$

Für die de Laval-Düse mit kreisförmigem Querschnitt $A = \pi d^2/4$ beträgt das Druckverhältnis

$$\frac{p_2}{p_1} = \left(\frac{d_1}{d_2}\right)^{\frac{2\kappa M^2}{M^2-1}} \tag{88}$$

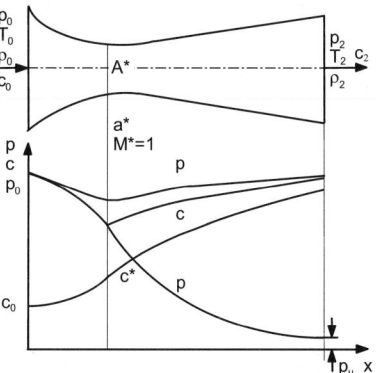

Bild 22. Druck- und Geschwindigkeitsverlauf in einer de Laval-Düse bei unterkritischer, kritischer und überkritischer Expansion

Erwartungsgemäß sinkt der Druck in der Überschalldüse, während die Geschwindigkeit ansteigt (Bild 22). Hier sind der Druck- und Geschwindigkeitsverlauf in einer de Laval-Düse mit der Beschleunigung der Strömung über die kritische Geschwindigkeit c^* hinaus dargestellt. Wird die kritische Geschwindigkeit c^* im engsten Querschnitt A^* nicht erreicht, wirkt der Erweiterungsteil der Düse als Diffusor und der Druck p steigt bei reibungsfreier Strömung wieder auf den Anfangswert p_0 an (Bild 22).

Die erreichbare Maximalgeschwindigkeit beim Ausströmen in das totale Vakuum ist in Gl. 25 angegeben.

Unter Benutzung der Bernoulligleichung (Gl. 44) und der Gleichungen für die Verhältniswerte im Ruhezustand (Gln. 36 bis 38) lässt sich die Änderung der Zustandsgrößen in Abhängigkeit des Geschwindigkeitsverhältnisses c/c_max darstellen (Bild 23).

$$\left(\frac{c}{c_\text{max}}\right)^2 = 1 - \left(\frac{a}{a_0}\right)^2 = 1 - \frac{T}{T_0} = 1 - \left(\frac{\rho}{\rho_0}\right)^{\kappa-1} =$$

$$= 1 - \left(\frac{p}{p_0}\right)^{\frac{\kappa-1}{\kappa}} \tag{89}$$

Bild 23 zeigt, dass die örtliche Schallgeschwindigkeit a bzw. das Verhältnis a/a_0 mit zunehmender Geschwindigkeit c von dem Wert $a/a_0 = 1{,}0$ im Ruhezustand absinkt und bei der Maximalgeschwindigkeit $c = c_\text{max}$, die erst im absoluten Vakuum bei $p = 0$, $\rho = 0$ und $T = 0$ erreicht wird, den Wert $a = \sqrt{\kappa R T} = 0$ mit $a/a_0 = 0$ annimmt.

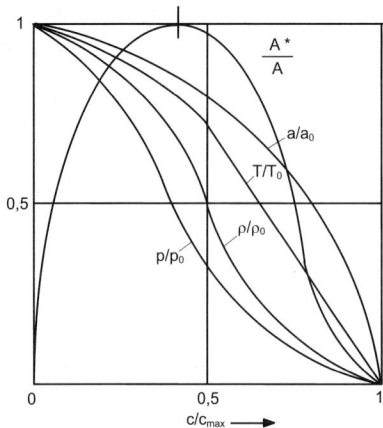

Bild 23. Bezogene Zustandsgrößen bei isentroper Strömung von Luft mit $\kappa = 1{,}4$ in Abhängigkeit des Geschwindigkeitsverhältnisses c/c_{max}

Daraus wird auch sichtbar, dass es unterschiedliche Schallgeschwindigkeiten in Strömungen gibt, die streng auseinander zu halten sind: Es sind dies die Ruheschallgeschwindigkeit,

$$a_0 = \sqrt{\kappa \frac{p_0}{\rho_0}} = \sqrt{\kappa R T_0} \qquad (90)$$

die örtliche Schallgeschwindigkeit in einem Punkt der Stromlinie,

$$a = \sqrt{\kappa \frac{p}{\rho}} = \sqrt{\kappa R T} = \sqrt{\kappa \frac{p_0}{\rho_0} \left(\frac{p}{p_0} \right)^{\frac{\kappa-1}{\kappa}}} \qquad (91)$$

und die kritische Schallgeschwindigkeit a^*.

$$a^* = \sqrt{\frac{2}{\kappa+1}} \, a_0 = \sqrt{\frac{\kappa-1}{\kappa+1}} \, c_{max} = \sqrt{\frac{2\kappa}{\kappa+1} \frac{p_0}{\rho_0}} \qquad (92)$$

Mit diesen unterschiedlichen Schallgeschwindigkeiten lassen sich auch zwei unterschiedliche Machzahlen definieren, wobei die Ruhemachzahl bei $c = 0$ stets $M_0 = 0$ ist. Die örtliche Machzahl beträgt

$M = \dfrac{c}{a} = \dfrac{c}{\sqrt{\kappa R T}}$ und die kritische Machzahl beträgt:

$$M^* = \frac{c^*}{a^*} = \left\{ \frac{\kappa+1}{\kappa-1} \left[1 - \left(\frac{p}{p_0} \right)^{\frac{\kappa-1}{\kappa}} \right] \right\}^{\frac{1}{2}} \qquad (93)$$

Damit erhält man unter Berücksichtigung der Isentropengleichung $p/p_0 = (\rho/\rho_0)^\kappa = (T/T_0)^{\kappa/(\kappa-1)}$ die Beziehung für das exponierte Druckverhältnis:

$$\left(\frac{p}{p_0} \right)^{\frac{\kappa-1}{\kappa}} = \left(\frac{\rho}{\rho_0} \right)^{\kappa-1} = \frac{1}{1 + \frac{\kappa-1}{2} M^2} \qquad (94)$$

Führt man Gl. 94 in Gl. 24 ein und betrachtet die Kontinuitätsgleichung (Gl. 2) für einen beliebigen Punkt auf der Stromlinie und für den kritischen Zustand $\rho c A = \rho^* c^* A^*$, können das Flächenverhältnis im kritischen Querschnitt A^*/A und auch das Dichteverhältnis im kritischen Querschnitt einer Überschalldüse angegeben werden.

Das Querschnittsverhältnis beträgt

$$\frac{A^*}{A} = \frac{\rho}{\rho^*} M^* = M^* \left[\frac{1 - \frac{\kappa-1}{\kappa+1} M^{*2}}{1 - \frac{\kappa-1}{\kappa+1}} \right]^{\frac{1}{\kappa-1}} \qquad (95)$$

und daraus das Dichteverhältnis ρ/ρ^*

$$\frac{\rho}{\rho^*} = \frac{1}{M^*} \frac{A^*}{A} = \left[\frac{1 - \frac{\kappa-1}{\kappa+1} M^{*2}}{1 - \frac{\kappa-1}{\kappa+1}} \right]^{\frac{1}{\kappa-1}} \qquad (96)$$

Für die kritische Machzahl $M^* = 1$ ergibt sich aus Gl. 95 das Querschnittsverhältnis $A^*/A = 1{,}0$, d.h. im kritischen Punkt erfährt der Querschnitt einer Überschalldüse keine Änderung in Abhängigkeit der Ortskoordinate. Der Düsenquerschnitt befindet sich in diesem Punkt im Wendepunkt zwischen dem konvergierenden und dem danach folgenden divergierenden Teil der Überschalldüse (Bild 22). Im Überschallbereich der de Laval-Düse mit $M > 1{,}0$ ist $A^*/A < 1$, d.h. der Querschnitt erweitert sich. Der Zusammenhang der kritischen Machzahl M^* und der örtlichen Machzahl M ergibt sich aus den Schallgeschwindigkeiten der Gl. 39 mit der Definition der Machzahlen $M^* = c^*/a^*$ und $M = c/a$ (Gl. 17) zu

$$M^* = \frac{c}{a^*} = \frac{c}{\left[\frac{2}{\kappa+1} \right]^{\frac{1}{2}} a_0} = \left[\frac{(\kappa+1) \; M^2}{2 + (\kappa-1) M^2} \right]^{\frac{1}{2}} \qquad (97)$$

Die Verhältniswerte der Zustandsgrößen p/p_0, T/T_0, ρ/ρ_0 können auch in Abhängigkeit der kritischen Machzahl M^* dargestellt werden, deren Maximalwert bei $M^* = 2{,}45$ erreicht wird (Bild 24).

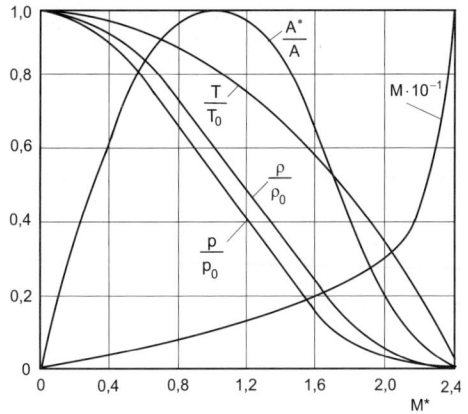

Bild 24. Zustandsgrößen bei isentroper Strömung von Luft ($\kappa = 1,4$) in Abhängigkeit der kritischen Machzahl

In Tabelle 6 sind die Gleichungen für die örtlichen und die kritischen Machzahlen sowie für die gasdynamischen Verhältniswerte a/a_0, T/T_0, p/p_0 und ρ/ρ_0 mit den zugehörigen Bestimmungsgleichungen für die isentrope Strömung idealer Gase mit konstanter spezifischer isobarer Wärmekapazität c_p = konst. nach [2] zusammengestellt. Tabelle 6 ist hilfreich bei der Durchführung gasdynamischer Berechnungen.

Der fett umrandete Bereich der Tabelle 6 mit den ersten vier Zeilen und Spalten gilt auch für adiabate Zustandsänderungen der Strömung ohne Energieaustausch mit der Umgebung ($dq = 0$), bei der die Ruhetemperatur T_0 konstant ist. Diese Gleichungen können also auch für adiabate reibungsbehaftete Strömungsvorgänge benutzt werden.

Tabelle 6. Verhältniswerte der Strömungsparameter idealer Gase mit konstanter spezifischer isobarer Wärmekapazität c_p = konst. nach Oswatitsch [2]

	M^2	M^{*2}	$\dfrac{a}{a_0}$	$\dfrac{T}{T_0}$	$\dfrac{p}{p_0}$	$\dfrac{\rho}{\rho_0}$
M^2	M^2	$\dfrac{M^{*2}}{1-\frac{\kappa-1}{2}\left(M^{*2}-1\right)}$	$\dfrac{2}{\kappa-1}\left[\left(\dfrac{a_0}{a}\right)^2-1\right]$	$\dfrac{2}{\kappa-1}\left(\dfrac{T_0}{T}-1\right)$	$\dfrac{2}{\kappa-1}\left[\left(\dfrac{p_0}{p}\right)^{\frac{\kappa-1}{\kappa}}-1\right]$	$\dfrac{2}{\kappa-1}\left[\left(\dfrac{\rho_0}{\rho}\right)^{\kappa-1}-1\right]$
M^{*2}	$\dfrac{M^2}{1+\frac{\kappa-1}{\kappa+1}\left(M^2-1\right)}$	M^{*2}	$\dfrac{\kappa+1}{\kappa-1}\left[1-\left(\dfrac{a}{a_0}\right)^2\right]$	$\dfrac{\kappa+1}{\kappa-1}\left(1-\dfrac{T}{T_0}\right)$	$\dfrac{\kappa+1}{\kappa-1}\left[1-\left(\dfrac{p}{p_0}\right)^{\frac{\kappa-1}{\kappa}}\right]$	$\dfrac{\kappa+1}{\kappa-1}\left[1-\left(\dfrac{\rho}{\rho_0}\right)^{\kappa-1}\right]$
$\dfrac{a}{a_0}$	$\dfrac{1}{\sqrt{1+\frac{\kappa-1}{2}M^2}}$	$\sqrt{1-\dfrac{\kappa-1}{\kappa+1}M^{*2}}$	$\dfrac{a}{a_0}$	$\sqrt{\dfrac{T}{T_0}}$	$\left(\dfrac{p}{p_0}\right)^{\frac{\kappa-1}{2\kappa}}$	$\left(\dfrac{\rho}{\rho_0}\right)^{\frac{\kappa-1}{2}}$
$\dfrac{T}{T_0}$	$\dfrac{1}{1+\frac{\kappa-1}{2}M^2}$	$1-\dfrac{\kappa-1}{\kappa+1}M^{*2}$	$\left(\dfrac{a}{a_0}\right)^2$	$\dfrac{T}{T_0}$	$\left(\dfrac{p}{p_0}\right)^{\frac{\kappa-1}{\kappa}}$	$\left(\dfrac{\rho}{\rho_0}\right)^{\kappa-1}$
$\dfrac{p}{p_0}$	$\dfrac{1}{\left(1+\frac{\kappa-1}{2}M^2\right)^{\frac{\kappa}{\kappa-1}}}$	$\left(1-\dfrac{\kappa-1}{\kappa+1}M^{*2}\right)^{\frac{\kappa}{\kappa-1}}$	$\left(\dfrac{a}{a_0}\right)^{\frac{2\kappa}{\kappa-1}}$	$\left(\dfrac{T}{T_0}\right)^{\frac{\kappa}{\kappa-1}}$	$\dfrac{p}{p_0}$	$\left(\dfrac{\rho}{\rho_0}\right)^{\kappa}$
$\dfrac{\rho}{\rho_0}$	$\dfrac{1}{\left(1+\frac{\kappa-1}{2}M^2\right)^{\frac{1}{\kappa-1}}}$	$\left(1-\dfrac{\kappa-1}{\kappa+1}M^{*2}\right)^{\frac{1}{\kappa-1}}$	$\left(\dfrac{a}{a_0}\right)^{\frac{2}{\kappa-1}}$	$\left(\dfrac{T}{T_0}\right)^{\frac{1}{\kappa-1}}$	$\left(\dfrac{p}{p_0}\right)^{\frac{1}{\kappa}}$	$\dfrac{\rho}{\rho_0}$

■ **Beispiel 7.**

Die de Laval-Düse einer Dampfturbine wird mit überhitztem Dampf beaufschlagt mit p_1 = 2,5 MPa, der Eintrittstemperatur T_1 = 673 K, der Eintrittsdichte ρ_1 = 8,333 kg/m³, der Gaskonstante R = 595 J/kgK, dem Isentropenexponenten κ = 1,30 und der kinematischen Viskosität ν = 51,6 · 10⁻⁶ m²/s. Der Dampf soll in der de Laval-Düse auf p_2 = 300 kPa und T_2 = 411 K entspannt werden. Dabei erreicht die Dampfdichte den Wert ρ_2 = 1,666 kg/m³. Die de Laval-Düse besitzt einen engsten Querschnitt von A^* = 0,0025 m² und ein Querschnittsverhältnis von A_2/A^* = 24. Zu prüfen und zu berechnen sind:
a) arbeitet die de Laval-Düse im überkritischen Bereich,
b) die Zustandsgrößen am Düsenaustritt c_2, a_2 und M_2 bei isentroper Expansion,
c) der Volumen- und Massenstrom in der Düse,
d) das erforderliche Querschnittsverhältnis A_1/A_2 der de Laval-Düse und den neuen Austrittsquerschnitt A_2' für einen Entspannungsdruck von p_2 = 220 kPa bei sonst gleichen Parametern.

Lösung:

a) Expansionsdruckverhältnis, Tabelle 4:

$\dfrac{p_2}{p_1} = \dfrac{0,3\ MPa}{2,5\ MPa} = 0,12 < \dfrac{p^*}{p} = 0,547$ überkritischer Bereich

b) Düsenaustrittsgeschwindigkeit, Gl. 24:

$$c_2 = \left\{ \frac{2}{\kappa-1} \frac{\kappa}{\rho_1} \frac{p_1}{\rho_1} \left[1 - \left(\frac{p_2}{p_1} \right)^{\frac{\kappa-1}{\kappa}} \right] \right\}^{\frac{1}{2}} =$$

$$= \left\{ \frac{2 \cdot 1,30}{1,30-1} \frac{2500\,\text{kPa}}{8,333 \frac{\text{kg}}{\text{m}^3}} \left[1 - 0,12^{\frac{0,3}{1,3}} \right] \right\}^{\frac{1}{2}} =$$

$$= 1003,04 \frac{\text{m}}{\text{s}}$$

Schallgeschwindigkeit am Austritt der Düse, Gl. 14:

$$a_2 = \sqrt{\kappa R T_2} = \sqrt{1,30 \cdot 595 \frac{\text{J}}{\text{kg}\ \text{K}} \cdot 411\,\text{K}} = 563,83 \frac{\text{m}}{\text{s}}$$

Machzahl am Düsenaustritt, Gl. 17:

$$M_2 = \frac{c_2}{a_2} = \frac{1003,04 \frac{\text{m}}{\text{s}}}{563,83 \frac{\text{m}}{\text{s}}} = 1,779$$

c) Volumenstrom am Düsenaustritt, Gl. 3:

$$\dot{V}_2 = A_2\,c_2 = \frac{A_2}{A^*} A^* c_2 = 24 \cdot 0,0025\,\text{m}^2 \cdot 1003,04 \frac{\text{m}}{\text{s}} = 60,18 \frac{\text{m}^3}{\text{s}}$$

Massenstrom, Gl. 2:

$$\dot{m} = \rho_2\,\dot{V}_2 = \rho_2 \frac{A_2}{A^*} A^* c_2 =$$

$$= 1,666 \frac{\text{kg}}{\text{m}^3} \cdot 24 \cdot 0,0025\,\text{m}^2 \cdot 1003,04 \frac{\text{m}}{\text{s}} = 100,26 \frac{\text{kg}}{\text{s}}$$

d)

$$c_2' = \left\{ \frac{2}{\kappa-1} \frac{\kappa}{\rho_1} p_1 \left[1 - \left(\frac{p_2}{p_1} \right)^{\frac{\kappa-1}{\kappa}} \right] \right\}^{\frac{1}{2}} =$$

$$= \left\{ \frac{2 \cdot 1,30}{1,30-1} \frac{2500\,\text{kPa}}{8,333 \frac{\text{kg}}{\text{m}^3}} \left[1 - \left(\frac{220}{2500} \right)^{\frac{0,3}{1,3}} \right] \right\}^{\frac{1}{2}} = 1056,5 \frac{\text{m}}{\text{s}}$$

Schallgeschwindigkeit $a_2' = a_2$ für $T_2' = T_1$:
Machzahl:

$$M_2 = \frac{c_2'}{a_2} = \frac{1056,50 \frac{\text{m}}{\text{s}}}{563,83 \frac{\text{m}}{\text{s}}} = 1,874$$

Querschnittsverhältnis A_1/A_2, Gl. 87:

$$\frac{A_1}{A_2} = \left(\frac{p_2}{p_1} \right)^{\frac{M_2^2-1}{\kappa\,M^2}} = \left(\frac{220\,\text{kPa}}{2500\,\text{kPa}} \right)^{\frac{1,874^2-1}{1,30 \cdot 1,874^2}} = 0,2627$$

Dampfdichte:

$$\rho_2' = \frac{p_2}{R T_2} = \frac{220\,\text{kPa}}{595 \frac{\text{J}}{\text{kg}\,\text{K}} \cdot 411\,\text{K}} = 0,899 \frac{\text{kg}}{\text{m}^3}$$

neuer Austrittsquerschnitt A_2' Gl. 3:

$$A_2' = \frac{\dot{m}}{\rho_2' \cdot c_2'} = \frac{100,26 \frac{\text{kg}}{\text{s}}}{0,899 \frac{\text{kg}}{\text{m}^3} \cdot 1056,50 \frac{\text{m}}{\text{s}}} = 0,1055\,\text{m}^2$$

5.8.5 Betriebsverhalten von de Laval-Düsen

De Laval-Düsen müssen im Auslegungspunkt, d.h bei dem vorgegebenen Druckverhältnis p_1/p_2 betrieben werden, ansonsten setzt bei zu hohem Gegendruck ein Verdichtungsstoß mit einer Strahlablösung in der Düse ein und die vorgesehene Endgeschwindigkeit wird nicht erreicht oder bei zu geringem absoluten

Druck gibt es am Austritt eine Strahlexpansion, wobei der Druck sprungartig auf den Austrittsdruck sinkt (Bild 25).

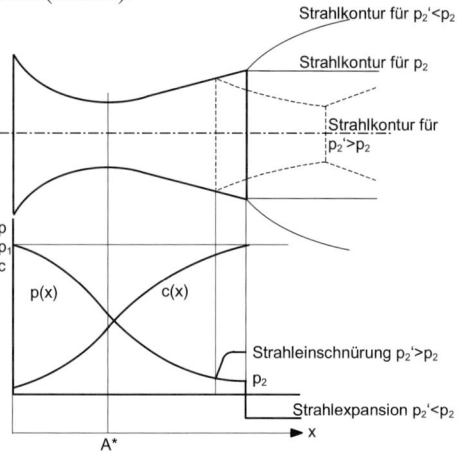

Bild 25. Druckänderung in de Laval-Düsen bei variablem Gegendruck p_2

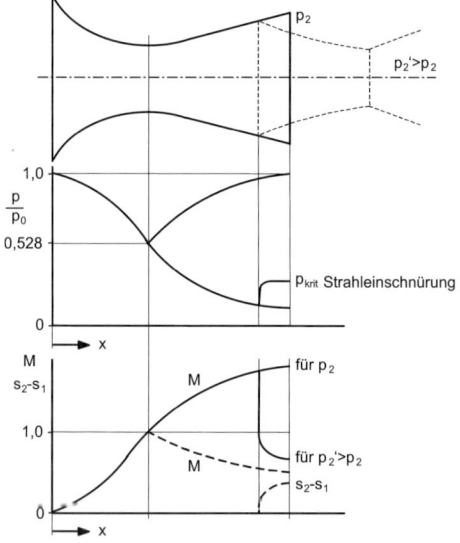

Bild 26. Machzahl- und Entropieverlauf in einer de Laval-Düse bei zu hohem Gegendruck mit Ablösung und Verdichtungsstoß

Folgt der Druck in einer Überschalldüse im überkritischen Bereich nicht dem Druckverlauf $p(x)$ gemäß Gl. 88, kann sich die Strömung in der Düse nicht isentrop an den Austrittszustand p_2 annähern, sondern sie verändert sich sprunghaft auf den Druck p_2', die Dichte ρ_2' und die Temperatur T_2'. Sinkt der Druck p_2' am Düsenaustritt unter den Auslegungsdruck $p_2' < p_2$, expandiert die Strömung am Düsenaustritt. Steigt der Druck am Düsenaustritt über den Auslegungsdruck $p_2' > p_2$, führt das zu einem Verdichtungsstoß und die Strömung löst von der Düsenwand ab (Bild 25). Dieser Stoßvorgang verursacht Strömungsverluste, die sich als Entropieerhöhung gemäß Gl. 98 darstellen.

$$s_2 - s_1 = c_p \ln \frac{T_2}{T_1} - R \ln \frac{p_2}{p_1} \qquad (98)$$

Im Bild 26 sind der dimensionslose Druckverlauf p/p_0, der Verlauf der Machzahl M und der Entropieverlauf $s_2 - s_1$ in einer de Laval-Düse bei erhöhtem Druck hinter der Düse $p_2' > p_2$ dargestellt.

5.9 Verdichtungsstoß

5.9.1 Rechtwinkliger Verdichtungsstoß

Der Verdichtungsstoß ist eine charakteristische Erscheinung bei Überschallströmungen. Dazu wird eine kompressible, isentrope, eindimensionale Strömung in einem Rohr mit konstantem Querschnitt A im Kontrollraum zwischen 1 und 2 entsprechend Bild 27 betrachtet.

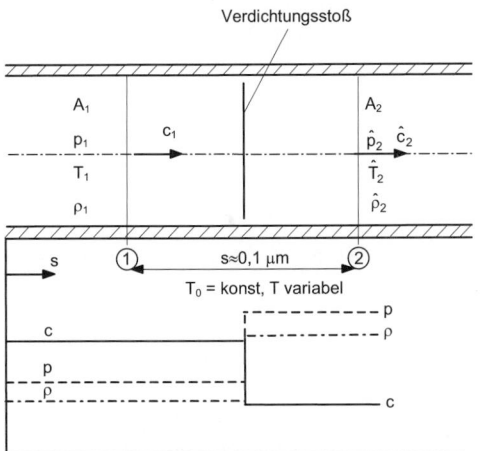

Bild 27. Zustandsänderung einer Überschallströmung bei rechtwinkligem Verdichtungsstoß

Der Abstand der Ein- und Austrittsflächen des Kontrollraumes soll sehr klein sein und nur im Bereich der Weglänge einiger Moleküle liegen. Die freie Weglänge der Moleküle beträgt für Luft von $p_0 = 100$ kPa und $t_0 = 20\ °C$ etwa $s = 0{,}1$ μm.

Die Dicke der Stoßfront, in der die Temperatur unstetig von T_1 auf T_2 ansteigt, ist vom Druckverhältnis beim Verdichtungsstoß abhängig und sie beträgt $s = 0{,}07$ bis $0{,}50$ μm.

Bei reibungsfreier, inkompressibler Strömung folgt die Lösung aus der Kontinuitätsgleichung für $A = $ konst. $c_2 = c_1$ und $p_2 = p_1$, die auch für kompressible Strömungen bei geringer Geschwindigkeit gilt. Für kompressible Fluide gibt es eine weitere Lösung mit $c_2 \neq c_1$ und $p_2 \neq p_1$, wie die nachfolgenden Betrachtungen zeigen werden [3][4].

Die Bilanzgleichungen für den rechtwinkligen Verdichtungsstoß lauten:

Impulsgleichung

$$\rho_1 c_1^2 + p_1 = \rho_2 \hat{c}_2^2 + \hat{p}_2 \qquad (99)$$

Energiegleichung (Bernoulligleichung)

$$\frac{\kappa}{\kappa - 1} \frac{p_1}{\rho_1} + \frac{c_1^2}{2} = \frac{\kappa}{\kappa - 1} \frac{\hat{p}_2}{\hat{\rho}_2} + \frac{\hat{c}_2^2}{2} \qquad (100)$$

Kontinuitätsgleichung für konstanten Strömungsquerschnitt $A = A_1 = A_2$

$$\rho_1 c_1 = \hat{\rho}_2 \hat{c}_2 = \frac{\dot{m}}{A} \qquad \begin{array}{c|c|c|c} \rho & c & \dot{m} & A \\ \hline \dfrac{kg}{m^3} & \dfrac{m}{s} & \dfrac{kg}{s} & m^2 \end{array} \quad (101)$$

Ist der Strömungszustand vor dem Stoß mit p_1, c_1, T_1 und ρ_1 bekannt, können mit Hilfe der drei Bilanzgleichungen die Stoßbeziehungen für $\hat{p}_2 / p_1$, $\hat{c}_2 / c_1$ und $\hat{\rho}_2 / \rho_1$ als Lösungen angegeben werden.

Aus der Impulsgleichung (Gl. 99), der Energiegleichung (Gl. 100) und der Kontinuitätsgleichung (Gl. 101) erhält man mit der thermischen Zustandsgleichung $p/\rho = RT$ und mit der Machzahl $M = c/a = c/\sqrt{\kappa R T}$ das Druckverhältnis für den Stoßvorgang

$$\frac{\hat{p}_2}{p_1} = 1 + \frac{2\kappa}{\kappa + 1}\left(M_1^2 - 1\right) \qquad (102)$$

Für $M_1 > 1{,}0$ ist auch $\hat{p}_2 / p_1 > 1{,}0$, d.h. der Druck steigt an (Verdichtungsstoß).

Aus der Energiegleichung (Bernoulligleichung, Gl. 100) und der Kontinuitätsgleichung (Gl. 101) erhält man die zweite und dritte Stoßbeziehung:

$$\frac{\hat{c}_2}{c_1} = \frac{\rho_1}{\hat{\rho}_2} = 1 - \frac{2}{\kappa + 1} \frac{M_1^2 - 1}{M_1^2} \qquad (103)$$

Beim Verdichtungsstoß mit $M_1 > 1{,}0$ wird die Geschwindigkeit verringert $\hat{c}_2 < c_1$ bzw. $\hat{M}_2 < 1$. Bei einer Luftströmung von $t = 20\ °C$, $\kappa = 1{,}4$ und $M_1 = 1{,}6$ sinkt das Geschwindigkeitsverhältnis auf $\hat{c}_2 / c_1 = 0{,}492$, d.h. die Geschwindigkeit sinkt nach dem Verdichtungsstoß etwa auf den halben Wert und die Dichte verdoppelt sich.

Aus der thermischen Zustandsgleichung für ideale Gase $p/\rho = RT$ und den Stoßbeziehungen Gln. 102 und 103 erhält man für das Temperaturverhältnis beim rechtwinkligen Verdichtungsstoß:

$$\frac{\hat{T}_2}{T_1} = \frac{\hat{a}_2^2}{a_1^2} = \frac{\hat{p}_2}{p_1} \frac{\rho_1}{\hat{\rho}_2} = \left[1 + \frac{2\kappa}{\kappa + 1}\left(M_1^2 - 1\right)\right] \cdot$$

$$\cdot \left[1 - \frac{2}{\kappa + 1} \frac{M_1^2 - 1}{M_1^2}\right] \qquad (104)$$

Die vierte Stoßbeziehung sagt aus, dass die Temperatur beim Verdichtungsstoß im Verhältnis des Druckes $\hat{p}_2/p_1$ und der Geschwindigkeit $\hat{c}_2/c_1$ ansteigt. Das Temperaturverhältnis $\hat{T}_2/T_1 > 1$ für $M_1 > 1$ und das Verhältnis der Schallgeschwindigkeiten steigen ebenfalls an $\hat{a}_2/a_1 > 1$. Das Verhältnis der Machzahlen nach und vor dem Stoß beträgt damit

$$\frac{\hat{M}_2}{M_1} = \frac{\hat{c}_2}{c_1}\frac{a_1}{\hat{a}_2} < 1, \quad \text{da} \quad \frac{\hat{c}_2}{c_1} < 1 \quad \text{und} \quad \frac{a_1}{\hat{a}_2} < 1 \qquad (105)$$

Beim Verdichtungsstoß wird also die Überschallmachzahl M_1 vor dem Stoß in den Unterschallbereich transformiert. Schließlich erhält man die Gleichung für die Machzahl $\hat{M}_2$ nach dem rechtwinkligen Verdichtungsstoß, die in den Unterschallbereich $\hat{M}_2 < 1$ sinkt, aus Gln. 103 und 104.

$$\frac{\hat{M}_2}{M_1} = \left[\frac{\dfrac{2}{M_1^2} + (\kappa - 1)}{2\kappa M_1^2 - (\kappa - 1)}\right]^{\frac{1}{2}} \qquad (106)$$

Das Verhältnis des Totaldruckes nach dem Stoß $\hat{p}_{t2}$ zum Druck $\hat{p}_2$ beträgt:

$$\frac{\hat{p}_{t2}}{\hat{p}_2} = \left[1 + \frac{\kappa - 1}{2}\hat{M}_2^2\right]^{\frac{\kappa}{\kappa - 1}} \qquad (107)$$

Mit Hilfe der Gleichung für die spezifische Entropieänderung kann die Entropieänderung beim rechtwinkligen Verdichtungsstoß berechnet werden.

$$\hat{s}_2 - s_1 = R\left[\frac{\kappa}{\kappa - 1}\ln\frac{\hat{T}_2}{T_1} - \ln\frac{\hat{p}_2}{p_1}\right] \geq 0 \qquad (108)$$

Wird das Druck- und Temperaturverhältnis durch die Machzahlen der Gln. 102 und 104 ausgedrückt, kann die Entropieänderung beim rechtwinkligen Verdichtungsstoß auch angegeben werden als:

$$\hat{s}_2 - s_1 = R\ln\left\{\frac{\left[1 + \dfrac{2\kappa}{\kappa + 1}(M_1^2 - 1)\right]^{\frac{1}{\kappa - 1}}}{\left[\dfrac{(\kappa + 1)M_1^2}{2 + (\kappa - 1)M_1^2}\right]^{\frac{\kappa}{\kappa - 1}}}\right\} \qquad (109)$$

Da nach dem zweiten Hauptsatz der Thermodynamik die Entropieänderung für reale Strömungsvorgänge $\hat{s}_2 - s_1$ nur ansteigen kann, folgt aus der Beziehung Gl. 108 für das Temperaturverhältnis $\hat{T}_2/T_1 > 1$ und für das Druckverhältnis ebenfalls $\hat{p}_2/p_1 > 1$ der Anstieg der Entropie beim Verdichtungsstoß. Somit können Verdichtungsstöße nur in Überschallströmungen auftreten. Unstetige Druckänderungen in kompressiblen Strömungen können entsprechend dem zweiten Hauptsatz der Thermodynamik nur in Form der Druckerhöhung auftreten. Verdünnungsstöße mit Drucksenkung sind nicht möglich.

In der Tabelle 7 sind die Verhältniswerte der Zustandsgrößen von rechtwinkligen Verdichtungsstößen zusammengestellt. Zu beachten ist, dass beim rechtwinkligen Verdichtungsstoß der Druck ansteigt und die Geschwindigkeit des Gases herabgesetzt wird. Die Temperatur und damit auch die Schallgeschwindigkeit

$$\hat{a}_2 = \sqrt{\kappa R\hat{T}_2}$$ steigen nach dem Verdichtungsstoß an.

Zu beachten ist auch, dass der Ruhedruck $\hat{p}_{02}$ nach dem Verdichtungsstoß absinkt, aber die Ruhetemperatur konstant bleibt $\hat{T}_{02} = T_{01}$.

Tabelle 7. Zustandsgrößen nach einem rechtwinkligen Verdichtungsstoß

Druckverhältnis	$\hat{p}_2/p_1 > 1 \rightarrow \hat{p}_2 > p_1$
Geschwindigkeitsverhältnis	$\hat{c}_2/c_1 < 1 \rightarrow \hat{c}_2 < c_1$
Dichteverhältnis	$\hat{\rho}_2/\rho_1 > 1 \rightarrow \hat{\rho}_2 > \rho_1$
Temperaturverhältnis	$\hat{T}_2/T_1 > 1 \rightarrow \hat{T}_2 > T_1$
Schallgeschwindigkeitsverhältnis	$\hat{a}_2/a_1 > 1 \rightarrow \hat{a}_2 > a_1$
Machzahl	$M_1 > 1, \quad \hat{M}_2 < 1$
kritische Machzahl	$\hat{M}_2^* = 1/M_1^*$
Entropieänderung	$\hat{s}_2 - s_1 > 0 \rightarrow \hat{s}_2 > s_1$
Ruhedruckverhältnis	$\hat{p}_{02}/p_{01} = \hat{p}_{02}/\rho_{01} < 1 \rightarrow \hat{p}_{02} < p_{01}$
Ruhedichteverhältnis	$\hat{\rho}_{02}/\rho_{01} < 1 \rightarrow \hat{\rho}_{02} < \rho_{01}$
Ruhetemperaturverhältnis	$\hat{T}_{02}/T_{01} = \hat{a}_{02}/a_{01} = 1 \rightarrow \hat{T}_{02} = T_{01}$
Ruheschallgeschwindigkeit	$\hat{a}_{02} = a_{01}$

Im Bild 28 sind die Verhältniswerte der Stoßbeziehungen in Abhängigkeit der Anströmmachzahl vor dem Stoß im Bereich von $M_1 = 1$ bis 5 dargestellt. Das Druckverhältnis $\hat{p}_2/p_1$, das Totaldruckverhältnis $\hat{p}_{t2}/p_1$, das Temperaturverhältnis $\hat{T}_2/T_1$ und das Dichteverhältnis $\hat{\rho}_2/\rho_1$ steigen beim rechtwinkligen Verdichtungsstoß mit zunehmender Anströmmachzahl M_1 zunehmend stärker an (Bild 28). Das Geschwindigkeitsverhältnis $\hat{c}_2/c_1$ und auch das Totaldruckverhältnis $\hat{p}_{t2}/p_{t1}$ nehmen ab. Die Energiegleichung (Gl. 100) und auch die Bernoulli'sche Konstante gelten über den Verdichtungsstoß hinweg. Aus dieser Bedingung können auch die Ruhegrößen $\hat{p}_0, \hat{\rho}_0, \hat{T}_0$ und $\hat{a}_0$ nach dem Verdichtungsstoß abgeleitet werden. Bei konstanter Größe der Bernoulli'schen Konstante bleiben folgende Größen konstant: Ruheenthalpie $h_0 = c_p T_0$, Ruhetemperatur T_0, Ruheschallgeschwindigkeit $a_0 = \sqrt{\kappa R T_0}$.

Das Verhältnis der Ruhedrücke ist gleich dem Verhältnis der Ruhedichten $\hat{p}_{02}/p_{01} = \hat{\rho}_{02}/\rho_{01} < 1$. Für das Ruhedruckverhältnis beim rechtwinkligen Stoß gilt:

$$\frac{p_{01}}{\hat{p}_{02}} = \frac{\rho_{01}}{\hat{\rho}_{02}} = \left[1 + \frac{2\kappa}{\kappa+1}\left(M_1^2 - 1\right)\right]^{\frac{1}{\kappa-1}} \cdot$$

$$\cdot \left[1 - \frac{2}{\kappa+1}\frac{\left(M_1^2 - 1\right)}{M_1^2}\right]^{\frac{\kappa}{\kappa-1}} \qquad (110)$$

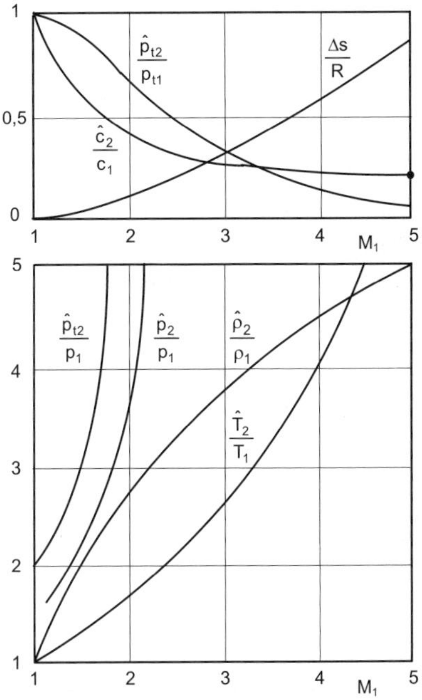

Bild 28. Zustandsänderungen beim rechtwinkligen Verdichtungsstoß in Abhängigkeit der Anströmmachzahl

Die Gasströmung durch einen Verdichtungsstoß ist nicht isentrop. Allerdings ist die Zunahme der spezifischen Entropie bei geringer Anströmmachzahl gering, jedoch stets größer als beim schiefen Verdichtungsstoß.

■ **Beispiel 8.**
Wie groß sind das Druck- und Geschwindigkeitsverhältnis $\hat{p}_2/p_1$; $\hat{c}_2/c_1$ einer Überschallströmung von Luft mit $M_1 = 1,6$, $T_1 = 298,16$ K, $p_1 = 180$ kPa, $\kappa = 1,4$ und $R = 287,6$ J/kgK nach dem rechtwinkligen Verdichtungsstoß? Anzugeben sind auch der Druck und die Geschwindigkeit nach dem Verdichtungsstoß.
Das Druckverhältnis für den rechtwinkligen Verdichtungsstoß beträgt nach Gl. 102

$$\frac{\hat{p}_2}{p_1} = 1 + \frac{2\kappa}{\kappa+1}\left(M_1^2 - 1\right) = 1 + \frac{2 \cdot 1,4}{2,4}\left(1,6^2 - 1\right) = 2,82$$

$$\hat{p}_2 = 2,82 \cdot 180 \text{ kPa} = 507,6 \text{ kPa}$$

Geschwindigkeitsverhältnis, Gl. 103

$$\frac{\hat{c}_2}{c_1} = 1 - \frac{2}{\kappa+1}\frac{M_1^2 - 1}{M_1^2} = 1 - \frac{2 \cdot (1,6^2 - 1)}{(1,4+1)1,6^2} = 0,492$$

$$\hat{c}_2 = \frac{\hat{c}_2}{c_1}c_1 = \frac{\hat{c}_2}{c_1}M_1 a_1 = \frac{\hat{c}_2}{c_1}M_1\sqrt{\kappa R T_1} =$$

$$= 0,492 \cdot 1,6 \cdot \sqrt{1,4 \cdot 287,6 \frac{\text{J}}{\text{kg K}} \cdot 298,16 \text{ K}} = 272,75 \frac{\text{m}}{\text{s}}$$

■ **Beispiel 9.**
Ein Überschallwindkanal wird in der Messstrecke mit der Machzahl $M_1 = 1,8$ betrieben. Der statische Druck im Luftstrahl beträgt $p_1 = 103$ kPa und die Temperatur $t_1 = 20$ °C, $T_1 = 293,16$ K, $\kappa = 1,4$. In der Versuchsstrecke stellt sich ein rechtwinkliger Verdichtungsstoß ein.
Wie groß sind der statische Druck hinter dem Verdichtungsstoß $\hat{p}_2$, die Machzahl $\hat{M}_2$, das Totaldruckverhältnis $\hat{p}_{t2}/\hat{p}_2$, der Totaldruck $\hat{p}_{t2}$ und die Totaltemperatur T_{t2}?

Druckverhältnis aus Gl. 102

$$\frac{\hat{p}_2}{p_1} = 1 + \frac{2\kappa}{\kappa+1}\left(M_1^2 - 1\right) = 1 + \frac{2 \cdot 1,4}{2,4}\left(1,8^2 - 1\right) = 3,61$$

$$\hat{p}_2 = 3,61 \cdot 103 \text{ kPa} = 371,83 \text{ kPa}$$

Machzahl $\hat{M}_2$ hinter dem Verdichtungsstoß, Gl. 106:

$$\hat{M}_2 = \sqrt{\frac{2 + (\kappa-1)M_1^2}{2\kappa M_1^2 - (\kappa-1)}} = \sqrt{\frac{2 + (0,4 \cdot 1,8^2)}{(2,8 \cdot 1,8^2) - 0,4}} = 0,616$$

Totaldruckverhältnis bei isentroper Strömung hinter dem Stoß aus Gl. 107:

$$\frac{\hat{p}_{t2}}{\hat{p}_2} = \left[1 + \frac{\kappa-1}{2}\hat{M}_2^2\right]^{\frac{\kappa}{\kappa-1}} = \left[1 + \frac{0,4}{2}0,616^2\right]^{3,5} = 1,29$$

$$\hat{p}_{t2} = \hat{p}_2\left(\frac{\hat{p}_{t2}}{\hat{p}_2}\right) = 1,29 \cdot 371,83 \text{ kPa} = 479,66 \text{ kPa}$$

Temperaturverhältnis, Gl. 37

$$\frac{\hat{T}_{t2}}{T_1} = \left[1 + \frac{\kappa-1}{2}M_1^2\right] = \left[1 + \frac{0,4}{2}1,8^2\right] = 1,65$$

$$\hat{T}_{t2} = T_1\left(\frac{\hat{T}_{t2}}{T_1}\right) = 293,16 \text{ K} \cdot 1,65 = 483,7 \text{ K}$$

Mittels de Laval-Düsen kann der Druck der Strömung stark herabgesetzt werden. Im Vakuum bei absoluten Drücken von $p \leq 0,1$ Pa stellt sich die Molekularströmung bei Gasdichten von $\rho \leq 1,21 \cdot 10^{-6}$ kg/m³ ein, die den Gesetzen der kinetischen Gastheorie stark verdünnter Gase gehorcht und die bei Knudsenzahlen von $Kn = l/d > 0,5$ liegt. Die freie Weglänge der Gasmolekühle ist dabei größer als der Radius der Rohrleitung. Am Rand der viskosen Strömung zur Molekularströmung beträgt die Reynoldszahl nur noch $Re \approx 0,12$.

5.9.2 Schiefer Verdichtungsstoß

Schiefe Verdichtungsstöße entstehen bei der Umlenkung von Überschallströmungen an konkaven oder konvexen Kanalumlenkungen (Bild 29), in de Laval-Düsen, an Schaufelprofilen und an Flugkörpern (Bild 30). Während eine Stromlinie durch einen senkrechten Verdichtungsstoß ohne Richtungsänderung hindurchtritt, erfährt sie bei dem schiefen Verdichtungsstoß eine Richtungsänderung zur Stoßfront hin.

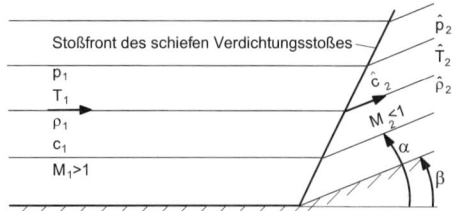

Bild 29. Verdichtungsstoß an konkaver Wandecke

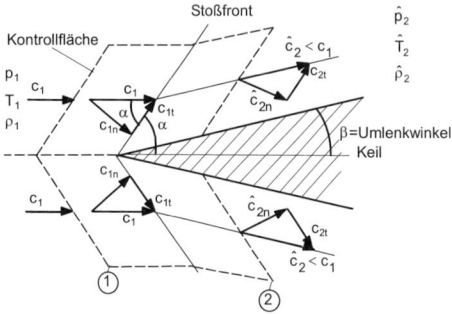

Bild 30. Kontrollfläche für einen schiefen Verdichtungsstoß mit den Normal- und Tangentialkomponenten der Geschwindigkeit

Mit den Bilanzgleichungen (Gln. 99 bis 101) für den rechtwinkligen Verdichtungsstoß können auch die Zustandsänderungen für den schiefen Verdichtungsstoß bestimmt werden, wenn man beachtet, dass nur die Normalkomponente c_{1n} der Anströmgeschwindigkeit zur Stoßfront einen rechtwinkligen Stoß mit der Verzögerung auf $\hat{c}_{2n}$ erfährt und die parallel zur Stoßfront verlaufende Geschwindigkeitskomponente unverändert bleibt $c_{2t} = c_{1t}$ (Bild 30). Dabei wird die eindimensionale Strömung auf eine zweidimensionale Überschallströmung erweitert.

Sind die Anströmparameter c_1, c_{1n}, p_1, ρ_1, der Stoßwinkel α und der Isentropenexponent κ bekannt, weiterhin auch c_2 und c_{2n}, p_2 und ρ_2, können die Stoßbeziehungen und die Bernoulligleichung für ein ideales Gas bei adiabater Zustandsänderung abgeleitet werden. Es gilt: Impulsgleichung für den schiefen Verdichtungsstoß in Normalrichtung:

$$\rho_1\, c_{1n}^{\,2} + p_1 = \rho_2\, \hat{c}_{2n}^{\,2} + p_2 \tag{111}$$

in Tangentialrichtung: $c_{1t} = c_{2t}$

Kontinuitätsgleichung für den schiefen Verdichtungsstoß:

$$\rho_1\, c_{1n} = \rho_2\, \hat{c}_{2n} \tag{112}$$

Mit den Geschwindigkeitsbeziehungen nach Bild 30

$$c_1^{\,2} = c_{1n}^{\,2} + c_{1t}^{\,2}$$

$$\hat{c}_2^{\,2} = \hat{c}_{2n}^{\,2} + c_{2t}^{\,2}$$

$$c_2^{\,2} = c_{2n}^{\,2} + c_{2t}^{\,2} \quad \text{und}$$

$$c_{1t} = c_{2t}$$

erhält man die Energiegleichung

$$\frac{c_{1n}^{\,2}}{2} + \frac{\kappa}{\kappa-1}\frac{p_1}{\rho_1} = \frac{\hat{c}_{2n}^{\,2}}{2} + \frac{\kappa}{\kappa-1}\frac{p_2}{\rho_2} \tag{113}$$

Da die tangentiale Geschwindigkeitskomponente beim schiefen Verdichtungsstoß keine Verdichtung erfährt, können die folgenden Winkelbeziehungen aufgeschrieben werden.

Die Stoßbeziehungen lauten mit $\tan\alpha = c_{1n}/c_{1t}$, $\tan(\alpha - \beta) = \hat{c}_{2n}/c_{2t}$ und $c_{1t} = c_{2t}$.

$$\frac{\tan(\alpha - \beta)}{\tan\alpha} = \frac{\hat{c}_{2n}}{c_{1n}} \tag{114}$$

Das Geschwindigkeitsverhältnis $\hat{c}_2/c_1$ beträgt:

$$\frac{\hat{c}_2}{c_1} = \frac{\dfrac{\hat{c}_{2n}}{\sin(\alpha-\beta)}}{\dfrac{c_{1n}}{\sin\alpha}} = \tag{115}$$

$$= \frac{\sin\alpha}{\sin(\alpha-\beta)} \cdot \left[1 - \frac{2}{\kappa+1}\left(1 - \frac{1}{(M_1\sin\alpha)^2}\right)\right]$$

Die Geschwindigkeit hinter dem schiefen Verdichtungsstoß beträgt:

$$\hat{c}_2 = \sqrt{\hat{c}_{2n}^{\,2} + c_{2t}^{\,2}} = c_1\sqrt{\cos^2\alpha + \left(\frac{\rho_1}{\rho_2}\sin\alpha\right)^2} \tag{116}$$

Wenn nur noch die Normalkomponenten der Geschwindigkeit c_{1n} und $\hat{c}_{2n}$ den Verdichtungsstoß beeinflussen, wird auch die kritische Schallgeschwindigkeit a_n^* beim schiefen Verdichtungsstoß verändert. Die Temperatur des Gases vor dem Stoß T_1 wird nicht verändert, jedoch die Geschwindigkeit von c_{1n} auf $\hat{c}_{2n}$.

Mit den beiden Beziehungen für die örtliche Schallgeschwindigkeit a (Gln. 14 und 33)

$$a = \sqrt{\kappa\frac{p}{\rho}} = \sqrt{\kappa\frac{p_0}{\rho_0} - \frac{\kappa-1}{2}c^2} = \sqrt{a_0^{\,2} - \frac{\kappa-1}{2}c^2} \tag{117}$$

und für die kritische Schallgeschwindigkeit a^* mit Gl. 39

$$a^* = \sqrt{\frac{2}{\kappa+1}\frac{\kappa\, p_0}{\rho_0}} = \sqrt{\frac{2}{\kappa+1}a_0^{\,2}} = \sqrt{\frac{2\,\kappa}{\kappa+1}RT_0} \tag{118}$$

erhält man für die kritische Schallgeschwindigkeit a_n^* nach dem schiefen Verdichtungsstoß

$$a_n^* = \sqrt{\frac{2}{\kappa+1}a^2 + \frac{\kappa-1}{\kappa+1}c_n^{\,2}} \tag{119}$$

Damit können auch die kritischen Machzahlen vor und nach dem schiefen Verdichtungsstoß angegeben werden. Sie betragen vor dem schiefen Verdichtungsstoß $M_n^* = c_{1n}/a_n^*$ und nach dem schiefen Verdichtungsstoß $\hat{M}_n^* = \hat{c}_{2n}/a_n^*$.

Da beim schiefen Verdichtungsstoß nur die Normalkomponente der Geschwindigkeit c_{1n} und $M_{1n} > 1$ auf Unterschall verzögert wird, $\hat{c}_{2n} < c_{1n}$, $\hat{M}_{2n} < 1$, kann hinter dem schiefen Verdichtungsstoß durchaus Überschallgeschwindigkeit $M > 1$ herrschen, jedoch ist $M_n < 1$.

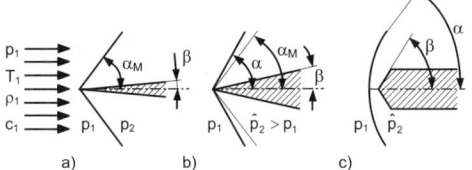

a)   b)   c)

Bild 31. Mach'sche Linien unter α_M und Stoßfronten mit α von schiefen Verdichtungsstößen an unterschiedlichen Körperformen

Der Stoßwinkel des schiefen Verdichtungsstoßes ist stets größer als der Mach'sche Winkel α_M beim Übergang einer Strömung in den Überschallbereich. Trifft eine Strömung mit Schallgeschwindigkeit auf einen sehr schlanken Keil mit geringem Keilwinkel β, verläuft die von der Keilspitze ausgehende Strömung als Mach'sche Linie unter dem Mach'schen Winkel α_M (Bild 31a). Der Druck ist auf beiden Seiten der Mach'schen Linie gleich $p_2 = p_1$. Wird der angeströmte Keilwinkel vergrößert, entsteht bei der Anströmung mit Überschallgeschwindigkeit ein schiefer Verdichtungsstoß mit $\hat{p}_2 > p_1$ und $\hat{c} < c_1$, wobei sich mit dem Winkel α eine steilere Stoßlinie als dem Mach'schen Winkel entspricht $\alpha > \alpha_M$ (Bild 31 b). Wird ein stumpfer Keil mit einem großen Keilwinkel β von der Überschallströmung angeströmt, löst sich die Stoßlinie vom Keil ab (Bild 31c).

Der Zusammenhang zwischen dem Keilwinkel β und dem Stoßwinkel α im Bild 30 lautet:

$$\frac{\tan(\alpha - \beta)}{\tan \alpha} = \frac{\hat{c}_{2n}}{c_{1n}} = 1 - \frac{2}{\kappa+1}\left[1 - \frac{1}{(M_1 \sin \alpha)^2}\right] \quad (120)$$

Ist der Keilwinkel β eines mit Überschall angeströmten Körpers groß ($\beta \geq 60°$ bis $65°$), wie bei stumpfen Körpern, bildet sich an der Körperspitze kein anliegender schiefer Verdichtungsstoß aus. Die Stoßlinie hebt sich von der Körperspitze nach vorn ab und hat eine gekrümmte Form, wie im Bild 32 dargestellt. Bei den stumpfen Körpern entsteht unmittelbar vor der Körperspitze ein rechtwinkliger Verdichtungsstoß mit $\alpha = 90°$ und einem lokal begrenzten Unterschallgebiet $\hat{M}_2 < 1$, das danach wieder in ein Überschallgebiet übergeht (Bild 32).

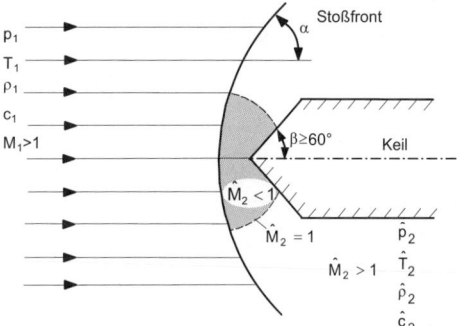

Bild 32. Abgehobener Verdichtungsstoß mit gekrümmter Stoßfront am stumpfen Körper

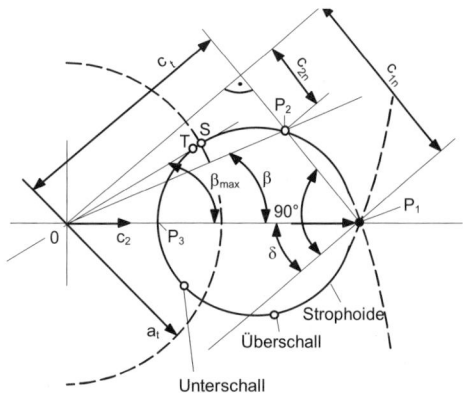

Bild 33. Stoßpolare für den schiefen Verdichtungsstoß nach Busemann [5]

Die beim schiefen Verdichtungsstoß umgesetzte Strömungsenergie der Druckwelle wird durch den Reibungseinfluss mit zunehmender Entfernung von der Stoßfront vermindert, sodass die starke Druckstörung des Stoßes bei großer Entfernung in die Ausbreitungsgeschwindigkeit der Schallwelle a übergeht. Der Stoßwinkel α geht dabei in den Mach'schen Winkel α_M über.

Die Gleichungen für den schiefen Verdichtungsstoß lassen sich nach dem Vorschlag von Busemann [5] in Form der Stoßpolaren auch graphisch darstellen (Bild 33). In dem Polarendiagramm liegen die Endpunkte der Geschwindigkeiten vor und hinter dem Verdichtungsstoß auf der Strophoide und zeigen den Unter- und Überschall an.

Die Druckerhöhung beim Verdichtungsstoß kann auch in Stoßdiffusoren genutzt werden. Solche Vorschläge gehen auf Oswatitsch [2] zurück (Bild 34). Um den spezifischen Entropieanstieg Δs und die Verluste bei der Stoßverdichtung gering zu halten, werden dafür mehrere schiefe Verdichtungsstöße genutzt, mit denen die Geschwindigkeit bis in die Nähe der kritischen Schallgeschwindigkeit a^* abgesenkt wird und danach ein gerader Verdichtungsstoß mit geringer Machzahl den Stoßvorgang abschließt.

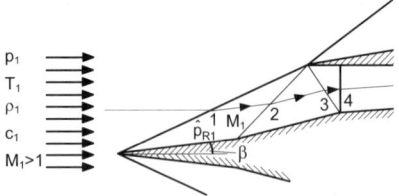

Bild 34. Stoßdiffusor mit drei schiefen Verdichtungsstößen nach Oswatitsch [2]

5.9.3 Expansion von Überschallströmungen

Werden konvexe Ecken oder Kanten von einem Gas mit Überschallgeschwindigkeit umströmt, wird das Gas auf eine höhere Geschwindigkeit beschleunigt und es tritt eine isentrope Expansion des Gases ein. Bei der Umströmung von konkaven Ecken erfolgt dagegen eine Kompression der Überschallströmung.
Erfolgt die Zuströmung an einer Ecke mit der Schallgeschwindigkeit $c = a$, $M = 1$, geht die ebene Parallelströmung hinter der Ecke wiederum in eine expandierte Parallelströmung mit vergrößerter Geschwindigkeit und größerem Stromlinienabstand s_2 über (Bild 35).
Die beiden Überschallströmungen vor und hinter der Ecke werden durch das sektorförmige Übergangsgebiet verbunden, das von den strahlenförmig ausgehenden Mach'schen Linien (gestrichelte Linien) begrenzt wird.

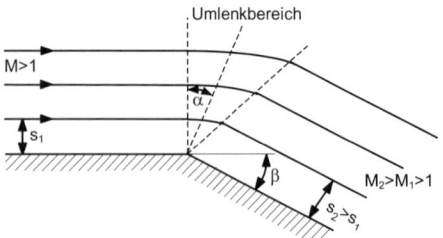

Bild 35. Umströmung einer konvexen Ecke mit Überschallgeschwindigkeit (Prandtl-Meyer-Strömung)

Jede Mach'sche Linie schneidet die Stromlinien unter dem gleichen Winkel, d.h. auf jeder Mach'schen Linie, die vom Eckpunkt ausgeht, sind die Machzahl M und auch der Gaszustand gleich. Der Gaszustand und damit auch die Gasgeschwindigkeit im Umlenkbereich sind nur von der Winkelkoordinate α abhängig $c(\alpha)$. Da sich die Strömung im Überschallbereich befindet und $M > 1$ ist, kann auch die kritische Mach-

zahl in Abhängigkeit der Winkelkoordinate α oder günstiger in Abhängigkeit des Eckenwinkels β angegeben werden $\dot{M}^*(\beta)$.

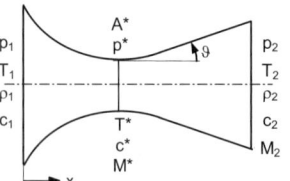

Strahlexpansion mit schiefem Verdichtungsstoß

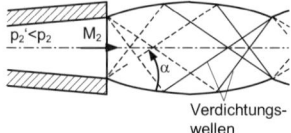

Strahleinschnürung mit schiefem Verdichtungsstoß

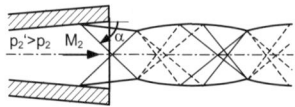

Bild 36. Betriebszustände einer de Laval-Düse mit der Prandtl-Meyer-Strömung bei Strahlexpansion und Strahleinschnürung für abweichende Austrittsdrücke p_2' kleiner oder größer als p_2

Diese Prandtl-Meyer-Strömung führt auch bei Überschalldüsen nach de Laval bei Betrieb mit zu geringem Druck $p_2' < p_2$ oder zu hohem Austrittsdruck $p_2' > p_2$ zur Strahlexpansion oder Strahleinschnürung mit der Strahlablenkung an den Düsenkanten und somit zum Phänomen der Prandtl-Meyer-Strömung (Bild 36).

Literatur

[1] Baehr, H. D.; Schwier, K.: *Die thermodynamischen Eigenschaften der Luft.* Berlin: Springer-Verlag, 1961
[2] Oswatitsch, K.: *Grundlagen der Gasdynamik.* Wien: Springer-Verlag, 1976
[3] Krause, E.: *Strömungslehre, Gasdynamik und Aerodynamisches Laboratorium.* Wiesbaden: Teubner-Verlag, 2003
[4] Sauer, R.: *Einführung in die theoretische Gasdynamik.* Berlin: Springer-Verlag, 1960
[5] Busemann, A.: *Gasdynamik in Handbuch der Experimentalphysik.* Bd. III, Verlagsgesellschaft Leipzig, 1930
[6] Zierep, J.: *Theoretische Gasdynamik.* Karlsruhe: Braun Verlag, 1976
[7] Albring, W.: *Angewandte Strömungslehre.* Berlin: Akademie-Verlag, 1990
[8] Ganzer, U.: *Gasdynamik.* Berlin: Springer-Verlag, 1988
[9] Tietjens, O.: *Strömungslehre.* Berlin: Springer-Verlag, 1970
[10] Truckenbrodt, E.: *Strömungsmechanik.* Berlin: Springer-Verlag, 1968

D Festigkeitslehre

Alfred Böge, Gert Böge

Formelzeichen und Einheiten

A	mm^2, cm^2, m^2	Flächeninhalt, Fläche, Oberfläche, A_M Momentenfläche
a	mm	Abstand
b	mm	Stabbreite
R	$\dfrac{\text{N}}{\text{mm}}$, $\dfrac{\text{N}}{\text{m}}$	Federrate
d	mm	Stabdurchmesser
d_0	mm	ursprünglicher Stabdurchmesser
d_1	mm	Durchmesser des geschlagenen Nietes = Nietlochdurchmesser
Δd	mm	Durchmesserabnahme oder -zunahme
E	$\dfrac{\text{N}}{\text{mm}^2}$	Elastizitätsmodul
e_1	mm	Entfernung der neutralen Faser von der Druckfaser
e_2	mm	Entfernung der neutralen Faser von der Zugfaser
F	N	Kraft, Belastung, Last, Tragkraft
F'	N	Belastung der Längeneinheit, Streckenlast
F_K	N	Knickkraft (nach *Euler*)
f	mm	Durchbiegung
F_G	N	Gewichtskraft
G	$\dfrac{\text{N}}{\text{mm}^2}$	Schubmodul
H	mm	Gesamthöhe eines Querschnitts
h	mm	Höhe allgemein, Stabhöhe
I	mm^4, cm^4	axiales Flächenmoment 2. Grades
I_a, I_x, I_y	mm^4	auf die Achse a oder x oder y bezogenes Flächenmoment 2. Grades
I_p	mm^4	polares Flächenmoment 2. Grades
I_{xy}	mm^4	Zentrifugal- oder Fliehmoment
I_I, I_{II}	mm^4	Hauptflächenmomente 2. Grades
I_s	mm^4	Flächenmoment 2. Grades, bezogen auf die Schwerachse des Querschnitts
i	mm	Trägheitsradius
Δl	mm	Längenzunahme oder -abnahme
l_r	km	Reißlänge
M	Nmm, Nm	Drehmoment, Moment einer Kraft
M_b	Nmm, Nm	Biegemoment
M_T	Nmm, Nm	Torsionsmoment
S	mm^2, cm^2, m^2	Querschnitt, Querschnittsfläche
n	$\dfrac{1}{\text{min}} = \text{min}^{-1}$	Drehzahl
P	W, kW	Leistung

p	$\dfrac{\text{N}}{\text{mm}^2}$	Flächenpressung
r	mm	Radius
v	1	Sicherheit gegen Knicken
s	mm	Stabdicke, Blechdicke
V	mm^3, m^3	Volumen
W	$\text{Nm} = \text{J} = \text{Ws}$	Arbeit, Formänderungsarbeit
W	mm^3	axiales Widerstandsmoment
W_x, W_y	mm^3	auf die x- oder y-Achse bezogenes Widerstandsmoment
W_p	mm^3	polares Widerstandsmoment für Kreis- und Kreisringquerschnitt
W_t	mm^3	Widerstandsmoment bei Torsion nicht kreisförmiger Querschnitte
α_l	$\dfrac{1}{^\circ\text{C}} = \dfrac{1}{\text{K}}$	Längen-Ausdehnungskoeffizient
α_0	1	Anstrengungsverhältnis
δ	%	Bruchdehnung, Bruchstauchung
ϵ	1	Dehnung, Stauchung, $\epsilon = \dfrac{\Delta l}{l_0}$
ϵ_q	1	Querdehnung, $\epsilon_q = \dfrac{\Delta d}{d_0}$
T	K	Temperatur in Kelvin
ΔT	$^\circ\text{C}, \text{K}$	Temperaturdifferenz in Grad Celsius ($1\ ^\circ\text{C} = 1\ \text{K}$)
λ	1	Schlankheitsgrad
λ_0	1	Grenzschlankheitsgrad (untere Grenze)
μ	1	Poisson-Zahl $\mu = \dfrac{\epsilon_q}{\epsilon}$
v	1	Sicherheit, allgemein bei Festigkeitsuntersuchungen
ϱ	mm	Biegeradius, Krümmungsradius der elastischen Linie
α_k	1	Kerbformzahl
β_k	1	Kerbwirkungszahl
η_k	1	Kerbempfindlichkeitszahl

σ		Normalspannung allgemein (Druck, Zug, Biegung, Knickung)	σ_{zul}		zulässige Normalspannung ($\sigma_{b\,zul}$, $\sigma_{d\,zul}$, $\sigma_{K\,zul}$, $\sigma_{z\,zul}$)
$R_m\,(\sigma_B)$		Zugfestigkeit			Schubspannung allgemein
σ_b		Biegespannung	τ		Tangentialspannung
σ_d		Druckspannung			(Schub, Abscheren, Torsion)
σ_E		Spannung an der Elastizitätsgrenze	τ_a	$\dfrac{\text{N}}{\text{mm}^2}$	Abscherspannung $\tau_a = \dfrac{F}{A}$
σ_K	$\dfrac{\text{N}}{\text{mm}^2}$	Knickspannung	τ_s		Schubspannung $\tau_s = c\,\dfrac{F}{A}$
σ_l		Lochleibungsdruck	τ_t		Torsionsspannung
σ_P		Spannung an der Proportionalitätsgrenze	τ_{zul}		zulässige Schub-(Tangential)-spannung
$R_e\,(\sigma_S)$		Streckgrenze			
$R_{p\,0,2}$		0,2-Dehngrenze	φ	$^\circ$, rad	Biege- oder Verdrehwinkel
σ_z		Zugspannung	ω	1	Knickzahl

1 Allgemeines
G. Böge

1.1 Aufgaben der Festigkeitslehre

Die Festigkeitslehre ist ein Teil der Mechanik. Sie behandelt die Beanspruchungen, das sind die *Spannungen* und *Formänderungen*, die äußere Kräfte (Belastungen) in festen elastischen Körpern (Bauteilen) auslösen.

Die mathematisch auswertbaren Erkenntnisse werden benutzt *zur Ermittlung der Abmessungen* der „gefährdeten" Querschnitte von Bauteilen (Wellen, Achsen, Bolzen, Hebel, Schrauben usw.) für eine nicht zu überschreitende sogenannte zulässige Beanspruchung des Werkstoffes: *Querschnittsnachweis;* und zur *Kontrolle* der im gegebenen gefährdeten Querschnitt vorhandenen Beanspruchungen und Vergleich mit der zulässigen Beanspruchung: *Spannungsnachweis.* Dabei werden ausreichende Sicherheit gegen Bruch und zu große Formänderung, aber auch Wirtschaftlichkeit der Konstruktion erwartet.

In der Konstruktion ist es vorteilhaft, die Abmessungen der Bauteile zunächst anzunehmen. Mit den Gesetzen der Festigkeitslehre werden dann die vorhandenen Spannungen und Formänderungen bestimmt und mit den zulässigen verglichen.

Die Erkenntnisse der Festigkeitslehre bauen auf den Gesetzen der Statik auf und lassen sich nur im Zusammenhang mit den Erkenntnissen der Werkstofftechnik, Werkstoffkunde und (-prüfung) anwenden.

1.2 Schnittverfahren

In der Statik werden die von *Bauteil zu Bauteil* übertragenen *inneren* Kräfte (innere Kräfte im Sinne einer mehrteiligen Konstruktion) durch „Freimachen" des betrachteten Bauteiles zu *äußeren* Kräften gemacht und dann mit Hilfe der Gleichgewichtsbedingungen die noch unbekannten Kräfte und Kraftmomente bestimmt.

In ähnlicher Weise werden in der Festigkeitslehre durch eine gedachte Schnittebene die von *Querschnitt zu Querschnitt* übertragenen *inneren* Kräfte zu *äußeren* gemacht. Der Ansatz der statischen Gleichgewichtsbedingungen für einen der beiden abgetrennten Teile liefert danach Art und Größe des inneren Kräftesystems. Erst damit kommt man zu einer Vorstellung über den Beanspruchungszustand (Spannungszustand) des betrachteten Bauteils und kann etwas über die *Verteilung* der inneren Kräfte aussagen.

Bei „statisch unbestimmten Problemen" reichen die statischen Gleichgewichtsbedingungen nicht aus und es müssen noch Verformungsgleichungen der Elastizitätslehre herangezogen werden (siehe Beispiel Bild 3), damit die Summe aller verfügbaren Gleichungen mindestens gleich der Anzahl der unbekannten Kräfte und Kraftmomente ist.

1.2.1 Arbeitsplan zum Schnittverfahren

Der betrachtete Bauteil wird frei gemacht (siehe C Statik) und alle äußeren Kräfte und Kraftmomente bestimmt; im „gefährdeten" Querschnitt (oder an beliebiger Stelle) wird ein „Schnitt" gelegt; am Schnittufer eines der beiden abgetrennten Teile werden solche inneren Kräfte und Kraftmomente angebracht, sodass inneres und äußeres Kräftesystem im Gleichgewicht stehen; das innere Kräftesystem wird mit Hilfe der Gleichgewichtsbedingungen bestimmt.

1.2.2 Anwendungsbeispiel: Zahn eines geradverzahnten Stirnrades

Nach Bild 1a (Lageplan) wird der Zahn durch die äußere Kraft F unter dem Winkel β zur Senkrechten belastet. F wird in die Komponenten $F \cos \beta$ und $F \sin \beta$ zerlegt, weil das innere Kräftesystem dann gleich in Komponentenform vorliegt.

Durch Schnitt $A-B$ wird ein Teil des Zahnes vom Radkörper abgetrennt und durch schrittweises Hinzufügen geeigneter Kräfte und Momente das durch den Schnitt gestörte Gleichgewicht des abgeschnittenen Teiles wieder hergestellt.

Aus der Bedingung $\Sigma F_x = 0$ ergibt sich, dass der Querschnitt $A-B$ eine *Querkraft* $F_q = F \sin \beta$ zu übertragen hat; ebenso aus $\Sigma F_y = 0$, dass eine *Normalkraft* $F_N = F \cos \beta$ aufgenommen werden muss. Sind diese beiden inneren Kräfte eingetragen, so erkennt man, dass dem Kräftepaar mit den Teilkräften $F \sin \beta$ im Querschnitt ein *inneres Moment* M_b (= Biegemoment) $= F \sin \beta \cdot l$ entgegen wirken muss. Damit ist das innere Kräftesystem vollständig bestimmt.

Der benachbarte Querschnitt des Zahnradkörpers muss das gleiche innere Kräftesystem übertragen, jedoch mit entgegengesetztem Richtungssinn, weil auch diese beiden Kräftesysteme im Gleichgewicht stehen müssen.

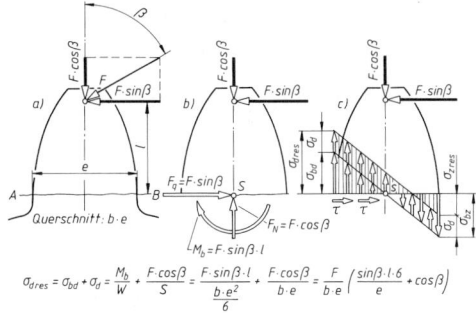

$$\sigma_{dres} = \sigma_{bd} + \sigma_d = \frac{M_b}{W} + \frac{F \cdot \cos\beta}{S} = \frac{F \cdot \sin\beta \cdot l}{\frac{b \cdot e^2}{6}} + \frac{F \cdot \cos\beta}{b \cdot e} = \frac{F}{b \cdot e}\left(\frac{\sin\beta \cdot l \cdot 6}{e} + \cos\beta\right)$$

Bild 1.
Schnittverfahren am Zahn eines Zahnrades
a) Lageplan,
b) inneres Kräftesystem,
c) Spannungssystem (Spannungsbild)

Jetzt kann das Spannungssystem (Spannungsbild 1c) entworfen werden:

Querkraft $F_q = F \sin\beta$ erzeugt *Schub*spannungen τ (*in* der Fläche liegend);

Normalkraft $F_N = F \cos\beta$ erzeugt *Normal*spannungen σ (rechtwinklig auf der Fläche stehend), als *Druck*spannung auftretend;

Biegemoment $M_b = F \sin\beta \cdot l$ erzeugt *Normal*spannungen σ, als *Zugspannung* σ_z und *Druckspannung* σ_d auftretend; sie heißen *Biegespannung* σ_b und sind hier durch die Indices unterschieden: σ_{bz}, σ_{bd}.

Wie die Spannungen über dem Querschnitt verteilt sind (Spannungsbild), ist in den entsprechenden Kapiteln erläutert (Zug, Druck, Biegung). Die Herleitung der Gleichung für die resultierende (größte)

Druckspannung $\sigma_{d\,res}$ ergibt sich aus dem Spannungsbild.

1.2.3 Anwendungsbeispiel: Schwingende Kurbelschleife

Bild 2a zeigt das Schema eines Schubkurbelgetriebes. Die mit Winkelgeschwindigkeit ω umlaufende Kurbel bewegt mit dem im Gleitstein 1 sitzenden Kurbelzapfen die Schwinge um den Drehpunkt des Lagers A. In der gezeichneten Stellung verschiebt die Schwinge über den Gleitstein 2 den horizontal geführten Stößel nach rechts. Das im Schnitt $x-x$ auftretende innere Kräfte- und Spannungssystem soll bestimmt werden. Reibung und Massenkräfte sind zu vernachlässigen.

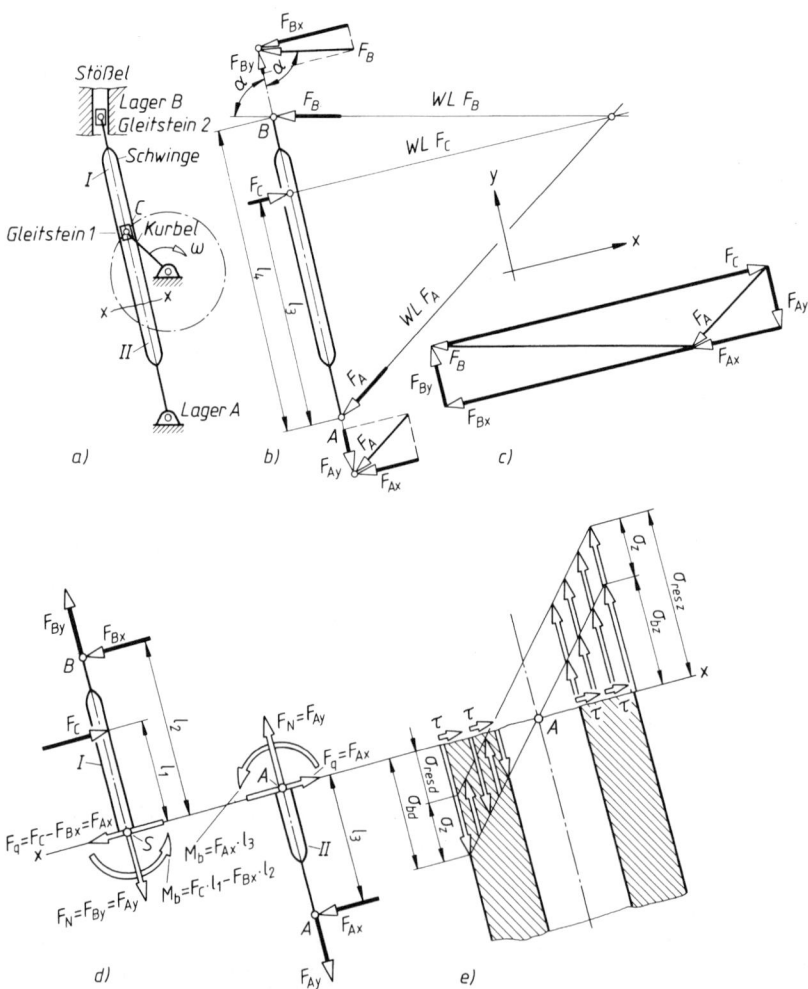

Bild 2. Schnittverfahren an der Schwinge eines Schubkurbelgetriebes a) Lageplan (Schema) des Getriebes mit Schnittstelle $x-x$, b) Lageplan der freigemachten Schwinge mit Wirklinien der Kräfte F_A, F_B, F_C (Dreikräfteverfahren), c) Kräfteplan der Schwingenkräfte F_A, F_B, F_C, d) inneres Kräftesystem im Schnitt $x-x$, e) Spannungssystem im Schnitt $x-x$

Nach dem *Arbeitsplan* wird zunächst die Schwinge frei gemacht (Bild 2b). Der Stößel überträgt über Gleitstein 2 in waagerechter Richtung die aus dem Zerspanungswiderstand *bekannte Kraft* F_B von rechts nach links. Gleitstein 1 überträgt auf die Schwinge die rechtwinklig zur Schwingenachse wirkende (noch unbekannte) Kraft F_C. Im Lagerpunkt A (zweiwertig) greift an der Schwinge die (noch unbekannte) Stützkraft F_A an. Zur rechnerischen (analytischen) Kräftebestimmung werden F_B und F_A in ihre x- und y-Komponenten zerlegt. Bild 2b und 2c zeigen die *zeichnerische* Lösung (3-Kräfte-Verfahren). *Rechnerisch* ergibt sich

$$\text{I. } \Sigma F_x = 0 = -F_{Bx} - F_{Ax} + F_C$$
$$F_{Ax} = F_C - F_{Bx}$$

$$\text{II. } \Sigma F_y = 0 = +F_{By} - F_{Ay}$$
$$F_{Ay} = F_{By}$$

$$\text{III. } \Sigma M_{(A)} = 0 = -F_C l_3 - F_{Bx} l_4$$
$$F_C = \frac{F_{Bx} l_4}{l_3}$$

Die Gleichung für F_C wird zur Berechnung von F_{Ax} in I. eingesetzt; F_{Ay} ist aus II. bestimmt und damit auch $F_A = \sqrt{F_{Ax}^2 + F_{Ay}^2}$ berechenbar (wird hier nicht gebraucht). Mit den ermittelten Kräften F_C, F_{Ax}, F_{Ay} und der bekannten Kraft F_B kann nun das innere Kräftesystem im Schnitt $x-x$ bestimmt werden (Bild 2d).

Die am Schwingen-Teilstück I angreifenden Kräfte stehen im Gleichgewicht, wenn der Querschnitt $x-x$ überträgt (siehe auch Kräfteplan):
die *Normalkraft* $F_N = F_{By} = F_{Ay}$; sie erzeugt *Normal*spannungen σ (als Zugspannung σ_z);
die *Querkraft* $F_q = F_C - F_{Bx} = F_{Ax}$; sie erzeugt *Schub*spannungen τ;
das *Biegemoment* $M_b = -F_C l_1 + F_{Bx} l_2 = -F_{Ax} l_3$, es erzeugt *Normal*spannungen σ (als Biegespannungen σ_b).
Das innere Kräfte- und Spannungssystem im benachbarten Querschnitt des Schwingen-Teilstücks II muss von gleicher Größe sein, jedoch von entgegengesetztem Richtungssinn. Bild 2e zeigt das Spannungssystem.

1.3 Spannung

1.3.1 Spannungsbegriff

Mit Hilfe des Schnittverfahrens kann für beliebige Querschnitte Betrag und Richtung des inneren Kräftesystems bestimmt werden. Damit kann der Betrag der *Beanspruchung* des Werkstoffs berechnet werden.

Ein Maß für den Betrag der Beanspruchung ist die *Spannung* (Bild 3). Man spricht auch von mechanischer Spannung, im Gegensatz z.B. zur elektrischen Spannung.

$$\text{Spannung} = \frac{\text{innere Kraft } F \text{ in N}}{\text{Querschnittsfläche } A \text{ in mm}^2}$$

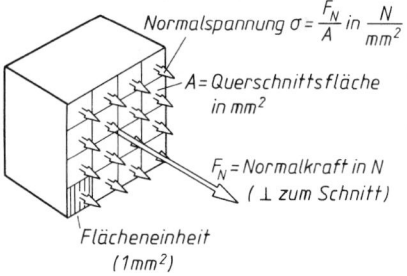

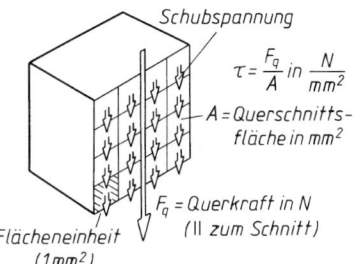

Bild 3. Normalspannung σ und Schubspannung τ (Tangentialspannung)

1.3.2 Spannungsarten

Steht die innere Kraft *rechtwinklig* zum Querschnitt, spricht man von einer *Normalkraft* F_N. Liegt sie dagegen *im Schnitt* selbst, wirkt sie also *quer* zur Längsachse eines stabförmigen Körpers, wird sie als *Querkraft* F_q bezeichnet. Damit ergeben sich auch zwei rechtwinklig aufeinander stehende Spannungsrichtungen, die *Normalspannung*

$$\sigma = \frac{F_q}{A} \qquad \begin{array}{c|c|c} \sigma & F_N & A \\ \hline \frac{N}{mm^2} & N & mm^2 \end{array} \qquad (1)$$

hervorgerufen durch die rechtwinklig zum Schnitt stehende innere *Normalkraft* F_N (Zug- oder Druckkraft) und die *Schubspannung* (Tangentialspannung)

$$\tau = \frac{F_q}{A} \qquad \begin{array}{c|c|c} \tau & F_q & A \\ \hline \frac{N}{mm^2} & N & mm^2 \end{array} \qquad (2)$$

hervorgerufen durch die *im* Querschnitt liegende innere *Querkraft* F_q (Schubkraft).

Die Beanspruchungsart (Zug, Druck, Abscheren, Biegung, Torsion) wird durch einen an das Spannungssymbol angehängten *Kleinbuchstaben* (Index) gekennzeichnet: σ_z Zugspannung, σ_d Druckspannung, σ_b Biegespannung, τ_a Abscherspannung, τ_t Torsionsspannung. Im Gegensatz dazu erhalten Spannungs*grenzen* (Grenzspannungen), das ist der Spannungsbetrag, der am Ende eines kennzeichnenden Zustands auftritt, *Großbuchstaben*: σ_E Elastizitätsgrenze, σ_P Proportionalitätsgrenze, σ_F Fließgrenze, $R_m(\sigma_B)$ Bruchgrenze, ebenso σ_D Dauerfestigkeit, σ_W Wechselfestigkeit, σ_{Sch} Schwellfestigkeit. *Nennspannung* σ_n ist derjenige rechnerische Spannungsbetrag, der bei vorliegenden Baumaßen aus den bekannten äußeren Kräften für einen betrachteten Querschnitt ermittelt wird.

1.4 Formänderung

Jeder feste Körper ändert unter der Einwirkung von Kräften seine Form. Nimmt der Körper nach Entlastung seine ursprüngliche Form wieder an, spricht man von *elastischer* Formänderung, behält er sie bei, von *plastischer* Formänderung. In technischen Bauteilen sind plastische und elastische Bereiche zu finden. Hier werden nur die elastischen Formänderungen rechnerisch behandelt.

Der auf Zug beanspruchte zylindrische Stab in Bild 4 besitzt die *Ursprungslänge* l_0 und erfährt eine *Verlängerung* (bei Druck *Verkürzung*):

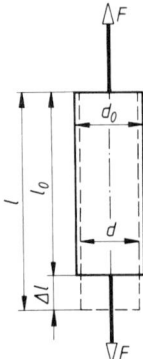

Bild 4.
Formänderung am Zugstab

$$\Delta l = l - l_0 \tag{3}$$

Die Längenänderung, die 1 mm des unbelasteten Stabes durch die Spannung σ erfährt, heißt *Dehnung* (bei Druck *Stauchung*):

$$\epsilon = \frac{\Delta l}{l_0} = \frac{l - l_0}{l_0} \qquad \begin{array}{c|c} \epsilon & l_0, l, \Delta l \\ \hline 1 & mm \end{array} \tag{4}$$

Die nach dem Zerreißversuch gebliebene Verlängerung Δl_B, bezogen auf die Ursprungslänge l_0 (Messlänge) heißt *Bruchdehnung*

$$A = \frac{\Delta l_B}{l_0} 100 \qquad \begin{array}{c|c} A & l_0, \Delta l_B \\ \hline \% & mm \end{array} \tag{5}$$

Die Verlängerung nach dem Bruch Δl_B ist abhängig von l_0. Deshalb wird diese durch eine Beizahl gekennzeichnet: A_{10} bei $l_0 = 100$ mm; A_5 bei $l_0 = 50$ mm.

Neben der *Längenänderung* tritt bei Zug auch eine *Querschnittsveränderung* auf, eine *Querdehnung*:

$$\epsilon_q = \frac{\Delta d}{d_0} = \frac{d_0 - d}{d_0} \tag{6}$$

1.5 Hooke'sches Gesetz (Elastizitätsgesetz)

Die Beziehung zwischen Dehnung ϵ und zugehöriger Spannung σ klärt der Zugversuch: Bis zur *Proportionalitätsgrenze* σ_P (s. E Werkstoffprüfung) wächst bei vielen Werkstoffen (z.B. Stahl) die Dehnung ϵ mit der Spannung σ im gleichen Verhältnis (proportional). Bei doppelter Spannung zeigt sich die doppelte Dehnung. Es gilt dann das *Hooke'sche Gesetz*

$$\sigma = \frac{\Delta l}{l_0} E = \epsilon E \tag{7}$$

Damit ergibt sich die *Verlängerung* (Verkürzung)

$$\Delta l = \epsilon l_0 = \frac{\sigma l_0}{E} = \frac{F l_0}{EA} \tag{8}$$

$\Delta l, l_0$	ϵ	E, σ	F	A
mm	1	$\dfrac{N}{mm^2}$	N	mm^2

Beachte: Gleichungen (7) und (8) gelten nur bei Spannungen $\sigma < \sigma_P$. Es ist also immer zu prüfen, ob das Hooke'sche Gesetz *überhaupt* gilt und ob es *noch* gilt.

Der *Elastizitätsmodul E* (kurz: E-Modul) ist bei vielen Stoffen eine konstante Größe (Zahlenwerte in Tab. 1). Da die Dehnung eine „Verhältnisgröße" ist (Dimension eins), hat der E-Modul die Dimension einer Spannung, also „Kraft durch Fläche".

Man kann den E-Modul dreifach deuten:

a) mathematisch als Proportionalitätsfaktor in der Gleichung $\sigma = \epsilon E$,

b) geometrisch als ein Maß für die Steigung der Spannungslinie im Spannungs-Dehnungs-Diagramm:

$$E \stackrel{\wedge}{=} \tan \alpha = \sigma / \epsilon,$$

c) physikalisch als diejenige Spannung, die eine Verlängerung auf die doppelte Ursprungslänge hervorruft (Dehnung $\epsilon = 1$). Das ist praktisch unmöglich, weil dieser Spannungswert über der Proportionalitätsgrenze liegt und damit (8) nicht mehr gilt.

Tabelle 1. Elastizitätsmodul E und Schubmodul G einiger Werkstoffe

Werkstoff	Stahl	Stahl-guss	Guss-eisen	Cu Sn Zn-Legierung	Al Cu Mg
E in N/mm^2	$2{,}1 \cdot 10^5$	$2{,}1 \cdot 10^5$	$0{,}8 \cdot 10^5$	$0{,}9 \cdot 10^5$	$0{,}72 \cdot 10^5$
G in N/mm^2	$0{,}8 \cdot 10^5$	$0{,}8 \cdot 10^5$	$0{,}4 \cdot 10^5$		$0{,}28 \cdot 10^5$

1.6 Die Grundbeanspruchungsarten

1.6.1 Zugbeanspruchung (Zug)

Die äußeren Kräfte ziehen in Richtung der Stabachse (Bild 5). Sie versuchen die benachbarten „Schnittufer" der Teilstücke I und II voneinander zu entfernen: der Stab wird verlängert (gedehnt). Die innere Kraft F_N steht rechtwinklig zur Schnittfläche, es entstehen *Normal*spannungen σ_z (Zugspannungen).

1.6.2 Druckbeanspruchung (Druck)

Die äußeren Kräfte drücken in Richtung der Stabachse (Bild 6). Sie versuchen, die beiden Schnittufer einander näher zubringen: der Stab wird verkürzt. Die innere Kraft F_N steht wie bei Zug rechtwinklig zur Schnittfläche, es entstehen wieder *Normal*spannungen σ_d (Druckspannungen). Bei schlanken Stäben besteht die Gefahr des Ausknickens: Knickbeanspruchung (Bild 8).

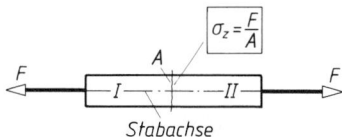

Bild 5. Zugbeanspruchung

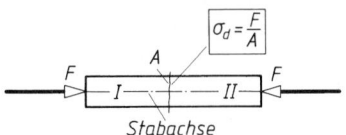

Bild 6. Druckbeanspruchung

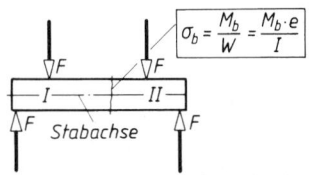

Bild 7. Biegebeanspruchung

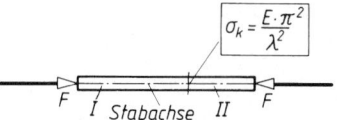

Bild 8. Knickbeanspruchung

1.6.3 Biegebeanspruchung (Biegung)

Die äußeren Kräfte ergeben ein Kräftepaar (Kraftmoment M_b = Biegemoment) und eine Querkraft (Bild 7). Das Kräftepaar wirkt in einer durch die Stabachse laufenden Ebene und versucht die Schnittufer gegeneinander schräg zu stellen: der Stab wird gebogen. Das innere Moment M_b, steht rechtwinklig zur Schnittfläche, es entstehen *Normal*spannungen σ_b (Biegespannungen = Zug- und Druckspannungen).

1.6.4 Knickbeanspruchung (Knickung)

Die äußeren Kräfte drücken wie bei Druck in Richtung der Stabachse. „Schlanke" Druckstäbe knicken dann bei einer bestimmten Belastung plötzlich aus (Bild 8). Knickung ist kein Spannungsproblem sondern das Stabilitätsversagen bei Druckbeanspruchung.

1.6.5 Abscherbeanspruchung (Abscheren)

Die äußeren Kräfte wirken rechtwinklig zur Stabachse (Bild 9). Sie versuchen die beiden Schnittufer parallel zueinander zu verschieben. Die innere Kraft F_q liegt *in* der Schnittfläche, es entstehen *Schub*spannungen τ_a (Abscherspannungen).

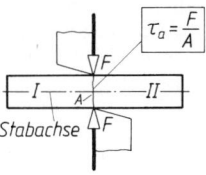

Bild 9. Abscherbeanspruchung

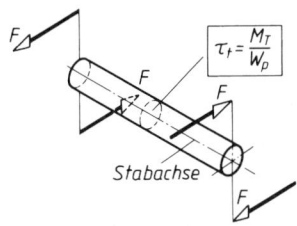

Bild 10. Torsion (Verdrehbeanspruchung)

1.6.6 Torsion (Verdrehbeanspruchung)

Die äußeren Kräfte ergeben ein Kräftepaar nach Bild 10. Es wirkt in einer rechtwinklig zur Stabachse stehenden Ebene und versucht die Schnittufer gegeneinander zu verdrehen: der Stab wird verdreht (tordiert). Das innere Moment M_T (Torsionsmoment) liegt *in* der Schnittfläche, es entstehen *Schub*spannungen τ_t (Torsionsspannungen).

1.7 Zusammengesetzte Beanspruchung

Das gemeinsame Auftreten zweier oder mehrerer Grundbeanspruchungsarten heißt zusammengesetzte Beanspruchung. Sie kann schon durch eine Einzelkraft F allein hervorgerufen werden (Bild 11). Welche Beanspruchungsarten auftreten, klärt das Schnittverfahren. Beispielsweise hat der beliebige Querschnitt $x-x$ der Handkurbel in Bild 11 zu übertragen:

Biegemoment $\qquad M_{b1} = F \cos \alpha \cdot l_1$
ergibt Biegebeanspruchung

Biegemoment $\qquad M_{b2} = F \sin \alpha \cdot l_2$
ergibt Biegebeanspruchung

Torsionsmoment $\qquad M_T = F \sin \alpha \cdot l_1$
ergibt Torsionsbeanspruchung

Querkraft $\qquad\qquad F_q = F \sin \alpha$
ergibt Abscherbeanspruchung

Normalkraft $\qquad\quad F_N = F \cos \alpha$
ergibt Druck- und Knickbeanspruchung

Die aus diesen fünf Grundbeanspruchungsarten resultierende zusammengesetzte Beanspruchung heißt „Biege-Drill-Knickung". Die beiden Biegemomente M_{b1} und M_{b2} werden geometrisch zu einem resultierenden Biegemoment M_b zusammengefasst.

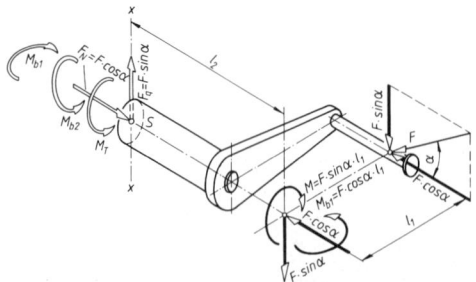

Bild 11.
Zusammengesetzte Beanspruchung als Folge einer schräg angreifenden Einzelkraft F

1.8 Festigkeit

1.8.1 Begriff der Festigkeit

Allgemein wird in der Festigkeitslehre unter *Festigkeit* die *Widerstandsfähigkeit* eines *Werkstoffs* bzw. eines *Bauteiles* gegen *Bruch* bei mechanischer Beanspruchung verstanden. Es ist demnach zwischen der *Festigkeit eines Werkstoffes* und der *Festigkeit eines Bauteils* zu unterscheiden, letzteres wird jedoch gesondert in der *Gestaltfestigkeitslehre* behandelt. Die Definition einer Festigkeit ist an die *Versuchsausführung* gebunden, z.B. ob die Werkstoffprobe ruhender, stoßender oder schwingender Belastung unterworfen wird, in welcher Weise die äußeren Kräfte wirken und welche Formänderungen hervorgerufen werden.
In den meisten Fällen werden die am Probestab ermittelten rechnerischen Festigkeitswerte auf die Ursprungsmaße des Prüfkörpers bezogen, so dass es sich nur um angenäherte Werte handeln kann. Viele Versuchsanordnungen und -auswertungen zur Ermittlung solcher Festigkeitswerte sind genormt (siehe Werkstoffprüfung).
Während die Festigkeit eines *Werkstoffs* durch die Angabe einer *Grenzspannung* zahlenmäßig erfasst werden kann, lässt sich die Festigkeit *eines Bauteils* oder einer ganzen Tragkonstruktion vielfach nur durch die Angabe einer *Traglast* kennzeichnen. Das gilt für solche Fälle, in denen zwar die äußeren Kräfte bestimmt sind, jedoch wegen der verwickelten Form der Konstruktion nichts über die Beanspruchungsart ausgesagt werden kann.

1.8.2 Festigkeit bei statischer (ruhender, zügiger) Belastung, Dauerstandfestigkeit

Beim Zugversuch nach DIN EN 10002 wird der Probestab einer allmählich ansteigenden (zügigen) Zugbeanspruchung ausgesetzt bis er bricht. Die so ermittelte rechnerische Grenzspannung heißt *Bruchfestigkeit*, bei Zugbeanspruchung *Zugfestigkeit* R_m. In dieser Weise können auch die anderen wichtigen Grenzspannungen bestimmt werden: σ_E *Elastizitätsgrenze*, R_e oder $R_{p\,0,2}$ 0,2-Dehngrenze. Näheres siehe E Werkstofftechnik.
Wird der Probestab bei *höherer Temperatur* einer dauernden, ruhenden, unveränderten Belastung ausgesetzt, so wächst im allgemeinen die Dehnung ϵ bis zum Bruch. Da die Dehnung sehr langsam fortschreitet, heißt dieser Vorgang *Kriechen*. Blei und Zink kriechen schon unter 0 °C. Bei Kunststoffen spricht man vom „kalten Fluss", auch bei höheren Temperaturen.
Die *Dauerstandfestigkeit* σ_{Dst} ist diejenige (rechnerische) Grenzspannung bei ruhender Belastung, bei der die Dehnung im Lauf der Zeit zum Stillstand kommt, also nicht mehr zum Bruch führt. σ_{Dst} ist temperaturabhängig, also auch immer mit einer Temperaturan-

gabe verbunden. Für Stahl ist σ_{Dst} bei ca. 650 °C nahe null.

1.8.3 Festigkeit bei dynamischer (schwellender, wechselnder) Belastung, Dauerfestigkeit

1.8.3.1 Spannungen

Die Konstruktionen des Maschinenbaus unterliegen meist einer dynamischen Belastung. Den allgemeinen Fall einer dynamischen Belastung zeigt Bild 12. Die Beanspruchung wechselt dauernd periodisch zwischen einer oberen Grenzspannung σ_o und einer unteren Grenzspannung σ_u. Nach Bild 12 ergibt sich unter Beachtung der Vorzeichen für Zug- und Druckspannung die *Mittelspannung*

$$\sigma_m = \frac{\sigma_o + \sigma_u}{2} \tag{9}$$

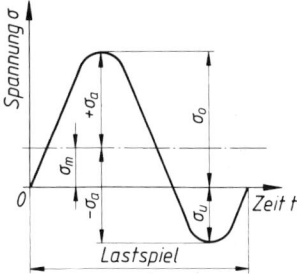

Bild 12.
σ_m Mittelspannung σ_o Oberspannung,
σ_u Unterspannung σ_a Ausschlagspannung

Ebenso wird nach Bild 12 die *Ausschlagspannung*

$$\sigma_a = \sigma_o - \sigma_m \frac{\sigma_o \pm \sigma_u}{2} \tag{10}$$

(+) für Bild 13d
(−) für Bild 12 und 13b

Die Grundfälle bei dynamischer Belastung zeigt Bild 13:

a) *Ruhende oder statische Belastung*
   Die Belastung steigt zügig an bis zu einem konstant gehaltenen Höchstwert $\sigma_m = \sigma_o = \sigma_u$ und $\sigma_a = 0$. Der entsprechende Festigkeitswert ist die *Dauerstandfestigkeit* σ_{Dst}.

b) *Reine Wechselbeanspruchung* liegt vor bei Mittelspannung $\sigma_m = 0$. Ober- und Unterspannung σ_o, σ_u sind von gleichem Betrag aber entgegengesetztem Vorzeichen (z.B. Zug- und Druckspannung) .

c) *Beanspruchung im Wechselbereich* liegt vor, wenn Ober- und Unterspannung σ_o, σ_u verschiedenen Betrag und entgegengesetztes Vorzeichen haben.

d) *Reine Schwellbeanspruchung* liegt vor bei Unterspannung $\sigma_u = 0$ und Mittelspannung $\sigma_m = $ Spannungsausschlag σ_a.

e) *Beanspruchung im Schwellbereich* liegt vor, wenn Ober- und Unterspannung σ_o, σ_u unterschiedlichen Betrag aber gleiches Vorzeichen haben. Mittelspannung $\sigma_m > $ Spannungsausschlag σ_a.

1.8.3.2 Dauerfestigkeit

σ_D ist derjenige größte Spannungsausschlag, den ein glatter, polierter Probestab bei dynamischer Belastung (Bild 13) „dauernd" ohne Bruch oder unzulässige Verformung aushält (Dauerschwingversuch nach DIN 50100, siehe auch Abschnitt E Werkstofftechnik).

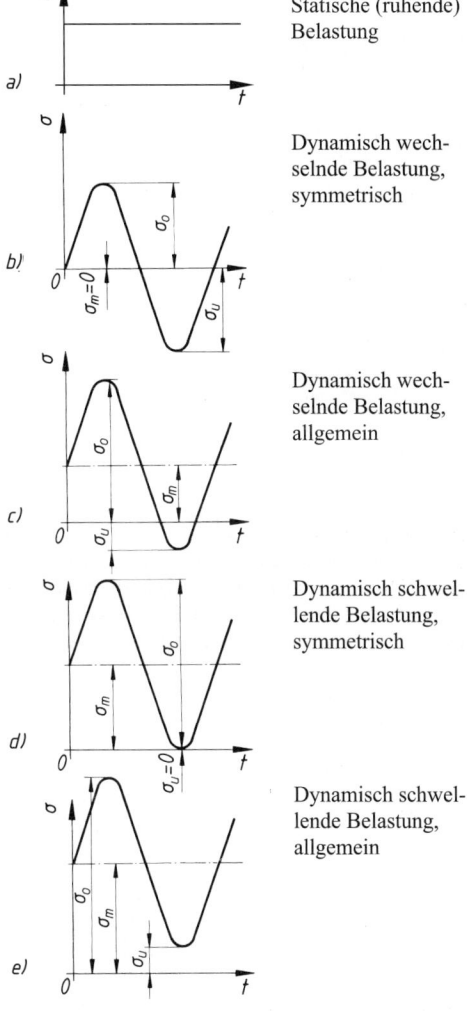

Statische (ruhende) Belastung

Dynamisch wechselnde Belastung, symmetrisch

Dynamisch wechselnde Belastung, allgemein

Dynamisch schwellende Belastung, symmetrisch

Dynamisch schwellende Belastung, allgemein

Bild 13.
Spannungsverlauf bei verschiedenen Belastungsfällen

Die *Schwellfestigkeit* σ_{Sch} ist diejenige Spannung, die ein schwellend belasteter, glatter, polierter Probestab dauernd erträgt, ohne zu brechen.

Die *Wechselfestigkeit* σ_{W} ist diejenige Spannung, die ein wechselnd belasteter, glatter, polierter Probestab dauernd erträgt, ohne zu brechen.

Da jede Beanspruchungsart (Zug, Druck, Biegung, Torsion) wechselnd oder schwellend oder allgemein schwingend auftreten kann, ist jedesmal eine genaue Kennzeichnung der betreffenden Dauerfestigkeitswerte erforderlich, z.B. Zug-Druck-Wechselfestigkeit $\sigma_{\text{z,dW}}$; Biege-Schwellfestigkeit $\sigma_{\text{b Sch}}$.

Beachte: Alle *Festigkeitswerte* erhalten als Index große Buchstaben, Spannungen allgemein dagegen kleine Buchstaben: σ_{a} beliebiger Spannungsausschlag, σ_{A} Ausschlagfestigkeit (z.B. bei Schrauben).

1.8.3.3 Gestaltfestigkeit. Die Festigkeitswerte aus dem Dauerschwingversuch werden durchweg an glatten, polierten Stäben mit 7 bis 15 mm Durchmesser ermittelt. Die Dauerfestigkeit eines *Werkstoffs* ist deshalb nicht ohne weiteres die Dauerfestigkeit eines *Bauteils*, auf dessen Haltbarkeit meistens die *Gestalt* einen wesentlichen Einfluss hat.
Die Zusammenhänge zwischen der Gestalt und der Dauerfestigkeit eines Bauteiles werden in der *Gestaltfestigkeitslehre* untersucht. Nach DIN 50100 ist Gestaltfestigkeit die durch die Nennspannung gekennzeichnete Dauerfestigkeit eines Bauteils beliebiger Gestalt (z.B. einer Kurbelwelle). Siehe auch I 10.8.1.1 Ermittlung der Gestaltfestigkeit.

1.8.4 Kerbwirkung

Die meisten Bauteile weichen von der Form des Probestabs mehr oder weniger ab, hauptsächlich durch *Kerben* jeder Form, wie Wellenabsätze, Keilnuten, Bohrungen, Naben und Anrisse infolge der Bearbeitung, kurz durch jede auch noch so kleine Querschnittsänderung.
In diesen Fällen ist die wichtigste Voraussetzung der hier später entwickelten Berechnungsgleichungen nicht mehr vorhanden, nämlich die gleichmäßige Verteilung der Spannung über dem Querschnitt.
Für den auf Zug-Druck beanspruchten Stab nach Bild 14 z.B. wird eine gleichmäßig über dem Querschnitt verteilte Spannung angenommen, deren Betrag sich aus der Gleichung $\sigma = F/A$ ergibt (F Zug- oder Druckkraft, A tragender Querschnitt). Messungen zeigen jedoch, dass die Kerbe *Spannungsspitzen* hervorruft, die ein Mehrfaches der rechnerischen Spannung betragen können. Die Spannungsspitzen können bei Beanspruchungen im Gebiet der Dauerfestigkeit des Werkstoffs durch örtliche Fließvorgänge *nicht* abgebaut werden, weil

die Fließgrenze (Streckgrenze) des Werkstoffs nicht erreicht wird.

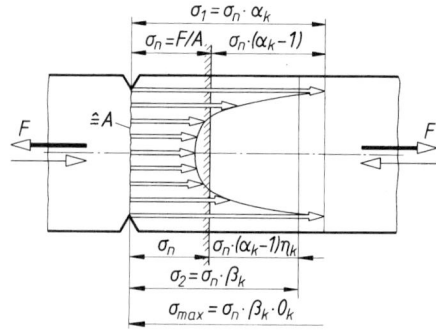

Bild 14. Kerbspannungen σ_1, σ_2, σ_{max} (Spannungsverlauf im gekerbten Zug-Druckstab)

Wird die rechnerische Spannung $\sigma = F/A$ als *Nennspannung* σ_{n} bezeichnet, und berücksichtigt man die durch *Kerben* hervorgerufene *Spannungserhöhung* durch die *Kerbformzahl* α_{k}, so ergibt sich die *erhöhte Spannung*

$$\sigma_1 = \alpha_{\text{k}}\,\sigma_{\text{n}} \tag{11}$$

Richtwerte für α_{k} siehe Bilder 15 ... 19.

Die Nennspannung σ_{n} hat dann zugenommen um
$$\sigma_1 - \sigma_{\text{n}} = \alpha_{\text{k}}\,\sigma_{\text{n}} - \sigma_{\text{n}} = \sigma_{\text{n}}\,(\alpha_{\text{k}} - 1)$$

Unter sonst gleichen Bedingungen tritt jedoch diese Spannungserhöhung nicht bei allen Werkstoffen in voller Größe auf. Hochlegierte und gehärtete Stähle sind *kerbempfindlicher* als Gusseisen und Leichtmetalllegierungen. Diese Unterschiede werden berücksichtigt durch die *Kerbempfindlichkeitszahl* η_{k}. Bei hochlegiertem Federstahl ist $\eta_{\text{k}} = 1$; sonst ergibt sich eine Spannungserhöhung von $\sigma_{\text{n}}\,(\alpha_{\text{k}} - 1)\,\eta_{\text{k}}$, mit $\eta_{\text{k}} < 1$. In diesem Fall wird die Spannungsspitze σ_1 wieder etwas abgebaut auf

$$\sigma_2 = \sigma_{\text{n}} + \sigma_{\text{n}}\,(\alpha_{\text{k}} - 1)\,\eta_{\text{k}} = $$
$$= \sigma_{\text{n}}\,[1 + (\alpha_{\text{k}} - 1)\,\eta_{\text{k}}] = \sigma_{\text{n}}\,\beta_{\text{k}} \tag{12}$$

Der letzte Faktor heißt *Kerbwirkungszahl*

$$\beta_{\text{k}} = 1 + (\alpha_{\text{k}} - 1)\,\eta_{\text{k}}$$
Richtwerte für β_{k} siehe Tabelle 4. $\tag{13}$

Damit kann für die *Kerbempfindlichkeitszahl* geschrieben werden:

$$\eta_k = \frac{\beta_k - 1}{\alpha_k - 1} \qquad (14)$$

Richtwerte für η_k siehe Tabelle 5.

Da die Riefen und Risse der Oberfläche ebenfalls den Spannungsbetrag beeinflussen, kann noch die *Oberflächenzahl* $O_k > 1$ in die Betrachtung einbezogen werden. Dann ergibt sich abschließend die tatsächliche *Spannungsspitze*

$$\sigma_{max} = \sigma_n \beta_k O_k = \sigma_n \left[1 + (\alpha_k - 1)\,\eta_k\right] O_k \qquad (15)$$

Richtwerte für O_k siehe Tabelle 6.

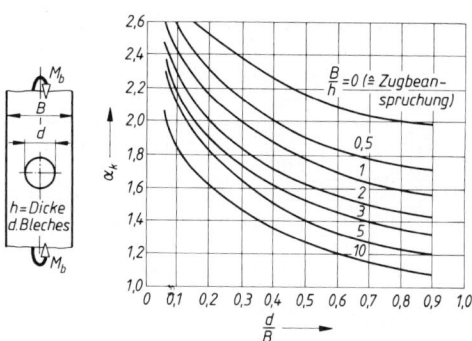

Bild 17. Formzahlen α_k biegebeanspruchter Flachstäbe, quergebohrt, in Abhängigkeit vom Bohrungsverhältnis d/B ($B/h = 0$ entspricht der Zugbeanspruchung)

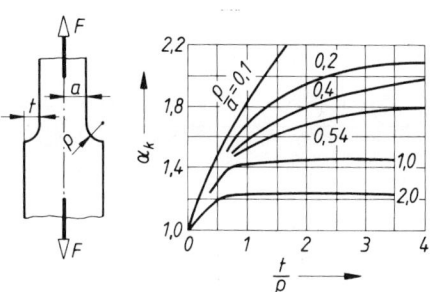

Bild 15. Formzahlen α_k zugbeanspruchter Flachstäbe mit Hohlkehlen in Abhängigkeit von der Kerbschärfe t/ϱ

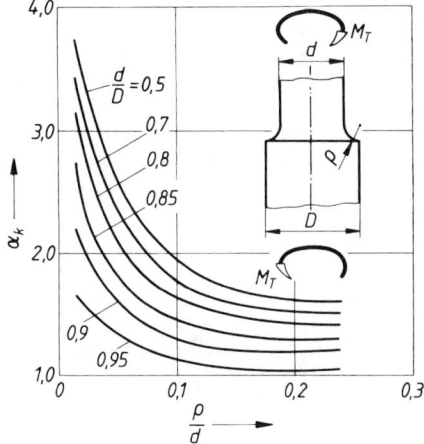

Bild 18. Formzahlen α_k für abgesetzte Wellen bei Torsion

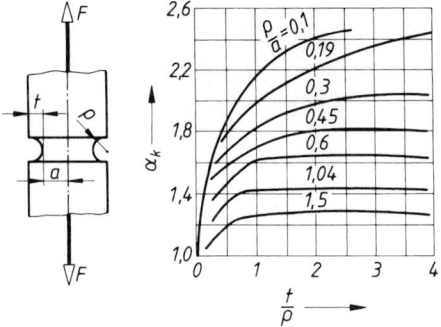

Bild 16. Formzahlen α_k zugbeanspruchter Rundstäbe mit Umlaufkerbe in Abhängigkeit von der Kerbschärfe t/ϱ

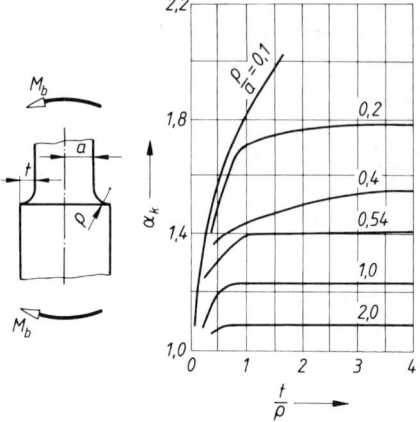

Bild 19. Formzahlen α_k für abgesetzte Wellen bei Biegung

Tabelle 2. Festigkeitswerte in N/mm² für verschiedene Stahlsorten[1]

Werkstoff	Elastizitäts-modul E	R_m	R_e / $R_{p\,0,2}$	$\sigma_{zd\,Sch}$[5]	$\sigma_{zd\,W}$	$\sigma_{b\,Sch}$[6]	σ_{bW}	$\tau_{t\,Sch}$[7]	τ_{tW}	Schub-modul G
S235JR	210 000	360	235	180	140	270	180	115	105	80 000
S275JR	210 000	430	275	220	170	320	215	140	125	80 000
E295	210 000	490	295	250	195	370	245	160	145	80 000
S355JO	210 000	510	355	270	205	380	255	165	150	80 000
E335	210 000	590	335	305	235	435	290	200	180	80 000
E360	210 000	690	360	360	275	520	345	225	205	80 000
50CrMo4 [2]	210 000	1 100	900	570	440	825	550	360	330	80 000
20MnCr5 [3]	210 000	1 100	730	570	440	825	550	360	330	80 000
34CrAlNi7 [4]	210 000	850	650	440	340	640	425	280	255	80 000

[1] Richtwerte für d_B < 16 mm, [2] Vergütungsstahl, [3] Einsatzstahl, [4] Nitrierstahl,
[5] berechnet mit 1,3 · σ_{zdW}, [6] berechnet mit 1,5 · σ_{bW}, [7] berechnet mit 1,1 · τ_{tW}

Tabelle 3. Festigkeitswerte in N/mm² für verschiedene Gusseisen-Sorten[1]

Werkstoff	Elastizitäts-modul E	R_m	$\sigma_{b\,B}$	$\sigma_{d\,B}$	$\sigma_{zd\,W}$	σ_{bW}	τ_{tW}	$\sigma_{d\,Sch}$	Schubmodul G
GJL-150	100 000	180	340	800	50	80	70	200	40 000
GJL-200	120 000	220	400	950	60	100	80	240	50 000
GGJL-250	120 000	260	460	1 100	70	120	90	280	50 000
GJMW-400-5	170 000	350	–	$R_{p0,2}$	100	140	120	250	70 000
GJMB-350-4	170 000	350	–	= 190	80	120	100	200	70 000

[1] Für 15 bis 30 mm Wanddicke; für 8 mm bis 15 mm 10 % höher, für > 30 mm 10 % niedriger;
Dauerfestigkeitswerte im bearbeiteten Zustand; für Gusshaut 20 % Abzug.

Tabelle 4. Richtwerte für die Kerbwirkungszahl β_k[1]

Kerbform	Beanspruchung	R_m[2]	β_k
Hinterdrehung in Welle (Rundkerbe)	Biegung	600	2,2
Hinterdrehung in Welle (Rundkerbe)	Torsion	600	1,8
Eindrehung für Axial-Sicherungsring in Welle	Biegung Torsion	1 000	3,5 2,5
abgesetzte Welle (Lagerzapfen)	Biegung	600	2,2
abgesetzte Welle (Lagerzapfen)	Torsion	600	1,4
Passfeder- Nut in Welle	Biegung	600	2,5
Passfeder- Nut in Welle	Biegung	1 000	3,0
Passfeder- Nut in Welle	Torsion	600	1,5
Passfeder- Nut in Welle	Torsion	1 000	1,8
Querbohrung in Achse (Schmierloch)	Biegung und Torsion	600	1,6
Flachstab mit Bohrung	Zug	360	1,7
Flachstab mit Bohrung	Biegung	360	1,4
Welle an Übergangsstelle zu festsitzender Nabe	Biegung Torsion	1 000	2,7 1,8

[1] genauere und umfangreichere Werte in DIN 743-2, [2] Zugfestigkeit R_m in N/mm²

Tabelle 5. Kerbempfindlichkeitszahlen η_k

Werkstoff	η_k	Werkstoff	η_k
S 235 JR	0,3 ... 0,5	18 CrMo 4	0,85
E 295	0,35 ... 0,6	18 Cr Ni Mo 7 - 6	0,93
E 335	0,4 ... 0,6	Federstahl	0,90 ... 1,00
E360	0,55 ... 0,65	EN-GJL-250	0,20
28 Cr 4	0,55	Leichtmetalle	0,3 ... 0,7

Tabelle 6. Oberflächenzahlen O_k

Oberfläche	O_k
geschliffene Oberfläche	1,1
geschlichtete Oberfläche	1,2
Walz-, Glüh- oder Gusshaut	1,3

1.9 Zulässige Spannung und Sicherheit

1.9.1 Allgemeines

Die zulässige Spannung ist diejenige Spannung, bis zu der ein Bauteil beansprucht werden darf. Man unterscheidet nach den verschiedenen Beanspruchungsarten $\sigma_{z\,zul}$ (zulässige Zugspannung), $\sigma_{d\,zul}$ (zulässige Druckspannung), $\sigma_{b\,zul}$ (zulässige Biegespannung), $\tau_{a\,zul}$ (zulässige Abscherspannung), $\tau_{t\,zul}$ (zulässige Torsionsspannung), $\sigma_{l\,zul}$ (zulässiger Lochleibungsdruck) usw.

Im *Stahlbau, Hochbau, Kranbau, Brückenbau* sind die zulässigen Spannungen σ_{zul}, τ_{zul}, $\sigma_{l\,zul}$ in den DIN-Blättern zusammengestellt und für Festigkeitsrechnungen behördlich vorgeschrieben. Der Konstrukteur hat hier keine Mühe, die zulässigen Spannungen zu ermitteln.

Für den Entwurf eines Bauteils im *Maschinenbau* z.B. einer Getriebewelle, müssen die äußeren Kräfte und Drehmomente aus den zu übertragenden Leistungen und Drehzahlen bekannt sein. Daraus wird für die gefährdeten Querschnitte das innere Kräftesystem bestimmt. Erst dann können mit einer zulässigen Spannung die Hauptabmessungen für die Welle berechnet und die Konstruktion als überschläglicher Entwurf erstellt werden (Dimensionieren des Bauteils).

Die zulässige Spannung wird getrennt für statische (ruhende) oder dynamische (schwellende und wechselnde) Belastung festgelegt.

1.9.2. Zulässige Spannung bei statischer Belastung

Statische, also ruhende Belastung ist im Maschinenbau selten. Soll für statisch belastete Bauteile die zulässige Spannung ermittelt werden, dann geht man von der Streckgrenze R_e des verwendeten Werkstoffes aus. Bei Werkstoffen, die beim Zugversuch keine

ausgeprägte Streckgrenze erkennen lassen, tritt an die Stelle der Streckgrenze R_e die 0,2-Dehngrenze $R_{p\,0,2}$. Die Tabellen 2 und 3 enthalten verschiedene Festigkeitswerte für verschiedene Stahl und Gusseisensorten. Für weitere nimmt man die Streckgrenze aus den Tabellen 7, 8, 9 (Linie I).

Die zulässige Spannung σ_{zul} muss gegenüber den Festigkeitswerten R_e oder $R_{p\,0,2}$ genügend klein sein, anders gesagt, es muss eine genügend große Sicherheit v vorhanden sein:

$$\sigma_{zul} = \frac{R_e \text{ oder } R_{p\,0,2}}{v} \qquad (16)$$

Sicherheit $v \approx 1,5$ für Stahl

Nicht bei allen Werkstoffen lässt sich eine Streckgrenze oder 0,2-Dehngrenze ermitteln, weil sie zu spröde sind. Das gilt zum Beispiel für normale Gusseisen (nicht Kugelgraphitguss), für Holz und Keramik. Dann kann die zulässige Spannung nur über die Bruchfestigkeit R_m bestimmt werden, natürlich mit einer entsprechend höheren Sicherheit:

$$\sigma_{zul} = \frac{R_m}{v} \qquad \begin{array}{l} \text{Sicherheit } v \approx 2 \text{ für Guss-} \\ \text{eisen } (R_m \text{ nach Tabelle 3)} \end{array} \qquad (17)$$

Kerbwirkungen brauchen bei statischer Belastung der Bauteile nicht berücksichtigt zu werden, weil die Bruchgefahr durch Kerbwirkung nicht erhöht wird. Sie soll sogar vermindert werden, vermutlich durch die Stützwirkung weniger beanspruchter Stoffteilchen (siehe auch 1.8.4).

Liegen für Scher- und Verdrehfestigkeit keine Werte vor, kann man etwa wählen:

$\tau_{a\,zul}$ ($\tau_{t\,zul}$) $\approx 0,8(0,65) \cdot \sigma_{z\,zul}$ bei Stahl, Stahlguss; Cu Sn -Legierungen $\approx 0,8(0,7) \cdot \sigma_{z\,zul}$ bei Al und Al-Legierungen; $\approx 1,2 \cdot \sigma_{z\,zul}$ bei Gusseisen und Temperguss.

1.9.3 Zulässige Spannung bei dynamischer (schwellender und wechselnder) Belastung

Im Gegensatz zur Ermittlung der zulässigen Spannung bei statischer Belastung, bei der man von der Streckgrenze R_e bzw. $R_{p\,0,2}$ ausgeht, wird bei dynamischer Belastung die Dauerfestigkeit σ_D des verwendeten Werkstoffs zugrunde gelegt.

$$\sigma_{zul} = \frac{\sigma_D}{v} \qquad (18)$$

Sicherheit gegen Dauerbruch $v = 3...4$

Bei Schubbeanspruchung ist in den Gleichungen für die Spannung σ die Schubspannung τ einzusetzen, z.B. für σ_D die Schub-Dauerfestigkeit τ_D.

Die Dauerfestigkeitswerte σ_D, τ_D können den Tabellen 2 und 3 oder den Dauerfestigkeitsdiagrammen in den Tabellen 7, 8 und 9 entnommen werden.

Tabelle 7. Zug-Druck-Dauerfestigkeitsdiagramme
für verschiedene Werkstoffe

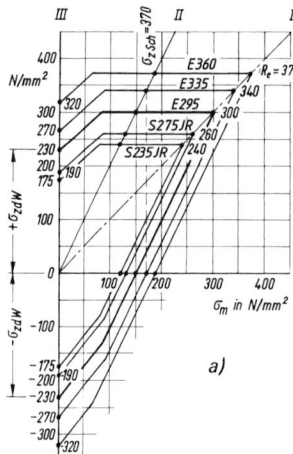

a)

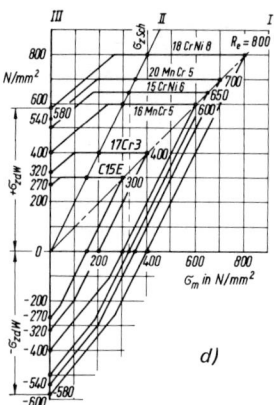

d)

a) Baustähle nach   c) Vergütungsstähle nach
    EN 10 025   EN 10 083
b) Stahlguss nach   d) Einsatzstähle nach
    DIN 1 681   EN 10 084

Tabelle 8. Biege-Dauerfestigkeitsdiagramme für
verschiedene Werkstoffe

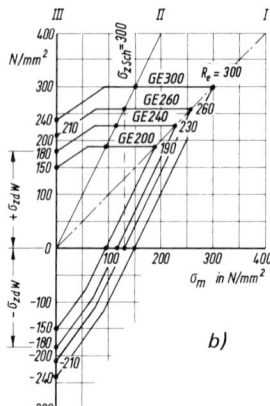

b)

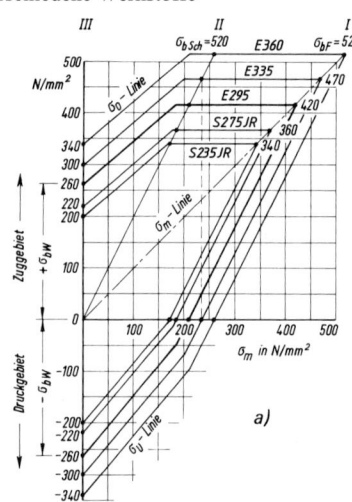

a)

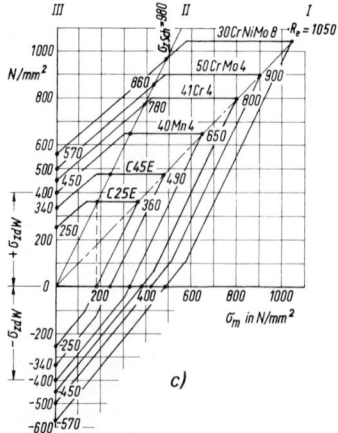

c)

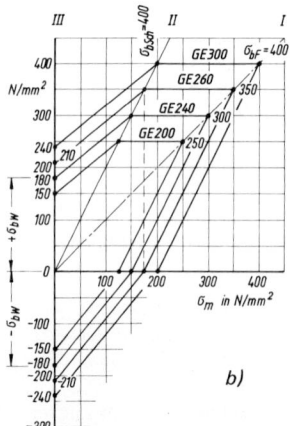

b)

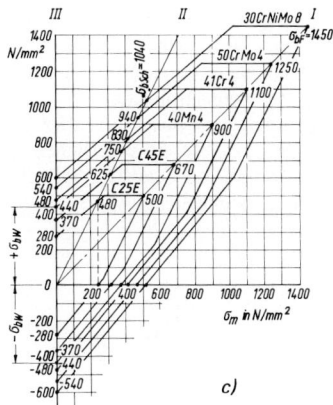

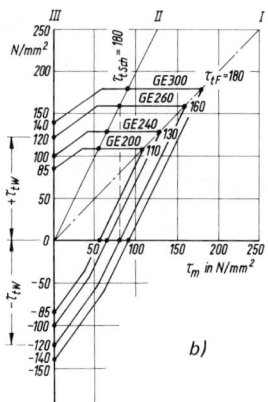

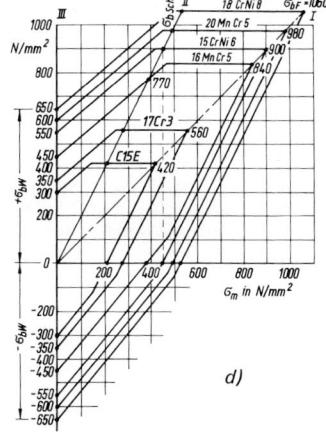

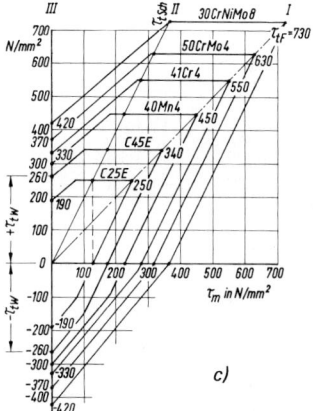

a) Baustähle nach
    EN 10 025

c) Vergütungsstähle nach
    EN 10 083

b) Stahlguss nach
    DIN 1 681

d) Einsatzstähle nach
    EN 10 084

Tabelle 9. Torsions (Verdreh)-Dauerfestigkeits-
diagramme für verschiedene Werkstoffe

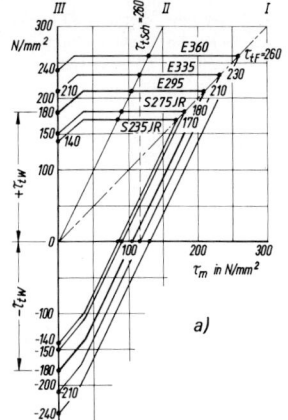

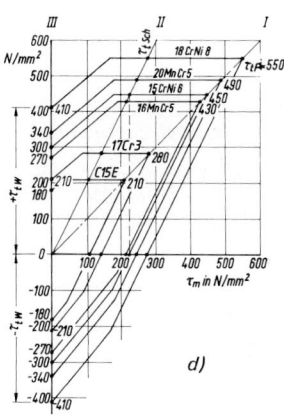

a) Baustähle nach
    EN 10 025

c) Vergütungsstähle nach
    EN 10 083

b) Stahlguss nach
    DIN 1 681

d) Einsatzstähle nach
    EN 10 084

2 Die einzelnen Beanspruchungsarten

A. Böge

2.1 Zug und Druck

2.1.1 Spannung

Wird ein Stab von beliebigem, gleichbleibendem Querschnitt durch die äußere Kraft F in der Schwerachse auf Zug oder Druck beansprucht, so wird bei gleichmäßiger Spannungsverteilung, also in genügender Entfernung vom Angriffspunkt der Kraft, die *Zug- oder Druckspannung*

$$\sigma_{z,d} = \frac{\text{Zug- oder Druckkraft } F}{\text{Querschnittsfläche } A}$$

$$\sigma_{z,d} = \frac{F}{A} \qquad \begin{array}{c|c|c} \sigma & F & A \\ \hline \frac{N}{mm^2} & N & mm^2 \end{array} \qquad (1)$$

(Zug- und Druck-Hauptgleichung)

Je nach vorliegender Aufgabe kann die Hauptgleichung umgestellt werden zur Berechnung des *erforderlichen Querschnitts* (Querschnittsnachweis):

$$A_{erf} = \frac{F}{\sigma_{zul}} \qquad (2)$$

Berechnung der *vorhandenen Spannung* (Spannungsnachweis):

$$\sigma_{vorh} = \frac{F}{A} \qquad (3)$$

Berechnung der *maximal zulässigen Belastung* (Belastungsnachweis):

$$F_{max} = \sigma_{zul} A \qquad (4)$$

Treten Zug- und Druckspannungen in einer Rechnung gleichzeitig auf, werden sie durch den Index z und d oder durch das Vorzeichen + und – unterschieden.
Bohrungen und Nietlöcher sind bei Zugbeanspruchung von der tragenden Fläche abzuziehen. Bei Druck dagegen übertragen Bolzen und Niete die Druckkraft weiter, wenn sie nicht aus weicherem Werkstoff bestehen. Der Bohrungsquerschnitt braucht dann nicht vom tragenden abgezogen zu werden. Schlanke Druckstäbe müssen auf Knickung berechnet werden. Scharfe Querschnittsverän-derun-

gen, wie Kerben, Bohrungen, Hohlkehlen usw. erfordern bei Zug und Druck eine Nachrechnung auf Kerbwirkung, weil im Kerbgrund u.U. außergewöhnlich hohe Spannungsspitzen auftreten. Die Hauptgleichung liefert dann nur die (mittlere) sogenannte *Nennspannung* σ_n. Bei veränderlichem Querschnitt gehört zur kleineren Querschnittsfläche die größere Spannung und umgekehrt.

■ **Beispiel:**
Eine Hubwerkskette trägt 20 000 N je Kettenstrang.
Gesucht: Nenngliederdurchmesser der Rundgliederkette für $\sigma_{z\,zul} = 50$ N/mm².

Lösung:

$$A_{erf} = \frac{F}{\sigma_{z\,zul}} = \frac{20\,000\ \text{N}}{50\ \dfrac{\text{N}}{\text{mm}^2}} = 400\ \text{mm}^2$$

$A = 200$ mm², daraus Durchmesser $d = 16$ mm.

■ **Beispiel:**
Welche größte Zugkraft F_{max} kann ein durch 4 Nietlöcher von $d_1 = 17$ mm Durchmesser im Steg geschwächtes Profil IPE 200 (Tabelle 10) übertragen, wenn eine zulässige Spannung von 140 N/mm² eingehalten werden muss?

Lösung:
Querschnitt $A = 2\,850$ mm² ; mit Stegdicke $s = 5,6$ mm wird der gefährdete Querschnitt:

$$A_{gef} = A - 4d_1 s = 2\,850\ \text{mm}^2 - 4 \cdot 17 \cdot 5,6\ \text{mm}^2 =$$
$$= 2\,469,2\ \text{mm}^2$$

damit

$$F_{max} = A_{gef}\,\sigma_{z\,zul} =$$
$$= 2469,2\ \ \text{mm}^2 \cdot 140\,\frac{\text{N}}{\text{mm}^2} = 345,7\ \text{kN}$$

■ **Beispiel:**
Das Stahlseil eines Förderkorbes darf mit 180 N/mm² auf Zug beansprucht werden. Es hat $A = 320$ mm² Nutzquerschnitt und wird 900 Meter tief ausgefahren. Welche Nutzlast F darf das Seil tragen?

Lösung:

$$\sigma_z = \frac{F + F_G}{A}\ ;\ \ F_{max} = \sigma_{z\,zul} A - F_G$$

$$F_G = mg = V\varrho\,g\ ;\ \ \varrho = 7850\,\frac{\text{kg}}{\text{m}^3}$$

$$F_G = Al\varrho g = 320 \cdot 10^{-6}\text{m}^2 \cdot 900\text{m} \cdot 7,85 \cdot 10^3\,\frac{\text{kg}}{\text{m}^3} \cdot 9,81\,\frac{\text{m}}{\text{s}^2} =$$

$$= 22\,178\ \text{N}$$

2.1.2 Elastische Formänderung

2.1.2.1 Verlängerung Δl. Jeder auf Zug beanspruchte Stab verlängert sich um einen berechenbaren Betrag Δl. Ist nach Bild 1 die Ursprungslänge l_0, die Länge bei Belastung l, so ergibt sich nach dem Hooke'schen Gesetz (8) in D 1.5 die *Verlängerung*

$$\Delta l = l - l_0 = \epsilon\, l_0 = \frac{\sigma\, l_0}{E} = \frac{F\, l_0}{EA} \qquad (5)$$

Δl	ϵ	σ, E	F	A
mm	1	$\dfrac{\mathrm{N}}{\mathrm{mm}^2}$	N	mm^2

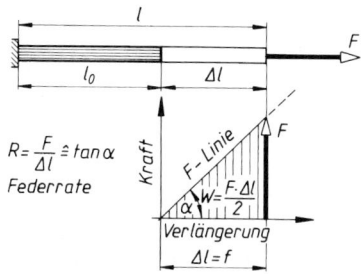

$$R = \frac{F}{\Delta l} \hat{=} \tan\alpha$$
Federrate

Bild 1. Kraft-Verlängerungsdiagramm eines Zugstabes (Federungsdiagramm), siehe auch Kapitel 2.1.2.3

2.1.2.2 Reißlänge l_r ist diejenige Länge, bei der ein frei hängender Stab von gleichbleibendem Querschnitt unter dem Einfluss seiner Gewichtskraft $F_G = mg = V\varrho g = A l_r \varrho g$ abreißt. Daher wird in der Zug-Hauptgleichung (1) die Zugkraft F durch die Gewichtskraft F_G ersetzt und diese Gleichung nach l_r aufgelöst:

$$\sigma_z = \frac{F}{A} = \frac{F_G}{A} = \frac{A l_r \varrho\, g}{A} = l_r \varrho\, g$$

$$l_r = \frac{R_m}{\varrho\, g}$$

Eine *Zahlenwertgleichung* für schnelleres Rechnen ergibt sich, wenn die Gleichung auf die Längeneinheit km zugeschnitten wird. Dazu ist die Umrechnung der Flächeneinheit mm^2 in m^2 erforderlich:

$$(l_r) = \frac{(R_m)}{(\varrho)\,(g)} = \frac{\dfrac{\mathrm{N}}{\mathrm{mm}^2}}{\dfrac{\mathrm{kg}}{\mathrm{m}^3} \cdot \dfrac{\mathrm{m}}{\mathrm{s}^2}} = \frac{\mathrm{N} \cdot \mathrm{m}^3 \cdot \mathrm{s}^2}{\mathrm{mm}^2 \cdot \mathrm{kg} \cdot \mathrm{m}} =$$

$$= \frac{\dfrac{\mathrm{kg}\,\mathrm{m}}{\mathrm{s}^2} \cdot \mathrm{m}^3 \cdot \mathrm{s}^2}{10^{-6}\mathrm{m}^2 \cdot \mathrm{kg} \cdot \mathrm{m}}$$

$$(l_r) = 10^6\,\mathrm{m} = 10^3\,\mathrm{km}$$

$$l_r = 10^3\, \frac{R_m}{\varrho\, g}$$

l_r	R_m	ϱ	g
km	$\dfrac{\mathrm{N}}{\mathrm{mm}^2}$	$\dfrac{\mathrm{kg}}{\mathrm{m}^3}$	$\dfrac{\mathrm{m}}{\mathrm{s}^2}$

Mit $g \approx 10\, \dfrac{\mathrm{m}}{\mathrm{s}^2}$ wird die Gleichung noch einfacher:

$$l_r = 100\, \frac{R_m}{\varrho} \qquad (6)$$

l_r	R_m	ϱ
km	$\dfrac{\mathrm{N}}{\mathrm{mm}^2}$	$\dfrac{\mathrm{kg}}{\mathrm{m}^3}$

Beachte: Die Reißlänge l_r hängt ab von der Zugfestigkeit R_m des Werkstoffs, seiner Dichte ϱ und der Fallbeschleunigung g; sie hängt *nicht* ab von Größe und Form des Stabquerschnitts. Man kann also l_r nicht dadurch erhöhen, dass man den Stabquerschnitt vergrößert, weil sich damit auch die Gewichtskraft erhöhen würde.

2.1.2.3 Formänderungsarbeit W. Am vollkommen elastischen Stab verrichten die Zug- und Druckkräfte F längs des Weges Δl (Verlängerung) die *Formänderungsarbeit*

$$W = \frac{F\Delta l}{2} = \frac{\sigma^2 V}{2E} \qquad (7)$$
(siehe Bild 1)

W	F	Δl	σ, E	V
$\mathrm{J} = \mathrm{Nm}$	N	m	$\dfrac{\mathrm{N}}{\mathrm{m}^2}$	m^3

Darin wurde nach Gleichung (5) eingesetzt für

$$\Delta l = \epsilon\, l_0 = \frac{\sigma l_0}{E}$$ für $F = \sigma A$ und für $A\, l_0 =$ Volumen V.

Beachte: Für σ und E gilt

$$1\frac{\mathrm{N}}{\mathrm{mm}^2} = 1\frac{\mathrm{N}}{10^{-6}\mathrm{m}^2} = 10^6\,\frac{\mathrm{N}}{\mathrm{m}^2}$$

Der Formänderungsarbeit W entspricht die Dreieckfläche im Kraft-Verlängerungsschaubild (Bild 1). Die Zugkraft F wächst linear mit der Verlängerung Δl; die Kraftlinie ist daher eine Gerade.

Das Verhältnis aus Federkraft F und Verlängerung Δl (= Federweg f) heißt *Federrate*

$$R = \frac{F}{\Delta l} = \frac{F}{f} \hat{=} \tan \alpha$$

R	F	$\Delta l, f$
$\dfrac{N}{m}$	N	m

(8)

Der elastische Zugstab ist im weiteren Sinn demnach eine Feder; denn er hat die Fähigkeit, potentielle mechanische Energie aufzunehmen, die ihm über die Formänderungsarbeit der Federkraft vermittelt wurde.

■ **Beispiel:**
Eine Stahlstange von 16 mm Durchmesser und 80 m Länge hängt frei herab und wird am unteren Ende mit $F = 22$ kN belastet.

    a) Wie groß ist die Spannung am unteren und am oberen Ende?
    b) Wie groß ist die Verlängerung bei geradlinig angenommener Spannungszunahme?

Lösung:

a) $\sigma_{min} = \dfrac{F}{A} = \dfrac{22\,000\ N}{201\ mm^2} = 109{,}5\ \dfrac{N}{mm^2}$

$\sigma_{max} = \dfrac{F + F_G}{A} = \dfrac{F + Al\varrho\,g}{A}$

$\sigma_{max} = \dfrac{22\,000\ N + 201\cdot10^{-6}m^2 \cdot 80\ m \cdot 7{,}85\cdot10^3\ \dfrac{kg}{m^3} \cdot 9{,}81\ \dfrac{m}{s^2}}{201\cdot10^{-6}\ m^2}$

$\sigma_{max} = 115{,}6\cdot10^6\ \dfrac{N}{m^2} = 115{,}6\ \dfrac{N}{mm^2}$

b) $\sigma_{mittel} = \dfrac{\sigma_{min} + \sigma_{max}}{2} = \dfrac{109{,}5 + 115{,}6}{2}\ \dfrac{N}{mm^2} = 112{,}6\ \dfrac{N}{mm^2}$

$\Delta l = \dfrac{\sigma_{mittel}\,l_0}{E} = \dfrac{112{,}6\ \dfrac{N}{mm^2}\cdot 80\cdot10^3\ mm}{2{,}1\cdot10^5\ \dfrac{N}{mm^2}} = 42{,}9\ mm$

■ **Beispiel:**
Die Reißlänge l_r ist zu bestimmen für gewöhnlichen Baustahl S 235 JR, mit $R_m = 370$ N/mm², für Federstahl mit 1 800 N/mm² Zugfestigkeit und für Duralumin mit $R_m = 250$ N/mm² (Dichte $\varrho = 2\,800$ kg/m³).

Lösung:
Nach (6) wird für

S 235 JR: $l_r = \dfrac{R_m}{\varrho} = 100\cdot\dfrac{370}{7850} = 4{,}713\ km$

Federstahl: $l_r = 100\cdot\dfrac{1800}{7850} = 22{,}93\ km$

(also größer als bei S 235 JR)

Duralumin: $l_r = 100\cdot\dfrac{250}{2800} = 8{,}929\ km$

Hochwertiger Stahl ist demnach trotz der höheren Dichte auch einer festen Leichtmetalllegierung erheblich überlegen.
Zweckmäßig werden frei herabhängende Stangen und Drähte absatzweise verjüngt, z.B. lange Gestänge in Pumpenschächten.
Stäbe gleicher Zug- oder Druckbeanspruchung müssen bei Berücksichtigung ihrer Gewichtskraft F_G und

der Nutzlast F nach einem Exponentialgesetz „angeformt" werden (Bild 2).

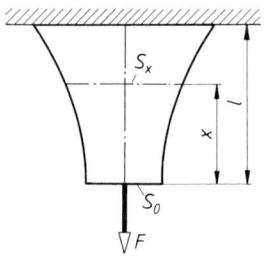

Bild 2. Querschnittsgestaltung beim frei herabhängenden Stab gleicher Zugbeanspruchung in allen Querschnitten, Belastung: Gewichtskraft F_G und Nutzlast F

Für die erforderliche *Querschnittsfläche* A_x im beliebigen Abstand x vom unteren Stabende gilt mit Dichte ϱ und zulässiger Spannung σ_{zul}:

$$A_x = A_0\ e^{\frac{\varrho\,g\,x}{\sigma_{zul}}} = \frac{F}{\sigma_{zul}}\ e^{\frac{\varrho\,g\,x}{\sigma_{zul}}}$$

(9)

■ **Beispiel:**
Drei symmetrisch angeordnete Gelenkstäbe S_1, S_2, S_3 aus 20 mm Rundstahl tragen nach Bild 3 eine Last $F = 40$ kN. Winkel $\alpha = 30°$. Wie groß ist die Zugspannung in den drei Stäben?

Lösung:
Um die Spannung berechnen zu können, müssen die Zugkräfte F_1, F_2, F_3 in den Gelenkstäben bekannt sein. Das ist mit den beiden Gleichgewichtsbedingungen $\Sigma F_x = 0$ und $\Sigma F_y = 0$ des zentralen Kräftesystems allein nicht möglich (zwei Gleichungen, aber drei Unbekannte). In solchen statisch unbestimmten Fällen werden die Formänderungsgleichungen der Elastizitätslehre hinzugezogen; hier das Hooke'sche Gesetz für Zug:
$\sigma = \epsilon E = \Delta l E / l_0 = F / A.$

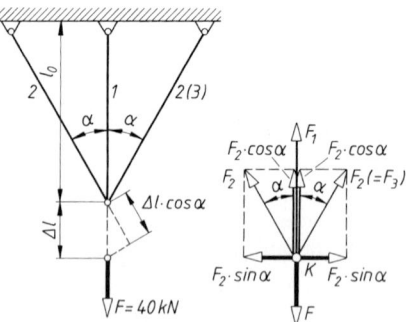

Bild 3. Berechnung der Zugspannung im statisch unbestimmten System

Die Lageskizze des freigemachten Knotenpunktes K zeigt:

$\Sigma F_x = 0 = + F_2 \sin\alpha - F_2 \sin\alpha$. Wegen Symmetrie ist $F_2 = F_3$.

$\Sigma F_y = 0 = + F_1 + 2F_2 \cos \alpha - F$; also

$$F = F_1 + 2F_2 \cos \alpha$$

Stab 1 verlängert sich um Δl, seine Dehnung beträgt also $\epsilon_1 = \Delta l / l_0$. Stab 2 verlängert sich um $\Delta l \cos \alpha$; seine Ursprungslänge ist $l_0 / \cos \alpha$, die Dehnung demnach: $\epsilon_2 = \Delta l \cos \alpha \cos \alpha / l_0$
Während der (hier) geringfügigen Formänderung kann Winkel α = konstant angesehen werden. Es ergibt sich:

$$F = F_1 + 2 F_2 \cos \alpha = \epsilon_1 EA + 2 \epsilon_2 EA \cos \alpha =$$

$$= \frac{\Delta l}{l_0} EA + 2 \frac{\Delta l \cos^3 \alpha}{l_0} EA$$

$$F = \frac{\Delta l}{l_0} EA \, (1 + 2 \cos^3 \alpha) \ \text{ und daraus}$$

$$\frac{\Delta l}{l_0} = \frac{F}{EA \, (1 + 2 \cos^3 \alpha)} =$$

$$= \frac{40\,000 \ \text{N}}{2{,}1 \cdot 10^5 \, \dfrac{\text{N}}{\text{mm}^2} \cdot 314 \ \text{mm}^2 \, (1 + 2 \cos^3 30°)} =$$

$$= 2{,}64 \cdot 10^{-4}$$

$$\sigma_1 = \frac{F_1}{A} = \frac{\Delta l}{l_0} E =$$

$$= 2{,}64 \cdot 10^{-4} \cdot 2{,}1 \cdot 10^5 \, \frac{\text{N}}{\text{mm}^2} = 55{,}4 \ \frac{\text{N}}{\text{mm}^2}$$

$$\sigma_2 = \sigma_3 = \frac{F_2}{A} = \frac{\Delta l}{l_0} E \cos^2 \alpha =$$

$$= 2{,}64 \cdot 10^{-4} \cdot 2{,}1 \cdot 10^5 \, \frac{\text{N}}{\text{mm}^2} \cdot 0{,}75 = 41{,}6 \ \frac{\text{N}}{\text{mm}^2}$$

2.1.2.4 Formänderung bei dynamischer Belastung.
Bei *plötzlich* wirkender Zug- oder Druckkraft wird die Formänderung (Verlängerung oder Verkürzung Δl) *größer* als beim langsamen Aufbringen der Last. Wird z.B. ein am Seil hängender Körper von der Gewichtskraft $F_G = mg$ um die Höhe h angehoben und dann frei fallen gelassen, so muss vom Seil die Arbeit $W = F_G h + F_G \Delta l = F_G (h + \Delta l)$ als Formänderungsarbeit $W = \sigma^2 V / 2E$, aufgenommen werden. Beide Ausdrücke werden gleichgesetzt:

$$F_G (h + \Delta l) = \frac{\sigma^2 V}{2E} \ \text{ und mit } \ V = Al \ \text{ und } \ \sigma = \sigma_{\text{dyn}}$$

$$2 E F_G \, (h + \Delta l) = \sigma_{\text{dyn}}^2 \, Al$$

Die Spannung bei ruhender Belastung durch die Gewichtskraft F_G ist $\sigma_0 = F_G / A$. Außerdem gilt das Hooke'sche Gesetz $\sigma_{\text{dyn}} = E \, \epsilon_{\text{dyn}} = E \, \Delta l / l$. Damit wird

$$\sigma_{\text{dyn}}^2 = \frac{2 E F_G}{Al} (h + \Delta l) = 2 E \sigma_0 \frac{h}{l} + 2 \sigma_0 E \frac{\Delta l}{l} =$$

$$= 2 E \sigma_0 \frac{h}{l} + 2 \sigma_0 \sigma_{\text{dyn}}$$

$$\sigma_{\text{dyn}}^2 - 2 \sigma_0 \sigma_{\text{dyn}} - 2 E \sigma_0 \frac{h}{l} = 0$$

(quadratische Gleichung).

Daraus ergeben sich σ_{dyn} (größte Spannung) und ϵ_{dyn} (größte Dehnung):

$$\sigma_{\text{dyn}} = \sigma_0 + \sqrt{\sigma_0^2 + 2 \sigma_0 \, E \frac{h}{l}}$$

$$\epsilon_{\text{dyn}} = \epsilon_0 + \sqrt{\epsilon_0^2 + 2 \epsilon_0 \, E \frac{h}{l}} \qquad (10)$$

$\sigma_{\text{dyn}}, \sigma_0, E$	h, l	$\epsilon_{\text{dyn}}, \epsilon_0$
$\dfrac{\text{N}}{\text{mm}^2}$	mm	1

Bei *plötzlich aufgebrachter Last ohne vorherigen Fall* ($h = 0$) wird

$$\begin{aligned} \sigma_{\text{dyn}} &= 2 \, \sigma_0 \\ \epsilon_{\text{dyn}} &= 2 \, \epsilon_0 \\ \Delta l_{\text{dyn}} &= 2 \, \Delta l_0 \end{aligned} \qquad (11)$$

Die bei dynamischer Belastung auftretenden *Schwingungen* haben die Anfangsamplitude

$$\sigma_a = \sigma_{\text{dyn}} - \sigma_0$$
um die Gleichgewichtslage σ_0 und
$$\Delta l_a = \Delta l_{\text{dyn}} - \Delta l_0$$
um die Gleichgewichtslage Δl_0

■ **Beispiel:**
Ein Stahlseil von $A = 150 \ \text{mm}^2$ tragender Querschnittsfläche und $l = 3$ m Länge trägt einen Körper der Gewichtskraft $F_G = 10$ kN. Gesucht: Spannung und Verlängerung a) bei langsam aufgebrachter Last, b) bei plötzlich aufgebrachter Last und c) beim Fall aus 20 mm Höhe; alles ohne Berücksichtigung der Gewichtskraft des Seils.

Lösung:
a) bei statischer Belastung:

$$\sigma_0 = \frac{F_G}{A} = \frac{10\,000 \ \text{N}}{150 \ \text{mm}^2} = 66{,}7 \ \frac{\text{N}}{\text{mm}^2}$$

$$\Delta l_0 = \frac{F_{\mathrm{G}} l}{EA} = \frac{10\,000\ \mathrm{N} \cdot 3 \cdot 10^3\,\mathrm{mm}}{2,1 \cdot 10^5\ \dfrac{\mathrm{N}}{\mathrm{mm}^2} \cdot 150\ \mathrm{mm}^2} = 0,95\ \mathrm{mm}$$

b) bei plötzlich aufgebrachter Last:

$$\sigma_{\mathrm{dyn}} = 2\ \sigma_0 = 2 \cdot 66,7\ \frac{\mathrm{N}}{\mathrm{mm}^2} = 133,4\ \frac{\mathrm{N}}{\mathrm{mm}^2}$$

$$\Delta l_{\mathrm{dyn}} = 2\ \Delta l_0 = 1,9\ \mathrm{mm}$$

Amplituden: $\sigma_{\mathrm{a}} = \sigma_{\mathrm{dyn}} - \sigma_0 = 66,7\ \dfrac{\mathrm{N}}{\mathrm{mm}^2}$

$$\Delta l_{\mathrm{a}} = \Delta l_{\mathrm{dyn}} - \Delta l_0 = 0,95\ \mathrm{mm}$$

c) beim Fall aus 20 mm Höhe:

$$\sigma_{\mathrm{dyn}} = 66,7\ \frac{\mathrm{N}}{\mathrm{mm}^2} + \sqrt{\left(66,7\ \frac{\mathrm{N}}{\mathrm{mm}^2}\right)^2 + 2 \cdot 66,7\ \frac{\mathrm{N}}{\mathrm{mm}^2} \cdot 2,1 \cdot 10^5\ \frac{\mathrm{N}}{\mathrm{mm}^2} \cdot \frac{20\ \mathrm{mm}}{3000\ \mathrm{mm}}}$$

$$\sigma_{\mathrm{dyn}} = (66,7 + 437,3)\ \frac{\mathrm{N}}{\mathrm{mm}^2} = 504\ \frac{\mathrm{N}}{\mathrm{mm}^2} \gg \sigma_0 = 66,7\ \frac{\mathrm{N}}{\mathrm{mm}^2}$$

$$\Delta l_{\mathrm{dyn}} = l\ \frac{\sigma_{\mathrm{dyn}}}{E} = 3 \cdot 10^3\ \mathrm{mm} \cdot \frac{504\ \dfrac{\mathrm{N}}{\mathrm{mm}^2}}{2,1 \cdot 10^5\ \dfrac{\mathrm{N}}{\mathrm{mm}^2}} = 7,2\ \mathrm{mm}$$

Amplituden: $\sigma_{\mathrm{a}} = \sigma_{\mathrm{dyn}} - \sigma_0 = (504 - 66,7)\ \dfrac{\mathrm{N}}{\mathrm{mm}^2} = 437\ \dfrac{\mathrm{N}}{\mathrm{mm}^2}$

$$\Delta l_{\mathrm{a}} = \Delta l_{\mathrm{dyn}} - \Delta l_0 = (7,2 - 0,95)\ \mathrm{mm} = 6,25\ \mathrm{mm}$$

Beachte die außergewöhnliche Beanspruchung bei dynamischer Belastung!

2.1.2.5 Wärmespannungen.
Die Erfahrung zeigt, dass sich alle festen Körper bei Erwärmung mehr oder weniger ausdehnen und bei Abkühlung wieder zusammenziehen. Ein Stab mit der Ursprungslänge l_0 zeigt bei Erwärmung um die Temperaturdifferenz $\Delta T = T_2 - T_1$ die *Verlängerung*

$$\Delta l = l_0\, \alpha_l\, \Delta T \qquad \begin{array}{c|c|c} \Delta l,\ l_0 & \alpha_l & \Delta T \\ \hline \mathrm{mm} & \dfrac{1}{\mathrm{K}} & \mathrm{K} \end{array} \qquad (12)$$

Darin ist α_l der *Längenausdehnungskoeffizient* des betreffenden Stoffes mit der Einheit:

$$(\alpha_l) = \frac{\mathrm{Meter}}{\mathrm{Meter} \cdot \mathrm{K}} = \frac{1}{\mathrm{K}} = \frac{1}{{}^\circ\mathrm{C}}$$

Näheres über α_l im Abschnitt Thermodynamik, hier nur zwei Angaben:
Für Stahl ist $\alpha_l = 12 \cdot 10^{-6}\ 1/\mathrm{K}$
für Quarz ist $\alpha_l = 1 \cdot 10^{-6}\ 1/\mathrm{K}$.
Bei der Temperaturerhöhung stellt sich die Länge l_{t} ein:

$$l_{\mathrm{t}} = l_0 + \Delta l = l_0 + l_0 \alpha_l \Delta T = \\ = l_0 (1 + \alpha_l \Delta T) \qquad (13)$$

Ist durch entsprechende Einspannung eine Ausdehnung des Stabes nicht möglich, müssen im Stab Normalspannungen σ auftreten. Ihr Betrag wird genauso groß, als wenn der Stab um Δl verlängert worden wäre.
Im Bereich des Hooke'schen Gesetzes gilt dann mit Gleichung (12) für die *Wärmespannung*

$$\sigma_{\mathrm{T}} = \in E = \frac{\Delta l}{l_0}\,E = \frac{l_0\, \alpha_l\, \Delta T}{l_0}\,E = \alpha_l \Delta T\, E \qquad (14)$$

$$\begin{array}{c|c|c} \sigma_{\mathrm{T}},\ E & \Delta T & \alpha_l \\ \hline \dfrac{\mathrm{N}}{\mathrm{mm}^2} & \mathrm{K} & \dfrac{1}{\mathrm{K}} \end{array}$$

■ **Beispiel:**
Ein an den Enden fest eingespannter Stab aus Stahl ist bei 20 °C spannungsfrei und wird gleichmäßig auf 120 °C erhitzt. Wie groß ist die auftretende Druckspannung?

Lösung:

Mit $\alpha_{l\,\mathrm{St}} = 12 \cdot 10^{-6}\ \dfrac{1}{\mathrm{K}}$; $\Delta T = 100\ {}^\circ\mathrm{C} = 100\ \mathrm{K}$ und

$E = 2,1 \cdot 10^5\ \dfrac{\mathrm{N}}{\mathrm{mm}^2}$ wird nach (14)

$$\sigma_{\mathrm{d}} = \sigma_{\mathrm{T}} = \alpha_l \Delta T E =$$

$$= 12 \cdot 10^{-6}\ \frac{1}{\mathrm{K}} \cdot 100\ \mathrm{K} \cdot 2,1 \cdot 10^5\ \frac{\mathrm{N}}{\mathrm{mm}^2} = 252\ \frac{\mathrm{N}}{\mathrm{mm}^2}$$

In Wirklichkeit wird der Stab ausweichen und diese Spannung nicht ganz aufnehmen. Das Beispiel zeigt jedoch deutlich die große Gefahr bei Temperaturänderung fest eingespannter Stäbe.

2.2 Biegung

2.2.1 Biegespannung

2.2.1.1 Biegungsarten, inneres Kräftesystem
Biegung tritt auf, wenn mindestens eine der Achsen (= Biegeachse) eines festen Körpers gekrümmt wird. Wird die Biegeachse elastisch gebogen, so heißt sie *Biegelinie oder elastische Linie*. Biegung ist nicht unbedingt an das Vorhandensein erkennbarer äußerer Kräfte gebunden: Eigenspannungen nach der Bearbeitung durch Temperaturunterschiede, Schrumpfung u.a. Nach Bild 4 werden folgende Biegungsarten unterschieden:
Einfache (gerade) Biegung: Alle Kräfte F (Belastungen) einschließlich der Stützkräfte stehen rechtwinklig zur Stabachse. Sie liegen in einer Ebene (= Lastebene), die zugleich Ebene einer Hauptachse ist. Symmetrische Querschnitte werden dann nicht verdreht. Diese Biegungsart tritt im Maschinenbau am häufigsten auf.

Schiefe Biegung: Die Lastebene schneidet zwar die Stabachse, fällt aber nicht mit der Ebene einer Hauptträgheitsachse zusammen.

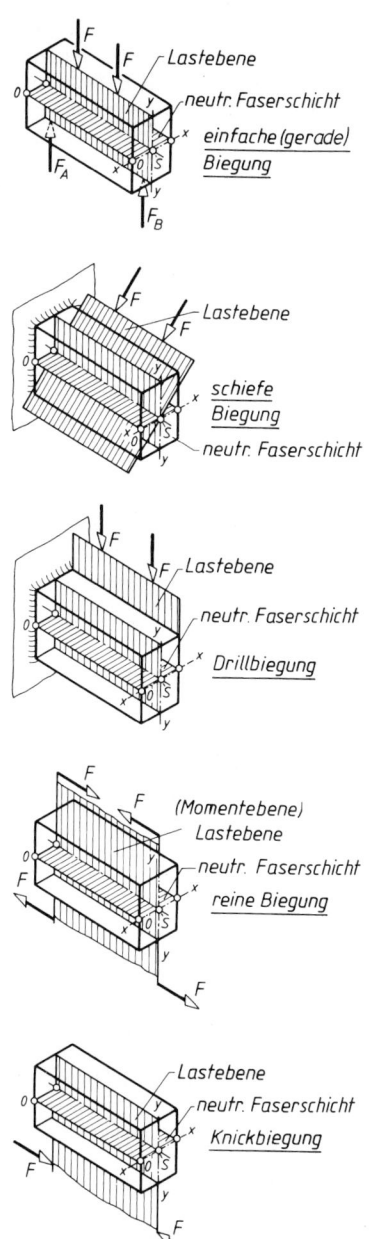

Bild 4. Biegungsarten

Drillbiegung: Die Lastebene schneidet die Stabachse nicht; auch symmetrische Querschnitte werden durch ein Drillmoment verdreht.
Reine Biegung: Das belastende Kräftesystem besteht aus zwei Kräftepaaren, deren gemeinsame Ebene wie bei der einfachen (geraden) Biegung mit der Ebene einer Hauptachse zusammenfällt. Es wirken keine Querkräfte F_q, keine Längskräfte F_N und bei symmetrischen Querschnitten auch kein Drillmoment.

Knickbiegung: Zug- oder Druckkraft F wirkt außermittig parallel zur Stabachse. Bei Druckkraft Knickbiegung, bei Zugkraft Zugbiegung.

In der Praxis können sich die einzelnen Biegungsarten überlagern oder in mehreren Ebenen gleichzeitig auftreten. Hier werden nur einfache und reine Biegung behandelt. *Das innere Kräftesystem* wird mit Hilfe der Schnittmethode bestimmt (Bild 5). Nach Bestimmung der Stützkräfte F_A und F_B wird in der gewünschten Schnittstelle (Querschnitt x–x) dasjenige innere Kräftesystem angebracht, das einen der beiden durch den Schnitt abgetrennten Teile I oder II ins Gleichgewicht setzt.

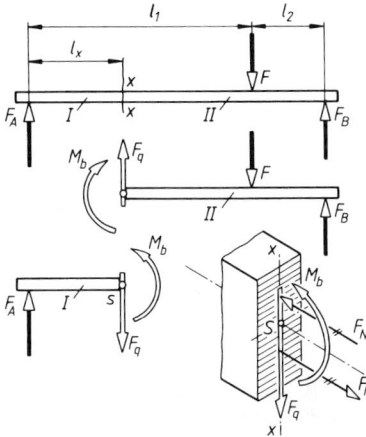

Bild 5. Inneres Kräftesystem bei gerader Biegung

Nach Bild 5 hat der betrachtete Querschnitt x–x zu übertragen:

a) Die innere *Querkraft* F_q; sie ist die algebraische Summe aller rechtwinklig zur Stabachse gerichteten äußeren Kräfte (einschließlich der Stützkräfte!) rechts *oder* links von der betrachteten Schnittstelle.
   Die innere Querkraft F_q ruft im Querschnitt *Schub*spannungen τ hervor.

b) Das innere *Biegemoment* M_b; es ist die algebraische Summe der Momente aller äußeren Kräfte (einschließlich der Stützkräfte!) in Bezug auf den Schnittflächenschwerpunkt S rechts *oder* links von der betrachteten Schnittstelle.
   Das Biegemoment M_b ruft im Querschnitt *Normal*spannungen σ hervor, wie die Auflösung des Biegemoments in die beiden Teilkräfte F_N des entsprechenden Kräftepaares zeigt (Bild 5). Die entstehenden Normalspannungen sind demnach Zug- und Druckspannungen. Ist keine besondere Unterscheidung erforderlich, wird ihr Größtwert mit *Biegespannung* σ_b bezeichnet.

Beachte: Bei einfacher Biegung muss der Querschnitt eine Querkraft F_q und ein Biegemoment M_b übertragen. Betrag und Verlauf des Biegemomentes an jeder beliebigen Balkenstelle folgt aus Seileck- oder Querkraftfläche.

2.2.1.2 Biege-Hauptgleichung. Beanspruchen die äußeren Kräfte einen Träger auf Biegung, so ist für die in einem bestimmten Querschnitt auftretende Biegespannung σ_b nicht der Betrag der Kräfte, sondern ihr Biegemoment M_b maßgebend. Ebenso wird die Biegespannung nicht durch den Flächeninhalt, sondern vom axialem Widerstandsmoment W des Querschnitts bestimmt:

$$\text{Biegespannung } \sigma_b = \frac{\text{Biegemoment } M_b}{\text{axiales Widerstandsmoment } W}$$

$$\sigma_b = \frac{M_b}{W} \qquad
\begin{array}{c|c|c}
\sigma_b & M_b & W \\ \hline
\dfrac{N}{mm^2} & Nmm & mm^3
\end{array}
\qquad (15)$$

(Biege-Hauptgleichung)

Diese Gleichung darf nur verwendet werden, wenn die Nulllinie (= neutrale Achse des Querschnittes) zugleich Symmetrieachse ist, also $e_1 = e_2 = e_\sigma$ (siehe Herleitung der Biege-Hauptgleichung in 2.2.1.3).
Je nach vorliegender Aufgabe kann die Biege-Hauptgleichung umgestellt werden zur Berechnung des *erforderlichen Querschnitts* (Querschnittsnachweis):

$$W_{erf} = \frac{M_{b\,max}}{\sigma_{b\,zul}} \qquad (16)$$

Berechnung der *vorhandenen Spannung* (Spannungsnachweis):

$$\sigma_{b\,vorh} = \frac{M_{b\,max}}{W} \qquad (17)$$

Berechnung der *maximal zulässigen Belastung* (Belastungsnachweis):

$$M_{b\,max} = W\,\sigma_{b\,zul} \qquad (18)$$

2.2.1.3 Herleitung der Biege-Hauptgleichung. Die äußeren Kräfte biegen den Träger nach unten durch (Bild 6). Die vorher parallelen Schnitte ab, cd stellen sich schräg gegeneinander: $a'b'c'd'$.
Dabei werden die oberen Werkstoff-Fasern verkürzt (Stauchung $-\epsilon$), die unteren dagegen verlängert (Dehnung $+\epsilon$). Dazwischen muss eine Faserschicht liegen, die sich weder verkürzt noch verlängert, die ihre Länge also beibehält. Das ist die „neutrale Faserschicht", bei der $\pm\,\epsilon = 0$ ist. Diese schneidet jeden

Querschnitt in einer Geraden, die *neutrale Achse* des Querschnittes *oder Nulllinie* genannt wird ($N-N$ in Bild 6). Sie geht durch den Schwerpunkt S der Querschnitte. Es wird angenommen, dass die vorher ebenen Querschnitte auch nach der Biegung eben bleiben (durch Versuche bestätigt). Weiterhin soll das Hooke'sche Gesetz gelten. Aus der ersten Bedingung folgt, dass die Dehnungen ϵ proportional mit den Abständen y von der Nulllinie wachsen, aus der zweiten, dass auch die Spannungen proportional diesen Abständen sind:

$$\frac{\sigma}{\sigma_d} = \frac{y}{e_1} \quad \text{daraus} \quad \sigma = \sigma_d\,\frac{y}{e_1} \qquad \text{(siehe Bild 6)}$$

Im Gegensatz zur Zug- und Druckbeanspruchung sind demnach die Spannungen *linear* verteilt. Die neutrale Faserschicht ist unverformt, also auch spannungslos. Die Spannungen wachsen mit dem Abstand y von der neutralen Faser bis zum Höchstwert σ_d (Druckspannung) und σ_z (Zugspannung).
Für jeden Querschnitt des Trägers müssen die statischen Gleichgewichtsbedingungen erfüllt sein. Jedes Flächenteilchen ΔA überträgt die Normalkraft $\Delta F = \sigma\,\Delta A$.
Nach der *ersten Gleichgewichtsbedingung* ist $\Sigma F_x = 0$. Da der Querschnitt keine Längskraft zu übertragen hat, wird $\Sigma\,\Delta F = \sigma\,\Delta A = 0$.

Mit $\sigma = \sigma_d\,\dfrac{y}{e_1}$ wird

$$\sum \sigma_d\,\frac{y}{e_1}\,\Delta A = \frac{\sigma_d}{e_1}\sum y\,\Delta A = 0$$

also auch $\sum y\,\Delta A = 0$

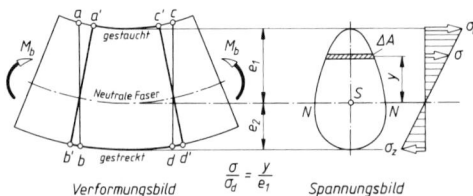

Bild 6. Verformungs- und Spannungsbild bei Biegung

Der Ausdruck $\Sigma y\,\Delta A$ ist das Moment der Fläche A (Flächenmoment 1. Grades) in Bezug auf die neutrale Faser (Nulllinie). Da es gleich null ist, muss die Nulllinie zugleich Schwerlinie sein, d.h. die neutrale Faser muss durch den Schwerpunkt gehen.
Nach der *zweiten Gleichgewichtsbedingung* ist $\Sigma F_y = 0$. Da der Querschnitt bei Biegung auch eine Querkraft zu übertragen hat, führt diese Bedingung zu Schubspannungen τ. Ist der Querschnitt im Verhältnis zur Stablänge klein, können sie vernachlässigt werden.

Nach der *dritten Gleichgewichtsbedingung* ist $\Sigma M = 0$. Da der Querschnitt bei Biegung ein Biegemoment M_b zu übertragen hat (siehe inneres Kräftesystem), ergibt sich mit $\Delta F = \sigma \Delta A$ und deren Innenmoment $\Delta M_i = \Delta F y$:

$$M_b = \Sigma M_i = \Sigma \, \Delta F y = \Sigma \sigma \, \Delta A \, y =$$

$$= \Sigma \sigma_d \frac{y}{e_1} \Delta A \, y = \frac{\sigma_d}{e_1} \Sigma y^2 \Delta A$$

Aus der letzten Entwicklungsform wird der Ausdruck $\Sigma y^2 \Delta A$ als rein geometrische Rechengröße herausgezogen und als das auf die Nulllinie bezogene *axiale Flächenmoment 2. Grades I* der Fläche A bezeichnet. Die größten Spannungen σ_d und σ_z treten in den Randfasern auf. Deren Abstände von der Nulllinie sind e_1 und e_2. Mit $I = \Sigma y^2 \Delta A$ werden diese Randfaserspannungen:

größte Druckspannung $\qquad \sigma_d = e_1 \dfrac{M_b}{I} \qquad$ (19)

größte Zugspannung $\qquad \sigma_z = e_2 \dfrac{M_b}{I} \qquad$ (20)

Wird weiter das *Widerstandsmoment* $W = I/e$ eingeführt, also hier $W_1 = I/e_1$ und $W_2 = I/e_2$, so wird $\sigma_d = M_b/W_1$ und $\sigma_z = M_b/W_2$.
Ist die Nulllinie $N–N$ zugleich Symmetrieachse des Querschnitts und damit $e_1 = e_2 = e$, so sind beide Randfaserspannungen gleich groß. Dann wird grundsätzlich unter $\sigma_b = \sigma_d = \sigma_z$ die Randfaserspannung σ_{max} verstanden und es ergibt sich die obige Biege-Hauptgleichung $\sigma_b = M_b/W$.
Im *unsymmetrischen Querschnitt* (Bild 7) sind die Randfaserabstände e_1, e_2 verschieden groß. Es werden dann zwei verschiedene Widerstandsmomente $W_1 = I/e_1$ und $W_2 = I/e_2$ berechnet und damit auch zwei verschiedene Randfaserspannungen:

größte Zugspannung $\qquad \sigma_{b2} = \sigma_{z\,max} = \dfrac{M_b e_2}{I} = \dfrac{M_b}{W_2}$

größte Druckspannung $\qquad \sigma_{b1} = \sigma_{d\,max} = \dfrac{M_b e_1}{I} = \dfrac{M_b}{W_1}$

$\qquad\qquad\qquad\qquad\qquad\qquad\qquad$ (21)

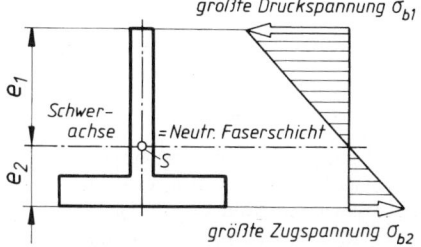

Bild 7. Spannungsverteilung im unsymmetrischen Querschnitt bei Belastung nach Bild 5.

2.2.1.4 Voraussetzungen für die Gültigkeit der Biegehauptgleichung

a) Gerade Stabachse, also nicht gekrümmt, wie z.B. beim Kranhaken

b) die Lastebene liegt in einer Hauptachse des Querschnitts; bei symmetrischem Querschnitt ist das zugleich eine Symmetrieachse

c) die Querschnitte sind klein im Verhältnis zur Stablänge

d) Normalschnitte bleiben nach der Belastung weiterhin rechtwinklig zur Stabachse und außerdem eben

e) für den Werkstoff gilt das Hooke'sche Gesetz

f) der Elastizitätsmodul ist für Zug- und Druckbeanspruchung gleich groß, z.B. für Stahl

g) die Spannungen bleiben unter der Proportionalitätsgrenze.

Scharfe Querschnittsänderungen, wie Kerben, Bohrungen, Hohlkehlen usw. erfordern eine Nachrechnung auf Kerbwirkung, weil im Kerbgrund außergewöhnlich hohe Spannungsspitzen auftreten können. Die Hauptgleichung liefert dann nur die (mittlere) sogenannte Nennspannung σ_n.

2.2.1.5 Querschnittsgestaltung. Die Werkstoffschichten biegebeanspruchter Bauteile werden zur Mitte hin immer weniger beansprucht. Es ist also wirtschaftlicher, sie von dort mehr nach außen zu verlagern, d.h. die größere Stoffmenge außen anzubringen. Diese Überlegung führt zum Doppel-T-Profil und zum Kreisringquerschnitt.
Bei ungleicher zulässiger Spannung für Zug und Druck, wie z.B. bei Gusseisen mit $\sigma_{z\,zul} : \sigma_{d\,zul} = 1 : 3$, muss ein unsymmetrischer Querschnitt gewählt werden. Für das *Verhältnis der Randfaserabstände* e_1, e_2 gilt dann

$$\frac{e_1}{e_2} = \frac{\sigma_{z\,zul}}{\sigma_{d\,zul}} = \frac{1}{3} \qquad (22)$$

Mit h Profilhöhe, e_1 Randfaserabstand der gezogenen und e_2 Randfaserabstand der gedrückten Faser wird dann $e_1 = 0,25 \, h$ und $e_2 = 0,75 \, h$.

2.2.2 Flächenmomente 2. Grades I und Widerstandsmomente W ebener Flächen, Trägheitsradius i

2.2.2.1 Axiales Flächenmoment 2. Grades. Das *axiale* oder *äquatoriale Flächenmoment 2. Grades I* einer ebenen Fläche A, bezogen auf eine in der Ebene liegende *Achse a–a*, ist die Summe der Flächenteilchen ΔA, jedes multipliziert mit dem Quadrat seines rechtwinkligen Abstandes ϱ von dieser Achse (Bild 8):

axiales Flächenmoment
bezogen auf die Achse $a-a$　　　$I_a = \Sigma \varrho^2 \, \Delta A$　(23)
(I_a ist immer > 0)

I	ϱ	ΔA
mm^4	mm	mm^2

Demgemäß ist für die durch den Punkt 0 der Fläche gehenden, rechtwinklig aufeinander stehenden Achsen x und y:

$I_x = \Sigma y^2 \, \Delta A$　　　　$I_y = \Sigma x^2 \, \Delta A$

(I_x ist immer > 0)　　　(I_y ist immer > 0)　(24)

2.2.2.2 Polares Flächenmoment 2. Grades. Das *polare Flächenmoment 2. Grades* I_p einer ebenen Fläche A, bezogen auf einen in der Ebene liegenden *Punkt* 0, ist die Summe der Flächenteilchen ΔA, jedes multipliziert mit dem Quadrat seines Abstandes r von 0 (Bild 8):

polares Flächenmoment
bezogen auf den Punkt
(Pol) 0　　　　　　　　　$I_p = \Sigma r^2 \Delta A$　(25)
(I_p ist immer > 0)

2.2.2.3 Zentrifugalmoment. *Das Zentrifugalmoment* I_{xy} (Fliehmoment) einer ebenen Fläche A, bezogen auf ein in der Ebene liegendes Achsenpaar (x, y), ist die Summe der Flächenteilchen ΔA, jedes multipliziert mit dem Produkt seiner rechtwinkligen Abstände x und y von beiden Achsen (Bild 8):

Zentrifugalmoment
bezogen auf die Achsen　$I_{xy} = \Sigma x \, y \Delta A$　(26)
x und y
(I_{xy} kann ≤ 0 sein)

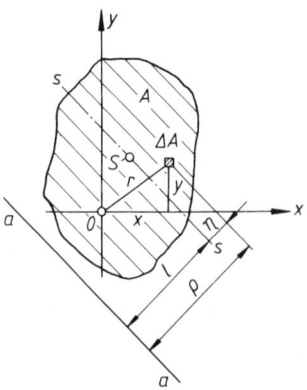

Bild 8. Definition und Berechnung der Flächenmomente 2. Grades

Die axialen und polaren Flächenmomente I_x, I_y, I_p sind wegen der Abstandsquadrate immer positiv. Das Zentrifugalmoment I_{xy} kann positiv, negativ und null werden.

Wird $I = A \, i^2$ festgelegt, so nennt man i den *Trägheitsradius*

$i = \sqrt{\dfrac{I}{A}}$

i	I	A
mm	mm^4	mm^2
　(27)

Entsprechend der Definition des Flächenmomentes I ist auch der Trägheitsradius i festgelegt:

axial $i_x = \sqrt{I_x \, / \, A}$

axial $i_y = \sqrt{I_y \, / \, A}$

polar $i_p = \sqrt{I_p \, / \, A}$

2.2.2.4 Widerstandsmoment. Das *Widerstandsmoment* W einer ebenen Fläche A ist gleich dem Flächenmoment I, dividiert durch den äußeren Randfaserabstand von der Bezugsachse :

Widerstandsmoment $W = \dfrac{\text{Flächenmoment } I}{\text{Randfaserabstand } e}$

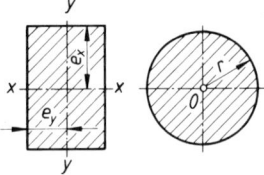

Bild 9. Randfaserabstand e und r

Es sind zu unterscheiden (Bild 9):

axiales Widerstandsmoment　　$W_x = \dfrac{I_x}{e_x}$　(28)

axiales Widerstandsmoment　　$W_y = \dfrac{I_y}{e_y}$　(29)

polares Widerstandsmoment　　$W_p = \dfrac{I_p}{r}$　(30)

W	I	e, r
mm^3	mm^4	mm

Außerdem kann das Widerstandsmoment aus den Gleichungen nach Tabelle 1 berechnet werden. Ist die Fläche unsymmetrisch (Bild 7), also Oberkante und Unterkante ungleich weit von der Bezugachse entfernt (e_1 bzw. e_2) so gibt es zwei axiale Widerstandsmomente:

$$W_{x1} = \frac{I_x}{e_1} \qquad W_{x2} = \frac{I_x}{e_2} \qquad (31)$$

Beachte bei Rechnungen:
a) Flächenteilchen dürfen *parallel* zur Achse verschoben werden, weil sich dabei der Abstand x und y von der Bezugsachse nicht ändert. Das Flächenmoment 2. Grades in Bezug auf diese Achse bleibt also unverändert.
b) Die Flächenmomente 2. Grades verschiedener Teilflächen dürfen *dann* einfach addiert oder subtrahiert werden, wenn sie alle auf die *gleiche Achse* bezogen sind.
c) Die Widerstandsmomente sind immer aus dem Gesamtflächenmoment 2. Grades zu bestimmen.

2.2.2.5 Beziehungen zwischen den Flächenmomenten. Ist I_p das polare Flächenmoment der Fläche A in Bezug auf den Polpunkt 0, ebenso I_x und I_y die axialen Flächenmomente in Bezug auf zwei durch 0 gehende Achsen x und y, die rechtwinklig aufeinander stehen, so ist das polare Flächenmoment I_p gleich der Summe der beiden axialen Flächenmomente I_x und I_y:

$$I_p = I_x + I_y \qquad (32)$$

Herleitung: Nach (25) wird mit den Bezeichnungen in Bild 8, insbesondere mit $r^2 = x^2 + y^2$:

$$I_p = \Sigma r^2 \, \Delta A = \Sigma (x^2 + y^2) \, \Delta A =$$
$$= \Sigma x^2 \, \Delta A + \Sigma y^2 \, \Delta A = I_y + I_x$$

2.2.2.6 Steiner'scher Verschiebesatz. Das Flächenmoment für eine beliebige Achse (z.B. $a-a$ in Bild 8) ist gleich dem Flächenmoment 2. Grades für die parallele Schwerachse ($s-s$), vermehrt um das Produkt aus der Fläche A und dem Quadrat des Achsenabstands (l^2):

$$I_a = I_s + A \, l^2 \qquad (33)$$

Besteht also eine Fläche A aus mehreren Einzelflächen A_1, A_2, A_3 ..., deren Schwerpunkte die Abstände l_1, l_2, l_3 ... von einer parallelen Achse $a-a$ haben, so gilt:

$$I_a = I_1 + A_1 l_1^2 + I_2 + A_2 l_2^2 + I_3 + A_3 l_3^2 \, ... \qquad (34)$$

wenn I_1, I_2, I_3 ... die Flächenmomente der Einzelflächen in Bezug auf ihre zu $a-a$ parallelen Schwerachsen $s-s$ sind (Bild 8).
Beachte: Der Steiner'sche Verschiebesatz gilt nur für *parallele* Achsen in Verbindung mit *Schwerachsen*!

Er wird beim Berechnen des Flächenmomentes 2. Grades zusammengesetzter Querschnitte benutzt. Fallen Teilschwerachsen und parallele Bezugsachse für das Flächenmoment zusammen, sind die Abstände l_1, l_2, l_3 ... gleich null. Die Glieder $A_1 \, l_1^2$... fallen dann weg und es wird:

$$I = I_1 + I_2 + I_3 + ... \qquad (35)$$
(Gilt nur, wenn Teil- und Gesamtschwerachse zusammenfallen!)

Der Verschiebesatz gilt auch für polare Flächenmomente 2. Grades und – sinngemäß – für Zentrifugalmomente. Bei letzteren sind die Vorzeichen der Abstände l_a und l_b zu beachten (siehe Beispiel).
Beachte: Bei parallelen Achsen ist das auf die *Schwerachse* bezogene Flächenmoment 2. Grades am *kleinsten*.
Herleitung des Verschiebesatzes (Bild 8): Da nach (23) $I_a = \Sigma \varrho^2 \, \Delta A$ ist und außerdem $\varrho = l + \eta$, wird

$$I_a = \Sigma (l + \eta)^2 \, \Delta A = \Sigma (l^2 + 2l\eta + \eta^2) \, \Delta A =$$
$$= \Sigma l^2 \Delta A + \Sigma 2 l \eta \Delta A + \Sigma \eta^2 \Delta A$$

geordnet:

$$I_a = \Sigma \eta^2 \, \Delta A + l^2 A + 2 l \Sigma \eta \, \Delta A = I_s + A l^2 + 0$$

denn $\Sigma \eta^2 \Delta A = I_s$ ist das auf die Schwerlinie bezogene axiale Flächenmoment 2. Grades; $\Sigma \Delta A = A$; und $\Sigma \eta \Delta A = 0$ als Moment der Fläche A (Flächenmoment 1. Grades) bezogen auf eine Schwerlinie (siehe Schwerpunktslehre).
Beachte für alle Rechnungen: Symmetrielinien sind Schwerlinien und zugleich Hauptachsen; das Moment einer Fläche in Bezug auf eine Schwerachse ist null; der Schwerpunkt ist flächenfest, d.h. gegen Drehung invariant; der resultierende Schwerpunkt zweier Teilflächen liegt auf der Verbindungslinie der Teilschwerpunkte.

2.2.2.7 Herleitung einiger Gleichungen für Flächenmomente 2. Grades. *Axiales Flächenmoment für Rechteckquerschnitt.* Die beiden Sätze (33) und (34) geben die Möglichkeit, Berechnungsgleichungen für Flächenmomente durch einfache Summenrechnung zu entwickeln, z.B. für den Rechteckquerschnitt nach Bild 10. *Kunstgriff:* Der Querschnitt wird nicht nur in gleichdicke Flächenstreifen ΔA zerlegt, sondern zugleich durch eine Diagonale in zwei Dreiecke zerlegt, von denen nur das linke betrachtet wird. Nach dem Strahlensatz gilt:

$$\frac{\Delta A_1}{y} = \frac{\Delta A}{h}; \quad \Delta A = \Delta A_1 \frac{h}{y}$$

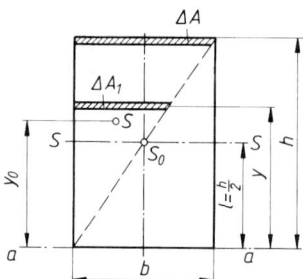

Bild 10. Herleitung der Gleichung für I_s
(Rechteckquerschnitt)

Zuerst wird das Flächenmoment I_a (bezogen auf die Achse $a-a$) berechnet:

$$I_a = \Sigma y^2 \Delta A = \Sigma y^2 \Delta A_1 \frac{h}{y} = h \, \Sigma y \, \Delta A_1$$

Der Summenausdruck $\Sigma y \Delta A_1$ ist nach der Schwerpunktslehre (als Summe der Momente der Teilflächen ΔA in Bezug auf die Achse $a-a$) gleich dem Moment der Gesamtfläche in Bezug auf die gleiche Achse: $\Sigma y \Delta A_1 = A y_0$. Mit Dreiecksfläche $A = bh/2$ und

Schwerpunktsabstand $y_0 = \dfrac{2}{3} h$ wird

$$I_a = h \, \Sigma y \, \Delta A_1 = h \frac{2}{3} h \frac{bh}{2} = \frac{bh^3}{3}$$

Nach dem Steiner'schen Verschiebesatz (33) lässt sich nun das axiale Flächenmoment I_s in Bezug auf die Schwerachse $s-s$ berechnen (mit $l = h/2$ und $A = bh$):

$$I_s = I_a - Al^2 = \frac{bh^3}{3} - bh \frac{h^2}{4} = \frac{bh^3}{12} \qquad (36)$$

(siehe Tabelle 1)

Das Widerstandsmoment W ist nach (28) mit $e = h/2$:

$$W = \frac{I}{e} = \frac{bh^3 \, 2}{12 \, h} = \frac{bh^2}{6} \qquad (37)$$

(siehe Tabelle 1)

Axiales Flächenmoment für Dreieckquerschnitt. Das Flächenmoment I_a für die gestrichelte Rechteckfläche ist nach Bild 11: $I_a = bh^3/12$. Die Dreieckfläche ist gleich der halben Rechteckfläche, also ist auch für die gleiche Achse das Flächenmoment der Dreieckfläche $I_a = bh^3/24$. Nach dem Verschiebesatz gilt dann für die Schwerachse $s-s$ (mit $l = h/6$):

$$I_s = I_a - Al^2 = \frac{bh^3}{24} - \frac{bh}{2} \cdot \frac{h^2}{36} = \frac{bh^3}{36} \qquad (38)$$

(siehe Tabelle 1)

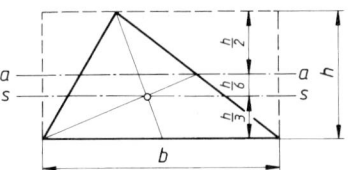

Bild 11. Herleitung der Gleichung für I_s
(Dreieckquerschnitt)

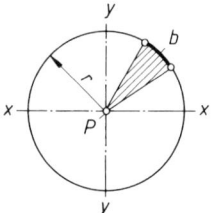

Bild 12. Herleitung der Gleichung für polares und axiales Flächenmoment 2. Grades
(Kreisquerschnitt)

Polares und axiales Flächenmoment für Kreis- und Kreisringquerschnitt. Der Kreisquerschnitt wird nach Bild 12 in viele kleine Kreisausschnitte zerlegt, die als Dreiecke angesehen werden können. Das Teil-Flächenmoment eines Dreiecks der Höhe $h = r$ in Bezug auf die Spitze (P) ist: $\Delta I_p = br^3/4$.

Die Summe aller Flächenmomente 2. Grades ist dann das polare Flächenmoment I_p des Gesamtquerschnittes in Bezug auf die gleiche Achse, hier also bezogen auf den „Pol" P:

$$I_p = \Sigma \Delta I_p = \Sigma \frac{br^3}{4} = \frac{1}{4} r^3 \, \Sigma \, b \text{ und mit } \Sigma b = 2 \, r \, \pi$$

$$I_p = \frac{1}{4} r^3 \, 2 \, r \, \pi = \frac{\pi}{2} r^4 \text{ und mit } r = \frac{d}{2}$$

$$I_p = \frac{\pi}{32} d^4 \text{ (siehe Tabelle 18)} \qquad (39)$$

Nach (32) ist das polare Flächenmoment 2. Grades gleich der Summe der beiden axialen Flächenmomente. Damit wird das axiale Flächenmoment

$$I_x = I_y = \frac{I_p}{2} = \frac{\pi}{64} d^4 \text{ (siehe Tabelle 1.)} \qquad (40)$$

Für die Kreisringfläche ergeben sich die Flächenmomente aus der Differenz der Flächenmomente für beide Kreisflächen mit gleicher Bezugsachse:

$$I_p = \frac{\pi}{32} D^4 - \frac{\pi}{32} d^4 = \frac{\pi}{32} (D^4 - d^4) \qquad (41)$$

$$I_x = I_y = \frac{\pi}{64} (D^4 - d^4) \qquad (42)$$

Die Gleichungen für die axialen Flächenmomente 2. Grades in Bezug auf die eigene Schwerachse für verschiedene Querschnittsformen sind in Tabelle 1. zusammengestellt.

2.2.2.8 Hauptachsen. Zwei Achsen, für die das Zentrifugalmoment null ist, heißen *zugeordnete* oder *konjugierte* Achsen. Stehen diese beiden Achsen auch noch rechtwinklig aufeinander (Bild 13), heißen sie *Hauptachsen* I, II und die auf sie bezogenen Flächenmomente 2. Grades *Hauptflächenmomente 2. Grades* (meist mit I_I, I_{II} bezeichnet). Das Hauptachsenpaar I, II besitzt immer das größte und das kleinste axiale Flächenmoment, eben die Hauptflächenmomente. Jede Symmetrieachse einer Fläche ist auch eine Hauptachse.

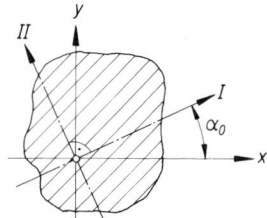

Bild 13. Berechnung der Flächenmomente 2. Grades bei Neigung der Achsen

Sind für ein beliebiges rechtwinkliges Achsenkreuz x, y die Flächen- und Zentrifugalmomente I_x, I_y, I_{xy} bekannt, so ergibt sich der Winkel α_0, um den das Achsenkreuz gedreht werden muss, damit es die *Lage der Hauptachsen* annimmt, aus

$$\tan 2\,\alpha_0 = \frac{2\,I_{xy}}{I_y - I_x} \qquad (43)$$

Die *Hauptflächenmomente 2. Grades* sind

$$I_I = I_{max} = \frac{I_x + I_y}{2} + \frac{1}{2}\sqrt{(I_y - I_x)^2 + 4\,I_{xy}^2} \qquad (44)$$

$$I_{II} = I_{min} = \frac{I_x + I_y}{2} - \frac{1}{2}\sqrt{(I_y - I_x)^2 + 4\,I_{xy}^2} \qquad (45)$$

(Zeichnerische Methoden zur Berechnung der Flächenmomente bei Neigung der Achsen: *Trägheitskreis nach Mohr-Land* und *Trägheitsellipse*.)

Beachte: Unter den Flächenmomenten 2. Grades sind, wenn die Angabe der Bezugspunkte bzw. -achsen fehlt, immer die auf den Schwerpunkt der Fläche bezogenen Hauptflächenmomente zu verstehen. Die Festlegung der Hauptachsen und der auf sie bezogenen Flächen- und Widerstandsmomente ist für schief belastete Träger wichtig, um die Belastung mit der Senkrechten zur Achse des größten Widerstandsmomentes zusammenfallen zu lassen.

2.2.2.9 Flächenmomente 2. Grades zusammengesetzter Flächen. Lässt sich der Querschnitt derart in Teilflächen zerlegen, dass alle *Teilschwerachsen mit der Gesamtschwerachse* zusammenfallen, dann kann das Flächenmoment des Gesamtquerschnitts aus der Summe oder Differenz der Teil-Flächenmomente berechnet werden (35). Die Gleichungen für die auf die eigene Schwerachse bezogenen Flächenmomente der Teilflächen sind Tabelle 1. zu entnehmen. Beispiele zeigt Bild 14.

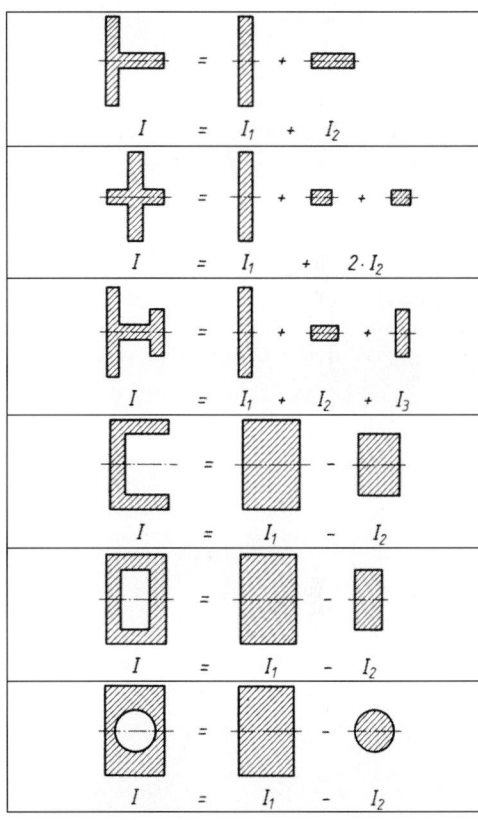

Bild 14. Profile mit gleichen Teil- und Gesamtschwerachsen

Lässt sich ein unsymmetrischer Querschnitt nicht in dieser Weise behandeln, geht man zweckmäßig nach folgendem *Arbeitsplan* vor:
a) Der Querschnitt wird in Teilflächen bekannter Schwerpunktslage zerlegt
b) die Schwerpunkte der Teilflächen werden bestimmt (siehe Schwerpunkt, C 1.4.2)
c) die Flächenmomente der Teilflächen, bezogen auf ihre eigene Schwerachse, werden nach Tabelle 1. berechnet
d) ist die Gesamtschwerachse Bezugsachse, so wird auch die Lage des Gesamtschwerpunktes bestimmt
e) das Flächenmoment des Querschnitts wird nach dem Steiner'schen Verschiebesatz (34) berechnet.

■ **Beispiel:**
Gesucht: Für den Querschnitt in Bild 15:
a) die Schwerpunktsabstände e_1, e_2
b) die axialen Flächenmomente I_x, I_y
c) die Widerstandsmomente W_{x1}, W_{x2}, W_y

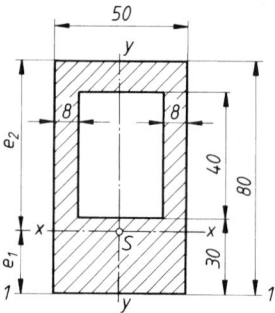

Bild 15.

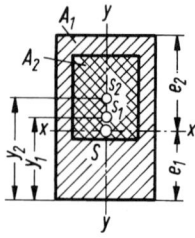

Lösung:

a) $Ae_1 = A_1 y_1 - A_2 y_2$

$A_1 = (80 \cdot 50) \text{ mm}^2 = 4\,000 \text{ mm}^2$

$A_2 = (40 \cdot 34) \text{ mm}^2 = 1\,360 \text{ mm}^2$

$A = A_1 - A_2 = (4000 - 1\,360) \text{ mm}^2 = 2\,640 \text{ mm}^2$

$y_1 = 40 \text{ mm} \qquad\qquad y_2 = 50 \text{ mm}$

$e_1 = \dfrac{A_1 y_1 - A_2 y_2}{A}$

$e_1 = \dfrac{4000 \text{ mm}^2 \cdot 40 \text{ mm} - 1360 \text{ mm}^2 \cdot 50 \text{ mm}}{2640 \text{ mm}^2}$

$e_2 = 80 \text{ mm} - 34{,}8 \text{ mm} = 45{,}2 \text{ mm}$

b) $I_x = I_{x1} + A_1 l_1^2 - (I_{x2} + A_2 l_2^2)$

$I_{x1} = \dfrac{bh^3}{12} = \dfrac{50 \text{ mm} \cdot 80^3 \text{mm}^3}{12} = 213{,}3 \cdot 10^4 \text{ mm}^4$

$I_{x2} = \dfrac{bh^3}{12} = \dfrac{34 \text{ mm} \cdot 40^3 \text{mm}^3}{12} = 18{,}13 \cdot 10^4 \text{ mm}^4$

$l_1 = y_1 - e_1 = (40 - 34{,}8) \text{ mm} = 5{,}2 \text{ mm}$

$l_1^2 \approx 27 \text{ mm}^2$

$l_2 = y_2 - e_1 = (50 - 34{,}8) \text{ mm} = 15{,}2 \text{ mm}$

$l_2^2 \approx 231 \text{ mm}^2$

$I_x = 213{,}3 \cdot 10^4 \text{ mm}^4 + 0{,}4 \cdot 10^4 \text{ mm}^2 \cdot 27 \text{ mm}^2 -$

$\qquad -18{,}13 \cdot 10^4 \text{ mm}^4 + 0{,}136 \cdot 10^4 \text{ mm}^2 \cdot 231 \text{ mm}^2$

$I_x = (224{,}1 \cdot 10^4 - 49{,}55 \cdot 10^4) \text{ mm}^4 = 174{,}6 \cdot 10^4 \text{ mm}^4$

$I_y = I_{y1} - I_{y2}$

$I_{y1} = \dfrac{bh^3}{12} = \dfrac{80 \text{ mm} \cdot 50^3 \text{mm}^3}{12} = 83{,}3 \cdot 10^4 \text{ mm}^4$

$I_{y2} = \dfrac{bh^3}{12} = \dfrac{40 \text{ mm} \cdot 34^3 \text{mm}^3}{12} = 13{,}1 \cdot 10^4 \text{ mm}^4$

$I_y = (83{,}3 - 13{,}1) \cdot 10^4 \text{ mm}^4 = 70{,}2 \cdot 10^4 \text{ mm}^4$

c) $W_{x1} = \dfrac{I_x}{e_1} = \dfrac{1746 \cdot 10^3 \text{mm}^4}{34{,}8 \text{ mm}} = 50{,}2 \cdot 10^3 \text{ mm}^3$

$W_{x2} = \dfrac{I_x}{e_2} = \dfrac{1746 \cdot 10^3 \text{mm}^4}{45{,}2 \text{ mm}} = 38{,}6 \cdot 10^3 \text{ mm}^3$

$W_y = \dfrac{I_y}{e} = \dfrac{702 \cdot 10^3 \text{mm}^4}{25 \text{ mm}} = 28{,}1 \cdot 10^3 \text{ mm}^3$

■ **Beispiel:**
Gesucht werden für den Querschnitt eines Blechträgers (Bild 16) unter Berücksichtigung der Nietlöcher das axiale Flächenmoment I_x und das Widerstandsmoment W_x.

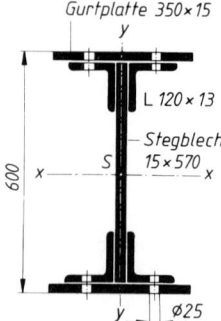

Bild 16. Querschnitt eines Blechträgers

Lösung: $I_{\text{Stegblech}} = \dfrac{1}{12} \cdot 1{,}5 \cdot 57^3 \qquad\qquad = 23\,149 \text{ cm}^4$

$I_{\text{Winkel}} = 4 \cdot 394 \qquad\qquad\qquad\quad = 1\,576 \text{ cm}^4$

$\qquad\qquad + 4 \cdot 29{,}7 \cdot 25{,}06^2 \qquad\quad = 74\,607 \text{ cm}^4$

$I_{\text{Gurtplatte}} = \dfrac{1}{12} \cdot 35 \cdot (60^3 - 57^3) \quad = \underline{89\,854 \text{ cm}^4}$

$\qquad\qquad\qquad I_{\text{mit Nietlöcher}} \qquad = 189\,186 \text{ cm}^4$

Abzug für Nietlöcher

$= 2 \cdot \dfrac{1}{12} \cdot 2{,}5 \cdot (60^3 - 54{,}4^3) \qquad = \underline{22\,921 \text{ cm}^4}$

$\qquad\qquad\qquad\qquad I_x = \underline{\underline{166\,265 \text{ cm}^4}}$

Beachte den hohen Anteil der Gurtplatten am gesamten Flächenmoment 2. Grades. Auch der (ungünstige) Einfluss der Nietlöcher ist beträchtlich ($\approx$ 14 %); er kann in ungünstigen Fällen noch erheblich wachsen.

Das Widerstandsmoment W_x beträgt:

$$W_x = \frac{I_x}{e} = \frac{166\,265\ \text{cm}^4}{30\ \text{cm}} = 5542\ \text{cm}^3$$

■ **Beispiel:**
Gesucht werden für das ungleichschenklige Winkelprofil 80 · 160 · 12 mit scharfen Ecken (Bild 17) die Flächen- und Widerstandsmomente sowie das Zentrifugalmoment für die Schwerachsen *x*, *y*; die Lage der Hauptachsen; die entsprechenden Hauptflächenmomente; die Trägheitsradien.

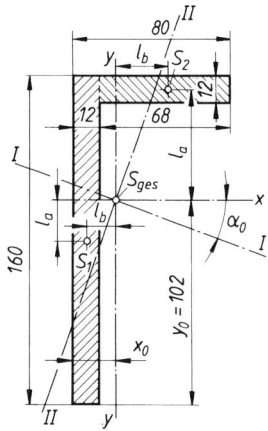

Bild 17.

Lösung:

a) Schwerpunktslage:

$$x_0 = \frac{(1{,}2 \cdot 16 \cdot 0{,}6 + 6{,}8 \cdot 1{,}2 \cdot 4{,}6)\ \text{cm}^3}{(1{,}2 \cdot 16 + 6{,}8 \cdot 1{,}2)\ \text{cm}^2} = 1{,}79\ \text{cm}$$

$$y_0 = \frac{(1{,}2 \cdot 16 \cdot 8 + 6{,}8 \cdot 1{,}2 \cdot 15{,}4)\ \text{cm}^3}{(16 + 6{,}8) \cdot 1{,}2\ \text{cm}^2} = 10{,}2\ \text{cm}$$

b) Flächenmomente:

$$I_x = \left(\frac{1}{12} \cdot 1{,}2 \cdot 16^3 + 1{,}2 \cdot 16 \cdot 2{,}2^2 + \frac{1}{12} \cdot 6{,}8 \cdot 1{,}2^3 + 6{,}8 \cdot 1{,}2 \cdot 5{,}2^2 \right)\ \text{cm}^4 \approx$$

$$\approx 724\ \text{cm}^4$$

$$I_y = \left(\frac{1}{12} \cdot 16 \cdot 1{,}2^3 + 16 \cdot 1{,}2 \cdot 1{,}19^2 + \frac{1}{12} \cdot 1{,}2 \cdot 6{,}8^3 + 1{,}2 \cdot 6{,}8 \cdot 2{,}81^2 \right)\ \text{cm}^4 \approx$$

$$\approx 125{,}4\ \text{cm}^4$$

c) Widerstandsmomente:

$$W_{x1} = \frac{I_x}{16 - y_0} = \frac{724\ \text{cm}^4}{5{,}8\ \text{cm}} = 125\ \text{cm}^3$$

$$W_{x2} = \frac{I_x}{y_0} = \frac{724\ \text{cm}^4}{10{,}2\ \text{cm}} = 71\ \text{cm}^3$$

$$W_{y1} = \frac{I_y}{8 - x_0} = \frac{125{,}4\ \text{cm}^4}{6{,}21\ \text{cm}} = 20{,}19\ \text{cm}^3$$

$$W_{y2} = \frac{I_y}{x_0} = \frac{125{,}4\ \text{cm}^4}{1{,}79\ \text{cm}} = 70\ \text{cm}^3$$

d) Fliehmoment:

$$I_{xy} = [1{,}2 \cdot 16 \cdot \underbrace{(-2{,}2)}_{l_a} \cdot \underbrace{(-1{,}19)}_{l_b} + 6{,}8 \cdot 1{,}2 \cdot \underbrace{5{,}2}_{l_a} \cdot \underbrace{2{,}81}_{l_b}]\ \text{cm}^4 =$$

$$= 169{,}5\ \text{cm}^4$$

e) Hauptachsen:

$$2\,\alpha_0 = \arctan \frac{2\,I_{xy}}{I_y - I_x} = \arctan \frac{2 \cdot 169{,}5\ \text{cm}^4}{(125{,}4 - 724)\ \text{cm}^4}$$

$$\alpha_0 = 14{,}76° \text{ (im II. bzw. IV. Quadranten)}$$

f) Hauptflächenmomente:

$$I_{I,II} = \frac{724 + 125{,}4}{2}\ \text{cm}^4 \pm \frac{1}{2}\sqrt{(125{,}4 - 724)^2 \cdot \text{cm}^8 + 4 \cdot 169{,}5^2\ \text{cm}^8}$$

$$I_I = I_{max} = 768{,}7\ \text{cm}^4 \qquad I_{II} = I_{min} = 80{,}74\ \text{cm}^4$$

g) Trägheitsradien:

$$i_x = \sqrt{\frac{I_x}{A}} = \sqrt{\frac{724\ \text{cm}^4}{27{,}36\ \text{cm}^2}} = 5{,}14\ \text{cm}$$

$$i_I = \sqrt{\frac{I_I}{A}} = \sqrt{\frac{768\ \text{cm}^4}{27{,}36\ \text{cm}^2}} = 5{,}3\ \text{cm} = i_{max}$$

$$i_y = \sqrt{\frac{I_y}{A}} = \sqrt{\frac{125{,}4\ \text{cm}^4}{27{,}36\ \text{cm}^2}} = 2{,}14\ \text{cm}$$

$$i_{II} = \sqrt{\frac{I_{II}}{A}} = \sqrt{\frac{80{,}74\ \text{cm}^4}{27{,}36\ \text{cm}^2}} = 1{,}72\ \text{cm} = i_{min}$$

Tabelle 1. Axiale Flächenmomente 2. Grades I, Widerstandsmomente W, Flächeninhalte A und Trägheitsradius i verschieden gestalteter Querschnitte für Biegung und Knickung (die Gleichungen gelten für die eingezeichneten Achsen)

	$I_x = \dfrac{bh^3}{12}$ $W_x = \dfrac{bh^2}{6}$ $i_x = 0{,}289\,h$	$I_y = \dfrac{hb^3}{12}$ $W_y = \dfrac{hb^2}{6}$ $i_y = 0{,}289\,b$	$A = bh$
	$I_x = I_y = I_D = \dfrac{h^4}{12}$ $W_x = W_y = \dfrac{h^3}{6}$	$i = 0{,}289\,h$ $W_D = \sqrt{2}\,\dfrac{h^3}{12}$	$A = h^2$
	$I = \dfrac{ah^3}{36}$ $W = \dfrac{ah^2}{24}$	$e = \dfrac{2}{3}h$ $i = 0{,}236\,h$	$A = \dfrac{ah}{2}$
	$I = \dfrac{6\,b^2 + 6\,b\,b_1 + b_1^2}{36(2\,b + b_1)}\,h^3$ $W = \dfrac{6\,b^2 + 6\,b\,b_1 + b_1^2}{12(3\,b + 2\,b_1)}\,h^2$	$A = \dfrac{2\,b + b_1}{2}\,h$ $e = \dfrac{1}{3}\dfrac{3\,b + 2\,b_1}{2\,b + b_1}\,h$ $i = \sqrt{\dfrac{I}{A}}$	
	$I = \dfrac{\pi\,d^4}{64} \approx \dfrac{d^4}{20}$ $W = \dfrac{\pi\,d^3}{32} \approx \dfrac{d^3}{10}$	$A = \dfrac{\pi}{4}d^2$ $i = \dfrac{d}{4}$	
	$I = \dfrac{\pi}{64}(D^4 - d^4)$ $W = \dfrac{\pi}{32}\dfrac{D^4 - d^4}{D}$	$A = \dfrac{\pi}{4}(D^2 - d^2)$ $i = 0{,}25\,\sqrt{D^2 + d^2}$	
	$I_x = \dfrac{\pi\,a^3 b}{4}$ $W_x = \dfrac{\pi\,a^2 b}{4}$	$I_y = \dfrac{\pi\,b^3 a}{4}$ $i_x = \dfrac{a}{2}$ $W_y = \dfrac{\pi\,b^2 a}{4}$ $i_y = \dfrac{b}{2}$	$A = \pi\,a\,b$

Tabelle 1. Fortsetzung

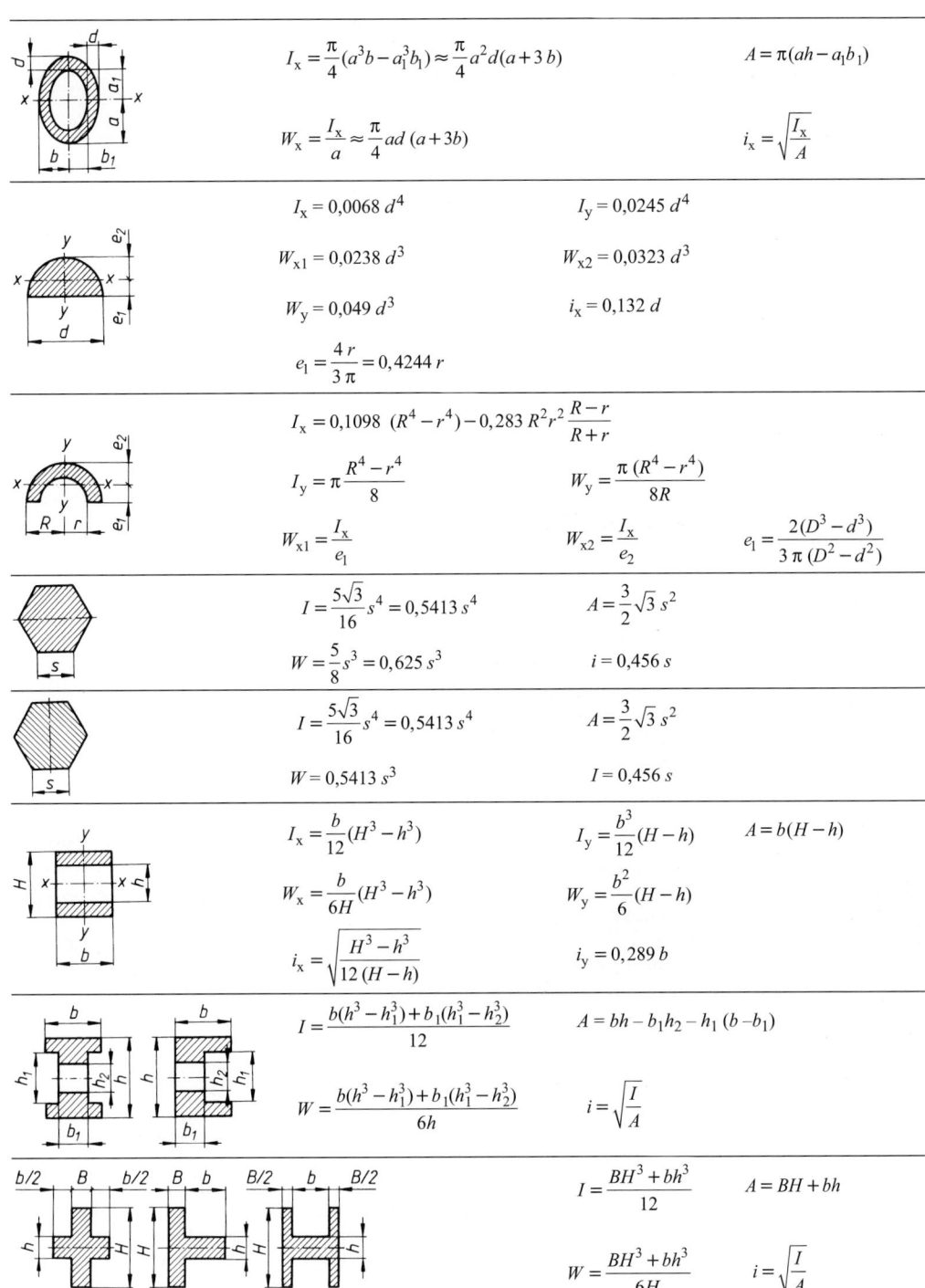

$$I_x = \frac{\pi}{4}(a^3b - a_1^3b_1) \approx \frac{\pi}{4}a^2d(a+3\,b) \qquad A = \pi(ah - a_1b_1)$$

$$W_x = \frac{I_x}{a} \approx \frac{\pi}{4}ad\,(a+3b) \qquad i_x = \sqrt{\frac{I_x}{A}}$$

$$I_x = 0{,}0068\,d^4 \qquad I_y = 0{,}0245\,d^4$$

$$W_{x1} = 0{,}0238\,d^3 \qquad W_{x2} = 0{,}0323\,d^3$$

$$W_y = 0{,}049\,d^3 \qquad i_x = 0{,}132\,d$$

$$e_1 = \frac{4\,r}{3\,\pi} = 0{,}4244\,r$$

$$I_x = 0{,}1098\,(R^4 - r^4) - 0{,}283\,R^2r^2\frac{R-r}{R+r}$$

$$I_y = \pi\frac{R^4 - r^4}{8} \qquad W_y = \frac{\pi\,(R^4 - r^4)}{8R}$$

$$W_{x1} = \frac{I_x}{e_1} \qquad W_{x2} = \frac{I_x}{e_2} \qquad e_1 = \frac{2(D^3 - d^3)}{3\,\pi\,(D^2 - d^2)}$$

$$I = \frac{5\sqrt{3}}{16}s^4 = 0{,}5413\,s^4 \qquad A = \frac{3}{2}\sqrt{3}\,s^2$$

$$W = \frac{5}{8}s^3 = 0{,}625\,s^3 \qquad i = 0{,}456\,s$$

$$I = \frac{5\sqrt{3}}{16}s^4 = 0{,}5413\,s^4 \qquad A = \frac{3}{2}\sqrt{3}\,s^2$$

$$W = 0{,}5413\,s^3 \qquad I = 0{,}456\,s$$

$$I_x = \frac{b}{12}(H^3 - h^3) \qquad I_y = \frac{b^3}{12}(H - h) \qquad A = b(H - h)$$

$$W_x = \frac{b}{6H}(H^3 - h^3) \qquad W_y = \frac{b^2}{6}(H - h)$$

$$i_x = \sqrt{\frac{H^3 - h^3}{12\,(H - h)}} \qquad i_y = 0{,}289\,b$$

$$I = \frac{b(h^3 - h_1^3) + b_1(h_1^3 - h_2^3)}{12} \qquad A = bh - b_1h_2 - h_1\,(b - b_1)$$

$$W = \frac{b(h^3 - h_1^3) + b_1(h_1^3 - h_2^3)}{6h} \qquad i = \sqrt{\frac{I}{A}}$$

$$I = \frac{BH^3 + bh^3}{12} \qquad A = BH + bh$$

$$W = \frac{BH^3 + bh^3}{6H} \qquad i = \sqrt{\frac{I}{A}}$$

Tabelle 1. Fortsetzung

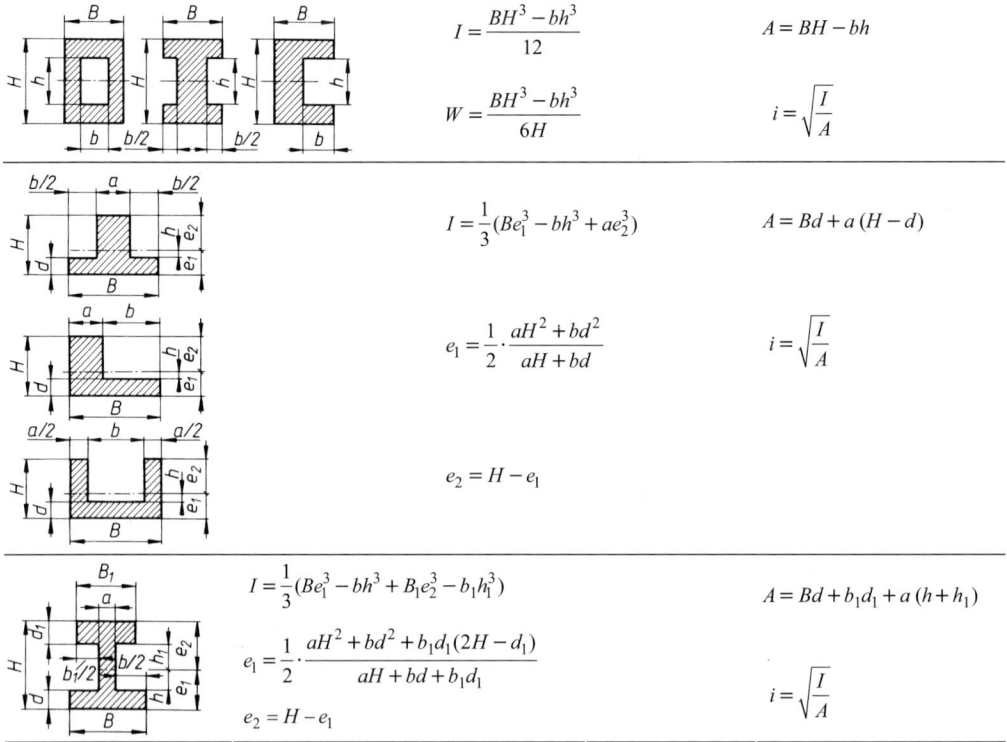

$$I = \frac{BH^3 - bh^3}{12} \qquad\qquad A = BH - bh$$

$$W = \frac{BH^3 - bh^3}{6H} \qquad\qquad i = \sqrt{\frac{I}{A}}$$

$$I = \frac{1}{3}(Be_1^3 - bh^3 + ae_2^3) \qquad A = Bd + a\,(H - d)$$

$$e_1 = \frac{1}{2}\cdot\frac{aH^2 + bd^2}{aH + bd} \qquad\qquad i = \sqrt{\frac{I}{A}}$$

$$e_2 = H - e_1$$

$$I = \frac{1}{3}(Be_1^3 - bh^3 + B_1 e_2^3 - b_1 h_1^3) \qquad A = Bd + b_1 d_1 + a\,(h + h_1)$$

$$e_1 = \frac{1}{2}\cdot\frac{aH^2 + bd^2 + b_1 d_1(2H - d_1)}{aH + bd + b_1 d_1}$$

$$i = \sqrt{\frac{I}{A}}$$

$$e_2 = H - e_1$$

2.2.3 Rechnerische Bestimmung der Stützkräfte, Querkräfte und Biegemomente

2.2.3.1 Stützkräfte. Die Stützkräfte F_A, F_B sind die in den Stützlagern (Bild 18) wirkenden Reaktionskräfte gegen die äußeren Kräfte. Nehmen die Lager des Biegeträgers nur lotrechte Lasten auf, so bezeichnet man sie *als Auflager* oder *Stützlager*. Mit Hilfe der Gleichgewichtsbedingungen $\Sigma F_y = 0$; $\Sigma M = 0$ werden die Stützkräfte F_A, F_B berechnet. Dabei werden die über der Länge l aufliegenden *Streckenlasten* (Gewichtskraft, gleichmäßig verteilte Lasten, Dreieckslasten u.a.) als im Schwerpunkt der Streckenlast angreifende Einzellast behandelt. Ist F' die Belastung der Längeneinheit (z.B. in N/m, N/mm), so ergibt sich als *Resultierende der Streckenlast* (Bild 19).

$$F = F'\,l$$

F	F'	l
N	$\dfrac{N}{m}$	m

(46)

Mit den Bezeichnungen des Bildes 18 ist die Resultierende der Streckenlast:

$F_1 = F'c = 2\,000$ N/m $\cdot$ 3 m $= 6\,000$ N. Die Momentengleichgewichtsbedingung um den Lagerpunkt A ergibt damit:

$$\Sigma M_{(A)} = 0 = -Fa - F_1 a_1 + F_B l \qquad \text{und daraus}$$

$$F_B = \frac{Fa + F_1 a_1}{l} =$$

$$= \frac{6000\,\text{N}\cdot 1,5\,\text{m} + 6000\,\text{N}\cdot 3,5\,\text{m}}{6\,\text{m}} = 5000\,\text{N}$$

aus $\Sigma F_y = 0 = +F_A + F_B - F - F_1$ ergibt sich

$$F_A = F + F_1 - F_B =$$
$$= 6\,000\,\text{N} + 6\,000\,\text{N} - 5\,000\,\text{N} = 7\,000\,\text{N}$$

Zur Kontrolle der Rechnung sollte $\Sigma M_{(B)} = 0$ angesetzt und daraus F_A berechnet werden.

2.2.3.2 Querkräfte. Die Querkräfte F_q (siehe auch 2.2.1.1) sind alle rechtwinklig zu einer Stabachse wirkenden Kräfte; also auch die Stützkräfte F_A, F_B. *Betrag und Richtung der Querkraft* eines beliebigen Querschnitts (z.B. Querschnitt x–x im Abstand l_x vom linken Stützlager A in den Bildern 18 und 19) werden am einfachsten durch *Aufzeichnung der Querkraftfläche* oder Querkraftlinie (= Begrenzung der Querkraftfläche) bestimmt. Dazu „wandert" man rückwärts gehend auf der Nulllinie 0–0 (Bilder 18 und 19) vom linken zum rechten Stützlager und trägt fortlaufend maßstäblich die jeweils „sichtbaren" Querkräfte aneinander an.

Für die Schnittstelle $x - x$ wird in Bild 18: $F_{qx} = F_A$ und in Bild 19:

$$F_{qx} = + F_A - F' l_x$$

Die Querkraft*linie* verläuft bei *Einzel*lasten parallel zur Nulllinie (Bild 18) und ist bei *Streckenlasten* eine zur Nulllinie *geneigte Gerade* (Bild 19). *Beweis* nach Bild 19: Für die Stelle x ist

$$F_{qx} = +F_A - F' l_x = \frac{F}{2} - F' l_x = \frac{F'l}{2} - F' l_x$$

Das ist die Gleichung einer geneigten Geraden; die Neigung ist proportional der Streckenlast F' (je größer F', desto stärker die Neigung und umgekehrt). Für $l_x = 0$ wird

$$F_q = \frac{F'l}{2} = F_A$$

(in Stützpunkt A); für $l_x = l/2$ wird $F_q = 0$ (in Trägermitte).

In Bild 19 wurde der Beweis zeichnerisch geführt (Kräfteplan), indem die Teilkräfte F', jeweils im Schwerpunkt angreifend, als Teil-Querkräfte aneinander gereiht wurden.

2.2.3.3 Biegemomente M_b (siehe auch 2.2.1.1). Das Biegemoment für einen beliebigen Querschnitt ist die algebraische Summe der statischen Momente aller links *oder* rechts vom Querschnitt angreifenden äußeren Kräfte (einschließlich der Stützkräfte). Praktisch rechnet man mit der Seite, an der die wenigsten Kräfte angreifen.

Betrag und Richtung des Biegemoments eines beliebigen Querschnitts (z.B. Querschnitt $x-x$ im Abstand l_x vom linken Stützlager A in den Bildern 18 und 19) werden am einfachsten durch *Aufzeichnung der Querkraftfläche* bestimmt. Vom linken Stützlager A nach rechts fortschreitend entspricht die dabei „überstrichene" Querkraft*fläche* A_q dem Biegemoment des betreffenden Querschnitts.

Nach Bild 18 wird damit das Biegemoment M_{bx} der Schnittstelle x:

$$M_{bx} \triangleq A_q = F_A \, l_x$$

Vielfach wird nur das *maximale Biegemoment $M_{b\,max}$* gebraucht. *Es liegt immer dort, wo die Querkraftlinie durch die Nulllinie läuft* (Nulldurchgang). In einigen Fällen ist dann noch das *Durchgangsmaß* x (oder y) wie in Bild 18 zu bestimmen. Aus der Ähnlichkeit der Dreiecke HNE und EGD folgt mit den bezeichneten Querkraft- und Längenmaßen das *Durchgangsmaß*

$$x = \frac{F_A - F}{F_1} c \qquad (47)$$

Mit Hilfe der Querkraftfläche in Bild 18 ergeben sich folgende Biegemomente:

$$M_{bI} = F_A \, a = 7000 \text{ N} \cdot 1,5 \text{ m} = 10\,500 \text{ Nm}$$
$$M_{bII} = M_{bI} + (F_A - F)(c_1 - a) =$$
$$= 10\,500 \text{ Nm} + 1000 \text{ N} \cdot 0,5 \text{ m} = 11\,000 \text{ Nm}$$

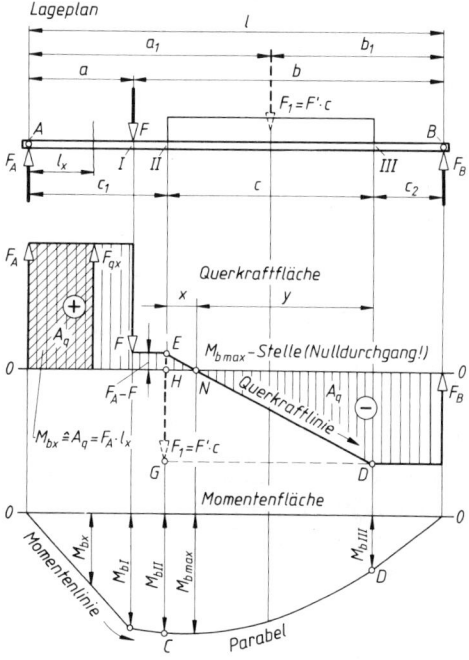

Bild 18. Stützkräfte F_A, F_B, Querkräfte und Biegemomente bei Einzel- und Streckenlast

$$F = 6000 \text{ N}; \; F' = 2000 \, \frac{\text{N}}{\text{m}}$$
$$F_1 = F \cdot c = 6000 \text{ N}$$
$$a = 1,5 \text{ m}; \; b = 4,5 \text{ m}; \; c = 3 \text{ m}$$
$$a_1 = 3,5 \text{ m}; \; b_1 = 2,5 \text{ m}; \; l = 6 \text{ m}$$
$$c_1 = 2 \text{ m}; \; c_2 = 1 \text{ m}$$

Stützkräfte:
$$F_A = 7000 \text{ N}; \; F_B = 5000 \text{ N}$$

Biegemomente:
$$M_{bI} = F_A \cdot a = 7000 \text{ N} \cdot 1,5 \text{ m} = 10\,500 \text{ Nm}$$
$$M_{bII} = F_A \cdot c_1 - F \cdot (c_1 - a)$$
$$= 7000 \text{ N} \cdot 2 \text{ m} - 6000 \text{ N} \cdot (2 \text{ m} - 1,5 \text{ m})$$
$$M_{bII} = 11\,000 \text{ Nm}$$
$$M_{bIII} = F_B \cdot c_2 = 5000 \text{ N} \cdot 1 \text{ m} = 5000 \text{ Nm}$$

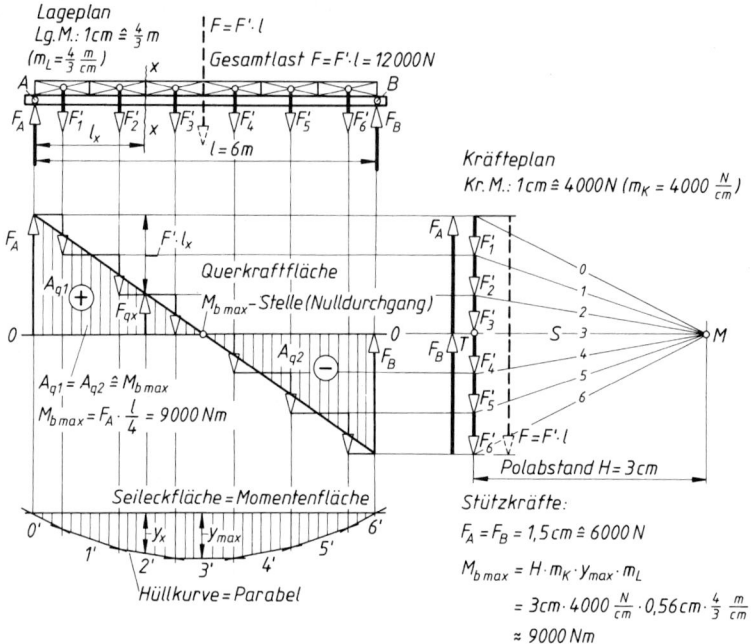

Bild 19. Stützkräfte F_A, F_B, Querkräfte und Biegemomente bei Streckenlast
Streckenlast $F' = 2\,000$ N/m, $l = 6$ m

Man kann auch rein rechnerisch vorgehen (Summe aller Momente links von Schnittstelle II):

$$M_{bII} = F_A c_1 - F(c_1 - a) =$$
$$= 7000 \text{ N} \cdot 2 \text{ m} - 6000 \text{ N} \cdot 0{,}5 \text{ m} =$$
$$= 11\,000 \text{ Nm}$$

$$M_{bIII} = F_B c_2 = 5000 \text{ N} \cdot 1 \text{ m} = 5000 \text{ Nm}$$

$$M_{b\,max} = F_B(y + c_2) - F'y\frac{y}{2}$$

darin ist $y = c - x$ und nach (47)

$$x = \frac{F_A - F}{F_1}c = \frac{(7000 - 6000) \text{ N}}{6000 \text{ N}} = 0{,}5 \text{ m}$$

also $y = 3$ m $- 0{,}5$ m $= 2{,}5$ m.

$$M_{b\,max} = 5000 \text{ N} (2{,}5 + 1) \text{ m} -$$
$$- 2000\frac{\text{N}}{\text{m}} \cdot 2{,}5 \text{ m} \cdot 1{,}25 \text{ m} = 11250 \text{ Nm}$$

oder mit der Querkraftfläche rechts vom Nulldurchgang:

$$M_{b\,max} = F_B c_2 + F_B\frac{y}{2} \mathrel{\hat{=}} \text{Rechteck-}$$

fläche + Dreieckfläche $= F_B\left(c_2 + \dfrac{y}{2}\right)$

$$M_{b\,max} = 5\,000 \text{ N} (1 + 1{,}25) \text{ m} = 11\,250 \text{ Nm}$$

Die *Momentenfläche* oder *Momentenlinie* entsteht, wenn die Biegemomente der einzelnen Querschnitte maßstäblich als Ordinaten von einer Nulllinie aus aufgetragen werden. Die Momentenlinie ist bei Einzelkräften eine geneigte Gerade, bei Streckenlasten eine Parabel, wie auch Bild 19 zeigt. Danach wird das Biegemoment M_{bx} an der Schnittstelle x:

$$M_{bx} \mathrel{\hat{=}} \text{Trapezfläche} = \frac{F_A + F_{q\,x}}{2}$$

für $F_A = F_B = \dfrac{F}{2} = \dfrac{F'l}{2}$ und

für $F_{qx} = F_A - F'l_x$ eingesetzt:

$$M_{bx} = \frac{\dfrac{F'l}{2} + \dfrac{F'l}{2} - F'l_x}{2}l_x - \frac{F'l}{2}l_x - \frac{F'l_x^2}{2} =$$

$$= \frac{F'}{2}(ll_x - l_x^2)$$

d.h. *bei Streckenlast ist die Momentenlinie eine Parabel. Das maximale Biegemoment liegt in Balkenmitte, also bei* $l_x = l/2$

$$M_{b\,max} = \frac{F'l^2}{8} = \frac{F\,l}{8}$$

Beachte: Die Momentenlinie gibt bei Biegeträgern mit gleich bleibendem Querschnitt zugleich den Verlauf der Randfaserspannung über die Balkenlänge an. An der $M_{b\,max}$-Stelle ist also auch die Randfaserspannung am größten.

Zusammenfassung: Das Biegemoment M_b entspricht der Querkraftfläche A_q links oder rechts von der betrachteten Querschnittsstelle unter Beachtung der Vorzeichen der Flächen.

Das größte Biegemoment $M_{b\,max}$ liegt dort, wo die Querkraftlinie „durch null" geht (Nulldurchgang) oder wo die Seileckfläche ihre größte Ordinate y_{max} besitzt.

Geht die Querkraftlinie mehrfach durch null, müssen zum Vergleich die Biegemomente für alle Nulldurchgänge berechnet werden.

Kontrolle der Querkraftfläche: Die Summe aller positiven Flächenteile (oberhalb 0–0) muss gleich der Summe aller negativen (unterhalb 0–0) sein, also

$\Sigma A_q = 0$, weil entsprechend beim statisch bestimmt gelagerten Träger die $\Sigma M = 0$ sein muss.

Vereinbarung: Biegemomente sind positiv, wenn in den oberen Fasern des Biegeträgers Druck- und in den unteren Fasern Zugspannungen ausgelöst werden.

2.2.4 Zeichnerische Bestimmung der Stützkräfte, Querkräfte und Biegemomente

2.2.4.1 Stützkräfte. Die Stützkräfte F_A, F_B werden durch Krafteck- und Seileckzeichnung gefunden (Bilder 19 und 20); siehe auch „Statik". Im *Kräfteplan* werden die Lasten $F = 6000$ N und $F_1 = F'c = 6000$ N maßstäblich und richtungsgemäß aneinander gezeichnet. Mit Hilfe der *Polstrahlen* 0, 1, 2..., zum beliebigen Pol M werden die *Seilstrahlen* 0', 1', 2'... durch Parallelverschiebung gezeichnet. Die *Schlusslinie* S' des Seilecks wird in den Kräfteplan übertragen (S) und schneidet dort im *Teilpunkt* T die Stützkräfte F_B, F_A ab. Das Krafteck der Kräfte F, F_1, F_B, F_A muss sich schließen.

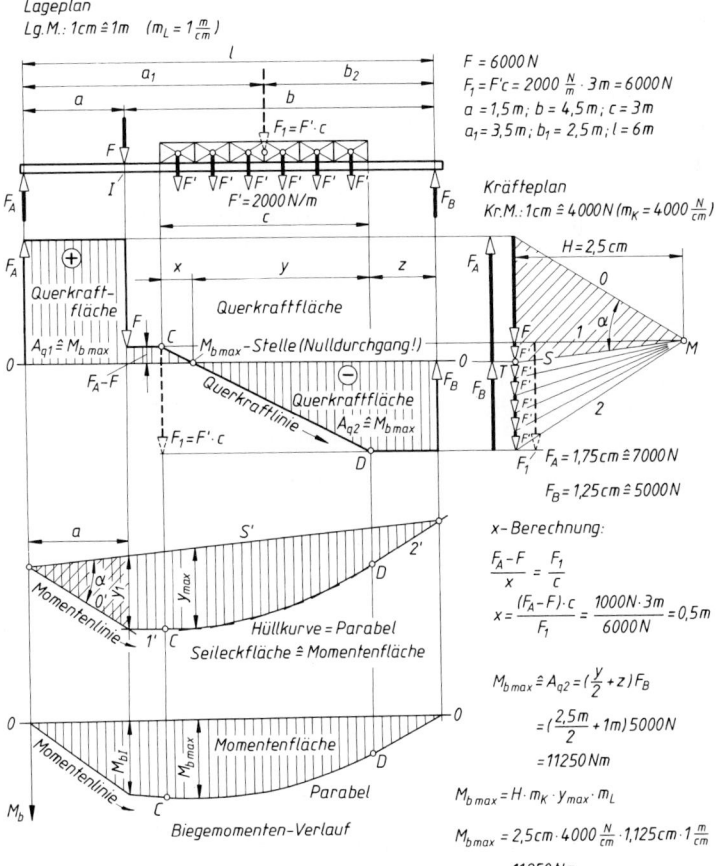

Lageplan
Lg.M.: 1cm ≙ 1m ($m_L = 1\frac{m}{cm}$)

$F = 6000$ N
$F_1 = F'c = 2000\,\frac{N}{m} \cdot 3m = 6000$ N
$a = 1,5\,m$; $b = 4,5\,m$; $c = 3\,m$
$a_1 = 3,5\,m$; $b_1 = 2,5\,m$; $l = 6\,m$

$F' = 2000\,N/m$

Kräfteplan
Kr.M.: 1cm ≙ 4000N ($m_K = 4000\,\frac{N}{cm}$)

$H = 2,5\,cm$

$F_A = 1,75\,cm ≙ 7000\,N$
$F_B = 1,25\,cm ≙ 5000\,N$

x-Berechnung:

$$\frac{F_A - F}{x} = \frac{F_1}{c}$$

$$x = \frac{(F_A - F)\cdot c}{F_1} = \frac{1000N \cdot 3m}{6000\,N} = 0,5\,m$$

$$M_{b\,max} ≙ A_{q2} = \left(\frac{y}{2} + z\right) F_B$$

$$= \left(\frac{2,5\,m}{2} + 1m\right) 5000\,N$$

$$= 11250\,Nm$$

$$M_{b\,max} = H \cdot m_K \cdot y_{max} \cdot m_L$$

$$M_{b\,max} = 2,5\,cm \cdot 4000\,\frac{N}{cm} \cdot 1,125\,cm \cdot 1\frac{m}{cm}$$

$$= 11250\,Nm$$

Bild 20.
Stützkräfte F_A, F_B, Querkräfte und Biegemomente bei Einzel- und Streckenlast

2.2.4.2 Querkräfte. Die Querkräfte F_q werden aus dem Kräfteplan herübergelotet und auf ihren aus dem Lageplan heruntergeloteten Wirklinien aufgetragen. Damit ergibt sich die *Querkraftlinie*. Sie ist bei Streckenlast eine geneigte Gerade, wie in Bild 19 nachgewiesen worden ist.

Der *Nulldurchgang* legt die $M_{b\,max}$-Stelle fest. Die Querkraftfläche links oder rechts vom Nulldurchgang entspricht dem größten Biegemoment:

$$A_{q1} = A_{q2} \hat{=} M_{b\,max}$$

Die *Durchgangsmaße* x und y können unter Berücksichtigung des Längenmaßstabes abgegriffen werden (Bild 20).

2.2.4.3 Biegemomente. Die Biegemomente M_b werden zeichnerisch mit Hilfe der *Seileckfläche* bestimmt. Die *Seilstrahlen* liefern mit der Schlusslinie S' die *Momentenlinie*. Sie ist im Bereich der *Streckenlast* eine *Parabel* Aus der Ähnlichkeit der schraffierten Dreiecke (Bild 20) im Seileck und Kräfteplan ergibt sich:

$$\frac{y_I}{a} = \frac{F_A}{H} \quad \text{und daraus} \quad F_A\,a = Hy_I = M_{bI} \quad (48)$$

Nun ist aber $F_A\,a = M_{bI}$ das Biegemoment an der Balkenstelle I, so dass allgemein gilt:

> Das Biegemoment M_b an einer beliebigen Balkenstelle ist gleich dem Produkt aus der Ordinate y des Seilecks und dem Polabstand H des Kräfteplans unter Berücksichtigung von Längenmaßstab m_L in m/cm oder cm/cm und Kräftemaßstab m_K in N/cm.

$$
\begin{array}{c|c|c|c}
M_b & H, y & m_K & m_L \\
\hline
\mathrm{Nm} & \mathrm{cm} & \dfrac{\mathrm{N}}{\mathrm{cm}} & \dfrac{\mathrm{m}}{\mathrm{cm}}
\end{array}
$$

$$M_b = H\,y\,m_K\,m_L \qquad (49)$$

Das größte Biegemoment $M_{b\,max}$ in Bild 20 wird mit Polabstand $H = 2{,}5$ cm, $y_{max} = 1{,}125$ cm, Kräftemaßstab $m_K = 4\,000$ N/cm und Längenmaßstab $m_L = 1$ m/cm

$$M_{b\,max} = H\,y_{max}\,m_K\,m_L =$$

$$= 2{,}5\ \mathrm{cm} \cdot 1{,}125\ \mathrm{cm} \cdot 4000\frac{\mathrm{N}}{\mathrm{cm}} \cdot 1\frac{\mathrm{m}}{\mathrm{cm}} =$$

$$= 11\,250\ \mathrm{Nm}$$

Nach Bild 19 ergibt sich ebenso

$$M_{b\,max} = H\,y_{max}\,m_K\,m_L =$$

$$= 3\ \mathrm{cm} \cdot 0{,}56\ \mathrm{cm} \cdot 4000\frac{\mathrm{N}}{\mathrm{cm}} \cdot \frac{4}{3}\frac{\mathrm{m}}{\mathrm{cm}} =$$

$$= 9000\ \mathrm{Nm}$$

■ **Beispiel:**
Ein Holzbalken hat einem Rechteckquerschnitt von 200 mm Höhe und 100 mm Breite. Welches größte Biegemoment kann er hochkant- und welches flachliegend aufnehmen, wenn 8 N/mm² Biegespannung nicht überschritten werden soll?

Lösung:

$$M_{b\,max} = W\,\sigma_{b\,zul}$$

$$W = \frac{bh^2}{6}$$

$$M_{b\,max,\,hoch} = W_{hoch}\,\sigma_{b\,zul}$$

$$M_{b\,max,\,hoch} = \frac{100\ \mathrm{mm} \cdot (200\ \mathrm{mm})^2}{6} \cdot 8\,\frac{\mathrm{N}}{\mathrm{mm}^2} =$$

$$= 5333 \cdot 10^3\ \mathrm{Nmm}$$

$$M_{b\,max,\,flach} = W_{flach}\,\sigma_{b\,zul}$$

$$M_{b\,max,\,flach} = \frac{200\ \mathrm{mm} \cdot (100\ \mathrm{mm})^2}{6} \cdot 8\,\frac{\mathrm{N}}{\mathrm{mm}^2} =$$

$$= 2667 \cdot 10^3\ \mathrm{Nmm}$$

$$M_{b\,max,\,hoch} = 2 \cdot M_{b\,max,\,flach}$$

■ **Beispiel:**
Der Freiträger nach Bild 21 trägt die Einzellasten

$$F_1 = 15\ \mathrm{kN}, \quad F_2 = 9\ \mathrm{kN}, \quad F_3 = 20\ \mathrm{kN}$$

$$l_1 = 2\ \mathrm{m}, \quad l_2 = 1{,}5\ \mathrm{m}, \quad l_3 = 0{,}8\ \mathrm{m}$$

$$\sigma_{b\,zul} = 120\ \frac{\mathrm{N}}{\mathrm{mm}^2}$$

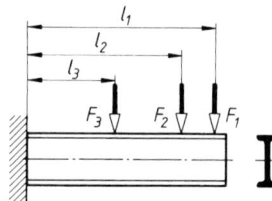

Bild 21. Freiträger

Zu ermitteln sind:
a) $M_{b\,max}$
b) das erforderliche Widerstandsmoment W_{erf}
c) das erforderliche IPE-Profil nach Tabelle 10
d) die größte Biegespannung

Lösung:

a) $M_{b\,max} = F_1\,l_1 + F_2\,l_2 + F_3\,l_3$

$$M_{b\,max} = (15 \cdot 2 + 9 \cdot 1{,}5 + 20 \cdot 0{,}8)\ \mathrm{kNm} = 59{,}5\ \mathrm{kNm}$$

$$= 59{,}5 \cdot 10^6\ \mathrm{Nmm}$$

b) $W_{erf} = \dfrac{M_{b\,max}}{\sigma_{b\,zul}} = \dfrac{59{,}5 \cdot 10^6\ \mathrm{Nmm}}{120\,\dfrac{\mathrm{N}}{\mathrm{mm}^2}} = 496 \cdot 10^3\ \mathrm{mm}^3$

c) IPE 300 mit $557 \cdot 10^3\ \mathrm{mm}^3$

d) $\sigma_{b\,vorh} = \dfrac{M_{b\,max}}{W} = \dfrac{59\,500 \cdot 10^3\ \mathrm{Nmm}}{557 \cdot 10^3\ \mathrm{mm}^3} = 107\,\dfrac{\mathrm{N}}{\mathrm{mm}^2}$

Beispiel:

Das Konsolblech einer Stahlbaukonstruktion ist nach Bild 22 als Schweißverbindung ausgelegt. $F = 26$ kN Höchstlast. Für $a = 8$ mm Schweißnahtdicke sind zu berechnen:

a) die Biegespannung $\sigma_{schw\,b}$ im gefährdeten Querschnitt

b) die Schubspannung $\tau_{schw\,s}$

Lösung:

Bei allen Schweißverbindungen wird die Nahtdicke a in die Ebene des gefährdeten Querschnittes hinein geklappt.

$$M_b = Fl$$
$$F_q = F$$

$$W_x = \frac{\dfrac{B}{(2a+s)} \cdot \dfrac{H^3}{(2a+h)^3} - s \cdot h^3}{\dfrac{6(2a+h)}{H}} \quad \text{(nach Tabelle 1)}$$

$$M_b = Fl = 26\,000 \text{ N} \cdot 320 \text{ mm}$$
$$M_b = 8320 \cdot 10^3 \text{ Nmm}$$

$$W_x = \frac{28 \text{ mm} \cdot (266 \text{ mm})^3 - 12 \text{ mm} \cdot (250 \text{ mm})^3}{6 \cdot 266 \text{ mm}} = 105\,689 \text{ mm}^3$$

$$\sigma_{schw\,b} = \frac{M_b}{W_x} = \frac{8320 \cdot 10^3 \text{ Nmm}}{105{,}689 \cdot 10^3 \text{ mm}^3} = 78{,}7 \, \frac{\text{N}}{\text{mm}^2}$$

b) $\tau_{schw\,s} = \dfrac{F_q}{A} = \dfrac{F_q}{(2\,a+s)\,(2\,a+h) - s\,h}$

$$\tau_{schw\,s} = \frac{26\,000 \text{ N}}{28 \text{ mm} \cdot 266 \text{ mm} - 12 \text{ mm} \cdot 250 \text{ mm}} = 5{,}8 \, \frac{\text{N}}{\text{mm}^2}$$

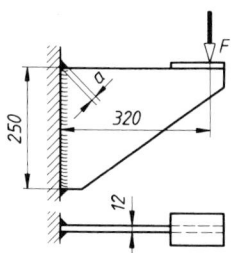

Bild 22. Konsolblech

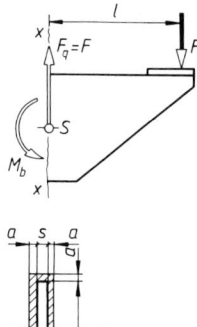

2.2.4.4 Wandernde Last (Bild 23). Bei Brücken, Kranen und sonstigen Tragwerken muss diejenige Stellung einer gegebenen Kräftegruppe (F_1, F_2, F_3) herausgefunden werden, bei der der Balken am stärksten beansprucht wird. Statt nun für verschiedene Laststellungen auf dem festgehaltenen Balken jeweils ein neues Seileck zu zeichnen, wird einfach zu einer beliebigen Laststellung in üblicher Weise Kraft- und Seileck gezeichnet und der Balken relativ zum festgehaltenen Seileck verschoben. Dadurch entstehen immer neue Schlusslinien S_1, S_2, S_3 ... als einhüllende Tangenten einer Parabel.

$M_{b\,max}$ tritt hier unter der Kraft F_1 auf, wie das Seileck zeigt. Die zugehörige Balkenstellung mit der Schlusslinie S wird durch die Tangente an die Parabel in T gefunden. Damit ist auch der gefährdete Querschnitt bei ungünstigster Laststellung bestimmt (Maß l_1). Nach Bild 23 ist $M_{b\,max} = F_A\,l_1$.

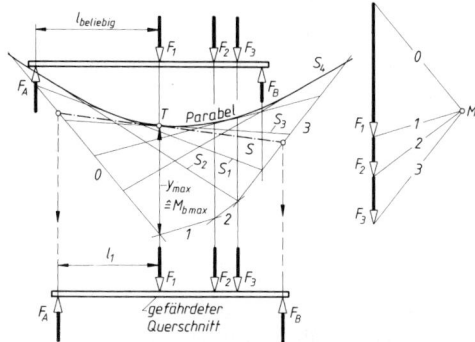

Bild 23. Wandernde Last mit Lageplan, Krafteck, Seileck, ungünstigste Laststellung

2.2.5 Träger gleicher Biegebeanspruchung

Hat ein Biegeträger durchgehend gleichen Querschnitt (besser: gleiches axiales Flächenmoment), so tritt nur im gefährdeten Querschnitt ($M_{b\,max}$ -Stelle) die größte Randspannung auf. Alle anderen Querschnittsstellen haben ein kleineres Biegemoment und deshalb eine kleinere Randspannung; sie könnten also schwächer gestaltet werden. Das wird erreicht durch *Anformung*, d.h. der Querschnittsverlauf folgt dem Gesetz $\sigma = M_b/W = $ konstant $= \sigma_{zul}$. Damit wird das erforderliche Widerstandsmoment W an beliebiger Balkenstelle x: $W_x = M_x/\sigma_{zul}$.

Beispiel:

Konsolträger (Freiträger) nach Bild 24 mit gleichbleibender Breite b wird nach der Höhe h angeformt.

Mit Biegemoment $M_x = Fx$ und $W_x = \dfrac{by^2}{6}$ folgt aus der Bedingung gleich bleibender Biegespannung σ an jeder Balkenstelle:

$$\frac{M_{b\,max}}{W_{max}} = \frac{M_x}{W_x}; \quad M_{b\,max} = Fl$$

$$W_{max} = \frac{bh^2}{6}$$

$$\frac{Fl\,6}{bh^2} = \frac{Fx\,6}{by^2}$$

$$y = h\sqrt{\frac{x}{l}}$$

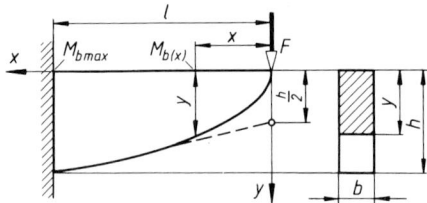

Bild 24. Träger gleicher Biegebeanspruchung (Konsolträger), siehe auch Tabelle 2

Die Begrenzungskurve ist eine quadratische Parabel. Praktisch wählt man als Begrenzung für eine angenäherte Form die gestrichelte Tangente.
Die größere Bedeutung haben die ersten fünf Freiträger in Tabelle 2.

2.2.6 Formänderung beim Biegen (Durchbiegung, Krümmung)

Beim Biegeträger kürzen sich die Faserschichten auf der einen und verlängern sich auf der gegenüberliegenden Seite. Nur die neutrale Faserschicht behält ihre ursprüngliche Länge bei; jedoch wird die vorher gerade Stabachse elastisch gekrümmt. Die entstandene Kurve der Stabachse heißt *elastische Linie* oder *Biegelinie*. Die geometrischen Verhältnisse in Verbindung mit dem Hooke'schen Gesetz ergeben die „Gleichung der elastischen Linie", die *Durchbiegungsgleichung*.

2.2.6.1 Krümmungsradius, Krümmung (Bild 25).
Durch die elastische Krümmung der Stabachse des Freiträgers mit gleich bleibendem Querschnitt werden zwei (unendlich) dicht benachbarte Querschnitte 1–1' und 2–2' gegeneinander geneigt (Winkel φ). Ihre Fluchtlinien schneiden sich im *Krümmungsmittelpunkt* 0 und ergeben den *Krümmungsradius* ϱ an dieser Balkenstelle (x). 0 ist der Mittelpunkt eines Kreisbogenstücks der (ganz kurzen) Länge s. s ist ein (sehr kleiner) Teil der Biegelinie. Gegenüber der unveränderten neutralen Faser ist die Zugfaser gestreckt, also auch das Teilstück s um den Betrag Δs. Nach dem Strahlensatz gilt:

$$\frac{s + \Delta s}{s} = \frac{\varrho_x + e}{\varrho_x}$$

$$1 + \frac{\Delta s}{s} = 1 + \frac{e}{\varrho_x} \quad \text{oder auch} \quad \frac{\Delta s}{s} = \frac{e}{\varrho_x}$$

Da $\dfrac{\Delta s}{s}$ = Dehnung ϵ ist, wird mit dem Hooke'schen

Gesetz (8): $\dfrac{\Delta s}{s} = \dfrac{e}{\varrho_x} = \epsilon = \dfrac{\sigma_x}{E}$ und daraus der

Krümmungsradius $\varrho_x = \dfrac{eE}{\sigma_x}$.

Der Kehrwert heißt *Krümmung* $k = \dfrac{1}{\varrho_x} = \dfrac{\sigma_x}{eE}$.

Wird für die Biegespannung $\sigma_x = M_x/W$ nach (15) eingesetzt und nach (31) für We = Flächenmoment I, so ergibt sich:

$$\varrho_x = \frac{EI}{M_x} \tag{50}$$

$$k_x = \frac{1}{\varrho_x} = \frac{M_x}{EI}$$

ϱ_x	E	I	M_x
mm	$\dfrac{N}{mm^2}$	mm^4	Nmm

(51)

Beachte: Die Einspannstelle hat die stärkste Krümmung k_{max} und den kleinsten Krümmungsradius ϱ_{min}.

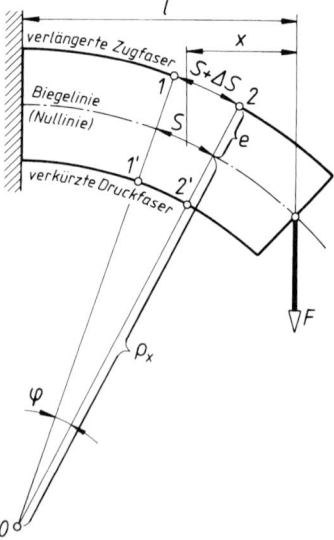

Bild 25. Geometrische Verhältnisse am einseitig eingespannten Biegeträger (Freiträger) mit Einzellast; Krümmung stark übertrieben gezeichnet

Tabelle 2. Träger gleicher Biegebeanspruchung

Längs- und Querschnitt des Trägers	Begrenzung des Längsschnittes	Gleichungen zur Berechnung der Querschnitts-Abmessungen

Die Last F greift am Ende des Trägers an :

	obere Begrenzung: Gerade untere Begrenzung: Quadratische Parabel	$y = \sqrt{\dfrac{6F}{b\,\sigma_{zul}}}\,x$; $h = \sqrt{\dfrac{6Fl}{b\,\sigma_{zul}}}$; $y = h\sqrt{\dfrac{x}{l}}$ Durchbiegung in A: $f = \dfrac{8F}{bE}\left(\dfrac{l}{h}\right)^3$
	Gerade	$y = \dfrac{6F}{h^2\,\sigma_{zul}}\,x$; $b = \dfrac{6Fl}{h^2\,\sigma_{zul}}$; $y = \dfrac{bx}{l}$ Durchbiegung in A: $f = \dfrac{6F}{bE}\left(\dfrac{l}{h}\right)^3$
	Kubische Parabel	$y = \sqrt[3]{\dfrac{32F}{\pi\,\sigma_{zul}}}\,x$; $d = \sqrt[3]{\dfrac{32Fl}{\pi\,\sigma_{zul}}}$; $y = d\sqrt[3]{\dfrac{x}{l}}$ Durchbiegung in A: $f = \dfrac{3}{5}\cdot\dfrac{Fl^3}{EI}$; $I = \dfrac{\pi d^4}{64}$

Die Last F ist gleichmäßig über den Träger verteilt:

	Gerade	$y = x\sqrt{\dfrac{3F}{bl\,\sigma_{zul}}}$; $h = \sqrt{\dfrac{3Fl}{b\,\sigma_{zul}}}$; $y = \dfrac{hx}{l}$
	Quadratische Parabel	$y = \dfrac{3F}{l\,\sigma_{zul}}\left(\dfrac{x}{h}\right)^2$; $b = \dfrac{3Fl}{h^2\,\sigma_{zul}}$; $y = \dfrac{bx^2}{l^2}$ Durchbiegung in A: $f = \dfrac{3F}{bE}\left(\dfrac{l}{h}\right)^3$

Last F wirkt in C:

	obere Begrenzung: zwei Quadratische Parabeln	$y = \sqrt{\dfrac{6F(l-a)}{bl\,\sigma_{zul}}}\,x = h\sqrt{\dfrac{x}{a}}$ $y_1 = \sqrt{\dfrac{6Fa}{bl\,\sigma_{zul}}}\,x_1 = h\sqrt{\dfrac{x_1}{l-a}}$ $h = \sqrt{\dfrac{6F(l-a)\,a}{bl\,\sigma_{zul}}}$

Die Last F ist gleichmäßig über den Träger verteilt:

	obere Begrenzung: Ellipse	$\dfrac{x^2}{\left(\dfrac{l}{2}\right)^2}+\dfrac{y^2}{h^2}=1$; $h = \sqrt{\dfrac{3Fl}{4b\,\sigma_{zul}}}$ Durchbiegung in C: $f = \dfrac{1}{64}\cdot\dfrac{Fl^3}{EI} = \dfrac{3}{16}\cdot\dfrac{F}{bE}\left(\dfrac{l}{h}\right)^3$

Beispiel:
Eine Achse aus Stahl wird nach Tabelle 2., dritte Zeile, mit $F = 10$ kN belastet. Die zulässige Biegespannung beträgt 30 N/mm², die Länge $l = 350$ mm.
Zu bestimmen sind a) Durchmesser d, b) Durchbiegung f, c) Durchmesser y_1, y_2 ... für die Lastentfernung $x_1 = 1/8\ l$, $x_2 = 1/4\ l$, $x_3 = 1/2\ l$, $x_4 = 3/4\ l$, $x_5 = l$, jeweils in Abhängigkeit vom Durchmesser d.

Lösung:

a) $d = \sqrt[3]{\dfrac{32\,Fl}{\pi\,\sigma_{b\,zul}}} = \sqrt[3]{\dfrac{32 \cdot 10^4\,\text{N} \cdot 350\,\text{mm}}{\pi \cdot 30\,\dfrac{\text{N}}{\text{mm}^2}}} = 106\ \text{mm}$

b) $f = \dfrac{3}{5} \cdot \dfrac{Fl^3}{EI} = \dfrac{3Fl^3}{5}\dfrac{64}{E\pi d^4} =$

$= \dfrac{3 \cdot 64 \cdot 10^4\,\text{N} \cdot 350^3\text{mm}^3}{5\pi \cdot 2,1 \cdot 10^5\,\dfrac{\text{N}}{\text{mm}^2} \cdot 106^4\,\text{mm}^4} \approx 0,2\ \text{mm}$

c)

Lastent-fernung $x =$	$\dfrac{1}{8}l$	$\dfrac{1}{4}l$	$\dfrac{1}{2}l$	$\dfrac{3}{4}l$	l
Wurzel-faktor $=$	$\sqrt[3]{\dfrac{1}{8}}=0,5$	$\sqrt[3]{\dfrac{1}{4}}=0,63$	$\sqrt[3]{\dfrac{1}{2}}=0,8$	$\sqrt[3]{\dfrac{3}{4}}=0,91$	1
Durch-messer $y =$	$0,5\,d=$ 54 mm	$0,63\,d=$ 67 mm	$0,8\,d=$ 85 mm	$0,91\,d=$ 96,5 mm	$d=$ 106 mm

2.2.6.2 Allgemeine Durchbiegungsgleichung (Bild 26).

Durch die Neigung der einzelnen Querschnitte entsteht am Balkenende die *Durchbiegung f*. Werden in den Punkten 1 und 2 an die Biegelinie die Tangenten angelegt, schließen sie ebenso wie der Krümmungsradius ϱ_x den Winkel φ ein. Die Tangenten schneiden auf der Senkrechten am Balkenende von der gesamten Durchbiegung f das (stark übertriebene) Stück Δf ab. Es ist also $f = \Sigma\,\Delta f$. Aus der Ähnlichkeit der schraffierten Dreiecke folgt:

$$\frac{s}{\varrho_x} = \frac{\Delta f}{x} \quad \text{oder} \quad \Delta f = \frac{s\,x}{\varrho_x}$$

Nach (50) $\varrho_x = \dfrac{EI}{M_x}$ eingesetzt ergibt $\Delta f = \dfrac{s\,x\,M_x}{EI}$

und damit die *Durchbiegung*

$$f = \frac{1}{EI}\Sigma M_x s x \qquad (52)$$

Der Ausdruck $M_x s$ entspricht nach Bild 26 dem Teilstück ΔA_M der gesamten *Momentenfläche A_M*, und $M_x s x$ ist dann das Moment dieser Teilfläche in Bezug auf das Lastende des Balkens: $M_x s x = \Delta A_M x$. Nach der Schwerpunktslehre ist aber die Summe der Momente

der Teilflächen gleich dem Moment der Gesamtfläche; also $\Sigma M_x s x = \Sigma \Delta A_M x = A_M x_0$ mit $x_0 =$ Schwerpunktsabstand der Gesamtfläche vom Lastende. Damit wird die *Durchbiegung*:

$$f = \frac{1}{EI} A_M x_0 \qquad (53)$$

Durchbiegung und Neigung der Biegelinie werden für allgemeine Fälle zweckmäßiger nach 2.2.6.4 bestimmt (Mohr'scher Satz).

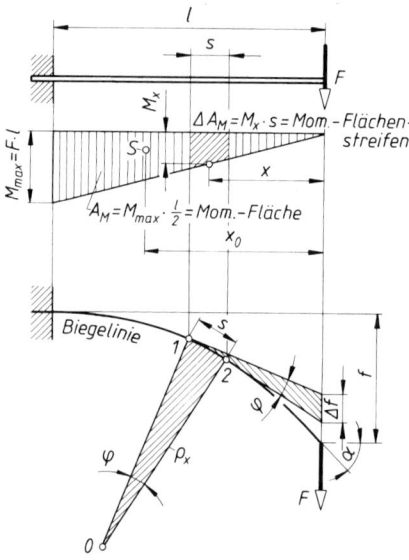

Bild 26. Zur Herleitung der Durchbiegungsgleichung

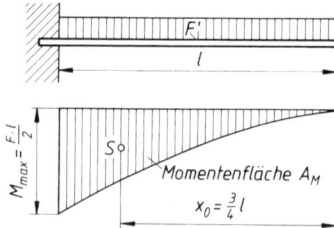

Bild 27. Durchbiegung beim Freiträger mit Streckenlast (gleichmäßig verteilter Last)

Eine ähnliche Summenbetrachtung führt zum *Neigungswinkel α* der Biegelinie (Endtangente): Da je zwei (unendlich) dicht benachbarte Tangenten den Winkel φ einschließen, setzen sich alle diese Winkel zum Winkel α der Endtangente zusammen: $\alpha = \Sigma\,\varphi$. Da arc φ (= Bogenmaß des Winkels φ) is s/ϱ ist, wird

$$\text{arc}\ \alpha = \Sigma\,\frac{s}{\varrho} = \Sigma\,\frac{s\,M}{EI} = \frac{1}{EI}\Sigma Ms = \frac{1}{EI}\Sigma \Delta A_M$$

Für kleine Winkel ist arc $\alpha = \tan \alpha$ und damit die *Neigung der Biegelinie in den Endpunkten*:

$$\tan \alpha = \frac{1}{EI} A_M = \frac{f}{x_0} \qquad (54)$$

Mit Hilfe der vorstehenden Gleichungen und Erkenntnisse lassen sich die in Tabelle 3. (Seite D63) zusammengestellten Gleichungen entwickeln, wie die folgenden Beispiele zeigen.

2.2.6.3 Beispiele zur Durchbiegungsgleichung

1. Für den vorstehend behandelten Freiträger mit Einzellast (Bild 26) ist die Momentenfläche A_M eine

Dreiecksfläche $= M_{max} \dfrac{l}{2} = \dfrac{Fll}{2} = \dfrac{Fl^2}{2}$ und der

Schwerpunktsabstand dieser Fläche $x_0 = \dfrac{2}{3} l$. Damit

ergibt sich nach der allgemeinen Durchbiegungsgleichung die *Durchbiegung*

$$f = \frac{1}{EI} \cdot \frac{Fl^2}{2} \cdot \frac{2}{3} l = \frac{Fl^3}{3EI} \qquad (55)$$

ebenso die Neigung der Biegelinie aus:

$$\tan \alpha = \frac{1}{EI} \cdot \frac{Fl^2}{2} = \frac{Fl^2}{2EI} \qquad (56)$$

oder auch aus:

$$\tan \alpha = \frac{f}{x_0} = \frac{Fl^3}{3EI} \cdot \frac{3}{2l} = \frac{Fl^2}{2EI} \quad \text{(vgl. mit Tabelle 3)}$$

2. Für den Freiträger mit gleichmäßig verteilter Streckenlast nach Bild 27 ist die Momentenfläche eine Parabel. Im Abschnitt Mathematik wird gezeigt, dass die Parabelfläche gleich einem Drittel der umschriebenen Rechteckfläche ist und dass der Schwerpunkts-

abstand $x_0 = \dfrac{3}{4} l$ beträgt.

Mit $M_{max} = \dfrac{Fl}{2}$ (halb so groß wie bei *Einzel*last am

Balkenende) und

$A_M = \dfrac{1}{3} \dfrac{Fl}{2} l$ und $x_0 = \dfrac{3}{4} l$ wird nach (53) die

Durchbiegung

$$f = \frac{1}{EI} \cdot \frac{1}{3} \cdot \frac{Fl^2}{2} \cdot \frac{3}{4} l = \frac{Fl^3}{8EI} \qquad (57)$$

Weiter wird die *Neigung* berechnet aus

$$\tan \alpha = \frac{1}{EI} \cdot \frac{1}{3} \cdot \frac{Fl}{2} \cdot l = \frac{Fl^2}{6EI} \quad \text{(vgl. mit Tabelle 3.)} \qquad (58)$$

2.2.6.4 Geometrisch-analytische Bestimmung der Durchbiegung.

Biegemomentengleichung und allgemeine Durchbiegungsgleichung zeigen eine Gesetzähnlichkeit, die zur Bestimmung der Durchbiegung von Trägern benutzt wird:
Biegemomentengleichung:
$M_x = $ Kraft $F \cdot$ Wirkabstand x
Durchbiegungsgleichung:
$EI f_x = $ Momentenfläche $A_M \cdot$ Schwerpunktsabstand x_0 (vgl. 53).

Daraus wird der *Mohr'sche Satz* abgeleitet:

> Die *EI*-fachen *Durchbiegungen* eines Trägers sind gleich den Biegemomenten des mit der Momentenfläche A_M belasteten Hilfsträgers und
> die *EI*-fachen *Neigungen* der Biegelinie *in den Stützlagern* sind gleich den Hilfs-Stützkräften A_a, A_b, des gleicherweise belasteten Hilfsträgers.

Man denkt sich also einen Hilfsträger (Bild 28), belastet ihn mit der Momentenfläche (als „Hilfskräfte") und bestimmt deren „Biegemoment" an der betrachteten Stelle. Dieser Wert wird durch *EI* dividiert. Das ergibt die Durchbiegung f_x an dieser Stelle. Die maximale Durchbiegung f_{max} entspricht also dem maximalen „Biegemoment" des Hilfsträgers. Sie kann ebenso wie das maximale Biegemoment M_{max} des richtigen Trägers mit Hilfe der Querkraftfläche gefunden werden (Nulldurchgang!). Die Neigung der Biegelinie entspricht den Hilfs-Stützkräften A_a und A_b.

■ **Beispiel:**
Für den Stützträger (Bild 28) mit Einzelkraft in der Mitte ist die Gleichung der elastischen Linie zu entwickeln.

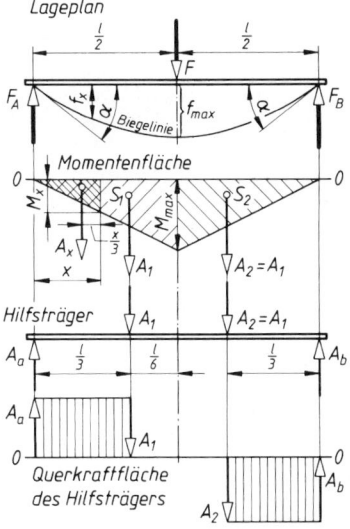

Bild 28. Zur geometrisch-analytischen Bestimmung der Durchbiegung

Lösung:

a) *Stützkräfte F_A, F_B:*

Aus der symmetrischen Belastung ergibt sich

$$F_A = F_B = \frac{F}{2}$$

b) *Biegemoment M:*

An der Querschnittsstelle x ist $M_x = F_A x = \dfrac{Fx}{2}$

c) *Biegemomentenfläche A_M:*

Für Querschnittsstelle x ist

$$A_x = M_x \frac{x}{2} = \frac{Fx}{2}\frac{x}{2} = \frac{Fx^2}{4}$$

d) *Hilfs-Stützkräfte A_a, A_b,* des mit der Momentenfläche belasteten Hilfsträgers sind wegen Symmetrie:

$$\frac{M_{max}\, l}{2\cdot 2} = A_a = A_b, \text{ und mit } M_{max} = \frac{Fl}{4} \text{ wird } A_a = A_b = \frac{Fl^2}{16}$$

e) *Hilfsbiegemoment* an der Querschnittsstelle x ist gleich dem *EI*-fachen der Durchbiegung f_x:

$$EI f_x = A_a x - A_x \frac{x}{3} = \frac{Fl^2}{16} x - \frac{Fx^2}{4}\cdot\frac{x}{3} =$$

$$= \frac{Fl^2}{16}\left(x - \frac{4}{3}\frac{x^3}{l^2}\right) = \frac{Fl^3}{16}\left(\frac{x}{l} - \frac{4}{3}\frac{x^3}{l^3}\right)$$

$$f_x = \frac{Fl^3}{16\, EI}\left(\frac{x}{l} - \frac{4}{3}\frac{x^3}{l^3}\right)$$

die *Gleichung der elastischen Linie* für diesen Träger.

Für $x = \dfrac{l}{2}$ wird $f_x = f_{max} = \dfrac{Fl^3}{48\, EI}$

Die *Neigung der Biegelinie* in den Stützlagern ergibt sich aus den Hilfsstützkräften:

$$\tan \alpha = \frac{1}{EI} A_a = \frac{1}{EI}\cdot\frac{Fl^2}{16}$$

Meistens muss nur die größte *Durchbiegung f_{max}* bestimmt werden. Dann ergibt sich nach Bild 28 (Hilfsträger und Querkraftfläche):

$$EI f_{max} = A_a \frac{l}{2} - A_1 \frac{l}{6}$$

und mit den Werten für A_a und A_1:

$$EI f_{max} = \frac{Fl^2}{16}\frac{l}{2} - \frac{Fl}{4}\frac{l}{4}\frac{l}{6} = \frac{Fl^3}{48}$$

$$f_{max} = \frac{Fl^3}{48\, EI}$$

Noch einfacher wird das maximale Hilfs-Biegemoment aus der Querkraftfläche abgelesen) $\left(\text{mit } A_a = A_1 = \dfrac{Fl^2}{16}\right)$:

$$EI f_{max} = A_a \frac{l}{3} = \frac{Fl^2}{16}\cdot\frac{l}{3}$$

$$f_{max} = \frac{Fl^3}{48\, EI} \text{ (vgl. auch mit Tabelle 3)}$$

■ **Beispiel:**

Für den Stützträger (Bild 29) mit gleichbleibendem Querschnitt und $I_x = 29\,210$ cm^4 ist die größte Durchbiegung f_{max} und die Neigung der Biegelinie in den Stützlagern zu bestimmen.

Lösung:

a) Stützkräfte F_A, F_B:

$$\Sigma y = 0 = F_A - F_1 - F_2 + F_B$$

$$\Sigma M_{(A)} = 0 = -F_B \cdot 10\,\text{m} + F_2 \cdot 6\,\text{m} + F_1 \cdot 3\,\text{m}$$

$$F_B = \frac{20\cdot 10^3\,\text{N}\cdot 6\,\text{m} + 10\cdot 10^3\,\text{N}\cdot 3\,\text{m}}{10\,\text{m}} = 15\,000\,\text{N}$$

$$F_A = 30\cdot 10^3\,\text{N} - 15\cdot 10^3\,\text{N} = 15\,000\,\text{N}$$

(Kontrolle mit $\Sigma M_{(B)}$ durchführen)

b) *Biegemomente M:*

$M_1 = F_A \cdot 3\,\text{m} = 15\,000\,\text{N}\cdot 3\,\text{m} = 45\,000\,\text{Nm}$

$M_2 = F_B \cdot 4\,\text{m} = 15\,000\,\text{N}\cdot 4\,\text{m} = 60\,000\,\text{Nm}$

c) *Biegemomentenfläche A_M:*

$$A_1 = \frac{M_1 \cdot 3\,\text{m}}{2} = \frac{45\,000\,\text{Nm}\cdot 3\,\text{m}}{2} = 67\,500\,\text{Nm}^2$$

$$A_2 = A_1 = 67\,500\,\text{Nm}^2$$

$$A_3 = \frac{M_2 \cdot 3\,\text{m}}{2} = \frac{60\,000\,\text{Nm}\cdot 3\,\text{m}}{2} = 90\,000\,\text{Nm}^2$$

$$A_4 = \frac{M_2 \cdot 4\,\text{m}}{2} = \frac{60\,000\,\text{Nm}\cdot 4\,\text{m}}{2} = 120\,000\,\text{Nm}^2$$

d) Hilfsstützkräfte A_a, A_b:

$$\Sigma y = 0 = A_a - A_1 - A_2 - A_3 - A_4 + A_b$$

$$\Sigma M_{(A)} = 0 = +A_b \cdot 10\,\text{m} - A_4 \cdot 7{,}33\,\text{m} - A_3 \cdot 5\,\text{m} - A_2 \cdot 4\,\text{m} - A_1 \cdot 2\text{m}$$

$$A_b = 173\,460\,\text{Nm}^2; \qquad A_a = \Sigma A - A_b = 171\,540\,\text{Nm}^2$$

(Probe mit $\Sigma M_{(B)}$ durchführen)

e) Das Hilfsbiegemoment an der Stelle des gefährdeten Querschnitts (Nulldurchgang) wird aus der Querkraftfläche des Hilfsträgers berechnet:

maximales Hilfsbiegemoment $\triangleq A_q \triangleq$ Durchbiegung f_{max} EI

$$EI f_{max} = A_a \cdot 5\,\text{m} - A_1 \cdot 3\,\text{m} - A_2 \cdot 1\,\text{m}$$

$$EI f_{max} = 171\,540\,\text{Nm}^2 \cdot 5\,\text{m} - 67\,500\,\text{Nm}^2 \cdot 3\,\text{m} - 67\,500\,\text{Nm}^2 \cdot 1\,\text{m}$$

$$EI f_{max} = 587\,700\,\text{Nm}^3$$

$$f_{max} = \frac{587\,700\,\text{Nm}^3}{2{,}1\cdot 10^5\,\dfrac{\text{N}}{\text{mm}^2}\cdot 29\,210\cdot 10^4\,\text{mm}^4} = 9{,}58\,\text{mm}$$

Die *Neigung der Biegelinie* entspricht den Hilfsstützkräften; also

$$\tan \alpha = \frac{1}{EI} A_a =$$

$$= \frac{1}{2,1 \cdot 10^5 \, \frac{N}{mm^2} \cdot 29\,210 \cdot 10^4 \, mm^4} \cdot 171\,540 \cdot 10^6 \, Nmm^2$$

$$\tan \alpha = 2,8 \cdot 10^{-3} = 1:357$$

$$\tan \beta = \frac{1}{EI} \cdot A_b = 2,84 \cdot 10^{-3} = 1:352$$

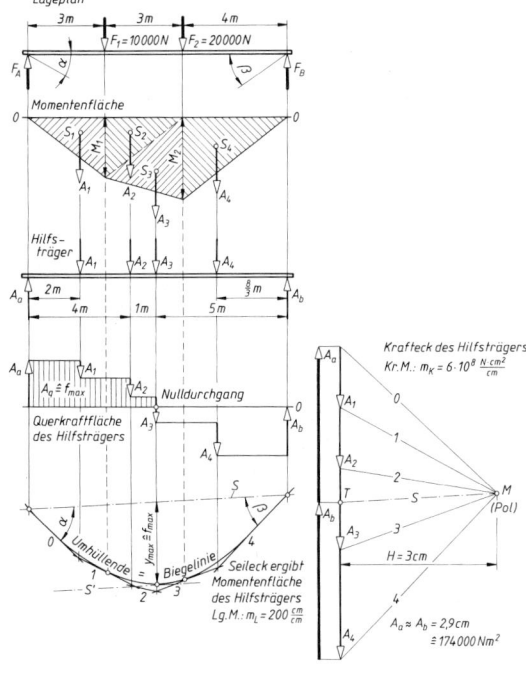

Bild 29. Stützträger mit gleichbleibendem Querschnitt
(Kraft- und Seileck werden in 2.2.6.5 besprochen)

2.2.6.5 Zeichnerische Bestimmung der Durchbiegung und der Biegelinie (Bild 29).
Es werden die Überlegungen aus 2.2.6.2 bis 2.2.6.4 benutzt und die Rechnung mit der Zeichnung kombiniert. Die Seileckfläche kann als Momentenfläche sowohl für die echten Balkenlasten als auch für die Hilfslasten (Biegemomentenflächen) des Hilfsträgers benutzt werden. Die Umhüllende des letzten Seilecks ergibt die Biegelinie, d.h. die Biegelinie ist die Seilkurve der gedachten Belastung des Hilfsträgers. Die *EI*-fache *Durchbiegung* an beliebiger Balkenstelle ist dann das Produkt aus Ordinatenwert *y* und Polabstand *H* unter Beachtung des Längenmaßstabes m_L und des Kräftemaßstabes m_K:

$$f = \frac{1}{EI} y \, H m_L \, m_K \qquad (59)$$

■ **Beispiele:**
1 **Freiträger von gleichbleibendem Querschnitt mit Einzellasten** (Bild 29). Zunächst wird mittels Seil- und Krafteck der wirklichen Kräfte F_1, F_2 — oder auch durch Rechnung (wie hier) – die Momentenfläche des tatsächlichen Trägers entworfen. Die Momentenfläche wird wie vorher in die Teilflächen 1 bis 4 zerlegt und die Flächeninhalte als Hilfskräfte A_1 bis A_4 aufgefasst (im jeweiligen Flächenschwerpunkt angreifend), die auf den Hilfsträger wirken. Auch bei der zeichnerischen Methode müssen also die Inhalte der Flächen berechnet werden. Die Schwerpunktslage wird zweckmäßig zeichnerisch festgelegt. Für den Hilfsträger wird dann Kraft- und Seileck gezeichnet (Bild 29) und die Biegelinie eingetragen. Wahre Punkte liegen lotrecht unter den Trennlinien der Momentenflächen. Im Seileck sind die Ordinatenwerte *y* ein Maß für die Durchbiegung *f*. Die Hilfs-Stützkräfte A_a, A_b des Hilfsträgers sind ein Maß für die Neigungswinkel α und β. Die parallel verschobene Schlusslinie S' tangiert an der y_{max}-Stelle ($= f_{max}$-Stelle) der gezeichneten Biegelinie. Wichtig ist die Maßstabsrechnung. In Bild 29 wurden gewählt:

$$\text{Längenmaßstab } m_L = 200 \frac{cm}{cm} \ (= 200 \text{ cm je cm})$$

und

$$\text{Kräftemaßstab } m_K = 6 \cdot 10^8 \frac{Ncm^2}{cm}$$

Die Einheit Ncm² kommt aus der Flächenberechnung: Biegemoment (Ncm) mal Länge (cm) zustande. Mit den aus der Zeichnung abgegriffenen Werten $y_{max} = 1,65$ cm und $H = 3$ cm ergibt sich nach (59):

$$f_{max} = \frac{1}{EI} y_{max} H \, m_L \, m_K$$

$$f_{max} = \frac{1}{2,1 \cdot 10^5 \, \frac{N}{mm^2} \cdot 29\,210 \cdot 10^4 \, mm^4} \cdot$$

$$\cdot 1,65 \, cm \cdot 3 \, cm \cdot 200 \frac{cm}{cm} \cdot 6 \cdot 10^8 \frac{Ncm^2}{cm}$$

$$f_{max} = 0,00968 \frac{cm^3}{mm^2} = 0,0098 \frac{10^3 mm^3}{mm^2} = 9,8 \text{ mm}$$

Die Neigung der Biegelinie in den Stützlagern wird wie in den vorhergehenden Beispielen bestimmt aus:

$$\tan \alpha = \frac{1}{EI} A_a ; \quad \tan \beta = \frac{1}{EI} A_b$$

(Maßstab berücksichtigen)

2. **Stützträger mit veränderlichem Querschnitt und Einzellast** (Bild 30). Stützkräfte F_A, F_B und Momentenfläche wurden hier rechnerisch bestimmt:

$$F_A = 23\,400 \text{ N}$$

$$F_B = F - F_A = 36\,600 \text{ N}$$

$$M_{max} = F_A \cdot 97,5 \text{ cm} = 2\,280\,000 \text{ Ncm}$$

Für die einzelnen Querschnittsstellen (1 bis 7) wurden die Flächenmomente *I*, die Biegemomente *M* und der Quotient *M/I* zusammengestellt.

Zusammenstellung der Größen zu Bild 30

Querschnitts-stelle	Durch-messer d in cm	Flächen-moment I in cm^4	Biege-moment M in Ncm	Quotient M/I in N/cm^3	Biege-spannung σ_b in N/cm^2	Fläche A mit Flächeninhalt (Hilfskräfte) N/cm^2
1	10	500	–	–	–	
2	10	500	175 500	352,0	1760	$A_I = 1320$
	14	1 920		92,0	640	$A_{II} = 27 420$
3	14	1 920	1 580 000	822,0	5760	
	20	8 000		197,5	1980	$A_{III} = 7240$
4	20	8 000	2 280 000	285,0	2850	$A_{IV} = 6510$
5	20	8 000	1 190 000	149,0	1490	
	14	1 920		620,0	4330	$A_V = 9530$
6	14	1 920	274 000	142,5	998	
	10	500		548,0	2740	$A_{VI} = 2060$
7	10	500	–	–	–	

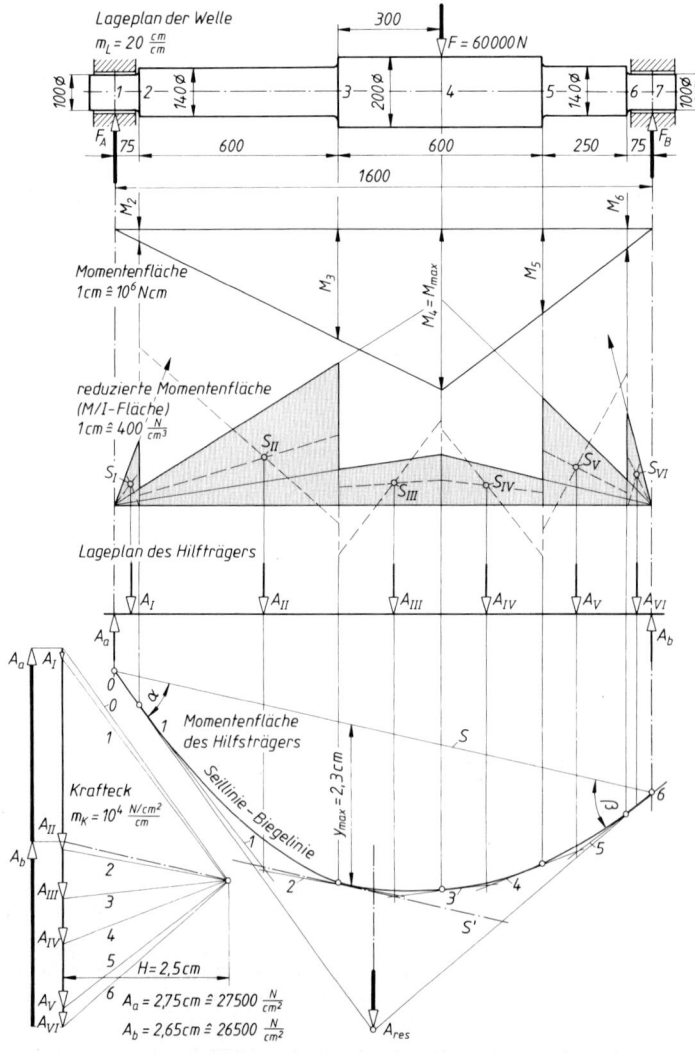

Bild 30.
Zeichnerische Bestimmung der Durchbiegung einer abgesetzten Welle

Für die Stellen 2, 3, 5 und 6 ergeben sich wegen des Querschnittsprunges zwei Flächenmomente. Neu gegenüber Beispiel 1 ist die Aufzeichnung der sogenannten *reduzierten Momentenfläche* (M/I-Fläche). Das ist wegen der springenden I-Werte nötig. Es ergibt sich der gebrochene Linienzug. Die Schwerpunkte der sechs Teilflächen wurden zeichnerisch bestimmt, die Flächeninhalte berechnet und als Hilfskräfte auf den Hilfsträger aufgesetzt. Für diesen werden nun Krafteck und Seileck entwickelt und die Biegelinie eingezeichnet. Wahre Punkte dieser Kurve liegen wieder lotrecht unter den Trennlinien der M/I-Flächen. Die zur Schlusslinie S parallele Tangente S' an die Hüllkurve bestimmt beim vorliegenden Stützträger (ohne Kragarm) die f_{max}-Stelle. Mit Berücksichtigung der Maßstäbe kann dann die größte Durchbiegung berechnet werden:

Längenmaßstab $m_L = 20 \dfrac{cm}{cm}$, d.h. 1 cm der Zeichnung entsprechen 20 cm Wellenlänge.

Kräftemaßstab (der Hilfskräfte) $m_K = 10^4 \dfrac{\frac{N}{cm^2}}{cm}$

Damit wird

$f_{max} = \dfrac{1}{E} y_{max} H m_L m_K$, und mit den Werten aus der Zeichnung:

$f_{max} = \dfrac{1}{2{,}1 \cdot 10^5 \frac{N}{mm^2}} \cdot 2{,}3 \, cm \cdot 2{,}5 \, cm \cdot 20 \dfrac{cm}{cm} \cdot 10^4 \dfrac{N}{cm^3}$

$f_{max} = 5{,}476 \dfrac{mm^2}{cm} = 0{,}5476 \, mm \approx 0{,}55 \, mm$

Die Neigung der Biegelinie in den Lagerstellen A und B:

$\tan \alpha = \dfrac{A_a}{E} = \dfrac{27\,500 \frac{N}{cm^2}}{2{,}1 \cdot 10^5 \frac{N}{mm^2}} = 0{,}0013 = \dfrac{1}{769}$

$\tan \beta = \dfrac{A_b}{E} = 1 : 793$

Tabelle 3. Stützkräfte, Biegemomente und Durchbiegungen bei Biegeträgern von gleich bleibendem Querschnitt

In der Tabelle 3 bedeuten:
F Einzellast oder auch Resultierende der Streckenlast, F' die auf die Längeneinheit bezogene Streckenlast, F_A, F_B Stützkräfte in den Lagerpunkten A und B, M_{max} maximales Biegemoment, in den Wendepunkten der Biegelinie ist $M = 0$, I axiales Flächenmoment 2. Grades des Querschnitts, E Elastizitätsmodul des Werkstoffs, f Durchbiegung.
Die strichpunktierte Linie gibt den Momentenverlauf über der Balkenlänge an. Positive Momentenlinien laufen nach oben, negative nach unten.

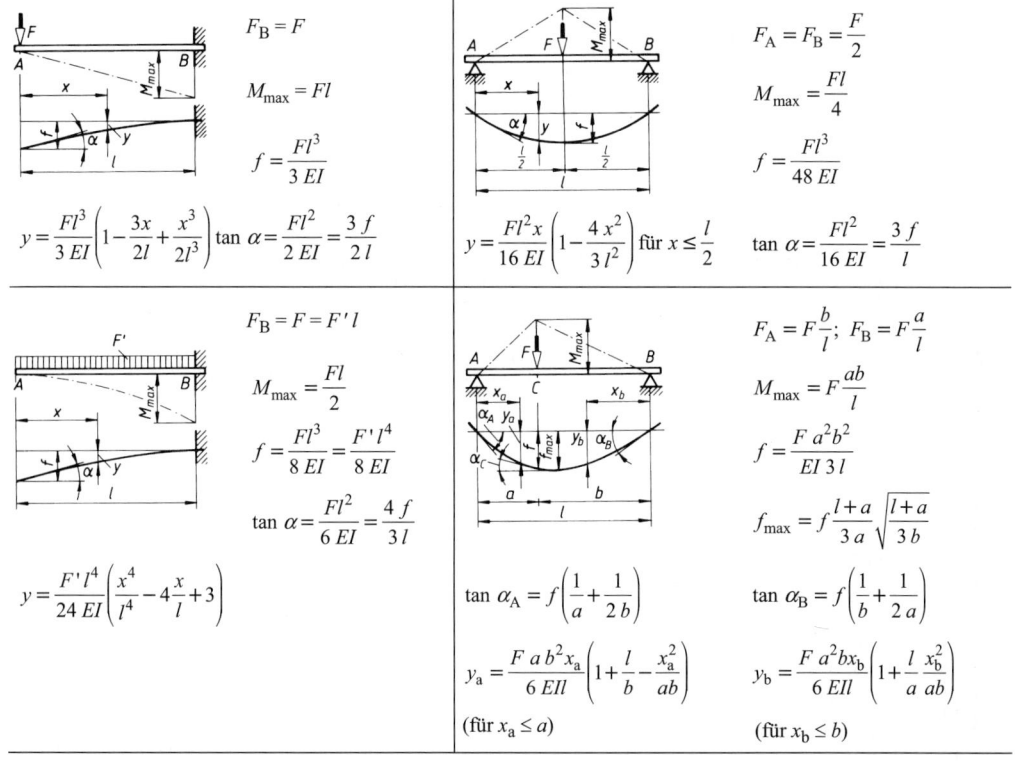

Tabelle 3. Fortsetzung

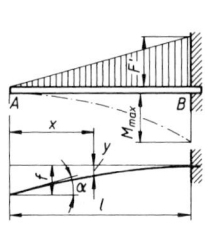

$$F_B = F = \frac{F'l}{2}$$

$$M_{max} = \frac{Fl}{3}$$

$$f = \frac{Fl^3}{15\,EI}$$

$$\tan \alpha = \frac{Fl^2}{12\,EI} = \frac{5}{4}\frac{f}{l}$$

$$y = \frac{F'l^4}{120\,EI}\left(\frac{x^5}{l^5} - 5\frac{x}{l} + 4\right)$$

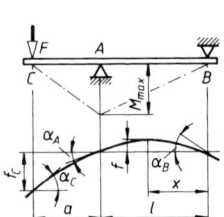

$$F_A = F\left(1 + \frac{a}{l}\right) \qquad F_B = F\frac{a}{l}$$

$$M_{max} = Fa = M_A$$

$$f = \frac{Fl^3 a}{EI\,9\sqrt{3}\,l}$$

für $x = 0{,}577\,l$

$$f_C = \frac{Fl^3\,a^2}{3\,EI\,l^2}\left(1 + \frac{a}{l}\right)$$

$$\tan \alpha_A = \frac{Fal}{3\,EI}; \quad \tan \alpha_B = \frac{Fal}{6\,EI}; \quad \tan \alpha_C = \frac{Fa\,(2\,l + 3\,a)}{6\,EI}$$

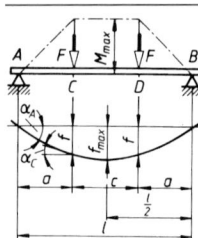

$$F_A = F_B = F$$

$$M_{max} = Fa$$

$$f = \frac{Fl^3 a^2}{2\,EI\,l^2}\left(1 - \frac{4\,a}{3\,l}\right) \qquad \tan \alpha_A = \frac{Fa\,(a + c)}{2\,EI}$$

$$f_{max} = \frac{Fl^3 a}{8\,EI\,l}\left(1 - \frac{4\,a^2}{3\,l^2}\right) \qquad \tan \alpha_C = \tan \alpha_D = \frac{Fa\,c}{2\,EI}$$

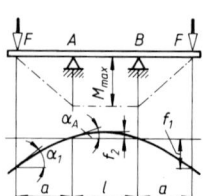

$$F_A = F_B = F$$

$$M_{max} = Fa$$

$$f_1 = \frac{Fa^2}{EI}\left(\frac{a}{3} + \frac{l}{2}\right)$$

$$f_2 = \frac{Fal^2}{8\,EI}$$

$$\tan \alpha_1 = \frac{Fa\,(l + c)}{2\,EI} \qquad \tan \alpha_A = \frac{Fal}{2\,EI}$$

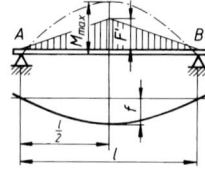

$$F_A = F_B = \frac{F'l}{4}$$

$$M_{max} = \frac{Fl}{6} = \frac{F'l^2}{12}$$

$$f = \frac{Fl^3}{60\,EI} = \frac{F'l^4}{120\,EI}$$

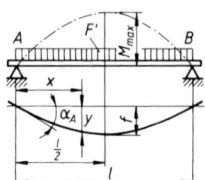

$$F_A = F_B = \frac{F'l}{2}$$

$$M_{max} = \frac{F'l^2}{8}$$

$$f \approx 0{,}013\,\frac{Fl^3}{EI}$$

$$\tan \alpha_A = \frac{F'l^3}{24\,EI} = \frac{16\,f}{5\,l}$$

$$y = \frac{F'l^3 x}{24\,EI}\left(1 - \frac{x}{l}\right)\left(1 + \frac{x}{l} - \frac{x^2}{l^2}\right)$$

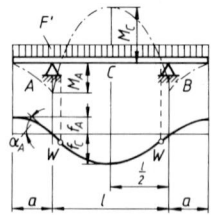

$$F_A = F_B = F'\left(\frac{l}{2} + a\right)$$

$$M_A = \frac{F'a^2}{2}$$

$$M_C = \frac{F'l^2}{2}\left[\frac{1}{4} - \left(\frac{a}{l}\right)^2\right]$$

$$\tan \alpha_A = \frac{F'l^3}{4\,EI}\left[\frac{1}{6} - \left(\frac{a}{l}\right)^2\right]; \; f_A = \frac{F'l^4}{4\,EI}\left[\frac{a}{6\,l} - \left(\frac{a}{l}\right)^3 - \frac{1}{2}\left(\frac{a}{l}\right)^4\right]$$

$$f_C = \frac{F'l^4}{16\,EI}\left[\frac{5}{24} - \left(\frac{a}{2}\right)^2\right]$$

Tabelle 3. Fortsetzung

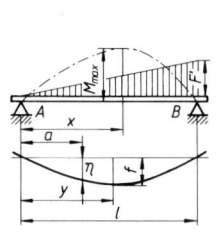

$$F_A = \frac{F'l}{6}; \quad F_B = \frac{F'l}{3}$$

$$M_{max} = 0,064\ F'l^2$$

$$\text{bei } x = 0,5774\ l$$

$$f = \frac{F'l^4}{153,4\ EI}$$

$$\text{bei } y = 0,5193\ l$$

$$\eta = \frac{F'l^3 a}{360\ EI}\left(1 - \frac{a^2}{l^2}\right)\left(7 - 3\frac{a^2}{l^2}\right)$$

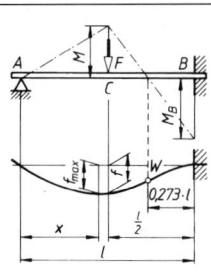

$$F \text{ in Stabmitte}$$

$$F_A = \frac{5}{16}F; \quad F_B = \frac{11}{16}F$$

$$M = \frac{5}{32}Fl$$

$$M_B = \frac{3}{16}Fl$$

$$f = \frac{7\ Fl^3}{768\ EI}$$

$$f_{max} = \frac{Fl^3}{48\sqrt{5}\ EI}\ \text{ bei } x = 0,447\ l$$

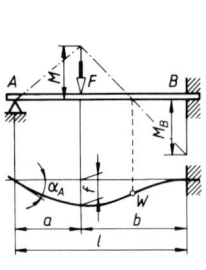

$$F_A = F\frac{b^2}{l^2}\left(1 + \frac{a}{2l}\right)$$

$$F_B = F - F_A$$

$$f = \frac{Fa^2 b^3}{4\ EI\ l^2}\left(1 + \frac{a}{3l}\right)$$

$$\tan \alpha_A = \frac{Fab^2}{4\ EI\ l}$$

$$M = Fa\left[1 + \frac{1}{2}\left(\frac{a}{b}\right)^3 - \frac{3a}{2l}\right]$$

$$M_B = \frac{Fl}{2}\left[\frac{a}{l} - \left(\frac{a}{l}\right)^3\right]$$

$$F_A = F_B = \frac{F}{2}$$

$$M_C = \frac{Fl}{8} = M_A = M_B$$

$$f = \frac{Fl^3}{192\ EI}$$

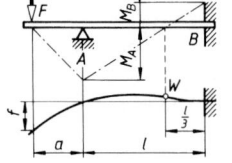

$$F_A = F\left(1 + \frac{3a}{2l}\right)$$

$$F_B = F\frac{3a}{2l}$$

$$M_A = Fa$$

$$M_B = \frac{Fa}{2}$$

$$f = \frac{Fl^3}{EI}\left[\frac{1}{3}\left(\frac{a}{l}\right)^3 + \frac{1}{4}\left(\frac{a}{l}\right)^2\right]$$

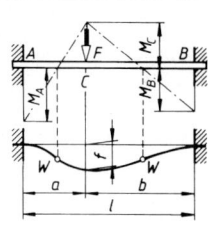

$$M_A = Fa\left(\frac{b}{l}\right)^2$$

$$M_B = Fb\left(\frac{a}{l}\right)^2$$

$$f = \frac{Fa^3 b^3}{3\ EI\ l^3}$$

$$M_C = 2\ Fb\left(\frac{a}{l}\right)^2\left(1 - \frac{a}{l}\right)$$

$$F_A = F\left(\frac{b}{l}\right)^2\left(3 - 2\frac{b}{l}\right)$$

$$F_B = F\left(\frac{a}{l}\right)^2\left(3 - 2\frac{a}{l}\right)$$

Tabelle 3. Fortsetzung

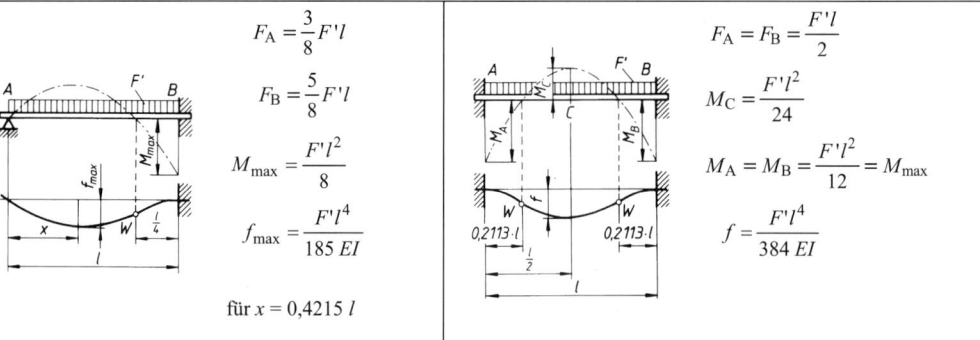

$$F_A = \frac{3}{8}F'l$$

$$F_B = \frac{5}{8}F'l$$

$$M_{max} = \frac{F'l^2}{8}$$

$$f_{max} = \frac{F'l^4}{185\,EI}$$

für $x = 0{,}4215\,l$

$$F_A = F_B = \frac{F'l}{2}$$

$$M_C = \frac{F'l^2}{24}$$

$$M_A = M_B = \frac{F'l^2}{12} = M_{max}$$

$$f = \frac{F'l^4}{384\,EI}$$

Tabelle 4. Biegeträger mit Axialkraft F_a

Der im Festlager A und im Loslager B gehaltene Biegeträger wird durch die im Abstand r achsparallel liegende Kraft F_a (Axialkraft) belastet. Gesucht ist der Verlauf des Biegemomentes über die Trägerlänge l.
Die Stützkräfte F_{Ay}, F_x und F_B werden in der üblichen Weise mit den statischen Gleichgewichtsbedingungen bestimmt.
Zur Bestimmung des Biegemomentenverlaufs legt man von links nach rechts fortschreitend die Schnitte a, b, c, d, d', e und f. Von den Schnitten aus nach links gesehen ergeben sich nach 2.2.1.1.b) die im jeweiligen Schnitt auftretenden Biegemomente $M_{b,a}$, $M_{b,b}$ usw. Von besonderer Bedeutung sind die beiden Schnitte d und d', die ganz kurz vor und hinter dem Trägeranschluss liegen. Die Rechnung zeigt, dass das Biegemoment zwischen d und d' den Betrag ändert und das Vorzeichen wechselt. Da man vorher nicht erkennen kann, welches der beiden Biegemomente $M_{b\,max}$ oder $M'_{b\,max}$ den größeren Betrag hat, müssen beide Biegemomente berechnet und die Beträge miteinander verglichen werden (siehe Tabelle 7). Das ist immer dann erforderlich, wenn die Axialkraft zwischen den Lagerstellen A und B angreift (vergleiche mit Tabelle 5).

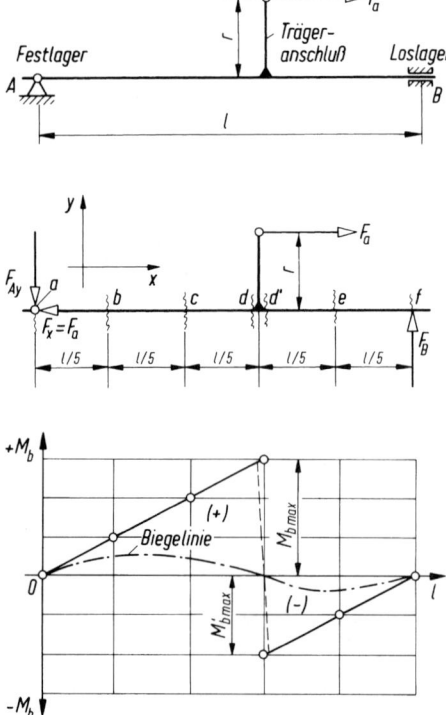

$$\Sigma F_x = 0 = -F_x + F_a \Rightarrow F_x = F_a$$

$$\Sigma F_y = 0 = -F_{Ay} + F_B \Rightarrow F_{Ay} = F_B$$

$$\Sigma M_{(A)} = 0 = -F_a\,r + F_B\,l$$

$$F_B = F_{Ay} = F_a\frac{r}{l}$$

$$M_{b,\,a} = 0$$

$$M_{b,\,b} = +F_{Ay}\frac{l}{5} = +F_a\frac{r}{l}\cdot\frac{l}{5} = +\frac{1}{5}F_a r$$

$$M_{b,\,c} = +F_{Ay}\frac{2\,l}{5} = +F_a\frac{r}{l}\cdot\frac{2\,l}{5} = +\frac{2}{5}F_a r$$

$$M_{b,\,d} = +F_{Ay}\frac{3\,l}{5} = +F_a\frac{r}{l}\cdot\frac{3\,l}{5} = +\frac{3}{5}F_a r$$

$$M_{b,\,d'} = +F_{Ay}\frac{3\,l}{5} - F_a r = +\frac{3}{5}F_a r - F_a r = -\frac{2}{5}F_a r$$

$$M_{b,\,e} = +F_{Ay}\frac{4\,l}{5} - F_a r = +\frac{4}{5}F_a r - F_a r = -\frac{1}{5}F_a r$$

$$M_{b,\,f} = +F_{Ay}\,l - F_a r = +F_a\frac{r\,l}{l} - F_a r = 0$$

$$M_{b\,max} = M_{b,\,d} = \frac{3}{5}F_a r$$

$$|M'_{b\,max}| = |M_{b,\,d'}| = \frac{2}{5}F_a r$$

Tabelle 5. Biegeträger mit räumlichem Kraftangriff außerhalb der Lager (Biegemomentenverlauf)

Biegeträger dieser Art sind beispielsweise Getriebewellen, die ein schrägverzahntes Stirnrad tragen. Man geht schrittweise vor und bestimmt die Teil-Stützkräfte F_{Ay1}, F_{By1}, F_{Ay2}, F_{By2}, F_{Az}, F_{Bz} und Teil-Biegemomente $M_{b\,max,a}$, $M_{b\,max,\,b}$, $M_{b\,max,\,c}$ für den Einzel-Kraftangriff in der zugehörigen Ebene. In der x, y-Ebene wirkt einmal die Radialkraft F_r, zum anderen die Axialkraft F_a, in der y, z-Ebene wirkt die Umfangskraft F_t. Damit ergibt sich jeweils ein leicht überschaubarer Biegemomentenverlauf mit dem maximalen Biegemoment für den Einzel-Kraftangriff.

Die Reaktionskraft der Axialkraft F_a in der Trägerachse ist die im Festlager wirkende Lagerkraftkomponente $F_x = F_a$. Beide ergeben ein Kräftepaar, dem das Kräftepaar aus F_{Ay2}, und F_{By2}. die beide ebenfalls gleich groß und entgegengerichtet sind, das Gleichgewicht hält.

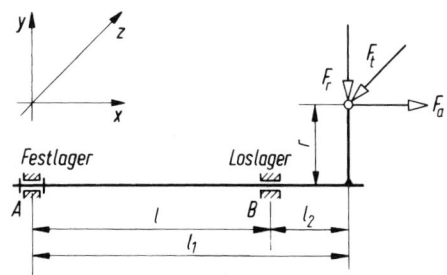

F_t Umfangskraft am Teilkreis
F_r Radialkraft
F_a Axialkraft
r Radius, z.B. eines Zahnrads

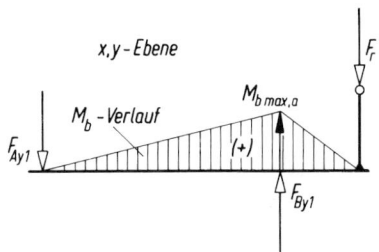

$$\Sigma F_y = 0 = -F_{Ay1} + F_{By1} - F_r$$
$$\Sigma M_{(A)} = 0 = F_{By1}\,l - F_r\,l_1$$
$$F_{By1} = F_r\frac{l_1}{l} \qquad F_{Ay1} = F_{By1} - F_r$$
$$F_{Ay1} = F_r\frac{l_1}{l} - F_r = F_r\left(\frac{l_1}{l}-1\right)$$
$$F_{Ay1} = F_r\frac{l_2}{l} \quad \text{weil} \ \frac{l_1}{l}-\frac{l}{l}=\frac{l_2}{l} \ \text{ist}$$
$$M_{b\,max,\,a} = F_r\,l_2$$

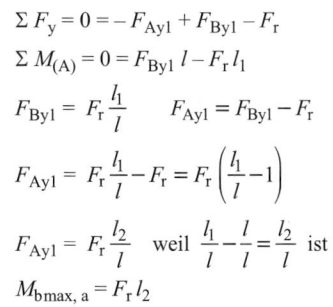

$$\Sigma F_x = 0 = -F_x + F_a \Rightarrow F_x = F_a$$
$$\Sigma F_y = 0 = -F_{Ay2} + F_{by2} \Rightarrow F_{Ay2} = F_{By2}$$
$$\Sigma M_{(A)} = 0 = F_{By2}\,l - F_a\,r$$
$$F_{By2} = F_a\frac{r}{l}$$
$$M_{b\,max,\,b} = F_a\,r$$

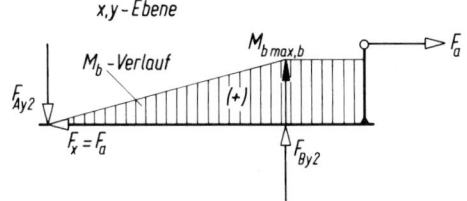

$$\Sigma F_z = 0 = -F_{Az} + F_{Bz} - F_t$$
$$\Sigma M_{(A)} = 0 = F_{Az}\,l - F_t\,l_2$$
$$F_{Az} = F_t\frac{l_2}{l} \qquad F_{Bz} = F_{Az} + F_t$$
$$F_{Bz} = F_t\left(\frac{l_2}{l}+1\right) = F_t\frac{l_1}{l}$$
$$M_{b\,max,\,c} = F_t\,l_2$$

Tabelle 6. Resultierende Stützkräfte (Lagerkräfte) und Biegemomente für den Biegeträger in Tabelle 5.

Gesucht werden die Gleichungen für das resultierende maximale Biegemoment $M_{b\,max}$ und für die resultierenden Stützkräfte (Lagerkräfte) in den Lagern A und B (F_{Ar} und F_{Br}).

Sowohl die Stützkräfte als auch das Biegemoment wirken in einer Ebene rechtwinklig zur Trägerachse, hier also in der y, z-Ebene, die nun Zeichenblattebene ist.

Skizziert man unmaßstäblich aber richtungsgemäß Biegemomenteneck und Krafteck, dann ergeben sich rechtwinklige Dreiecke, die mit dem Lehrsatz des Pythagoras ausgewertet werden können.

In Verbindung mit den Entwicklungen in Tabelle 5 lassen sich auch die Gleichungen für den Fall entwickeln, dass die Axialkraft F_a entgegengesetzten Richtungssinn hat.

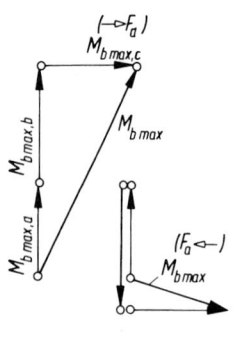

$$\binom{F_a \rightarrow}{M_{b\,max}} = \sqrt{(M_{b\,max,\,a} + M_{b\,max,\,b})^2 + (M_{b\,max,\,c})^2}$$

$$= \sqrt{(F_r\,l_2 + F_a\,r)^2 + (F_t\,l_2)^2}$$

Bei entgegengesetztem Richtungssinn der Axialkraft F_a wird:

$$\binom{\leftarrow F_a}{M_{b\,max}} = \sqrt{(M_{b\,max,\,a} - M_{b\,max,\,b})^2 + (F_t\,l_2)^2}$$

$$= \sqrt{(F_r\,l_2 - F_a\,r)^2 + (F_t\,l_2)^2}$$

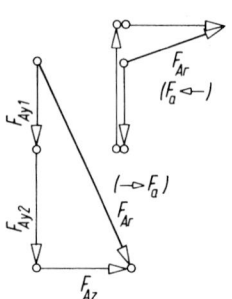

$$\binom{\rightarrow F_a}{F_{Ar}} = \sqrt{(F_{Ay1} + F_{Ay2})^2 + (F_{Az})^2}$$

$$= \sqrt{\left(F_r\,\frac{l_2}{l} + F_a\,\frac{r}{l}\right)^2 + \left(F_t\,\frac{l_2}{l}\right)^2}$$

$$= \frac{1}{l}\sqrt{(F_r\,l_2 + F_a\,r)^2 + (F_t\,l_2)^2}$$

Bei entgegengesetztem Richtungssinn der Axialkraft F_a wird:

$$\binom{F_a \leftarrow}{F_{Ar}} = \frac{1}{l}\sqrt{(F_r\,l_2 - F_a\,r)^2 + (F_t\,l_2)^2}$$

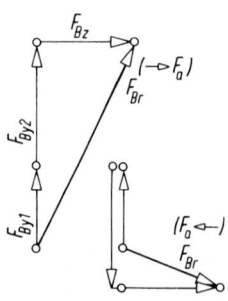

$$\binom{\rightarrow F_a}{F_{Br}} = \sqrt{(F_{By1} + F_{By2})^2 + (F_{Bz})^2}$$

$$= \sqrt{\left(F_r\,\frac{l_1}{l} + F_a\,\frac{r}{l}\right)^2 + \left(F_t\,\frac{l_1}{l}\right)^2}$$

$$= \frac{1}{l}\sqrt{(F_r\,l_1 + F_a\,r)^2 + (F_t\,l_1)^2}$$

Bei entgegengesetztem Richtungssinn der Axialkraft F_a wird:

$$\binom{F_a \leftarrow}{F_{Br}} = \frac{1}{l}\sqrt{(F_r\,l_1 - F_a\,r)^2 + (F_t\,l_1)^2}$$

Tabelle 7. Biegeträger mit räumlichem Kraftangriff zwischen den Lagern (Biegemomentenverlauf)

Wie in Tabelle 5 ist auch hier mit den Bezeichnungen der Größen das Beispiel einer Getriebewelle mit einem schrägverzahnten Stirnrad gewählt. Das Zahnrad liegt hier jedoch zwischen den Lagerstellen A und B.
Auch hier werden schrittweise die Teil-Stützkräfte F_{Ay1}, F_{By1}, F_{Ay2}, F_{By2}, F_{Az}, F_{Bz} und die Teil-Biegemomente $M_{b\,max,\,a}$, $M_{b\,max,\,b}$ und $M_{b\,max,\,c}$ bestimmt.
Durch den Einzel-Kraftangriff der Axialkraft F_a in der x, y-Ebene ergibt sich der in Tabelle 4 entwickelte Biegemomentenverlauf mit Vorzeichenwechsel und Betragsänderung. Also sind auch hier die beiden maximalen Teil-Biegemomente $M_{b\,max,\,b}$ und $M'_{b\,max,\,b}$ zu ermitteln.
Auf die Lagerkraftkomponente $F_x = F_a$ wird in Tabelle 5 eingegangen.

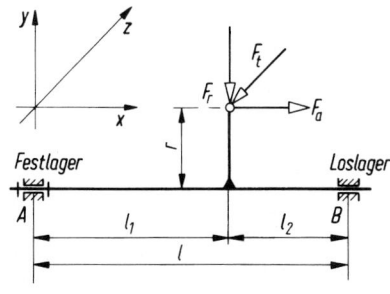

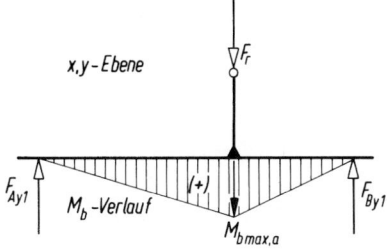

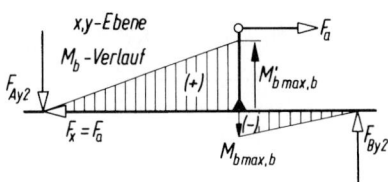

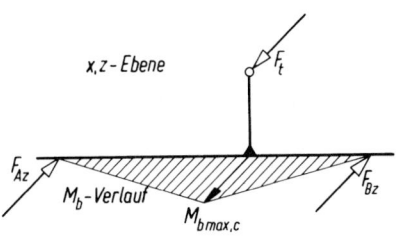

F_t Umfangskraft am Teilkreis

F_r Radialkraft

F_a Axialkraft

r Teilkreisradius

$$\Sigma F_y = 0 = F_{Ay1} - F_r + F_{By1}$$

$$\Sigma M_{(A)} = 0 = -F_r l_1 + F_{By1}\, l$$

$$F_{By1} = F_r \frac{l_1}{l}$$

$$F_{Ay1} = F_r - F_{By1} = F_r \left(1 - \frac{l_1}{l}\right)$$

$$F_{Ay1} = F_r \frac{l_2}{l} \quad \text{weil} \quad \frac{l}{l} - \frac{l_1}{l} = \frac{l - l_1}{l} = \frac{l_2}{l}$$

$$M_{b\,max,\,a} = F_{By1}\, l_2 = F_r \frac{l_1 l_2}{l}$$

$$\Sigma F_x = 0 = F_x - F_a \Rightarrow F_x = F_a$$

$$\Sigma F_y = 0 = -F_{Ay2} + F_{By2} \Rightarrow F_{Ay2} = F_{By2}$$

$$\Sigma M_{(A)} = 0 = -F_a r + F_{By2}\, l$$

$$F_{By2} = F_a \frac{r}{l} = F_{Ay2}$$

$$M_{b\,max,\,b} = F_{By2}\, l_2 = F_a \frac{r\, l_2}{l}$$

$$M'_{b\,max,\,b} = F_{Ay2}\, l_1 = F_a \frac{r\, l_1}{l}$$

$$\Sigma F_z = 0 = F_{Az} - F_t + F_{Bz}$$

$$\Sigma M_{(A)} = 0 = -F_t l_1 + F_{Bz}\, l$$

$$F_{Bz} = F_t \frac{l_1}{l}$$

$$F_{Az} = F_t - F_{Bz} = F_t \left(1 - \frac{l_1}{l}\right)$$

$$F_{Az} = F_t \frac{l_2}{l} \quad \text{weil} \quad 1 - \frac{l_1}{l} = \frac{l_2}{l}, \text{ siehe oben}$$

$$M_{b\,max,\,c} = F_{Bz}\, l_2 = F_t \frac{l_1 l_2}{l}$$

Tabelle 8. Resultierende Stützkräfte (Lagerkräfte) und Biegemomente für den Biegeträger in Tabelle 7

Gesucht werden wie in Tabelle 6 die Gleichungen für das resultierende Biegemoment $M_{b\,max}$ und für die resultierenden Stützkräfte (Lagerkräfte) in den Lagern A und B.

Sowohl Stützkraft als auch Biegemoment wirken in einer Ebene, die rechtwinklig zur Achse des Biegeträgers steht. Dies ist nach den Bezeichnungen des räumlichen Achsenkreuzes in Tabelle 7 die y, z-Ebene, die nun zur Zeichenblattebene gemacht wird.

Mit den Teil-Biegemomenten und aus den Teil-Stützkräften werden die Momentenecke und Kraftecke skizziert (unmaßstäblich, aber richtungsgemäß). Es ergeben sich rechtwinklige Dreiecke, die mit dem „Pythagoras" ausgewertet werden.

Die Gleichungen für die entgegengesetzt gerichtete Axialkraft F_a ergeben sich mit dem Vorzeichenwechsel des Biegemoments in der Darstellung in Tabelle 8 für die Axialkraft F_a in der x, y-Ebene.

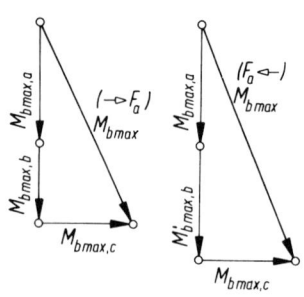

$$\begin{aligned}\underset{M_{b\,max}}{(\to F_a)} &= \sqrt{\left(F_r\,\frac{l_1 l_2}{l}+F_a\,\frac{r l_2}{l}\right)^2+\left(F_t\,\frac{l_1 l_2}{l}\right)^2}\\[2mm] &= \frac{l_2}{l}\sqrt{(F_r\,l_1+F_a\,r)^2+(F_t\,l_1)^2}\end{aligned}$$

Bei entgegengesetztem Richtungssinn der Axialkraft F_a wird:

$$\begin{aligned}\underset{M_{b\,max}}{(F_a\leftarrow)} &= \sqrt{(M_{b\,max,\,a}+M'_{b\,max,\,b})^2+(M_{b\,max,\,c})^2}\\[2mm] &= \sqrt{\left(F_r\,\frac{l_1 l_2}{l}+F_a\,\frac{r l_1}{l}\right)^2+\left(F_t\,\frac{l_1 l_2}{l}\right)^2}\\[2mm] &= \frac{l_1}{l}\sqrt{(F_r\,l_2+F_a\,r)^2+(F_t\,l_2)^2}\end{aligned}$$

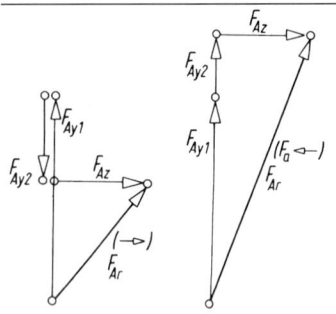

$$\begin{aligned}\underset{F_{Ar}}{(\to F_a)} &= \sqrt{(F_{Ay1}-F_{Ay2})^2+(F_{Az})^2}\\[2mm] &= \sqrt{\left(F_r\,\frac{l_2}{l}-F_a\,\frac{r}{l}\right)^2+\left(F_t\,\frac{l_2}{l}\right)^2}\\[2mm] &= \frac{1}{l}\sqrt{(F_r\,l_2+F_a\,r)^2+(F_t\,l_2)^2}\end{aligned}$$

Bei entgegengesetztem Richtungssinn der Axialkraft F_a wird:

$$\underset{F_{Ar}}{(F_a\leftarrow)} = \frac{1}{l}\sqrt{(F_r\,l_2+F_a\,r)^2+(F_t\,l_2)^2}$$

$$\begin{aligned}\underset{F_{Br}}{(\to F_a)} &= \sqrt{(F_{By1}+F_{By2})^2+(F_{Bz})^2}\\[2mm] &= \sqrt{\left(F_r\,\frac{l_1}{l}+F_a\,\frac{r}{l}\right)^2+\left(F_t\,\frac{l_1}{l}\right)^2}\\[2mm] &= \frac{1}{l}\sqrt{(F_r\,l_1+F_a\,r)^2+(F_t\,l_1)^2}\end{aligned}$$

Bei entgegengesetztem Richtungssinn der Axialkraft F_a wird:

$$\underset{F_{Br}}{(F_a\leftarrow)} = \frac{1}{l}\sqrt{(F_r\,l_1-F_a\,r)^2+(F_t\,l_1)^2}$$

Tabelle 9. Warmgewalzter gleichschenkliger rundkantiger Winkelstahl (Auswahl)

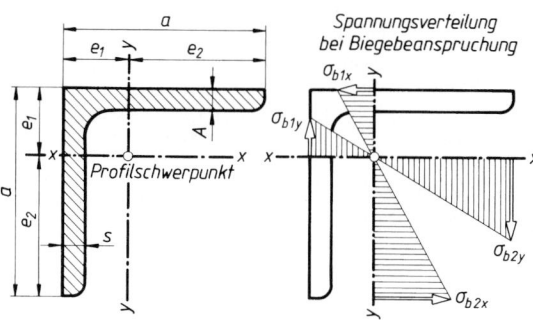

Spannungsverteilung
bei Biegebeanspruchung

Beispiel für die Bezeichnung eines Winkelstahls und für das Ablesen von Flächenmomenten I und Widerstandsmomenten W:

L 40 × EN 10 056-1

Schenkelbreite	$a = 40$ mm
Schenkeldicke	$s = 6$ mm
Flächenmoment	$I_x = 6{,}33 \cdot 10^4$ mm^4
Widerstandsmoment	$W_{x1} = 5{,}28 \cdot 10^3$ mm^3
	$W_{x2} = 2{,}26 \cdot 10^3$ mm^3
Oberfläche je Meter Länge	$A_0' = 0{,}16$ m^2/m
Profilumfang	$U = 0{,}16$ m
Trägheitsradius	$i_x = \sqrt{I_x / A} = 11{,}9$ mm

Kurz-zeichen	a/s	Quer-schnitt A	e_1/e_2	$I_x = I_y$	$W_{x1} = W_{y1}$	$W_{x2} = W_{y2}$	Oberfläche je Meter Länge A_0'	Gewichtskraft je Meter Länge F_G'
	mm	mm^2	mm	$\cdot 10^4$ mm^4	$\cdot 10^3$ mm^3	$\cdot 10^3$ mm^3	m^2/m[1)]	N/m
20 × 4	20/ 4	145	6,4 / 13,6	0,48	0,75	0,35	0,08	11,2
25 × 5	25/ 5	226	8 / 17	1,18	1,48	0,69	0,10	17,4
30 × 5	30/ 5	278	9,2 / 20,8	2,16	2,35	1,04	0,12	21,4
35 × S	35/ 5	328	10,4/ 24,6	3,56	3,42	1,45	0,14	25,3
40 × 6	40/ 6	448	12 / 28	6,33	5,28	2,26	0,16	34,5
45 × 6	45/ 6	509	13,2/ 31,8	9,16	6,94	2,88	0,17	39,2
50 × 6	50/ 6	569	14,5/ 35,5	12,8	8,83	3,61	0,19	43,8
50 × 8	50/ 8	741	15,2/ 34,8	16,3	10,7	4,68	0,19	57,1
55 × 8	55/ 8	823	16,4/ 38,6	22,1	13,5	5,73	0,21	63,4
60 × 6	60/ 6	691	16,9/ 43,1	22,8	13,5	5,29	0,23	53,2
60 × 10	60/ 10	1110	18,5/ 41,5	34,9	18,9	8,41	0,23	85,2
65 × 8	65/ 8	985	18,9/ 46,1	37,5	19,8	8,13	0,25	75,9
70 × 7	70/ 7	940	19,7/ 50,3	42,4	21,5	8,43	0,27	72,4
70 × 9	70/ 9	1190	20,5/ 49,5	52,6	25,7	10,6	0,27	91,6
70 × 11	70/ 11	1430	21,3/ 48,7	61,8	29,0	12,7	0,27	110,1
75 × 8	75/ 8	1150	21,3/ 53,7	58,9	27,7	11,0	0,29	88,6
80 × 8	80/ 8	1230	22,6/ 57,4	72,3	32,0	12,6	0,31	94,7
80 × 10	80/ 10	1510	23,4/ 56,6	87,5	37,4	15,5	0,31	116,7
80 × 12	80/ 12	1790	24,1/ 55,9	102	42,3	18,2	0,31	138,3
90 × 9	90/ 9	1550	25,4/ 64,6	116	45,7	18,0	0,35	119,4
90 × 11	90/ 11	1870	26,2/ 63,8	138	52,7	21,6	0,36	144,0
100 × 10	100/ 10	1920	28,2/ 71,8	177	62,8	24,7	0,39	147,9
100 × 14	100/ 14	2620	29,8/ 70,2	235	78,9	33,5	0,39	201,8
110 × 12	110/ 12	2510	31,5/ 78,5	280	88,9	35,7	0,43	193,3
120 × 13	120/ 13	2970	34,4/ 85,6	394	115	46,0	0,47	228,7
130 × 12	130/ 12	3000	36,4/ 93,6	472	130	50,4	0,51	231,0
130 × 16	130/ 16	3930	38,0/ 92	605	159	65,8	0,51	302,6
140 × 13	140/ 13	3500	39,2/100,8	638	163	63,3	0,55	269,5
140 × 15	140/ 15	4000	40,0/100,0	723	181	72,3	0,55	308,0
150 × 12	150/ 12	3480	41,2/108,8	737	179	67,7	0,59	268,0
150 × 16	150/ 16	4570	42,9/107,1	949	221	88,7	0,59	351,9
150 × 20	150/ 20	5630	44,4/105,6	1150	259	109	0,59	433,6
160 × 15	160/ 15	4610	44,9/115,1	1100	245	95,6	0,63	355,0
160 × 19	160/ 19	5750	46,5/113,5	1350	290	119	0,63	442,8
180 × 18	180/ 18	6190	51,0/129,0	1870	367	145	0,71	476,7
180 × 22	180/ 22	7470	52,6/127,4	2210	420	174	0,71	575,3
200 × 16	200/ 16	6180	55,2/144,8	2340	424	162	0,79	475,9
200 × 20	200/ 20	7640	56,8/143,2	2850	502	199	0,79	588,3
200 × 24	200/ 24	9060	58,4/141,6	3330	570	235	0,79	697,7
200 × 28	200/ 28	10500	59,9/140,1	3780	631	270	0,79	808,6

[1)] Die Zahlenwerte geben zugleich den Profilumfang U in m an.

Tabelle 10. Warmgewalzte **I**-Träger, **I**PE-Reihe (Auswahl)

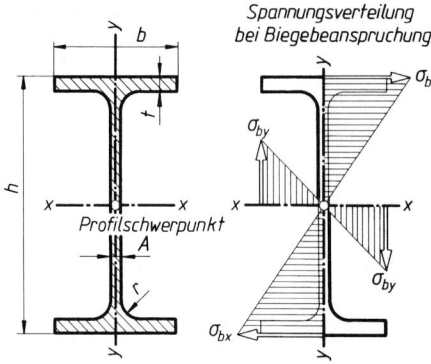

Spannungsverteilung bei Biegebeanspruchung

Beispiel für die Bezeichnung eines mittelbreiten **I**-Trägers mit parallelen Flanschflächen und für das Ablesen von Flächenmomenten I und Widerstandsmomenten W.
IRE 80 EN 10025-S235JRG1

Höhe $h = 80$ mm
Breite $b = 46$ mm
Flächenmoment $I_x = 80{,}1 \cdot 10^4$ mm^4
Widerstandsmoment $W_x = 20{,}0 \cdot 10^3$ mm^3
Oberfläche je Meter Länge $A_0' = 0{,}328$ m^2/m
Profilumfang $U = 0{,}328$ m
Trägheitsradius $i_x = \sqrt{I_x / A} = 32{,}4$ mm

Kurz-zeichen	b	t	h	s	r	Quer-schnitt A	I_x	W_x	I_y	W_y	Oberfläche je Meter Länge A_0'	Gewichtskraft je Meter Länge F_G'
IPE	mm	mm	mm	mm	mm	mm^2	$\cdot 10^4$ mm^4	$\cdot 10^3$ mm^3	$\cdot 10^4$ mm^4	$\cdot 10^3$ mm^3	m^2/m$^{1)}$	N/m
80	46	5,2	80	3,8	5	764	80,1	20,0	8,49	3,69	0,328	59
100	55	5,7	100	4,1	7	1030	171	34,2	15,9	5,79	0,400	79
120	64	6,3	120	4,4	7	1320	318	53,0	27,7	8,65	0,475	102
140	73	6,9	140	4,7	7	1640	541	77,3	44,9	12,3	0,551	126
160	82	7,4	160	5,0	9	2010	869	109	68,3	16,7	0,623	155
180	91	8,0	180	5,3	9	2390	1320	146	101	22,2	0,698	184
200	100	8,5	200	5,6	12	2850	1940	194	142	28,5	0,768	220
220	110	9,2	220	5,9	12	3340	2770	252	205	37,3	0,848	257
240	120	9,8	240	6,2	15	3910	3890	324	284	47,3	0,922	301
270	135	10,2	270	6,6	15	4590	5790	429	420	62,2	1,041	353
300	150	10,7	300	7,1	15	5380	8360	557	604	80,5	1,155	414
330	160	11,5	330	7,5	18	6260	11770	713	788	98,5	1,254	482
360	170	12,7	360	8,0	18	7270	16270	904	1040	123	1,348	560
400	180	13,5	400	8,6	21	8450	23130	1160	1320	146	1,467	651
450	190	14,6	450	9,4	21	9880	33740	1500	1680	176	1,605	761
500	200	16,0	500	10,2	21	11600	48200	1930	2140	214	1,738	893
550	210	17,2	550	11,1	24	13400	67120	2440	2670	254	1,877	1032
600	220	19,0	600	12,0	24	15600	92080	3070	3390	308	2,014	1200

$^{1)}$ Die Zahlenwerte geben zugleich den Profilumfang U in m an.

Mechanische Eigenschaften von Schrauben

Kennzeichen	4.6	4.8	5.6	5.8	6.6	6.8	6.9	8.8	10.9	12.9
Mindest-Zugfestigkeit R_m in N/mm^2	400		500		600			800	1000	1200
Mindest-Streckgrenze R_e oder $R_{p\,0,2}$-Dehngrenze in N/mm^2	240	320	300	400	360	480	540	640	900	1080
Bruchdehnung A_5 in %	25	14	20	10	16	8	12	12	9	8

Tabelle 11. Warmgewalzter rundkantiger U-Stahl (Auswahl)

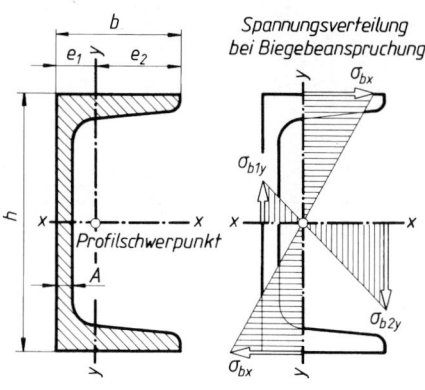

Beispiel für die Bezeichnung eines U-Stahls und für das Ablesen von Flächenmomenten I und Widerstandsmomenten W:

U 100 DIN 1 026 – S235JR

Höhe	$h = 100$ mm
Breite	$b = 50$ mm
Flächenmoment	$I_x = 206 \cdot 10^4$ mm^4
Widerstandsmoment	$W_x = 41{,}2 \cdot 10^3$ mm^3
Flächenmoment	$I_y = 29{,}3 \cdot 10^4$ mm^4
Widerstandsmoment	$W_{y1} = 18{,}9 \cdot 10^3$ mm^3
	$W_{y2} = 8{,}49 \cdot 10^3$ mm^3
Oberfläche je Meter Länge	$A_0' = 0{,}372$ m^2/m
Profilumfang	$U = 0{,}372$ m
Trägheitsradius	$i_x = \sqrt{I_x / A} = 39{,}1$ mm

Kurz-zeichen				Quer-schnitt								Oberfläche je Meter Länge	Gewichtskraft je Meter Länge
	h	b	s	A	e_1/e_2	I_x	W_x	I_y	W_{y1}	W_{y2}		A_0'	F_G'
U	mm	mm	mm	mm^2	mm	$\cdot 10^4$ mm^4	$\cdot 10^3$ mm^3	$\cdot 10^4$ mm^4	$\cdot 10^3$ mm^3	$\cdot 10^3$ mm^3		m^2/m[1]	N/m
30 × 15	30	15	4	221	5,2/ 9,8	2,53	1,69	0,38	0,73	0,39		0,103	17,0
30	30	33	5	544	13,1/19,9	6,39	4,26	5,33	4,07	2,68		0,174	41,9
40 × 20	40	20	5	366	6,7/13,3	7,58	3,79	1,14	1,70	0,86		0,142	28,2
40	40	35	5	621	13,3/21,7	14,1	7,05	6,68	5,02	3,08		0,200	47,8
50 × 25	50	25	5	492	8,1/16,9	16,8	6,73	2,49	3,07	1,47		0,181	37,9
50	50	38	5	712	13,7/24,3	26,4	10,6	9,12	6,66	3,75		0,232	54,8
60	60	30	6	646	9,1/20,9	31,6	10,5	4,51	4,98	2,16		0,215	49,7
65	65	42	5,5	903	14,2/27,8	57,5	17,7	14,1	9,93	5,07		0,273	69,5
80	80	45	6	1100	14,5/30,5	106	26,5	19,4	13,4	6,36		0,312	84,7
100	100	50	6	1350	15,5/34,5	206	41,2	29,3	18,9	8,49		0,372	104,0
120	120	55	7	1700	16,0/39,0	364	60,7	43,2	27,0	11,1		0,434	130,9
140	140	60	7	2040	17,5/42,5	605	86,4	62,7	35,8	14,8		0,489	157,1
160	160	65	7,5	2400	18,4/46,6	925	116	85,3	46,4	18,3		0,546	184,8
180	180	70	8	2800	19,2/50,8	1350	150	114	59,4	22,4		0,611	215,6
200	200	75	8,5	3220	20,1/54,9	1910	191	148	73,6	27,0		0,661	248,0
220	220	80	9	3740	21,4/58,6	2690	245	197	92,1	33,6		0,718	288,0
240	240	85	9,5	4230	22,3/62,7	3600	300	248	111	39,6		0,775	325,7
260	260	90	10	4830	23,6/66,4	4820	371	317	134	47,7		0,834	372
280	280	95	10	5330	25,3/69,7	6280	448	399	158	57,3		0,890	410,5
300	300	100	10	5880	27,0/73,0	8030	535	495	183	67,8		0,950	452,8
320	320	100	14	7580	26,0/74,0	10870	679	597	230	80,7		0,982	583,7
350	350	100	14	7730	24,0/76,0	12840	734	570	238	75,0		1,05	595,3
380	380	102	13,5	8040	23,8/78,2	15760	829	615	258	78,6		1,11	619,1
400	400	110	14	9150	26,5/83,5	20350	1020	846	355	101		1,18	704,6

[1] Die Zahlenwerte geben zugleich den Profilumfang U in m an.

Niete und zugehörige Schrauben für Stahl- und Kesselbau

d_1 in mm	11	13	(15)	17	(19)	21	23	25	28	31	(34)	37
A_1 in mm$^2 = \dfrac{\pi}{4} d_1^2$	95	133	177	227	284	346	415	491	616	755	908	1 075
d in mm (Rohnietdurchmesser)	10	12	(14)	16	(18)	20	22	24	27	30	(33)	36
Sechskantschraube	M 10	M 12	–	M 16	–	M 20	M 22	M 24	M 27	M 30	M 33	M 36

d_1 Durchmesser des geschlagenen Nietes = Nietlochdurchmesser; Größen in ( ) möglichst vermeiden

2.3 Knickung

Wird ein gerader schlanker Stab von gleichbleibendem Querschnitt durch eine Druckkraft F in Richtung der Stabachse belastet (gedrückt), so ist bei homogenem Werkstoff nur eine Kürzung des Stabes zu erwarten. Die Erfahrung zeigt aber, dass der Stab seitlich „ausknickt" (Bild 31), sobald die Druckkraft F einen bestimmten Wert erreicht hat. Der Stab kann „ausbiegen", obwohl die vorhandene Druckspannung $\sigma_{\text{d vorh}}$ noch unter der zulässigen Spannung $\sigma_{\text{d zul}}$ liegt ($\sigma_{\text{d vorh}} < \sigma_{\text{d zul}}$).

2.3.1 Herleitung der Euler'schen Knickungsgleichung

Knickkraft F_K heißt diejenige Druckkraft, bei der das Ausknicken beginnt. Sie darf deshalb im Betrieb niemals erreicht werden.

Die elastische Linie ist eine Sinuskurve mit dem Krümmungsradius $\varrho = \dfrac{l^2}{\pi^2 f}$ (in Stabmitte). An dieser Stelle ist das Biegemoment der Knickkraft F_K:

$M_b = F_K\, f$.

Nach (50) ist $\varrho = \dfrac{EI}{M_b}$ und damit $\dfrac{l^2}{\pi^2 f} = \dfrac{EI}{F_K f}$ und daraus die *Knickkraft*

$$F_K = \frac{EI\,\pi^2}{s^2}$$

(*Eulergleichung*)
s freie Knicklänge

F_K	E	I	s
N	$\dfrac{\text{N}}{\text{mm}^2}$	mm^4	mm

(60)

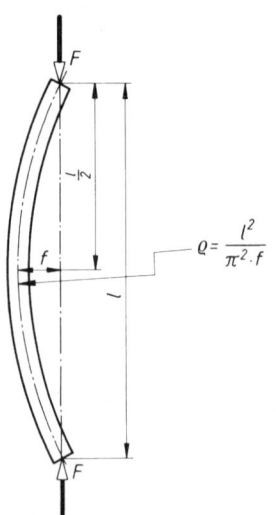

$$\varrho = \frac{l^2}{\pi^2 \cdot f}$$

Bild 31. Zur Herleitung der Euler'schen Knickungsgleichung

Fall 1:	*Fall 2: Grundfall*	*Fall 3:*	*Fall 4:*
$F_K = \dfrac{E \cdot I \cdot \pi^2}{4 \cdot l^2}$	$F_K = \dfrac{E \cdot I \cdot \pi^2}{l^2}$	$F_K = \dfrac{E \cdot I \cdot \pi^2 \cdot 2}{l^2}$	$F_K = \dfrac{E \cdot I \cdot \pi^2 \cdot 4}{l^2}$

Bild 32. Die vier Euler'schen Belastungsfälle für Knickung

Obwohl die elastische Linie der Biegung zur Herleitung der Knickkraftgleichung benutzt wurde, ist die Knickung von der Biegung wesensverschieden. Biegung ist eine *Spannungs*aufgabe, Knickung dagegen ein *Stabilitäts*problem; der Stab versagt *plötzlich*, ganz im Gegensatz etwa zur Druck- oder Biegebeanspruchung. So kann z.B. schon ein kleiner Fingerdruck quer zur Achse ausreichen, um den bereits seitlich ausgewichenen Stab (ohne Vergrößerung der Druckkraft) zusammenbrechen zu lassen. Deshalb muss die Belastung bei Betrieb immer kleiner sein als die Knickkraft F_K. *Euler* entwickelte seine Gleichung je nach Beweglichkeit und Führung der Stabenden für vier verschiedene Fälle (Bild 32). In der Praxis sollte man wegen der größeren Sicherheit immer nach dem sogenannten Grundfall 2 arbeiten. Ausnahme: einseitige Einspannung mit freiem Ende, Fall 1 nach Bild 32. Hier wird $s = 2l$ statt $s = l$ in die Eulergleichung des Grundfalls eingesetzt.

Wie die Herleitung erkennen lässt, gilt die Eulergleichung nur im Gültigkeitsbereich des Hooke'schen Gesetzes $\sigma = \epsilon E$ (8), d.h. solange die Knickspannung $\sigma_K < \sigma_{\text{dP}}$ (Druck-Proportionalitätsgrenze) ist. Man spricht dann von *elastischer* Knickung; bei $\sigma_K > \sigma_{\text{dP}}$ von *unelastischer Knickung*. Letztere erfordert andere Berechnungsgleichungen (s. 2.3.4).

2.3.2 Wichtige Größen der Knickung

Der Knickkraft F_K entspricht diejenige Spannung σ_K, bei der das Ausknicken gerade beginnt, die also ebenfalls niemals erreicht werden darf; somit ist die *Knickspannung*

$$\sigma_K = \frac{\text{Knickkraft } F_K}{\text{Querschnittsfläche } A}$$

σ_K	F_K	A
$\dfrac{\text{N}}{\text{mm}^2}$	N	mm^2

(61)

Solange die äußere Belastung F (= Druckkraft F) *kleiner* als die Knickkraft F_K ist, besteht keine Knickgefahr und es ist die *Sicherheit gegen Knicken*

$$\nu = \frac{\text{Knickkraft } F_K}{\text{Druckkraft } F} \qquad (62)$$

Der Druckkraft F entspricht die Druckspannung $\sigma_d = F/A$, sodass die Sicherheit v auch ausgedrückt werden kann durch:

$$v = \frac{F_K}{F} = \frac{\sigma_K A}{\sigma_d A} = \frac{\sigma_K}{\sigma_d} \qquad (63)$$

Die Sicherheit v berücksichtigt u.a. Stöße, Massenkräfte, Art der Verwendung, Einspannung und Folgen eines Bruches des Knickstabes.

Das Ausknicken wird bestimmt durch das *kleinste axiale Flächenmoment I* des Querschnitts. Es wird $I = i^2 A$ gesetzt. Daraus folgt der *Trägheitsradius*

$$i = \sqrt{\frac{I}{A}} \qquad \begin{array}{c|c|c} i & I & A \\ \hline mm & mm^4 & mm^2 \end{array} \qquad (64)$$

Für den *Kreisquerschnitt* beträgt nach Tabelle 1 das axiale Flächenmoment $I = \pi d^4/64$ und Fläche $A = \pi d^2/4$, sodass sich als *Trägheitsradius für den Kreisquerschnitt* ergibt:

$$i = \sqrt{\frac{\pi d^4}{64} \cdot \frac{4}{\pi d^2}} = \frac{d}{4} \qquad (65)$$

Als zweckmäßige Rechengröße wird außerdem für den *Schlankheitsgrad* festgesetzt:

$$\lambda = \frac{\text{freie Knicklänge } s}{\text{Trägheitsradius } i} = \frac{s}{i} \qquad (66)$$

2.3.3 Elastische Knickung (Eulerfall)

Liegt die Knickspannung noch im Gültigkeitsbereich des Hooke'schen Gesetzes (elastische Formänderung), so gilt die Eulergleichung (60). Damit können bei gegebener Knickkraft F_K, gegebener Belastung F gegebener Einspannlänge l und bekanntem Elastizitätsmodul E die Querschnittsabmessungen bestimmt werden, und zwar über das erforderliche *Mindest-Flächenmoment* (axial)

$$I_{erf} = \frac{v F s^2}{E \pi^2} \qquad \begin{array}{c|c|c|c|c} I_{erf} & v & F & E & s \\ \hline mm^4 & 1 & N & \dfrac{N}{mm^2} & mm \end{array} \qquad (67)$$

Aus (63) wurde für die Knickkraft F_K = Sicherheit $v \cdot$ Belastung $F (F_K = v F)$ eingesetzt. Die Eulergleichung ist an das Hooke'sche Gesetz gebunden. Damit werden die Grenzen ihrer Gültigkeit festgelegt. Aus

$$F_K = \frac{E I \pi^2}{s^2} = \sigma_K A \text{ und } \frac{I}{A} = i^2 \text{ sowie } \frac{i^2}{s^2} = \frac{1}{\lambda^2}$$

ergibt sich die *Knickspannung*

$$\sigma_K = \frac{E \pi^2}{\lambda^2} \qquad \begin{array}{c|c|c} \sigma_K & E & \lambda \\ \hline \dfrac{N}{mm^2} & \dfrac{N}{mm^2} & 1 \end{array} \qquad (68)$$

Danach ist die Knickspannung σ_K nur abhängig vom E-Modul (und dessen Gültigkeitsbereich) und vom Schlankheitsgrad λ.

Wird σ_K über λ aufgetragen, ergibt sich eine Hyperbel dritten Grades, wie Bild 33 für Stahl mit $E = 2,1 \cdot 10^5$ N/mm^2 zeigt. Danach ergeben kleine Schlankheitsgrade hohe Knickspannungen. Die Eulergleichung kann natürlich nur bis zu demjenigen *Grenzschlankheitsgrad* λ_0 gelten, für den $\sigma_K \leq \sigma_{dP}$ ist, solange also die Knickspannung σ_K kleiner als die Proportionalitätsgrenze für Druck ist.

Unterer Grenzwert:

$$\lambda_{min} = \lambda_0 = \pi \sqrt{\frac{E}{\sigma_{dP}}}$$

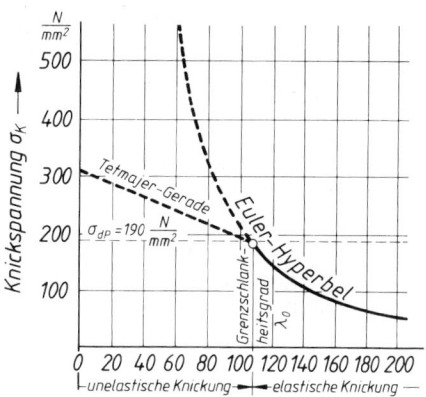

Bild 33. Euler-Hyperbel mit Grenzschlankheitsgrad λ_0

Für S235 JR mit $\sigma_{dP} = 190$ N/mm^2 wird damit

$$\lambda_0 = \pi \sqrt{\frac{2,1 \cdot 10^5 \dfrac{N}{mm^2}}{190 \dfrac{N}{mm^2}}} \approx 105$$

Je höher die Proportionalitätsgrenze σ_{dP} liegt, um so kleiner ist der Grenzschlankheitsgrad λ_0, d.h. um so größer wird der Eulerbereich.

Für die wichtigsten Werkstoffe gibt Tabelle 12 die Grenzschlankheitsgrade zur Eulergleichung an. *Beachte*: Die Eulergleichung gilt nur, solange der errechnete Schlankheitsgrad λ gleich oder *größer* ist als der in Tabelle 5 angegebene Grenzschlankheitsgrad λ_0. Es muss also sein: $s/i = \lambda_{vorhanden} \geq \lambda_0$.

Tabelle 12. Grenzschlankheitsgrad λ_0 für Euler'sche Knickung und Tetmajer-Gleichungen

Werkstoff	Elastizitätsmodul E in $\dfrac{\text{N}}{\text{mm}^2}$	Grenzschlankheitsgrad λ_0	Tetmajer-Gleichung für Knickspannung σ_K in $\dfrac{\text{N}}{\text{mm}^2}$
Nadelholz	10 000	100	$\sigma_K = 29{,}3 - 0{,}194 \cdot \lambda$
Gusseisen	100 000	80	$\sigma_K = 776 - 12 \cdot \lambda + 0{,}053 \cdot \lambda^2$
S235 JR	210 000	105	$\sigma_K = 310 - 1{,}14 \cdot \lambda$
E295 E335	210 000	89	$\sigma_K = 335 - 0{,}62 \cdot \lambda$
Nickelstahl ($< 5\,\%$ Ni)	210 000	86	$\sigma_K = 470 - 2{,}3 \cdot \lambda$

2.3.4 Unelastische Knickung (Tetmajerfall)

Ergibt die Nachrechnung des Schlankheitsgrades λ einen Zahlenwert, der *unter* dem in Tabelle 12 angegebenen Grenzwert liegt, dann liegt *unelastische* Knickung vor. In diesem Fall gelten nicht die Eulergleichungen, sondern die Gleichungen von *Tetmajer*, ebenfalls aus Tabelle 12. Mit diesen Gleichungen können die Querschnittsabmessungen *nicht* unmittelbar bestimmt werden, sie dienen nur zur Nachrechnung gegebener oder angenommener Querschnittsmaße.

Deshalb wird meist I_erf nach *Euler* bestimmt, der Querschnitt danach festgelegt, λ nachgeprüft und bei λ kleiner als λ_0 nach *Tetmajer* die Knickspannung σ_K berechnet. Ist die geforderte Sicherheit v nicht erreicht, muss der Querschnitt vergrößert und nochmals nachgerechnet werden.

2.3.5 Arbeitsplan zur Knickungsrechnung

a) *Gegeben*: Sicherheit v und Belastung F; *gesucht*: Querschnittsabmessungen.
– Die Knickkraft F_K aus Sicherheit v und Belastung F berechnen.
– Das erforderliche Flächenmoment I_erf aus der Eulergleichung berechnen.
– Die Querschnittsabmessungen (z.B. Durchmesser) nach den Gleichungen aus Tabelle 1 festlegen; den Trägheitsradius i nach Tabelle 1 oder, wenn *dort* nicht angegeben, nach der Gleichung $i = \sqrt{I/A}$ berechnen.
– Den Schlankheitsgrad λ berechnen und mit λ_0 aus Tabelle 12 vergleichen, bei $\lambda \geq \lambda_0$ ist die Rechnung in Ordnung; bei λ *kleiner* λ_0 muss mit den Tetmajergleichungen aus Tabelle 12 die Knickspannung σ_K berechnet werden. Dabei λ, nicht etwa λ_0 einsetzen.
– Die vorhandene Druckspannung $\sigma_d = F/A$ berechnen und die Sicherheit v bestimmen; sie muss gleich oder größer der geforderten sein. Bei zu

kleiner Sicherheit müssen die Querschnittsabmessungen vergrößert und die Rechnung von der λ-Bestimmung an wiederholt werden. Abschließend muss die vorhandene Druckspannung σ_d mit der zulässigen $\sigma_{d\,\text{zul}}$ verglichen werden.

b) *Gegeben*: Querschnitt und Belastung F; *gesucht*: vorhandene Sicherheit. Berechne nach Tabelle 1 das Flächenmoment I und den Trägheitsradius i des Querschnitts; bestimme mit $\lambda = s/i$ den vorhandenen Schlankheitsgrad λ und vergleiche den gefundenen Wert mit λ_0 aus Tabelle 12. Jetzt teilt sich die Rechnung: Bei $\lambda \geq \lambda_0$ wird die Sicherheit v aus der Eulergleichung berechnet, bei $\lambda < \lambda_0$ aus einer der Tetmajergleichungen.

Beachte: λ bestimmt den Rechnungsweg (*Euler* oder *Tetmajer*), deshalb muss zuerst λ berechnet werden.

■ **Beispiel:**
Eine Ventilstößelstange aus E295 hat 8 mm Durchmesser und ist 250 mm lang. Welche maximale Stößelkraft ist zulässig, wenn eine 10fache Sicherheit gegen Knicken gefordert wird? Es liegt der Grundfall vor, also $s = l$.

Lösung:

$$\lambda = \frac{l}{i} = \frac{4\,l}{d} = \frac{4 \cdot 250\ \text{mm}}{8\ \text{mm}} = 125$$

also elastischer (Euler-)Bereich.

$$\text{Flächenmoment } I = \frac{\pi\,d^4}{64} = \frac{\pi}{64} \cdot (8\ \text{mm})^4 = 201\ \text{mm}^4$$

$$\text{Knickkraft } F_K = \frac{E\,I\,\pi^2}{l^2} = 6668\ \text{N}$$

$$\text{Maximale Stößelkraft } F = \frac{F_K}{v} = 667\ \text{N}$$

■ **Beispiel:**
Die Pleuelstange eines Verbrennungsmotors (Bild 34) aus E 295 hat die Maße: $l = 370$ mm, $H = 40$ mm, $h = 30$ mm, $b = 20$ mm, $s = 15$ mm. Sie wird durch $F = 16$ kN auf Knickung beansprucht. Gesucht: vorhandene Knicksicherheit v.

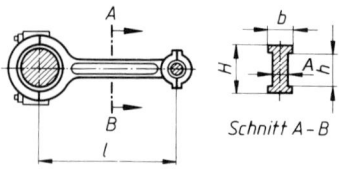

Schnitt A–B

Bild 34.

Lösung:
Die Pleuelstange würde um die (rechtwinklige) y-Achse knicken, denn ganz sicher ist $I_y = I_\text{min} < I_x$.

$$I_\text{min} = \frac{10\ \text{mm} \cdot (20\ \text{mm})^3 + 30\ \text{mm} \cdot (15\ \text{mm})^3}{12} = 15104\ \text{mm}^4$$

($I_x = 95\,417\ \text{mm}^4$, also wesentlich größer als I_min)

$$i = \sqrt{\frac{I_\text{min}}{A}}$$

$A = Hb - (b - s)h = [40 \cdot 20 - (20 - 15) \cdot 30]\ \text{mm}^2$

$A = 650\ \text{mm}^2$

$i = \sqrt{\dfrac{I_{min}}{A}} = \dfrac{15\,104\ \text{mm}^4}{650\ \text{mm}^2} = 4{,}82$

$\lambda = \dfrac{l}{i} = \dfrac{370\ \text{mm}}{4{,}82\ \text{mm}} = 76{,}8 < \lambda_0 = 89$ (Tetmajerfall):

$\sigma_{K} = 335 - 0{,}62 \cdot \lambda = 287{,}4\ \dfrac{\text{N}}{\text{mm}^2}$

$\sigma_{d\,vorh} = \dfrac{F}{A} = \dfrac{16\,000\ \text{N}}{650\ \text{mm}^2} = 24{,}6\ \dfrac{\text{N}}{\text{mm}^2}$

$v_{vorh} = \dfrac{\sigma_{K}}{\sigma_{d\,vorh}} = \dfrac{287{,}4\ \dfrac{\text{N}}{\text{mm}^2}}{24{,}6\ \dfrac{\text{N}}{\text{mm}^2}} = 11{,}7$

■ **Beispiel:**
Ein Knickstab von kreisförmigem Querschnitt ist beiderseits auf $l = 500$ mm Länge gelenkig gelagert und wird durch eine Druckkraft $F = 40$ kN beansprucht. Geforderte Knicksicherheit $v = 8$. Werkstoff E295.
Wie groß muss der Durchmesser ausgeführt werden?

Lösung:
Knickkraft $F_{K} = Fv = 40$ kN $\cdot\ 8 = 320$ kN. Aus

$F_{K} = \dfrac{EI\,\pi^2}{l^2}$

wird das erforderliche Flächenmoment

$I_{min} = \dfrac{F_{K} l^2}{E\,\pi^2} = \dfrac{320\,000\ \text{N} \cdot 500^2\ \text{mm}^2}{2{,}1 \cdot 10^5\ \dfrac{\text{N}}{\text{mm}^2} \cdot \pi^2} = 3{,}86 \cdot 10^4\ \text{mm}^4$

$I = \dfrac{d^4}{20}$, daraus $d_{erf} = \sqrt[4]{20\,I_{min}} = 29{,}7$ mm.

Mit $i = \dfrac{d}{4} = 7{,}4$ mm wird $\lambda = \dfrac{l}{i} = \dfrac{500\ \text{mm}}{7{,}4\ \text{mm}} = 67{,}6$ ($< \lambda_0 = 89$).

Demnach liegt Tetmajerbereich vor und nicht, wie zunächst angenommen wurde, Eulerbereich, d.h. die Rechnung muss mit angenommenem Durchmesser (mit Tetmajer-Gleichungen) wiederholt werden, bis die geforderte Sicherheit erreicht worden ist:

$d = 40$ mm angenommen (zweckmäßig gegenüber d_{erf} erhöhen), neuer Schlankheitsgrad

$\lambda = \dfrac{4\,l}{d} = \dfrac{4 \cdot 500\ \text{mm}}{40\ \text{mm}} = 50$

$\sigma_{K} = 335 - 0{,}62\ \lambda = 304\ \dfrac{\text{N}}{\text{mm}^2}$

$\sigma_{d} = \dfrac{F}{A} = \dfrac{40\,000\ \text{N}}{1257\ \text{mm}^2} = 31{,}8\ \dfrac{\text{N}}{\text{mm}^2}$

$v_{vorh} = \dfrac{\sigma_{K}}{\sigma_{d}} = \dfrac{304\ \dfrac{\text{N}}{\text{mm}^2}}{31{,}8\ \dfrac{\text{N}}{\text{mm}^2}} = 9{,}56$ ($> v_{gef} = 8$)

d.h. der Durchmesser $d = 40$ mm kann ausgeführt werden.

■ **Beispiel:**
Die durchgehende Kolbenstange eines Verdichters für $p = 6{,}5$ bar Überdruck ist zu berechnen (Bild 35). Werkstoff: E295. Geforderte Knicksicherheit $v = 4$.

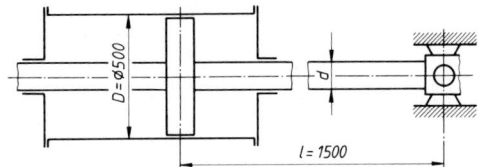

Bild 35.

Lösung:
Aus den physikalischen Bedingungen (s.S.C83) ergibt sich die Gleichung für die Kolbenstangenkraft

$F = \dfrac{\pi}{4}(D^2 - d^2)p$ und mit $D = 500$ mm, $d \Rightarrow ?$,

$p = 6$ bar $= 6{,}5 \cdot 10^5\ \text{N/m}^2 = 0{,}65\ \text{N/mm}^2$ ist

$F = \dfrac{\pi}{4}(500^2 - d^2) \cdot 0{,}65 \cdot \text{N}$

$F = (1{,}276 \cdot 10^5 - 0{,}511 \cdot d^2)\ \text{N}$

Mit der angenommenen elastischen Knickung wird nach Euler:

$F = \dfrac{EI\,\pi^2}{l^2}$ (s.S. D56) und mit $I = \pi \cdot d^4 / 64$ (s. S.D30) sowie

$E = 2{,}1 \cdot 10^5\ \text{N/mm}^2$ (s. S. D5) und $l = 1500\ \text{mm}^2$

$F = \dfrac{2{,}1 \cdot 10^5 \cdot \pi \cdot d^4 \cdot \pi^2}{64 \cdot 1500^2} \cdot \text{N} = 0{,}0452 \cdot d^4 \cdot \text{N}$

Beide Terme für die Kolbenstangenkraft F gleichgesetzt, ausgerechnet und umgeformt ergibt die biquadratische Gleichung

$d^4 + 11{,}3 \cdot d^2 - 2{,}822 \cdot 10^6 = 0$

Nach S. A38 wird $d^2 = z$ gesetzt:

$z^2 + 11{,}3 \cdot z - 2{,}822 \cdot 10^6 = 0$

$z_{1,2} = -5{,}65 \pm 1679$

Der negative Wert von z_2 ist hier ohne Belang und für z_1 ergibt sich

$z_1 = -5{,}65\ \text{mm}^2 + \sqrt{31{,}923 + 2{,}822 \cdot 10^6}\ \text{mm}^2 =$

$= -5{,}651\ \text{mm}^2 + 679{,}89\ \text{mm}^2 = 1674{,}24\ \text{mm}^2$

und daraus mit $d = \sqrt{z_1} = \sqrt{1674{,}24}\ \text{mm} = 40{,}9$ mm

Für die Ausführung wird $d = 45$ mm gewählt (Normzahl) und nach Euler geprüft, ob die geforderte Knicksicherheit $v = 4$ erreicht ist.

Trägheitsradius i der Kolbenstange (s.S. D56):

$i = \dfrac{d}{4} = \dfrac{45\ \text{mm}}{4} = 11{,}25$ mm

Schlankheitsgrad λ (s. S. D52):

$\lambda = \dfrac{l}{i} = \dfrac{1500\ \text{mm}}{11{,}25\ \text{mm}} = 133{,}3 > \lambda_0 = 89$ (s. S. D57 für E295)

Knickspannung (s. S. D57) und Druckspannung betragen:

$\sigma_{K} = \dfrac{E \cdot \pi^2}{\lambda^2} = \dfrac{2{,}1 \cdot 10^5 \cdot \pi^2}{133{,}3^2} \cdot \dfrac{\text{N}}{\text{mm}^2} = 116{,}6\ \dfrac{\text{N}}{\text{mm}^2}$

$\sigma_{d} = \dfrac{F}{A} = \dfrac{\dfrac{\pi}{4}(D^2 - d^2) \cdot p}{\dfrac{\pi}{4} \cdot d^2} \cdot \dfrac{\text{N}}{\text{mm}^2}$

$$\sigma_d = \frac{F}{A} = \frac{\frac{\pi}{4}(500^2 - 45^2) \cdot 0,65}{\frac{\pi}{4} \cdot 45^2} \cdot \frac{N}{mm^2} = 79,6 \frac{N}{mm^2}$$

Damit ist die vorhandene Knicksicherheit

$$v_{vorh} = \frac{\sigma_K}{\sigma_d} = \frac{116,6}{79,6} = 1,46 \ll v_{erf} = 4$$

Die Rechnung muss mit einem erheblich größeren Kolbenstangendurchmesser d wiederholt werden.
Mit z.B. $d = 60$ mm wird bei gleichem Rechengang die vorhandene Knickssicherheit $v_{vorh} = 4,65 > v_{erf} = 4$.

2.3.6 Knickungsberechnungen im Stahlbau

2.3.6.1 Tragsicherheit einteiliger Knickstäbe

Zur knicksicheren Ausbildung von Druckstäben gilt 2.3.6.1 für Stahlbauten die Norm DIN 18800 mit Teil 1, Bemessung und Konstruktion, Teil 2, Stabilitätsfälle, Knicken von Stäben und Stabwerken, Teil 3, Stabilitätsfälle, Plattenbauten.

Nach DIN 18800, Teil 2, muss unter anderem die so genannte Tragsicherheit nachgewiesen werden. Tragsicherheit besteht dann, wenn in der Ausweichrichtung des Stabes bei planmäßig mittigem Druck die Bedingung in Gleichung (69) erfüllt ist:

$$\frac{F}{\kappa F_{pl}} \le 1 \qquad \begin{array}{c|c|c} F & F_{pl} & \kappa \\ \hline N & N & 1 \end{array} \qquad (69)$$

(Tragsicherheits-Hauptgleichung)

F Belastung (Normalkraft) in Richtung der Stabachse, F_{pl} Normalkraft im vollplastischen Zustand (Tabelle 15.), κ Abminderungsfaktor (Abschnitt 2.3.6.2 Arbeitsplan, Teil e).

Eine Bemessung der Stabquerschnitte ist über den Tragsicherheitsnachweis nicht möglich, weil die Tragsicherheits-Hauptgleichung (69) keine direkte Bezugsgröße für einen Stabquerschnitt enthält. Man nimmt daher versuchsweise einen Stabquerschnitt an und ermittelt damit der Reihe nach die im folgenden Arbeitsplan unter 2.3.6.2 aufgeführten Größen. Ist am Ende die Bedingung $F/(\kappa F_{pl}) \le 1$ nicht erfüllt, muss die Rechnung mit geänderten Annahmen wiederholt werden.

2.3.6.2 Arbeitsplan zum Tragsicherheitsnachweis

Gegeben: Querschnittsabmessungen (Profil), Werkstoff, Belastung F des Druckstabes
Gesucht: Tragsicherheitsnachweis

a) Ermittlung der Knicklänge s_K

$$s_K = \beta l \qquad \begin{array}{c|c|c} s_K & \beta & l \\ \hline mm & 1 & mm \end{array} \qquad (70)$$

β Knicklängenbeiwert nach Bild 36, l Systemlänge des Stabes (siehe auch Bilder 37 und 38).

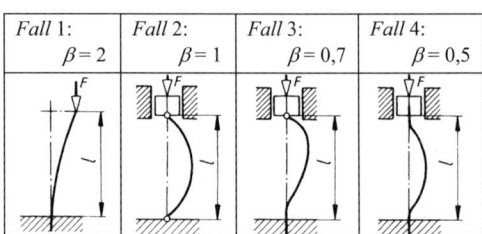

Bild 36. Knicklängenbeiwerte β einfacher Stäbe mit konstantem Querschnitt

Für das Ausknicken in der Fachwerkebene ist die Systemlänge l der geschätzte Abstand der beiden Anschlussverbindungen an den Stabenden (Bild 37). Für das Ausknicken rechtwinklig zur Fachwerkebene ist l der Abstand der Netzlinien (Bild 38).

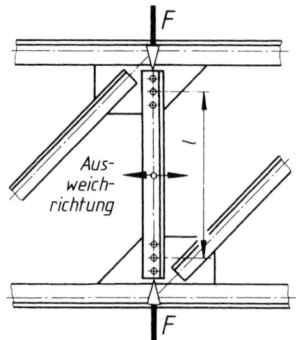

Bild 37. Ausknicken in der Fachwerkebene

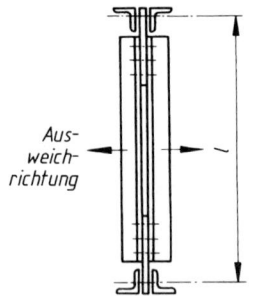

Bild 38.
Ausknicken rechtwinklig zur Fachwerkebene

b) Berechnung des Schlankheitsgrades λ_K

$$\lambda_K = \frac{s_K}{i} \qquad \begin{array}{c|c|c} \lambda_K & s_K & i \\ \hline 1 & mm & mm \end{array} \qquad (71)$$

mit dem Trägheitsradius

$$i = \sqrt{\frac{I}{A}} \qquad \begin{array}{c|c|c} i & I & A \\ \hline mm & mm^4 & mm^2 \end{array} \qquad (72)$$

s_K Knicklänge, i Trägheitsradius, I Flächenmoment 2. Grades, A Querschnittsfläche (i, I und A nach den Tabellen 1, 2, 9 bis 11).

c) Berechnung des bezogenen Schlankheitsgrades $\bar{\lambda}_K$

$$\bar{\lambda}_K = \frac{\lambda_K}{\lambda_a} \qquad \begin{array}{c|c|c} \bar{\lambda}_K & \lambda_K & \lambda_a \\ \hline 1 & 1 & 1 \end{array} \qquad (73)$$

λ_K Schlankheitsgrad, λ_a Bezugsschlankheitsgrad
Der Bezugsschlankheitsgrad λ_a errechnet sich nach

$$\lambda_a = \pi \sqrt{\frac{E}{R_e}} \qquad \begin{array}{c|c|c} \lambda_a & E & R_e \\ \hline 1 & N/mm^2 & N/mm^2 \end{array} \qquad (74)$$

E Elastizitätsmodul = 210 000 N/mm^2, R_e Streckgrenze nach Tabelle 5 im Abschnitt E Werkstofftechnik, auch in DIN 18 800, Teil 1, Tabelle 1 (siehe Tabelle 13).

Danach ergibt sich λ_a für die im Stahlbau gängigen Werkstoffe:
S235JR mit einer Erzeugnisdicke $t \leq 40$ mm zu $\lambda_a = 92,9$; S355J2G3 mit einer Erzeugnisdicke $t \leq 40$ mm zu $\lambda_a = 75,9$.

d) Ermittlung einer Knickspannungslinie

Die Knickspannungslinie muss der Tabelle 14 in Abhängigkeit vom gewählten Stabquerschnitt entnommen werden.

e) Bestimmung des Abminderungsfaktors κ

Der Abminderungsfaktor κ für die Knickspannungslinien a, b, c und d wird mit den folgenden Formeln berechnet:

Bereich $\bar{\lambda}_K \leq 0,2$	Bereich $\bar{\lambda}_K > 0,2$	Bereich $\bar{\lambda}_K > 3,0$
$\kappa = 1$	$\kappa = \dfrac{1}{k + \sqrt{k^2 + \bar{\lambda}_K^2}}$	$\kappa = \dfrac{1}{\bar{\lambda}_K (\bar{\lambda}_K + \alpha)}$
	$k = 0,5 \cdot [1 + \alpha(\bar{\lambda}_K - 0,2) + \bar{\lambda}_K^2]$	

Der Parameter α ist abhängig von den Knickspannungslinien:

Knickspannungslinie	a	b	c	d
α	0,21	0,34	0,49	0,76

f) Ermittlung der Normalkraft F_{pl}

F_{pl} ist diejenige Druckkraft, bei der im Werkstoff des Stabes vom Querschnitt A der vollplastische Zustand erreicht wird. Als Widerstandsgröße kann die Streck-grenze R_e oder die obere Streckgrenze R_{eH} eingesetzt werden:

$$F_{pl} = R_e A \qquad \begin{array}{c|c|c} F_{pl} & R_e & A \\ \hline N & N/mm^2 & mm^2 \end{array} \qquad (75)$$

g) Nachweis der Tragsicherheit

Zum Abschluss der Rechnung ist mit der Tragsicherheits-Hauptgleichung (69) $F/(\kappa F_{pl}) \leq 1$ die zulässige Querschnittswahl nachzuweisen oder es ist mit einem anderen Profil oder mit einem anderen Stabquerschnitt die Prüfung zu wiederholen.

■ **Beispiel:**
Ein planmäßig mittig gedrückter Stab nach Fall 2 (Bild 36) mit der Systemlänge $s_K = 1,50$ m wird durch die Druckkraft $F = 50$ kN belastet.
Querschnittsform: I-Träger IPE 80 nach DIN 1 025 (Tabelle 10)
Werkstoff: S235JR

Lösung:

Knicklänge $s_K = \beta l$ mit $\beta = 1$ wird $s_K = 1,50$ m = 1 500 mm

Trägheitsradius $i = \sqrt{\dfrac{I_y}{A}} = \sqrt{\dfrac{8,49 \cdot 10^4 \, mm^4}{764 \, mm^2}} = 10,542 \, mm$

Schlankheitsgrad $\lambda_K = \dfrac{s_K}{i} = \dfrac{1500 \, mm}{10,542 \, mm} = 142,288$

bezogener Schlankheitsgrad $\bar{\lambda}_K = \dfrac{\lambda_K}{\lambda_a}$ mit $\lambda_a = 92,9$ für S235JR

bei $t \leq 40$ mm

$\bar{\lambda}_K = \dfrac{142,288}{92,9} = 1,532$

$\dfrac{h}{b} = \dfrac{80 \, mm}{46 \, mm} = 1,74 > 1,2$ und $t = 5,2$ mm < 40 mm sowie Ausweichen rechtwinklig zur y-Achse ergibt nach Tabelle 14 die Knickspannungslinie b.

Abminderungsfaktor κ für $\bar{\lambda}_K = 1,532 > 0,2$:

$k = 0,5 \cdot [1 + \alpha(\bar{\lambda}_K - 0,2) + \bar{\lambda}_K^2]$

mit $\alpha = 0,34$ für Knickspannungslinie b

$k = 0,5 \cdot [1 + 0,34 \, (1,532 - 0,2) + 1,532^2]$
$k = 1,9$

Abminderungsfaktor

$\kappa = \dfrac{1}{k + \sqrt{k^2 - \bar{\lambda}_K^2}} = \dfrac{1}{1,9 + \sqrt{1,9^2 - 1,532^2}} = 0,331$

Normalkraft im plastischen Zustand nach Tabelle 15

$F_{pl} = 164$ kN

Tragsicherheit $\dfrac{F}{\kappa \cdot F_{pl}} = \dfrac{50 \, kN}{0,331 \cdot 164 \, kN} = 0,921$

Die Bedingung der Tragsicherheits-Hauptgleichung (69) ist erfüllt.

Tabelle 13. Festigkeitswerte für Walzstahl (Bau- und Feinkornbaustahl)

Werkstoff	Bezeichnung [1]	Erzeugnisdicke t mm	Streckgrenze R_e N/mm²	Zugfestigkeit R_m N/mm²
Baustahl	S235JR	$t \leq 40$	240	360
	S235JRG1	$40 < t \leq 80$	215	
	S235JRG2			
	S235JO			
Baustahl	E295	$t \leq 40$	360	510
		$40 < t \leq 80$	325	
Feinkornbaustahl	E355	$t \leq 40$	360	700
		$40 < t \leq 80$	325	

[1] Bezeichnungen für Baustähle siehe Abschnitt *E* Werkstofftechnik, Tabelle 5.

Tabelle 14. Zuordnung der Profilquerschnitte zu den Knickspannungslinien

Querschnittsformen		Ausweichen rechtwinklig zur Achse	Knickspannungslinie
Gewalzte Doppel-T-Profile (siehe Tabelle 10)	$h/b > 1,2$ und $t \leq 40$ mm	x	a
		y	b
	$h/b > 1,2$ und $40 < t \leq 80$ mm $h/b \leq 1,2$ und $t \leq 80$ mm	x	b
		y	c
	$t > 80$ mm	x und y	d
U-, L-, T- Querschnitte (siehe Tabellen 9 und 11)		x und y	c

2.3.6.3 Tragsicherheit mehrteiliger Knickstäbe

Auch mehrteilige aus Walzprofilen zusammengesetzte Stäbe können wie einteilige berechnet werden, wenn deren Querschnitte rechtwinklig zur Ausweichrichtung eine Stoffachse haben wie in Bild 39. Die Einzelprofile sind durch Nieten oder Schweißen so verbunden, dass der Stab als ein Bauglied angesehen werden kann.

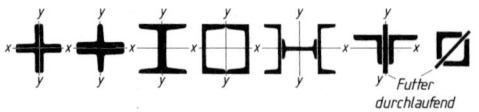

Bild 39. Mehrteilige Stäbe mit zwei Stoffachsen x–x und y–y

Mehrteilige Querschnitte nach Bild 40. mit einer Stoffachse x–x und einer stofffreien Achse y–y können rechtwinklig zur Stoffachse x–x wie einteilige Stäbe berechnet werden.

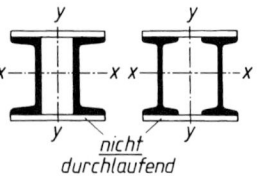

Bild 40. Mehrteilige Querschnitte mit stofffreier Biegeachse y–y

In Ausweichrichtung rechtwinklig zur stofffreien Achse y–y gelten andere Rechenvorschriften nach DIN 18 800, Teil 2, Abschnitt 4.

Bild 41. Günstigster Querschnitt für Knickstäbe

Tabelle 15. Normalkraft $F_{pl} = R_e A$ in kN

Profil	A	$F_{pl}^{1)}$	$F_{pl}^{2)}$	Profil	A	$F_{pl}^{1)}$	$F_{pl}^{2)}$	Profil	A	$F_{pl}^{1)}$	$F_{pl}^{2)}$
	mm²	kN	kN		mm²	kN	kN		mm²	kN	kN
L 40 × 6	448	96	108	IPE 80	764	164	183	U 50	712	153	171
L 50 × 6	569	122	137	IPE 100	1000	215	240	U 80	1100	237	264
L 60 × 6	691	149	166	IPE 120	1320	284	317	U 100	1350	290	324
L 70 × 7	940	202	226	IPE 140	1640	353	394	U 140	2040	439	490
L 80 × 8	1230	264	295	IPE 160	2010	432	482	U 160	2400	516	576
L 80 × 10	1510	325	362	IPE 180	2390	514	574	U 180	2800	602	672
L 90 × 9	1550	333	372	IPE 200	2850	613	684	U 200	3220	692	773
L 100 × 10	1920	413	461	IPE 220	3340	718	802	U 220	3740	804	898
L 120 × 13	2970	639	713	IPE 240	3910	841	938	U 240	4230	909	1015
L 140 × 15	4000	860	960	IPE 270	4590	987	1102	U 260	4830	1038	1159
L 150 × 16	4570	983	1097	IPE 300	5380	1157	1291	U 280	5330	1146	1279
L 160 × 19	5750	1236	1380	IPE 360	7270	1563	1745	U 300	5880	1264	1411
L 180 × 18	6190	1331	1486	IPE 400	8450	1817	2028	U 350	7730	1662	1855
L 200 × 20	7640	1643	1834	IPE 500	11600	2492	2784	U 400	9150	1967	2196

[1] mit $R_e = 215$ N/mm² gerechnet,   [2] mit $R_e = 240$ N/mm² gerechnet

Tabelle 16. Zulässige Spannungen im Stahlhochbau

a) Zulässige Spannungen in N/mm² für Stahlbauteile[1]

			Werkstoff			
Spannungsart		S235JR		S355JO		E360	
				Lastausfall			
	H	HZ	H	HZ	H	HZ
Druck und Biegedruck, wenn Stabilitätsnachweis nach DIN 18 800 erforderlich ist	140	160	210	240	410	460
Zug und Biegezug, Biegedruck, wenn Stabilitätsnachweis nach DIN 18 800 erforderlich ist	160	180	240	270	410	460
Schub	92	104	139	156	240	270

[1] Lastfall H: alle Hauptlasten, Lastfall HZ: alle Haupt- und Zusatzlasten

b) Zulässige Spannungen in N/mm² für Verbindungsmittel[1]

		Niete (DIN und DIN 302)				Passschraube (DIN 7968)				Rohe Schrauben (DIN 7990) 4.6	
						4.6		5.6			
Spannungsart		für Bauteile aus S235JR		für Bauteile aus S355JO		für Bauteile aus S235JR		für Bauteile aus S355JO			
						Lastfall					
		H	HZ	H	HZ	H	HZ	H	HZ	H	HZ
Abscheren	$\tau_{a\,zul}$	140	160	210	240	140	160	210	240	112	126
Lochleibungsdruck	$\sigma_{l\,zul}$	280	320	420	480	280	320	420	480	240	270
Zug	$\sigma_{z\,zul}$	48	54	72	81	112	112	150	150	112	112

[1] Lastfall H: alle Hauptlasten, Lastfall HZ: alle Haupt- und Zusatzlasten

Tabelle 17. Zulässige Spannungen im Kranbau für Stahlbauteile und ihre Verbindungsmittel

a) Zulässige Spannungen in N/mm² für Bauteile

Spannungsart	Werkstoff				Außer dem Allgemeinen Spannungsnachweis auf Sicher-
	S235JR		S355JO		heit gegen Erreichen der Fließgrenze ist für Krane mit
	H	HZ	H	HZ	mehr als 20 000 Spannungsspielen noch ein *Betriebsfes-*
Zug- und Vergleichsspannung	160	180	240	270	*tigkeitsnachweis* auf Sicherheit gegen Bruch bei zeitlich veränderlichen, häufig wiederholten Spannungen für die
Druckspannung, Nachweis auf Knicken	140	160	210	240	Lastfälle H zu führen. Zulässige Spannungen beim Be-
Schubspannung	92	104	138	156	triebsfestigkeitsnachweis siehe Normblatt.

b) Zulässige Spannungen in N/mm² für Verbindungsmittel

Spannungsart		Niete (DIN 124 und DIN 302)				Passschrauben (DIN 7 968)				Schrauben (DIN 7 880)			
						4.6		5.6		4.6		5.6	
		USt 36		USt 44		USt 36		USt 44		USt 36		USt 44	
		für Bauteile aus S235JR		für Bauteile aus S355JO		für Bauteile aus S235JR		für Bauteile aus S355JO		für Bauteile aus S235JR		für Bauteile aus S355JO	
		Lastfall											
		H	HZ	H	HZ	H	HZ	H	HZ	H	HZ	H	HZ
Abscheren	einschnittig	84	96	126	144	84	96	126	144	70	80	70	80
	zweischnittig	112	128	168	192	112	128	168	192				
Lochleibungsdruck	einschnittig	210	240	315	360	210	240	315	360	160	180	160	180
	zweischnittig	280	320	420	480	280	320	420	480				
Zug	einschnittig	30	30	45	45	100	110	140	154	100	110	140	154
	zweischnittig	30	30	45	45	100	110	140	154				

2.4 Abscheren

2.4.1 Spannung

Praktisches Beispiel für die Beanspruchungsart Abscheren ist das Scherschneiden (Bild 42). Die äußeren Schnittkräfte F wirken rechtwinklig (quer) zur
Bauteilachse und bilden ein Kräftepaar mit dem kleinen Wirkabstand u (Schneidspalt). Das entsprechend
kleine Kraftmoment $M = F u$ wird bei dieser Untersuchung vernachlässigt. In der Schnittfläche des Werkstücks W wird das Kräftegleichgewicht durch die
innere Schnittkraft F_q (Querkraft) $= F$ wieder hergestellt. F_q wirkt tangential zur Schnittebene, die auftretende Spannung τ (Tangentialspannung). Zur Kennzeichnung der Beanspruchungsart nennt man sie
Abscherspannung τ_a:

$$\tau_a = \frac{F}{A} \qquad \begin{array}{c|c|c} \tau_a & F & A \\ \hline \dfrac{N}{mm^2} & N & mm^2 \end{array} \qquad (76)$$

(*Abscher-Hauptgleichung*)

Je nach vorliegender Aufgabe kann die Abscher-
Hauptgleichung umgestellt werden zur Berechnung des
erforderlichen Querschnitts (Querschnittsnachweis):

$$A_{erf} = \frac{F}{\tau_{a\,zul}} \qquad (77)$$

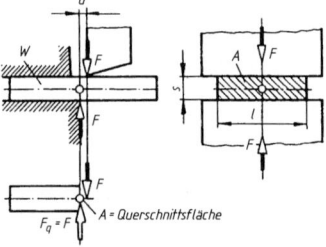

Bild 42. Scherschneiden (Parallelschnitt)
W Werkstück, F Schnittkraft, $A = l\,s$ Querschnittsfläche, u Schneidspalt

Berechnung der *vorhandenen Spannung*
(Spannungsnachweis):

$$\tau_{a\,vorh} = \frac{F}{A} \qquad (78)$$

Berechnung der *maximal zulässigen Belastung*
(Belastungsnachweis):

$$F_{max} = A\,\tau_{a\,zul}$$

Bei den auf Abscheren zu berechnenden Bauteilen
wie Niete und Bolzen tritt außer der Querkraft noch
ein Biegemoment auf.

Allein deshalb ist eine einfache Schubspannungsverteilung im Querschnitt nicht zu erwarten. In warm eingezogenen Nieten tritt gar keine Schubspannung auf, sie werden durch das Schrumpfen auf Zug beansprucht und trotzdem auf Abscheren berechnet. Genauere rechnerische Untersuchungen am Rechteckquerschnitt zeigen eine parabolische Schubspannungsverteilung mit $\tau = 0$ in der Randfaser und $\tau = \tau_{max}$ in der mittleren Faserschicht (Bild 43).

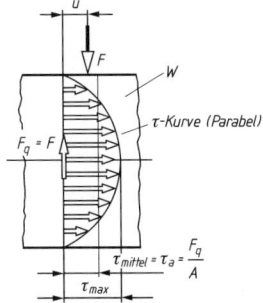

Bild 43. Schubspannungsverteilung im schubbeanspruchten Rechteckquerschnitt

Für die folgenden Querschnittsformen gilt:

Rechteckquerschnitt $\quad \tau_{max} = (3/2) \cdot \tau_a$
Kreisquerschnitt $\quad \tau_{max} = (4/3) \cdot \tau_a$
Rohrquerschnitt $\quad \tau_{max} \approx 2 \cdot \tau_a$

Die Abscher*festigkeit* von Stahl und Gusseisen kann aus der Zugfestigkeit R_m bestimmt werden:

für Flussstahl ist $\quad \tau_{aB} = 0{,}85\,R_m$

für Gusseisen ist $\quad \tau_{aB} = 1{,}10\,R_m$

Niete und *Bolzen* werden nach obigen Gleichungen berechnet, obwohl in der Schnittfläche immer noch ein Biegemoment übertragen werden muss, wie die Untersuchung des Kräftegleichgewichts am abgeschnittenen Bauteil beweist (Bild 42). Die dadurch entstehende Unsicherheit wird durch ein geringeres $\tau_{a\,zul}$ berücksichtigt. Niete werden außer auf Abscheren noch auf *Lochleibungsdruck* σ_l berechnet (siehe 2.6 Flächenpressung).

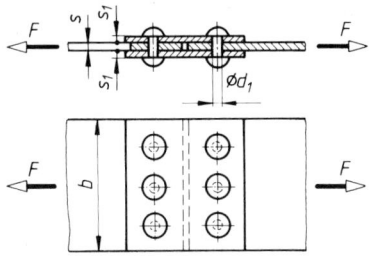

Bild 44. Nietverbindung

■ **Beispiel:**

Die einreihige Doppellaschennietung ist zu berechnen (Bild 44):

$$F = 120\ \text{kN},\ \sigma_{z\,zul} = 140\,\frac{N}{mm^2}$$

$$\tau_{a\,zul} = 110\,\frac{N}{mm^2},\ \sigma_{l\,zul} = 280\,\frac{N}{mm^2}$$

(zulässiger Lochleibungsdruck).
Gewählt: $d_1 = 17$ mm, $s = 8$ mm, $s_1 = 6$ mm.

Lösung:

Die erwartete (geschätzte) Schwächung des Stabprofils durch die Nietlöcher wird durch das *Verschwächungsverhältnis*

$$v = \frac{\text{Nutzquerschnitt } A_n}{\text{ungeschwächter Querschnitt } A}$$

berücksichtigt. Hier wird $v = 0{,}75$ angenommen.

a) $A_{erf} = \dfrac{F}{\sigma_{z\,zul}\,v} = \dfrac{120\,000\ N}{140\,\dfrac{N}{mm^2}\cdot 0{,}75} = 1143\ mm^2$

b) $b_{erf} = \dfrac{A_{erf}}{s} = \dfrac{1143\ mm^2}{8\ mm} = 142{,}9\ mm$

$b = 145$ mm ausgeführt (Normmaß)

c) $n_{a\,erf} = \dfrac{F}{\tau_{a\,zul}\,m\,A_1} = \dfrac{120\,000\ N}{110\,\dfrac{N}{mm^2}\cdot 2\cdot 227\ mm^2} =$

$= 2{,}4$; also $n_a = 3$ Niete

d) $n_{l\,erf} = \dfrac{F}{\sigma_{l\,zul}\,d_1\,s} = \dfrac{120\,000\ N}{280\,\dfrac{N}{mm^2}\cdot 17\ mm\cdot 8\ mm} =$

$= 3{,}14$; also $n_l = 4$ Niete

In den folgenden Rechnungen muss demnach $n = 4$ eingesetzt werden.

e) $\sigma_{z\,vorh} = \dfrac{F}{s(b - nd_1)} = \dfrac{120\,000\ N}{8\ mm\,(145 - 4\cdot 17)\ mm} =$

$= 195\,\dfrac{N}{mm^2} > \sigma_{z\,zul} = 140\,\dfrac{N}{mm^2}$

f) $\tau_{a\,vorh} = \dfrac{F}{mnA_1} = \dfrac{120\,000\ N}{2\cdot 4\cdot 227\,\dfrac{N}{mm^2}} =$

$= 66\,\dfrac{N}{mm^2} < \tau_{a\,zul} = 110\,\dfrac{N}{mm^2}$

g) $\sigma_{l\,vorh} = \dfrac{F}{nd_1\,s} = \dfrac{120\,000\ N}{4\cdot 17\ mm\cdot 8\ mm} =$

$= 221\,\dfrac{N}{mm^2} < \sigma_{l\,zul} = 240\,\dfrac{N}{mm^2}$

Beachte:
zu d) 4 Niete $17\,\phi$ würden eine größere Breite b erfordern (Nietabstände nach DIN 1050). Einfacher wäre es, die Niete je Seite zweireihig anzuordnen.
zu e) Die vorhandene Zugspannung ist größer als die zulässige. Bei der unter d) vorgeschlagenen Ausführung (zweireihige Nietung) ist der Lochabzug geringer und damit die vorhandene Zugspannung kleiner als die zulässige.

2.5 Torsion (Verdrehung)

2.5.1 Kreiszylinder mit gleichbleibendem Querschnitt

2.5.1.1 Spannung. Der gerade zylindrische Stab in Bild 45 ist einseitig eingespannt und wird durch das Drehmoment M belastet, dessen Ebene rechtwinklig zur Stabachse steht. Ein Schnitt rechtwinklig zur Stabachse zerlegt den Stab in die Teile I und II. Die statischen Gleichgewichtsbedingungen für einen Stababschnitt ergeben das innere Kräftesystem:

$$\text{I. } \Sigma F_x = 0; \text{ keine } x\text{-Kräfte vorhanden}$$

$$\text{II. } \Sigma F_y = 0; \text{ keine } y\text{-Kräfte vorhanden}$$

$$\text{III. } \Sigma M_{(0)} = 0 = M - M_T$$

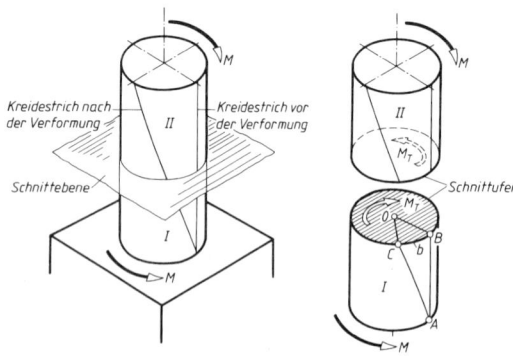

Bild 45. Torsionsbeanspruchte Welle

M ist das durch die äußeren Kräfte hervorgerufene Außenmoment

M_T ist das durch die inneren Kräfte hervorgerufene Torsionsmoment

Die Momentengleichgewichtsbedingung III. zeigt, dass der Querschnitt ein *in* der Fläche liegendes Torsionsmoment $M_T = M$ zu übertragen hat. Es ist längs des Stabes an jeder Querschnittsstelle gleich groß (im Gegensatz zur Biegung). Die Mantelgerade AB ist daher zur Wendel AC geworden. Die auftretende Torsionsspannung τ_t ist nur vom Betrag des zu übertragenden Torsionsmomentes M_T und vom polaren Widerstandsmoment W_p des Querschnittes abhängig:

Torsionsspannung τ_t =

$$= \frac{\text{Torsionsmoment } M_T}{\text{polares Widerstandsmoment } W_p}$$

$$\tau_t = \frac{M_T}{W_p} \qquad \begin{array}{c|c|c} \tau_t & M_T & W_p \\ \hline \dfrac{N}{mm^2} & Nmm & mm^3 \end{array} \qquad (79)$$

(Torsions-Hauptgleichung)

Je nach vorliegender Aufgabe kann die Torsions-Hauptgleichung umgestellt werden zur Berechnung des *erforderlichen Querschnitts* (Querschnittsnachweis):

$$W_{perf} = \frac{M_T}{\tau_{t\,zul}} \qquad (80)$$

Berechnung der *vorhandenen Spannung* (Spannungsnachweis):

$$\tau_{t\,vorh} = \frac{M_T}{W_p} \qquad (81)$$

Berechnung der *maximal zulässigen Belastung* (Belastungsnachweis):

$$M_{T\,max} = W_p\,\tau_{t\,zul} \qquad (82)$$

Gleichungen zur Berechnung des polaren Widerstandsmomentes W_p siehe Tabelle 18.

Wichtige Zahlenwertgleichungen zur Berechnung des *Torsionsmomentes* $M_T = M$ in Nm und Nmm aus gegebener *Leistung* P in kW und gegebener *Drehzahl* n in U/min = 1/min = min^{-1}:

$$M = 9550\,\frac{P}{n} \qquad \begin{array}{c|c|c} M & P & n \\ \hline Nm & kW & min^{-1} \end{array} \qquad (83)$$

$$M = 9,55 \cdot 10^6\,\frac{P}{n} \qquad \begin{array}{c|c|c} M & P & n \\ \hline Nmm & kW & min^{-1} \end{array} \qquad (84)$$

2.5.1.2 Herleitung der Torsions-Hauptgleichung. Das äußere Drehmoment M verdreht (tordiert) zwei dicht benachbarte Querschnitte gegeneinander. Es entstehen daher *Schub*spannungen τ. Wie das Verformungsbild 46 zeigt, werden die Werkstoffteilchen um so weiter drehend gegeneinander verschoben, je weiter entfernt sie von der Stabachse liegen: B' wandert nach C' und B nach C. Die stärkste Verformung liegt am Querschnittsumfang; die Stabachse dagegen ist unverformt.

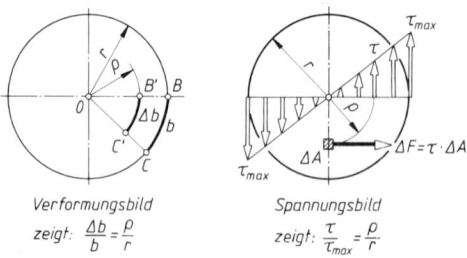

Verformungsbild
zeigt: $\dfrac{\Delta b}{b} = \dfrac{\rho}{r}$

Spannungsbild
zeigt: $\dfrac{\tau}{\tau_{max}} = \dfrac{\rho}{r}$

Bild 46. Verformungs- und Spannungsbild bei Torsion

Da im elastischen Bereich nach Hooke die Verformung der Spannung proportional ist, muss ebenso wie die Verformung auch die Spannung mit den Abständen ϱ von der Stabachse wachsen. Die Spannungen sind demnach wie bei der Biegung *linear* verteilt. Die Stabachse ist unverformt, also auch spannungslos.

Jedes Flächenteilchen ΔA überträgt die Querkraft $\Delta F = \tau \Delta A$ (*in der Fläche liegend*). In Bezug auf die Stabachse überträgt jedes Flächenteilchen mit dem Abstand ϱ das kleine Innenmoment $\Delta M_T = \Delta F \varrho = \tau \Delta A \varrho$.

Das Spannungsbild zeigt die Proportion:

$$\frac{\tau}{\tau_{max}} = \frac{\varrho}{r}; \text{ also auch } \tau = \tau_{max}\frac{\varrho}{r}$$

Damit wird

$$\Delta M_T = \tau\,\Delta A\varrho = \tau_{max}\frac{\varrho}{r}\Delta A\varrho = \frac{\tau_{max}}{r}\Delta A\varrho^2$$

Nach den Gleichgewichtsbedingungen muss das gesamte Torsionsmoment M_T gleich der Summe aller kleinen Innenmomente sein, also

$$M_T = \Sigma\,\Delta M_T = \sum\frac{\tau_{max}}{r}\Delta A\varrho^2 = \frac{\tau_{max}}{r}\,\Sigma\,\Delta A\varrho^2$$

Der Summenausdruck $\Sigma\Delta A\varrho^2$ wird als rein geometrische Rechengröße herausgezogen und als *polares Flächenmoment* I_p bezeichnet (siehe Flächen- und Widerstandsmomente). Wird außerdem die Randfaserspannung τ_{max} als Torsionsspannung τ_t bezeichnet, so ergibt sich die Hauptgleichung in der Form

$$M_T = \tau_t\frac{I_p}{r} \text{ und mit } \frac{I_p}{r} = \text{polares Widerstands-}$$

moment W_p: $M_T = \tau_t\,W_p$

2.5.1.3 Formänderung. Die Stirnflächen des torsionsbeanspruchten Stabes (Bild 47) werden um den *Verdrehwinkel* φ gegeneinander verdreht.

Bei der elastischen Verformung gilt für alle Beanspruchungsarten das Hooke'sche Gesetz: $\sigma = \Delta l\,E/l$. Es wird sinngemäß eingesetzt: Für die Normalspannung σ die Schubspannung τ, für die Formänderung Δl der Bogen b und für den Elastizitätsmodul E der Schubmodul G, so ergibt sich das Hooke'sche Gesetz für Torsion:

$$\tau_t = \frac{b}{l}G \tag{85}$$

Zur rechnerischen Vereinfachung wird das Bogenstück $BC = b$ durch den Verdrehwinkel φ in Grad ausgedrückt. Zwischen beiden besteht die Beziehung

$$\frac{b}{2\pi r} = \frac{\varphi}{360°} \qquad \varphi = \frac{b\,360°}{2\pi r} = \frac{b}{r}\cdot\frac{180°}{\pi}$$

Wird die nach b aufgelöste Beziehung (85) in die letzte Gleichung für den Verdrehwinkel eingesetzt, ergeben sich die *Torsions-Formänderungsgleichungen*:

$$\varphi = \frac{\tau_t\,l}{G\,r}\cdot\frac{180°}{\pi} \tag{86}$$

$$\varphi = \frac{M_T\,l}{W_p\,r\,G}\cdot\frac{180°}{\pi} \tag{87}$$

$$\varphi = \frac{M_T\,l}{I_p\,G}\cdot\frac{180°}{\pi} \tag{88}$$

φ	τ_t, G	l, r	M_T	W_p	I_p
°	$\dfrac{N}{mm^2}$	mm	Nmm	mm³	mm⁴

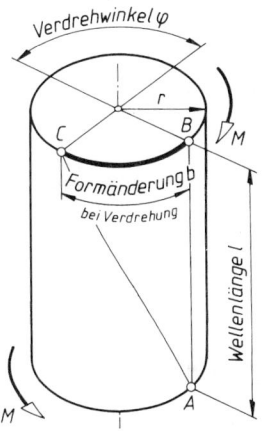

Bild 47. Formänderung bei Torsion

Der *Schubmodul G* entspricht dem *E*-Modul bei Normalspannungen. Für Stahl ist $G = 80\,000$ N/mm². Die obigen Gleichungen zeigen, dass der Verdrehwinkel *unabhängig* von der Werkstoffgüte ist, weil z.B. für alle Stahlsorten G gleich groß ist. Es wäre also falsch, besseren Stahl zu benutzen, um den Verdrehwinkel kleiner zu halten.

2.5.1.4 Formänderungsarbeit. Beim Verdrehen eines zylindrischen Stabs steigt das Torsionsmoment M_T von null bis zu einem Höchstwert proportional zum Verdrehwinkel an. Die im Stab gespeicherte *Formänderungsarbeit W* entspricht im M_T, φ-Diagramm der Fläche unter der M_T-Linie (Bild 48):

$$W = M_T\cdot\frac{\varphi}{2} \qquad \begin{array}{c|c} W, M_T & \varphi \\ \hline Nmm & rad = 1 \end{array} \tag{89}$$

Torsionsstabfedern werden verwendet als Autofedern, Stabilisatoren im Fahrzeugbau, Drehmomentenschlüssel und im Messgerätebau.

Die Neigung der Belastungslinie (= Federkennlinie) ist ein Maß für die „Härte" der Feder. Sie ist um so härter, je steiler die Kennlinie verläuft, d.h. je größer die *Federrate R* (Federsteifigkeit) ist:

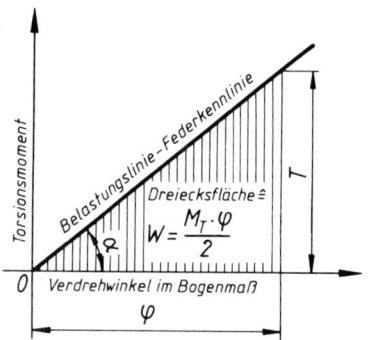

Bild 48. Arbeitsdiagramm für Torsionsstabfeder

$$R = \frac{M_T}{\varphi} \triangleq \tan\alpha \quad \begin{array}{c|c|c} R & M_T & \varphi \\ \hline \dfrac{\text{Nmm}}{\text{rad}} & \text{Nmm} & \text{rad} = 1 \end{array} \quad (90)$$

Für zylindrische Stäbe mit *Kreisquerschnitt* gilt:

$$M_T = \tau_t W_p$$

$$W_p = \frac{\pi d^3}{16} = \frac{\pi d^2}{4} \cdot \frac{d}{4} = A\frac{d}{4}$$

$$\varphi = \frac{\tau_t l}{G\dfrac{d}{2}} \quad \text{und} \quad \frac{\pi d^2}{4}l = \text{Volumen } V$$

Damit wird nach einigen Umformungen die *Formänderungsarbeit*:

$$W = M_T\frac{\varphi}{2} = \frac{\tau_t^2 V}{4G} \quad \begin{array}{c|c|c} W & \tau_t, G & V \\ \hline \text{Nmm} & \dfrac{\text{N}}{\text{mm}^2} & \text{mm}^3 \end{array} \quad (91)$$

2.5.2 Stäbe mit beliebigem Querschnitt

Bei der Verdrehung zylindrischer Stäbe mit Kreisquerschnitt bleiben diese eben. Bei allen anderen Querschnitten tritt dagegen eine Verwölbung ein. Die mathematische Behandlung führt zu Differentialgleichungen. In der Praxis wird in Anlehnung an die Torsion zylindrischer Stäbe mit Kreisquerschnitt mit folgenden Gleichungen für *Torsionsspannung* τ_t und *Verdrehwinkel* φ gerechnet:

$$\tau_t = \frac{M_T}{W_t} \qquad \varphi = \frac{M_T l}{G I_t} \cdot \frac{180°}{\pi} \quad (92)$$

τ_t, G	M_T	W_t	I_t	l, r	φ
$\dfrac{\text{N}}{\text{mm}^2}$	Nmm	mm³	mm⁴	mm	°

Darin ist I_t eine Größe, die dem polaren Flächenmoment des Kreisquerschnittes entspricht und als *Drillungswiderstand* bezeichnet wird. W_t entspricht dem polaren Widerstandsmoment des Kreisquerschnittes. Gleichungen für W_t und I_t siehe Tabelle 18.

Tabelle 18. Widerstandsmoment W_p (W_t) und Flächenmoment I_p (Drillungswiderstand I_t)

Form des Querschnitts	Widerstandsmoment W_p (W_t)	Flächenmoment I_p Drillungswiderstand I_t	Bemerkungen
⊘ d	$W_t = W_p = \dfrac{\pi}{16}d^3 \approx \dfrac{d^3}{5}$ $\approx 0{,}2\ d^3$	$I_t = I_p = \dfrac{\pi}{32}d^4 \approx \dfrac{d^4}{10}$ $\approx 0{,}1\,d^4$	τ_{max} am Umfang
d_i, d_a	$W_t = W_p = \dfrac{\pi}{16} \cdot \dfrac{d_a^4 - d_i^4}{d_a}$	$I_t = I_p = \dfrac{\pi}{32} \cdot (d_a^4 - d_i^4)$	τ_{max} am Umfang
h, b	$W_t = \dfrac{\pi}{16}nb^3$ $\dfrac{h}{b} = n > 1$	$I_t = \dfrac{\pi}{16} \cdot \dfrac{n^3 b^4}{n^2 + 1}$	τ_{max} an den Endpunkten der kleinen Achse

Form des Querschnitts	Widerstandsmoment W_p (W_t)	Flächenmoment I_p Drillungswiderstand I_t	Bemerkungen
	$\dfrac{h_a}{b_a} = \dfrac{h_i}{b_i} = n > i$ $\qquad \dfrac{h_i}{h_a} = \dfrac{b_i}{b_a} = \alpha < 1$ $I_t = \dfrac{\pi}{16} \cdot \dfrac{n^3}{n^2+1} \cdot b_a^4 (1-\alpha^4)$ $W_t = \dfrac{\pi}{16} n b_a^3 \ (1-\alpha^4)$		τ_{max} an den Endpunkten der kleinen Achse
	$W_t = 0{,}208\ a^3$	$I_t = 0{,}141\ a^4$	τ_{max} in der Mitte der Seiten
	$\dfrac{h}{b} = n > 1$ $W_t = c_1 b^3$	$I_t = c_2 b^4$	τ_{max} in der Mitte der langen Seiten

n	1	1,5	2	3	4	6	8	10
c_1	0,208	0,346	0,493	0,801	1,150	1,789	2,456	3,123
c_2	0,1404	0,2936	0,4572	0,7899	1,1232	1,789	2,456	3,123

Form des Querschnitts	Widerstandsmoment W_p (W_t)	Flächenmoment I_p Drillungswiderstand I_t	Bemerkungen
	$W_t = 0{,}05\,b^3 = \dfrac{h^3}{13}$ $W_t = \dfrac{h^3}{13} = \dfrac{2\,I_t}{h}$	$I_t = \dfrac{h^4}{26}$ $I_t = \dfrac{b^4}{46{,}2}$	τ_{max} in der Mitte der Seiten
	$W_t = 0{,}436\ r\,A$ $W_t = 1{,}511\ r^3$ A Querschnittsfläche	$I_t = 0{,}553\ r^2 A$ $I_t = 1{,}847\ r^4$	τ_{max} in der Mitte der Seiten
	$W_t = 0{,}447\ r\,A$ $W_t = 1{,}481\ r^3$ A Querschnittsfläche	$I_t = 0{,}520\ r^2 A$ $I_t = 1{,}726\ r^4$	τ_{max} in der Mitte der Seiten
	$W_t = \dfrac{1}{3} \cdot \dfrac{l_{t1}\,s_f^3 + l_{t2}\,s_s^3}{s_f}$ $W_t = \dfrac{I_t}{s_f}$ $\texttt{[}\ \texttt{l}: l_{t1} = 2\,l_1 - s_f$ $\qquad\quad l_{t2} = l_2 - 1{,}6\,s_f$ $\textbf{I}: l_{t1} = 2l_1 - 1{,}26\,s_f$ $\qquad\quad l_{t2} = l_2 - 1{,}67\,s_f + 1{,}76\,s_f$	$I_t = \dfrac{1}{3} \cdot (l_{t1}\,s_f^3 + l_{t2}\,s_s^3)$	τ_{max} in den langen Seiten der Flansche

■ Beispiel:

Eine Getriebewelle überträgt eine Leistung von 12 kW bei 460 min⁻¹. Die zulässige Torsionsspannung beträgt wegen zusätzlicher Biegebeanspruchung nur 30 N/mm².

Zu berechnen sind:
a) das Drehmoment M an der Welle, b) das erforderliche Widerstandsmoment W_p, c) den erforderlichen Durchmesser d_{erf} einer Vollwelle, d) den erforderlichen Innendurchmesser d einer Hohlwelle, wenn der Außendurchmesser $D = 45$ mm ausgeführt wird, e) die Torsionsspannung an der Wellen-Innenwand.

Lösung:

a) $M = 9550 \cdot \dfrac{P}{n}$

$\quad M = 9550 \cdot \dfrac{12}{460}$ Nm $= 249{,}1$ Nm

b) $W_{p\,erf} = \dfrac{M_T}{\tau_{t\,zul}}$

$\quad W_{p\,erf} = \dfrac{249{,}1 \cdot 10^3 \text{Nmm}}{30\,\dfrac{\text{N}}{\text{mm}^2}} = 8303$ mm³

c) $W_p = \dfrac{\pi}{16} d^3$

$$d_{erf} = \sqrt[3]{\dfrac{16\,W_{p\,erf}}{\pi}} = \sqrt[3]{\dfrac{16}{\pi} \cdot 8303\ \text{mm}^3} = 34,8\ \text{mm}$$

$d = 35$ mm ausgeführt

Beachte: Soll nur der Wellendurchmesser d bestimmt werden, dann wird man b) und c) zusammenfassen und

$$d_{erf} = \sqrt[3]{\dfrac{16\,M_t}{\pi\ \tau_{t\,zul}}} \quad \text{berechnen.}$$

d) $W_p = \dfrac{\pi}{16} \cdot \dfrac{D^4 - d^4}{D}$

Beachte: $W_{p\,erf}$ nach b) bleibt gleich groß, weil M_T und $\tau_{t\,zul}$ gleich bleiben.

$$\dfrac{16\,W_p D}{\pi} = D^4 - d^4$$

$$d_{erf} = \sqrt[4]{D^4 - \dfrac{16}{\pi}\,W_{p\,erf}\,D} = 38,5\ \text{mm (ausgeführt)}$$

e) Strahlensatz:

$$\dfrac{\tau_{ta}}{\tau_{ti}} = \dfrac{D}{d}$$

$$\tau_{ti} = \tau_{ta} \cdot \dfrac{d}{D} = 30\ \dfrac{\text{N}}{\text{mm}^2} \cdot \dfrac{38,5\ \text{mm}}{45\ \text{mm}} = 25,7\ \dfrac{\text{N}}{\text{mm}^2}$$

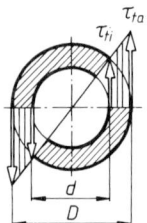

Beachte: Mit $\tau_{ta} = \tau_{t\,zul}$ darf man nur deshalb rechnen, weil der mit $\tau_{t\,zul} = 30$ N/mm^2 berechnete Innendurchmesser exakt so beibehalten wird. Hätte man $d = 38$ mm (Normmaß) ausgeführt, hätte die Randfaserspannung $\tau_{ta} = \tau_{t\,vorh} = M_T / W_p$ mit dem neuen W_p berechnet und erst damit τ_{ti} bestimmt werden können.

■ **Beispiel:**
Ein Torsionsstab-Drehmomentenschlüssel soll bei einem Drehmoment von 50 Nm einen Verdrehwinkel von 10° anzeigen. Zu berechnen sind a) der Durchmesser d des Torsionsstabes bei $\tau_{t\,zul} = 350$ N/mm^2, b) die erforderliche Stablänge l für den geforderten Verdrehwinkel.

Lösung:

a) Aus $\tau_t = \dfrac{M_T}{W_p}$ ergibt sich mit $W_p = \dfrac{\pi}{16} d^3$

$$d_{erf} = \sqrt[3]{\dfrac{16\,M_T}{\pi\ \tau_{t\,zul}}} = \sqrt[3]{\dfrac{16 \cdot 50 \cdot 10^3\ \text{Nmm}}{\pi \cdot 350\ \dfrac{\text{N}}{\text{mm}^2}}} \approx 9\ \text{mm}$$

$d = 9$ mm ausgeführt

b) Mit Gleichung (88) und $I_p = \dfrac{\pi}{32} d^4$ wird dann

$$l = \dfrac{\pi\,d^4 G\,\varphi}{32 \cdot \dfrac{180°}{\pi} \cdot M_T} = \dfrac{\pi^2 \cdot 9^4\,\text{mm}^4 \cdot 8 \cdot 10^4\,\dfrac{\text{N}}{\text{mm}^2} \cdot 10°}{32 \cdot 180° \cdot 50 \cdot 10^3\,\text{Nmm}}$$

$l = 180$ mm

■ **Beispiel:**
Ein Kurbelarm mit Rechteckquerschnitt (20×40) mm^2 ist 250 mm lang und wird durch ein Torsionsmoment von 80 Nm beansprucht. Gesucht: a) die Torsionsspannung in der Mitte der langen Seiten, b) der Verdrehwinkel.

Lösung:

a) Nach Tabelle 18 ist mit $n = \dfrac{h}{b} = 2$ der Wert $c_1 = 0,493$ und damit $W_t = c_1\,b^3 = 3944$ mm^3

$$\tau_{t\,max} = \dfrac{M_T}{W_t} = \dfrac{80\,000\ \text{Nmm}}{3944\ \text{mm}^3} = 20,3\ \dfrac{\text{N}}{\text{mm}^2}$$

$$\tau_t = c_3\,\tau_{t\,max} = 0,7952 \cdot 20,3\ \dfrac{\text{N}}{\text{mm}^2} = 16,1\ \dfrac{\text{N}}{\text{mm}^2}$$

in der Mitte der kurzen Seiten.

b) $I_t = c_2\,b^4 = 0,4572 \cdot 20^4\ \text{mm}^4 =$
$= 7,3 \cdot 10^4$ mm^4 und damit nach (88)

$$\varphi = \dfrac{M_T\,l}{I_t G} \cdot \dfrac{180°}{\pi} = \dfrac{80000\ \text{Nmm} \cdot 250\ \text{mm}}{7,3 \cdot 10^4\ \text{mm}^4 \cdot 0,8 \cdot 10^5\ \dfrac{\text{N}}{\text{mm}^2}} \cdot \dfrac{180°}{\pi} = 0,196°$$

2.6 Flächenpressung

Die Beanspruchung der Berührungsflächen zweier gegeneinander gedrückter Bauteile heißt Flächenpressung oder Pressung (bei Nieten: Lochleibungsdruck).

2.6.1 Flächenpressung ebener Flächen

Wird ein Bauteil nach Bild 49. durch eine schräge Kraft F auf seine Unterlage gepresst, so ist die Flächenpressung

$$p = \dfrac{\text{Normalkraft } F_N}{\text{Berührungsfläche } A}$$

$$p = \dfrac{F_N}{A} \qquad \begin{array}{c|c|c} p & F_N & A \\ \hline \dfrac{\text{N}}{\text{mm}^2} & \text{N} & \text{mm}^2 \end{array} \qquad (93)$$

(Flächenpressungs-Hauptgleichung)

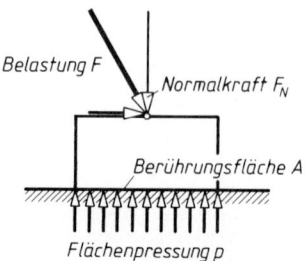

Bild 49. Flächenpressung ebener Flächen

Die Flächenpressung p steht immer *rechtwinklig* auf der Berührungsfläche. Zur Berechnung muss deshalb auch die rechtwinklig auf der Fläche stehende *Normalkraft F_N* benutzt werden. Dazu ist exaktes Freimachen des betrachteten Bauteiles erforderlich. Für die Keilführung in Bild 50 z.B. zeigt das Krafteck die Normalkraft $F_N = F / \cos \alpha$ und damit die Flächenpressung p:

$$p = \frac{F_N}{A} = \frac{F}{A \cos \alpha} = \frac{F}{A_{\text{projiziert}}}$$

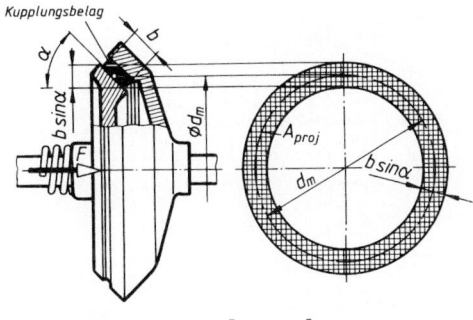

Kegelkupplung: $p = \dfrac{F}{A_{proj}} = \dfrac{F}{\pi d_m b \sin \alpha}$

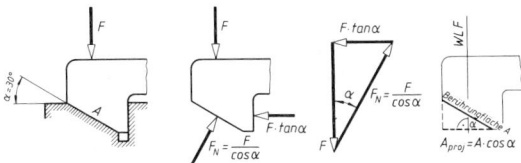

Bild 50. Flächenpressung geneigter Flächen

Im Nenner steht die *Projektion der Berührungsfläche in Richtung der Wirklinie der Belastung F*: $A \cos \alpha$ ist die Projektion der Berührungsfläche auf die zur Wirklinie von F rechtwinklige Ebene. Man kommt dann bei geneigten Flächen ohne Umrechnung auf die Normalkraft aus: *Flächenpressung*

$$p = \frac{F}{A_{\text{proj}}} \qquad (94)$$

Damit lassen sich bequeme Berechnungsgleichungen für praktisch häufig vorkommende Fälle entwickeln, wie sie im folgenden Bild 51 zusammengestellt sind.

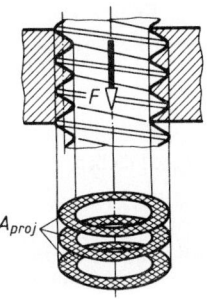

Gewinde: $p = \dfrac{F}{A_{proj}}$

Bild 51. Typische technische Beispiele für die Verwendung der Gleichung $p = F/A_{\text{proj}}$

2.6.1.1 Flächenpressung im Gewinde. Ein wichtiges Beispiel der Entwicklung einer Gleichung nach (94) ist die Berechnung der Flächenpressung in Bewegungsschrauben (meist mit Trapezgewinde nach DIN 103), wobei häufig die erforderliche *Mutterhöhe m* aus der zulässigen Pressung zu bestimmen ist. Mit $i = m/P$ tragenden Gängen und den Bezeichnungen aus Bild 52 wird die projizierte Fläche aller Gewindegänge:

$$A_{\text{proj}} = \pi\, d_2 H_1 \frac{m}{P}$$

und daraus die *Flächenpressung im Gewinde*

$$p = \frac{F}{A_{\text{proj}}} = \frac{FP}{\pi\, d_2 H_1 m} \qquad (95)$$

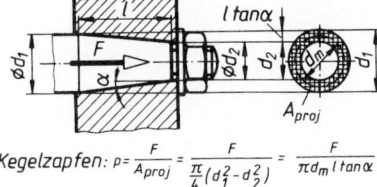

Kegelzapfen: $p = \dfrac{F}{A_{proj}} = \dfrac{F}{\frac{\pi}{4}(d_1^2 - d_2^2)} = \dfrac{F}{\pi d_m\, l \tan \alpha}$

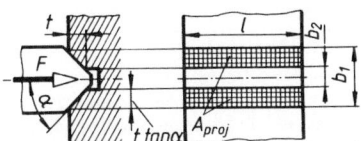

Prismenführung: $p = \dfrac{F}{A_{proj}} = \dfrac{F}{(b_1 - b_2)l} = \dfrac{F}{2 l t \tan \alpha}$
(oder Bremsnut)

m, P, d_2, H_1	F	p
mm	N	$\dfrac{\text{N}}{\text{mm}^2}$

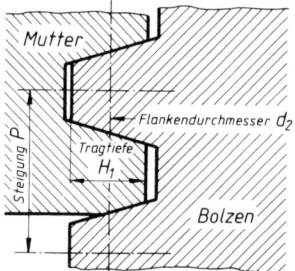

Bild 52. Bezeichnungen am Trapezgewinde

Beachte: Die Rechnung ergibt eine *mittlere* Flächenpressung, weil im Gegensatz zu den tatsächlichen Verhältnissen eine *gleichmäßige* Kraftaufnahme der einzelnen Gewindegänge vorausgesetzt wurde. Bei metrischem Gewinde ist für t_2 das Maß t_1 einzusetzen.

2.6.2 Flächenpressung gewölbter Flächen

Schwieriger als bei ebenen Flächen sind die Pressungsverhältnisse an der Oberfläche der Lagerzapfen, Bolzen und Niete. Die Normalkräfte auf die Berührungsflächen sind hier statisch unbestimmt. Man denkt sich deshalb nach Bild 53 einen Mittelwert p gleichmäßig über der Flächenprojektion verteilt und rechnet bei *Lagerzapfen* und *Bolzen* mit der *Flächenpressung*

$$p = \frac{F}{A_{proj}} = \frac{F}{d\,l} \qquad \begin{array}{c|c|c} p & F & d, l \\ \hline \frac{N}{mm^2} & N & mm \end{array} \qquad (96)$$

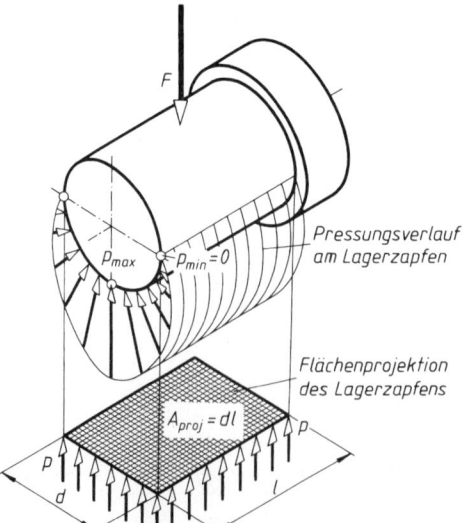

Bild 53. Flächenprojektion eines Lagerzapfens

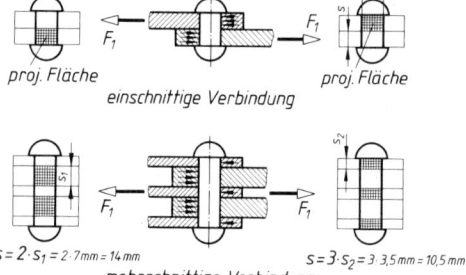

$s = 2 \cdot s_1 = 2 \cdot 7\,mm = 14\,mm \qquad s = 3 \cdot s_2 = 3 \cdot 3,5\,mm = 10,5\,mm$
mehrschnittige Verbindung

Bild 54. Nietkraft F_1 und kleinste Blechdickensumme s

Die Flächenpressung am *Nietschaft* heißt *Lochleibungsdruck* σ_l. Er wird berechnet aus: F_1 Kraft, die *ein* Niet zu übertragen hat; d_1 Lochdurchmesser = Durchmesser des geschlagenen Nietes; s = kleinste Summe aller Blechdicken in *einer* Kraftrichtung (Bild 54):

$$\sigma_l = \frac{F_1}{d_1 s} \le \sigma_{l\,zul} \qquad \begin{array}{c|c|c} \sigma_l & F_1 & d_1, s \\ \hline \frac{N}{mm^2} & N & mm \end{array} \qquad (97)$$

In Bild 54 ist in Kraftrichtung rechts:
$s = 2s_1 = 2 \cdot 7$ mm $= 14$ mm; in Kraftrichtung links:
$s = 3\,s_2 = 3 \cdot 3,5$ mm $= 10,5$ mm. Es muss also mit $s = 10,5$ mm gerechnet werden, weil das die *kleinste* Blechdickensumme in einer Kraftrichtung ist und damit nach (97) den größten Lochleibungsdruck ergibt.

■ **Beispiel:**
Für eine zugbeanspruchte Gewindespindel mit Tr 28 × 5 sind zu berechnen: a) die zulässige Höchstlast für $\sigma_{z\,zul} = 120$ N/mm², b) die erforderliche Mutterhöhe m für $p_{zul} = 30$N/mm².

Lösung:

a) $F_{max} = \sigma_{z\,zul}\,A_3$

$F_{max} = 120\dfrac{N}{mm^2} \cdot 398\,mm^2 = 47\,760\,N$

b) $m_{erf} = \dfrac{F_{max}P}{\pi\,d_2 H_1 p_{zul}}$

$m_{erf} = \dfrac{47\,760\,N \cdot 5\,mm}{\pi \cdot 25,5\,mm \cdot 2,5\,mm \cdot 30\dfrac{N}{mm^2}} = 39,75\,mm$

$m = 40$ mm ausgeführt

■ **Beispiel:**
Ein Gleitlager (Bild 55) wird durch die Radialkraft $F_r = 16$ kN und die Axialkraft $F_a = 7,5$ kN belastet. Das Bauverhältnis soll $l/d = 1,2$ sein. $p_{zul} = 6$ N/mm². Gesucht: d, D, l.

Lösung:

$p = \dfrac{F}{A_{proj}} = \dfrac{F}{d\,l} = \dfrac{F}{d \cdot 1,2\,d} = \dfrac{F}{1,2\,d^2}$

$$d_{\text{erf}} = \sqrt{\frac{F}{1,2\,p_{\text{zul}}}} = \sqrt{\frac{16000\,\text{N}}{1,2 \cdot 6\frac{\text{N}}{\text{mm}^2}}} \approx 47,2\,\text{mm}$$

$d = 48$ mm ausgeführt, daher
$l = 1,2\,d = 1,2 \cdot 48$ mm $= 57,6$ mm
$l = 58$ mm ausgeführt

$$D_{\text{erf}} = \sqrt{\frac{4\,F}{\pi\,p_{\text{zul}}} + d^2}$$

$$D_{\text{erf}} = \sqrt{\frac{4 \cdot 7500\,\text{N}}{\pi \cdot 6\frac{\text{N}}{\text{mm}^2}} + 2304\,\text{mm}^2} = 62,4\,\text{mm}$$

$D = 63$ mm ausgeführt

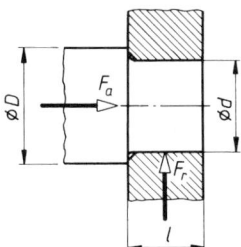

Bild 55. Gleitlager

3 Zusammengesetzte Beanspruchungen

A. Böge

Auch in einfachen praktischen Fällen treten häufig mehrere Beanspruchungsarten gleichzeitig auf. Man unterscheidet gleichzeitiges Auftreten mehrerer Normalspannungen, gleichzeitiges Auftreten mehrerer Schubspannungen und gleichzeitiges Auftreten von Normal- und Schubspannungen.

3.1 Gleichzeitiges Auftreten mehrerer Normalspannungen

3.1.1 Zug und Biegung (auch exzentrischer Zug)

Nach Bild 1 ist an einem IPE-Träger (Tabelle 10) ein Blech von 14 mm Dicke angeschlossen, so dass sich durch die Zugkraft F ein einseitiger Kraftangriff und damit „exzentrischer Zug" ergibt. Nach dem Schnittverfahren wird das innere Kräftesystem für den Querschnitt $A-B$ bestimmt. Der Ansatz der statischen Gleichgewichtsbedingungen legt die vom Querschnitt zu übertragenden Kräfte und Momente fest:

– eine rechtwinklig zum Schnitt stehende *Normalkraft* $F_N = F = 72,5$ kN $= 72\,500$ N. Sie ruft eine gleichmäßig über dem Querschnitt verteilte Zugspannung hervor:

$$\sigma_z = \frac{F}{S} = \frac{72\,500\,\text{N}}{1320\,\text{mm}^2} = 54,9\,\frac{\text{N}}{\text{mm}^2}$$

– außerdem wirkt ein *Biegemoment* $M_b = Fa$; hervorgerufen durch das Kräftepaar; es erzeugt eine *Biegespannung*

$$\sigma_b = \frac{M_b}{W} = \frac{M_b e}{I} = \frac{Fae}{I} =$$
$$= \frac{72\,500\,\text{N} \cdot 67\,\text{mm} \cdot 60\,\text{mm}}{318 \cdot 10^4\,\text{mm}^4} = 91\,\frac{\text{N}}{\text{mm}^2}$$

Nach Bild 1 erhält man aus dem Zugspannungsbild b) und dem Biegespannungsbild c) das Schaubild der resultierenden Spannung d). Die bei reiner Biegung durch den Schwerpunkt S der Fläche gehende Nulllinie ist bei der zusammengesetzten Spannung um c nach links verschoben. Das Flächenmoment I ist stets auf die Schwerpunktachse zu beziehen. Vor allem bei Walzprofilen sollte man immer die Biegespannung mit Hilfe des Flächenmomentes I berechnen, weil in den Profilstahltabellen nicht immer das direkt brauchbare Widerstandsmoment W enthalten ist.

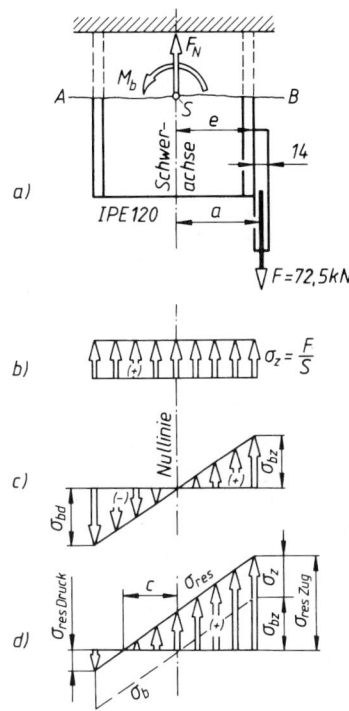

Bild 1. Zug und Biegung

Nach dem Spannungsbild d) ergibt die Addition der Einzelspannungen die *resultierende Gesamtspannung*:

$$\sigma_{\text{res Zug}} = \sigma_z + \sigma_{bz} = \frac{F}{S} + \frac{Fae}{I} \leq \sigma_{z\,\text{zul}} \qquad (1)$$

$$\sigma_{\text{res Druck}} = \sigma_z - \sigma_{bd} = \frac{F}{A} - \frac{Fae}{I} \leq \sigma_{d\,\text{zul}} \quad (2)$$

Mit den berechneten Spannungen wird demnach:

$$\sigma_{\text{res Zug}} = (54,9 + 91)\ \frac{N}{mm^2} = 146\ \frac{N}{mm^2}$$

und

$$\sigma_{\text{res Druck}} = (54,9 - 91)\ \frac{N}{mm^2} = -36,1\ \frac{N}{mm^2}$$

Eine Beziehung zur Berechnung von c wird aus dem Spannungsbild 1d abgelesen:

$$\frac{c}{e} = \frac{\sigma_z}{\sigma_b};\ \text{ also }\ c = e\frac{\sigma_z}{\sigma_b} = \frac{FIe}{AFae} = \frac{I}{Aa}$$

und mit Trägheitsradius $i = \sqrt{I/A}$ oder $I/A = i^2$

$$c = \frac{i^2}{a} \qquad \begin{array}{c|c|c} c & i & a \\ \hline mm & mm & mm \end{array} \qquad (3)$$

Solange $c = i^2/a < e$ ist, treten im Querschnitt Zug- und Druckspannungen auf, bei $c > e$ nur Zugspannungen.

Im Beispiel ist mit

$i_x^2 = I_x/A = 318 \cdot 10^4\ mm^4/1\,320\ mm^2 = 2\,409\ mm^2$ und damit $c = 2\,409\ mm^2/\ 60\ mm = 40,2\ mm$. Wie die Rechnung schon bewies, treten wegen $c < e$, d.h. 40,2 mm < 60 mm Zug- und Druckspannungen auf.

Für die Bemessung eines exzentrischen Zugstabes gelten die Gleichungen (1), und (2).

■ **Beispiel:**
Für die Schraubzwinge nach Bild 2 sind zu berechnen: a) die höchste zulässige Klemmkraft F_{max}, wenn im eingezeichneten Querschnitt eine Zugspannung von 60 N/mm² und eine Druckspannung von 85 N/mm² nicht überschritten werden sollen; b) das zum Festklemmen mit F_{max} erforderliche Drehmoment M (ohne Reibung zwischen Klemmteller und Spindel; c) die erforderliche Handkraft F_h zum Festklemmen, wenn diese am Knebel im Abstand $r = 60$ mm von der Spindelachse angreift; e) die Knicksicherheit der Spindel, wenn die freie Knicklänge gleich 100 mm gesetzt wird. Spindelwerkstoff: E 295.

Lösung:
Wie üblich bestimmt man die Schwerpunktsabstände $e_1 = 9,2$ mm und $e_2 = 15,8$ mm und mit der Gleichung für das T-Profil das axiale Flächenmoment

$I = \frac{1}{3}(Be_1^3 - bh^3 + ae_2^3) = 2,1 \cdot 10^4\,mm^4;\ A = 410\ mm^2;$

$l = 65\ mm + e_1 = 74,2\ mm$

a) Man muss F_{max} mit den beiden Annahmen bestimmen (hier mit $\sigma_{z\,\text{zul}} \neq \sigma_{d\,\text{zul}}$):

$$F_{\text{max 1}} \leq \frac{\sigma_{z\,\text{zul}}}{\frac{1}{A} + \frac{le_1}{I}}$$

$$F_{\text{max 1}} \leq \frac{60\ \frac{N}{mm^2}}{\left(\frac{1}{410} + \frac{74,2 \cdot 9,2}{21\,000}\right)\frac{1}{mm^2}} = 1717\ N$$

$$F_{\text{max 2}} \leq \frac{\sigma_{d\,\text{zul}}}{\frac{le_2}{I} - \frac{1}{A}}$$

$$F_{\text{max 2}} \leq \frac{85\ \frac{N}{mm^2}}{\left(\frac{74,2 \cdot 15,8}{21\,000} - \frac{1}{410}\right)\frac{1}{mm^2}} = 1592\ N$$

also ist $F_{\text{max}} = F_{\text{max2}} \leq 1\,592$ N

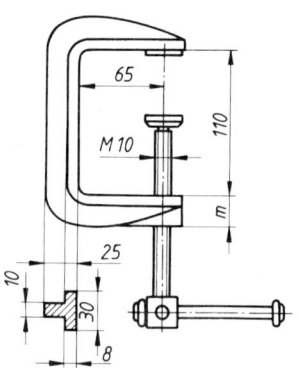

Bild 2. Schraubenzwinge

b) $M_{RG} = F_{\text{max}} r_2 \tan(\alpha + \varrho') = M$
(siehe C1, 8.7.4)

$$r_2 = \frac{d_2}{2} = \frac{9,026\ mm}{2} = 4,513\ mm$$

$P = 1,5\ mm;\ d_3 = 8,16\ mm$

$H_1 = 0,812\ mm;\ A_S = 58\ mm^2$

$$\tan\alpha = \frac{P}{2\,\pi\,r_2} = \frac{1,5\ mm}{2\,\pi \cdot 4,513\ mm} = 0,0529$$

$$\alpha° = \frac{180°}{\pi} \tan\alpha = 3,03°$$

$\tan\varrho' = \mu' = 0,15;\ \varrho'° = \frac{180°}{\pi}\tan\varrho' = 8,59°$

$\tan(\alpha + \varrho') = \tan 11,6° = 0,2053$

$M_{RG} = M = 1\,592\ N \cdot 4,513\ mm \cdot 0,2053 = 1\,475\ Nmm$

c) $M = F_h r$

$$F_h = \frac{M}{r} = \frac{1475\ Nmm}{60\ mm} = 24,6\ N$$

d) $m_{\text{erf}} = \frac{F_{\text{max}} P}{\pi\,d_2 H_1 p_{\text{zul}}}$

$$m_{\text{erf}} = \frac{1592\ N \cdot 1,5\ mm}{\pi \cdot 9,026\ mm \cdot 0,812\ mm \cdot 3\,\frac{N}{mm^2}} = 34,6\ mm$$

$m = 35$ mm ausgeführt

e) $\lambda = \dfrac{s}{i} = \dfrac{4\,s}{d_3} = \dfrac{400\ \text{mm}}{8,16\ \text{mm}} = 49 < \lambda_0 = 89$

also liegt unelastische Knickung vor (Tetmajerfall):

$\sigma_K = 335 - 0,62\,\lambda$

$\sigma_K = 335 - 0,62 \cdot 49 = 304,6\ \dfrac{\text{N}}{\text{mm}^2}$

$\sigma_{d\ \text{vorh}} = \dfrac{F_{\max}}{A_S} = \dfrac{1592\ \text{N}}{58\ \text{mm}^2} = 27,4\ \dfrac{\text{N}}{\text{mm}^2}$

$S_{\text{vorh}} = \dfrac{\sigma_K}{\sigma_{d\ \text{vorh}}} = \dfrac{304,6\ \dfrac{\text{N}}{\text{mm}^2}}{27,4\ \dfrac{\text{N}}{\text{mm}^2}} = 11$

3.1.2 Druck und Biegung
(auch exzentrischer Druck)

Nach Bild 3 greift die Druckkraft F außerhalb des Schwerpunkts S an. Das Schnittverfahren und die Entwicklung der Spannungsbilder ergeben die gleichen Gleichungen wie bei Zug und Biegung. Ist die Stablänge groß im Verhältnis zum Querschnitt, d.h. ist der Stab schlank, dann muss auf Knickung nachgerechnet werden.

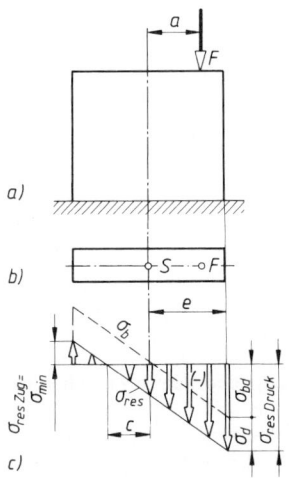

Bild 3. Druck und Biegung

Querschnitte von Druckstäben aus z.B. Mauerwerk, stahlfreier Beton, Erdreich dürfen nur auf Druck beansprucht werden, weil ihre Zugfestigkeit zu klein ist. Das resultierende Spannungsbild darf also nur Druckspannungen zeigen, d.h. es muss nach Bild 3 im Grenzfall auf der der Kraft F abgewandten Seite $\sigma_{\text{res Zug}} = 0$ werden. Sind F, I, A und e konstant, so ist nur die Größe von a dafür bestimmend, ob $\sigma_{\min}$ positiv (Zugspannung), negativ (Druckspannung) oder null wird. Derjenige Grenzwert von a, bis zu dem der Angriffspunkt von F auswandern darf, ohne dass es

zu Zugspannungen im Querschnitt kommt, heißt *Kernweite* ϱ. Die Kernweite ϱ ergibt sich aus

$$\dfrac{F\,\varrho\,e}{I} - \dfrac{F}{A} = 0 \ \text{ zu}$$

$$\varrho = \dfrac{I}{A\,e} = \dfrac{i^2}{e} = \dfrac{W}{A} \ \ (W\ \text{Widerstandsmoment}), \tag{4}$$

wenn F auf einer Hauptachse angreift. Die von der Kernweite ϱ begrenzte Fläche heißt *Querschnittskern*. Solange die Druckkraft F innerhalb dieser Fläche angreift, treten im Querschnitt nur Druckspannungen σ_d auf. In Bild 3c treten schon geringe Zugspannungen auf, d.h. die Kraft F ist schon über den Kernquerschnitt hinausgetreten ($a > \varrho$). Nach (4) wurden die Kernweiten für Kreis, Kreisring und Rechteck berechnet und in Bild 4 dargestellt. Berechnung der *Kernweite* ϱ zu den Querschnittsflächen in Bild 4:

Kreis: $\qquad \varrho = \dfrac{W}{A} = \dfrac{\pi\,d^3 4}{32\,\pi\,d^2} = \dfrac{d}{8}$ $\qquad$ (5)

Kreisring: $\quad \varrho = \dfrac{W}{A} = \dfrac{D}{8}\left[1 + \left(\dfrac{d}{D}\right)^2\right]$ $\qquad$ (6)

Rechteck:
$$\varrho_1 = \dfrac{W_1}{A} = \dfrac{b\,h^2}{6\,b\,h} = \dfrac{h}{6}$$
$$\varrho_2 = \dfrac{W_2}{A} = \dfrac{h\,b^2}{6\,h\,b} = \dfrac{b}{6} \tag{7}$$

Mit d als Diagonale wird die kleinste Kernweite

$$\varrho_{\min} = \dfrac{b\,h}{6\sqrt{b^2 + h^2}} = \dfrac{b\,h}{6\,d} \tag{8}$$

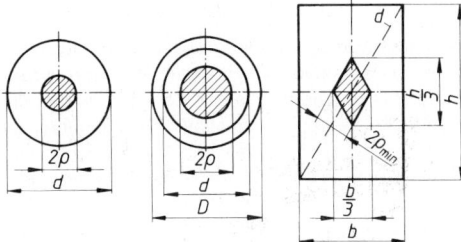

Bild 4. Kernweite und Querschnittskern (schraffierte Fläche) für Kreis, Kreisring und Rechteck

3.2 Gleichzeitiges Auftreten mehrerer Schubspannungen

3.2.1 Torsion und Abscheren

Nach Bild 5 greift am Umfang eines *kurzen* geraden Stabes mit Kreisquerschnitt eine Kraft F an.

Nach dem Schnittverfahren hat jeder Schnitt zu übertragen (ohne Biegung):
eine *in* der Fläche liegende *Querkraft* $F_q = F$; sie ruft *Abscherspannungen* $\tau_a = F/A$ hervor; genauer (für Kreisquerschnitt) Schubspannungen

$$\tau_s = \frac{4\,F}{3\,A} = \frac{16\,F}{3\,\pi d^2}\ , \text{ ohne Herleitung.}$$

Außerdem ein *Torsionsmoment* $M_T = Fr$; es ruft *Torsionsspannungen*

$$\tau_t = \frac{M_T}{W_p} = \frac{16\,M_T}{\pi\,d^3} = \frac{8\,F}{\pi\,d^2}\ \text{ hervor.}$$

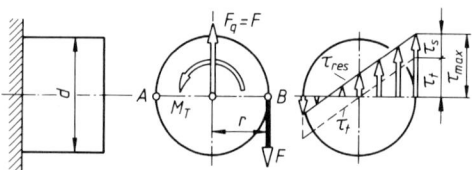

Bild 5. Torsion und Abscheren

In den Umfangspunkten B tritt die größte resultierende Beanspruchung auf:

$$\tau_{max} = \tau_s + \tau_t = \frac{16\,F}{3\,\pi\,d^2} + \frac{8\,F}{\pi\,d^2} \approx 4,244\,\frac{F}{d^2}$$

3.3 Gleichzeitiges Auftreten von Normal- und Schubspannungen

3.3.1 Vergleichsspannung (reduzierte Spannung)

Die auftretenden Normal- und Schubspannungen dürfen nicht einfach algebraisch oder geometrisch addiert werden wie in 1 und 2. Es wird deshalb eine sogenannte Vergleichsspannung σ_v eingeführt, die mit Hilfe von Gleichungen berechnet werden kann, die wiederum aus den verschiedenen *Bruchhypothesen* entwickelt wurden.
Die *Schubspannungshypothese* von *Mohr* liefert die *Vergleichsspannung*

$$\sigma_v = \sqrt{\sigma^2 + 4\,\tau^2} \qquad (9)$$

Diese Hypothese passt sich den verschiedenen Werkstoffen gut an und wurde durch Versuche von *Guest, v. Kármán, Böcker* und *M. ten Bosch* bestätigt.
Die Hypothese der größten *Gestaltänderungsenergie* liefert die *Vergleichsspannung*

$$\sigma_v = \sqrt{\sigma^2 + 3\,\tau^2} \qquad (10)$$

Diese Hypothese stimmt gut mit Versuchen überein und setzt sich allgemein durch.
Die drei Gleichungen gelten nur, wenn σ und τ durch den gleichen Belastungsfall entstehen, also beide durch schwellende oder beide durch wechselnde Belastung hervorgerufen werden. Sind die Belastungsfälle für σ und τ verschieden, so ist mit dem *Anstrengungsverhältnis*

$$\alpha_0 = \frac{\sigma_{zul}}{\varphi\,\tau_{zul}} \qquad (11)$$

zu rechnen. Die Werte für φ sind für die einzelnen Hypothesen verschieden. Es gilt dann für die *Vergleichsspannung*:

nach *Mohr*:

$$\sigma_v = \sqrt{\sigma^2 + 4(\alpha_0\,\tau)^2}$$
$$\alpha_0 = \frac{\sigma_{zul}}{2\,\tau_{zul}} \qquad (12)$$

nach der größten Gestaltänderungsenergie:

$$\sigma_v = \sqrt{\sigma^2 + 3\,(\alpha_0\,\tau)^2}$$
$$\alpha_0 = \frac{\sigma_{zul}}{1,73\,\tau_{zul}} \qquad (13)$$

Für die Bemessung der Querschnitte muss $\sigma_v \leq \sigma_{zul}$ sein.

3.3.2 Die einzelnen Beanspruchungsfälle

3.3.2.1 Zug (Druck) und Torsion. Das innere Kräftesystem besteht aus einer rechtwinklig zum Querschnitt stehenden Normalkraft F_N und aus einem *im* Querschnitt liegenden Torsionsmoment M_T. F_N erzeugt eine Normalspannung $\sigma = \pm\,F_N/A$; M_T erzeugt eine Torsionsspannung $\tau_t = M_T/W_p$ bzw. $\tau_t = M_T/W_t$. Beide Spannungen werden zur Vergleichsspannung σ_v zusammengesetzt.

3.3.2.2 Zug (Druck) und Schub (Abscheren). Das innere Kräftesystem besteht aus einer rechtwinklig zum Querschnitt stehenden Normalkraft F_N und aus einer *im* Querschnitt liegenden Querkraft F_q. F_N erzeugt eine Normalspannung $\sigma = \pm\,F_N/A$; F_q erzeugt eine Schubspannung $\tau = F_q/A$ (Abseherspannung). Beide Spannungen werden zur Vergleichsspannung σ_v zusammengesetzt.

3.3.2.3 Biegung und Torsion. Das innere Kräftesystem besteht aus einem Biegemoment M_b, und aus einem Torsionsmoment M_T. Die größte Bedeutung hat dieser Beanspruchungsfall für den *Kreisquerschnitt* (Wellen). Setzt man in die obigen Gleichungen der Vergleichsspannung für $\sigma_b = M_b/W$ und für $\tau_t = M_T/W_p$ ein und beachtet man, dass für den Kreisquerschritt $W_p = 2W$ ist, so ergeben sich die folgenden Gleichungen:

$$\sigma_{\text{Mohr}} = \sqrt{\left(\frac{M_b}{W}\right)^2 + \left(\alpha_0\,\frac{M_T}{W}\right)^2} \qquad (14)$$

$$\sigma_{\text{Gestalt}} = \sqrt{\left(\frac{M_b}{W}\right)^2 + 0,75\left(\alpha_0\,\frac{M_T}{W}\right)^2} \qquad (15)$$

Das Widerstandsmoment W lässt sich vor die Wurzel und dann als Faktor auf die linke Gleichungsseite bringen. Der dort entstehende Ausdruck $\sigma_v W$ heißt *Vergleichsmoment* M_v (entsprechend $M_b = \sigma_b W =$ Biegemoment).

Nach der Hypothese der größten Gestaltänderungsenergie ergibt sich mit Gleichung (15) die Beziehung für das *Vergleichsmoment*:

$$M_v = \sqrt{M_b^2 + 0,75\,(\alpha_0\,M_T)^2} \qquad (16)$$

Aus bekanntem Biegemoment M_b und Torsionsmoment M_T lässt sich damit das Vergleichsmoment M_v berechnen.

Für das *Anstrengungsverhältnis* α_0 kann man bei Wellen aus Stahl setzen:

$\alpha_0 = 1$ wenn σ_b und τ_t im gleichen Belastungsfall wirken,

$\alpha_0 = 0,7$ wenn σ_b wechselnd und τ_t schwellend wirkt (Hauptfall bei Wellen).

Mit dem Vergleichsmoment M_v wird der *Wellendurchmesser d* berechnet:

$$d = \sqrt[3]{\frac{M_v}{0,1\,\sigma_{b\,\text{zul}}}} \qquad
\begin{array}{c|c|c}
d & M_v & \sigma_{b\,\text{zul}} \\ \hline
\text{mm} & \text{Nmm} & \dfrac{\text{N}}{\text{mm}^2}
\end{array} \qquad (17)$$

Auch für den *Kreisringquerschnitt* gelten die obigen Gleichungen, wenn für

$$W = \frac{\pi}{32}\cdot\frac{d_a^4 - d_i^4}{d_a} \quad \text{eingesetzt wird.}$$

■ **Beispiel:**
Die Welle 1 mit Kreisquerschnitt (Bild 6) wird durch die Kraft $F = 800$ N über einen Hebel 2 mit Rechteckquerschnitt auf Biegung und Torsion beansprucht. Maße: $l_1 = 280$ mm, $l_2 = 200$ mm, $l_3 = 170$ mm, $d = 30$ mm. Gesucht: a) die Querschnittsmaße b und h für ein Verhältnis $h/b = 4$ und $\sigma_{\text{zul}} = 100$ N/mm², b) die größte Biegespannung in der Schnittebene $A-B$ der Welle 1, c) die Torsionsspannung, d) die Vergleichsspannung.

Lösung:

a) $\sigma_b = \dfrac{M_b}{W} = \dfrac{M_b}{\dfrac{b\,h^2}{6}} = \dfrac{M_b}{\dfrac{h\,b^2}{4\cdot 6}} = \dfrac{24\,M_b}{h^3}$

$$h_{\text{erf}} = \sqrt[3]{\frac{24\,M_b}{\sigma_{b\,\text{zul}}}} = \sqrt[3]{\frac{24\cdot 800\ \text{N}\cdot 170\ \text{mm}}{100\ \dfrac{\text{N}}{\text{mm}^2}}} = 32\ \text{mm}$$

gewählt ▭ 32 × 8

b) $\sigma_{b\,\text{vorh}} = \dfrac{M_b}{\dfrac{\pi}{32}\,d^3} = \dfrac{32\cdot 800\ \text{N}\cdot 280\ \text{mm}}{\pi\,(30\ \text{mm})^3} = 84,5\ \dfrac{\text{N}}{\text{mm}^2}$

c) $\tau_{t\,\text{vorh}} = \dfrac{M_T}{\dfrac{\pi}{16}\,d^3} = \dfrac{16\cdot 800\ \text{N}\cdot 200\ \text{mm}}{\pi\,(30\ \text{mm})^3} = 30,2\ \dfrac{\text{N}}{\text{mm}^2}$

d) $\sigma_v = \sqrt{\sigma_b^2 + 3\,(\alpha_0\,\tau_t)^2} = 92,1\ \dfrac{\text{N}}{\text{mm}^2}$

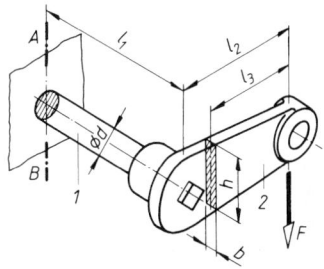

Bild 6. Biegung und Torsion

■ **Beispiel:**
Eine Welle trägt nach Bild 7 fliegend das Haspelrad eines Flaschenzugs. Die Handkraft soll $F = 500$ N betragen. Gesucht: a) das die Welle belastende Drehmoment infolge der Handkraftwirkung, b) das maximale Biegemoment, c) das Vergleichsmoment, d) den Wellendurchmesser für $\sigma_{\text{zul}} = 80$ N/mm².

Lösung:

a) $M = Fr = 500\ \text{N}\cdot 0,12\ \text{m} = 60\ \text{Nm}$

b) $M_v = 500\ \text{N}\cdot 0,045\ \text{m} = 22,5\ \text{Nm}$

c) $M_v = \sqrt{M_b^2 + 0,75\,(\alpha_0\,M_T)^2}$

$M_v = \sqrt{(22,5\ \text{Nm})^2 + 0,75\,(0,7\cdot 60\ \text{Nm})^2} = 43\ \text{Nm}$

d) $d_{\text{erf}} = \sqrt[3]{\dfrac{M_v}{0,1\,\sigma_{b\,\text{zul}}}} = \sqrt[3]{\dfrac{43\cdot 10^3\ \text{Nmm}}{0,1\cdot 80\ \dfrac{\text{N}}{\text{mm}^2}}} = 17,5\ \text{mm}$

$d = 18$ mm ausgeführt

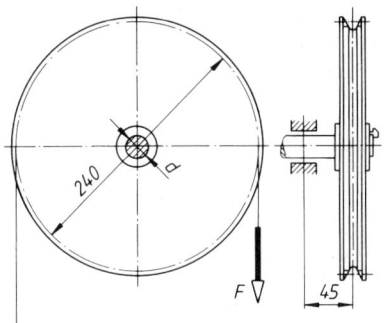

Bild 7. Biegung und Torsion

■ **Beispiel:**

Ein Getriebe mit Geradzahn-Stirnrädern (Herstelleingriffswinkel $\alpha_n = 20°$) soll eine Gesamtübersetzung

$$i_{ges} = \frac{n_1}{n_4} = \frac{960\ min^{-1}}{48\ min^{-1}} = 20$$

durch zwei Zahnradpaare ermöglichen. Die Entwurfsberechnung ergab die Teilkreisdurchmesser:

$$\left.\begin{array}{l} d_1 = 48\ mm \\ d_2 = 240\ mm \end{array}\right\} i_1 = 5$$

$$\left.\begin{array}{l} d_1 = 72\ mm \\ d_2 = 288\ mm \end{array}\right\} i_2 = 4$$

Es wird die Aufgabe gestellt, den Durchmesser für die Getriebewelle II festzulegen, für die der Werkstoff E335 verwendet werden soll. Da der Wirkungsgrad η für Zahnradgetriebe sehr gut ist (hier etwa $\eta \approx 0,98$), kann er bei Festigkeitsrechnungen unberücksichtigt bleiben.

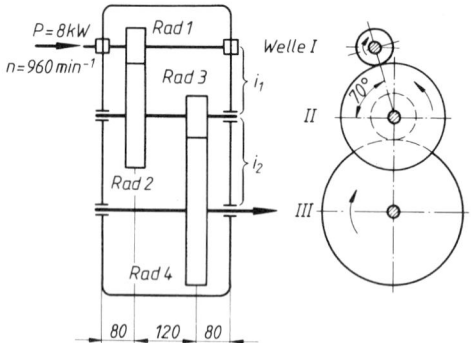

Bild 8. Getriebeskizze

Lösung:

Die zu übertragenden Drehmomente können aus gegebener Antriebsleistung $P = 8$ kW und Antriebsdrehzahl $n = 960\ min^{-1}$ berechnet werden.

$$M = 9550\frac{P}{n}$$

$$M_I = 9550\frac{P}{n} = 9550 \cdot \frac{8}{960}\ Nm = 79,583\ Nm$$

$$M_{II} = M_I\, i_1 = 79,583\ Nm \cdot 5 = 397,915\ Nm$$

$$M_{III} = M_{II}\, i_2 = 397,915\ Nm \cdot 4 = 1591,66\ Nm$$

Aus den errechneten Drehmomenten ergeben sich die Umfangskräfte am Teilkreisumfang:

$$F_{u2} = \frac{2\,M_{II}}{d_2} = \frac{2 \cdot 397,915 \cdot 10^3\ Nmm}{240\ mm} = 3316\ N$$

$$F_{u3} = \frac{2\,M_{II}}{d_3} = \frac{2 \cdot 397,915 \cdot 10^3\ Nmm}{72\ mm} = 11\,053\ N$$

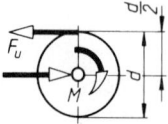

Bild 9. Drehmoment und Umfangskraft am Zahnrad

Die Umfangskräfte F_{u2}, F_{u3} sind Komponenten der in Eingriffsrichtung auf die Zähne wirkenden Zahnkräfte F_2 und F_3.
Beachte: F_3 ist die von Rad 4 auf Rad 3 ausgeübte Kraft. Die Kraftrichtungen nach Gefühl überprüft: Zahnrad 2 muss von Rad 1 nach unten, Rad 3 dagegen von Rad 4 nach oben gedrückt werden.

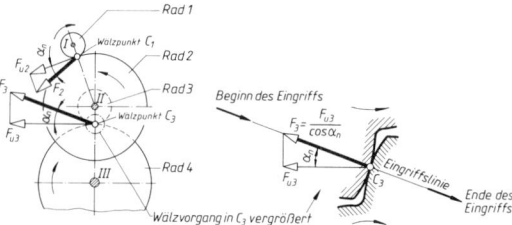

Bild 10. Normalkräfte F_2, F_3 und deren Tangentialkomponenten F_{u2}, F_{u3} der Räder 2 und 3

$$F_2 = \frac{F_{u2}}{\cos\alpha_n} = 3529\ N$$

$$F_3 = \frac{F_{u3}}{\cos\alpha_n} = 11\,762\ N$$

Diese Zahnkräfte F_2 und F_3 beanspruchen die Welle II auf Torsion und Biegung: Wenn in den Radmittelpunkten je zwei Kräfte F_2 bzw. F_3 angebracht werden, dann ergibt sich je ein Kräftepaar (Drehmoment M_{II}) und eine Einzelkraft (Biegekraft F_2 bzw. F_3). Die Kräftepaare ergeben Momente, die gleich groß sind und sich entgegenwirken:
$+ M_{II} - M_{II} = 0$; Welle II wird davon auf Torsion beansprucht. Die Komponenten F_x und F_y der Biegekräfte F_2 und F_3 sind aus dem Krafteck abzulesen:
$$F_{2y} = F_2 \sin 40° = 2\,268\ N$$
$$F_{2x} = F_2 \cos 40° = 2\,703\ N$$
$$F_{3y} = F_3 \sin 20° = 4\,023\ N$$
$$F_{3x} = F_3 \cos 20° = 11\,053\ N$$

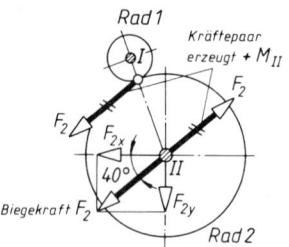

Bild 11. Rad 2 mit Welle II frei gemacht

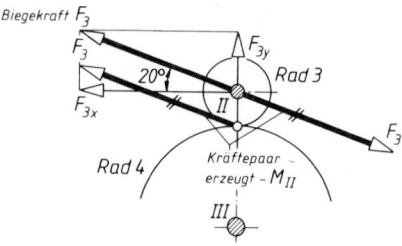

Bild 12. Rad 3 mit Welle II frei gemacht

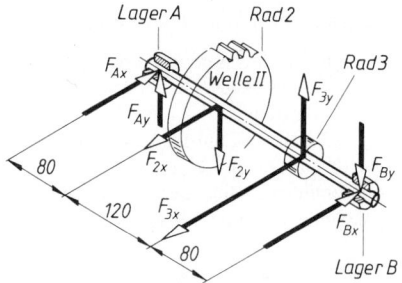

Bild 13. Perspektivische Belastungsskizze der Welle II mit Horizontal- und Vertikalkräften

Die perspektivische Belastungsskizze gibt Aufschluss über die Weiterentwicklung der Rechnung. Mit Hilfe der statischen Gleichgewichtsbedingungen für die waagerechte und für die senkrechte Ebene lassen sich die Stützkraft-Komponenten F_{Ax}, F_{Ay}, F_{Bx}, F_{By} ermitteln:

waagerechte Ebene

$$\Sigma M_{(A)} = 0 = F_{Bx} \cdot 280\,\text{mm} - F_{3x} \cdot 200\,\text{mm} - F_{2x} \cdot 80\,\text{mm}$$

senkrechte Ebene

$$\Sigma M_{(A)} = 0 = -F_{By} \cdot 280\,\text{mm} + F_{3y} \cdot 200\,\text{mm} - F_{2y} \cdot 80\,\text{mm}$$

Aus den Momentengleichgewichtsbedingungen erhält man nun die Bestimmungsgleichungen für die Stützkraftkomponenten F_{Bx} und F_{By}, ebenso mit $\Sigma F_x = 0$ und $\Sigma F_y = 0$ die Komponenten F_{Ax} und F_{Ay}:

waagerechte Ebene

$$\Sigma M_{(A)} = 0 = \ldots$$

$$F_{Bx} = \frac{F_{2x} \cdot 80\,\text{mm} + F_{3x} \cdot 200\,\text{mm}}{280\,\text{mm}}$$

$$F_{Bx} = 8\,667\,\text{N}$$
$$\Sigma F_x = 0 = +F_{Ax} - F_{2x} - F_{3x} + F_{Bx}$$
$$F_{Ax} = 5\,089\,\text{N}$$

senkrechte Ebene

$$\Sigma M_{(A)} = 0 = \ldots$$

$$F_{By} = \frac{F_{3y} \cdot 200\,\text{mm} - F_{2y} \cdot 80\,\text{mm}}{280\,\text{mm}}$$

$$F_{By} = 2\,226\,\text{N}$$
$$\Sigma F_y = 0 = +F_{Ay} - F_{2y} + F_{3y} - F_{By}$$
$$F_{Ay} = 471\,\text{N}$$

Die Komponenten werden geometrisch addiert:

$$F_A = \sqrt{F_{Ax}^2 + F_{Ay}^2} = \sqrt{5089^2\,\text{N}^2 + 471^2\,\text{N}^2} = 5\,111\,\text{N}$$

$$F_B = \sqrt{F_{Bx}^2 + F_{By}^2} = \sqrt{8667^2\,\text{N}^2 + 2226^2\,\text{N}^2} = 8\,948\,\text{N}$$

Zur Ermittlung der größten Biegebeanspruchung werden für die beiden Ebenen die Momentenflächen gezeichnet (Bild 14) und zu einer resultierenden Biegemomentenfläche geometrisch addiert. Die größte Biegebeanspruchung ist bei Rad 3 vorhanden.

$$M_{b\,max} = M_{res\,3} = \sqrt{M_{3x}^2 + M_{3y}^2}$$

$$M_{b\,max} = \sqrt{(69{,}3 \cdot 10^4\,\text{Nmm})^2 + (17{,}8 \cdot 10^4\,\text{Nmm})^2}$$

$$M_{b\,max} = \sqrt{5119 \cdot 10^8\,(\text{Nmm})^2} = 71{,}55 \cdot 10^4\,\text{Nmm}$$

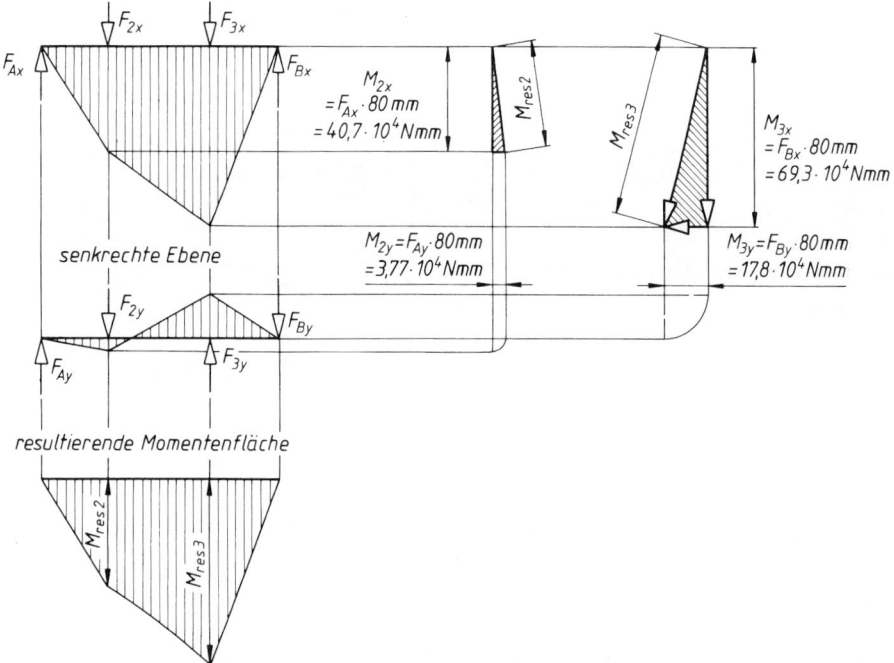

Bild 14. Zeichnerische Darstellung der Biegemomentenflächen und geometrische Addition der Biegemomente

Die Welle II wird beim Rad 3 belastet durch
- das Biegemoment $M_{b\,max} = 71{,}55 \cdot 10^4$ Nmm und
- das Drehmoment $M_{II} = 39{,}8 \cdot 10^4$ Nmm

Weil das Drehmoment M_{II} in der Welle II von Rad 2 bis Rad 3 konstant ist, ergibt sich der gefährdete Querschnitt im Punkt der größten Biegebeanspruchung, also bei Rad 3.

Das resultierende Moment M_v aus Biege- und Torsionsbeanspruchung (= Vergleichsmoment) beträgt:

$$M_v = \sqrt{M_b^2 + 0{,}75\,(\alpha_0\,M_T)^2}$$

Bei gleichbleibender Drehrichtung liegt wechselnde Biege- und schwellende Torsionsbeanspruchung vor, also $\alpha_0 = 0{,}7$:

$$M_v = \sqrt{(71{,}55 \cdot 10^4\,\text{Nmm})^2 + 0{,}75\,(0{,}7 \cdot 39{,}8 \cdot 10^4\,\text{Nmm})^2}$$

$$M_v = \sqrt{5119 \cdot 10^8\,\text{N}^2\text{mm}^2 + 582 \cdot 10^8\,\text{N}^2\text{mm}^2} = 75{,}5 \cdot 10^4\,\text{Nmm}$$

Mit dem Vergleichsmoment M_v und der zulässigen Biegespannung kann der Wellendurchmesser bestimmt werden:

$$\sigma_v = \frac{M_v}{W} \le \sigma_{b\,zul} \qquad \begin{array}{l} W = 0{,}1\,d^3\text{ für Kreisquerschnitt} \\ \text{eingesetzt und nach } d \text{ aufgelöst:} \end{array}$$

$$d_{erf} = \sqrt[3]{\frac{M_v}{0{,}1\,\sigma_{b\,zul}}}\;;\;\; \sigma_{b\,zul} = 80\,\frac{\text{N}}{\text{mm}^2}\text{ gewählt}$$

$$d_{erf} = \sqrt[3]{\frac{75{,}6 \cdot 10^4\,\text{Nmm}}{0{,}1 \cdot 80\,\dfrac{\text{N}}{\text{mm}^2}}} = \sqrt[3]{94{,}5 \cdot 10^3\,\text{mm}^3}$$

$d_{erf} = 45{,}55$ mm; $d = 46$ mm gewählt (Normmaß)

3.3.2.4 Biegung und Schub (Abscheren).

Bei der Herleitung der Biegehauptgleichung wurden die Querkräfte, bei der Abscherhauptgleichung die Biegemomente unbeachtet gelassen. Tatsächlich treten in beiden Beanspruchungsfällen Schub (Abscheren) und Biegung gleichzeitig auf. Bei kurzen Stäben ist der Einfluss der Biege- und bei langen Stäben der Einfluss der Schubspannung gering. Bei rechteckigen Querschnitten ist für $h/l < 1/16$ der Fehler durch Vernachlässigungen der Querkräfte kleiner als 1,2 % und für $h/l > 6$ der Fehler durch Vernachlässigen der Biegemomente kleiner als 1 %.

4 Beanspruchung bei Berührung zweier Körper (Hertz'sche Gleichungen)

4.1 Voraussetzungen

Hertz entwickelte seine Gleichungen für die Berührung zweier Körper mit gekrümmter Oberfläche unter folgenden Voraussetzungen:

a) homogene, isotrope, vollkommen elastische Körper
b) Gültigkeit des Hooke'schen Gesetzes
c) die Abplattungen sind klein gegenüber den Körperabmessungen
d) in der Druckfläche treten nur Normalspannungen (Druck) auf, keine Schubspannungen.

4.2 Bedeutung der Formelzeichen

a — Radius der kreisförmigen oder halbe Breite der rechteckigen Druckfläche in mm

F — Druckkraft in N

μ — $= 0{,}3$ Poisson-Zahl für Stahl, Verhältnisgröße mit Einheit 1, $\mu = \epsilon_q / \epsilon$

r — Krümmungsradius der Kugel oder des Zylinders in mm; bei Krümmung beider Körper ist die Summe beider Krümmungen einzusetzen, also $1/r = 1/r_1 + 1/r_2$. Für die ebene Platte ist $1/r_2 = 0$, für die Hohlkugel ist $1/r_2$ negativ einzusetzen.

E — Elastizitätsmodul in N/mm^2; bei unterschiedlichen E-Modul ist $E = 2E_1 E_2/(E_1 + E_2)$ einzusetzen

l — Länge des Zylinders in mm

p — Druck auf der Berührungsfläche im Abstand ϱ in N/mm^2

$p_0 = p_{max}$ — Druck in der Mitte der Berührungsfläche in N/mm^2

ϱ — veränderlicher Radius oder Ordinate in Breitenrichtung der Berührungsfläche in mm

δ — Gesamtabplattung in mm, d.h. die gesamte Näherung der beiden Körper

4.3 Berechnungsgleichungen

4.3.1 Kugel und Ebene oder zwei Kugeln

$$a = \sqrt[3]{\frac{1{,}5\,(1-\mu^2)Fr}{E}} = 1{,}11\sqrt[3]{\frac{Fr}{E}} \tag{1}$$

$$p = p_0\,\frac{\sqrt{a^2 - \varrho^2}}{a} \tag{2}$$

$$p_0 = \frac{1}{\pi}\sqrt[3]{\frac{1{,}5\,FE^2}{r^2(1-\mu^2)^2}} = 0{,}388\sqrt[3]{\frac{FE^2}{r^2}} = \frac{1{,}5\,F}{\pi\,a^2} \tag{3}$$

$$\delta = \frac{a^2}{r} = \sqrt[3]{\frac{2{,}25\,(1-\mu^2)^2 F^2}{E^2 r}} = 1{,}23\sqrt[3]{\frac{F^2}{E^2 r}} \tag{4}$$

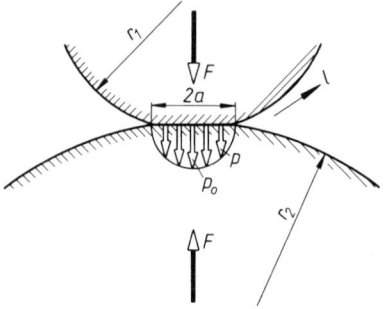

Bild 1. Hertz'sche Pressung

4.3.2 Zylinder und Ebene oder zwei Zylinder

$$a = \sqrt{\frac{8\,(1-\mu^2)\,Fr}{\pi\,E\,l}} = 1{,}52\,\sqrt{\frac{Fr}{E\,l}} \tag{5}$$

$$p = p_0\,\frac{\sqrt{a^2 - \varrho^2}}{a} \tag{6}$$

$$p_0 = \sqrt{\frac{FE}{2\,\pi\,rl(1-\mu^2)}} = 0{,}418\sqrt{\frac{FE}{rl}} = \frac{2F}{\pi\,a\,l} \tag{7}$$

(die Abplattung δ kann nach den *Hertz*'schen Gleichungen nicht berechnet werden).

■ **Beispiel:**
Durch die Federkraft $F = 10$ kN $= 10\,000$ N wird nach Bild 2 eine Walze auf eine schiefe Ebene (Keil) gepresst. Werkstoff für beide Teile ist Stahl. Walzenlänge $l = 30$ mm, Radius $r = 10$ mm, Neigungswinkel $\alpha = 20°$. Wie groß ist die maximale Hertz'sche Pressung zwischen Keil und Walze? Welche Stahlsorte kann verwendet werden?

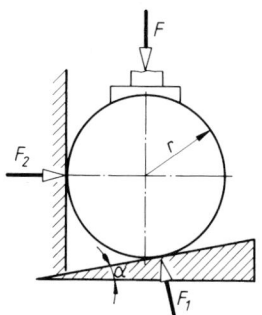

Bild 2.

Lösung:

$$F_1 = \frac{F}{\cos\alpha} = \frac{10\,000\text{ N}}{0{,}94} = 10\,600\text{ N}$$

$$F_2 = F_1\,\sin\alpha = 10\,600\text{ N} \cdot 0{,}342 = 3\,625\text{ N}$$

$$p_0 = p_{\max} = 0{,}418\sqrt{\frac{F_1 E}{rl}}$$

$$p_{\max} = 0{,}418\sqrt{\frac{10\,600\text{ N} \cdot 2{,}1\cdot10^5\,\dfrac{\text{N}}{\text{mm}^2}}{10\text{ mm} \cdot 30\text{ mm}}} = 1140\,\frac{\text{N}}{\text{mm}^2}$$

Als Werkstoff könnte z.B. C 10, einsatzgehärtet, gewählt werden. Versuche haben dafür einen zulässigen Wert von $p_{\text{zul}} = 1\,470$ N/mm² ergeben.

■ **Beispiel:**
Bild 3 zeigt die Zahnflanken im Augenblick des Eingriffs im Wälzpunkt C beim Außen- und beim Innengetriebe. Sind in beiden Fällen die Zähnezahlen z, der Modul m und der Betriebsein-

griffswinkel α_{W} gleich groß, dann gilt das auch für die Krümmungsradien r_1 und r_2. Es soll festgestellt werden, mit welchem Getriebe eine größere Normalkraft F_{N} übertragen werden kann, wenn in beiden Fällen die zulässige Flächenpressung p_{zul} und die Zahnbreite b gleich groß sind.

Lösung:
Die beiden Zahnflanken stellen zwei Zylinder dar, für die Gleichung (7) gilt, also $p_0 = 0{,}418\sqrt{FE/rl}$. Darin sind einzusetzen: $p_0 = p_{\text{zul}}$, $F = F_{\text{N}}$, $l =$ Zahnbreite b, $r = r_{\text{A}}$ für das Außengetriebe und $r = r_{\text{I}}$ für das Innengetriebe.
Nach den Erläuterungen unter 4.2 ergibt sich mit algebraischer Umstellung für r_{A} und r_{I}:

$$r_{\text{A}} = \frac{r_1\,r_2}{r_1 + r_2} \quad\text{sowie}\quad r_{\text{I}} = \frac{r_1\,r_2}{r_2 - r_1}$$

Damit wird

$$\frac{F_{\text{NA}}}{F_{\text{NI}}} = \frac{\dfrac{p_{\text{zul}}^2\,r_{\text{A}}\,b}{0{,}418^2 E}}{\dfrac{p_{\text{zul}}^2\,r_{\text{I}}\,b}{0{,}418^2 E}} = \frac{r_{\text{A}}}{r_{\text{I}}} = \frac{r_2 - r_1}{r_2 + r_1}$$

$$\frac{F_{\text{NA}}}{F_{\text{NI}}} = \frac{\dfrac{r_2}{r_1} - 1}{\dfrac{r_2}{r_1} + 1} = \frac{i - 1}{i + 1}$$

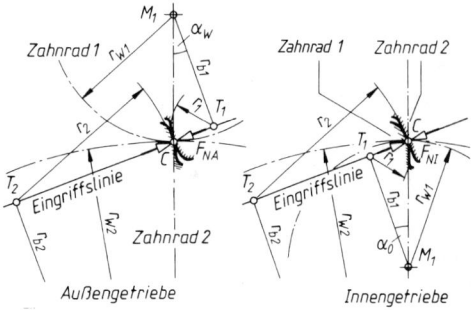

Bild 3.

Danach ist das Kräfteverhältnis $F_{\text{NA}}/F_{\text{NI}}$ unter sonst gleichen Bedingungen nur von der Übersetzung $i = z_2/z_1$ abhängig. Für $i = z_2/z_1 = 80/20 = 4$ ergäbe sich zum Beispiel:

$$\frac{F_{\text{NA}}}{F_{\text{NI}}} = \frac{4 - 1}{4 + 1} = \frac{3}{5} = \frac{1}{1{,}67}$$

Das heißt, dass mit dem Innengetriebe eine um 67 % größere Normalkraft übertragen werden darf als mit dem entsprechenden Außengetriebe. Anders gesagt: Bei gleicher Normalkraft in beiden Getrieben ist die Hertz'sche Pressung zwischen den Zahnflanken beim Innengetriebe kleiner als beim Außengetriebe.
Bei einer zulässigen Pressung von 530 N/mm² und der Zahnbreite $b = 50$ mm ergeben sich mit (7) die folgenden Beträge für die Normalkräfte ($E = 2{,}1 \cdot 10^5$ N/mm² für Stahl):

$$F_{\text{N max A}} = 6\,285\text{ N} \qquad F_{\text{N max I}} = 10\,473\text{ N}$$

E Werkstofftechnik

Wolfgang Weißbach

Definition und Ermittlung der Werkstoffkenngrößen sind im Abschnitt 8 Werkstoffprüfung zu finden.

Größen und Einheiten

Größe	Einheit	Größe	Einheit
Zugfestigkeit R_m	MPa	Druckfestigkeit σ_{dB}	
Streckgrenze R_e -obere R_{eH}	=	Biegefestigkeit σ_{bB}	MPa
0,2%-Dehngrenze $R_{p0,2}$	N/mm²	Torsionsfestigkeit τ_{tB}	
Bruchdehnung A	%	Kerbschlagarbeit KV	J
Brucheinschnürung Z		Bruchzähigkeit K_{Ic}	kN/mm³'²
Elastizitätsmodul E		Gleitmodul G	
Dauerfestigkeiten σ_D Biegewechselfestigkeit σ_{bW}	MPa	Zeitstandfestigkeiten $R_{m/t/T}$ z.B. $R_{m/1000/500}$	MPa
Längenausdehnungskoeffiziient α_l	1/K.	n%-Zeitdehngrenzen $R_{pn/t/T}$ z.B. $R_{p0,2/1000/550°}$	
Wärmeleitwert λ	W/mK	Übergangstemperatur $T_Ü$	°C
Schmelztemperatur T_m	°C, K	Rekristallisationstemperatur T_R	°C, K

Verwendete Abkürzungen

Abk.	Bedeutung	Abk.	Bedeutung
AMK	Austausch-Mischkristall	IP	Intermetallische Phase
AF-	Coating: Anti-Friktions-Beschichtung	kfz.	Kubisch-flächenzentriert
At	Aufkohlungstiefe	krz.	Kubisch-raumzentriert
BMC	Bulk Moulding Compound, faserverstärkte, duroplastische Pressmasse	LC-	Liquid-Crystal Polymer, Flüssigkristall-Kunststoff
		LE	Legierungselement
CBN	Kubisches Bornitrid, (auch PKB)	MD	Multidirektional, in vielen Richtungen liegende Fasern
CFK	Kohlenstofffaserverstärkter Kunststoff	MK	Mischkristall
CHD	Einsatzhärtungstiefe	MMC	Metall-Matrix-Compound, Metallverbund
CIP	Kaltisostatisches Pressen	Nht	Nitrierhärtetiefe
CMC	Ceramic-Matrix-Compound	ODS	Oxid-Dispersion-Strengthened, oxidteilchenverstärkt
CVD	Chemical Vapour Deposition, chemische Beschichtung a. d. Dampfphase	PM	Pulvermetallurgie
		PVD	Physical Vapour Deposition, physikalische Beschichtung a.d. Gasphase
DESU-	Druck-Elektro-Schlacke-Umschmelz-Verfahren		
Et	Einhärtetiefe	REM	Raster-Elektronen-Mikroskop
Eht	Einsatzhärtetiefe, veraltet (→ CHD)	Rht	Randhärtetiefe
EKD	Eisen-Kohlenstoff-Diagramm	RT	Raumtemperatur
EMK	Einlagerungs-Mischkristall	SMC	Sheet Moulding Compound, flächiges, faserverstärktes Duroplast-Halbzeug
ESU	Elekto-Schlacke-Umschmelzen		
GFK	Glasfaserverstärkter Kunststoff	SpRK	Spannungsrisskorrosion
GMT	Glasmattenverstärktes, flächiges Thermoplast-Halbzeug	tetr.	tetragonal
		TM	Thermomechanisches Umformen
HIP	Heißisostatisches Pressen	UD	Unidirektional, in einer Richtung verlegte Fasern
hdP	Hexagonal dichteste Packung	WEZ	Wärmeeinflusszone beim Schweißen

1 Grundlagen

1.1 Allgemeines

1.1.1 Anforderungs und Eigenschaftsprofil

Alle Produkte der Technik – von Dienstleistungen abgesehen – bestehen aus Werkstoffen: Das Produkt muss mit seinem gewählten Werkstoff(en) die Anforderungen des Erwerbers oder Benutzers erfüllen:

- zuverlässige Funktion über die Lebensdauer (Leistung, Traglasten, Geschwindigkeiten),
- niedrige Betriebskosten (Schmierung, Korrosionschutz, Wartung) oder
- Regenerationsmöglichkeit bei großen Teilen.

Daraus ergeben sich die Anforderungen an das Bauteil, das **Anforderungsprofil** mit seinen Bereichen (→ Tabelle 1):

Tabelle 1. Anforderungsprofil

Bereich	Anforderungsprofil = Σ aller Anforderungen
Festigkeits-Beanspruchung	Äußere Kräfte bewirken Normal und Schubspannungen im Innern. Sie dürfen keine unzulässige *elastische*, keine *plastische* Verformung unter Betriebsbedingungen bewirken, ebenso keine Gewaltbrüche und bei dynamischer Belastung keine *Dauerbrüche*
Korrosions-Beanspruchung	Chemische und elektrochemische Reaktionen von Werkstoff und Umgebungsmedium führen zu Materialverlust, der tragende Querschnitte schwächt (Wandungen durchbricht) und Oberflächen aufraut (keine Dauerfestigkeit unter Korrosionsbeanspruchung). Das Korrosionsprodukt führt zu Funktionsstörungen oder Dauerbrüchen
Tribologische Beanspruchung	Kräfte wirken auf die dünne Oberflächenschicht unter Relativbewegungen der Reibpartner und führen zu Verschleiß und Änderung des Reibverhaltens, dadurch zu Funktionsstörungen und Leistungsabfall
Thermische Beanspruchung	Höhere Temperaturen können metastabile Gefüge verändern. Die Gitteraufweitung infolge erhöhter Wärmebewegung setzt die Dehngrenzen herab. Der Werkstoff darf bei langzeitig höheren Temperaturen nicht unzulässig *kriechen*, keine Risse bei Temperaturwechselbeanspruchung und bei tiefen Temperaturen keine Sprödbrüche zeigen.

Diesen Anforderungen muss der Werkstoff mit seinen Eigenschaften **im Bauteil** standhalten, sein **Eigenschaftsprofil** d. h. die Summe aller Eigenschaften muss mit dem Anforderungsprofil im Gleichgewicht stehen. Meist ist eine **Sicherheit** gegen Bruch oder Verformung notwendig, sodass die Eigenschaften *über* den Anforderungen liegen müssen.

Tabelle 2. Eigenschaftsprofil

Bereich	Eigenschaftsprofil = Σ aller Eigenschaften
Festigkeits-Eigenschaften	Zugfestigkeit, Streck- bzw. 0,2%- Dehngrenze, Bruchdehnung, Brucheinschnürung, Druck-, Schub- und Torsionsfestigkeit, Dauerfestigkeiten, E-Modul
Korrosions-Eigenschaften	Beständigkeit des Werkstoffes bei normalem Klima, in Industrieklima, in Meeresnähe, in Lösungen von Salzen, Säuren, Basen. Wird gemessen als : *Korrosionsrate* = Materialverlust / Zeit
Tribologische-Eigenschaften	Geringe Reibungszahl μ für Lagerwerkstoffe oder höhere für Kupplungswerkstoffe, geringe Verschleißrate für Werkzeuge und Bauteile im Kontakt mit verschleißenden Medien
Thermische Eigenschaften	Zeitdehngrenzen bei Temperaturen über 400 °C, Wärmeausdehnung α, Wärmeleitung λ, Thermoschockbeständigkeit, Schmelztemperaturen, Schwindmaße

Die Fertigung stellt zusätzliche Anforderungen an die *technologischen* Eigenschaften des Werkstoffs:

Fertigungs-Anforderung	Der Werkstoff soll die notwendigen Fertigungsvorgänge mit geringem Material- und Energieaufwand und ohne Schäden (Nullfehlerproduktion) durchlaufen können und eine kostengünstige Qualitätssicherung ermöglichen.

Dadurch hat der Fertigungsweg einen starken Einfluss auf die Wahl des günstigsten Werkstoffes für ein Bauteil. Seine Profile müssen um die **technologischen Eigenschaften** erweitert werden (Tabelle 3): Die Zahl der anwendbaren Fertigungsverfahren wird dadurch eingeschränkt, ebenso sind **Größe, Gestalt** und **Stückzahl** des Bauteils auf den günstigsten Fertigungsweg von Einfluss.

Tabelle 3. Technologische Anforderungen und Eigenschaften

Fertigungsverfahren	Erforderliche technologische Eigenschaften, Eignung für / zum...
Urformen	die verschiedenen Gießverfahren, Pressbarkeit und Sinterverhalten
Umformen	Schmiedbarkeit, Kaltumformbarkeit, Tiefziehfähigkeit , Verfestigungs- und Anisotropieverhalten
Trennen	Spanbarkeit (Schnittkräfte, Oberfläche), Verhalten beim autogenen Schneiden, beim Erodieren, beim Läppen usw.
Fügen	Verhalten beim Schweißen, Löten, Kleben
Beschichten	.. zum Schmelztauchen, zum thermischen Spritzen, zum galvanisch Beschichten, Beschichten aus der Gasphase PVD, CVD
Stoffeigenschaftändern	Härtbarkeit, Anlassverhalten, thermomechanische Verfahren, thermochemische Verfahren (Nitrieren, Aufkohlen)

1.1.2 Einteilung der Werkstoffe

Häufig ist eine Einteilung nach der Verwendungsart:
Strukturwerkstoffe geben dem Bauteil die geometrische Form und Steifigkeit gegenüber angreifenden Kräften, z.B.: Stähle, Al- und Ti-Legierungen.

Funktionswerkstoffe übernehmen, meist örtlich begrenzt, spezielle Aufgaben aufgrund ihrer besonderen chemisch-physikalischen Eigenschaften, z.B.: Metalle zum Oberflächenschutz, Lagerwerkstoffe.

Tabelle 4. Grobeinteilung nach der Bindungsart

Die unterschiedliche Bindungsart der drei Werkstoffgruppen bewirkt die starken Unterschiede in ihren Eigenschaftsprofilen. Eine Gegenüberstellung enthält die Tabelle 5.

1.1.3 Werkstoffstruktur

Für das Verständnis der Zusammenhänge zwischen Struktur und Eigenschaften sind Grundkenntnisse aus verschiedenen Wissenschaftszweigen erforderlich.

Mikrostruktur		Fein- und Grobstruktur	
Chemische Grundlagen		Kristallographie, Physik Werkstoffkunde	
Atome, Moleküle	Chemische Bindung	Kristall-gitter	Gefüge aus Kristallen mit Störungen,

Änderungen der Struktur sind nur begrenzt möglich. Durch die chemische Analyse sind Atomart und chemische Bindung festgelegt und kaum beeinflussbar. Dagegen sind Änderungen von Kristallgitter und Gefüge möglich und ein wichtiger Gegenstand der Werkstoffkunde und -forschung.

■ **Beispiel:**

Zustand	Kristallgitter	Eigenschaften
unlegiert, geglüht	kubisch-raumzentriert	weich, zäh, magnetisch
gehärtet	tetragonal, verzerrt	hart spröde, magnetisch
legiert, 18% Cr/8% Ni	kubisch-flächenzentriert	zäh, unmagne-tisch.

Die Gefüge werden bereits bei der Erzeugung des Werkstoffes beeinflusst. So gibt es Gussgefüge, und Sintergefüge. Der *Reinheitsgrad* kennzeichnet den Anteil an unerwünschten Beimengungen..

In weiteren Fertigungsstufen entstehen z.T. unerwünschte Strukturen (z.B. Schmiedefaser) bis hin zum gezielten *Eigenschaftsändern* durch z.B. Glühen, Härten oder Vergüten.

Die Übersicht zeigt einige Beispiele .

Übersicht: Gefügeänderung → Eigenschaftänderung

Änderung	Beispiele
Mischungsverhält-nis der Phasen	Stahl: Härte steigt mit dem C-Gehalt (= Carbidanteil)
Form und Größe der Kristalle	Gusseisen: Graphit in Lamellen- oder Kugelform → Festigkeit steigt.
Art und Form der Zusatzstoffe	Quarzmehl in Phenolharz steigert Härte und Warmfestigkeit, Fasern die Zähigkeit und mindern Wärmedehnung, ergeben evtl. Anisotropie

Tabelle 5. Eigenschaftsvergleich Metall - Polymer - Keramik

Eigenschaften		Metalle (Tab. 2.1)	Polymere	Keramik (Tab. 6.2.3)
E-Modul	kN/mm²	125 (Cu)...210 (Fe)	niedrig [1] 1 (PP)...4 (EP) ... 23 (EP-GF)	> Stahl [2] 200 (ZrO₂) ... 400 (SiC)
Temperaturabhängigkeit		niedrig	hoch	sehr niedrig
Zugfestigkeit		hoch	niedrig	hoch
Druckfestigkeit		hoch	mittel	sehr hoch
Zähigkeit		gering bis hoch	mittel bis hoch	niedrig < Gusseisen
Wärmeleitung	W/mK	50 (St) ... 174 (Al)	0,2 (PP) ... 0,5 (PE-HD).[4]	1,4 (Al₂TiO₅)...120 (SiC)
Wärmeausdehnung bis 100 °C	10⁻⁶/K	mittel 12 ... 23,5 X50Ni36: 1,2	hoch 80 ... 160 verstärkt 15 ... 60	niedrig 2,6...8
Dauergebrauchstemperatur °C		mittel bis hoch NiCr20Ti: <1100 ° C	niedrig 80 ... 130 verstärkt 100 ... 230	hoch > (950) 1300
Korrosionsbeständigkeit		schlecht bis gut, je nach Sorte	allgemein gut, einzelne Stoffe können schädigen	allgemein sehr gut
Verschleißwiderstand abrasiv		carbidreich hoch,	--------------------------	hoch
adhäsiv		Lagermetalle gut	einzelne Sorten gut	hoch
Dichte	kg/dm³	1,9.(Mg)..8,5 (Cu)	0,9.(PP). .2,0 (GFK)	zwischen Al und Ti
elektrischer Leiter		z.T. sehr gut	Isolator	meist Isolator [3]

[1] stark temperaturabhängig;   [2] nicht ZrO₂ und Al₂TiO₅;   [3] nicht SiC;   [4] durch Füllstoffe größer bis 0,8.

2 Metallkundliche Grundlagen

2.1 Struktur der Metalle und Legierungen

Tabelle 1. Daten technisch wichtiger Metalle

Name	Sym-bol	OZ	KG	Gitter-konstante [1] a pm	Radien pm Atom / Ion	Dichte ρ [3] kg/dm³	Schmelz punkt T_m °C	Leitfähigkeit für Strom [2] m/mm²Ω	Wärme[3] W/mK	Wärme-ausdeh-nung α [4]	Elast.-Modul GPa
Aluminium	Al	13	kfz	404	143 51	2,7	660	37,66	237,0	23,9	72
Beryllium	Be	4	hdP	229 / 1,57	114 35	1,86	1280	23,8	200,0	11	293
Blei	Pb	82	kfz	490	175 84	11,34	327	5,2	35,0	29,2	16
Cadmium	Cd	48	hdP	290 / 1,83	151 97	8,64	321	14	95,0	30	63
Chrom	Cr	24	krz	288	150 63	7,2	1860	6,6	94,0	8,4	190
Cobalt α – > 417 °C β –	Co	27	hdP kfz	250 / 1,62	153 72	8,9	1490	18	101,0	18,1	213
Eisen α – > 912 °C γ –	Fe	26	krz kfz	287 365	124 74 127 64	7,85	1535	12	75,0	11,9	215
Gold	Au	79	kfz	408	144 137	19,3	1063	48	298,0	14,2	79
Iridium	Ir	77	kfz	384		22,65	2450	21		6,5	530
Kupfer	Cu	29	kfz	361	128 96	8,93	1083	64/58	398,0	16,5	125
Magnesium	Mg	12	hdP	320 / 1,62	160 66	1,75	650	22,4	100,0	25,8	44
Mangan	Mn	25	kub	893	112 80	7,44	1245	n.b.	7,8	22,8	201
Molybdän	Mo	42	krz	315	136 70	10,28	2620	20	135,0	5,2	330
Nickel	Ni	28	kfz	352	124 69	8,9	1450	16,3	85,0	13,0	215
Niob	Nb	41	krz	329	142 74	8,55	2468	n.b.	54,0	7,4	160
Osmium	Os	76	hdP	273 / 1,58	138 65	22,59	3030	11	87,0	–	570
Platin	Pt	78	kfz	392	139 80	21,45	1770	10	72,0	9,1	173
Rhodium	Rh	45	kfz	379		12,4	1970	23	150,0	8	280
Silber	Ag	47	kfz	409	145 126	10,5	960	67	428,0	19,7	81
Tantal	Ta	73	krz	330	143 68	16,65	2996	8	57,0	6,5	188
Titan α – > 882 °C β –	Ti	22	hdP krz	295 / 1,59 332	148 68	4,5	1670	7	22,0	9,0	105
Vanadium	V	23	krz	302	131 74	6,09	1890	5	30,7		150
Wolfram	W	74	krz	317	137 70	19,3	3422	20	173,0	4,4	400
Zink	Zn	30	hdP	266 / 1,86	133 74	7,13	420	18	112,0	21,1	9
Zinn α – > 13 °C β –	Sn	50	diam tetr	<13°C	141 71	7,28	232	8,7	66,0	26,7	55
Zirkon α – > 852 °C β –	Zr	40	tetr krz	323 / 1,59 361	162 79	6,53	1850	2,5	22,7	6,3	90

Halbmetalle (Metallbindung mit kovalentem Anteil)

Name	Sym-bol	OZ	KG	Gitter a pm	Radien Atom / Ion	Dichte	Schmelz	Strom	Wärme	α	Elast.
Antimon	Sb	51	hex	431 2,61	145 87	6,69	630	3	24	10,9	56
Arsen	As	33	hex	376 2,80	125 69	5,72	subl.	2,8	50		
Bor	B	5	trig	1012	46 23	2,46	2300		29		
Germanium	Ge	32	kfz	566	123 53	5,32	936	$2{,}2 \cdot 10^{-2}$	63		
Graphit Diamant	C	6	hex diam	3,51	77 16	3,51	3550	$4{,}6 \cdot 10^{-3}$	335 ...2000	7,8	
Silicium	Si	14	diam	543	118 42	2,33	1412	$4{,}4 \cdot 10^{-6}$	150		
Selen	Se	34	hex	436 1,14	116 69	4,82	219		2		
Wismut	Bi	83	hex	455 2,61	155 97	9,8	271	0,93	8	13,4	34

[1]   Bei hexagonalen Metallen ist das Verhältnis der senkrechten Konstante c zu /a angegeben;
[2]   bei 0° C = 273 K;
[3]   bei 20° C ;
[4]   0...100° C Werte mit 10^{-6} multiplizieren!

2.1.1 Metallgitter

Die technisch wichtigen Metalle (Tabelle 1) haben Kristallgitter mit hoher Regelmäßigkeit und dichter Packung (kubisch, hexagonal). Nur Zinn ist tetragonal. Neben der dichten Packung der Atome in Schichten ist die Metallbindung die Voraussetzung für die beiden wichtigen Metalleigenschaften:

- Elektrische Leitfähigkeit durch freie Elektronen im Kristallgitter,
- Plastische Verformbarkeit durch Platzwechsel der Metallionen im Gitter, wobei die freien Elektronen die metallische Bindung aufrecht erhalten.

Tabellen 2 + 3 zeigen die *Elementarzellen* (kleinster, regelmäßiger Volumenteil, der sich in Richtung der Kristallachen periodisch wiederholt). Kristalle (nur in Lunkern freiwachsend) sind ungeordnet zusammengewachsen, auch *Kristallite* oder Körner genannt. Sie bilden mit ihren Korngrenzen, evtl. Texturen und Verunreinigungen, das Gefüge des Metalles. Es kann im *Schliffbild* mikroskopisch vergrößert sichtbar gemacht werden. (Lichtmikroskop 0,5 μm, Rasterelektronenmikroskop bis 0,5 nm auflösbare Teilchengröße).

Durch räumliches Aneinanderreihen der E-Zellen ergibt sich ein fehlerloses Kristallgitter, der *Idealkristall*. Die Kristalle wirklicher metallischer Werkstoffe besitzen Störungen im Gitteraufbau infolge der Wärmebewegung der Teilchen und schneller Kristallisation (Tabelle 4).

Amorphe Metalle (Gläser) werden durch extreme Abkühlgeschwindigkeiten (10^6 K/s) aus der Schmelze in Form von Fasern oder Bändern von 20 ... 50 μm Dicke erzeugt, auch durch Aufschmelzen dünnster Randschichten mit Laserernergie. Zustand ist instabil und geht bei Temperaturen über 300 ... 600° C in den kristallinen über. Keine Warmumformung oder Schweißen möglich. Stabile Legierungen enthalten 20 ... 25 % Nichtmetallatome Das Fehlen gleitfähiger Atomschichten ergibt hohen Verformungswiderstand, d.h. hohe Härte und Zugfestigkeit, ebenso Ver-

schleiß- und Korrosionswiderstand. Fe-P-B ist weichmagnetisch mit geringen Wirbelstromverlusten.
Anwendung z.B. für Magnetköpfe von Bandgeräten, Verstärkungsfasern.

Tabelle 2. Strukturmerkmale

Gefüge Grobstruktur	Kristallgitter oder amorph = Glaszustand Feinstruktur, Struktur der einzelnen Phasen	
Optisch sichtbar gemacht an • Bruchflächen • Schliffbildern	Nur modellhaft darstellbar mithilfe von	
	Elementarzelle	Bindungsart
Sichtbar werden damit ↓	Geometrische Anordnung der kleinsten Teilchen	Beschreibt Kräfte und Energien zwischen den Teilchen
• Größe und Form der Phasen • Korngrenzen • Ausrichtung der Kristalle (Texturen) • Anzahl und Form der nichtmetallischen Einschlüsse (Reinheit) • Ausrichtung der Einschlüsse oder Zusatzstoffe (Fasern)	• kfz. Kubisch-flächenzentriert, • krz. Kubisch-raumzentriert, • hdP Hexagonal dichtest. • Tetragonales Kristallgitter Diese 4 Gitter liegen bei den meisten Metallen vor	• Ionenbindung (Oxide) Kation → ← Anion • Atombindung (Diamant) Elektronen-paarbindung • Metallbindung (Metalle) Kation → ← Elektronen • schwache zwischenmolekulare Kräfte, z.B. Dipole (Kunststoffe)
	Ohne innere Ordnung sind die Gläser, sie sind nicht kristallin, sondern amorph	

Die Vielfalt der Eigenschaftsprofile metallischer Werkstoffe ergibt sich aus der Kombination von Atom-∅, Gitterstruktur, EN-Zahl und Wertigkeit bei den verschiedenen Metallen und Legierungen. Für Strukturwerkstoffe ist die Duktilität mit ihrem Einfluss auf Verarbeitung, Sprödbruchverhalten und Dauerfestigkeit von Bedeutung. Sie hängt von den Gleitmöglichkeiten ab (Tabelle 3).

Tabelle 3. Elementarzellen der Metallgitter und Gleitmöglichkeiten

Gleitrichtungen in dichtest gepackten Ebenen	Elementarzellen		
	kub.-flächenzentriert	kub.-raumzentriert	hex. dichteste Packung
3 Gleitrichtungen	kfz.	krz.(mit Nebengleitebene)	hdP (mit Nebengleitebene)
Hauptgleitebenen	4 Tetraederflächen	4 Flächen der Raumdiagonalen	1 Basisebene
Gleitrichtungen	Flächendiagonale	2 × Richtung Raumdiagonale	3 Richtungen
Gleitmöglichkeiten	$3 \times 4 = 12$	$3 \times 4 = 12$ + weitere	$1 \times 3 = 3$
Duktilität	mit niedrigen Kräften sehr hoch verformbar	mit größeren Kräften hoch verformbar	mit niedrigen Kräften nur gering verformbar

Versetzungen bewegen sich dort, wo sie den geringsten Gleitwiderstand überwinden müssen. Das sind die sog. Hauptgleitebenen. Sie liegen zwischen den *dichtest* gepackten Kugelschichten, die nur beim kfz. und hdP-Gitter vorhanden sind (Tabelle 3). Das krz.-Gitter hat viele Gleitebenen, die aber weniger dicht gepackt sind und deshalb größere Schubspannungen erfordern. Eine Verschiebung in den Richtungen 2 (Bild 3 oben links) führt zu Teilversetzungen und Stapelfehlern. Stapelfehler sind flächige Bereiche mit

veränderter Stapelfolge vom kfz.- (ABC, ABC...) zum hdP-Gitter (AB, AB...).

2.1.2 Gitterfehler

Die Einteilung erfolgt nach ihrer Dimension (Tabelle 4). Sie erhöhen die Kristallenergie gegenüber dem Idealkristall, führen zu Aufweitung und Verdichtung der idealen Gitterlinien und erschweren z.T. die plastische Verformung durch Erhöhung des Gleitwiderstandes (kritische Schubspannung), sind aber auch Voraussetzung für Diffusion und Duktilität.

Tabelle 4. Gitterfehler: Entstehung und Wechselwirkungen

Dimension, Bezeichnung	Entstehung	Reaktion mit anderen Fehlern bei Kaltumformung oder Erwärmung (thermischer Aktivierung)
0 Punktfehler: Leerstellen	Unbesetzte Gitterplätze beim Kristallisieren, Entropiestreben, die Anzahl steigt mit der Temperatur	Leerstellen ziehen Fremdatome an, sie sind wichtig für die Diffusion und ermöglichen das Klettern einer Stufenversetzung in eine parallele Gleitebene
Fremdatome	Verunreinigungen, Atome der LE	werden von Versetzungen u. Leerstellen angezogen
1 Linienfehler: Versetzungen	Fehlerhaftes Kristallwachstum führt zu Teilungsfehlern und ergibt schlauchartige Hohlräume im Kristall (10^6 cm/cm^3). Plastische Verformung erhöht die Versetzungsdichte (ca. 10^{12} cm/cm^3)	ungleichartige Versetzungen in *einer* Gleitebene können sich auslöschen, gleichartige sich blockieren. Aufspaltung in zwei Teilversetzungen (kleinere Gleitschritte)
2 Flächenfehler: Korngrenzen	Bereiche mit unvollkommener Ordnung. Bei der Kristallisation oder der Rekristallisation bei $T > 0{,}4\ T_m$	Behindern das Wandern von Versetzungen, es kommt dort zum Stau, d.h. zu höherer örtlicher Versetzungsdichte
Stapelfehler	fehlerhaftes Kristallwachstum,	unterbrechen Gleitebenen, sind selbst nicht gleitfähig
3 Volumenfehler: kohärente, inkohärente Teilchen	Ausscheidungen in übersättigten Mischkristallen (metastabil). Pulvermetallurgisch oder durch innere Oxidation eingebracht	Versetzungen müssen die Teilchen *abscheren* oder *umgehen* und bilden dabei neue Versetzungen.

2.2 Eigenschaften und Verhalten der Metallgitter

2.2.1 Anisotropie, Textur

Anisotropie bedeutet *Richtungsabhängigkeit* fast aller Eigenschaften. Typische Eigenschaft aller kristallinen Stoffe (Analogie: Holz, längs bzw. quer zur Faserrichtung beansprucht, reagiert unterschiedlich). Gegensatz: Isotropie. Vielkristalline Werkstoffe zeigen keine Anisotropie, wenn Kristallite mit ihren Achsen ungeordnet liegen (sie sind quasiisotrop). Starke Anisotropie tritt bei UD-faserverstärkten (unidirektional) Werkstoffen auf, ebenso bei warmumgeformten Stählen mit niedrigem Reinheitsgrad durch gestreckte, nichtmetallische Einschlüsse (Zeilengefüge).

Textur ist eine evtl. teilweise Ausrichtung der Kristalle. Sie entsteht bei einigen Fertigungsverfahren (z. B. Guss-, und Walztexturen). Als Folgen treten z.B. unterschiedliche Festigkeit und Dehnung bei Blechen längs und quer zur Walzrichtung auf. Diese Anisotropie ist für Tiefziehbleche unerwünscht. Textur bei Trafo- und Dynamoblechen für magnetische Eigenschaften wichtig.

2.2.2 Gießen (Schmelzen und Kristallisieren)

Schmelzen: Zufuhr von Wärme erhöht die Energie der Teilchen, damit ihre Eigenbewegung: Stoff dehnt sich aus. Zum Schmelzen muss die Schmelzwärme zugeführt werden, bei reinen Metallen bei konstanter Temperatur (Schmelzpunkt). Weitere Temperatursteigerung erst nach vollständigem Schmelzen. Technische Schmelzen enthalten dann noch kleinste, feste Partikel (Oxide, Carbide, Nitride), die bei der Kristallisation als Fremdkeime dienen.

Kristallisation. Beginn an den Fremdkeimen und Eigenkeimen, die sich mit steigender *Unterkühlung*, bilden (= Temperaturdifferenz zum theoretischen Schmelz- und Erstarrungspunkt). Beim Einbau der Atome in das Kristallgitter wird ihre Eigenbewegung sprunghaft kleiner. Die Energiedifferenz erscheint als Kristallisationswärme. Zum Wachsen der Kristalle muss sie abgeführt werden. Das geschieht an kalten Formwänden, die ebenfalls als Keime wirken.

Feinkörnige Gussgefüge entstehen bei schneller Abkühlung, welche die Eigenkeimbildung fördert (Druckguss), oder Impfen der Schmelze mit Fremdkeimen. Beispiel: Na in AlSi-Guss und seltene Erdmetalle (Ce, Y, Zr) in Mg-Gusslegierungen.

2.2.3 Plastische Verformung

Die meisten Metalle sind bei RT plastisch verformbar ohne dass der Zusammenhalt verloren geht. Modellvorstellung am Idealkristall: Jedes Korn verformt sich zunächst unter inneren Schubspannungen, indem Kugelschichten mit dichtester Packung parallel zueinander abgleiten.

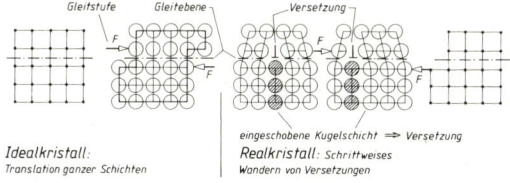

Bild 1. Plastische Verformung am Ideal- und Realkristall

Eine Trennung der Schichten würde größere Normalspannungen erfordern. Dieses Abgleiten (Translation) findet in den Ebenen mit geringstem Gleitwiderstand statt (Gleitmöglichkeiten Tabelle 3).

Modellvorstellung am Realkristall: Versetzungslinien wandern bis sie an ein Hindernis stoßen, z.B. an eine Korngrenze. Es müssen jeweils nur wenige Atome zum gleichen Zeitpunkt verschoben werden, d.h. die kritische Schubspannung, bei der eine plastische Verformung beginnt, liegt niedriger als bei der Idealvorstellung.

2.2.4 Kaltverfestigung

K. ist die Steigerung der Festigkeit und Härte bei Verformung unterhalb der Rekristallisationstemperatur T_R unter starker Abnahme der Dehnbarkeit bis zum Bruch. Es sinkt auch die elektrische Leitfähigkeit (Beweglichkeit der Valenzelektronen im Gitter).

Ursache: Versetzungslinien wandern und erzeugen weitere, bis sie an den Korngrenzen auflaufen und gestaut werden. Die Versetzungsdichte steigt (von ca. 10^8 auf $10^{12}/cm^2$). Kaltverfestigung wird deshalb

auch Versetzungsverfestigung genannt. Wenn keine Atomreihe mehr wandern kann, ist die totale Versprödung erreicht.

Anwendung: Dünnwandige Halbzeuge (Blech, Band, Draht) von NE-Metallen sind in verschiedenen Festigkeitsstufen lieferbar, die durch bestimmte Verformungsgrade beim letzten Walz- oder Ziehvorgang eingestellt werden ($\rightarrow$ 4.2 Anhängesymbole, Tabelle 4).

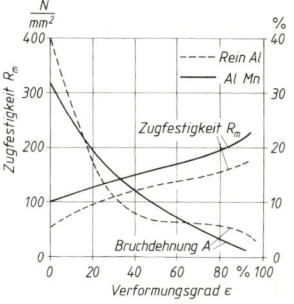

Bild 2. Zugfestigkeit, Härte und Bruchdehnung bei steigendem Verformungsgrad

$$\text{Verformungsgrad } \varepsilon = \frac{\text{Querschnittsänderung}}{\text{Ausgangsquerschnitt}}$$

Oberflächliche Kaltverfestigung von dynamisch beanspruchten Bauteilen erzeugt Druckeigenspannungen. Dauerfestigkeit steigt durch z.B. Kugelstrahlen von Federn, Walzen von Kerben und Übergangsradien an Wellenabsätzen.

2.2.5 Erhöhung der Kristallfestigkeit

Die Steigerung der niedrigen Festigkeit reiner Metalle ist auf verschiedenen Wegen möglich. Die vorstehend erwähnte Kaltverfestigung ist auch bei reinen Metallen anwendbar. Bei Legierungen ergeben sich weitere Möglichkeiten, Legierungsatome sozusagen als Gitterfehler zur Festigkeitssteigerung auszunutzen. Dabei ist die Änderung der Duktilität wichtig (Tabelle 5).

Tabelle 5. Verfestigungsmechanismen

Mechanismus	Fehler	Strukturänderung, Hindernisse gegen die Versetzungsbewegungen	Festigkeit und Duktilität, schematischer Verlauf
Mischkristall-Verfestigung Legieren innerhalb der Löslichkeit	Punkt-Fehler	Welligkeit der Gleitschichten durch kleinere oder größere LE-Atome, Wirkung steigt mit der den ∅-Unterschieden und der Konzentration der LE.	
Korngrenzen-verfestigung Feinkorn herstellen	Flächenfehler	Korngrenzen blockieren die Bewegung der Versetzungen. Vielzahl der Körner erhöht die Zahl der Gleitmöglichkeiten.	
Teilchenverfestigung • Aushärten • Dispersionshärtung	fremde Partikel	Behinderung durch feindisperse, kohärente Ausscheidungen in Mischkristallen, die *abgeschert* werden, oder durch inkohärente Teilchen, welche *umgangen* werden müssen.	

2.3 Verhalten bei höheren Temperaturen

2.3.1 Thermische Aktivierung

Wärmezufuhr zu einem Stoffsystem führt zu höherer thermischer (kinetischer) Energie der Teilchen. Ihre gesteigerte Bewegung um die Gitterplätze führt zu mehr Zusammenstößen/Zeit und damit zu mehr Platzwechseln/Zeit. Das führt zu einem schnelleren Ablauf der *Prozesse* (→ folgende Abschnitte).

Durch Zusammenstöße können einzelne Atome die Aktivierungsenergie Q erhalten, die nötig ist, die Bindung zur Umgebung zu lösen und ihren Platz wechseln. Metallatome gelangen dabei in die nächste Lücke, Nichtmetallatome auf den nächsten Zwischengitterplatz. Dabei streben die Teilchen nach dem Gleichgewicht, einem Zustand, in dem sich das Stoffsystem nicht mehr verändert.

Streben	Ziel
Energieminimum	Energieabgabe ergibt einen ein Zustand höherer Stabilität
Entropiemaximum	Abbau von Ordnung = Zustand höherer thermodynamischer Wahrscheinlichkeit

Die Anzahl der Platzwechsel/Zeit ist die Geschwindigkeit v von Vorgängen, die *thermisch aktiviert* bei höheren Temperaturen schneller ablaufen. Aussagen darüber können nur mit einer gewissen Wahrscheinlichkeit gemacht werden. Die Zahl der Zusammenstöße steigt *exponentiell* mit der Temperatur (T im Nenner des Exponenten).

Geschwindigkeit von Platzwechseln

$$v = v_0 \exp(-Q/RT) = v_0 \cdot e^{-Q/RT};$$

v: Platzwechsel/Zeit; v_0 Stoffkonstante;
Q: Aktivierungsenergie, Gaskonstante
$R = 8{,}314$ J/mol; T Temperatur.

■ **Beispiel:**
Aufkohlen von Einsatzstählen für die gleiche Aufkohlungstiefe in: 32 h/900 °C oder 10 h/1000 °C oder 4 h/1100 °C.

Die Aktivierungsenergie Q ist höher für größere Metallatome und für dichtgepackte Gitter, niedriger für kleine Nichtmetallatome und in weniger dicht gepackten Gittern. Z. B. können H-Atome bei RT im Ferritgitter diffundieren, Metallatome benötigen hohe Temperaturen.

2.3.2 Kristallerholung und Rekristallisation

Wird kaltverfestigter Werkstoff erwärmt, so bildet sich beim Erreichen der sog. Rekristallisationsschwelle von Keimen ausgehend ein neues Gefüge, das Rekristallisationsgefüge. Als Keime wirken die stark verformten, energiereichsten Körner, deren Teilchen, durch Wärmebewegung begünstigt, neue unverspannte Gitter bilden. Die Rekristallisationstemperatur T_R wird durch LE und Verformung herabgesetzt und liegt bei ca. 40 % der Schmelztemperatur T_m (in K). Rekristallisationsschaubilder zeigen die Abhängigkeit der Korngröße

des neuen Gefüges von Umformgrad und Glühtemperatur (Bild 3-10). Bei sehr kleiner Verformung findet nur eine Kristallerholung statt, ebenso, wenn T_R beim Erwärmen nicht erreicht wird. Dabei Abbau innerer Spannungen und Zunahme der Dehnung bei unveränderter Kornform und -größe. Kleine Verformungsgrade führen beim Glühen zu Grobkorn.

2.3.3 Kornwachstum

Die Bereiche der Korngrenzen sind weniger geordnet, energiereicher und gekrümmt. Sie besitzen Oberflächenenergie (Spannung durch Krümmung), die bei größeren Kristalliten kleiner ist. Bei höheren Temperaturen werden die kleineren Körner von den größeren aufgezehrt. Das Wachstum wird behindert, wenn bei solchen Temperaturen ungelöste Phasen (z. B. IP von Al, Mo, Nb, Ti und V evtl. mit C und N) die Korngrenzen blockieren. Solche Stähle sind nicht überhitzungsempfindlich.

■ **Beispiele:**
Einsatz- und Nitrierstähle, warm- und hitzebeständige Werkstoffe und Feinkornbaustähle.

2.3.4 Warmumformung

Merkmale sind die theoretisch unbegrenzte plastische Verformung bei Temperaturen zwischen unterhalb der Solidus-Linie und Rekristalliationstemperatur. Es erfolgt ständige Rekristalliation und somit keine Verfestigung. Die Gleitvorgänge benötigen geringere Energie, zusätzlich tritt *Korngrenzengleiten* auf.

Die Rekristallisation benötigt Zeit, dadurch ist die zur plastischen Verformung erforderliche Fließspannung k_f neben der Temperatur auch von der Geschwindigkeit abhängig. Erläuterung zu Bild 3:

Graph	Umformgeschwindigkeit $\Delta\varphi/\Delta t$	Beispiel
a	20/s	Schmiedehämmer
b	10/s	Mech. Pressen
c	1/s	Hydraul. Pressen

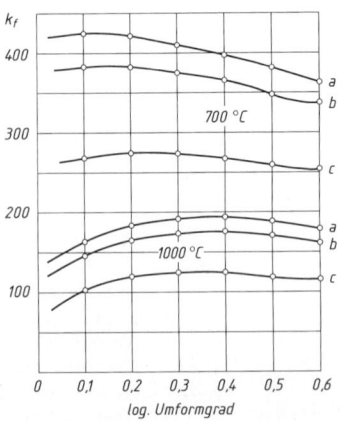

Bild 3. Fließkurven von Stahl C45E

Superplastizität ist die Fähigkeit einiger Werkstoffe, unter geringen Spannungen sehr große Umformungen bis zu 1 000 % ohne Einschnürung (damit ohne Riss) auszuhalten.

Bedingungen sind eine Korngröße unter 10 μm, Temperatur über 0,5 T_m (Schmelztemperatur in K), und niedrige Umformgeschwindigkeiten (5% /min), damit Rekristallisation, Kongrenzengleiten und Diffusion ablaufen können. Es besteht die Gefahr von Hohlraumbildung durch Leerstellenansammlung.

Anwendung: Blasformen für flächige Teile und Isothermschmieden für kompaktere Teile von Triebwerken und -verkleidungen aus Ti- und Mg-Legierungen. Entwicklungen für IP wie TiAl und TiAl$_3$.

2.3.5 Diffusion in Metallen

Diffusion in Metallen ist die Wanderung von Atomen im Kristallgitter unter Wirkung eines Konzentrationsgefälles $\Delta c/\Delta x$ (Antrieb = Entropiestreben). Zum Platzwechsel muss die Aktivierungsenergie Q aufgebracht werden. Es entsteht ein Teilchenstrom J.

(1. Fick'sches Gesetz).

Teilchenstrom: $J = D \cdot \Delta c/\Delta x$;

$$\text{mit } D = D_0\, e^{-Q/RT}$$

(Atome/cm^{2}s = cm^2/s $\cdot$ Atome/cm^3 cm)

In der Diffusionskonstanten D sind die Widerstände enthalten, die den Teilchenstrom bremsen: Atomgröße und Dichte des Gitters, sowie die Art der Diffusionswege über Leerstellen, Zwischengitterplätze, Versetzungen oder Kornoberflächen. Auf Diffusionsvorgängen beruhen zahlreiche Verfahren:

Glühen	Lösungsglühen	Ausscheidungen, Auslagern
Verteilung von LE, Ausgleich von Seigerungen	Lösen von sekundären Kristallen	Abbau von Übersättigung in Mischkristallen
Thermochemische Verfahren	Sintern, Diffusions-Schweißen	
Einbringen von B, C, Cr, N, u.a. Elementen	Platzwechsel im Korngrenzenbereich	

Für thermochemische Verfahren ist das 2. Fick'sche Gesetz wichtig. Es verknüpft den mittleren Randabstand x_m, bei dem die anfängliche Konzentrationsdifferenz (C-Atmosphäre – C-Werkstoff) auf die Hälfte abgesunken ist.

2. Fick'sches Gesetz:

Wurzelgesetz $x_m{}^2 = Dt$; $\quad \Rightarrow \quad x_m = \sqrt{Dt}$

Daraus ergeben sich einige Abhängigkeiten:

Beziehung	Abhängigkeit
Eindringtiefe x und Zeit t	die n-fache Eindringtiefe x$_2$ erfordert die n^2-fache Zeit t$_2$
Zeit t und Temperatur T	t$_1$: t$_2$ = D$_1$: D$_2$ (D enthält T) Produkt Dt = konstant !

Der Zeitaufwand der Diffusionsverfahren wird bereits durch kleine Temperatursteigerungen wesentlich verringert (Beispiel unter 2.3.1).

2.4 Zweistofflegierungen (binäre Legierungen)

2.4.1 Allgemeines

Legierungen sind Stoffgemenge aus mehreren *Komponenten* (A, B C ...), meist Metallen, oft sind auch Nichtmetalle beteiligt. Sie reagieren evtl. miteinander und bilden Kristalle, die *Phasen* (α, β, γ...). Eine Begrenzung auf zwei Komponenten – Zweistoffsysteme – ist zur Kennzeichnung der verschiedenen Legierungssysteme erforderlich. Die Komponenten lassen sich schmelzflüssig meist beliebig mischen. Nur wenige Paarungen sind unlöslich, sie bilden zwei Schmelzen übereinander (Fe-Pb, Cu-W), andere lösen sich nur teilweise, es bilden sich zwei legierte Schmelzen übereinander (Pb-Cu). Je nach Temperatur bestehen sie aus unterschiedlichen Phasen (Schmelze und Kristallarten), deren Konzentrationen und Massenverhältnisse sich aus den Zustands-Diagrammen ablesen lassen (→ 2.4.8).

2.4.2 Legierungsstrukturen (Zweistofflegierungen)

Die Gefügebildung der Legierung hängt vom Verhalten der beiden Komponenten A und B im festen Zustand ab. Es können die folgenden Gitterstrukturen – allein oder im Gemisch – auftreten.

Austausch-(Substitutions-) **Mischkristalle** (AMK.) zwischen Metallen. Die Atome B sind regellos *an Stelle* der A-Atome im Gitter verteilt (feste Lösungen). Die Löslichkeit von B im A-Gitter hängt von Struktur und Eigenschaften der Atome ab (Kristallgitter und Wertigkeiten gleich, Atomradiendifferenz < 15 % , ähnliche Elektronegativität EN), und liegt zwischen > 0 und 100 %.

Einlagerungs-(interstitielle) **Mischkristalle** (EMK) enthalten die Atome B auf Zwischengitterplätzen (Lücken zwischen den A-Atomen). Sie entstehen, wenn der Atomradius von B < 0,41·Atomradius A. Das gilt für die Nichtmetalle B, C, N und O. Die Gitterverzerrung ist groß, die Löslichkeit gering. Die Härte wird stark auf Kosten der Duktilität erhöht (C-Atome im Fe, H-Atome im Hartchrom).

Intermetallische Phasen (IP). Komponenten mit starken elektrochemischen Unterschieden bilden in bestimmten Mischungsverhältnissen gemeinsam ein Gitter, das von denen beider Komponenten *abweicht*. Darin sind der Metallbindung auch Anteile von Ionen- oder Atombindung überlagert. Die Diffusion ist erschwert, damit das Kriechen bei hohen Temperaturen. Diese Stoffe sind härter, spröder und haben z.T. komplizierte Gitter ohne Gleitmöglichkeiten, aber mit höheren E-Moduln. Einige haben höhere Schmelztemperaturen als die Komponenten und sind damit für Hochtemperaturanwendung interessant (z.B. TiAl, Ti$_3$Al, AlNi [→ 2.4.9] mit niedrigerer Dichte als die NiCo-Superlegierungen).

Tabelle 6. Legierungsstrukturen (Legierungselement, LE-Atome; im Wirtsgitter, WG)

LE-Atome im Wirtsgitter	Legierungselement ist				
	Metall		Nichtmetall		
sind nicht geordnet	**Austausch-(Substitutions)-MK.** Atome der LE besetzen normale Gitterplätze des WG, regellos verteilt (feste Lösungen), Duktilität wenig beeinflusst. α-CuZn	Systeme Cu-Pt, Cu-Ni, Cu-Au, Fe-Cr Fe- Ni, Fe-V	**Einlagerungs-(interstitielle) MK.** Kleine LE-Atome besetzen Zwischengitterplätze im WG, regellos verteilt. Starke Verzerrung, geringe Duktilität Nichtmetallatom im Basisgitter		Systeme Fe-C, Fe-N
sind geordnet (Gitter im Gitter)	**Überstrukturen,** Treten bei bestimmten festen Atomverhältnissen einiger Systeme auf. Besondere phys. Eigenschaften, thermisch nicht stabil Oktaeder im Würfel, (Cu₃Zn)	AuCu; AuCu₃	**Einlagerungsstrukturen** Gitter im Gitter, ≈ geordnete Einlagerungs- MK. Metall- mit Nichtmetall-Atomen → Hartstoffe Titancarbid TiC, Titannitrid TiN		Carbide, Nitride von Cr, Mo, Ti, Ta, V
bilden neues, anderes Gitter	**Intermetallische Phase**, (IP) bei geringer Ähnlichkeit der Atome, (nichtstöchiometrisches Verhältnis) → z.T. bestimmte Atomverhältnisse (stöchiometrische Verhältnisse.) →	Cu-Al, CuSn, Cu-Zn Ni₃Al, Ti₃Al	β-CuZn		

Metalle können mit höheren Anteilen der Nichtmetalle C, N und B chemische Verbindungen bilden. Ihre Gitter sind Einlagerungsstrukturen, jedoch mit geordneter Verteilung der Nichtmetallatome im Metallgitter. Carbide, Nitride und Boride zählen auch zu den IP. Meist sind es Hartstoffe mit hohen Schmelzpunkten, deshalb im Gefüge von Werkzeug- und warmfesten Stählen (Sondercarbide) enthalten, oder sie werden als Verschleißschutzschichten auf zähen Baustählen erzeugt (Nitrieren, Borieren) oder durch Beschichten (Plasmaspritzen, CVD- und PVD-Verfahren) aufgebracht. *Sinterhartmetalle* bestehen aus Mischkristallen von WC mit TC und TaC. *Supraleiter aus der* intermetallischen Phase $Ti_2Ba_2Ca_2Cu_3O_{10}$ haben eine Sprungtemperatur von > 120 K (elektrischer Widerstand wird Null, d.h. eine verlustfreie Energieübertragung ist möglich).

Tabelle 7. Härte und Schmelztemperaturen von Hartstoffen (Mittelwerte)

Stoff	Bornitrid	Borcarbid	Ti-Carbid	Ti-Nitrid
Formel	BN	B_4C_3	TiC	TiN
HV-1	6000	3700	3500	2000
T_m in °C	—	2450	3140	2950

Stoff	W-Carbid	V-Carbid	Korund	Si-Carbid
Formel	WC	VC	Al_2O_3	SiC
HV-1	2400	2800	2800	3500
Schmelz T	2870	2830	2050	2200

2.4.3 Zustandsdiagramme

Zustandsdiagramme entstehen aus den Abkühlkurven vieler Legierungen eines Systems oder werden berechnet. Der Schmelz- bzw. Erstarrungsbereich wird durch Liquidus- (oben) und Solidus-Linie (unten) begrenzt. Darunter liegen die Phasenfelder. Sie lassen die Phasen erkennen, aus denen eine Legierung je nach Temperatur und Konzentration besteht. Zwischen den Phasen besteht thermodynamisch ein Gleichgewicht, sofern die Abkühlung *sehr langsam* erfolgt.

Bei schnellerer Abkühlung entstehen andere Konzentrationen und Verteilungen der Phasen (sog. Ungleichgewichtszustände), die metastabil sind, d.h. bei Erwärmung dem Gleichgewichtszustand zustreben. Hierfür gelten andere Diagramme (z.B. ZTU-Diagramme).

2.4.4 Systeme mit vollkommener Mischbarkeit im festen Zustand, Mischkristallsystem

Ihre Komponenten müssen die Hume-Rothery-Regeln erfüllen: Gleiche Kristallgitter, Differenz der Atom-∅ < 15 %. Geringe Differenzen in EN-Zahl und Wertigkeit.

Legierungen im mittleren Bereich mit breitem Erstarrungsintervall bilden in der Schmelze Primärkristalle, die an kalten Formwänden kristallisieren. Die Formfüllung wird behindert. *Kristallseigerung*: Primärkristalle haben im Kern andere Konzentration als im Rand.

Bedingungen	Gefüge, Hauptanwendung	Zustands-Diagramm, Merkmale	weitere Systeme
Große **Ähnlichkeit** der Komponenten in Atom-∅, Gitter, EN-Zahl, Wertigkeit	Homogene Gefüge aus gleichen Mischkristallen Möglichkeit von Kristallseigerungen beim Erstarren Verformbarkeit hoch, stark kaltverfestigend **Knetlegierungen** über den ganzen Mischungsbereich	**Mischkristall-System**, linsenförmiges Feld zwischen Liquidus- und Solidus-Linie. 	Ag-Au, Ag-Pt, Co-Mn Cu-Au; Cu-Pt; Cu-Pd Cu-Pt α-Fe-Cr γ-Fe-Ni; α-Fe-V Ni-Co Ni-Pt Mo-W

2.4.5 Systeme mit begrenzter Mischbarkeit im festen Zustand, eutektisches System

Die Komponenten haben keine oder nur geringe Mischbarkeit im festen Zustand, sie kristallisieren jede für sich unter gegenseitiger Behinderung der Kristallisation. Deren Beginn verschiebt sich dadurch zu tieferen Temperaturen, bei der eutektischen Legierung zum tiefsten Schmelz*punkt*.

Eutektische Legierungen lassen sich dünnwandig vergießen, da keine Primärkristalle an den Formwänden ankristallisieren und den Schmelzfluss behindern (Gegensatz zu den Legierungen mit breitem Erstarrungsintervall). Deswegen liegen viele Guss- und Druckgusslegierungen im eutektischen Bereich bzw. in der Nähe.

Bedingungen	Gefüge, Hauptanwendung	Zustands-Diagramm, Merkmale	weitere eutekt. Leg.
Geringere **Ähnlichkeit** der Komponenten in Atom-∅, Gitter, EN-Zahl, Wertigkeit	Heterogene Gefüge aus zwei Kristallarten. Restschmelze zerfällt an der Solidus-Linie bei konstanter Temperatur in ein Kristallgemisch. Eutektische Reaktion: Schmelze → α + β Niedriger Schmelzpunkt, seigerungsfreie Erstarrung. Im Randbereich Knetlegierungen. **Gusslegierungen** für den eutektischen Bereich.	**Eutektisches System**, außen Mischkristallfelder mit geringer Löslichkeit, dazwischen Mischungslücke mit v-förmiger Liquidus-Linie. **Eutektikum** (ca. 60 % Sn): feinkörniges Gefüge aus den beiden Phasen	Al-Druckguss Al-Si mit 12 % Si Silberlot Cu-Ag mit 45 % Ag Gusseisen Fe-C mit 4,3% C Zn-Druckguss Zn-Al mit 4 % Zn Hartblei Pb-Sb mit 13 % Sb

2.4.6 Systeme mit sekundären Ausscheidungen

Wesentliches Merkmal ist ein Mischkristallfeld dessen begrenzende Löslichkeitslinie mit sinkender Temperatur gegen Null zurückgeht. Bei langsamer Abkühlung reduziert sich die im Mischkristall gelöste Komponente durch Diffusion an die Korngrenzen und bildet dort sekundäre Ausscheidungen.

Bei schneller Abkühlung entstehen metastabile, übersättigte Mischkristalle, welche Voraussetzung für das Aushärten sind.

Die technisch wichtigen, aushärtbaren Legierungen sind Drei- und Mehrstofflegierungen, die ausscheidenden Phasen sind komplex aufgebaut. Das vorliegende Beispiel ist vereinfacht.

Bedingungen	Gefüge, Hauptanwendung	Zustands-Diagramm, Merkmale	weitere Systeme
Komponenten haben *große* Unterschiede in Atom-$\varnothing$, Gitter, EN-Zahl, Wertigkeit	Mischkristallgefüge mit Ausscheidungen intermetallischer Phasen (IP). Ausscheidungen müssen feindispers im Mischkristall vorliegen, durch Aushärten erzielt. Sie steigern Festigkeit, Härte, Warmfestigkeit, evtl. magnetische Werte. **Aushärtbare Legierungen**	Mischkristallfeld von Solidus- und Löslichkeitslinie begrenzt, Aushärtbare Al-Mg-Legierungen enthalten 0,5..1,2 % Si zur Bildung von Mg_2Si als ausscheidende Intermetallische Phase	Al-CuMg Al-CuTi Al-MgSi Al-ZnMg Fe-C Cu-Al Cu-Be Cu-Cr Cu-NiSi Mg-Al Ti-AlV

2.4.7 Systeme mit Mischkristallen und mehreren Intermetallischen Phasen (Beispiel Cu-Zn)

Das Legierungssystem besitzt zahlreiche Sorten, die ein breites Eigenschaftsspektrum überdecken. Das wird durch das Verhältnis der beiden Kristallarten α und β, daneben durch weitere LE erreicht ($\rightarrow$ 4.3.4f.). Knetlegierungen liegen im Bereich der α-Misch-

kristalle (kfz.). Geringe Anteile der spröden β-Phase verbessern die Spanbarkeit. Sorten für Warmumformung und die Gusslegierungen besitzen davon höhere Gefügeanteile. Legierungen mit der sehr spröden γ-Phase im Gefüge haben keine technische Verwendung gefunden.

Bedingungen	Gefüge, Hauptanwendung			Zustands-Diagramm, Merkmale	ähnliche Systeme
Sehr große Unterschiede in Atom-$\varnothing$, Gitter, EN-Zahl, Wertigkeit **Cu:** r_{Cu} = 128 pm, kfz, EN = 1,9 1-wertig **Zn:** r_{Zn} = 133 pm, hdP, EN = 1,6 2-wertig Bei größeren Zn-Gehalten entstehen Intermetallische Phasen	Die harte, spröde β-Phase steigert Härte und Festigkeit unter Abnahme der Duktilität. ($\rightarrow$ Diagramm) **Legierungen für spanende Bearbeitung, verschleißfeste Legierungen** Intermetallische Phasen im System CuZn:			System Cu-Zn, vereinfacht An der Linie BCD findet die peritektische Reaktion statt ($\rightarrow$ 2.4.9). 	Al-Mg Al-Mn Al-SiCu Cu-Al; Cu-Sn;
		β	**γ**		
	Zn-%	43.8 – 48,2	ca. 58		
	IP- [1] Formel	CuZn	Cu_5Zn_8		
	E-Zelle	krz. (Tabelle)	kub. 52 Atome		
	Umformbarkeit	kalt gering, warm gut	nicht umformbar		

[1] Formeln geben keine stöchiometrische Zusammensetzung an, sondern den Mittelwert der Konzentrationen.

Allgemein werden heterogene Cu-Legierungen mit IP im Gefüge als Werkstoffe für tribologische Beanspruchungen verwendet. Dabei gibt es zwei Möglichkeiten:

- Weichere Pb-Kristalle (Schmiertaschen) in einem härteren Cu-Mischkristallgefüge mit IP-Anteilen. Weichere Lagerwerkstoffe für ungehärtete Reibpartner (CuPb- und CuPbSn-Legierungen).
- Härtere intermetallische Phasen in Cu-Mischkristallgefüge. Härtere Lagerwerkstoffe für gehärtete Reibpartner (CuSn- und CuAl-Legierungen).

Werkzeugstähle haben eine gehärtete Stahlmatrix mit noch härteren Misch- und Sondercarbiden der Legierungselemente Cr, V, W, Mo.

2.4.8 Auswertung von Zustands-Diagrammen

Die Vorgänge beim Abkühlen einer Legierung lassen sich im Zustands-Diagramm auf einer senkrechten Linie verfolgen. Sie liegt entsprechend der Konzentration der Legierung L_1. Vom geschmolzenen Zustand. aus wandert ein die Legierung darstellender Punkt auf der Senkrechten abwärts, der sinkenden Temperatur entsprechend.

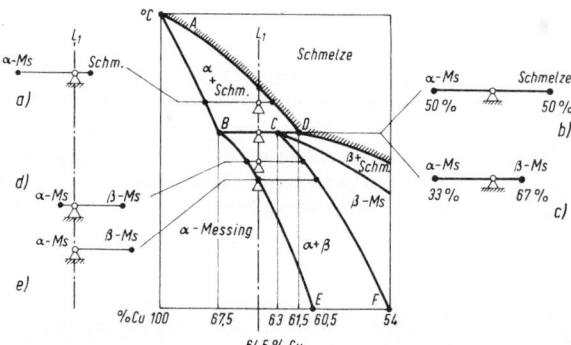

Die Temperaturwaagerechte ergibt einen Hebel mit Endpunkten an den Feldgrenzen. Es gilt das Hebelgesetz für Gleichgewicht.
Phasenanteile sind dem abgewandten Hebelarm proportional.

$$\text{Ph \%} = \frac{\text{Abgewandter Hebel}}{\text{Gesamthebel}} = 100 \text{ \%}$$

Konzentration einer Phase kann am Lot auf die waagerechte Achse abgelesen werden.
Beim Überschreiten der Grenzlinie zwischen zwei Phasenfeldern ändert sich die Zahl oder Art der Phasen um eins. Abweichungen von dieser Regel sind an Punkten möglich.

- **Beispiel (Bild):**
  Abkühlungsverlauf einer Cu-Zn-Legierung mit 64,5 % Cu (CuZn36). Die Legierung kühlt aus der Schmelze ab. Beim Erreichen der Solidus-Linie tritt eine zweite Phase auf, die α- Phase (kfz. Cu-Mischkristalle), die nach und nach die Konzentration des Punktes B annimmt (67 % Cu). Die Schmelze strebt der Konzentration des Punktes D zu.

Unterhalb der Liquidus-Linie überwiegt noch der Anteil der Schmelze (Bildteil a). Dicht über der Solidus-Linie (Bildteil b) sind bei dieser Legierung gleiche Anteile von Schmelze und α-Mischkristallen vorhanden (gleiche Hebelarme).
An der Linie BC tritt die peritektische (↓) Reaktion ein:
Dicht unterhalb der Linie CD (Bildteil c) liegt dann ein Gefüge mit 1/3 α-Mischkristallen vor (mit 67,5 % Cu) und 2/3 β-Kristallen (mit 63 % Cu). Die Hebelarme verhalten sich wie 2:1.
Mit weiterer Abkühlung ändern sich die Konzentrationen beider Phasen:

α-Mischkristalle längs der Linie BE,
β-Kristalle längs der Linie CF.

Gleichzeitig wächst der Anteil der α-Mischkristalle, jener der β-Kristalle sinkt (Bildteil d). Beim Erreichen der Linie BE (Bildteil e) ist der Anteil der β-Kristalle auf Null gesunken (abgewandter Hebelarm ist Null), dadurch liegt bei RT ein homogenes Gefüge aus α-Mischkristallen vor.

Peritektische Reaktion:
Intermetallische Phasen können teilweise schmelzen und dabei eine andere Kristallart bilden. Der umgekehrte Vorgang ist die peritektische Reaktion (Bild):

$$\alpha + \text{Schmelze} \rightarrow \beta$$

In dieser Form würde die Reaktion einer Legierung mit 63 % Cu am Punkt C ablaufen.

Die ausgewählte Legierung L_1 enthält weniger Cu, deshalb gilt hier die Reaktionsgleichung (Konzentration in Klammern)

$$\alpha \, (B) + \text{Schm. (D)} \rightarrow \alpha \, (B) + \beta \, (C).$$

Bei der Reaktion sinkt der Anteil der α-Mischkristalle, die von der Schmelze z. T. nur an der Oberfläche „gelöst" werden (kleinerer Hebelarm, Bildteile b) und c)). Ihr Cu-Gehalt ergibt zusammen mit der niedrigeren Cu-Konzentration der Schmelze von 61,5% die höhere der B-Kristalle von 63 %.

2.4.9 Systeme mit intermetalischen Phasen (IP) und Maximum

In einigen Legierungssystemen treten IP auf, deren Schmelzpunkte *über* denen der reinen Komponenten liegen. Sie sind für Hochtemperaturanwendungen interessant. Bei ihnen ist der Metallbindung eine starke kovalente (z.T. auch heteropolare, ionare) Bindung überlagert. Sie haben hohe E-Moduln, sind hart und spröde, sodass für die Fertigung besondere und aufwändige Fertigungsverfahren erforderlich sind. Mit ihren Eigenschaften bilden sie einen Übergang von hochwarmfesten Legierungen zur Keramik, mit höherer Zähigkeit als Letztere.
Das leichtere Al senkt die Dichte, damit steigt die spez. Festigkeit (Reißlänge) der Legierungen. Entwickelt werden Werkstoffe auf der Basis TiAl (γ-Legierung) mit einer Dichte von 3,8 g/cm^3, deren geordnete Struktur einen hohen Kriechwiderstand besitzt, der bei ungeordneter Verteilung der Atome jedoch geringer ist. Geringe Zusätze von Cr, Mo Si Zusätze erhöhen Festigkeit *und* Dehnung.

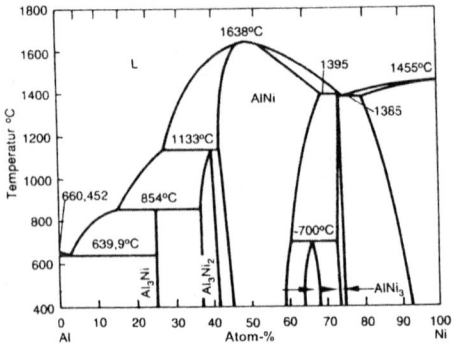

Zustand-Diagramm Al-Ni

Bedingungen: Komponenten haben *große* Unterschiede in Atom-∅, EN-Zahl, Wertigkeit, Schmelz-

punkt, Valenz-Elektronen, Stellung in der elektrochem. Spannungsreihe

Stöchiometrische IP haben schmale Felder (AlNi$_3$) bis senkrechte Linien (Al$_3$Ni).

Nichtstöchiommetrische IP haben breitere Felder und einen Bereich der Zusammensetzung (AlNi).

Schmelzpunkt liegt bei AlNi mit 1638° C höher als bei den Komponenten.

2.4.10 Vergleich von homogenen und heterogenen Legierungen

In dieser Zusammenfassung werden die beiden Grundgefüge gegenübergestellt und daraus auf Eigenschaften und Verwendung geschlossen. Die Zuordnungen sind grob, in Sonderfällen können auch Abweichungen auftreten.

Tabelle 8. Eigenschaftsvergleich

Kriterium	Homogene Legierungen	Heterogene Legierungen
Zustandsdiagramm (prinzipiell)	Legierungen Grundtyp I oder im Randbereich bei den meisten anderen Typen	In den Mischungslücken bei teilweiser Mischbarkeit der Komponenten
Beispiele	Cu-Legierungen mit geringem Gehalt an LE, austenitische Stähle	Eutektische Gusslegierungen, Einsatz- Vergütungs- und Werkzeugstähle, aushärtbare Al-Legierungen
Gefüge	homogen, eine Phase Mischkristalle	heterogen, zwei Phasen bilden ein Kristallgemisch
Fertigung durch Gießen	ungünstig bei breitem Erstarrungsbereich, Schwindung, Seigerung	günstig, da niedriger Schmelzpunkt, kleines Schwindmaß
Kneten	günstig, alle Kristallite nehmen daran teil, homogen verformbar	Rissgefahr, wenn beide Phasen sehr unterschiedliche Verformungswiderstände haben
Spanen	Fließspan, rauere Oberfläche	günstig, weichere oder sprödere Phase kann spanbrechend wirken, glatte Oberfläche
Verwendung (vorwiegende)	Knetlegierungen	Gusslegierungen
Fertigungsgänge	Gussblock → Umformen → Halbzeug → Umformen/Verbinden → Fertigteil	Rohgussteil → Spanen → Fertigteil
Verlauf der Eigenschaften über der Konzentration	*elektr. Widerstand* / *Wärmedehnung* / % / Bei bestimmten Konzentrationen sind extreme Eigenschaften möglich	*Härte* / *elektr. Widerstand* / % / Eigenschaften liegen zwischen denen der reinen Komponenten (Ausnahme Schmelztemperaturen)

2.5 Kristall- und Gefügeveränderungen

2.5.1 Polymorphie

Einige kristalline Stoffe sind polymorph (vielgestaltig), sie können je nach Temperatur in verschiedenen Gitterstrukturen auftreten (Tabelle 1). Mit steigender Temperatur werden die auftretenden Phasen als α-, β, γ- bezeichnet.

Zur Änderung des Zustandes muss Energie aufgebracht werden (Haltepunkt in der Abkühlkurve). Die Dichte ändert sich dabei ebenfalls. Durch Höchstdrücke lassen sich dichtere Modifikationen herstellen (Grafit → Diamant; hex. Bornitrid → kubisches Bornitrid, CBN). Wenn bei der Abkühlung andere Kristallgitter mit geringerer Dichte entstehen, kann es zum mechanischen Zerfall durch innere Spannungen kommen (Zinnpest, Feuerfeststoff Zirkonoxid).

2.5.2 Umwandlungen bei Legierungen im festen Zustand

Neben der Polymorphie einiger Metalle und den Ausscheidungen aus Mischkristallen gibt es weitere Umwandlungen im festen Zustand. Sie sind nicht auf die Stähle beschränkt, für die sie eine besondere Bedeutung haben und dort eingehend behandelt werden.

Name	Vorgänge	Beispiele, Anwendungen
Eutektoide Umwandlung (ähnlich eutektischer Erstarrung)		
Homogene Mischkristalle reagieren am eutektoiden Punkt und zerfallen dann durch Gitterumwandlung zu einem Kristallgemisch.		Austenitzerfall zu Perlit (3.2.2.2) oder Bainit (3.3.4.2)
Martensitische Umwandlungen		
Sehr schnelle diffusionslose Gitterumwandlung, gelöste Atome verbleiben in Zwangslösung $\Rightarrow$ Gitterverzerrung $\Rightarrow$ Eigenschaftsänderungen.		Härten von Stahl (3.3.4.1), tritt auch auf beim Abkühlen von: **Co** wandelt von kfz in hdP, **Ti** wandelt von krz zu hdP, **Memoryeffekt** bei NiTi-Legierungen

2.5.3 Gefügefehler

Seigerung ist die Entmischung einer Schmelze beim Kristallisieren, sie tritt als Schwerkraftseigerung z.B. bei Bleilegierungen auf; wenn leichte Kristalle in einer bleireicheren Schmelze nach oben steigen. Kristallseigerung → 2.4.4.

Blockseigerung tritt bei Legierungen auf, die einen großen Abstand zwischen Liqidus- und Solidus-Linie besitzen. Der zuletzt erstarrte Teil, meist der Kern des Blockes oder Werkstückes ist angereichert mit den tiefschmelzenden Bestandteilen. Diese Seigerungszone bleibt auch im Kern von Walzprofilen erhalten.

Mikrolunker sind mikroskopisch kleine Hohlräume zwischen den Verästelungen der Kristalle, hervorgerufen durch die Erstarrungsschrumpfung der letzten Schmelzanteile. Sie werden durch Warmumformung verschweißt, dadurch Verdichtung der Walz- und

Schmiedegefüge mit besseren mechanischen Eigenschaften gegenüber Gusswerkstoffen.

Lunker sind größere Hohlräume. Sie treten in den Bereichen auf, die zuletzt erstarren, ohne dass flüssiges Metall nachfließen kann.

Gasblasen entstehen durch Ausscheiden von in der Schmelze gelösten Gasen (H_2, O_2, N_2), die von den Kristallen nicht eingebaut werden können (geringere Löslichkeit) Abhilfe durch Vakuumbehandlung. Gasgehalte werden auf die Hälfte reduziert, es erhöhen sich Festigkeit *und* Dehnung.

■ **Beispiele:**
Einfluss von Größe und Verteilung einer Phase auf die Eigenschaften (Tabelle)

Werkstoff	Zusatz / Gefügeteil	Auswirkung
Stahl	Stickstoff > 0,1 % Schwefel, Phosphor > 0,2 %	Stahl ist alterungsanfällig (Versprödung) Phasen sind bei Schmiedetemperatur flüssig, Brüche
Kupfer	Spuren von Bi	Risse bei der Warmumformung
Stahl	Zementitform lamellar / körnig	Spanbarkeit und Kaltformbarkeit bei körniger Form günstiger
Guss-eisen	Graphitform lamellar → kugelig	Zähigkeit steigt von GJL → GJS, Dämpfungsvermögen fällt

3 Eisen und Stahl

3.1 Stahlerzeugung

3.1.1 Rohstahl

Stahl ist schmiedbares Eisen, das deswegen unlegiert einen C-Gehalt von 1,7 % nicht übersteigen darf und geringste Gehalte an P, S, O, und N besitzen muss. Für die Erzeugung haben sich zwei Erzeugungslinien durchgesetzt:

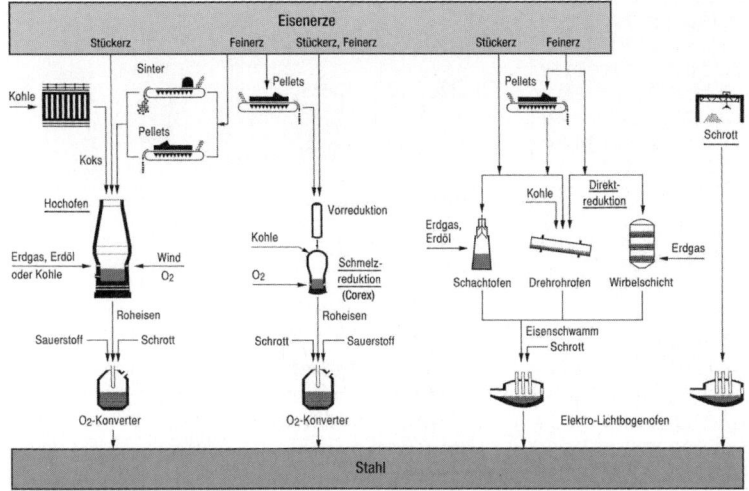

Bild 1.
Verfahrenslinien zur Rohstahlerzeugung

Ausgangs-material	Reduktions-verfahren	Zwischen-produkt	Stahlverfahren Anteil %
Eisenerze aufbereitet Sinter, Peletts	**Hochofen-prozess** Leistung: 10 000 t/d	Roheisen mit z.B. 3...4 % C 1,5 % P 0,05 % S	**Oxygen-** 90% **Blasverfahren** Schrott zur Kühlung
	sortierter Schrott		
Eisenerze aufbereitet, Pellets	Direkt-reduktion Leistung: 1000 t/d	Eisen-schwamm ca. 1 % C	**Elektro-** 10% **stahlverfahren**

Das Endprodukt ist ein Rohstahl. Er enthält Nichtmetalle, die bei der Erzeugung durch Erze, Koks und Zuschlagstoffe in Roheisen und Stahl gelangen, unterschiedliche Wirkung auf die Eigenschaften haben und im Gehalt begrenzt werden müssen. Stahlnormen enthalten Grenzwerte dieser Stoffe.

Tabelle 1. Wirkung schädlicher Elemente auf Gefüge und Eigenschaften des Stahles

Element	Wirkungen
Schwefel S	Als FeS enthalten, das mit Fe und FeO ein Eutektikum mit tiefem Schmelzpunkt (935 °C) bildet. Durch Seigerung entstehen Anhäufungen, die bei Schmiedetemperatur flüssig sind → Rot- und Heißbrüche, S-Gehalte deshalb < 0,05 % in Baustählen; < 0,035 in Edelstählen
Phosphor P	Im Ferrit löslich, starke Mischkristallverfestigung (bei Feinblechen angewandt), kaltspröde, Gehalte < 0,08 % in Baustählen; = 0,035 in Edelstählen. Ergibt mit Fe und C das Dreifacheutektikum Steadit mit T_m = 950 °C (Formfüllungsvermögen, Kunstguss)
Stickstoff N	Durch schnelle Abkühlung im Ferrit zwangsgelöst. Nach Kaltumformung erfolgt langsame feindisperse Ausscheidung mit Abnahme der Zähigkeit = Alterung des Stahles, Sprödbrüche. Desoxidation mit Al bindet N zu AlN , im Ferrit unlöslich, keine Ausscheidungen
Sauerstoff O	Als FeO in der Schmelze gelöst, im Gefüge als kleinste Schlackeneinschlüsse verteilt. Führt mit FeS zum Rotbruch. Desoxidation senkt O-Gehalte auf 0,001...0,01 %. Niedrigste O-Gehalte für Werkzeug- und legierte Stähle erforderlich
Wasserstoff H	Gelangt durch Rost (Fe-Hydroxide) bei der Erschmelzung in die Schmelze. Wasserstoffversprödung durch H-Atome in den EMK. H ist auch bei RT diffusionsfähig (kleinster Atom-∅), als H_2-Molekül nicht. Rekombiniert bei Erstarrung und Abkühlung in Störstellen zu H_2-Gas mit hohem Druck → Ursache der Flockenrisse (innere Spaltbrüche bei größeren Schmiedeteilen). H-Atome diffundieren auch bei Oberflächenbehandlung mit Säuren ein (Beizsprödigkeit), die durch Glühen bei 200 °C verschwindet

3.1.2 Sekundärmetallurgie

Der erzeugte Rohstahl wird schlackenfrei abgestochen und in besonderen Anlagen und nach zahlrei-

chen Verfahren der Sekundärmetallurgie auf die geforderten Analysenwerte gebracht.

Tabelle 2. Verfahren der Sekundärmetallurgie (Pfannenbehandlung)

Rohstahl-merkmale	Metallurgie	Verfahrenstechnik
Sauerstoff-, Schwefel- Stickstoff- und Phosphorgehalte zu hoch	Desoxidation, Entschwefelung, Entphosphorung, Entstickung	Einblasen von reaktionsfähigen Metallen (Ca, Mg, Al, und Legierungen) mit Tauchlanze, auch kombiniert mit Bodenspülen
Nichtmetallische Teilchen in Schwebe	Spülverfahren mit Ar, O, N	Einblasen durch poröse Bodensteine fördert das Aufsteigen von Oxiden, Sulfiden u.s.w. und homogenisiert Temperatur und Zuammensetzung der Schmelze
Gasgehalte zu hoch (H_2, N_2), C-Gehalte zu hoch	Entgasung im Vakuum (Degassing), Frischen mit O_2	Vakuum-Heber-Verfahren (DH), Vakuum-Umlaufverfahren (RH), Pfannenstand Entgasung (VD), Vakuum-Frischen in Pfannen (VOD), Argon-Frisch-Verf. (AOD)
LE-Gehalte ungenau	Legieren und Homogenisieren	Zugabe bei fast allen Verfahren möglich, meist kombiniert mit Einblasen von Spülgasen zur Badbewegung
Temperatur zu niedrig	Chemisch heizen	Al-Verbrennung mit O_2 unter Schutzgas (VOH)
	Elektrisch heizen	Pfannenofen (LF) mit Schutzgas, Pfannenofen (LF) mit Vakuum (VAD)

Schlüssel: A: Argon; O: Oxidation; D: Degassing, Decarburization; LF: Ladle furnace; C: Konverter statt Pfanne; H: Heizen

Es werden Reduktionsmittel zugesetzt, um durch Redoxreaktionen Schadstoffe zu reduzieren. Durch die Abwesenheit der Schlacke werden Nebenreaktionen und Verlust von teuren Zusatz- und Legierungselementen vermieden. Es können Gasgehalte gesenkt und die Temperatur für das nachfolgende Stranggießen genau eingestellt werden.

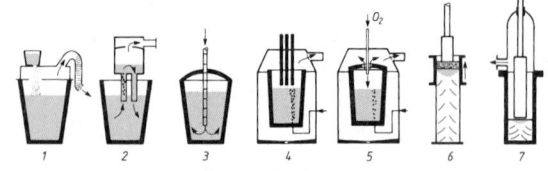

Bild 2. Verfahren der Sekundärmetallurgie
1 Abstichentgasung 2 Umlaufentgasung
3 Feststoffeinblasen
4 VAD, Vakuum-Entkohlung mit Lichtbogenheizung
5 VOD-Verfahren für C-arme Cr-Ni-Stähle (18/8),
6 ESU-Elektro-Schlacke-Umschmelzen
7 Vakuum-Lichtbogen-Umschmelzen

Vakuumbehandlung: Alle Schmelzen lösen Gase, die im Kristallgitter nicht löslich sind. Sie reagieren z.T. zu nichtmetallischen Partikeln (Oxide, Nitride) oder werden molekular (H_2). Dann bilden sie winzige, linsenförmige Hohlräume (Flockenrisse), welche die Zähigkeit stark senken. Unterdruck über der Schmelze vermindert Gasgehalte und vermeidet Flockenrisse. Nebenwirkungen sind:

Abschirmung von Sauer- und Stickstoff, keine Neuoxidation,
Abdampfen von Spurenmetallen wie Pb, Sn,
Weiterlaufen der Kohlenstoffdesoxidation nach
$FeO + C \rightarrow Fe + CO\uparrow$.

Nach dem Gesetz des kleinsten Zwanges kommt die Reaktion (Reaktionsprodukte haben größeres Volumen) bei konstantem Druck zum Stillstand. Reste von FeO und C verbleiben im Stahl. Durch Vakuumbehandlung weitere Absenkung von FeO (Oxidschlacke, Reinheitsgrad) und C (0,003 %) möglich.

Umschmelzverfahren benutzen die erkalteten Stahlblöcke als Abschmelzelektrode. Das jeweilige kleine Schmelzbad kann nicht mit der (gekühlten) Tiegelwand reagieren. Umschmelzblöcke bauen sich von unten nach oben auf, haben geringe Gasgehalte, höchsten Reinheitsgrad, keine Seigerungen und Gleichmäßigkeit von Längs- und Quereigenschaften.
ESU-Verfahren: Elektro-Schlacke-Umschmelzverfahren mit Schutz durch eine synthetische Schlacke. Blockgrößen bis zu 160 t (Block mit 2,3 m $\varnothing$) . Auch für das Umschmelzen unter Stickstoffdruck für austenitische Stähle angewandt (Streckgrenzenerhöhung).
Vakuum-Lichtbogen-Schmelzen mit Unterdrücken bis 0,1 Pa und Kühlung einer Cu-Kokille durch wärmeleitende Na-K-Legierung. Anlagen bis zu 60 t. Auch zum Umschmelzen von Ti oder Zr und deren Legierungen angewandt (Ti-Schwamm aus dem Kroll-Verfahren oder Keislaufschrott).
Anwendung für Bauteile mit höchsten Sicherheitsanforderungen oder Oberflächengüte: Warmfeste Schmiedeteile der Kraftwerkstechnik, Vergütungsstähle im Flugzeugbau, Wälzlager, Kaltwalzen.

3.1.3 Vergießen des Stahles

Strangguss: Wirtschaftliches Verfahren, spart Energie und Walzarbeit durch endmaßnahes Gießen.
Stahl gelangt durch ein Tauchrohr (Abschirmung der Luft) in ein Verteilergefäß (evtl. unter Schutzgas) und ein zweites Tauchrohr in die schwingende, wassergekühlte Kokille ohne Boden, sodass der Strang, äußerlich erstarrt, nach unten durch Stütz- und Treibrollen in Kreisbogenform abgezogen werden kann. Es folgt das Trennen in der Waagerechten. Gießgeschwindigkeiten bis zu 6 m/min. Anteil ca. 90 % der Stahlproduktion, vergossen zu Brammen, Vier- und Achtkantknüppel, Hohlsträngen auf Ein- und Mehrstranganlagen.

Standguss: Aufwändiges Verfahren, für große Schmiedeteile in Kokillen von oben als Oberguss, oder von unten über ein Trichterrohr und Gießläufe in mehrere Kokillen gleichzeitig (Gespannguss). Anteil < 10 % der Stahlerzeugung.

3.2 Das Eisen-Kohlenstoff-Diagramm

3.2.1 Abkühlkurve des Reineisens

Eisen ist polymorph, Bild 3 zeigt die Abkühlkurve mit den Kristallarten. Die Vorgänge über 1 300 °C sind für Fertigung und Wärmebehandlung weniger wichtig.

Kristallart	α-Eisen	γ-Eisen
Kristallname	Ferrit	Austenit
Gittertyp	kub.-raumzentr.	kub.flächenzentr.
Gitterkonstante	0,286 nm	0,356 nm
Magnetismus	magnetisch	unmagnetisch
Wärmeausdehnung	kleiner	größer

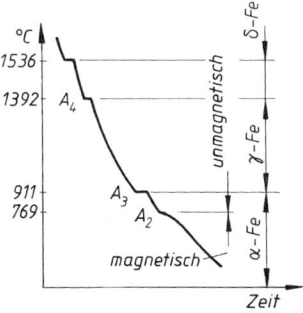

Bild 3. Abkühlkurve des Reineisens und Kristallarten

Die Volumenänderung bei kristallinen Umwandlungen wird bei der Dilatometermessung zur thermischen Analyse benutzt, um bei hochschmelzenden Legierungen Halte- und Knickpunkte zu bestimmen. Dabei wird ein Stab über seine Länge gleichmäßig erwärmt und die Längenänderung über der Temperatur aufgezeichnet (Dilatation = Dehnung, Bild 4).

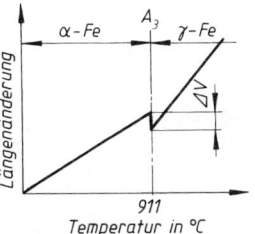

Bild 4. Dilatometerkurve von Reineisen

Umwandlungsfreie Stoffe haben eine stetige Kurve. Bei Gitteränderungen oder Ausscheidungen wird der stetige Verlauf unterbrochen (Stufe und/oder Knick). Durch Einbau von LE finden die Umwandlungen bei anderen Temperaturen statt. Wichtigstes LE ist C, billig und in kleinen Gehalten von starkem Einfluss.

Bedeutung des Eisens als Werkstoff:
- Knetwerkstoffe (Stahlsorten),
- Gusswerkstoffe (Gusseisensorten),
- Werkzeuge (Härtbarkeit),
- Magnetwerkstoff für elektrische Maschinen.

3.2.2 Das Eisen-Kohlenstoff-Diagramm, Gefüge und Umwandlungen

Eine C-haltige Schmelze kann in zwei Formen erstarren, es gibt deshalb 2 Legierungssyteme:

System	Einfluss-größen	Werkstoffe	Gefüge
Fe-C, stabil, nicht veränder-bar	Si-Gehalte + langsamere Abkühlung	Gusseisen mit Lamellen- oder Kugelgraphit, schwarzer Temperguss	Ferrit + Graphit
Fe-Fe₃C, metastabil, dch. Glühen veränderbar	Mn-Gehalte + schnellere Abkühlung	Stahlsorten, Hartguss, Temperroh-guss	Ferrit + Zementit (Fe₃C) Fe₃C zerfällt zu 3 Fe + C
Mischformen		Höherfestes Gusseisen	Ferrit, Graphit, Zementit

Bild 5 zeigt das Zustandsdiagramm des metastabilen Systems Fe-Fe₃C.

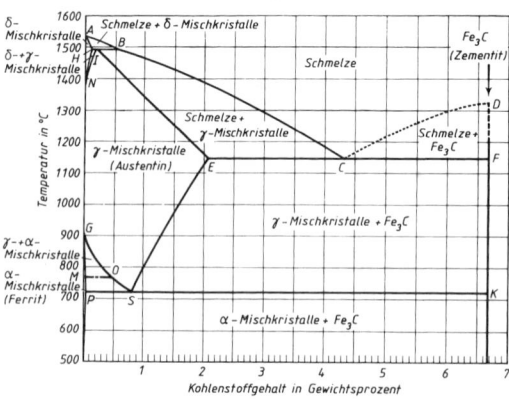

Bild 5. Eisen-Kohlenstoff-Diagramm, vollständiges, metastabiles System

Die Linien des stabilen Systems unterscheiden sich geringfügig. Die folgenden Beschreibungen beziehen sich auf das wichtigere System Fe-Fe₃C.

3.2.2.1 Phasen und Gefügebestandteile: Im Laufe der Abkühlung und bei RT treten folgende Kristall- und Gefügearten auf.

Name	Struktur	Beschreibung
Ferrit	α-Misch-kristalle, krz.	Homogenes Gefüge, stark verformbar, löst max. 0,02 %C.
Zementit	Eisencarbid Fe₃C	Primärzementit kristallisiert in der Schmelze. Sekundärzementit entsteht durch Ausscheidung aus dem Austenit an den Korngrenzen
Austenit	γ-Misch-kristalle, kfz.	homogenes Gefüge, sehr stark verformbar, löst max. 2,06 %C
Perlit	Kristall-gemisch	Ferrit- und Zementit in Lamellenform, entsteht durch Austenitzerfall bei 723 °C, enthält dann 0,8 % C, Eutektoid des Systems
Ledeburit	Kristall-gemisch	Eutektikum aus γ-Mischkristallen + Zementit. Unterhalb 723 °C durch Zerfall der γ-Mischkristalle aus Ferrit + Zementit.

3.2.2.2 Umwandlungsvorgänge (Hierzu EKD Bild 6)

Beim Abkühlen durchläuft der darstellende Punkt einer Legierung die Linien. Dabei finden folgende Umwandlungen statt (→ tabellarische Übersicht):

Linie, Haltepkt.	Vorgang	Betroffene Werkstoffsorten, Vorgänge
GS Ar₃ 911°...723 °C	Ferrit-ausscheidung γ-Fe wird zu α-Fe	Unterperlitische (-eutektoide) Stähle < 0,8 %C. Umwandlungspunkt wird durch steigende C-Gehalte erniedrigt. C-diffundiert in restlichen Austenit, der sich bei Erreichen der Linie PS auf 0,8 %C angereichert hat und dann zerfällt
ES Arₘ 1147°...723 °C	Zementit-ausscheidung,	Überperlitische (-eutektoide) Stähle 0,8...2% C. Im Austenit sinkt die C-Löslichkeit mit der Temperatur von max. 2,08 % auf 0,8 %C an der Linie SK. Diffusion von C an die Korngrenzen: Sekundärzementit
Punkt S 723 °C	Eutektoider Punkt Austenitzerfall (Perlitbildung)	Alle Legierungen. Noch vorhandener Austenit mit 0,8 %C wird zu Ferrit, C-Atome diffundieren aus und bilden Lamellen von Fe₃C im Ferrit. Lamellendicke wird bei schnellerer Abkühlung durch Diffusionsbehinderung immer feinstreifiger. Das Gefüge ist das Eutektoid der Legierung, mit der metallographischen Bezeichnung *Perlit*
Unter 723 °C		Unterperlitische (-eutektoide) Stähle haben ein ferritisch-perlitisches Gefüge Überperlitische (-eutektoide) Stähle haben ein perlitisches Gefüge mit Korngrenzenzementit
Punkt C 1147 °C	Eutektischer Punkt bei 4,3 % C	Gleichzeitige Kristallisation von γ-MK und Fe₃C zum Eutektikum, mit der metallographischen Bezeichnung *Ledeburit*
Unterhalb der Linie SK		2,06...43,3 %C: Untereutektisches Eisen aus Perlit in ledeburitischer Matrix, 4,3 ...6,67 %C: Übereutektisches Eisen aus Primär-Zementit in ledeburitischer Matrix

3.2.2.3 Wirkung der LE auf Umwandlungspunkte, Gefüge und Eigenschaften der Stähle

Die drei Elemente C, Mn, und Si sind von der Erschmelzung her in jedem Stahl vorhanden. Legierte Stähle können Mn und Si in größeren Prozentsätzen enthalten.

Element	Wirkungen
Kohlenstoff C	Erweitert Austenitbereich. Mit dem C-Gehalt steigt der Perlitanteil, damit Härte und Zugfestigkeit. Es sinken Bruchdehnung und Zähigkeit, Schmelztemperatur, Eignung zum Schweißen und Schmieden. Härtbarkeit ab etwa 0,3 %
Silicium Si	Engt Austenitbereich ein. Desoxidationsmittel, als Intermetallische Phase FeSi enthalten, bei höheren Gehalten wird Schmiede- und Schweißeignung gesenkt, Letztere durch Oxidation zu SiO_2, hochschmelzend. In hitzebeständigen Stählen enthalten, Federstähle bis 2 %, weichmagnetische Stähle 0,4...4 %, säurefester Guss bis zu 18 %. Stabilsiert Graphit, Bestandteil von Gusseisensorten
Mangan Mn	Erweitert Austenitbereich, Desoxidationsmittel bindet S zu MnS nach FeS + Mn → MnS + Fe, MnS führt nicht zum Bruch beim Schmieden wie FeS, wichtig für die Automatenstähle mit S-Gehalten. Stabilisiert Zementit durch Bildung von Mischcarbiden $(Fe, Mn)_3C$.

Viele Elemente verschieben die Punkte E und S im EKD nach links, sodass übereutektoide Stähle mit C-Gehalten < 0,8 % möglich sind (Verfestigungseffekt).

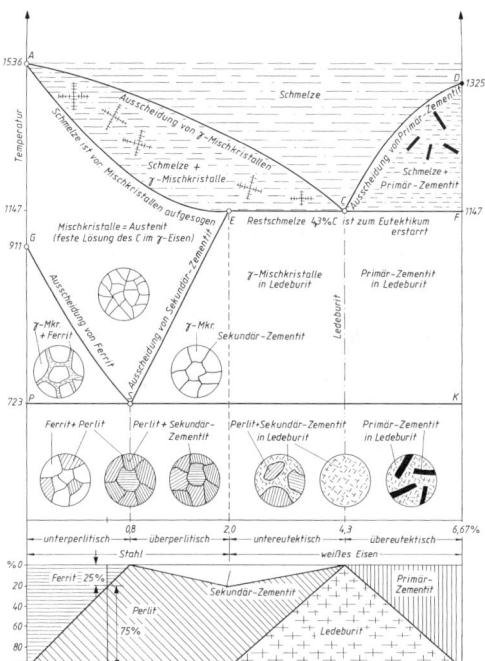

Bild 6. Eisen-Kohlenstoff-Diagramm, vereinfachtes metastabiles System

Austenitbildner sind Legierungselemente, die im Austenit gelöst das γ-Gebiet erweitern. Bei höheren Gehalten entstehen Stähle, die bei RT austenitisch sind (Tabelle 3).

Tabelle 3. Elemente, die das Austenitgebiet erweitern

Legierungelemente sind: **Ni, Mn, Co, N**
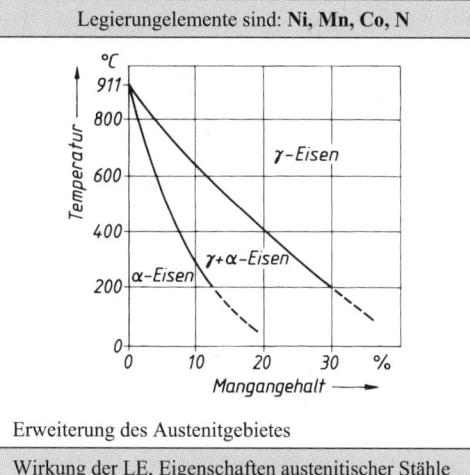
Erweiterung des Austenitgebietes
Wirkung der LE, Eigenschaften austenitischer Stähle
A_3-Punkt wird von 911°C zu tieferen Temperatur verschoben. Bei 400..200 °C erfolgt dabei Umwandlung zu Martensit. Bei höheren Gehalten sind sie bei RT noch austenitisch. Rein austenische Stähle werden durch Abschrecken aus dem γ-Gebiet erzeugt. Niedrige Streckgrenze [1] bei höherer Festigkeit mit hoher Bruchdehnung, kaltzäh bis – 200 °C, unmagnetisch, nicht härt- und normalisierbar. Grobkorn kann nur durch Umformung + Rekristallisation rückgängig gemacht werden. Starke Kaltverfestigung durch teilweise Martensitbildung. Homogene, ausscheidungsfreie Gefüge sind korrosionsbeständig.

[1] Anhebung der Streckgrenze durch Mischkristallverfestigung mit N. Herstellung durch Elektro-Schlacke-Umschmelzen unter N_2-Druck (DESU-Verfahren).

Austenitische Werkstoffe (meist mit weiteren LE): C-arme korrosionsbeständige CrNi-Stähle, hochwarmfeste und hitzebeständige Stähle), Mn-Hartstahl, austenitische Stahlguss- und Gusseisensorten,
Ferritbildner sind Elemente, die das Austenitgebiet abschnüren. Es entstehen Stähle, die ferritisch erstarren und umwandlungsfrei auf RT abkühlen (Tabelle 4)..
Ferritische Stahlsorten: C-arme korrosionsbeständige Stähle, warmfeste, hitzebeständige Stähle und Stahlguss.
Ferritisch-austenitische Stähle sind Cr-Stähle mit niedrigeren Anteilen an Austenitbildnern (Ni, Mn), sodass Gefüge mit etwa gleichen Anteilen Ferrit/Austenit entstehen, Die Streckgrenze liegt höher als bei austenitischen Stählen bei gleicher Korrosionsbeständigkeit.

Tabelle 4. Elemente, die das Austenitgebiet abschnüren

Legierungelemente sind: **Cr, Si, Al**
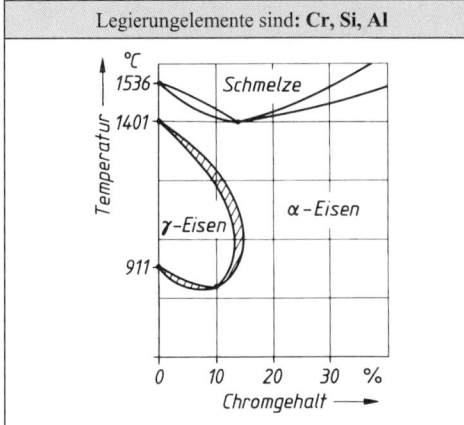
Abschnürung des Austenitgebietes
Wirkung der LE, Eigenschaften ferritischer Stähle
A_3-Punkt wird von 911°C zu höheren Temperaturen verschoben und das γ-Gebiet abgeschnürt. Bei Cr > 13 % sind die Stähle umwandlungsfrei. Das bei der Kristallisation entstehende δ-Eisen (krz) bleibt bis RT erhalten
Weniger stark kaltumformbar, Steilabfall der Zähigkeit bei der Übergangstemperatur $T_Ü$, magnetisch, nicht härt- und normalisierbar.
Homogene ferritische Gefüge sind korrosionsbeständig.
Bei geringen LE-Gehalten entstehen härtbare, ferritischperlitische Stähle (martensitische, nicht rostende).

Austenitlösliche Elemente senken die kritische Abkühlgeschwindigkeit, dadurch ist tiefere Einhärtung und Durchhärtung möglich. Wichtig für Einsatz-, Vergütungs- und Werkzeugstähle. Dazu gehören Al, Co, **Cr, Mn, Ni, Si**.

Carbidbildner sind Elemente mit starker Affinität zum C. Sie bilden allein oder in Mischung mit anderen harte, beständige Carbide (Tabelle 5). Sie erhöhen

Härte und Verschleißwiderstand sowie die Warmfestigkeit. Hierzu gehören **Cr, Mo, Ti, Nb, V, W**.

Tabelle 5. Härte und Schmelztemperaturen von Hartstoffen (Mittelwerte)

Stoff	Bornitrid BN	Borcarbid B_4C_3	Ti-Carbid TiC
Härte HV-1	6000	3700	3500
T_m in °C	—	2450	3140
Stoff	Ti-Nitrid TiN	W-Carbid WC	V-Carbid VC
Härte HV-1	2000	2400	2800
T_m in °C	2950	2870	2830

3.2.2.4 Einfluss mehrerer Elemente

Mehrere LE im Stahl können ihre Wirkungen verstärken oder aufheben oder neue Wirkungen hervorrufen. Cr ist in fast allen Stahlsorten enthalten, weil es je nach Partner unterschiedliche Auswirkungen auf das Gefüge hat. Bild 7 zeigt die Wirkung steigender Cr- und C-Gehalte auf das Gefüge.

Mit >13 % Cr wird Stahl korrosionsbeständig.

Höhere Cr-Gehalte sind nötig, um Deckschichten aus Cr_2O_3 zu bilden, ohne dass dem MK Chrom entzogen wird.

In CrNi-Stählen verstärkt Cr die Erweiterung des Austenitgebiete durch Ni, sodass sich bereits mit 18 Cr und 8 % Ni nach Abschrecken austenitische Stähle ergeben.

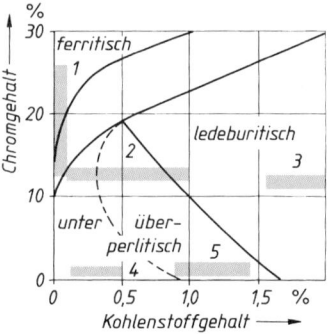

Bild 7. Die Gefüge Cr-legierter Stähle in Abhängigkeit vom C-Gehalt

Tabelle 6. Chromlegierte Stahlsorten (zu Bild 7)

Feld	LE und Gefüge	Eigenschaften	Beispiele →	Sorte
1	C niedrig, Cr hoch, carbidfreies homogenes, ferritisches Gefüge.	Korrosionsbeständiger Stahl mit mittlerer Kaltformbarkeit, kaltspröde.	**X8Cr17** 1.4016	
	C niedrig, Cr sehr hoch, umwandlungfrei, festhaftende Oxidschicht, durch Al und Si verstärkt	Hitzebeständiger, (zunderfester) Stahl, bis zu 1200 °C beständig	**X10CrAl24** 1.4762	
2	Cr hoch, C-Gehalt bis 1 % , unter- bis überperlitisches Gefüge	Korrosionsbeständig (geschliffen), härtbar für Messer, Wälzlager	**X46Cr13** 1,4034	
3	C und Cr hoch, ledeburitisch, 15 % Cr-Carbide (höher schmelzend)	Schmiedbar, verzugsarm härtbar, Schnittwerkzeuge	**X210Cr12** 1.2080	
4	0,2< C > 0,5, Cr niedrig, unter- bis überperlitisches Gfüge	Einsatz- und Vergütungstähle, Cr bewirkt Durchvergütung	**41Cr4** 1.7035	
5	C hoch, Cr niedrig, überperlitisches Gefüge mit Cr-Carbiden	Noch zäh, verschleißfest, für Wälzlager, Kaltarbeitsstahl mittlerer Leistung	**100Cr6** 1.3505	

3.3 Die Wärmebehandlung der Stähle, Stoffeigenschaftändern
(Begriffe DIN EN 10052)

3.3.1 Allgemeines

Die Fertigungshauptgruppe *Stoffeigenschaft ändern* umfasst alle Verfahren, welche das Gefüge – und damit die Eigenschaften – gezielt verändern. Sie gilt für alle metallischen Werkstoffe. Schwerpunkt ist die Wärmebehandlung der Stähle.

Tabelle 7. Übersicht, 6 Stoffeigenschaft ändern (Dezimalklassifikation nach DIN 8580/03)

Gruppen	Untergruppen	
6.1 **Verfestigen durch Umformen**	6.1.1 Verfestigungsstrahlen	
	6.1.2 Walzen	6.1.3 Ziehen
	6.1.4 Schmieden	
6.2 **Wärmebehandeln**	6.2.1 Glühen	6.2.2 Härten
	6.2.3 Isotherm. Umwandeln	
	6.2.4 Anlassen, Auslagern	
	6.2.5 Vergüten	6.2.6 Tiefkühlen
	6.2.7 Themomech. Behandeln	
	6.2.8 Aushärten	
6.3 **Thermomechanisches Behandeln**	6.3.1 Austenitformhärten	
	6.3.2 Heißisostatisches Nachverdichten	

Die Behandlung besteht in einem *Erwärmen, Halten und Abkühlen* nach bestimmten Temperatur-Zeit-Folgen im festen Zustand, eine Formänderung ist mit Ausnahmen nicht beabsichtigt. Ziel ist die Anpassung der Eigenschaften des Stahles an das Anforderungsprofil oder an bestimmte Fertigungsvorgänge. Temperatur und Geschwindigkeit der Erwärmung und Abkühlung richten sich nach der gewünschten Eigenschaftsänderung, der Stahlanalyse und Wanddicke des Teiles. Die Temperaturen sind mit der Stahlecke des EKD verknüpft (Bild 8).

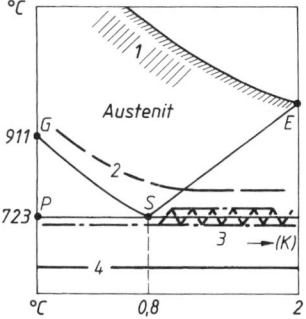

Bild 8. Stahlecke des EKD

1 Diffusionsglühen, 2 Normalglühen,
3 Weichglühen, 4 Spannungsarmglühen

3.3.2 Austenitisierung

Viele Verfahren gehen vom *austenitischen* Zustand des Stahles aus, um ihn in andere Gefüge umzuwandeln. Zum Austenitisieren müssen Ferrit umgewandelt und die Carbide gelöst und verteilt werden, damit ein homogenes, feinkörniges Gefüge vorliegt.
ZTA-Schaubilder (Bild 9) für isotherme Erwärmung (hier bei 800 °C waagerecht nach rechts) lassen erkennen, dass der Haltepunkt Ac_1 zu einem Bereich erweitert ist, weil die Carbide C gelöst werden müssen. Nach 10^3 s wird Haltepunkt Ac_3 erreicht, das Gefüge ist austenitisch inhomogen und muss noch weiter bis zum homogenen Zustand A_{hom} gehalten werden. Dabei stellt sich eine Korngröße von ca. 5 µm ein. Bei höheren Temperatur wird dieser Zustand schneller erreicht, wegen der Gefahr der Kornvergrößerung müssen die Zeiten sehr genau eingehalten werden.

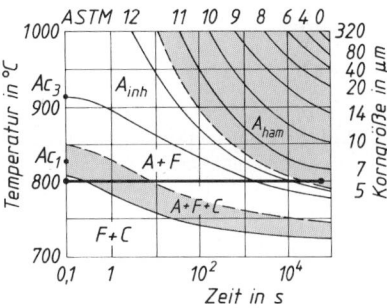

Bild 9. ZTA-Schaubild für isotherme Erwärmung C45E   (nach *Hougardy*)

Überperlitische (-eutektoide) Stähle werden nur über Ac_1 erwärmt, um Grobkornbildung zu vermeiden. Günstig ist ein homogener Austenit mit feinverteilten Carbiden. Für schnelle Erwärmung z.B. durch Induktion sind die ZTA-Schaubilder für *kontinuierliche Erwärmung* zweckmäßig.

3.3.3 Glühverfahren (Bild 8)

Normalglühen soll dem Stahl ein gleichmäßig feinkörniges Gefüge mit lamellarem Perlit geben, das vom vorausgegangenen Fertigungsgang unabhängig ist. In diesem Zustand sind mechanische Festigkeits- und Verformungskennwerte reproduzierbar. Nach dem *Austenitisieren* wird schnell unter Ar_1 (ca. 650° C) abgekühlt, dann evtl. langsamer, um Spannungen zu vermeiden. Es verschwinden Zeilengefüge, Grobkorn bei Schmiedeteilen und Erstarrungsgefüge von Stahlguss und Schweißnähten (Widmannstättensches Gefüge).
BF-Glühen (auf bestimmte Festigkeit): Austenitisieren, Abschrecken und Anlassen auf 500 ... 550° C.
BG-Glühen (auf bestimmtes Gefüge): Austenitisieren und geregelte Abkühlen für Einsatzstähle zur Erzeugung eines ferritischen Gefüges mit Perlitinseln.

Weichglühen soll die Eignung für spanlose und spangebende Verfahren durch Absenken der Härte verbessern. Der lamellare Zementit zerfällt in eine körnige Form (Oberflächenspannung), wenn im Bereich um Ac_1 gehalten wird, bei überperlitischen Stählen mehrfaches Heben und Senken der Temperatur um Ac_1 (Pendelglühen). Werkzeugstähle erhalten ein für die Härtung günstiges Ausgangsgefüge, das auch durch isothermes Umwandeln in der Perlitstufe erzeugt werden kann.

GKZ-Glühen (auf kugelige Zementitausbildung) Gefüge mit niedriger Festigkeit bei höherer Bruchdehnung für Kaltformstähle.

Spannungsarmglühen im Bereich von 550 ... 650° C über 2 ... 4 h mit langsamer Abkühlung senkt innere Spannungen durch plastische Verformung auf den Wert der entsprechenden Warmfließgrenze. Bei unverformten Teilen findet keine Gefügeänderung statt, bei kaltverformten eine Rekristallisation. Vergütete Teile dürfen nur ca. 50 K unter der Vergütungstemperatur geglüht werden.

Anwendung bei Schweißkonstruktionen, Guss- und Schmiedeteilen vor der spanenden Bearbeitung, Teile mit engen Toleranzen nach der Grobbearbeitung.

Diffusionsglühen zur Homogenisierung des Gefüges bei hohen Temperaturen unterhalb der Solidus-Linie (1 100°C/20 h für Stahl). Minderung von Seigerungen, Verteilung grober Carbide und Sulfide (Automatenstähle). Führt zu Grobkorn, das meist bei nachfolgender Warmumformung verschwindet, andernfalls ist Normalglühen erforderlich.

Rekristallisationsglühen soll kaltverformte und kaltverfestigte Teile wieder neu verformungsfähig machen (Zwischenglühen).

Glühen oberhalb der Rekristallisationstemperatur T_R, dabei Aufheben der Kaltverfestigung durch Rekristallisation des Gefüges. Rekristallisationsschaubilder (Bild 10) zeigen den Zusammenhang zwischen Verformungsgrad, Temperatur und Korngröße des neuen Gefüges. Bei kleinen Verformungsgraden ist Grobkorn ist möglich.

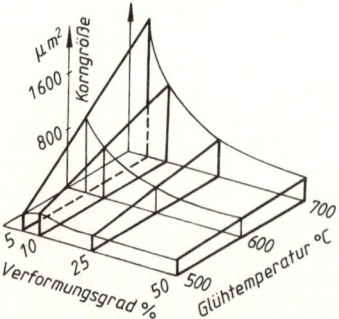

Bild 10. Rekristallisationsschaubild

Anwendung zwischen den Stufen der Kaltumformung beim, Fließpressen, Kaltwalzen, Tiefziehen.

Lösungsglühen im Bereich der Mischkristalle, um sekundäre Ausscheidungen wieder aufzulösen und ein homogenes Ausgangsgefüge herzustellen. Durch Abschrecken wird dieses Gefüge bei RT erhalten (z.B. bei austenitischen und ferritischen Stählen). Im Austenitisieren der legierten Werkzeugstähle, HS-Stähle und warmfesten Stähle zum Härten ist ein L.-Gl. enthalten.

Bei aushärtbaren Legierungen ist L.-Gl. der erste Arbeitsgang zur Herstellung übersättigter MK, als Voraussetzung für das *Aushärten*.

3.3.4 Härten und Vergüten

Beide Verfahren und ihre Varianten nutzen die Umwandlungen des Austenits beim Abkühlen mit steigender Abkühlgeschwindigkeit aus. Sie unterscheiden sich in der gewünschten Eigenschaftskombination und der Anwendung.

Verfahren		Anlassen bei °C	Eigenschafts-kombination	Anwendg. C-%
Härten[1]	Austenitisieren + Abschrecken	180... 300	Hohe Härte, angepasste Zähigkeit	Werkzeuge 0,5...1,5
Vergüten[2]		450... 650	Hohe Zähigkeit und Streckgrenze	Bauteile 0,3...0,8

Ausnahmen:
[1] nicht Warmarbeitsstähle;
[2] Isothermes Vergüten → 3.4.2

3.3.4.1 Innere Vorgänge beim Abschrecken unlegierter Stähle

Stahl wird aus der jeweiligen Austenitisierungstemperatur (Härtetemperatur) abgeschreckt. Durch die Hysterese werden die Umwandlungspunkte Ar_3 und Ar_1 nach tieferen Temperaturen verschoben. Die Diffusion der C-Atome wird mit steigender Abkühlgeschwindigkeit zunehmend behindert, es entstehen vom EKD abweichende Gefüge.

Haltepunkt Ar_3 sinkt stärker als Ar_1. Dadurch wird die voreutektoide Ferritausscheidung behindert → der Ferritanteil sinkt. Bei Ar_1 zerfällt der Austenit zu Ferrit- und Zementitlamellen, die wegen der behinderten Diffusion zunehmend feinstreifiger werden. Bei noch schnellerer Abkühlung wird die Ferritausscheidung völlig unterdrückt, Austenit zerfällt zu sehr feinstreifigen Perlit, auch bei Stählen unter 0,8 % C. (Herstellung dieses Vergütungsgefüges mit hoher Zugfestigkeit und Kaltformbarkeit bei z.B. für Federstahldraht durch Abschrecken in Warmbädern von 550° C).

Das vollständige Härtungsgefüge des Stahles, der Martensit, entsteht erst bei Überschreiten der kritischen Abkühlgeschwindigkeit v_{crit}, erst dann wird die Perlitbildung völlig verhindert. Die Umwandlung beginnt bei einem neuen Umwandlungspunkt, dem Martensit-Startpunkt M_s und endet mit fallender Temperatur bei M_f, dem Endpunkt der Martensitbildung (Bild 11).

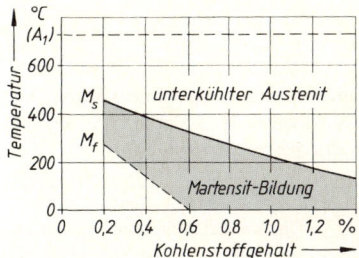

Bild 11. Start und Ende der Martensitbildung

Martensitbildung ist die diffusionslose Umwandlung des Austenits in ein tetragonal verzerrtes krz. Gitter in dem die C-Atome zwangsgelöst sind. Die Volumenvergrößerung erzeugt Spannungen, die zu Zwillingsbildungen führen.

Martensit. Gefügename des Härtungsgefüges, im Schliffbild je nach C-Gehalt als massiver, platten-, oder lattenförmiger Martensit zu erkennen Der C-Gehalt bestimmt die Härte bis zum Maximum bei 0,8 % C mit 64 HRC.

Abgeschreckte Stähle über 0,6 % C sind bei RT noch nicht völlig in Martensit umgewandelt (Bild 11), sie enthalten Restaustenit. Die Gesamthärte des Gefüges ist kleiner. Deshalb liegen die Härtetemperaturen für Stähle mit über 0,8 % C nur dicht über A_1, damit der Austenit nicht noch mehr C-Atome lösen kann und nach Bild 11 unvollständig umwandelt. Restaustenit kann durch Tieftemperaturbehandlung noch umgewandelt werden, oder er zerfällt beim Anlassen.

3.3.4.2 ZTU-Schaubilder
(Zeit-Temperatur-Umwandlungs-)

Die inneren Vorgänge lassen sich mit den ZTU-Schaubildern (Bilder 12 + 13) beschreiben. Es können die Umwandlungszeiten bei verschiedenen Temperaturen abgelesen werden. Sie gelten für jeweils einen Stahl bestimmter Zusammensetzung und existieren für alle handelsüblichen Vergütungs- und Werkzeugstähle.

ZTU-Schaubilder für kontinuierliche Abkühlung (Bild 12) Kontinuierlich abgekühlt wird in immer schroffer wirkenden Mitteln: Luft, Salzschmelzen, Öle, Wasser. Die Abkühlkurven verlaufen gekrümmt von links oben nach rechts unten. Die Kurven schneiden die stark gezeichneten Umwandlungslinien, zwischen denen die Umwandlungen verlaufen. Am Ende der Kurven ist die erreichbare Härte HV angegeben.

Bei langsamer Abkühlung (Bild 12 rechte Abkühlkurve) werden die Linien der Ferrit- und Perlitbildung geschnitten und nach ca. 100 s RT erreicht. Härte des Gefüges 274 HV.

Bei noch schnellerer Abkühlung verfehlt die Abkühlkurve den Bereich der Perlitbildung, sie durchläuft die Bainitstufe und schneidet die Martensitlinie. Es bildet sich ein Gefüge aus Bainit und Martensit mit 540 HV.

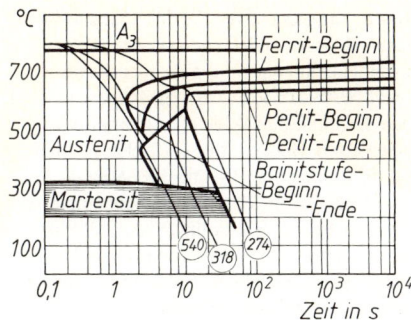

Bild 12. ZTU-Schaubild für kontinuierliche Abkühlung, Stahl C45E

Bainit ist ein Gefüge aus übersättigtem Ferrit und Carbidausscheidungen, deren Form und Größe von der Entstehungstemperatur abhängen. Im unteren Bereich sind sie feinnadelig (azikulär) und feinverteilt ausgebildet und besitzen hohe Streckgrenze *und* Zähigkeit. Anwendung auch beim bainitischen Kugelgraphitguss.

ZTU-Schaubilder für isotherme Umwandlung (Bild 13): Die Kurven geben Beginn und Ende der Austenitumwandlung an, wenn der Stahl aus der Härtetemperatur in ein Warmbad getaucht wird und bei konstanter Temperatur (isotherm) umwandelt. Die Abkühlkurve ist eine Waagerechte bei der gewählten Temperatur.

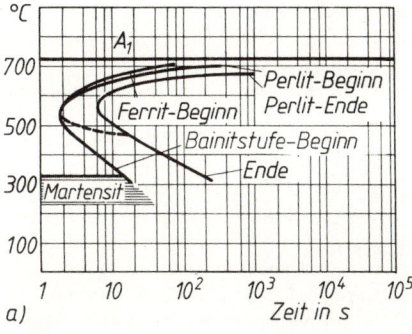

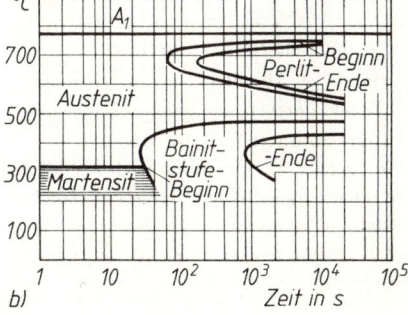

Bild 13. ZTU-Schaubilder für isotherme Umwandlung, a) Stahl mit 0,45 % C; b) 0,45 % C + 3,5 % Cr

LE in Lösung behindern die Perlitbildung, die dadurch später einsetzt und länger dauert (Bild 13b). Die Umwandlungslinien sind gegenüber dem unlegierten Stahl (Bild a) nach rechts zu längeren Zeiten verschoben. Die Abkühlung kann langsamer erfolgen, weil bei legierten Stählen die kritische Abkühlgeschwindigkeit kleiner ist (öl- und lufthärtende Stähle). Zur vollständigen Martensitbildung muss der Bereich schneller Perlitbildung, die Perlitstufe (600 ... 500°C Bildteil a), übersprungen werden. Unterhalb kann langsamer abgekühlt werden. Das Abschreckmittel ist danach abzustimmen.

3.3.4.3 Härteverzug und verzugsarmes Abschrecken.
Die ungleiche Temperaturverteilung zwischen Rand und Kern aufgrund der geringen Wärmeleitfähigkeit, besonders der legierten Stähle, verursacht Spannungen durch behindertes Schrumpfen oder Dehnen. Sie werden überlagert von denen, die der sich bildende Martensit mit größerem Volumen erzeugt. Dabei kommt es zu Maß - und Formänderungen, die zu Ausschuss oder Nacharbeit durch Schleifen führen. Es können Schalenrisse unter der Oberfläche auftreten. Wirtschaftliche Fertigung verlangt ein verzugsarmes Härten (Tabelle 8). Dabei wird die Umwandlungsträgheit (Bild 13b) des unterkühlten Austenits dicht über dem Martensitpunkt benutzt, um durch kurzzeitiges Halten die Temperaturunterschiede im Teil zu mildern, dann wird weiter unter M_s abgekühlt, wobei die Martensitbildung erst dann erfolgt. Dadurch treten Wärmespannungen und Umwandlungsspannungen nicht gleichzeitig auf.

Tabelle 8. Verzugsarmes Härten

Gebrochenes Abschrecken	Abschrecken zuerst in Wasser (Perlitbildung wird verhindnert), dann in Öl zur langsamen Martensitbildung, handwerkliches Verfahren ; Erfahrungswerte
Gestuftes Abschrecken, Warmbadhärten	Stufenweises Erwärmen und Abschrecken in Salzschmelzen (evtl. heiße Öle) mit festen Temperaturen. Im Abschreckbad (dicht oberhalb M_s) wird bis zum Temperaturausgleich gehalten, danach beliebig bis auf RT, dabei erfolgt Martensitbildung
Abschrecken unter Formzwang	Abschrecken in Matrizen unter Presskraft. Abschrecköl kann über Durchbrüche das Teil überfluten. Anwendung für sperrige Teile wie Kreissägeblätter, Tellerräder.

Anwendungen: Isothermes *Vergüten* (Bainitisieren): Abschrecken auf Temperaturen dicht über der Martensitstufe in Warmbädern und Halten bis zur vollständigen Umwandlung in Bainit.
Patentieren für Federdrähte: Der austenitisierte Stahl läuft durch ein Bad von 550° C und wandelt isotherm innerhalb 8 s (Bild 13a) in ein feinperlitisches Gefüge

um, das zum Drahtziehen sowohl Zugfestigkeit wie hohe Verformbarkeit besitzt.

3.3.4.4 Durchhärtung und Durchvergütung.
Die Härtbarkeit eines Stahles wird durch zwei Größen beurteilt ($\rightarrow$ Stirnabschreckversuch 8.6):

Aufhärtbarkeit (Aufhärtung)	ist die größte am Rand erreichbare Härte, sie wird allein vom C-Gehalt bestimmt, beginnt mit ca. 0,3 % und erreicht bei 0,8 %C die Härte 65 HRC .
Einhärtbarkeit (Einhärtung)	ist die Eindringtiefe der martensitischen Umwandlung, gemessen als Einhärtungstiefe Et: Abstand in mm vom Rand senkrecht bis zu einer Stelle mit vereinbarter Grenzhärte GH (z.B. 50 % der Randhärte).

Durchhärtung ist die gleichmäßige, martensitische Umwandlung bis in den Kern des Teiles. Sie wird für hochbeanspruchte Werkzeuge benötigt. Steigende Querschnitte erfordern Stähle mit steigenden Gehalten an LE wie Cr, Mn, Ni und Mo.
Durchvergütung ist die bainitische Umwandlung bis in den Kern. Für größere Querschnitte werden ebenfalls Gehalte an Cr, Mn, Ni, und Mo benötigt (Vergütungsstähle 3.4.3.8).

3.3.4.5 Anlassen
ist ein Erwärmen nach vorausgegangenem Härten auf Temperaturen unter A_1 und Abkühlung je nach Stahlsorte. Es soll unmittelbar dem Härten folgen. Gehärtete Teile sind glashart und spröde, Restaustenit kann noch umwandeln, es kommt zu Maßänderungen. Im Allgemeinen nimmt durch Anlassen die Härte ab, die Zähigkeit wird dem Verwendungszweck angepasst (Bild 14). Ausnahmen davon sind Stähle für höhere Temperaturen und HS-Stähle, die bei hohen Anlasstemperaturen Ausscheidungen mit einer Härtesteigerung erfahren.

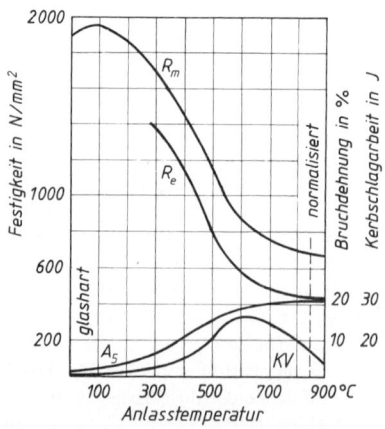

Bild 14. Anlass-Schaubild, Stahl C45E

Bei Anlasstemperaturen unter 150° C geht die tetragonale Verzerrung des Martensitgitters in ein verzerrtes kubisches α-Gitter zurück, angelassener Martensit. Zugleich scheiden sich kleinste Nadeln von ε-Carbiden (Fe_2C) aus. Bei über 200° C zerfällt der Restaustenit.

Im Bereich von 100 ... 300° C werden Messzeuge, Einsatzstähle und Kaltarbeitsstähle so angelassen, dass hohe Härte mit angepasster Zähigkeit kombiniert wird. Die Härte (R_m) nimmt zunächst wenig ab, Bruchdehnung A und Zähigkeit KV steigen wenig (Bild 14).

Über 300° C fallen Härte und Zugfestigkeit zunehmend ab, während Bruchdehnung und Zähigkeit ansteigen. Zwischen 400 ... 650° C liegt der Bereich für die Anlassvergütung der Vergütungs- und Warmarbeitstähle.

Anlassversprödung (durch Erhöhung der Übergangstemperatur $T_Ü$) tritt bei Cr-, Mn- und CrNi-Vergütungsstählen auf, wenn sie bei Anlasstemperaturen um 475° C (± 125 K) behandelt werden oder aus höheren langsam abkühlen. Abhilfe durch schnelles Abkühlen aus der Anlasstemperatur oder Einsatz Mo-legierter Stahlsorten, z.B. für größere Querschnitte. Warmarbeitstähle müssen ca. 80 ... 100° C über ihrer Gebrauchstemperatur angelassen werden, damit durch die Werkstückwärme kein weiteres Anlassen mit Gefügeveränderung erfolgt.

Mit zunehmender Anlasstemperatur und -zeit können die C-Atome schneller diffundieren und zunehmend größere Zementitkristalle bilden. Damit nähern sich Aussehen des Gefüges und Eigenschaften wieder dem weichgeglühten Zustand.

Vergütung erzeugt ein bainitisches Gefüge mit Bestwerten von Streckgrenze und Zähigkeit (Bild 14). Das Streckgrenzenverhältnis wird vergrößert. Die Werkstofffestigkeit kann stärker ausgenutzt werden. Mit der Zähigkeit steigen auch die Dauerfestigkeiten. Für Serienteile ist das isotherme Vergüten zweckmäßig.

Anwendung des Vergütens für Triebwerks- und Getriebeteile im Fahrzeugbau, wenn kleine Abmessungen verlangt werden, z. B. Kurbelwellen, Pleuelstangen, Zahnräder, Keilwellen, Kupplungs- und Gelenkwellenteile, Achsschenkel.

3.3.5 Härten von Oberflächenschichten

Bauteilbelastungen greifen durch Kräfte auf die Oberfläche an und wirken sich in der Randschicht am stärksten aus: Dort liegen die maximalen Zug- oder Druckspannungen. Der Materialverlust durch Verschleiß und Korrosion erhöht die Spannungen und verursacht ein Aufrauen der Oberfläche mit einem Absinken der Dauerfestigkeit. Die Lebensdauer von Bauteilen wird erhöht, wenn der Werkstoff der Oberfläche der Beanspruchung angepasst wird.

Werkstoffe	Aufgaben
im **Kern**	übernehmen die Festigkeitsbeanspruchung mit ausreichender Zähigkeit gegen Sprödbruch, evtl. auch bei höheren Temperaturen
in der **Randschicht**[1]	unterstützen den Kernwerkstoff durch Steigerung der Dauerfestigkeit und schützen vor Verschleiß (Härte) und Korrosion (nichtmetallische Phasen in der Randschicht)

[1] Durch die Verfahrensgruppe *Beschichten* aufgebrachte Schichten siehe unter Schichtwerkstoffe (7.5).

Anwendung der Verfahren für Bauteile wie Zahnräder, Kolbenbolzen, Führungsbahnen, Nocken und Kurbelwellen, Kupplungsklauen, Keilwellen und Naben für Schaltgetriebe, Kurvenscheiben, Leit- und Laufrollen sowie Kettenglieder für Kettenfahrzeuge, Seilrollen, Formen für Kunststoffspritzguss.

3.3.5.1 Thermische Verfahren
   (Randschichthärten)

Durch schnelle Erwärmung mit Wärmequellen hoher spezifischer Leistung kommt es wegen der geringen Wärmeleitfähigkeit zum Wärmestau. Eine dünne Randschicht wird austenitisiert (aufgeschmolzen), ehe der Kern diesen Zustand erreicht. Durch sofortiges Abschrecken werden martensitische (ledeburitische) Randschichten variabler Dicke erzeugt. Energie- und Zeit sparende Verfahren für größere Teile, die nicht vollständig erwärmt werden müssen.

Je höher die spezifische Leistung, umso kleiner die mögliche Schichtdicke:

Wärmequelle	Spez. Leistung →	kW/cm^2
Schmelzen (Salze, Metalle)		0,1
Flammen		1
Induktions- / Wirbelströme		10
Laser- / Elektronenstrahlen		100

Werkstoffe: Härtbare Stähle mit > 0,35 %C, Stahlguss und perlitisches Gusseisen mit feinlamellarem oder kugeligem Graphit. Gehärtet wird im vergüteten Zustand. Die angelassene Zwischenschicht kann Wärmespannungen aufnehmen. Die Schichthärte steigt mit dem C-Gehalt, die Randhärtetiefe Rht sinkt mit steigender spezifischer Leistung.

Flammhärten mit der Form der Teile angepassten Brennern auf Härtemaschinen durchgeführt, welche die Relativbewegungen zwischen Werkstück und Brenner führen.
Mantelhärten für kleinere Oberflächen, die vom Brenner überdeckt oder mit Pendelbewegungen überstrichen werden. Zylinder rotieren vor dem Brenner, bis ein *Mantel* austenitisiert ist, der sofort abgeschreckt wird.

Linienhärten für große Flächen, z.B. lange Wellen, Führungsbahnen, breiten Zahnrädern. Brenner und Abschreckbrause werden dicht hintereinander über die Fläche geführt. Die Dicke der austenitisierten Randschicht wird über den Vorschub geregelt. Meist wird auf > 180° C angelassen.

Induktionshärten mit einer der Form des Teiles angepassten, wassergekühlten Induktionsschleife als Primärspule. Werkstück ist Eisenkern, Randschicht die kurzgeschlossene Sekundärwicklung. Die Induktionsströme werden mit steigender Frequenz in die Randschicht verdrängt (Skineffekt). Die Einhärtetiefe ist neben der Stahlanalyse noch abhängig von Frequenz und Leistung. Abgeschreckt wird mit Wasser, bei sehr dünnen Schichten und Dicken (Sägeblätter) durch Selbstabschreckung über die Wärmeableitung in den kalten Kern. (0,01 ... 6 mm).

Laserstrahlhärten. Die hohe spezifische Energie ergibt kürzeste Wärmzeiten zur Austenitisierung, sodass der noch kalte Kernwerkstoff durch Wärmeleitung ein Selbstabschrecken bewirkt und kein Härteverzug auftritt. Der kleine Brennfleck wird durch Pendelbewegungen des Strahlers und Vorschub oder Drehung des Werkstückes auf Spurbreiten bis zu 40 mm erweitert. Die Randhärtetiefe ist < 2 mm, der Vorschub 200 ... 700 mm/min bei Leistungen bis zu 6 kW. Bei CO_2-Lasern ist eine Antireflexschicht (Coating) erforderlich, um die Strahlung zu absorbieren, bei Nd: YAG-Lasern nicht.

Anwendung für Führungsbahnen, Verschleißkanten an Werkzeugen für die Blechbearbeitung. Bei größeren Flächen werden Muster gelegt, z.B. in Zylinderlaufbuchsen von Großdieselmotoren.

Weitere Oberflächenbehandlungen mit Laser sind Laserumschmelzen, -dispergieren, -legieren, -beschichten. *Laserdispergieren* schmilzt Hartstoffpartikel in die Randschicht ein. Härte bis zu 64 HRC.

Elektronenstrahlhärten, mit ähnlicher Energiedichte wie Laserstrahl, muss in Vakuumkammern durchgeführt werden, Werkstückgröße dadurch begrenzt.

Umschmelzhärten für Gusseisen. Mit Lichtbogen, Laser- oder Elektronenstrahlen wird eine Randschicht aufgeschmolzen. Sie erstarrt schnell durch die Wärmeableitung zum kalten Kern zu einem feinkörnigem, ledeburitischem Gefüge mit einer Härte von 55 ... 60 HRC etwa 1 mm dick. Durch Austenitisierung der angrenzenden darunter liegenden Zone entsteht auch eine dünne Martensitschicht. Zum Vermindern der Umwandlungsspannungen wird bei ca. 400° C umschmelzgehärtet (Elowig-Verfahren). Anwendung z.B. für Nockenwellen und Nachfolger von Verbrennungsmotoren.

3.3.5.2 Thermochemische Verfahren

Einsatzhärten

Ältestes Verfahren für C-arme, damit zähe Stähle. Durch *Aufkohlen* der Randschicht auf ca. 0,7 % C wird sie härtbar. Beim Abschrecken entsteht dort Martensit, während der Kern eine Steigerung der Streckgrenze erfährt. Die Bauteile sind im Kern zäh, an der Oberfläche sehr hart und verschleißfest. Die Druckeigenspannungen erhöhen die Dauerfestigkeit. Bei Zahnrädern wird höchste Zahnfußfestigkeit erreicht. Nach Anlassen auf unter 200° C ist Nacharbeit durch Schleifen erforderlich.

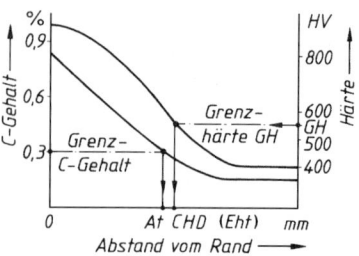

Bild 15. Aufkohlungs- und Einsatzhärtetiefe

Aufkohlen als Pulver-, Salzbad- oder Gasaufkohlung, C-Spender sind Koksgranulat, Cyanate (KCNO), jeweils mit Zusätzen und Propan in einem neutralen Trägergas. Gasaufkohlung ist am besten steuerbar in Temperatur, (830 ... 950° C), C-Angebot, Kohlungstiefe At und Gradient des C-Gehaltes zum Kern hin. Höhere Temperaturen verkürzen die Kohlungszeit, mit der Gefahr von Kornwachstum.

Kohlungstiefe At (Bild 15), senkrechter Abstand von der Oberfläche zu einer Stelle mit 0,3 % C.

Einsatzhärtetiefe CHD (Eht) ist der Abstand senkrecht vom Rand bis zu einer Stelle mit der Grenzhärte GH (550 HV1 nach DIN EN ISO 2639), Wirtschaftlich sind Tiefen bis zu 1,5 mm.

Das Härten der Einsatzstähle ist ein Kompromiss, da Rand und Kern verschiedene Härtetemperaturen besitzen.

Direkthärten ist Abschrecken aus der Salzbad- oder Gasaufkohlung, evtl. mit kurzem Absenken der Temperatur auf die Randhärtetemperatur von ca. 830 °C. Anwendbar für Stähle, die beim Aufkohlen nicht zu Kornwachstum neigen (z.B. 20NiCrMo6-3).

Einfachhärten nach Abkühlen auf niedrige Temperaturen führt durch γ-α-Umwandlung zu feinerem Korn. Beim folgenden Härten aus der Kernhärtetemperatur (850 ... 900° C)) wird der Kern optimal, der Rand überhitzt gehärtet. Das Härten aus der Randhärtetemperatur (770 ... 830° C) führt zu optimalen Randeigenschaften, der Kern war nicht vollständig austenitisiert und hat geringere Zähigkeit (und Dauerfestigkeit) als optimal möglich.

Einfachhärten nach einer isothermischen Umwandlung bei 580 ... 650° C erzeugt ein feinkörniges Perlitgefüge, günstig für das nachfolgende Austenitisieren des Randes.

Carbonitrieren

Variante des Einsatzhärtens in Salzbädern oder Gasen bei Temperaturen von 850 ... 900° C, d.h. im Bereich *unterhalb* der Linie GS im EKD. Gleichzeitige Aufnahme von C und N. N senkt die Austenitisierungstemperatur und kritische Abkühlgeschwindigkeit, Abschrecken in milderen Mitteln und kleinerer Verzug (Kern wandelt nicht um). Anlassen wie vor. Die martensitische Randschicht enthält Carbonitride, die hohen Widerstand gegen Adhäsionsverschleiß ergeben, korrosionshemmend sind und nicht durch Nacharbeit entfernt werden dürfen.

Anwendung für Fertigteile aus Einsatz- und Vergütungsstählen mit CHD von 0,05 ... 0,2 mm. Die Steifigkeit dünnwandiger Teile wird erhöht.

Nitrierhärten

Zahlreiche umwandlungsfreie Verfahren mit Aufnahme von N (und evtl. C) aus dem Spendermittel und Bildung von Nitriden (Carbonitriden) des Fe und der LE Cr, Al, Mo *während* der Behandlung (350 ... 600° C). Kein Abschrecken erforderlich, für *spannungsfreie, vergütete* Fertigteile geeignet. Nitrierhärtetiefe Nht von 0,2 ... 0,6 mm mit einer Härte von 750 ... 950 HV1, je nach Verfahren und Stahlsorte. Mit Abdeckpasten können weichbleibende Bereiche isoliert werden.

Nitrierhärtetiefe Nht: Abstand senkrecht zur Oberfläche gemessen bis zur *Grenzhärte GH*. GH liegt 50 HV0,5 über der Kernhärte KH (Bild 16).

Nitrierschichten sind zweiphasig aufgebaut. Eine außen liegende Verbindungsschicht ($\approx$ 15 µm) aus Fe-Nitriden und /oder Sondernitriden der LE mit einem äußeren, weicheren Porensaum. Die darunter liegende dickere Diffusionsschicht steht durch gelöste Nitride und N-Atome unter Druckspannungen und erhöht die Dauerfestigkeit.

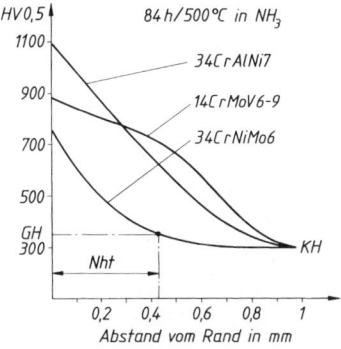

Bild 16. Härteverlauf beim Gasnitrieren und Nitrierhärtetiefe (DIN 50190-3)

Gasnitrieren bei 500° C in NH_3 mit Glühzeiten 20 ... 100 h (Bild 16) mit geringstem Verzug für z.B. Schnecken für Kunststoffpressen, Großzahnräder, Spindeln. Differenzialgehäuse. Teile bis zu 10 m Länge in Schachtöfen hängend nitriert. Spröde Verbindungsschicht.

Gasnitrocarburieren bei 570° C in $NH_3 + CO_2$ mit kürzeren Glühzeiten (2 ... 5 h) Es diffundieren zusätzlich C-Atome ein. Carbonitride sind weniger hart und spröde.

Tabelle 9. Nitrierschichten

Eigenschaften	Ursache, Auswirkungen
Hohe Härte 700 ... 1 500 HV0,5 (unlegiert < legiert)	naturharte, intermetallische Phasen, ε-Nitrid Fe_{2-3} N, hex. härter, korrosionsbeständiger, aber spröder als die $γ'$-Phase Fe_4N, kfz.
Anlassbeständigkeit	Bei langsamer Abkühlung entstehen keine metastabilen Gefüge
Geringe Adhäsionsneigung (Fressen)	Nicht metallisch, typische Nitrideigenschaft, kleine Reibzahl µ.
Hoher Korrosionswiderstand, durch Nachoxidation (-sulfidierung) erhöht	Geringe Reaktionsneigung der N-haltigen Phasen, es sind chemische Verbindungen mit gesättigter Elektronenschale

Salzbadnitrocarburieren in Salzschmelzen (Cyanatgemische) bei 580° C. Bei der niedrigeren Temperatur gegenüber dem Aufkohlen wird weniger C und mehr N aufgenommen. Nht bis 0,4 mm mit Härten 550 ... 800 HV1. Die Variante Tenifer-Verfahren® arbeitet mit Belüftung des Salzbades und kürzeren Behandlungszeiten. Nach Abschrecken entsteht eine Diffusionsschicht mit übersättigtem Ferrit unter Druckeigenspannungen. Dadurch wird zusätzlich die Dauerfestigkeit stark erhöht. Tenifer QPQ arbeitet mit oxidierenden Salzschmelzen von 350° C zum Abschrecken (Quench), dann polieren der Rauigkeiten und nochmaliges Tauchen im Oxidationsbad bei 350° C. Es ensteht eine schwarzgraue, korrosionsbeständige Oxidschicht

Anwendung für alle un- und niedriglegierten Stähle und Bauteile mit schwellender oder wechselnder Biegebeanspruchung bei nicht zu hohen Flächenpressungen, Hydraulikzylinder, HS-Bohrer, bewegte Teile in Druckgießformen

Tabelle 10. Weitere thermochemische Verfahren

Verfahren/ Element	Temp. °C	Schichtstruktur, -dicke	Eigenschaften, Anwendungen
Aluminieren Al	800... 1100	Al_2O_3-Schicht	Hochtemperatur-korrosionsschutz
Borieren B	850... 950	Eisenboridschicht (FeB) u. Fe_2B mit Grundwerkstoff verzahnt 20...300 µm, 1600...2000 HV0,2	Abrasivverschleißfest, Formen für Glas-, Keramikverarbeitung, Extruder für Polymere mit Glasfasern
Chromieren Cr	850... 1050	0,2 mm mit 30 % Cr-Gehalt, korrosionsbeständig	größere Schrauben, Bolzen aus unlegiertem Stahl
Silicieren Si	900... 1100	100...250 µm, spröde	Hochtemperatur-korrosionsschutz für C-arme Stähle,
Sherardisieren Zn	400/ 3..5 h	FeZn-Schicht ca. 150 g/m² , Korrosionsschutz 25 µm/ 3 h	in Trommeln für Kleinteile, thermisch beständig bis 600 °C
Vanadieren V	850... 1000	20 µm mit 2400 HV0,1 als Abrasionsschutz	Werkzeugstähle, geringe Reibung Kolbenringe

Plasmanitrieren (Ionitrieren) bei 350 ... 570° C) im Vakuum und elektrischen Feldern mit kürzeren Glühzeiten und steuerbarer Athmosphäre. Damit können Aufbau, Dicke und Gleichmäßigkeit der Schichten eingestellt werden. Durch niedrigere Temperaturen besonders für Werkzeugstähle geeignet.

3.3.5.3 Thermomechanische Verfahren

Austenitformhärten. Bei legierten Stählen ist oberhalb der Martensitstufe der unterkühlte Austenit länger beständig. Eine sofortige Warmumformung unter T_R erzeugt Gitterstörungen, die durch Keimwirkung bei der nachfolgenden Umwandlung ein sehr feinkörniges Martensitgefüge ergeben, das höhere Festigkeit bei gleicher Bruchdehnung besitzt wie normal vergütete. *Anwendung* auf Teile mit einfacher Geometrie.

Thermomechanische Behandlung. Kombination von Umformen (meist Walzen) und dem Mechanismus der γ-α-Umwandlung. Die Endumformung erfolgt möglichst ohne Rekristallisation des Austenits im Bereich von A_{r3} Es wird ein sehr feinkörniges Gefüge erzeugt, das durch Wärmebehandlung allein nicht erzeugt werden kann und nicht wiederholbar ist (kein Richten mit Flammen, Schweißen mit geringem Wärmeeintrag). Voraussetzung sind Anteile von Mo, Nb, Ti, B. Sie wirken jeweils *mehrfach* durch die Mechanismen der Festigkeitssteigerung, dadurch sind nur geringe Anteile erforderlich (mikrolegierte Stähle). Anwendung bei schweißgeeigneten Feinkornbaustählen, die Streckgrenzen bis 700 MPa erreichen, und C-armen Stählen für Feinbleche.

3.3.5.4 Mechanische Verfahren

Druckeigenspannungen erhöhen die Dauerfestigkeit. Sie können auch mechanisch durch Kaltumformen erzeugt werden. Gleichzeitig wird meist die Rautiefe verkleinert, dadurch Anriss und Rissausbreitung behindert. Die Teile ermüden erst bei höheren Betriebsspannungen.

Verfestigungswalzen. Rotationssymmetrische Bauteile werden meist vergütet, badnitriert oder einsatzgehärtet behandelt. Rollen-∅, Rundungsradius und Walzkraft müssen so kombiniert werden, dass Verformungsgrad und Tiefenwirkung keine Schädigung hervorrufen.

Anwendung: Festwalzen von Übergangsradien, Rillen, Nuten an z.B. Kurbelwellen steigert die Dauerfestigkeit (GJS-700 um 80 ... 120 %). Die Kerbwirkung kann kompensiert werden (Bild 17).

Verfestigungsstrahlen (Kugelstrahlen). Wenn Festwalzen nicht möglich ist, wird durch örtliche Bestrahlung mit kleinen Stahlkugeln der gleiche Effekt erzielt. Eine geringe Randentkohlung oder Oxidation bei Schmiedeteilen senkt ebenfalls die Dauerfestigkeit und kann kompensiert werden. Anwendung: Schmiedeteile mit Zunderschichten (Fahrwerksteile, Pleuelstangen), Schrauben- und Blattfedern.

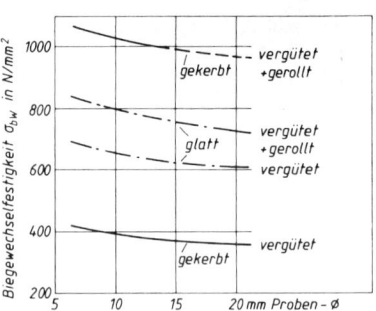

Bild 17. Steigerung der Dauerfestigkeit durch Verfestigungswalzen

3.3.6 Aushärten

3.3.6.1 Verfahren. Wärmebehandlung zur Härte- und Festigkeitsteigerung, das für viele Legierungssysteme möglich ist. Voraussetzung ist ein Mischkristallgebiet mit sinkender Löslichkeit bei fallender Temperatur (Zustandsdiagramm in 2.4.6). Das Verfahren besteht aus zwei Arbeitsgängen:

Arbeitsgang	Verfahren, innere Vorgänge, Auswirkungen
Lösungs- behandeln	*Erwärmen und Halten* auf Temperaturen, die im Werkstoff ein homogenes MK-Gefüge erzeugen (Homogenisieren), *Abschrecken* (Abkühlen), um sekundäre Ausscheidungen zu verhindern und ein übersättigtes, damit metastabiles, Mischkristallgefüge herzustellen. Knetwerkstoffe sind noch verformbar
Auslagern kalt / warm	Nach einer Anlaufzeit bilden sich durch Diffusion Ausscheidungen *in den* Mischkristallen. Am Ende der Auslagerung sind sie gleichmäßig über den Querschnitt verteilt, Kaltauslagern bei RT, Warmauslagern bei höheren Temperaturen

Der Festigkeitsanstieg beruht auf feindispersen Ausscheidungen, die eine kritische Teilchengröße und Abstände nicht überschreiten dürfen, damit sie von den Versetzungen *geschnitten* und nicht von ihnen *umgangen* werden (Teilchenverfestigung). Bei zu hohen Auslagerungstemperaturen kommt es zur Vergröberung mit Festigkeitsabfall (Überhärtung).

Alterung besteht in einem Abfall der Zähigkeit durch unerwünschte Ausscheidungen in Legierungen bei RT. Bei Stahl wird sie durch N-Aufnahme während der Erschmelzung, bewirkt. Nach schneller Abkühlung tritt Übersättigung ein. Langzeitige Vorgänge, durch Kaltumformung und Anlassen beschleunigt (Reckalterung). Stähle mit hohem Reinheitsgrad zeigen diese Erscheinung nicht.

3.3.6.2 Aushärtbare Legierungen

Der Aushärtungseffekt wurde erstmalig bei Al-Legierungen (2.2.4 und 4.2.4) entdeckt und auf zahlreiche Werkstoffe übertragen (Tabelle 11).

Tabelle 11. Anwendung der Aushärtung

Beispiel	Anwendung	Eigenschaftsverbesserung
Al-Legierungen		
Al CuMg Al Cu4MgTi Al NiCo	Bleche, Profile Drehgestell- teile Magnete	Erhöhte Streckgrenze bei klei- nem Zähigkeitsabfall, Streckgrenze bei hoher Zähig- keit (Dauerfestigkeit), Verbesserung der Magneteigen- schaften
Cu-Legierungen		
CuCr CuBe1,7	Elektroden zum Punkt- schweißen, Federn	Härte und Anlassbeständigkeit bei hoher elektrischer Leitfähig- keit. Härte, Elastizitätsgrenze, elektrische Leitfähigkeit
Stähle für Feinbleche		
C-arme Stähle, mikrolegiert	Bake-harde- ning-Karos- serieblech	Anhebung der Streckgrenze um ca. 40 MPa beim Einbrenn- lackieren (= Warmauslagern)
HS-Stähle		
HS6-5-2-5	Schneid- werkstoff	warmauslagernd, Anlassbestän- digkeit, Warmhärte, Warmver- schleißwiderstand
Sonderbaustähle		
DIN EN 10025-3/4/5	Großrohre, Fahrzeugbau	Streckgrenze, Steilabfall der Kerbzähigkeit $T_ü$

Martensitaushärtende Stähle vom Typ X3NiCoMo 18-7-5 sind sehr C-arme, hoch Ni-legierte Stähle, schweißgeeignet und zäh. Nach Lösungsbehandeln (820° C/Luft) wird warmausgelagert (480° C/3h).

Zustand	HRC	R_m	$R_{p0,2}$	A	Z
Lösungsbehandelt	30	1000	800	12	70
Warmausgelagert	50	18800	1750	10	50
Hohe Werkstoffkosten: Komplizierte Druckgießformen für höchste Stückzahlen, Sicherheitsbauteile für Luftfahrzeuge					

3.4 Stahlsorten

3.4.1 Einteilung und Kennzeichnung der Stähle

Einteilung der Stähle. Die Grobeinteilung erfolgt nach den Anforderungen an die Gebrauchseigenschaften und dem Gehalt an Legierungselementen LE (Tabellen 12 und 13).

Tabelle 12. Grenzgehalte an LE

LE .....%		LE......%		LE.......%		LE.......%	
Al	0,30	Bi	0,10	Bor	0,0008	Cr	0,30
Co	0,30	Cu	0,40	Mn	1,65	Mo	0,08
Nb	0,06	Ni	0,30	Pb	0,40	Se	0,10
Si	0,60	Te	0,10	Ti	0,05	V	0,10
W	0,30	Zr	0,05				

Tabelle 13. Einteilung der Stähle DIN EN 10020

	Qualitätsstähle	Edelstähle
Stähle **unlegiert**	enthalten weniger an Legierungselementen (LE) als die Grenzgehalte (Tabelle 12)	
	P und S-Gehalte < 0,035 %, Sorten, die nicht den Anfor- derungen der Edelstähle entsprechen	P und S-Gehalte ≤ 0.025 , Gleichmäßiges Ansprechen auf Wärmebehandlungen mit festgelegten Werten für Einhärtungstiefe oder Oberflächenhärte. Stähle mit Werten der Kerbschlagarbeit KV > 27 J (bei − 50° C, ISO-Probe). Schweißgeeignete Feinkornstähle für Stahl-, Druckbehälter- und Rohrleitungsbau, Flacherzeugnisse kalt- oder warmgewalzt für die Kaltumformung, mit B, Nb, V oder Zr legierte, ferritisch-perlitische Stähle mit > 0,25 %C, mikrolegiert für thermo- mechanische Behandlung, Spannbetonstähle, Walzdraht für hochfeste Federn
Nichtrostende **Stähle**	——	Nach chemischer Analyse definiert: Ni ≤ 2,5 % und Ni ≥ 2,5 % und nach Haupteigenschaften gegliedert in: korrosionsbeständige, hitzebeständige und warmfeste Stähle
Andere legierte **Stähles**	Alle Stähle, die nicht zu den Nichtrostenden gehören, mindestens 1 LE erreicht die Werte nach Tabelle 12	
	I.A. nicht zum Vergüten oder Oberflächen- härten vorgesehen. Stähle mit Werten der Kerbschlagarbeit KV > 27 J (bei − 50° C, ISO-Probe). Dualphasenstähle, Elektro- bleche	Grenzwerte Qualitäts- / Edelstahl Cr, Cu | 0,5 | Mn | 1,8 Mo | 0,1 | Nb | 0,08 Ni | O,5 | Ti, V, Zr | 0,12	Hochfeste Baustähle, Werk- zeugstähle Wälzlagerstähle, Schnellarbeitsstähle, Stähle mit besonderen physikali- schen Eigenschaften

Die Kennzeichnung der Stähle nach DIN EN 100 27

Teil 1: Bezeichnungssystem für Stähle, **Teil 2:** Nummernsystem für Stähle. Die Bezeichnung eines Stahles mit Kurznamen wird durch Symbole auf 4 Positionen gebildet:

Pos. 1	Pos. 2	Pos. 3	Pos. 4
Werkstoffsorte	Haupteigenschaft	Besondere Werkstoffeigenschaften, Herstellungsart	Erzeugnisart
Hauptsymbole		Zusatzsymbole	

Tabelle 14. Bezeichnungssystem für Stähle

Hauptsymbole		Zusatzsymbole für den Werkstoff Stahl → für das		Erzeugnis
Pos. 1 Verwendungs-Bereich (G für Stahlguss wenn erforderlich)	**2** Mechanische Eigenschaften	**3a** Zusätzliche mechanische Eigenschaften, Herstellungsart	**3b** Eignung für bestimmte Einsatzbereiche /Verfahren	**4**
G **S** **Stahlbau** z. B. Stähle nach DIN EN 10025-2 -3 -4 -5 -6	$R_{e,min}$ für die kleinste Erzeugnisdicke	**Kerbschlagarbeit A_v** A_v (J) | 27 | 40 | 60 Symbol | J | K | L **Schlagtemperatur in ° C** RT | 0 | -20 | -30 | -40 | -50 R | 0 | 2 | 3 | 4 | 5 **A:** Ausscheidungshärtend **M:** Thermomechanisch, **N:** Normalisierend gewalzt. **Q:** vergütet **G:** andere Merkmale (evtl. + 1 oder 2 Ziffern)	**C:** Mit bes. Kaltformbarkeit **D:** Für Schmelztauchüberzüge **E:** Für Emaillierung **F:** Zum Schmieden **H:** Hohlprofile **M:** Thermomech. gewalzt **N:** Normalisierend gewalzt **P:** Für Spundbohlen **Q:** Vergütet **S:** Für Schiffbau **T:** Für Rohre **W:** Wetterfest	Tabellen A B C
G **P** **Druckbehälter** z. B. Stähle nach DIN EN 10028 T1 ... T6, Stahlguss DIN EN 10213	wie oben	**B:** Gasflaschen **T:** Rohre **S:** Einfache Druckbehälter	**H:** Hochtemperatur **L:** Tieftemperatur (L1, L2) **R:** Raumtemperatur **X:** Hoch- u. Tieftemperatur	Tabellen A B C
G **E** **Maschinenbau** z.B. Stähle nach DIN EN 10025-2	wie oben	**G:** Andere Merkmale, evtl. mit 1 oder 2 Folgeziffern	**C:** bes. Kaltformbarkeit	Tabelle B
R **Stähle für Schienen** oder in Form von Schienen	nnn = Mindesthärte HBW	**Cr:** Cr-legiert **Mn:** Mn- Gehalt hoch **an:** Chem. Symbole für andere Elemente + 10-facher Gehalt	**HT:** Wärmebehandelt **LHT:** Niedrig legiert, wärmebehandelt **Q:** Vergütet	----
H Flacherzeugnisse, aus höherfesten Stählen zum Kaltumformen, z. B. Bleche + Bänder nach DIN EN 10130 / 10149	$R_{e,min}$ oder mit Zeichen T $R_{m,min}$	**B:** Bake hardening **C:** Komplexphase **I:** Isotroper Stahl **M:** Thermomechanisch gewalzt **P:** Phosphorlegiert **T:** Trip-Stahl **X:** Dualphasenstahl **Y:** Interstitiell free (IF-Stahl)	**D:** Schmelztauchüberzüge	Tabelle B
D Flacherzeugnisse, (aus weichen Stählen) zum Kaltumformen, z. B. Bleche + Bänder DIN EN 10130, 10139 u. 10142	**Cnn:** kaltgewalzt **Dnn:** warmgewalzt, für unmittelbare Kaltumformung **Xnn:** nicht vorgeschrieben **nn:** Kennzahl nach Norm	**D:** Für Schmelztauchüberzüge **ED:** Für Direktemaillierung **EK:** Für konvent.. E-Maillierung **H:** Für Hohlprofile **T:** Für Rohre; **G:** Andere Merkmale	entfällt	Tabellen B C
G **C** **Unlegierte Stähle**, C = Kohlenstoff Mn-Gehalt ≤ 1 %, z. B. Stähle DIN EN 10083-1	nnn = 100 x mittlerer C-Gehalt des vorgeschriebenen Bereiches	**C.** Zum Kaltumformen **D:** Zum Drahtziehen, **E:** Vorgeschriebener *max.* S-Gehalt, **G:** Andere Merkmale **R:** vorgeschriebener *Bereich* des S-Gehaltes **S:** Für Federn, **U:** Für Werkzeuge, **W:** Für Schweißdraht		Tabelle B

Hauptsymbole			Zusatz-Symbole	**4**
1 Symbole	**2** C-Gehalt	**3** LE und Gehalt		
G — **Unlegierte Stähle** mit ≥ 1 % Mn, unlegierte Automatenstähle und legierte Stähle mit keinem LE > 5 %. Z.B. Einsatzstähle nach DIN EN 10084, Vergütungsstähle DIN EN 10083-2	**nn:** Kennzahl = 100-facher C-Gehalt	LE-Symbole nach fallenden Gehalten geordnet, danach *Kennzahlen* mit Bindestrich getrennt in gleicher Folge *Kennzahlen* sind Vielfache der LE-%. Die Faktoren sind : **1000** für Bor; **100** für Nichtmetalle Cer, N, P, S; **10** für Al, Be, Cu, Mo, Nb, Pb, Ta, Ti, V, Zr; **4** für Cr, Co, Mn, Ni, Si, W		Tabellen A B
G / PM / X Hochlegierte Stähle Mindestens ein LE ≥ 5 %	**nn:** Kennzahl = 100-facher C-Gehalt	LE-Symbole nach fallenden Gehalten geordnet, danach die %-Gehalte d. Haupt-LE- mit Bindestrich in gleicher Folge	entfällt	Tabellen A B
HS Schnellarbeitsstähle	LE-% von W-Mo-V-Co	entfällt	entfällt	Tabelle B

Tabellen 14. A, B, C Zusatzsymbole für Stahlerzeugnisse (Pos. 4)

A: für besondere Anforderungen

+CH	Mit Kernhärtbarkeit
+H	Mit Härtbarkeit
+Z15/25/35	Mindestbrucheinschnürung. Z (senkrecht zur Oberfläche) in %

B: für den Behandlungszustand

+A	Weichgeglüht
+AC	Auf kugelige Carbide geglüht
+AR	Wie gewalzt (ohne besondere Bedingungen)
+AT	Lösungsgeglüht
+C	Kaltverfestigt
+Cnnn	Kaltverfestigt auf mindestens R_m = nnn MPa
CPnnn	Kaltverfestigt auf mindestens $R_{p0,2}$ = nnn MPa
+CR	Kaltgewalzt
+DC	Lieferzustand dem Hersteller überlassen
+HC	Warm-kalt-geformt
I	Isothermisch behandelt
+LC	Leicht kalt nachgezogen/gewalzt
+M	Thermomechanisch umgeformt
+N	Normalgeglüht bzw. normalisierend umgeformt
+NT	Nomalgeglüht und angelassen
+P	Ausscheidungsgehärtet
+Q	Abgeschreckt
+QA	Luftgehärtet
+QO	Ölgehärtet
+QT	Vergütet
+QW	Wassergehärtet
RA	Rekristallisationsgeglüht

+T	Angelassen
+TH	Behandelt auf Härtespanne
+U	Unbehandelt
+WW	Warmverfestigt

C: für die Art des Überzuges

+A	Feueraluminiert
+AS	Mit einer Al-Si-Legierung überzogen
+AZ	Mit einer AlZn-Legierung (> 50 % Al) überzogen
+CE	Elektrolytisch spezialverchromt (ECCS)
+CU	Cu-Überzug
+IC	Anorganische Beschichtung
+OC	Organische Beschichtung
+S	Feuerverzinnt
+SE	Elektrolytisch verzinnt
+T	Schmelztauchveredelt mit PbSN
+TE	Elektrolytisch mit PbSn überzogen (Terne)
+Z	Feuerverzinkt
+ZA	Mit einer ZnAl-Legierung (> 50 % Zn) überzogen
+ZE	Elektrolytisch verzinkt
+ZF	Diffusionsgeglühte Zn-Überzüge (galvannealed)
+ZN	ZnNi-Überzug (elektrolytisch)

3.4.2 Stahlguss

Stahlguss hat Zusammensetzungen wie Stähle der gleichen Anwendungsgruppe und ist graphitfrei. Er wird meist in Elektro-Lichbogenöfen erschmolzen und beruhigt vergossen. Schwindmaß mit 2 % hoch, deshalb starke Lunkerneigung, der durch Setzen von Steigern begegnet werden muss. Stahlguss ist unlegiert, niedrig und hoch legiert und schweißgeeignet. Für besondere Anforderungen gibt es weitere Sorten.

Tabelle 15. Stahlgusss

Stahlguss für allgemeine Verwendung DIN EN 10293/05 (5 unlegierte, 19 niedrig und 6 hoch legierte, Sorten, die Teil der zurückgezogenen Normen DIN 1681, DIN 17182 und 17205 waren und z.T auch in DIN EN 10213 enthalten sind). Sie sind - evtl. mit Wärmenachbehandlung - schweißgeeignet. Mechanische Eigenschaften gelten jeweils für die Erzeugnissdicke in Spalte 4.								

Stahlsorte		Stoff-Nr.	Dicke	$R_{m,min}$	$R_{p0,2}$	A	KV in J		Anwendungsbeispiele
Kurzname	Zustand		mm	MPa	MPa	%	bei RT	bei / °C	
GE200	+N	1.0420	≤ 300	380...530	200	25	27	--	Kompressorengehäuse
GE240	+N	1.0446	≤ 300	450...600	230	22	27	--	Konvertertragring
GE300	+N	1.0558	≤ 100	520..670	300	18	31	--	Großzahnräder
G17Mn5	+QT	1.1131	≤ 50	450...600	240	24	70	27 / -40	Tunnelabdeckung (U-Bahn)
G20Mn5	+N	1.1120	≤ 30	480...620	300	20	60	27 / -40	Fachwerkknoten (2,3 t)
G30CrMoV6-4	+QT	1.7725	≤ 100	850...1000	700	14	45	27 / -40	Achsschenkel (400 kg)
G9Ni14	+QT	1.5638	≤ 35	500...650	360	20	---	27 / -90	Kaltzäh, Kälteanlagen
GX3CrNi13-4	+Qt	1.6982	≤ 300	700...900	500	15	--	27 / -120	Kaltzäh, Windkraftwerksnabe
GX23CrMoV12-1	+QT	1.4931	≤ 150	740...880	540	15	27	--	Warmfest, Turbinengehäuse

Weitere Stahlgusssorten

Norm DIN EN	Eigenschaft, Verwendung	Norm	Eigenschaft, Verwendung
10213 – 1/96	Stahlguss für Druckbehälter. Allgemeines	DIN EN 10283/98	Korrosionsbeständiger Stahlguss
– 2	für Verwendung bei Raum- u. höheren Temperaturen	DIN EN 10295/03	Hitzebeständiger Stahlguss
– 3	für Verwendung bei tiefen Temperaturen	EDIN EN 10340/04	Stahlguss für das Bauwesen
– 4	Austenitische und austenitisch-ferritische Sorten	SEW 520	Stahlguss für Flamm- u. Indukt.-Härten

3.4.3 Stahlsorten nach Gruppen geordnet

3.4.3.1 Warmgewalzte Erzeugnisse aus unlegierten Baustählen DIN EN 10025 sind nach der Streckgrenze gestufte Stähle, die als Flacherzeugnisse (Blech, Band, Breitflachstahl) oder Langerzeugnisse (Formstahl, Stabstahl, Walzdraht, Spundwandprofile) produziert und ohne Wärmebehandlung weiterverarbeitet werden. Sie sind für normale klimatische Beanspruchung geeignet. Vom Hersteller werden bestimmte Eigenschafts-Mindestwerte gewährleistet (Tabelle 16).

Die nachgestellten Symbole (siehe auch Tabelle 14 unter „Stahlbau" Pos. 3a) kennzeichnen Kerbschlagarbeit und Schlagtemperatur. Für die Sorten gleicher Festigkeitsstufe sind in den Zeilen nach unten die Prüfbedingungen schärfer, damit ist die Neigung zu Sprödbrüchen geringer. Stähle mit angehängtem JR sind Grundstähle ebenso wie die drei letzten Maschinenbaustähle, die anderen sind Qualitätsstähle.

Für höhere Anforderungen des Leichtbaues wurden schweißgeeignete Stähle mit höherer Streckgrenze entwickelt. Damit können im Stahl-, Fahrzeug- und Behälterbau die Blechdicken reduziert, Zeit, Energie und Zusatzwerkstoff beim Schweißen und ein Vorwärmen eingespart werden.

3.4.3.2 Schweißgeeignete Feinkornbaustähle haben durch niedrige C- und kleinste LE-Gehalte von V + Nb (mikrolegiert) auch niedrige CEV-Werte, hohe Zähigkeit bei tiefen Temperaturen, dazu Eignung zum Kaltumformen. Ihre Festigkeit erhalten sie durch Kombination von Feinkorn (Korngrenzenverfestigung) und Teilchenhärtung (feindisperse intermetallische Phasen) Die Gefüge entstehen beim Walzen durch Einhaltung bestimmter Zeit-Temperaturfolgen (thermomechanische Behandlung, Zeichen M)). Diese Sorten (M) haben kleinere C-Gehalte und CEV-Werte als die normalisierend gewalzten (N). Hochfeste Sorten sind vergütet oder ausscheidungsgehärtet. Zahlreiche Normen für Verwendung im Stahlbau (S), Druckbehälterbau (P) oder für Fernleitungen (L). Zu jeder Festigkeitsstufe (Streckgrenze) gehören Varianten mit erhöhter Kaltzähigkeit (Zusatzsymbol L, L1 oder L2, Tabelle 18), mit noch kleineren (P + S)-Gehalten als die jeweilige Grundsorte.

Tabelle 16. Baustähle DIN EN 10025-2/00

Stahlsorte Kurzzeichen	Werk-stoff Nr.	R_{eH} bzw. $R_{p0.2}$ Nenndicken (mm)			R_m Mpa	A in % Nenndicken (mm)		Bemerkungen
		≤ 16	≤ 100	≤ 200	≤ 100	$\leq 1 \ldots <3$	$\leq 3 \ldots <40$	
Stahlsorten mit Angaben der Kerbschlagarbeit KV ($\rightarrow$ Tabelle 14)								
S235JR S235J0 S235J2	1.0038 1.0114 1.0117	235	215	175	360...510	A_{80} längs l l: 17...21 quer t t: 15...19	A längs l l: 26 quer t t: 24	Niet- und Schweißkonstruktionen im Stahlbau, Flansche, Armaturen **schmelzschweißgeeignet**
S275JR S275J0 S275J2G4	1.0044 1.0143 1.0145	275	235	215	410...560	l: 14...18 t: 12...20	l: 22 t: 20	Für höhere Beanspruchung im Stahl- und Fahrzeugbau, Kräne und Maschinengestelle **schmelzschweißgeeignet**
S355JR S355J0 S355J2 S355K2	1.0045 1.0153 1.0577 1.0596	355	315	285	490...630	L: 14...18 t: 12...16	l: 22 t: 20	wie bei S275 **schmelzschweißgeeignet**
S450J0	1.0590	450	380	---	550...720			Nur für Langerzeugnisse
Stahlsorten ohne Werte für die Kerbschlagarbeit KV								
S185	1.0035	185	175	155	290...510	t: 10...14	l: 18 / t: 16	Bauschlosserei
E295	1.0050	295	255	235	470...610	l: 12...16	l: 20 / t: 18	Achsen, Wellen, Zahnräder,
E335	1.0060	335	295	265	570...710	l: 8...12	l: 16 / t: 14	Kurbeln, Buchsen, Passfedern, Keile;
E360	1.0070	360	325	295	670...830	l 3...7	l: 11 / t: 10	Stifte, alle drei Sorten sind **press-schweißbar**

Tabelle 17. Übersicht: Höherfeste (schweißgeeignete) Feinkornbaustähle

DIN EN	Beschreibung		Sorten
10025-3/05 (10113-2)	Warmgewalzte Erzeugnisse aus schweißgeeigneten Feinkornbaustählen	Normalgeglühte/ normalisierend gewalzte Sorten in 4 Stufen, kaltzähe Sorten (Symbol NL)	**S275N** / 355 / 420 / 460 Sorten NL mit KV_{-50} = 27 J
10025-4/05 (10113-3)		Thermomechanisch gewalzte Sorten in 4 Stufen, kaltzähe Sorten (Symbol ML)	**S275M** / 355 / 420 / 460 Sorten ML mit KV_{-50} = 27 J
10025-4/05 (10137 Z)	Flacherzeugnissse aus Baustählen mit höherer Streckgrenze im vergüteten Zustand	Vergütet, in 5 Stufen; zu jeder 2 kaltzähe Sorten (z.B. für Stahlkonstruktionen im Kranbau und für Schwerlastfahrzeuge)	**S460Q** / 500 /550 / 620 / 690 **QL :** KV_{-40} = 30 J **QL1:** KV_{-60} = 30 J
10028	Flacherzeugniss aus Druckbehälterstählen. T2/03: 4 unlegierte und 4 legierte warmfeste Stähle T3/03: schweißgeeignete Feinkornbaustähle normalgeglüht, 3 Stufen, in jeder Stufe 1 warmfeste Sorte (NH), 2 kaltzähe (NL1 und NL2) T4/04: Nickellegierte, kaltzähe Stähle mit 9 Sorten von – 60 ... – 196° C T5/03: schweißgeeignete Feinkornbaustähle, TM-behandelt in 4 Stufen in jeder Stufe eine kaltzähe Sorte (ML) T6/03: Feinkornbaustähle vergütet in 5 Stufen, in jeder Stufe eine warmfeste (Symbol QH) und eine kaltzähe Sorte (Symbol QL)		**P235GH** / 265 / 295 / 355 16Mo3; 13MoCr4-5; 10CrMo9-10; **S275N** / 355 / 460 / (siehe Tabelle 18) **P355M** / 420 / 460 / 500 **P460Q** / 500 / 550 / 620 / 690

Tabelle 18. Anhängesymbole für Druckbehälterstähle

Kerbschlagarbeit KV in J längs bei Temp. °C.					*quer*
Sorte	– 50	– 20	0	+ 20	– 20
P...N **P...NH**	–	40	47	55	20
P...NL1 **P...NL2**	27 30	47 65	55 90	63 100	27 40

3.4.3.3 Flacherzeugnisse zum Kaltumformen

Die Stahlsorten weichen in der Analyse von den allg. Baustählen nach DIN 10025 ab und haben andere Kurznamen. Sie werden als Blech, Band oder Langerzeugnis unter zahlreichen Normen geliefert. Für die Kaltformbarkeit und Schweißeignung sind niedrige C-Gehalte und kleinere (P + S) -Gehalte erforderlich.

DIN EN 10130 Flacherzeugnisse aus weichen Stählen zum Kaltumformen (s = 0,35 ... 3 mm). Bleche und Bänder sind schweißgeeignet und zum Aufbringen von Schutzschichten geeignet. Sie werden in zwei Oberflächenguten (A, B,) und Ausführungen (glatt, matt, rau) geliefert.
Tiefziehbleche werden in großen Mengen für die Karosserieherstellung gebraucht. Es sind un- und niedriglegierte Qualitätsstähle mit niedriger Streckgrenze und hoher Bruchdehnung (als Gleichmaßdehnung ε_{gl}), um starke Verformungen bei niedrigen Kräften zu erreichen. Im fertigen Bauteil sollen sie hohe Streckgrenze (Widerstand gegen Einbeulen) besitzen.
Viele Sorten werden korrosionsgeschützt mit Zn, ZnAl oder AlZnSi-Überzügen, auch mit Lack- oder Folienbeschichtung geliefert, weiche Sorten mit Eignung zum Emaillieren (Normen, Tabelle 19a).

Tabelle 19. Stähle für Blech und Band zum Kaltumformen

Kurzname nach DIN EN 10130 (DIN 1623-1 Z)	Werk- Stoff.- Nr	Festigkeit $R_{p0,2}$ / $R_{m, max}$	A 80 mm	C %	P, S %
DC01	St2, St12	1.0330	280 / 410	28	0,12	0,045
DC03	RRSt3, RRSt13	1.0347	240 / 370	34	0,10	0,035
DC04	St4, St14	1.0338	210 / 350	38	0,08	0,03
DC05	St15	1.0312	180 / 330	40	0,06	0,025
DC06	IF18	1.0873	180 / 350	38	0,02	0,02

Tabelle 19a. Normen

DIN EN	Erzeugnisse zum Kaltumformen	
10111/98	Kontinuierlich warmgewalzte Bleche aus weichen Stählen zum Kaltumformen	
10209/96	Kaltgewalzte Flacherzeugnisse w.o. zum Emaillieren z.B. **DC01EK** / 04 / **DC03ED** / 04	
Kontinuierlich schmelztauchveredeltes Band und Blech		
10326/04	aus Baustählen, 6 Sorten: **S220GD** / 250 / 280 / 320 /350 / 550	Auflagen: +Z,+ZF
10327/04	aus weichen Stählen, 7 Sorten **DX51D** /52 / 53 / 54 / 55 / 56/ 57	+ZA,+AZ
10292/05	aus höherfesten Stählen in 15 Sorten: **H180** /220 / 260 / 300 / 340 /380 / 420 (mit Zusätzen **Y, B, P, LA** → Tab.14)	+AS ↓ (Tab.14C)
10152/03	Kaltband w.o., elektrolytisch verzinkt	

IF-Stähle (interstitiell free) weisen keine Atome auf Zwischengitterplätzen auf. C-Gehalt unter 0,02 %. Mikrolegierte Stähle sind C-arm mit geringen Nb/Ti-Anteilen, die Festigkeit wird durch feinstverteilte, intermetallische Phasen erzeugt. BH-Stähle (*bakehardening*) werden lösungsgeglüht verformt und lagern beim Einbrennlackieren warm aus. Die Streckgrenze steigt um 40 MPa.

Tabelle 20. Höherfeste Stähle zum Kaltumformen DIN EN 10292/04

Stahlsorten und typische chemische Zu-sammensetzung	Sorten, Kurznamen [1]	$R_{p0,2}$ in MPa quer längs	R_m in MPa quer längs	A_{80} quer	A_{80} längs
Y-Sorten: C_{max}. 0,01%, 0,1 % Si, 0,06...	**HX180YD, HX180BD**	180...240 / ------	340...400 / -----	34	---
0,1% P, 0,7...1,6 Mn, 0,12% Ti	**HX220YD, HX220BD**	220...280 / ------	340...410 / -----	32	---
B-Sorten: 0,04...0,11% C, 0,5% Si,	**HX260YD, HX260BD**	260...320 / ------	380...400 / -----	30 / 28	---
0,7% Mn, 0,06...0,12%. P	----------- **HX300BD**	300...360 / ------	400...480 / -----	26	---
LA-Sorten (mikrolegiert, 0,11% C, 0,5% Si	**HX260LAD,**	350...430 / 240...310	350...430 / 340...420	26	27
0,6...1,4%Mn,	**HX300LAD**	300...380 / 280...360	380...480 / 370...470	23	24
+ 0,15% Ti und 0,09% Nb	**HX340LAD**	340...420 / 320...400	410...510 / 400...550	21	22
	HX380LAD	380...480 / 360...460	440...560 / 430...550	19	20
	HX420LAD	420...520 / 400...500	470...590 / 460...580	17	18

[1] **Y:** (interstitiell free): **B:** bake-hardening; Mechanische Werte für **X** = Walzzustand, **H:** höherfest; **D:** für Schmelztauchüberzüge

3.4.3.4 Walzdraht, Stäbe und Draht aus Kaltstauch- und Fließpressstählen
Tabelle 21. Kaltstauch- und Kaltfließpressstähle DIN EN 10263/01

Teil	Werkstoffgruppe	Anzahl	Sorten
– 2	Unlegierte Stähle	8	C2C, C4C C8C, C10C, C15C C17C, C20C, 8MnSi7, nicht für Wärmebehandlg. vorgesehen
– 3	Einsatzstähle	25	4 unlegierte, 3 B-legierte, 7 S-legierte Automatensorten,
– 4	Vergütungsstähle	35	4 unlegierte, 16 Bor-legierte, 15 Cr-, CrMo- CrNiMo-legierte Sorten
– 5	Nichtrostende Stähle	19	2 ferritische, 1 martensitische, 1 austentisch-ferritische, 15 austenitische Sorten
Nachgestellte Symbole für Lieferzustände **+U** = unbehandelt (wie warmgewalzt)			
+PE	wälzgeschält	**+C**	kaltgezogen	**+ LC**	kalt nachgezogen	**+ AT**	lösungsgeglüht	Symbole können mit **+**
+AC	geglüht auf kugelige Carbide		**+FF**	behandelt auf Ferrit-Perlit-Gefüge und Härtespanne		kombiniert werden

DIN EN 10111 Kontinuierlich warmgewalztes Blech und Band aus weichen Stählen zum Kaltumformen. Von DD11 zu DD14 steigt die Dehnung bei fallenden Gehalten an C, P, und S.

Tabelle 22. Stähle nach DIN EN 10111/98

Kurzname nach DIN EN 10111 (DIN 1614-2)	Werkstoff. Nr.	Festigkeit in MPa $R_{p0,2}$ R_m	A_{80mm} %	C ≤ %	P und S je ≤ %	Verwendung
DD11	StW22	1.0332	170 ... 360 440	23	0,10	0,035	Für unmittelbar folgende Kalt-umformung zu Profilen ua. eingesetzt
DD12	RRStW23	1.0398	170 ... 340 420	25	0,10	0,035	
DD13	StW24	1.0335	170 ... 330 400	28	0,08	0,03	
DD14	—	1.0389	170 ... 290 380	31	0,08	0,025	

DIN 10149 Warmgewalzte Flacherzeugnisse aus Stählen mit hoher Streckgrenze zum Kaltumformen.. T 3 mit 4 normalgeglühten bzw. normalisierend gewalzten Sorten S260NC .... S420NC mit ähnlichen Eigenschaften wie die in Tabelle 23.

Tabelle 23. Thermomechanisch gewalzte Stähle nach DIN EN 10149-2/95

Kurzname [1]	(SEW 092)	Stoff-Nr.	Zugfestigkeit R_m in MPa	A % für $t ≥ 3$ mm	Faltversuch, 180 ° Dorn-∅ mm	Biegeradien für Dicke t 3 ... 6	> 6 mm
S315MC	QStE 300 TM	1.072	390 ... 510	24	0 t	0,5 t	1,0 t
S355MC	QStE 360 TM	1.0976	430 ... 550	23	0,5t		
S420MC	QStE 420 TM	1.0980	480 ... 620	19		1,0 t	1,5 t
S460MC	QStE 460 TM	1.0982	520 ... 670	17	1 t		
S500MC	QStE 500 TM	1.0984	550 ... 700	14			
S550MC	QStE 550 TM	1.0986	600 ... 760	14	1,5 t	1,5 t	2,0 t
S600MC	QStE 600 TM	1.0988	650 ... 820	13			
S650MC	QStE 650 TM	1.0989	700 ... 880	12	2 t	2,0 t	2,5 t
S700MC	QStE 700 TM	1.0966	750 ... 950	12			

[1] Kurzname enthält die obere Streckgrenze in MPa, Bruchdehnung A an Längs-, Faltversuch an Querproben.

3.4.3.5 Einsatzstähle sind Baustähle mit geringen C-Gehalten (< 0,2 %), die beim Abschrecken ihre Zähigkeit nicht verlieren, durch LE wird die Streckgrenze erhöht. Durch Aufkohlen (veraltet Einsetzen) erhält eine Randzone ca. 0,7 % C und wird härtbar. Für das Direkthärten aus der Aufkohlungstemperatur sind Mo-Stähle günstig.

3.4.3.6 Automatenstähle mit 0,15 ... 0,4 % S als Mangansulfid ergeben beim Spanen kurze Späne, saubere Oberfläche und geringe Schneidenbeanspruchung, auch zusätzlich mit 0,15 ... 0,35 % Pb.

Automatenstähle sind warmgewalzt (blank als Rund-, Vierkant-, Sechskant- und Flachstahl).

Verwendung: Niedrigbeanspruchte, kleinere Teile, wie abgesetzte Wellen, Bolzen, Büchsen, Scheiben, Zahnräder zur Bewegungsübertragung.

3.4.3.7 Nitrierstähle sind Vergütungsstähle, die im vergüteten Zustand durch Nitrieren eine harte Randzone erhalten. Sie enthalten Al als Nitridbildner, die anderen Elemente dienen der Festigkeitssteigerung und Durchvergütung (Tabelle 26).

Tabelle 24. Einsatzstähle DIN EN 10 084

Stahlsorte	Werkstoff-Nummer	HB geglüht	Stirnabschreckversuch, Härte HRC für einen Stirnabstand in mm				Anwendungsbeispiele
			1,5	5	11	25	
C10E+H	1.1121	131					kleine Teile mit niedriger Kernfestigkeit:
C15E+H	1.1141	143					Bolzen Zapfen, Buchsen, Hebel,
17Cr3+H	1.7016	174	39				w.o. mit höherer Kernfestigkeit
16MnCr5+H	1.7131	207	39	31	21		⎱ Zahnräder und Wellen im
20MnCr5+H	1.7147	217	41	36	28	21	⎰ Fahrzeug- und Getriebebau
20MoCr4+H	1.7321	207	41	31	22		für Direkthärten geeignet
22CrMoS3-5+H	1.7333	217	42	37	28	22	für größere Querschnitte
20NiCrMo2-2+H	1.6523	212	41	31	20		Getriebteile höchster Zähigkeit
17CrNi6-6+H	1.5919	229	39	36	30	22	⎱ hochbeanspruchte Getriebeteile,
18CrNiMo7-6+H	1.6587	229	40	39	36	31	⎰ Wellen, Zahnräder

Tabelle 25. Automatenstähle DIN EN 10 096

Stahlsorte			Festigkeiten		Härte HBW	Sorten mit 0,15...0,35 % Pb,		Zustand
	Kurz-name	Werkstoff-Nr.	R_m	R_e				
Wärmebehandlung nicht vorgesehen	**11SMn30**	1.0715	380 ... 570		112 ... 169	**11SMnPb30**	1.0718	U
	11SMn37	1.0736				**11SMnPb37**	1.0737	
Einsatzstähle	**10S20**	1.0721	360 ... 530		107 ... 156	**10SPb20**	1.07222	U
	15SMn13	1.0725	430 ... 600		128 ... 178	----------		
Vergütungsstähle	**35S20**	1.0726	490 ... 624	320	$A =$ 16 %	**35SPb20**	1.0756	V
	38SMn26	1.0760	530 ... 700	420	15	**38SMnPb26**	1.0761	
	44SMn28	1.0762	630 ... 800	420	16	**44SMnPb28**	1.0763	
	46S20	1.0727	590 ... 760	430	13	**46SMnPb20**	1.0757	

Eigenschaftswerte für den angegebenen Zustand im ⌀-Bereich 16 ... 40 mm. U: unbehandelt, V: vergütet

Tabelle 26. Nitrierstähle, Auswahl aus DIN EN 10 085

Stahlsorte		Eigenschaften vergütet					Eigenschaften, Anwendungen
Kurzname	Werkstoff-Nummer	⌀ - Bereich mm	$R_{p0.2}$ MPa	A %	KV J	HV1	
31CrMo12	1.8215	40	850	10		800	warmfest, für Teile von Kunststoff-maschinen
		41 ... 100	800	11	35		
31VrMoV9	1.8519	80	800	11	35	800	ionitrierte Zahnräder hoher Dauerfestigkeit
		81 ... 150	750	13	35		
15CrMoV6-9	1.8521	100	750	10	30	800	größere Nitrierhärtetiefe, warmfest
		101 ... 250	700	12	35		
34CrAlMo5	1.8507	70	600	14	35	950	Druckgießformen für Al-Legierungen
35CrAlNi7	1.8550	70 ... 250	600	15	30	950	für große Querschnitte

3.4.3.8 Vergütungsstähle sind Baustähle mit 0,25 ... 0,5 % C und steigenden Gehalten an Cr, Mn, Mo und Ni, damit auch größere Querschnitte durchvergüten. Die erreichbare Vergütungsfestigkeit ist dickenabhängig. Bei den Ni-legierten Stählen ist bei hohen Festigkeiten auch die Zähigkeit längs und quer zur Faserrichtung hoch.

Mn- und Cr-legierte Sorten neigen zur Anlasssprödigkeit, wenn sie aus der Anlasstemperatur langsam abkühlen. Ursache sind Ausscheidungen harter Phasen, welche die Kerbschlagarbeit senken. Schnelle Abkühlung verhindert die Ausscheidungen, ebenso

Gehalte an Mo oder V. Solche Stähle können langsam abkühlen, ohne dass die Zähigkeit sinkt, wichtig für größere Querschnitte.

DIN EN 10082-1 enthält die *Edelstähle* (P und S je 0,35 %), davon 9 unlegierte. Mit Ausnahme der CrNiMo-legierten Sorten gibt es zu jeder Sorte eine Variante mit verbesserter Spanbarkeit, z.B. C45R für unlegierte oder 34CrMoS4 für niedriglegierte Sorten. Teil 2 enthält 9 unlegierte *Qualitätsstähle* (gleiche C-Gehalte, P und S je ≤ 0.45 %), Teil 3 enthält 6 Sorten mit Bor-Gehalten von 0,0008 ... 0,005 %.

Tabelle 27. Vergütungsstähle DIN EN 10083

lfdNr:	Stahlsorte	Durchmesserbereich $d \leq 16$ mm					$16 \leq d \leq 40$ mm				
		R_e R_m MPa		A %	Z %	KV J	R_e R_m MPa		A %	Z %	KV J
1	C25E	370	700...550	19	45	–	320	650...500	21	50	–
2	C35E	430	780...630	17	40	–	370	750...600	19	45	–
3	C45E	500	850...700	14	35	–	430	800...650	16	40	–
4	C55E	550	950...800	12	25	–	500	900...750	14	35	–
5	C60E	580	1000...850	11	25	–	520	950...800	13	30	–
6	28Mn6	590	930...780	13	40	35	490	840...690	15	45	40
7	38Cr2	550	950...800	14	35	35	450	850...700	15	40	35
8	46Cr2	650	1100...900	12	35	30	550	950...800	14	40	35
9	34Cr4	700	1000...900	11	35	35	590	950...800	14	40	40
10	37Cr4	750	1150...950	11	35	30	630	950...850	13	40	35
11	41Cr4	800	1200...1000	10	30	30	660	1100...900	12	35	35
12	25CrMo4	700	1100...900	12	50	45	600	950...800	14	55	50
13	34CrMo4	800	1200...1000	11	45	35	650	1100...900	12	50	40
14	42CrMo4	900	1300...1100	10	40	35	750	1200...1000	11	45	35
15	50CrMo4	900	1300...1100	9	40	30	780	1200...1000	10	45	30
16	51CrV4	900	1300...1100	9	40	30	800	1200...1000	10	45	30
17	36CrNiMo4	900	1300...1100	10	45	35	800	1200...1000	11	50	40
18	34CrNiMo6	1000	1400...1200	9	40	35	900	1300...1100	10	45	45
19	30CrNiMo8	1050	1450...1250	9	40	30	1050	1450...1250	9	40	30
20	36NiCrMo16	1050	1450...1250	9	40	30	1050	1450...1250	9	40	30

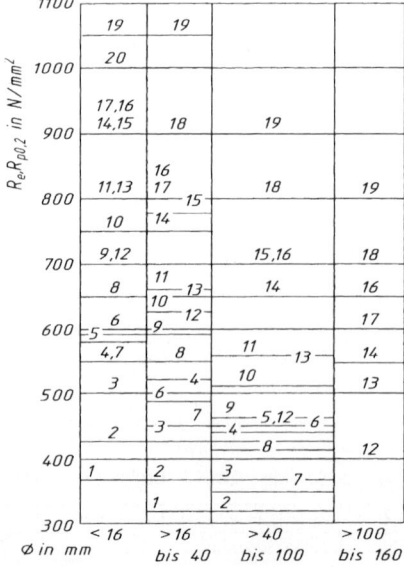

Die Auswahl eines Stahles geht vom Werkstück-⌀ aus (Bild zu Tabelle 27). Die Zahlen in den Feldern beziehen sich auf die lfd. Nummer der Sorte in Tabelle 27. Der Stahl mit der höheren Nummer hat jeweils die höhere Zähigkeit.

Diagramm gibt eine Übersicht über die Mindestwerte der Streckgrenze für verschiedene Durchmesserbereiche. Für die in einem Feld angeführten Sorten (Nummern nach Tabelle 27) gilt der untere stark ausgezogene Rand als Mindeststreckgrenze

3.4.3.9 Federstähle sind Vergütungsstähle für kleinere Querschnitte, deswegen genügen geringe Gehalte an LE. Um hohe Streckgrenzenwerte zu erhalten, sind die C-Gehalte (0,5 ... – 0,75 %) erhöht und Si zur Mischkristallverfestigung zulegiert. Die Stahlsorten werden warm- oder kaltgeformt und als Draht oder Band geliefert. Als unmagnetische und korrosionsbeständigere Werkstoffe gibt es neben nicht rostenden Stählen noch Cu-Legierungen, leztere auch für Strom führende Federn.

Die Werkstoffwahl beginnt mit dem Halbzeug, das für die jeweilige Federform benötigt wird. Nach der Entscheidung für Draht oder Band, ,je nach Form der Feder (oder federnder Elemente), muss die mechanische Beanspruchung (statisch, dynamisch, niedrig...hoch) zur Wahl herangezogen werden. Je nach Korrosionangriff können beschichtete (Z = Zn-Überzug, ZA = ZnAl-Überzug, ph = phosphatiert) oder nicht rostende Stähle gewählt werden.

Tabelle 28. Normenübersicht Federstähle

	warmgewalzt + vergütet	patentiert + kaltgezogen	ölschlussvergütet	kaltgezogen, nicht rostender Stahl	kaltgewalzt	
Draht	DIN EN 10089 19 Sorten	DIN EN 10270 T1 5 Sorten	DIN EN 10270 T2 9 Sorten	DIN EN 10270 T3 3 Sorten	-------------------	
Band	----------------	----------------	------------------		DIN EN 10151	7 S.
					DIN EN 10132-4	15 S.

Stahldraht für Federn DIN EN 10270, Teil 1 (fett) und 2 (normal) gedruckt						
Sorten nach	Federbeanspruchung			Draht-∅ für die Sorten	∅ in mm
	Dauerfestigkeit			**SL, SM, SH, DM, DH**	0,5 ... 20
	Festigkeit	statisch	mittel	hoch		
Teil 1 / T2	niedrig	**SL** / FDC	---/ TDC	--- / VDC	FDC, FDCrV, FDSiCr	0,5 ... 17
	mittel	**SM** / FDCrV	**DM** / TDCrV	**DH** / VDCrV	TDC, TDCrV, TDSiCr, VDC, VDCrV, VDSiCr	0,5 ... 10
	hoch	**SH** / FDSiCr	--- / TDSiCr	--- / VDSiCr		

$R_m^{1)}$ in MPa für Draht-∅ in mm				$R_m^{1)}$ in MPa für Draht-∅ in mm				$R_m^{1)}$ in MPa für Draht-∅ in mm		
Sorte	1	4	15	Sorte	0,5	4	15	Sorte	0,5	3	5
SL		1320		**FDC**	1900	1550	1270	**TDC, VDC**	1850	1600	1540
SM	----	1530	1110	**FCrV**	2000	1620	1410	**TDCrV, VDCrV**	1910	1670	1570
SH	2230	1740	1270	**FDSiCr**	2100	1870	1570	**TDSiCr, VDSiCr**	2080	1910	1810
DM		1530	1110	$^{1)}$ untere Werte von R_m; E-Modul E = 206 000 MPa, Gleitmodul G = 81 500 MPa							
DH		1740	1270								

[1] Die Sorten mit mittlerer und höherer Dauerfestigkeit haben gegenüber den statisch belastbaren Sorten einen höheren Reinheitsgrad und definierte Oberflächenbeschaffenheit (Oberflächenfehler und Randentkohlung).

Stahldraht für Federn DIN EN 10270-3 kaltgezogen (Durchmesser von 0,2 ... 10 mm)								
Sorte	Stoff-Nr.	Zugfestigkeit R_m in MPa für Draht-∅ in mm				T max.	E-Modul	G-Modul
		≤ 0,2	0,4...0,5	4,25...5	8,5...10	°C	MPa	
X10CrNi18-8	1.4310	2200	2050	1450	1250	– 30 ... + 270	180 000	70 000
X5CrNiMo17-12-2	1.4401	1725	1650	1200	1050	300	175 000	68 000
X7CrNiAl17-7	1.4568	1975	1900	1350	1250	350	190 000	73 000

Federband aus nichtrostenden Stählen DIN EN 10151 s ≤ 3 mm, max. 600 mm breit. 16 Sorten, darunter die 3 aus DIN EN 10270-3. Anhängezeichen für kaltverfestigt auf $R_{m,min}$ in MPa von +C700 bis +C1900			
Gefüge	Kurzname	Stoff-Nr,	Eigenschaften, Verwendung
ferritisch	**X6C17**	1.4310	Nur kaltverfestigt +C850, geringe Zähigkeit
martensitisch	**X20Cr13**	1.4021	Vergütet auf R_m = 1600 MPa; E = 220 GPa
austenitisch	**X10CrNi18-8**	1.4310	+C1900 (max.), angelassen auf R_m = 2100 MPa
ausscheidungsgehärtet	**X7CrNiAl17-7**	1.4568	+C1500, geformt, ca. 500° C/Luft auf R_m = 2100 MPa

Warmgewalzter Federstahl, DIN EN 10089, vergütbar, mit $R_{p0,2}$ = 1030...1175 MPa bei A = 6 % (für 10 mm ∅, vergütet)	
Sorten	Streckgrenzen von 1030 ... 1175 MPa bei 6 % Bruchdehnung (vergütet 10 mm ∅)
38Si7, 54SiCr6, 60SiCr7,	Federringe und -platten zu Schraubensicherung (38 Si7), Blatt-, Schrauben- und Kegelfedern für Fahrzeuge, Federplatten für Oberbau, Tellerfedern
55Cr3, 50CrV4, 51CrMoV4	hochbeanspruchte Blatt-, Schrauben- und Drehstabfedern, Stabilisatoren

Bei allen Federn kann die Dauerfestigkeit durch Kugelstrahlen der Oberfläche oder nochmaliges Anlassen nach Kaltumformen erhöht werden. Bei Federband aus Vergütungsstahl (50CrMo4 + Nb) führt eine TM-Behandlung zu Dauerfestigkeiten von σ_D = 900 MPa. Es bleibt eine ausreichende Verweilzeit vor dem Anlassen für Umformarbeiten (z.B. Federaugen rollen).

3.4.3.10 Wälzlagerstähle. Die örtliche Linien- oder Punktbeanspruchung von Wälzkörpern und Ringen verlangt harte Werkstoffe mit Beständigkeit gegen Verschleiß und Oberflächenzerrüttung durch das ständige Überrollen. Den Anforderungen genügen nur gehärtete Stähle mit hohem Reinheitsgrad (evtl. Vakuumstahl). Für steigende Querschnitte sind steigende LE-Gehalte zur Durchhärtung erforderlich.

Niedriglegierte Sorten: **C100Cr6, C100CrMn6, C100CrMo7** mit Härten von 58 ... 64 HRC. Bei Korrosionsangriff **X46Cr13, X90CrMoV18**, bei höheren Temperaturen bis 300° C **X30CrMoN15-1**, beständig gegen Lochkorrosion (FAG). Unmagnetisch ist **X5CrNi18-10**, plasmaaufgekohlt und ausscheidungsgehärtet auf 520 HV von – 196 ... + 700° C stabil (INA).

Für sehr hohe Drehzahlen sind Hybridlager mit Wälzkörpern aus Si-Nitrid (Dichte 3,2 g/cm³, kleinere Fliehkräfte) günstig, bei heißen korrodierenden Medien auch Vollkeramiklager

3.4.3.11 Kaltzähe Stähle

Für Behälter, Leitungen und Armaturen in Kontakt mit verflüssigten Gasen müssen die Werkstoffe aus Sicherheitsgründen eine hohe Kaltzähigkeit bei der Temperatur des jeweiligen Gases aufweisen. Tabelle 29.

Tabelle 29. Kaltzähe Stähle (DIN EN 10028-4)

Sorte nach EN 10028-3/4	Werkstoff Nr.:	KV_{min} J	KV_{min} -°C.	$R_{m,min}$ MPa	$R_{eH,min}$ MPa	Eignung für Gase mit der Siedetemperatur	in °C
P275NL1	1.0488	27	50	510	275	Butan, C_4H_{10}	± 0
P460NL2	1.8918	30	50	720	460	Propan, C_3H_8	– 42
11MnNi5-3	1.6212	40	60	420	275	Propen, C_3H_6	– 47
15NiMn6	1.6228	40	80	490	345	Kohlendioxid,CO_2	– 78
12Ni14	1.5637	40	100	490	345	Ethan, C_2H_6	– 89
X12Ni5	1.5680	40	120	530	380	Ethen, C_2H_4	– 104
X7NiMo6	1.6349	40	170	640	490	Methan, CH_4	– 164
X8Ni9	1.5662	70	196	680	676	Sauerstoff, O_2,	– 183
X7Ni9	1.5663	100	196	680	575	Stickstoff, N_2,	– 196
Austenitische Stähle		55	196	500	200	Wasserstoff H_2,	– 253
				750	340	Helium, He	– 269

[1] Ermittelt an Spitzkerbproben längs, Erzeugnisdicke < 16 mm.

Weitere Sorten in DIN EN 10213-3/4; Stahlguss für Druckbehälter bei tiefen Temperaturen; DIN EN 10222-3/99 Schmiedestücke aus Stahl für Druckbehälter. Nickelstähle.

3.4.3.12 Stähle für höhere Temperaturen über 350° C dürfen bei der Gebrauchstemperatur keinen Gefügeveränderungen unterliegen, die zu Erweichung führen. Durch die thermische Aktivierung verlieren die Mechanismen der Festigkeitssteigerung z.T. ihre Wirkung, sodass Versetzungen, die bei RT blockiert sind, nun langsam wandern, z.T. in andere Ebenen klettern können. Durch Diffusion wirken Korngrenzen nicht mehr als Hindernisse, es kommt zum Korngrenzengleiten. Feindispers ausgeschiedene Teilchen können in Lösung gehen.

Die Folge ist das Kriechen, eine sehr langsame bleibende Formänderung unter Spannung, Nach einer längeren Kriechphase mit konstanter Kriechgeschwindigkeit (temperatur- und spannungsabhängig) folgt eine Zunahme der Kriechgeschwindigkeit mit folgendem Bruch.

Zeitstandfestigkeit $R_{m/t/T}$ ist die Spannung, die nach einer Zeit t bei der Temperatur T zum Bruch führt.
Zeitdehngrenze, $R_{p/\varepsilon/t/T}$ ist die Spannung, die nach einer Zeit t bei einer Temperatur T eine bestimmte Dehnung ε (in %) hervorruft ($\rightarrow$ 8.4).
Warmfeste Stähle, unlegiert, sind vergütet bis ca. 400° C einsetzbar. Legierte Stahlsorten enthalten Cr, Mo, und V, zur Mischkristallverfestigung, zur Anhebung der Anlasstemperatur und zur Bildung thermisch stabiler, feinstverteilter Carbide als Kriechhindernisse. Die Stähle werden vergütet (bainitisiert) und sind bis ca. 540° C geeignet.
Hochwarmfeste Stähle sind ferritisch-martensitisch durch 12 %Cr und bis ca. 600° C einsetzbar. Darüber werden austenitische CrNi-Stähle bis 700° verwendet, noch höher müssen Ni- und Co-Basislegierungen eingesetzt werden.
Normung: DIN EN 10 028-2 Flacherzeugnisse aus Druckbehälterstählen – unlegierte und legierte warmfeste Stähle; DIN EN 10 213-2/96 Stahlguss für Druckbehälter – Raumtemperatursorten und warmfeste Stähle.

3.4.3.13 Hitzebeständige Stähle (zunderfeste St.) sind gegen heiße Gase beständig. Zunderung ist der Materialverlust durch Reaktion mit heißen Gasen über 600° C. Ein Stahl ist zunderbeständig, wenn der Masseverlust durch Verzunderung im Mittel 1 g auf 1 m^2 Oberfläche nicht übersteigt und bei 50° C höher nicht mehr als 2 g/m^2 beträgt. Dabei wird mit 4 Zwischenkühlungen gearbeitet.

Bei Stählen mit γ-α-Umwandlung wird eine gebildete Oxidschicht beim Wechsel von Erwärmen und Abkühlen gelockert (Volumensprung, Bild in 3.2.1). Sie wächst nach innen und platzt ab. Die hitzebeständigen Stähle sind umwandlungsfrei, ihre LE Cr, Al und Si reagieren mit den Gasen und bilden eine dichte Schutzschicht. Die Beständigkeit hängt von der Zusammensetzung der Gase ab (Tabelle 32). Ferritische Stähle sind mechanisch geringer belastbar, aber korrosionsbeständiger. Sie neigen zum Kornwachstum und werden dadurch kaltspröde.

Tabelle 30. Auswahl warmfester Stähle:

Sorte	Kurzzeitversuch $R_{p0.2}$ in MPa bei °C				Langzeiteigenschaften über 100 000 h In MPa bei [T] = °C								Gefüge
	20	300	400	500	500°		550°		600°		650°		
					R_{p1}	R_m	R_{p1}	R_m	R_{p1}	R_m	R_{p1}	R_m	
P265GH	255	155	130	—									ferrit.-perlit.
13CrMo4-5	295	215	190	175	98	137	36	49					vergütet
10CrMo9-10	300	270	205	185	103	135	49	68	22	34			vergütet
X20CrMoV12-	490	390	360	290	190	235	98	128	43	59	17	23	vergütet
X8CrNiNb16-13	205	137	128	118	186	157	181	154	78	108	49	64	austenitisch
GX22CrMo12-1	540	430	390	340	172	207	91	118	34	49	—	—	oberer Bainit

Tabelle 31. Hitzebeständige Stähle, Auswahl nach DIN EN 10095/99, Langzeitwerte abgeschätzt

Stahlsorte	Werkstoff-Nummer	max. Temp. °C	$R_{p0.2}$ MPa	A %	$R_{m.1000}$ bei 600	900° C	$R_{m.10000}$ bei 600	900° C	$R_{m.100\,000}$ bei 600	900° C
Ferritische Stähle, geglüht						Zeitfestigkeisten in MPa				
X10CrAlSi7	1.4713	800	220	20						
X10CrAlSi18	1.4742	1000	270	15	56	3,0	36	1,9	20	1
X10CrAlSi25	1.4762	1150	260	10						
Austenitische Stähle, lösungsgeglüht (1000 ... 1150° C) und abgeschreckt										
X10CrNiTi18-10	1.4878	850	190	40	200	—	142	—	65	—
X12CrNi23-13	1.4833	1000	210	35	190	15	120	8,6	80	3
X15CrNiSi25-21	1.4841	1150	230	30	170	20	130	10	60	3
Ferritisch-austenitische Stähle, lösungsgeglüht (1000...1100° C) und abgeschreckt										
X15CrNiSi25-4	1.4821	1100	400	16	65	3,6	35	1,9	—	—
Ni-Legierungen, lösungsgeglüht (1000 ... 1050° C) und abgeschreckt										
NiCr15Fe8	2.4816	1150	240	30	100	22	120	15	97	7
NiCr23Fe	2.4851	1200	300	30	264	20	205	10	156	4

Tabelle 32. Beständigkeit hitzebeständiger Stähle gegenüber Gasen.

Sorte	S-haltig, oxidierend	S-haltig, reduzierend	N-reich, O-arm	aufkohlend
ferritisch 7 ... 25 % Cr	sehr groß	mittel.(groß)	gering	mittel
austenitisch 9 ... 21 % Ni	mittel...gering	gering	groß	gering

Austenitische Sorten sind hochwarmfest, ihre größere Wärmedehnung bei kleinerer Wärmeleitfähigkeit macht sie empfindlich für Ermüdung durch periodische Temperaturwechsel.

Anwendung: Bauteile von Industrieöfen und Geräte zum Fördern und Handhaben des Glühgutes (Durchlauföfen), Teile für Dampfkessel-, Apparatebau und Erdölverarbeitung, Heizleiterlegierungen.

Normung hitzebeständiger Werkstoffe**:** DIN EN 10095/99 Stähle und Ni-Legierungen, DIN EN 10090/98 Ventilwerkstoffe, DIN 17470/84 Heizleiterlegierungen. Hitzebeständiger Stahlguss DIN EN 10295/03, z.B. **GX40CrS17** (ferritisch) oder **GX40CrNiSi25-20** (austenitisch). Hitzebeständiges Gusseisen **GJS-SiMo** oder austenitisches Gusseisen mit Kugelgraphit nach DIN EN 13835/03 mit 4 Sorten z.B. **GJSA-XBNiCr20-2** (GGG-NiCr 20 2) mit steigenden Cr-Gehalten oder **GJSA-XNiSiCr35-5-2** (Handelsnamen Ni-Resist).

3.4.3.14 Korrosionsbeständige Stähle verhalten sich in Elektrolyten *passiv*, d.h. sie nehmen wie die Edelmetalle nicht an Reaktionen teil. Es wird durch Cr-Gehalte von ≥ 13 % erreicht. Die Stähle stehen dann in der Spannungsreihe der Elemente (→ E-Technik) vor dem Platin. Das gilt nur, wenn alles Cr gelöst ist. Da Cr auch Carbidbildner ist, muss mit steigenden C-Gehalten der Cr-Anteil größer werden. Cr-Stähle mit über 0,1 %C sind nur im abgeschreckten Zustand beständig. Beim Erwärmen (Schweißwärme) scheiden sich Cr-Carbide auf den Korngrenzen aus, der an Cr ärmere Rand wird unedler (anodisch) und geht in Lösung. Risse längs der Korngrenzen führen zum Kornzerfall, auch interkristalline Korrosion genannt. Abhilfe durch extrem niedrigen C-Gehalt oder Zulegieren von Ti, Nb, Ta, die größere

Affinität zum Kohlenstoff haben als Chrom, welches dann im Mischkristall verbleibt.

Normen: Korrosionsbeständiger Stahlguss DIN EN 10283/98; k´-beständige Stähle DIN EN 10088/05; Stahlguss für Druckbehälter DIN EN 10213-4/96 Austenitische und ferritisch-austenische Sorten). Schmiedestücke für Druckbehälter DIN EN 10222-5/00: Martensitische, austenitische und ferritisch-austenitische nichtrostende Stähle).

Tabelle 33. Korrosionsbeständige Stähle (Auswahl DIN EN 10088/05)

Stahlsorte	Stoff-Nr.	$R_{p0,2}$	A	Beständigkeit, Anwendungen
Ferritische Stähle (Werte für Zustand A, geglüht, in Klammern martensitisch, Zustand QO, ölgehärtet)				
X6Cr13	1.400	230	20	geschliffen beständig gegen Dampf und Wasser, Essbestecke, Spindeln für Armaturen
X2CrTi12	1.4512	220	18	tiefziehbar bis 3 m Dicke, erhöhte Säurebeständigkeit, Schanktische, Waschmaschinen
X6CrMo17-1	1.4113	280	18	beständiger gegen Chloride durch Mo-Zusatz, für Kfz-Teile: Zierleisten, Fensterrahmen
(X90CrMoV18)	1.4112	HRC 60	—	härtbarer Werkzeugstahl für Messer in Nahrungsmittelmaschinen, rostfreie Wälzlager
Austenitische Stähle (Werte für Zustand AT, lösungsgeglüht)				
X5CrNi18-10	1.4301	190	45	Grundtyp, schweißgeeignet, beständig gegen interkristalline Korrosion bis 6 mm Blechdicke, Tiefziehteile aller Art
X6CrNiTi18-10	1.4541	190	40	Ti-stabilisiert, keine Carbidausscheidungen beim Schweißen, hochfest stabil
X10CrMnN18-18	1.3816	800	—	unmagnetisch, Kappenringe für Generatorläufer kaltstauchbar hochkorrosi-
X6CrNiMoTi17-12-2	1.4571	270		onsbeständig, Pharma-Industrie

Tabelle 34. Vergleich der Eigenschaftsprofile von ferritischen und austenitischen Stählen

Kriterium	Austentische Stähle	Ferritische Stähle
Hoch legiert	Ni, Mn (Cr),	Cr,
Stabilisiert durch	Zusätze von Mo, V, Ti, Nb, einzeln oder kombiniert	Zusätze von Mo, V, Ni, Al, Ti
Gefüge	kfz. nach Abschrecken aus 1000° C	krz.
Streckgrenze	niedrig, durch N-Anteile erhöht	normal
Wärmeleitung	geringer	höher
Kaltformbarkeit	hoch, dabei stark verfestigend, leichter mit steigenden Ni-Gehalten	mittel, wenig verfestigend, Halbwarmumformung günstig
Schweißeignung	sehr gut bei niedrigen C-Gehalten oder durch (Ti, Nb) gegen Ausscheidungen von Cr-Carbiden stabilisiert. Sonst besteht Gefahr interkristalliner Korrosion in der WEZ	
Zähigkeit	hoch, kein Steilabfall, kaltzäh	niedrig, Steilabfall, kaltspröde
Warmfestigkeit	650 ... 750° C (ausgehärtet)	300...600° C (Glühzustand) warmfester Stahlguss
Hitzebeständigkeit	800 ... 1150° C durch Si-Zusatz, wenig beständig gegen S-haltige Gase und Aufkohlung	750...1200° C. Al- und Si-Zusatz bewirkt Beständigkeit gegen oxidierende und S-haltige Gase

Duplexstähle sind ferritisch-austenitische Stähle, z.B. vom Typ XCrNiMo22-5-3. mit höherer Streckgrenze als die austenitischen Sorten. Sie sind beständig gegen Rauchgase in Entschwefelungsanlagen. Durch Druckaufstickung nach dem ESU-Verfahren (DESU-) wird bei austenitischen Stählen die typisch niedrige Streckgrenze angehoben (z.B. X10CrMnN18-18 in Tabelle 33).

3.4.3.15 Werkzeugstähle (DN EN ISO 4957/01; VDI-Richtlinien 3388/97)

Härtbare Stähle mit C-Gehalten von 0,3 ... 2,1 % C und steigenden LE-Gehalten für steigende Querschnitte, um Durchhärtung (Druckfestigkeit) zu erzielen. Die Grob-

einteilung (DIN 17350 Z) erfolgt nach der thermischen Beanspruchung in Kalt- und Warmarbeitsstähle und Schnellarbeitsstähle. Die geringe Leistungsfähigkeit (Standzeit/-menge) der unlegierten Werkzeugstähle wird durch LE und Beschichtungen gesteigert.

Auswahlgesichtspunkte: Kostengünstige Herstellung (Werkstoffkosten, geringer Härteverzug, Nacharbeit), ausreichende Standzeit bzw. Standmenge (Härte, Verschleißwiderstand), angepasste Zähigkeit (gegen Risse und Kantenausbrechen).

Standzeit- und -menge können durch größeren Reinheitsgrad (ESU- oder Vakuumerschmelzung), der Stähle (Oberflächengüte, Dauerfestigkeit) durch Oberflächenbehandlung oder Beschichten (Widerstand gegen Adhäsion und Abrasion) oder PM-Herstellung der carbidreichen Stähle (Steigerung des Carbidanteils und gleichmäßig feinkörnige Verteilung) erreicht werden.

Für Großwerkzeuge (z.B. zum Pressen von Karosserieteilen) wird Stahlguss eingesetzt: z.B. G45CrNiMo4-2

(1.2769) oder G60CrMoV10-7 (1.2330) mit der Möglichkeit zum Randschichthärten auf 56 ... 60 HRC, je nach C-Gehalt. Hochlegierte Sorten ähnlich 1,2379 für schneidende Werkzeugteile, z.B. Schnittsegmente verwendet.

Tabelle 35. Wirkung des Kohlenstoffs und der Legierungselemente in Werkzeugstählen

Einfluss des **Kohlenstoffs**	C-Gehalt ↑ steigt	Härte steigt, Zähigkeit sinkt	C-Gehalt ↓ sinkt	Zähigkeit steigt, Härte sinkt und muss durch LE wie z.B. Cr, Mo, V, W) ausgeglichen werden	
Einfluss der **Legierungselemente**	LE-Gehalt niedrig		LE-Gehalt mittel		LE-Gehalt hoch
	Wasserhärtung, Verzug hoch		Ölhärtung, Verzug geringer		Warmbäd- / Lufthärtung,Verzug klein
Werkzeuggestalt	niedrig	←	Querschnitt, Komplexität	→	hoch

Anforderung	Stahleigenschaft	LE, Wärmebehandlung
Widerstand gegen – plastische Verformung	Hohe Fließgrenze	Martensitische Gefüge, Durchhärtung / Durchvergütung durch LE 0,3...0,6 % C+ 1...5 % Cr
– Verschleiß	Härte, Tribologische Eigenschaften	Gegen Abrasion: hohe Carbidanteile durch LE (Mo, V, Cr, W), gegen Adhäsion: Laserhärten, nichtmetallische Beschichtungen, Nitrocarburieren, PVD-Beschichtung mit TiN, Ti(CN)
– Schlag, Stoß, – Kantenausbrechen	Zähigkeit	C-Gehalt niedrig, dafür LE-Gehalte (Ni) erhöhen, Feinkorngefüge, Reinheitsgrad erhöhen (Vakuumerschmelzung)
Warmarbeitsstähle zusätzlich		
Temperaturwechsel (Brandrisse)	Thermoschock-beständigkeit	Σ LE niedrig halten, um Wärmeleitfähigkeit (Rissanfälligkeit) zu verbessern, 1 % Mo ersetzt 2 % W, V wirkt noch stärker
Gefügeänderung bei hohen Temperaturen	Anlassbeständigkeit	Aushärtungseffekt durch 0,3 ... 0,9 % V, als Carbid erst bei hohen Anlasstemperaturen ausscheidend

Tabelle 36. Werkzeugstähle, Auswahl

Kurzname	Stoff. -Nr.	Eigenschaften, Anwendung
Kaltarbeitsstähle für Arbeitstemperaturen < 200° C. Anforderung auf Schneidhaltigkeit wird durch steigende Carbidanteile (C-Gehalt) erfüllt, dabei sinkt die Zähigkeit (Stoßbelastung)		
C45U	1.1730	Unlegiert, für Handwerkzeuge, Meißel, Aufbauteile von Werkzeugen
102Cr6	1.2067	Bördelrollen, Stempel, Lehren, Wälzlager
60WCrV8	1.2550	Schnitte und Stempel für dickere Bleche, Holzbearbeitungswerkzeuge
X153CrVMo12-1	1.2379	Gewindewalzrollen und -backen, Schneid- und Stanzwerkzeuge für Blech unter 6 mm, Feinschneidwerkzeuge bis 12 mm, Tiefziehwerkzeuge
X210CrW12	1.2436	Durchhärtender, maßbeständiger, verschleißfester Stahl für Schnittplatten und -stempel, Tiefzieh- und Fließpresswerkzeuge
Warmarbeitsstähle für Arbeitstemperaturen > 200° C. Durch den Kontakt mit flüssigen oder auf Formgebungstemperatur erwärmten Metallen besteht die Gefahr der Gefügeveränderung durch weiteres Anlassen. Die Anlasstemperatur sollte deshalb etwa 80...100 K höher als die Betriebstemperatur des Stahles sein. Danach ist die Sorte auszuwählen. Höhere Zähigkeit ist für stoßbeanspruchte Teile wichtig (Hammergesenke). Für höhere Gebrauchstemperaturen sind sekundärhärtende Sorten (Mo, V-legiert) zu wählen.		
55NiCrMoV7	1.2714	Warmzäh, durchhärtend, wenig anlassbeständig. Gesenkstahl (Vollform)
32CrMoV12-28	1.2365	Hoch anlassbeständig, wenig rissempfindlich bei Wasserkühlung, für dünne Querschnitte, Gesenkeinsätze, Druckgießformen
X40 CrMoV5-1	1.2344	Wie vor, jedoch für größere Querschnitte
X30WCrV5-3	1.2567	Höchst anlass-, form- und verschleißbeständig, weniger durchhärtend, rissempfindlich, für Strangpresswerkzeuge
Kunststoff-Formenstähle. Anforderung auf Polierbarkeit und Korrosionsbeständigkeit, bei geringerer thermischer Beanspruchung		
21MnCr5	1.2162	Einsetzbar, polierfähig, kalteinsenkbar. Für hochglanzpolierte flache Kunststoffformen, Führungssäulen
40CrMnNiMo8-6-4	1.2738	Gut spanbar, polierbar, narbungsgeeignet, für Großformen mit tiefer Gravur , durch 1 % Ni durchvergütend
X38CrMo16	1.2316	Gute Polierbarkeit, korrosionsbeständig, für aggressive Polymere

3.4.3.16 Schneidstoffe sind als Werkstoffe für Schneiden von Spanungswerkzeugen hoch und mehrfach beansprucht:

Biegung und Druck	durch Kräfte vom Werkstück auf die Schneide, auch stoßartig durch Anschnitt und unterbrochenen Schnitt, erfordern Biegefestigkeit, sonst Kantenausbrechen
Reibung und Verschleiß	durch Relativbewegung unter hohen Kräften. Chemisch-physikalische Reaktionen führen zu Stoffverlust (Verschleißmarkenbreite) durch Adhäsion, Abrasion, Diffusions- und Oxidationsverschleiß
Thermische Beanspruchung	durch Umwandlung von Reibungs- und Verformungsenergie in Wärme. Abfall der Härte durch Anlassen, Matrixerweichung oder Zerfall harter Phasen

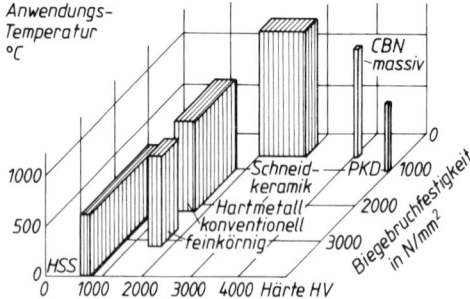

Bild 18. Schneidstoffe, Haupteigenschaften

Durch ihre niedrigen Anlasstemperaturen sind unlegierte Stähle nicht für hohe Schnittgeschwindigkeiten geeignet. Die seit 1900 bekannten Schnellarbeitsstähle wurden durch Sinterhartmetalle z.T. abgelöst und beide durch Beschichtungen verbessert. Weitere leistungsfähige Schneidstoffe sind Oxid- und Nitridkeramik sowie kubisches Bornitrid und Diamant (Bild 18).

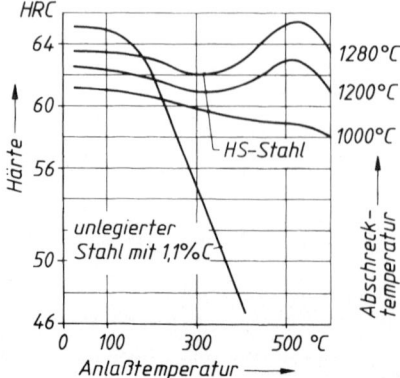

Bild 19. Einfluss der Anlasstemperatur auf Härte der HS-Stähle

Schnellarbeitsstähle (HSS-Stähle) sind hoch mit W, Cr, Mo, V und Co legierte Stähle mit hoher Anlassbeständigkeit und Warmhärte. Sie sind *sekundärhärtend,* d.h. beim Anlassen geht mit steigender Temperatur zunächst die Martensithärte zurück (Bild 19). Durch Carbidausscheidungen steigt über 500° C die Härte wieder an (Sprunghärte) und liegt bei richtiger, hoher Abschrecktemperatur höher als im glasharten, martensitischen Zustand.
Die Ausscheidung der Sondercarbide (Mo, V, und W) läuft erst bei hohen Anlasstemperaturen an. Ihre Härte ist ca. 2,5fach höher als die des Zementits (Tabelle 5).

Tabelle 37. Schnellarbeitsstähle

LE-Gruppe mit Sortenbeispiel	Stoff-Nr.	Verwendungsbeispiele
W hoch HS18-1-2-5 [1]	1.3255	Schrupparbeiten für harte Werkstoffe und große Spanungsleistungen, Hartguss, nichtmetallische Werkstoffe
W mittel HS10-4-3-10	1.3207	Schlichtarbeiten mit hohen Schnittgeschwindigkeiten und hoher Oberflächengüte,
W+Mo HS6-5-2-	1.3243	Fräser, Bohrer und Gewindeschneidwerkzeuge höchster Beanspruchung
Mo höher HS6-5-3	1.3344	Hochleistungswerkzeuge zum Schneiden dicker Bleche > 6 mm auch als PM-Stahl

[1] Zahlen geben den Prozentsatz der LE in der Folge W, Mo, V und Co an, bei ca. 4 % Cr und 0,8 ... 1,4 C

Pulvermetallische Herstellung von Schnellarbeitsstählen und anderen hochcarbidhaltigen Werkzeugstählen ergibt eine homogenere und feinkörnigere Carbidverteilung als es schmelzmetallurgisch möglich ist (grobe Primärcarbide bei Erstarren). Dadurch steigen Biegefestigkeit (Zähigkeit gegen Kantenausbrechen) und damit die Standzeiten. Zahlreiche Sorten sind als PM-Stähle im Handel.

Sinterhartmetalle sind Teilchenverbundwerkstoffe von Carbiden (WC, TiC, TaC) in einer Cobaltmatrix. Beim Vorsintern entstehen Rohlinge für Schneidplatten und Einsätze, die spanend bearbeitet werden können. Beim Fertigsintern (1350 ... 1700°C) schmilzt der Co-Anteil, die Carbide bilden Mischkristalle. Die Biegefestigkeit steigt mit dem Co-Anteil bei sinkender Härte.
Die Zähigkeit wird auch durch bestimmte Kombinationen von TiC/TaC oder extreme Feinkörnigkeit der Carbide (< 0,1 μm) und heißisostatisches Pressen verbessert. Weitere Erhöhung der Standzeiten durch PVD-Beschichtungen mit TiC, TiN, Ti(CN), Al_2O_3, auch als Mehrfachschicht.

P langspanende	**P02,** P10, P20, P30, P40, **P50** Stahl, Stahlguss Temperguss	höchste Härte $\leftarrow$ Carbide 94 % $\rightarrow$	höchste Zähigkeit $\rightarrow$ 85 %
M kurz- und langspanend	**M10,** M15, M20, **M40** Aust. Stahl Automatenstahl		
K kurzspanende	**K03,** K05, K010, K020, K030, **K040** Stahl, gehärtet Temperguss Holz Hartguss Keramik Plastik	Co-Anteil 6 % $\rightarrow$ $\leftarrow$ Schnittgeschwindigkeit	15 % $\rightarrow$ Vorschub, Stoß

Schneidkeramik
Die Sinterwerkstoffe werden ohne flüssige Phase hergestellt und besitzen dadurch höhere Härte und Warmhärte als metallische Schneidstoffe und geringe Adhäsions- und Diffusionsneigung, Zähigkeit und Thermoschockanfälligkeit sind geringer (Tabelle 38).

Oxidkeramik auf der Basis Al-Oxid, Oxidmischkeramik mit Verstärkung durch Zr-Oxid oder SiC-Whiskern (Zähigkeit). Mit Ti (C, N) Zusatz (Härte und Zähigkeit). universell als Wendeschneidplatte zur Fein- und Grobbearbeitung und für gehärtete Stähle

Nitridkeramik auf der Basis Si-Nitrid ist zäher und thermoschockbeständiger und kann zum Schruppdrehen mit Kühlschmierstoff angewandt werden. Für Stahl nicht geeignet (Kolkverschleiß durch Diffusion und Bildung von FeSi-Phasen).

Kubisches Bornitrid (CBN) ist der härteste künstliche Hartstoff durch Umwandlung der hexagonalen (weißer Graphit) bei 1400°C /70 bar in die dichtere Diamantstruktur. Massive Wendeschneidplatten und metallisierte Plättchen zum Auflöten. Für Stahlsorten und Feinstbearbeitung geeignet. Kein Diffusionsverschleiß im Gegensatz zum PKD.

Polykristalliner Diamant (PKD) als Beschichtung auf Trägerwerkzeug (HM-Platte, Bohrkrone, Draht, Scheibe) zur Feinbearbeitung härtester und verschleißender Stoffe (AlSi-Legierungen, Faserkunststoffe) eingesetzt. Werkstoff darf keine Affinität zu C besitzen, sonst hoher Diffusionsverschleiß (austenitische Stähle).

Beschichtung von Werkzeugen mit dünnen Hartstoffschichten vermindert Adhäsionsverschleiß (Nitride. TiN), Abbrasionsverschleiß (Carbide TiC, Boride FeB_2) und Diffusionsverschleiß (durch Mehrlagenschichten). Dünne Schichten (ca. 10 µm) haben höhere Festigkeiten als dickere (analog zu dünnen Fasern). Dadurch können sie Schubspannungen aufnehmen, die aus den unterschiedlichen Wärmeausdehnungen und E-Moduln von Substrat- und Schichtwerkstoff resultieren. Mehrfachschichten in gestufter Anordnung können die Spannungen weiter vermindern und damit die Haftfestigkeit erhöhen, auch bei hohen Schneidentemperaturen.

Standmenge oder Standzeit bei höherer Schnittgeschwindigkeit werden auf ein Vielfaches erhöht. Die Schichten verhalten sich gegenüber dem Werkstück--Werkstoff unterschiedlich. Deshalb muss die Schicht (das Schichtsystem) dem Anwendungsfall angepasst werden.

Tabelle 38. Schneidstoffe

	Härte HV	Biegefestigkeit MPa 20 °C 1000 °C	Max. Temp.
HS-Stähle	750...800	3000...4000	600
Hartmetalle	1000...2000	1000...3000 900...1500	800... 1000
Schneidkeramik Al-Oxid, Si-Nitrid	1500...2500	400... 600	1400... 1700
kub. Borrnitrid CBN	4000	500.. .800 500... 700	1200
Diamant PKD	10 000	600...1100 600...1000	..800

Normen zu Stahlwerkstoffen: DIN-Taschenbücher Stahl und Eisen, Gütenormen

TB Nr.	Inhalt
401 / 05	Allgemeines – Begriffe, Bezeichnungen, Oberflächengüte
402 / 05	Bauwesen, Materialverarbeitung – Flacherzeugnisse für Stahlbau und Kaltumformung, Kaltprofile
403 / 05	Druckgeräte, Rohrleitungen – Druckbehälterstähle, Feinkornstähle, Gusseisenrohre
404 / 05	Maschinenbau, Werkzeugbau – Stähle für allg. und besondere Verwendungen, Stahlguss
405 / 05	Nicht rostende und andere hochlegierte Stähle – hochwarmfeste, hitzebeständige Stähle

3.5 Eisen-Kohlenstoff-Gusswerkstoffe

3.5.1 Übersicht und Begriffe

Die Einteilung der Fe-C-Gusswerkstoffe erfolgt nach Grundgefüge und Graphitausbildung

Stahlguss ist jeder Stahl, der im Elektroofen (oder anderen Aggregaten) erzeugt, in Formen gegossen und einer Glühung unterworfen wird (im Abschnitt Stähle behandelt → 3.4.2.).

Tabelle 39. Gusseisenwerkstoffe und Normen

Gusseisensorten, Normen, Beispiele (Bezeichnungssystem → 3.5.8)					
	Grundgefüge				
Graphitform	Ferrit ⇒ Ferrit/Perlit ⇒ Perlit Übergangsformen		**Bainit**	**Austenit**	**Ledeburit**
lamellar	**Gusseisen mit Lamellengraphit** DIN EN 1561 GJL-150 ⇒ GJL-350		—	**Austenitisches Gusseisen**	—
flockig (Temperkohle)	**Temperguss** (weiß/schwarz) DIN EN 1562 GJMW-350-4 ⇒ GJMB-650-2		GJMW-550-4 bis GJMB-8700-1	Temperrohguss, graphitfrei	
Kugelform	**Gusseisen mit Kugelgraphit** DIN EN 1563 GJS-350-22 ⇒ GJS-900-2		**Bainitischer** Kugelgraphit- guss DIN EN 1564 GJS-800-8 ⇒ 1400-1	**Austenitisches- Gusseisen** DIN EN 13835	—
Wurmform	Gusseisen mit Vermiculargraphit GJV-300..350 / 400 / 450 GJV-500 (nach VDG-Merkblatt W-50/02)				

Temperguss ist ein Fe-C-Gusswerkstoff, dessen gesamter Kohlenstoff im Gusszustand (Temperrohguss) als Eisencarbid (Zementit) vorliegt. Durch Glühen zerfällt der Zementit ganz oder teilweise in Temperkohle, das ist Graphit in Flockenform.

Gusseisen mit *Kugelgraphit* ist ein Fe-C-Gusswerkstoff, dessen als Graphit vorliegender Kohlenstoff fast vollständig in kugeliger Form auftritt.

Gusseisen mit *Lamellengraphit* ist ein Fe-C-Gusswerkstoff, dessen als Graphit vorliegender Kohlenstoff vorwiegend lamellare Form besitzt.

Gusseisen mit *Vermiculargraphit* ist ein Fe-C-Gusswerskstoff, dessen als Graphit vorliegender Kohlenstoff überwiegend Wurmform besitzt, eine Zwischenform von Lamelle zur Kugel.

Sonderguss sind Werkstoffe, die sich nicht in vorstehende Gruppen einordnen lassen. Es sind Werkstoffe mit besonderen Eigenschaften. Sie sind teilweise hochlegiert, z.B. um austenitische Gefüge zu erhalten.

Erstarren der Gusswerkstoffe: Durch die dichtere Packung der Teilchen im entstehenden Kristallgitter tritt eine sprunghafte Volumenminderung ein, die dann weiter bis zur Abkühlung auf Raumtemperatur anhält. Die geamte Volumenabnahme wird als Schwindung bezeichnet und im *Längenschwindmaß* in Prozent angegeben. Es beträgt zwischen 1 ... 2 %. Folgen des Schwindens sind *Lunker* und *Spannungen*. *Lunker* sind Hohlräume, die in einem Gussstück dort entstehen, wo die Schmelze zuletzt kristallisiert, während die umgebenden Bereiche schon fest sind, sodass kein flüssiges Metall nachfließen kann. Abhilfe konstruktiv und durch gießtechnische Maßnahmen (Setzen von Steigern).

Spannungen entstehen durch das behinderte Schrumpfen der Bereiche mit höherer Temperatur. Die umgebenden, bereits kalten und starren Zonen üben Zugkräfte auf das schwindende Material aus.

Sie können zu Rissen führen, ehe das Teil der Form entnommen ist. Restspannungen werden durch Spannungsfreiglühen abgebaut.

3.5.2 Gefügeausbildung der Fe-C-Gusswerkstoffe

3.5.2.1 Beeinflussung des Grundgefüges. Fe-Gusswerkstoffe haben größere C-Gehalte als Stähle, dadurch niedrigere Schmelztemperaturen mit besserer Gießbarkeit. Die Einflussgrößen auf das entstehende Gefüge sind Legierungselemente und die Abkühlgeschwindigkeit (Bild 20).

System	Gefüge	Legierungs- elemente	Abkühlge- schwindigkeit	Wand- dicke
Stabiles System	Ferrit- Graphit	$\sum$ Si + C > 6,5%	niedrig	größer
Metasta- biles S.	Ferrit- Zementit	Mn, Mo	hoch	kleiner

Legierungselemente: Silicium und Kohlenstoff in höheren Gehalten fördern die Graphitbildung, Mangan die Zementitbildung, damit die Perlitanteile im Grundgefüge.

Abkühlgeschwindigkeit: Langsame Abkühlung fördert das Entstehen der Graphitlamellen, schnelle Abkühlung die Ausbildung von Zementit (Perlitanteile).

Ferritische Gefüge ergeben weichere, zähe Werkstoffe, geringe Zugfestigkeit, hohe Dämpfung.

Perlitische Gefüge ergeben härtere, verschleißfestere Werkstoffe mit größerer Festigkeit und ausreichender Zähigkeit. Sie können vergütet und oberflächengehärtet werden.

Ledeburitische Gefüge sind sehr hart und verschleißfest, damit spröde und schwer zu bearbeiten. Es sind verschleiß- und z.T. korrosionsbeständige Legierungen. Dadurch ergibt sich in einem Werk-

stück mit wechselnden Wanddicken eine unterschiedliche Gefügeausbildung, damit verschiedene Festigkeiten. Das Diagramm (Bild 20) von Greiner-Klin-
genstein stellt die Zusammenhänge dar.

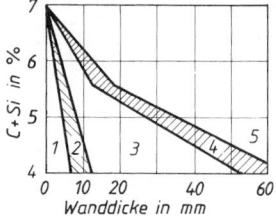

Bild 20. Graphitausbildung, Einflussgrößen. 1 weißes
Eisen, 2 meliertes Eisen, 3 Perlitguss, 4 ferritisch-
perlitisches Gusseisen 5 ferritisches Gusseisen.

3.5.2.2 Graphitausbildung. Neben der Art. des
Grundgefüges haben *Größe* und *Form* der Graphit-
teilchen einen großen Einfluss auf Festigkeit und
Dehnung. Bei großen *Lamellen* ist das Gefüge innerlich stark gekerbt, es treten bei Zugbeanspruchung
hohe Spannungsspitzen im Grundgefüge auf, welche
die Fließgrenze überschreiten. Der Werkstoff bricht,
obwohl die rechnerische Nennspannung noch sehr
niedrig ist. Druckspannungen können gut übertragen
werden. Durch Verfeinerung der Graphitausbildung
wächst die Zugfestigkeit. Das geschieht durch Einhalten bestimmter Analysen und Zugaben in die Gießpfanne sowie Überhitzung der Schmelze, um Keime zu
beseitigen und eine größere Unterkühlung zu erreichen.
Bild 21 zeigt schematisch die Möglichkeiten. Die
flockige Form ist hauptsächlich beim Temperguss
anzutreffen. Bei gleichem Grundgefüge wird durch
die kompaktere Graphitausbildung von links nach
rechts die Zugfestigkeit steigen.

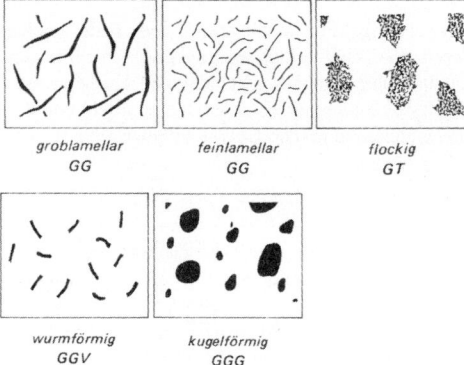

groblamellar   feinlamellar   flockig
GG   GG   GT

wurmförmig   kugelförmig
GGV   GGG

Bild 21. Graphitausbildung in Gusseisenwerkstoffen

Die Graphiteinschlüsse ergeben ein sehr gutes Dämp-
fungsvermögen gegenüber Schwingungen (am besten
in der Lamellenform), leichtes Spanen und Notlaufeigenschaften wenn GJL als Lagerwerkstoff verwendet
wird Die Druckfestigkeit beträgt je nach Graphitausbildung das 2 ... 4-fache der Zugfestigkeit.

Kugelige Graphitform wird durch Pfannenbehandlung einer Gusseisenschmelze (frei von S, Ti, Pb, und
Zn) mit Mg (an Ni legiert) erreicht. Wurmförmiger
(vermicularer) Graphit entsteht bei reduzierten Mg-
Zugaben. Die flockige Temperkohle entsteht (bei
entsprechender Analyse des Rohgusses) aus dem
Zementit während des Glühens.

3.5.3 Temperguss

Werkstoff für *dünnwandige*, verwickelte Bauteile bis
zu 100 kg Masse geeignet, die *stoßfest* sein müssen.
Dafür scheidet GJL als Werkstoff aus, und Stahlguss
ist nicht dünnwandig und in komplizierten Formen
schwierig lunkerfrei vergießbar. Temperrohguss besitzt etwa (Si + C)-Gehalte von 3,9 %, ist damit gut
vergießbar, erstarrt aber ledeburitisch. Die Teile sind
dann hart und spröde.

Tabelle 40. Temperguss DIN EN 1562/97

Kurz- name	$R_{p0,2}$ MPa	HB 30 →	Anwendungsbeispiele (Härte HB nur Anhaltswerte)
EN-GJMW- Entkohlend geglühter (weißer) Temperguss			
-350-4	–	max. 230	Für normalbeanspruchte Teile, Fittings, Förderkettenglieder, Schlossteile
-360-12	190	max. 200	Schweißgeeignet für Verbunde mit Walzstahl, Teile für Pkw-Fahrwerk, Gerüststreben
-400-5	220	max. 220	Standartwerkstoff für dünnwandige Teile, Schraubzwingen, Kanalstreben, Gerüstbau, Rohrverbinder
-450-7	260	max. 220	Wärmebehandelt, höhere Zähigkeit, Pkw-Anhängerkupplung, Getriebeschalthebel
-550-4	..340	max. 250	
EN-GJMB- Nicht entkohlend geglühter (schwarzer) Temperguss			
-300-6	–	max. 150	Anwendung, wenn Druckdichtheit wichtiger ist als Festigkeit und Duktilität
-350-10	200	max. 150	Seilrollen mit Gehäuse, Möbelbeschläge, Schlüssel aller Art, Rohrschellen, Seilklemmen
-450-6	260	150...200	Schaltgabeln, Bremsträger
-500-5	300	165...215	
-550-4	340	180...230	Kurbelwellen, Kipphebel für Flammhärtung, Federböcke, Lkw-Radnaben
-600-3	390	195...245	
-650-2	430	210...260	Druckbeanspruchte kleine Gehäuse, Federauflage für Lkw (oberflächengehärtet)
-700-2	530	240...290	Verschleißbeanspruchte Teile (vergütet) Kardangabelstücke, Pleuel, Verzurrvorrichtung für Lkw
-800-1	600	270...310	Verschleißbeanspruchte kleinere Teile (vergütet)

Mechanische Werte der Gusssorten sind an getrennt gegossenen
Probestücken ermittelt.

Durch Glühen zerfällt das Eisencarbid ganz oder teilweise in Eisen und Kohlenstoff, der als Temperkohle (flockiger Graphit) erscheint. Je nach Temperatur und Dauer von Glühung und Abkühlung einstehen verschiedene Tempergusstypen. Werkstoff ist dann zäh und gut spanend bearbeitbar.

Weißer Temperguss (GJMW) entsteht durch Glühen in oxidierender Ofenatmosphäre.(60 ... 90 h bei 1 000° C). Teile unter 8 mm können völlig entkohlt werden, bei dickeren fällt der C-Gehalt von der Mitte zum Rand auf null ab. Kern dadurch perlitisch, Randzone ferritisch, weich. Durch eine Wärmebehandlung lassen sich Gefüge mit körnigem Perlit oder Bainit herstellen. Die Sorte GJMW-360-12 ist schweißgeeignet für Verbunde mit Walzstahl.

Schwarzer Temperguss (GJMB) entsteht durch Glühen in neutraler Atmosphäre (40 ... 60 h bei 950° C). Das ledeburitische Gefüge wandelt sich gleichmäßig über den Querschnitt in Ferrit und Temperkohle um und ergibt höhere Dehnung auch bei größeren Wanddicken (GJMB-350). Durch bestimmte C-ärmere Analysen des Rohgusses und verkürztes Tempern entstehen Gefüge mit ferritisch-perlitischer oder rein perlitischer Grundmasse, die ebenfalls vergütet werden können (GJMB-450-6 ... 800-1).

3.5.4 Gusseisen mit Lamellengraphit

Verwendung der Sorten: GJL 150 ... 200 für gering beanspruchte Teile, Lagerböcke und -Gehäuse, Grundplatten, Riemenscheiben.

GJL-250 ... 350 bei höherer oder bei Verschleiß-Beanspruchung. Gehäuse für Getriebe, Motoren, Turbinen, Pumpen. Ständer für Werkzeugmaschinen, Zylinderlaufbüchsen, Rippenzylinder, Zahnräder, Kolbenringe.
Weitere 6 Sorten werden nach der Brinellhärte benannt (gemessen im Wanddickenbereich 40 ... 80 mm): Bezeichnung: EN GJL-HB155 / 175 / 195 / 215 / 235 / 255.

Tabelle 41. Gusseisen mit Lamellengraphit DIN EN 1561/97

Eigenschaft Formelz. / Einheit	Sorten EN-GJL--				
	-150	-200	-250	-300	-350
Zugfestigkeit R_m MPa	150... 250	200... 300	250... 350	350... .400	350... 450
0,1 %-Dehngrenze $R_{p0,1}$ MPa	98... 165	130... 195	165... 228	195... 260	228... 285
Bruchdehnung A %	0,8.. 0,3	0,8... 0,3	0,8... 0,3	0,8... 0,3	0,8... 0,3
Druckfestigkeit σ_{dB} MPa	600	720	840	960	1080
Biegefestigkeit σ_{bB} MPa	250	290	340	390	490
Torsionsfestigkeit τ_{tB} MPa	170	230	290	345	400
Biegewechselfestigkeit σ_{bW} MPa	70	90	120	140	145

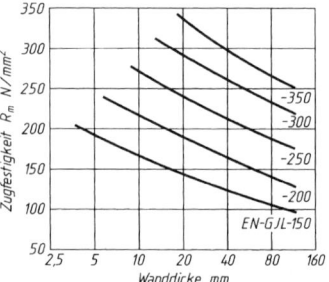

Bild 22. Beziehung zwischen Festigkeit und Wanddicke bei GJL

3.5.5 Gusseisen mit Kugelgraphit

Verwendung: Für stoßbeanspruchte Teile, welche zähen Werkstoff erfordern: tragende Schlepper- und Landmaschinengehäuse, Ständer von Kurbelpressen, Schiffsschrauben für Flussschiffe, Kurbel- und Nockenwellen, Zahnräder. LkW-Radnaben.

Tabelle 42. Gusseisen mit Kugelgraphit DIN EN 1563/05 (Werte für getrennt gegossene Probestücke)

Kurzname EN-GJS-	$R_{p0,2}$ MPa	$\tau_a = \tau_t$ MPa	Bruchzähigkeit K_{Ic} in MPa√m	σ_d MPa	σ_{bB} [1] MPa	σ_{bB} [2] MPa	Überwiegendes Gefüge	Anwendungsbeispiele
-350-22	220	315	31		180	114	Ferrit	Sorten mit gwährl. Kerbschlagarbeit bei
-400-18	250	360	30	700	195	122	Ferrit	**–LT** tiefer, **-RT** für Raumtemperatur.
-400-15	250	360	30	700	200	124	Ferrit	Preßholm für 6000 t-Presse, 47 t
-450-10	310	405	23	700	210	128	Ferrit	Pressenständer (165 t)
-500-7	320	450	25	800	224	134	Ferrit/Perlit	Zylinder für Diesel-Ramme, 1,7 t
-600-3	380	540	20	870	248	149	Ferrit/Perlit	Kolben (Großdieselmotor)
-700-2	440	630	15	1000	280	168	Perlit	Planetenträger, Kurbelwelle VR5
-800-2	500	720	14	1150	304	182	Perlit/Bainit	
-900-2	600	810	14	----	317	190	Martensit, wärmebehandelt	

[1] Umlaufbiegeversuch, ungekerbte Probe;   [2] Umlaufbiegeversuch, gekerbte Probe;

Bainitisches Gusseisen mit Kugelgraphit mit hoher Verschleißfestigkeit (z.B. für achsversetzte Kegelräder) wird durch isotherme Umwandlung bei 270 ... 400° C erzeugt. Das Gefüge besteht aus Bainit mit Carbidsäumen und Restaustenit. Die Beanspruchung bewirkt eine geringe Martensitbildung in der Randschicht mit Verbesserung des Verschleißwiderstandes und der Dauerfestigkeit durch die Druckspannungen.

Nach DIN EN 1564/97 sind 4 Sorten genormt: GJS-800-8 / GJS-1000-5 / GJS-1200-2 / GJS-1400-1 mit Ni, Cu und Mo legiert. Auch als ADI (Austempered Ductile Iron) im Handel.

3.5.6 Gusseisen mit Vermiculargraphit

Vermiculargraphit ist wurmförmig, die Graphitausbildung liegt zwischen Lamelle und Kugel, die Werkstoffeigenschaften ebenfalls zwischen GJL und GJS. Normung nach VDG-Merkblatt.

GJV besser als GJL in	GJV besser als GJS in
Festigkeit, Zähigkeit, Steifigkeit, Dauer- und Wechselfestigkeit, Oxidationsbeständigkeit	Gießeigenschaften, Spanbarkeit, Dämpfungsfähigkeit, Formbeständigkeit bei Temperaturwechseln

Normung nach VDG-Merkblatt W50 / 02.

Kurzzeichen	$R_{p0,2}$ MPa	A_{min} %	Härtebereich HB 30 [1)]
GJV-300	220...295	1,5	140...210
GJV-350	260...335	1,5	160...220
GJV-400	300...375	1,0	180...240
GJV-450	340...415	1,0	200...250
GJV-500	380...455	1,0	220...260

[1)] Richtwerte

Anwendungsbeispiele: Zylinderkurbelgehäuse für 8-Zylindermotor (Audi und BMW), thermoschockbeanspruchte Bauteile wie Abgaskrümmer, Abgasturboladergehäuse.

3.5.7 Sonderguss

Hartguss ist ledeburitisches weißes Eisen von hoher Härte und Verschleißfestigkeit, spröde und schwer zu bearbeiten. *Schalenhartguss* entsteht durch entsprechende Analyse der Schmelze und Abguss in Formen mit Abschreckplatten. Die Randzone ist ledeburitisch, nach dem Kern hin Übergang zu perlitischem Gefüge. Anwendung für Walzen.

Hochlegierte Gusswerkstoffe haben austenitische oder martensitische bzw. Vergütungs-Gefüge. Die Graphitausbildung kann lamellar oder kugelig sein.

Austenitisches Gusseisen ist nach DIN EN 13835/03 in 2 Sorten mit Lamellengraphit und 9 Sorten mit Kugelgraphit genormt. Sie enthalten 12 ... 36 % Ni und sind korrosions- und hitzebeständig bei guten

Gieß- und Bearbeitungseigenschaften. *Beispiel:* Kaltzähe Sorte bis – 196°C: EN-GJSA-XNiMn23-4.

Siliciumguss enthält 18 % Si und ist korrosionsbeständig (besonders gegen Schwefelsäure) sehr spröde und hart. Verwendung für Pumpenteile und Armaturen, Anoden zum kathodischen Korrosionsschutz. Beispiel: EN-GJH-X70Si15.

Verschleißfestes Gusseisen DIN EN 12 513/01 (DIN 1695) enthält mit Cr, Mo und Ni legierte Sorten, die nach Wärmebehandlung ein martensitisches oder bainitisches Gefüge mit harten Cr-Carbiden und Härtewerten von 350 ... 600 HV30 besitzen. Beispiel: EN-GJN-HV600 (GJH-X300CrNiSi9-5-2), (Handelsnamen Ni-Hard).

3.5.8 Bezeichnung der Gusseisensorten nach DIN EN 1560

Kurzzeichen werden aus max. 6 Positionen gebildet: Pos. 1. **EN** für Europäische Norm, Pos. 2. **GJ** für Gusseisen, J steht für I (iron), um Verwechslungen zu vermeiden, Pos. 1,2 5 sind obligatorisch, 3,4 und 6 wahlfrei.

EN -	GJ	3.	4.	5.	6.

Pos 3 Zeichen für Graphitform

L-	Lamellen-	S-	Kugelgraphit
V-	Vermicular-	M-	Temperkohle
H-	graphitfrei		

Pos.4 Zeichen für Mikro- oder Makrogefüge

A	Austenit	Q	Abschreckgefüge
F	Ferrit	T	Vergütungsgefüge
P	Perlit	B	Nichtentkohlend geglüht
M	Martensit	W	Entkohlend geglüht
L	Ledeburit	N	graphitfrei

Pos. 5. Angabe der mechanischen Eigenschaften

Symbol	Eigenschaft (Festigkeit in MPa)
GJL-	Mindestzugfestigkeit oder Härte HB, HV
GJMB- GJMW- GJS-	Mindestzugfestigkeit-Mindestbruchdehnung (%) zusätzlich für die Temperatur bei Messung der Kerbschlagarbeit **-RT** (bei Raumtemperatur) oder **-LT** (bei Tieftemperatur).

Anhänger an **Pos. 5** über Probestücke

– S	getrennt abgegossen,
– C	dem Gussstück entnommen,
– U	angegossene Probestücke

Oder Angabe der chemischen Zusammensetzung.

Alle anderen Sorten	Bezeichnung wie bei hochlegierten Stählen mit Buchstabe **X**, C-Kennzahl, Symbole der LE, danach LE-Prozente mit Bindestrich

Pos. 6 Zeichen für zusätzliche Anforderungen

D	Gussstück im Gusszustand
H	wärmebehandelt
W	Schweißeignung für Fertigungsschweißungen
Z	zusätzliche Anforderungen nach Bestellung

4 Nichteisenmetalle

Geringere Vorkommen in z.T. armen Erzen und dadurch aufwändige Verhüttung führen gegenüber Stahl zu höheren Preisen für NE-Metalle. Ihr Einsatz ist notwendig, wenn besondere Eigenschaften gefordert werden, die Stähle nicht erbringen.

Eigenschaften	Metalle und Legierungen
niedrige Dichte niedriger Schmelz- punkt (Gießbarkeit)	Al, Be, Mg, Ti Al, Pb, Mg, Sn, Zn
Leitfähigkeit für Wärme / Elektrizität geringe Neutronenaufnahme	Al, Cu, Ag Zr
Korrosionsbeständigkeit Hitzebeständigkeit Gleiteigenschaften hohe Neutronenaufnahme	Al, Cu, Ni, Ti Co, Cr, Mo, Ni, W Al-, Pb-, Cu, Sn-Leg. Cd, Hf

4.1 Bezeichnung der NE-Metalle

Reinmetalle werden mit den chemischen Symbolen bezeichnet, dahinter folgt der Metallgehalt in Prozent. **Legierungen** werden nach nach dem Basismetall und dem Hauptlegierungselement in nachstehender Reihenfolge benannt (Chemische Symbole der Metalle).

1. Symbol des Basiselementes,
2. Symbol des Hauptlegierungselementes,
3. Prozentzahl des Hauptlegierungselementes

Zur weiteren Klärung können angefügt werden:

4. Symbol des dritten Legierungselementes
5. Prozentzahl des dritten LE (wenn zur Unterscheidung von ähnlichen Sorten nötig)

■ **Beispiele:**

Kurzzeichen	Beschreibung
CuCr	Cu-Legierung mit Cr nach Norm. Ohne weitere Angabe, da nur eine Sorte!
CuAl10Ni	Cu-Legierung mit 10 % Al und Ni nach Norm
CuNi25Zn15	Cu-Legierung mit 25 % Ni und 15 % Zn
TiAl6V4	Ti-Legierung mit 6 % Al und 4 % V

Beachte:
Regelabweichungen sind evtl. in den Normen für die einzelnen NE-Metalle festgelegt.

Legierungen auf der Basis von Al, Cu, Mg, Ni und Ti werden nach der Art der Verarbeitung eingeteilt in *Knetlegierungen* und *Gusslegierungen*.

Knetlegierungen: Hauptanforderung ist gute Formbarkeit kalt oder warm. Sie sind so legiert, dass sie Mischkristallgefüge evtl. mit kleineren Anteilen anderer Phasen besitzen. Die Erzeugnisse erhalten durch Kaltumformung höhere Festigkeit, die beim Rückglühen erhalten bleibt, während die Bruchdehnung steigt. Knetlegierungen lassen sich z.T. schlecht spanen, sie neigen zum Schmieren, d.h. ergeben *raue* Oberflächen. In den Zuständen mit höherer H-Zahl (halbhart, hart) ist die Zerspanbarkeit besser. Für Teile mit größeren Zerspanungsarbeiten sind Pb-legierte Automatenlegierungen günstiger.
Anhängesymbole geben bei Knetlegierungen die Werkstoffzustände der Erzeugnisse an (z.B. geglüht, kaltverfestigt, wärmebehandelt). Sie sind für Al und Cu-Legierungen unterschiedlich.

Gusslegierungen: Hauptanforderungen sind gute Gießeigenschaften und leichte Zerspanbarkeit Sie haben deshalb andere Analysen als Knetlegierungen und meist *heterogene* Gefüge. Die sprödere Kristallart wirkt damit von selbst spanbrechend. Die Sorten sind oft *eutektisch* oder *naheutektisch*, mit niedriger Schmelztemperatur und Schwindung. Die Gießart beeinflusst das entstehende Gefüge und damit die mechanischen Eigenschaften. Gewährleistete Abnahmewerte gelten für größere Wanddicken. Je nach Erstarrungsbedingungen lassen sich höhere Werte erzielen. Bezeichnung nach gültigen DIN-Normen durch vorgestellte Symbole, nach DIN EN durch nachgestellte.

Tabelle 1. Bezeichnungssymbol für die Gießart

Gießart Symbol	Sandguss	Kokillenguss	Druckguss
veraltet	**G-**	**GK-**	**GD-**
EN-Norm	**-GS**	**-GM**	**-GP**
Gießart Symbol	Schleuderguss		Strangguss
veraltet	**GZ-**		**GC-**
EN-Norm	**-GZ**		**-GC**

Kokillenguss erstarrt durch die bessere Wärmeleitung in der Metallform schneller und feinkörniger als *Sandguss*. Durch *Schleuderguss* wird das Gefüge dichter, weil Gasblasen und Schlackenteilchen infolge der Fliehkraft innen verbleiben (z.B. Zahnkränze). *Strangguss* weist ähnlich gute Werte auf. *Druckguss* verwirbelt beim Einströmen in die Form und hat Lufteinschlüsse, dadurch geringe Bruchdehnung und keine Schweißeignung.
Neue Gießverfahren ergeben durch langsames Einströmen bessere Zähigkeit und Schweißeignung: Niederdruck-Gießen, Sqeeze-Casting und Thixoguss (Gießen im halb-fest-flüssigen Zustand).

4.2 Aluminium und Al-Legierungen

4.2.1 Allgemeines

Gliederung der Al-Knetwerkstoffe in 8 Legierungsreihen nach der chemischen Zusammensetzung. Neben den Originalsorten gibt es viele nationale Varianten, die nur in kleinen Mengen und wenigen Erzeugnisformen geliefert werden. (Tabelle 2).

Tabelle 2. Legierungsreihen (DIN EN 573-3/03)

Leg.-Reihe	Haupt-LE	weitere LE	Sorten Anzahl [1]	Leg.-Reihe	Haupt-LE	weitere LE	Sorten Anzahl [1]
1 x x x	Al	Al > 99%, unlegiert	7 (17)	5 x x x	Mg	Mn, (Cr, Zr)	16 (45)
2 x x x	Cu	Mg, Mn, Bi, Pb, Si,	10 (17)	6 x x x	MgSi	Mn, Cu, Pb	13 (31)
3 x x x	Mn	Mg, Cu	5 (13)	7 x x x	Zn	Mg, Cu, Ag, Zr	18 (27)
4 x x x	Si	Mg, Bi, Fe, CuNi	10 (12)	8 x x x	Sonst.	Fe, FeSi, FeSiCu	8 (11)

[1] Anzahl der Originalsorten (Gesamtzahl in Klammern),

Tabelle 3. Erzeugnisformen für Al-Knetlegierungen, T1 Technische Lieferbedingungen; T2 Normen für mechanische Eigenschaften

Erzeugnisformen	Normen DIN EN	Reihen Sorten [1]	Erzeugnisformen	Normen DIN EN.	Reihen Sorten [1]
Gesenkschmiedestücke	586-2	2000, 5000, 6000, 7000	Stranggepresste Stangen, Rohre,	755-2	Außer 4000, 8000
Drähte	1301-2	alle bis auf 4000	Bleche, Bänder, Platten	485-2	Alle Reihen
gezogene Stangen und Rohre,	754-2	1000, 2000, 5000, 6000, 7000	Folien,	546-2	1000, 6000
			Butzen zum Fließpressen TL	570	1000, 6000
Vormaterial für Wärmetauscher	683-2	1000, 3000, 6000, 8000	HF- längsnahtgeschweißte Rohre	1592-2	3000, 5000, (6000) 7000
Vormaterial für Dosen, Deckel, Verschlüsse		3000, 5000, 6000, 8000	Nicht für Kontakt mit Lebensmitteln geeignet		2.000 und 7.000 u. Pb-, Bi- und Li-haltige Sorten

[1] jeweils die Hauptsorten innerhalb der Reihen

Tabelle 4. Anhängesymbole (DIN EN 515/93)

Symbol	Zustand	Bedeutung der 1.Ziffer		Bedeutung der 2.Ziffer
F	Herstellungszustand	keine Grenzwerte für mechanische Eigenschaften		keine
O	weichgeglüht	1 hocherhitzt, langsam abgekühlt; 2 thermomech. behandelt 3 homogenisiert		keine
H	kaltverfestigt	1 nur kaltverfestigt 2 kaltverf. + rückgeglüht 3 kaltverf. + stabilisiert 4 kaltverf. + einbrennlackiert	2: 1/4-hart, mittig zw. Zustand O u. Hx4 4: 1/2-hart, " " " O u. Hx8 6: 3/4-hart, " " " Hx4 u. Hx8 8: vollhart, härtester Zustand gegenüber O 9: extrahart	
W	lösungsgeglüht	instabiler Zustand für Legierungen, die nach Lösungsglühen sofort aushärten. Wird durch angehängte Zeit für das Kaltauslagern eindeutig (z.B.W1h)		
T	wärmebehandelt	1: aus Warmformtemperatur abgeschreckt + kaltausgehärtet 2: aus Warmformtemperatur abgeschreckt + kaltverfestigt. + kaltausgehärtet 3: lösungsgeglüht + kaltverfestigt + kaltausgehärtet 4: lösungsgeglüht + kaltausgehärtet (stabiler Zustand) 5: aus Warmformtemperatur abgeschreckt + warmausgehärtet 6: lösungsgeglüht + warmausgehärtet 7: lösungsgeglüht + überhärtet 8: lösungsgeglüht + kaltverfestigt + warmausgehärtet } stabile Zustände 9: lösungsgeglüht + warmausgehärtet + kaltverfestigt		

Die Zustände T3, T4, T5, T6T7 und T8 haben zahlreiche weitere Unterteilungen mit bis zu 3 Ziffern.

Tabelle 5. Erhöhung der Festigkeit um ΔR_m im Zustand H × 8 gegenüber dem Zustand O

R_m weich (O)	ΔR_m, hart H × 8	R_m, weich (O)	ΔR_m, hart H × 8	R_m, weich (O)	ΔR_m, hart H × 8
bis 40	55	105...120	90	245...280	110
45...60	65	125...160	95	285...320	115
65...80	75	165...200	100	325.u. mehr	120
85...100	85	205...240	105		

■ **Beispiele:**

H24: (H2) kaltverfestigt + rückgeglüht, (4) auf ½-hart verfestigt,

H18: (H1) kaltverfestigt, (8) vollhart

4.2.2 Unlegiertes Aluminium Reihe 1000

Al bildet wegen seiner großen Affinität zum Sauerstoff an der Luft eine dünne, aber dichte, festhaftende Oxidschicht, die ihr Kristallgitter auf dem des Grundwerkstoffes aufbaut (Epitaxie) und die es vor weiterem Angriff schützt. Laugen und manche Säuren (HCl) und Salze (Halogenide) lösen sie auf. Die Oxidschicht kann durch *anodische* Oxidation verstärkt werden.

Verwendung des Reinaluminiums: Lager- und Transportfässer, Verpackungsmittel, Haus- und Küchengerät, elektrische Leitwerkstoffe für Kabel, Stromschienen und Freileitungen (hartgezogen), Kondensatoren und Kabelmäntel. Eloxierte Halbzeuge im Bauwesen und Fahrzeugbau zur Dekoration und hochglänzend für Reflektoren, Plattierwerkstoff für Al-Legierungen, Al ist *Reduktionsmittel* für hochschmelzende Metalle (Thermit-Verfahren), Al-*Pulver* für Farben (Hammerschlaglack).

4.2.3 Al-Knetlegierungen

Die LE sollen die niedrige Streckgrenze anheben, ohne dass die Korrosionsbeständigkeit verloren geht. Das kfz. Al-Gitter kann nur wenige Prozente dieser LE lösen und Mischkristalle bilden. Die Fremdatome erhöhen den Gleitwiderstand (damit die Streckgrenze) bei Erhalt der Verformbarkeit.

Al-Mischkristalle haben eine mit sinkender Temperatur abnehmende Löslichkeit. Bei der Abkühlung finden sekundäre Ausscheidungen statt (Segregat an den Korngrenzen). Dadurch sind einige Legierungstypen aushärtbar.

Korrosionsbeständigkeit. Das edlere Element Cu vermindert schon in Anteilen von 0,1 %° die hohe Beständigkeit des reinen Al. AlCu-Legierungen sind deshalb nicht ausreichend witterungsbeständig. Sie können als Blech und Band mit Rein-Al plattiert geliefert werden.

Oberflächenbehandlung: Bei allen Al-Legierungen lässt sich die natürliche Oxidschicht verstärken. Sie ist elektrisch isolierend, hart und mikroporös, sodass sie Farben und Schmiermittel in geringem Maße festhalten kann. Dekorativ wirkende Schichten (gleichmäßige Färbung und hochglänzend) lassen sich nur mit bestimmten Sorten erzielen (Glänzlegierungen mit 99,5 % Al , Mg und ohne Cr), Verschleißschutzschichten (hartanodisieren) bei allen Sorten möglich.

4.2.3.1 Nicht aushärtbare Knetlegierungen

Diese Sorten erhalten höhere Festigkeiten durch die Mischkristallverfestigung der LE in Verbindung mit der Kaltverfestigung, die sich bei der Herstellung einstellt, z.B. Kaltwalzen von Blech. Die Festigkeiten im Halbzeug liegen zwischen 100 ... 310 N/mm^2 je nach Legierung und dem Grad der Kaltumformung. Ein Schweißen führt zum Festigkeitsabfall in der WEZ.

Reihe 3000 Al Mn (+ Mg) mit Eigenschaften ähnlich Al 99,9 mit etwas höheren Festigkeiten und Beständigkeit gegen Alkalien. Gut löt-, schweiß- und kaltumformbar. Mn erhöht die Rekristallisationsschwelle und dadurch die Warmfestigkeit. *Anwendung* für Dachdeckung und Fassaden, Geräte der Nahrungsmittelindustrie, Kernwerkstoff von lotplattiertem Blech für Wärmetauscher.

Reihe 4000 AlSi (+ Fe, Mg, Ni). Si erniedrigt den Schmelzpunkt (bei 12,5 % eutektischer Punkt) und ist mit 0,8 ... 13,5 % enthalten. Eine aushärtbare Sorte (Al Si1Fe) als Blech.

Anwendung: Schweißzusatzdrähte (wenig Si), Schmiedekolben: 4032 [Al Si12,5MgCuNi] mit geringer Wärmedehnung, Lotplattierung: 4343 [Al Si 7,5] oder 4045 [Al Si10] auf 3103 [Al Mn1] für Wärmetauscherbleche.

Reihe 5000 Al Mg (+ Mn) mit erhöhter Korrosionsbeständigkeit gegen Seewasser, stärker verfestigend als Al Mn. Gute Schweißbarkeit bei > 2,5 % Mg-Gehalt, bei niedrigen (Mg + Mn)-Gehalten gut kaltformbar. *Anwendung:* Statisch beanspruchte Konstruktionsteile im Fahrzeug- und Schiffbau (Bootsrümpfe), Untertagegeräte. Mn ergibt höhere Festigkeit bei Strangpressprofilen und bessere Warmfestigkeit gegenüber AlMg-Sorten.

4.2.3.2 Aushärtbare Knetlegierungen

Reihe 2000 Al Cu (+ Mg, Mn, Si, Pb). Hochfeste Legierungen mit hoher Bruchdehnung (13 %). Sie werden kaltausgehärtet (T4) eingesetzt, durch den Cu-Gehalt nur geringe Korrosionsbeständigkeit, besonders im Zustand warmausgehärtet (T6) Verbindung durch Nieten, Druckfügen u.a., da beim Schweißen eine Entfestigung eintritt. *Anwendung:* Hochbeanspruchte Bauteile im Fahrzeug-, Ingenieur- und Maschinenbau, wenn die geringe Korrosionsbeständigkeit nicht stört: Zahnräder, Pressbleche, Formwerkzeuge für Kunststoffe (hartanodisiert), Bleche und Schmiedeteile für Flugzeugbau, Grubenstempel (Schildvortrieb).

Reihe 6000 Al MgSi (+Mn, Cu). Kalt- und warmaushärtbare Legierungen, davon 4 für die E-Technik. Die Aushärtung wird durch die Phase Mg$_2$Si bewirkt. Die Sorten sind schweißbar, korrosionsbeständig, jedoch nicht dekorativ anodisierbar. *Anwendung:* Profile für alle Zwecke im Bauwesen, für Fahrzeug- und Schiffsaufbauten, Wärmetauscher, Rolltore, Wagontüren. Höckerplatten für transportable Brücken.

Reihe 7000 Al Zn (+ Mg, Cu). Konstruktionslegierungen höchster Festigkeit mit geringerer Beständigkeit. Für die Luftfahrt werden deshalb Bleche mit AlZn1 plattiert.

Anwendung ähnlich wie Reihe 2000: Gesenk- und Frästeile für den Flugzeugbau, hartanodisierte Formen zum Tiefziehen von Al-Blech.

Tabelle 6. Auswahl von Al-Knetlegierungen, nicht aushärtbar

Sorte EN AW-			R_m MPa	A %	Beispiele
Stoff- Nr.	Chemische Symbole mit Zustandsbezeichnung (alt)				
Reihe 3000			Mechanische Werte für Blech 0,5 ... 1,5 mm (A_{50})		
3103	Al Mn1-F	(W9)	90	19	Dächer, Fassadenbekleidung, Profile, Niete,
	Al Mn1-H28	(F21)	185	2	Kühler, Klimaanlagen, Rohre, Fließpressteile
3004	**Al Mn1Mg1-O**	(W16)	155	14	Getränkedosen, Bänder für Verpackung
	Al Mn1Mg1-H28	(F26)	260	2	
Reihe 5000			Mechanische Werte für Blech 3 ... 6 mm (A_{50})		
5005	**Al Mg1-O**	(W10)	100 ... 145	22	Fließpressteile, Metallwaren
5049	**Al Mg2Mn0,8-O**	(W16)	190 ... 240	8	Bleche für Fahrzeug-. u. Schiffbau,
	-H16	(F26)	265 ... 305	3	
5083	**Al Mg4,5Mn0,7-O**	(W28)	275 ... 350	15	Formen (hartanodisiert), Schmiedeteile,
	-H26	(G35)	360 ... 420	2	Maschinen-Gestelle, Tank- u. Silofahrzeuge

Tabelle 7. Auswahl von Al-Knetlegierungen, aushärtbar

Sorte EN AW-			R_m MPa	A %	Beispiele
Stoff- Nr.	Chemische Symbole mit Zustandsbezeichnung (alt)				
Reihe 2000 aushärtbar			Mechanische Werte jeweils für das Beispiel		
2117	**Al Cu2,5Mg-T4**	(F31 ka)	310	12	(Drähte < 14 mm), Niete, Schrauben
2017A	**Al Cu4MgSi-T42**		390	12	{ (Platten, und) } Vorrichtungen, Werkzeuge
2024	**Al Cu4Mg1-T42**		420	8	{ (Blech < 25 mm) } Flugzeuge, Sicherheitsteile
2014	**Al Cu4SiMg-T6**		420	8	(Schmiedestücke), Bahnachslagergehäuse
2007	**Al CuMgPb-T4**	(F34 ka)	340	7	Automatenlegierung, Drehteile
Reihe 6000 aushärtbar			Mechanische Werte jeweils für das Beispiel		
6060	**Al MgSi-T4**		130	15	Strangpressprofile aller Art, Fließpressteile
6063	**Al Mg0,7Si-T6**		280		Pkw-Räder u. Pkw-Fahrwerkteile
6082	**AlMgSi1MgMn-T6**		310	6	Schmiedeteile, Sicherheitsteile am Kfz.
6012	**Al MgSiPb-T6**	(F28)	2750	8	Automatenlegierung, Hydr.-Steuerkolben
Reihe 7000 aushärtbar			Mechanische Werte für Blech unter 12 mm		
7020	**Al Zn4,5Mg1-O -T6**		220	12	Cu-frei, nach dem Schweißen selbstaushärtende
			350	10	Legierung
7022	**AL Zn5Mg3Cu-T6**	(F45wa)	450	8	Maschinen-Gestelle, } überaltert (T7) gut bestän-
7075	**Al Zn5,5MgCu-T6**	(F53wa)	545	8	Schmiedeteile } dig gegen SpRK

4.2.4 Aushärten der Al-Legierungen
(→ 3.3.6 Aushärten)

Wärmebehandlung, bei der die Streckgrenze erhöht wird, ohne dass die Dehnung wesentlich sinkt. Intermetallische Phasen entstehen, wenn Cu+Mg oder Mg + Si, bzw. Mg + Zn enthalten sind (Zustandsschaubild Al-Mg → 2.4.6).

Arbeitsgänge beim Aushärten: (1) Lösungsbehandeln (homogenisieren) bei 480 ... 540° C. Nach beschleunigtem Abkühlen entstehen übersättigte Mischkristalle.(2) Auslagern bei RT (Kaltauslagern oder bei 110 ... 165° C (Warmauslagern). Unmittelbar nach der Lösungsbehandlung ist der Werkstoff noch weich, die Streckgrenze steigt langsam an (4 ... 40 h).

Al Zn4,5Mg1 ist so legiert, dass sie nach dem Schweißen in der Wärmeeinflusszone ohne Nachbehandlung wieder aushärtet. Selbstaushärtung kann auch bei einigen Gusslegierungen durch beschleunigte Abkühlung auftreten. Deshalb Festigkeitsproben erst nach ca. 8 Tagen nehmen.

4.2.5 Al-Gusslegierungen

DIN EN 1706/98 enthält 37 Sorten, davon 7 Feinguss- und 9 Druckgusslegierungen. Tabelle 8 enthält eine Auswahl, die mechanischen Eigenschaften sind an getrennt gegossenen Probestäben ermittelt.

Tabelle 8. Aluminium-Gußlegierungen

Kurzname Stoff- Nr. nach EN AC-...	Gießart DIN EN 1706	Gießart, Zustd. [1]	R_m	$R_{p0,2}$	A_{50mm}	HB	Gießen/ Schweißen/Polieren/ Beständigk. [2]				Bemerkungen
-Al Cu4MgTi		S, T4	300	200	5	90					einfache Gussstücke hochfest und
	S, K, L	K T4	320	220	8	90	C/D	D	B	D	-zäh, Wagonrahmen und -fahr-
-21000		L T4	300	220	5	90					gestelle
-Al Si7Mg0,3		S T6	230	190	2	75					Sicherheitsbauteile: Hinterachslen-
	S, K, L	K T6	290	210	4	90	B	B	C	B	ker, Vorderradnabe, Bremssättel,
-42100-		T64	290	210	8	80					Radträger
-Al Si7Mg0,6-		S T6	250	210	1	85	B	B	C	B	wie vorst. mit höherer Festigkeit,
-42200	S, K, L	K T6	320	240	3	100					Elektronikgehäuse
-Al Si10Mg(a)		S F	150	80	2	50					Motorblöcke, Wandler- und Getrie-
	S, K	K F	180	90	2,5	55	A	A	D	B	begehäuse, Saugrohr
-43000		K T6	260	220	1	90					für Kfz
-Al Si12(a)		S, F	150	70	5	50	A	A	D	B	dünnwandige, stoßfeste Teile aller
-44200	S, K	K F	170	80	6	60					Art
-Al Si8Cu3		S F	150	90	1	60	B	B	C	D	warmfest bis 200° C, für dünnwan-
-46200	S, K, D	K F	170	100	1	100					dige Teile
-Al Si12CuNiMg	K	K T5	200	185	<1	90	A	A	C	C	erhöhte Warmfestigkeit bis
-48000	K	T6	280	240	<1	100					200° C, Zylinderkopf
-Al Mg3(b)		S F	140	70	3	50	C/D	C	A	A	Beschlagteile f. Bau- und
-51000	S, K	K F	150	70	5	50					Kfz.-Technik, Schiffbau
-Al Zn5Mg		S T1	190	120	4	60	C/D	C	B	B	T1: Gussteil kontrolliert abgekühlt
-71000	S, K	K T1	210	130	4	65					und kaltausgelagert

[1] **Gießart:** S: Sandguss; K: Kokillenguss; D: Druckguss; L: Feinguss, das Zeichen wird nachgestellt !
   Beispiel: EN 1706 AC-Al Cu4MgTib KT4; oder EN 1706 AC-21000 KT4: Kokillenguss (K), kaltausgehärtet (T4)
[2] **Wertung:** A ausgezeichnet, B gut, C annehmbar, D unzureichend.

4.3 Kupfer

4.3.1 Übersicht über die Normen

Werkstoffe aus Kupfer und seinen Legierungen waren bisher getrennt in Werkstoff- und Erzeugnisnormen zusammengefasst. Sie sind fast alle *zurückgezogen* und durch DIN EN Normen ersetzt.

Bezeichnung	DIN-Nr. (Z)
Cu-Gußlegierungen	
CuSn und CuSnZn (Rotguss)	1705
CuZn und CuZn+LE	1709
CuAl	1714
CuSnPb (Bleibronze)	1716
Cu-Gußwerkstoffe, niedriglegiert	17655
CuNi	17658
Cu-Knetlegierungen	
CuZn (Messing)	17660
Cu-Sn (Bronze)	17662
CuSnZn (Neusilber)	17663
Cu-Ni	17664
CuAl	17665
Niedriglegierte Cu-Werkstoffe	17666

Die EN-Normung verzichtet auf einzelne Werkstoffnormen, Mittelpunkt sind die *Erzeugnisnormen*. Sie enthalten die Analysen der geeigneten Cu-Knetwerk-stoffe, Lieferbedingungen und Lieferformen. Alle Cu-Gusswerkstoffe sind in *einer* Norm DIN EN 1982/98 zusammengefasst.

4.3.2 Bezeichnung der Cu-Werkstoffe

Mit Ausnahme der unlegierten Cu-Werkstoffe gelten in den DIN EN-Normen die bisherigen Kurznamen aus chemischen Symbolen und Prozentzahlen. Weitere Angaben erfolgen durch Anhängesymbole.

Tabelle 10. Zustandsbezeichnungen. Anhängesymbole aus einem Buchstaben und 3 Ziffern für bestimmte Eigenschaftswerte (DIN EN 1173/95).

Symbol	Eigenschaft	Kennwert mit Beispiel
A	Bruchdehnung in %	A005: A = 5 %
D [1]	Gezogen, ohne vorgeg. mech. Eigenschaften	
H	Härte HB oder HV	H030 HB10 oder H120 HV
R	Zugfestigkeit	R700: R_m = 700 MPa
B	Federbiegegrenze	B370: $\sigma_{b,zul.}$ = 370 MPa
G	Korngröße	
M [1]	wie gefertigt, ohne vorgeg. mech. Eigenschaften	
Y	0,2-Dehngrenze	Y350: $R_{p0,2}$ = 350 MPa

[1] Die Buchstaben D und M werden ohne weitere Bezeichnungen verwendet

DIN EN 1412/95 Kupfer und Kupferlegierungen, Europäisches Nummernsystem. Die Normangabe besteht aus 6 Zeichen.

1. Zeichen C für Kupfer

| C | 2 | 3 | 4 | 5 | 6 |

2. Zeichen: Buchstabe für die Erzeugnisform

B	Blockform zum Umschmelzen
C	Gusserzeugnis
F	Schweißzusatz, Hartlote
R	raffiniertes Cu in Rohform
S	Werkstoff in Form von Schrott
W	Knetwerkstoffe
X	nicht genormte

Zeichen 3 ... 5 sind Zählziffern

6. Zeichen: Buchstabe für das Legierungssystem

A, B	Kupfer	J	CuNiZn
C, D	Cu, niedriglegiert, ΣLE < 5 %	K	CuSn
E, F	Legierungen, Σ LE > 5 %	L, M	CuZn-Zweistoff-legierungen
G	CuAl	N, P	CuZnPb
H	CuNi	R, S	CuZn-Mehrstoff-legierungen

4.3.3 Reinkupfer und niedriglegiertes Kupfer

Cu muss für Leitzwecke höchste elektrische Leitwerte besitzen. Für Verwendung als Bedachung und Rohrleitung muss es frei von Sauerstoff sein, damit beim Löten und Schweißen kein Wasserdampf durch Reduktion des CuO durch H-haltiges Gas entsteht, der zu Rissen führt (Wasserstoffkrankheit). Die Desoxidation kann durch P-Zugabe erfolgen, P senkt jedoch stark den elektrischen Leitwert.

Tabelle 9. Kupfererzeugnisse, Normenübersicht

DIN EN	Bezeichnung: -	Legierungssysteme und Anzahl der Sorten					
Norm/ Jahr	Kupfer u. Kupferlegierungen -	Cu Sn Pb	Cu u. Cu-niedrig-legiert	CuAl	CuNi	CuNi Zn	CuSn (+Zn)	CuZn (+ LE)

Blockmetalle und Gussstücke

1976	- gegossene Rohformen	4	4 + 9	10	2	—	—	12 + 12
1982 / 98	- Blockmetalle und Gussstücke	4	5 + —	6	4	—	5 + 9	— + 14

Walzprodukte

1652 / 98	- Platten, Bleche, Bänder, Streifen und Ronden für allgemeine Verwendung	5 + 6	1	4	5	5	9 + 7
1653 / 98	- Platten, Bleche und Ronden für Kessel, Druckbehälter, Warmwasserspeicher	2 + —	3	2			— + 4
1654 / 98	- Bänder für Federn und Steckverbinder	— + 6	—	5	—	5	— + 4

Rohre

12449 / 99	- nahtlose Rundrohre für allg. Verwendung	1 + 3	—	2	2	5	15 + 9
12451 / 99	- nahtlose Rundrohre für Wärmeaustauscher	1 + —	1	3	—		— 3
12452 / 99	- nahtlose Rippenrohre für Wärmeaustauscher	1 + —		2			— 2

Stangen, Profile, Drähte

12163 / 98	- Stangen für allgemeine Verwendung	3 + 11	6	2	2	4	10 + 10
12164 / 00	- Stangen für spanende Bearbeitung	— +4	—	—	4	4	16 + 7
12166 / 98	- Drähte für allgemeine Verwendung	1 + 12	—	—	7	4	16 + 4
12167 / 98	- Profile und Rechteckstangen für allg. Verwdng.	2 + 9	6	—	7	2	24 + 12
12168 / 00	- Hohlstangen für spanende Bearbeitung	1 + 2					14 + 5

Schmiedestücke und Schmiedevormaterial

12165 / 98	- Vormaterial für Schmiedestücke	4 + 9	10	2	—	—	12 + 12
12420 / 99	- Schmiedestücke	2 + 4	4	2	—	—	10 + 4

Tabelle 11. Roh-Cu-Sorten DIN EN 1976/98

O-haltiges Cu	O-freies Cu, nicht desoxidiert	O-freies Cu, mit **P** desoxidiert
Cu-ETP1	**Cu-OF,**	**Cu-PHC ,**
Cu-ETP	**Cu-OFE** [1]	**Cu-PHCE,**
Cu-FRHC		**Cu-DLP**
Cu-FRTP		**Cu-DHP**
		Cu-DXP

[1] Sorte mit geprüfter Haftung der Zunderschicht

Bedeutung der Zeichen	
1	Höchster elektrischer Leitwert (58,58)
E	(vorn), elektrolytisch raffiniert
E	(hinten), vakuumgeeignet
F	Feuerraffiniert
LP	P-% niedrig HP: P-% höher
OP	Oxygen free, TP: zähgepolt
HC	high conductivity (Leitfähigkeit)

Tabelle 12. Kupfersorten für Drahtbarren, Walzplatten und Rundblöcke DIN EN 1976/98

Kurzzeichen	Eigenschaften und Verwendung
Cu-ETP	E-Technik, Elektronik, bei Anforderung an höchste Leitfähigkeit
Cu-FHRC	Wie vor, auch für Schmiedestücke
Cu-OF	Wie vor, nicht desoxidiert, wasserstoffbeständig, schweiß- und löt-geeignet $R_m = 200$ MPa, $A = 35$ %
-OFE	Wie vor, frei von verdampfenden Elementen, für die Vakuumtechnik
Cu-PHC	E-Technik, hohe Leitfähigkeit und Umformbarkeit, Plattierwerkstoff
-PHCE	Freiformschmiedestücke für allgemeine Verwendung, Vakuumtechnik
Cu-DLP	Allgemeine Verwendung, für Apparatebau, gut löt-, schweiß- und kaltformbar
Cu-DHP	Allgemeine Verwendung, für Rohrleitungen, Bauwesen, Apparate bei hohen Anforderungen an Schweiß-, Löt- und Umformbarkeit, auch Schmiedeteile, $R_m = 200$ MPa, $A = 33$ %
CuAg0,10	Insgesamt 10 Ag-haltige Sorten (0,04, 0,07 und 0,1 %), anlassbeständig, mit hoher elektrischer Leitfähigkeit, O-haltig, P-oxidiert oder O-frei

Halbzeugarten sind: Platten, Bleche, Bänder, Rohre, Stangen, Drähte, Strangpressprofile

4.3.4 Kupferlegierungen, Allgemeines

LE sollen die niedrige Festigkeit des Cu bei Erhaltung der Duktilität und Beständigkeit erhöhen. Dabei wirken Mischkristallverfestigung, Kaltverfestigung und Korngrenzenverfestigung durch feinkörnige Gefüge gemeinsam. Bis auf Ni sind die anderen LE nur zwischen 2.5 % (Be) und 37 % (Zn) löslich und bilden homogene Mischkristallgefüge.

Bei höheren Anteilen an LE entstehen intermetallische Phasen. Die Zustandsschaubilder sind kompliziert mit zahlreichen Feldern und Umwandlungen im festen Zutand. Die zweiphasigen Gefüge haben geringere Duktilität, sind aber besser spanbar und meist warmumformbar. Dritte und vierte LE sollen bestimmte Eigenschaften verbessern: Pb die Spanbarkeit, Mn die Warmfestigkeit, Ni und Al die Korrosionsbeständigkeit.

Die elektrische Leitfähigkeit wird durch Mischkristallbildung stark gesenkt. Nur Cd, Ag und Zn wirken gering. Für höhere Festigkeit und Härte (Verschleißwiderstand) sind geringe Anteile (< 1 %) von seltenen Erden als intermetallische Phase enthalten, einige Sorten sind aushärtbar.

Tabelle 13. Niedriglegierte Cu-Sorten, (Auswahl aus 20 Sorten)

Sorte	Eigenschaften, Anwendung
CuFe2P	Kombination von Eignung für Stanzen, Kalt- und Warmumformen, Löten, Schweißen. Anlauf- und korrosionsbeständig, hohe Leitfähigkeit für Wärme und Strom. Wärmetauscher $R_m = 200$ MPa, $A = 40$ %
CuBe1,7	warmaushärtbar bis $R_m = 1300$ MPa für Kontaktfedern, CuzBe2 für nichtfunkende Werkzeuge
CuCr1Zr	Warmaushärtbar bis $R_m = 470$ MPa, hohe Leitfähigkeit, Elektroden zum Punktschweißen, Schleifringe, Kollektorlamellen
CuNi2Si	Warmaushärtbar bis $R_m = 640$ MPa, mittlere Leitfähigkeit, rauchgasbeständig, Freileitungsarmaturen

4.3.5 Kupfer-Zink-Legierungen (Messing)

Umfangreichste Gruppe der Cu-Legierungen mit 56 Knetlegierungen und 14 Gusslegierungen.

Knetlegierungen			
System	**CuZn**	**CuZnPb**	**CuZn +LE**
Anzahl	9	24	23

Gusslegierungen				
System	**CuZnPb**	**CuZnAl**	**CuZnMn**	**CuZnAs**	**CuZnSi**
Anzahl	6	4	2	1	1

Zustands-Diagramm Cu-Zn

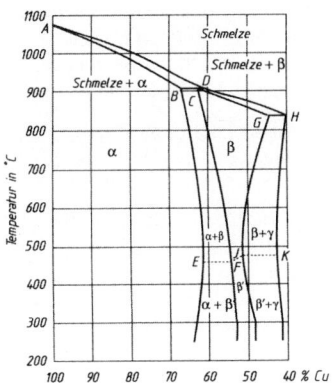

MK-Gebiet bis ca. 37 %Zn mit homogenen kfz.-Knetlegierungen. Sorten rechts davon enthalten die β-Phase (krz), härter und spröder (IP, 2.4, in Tabelle 6) gut warmformbar bei 600°C. Zu diesen heterogenen Sorten gehören die Gusslegierungen und höher festen Sorten mit weiteren LE.

Bei Zn-Gehalten > 50 % tritt eine extrem spröde γ-Phase auf. Diese Legierungen sind technisch nicht brauchbar. Pb (max 4 %) ist unlöslich und verbleibt auf den Korngrenzen. Mit steigendem Pb-Gehalt steigt die Zerspanbarkeit, die Kaltumformbarkeit sinkt.

Die weiteren LE sind in der α-Phase löslich und verbessern Festigkeit, Korrosionsbeständigkeit und Gleiteigenschaften. Sie engen das Mk.-Gebiet ein, wodurch bei kleineren Zn-Gehalten heterogene Gefüge mit der β-Phase entstehen. Hierzu gehören auch die CuZn-Gusslegierungen.

Tabelle 14. CuZn-Knetlegierungen

Kurzzeichen Nummer	Zustand	A %	Verwendungsbeispiele
CuZn15 CW502L	R260 R350	38 4	Druckmessgeräte, Hülsen
CuZn30 CW505L	R280 R420	40 6	Federn, Tiefziehteile
CuZn33 CW506L	R280 R420	40 6	Drahtgeflecht, Ätz-Platten
CuZn37 CW508L	R300 R480	38 3	Blech, Stg., Profile, Drück-, Prägeteile
CuZn40 CW509L	R340 R470	33 6	Stg., Profile, Beschlag- u. Schloss teile
CuZn35Pb1 CW600N	R290 R470	40 5	Blech, warm-, kaltform- und spanbar

mechanische Werte gelten für Bleche bis 2,5 mm, folgende Tafel für das jeweilige Halbzeug

CuZn39Pb3 CW614N	R380 R430	18 10	Stg., Profile f. Drehteile auf Automaten,
CuZn40Pb2 CW617N	R380 R600	35 8	Warmpressprofile, Schmiedestücke
CuZn43Pb2 CW623N	R430 R480	15 5	dünnwandige Strang-pressprofile
CuZn20Al2As CW702R	R340 R390	45 40	Rohre geglüht beständig geg. Seewasser u. SpRK
CuZn31Si1 CW708R	R460 R530	22 12	kaltformbar, Rohre, Lagerbuchsen
CuZn38Mn1Al1 CW716R	R490 R550	18 10	Stg. wetterbeständig für Gleitelemente
CuZn38Sn1As W717R	R340	30	Bleche, Rohrböden für Kondensatoren
CuZn40Mn2Fe1 CW723R	R420 R470	12 18	Stg. Profile, lötbar, für wetterbeständige. Armaturen

Tabelle 15. Cu-Zn-Gusslegierungen

Kurzname Nummer	Gießart	R_m	$R_{p0,2}$	A	HB	Eigenschaften, Beispiele
		MPa		%	→	Härte nur Anhaltswerte
CuZn33Pb2-C CC750S	– GS, – GZ	180	70	12	45 50	Beständig gegen Brauchwässer bis zu 90° C, gut spanbar
CuZn15As-C CC760S	– GS	160	70	20	45	Sehr gut lötgeeignet, meerwasserbeständig, für Flansche u.a. im Schiffbau
CuZn16Si4-C CC761S	– GS – GM	400 500	230 300	10 8	100 130	Meerwasserbeständig, dünnwandig vergießbar, schweißbar
CuZn25Al5Mn4Fe3-C CC762S	– GS – GM	750 750	450 480	8 8	180 180	Sehr hoch belastete Gleitlager und Schneckenradkränze (niedrige Gleitgeschwindigkeit)
CuZn34Mn3Al2Fe1-C CC764S	– GS – GZ	600 620	250 260	15 14	140 150	Mittlere Spanbarkeit, für statisch hoch belastete Ventil- und Steuerungsteile
CuZn35Mn2Al1Fe1-C CC765S	– GS – GC	450 500	170 200	20 18	110 120	Mittel belastete Druckmuttern, Gleit- und Gelenksteine, Schiffspropeller
CuZn37Al1-C CC766S	– GM	450	170	25	105	Mittlere Festigkeit, nur als Kokilleguss für alle Zweige

4.3.6 Kupfer-Alumium-Legierungen

Durch Zulegieren von Al (8 %) sinkt die Dichte auf ca.7,7 g/cm^3.

Zustands-Diagramm Cu-Al

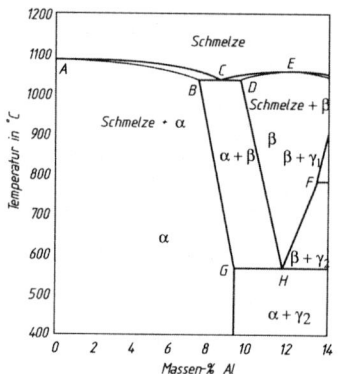

Tabelle 16. Cu-Al-Legierungen

Homogene Gefüge bis 9 ca. % Al (nach Warmumformung), darüber Anteile der Phase β, die bei 565° C eutektoid in ein Gemisch aus ($\alpha + \gamma$) zerfällt, bei schneller Abkühlung auch martensitische Umwandlung. Durch die Härte des Eutektoids sind nur Legierungen bis 11 % Al brauchbar.

Übersicht: Cu-Al-Legierungen
8 Knetlegierungen CuAlSi (2), CuAlFe (4), CuAlNi (2)
6 Gusslegierungen CuAl (1), CuAlNi (1), CuAlFeNi (3), CuMnA (1)

Die Elemente Fe, Mn, und Fe + Ni beeinflussen den β-Zerfall zu besseren Eigenschaften und bewirken Feinkorn sowie höhere Warm- und Dauerfestigkeiten, Al bewirkt hohe Korrosionsbeständigkeit, aber schlechte Lötbarkeit durch Al-Oxidschicht. Hohe Dauerfestigkeit auch in korrodierenden Medien.
Gusslegierungen mit ähnlicher Zusammensetzung für Gussteile hoher Zähigkeit, auch bei tiefen Temperaturen (kein Steilabfall).

Cu-Al-Knetlegierungen (Auswahl)					
Kurzzeichen	Stoff - Nr. **CW**	Zu- stand	$R_{p0,2}$ MPa	A %	Eigenschaften, Anwendungen
CuAl8Fe3	303G	R450 R480	200 210	30 30	Platten u. Bleche für allgemeine Verwendung und für Kessel, warmfest bis 300° C, Schmiedestücke, korrosionsdauerfest
CuAl9Ni3Fe2	304G	R490	180	20	Sehr gut schweißbar, warmfest, Verbunde aus Guss- mit Knetwerkstoff, Platten und Bleche für Kessel, Schmiedestck.
CuAl10Fe3Mn2	306G	R590 R690	330 510	12 6	Zunderfest, Stangen, Schmiedestücke für Maschinen, Schrauben, Spindeln, Zahn- und Schneckenräder
CuAl10Ni5Fe4	307G	R590 R620	230 250	14 14	Warmfest, kavitationsfest, Platten und Bleche für Kessel, Stangen. Mechanisch und chemisch hochbeanspruchte Teile
CuAl11Fe6Ni6 (CuAl11Ni6Fe5)	308G	R750	700	(5)	Stangen für allgemeine Verwendung, höchste Festigkeit, für stoßbelastete Verschleißteile, Umformwerkzeuge
CuAl-Gußlegierungen (Auswahl)					
Sorte	Stoff – Nr. **CC**	Gieß- art	R_m $R_{p0,2}$ MPa	A %	HB	Eigenschaften, Anwendungen
CuAl10Fe2-C	331G	– GS – GM	500 180 600 250	18 20	100 130	Beständig gegen Mineralsäuren (nicht HNO$_3$)
CuAl10Ni3Fe2-C	332G	– GS – GM	500 180 600 250	18 20	100 130	Wie Knetwerkstoff CW304G, Heißdampfarmaturen, Teile für Lebensmittelverarbeitung
CuAl10Fe5Ni5-C	333G	– GM – GZ	650 280 650 280	7 13	150 150	Schiffpropeller, Stevenrohre, Laufräder u. Gehäuse von Pumpen für Meerwasser
CuAl11Ni6Fe6-C-	334G	– GS – GM	680 320 750 380	5 5	170 185	Gleitlager für Stoßbelastung, Kurbel- und Kniehebellager

4.3.7 Kupfer-Zinn-(Zink)-Legierungen

CuSn: Breites Erstarrungsintervall führt zu starken Kristallseigerungen, sodass homogene Cu-MK nur bis zu etwa 6 % entstehen. Darüber hinaus enthalten die Legierungen das härtere Eutektoid ($\alpha + \delta$) mit der intermetallischen Phase δ.

Bei Sn-Gehalten von 5 ... 12 % bestehen die Gusslegierungen aus einer harten ($\alpha + \delta$)- Matrix mit wei-

cheren CuSn-Mischkristallen. Diese heterogenen Gefüge sind als Gleitwerkstoffe geeignet. Mit dem Sn-Gehalt steigt die Korrosionsbeständigkeit (gegenüber CuZn-Sorten auch bessere Gleiteigenschaften, höherer Preis).

CuSnZn: Zn-Zusatz, verbilligt und ergibt bessere Gießbarkeit (Rotguss) durch die Desoxidation mit Zn.

Übersicht: Cu-Sn(Zn)-Legierungen
8 Knetlegierungen CuSn (2), CuSnPb (5), CuSnTe (1),
6 Gusslegierungen CuSn (3), CuSnPb(P) (2), Roguss:
CuSnZn (9) CuSnPb (4)

Zustands-Diagramm Cu-Sn

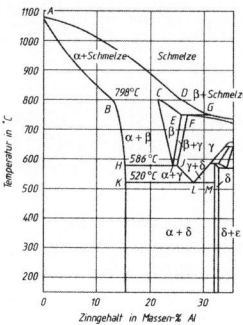

Tabelle 17. Cu-Sn-Legierungen (Zinnbronzen)

Cu-Sn Knetlegierungen				
Kurzzeichen Stoff-Nr	R_m	$R_{p0,2}$	A	Verwendung
	MPa		%	
CuSn4 CW50K	290 ...610	190 ...520	40 ...3	Federn, Schrauben, Bolzen, Rohre und Behälter f. chem. Industrie
CuSn6 CW52K	350 ...630	300 ...600	45 ...5	Kontakfedern, Wellrohre und Membranen, Bleche, Bänder, Rohre
CuSn8 CW53K	370... ...740	300 ...600	50 ...2	Wie vor, mit erhöhten Festigkeits- und Gleiteigenschaften
CuSn3Zn9 CW54K	320 ...510	230 ...430	25 ...3	Federn, Faltenbälge, Siebbleche, Gewebe
CuSn-Gusslegierungen (Auswahl)				
Sorte Stoff-Nr.	Gieß-art	R_m MPa	$R_{p0,2}$	A %	HB
CuSn10-C CC480K	-GS -GM	250 270	130 160	18 10	70 80
Armaturen und Pumpengehäuse, Leit-, Lauf- und Schaufelräder f. Pumpen und Wasserturbinen, gut schweißgeeignet				
CuSn11P-C CC481K	-GS -GC	250 350	130 170	5 4	60 85
Besser gießbar durch 0,5...1 % P mit hoher Festigkeit bei Strang- und Schleuderguss				
CuSn11Pb2-C CC482K	-GS -GC	240 280	130 150	5 5	80 90
Hochbanspruchte Gleitlager, -platten und -leisten				
CuSn12-C CC483K	-GS -GZ	260 280	140 150	7 5	80 90
Unter Last bewegte Spindelmuttern, schnelllaufende Schnecken- und Schraubenradkränze				
CuSn12Ni2-C CC484K	-GS -GC	280 300	160 18ß	12 10	85 95
Wie vorstehend, bei höchsten Belastungen				

Tabelle 18. CuSnZn-Gusslegierungen, Auswahl (alte Bez. Rotguss))

Sorte DIN EN Stoff – Nr.	Gieß-art	R_m MPa	$R_{p0,2}$	A %	HB
CuSn3Zn8Pb5-C CC490K	– GS – GC	180 220	85 100	15 12	60 70
Brauchwasserbeständig, dünnwandige Armaturen (< 12 mm)					
CuSn5Zn5Pb5-C CC491K	– GS – GM	200 220	90 110	13 6	60 60
Lötbar, für dünnwandige Konstruktionsteile, Gehäuse, Dampfarmaturen bis 225° C					
CuSn7Zn2Pb3-C CC492K	– GS – GC	230 260	120 200	15 12	60 70
Meerwasserbeständig, Armaturen- u. Pumpengehäuse, druckdichte Gussteile					
CuSn7Zn4Pb7 CC493K	– GS – GM	230 230	120 120	15 12	60 60
Lagerwerkstoff für mittel beanspruchte Lager, gute Notlaufeigenschaften					

4.3.8 Kupfer-Nickel-Legierungen

System mit vollständiger Mischbarkeit, Zustands-Diagramm siehe 2.4.4
15 Knetlegierungen, Sorten: CuNi (1), CuNiSn (1), CuNiFeMn (2), CuNiZn (11)
4 Gusslegierungen, Sorten: CuNiFe (3), CuNiCr (1)

Zusatz von Fe ergibt Meerwasserbeständigkeit, auch bei hohen Strömungsgeschwindigkeiten. Zn senkt den Preis (Neusilber) und erhöht die Festigkeit. In aushärtbaren Sorten ist Sn und Cr enthalten. Homogene Gefüge im ganzen Mischungsbereich mit hoher Kaltformbarkeit und Korrosionsbeständigkeit.

CuNi: Elektrische Widerstandslegierungen, Wärmetauscher und Leitungen in Schiffbau und für Entsalzungsanlagen, Gussteile für Lebensmittel-, Getränke- und chemische Industrie. Münzlegierung ist CuNi25.

CuNiZn: mit Ni steigt die Korrosionsbeständigkeit, mit Cu die Kaltformbarkeit, mit Zn die Festigkeit.

Tabelle 19. CuNi-Knetlegierungen

Sorte Stoff.-Nr.	Zu-stand	A %	Halbzeuge
CuNi25 CW350H	R290	40	Platte, Blech, Band, Ronde
CuNi9Sn2 CW351H	R340 R450 R560	30 4 2	W. o., Federband, Schmiedestücke, aushärtbar
CuNi10Fe1Mn CW352H	R300 R320	30 15	W. o., Rohre, Stangen, Schmiedestücke,
CuNi30Mn1Fe CW354H	R350 R410	35 14	W. o., Rohre, Stangen Schmiedestücke,
Mechanische Werte gelten f. die jeweiligen Halbzeuge			

Tabelle 20. CuNiZn-Knetlegierungen (alte Bez. Neusilber)

Kurzzeichen	Stoff.-Nr	Zustand	$\frac{A}{\%}$
CuNi12Zn24	CW403J	R340	45
sehr gut kaltformbar, emaillierfähig, Tafelgeräte, Bestecke,			
CuNi12Zn30Pb1	CW406J	R420	20
		R500	8
gut kaltformbar und zerspanbar, Sicherheitsschlüssel, Drehteile für die feinmechanische Industrie, Drähte			
CuNi18Zn20	CW409J	R500	18
		R550	12
Bleche, Stangen, Profile, gut kaltformbar, anlaufbestän-diger, Brillen, Kontaktfedern			

4.4 Titan

Eigenschaften: Geringe Dichte ($4,5\ \mathrm{kg/dm^3}$) und Festigkeiten wie bei unlegierten Stählen, kaltzäh bis – $200°$ C und beständig gegen oxidierende Säuren und Lochkorrosion durch Cl-Ionen in Elektrolyten, auch gegen Spannungsrisskorrosion.

Titan kriecht bei RT, bei höheren Temperaturen wird O und N aus der Luft aufgenommen (hohe Affinität, und Enthalpie), dadurch Verfestigung und Abnahme der Dehnung. Versprödung durch Härteanstieg messbar. Schweißen deshalb unter Schutzgas. Schutz der Nahtwurzel erforderlich. Hohe Kerbempfindlichkeit, schlechte Gleiteigenschaften.

Tabelle 21. Titan unlegiert (DIN 17850-1/90).

Sorte	O	R_m	$R_{p0,2}$	A	HV
	%	MPa	MPa	%	30
TiF 35	0,1	300...420	200	30	100
TiF 40	0,2	400...550	250	22	120
TiF 55	0,25	470...600	360	18	160
TiF 60	0,3	550...750	420	16	180
Anwendung: Behälter im chem. Apparatebau, Rohrleitungen und Armaturen, Galvanotechnik, Kessel für Salzbäder					

Titanlegierungen. Titan ist polymorph, unterhalb $882°$ C als hex. α-Phase, darüber als krz. β-Phase. Die LE verschieben den Umwandlungspunkt nach

oben oder unten (Tabelle 22). Es werden drei Legierungstypen unterschieden.

Oberflächenhärtung: (Tiduran-Verfahren) erzeugt $60 \ldots 200\ \mu\mathrm{m}$ dicke Schichten mit einer Härte von $750 \ldots 850$ HV0,25 durch Salzbadbehandlung ($800°$ C/2h) mit Eindiffundieren von N, C und O. Steigerung des Verschleißwiderstandes (adhäsiv) und der Dauerfestigkeit.

4.5 Magnesium

Dichte $1,9\ \mathrm{kg/dm^3}$, weich, in Spänen und Stäuben brennbar. Beständig gegen Laugen und alkalische Lösungen, Öle und Kraftstoffe (außer Methanol). Unbeständig gegen Säuren, Salze und auch Wasser. Deshalb Oberflächenschutz durch Umwandlungsschichten (Chromatisieren DIN 50939).

Verwendung: Reduktionsmittel für Titan, Impfen von Kugelgraphitguss, Mg-Anoden für den katodischen Korrosionsschutz. Mg-Schaum für Sandwichkonstruktionen.

Knetlegierungen DIN 1729-1/82

Legierungen enthalten Al bis zu 9 % und Mn. Zn verbessert die geringe Kaltformbarkeit des Magnesiums (hdP).

MgMn2, MgAl3Zn	Bleche, Bänder und Profile für Verkleidungen, Kraftstofftanks, Innenausbau
MgAl6Zn, MgAl8Zn	Rohre, Stangen, Pressprofile und Gesenkteile mit höherer Festigkeit. Für optische Geräte und Teile, die durch Fliehkräfte beansprucht werden.

Die Zugfestigkeiten liegen zwischen $200 \ldots 280$ MPa bei Bruchdehnungen von $10 \ldots 5$ %.

Größere Bedeutung haben die Gusslegierungen als leichtere Alternative zu Al-Legierungen. Zusätze von Th, Zr oder seltenen Erden ergeben höhere Dauer- und Warmfestigkeit, Sorten sind aber schwieriger vergießbar. Schweißbarkeit und höhere Zähigkeit wird durch Thixogießen erreicht.

Verwendung: Teile von hydraulischen oder elektrischen Geräten im Flugzeugbau, ebenso Getriebegehäuse, Ölwannen, Radkörper und Felgen, Gehäuse für tragbare Maschinen und Geräte.

Tabelle 22. Titanlegierungen, Übersicht (Auswahl aus DIN 17851/90, 8 Sorten)

Typ / Gitter	Leg.-Elemente verschieben den Umw.-Pkt. nach	Eigenschaften	Sorten	R_m R_e $R_{m/450°}$		$\frac{A}{\%}$
α- **Typ** hdP.	↑ Al, Sn, O, N, C	Wenig kaltformbar, wenig empfindlich gegen Eindiffundieren von O, N. wärmebeständig bis ca. 550° C	**TiAl5Sn2,5**	860 500 ... 550	780	15
$\alpha + \beta$- **Typ** hdP/krz.	Kombinationen von **Al, V** ,Cr,Al	Heterogene Gefüge, Verhältnis von Al und V-Anteilen abhängig, warm aushärtbar, bis ca. 430° C beständig	**TiAl6V4**	1030 600 ... 650	960	8
β- **Typ** krz.	**V, Cr**, Cu, Mo ↓	Höhere Festigkeit und Dichte durch schwere LE, stärker kaltformbar, kaltspröde (Steilabfall), bis ca. 320° C	**TiV13Cr11Al3**	1200 950 ... 1000	1200	15

Tabelle 23. Mg-Gusslegierungen, Auswahl aus 9 Sorten DIN EN 1753/97 (Werte für getrennt gegossene Proben)

Kurzzeichen W-Nummer	Handelsbez. (Gießarten)	Zustand	R_m MPa	$R_{p0,2}$ MPa	A_5 %	Beispiele
EN-MCAl9Zn1	AZ91	F	160	90	2	Getriebegehäuse, Luftfilterabdeckung,
EN-MC21120	(-GS,-GM, -GP)	T4	240	110	6	Teile für elektronische Drucker- und Speicherlauf-
		T6	240	150	2	werke, Kameragehäuse
EN-MCMgAL6Mn	AM60	F	150	80	8	Im ausgehärteten Zustand zäh, Kfz.-Bau
EN-MC21230	(-GP)	T6	220	100	18	Sitzrahmen, Instrumententafelträger
EN-MCMgRE2Ag2Zr1	QE22	T6	240	175	3	Warmfest bis 200° C, schlecht gießbar.
EN-MC65210	(-GS,-GM))					Luftfahrtlegierung, höchste stat. u. dyn. Festigkeit, WIG-schweißbar,

Tabelle 24. Nickellegierungen, Beispiele

Sorte	Name	R_m MPa	$R_{p0,2}$	A	$R_{m/600\,°C}$ MPa	Verwendung
Korrosionsbeständige Legierungen						
NiCu30Fe	Monel-400, Nicorros	540	270	36	240	Chemischer Apparatebau, Wärmetauscher, seewasserfest
NiCu30Al2,5Ti	Monel K-500	1035	760	30	580	Turbinenlaufräder, Wellen, Federn
Hochwarmfeste Legierungen						
NiCr15Fe8	Inconel 600	620	240	30	<1100° C	Bauteile für Ofenanlagen, Glühtöpfe
NiCr20	Cronix	650	300	20	<1250° C	Heizleiterlegierung
NiCr22Fe18Mo9	Hastelloy X	800	360	40	$R_{m1000h/800\,°C}$ = 80 MPa Brennkammern, Überhitzer	
NiCr15Co15Al5 Mo4Ti4	Nimonic115	1400	980	15	$R_{m1000h/800\,°C}$ = 330 MPa Gasturbinenschaufeln	

4.6 Nickel (DIN 17740 ... 45/02)

Ferromagnetisches Schwermetall mit hoher Korrosionsbeständigkeit (nicht gegen Schwefel), mechanischen Eigenschaften ähnlich Cu, aber wesentlich teurer. Verwendung deshalb bei besonders hoher thermischer und/oder korrosiver Beanspruchung (Heißgas-Korrosion). Es ist kaltzäh bis − 200° C. Rein-Nickel wird als Überzug für medizinische Geräte zum Korrosionsschutz angewandt

Ni-Legierungen sind zahlreich und z.T. unter geschützten Namen im Handel. Mn wirkt durch MK-Verfestigung (1 ... 5 %). Anwendungen sind Schweißdrähte für GJ-Schweißung, Zündkerzen (NiMn3Si).

Korrosionsbeständige Legierungen vom Typ Ni-Cu(Fe) meerwasserbeständig (Nicorros, Nicrofer) mit weiteren Zusätzen von Cr, Mo und Ti beständig gegen unterschiedlich wirkende Säuren (Hastalloy, Incoloy).

Magnetwerkstoffe (weichmagnetisch) für Eisenkerne von Relais, Magnetvertärkern oder Fernsprechtrafos z.B. NiFe25 oder NiCo25Fe30, (Perminvar).

Hochtemperaturlegierungen auf Ni-Basis sind die z.Zt. am höchsten in der Kombination thermisch, mechanisch und korrosiv belastbaren Werkstoffe. Es können bis zu 15 LE enthalten sein, die mehrfach wirken (z.T. auch ungünstig): Mischkristallverfesti-

gung *und* Dispersionsverfestigung mit den Carbiden der LE und Zusätzen wie z.B. Bor, die ein feines, temperaturstabiles Carbidnetzwerk bilden und Korngrenzengleiten behindern (Nimonic, Udimet, Tabelle 22). Nachteile der der Ni-Legierungen in Triebwerken sind ihre hohe Dichte (8,2 g/cm^3). Der Schmelzpunkt (1455° C) wird durch die LE z.T. erniedrigt. Weiterentwicklungen sind Ti-Al-Phasen mit der geringen Dichte von 3,8 g/cm^3.

4.7 Blei (DIN EN 12659/99, DIN 17640-1/04)

Giftiges Schwermetall mit hoher Beständigkeit gegen Schwefel- und Salzsäure, stark kaltumformbar und lötbar. Unbeständig gegen Laugen, geringe Festigkeit, Werkstoff kriecht bei RT. Zur Steigerung der Härte wird es mit Antimon Sb, (Hartblei) Sn und Cu legiert, z.B. für Druckgusslegierungen.

Verwendung: Chemische Industrie, Akkumulatoren, Rohre Kabelmäntel, Überzugsmetall (Feuerverbleien), Schriftmetalle. Als LE in Weichloten, Automatenlegierungen (Cu-Legierungen, Stahl) enthalten.

4.8 Zink (DIN EN 1774/97)

Schwermetall mit niedrigem Schmelzpunkt, lötbar, beständig in trockener und feuchter Luft, Benzin, Öl, Benzol (< 100° C).

Unbeständig gegen Säuren, gesundheitsschädlich, starke Anisotropie bei Kneterzeugnissen, kaltspröde, Werkstoff kriecht bei RT.

Legierungen enthalten Al, Cu, Mg und Ti zur Mischkristallverfestigung und Schutz gegen interkristalline Korrosion, die durch Verunreinigungen des Hüttenzinks verursacht wird. Geringste Gehalte an Bi, Zn, Cd und Pb von 0,01 % sind bereits schädlich. Zn-Legierungen deshalb aus Feinzink (99,99 %) hergestellt.

Verwendung: Druckgusslegierungen (8 Sorten), Überzugsmetall zum Korrosionsschutz von Stahl, Halbzeuge für Bedachung und Regenwasserableitung, Zinkfarben (ZnO), galvanische Elemente.

4.9 Zinn (DIN EN 611-1/95)

Dehnbares, niedrigschmelzendes Metall mit hoher Beständigkeit gegen organische Säuren und Atmosphäre, lötbar. Unter 18° C Umwandlung in graues kubisches Zinn unter Volumenvergrößerung und Zerfall (Zinnpest).

Verwendung: Überzugsmetall für Weißblech, Legierungselement in Cu-Legierungen, Lagermetallen, Weichloten, Sn-Druckguss für kleine Präzisionsteile, Kunstgewerbe.

5 Kunststoffe (Polymere)

5.1 Herstellungsweg und wichtige Begriffe

Polymere bestehen aus Riesen- oder Makromolekülen, die durch chemische Reaktionen aus einfachen, niedermolekularen Verbindungen entstehen, den Monomeren. Ausgangsstoffe sind überwiegend Kohlenwasserstoffe (KW), die größte Gruppe der C-Verbindungen. Sie müssen reaktionsfähige Stellen besitzen, das sind OH-Gruppen oder Dopppelbindungen.

Eine Ausnahme bilden die Silikone, bei denen das Silicium Si (gleiche Gruppe PSE wie C, gleiche Außenelektronen) zur Kettenbildung fähig ist.

Das C-Atom kann 4 Elektronenpaarbindungen mit anderen Atomen eingehen, aber auch die C-Atome unter sich. Die Bindungs„arme" sind tetraedrisch angeordnet, sodass Kettenmoleküle nicht gestreckt, sondern geknickt vorliegen (Knäuelstruktur). Die Bindungen sind biege- und drehelastisch, Voraussetzung für eine plastische Verformung in der Wärme. Dabei erfolgt eine Streckung mit evtl. Orientierung der Ketten. Durch das Rückstellvermögen der Tetraederbindung entsteht Verzug beim Wiedererwärmen gespritzter Teile, die schnell abgekühlt werden (Einfrieren der gestreckten Molekülform). Anwendung z.B. bei Schrumpffolien.

5.1.1 Übersicht über den Fertigungsweg

Stoffe	Beschreibung	Hinweise
Monomer ↓	flüssig/gasförmiger niedermolekularer Ausgangsstoff	5.1.2
Chemische Reaktionen ↓	**Polykondensation, Polymerisation Polyaddition** Reaktionen, welche z.T. mit Hilfe von Katalysatoren die Monomere zu Makromolekülen verknüpfen	5.1.3
Polymer ↓	Feststoff, bestehend aus Makromolekülen in denen viele Einzelmoleküle (500 ... 3000) in verschiedenen Strukturen durch kovalente Bindungen verknüpft sind. Die Molekülstruktur bestimmt die Haupteigeschaften des Polymers: Duroplast, Thermoplast, Elast	5.2.1
Copolymer ↓	Copolymere sind legierte Kunststoffe, bestehend aus zwei oder drei verschiedenen Monomeren, die regellos, geordnet oder in Blöcken abwechselnd verknüpft sind. Pfropfpolymere besitzen nachträglich eingebaute Seitenketten aus anderen Monomeren. Copolymere entsprechen den Mischkristalllegierungen	
Mischen mit Zusätzen ↓	Zusätze sollen die Verarbeitung erleichtern und das Polymer mit bestimmten Eigenschaften ausrüsten	5.2.3
Formmassen ↓	Mischungen aus Kunststoff (evtl. Vorprodukten) und Zusätzen in rieselfähiger Form als Granulat oder Pulver mit genormten Verarbeitungseigenschaften. Legierter Kunststoff, Formmassen bestehen aus zwei oder mehr fertigen Polymeren, die gemeinsam geschmolzen und vespritzt werden. Polyblends entsprechen den Kristallgemischen der Metalle	Tabelle 4
Polyblend ↓		
Formgebung ↓	Spritzgießen, Pressen, Extrudieren (Strangpressen für Profile), Extrusionsblasen für Folien	5.3.3
Formstoff	Aus den Formmassen hergestelltes Polymer im Halbzeug oder Formteil: Platte, Profil, Spritzguss- oder Pressteil	

5.1.2 Monomere Ausgangstoffe

Name	Formel, kennzeichnende Gruppe	Beispiele
Kettenförmige KW, Aliphaten		
Alkane, Paraffine gesättigt	C_nH_{2n+2}	Propan, C_3H_8 $-\overset{\mid}{C}-\overset{\mid}{C}-\overset{\mid}{C}-$ Brenngas
Alkene, Olefine ungesättigt	C_nH_{2n}	Ethen, C_2H_4 (Ethylen) $\diagup C=C \diagdown$ Propen, C_3H_6 (Propylen) $\diagup C=C-C\diagdown$ Polyofelyne
Alkine ungesättigt	C_nH_{2n-2}	Ethin, C_2H_2 $-C\equiv C-$ (Acetylen) Brenngas
Alkadiene	2 Doppelbindungen	Butadien $\diagup C=C-C=C\diagdown$ schalgzähes PS: SB, ABS
Alkanole (Alkohole)	$-OH$	Methanol, CH_3OH; (Methylalkohol) Ethandiol $C_2H_4(OH)_2$: (Glykol)
Alkanale	$-COH$	Methanol (Formaldehyd), $HC\diagdown^O_H$ Härter
Alkensäuren	$-COOH$	Propensäure (Acrylsäure) $\diagup C=C-C\diagdown^O_{OH}$
Vinylchlorid	C_2H_3Cl	$\diagup C=C\diagdown_{CL}$ Monomer des Polyvinylchlorids PVC
Ringförmige KW, Aromaten		Benzolring besitzt drei nicht ortsfeste Doppelbindungen, dadurch ist die aromatische $C-C$-Bindung thermisch stabiler als die aliphatische.
Benzol	C_6H_6	
Phenol	C_6H_5OH	Monomer der Phenolharze
Styrol	$C_6H_5-C_2H_3$	Monomer des Polystyrols
Therephtalsäure	$C_6H_4(COOH)_2$	Monomer der Polyterephthalate PET und PBT

5.1.3 Chemische Reaktionen zu Bildung von Makromolekülen

Reaktion	Beschreibung
Polykondensation (Phenol + Formaldehyd) **Kondensat ↑**	Zwei Monomere mit reaktionsfähigen Stellen verknüpfen sich zu Makromolekülen, dabei wird meist ein niedermolekulares Nebenprodukt (Kondensat, z.B. Wasser) abgespalten. Es muss abgeführt werden, damit die Gleichgewichtsreaktion weiterläuft. Es entstehen Polykondensate
Polymerisation (Ethen, C_2H_4) Monomer aktiviert Kettenmolekül n= 500 ... 2000	Monomere mit Doppelbindung verknüpfen sich nach Aufklappen der einen Doppelbindung (Aktivierung) zu Makromolekülen: Polymerisaten Exotherme Reaktion ohne Nebenperodukt
Di-Cyanat $OCN-R-N=C=O$ $O=C=N-R-NCO$ Di-Alkohol $H-O-Alkyl-O-$ H **Polyaddition** $OCN-R-N-C=O$ $O=C-N-R-NCO$ H $O-Alkyl-O$ H	(Alkyl, z.B. C_2H_4; R; Benzolrest C_6H_4) Monomere mit je zwei reaktionsfähigen Gruppen verknüpfen sich durch Platzwechsel von H-Atomen ohne Abspaltung von Nebenprodukten zu Makromolekülen. Es entstehen Polyaddukte
Monomere mit zwei reaktionsfähigen Stellen bilden Ketten- oder Fadenmoleküle, bei mehreren Stellen verzweigte und räumlich vernetzte Makromoleküle (Raumnetzmoleküle).	

Für die Eigenschaften eines Polymers ist die Art der Entstehung nicht so wichtig wie seine Struktur, d.h. der Art der Makromoleküle und den Bindungen zwischen ihnen.

5.2 Struktur der Polymere

Die Eigenschaftsunterschiede werden von den inneren Kräften bestimmt. Primärkräfte sind starke gerichtete Elektronenpaarbindungen zwischen den Monomerbausteinen. Sekundärkräfte sind schwach und wirken zwischen den Makromolekülen durch Dipolkräfte und H-Brücken. Sie sind abstandsabhängig und werden bei Erwärmung kleiner. Einfluss haben weiterhin: Gestalt der Makromoleküle, Veränderung der Makromoleküle durch Ausrichtungen (Kristallisation), durch *Legieren* (Copolymerisate, Polymergemische) und Gefügeveränderungen mit Füll- und Verstärkungsstoffen.

5.2.1 Gestalt der Makromoleküle

Faden- oder Kettenmoleküle
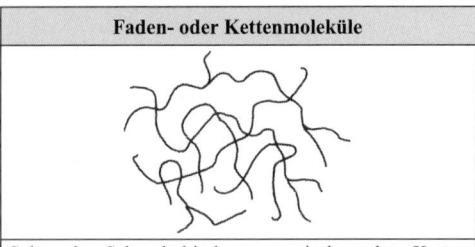
Schwache Sekundärbindungen zwischen den Ketten werden durch Wärmebewegung gelockert (Abstand): Die Ketten sind dann gegeneinander beweglich. Das Polymer ist *plastisch verformbar*, schmelz- und schweißbar   **Thermoplaste, (Plastomere)**
Kettenmoleküle mit Vernetzungen
Kettenmoleküle werden durch Primärbindungen weitmaschig vernetzt. Verschiebung der Ketten unmöglich, jedoch ein Strecken zwichen den Vernetzungspunkten Das Polymer ist *gummielastisch* mit hohem Rückstellvermögen   **Elaste (Elastomere)**

Raumnetzmoleküle
Engmaschig durch starke Primärbindungen miteinander vernetzte räumliche Moleküle. Durch Wärmebewegung nicht verschiebbar. Das Polymer ist *unschmelzbar*, fast unlöslich und härter.   **Duroplaste** (Duromere)

5.2.2 Kristallisation und Orientierung

Kleinere Abstände zwischen den Kettenmolekülen erhöhen die Sekundärkräfte. Eine dichtere Packung ist möglich bei linearen, unverzweigten Ketten oder solchen, die isotaktisch gebaut sind. Sperrig gebaute Ketten lassen sich nicht ordnen. Wenn sich Molekülketten so aneinander legen, dass Seitengruppen sich in die Mulden der Nachbarmoleküle legen, spricht man von Kristallisation. Neben solchen kristallinen Bereichen liegen ungeordnete, amorphe (Bild 1).

Kristallisationsgrad ist der Anteil (%) der kristallinen Bereiche am Gefüge. Er wird durch langsame Abkühlung nach der Formgebung erhöht. Die Auswirkungen sind:

Kristallisationsgrad steigt →	
Zunahme:	Zugfestigkeit, Härte, E.-Modul, Schmelztemperatur, Lösungmittelbeständigkeit
Abnahme:	Bruchdehnung, Schlagzähigkeit, Wärmeausdehnung, Gas- und Lichtdurchlässigkeit, Dämpfungseigenschaften

Tabelle 1. Eigenschaftsprofil, Polymere

Eigenschaft	Zusammenhang mit der Struktur	Bemerkungen
Niedrige Dichte < 1,4 weniger als Mg mit 1,9 g/cm³	Polymere bestehen aus den leichten Elementen: **H, C, O, N**, daneben sind auch S, Si enthalten	Dichte wird durch Zusatz- oder Verstärkungsstoffe erhöht und bei Schaumstoffen stark erniedrigt.
Hohe Beständigkeit gegen Säuren, Basen und Salzlösungen	Polymere bestehen aus Molekülen mit gebundenen Valenzelektronen, daher beständig.	Eine generelle Beständigkeit existiert nicht, jede Polymersorte hat Stoffe, gegen die es weniger beständig ist
E-Modul (Steifigkeit) ist wesentlich kleiner als bei Metallen, stark temperaturabhängig und langzeitig nicht konstant	Elastische Verformung entsteht durch Strecken der gewinkelten Tetraederbindungen und Gleiten der Kettenmoleküle bei Thermoplasten	E-Modul wird erhöht durch Füllstoffe, am stärksten durch Fasern, je nach Lage und Anteil auf das 2-4-fache
Wärmedehnung	Wesentlich stärker als bei Metallen (ca. 5...15-fach)	Bei Faserverstärkung sinkt sie auf ca. 1/3
Wärme- und Elektrische Leitfähigkeit	Etwa 1/300 der Wärmeleitfähigkeit von Stahl, Isolatoren	Durch Füllstoffe (Wasseraufnahme) beeinflusst.
Langzeitverhalten	Neigung zum Kriechen	E-Modul ist nicht konstant

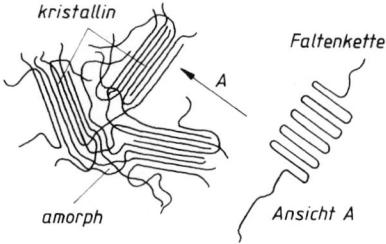

Bild 1. Teilkristalliner Kunststoff, schematisch. Kristalline Bereiche bestehen aus parallel liegenden Faltenketten, Ansicht A

Tabelle 2. Amorphe und teilkristalline Polymere

Kristallisierend	Amorph, sperrig
Polyethen PE [C–C]$_n$	[–C–C–]$_n$ Polystyrol
Polypropen PP, isotaktisch	Polypropen, PP, ataktisch
–C–C–C–C–C–C– CH$_3$ CH$_3$ CH$_3$	CH$_3$ CH$_3$ –CC–C–C–C–C–C– CH$_3$
Polyamide PA Polyoxymethylen POM Polytetrafluorethylen PFTE	Polyvinylchlorid PVC Polycarbonat PC Polymethacrylat PMMA

Polyblends sind Polymerlegierungen mit meist heterogenem Aufbau. In einer Matrix kann die andere Phase als Kugel oder Stäbchen eingebettet sein. Bei etwa gleichen Anteilen sind sie lamellenartig verschachtelt. Mischungsverhältnis und Art der Komponenten bestimmen die Eigenschaftsprofile der Polyblends. Wichtig ist ihre Verträglichkeit, d.h. keine chemischen Reaktionen zwischen ihnen.

5.2.3 Füll- und Verstärkungsstoffe

Polymere, insbesondere die Duroplaste, werden meist mit Zusätzen verarbeitet. Sie sollen bestimmte Eigenschaften bei der Fertigung und im Bauteil ergeben. Sie haben z.T. eine Mehrfachwirkung.

Funktion	Füll- und Verstärkungsstoff	Eigenschafts- bzw. Verhaltensänderung
Chemisch	Stabilisatoren, Katalysatoren	Licht- oder Wärmebeständigkeit, nachträgliche Vernetzung der Fadenmoleküle
Färbend	Schwermetallverbindungen	Durchgehende Färbung der Teile
Streckend	Holz- und Gesteinsmehl, Kreide, Glimmerplättchen	Verbilligend, anorganische erhöhen Wärmebeständigkeit, -leitfähigkeit und -ausdehnung
Treibend	Gasabspaltende Stoffe (CO$_2$, NH$_3$, N$_2$)	Schaumstoffe, Bauteile mit Strukturschaum (Kern zellig, Oberfläche dicht)
Verarbeitungsfördernd	Gleitmittel (Wachse, Fette), Kugeln (< 50 μm), Formtrennmittel	Verminderung der – Reibung, – besseres Fließverhalten, – leichteres Entformen
Verstärkend	Natur- und Polymer (Aramid)-Fasern, Bahnen, Gewebe, Stränge aus Glas, Holz, Kohlenstoff, Papier, Textilien	Erhöhung der Steifigkeit (E-Modul), Wärmebeständigkeit, Zähigkeit, Senken der Wärmedehnung.

5.3 Duroplastische Kunststoffe

Tabelle 3. Typenübersicht Duroplaste, Kurzzeichen nach DIN EN ISO 1043-1

Name	Kurzname	Produkte, Normung FM: Formmasse PMC: plastic moulding compound)	Handelsnamen (geschützt), Auswahl
Phenoplaste **Phenol-Formaldehyd,** **Kresol-Formaldehyd**	PF, CF,	Binder für Schleifmittel, Bremsscheiben, Schichtpressstoffe, PF-FM, DIN E 7708-4 (PF-PMC ISO 14526)	Bakelite, Cibamin, Ferropreg, Ferrozell, Pagholz, Resopal, Rütaphen
Aminoplaste **Melaminformaldehyd** **Harnstoff-Formaldehyd** **Melamin-Phenol-Formald.**	MF UF MPF	Leimharze, Schaumstoffe, Schichtpressstoffe MF-FM. DIN E 7708-9 (ISO 14528) UF-FM. DIN E 7702-3 (ISO 14527) MPF-FM. DIN 7708-10 (ISO 14529)	Kaurit. Bakelite, Cibamin, Duropal Melopas, Resopal, Resoplan, Supraplast
Polyester, ungesättigt	UP	Gieß- und Laminierharze, Prepegs UP-FM. DIN E 7708-11 (UP-PMC ISO 14530)	Ampal, Ludopal, Keripol Menzolit, Palapreg, Palatal
Polyurethan, vernetzt, (duropl.)	PUR	Schäume und Schaumstoffe zur Schall- und Wärmedämmumg, Verbunde mit Rohren, Drahtisolation	Kasothan, Pagulan, Polythan, Vesticoat, Vulkollan, Uraflex
Epoxidharze	EP	Gieß- und Laminierharze, Prepegs (EP-PMC ISO 15252)	Araldit, Epikote
Silikone	SI	Öle, Fette, Formtrennmittel, Schichtpressstoffe, Silikonharzmassen, Silikonkautschuk	Wacker-Silicone Baysilone
Polyimid	PI	Hochtemperaturfeste, feuerhemmende Schichtpressstoffe und Drahtisolierungen	Avimid, Kinel, Vespel

DIN-Norm-Entwürfe und DIN EN ISO-Normen für Formmassen sind 2-teilig. Teil 1: Bezeichnungssystem, enthält eine computergerechte Codierung aus Buchstaben, die Verwendung, bestimmende Eigenschaften und Art, Form und Anteil der Zusätze erkennen lässt. Teil 2: Herstellung von Probestäben und Bestimmung von Eigenschaften.

5.3.1 Formmassetypen

Formmassen sind mit Füll- und Verstärkungsstoffen vorgefertigte rieselfähige Pulver oder Granulate aus warmhärtbaren Harzen in einem noch schmelzbarem Zustand. Das Harz vernetzt unter Druck und Temperatur mit dem beigemischtem Härter. Es sind die Ausgangsstoffe für Halbzeuge und Formteile.

Tabelle 4. Formmassen

Harzgrundlage, Norm	Beschreibung, Zusätze	
Phenolharz, PF Kresolharz PF DIN 7708-2	23 I II III IV V	Typen in Gruppen geordnet: allgemeine Verwendung (Holzmehl), erhöhte Kerbschlagzähigkeit (Gewebe und – schnitzel, Stränge) erhöhte Formbeständigkeit in der Wärme (anorganische Füllstoffe Asbestfasern) erhöhte elektrische Eigenschaften (geringe Wasseraufnahme) sonstige zusätzliche Eigenschaften
Harnstoffharz UF Melaminharz MF DIN 7708-3	16	Typen in 5 Gruppen geordnet wie oben, hellfarbig, MF licht- und alterungsbeständig. Für Kontakt mit Lebensmitteln geeignet
Polyesterharze UP DIN 16 911	4	Typen mit anorganischen Füllstoffen und Fasern; geringere Pressdrücke als PF, Schwindung 6 ... 8 % rein, gefüllt kleiner

Phenol- und Harnstoffharze werden als Bindemittel in Bremsbelägen, Schleifkörpern und Gießereiformsanden verwendet, ebenso in Holzfaser- und Spanplatten. Restgehalt an Fomaldehyd ist für Verwendung in Innenräumen problematisch.

Phenoplaste: Nicht licht- und geruchsbeständig, deshalb nur für technische Teile geeignet: Isolierteile der E-Technik sind wärmebeständiger als die billigeren Thermoplaste.

Aminoplaste: Elektrische Installationsteile für den Wohnbereich. MF-Formteile für Ess- und Trinkgeschirr, Haushaltsgeräteteile.

Polyesterharze: Als Gießharz zum Einbetten von Teilen wie Spulen, mikroskopischen Präparaten, (Metallschliffe) Tränken von Wicklungen, für Modelle. Formmassen enthalten Glasfasern, Gesteinsmehl nebst Härter und sind kalt begrenzt lagerfähig.

Epoxidharze haben geringere Schrumpfung und bessere Haftung auf Glas. Anwendung wie bei U-Harzen bei höherer Maßhaltigkeit und Dauerfestigkeit der Bauteile.

BMC (Bulk Moulding Compound) sind teigige, glasfaserhaltige Massen, sie können durch Spritzgießen verarbeitet werden.

Prepregs (SMC = Sheet Moulding Compound) sind flächige, harzgetränkte Laminate als Vorprodukt zum Verpressen. Sie enthalten bis 50 mm langen Glasfaserstränge (Rovings) und sind in der Fläche unorientiert, das Produkt ist allseitig fließfähig. Auch als Gewebeprepregs oder Prepregbänder geliefert. Sorten mit orientierten Fasern sind längs nicht fließfähig.

5.3.2 Halbzeuge

Schichtpressstoffe sind Verbundwerkstoffe aus harzgetränkten, flächigen Verstärkungsstoffen in ausgehärtetem Zustand. Verstärkungsstoffe sind Papier, Gewebe, Holzfurniere und Glasmatten.

Tabelle 5. Kurzzeichen für Schichtpressstoffe

DIN EN 60893 Tafeln aus technischen Schichtstoffen auf der Basis wärmehärtender Harze. Teil 3 enthält die Anforderungen für die Sorten. Hauptanwendung ist die E-Technik, daneben Vorrichtungs- und Innenausbau.				
Norm Teil 3	Harzträger	Typen, Anzahl	Eigenschaften, Anwendungen (Kurzzeichen Tabelle 6)	Typen
– 2	EP Epoxid	17	Universelle Anwendungen. Hohe Festigkeit bei mäßigen Temperaturen. Typen mit definiertem Brennverhalten	1 EP CP, 5 EP GC, 4 EP GM
– 3	MFMelamin	2	Gegen Lichtbogen und Kriechwegbildung beständig (Deko-Platten nach DIN EN 438)	1 MF CC, 1 MF GC
– 4	PF Phenol	17	Mechanische und elektrische A.. Typen mit verbesserten elektrischen Eigenschaften bei Feuchtigkeit PF CP für Stanzarbeiten, PF GC wärmebeständiger	4 PF CC, 8 PF CP, 1 PF GC, 4 PF WV
– 5	UP Polyester	5	Mechanische und elektrische A. Geringe Änderung der elektr. Eigenschaften bei hoher Feuchtigkeit. Typen mit erhöhter Lichtbogen- und Wärmebeständigkeit	5 UP GM
– 6	Si Silikon	2	Elektrische und elektronische A. in feuchter Umgebung und bei erhöhter Temperatur	2 SI PC
– 7	PI Polyimid	1	Elektrische und mechanische A. bei hohen Temperaturen, gedruckte Schaltungen für Luftfahrt	1 PI GC
CP	Cellulosepapier	**WV**	Holzfurniere	**GM**	Glasmatte
CC	Baumwollgewebe	**GC**	Glasgewebe	**PC**	Polyesterfasergewebe

DIN EN 61212 Runde Rohre und Stäbe auf der Basis wärmehärtender Harze für elektrotechnische Zwecke: Gewickelte, formgepresste Rohre bzw. Stäbe mit Harzen und Verstärkungen wie bei Tafeln.

5.3.3 Formgebung

Formpressen: Die erste Stufe der Polykondensation ist beim Hersteller der Formmasse erfolgt, das Harz ist noch schmelzbar und vernetzt erst in der Form unter Druck und Temperatur mit dem beigemischten Härter. Die beheizte Form wird mit der genau abgewogenen Formmasse (Tabletten) bestückt und geschlossen. Bei 130 ... 170° C je nach Typ schmilzt der Harzanteil, und die Form wird unter einem Druck von 50 ... 600 bar gefüllt. Dabei verläuft die Polykondensation zu Ende. Der Harzträger kann die Reste des Kondensats aufnehmen. Das Teil muss in der Form aushärten (bis zu 1 min /mm Wanddicke). Die Teile haben eine glatte glänzende Oberfläche, die es gegen Wasseraufnahme schützt. Es können Metallteile eingebettet werden. Verkürzung der Taktzeiten durch Vorwärmen der Formmasse.

Spritzgießen (wie bei Thermoplasten) ist wirtschaftlicher durch kürzere Taktzeiten. Anteil größer als das konventionelle Pressen. Nach einer Plastifizierung in einer beheizten Schnecke wird die warme, noch nicht aushärtende Masse durch „kalte" Kanäle in die beheizte (150 ... 190° C) Form gespritzt. Mit höheren Drücken (600 ... 2 500 bar) werden kleinere Taktzeiten bei erhöhtem Werkzeugverschleiß erreicht.

5.3.4 Faserverstärkte Duroplaste

Verbundwerkstoffe aus UP- und EP-Harzen mit eingebetteten Glas- oder C-Fasern. Die Einzelfasern haben Durchmesser von 8 ... 20 μm. Die Faserlängen sind 25 ... 50 mm bei Schnittfasermatten, Endlosfasern bei Geweben und Wirrfasermatten auch für Thermoplaste. Durch den Faseranteil steigt die Dichte auf etwa 1,2 ... 2,0 g/cm^3 je nach Fasergehalt (20 ... 50 %).

Fasern werden zwecks hoher Haftung zwischen Faser und Matrix oberflächenbehandelt (Interface).

Fasern können in der Matrix unidirektional (UD), bidirektional (BD) oder multidirektional (MD) liegen und verhalten sich bei UD- und BD-Gelegen anisotrop, höchste Festigkeit in Faserrichtung. Ein Vergleich der spezifischen Werte mit Metallen zeigt die Bedeutung der faserverstärkten Kunststoffe als Leichtbauwerkstoffe, insbesondere der C-faserverstärkten mit der hohen spezifischen Steifigkeit.

Anwendung: CFK für flächige Teile Raumfahrt- und Flugzeugbau (Seitenleitwerk Airbus), Hochleistungssportfahrzeuge und- geräte. Verstärkung von biegebeanspruchten Al-Profilen durch DU-Laminate. GFK für Bootsbau, Campingmobile, Großrohre, Tanks, Well- und Profilplatten, Kopierwerkzeuge, Deckschichten für Sandwichplatten.

Tabelle 6. Verstärkungsfasern für Polymere

Faser		Dichte g/cm^3	E-Modul (Zug) MPa	Zugfestigkeit MPa	Bruchdehnung %
E-Glas		2,54	73 000	3 400	3
C-Faser **HT**	(Festigkeit hoch)	1,7	240 000	**3 500**	1,4
C-Faser **HM**	(Modul hoch)	1,85	**400 000**	2 600	0,6
Aramidfaser **HM** [1]		1,45	90 000	3 7000	2,1

[1] Aramide (**Ar**omaten-Poly**amide**) sind Polyamide mit Benzolringen in den Bausteinen der Ketten. Die engere Bindung der C-Atome im Benzolring führt zu hoher Steifigkeit, Festigkeit und thermischer Beständigkeit (bis über 200°) der Stoffe.

Tabelle 7. Faserverstärkte Kunststoffe, mechanische Eigenschaften

Polymer	Dichte g/cm^3	E-Modul MPa	Zugfestigkeit MPa	Biegefestigkeit MPa	Spezifische Werte für [1]	
					E-Modul	Zugfestigkeit
UP-GF 45 (Matte)	1,45	12 000	160	250	843	11,25
UP-GF 50 (Gewebe)	1,6	20 000	300	320	1 274	19,11
EP-GF50 (Gewebe)	1,6	28 000	390	400	1 783	24,85
EP-CF 70	1,5	110 000	1 300	1 100	7 475	88,34
AlMgCu1,5 (Vergleich)	2,8	72 000	520	520	2 621	18,90
TiAl6V4	4,5	105 000	1 150	——	2 378	26,05

[1] Spezifische Werte mit 9,81 ρ dividiert (spezifische Zugfestigkeit = Reißlänge in km)

5.4 Thermoplastische Kunststoffe

Die polymeren Stoffe werden von den Herstellern mit Zusätzen ausgerüstet und als trockenes Granulat oder Pulver unter z.T. geschützten Namen in einer Vielzahl von Typen von den Kunststoffverarbeitern zum Herstellung der Endprodukte benutzt.

5.4.1 Thermoplaste, Typenübersicht

Zusätze stabilisieren das Polymer gegen den Angriff von Wärme, Licht, Mikroben, Flammen oder sie haben antistatische Wirkungen. Zur Verstärkung werden Kurzglasfasern, Glaskugeln, Talkumplättchen und als Füllstoffe zum Strecken Ruß, Kreide und Holzmehl verwendet. Die Gleiteigenschaften werden durch MoS_2, Graphit oder Talkum verbessert.

5.4.2 Verarbeitung der Thermoplaste

Spritzgießen. Die Formmasse wird in beheizten Kammern erweicht und durch Kolben oder Schnecken zu einer *homogenen* Schmelze plastifiziert. Wichtig sind genaue Kontrolle und Führung der Massetemperatur. Sie darf nicht zu hoch und zu lange erhitzt werden, sonst tritt Versprödung ein. Die Temperaturen liegen je nach Polymer zwischen 180 und 300° C. Beim Fließen unter Druck bis zu 1200 bar wird die Masse dünnflüssiger und in diesem niederviskosen Zustand in die *beheizte* Form gespritzt. Es existieren zahlreiche Verfahrensvarianten zur besseren Ausprägung oder für Mehrfarben-Spritzguss, Mehrkomponenten-Spritzguss für zweischichtig aufgebaute Teile und andere für Hohlfomen.

Tabelle 8. Typenübersicht Thermoplaste, Kurzzeichen nach DIN EN ISO 1043-1/02

Name	Kurz-zeichen	FM = Formmassen, Produkte. Normen	Handelsnamen (geschützt), Auswahl
Normen für Formmassen sind zweiteilig:		Teil 1: Bezeichnungssystem und Basis für Spezifikationen Teil 2: Herstellung von Probestäben u. Bestimmung. von Eigenschaften	
Polyethylen	PE	PE-FM. DIN EN ISO 1872-1/99, PE-LD niedrige Dichte, PE-HD hohe Dichte	Novolen, Lupolen, Supralen, Sustylon L
	-UHMW	Ultrahochmolekulare PE-FM. DIN EN ISO 11542-1/02	Tekalit
Polypropylen	PP	PP-FM. DIN EN ISO1873-1/95	Elastopreg, Moplen
Polybutylen	PB	PB-FM. DIN EN ISO 8986/99	Vestolen
Polystyrol schlagzähes	PS PSI	PS-FM. DIN EN ISO 1622/99 PSI-FM. DIN EN ISO 2897/99	Trolitul, Vestyron
Styrol/Butadien	SB		Hostyren S
Styrol/Acrylnitril	SAN	SAN-FM. DIN EN ISO 4894/99	Luran; Vestoran
Acrylnitril/Butadien/Styrol	ABS	ABS-FM. DIN EN ISO 2580/03	Lustran; Novodur, Terluran
schlagzähes Acrylnitril/Styrol)	ASA, AES	ASA-FM. DIN EN ISO 6402/03	Vitar, Luran S Novodur AES, Ultrastyr
Polyamide	PA	PA-FM. DIN 16773/01 und DIN EN ISO 1874/01 Folien, Fasern, Vliese Borsten, Konstruktionswerkstoff	Antron, Cristamid, Durethan, Rütamid, Ultramid, Vestamid
Polyvinylchlorid Hart weich schlagzäh	PVC PVC-U PVC-P PVC-HI	Homo- u. Copolymerisate PVC DIN EN ISO 1060/00 weichmacherfreie PVC-U-FM. DIN EN ISO 1163/99 " " haltige PVC-P-FM. DIN EN ISO 2898/99 Platten, Profile, Folien	Efroit, Vinnoli Mipolam Astralon,
Polytetrafluorethylen	PFTE	PTFE-, FEP-, PFA-FM. DIN 16782/91 Formmassen, Dispersionen DIN EN ISO 12086/00 Halbzeuge DIN EN ISO 13000-1,2/ 98	Hostaflon, Teflon, Reflon, Gore-Tex
Polymethylmethacrylat	PMMA	PMMA-FM. E DIN EN ISO 8257/05 Folien, Platten	Astralon. Elvacite, Corian, Deglas, Plexiglas, Resartglas
Polycarbonat DIN 7744 Z	PC	Kondensatorfolien, PC-FM. DIN EN ISO 7391/99 Platten, Blöcke, Konstruktionswerkstoff	Bayfol, Makrofol, Latilon, Novarex, Sinvet Lexan, Lexgard, Sparlux
Polyester, linear Polybuthylenterephthalat, Polyethylenterephthalat, Polyester der Phthalsäure	PBT PET PTP	Polyester-Formmassen DIN 16911 Z PET und PBT-Formmassen, DIN 16779 Z Konstruktionswerkstoff Folien Fasern	Arnite, Ekadur, Pocan, Rynite,Ultradur Hostaphan, Dacron, Trevira
Polyoxymethylen	POM	POM-FM. DIN 16781-1/88 und ISO 9988-1,2 Kontruktionswerkstoff, Gleitlager	Delrin, Hostaform, Sustarin. Ultraform
Polyurethan, linear (thermopl.)	PUR	Schäume f. Bauwesen und Verbunde mit Rohren Platten zu Wärme u. Schalldämmung,	Vulkollan
Polyphenylether	PPE	PPE-FM. DIN EN ISO 15103/04 Folien	Noryl, Lemaloy
Polyimide	PI, PEI	Formmassen, Folien, Blöcke,	Avimid, Kapton, Vespel

Die Verarbeitungsbedingungen (Spritzdruck, Masse-temperatur, Formtemperatur, Nachhaltezeit) haben starken Einfluss auf Aussehen und Eigenschaften der Fertigteile, insbesondere auf Orientierung und Kristallisation der Moleküle, Oberflächengüte (matt, glänzend) und innere Spannungen. Letztere können durch nachträgliches Erwärmen auf niedrige Temperaturen abgebaut und der Kristallitionsgrad erhöht werden.

Extrudieren. Die plastifizierte Masse wird nach dem Prinzip des Fleischwolfs frei aus einer Düse abgezogen und kühlt an der Luft ab. Das Profil ergibt sich unter Berücksichtigung der Strangaufweitung aus der Düsenform (Breitschlitz für Platten, Ringschlitz für Schlauchfolien, Rohre). Die Ummantelung von Kabeln und Rohren erfolgt ebenfalls auf Extrudern mit Schrägspritzköpfen.

Reaktionsformen. Bei Großteilen können die für die Schließung der Form erforderlichen Kräfte nicht mehr von den Maschinen aufgenommen werden. Hier wird die Reaktion, die zu Makromolekülen führt, in die Form verlegt (insitu-Polymerisation bzw. -addition).

Anwendung für Polyamide (Gusspolyamid) und harte oder geschäumte Polyurethane. Die monomeren Reaktionspartner werden in der benötigten Masse gemischt und in die Form eingebracht. Gute Formfüllung wird durch Fliehkräfte erreicht (z.B. Rotationsformen von Heizöltanks aus PA6).

Thermoplastschaumguss TSG mit gasabspaltenden Teibmitteln, die erst im Werkzeug wirken (gute Ausprägung auch bei *niedrigen* Drücken).

Reaktionsschaumguss RSG aus flüssigen Ausgangsstoffen (PUR-Schaum mit steuerbarer Dichte), auch RIM (Reaktions-Injekt-Moulding) genannt. Es arbeitet mit *hohen* Drücken. Beide Schaumgussverfahren sind für leichte, dabei steife Formteile mit geschlossener Haut und hart bis weichelastischem, mikrozelligem Kern geeignet (Integral- oder Strukturschaum).

Anwendung: Flexible Integralschäume für Zweiradsättel, Schuhsohlen, harte Sorten als Strukturwerkstoff für Möbel, Sportartikel, Karosserieteile.

Glasmattenverstärkte Thermoplaste GMT sind flächige Halbzeuge aus PP, PE, PA und PBT mit Glasfasern in unterschiedlicher Ausrichtung, Formpress-GMT mit Endlosfasern für möglichst ebene Teile, Fließpress GMT mit unterschiedlich langen, multidirektional gerichteten Fasern, die beweglich sind, mit der Polymerschmelze in die Form fließen und komplexere Formen ausfüllen (Kfz.-Lampengehäuse, Sitzschalen). Unidirektional verstärkte GMT für z.B. Stoßfänger.

5.4.3 Eigenschaften der Thermoplaste

5.4.3.1 Thermische Eigenschaften

Der Einfluss höherer Temperaturen beruht auf der Energiezufuhr, welche die Eigenbewegung der Moleküle erhöht, damit auch ihre Abstände, was wiederum die Sekundärbindungen schwächt. Die verschiedenen Molekülstrukturen (2.1) reagieren unterschiedlich auf Temperaturänderungen.

Bei Temperaturen unterhalb der sog. Glasübergangstemperatur T_g sind Thermoplaste hart und spröde. Wärmezufuhr bewirkt eine Bewegung innerhalb der Ketten (Dehnung und Neigung der Glieder), der Werkstoff wird biegeweicher und zäher. Bei kristallinen Polymeren vollzieht sich die Bewegung vorwiegend in den amorphen Bereichen, die kristallinen wirken versteifend. Weitere Wärmezufuhr ermöglicht die Verschiebung der Ketten gegeneinander (Fließtemperatur T_F), unter Druck sinkt die Viskosität, der Werkstoff ist plastisch verformbar. Bei diesen Temperaturen beginnt bereits die Schädigung durch Zerbrechen der Ketten, es entstehen Gase und Verfärbungen) mit Abnahme der mechanischen Eigenschaften.

Amorphe Thermoplaste (Bild 2 oben) haben hoch liegende Glasübergangstemperaturbereiche T_g, ihr Verwendungsbereich liegt **unterhalb** im hartspröden Bereich (hell schraffiert). Oberhalb T_g sind sie elastisch, später plastisch verformbar. Es folgt der Verarbeitungsbereich durch Spritzgießen. Er wird begrenzt durch die Zersetzungstemperatur T_z.

Kristalline Thermoplaste (Bild 2 unten) haben einen tief liegenden Temperaturbereich T_g, ihr Verwendungsbereich liegt **oberhalb** im zähharten Bereich (hell schraffiert), aber noch unterhalb der Kristallitschmelztemperatur T_S. Darüber ist das Polymer plastisch verformbar. Es folgt der Verarbeitungsbereich durch Spritzgießen. Er wird begrenzt durch die Zersetzungstemperatur T_z.

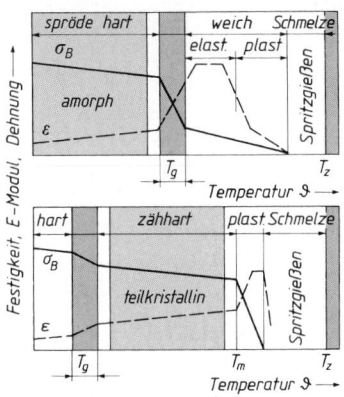

Bild 2. Thermische Bereiche der Polymere, oben: Amorphe, unten: kristalline Thermoplaste

Das thermische Verhalten wird mit dem Torsions-pendelverfahren DIN EN ISO 6721/96 ermittelt. Sein Ergebnis ist die Schubmodul-Temperaturkurve (Bild 3a) Der Schub- oder Gleitmodul für die Verdreh- und Scherbeanspruchung entspricht dem E-Modul für die Zug- und Biegebeanspruchung. Beide sind ein Maß für die Verdreh- und Biegesteifigkeit. $E = 3\ G$.

Die Kurven zeigen die Unterschiede zwischen wenig kristallisierten (PE-weich) und stärker kristallisierten (PE-hart) Polymeren, Konstruktionswerkstoffen für formsteife Mschinenteile (POM und PC, PA-6) und Elastomeren (PUR), sowie den Einfluss von Kurz-glasfasern (PC- und PC-GF).

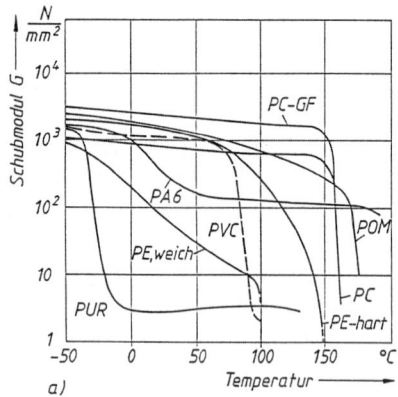

a)

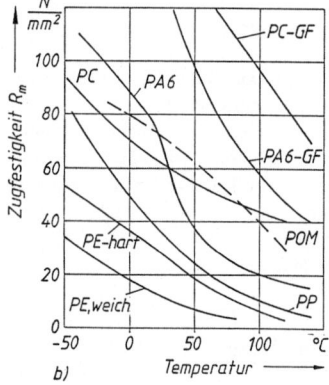

b)

Bild 3. Schubmodul und Zugfestigkeit einiger Thermoplaste als Funktion der Temperatur

a) Schubmodul, b) Zugfestigkeit von: PE: Polyethen; PVC: Polyvinylchlorid; PP: Polypropen; POM: Polyoxymethylen; PC: Polycarbonat; PA6: Polyamid 6; PA6-GF mit 30 % Glasfaser; PC-GF mit 30 % Glasfaser.

5.4.3.2 Mechanische Eigenschaften

Die Kurzzeiteigenschaften werden im Zugversuch DIN EN ISO 527/96 und im Schlagbiegeversuch DIN EN ISO 179/01 ähnlich wie bei den Metallen geprüft und Eigenschaftswerte ermittelt. Sie haben ähnliche

Definitionen aber andere Bezeichnungen. Einfluss haben die Dicke des Probekörpers und seine Lage zur Spritzrichtung (Einfluss von evtl. Orientierung), für die es Abminderungsfaktoren gibt..

Durch das visko-elastische Verhalten der Stoffe sind die Eigenschaften von der Versuchsgeschwindigkeit abhängig, sie steigen bei den meisten bis zum Bruch an, d.h. bei stoßartiger Belastung kann ein zähes Polymer spröde brechen. Für den Kurzzeit-Zugver-such sind Dehngeschwindigkeiten vorgeschrieben. Dehnungen werden unter Belastung gemessen, die Bruchdehnung ε_R enthält den elastischem Anteil (Bild 4).

Zugfestigkeit σ_M ist die max. Spannung während des Versuches mit der Dehnung ε_m (Bild 4, Kurve 1).
Streckspannung σ_Y ist die Zugspannung beim ersten Maximum der Kurve mit der zugehörigen Streckdeh-nung ε_Y (Bild 4, Kurve 2).
Bruchspannung σ_B ist die Spannung beim Bruch mit der zugehörigen Bruchdehnung ε_B (Reißdehnung), Kurven 1 und 3.

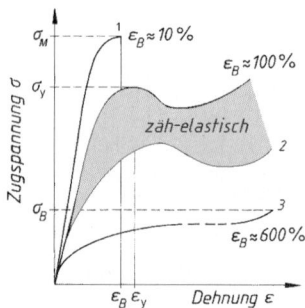

Bild 4. Spannungs-Dehnungslinien von Kunststof-fen, schematisch für drei typische Polymer-Gruppen.

1. Steiler Verlauf der Kurve ohne Reißdehnung. Formsteifer, harter spröder Werkstof wie z.B. PMMA, PS,

2. Ausgeprägte Streckspannung mit größerer Deh-nung. Zäh-elastischer, schlagfester Werkstoff für Konstruktionsteile wie z.B.PA, PC, POM, ABS, PET, mit kleinerer Streckspannung auch PE und PP,

3. Flacher Verlauf mit sehr großer Bruchdehnung. Gummiartiger Stoff wie zB. PE weich, PUR und andere Elastomere.

Biegefestigkeit nach dem Biegeversuch DIN EN ISO 178/03 ermittelt, bei dem ein Normstab als Träger auf zwei Stützen durch eine mittige Kraft gebrochen wird. Berechnung aus dem Biegemoment beim Bruch. Bei zähen Polymeren ohne Bruch wird eine bestimmte Durchbiegung erzeugt und die dann wirkende *Grenzbiegespannung* berechnet.

E-Modul aus Zug-, Druck- oder Biegefestigkeit ermittelt nach DIN EN ISO 178/527/604).

Härte nach DIN EN ISO 2039/03 (Kugeldruckhärte) als Quotient von Prüfkraft durch Eindruckoberfläche (über die Eindringtiefe errechnet) mit der Einheit MPa = N/mm². definiert. Kraft in 4 Stufen (49, 132, 358, 961 N) unterteilt, wirkt auf Stahlkugel mit 5 mm ∅ einer *Prüfvorkraft* von 9,81 N und einer Einwirkdauer 10 ... 60 s. Härteangaben enthalten die Kraft und Einwirkdauer, z.B. H358/10 = nn MPa.

Für weiche Kunststoffe und Elastomere werden Shore-Härte A und D (DIN 53505/00 und DIN EN ISO 868/03) angewandt. Eindringprüfung, 2,5 mm tief mit Kegelstumpf (A) oder Kegel (D) gegen den Widerstand einer Feder, Skala von 0 ... 100, Shorehärte mit Einheit 1.

5.4.3.3 Langzeiteigenschaften

Thermoplaste unter Spannung unterliegen einer stetig zunehmenden Dehnung, die nach einer Zeit zum Bruch führt, die von Spannung und Temperatur abhängt. Prüfung durch Kriechversuche. Die Zeit-Dehnungslinien (Bild 5a) sind das Ergebnis des Zeitstandzugversuches, der unter *konstanter Spannung*. durchgeführt wird (DIN EN ISO 899-1). Nach einer Anfangsdehnung beim Aufbringen der Belastung tritt Kriechen bis zum Bruch ein. Diese Beanspruchung liegt z.B. beim Ventilatorflügel vor.

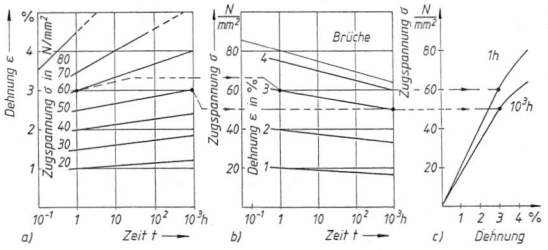

Bild 5. Zeitstandversuche, schematische Diagramme

a) Zeit-Dehnungslinien; b) Zeit-Spannungslinien;
c) isochrone Spannungslinien

Die Zeit-Spannungslinien (Bild 5b) sind das Ergebnis des Spannungsrelaxationsversuches (DIN 53441 Z). Dabei wird die Probe einer *konstanten Dehnung* ausgesetzt Die Anfangsspannung wird durch den Kriechvorgang kleiner, bis das Teil die Funktion nicht mehr erfüllt. Diese Beanspruchung tritt z.B. beim Sektkorken auf. Eine Kombination beider Diagramme liefert die isochronen Spannungslinien (Bild 5c).

Elastizitätsmodul ist in Bild 5c die Steigung der Kurven. Sie ist im Kurzzeitversuch (1 h) größer als im Langzeitversuch (1 000 h). Dieser zeitabhängige E-Modul wird als Kriechmodul E_c (*t*) bezeichnet und ist

in weiteren Diagrammen dargestellt, die bei Langzeitbeanspruchungen verwendet werden. Der E-Modul der Werkstofftabellen dient zur Produktkontrolle.

Der gegenüber den Metallen um ca. 100-fach kleinere E-Modul führt zu entsprechendem elastischen Verformungen, damit zu geringerer Formsteifigkeit von Polymerteilen, die z.T. ausgenutzt werden.

Anwendungen: Schnappverbindungen lassen sich mit geringen Kräften schließen; Spielzeuge, Behälter, Abdeckkappen, Wälzlagerkäfige können mit Kugeln bestückt werden.

Erhöhung der Steifigkeit von Bauteilen (beim Ersatz von Metall) durch 2 ... 3-fache Wanddicken oder Verrippungen. Großflächige Teile als Sandwichkonstruktionen mit Schaumkern (PUR- oder ABS-Strukturschaum) mit Dichten von ca. 0,6 g/cm³.
Erhöhung des E-Moduls durch Verstärkung mit Kurzglasfasern (Länge 0,2 ... 0,5 mm) in Anteilen von 20 ... 40 %. (Bild 3, Kurven PC-GF und PA6-GF).

Eigenverstärkung ist die Steigerung von Festigkeit und E-Modul durch sich gegenseitig stützende Molekülstrukturen (z.B. shis-kebab-artig) die bei bestimmten Verarbeitungen (Faserschmelzspinnverfahren ua.) von PE, PP und PETP entstehen. Anwendung bei Profilen und hochfesten Fasern.

Polymer	Zugfestigkeit MPa	E-Modul MPa	Bruchdehnung %
PE-Faser (ultrahochmolekular)	3 000	100 000	5
PE-HD Profil (extrudiert)	170	1 800	
Aramidfaser (Kevlar)	3 500	130 000	3

5.5 Elastomere

Elastomere sind gummielastische Polymere. Ihre weitmaschig vernetzte Knäuelstruktur (2.1) besitzt eine hohe elastische Dehnung mit Rückstellvermögen. Ihr Anwendungsbereich liegt oberhalb der Glastemperatur T_g (Bild 2). Neben Reifen und Schläuchen werden sie für Kabelumantelungen, Dichtprofile und -ringe, Moos- und Schaumgummi, Faltenbälge u.Ä. eingesetzt.

Wichtige Anforderungen sind Hitzebeständigkeit und Beständigkeit gegen flüssige und gasförmige Medien. Für Reifen kommt die Abriebbeständigkeit hinzu. Naturkautschuk kann diese Anforderungen nicht erfüllen, deshalb sind für die unterschiedlichen Anforderungen zahlreiche Kautschuksorten entwickelt worden und auch thermoplastische Elastomere TPE (Tabelle 10).

Tabelle 9. Auswahl thermoplastischer Kunststoffe, (Plastomere)

Chemische Bezeichnung Kurzzeichen	Handelsnamen (Auswahl)	Dichte g/cm³	Gebrauchstemperaturbereich °C dauernd / kurz	Kugel-Druck-Härte H358/10	E-Modul MPa
Polyvinylchlorid PVC hart schlagzäh	Hostalit Vestolit Trovidur	1,36	– 30/60/70	130 bis 80	3000
Polyetrafluorethylen PTFE	Teflon Hostaflon	2,2	– 200/280	32	350
Polyethylen PE	Hostalen Lupolen Vestolen	0,92 bis 0,96	– 50/60/80 – 50/80/100	16 bis 64	140 bis 1000
Polypropylen PP	Hostalen PP Novolen Vestolen P	0,9	± 0/100/140	75	1000
Polystyrol PS	Polystyrol Vestyron	1,05	– 50/70/90	155	3300
schlagfestes PS: SB Styrol-Butadien SAN Styrol-Acrylnitril ABS Acrylnitril- Butadien-Styrol Copolymerisat	Luran Terluran Novodur Lustran	1,05 1,08 1,08	– 50/80/90 – 50/85/95 – 50/85/105	100 170 95	2400 3700 2400
glasfaserverstärkt	Luran	1,36	– 50/95/105	250	1000
Polycarbonat PC glasfaserverstärkt	Makroion Sustonat Makroion GV	1,2 1,4	– 100/100/135 – 100/110/145	100 150	3000 6000
Polyoxymethylen POM glasfaserverstärkt	Delrin Hostaform Ultraform	1,41 1,5	– 40/100/140	160 200	3000 9000
Polyamide PA glasfaserverstärkt	Durethan Trogamid Ultramid	1,01 bis 1,14 1,4	– 40/100/160 bis – 30/120/160 – 40/120/200	70 bis 160 170	1000 bis 2000 7000
Polyester, linear PBT, PET, PBT/GF	Ultradur Pocan	1,3 1,5	– 30/100/170 – 30/120/200	130 200	2600 10000
Polyphenylenoxid PPO, PPO–GF30	Noryl	1,1 1,27	– 40/120 – 40/130	90 120	2200 6000
Polyphenylensulfid PPS, PPS–GF40	Ryton Tedur	1,35 1,64	– 60/140 – 60/220/260	– –	4000 14000

[1]   Tri-Trichloräthylen
[2]   Tetra-Tetrachlorkohlenstoff

Zeitdehn-Spannung $\sigma_t/1000/23°C$	Längenausdehnung x 10^{-5} /°C	Unbeständig gegen (bedingt)	Eigenschaften, Verwendungsbeispiele
20	8	Tri[1] Tetra[2]	hart, zäh, korrosionsbeständig, selbstlöschend, Rohre, Fittings für Frisch- und Abwasser
1,8	14		korrosionsbeständig, klebwidrig, geringste Reibung, Konstanz elektrischer Eigenschaften zwischen -150...300° C
0,8 bis 4	23 13	Tri[1] Tetra[2]	biegsam bis hart, teilkristallin, korrosionsbeständig, kaltzäh, Wasserleitungsrohre, Galvanikbehälter, Batteriekästen, Folien für Verpackung
6	11 ... 17	Halogene Tetra[2] starke Säuren	wie PE, temperaturstandfester, weniger kaltzäh, kochfest, hochkristallin
20 20 13 12	7 9 7 9 2,4	Benzin Tetra[2] Tri[1] (Mineralöl) (und Fett) (Tri[1], Tetra[2]) wie SAN wie SAN	glasklar, hart, spröde, geringste elektrische Verluste, geschäumt: Wärmeisolator Gehäuse für Feingeräte, Tiefziehplatten, Lager und Transportbehälter, Batteriekästen, benzinfest Karosserie-Innenausbau, Schutzhelme, galvanisierbare Beschlagteile geringeres Kriechen und Dehnen bei Erwärmung
18 40	6 ... 7 2,5	Alkalien, Org. Lösungsmittel	glasklar, kaltzähwarmhart, maßbeständig, Trägerteile und Gehäuse für Beleuchtungskörper und Messgeräte, Schrauben für E-Technik
15	12 3	starke Säuren	kristallin, geringe Wasseraufnahme und Kaltfluss, sonst ähnlich PA, auch in Anwendung; auch glasfaserverstärkt
4 bis 6	7 bis 8	(Säuren) Tri[1]	teilkristallin, zählhart, abriebfest, geräuschdämpfend, wasseraufnehmend, dadurch Maßänderungen und Abfall der Festigkeit; Zahnräder, Laufrollen
50	2,5		erhöhte Maßhaltigkeit und Steifigkeit, Gehäuse für Handbohrmaschinen
15 50	6 3	Heißes H_2O Halogen-KW	geringe Wasseraufnahme, sehr hohe Maßbeständigkeit
17 30	6 3	Chlor. KW	wie PC und POM, thermisch und chemisch stabiler; Wärmeaustauscher, Spoiler, selbstlöschend, Teile im Motorraum im Austausch gegen Metalle.
20 30	5 3	konz. HNO_3	

Tabelle 10. Auswahl von Elastomeren

Kautschuk	Durch chemische Reaktion (Vulkanisation) vernetzte Ketten mit Knäuelstruktur, danach nicht mehr plastisch verformbar.			
(K.)	Symbol	Anwendungen	Beständigkeit	Temperatur-Bereich °C (kurz)
Styrol-Butadien-K.	SBR	Reifenmischungen, Kabelmäntel, Schläuche	Nicht gegen Öle	- 40 ... 100 (120)
Chloropren-K.	CR	Faltenbälge, Kühlwasserschläuche,	Bedingt geg. Öle	- 40 ... 110 (130)
Nitril-Butadien-K.	NBR	Dichtungwerkstoff im Kfz.- und Masch.-Bau	Öle, Treibstoffe	- 30 ... 100 (130)
Butyl-K.	HR, CHR	Geringe Gasdurchlässigkeit, für Reifenschläuche, gasdichte Membranen	Chemikalien, Alterung	- 40 ... 130
Methyl-Silikon-K. Fluor-Silkon-K.	MQ MVFQ	Weitere Sorten mit Phenyl-, Vinyl-Gruppen Dichtungen in Kfz., Luft- Raumfahrt	Nicht gegen H_2O-Dampf	- 60 ... 175 (300)
Ethylen-Propylen-Dien-K.	EPM EPDM	Massive und Mossgummi-Dichtprofile, Kfz.-Stoßfänger, O-Ringe, Kabelmäntel	Witterung, Ozon, Alterung	- 40 ... 130 (150)
Thermoplastische Elastomere TPE	Bei der Propf- oder Blockpolymerisation entstehen verknäuelte Moleküle mit mechanisch harten und weichen Abschnitten, wobei die harten wie Vernetzungen wirken. Sie sind thermoplastisch formbar.			
PUR-Elastomer	TPE-U	Kabelmäntel, Faltenbälge, Zahnriemen, Schleifteller, Skistiefel	Fette, Benzol, nicht Heißwasser	- 40 ... 80 (110)
TPE (5 weitere Sorten) sind Austauschstoffe für vulkanisierten Kautschuk, weil sie rationeller zu fertigen sind				

6 Werkstoffe besonderer Herstellungsart oder Verarbeitung

6.1 Pulvermetallurgie

Pulvermetallurgie (PM) befasst sich mit der Herstellung von Metallpulvern und Bauteilen daraus. PM gehört damit zum Fertigungsbereich *Urformen*. Die Begriffe sind nach DIN EN ISO 3252 genormt. Im Unterschied zum Gießen ist der Materiezustand beim Formen fest (evtl. teilflüssig beim Sintern mit flüssiger Phase). Deshalb sind PM-Teile i.A. *porös*, die *Porosität* ist vom Pressverlauf abhängig, beginnt mit 30 % und kann durch Sinterschmieden oder Tränken auf Null gebracht werden. Mit der Dichte steigen Festigkeit und Zähigkeit.

Tabelle 1. Pulverherstellung

Verfahren	Beschreibung	Anwendung
Direkt-Reduktion	Reduktion von Erzen im aufsteigenden CO-H_2-Gasstrom zu Eisenschwamm. Pulverförmige Oxide hochschmelzender Metalle im H_2-Strom	Fe-Pulver durch mech. Zerkleinerung. Mo-, Ta-, W-Pulver
Verdüsung	Schmelzen werden mit Luft, Dampf oder Wasser zerstäubt, reaktionsfähige Metalle in Argon oder Vakuum	Fe und NE-Metalle
Carbonyl-Verfahren	Carbonyle sind Metall- (CO)- Verbindungen, die bei höheren Temperaturen in reines Metall (Kugeln von 0,1 ... 5 µm) zerfallen.	Fe- und Ni-Pulver für Magnetwerkstoffe

6.1.1 Das PM-Fertigungsverfahren

Arbeitsgang	Beschreibung		Hinweise		
Pulverherstellung	Größe und Form der Pulverteilchen hängen vom Herstellungsverfahren ab und beeinflussen die Pressbarkeit		Pressbarkeit: Hohe Pressdichte bei niedrigen Drücken durch Zugabe vergasender Schmierstoffe (Zinkstereat)		
Formgebung durch **Pressen** Koaxial Isostatisch Kalt: **CIP** Heiß: **HIP**	Die Teile erhalten Pressdichte und Grünfestigkeit durch mechanische Verklammerung, wichtig für die weitere Handhabung. Koaxial: Verdichtung in Stempelrichtung größer als quer dazu, Isostatisch: Verdichten in geschlossenen Kapseln unter Flüssigkeits- oder Gasdruck. Verdichtung konstant.		Press (Grün-) körperfestigkeit gut bei Teilchen mit zerklüfteter Oberfläche, geringer bei kompakten Teilchen. Pressdichte von 5,8 ... 7 g/cm³ (Fe) Pressdrücke bis zu 60 kN/cm², dadurch wird Werkstückgröße von der Pressengröße bestimmt.		
Sintern	Wärmebehandlung zur Diffusion zwischen den Pulverteilchen und Verkleinern des Porenraumes. Bindung und Dichte werden erhöht.	**Stoff**	**Temp. °C**	**Stoff**	**Temp. ° C**
		Al-Leg.	590-620	Fe+Carbid	<1280
		Fe-Cu	1120-1280	Fe-C	1120
		Hartmetall	1200-1400	FeCuNi	1120
		W-Leg.	1400-1500	Cu-Sn	740-780
Nachbehandlungen		**Nachbehandlungen**			
Kalibrieren, Nachpressen	Erhöhung der Maßhaltigkeit Festigkeitssteigerung (Dichte)	Tränken (Lager) Wärmebehandlung	Umformung unter Festigkeitssteigerung. Durchdringungswerkstoffe		
Nach- bzw. Umformen, warm/kalt		Bei C-haltigem Fe: Härten, Vergüten			

Fertigteile: Das PM-Verfahren arbeitet mit hoher Werkstoffausnutzung bei geringem Energieverbrauch, ist aber verfahrensbedingt (Pressdruck) und wegen der höheren Materialkosten auf kleinere Massenteile begrenzt.

6.1.2 PM-Spritzgießen

MIM (metal-injections moulding, **PIM** (powder i.m.)
Verfahrensbeschreibung:
Metallpulver mit polymeren Bindern (10 %) granuliert und auf Kunststoffspritzmaschinen verarbeitet. Danach Austreiben des Binders (Entbindern) in Bädern oder thermisch. Das thermische Entbindern braucht wegen der langen Diffusionswege Zeit, deshalb nur für kleine Wanddicken geeignet. Die sehr feinkörnigen, teuren Pulver (< 35 µm) beschränken die Teilmasse auf 100 g (für Fe) bei Stückzahlen > 10 000.
Bedingungen: Feinkorn-Pulver erforderlich, starke Schrumpfung beim Sintern. Grünling muss ca. 17 % größer als das Fertigteil sein. Hohe Gestaltungsfreiheit wie bei Polymer-Spritzguss

6.1.3 Eigenschaften der PM-Werkstoffe

Merkmal der PM-Herstellung	Anwendung
Abschrecken der Pulverteilchen erzeugt hochübersättigte Mischkristalle, die beim Sintern feindisperse, intermetallische Phasen ausscheiden.	Aushärtungseffekt zur Festigkeitssteigerung
Erhalt der Pulvermischung beim Sintern, es können PM-Legierungen mit beliebigen Anteilen hergestellt werden. Beim Erstarren von Schmelzen gibt es Entmischungen, grobe Primärkristalle, Bildung intermetallischer Phasen- oder Unmischbarkeit in der Schmelze	PM-Werkzeug--Werkstoffe mit hohen Carbidanteilen, Sinterhartmetalle, Sinterwerkstoffe für Schalt- und Schleifkontakte
PM-Werkstoffe sind porös, die Poren können Funktionen übernehmen	Selbstschmierende Lager, Filter
Kein Auflegieren höchstschmelzender Metalle mit Formstoffen, durch Sintern von W, Ta, Mo bei Temperaturen < T_m	Bauteile aus Ta; Mo, W und keramischen Stoffen

6.1.4 Klassifizierung, Normung
(DIN TB 247/01 Pulvermetallurgie)

Die Einteilung geschieht nach Dichteklassen (fallende Porosität) und der PM-Legierung.

Tabelle 2. Kurzzeichen für Sinterwerkstoffe

Klasse SINT-	Raumer- füllung %	Anwendungsbereich
AF	< 73	Filter
A	75	Gleitlager
B	80	Gleitlager und -elemente
C	85	Gleitlager, Formteile,
D	90	Formteile
E	94	Formteile
F	95,5	Formteile, geschmiedet

Kenn- ziffer	Werkstoffart	LE- Anteile %
0	Sintereisen, -stahl	< 1 Cu
1	Sinterstahl	1 ... 5 Cu
2	Sinterstahl	> 5 Cu
3	Sinterstahl	< 6 andere LE
4	Sinterstahl	> 6 andere LE
5	Sinterlegierg. Cu-Basis	> 60 Cu
6	Sinterbuntmetalle	
7	Sinter-Leichtmetalle	z.B. Al

■ **Beispiel:**
SINT-A 5 n bedeutet (Tabelle 2): **A** Gleitlagerwerkstoff, **5** Cu-Legierung, **n** ist Zählziffer.

Normung: Sintermetalle DIN 30910/90 (04), Teile 1 ... 6 für die Anwendungsgebiete (keine Hartmetalle, Reib- Kontakt-, Dauermagnetwerkstoffe und hochwarmfeste Legierungen) Sinterprüfnormen DIN 30911/90, Teile 1 ... 7 für verschiedene Eigenschaftsprüfungen; Sinter-Richtlinien DIN 30912/90, Teile 1 ... 6 für Gestaltung, Bearbeitung, Fügen usw.
Nicht genormt sind pulvermetallurgisch hergestellte Kalt-, Warm- und Schnellarbeitsstähle z.B. 1.3344 (HS6-5-3) als S 790 PM oder 1.2380 (X220 CrVMo13-4) als K 190 PM (Böhler und andere Hersteller), ebenso ausscheidungshärtende, rostfreie Stähle und weichmagnetische Sorten.
Das PM-Verfahren wird auch zur Herstellung von Ingenieurkeramik und Verbundwerkstoffen mit Metall- oder Keramikmatrix eingesetzt.

6.2 Keramische Werkstoffe

6.2.1 Struktur und Eigenschaftsprofil

Keramische Werkstoffe (Ingenieurkeramik) bestehen überwiegend aus den Elementen der ersten beiden Perioden des PSE, daneben die Elemente Ti und Zr aus der Nebengruppe IV.

Struktur- merkmale	Auswirkungen	Eigenschaftsprofil
Elemente der ersten beiden Perioden des PSE: I. Periode **B, C, N, O,** II. **Mg, Al, Si**	Kleine Atomradien führen zu kleinen Abständen im Kristallgitter, dadurch zu großen Bindungskräften	Geringe Dichte, hohe Schmelztemperaturen und Härte, hohe Steifigkeit (E-Modul) und Druckfestigkeit, Zugfestigkeit gering
Ionengitter oder Kristallgitter mit Atombindung	Chemische Verbindungen mit abgeschlossener Elektronenhülle: Plastische Verformung unmöglich	Sehr spröde Werkstoffe, Zähigkeit << GJL, geringe Affinität zu anderen Stoffen: Hohe Korrosionsbeständigkeit

Auf Grund der hohen Schmelztemperaturen und der mangelnden Verformbarkeit sind besondere Fertigungsgänge erforderlich (Tabelle 3). Grünbearbeitung am ungesinterten Rohteil, Weißbearbeitung am

vorgebrannten (hilfsverfestigten) Rohteil und Nachbearbeitung am fertiggesinterten Bauteil mit steigenden Kosten.

6.2.2 Fertigungsgänge

Hohe Schmelztemperaturen und die mangelnde plastischen Verformbarkeit erfordern besondere Fertigungsgänge (Tabelle 2). *Grünbearbeitung* am ungesinterten Rohteil, *Weißbearbeitung* am vorgebrannten
(hilfsverfestigten) Rohteil und Nachbearbeitung am
fertiggesinterten Bauteil mit steigenden Kosten.

Die Festigkeit steigt mit sinkender Korngröße. Wichtig ist eine gleichmäßige Korngrößenverteilung, da
größere Teilchen als Rissquellen wirken. Die Qualitätssicherung beginnt mit der Gleichmäßigkeit der
Ausgangsstoffe. Natürlich vorkommende Rohstoffe
benötigen aufwändige Trennverfahren.

Sol-Gel-Verfahren erzeugen Pulver hoher Reinheit
mit Teilchen im Nanometerbereich durch Ausfällen
aus Lösungen und Wasserentzug.

Polymer-Pyrolyse. Durch Polymerisation organischer
Verbindungn, die Si (Silane) oder Al enthalten, und
anschließender thermischer Zersetzung unter Luftab-
schluss entstehen Feststoffe aus z.B. AlN, BN, SiC
oder S_3N_4. Anwendung auch zur Herstellung von C-
Fasern aus Polyacrylnutril- (PAN)-Fasern.

Tabelle 3. Keramikverarbeitung

Fertigungs-hauptgruppe	Verfahren
Urformen	Meist durch Pressen und Sintern, Schlicker-guss, PM-Spritzguss für Kleinteile bis 300 g, Plasmaspritzen für Hohlkörper
Umfomen	Nur im Grünzustand möglich
Trennen	Schleifen mit Diamant- oder Borcarbidschei-ben, laserunterstütztes Drehen. Elektroerosi-ve Bearbeitung möglich bei elektrischen Leit-werten > 0,01 S/cm (z.B. bei SiC)
Verbinden	Reib- und Diffusionsschweißen, Reaktionslö-ten (auch Keramik mit Metall), oder Löten nach Metallisierung, Kleben
Beschichten	Thermisches Spritzen, CVD- und PVD-Verfahren

6.2.3 Werkstoffe

Sorten/Kurzname		Eigenschaften	Anwendungsbeispiele
Oxidkeramik			
Al-Oxid Al_2O_3 **Al_2O_3**		Sorten mit steigendem Al-Gehalt, elektrischer Isolator, hoch tempe-raturbeständig	Wendeschneidplatten für spanende Verfahren, Härte bis 1000° C. Mischkerkamik enthält ZrO oder TiC mit höherer Biegefestigkeit. Ver-schleißteile in Ventilen, Fadenführungen in Textilmaschinen, Ziehdü-sen, Dichtelemente an rotierenden Wellen
Zirkonoxid ZrO_2 **PSZ** (teilstabilisiert) **FPZ** (vollstabilisiert)		Polymorph, durch Zusätze von Yttriumoxid teilweise oder voll umwandlungsfrei, hohe Festigkeit durch Umwandlungsverstärkung	Geringe Adhäsionsneigung zu Stahl, zäh, die Wärmedehnung ähnlich Stahl ermöglicht Werkstoffverbunde. Ziehwerkzeuge, Wärmedämm-schichten, λ-Sonden für Katalysatoren
Al-Titanat Al_2TiO_5 **Ati**		E-Modul und Wärmedehnung klein, sehr hohe Thermoschock-beständigkeit	Für Umgießteile im Motorenbau: Einsätze für Kolbenböden, Ausklei-dung von Auspuffkrümmern, geringe Benetzung durch Al- und Bunt-metallschmelzen
Nichtoxidkeramik	Dichte		
Kohlenstoff **C**	**porös**	Graphit, wenig fest, geringe Wär-medehnung, wärmeleitend	In O-freier Umgebung bis 2000° C beständig, C-faserverstärkt für Kolben in Kfz.-Motoren
Bornitrid **BN**	Hex.	„weißer" Graphit Gleiteigenschaften	Einsätze für Stranggießformen, Festschmierstoff für hohe Temperaturen
Bornitrid BN **CBN**	Kub.	Härtester Stoff nach dem Diamant	Wendeschneidplatten

Si-Carbid SiC
        RSiC
        SSiC
SIC SiSiC
        HPSiC
        HIPSiC
	
	Porös
	Porös
	Dichte
	↓
	steigt
		diamantartige Struktur rekristallisiert drucklos gesintert Si-infiltriert heißgepresst heißisostatisch gepresst	**RSiC**, schwindungsfrei, für größere Teile
			
			SSiC: Gleitringdichtungen f. Laugenpumpen
			
			SiSiC ist guter Wärme- und Stromleiter, deshalb für Wärmetauscher in aggressiven Medien

Borcarbid B_4C **BC**	dicht	sehr hart , höchster Wider-stand gegen Abrasion	Düsen für Strahltechnik, Panzerplatten für ballistische Zwe-cke, Schleifscheibenabrichter, Läppkorn für Hartmetall

Si-Nitrid Si_3N_4
        RBSN
        SSN
SN HPSN
        HIPSN
        GPSN
	
	porös
	porös
	Dichte
	↓
	steigt
		höchste Biegefestigkeit Reaktionsgebunden Drucklos gesintert Heißgepresst Heißisostatisch gepresst gasdruckgesintert	RBSN ist schwindungsfrei, für größere Bauteile. Höchste Biegefestigkeit bis 1000° C durch kleinere Wärmeleitfähig-keit widerstandsfähiger gegen Thermoschock als SiC. Für z.B. Auslassventile für Kfz.-Motoren, Abgasturbinenläu-fer, Vollkeramiklager bis zu 500° C. Hybridlager mit HPSN-Kugeln in Stahlringen, Schneidkeramik

Tabelle 4. Eigenschaftswerte von Keramik im Vergleich zu Stahl (Mittelwerte)

Sorte Kurzzeichen	Dichte g/cm^3	E-Modul GPa	Härte HV1	Biege-festigKeit MPa	Wärme-leitung λ W/mK [1]	Wärme-Dehnung 10-6 /K [2]	Riss-Zähigkeit K_{lc} [3]	Max. Temperatur °C
Stahl	7,85	210		500 ... 700	62	12	< 100	200
Al2O3	3,2 ... 3,9	200 ... 380	2300	200 ... 520	10 ... 30	6 ... 8	3,5 ... 5,5	1400 ... 1700
PSZ	5 ... 6	200 ... 210	1250	500 ... 1000	1,5 ... 3	10 ... 12,5	5,8 ... 10	900 ... 1600
AlTi	3 ... 3,7	10 ... 50		15 ... 100	1,5 ... 3	2	5	900 ... 1600
AlN	3,0	320	1100	200	> 100	4,5 ... 5	3	n.b.
RBSN	1,9 ... 2,5	80 ... 180	1000	200 ... 330	4 ... 15	2,1 ... 3	1,8 ... 4	1100
SSN	3 ... 3,3	250 ... 330	1800	700 ... 1000	15 ... 45	2,5 ... 3,5	5 ... 8,5	1250
HPSN	3,2 ... 3,4	290 ... 320	1600	600 ... 800	14 ... 40	3,1 ... 3,3	6 ... 8,5	1400
HIPSN	3,2 ... 3,3	290 ... 325		300 ... 600	25 ... 40	2,5 ... 3,2	6 ... 8,5	1400
GPSN	3,2	300 ... 310		900 ... 1200	20 ... 24	2,7 ... 2,9	8 ... 9	1200
RSiC	2,6 ... 2,8	230 ... 280	2800	80 ... 120	20	4,8	3	1600
SSiC	3,1	370 ... 450	2600	300 ... 600	40 ... 120	4,0 ... 4,8	3 ... 4,8	1400 ... 1750
SiSiC	3,1	270 ... 350	2500	180 ... 450	110 ... 160	4,3 ... 4,8	3 ... 5	1380
HPSiC	3,2	440 ... 450	3500	500 ... 800	80 ... 145	3,9 ... 4,8	5,3	1700
HIPSiC	3,2	440 ... 450		640	80 ... 145	3,5	5,3	1700
BC	2,5	390 ... 440	3700	400	28	6	3,4	700 ... 1000
BN, kub.	3,5	680	4000	500 ... 800		3,5		1200
BN, hex.	2,3			—				1000

[1] bei 20° C;
[2] zwischen 30 ... 1000° C;
[3] Spannungsintensitätsfaktor in MPa /$\sqrt{m}$;

6.3 Verbundwerkstoffe

6.3.1 Begriffe

Verbundwerkstoffe (engl. composite = zusammenge-setzt) bestehen aus zwei oder mehr Phasen, die sich in Struktur und/oder Gestalt stark unterscheiden:

Unterschied	Phasen und Gestalt
Bindung, Struktur	Metalle (-gitter); Polymere (amorph, teilkri-stallin), Keramik (Ionen- oder Atomgitter)
Gestalt	Fasern, Teilchen, Schichten, Durch-dringungen

Die verstärkten Kunststoffe sind unter 5.3.4 behandelt

Die Gestalt der Verstärkungsstoffe gibt den Namen: z.B.: glasfaserverstärkte Kunststoffe, teilchenver-stärkte Legierungen. Weil die Matrix wesentliche Eigenschaften des Verbundes bestimmt, werden als Oberbegriffe auch die Namen der jeweiligen Matrix verwendet: Metall-Matrix-Verbund **MMC** (**m**etal-**m**atrix-**c**omposite), **CMC** (**c**eramic-**m**atrix-**c**omposite). Der Grundwerkstoff – auch *Matrix* oder bei Schichtverbunden *Substrat*- sorgt für den Zusam-menhalt der Form, während die eingelagerten Pha-sen durch besonders hohe Eigenschaftswerte (z.B. Härte, Wärmeleitung, Zugfestigkeit, Gleitfähigkeit) das Eigenschaftsprofil prägen. So können unzurei-chende Eigenschaften des Grundwerkstoffes verbes-sert werden.

Die Kombinationsmöglichkeiten von *Matrix, Ver-stärkungsstoff* und dessen *Form* sind sehr groß. Ne-ben neuen Kombinationen geht die Weiterentwick-lung zu einfacheren (preisgünstigeren) Herstellver-fahren und der Qualitätssicherung.

Tabelle 5. Beispiele zur Eigenschaftsverbesserung

Grund-werkstoff	Maßnahme	Verbesserung, Steigerung
Leichtmetalle sind wenig warmfest, sind weich, haben niedrigen E-Modul	feindisperse Al-Oxid-Teilchen im Gefüge ver-hindern das Korngren-zengleiten. Harte SiC-Teilchen in Randschicht einbetten. ARAMID- oder C-Fasern, evtl. als Faser-formkörper vergossen	Höhere Warmfestig-keit als ausgehärtete Al-Legierungen. Höherer Ver-schleißwiderstand. Wärmedehnung sinkt, E-Modul kann größer als bei Stahl werden.
Keramik ist spröde	Einbetten von SiC-Fasern bremst die Rissfortpflan-zung	Biegefestigkeit, Temperaturwech-selfestigkeit und Schadenstoleranz
Polymere sind wenig fest und steif	Kurz-, Langfasern oder flächige Faserprodukte In Polymermatrix einge-bettet	Zugfestigkeit und E-Modul, Abnahme der Wärmedehnung

Verbundwerkstoffe entstehen meist erst bei der Formgebung aus den Komponenten. Ihre Eigenschaf-ten sind deshalb stark von den Einflussgrößen des jeweiligen Fertigungsverfahrens abhängig, die Streu-ung macht eine Qualitätssicherung aufwändiger.

Tabelle 6. Eigenschaftswerte von Fasern (für $\varnothing$ von 3...15 µm)

Werkstoff		ρ g/cm^3	R_m in 10^3 MPa	E	A %	Max. Temp.°C	Verwendung
Glas		2,6	3,5	80	4	250	Meist benutzte Faser für verstärkte Polymere
Aramid($\rightarrow$ Tab.6)	LM	1,44	3,4	170	2	>200	Leichte Verbunde für Luft- und Raumfahrt, Reifencord,
	HM	1,45	3,7	90	4		auch mit C-und G-Faser versponnen
Kohlenstoff	HM	1,96	1,8	800	0,4	2000	Hochbeanspruchte Verbunde für Metall-, Keramik- und
	HST	1,75	5,0	240	2		Polymerverbunde im Leichtbau
Al-Oxid		3,9	2,0	470	0,8	900	Verstärkung von Al-Legierungen
Si-Carbid		3,0	3,0	400	1,5	1100	Erhöhung der Zähigkeit von Keramik
Ramie		n.b.	0,5	0,3	2 [1]		Mit Polymermatrix (Prepregs) für flächige Bauteile im
Sisal	Naturfasern	n.b.	0,8	0,2	5 [1]	250	Innenbereich von Fahrzeugen, gute Umwelt-
Jute		1,45	0,4	43	2 [1]		verträglichkeit

LM weniger steif, HM: hochsteif, HST: hochfest; [1] Reißdehnung;

6.3.2 Faserverbundwerkstoffe

Sehr dünne Fasern haben bedeutend höhere Festigkeiten als der gleiche Werkstoff in massiver Form. Für den Verbund ist wichtig, dass die Faser einen höheren E-Modul besitzt als die Matrix, sodass sie die Zugspannungen aufnehmen kann. Die Faserverbunde haben hohe Festigkeiten und E-Moduln (auch spezifische – wie die *Reißlänge* –), besonders bei einer Matrix mit niedriger Dichte, wie Polymere und Keramik). Bei polymeren Stoffen verringert sich die Wärmedehnung. Durch die Fasern sind die Eigenschaften des Verbundes anisotrop, deshalb ist die Faserausrichtung wichtig.

Faserlage	Symbol
unidirektional, parallel bei Strängen (Rovings), Bändern (Tapes)	UD
bidirektional, unter 90° bei Geweben	BD
multidirektional bei Matten aus Schnittfasern (Wirrfasern) oder Gewebelagen mehrfach übereinander	MD

Oberflächenbehandlung der Fasern (Interface, Schlichte) soll die Benetzung sichern, Reaktionen zwischen Faser und Matrix verhindern und Schutz bei der Verarbeitung bieten, damit eine kraftschlüssige Verbindung zwischen beiden gewährleistet ist.

Faserverstärkte Metalle (Tabelle 8)
Kurzfasern können bis 40 % pulvermetallurgisch in die Metallmatrix eingebracht werden. Hochschmelzende Fasern werden in Leichtmetalle mit niedrigem Schmelzpunkt durch Vakuumgießen eingebettet. Dazu wird ein vorgefertigtes Fasergelege (Preform) in der Form fixiert (Auftrieb) und langsam von einer Seite her durchtränkt.
Flächige Teile entstehen durch Plasmabespritzen von Fasern auf Unterlagen (Trennmittel hex. Bornitrid) mit folgender Warmumformung. Lotwalzplattiern von C-Fasern (Ni-bedampft) mit AlSi12 beschichteten Al-Folien bei 600° C.

Faserverstärkte Keramik (Tabelle 8)
Durch Faserverbund soll soll die geringe Zähigkeit der Keramik verbessert werden. Das ist bei gesinterter Keramik nur mit Kurzfasern möglich. Längere Fasern können bei Keramik eingebettet werden, die aus Lösungen ausgefällt wird (Sol-Gel-Verfahren). Ein weiterer Weg ist die Pyrolyse von hoch C-haltigen Polymeren: C-Faser-Kohlenstoff wird aus phenol-harzgetränkten Fasergelegen durch Härtung und mehrfaches „Pyrolyse-Nachtränken-Pyrolye" hergestellt. Bei Si-Polymeren entsteht eine Si-Matrix.

Faserverstärkte Polymere
Größter Anwendungsbereich für Faserverbunde. Hier ist das Einbetten in die flüssigzähe Matrix leichter möglich als in Metalle oder Keramik ($\rightarrow$ 5.3.4.). Wegen der niedrigen Schmelztemperaturen können auch Naturfasern eingebettet werden.

6.3.3 Teilchenverbunde (Tabelle 8)

Wichtig für die Leichtmetalle Al und Mg für den Einsatz bei höheren Temperaturen. Durch Teilchen mit rundlicher, unbestimmter Form entstehen isotrope Werkstoffe. Bei Teilchengrößen zwischen 0,01 und 0,1 µm und Abständen von 0,1 ... 0,5 µm werden E-Modul und Festigkeit der Matrix auch bei höheren Temperaturen durch Dispersionsverfestigung erhöht. Die Wärmeausdehnung sinkt je nach Teilchengehalt. Schmelzmetallurgisch können bis zu 20 %, pulvermetallurgisch bis zu 40 % Al-Oxid- oder SiC-Teilchen eingebracht werden, durch Sprühkompaktieren bis zu 15 %.
Zu den Teilchenverbunden gehören auch die altbekannten gefüllten Duroplaste, ebenso können Sinterhartmetalle mit hohem Anteil an harten Carbiden und Schleifkörper dazu gerechnet werden.

6.3.4 Durchdringungsverbunde (Tabelle 7)

Eine höherschmelzende, poröse Matrix wird mit einer flüssigen Phase getränkt, sodass sich beide gegenseitig durchdringen. Dabei dient die Erste als Gerüst zur Kraftaufnahme, die Zweite führt zu dichten Werkstoffen bzw. übernimmt andere Funktionen.

6.3.5 Schichtverbunde

Flächige Halbzeuge aus parallel liegenden Schichten unterschiedlicher Stoffe, die miteinander durch Fügen verbunden sind: Kunstharzverleimtes Papier, Gewebe oder Holzfurniere ergeben Halbzeuge als Platte oder Profil. Bei Sandwichstrukturen liegt eine leichte Schicht zwischen zwei Deckschichten, welche die Biegezug- und -druckspannungen übernehmen. Beschichtungen von Bauteilen und Halbzeugen (→ 7.3): Die Schicht kann selbst einen Verbund darstellen (Compositschichten). Dispersionsschichten haben eingelagerte Partikel, Stapelschichten sind Schichtverbunde (Multilayer bei Werkzeugbeschichtungen).

Tabelle 7. Durchdringungsverbunde

Phase 1 Stützgerüst	Phase 2 Funktion	Anwendung
Cu-Sn-Sinterbuchse	Öl, Fett, Schmierstoff	Selbstschmierende Lager
Wolfram, W Härte, warmfest, geringer Abbrand	Kupfer, Cu, Strom- und Wärmetransport, Silber zur Wärmeabfuhr	Kontaktwerkstoffe Düsen f. Strahltriebwerke
Wolfram, W	Blei, Pb	Strahlenschutz
Silciumcarbid SiC mit C porös gesintert	Silicium (flüssig) reagiert mit C zu SiC, bis 20 % metallisches Si	Si-infiltriertes SIC: Si-SiC Dichte Keramik für Wärmetauscher, Gleitringdichtungen, Tragrollen und Balken in Brennöfen

Tabelle 8. Übersicht Verbundwerkstoffe

Verbundstruktur	Metallmatrix-Verbunde MMC
Faserverbunde Metallfaser	Cu- Drähte mit 20 % unlöslichem Nb, durch Walzen und Ziehen entstehen Nb-Fasern im Cu. Hohe Festigkeit + Leitfähigkeit. Nb mit Sn-Überzug ergibt die supraleitende Phase CuNb$_3$Sn.
Keramikfaser	Al-Oxidfaservertärkte Al-Kolben
Polymerfaser	ARALL: Langfasern aus ARAMID zwischen Al-Bleche geklebt, Leichtbauwerkstoff
Teilchenverbunde Keramik/ Hartstoffe	Dispersionsgehärtete Al-Legierungen mit Al$_2$O$_3$ oder SiC-Partikeln, auch als ODS- (oxid-dispersion-strenghened) Legierungen bezeichnet. Gleitlagerwerkstoffe mit MoS$_2$ oder Graphit. SiC-Partikel in galvanisch abgeschiedenen Ni-Schichten (NIKASIL®)
Polymerteilchen	Verbundlager mit PTFE-Teilchen in der Laufschicht aus gesintertem CuSn10
Schichtverbunde Metall	Sandwichstruktur mit Metallschaumkern (Al, Mg) oder Leichbaubleche aus korrosionsbeständigem Stahl, NiCrMo-Legierungen 1 mm mit Streckmetall als Zwischenschicht, umformbar, für Rauchgasleitungen
Keramik Polymer	Ti-Aluminidfolien mit SiC-Faser verwalzt (packrolling), warmfester, steifer Werkstoff.
	Al-Bleche und -Profile mit aufgeklebten Lagen aus CFK zur Erhöhung des E-Moduls,

Verbundstruktur	Keramikmatrix-Verbunde CMC
Faserverbunde Metallfaser	Feuerfestes Ofenmaterial mit hitzebeständigen Stahlfasern (Thermohäcksel) ist thermoschockbeständiger
Keramikfaser	SiC-faserverstärktes SiC, C-Faser-Kohlenstoff, CFC (Sigrabond)
Teilchenverbunde Keramik/ Hartstoffe	Kermisch gebundene Schleifkörper mit Hartstoffen

Verbundstruktur	Polymermatrixverbunde PMC
Faserverbunde	GFK Glasfaser-, CFK-Faserkunststoff
Teilchenverbunde	Duroplaste mit Füllstoffen, Polymerbeton mit geringerer Dichte und Wärmeleitung
Schichtverbunde	Hartpapier- und Hartgewebe, Kunstharzpressholz

6.4 Werkstoffe für Lötungen

Löten ist eine stoffschlüssige Verbindung von Metallen untereinander und auch mit artfremden Stoffen (z.B. Keramik). Die Partner werden nicht aufgeschmolzen, ein Erweichen und Verformen dünner Strukturen muss vermieden werden. Der Schmelzbereich des Lotes ist danach auszuwählen. Einteilung nach der Schmelztemperatur. Weichlote (< 450° C) Hartlote (> 450° C), Hochtemperaturlote (> 900° C). Der Lötspalt wird beim Fugenlöten durch Kapillarwirkung auch gegen die Schwerkraft gefüllt. Voraussetzung ist eine Spaltbreite < 0,2 mm und oxidfreie Oberflächen, die während des Lötens durch Flussmittel vor Neuoxidation geschützt werden müssen. Spaltlöten für größere Spaltbreiten erfordert höheren Lötmitteleinsatz (nicht für Ag-haltige Lote).

6.4.1 Weichlote

Von den 50 Sorten der alten Norm (DIN 1707 Z) sind 25 in die neue DIN EN 29453/94 überführt worden. Die restlichen 25 Sorten sind in DIN 1707-100/01 angeführt, wie z.B. die Cd-haltigen und solche für Leichtmetalle. Tabelle 9 gibt eine Übersicht.

Tabelle 9. Übersicht, Legierungssysteme für Weichlote

Systeme nach DIN EN 29453, Anzahl der Sorten

Legierungs-System	Stck.	Schmelz-Bereich °C
Sn-Pb	10	183 ... 325
Sn-Pb-Sb	7	183 ... 270
Sn-Pb-Bi	3	180 ... 205
Sn-Pb-Cd	1	145
Sn-Pb-(Cu)	4	183 ... 215
Sn-Pb-Ag	7	178 ... 190

Systeme nach DIN 1707-100

Legierungs-System	Stck.	Schmelz-Bereich °C
Sn-Pb	4	183 ... 242
Sn-Pb (Sb)	3	186 ... 295
Sn Pb (Cu)	1	183 ... 190
Sn-Pb (P)	4	182 ... 215
Sn-Cd	1	180 ... 195
Sn-Pb-Ag	2	178 ... 210
Pb-Sn-Ag	1	304 ... 365
Cd-Zn-Ag	3	270 ... 380
Cd-Ag	1	340 ... 398
CdZn	1	265 ... 280
Sn-Zn	3	195 ... 385
Zn-Al	1	380 ... 390

Tabelle 10. Flussmittel zum Weichlöten, Bezeichnungen nach DIN EN 29454-1/94

Typ	Basis	Aktivator
1 Harz	**1** Kolofonium **2** ohne	**1** ohne Aktivator, **2** Halogene
2 organisch	**1** wasserlöslich, **2** nicht	**3** ohne Halogene
3 anorganisch	**1** Salze	**1** mit NH_4Cl, **2** ohne
	2 Säuren	**1** mit H_3PO_4, **2** ohne
	3 alkalische Stoffe	**1** Amine und/oder Ammoniak

Angehängt wird ein Buchstabe: **A** für flüssig, **B** für fest **C** für Paste
Beispiel: Flussmittel DIN EN 29454-1: 2 ... 2.2. **A**

Tabelle 11. Korrosive Wirkung der Flussmittelreste und Vergleich der Kurznamen DIN 8511-2 (F-SW...) mit denen nach DIN EN 29454-1

Tabelle 12. Übersicht Hartlote

Stark korrosiv			
F-SW... 11	12	13	21
DIN EN 3.2.2	3.1.1	3.2.1	3.1.1

Bedingt korrosiv						
F-SW... 22	23	24	25	26	27	28
DIN EN 3.1.2	2.1.3	2.1.1	2.1.2	1.1.2	1.1.3	1.2.2

Nicht korrosiv			
F-SW.. 31	32	33	34
DIN EN 1.1.1	1.1.3	1.2.3	2.2.3

6.4.2 Hartlote DIN EN 1044/99
(Ersatz für DIN 8513 T1 ... 5)

Die Kurzzeichen nach DIN EN 1044 nennen das Basiselement, evtl. ein weiteres, danach die Zählziffer. Kurzzeichen nach DIN EN ISO 3677 bestehen aus einem **B–**, dem Basiselement, dem Hauptelement mit Prozentangabe, dann die weiteren LE nach fallenden Anteilen geordnet (ohne %-Angabe. LE unter 1 % werden nicht genannt. Nach einem Bindestrich folgen Solidus- und Liqidustemperaturen in °C.
Lieferformen: blanke und umhüllte Stäbe, Drähte, Folien und Bänder, Granulate, verdüste Pulver, Lotringe und Formteile, Lötpasten mit Flussmittel..

6.5 Druckgusswerkstoffe

Die Eigenschaften der Druckgussteile sind in Zähigkeit und Schweißeignung durch Abwandlungen der Gießverfahren verbessert worden: Vakuum-Druckguss, Niederdruckgießen mit langsamerer Einströmung und Thixoforming (Gießen bei Temperaturen zwischen Liquidus- und Soliduslinie). Für den Fahrzeugleichtbau gwinnen schweißgeeignete Al- und Mg-Sorten an Bedeutung.

Kurz-Zeichen DIN EN 1044 Anzahl Sorten		Kurzeichen nach DIN 8513	Kurzzeichen nach DIN EN ISO 3677	Arbeits-temp. °C	Anwendungen
Aluminium-Hartlote, Gruppe **AL** mit 4,5 ... 10,5 % Si und z.T. Cu, Mg oder Bi					
Al 104	7	L-AlSi12	B-Al88Si-575/585	595	Al- und Al-Legierungen < 2 % Mg
Silber-Hartlote Gruppe **AG**, enthält alle Ag-haltigen Sorten, auch wenn Ag nicht das Basis-LE ist, 10 Cd-haltige					
AG 102	32	L-Ag55Sn	B-Ag55ZnCuSn–620/655	650	Cd-frei, für Trinkwasserleitungen, bis 150° C Betriebstemperatur
AG 206		L-Ag20	B-Cu44ZnAg(Si)–690/810	810	Für Lötstellen mit max. 200° C Betriebstemperatur
AG 304		L-Ag40Cd	B-Ag40ZnCdCu-595/630	610	Stahl, Cu-, Ni-Legierungen mit Flussmittel, bis 200° C Betr.-Temp.
AG 402		——	B-Ag60CuSn-600/730	720	CrNi-Stähle, Titan
Kupfer-Phosphor-Hartlote, Gruppe **CP**, davon 5 Sn-haltige. Für Cu ohne Flussmittel verwendbar, nicht geeignet für ferritische Werkstoffe, Cu- und Ni-Lgierungen					
CP 102	10	L-Ag15P	B-Cu80AgP-645/800	700	Cu/Cu ohne, Cu-Legierungen mit
CP 203		L-CuP	B-Cu94P-710/890	760	Flussmittel, bis 200° C Betr.-Temp.
Kupfer-Hartlote Gruppe **CU**, 8 hoch Cu-haltige und 6 CuZn mit Sn oder Ni					
Cu 104	14	L-SFCu	B-Cu100(P)-1085	1100	Stähle
Nickel-, Cobalt-, Palladium und Gold-Hartlote, Gruppen **Ni, Co, Pd, Au**					
Ni 101	12	L-Ni1	B-Ni73CrFeSiB – 980/1060	1020	Ni, Co und ihre Legierungen,
Co 101	1	——	B-Co51CrNiSiW(B)-1020/1150	1140	Stähle
Pd 201	10	neu	B-Pd60Ni-1235	n.b.	Vakuumlöten reaktiver Metalle
Au 101	6	neu	B-Au80Cu(Fe)-905/910	n.b.	Elektronik, Schmuck

Tabelle 13. Flussmittel zum Hartlöten (DIN EN 1045/97)

Fügewerkstoffe	Fluss-mittel	Wirkbereich °C	Löt-Temp. °C	Rückstand korrosiv ?	Bemerkungen
Universell, Schwermetalle	FH10		> 600		Hygroskopische Bor-Fluor-Verbindungen müssen durch Beizen und Waschen entfernt werden
CuAl-Legierungen (<10 % Al)	FH11	550 ... 800		ja	
Hartmetall, rost freie Stähle	FH12				
Universell, Schwermetalle	FH20		> 750		
Universell, Schwermetalle	FH21	750 ... 1100	> 800	nein	Mechanisch zu entfernen
Cu- und Ni-Legierungen	FH30	> 1000	> 1000	nein	
Stähle	FH40	600 ... 1000	> 700	ja	Ohne Borverbindungen
Aluminium	FL10	> 400 ... 700	600	ja	Waschen, beizen
Aluminium/Edelstahl	FL20	> 400 ... 700	600	nein	Nicht hygroskopisch

Tabelle 14. Druckgusswerkstoffe

Kurzzeichen	ρ g/cm³	$R_{p0,2}$ MPa	R_m MPa	A in %	Härte HB10	T_m in ° C	1)	2)	n 3) x10³	s_{min}3) mm	m_{max} kg	Anwendungen

Zink-Legierungen DIN EN 1774 (Auswahl aus 8 Sorten)   Cu-frei dekorativ galvanisierbar

ZnAl4	6,7	160... 170	250... 300	1,5... 3	70... 90	380... 386	1	1	500	0,6 bis 2	20	Plattenteller,Vergaser-gehäuse, PkW-Schein-werferrahmen, Tür-schlösser, -griffe
ZL0400 (Z400)												
ZnAl4Cu		180... 240		2... 3	80... 100							
ZL0410 (Z410)												

Aluminium-Legierungen DIN EN 1706 **AC-** (Auswahl aus 9 Sorten)

Al Si12(Fe) (230)	2,55	140... 180	230... 280	1... 3	60... 100	575	2	2... 3	80 bis 3		25	Hydraulische Getriebetei-ke,druckdichte Gehäuse. Trittstufen f. Rolltreppen, E-Motorengehäuse. Kolben, Zylinderköpfe. Nähmaschinen. Gehäuse f. Haushalts-Büro- und optische Geräte
Al Si9Cu3(Fe) (226)	2,75	160... 240	240... 320	0,5... 3	80... 110	510... 620	2	2		1		
Al Si12CuNi (239)	2,65	190... 230	260... 320	1... 3	90... 120	570... 585	2	2... 3		bis		
Al Mg9 (349)	2,6	140... 220	200... 300	1... 5	70... 100	520... 620	3... 4	1				

Magnesium-Legierungen DIN EN 1753 (Auswahl aus 8 Sorten)   Sehr leicht, Oberflächenschutz erforderlich

MCMgAl9Zn1 AZ 91	1,8	140... 170	200... 260	1... 6	65... 85	470... 600	1... 2	1	100	1 bis 3	15	Rahmen f. Schreibma-schinen und Tonband-geräte, Mobiltelefone. Gehäuse f. tragbare Werkzeuge u. Motoren, Gehäuse f. Kfz. Getriebe. Radfelgen
MCMgAl6Mn AM 60		120... 150	190... 250	4... 14	55.. 70	470... 620	1... 2					
MCMgAl4Si AS 41		120... 150	200... 250	3... 12	55... 60	580... 620	2					

Kupfer-Legierungen DIN EN 1982   Höhere Festigkeit und Zähigkeit, hoher Formverschleiß durch hohe Gießtempertur

CuZn39Pb1Al-C	8,5	(250) (530)	(350)	(4)	(110)	880... 900	3	3	10	2 bis 4	5	Armaturen für Warm- und Kaltwasser
CuZn16Si4-C	8,6	(370)		(5)	(150)	850	2	3				

Zinn Legierungen DIN 1742   Höchste Maßbeständigkeit, kaltformbar, korrosionsbeständig

GD-Sn80Sb	7,1		115	2.5	30	250	1	2				Teile von Messgeräten

1) Gießeignung,   2) Spanbarkeit,   3) Standmenge,   4) Wanddicke Wertungen: 1 sehr gut, 2 gut, 3 ausreichend

7 Oberflächenbeanspruchung durch Korrosion, Verschleiß und Schutzmaßnahmen

Die Beanspruchung der Oberfläche durch Korrosion und Verschleiß führen zu Materialverlust, der Störungen der Bauteilfunktion verursacht und zu hohen Kosten und Folgekosten durch Ausfall führen kann. Abhilfe wird durch Werkstoffwahl oder Oberflächenschutzschichten erreicht.

7.1 Korrosion

7.1.1 Begriffe

Korrosion ist die *Reaktion* eines metallischen Werkstoffes mit seiner Umgebung, die zu einer messbaren Veränderng – der *Korrosionserscheinung* – führt und die Funktion des Bauteiles beeinträchtigt.

Reaktionsarten

elektrochemisch	Häufigste Reaktion, Rosten des Stahles, Patina auf Kupferdächern
chemisch	Zunderung des Stahles in heißen Gasen und Schmelzen, Anlassfarben, Anlaufen von Silber
metallphysikalisch	Zerfall durch Gitter- oder Gefügeumwandlungen mit Volumenänderung, Zinnpest, wasserstoffversprödung

Elektrochemische Reaktion von Metallen in Gegenwart einer ionenleitenden Phase, meist Wasser mit gelösten Ionen. Es entstehen Korrosionselemente (Bild 1) nach dem Prinzip des galvanischen Elementes.

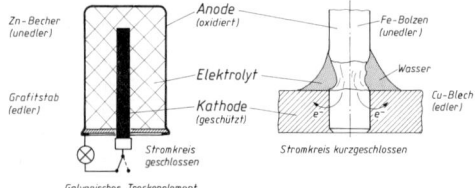

Bild 1. Korrosionselement

Galvanische Elemente nutzen den unterschiedlichen Lösungsdruck zur Erzeugung eines elektrischen Stromes durch Oxidation des unedleren Metalles.

Kathode:	*edleres* Metall (Gefügeteil) in der Spannungsreihe rechts stehend, nimmt Elektronen aus dem Elektrolyten auf (kathodische Reduktion),
Elektrolyt:	meist wässrige Lösung von Salzen, Basen oder Säuren, enthält Ionen
Anode:	unedleres Metall (Gefügeteil) in der Spannungsreihe links stehend, gibt Elektronen ab (anodische Oxidation.

Korrosionelemente bestehen aus Werkstoffbereichen, auch Mikrobereichen im Gefüge, die von ionenleitenden Phasen bedeckt und immer kurzgeschlossen sind.

Beispiele	Anode, korrodiert	Kathode, geschützt
Kontaktelemente		
Al- Blech mit Cu-Niet	Al- Blech	Cu- Niet
Stahlblech verzinkt	Zn-Schicht	Stahlblech
CuZn-Armatur in Stahlrohr	Stahlrohr	Armatur
Lokalelemente		
heterogene Gefüge, z.B. Stahl	Ferrit	Zementit
Gefüge mit Ausscheidungen	Al- Misch-	AlCu- Aus-
von AlMgCu	kristall	scheidung
Konzentrationselemente		
Belüftungselemente aus gleichen Elektroden, Elektrolyt hat unterschiedliche Konzentration: Wassertropfen auf Stahl	Zentrum (Narbe) Unbelüfteter Bereich, O-arm	Außenring mit Rost, belüftet, O-reich

Korrosionserscheinungen sind: Gleichmäßiger *Flächenabtrag* (ungefährlich), *Narben*, *Lochfraß*, örtlich in die Tiefe gehend mit steilen Wänden, gefährlich für Druckleitungen und -behälter.
Interkristalline Angriffsform (Kornzerfall) ist Abtragung längs der Korngrenzen, die ins Innere vordringt. Gefährdet sind CrNi-Stähle durch Ausscheidungen nach dem Schweißen.
Selektive Angriffsform greift unedlere Gefügebestandteile an: Entzinkung von 2-phasigen CuZn-Legierungen, Zn-reicheres β-Zn ist anodisch und geht in Lösung, der Cu-Anteil bleibt als dünne Schicht zurück.
Spaltkorrosion tritt in engen Spalten (punktgeschweißte Bleche) auf, wenn Feuchtigkeit eindringen kann. Diese Belüftungskorrosion tritt auch bei Pfählen und Spundwänden unterhalb der Wasser-Luft-Grenze auf.
Kontaktkorrosion durch Kontaktelemente: Paarung von Metallen mit unterschiedlichem Potenzial ohne isolierende Zwischenlagen. Hartlötnähte mit Stahl bei Gegenwart von Lötmittelresten.
Weitere Arten sind Säurekondensat- und Kondensatwasserkorrosion (Auspuffanlagen), Stillstandskorrosion und mikrobiologische K. als spezielle Fälle.

Korrosionsprodukte sind bei Stahl Rost aus Fe-Oxiden und Fe-Hydroxiden, schichtartig aufgebaut und durchlässig. Fremdrost sind Rostablagerungen auf fremden Oberflächen. Bei langzeitiger Einwirkung von Gasen bei höheren Temperaturen entstehen Zunderschichten, die sich durch unterschiedliche Wämedehnung vom Grundwerkstoff lösen können (hitzebeständige Stähle 3.2.12).
Deckschichten sind fest haftende, gleichmäßig deckende Reaktionsprodukte, welche die Reaktion bremsen oder verhindern. Bei ungleichmäßiger Ausbildung können Korrosionselemente entstehen.

Passivschichten sind sehr dünne, undurchlässige, oxidische Schichten im nm-Bereich, von Metallen selbst durch Reaktion gebildet (Al, Cr, Cu-Legierungen, Ti). Durch sie wird der Werkstoff passiv, d.h. nimmt nicht mehr an der Reaktion teil.

7.1.2 Korrosionsschutz

K.-Schutz kann durch drei Maßnahmen erreicht werden:

- Änderung der Reaktionspartner bzw. der Reaktionsbedingungen (Werkstoffwahl),
- Elektrochemische Veränderung der Spannungsverhältnisse (kathodischer Schutz),
- Trennung der Reaktionspartner durch Schichten oder Überzüge auf dem metallischen Werkstoff.

7.1.2.1 Werkstoffe

Unlegierte Stähle sind unter klimatischen Bedingungen im Außenbereich nicht beständig. Dickwandige Bauteile werden mit Rostaufschlag ausgeführt, dünnwandige mit Schutzüberzügen.
Zahlreiche Normen für Flacherzeugnisse mit Überzügen (7.1.2.4).

Tabelle 1. Hinweise auf korrosionsbeständige Werkstoffe

Werkstoff-gruppe	Beständigkeitshinweise	Hinweise
Korrosions-beständige Stähle und Stahlguss	DECHEMA-Werkstofftabellen geben Beständigkeit von Metallen, Polymeren und anorganischen Werkstoffen gegen die in der chemischen Industrie verwendeten aggresiven Medien für verschiedene Temperaturen an.	3.4.4.14
Cu und Cu-Legierungen	Mit steigendem Korrosionswiderstand: CuZn, CuSnZn CuSn, CuAl, CuNiZn, CuNi	4.3.0
Al und Al-Legierungen	Unbeständig gegen Alkalien, Cu-leg. Sorten allg. unbeständiger	4.2.0
Ti und Ti-Legierungen,.	Beständig gegen Cl-Ionen, SpRK und Salzschmelzen	5.4.0
Kunststoffe	Sortenspezifische Unbeständigkeit gegen Chemikalien	Tab. 5-9
Keramische Stoffe	Hohe Beständigkeit gegen fast alle Stoffe	6.2

7.1.2.2 Veränderung des korrodierenden Mediums ist begrenzt möglich. Entzug schädlicher Beimengungen wie z.B. CO_2-Anteile oder gelöstes O durch Erwärmen oder Vakuum bei Kesselspeisewasser. Zusätze, speziell auf das Medium abgestimmt, verlangsamen die Reaktion (Inhibitoren), z.B. in Schmierölen enthalten.

7.1.2.3 Änderung der Reaktionsbedingungen (Temperatur, pH-Wert oder Strömungsgeschwindigkeit), z.B. Steigerung der Strömungsgeschwindigkeit bei Lochkorrosion.
Kathodischer K.-Schutz durch *Opferanoden* aus unedlen Metallen (Zn, Mg, Al) in der Umgebung des Schutzobjektes (Schiffsschrauben und -ruderanlagen, Sie werden elektrisch leitend angebracht.
Fremdstromanoden für erdverlegte Kabel, Rohrleitungen und Behälter. Als Anode (Pluspol) dienen im Erdreich vergrabene Platten aus GX70Si15 in Koks und Fe-Schrott eingebettet und mit einer äußeren Gleichstromquelle gespeist.

7.1.2.4 Trennung durch Schutzschichten

Schutzschichten aus verschiedenen Stoffen werden nach zahlreichen Verfahren auf die Schutzobjekte aufgebracht (→ 7.5.3). Für Bleche und Bänder existieren zahlreiche Normen.

DIN EN	Werkstoffe und Überzüge
10152/03	Elektrolytisch verzinkte, kaltgewalzte Flacherzeugnisse aus Stahl zum Kaltumformen
10202/01	Kaltgewalztes Verpackungsblech, elektrolytisch verzinnt und spezialverchromter Stahl
10209/96	Kaltgewalzte Flacherzeugnisse aus weichen Stählen zum Emaillieren
10326/04	Kontinuierlich schmelztauchveredeltes Band und Blech aus Baustählen zum Kaltumformen
10327/04	Kontinuierlich schmelztauchveredeltes Band und Blech aus weichen Stählen zum Kaltumformen
Auflagen	+Z, +ZF, ZA, +AZ, + AS → Tabelle 14 C
10292/05	Kontinuierlich schmelztauchveredeltes Band und Blech aus Stählen mit höherer Streckgrenze

Für Bauteile aus Stahl kommen neben der Schmelztauchbehandlung (z.B. Feuerverzinken,-aluminieren) auch thermochemische Verfahren zur Anwendung (→ 3.3.5.2 Tabelle 10).

7.2 Tribologie

7.2.1 Begriffe

Tribologie (griech. Reibung) ist die Wissenschaft und Technik von aufeinander einwirkenden Oberflächen in Relativbewegung. Sie umfasst das Gebiet von Reibung und Verschleiß, einschließlich Schmierung und schließt Grenzflächenwechselwirkungen sowohl zwischen Festkörpern als auch zwischen Festkörpern und Flüssigkeiten oder Gasen ein.

Tabelle 2. Wechselwirkungen zwischen Reibung, Verschleiß und Schmierung

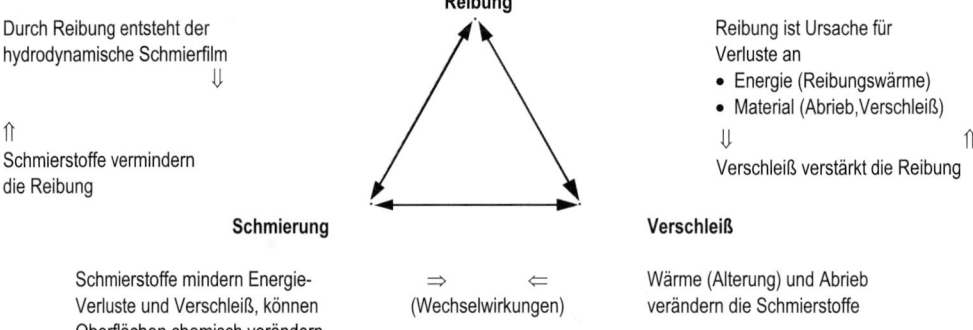

Reibung und Verschleiß sind deshalb keine Werkstoffeigenschaften, sondern Eigenschaften des jeweiligen tribologischen Systems.

Das Tribologische System (Bild 2)

1 **Grundkörper** ist der für den Verschleiß wichtigere (Lagerschale, Führungsbahn, Baggerschaufel).
2 **Gegenkörper.** Bei geschlossenen Systemen ein definierter Körper (Wellenzapfen, Führungsprismen), bei offenen Systemen ein ständig wechselnder (Fördergut, Schmiederohling, Gestein).
3 **Zwischenstoff** (Schmierstoffe, Abrieb). Diese drei Systemelemente sind von einem umhüllenden Stoff umgeben:
4 **Systemumhüllende,** i. A. Luft mit Anteilen von O_2, CO_2, SO_2 oder H_2O und Staub. Die Stoffe können mit den Oberflächen und dem Zwischenstoff reagieren.
5 **Beanspruchungskollektiv** mit den Größen
   Normalkraft F_N, nach Betrag, Richtung und zeitlichem Verlauf sehr verschieden.
   Relativgeschwindigkeit v. Die Bewegung kann gleitend, wälzend, stoßend oder strömend sein (Flüssigkeiten, Gase)
   Temperatur T, wirkt auf die Viskosität des Schmierstoffes ein, beschleunigt Reaktionen.
   Beanspruchungszeit t_B erhöht Materialverlust und Masse der Reaktionsprodukte.

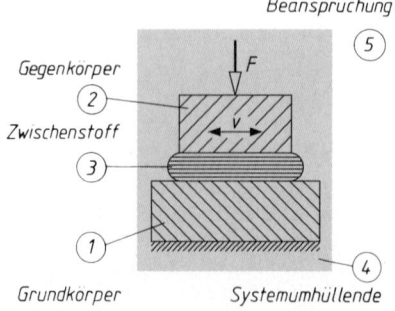

Bild 2. Tribosystem

Aufgabe der Tribologie ist die Optimierung tribologischer Systeme, im Einzelnen:

- Steigerung des Wirkungsgrades und der Leistung
- Erhöhung von Zuverlässigkeit und Lebensdauer
- Senken der Wartungs- und Instanthaltungskosten.

7.2.1 Reibungsarten und Reibungszustände

Tabelle 3. Reibungsarten

Haftreibung	Widerstand, welcher eine Relativbewegung zweier sich berührender Körper **verhindert**
Gleitreibung	Widerstand, welcher eine Relativbewegung zweier sich berührender Körper **hemmt**
Rollreibung	Widerstand, der das Rollen eines Zylinders auf der Unterlage hemmt, idealisiert mit Linienberührung und der Relativgeschwindigkeit Null (kein Schlupf)
Wälzreibung	Rollreibung mit Gleitanteil (Schlupf)
Innere Reibung (Viskosität)	Widerstand in einem Körper, der eine Relativbewegung innerer Volumen- oder Stoffteilchen behindert

Ursachen der Reibung sind Adhäsionskräfte durch ungleiche elektrische Ladungen (Dipolkräfte) und Mikrokontakte zwischen den Rauheitsspitzen → hohe Flächenpressung → Verformung → Verschweißung und Abscheren.
Es entsteht in der Kontaktfläche eine Reibkraft $F = F_N f$, die längs des Reibweges wirkt und sich überwiegend in Wärme umsetzt. Ein Teil wird zur plastischen Verformung und Abscheren der Mikrokontakte benötigt. Die Reibzahl f (auch μ) wird durch Versuche ermittelt und hängt von Reibungsart und -zustand ab, es können auch Flächenpressung und Gleitgeschwindigkeit Einfluss haben.

Tabelle 4. Reibungszustände

Zustand	Kennzeichen	Verschleiß	Beispiel
Festkörperreibung Trockenreibung (im Vakuum) Grenzschicht-Reibung Grenzreibung	Gleiten ohne Zwischenstoff. Bei Metallen erfolgt Adhäsion mit Stoffübertragung und Abscheren. Adhäsionsneigung umso kleiner, je unterschiedlicher die Kristallgitter der Partner sind. Als Zwischenstoff treten Grenzschichten auf, die durch tribochemische Reaktionen der Reibpartner mit dem Umgebungsmedium (Luft) und dem Zwischenstoff (Ölzusätze) entstehen. Durch Adsorption bilden sich auf oxidischen Oberflächen molekulare Schmiertofffilme aus.	Sehr hoch „Fressen" Grenzschichten vermindern Reibung und Verschleiß	Bremsbelag Scheibe Radspurkranz Schiene Lösen von Schrumpfverbindungen
Mischreibung	Schmierfilm zeitweise unterbrochen, es wechseln Festkörper- und Flüssigkeitsreibung ab		Anfahren von Maschinen mit kaltem Schmiermittel
Flüssigkeitsreibung	Lückenloser Schmierfilm, Reibung zwischen den Reibpartnern wird verlagert in die Reibung zwischen den Schmierstoffmolekülen.	Reibung und Verschleiß minimal	Lager im Dauerbetrieb
Gasreibung	Lückenloser Gasfilm trennt die Reibpartner		

Der lückenlose Schmierfilm entsteht durch Druckaufbau von außen oder im Innern des Öles, für seine Aufrechterhaltung sind Dicke des Schmierspaltes, Viskosität und Temperatur des Schmiermittels wichtig.

Hydrostatisch (aerostatisch)	Äußere Pumpe erzeugt vor dem Anfahren den Schmierfilm, der die Reibpartner trennt	Wellenzapfen liegt in Ruhe exzentrisch in der Lagerbohrung, Schmierfilmdicke muss größer sein als Summe der Rautiefen
Hydrodynamisch (aerodynamisch)	Druckaufbau durch Adhäsion der Ölmoleküle, die in den sich verengenden Spalt gezogen werden. Voraussetzungen sind : Ausreichende Relativgeschwindigkeit und Viskosität des Schmierstoffes	
	Verdrängungswirkung von Flächen, die sich aufeinander zu bewegen	Wälzvorgang, Aquaplaning

Viskosität, (auch Zähigkeit) ist die wichtigste Kenngröße für Schmieröle und kennzeichnet die Kraft, mit der sich die Kettenmoleküle einer Verschiebung in Schichten (laminare Strömung) widersetzen.
Dabei erfolgt auch ein Abscheren zu kleineren Ketten (Alterung). Hohe Viskosität = zähflüssig, niedrige V. = dünnflüssig.

Kinematische Viskosität: Zeitmessung, Ausfluss aus genormten Gefäßen (Kapillarviskometer).
Dynamische Viskosität: Zeitmessung, Fallzeit einer Kugel in genormten Gefäßen (Fallviskosimeter).

Einflusse auf die Viskosität

Molekülstruktur	Temperatur	Umgebungsmedium, Zeit
↑ Viskosität steigt		↓ Viskosität sinkt
↑ mit Länge und Verzweigungen	↓ mit steigender Temperatur.	↓ durch Oxidation (Verharzung), thermischen Zerfall und mechanisches Abscheren der Ketten

Stärkster Einflussfaktor ist die Temperatur. Eine Temperatursteigerung um 10 K senkt die Viskosität bis auf die Hälfte, max. bis zu einem Drittel. Viskostätsverbesserer (verzweigte Polymere) mindern die Abhängigkeit, wichtig für Verbrennungsmotorenöle.

7.2.3 Schmierstoffe

7.2.3.1 Öle

Mineralöle werden durch fraktionierte Destillation aus dem Rohöl abgetrennt und sind Mischungen aus linearen oder verzweigten Alkanen (Parraffinbasisöl) oder ringförmigen Cyclo-Alkanen (Naphtenbasisöl). Durch Raffination entstehen unlegierte Öle für einfache Beanspruchungen (Tabelle 5).
Mit Zusätzen (Tabelle 6) sind sie für besondere Anforderungen geeignet (z.B. Motorenöle).

Tabelle 5. Kennbuchstaben und Symbole für Schmieröle, Sonderöle, schwerentflammbare Hydraulikflüssigkeiten und Synthese- oder Teilsyntheseflüssigkeiten nach DIN 51502

Stoffart (Anwendung)	Kennbuchstabe(n)	Normen
Stoffgruppe 1 Mineralöle,		
Normalschmieröle	AN	DIN 51501/79
Umlaufschmieröle	C	DIN 51517/04
Gleitbahnöle	CG	
Druckluftöle	D	
Luftfilteröle	F	
Formen-Trennöle	FS	
Hydrauliköle (HL, HLP)	H	DIN 51524-
Hydrauliköle (HVLP)	HV	1/2/89
Motoren-Schmieröle)	HD	DIN 51524-3/90
Schmieröle für Kfz.-Getriebe)	HYP	
Isolieröle elektrisch	J	
Kältemaschinenöle	K	
Härte- und Vergüteöle	L	DIN 51503-1/97
Wärmeträgeröle	Q	
Korrosionsschutzöle	R	DIN 51522/98
Kühlschmierstoffe	S	
Schmier- und Regleröle	TD	DIN 51385/91
Luftverdichteröle (VB, VC)	V	DIN 51515-1/01
Walzöle	W	DIN 51506/85

Stoffart (Anwendung)	Kenn-buchstabe(n)	Normen Symbol
Stoffgruppe 2: Schwer entflammbare Hydraulikflüssigkeiten für Bergbau, Walzwerke, Flugzeuge		
Öl-in-Wasser-Emulsionen	HFA	DIN 24320
Wasser-in-Öl-Emulsionen	HFB	
Wäßrige Polymerlösungen	HFC	
Wasserfreie Flüssigkeiten	HFD	
Stoffgruppe 3: Synthese- oder Teilsyntheseflüssigkeiten, biologisch abbaubar, für Anlagen der Nahrungsmittelindustrie, Baumaschinen		
Ester, organisch	E	
Perfluor-Flüssigkeiten	FK	
Synthet. Kohlenwasserstoffe	HC	
Ester der Phophorsäure	PH	
Polyglykolöle	PG	
Silikonöle	SI	
sonstige	X	

Tabelle 6. Kennzahlen für die Viskosität (fett) nach DIN 51519. (Viskositäten sind ca.-Werte)

ISO-Viskositätsklasse		Kinem. Visk. mm²/s		Dyn. V. mPa s
		40	50° C	40° C
ISO VG	**2**	2,2	1,3	2,0
ISO VG	**3**	3,2	2,7	2,9
ISO VG	**5**	4,6	3,7	4,1
ISO VG	**7**	6,8	5,2	6,2
ISO VG	**10**	10	7	9,1
ISO VG	**15**	15	11	13,5
ISO VG	**22**	22	15	18
ISO VG	**32**	32	20	29
ISO VG	**46**	46	30	42
ISO VG	**68**	68	40	61
ISO VG	**100**	100	60	90
ISO VG	**150**	150	90	135
ISO VG	**220**	220	130	200
ISO VG	**320**	320	180	290
ISO VG	**460**	460	250	415
ISO VG	**680**	680	360	620
ISO VG	**1000**	1000	510	900
ISO VG	**1500**	1500	740	1350

Tabelle 7. Zusatz-Kennbuchstaben für Schmierstoffe (ausgenommen sind Motorschmieröle, Schmieröle für Kfz.-Getriebe und schwer entflammbare Hydraulikflüssigkeiten).

Schmierstoffart	Zusatz-Kennbuchstaben
Schmieröle mit detergierenden Zusätzen, z.B. Hydrauliköl HLPD	D
Schmieröle, die in Mischung mit Wasser verwendet werden, z.B. Kühlschmierstoff SE	E
Schmierstoffe mit Wirkstoffen zum Erhöhen des Korrosionsschutzes und/oder der Alterungsbeständigkeit, z.B. Schmieröl DIN 51517 - CL-100	L
Schmierstoffe mit Festschmierstoff-Zusatz (z.B. Graphit, Mo-Disulfid) z.B. Schmieröl CLPF	F
Wassermischbare Kühlschmierstoffe mit Mineralölanteilen, z.B. Kühlschmierstoff SEM	M
Wassermischbare Kühlschmierstoffe auf synthetischer Basis, z.B. Kühlschmierstoff SES	S
Schmierstoffe mit Wirkstoffen zum Herabsetzen von Reibung und Verschleiß im Mischreibungsgebiet und/oder zur Erhöhung der Belastbarkeit, z.B. Schmieröl DIN 51517 - CLP-100	P
Schmierstoffe, die mit Lösungsmitteln verdünnt sind, z.B.Schmieröl DIN 51513 - BB-V[1]	V

[1] Kennzeichnung nach der Verordnung über gefährliche Stoffe (GefStoffV).

■ **Beispiel:** Kennzeichnung eines Öles

| CL 68 | Kasten: Mineralöl C Schmieröl C, Stoffgruppe 1; L Korrosionsbeständigkeit,(Tabelle 7); 68 Viskositätskennzahl (Tabelle 6) |

Normen: DIN TB 192 Schmierstoffe, Eigenschaften und Anforderungen, TB 303 und TB 248 Prüfungen

Tabelle 8. Zusätze zu Schmierölen

Eigenschaftsmangel	Zusätze (Additives)	Stoffe und Wirkungsweise
Viskosität sinkt stark mit steigender Temperatur	**VI-Verbesserer** (VI = Viskositätsindex). Die V,T-Kurve wird flacher	Polymere Kettenmoleküle (M_r = 2 (10^4 ... 10^6 aus PMMA, PE-PP, SB). Die *Knäuelmoleküle* strecken sich beim Erwärmen und erhöhen die innere Reibung
Bei Misch- und Grenzreibung kommt es zu Adhäsionsverschleiß, es erhöht sich die Reibzahl	Verschleißminderer **AW** - (anti-wear) und **EP-Zusätze** (extrem pressure)	Polare Zusätze bilden eine Adsorptionsschicht (elektrostatische Anziehung zum Metall), organische Cl-, P- und S-Verbindungen bilden durch tribochemische Reaktionen Oberflächenschichten mit kleinerer Reibzahl zu den Partnern
Feststoffteilchen lagern sich auf den Metalloberflächen ab	**Detergentien**	Zusätze fördern die Benetzung durch Öl und lösen Ablagerungen ab
Feststoffteilchen (Abrieb) lagern im kalten Öl ab	**Dispersantien**	Zusätze halten die Teilchen (Ruß) in Schwebe, keine Kaltschlammbildung
Öl-Abbaustoffe greifen Metalle an	**Korrosions-Inhibitoren**	Zusätze ermöglichen die Bildung von dünnen Schutzschichten

7.2.3.2 Festschmierstoffe sind durch ihre Kristallstruktur in der Lage, in dünnsten Schichten abzuscheren. Dabei bleiben kleinste Partikel in den Rauheitsmulden zurück, wo sie die Oberflächen glätten und Mikrokontakte verhindern. Voraussetzung ist genügend kleine Partikelgröße (0,1 ... 1 μm). Festschmierstoffe werden eingesetzt bei hohen Temperaturen oder bei Forderung nach Ölfreiheit.
Ihre Struktur ist ähnlich: Molekülgitter mit starken Kräften (kleine Abstände) innerhalb der netzartigen

Moleküle und schwache Kräfte (größere Abstände) zwischen ihnen.
Anwendung für Gleitlager mit niedrigen Gleitgeschwindigkeiten, oszillierenden Bewegungen im Mischreibungsgebiet, bei Forderung nach Ölfreiheit und bei hohen Temperaturen, wie Schraubenverbindungen an Auspuffanlagen, Rohrleitungsflanschen, Bestandteil von Verbundwerkstoffen für Gleitfunktionen. Anwendungsformen sind Pasten, Sprays, und Einlagerungen in Sinterwerkstoffe.

Tabelle 9. Festschmierstoffe, Eigenschaften und Anwendung

Stoff	Beschreibung	Anwendung
Talkum	Magnesiumsilikat, weißes Mineral, fettiger Griff	Pulver, Gleit- und Trennmittel für Reifendecke/ Schlauch, in Kabeln, Schneiderkreide
Graphit	Reiner Kohlenstoff, schwarzes Mineral, höhere Wärmeleitfähigkeit und Temperaturbeständigkeit in Luft (550 °C) als MoS_2, preisgünstiger	Pulver für Sicherheitschlösser, Pasten mit rückstandfrei verdampfenden Flüssigkeiten. Zusatz zu Fett und Öl, Bestandteil von Sinterwerkstoffen für Gleitzwecke (Stromabnehmerteile, Kolbenringe f. Gaskompressoren)
Bornitrid (hex. BN)	Wegen des Graphitgitters als weißer Graphit bezeichnet, in Luft stabil bis 1000 °C, in Inertgas bis 1800 °C	Beschichtung (coatings) mit Spray oder Pasten (Schlichte) von gießtechnischen Geräten und Anlagen, die mit Al-, Mg-, Zn-, Pb-Schmelzen oder Schlacken Kontakt haben. Geringe Benetzung und Reibung zwischen Schmelze/Wand. Trennmittel beim Löten, Sintern, und Warmumformen
Molybdän-disulfid	Synthetische Verbindung MoS_2, bleigraue Kristalle, höhere Druckfestigkeit (Dichte) und Beständigkeit im Vakuum (Pumpen) als Graphit, bis ca 400 °C beständig, Korngröße 0,1 ... 10 μm	Pulver und Pasten für Grundbehandlung von Gleitstellen, die nicht mehr nachgeschmiert werden können: Stopfbuchsenpackungen, Kreuzgelenke. Gleitlacke für Nabe-Welle-Verbindung zur Verhütung von Reiboxidation (Passungsrost), Bestandteil von Sinterwerkstoffen für Gleitzwecke (in Verbindung mit PTFE (Teflon) und hex. BN

7.2.3.3 Fette

Fette sind durch Verseifung verdickte Öle (Naphtenbasis = Ringverbindungen) Seifen sind Salze der Metalle Na, Ca, Li (auch Kombinationen) mit langkettigen Fettsäuren. Der Viskosität entspricht die Konsistenzkennzahl, ermittelt mit der Konuspenetration (DIN ISO 2137). Zähes Fett lässt einen genormten Kegel weniger eindringen als dünnflüssigeres.

Tabelle 10 (4 Teile). Kennzeichnung von Schmierfetten DIN 51502

1	Schmierfett für	Kenn-Buchst.
Wälz- und Gleitlager, Gleitflächen DIN 51825		K
geschlossene Getriebe DIN 51826		G
Offene Verzahnungen (Haftschmierstoffe)		OG
Für Gleitlager und Dichtungen		M
Schmierfette auf Synthesebasis		Tab. 5/Stoffgr. 3

■ **Beispiel:**
 Kennzeichnung eines Fettes mit Mineralölbasis

 Dreieck:
 Mineralölbasis ; K für Wälzlager (Tabelle 10.1)
 3: Konsistenzklasse 3 (Tabelle 10.2);
 E: obere Gebrauchstemp. bis 80° C (Tabelle 10.3),
 -20: untere Gebrauchstemperatur (Tabelle 10.4).

2 Konsistenzklasse		4 Gebrauchstemperatur	
Walkpenetration in 0,1 mm -	Kennzahl	T_{min} in °C	Kennzahl
445...475	**000**	– 10	**– 10**
400...430	**00**	– 20	**– 20**
355...385	**0**	– 30	**– 30**
310...340	**1**	– 40	**– 40**
265...295	**2**	– 50	**– 50**
220...250	**3**	– 60	**– 60**
175...205	**4**		
130...160	**5**		
85...115	**6**		

3 Zusatzkennbuchstaben					
T_{max} in °C 1)	Verhalten gegen Wasser		T_{max} in °C	Verhalten gegen Wasser	
60	0 oder 1	C	140		N
	2 oder 3	D	160	Nach	P
80	0 oder 1	E	180	Verein-	R
	2 oder 3	F	200	barung	S
100	0 oder 1	G	220		T
	2 oder 3	H	>220		U
120	0 oder 1	K	0 keine, 1 geringe, 2 mäßige,		
	2 oder 3	M	3 starke Veränderung		

Tabelle 11. Verschleißmechanismen

Verschleiß-Mechanimus	Kennzeichen	Erscheinungsbild	Gegenmaßnahmen
Adhäsion	Verschweißungen im Mikrobereich, wo örtlich hohe Temperaturen (Blitztemperaturen) auftreten können	Fresserscheinungen, Bremsspuren, Aufbauschneide,	Reibpartner mit unterschiedlicher chemischer Struktur wählen
Abrasion (Furchung)	Zerspanung im Mikrobereich, Riefen durch harte Teilchen im Zwischenstoff oder durch die Adhäsion entstandene, abgescherte, verfestigte Partikel	Riefen auf Bremsscheiben oder an Lagern bei verunreinigtem Öl	Hartstoffpartikel im Grundkörper, Einbettungsfähigkeit des Gegenkörpers
Oberflächen-zerrüttung	Rissbildung in der Oberfläche durch wechselnde Spannungen und Verformungen hervorgerufen	Grübchenbildung bei Wälzlagern, an Zahnflanken,	Dickere Randschicht gehärtet (bei Stahl)
Tribo-chemische Reaktion	Reaktionsprodukte beeinflussen den Verlauf des Verschleißes. Sie entstehen durch Reaktion der Reibpartner mit dem Umgebungsmedium unter Wirkung der Tribobeanspruchung	Reiboxidation, (Passungsrost), Wirkung der Öl-Additiva auf die Oberflächen (Hypoidöle)	Dünne Zwischenschichten aus Festschmierstoffen

7.3 Verschleiß

Verschleiß ist der Materialverlust durch die tribologische Beanspruchung:
Im Mikrobereich wird die Oberfläche impulsartig elastisch und plastisch verformt, schockartig erwärmt und abgeschreckt, evtl. durch Martensitbildung verfestigt (Reibmartensit) und durch abgelöste Partikel zerfurcht und chemisch aktiviert.
Verschleiß erfolgt nach vier Mechanismen, die vielfach in Kombination auftreten (Tabelle 11).

7.4 Lager- und Gleitwerkstoffe

7.4.1 Allgemeines

Bei der Kraft- und Bewegungsübertragung berühren sich Maschinenteile und gleiten aufeinander. Grundkörper sind meist Bauteile aus Stahl oder Gusseisen im weichen, gehärteten oder beschichteten Zustand. Die Gegenkörper (Lagerwerkstoff) sollen geringen Verschleiß und Schmiermittelverbrauch verursachen, die Paarung eine niedrige Reibzahl ausweisen. Beim System Welle / Lager muss die entstehende Reibungswärme abgeführt werden, damit die Lagertemperatur nicht unzulässig ansteigt und durch Wärmedehnung kein Klemmen auftritt.
Daneben gibt es andere Tribosysteme wie Zahnradpaarungen, Schnecke / Rad, Schraube / Mutter mit anderen Beanspruchungskollektiven. Für diese Beanspruchungen stehen zahlreiche Lagerwerkstoffe aus unterschiedlichen Legierungen, Polymeren und Keramik zur Verfügung (Tabelle 14).

Struktur von Gleitlagern
Massivgleitlager (Cu-Knet- und Gusslegierungen) als Sand-, Kokillen-, Strang- oder Schleuderguss, je nach Größe und Stückzahl. Die gesamte Lagerschale besteht aus dem Lagerwerkstoff.
Verbundgleitlager (alle Lagerwerkstoffe) in dünneren Schichten auf korrosionsgeschützten, verzinnten, oder verkupferten Stahlstützschalen (1...3 mm) zur Kraftübernahme und Ausgleich der Wärmedehnung. Tragschicht aus Lagermetallen und evtl. Zwischenschichten als Diffusionssperre und teilweise eine äußere Gleitschicht (Dreischichtlager).
Gleitschichten (overlay)) aus PbSn(Cu), galvanisch in dünner Schicht aufgebracht (< 20 µm), für Grenzreibung und als Korrosionsschutz. **Gleitlagerfolie.** Al-Streckmetall mit PFTE und Festschmierstoff, eingewalzt und gesintert. Extrem dünnwandige Bauweise (Glacier DM®) für z.B. spielfreie Scharniere.

7.4.2 Lagerwerkstoffe

Kennzeichen der Lagermetalle sind im Basismetall unlösliche Komponenten. Sie erstarren – abhängig vom Schmelzpunkt – als erste (Cu) oder letzte Phase (Pb). Auf diese Weise erhält man harte oder weiche Phasen im evtl. durch weitere LE verfestigten Grundgefüge. Es besteht die Gefahr von Seigerungen, deshalb Schleuderguss oder schnelle Abkühlung.

Tabelle 12. Gefüge der Lagerwerkstoffe

Gefüge	Werkstoffe
Harte Kristalle in weicher Matrix	Pb-Sn-Legierungen mit Antimon, PbSb-Kristalle sind härter (Hartblei) als das Grundgefüge, ebenso SnSb als intermetallische Phase
Weiche Gefügebestandteile in härterer Matrix	CuZn, CuSn, CuAl mit Zusätzen: Härtere intermetallische Phasen in weicheren Cu-Mischkristallen (kfz.); CuSnPb mit härteren CuSn-Phasen mit weicherem Pb, (ist Cu-unlöslich und erstarrt als letzte Phase) in feiner Verteilung.
Homogene Gefüge (Mischkristalle)	CuSn bei geringen Sn-Anteilen, P zur weiteren Mischkristallverfestigung. Minderung der Verschweißneigung, P hat Affinität zum Schmierstoff
Heterogene Gefüge aus Metall- und Nichtmetallphasen	Trockengleitlager: Stahlstützschale mit aufgesinterter CuSn-Schicht (Bronze) und aufgewalzter PTFE-, oder POM -Schicht mit Festschmierstoffanteil (Graphit).Selbstschmierende Lager: Sintereisen oder -bronze. Porenräume mit Öl, Fett oder Graphit gefüllt.:

Tabelle 13. Anforderungen an Lagerwerkstoffe und Eigenschaftsprofil

Anforderungen an Lagerwerkstoffe	Werkstoffeigenschaften
Belastbarkeit (Flächenpressung) und Fähigkeit, Fremdkörper einzubetten und Schmiertaschen zu bilden	heterogene Gefüge mit härteren Tragkristallen und weicheren Gefügeteilen
Geringe Wärmeentwicklung, aber gute Ableitung von Reibungswärme, kein Klemmen durch Wärmeausdehnung	niedrige Reibzahl und hohe Wärmeleitfähigkeit (Wärmedehnung der Partner beachten)
Niedriger Verschleiß = hohe Lebensdauer	Geringe Neigung zum Kaltschweißen (geringe Adhäsionsneigung, Abrasionswiderstand)
Bei Mangelschmierung oder Ausfall soll ein kurzzeitiges Gleiten aufrecht erhalten werden (Notlaufeigenschaften)	Anteil oberflächlich schmelzender Bestandteile oder Festschmierstoffe im Gefüge
Bei nicht exakt fluchtenden Achsen kein Bruch durch Kantenpressung, bei Stoßbelastung oder durch Ermüdung,	angepasste Zähigkeit, hohe Dauerfestigkeit

Tabelle 14. Lagermetalle und -werkstoffe, Übersicht über die Legierungssysteme

Legierungssystem	Beispiele		Beschreibung
DIN ISO 4381/01	Blei-und Blei-Zinn-Verbundlager, Gusslegierungen		
Pb-Sn Mit kleinen Anteilen von Cu, As, Cd	**PbSb15SnAs** PbSb15Sn10 PbSb10Sn6 PbSb14Sn9CuAs **SnSb12Cu6Pb** **SnSb8Cu4** SnSb8Cu4Cd		Dreifachsystem aus zwei eutektischen Systemen (PbSn und PbSb) kombiniert mit einem peritektischen (SbSn) mit kompliziertem Erstarrungsverlauf. Primäre Ausscheidung der harten Sb-reichen intermetallischen β-Phase, als würfelförmige Tragkristalle in der Grundmasse aus Pb+ β) liegend. As und Cd wirken weiter verfestigend. Bei Cu-haltigen Sorten scheidet sich primär eine harte, intermetallische CuSn-Phase dendritisch aus. Sie hält die später kristallisierenden würfelförmigen SbSn-Kristalle in der bleireichen Schmelze in Schwebe. **Fettdruck:** Sorten auch in DIN ISO 4383 enthalten
DIN ISO 4382-2/92	**Cu- Knetlegierungen** für Massivgleitlager		
Cu-Sn, **Cu-Zn** **Cu-Al**	CuSn8P CuZn31Si1 CuZn37Mn2Al2Si CuAl9Fe4Ni4		Homogene Gefüge aus kfz.-MK bis etwa 8% Sn, darüber heterogene mit der härteren intermetallischen δ-Phase. (Sondermessing) , kfz.-Mischkristallgefüge, zähhart, geringe Notlaufeignung. Cu-Al sehr hart, seewasserbeständig, Konstruktionsteile mit Gleitbeanspruchung
DIN ISO 4382-1/92	**Cu-Gusslegierungen** für dickwandige Verbund- und Massivgleitlager		
Cu-Pb- Sn Massivgleitlager	CuPb8Pb2 CuSn10Pb CuSn12Pb2 CuPb5Sn5Zn5 CuSn7Pb7Zn3		Blei ist in Cu unlöslich, es bleibt zwischen den CuSn-Mischkristallen und härteren CuSn-Phasen flüssig und erstarrt zuletzt. Zn ersetzt teilweise das teure Sn (Rotguss). Pb wirkt bei Überhitzung als Notschmierstoff. Mit steigendem Pb-Gehalt sinkt die Härte. Mit dem Sn-Gehalt steigen Härte und Streckgrenze, für gehärtete Gegenkörper und Stoßbeanspruchung geeignet
Massiv- und Verbundlager	CuPb9Sn5 CuPb10n10 CuPb15Sn8 CuPb20Sn5 CuAl10Fe5Ni5		Pb ergibt weiche, anpassungsfähige (Fluchtungsfehler) Legierungen für mittlere bis hohe Gleitgeschwindigkeiten, bei hohen Pb-Gehalten auch für Wasserschmierung geeignet. Al erhöht Korrosionsbeständigkeit und Gleiteigenschaften, Fe verhindert das Entstehen spröder Phasen. Harte Werkstoffe mit hoher Zähigkeit und Dauerfestigkeit
DIN ISO 4383/01	**Verbundwerkstoffe** für dünnwandige Gleitlager		
Cu-Pb	**CuPb10n10** **CuPb17Sn5** **CuPb24Sn4** CuPb30		Mit Pb-Gehalt steigt der Verschleißwiderstand im Bereich der Mischreibung und Korrosionsbeständigkeit gegen Schwefelverbindungen, deshalb Einsatz in Kfz-Verbrennungsmotoren mit Stillständen und Kaltstarts für Haupt- und Pleuellager
Al	AlSn20Cu AlSn6Cu AlSi11Cu AlZn5Si1,5Cu 1Pb1Mg	weich härter hart hart	Al ist leicht und gut wärmeleitend, gleiche Wärmausdehnung wie bei Al-Gehäusen, die Al-Oxidschicht verhindert Adhäsion und Korrosion. Mit der Härte steigt die Dauerfestigkeit. Gerollte Buchsen oder dünnwandig auf Stahlblech gewalzt und mit galvanischer Gleitschicht versehen
Gleitschichten Overlays	PbSn10Cu2 PbSn10, PbIn7	weich	Dünne, galvanisch aufgebrachte Schichten zum Einlaufen und für Grenzreibung
Sintereisen, **Sinterbronze**	Fe mit 0,3 % C + Cu Cu mit 9...11 %Sn		Porenräume sind mit Schmierstoff gefüllt (< 30 %), das bei Erwärmung austritt. Mit Kunststoff-Gleitschicht imprägniert (PTFE, POM, PVDF)

Tabelle 15. Lagermetalle und Gleitwerkstoffe auf Cu-Basis (DKI)

Kurzname DIN EN 1982 W.-Nummer	Gießart [2]	Festigkeiten [1]			Härte HB min	Bemerkungen	Anwendungsbeispiele
		R_m	$R_{p0,2}$ MPa	A %			
CuSn12-C CC483K	-GS	260	140	12	80	Sorten mit 2 % Pb für Lager mit verbesserten Notlaufeigenschaften, dafür sind gehärtete Wellen zweckmäßig, in GZ- oder GC- Ausführung sind Lastspitzen bis max. 120 MPa zulässig	Schneckenräder und -kränze, Gelenksteine, unter Last bewegte Spindeln, Lager mit hohen Lastspitzen
	-GM	270	150	5	80		
	-GZ	280	150	5	95		
	-GC	280	140	8	90		
CuSn12Ni2-C CC484K	-GS	280	160	14	90	Wie oben mit erhöhter Zähigkeit und Verschleiß-festigkeit	Schneckenradkränze mit Stoßbeanspruchungen
	-GZ	300	180	8	100		
	-GC	300	170	10	90		
CuSn7Zn4Pb7-C CC493K	-GS	240	120	15	65	Preisgünstig, für normale Gleitbeanspruchung, gute Notlaufeigenschaften durch 5...8 %Pb. In GZ- oder GC- Ausführung sind bis zu 40 MPa zulässig (Alter Name Rg7)	Lager im Werkzeugmaschinenbau, in Baumaschinen, Schiffswellenbezüge
	-GM	230	120	12	60		
	-GZ	270	130	13	75		
	-GC	270	130	16	70		
CuSn7Pb15-C CC496K	-GS	180	90	8	60	Beste Notlaufeigenschaften bei Mangel-bzw. Wasserschmierung. In GC- Ausführung sind bis zu 70 MPa Flächenpressung zulässig	Lager mit höchsten Flächendrücken, Lager von Kaltwalzwerken, mit Kantenpressung, Motorenhauptlager
	-GZ	220	110	7	65		
	-GC	220	110	8	65		
CuZn25Al5Mn4Fe3-C CC762S	-GS	750	450	8	180	Preisgünstig, für besonders hohe statische Be-lastungen geeignet, weniger für dynamische und hohe Gleitgeschwindigkeiten. Schlechte Notlaufeigenschaft, gute Schmierung erforderlich	Gelenksteine, Spindelmuttern, die nicht unter Last verstellt werden, langsam laufende Schneckenradkränze
	-GM	750	480	8	180		
	-GZ	750	480	5	190		
	-GC	750	480	3	190		
CuAl11Fe5Ni6-C CC344G	-GS	680	320	5	170	Für höchste Stoß-und Wechselbelastung bis zu 25 MPa Flächenpressung, mäßige Notlaufeigenschaf-ten, hohe Dauerschwingfestigkeit in Meerwasser	Stoßbeanspruchte Gleitlager in Schmiedemaschinen und Kniehebelpressen, Gelenkbacken, Druckmuttern
	-GM	680	400		200		
	-GZ	750	400		185		

[1] Mittelwerte   [2] Gießart: Sandguss (-GS); Kokillenguss (-GM); Schleuderguss (-GZ); Stranguss (-GC);   [3] Alle Kupfer-Guss-Legierungen sind in DIN EN 1982 zusammengefasst.

Tabelle 14. Fortsetzung

DIN ISO 6691 Thermoplastische Kunststoffe für Gleitlager		
Beispiele		Beschreibung
Polyamide	**PA6; PA66;** **PA11, PA12**	Vielseitige Werkstoffe für Gleitlager und -elemente, zähhart, stoß-, verschleiß- und schwing- fest, Förderkettenglieder, Kupplungsteile
Polyoxymethylen,	**POM**	POM, für Mischreibung geeignet, Zahnräder
Polytetrafluorethylen	**PFTE**	PFTE, weich, kleine Reibzahl, kaltzäh, kleinste Gleitgeschwindigkeiten.
Polyimide	**PI**	PI, hart, wärmebeständig bis 350° C, z. B. Lager in Durchlauföfen

7.5 Beschichtungen und Schichtwerkstoffe

7.5.1 Allgemeines

Die Oberfläche eines Bauteils ist der Angriffsort für Verschleiß und Korrosion, in einer Oberflächen- schicht wirken meist die maximalen, meist wechseln- den Spannungen. Sie kann durch Stoffeigen- schaftändern oder Beschichten so verändert werden, dass ein einfacher, preisgünstiger Grundwerkstoff in einer bestimmten Eigenschaft „aufgerüstet" wird, um das Anforderungsprofil zu erfüllen.

Übersicht. Schichtsytem

Technologie	Funktion
Substrat, Substrat-Oberfläche	
Bauteile, Flach- oder Langprodukte, Reinheit und Rauheit durch Vorbehandlungen [1]	Strukturwerkstoff, Widerstand gegen Verformung und Bruch. Wichtig für die sichere Haftung der Schicht
Zwischenschicht	
wird aufgetragen oder ent- steht durch Diffusion bei höheren Temperaturen	Ausgleich der unterschiedlichen Wärmedehnungen von Substrat und Schicht, hemmt Risse und Abschälen
Oberflächenschicht	
durch Beschichten, Fügen oder Stoffeigenschaft- ändern hergestellt	übernimmt Schutz gegen Korro- sion, Verschleiß, wirkt als Diffu- sionssperre, Wärmedämmung

[1] DIN EN ISO 12944-4 Vorbehandlung der Oberflächen, wichtig für die Schutzdauer einer Korrosionsschicht, (verschiedene Norm- reinheitsgrade mit steigendem Aufwand); DIN EN 13507/01 Thermisches Spritzen – Vorbehandlung von Oberflächen metalli- scher Werkstücke für das thermische Spritzen.

Durch Beschichten können sehr viele metallische, keramische und polymere Werkstoffe in verfahrens- abhängigen Dicken aufgebracht werden. Die zahlrei- chen Verfahren ermöglichen es, jeden Substratwerk- stoff nahezu mit jedem Schichtwerkstoff zu kombi- nieren. Durch Stoffeigenschaftändern wird nur eine Randschicht auf die gewünschten Eigenschaften hin verändert.

Es entsteht ein System aus dem Grundwerkstoff (Substrat), einer Zwischenschicht (Interface) und der eigentlichen Schicht, die evtl. auch mehrlagig sein kann (multilayer). Für die Schichthaftung ist eine Vorbehandlung der Substratoberfläche not- wendig.

7.5.2 Eigenschaftsverbesserungen durch Ober- flächenbehandlung

Bauteile	Verfahrensbeispiele
Dauerfestigkeit	
Wellenabsätze, Federn, Wasser- und Ölpumpen	Verfestigungswalzen und -strah- len, Randschichthärten, Salzbad- nitrieren
Widerstand gegen Zerrüttung	
Zahnflanken, (Wälzlager)	Einsatzhärten, Nitrieren, Rand- schichthärten
Widerstand gegen Adhäsion	
Gleitende Bauteile	Hartverchromen, Dispersionsschichten, Umschmelzhärten, Thermisch Spritzen (Mo), Nitrieren.
Schneid- werkzeuge	PVD- und CVD-Schichten aus TiN, TiC, TiAlN u.a.
Widerstand gegen Abrasion	
Teile, in Berührung mit Fördergut, z.B. Fadenführer, Mischer- schaufeln, Ketten	Thermisches Spritzen, Auftrag- schweißen, Auflöten von Hartstoffpartikeln, Borieren
Tribooxidation	
Sitz von Nabe auf Welle	Gleitlacke mit Mo-Disulfid
Widerstand gegen Korrosion	
Stahlkonstruktionen, Blechteile,	Schmelztauchen (Zn, ZnAl, AlSi, AlZn), Galvanisch Beschichten (alle Metalle), Thermisch Spritzen (AlSi),
Glaspressformen	Thermisch Spritzen (NiCrBSi)
Thermischer Schutz (+Gleitmittel)	Turbinen- Schaufeln, Wälzlager in Ofenanlagen	Plasma-Spritzen ZrO$_2$ mit Haftschicht. Phosphatieren, hex. Bornitrid-Schichten
Verarbeitungseigenschaften	
lötfähige Schichten auf schwer lötbaren Werkstoffen	Schmelztauchen, Plattieren,
Halbzeug zur Kaltumformung	Phosphatieren, hex. Bornitrid-Schichten
Regeneration verschlissener Bauteile	
Werkzeuge, Bauteile zur Förderung und Hart- Zerkleinerung	Thermisch Spritzen oder Auftragschweißen mit Hart- legierungen

7.5.3　Verfahrensübersicht Beschichten

Beschichten (Einteilung nach DIN 8580)

durch / aus dem ... Zustand	Werkstoffe	Verfahren, Anwendungen	Dicke
flüssigen	AlSi, AlZn, Pb, Sn, ZnAl, ZnFe, SiO_2 + Oxide für Haftung/Farbe Farben, Lacke	**Schmelztauchen** zum Korrosionschutz für Halbzeuge und Bauteile aus Stahl, Temperguss (z.B. Feuerverzinken). **Emaillieren** z. Korrosionsschutz , hitzebeständig < 450° C **Anstreichen, Färben, Glasieren, Drucken,**	70 bis 120 µm
körnigpulvrigen	Legierungen, Oxide, Carbide, Nitride Thermoplaste	**Thermisch Spritzen** mit verschiedenen Wärmequellen, **Elektrostatisch Beschichten, Wirbelsintern**	0,5... 20 mm
Schweißen　　　　Löten	Stahl mit Cr Mn, Ni ,Mo Cu-, Ni-, Co-Legierungen, Ni-Hartlote +Hartstoffpartikel	**Auftragschweißen** nach verschiedenen Schweiß-Verfahren, **Auftraglöten**	2 bis 6 mm
gas/dampf-förmigen (Vakuum)	Metalle Ni, Ta, Ti, Mo Nb, W. Boride, nd Carbide, Nitride, Oxide, Silicide	**CVD-Verfahren:** Konturentreue Abscheidung von Hartstoffen als Reaktionsprodukt der zugeführten Gase bei 1200 ... 850° C, plasmaunterstützt bei nur 600 ... 300° C.	1 bis 15 µm
gas/dampf-förmigen (Vakuum)	CrN, TiC, TiN, Ti(C,N) Mehrfachschichten diamantartige C:H-Schichten gesteuerte Abscheidung ermöglicht gradierte Schichten	**PVD-Verfahren:** Ungleichmäßige Abscheidung der Reaktionsprodukte aus Katodenverdampfung oder Abstäuben (Sputtern) mit den zugeführten Gasen. Durch angelegte Spannung entstehen gerichtete Teilchenströme. Schattenwirkung erfordert Rotation der Bauteile. Prozesstemperatur bis 200 ... 500° C	1... 10 µm
Ionisierten...	Metalle, Legierungen (mit Hartstoffpartikeln). NiP, Ni/SiC, Ni/P/Diamant PFTE-Teilchen in Ni-Matrix	**Galvanisch Beschichten** zum Korrosionsschutz, zur Dekoration, (Verschleißschutz) **Chemisch Beschichten** (fremdstromlos) zum Verschleißschutz, Zylinderlaufbüchsen	1 bis 100 µm

Schicht durch Fügen aufgebracht

	Schichtwerkstoff	Grundwerkstoff (Substrat)	
Plattieren	Cu, CuMn, CuNi10Fe, CuNi30Fe, CuAl8Fe, Ni99, NiCr21Mo (Incoloy),	**Walzplattieren** zum Korrosionsschutz für Stahlbleche und Feinkornbaustähle	1bis 10 mm
	Al, AlZn1	Hochfeste Cu-haltige, Al-Legierungen	
	Ag, Al 99,5, CuAl10Ni, CuZn39Sn, CuZn20Al; Ta, Ti	**Sprengplattieren** für Bleche, auch für Kessel und Kesselböden	

Oberflächenveränderung durch Stoffeigenschaftändern ($\rightarrow$ 3.3).

überwiegend für Stahlsorten	Mechanisch: Verfestigungswalzen und -strahlen, Thermisch Randschichthärten durch Flamm-, Induktions-, Tauch- oder Umschmelzhärten, Thermochemisch Aufkohlen z.. Einsatzhärten, Nitrieren, Borieren, Chromieren, Aluminieren	0,05 bis 2 mm

7.5.4　Funktionsschichten

Zahlreiche abgewandelte CVD- und PVD-Verfahren, auch Laserverfahren, ermöglichen fast beliebige Stoffkombinationen in sehr dünnen, meist mehrlagigen Schichten mit speziellen Aufgaben.

Informationen zu Schichten im Internet unter folgenden Adressen (auch über Suchbegriffe):

Fraunhofer-Institute	www.oberflächentechnik.fhg.de
AHC-Oberflächentechnik	www.AHC-oberflächentechnik.de
Wissenstransfer Oberflächentechnik	www.surface-net.de

Funktion	Werkstoffe	Verfahren
Reibungsmindernd　　　　Antihaftschichten	Amorphe C:H-Schichten, diamantartig (DLC) 0,1...5 µm, niedrige Reibzahl, sehr hart, für Wellenoberflächen an Gleitringdichtungen, Einspritzpumpenteile C:H:Si:O-Schichten für Extrusionswerkzeuge	HF-Plasma-CVD
Verschleißschutz	Hartstoffe 0,5...5mm auf Zerspan- und Umformwerkzeuge	Laserstrahlbeschichten
Schleifwerkzeug	Polykristalliner Diamant (PKD) 9000.1000 HV für feinste Oberflächenbarbeitung	CVD
Wärmedämmung, Antireflex	Mehrlagige Schicht mit Ag-Anteil (10 nm) auf Architekturglas	HF-Plasma-CVD
Standzeiterhöhung, Werkzeuge	TiC, ZiN, Ti(CN), TiAlN, CrN, Cr_3C_2, Al_2O_3. meist mehrlagig, für Werkzeuge aus HSS-Stählen und Hartmetallen	PVD
Kratzschutz für Glas	Al-Oxid im Nanobereich	HF-Plasma-CVD

8 Prüfung metallischer Werkstoffe

Schwerpunkt des Abschnittes sind die Prüfverfahren, welche Eigenschaftskennwerte liefern, die für die Beurteilung von Werkstoffen wichtig sind. Dazu gehören auch einige Versuche über die Eignung für bestimmte Fertigungsverfahren. Wichtige Aufgaben der Werkstoffprüfung sind außerdem:

- Fehlersuche an Vormaterial und Fertigteilen (Qualitätssicherung) durch zerstörungsfreie Prüfungen,
- Überwachung der Wärmebehandlung und deren Einfluss auf das Gefüge,
- Bestimmung unbekannter Werkstoffe, Trennung von vertauschtem Material.

8.1 Prüfung der Härte

Messprinzip: Härte ist der Widerstand des Gefüges gegen das Eindringen eines härteren Prüfkörpers unter einer Prüfkraft. Am zurückbleibenden Eindruck wird ein Messwert abgenommen und daraus der Härtewert bestimmt (tabellarisch, Messinstrument).

8.1.1 Härteprüfung nach Brinell
(DIN EN ISO 6506-1/05)

Eindringkörper: Hartmetallkugeln mit 1; 2,5; 5; und 10 mm (Zeichen HBW). Der Kugel-$\varnothing$ D hängt von der Härte und der Dicke s der Probe ab. Die entstehende Kugelkalotte wird vermessen. Damit sich vergleichbare und reproduzierbare Härtewerte ergeben, sind bestimmte Prüfbedingungen genormt:

1. Die Höhe h der entstehenden Kugelkalotte (= Eindrucktiefe h) soll höchstens 1/8 der Probendicke s betragen, Die Unterlage darf den Fließvorgang beim Eindringen nicht behindern. Mindestdicke $s_{min} \geq 8\,h$! Mit der Eindrucktiefe

$$h = \left(D - \sqrt{D^2 - d^2}\right)\frac{1}{2}\,.$$

2. Die Kalotte darf nicht zu flach oder zu tief sein: Der Eindruck-$\varnothing$ d soll zwischen $0{,}24\,D$ und $0{,}6\,D$ liegen.
3. Die Messwerte sind nur dann vergleichbar, wenn zwischen den Beträgen von Prüfkraft F und dem Kugel-$\varnothing$- D im *Quadrat* ein konstantes Verhältnis besteht. Dies ist der Beanspruchungsgrad und für 5 Werkstoffgruppen festgelegt (Tabelle 1 unten).

Prüfkraft: Die am Prüfgerät einzustellende Prüfkraft F wird aus Tabellen des Normblattes entnommen, oder es wird nach Tabelle 2 rechts für den vorhandenen Werkstoff und der zu erwartenden Härte der Beanspruchungsgrad abgelesen und die Prüfkraft mit der Formel für den Beanspruchungsgrad berechnet.

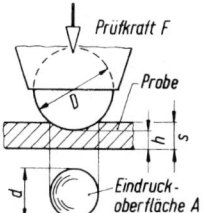

Bild 1. Härteprüfung nach Brinell

Beanspruchungsgrad

$$B = \frac{0{,}102\,F}{D^2} \Rightarrow F = \frac{BD^2}{0{,}102}$$

B	F	D
1	N	mm

Die genormten Kräfte liegen z.B. für Stähle mit dem Beanspruchungsgrad 30 zwischen 294,2 N und 29420 N.

Der Kugel-$\varnothing$ D soll so groß wie möglich gewählt werden. Danach muss nach der Härteprüfung mithilfe der Tabelle 1. festgestellt werden, ob für den ermittelten Eindruck-$\varnothing$ d die Mindestdicke kleiner ist als die Probendicke. Andernfalls ist die nächstkleinere Kugel zu verwenden.

Tabelle 1. Brinellhärteprüfung

Mindestdicke der Proben in Abhängigkeit vom mittleren Eindruck-$\varnothing$ (mm)				
Eindruck $\varnothing\,d$	Mindestdicke s der Proben für Kugel-$\varnothing$ D in mm:			
	$D = 1$	2,5	5	10
0,2	0,08			
1		0,83		
1,5		2,0	0,92	
2			1,67	
2,4			2,4	1,17
3			4,0	1,84
3,6				2,68
4				3,34
5				5,36
6				8,00

Werkstoffgruppen, Beanspruchungsgrad und erfassbarer Härtebereich		
Werkstoffe	Brinellbereich HBW	Beanspruchungsgrad
Stahl, Ni, Ti		30
Gusseisen [1]	< 140	10
	> 140	30
Cu und Legierungen	35 ... 200	10
	< 200	30
	< 35	2,5
Leichtmetalle	< 35	2,5
	35 ... 80	5/ 10/ 15
	> 80	10/15
Pb, Sn		1

[1] Nur mit Kugel 2,5; 5 oder 10 mm φ Sinterformteile nach DIN EN 24 498-1

Messwert: Am Prüfling wird der Durchmesser d der entstehenden Kalotte (Eindruck-$\varnothing$) ausgemessen, bei unrunden Eindrücken als Mittelwert aus zwei Durchmessern, die senkrecht aufeinander stehen. Dabei ist eine Genauigkeit von $\pm\,0,5$ % erforderlich, damit der Härtewert nicht mehr als $\pm\,1$ % unsicher ist.

Härtewert:

$$\text{Brinellhärte HBW} = \frac{\text{Prüfkraft } F}{\text{Eindruckoberfläche } A}$$

$$= \frac{0,204\,F}{\pi\,D\left(D - \sqrt{D^2 - d^2}\right)}$$

HBW	F	D,d
–	N	mm

Zur schnellen Ermittlung des Härtewertes werden Tabellen benutzt. Die Härtewerte sind nur dann vergleichbar, wenn sie unter gleichen Prüfbedingungen ermittelt wurden. Von der Standardmessung abweichende Prüfbedingungen müssen deshalb im Kurzzeichen enthalten sein. Die Kraft wird darin mit dem 0,102-fachen der wirklichen Prüfkraft eingesetzt.

Kurzzeichen und Bedeutung:

Kurzzeichen	Härte	$\varnothing$ D / Prüfkraft F	Einwirkdauer
350 HBW	350	10 mm / 29420 N Standardmessung ohne Angaben	10 ... 15 s Standard-messung
120 HBW 5/250/30	180	5 mm / 250/0,102 F = 2252 N	30 s

Für unterperlitische Stähle besteht eine durch Versuche ermittelte angenäherte Beziehung zwischen der Brinellhärte HBW und der Zugfestigkeit R_m aus dem Zugversuch:

$$R_m \approx 3,5 \text{ HBW } 10/3000 \text{ mit } R_m \text{ in MPa}$$

Anwendungsbereiche:
a) Härtemessung an Werkstoffen mittlerer Härte bis zu 650 HBW.
b) Härtemessung an Werkstoffen mit harten und weicheren Gefügebestandteilen. Dabei erfasst die 10 mm-Kugel viele Phasen und ergibt eine mittlere Härte (Lagermetalle, Gusseisen).
c) Nachprüfung der Zugfestigkeit an wärmebehandelten Teilen ohne wesentliche Beschädigung.

Das Verfahren ist nicht geeignet zu Härtemessung an dünnen, harten Oberflächenschichten.

8.1.2 Härteprüfung nach Vickers
(DIN EN ISO 6507-1/05)

Eindringkörper: Vierseitige Diamantpyramide mit 136° Spitzenwinkel.

Prüfkraft: Die Kraft ist ohne Einfluss auf den Härtewert, wenn der Eindruck mehrere Kristalle erfasst.

Bereich	Kraftbereich in N	Kurzzeichen
Vickers-Härteprüfung	$980 \geq 49,03$	HV30 – HV 5
Kleinkrafthärte-prüfung	$49,03 \geq 1,961$	HV 5 – HV 0,2
Mikrohärteprüfung	$1,961 \geq 0,0980$	HV 0,2 – HV 0,01

Bevorzugt angewandte Kräfte sind Bild 2 zu entnehmen. Damit die Schicht nicht in den Grundwerkstoff eingedrückt wird, muss sie mindestens das 1,5-fache der Eindruckdiagonalen an Dicke aufweisen. Die Prüfkraft kann aus Bild 2 abgelesen werden, wenn Prüfdicke und zu erwartende Härte bekannt sind.

Ablesebeispiel: Blech von $s = 1$ mm Dicke und einer Härte von etwa 300 HV. Der Schnittpunkt der beiden Koordinaten im Diagramm verläuft oberhalb der Kurve 2 (490 N), also ist eine Prüfkraft von $F = 490$ N geeignet; sie würde auch für einen weicheren Werkstoff der Dicke 1 mm bis herunter zu einer Härte von 200 HV zulässig sein.

Messwert: Mittelwert der beiden Eindruckdiagonalen. Die Ablesegenauigkeit soll 2 µm betragen. Je härter der Prüfling, umso geringer die Rautiefe der Probenoberfläche.

Härtewert:

$$\text{Vickerhärte HV} = \frac{\text{Prüfkraft } F}{\text{Eindruckoberfläche } A}$$

$$\text{HV} = 0,189\,F/d^2$$

HV	F	d
1	N	mm

Normalbereich		Kleinlastbereich	
Kurzzeichen	Prüfkraft F in N	Kurzzeichen	Prüfkraft F in N
HV 5	49,03	HV 0,2	1,961
HV 10	98,07	HV 0,3	2,942
HV 20	196,10	HV 0,5	4,903
HV 30	294,20	HV 1	9,807
HV 50	490,30	HV 2	19,610
HV 100	980,70	HV 3	29,420

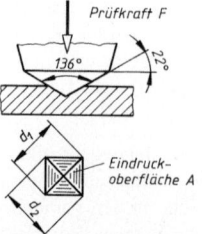

Bild 2. Härteprüfung nach Vickers

Kurzzeichen und Bedeutung:

Kurzzeichen	Härte	Prüfkraft F	Einwirkdauer
640 HV 30	640	30 /0,102 = 294 N	10 ... 15 s normal, wird nicht angegeben
180 HV 50/30	180	50 / 0,102 = 490 N	30 s

Anwendungsbereich: Die Härteprüfung nach Vickers ist sehr genau und hat den breitesten Messbereich. Besonders geeignet für dünne, harte Randschichten, wie sie durch Borieren, Hartverchromen, Nitrieren oder Beschichten hergestellt werden.

8.1.3 Härteprüfung nach Rockwell
(DIN EN ISO 6508-1/06)

Der Härtewert wird direkt an einem Tiefenmessgerät (Messuhr) abgelesen. Die Prüfzeit ist kurz, das Verfahren lässt sich automatisieren.

Eindringkörper: Diamantkegel mit 120° Spitzenwinkel, auch Stahlkugel mit $d = 1,587$ oder $3,175$)

Prüfkraft: Sie ist unterteilt in eine Prüfvorkraft F_0 und eine Prüfkraft F_1.

Messverfahren: Der Eindringkörper ist mit einem Tiefenmessgerät gekoppelt. Er wird stoßfrei unter Wirkung der Prüfvorkraft F_0 auf den Prüfling aufgesetzt. Diese Stellung ist Bezugspunkt der Tiefenmessung (Messbasis in Bild 3.). Die Dicke des Prüflings soll das 10-fache der Eindringtiefe betragen.

Unter Wirkung der Prüfkraft F_1 dringt der Diamantkegel in ewa 5 s tiefer in den Prüfling ein. Nach Stillstand der Bewegung wird die Prüfkraft F_1 abgeschaltet, der Werkstoff federt zurück, der Diamantkegel wird etwas angehoben. Die Prüfvorkraft F_0 hält ihn in Kontakt mit dem Eindruck. Jetzt wird abgelesen.

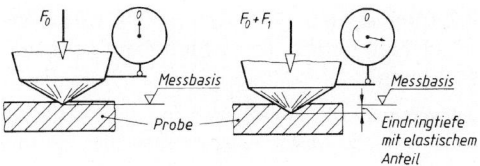
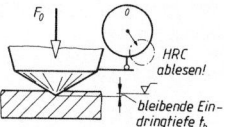

Bild 3. Härteprüfung nach Rockwell

Messwert, Härtewert: Die Messuhr zeigt dann die *bleibende* Eindringtiefe t_h an. Sie ist ein Maß für die Rockwellhärte. Für Werkstoffgruppen unterschiedlicher Härte und Probendicke sind verschiedene Rockwell-Messverfahren entwickelt worden. Tabelle 2 zeigt die wichtigsten mit den zugehörigen Daten.

8.1.4 Vergleich der Härtewerte

Umrechnungen der verschiedenen Härtewerte sind nicht möglich. Durch Versuchsreihen wurden Beziehungen ermittelt und in Umwertungstabellen DIN EN ISO 18265/04 festgelegt. Sie vergleichen die Vickershärte HV mit den Werten nach HBW, HRB, HRC, HRA und HRN und gelten für un- und niedriglegierte Stähle und Stahlguss, jedoch nicht für hochlegierte und kaltverfestigte Stähle aller Art. Angenäherte Beziehungen sind:

a) Zwischen Brinell- und Vickershärte:
    HBW ≈ 0,95 HV,
b) Für härtere Stähle bis zu $R_m < 2000$ MPa gilt:
    $R_m = 3,4$ HV (errechnet),
c) Die Rockwellhärte HRC beträgt im Bereich
    200 < HV > 400 etwa 0,1 dieser Werte.

Tabelle 2. Rockwell-Verfahren (Auswahl)

Prüfverfahren mit Diamantkegel						mit Hartmetallkugel	
Kurzzeichen	**HRC**	**HRA**	**HR 15N**	**HR 30 N**	**HR45 N**	**HRB**	**HRF**
Prüfvorkraft F_0 in N	98		29,4			98	
Prüfkraft F_1	1373	490	117,6	264,6	411,6	882	490
Gesamtkraft F	1471	588	147	294	441	980	588
Messbereich	20 ... 70	20 ... 88	70 ... 94	42 ... 86	20 ... 77	20 ... 100	60 ... 100
Härteskale in mm	0,2		0,1			0,2	
Werkstoffe	Stahl, gehärtet, angelassen	Wolfram-Blech > 0,4 mm	Dünne Proben > 0,15 mm, kleine Prüfflächen, dünne Oberflächenschichten			Stahl, CuZn-Leg. CuSn-Leg.	St-Fein-Blech, CuZn weich
Berechnung der Rockwellhärten	HRC, HRA = 100 – 500 t_h t_h in mm		HRN = 100 – 100 t_h t_h in mm			HRB/HRF = 130 – 500 t_h t_h in mm	

Die verschiedenen Härtewerte sind nicht miteinander vergleichbar.

8.2 Zugversuch (DIN EN 10002-1/01 Verfahren für RT, Teil 5 für höhere Temperaturen)

Zugversuch: Die Probe unterliegt einer stetig zunehmenden, einachsigen Zugbeanspruchung bis zum Bruch.

Hookesche Gerade. (elastischer Bereich) Linearer Anstieg der Spannung über der Dehnung, Spannung und Dehnung sind proportional, es gilt das

$$\text{Hooke'sches Gesetz} \qquad \sigma = E\,\varepsilon;$$

bis zur Proportionalitätsgrenze σ_P (wird nicht ermittelt). Danach überproportionale Dehnung bis zum ersten Maximum, der *oberen* Streckgrenze R_{eH}, Werkstoff fließt mit evtl. schwankender Spannung. Relatives Minimum ist die *untere* Streckgrenze R_{eL}. danach Anstieg der Kurve (Kaltverfestigung) bis zum Maximum.

Von da ab örtlich Querschnittsverminderung (Einschnürung) mit fallender Kraft bis zum Bruch.

Tabelle 3. Zugversuch, Werkstoffkennwerte

Werkstoffkennwerte Formel [1]	Bemerkungen
E-Modul E $E = \sigma/\varepsilon$	E-Modul errechnet sich aus dem Hook'schen Gesetz : $\sigma = E\,\varepsilon$ aus zwei zugeordneten Werten im elastischen Bereich. Ideale Spannung, welche die Dehnung 1, d.h. $\Delta L = L_0$ bewirken würde
Zugfestigkeit R_m $R_m = F_{max}/S_0$	F_{max} liegt beim Maximum der Kurve. Rechnerische Größe zum Werkstoffvergleich.
Streckgrenze R_e (R_{eH}) $R_e = F_S/S_0$	Im Diagramm mit der ersten Unstetigkeit (relatives Maximum) verknüpft. Genauer als obere Streckgrenze R_{eH} bezeichnet. Merkmal für Baustähle, im Kurzzeichen enthalten
0,2%- Dehngrenze $R_{p0,2}$ $R_{p0,2} = F_{0,2}/S_0$	$F_{0,2}$ ist die Kraft, welche die Probe um 0,2% von L_0 verlängert, entlastet gemessen und ermittelt, wenn keine erkennbare Streckgrenze vorliegt und meist auch unter Streckgrenze tabelliert.
Bruchdehnung A $A = L_u - L_0/L_0$ (Angaben in %)	L_u ist der Abstand der Messmarken an der Zugprobe nach dem Bruch. A ist Mittelwert aus Gleichmaßdehnung A_g (ε_{gl}) und Einschnürdehnung A_q (ε_q)
Brucheinschnürung Z $Z = S_0 - S_u/S_0$ (Angaben in %)	S_u ist die Bruchfläche, aus dem Mittelwert von zwei Durchmessern, senkrecht zueinander, errechnet.

[1] Berechnung F in N, S in mm^2; E, R, σ in MPa

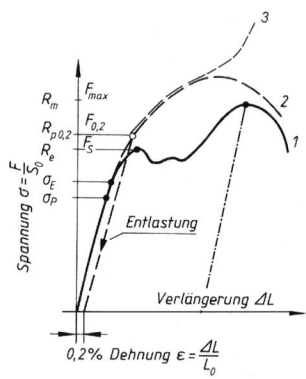

Bild 4. Spannungs-Dehnungs-Diagramm
1 weicher Stahl mit Streckgrenze,
2 gehärteter Stahl ohne erkennbare Steckgenze,
3 Verlauf der wahren Spannung.

Zugproben. Der Versuch wird mit Zugproben durchgeführt, die aus einer Versuchslänge mit konstantem Querschnitt bestehen und verdickten Einspannköpfen an den Enden (Schulter-, Gewindeköpfe und Köpfe für Beißbacken). Das Verhältnis zwischen Messlänge L_0 und Durchmesser d_0 ist festgelegt: $L_0/d_0 = 5$. (Bild 5).

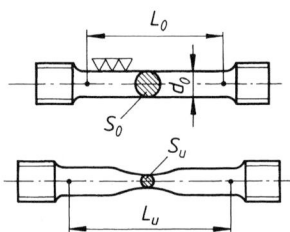

Bild 5. Zugprobe

L_0 Messlänge; d_0 Anfangsdurchmesser; S_0 ursprünglicher Querschnitt; L_u Messlänge nach dem Bruch; S_u Querschnitt nach dem Bruch

Normen für Probestäbe:
Gusseisen DIN EN 1561/97, Temperguss DIN EN 1562/97, Druckguss DIN 50148/75

Versuchsablauf: Die Zugprobe wird *biegungsfrei* in die Spannvorrichtung der Prüfmaschine eingesetzt und langsam bis zum Bruch gedehnt. Die Spannungszunahme soll 10 N/mm^2 je Sekunde nicht überschreiten. Es werden zugeordnete Werte von Zugkraft und Verlängerung gemessen und als Kraft-Verlängerung-Diagramm aufgezeichnet. Durch Division der Kraftwerte mit dem Anfangsquerschnitt und der Verlängerung mit der Ausgangslänge entsteht daraus das Spannungs-Dehnungs-Diagramm. Wenn das Verhältnis $L_0/d_0 = 5$ gewahrt wird, ist es von den Abmessungen der Probe unabhängig.

8.3 Kerbschlagbiegeversuch
(DIN EN 10045-1/04)

Untersuchung des Werkstoffes auf seine Verformungsfähigkeit unter fließbehindernden Bedingungen.

Als Fließbehinderung wirken:

Schlag	Gekerbte Proben	
Sehr kurze Verformungszeit	Kleines Verformungsvolumen	Dreiachsiges Spannungssystem im Kerbgrund

Gemessen wird die zum Zerbrechen genormter Proben benötigte Arbeit KV. Probenformen unterscheiden sich durch ihre Länge und die Art der Kerbe: Spitzkerben für zähe, Rundkerben für weniger zähe Werkstoffe. DIN 50115 gibt besondere Probenformen an (Flachkerb- und Kleinprobe).

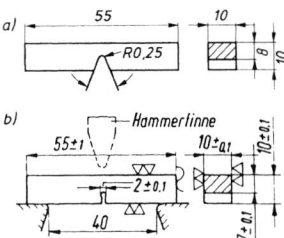

Bild 6. Kerbschlagproben
a) Normalprobe mit Spitzkerb, b) ältere DVM-Probe

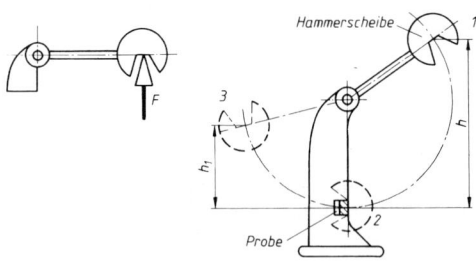

Bild 7. Kerbschlagbiegeversuch mit Pendelschlagwerk und Ermittlung der Kraft F

Versuchsablauf: Durchführung auf Pendelschlagwerken DIN 51222. Die Probe wird im tiefsten Punkt der Pendelbahn (Bild 7) als Träger auf zwei Stützen mittig von der Hammerscheibe des Pendels auf Biegung beansprucht und zerschlagen. Die *Lageenergie* W_p in der Ausgangsstellung des Pendels (Höhe h) wird durch die verbrauchte Schlagarbeit vermindert, sodass das Pendel nur bis zur Höhe h_1 weiterschwingt. In der Stellung 3 besitzt es *die Überschussenergie* $W_ü$.

Auswertung: Die Schlagarbeit KV ist Differenz der Energien:

Kerbschlagarbeit KV

$$KV = W_p - W_ü = F(h - h_1)$$

KV, W	F	h, h_1
J	N	m

F ist die Stützkraft bei waagerechter Stellung des Pendels gemessen (Bild 7). Neben der Probenform und der Hammergröße sind die Messwerte wesentlich von der Temperatur abhängig.

Angaben der Kerbschlagarbeit enthalten die Probenform und das Arbeitsvermögen der Prüfmaschine, das normal 300 J beträgt und nur bei Abweichungen hinter das Symbol KV, (KU) gesetzt wird.

■ **Beispiel:**
KV = 40 J: Spitzkerbprobe / mit 300 J;
KU 100 = 20 J: Rundkerbprobe / mit 100 J
gemessen

Kerbschlagarbeit-Temperaturkurve
(Bild 8) Während kubisch- flächenzentrierte Metalle bis zu tiefen Temperaturen keine Änderung der Zähigkeit zeigen, besitzen die kubisch- raumzentrierten einen Steilabfall im Bereich der Übergangstemperatur $T_ü$. Die Lage des Steilabfalls wird vom Gefügezustand beeinflusst und ist durch Wärmebehandlung verschiebbar.

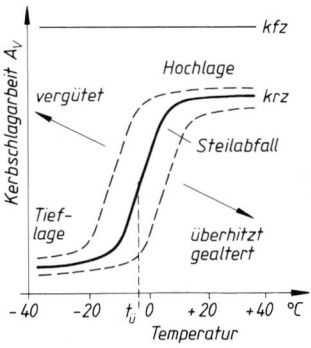

Bild 8. Kerbschlagarbeit-Temperaturkurve

Anwendungen	Erläuterungen
Wärmebehandlung	Kontrolle, bei Überhitzung oder Anlass-Sprödigkeit ergeben sich niedrige Werte
Stahlsorten nach DIN EN 10025	Stahlgüten werden durch Anhängesymbole JR, J0, J2 unterschieden, welche auf die Prüftemperatur des Versuches hinweisen (Tabelle 3-14), ebenso bei Feinkornbaustählen DIN EN 10025-3 und -4, Längs- und Querproben bei – 60° C)
Sichtprüfung	
Verformungsbruch	Bruchfläche zerklüftet mit Stauch- und Zugzonen an den Rändern, Zeichen für zähen Werkstoff
Trennungsbruch	Bruchfläche eben mit glatten Rändern, Zeichen für spröden Werkstoff

8.4 Prüfung der Festigkeit bei höheren Temperaturen

Die Festigkeiten metallischer Werkstoffe werden durch Mechanismen wie Mischkristallverfestigung u.a. (Tabelle 2.5) bewirkt, die aber nur bis zu Temperaturen von ca. 0,4 T_m (K) stabil sind. Für Stähle ist das ein Bereich von 200 ... 350° C. Hier ist die Berechnungsgrundlage für Konstruktionen die Warmstreckgrenze nach DIN EN 10002-5. Der Zugversuch wird dabei mit beheizten Zugproben durchgeführt.

Bei langzeitig mechanischer Beanspruchung unter Temperaturen > 0,4 T_m (K) sind die Festigkeiten zeitabhängig, der Werkstoff hält nur noch eine bestimmte Zeit lang stand, die von der Beanspruchung abhängt. Ursache ist das *Kriechen*, eine langsame plastische Formänderung unter Last. Sie führt zu Maßänderungen und später zum Bruch. Die Kriechgeschwindigkeit steigt mit der Spannung und der Temperatur.

Kriechursachen: Bei diesen Temperaturen wird eine Kaltverfestigung (Behinderung der Versetzungsbewegungen) durch ständige Rekristallisation aufgehoben, ebenso die Korngrenzenverfestigung, da Korngrenzengleiten auftritt. Dadurch sind grobkörnige Gefüge günstiger. Weiter wirksam ist die Teilchenverfestigung, wenn ihre Größe und Verteilung bei den hohen Temperaturen stabil sind.

Zeitstandversuche: Aufwändige Langzeitversuche (bis zu 10^5 h $\approx$ 15 Jahre) an Zugproben mit konstanten Temperaturen- und Belastungen. In Abständen werden die Dehnungen gemessen bzw. der Bruch festgestellt. Aus vielen Proben *eines* Werkstoffs unter verschiedenen Beanspruchungen bei konstanter Temperatur ergibt sich das Zeitstandfestigkeitsschaubild (Bild 9). Es können z.B. abgelesen werden:

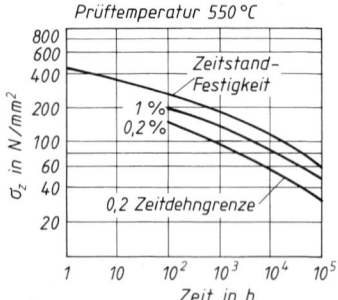

Bild 9. Zeitstandfestigkeits-Schaubild des Stahles 24CrMoV5-5 für 550° C

■ **Ablesebeispiel:**

Zeitstandfestigkeiten	R_m $10^5/550$ = 60 MPa
	R_m $10^3/550$ = 180 MPa
Zeitdehngrenze	$R_{p0,2}$; $10^3/550$ = 90 MPa
	R_{p1}; $10^5/550$ = 80 MPa

Zeitdehngrenze ist die Zugspannung, welche die bleibende Dehnung (Index) hervorruft, wenn die

Spannung die Zeit t (Index) bei der Temperatur T in °C (Index) konstant wirkte.

8.5 Prüfung der Festigkeit bei schwingender Beanspruchung

Bei dynamischer Beanspruchung von Bauteilen (Festigkeitslehre 8.3) geht der Ansatz der zulässigen Spannung nicht mehr von der Streckgrenze aus, sondern von der Dauerfestigkeit der jeweiligen Beanspruchungsart. Sie wird in Dauerversuchen an Proben mit polierter Oberfläche ermittelt.

8.5.1 Ermittlung der Biegewechselfestigkeit aus dem Umlaufbiegeversuch (DIN 50113)

Zum Versuch sind 6 ... 10 Proben des gleichen Werkstoffs, Form und Bearbeitung erforderlich. Im Versuch wird die Probe wie eine umlaufende Welle auf Biegung beansprucht. Sie ist einseitig eingespannt und trägt die Prüfkraft F als Kraglast (Bild 10). Im gefährdeten Querschnitt tritt das maximale Biegemoment auf. Die Biegespannung ändert sich sinusförmig mit der Drehung, sodass mit einer Umdrehung ein Schwingspiel mit Zug- und Druckspannungen durchlaufen wird.

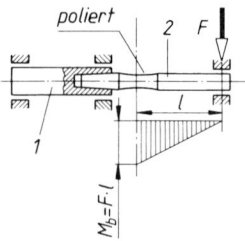

Bild 10. Umlaufbiegeversuch; 1 Spindel mit Aufnahmekonus, 2 Probe mit aufgestecktem Lager als Angriffspunkt der Kraft F, die das Biegemoment im eingezogenen Querschnitt erzeugt.

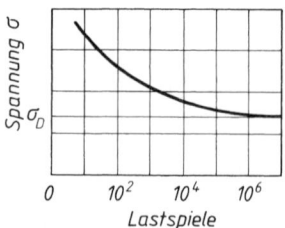

Bild 11. Wöhlerkurve

Die Schwingspiele bis zum Bruch werden gezählt, weitere Proben mit gestuften kleineren Spannungen geprüft. Aus den Messwerten ergibt sich die Wöhlerkurve (Bild 11). Sie wird bei hohen Lastspielen flacher und nähert sich einem *Grenzwert* der Spannung, der sog. Dauerfestigkeit, hier als Biegewechselfestigkeit σ_{bW} bezeichnet. Es ist die Spannung, die sich aus der Wöhlerkurve für etwa 10^7 Schwingspiele ergibt. Für Stahl verläuft ab 10^7 Schwingspiele die Kurve waagerecht. Bei Versuchen genügt es, diese Schwing*spielzahl* zu erreichen. Für andere Metalle liegt sie höher. Jede andere Oberflächenbeschaffenheit als *poliert* setzt die Zahl der ertragbaren Lastspiele herab, d.h. senkt die Dauerfestigkeit, ebenso wie Kerben und Wellenabsätze. Kerbwirkungszahlen lassen sich durch Versuche mit gekerbten, abgesetzten oder quergebohrten Wellen ermitteln ($\rightarrow$ Festigkeitslehre 8.3).

8.5.2 Andere Dauerversuche

Dauerversuche unter ständigem *Korrosionsangriff* ergeben Wöhlerkurven ohne waagerechten Auslauf, eine Dauerfestigkeit ist nicht bestimmbar, es gibt nur *Zeitfestigkeiten*.

Weitere Dauerversuche arbeiten mit schwellenden oder wechselnden Zug-, Druck-, Biege oder Torsionsspannungen und entsprechend geformten Proben. Dabei werden die Mittelspannungen ebenfalls gestuft. Aus vielen Messreihen kann das Dauerfestigkeitsschaubild für einen Werkstoff gezeichnet werden.

8.5.3 Dauerfestigkeitsschaubild (nach Smith, Spannungsbegriffe $\rightarrow$ Festigkeitslehre)

Es zeigt für steigende Mittelspannungen, (X-Achse) die Ober- und Unterspannungen (y-Achse) die vom Werkstoff ertragbar sind, ohne dass es zu Dauerbrüchen kommt. Die Aufnahme eines solchen Schaubildes ist sehr aufwändig, es kann auch angenähert ermittelt werden. Erforderlich sind die Werte von Streckgrenze, Schwell- und Wechselfestigkeit.

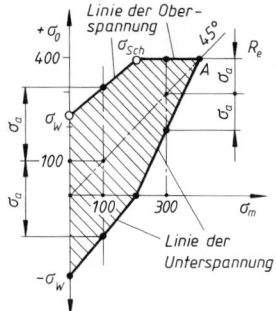

Bild 12. Dauerfestigkeitsschaubild

■ **Beispiel:**
Streckgrenze R_e = 400 MPa,
Zugschwellfestigkeit σ_{zSch} = 400 MPa,
Zugwechselfestigkeit σ_{zW} = 240 MPa.

Ordinate und Abszisse haben gleichen Maßstab. σ_{zW} auf der Ordinate nach oben und unten, σ_m auf der Abszisse auftragen. σ_{zSch} wird über der zugehörigen Mittelspannung $\sigma_m = \sigma_{zW} / 2 = 200$ MPa aufgetragen.

Die Punkte werden geradlinig verbunden. Da die Oberspannung die Streckgrenze nicht überschreiten darf, wird das Diagramm durch die Waagerechte bei R_e = 400 MPa begrenzt. Das gilt auch für die Mittelspannung σ_m, sodass sich Punkt A ergibt. Die Linie der Unterspannung ergibt sich aus der Gleichheit der Spannungsausschläge σ_a nach oben und unten.

8.6 Untersuchung von Verarbeitungseigenschaften

Eigenschaft	Beschreibung
Technologischer Biegeversuch DIN EN ISO 7438/05	
Eignung zum Kaltumformen bei RT	Proben der Dicke *a* sollen sich um einen Dorn von 0,5...3*a* $\varnothing$ um 180° ohne Zugrisse an der Außenseite falten lassen
Tiefungsversuch DIN EN ISO 20482/03	
Eignung zum Tiefziehen, Korngröße, Anisotropie	Genormtes Werkzeug zieht ein Näpfchen mit 20 mm-Kugel bis zum ersten Anriss auf der Außenseite. *Tiefungswert* ist der Kugelweg. Für Feinblechgüten sind bestimmte dickenabhängige Tiefungswerte gewährleistet.
Stirnabschreckversuch DIN EN ISO 642/00	
Härtbarkeit, Durchhärtung, Einhärtung,	Die auf Härtetemperatur erhitzte Probe wird mit einer Blende nur an der Stirnseite abgeschreckt, sodass zum Einspannende hin die Abschreckwirkung und Härte sinken (Bild 13).
Ergebnis vieler Versuche ist ein *Band*, da die Einhärtung je nach Analyse und Austenitisierung schwankt. Solche Bänder sind Teil der Normen für Einsatz-und Vergütungsstähle.	
Kurzangabe: J 35/43-15: In einem Abstand 15 mm von der Stirnfläche soll die Härte zwischen 35 und 43 HRC liegen.	

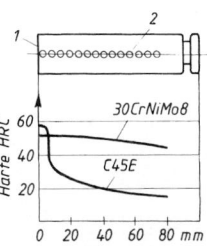

Bild 13. Stirnabschreckprobe und -kurve (Jominy)
1 Stirnfläche, 2 Härteprüfeindrücke

8.7 Zerstörungsfreie Werkstoffprüfung

Werkstofffehler wie z.B. Lunker, Gasblasen, Sandeinschlüsse oder Risse in Gussteilen oder Doppelungen in Walz- und Schmiedeteilen, sowie Risse durch Schleifen oder Härten und Schmieden müssen ohne Probenahme direkt am Werkstück geortet werden, ohne dass das Teil Schaden erleidet. Dazu sind durchdringende Medien geeignet wie z.B. Schall, Magnetfelder oder Strahlen sehr kurzer Wellenlänge. Die verschiedenen Verfahren haben Anwendungsgrenzen, sie überschneiden sich teilweise in den Anwendungsbereichen. Tabelle 4 gibt eine Gegenüberstellung der Verfahren.

Tabelle 4. Übersicht, zerstörungsfreie Werkstoffprüfung

Prüfprinzip	Erzeugung der Prüfmedien	Fehleranzeige	Anwendungen
Magnetische Verfahren			
Magnetische Kraftlinien werden an querliegenden Fehlern gestört, d.h. nach außen gelenkt und erzeugen dort ein Streufeld. Wirbelströme, im Prüfling durch eine stromdurchflossene Spule erzeugt, werden von chemischer Zusammensetzung, Gefügezustand und Fehlern beeinflusst. Es führt zu einer Änderung des Scheinwiderstandes der Spule.	*Prüfling* ist Teil eines magnetischen Kreises (Jochmagnetisierung) oder Kern einer Spule (Spulenmagnetisierung) Nachweis von Querrissen in der Randschicht. *Prüfling* ist Leiter in einem Stromkreis (Selbstdurchflutung) und besitzt ein schraubenförmiges Feld. Nachweis von Längs- und Querrissen. *Prüfling* liegt im Wechselfeld einer Spule.	Magnetpulver (Fe/Fe$_3$O$_4$) in Öl fließt über den Prüfling. Am Streufeld richten sich die Teilchen nach den Kraftlinien aus (Brückenbildung). Bei fehlerfreiem Werkstoff keine Markierung. Tastspule wird über die Oberfläche geführt, Streufelder induzieren Ströme, die Ton- oder Bildschirmsignale erzeugen. Änderung der Spulendaten durch Änderung des Kurvenbildes am Oszillographen erkennbar. Vergleich mit fehlerfreiem Prüfling erforderlich.	*Magnetpulverprüfung* für Stahlteile mit blanker Oberfläche: Wellen, Achsen, Lenkungsteile auf Härte-, Schleif- oder Schmiederisse in Oberfläche bzw. Randzone. Magnetinduktive Prüfung für metallische Werkstoffe auf Risse, Einschlüsse, Porosität. Sortierung nach Legierungsarten (Verwechselungsprüfung) Wärmebehandlung (Einhärtungstiefe). Dickenmessung an Rohren, Folien und Beschichtungen am laufenden Halbzeug.
Ultraschall-Verfahren			
Schallwellen werden in Stoffen an Grenzflächen reflektiert und laufen geschwächt weiter. Als Grenzflächen wirken innere Fehler wie Seigerungen und Gefügeunterschiede. Nachweis des reflektierten Schalls (Echo) oder Messung des geschwächten Signals und Vergleich mit fehlerfreiem Werkstück gleicher Dicke.	**Schwingquarze** (piezoelektrischer Effekt) oder **Magnetschwinger** (magnetostriktiver Effekt) werden elektrisch mit 0,5...25 MHz erregt. Prüfkopf wird mit Pasten, Öl oder Wasser an die Oberfläche des Prüflings angekoppelt.	Impuls-Echo-Verfahren: Prüfkopf mit Schwinger ist Sender von Impulsen (1...10 sµ Dauer), in den Pausen Empfänger der Signale, die von Oberfläche, Rückwand oder dem Fehler mit Zeitabstand reflektiert und auf Bildschirm als Zacken abgebildet werden. Aus der Laufzeit kann die Tiefenlage des Fehlers bestimmt werden. Prüfling braucht nur von einer Seite aus zugänglich zu sein!	*Schweißnahtprüfung* (mit Winkelköpfen), Prüfung von Klebverbindungen, Halbzeugen (Doppelungen), große Schmiede- und Gussteile auf Einschlüsse, Schmiede- und Flockenrisse im Innern. *Periodische Kontrolle* hochbelasteter Maschinenteile, z.B. Schienen. Radsätze und Wellen von Bahnfahrzeugen, Turbinenwellen, Kranhaken. *Wanddickenmessung* an korrodierten Blechen
Durchstrahlungsverfahren			
Kurzwellige Strahlen (Wellenlänge < Atomabstand) durchdringen die Materie und führen zu verschiedenen physikalischen Erscheinungen.	**Röntgenröhren**: bis 400 kV: Stahl bis 150 mm. **Betatron**: *bis* 30 MeV Stahl bis 500 mm. **Radioisotope** Co 60 (γ-Strahler) Cs 137 Ir 192 Ähnlich Röntgenröhren	Filme erleiden an Fehlstellen stärkere Schwärzung: Abbild des Fehlers, aber keine Anzeige der Tiefenlage. Leuchtschirmbetrachtung: Fluoreszierende Stoffe wandeln Röntgenstrahlen in sichtbares Licht: Prüfung erscheint als dunkles Schattenbild auf hellem Schirm (Schwächung), Fehler ergeben hellere Flächen. Prüfung kann bewegt werden. Röntgenbild-Verstärkerröhre macht Fernübertragung möglich, keine Strahlenbelastung	Prüfung von Guss- und Schmiedeteilen aus Stahl (bis zu 150 mm), Aluminium (bis zu 250 mm). Schweißnahtprüfung (zur Dokumentation) Die Bestimmungen des Strahlenschutzes sind zu beachten.

Erscheinung	Anwendung
Schwächung der Strahlen	Grobstrukturprüfung. Fehlerortung
Beugung an Gitterebenen	Feinstrukturprüfung, Kristallgitter
Anregung der Atome zur Eigenstrahlung	Röntgenspektralanalyse, Fluoreszens (Leuchtschirm)

Eindringverfahren (Penetrierverfahren) zur Ortung von Rissen, die von der Oberfläche ausgehen. Sie arbeiten mit geringem Geräteaufwand und sind für alle Werkstoffe geeignet.

Prüfprinzip	Risse saugen infolge der Kapillarwirkung Flüssigkeiten auf
Prüfmittel:	Dünnflüssige Lösungen zum Streichen, Sprühen oder Tauchen
Anzeige:	Nach Entfernen des überschüssigen Prüfmittels tritt mithilfe eines Entwicklers die im Riss verbliebene Flüssigkeit dunkel, farbig oder im UV-Licht fluoreszierend hervor und kann fotografiert werden.

Literaturhinweise, Informationsquellen

Autor	Titel

Gesamtdarstellungen

Askeland. D.R.:	Materialwissenschaften. Spektrum Verlag 1996
Bargel/Schulze (Hrsg.):	Werkstoffkunde. VDI-Verlag 2004
Bergmann, W.:	Werkstofftechnik. Hanser-Verlag 1987
Gräfen, H. (Hrsg.):	Lexikon Werkstofftechnik. VDI-Verlag 1991
Hornbogen, E.:	Werkstoffe. Springer-Verlag 1987
Ilschner, B.:	Werkstoffwissenschaften. Springer-Verlag 1982
Ruge, J.:	Technologie der Werkstoffe. Verlag Vieweg 1998
Schatt, W (Hrsg.):	Einführung in die Werkstoffwissenschaft. VEB-Verlag Leipzig 1981
Weber, A.(Hrsg):	Neue Werkstoffe. VDI-Verlag1989
Weißbach,W.:	Werkstoffkunde und Werkstoffprüfung. Verlag Vieweg 2001
Wellinger-Krägeloh:	Werkstoffe und Werkstoffprüfung. rororo-Technik-Lexikon, Rohwohlt 1971

Chemie

Kohaupt, B.:	Praxiswissen Chemie für Techniker und Ingenieure. Verlag Vieweg 1995
Scheipers, P. (Hrsg.):	Chemie, Grundlagen, Anwendungen, Versuche. Verlag Vieweg 1993

Stahl und Eisen

Zeitschrift: Stahl und Eisen	Stahleisen-Verlag, Düsseldorf
Bohlbrinker, A.-K.:	Stahlfibel. Beratungsstelle für Stahlverwendung, Verlag Stahleisen 1989
Hougardy; H.:	Die Umwandlung und Gefüge der Stähle. Verlag Stahleisen 1990
Taube, K.:	Stahlerzeugung kompakt. Verlag Vieweg 1998
Bürgel, Ralf:	Handbuch Hochtemperatur-Werkstofftechnik. Verlag Vieweg 1998
DIN TB 218/01	Werkstofftechnologie. Wärmebehandlung
VDEh (Hrsg.):	Stahl Eisen Liste. Verlag Stahleisen 1994

Gusseisenwerkstoffe

Zeitschrift: Konstruieren und Gießen (K + G)		ZGV-Zentrale für Gussverwendung, Düsseldorf	
Feinguss für alle Industriebereiche	K+G, 1983/3+4	Duktiles Gusseisen, Temperguss	K + G,
Feingießen, Geschichtliche Entwicklung und heutige Herstellung	K+G, 1993/2	Schweißkonstruktionen mit Temperguss	1983/1 + 2
			K + G, 1995/2,
Gusseisen mit Kugelgraphit	K+G, 1988/1	Gusseisen mit Vermiculargraphit	K + G, 1991/1
Bainitisches Gusseisen mit Kugelgraphit	K+G, 1986/4	Stahlguss, Herstellung, Eigenschaften und Verwendung	K + G, 1988/4
Wärmebehandlung von Gusseisen mit Lamellen- oder Kugelgraphit	K+G, 1996/2	Austenitisches Gusseisen	K + G, 1993/3
		Niedrigleg. Graphit. Gusswerkstoffe	K + G, 1987/1

Werkstoffe allgemein

VDI-Berichte	1235	Neue Werkstoffe im Automoblbau.	VDI-Verlag 1995
	1151	Effizienzsteigerung durch innovative Werkstofftechnik	VDI-Verlag 1995
	1080	Leichtbaustrukturen und leichte Bauteile	VDI-Verlag 1994
	797	Ingenieur-Werkstoffe. VDI-Verlag 1990	
Aluminium-Taschenbuch		Aluminium-Verlag 1997	
DIN Taschenbücher		450: Stangen, Rohre, Profile, Drähte; 451: Bänder, Bleche, Platten, Folien usw.;	
450/98; 451/02; 452/02		452: Al-Guss, Schmiedestücke, Vormaterial. Beuth-Verlag	
Kupfer- und Kupferlegierungen		Informationsschriften des Deutschen Kupfer-Instituts DKI	
DIN TB 456/00; 457/00		456: Stangen, Profile, Rohre; 457: Bleche, Bänder, Ronden. Beuth-Verlag	
Magnesium-Taschenbuch		Aluminium-Verlag 2000	
Titan		Informationen über www.deutschetitan.de	

Kunststoffe

Domininghaus, H.:	Eigenschaften der Kunststoffe. Hanser-Verlg 1986
Menges, G.:	Werkstoffkunde Kunststoffe. Hanser 2002
Saechtling	Kunststoff Taschenbuch. Hanser 2001
Hellerich/Harsch/Haenle	Werkstoffführer Kunststoffe. Hanser-Verlag 1996

Verschiedenes

Zapf/Dalal/Silbereisen:	Die Pulvermetallurgie. Vorlesungsreihe, Fachverband Pulvermetallurgie
DIN TB 247/01	Pulvermetallurgie. Metallpulver, Sintermetalle, Hartmetalle. Beuth-Verlag
Czichos/Habig:	Tribologie Handbuch. Verlag Vieweg, 1992
Singer, E.:	Brennstoffe, Kraftstoffe, Schmierstoffe. Schroedel 1980
Leonhardt/Ondracek, (Hrsg.):	Verbundwerkstoffe und Werkstoffverbunde. DGM-Verlag 1993
VDI-Bericht 965.1 und 2	Verbundwerkstoffe und Werkstoffverbunde. VDI-Verlag 1992
Kaesche, H.:	Korrosion der Metalle. Springer 1999
DIN TB 219/95	Korrosion und Korrosionsschutz. Beuth-Verlag
Pursche, G. (Hrsg.):	Oberflächenschutz vor Verschleiß. Verlag Technik Berlin 1990
Steffen, H.-D./Wilden, J. (Hrsg)	Moderne Beschichtungsverfahren. DGM-Verlag 1996
Müller, K-P.:	Lehrbuch Oberflächentechnik. Verlag Vieweg 1996

Werkstoffprüfung

DIN TB 19/00; TB 56/00	Materialprüfnormen für metallische Werkstoffe 1 und 2. Beuth-Verlag
Krautkrämer, J./H.:	Werkstoffprüfung mit Ultraschall. Springer-Verlag 1987
Macherauch, E.:	Praktikum in Werkstoffkunde. Verlag Vieweg 1992
Schumann, H.:	Metallographie. VEB Verlag für Grundstoffindustrie, Leipzig 1983
VDI-Berichte 1194	Härteprüfung in Theorie und Praxis. VDI-Verlag 1995

Werkstoff-Fachverbände (Herausgeber von Informationsschriften über Werkstoffe)

Name, Anschrift	Tel.	Fax	Internet http:\\...
Aluminium-Zentrale. Am Bonneshof 5, 40474 Düsseldorf	0211/4796200	0211/4796410	www.aluminiumzentrale.de
DGM Deutsche Gesellschaft für Materialkunde. Hamburger Allee 26, 60486 Frankfurt	069/7917750	069/7917733	www.dgm.de
DECHEMA, Dt. Ges. für chem. Apparatewesen. PF 15 01 04, 60061 Frankfurt/Main	069/75640	069/7564201	www.dechema.de
Deutsches Kupfer-Institut, Am Bonneshof 5, 40474 Düsseldorf	0211/4796300	0211/4796310	www.kupferinstitut.de
FPM Fachverband Pulvermetallurgie Goldene Pforte 1, 58093 Hagen	02331/958817	02331/51046	www.fpm-wsm-net.de
Fraunhofer-Gesellschaft. Zahlreiche Institute			www.fraunhofer.de
Informationsstelle Edelstahl Rostfrei. Sohnstraße 65, 40237 Düsseldorf	0211/6707835	0211/6707344	www.edelstahl-rostfrei.de
Informationszentrum Technische Keramik, PF 16 24, 95090 Selb	09287/91234	09287/70492	www.keramverband.de
Stahl-Informationszentrum PF 10 48 42 40039 Düsseldorf	0211/6707846	0211/6707344	www.stahlinfo.de www.stahlforschung.de
VDEh, Verein Deutscher Eisenhüttenleute Sohnstraße 65, 40237 Düsseldorf	0211/67070	0211/6707310	www.vdeh.de
VDI-Gesellschaft Werkstofftechnik. PF 10 11 39, 40002 Düsseldorf	0211/6214536	0211/6214160	www.technikwissen.de
ZGV-DVG Zentrale für Gussverwendung. PF 10 19 61, 40010 Düsseldorf	0211/68710		www.dgv.de
Initiative Zink i.d. Wirtschaftsvereinigung Metalle Am Bonneshof 5, 50474 Düsseldorf	0211/4796176	0211/4796415	www.initiative-zink.de

F Thermodynamik

Heinz Wittig

Formelzeichen und Einheiten

A	m^2	Fläche
C	$\dfrac{W}{m^2\,K^4}$	Strahlungszahl
c	$\dfrac{J}{kg\,K}$	spezifische Wärmekapazität
E	J	Energie
H	J	Enthalpie
h	$\dfrac{J}{kg}$	spezifische Enthalpie
k	$\dfrac{W}{m^2\,K}$	Wärmedurchgangskoeffizient
l	m	Länge
M	$\dfrac{kg}{kmol}$	molare Masse
m	kg	Masse
n	1	Polytropenexponent
p	$Pa = \dfrac{N}{m^2}$	Druck
Q	J	Wärme
q	$\dfrac{J}{kg}$	spezifische Wärme
R_i	$\dfrac{J}{kg\,K}$	spezielle Gaskonstante des Stoffes i
r	1	Raumanteil
S	$\dfrac{J}{K}$	Entropie
s	$\dfrac{J}{kg\,K}$	spezifische Entropie

T	K	Temperatur (thermodynamische Temperatur)
t	s	Zeit
U	J	innere Energie
u	$\dfrac{J}{kg}$	spezifische innere Energie
V	m^3	Volumen
υ	$\dfrac{m^3}{kg}$	spezifisches Volumen
W	J	Arbeit
w	$\dfrac{J}{kg}$	spezifische Arbeit
α_l	$\dfrac{1}{K}$	Längenausdehnungskoeffizient
α_v	$\dfrac{1}{K}$	Volumenausdehnungskoeffizient
α	$\dfrac{W}{m^2\,K}$	Wärmeübergangskoeffizient
ϵ	1	Emissionsgrad
η	1	Wirkungsgrad
ϑ	$°C$	Celsius-Temperatur
κ	1	Isentropenexponent
λ	$\dfrac{W}{mK}$	Wärmeleitfähigkeit
μ	1	Massenanteil
ρ	$\dfrac{kg}{m^3}$	Dichte

1 Grundbegriffe

1.1 Temperatur

Die Temperatur ist ein Maß für den Vorrat an (thermischer) innerer Energie eines thermodynamischen Systems. Sie ist eine physikalische Basisgröße. Mit der Temperatur verbinden sich subjektive Wahrnehmungen zur Beschreibung der Warmheit eines stofflichen Körpers (z.B. kalt, warm).

Das natürliche Wärmeempfinden des Menschen kann über die Höhe der vorliegenden Temperatur keine hinreichend zuverlässige Aussage machen. Temperaturen werden deshalb mit geeigneten Messgeräten gemessen. Als Basiseinheit ist im Internationalen Einheitssystem das Kelvin (Kurzzeichen: K) festgelegt, Temperaturen können auch in Grad Celsius (Kurzzeichen: °C) angegeben werden.

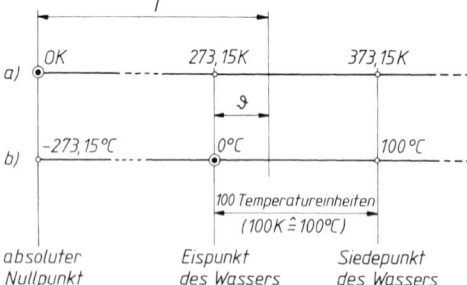

Bild 1. Temperaturskalen
a) Kelvin-Skala, b) Celsius-Skala

Die Temperatureinheiten ergeben sich aus den Temperaturskalen. Diese Temperaturskalen lehnen sich in der Festlegung ihrer Fixpunkte an bestimmte physikalische Vorgänge an, die unter gleichen physikalischen Bedingungen stets bei derselben Temperatur ablaufen.

Die *Kelvin-Skala* (Bild 1a) nach William Thomson (Lord Kelvin, England, 1824 – 1907) besitzt als Skalennullpunkt den absoluten Nullpunkt. Sie wird auch als Skala der absoluten Temperaturen oder als thermodynamische Temperaturskala bezeichnet.

Die *Celsius-Skala* (Bild 1b) nach Anders Celsius (Schweden, 1701 – 1744) und Carl von Linné (Schweden, 1707 – 1778) verwendet als Fixpunkte den Eispunkt und den Siedepunkt des Wassers. Nullpunkt dieser Temperaturskala ist der Eispunkt des Wassers. Der durch diese Fixpunkte begrenzte Warmheitsbereich ist in 100 Temperatureinheiten unterteilt (1 Temperatureinheit = 1 Grad Celsius = 1 °C). Celsius-Temperaturen treten je nach Warmheit als positive oder negative Zahlenwerte auf und werden wegen des willkürlich gewählten Skalennullpunktes als *relative* Temperaturen bezeichnet. Sie erhalten das Formelzeichen ϑ.

Auch die Kelvin-Skala unterteilt den Bereich zwischen Eispunkt und Siedepunkt des Wassers in 100 Temperatureinheiten (1 Temperatureinheit = 1 Kelvin = 1 K). Damit erhalten die Temperatureinheiten der Kelvin-Skala und der Celsius-Skala die gleiche Größe (1 K = 1 °C). Die Kelvin-Temperaturen sind als Zahlenwerte stets positiv. Sie werden als *thermodynamische* Temperaturen bezeichnet und erhalten das Formelzeichen T.

Für ein ideales Gas ergibt sich der absolute Nullpunkt bei – 273,15 °C (siehe Bild 1)

Für die Umrechnung von Temperaturwerten gelten die Zahlenwertgleichungen

$$T = \vartheta + 273,15 \qquad (1)$$
$$\vartheta = T - 273,15 \qquad (2)$$

T	ϑ
K	°C

■ **Beispiel:**
Bei der Abkühlung von Quecksilber stellt sich bei einer Temperatur von 7,22 K die Supraleitfähigkeit ein. Diese Temperatur soll in Grad Celsius umgerechnet werden.

Lösung:
$$\vartheta = T - 273,15 = 7,22 - 273,15$$
$$= -265,93 \ °C$$

■ **Beispiel:**
Im Verlaufe der Ladungskompression im Innern des Zylinders eines Otto-Motors wird das eingeholte Gemisch auf eine Temperatur von 520 °C erwärmt. Diese Kompressionstemperatur soll in Kelvin umgerechnet werden.

Lösung:
$$T = \vartheta + 273,15 = 520 + 273,15$$
$$= 793,15 \ K$$

1.2 Druck

Der auf die Flächeneinheit entfallende Teil einer belastenden Kraft F wird allgemein als *Druck p* bezeichnet ($p = F / A$, A belastete Fläche).

Werden Kräfte zwischen festen Körpern ausgetauscht, so tritt ein solcher Druck an der gemeinsamen Berührungsfläche auf. Er wird hier als Flächenpressung bezeichnet. Flüssigkeiten üben Kräfte auf die umgebenden Gefäßwände aus und rufen so Seitendrücke und Bodendrücke hervor.

Der Druck ist eine besonders wichtige Einflussgröße bei der Betrachtung von Gaszuständen. Gase haben wegen der freien Beweglichkeit ihrer Moleküle bzw. Atome die Eigenschaft, jeden dargebotenen Raum gleichmäßig auszufüllen. Der gasförmige Stoff kann daher überhaupt nur durch die umgebenden Wände eines Behälters auf engerem Raum zusammengehalten werden. Dabei stoßen die schwingenden Gasteilchen von innen her gegen den Behälter und üben dadurch kurzzeitig Kräfte auf die festen Wände aus.

Diese Kräfte summieren sich bei der großen Anzahl der auftreffenden Teilchen zu einer stetigen Krafteinwirkung und damit zum Druck des Gases gegen die Behälterwände. Die Größe des Drucks wird dabei von der Anzahl der Gasteilchen bestimmt, die pro Zeiteinheit auf die Flächeneinheit der Wand auftreffen.

Gas- und Flüssigkeitsdrücke misst man mit Manometern, den Druck der atmosphärischen Luft (Atmosphärendruck) mit dem Barometer. Als Druckeinheit ist im Internationalen Einheitensystem die SI-Einheit Pascal (Kurzzeichen: Pa) festgelegt, 1 Pa ist der auf eine Fläche von 1 m^2 gleichmäßig wirkende Druck, wenn senkrecht zur Fläche die Kraft 1 N ausgeübt wird.

$$1\ \text{Pa} = 1\ \frac{\text{N}}{\text{m}^2} = 1\ \frac{\text{kg}}{\text{s}^2\,\text{m}} = 1\ \text{kg s}^{-2}\,\text{m}^{-1}$$

Als weitere Druckeinheit ist nach dem Einheitengesetz das Bar (Kurzzeichen: bar) zugelassen.

$$1\ \text{bar} = 10^5\ \text{Pa} = 10^5\ \frac{\text{N}}{\text{m}^2}$$

Bei der Bestimmung der Druckgrößen wird zwischen *absoluten* und *relativen* Drücken unterschieden.

Der absolute Druck p_{abs} (Absolutdruck) ist auf $p = 0$ (Vakuum von 100 %) bezogen. Relative Drücke beziehen sich als atmosphärische Druckdifferenz auf den jeweils herrschenden (veränderlichen) Atmosphärendruck p_{amb} der umgebenden Luft. Sie werden als Überdruck p_e bezeichnet (siehe Bild 2).

$$p_e = p_{abs} - p_{amb} \tag{3}$$
$$p_{abs} > p_{amb} \Rightarrow p_e > 0\ (\text{positiv})$$
$$p_{abs} < p_{amb} \Rightarrow p_e < 0\ (\text{negativ})$$
$$p_{abs} = p_{amb} \Rightarrow p_e = 0$$

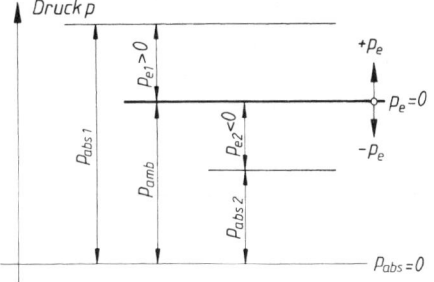

Bild 2. Absolute und relative Drücke

Ist der absolute Druck eines Gases kleiner als der Atmosphärendruck p_{amb} der umgebenden Luft, so spricht man in bestimmten Anwendungsbereichen (Vakuumtechnik) auch von einem Vakuum unterschiedlicher Prozentigkeit (Vak %). Ein Vakuum von 100 % liegt dann vor, wenn der absolute Druck gleich null ist.

$$\text{Vak \%} = -\frac{p_e}{p_{amb}} \cdot 100 \tag{4}$$
$$p_{abs} = p_{amb} \cdot \left(1 - \frac{\text{Vak \%}}{100}\right) \tag{5}$$

■ **Beispiel:**
Das Manometer eines Dampfkessels zeigt einen Überdruck von $p_e = 15{,}3$ bar an. Der Druck der umgebenden Luft wurde mit Hilfe eines Barometers mit $p_{amb} = 990$ hPa $= 990$ mbar $= 0{,}99$ bar gemessen. Welcher absolute Druck herrscht im Innern des Dampfkessels?

Lösung:
$$p_{abs} = p_e + p_{amb} = 15{,}3\ \text{bar} + 0{,}99\ \text{bar}$$
$$p_{abs} = 16{,}29\ \text{bar}$$

■ **Beispiel:**
Ein Luftverdichter saugt Luft von $p_{e1} = -0{,}147$ bar (Zustand 1) an und verdichtet sie auf $p_{e2} = 10$ bar (Zustand 2). Der Barometerstand beträgt $p_{amb} = 905$ hPa $= 905$ mbar $= 0{,}905$ bar. Wie groß sind die absoluten Drücke vor und nach der Verdichtung?

Lösung:
$$p_{abs}\,1 = p_{e1} + p_{amb} = -0{,}147\ \text{bar} + 0{,}905\ \text{bar}$$
$$p_{abs}\,1 = 0{,}758\ \text{bar}$$
$$p_{abs}\,2 = p_{e2} + p_{amb} = 10\ \text{bar} + 0{,}905\ \text{bar}$$
$$p_{abs}\,2 = 10{,}905\ \text{bar}$$

■ **Beispiel:**
Ein plattenförmiges Werkstück soll auf einer Flachschleifmaschine bearbeitet werden und wird auf einer Vakuum-Spannplatte gespannt. Die Vakuumpumpe des Spanngerätes erzeugt unter dem aufliegenden Werkstück ein 90 %iges Vakuum. Der Atmosphärendruck beträgt 1 010 hPa $= 1\,010$ mbar $= 1{,}01$ bar. Welcher absolute Druck herrscht unter dem gespannten Werkstück?

Lösung:
$$p_{abs} = p_{amb} \cdot \left(1 - \frac{\text{Vak \%}}{100}\right) = 1{,}01\ \text{bar} \cdot \left(1 - \frac{90}{100}\right)$$
$$p_{abs} = 0{,}101\ \text{bar}$$

1.3 Volumen

Jeder feste, flüssige oder gasförmige Stoff wird durch seine Stoffmenge repräsentiert. Diese Stoffmenge nimmt stets einen bestimmten Raum ein. Diesen Raum bezeichnet man als das Volumen des Stoffes. Das *Volumen V* wird durch die Volumeneinheit Kubikmeter (Kurzzeichen: m^3) ausgedrückt.

$$1\ \text{m}^3 = 10^3\ \text{dm}^3 = 10^6\ \text{cm}^3 = 10^9\ \text{mm}^3$$

Bei Flüssigkeiten ist als Volumeneinheit auch das Liter (Kurzzeichen: l) zugelassen.

$$1\ \text{l} = 1\ \text{dm}^3$$

Das Volumen fester und flüssiger Stoffe hängt praktisch nur von Art und Menge des Stoffes ab. Die Stofftemperatur ist nur von geringem Einfluss und kann meist vernachlässigt werden. Der umgebende Druck wirkt sich auf das Stoffvolumen praktisch nicht aus.

Bei den zusammendrückbaren Gasen besteht eine starke Abhängigkeit des Volumens auch von Druck und Temperatur. Bezieht man die Rauminhalte auf gleiche Werte von Druck und Temperatur, so sind diese Gasvolumen ebenfalls nur von Gasart und Gasmenge abhängig. Übliche Werte von Druck und Temperatur sind die Größen des *physikalischen Normzustandes* (0 °C = 273,15 K und 1,013 25 bar). Das Volumen eines Gases im Normzustand bezeichnet man als *Normvolumen V_n*.

Das Volumen fester und flüssiger Stoffe und das Normvolumen eines Gases sind ein Maß für die jeweilige Stoffmenge.

Das massenbezogene Volumen ist das *spezifische Volumen v*.

$$v = \frac{V}{m}$$

v	V	m
$\dfrac{m^3}{kg}$	m^3	kg

(6)

Bei festen und flüssigen Stoffen ist das spezifische Volumen praktisch nur von der Stoffart abhängig.

Bei Gasen hängt das spezifische Volumen erst dann nur von der Gasart ab, wenn es auf den Normzustand bezogen wird. Diese Größe bezeichnet man als das *spezifische Normvolumen v_n*.

$$v_n = \frac{V_n}{m}$$

v_n	V_n	m
$\dfrac{m^3}{kg}$	m^3	kg

(7)

Der Kehrwert (Reziprokwert) des spezifischen Volumens ist die *Dichte ρ* des Stoffes.

$$\rho = \frac{1}{v} = \frac{m}{V}$$

ρ	m	V
$\dfrac{kg}{m^3}$	kg	m^3

(8)

Bei festen und flüssigen Stoffen ist die Stoffdichte praktisch nur von der Stoffart abhängig.

Bei Gasen hängt die Dichte erst dann nur von der Gasart ab, wenn sie auf den Normzustand bezogen wird. Diese Größe bezeichnet man als die *Normdichte ρ_n*.

$$\rho_n = \frac{1}{v_n} = \frac{m}{V_n}$$

ρ_n	m	V_n
$\dfrac{kg}{m^3}$	kg	m^3

(9)

Tabelle 1. Spezifisches Volumen und Dichte von Gasen im Normzustand

Gasart	chemisches Kurzzeichen	$v_n \dfrac{m^3}{kg}$	$\rho_n \dfrac{kg}{m^3}$
Kohlendioxid	CO_2	0,506	1,977
Kohlenoxid	CO	0,800	1,250
Luft	–	0,774	1,293
Methan	CH_4	1,396	0,717
Sauerstoff	O_2	0,700	1,429
Stickstoff	N_2	0,799	1,251
Wasserdampf	H_2O	1,243	0,804
Wasserstoff	H_2	11,111	0,090

Das stoffmengenbezogene Volumen ist das *molare Volumen V_m*

$$V_m = \frac{V}{n}$$

V_m	V	n
$\dfrac{m^3}{kmol}$	m^3	$kmol$

(10)

Durch die Einführung spezifischer und molarer Größen werden thermodynamische Betrachtungen von Masse und Stoffmenge und damit von der Systemgröße unabhängig.

Spezifisches Volumen v und molares Volumen V_m sind über die molare Masse M miteinander verknüpft.

$$V_m = v M \tag{11}$$

Bezieht man die molaren Volumen von Gasen auf gleiche Werte von Druck und Temperatur, so ergeben sich Zahlenwerte von annähernd gleicher Größe. Entsprechen die gemeinsamen Bezugsgrößen den Werten des physikalischen Normzustandes, so gilt für das *molare Normvolumen V_{mn}* aller idealen Gase

$$V_{mn} = v_n M \approx 22.414 \; \frac{m^3}{kmol}$$

■ **Beispiel:**
Gegeben ist eine Sauerstoffmenge von 25 kg im Normzustand. Die auf diesen Zustand bezogene Dichte des Gases beträgt ρ_n = 1,429 kg/m³.
a) Wie groß ist das spezifische Volumen v_n des Gases?
b) Welches Volumen V_n nimmt dieses Gas ein?

Lösung:

a) $v_n = \dfrac{1}{\rho_n} = \dfrac{1}{1,429 \frac{kg}{m^3}}$

$v_n = 0,7 \dfrac{m^3}{kg}$

b) $V_n = m \, v_n = 25 \, kg \cdot 0,7 \, \dfrac{m^3}{kg}$

$V_n = 17,5 \; m^3$

■ **Beispiel:**

Gegeben sind 0,5 m³ Acetylen (C_2H_2) im Normzustand.
a) Wie groß sind das spezifische Normvolumen und die Normdichte?
b) Welche Gasmenge (ausgedrückt in kg) ist in einem Raum von 0,5 m³ enthalten?

Lösung:

a) $V_{mn} = v_n M$, $M = 26 \dfrac{\text{kg}}{\text{kmol}}$

$$v_n = \frac{V_{mn}}{M} = \frac{22,4 \frac{\text{m}^3}{\text{kmol}}}{26 \frac{\text{kg}}{\text{kmol}}} = 0,862 \frac{\text{m}^3}{\text{kg}}$$

$$\rho_n = \frac{1}{v_n} = \frac{1}{0,862 \frac{\text{m}^3}{\text{kg}}} = 1,16 \frac{\text{kg}}{\text{m}^3}$$

b) $m = \dfrac{V_n}{v_n} = \dfrac{0,5 \text{ m}^3}{0,862 \frac{\text{m}^3}{\text{kg}}} = 0,58 \text{ kg}$

1.4 Spezifische Wärmekapazität

Die *spezifische Wärmekapazität c* ist die massenbezogene Wärme (oder auch Dissipationsarbeit), die einem thermodynamischen System über die Systemgrenze hinweg zuzuführen ist, um ohne Änderung des bestehenden Aggregatzustandes die Temperatur um 1 K (= 1 °C) zu erhöhen.
Soll die Temperatur T_1 eines Systems (hier eines Stoffes) mit der Masse m auf T_2 erhöht werden ($T_2 > T_1$), dann ergibt sich die zuzuführende Wärme Q aus

$$Q = m c (T_2 - T_1)$$
oder $\quad Q = m c (\vartheta_2 - \vartheta_1)$

Q	m	c	T	ϑ	(12)
J	kg	$\dfrac{\text{J}}{\text{kg K}} = \dfrac{\text{J}}{\text{kg °C}}$	K	°C	

Das Produkt $m c$ ist die *Wärmekapazität* des Systems mit der Masse m.
Wird einem System Wärme entzogen (Abkühlung), dann gilt die Gleichung (12) sinngemäß. Da aber $T_2 < T_1$ ist, wird der Zahlenwert für die abzuführende Wärme dann negativ ($Q < 0$).
Die Gleichung (12) kann in der angegebenen Form nur dann benutzt werden, wenn die spezifische Wärmekapazität über den in Rechnung zu setzenden Temperaturbereich $T_1 \dots T_2$ bzw. $\vartheta_1 \dots \vartheta_2$ konstant ist. Im Allgemeinen wird die spezifische Wärmekapazität mit zunehmender Temperatur aber größer. Die Kurve $c = f(\vartheta)$ lässt erkennen, dass die spezifische Wärmekapazität bei jedem Temperaturwert ϑ eine andere Größe besitzt und unter diesen Umständen nur in einem sehr kleinen Temperaturintervall $\Delta\vartheta$ als praktisch konstant angesehen werden kann (siehe Bild 3).

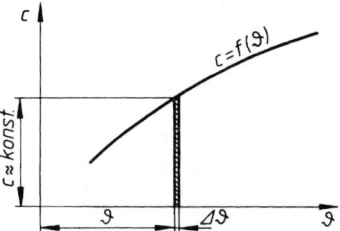

Bild 3. Angenommener Verlauf der spezifischen Wärmekapazität in Abhängigkeit von der Temperatur

Erstreckt sich eine Berechnung über einen größeren Temperaturbereich $\vartheta_1 \dots \vartheta_2$ so muss mit einer *mittleren* spezifischen Wärmekapazität c_m gerechnet werden. Wird die spezifische Wärmekapazität in Abhängigkeit von der Temperatur ϑ zeichnerisch dargestellt, so ergibt sich der Mittelwert c_m als Höhe eines Rechteckes, dessen Flächeninhalt dem der Fläche A unter der Kurve $c = f(\vartheta)$ entspricht (Bild 4). Die Fläche ist ein Maß für die spezifische Wärme q.

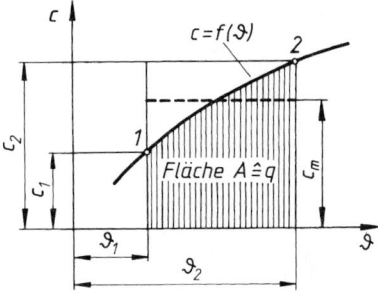

Bild 4. Bestimmung der mittleren spezifischen Wärmekapazität

Für Überschlagsrechnungen kann bei nicht zu großen Temperaturunterschieden mit hinreichender Genauigkeit der arithmetische Mittelwert aus den wahren spezifischen Wärmekapazitäten bei den Grenztemperaturen ϑ_1 und ϑ_2 eingesetzt werden.
In Tabellen wird häufig die mittlere spezifische Wärmekapazität $c_{m\,0-\vartheta}$ zwischen 0 °C und einer beliebigen Temperatur ϑ angegeben. Aus diesen Tabellenwerten kann die mittlere spezifische Wärmekapazität $c_{m\,1-2}$ für jeden beliebigen Temperaturbereich $\vartheta_1 \dots \vartheta_2$ ermittelt werden.

Herleitung (siehe Bild 5):

$$q_{1-2} = c_{m\,1-2}\,(\vartheta_2 - \vartheta_1)$$
$$q_{0-1} = c_{m\,0-1}\,(\vartheta_1 - 0)$$
$$q_{0-2} = c_{m\,0-2}\,(\vartheta_2 - 0)$$
$$q_{1-2} = q_{0-2} - q_{0-1}$$
$$c_{m\,1-2}\,(\vartheta_2 - \vartheta_1) =$$
$$= c_{m\,0-2}\,(\vartheta_2 - 0) - c_{m\,0-1}\,(\vartheta_1 - 0)$$
$$c_{m\,1-2}\,(\vartheta_2 - \vartheta_1) = c_{m\,0-2}\,\vartheta_2 - c_{m\,0-1}\,\vartheta_1.$$

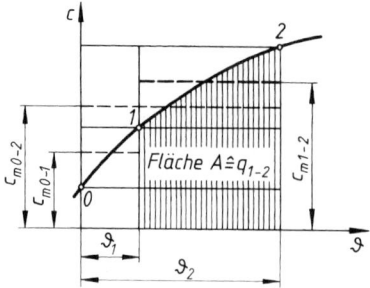

Bild 5. Bestimmung der mittleren spezifischen Wärmekapazität $c_{m\,1-2}$ aus den Mittelwerten $c_{m\,0-1}$ und $c_{m\,0-2}$

Aus der Herleitung ergibt sich *die mittlere spezifische Wärmekapazität für den Temperaturbereich* $\vartheta_1 \ldots \vartheta_2$

$$c_{m\,1-2} = \frac{c_{m\,0-2}\,\vartheta_2 - c_{m\,0-1}\,\vartheta_1}{\vartheta_2 - \vartheta_1}$$

$$\begin{array}{c|c} c & \vartheta \\ \hline \dfrac{J}{kg\,K} = \dfrac{J}{kg\,°C} & °C \end{array} \tag{13}$$

Die Temperaturabhängigkeit der spezifischen Wärmekapazität ist bei festen und flüssigen Stoffen verhältnismäßig gering. In den einschlägigen Tabellen werden daher für diese Stoffe Mittelwerte (c_m) angegeben, die für relativ große Temperaturbereiche gelten (siehe Tabelle 2).

Tabelle 2. Mittlere spezifische Wärmekapazität c_m fester und flüssiger Stoffe zwischen

0 °C und 100 °C in $\dfrac{J}{kg\,K} = \dfrac{J}{kg\,°C}$

Aluminium	913	Kork	2010	Steinzeug	775
Beton	1005	Kupfer	389	Ziegelsteine	921
Blei	130	Marmor	879	Alkohol	2428
Eichenholz	2386	Messing	385	Azeton	2303
Eis	2052	Nickel	444	Benzol	1842
Eisen (Stahl)	461	Platin	134	Glyzerin	2428
Fichtenholz	2721	Quarzglas	724	Maschinenöl	1675
Glas	795	Quecksilber	138	Petroleum	2093
Graphit	879	Sandstein	921	Schwefelsäure	1382
Gusseisen	544	Schamotte	795	Wasser	4187
Kieselgur	879	Silber	234		

Die einem geschlossenen System (z.B. einem Stoff) bei isobarer Erwärmung (*p* konstant) zugeführte Wärme dient nicht nur zur Erhöhung der (thermischen) inneren Energie. Durch die mit der Erwärmung verbundene Volumenvergrößerung (Wärmeausdehnung) muss ein Teil der zugeführten Wärme zur Verrichtung der Volumenänderungsarbeit (als Raumschaffungsarbeit) gegen den Widerstand des

umgebenden Drucks abgezweigt werden. Diese Arbeit wird über die Systemgrenze hinweg an die Umgebung abgegeben.

Bei festen und flüssigen Stoffen kann diese Raumschaffungsarbeit wegen der hier nur geringen Wärmedehnung vernachlässigt werden. Für Gase werden dagegen unterschiedliche c-Werte (c_p bzw. c_v) verwendet.

c_v spezifische Wärmekapazität bei konstantem Volumen

c_p spezifische Wärmekapazität bei konstantem Druck ($c_p > c_v$)

Für ideale Gase gilt:

$c_p - c_v$ $= R_i$ (spezielle Gaskonstante)

c_p / c_v $= \kappa$ (Isentropenexponent)

Das Verhältnis κ der spezifischen Wärmekapazitäten erscheint bei der Behandlung der isentropen Zustandsänderung idealer Gase als Isentropenexponent. Das Verhältnis ist besonders bei mehratomigen Gasen temperaturabhängig. Eine geringe Druckabhängigkeit besteht bei realen Gasen.

Tabelle 3. Verhältnis der spezifischen Wärmekapazitäten $\dfrac{c_p}{c_v}$ bei 0 °C

Kohlenoxid	CO	1,402
Kohlendioxid	CO_2	1,30
Luft	–	1,40
Methan	CH_4	1,32
Sauerstoff	O_2	1,40
Stickstoff	N_2	1,40
Wasserdampf	H_2O	1,33
Wasserstoff	H_2	1,405

Zur Bestimmung genauerer Zahlenwerte der spezifischen Wärmekapazitäten für Gase werden Tabellen für *wahre* spezifische Wärmekapazitäten (Tabelle 4) oder für die *mittleren* spezifischen Wärmekapazitäten (Tabelle 5) benutzt.

Tabelle 4. Wahre spezifische Wärmekapazität bei $\vartheta\,°C$ in $\dfrac{J}{kg\,K}$ nach *Justi* und *Lüder*

ϑ in °C	CO	CO_2	Luft	CH_4	O_2	N_2	H_2O	H_2
0 c_p	1 038	708	1 005	2 156	913	1 038	1 855	14 235
c_v	741	519	716	1 637	653	741	1 394	10 111
100 c_p	1 047	921	1 009	2 453	934	1 047	1 880	14 444
c_v	749	733	720	1 934	674	749	1 419	10 320
200 c_p	1 059	996	1 026	2 797	963	1 055	1 934	14 528
c_v	762	808	737	2 278	703	758	1 474	10 404
300 c_p	1 080	1 068	1 047	3 174	996	1 068	1 989	14 570
c_v	783	879	758	2 654	737	770	1 528	10 446
400 c_p	1 105	1 122	1 068	3 500	1 026	1 093	2 056	14 612
c_v	808	934	779	2 981	766	795	1 595	10 488
500 c_p	1 130	1 164	1 093	3 814	1 051	1 118	2 119	14 696
c_v	833	976	804	3 295	791	821	1 658	10 572
600 c_p	1 160	1 202	1 114	4 086	1 076	1 139	2 186	14 779
c_v	862	1 013	825	3 567	816	842	1 725	10 655
700 c_p	1 181	1 231	1 135	4 333	1 089	1 164	2 257	14 947
c_v	883	1 043	846	3 814	829	867	1 796	10 823
800 c_p	1 202	1 256	1 156	4 543	1 101	1 181	2 328	15 114
c_v	904	1 068	867	4 024	842	883	1 867	10 990
900 c_p	1 218	1 277	1 168	4 760	1 114	1 202	2 395	15 324
c_v	921	1 089	879	4 241	854	904	1 934	11 200
1 000 c_p	1 231	1 294	1 185	4 945	1 122	1 214	2 458	15 533
c_v	934	1 105	896	4 425	862	917	1 997	11 409

Tabelle 5. Mittlere spezifische Wärmekapazität zwischen 0 °C und $\vartheta\,°C$ in $\dfrac{J}{kg\,K}$ nach *Justi* und *Lüder*

ϑ in °C	CO	CO_2	Luft	CH_4	O_2	N_2	H_2O	H_2
0 c_p	1 038	708	1 005	2 156	913	1 038	1 855	14 235
c_v	741	519	716	1 637	653	741	1 394	10 111
100 c_p	1 043	871	1 009	2 261	921	1 043	1 867	14 319
c_v	745	682	720	1 742	662	745	1 407	10 195
200 c_p	1 047	917	1 013	2 453	934	1 047	1 888	14 403
c_v	749	729	724	1 934	674	749	1 428	10 279
300 c_p	1 055	959	1 022	2 638	950	1 051	1 909	14 444
c_v	758	770	733	2 119	691	754	1 449	10 320
400 c_p	1 063	988	1 030	2 809	967	1 059	1 938	14 474
c_v	766	800	741	2 290	708	762	1 478	10 350
500 c_p	1 076	1 022	1 043	2 956	980	1 068	1 972	14 499
c_v	779	833	754	2 437	720	770	1 511	10 375
600 c_p	1 089	1 051	1 051	3 148	992	1 076	2 001	14 528
c_v	791	862	762	2 629	733	779	1 541	10 404
700 c_p	1 097	1 072	1 059	3 303	1 005	1 084	2 031	14 570
c_v	800	883	770	2 784	745	787	1 570	10 446
800 c_p	1 110	1 093	1 072	3 437	1 017	1 097	2 068	14 654
c_v	812	904	783	2 918	758	800	1 608	10 530
900 c_p	1 122	1 114	1 084	3 571	1 026	1 105	2 102	14 696
c_v	825	925	795	3 052	766	808	1 641	10 572
1 000 c_p	1 130	1 130	1 093	3 659	1 034	1 118	2 135	14 738
c_v	833	942	804	3 140	775	821	1 675	10 614
1 100 c_p	1 139	1 147	1 101	3 883	1 042	1 130	2 168	14 818

Fortsetzung Seite F8

Fortsetzung von Seite F7

ϑ in °C		CO	CO_2	Luft	CH_4	O_2	N_2	H_2O	H_2
	c_v	841	959	812	3366	783	833	1708	10695
1200	c_p	1151	1160	1109	3998	1051	1139	2198	14902
	c_v	854	971	820	3479	791	841	1737	10779
1300	c_p	1160	1172	1118		1059	1147	2227	14986
	c_v	862	984	829		800	850	1766	10863
1400	c_p	1168	1185	1126		1067	1155	2260	15070
	c_v	871	996	837		808	858	1800	10946
1500	c_p	1172	1197	1134		1072	1164	2286	15153
	c_v	875	1009	846		812	867	1825	11030
1600	c_p	1180	1206	1139		1076	1168	2315	15237
	c_v	883	1017	850		816	871	1854	11114
1700	c_p	1185	1214	1147		1080	1176	2344	15321
	c_v	887	1026	858		820	879	1884	11198
1800	c_p	1193	1222	1151		1088	1180	2369	15446
	c_v	896	1034	862		829	883	1909	11323
1900	c_p	1197	1231	1155		1097	1185	2394	15530
	c_v	900	1042	867		837	887	1934	11407
2000	c_p	1206	1235	1160		1101	1193	2420	15614
	c_v	908	1047	871		841	896	1959	11491

Werden Systeme (z.B. Stoffe) mit unterschiedlichen Temperaturen über eine gemeinsame diatherme (wärmedurchlässige) Systemgrenze in Berührung gebracht, so findet eine Wärmeübertragung in Richtung des Temperaturgefälles statt. Nach erfolgtem Energieaustausch stellt sich in den beteiligten Systemen die gemeinsame *Mischungstemperatur* ϑ_{Mi} ein (Temperaturausgleich).

Werden zwei Stoffe mit den Massen m_1 und m_2, den spezifischen Wärmekapazitäten c_1 und c_2 und den Temperaturen ϑ_1 und ϑ_2 gemischt, so ergibt sich die *Mischungstemperatur* (Zweistoffmischung)

$$\vartheta_{Mi} = \frac{m_1\, c_1\, \vartheta_1 + m_2\, c_2\, \vartheta_2}{m_1\, c_1 + m_2\, c_2}$$

ϑ	m	c
°C	kg	$\dfrac{J}{kg\,K} = \dfrac{J}{kg\,°C}$

(14)

Diese Formel wird als *Mischungsregel* bezeichnet und kann durch sinngemäße Erweiterung auch für Mehrstoffmischungen verwendet werden.

Die Anwendung der Mischungsregel setzt voraus, dass während des Mischungsvorganges keine Änderung des bestehenden Aggregatzustandes eintritt und dem Gesamtsystem Wärme weder zugeführt noch entzogen wird.

Aus der Mischungsregel folgt die *Mischungstemperatur* (Zweistoffmischung gleichartiger Stoffe)

$$\vartheta_{Mi} = \frac{m_1\, \vartheta_1 + m_2\, \vartheta_2}{m_1 + m_2}$$

ϑ	m
°C	kg

(15)

Mischungstemperatur (Zweistoffmischung gleichartiger Stoffe mit gleich großen Massen)

$$\vartheta_{Mi} = \frac{\vartheta_1 + \vartheta_2}{2} \qquad (16)$$

■ **Beispiel:**
Im Rauchgasvorwärmer einer Kesselanlage werden in jeder Stunde 8400 kg Wasser von $\vartheta_1 = 45$ °C auf $\vartheta_2 = 110$ °C vorgewärmt. Wie groß ist die Wärme, die in jeder Stunde vom Rauchgas auf das Speisewasser übergeht?

Lösung:

$$Q = m\,c\,(\vartheta_2 - \vartheta_1); \quad c = 4187\,\frac{J}{kg\,K} = 4187\,\frac{J}{kg\,°C}$$

$$Q = 8400\,\frac{kg}{h} \cdot 4187\,\frac{J}{kg\,°C} \cdot (110 - 45)\,°C$$

$$= 2286 \cdot 10^6\,\frac{J}{h}$$

■ **Beispiel:**
6 kg Wasser von 50 °C und 10 kg Wasser von 30 °C sollen gemischt werden. Wie hoch ist die sich einstellende Mischungstemperatur ϑ_{Mi}?

Lösung:

$$\vartheta_{Mi} = \frac{m_1\, \vartheta_1 + m_2\, \vartheta_2}{m_1 + m_2}$$

$$= \frac{6\,kg \cdot 50\,°C + 10\,kg \cdot 30\,°C}{6\,kg + 10\,kg} = 37{,}5\,°C$$

■ **Beispiel:**
Ein gegen Wärmeverluste geschütztes Kalorimeter ist mit 800 g Wasser von 15 °C gefüllt. Das Gefäß des Kalorimeters besteht aus 250 g Silber mit einer mittleren spezifischen Wärmekapazität von 234 J / kg K. In dieses Gefäß werden 200 g Aluminium von 100 °C eingebracht. Nach dem Wärmeausgleich wird eine Mischungstemperatur von 19,25 °C gemessen.
Wie groß ist die spezifische Wärmekapazität des Aluminiums?

Lösung:

Wird die Gleichung (14) auf eine Dreistoffmischung erweitert und zur Unterscheidung mit Indizes für Silbergefäß, Wasserbad und Aluminium versehen, so ergibt sich bei Auflösung nach c_a (für Aluminium)

$$c_a = \frac{(m_s\, c_s + m_w\, c_w) \cdot (\vartheta_{Mi} - \vartheta)}{m_a\, (\vartheta_a - \vartheta_{Mi})} \;,\; \text{hierin ist } \vartheta_w = \vartheta_s = \vartheta \text{ gesetzt}$$

$$c_w = 4\,187\,\frac{J}{kg\,K} = 4\,187\,\frac{J}{kg\,°C} \qquad c_s = 234\,\frac{J}{kg\,°C}$$

$$c_a = \frac{\left(0{,}25\,kg \cdot 234\,\frac{J}{kg\,°C} + 0{,}8\,kg \cdot 4\,187\,\frac{J}{kg\,°C}\right) \cdot (19{,}25 - 15)\,°C}{0{,}2\,kg \cdot (100 - 19{,}25)\,°C}$$

$$c_a = 897\,\frac{J}{kg\,°C} = 897\,\frac{J}{kg\,K}$$

■ **Beispiel:**

Eine Luftmenge soll bei gleich bleibendem Druck von $\vartheta_1 = 100$ °C auf $\vartheta_2 = 800$ °C vorgewärmt werden. Zur Berechnung des Wärmebedarfs soll die mittlere spezifische Wärmekapazität für den genannten Temperaturbereich mit Hilfe einer Tabelle für mittlere spezifische Wärmekapazitäten (Tabelle 5) ermittelt werden.

Lösung:

$$c_{m\,1-2} = \frac{c_{m\,0-2}\,\vartheta_2 - c_{m\,0-1}\,\vartheta_1}{\vartheta_2 - \vartheta_1}$$

$$c_{m\,0-1} \text{ (nach Tabelle 5)} = 1\,009\,\frac{J}{kg\,K}$$

$$c_{m\,0-2} \text{ (nach Tabelle 5)} = 1\,072\,\frac{J}{kg\,K}$$

$$c_{m\,1-2} = \frac{1072\,\frac{J}{kg\,K} \cdot 800\,°C - 1009\,\frac{J}{kg\,K} \cdot 100\,°C}{(800 - 100)\,°C}$$

$$= 1\,081\,\frac{J}{kg\,K}$$

1.5 Wärmeausdehnung

1.5.1 Allgemeines

Führt man einem Stoff Energie in Form von Wärme zu, so dehnt er sich nach allen Seiten aus. Diese Volumenvergrößerung ist eine Folge der Vergrößerung des mittleren Abstandes der Stoffteilchen untereinander. Bei Abkühlung zeigt sich eine entsprechende Volumenabnahme.

Die Größe der Wärmeausdehnung hängt von der Art des Stoffes ab. Feste Körper dehnen sich nur wenig, Flüssigkeiten dagegen stärker aus. Die größte Ausdehnung zeigt sich bei den Gasen.

1.5.2 Wärmeausdehnung fester Körper

Da die Volumenvergrößerung fester Stoffe bei Erwärmung nur sehr gering ist, wird nur die bei lang gestreckten festen Körpern stärker in Erscheinung tretende Wärmedehnung in der Längsrichtung bestimmt. Die Längenzunahme wird als *Längsausdehnung* bezeichnet.

Besitzt ein Körper bei der Temperatur $\vartheta_0 = 0$ °C die Länge l_0, so zeigt sich bei Erwärmung auf die Temperatur ϑ eine Längenzunahme Δl (Bild 6).

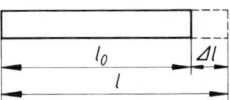

Bild 6. Längenzunahme eines festen Körpers nach Erwärmung

Die in m gemessene Längenänderung eines Stabes von 1 m Länge (bei 0 °C) nach Erwärmung um 1 K = 1 °C bezeichnet man als *Längenausdehnungskoeffizient* α_l. Damit ergibt sich die

Längenzunahme nach Erwärmung
$$\Delta l = l_0\,\alpha_l\,\vartheta \tag{17}$$

Länge nach Erwärmung
$$l = l_0\,(1 + \alpha_l\,\vartheta) \tag{18}$$

Relative Längenänderung
$$\frac{\Delta l}{l_0} = \alpha_l\,\vartheta \tag{19}$$

l	α_l	ϑ
m	$\frac{1}{K} = \frac{1}{°C}$	°C

Die Volumenzunahme eines festen Körpers bei Erwärmung ergibt sich aus der Längenzunahme, die in Richtung der Länge, Breite und Höhe erfolgt. Besitzt ein Körper bei der Temperatur $\vartheta_0 = 0$ °C das Volumen V_0, so zeigt sich bei Erwärmung auf die Temperatur ϑ eine Volumenzunahme ΔV (Bild 7).

Die in m^3 gemessene Volumenänderung eines Körpers von 1 m^3 Rauminhalt (bei 0 °C) nach Erwärmung um 1 K = 1 °C bezeichnet man als *Volumenausdehnungskoeffizient* α_v. Damit ergibt sich:

Volumenzunahme nach Erwärmung
$$\Delta V = V_0\,\alpha_v\,\vartheta \tag{20}$$

Volumen nach Erwärmung
$$V = V_0\,(1 + \alpha_v\,\vartheta) \tag{21}$$

Relative Volumenänderung
$$\frac{\Delta V}{V_0} = \alpha_v\,\vartheta \tag{22}$$

V	α_v	ϑ
m^3	$\frac{1}{K} = \frac{1}{°C}$	°C

Eine Beziehung zwischen dem Längenausdehnungskoeffizienten α_l und dem Volumenausdehnungskoeffizienten α_v kann aus der Betrachtung eines würfelförmigen Körpers nach Bild 7 hergeleitet werden.

$$V_0 = l_0^3 \quad V = l^3,\; l = l_0 + \Delta l$$
$$V = [l_0 + \Delta l]^3$$
$$V = [l_0 + l_0\,\alpha_l\,\vartheta]^3$$
$$V = [l_0\,(1 + \alpha_l\,\vartheta)]^3$$
$$V = l_0^3\,(1 + \alpha_l\,\vartheta)^3$$
$$V = V_0\,(1 + 3\,\alpha_l\,\vartheta + 3\,\alpha_l^2\,\vartheta^2 + \alpha_l^3\,\vartheta^3)$$

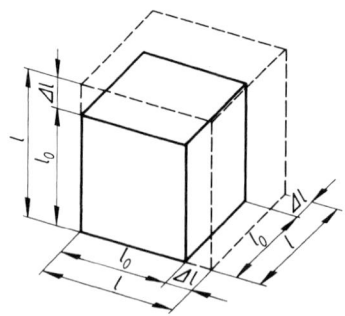

Bild 7. Volumenzunahme eines festen Körpers (Würfel) nach Erwärmung

Da α_l sehr klein ist, können die Potenzen von α_l vernachlässigt werden.

$V \approx V_0 (1 + 3\,\alpha_l\,\vartheta)$

Setzt man $3\,\alpha_l \approx \alpha_v$ so folgt daraus

$V = V_0 (1 + \alpha_v\,\vartheta)$, wie Gleichung 21

Bei festen Körpern (α_l und α_v gering) wird mit folgenden Näherungsgleichungen gerechnet:

Längenzunahme nach Erwärmung

$$\Delta l \approx l_1\,\alpha_l\,(\vartheta_2 - \vartheta_1) \qquad (23)$$

Länge nach Erwärmung

$$l_2 \approx l_1\,[1 + \alpha_l\,(\vartheta_2 - \vartheta_1)]$$

l	α_l	ϑ
m	$\dfrac{1}{K} = \dfrac{1}{°C}$	°C

$$(24)$$

Volumenzunahme nach Erwärmung

$$\Delta V \approx V_1\,\alpha_v\,(\vartheta_2 - \vartheta_1) \qquad (25)$$

Volumen nach Erwärmung

$$V_2 \approx V_1\,[1 + \alpha_v\,(\vartheta_2 - \vartheta_1)]$$

V	α_v	ϑ
m^3	$\dfrac{1}{K} = \dfrac{1}{°C}$	°C

$$(26)$$

Die Längenausdehnungskoeffizienten der einzelnen festen Stoffe sind von der Temperatur abhängig. Im unteren Temperaturbereich zwischen 0 °C und 100 °C kann ihre Größe praktisch als konstant angesehen werden.

■ **Beispiel:**

Die Länge der Aluminiumdrähte zwischen zwei Masten einer Hochspannungsleitung beträgt 110 m bei einer Temperatur von 20 °C. Wie lang sind die Leitungsdrähte bei den Temperaturen + 35 °C und – 35 °C ($\alpha_l = 23,5 \cdot 10^{-6}\,\frac{1}{K} = 23,5 \cdot 10^{-6}\,\frac{1}{°C}$) ?

Lösung:

a) l_2 bei einer Temperatur von + 35 °C

$l_2 \approx l_1\,[1 + \alpha_l\,(\vartheta_2 - \vartheta_1)]$

$l_2 \approx 110\ \text{m}\left[1 + 23,5 \cdot 10^{-6}\frac{1}{°C}\,(+35 - 20)\,°C\right]$

$l_2 \approx 110{,}039\ \text{m}$

b) l_2 bei einer Temperatur von – 35 °C

$l_2 \approx l_1\,[1 + \alpha_l\,(\vartheta_2 - \vartheta_1)]$

$l_2 \approx 110\ \text{m}\left[1 + 23,5 \cdot 10^{-6}\frac{1}{°C}\,(-35 - 20)\,°C\right]$

$l_2 \approx 109{,}858\ \text{m}$

Tabelle 6. Längenausdehnungskoeffizient α_l fester Stoffe zwischen 0 °C und 100 °C in $\dfrac{1}{K} = \dfrac{1}{°C}$ (Volumenausdehnungskoeffizient $\alpha_v \approx 3\,\alpha_l$)

Aluminium	$23,5 \cdot 10^{-6}$
Bakelit	$21,9 \cdot 10^{-6}$
Blei	$29,2 \cdot 10^{-6}$
Chromstahl	$11,0 \cdot 10^{-6}$
Glas	$9,0 \cdot 10^{-6}$
Gold	$14,2 \cdot 10^{-6}$
Gusseisen	$9,0 \cdot 10^{-6}$
Jenaer Glas	$4,4 \cdot 10^{-6}$
Kohlenstoffstahl	$12,0 \cdot 10^{-6}$
Kupfer	$16,5 \cdot 10^{-6}$
Magnesium	$26,0 \cdot 10^{-6}$
Messing	$18,4 \cdot 10^{-6}$
Nickel	$14,1 \cdot 10^{-6}$
Platin	$8,9 \cdot 10^{-6}$
PVC	$78,1 \cdot 10^{-6}$
Quarzglas	$0,6 \cdot 10^{-6}$
Wolfram	$4,5 \cdot 10^{-6}$
Zinn	$23,0 \cdot 10^{-6}$
Zinnbronze	$17,8 \cdot 10^{-6}$
Zink	$30,1 \cdot 10^{-6}$

1.5.3 Wärmeausdehnung vom Flüssigkeiten

Flüssigkeiten dehnen sich im Allgemeinen bei Erwärmung stärker aus als feste Körper. Der Volumenausdehnungskoeffizient ist nicht in allen Temperaturbereichen konstant. Er wird um so größer, je mehr sich die Temperatur dem Siedepunkt der Flüssigkeit nähert. In den unteren Temperaturbereichen kann die Größe von α_v praktisch als konstant angesehen werden. Eine besonders gleichmäßige Ausdehnung zeigt das Quecksilber.

Eine Ausnahme bildet das Wasser (Anomalie des Wassers). Es besitzt bei + 4 °C sein kleinstes Volumen (größte Dichte) und dehnt sich sowohl bei Erwärmung wie auch bei Abkühlung aus. Die Wärmedehnung verläuft hier sehr ungleichmäßig.

Die Berechnung der Volumenänderung usw. erfolgt nach den Gleichungen (20), (21), (22) oder auch nach den Näherungsgleichungen (25) und (26). Reicht die Genauigkeit der Näherungsrechnung nicht aus, so kann die Wärmedehnung für eine beliebige Temperaturdifferenz $\vartheta_1 \ldots \vartheta_2$ im unteren Temperaturbereich

(α_v = konst.) aus dem Verhältnis V_2/V_1 mit $V_2 = V_0 (1 + \alpha_v \vartheta_2)$ und $V_1 = V_0 (1 + \alpha_v \vartheta_1)$ hergeleitet werden. Es ergibt sich die *Volumenzunahme nach Erwärmung*

$$\Delta V = V_1 \frac{\alpha_v (\vartheta_2 - \vartheta_1)}{1 + \alpha_v \vartheta_1} \qquad (27)$$

und das *Volumen nach Erwärmung*

$$V_2 = V_1 \frac{1 + \alpha_v \vartheta_2}{1 + \alpha_v \vartheta_1} \qquad (28)$$

V	α_v	ϑ
m^3	$\dfrac{1}{K} = \dfrac{1}{°C}$	$°C$

Tabelle 7. Volumenausdehnungskoeffizient α_v von Flüssigkeiten bei 18 °C in $\dfrac{1}{K} = \dfrac{1}{°C}$

Äthylalkohol	$11,0 \cdot 10^{-4}$
Äthyläther	$16,3 \cdot 10^{-4}$
Benzol	$12,4 \cdot 10^{-4}$
Glyzerin	$5,0 \cdot 10^{-4}$
Olivenöl	$7,2 \cdot 10^{-4}$
Quecksilber	$1,8 \cdot 10^{-4}$
Schwefelsäure	$5,6 \cdot 10^{-4}$
Wasser	$1,8 \cdot 10^{-4}$

■ **Beispiel:**
5 000 l Benzol werden bei einer Temperatur von + 8 °C abgefüllt. Wie groß ist der Rauminhalt bei 25 °C ($\alpha_v = 12,4 \cdot 10^{-4}$ 1/K = $12,4 \cdot 10^{-4}$ 1/ °C) ?

Lösung:
$V_2 \approx V_1 [1 + \alpha_v (\vartheta_2 - \vartheta_1)]$
$V_2 \approx 5 \, m^3 \left[1 + 12,4 \cdot 10^{-4} \dfrac{1}{°C} (25 - 8) \, °C \right] = 5,105 \, m^3$

1.5.4 Wärmeausdehnung von Gasen

Die Wärmeausdehnung ist bei Gasen bedeutend größer als bei Flüssigkeiten und festen Stoffen. Die Volumenausdehnungskoeffizienten sind bei konstantem Druck für alle realen Gase mit annähernd idealem Verhalten praktisch gleich.
Ideale Gase dehnen sich bei Erwärmung um 1 °C (bei gleich bleibendem, aber beliebig hohem Druck) um 1/273,15 des Volumens aus, das sie bei 0 °C einnehmen (V_0).
Die Berechnung der Volumenänderung erfolgt nach den Gleichungen (20), (21) und (22). Aus Gleichung (21) ergibt sich (α_v hier auf 1/273 gerundet) das *Gesetz von Gay-Lussac*.

Herleitung:

V_0 = Gasvolumen bei 0 °C
V_1, V_2 = Gasvolumen bei ϑ_1 und ϑ_2
$V_1 = V_0 (1 + \alpha_v \vartheta_1)$ $\qquad$ $V_2 = V_0 (1 + \alpha_v \vartheta_2)$

$V_1 = V_0 \left(1 + \dfrac{\vartheta_1}{273} \right)$ $\qquad$ $V_2 = V_0 \left(1 + \dfrac{\vartheta_2}{273} \right)$

$V_1 = V_0 \dfrac{273 + \vartheta_1}{273}$ $\qquad$ $V_2 = V_0 \dfrac{273 + \vartheta_2}{273}$

$V_1 = \dfrac{V_0 T_1}{273}$ $\qquad$ $V_2 = \dfrac{V_0 T_2}{273}$

$\dfrac{V_1}{V_2} = \dfrac{V_0 T_1}{273} \dfrac{273}{V_0 T_2} = \dfrac{T_1}{T_2}$

Gesetz von Gay-Lussac (bei p = konst.)

$$\frac{V_1}{V_2} = \frac{T_1}{T_2} \qquad (29)$$

V	T
m^3	K

Bei gleich bleibendem Druck verhalten sich die Gasvolumen wie ihre thermodynamischen Temperaturen.

Volumenzunahme nach Erwärmung

$$\Delta V = \frac{V_0}{273} (T_2 - T_1) \qquad (30)$$

V	T
m^3	K

$$\Delta V = \frac{V_1}{T_1} (T_2 - T_1)$$

Volumen nach Erwärmung

$$V_2 = V_1 \frac{T_2}{T_1} \qquad (31)$$

V	T
m^3	K

Während bei gleich bleibendem Gasdruck die Gasvolumen den thermodynamischen Temperaturen direkt proportional sind, besteht bei gleich gehaltener Temperatur umgekehrte Proportionalität zwischen dem Volumen und dem Gasdruck.

Gesetz von Boyle und Mariotte (bei ϑ = konst.)

$$\frac{V_1}{V_2} = \frac{p_2}{p_1} \qquad (32)$$

V	p
m^3	$Pa = \dfrac{N}{m^2}$

1.6 Aggregatzustände

1.6.1 Allgemeines

Die unterschiedlichen äußeren Erscheinungsformen der Stoffe (fest, flüssig oder gasförmig) bezeichnet man als Aggregatzustände (Phasen). Der jeweils vorliegende Aggregatzustand wird von der Größe der stoffabhängigen internen Bindungskräfte (Kohäsionskräfte) bestimmt. Auch Temperatur und Druck sind von Einfluss.

Wird einem Stoff Wärme zugeführt oder entzogen, so wird die Intensität der Wärmebewegung der Stoffteilchen (Moleküle bzw. Atome) verändert.

Bei ständiger Zufuhr von Wärme wird ein fester Stoffverband schließlich so weit aufgelockert, dass die Stoffteilchen in den Bewegungsbereich benachbarter Teilchen überwechseln, ohne sich jedoch aus dem Gesamtverband ganz herauslösen zu können. Der Stoffzusammenhang ist gelockert und die Stoffteilchen sind in ihrer gegenseitigen Lage ungeordnet. Der feste Stoff ist geschmolzen, d. h. er befindet sich im flüssigen Aggregatzustand.

Bei weiterer Wärmezufuhr wird die Bewegungsenergie der Stoffteilchen so groß, dass die stoffinternen Bindungskräfte überwunden werden und die nunmehr frei beweglichen Teilchen sich aus dem Stoffverband herauslösen. Der Stoff befindet sich im gasförmigen Aggregatzustand.

Die Änderung des Aggregatzustandes ist ein umkehrbarer Vorgang. Die Unterscheidung zwischen festen, flüssigen und gasförmigen Aggregatzuständen ist nicht immer streng durchführbar. Bei Stoffgemischen und amorphen (nicht kristallisierenden) Stoffen treten Übergangsformen zwischen festen und flüssigen Zuständen auf.

1.6.2 Schmelzen und Erstarren

Ein Stoff schmilzt, wenn er unter ständiger Wärmezufuhr vom festen in den flüssigen Aggregatzustand übergeht. Läuft der Vorgang in umgekehrter Richtung ab, so spricht man vom Erstarren einer Flüssigkeit.

Chemisch reine Stoffe und Stoffgemische mit eutektischem Mischungsverhältnis schmelzen bei einer bestimmten, von der Stoffart abhängenden Temperatur, dem *Schmelzpunkt* des Stoffes. Diese Schmelztemperatur ändert sich während des Schmelzvorganges nicht (Bild 8). Bei nichteutektischen Stoffgemischen erfolgt das Schmelzen innerhalb eines Temperaturbereiches.

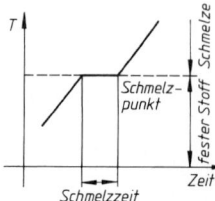

Bild 8. Verlauf der Schmelzkurve eines festen Stoffes

Tabelle 8. Schmelzpunkt fester Stoffe bei einem Druck von 1,013 bar in Grad Celsius (°C)

Aluminium	658	Kupfer	1 084
Blei	327	Magnesium	655
Chrom	1 765	Mangan	1 260
Diamant	3 500	Messing	900
Eisen (rein)	1 528	Platin	1 770
Elektron	625	Silber	960
Gold	1 063	Wolfram	3 350
Graphit	3 600	Zink	419
Iridium	2 455	Zinn	232

Tabelle 9. Erstarrungspunkt flüssiger Stoffe bei einem Druck von 1,013 bar in Grad Celsius (°C)

Benzin	– 150	Meerwasser	– 2,5
Benzol	5,5	Quecksilber	– 38,5
Glyzerin	19	Wasser	0

Die dem Stoff während des Schmelzens zuzuführende Wärme wird als Schmelzwärme (Schmelzenthalpie) bezeichnet. Die *Schmelzwärme* q_s gibt die Wärme in J an, die nötig ist, um 1 kg Stoff bei der jeweiligen Schmelztemperatur zu schmelzen. Die Schmelzwärme wird beim Erstarren der Schmelze wieder frei (Erstarrungswärme).

Tabelle 10. Schmelzwärme q_s bei einem Druck von 1,013 bar in J/kg

Aluminium	$3,94 \cdot 10^5$	Nickel	$2,34 \cdot 10^5$
Blei	$0,23 \cdot 10^5$	Platin	$1,00 \cdot 10^5$
Eis	$3,35 \cdot 10^5$	Stahl	$2,51 \cdot 10^5$
Gusseisen	$0,96 \cdot 10^5$	Zink	$1.05 \cdot 10^5$
Kupfer	$1,72 \cdot 10^5$	Zinn	$0,59 \cdot 10^5$
Magnesium	$1,97 \cdot 10^5$		

Der Schmelzvorgang ist im Allgemeinen mit einer Volumenzunahme verbunden. Die Dichte ρ der Schmelze ist geringer als die des festen Stoffes. Eine Ausnahme bildet das Wasser, das im erstarrten (gefrorenen) Zustand einen größeren Raum einnimmt („Anomalie des Wassers").

Der Schmelzpunkt steigt mit zunehmendem Druck, wenn der Schmelzvorgang unter Volumenzunahme abläuft. Der Schmelzpunkt des Eises sinkt bei größer werdendem Außendruck.

■ **Beispiel:**
Welche Wärme Q ist erforderlich, um 15 kg Blei von $\vartheta = 20$ °C bei einem umgebenden Luftdruck von 1,013 bar zu schmelzen?

Lösung:
Das zu schmelzende Metall muss zunächst von der Raumtemperatur $\vartheta = 20$ °C auf die Schmelztemperatur $\vartheta_s = 327$ °C erwärmt werden. Die dabei zuzuführende Wärme Q_1 beträgt mit

$Q_1 = m \, c \, (\vartheta_s - \vartheta)$ und $c = 130$ J/kg K = 130 J/kg °C

$Q_1 = 15 \text{ kg} \cdot 130 \, \dfrac{\text{J}}{\text{kg °C}} \, (327 - 20) \text{ °C} = 599\,000 \text{ J}$

Nach Zufuhr dieser Wärme liegt festes Blei von 327 °C vor. Um das Metall bei gleich bleibender Temperatur vollständig in den flüssigen Zustand zu überführen, müssen jedem kg Blei $0,23 \cdot 10^5$ J (Schmelzwärme) zugeführt werden. Damit ergibt sich mit

$$Q = Q_1 + m\,q_s \quad \text{und} \quad q_s = 0,23 \cdot 10^5 \frac{J}{kg}$$

die Gesamtwärme

$$Q = 599\,000\ J + 15\ kg \cdot 0,23 \cdot 10^5 \frac{J}{kg} = 944\,000\ J$$

1.6.3 Sieden und Verflüssigen

Eine Flüssigkeit siedet, wenn sie bei ständiger Wärmezufuhr unter Bildung von Dampfblasen in den gasförmigen Aggregatzustand übergeht. Läuft der Vorgang in umgekehrter Richtung ab, so spricht man von einer Kondensation. Den unmittelbaren Übergang vom festen in den gasförmigen Aggregatzustand bezeichnet man als Sublimation.

Das Sieden einer Flüssigkeit erfolgt bei einer bestimmten, von der Stoffart abhängenden Temperatur, dem *Siedepunkt* des Stoffes. Diese Siedetemperatur ändert sich während des Siedevorganges nicht.

Die dem Stoff während des Siedens zuzuführende Wärme wird als Verdampfungswärme (Verdampfungsenthalpie) bezeichnet.

Tabelle 11. Siede- und Kondensationspunkte bei einem Druck von 1,013 bar in Grad Celsius (°C)

Alkohol	78	Helium	− 269	Sauerstoff	− 183
Benzin	95	Kohlenoxid	− 190	Silber	2 000
Benzol	80	Kupfer	2 310	Stickstoff	− 196
Blei	1 525	Magnesium	1 100	Wasser	100
Eisen (rein)	2 500	Mangan	1 900	Wasserstoff	− 253
Glyzerin	290	Methan	− 164	Zink	915
Gold	2 650	Quecksilber	357	Zinn	2 200

Die *Verdampfungswärme* q_v (bei Wasser auch *r*) gibt die Wärme in J an, die nötig ist, um 1 kg Stoff bei der jeweiligen Siedetemperatur in den gasförmigen Zustand zu überführen.

Die Verdampfungswärme wird beim Kondensieren wieder frei (Kondensationswärme).

Tabelle 12. Verdampfungs- und Kondensationswärme q_v bei einem Druck von 1,013 bar in J/kg

Alkohol	$8,79 \cdot 10^5$
Äther	$3,77 \cdot 10^5$
Benzol	$4,40 \cdot 10^5$
Quecksilber	$2,85 \cdot 10^5$
schweflige Säure	$3,98 \cdot 10^5$
Sauerstoff	$2,14 \cdot 10^5$
Stickstoff	$2,01 \cdot 10^5$
Wasser	$22,57 \cdot 10^5$
Wasserstoff	$5,02 \cdot 10^5$

Das Verdampfen einer Flüssigkeit ist mit einer starken Volumenzunahme verbunden. Die Bildung von Dampfblasen erfordert daher eine Überwindung des umgebenden Flüssigkeitsdruckes. Der Siedepunkt ist also druckabhängig und steigt (sinkt) mit zunehmendem (abnehmendem) Umgebungsdruck.

Ein langsamer Übergang vom flüssigen in den gasförmigen Zustand erfolgt auch bereits unterhalb der Siedetemperatur durch *Verdunstung*. Das Verdunsten vollzieht sich nur an der Oberfläche der Flüssigkeit. Die dabei weggeführte Energie wird der Flüssigkeit entzogen (Verdunstungskälte). Kann eine Flüssigkeit über den Siedepunkt hinaus erwärmt werden ohne zu verdampfen, so liegt ein *Siedeverzug* vor. Das Sieden erfolgt dann nach einer gewissen Verzögerung schlagartig unter starker Dampfbildung (Gefahr für Kesselanlagen).

■ **Beispiel:**
9 m³ Wasser von 15 °C sollen bei einem Druck von 1,013 bar in Dampf von 100 °C verwandelt werden. Als Brennstoff soll Braunkohle mit einem spezifischen Heizwert $H_u = 188 \cdot 10^5$ J/kg verwendet werden.
Wieviel kg Brennstoff sind nötig, wenn die auftretenden Wärmeverluste unberücksichtigt bleiben?

Lösung:
Das Wasser muss zunächst von der Raumtemperatur $\vartheta = 15$ °C auf die Siedetemperatur $\vartheta_s = 100$ °C erwärmt werden. Die dabei zuzuführende Wärme Q_1 beträgt:
$Q_1 = m\,c\,(\vartheta_s - \vartheta);\ \ m = 9\,000$ kg;

$$c = 4\,187 \frac{J}{kg\ K} = 4\,187 \frac{J}{kg\ °C}$$

$$Q_1 = 9\,000\ kg \cdot 4\,187 \frac{J}{kg\ °C}\,(100 - 15)\ °C = 32\,000 \cdot 10^5\ J$$

Nach Zufuhr dieser Wärme liegt Wasser von 100 °C vor. Um dieses Wasser bei gleich bleibender Temperatur vollständig in den gasförmigen Zustand zu überführen, müssen jedem kg Wasser $q_v = 22,6 \cdot 10^5$ J/kg (Verdampfungswärme) zugeführt werden. Damit ergibt sich folgende Gesamtwärme:

$$Q = Q_1 + m\,q_v;\ \ q_v = 22,6 \cdot 10^5 \frac{J}{kg}$$

$$Q = 32\,000 \cdot 10^5\ J + 9\,000\ kg \cdot 22,6 \cdot 10^5 \frac{J}{kg} = 235\,000 \cdot 10^5\ J$$

Die erforderliche Brennstoffmenge m_b beträgt:

$$m_b = \frac{Q}{H_u}\ ;\ \ H_u = 188 \cdot 10^5 \frac{J}{kg}$$

$$m_b = \frac{235\,000 \cdot 10^5\ J}{188 \cdot 10^5 \dfrac{J}{kg}} = 1\,250\ kg\ \text{Braunkohle}$$

2 Wärme und Arbeit

2.1 Thermodynamisches System

Stoffe oder stoffdurchflossene Räume als Objekte thermodynamischer Untersuchungen werden als *thermodynamische Systeme* bezeichnet.

Ein solches System wird durch eine fest stehende oder bewegliche *Systemgrenze* von seiner *Umgebung* (Umfeld außerhalb des Systems oder benachbartes System) getrennt. Wechselwirkungen zwischen System und Umgebung sind über die Systemgrenze hinweg als Stoffaustausch und Energieaustausch (Wärme, Arbeit) grundsätzlich möglich (Bild 1). Flüssige und gasförmige Stoffe (Fluide) bilden die wichtigsten thermodynamischen Systeme.

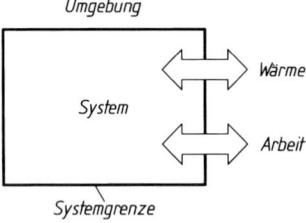

Bild 1. Thermodynamisches System (geschlossen)

Geschlossene Systeme besitzen eine stoffundurchlässige (stoffdichte) Systemgrenze (z.B. eingeschlossenes Gas). *Offene* Systeme (nach L. Prandtl auch: Kontrollraum) haben dagegen eine stoffdurchlässige Systemgrenze (z.B. durchströmter Raum). Bei beiden Systemarten ist über die Systemgrenze hinweg ein Energieaustausch als verrichtete Arbeit und als übertragene Wärme möglich.

Sind Energie- und Stoffaustausch mit der Umgebung nicht durchführbar, so liegt ein isoliertes oder *abgeschlossenes* System vor.

Adiabate Systeme besitzen eine wärmeundurchlässige (wärmedichte) Systemgrenze. Bei dieser thermisch isolierten Systemart ist ein Wärmeaustausch mit der Umgebung ausgeschlossen. Nicht adiabate Systeme können praktisch als adiabat angesehen werden, wenn bei sehr schnell ablaufenden Vorgängen (z.B. in schnell laufenden Wärmekraftmaschinen) trotz eines wirksamen Temperaturgefälles und einer wärmedurchlässigen Systemgrenze eine nennenswerte Wärmeübertragung wegen der extrem kurzen Übertragungszeit nicht stattfinden kann.

Systembezogene thermodynamische Untersuchungen beziehen sich vorwiegend auf *ruhende* Systeme. Kinetische und potenzielle Energie sind als Teil der Gesamtenergie des Systems dann gleich null.

2.2 Innere Energie

Jedes thermodynamische System besitzt die Energie *E*, die sich aus folgenden Energieanteilen zusammensetzt:

Mikroskopische kinetische und potenzielle Energie U aus der Wärmebewegung der Elementarteilchen des Systems (Molekularbewegung) und makroskopische kinetische Energie E_k und potenzielle Energie E_p aus makroskopischen Bewegungen des Systems im Schwerefeld der Erde.

Ohne chemische und nukleare Energieanteile gilt:

$$E = U + E_k + E_p$$

Für *ruhende* Systeme ist $E_k = E_p = 0$ (Null)

Im Bereich (ruhender) *geschlossener* Systeme ist $E = U$. Dieser Energiebestand ist die (thermische) *innere Energie U* des Systems.

Der Betrag der inneren Energie U hat keine praktische Bedeutung. Wärmetechnisch wichtig ist die Berechnung der *Änderung der inneren Energie* ΔU (Zu- oder Abnahme) im Verlauf von Zustandsänderungen im System. Für den willkürlich gewählten Bezugspunkt $U = 0$ bei 0 °C gilt für ein ideales Gas als Systemfüllung:

$$U = m\,c_v\,\vartheta \quad U_1 = m\,c_v\,\vartheta_1 \quad U_2 = m\,c_v\,\vartheta_2$$
$$\Delta U = U_2 - U_1 = m\,c_v\,\vartheta_2 - m\,c_v\,\vartheta_1$$
$$\Delta U = m\,c_v\,(\vartheta_2 - \vartheta_1)$$

$$\Delta U = U_2 - U_1 = m\,c_v\,(T_2 - T_1)$$

U	m	c	T
J	kg	$\dfrac{\text{J}}{\text{kg K}}$	K

(1)

oder massenbezogen die *Änderung der spezifischen inneren Energie* Δu:

$$\Delta u = u_2 - u_1 = c_v\,(T_2 - T_1)$$

u	c	T
$\dfrac{\text{J}}{\text{kg}}$	$\dfrac{\text{J}}{\text{kg K}}$	K

(2)

Die innere Energie eines geschlossenen Systems kann nur durch Energieübertragung in Form von Wärme oder Arbeit (auch Dissipationsarbeit) über die Systemgrenze hinweg geändert werden.

Im Bereich (ruhender) *offener* Systeme erfolgt zusätzlich eine Energieübertragung durch Stofffluss über die Systemgrenze hinweg. An die Stelle der inneren Energie tritt dann die Enthalpie.

2.3 Wärme

Eine Möglichkeit des Energieaustauschs zwischen System und Umgebung (auch zwischen benachbarten Systemen) ist die Übertragung von Wärme über eine wärmedurchlässige (diatherme) Systemgrenze hinweg. Die Wärmeübertragung erfordert einen Temperaturunterschied zwischen System und Umgebung. Sie erfolgt dann von selbst ohne Einwirkung eines äußeren Zwanges stets in Richtung des vorhandenen Temperaturgefälles.

Die *Wärme Q* in J (Joule) ist die reversibel übergehende Wärmeenergie beim Überschreiten der Systemgrenze. Nach erfolgtem Übergang ist die z.B. zugeführte Energie ein Teil der inneren Energie des Systems. Zugeführte Wärme erhält ein positives (+), abgeführte Wärme ein negatives (−) Vorzeichen (Vorzeichenkonvention nach DIN 1345).
Die massenbezogene Wärme ist die *spezifische Wärme q* in J/kg. Sie ist unabhängig von der Masse des Systems:

$$q = \frac{Q}{m}$$

q	Q	m
$\dfrac{\text{J}}{\text{kg}}$	J	kg

(3)

Wird auf ein geschlossenes System durch Verrichtung von Arbeit *am* System (zugeführte Arbeit) Dissipationsenergie übertragen, so verhält sich dieser Energiezuwachs grundsätzlich wie zugeführte Wärme. Er erhöht die innere Energie des Systems. Die Dissipation ist jedoch nicht umkehrbar (irreversibel). Dissipationsenergie kann dem System nur *zugeführt* werden und erhält somit stets ein positives Vorzeichen.
Nach der kinetischen Wärmetheorie (Rudolf Clausius, 1822 – 1888) ist Wärme aus physikalischer Sicht die Bewegungsenergie (kinetische Energie) der schwingenden Elementarteilchen (Moleküle bzw. Atome) eines Stoffes. Diese Wärmebewegung ist physiologisch wahrnehmbar. Sie bewirkt nach erfolgter Reizaufnahme durch wärmeempfindliche Rezeptoren der Haut (Thermorezeptoren) eine subjektive Wärmeempfindung (Wärmesinn).

2.4 Arbeit

Eine Möglichkeit des Energieaustauschs zwischen System und Umgebung ist die Verrichtung von Arbeit über die (bewegliche) Systemgrenze hinweg. Zugeführte Arbeit wird *am* System, abgegebene Arbeit dagegen *vom* System verrichtet. Zugeführte Arbeit erhält ein positives (+), abgeführte Arbeit ein negatives (−) Vorzeichen (Vorzeichenkonvention nach DIN 1345).
Im Bereich (ruhender) *geschlossener* Systeme (z.B. eingeschlossenes Gas) wird die *Volumenänderungsarbeit W_v* verrichtet. Sie wird dem System über eine verschiebbare Systemgrenze (z.B. Arbeitskolben) als Kompressionsarbeit zugeführt oder vom System als Expansionsarbeit abgegeben. Damit ist allgemein auch eine Änderung von Druck *p* und Temperatur *T* verbunden. Unter Vernachlässigung dissipativer Wirkungen ergibt sich die Volumenänderungsarbeit bei reversiblem (umkehrbarem) Prozessverlauf von 1 nach 2 (Bild 2):

$$W_v = -\int_1^2 p \cdot dV$$

W	p	V
J	$\dfrac{\text{N}}{\text{m}^2}$	m^3

(4)

oder massenbezogen die *spezifische Volumenänderungsarbeit w_v* in J/kg

$$w_v = -\int_1^2 p \cdot dv$$

w	p	v
$\dfrac{\text{J}}{\text{kg}}$	$\dfrac{\text{N}}{\text{m}^2}$	$\dfrac{\text{m}^3}{\text{kg}}$

(5)

Das negative Vorzeichen (−) berücksichtigt die Vorzeichenkonvention:

Kompression, d.h. dv negativ = w_v positiv
Expansion,   d.h. dv positiv = w_v negativ

Die Volumenänderungsarbeit erscheint im p,v-Diagramm (Zustandsdiagramm) als senkrecht schraffierte Fläche zwischen Abszisse (v-Achse) und p,v-Linie (Bild 2).

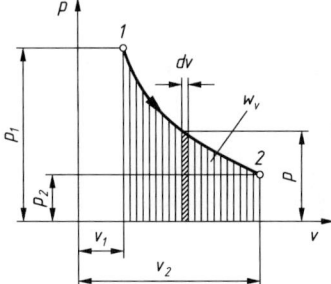

Bild 2. Volumenänderungsarbeit w_v bei Expansion von 1 nach 2

Wird einem adiabaten geschlossenen System Volumenänderungsarbeit zugeführt (bzw. entzogen), so nimmt die innere Energie *u* entsprechend zu (bzw. ab). Ohne Dissipation gilt:

$w_v = u_2 - u_1$

Im Bereich (ruhender) *offener* Systeme (z.B. stoffdurchströmter Raum) wird die *technische Arbeit W_t* verrichtet. Ein solches System liegt z.B. dann vor, wenn eine Wärmekraftmaschine bei stetiger Arbeitsabgabe von einem stofflichen Arbeitsmittel (z.B. Gas) durchflossen wird.
Die technische Arbeit berücksichtigt bei Arbeitsabgabe (hier angenommen) neben der vom System verrichteten Volumenänderungsarbeit W_v ($= U_2 - U_1$) zusätzlich die *Verschiebearbeit* bei p = konstant, die als Einschubarbeit $p_1 V_1$ beim Einschieben des Stoffes vom System aufgenommen und als Ausschubarbeit $- p_2 V_2$ beim Ausschieben des Stoffes vom Sys-

tem abgegeben wird. Unter Vernachlässigung dissipativer Wirkungen und ohne Änderung der kinetischen und potenziellen Energie des strömenden Fluids ergibt sich die technische Arbeit bei reversiblem (umkehrbarem) Prozessverlauf von 1 nach 2 (Bild 3):

$$W_t = \int_1^2 V \cdot dp$$

W	V	p
J	m³	$\dfrac{N}{m^2}$

(6)

oder massenbezogen die *spezifische technische Arbeit* w_t in J/kg

$$w_t = \int_1^2 v \cdot dp$$

w	v	p
$\dfrac{J}{kg}$	$\dfrac{m^3}{kg}$	$\dfrac{N}{m^2}$

(7)

Die *spezifische* technische Arbeit erscheint im p,v-Diagramm (Zustandsdiagramm) als waagerecht schraffierte Fläche zwischen Ordinate (p-Achse) und p,v-Linie (Bild 3).
Für die *vom* System verrichtete reversible technische Arbeit (spezifisch) gilt auch (Bild 3):

$$p_1\, v_1 - w_v - p_2\, v_2 = -w_t$$
$$p_1\, v_1 - (u_2 - u_1) - p_2\, v_2 = -w_t$$
$$p_1\, v_1 - u_2 + u_1 - p_2\, v_2 = -w_t$$
$$u_1 + p_1\, v_1 - u_2 - p_2\, v_2 = -w_t$$
$$(u_1 + p_1\, v_1) - (u_2 + p_2\, v_2) = -w_t$$
$$w_t = (u_2 + p_2\, v_2) - (u_1 + p_1\, v_1)$$

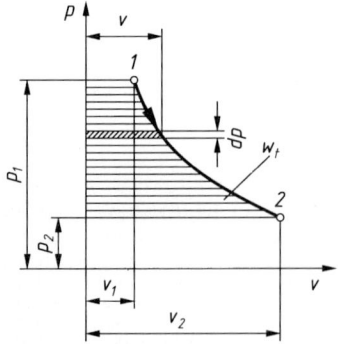

Bild 3. Technische Arbeit w_t bei Expansion von 1 nach 2

Die Klammerausdrücke werden zusammengefasst zur *spezifischen Enthalpie h* in J/kg.

$$h = u + pv$$

h	u	p	v
$\dfrac{J}{kg}$	$\dfrac{J}{kg}$	$\dfrac{N}{m^2}$	$\dfrac{m^3}{kg}$

(8)

oder für die Masse m die *Enthalpie H* in J

$$H = U + pV$$

H	U	p	V
J	J	$\dfrac{N}{m^2}$	m³

(9)

Der Betrag der Enthalpie H hat keine praktische Bedeutung. Wärmetechnisch wichtig ist die Berechnung der *Änderung der Enthalpie ΔH* (Zu- oder Abnahme) im Verlauf einer Zustandsänderung im System. Für den willkürlich gewählten Bezugspunkt $H = 0$ bei 0 °C gilt für ein ideales Gas:

$$\Delta H = H_2 - H_1$$
$$\Delta H = U_2 + p_2\, V_2 - U_1 - p_1\, V_1$$
$$\Delta H = m c_v\, \vartheta_2 + m R_i\, T_2 - m c_v\, \vartheta_1 - m R_i\, T_1$$
$$\Delta H = m c_v\, (\vartheta_2 - \vartheta_1) + m R_i\, (T_2 - T_1)$$
$$\Delta H = m c_v\, (T_2 - T_1) + m R_i\, (T_2 - T_1)$$
$$\Delta H = m\, (c_v + R_i)\, (T_2 - T_1)$$
$$\Delta H = m c_p\, (T_2 - T_1)$$

(10)

H	m	c	T
J	kg	$\dfrac{J}{kg\,K}$	K

Gibt ein adiabates offenes System ($Q = 0$, isentrope Zustandsänderung) technische Arbeit ab, so nimmt die Enthalpie H des Systems entsprechend ab. Ohne Dissipation gilt:

$$W_t = H_2 - H_1 = m c_p\, (T_2 - T_1)$$

W	H	m	c	T
J	J	kg	$\dfrac{J}{kg\,K}$	K

(11)

Wird die von einem offenen System abgegebene technische Arbeit durch die Zeit dividiert, in der diese Arbeit die Systemgrenze überschreitet, so ergibt sich die abgegebene Leistung.

2.5 Dissipationsenergie

Wird der kompressiblen Füllung eines *geschlossenen* Systems (z.B. eingeschlossenes Gas) über eine verschiebbare Systemgrenze (z.B. durch Arbeitskolben) Arbeit zugeführt, so dient diese Energie sowohl der reversiblen Volumenänderung (Kompression) des eingeschlossenen Gases als auch der Überwindung von Widerständen (vorwiegend Reibung) beim Zusammendrücken der fluiden Systemfüllung. Dieser Energieanteil überschreitet die Systemgrenze neben der reversiblen Volumenänderungsarbeit W_v als *irre-*

versible Dissipationsarbeit W_d und wird erst im System dissipiert (zerstreut).

Die Dissipationsenergie (Streuenergie) ist wirkungsgleich mit reversibel zugeführter Wärme Q und Volumenänderungsarbeit W_v. Auch sie erhöht die innere Energie U des geschlossenen Systems.

$$\Delta U = U_2 - U_1 = Q + W_v + W_d$$

Dissipationsarbeit kann dem System nur *zugeführt* werden, sie erhält daher stets ein positives Vorzeichen.

Bei *offenen* Systemen steht für die innere Energie die Enthalpie H und für die (reversible) Volumenänderungsarbeit die (reversible) technische Arbeit W_t. Ohne Änderung der kinetischen und potenziellen Energie des durchströmenden Fluids gilt sinngemäß

$$\Delta H = H_2 - H_1 = Q + W_t + W_d$$

Dissipationsvorgänge sind kennzeichnende Merkmale *irreversibler* (nicht umkehrbarer) Prozesse. Bei wärmetechnischen Betrachtungen ist die Vernachlässigung dissipativer Einflüsse vielfach üblich. Sie ermöglicht eine vereinfachte theoretische Behandlung idealisierter (reversibler) Abläufe (ohne Dissipation, $W_d = 0$).

$$\Delta U = U_2 - U_1 = Q + W_v \quad \text{geschlossenes System}$$
$$\Delta H = H_2 - H_1 = Q + W_t \quad \text{offenes System}$$

2.6 Erster Hauptsatz

Jedes thermodynamische System besitzt Energie. Dieser Energiebestand kann nur durch einen Energieübergang in Form vom Wärme oder Arbeit (auch Dissipationsarbeit) über die Systemgrenze hinweg verändert werden. Dabei wird Energie weder erzeugt noch vernichtet (Energieerhaltungssatz).

Der Erste Hauptsatz stellt als Erfahrungssatz (Axiom) Wärme, Arbeit und innere Energie jeweils als Energieformen und damit als gleichartige physikalische Größen mit der Energieeinheit J (Joule, 1 J = 1 Nm = 1 Ws) dar. Dabei sind unterschiedliche Formulierungen üblich.

■ **Beispiele:**
Wärme ist eine Energieform.
Bei geschlossenem System ergibt zu- oder abgeführte Wärme und Arbeit eine äquivalente Änderung (Zu- oder Abnahme) der inneren Energie des Systems.
In einer Bilanzgleichung (Energiebilanz) werden Wärme Q, Arbeit W_v (bzw. W_t) und innere Energie U (bzw. Enthalpie H) miteinander verknüpft. Für einen reversiblen Energieübergang (ohne Dissipation) gilt:

geschlossene Systeme $\quad Q + W_v = U_2 - U_1 = \Delta U$

offene Systeme $\quad Q + W_t = H_2 - H_1 = \Delta H$
(vereinfacht)

Die Umwandlung von Energie in andere Energieformen ist nicht immer uneingeschränkt möglich. So sind Wärme und innere Energie (bzw. Enthalpie) nicht vollständig in mechanische oder elektrische Energie umwandelbar (siehe 2. Hauptsatz).

2.7 Kreisprozesse

Wird einem thermodynamischen System Energie (Wärme, Arbeit) zugeführt oder entzogen, so ändert sich der physikalische Zustand des Systems. Solche Zustandsänderungen sind Merkmale thermodynamischer Prozesse. Sie werden in Zustandsdiagrammen (z.B. p,v-Diagramm) graphisch dargestellt.

Die Aufeinanderfolge mehrerer Zustandsänderungen derart, dass das System am Ende des gesamten Ablaufs seinen physikalischen Ausgangszustand wieder erreicht, ergibt einen *Kreisprozess*. Durch geeignete Prozessgestaltung kann dabei Wärme in Arbeit (Wärmekraftmaschinen) oder Arbeit in Wärme (Kältemaschinen, Wärmepumpen) umgewandelt werden.

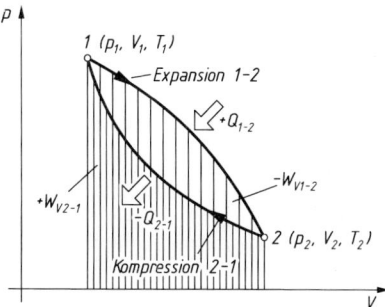

Bild 4. Kreisprozess (reversibel) mit zwei Zustandsänderungen (geschlossenes System)

■ **Beispiel:**
Ein reversibler Kreisprozess im *geschlossenen* System (Wärmekraftmaschine) besteht aus zwei Zustandsänderungen (Bild 4). Unter Zufuhr der Wärme $+ Q_{1-2}$ expandiert die Systemfüllung und gibt dabei die Volumenänderungsarbeit $- W_{v1-2}$ ab. In einer anschließenden Kompression wird dem System die Volumenänderungsarbeit $+ W_{v2-1}$ zugeführt und dabei die Wärme $- Q_{2-1}$ entzogen.

Nach dem 1. Hauptsatz gilt:

$$+ Q_{1-2} - W_{v1-2} = U_2 - U_1$$
$$- Q_{2-1} + W_{v2-1} = U_1 - U_2$$
$$+ Q_{1-2} - Q_{2-1} = (U_2 - U_1) + (U_1 - U_2) +$$
$$\quad + W_{v1-2} - W_{v2-1}$$
$$+ Q_{1-2} - Q_{2-1} = + W_{v1-2} - W_{v2-1}$$
$$\sum Q = \sum W_v = W \text{ (Nutzarbeit)}$$

Ein reversibler Kreisprozess im *offenen* System ergibt sinngemäß:

$$\sum Q = \sum W_t = W \text{ (Nutzarbeit)}$$

Die im reversiblen Kreisprozess gewonnene Arbeit (Nutzarbeit W) ist gleich der algebraischen Summe der zu- und abgeführten Volumenänderungsarbeiten ($\sum W_v$) bzw. der technischen Arbeiten ($\sum W_t$). Der Betrag der Nutzarbeit ist auch gleich der algebraischen Summe der zu- und abgeführten Wärmen ($\sum Q$).

Verlaufen die im p,v-Diagramm graphisch dargestellten Zustandsänderungen entsprechend ihrer Verlaufsrichtung im Uhrzeigersinn (Bild 4), so liegt ein *rechtsläufiger* Kreisprozess vor (Wärmekraftmaschinen). Bei entgegengesetztem Verlauf ergibt sich ein *linksläufiger* Kreisprozess (Kältemaschinen, Wärmepumpen).

2.8 Thermischer Wirkungsgrad

Im Fortgang eines rechtsläufigen reversiblen Kreisprozesses in einer Wärmekraftmaschine soll ein möglichst großer Teil der dem Prozess zugeführten Wärme in Nutzarbeit umgewandelt werden.

Zur Beurteilung der Energieumwandlung werden Nutzen und Aufwand zueinander ins Verhältnis gesetzt und so der *thermische Wirkungsgrad* η_{th} gebildet.

Werden zugeführte Wärme mit Q_{zu} und abgeführte Wärme mit Q_{ab} bezeichnet, so gilt:

$$\eta_{th} = \frac{|W|}{Q_{zu}} = \frac{Q_{zu} - |Q_{ab}|}{Q_{zu}}$$

$$\eta_{th} = 1 - \frac{|Q_{ab}|}{Q_{zu}}$$

$$\begin{array}{c|c} \eta & Q \\ \hline 1 & J \end{array}$$

(12)

Würde die gesamte zugeführte Wärme in Nutzarbeit umgewandelt und damit die abgeführte Wärme gleich null, so wäre $\eta_{th} = 1$. Dieser Wert wird technisch nie erreicht.

2.9 Zweiter Hauptsatz

Kreisprozesse (und ihre Zustandsänderungen) werden für eine vereinfachte theoretische Behandlung (Berechnung) als *reversible* (umkehrbare) Abläufe angesehen. Nach dieser Annahme erreicht das betrachtete System nach erfolgter Umkehrung ohne jede energetische Einwirkung und somit Änderung der Umgebung seinen ursprünglichen physikalischen Ausgangszustand.

Natürliche Prozesse (und Zustandsänderungen) sind nicht umkehrbar (irreversibel). Systeminterne Dissipations- und Ausgleichsvorgänge machen die beschriebene Prozessumkehrung unmöglich. Der 2. Hauptsatz stellt als Erfahrungssatz (Axiom) dieses Prinzip der Nichtumkehrbarkeit (Irreversibilität) von Prozessen in unterschiedlichen Formulierungen dar.

■ **Beispiel:**

Alle natürlichen Prozesse sind irreversibel.
Durch Einführung der Entropie (Rudolf Clausius, 1822 – 1888) wird das Ausmaß der Nichtumkehrbarkeit berechenbar und in Zustandsdiagrammen graphisch darstellbar.
Andere Formulierungen des 2. Hauptsatzes beziehen sich auf die auch bei reversiblen Abläufen eingeschränkte Umwandelbarkeit von innerer Energie (bzw. Enthalpie) und Wärme in andere Energieformen.

■ **Beispiele:**

In einer Wärmekraftmaschine wird die zugeführte Wärme nur teilweise in Nutzarbeit umgewandelt. Der Rest durchläuft und verlässt die Maschine ungenutzt ($\eta_{th} < 1$).
Bei einer Wärmeübertragung wird stets ein System mit niedrigerer Temperatur benötigt, auf das die Wärme in Richtung des Temperaturgefälles selbsttätig übergehen kann. So formulierte Clausius 1850:

Wärme kann nie von selbst von einem System niederer Temperatur auf ein System höherer Temperatur übergehen.
Damit ist der unermessliche Vorrat an innerer Energie der Umgebung technisch nicht nutzbar.

2.10 Entropie

Jedes System besitzt als Zustandsgröße die *Entropie* S. Wird über die Systemgrenze hinweg *Wärme* übertragen oder dem System Dissipationsenergie zugeführt, so findet immer auch (richtungsgleich, d. h. mit gleichem Vorzeichen) ein Entropietransport statt. Die reversible Übertragung von *Arbeit* erfolgt dagegen entropiefrei.

Die mit Wärme übertragene Entropie (ohne Dissipation und in Differenzialschreibung) ist nach Rudolf Clausius definiert als

$$dS = \frac{dQ}{T}$$

$$\begin{array}{c|c|c} S & Q & T \\ \hline \dfrac{J}{K} & J & K \end{array}$$

(13)

Dabei ist T die thermodynamische Temperatur in *dem* Grenzbereich des Systems, in dem die transportierte Wärme die Systemgrenze überschreitet. Bei größeren Temperaturunterschieden ist die *mittlere* Temperatur T_m zu setzen.

Massenbezogen gilt für die *spezifische Entropie s*:

$$ds = \frac{dq}{T}$$

$$\begin{array}{c|c|c} s & q & T \\ \hline \dfrac{J}{kg\,K} & \dfrac{J}{kg} & K \end{array}$$

(14)

Der Betrag der Entropie hat keine praktische Bedeutung. Wärmetechnisch wichtig ist die *Änderung der Entropie* Δs (Zu- oder Abnahme) im Verlauf einer Übertragung von Wärme oder Dissipationsenergie. So ist die algebraische Summe der Entropieänderungen aller am Energieübergang beteiligten Systeme ein Maß für die Irreversibilität (Nichtumkehrbarkeit) des Prozesses.

• Bei *reversiblem* Ablauf ist die algebraische Summe der Entropieänderungen aller am Prozess beteiligten Systeme gleich null, d. h. die Summe der Entropien aller beteiligten Systeme ändert sich nicht.

• Bei *irreversiblem* Ablauf ist die algebraische Summe der Entropieänderungen aller am Prozess beteiligten Systeme größer als null, d. h. die Summe der Entropien aller beteiligten Systeme wird größer.

Im T,s-Diagramm (Zustandsdiagramm) können Wärme und andere Energiegrößen als Flächen graphisch dargestellt werden. Für eine reversible Zustandsänderung gilt:

$$ds = \frac{dq}{T} \quad \Rightarrow \quad dq = T\,ds$$

$$q = \int\limits_1^2 T\,ds$$

Das bestimmte Integral entspricht der senkrecht schraffierten Fläche im T,s-Diagramm (Bild 5).

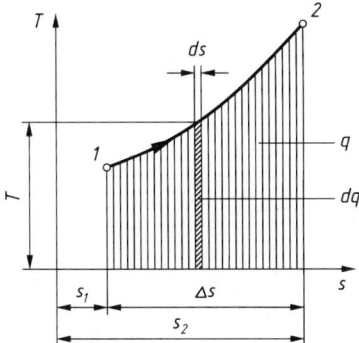

Bild 5. T,s-Diagramm für eine reversible Zustandsänderung

Für Flüssigkeiten (z.B. Wasser) und Dämpfe (z.B. Wasserdampf) ergeben sich die zugehörigen Entropiebeträge aus Zahlentafeln (z.B. Dampftafel für Wasser) oder aus Zustandsdiagrammen (z.B. Temperatur-Entropie-Diagramm für Wasser). Für *ideale Gase* sind Entropieänderungen (Δs) berechenbar. So gilt für reversible Vorgänge im geschlossenen System:

$$ds = \frac{dq}{T} = \frac{du + p\,dv}{T} = \frac{du}{T} + \frac{p\,dv}{T}; \quad \frac{p}{T} = \frac{R_i}{v}$$

$$ds = \frac{c_v\,dT}{T} + \frac{R_i\,dv}{v}$$

$$\Delta s = s_2 - s_1 = c_v \int\limits_1^2 \frac{dT}{T} + R_i \int\limits_1^2 \frac{dv}{v}$$

$$s_2 - s_1 = c_v \ln\frac{T_2}{T_1} + R_i \ln\frac{v_2}{v_1} \qquad (15)$$

$$\text{oder} \quad s_2 - s_1 = c_v \ln\frac{p_2}{p_1} + c_p \ln\frac{v_2}{v_1} \qquad (16)$$

Bei größeren Temperaturunterschieden muss wegen der Temperaturabhängigkeit der spezifischen Wärmekapazitäten mit den Mittelwerten c_{vm} und c_{pm} gearbeitet werden.

2.11 Exergie und Anergie

Nach dem 2. Hauptsatz kann nicht jede Energieform beliebig in jede andere Energieform umgewandelt werden. So ist z.B. die einer Wärmekraftmaschine zugeführte Wärme selbst bei reversiblem Prozessablauf nur begrenzt in Nutzarbeit umwandelbar. Die Grenze wird dabei durch den physikalischen Zustand der Umgebung gezogen. So ist die innere Energie eines Systems im Umgebungszustand, d. h. bei Umgebungstemperatur T_u und Umgebungsdruck p_u, im Sinne einer Gewinnung von Nutzarbeit wertlos.

Nach dem Merkmal der Umwandelbarkeit werden unterschieden:

–   *Unbegrenzt umwandelbare Energie* (mechanische Energie, elektrische Energie). Sie wird als *Exergie E* bezeichnet.

–   *Nicht umwandelbare Energie* (innere Energie der Umgebung). Sie wird als *Anergie B* bezeichnet.

–   *Begrenzt umwandelbare Energie* (innere Energie bzw. Enthalpie, Wärme). Sie setzt sich aus Exergie und Anergie zusammen. Der nutzbare Anteil ist die *Exergie*, der nicht nutzbare Anteil die *Anergie* (Energie = Exergie + Anergie).

Exergie E_Q und Anergie B_Q *der Wärme* sind im T,S-Diagramm (Zustandsdiagramm) graphisch darstellbar. Sie erscheinen als Flächen oberhalb bzw. unterhalb der Linie der Umgebungstemperatur T_u (waagerechte Linie in Bild 6).

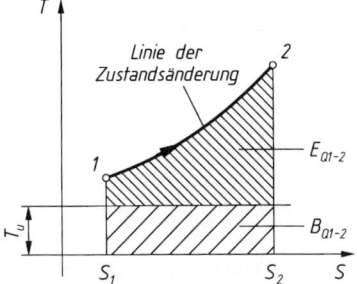

Bild 6. Exergie und Anergie der Wärme für eine beliebige Zustandsänderung

$$E_{Q1-2} + B_{Q1-2} = Q_{1-2}$$

Für den 2. Hauptsatz ergeben sich daraus weitere Formulierungen:

●   Bei reversiblen Vorgängen bleibt die Exergie konstant.

●   Bei irreversiblen (natürlichen) Vorgängen nimmt die Exergie ab. Exergie wird z.T. in Anergie verwandelt.

●   Es ist nicht möglich, Anergie in Exergie zu verwandeln.

3 Zustandsänderungen idealer Gase

3.1 Thermische Zustandsgleichung

Die *Thermodynamik* entwickelt ihre Gesetzmäßigkeiten mit Hilfe messbarer Größen, die für den jeweiligen Zustand eines Systems kennzeichnend sind. Die Thermodynamik verzichtet dabei auf jede atomistische Deutung des Wesens der Wärme, wie sie in der kinetischen Wärmetheorie zum Ausdruck kommt.

Die gegenseitigen Abhängigkeiten der Zustandsgrößen spezifisches Volumen (v), absoluter Druck (p) und Temperatur (T) werden durch die *thermische Zustandsgleichung idealer Gase* festgelegt, die aus der Verknüpfung der Gesetze von *Boyle und Mariotte* und *Gay-Lussac* hergeleitet werden kann.

Herleitung: Betrachtung einer allgemeinen Zustandsänderung, bei der sich Volumen, Druck und Temperatur gleichzeitig ändern.

Ausgangszustand	p_1, v_1, T_1
Endzustand	p_2, v_2, T_2

Zerlegung der Gesamt-Zustandsänderung in zwei Teilvorgänge a und b über einen Zwischenzustand mit dem spezifischen Volumen v_x.

a) Druckänderung von p_1 auf p_2 bei gleich gehaltener Temperatur T_1 (nach *Boyle und Mariotte*)

$$\frac{v_1}{v_x} = \frac{p_2}{p_1}; \quad v_x = \frac{v_1\, p_1}{p_2}$$

b) Temperaturänderung von T_1 auf T_2 bei gleich bleibendem Druck p_2 (nach *Gay-Lussac*)

$$\frac{v_x}{v_2} = \frac{T_1}{T_2}; \quad v_2 = \frac{v_x\, T_2}{T_1} = \frac{v_1\, p_1\, T_2}{p_2\, T_1}$$

Hieraus ergibt sich für die allgemeine Zustandsänderung

$$\frac{p_2\, v_2}{T_2} = \frac{p_1\, v_1}{T_1} = \text{konst.} = R_i \text{ (spezielle oder}$$

individuelle Gaskonstante).

Dieser Ausdruck ist die *thermische Zustandsgleichung idealer Gase*

$$p\, v = R_i\, T$$

p	v	R_i	T	
$\dfrac{N}{m^2}$	$\dfrac{m^3}{kg}$	$\dfrac{J}{kg\,K}$	K	$1\text{ J} = 1\text{ Nm}$

(1)

Die *spezielle Gaskonstante* R_i ist eine Stoffkonstante, die durch Messung der zueinander gehörenden Werte von p, v und T bestimmt werden kann. Sie stellt die Volumenänderungsarbeit dar, die verrichtet wird, wenn ein Gas mit der Masse $m = 1$ kg bei gleich bleibendem Druck um 1 K erwärmt wird.

Tabelle 1. Spezielle Gaskonstante

$$R_i \text{ in } \frac{J}{kg\,K} \quad (1\text{ J} = 1\text{ Nm})$$

Kohlenoxid	CO	297
Kohlendioxid	CO_2	189
Luft	–	287
Methan	CH_4	519
Sauerstoff	O_2	260
Stickstoff	N_2	297
Wasserdampf	H_2O	462
Wasserstoff	H_2	4 126

Die thermische Zustandsgleichung gilt für jeden beliebigen, durch p, v und T ausgedrückten Gaszustand, also auch für den Normzustand ($p_n\, v_n/T_n = R_i$).

Ein Gas, das dieser thermischen Zustandsgleichung folgt, nennt man ein *ideales Gas*. Dieses Gas ist ein gedachter Stoff, dessen Moleküle kein Eigenvolumen besitzen und in dem Molekularkräfte nicht vorhanden sind. Reale Gase weichen in ihrem Verhalten umso mehr von der Zustandsgleichung ab, je höher ihre Atomzahl ist und je näher die Temperatur am Verflüssigungspunkt des Gases liegt. *Reale* Gase werden eher von der *van der Waalsschen Zustandsgleichung* erfasst, in der Eigenvolumen und Kohäsionskräfte der Moleküle durch entsprechende Einflussgrößen berücksichtigt sind.

Wird in Gleichung (1) $v = V/m$ gesetzt, so ergibt sich die *thermische Zustandsgleichung* der Gase

$$p\, V = m\, R_i\, T$$

p	V	m	R_i	T
$\dfrac{N}{m^2}$	m^3	kg	$\dfrac{J}{kg\,K}$	K

(2)

An Stelle des spezifischen Volumens v kann auch die Dichte $\rho = 1/v$ in die thermische Zustandsgleichung der Form (1) eingesetzt werden.

■ **Beispiel:**
Welche spezielle Gaskonstante R_i ergibt sich für Luft?

Lösung:
Für den Normzustand ergibt sich aus der thermischen Zustandsgleichung:

$$R_i = \frac{p_n\, v_n}{T_n}; \quad v_n = 0{,}774 \,\frac{m^3}{kg} \text{ nach Tabelle 1, Kapitel 1}$$

$$R_i = \frac{1{,}013 \cdot 10^5 \,\frac{N}{m^2} \cdot 0{,}774 \,\frac{m^3}{kg}}{273 \text{ K}}$$

$$= 287{,}2 \,\frac{Nm}{kg\,K} = 287{,}2 \,\frac{J}{kg\,K}$$

■ **Beispiel:**
Wie groß ist das Volumen einer Luftmenge von 100 m³ (im Normzustand) bei $\vartheta = 80$ °C und $p = 4{,}9$ bar?

Lösung:

$$\frac{p_n V_n}{T_n} = \frac{p V}{T} = m R_i; \quad p = 4,9 \text{ bar} = 4,9 \cdot 10^5 \frac{N}{m^2}$$

$$V = \frac{p_n V_n T}{T_n p} = \frac{1,013 \cdot 10^5 \frac{N}{m^2} \cdot 100 \text{ m}^3 \cdot 353 \text{ K}}{273 \text{ K} \cdot 4,9 \cdot 10^5 \frac{N}{m^2}}$$

$$V = 26,7 \text{ m}^3$$

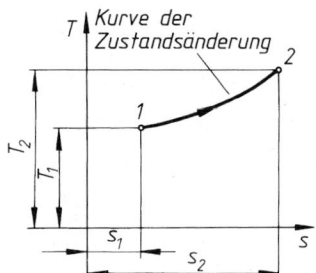

Bild 2. Darstellung einer Zustandsänderung im T,s-Diagramm

3.2 Zustandsänderungen

Der Zustand eines Systems wird durch Zustandsgrößen bestimmt. Prozesse mit Energieaustausch zwischen System und Umgebung verändern Größen und Zustände. Damit werden *Zustandsänderungen* bewirkt. Zustände und Zustandsänderungen werden *rechnerisch* behandelt oder in Zustandsdiagrammen *graphisch* dargestellt.

Die *rechnerische* Bearbeitung bezieht sich meist auf reversible (d. h. dissipationsfreie) Zustandsänderungen idealer Gase wie Isochore, Isobare, Isotherme, Isentrope und Polytrope. Eine Anwendung der Gesetzmäßigkeiten auf reale Gase mit annähernd idealem Verhalten ist technisch fast immer ausreichend genau.

Zustandsdiagramme bestehen überwiegend aus einem ebenen System rechtwinklig angeordneter Koordinatenachsen (Abszisse, Ordinate). Zustände erscheinen als Punkte, Zustandsänderungen als gerade oder gekrümmte Linien (Kurven). Bei maßstäblicher Achsenteilung können Zahlenwerte gesuchter Größen mit praktisch hinreichender Genauigkeit abgelesen werden. Diese Möglichkeit bietet auch der Gebrauch einschlägiger Zahlentafeln (z.B. Dampftafel für Wasser). Die Anwendung von Diagrammen und Tafeln ist dann üblich, wenn eine rechnerische Behandlung wegen komplizierter Zusammenhänge (z.B. bei Dämpfen) zu aufwändig ist. Wichtige Zustandsdiagramme für Gase sind das p,v-Diagramm und das T,s-Diagramm.

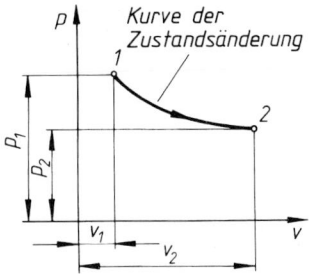

Bild 1. Darstellung einer Zustandsänderung im p,v-Diagramm

Aus dem p,v-Diagramm lässt sich auch der Temperaturverlauf in Abhängigkeit vom spezifischen Volumen ermitteln.

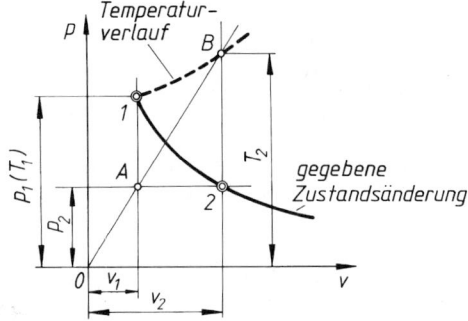

Bild 3. Aufzeichnen des Temperaturverlaufs als Kurve $T = f(v)$ aus dem p,v-Diagramm einer gegebenen Zustandsänderung

Anleitung (Bild 3):
Gegeben: Zustandsänderung mit Anfangszustand 1 (p_1, v_1, T_1) und zugehöriger Kurvenverlauf.
Gesucht: Temperatur T_2 im beliebigen Zwischenzustand 2 (Maßstäbe für p und T so gewählt, dass $p_1 = T_1$ ist).

a) Senkrechte durch Punkt 1 zeichnen,
b) Senkrechte und Waagerechte durch Punkt 2 zeichnen (es ergibt sich Schnittpunkt A),
c) Verbindungslinie OA zeichnen und mit Senkrechte durch Punkt 2 zum Schnitt bringen (es ergibt sich Schnittpunkt B),
d) Punkt B ist der Temperaturpunkt für den Zwischenzustand 2.

3.3 Isochore Zustandsänderung

Das *Gasvolumen* bleibt während der Zustandsänderung *konstant*. Aus der thermischen Zustandsgleichung $p v/T = R_i$ folgt

$$\frac{p_1}{p_2} = \frac{T_1}{T_2}$$

$$\begin{array}{c|c} p & T \\ \hline \dfrac{N}{m^2} & K \end{array}$$ (3)

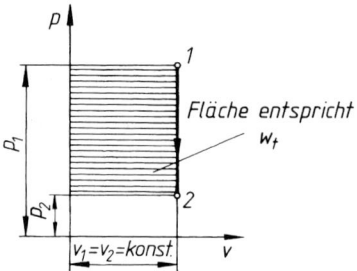

Bild 4. Isochore Zustandsänderung im p,υ-Diagramm (hier Drucksenkung)

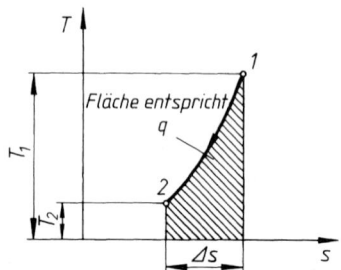

Bild 5. Isochore Zustandsänderung im T,s-Diagramm (hier Drucksenkung)

Da Volumenänderungsarbeit nicht verrichtet wird, dient die als Wärme zugeführte (oder abgeführte) Energie der Änderung der inneren Energie des Gases. *Zugeführte (oder abgeführte) spezifische Wärme*:

$$q = c_v (T_2 - T_1)$$

$$\begin{array}{c|c|c} q\;(u) & c & T \\ \hline \dfrac{J}{kg} & \dfrac{J}{kg\,K} & K \end{array}$$ (4)

Änderung der spezifischen inneren Energie:

$$\Delta u = c_v (T_2 - T_1)$$ (5)

Änderung der spezifischen Enthalpie Δh:

$$\Delta h = c_p (T_2 - T_1)$$

$$\begin{array}{c|c|c} h & c & T \\ \hline \dfrac{J}{kg} & \dfrac{J}{kg\,K} & K \end{array}$$ (6)

Änderung der spezifischen Entropie Δs:

$$\Delta s = c_v \ln \frac{T_2}{T_1}$$

$$\begin{array}{c|c} s,\,c & T \\ \hline \dfrac{J}{kg\,K} & K \end{array}$$ (7)

Volumenänderungsarbeit w_v wird nicht verrichtet:

$$w_v = 0$$

Die technische Arbeit ist als Differenz der Gleichdruckarbeiten $p_1\,\upsilon_1$ und $p_2\,\upsilon_2$ gegeben. Die *spezifische technische Arbeit w_t* tritt im p,υ-Diagramm (Bild 4) als Fläche in Erscheinung:

$$w_t = \upsilon\,(p_2 - p_1)$$

$$\begin{array}{c|c|c} w & \upsilon & p \\ \hline \dfrac{J}{kg} & \dfrac{m^3}{kg} & \dfrac{N}{m^2} \end{array}$$ (8)

■ **Beispiel:**

In einem Luftbehälter ist Luft unter einem Druck von $p_{abs\,1} = 2{,}45$ bar bei einer Temperatur von $\vartheta_1 = 15\ ^\circ C$ eingeschlossen.

a) Wie groß ist die Temperatur ϑ_2, wenn eine spezifische Wärme $q = 251\,000$ J/kg zugeführt wird?
b) Wie groß ist der sich einstellende Druck p_2?
c) Wie groß ist die Änderung der spezifischen inneren Energie Δu?
d) Wie groß ist die Enthalpieänderung Δh?
e) Wie groß ist die Entropieänderung Δs?

Lösung:

a) $q = c_v (T_2 - T_1)$

$T_2 = \dfrac{q}{c_v} + T_1$; $c_v = 736\ \dfrac{J}{kg\,K}$ (angenommen)

$T_1 = \vartheta_1 + 273{,}15 = 15 + 273{,}15 = 288{,}15$ K

$T_2 = \dfrac{251\,000\,\frac{J}{kg}}{736\,\frac{J}{kg\,K}} + 288{,}15\ K = 629{,}18$ K

$\vartheta_2 = T_2 - 273{,}15 = 629{,}18 - 273{,}15$

$\vartheta_2 = 356\ ^\circ C$

b) $\dfrac{p_1}{p_2} = \dfrac{T_1}{T_2}$ $p_1 = 2{,}45 \cdot 10^5\ \dfrac{N}{m^2}$

$p_2 = \dfrac{p_1\,T_2}{T_1}$ $T_1 = 288{,}15$ K
                      $T_2 = 629{,}18$ K

$p_2 = \dfrac{2{,}45 \cdot 10^5\,\frac{N}{m^2} \cdot 629{,}18\ K}{288{,}15\ K} = 5{,}35 \cdot 10^5\ \dfrac{N}{m^2}$

$p_2 = 5{,}35 \cdot 10^5$ Pa $= 5{,}35$ bar

c) $\Delta u = q = 251\,000\ \dfrac{J}{kg}$

Bei konstantem Volumen dient die gesamte zugeführte Wärme zur Erhöhung der inneren Energie.

d) $\Delta h = c_p (T_2 - T_1)$

$c_p = 1\,025\ \dfrac{J}{kg\,K}$ (angenommen)

$$\Delta h = 1\,025 \ \frac{J}{kg\,K} \ (629{,}18 - 288{,}15)\ K$$

$$\Delta h = 350\,000 \ \frac{J}{kg}$$

e) $\Delta s = c_v \ln \dfrac{T_2}{T_1}$

$$\Delta s = 736 \ \frac{J}{kg\,K} \ \ln \frac{629{,}18\ K}{288{,}15\ K} = 575 \ \frac{J}{kg\,K}$$

3.4 Isobare Zustandsänderung

Der *Gasdruck* bleibt während der Zustandsänderung *konstant*.

Aus der thermischen Zustandsgleichung $p\,\upsilon/T = R_i$ folgt

$$\frac{\upsilon_1}{\upsilon_2} = \frac{T_1}{T_2}$$

υ	T
$\dfrac{m^3}{kg}$	K

(9)

Die als Wärme zugeführte (oder abgeführte) Energie dient zur Änderung der inneren Energie und zur Verrichtung einer Volumenänderungsarbeit (hier Gleichdruckarbeit). Es ist die *zugeführte* (*oder abgeführte*) *spezifische Wärme*

$$q = c_p\,(T_2 - T_1)$$

$q\,(u)$	c	T
$\dfrac{J}{kg}$	$\dfrac{J}{kg\,K}$	K

(10)

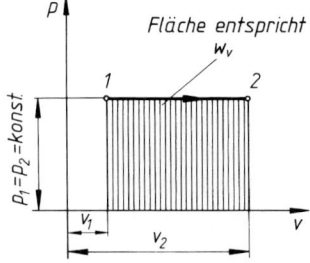

Bild 6. Isobare Zustandsänderung im p,υ-Diagramm (hier Expansion)

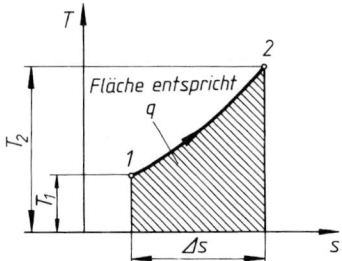

Bild 7. Isobare Zustandsänderung im T,s-Diagramm (hier Expansion)

Änderung der spezifischen inneren Energie:

$$\Delta u = c_v\,(T_2 - T_1) \tag{11}$$

Änderung der spezifischen Enthalpie Δh:

$$\Delta h = c_p\,(T_2 - T_1)$$

h	c	T
$\dfrac{J}{kg}$	$\dfrac{J}{kg\,K}$	K

(12)

Änderung der spezifischen Entropie Δs:

$$\Delta s = c_p \ln \frac{T_2}{T_1}$$

$s,\,c$	T
$\dfrac{J}{kg\,K}$	K

(13)

Spezifische Volumenänderungsarbeit w_v wird als Gleichdruckarbeit verrichtet. Sie tritt im p,υ-Diagramm (Bild 6) als Fläche in Erscheinung:

$$w_v = p\,(\upsilon_1 - \upsilon_2)$$

w	p	υ
$\dfrac{J}{kg}$	$\dfrac{N}{m^2}$	$\dfrac{m^3}{kg}$

(14)

Ein Wert für die *spezifische technische Arbeit* w_t tritt nicht auf:

$$w_t = 0$$

■ **Beispiel:**

In einem Zylinder mit verschiebbarem Kolben ist Luft unter einem Druck von $p_{abs} = 24{,}5$ bar bei einer Temperatur von $\vartheta_1 = 500$ °C eingeschlossen.

Diese Luft dehnt sich unter Wärmezufuhr bei gleich bleibendem Druck p_{abs} auf den 2,5-fachen Wert des Anfangsvolumens υ_1 aus.

a) Wie groß ist das spezifische Anfangsvolumen υ_1?
b) Wie groß ist die Temperatur T_2 nach erfolgter Ausdehnung?
c) Wie groß ist die zuzuführende spezifische Wärme q?
d) Wie groß ist die spezifische Volumenänderungsarbeit w_v?
e) Wie groß ist die Änderung der spezifischen inneren Energie Δu?
f) Wie groß ist die Entropieänderung Δs?

Lösung:

a) $p\,\upsilon_1 = R_i T_1; \quad \upsilon_1 = \dfrac{R_i\,T_1}{p}$;

$$R_i = 287 \ \frac{J}{kg\,K} = 287 \ \frac{Nm}{kg\,K}$$

$$T_1 = \vartheta_1 + 273{,}15 = 500 + 273{,}15 = 773{,}15\ K$$

$$p = 24{,}5 \cdot 10^5 \ \frac{N}{m^2}$$

$$\upsilon_1 = \frac{287\,\frac{Nm}{kg\,K} \cdot 773{,}15\ K}{24{,}5 \cdot 10^5\,\frac{N}{m^2}} = 906 \cdot 10^{-4} \ \frac{m^3}{kg}$$

$$\upsilon_1 = 0{,}090\,6 \ \frac{m^3}{kg}$$

b) $\dfrac{v_1}{v_2} = \dfrac{T_1}{T_2}$; $v_2 = 2{,}5\,v_1$; $\dfrac{T_1}{T_2} = \dfrac{v_1}{2{,}5\,v_1} = \dfrac{1}{2{,}5}$

$T_2 = T_1\,2{,}5 = 773{,}15\ \text{K}\ 2{,}5 = 1\,933\ \text{K}$

c) $q = c_\text{p}\,(T_2 - T_1)$; $c_\text{p} = 1\,186\ \dfrac{\text{J}}{\text{kg K}}$

nach Gleichung (13), Kapitel 1

$q\ = 1\,186\ \dfrac{\text{J}}{\text{kg K}}\,(1\,933 - 773{,}15)\ \text{K}$

$q\ = 1\,376\,000\ \dfrac{\text{J}}{\text{kg}}$

d) $w_\text{v} = p\,(v_1 - v_2)$; $v_2 = 2{,}5\,v_1$; $w_\text{v} = p\,(v_1 - 2{,}5\,v_1)$

$w_\text{v} = -\,p\,1{,}5\,v_1$

$w_\text{v} = -\,24{,}5\cdot 10^5\ \dfrac{\text{N}}{\text{m}^2}\cdot 1{,}5\cdot 906\cdot 10^{-4}\ \dfrac{\text{m}^3}{\text{kg}}$

$w_\text{v} = -\,333\,000\ \dfrac{\text{Nm}}{\text{kg}} = -\,333\,000\ \dfrac{\text{J}}{\text{kg}}$

e) $\Delta u = c_\text{v}\,(T_2 - T_1)$

$c_\text{v}\ = 899\ \dfrac{\text{J}}{\text{kg K}}$ nach $c_\text{v} = c_\text{p} - R_\text{i}$

$\Delta u = 899\ \dfrac{\text{J}}{\text{kg K}}\,(1\,933 - 773{,}15)\ \text{K}$

$\Delta u = 1\,043\,000\ \dfrac{\text{J}}{\text{kg}}$

f) $\Delta s = c_\text{p}\,\ln\dfrac{T_2}{T_1} = 1\,186\ \dfrac{\text{J}}{\text{kg K}}\,\ln\dfrac{1\,933\ \text{K}}{773{,}15\ \text{K}} = 1\,087\ \dfrac{\text{J}}{\text{kg K}}$

3.5 Isotherme Zustandsänderung

Die *Temperatur* bleibt während der Zustandsänderung *konstant*.

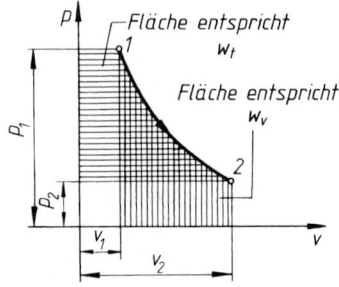

Bild 8. Isotherme Zustandsänderung im p,v-Diagramm (hier Expansion)

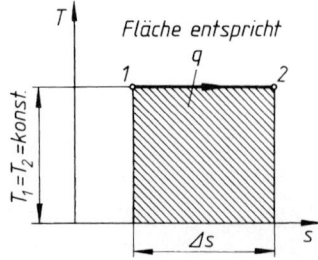

Bild 9. Isotherme Zustandsänderung im T,s-Diagramm (hier Expansion)

Aus der thermischen Zustandsgleichung $p\,\dfrac{v}{T} = R_\text{i}$

folgt

$$\dfrac{p_1}{p_2} = \dfrac{v_2}{v_1}$$

$$\begin{array}{c|c} p & v \\ \hline \dfrac{\text{N}}{\text{m}^2} & \dfrac{\text{m}^3}{\text{kg}} \end{array}$$ (15)

Die Kurve der Zustandsänderung erscheint im p,v-Diagramm als gleichseitige Hyperbel ($p\,v = R_\text{i} T = $ konst.).
Die als Wärme zugeführte (oder abgeführte) Energie entspricht der verrichteten Volumenänderungsarbeit. Eine Änderung der inneren Energie findet nicht statt. Es ist die *zugeführte* (oder *abgeführte*) *spezifische Wärme*:

$$q = R_\text{i} T\,\ln\dfrac{v_2}{v_1}$$ (16)

$$q = R_\text{i} T\,\ln\dfrac{p_1}{p_2}$$ (17)

$$\begin{array}{c|c|c|c|c} q & R_\text{i} & T & v & p \\ \hline \dfrac{\text{J}}{\text{kg}} & \dfrac{\text{J}}{\text{kg K}} & \text{K} & \dfrac{\text{m}^3}{\text{kg}} & \dfrac{\text{N}}{\text{m}^2} \end{array}$$

Änderung der spezifischen inneren Energie:

$\Delta u = 0$

Änderung der spezifischen Enthalpie Δh:

$\Delta h = 0$

Änderung der spezifischen Entropie Δs:

$$\Delta s = R_\text{i}\,\ln\dfrac{v_2}{v_1}$$ (18)

$$\Delta s = R_\text{i}\,\ln\dfrac{p_1}{p_2}$$ (19)

$$\begin{array}{c|c|c|c} s & R_\text{i} & v & p \\ \hline \dfrac{\text{J}}{\text{kg K}} & \dfrac{\text{J}}{\text{kg K}} & \dfrac{\text{m}^3}{\text{kg}} & \dfrac{\text{N}}{\text{m}^2} \end{array}$$

Die *spezifische Volumenänderungsarbeit* w_v und die *spezifische technische Arbeit* w_t sind gleich und entsprechen der Größe von q:

$$w_\text{v} = R_\text{i} T\,\ln\dfrac{v_1}{v_2}$$ (20)

$$w_\text{v} = R_\text{i} T\,\ln\dfrac{p_2}{p_1}$$ (21)

$$w_\text{t} = R_\text{i} T\,\ln\dfrac{v_1}{v_2}$$ (22)

$$w_\text{t} = R_\text{i} T\,\ln\dfrac{p_2}{p_1}$$ (23)

w	R_i	T	υ	p
$\dfrac{J}{kg}$	$\dfrac{J}{kg\,K}$	K	$\dfrac{m^3}{kg}$	$\dfrac{N}{m^2}$

■ **Beispiel:**
In einem Zylinder mit verschiebbarem Kolben ist Luft unter einem Druck von $p_{abs\,1} = 24,5$ bar bei einer Temperatur von $\vartheta = 500$ °C eingeschlossen (siehe auch Beispiel unter 3.4).
Diese Luft dehnt sich unter Wärmezufuhr bei gleich bleibender Temperatur ϑ auf den 2,5fachen Wert des Anfangsvolumens υ_1 aus.

a) Wie groß ist das spezifische Anfangsvolumen υ_1?
b) Wie groß ist der Druck $p_{abs\,2}$ nach erfolgter Ausdehnung?
c) Wie groß ist die zuzuführende spezifische Wärme q?
d) Wie groß ist die spezifische Volumenänderungsarbeit w_v?
e) Wie groß ist die spezifische technische Arbeit w_t?
f) Wie groß ist die Änderung der spezifischen inneren Energie Δu?
g) Wie groß ist die Entropieänderung Δs?

Lösung:

a) $\upsilon_1 = 0,090\,6 \dfrac{m^3}{kg} = 906 \cdot 10^{-4} \dfrac{m^3}{kg}$

siehe Beispiel unter 3.4

b) $\dfrac{p_1}{p_2} = \dfrac{\upsilon_2}{\upsilon_1}; \quad \upsilon_2 = 2,5\,\upsilon_1; \quad \dfrac{p_1}{p_2} = \dfrac{2,5\,\upsilon_1}{\upsilon_1} = 2,5$

$p_2 = \dfrac{p_1}{2,5} = \dfrac{24,5\cdot 10^5 \frac{N}{m^2}}{2,5} = 9,8\cdot 10^5 \dfrac{N}{m^2}$

$p_2 = 9,8\cdot 10^5$ Pa $= 9,8$ bar

c) $q = R_i\,T \ln \dfrac{p_1}{p_2}$

$q = 287 \dfrac{J}{kg\;K}\;773,15\;K \ln \dfrac{24,5\cdot 10^5 \frac{N}{m^2}}{9,8\cdot 10^5 \frac{N}{m^2}}$

$q = 203\,320 \dfrac{J}{kg}$

d) Die zugeführte spezifische Wärme q wird vollständig in spezifische Volumenänderungsarbeit w_v umgewandelt.
$w_v = -203\,320$ J/kg.

e) Die spezifische technische Arbeit w_t ist gleich der spezifischen Volumenänderungsarbeit w_v. Daraus folgt
$w_t = -203\,320$ J/kg.

f) Da T = konst., ist $\Delta u = 0$.

g) $\Delta s = \dfrac{q}{T} = \dfrac{203\,320 \frac{J}{kg}}{773,15\;K} = 263 \dfrac{J}{kg\,K}$

3.6 Isentrope Zustandsänderung

Während der reversiblen Zustandsänderung wird *Wärme weder zu- noch abgeführt* (adiabates System). Die Entropie bleibt konstant (Isentrope).

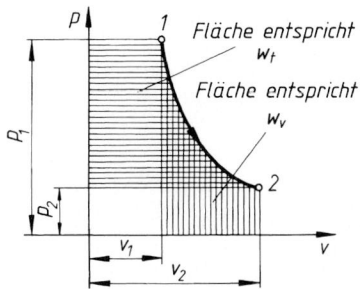

Bild 10. Isentrope Zustandsänderung im p,υ-Diagramm (hier Expansion)

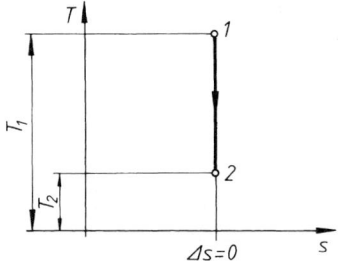

Bild 11. Isentrope Zustandsänderung im T,s-Diagramm (hier Expansion)

Aus der thermischen Zustandsgleichung $p\,\upsilon/T = R_i$ und den Gleichungen für Δu und Δh (1. Hauptsatz) folgt

$$\frac{p_1}{p_2} = \left(\frac{\upsilon_2}{\upsilon_1}\right)^{\kappa} = \left(\frac{T_1}{T_2}\right)^{\frac{\kappa}{\kappa-1}}$$

p	υ	T	κ
$\dfrac{N}{m^2}$	$\dfrac{m^3}{kg}$	K	1

(24)

In dieser Formel ist κ das Verhältnis der spezifischen Wärmekapazitäten c_p/c_v (Isentropenexponent). Die Kurve der Zustandsänderung erscheint im p,υ-Diagramm als eine ungleichseitige Hyperbel (Hyperbel höherer Ordnung). Die Steilheit des Kurvenverlaufs nimmt mit größer werdenden κ-Werten zu.
Eine Zufuhr oder Abfuhr von Wärme findet nicht statt. Es ist also die *zugeführte (oder abgeführte) spezifische Wärme*:

$q = 0$

Die *Änderung der spezifischen inneren Energie Δu* entspricht dem Betrage nach der Volumenänderungsarbeit.

$$\Delta u = c_v\,(T_2 - T_1)$$

u	c	T
$\dfrac{J}{kg}$	$\dfrac{J}{kg\,K}$	K

(25)

Änderung der spezifischen Enthalpie Δh:

$$\Delta h = c_p \, (T_2 - T_1) \tag{26}$$

$$\Delta h = \frac{\kappa}{\kappa - 1} \, p_1 \, v_1 \left(\frac{T_2}{T_1} - 1 \right) \tag{27}$$

h	c	κ	p	v	T
$\dfrac{\text{J}}{\text{kg}}$	$\dfrac{\text{J}}{\text{kg K}}$	1	$\dfrac{\text{N}}{\text{m}^2}$	$\dfrac{\text{m}^3}{\text{kg}}$	K

$$\Delta h = \frac{\kappa}{\kappa - 1} \, p_1 \, v_1 \left[\left(\frac{p_2}{p_1} \right)^{\frac{\kappa - 1}{\kappa}} - 1 \right] \tag{28}$$

$$\Delta h = \frac{\kappa}{\kappa - 1} \, p_1 \, v_1 \left[\left(\frac{v_1}{v_2} \right)^{\kappa - 1} - 1 \right] \tag{29}$$

Da $q = 0$ ist, ändert sich die Entropie nicht. Es ist also die *Änderung der spezifischen Entropie*:

$$\Delta s = 0$$

Die *spezifische Volumenänderungsarbeit* w_v entspricht der Änderung der spezifischen inneren Energie:

$$w_v = c_v \, (T_2 - T_1) \tag{30}$$

$$w_v = \frac{1}{\kappa - 1} \, (p_2 \, v_2 - p_1 \, v_1) \tag{31}$$

w	c	κ	p	v	T
$\dfrac{\text{J}}{\text{kg}}$	$\dfrac{\text{J}}{\text{kg K}}$	1	$\dfrac{\text{N}}{\text{m}^2}$	$\dfrac{\text{m}^3}{\text{kg}}$	K

$1 \text{ J} = 1 \text{ Nm} = 1 \text{ Ws}$

$$w_v = \frac{p_1 \, v_1}{\kappa - 1} \left(\frac{T_2}{T_1} - 1 \right) \tag{32}$$

$$w_v = \frac{p_1 \, v_1}{\kappa - 1} \left[\left(\frac{p_2}{p_1} \right)^{\frac{\kappa - 1}{\kappa}} - 1 \right] \tag{33}$$

$$w_v = \frac{p_1 \, v_1}{\kappa - 1} \left[\left(\frac{v_1}{v_2} \right)^{\kappa - 1} - 1 \right] \tag{34}$$

Die *spezifische technische Arbeit* w_t entspricht der Änderung der spezifischen Enthalpie:

$$w_t = c_p \, (T_2 - T_1) \tag{35}$$

$$w_t = \frac{\kappa}{\kappa - 1} \, (p_2 \, v_2 - p_1 \, v_1) \tag{36}$$

w	c	κ	p	v	T
$\dfrac{\text{J}}{\text{kg}}$	$\dfrac{\text{J}}{\text{kg K}}$	1	$\dfrac{\text{N}}{\text{m}^2}$	$\dfrac{\text{m}^3}{\text{kg}}$	K

$1 \text{ J} = 1 \text{ Nm} = 1 \text{ Ws}$

$$w_t = \frac{\kappa}{\kappa - 1} \, p_1 \, v_1 \left(\frac{T_2}{T_1} - 1 \right) \tag{37}$$

$$w_t = \frac{\kappa}{\kappa - 1} \, p_1 \, v_1 \left[\left(\frac{p_2}{p_1} \right)^{\frac{\kappa - 1}{\kappa}} - 1 \right] \tag{38}$$

$$w_t = \frac{\kappa}{\kappa - 1} \, p_1 \, v_1 \left[\left(\frac{v_1}{v_2} \right)^{\kappa - 1} - 1 \right] \tag{39}$$

$$w_t = \kappa \, w_v \tag{40}$$

■ **Beispiel:**

Ein Kompressor saugt Luft von $\vartheta_1 = 20\ °C$ und einem Druck von $p_{\text{abs 1}} = 1{,}025$ bar an und verdichtet sie isentropisch auf einen Druck von $p_{\text{abs 2}} = 5{,}89$ bar.

a) Wie groß ist die Temperatur T_2 nach erfolgter Verdichtung?
b) Wie groß ist die spezifische Volumenänderungsarbeit w_v?
c) Wie groß ist die Änderung der spezifischen inneren Energie Δu?
d) Wie groß ist die spezifische technische Arbeit w_t?
e) Wie groß ist die Änderung der spezifischen Enthalpie Δh?
f) Wie groß ist die Entropieänderung Δs?

Lösung:

a) $\dfrac{p_1}{p_2} = \left(\dfrac{T_1}{T_2} \right)^{\frac{\kappa}{\kappa - 1}}$ $\quad p_1 = 1{,}025 \cdot 10^5 \, \dfrac{\text{N}}{\text{m}^2} \quad p_2 = 5{,}89 \cdot 10^5 \, \dfrac{\text{N}}{\text{m}^2}$

$T_2 = \dfrac{T_1}{\left(\dfrac{p_1}{p_2} \right)^{\frac{\kappa - 1}{\kappa}}}$ $\quad T_1 = \vartheta_1 + 273{,}15 = 20 + 273{,}15 = 293{,}15 \text{ K}$

$T_2 = \dfrac{293{,}15 \text{ K}}{\left(\dfrac{1{,}025 \cdot 10^5 \, \frac{\text{N}}{\text{m}^2}}{5{,}89 \cdot 10^5 \, \frac{\text{N}}{\text{m}^2}} \right)^{\frac{1{,}4 - 1}{1{,}4}}} = 483 \text{ K}$

b) $w_v = \dfrac{p_1 \, v_1}{\kappa - 1} \left[\left(\dfrac{p_2}{p_1} \right)^{\frac{\kappa - 1}{\kappa}} - 1 \right]$

$v_1 = \dfrac{R_i \, T_1}{p_1} = \dfrac{287 \, \frac{\text{Nm}}{\text{kg K}} \, 293{,}15 \text{ K}}{10{,}25 \cdot 10^4 \, \frac{\text{N}}{\text{m}^2}} = 0{,}821 \, \dfrac{\text{m}^3}{\text{kg}}$

$w_v = \dfrac{10{,}25 \cdot 10^4 \, \frac{\text{N}}{\text{m}^2} \, 0{,}821 \frac{\text{m}^3}{\text{kg}}}{1{,}4 - 1} \left[\left(\dfrac{58{,}9 \cdot 10^4 \, \frac{\text{N}}{\text{m}^2}}{10{,}25 \cdot 10^4 \, \frac{\text{N}}{\text{m}^2}} \right)^{\frac{1{,}4 - 1}{1{,}4}} - 1 \right]$

$w_v = 136\,000 \, \dfrac{\text{Nm}}{\text{kg}} = 136\,000 \, \dfrac{\text{J}}{\text{kg}}$

c) Da bei einer isentropen Zustandsänderung Wärme weder zu- noch abgeführt wird, geht die Volumenänderungsarbeit als innere Energie auf das Gas über. Die Zunahme an spezifischer innerer Energie entspricht also dem Betrage nach der spezifischen Volumenänderungsarbeit.

$\Delta u = 136\,000 \, \dfrac{\text{J}}{\text{kg}}$

d) $w_t = \kappa \, w_v = 1{,}4 \left(136\,000 \, \dfrac{\text{J}}{\text{kg}} \right) = 191\,000 \, \dfrac{\text{J}}{\text{kg}}$.

e) Da bei einer isentropen Zustandsänderung Wärme weder zu- noch abgeführt wird, entspricht die Änderung der spezifischen Enthalpie der spezifischen technischen Arbeit.

$$\Delta h = 191\,000 \; \frac{J}{kg}$$

f) Da bei einer isentropen Zustandsänderung Wärme weder zu- noch abgeführt wird, ist die Entropieänderung gleich null.

3.7 Polytrope Zustandsänderung

Die Zustandsänderung verläuft unter *beliebiger Wärmezufuhr bzw. beliebigem Wärmeentzug*. Als Polytrope im engeren Sinne werden die Zustandsänderungen bezeichnet, bei denen Wärmezufuhr oder Wärmeentzug nach der Gesetzmäßigkeit $p\,\upsilon^n = $ konst. ablaufen. Dabei kann der Exponent n jeden beliebigen Wert annehmen $(-\infty < n < +\infty)$.

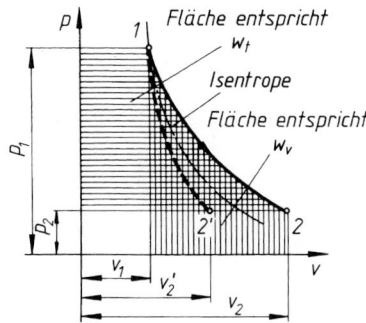

Bild 12. Polytrope Zustandsänderung im p,υ-Diagramm (hier Expansion)
$1 - 2$ Polytrope mit Wärmezufuhr $(n < \kappa)$
$1 - 2'$ Polytrope mit Wärmeentzug $(n > \kappa)$

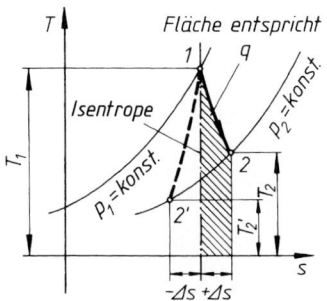

Bild 13. Polytrope Zustandsänderung im T,s-Diagramm (hier Expansion)
$1 - 2$ Polytrope mit Wärmezufuhr $(n < \kappa)$
$1 - 2'$ Polytrope mit Wärmeentzug $(n > \kappa)$

Für die polytrope Zustandsänderung gilt

$$\frac{p_1}{p_2} = \left(\frac{\upsilon_2}{\upsilon_1}\right)^n = \left(\frac{T_1}{T_2}\right)^{\frac{n}{n-1}}$$

p	υ	T	n
$\dfrac{N}{m^2}$	$\dfrac{m^3}{kg}$	K	1

(41)

Die Kurve der Zustandsänderung erscheint im p,υ-Diagramm als Hyperbel höherer Ordnung. Die Steilheit des Kurvenverlaufes nimmt mit größer werdenden n-Werten zu. Die als Wärme zugeführte (oder abgeführte) Energie zusammen mit der Änderung der inneren Energie des Gases entspricht der Volumenänderungsarbeit. Es ist die *zugeführte (oder abgeführte) spezifische Wärme*:

$$q = c_v \frac{n-\kappa}{n-1}\,(T_2 - T_1)$$

$\dfrac{q}{\dfrac{J}{kg}}$	$\dfrac{c}{\dfrac{J}{kg\,K}}$	$n(\kappa)$ 1	T K

(42)

Änderung der spezifischen inneren Energie:

$$\Delta u = c_v\,(T_2 - T_1)$$

$\dfrac{u}{\dfrac{J}{kg}}$	$\dfrac{c}{\dfrac{J}{kg\,K}}$	T K

(43)

Änderung der spezifischen Enthalpie Δh:

$$\Delta h = c_p\,(T_2 - T_1)$$

$\dfrac{h}{\dfrac{J}{kg}}$	$\dfrac{c}{\dfrac{J}{kg\,K}}$	$n(\kappa)$ 1	$\dfrac{p}{\dfrac{N}{m^2}}$	$\dfrac{\upsilon}{\dfrac{m^3}{kg}}$	T K

(44)

$$\Delta h = \frac{\kappa}{\kappa-1}\,p_1\,\upsilon_1 \left(\frac{T_2}{T_1} - 1\right)$$ (45)

$$\Delta h = \frac{\kappa}{\kappa-1}\,p_1\,\upsilon_1 \left[\left(\frac{p_2}{p_1}\right)^{\frac{n-1}{n}} - 1\right]$$ (46)

$$\Delta h = \frac{\kappa}{\kappa-1}\,p_1\,\upsilon_1 \left[\left(\frac{\upsilon_1}{\upsilon_2}\right)^{n-1} - 1\right]$$ (47)

Änderung der spezifischen Entropie Δs:

$$\Delta s = c_v \frac{n-\kappa}{n-1} \ln \frac{T_2}{T_1}$$

$\dfrac{s,\,c}{\dfrac{J}{kg\,K}}$	$n(\kappa)$ 1	T K

(48)

Die *spezifische Volumenänderungsarbeit* w_v bei einer polytropen Zustandsänderung ergibt sich aus entsprechenden Gleichungen für die Isentrope, wenn für κ der Wert n gesetzt wird:

$$w_v = c_v \frac{\kappa - 1}{n - 1} (T_2 - T_1) \tag{49}$$

$$w_v = \frac{1}{n - 1} (p_2\, v_2 - p_1\, v_1) \tag{50}$$

w	c	κ	n	p	v	T
$\dfrac{\text{J}}{\text{kg}}$	$\dfrac{\text{J}}{\text{kg K}}$	1	1	$\dfrac{\text{N}}{\text{m}^2}$	$\dfrac{\text{m}^3}{\text{kg}}$	K

$1\ \text{J} = 1\ \text{Nm} = 1\ \text{Ws}$

$$w_v = \frac{p_1\, v_1}{n - 1} \left(\frac{T_2}{T_1} - 1 \right) \tag{51}$$

$$w_v = \frac{p_1\, v_1}{n - 1} \left[\left(\frac{p_2}{p_1} \right)^{\frac{n-1}{n}} - 1 \right] \tag{52}$$

$$w_v = \frac{p_1\, v_1}{n - 1} \left[\left(\frac{v_1}{v_2} \right)^{n-1} - 1 \right] \tag{53}$$

Die *spezifische technische Arbeit* w_t bei einer polytropen Zustandsänderung ergibt sich aus entsprechenden Gleichungen für die Isentrope, wenn für κ der Wert n gesetzt wird:

$$w_t = c_v \frac{n\,(\kappa - 1)}{n - 1} (T_2 - T_1) \tag{54}$$

$$w_t = \frac{n}{n - 1} (p_2\, v_2 - p_1\, v_1) \tag{55}$$

w	c	κ	n	p	v	T
$\dfrac{\text{J}}{\text{kg}}$	$\dfrac{\text{J}}{\text{kg K}}$	1	1	$\dfrac{\text{N}}{\text{m}^2}$	$\dfrac{\text{m}^3}{\text{kg}}$	K

$$w_t = \frac{n}{n - 1}\, p_1\, v_1 \left(\frac{T_2}{T_1} - 1 \right) \tag{56}$$

$$w_t = \frac{n}{n - 1}\, p_1\, v_1 \left[\left(\frac{p_2}{p_1} \right)^{\frac{n-1}{n}} - 1 \right] \tag{57}$$

$$w_t = \frac{n}{n - 1}\, p_1\, v_1 \left[\left(\frac{v_1}{v_2} \right)^{n-1} - 1 \right] \tag{58}$$

$$w_t = n\, w_v \tag{59}$$

Ist eine polytrope Zustandsänderung als Bestandteil eines Maschinendiagramms (p,v-Diagramm) ermittelt worden, so ergibt sich der Exponent n für jeden beliebigen Kurvenpunkt P (bei spezifischem Volumen v) als Verhältnis v/s (Bild 14). Dabei muss die in cm gemessene Subtangente s im Maßstab des spezifischen Volumens M_v umgerechnet werden. Damit ergibt sich der Exponent im Punkte P einer polytropen Zustandsänderung (Bild 14) nach:

$$n = \frac{v}{s M_v} \tag{60}$$

n	v	s	M_v	
1	$\dfrac{\text{m}^3}{\text{kg}}$	cm	$\dfrac{\dfrac{\text{m}^3}{\text{kg}}}{\text{cm}} = \dfrac{\text{m}^3}{\text{kg cm}}$	

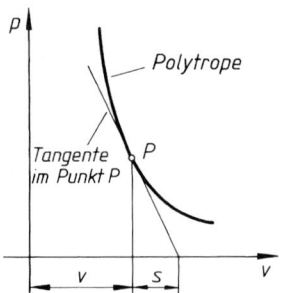

Bild 14. Ermittlung des Exponenten n im Punkte P einer Polytrope (s = Subtangente)

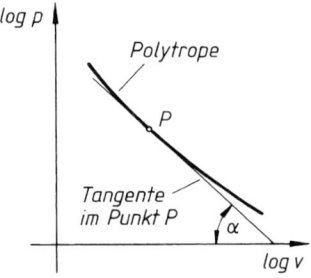

Bild 15. Darstellung der Polytrope im p,v-Diagramm mit logarithmisch geteilten Achsen für die Ermittlung der Änderung des Exponenten n

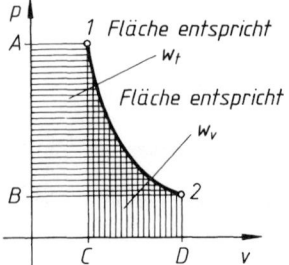

Bild 16. Ermittlung des mittleren Exponenten n als Verhältnis der technischen Arbeit w_t (Fläche 12 BA) zur Volumenänderungsarbeit w_v (Fläche 12 DC)

Wird das p,v-Diagramm in ein Schaubild mit logarithmisch geteilten Achsen übertragen, so kann man erkennen, ob n im Verlaufe der Zustandsänderung konstant bleibt oder veränderlich ist (Bild 15; $\tan \alpha \,\hat{=}\, n$).

Bei veränderlichen Exponenten n kann ein Mittelwert (mittlerer Exponent) aus der Beziehung $w_t = n\, w_v$ gefunden werden (Bild 16); n = Fläche 12 BA/Fläche 12 DC.

Sämtliche Zustandsänderungen können durch die Polytropengleichung $p\,v^n$ = konst. dargestellt werden. Dabei ergeben sich folgende Exponenten:

$n = 0$; p = konstant ; Isobare Zustandsänderung
$n = 1$; $p\,v$ = konstant ; Isotherme Zustandsänderung
$n = \kappa$; $p\,v^\kappa$ = konstant ; Isentrope Zustandsänderung
$n = \infty$; v = konstant ; Isochore Zustandsänderung

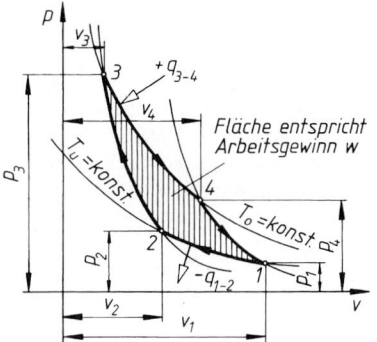

Bild 19. Carnot-Prozess im p,v-Diagramm

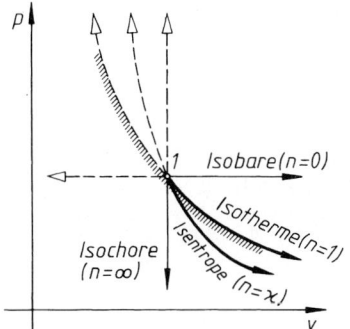

Bild 17. Zustandsänderungen im p,v-Diagramm als Sonderfälle der Polytrope $p\,v^n$ = konst.

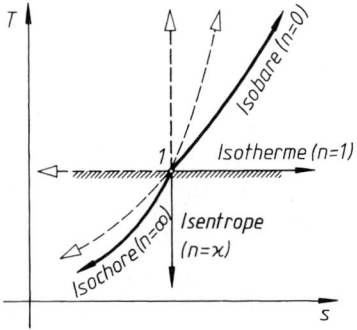

Bild 18.
Zustandsänderungen im T,s-Diagramm als Sonderfälle der Polytrope $p\,v^n$ = konst.

3.8 Carnot-Prozess

Der *Carnot-Prozess* (Kreisprozess nach Sadi Carnot, 1796 – 1832) besitzt den günstigsten thermischen Wirkungsgrad. Der Prozess setzt sich aus zwei *isothermen* und zwei *isentropen* Zustandsänderungen zusammen (Bilder 19 und 20).

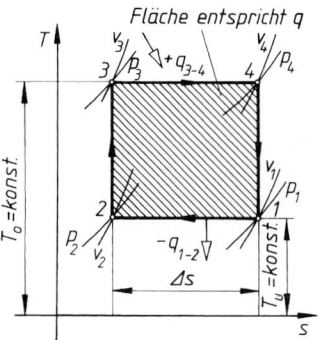

Bild 20. Carnot-Prozess im T,s-Diagramm

a) Isotherme Kompression von 1 nach 2:
Volumenänderungsarbeit w_{v1-2} wird als Kompressionsarbeit zugeführt. Die äquivalente Wärme q_{1-2} wird abgegeben.
Die Temperatur T_u bleibt dabei konstant.
b) Isentrope Kompression von 2 nach 3:
Volumenänderungsarbeit w_{v2-3} wird als Kompressionsarbeit zugeführt. Wärme wird weder abgegeben noch zugeführt.
Die Temperatur nimmt von T_u auf T_o zu ($T_o > T_u$).
c) Isotherme Expansion von 3 nach 4:
Volumenänderungsarbeit w_{v3-4} wird als Expansionsarbeit abgegeben. Die äquivalente Wärme q_{3-4} wird zugeführt.
Die Temperatur T_o bleibt dabei konstant.
d) Isentrope Expansion von 4 nach 1:
Volumenänderungsarbeit w_{v4-1} wird als Expansionsarbeit abgegeben. Wärme wird weder abgegeben noch zugeführt.
Die Temperatur nimmt von T_o auf T_u ab ($T_u < T_o$).
Das Verhältnis des hierbei erzielten Arbeitsgewinns $w\ (\hat{=}\, q = q_{3-4} - q_{1-2})$ zur zugeführten Wärme q_{3-4} ist der *maximal erzielbare thermische Wirkungsgrad* $\eta_{th\,max}$. Er ist nur von den Grenztemperaturen T_o und T_u abhängig und ergibt sich aus

$$\eta_{\text{th max}} = \frac{|w|}{q_{3-4}} = \frac{T_{\text{o}} - T_{\text{u}}}{T_{\text{o}}} = 1 - \frac{T_{\text{u}}}{T_{\text{o}}} \qquad (61)$$

Der thermische Wirkungsgrad des Carnot-Prozesses wird auch als Carnotfaktor η_{c} bezeichnet.
Der Carnot-Prozess lässt sich technisch nicht verwirklichen. Als Idealprozess ist er ein Vergleichsablauf zur Bewertung anderer technischer Prozesse.

3.9 Drosselung

Die Drosselung ist eine Zustandsänderung, bei der der Druck eines Gases bei gleichzeitiger Volumenvergrößerung abnimmt. Es erfolgt weder ein Wärmeaustausch noch eine Verrichtung von Arbeit. Da $p_1 \upsilon_1 = p_2 \upsilon_2$ = konst., ist auch die Änderung der Enthalpie gleich null (Isenthalpe). Bei *idealen* Gasen bleibt die Temperatur während der Drosselung konstant. Der Drosselvorgang ist nicht umkehrbar (irreversibel). Ein Druckabfall durch Drosselung tritt auf, wenn in einem Rohr eine plötzliche Querschnittsverkleinerung vorgesehen wird (Drosselklappe, Drosselventil usw.) und ein strömendes Gas diese Drosselstelle überwinden muss (Bild 21).

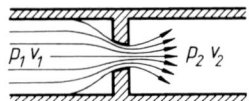

Bild 21. Drosselstelle in einer Rohrleitung

Bei *realen* Gasen tritt während der Drosselung eine geringe Temperaturabnahme auf. Diese Erscheinung spielt bei der Verflüssigung von Gasen eine wichtige Rolle (Thomson-Joule-Effekt).

3.10 Gasmischungen

Die thermische Zustandsgleichung ist sinngemäß auch für Gasgemische (Index Mi) gültig. Nach dem Gesetz von Dalton verhält sich jedes Einzelgas mit der Masse m innerhalb der Gasmischung so, als würde es das Volumen V_{Mi} des Gemisches bei der Mischungstemperatur ϑ_{Mi} (T_{Mi}) allein einnehmen. Damit stellt sich für jedes Teilgas ein entsprechender Teildruck p (Partialdruck) ein. Sind n Gase an der Gasmischung beteiligt, so gilt für jedes der Einzelgase:

$$p_1 \, V_{\text{Mi}} = m_1 \, R_{\text{i}\,1} \, T_{\text{Mi}}$$
$$p_2 \, V_{\text{Mi}} = m_2 \, R_{\text{i}\,2} \, T_{\text{Mi}} \quad \text{usw. bis}$$
$$p_{\text{n}} \, V_{\text{Mi}} = m_{\text{n}} \, R_{\text{i}\,\text{n}} \, T_{\text{Mi}}$$

Der *Gesamtdruck* p_{Mi} des Gasgemisches ist gleich der Summe der Partialdrücke $p_1 \, p_2 \, ... \, p_{\text{n}}$ der Einzelgase:

$$p_{\text{Mi}} = p_1 + p_2 + ... \, p_{\text{n}}$$

$$\begin{array}{c|c} p \\ \hline \dfrac{\text{N}}{\text{m}^2} \end{array} \qquad 1\,\dfrac{\text{N}}{\text{m}^2} = 1\,\text{Pa} \qquad (62)$$

Die *Gesamtmasse* m_{Mi} des Gasgemisches ist gleich der Summe der Massen $m_1 \, m_2 \, ... \, m_{\text{n}}$ der Einzelgase:

$$m_{\text{Mi}} = m_1 + m_2 + ... \, m_{\text{n}}$$

$$\begin{array}{c|c} m \\ \hline \text{kg} \end{array} \qquad\qquad\qquad (63)$$

Das Verhältnis der Masse des Einzelgases (z.B. m_1) zur Gesamtmasse m_{Mi} der Mischung ist der *Massenanteil* μ (z.B. für Gas 1):

$$\mu_1 = \frac{m_1}{m_{\text{Mi}}}$$

$$\begin{array}{c|c} \mu & m \\ \hline 1 & \text{kg} \end{array} \qquad\qquad (64)$$

Die Summe aller Massenanteile μ ist gleich 1.
Werden die Teilgase aus der Mischung herausgelöst und bei der Temperatur ϑ_{Mi} (= Mischungstemperatur) auf den Mischungsdruck p_{Mi} gebracht, so werden die Volumen $V_1 \, V_2 \, ... \, V_{\text{n}}$ der Einzelgase kleiner als V_{Mi}. Die Summe dieser Einzelvolumen ergibt das *Gesamtvolumen* des Gasgemisches:

$$V_{\text{Mi}} = V_1 + V_2 + ... \, V_{\text{n}}$$

$$\begin{array}{c|c} V \\ \hline \text{m}^3 \end{array} \qquad\qquad\qquad (65)$$

Das Verhältnis des Volumens des Einzelgases (z.B. V_1) zum Gesamtvolumen V_{Mi} der Mischung ist der *Raumanteil* r (z.B. für Gas 1):

$$r_1 = \frac{V_1}{V_{\text{Mi}}}$$

$$\begin{array}{c|c} r & V \\ \hline 1 & \text{m}^3 \end{array} \qquad\qquad (66)$$

Die Summe aller Raumanteile r ist gleich 1.
Die *spezielle Gaskonstante* der Gasmischung ergibt sich durch Addition der Zustandsgleichungen der Einzelgase:

Herleitung:
$$\begin{aligned} p_1 \, V_{\text{Mi}} &= m_1 \, R_{\text{i}\,1} \, T_{\text{Mi}} \\ + p_2 \, V_{\text{Mi}} &= m_2 \, R_{\text{i}\,2} \, T_{\text{Mi}} \\ + p_{\text{n}} \, V_{\text{Mi}} &= m_{\text{n}} \, R_{\text{i}\,\text{n}} \, T_{\text{Mi}} \end{aligned}$$

$$(p_1 + p_2 + ... \, p_{\text{n}}) \, V_{\text{Mi}} =$$
$$(m_1 \, R_{\text{i}\,1} + m_2 \, R_{\text{i}\,2} + ... \, m_{\text{n}} \, R_{\text{in}}) \, T_{\text{Mi}}$$
$$(p_1 + p_2 + ... \, p_{\text{n}}) \, V_{\text{Mi}} =$$
$$\frac{m_{\text{Mi}} \, (m_1 \, R_{\text{i}\,1} + m_2 \, R_{\text{i}\,2} + ... \, m_{\text{n}} \, R_{\text{i}\,\text{n}}) \, T_{\text{Mi}}}{m_{\text{Mi}}}$$

$$p_{Mi} \, V_{Mi} =$$

$$m_{Mi} \left(\frac{m_1}{m_{Mi}} R_{i1} + \frac{m_2}{m_{Mi}} R_{i2} + \dots \frac{m_n}{m_{Mi}} R_{in} \right) T_{Mi}$$

$$p_{Mi} \, V_{Mi} = m_{Mi} \left(\mu_1 R_{i1} + \mu_2 R_{i2} + \dots \mu_n R_{in} \right) T_{Mi}$$
$$p_{Mi} \, V_{Mi} = m_{Mi} \, R_{i\,Mi} \, T_{Mi}$$

$$R_{i\,Mi} = \mu_1 R_{i1} + \mu_2 R_{i2} + \dots \mu_n R_{in}$$

$$\begin{array}{c|c} \mu & R_i \\ \hline & J \\ 1 & \overline{kg\ K} \end{array} \tag{67}$$

Die Partialdrücke $p_1 \, p_2 \, \dots \, p_n$ ergeben sich aus dem Gesamtdruck p_{Mi} der Mischung, wenn die Massenanteile μ oder die Raumanteile r der Einzelgase gegeben sind. *Partialdruck* (z.B. für Gas 1):

$$p_1 = \mu_1 \frac{R_{i1}}{R_{i\,Mi}} p_{Mi} = r_1 \, p_{Mi}$$

$$\begin{array}{c|c|c|c} p & \mu & R_i & r \\ \hline \dfrac{N}{m^2} & 1 & \dfrac{J}{kg\ K} & 1 \end{array} \quad 1\ J = 1\ Nm = 1\ Ws \tag{68}$$

Weiterhin gelten für die Gasgemische folgende Gleichungen. Für die *spezifische Wärmekapazität* des Gasgemisches:

$$c_{p\,Mi} = \mu_1 c_{p1} + \mu_2 c_{p2} + \dots \mu_n c_{pn} \tag{69}$$
$$c_{v\,Mi} = \mu_1 c_{v1} + \mu_2 c_{v2} + \dots \mu_n c_{vn} \tag{70}$$

$$\begin{array}{c|c} c & \mu \\ \hline \dfrac{J}{kg\ K} & 1 \end{array}$$

$c_{p1} \dots c_{pn}$ und $c_{v1} \dots c_{vn}$ sind die spezifischen Wärmekapazitäten der Einzelgase.
Die *Dichte* des Gasgemisches wird:

$$\rho_{Mi} = r_1 \rho_1 + r_2 \rho_2 + \dots r_n \rho_n$$

$$\begin{array}{c|c} \rho & r \\ \hline \dfrac{kg}{m^3} & 1 \end{array} \tag{71}$$

$\rho_1 \dots \rho_n$ sind die Dichten der Einzelgase.
Die *relative Molekülmasse* des Gasgemisches wird:

$$M_{r\,Mi} = r_1 M_{r1} + r_2 M_{r2} + \dots r_n M_{rn}$$

$$\begin{array}{c|c} M & r \\ \hline 1 & 1 \end{array} \tag{72}$$

$M_{r1} \dots M_{rn}$ sind die relativen Molekülmassen der Einzelgase.
Temperatur eines Gasgemisches siehe unter Kapitel 1.4.

■ **Beispiel:**
Atmosphärische Luft enthält etwa 23,2 Gewichtsprozente Sauerstoff und 76,8 Gewichtsprozente Stickstoff, Dabei sind geringe Mengen Argon, Wasserdampf und Kohlendioxid (zusammen etwa 1 %) vernachlässigt.
Die Luft steht unter einem Druck von 1,013 25 bar und besitzt eine Temperatur von 0 °C.

a) Wie groß sind die Massenanteile μ_1 und μ_2?

b) Wie groß ist die spezielle Gaskonstante $R_{i\,Mi}$ der Mischung?

c) Wie groß ist die wahre spezifische Wärmekapazität $c_{p\,Mi}$ der Mischung?

d) Wie groß sind die Partialdrücke p_1 und p_2 der Teilgase?

e) Wie groß sind die Raumanteile r_1 und r_2 der Teilgase und damit die Volumenprozente?

f) Wie groß ist die relative Molekülmasse $M_{r\,Mi}$ der Mischung?

g) Wie groß ist die Dichte ρ_{Mi} der Mischung?

Lösung:

a) μ_1 (Sauerstoff) $= \dfrac{23,2}{100} = 0,232$

μ_2 (Stickstoff) $= \dfrac{76,8}{100} = 0,768$

b) $R_{i\,Mi} = \mu_1 R_{i1} + \mu_2 R_{i2}$

$R_{i1} = 260 \dfrac{J}{kg\ K}$ (für Sauerstoff)

$R_{i2} = 297 \dfrac{J}{kg\ K}$ (für Stickstoff)

$R_{i\,Mi} = 0,232 \cdot 260 \dfrac{J}{kg\ K} + 0,768 \cdot 297 \dfrac{J}{kg\ K}$

$= 288 \dfrac{J}{kg\ K}$

c) $c_{p\,Mi} = \mu_1 c_{p1} + \mu_2 c_{p2}$

$c_{p1} = 913 \dfrac{J}{kg\ K}$

$c_{p2} = 1038 \dfrac{J}{kg\ K}$

$c_{p\,Mi} = 0,232 \cdot 913 \dfrac{J}{kg\ K} + 0,768 \cdot 1\,038 \dfrac{J}{kg\ K}$

$= 1\,009 \dfrac{J}{kg\ K}$

d) $p_1 = \mu_1 \dfrac{R_{i1}}{R_{i\,Mi}} p_{Mi}$; $\quad p_{Mi} = 1,013 \cdot 10^5 \dfrac{N}{m^2}$

$p_1 = 0,232 \dfrac{260 \frac{J}{kg\ K}}{288 \frac{J}{kg\ K}}\, 1,013 \cdot 10^5 \dfrac{N}{m^2}$

$= 0,212 \cdot 10^5 \dfrac{N}{m^2} = 0,212 \cdot 10^5 \ Pa$

$= 0,212 \ bar$

$p_2 = \mu_2 \dfrac{R_{i2}}{R_{i\,Mi}} p_{Mi}$

$p_2 = 0,768 \dfrac{297 \frac{J}{kg\ K}}{288 \frac{J}{kg\ K}}\, 1,013 \cdot 10^5 \dfrac{N}{m^2}$

$= 0,8 \cdot 10^5 \dfrac{N}{m^2} = 0,8 \cdot 10^5 \ Pa$

$= 0,8 \ bar$

e) $r_1 = \dfrac{p_1}{p_{Mi}} = \dfrac{0,212 \cdot 10^5 \frac{N}{m^2}}{1,013 \cdot 10^5 \frac{N}{m^2}} = 0,21$

(21 Volumenprozente Sauerstoff)

$$r_2 = \frac{p_2}{p_{Mi}} = \frac{0,8 \cdot 10^5 \frac{N}{m^2}}{1,013 \cdot 10^5 \frac{N}{m^2}} = 0,79$$

(79 Volumenprozente Stickstoff)

f) $M_{r\,Mi}$ $= r_1 M_{r\,1} + r_2 M_{r\,2}$
　$M_{r\,1}$ $= 32$, für Sauerstoff (O_2)
　$M_{r\,2}$ $= 28$, für Stickstoff (N_2)
　$M_{r\,Mi}$ $= 0,21 \cdot 32 + 0,79 \cdot 28$
　$M_{r\,Mi}$ $= 28,8$

g) ρ_{Mi} $= r_1 \rho_1 + r_2 \rho_2$
　ρ_1 $= 1,429 \text{ kg/m}^3$, für Sauerstoff bei 0 °C und 1,01325 bar
　ρ_2 $= 1,251 \text{ kg/m}^3$, für Stickstoff bei 0 °C und 1,01325 bar
　ρ_{Mi} $= 0,21 \cdot 1,429 \text{ kg/m}^3 + 0,79 \cdot 1,251 \text{ kg/m}^3$
　ρ_{Mi} $= 1,288 \text{ kg/m}^3$

4 Wärmeübertragung

4.1 Allgemeines

Nach dem Zweiten Hauptsatz kann Energie in Form von Wärme nur dann von einem kälteren auf einen wärmeren Stoffbereich übergehen, wenn dieser Vorgang durch mechanische Arbeit erzwungen wird. Eine *selbsttätige Wärmeübertragung* kann nur von einer Zone höherer Temperatur ausgehen und in Richtung auf weniger warme Bereiche ablaufen. Voraussetzung für jede selbsttätige Wärmeübertragung ist also das Vorhandensein eines *Temperaturgefälles*. Der Energieaustausch zwischen Stoffen verschiedener Temperatur ist beendet, wenn sich ein energetischer Gleichgewichtszustand eingestellt hat und nach dem Wärmeaustausch überall die gleiche Temperatur herrscht (Temperaturausgleich).
Energie in Form von Wärme wird durch *Wärmeleitung*, *Wärmeübergang* (*Wärmekonvektion*) und *Wärmestrahlung* übertragen.

4.2 Wärmeleitung

Unter *Wärmeleitung* versteht man den Energietransport innerhalb eines Stoffes. Dieser Wärmestrom kommt in der Weise zustande, dass stärker erwärmte Stoffbereiche so lange Energie an benachbarte und nicht so warme Stoffteilchen abgeben, bis sich nach erfolgtem Energieausgleich überall die gleiche Temperatur einstellt.
Das Wärmeleitvermögen der einzelnen Stoffe ist unterschiedlich. Es wird ausgedrückt durch die *Wärmeleitfähigkeit* λ. Die Wärmeleitfähigkeit wird experimentell für die verschiedenen Stoffe ermittelt und ist von der Temperatur abhängig. Bei Gasen zeigt sich außerdem eine Druckabhängigkeit.
Für eine *ebene Wand* (Bild 1) mit der Fläche A und der Dicke s (Leitweglänge) ergibt sich bei einer Temperaturdifferenz $\vartheta_1 - \vartheta_2$ in der Zeit t folgende, durch Wärmeleitung *übertragene Wärme*

$$Q_1 = \lambda \frac{A}{s} (\vartheta_1 - \vartheta_2)\, t$$

Q_1	λ	A	s	ϑ	t
J	$\dfrac{W}{mK}$	m^2	m	°C	s

(1)

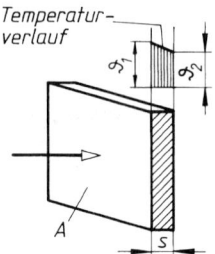

Bild 1. Wärmeleitung durch eine ebene Wand

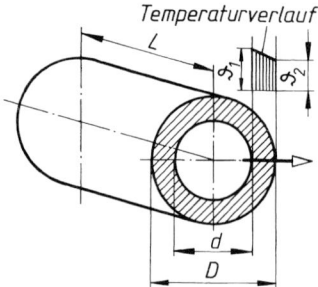

Bild 2. Wärmeleitung durch ein dickwandiges Rohr

Bei *dickwandigen Rohren* mit den Durchmessern d und D (Bild 2) und einer Länge L ergibt sich bei einer Temperaturdifferenz $\vartheta_1 - \vartheta_2$ in der Zeit t folgende, durch Wärmeleitung *übertragene Wärme*

$$Q_1 = \frac{\lambda\, 2 \pi L}{\ln \frac{D}{d}} (\vartheta_1 - \vartheta_2)\, t$$

Q_1	λ	L, D, d	ϑ	t
J	$\dfrac{W}{mK}$	m	°C	s

(2)

Dünnwandige Rohre können wie ebene Flächen behandelt werden. Als Fläche ist hier die innere Mantelfläche $d\,\pi L$ in Rechnung zu setzen.
Stoffe mit geringem elektrischen Widerstand, d. h. gutem elektrischen Leitvermögen, sind auch gute Wärmeleiter. Sie erwärmen sich schnell und kühlen ebenso schnell wieder ab. Gute Wärmeleiter sind alle Metalle. Das Wärmeleitvermögen von Glas und porösen Stoffen ist nur gering. Luft und Wasser sind, wie alle Gase und Flüssigkeiten, schlechte Wärmeleiter, wenn eine Zirkulationsbewegung innerhalb des Stoffes verhindert wird. Der beste Wärmeisolator ist das Vakuum.

Tabelle 1. Wärmeleitfähigkeit λ für feste, flüssige und gasförmige Stoffe bei 20 °C

	$\dfrac{W}{mK}$		
Aluminium	210,0		
Beton	1,28		
Erde (trocken)	0,4	...	0,5
Glas	1,16		
Glaswolle	0,038		
Gusseisen	45,0		
Holz (quer zur Faser)	0,09	...	0,16
Holz (längs zur Faser)	0,35		
Kesselstein	1,2		
Kupfer	394,0		
Luft	0,026		
Mauerwerk	0,6	...	0,88
Messing	95,0		
Öle	0,13	...	0,17
Papier	0,14		
Porzellan	0,95	...	1,2
Quecksilber	9,5		
Silber	428,0		
Stahl (0,1 %C)	54,0		
Stahl (0,6 % C)	45,0		
Wasser	0,59		
Zink	113,0		
Zinn	65,0		

■ **Beispiel:**
Welche Wärme wird im 1 Minute durch eine Aluminiumplatte hindurchgeleitet, wenn die Plattenfläche $A = 3$ m² und die Materialdicke $s = 12$ mm beträgt? Der Temperaturunterschied zwischen den beiden Plattenflächen ist 350 °C = 350 K.

Lösung:

$\lambda = 210 \dfrac{W}{mK}$

$Q_1 = \lambda \dfrac{A}{s} (\vartheta_1 - \vartheta_2) t$

$\quad = 210 \dfrac{W}{mK} \cdot \dfrac{3\,m^2}{0,012\,m} \cdot 350\,K \cdot 60\,s$

$\quad = 1,1 \cdot 10^9$ J

■ **Beispiel:**
Wie groß ist die Wärme, die stündlich durch jedes Quadratmeter einer 38 cm dicken, unverputzten Außenwand aus Ziegelsteinen hindurchgeleitet wird, wenn die Temperatur auf der Innenfläche der Wand 22 °C und auf der Außenfläche – 20 °C beträgt (Wärmeleitfähigkeit $\lambda = 0,872$ W/mK)?

Lösung:

$Q_1 = \lambda \dfrac{A}{s} (\vartheta_1 - \vartheta_2) t$

$\vartheta_1 - \vartheta_2 = 22\,°C - (-20\,°C) = 42\,°C = 42\,K$

$Q_1 = 0,872 \dfrac{W}{mK} \cdot \dfrac{1\,m^2}{0,38\,m} \cdot 42\,K \cdot 3\,600\,s$

$\quad = 0,347 \cdot 10^6$ J.

4.3 Wärmeübergang (Wärmekonvektion)

Unter *Wärmeübergang* versteht man den Energietransport zwischen verschiedenen Stoffen mit unterschiedlicher Temperatur. Die Energieübertragung findet in der Berührungszone der beiden Stoffe statt und setzt ein Temperaturgefälle voraus. Nach erfolgtem Wärmeaustausch besitzen beide Stoffe in der Berührungszone die gleiche Temperatur ϑ (Bilder 3 und 4).

Bei Flüssigkeiten oder Gasen (Fluide) wird die Energieübertragung durch Strömungsvorgänge unterstützt. Werden z.B. Flüssigkeits- oder Gasteilchen an der heißen Außenfläche eines festen Körpers erwärmt, so dehnen sie sich aus und erfahren einen Auftrieb (Bild 4). Auf der Gas- oder Flüssigkeitsseite setzt im Bereich der heißen Wand eine Auftriebsströmung ein, bei der die übertragene Energie mitgeführt wird (Mitführung = *Konvektion*). Durch diesen Strömungsvorgang werden immer wieder neue Flüssigkeits- oder Gasteilchen mit der mittleren Temperatur ϑ_m an die heiße (ϑ) Außenfläche des festen Körpers herangeführt und damit das Temperaturgefälle $\Delta \vartheta$ an der Übergangsfläche dauernd wirksam. Wird die Zirkulation und Konvektion durch geeignete Maßnahmen verhindert, so wirken Flüssigkeiten und Gase wegen ihres geringen Wärmeleitvermögens als Wärmeisolatoren. Der Wärmeübergang kann verstärkt werden, wenn man die Strömungsbewegung durch ein Druckgefälle erzwingt.

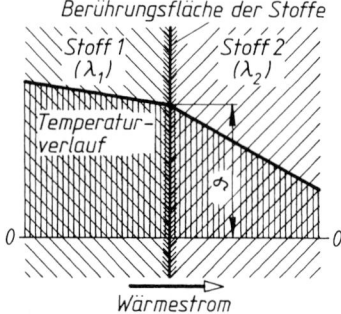

Bild 3. Wärmeübergang zwischen zwei festen Stoffen

Beträgt die Temperatur an der Außenwand eines festen Körpers ϑ Grad und ist ϑ_m die mittlere Temperatur des Gases oder der Flüssigkeit, so ergibt sich bei einer Berührungsfläche A in der Zeit t folgende *übergehende Wärme*

$$Q_\ddot{u} = \alpha A (\vartheta - \vartheta_m) t$$

$Q_\ddot{u}$	α	A	ϑ	t
J	$\dfrac{W}{m^2 K}$	m^2	°C	s

$\hfill$ (3)

In dieser Gleichung ist α der *Wärmeübergangskoeffizient*.

Der Wärmeübergangskoeffizient fasst eine Reihe von Einflüssen zusammen, die von der Wärmeleitung und von der Wärmekonvektion her den Wärmeübergang beeinflussen. Hierbei wirken sich neben der Temperaturdifferenz insbesondere die Strömungsgeschwindigkeit und die Art der Strömung (laminar oder turbulent) aus. Auch die Lage der Übergangsfläche zur Strömungsrichtung der Flüssigkeit oder des Gases ist von Einfluss.

Eine Bestimmung des Wärmeübergangskoeffizienten α kann durch Rechnung mit Hilfe empirischer Formeln erfolgen. Die Berechnung ist selbst für einfache Fallvorgaben aufwändig und im Ergebnis unsicher. Der α-Wert wird daher zuverlässiger durch fallbezogene Versuche ermittelt. Erfahrungswerte wie nach Tabelle 2 eignen sich nur für sehr überschlägige Betrachtungen.

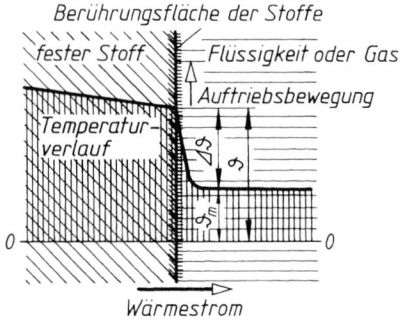

Bild 4. Wärmeübergang von einem festen Stoff auf eine Flüssigkeit oder ein Gas

4.4 Wärmedurchgang

Sind Flüssigkeiten oder Gase von unterschiedlicher Temperatur durch eine feste Wand voneinander getrennt, so findet eine Energieübertragung statt, die sich aus Wärmeleitung und Wärmeübergang zusammensetzt. Diese kombinierte Form der Wärmeübertragung wird als *Wärmedurchgang* bezeichnet.

Betragen die mittleren Temperaturen der Flüssigkeiten oder Gase zu beiden Seiten der Trennwand ϑ_1 und ϑ_2, so ergibt sich bei einer ebenen Wandfläche A in der Zeit t folgende *durchgehende Wärme*

Tabelle 2. Wärmeübergangskoeffizienten α zwischen einer Metallwand und Luft bzw. Wasser

	$\dfrac{W}{m^2 K}$	
Ruhende Luft	5	... 10
Bewegte Luft mit Strömungsgeschwindigkeit		
10 m/s	45	... 70
20 m/s	95	... 120
40 m/s	150	... 190
50 m/s	190	... 220
Ruhendes Wasser	600	
Bewegtes Wasser mit Strömungsgeschwindigkeit		
bis zu 1 m/s	1 700	... 3 700

$$Q_d = kA\,(\vartheta_1 - \vartheta_2)\,t$$

$$
\begin{array}{c|c|c|c|c}
Q_d & k & A & \vartheta & t \\
\hline
J & \dfrac{W}{m^2 K} & m^2 & {}^\circ C & s
\end{array}
\qquad (4)
$$

In dieser Gleichung ist k der *Wärmedurchgangskoeffizient* (kurz: k-Wert).

Der Wärmedurchgangskoeffizient k wird aus den Wärmeübergangskoeffizienten α und der Wärmeleitfähigkeit λ des festen Stoffes berechnet.

Für eine *einschichtige*, *ebene Wand* (Bild 5) gilt:

Herleitung:
Übergehende Wärme von Stoff 1 auf Wand

$$Q_{1-W} = \alpha_1 A\,(\vartheta_1 - \vartheta_{w1})\,t$$

durchgeleitete Wärme durch Wand

$$Q_W = \lambda\frac{A}{s}\,(\vartheta_{W1} - \vartheta_{W2})\,t$$

übergehende Wärme von Wand auf Stoff 2

$$Q_{W-2} = \alpha_2 A\,(\vartheta_{W2} - \vartheta_2)\,t$$

Die Wärmemengen sind untereinander gleich

$$Q_{1-W} = Q_W = Q_{W-2} = Q_d.$$

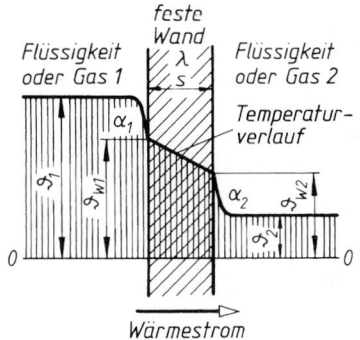

Bild 5. Wärmedurchgang durch eine einschichtige, ebene Wand

$$\vartheta_1 - \vartheta_{W1} = \frac{Q_d}{\alpha_1 A t} \qquad \vartheta_{W1} - \vartheta_{W2} = \frac{Q_d\, s}{\lambda A t}$$

$$\vartheta_{W2} - \vartheta_2 = \frac{Q_d}{\alpha_2 A t}$$

$$\sum \Delta \vartheta = \vartheta_1 - \vartheta_{W1} + \vartheta_{W1} - \vartheta_{W2} + \vartheta_{W2} - \vartheta_2 = \vartheta_1 - \vartheta_2$$

$$\sum \Delta \vartheta = \vartheta_1 - \vartheta_2 = \frac{Q_d}{A t}\left(\frac{1}{\alpha_1} + \frac{s}{\lambda} + \frac{1}{\alpha_2}\right)$$

$$\vartheta_1 - \vartheta_2 = \frac{Q_d}{A t \dfrac{1}{\dfrac{1}{\alpha_1} + \dfrac{s}{\lambda} + \dfrac{1}{\alpha_2}}} = \frac{Q_d}{A t k}$$

Aus dieser Herleitung folgt der Wärmedurchgangskoeffizient für eine einschichtige, ebene Wand

$$k = \frac{1}{\dfrac{1}{\alpha_1} + \dfrac{s}{\lambda} + \dfrac{1}{\alpha_2}}$$

$$
\begin{array}{c|c|c}
k,\,\alpha & \lambda & s \\
\hline
\dfrac{W}{m^2 K} & \dfrac{W}{mK} & m
\end{array}
\qquad (5)
$$

Setzt sich die ebene Wand aus mehreren Schichten mit unterschiedlichem Wärmeleitvermögen zusammen, so kann die Berechnungsgleichung für k entsprechend erweitert werden. Wird die Trennwand aus zwei Schichten gebildet (Bild 6), so folgt der Wärmedurchgangskoeffizient für eine zweischichtige, ebene Wand

$$k = \frac{1}{\dfrac{1}{\alpha_1} + \dfrac{s_1}{\lambda_1} + \dfrac{s_2}{\lambda_2} + \dfrac{1}{\alpha_2}}$$

$$
\begin{array}{c|c|c}
k,\,\alpha & \lambda & s \\
\hline
\dfrac{W}{m^2 K} & \dfrac{W}{mK} & m
\end{array}
\qquad (6)
$$

Diese Gleichung kann durch Hinzufügen weiterer Glieder s/λ (im Nenner) auf eine beliebige Schichtanzahl erweitert werden.

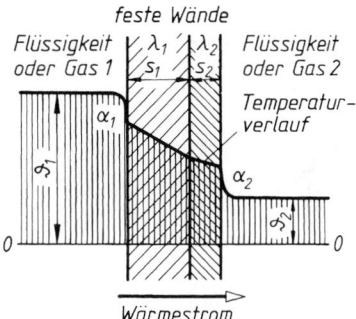

Bild 6. Wärmedurchgang durch eine zweischichtige, ebene Wand

Betragen die mittleren Temperaturen der Flüssigkeiten oder Gase auf der Innen- oder Außenseite eines *Rohres* ϑ_i und ϑ_a, so ergibt sich bei einer Rohrlänge L in der Zeit t folgende *durchgehende Wärme*

$$Q_d = kL\,(\vartheta_i - \vartheta_a)\,t$$

$$
\begin{array}{c|c|c|c|c}
Q_d & k & L & \vartheta & t \\
\hline
J & \dfrac{W}{mK} & m & {}^\circ C & s
\end{array}
\qquad (7)
$$

In dieser Gleichung ist k der auf 1 m Rohrlänge bezogene Wärmedurchgangskoeffizient.

Der Wärmedurchgangskoeffizient k wird aus den Wärmeübergangskoeffizienten α und der Wärmeleitfähigkeit λ des festen Rohrwerkstoffes berechnet.

Für ein *einschichtiges Rohr* (Bild 7) gilt:

Herleitung:
Übergehende Wärme von Stoff 1 (innen) auf Rohrwand

$$Q_{1-R} = \alpha_i A \, (\vartheta_i - \vartheta_{Ri}) \, t$$
$$Q_{1-R} = \alpha_i d \, \pi L \, (\vartheta_i - \vartheta_{Ri}) \, t$$

durchgeleitete Wärme durch Rohrwand

$$Q_R = \frac{\lambda 2 \, \pi \, L}{\ln \dfrac{D}{d}} \, (\vartheta_{Ri} - \vartheta_{Ra}) \, t$$

übergehende Wärme von Rohrwand auf Stoff 2 (außen)

$$Q_{R-2} = \alpha_a A \, (\vartheta_{Ra} - \vartheta_a) \, t$$
$$Q_{R-2} = \alpha_a D \, \pi L \, (\vartheta_{Ra} - \vartheta_a) \, t$$

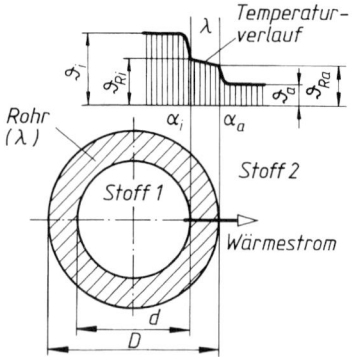

Bild 7. Wärmedurchgang durch ein einschichtiges Rohr

Die Wärmemengen sind untereinander gleich

$$Q_{1-R} = Q_R = Q_{R-2} = Q_d.$$

$$\vartheta_i - \vartheta_{Ri} = \frac{Q_d}{\alpha_i \, d \, \pi \, L \, t}$$

$$\vartheta_{Ri} - \vartheta_{Ra} = \frac{Q_d \ln \dfrac{D}{d}}{\lambda 2 \, \pi \, L \, t}$$

$$\vartheta_{Ra} - \vartheta_a = \frac{Q_d}{\alpha_a \, D \, \pi \, L \, t}$$

$$\sum \Delta \vartheta = \vartheta_i - \vartheta_{Ri} + \vartheta_{Ri} - \vartheta_{Ra} + \vartheta_{Ra} - \vartheta_a = \vartheta_i - \vartheta_a$$

$$\sum \Delta \vartheta = \vartheta_i - \vartheta_a = \frac{Q_d}{\pi L t} \left(\frac{1}{\alpha_i d} + \frac{1}{2 \lambda} \ln \frac{D}{d} + \frac{1}{\alpha_a D} \right)$$

$$\vartheta_i - \vartheta_a = \frac{Q_d}{L t \dfrac{\pi}{\dfrac{1}{\alpha_i d} + \dfrac{1}{2 \lambda} \ln \dfrac{D}{d} + \dfrac{1}{\alpha_a D}}} = \frac{Q_d}{L t k}$$

Aus dieser Herleitung folgt für den Wärmedurchgangskoeffizienten für ein einschichtiges Rohr

$$k = \frac{\pi}{\dfrac{1}{\alpha_i d} + \dfrac{1}{2 \lambda} \ln \dfrac{D}{d} + \dfrac{1}{\alpha_a D}}$$

k	α	D, d	λ
$\dfrac{W}{mK}$	$\dfrac{W}{m^2 K}$	m	$\dfrac{W}{mK}$

$$(8)$$

Setzt sich das Rohr aus mehreren Schichten mit unterschiedlichem Wärmeleitvermögen zusammen, so kann die Berechnungsformel für k entsprechend erweitert werden. Wird das Rohr aus zwei Schichten gebildet (Bild 8), so folgt für den Wärmedurchgangskoeffizienten für ein zweischichtiges Rohr

$$k = \frac{\pi}{\dfrac{1}{\alpha_i d_i} + \dfrac{1}{2 \lambda_1} \ln \dfrac{d}{d_i} + \dfrac{1}{2 \lambda_2} \ln \dfrac{d_a}{d} + \dfrac{1}{\alpha_a D_a}}$$

k	α	d	λ
$\dfrac{W}{mK}$	$\dfrac{W}{m^2 K}$	m	$\dfrac{W}{mK}$

$$(9)$$

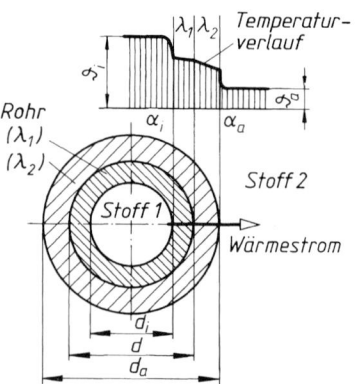

Bild 8. Wärmedurchgang durch ein zweischichtiges Rohr

■ **Beispiel:**
Ein Büroraum besitzt ein Fenster von 3 m² Glasfläche. Die Lufttemperatur im Innern des Raumes beträgt $\vartheta_1 = 22$ °C. Temperatur der Außenluft $\vartheta_2 = -10$ °C.
Welche Wärme tritt in jeder Stunde durch dieses Fenster hindurch, wenn der Wärmedurchgangskoeffizient $k = 5,81$ W/m² K beträgt?

Lösung:
$Q_d = k A \, (\vartheta_1 - \vartheta_2) \, t$
$\vartheta_1 - \vartheta_2 = 22 \,°C - (-10 \,°C) = 32 \,°C = 32 \,K$
$Q_d = 5,81 \, \dfrac{W}{m^2 K} \cdot 3 \,m^2 \cdot 32 \,K \cdot 3\,600 \,s$
$Q_d = 2\,008\,000 \,J = 2\,008 \,kJ$

■ **Beispiel:**
Wie groß ist der Wärmedurchgangskoeffizient für eine 38 cm dicke Ziegelstein-Außenwand ($\lambda_2 = 0,872$ W/mK), die innen und außen mit einer Putzschicht von je 1,5 cm Dicke versehen ist (Innenputz $\lambda_1 = 0,697$ W/mK; Außenputz $\lambda_3 = 0,872$ W/mK)?
Wärmeübergang innen $\alpha_1 = 8,14$ W/m²K
Wärmeübergang außen $\alpha_2 = 23,2$ W/m²K

Lösung:

$$k = \cfrac{1}{\cfrac{1}{\alpha_1} + \cfrac{s_1}{\lambda_1} + \cfrac{s_2}{\lambda_2} + \cfrac{s_3}{\lambda_3} + \cfrac{1}{\alpha_2}}$$

$$k = \cfrac{1}{\cfrac{1}{8{,}14\,\dfrac{W}{m^2K}} + \cfrac{0{,}015\,m}{0{,}697\,\dfrac{W}{mK}} + \cfrac{0{,}38\,m}{0{,}872\,\dfrac{W}{mK}} + \cfrac{0{,}015\,m}{0{,}872\,\dfrac{W}{mK}} + \cfrac{1}{23{,}2\,\dfrac{W}{m^2K}}}$$

$$= 1{,}56\,\frac{W}{m^2K}$$

■ **Beispiel:**

Durch ein 20 m langes Stahlrohr von $d = 100$ mm Innendurchmesser und 5 mm Wanddicke strömt Dampf mit einer mittleren Temperatur von $\vartheta_i = 180$ °C.
Die mittlere Temperatur der umgebenden Luft beträgt $\vartheta_a = 20$ °C.

a) Welche Wärme tritt in 1 Stunde von innen durch die Rohrwand hindurch nach außen?
$\alpha_i = 1{,}163 \cdot 10^4$ W/m²K
$\lambda_1 = 48{,}9$ W/mK
$\alpha_a = 12{,}8$ W/m²K

b) Welche hindurchtretende Wärme ergibt sich, wenn das Rohr außen durch eine 50 mm dicke Dämmschicht ($\lambda_2 = 0{,}1$ W/mK) isoliert ist?
$\alpha_a = 10{,}48$ W/m²K.

Lösung:

a) $Q_d = kL\,(\vartheta_i - \vartheta_a)\,t$

$$k = \cfrac{\pi}{\cfrac{1}{\alpha_i\,d} + \cfrac{1}{2\,\lambda_1}\ln\cfrac{D}{d} + \cfrac{1}{\alpha_a\,D}}$$

$$k = \cfrac{3{,}14}{\cfrac{1}{1{,}163\cdot10^4\,\dfrac{W}{m^2K}\cdot0{,}1\,m} + \cfrac{1}{2\cdot48{,}9\,\dfrac{W}{mK}}\cdot\ln\cfrac{0{,}11\,m}{0{,}1\,m} + \cfrac{1}{12{,}8\,\dfrac{W}{m^2K}\cdot0{,}11\,m}}$$

$$= 4{,}41\,\frac{W}{mK}$$

$$Q_d = 4{,}41\,\frac{W}{mK}\cdot20\,m\cdot160\,K\cdot3\,600\,s$$

$$Q_d = 50{,}8\cdot10^6\,J$$

b) $Q_d = kL\,(\vartheta_i - \vartheta_a)\,t$

$$k = \cfrac{\pi}{\cfrac{1}{\alpha_i\,d} + \cfrac{1}{2\,\lambda_1}\ln\cfrac{d}{d_i} + \cfrac{1}{2\,\lambda_2}\ln\cfrac{d_a}{d} + \cfrac{1}{\alpha_a\,d_a}}$$

$$k = \cfrac{3{,}14}{\cfrac{1}{1{,}163\cdot10^4\,\dfrac{W}{m^2K}\cdot0{,}1\,m} + \cfrac{1}{2\cdot48{,}9\,\dfrac{W}{mK}}\cdot\ln\cfrac{0{,}11}{0{,}1} + \cfrac{1}{2\cdot0{,}1\,\dfrac{W}{mK}}\cdot\ln\cfrac{0{,}21}{0{,}11} + \cfrac{1}{10{,}48\,\dfrac{W}{m^2K}\cdot0{,}21\,m}} = 0{,}852\,\frac{W}{mK}$$

$$Q_d = 0{,}852\,\frac{W}{mK}\cdot20\,m\cdot160\,K\cdot3\,600\,s = 9{,}82\cdot10^6\,J$$

4.5 Wärmestrahlung

Zwischen Körpern verschiedener Temperatur wird Wärme nicht nur durch Wärmeleitung oder Wärmekonvektion, sondern stets auch gleichzeitig durch *Wärmestrahlung* übertragen. Überall dort, wo Vorgänge der Wärmeübertragung ablaufen, wird die Bewegungsenergie der Stoffteilchen zum Teil auch in Strahlungsenergie umgewandelt und abgestrahlt. Der Anteil der Strahlungswärme an der gesamten Energieübertragung ist bei niedrigen Temperaturen gering. Die *Wärmestrahlen* gehören zu den elektromagnetischen Wellen und liegen nur bei hohen Temperaturen im sichtbaren Frequenzbereich. Ausbreitung, Reflexion und Brechung erfolgen nach den für Lichtstrahlen geltenden Gesetzmäßigkeiten.

Die auf einen bestrahlten Körper auftreffende Strahlungsenergie kann absorbiert, reflektiert oder hindurchgelassen werden. Der absorbierte Teil der Strahlungsenergie wird wieder in Bewegungsenergie der Teilchen umgewandelt und erwärmt den angestrahlten Körper, der damit in verstärktem Maße zu einer Quelle eigener Ausstrahlung (*Emission*) wird.

Ein Körper, der die gesamte auftreffende Strahlungsenergie absorbiert, wird *absolut schwarzer Körper* genannt. Absorption und Emission sind hier am größten.

Die von einem absolut schwarzen Körper mit der Fläche A in der Zeit t ausgestrahlte Wärme Q_s ist von der Körpertemperatur T abhängig und ergibt sich aus dem *Gesetz von Stefan und Boltzmann*:

$$Q_s = \sigma A T^4 t$$

Q	σ	A	T	t	ϵ
J	$\dfrac{W}{m^2K^4}$	m²	K	s	1

(10)

In dieser Formel ist σ die *Stefan-Boltzmann-Konstante*. Sie beträgt $5{,}67 \cdot 10^{-8}$ W m^{-2} K^{-4}.
Den absolut schwarzen Körper gibt es in Wirklichkeit nicht. Die Wärme Q_s wird nur durch *Hohlraumstrahlung* annähernd erreicht. Das Ausstrahlungsvermögen wirklicher Körper ist geringer und wird durch den *Emissionsgrad* ϵ ausgedrückt. Damit ergibt sich die *abgestrahlte Wärme eines wirklichen Körpers*

$$Q = \epsilon Q_s$$

(11)

Der Emissionsgrad (< 1) ist von der Stoffart und der Temperatur des strahlenden Körpers, sowie von seiner Oberflächenbeschaffenheit abhängig. Er wird bei Metallen mit zunehmender Temperatur größer und ist bei nicht metallischen Stoffen im Allgemeinen etwas kleiner.

Das Strahlungsvermögen und das Absorptionsvermögen wirklicher Körper stehen zu den Werten des absolut schwarzen Körpers im gleichen Verhältnis (kirchhoffsches Gesetz). Der Emissionsgrad kennzeichnet deshalb nicht nur das Ausstrahlungsvermögen, sondern auch die Absorptionsfähigkeit eines angestrahlten Körpers. Liegt ein Emissionsgrad $\epsilon = 0{,}28$ vor, so werden 28 % der auftreffenden Strahlung absorbiert und 72 % reflektiert.

Tabelle 3. Emissionsgrad ϵ

	ϵ
Absolut schwarzer Körper	1
Aluminium (unbehandelt)	0,07 ... 0,09
Aluminium (poliert)	0,04
Glas	0,93
Gusseisen (ohne Gusshaut)	0,42
Kupfer (poliert)	0,045
Messing (poliert)	0,05
Öle	0,82
Porzellan (glasiert)	0,92
Stahl (poliert)	0,28
Stahlblech (verzinkt)	0,23
Stahlblech (verzinnt)	0,06 ... 0,08
Dachpappe	0,91

Wirkliche Körper mit dunklen und matten Oberflächen absorbieren den größten Teil der auftreffenden Strahlungsenergie und sind selbst auch entsprechend strahlungsintensiv. Der Emissionsgrad ϵ ist hier also relativ groß. Körper mit hellen und glatten Oberflächen zeigen nur ein geringes Absorptions- und Emissionsvermögen.

Findet zwischen zwei sich gegenüberstehenden Körpern 1 und 2 mit den Temperaturen T_1 und T_2 ($< T_1$) ein Energieaustausch durch Wärmestrahlung statt, so ergibt sich für zwei parallel gegenüberliegende ebene Flächen gleicher Größe A in der Zeit t in Richtung des Temperaturgefälles folgende durch Wärmestrahlung *ausgetauschte Wärme* $Q_{1,2}$

Herleitung:

Gesamtstrahlung von Körper 1 nach Körper 2

$$Q_{1-2} = Q_1 + Q_{r1} = Q_1 + (1 - \epsilon_1) Q_{2-1}$$

$$Q_{1-2} = Q_1 + (1 - \epsilon_1) [Q_2 + (1 - \epsilon_2) Q_{1-2}]$$

Auflösung nach Q_{1-2} ergibt

$$Q_{1-2} = \frac{Q_1 + (1 - \epsilon_1) Q_2}{\epsilon_1 + \epsilon_2 - \epsilon_1 \epsilon_2}$$

Gesamtstrahlung von Körper 2 nach Körper 1

$$Q_{2-1} = \frac{Q_2 + (1 - \epsilon_2) Q_1}{\epsilon_1 + \epsilon_2 - \epsilon_1 \epsilon_2}$$

durch Wärmestrahlung ausgetauschte Wärme

$$Q_{1,2} = Q_{1-2} - Q_{2-1} = \frac{\epsilon_2 Q_1 - \epsilon_1 Q_2}{\epsilon_1 + \epsilon_2 - \epsilon_1 \epsilon_2}$$

mit $Q_1 = \epsilon_1 Q_{s1}$ und $Q_2 = \epsilon_2 Q_{s2}$ erhält man

$$Q_{1,2} = \frac{\epsilon_2 \epsilon_1 Q_{s1} - \epsilon_1 \epsilon_2 Q_{s2}}{\epsilon_1 + \epsilon_2 - \epsilon_1 \epsilon_2}$$

$$= \frac{\epsilon_1 \epsilon_2 (Q_{s1} - Q_{s2})}{\epsilon_1 + \epsilon_2 - \epsilon_1 \epsilon_2}$$

$$Q_{1,2} = \frac{\sigma}{\dfrac{1}{\epsilon_1} + \dfrac{1}{\epsilon_2} - 1} A (T_1^4 - T_2^4) t$$

In dieser Gleichung ist der erste Faktor die *Strahlungsaustauschzahl* $C_{1,2}$

$$C_{1,2} = \frac{\sigma}{\dfrac{1}{\epsilon_1} + \dfrac{1}{\epsilon_2} - 1} \tag{12}$$

damit ergibt sich für die ausgetauschte Wärme

$$Q_{1,2} = C_{1,2} A (T_1^4 - T_2^4) t$$

Q	C	A	T	t	ϵ	
J	$\dfrac{W}{m^2 K^4}$	m^2	K	s	1	(13)

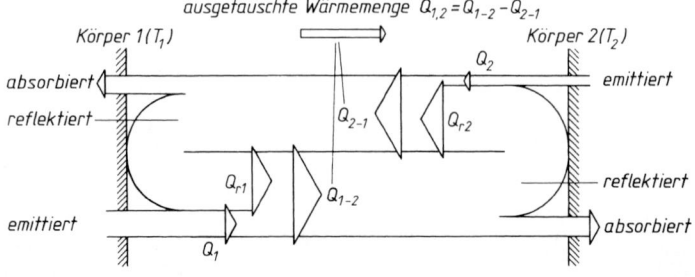

ausgetauschte Wärmemenge $Q_{1,2} = Q_{1-2} - Q_{2-1}$

Bild 9. Schematische Darstellung der Wärmestrahlung zwischen zwei parallelen ebenen Flächen bei $\epsilon_1 = \epsilon_2 = 0{,}28$ und $T_1 > T_2$

■ **Beispiel:**

Zwei verzinkte Stahlbleche mit gleichen Flächen von je 2,5 m^2 stehen sich parallel gegenüber. Die Bleche sind unterschiedlich warm. Die Temperatur des heißeren Bleches (1) beträgt 80 °C, die des weniger warmen Bleches (2) 10 °C.

Welche Wärme wird in 30 min zwischen den beiden Blechen durch Wärmestrahlung ausgetauscht?

Lösung:

$$Q_{1,2} = C_{1,2}\, A\, (T_1^4 - T_2^4)\, t$$

$$T_1 = 353\ \text{K}, \quad T_2 = 283\ \text{K}$$

$$C_{1,2} = \cfrac{\sigma}{\cfrac{1}{\epsilon_1} + \cfrac{1}{\epsilon_2} - 1} = \cfrac{5{,}67 \cdot 10^{-8}\,\frac{\text{W}}{\text{m}^2\text{K}^4}}{\frac{1}{0{,}23} + \frac{1}{0{,}23} - 1}$$

$$C_{1,2} = 0{,}74 \cdot 10^{-8}\ \frac{\text{W}}{\text{m}^2\text{K}^4}$$

$$Q_{1,2} = 0{,}74 \cdot 10^{-8}\ \frac{\text{W}}{\text{m}^2\text{K}^4} \cdot 2{,}5\ \text{m}^2 \cdot [353^4 - 283^4]\ \text{K}^4 \cdot 1\,800\ \text{s}$$

$$Q_{1,2} = 303\,468\ \text{J}$$

Literatur

Baehr, H.D.: *Thermodynamik*. Berlin: Springer Verlag, 2005
Cerbe, G./Wilhelms, G.: *Technische Thermodynamik*. München: Hanser Verlag, 2005
Dietzel, F./Wagner, W.: *Technische Wärmelehre*. Würzburg: Vogel Buchverlag, 2001
Geller, W.: *Thermodynamik für Maschinenbauer*. Berlin: Springer Verlag, 2005
Herr, H.: *Wärmelehre*. Haan: Verlag Europa-Lehrmittel
Langeheinecke, K./Jany, P./Thieleke, G.: *Thermodynamik für Ingenieure*. Wiesbaden: Vieweg, 2006
Windisch, H.: *Thermodynamik*. München: Oldenbourg Wissenschaftsverlag, 2005

DIN-Normen

DIN 1304	Formelzeichen,
	Allgemeine Formelzeichen
DIN 1341	Wärmeübertragung,
	Begriffe, Kenngrößen
DIN 1345	Thermodynamik,
	Grundbegriffe

G Elektrotechnik

Gert Böge

Formelzeichen und Einheiten

c	$\dfrac{\text{J}}{\text{kgK}}$	spezifische Wärmekapazität
f	$\dfrac{1}{\text{s}} = \text{Hz}$	Frequenz
i	A	Momentanwert des Wechselstromes
n	min^{-1}	Drehzahl
p	1	Polpaarzahl
q (oder S)	mm^2	Querschnittsfläche, Querschnitt (Leitungsquerschnitt)
u	V	Momentanwert der Wechselspannung
A	$\text{mm}^2, \text{cm}^2, \text{dm}^2, \text{m}^2$	Flächeninhalt, Oberfläche
B	$\text{T} = \dfrac{\text{Vs}}{\text{m}^2}$	Flussdichte des magnetischen Feldes, Induktion
C	$\text{F} = \dfrac{\text{As}}{\text{V}}, \mu\text{F,pF}$	Kapazität eines Kondensators
C	$\dfrac{\text{g}}{\text{Ah}}$	spezifische elektrolytische Stoffmenge
D	$\dfrac{\text{C}}{\text{m}^2} = \dfrac{\text{As}}{\text{m}^2}$	elektrische Flussdichte
E_f	$\dfrac{\text{V}}{\text{m}}$	Feldstärke des elektrischen Feldes
E_V	lx	Beleuchtungsstärke
F	$\text{N} = \dfrac{\text{kgm}}{\text{s}^2}$	Kraft
H	$\dfrac{\text{A}}{\text{m}}$	magnetische Feldstärke
I	A	elektrischer Strom
I_V	cd	Lichtstärke
J	$\dfrac{\text{A}}{\text{mm}^2}$	elektrische Stromdichte
L	$\text{H} = \dfrac{\text{Vs}}{\text{A}}$	Induktivität
L_V	$\dfrac{\text{cd}}{\text{m}^2}$	Leuchtdichte
N	1	Windungszahl, Anzahl
P	$\text{W} = \text{VA, kW}$	elektrische Leistung, Wirkleistung
Q	$\text{var} = \text{VA, kvar}$	elektrische Blindleistung
Q, Q_e	$\text{C} = \text{As, Ah}$	elektrische Ladung
R	$\Omega = \dfrac{\text{V}}{\text{A}}$	elektrischer Widerstand
R_m	$\dfrac{\text{A}}{\text{Vs}}$	magnetischer Widerstand

Symbol	Einheit	Bezeichnung
R_ϑ	$\Omega = \dfrac{V}{A}$	Widerstand bei Betriebstemperatur
S	VA	elektrische Scheinleistung
A	mm^2	Querschnittsfläche, Querschnitt (Leitungsquerschnitt)
U	V	elektrische Spannung
U_g	V	Gegenspannung
U_q	V	Quellenspannung
W_e	Ws, Wh, kWh	elektrische Arbeit
W_m	Nm	mechanische Arbeit
X	$\Omega = \dfrac{V}{A}$	elektrischer Blindwiderstand
Z	$\Omega = \dfrac{V}{A}$	elektrischer Scheinwiderstand
α	$\dfrac{1}{°C} = \dfrac{1}{K}$	Temperaturkoeffizient des Widerstandes
$\gamma = \dfrac{1}{\varrho}$	$\dfrac{m}{\Omega mm^2} = \dfrac{Sm}{mm^2}, \dfrac{1}{\Omega cm}$	elektrische Leitfähigkeit
ϵ	$\dfrac{As}{Vm} = \dfrac{F}{m}$	Permittivität
ϵ_0	$\dfrac{As}{Vm} = \dfrac{F}{m}$	elektrische Feldkonstante
ϵ_r	1	Permittivitätszahl
η	1	Wirkungsgrad
η_{La}	$\dfrac{lm}{W}$	Lichtausbeute
ϑ	°C, K	Temperatur
μ	$\dfrac{Vs}{Am}$	Permeabilität
μ_0	$\dfrac{Vs}{Am}$	magnetische Feldkonstante
μ_r	1	Permeabilitätszahl
$\varrho = \dfrac{1}{\gamma}$	$\dfrac{\Omega mm^2}{m}, \Omega m$	spezifischer elektrischer Widerstand
ϱ_m	$\dfrac{g}{cm^3}, \dfrac{kg}{dm^3}$	Dichte der Masse
φ	V	elektrisches Potential
φ	rad = 1	Phasenwinkel
ω	$\dfrac{1}{s}$	Kreisfrequenz
ω	sr = 1	Raumwinkel
Θ	A	elektrische Durchflutung, magnetische Gesamtspannung
Λ	$\dfrac{Vs}{A} = H$	Kernfaktor der Induktivität
Φ	Wb = Vs	magnetischer Fluss
Φ_V	lm	Lichtstrom
Ψ	C = As	elektrischer Fluss

1 Grundlagen

1.1 Elektrischer Stromkreis

1.1.1 Elektrische Ladung

Ursprünglicher Sitz der Elektrizität ist das Atom. Das Wasserstoffatom z.B. besteht aus einem Proton als Kern und einem Elektron, das diesen Kern auf einer bestimmten Bahn umkreist. Das Proton bezeichnet man als elektrisch positiv, – das Elektron als negativ geladen. Zwischen beiden befindet sich die „Elektrizität" in Form eines besonderen Raumzustandes, der als elektrisches Feld bezeichnet wird. Normalerweise erscheint ein Stoff nach außen hin elektrisch neutral, weil ebenso viele positive wie negative Ladungen in ihm enthalten sind.

Kraftwirkungsregel bei elektrischen Ladungen
Ungleichnamige elektrische Ladungen ziehen sich an, gleichnamige stoßen sich ab.

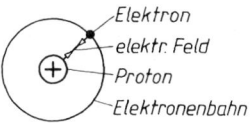

Bild 1. Elektrische Ladungen im Wasserstoffatom

Der elektrische Leiter hat die Eigenschaft, dass in ihm elektrische Ladungen frei verschiebbar sind. Der *metallische* Leiter enthält frei bewegliche Elektronen (Leitungselektronen), die nicht an bestimmte Atome gebunden sind (alle Metalle). Der *Flüssigkeitsleiter* (elektrolytischer –) hat positive und negative Ladungsträger, die in einer Flüssigkeit frei verschoben werden können (Säuren, Laugen, Salzlösungen, siehe 1.4.2).

Im Nichtleiter dagegen ist jedes Elektron an einen ganz bestimmten Atomkern gebunden und daher nicht ohne Gewalt verschiebbar (*Beispiele*: Porzellan, Glas, Glimmer, Öl usw.).

Halbleiter (z.B. Silizium, Germanium) mit ihren 4 festen Bindungselektronen (Valenzelektronen) leiten weniger gut als Leiter aber besser als Nichtleiter (Isolatoren). Gegenüber den Metallen besitzen Halbleiterkristalle keine freien Ladungsträger (Atombindung). Bei Licht- oder Wärmezuführung zerreißen jedoch diese Bindungen und es bilden sich frei bewegliche Elektronen.
Am ursprünglichen Sitz der Elektronen sind Defektelektronen (Löcher) entstanden, die immer positiv geladen sind. Diese Löcher werden wiederum durch Elektronen geschlossen, wobei wieder Löcher entstehen. Durch diesen Austauschkreislauf entsteht eine sehr kleine Eigenleitung des Kristalls, die von der Temperaturhöhe abhängt. Schon bei Zimmertemperatur ist diese hier unerwünschte Art der Leitfähigkeit

vorhanden.
Zur Herstellung von Halbleiterbauelementen braucht man Material, das temperaturunabhängig ist und eine hohe Leitfähigkeit besitzt. Das wird durch Hinzufügen (Dotieren) von Fremdatomen mit entweder 5 Bindungselektronen (z.B. Arsen) oder 3 Bindungselektronen (z.B. Indium) erreicht. Fügt man Siliziumkristallen Arsen zu, wird der regelmäßige Kristallaufbau gestört (Störstellen). Es entsteht ein Überschuss freier Elektronen, das Material ist N- (negativ) leitend. Wird dem Siliziumkristall Indium zugefügt, entsteht ein Löcherüberschuss, das Material ist P- (positiv) leitend. Diese Arten der Leitfähigkeit werden als Störstellenleitung bezeichnet.
Die eigentliche Schaltzone eines Halbleiters ist die Verbundstelle der beiden eng zusammengefügten P- und N-Materialien. Die Löcher im P-Material wandern (diffundieren) in das N-Material, die Elektronen im N-Material wandern in das P-Material (PN-Übergang). Löcher und Elektronen vereinigen sich (rekombinieren) und es entsteht ein Zone ohne frei bewegliche Elektronen, durch die kein Strom fließen kann (Sperrschicht).
In dieser Schicht wird durch die Wanderung der Ladungsträger das P-Material negativ und das N-Material positiv. Die dadurch entstandene Spannung (Diffusionsspannung) verhindert die weitere Ausbreitung der Sperrschicht. Verbindet man nun den positiven Pol einer Spannungsquelle mit dem P-Material und den negativen Pol mit dem N-Material, wird die Sperrschicht abgebaut und es kann Strom fließen. Das Bauelement ist in Durchlassrichtung (Flussrichtung) geschaltet. Bei umgekehrter Polung ist das Bauelement in Sperrrichtung geschaltet. Es fließt kein Strom. Das einfachste Bauelement hierfür ist die Diode, denn sie besitzt nur einen PN-Übergang.

1.1.2 Elektrische Spannung

Jede Art von Elektrizitätserzeugung beruht auf der Störung des im Atom vorhandenen elektrischen Gleichgewichts. Trennt man ein Elektron von seinem Atomkern, entsteht zwischen beiden ein elektrischer Spannungszustand, der bestrebt ist, das Gleichgewicht wiederherzustellen, d.h. das Elektron wieder auf seine Bahn um den Kern zurückzubringen. Die Spannung wird um so höher, je weiter man die Ladungen voneinander entfernt.

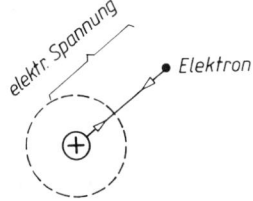

Bild 2. Elektrische Spannung als Folge der Trennung eines Elektrons von seiner positiven Ladung

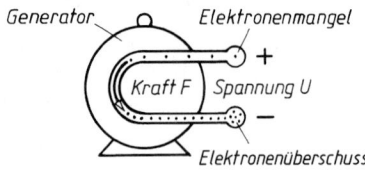

Bild 3. Spannung einer Spannungsquelle

Als elektrische Spannungsquelle kommt vorwiegend der Generator in Frage. Dieser enthält eine Wicklung aus Kupferdraht, auf deren frei verschiebbare Elektronen beim Antreiben der Maschine eine Kraft F ausgeübt wird (siehe 1.1). Durch die Kraft werden die Elektronen im unteren Teil der Wicklung zusammengedrängt (Elektronenüberschuss, Minuspol), im oberen Teil entsteht Elektronenmangel (Pluspol). Zwischen beiden Polen liegt eine elektrische Spannung:

> Die elektrische Spannung U ist der Elektronendruckunterschied zwischen zwei Punkten.

Zur Fortleitung eines elektrischen Spannungszustandes, z.B. vom Generator zur Steckdose, sind zwei Drähte nötig: Elektronenüberschuss- und Elektronenmangelleiter.

Die Einheit der elektrischen Spannung U ist das Volt V (1 V = 1 J/As = 1 kgm^2/(s^{3}A).

1.1.3 Elektrischer Strom

Überbrückt man die Klemmen einer Spannungsquelle mit einem Leiter (z.B. Drahtbügel), dann sucht sich das gestörte elektrische Gleichgewicht wiederherzustellen, indem die überschüssigen Elektronen des Minuspols durch den Leiter hindurch zum Pluspol fließen. Zur Widerherstellung des Gleichgewichts kommt es jedoch nicht, weil der Generator die am Pluspol ankommenden Elektronen immer wieder zum Minuspol drückt, so dass ein dauernder Elektronenkreislauf entsteht.

> Als elektronischen Strom I bezeichnet man die Bewegung elektrischer Ladungen.

1 Volt V ist die elektrische Spannung U zwischen zwei Punkten eines Leiters, in dem bei einem Strom von 1 Ampere A die Leistung 1 Watt W umgesetzt wird.

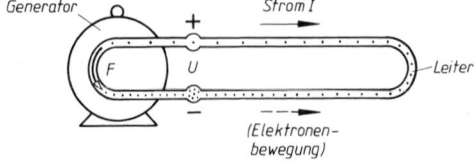

Bild 4. Elektrischer Strom

Die technische Stromrichtung wurde entgegen der Elektronenbewegungsrichtung festgesetzt: Der Strom

I fließt außerhalb einer Spannungsquelle vom Pluspol zum Minuspol.

Die Einheit des elektrischen Stroms I ist das Ampere A.
Ein Ampere ist die Stärke eines zeitlich unveränderlichen elektrischen Stroms durch zwei geradlinige, parallele, unendlich lange Leiter, die einen Abstand von einem Meter haben und zwischen denen im leeren Raum je ein Meter Doppelleitung eine Kraft von $2 \cdot 10^{-7}$ N wirkt.

Als elektrische Stromdichte J bezeichnet man den Quotienten aus der Stromstärke I in A und der Querschnittsfläche A eines Leiters in mm^2: $J = I/A$ in A/mm^2; sie ist ein wichtiges Maß für die Belastbarkeit elektrischer Leitungen.

1.1.4 Elektrischer Widerstand

Beim Strömen tritt zwischen den Elektronen und dem Leitermaterial Reibung auf; das ist der *elektrische Widerstand R*. Dieser ist um so höher, je größer der spezifische elektrische Widerstand ϱ und die Leiterlänge l sind. R ist um so kleiner, je größer die Querschnittsfläche A des Leiters ist.

$$R = \frac{\varrho\, l}{A} = \frac{l}{\gamma\, A}$$

R	ϱ	l	A	κ	(1)
$\dfrac{V}{A} = \Omega$	$\dfrac{\Omega mm^2}{m}$	m	mm^2	$\dfrac{m}{\Omega mm^2}$	

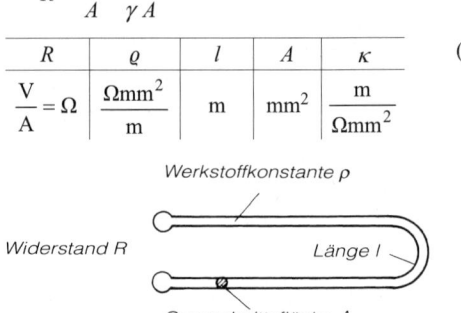

Bild 5. Elektrischer Widerstand

Der Kehrwert des spezifischen Widerstandes ϱ ist die elektrische Leitfähigkeit $\kappa = 1/\varrho$ in m/(Ω mm^2).

Die Einheit des elektrischen Widerstandes ist das Ohm Ω. Es ist: 1 Ω = 1 V/A, d.h. wenn die Spannung 1 V den Strom 1 A treibt, dann hat der Widerstand 1 Ω.

Der spezifische elektrische Widerstand ϱ gibt an, wieviel Ω Widerstand ein Draht von 1 m Länge und 1 mm^2 Querschnitt aus einem bestimmten Material besitzt. Anstelle von ϱ wird auch die elektrische Leitfähigkeit $\kappa = 1/\varrho$ gebraucht. (Tabelle 1).

Temperaturabhängigkeit des Widerstandes: ϱ und damit auch R ändern sich mit der Temperatur. Bei reinen Metallen nimmt ϱ mit steigender Temperatur zu, bei Kohle und einigen Legierungen sowie Flüssigkeitsleitern dagegen ab. Der Widerstand R_ϑ bei der

VDI NACHRICHTEN HAT NUN MAL
DIE ATTRAKTIVSTE BEWERBER-DATENBANK
DEUTSCHLANDS.

ZUMINDEST FÜR INGENIEURE. ✳

Ingenieure, die sich beruflich neu orientieren wollen, bauen darauf: die Bewerber-Datenbank auf ingenieurkarriere.de. Wer hier steht, hat größte Chancen, den Job zu finden, den er sucht. Erfolgreich bewerben mit VDI nachrichten. Täglich im Internet. Wöchentlich im Stellenmarkt. Regelmäßig im Magazin Ingenieur Karriere und auf den Recruiting Events.

✳ Mit über 6 000 von unabhängigen Personalberatern bewerteten Lebensläufen verfügt das VDI nachrichten-Karriereportal ingenieurkarriere.de über Deutschlands qualifizierte Bewerber-Datenbank für Ingenieure.

Das Karriereportal der VDI nachrichten.

VDI nachrichten
ingenieurkarriere.de

Stellen Sie sich vor,
Elektronik wäre orange …

 Orange steht für Kreativität und aktive Energie. Und weil sich in kaum einer anderen Branche die Entwicklung derart aktiv und dynamisch gestaltet wie im Bereich der Automobil-Elektronik, gibt es jetzt eine Fachzeitschrift in Orange: ATZelektronik.

ATZelektronik informiert 4 x im Jahr über neueste Trends und Entwicklungen zum Thema Elektronik in der Automobilindustrie. Auf wissenschaftlichem Niveau. Mit einzigartiger Informationstiefe.

Erfahren Sie alles über neueste Entwicklungsmethoden und elektronische Bauteile. Lesen Sie, wie zukünftige Fahrerassistenzsysteme unsere automobile Gesellschaft verändern werden. Halten Sie sich auf dem Laufenden über die Entwicklung auf dem Gebiet des Bordnetz- und Energiemanagements. Mit ATZelektronik sind Sie hierüber sowie über viele weitere Bereiche immer top informiert!

Darüber hinaus profitieren Sie als ATZelektronik-Abonnent vom Online-Fachartikelarchiv: das nützliche Recherche-Tool mit kostenlosem Download der Fachbeiträge aus ATZelektronik. Verschaffen Sie sich Ihren persönlichen Informationsvorsprung – sichern Sie sich jetzt Ihr kostenloses Probe-Exemplar. Per E-Mail unter ATZelektronik@vieweg.de oder direkt online unter **www.ATZelektronik.de**

ATZ elektronik

Austauschbare Logik und standardisierte I/O-Funktionen in einem IC-Gehäuse

01

vieweg

Betriebstemperatur ϑ lässt sich errechnen aus der folgenden Gleichung, die in ihrem Aufbau der Längenausdehnungsformel entspricht:

$$R_\vartheta = R_{20}\,(1 + \alpha_L\,\Delta\vartheta)$$

R_ϑ, R_{20}	α_L	$\Delta\vartheta$
Ω	$\dfrac{1}{°\mathrm{C}}$	$°\mathrm{C}$

(2)

(gilt im Temperaturbereich von etwa $-50\,°\mathrm{C}$ bis $+150\,°\mathrm{C}$)

Darin ist α_L der Längenausdehnungskoeffizient des Materials und $\Delta\vartheta$ die Temperaturdifferenz, beides bezogen auf $20\,°\mathrm{C}$. Bei Temperaturen $> +150\,°\mathrm{C}$ nimmt der Widerstand stärker zu, als die obige Gleichung angibt.

Bei einigen Stoffen sind die Werte sehr stark abhängig von Reinheitsgrad, Wärmebehandlung und mechanischer Vorbehandlung. Die dafür gemachten Angaben sind grobe Richtwerte.

■ **Beispiel:**
Eine Spule enthält 320 m Kupfer-Lackdraht von 0,3 mm Ø (blank).
a) Welchen Widerstand hat sie bei 20 °C
b) Wie groß ist ihr Widerstand bei 95 °C

Lösung:

a) $R = \dfrac{\varrho l}{A} = \dfrac{0{,}0178\,\frac{\Omega\mathrm{mm}^2}{\mathrm{m}} \cdot 320\,\mathrm{m}}{0{,}0707\,\mathrm{mm}^2} = 80{,}6\,\Omega$

b) $R_\vartheta = R_{20}\,(1 + \alpha_L\,\Delta\vartheta) =$

$= 80{,}6\,\Omega \cdot \left(1 + 0{,}0039\,\dfrac{1}{°\mathrm{C}} \cdot 75\,°\mathrm{C}\right) = 104\,\Omega$

1.1.5 Ohm'sches Gesetz

Für den Zusammenhang zwischen den elektrischen Größen Stromstärke I, Spannung U und dem materialabhängigen elektrischen Widerstand R gilt für den Stromkreis nach Bild 6 das Grundgesetz der Elektrotechnik bei Gleichspannung, das Ohm'sche Gesetz:

$$U = R\,I$$

U	I	R
V	A	Ω

(3a)

(*Ohm'sches Gesetz*)

Bei Wechselspannung gilt mit Z = Scheinwiderstand:

$$U = Z\,I$$

U	I	Z
V	A	Ω

(3b)

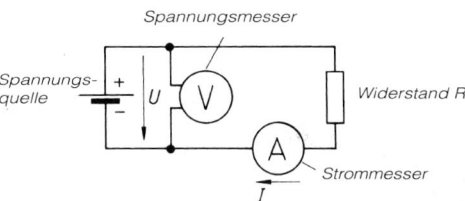

Bild 6. Schaltbild eines elektrischen Stromkreises

Ist im Ohm'schen Gesetz der Quotient $R = U/I$ konstant, wird der Widerstand R als ohm'scher Widerstand bezeichnet.

Tabelle 1. Leiterwerkstoffe. Zusammensetzung, spezifischer Widerstand ϱ, elektrische Leitfähigkeit κ und Längenausdehnungskoeffizient α_L der verschiedenen Leiterwerkstoffe. Die angegebenen Werte gelten bei einer Temperatur von 20 °C.

Leiterwerkstoff	Zusammensetzung	$\dfrac{\varrho}{\frac{\Omega\mathrm{mm}^2}{\mathrm{m}}}$	$\kappa = \dfrac{1}{\varrho}$ $\dfrac{\mathrm{m}}{\Omega\mathrm{mm}^2}$	$\dfrac{\alpha_L}{\frac{1}{°\mathrm{C}}}$
Silber	Ag	0,016	62,5	0,0038
Kupfer	Cu	0,0178	56	0,0039
Aluminium	Al	0,0286	35	0,0038
Wolfram	W	0,055	18	0,0041
Zink	Zn	0,063	16	0,0037
Messing	Cu, Zn	≈ 0,08	≈ 12,5	0,0015
Nickel	Ni	≈ 0,1	≈ 10	≈ 0,005
Platin	Pt	≈ 0,1	≈ 10	≈ 0,0025
Zinn	Sn	0,11	9,1	0,0042
Eisen (WM 13)	Fe	≈ 0,13	≈ 7,7	≈ 0,005
Blei	Pb	0,21	4,8	0,0042
Quecksilber	Hg	0,95	1,05	0,00092
Neusilber (WM 30)	Cu, Ni, Zn	0,30	3,3	0,00025
Gold-Chrom	Au, Cr	0,33	3,0	0,000001
Manganin (WM 43)	Cu, Mn, Ni	0,43	2,3	± 0,00001
Konstantan (WM 50)	Cu, Ni, Mn	0,50	2,0	− 0,00003
Chromnickelstahl (WM 100)	Cr, Ni, Fe	1,0	1,0	0,00025
Chromnickel (WM 110)	Ni, Cr, Mn	1,1	0,91	0,0001
Chromnickel (WM 120)	Ni, Cr, Mn	1,2	0,83	0,0001
Stahlchromaluminium (WM 140)	Fe, Cr, Al	1,4	0,71	0,0002
Kohle	C	50 ... 100	0,02 ... 0,01	≈ − 0,0005
Silit (Siliciumcarbid)	SiC	1000	0,001	≈ − 0,0005

■ **Beispiel:**

Ein elektrischer Heizofen hat einen Widerstand von 36 Ω. Welcher Strom fließt, wenn er an eine Spannung von 220 V geschaltet wird?

Lösung:

$$I = \frac{U}{R} = \frac{220\,\text{V}}{36\,\Omega} = 6,1\,\text{A}$$

Als Spannungsfall bezeichnet man die von einem Strom an einem Widerstand hervorgerufene Spannung. Der Spannungsfall ergibt sich aus der Auflösung des Ohm'schen Gesetzes nach $U = I\,R$.

■ **Beispiel:**

Ein Strom von 0,3 A fließt durch einen Widerstand von 200 Ω. Welcher Spannungsfall entsteht dadurch am Widerstand?

Lösung:

$U = I\,R = 0{,}3\,\text{A} \cdot 200\,\Omega = 60\,\text{V}$. Das ist genau die gleiche Spannung die nötig ist, um durch einen Widerstand $R = 200\,\Omega$ einen Strom $I = 0{,}3$ A zu treiben.

Der elektrische Widerstand lässt sich auch ausdrücken als Quotient aus Spannung und Strom. Fließt trotz großer Spannung wenig Strom, ist der Widerstand groß. Das gleiche ergibt sich aus der Auflösung des Ohm'schen Gesetzes $R = U/I$.

■ **Beispiel:**

Durch einen Widerstand fließt bei einer angelegten Spannung von 6 V ein Strom von 0,5 A. Wie groß ist der Widerstand?

Lösung:

$$R = \frac{U}{I} = \frac{6\,\text{V}}{0{,}5\,\text{A}} = 12\,\Omega$$

1.1.6 Reihenschaltung

Bei der Reihenschaltung von Spannungsquellen (Bild 7) verbindet man den Minuspol der einen mit dem Pluspol der nachfolgenden Spannungsquelle. Dabei drücken beide in der gleichen Richtung, so dass sich bei Reihenschaltung die Gesamtspannung U_{ges} als Summe der Einzelspannungen ergibt:

$$U_{\text{ges}} = U_1 + U_2 + \dots \text{ gilt für beliebig viele}$$

Die Reihenschaltung von Spannungsquellen wird angewendet, wenn mehr Spannung erforderlich ist, als die Einzelquelle hat.

■ **Beispiel:**

Beim 6-V-Akkumulator sind 3 Einzelreihen zu je 2 V in Reihe geschaltet, d. h. der Minuspol der einen ist jeweils mit dem Pluspol der nachfolgenden Zelle verbunden. Die Gesamtspannung beträgt 3 · 2 V = 6 V.

Die Gegeneinanderschaltung von Spannungsquellen ergibt sich aus der Reihenschaltung, wenn gleichnamige Pole zweier aufeinander folgender Quellen miteinander verbunden werden. Da die Quellen in diesem Fall gegeneinander drücken, erhält man die Gesamtspannung bei Gegeneinanderschaltung als Differenz der Einzelspannungen:

$$U_{\text{ges}} = U_1 - U_2 \tag{5}$$

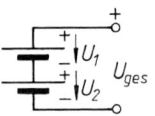

Bild 7.
Reihenschaltung von Spannungsquellen

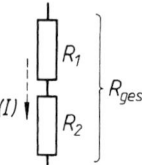

Bild 8.
Reihenschaltung von Widerständen

Reihenschaltung von Widerständen liegt vor, wenn nach Anlegen einer Spannung derselbe Strom I der Reihe nach durch beide hindurchfließt.

Bei Reihenschaltung addieren sich die Widerstände. Gesamtwiderstand (Ersatzwiderstand R_{ges}) bei Reihenschaltung:

$$R_{\text{ges}} = R_1 + R_2 + \dots \text{ gilt für beliebig viele} \tag{6}$$

■ **Beispiel:**

$R_1 = 3\,\Omega$ und $R_2 = 6\,\Omega$ in Reihe ergibt $R_{\text{ges}} = 3\,\Omega + 6\,\Omega = 9\,\Omega$

1.1.7 Parallelschaltung

Bei der Parallelschaltung von Spannungsquellen sind die gleichnamigen Pole der verschiedenen Quellen miteinander verbunden. Sie wird angewendet, wenn mehr Strom erforderlich ist, als die Einzelquelle hergeben darf. Die gesamte Strombelastbarkeit ist gleich der Summe der Belastbarkeiten der Einzelquellen. Parallelschaltung ist nur bei gleichen Spannungsquellen zweckmäßig, da bei ungleichen Quellenspannungen ein nutzloser Ausgleichsstrom fließt. Bei gleichen Spannungsquellen ist die Spannung der Parallelschaltung gleich der Spannung der Einzelquelle.

■ **Beispiel:**

Eine normale Taschenlampenbatterie von 4,5 V Spannung darf mit höchstens 0,3 A belastet werden. Wenn z.B. ein Widerstand von 10 Ω angeschlossen werden soll, reicht ihre Strombelastbarkeit nicht aus, denn es ist

$$I = \frac{U}{R} = \frac{4{,}5\,\text{V}}{10\,\Omega} = 0{,}45\,\text{A} > 0{,}3\,\text{A}$$

Schaltet man zwei gleiche Batterien parallel, beträgt ihre gemeinsame Spannung ebenfalls 4,5 V. Der erforderliche Strom $I = 0{,}45$ A verteilt sich dann je zur Hälfte auf beide Batterien:

$$\frac{I}{2} = \frac{0{,}45\,\text{A}}{2} = 0{,}225\,\text{A} < 0{,}3\,\text{A}$$

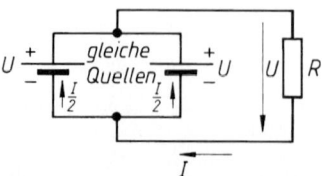

Bild 9.
Parallelschaltung von Spannungsquellen

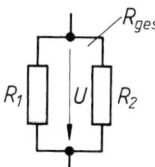

Bild 10.
Parallelschaltung von
Widerständen

Parallelschaltung von Widerständen liegt vor, wenn sie an derselben Spannung U liegen und der Strom unter Verzweigung in Teilströme alle gleichzeitig durchfließt. Dabei ergibt sich deren elektrischer Gesamtleitwert G_{ges} als Summe der Einzelleitwerte (Leitwert $G = 1/$Widerstand $= 1/R$ in $1/\Omega = S$ (Siemens).

Gesamt*leitwert* bei Parallelschaltung:

$$\frac{1}{R_{ges}} = \frac{1}{R_1} + \frac{1}{R_2} + ... \quad G_{ges} =$$

$$= G_1 + G_2 + ... \text{ gilt für beliebig viele} \quad (7)$$

Gesamt*widerstand* (Ersatzwiderstand) bei Parallelschaltung:

$$R_{ges} = \frac{R_1 R_2}{R_1 + R_2} \text{ gilt nur für zwei Widerstände!} \quad (8)$$

■ **Beispiel:**
$R_1 = 3\ \Omega$ und $R_2 = 6\ \Omega$ parallel ergibt

$$R_{ges} = \frac{3\ \Omega \cdot 6\ \Omega}{9\ \Omega} = 2\Omega$$

1.1.8 Stromverzweigung, 1. Kirchhoff'sche Gesetz

Bei einer Parallelschaltung (Bild 11) verzweigt sich der Gesamtstrom I in den Knotenpunkten in die Teilströme I_1 und I_2. Dabei gelten die folgenden allgemeinen Strömungsgesetze:
Summe der zufließenden Ströme = Summe der abfließenden Ströme. Die Ströme verhalten sich *umgekehrt* wie die Widerstände.

Ströme bei Parallelschaltung
(1. Kirchhoff'sche Gesetz):
hier $I = I_1 + I_2$; allgemein $\Sigma I_{zu} = \Sigma I_{ab}$ und

$$\frac{I_1}{I_2} = \frac{R_2}{R_1} \quad (9)$$

■ **Beispiel:**
An eine Spannung $U = 6$ V werden nach Bild 11 die Widerstände $R_1 = 3\ \Omega$ und $R_2 = 6\ \Omega$ geschaltet. a) Wie groß sind die Teilströme I_1 und I_2 b) Wie groß ist der Gesamtstrom I c) Für die Ergebnisse von a) und b) sind geeignete Proben zu machen

Lösung:

a) $I_1 = \dfrac{U}{R_1} = \dfrac{6\ V}{3\ \Omega} = 2\ A$; $I_2 = \dfrac{U}{R_2} = \dfrac{6\ V}{6\ \Omega} = 1\ A$

b) $I = I_1 + I_2 = 2\ A + 1\ A = 3\ A$

c) $\dfrac{I_1}{I_2} = \dfrac{R_2}{R_1}; \dfrac{2\ A}{1\ A} = \dfrac{6\ \Omega}{3\ \Omega}; 2 = 2$

$I = \dfrac{U}{R_{ges}} \ \bigg| \ R_{ges} = 2\ \Omega$ aus 1.1.7, zweites Beispiel

$I = \dfrac{6\ V}{2\ \Omega} = 3\ A$

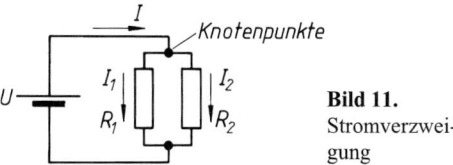

Bild 11.
Stromverzweigung

1.1.9 Spannungsbilanz im Stromkreis, 2. Kirchhoff'sche Gesetz

Bei einer Reihenschaltung (Bild 12) erzeugt der Strom an den Widerständen die Spannungsfälle $U = IR$. Dabei gelten die folgenden allgemeinen Strömungsgesetze:

Summe der Quellenspannungen = Summe der Spannungsfälle. Die Spannungsfälle verhalten sich wie die Widerstände.
Spannungen bei Reihenschaltung
(2. Kirchhoff'sche Gesetz):

hier $\quad\quad U_{q1} + U_{q2} = IR_1 + IR_2$
allgemein $\quad \Sigma U_q = \Sigma IR$

und $\quad\quad\quad \dfrac{U_1}{U_2} = \dfrac{R_1}{R_2} \quad (10)$

Man unterscheidet demnach die Spannungen nach ihrer Herkunft in *Quellenspannungen* U_q und *Spannungsfälle* U. U_q ist auch dann vorhanden, wenn kein Strom fließt, während $U = IR$ erst durch den Strom an einem Widerstand entsteht. Sowohl U_q als auch U sind Elektronendruckunterschiede zwischen zwei Punkten und werden beide in Volt gemessen.

■ **Beispiel:**
An zwei in Reihe geschaltete Spannungsquellen $U_{q1} = 10$ V und $U_{q2} = 8$ V werden nach Bild 12 die beiden Widerstände $R_1 = 3\ \Omega$ und $R_2 = 6\ \Omega$ geschaltet. a) Wie groß ist der Strom I b) Wie groß sind die Spannungsfälle U_1 und U_2, die der Strom an R_1 und R_2 erzeugt. c) Für die Ergebnisse von a) und b) sind geeignete Proben zu machen.

Lösung:

a) $I = \dfrac{U_{q\,ges}}{R_{ges}} = \dfrac{U_{q1} + U_{q2}}{R_1 + R_2} = \dfrac{10\ V + 8\ V}{3\ \Omega + 6\ \Omega} = \dfrac{18\ V}{9\ \Omega} = 2\ A$

b) $U_1 = IR_1 = 2\ A \cdot 3\ \Omega = 6\ V$
$\quad U_2 = IR_2 = 2\ A \cdot 6\ \Omega = 12\ V$

c) $U_{q1} + U_{q2} = U_1 + U_2$
$\quad 10\ V + 8\ V = 6\ V + 12\ V; \ 18\ V = 18\ V$

$\dfrac{U_1}{U_2} = \dfrac{R_1}{R_2}; \ \dfrac{6\ V}{12\ V} = \dfrac{3\ \Omega}{6\ \Omega}; \ \dfrac{1}{2} = \dfrac{1}{2}$

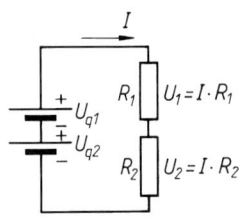

Bild 12.
Spannungsbilanz im
Stromkreis

1.2 Leistung, Arbeit, Energieumrechnungen

1.2.1 Elektrische Leistung

Ein elektrischer „Verbraucher" setzt elektrische E-
nergie in eine andere Form um, z.B. in mechanische
Energie oder in Wärme. Die zugeführte elektrische
Leistung P ist das Produkt aus der wirksamen Span-
nung U in Volt und dem fließenden elektrischen
Strom I in Ampere:

Elektrische Leistung P

$$P = UI \qquad \begin{array}{c|c|c} P & U & I \\ \hline \text{Watt} = \text{W} & \text{V} & \text{A} \end{array} \qquad (11)$$

Die Einheit der elektrischen Leistung ist das Watt:

$$1\,\text{W} = 1\,\text{V} \cdot 1\text{A} = 1\,\text{VA} = 1\frac{\text{J}}{\text{s}} = 1\frac{\text{Nm}}{\text{s}} = 1\frac{\text{kgm}^2}{\text{s}^3}$$

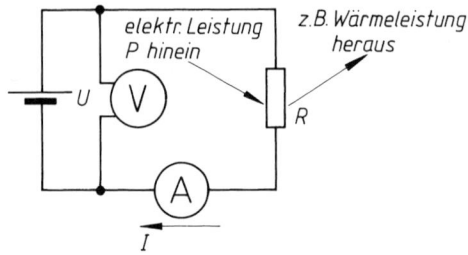

Bild 13. Elektrische Leistung

- **Beispiel:**
  Ein elektrischer Heizofen nimmt bei 220 V Spannung einen
  Strom von 13,64 A auf. Wie groß ist seine Leistungsaufnahme?

Lösung:
  $P = UI = 220\,\text{V} \cdot 13,64\,\text{A} = 3\,000\,\text{W} = 3\,\text{kW}$

Aus **Strom und Widerstand** R ergibt sich die Leistung P, indem
man $P = UI$ für die Spannung $U = IR$ einsetzt. Leistung P aus
Strom und Widerstand:

$$P = I^2 R \qquad \begin{array}{c|c|c} P & I & R \\ \hline \text{W} & \text{A} & \Omega \end{array} \qquad (12)$$

- **Beispiel:**
  Ein elektrischer Heizofen hat einen Widerstand von 16,13 Ω und
  nimmt einen Strom von 13,64 A auf. Wie groß ist seine Leistung?

Lösung:
  $P = I^2 R = 13,64^2\,\text{A}^2 \cdot 16,13\,\Omega = 3\,000\,\text{W} = 3\,\text{kW}$

Aus **Spannung und Widerstand** ermittelt man die Leistung P,
indem man in $P = UI$ für den Strom $I = U/R$ einsetzt. Leistung P
aus Spannung und Widerstand:

$$P = \frac{U^2}{R} \qquad \begin{array}{c|c|c} P & U & R \\ \hline \text{W} & \text{V} & \Omega \end{array} \qquad (13)$$

- **Beispiel:**
  Ein elektrischer Heizofen hat den Widerstand 16,13 Ω. Welche
  Leistung nimmt er bei der Spannung 220 V auf?

Lösung:

$$P = \frac{U^2}{R} = \frac{220^2\,\text{V}^2}{16,13\,\Omega} = 3000\,\text{W} = 3\,\text{kW}$$

1.2.2 Elektrische Arbeit

Bei gegebener Leistung P lässt sich die Arbeit W
ermitteln nach dem Satz:

Arbeit W = Leistung P · Zeitdauer t der Leistung

$$W = Pt = UIt \qquad\qquad (14)$$

$$\begin{array}{c|c|c|c|c} W & P & U & I & t \\ \hline \text{Wh} & \text{W} & \text{V} & \text{A} & \text{h} \end{array}$$

- **Beispiel:**
  Eine 100-W-Lampe brennt 24 Stunden. Welche elektrische Arbeit
  wird von ihr dabei umgesetzt?

Lösung:
  $W = Pt = 100\,\text{W} \cdot 24\,\text{h} = 2\,400\,\text{Wh} = 2,4\,\text{kWh}$ (Kilowattstunden)

Die Stromkosten K (ohne Grundgebühr) werden vom E-Werk für
die gelieferte elektrische Arbeit W erhoben:

$$K = kW \qquad \begin{array}{c|c|c} K & k & W \\ \hline \text{€} & \dfrac{\text{€}}{\text{kWh}} & \text{kWh} \end{array} \qquad (15)$$

- **Beispiel:**
  Welche Stromkosten sind beim vorigen Beispiel zu zahlen, wenn
  der Stromtarif $k = 0,15$ €/kWh beträgt und die Grundgebühr unberücksichtigt bleibt?

Lösung:
  $K = kW = 0,15\,\dfrac{\text{€}}{\text{kWh}} \cdot 2,4\,\text{kWh} = 0,36\,\text{€}$

Die wirklichen Kosten liegen wegen Grundgebühr und der Steuern höher.

1.2.3 Energieformen und Umwandlungen

Energie ist das Vermögen eines Körpers, Arbeit zu
verrichten (siehe B Physik, Abschnitt 11. C Mechanik
Abschnitt 2.2 und F Thermodynamik, Abschnitte 1.5
und 1.6).
Wärme Q, Arbeit W und Energie E sind gleichwertige
physikalische Größen. Je nach Herkunft unterscheidet
man mechanische Energie E_{mech} (potentielle Energie

E_{pot} und kinetische Energie E_{kin}), elektrische Energie E_{el} und Wärme Q. Jede Energieform kann in eine andere umgewandelt werden. Wegen der Gleichartigkeit haben alle Arbeits- und Energieformen im Internationalen Einheitensystem (SI-System) die gleiche Einheit, das Joule (J), und es gilt die Eins-zu-Eins-Beziehung:

$$1\,J = 1\,Ws = 1\,Nm = 1\,kgm^2/s^2$$
für Arbeit W und Energie E

$$1\,J/s = 1\,W = 1\,Nm/s = 1\,kgm^2/s^3$$
für Leistung P

Für die Umwandlung von elektrischer Energie E_{el} in mechanische Energie gelten u.a. die Gleichungen

$$E_{el} = E_{pot} = m\,g\,h$$
$$E_{el} = E_{kin} = m\,v^2/2 \qquad (16)$$

Für die Umwandlung von elektrischer Energie E_{el} in Wärme Q gilt u.a. die Gleichung

$$E_{el} = \Delta Q = m\,c\,\Delta T = m\,c\,\Delta\vartheta \qquad (17)$$

Für die Berechnungen muss meist der Wirkungsgrad η berücksichtigt werden (siehe C Mechanik, Abschnitt 2.3).

Beachte:

Da $1\,K = 1\,°C$ ist, sind die Temperaturdifferenzen gleich: ΔT in Kelvin $K = \Delta\vartheta$ in °C.

Bei elektrischen Maschinen und Geräten unterscheidet man zwischen der Leistungsaufnahme (Anschlusswert) und der Leistungsabgabe. Bei Elektromotoren wird die Leistungsabgabe in kW als Nennleistung auf dem Typenschild angegeben, d.h. dem Motor darf für die entsprechende kW-Zahl mechanische Leistung an seiner Welle abgenommen werden. Bei Haushaltsgeräten wird nur die Leistungsaufnahme (Anschlusswert) angegeben. Bei Elektrowerkzeugen gibt man sowohl die Leistungsabgabe als auch die Leistungsaufnahme an.

■ **Beispiel:**

Welche mechanische Leistung in Nm/s darf man einem Motor von 2,2 kW Nennleistung an seiner Welle entnehmen und wieviel Watt nimmt er dabei aus dem Netz auf, wenn der Motorwirkungsgrad $\eta = 0{,}8$ beträgt.

Lösung:

$$P_{nenn} = 2200\,W = 2200\,\frac{Nm}{s}$$

darf man dem Motor an seiner Welle entnehmen.

$$P = \frac{P_{nenn}}{\eta} = \frac{2{,}2\,kW}{0{,}8} = 2{,}75\,kW$$

nimmt der Motor bei Nennlast aus dem Netz auf.

Die Motorzuleitung ist nach dieser Aufnahmeleistung bei Nennlast zu bemessen.

■ **Beispiel:**

2 Liter Wasser sollen in 7,5 min von 10 °C auf 60 °C erwärmt werden.

a) Welche elektrische Arbeit muss der Tauchsieder dabei umsetzen bei 93 % Wirkungsgrad?

b) Welchen Anschlusswert muss er haben?

Lösung:

a) $W_{nutz} = cm\,\Delta\vartheta = 4\,188\,\dfrac{J}{kg°C}\cdot 2\,kg\cdot 50\,°C$

$W_{nutz} = 418\,800\,J$ müssen dem Wasser zugeführt werden

$$W = \frac{W_{nutz}}{\eta} = \frac{418\,800\,J}{0{,}93} = 450\,323\,J = 450\,323\,Ws$$

$$W = \frac{450\,323\,Ws}{3{,}6\cdot 10^6\,\dfrac{Ws}{kWh}} = 0{,}125\,kWh$$

sind einschließlich Verluste zur Erwärmung des Wassers notwendig

b) $P = \dfrac{W}{t} = \dfrac{0{,}125\,kWh}{\dfrac{7{,}5}{60}\,h} = 1\,kW$

Anschlusswert des Tauchsieders

1.3 Grundschaltungen der Praxis

1.3.1 Schaltung von Verbrauchern

Normalerweise sind Elektrogeräte für eine bestimmte Spannung gebaut und werden alle parallel an das Netz geschaltet: Parallelspeisung. Entnommener Gesamtstrom $I_{ges} = \Sigma$ Einzelströme.
Nur selten werden Verbraucher in Reihe geschaltet. Ihre Stromaufnahme muss in diesem Fall gleich sein (*Beispiel*: Christbaumbeleuchtung). Erforderliche Gesamtspannung $U_{ges} = \Sigma$ Einzelspannungsfälle.

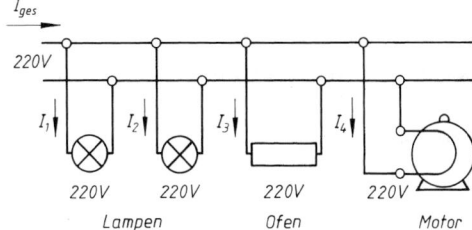

Bild 14.
Parallelspeisung von Verbrauchern

1.3.2 Vorwiderstand

Ein Vorwiderstand R_v wird angewendet, wenn man einen Verbraucher betreiben will, der für eine niedrigere Spannung gebaut ist als die vorhandene. Er hält den Spannungsüberschuss vom Verbraucher fern. Nachteil: R_v erzeugt nutzlos Wärme (Verluste).

■ **Beispiel:**
(Bild 15) Eine Lampe für 60 V und 40 W soll über einen Vorwiderstand an der Netzspannung 220 V betrieben werden. Welchen Ohmwert muss der Vorschaltwiderstand haben?

Lösung:

$$R_v = \frac{U_v}{I} \qquad I = \frac{P_{nenn}}{U_{nenn}} = \frac{40\ W}{60\ V} = 0{,}667\ A$$

$$U_v = U_q - U = 220\ V - 60\ V = 160\ V$$

$$R_v = \frac{160\ V}{0{,}667\ A} = 240\ \Omega\ \text{müssen vorgeschaltet werden}$$

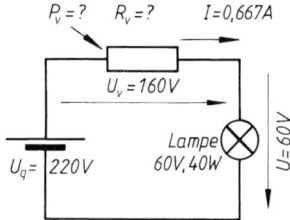

Bild 15. Schaltung eines Vorwiderstandes

1.3.3 Belastbarkeit eines Widerstandes

Die thermische Belastung eines Widerstandes wird durch die elektrische Verlustleistung P_v hervorgerufen, die in ihm in Wärme umgesetzt wird. Die Belastung eines Widerstandes wird daher in Watt angegeben. Sie ergibt sich als Produkt aus Spannungsfall U_v am betreffenden Widerstand und der Stromstärke I. Die Baugröße des Widerstandes muss so gewählt werden, dass er bei der Belastung P_v auch im Dauerbetrieb nicht zu heiß wird. Die Belastbarkeit wird aus Sicherheitsgründen etwas höher gewählt als die Belastung.

■ **Beispiel:**
Welcher Belastung ist der Vorwiderstand nach Bild 15 ausgesetzt?

Lösung:
R_v wird von der Verlustleistung $P_v = U_v I = 160\ V \cdot 0{,}667\ A = 107\ W$ erwärmt. Er muss also so groß gebaut sein, dass er mindestens 107 W in Wärme umsetzen kann, ohne dass er im Dauerbetrieb zu heiß wird. Gewählt: 120 W Belastbarkeit.

1.3.4 Nebenwiderstand

Ein Nebenwiderstand wird angewendet, wenn man Verbraucher mit ungleicher Stromaufnahme in Reihe schalten will. Er wird dem Verbraucher mit der kleineren Stromaufnahme parallel geschaltet und leitet die überschüssige Stromstärke um diesen herum.
Nachteil: R_n erzeugt ebenso wie R_v nutzlos Wärme (Verluste).

■ **Beispiel:**
(Bild 16) Zwei Lampen, 110 V 60 W und 110 V 40 W, sollen in Reihe an der Netzspannung 220 V betrieben werden.

a) Welchen Ohmwert muss der Nebenwiderstand haben?
b) Mit wieviel Watt wird er belastet?

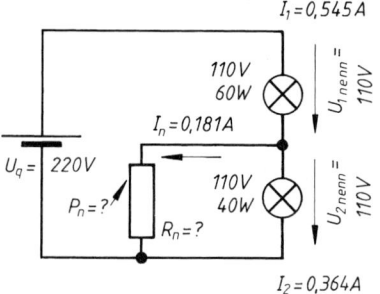

Bild 16. Schaltung eines Nebenwiderstandes

Lösung:

a) $R_n = \dfrac{U_{2\ nenn}}{I_n}$ $\begin{vmatrix} U_{2\ nenn} = 110V \\ I_n = I_1 - I_2 \end{vmatrix}$

$R_n = \dfrac{110\ V}{0{,}181\ A}$

$= 608\ \Omega$

$I_1 = \dfrac{P_{1\ nenn}}{U_{1\ nenn}} = \dfrac{60\ W}{110\ V} = 0{,}545\ A$

$I_2 = \dfrac{P_{2\ nenn}}{U_{2\ nenn}} = \dfrac{40\ W}{110\ V} = 0{,}364\ A$

$I_n = 0{,}545\ A - 0{,}364\ A = 0{,}181\ A$

b) $P_n = U_{2nenn} I_n = 110\ V \cdot 0{,}181\ A = 19{,}9\ W \approx 20\ W$

1.3.5 Spannungsteiler

Ein Spannungsteiler wird angewendet, wenn man von einer vorhanden Spannung U_{ges} einen Teil U abgreifen will. Der Querstrom I_q erzeugt am Teilwiderstand R_2 den gewünschten Spannungsfall U. Der als Spannungsteiler verwendete Widerstand hat drei Anschlüsse (Bild 17). Nachteil: Der Querstrom erzeugt an R_{ges} nutzlos Wärme (Verluste).
Bei Belastung des Teilers mit einem Verbraucherwiderstand R sinkt die Spannung auf den Wert U'. Damit die Spannung bei Belastung nicht zu stark zurückgeht, macht man $R_{ges} \leq 2\ R$.

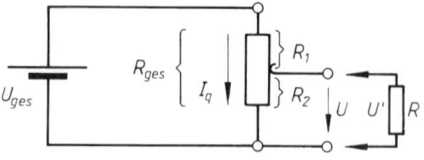

Bild 17.
Schaltung eines Spannungsteilers

1.3.6 Innenwiderstand einer Spannungsquelle

Bei Belastung einer Spannungsquelle geht deren Klemmenspannung U um den inneren Spannungsfall $U_i = IR_i$ zurück. Grund: Die strömenden Elektronen reiben sich auch im Inneren der Quelle an deren *Innenwiderstand* R_i, wobei dort der innere Spannungsverlust auftritt (Bild 18a).

Im Ersatzschaltbild (Bild 18b) denkt man sich die Quellenspannung U_q (Urspannung) mit dem Innenwiderstand R_i in Reihe geschaltet. Eine nach dem Ersatzschaltbild aufgebaute Ersatzschaltung würde die gleichen Eigenschaften zeigen wie die wirkliche Schaltung (a). Klemmenspannung bei Belastung einer Spannungsquelle:

$$U = U_q - U_i = U_q - IR_i \qquad (18)$$

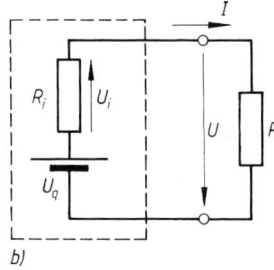

a)

b)

Bild 18.
Innenwiderstand einer Spannungsquelle
a) Schaltung
b) Ersatzschaltbild

Bei Leerlauf der Spannungsquelle ist $IR_i = 0$ und daher $U = U_q$. Bei Belastung mit dem Verbraucher R ist $U < U_q$ um den inneren Spannungsfall U_i.
Bei *Kurzschluss* ($R \approx 0$) ist $U \approx 0$ und daher $I_k \approx U_q/R_i$.

■ **Beispiel:**
Ein Generator nach Bild 18 hat 25 V Quellenspannung und 0,5 Ω Innenwiderstand.

a) Wie groß ist seine Klemmenspannung im Leerlauf?
b) Wieviel Spannung geht im Innern des Generators bei Anschalten eines Verbrauchers von 12 Ω Widerstand verloren?
c) Welche Klemmenspannung gibt er an den Verbraucher ab?
d) Welche Leistung geht dabei im Innern des Generators verloren?
e) Welche Leistung gibt er dabei an den Verbraucher ab?
f) Wie groß wird der Kurzschlussstrom beim Kurzschließen der Generatorklemmen mit einem Draht von vernachlässigbar kleinem Widerstand?

Lösung:

a) $U = U_q - IR_i$; $I = 0$; weil kein Strom entnommen wird (Leerlauf!)
$U = U_q = 25$ V Leerlaufspannung

b) $U_i = IR_i$ $\left| I = \dfrac{U_q}{R_{ges}} = \dfrac{U_q}{R + R_i} = \dfrac{25\text{ V}}{12\,\Omega + 0,5\,\Omega} = 2\text{ A} \right.$
$U_i = 2$ A $\cdot$ 0,5 Ω = 1 V Spannungsrückgang bei dieser Belastung

c) $U = U_q - U_i = 25$ V $-$ 1 V = 24 V Klemmenspannung bei dieser Belastung

d) $P_i = U_i I = 1$ V $\cdot$ 2 A = 2 W innere Verlustleistung erwärmen den Generator

e) $P = UI = 24$ V $\cdot$ 2 A = 48 W gibt der Generator an den Verbraucher ab

f) $I_k \approx \dfrac{U_q}{R_i} = \dfrac{25\text{ V}}{0,5\,\Omega} = 50$ A Kurzschlussstrom

1.3.7 Leitungswiderstand

Bei Belastung einer Leitung ist die Spannung U an ihrem Ende um den Spannungsfall ΔU kleiner als die Speisespannung U_{ges} am Anfang. Grund: Beim Durchfließen des Leitungswiderstandes R_l tritt dort durch Reibung der Elektronen am Leitermaterial der elektrische Spannungsverlust ΔU auf. An jeder Leitungsader tritt dabei der halbe Spannungsfall $\Delta U/2$ auf (Bild 19a).

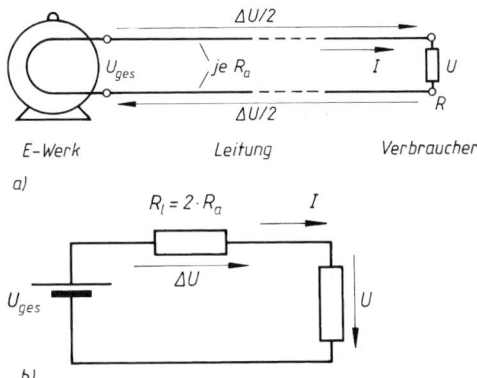

a)

b)

Bild 19. Leitungswiderstand,
a) Schaltung, b) Ersatzschaltbild

Im Ersatzschaltbild (19b) denkt man sich beide Aderwiderstände R_a zum gesamten Leitungswiderstand R_l zusammengefasst. Spannung am Leitungsende bei Belastung:

$$U = U_{ges} - \Delta U = U_{ges} - IR_l \qquad (19)$$

■ **Beispiel:**
Eine zweiadrige Leitung nach Bild 19a hat 0,5 Ω Widerstand je Ader. Sie wird mit 230V gespeist und ist am Ende mit einem Widerstand von 22 Ω belastet.

a) Wie groß ist bei dieser Belastung der Spannungsfall auf der Leitung?
b) Welche Spannung erhält der Verbraucher?
c) Welche Leistung geht auf der Leitung verloren?

Lösung:

a) $\Delta U = IR_l$ $\left| \begin{array}{l} R_l = 2R_a = 2 \cdot 0,5\,\Omega = 1\,\Omega \\ I = \dfrac{U_{ges}}{R_{ges}} = \dfrac{U_{ges}}{R + R_l} = \dfrac{230\text{ V}}{22\,\Omega + 1\,\Omega} = 10\text{ A} \end{array} \right.$

$\Delta U = 10$ A $\cdot$ 1 Ω = 10 V gehen bei dieser Belastung auf der Leitung verloren, je Ader also 5 V.

b) $U = U_{ges} - \Delta U = 230$ V $-$ 10 V = 220 V erhält der Verbraucher

c) $P_v = \Delta U I = 10$ V $\cdot$ 10 A = 100 W Verlustleistung erwärmen die Leitung

1.4 Elektrochemie

1.4.1 Ionen

Löst man Salze, Säuren oder Basen in *Wasser*, dann gehen Sie aus dem molekularen Zustand in den ionisierten über. Das Wasser spaltet die elektrisch neutralen Moleküle (z.B. HCl) auf in elektrisch positiv geladene Teilchen (H^+), denen ihre zugehörigen Elektronen fehlen, und negative (Cl^-), die diese Elektronen als Überschuss-Ladungen mit sich führen. Dabei entstehen stets ebenso viele positive wie negative Ionenladungen. Mehrwertige Atome bilden mehrwertige Ionen (z.B. Cu^{++}, SO_4^{--}, Al^{+++}).

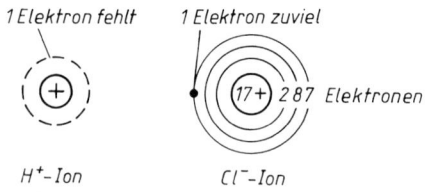

Bild 20. Ionen

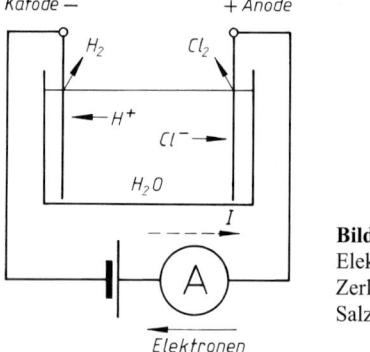

Bild 21. Elektrolytische Zerlegung von Salzsäure

In den Drähten des Stromkreises fließt der Strom I als normaler Elektronenstrom, im elektrolytischen Bad dagegen in Form von zwei sich gegensinnig bewegenden Ionenströmen, wobei der elektrolytische Leiter durch den elektrischen Stromfluss chemisch verändert wird. Die Lösung wird immer ärmer an HCl.

Ionenladungsregel

Metalle und Wasserstoff bilden positive, Nichtmetalle, Säurereste und die OH-Gruppe negative Ionen.

Wasser selbst ist kaum ionisiert, sondern es existiert in Form von H_2O-Molekülen.

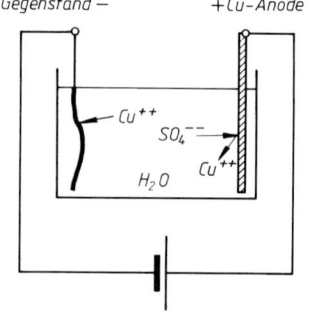

Bild 22. Verkupfern eines Metallgegenstandes

1.4.2 Elektrolyse

Als Elektrolyse bezeichnet man die Trennung chemischer Verbindungen auf elektrischem Weg. Die wässrige Elektrolyse nimmt folgenden Verlauf:
Das Wasser spaltet Säuren, Basen oder Salze physikalisch in elektrisch geladene Teilchen auf (Ionen). Man bezeichnet diesen Vorgang als Dissoziation.
Der elektrische Strom zerlegt die Verbindung chemisch in ihre Bestandteile, indem er die Ionen in Atome umwandelt. Die positiven Ionen (H^+) wandern zur Kathode (–), weil + und –Ladungen einander anziehen. Dort entnimmt jedes H^+ Ion dem Elektronenüberschuss der negativen Elektrode ein Elektron und wird dadurch wieder zurückverwandelt in ein neutrales H-Atom. Die Cl^- Ionen wandern nach +, geben dort ihren Elektronenüberschuss an die Anode ab und werden damit zu neutralen Cl Atomen. An der Anode steigen Chlorgas-, an der Kathode Wasserstoffbläschen auf. Die Gleichspannungsquelle drückt die vom Cl^- abgelieferten Elektronen zur Kathode, wo sie von den H^+ Ionen aufgenommen werden.

1.4.3 Galvanische Überzüge

Galvanische Überzüge werden durch elektrolytische Zerlegung von Metallsalzlösungen hergestellt. *Beispiel*: Ein Kupferüberzug auf einem Metallgegenstand lässt sich herstellen, indem man den Gegenstand als Kathode in eine Kupfersulfatlösung hängt und als Anode eine Kupferplatte verwendet. Die Cu^{++} Ionen wandern zum negativ geladenen Gegenstand und bilden dort den Überzug, während die Säurerest-Ionen SO_4^{--} aus der Cu-Anode neue Cu^{++} Ionen herauslösen, so dass die Konzentration der Lösung erhalten bleibt. Die Stromdichte muss genügend klein gehalten werden, weil sonst der Cu-Überzug porös und schwammig wird.
Elektrolytkupfer wird in gleicher Weise durch elektrolytische Raffination (Reinigung) des Hütten-Rohkupfers hergestellt.
Für Überzüge aus anderen Metallen verwendet man in ähnlicher Weise entsprechende Salze und Anoden. So lassen sich Überzüge herstellen aus Gold, Silber, Nickel, Chrom, Zink, Kadmium, Zinn, Blei und sogar Messing und Bronze.

1.4.4 Schmelzflusselektrolyse

Die Schmelzflusselektrolyse wird angewendet zur Herstellung von Kalium, Natrium und Aluminium. Bei diesen Stoffen ist wässerige Elektrolyse nicht möglich, weil entweder das hergestellte Metall sofort mit H_2O chemisch reagieren würde (K, Na), oder das Ausgangsmaterial nicht in Wasser löslich ist (Al). Man schmilzt das Ausgangsmaterial (KOH, NaOH, Kryolith + Tonerde) bei hoher Temperatur, wobei die Wärme die Moleküle in Ionen aufspaltet. Der über Elektroden in die Schmelze eingeführte Strom trennt die betreffende Verbindung chemisch.

1.4.5 Elektrolytische Mengenrechnung, Faraday'sches Gesetz

Die elektrolytisch abgeschiedene Stoffmasse m ist um so größer, je höher die zur Umwandlung von Ionen in Atome verbrauchte Ladung (Elektrizitätsmenge) $Q = It$ in Ah und je größer die Stoffkonstante C ist, die angibt, welche Stoffmasse in g von einer Ah abgeschieden wird (Tabelle 2.).

$$m = CQ = CIt \qquad \begin{array}{c|c|c|c} m & C & I & t \\ \hline g & \dfrac{g}{Ah} & A & h \end{array} \qquad (20)$$

(*Faraday'sches Gesetz*)

In der Praxis ergibt sich bei einigen Stoffen weniger Menge, als nach dem Faraday'schen Gesetz errechnet wird. Grund: Unerwünschte Zersetzungen. Dies lässt sich berücksichtigen durch Multiplikation der rechten Gleichungsseite mit der Stromausbeute η.

Tabelle 2. Durch 1 Ah elektrolytisch abgeschiedene Stoffmasse C

Stoff Zeichen, Wertigkeit	Silber Ag 1	Gold Au 3	Kupfer Cu 2	Nickel Ni 2	Chrom Cr 3	Zinn Sn 2	Zink Zn 2
C in g/Ah	4,025	2,445	1,185	1,095	0,647	2,214	1,22

Stoff Zeichen, Wertigkeit	Cadmium Cd 2	Aluminium Al 3	Blei Pb 2	Wasserstoff H 1	Sauerstoff O 2
C in g/Ah	2,096	0,335	3,863	0,0375	0,299

■ **Beispiel:**
Ein Metallgegenstand von 250 cm² Gesamtoberfläche soll mit einer 0,1 mm dicken Silberschicht überzogen werden. Die zulässige Stromdichte beträgt bei Silber 0,5 A/dm², die Stromausbeute ≈ 100 %.
a) Wie groß darf die Stromstärke höchstens gewählt werden?
b) Wie lange muss der Teller im Bad hängen?

Lösung:

a) $I = SA = 0,5\,\dfrac{A}{dm^2} \cdot 2,5\,dm^2 = 1,25\,A$ sind zulässig, ohne dass die Silberschicht porös wird.

b) $m = C\,I\,t$

$t = \dfrac{m}{CI}$ $\begin{cases} m = V\varrho_d = 250\,cm^2 \cdot 0,01\,cm \cdot 10,5\,\dfrac{g}{cm^3} = 26,25\,g \\[2mm] C = 4,025\,\dfrac{g}{Ah} \text{ aus Tabelle 2.} \end{cases}$

$t = \dfrac{26,25}{4,025\,\dfrac{g}{Ah} \cdot 1,25\,A} = 5,22\,h$ muss der Gegenstand im Bad hängen.

1.4.6 Batterie-Elemente

Die Quellenspannung eines Batterie-Elementes kommt dadurch zustande, dass die verschiedenen Stoffe ein mehr oder weniger starkes Bestreben haben, in Lösung zu gehen. Als Beispiel das am häufigsten verwendete Trocken-, Leclanché- oder Braunsteinelement: Bei diesem befindet sich ein Kohlestab in einem Beutel, der mit einem Gemisch aus Braunstem und Kohlepulver gefüllt ist. Beide stecken in einem Becher aus Zink, der einen eingedickten Elektrolyten enthält. Das Zink hat ein starkes Lösungsbestreben und schickt soviele Zn^{++} Ionen in die Flüssigkeit, bis es sich gegenüber dieser auf etwa −0,77 V aufgeladen hat. Diese Aufladung entsteht durch die von den Zn^{++} Ionen zurückgelassenen Elektronen.

Die Zn^{++} Ionen verdrängen die $(NH_4)^+$ Ionen aus der Lösung. Von diesen zieht die Kohle soviele an sich, bis sie sich auf etwa +0,73 V gegenüber der Flüssigkeit aufgeladen hat. Die beiden in Reihe geschalteten Berührungsspannungen des Zinks (−0,77 V) und der Kohle (+ 0,73 V) ergeben die Quellenspannung U_q der Batterie von etwa 1,5 V.

Bei Belastung des Elements schickt der Strom laufend Zn^{++} Ionen in Lösung, wodurch sich der Zinkbecher allmählich auflöst. Dabei wird der Elektrolyt in $ZnCl_2$ verwandelt, so dass auch er sich erschöpft. Der Braunstein verhindert, dass sich auf der Kohle eine Wasserstoffhaut bildet, die die Klemmenspannung stark herabsetzen würde (Polarisation; Braunstein = Depolarisator). Eine nennenswerte Wiederaufladung ist nicht möglich.

Die Spannungsreihe gibt die Berührungsspannungen an, auf die sich ein Metall gegenüber einer Flüssigkeit auflädt. Je unedler das Metall ist, desto stärker ist sein Lösungsbestreben und seine negative Berührungsspannung.

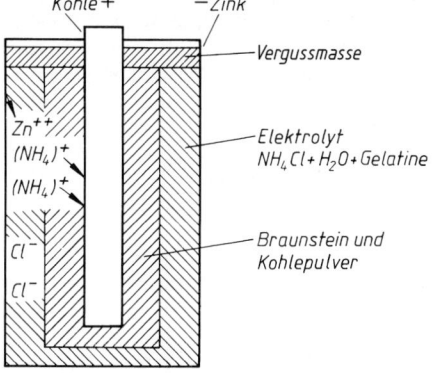

Bild 23.
Trockenelement einer Taschenlampenbatterie

Tabelle 3. Reihe der Berührungsspannungen in V (Spannungsreihe)

Kalium	− 2,9
Natrium	− 2,7
Magnesium	− 1,55
Aluminium	− 1,28
Zink	− 0,77
Eisen	− 0,44
Cadmium	− 0,40
Nickel	− 0,25
Zinn	− 0,14
Blei	− 0,13
Wasserstoff	**± 0,00**
Kupfer	+ 0,34
Silber	+ 0,81
Quecksilber	+ 0,86
Gold	+ 1,38

1.4.7 Blei-Akkumulator

Beim Blei-Akkumulator befinden sich Blei- als Minusplatten und Bleisuperoxyd- als Plusplatten in einem Isoliergefäß, das mit verdünnter Schwefelsäure gefüllt ist. Die Quellenspannung U_q von etwa 2 V je Zelle ist wieder durch die Verschiedenartigkeit der Stoffe gegeben (siehe 1.4.6).
Bei Entladung bildet sich auf beiden Plattenarten Bleisulfat, wobei Schwefelsäure verbraucht wird: der Elektrolyt wird leichter. Der Ladezustand der Batterie lässt sich aus der Säuredichte bestimmen. Bei 1,83 V Zellenspannung (unter Last gemessen) ist mit der Entladung aufzuhören.
Zur Ladung wird der Sammler an ein Ladegerät angeschlossen, dessen Spannung höher sein muss als die der Batterie, so dass wegen der Gegeneinander-schaltung (+ an +,− an −, siehe 1.1.6) ein Strom in umgekehrter Richtung wie bei Entladung hindurchge-trieben wird: Ladestrom. Das Bleisulfat wird wieder in Blei bzw. Bleisuperoxyd zurückverwandelt, die Säure wird schwerer. Die Akkumulatoren lassen sich also wieder aufladen. Bei 2,7 V Zellenspannung ist mit der Ladung aufzuhören.
Die Kapazität eines Sammlers ist das Produkt aus Nennstrom und Entladedauer $I\,t$ in Ah. Als Nenndau-er der Entladung werden meist 3, 10 oder 20 Stunden angegeben. Die entnehmbare Kapazität hängt von der Entladedauer (und damit auch vom Entladestrom) ab nach:

Tabelle 4. Entnehmbare Kapazität eines Bleisamm-lers

Entlade-dauer	t in h	20	10	7,5	5	3	1	0,5
Zulässige Entnahme	$I\,t$ in % der 10stdg. Kapazität	110	100	95	85	75	50	40

Der Innenwiderstand des Bleisammlers ist sehr nied-rig (etwa 0,15 Ω Ah je Zelle). Bei Kurzschlüssen ergeben sich daher gefährlich hohe Ströme (siehe 1.3.6).
Infolge Selbstentladung verliert die Batterie durch chemische Umwandlung der Plattenmasse in Bleisul-fat im Lauf einiger Monate ihre Ladung. Um Sulfatie-ren der Platten zu vermeiden (sie nimmt dann keine Ladung mehr an), ist alle 4 bis 8 Wochen nachzula-den, auch wenn die Batterie nicht benutzt wird.
Nur destilliertes Wasser nachfüllen (mit sauberen Glasgefäßen), weil sonst durch fremde Ionen starke Selbstentladung eintritt: die Batterie hält dann die Ladung nur kurze Zeit.

Der Wirkungsgrad (Wh-Wirkungsgrad) liegt bei 75 %, der Gütegrad (Ah-Wirkungsgrad) bei 90 %. Das Speichervermögen des Bleisammlers beträgt bei ortsfesten Batterien 10 Wh/kg, bei Fahrzeugbatterien 20 ... 30 Wh/kg.

1.4.8 Nickel-Akkumulator

Die alkalischen Sammler (Nickel-Eisen, Nickel-Cadmium) enthalten als + Platten Nickel und als − Platten Eisen bzw. Cadmium. Diese befinden sich in einem Stahlblechgefäß mit Kalilauge, deren Dichte (1,2 g/cm^3) nicht vom Ladezustand abhängt. Vorteile gegenüber dem Bleisammler: Unempfind-lich, lange Lebensdauer, geringe Selbstentladung, stehen im leeren Zustand schadet nicht, keine Säure-dämpfe, gasdichte Bauart bei kleinen Zellen möglich. Nachteile gegenüber dem Bleisammler: Niedrigere Zellenspannung (≈ 1,2 V), stärkerer Spannungsrück-gang bei Entladung (1,4 ... 1 V), Wh-Wirkungsgrad 50 %, Ah-Gütegrad 70 %, Innenwiderstand größer, teurer in der Anschaffung.
Das Speichervermögen ist nur wenig größer als das von Bleisammlern, so dass ein alkalischer Sammler kaum leichter ist als ein Bleisammler gleichen Wh-Inhalts.

1.5 Magnetismus

1.5.1 Magnetfeld

Das Magnetfeld ist ein besonderer Zustand des Rau-mes, der sich in Kraftwirkungen äußert, so dass Ei-senfeilspäne sich zu Linien zusammenketten und Magnetnadeln (Kompasse) sich in einer bestimmten Zeigerichtung innerhalb dieser Linien einstellen. Der Raum in und um einen Magneten ist lückenlos mit Linien- und Zeigerichtung durchsetzt: Magnetfeld = Vektorfeld. Hängt man einen Magneten so auf, dass er sich in einer horizontalen Ebene drehen kann, dann zeigt das eine Ende ungefähr zum geographischen Nordpol der Erde, das andere zum Südpol. Das nach Nord zeigende Ende nennt man Nordpol, das andere Südpol.

Magnetische Zeigerichtungsregel
Laut Festsetzung zeigt das Magnetfeld außerhalb eines Magneten von dessen Nordpol zu dessen Südpol.

Die magnetischen Feldlinien sind in sich geschlossen. Sie zeigen demnach im Inneren des Magneten vom Süd- zum Nordpol. Obwohl der Raum lückenlos mit Linien- und Zeigerichtung durchsetzt ist, bedient man sich zur Veranschaulichung des Magnetfeldes einzelner Feldlinien. Überlagern sich mehrere Magnetfelder, so addieren sich ihre Feldlinien wegen des Vektorcharakters der Linien geometrisch zu einem resultierenden Feld.

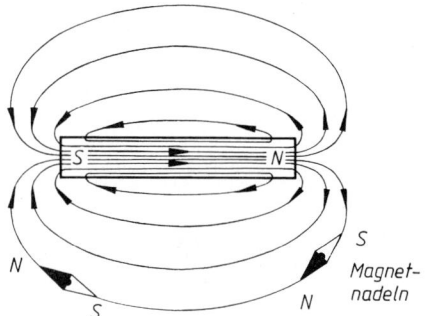

Bild 24. Magnetfeld eines Stabmagneten

Magnetische Kraftwirkungsregel
Ungleichnamige Pole ziehen sich an, gleichnamige stoßen sich ab.

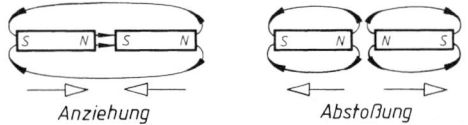

Bild 25. Gegenseitige Kraftwirkung zweier Magnete

1.5.2 Magnetismus in Eisen und Stahl

Das Zustandekommen der besonderen magnetischen Eigenschaften der sogenannten ferromagnetischen Werkstoffe Eisen, Stahl, Nickel und Kobalt kann man sich auf grobe Weise durch das Vorhandensein von „Molekularmagneten" erklären. Nach dieser Theorie bildet jeder aus einigen Millionen Atomen bestehende Mikrokristall einen winzigen Magneten, der unter Reibung im Gefüge drehbar gelagert ist. Im nicht magnetisierten Zustand (Bild 26a) liegen diese Molekularmagnete wirr durcheinander, so dass der von Natur aus im Material steckende Magnetismus nicht nach außen in Erscheinung tritt. Im magnetisierten Zustand (Bild 26b) zeigen die Molekularmagnete überwiegend in die gleiche Richtung, so dass magnetische Feldlinien aus dem Material austreten.

Man unterscheidet magnetisch weichen Stahl, hier kurz „Eisen" genannt, und magnetisch harten Stahl, hier kurz „Stahl" genannt. Eisen bleibt nur solange magnetisiert, wie ein äußeres Richtfeld die Molekularmagnete ausgerichtet hält. Nach Fortfall dieses äußeren Feldes verliert Eisen seinen Magnetismus sofort wieder. Stahl dagegen behält einen großen Teil des Magnetismus auch nach Fortfall des Richtfeldes. Grund: Die Gefügereibung, die beim Ausrichten der Molekularmagnete überwunden werden muss, ist in Stahl groß, in Eisen klein. Die Molekularmagnete fallen bei Stahl also nicht von selbst wieder in eine wirre Lage zurück.

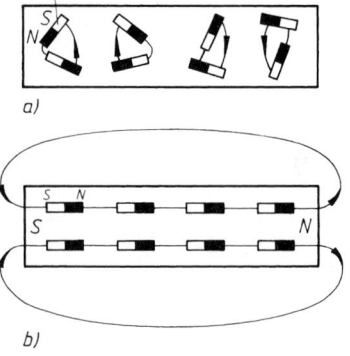

Bild 26. Molekularmagnete in Eisen und Stahl
a) im nicht magnetisierten
b) im magnetisierten Zustand

Für Elektromagnete und elektrische Maschinen verwendet man ein magnetisch möglichst weiches Eisen, für Dauermagnete dagegen einen magnetisch möglichst harten Stahl.
Die Stärke des Magnetismus hängt vom Grad der Ausrichtung der Molekularmagnete ab. Bei vollständiger Ausrichtung spricht man von magnetischer Sättigung, das Material lässt sich nicht stärker magnetisieren.

1.5.3 Magnetfeld eines Leiters, Rechtsschraubenregel

Ein stromdurchflossener Leiter umgibt sich in Ebenen rechtwinklig zur Stromrichtung mit kreisförmigen magnetischen Feldlinien (Bild 27).

Rechtsschraubenregel
Strom- und Magnetfeldrichtung bilden eine Rechtsschraube.

Die Stärke des Magnetfeldes ist proportional der Stromstärke I und umgekehrt proportional dem Abstand r vom Leiter.

Die Ursache jedes Magnetfeldes ist eine Bewegung elektrischer Ladungen. Im stromdurchflossenen Leiter z.B. bewegen sich Elektronen und verursachen durch ihre Bewegung den Magnetismus um den Draht herum. Beim Dauermagneten wird jeder Molekularmagnet in einer bestimmten Ebene von Elektronen umkreist, die seinen Magnetismus erzeugen. Auch das magnetische Feld der Erde wird durch positive elektrische Ladungen, die die Erdkugel umkreisen, herbeigeführt.

Ursache des Magnetfeldes

Bewegte elektrische Ladungen (z.B. Elektronen) umgeben sich in Ebenen rechtwinklig zur Bewegungsrichtung mit einem Magnetfeld.

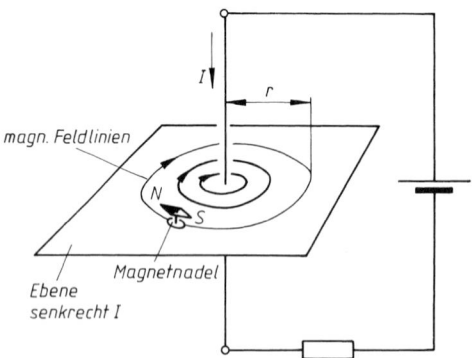

Bild 27. Magnetfeld eines stromdurchflossenen geraden Leiters

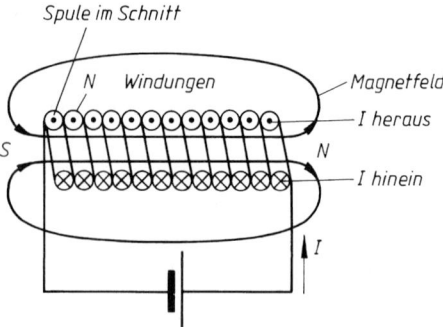

Bild 28. Magnetfeld einer stromdurchflossenen Spule

1.5.4 Magnetfeld einer Spule

Wickelt man einen Leiter als Spule N-mal um den zu magnetisierenden Raum, dann wird dieser bei Stromfluss von der N-fachen Elektronenmenge pro Zeit umkreist, und man erhält im Inneren der Spule einen Magnetismus von N-facher Stärke (Bild 28).
Die Stärke des Magnetfeldes einer Spule ist proportional ihrer Amperewindungszahl NI (Durchflutung). Bei Niederspannung erzeugt man die erforderliche

AW-Zahl mit wenigen Windungen dicken Drahtes bei großer Stromstärke, bei hoher Spannung mit vielen Windungen dünnen Drahtes bei kleinem Strom.

1.5.5 Spule mit Eisenkern

Durch Einführung eines Eisenkerns in eine stromdurchflossene Spule wird der erzeugte Magnetismus erheblich verstärkt. Der durch die Spule fließende Strom erzeugt ein Raumfeld, das auch den Eisenkern durchsetzt und dessen Molekularmagnete ausrichtet (Ausrichtung = Polarisation). Dadurch kommt der von Natur aus im Eisen steckende Magnetismus als kräftiges Polarisationsfeld zusätzlich zur Wirkung. Polarisationsfeld und Raumfeld ergeben zusammen das starke Gesamtfeld. Das Magnetfeld ist umso stärker, je vollständiger der Eisenschluss des Feldlinienweges ist. Man macht aus diesem Grund bei Elektromagneten und Maschinen den Luftspalt so klein wie möglich.

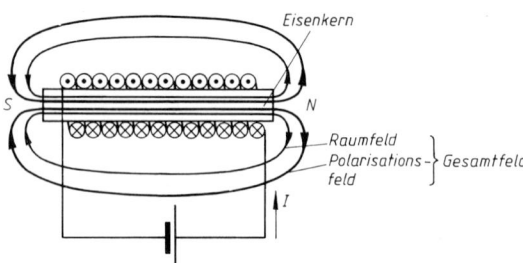

Bild 29. Spule mit Eisenkern

1.5.6 Magnetischer Kreis

Man spricht vom „Magnetkreis", weil die Feldlinien des Magnetfeldes in sich geschlossen sind. Die rechnerische Behandlung des Magnetfeldes ähnelt formal stark der des elektrischen Stromkreises. Obgleich es beim Magnetfeld keine Strömung magnetischer Teilchen gibt, die mit der Elektronenströmung beim Stromkreis vergleichbar wäre, gelten doch die allgemeinen Strömungsgesetze, wie z.B. das Ohm'sche Gesetz und die Kirchhoff'schen Gesetze. Formal sieht es so aus, als ob die „magnetische Gesamtspannung" $\Theta = NI$ (Durchflutung = Amperewindungszahl) den „magnetischer Fluss" Φ durch den Kreis mit dem „magnetischen Widerstand" R_m triebe (siehe 1.5.7).

1.5.7 Größen des Magnetfeldes

Entsprechend dem Vergleich mit dem elektrischen Stromkreis (siehe 1.5.6) unterscheidet man magnetische Fluss-, Spannungs- und Widerstandsgrößen.

a) Magnetische Flussgrößen

Magnetischer Fluss Φ. Nach Bild 30 ist

$$\Phi = \frac{\text{magnetische Gesamtspannung } \Theta}{\text{magnetischen Widerstand } R_m}$$

$$\Phi = \frac{\Theta}{R_m} = \frac{NI}{R_m}$$

Φ	$\Theta = NI$	R_m
Vs	A	$\dfrac{A}{Vs}$

(21)

(Ohm'sches Gesetz des Magnetkreises)

Dem magnetischen Fluss Φ entspricht im elektrischen Stromkreis der Strom I. Der magnetische Fluss Φ hat die Einheit

1 Voltsekunde (Vs) = 1 Weber = 1 Wb

Die Einheit Voltsekunde ergibt sich aus dem Induktionsgesetz (siehe 1.6.1).

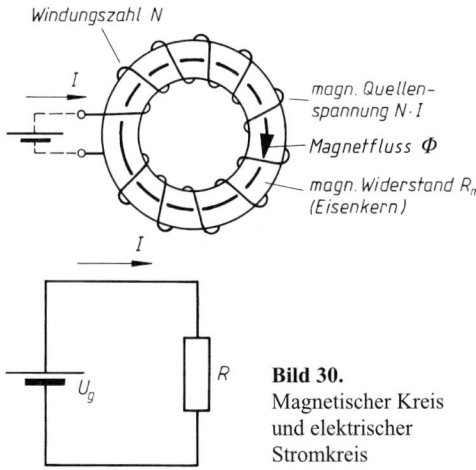

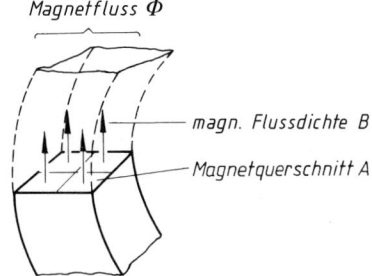

Bild 30.
Magnetischer Kreis
und elektrischer
Stromkreis

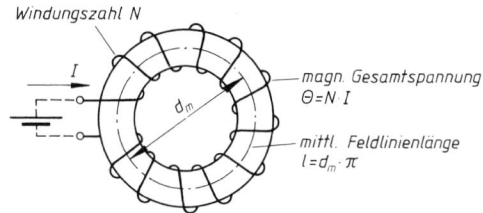

Bild 31. Magnetischer Fluss Φ und magnetische Flussdichte B

Magnetische Flussdichte B. Bild 31 stellt einen Ausschnitt aus dem Ring von Bild 30 dar. Demnach ist:

$$\text{magnetische Flussdichte } B = \frac{\text{magnetischer Fluss } \Phi}{\text{Magnetquerschnitt } A}$$

$$B = \frac{\Phi}{A}$$

B	Φ	A
$\dfrac{Vs}{m^2} = 1\,T$	Vs = 1 Wb	m^2

(22)

Die magnetische Flussdichte B wird als magnetische Induktion bezeichnet. Sie ist vergleichbar mit der Stromdichte J des elektrischen Stromkreises (siehe 1.1.3). B hat die Einheit:

$$1\,\frac{Vs}{m^2} = 1\,\text{Tesla} = 1\,T$$

b) Magnetische Spannungsgrößen
Magnetische Gesamtspannung Θ (Durchflutung). Nach Bild 32 ist:

magnetische Gesamtspannung Θ = Amperewindungszahl

$$\Theta = NI$$

Θ	N	I
A	1	A

(23)

Magnetische Feldstärke H. Nach Bild 32 ist:

$$\text{magnetische Feldstärke } H = \frac{\text{magnetische Spannung } (NI)}{\text{Feldlinienlänge } l}$$

$$H = \frac{NI}{l}$$

H	N	I	l
$\dfrac{A}{m}$	1	A	m

(24)

Die magnetische Feldstärke H ist vergleichbar mit der elektrischen Feldstärke E_f im elektrischen Stromkreis (siehe 1.8.2). H stellt die magnetische Spannung dar, die auf ein Feldlinienstück von 1 m Länge entfällt. H hat die Einheit:

$$1\,\text{Amperewindung pro Meter}\left(\frac{A}{m}\right)$$

c) Magnetische Widerstandsgrößen
Magnetischer Widerstand R_m. Entsprechend dem elektrischen Widerstand $R = 1/(\kappa A)$ ist der magnetische Widerstand

$$R_m = \frac{l}{\mu A}$$

R_m	l	μ	A
$\dfrac{A}{Vs}$	m	$\dfrac{Vs}{Am}$	m^2

(25)

Der magnetische Widerstand R_m entspricht dem Widerstand R des elektrischen Stromkreises. R_m hat die Einheit A/Vs.
Die Permeabilität μ ist die magnetische Leitfähigkeit eines „Leiters" magnetischer Feldlinien. Ihr entspricht im elektrischen Stromkreis die elektrische Leitfähigkeit κ (siehe 1.1.4).

Bild 32. Magnetische Spannung Θ und Feldstärke H

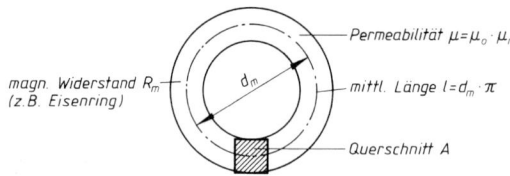

Bild 33. Magnetischer Widerstand R_m und Permeabilität μ

Permeabilität

$$\mu = \mu_0 \, \mu_r$$

μ, μ_0	μ_r
$\dfrac{Vs}{Am}$	1

(26)

Die magnetische Feldkonstante μ_0 (Induktionskonstante) ist das Verhältnis der im *leeren Raum* erzeugten Flussdichte B_0 zur erregenden Feldstärke H:

$$\mu_0 = \frac{B_0}{H}$$

μ_0	B_0	H
$\dfrac{Vs}{Am}$	$\dfrac{Vs}{m^2}$	$\dfrac{A}{m}$

(27)

Ihre Größe ist $\mu_0 = 1{,}256 \cdot 10^{-6}$ Vs/Am, d.h. die Feldstärke $H = 1$ A/m erzeugt *im Vakuum* die Flussdichte $B_0 = 1{,}256 \cdot 10^{-6}$ Vs/m$^2 = 1{,}256 \cdot 10^{-6}$ T.

Die Permeabilitätszahl μ_r ist das Verhältnis der *im Stoff* erzeugten Flussdichte B zur Flussdichte B_0 im leeren Raum:

$$\mu_r = \frac{B}{B_0}$$

μ_r	B, B_0
1	gleiche Einheit

(28)

Für *Vakuum* und *Luft* ist $\mu_r \approx 1$, d.h. die im Stoff „Luft" erzeugte Flussdichte B ist ebenso groß wie B_0 im leeren Raum.
Bei den *ferromagnetischen Werkstoffen* ist $\mu_r \gg 1$, d.h. die in diesen Stoffen erzeugte Flussdichte B ist wegen der Ausrichtung der Molekularmagnete viel größer als B_0, das erzeugt würde, wenn der gleiche Raum nicht mit polarisierbarem Stoff ausgefüllt wäre (siehe 1.5.5).

1.5.8 Magnetisierungskurven

Die Permeabilität der ferromagnetischen Werkstoffe ist nicht konstant, so dass man deren magnetische Eigenschaften durch *Magnetisierungskurven* angibt. Diese stellen die Abhängigkeit der im Stoff erzeugten Flussdichte B von der erregenden Feldstärke H dar. Sie sind je nach Material verschieden. Die Magnetisierungskurve für magnetisch weiches Eisen (Bild 34) zeigt, dass man im Berich von 0 bis etwa 1,2 T mit wenigen Amperewindungen/m bereits große B-Werte erzielen kann. Oberhalb dieses sogenannten „Knicks" der Magnetisierungskurve ist ein erheblicher Auf-

wand an Amperewindungen (elektrische Leistung, Spulenerwärmung) erforderlich, um B noch ein wenig höher zu treiben. Aus diesem Grund wählt man bei Weicheisen B selten höher als 1,5 T. Die Magnetisierungskurven werden meist so benutzt, dass man ihnen für die gewählte Flussdichte B die erforderliche Feldstärke H = notwendige Amperewindungszahl je m Feldlinienlänge entnimmt.

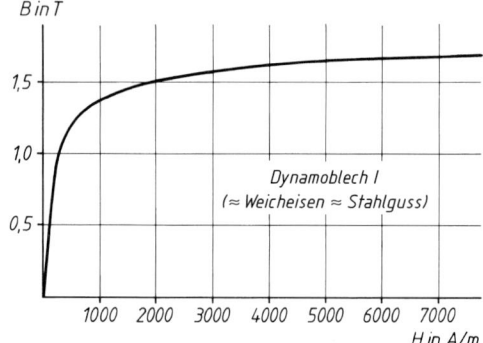

Bild 34. Magnetisierungskurve von Dynamoblech *I*

■ **Beispiel:**
Der in den Bildern 32 und 33 dargestellte Ring besteht aus Weicheisen. Er hat d_m = 318 mm mittleren Durchmesser, einen Querschnitt von 50 mm · 50 mm und trägt eine Spule von N = 800 Windungen.
   a) Welche magnetische Feldstärke ist erforderlich, um den Ring auf 1,2 T zu magnetisieren?
   b) Welche Amperewindungszahl (magnetische Gesamtspannung) muss dafür aufgewendet werden?
   c) Welcher Strom muss fließen?
   d) Wie groß ist der im Ring erzeugte Magnetfluss?
   e) Wie groß ist die Permeabilitätszahl des Eisens bei dieser Flussdichte?

Lösung:
a) Aus der Magnetisierungskurve von Weicheisen (Bild 34) ergibt sich für $B = 1{,}2$ T: $H = 500$ A/m erforderliche Feldstärke.

b) $H = \dfrac{N\,I}{l}$; $N I = H l = 500 \dfrac{A}{m} \cdot 0{,}318\ m \cdot \pi =$
   $= 500$ A erforderliche AW-Zahl

c) $I = \dfrac{N\,I}{N} = \dfrac{500\ A}{800} = 0{,}625$ A erforderliche Stromstärke

d) $B = \dfrac{\Phi}{A}$; $\Phi = BA = 1{,}2 \dfrac{Vs}{m^2} \cdot 25 \cdot 10^{-4}\,m^2 = 3 \cdot 10^{-3}$ Vs

e) $\mu_r = \dfrac{B}{B_0}$ $\Big|$ $B_0 = \mu_0 H$ aus Gl. (27)

$$\mu_r = \frac{B}{\mu_0 H} = \frac{1{,}2 \dfrac{Vs}{m^2}}{1{,}256 \cdot 10^{-6} \dfrac{Vs}{Am} \cdot 500 \dfrac{A}{m}} = 1910$$

d.h. bei Ausfüllung des Spuleninneren mit dem Eisenring ergibt sich bei 1,2 T eine 1910mal so große Flussdichte wie bei leerer Spule.

1.5.9 Magnetische Zugkraft

Die Zug- bzw. Haltekraft F eines Magnetpols ist um so höher, je stärker die magnetische Flussdichte B im Luftspalt und je größer der Polquerschnitt A ist:

Magnetische Zugkraft

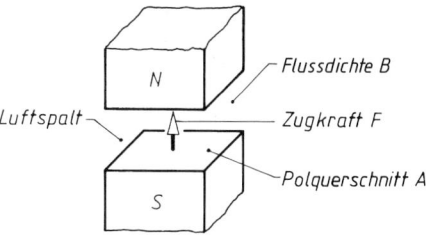

$$F = \frac{1}{2\,\mu_0}\,B^2 A \quad \begin{array}{c|c|c|c} F & \mu_0 & B & A \\ \hline \dfrac{\text{Ws}}{\text{m}} = \text{N} & \dfrac{\text{Vs}}{\text{Am}} & \dfrac{\text{Vs}}{\text{m}^2} = \text{T} & \text{m}^2 \end{array} \quad (29)$$

Bild 35. Zugkraft eines Magnetpols

■ **Beispiel:**
Welche Tragkraft entwickelt der skizzierte Lasthebemagnet von 1 m Außendurchmesser, wenn seine Pole je 1 000 cm² Querschnitt haben und im Luftspalt zwischen Magnet und Block eine Flussdichte von 1,2 T herrscht?

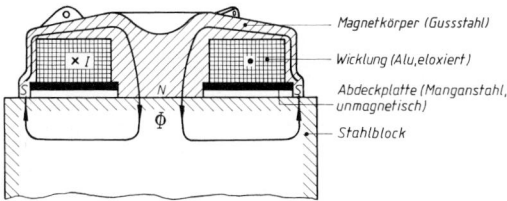

Bild 36. Runder Lasthebemagnet

Lösung:

$$F = \frac{1}{2\,\mu_0}\,B^2 A \quad \Big| \quad A = 2\,A_{\text{pol}} = 2 \cdot 1\,000\ \text{cm}^2 = 2\,000\ \text{cm}^2 = 0{,}2\ \text{m}^2$$

$$F = \frac{1}{2 \cdot 1{,}256 \cdot 10^{-6}\,\dfrac{\text{Vs}}{\text{Am}}} \cdot 1{,}2^2\,\frac{\text{V}^2\text{s}^2}{\text{m}^4} \cdot 0{,}2\ \text{m}^2 = 114\,650\ \frac{\text{Ws}}{\text{m}} = 114\,650\ \text{N}$$

Das entspricht einer Tragfähigkeit von 11,5 t bei 1 m Außendurchmesser.

1.6 Induktion und Kraftwirkung im Magnetfeld

1.6.1 Induktion durch Bewegung, Induktionsgesetz

Bewegt man einen Magneten in eine Spule hinein oder heraus, dann beobachtet man am Spannungsmesser während der Dauer der Relativbewegung zwischen Magnet und Spule eine Spannung U_g. Diese ist um so höher, je stärker der Magnet und je rascher die Bewegung ist. Bei „heraus" ist die Polarität von U_g umgekehrt wie bei „hinein" (Bild 37).

Induktionsregel
Ändert sich in einer Spule der Magnetfluss Φ, dann wird in ihr während der Dauer der Flussänderung eine elektrische Spannung induziert.

Die Größe der induzierten Spannung U_g ist proportional der Spulenwindungszahl N und der Änderungsgeschwindigkeit $\Delta\Phi/\Delta t$ des Magnetflusses:

$$U_g = -N\,\frac{\Delta\Phi}{\Delta t} \quad \begin{array}{c|c|c} U_g & \Phi & t \\ \hline \text{V} & \text{Vs} & \text{s} \end{array} \quad (30)$$

(Induktionsgesetz bei Flussänderung)

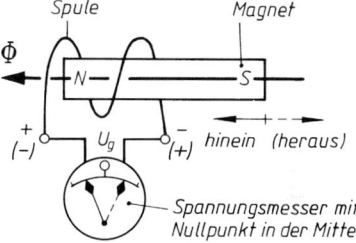

Bild 37. Induzierung einer Spannung durch Relativbewegung zwischen Magnet und Spule

$\Delta\Phi = \Phi_{\text{end}} - \Phi_{\text{anfang}}$ Magnetflussänderung; Δt zur Magnetflussänderung $\Delta\Phi$ gehörige Zeitspanne.

■ **Beispiel:**
Ein Magnet wird in 0,5 s aus einer Spule mit 200 Windungen herausgezogen. Er induziert dabei eine mittlere Spannung von 80 mV. Wie groß ist der Fluss Φ des Magneten?

Lösung:

$$U_g = -N\,\frac{\Delta\Phi}{\Delta t} = -N\,\frac{\Phi_{\text{end}} - \Phi_{\text{anfang}}}{\Delta t}$$

$\Phi_{\text{end}} \quad = 0$ weil, Magnet draußen

$\Phi_{\text{anfang}} = \Phi$ weil, Magnet drinnen

$\Delta t = t$

$$U_g = -N\,\frac{-\Phi}{t}$$

$$\Phi = \frac{U_g\,t}{N} = \frac{80 \cdot 10^{-3}\,\text{V} \cdot 0{,}5\ \text{s}}{200} = 0{,}2 \cdot 10^{-3}\,\text{Vs}$$

d.h. der Magnet ist so stark, dass er beim Herausziehen in 1 s in jeder einzelnen Windung der Spule eine Spannung von 0,2 mV während dieser Sekunde induziert (Einheit „Volt Sekunde" des Magnetflusses!).
Angewendet wird die Induktion durch Bewegung beim Generator. Bei diesem wird eine Spule im Magnetfeld oder ein Magnet in einer Spule so gedreht, dass sich der Magnetfluss in der Spule ändert (siehe 1.8.1).

1.6.2 Gegenseitige Induktion

Zwei Spulen sind elektrisch voneinander isoliert, jedoch magnetisch miteinander gekoppelt, d. h. das Magnetfeld, das die stromdurchflossene Spule (1) erzeugt, durchsetzt auch die andere (2). Der gemeinsame Eisenkern ergibt eine besonders feste magnetische Kopplung. Lässt man den Strom I in Spule 1 durch Stellen am Widerstand R zu- oder abnehmen, ändert sich der Fluss Φ in gleicher Weise. Da Φ auch Spule 2 durchsetzt, induziert die Flussänderung in ihr die Spannung U_g, deren Polarität verschieden ist je nach Zu- oder Abnahme von Φ (Wechselspannung!). Angewendet wird die gegenseitige Induktion z.B. beim Transformator, der zum Umspannen von Wechselspannungen benutzt wird (siehe 4).

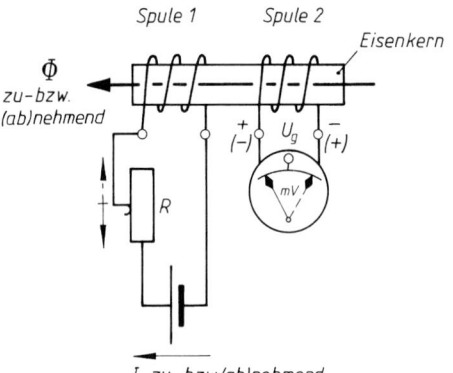

Bild 38. Gegenseitige Induktion

1.6.3 Selbstinduktion, Induktivität

Beim Einschalten der Spannung an einer Spule erzeugt der Strom I in ihr einen Magnetfluss, der vom Wert null auf Φ ansteigt. Die dadurch bedingte Flussänderung induziert in der Spule eine Spannung U_g, die der angelegten Spannung U entgegengerichtet ist (Gegeneinanderschaltung, siehe 1.1.6). I und Φ steigen verhältnismäßig langsam an, weil im ersten Augenblick $U_g = U$ und daher $I = (U - U_g) / R_{spule} = 0$ ist. I und Φ steigen so langsam an, dass $U_g = -N\Delta\Phi/\Delta t$ im ersten Augenblick nach dem Einschalten nicht größer als U wird. Je mehr sich I und Φ ihren Endwerten nähern, desto kleiner wird ihre Änderungsgeschwindigkeit und die davon abhängige Selbstinduktionsspannung U_g. Wenn I und Φ ihren Endwert praktisch erreicht haben, ändern sie sich nicht mehr, es wird $U_g = 0$ und $I = U/R_{spule}$.

Beim Ausschalten gehen I und Φ sehr rasch auf null, $\Delta\Phi/\Delta t$ ist dabei sehr groß und induziert kurzzeitig eine sehr hohe Abschaltspannung U_g. Diese kann so hohe Werte annehmen, dass die Spulenisolation durchschlägt, besonders wenn die Spule auf einem dicken geblechten Eisenkern sitzt und viele Windungen hat.

Als Induktivität L bezeichnet man die Fähigkeit einer Spule, auf Stromänderungen mit Selbstinduktionsspannung U_g zu reagieren. Je höher U_g bei gegebener Stromänderungsgeschwindigkeit $\Delta I/\Delta t$ ist, desto größer ist L. Bei Stromänderungen gilt:

$$U_g = -L\frac{\Delta I}{\Delta t} \qquad \begin{array}{c|c|c|c} U_g & L & I & t \\ \hline V & \dfrac{Vs}{A} = H & A & s \end{array} \qquad (31)$$

(Induktionsgesetz bei Stromänderung)

$\Delta I = I_{end} - I_{anfang}$ Stromänderung; Δt zur Stromänderung ΔI gehörende Zeit.

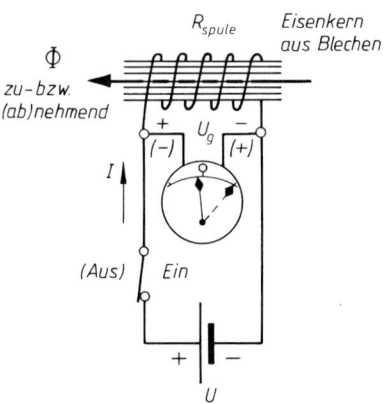

Bild 39. Ein- und Ausschaltung einer Selbstinduktionsspule

Die Größe der Induktivität L lässt sich aus der Windungszahl N der Spule und dem magnetischen Widerstand R_m (siehe 1.5.7) bzw. dem magnetischen Leitwert $\Lambda = 1/R_m$ ihres Feldlinienweges ermitteln:

$$L = \frac{N^2}{R_m} = N^2\Lambda \qquad \begin{array}{c|c|c|c} L & N & R_m & \Lambda \\ \hline \dfrac{Vs}{A} = H & 1 & \dfrac{A}{Vs} & \dfrac{Vs}{A} \end{array} \qquad (32)$$

Die Einheit der Induktivität L ist das Henry (H):

$$1\,H = 1\frac{Vs}{A}$$

■ **Beispiel:**
Ein aus Blechen bestehender ringförmiger Eisenkern (vgl. Bilder 32. und 33.) hat 100 mm mittleren Durchmesser und 8 cm^2 Eisenquerschnitt (Material: Dyn.Bl.I). Er trägt eine Spule von 2 200 Windungen und 14 Ω Widerstand, die an einer Spannung von 1 V liegt.
a) Wie groß ist die Induktivität L der Spule, wenn die Flussdichte im Eisenkern 1,2 T beträgt?
b) Wie groß wird die Selbstinduktionsspannung beim Abschalten, wenn der Strom in 1/100 s auf null absinkt?

Lösung:

a) $L = \dfrac{N^2}{R_m}\ \Big|\ R_m = \dfrac{l}{\mu\,A} = \dfrac{l}{\mu_0\mu_r\,A}$ aus (25) und (26)

$L = \dfrac{N^2 \cdot \mu_0 \cdot \mu_r \cdot A}{l}$

$\mu_0\mu_r = \dfrac{B_0}{H} \cdot \dfrac{B}{B_0} = \dfrac{B}{H}$ aus (27) und (28) darin $H = 500 \dfrac{A}{m}$ für $B = 1,2$ T

aus der Magnetisierungskurve Bild 34.

$$\mu_0 \mu_r = \frac{1,2 \cdot 10^{-6} \dfrac{Vs}{m^2}}{500 \dfrac{A}{m}} = 2400 \cdot 10^{-6} \frac{Vs}{Am}$$

$$L = \frac{2\,200^2 \cdot 2\,400 \cdot 10^{-6} \dfrac{Vs}{Am} \cdot 8 \cdot 10^{-4}\,m^2}{0,314\,m} = 29,6\ H\ \text{beträgt die}$$

Induktivität der Spule

b) $U_g = -L \dfrac{\Delta I}{\Delta t}$ $\quad \left| \begin{array}{l} \Delta I = I_{end} - I_{anfang} \\[4pt] \Delta I = 0 - 0,0715\ A = -0,715\ A \end{array} \right.$ $\quad \left| \begin{array}{l} I_{anfang} = \dfrac{U}{R} = \dfrac{1\ V}{14\ \Omega} \\[4pt] I_{anfang} = 0,0715\ A \end{array} \right.$

$$U_g = -29,6 \frac{Vs}{A} \cdot \frac{-0,0715\ A}{0,01\ s} = 212\ V\ \text{Abschaltspannung}$$

Angewendet wird die hohe Abschaltspannung einer Selbstinduktionsspule z.B. bei der Kraftfahrzeugzündung (Zündspule). Beim Öffnen des Unterbrecherkontakts entsteht eine Zündspannung von etwa 15 000 V.
Bei Wechselstrom wirkt die Selbstinduktionsspule als „Drosselspule". Der langsame Stromanstieg bewirkt, dass der Strom I wegen des raschen Wechsels der Polarität nicht auf seinen Endwert ansteigen kann. I bleibt daher stets unter dem Wert U/R_{spule}, d.h. die Spule hat bei Wechselspannung scheinbar einen höheren Widerstand als bei Gleichspannung. Sie wirkt auf den Wechselstrom „drosselnd" (siehe 1.8.5).

1.6.4 Induktionsstrom, Lenz'sche Regel

Bewegt man einen Magneten in einer kurzgeschlossenen (oder mit einem Verbraucher belasteten) Spule, dann treibt die induzierte Spannung einen Strom I (Induktionsstrom). Dieser erzeugt ebenfalls ein Magnetfeld, den Spulenfluss Φ_{sp}.

Beim Hineinbewegen (Bild 40a) steigt der Magnetfluss in der Spule durch das Eindringen von Φ_m an. Der vom Induktionsstrom erzeugte Spulenfluss Φ_{sp} ist ein Gegenfluss, der entgegengesetzt zum eindringenden Fluss Φ_m zeigt. Der Gegenfluss versucht die Induktionsursache, das Ansteigen des Magnetflusses zu behindern.

Beim Herausbewegen (Bild 40b) geht der Magnetfluss in der Spule durch das Herausnehmen von Φ_m zurück. Die Polarität der induzierten Spannung und damit die Richtung des Induktionsstromes I und des Spulenflusses Φ_{sp} kehren sich um. Φ_{sp} wird dadurch zum Mitfluss, der ebenso zeigt wie der herausbewegte Fluss Φ_m. Der Mitfluss versucht die Induktionsursache, den Rückgang des Magnetflusses, zu behindern.

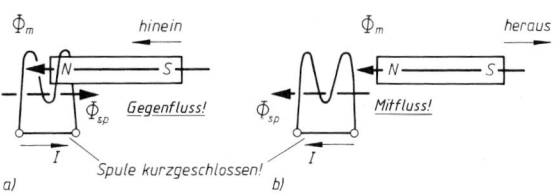

Bild 40. Induktionsstrom bei Induktion durch Bewegung
a) beim Ansteigen
b) beim Rückgang des Magnetflusses

Behinderungsregel (Lenz'sche Regel)
Induzierte Größen versuchen ihre Ursache, d. h. den Flussanstieg bzw. -rückgang, zu behindern.

Die Behinderungsregel gilt wegen des Energieprinzips: bei Unterstützung statt Behinderung würde Energie aus dem Nichts entstehen.

Bei gegenseitiger Induktion nach Bild 38 würde bei kurzgeschlossener Spule 2 von der induzierten Spannung U_g ebenfalls ein Induktionsstrom I getrieben, der den Flussanstieg bzw. -rückgang durch Bildung eines Gegen- bzw. Mitflusses behindern würde.

Als Wirbelstrom bezeichnet man einen Induktionsstrom, der durch Magnetflussänderung in einer geschlossenen Metallmasse entsteht. Wenn z.B. eine von Wechselstrom durchflossene Wicklung (Spule 1) einen massiven Eisenkern magnetisiert, dann induziert die dauernde Änderung des Magnetflusses $\Phi_\sim$ in dem als kurzgeschlossene Spule 2 wirkenden Eisenkern einen starken Wirbelstrom I_i, der das Eisen erwärmt und somit Verluste hervorruft. Durch Zusammensetzen des Kerns aus einzelnen durch Papier oder Lack elektrisch voneinander isolierten Blechen (Bild 41) wird die Wirbelstrombahn unterbrochen und die Wirbelstromverlustleistung auf etwa $1/N^2$ herabgesetzt (N Blechanzahl). Genormte Blechstärken sind 1,0; 0,75; 0,5 und 0,35 mm. Eine weitere Herabsetzung der Wirbelströme in Eisen wird durch Legierung mit Silicium (Si) erreicht (Dyn. Bl. II ... IV).

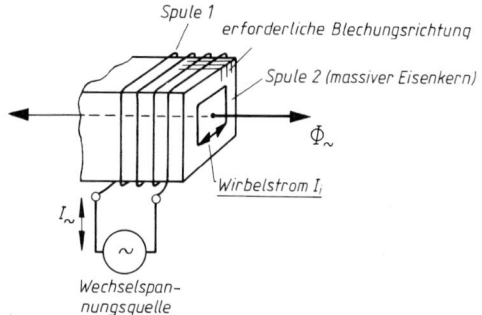

Bild 41. Wirbelstrom in einem massiven Eisenkern

Durch Si wird außerdem das dauernde Umklappen der Molekularmagnete erleichtert, das bei Wechselstrom ebenfalls Verluste und Erwärmung hervorruft (Gefügereibung, siehe 1.5.2).

Angewendet wird der Wirbelstrom z.B. bei der induktiven Erwärmung (Induktionsofen). Das zu erwärmende Metall wird in ein Magnetfeld von höherer Frequenz (z.B. 1 000 kHz) gebracht, in ihm starke Wirbelströme induziert und das Metall erhitzt. Bei kurzer Aufheizdauer und sofortiger Abschreckung ist Oberflächenhärtung möglich, weil der Wirbelstrom praktisch nur in der Oberflächenzone fließt und diese zuerst erwärmt (Stromverdrängungseffekt).

1.6.5 Spannungserzeugung im geraden Leiter

Regel: Kraftwirkung zwischen Magnetfeld und bewegter elektrischer Ladung
Auf jede elektrische Ladung (z.B. Elektron), die quer zum Magnetfeld bewegt wird, übt das Feld eine Kraft aus, die rechtwinklig auf der Bewegungs- und der Magnetfeldrichtung steht.

Bewegt man einen geraden Leiter durch ein Magnetfeld von der Flussdichte B mit der Geschwindigkeit v, tritt zwischen seinen Enden eine elektrische Spannung U_g auf. Grund: Die im Leiter vorhandenen Leitungselektronen nehmen an der Bewegung des Leiters teil, wobei auf sie vom Magnetfeld eine Kraft F rechtwinklig zur Bewegungs- und Magnetfeldrichtung, also in Längsrichtung des Leiters, ausgeübt wird. Da die Elektronen im Leiter frei verschiebbar sind, wird die Elektronendichte an dem einen Leiterende größer, am anderen kleiner: Spannung U_g.

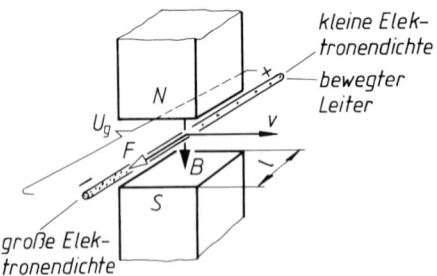

Bild 42. Spannungserzeugung im geraden Leiter

Regel: „Feldlinienschneiden"
„Schneidet" ein Leiter magnetische „Feldlinien", dann wird in ihm eine Spannung induziert.

„Feldlinienschneiden" bedeutet: Bewegung durchs Magnetfeld rechtwinklig zu dessen Linienrichtung.

$$U_g = B\,l\,v \qquad \begin{array}{c|c|c|c} U_g & B & l & v \\ \hline V & \dfrac{Vs}{m^2} & m & \dfrac{m}{s} \end{array} \qquad (33)$$

(Induktionsgesetz beim „Feldlinienschneiden")

l wirksame Länge des Leiters im Magnetfeld; v *Relativgeschwindigkeit* zwischen Feld und Leiter.

■ **Beispiel:**
Ein Leiter befindet sich auf einer Länge von 60 cm in einem Magnetfeld von der Flussdichte 1,2 T. Er wird mit einer Geschwindigkeit von 5 m/s rechtwinklig zur Feldrichtung bewegt. Welche Spannung entsteht dabei im Leiter?

Lösung:

$$U_g = B\,l\,v = 1{,}2\,\frac{Vs}{m^2}\cdot 0{,}6\,m\cdot 5\,\frac{m}{s} = 3{,}6\ V \quad \begin{array}{l}\text{Spannung zwischen}\\ \text{den Leiterenden.}\end{array}$$

Angewendet wird das Induktionsgesetz in dieser Form z.B. beim Gleichstromgenerator, bei dem die Ankerdrähte von der Länge l mit der Geschwindigkeit v im Magnetfeld B gedreht werden, wobei die Spannung U_g induziert wird (siehe 2.5.1).

1.6.6 Kraft auf geraden Leiter im Magnetfeld, Feldlinienballung

Bewegt man die Elektronen in einem ruhenden Leiter durch ein Magnetfeld, indem man einen Strom I hindurchschickt, dann übt das Feld auf jedes bewegte Elektron eine Kraft rechtwinklig zur Bewegungs- und Feldrichtung aus. Da die Elektronen den Leiter nicht quer zu dessen Längsachse verlassen können, drücken sie alle zusammen auf die Leiterwand mit der Gesamtkraft F. Kraft F auf stromdurchflossenem geraden Leiter im Magnetfeld:

$$F = B\,l\,I \qquad \begin{array}{c|c|c|c} F & B & l & I \\ \hline N & \dfrac{Vs}{m^2} & m & A \end{array} \qquad (34)$$

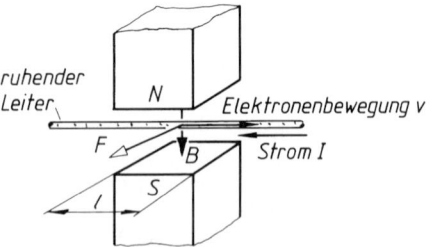

Bild 43. Kraft auf stromdurchflossenem geraden Leiter im Magnetfeld

l wirksame Länge des Leiters im Magnetfeld; F Kraft zwischen Leiter und Feld.

■ **Beispiel:**
Ein Leiter befindet sich auf einer Länge von 60 cm in einem Magnetfeld von der Flussdichte 1,2 T. Er wird vom Strom 25 A durchflossen. Wie groß ist die Kraftwirkung zwischen Feld und Leiter?

Lösung:

$$F = B \, l \, I = 1,2 \, \frac{Vs}{m^2} \cdot 0,6 \, m \cdot 25 \, A = 18 \, N$$

Angewendet wird diese Kraftwirkungsgleichung z.B. beim Gleichstrommotor, bei dem die Kraft F auf die vom Strom I durchflossenen Ankerdrähte von der Länge l im Magnetfeld B ausgeübt wird. Aus Kraft F und Hebelarm (Wirkabstand) r ergibt sich das Drehmoment $M = F r$ des Motors (siehe 2.6.1).

Die Richtung der Kraft ergibt sich aus der Strom- und Magnetfeldrichtung nach der

Ballungsregel
Der stromdurchflossene Leiter sucht der Feldlinienballung auszuweichen.

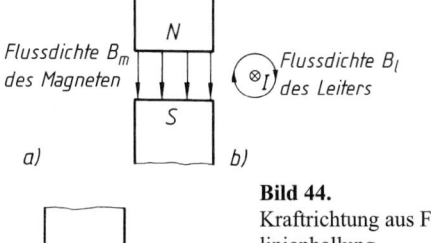

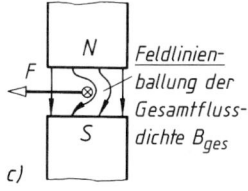

Bild 44.
Kraftrichtung aus Feldlinienballung
a) Feld des Magneten allein
b) Feld des Leiters allein
c) Gesamtfeld mit Ballung

Das Feld des Magneten (a) und das Feld des stromdurchflossenen Leiters (b) setzen sich zusammen zum resultierenden Gesamtfeld (c), das rechts vorn Leiter Feldlinienballung zeigt. Der Leiter sucht nach links auszuweichen.

Das gleiche Ergebnis liefert die

Rechtehandregel
Hält man die rechte Hand so, dass die Magnetfeldlinien in ihre Innenfläche eintreten und der abgespreizte Daumen in Stromrichtung zeigt, dann geben die gestreckten Finger die Richtung der Kraft an.

1.7 Elektrisches Feld

1.7.1 Kondensator, Kapazität

Ein Kondensator besteht im einfachsten Fall aus zwei voneinander isolierten Metallplatten, die einander gegenüberstehen (Bild 45).

a) Im ungeladenen Zustand haben beide Platten gleiche Elektronendichte.
b) Die Aufladung erfolgt durch eine Batterie, die das elektrische Gleichgewicht zwischen beiden Platten

stört, indem sie Elektronen von der einen in die andere Platte drückt. Der Ladestrom hört auf, wenn die Kondensatorspannung U gleich der Quellenspannung U_q geworden ist.

c) Im geladenen Zustand speichert der Kondensator elektrische Energie, weil sich der Elektronendruckunterschied $U = U_q$ zwischen beiden Platten wegen der Isolation nicht ausgleichen kann.

d) Die Entladung erfolgt z.B. über einen Kurzschluss. Die Überschusselektronen der Minusplatte strömen wieder zurück, bis beide Platten wieder gleiche Elektronendichte haben.

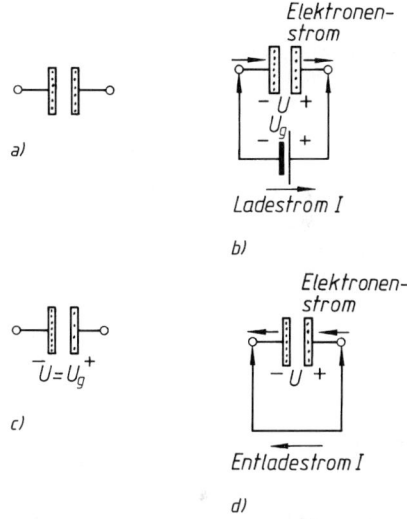

Bild 45. Kondensator bei Gleichspannung
a) ungeladen
b) Aufladung
c) geladen
d) Entladung

Als Kapazität C eines Kondensators bezeichnet man den Quotienten aus der elektrischen Ladung Q und der elektrischen Spannung U:

$$C = \frac{Q}{U} = \frac{It}{U}$$

C	Q	U	I
$\frac{As}{V} = F$	As	V	A

(35)

$Q = I t$ ist die elektrische Ladung (= Elektrizitätsmenge), die von der einen in die andere Platte geschoben wird.

Die Einheit der Kapazität C ist: $1 \, \frac{As}{V} = 1 \, Farad = 1 \, F$.

■ **Beispiel:**
Bei einem Kondensator fließt ein Ladestromstoß von 24 μAs, wenn eine Spannung von 6 V angelegt wird.

a) Welche Kapazität hat der Kondensator?
b) Welche elektrische Energie speichert er dabei?

Lösung:

a) $C = \dfrac{Q}{U} = \dfrac{24 \cdot 10^{-6} \mathrm{As}}{6\,\mathrm{V}} = 4 \cdot 10^{-6}\,\mathrm{F} = 4\ \mu\mathrm{F}$ Kapazität

b) $W = U_{\text{mittel}}\, I\, t$

$U_{\text{mittel}} = \dfrac{U}{2}$ weil die Spannung bei der Entladung vom Anfangs-

wert U auf null absinkt

$W = \dfrac{6}{2}\ \mathrm{V} \cdot 24 \cdot 10^{-6}\ \mathrm{As} = 72 \cdot 10^{-6}\ \mathrm{Ws} = 72\ \mu\mathrm{Ws}$ gespeicherte

Energie bei 6 V Spannung

Bei Parallelschaltung von Kondensatoren ist die Gesamtkapazität C_{ges} gleich der Summe der Einzelkapazitäten:

$$C_{\text{ges}} = C_1 + C_2 + \dots \text{ beliebig viele} \qquad (36)$$

Bei Reihenschaltung von Kondensatoren ist der Kehrwert $1/C_{\text{ges}}$ der Gesamtkapazität gleich der Summe der Kehrwerte der Einzelkapazitäten:

$$\frac{1}{C_{\text{ges}}} = \frac{1}{C_1} + \frac{1}{C_2} + \dots \text{ beliebig viele} \qquad (37)$$

Gesamtkapazität bei 2 Kondensatoren in Reihe:

$$C_{\text{ges}} = \frac{C_1\, C_2}{C_1 + C_2} \qquad (38)$$

Bei Reihenschaltung verhalten sich die einzelnen Spannungsfälle umgekehrt wie die Kapazitätswerte, d. h. am kleinsten Kondensator liegt der größte Teil der Gesamtspannung.

1.7.2 Größen des elektrischen Feldes

Das elektrische Feld ist ein Zustand des Raumes zwischen den beiden Platten eines geladenen Kondensators, der sich z.B. durch Kraftwirkungen auf elektrisch geladene Teilchen äußert. Zwischen den positiven Ladungen der + Platte und den negativen Ladungen der – Platte verlaufen „elektrische Feldlinien", d.h. der Raum ist lückenlos durchsetzt mit Linien- und Zeigerrichtung (vgl. Magnetfeld 1.5.1). Elektrisches und magnetisches Feld sind von völlig verschiedener Art. Sie haben jedoch *formal* große Ähnlichkeit miteinander (siehe 1.5.1 und 1.5.7).

Der elektrische Fluss Ψ lässt sich als „Gesamtzahl aller elektrischen Feldlinien" zwischen den voneinander getrennten elektrischen Ladungen auffassen. Seine Größe lässt sich angeben durch die Anzahl der verschobenen Elektronen, d.h. durch die Größe der elektrischen Ladung $Q = I\,t$:

Elektrischer Fluss Ψ = verschobene elektrische Ladung Q

$$\Psi = Q = I\,t \qquad \frac{\Psi \mid Q \mid I\,t}{\mathrm{As}} \qquad (39)$$

Die Einheit der elektrischen Ladung ist das Coulomb C; 1 C = 1 As.

Die elektrische Flussdichte D lässt sich als „Anzahl der elektrischen Feldlinien je m^2 Feldraumquerschnitt" auffassen.

$$\text{Elektrische Flussdichte } D = \frac{\text{elektrischer Fluss } \Psi}{\text{Fläche } A}$$

$$D = \frac{\Psi}{A} \qquad \frac{D \mid \Psi \mid A}{\dfrac{\mathrm{As}}{\mathrm{m}^2} \mid \mathrm{As} \mid \mathrm{m}^2} \qquad (40)$$

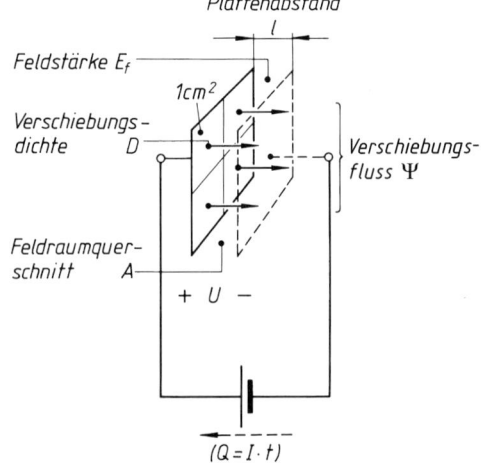

Bild 46. Elektrische Feldgrößen am Beispiel des Plattenkondensators

Die elektrische Feldstärke E_f lässt sich als „elektrische Spannung je m Feldlinienweg" auffassen.

$$\text{Elektrische Feldstärke} = \frac{\text{Spannung } U}{\text{Feldlinienlänge } l}$$

$$E_f = \frac{U}{l} \qquad \frac{E_f \mid U \mid l}{\dfrac{\mathrm{V}}{\mathrm{m}} \mid \mathrm{V} \mid \mathrm{m}} \qquad (41)$$

l Feldlinienlänge = Abstand der Plattenoberflächen.

Die Permittivität ϵ verknüpft Feldstärke und elektrische Flussdichte:

elektrische Flussdichte D = Permittivität ϵ · Feldstärke E_f

$$D = \epsilon\, E_f = \epsilon_0\, \epsilon_r\, E_f \qquad \frac{D \mid \epsilon,\ \epsilon_0 \mid \epsilon_r \mid E_f}{\dfrac{\mathrm{As}}{\mathrm{m}^2} \mid \dfrac{\mathrm{As}}{\mathrm{Vm}} \mid 1 \mid \dfrac{\mathrm{V}}{\mathrm{m}}} \qquad (42)$$

Die elektrische Feldkonstante ϵ_0 (Influenzkonstante) ist das Verhältnis der elektrischen Flussdichte D_0 im leeren Raum zur Feldstärke E_f:

$$\epsilon_0 = \frac{D_0}{E_f} = 8{,}86 \cdot 10^{-12} \frac{As}{Vm}$$

Die Permittivitätszahl ϵ_r ist das Verhältnis der elektrischen Flussdichte D in Material und Raum zu D_0 im leeren Raum:

$$\epsilon_r = \frac{D}{D_0} \quad \text{(reine Vergleichszahl)}$$

Eine Gegenüberstellung der elektrischen und der magnetischen Feldgrößen zeigt die *formale* Ähnlichkeit beider Feldarten:

elektrischer Fluss	Ψ in As $-$ Φ in Vs	magnetischer Fluss
elektrische Flussdichte	D in $\dfrac{As}{m^2}$ $-$ B in $\dfrac{Vs}{m^2}$	magnetische Flussdichte
elektrische Feldstärke	E_f in $\dfrac{V}{m}$ $-$ H in $\dfrac{A}{m}$	magnetische Feldstärke
Permittivität	ϵ in $\dfrac{As}{Vm}$ $-$ μ in $\dfrac{Vs}{Am}$	Permeabilität
elektrische Feldkonstante	ϵ_0 in $\dfrac{As}{Vm}$ $-$ μ_0 in $\dfrac{Vs}{Am}$	magnetische Feldkonstante
Permittivitätszahl	ϵ_r in $\dfrac{As}{Vm}$ $-$ μ_r in $\dfrac{Vs}{Am}$	Permeabilitätszahl
Kapazität	C in $\dfrac{As}{V}$ $-$ L in $\dfrac{Vs}{A}$	Induktivität

Beispiel für Größen des elektrischen Feldes siehe 1.7.3.

1.7.3 Kapazität in Abhängigkeit von Isoliermaterial und Baugröße

Im Isoliermaterial ruft die elektrische Feldstärke eine Ausrichtung der „molekularen Dipole" (Teilchen mit $+$ und $-$ Pol) hervor, die der Ausrichtung der Molekularmagnete im Magnetfeld entspricht. Diese als „elektrische Polarisation" bezeichnete Erscheinung geht ebenfalls unter Gefügereibung vor sich (vgl. 1.5.2). Bei Wechselspannung verursacht dies Erwärmung durch die sogenannten „dielektrischen Verluste" (vgl. Verluste durch dauerndes Umklappen der Molekularmagnete, 1.5.2).

Tabelle 5. Permittivitätszahl ϵ_r und Durchschlagsfestigkeit E_{fmax} von Isolierstoffen (mittlerer Wert bei 50 Hz)

Stoff	ϵ_r	E_{fmax} $\dfrac{kV}{mm}$
Aluminiumoxid	8,5	1 000
Aceton	21	–
Clophen	5	20
Epsilan	bis 7 000	–
Glas	6	20 ... 40
Glimmer	7	25
Hartgewebe	6	18
Kondensa C und F	70	15
Kondensa N	40	–
Luft	1	3
Mineralöl	2,2	8
Papier, getränkt für Kondensatoren	2 ... 5	20 ... 200
Trolitax	5	15
Polystrol (Styroflex)	2,4	100
Porzellan	6	32
Schellack	3	–
Silicone	3 ... 9	–
Steatit	6	25
Tempa S	15	15
Vakuum	1	–
Wasser destilliert	80	–

Durch Ausfüllen des Feldraumes zwischen den Kondensatorplatten mit Isolier*material* (statt Luft) ergibt sich eine größere Kapazität bei gleicher Baugröße, weil die Isolierstoffe höhere Permittivitätszahlen ϵ_r haben als Luft. Außerdem wird die zulässige Spannung höher, weil die Isolierstoffe eine größere Durchschlagsfestigkeit E_{fmax} haben als Luft.

Die Kapazität C eines Kondensators ist um so größer, je größer seine Plattenfläche A, je kleiner sein Plattenabstand l und je größer die Permittivität ϵ seines Isoliermaterials ist (siehe Bild 46); sie hängt also von Baugröße und Isoliermaterial ab:

$$C = \frac{\epsilon_0 \epsilon_r A}{l} \qquad \begin{array}{c|c|c|c|c} C & \epsilon_0 & \epsilon_r & A & l \\ \hline \dfrac{As}{V} = F & \dfrac{As}{Vm} & 1 & m^2 & m \end{array} \qquad (43)$$

A Plattenfläche = Feldraumquerschnitt zwischen den Platten; l Plattenabstand = Abstand der Plattenoberflächen.

■ **Beispiel:**

Ein Kondensator besteht aus zwei Metallfolien von je 4,5 m Länge und 40 mm Breite, die durch zwei Lagen mit Clophen getränkten Papiers von je 8 μm Dicke getrennt sind (Wickelkondensator, siehe 1.7.4).

a) Wie groß ist die Kapazität des Kondensators, wenn die Permittivitätszahl des Papiers $\epsilon_r = 5$ beträgt?

b) Wie groß ist die elektrische Beanspruchung des Papiers, wenn 160 V Gleichspannung angelegt werden?

c) Welche elektrische Flussdichte und welcher elektrische Fluss stellen sich bei dieser Spannung ein?

d) Welche Kapazität ergibt sich aus elektrischem Fluss und Spannung?

Lösung:

a) $C = \dfrac{\epsilon_0 \epsilon_r\, A}{l}$

$A = 2 \cdot 4,5\ \text{m} \cdot 0,04\ \text{m} = 0,36\ \text{m}^2$ (Faktor 2 wegen *beidseitiger* Ausnutzung der Plattenflächen beim Wickel!)

$C = \dfrac{8,86 \cdot 10^{-12}\ \frac{\text{As}}{\text{Vm}} \cdot 5 \cdot 0,36\ \text{m}^2}{16 \cdot 10^{-6}\ \text{m}} = 1 \cdot 10^{-6}\,\text{F} = 1\ \mu\text{F}$ Kapazität

b) $E_f = \dfrac{U}{l} = \dfrac{160\ \text{V}}{16 \cdot 10^{-6}\ \text{m}} = 1000\ \dfrac{\text{kV}}{\text{m}} = 10\ \dfrac{\text{kV}}{\text{mm}}$

elektrische Beanspruchung = Feldstärke

c) $D = \epsilon_0 \epsilon_r\, E_f = 8,86 \cdot 10^{-12}\ \dfrac{\text{As}}{\text{Vm}} \cdot 5 \cdot 1000 \cdot 10^3\ \dfrac{\text{V}}{\text{m}}$

$D = 443 \cdot 10^{-6}\ \dfrac{\text{As}}{\text{m}^2}$ elektrische Flussdichte

$D = \dfrac{\Psi}{A}$; $\Psi = DA = 443 \cdot 10^{-6}\ \dfrac{\text{As}}{\text{Vm}} \cdot 0,36\ \text{m}^2$

$\Psi = 0,16 \cdot 10^{-3}\ \text{As}$

elektrischer Fluss = verschobene Ladung

d) $C = \dfrac{Q}{U}$

$Q = \Psi = 0,16 \cdot 10^{-3}\ \text{As}$

$C = \dfrac{0,16 \cdot 10^{-3}\ \text{As}}{160\ \text{V}} = 1 \cdot 10^{-6}\ \dfrac{\text{As}}{\text{V}} = 1\ \mu\text{F}$

Kapazität wie bei a)

1.7.4 Wickelkondensatoren

Der Papierkondensator mit Metallfolien (gewöhnlicher Papierkondensator) wird als Wickelkondensator aus zwei dünnen Aluminiumfolien hergestellt, die durch mindestens je zwei Lagen Isolierpapier getrennt sind. Das Papier ist mit Öl, Clophen oder Wachs getränkt (höhere Durchschlagsfestigkeit, größeres ϵ). Papier-Doppellagen wegen Fehlerstellen des Papiers. Für größere Kapazitätswerte werden mehrere Wickel parallel geschaltet und in einem gemeinsamen Metallbecher untergebracht. Angewendet wird der Papierkondensator bei Gleich- und Wechselspannung (siehe 1.8.8 und 2.10.3). Zu beachten ist, dass bei Wechselspannung 50 Hz nur etwa ein Drittel der angegebenen Betriebsgleichspannung zulässig ist.

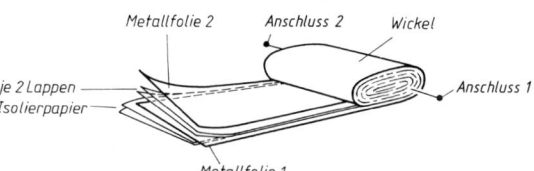

Bild 47. Wickelkondensator

Der MP-Kondensator (Metallpapier-K.) hat keine Metallfolien, sondern der Metallbelag wird durch eine nur etwa 0,07 μm dicke Zinkschicht gebildet, die auf das lackierte Isolierpapier im Vakuum einseitig aufgedampft ist. Durch Aufeinanderwickeln zweier metallisierter Papierbahnen wird meist unter Zwischenlegen einer oder mehrerer Lagen metallfreien Papiers ein Wickel ähnlich Bild 47 hergestellt. Der Hauptvorteil des MP-Kondensators ist seine „Selbstheilung", d.h. bei einem Durchschlag brennt die äußerst dünne Metallschicht rund um die Durchschlagsstelle weg, so dass kein Kurzschluss zurückbleibt und der Kondensator weiterhin einwandfrei ist. Ein Metallfolienkondensator dagegen hat nach einem Durchschlag Kurzschluss und ist damit unbrauchbar. Der MP-Kondensator verträgt bei Wechselspannung 50 Hz knapp die Hälfte der angegebenen Betriebsgleichspannung.

Anwendung, wenn es auf hohe Betriebssicherheit ankommt.

Beim ML-Kondensator (Metall-Lack-K.) wird der eine Belag durch eine beidseitig lackierte Aluminium-Trägerfolie gebildet. Auf die Lackschichten sind wie beim MP-Kondensator dünne Metallschichten aufgedampft, die miteinander verbunden den zweiten Belag bilden. Vorteile: selbstheilend, hohe zeitliche Konstanz des Kapazitäts- und Isolationswertes, Baugröße nur etwa ein Drittel vom MP.

Der Kondensator mit Kunststoffisolation hat anstelle von Papierbahnen solche aus Polystyrol zwischen den Aluminiumfolien. Vorteil: besonders hoher Isolationswiderstand und nur kleine dielektrische Verluste (siehe 1.7.3). Angewendung bei hochohmigen Schaltungen und höheren Frequenzen.

1.7.5 Elektrolytkondensatoren

Beim Elektrolytkondensator werden zwei Aluminumfolien aufgewickelt, zwischen denen je eine Bahn verhältnismäßig dicken saugfähigen Papiers liegt. Das Papier ist mit einer elektrolytisch leitenden Flüssigkeit getränkt. Bei Anlegen einer Gleichspannung bildet sich auf der positiven Folie eine sehr dünne Aluminiumoxidschicht (Al_2O_3), die eine hohe Durchschlagsfestigkeit (1 000 kV/mm) und eine große Permittivität ($\epsilon_r = 8,5$) hat (siehe Tabelle 5). Die Isolierschicht wird dabei nicht durch das (elektrolytisch leitende) Papier gebildet, sondern durch die sehr dünne Al_2O_3-Schicht mit großem ϵ; große Kapazität bei kleiner Baugröße. Beim Anschließen ist die Polarität zu beachten, sonst Zerstörung des Kondensators! Beim *bipolaren* Elektrolytkondensator ist die Polarität gleichgültig. Der sogenannte NV-Elko (Niedervolt-Elektrolytkondensator) wird bis etwa 100 V–, der HV-Elko (Hochvolt-) bis etwa 550 V– hergestellt. Anwendung, wenn ein billiger Kondensator hoher Kapazität bei kleiner Baugröße erforderlich ist. Für Wechselspannung nur in Ausnahmefällen und bei sehr niedriger Spannung brauchbar. Der *Tantal-Kondensator* ist ebenfalls ein Elektrolytkondensator, bei dem Tantal anstelle von Aluminium verwendet wird. Noch erheblich kleiner, aber viel teurer.

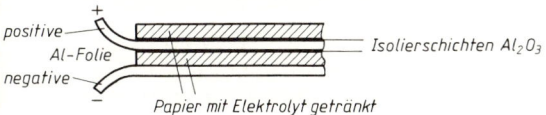

Bild 48. Anordnung der Folien beim Elektrolytkondensator

1.7.6 Sonstige Kondensatoren

Keramische Kondensatoren bestehen aus Scheiben, Röhrchen oder Töpfen aus einer keramischen Masse, die auf beiden Seiten je einen Silberbelag tragen. Die Massen haben entweder kleine dielektrische Verluste bei niedrigeren ϵ-Werten (Tempa, Calit) oder große ϵ-Werte bei höheren Verlusten (Kondensa, Epsilan), so dass mit ihnen entweder besonders verlustfreie Kondensatoren oder solche besonders kleiner Baugröße hergestellt werden können. Anwendung in der Hochfrequenztechnik.

Als einstellbare Kondensatoren werden *Drehkondensatoren* zur Kapazitätsänderung im Betrieb, und *Trimmerkondensatoren* zur einmaligen Einstellung mittels Werkzeug verwendet.

1.7.7 Körper-, Leitungs- und Wicklungskapazität

Jeder Körper hat eine Kapazität gegen Erde, Zimmerwände usw. Eine Metallkugel z.B. hat eine Kapazität gegen Erde, die um so höher ist, je größer die Kugel und je näher sie der Erde (Fußboden, Wasserleitung usw.) ist. Kapazität bedeutet auch hier, dass man je Volt angelegter Spannung eine bestimmte Elektronenmenge (Ladung Q) auf die Kugel bringen oder von ihr abziehen kann (– bzw. + Ladung). Die Adern einer Leitung haben gegeneinander und gegen Erde eine bestimmte Kapazität. Sie wirken wie die voneinander isolierten Platten eines Plattenkondensators: Leitungskapazität. Man kann eine nicht belastete Leitung mit einer Spannung aufladen. Sie hält diese Ladung je nach Güte ihrer Isolation mehr oder weniger lange (Vorsicht: abgeschaltete Leitung kann noch geladen sein).
Die Drähte einer Spule haben ebenfalls gegeneinander eine Kapazität, die sich jedoch meist erst bei höheren Frequenzen bemerkbar macht.

1.8 Wechselstrom

1.8.1 Erzeugung einer sinusförmigen Wechselspannung

Eine Wechselspannung hat die Eigenschaft, dass sie dauernd ihre Polarität ändert. Bei der *periodischen* Wechselspannung sieht der nächste Kurvenzug wieder genau so aus, wie der vorhergehende. Die *sinusförmige* Wechselspannung wird in der Praxis am häufigsten verwendet, weil sie die geringsten Verluste in elektrischen Maschinen und Transformatoren hervorruft.

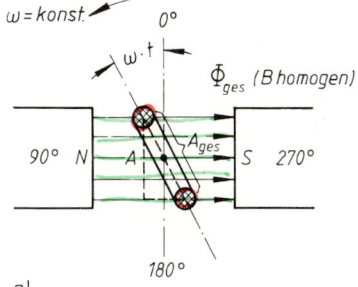

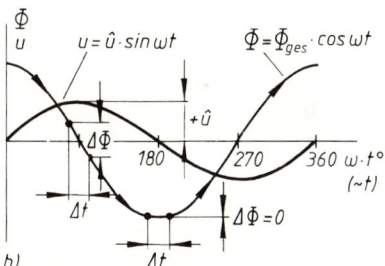

Bild 49. Theoretische Erzeugung einer sinusförmigen Wechselspannung
a) Schnittbild einer im Magnetfeld gedrehten Spule,
b) Magnetfluss- und Spannungsverlauf in der Spule

Dreht man eine Spule von der Fläche A_{ges} nach Bild 49 im homogenen Magnetfeld B, dann ändert sich der von der Spule umfasste Teil Φ des Gesamtflusses Φ_{ges} cosinusförmig mit dem Drehwinkel ωt, weil die Projektionsfläche $A = A_{ges} \cos \omega t$ und $BA = BA_{ges} \cos \omega t = \Phi_{ges} \omega t$ ist. Bei Drehung mit konstanter Winkelgeschwindigkeit ω induziert die cosinusförmige Magnetflussänderung in der Spule die sinusförmige Wechselspannung $u = \hat{u} \sin \omega t$. Bei 90° Drehwinkel ist die Flussabnahme $\Delta\Phi/\Delta t$ am größten, die induzierte Spannung u hat dabei ihren Scheitelwert $+ \hat{u}$. Bei 270° maximaler Zunahme von Φ, daher $- \hat{u}$. Bei 0°, 180° und 360° ist $\Delta\Phi/\Delta t = 0$ (horizontaler Flussverlauf) und daher $u = 0$.

Bei Drehung einer Spule im Magnetfeld wird in denjenigen Stellungen die höchste Spannung induziert, in denen der Magnetfluss in der Spule durch null geht. Dort werden die meisten Feldlinien geschnitten.

1.8.2 Frequenz und Drehzahl

Frequenz f = Periodenzahl pro Sekunde (Bild 50)

$$\text{Einheit}: 1\frac{\text{Periode}}{\text{Sekunde}} = 1\,\text{Hertz} = 1\,\text{Hz} = \frac{1}{\text{s}}$$

Gebräuchliche Frequenzen der Elektrotechnik:
$16\frac{2}{3}$ Hz für elektrische Bahnen; 50 Hz für Licht -und Kraftnetze; 50 Hz ... 20 kHz tonfrequente Wechselströme; 100 kHz ... 100 MHz Funksender; 100 MHz bis über 30 000 MHz für Fernsehen, drahtloses Fernsprechen, Radar usw.

Günstigste Frequenz für Licht- und Kraftnetze:
Bei der Frequenz 50 Hz des technischen Wechselstroms lässt sich die elektrische Energie am wirtschaftlichsten übertragen.

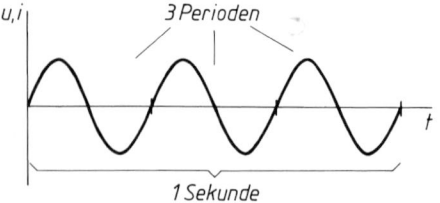

Bild 50. Sinusförmiger Verlauf mit der Frequenz 3 Hertz

Für die praktische Erzeugung sinusförmigen Wechselstroms verwendet man die schematisch dargestellten Wechselstromgeneratoren. Ein über Schleifringe mit dem Erregergleichstrom I_e erregtes Polrad wird in der Ständerwicklung durch mechanischen Antrieb gedreht. Dadurch wird in dieser die Wechselspannung U mit der Frequenz f induziert.
Zwischen der *Drehzahl n* und der *Frequenz f* besteht bei Wechselstrom die konstante Beziehung:

$$n = \frac{60\,\dfrac{\text{s}}{\text{min}}\,f}{p} \qquad \begin{array}{c|c|c} n & f & p \\ \hline \text{min}^{-1} & \text{Hz} = \dfrac{1}{\text{s}} & 1 \end{array} \qquad (44)$$

(gilt für Wechsel- und Drehstrommaschinen)
p Pol*paar*zahl der Maschine

Die Maschine mit $p = 1$ (Bild 51a) muss als Generator mit $n = 3\,000$ 1/min angetrieben werden, wenn sie die Frequenz $f = 50$ Hz liefern soll, die mit $p = 2$ (Bild 51b) mit $n = 1\,500$ 1/min für $f = 50$ Hz. Bei Verwendung als Motoren liefern diese Maschinen Drehzahlen von 3 000 bzw. 1 500 1/min, wenn sie in das Wechselstromnetz von der Frequenz 50 Hz ange-

schlossen werden. *Drehzahlreihe* normaler Wechsel- und Drehstrommaschinen bei $f = 50$ Hz: 3 000, 1 500, 1 000, 750, 600, 500 1/min usw. je nach Polpaarzahl.

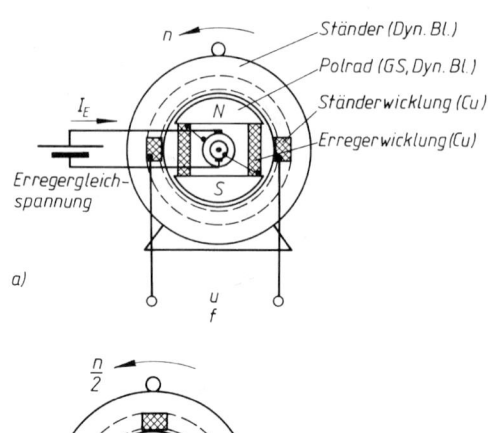

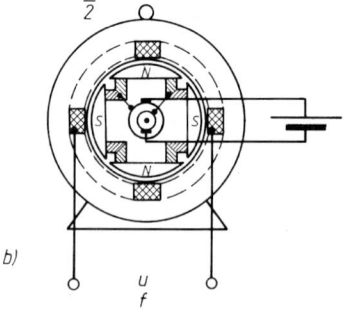

Bild 51. Schematischer Aufbau von Wechselstromgeneratoren
a) Maschine mit 1 Polpaar,
b) mit 2 Polpaaren

1.8.3 Effektivwert

Da sich die *Momentanwerte u, i* bei Wechselstrom dauernd ändern zwischen den *Scheitelwerten* $\pm\,\hat{u},\,\pm\,\hat{i}$, gibt man die Volt- bzw. Amperezahl für den *Effektivwert U, I* an.
Der Effektivwert ist der Wirkungs- oder Leistungsmittelwert (quadratischer Mittelwert). Eine Wechselspannung bzw. -strom vom *Effektivwert U* bzw. *I* übt auf einen Ohm'schen Verbraucher die gleiche Wirkung aus wie eine Gleichspannung bzw. -strom U_- bzw. I_- von gleicher Volt- bzw. Amperezahl.

■ **Beispiel:**
  Brennt eine Glühlampe bei der unbekannten Wechselspannung U genauso hell wie z.B. bei 220 V Gleichspannung, dann ist der Effektivwert dieser Wechselspannung $U = U_- = 220$ V. Entsprechendes gilt für *I. Effektivwert und Scheitelwert bei Sinusverlauf:*

$$\hat{u} = \sqrt{2}\,U \quad \text{bzw.} \quad \hat{i} = \sqrt{2}\,I \qquad (45)$$

$\sqrt{2}$ Scheitelfaktor der *Sinus*kurve.

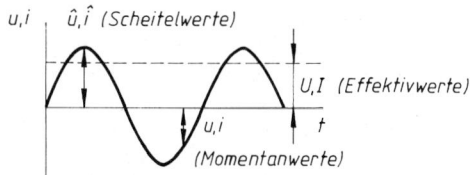

Bild 52. Bezeichnungen von Wechselstrom- und Spannungsgrößen

■ **Beispiel:**
Wie groß ist der Scheitelwert einer Wechselspannung von 220 V?

Lösung:
$\hat{u} = \sqrt{2}\ U = \sqrt{2} \cdot 220\ V = 310\ V$ Scheitelwert bei 220 V Effektivwert und sinusförmigem Verlauf.

1.8.4 Zeigerdiagramm

Anstelle des Sinusdiagramms wird in der Wechselstromtechnik meist das *Zeigerdiagramm* zur Darstellung sinusförmiger Verläufe benutzt. Man denkt sich dabei den Zeiger von der Länge $\hat{u}$ (bzw. $\hat{i}$) mit der konstanten Winkelgeschwindigkeit ω entgegen dem Uhrzeiger kreisend. Die Projektion des Zeigers $\hat{u}$ auf die u-Achse ergibt im Sinusdiagramm die jeweiligen Momentanwerte u, die über dem Drehwinkel ωt aufgetragen werden. Anstelle von $\hat{u}$ und $\hat{i}$ benutzt man fast immer die Effektivwerte U und I (Maßstabsänderung um den Faktor $\sqrt{2}$).

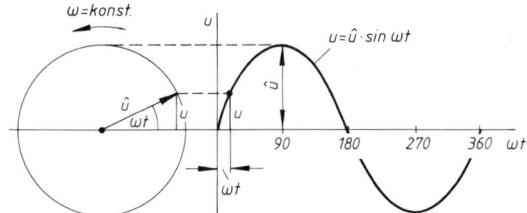

Bild 53. Zusammenhang zwischen Zeiger- und Sinusdiagramm

Die Winkelgeschwindigkeit ω (Kreisfrequenz), mit der der Zeiger kreist, ist proportional der Frequenz f:

$$\omega = 2\pi f$$

ω	f
$\dfrac{1}{s}$	Hz $= \dfrac{1}{s}$

(46)

Der vom Zeiger in 1 s überstrichene Winkel (Winkelgeschwindigkeit ω) beträgt also f mal 2π.

■ **Beispiel:**
Wie groß ist die Kreisfrequenz bei $f = 50$ Hz?

Lösung:
$\omega = 2\pi f = 2\pi \cdot 50\ Hz = 314\ \dfrac{1}{s} = 314$ rad (siehe Mechanik 2.1.3).

1.8.5 Wechselstromwiderstände

Bei Wechselstrom gibt es außer dem *Wirkwiderstand* R (z.B. Ohm'scher Widerstand wie Glühlampe, Heizofen u. dgl.) noch den *induktiven Blindwiderstand* X_L (Spule) und den *kapazitiven Blindwiderstand* X_C (Kondensator). Die Zusammenschaltung von X und R ergibt den *Scheinwiderstand* Z.

Beim Wirkwiderstand R sind Spannung und Strom in Phase, d.h. beide gehen im gleichen Augenblick gleichsinnig durch null. Der Wirkwiderstand gibt alle aufgenommene elektrische Leistung in einer anderen Energieform wieder ab, z.B. als Wärme, Licht oder mechanische Energie.

Beim induktiven Blindwiderstand X_L eilt der Strom der Spannung um den Phasenwinkel $\varphi = 90°$ nach (Nacheilung: $+ 90°$), d.h. der Strom geht um 90° später gleichsinnig durch null als die Spannung. Der *Blind*widerstand gibt die aufgenommene elektrische Energie *nicht* in anderer Form wieder ab, sondern speichert sie nur in der einen Viertelperiode, um sie in der nächsten wieder als elektrische Energie an das Netz zurückzuliefern. Der *induktive* Blindwiderstand speichert in Form von magnetischer Energie, die beim Flussrückgang über den Induktionsvorgang wieder in elektrische Energie zurückverwandelt wird. Die induktive Phasenverschiebung ist bedingt durch das Induktionsgesetz (30). Zwischen dem cosinusförmig verlaufenden Magnetfluss Φ und der induzierten sinusförmigen Spannung e liegt ein Winkelunterschied von $\varphi = 90°$ (Bild 49b).
Der Betrag des induktiven Blindwiderstandes X_L ist das Produkt aus der Kreisfrequenz ω und der Induktivität L der Spule.

$$X_L = \omega L$$

X_L	ω	L
Ω	$\dfrac{1}{s}$	$H = \dfrac{Vs}{A}$

(47)

X_L steigt mit wachsender Frequenz
($\omega = 2\pi f$, siehe (46)).

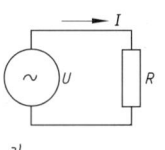

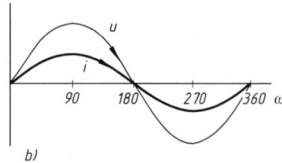

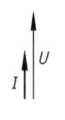

Bild 54.
Spannungs- und Stromverlauf beim Wirkwiderstand R
a) Schaltbild,
b) Sinusdiagramm,
c) Zeigerdiagramm

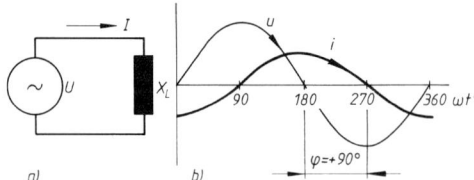

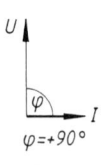

Bild 55.
Spannungs- und Stromverlauf beim induktiven Blindwiderstand X_L
a) Schaltbild,
b) Sinusdiagramm,
c) Zeigerdiagramm

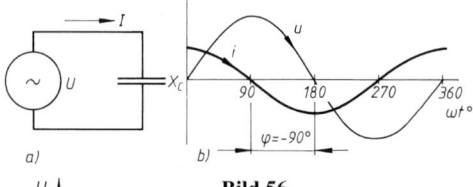

Bild 56.
Spannungs- und Stromverlauf beim kapazitiven Blindwiderstand X_C
a) Schaltbild,
b) Sinusdiagramm,
c) Zeigerdiagramm

■ **Beispiel:**
Wie groß ist der induktive Blindwiderstand einer Spule von 3 H Induktivität
a) bei 50 Hz,   b) bei 250 Hz?

Lösung:
a) $X_L = \omega L$

$$\omega = 2\,\pi f = 2\,\pi \cdot 50\ \text{Hz} = 314\ \frac{1}{\text{s}}$$

$$X_L = 314\frac{1}{\text{s}} \cdot 3\frac{\text{Vs}}{\text{A}} = 942\ \Omega \quad \text{Blindwiderstand bei 50 Hz}$$

b) $\omega = 2\,\pi \cdot 250\ \text{Hz} = 1\,570\ \frac{1}{\text{s}}$

$$X_L = 1\,570\ \frac{1}{\text{s}} \cdot 3\frac{\text{Vs}}{\text{A}} = 4\,710\ \Omega \quad \text{Blindwiderstand bei 250 Hz}$$

Beim kapazitiven Blindwiderstand X_C eilt der Strom der Spannung um den Phasenwinkel $\varphi = 90°$ voraus (Voreilung: – 90°), d. h. der Strom geht um 90° früher gleichsinnig durch null als die Spannung. Als Blindwiderstand speichert der Kondensator die aufgenommene elektrische Energie in Form von elektrischer Feldenergie und gibt sie in der nächsten Viertelperiode beim Rückgang der Netzspannung wieder als elektrische Energie an das Netz zurück. Die kapazitive Phasenverschiebung kommt dadurch zustande, dass der Kondensatorstrom immer dann seinen Höchstwert $\hat{i}$ hat, wenn die Spannung sich am stärksten ändert, also in den Nulldurchgängen von u

(Bild 56b).
Der Betrag des kapazitiven Blindwiderstandes X_C ergibt sich aus der Kreisfrequenz ω und der Kapazität C des Kondensators:

$$X_C = \frac{1}{\omega C}$$

X_C	ω	C
Ω	$\dfrac{1}{\text{s}}$	$\text{F} = \dfrac{\text{As}}{\text{V}}$

(48)

X_C nimmt mit wachsender Frequenz ab ($\omega = 2\,\pi f$, siehe (46)).

■ **Beispiel:**
Welchen Blindwiderstand hat ein Kondensator von 8 μF

a) bei 50 Hz,   b) bei 250 Hz

Lösung:

a) $X_C = \dfrac{1}{\omega C}\ \Big|\ \omega = 314\dfrac{1}{\text{s}}$ (siehe voriges Beispiel)

$$X_C = \frac{1}{314\dfrac{1}{\text{s}} \cdot 8 \cdot 10^{-6}\dfrac{\text{As}}{\text{V}}} \approx 400\ \Omega \quad \text{Blindwiderstand bei 50 Hz}$$

b) $\omega = 1\,570\ \dfrac{1}{\text{s}}$ (siehe voriges Beispiel)

$$X_C = \frac{1}{1570\dfrac{1}{\text{s}} \cdot 8 \cdot 10^{-6}\dfrac{\text{As}}{\text{V}}} \approx 80\ \Omega \quad \text{Blindwiderstand bei 250 Hz}$$

Bei Reihenschaltung eines Blindwiderstandes X (z.B. induktiv) und eines Wirkwiderstandes R erzeugt der gemeinsame Strom I an X den Blindspannungsfall U_b und an R den Wirkspannungsfall U_w. Nach Bild 57b addieren sich beide geometrisch zur Gesamtspannung U:

$$U = \sqrt{U_w^2 + U_b^2}$$

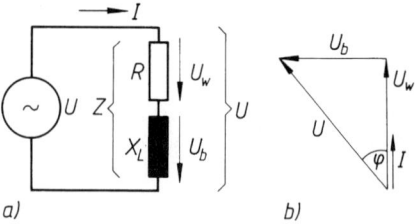

Bild 57.
Scheinwiderstand bei Reihenschaltung von X_L und R
a) Schaltbild,
b) Zeigerdiagramm

Entsprechend den Spannungen addieren sich auch der Wirkwiderstand R und der Blindwiderstand X geometrisch zum *Scheinwiderstand Z*:

$$Z = \sqrt{R^2 + X^2} \tag{50}$$

■ **Beispiel:**

Ein Ohm'scher Widerstand von 40 Ω und ein Blindwiderstand (z.B. induktiv) von 30 Ω liegen in Reihe an 100 V Wechselspannung.
a) Wie groß ist der Scheinwiderstand der Reihenschaltung?
b) Wie groß sind Wirk- und Blindspannungsfall an den Einzelwiderständen?

Lösung:

a) $Z = \sqrt{R^2 + X_L^2} = \sqrt{40^2 + 30^2}\ \Omega = 50\ \Omega$

Scheinwiderstand (nicht 70 Ω!)

b) $I = \dfrac{U}{Z} = \dfrac{100\ \text{V}}{50\ \Omega} = 2\ \text{A}$

$U_w = IR = 2\ \text{A} \cdot 40\ \Omega = 80\ \text{V Wirkspannungsfall}$
$U_b = IX_L = 2\ \text{A} \cdot 30\ \Omega = 60\ \text{V Blindspannungsfall}$

Probe: $U = \sqrt{U_w^2 + U_b^2} = \sqrt{80^2 + 60^2}\ \text{V} = 100\ \text{V}$

Gesamtspannung (nicht 140 V!)

Bei Parallelschaltung eines Blindwiderstandes X (z.B. kapazitiv) und eines Wirkwiderstandes R treibt die gemeinsame Spannung U durch X den Blindstrom I_b und durch R den Wirkstrom I_w. Nach Bild 58b addieren sich beide geometrisch zum Gesamtstrom I:

$$I = \sqrt{I_w^2 + I_b^2} \qquad (51)$$

Entsprechend den Strömen addieren sich auch der Wirkleitwert $1/R$ und der Blindleitwert $1/X$ geometrisch zum Scheinleitwert $1/Z$:

$$\frac{1}{Z} = \sqrt{\left(\frac{1}{R}\right)^2 + \left(\frac{1}{X}\right)^2} \qquad (52)$$

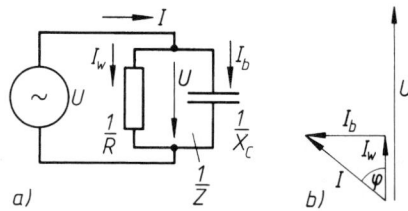

Bild 58.
Scheinwiderstand bei Parallelschaltung von X_C und R
a) Schaltbild, b) Zeigerdiagramm

■ **Beispiel:**

Ein Ohm'scher Widerstand von 40 Ω und einem Blindwiderstand von 30 Ω liegen parallel an 120V Wechselspannung.

a) Wie groß ist der Scheinwiderstand der Parallelschaltung?
b) Wie groß ist der Gesamtstrom?
c) Wie groß sind Wirk- und Blindstrom?

Lösung:

a) $\dfrac{1}{Z} = \sqrt{\left(\dfrac{1}{R}\right)^2 + \left(\dfrac{1}{X}\right)^2} = \sqrt{\dfrac{1}{40^2} + \dfrac{1}{30^2}}\ \dfrac{1}{\Omega} = 0{,}0417\ \dfrac{1}{\Omega}$

Scheinleitwert

$Z = \dfrac{1}{0{,}0417\ \dfrac{1}{\Omega}} = 24\ \Omega$ *Scheinwiderstand*

b) $I = \dfrac{U}{Z} = \dfrac{120\ \text{V}}{24\ \Omega} = 5\ \text{A}$ Gesamtstrom

c) $I_w = \dfrac{U}{R} = \dfrac{120\ \text{V}}{40\ \Omega} = 3\ \text{A}$ Wirkstrom

$I_b = \dfrac{U}{X_C} = \dfrac{120\ \text{V}}{30\ \Omega} = 4\ \text{A}$ Blindstrom

Probe: $I = \sqrt{I_w^2 + I_b^2} = \sqrt{3^2 + 4^2}\ \text{A} = 5\ \text{A}$ wie unter b)

(und nicht 7 A!)

1.8.6 Leistung bei Wechselstrom

Entsprechend dem Widerstandscharakter des Verbrauchers unterscheidet man bei Wechselstrom die Wirkleistung, die vom Verbraucher restlos in eine andere Energie verwandelt und nach außen abgegeben wird, die Blindleistung, die nur während einer Viertelperiode gespeichert und in der nächsten wieder als elektrische Energie an das Netz zurückgeliefert wird, und die Scheinleistung, die sich aus beiden geometrisch zusammensetzt.

Die Wirkleistung P ist nach Bild 57 bei Reihenschaltung $P = U_w I$ bzw. nach Bild 58 bei Parallelschaltung $P = U I_w$. Bei Reihenschaltung ist meist nur die Gesamtspannung U gegeben, bei Parallelschaltung nur der Gesamtstrom I. Aus den Zeigerdiagrammen Bild 57b bzw. 58b ergibt sich, dass $U_w = U \cos \varphi$ bzw. $I_w = I \cos \varphi$ ist. Nach Einsetzen in die Gleichungen für P erhält man für die Wirkleistung P bei Wechselstrom:

$$P = UI \cos \varphi \qquad \begin{array}{c|c|c|c} P & U & I & \cos \varphi \\ \hline \text{W} & \text{V} & \text{A} & 1 \end{array} \qquad (53)$$

U Gesamtspannung am Verbraucher; I Gesamtstrom durch den Verbraucher; $\cos \varphi$ Leistungsfaktor des Verbrauchers (siehe 1.8.7).
Die Einheit der Wirkleistung P ist 1 Watt = 1 W = = 1 V · 1 A.

Die Blindleistung Q ist nach Bild 57 bzw. 58 $Q = U_b I$ bzw. $Q = U I_b$. Setzt man nach den Zeigerdiagrammen $U_b = U \sin \varphi$ bzw. $I_b = I \sin \varphi$ ein, so erhält man für die Blindleistung Q bei Wechselstrom:

$$Q = UI \sin \varphi \qquad \begin{array}{c|c|c|c} Q & U & I & \sin \varphi \\ \hline \text{var} & \text{V} & \text{A} & 1 \end{array} \qquad (54)$$

$\sin \varphi$ Blindfaktor des Verbrauchers.

Die Einheit der Blindleistung Q wird willkürlich anders bezeichnet als die der Wirkleistung. Sie ist: 1 Voltampere-Reaktanz = 1 var = 1 V · 1 A.

Die Scheinleistung S ergibt sich sowohl bei Reihen- als auch bei Parallelschaltung zu:

$$S = UI \qquad \begin{array}{c|c|c} S & U & I \\ \hline \text{VA} & \text{V} & \text{A} \end{array} \qquad (55)$$

Die Einheit der Scheinleistung S wird ebenfalls willkürlich anders bezeichnet als die der Wirkleistung. Sie ist: 1 Voltampere = 1 VA.

■ **Beispiel:**

Nach Bild 58 liegen ein Wirkwiderstand von 40 Ω und ein kapazitiver Blindwiderstand von 30 Ω parallel an der Wechselspannung 120V.

a) Welche Wirkleistung,
b) welche Blindleistung,
c) welche Scheinleistung nimmt die Schaltung auf,
d) wie groß ist ihr Leistungsfaktor,
e) wie groß ihr Blindfaktor?

Lösung:

a) $P = U I_w$

$$I_w = \frac{U}{R} = \frac{120\ V}{40\ \Omega} = 3\ A$$

$P = 120\ V \cdot 3\ A = 360\ W$ Wirkleistung

b) $Q = U I_b$

$$I_b = \frac{U}{X_C} = \frac{120\ V}{30\ \Omega} = 4\ A$$

$Q = 120\ V \cdot 4\ A = 480\ var$ Blindleistung

c) $S = U I$

$$I = \sqrt{I_w^2 + I_b^2} = \sqrt{3^2 + 4^2}\ A = 5\ A$$

$S = 120\ V \cdot 5\ A = 600\ VA$ Scheinleistung

Probe: $S = \sqrt{P^2 + Q^2} = \sqrt{360^2 + 480^2}\ VA = 600\ VA$

d) $P = U I \cos \varphi$

$$\cos \varphi = \frac{P}{U I} = \frac{P}{S} = \frac{360\ W}{600\ VA} = 0{,}6\ \text{Leistungsfaktor}$$

e) $Q = U I \sin \varphi$

$$\sin \varphi = \frac{Q}{U I} = \frac{Q}{S} = \frac{480\ var}{600\ VA} = 0{,}8\ \text{Blindfaktor}$$

1.8.7 Leistungsfaktor cos φ

Nach Bild 58b und 57b ist der Leistungsfaktor

$$\cos \varphi = \frac{\text{Wirkleistung}}{\text{Scheinleistung}} = \frac{P}{S} = \frac{I_w}{I} = \frac{U_w}{U} = \frac{R}{Z} \quad (56)$$

Der Leistungsfaktor cos φ ist das Verhältnis der Wirkleistung zur Scheinleistung (allgemein: des Wirkanteils zur Gesamtgröße).
cos φ = 0,8 bedeutet demnach: Von je 1 A Gesamtstrom sind 0,8 A Wirkanteil. Die restlichen 0,6 A sind Blindanteil, denn:

$$I = \sqrt{I_w^2 + I_b^2} = \sqrt{0{,}8^2 + 0{,}6^2}\ A = 1\ A$$

Nicht verwechseln darf man:

$$\cos \varphi = \frac{\text{Wirkleistung}}{\text{Scheinleistung}} \quad \text{und}$$

$$\eta = \frac{\text{abgegebene Wirkleistung}}{\text{zugeführte Wirkleistung}}$$

Der Leistungsfaktor eines Motors ist normalerweise kleiner als 1, weil der Motor außer der von ihm umgesetzten Wirkleistung zu seiner Magnetisierung

eine zwischen Netz und Maschine hin- und herpendelnde Blindleistung benötigt. Im vereinfachten Ersatzschaltbild 59a kann man den Motor als Parallelschaltung eines konstanten Magnetisierungsblindwiderstandes X_L und eines mit wachsender Last kleiner werdenden Wirkwiderstandes R auffassen (kleineres R nimmt größeren Wirkstrom I_w auf!). Das Zeigerdiagramm 59b zeigt, dass der Leerlaufwirkstrom I_{w0} nur klein und daher der Leerlauf-Gesamtstrom I_0 stark induktiv verschoben ist: Winkel φ groß, cos φ klein bei Leerlauf eines Motors! Bei Vollast (Bild 59c) ist die Wirkstromaufnahme I_w bei gleich großem Magnetisierungsstrom I_b groß und damit der Winkel φ klein, der Winkel cos φ groß bei Volllast.

Der auf dem Typenschild eines Motors angegebene Leistungsfaktor cos φ gilt nur für Volllast. Bei Leerlauf oder Teillast ist der cos φ eines Motors erheblich schlechter.

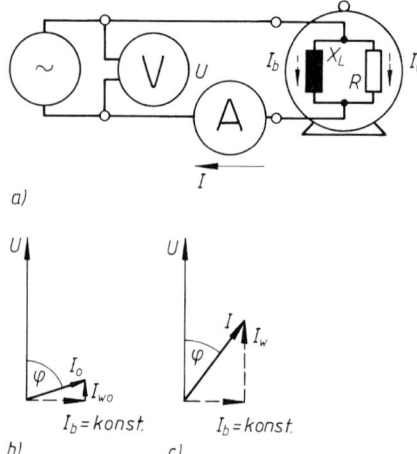

a)

b)   c)

$I_b = konst.$ $I_b = konst.$

Bild 59. Leistungsfaktor eines Motors
a) vereinfachtes Ersatzschaltbild,
b) Zeigerdiagramm bei Leerlauf,
c) bei Volllast

1.8.8 Phasenkompensation

Bei schlechtem Leistungsfaktor nimmt ein Verbraucher mehr Strom auf, als für seine Leistungsabgabe erforderlich wäre (Gesamtstromaufnahme I, dagegen für Leistungsabgabe nur I_w erforderlich). Durch den Blindstrom werden im Generator und auf dem Übertragungsweg der elektrischen Leistung (Leitungen, Transformatoren) *zusätzliche Verluste* hervorgerufen, die vermeidbar sind. Zur Vermeidung der Zusatzverluste durch Blindstrom veranlasst das E-Werk seine Abnehmer durch Vorschriften oder Einbau von Blindstromzählern, den Übertragungsweg von Blindstrom freizuhalten; der Abnehmer soll also, den Leistungsfaktor seines Verbrauchs ungefähr auf cos φ = 1 bringen, weil er sonst hohe Blindstromgebühren bezahlen müsste oder ihm der Strom gesperrt würde.

Zur Phasenkompensation (Leistungsfaktorverbesserung) wird meist ein Phasenschieberkondensator parallel zum Verbraucher geschaltet. Die Kapazität C dieses Kondensators wird so groß gewählt, dass seine Aufnahme an voreilendem Blindstrom I_{bc} ebensogroß ist, wie die Aufnahme des Motors an nacheilendem I_{bm} (Bild 60b). Der Kondensator gibt in derjenigen Viertelperiode Blindleistung zurück, in der der Motor solche aufnimmt und umgekehrt. Die zur Magnetisierung des Motors erforderliche Blindleistung pendelt also nur noch auf der kurzen Verbindungsleitung zwischen Motor und Kondensator hin und her, so dass die lange Zuleitung vom E-Werk frei bleibt von Blindstrom.

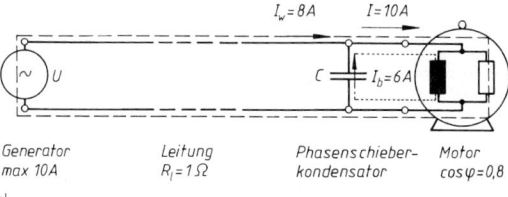

Generator max 10A
Leitung $R_l = 1\,\Omega$
Phasenschieberkondensator
Motor $\cos\varphi = 0,8$

a)

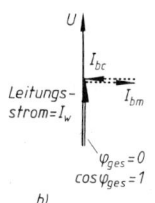

b)

Bild 60. Phasenkompensation bei einem Motor mittels Phasenschieberkondensator
a) Schaltbild,
b) Zeigerdiagramm bezogen auf die Leitung

Diese Leitung führt nur noch den Wirkstrom I_w (Bild 60a und b). Der Leistungsfaktor der gesamten Anlage (Motor + Kondensator) ist cos φ_{ges} = 1. Zur Einsparung an Kapazität begnügt man sich in der Praxis mit cos φ_{ges} ≈ 0,95.

Die Phasenkompensation bewirkt entweder eine Verringerung der Verluste auf dem Übertragungsweg oder eine bessere Ausnutzbarkeit der Leitungen, Transformatoren und Generatoren.

■ **Beispiel:**
Der Motor nach Bild 60 hat bei 10 A Stromaufnahme einen Leistungsfaktor von 0,8. Durch einen Phasenschieberkondensator wird der Blindstrom von 6 A von der Leitung ferngehalten, so dass auf ihr nur der Wirkstrom von 8 A fließt. Die Leitung hat 1 Ω Widerstand.

a) Welche Verlustleistung ergibt sich auf der Leitung bei nichtkompensiertem Verbraucher?
b) Welche ergibt sich bei Phasenkompensation?
c) Auf wieviel % ist die Verlustleistung zurückgegangen infolge Kompensation?
d) Mit welchem Wirkstrom könnte der Generator bei Kompensation zusätzlich belastet werden, wenn er mit max. 10 A belastet werden darf?

Lösung:
a) $P_v = I^2 \cdot R_l = 10^2\,A^2 \cdot 1\,\Omega = 100\,W$
Verlustleistung ohne Kompensation
b) $P'_v = I_w^2 \cdot R_l = 8^2\,A^2 \cdot 1\,\Omega = 64\,W$
Verlustleistung mit Kompensation

c) Die Verlustleistung ist nach a) und b) auf 64 % zurückgegangen
d) $\Delta I = I_{max} - I_w = 10\,A - 8\,A = 2\,A$
zusätzliche Belastung zulässig

1.9 Drehstrom (Dreiphasenwechselstrom)

1.9.1 Erzeugung von Drehstrom

Der Drehstromgenerator ist ebenso aufgebaut wie der Wechselstromgenerator (Bild 51), hat jedoch drei gleiche Wicklungen, die gegeneinander um 120° versetzt sind. In diesen induziert das Polrad drei Wechselspannungen gleicher Größe und Frequenz, die gegeneinander um 120° phasenverschoben sind. Bild 61b zeigt den zeitlichen Verlauf der Spannungen, aufgetragen über der Abwicklung der Maschine (Ständer aufgeschnitten und geradegebogen). Bei Verkettung der drei Wicklungen in Stern (Λ) oder Dreieck (Δ) entsteht Drehstrom. Die Vorteile des Drehstroms sind Transformierbarkeit (siehe 2.1.4), Leitungsmaterialersparnis bei Verkettung in Λ (siehe 2.1.3) und Drehfelderzeugung im Motor (siehe 2.7.1).

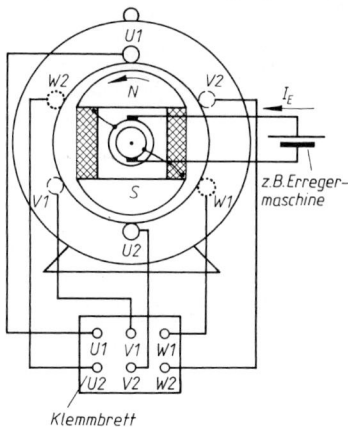

z.B.Erregermaschine

Klemmbrett

a)

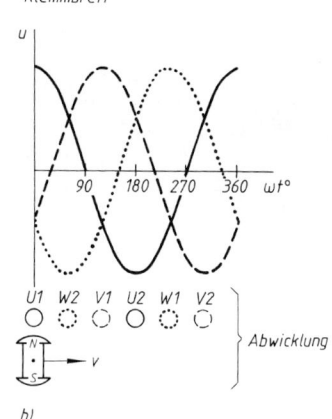

b)

Bild 61.
a) Aufbauschema und Klemmbrett eines Drehstromgenerators,
b) Spannungsverlauf über der Abwicklung der Maschine aufgetragen

1.9.3 Verkettungsarten $\curlyvee$ und $\triangle$

Der Drehstromanschluss besteht aus den drei Außenleitern L1, L2, L3 und dem Neutralleiter N.
Bild 62 zeigt, wie die drei Wicklungen eines Drehstromgerätes am Klemmbrett in $\curlyvee$ oder $\triangle$ verkettet werden und wie sie dabei geschaltet sind. Die zyklische Vertauschung W2/U2/V2 gestattet eine kreuzungsfreie Verkettung in $\triangle$.
Bei Drehstrom unterscheidet man Leiter- und Stranggrößen (Bild 62). Die Leitergrößen (U, I) beziehen sich auf die drei Leitungsadern L1/L2/L3. Die Leiterspannung U ist die Spannung zwischen zwei Leitungsadern, der Leiterstrom I der Strom in einer Ader. Die Stranggrößen (U_{str}, I_{str}) beziehen sich auf die drei Stränge (Wicklungen) des Gerätes.

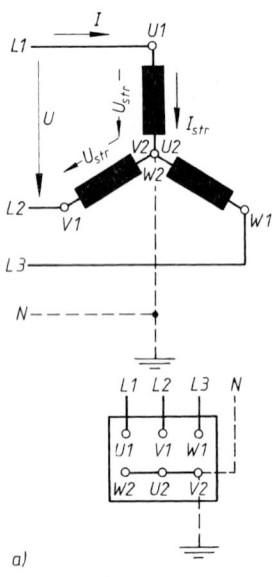

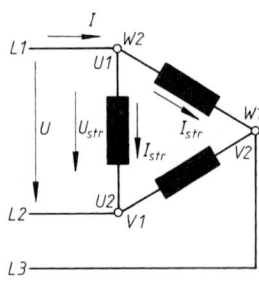

a)

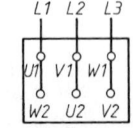

b)

Bild 62.
a) Sternverkettung eines Drehstromgerätes
b) Dreiecksverkettung eines Drehstromgerätes

Die Strangspannung U_{str} ist die Spannung zwischen Anfang und Ende einer Wicklung, der Strangstrom I_{str} der Strom in einer Wicklung des Gerätes. Zwischen den Leiter- und Stranggrößen bestehen je nach Verkettung folgende Beziehungen:

Spannung und Strom bei $\curlyvee$

$$U = \sqrt{3}\ U_{str} \qquad I = I_{str} \qquad (57)$$

Spannung und Strom bei $\triangle$

$$U = U_{str} \qquad I = \sqrt{3}\ I_{str} \qquad (58)$$

Der Verkettungsfaktor $\sqrt{3}$ des Drehstromes ergibt sich aus der geometrischen Aneinandersetzung zweier gleicher Stranggrößen unter einem Winkel von 120°.

■ **Beispiel:**
   Bei einem Drehstromgenerator liefert eine Wicklung eine Spannung von 220V. Welche Leiterspannung ergibt sich a) bei Stern-, b) bei Dreiecksverkettung der Wicklungen?

Lösung:
   a) $U = \sqrt{3}\ U_{str} = \sqrt{3}\ \cdot 220\ \text{V} = 381\ \text{V}$ Leiterspannung (verkettete Spannung) bei $\curlyvee$
   b) $U = U_{str} = 220\ \text{V}$ Leiterspannung bei $\triangle$

Die erforderliche Verkettungsart für ein Drehstromgerät richtet sich nach der Spannung U des Netzes und der Spannung U_{str}, die für eine Wicklung des Gerätes zulässig ist. Bei der üblichen Netzspannung 220/380 V muss ein Gerät, dessen Nennspannung a) mit 220/380 V (oder 220 V$\triangle$) angegeben ist, in $\curlyvee$ ans Netz geschaltet werden, ein Gerät b) mit der Angabe 380/660 V (oder 380 V$\triangle$) dagegen in $\triangle$. Im Fall a) wird es bei $\triangle$ überlastet, im Fall b) gibt es bei $\curlyvee$ nur ein Drittel der Leistung (Heizgerät) bzw. darf nur mit etwa 60 % der Nennleistung belastet werden (Motoren).

1.9.3 Leistung bei Drehstrom

Bei beliebiger Belastung ergibt sich die *Wirkleistung* P bei Drehstrom als Summe der einzelnen Strangleistungen:

$$
\begin{aligned}
P &= P_{str\,1} + P_{str\,2} + P_{str\,3} \\
P_{str} &= U_{str} I_{str} \cos\varphi_{str}
\end{aligned}
\qquad (59)
$$

Bei symmetrischer Belastung (gleiche Belastung jedes Stranges) ist die *Drehstrom-Wirkleistung*

$$P = \sqrt{3}\,UI\cos\varphi \qquad \begin{array}{c|c|c|c} P & U & I & \cos\varphi \\ \hline \text{W} & \text{V} & \text{A} & 1 \end{array} \qquad (60)$$

U Leiterspannung = Spannung zwischen zwei Außenleitern; I Leiterstrom = Strom auf einem Außenleiter; $\cos\varphi$ Leistungsfaktor des Verbrauchers.
Die Gleichung gilt unabhängig davon, ob der Verbraucher in $\curlyvee$ oder $\triangle$ geschaltet ist. Die *Größe der Leistung* ist bei $\curlyvee$ oder $\triangle$ Schaltung desselben Verbrauchers jedoch *verschieden* (siehe zweites Beispiel).

■ Beispiel:

Ein Drehstrommotor für 380 V hat 11 kW Nennleistung bei einem Wirkungsgrad von 0,87 und einem Leistungsfaktor von 0,84. Wie groß ist der Strom, der in jeder seiner drei Zuleitungsadern fließt?

Lösung:

$$P = \sqrt{3}\, UI \cos \varphi$$

$$I = \frac{P}{\sqrt{3} \cdot U \cdot \cos \varphi}$$

$$P = \frac{P_{nenn}}{\eta} = \frac{11\ \text{kW}}{0,87} = 12,64\ \text{kW Leistungs}aufnahme$$

$$I = \frac{12\ 640\ \text{W}}{\sqrt{3} \cdot 380\ \text{V} \cdot 0,84} = 22,9\ \text{A entnimmt der Motor jeder Ader}$$

■ Beispiel:

Die drei Heizwendeln eines Drehstromheizgerätes haben je 38 Ω Widerstand.

a) Welche Leistung nimmt das Gerät bei Δ,
b) welche bei ⋏ Schaltung an 380 V auf?
c) In welchem Verhältnis stehen die beiden Leistungen zueinander?

Lösung:

a) $P_\Delta = \sqrt{3}\, UI \cos \varphi$

$I = \sqrt{3}\, I_{str\Delta}$ nach Bild 62b und Gl. (58)

darin: $I_{str\Delta} = \dfrac{U}{R} = \dfrac{380\ \text{V}}{38\ \Omega} = 10\ \text{A}$

$I = \sqrt{3} \cdot 10\ \text{A} = 17,3\ \text{A}$

cos $\varphi = 1$ weil Heizwendel rein ohmisch

$P_\Delta = \sqrt{3} \cdot 380\ \text{V} \cdot 17,3\ \text{A} \cdot 1 = 11\ 400\ \text{W} =$
$= 11,4\ \text{kW bei } \Delta$

b) $P_⋏ = \sqrt{3}\, UI \cos \varphi$
$I = I_{str⋏}$ nach Bild 62a und Gl. (57)

darin: $I_{str⋏} = \dfrac{U_{str}}{R} = \dfrac{220\ \text{V}}{38\ \Omega} = 5,78\ \text{A} = I$

$P_⋏ = \sqrt{3} \cdot 380\ \text{V} \cdot 5,78\ \text{A} \cdot 1 = 3\ 800\ \text{W} =$
$= 3,8\ \text{kW bei } ⋏$

c) $P_\Delta : P_⋏ = 11,4\ \text{kW} : 3,8\ \text{kW} = 3 : 1$

In Δ nimmt ein Ohm'scher Verbraucher die dreifache Leistung auf als in ⋏.

2 Anwendungen

2.1 Verteilung der elektrischen Energie

2.1.1 Berechnung des Leitungsquerschnitts

Der Querschnitt A einer Leitung muss so groß gewählt werden, dass die Leitung erstens keinen zu hohen Spannungs- bzw. Leistungsverlust verursacht und zweitens nicht zu heiß wird. Als Leitermaterial wird fast immer Kupfer, bei Freileitungen auch Aluminium verwendet. Die Leitungen werden in 3 Gruppen eingeteilt: Bei Gruppe 1 handelt es sich um

Rohrdrähte oder Rohrverlegung (bis zu 3 Drähte in einem Rohr), bei Gruppe 2 um Kabel oder kabelähnliche Leitungen, bei Gruppe 3 um einadrige Leitungen (frei in Luft). Die genormten Querschnitte A, ihre zugeordneten Sicherungen und die zulässigen Stromstärken I_{zul} für Dauerbetrieb sind zusammengestellt in Tabelle 1.

Der Bau von elektrischen Leitungen setzt die Kenntnis der Vorschriften VDE 0100 voraus.

Bei zweiadrigen Leitungen für Gleich- oder Wechselstrom (cos $\varphi \approx 1$) wird der erforderliche Querschnitt A entweder auf zulässigen Spannungsfall ΔU (siehe 1.3.7) berechnet (bei längerer Leitung) oder nach Tabelle 1 auf zulässige Stromstärke I_{zul} gewählt (bei kurzen Zuführungskabeln).

Tabelle 1. Leitungsquerschnitte A. Der Praxis folgend wird hier der Buchstabe A verwendet, siehe DIN VDE 0298.

A mm^2	Kupfer (Cu)					
	Gruppe 1 I_{zul} Sich.		Gruppe 2 I_{zul} Sich.		Gruppe 3 I_{zul} Sich.	
	A	A	A	A	A	A
0,75	–	–	12	6	15	10
1	11	6	15	10	19	10
1,5	15	10	18	10	24	20
2,5	20	16	26	20	32	25
4	25	20	34	25	42	35
6	33	25	44	35	54	50
10	45	35	61	50	73	63
16	61	50	82	63	98	80
25	83	63	108	80	129	100
35	103	80	135	100	158	125
50	132	100	168	125	198	160
70	165	125	207	160	245	200
95	197	160	250	200	292	250
120	235	200	292	250	344	315
150	–	–	5	250	391	315
185	–	–	382	315	448	400
240	–	–	453	400	528	400
300	–	–	504	400	608	500
400	–	–	–	–	726	630
500	–	–	–	–	830	630

A mm^2	Aluminium (Al)					
	Gruppe 1 I_{zul} Sich.		Gruppe 2 I_{zul} Sich.		Gruppe 3 I_{zul} Sich.	
	A	A	A	A	A	A
0,75	–	–	–	–	–	–
1	–	–	–	–	–	–
1,5	–	–	–	–	–	–
2,5	15	10	20	16	26	20
4	20	16	27	20	33	25
6	26	20	35	25	42	35
10	36	25	48	35	57	50
16	48	35	64	50	77	63
25	65	50	85	63	103	80
35	81	63	105	80	124	100
50	103	80	132	100	155	125
70	–	–	163	125	193	160
95	–	–	197	160	230	200
120	–	–	230	200	268	200
150	–	–	263	200	310	250
185	–	–	301	250	353	315
240	–	–	357	315	414	315
300	–	–	409	315	479	400
400	–	–	–	–	569	500
500	–	–	–	–	649	500

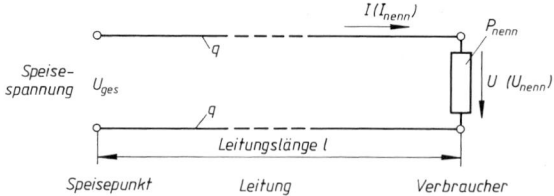

Speisespannung U_{ges} — Leitungslänge l

Speisepunkt   Leitung   Verbraucher

Bild 1. Zweiadrige Leitung mit einem Speisepunkt und einem Verbraucher

Längere Leitung auf Spannungsfall (Bild 1)

$$A = \frac{2\varrho}{\Delta U}\, Il \qquad \begin{array}{c|c|c|c|c} A & \varrho & I & l & \Delta U \\ \hline mm^2 & \dfrac{\Omega mm^2}{m} & A & m & V \end{array} \qquad (1)$$

A Querschnitt einer Leitungsader;

$\Delta U = U_{ges} - U = \dfrac{p}{100}\, U_{nenn}$ Spannungsfall auf der

Leitung; p prozentualer Spannungsfall bezogen auf die Nennspannung; l Leitungslänge = Länge einer Ader.

Aus dem errechneten Querschnitt wählt man nach Tabelle 1. den nächsthöheren genormten Wert und vergewissert sich, ob dessen zulässige Stromstärke ausreicht.

Kurze Leitung auf zulässige Stromstärke:
A gewählt nach Tabelle 1 für

$$I_{zul} > I = \frac{P}{U} \qquad \begin{array}{c|c|c} I, I_{zul} & P & U \\ \hline A & W & V \end{array} \qquad (2)$$

Im Zweifelsfall prüft man die als „länger" angenommene Leitung auf zulässige Stromstärke, die als „kurz" angenommene auf zulässigen Spannungsfall. Als zulässig betrachtet man im allgemeinen 3 ... 5 % Spannungsfall (entsprechend 97 ... 95 % Übertragungswirkungsgrad der Leitung).

■ **Beispiel:**
Ein 120 m entfernter Verbraucher soll über eine zweiadrige Leitung bei der Nennspannung 220 V_ mit 4 kW gespeist werden. Welcher Kupferquerschnitt A ist erforderlich, wenn der zulässige Spannungsfall 5 % beträgt?

Lösung:
Die Leitung wird als länger betrachtet und auf Spannungsfall berechnet:

$$A = \frac{2\varrho}{\Delta U}\, Il$$

$$I = \frac{P}{U} = \frac{4000\ W}{220\ V} = 18{,}2\ A$$

$$\Delta U = \frac{p}{100} \cdot U_{nenn} = \frac{5}{100} \cdot 220\ V = 11\ V$$

$$A = \frac{2 \cdot 0{,}0178 \dfrac{\Omega mm^2}{m} \cdot 18{,}2\ A \cdot 120\ m}{11\ V} = 7{,}06\ mm^2$$

rechnerischer Querschnitt

Gewählt werden nach Tabelle 1 zwei Adern zu je 100 mm² Kupfer, die nach (2) mit $I_{zul} = 61\ A$ (> 18,2 A) belastbar sind.

■ **Beispiel:**
Ein Heizofen 220 V 3 kW soll zweiadrig über ein 4 m langes Zuführungskabel angeschlossen werden. Welcher Kupferquerschnitt A ist zu wählen?

Lösung:
Die Leitung wird als kurz betrachtet und auf zulässige Stromstärke gewählt.

$$I = \frac{P}{U} = \frac{3000\ W}{220\ V} = 13{,}6\ A$$

Gewählt werden nach Tabelle 1. zwei Adern zu je 1 mm² Kupfer, die nach (2) mit $I_{zul} = 15\ A$ (> 13,6 A) belastbar sind.

Längere Drehstromleitungen werden meist auf zulässigen prozentualen Leistungsverlust p_p berechnet (seltener auf Spannungsfall):

$$A = \frac{100\, \varrho\, l\, P}{p_p U^2 \cos^2 \varphi} \qquad (3)$$

$$\begin{array}{c|c|c|c|c|c|c} A & \varrho & l & P & p_p & U & \cos\varphi \\ \hline mm^2 & \dfrac{\Omega mm^2}{m} & m & W & \% & V & 1 \end{array}$$

A Querschnitt einer Ader; l Länge einer Ader;

$$p_p = \frac{P_{zu} - P_{ab}}{P_{zu}}\, 100\ \% \qquad \begin{array}{l} \text{prozentualer} \\ \text{Leistungsverlust;} \end{array}$$

$\cos \varphi$ Leistungsfaktor des Verbrauchers.
Die Gleichung gilt nur für rein ohm'sche Leitung.

Kurze Drehstrom-Zuleitungen werden ebenfalls auf zulässige Stromstärke gewählt:
A gewählt nach Tabelle 1. für

$$I_{zul} > I = \frac{P}{\sqrt{3}\, U \cos \varphi} \qquad \begin{array}{c|c|c|c} I, I_{zul} & P & U & \cos\varphi \\ \hline A & W & V & 1 \end{array} \quad (4)$$

Im Zweifelsfall wieder auf zulässige Stromstärke oder Spannungsfall prüfen.

■ **Beispiel:**
Ein Drehstromverbraucher 500V, 20 kW, $\cos \varphi = 0{,}8$ soll über eine 150 m lange Leitung angeschlossen werden. Der zulässige Leistungsverlust beträgt 5%. Welcher Kupferquerschnitt A ist zu verlegen?

Lösung:
Die Leitung wird als länger betrachtet und auf Leistungsverlust berechnet:

$$A = \frac{100\, \varrho\, l\, P}{p_p U^2 \cos^2 \varphi} =$$

$$= \frac{100 \cdot 0{,}0178 \dfrac{\Omega mm^2}{m} \cdot 150\ m \cdot 20\,000\ W}{5 \cdot 500^2\ V^2 \cdot 0{,}8^2} = 6{,}7 mm^2$$

Gewählt werden nach Tabelle 1 drei Adern zu je 10 mm² Kupfer, die nach Gr. 2 mit $I_{zul} = 61$ A belastbar sind. Der auf der Leitung fließende Strom beträgt:

$$I = \frac{P}{\sqrt{3}\, U \cos\varphi} = \frac{20\,000\,\text{W}}{\sqrt{3} \cdot 500\,\text{V} \cdot 0{,}8} = 29\,\text{A} < I_{zul}$$

■ **Beispiel:**

Ein Drehstrommotor 380 V 11 kW hat den Wirkungsgrad 0,87 und den Leistungsfaktor 0,84. Er soll über eine kabelähnliche Leitung von 12 m Länge angeschlossen werden. Welcher Kupferquerschnitt A ist erforderlich?

Lösung:

Die Leitung wird als kurz betrachtet und auf zulässige Stromstärke gewählt:

$$P = \sqrt{3}\, U I \cos\varphi$$

$$I = \frac{P}{\sqrt{3}\, U \cos\varphi}$$

$$P = \frac{P_{nenn}}{\eta} = \frac{11\,\text{kW}}{0{,}87} = 12{,}64\,\text{kW} \quad \text{Leistungsaufnahme}$$

$$I = \frac{12\,640\,\text{W}}{\sqrt{3} \cdot 380\,\text{V} \cdot 0{,}84} = 22{,}9\,\text{A} \quad \text{Stromaufnahme des Motors}$$

Gewählt werden nach Tabelle 1 drei Adern zu je 2,5 mm² Kupfer, die nach (2) mit $I_{zul} = 26$ A belastbar sind (> 22,9 A).

2.1.2 Gleichstrom-Dreileitersystem

Licht- und Kraftsysteme werden in der Praxis 3- oder 4adrig verlegt. Das Mehrleiternetz erfordert trotz höherer Leiteranzahl geringeren Kupferaufwand als das gleichwertige Zweileiternetz.

Beim Gleichstrom-Dreileitersystem sind zwei Generatoren von z.B. 220 V Nennspannung in Reihe geschaltet und nach Bild 2 an drei Leitungsadern angeschlossen, von denen der Mittelpol geerdet ist. Der Vorteil dieser Schaltung liegt darin, dass man die elektrische Leistung bei doppelter Spannung überträgt, ohne dass in der Lichtanlage (z.B. Haushalt) die nach VDE höchstzulässige Spannung von 250 V überschritten wird (sonst Lebensgefahr). Man legt die Lichtverbraucher an 220 V (zwischen L+ und N oder L− und N). Wegen der Erdung von N tritt auch gegenüber Erde keine höhere Spannung als 250 V (hier 220 V) auf. Die Kraftverbraucher schaltet man zwischen L+ und L− an die volle Spannung 440 V, weil in Kraftanlagen höhere Spannungen zulässig sind. Bei höherer Spannung und gegebener Leistung ist der Strom auf der Leitung (und damit der erforderliche Leitungsquerschnitt) kleiner, wie das Leistungsgesetz zeigt: $P = UI =$ niedrige Spannung · großer Strom = hohe Spannung · kleiner Strom. Bei doppelter Spannung ist der für gegebene Leistung erforderliche Strom halb so groß. Bei halbem Strom und gegebenen prozentualem Spannungsfall beträgt der erforderliche Aderquerschnitt A nur ¼ desjenigen, der bei 1facher Spannung nötig wäre (siehe Beispiel).

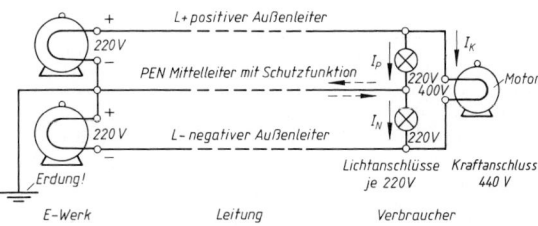

Bild 2. Gleichstrom-Dreileitersystem 220/440 V

Bei symmetrischer Belastung (Lichtverbraucherleistungen auf beide Netzhälften gleichmäßig verteilt) heben sich die beiden Lichtströme I_P und I_N auf dem Mittelleiter auf, so dass dann auch die beiden Lichtverbrauchergruppen in Reihe an 440V liegen. Bei Unsymmetrie fließt nur der kleine Differenzstrom $I_P - I_N$ auf N, so dass PEN dünner mitgeführt werden kann als L+ oder L−. Eine möglichst symmetrische Verteilung der Lichtlasten erreicht man dadurch, dass man z.B. bei Einfamilienhäusern abwechselnd das eine an L+ und PEN, das nächste an L− und PEN anschließt usw. In größeren Häusern legt man das eine Stockwerk an L+ und PEN, das nächste an L− und N usw. Die Kraftanschlüsse (zwischen L+ und L−) sind bereits in sich symmetrisch.

■ **Beispiel:**

Eine gegebene Leistung von 25 kW soll über 400m Entfernung bei der für Lichtanlagen zulässigen Nennspannung von 220 V übertragen werden. Der zulässige Spannungsfall beträgt 3 %, die Belastung ist symmetrisch.

a) Wie groß ist der erforderliche Gesamt-Kupferquerschnitt beim Zweileitersystem 220 V?

b) Wie groß ist er beim gleichwertigen Dreileitersystem 220/440 V?

c) Wieviel % Kupfer lassen sich durch das Dreileitersystem einsparen, wenn PEN voll mitgeführt wird?

Lösung:

a) $A = \dfrac{2\varrho}{\Delta U}\, I l$

$$\Delta U = \frac{p}{100} U_{nenn} = \frac{3}{100} \cdot 220\,\text{V} = 6{,}6\,\text{V}$$

$$I = \frac{P}{U} = \frac{25\,000\,\text{W}}{220\,\text{V}} = 114\,\text{A}$$

$$A = \frac{2 \cdot 0{,}0178\,\dfrac{\Omega\,\text{mm}^2}{\text{m}} \cdot 114\,\text{A} \cdot 400\,\text{m}}{6{,}6\,\text{V}} = 246\,\text{mm}^2 \qquad \begin{array}{l}\text{rechneri-}\\ \text{scher Ader-}\\ \text{querschnitt}\end{array}$$

$A_{ges} = 2\,A = 2 \cdot 246\,\text{mm}^2 = 492\,\text{mm}^2$
Gesamtquerschnitt beim Zweileitersystem

b) Bei symmetrischer Belastung kann man das Dreileitersystem wie ein Zweileitersystem doppelter Spannung berechnen:

$$A = \frac{2\varrho}{\Delta U}\, I l$$

$$\Delta U = \frac{3}{100} \cdot 440\,\text{V} = 13{,}2\,\text{V}$$

$$I = \frac{25\,000\,\text{W}}{440\,\text{V}} = 57\,\text{A}$$

$$A = \frac{2 \cdot 0,0178 \frac{\Omega\,\text{mm}^2}{\text{m}} \cdot 57\,\text{A} \cdot 400\,\text{m}}{13,2\,\text{V}} = 62\,\text{mm}^2 \qquad \begin{array}{l}\text{rechnerischer}\\ \text{Aderquer-}\\ \text{schnitt}\end{array}$$

$$A_{\text{ges}} = 3\,A = 3 \cdot 62\,\text{mm}^2 = 186\,\text{mm}^2$$

Gesamtquerschnitt beim Dreileitersystem, PEN voll mitgeführt

c) $\quad p_{\text{a}} = \dfrac{496\,\text{mm}^2 - 186\,\text{mm}^2}{496\,\text{mm}^2} \cdot 100\,\% \approx 60\,\%$

(Mindestkupferersparnis durch Dreileitersystem)

2.1.3 Drehstrom-Vierleitersystem

Beim Drehstrom-Vierleitersystem sind an den in $\curlywedge$ geschalteten Generator oder Transformator vier Leitungen angeschlossen: die drei Außenleiter L1, L2, L3 und der geerdete Neutralleiter N (siehe 1.9.2). Drehstrom hat gegenüber Gleichstrom den Vorteil, dass er transformierbar ist (siehe 2.1.4). Daher ist das Drehstrom-Vierleitersystem 220/380 V das am meisten verbreitete Licht- und Kraftsystem, während das Gleichstrom-Dreileitersystem zur Licht- und Kraftübertragung kaum noch verwendet wird. Die Lichtanschlüsse werden an 220 V Wechselstrom geschaltet, die Kraftanschlüsse in $\curlywedge$ oder Δ an 380 V Drehstrom. Für die Wirkungsweise und die Kupferersparnis gilt sinngemäß das entsprechende wie beim Gleichstrom-Dreileitersystem (siehe 2.1.2).

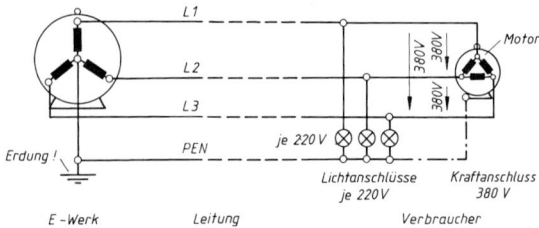

Bild 3. Drehstrom-Vierleitersystem 220/380 V

2.1.4 Hochspannungs-Fernleitung

Eine Fernübertragung elektrischer Leistung ist nur bei Hochspannung möglich wegen $P = UI$ = hohe Spannung · kleiner Strom. Bei kleinem Strom ergeben sich technisch und wirtschaftlich tragbare Leitungsquerschnitte (siehe Beispiel).
Das Kraftwerk steht möglichst dort, wo Energieträger vorhanden sind (Kohle, Wasserkraft). Die elektrische Energie wird bei etwa 10 kV Spannung erzeugt und in der Umspannstation des Kraftwerks auf eine Spannung von 60 ... 380 kV hochgespannt, bei der die Leistung über die Fernleitung geschickt wird. In der Bezirks-Umspannstation werden die 60 ... 380 kV der Fernleitung heruntertransformiert auf 6 ... 30 kV für die Bezirksleitungen, die zu den einzelnen Orten und

Fabriken führen. Dort werden die 6 ... 30 kV der Bezirksleitung im Orts- oder Werkstransformator herabgesetzt auf 220/380 V für das Drehstrom-Vierleitersystem, das zu den einzelnen Verbrauchern führt (siehe 2.1.3).

■ **Beispiel:**
Die Leistung 10 MW soll bei Drehstrom über eine Entfernung von 200 km übertragen werden. Welcher Kupferquerschnitt ist erforderlich, wenn 5 % Leistungsverlust zulässig sind und der Leistungsfaktor 0,85 beträgt:

a) bei Hochspannung 100 kV, b) bei Niederspannung 380 V?

Lösung:

a) $A = \dfrac{100\,l\,P}{p_{\text{p}}U^2\cos^2\varphi} =$

$$= \frac{100 \cdot 0,0178 \frac{\Omega\,\text{mm}^2}{\text{m}} \cdot 200 \cdot 10^3\,\text{m} \cdot 10 \cdot 10^6\,\text{W}}{5 \cdot (100 \cdot 10^3)^2\,\text{V}^2 \cdot 0,85^2}$$

$A = 98,5\,\text{mm}^2$

Gewählt werden 3 Adern zu je 120 mm² Kupfer.

b) $A = \dfrac{100 \cdot 0,0178 \frac{\Omega\,\text{mm}^2}{\text{m}} \cdot 200 \cdot 10^3\,\text{m} \cdot 10 \cdot 10^6\,\text{W}}{5 \cdot 380^2\,\text{V}^2 \cdot 0,85^2}$

$A = 6,82 \cdot 10^6\,\text{mm}^2 = 6,82\,\text{m}^2$

Bei Niederspannung 380 V müsste jede Ader etwa 7 m² Querschnitt haben: Technisch und wirtschaftlich unmöglich.

2.1.5 Hausinstallationsschaltung

Bild 4 zeigt die übliche Schaltung einer Hausinstallation für 220 V Wechselspannung, die aus dem Drehstrom-Vierleitersystem 220/380 V gespeist wird (siehe 2.1.3). Die Sicherungen liegen nur im Außenleiter, damit nach einem Kurzschluss die Anlage nicht nur stromlos, sondern auch spannungslos wird (gegen Erde) und auch ein Erdschluss durch die Sicherung abgeschaltet wird. Die Schalter sind je nach Verwendungszweck verschieden: Aus-, Serien-, Wechsel- und Kreuzschalter. Die Lampen sollen direkt am Mittelleiter liegen, der Außenleiter soll über den Schalter geführt werden, damit bei „Aus" keine Spannung zwischen Lampe und Erde liegt (sonst Elektrisieren möglich). Am Zähler lässt sich die verbrauchte Wirkarbeit in kWh ablesen. Zur Prüfung, welche Ader einer Anlage Außenleiter, geschalteter Außenleiter oder Neutralleiter ist, dürfen nur Spannungsmesser oder 2-polige Spannungsprüfer verwendet werden. Beim nicht erlaubten einpoligen sogenannten „Phasenprüfer", fließt ein sehr geringer Strom über den Menschen. Steht dieser auf einer gut isolierten Unterlage, ist es möglich, dass trotz vorhandener Spannung keine Anzeige erfolgt. Für die Hausinstallation gelten die VDE-Vorschriften 0100.

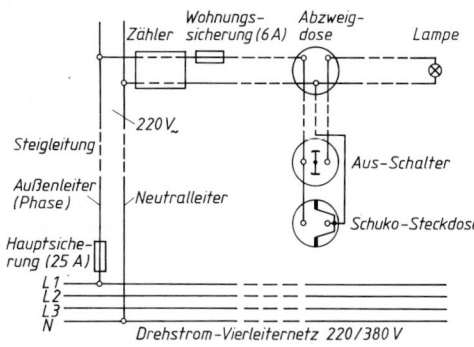

Bild 4. Allpoliges Schaltbild einer Hausinstallation mit Brennstelle in Aus-Schaltung und Steckdose

2.2 Beleuchtungstechnik

2.2.1 Lichttechnische Größen

Der Gesamtlichtstrom $\Phi_{V\,ges}$ ist die gesamte optisch wirksame Strahlungsleistung, die von einer Lichtquelle ausgestrahlt wird. Für elektrische Lampen wird $\Phi_{V\,ges}$ in Tabellen angegeben (siehe 2.2.4 und 2.2.5). Der Lichtstrom Φ_V ist ein Teil von $\Phi_{V\,ges}$ z.B. der Teil, der die Fläche A der Zeichnung trifft (Bild 5). Die Einheit des Lichtstromes ist das Lumen (lm).

Der Raumwinkel ω wird von den äußersten Strahlen eines Lichtbündels beliebiger Form begrenzt, das von einer in seinem Scheitelpunkt sitzenden punktförmigen Lichtquelle ausgeht. ω wird an der Kugel in ähnlicher Weise definiert, wie der ebene Winkel α = Bogenlänge/Radius am Kreis:

Raumwinkel

$$\omega = \frac{A}{r^2} \qquad \begin{array}{c|c|c} \omega & A & r^2 \\ \hline \text{sr} & \multicolumn{2}{c}{\text{gleiche Einheit}} \end{array} \qquad (5)$$

A von ω ausgeschnittener Teil der Kugeloberfläche, wobei der Scheitelpunkt von ω in der Kugelmitte liegt; r Radius dieser Kugel.
Die Einheit des Raumwinkels ist der Steradiant sr. ω = 1 sr schneidet auf der Einheitskugel die Kugelschalenfläche 1 m² aus.

Der Wert des vollen Raumwinkels ist 4π sr, entsprechend dem Vollwinkel 2π rad in der Ebene.

Die Lichtstärke I_V gibt an, wieviel Lichtleistung auf die verschiedenen Strahlrichtungen entfällt (Lichtverteilungskurve einer Lampe). Ihre Einheit ist die Candela (cd). Lichtstärke I_V als Lichtstromdichte im Raumwinkel:

$$I_V = \frac{\Phi_V}{\omega} \qquad \begin{array}{c|c|c} I_V & \Phi_V & \omega \\ \hline \text{cd} & \text{lm} & \text{sr} \end{array} \qquad (6)$$

Φ Lichtstrom, der auf den Raumwinkel ω entfällt.

Lichtstärke und Leuchtdichte:

$$I_V = L_V\,A\,\cos\beta \qquad \begin{array}{c|c|c|c} I_V & L_V & A & \cos\beta \\ \hline \text{cd} & \dfrac{\text{cd}}{\text{m}^2} & \text{m}^2 & 1 \end{array} \qquad (7)$$

L_V Leuchtdichte der selbstleuchtenden oder fremdbeleuchteten Fläche A (siehe (10) und (11)); β Strahlungswinkel gemessen gegen das Flächenlot.

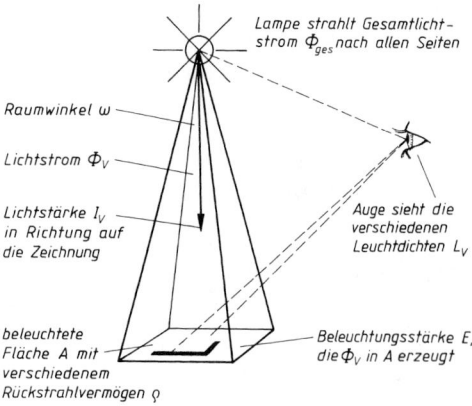

Bild 5. Lichttechnische Größen und Begriffe

Die Beleuchtungsstärke E_V wird vom Lichtstrom Φ_V in einer beleuchteten Fläche A erzeugt. Ihre Einheit ist das Lux (lx). *Beleuchtungsstärke E als Lichtstromdichte in einer Fläche*:

$$E_V = \frac{\Phi_V}{A} \qquad \begin{array}{c|c|c} E_V & \Phi_V & A \\ \hline \text{lx} & \text{lm} & \text{m}^2 \end{array} \qquad (8)$$

A Kugelschalenfläche mit Lichtquelle als Mittelpunkt; bei genügendem Abstand jedoch $\approx$ ebene Fläche.
Beleuchtungsstärke E aus Lichtstärke und Abstand:

$$E_V = \frac{I_V\,\cos i}{l^2} \qquad \begin{array}{c|c|c|c} E_V & I_V & \cos i & l \\ \hline \text{lx} & \text{cd} & 1 & \text{m} \end{array} \qquad (9)$$

I_V cos i Lichtstärke, die rechtwinklig auf die beleuchtete Fläche trifft; i Inzidenzwinkel = Lichteinfallswinkel gemessen gegen das Flächenlot; l Abstand der Fläche von der Lichtquelle.

Die Leuchtdichte L_V einer fremdbeleuchteten Fläche ergibt sich aus der Beleuchtungsstärke E_V multipliziert mit dem Reflexionsvermögen ϱ dividiert durch π.
Die Einheit der Leuchtdichte ist die Candela pro m² (cd/m²).

Leuchtdichte L_V einer fremdbeleuchteten Fläche:

$$L_V = \frac{E_V \varrho}{\pi}$$

L_V	E_V	ϱ
$\dfrac{cd}{m^2}$	lx	1

(10)

Bei einer selbstleuchtenden (auch fremdbeleuchteten) Fläche kann man die Leuchtdichte L_V auffassen als Flächen-Lichtstärkedichte.

Leuchtdichte L_V als Lichtstärkedichte einer Fläche:

$$L_V = \frac{I_{V\in}}{A \cos \in}$$

L_V	$I_{V\in}$	A	$\cos \in$
$\dfrac{cd}{m^2}$	cd	m^2	1

(11)

$I_{V\in}$ Lichtstärke, die in Betrachtungsrichtung ausgesendet wird (aus Lichtverteilungskurve); A leuchtende (oder fremdbeleuchtete) Fläche; $\in$ Betrachtungswinkel gemessen gegen das Flächenlot.

2.2.2 Erforderliche Beleuchtung

Zum Lesen und Arbeiten muss der Arbeitsplatz eine ausreichende Beleuchtungsstärke E_V erhalten:

Tabelle 2. Erforderliche Beleuchtungsstärken E_V, Richtwerte nach DIN 5035

Ansprüche, Arbeit	Allgemeinbe-leuchtung $E_{V \text{ mittel}}$ in lx	zusätzliche Arbeitsplatzbeleuchtung E_V in lx
sehr gering, –	30	–
gering, grob	60	–
mäßig, mittelfein	120	250
hoch, fein	250	500
sehr hoch, sehr fein	600	1 000 ... 4 000

Die Werte der zusätzlichen Arbeitsplatzbeleuchtung gelten für ein Arbeitsgut mittlerer Helligkeit und mittleren Kontrastes.
Die Beleuchtungsstärke E_V trifft auf Stellen mit verschieden großem Rückstrahlvermögen ϱ (schwarzer Buchstabe oder weißes Blatt, Bild 5):

Tabelle 3. Rückstrahlvermögen ϱ (ungefähre Werte)

Silber, poliert	0,9	Anstrich, weiß	0,75
Aluminium, poliert	0,7	Anstrich, gelb	0,5
Messing, poliert	0,6	Anstrich, schwarz	0,05
Emaille, weiß	0,7	Papier, weiß	0,75

Als Berechnungsgrundlage wird meist ein mittlerer Reflexionsgrad von 0,25 bis 0,3 angenommen. Auf dem beleuchteten Papier entstehen je nach Rückstrahlvermögen der getroffenen Stellen verschieden große Leuchtdichten L_V (Leuchtdichteunterschied = Kontrast):

Tabelle 4. Erforderliche Mindestleuchtdichte

Arbeit	grob	mittel	fein	sehr fein
L_V in $\dfrac{cd}{m^2}$	10	20	40	80

bei mittlerem Kontrast des Arbeitsgutes

Zum Vergleich die Leuchtdichte von Lichtquellen:

Tabelle 5. Ungefähre Leuchtdichte von Lichtquellen

Quelle	Glimm-lampe	Mond	Leuchtstoff-lampe	Kerze	Glühlampe matt
Leuchtdichte L_V in $\dfrac{cd}{m^2}$	200	2 500	2 000 ... 5 000	7 500	$(5 ... 40) \cdot 10^4$

Quelle	Glühlampe klar	Glühlampe für Projektor	Bogenlampe	Sonne
Leuchtdichte L_V in $\dfrac{cd}{m^2}$	$(8 ... 17) \cdot 10^6$	$30 \cdot 10^6$	$150 \cdot 10^6$	$1\,000 \cdot 10^6$

■ **Beispiel:**
Auf einer Arbeitsfläche von 25 % mittlerem Reflexionsvermögen soll die nach Tabelle 4 erforderliche Mindestleuchtdichte von 80 cd/m² mit einer Glühlampe erzeugt werden, die 50 cm über der Fläche angebracht ist. Der Reflektor der Leuchte verstärkt den in Richtung Arbeitsfläche ausgestrahlten Lichtstrom um 30 %.
Welche Leistung muss die zu wählende Glühlampe haben, wenn der Lichteinfall gegen das Flächenlot um 30° geneigt ist?

Lösung:

$$L_V = \frac{E_V \varrho}{\pi}$$

$$E_V = \frac{L_V \cdot \pi}{\varrho} = \frac{80\,\dfrac{cd}{m^2} \cdot \pi}{0,25} \approx 1000 \text{ lx}$$

erforderliche Beleuchtungsstärke in der Arbeitsfläche

$$E_V = \frac{I_V \cos i}{l^2}$$

$$I_V = \frac{E_V l^2}{\cos i} = \frac{1000 \text{ lx} \cdot 0,5^2 m^2}{0,866} = 289 \text{ cd}$$

muss die Leuchte in Richtung Arbeitsfläche ausstrahlen

$$I_{V \text{ mittel}} = \frac{I_V}{1,3} = \frac{289 \text{ cd}}{1,3} = 222 \text{ cd}$$

mittlere Lichtstärke, die die Lampe nach allen Seiten abstrahlen müsste

$$I_{V \text{ mittel}} = \frac{\Phi_{V \text{ ges}}}{\omega_{\text{ges}}}$$

$$\Phi_{V \text{ ges}} = I_{V \text{ mittel}} \, \omega_{\text{ges}} = 222 \text{ cd} \cdot 4\,\pi$$

$\Phi_{V \text{ ges}} = 2\,788$ lm Gesamtlichtstrom, den die Lampe geben muss.
Nach Tabelle 6. muss eine Glühlampe von 200 W Leistung mit 2 950 lm Gesamtlichtstrom gewählt werden.

■ **Beispiel:**
Welche Beleuchtungsstärke erzeugt eine Leuchtstofflampe von 65 W Leistung, wenn sie in 2 m Höhe rechtwinklig über einem Arbeitsplatz hängt?

Lösung:

Nach Tabelle 7 gibt die 65-W-Röhre den Gesamtlichtstrom
$\Phi_{V\,ges} = 4\,000$ lm

$$I_{V\,mittel} = \frac{\Phi_{V\,ges}}{\omega_{ges}} = \frac{4000\ \text{lm}}{4\,\pi} = 318\ \text{cd}$$

mittlere Lichtstärke, die die Lampe nach allen Richtungen ausstrahlt

$$E_V = \frac{I_V \cos i}{l^2};\quad \cos i = 1,$$

weil Lichteinfall rechtwinklig ($i = 0°$ gegen das Flächenlot)

$$E_V = \frac{318\ \text{cd}\cdot 1}{2^2\ \text{m}^2} = 79,5\ \text{lx}$$

Beleuchtungsstärke am Arbeitsplatz, nach Tabelle 2 ausreichend für grobe Arbeit

2.2.3 Lampen und Leuchten

Am häufigsten angewendet werden Glühlampen und Leuchtstofflampen bis 220 V Nennspannung. Außerdem werden Hochspannungs-Leuchtröhren (z.B. Lichtreklame), Quecksilberdampflampen (bläulich-grünes Licht auf Straßen und Plätzen z.B.) sowie Natriumdampflampen (gelbes Licht) verwendet.

Bei der Glühlampe wird ein dünner Wolframdraht durch Strom zum Glühen gebracht (um 2 500 °C). Dabei entsteht viel Wärme, so dass die Lichtausbeute nicht sehr hoch ist.

Bei der Niederspannungs-Leuchtstofflampe erzeugt eine Glimmentladung in einem Gemisch aus Quecksilberdampf und Edelgas hauptsächlich ultraviolettes Licht, das nicht sichtbar ist. Dieses UV-Licht regt die innen auf der Rohrwand sitzende Leuchtstoffschicht zu optisch wirksamem Licht an, das von der Lampe abgestrahlt wird. Dabei entsteht weniger

Wärme als bei Glühlampen, so dass die Lichtausbeute von Leuchtstofflampen höher ist.

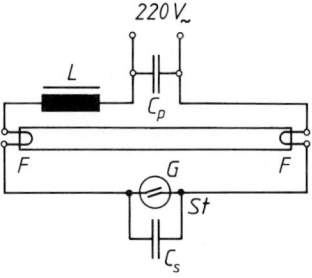

Bild 6.
Schaltung einer Niederspannungs-Leuchtstofflampe

Die Leuchten dienen zur Aufnahme der Lampen. Sie haben den Zweck, das Licht unter Vermeidung von Blendung dorthin zu werfen, wo es gebraucht wird. Man unterscheidet die Leuchten nach der Art der Lichtverteilung: direkt, vorwiegend direkt, gleichförmig, vorwiegend indirekt und indirekt. Bei den Direkt-Leuchten gibt es solche für Breit-, Weit-, Tief-, Schräg- und Flutlichtstrahlung.
Die Leuchte zur Aufnahme einer Leuchtstofflampe enthält eine Vorschaltdrossel L, einen Glimmzünder G, einen Phasenkompensationskondensator C_p (siehe 1.8.8) und einen Funk-Entstörkondensator C_s. G und C_s sind meist vereinigt zum auswechselbaren Starter St. G, L und die in beiden Lampenenden angebrachten Heizfäden F dienen zum Zünden der Röhre. Im Betrieb begrenzt L den Strom durch die Lampe, der sonst zu hohe Werte annehmen und die Lampe zerstören würde.

Tabelle 6. Normale Glühlampen für 220 V, Gesamtlichtstrom und Lichtausbeute

Leistung P in W	15	25	40	60	75	100	150	200	300	500	1 000	2 000
Gesamtlichtstrom $\Phi_{V\,ges}$ in lm	120	220	400	730	950	1 380	2 100	2 950	4 800	8 300	18 500	38 400
Lichtausbeute η_{La} in lm / W	8	8,8	10	12,2	12,7	13,8	14	14,7	16	16,5	18,5	19,2

Tabelle 7. Leuchtstofflampen 220V, Gesamtlichtstrom und Lichtausbeute

Leistungsaufnahme der Lampe allein	P in W	10	16	20	25	40	65
Leistungsaufnahme einschl. Drossel	P in W	13	20	25	31	49	75
Lichtstrom	$\Phi_{V\,ges}$ in lm	390 440	730 820	770 950	1 150 1 300	1 850 2 400	3 100 4 000
Lichtausbeute	η_{La} in lm/ W	30 34	37 40	31 38	37 42	38 49	41 53

2.3 Elektrischer Unfall und Schutzmaßnahmen

2.3.1 Elektrisieren

Man kann sich elektrisieren, indem man nach Bild 7a beide Adern einer unter Spannung stehenden Leitung berührt, oder nach Bild 7b an den Außenleiter (L1, L2 oder L3) kommt und gleichzeitig Erdberührung hat z.B. durch nasse Schuhe oder Anfassen einer Wasserleitung. Der elektrische Schlag ist um so stärker, je größer der Strom ist, der dabei durch den Körper fließt. Die Stärke des Elektrisierungsstromes I_e hängt nach dem Ohm'schen Gesetz von der berührten Spannung U und dem Widerstand R_{mensch} des menschlichen Körpers ab:

$$I_e = \frac{U}{R_{mensch}}$$

Der *elektrische Widerstand* R_{mensch} des menschlichen Körpers ist um so kleiner, je größer und feuchter die Berührungsflächen sind. Als grobe Richtwerte können gelten (gemessen zwischen beiden Handflächen): R_{mensch} trocken $\approx$ 10 kΩ; R_{mensch} nass $\approx$ 2 kΩ. Als lebensgefährlich gilt ein Elektrisierungsstrom von $I_e > 100$ mA (grober Richtwert!)

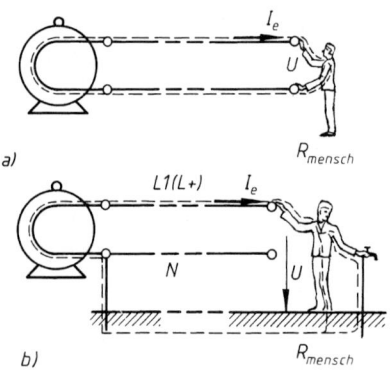

a)

b)

Bild 7. Elektrisieren

■ **Beispiel:**
Welcher maximale Elektrisierungsstrom fließt durch den Körper, wenn man mit beiden Handflächen die Netzwechselspannung 220 V berührt
a) bei trockenen, b) bei nassen Händen?

Lösung:

a) $\hat{i}_e = \dfrac{\hat{u}}{R_{mensch\ trocken}} = \dfrac{\sqrt{2} \cdot 220\ V}{10\ k\Omega} = 31\ mA$

kräftiger Schlag

b) $\hat{i}_e = \dfrac{\hat{u}}{R_{mensch\ nass}} = \dfrac{\sqrt{2} \cdot 220\ V}{2\ k\Omega} = 155\ mA$

lebensgefährlicher Schlag!

2.3.2 Gehäuseschluss (Masseschluss)

Gehäuseschluss oder Körperschluss liegt vor, wenn die Arbeitswicklung eines Elektrogerätes infolge schadhafter Isolation das Metallgehäuse berührt. Im

Bild 8 ist das Metallgehäuse des Gerätes über den Schluss mit dem Außenleiter verbunden, so dass die Spannung U zwischen Gehäuse und Erde auftritt. Bei Berühren des Gerätes erhält man einen elektrischen Schlag. Um zu vermeiden, dass ein Gerät das Herstellerwerk mit Gehäuseschluss verlässt, prüft man es, indem man eine Prüfspannung (z.B. 1 500 V) zwischen Arbeitswicklung und Gehäuse legt. Wenn die Isolation in Ordnung ist, fließt dabei kein Strom.

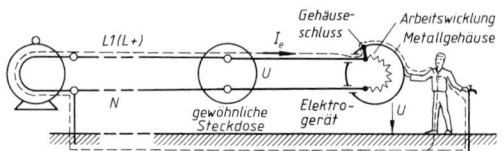

Bild 8. Gehäuseschluss eines Elektrogerätes

2.3.3 Schutzmaßnahmen

Nach den VDE-Bestimmungen (DIN VDE 0100) sind zur Vermeidung elektrischer Unfälle unter anderem folgende Schutzmaßnahmen erlaubt:

Schutz durch Schutzleiter PE (protect earth): Der Schutzleiter PE führt eigenständig, am Zähler vorbei, durch die gesamte Anlage. Nur im Fehlerfall führt er Strom. Dieser ist dann so groß, dass der Überstromschutz (Sicherung) anspricht. Die zulässigen Abschaltzeiten sind in VDE 0100, Teil 410, vorgeschrieben, z.B. 0,2 s für Steckdosenstromkreise bis 35 A Nennstrom.

Wirkungsweise: Das Metallgehäuse eines Gerätes wird z.B. über die Schuko-Steckvorrichtung mit dem Schutzleiter PE verbunden, der wiederum mit dem Neutralleiter N verbunden ist.
Bei Masseschluss führt nun der Schutzleiter PE zwischen Gehäuse und Erde zu einem Kurzschluss.

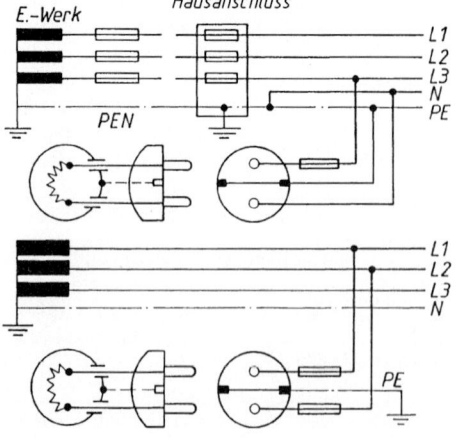

Bild 9.
a) Schutz durch Schutzleiter PE im TN-S-Netz
b) Schutz durch Schutzerdung im TT-Netz

Im TN-S-Netz (Bild 9a) wird immer der unabhängige Schutzleiter PE mitgeführt.
Die Leitungen bei Wechselstrom bestehen aus drei Adern, die beim Dreiphasenwechselstrom aus fünf Adern.

Schutz durch Schutzerdung: Hierbei werden die Schutzkontakte der Steckdose nach Bild 9b mit Erde verbunden. Als Erder ist die Wasserleitung nicht mehr zulässig. Vielmehr ist ein besonderer Erder z.B. in Form eines in die Erde eingegrabenen verzinkten Stahlbandes erforderlich. Der Erdungswiderstand bei Schutzerdung muss genügend klein sein, damit die Sicherung bei Gehäuseschluss auslöst oder zwischen Gehäuse und Erde keine höhere Spannung als 65 V auftritt. Bis zu 16 A Sicherungs-Nennstrom genügen etwa 2 Ω Erdungswiderstand. Bei größeren Strömen wäre eine umfangreiche und teure Erdungsanlage erforderlich, so dass stattdessen eine andere Schutzmaßnahme, z.B. der Fehlerstrom-Schutzschalter gewählt wird.

Die Wirkungsweise beider Schutzarten beruht darauf, dass ein Gehäuseschluss zum Kurzschluss führt. Die Sicherung löst aus und trennt das schadhafte Gerät vom Außenleiter.

2.3.4 Sonstige Schutzmaßnahmen

Die Fehlerspannungs-Schutzschaltung hat den Vorteil, dass sie *auch bei unzureichender Erdung* (bis 800 Ω Erdungswiderstand) ein Gerät mit Gehäuseschluss allpolig abschaltet. Bei einem solchen Schluss tritt an der Auslösespule *A* eine Spannung auf (Fehlerspannung). Wenn diese einen bestimmten Wert übersteigt, wird der Schalter *S* elektromagnetisch geöffnet.

Die Fehlerstrom-Schutzschaltung hat ebenfalls den Vorteil, dass sie *auch bei unzureichender Erdung* (bis 800 Ω) ein Gerät allpolig abschaltet, wenn Gehäuseschluss auftritt. Solange kein solcher Schluss vorliegt, fließt durch die beiden gegensinnigen Primärspulen des Differential-Stromwandlers *D* der gleiche Strom *I* hin und zurück. In der Sekundärspule wird dabei keine Spannung induziert, weil die Magnetflächen der Primärspulen sich kompensieren. Bei Schluss dagegen fließt ein Teil des zufließenden Stromes über Erde ab. Die im N-Zweig liegende Wicklung von *D* erhält weniger Strom, so dass in der Sekundärspule eine Spannung induziert wird. Diese wird der Auslösespule *A* zugeführt, die den Schalter *S* allpolig öffnet.

Bei Schutzisolierung kann kein Gehäuseschluss auftreten, weil das Gehäuse nicht aus Metall, sondern aus Isolierstoff besteht.

Beim Trenn- und beim Schutztransformator wird der Verbraucher über einen Transformator (siehe 2.4) angeschlossen, dessen Sekundärwicklung nicht geerdet und gegen die Primärwicklung (Außenleiter) be-

sonders zuverlässig isoliert ist. Der Trenntransformator übersetzt im Verhältnis 1 : 1 (z.B. 220/220 V), der Schutztransformator setzt die Netzspannung herab auf eine Kleinspannung von maximal 42 V.

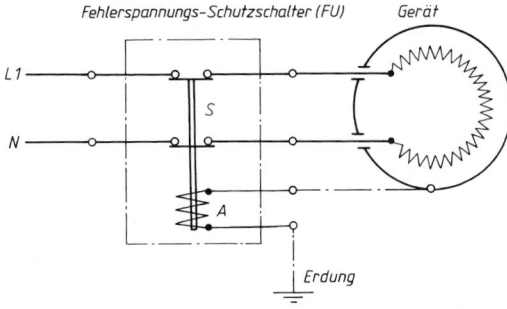

Bild 10. FU-Schutzschaltung

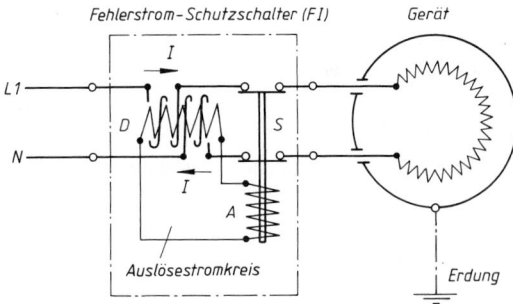

Bild 11. FI-Schutzschaltung

2.3.5 Unfall durch Verbrennung

In Anlageteilen, die mit besonders starken Sicherungen abgesichert sind (z.B. 600 A-Sicherung), ist das Hantieren nicht nur wegen des Elektrisierens gefährlich, sondern auch wegen der Möglichkeit von Verbrennungen durch Lichtbögen. Diese können als Folge eines Kurzschlusses entstehen, z.B. durch unbeabsichtigtes Überbrücken zweier blanker Leitungsadern mittels Metallwerkzeug. Besonders gefährlich ist das Arbeiten in Mittelspannungsanlagen, bei denen sowohl Spannungen als auch Ströme groß sind. Man unterlasse daher jegliches Arbeiten an Anlagen, die unter Spannung stehen, sowohl wegen der Elektrisierung- als auch wegen der Verbrennungsgefahr! Für die Schutzmaßnahmen gegen elektrische Unfälle gelten die *VDE-Vorschriften* 0100.

2.4 Transformatoren

Transformatoren dienen zur Wandlung von Spannungen und Strömen auf höhere oder niedrigere Werte. Sie entsprechen den Getrieben der Mechanik, die Drehmomente und Drehzahlen herauf- oder herabsetzen. Ebenso wie dasselbe Getriebe sowohl zur Über- als auch zur Untersetzung verwendet werden kann, lässt sich derselbe Transformator sowohl zum Herab- als auch zum Heraufspannen benutzen. Der Wirkungsgrad liegt bei 95 %.

2.4.1 Leerlauf eines Transformators

Schaltet man die Primärwicklung mit der Windungszahl N_1 an die Wechselspannung U_1 dann fließt in ihr der Leerlaufstrom I_0. Dieser erzeugt in dem geblechten Eisenkern (siehe 1.6.4) den magnetischen Wechselfluss Φ, der auch die Sekundärwicklung mit der Windungszahl N_2 durchsetzt und dort die Spannung U_2 induziert (siehe 1.6.2). Dabei entsteht sowohl in N_1 als auch in N_2 die *gleiche* Spannung pro Einzelwindung (Windungsspannung), so dass sowohl die primäre Gegenspannung U_1 (siehe 1.6.3) als auch die Sekundärspannung U_2 jeweils die Summe der einzelnen Windungsspannungen von N_1 bzw. N_2 darstellt. Es gilt daher das Verhältnis der Spannungen beim leerlaufenden Transformator:

$$\frac{U_1}{U_2} = \frac{N_1}{N_2} \tag{13}$$

Beim Transformator verhalten sich die *Spannungen wie die Windungszahlen.*

■ **Beispiel:**
Bei einem Kleintransformator für 220V Primärspannung misst man im Leerlauf 6,3V Sekundärspannung. Eine Zählung der Windungszahl der außen liegenden Sekundärwicklung ergibt 27 Windungen.

a) Wie groß ist die primäre Windungszahl N_1?
b) Wie groß ist die Windungsspannung U_w?

Lösung:

a) $\dfrac{U_1}{U_2} = \dfrac{N_1}{N_2}$

$N_1 = \dfrac{U_1 N_2}{U_2} = \dfrac{220\text{ V} \cdot 27}{6,3\text{ V}} = 943$

Windungen hat die Primärwicklung

b) $U_2 = N_2\,U_w$; $U_w = \dfrac{U_2}{N_2} = \dfrac{6,3\text{ V}}{27} = 0{,}233$ V

je Einzelwindung

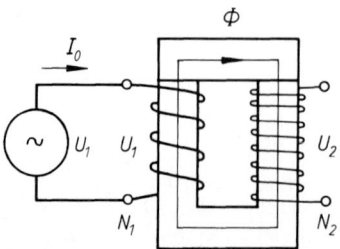

Bild 12. Wirkungsschema eines Transformators bei Leerlauf

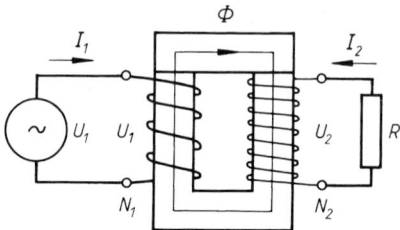

Bild 13. Wirkungsschema eines Transformators bei Belastung

2.4.2 Belastung eines Transformators

Bei Belastung entnimmt der Verbraucher R dem Transformator den Sekundärstrom I_2 und damit die Leistung $P_2 = U_2 I_2$. Nach dem Energieprinzip muss er eine entsprechende Primärleistung $P_1 = U_1 I_1$ aus dem Netz aufnehmen (Blindleistung vernachlässigt), d.h. seine Stromaufnahme steigt von I_0 auf I_1.

Bei Belastung eines Transformators steigt dessen Stromaufnahme aus dem Netz.

Verhältnis der Ströme beim belasteten Transformator:

$$\frac{I_1}{I_2} = \frac{N_2}{N_1} \tag{14}$$

Beim Transformator verhalten sich die *Ströme umgekehrt* wie die Windungszahlen.
Dabei sind Blindleistung und Verluste vernachlässigt!
Für die Belastung eines Transformators ist die Scheinleistung S des Verbrauchers maßgebend, weil die Größen der Ströme, die den Transformator erwärmen, von S abhängen. Die Belastung wird daher in VA angegeben.

■ **Beispiel:**
Einem Transformator 220/24 V werden bei 24 V 5 A entnommen.

a) Wie groß ist der Primärstrom, wenn Blindleistung und Verluste des Transformators vernachlässigt werden?
b) Wie groß ist die Belastung des Transformators?
c) Was ist über die erforderlichen Drahtquerschnitte für die Primär- und Sekundärwicklung zu sagen?

Lösung:

a) $\dfrac{I_1}{I_2} = \dfrac{N_2}{N_1}$; $I_1 = I_2 \dfrac{N_2}{N_1}$

$\dfrac{N_2}{N_1} = \dfrac{E_2}{E_1} = \dfrac{24\text{ V}}{220\text{ V}} = 0{,}109$

$I_1 = 5\text{ A} \cdot 0{,}109 = 0{,}545$ A
Primärstrom mindestens

b) $S = U_2 I_2 = 24\text{ V} \cdot 5\text{ A} = 120$ VA
Belastung (übertragene Scheinleistung)

c) Der Drahtquerschnitt der Primärwicklung wird wegen des niedrigeren Stromes (0,545 A) kleiner gewählt als der der Sekundärwicklung (für 5 A).

2.4.3 Bauformen von Transformatoren

Bei Einphasen-Transformatoren werden hauptsächlich UI-, Mantel- und EI-Kerne (ähnl. Mantelkern) verwendet. Daneben kommen auch Ring- und Schnittbandkerne vor. Sie werden zur Verringerung der Ummagnetisierungsverluste aus legierten Blechen (mit Si, siehe 1.6.4) aufgeschichtet.

Die Wicklung wird meist als Röhrenwicklung ausgeführt (primär 1, sekundär 2), die beim UI-Schnitt in je zwei in Reihe geschaltete Hälften aufgeteilt wird (weniger Kupfer, höherer Wirkungsgrad). Die Scheibenwicklung hat besonders geringe magnetische Streuung und wird bei besonders harten Transformatoren angewendet (hart: Spannung geht bei Belastung nur wenig zurück). Bei Transformatoren für höhere Spannung wird die Oberspannungs-Röhrenwicklung meist in Scheibenspulen aufgeteilt (keine Scheibenwicklung!).

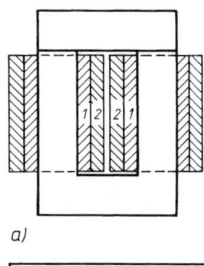

a)

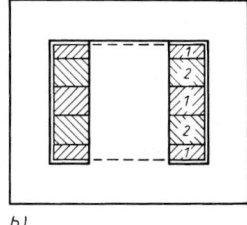

b)

Bild 14. Bauformen von Transformatoren
a) UI-Kern (hier mit Röhrenwicklung)
b) Mantelkern (hier mit Scheibenwicklung)

2.4.4 Drehstromtransformator

Bild 14a zeigt den Kern eines Drehstrom-Kerntransformators mit Röhrenwicklung. Für jede Phase L1, L2, L3 ist je eine Primär- bzw. Sekundärwicklung (1 bzw. 2) vorhanden. Bild 14b zeigt einen Transformator, der die Mittelspannung der Bezirksleitung (siehe 2.1.4) umspannt in die Niederspannung für das Drehstrom-Vierleitersystem (siehe 2.1.3). Die Stern-Zickzackschaltung dient dazu, die unvermeidbaren Unsymmetrien der Lichtverbraucher für die Primärseite zu symmetrieren. Die Leerlaufspannung 231/400 V wird zur Deckung des Spannungsfalls auf der Leitung höher gewählt als die Nennspannung 220/380 V.
Die Kühlung erfolgt bei kleineren Typen mit Luft, bei größeren mit Öl oder Clophen (nicht brennbar).

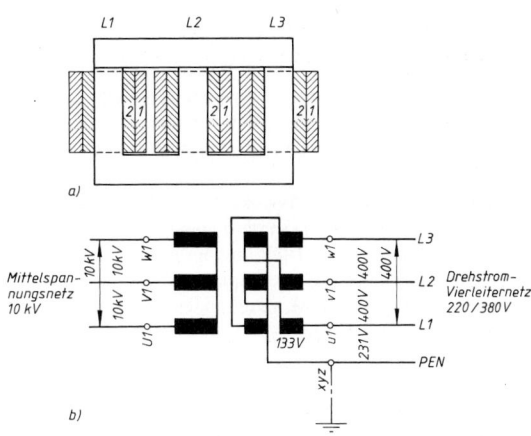

Bild 15. Drehstromtransformator
a) Aufbau,
b) Schaltbild eines in Stern-Zickzack geschalteten Verteilungstransformators zur Speisung des Drehstrom-Vierleitersystems

2.4.5 Spartransformator

Der Spartransformator bringt bei kleinen Unterschieden zwischen Primär- und Sekundärspannung (z.B. 250/220 V) große Ersparnisse an Baugröße, Eisen und Kupfer. Seine Wicklung besteht aus einem Teil mit dickem Querschnitt (zwischen a und b) und einem Teil mit schwächerem Draht (zwischen b und c). Der Hauptnachteil des Spartransformators besteht darin, dass der Sekundärkreis nicht vom Außenleiter getrennt ist.

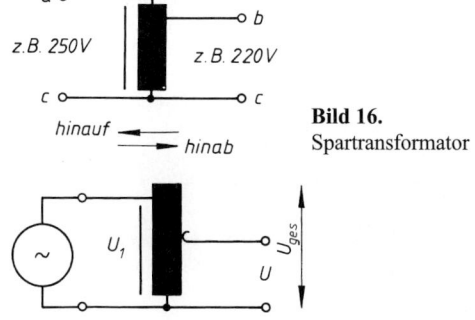

Bild 16.
Spartransformator

Bild 17. Stelltransformator (hier in Sparschaltung)

2.4.6 Stelltransformator

Der Stelltransformator gestattet eine fast stufenlose Änderung von null bis U_{ges}, auch über die Primärspannung U_1, hinaus. Ähnlich wie beim Schiebewiderstand gleitet ein Schleifer auf der blank gekratzten Wicklung. Wenn Trennung vom Außenleiter erforderlich ist, verwendet man anstelle des im Bild dargestellten billigeren Spartransformators einen mit getrennter Primär- und Sekundärwicklung.

2.4.7 Streufeldtransformatoren

Im Gegensatz zum Normaltransformator, bei dem man belastungsabhängige Spannungsverluste durch Belastungszunahme vermeiden möchte, sollen beim *Streufeldtransformator* möglichst starke Streufelder auftreten, um den Innenwiderstand zu vergrößern; denn das ist die Vorraussetzung für eine unbedingte Kurzschlussfestigkeit. (Kurzschlussspannung $u_{k\%} \leq$ 100 %). Im Kurzschlussfall und bei großer Belastung fließen nur kleine Ströme. Dadurch wird eine Zerstörung des Transformators unterbunden. Mit Hilfe eines Streujochs besteht die Möglichkeit, die Höhe der Kurzschlussspannung einzustellen.

Anwendung finden Streufeldtrafos als Klingel-, Spielzeug-, Schutz- und Zündtransformator. Außerdem werden sie wegen der erforderlichen Hochspannung für Leuchtröhrenanlagen eingesetzt. In der Praxis sind das meist Streufeldtransformatoren für 7500 V mit geerdetem Mittelpunkt 2 · 3750 V. Hier haben sie auch die Aufgabe, nach der Röhrenzündung den Strom zu begrenzen. Prinzip des Streufeldtransformators:

Kleine Streuung, hohe Lastspannung, großer Laststrom.

Große Streuung, kleine Lastspannung, kleiner Laststrom.

2.4.8 Messwandler

Der Spannungswandler (Bild 18) trennt den Messkreis von der Hochspannung. Er erzeugt sekundär die Messspannung (max. 100 V), die proportional der zu messenden Hochspannung ist. Der Messkreis muss geerdet sein, damit gefahrloses Hantieren am Instrument gewährleistet ist.

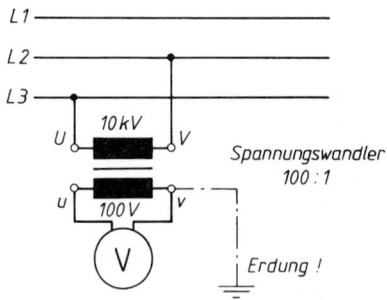

Bild 18. Spannungswandler

Der Stromwandler (Bild 19) kann zur Trennung des Messkreises von Hochspannung und zur Herabsetzung sehr hoher Ströme (auf max. 5 A) verwendet werden. Auch hierbei muss der Messkreis geerdet sein. Beim Auswechseln des Instrumentes muss der Stromwandler sekundär kurzgeschlossen werden, weil er sonst zu heiß wird.

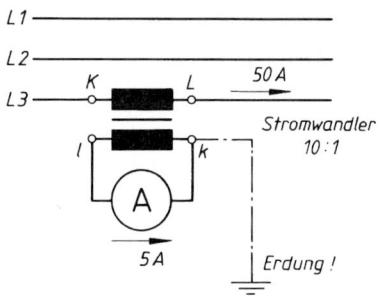

Bild 19. Stromwandler

Die besonderen Eigenschaften, die ein Wandler haben muss, sind:
1. Möglichst kleiner Betragsfehler, d.h. konstantes und genau bekanntes Übersetzungsverhältnis bei allen Spannungen bzw. Strömen.
2. Möglichst kleiner Winkelfehler, d.h. kein Phasenunterschied (bzw. genau 180° Verschiebung) zwischen Primär- und Sekundärspannung bzw. -strom.

2.5 Gleichstrommaschine als Generator

2.5.1 Spannungserzeugung in der Gleichstrommaschine

Die Gleichstrommaschine (Bild 20a) ist eine Außenpolmaschine, bei der die Ankerwicklung im Magnetfeld der feststehenden Pole gedreht wird (Generatorbetrieb) oder sich dreht (Motorbetrieb). Dieselbe Maschine ist zugleich Generator als auch Motor.

Die Gleichspannung U_g an den Bürstenklemmen $A1$, $A2$ (Bild 20b) kommt folgendermaßen zustande: In der Ankerwicklung wird durch Drehung im Magnetfeld eine Wechselspannung induziert (siehe 1.8.1). Diese wird durch den Stromwender (Kollektor, Kommutator) in Bezug auf die Bürsten gleichgerichtet, indem sich die Stege des Stromwenders jeweils in dem Augenblick unter die andere Bürste schieben, in dem die Spulenwechselspannung U_{gsp} ihre Polarität ändert (Bild 20c). Dadurch entsteht an den Bürstenklemmen $A1$, $A2$ die Gleichspannung U_g, die bei einem Anker mit nur einer einzigen Spule allerding sehr stark pulsiert.

Zur Verringerung des Pulsierens bringt man auf dem Anker viele Spulen unter und gibt dem Stromwender entsprechend viele Stege. Die Ankerspulen werden alle in Reihe geschaltet, indem das Ende der einen und der Anfang der nächsten gemeinsam an den gleichen Stromwendersteg gelötet werden.

Die Größe der induzierten Spannung U_g hängt ab von der Ankerwindungszahl N der Maschine, ihrer magnetischen Erregung Φ und ihrer Drehzahl n:

$$U_g = k_g \, \Phi \, n \qquad (15)$$

(Generatorgleichung)

k_g Generatorkonstante der Maschine (abhängig von Ankerwindungszahl und Bauabmessungen der Maschine).

Die Spannungseinstellung im Betrieb erfolgt durch Ändern der Erregung Φ, indem man den Erregerstrom durch einen Feldstellwiderstand ändert (siehe Bild 21).

2.5.2 Fremderregter Generator

Beim fremderregten Generator (Klemmenbezeichnung *A1*, *A2*, *C1*, *C2*) wird die Erregerwicklung von einer besonderen Erregerspannungsquelle (z.B. Batterie, Gleichstromnetz oder Erregermaschine) magnetisch erregt (Bild 21a). Die Erregerwicklung muss für die Erregerspannung U_e bemessen sein.

Bei Belastung der Maschine bis zum Nennstrom I_{nenn} sinkt ihre Klemmenspannung U nur wenig ab (Bild 21b). Dieser Spannungsrückgang lässt sich am Feldsteller durch Erhöhen des Erregerstromes I_e wieder ausgleichen. Angewendet wird die Fremderregung dort, wo Unabhängigkeit der Erregung von der Belastung erwünscht ist (siehe 2.5.3 und 2.5.6).

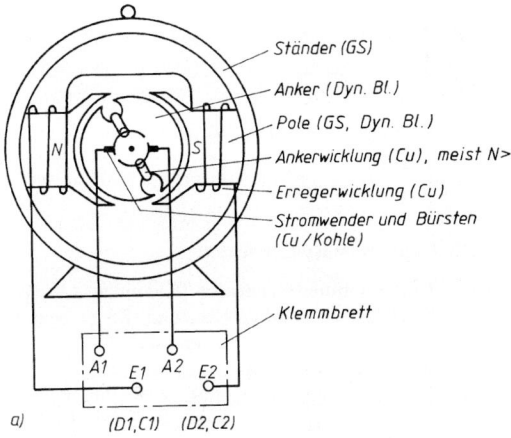

a)

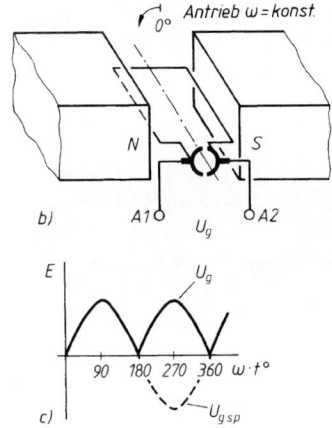

b)

c)

Bild 20. Gleichstrommaschine
a) Aufbauschema,
b) Wirkungsschema,
c) Spannungsverlauf

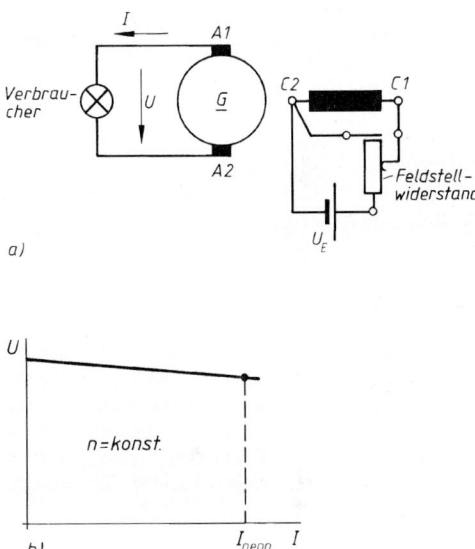

Bild 21. Fremderregter Generator
a) Schaltbild,
b) Belastungskennlinie

2.5.3 Nebenschluss-Generator

Beim Nebenschluss-Generator (Klemmen *A1*, *A2*, *E1*, *E2*) ist die hochohmige Erregerwicklung *E1*, *E2* (viele Windungen, dünner Draht) über einen Feldsteller an die Bürstenklemmen *A1*, *A2* der Maschine gelegt. Die Gleichspannung U der Maschine wird also zur Selbsterregung benutzt. Diese kommt dadurch zustande, dass die Ankerwicklung beim Antreiben des Generators zunächst im Restmagnetismus des Stahlgussständers gedreht wird. Die dabei induzierte kleine Spannung verstärkt die Erregung, so dass der Generator auf die Klemmenspannung U kommt.

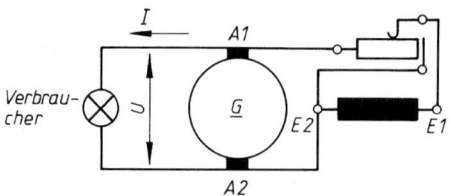

a)

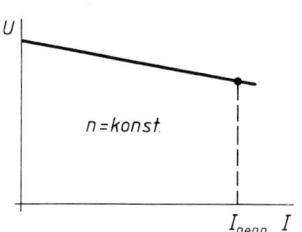

b)

Bild 22. Nebenschluss-Generator
a) Schaltbild
b) Belastungskennlinie

Bei Belastung geht die Klemmenspannung U stärker zurück als bei Fremderregung, weil der Erregerstrom I_e von U abhängt und somit bei Belastung auch die Erregung etwas geschwächt wird. Ausgleich des Spannungsrückganges ist wieder durch den Feldsteller möglich. Angewendet wird der Nebenschlussgenerator bei kleinen bis mittleren Leistungen (z.B. Auto-Lichtmaschine, Erregermaschine für fremderregten Generator).

2.5.4 Reihenschluss-Generator

Beim Reihenschluss-Generator (Klemmen $A1$, $A2$, $D1$, $D2$) sind Anker- und Erregerwicklung mit dem Verbraucher in Reihe geschaltet. Der Verbraucherstrom I dient gleichzeitig zur Erregung der Maschine. Die Erregerwicklung $D1$, $D2$ ist niederohmig (wenige Windungen, dicker Draht), damit I an ihr nur wenig Spannungsfall verursacht. Die Selbsterregung tritt beim RS-Generator erst nach Anschluss eines Verbrauchers auf. Ohne Belastung wird in der leerlaufenden Maschine vom Restmagnetismus nur die sehr geringe Spannung U_0 induziert.

Bei Belastung steigt die Klemmenspannung U sehr stark an, weil der Verbraucherstrom I die Maschine erregt. Wegen des starken Spannungsanstiegs bei Belastung wird die Reihenschlusserregung beim Generator nur selten allein angewendet. Sie kommt jedoch häufig in Verbindung mit der Nebenschluss-Erregung vor (siehe 2.5.5).

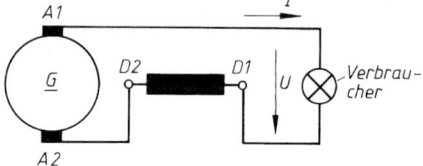

a)

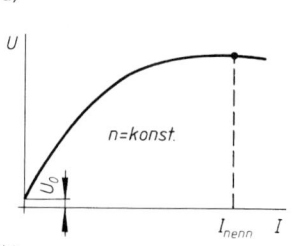

b)

Bild 23. Reihenschluss-Generator
a) Schaltbild
b) Belastungskennlinie

2.5.5 Doppelschluss-Generator

Beim Doppelschluss-Generator (Klemmen $A1$, $A2$, $D1$, $D2$, $E1$, $E2$) werden NS- und RS-Erregung gleichzeitig angewendet (Verbundmaschine). Die RS-Wicklung gleicht bei Belastung den Spannungsrückgang der NS-Kennlinie wieder aus, so dass die Klemmenspannung U praktisch unabhängig ist von der Belastung I (Bild 24b). Der Feldsteller dient zur Festlegung der richtigen Größe von U. Angewendet wird der DS-Generator dort, wo die Spannung trotz starker Belastungsschwankungen konstant bleiben soll (Gleichstromnetze) oder wo kurzzeitige Überlastungen vorkommen (Speisung der Gleichstrommotoren für Walzenantriebe).

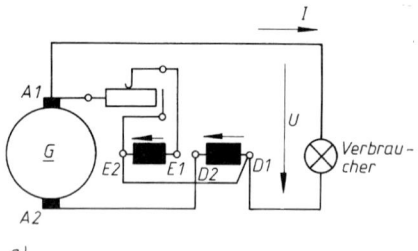

a)

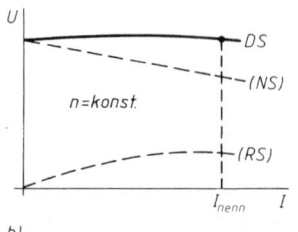

b)

Bild 24.
Doppelschluss-Generator
a) Schaltbild
b) Belastungskennlinie

2.6 Gleichstrommaschine als Motor

Dieselbe Maschine, die bei mechanischem Antrieb als Generator elektrische Leistung abgibt, liefert als Motor bei Anschluss an eine Spannungsquelle mechanische Leistung. Aufbau der Gleichstrommaschine siehe Bild 20a.

2.6.1 Wirkungsweise eines Motors

Das Drehmoment M kommt beim Motor folgendermaßen zustande: Man schickt Strom durch die Ankerwicklung, die sich dadurch mit magnetischen Feldlinien umgibt. Diese erzeugen in Bild 25a zusammen mit denen des Erregerfeldes Φ links oben und rechts unten Ballung (siehe 1.6.6).

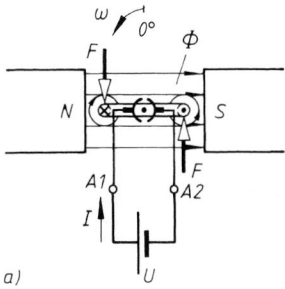

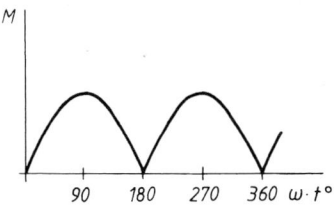

a)

b)

Bild 25.
Gleichstrommotor
a) Wirkungsschema
b) Verlauf des Drehmoments

Auf die stromdurchflossenen Ankerdrähte wird vom Erregerfeld das Kräftepaar F ausgeübt, das ein linksdrehendes Moment M ergibt und den Anker mit der Winkelgeschwindigkeit ω treibt. Der Stromwender bewirkt eine fortlaufende Drehung des Ankers, indem er den Strom in den Ankerdrähten jeweils im richtigen Augenblick umpolt. Wenn nur eine einzige Ankerwicklung vorhanden ist, dann pulsiert das Drehmoment sehr stark (Bild 25b). Das Pulsieren von M wird wieder durch Anordnen vieler Spulen auf dem Anker und entsprechende Unterteilung des Stromwenders verringert (siehe 2.5.1).

Die Größe des Drehmoments M hängt ab von der Ankerwindungszahl N der Maschine, ihrer magnetischen Erregung Φ und dem Ankerstrom I:

$$M = k_\mathrm{m}\, \Phi\, I \tag{16}$$
(*Motorgleichung*)

k_m Motorkonstante der Maschine (abhängig von der Ankerwindungszahl und den Bauabmessungen).

Die Belastung eines Motors ist gegeben durch das Drehmoment, das man an seiner Welle abnimmt. Je größer das Drehmoment ist, das dem Motor von der anzutreibenden Arbeitsmaschine abgefordert wird, desto größer muss nach (15) seine Stromaufnahme I sein.

2.6.2 Anlassen eines Motors

Beim Anlassen werden Motoren von mehr als 2 kW Nennleistung über einen Anlasswiderstand R_v ans Netz geschaltet. Bei Direkt-Einschaltung (ohne R_v) würde die Sicherung durchschmelzen, weil der Einschaltstrom wegen des niedrigen Ankerwiderstandes R_i der Maschine sehr groß wäre. Bei Einschaltung über den Anlasser R_v wird die Höhe des Einschaltstromes begrenzt und der Motor läuft an, ohne dass die Sicherung auslöst oder die Netzspannung zu stark absinkt (Lichtschwankungen!). Wenn der Motor läuft, dann wird in seiner Ankerwicklung genau wie beim Generator die Spannung U_g induziert. Diese ist der angelegten Spannung U entgegengerichtet und wird daher als innere Gegenspannung U_g bezeichnet. Je schneller der Motor läuft, desto höher wird die Gegenspannung U_g, desto kleiner die Spannungsdifferenz $U - U_\mathrm{g}$ (Gegeneinanderschaltung!) und desto kleiner die Stromaufnahme des Ankers. *Ankerstrom I_a eines Motors:*

$$I_\mathrm{a} = \frac{U - U_\mathrm{g}}{R_\mathrm{i} + R_\mathrm{v}} \tag{17}$$

U angelegte Netzspannung; U_g im Motor induzierte Gegenspannung; R_v Widerstand des Ankerstromzweiges; R_v Anlasswiderstand.

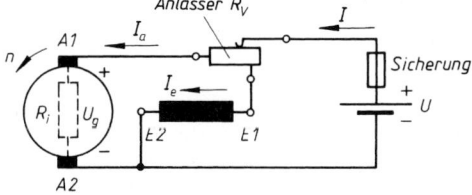

Bild 26. Anlassen eines Gleichstrommotors

In Betrieb wird der Anlasswiderstand R_v kurzgeschlossen ($R_\mathrm{v} = 0$), so dass der Motor dann direkt am

Netz liegt. Bei Leerlauf steigt die Drehzahl auf einen Wert n_0 an, bei dem $U_g \approx U$ und damit I_0 sehr klein wird. Bei Nennlast bremst die angetriebene Maschine den Motor, so dass seine Drehzahl und seine Gegenspannung etwas zurückgehen und die Stromaufnahme auf I_{nenn} ansteigt. Bei Überlastung (zuviel Drehmoment abgefordert) sinken n und U_g zu stark, so dass I zu groß und die Wicklung zu heiß wird.

Der Anlasser besteht meistens aus mehreren in Reihe geschalteten Einzelwiderständen, die über Schaltkontakte geschaltet werden. Zur Steuerung der Drehzahl darf der normale Anlasser nicht verwendet werden, weil er zu heiß wird.

Für diesen Zweck ist ein Steueranlasser mit besonders großer Kühlfläche zu verwenden. Auch für häufiges Schalten reicht der normale Anlasser nicht aus.

2.6.3 Nebenschlussmotor

Beim Nebenschlussmotor (*A1, A2, E1, E2*) ist die hochohmige Erregerwicklung *E1, E2* über den Anlasser an die Netzspannung *U* angeschlossen (Bild 27a). Diese treibt einen kleinen Erregerstrom durch *E1, E2*, der nicht von der Belastung des Motors abhängt. Die Erregung ist also konstant.

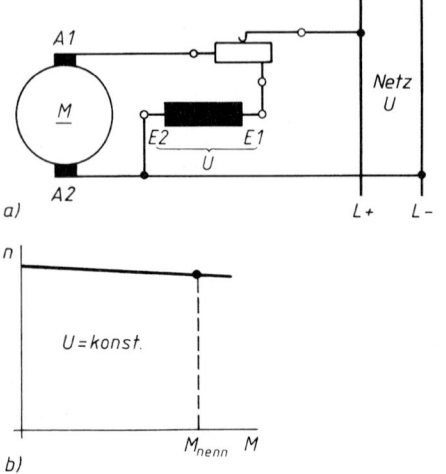

a)

b)

Bild 27. Nebenschlussmotor
a) Schaltbild
b) Belastungskennlinie

Bei Belastung bis zum Nennmoment geht die Drehzahl nur wenig zurück, weil die Erregung konstant bleibt (Bild 27b). Angewendet wird der Nebenschlussmotor dort, wo die Drehzahl unabhängig von der Belastung sein soll, z.B. bei Werkzeugmaschinen.

Zur Drehzahlsteuerung ist der Nebenschlussmotor besonders geeignet (siehe 2.11.2). Die vollkommenste Steuerung von Drehmoment und Drehzahl ermög-

licht der Gleichstrom-Nebenschlussmotor in Verbindung mit einer Steuerung der Gleichstromversorgung (siehe 2.11.3).

2.6.4 Reihenschlussmotor

Beim Reihenschlussmotor (*A1, A2, D1, D2*) wird die niederohmige Erregerwicklung *D1, D2* vom Motorstrom *I* durchflossen.

Dieser hängt von der jeweiligen Belastung des Motors ab (siehe 2.6.2) und erzeugt eine lastabhängige Erregung. Dadurch sinkt die Drehzahl mit wachsender Belastung stark ab (Bild 28b). Bei niedriger Drehzahl ergibt sich ein kräftiges Drehmoment (siehe (15)), weil dann sowohl *I* als auch Φ groß sind. Angewendet wird der Reihenschlussmotor als Fahrzeug- und Bahnmotor wegen seines weiten Drehzahlbereichs und seines kräftigen Anfahrmoments. Bei Leerlauf geht der Reihenschlussmotor durch!

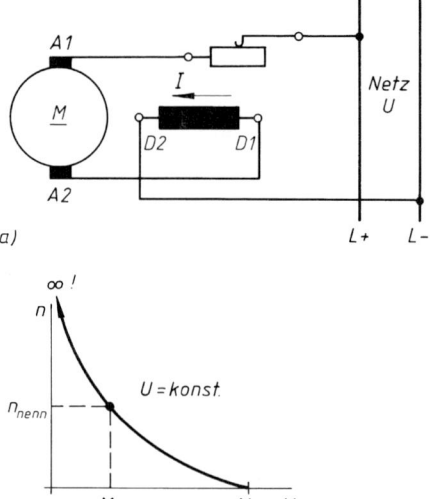

a)

b)

Bild 28. Reihenschlussmotor
a) Schaltbild
b) Belastungskennlinie

2.6.5 Doppelschlussmotor

Beim Doppelschlussmotor (*A1, A2, D1, D2, E1, E2*) werden NS- und RS-Erregung gleichzeitig angewendet (Verbundmaschine). Die RS-Wicklung liefert bei Belastung des Motors eine stärkere Erregung, so dass die Drehzahl etwas stärker zurückgeht. Gleichzeitig wird das Anlaufdrehmoment verbessert. Angewendet wird der Doppelschlussmotor dort, wo kurzzeitige Überlastungen mit Leerlauf abwechseln, wie z.B. beim Antrieb von Walzen. Bei Überlastung zieht der Motor wegen der RS-Erregung kräftig durch, bei Leerlauf geht er wegen der NS-Erregung nicht durch.

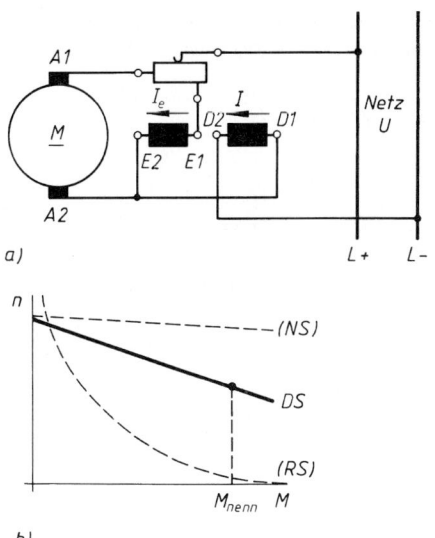

a)

b)

Bild 29. Doppelschlussmotor
a) Schaltbild
b) Belastungskennlinie

2.6.6 Umkehr der Drehrichtung

Zur Umkehr der Drehrichtung polt man die Bürstenklemmen *A1*, *A2* um, ohne dass die Erregung umgepolt wird. Bei Vertauschen der Netzanschlüsse würde der Motor die gleiche Drehrichtung beibehalten.

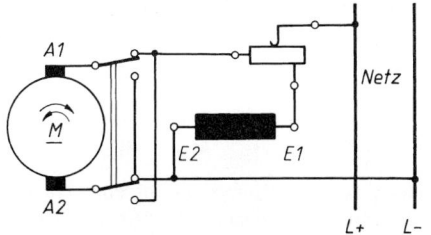

Bild 30. Umkehr der Drehrichtung beim Gleichstrommotor

2.6.7 Ankerrückwirkung

Als Ankerrückwirkung bezeichnet man bei allen elektrischen Maschinen (Gleichstrom-, Wechselstrom-, -motor, -generator) die magnetische Rückwirkung des stromdurchflossenen Ankers (Ankerquerfeld) auf das Gesamtfeld der Maschine. Bei der Gleichstrommaschine verursacht die Ankerrückwirkung unter anderem ein starkes Feuern der Bürsten (starker Verschleiß). Beim Generator ergibt sich außerdem ein stärkerer Spannungsrückgang.

Zur Verringerung der Ankerrückwirkung bzw. ihrer unerwünschten Folgen wendet man bei kleineren Maschinen und konstanter Last die Bürstenver-

schiebung an, bei der die Bürsten um einen bestimmten Winkel verdreht werden, beim Generator in Drehrichtung, beim Motor entgegen.

Bei größeren Maschinen und veränderlicher Last ordnet man zur Aufhebung der Ankerrückwirkung *Wendepole* an. Diese sitzen in den Lücken zwischen den Hauptpolen und tragen niederohmige Wicklungen aus wenigen Windungen dicken Drahtes, die vom Ankerstrom durchflossen werden. Der Wickelsinn der Wendepole ist entgegengesetzt wie der des Ankers, so dass bei Gleichheit beider AW-Zahlen das Ankerquerfeld vom Wendepolfeld aufgehoben wird. Ähnlich wirkt auch eine *Kompensationswicklung*, die in Nuten der Erregerpole liegt.

Das Vorhandensein von Wendepolen erkennt man daran, dass in der Klemmenbezeichnung irgendwo der Buchstabe *B1* oder *B2* auftaucht.

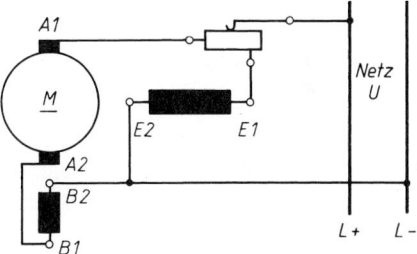

Bild 31.
Gleichstrom-Nebenschlussmotor mit Wendepolen

2.7 Drehstrommaschine als Motor

2.7.1 Drehfeld

Der Ständer des normalen Drehstrommotors ist der gleiche wie der beim Drehstromgenerator beschriebene (siehe 1.9.1). Schaltet man die drei Ständerwicklungen in $\curlywedge$ oder Δ an das Drehstromnetz, dann erzeugen die drei um 120° phasenverschobenen Ströme in den drei um 120° versetzten Wicklungen ein Drehfeld. Dieses hat in jedem Augenblick die gleiche Größe (ist also ein Gleichfeld), ändert aber seine Lage in der Maschine mit der synchronen Drehzahl n_s. (In Gl. (44) setzt man $n = n_s$). Die Drehung kommt bei den verschiedenen Drehstrommotoren dadurch zustande, dass deren Läufer vom Drehfeld mitgenommen werden, beim Synchronmotor mit der gleichen Drehzahl, mit der das Drehfeld umläuft, beim Käfig-, Stromverdrängungs- und Schleifringläufer etwas langsamer (Asynchronmotoren).

2.7.2 Synchronmotor

Als Synchronmotor wird dieselbe Maschine verwendet, die in 1.9.1 als Drehstromgenerator beschrieben worden ist (Bild 60a). Verkettet man deren Wicklungen in $\curlywedge$ oder Δ und schaltet die Wicklungsanfänge *U1*, *V1*, *W1* an das Drehstromnetz, dann entsteht im Ständer ein Drehfeld (Bild 32), das das Polrad mitnimmt, nachdem dieses irgendwie auf die synchrone Drehzahl gebracht worden ist. Das Polrad läuft dann „synchron", d.h. seine Drehzahl ist gleich der des Drehfeldes. Der Synchronmotor *läuft nicht von selbst an.* Er muss daher ohne Belastung von einer besonderen Antriebsmaschine auf die synchrone Drehzahl gebracht werden, z.B. dadurch, dass man seine angeflanschte kleine Erregermaschine über Gleichrichter aus dem Drehstromnetz als Motor betreibt und damit die Hauptmaschine hochfährt. Bei größeren Maschinen ist zur Vermeidung von Kurzschlüssen eine besondere Synchronisierschaltung erforderlich, die den richtigen Augenblick für das Anschalten des Ständers an das Drehstromnetz anzeigt. Selbstanlaufende Synchronmotoren haben in Nuten des Polrades einen sogenannten Dämpferkäfig, mit dem sie asynchron hochlaufen (wie Käfigläufer) und dann von selbst in Synchronismus fallen. Der Käfig dämpft zugleich Drehschwingungen des Polrades, die bei plötzlicher Laständerung auftreten können.

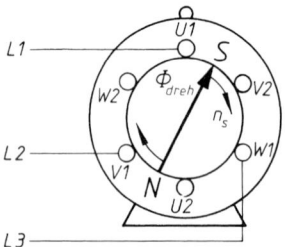

Bild 32. Ständer einer Drehstrommaschine

Der Synchronmotor hat eine völlig belastungsunabhängige Drehzahl, die ebenso konstant ist wie die Netzfrequenz.Bei Überlastung fällt er „außer Tritt" und bleibt stehen. Durch Übererregen des Polrades nimmt er kapazitiven Blindstrom aus dem Netz und lässt sich daher zur Phasenkompensation benutzen (siehe 1.8.8). Angewendet wird er dort, wo es auf besonders starre Drehzahl ankommt oder wo bei konstanter mechanischer Dauerlast gleichzeitig Phasenkompensation für andere Verbraucher erzielt werden soll.

2.7.3 Käfigläufer

Beim Käfigläufer wird als Läufer ein in sich kurzgeschlossener Käfig aus Kupfer (Messing) oder Aluminium (eingegossen) verwendet, der in Nuten des aus Blechen bestehenden Läufereisens liegt. Das Drehfeld Φ_{dreh} läuft durch diesen Kurzschlusskäfig hindurch und induziert darin den Läuferstrom I, (Induktionsmotor). Φ_{dreh} übt auf I_l ein Drehmoment aus, das den Läufer in Drehrichtung des Feldes mitnimmt (siehe 1.6.5 und 1.6.6). Die Läuferdrehzahl n ist dabei stets etwas niedriger als die Drehfeldzahl n_s (Schlupf). Ohne Schlupf würde Φ_{dreh} den Läufer

nicht Überholen. Er könnte dann auch keinen Strom induzieren und kein Drehmoment auf ihn ausüben (siehe Gl. (15)).

Schlupf s eines *Asynchronmotors*:

$$s = \frac{n_s - n}{n_s} \cdot 100\,\% \tag{18}$$

Je stärker der Motor belastet wird, desto größer sind Schlupf, induzierter Strom und Drehmoment. Bei *Nennlast* liegt der Schlupf zwischen 10 % (bei kleinen) und 3 % (bei großen Maschinen). Die Nenndrehzahlen von Asynchronmotoren liegen daher etwas unter den Drehzahlen der Reihe 3 000, 1 500 und 1 000 1/min usw. Wegen des nur geringen Drehzahlrückgangs bei Belastung gilt als Belastungskennlinie des Asynchronmotors etwa die des Gleichstrom-Nebenschlussmotors (siehe Bild 27b). Man spricht daher vom Nebenschlusscharakter der Asynchronmotoren.

Man kann den Käfigläufermotor als *sekundär kurzgeschlossenen Transformator* betrachten, dessen Sekundärwicklung der Flussänderung ausweichen kann, indem sie mitläuft. Bei *Belastung* geht die Läuferdrehzahl etwas zurück (größerer Schlupf), das Drehfeld überholt rascher und induziert stärkeren Strom im Läufer (Sekundärwicklung), und der Ständer (Primärwicklung) nimmt mehr Strom aus dem Netz.

Die Hauptvorteile des Käfigläufers sind niedriger Preis und hohe Betriebssicherheit (keine Schleifringe). Nachteilig ist der hohe Einschaltstrom, sowie bei Motoren über 2,2 kW, die über $\curlywedge \triangle$ angelassen werden müssen, das geringe Anlaufmoment (siehe 2.7.5). Diese sind höchstens für Halblast-Anlauf geeignet.

Einfachkäfigläufer

bei Direktanlauf		bei $\curlywedge \triangle$-Anlauf	
I_{ein}	$\approx 7\ I_{nenn}$	I_{ein}	$\approx 2,3\ I_{nenn}$
M_{anl}	$\approx 1,5\ M_{nenn}$	M_{anl}	$\approx 0,5\ M_{nenn}$

Anwendung des Käfigläufers überall dort, wo ein Motor mit lastunabhängiger Drehzahl bei Leichtanlauf (unter 2,2 kW auch bei Volllastanlauf) gebraucht wird.

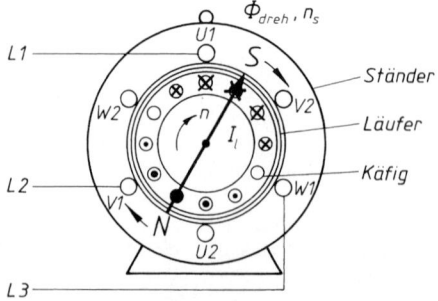

Bild 33. Aufbau- und Wirkungsschema des Käfigläufers

2.7.4 Stromverdrängungsläufer

Die Stromverdrängungsläufer haben einen kleineren Einschaltstrom als der Einfach-Käfigläufer. Sie unterscheiden sich von diesem durch die Anordnung bzw. die Form der Käfigstäbe. Beim Doppelkäfigläufer befinden sich zwei Kurzschlusskäfige im Läufer, innen der Arbeitskäfig mit dicken Stäben, außen der Anlaufkäfig mit dünnen Stäben.

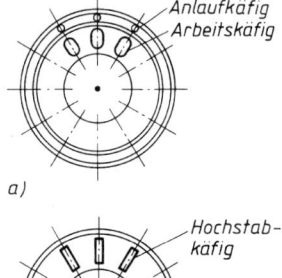

a)

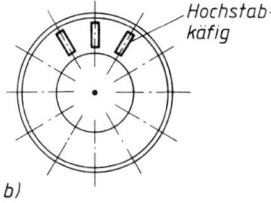

b)

Bild 34. Läufer von Stromverdrängungsläufermotoren
a) Doppelkäfigläufer   b) Hochstabläufer

Bei Anlauf tritt der Stromverdrängungseffekt auf, der bewirkt, dass der Strom fast nur im außenliegenden Anlaufkäfig mit verhältnismäßig hohem Widerstand fließt und daher klein bleibt (gute Anlaufeigenschaften). Bei Betrieb verteilt sich der Strom mit gleicher Dichte über beide Käfige (niedriger Widerstand, hoher Wirkungsgrad).

Doppelkäfigläufer bei Direktanlauf:

$I_{ein} \approx 5 \ I_{nenn}$

$M_{anl} \approx 2,3 \ M_{nenn}$

bei $\lambda \Delta$-Anlauf:

$I_{ein} \approx 1,7 \ I_{nenn}$

$M_{anl} \approx 0,75 \ M_{nenn}$

Der Doppelkäfigläufer ist für mittelschweren Anlauf und Hochfahren kleinerer Schwungmassen geeignet. Auch beim Hochstabläufer (Tiefnut-, Wirbelstromläufer) tritt die Stromverdrängung auf (*I* fließt bei Anlauf häuptsächlich in den äußeren Stabteilen), so dass er ähnliche Anlaufeigenschaften hat wie der Doppelkäfigläufer.

Hochstabläufer bei Direktanlauf:

$I_{ein} \approx 4,8 \ I_{nenn}$

$M_{anl} \approx 1,5 \ M_{nenn}$

bei $\lambda \Delta$-Anlauf:

$I_{ein} \approx 1,6 \ I_{nenn}$

$M_{anl} \approx 0,5 \ M_{nenn}$

2.7.5 Stern-Dreieck-Anlauf

In Lichtnetzen schreiben die E-Werke bei Einfachkäfigläufern von 2,2 bis 4 kW und bei Stromverdrängungsläufern von 4 bis 5,5 kW das Anlassen über Stern-Dreieckschalter vor. Bei noch größeren Leistungen ist ein Statoranlasser oder ein Anlasstransformator vorgeschrieben. Der Grund für diese Vorschriften liegt darin, dass die hohen Einschaltstromstöße der Käfigläufermotoren (siehe 2.7.3 und 2.7.4) kurzzeitige Spannungsschwankungen im Lichtnetz verursachen würden und dadurch die Helligkeit des Lichts schwankte.

Für $\lambda\Delta$-Anlauf muss die Nennspannung des Motors eine Gruppe höher gewählt werden als die des Netzes, z.B. Motor 380/660 V für Netze 220/380 V.

Zum Anlaufen wird der Motor in λ ans Netz gelegt (Bild 35a). Jede seiner Wicklungen, die z.B. für 380V bemessen sind, erhält dabei nur 220V, so dass der Motor mit verringerter Spannung ($U / \sqrt{3}$) und kleinerem Einschaltstrom ($I_{ein}/3$) anläuft. Nachteilig ist dabei der Rückgang des Anlaufdrehmoments M_{anl} auf ein Drittel.
Zum Betrieb wird der Motor mit dem $\lambda\Delta$-Schalter auf Δ umgeschaltet und erhält damit die volle Spannung, so dass er dann voll belastet werden darf.

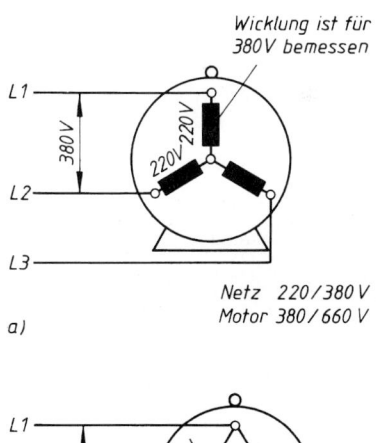

a)

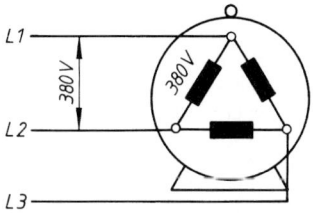

b)

Bild 35. Stern-Dreieck-Anlauf
a) Anlassschaltung Stern
b) Betriebsschaltung Dreieck

2.7.6 Schleifringläufer

Beim Schleifringläufer liegt auch in den Läufernuten eine meist dreiphasige Wicklung, die in Stern geschaltet ist. Die Anfänge *u1*, *v1*, *w1* dieser Wicklung sind an Schleifringe geführt, die über die Bürsten mit einem dreiphasigen Anlasswiderstand verbunden sind.

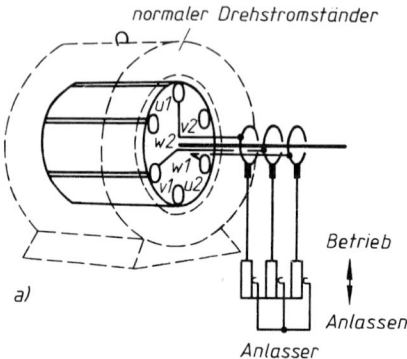

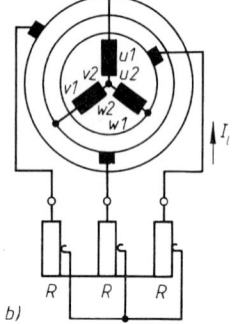

Bild 36. Schleifringläufer
a) Aufbauschema
b) Schaltbild des Läuferstromkreises

Der Läuferstrom wird wie beim Käfigläufer vom Drehfeld induziert (Induktions-, Asynchronmotor). Beim Anlaufen sind die drei ohm'schen Widerstände *R* voll in den Läuferstromkreis eingeschaltet, so dass der Einschaltstrom klein bleibt. *R* kann so groß gewählt werden, dass $I_{ein} = I_{nenn}$ wird und damit kein hoher Einschaltstromfluss auftritt. Trotzdem ist dabei $M_{anl} = M_{nenn}$, so dass der Motor für Volllastanlauf geeignet ist. In Betrieb ist der Anlasser kurzgeschlossen, so dass der Läufer auch beim Schleifringläufer im Kurzschluss arbeitet. Er verhält sich daher in Betrieb genauso, wie der Käfigläufer (Nebenschlusscharakter). Für Dauerbetrieb werden die drei Wicklungen mittels Hebels oder Fliehkraftschalters im Läufer kurzgeschlossen und die Bürsten abgehoben. Angewendet wird der Schleifringläufer dort, wo entweder Volllastanlauf bei größeren Leistungen vorliegt (M_{anl} bis 2,5 M_{nenn}) oder weiches Anfahren erwünscht ist (großer Anlasswiderstand) oder große Schwungmas-

sen hochgefahren werden müssen oder häufig geschaltet wird (Anlaufwärme tritt außerhalb des Motors im Anlasser auf). Anwendungsbeispiele: Lastaufzug, Kran, Kolbenpumpe (Volllastanlauf); Fahrstuhl (weiches Anfahren); Zentrifuge, Gebläse (große Schwungmassen); Fahrstuhl, Kran (häufiges Schalten). Der Hauptnachteil des Schleifringläufers ist der Anlassvorgang von Hand oder über eine Automatik sowie sein höherer Preis.

2.7.7 Umkehr der Drehrichtung

Zur Umkehr der Drehrichtung vertauscht man am Klemmbrett des Ständers zwei Leitungsanschlüsse nach Bild 37.

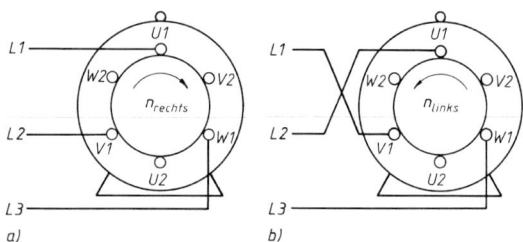

Bild 37. Anschaltung des Ständers
a) bei Rechtslauf
b) bei Linkslauf eines Drehstrommotors

2.8 Einphasen-Wechselstrommotoren

2.8.1 Einphasen-Reihenschlussmotor

Der Einphasen-Reihenschlussmotor ist eine Kollektormaschine und ist ebenso geschaltet, wie der für Gleichstrom (Bild 28). Sein Ständer besteht jedoch nicht aus Gussstahl, sondern zur Verringerung der Wirbelströme aus Dynamoblechen. Angewendet wird er bei kleinen Leistungen als Universalmotor (≅) z.B. für Haushaltsgeräte (Staubsauger), und bei großen Leistungen z.B. als Lokomotivmotor (meist für $16\frac{2}{3}$ Hz).

Der Repulsionsmotor ist ähnlich aufgebaut und hat ebenfalls Reihenschlusscharakter. Er unterscheidet sich vom Reihenschlussmotor dadurch, dass nur seine Erregerwicklung am Netz liegt, seine Bürsten kurzgeschlossen und gegenüber dem Kollektor verdrehbar sind.

2.8.2 Einphasen-Käfigläufer

Beim Einphasenkäfigläufer mit Hilfswicklung befindet sich im Ständer die Hauptwicklung *U1*, *U2* und die dagegen um 90° versetzte Hilfswicklung *Z1*, *Z2*. Diese wird mit dem Hilfsstrom I_2 gespeist, der mit Hilfe eines zusätzlichen Schaltelements (meist Kondensator, aber auch Drossel oder ohm'scher Widerstand) gegenüber dem Hauptstrom I_1 um möglichst 90° in der Phase verschoben wird. Dadurch bildet sich ein Drehfeld, das den Käfig mitnimmt. Der Konden-

sator kann in Anlauf- und Betriebskondensator unterteilt sein (siehe 2.8.3), wobei der Anlaufkondensator in Betrieb abgeschaltet werden muss.
Die Hilfswicklung muss bei manchen Motoren in Betrieb abgeschaltet werden (wenn ihr Drahtquerschnitt nur für den kurzen Anlaufvorgang bemessen ist). Der Motor läuft dann trotzdem weiter, weil das übrigbleibende Wechselfeld als Resultierende aus zwei gegensinnig umlaufenden Drehfeldern aufgefasst werden kann, wovon das eine den Läufer mitnimmt.

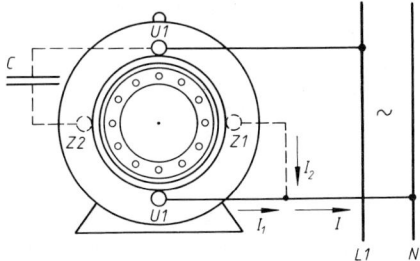

Bild 38. Einphasenkäfigläufer

Beim Anwurfmotor (ohne Hilfswicklung) muss der Läufer in der gewünschten Drehrichtung angeworfen werden, weil er nicht von selbst anläuft. Er wird dann von dem in Anwurfrichtung laufenden Drehfeld mitgenommen. Umkehr der Drehrichtung beim Motor mit Hilfswicklung durch Verbindung von $Z2$ mit $V2$ und $U1$ mit $Z1$ über Kondensator. Beim Spaltpol-Motor, der für kleinste Leistungen (unter 100 W) angewendet wird, sind die Erregerpole gespalten und zur Hälfte mit Kurzschlussringen aus Kupfer umge-

ben, mit deren Hilfe ein Drehfeld erzeugt wird. Als Läufer dient ebenfalls ein Käfig. Die Eigenschaften der Einphasen-Käfigläufer sind ebenso wie beim entsprechenden Drehstrommotor (siehe 2.7.3). Angewendet werden sie bei kleineren Leistungen am Einphasenwechselstromnetz (z.B. Haushaltsgeräte).

2.8.3 Einphasenbetrieb von Drehstrommotoren

Die normalen Drehstrommotoren lassen sich nach Bild 40 am einphasigen Wechselstromnetz betreiben, indem man den Strom in einer Wicklung durch einen Betriebskondensator C_b, in seiner Phasenlage verschiebt, so dass ein Drehfeld entsteht. Der Motor darf dabei bis zu 80 % seiner Drehstromnennleistung abgeben. Bei Volllastanlauf ist ein Anlaufkondensator C_a erforderlich, der in Betrieb abgeschaltet werden muss. Als Richtwert für die erforderlichen Kapazitätswerte gilt:

$$\text{bei } 220 \text{ V } 50 \text{ Hz} \quad C_b \approx 75 \; \mu\text{F} \quad \begin{array}{l}\text{je kW Drehstrom-}\\\text{Nennleistung}\end{array}$$

$$\text{bei } 380 \text{ V } 50 \text{ Hz} \quad C_b \approx 25 \; \mu\text{F} \quad \begin{array}{l}\text{je kW Drehstrom-}\\\text{Nennleistung}\end{array}$$

Als Anlaufkondensator nimmt man $C_a = 2 \, C_b$. Die Betriebsspannung der Kondensatoren muss 1,25 U sein. Drehrichtungsumkehr durch Vertauschen der Zuleitungen an $V1$ und $W1$. Anwendung bei Geräten, die vorwiegend für Drehstrom ausgelegt werden, bei denen aber auch einphasiger Anschluss vorkommen kann.

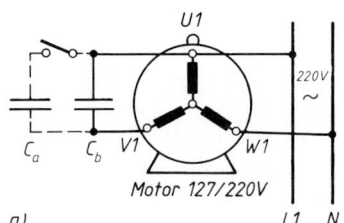
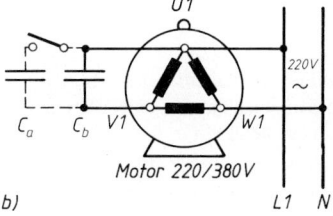

Bild 39. Einphasenbetrieb von Drehstrommotoren
a) in Sternschaltung, b) in Dreieckschaltung

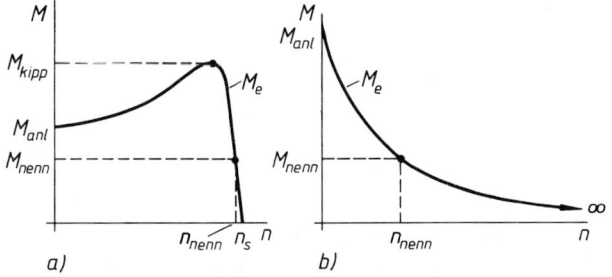

Bild 40.
Drehmomentenkennlinien von Elektromotoren
a) Nebenschlusskennlinie (eines Käfigläufers),
b) Reihenschlusskennlinie

2.9 Wechselwirkung zwischen Elektromotor und Arbeitsmaschine

2.9.1 Drehmomentenkennlinien von Motoren

Beim Elektromotor hängt das entwickelte Drehmoment M_e von seiner jeweiligen Drehzahl n ab.

Nebenschlusscharakter (Bild 40) haben der Gleich- und Drehstromnebenschlussmotor, alle Käfig- und der Schleifringläufer. Bei steigender Drehzahl nimmt dabei das Drehmoment vom Anlaufmoment M_{anl} (bei $n = 0$) zunächst zu bis zum Kippmoment M_{kipp} (≈ 2 bis $2,5\ M_{nenn}$), und sinkt dann steil ab über das Nennmoment M_{nenn} (bei n_{nenn}) auf $M_e = 0$ (bei $n = n_s$, Reibungsverluste vernachlässigt).

Reihenschlusscharakter (Bild 40b) haben der Gleich-, Wechsel- und Drehstrom-Reihenschlussmotor sowie der Repulsionsmotor. Bei diesen ist das Anlaufmoment M_{anl} am größten ($\approx 3\ M_{nenn}$). M_e nimmt mit steigender Drehzahl ab, wobei $n \to \infty$ geht (theoretisch), d. h. der Motor geht im Leerlauf durch (Zerstörung des Motors, weil die Ankerwicklung durch Fliehkraft herausfliegt).

2.9.2 Drehmomentenkennlinien von Arbeitsmaschinen

Bei jeder Drehzahl gleichbleibendes Antriebsmoment (Bild 41a) ist erforderlich bei Aufzügen, Kranen, Kolbenpumpen und Getrieben sowie bei Hobel-, Dreh- und Fräsmaschinen bei konstantem Spanquerschnitt und Drehdurchmesser. Das Antriebsmoment M_t setzt sich zusammen aus dem Reibungsmoment M_r und dem Nutzmoment M_1. Das Reibungsmoment wird bei Anlauf von der Ruhereibung bestimmt (M_{r0}) und ist größer als in Betrieb. Die erforderliche Antriebsleistung P steigt bei diesen Maschinen linear mit der Drehzahl n.

Mit der Drehzahl quadratisch ansteigendes Antriebsmoment (Bild 41b) ist erforderlich bei Lüftern, Gebläsen, Kreiselpumpen und Rührwerken sowie beim Luftwiderstand von Fahrzeugen, Bahnen und Fördermaschinen hoher Geschwindigkeit. Das Antriebsmoment M_t für diese Maschinen setzt sich zusammen aus dem drehzahlunabhängigen Reibungsmoment M_r (bzw. M_{r0}) und einem Moment $M_1 \sim n^2$. Die erforderliche Antriebsleistung P steigt bei diesen Maschinen mit der dritten Potenz der Drehzahl n.

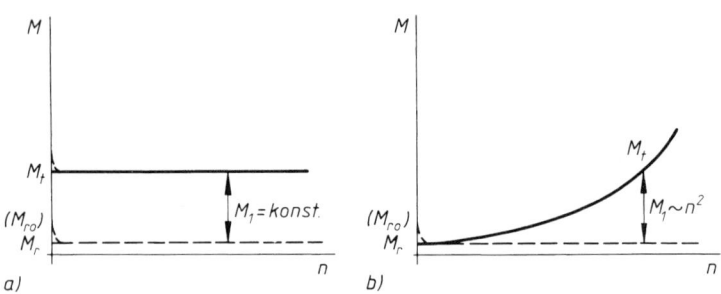

Bild 41. Drehmomentenkennlinie von Arbeitsmaschinen
a) erforderliches Antriebsmoment unabhängig von der Drehzahl
b) erforderliches Antriebsmoment steigt mit n^2

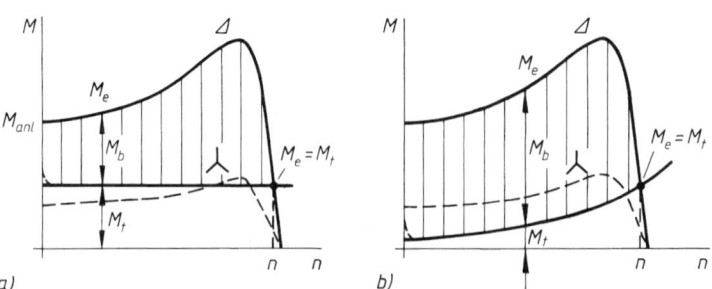

Bild 42. Anlaufvorgang in den Drehmomentenkennlinien
a) Käfigläufer und Arbeitsmaschine mit konstantem Antriebsmoment
b) Käfigläufer und Arbeitsmaschine mit quadratisch ansteigendem Antriebsmoment

Mit der Drehzahl linear abnehmendes Antriebsmoment ist erforderlich bei Wickelantrieben, bei denen Materialzug und -geschwindigkeit konstant gehalten werden, sowie beim Plandrehen mit konstantem Spanquerschnitt. Die erforderliche Antriebsleistung P bleibt dabei konstant.

2.9.3 Anlaufvorgang

Bei Leeranlauf wird das ganze vom Motor entwickelte Drehmoment dazu benutzt, die Schwungmassen des Motors zu beschleunigen. Die Motordrehzahl steigt dabei rasch auf die Leerlaufdrehzahl. Der Anlaufvorgang mit seinem hohen Anlaufstrom dauert nur kurze Zeit und im Motor entsteht nur wenig Wärme.

Beim Hochfahren einer Arbeitsmaschine mit konstantem Antriebsmoment (Bild 42a) wird der Motor schon im Stillstand mit dem vollen Drehmoment M_t belastet. Die Differenz M_b zwischen dem vom Motor entwickelten Moment M_e und dem von der anzutreibenden Maschine geforderten Moment M_t dient zur Beschleunigung der Schwungmassen von Motor und Maschine. Wegen des kleineren Beschleunigungsmoments M_b und der zusätzlichen Schwungmassen der Maschine dauert der Anlaufvorgang länger und der Motor wird daher wärmer als bei Leeranlauf. In Betrieb stellt sich diejenige Betriebsdrehzahl n ein, bei der $M_e = M_t$ ist. λΔ-Anlauf wäre im dargestellten Fall (etwa Volllastanlauf) nicht möglich, weil der Motor in λ (gestrichelte Drehmomentenkennlinie) nicht genügend Anlaufmoment entwickelt. Wenn das erforderliche Antriebsmoment der Maschine *quadratisch* mit n ansteigt (Bild 42b), ist bei niedrigen Drehzahlen das beschleunigende Differenzmoment M_b größer. Bei nicht zu großen Schwungmassen dauert der Anlaufvorgang nicht so lange, so dass der Motor nicht zu heiß wird. Auch λΔ-Anlauf ist dabei möglich. Die Betriebsdrehzahl n ergibt sich wieder bei $M_e = M_t$.

2.9.4 Verhalten bei Betrieb

Die Größe des von einem Motor abgegebenen Drehmoments wird nur von der angetriebenen Arbeitsmaschine bestimmt.

Das Drehmoment, das zum Betrieb der Arbeitsmaschine erforderlich ist, wirkt auf den Motor bremsend. Dadurch geht die Drehzahl zurück, und das damit verbundene Absinken der inneren Gegenspannung (siehe 2.6.2) verursacht eine erhöhte Strom- und Leistungsaufnahme.

Beim Motor mit Nebenschlussverhalten (Bild 42a) ist der Drehzahlrückgang bei Belastung nur gering, bei Reihenschlussverhalten dagegen zeigt sich bei gleicher Laständerung ein starker Drehzahlrückgang. Stromaufnahme und Leistung steigen dabei nicht so stark an wie bei Nebenschlusscharakter.

Bei Überlastung des Motors (z.B. mit $1{,}75\,M_{nenn}$) bleibt dieser nicht stehen, sondern gibt (bis zum Kippmoment) das geforderte Überlastmoment an die angetriebene Maschine ab. Er nimmt dabei mehr Strom auf, als für seine Wicklungen zulässig ist und wird dadurch im Dauerbetrieb zu heiß (Wicklungsisolation wird zerstört). Um zu starke Erwärmung der Motoren infolge mechanischer Überlastung zu vermeiden, werden sie über Motorschutzschalter angeschlossen, die genau auf den zulässigen Dauerstrom I_{nenn} des Motors eingestellt werden. Bei länger andauernder Überschreitung von I_{nenn} wird z.B. ein Bimetallstreifen so stark aufgeheizt, dass er infolge seiner Durchbiegung den Schalter allpolig öffnet. Dieser lässt sich erst nach einiger Zeit wieder einschalten, wenn Bimetall und Motor sich genügend abgekühlt haben.

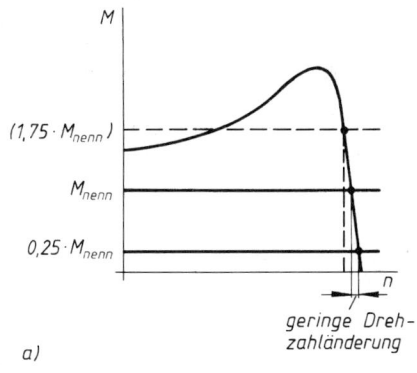

a)

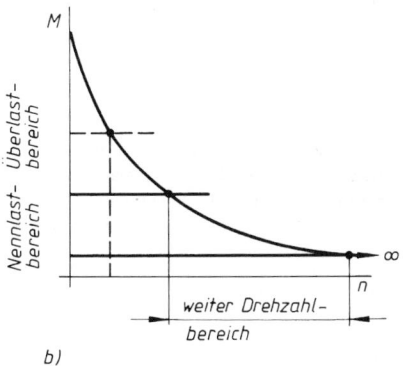

b)

Bild 43. Betriebsverhalten von Motoren bei verschiedenen Belastungen
a) Motor mit Nebenschlusscharakter
b) Motor mit Reihenschlusscharakter

2.9.5 Bremsung

Die Stillsetzung von Motor und Arbeitsmaschine erfolgt am einfachsten durch Abschalten des Motors. Das Aggregat läuft dann von selbst aus. Wenn besonders rasches Stillsetzen erwünscht ist, kann elektrisch gebremst werden, wobei allerdings meist der letzte Rest mechanisch weggebremst werden muss, weil die Wirksamkeit der elektrischen Bremsung mit fallender Drehzahl abnimmt (Induktionsvorgang). Folgende Arten des elektrischen Bremsens sind gebräuchlich:

Widerstandsbremsen: *Gleichstrommotoren* werden vom Netz getrennt und auf Lastwiderstände geschaltet. Die kinetische Energie der Schwungmassen treibt die Maschine dabei als Generator an. Die mechanische Energie wird unter Abbremsung der Massen in elektrische verwandelt, die den Lastwiderstand erwärmt.

■ **Beispiel:**
Straßenbahn.
Drehstrommotoren (z.B. Käfigläufer) werden vom Drehstromnetz getrennt und ihre Ständerwicklung wird an Gleichspannung gelegt. Das dabei entstehende magnetische Gleichfeld induziert im Käfig Wirbelströme, die die kinetische Energie aufzehren und im Läufer in Wärme verwandeln.

Gegenstrombremsen: Der Motor wird vom Netz getrennt, auf Drehrichtungsumkehr geschaltet und unter Einschaltung eines Vorwiderstandes (beim Schleifringläufer in den Läuferkreis) wieder ans Netz gelegt. Das Gegendrehmoment des Motors wirkt dabei bremsend.

■ **Beispiele:**
Gegenstrombremsen bei Straßenbahn, Senkbremsen bei Hebezeugen.

Nutzbremsen: *Kollektormotoren* (für Gleich-, Wechsel- und Drehstrom) werden durch die kinetische Energie der abzubremsenden Massen auf eine Drehzahl gebracht, bei der die elektromotorische Gegenspannung höher ist als die angelegte Netzspannung. Die Stromrichtung kehrt dabei um und die Maschine liefert als Generator elektrische Energie ins Netz zurück.

■ **Beispiel:**
Talfahrt von Bahnen.

Asynchronmotoren werden mit übersynchroner Drehzahl von den Massen angetrieben und wirken dabei unter Rücklieferung von elektrischer Energie als *Asynchrongeneratoren.*
Diese Art der Nutzbremsung wird häufig bei polumschaltbaren Motoren (siehe 2.11.4) angewendet, indem man sie fortlaufend auf die nächst niedrigere Drehzahlstufe schaltet und somit durch die abzubremsende Arbeitsmaschine übersynchron antreiben lässt.

■ **Beispiel:**
Stillsetzen von Zentrifugen.

2.9.6 Betriebs- und Schutzarten, Kühlung und Bauformen

Dauerbetrieb DB: Die Betriebsdauer bei Nennleistung ist so lang, dass der Motor auf seine zulässige Endtemperatur kommt.

Kurzzeitbetrieb KB: Die Betriebsdauer bei KB-Nennleistung ist so kurz, dass die zulässige Endtemperatur nicht erreicht wird. Die Pausen zwischen den Einschaltungen sind so lang, dass der Motor sich wieder auf die Temperatur seiner Umgebung (Lufttemperatur) abkühlt.

Aussetzbetrieb AB: Die Betriebsdauer bei AB-Nennleistung ist so kurz, dass die zulässige Endtemperatur nicht erreicht wird. Die Pausen sind ebenfalls kurz, so dass die Maschine sich nicht auf die Umgebungstemperatur abkühlen kann.

Durchlaufbetrieb mit Kurzzeitbelastung DKB: Der Unterschied zu KB liegt darin, dass die Maschine in den Pausen nicht abgeschaltet ist, sondern leerläuft. Sie kühlt sich in den Pausen auf ihre Leerlauftemperatur ab.

Durchlaufbetrieb mit Aussetzbelastung DAB: Der Unterschied zu AB liegt ebenfalls im Leerlauf während der Belastungspausen.

Für KB, AB, DKB und DAB kann die Maschine kleiner gebaut werden als für DB.

Die *prozentuale Einschaltdauer* (ED in %) bezieht sich normalerweise auf eine Spieldauer von 10 min. ED = 40 % bedeutet dabei: Die Maschine oder das Gerät darf höchstens 4 min eingeschaltet und muss anschließend mindestens 6 min ausgeschaltet bleiben. Bei großen Maschinen kann die maximale Spieldauer länger, bei sehr kleinen Geräten auch kürzer sein.

Für den Schaltbetrieb, bei dem sehr häufig ein- und ausgeschaltet wird, muss die Maschine größer bemessen werden, als ihrer DB-Nennleistung entsprechen würde.

Die *Schutzarten* gegen Berührung gefährlicher Spannungen und gegen Eindringen von Fremdkörpern (Staub, Wasser) sowie Explosions- und Schlagwetterschutz sind nach DIN 40050 genormt.

Die *Kühlung* erfolgt als Selbstkühlung (kein Lüfter) oder Mantelkühlung (bei geschlossenen Bauarten), besser und häufiger jedoch durch Eigenbelüftung (eigener Lüfter) oder Fremdbelüftung (besonderes Lüfteraggregat).

Die *Bauformen* der Motoren (Art der Befestigung, der Lager, der Anordnung) sind nach DIN EN 60034 genormt.

2.10 Stromrichter

Stromrichter gibt es als Gleichrichter, Wechselrichter und Umrichter. Gleichrichter formen Wechsel- oder Drehstrom in Gleichstrom um. Wechselrichter formen Gleichstrom in Wechsel- oder Drehstrom um. Umrichter(-schaltungen) erzeugen aus einem vorhandenem Wechselstromsystem ein anderes mit gleicher oder geänderter Phasenzahl, Frequenz und Spannung.

2.10.1 Halbleiterbauelemente

2.10.1.1 Diode

Dieses Bauelement hat als Anschlüsse Anode und Kathode. Die Diode besitzt einen PN-Übergang und kann Strom nur in einer Richtung übertragen (Ventilwirkung).

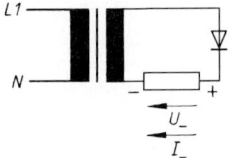

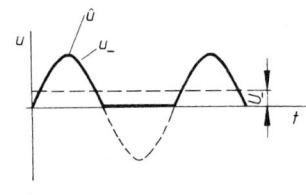

a)

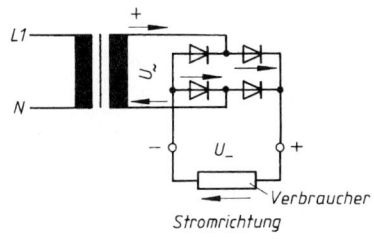

Verbraucher
Stromrichtung

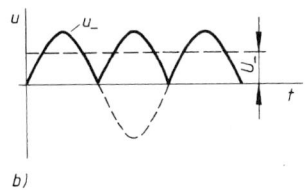

b)

Bild 44.
Beispiele für Gleichrichterschaltungen und Verlauf der gleichgerichteten Spannung

a) Einphaseneinwegschaltung
b) Brückenschaltung

Wird an die Anode eine positive und an die Kathode eine negative Spannung angelegt, ist die Diode in Durchflussrichtung geschaltet. Bei Umpolung der angelegten Spannung ist sie in Sperrrichtung geschaltet (siehe Halbleiter G3). Eingesetzt wird die Diode z.B. in Stromrichterschaltungen und Transistorschaltungen. Sie wird auch als Gleichrichter oder Überspannungsschutz verwendet. Die gebräuchlichsten Gleichrichterschaltungen sind Einweg,- Mittelpunkt- und Brückenschaltung für kleinere Leistungen und Sechsphasenschaltung für größere Leistungen. Bei der Einwegschaltung pulsieren die Momentanwerte u_- der gleichgerichteten Spannung mit der Netzfrequenz f zwischen null und u (Scheitelwert). Der Mittelwert U_- der Gleichspannung ist dabei $U_- = 0{,}45\ U_\sim$.
Bei der Brückenschaltung und der Mittelpunktschaltung pulsiert u_- mit der doppelten Netzfrequenz $2f$. Der Mittelwert ist $U_- = 0{,}9\ U_\sim$ (0,45 und 0,9 sind Tabellenwerte nach DIN VDE 0558). Bild 44b zeigt

die Wirkungsweise dieser Schaltung, die auch als Grätz-Schaltung bekannt ist. Die beiden in den Bildern 44a und 44b angegebenen Grundschaltungen lassen sich entsprechend auch bei Drehstrom anwenden.

2.10.1.2 Transistor

Gegenüber einer Diode ist ein Transistor (<u>transfer</u>-übertragen, <u>resistor</u>-Widerstand) über die Basis (B) steuerbar. Der Emitter (E) sendet die Ladungsträger und der Kollektor (C) sammelt sie.

Bipolare Transistoren haben 2 PN-Übergänge und arbeiten nur mit Gleichstrom. Zwischen Basis und Emitter wird der PN-Übergang in Durchlassrichtung und der zwischen Basis und Kollektor in Sperrrichtung geschaltet.

Berechnungen: $I_E\ \ = I_B + I_C$

$$U_{CE} = U_{CB} + U_{BE}$$

$$B(\text{Gleichstromverstärkung}) = I_C/I_B$$

In der Leistungselektronik, in der mit Hilfe von Halbleiterbauelementen Ströme gesteuert, geschaltet und umgeformt werden, wird der NPN-Transistor (Silizium) hauptsächlich als schneller Schalter genutzt, da er mit einem geringen Steuerstrom einen sehr großen Strom steuern kann. Mit einem schwachen Steuerstrom kann man Stromdurchgang oder Sperrzustand hervorrufen (I_B steuert I_C):

Keine Spannung zwischen Basis und Emitter → großer Transistorwiderstand → Transistor als Schalter geöffnet. Spannung zwischen Basis und Emitter → minimaler Widerstand → Schalterzustand geschlossen.

Verstärkerverhalten: Ein kleiner Basisstrom führt zu einem hohen Kollektorstrom (Schaltströme bis 500 A). Die jeweiligen Kenndaten entnimmt man aus den mitgelieferten Datenblättern.

Von den drei Transistorgrundschaltungen (Basis-, Emitter-, Kollektorschaltung) wird die Emitterschaltung (Bild 45) am häufigsten gebraucht. Der Emitter liegt gemeinsam an Ein- und Ausgang. Spannung-, Strom- und Leistungsverstärkung sind sehr hoch.

Außerdem ist der Transistor in dieser Schaltung der einfachste Inverter (Wechselrichter).

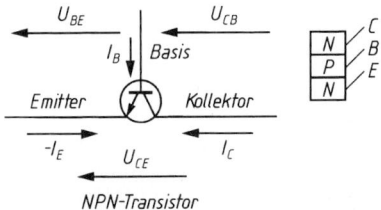

NPN-Transistor

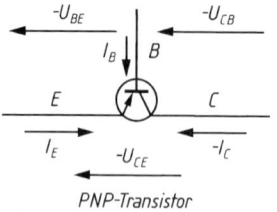

PNP-Transistor

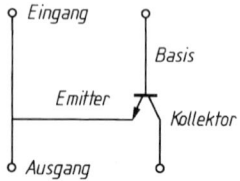

Bild 45. Emitterschaltung

2.10.1.3 Thyristor

Das steuerbare Halbleiterbauelement Thyristor hat mindestens 4 unterschiedliche Halbleiterzonen und damit 3 PN-Übergänge (Sperrschichten). Am häufigsten wird der PNPN-Thyristor wegen seiner Leistungsstärke (Schalten von Strömen bis 1 000 A) gebraucht. Thyristoren können als Wechsel-, Gleich- und Umrichter genutzt werden.

Soll z.B. ein Gleichstrommotor mit Drehstrom gespeist werden, können Thyristoren die Steuerung und das Gleichrichten übernehmen.

Rückwärtssperre: 2 PN-Übergänge in Sperrrichtung geschaltet.

Vorwärtssperre: 1 PN-Übergang in Sperrrichtung geschaltet.

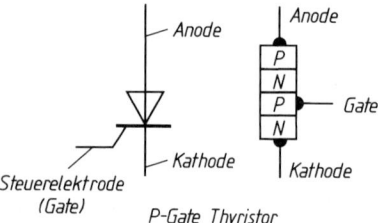

Bild 46. Thyristoraufbau

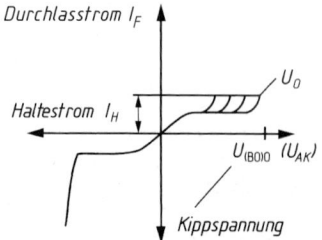

Bild 47. Thyristorkennlinie

Funktionsweise: Liegt am Gate keine Spannung (Steueranschluss offen), zündet der Thyristor bei der Nullkippspannung $U_{(B0)0}$. Mit Steuerspannung zündet er vor $U_{(B0)0}$. Steuerstrom und Steuerspannung sind abhängig von der Spannung U_{AK} (Bild 47).

Zündung: Ohne Steuerstrom sperrt der Thyristor. Liegt aber eine Steuerspannung am Gate, bekommt der mittlere PN-Übergang durch den Steuerstrom soviel freie Ladungsträger, dass die Sperrschicht abgebaut wird und der Thyristor zünden kann. Er sperrt erst wieder, wenn der entstandene Haltestrom I_H unterschritten wird oder bei Wechselstrom während jeder negativen Halbperiode. Erst bei erneuter Zündung kann die Sperrung aufgehoben werden und auch wieder Strom fließen. Ein Thyristor kann durch Gleich- und Wechselstrom und durch Impulse gezündet werden. Nur bei Impulszündung arbeitet er exakt.

2.10.1.4 Triac (Zweirichtungsthyristor)

Zwei gegeneinander parallel geschaltete Thyristoren ergeben einen Triac (Triode ac – Triodenwechselstromschalter). Der Triac kann im Gegensatz zum Thyristor in beiden Richtungen zünden (vorwärts und rückwärts). Die negative Halbperiode wird also auch durchgelassen. Die Zündung erfolgt mit positivem oder negativem Gatestrom. Kein Steuerstrom ergibt eine Sperrung in beiden Richtungen. Verwendung z.B. beim Dimmer und bei der Leistungssteuerung von Motoren.

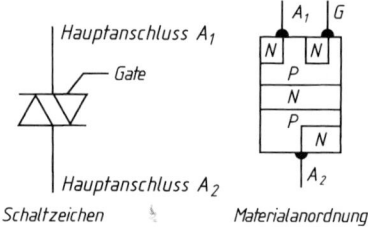

Schaltzeichen   Materialanordnung

2.11 Steuerung von Drehzahl und Drehmoment bei Motoren

2.11.1 Steueranlasser

Eine Herabsetzung der Drehzahl lässt sich am einfachsten durch einen Anlasswiderstand erreichen, der so groß gebaut sein muss, dass er während der Dauer der Drehzahlverringerung nicht zu heiß wird: *Steueranlasser*. Beim Gleichstrommotor wird dieser nach Bild 27 und 28 in den Ankerstromkreis eingeschaltet. Die Spannung am Anker ist dabei um den Spannungsfall am Anlasswiderstand geringer als die Netzspannung, so dass innere Gegenspannung und Drehzahl kleiner sind als bei voller Spannung. Beim *Käfigläufer* wird ein dreiphasiger Steueranlasser im Ständerstromkreis verwendet, der den Schlupf des Läufers (siehe 2.7.3) bei Belastung vergrößert

(Schlupfsteuerung). Auch beim *Schleifringläufer* kann man eine Schlupfsteuerung durch Steueranlasser im Läuferstromkreis erzielen. Die Vorteile des Steueranlassers sind: kleiner Aufwand und niedriger Preis. Als Nachteile ergeben sich schlechter Wirkungsgrad durch Erwärmung des Anlassers und starke Lastabhängigkeit der Drehzahl.

2.11.2 Feldstellwiderstand

Eine Erhöhung der Drehzahl ist beim Gleichstrommotor durch Schwächung der Erregung mittels Feldstellwiderstand zu erreichen. Bei verringerter Erregung muss der Motor schneller laufen, damit seine elektromotorische Gegenspannung wieder ungefähr gleich der angelegten Netzspannung wird. Bei Nennlast lässt sich auf diese Weise die Drehzahl etwa zwischen 0,9 ... 1,2 n_{nenn} steuern. Bei geringer Belastung oder gar Leerlauf lässt sich n auf ein Mehrfaches von n_{nenn} bringen, weil das Drehmoment dabei trotz Feldstellwiderstand Erregungsschwächung noch ausreicht. Beim Gleichstrom-Reihenschlussmotor wird der Feldsteller parallel zur Erregerwicklung *E1*, *E2* geschaltet.

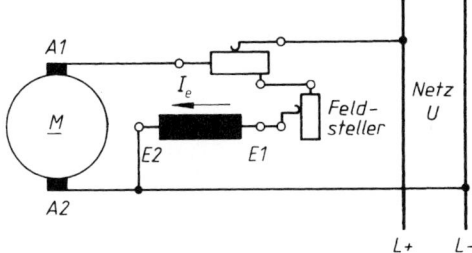

Bild 48. Gleichstrom-Nebenschlussmotor mit Feldstellwiderstand

2.11.3 Gleichstrom-Nebenschlussmotor mit gesteuerter Gleichstromversorgung

Der Gleichstrom-Nebenschlussmotor (oder fremderregte Maschine) bietet besonders in Verbindung mit einer Steuerung der Gleichstromversorgung eine sehr weite Steuermöglichkeit der Drehzahl. Der Motor wird dabei aus dem Wechsel- oder Drehstromnetz entweder über Gleichrichter oder über Umformer gespeist. Dabei sind folgende Steuerungsarten der Stromversorgung gebräuchlich:

Steuertransformatoren (Bild 49) versorgen sowohl den Anker- als auch den Feldgleichrichter mit je einer getrennt einstellbaren Wechselspannung $U_{a\sim}$ bzw. $U_{e\sim}$. Dadurch entstehen hinter den betreffenden Gleichrichtern die Anker- und die Erregergleichspannung U_{a-} bzw. U_{e-}, die in einem starren Verhältnis zu den angelegten Wechselspannungen stehen (siehe 2.10.3). Der *Ankergleichrichter* gestattet ähnlich wie der Steueranlasser (siehe 2.11.1) eine Herabsetzung

der Drehzahl unter n_{nenn} (Ankersteuerbereich), vermeidet jedoch dessen Nachteile (den schlechten Wirkungsgrad und die starke Lastabhängigkeit der Drehzahl). Der *Feldgleichrichter* steuert ähnlich wie der Feldstellwiderstand (siehe 2.11.2) oberhalb n_{nenn} durch Feldschwächung (Feldsteuerbereich).

Transduktoren werden oft anstelle der Steuertransformatoren zur Versorgung der Gleichrichter mit steuerbaren Wechselspannungen $U_{a\sim}$ bzw. $U_{e\sim}$ verwendet. Die Wirkungsweise des Transduktors ist die einer Eisenkerndrossel (Blind-Vorwiderstand X_L), deren Induktivität L (und damit auch X_L) mit einem schwachen Hilfsgleichstrom durch Vormagnetisierung des Eisenkerns gesteuert wird (auch automatisch bei Regelschaltungen).

Gesteuerte Gleichrichter werden mit festen Wechselspannungen $U_{a\sim}$ bzw. $U_{e\sim}$ gespeist. Gesteuert wird dabei die Durchlassdauer der Gleichrichter, so dass die Mittelwerte der Gleichspannung U_{a-} bzw. U_{e-} mehr oder weniger hoch sind. In Gebrauch sind gesteuerte Halbleitergleichrichter (Thyristoren), bei denen die Dauer der Durchlässigkeit durch eine Spannung an einer dritten Elektrode gesteuert wird. Mit gesteuerten Gleichrichtern lassen sich bei konstanter Ankerspannung lastunabhängige Drehzahlkennlinien verschiedener Höhe einstellen (z.B. für Werkzeugmaschinen), bei konstantem Ankerstrom auch drehzahlunabhängige Drehmomentenkennlinien (z.B. für Wickelantriebe).

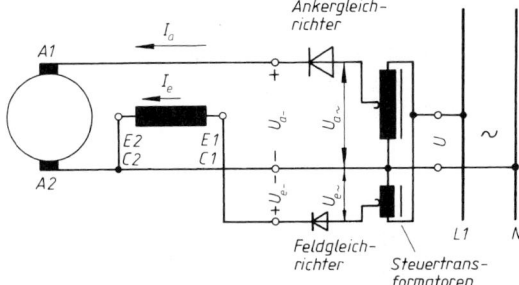

Bild 49.
Prinzipschaltbild für den Betrieb eines drehzahlgesteuerten Gleichstrom-Nebenschlussmotors über Gleichrichter aus dem Wechselstromnetz

Bei der Leonard-Schaltung treibt ein beliebiger Antriebsmotor 1 (meist ein Drehstrommotor) den kleinen Erregergenerator 2 (Nebenschlussmaschine) und den Generator 3 (fremderregte Maschine). Dieser versorgt den Motor 4 (Nebenschluss- oder fremderregte Maschine) mit der Ankergleichspannung U_a. Der Feldstellwiderstand R_g des Generators kann eine Mittelanzapfung haben, so dass sich damit nicht nur die Größe, sondern auch die Richtung des Generator-Erregerstromes I_{eg} verändern lässt. Dadurch ändern sich Größe und Polung der Ankerspannung U_a und damit auch Drehzahl und Drehrichtung des Motors 4

(Ankersteuerung). Eine Drehzahlerhöhung über n_{nenn} hinaus ergibt sich durch Feldschwächung mittels Feldstellwiderstand R_m des Motors (Feldsteuerung). Die Größe der Erregerspannung U_e wird am Feldstellwiderstand R_e des Erregergenerators eingestellt. Für selbsttätige Regelung der Drehzahl lässt sich als Erregergenerator eine Amplidyne-(Verstärker-)Maschine verwenden, deren Hilfswicklung zur Regelung herangezogen wird.

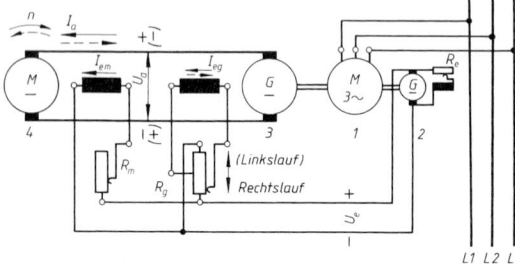

Bild 50.
Leonard-Schaltung

2.11.4 Polumschaltbare Motoren

Eine stufenweise Drehzahlsteuerung ist bei polumschaltbaren Motoren möglich. Diese sind Drehstrom-Käfigläufer mit mehreren Ständerwicklungen je Strang, die so verkettet werden, dass sich ein oder mehrere Polpaare im Ständer bilden (siehe Gl. (G 28 (44))). Bei der Dahlander-Schaltung lassen sich folgende Drehzahlstufen des Drehfeldes mit je zwei Ständerwicklungen erreichen (in U/min): a) 500–1 000–1 500, b) 750–1 000–1 500, c) 1 000–1 500–3 000, d) 500–750–1 000–1 500. Wegen des Schlupfes liegen die Nenndrehzahlen etwas darunter. Polumschaltbare Motoren haben meist einen schlechteren Wirkungsgrad und Leistungsfaktor als andere.

2.11.5 Drehstrom-Kommutatormaschinen

Eine stufenlose Drehzahlsteuerung ist bei den Drehstrom-Kommutatormotoren möglich. Diese haben im Ständer eine dreiphasige Wicklung und im Anker eine Gleichstromwicklung, die an einen Kollektor angeschlossen ist. Auf dem Kollektor schleifen 3 oder 6 Bürsten, die zwecks Anlauf und Drehzahlsteuerung gegenüber dem Kollektor verdrehbar angeordnet sind. Der Drehstrom-Reihenschlussmotor hat Reihenschlusscharakter wie die entsprechende Gleichstromtype, der Drehstrom-Nebenschlussmotor hat Nebenschlusscharakter (siehe 2.9.1). Angewendet werden sie dort, wo eine gute Steuerbarkeit der Drehzahl erforderlich ist und andere Steueranordnungen (gesteuerte Gleichrichter oder Maschinensätze) noch teurer wären als die an sich schon nicht besonders billigen Kommutatormaschinen.

2.12 Sondererscheinungen der Elektrizität

2.12.1 Thermoelektrizität

Thermoelektrizität tritt auf, wenn sich 2 verschiedene Leiterwerkstoffe berühren und zwischen der Berührungsstelle (z.B. verlötet, verschweißt) und den Anschlusspunkten ein Temperaturunterschied herrscht. Die Größe der Thermospannung U hängt ab von dieser Temperaturdifferenz und von der Art der Leiterwerkstoffe. Die gebräuchlichsten Werkstoffkombinationen für Thermoelemente sind Kupfer-Konstantan (bis 400 °C), Eisen-Konstantan (bis 700 °C), Nickelchrom-Nickel (bis 1 000 °C) und Platinrhodium-Platin (bis 1 300 °C). Bei den drei erstgenannten beträgt die Thermospannung etwa 5 mV/100 K, beim letztgenannten etwa $1/10$ davon.

Ein Kühl-Effekt tritt an der Berührungsstelle auf, wenn man einen Strom in der gleichen Richtung durch ein Thermoelement schickt, wie er bei heißer Berührungsstelle und Belastung mit einem Widerstand fließen würde. Anwendung beim Halbleiter-Kühlelement zur Kühlung auf kleinem Raum.

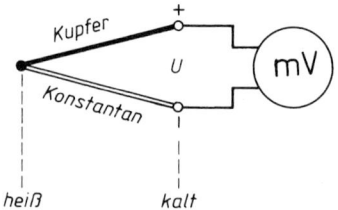

Bild 51. Thermoelement

2.12.2 Optoelektronische Bauelemente

2.12.2.1 Fotowiderstand

Eine spezielle Halbleiterschicht ermöglicht diesem Bauelement, das im Gegensatz zu Fotoelementen eine Außenspannung benötigt, bei Lichteinfall seinen Widerstand zu ändern: Mit wachsender Beleuchtungsstärke E nimmt der Widerstand ab. Trifft Licht (UV bis IR-Bereich) auf das Halbleitermaterial, zerreißen die festen Bindungen im Kristallgitter. Dadurch entstehen frei bewegliche Ladungsträger (Elektronen und Löcher), die zur Erhöhung der Leitfähigkeit beitragen. Da sie innerhalb des Materials bleiben, wird dieser Vorgang auch innerer Fotoeffekt genannt. Genutzt werden diese Eigenschaften beim lichtabhängigen Steuern, z.B. Ein-Aus-Transistorschaltungen und Dämmerungsschalter. Vorteilhaft ist die sehr hohe Lichtempfindlichkeit, nachteilig das träge Verhalten bei Helligkeitsänderung. Fotowiderstände werden auch als LDR (Light Dependant Resistor – lichtabhängiger Widerstand) bezeichnet.

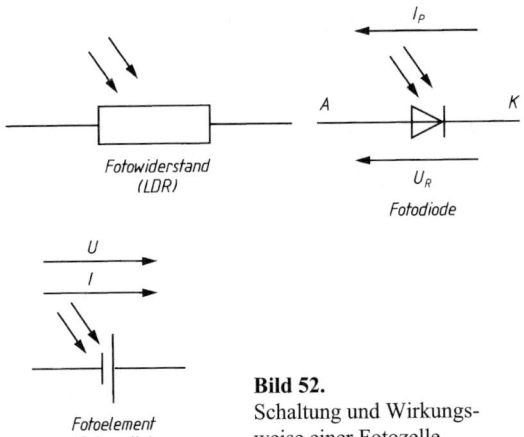

Bild 52.
Schaltung und Wirkungs-
weise einer Fotozelle

2.12.2.2 Fotodiode, Fotoelement, Solarzelle

Der Aufbau der Fotodiode ähnelt dem normaler Halbleiterdioden. Fällt Licht auf die Sperrschicht, entstehen frei bewegliche Ladungsträger (Elektronen und Löcher). In Sperrrichtung betrieben erfolgt eine starke Erhöhung des Sperrstroms. Dieser Fotostrom I_P verhält sich annähernd proportional zur Beleuchtungsstärke E. Vorteilhaft ist das schnelle Reagieren bei Helligkeitsänderungen im Gegensatz zum Fotowiderstand U_R. Nachteilig sind die geringe Lichtempfindlichkeit und die Abhängigkeit des Fotostroms von der Temperatur der Sperrschicht.

Als Fotoelement wird eine Fotodiode ohne Außenspannung bezeichnet. Lichtenergie wird in elektrische Energie umgewandelt. Trifft Licht auf die N-dotierte Schicht des Bauteils, zerreißen feste Bindungen im Kristallgitter. Es entstehen frei bewegliche Elektronen und Löcher. Die Diffusionsspannung treibt die Elektronen zur N-Schicht (Material ist negativ aufgeladen) und die Löcher zur P-Schicht (Material ist positiv aufgeladen). Dadurch entsteht zwischen den Anschlüssen der Diode eine Spannung. Spannung und Stromstärke sind abhängig von der Beleuchtungsstärke. Durch Zusammenschalten mehrerer Fotoelemente erhält man eine Solarzelle, z.B. zur Energiegewinnung aus Sonnenlicht.

2.12.3 Kristallelektrizität

An einigen Kristallen (z.B. Quarz und Seignettesalz) treten bei mechanischem Druck, Zug oder Biegung elektrische Ladungen an gegenüberliegenden Flächen auf (Piezo-Effekt). Bei *wechselndem* Druck, Zug oder Biegung lassen sich zwischen den metallisierten Flächen Wechselspannung und -strom abnehmen (kapazitiver Generator). Entnahme von Dauergleichstrom ist nicht möglich, da der Innenwiderstand des Kristalls unendlich groß ist (theoretisch). Anwendung als mechanisch elektrischer Druckwandler für Steuer- und Regelschaltungen, für Tonabnehmer und Mikro-

fone. Der Piezo-Effekt ist umkehrbar: Bei Anlegen einer Spannung verformt sich der Kristall (Kristall-Lautsprecher).

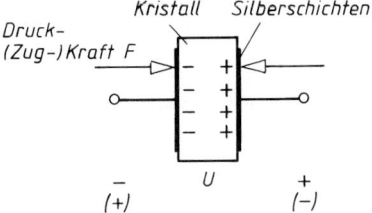

Bild 53. Kristallelektrizität

2.13 Elektrische Messgeräte

2.13.1 Allgemeines über elektrische Messgeräte

Ein Messgerät besteht aus dem eigentlichen Messwerk und den Zusatzeinrichtungen (Vor- und Nebenwiderstände, Messbereichschalter usw.). Die meisten elektrischen Messwerke arbeiten nach dem Prinzip der Federwaage. Ein von den zu messenden elektrischen Größen Strom oder Spannung abhängiges Drehmoment wird durch eine Drehmomenten-Federwaage ausgewogen und angezeigt.

Die Angaben auf der Skala eines Messgerätes kennzeichnen a) die *Art* des Messwerks durch ein Sinnbild (Drehspul-, Dreheisen- usw.), b) die *Gebrauchslage* durch ein Zeichen (senkrecht, waagerecht, schräg usw.), c) die *Güteklasse* durch Angabe der prozentualen Messunsicherheit bezogen auf Vollausschlag ($\pm 0,1 \ldots \pm 2,5\%$), d) die *Prüfwechselspannung* in kV in einem Stern (ohne Zahl 500 V, sonst Angabe 2 bis 50 kV).

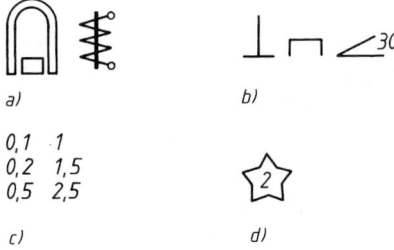

Bild 54.
Angaben auf der Skala eines Messgerätes

2.13.2 Drehspul-Messgerät

Beim Drehspulmesswerk wird eine drehbare Spule bei Stromfluss im Feld eines Dauermagneten abgelenkt. Den Aufbau zeigt Bild 55, das Sinnbild zeigt Bild 54a. Die Eigenschaften des Drehspul-Instruments sind: nur für Gleichstrom und -Spannung; geringer Eigenverbrauch; sehr empfindlich und sehr genau herstellbar; Skala linear geteilt. Angewendet wird es zur Gleichstrom- und -spannungsmessung sowie unter Vorschaltung eines Gleichrichters auch zur Wechselstrom- und -Spannungsmessung (Gleichrichterinstrument). Die sehr verbreiteten Vielfach-Instrumente enthalten ein Drehspulmesswerk und einen Gleichrichter, Vor- und Nebenwiderstände (siehe 2.14.1 und 2.), sowie einen Messbereichumschalter, mit dem die verschiedenen Gleich- und Wechselstrom- und -spannungsmessbereiche eingestellt werden.

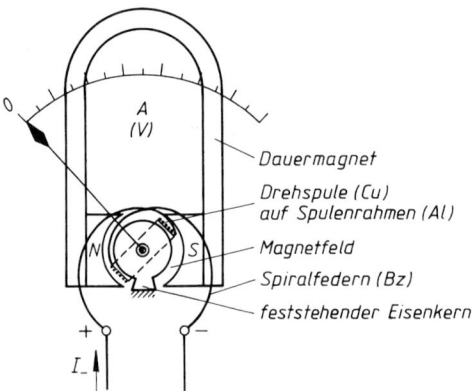

Bild 55. Aufbau eines Drehspulmesswerks

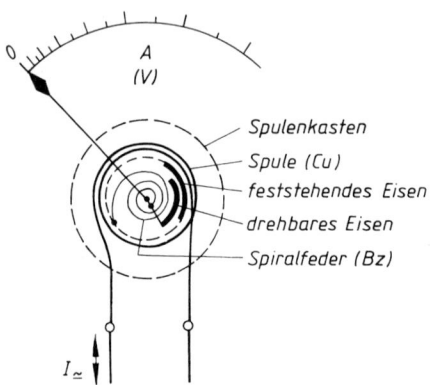

Bild 56. Aufbau eines Dreheisen-Messwerks

2.13.3 Dreheisen-Messgerät

Beim Dreheisenmesswerk stoßen sich ein feststehendes und ein drehbares Eisen in einer feststehenden Spule ab. Den Aufbau zeigt Bild 56, das Sinnbild zeigt Bild 54a. Die Eigenschaften des Dreheisen-Instruments sind: für Gleich- und Wechselstromspannung; billig herstellbar; mechanisch und elektrisch besonders robust; größerer Eigenverbrauch; geringere Empfindlichkeit; Skala quadratisch geteilt. Angewendet wird es wegen seiner Überlastbarkeit und seines niedrigen Preises als Betriebs- und Schalttafelinstrument, aber auch als genaues Laborinstrument.

2.13.4 Elektrodynamisches Messgerät

Beim Dynamometer wird eine drehbare Spule im Magnetfeld einer feststehenden Spule abgelenkt. Den Aufbau und das Sinnbild zeigt Bild 57.

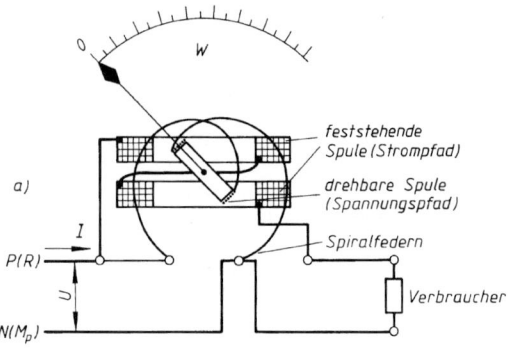

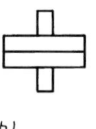

Bild 57.
Elektrodynamisches Messwerk
a) Aufbau und Schaltung als
   Leistungsmesser
b) Sinnbild

Die Schaltung als Leistungsmesser wird in 2.14.4 erläutert. Die Eigenschaften des Dynamometers sind: für Gleich- und Wechselstrom, -Spannung und -Leistung; Produktenmesswerk (multipliziert z.B. UI, daher als Leistungsmesser geeignet); größerer Eigenverbrauch und geringere Empfindlichkeit; sehr genau herstellbar; Skala bei U- und I-Messung quadratisch, bei P-Messung linear. Angewendet hauptsächlich als Leistungsmesser bei Gleich- und Wechselstrom, aber auch als Strom- und Spannungsmesser.

2.13.5 Sonstige Messwerke

Beim elektrostatischen Messwerk (Bild 58a) wird bei angelegter Spannung eine bewegliche Kondensatorplatte von einer feststehenden angezogen. Eigenschaften: Echtes Spannungsmessgerät (kein Umweg über Strommessung, siehe 2.14.2); kein Stromverbrauch bei Gleichspannung. Angewendet besonders bei hohen Gleich- und Wechselspannungen, aber auch als Sonderausführung für niedrige Spannungen.

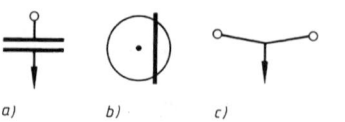

Bild 58. Sinnbilder von Messwerken
a) elektrostatisches Messwerk
b) Induktionsmesswerk
c) Hitzdrahtmesswerk
d) Kreuzspulmesswerk

Beim Induktionsmesswerk (Bild 58b) wird eine Aluminiumscheibe oder -trommel durch ein Drehfeld abgelenkt (*U*-, *I*-, *P*-Messgeräte) oder angetrieben (Zähler), das von zwei um 90° versetzten Spulen erzeugt wird. Eigenschaften: nur für Wechselstrom, -Spannung und -Leistung (Produktenmesswerk). Angewendet hauptsächlich beim Wechselstromzähler (Induktionszähler).

Beim Hitzdrahtmesswerk (Bild 58c) verlängert sich ein vom Messstrom durchflossener Draht durch Stromwärme. Besonders schlechte Eigenschaften, daher selten verwendet.

Beim Kreuzspulmesswerk (Bild 58d) befinden sich zwei von Gleichstrom durchflossene Spulen im Feld eines Dauermagneten. Haupteigenschaft und -Anwendung: Quotientenmesswerk (bildet z.B. Quotienten $U : I$), daher besonders geeignet zur Widerstandmessung ($R = U : I$).

2.14 Elektrische Messungen

2.14.1 Strommessung

Zur Strommessung wird der Verbraucherstromkreis aufgetrennt und ein Strommesser mit dem Verbraucher in Reihe geschaltet (Bild 59a).

Der Strommesserwiderstand muss so klein wie möglich sein.

Wenn der Strommesserwiderstand r nur etwa 1 % des Verbraucherwiderstandes R beträgt, wird der Strom bereits um etwa 1 % zu klein gemessen!

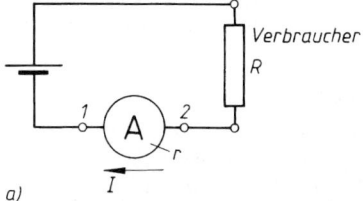

a)

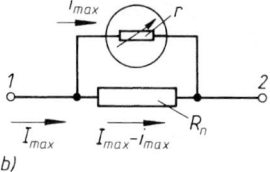

b)

Bild 59.
a) Schaltung zur Strommessung
b) Messbereicherweiterung bei Strommessung

Zur Messbereicherweiterung (Bild 59b) wird bei Strommessern meist ein Nebenwiderstand R_n verwendet (siehe 1.3.4). *Nebenwiderstand R_n zur Erweiterung des Strommessbereichs*:

$$R_n = \frac{i_{max}\, r}{I_{max} - i_{max}} \qquad (19)$$

R_n Nebenwiderstand zur Messbereicherweiterung; r Widerstand des Messwerkzweiges; I_{max} Höchststrom des gewünschten Messbereichs; i_{max} Vollausschlagstrom des Messwerks.

■ **Beispiel:**

Ein Messwerk hat $r = 50\,\Omega$ Widerstand und schlägt bei $i_{max} = 3$ mA voll aus. Sein Messbereich soll auf $I_{max} = 5$ A erweitert werden. Welcher Nebenwiderstand R_n ist zu verwenden.

Lösung:

$$R_n = \frac{i_{max}\, r}{I_{max} - i_{max}} = \frac{0,003\,\text{A} \cdot 50\,\Omega}{4,997\,\text{A}} \approx 0,03\,\Omega$$

Bei Wechselstrom wird der Messbereich auch oft durch Stromwandler erweitert (siehe 2.4.8).

2.14.2 Spannungsmessung

Zur Spannungsmessung wird der Spannungsmesser an die beiden Messpunkte angelegt, zwischen denen die Spannung gemessen werden soll (Bild 60a).

Der Spannungsmesserwiderstand muss so groß wie möglich sein.

Bei zu kleinem Spannungsmesserwiderstand R_u geht die zu messende Spannung U zurück infolge zu starker Stromentnahme durch das Voltmeter, und der angezeigte Wert ist zu niedrig.

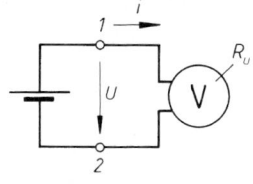

a)

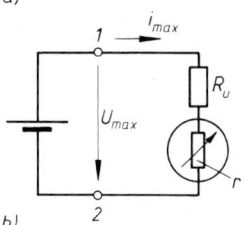

b)

Bild 60.
a) Schaltung zur Spannungsmessung
b) Messbereicherweiterung bei Spannungsmessung

Als Spannungsmesser werden meist Strommesswerke mit kleinem Stromverbrauch verwendet, die über einen größeren Vorwiderstand R_v an die zu messende Spannung angelegt werden (Bild 60b). Nach dem Ohm'schen Gesetz ist die angezeigte Stromstärke

$i = U/(R_v + r)$, so dass das Messgerät direkt in Volt geeicht werden kann. Der *Vorwiderstand* R_v (siehe 1.3.2) wird zur Messbereicherweiterung beim Spannungsmesser verwendet. *Vorwiderstand R_v zur Erweiterung des Spannungsmessbereichs:*

$$R_v = \frac{U_{max}}{i_{max}} - r \qquad (20)$$

R_v Vorwiderstand zur Messbereicherweiterung; U_{max} Höchstspannung des gewünschten Messbereichs; r Widerstand des Messwerks; i_{max} Vollausschlagstrom des Messwerks.

■ **Beispiel:**

Ein Strommesswerk mit $r = 60\ \Omega$ Widerstand und $i_{max} = 1$ mA Vollausschlagstrom soll mittels Vorwiderstand zur Spannungsmessung bis $U_{max} = 150$ V eingerichtet werden. Welcher Vorwiderstand muss verwendet werden?

Lösung:

$$R_v = \frac{U_{max}}{i_{max}} - r = \frac{150\ V}{0{,}001\ A} - 60\ \Omega = 149\,940\ \Omega$$

Bei *Wechselspannung* wird der Messbereich auch oft durch Spannungswandler erweitert (siehe 2.4.8).

Die Größe des Spannungsmesserwiderstandes R_u ist abhängig vom jeweils eingestellten Messbereich U_{max}. Sie ergibt sich aus dem für das betreffende Voltmeter angegebenen Wert r_u *in Ohm pro Volt*, der für alle Messbereiche gleich ist. *Spannungsmesserwiderstand*

$$R_u = U_{max}\,r_u \qquad (21)$$

R_u Gesamtwiderstand des Spannungsmessers; U_{max} Höchstspannung des eingestellten Messbereichs; r_u Widerstand pro Volt Messbereich.

■ **Beispiel:**

Ein Spannungsmesser wird mit 1 000 Ω/V angegeben. Wie groß ist sein Widerstand R_u beim Messbereich $U_{max} = 150$V?

Lösung:

$$R_u = U_{max}\,r_u = 150\ V \cdot 1\,000\ \frac{\Omega}{V} = 150\,000\ \Omega$$

2.14.3 Widerstandsmessung

Bei der Strom-Spannungsmethode (Bild 61a) legt man den zu messenden Widerstand R_x an die Spannung U und misst diese sowie den dabei fließenden Strom I. Bei kleinen Widerständen R_x legt man den Spannungsmesser an Messpunkt 1, bei großen an Punkt 2 (bei 1 : Voltmeterstrom mitgemessen, bei 2 : Amperemeterspannungsfall). In beiden Fällen ergibt sich die Größe des zu messenden Widerstandes zu $R_x \approx U/I$.

Bei der Widerstands-Messbrücke (Wheatstone-, Schleifdrahtbrücke) gleicht man z.B. durch Verschieben eines Schleifers auf einem Schleifdraht von der Länge $a + b$ den Strom i, der durch das Nullinstrument fließt, auf null ab (Bild 61b). Bei abgegli-

chener Brücke gilt $R_x = R_N \cdot a/b$. Bei handelsüblichen Brücken wird der Schleifdraht als Dreh-Spannungsteiler ausgeführt und in Verhältniswerten a/b geeicht. Der Normalwiderstand R_N ist dekadisch umschaltbar (z.B. 1, 10, 100, 1 000 Ω), so dass sich der Wert R_x aus dem abgelesenen Verhältnis a/b multipliziert mit dem eingestellten R_N ergibt.

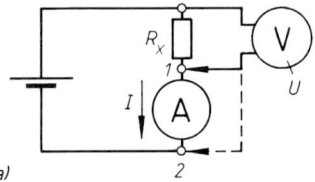

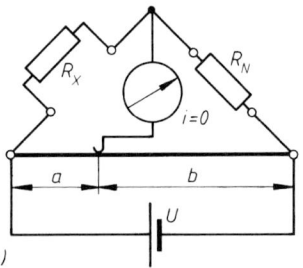

Bild 61. Widerstandsmessung
a) nach der Stromspannungsmethode
b) mit der Messbrücke

Beim Ohmmeter wird R_x als zusätzlicher Vorwiderstand zu einem Drehspulspannungsmesser eingeschaltet. Dadurch geht der Strom, der durch das Anzeigeinstrument fließt, zurück und es zeigt weniger an. Die Skala ist dabei in Ohm geeicht, so dass R_x direkt abgelesen werden kann.

Bei der Stromvergleichsmethode wird der Strom I_N, der durch einen veränderbaren geeichten Normalwiderstand R_N fließt, durch Einstellen von R_N und Ablesen eines Strommessers auf den gleichen Wert I_x eingestellt, der bei Einschaltung von R_x anstelle von R_N fließt. Wenn $I_N = I_x$ eingestellt ist, dann ist $R_x = R_N$, d.h. ebenso groß wie der abgelesene Ohmwert des Normalwiderstandes.

2.14.4 Leistungsmessung

Bei Gleichstrom lässt sich die Leistung P entweder durch Strom- und Spannungsmessung nach $P = UI$ bestimmen oder durch einen elektrodynamischen Leistungsmesser (vgl. auch Bild 57a), der selbsttätig U mit I multipliziert und damit P anzeigt (Schaltung entsprechend Bild 62).

Bei Wechselstrom (Bild 62) ergibt das Produkt aus Spannungs- und Strommessung die *Scheinleistung* $S = UI$ in VA. Zur Messung der Wirkleistung P in Watt verwendet man einen elektrodynamischen Leistungsmesser, der selbsttätig die Spannung U mit dem Wirkstrom $I \cos \varphi$ multipliziert und damit P anzeigt. Dabei wird U an den Spannungspfad gelegt (drehbare Spule) und I durch den Strompfad geschickt (feststehende Spule) (siehe Bild 57a). Auch der Leistungsfaktor $\cos \varphi$ lässt sich nach Bild 62 aus der Wirk- und der Scheinleistungsmessung bestimmen zu

$$\cos \varphi = \frac{P}{S} = \frac{P}{UI}$$

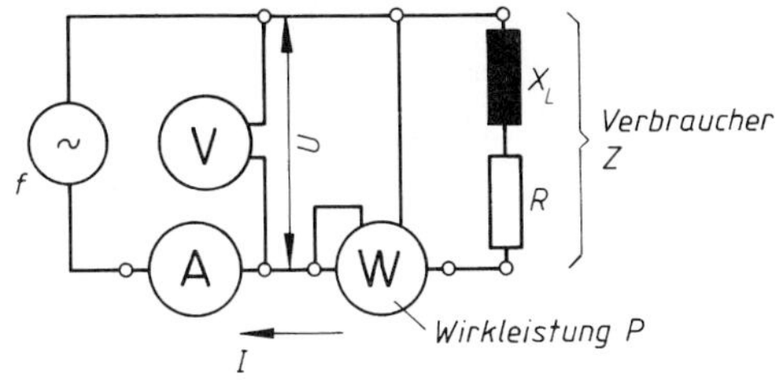

Bild 62. Schaltung zur Wirk- und Scheinleistungsmessung bei Wechselstrom

2.14.5 Arbeitsmessung

Zur Messung der elektrischen Arbeit werden *Zähler* verwendet. Diese registrieren auf einem Zählwerk die Arbeit $W_e = Pt$, indem sie die Leistung $P = U_- I_-$ bzw. $P = UI \cos \varphi$ mit der Zeit t multiplizieren. Der Zähler hat wie das elektrodynamische Messwerk einen *Strom-* und einen *Spannungspfad* und wird daher ebenso geschaltet, wie der in den Bildern 57a und 62 gezeigte Leistungsmesser. Die Wirkungsweise der am häufigsten verwendeten Wattstundenzähler beruht darauf, dass auf den Läufer des Zählers ein Triebmoment M_t ausgeübt wird, das proportional der Leistung P des Verbrauchers ist. Der Läufer wird durch eine Wirbelstrombremse mit dem Bremsmoment $M_b \sim n$ gebremst, so dass er jeweils diejenige Drehzahl n annimmt, bei der $M_b = M_t$ ist. Damit ist auch $n \sim P$, und die ausgeführte Anzahl z der Umdrehungen ist $\sim Pt$ bzw. $\sim W_e$. Die vom Verbraucher entnommene elektrische Arbeit W_e lässt sich am Zählwerk ablesen oder bei kleineren Beträgen aus der Anzahl z der Zählerscheibenumdrehungen und der *Zählerkonstante C* ermitteln. *Elektrische Arbeit W_e aus Zählerkonstante*

$$W_e = \frac{z}{C} \qquad \begin{array}{c|c|c} W_e & C & z \\ \hline kWh & \dfrac{1}{kWh} & 1 \end{array} \qquad (22)$$

C Zählerkonstante = Anzahl der Umdrehungen, die die Zählerscheibe bei 1 kWh macht.

Beim Gleichstrom-Motorzähler wird das Triebmoment wie bei einem Gleichstrommotor erzeugt, wobei der Strompfad des Zählers die feststehende Erregerwicklung und der Spannungspfad die drehbare Ankerwicklung darstellt, die über Kollektor und Bürsten mit Strom versorgt wird. Das für $n \sim P$ erforderliche Bremsmoment wird durch eine Wirbelstrombremse (Aluminiumscheibe im Feld eines Dauermagneten) erzeugt.

Beim Wechselstrom-Induktionszähler wird das Triebmoment ähnlich wie beim Käfigläufermotor durch ein Drehfeld erzeugt, das eine drehbare Aluminiumscheibe (statt Käfig) mitnimmt (Induktionsmotor). Das Bremsmoment wird auch hier durch Wirbelströme geliefert, die ein Bremsmagnet in der gleichen Aluminiumscheibe erzeugt. Der Induktionszähler lässt sich so schalten, dass er entweder nur die Wirkarbeit Pt in kWh registriert, oder nur die Blindarbeit Qt in kvar (sogenannter „Blindstromzähler").

Bei Drehstrom wird ebenfalls der Induktionszähler verwendet, indem man entweder nur ein Triebwerk (bei symmetrischer Last) oder zwei Triebwerke (Aron-Schaltung bei unsymmetrisch belasteten Dreileiteranlagen) oder aber meist drei Triebwerke (bei unsymmetrischer Last und Drei- oder Vierleiteranlagen) verwendet. Bei mehreren Triebwerken wirken diese alle auf die gleiche Welle; das Zählwerk ist dann in Gesamtarbeit aller drei Stränge geeicht.

Literatur

[1] Herhahn / Winkler.: *Elektroinstallation nach DIN VDE 0100.* Würzburg: Vogel Verlag, 1998

[2] Krämer, G.: *Elektrotechnik im Maschinenbau.* Braunschweig: Vieweg Verlag, 1991

[3] Reth, Kruschwitz.: *Grundlagen der Elektrotechnik.* Braunschweig: Vieweg Verlag, 1989

[4] Zastrow, D.: *Elektrotechnik.* Wiesbaden: Vieweg Verlag, 2006

H Grundlagen der Mechatronik

Werner Roddeck

1 Einleitung

1.1 Begriffsbildung

Der Begriff Mechatronik ist ein Kunstwort, welches durch Eindeutschung des englischen Wortes „Mechatronics" entstanden ist. Dieses ist wiederum eine Zusammenziehung der englischen Bezeichnungen für „**Mecha**nics" (Maschinenbau) und „Elec**tronics**" (Elektrotechnik). Der Begriff wurde durch einen japanischen Ingenieur 1969 geprägt und durch eine japanische Firma bis 1972 als Warenzeichen gehalten.

In der IEEE/ASME Transactions on Mechatronics (1996) wird Mechatronik wie folgt definiert: „Mechatronics is the synergetic integration of mechanical engineering with electronic and intelligent computer control in the design and manufacture of industrial products and processes".

Im deutschen Sprachraum wird der Begriff Mechatronik neben anderen Definitionen durch eine Zusammenziehung der drei Kerndisziplinen **Mecha**nik, Elek**tron**ik und Informat**ik** erklärt. Dies bedeutet, dass Mechatronik ein interdisziplinäres Gebiet ist, in dem die in Bild 1 dargestellten Disziplinen zusammenfließen.

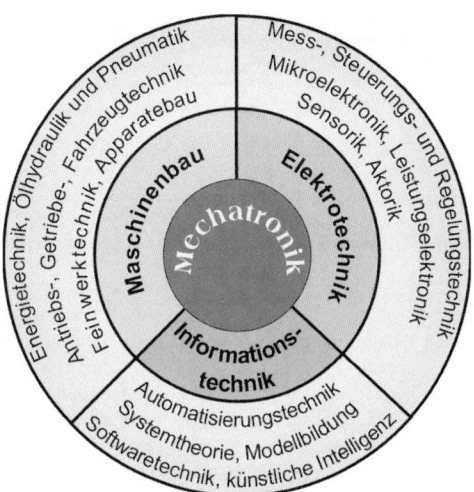

Bild 1. Darstellung der Mechatronik als Synergie verschiedener Disziplinen

Da die Mechatronik als neuer technischer Ansatz fast alle Technologien des Maschinenbaus und der Elektrotechnik sowie die Echtzeit-Datenverarbeitung umspannt, können Themen hier nur angerissen und exemplarisch aufgezeigt, aber nicht umfassend behandelt werden. Der Schwerpunkt liegt dabei auf der Darstellung allgemein gültiger Prinzipien.

1.2 Mechatroniker

In den letzten 30 Jahren sind typische Produkte des Maschinenbaus wie Werkzeugmaschinen, Kraftfahrzeuge und feinmechanische Geräte mit zunehmender Geschwindigkeit von elektrotechnischen Komponenten und Computern durchdrungen worden. Diese Entwicklung hat häufig, wegen der relativ strikten Aufgabenteilung und Abgrenzung zwischen den Disziplinen Maschinenbau und Elektrotechnik, zu entsprechenden Schnittstellenproblemen geführt.

Im weiteren Verlauf entstand das Bewusstsein, dass die Probleme moderner Technik nicht mehr allein mit Hilfe einer der klassischen Ingenieurdisziplinen wie Maschinenbau oder Elektrotechnik lösbar sind. Zu dieser Zeit fand die Entwicklung von Produkten meist sequentiell statt. Zuerst konstruierte ein Maschinenbauer die mechanischen Komponenten eines Produktes, dann ergänzte ein Elektrotechniker die elektrischen oder elektronischen Komponenten (Bild 2). Dieses Vorgehen führte oft nur zu suboptimalen Lösungen.

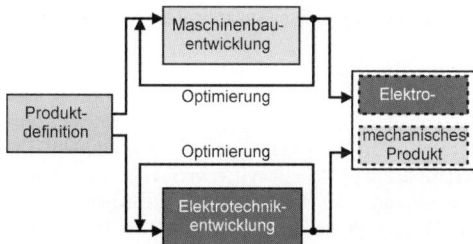

Bild 2. Entwicklungszyklus ohne Mechatronik

Auch eine interdisziplinäre Zusammenarbeit der beiden Fachdisziplinen in Projektteams löste das Problem nicht vollends. Es war und ist oft Zufall, ob die beteiligten „Fach"-Ingenieure willens oder fähig sind, sich in ein Team einzuordnen und sich, bei der Suche nach optimalen Lösungen, vom Denkansatz der eigenen Disziplin zu lösen.

Als weiteres wesentliches Element trat im Laufe der Entwicklung der Computer als Teil vieler Automatisierungsaufgaben hinzu. Solche Computer sind meist Mikrorechner oder programmierbare Steuerungen, die es ermöglichen, Systeme in Betriebszuständen sicher zu betreiben, die im physikalischen Grenzbereich liegen.

Ein Beispiel hierfür ist das mittlerweile in den meisten Autos eingebaute Anti-Blockier-System (ABS). Aufgrund der physikalischen Gesetze tritt beim Bremsvorgang dann die optimale Bremswirkung auf, wenn der Reifen auf der Fahrbahn gerade noch abrollt und nicht blockiert, d.h. zum Stillstand gekommen ist. Dazu müsste der Fahrer sehr gefühlvoll und doch bestimmt auf das Bremspedal treten, was unter Stress in einer Gefahrensituation oft nicht möglich ist. Der Normalfall bei Notbremsungen ist, dass durch Vollbremsung die Räder blockieren, was besonders bei kritischem Straßenzustand (Nässe, Eis) zu deutlichen Verlängerungen des Bremswegs führt.

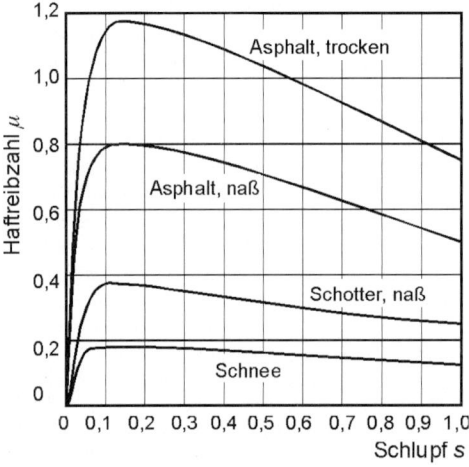

Bild 3. Haftreibzahl μ in Abhängigkeit vom Radschlupf s und vom Fahrbahnzustand

Dieses Bremsverhalten kann man quantitativ durch die Reibzahl für den jeweiligen Bremsvorgang charakterisieren. Bild 3 zeigt die unterschiedlichen Reibzahlen μ für Bremsvorgänge auf verschiedenen Untergründen in Abhängigkeit vom Schlupf s der Räder. Der Schlupf beim Bremsen ist die Differenz zwischen der Drehgeschwindigkeit des Rades v_R und der Geschwindigkeit des Radkontaktpunktes zur Straße v_K, bezogen auf v_K. Blockiert das Rad, so ist der Schlupf $s = 1$, nähert sich die Raddrehgeschwindigkeit v_R der Horizontalgeschwindigkeit v_K, so sinkt der Schlupf und nimmt kleine Werte an. Bei einem Schlupf von ca. 0,15 tritt dann der optimale Reibwert, d. h. die bestmögliche Bremsverzögerung auf. Diese ist auf trockenem Asphalt besser als auf nassem und diese wiederum besser als auf Schnee. Die unterschiedlichen Situationen zu beherrschen und den optimal kurzen Bremsweg zu ermöglichen ist Aufgabe eines ABS-Systems. Diese für den Mechatroniker typische Aufgabenstellung umfasst Teilaufgaben maschinenbaulicher und elektrotechnischer Natur und auch informationstechnische Aufgabenstellungen.

Für ein ABS-System werden die Räder mit Raddrehzahl-Sensoren ausgestattet, deren Messwerte einer

Steuerelektronik zugeleitet werden. Stellt diese aufgrund der Messwerte fest, dass gebremst wird, die Räder aber nicht rollen, so wird automatisch die Bremse unabhängig vom Pedaldruck wieder gelöst und zwar so weit, dass die Räder sich gerade wieder zu drehen beginnen. Das Stellsignal zur Erzeugung des Bremsdrucks wird daher nicht nur durch den Druck auf das Bremspedal, sondern auch durch ein Steuersignal beeinflusst, das aus dem Signal des Raddrehzahlsensors abgeleitet wird. Der genaue Regelvorgang ist in Bild 4 dargestellt. Zur Steuerung des Bremsdrucks wird ein Stellventil verwendet, das es erlaubt, den Bremsdruck zu halten, zu erhöhen oder zu erniedrigen. Als eigentliche Steuergröße wird die Raddrehverzögerung a_R (negative Beschleunigung) benutzt, die rechnerisch aus der Raddrehgeschwindigkeit v_R bestimmt wird.

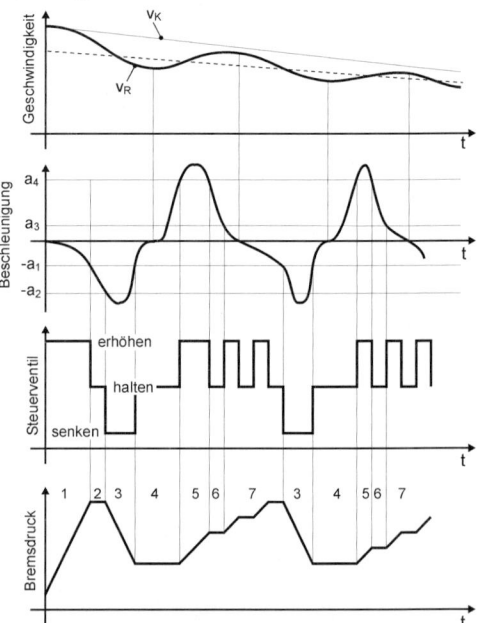

Bild 4. Ablauf eines Bremsvorgangs bei einem ABS-System

Zuerst tritt bei einer starken Bremsung durch maximalen Pedaldruck ein stark ansteigender Bremsdruck auf (Intervall 1). Wird a_R kleiner als der negative Schwellwert a_1, so wird die maximal mögliche Reibung zwischen Rad und Strasse unterschritten. Im Intervall 2 wird dann zur Störungsunterdrückung bis zum Unterschreiten des negativen Schwellwerts a_2 der Bremsdruck konstant gehalten. Sinkt a_R unter den Schwellwert a_2, so wird der Bremsdruck vermindert, wodurch das Rad wieder schneller werden kann (3). Zu Beginn von Intervall 4 überschreitet a_R wieder den Schwellwert a_1 und die Abnahme des Bremsdrucks wird beendet. Nun wird der Bremsdruck vorerst konstant gehalten. Dadurch beschleunigt das Rad wieder und der Radschlupf nimmt ab, d.h. der Reibbeiwert und die Bremswirkung nehmen zu. Im Intervall 5 wird beim Überschreiten des positiven Schwellwertes a_4 der Radbeschleunigung durch Erhöhen des Bremsdrucks das Rad erneut abgebremst, damit die Bremswirkung aufgrund zu kleinen Radschlupfes nicht zu klein wird. Im Intervall 6 zwischen den Schwellwerten a_4 und a_3 wird der Bremsdruck wieder konstant gehalten, im Intervall 7, nach Unterschreiten von Schwellwert a_3, wird der Bremsdruck leicht erhöht.

Wenn a_R den Schwellwert a_1 erneut unterschreitet beginnt ein zweiter Regelungszyklus. Nun wird jedoch der Bremsdruck sofort erniedrigt, ohne auf das Unterschreiten des Schwellwerts a_2 zu warten (zweites Intervall 3). Beim Durchlaufen weiterer Bremszyklen wird die Radrehverzögerung in einem Bereich gehalten, in dem der Schlupf die maximal mögliche Reibung zwischen Rad und Straße erlaubt und dadurch der Bremsweg minimiert.

Dieses Bremssystem leistet etwas, wozu der Mensch nicht in der Lage wäre, nämlich einen physikalischen Vorgang im Grenzbereich des Möglichen zu betreiben.

Hatten schon die Maschinenbauer und die Elektrotechniker Mühe, sich zu verständigen und gemeinsam optimale Problemlösungen zu finden, so kam durch solche Entwicklungen nun noch der Informatiker ins Spiel, der noch dazu kein klassischer Ingenieur ist. Dadurch wurden die Verständigungs- und Schnittstellenprobleme noch größer.

Bei Technologien wie der Mikro- und Nanosystemtechnik lassen sich die physikalischen Effekte sogar nicht mehr eindeutig nach elektrotechnischen und mechanischen Phänomenen trennen.

Dies beantwortet auch die Frage, wo denn ein ausgebildeter Mechatronik-Ingenieur arbeitet, nämlich an der Schnittstelle zwischen Maschinenbau, Elektrotechnik und Informatik. Mechatronische Produktentwicklung läuft mit Mechatronik-Ingenieuren anders ab als in Bild 2 dargestellt. Wie in Bild 5 gezeigt, wird die Optimierung des mechatronischen Produkts in einem Regelkreis von Mechatronik-Ingenieuren wahrgenommen.

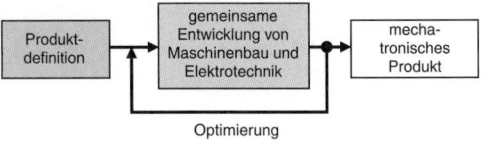

Optimierung

Bild 5. Entwicklungszyklus mit Mechatronik

Dabei ist der Mechatronik-Ingenieur kein Spezialist auf allen drei Gebieten, sondern ein Generalist, der die Kenntnisse an den Schnittstellen der Fachdisziplinen zusammenbringt und so synergetisch und fachgebietsübergreifend arbeitet. Dieser Typ von Ingenieur ist also nicht Ersatz für einen Ingenieur der drei Fachgebiete, oder gar ein neuartiger Ingenieurtyp, der alle anderen ersetzen kann, sondern seine Stärken

liegen in der Interdisziplinarität. Stark konstruktiv geprägte Problemstellungen oder energietechnische Problemstellungen des Maschinenbaus erfordern weiterhin Ingenieure des klassischen Ausbildungstyps. Ebenso können die elektronische Schaltungsentwicklung oder die Nachrichtentechnik der Elektrotechnik nicht Kernaufgabengebiet des Mechatronik-Ingenieurs sein.

In Deutschland wurde der erste Studiengang Mechatronik im Wintersemester 1992/93 an der Fachhochschule Bochum eingerichtet, sodass bereits einige dieser Ingenieure auf dem Arbeitsmarkt sind. Inzwischen sind viele andere Hochschulen gefolgt, aber auch die Ausbildung von Facharbeitern mit der Berufsbezeichnung „Mechatroniker" wird in einer zunehmenden Zahl von Industriebetrieben durchgeführt. Dieser Ausbildungsberuf wurde 1999 etabliert, nachdem viele Betriebe die Notwendigkeit sahen, hochkomplexe automatisierte Fertigungssysteme beispielsweise in der Instandhaltung nicht mehr nur traditionell ausgebildeten Facharbeitern anzuvertrauen. Durch diese Entwicklungen ist die Mechatronik inzwischen ein anerkanntes Technikfach geworden. Im folgenden wird der Begriff „Mechatroniker" für alle in der Technik mit Mechatronik befassten Personen verwendet.

1.3 Mechatronische Systeme

Allgemein betrachtet sind „Systeme" von ihrer Umgebung in beliebiger Weise abgegrenzte Gegenstände. Die Abgrenzung ist dabei weniger durch die äußeren physikalischen Grenzen sondern durch die Fragestellung gegeben, die mit der gewählten Systemdarstellung behandelt werden soll. Eine typische Systemdarstellung in der Technik ist die Darstellung als so genannte „Black Box", einem Kasten, in den physikalische Größen (Input) hineingehen und aus dem physikalische Größen (Output) herauskommen (Bild 6). Jedes System zeigt gegenüber der Umgebung gewisse Kennzeichen, Merkmale und Eigenschaften, die Attribute genannt werden. Attribute, die weder Eingangsgrößen (Input) noch Ausgangsgrößen (Output) sind, sondern die Verfassung des Systems beschreiben, werden Zustände genannt.

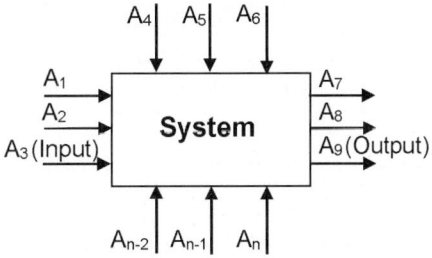

Bild 6. Systemdarstellung als „Black Box" mit Attributen

Die Systemtheorie befasst sich vor allem damit, den Funktionszusammenhang zwischen den Attributen, der sozusagen der Inhalt der Black Box ist, zu identifizieren und in mathematische Gleichungen zu fassen. Diesen Vorgang nennt man Modellbildung.

Die Mechatronik beschäftigt sich mit so genannten mechatronischen Systemen.

Entsprechend der systemischen Betrachtungsweise stehen dabei nicht so sehr die phänomenologischen, d. h. die äußerlich sichtbaren, sondern die systemischen Gesichtspunkte im Vordergrund. Eine typische Definition für diesen Begriff lautet:

„Ein typisches mechatronisches System nimmt Signale auf, verarbeitet sie und gibt Signale aus, die es z.B. in Kräfte und Bewegungen umsetzt".

Bild 7 zeigt den typischen strukturellen Aufbau eines mechatronischen Systems, an dem man ablesen kann, welche Fachgebiete ein Mechatroniker beherrschen muss.

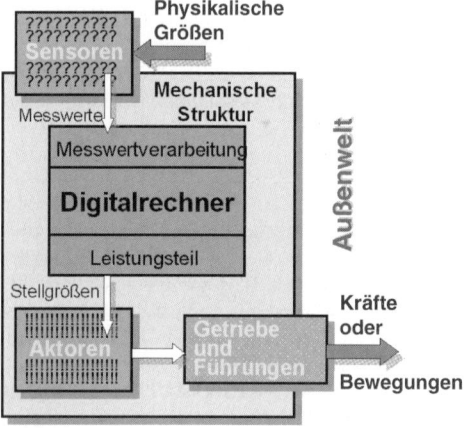

Bild 7. Struktur eines mechatronischen Systems und seine Baugruppen

Eine der häufigsten Aufgabenstellungen eines mechatronischen Systems beinhaltet ein gewisses Maß von Unkenntnis über den Zustand der Außenwelt. Daher muss das System über Sensoren Informationen aus der Außenwelt aufnehmen und sie mit Hilfe eines Digitalrechners so verarbeiten, dass der Zustand des Systems in der Außenwelt für seine Aufgabenstellung bekannt ist. *Sensor* ist ein Sammelbegriff für die unterschiedlichsten Messwertaufnehmer, die in der Regel beliebige physikalische Größen in elektrische Größen wandeln. In miniaturisierter Form können diese auch bereits Teile der Signalverarbeitung enthalten.

Zusätzliche Informationen über seinen inneren Zustand erhält das System aus den Rückmeldungen der Aktoren. Mit Hilfe im Rechner vorhandener Algorithmen können bei Kenntnis des Zustandes der Außenwelt und bei Kenntnis des eigenen inneren Zustandes, Stellsignale für die Aktoren erzeugt werden,

deren Bewegungen dann als Kräfte, Kraftmomente oder Bewegungen nach außen wirken. *Aktor* ist ein Sammelbegriff für Stellglieder mit den unterschiedlichsten physikalischen Wirkprinzipien, wie beispielsweise Elektromotoren, Hydraulik- oder Pneumatikzylinder, oder neuartige Aktoren aus Piezomaterialien und Formgedächtnislegierungen.

Ein typisches Beispiel für ein mechatronisches System ist der heute in den meisten PKW's vorhandene Airbag (Bild 8). Ein Beschleunigungssensor misst die jeweilige Bremsverzögerung. Die Verzögerungsinformation darf aber nicht in jedem Fall zum Auslösen des Airbags führen, sondern nur in bestimmten Fahrzuständen. Möglicherweise werden auch noch weitere Sensorsignale wie beispielsweise das Gewicht der Person registriert, die sich auf dem zum Airbag zugehörigen Sitz befindet. Dadurch kann man die Menge des in den Airbag strömenden Gases beeinflussen, um zu verhindern, dass eine sehr leichte Person, wie beispielsweise ein Kind, vom Airbag selbst geschädigt wird. All diese Informationen bewertet ein eingebauter Mikrorechner in Abhängigkeit weiterer Fahrzeuginformationen. Nur wenn alle Umstände auf einen Aufprall des Fahrzeugs auf ein Hindernis schließen lassen, wird der Gasgenerator (Aktor) ausgelöst, der den Airbag aufbläst.

Bild 8. Mechatronisches System „Airbag"

Eine andere nicht direkt an die strukturelle Darstellung mit körperlichen Baugruppen (Sensor, Aktor, Mikrorechner) angelehnte Form der Darstellung ist die mit Hilfe der Funktionen eines mechatronischen Systems wie in Bild 9.

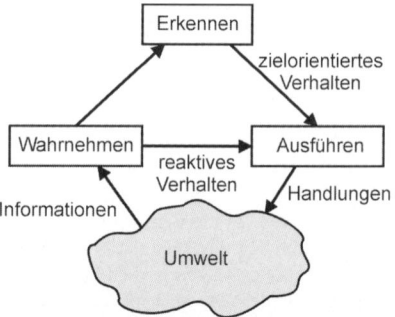

Bild 9. Modellstruktur eines mechatronischen Systems aufgrund von Funktionen

Dies ist gleichzeitig die allgemeine Darstellung einer intelligenten Maschine, die Informationen aus der Umgebung aufnimmt (Wahrnehmen), um darauf entweder umgehend zu reagieren (reaktives Verhalten), oder aufgrund eines intelligenten Erkennungsapparates (Erkennen) sinnvoll und seiner Aufgabe entsprechend zu handeln (zielorientiertes Verhalten).

Diese Art der Betrachtung eines mechatronischen Systems nach seinen Funktionalitäten ist typisch für die Mechatronik. Um eine optimale Lösung für eine intelligente Maschine zu finden, betrachtet man in der Entwicklungsphase nicht physikalische Baugruppen, sondern Systemeigenschaften. So kann beispielsweise die Funktionalität Wahrnehmen körperlich in mehreren Bauteilen realisiert sein, etwa bei einem Bildverarbeitungssystem. Dort findet die Wahrnehmung eines bestimmten Gegenstandes in der Außenwelt durch eine Kamera (Sensor) in Verbindung mit einem Digitalrechner statt, der die Bilderkennungssoftware enthält. Die Funktion ist also nicht nur in einer körperlichen Baueinheit konzentriert.

Das Denken in Systemen und die Ermittlung von Modellen sowie die Entwicklung von Algorithmen, mit denen solche Systeme quasi intelligentes Verhalten entwickeln, sind demnach Kernaufgaben der Mechatronik. Gute Kenntnisse der am Markt zur Verfügung stehenden Sensoren (elektrische Messfühler, Messsysteme), Aktoren (Motoren, Stellelemente) und Rechnersysteme (Mikroprozessoren, Mikrocontroler) sind wichtige Voraussetzungen für die Behandlung mechatronischer Systeme in Entwicklung, Betrieb und Instandhaltung von Geräten, Maschinen und Anlagen.

1.4 Unterschiede zwischen Maschinenbau, Elektrotechnik und Mechatronik

An einem Beispiel aus dem Bereich der Zerspanungstechnik soll nun noch einmal die unterschiedliche Herangehensweise der drei Ingenieurdiziplinen an eine Aufgabenstellung schlaglichtartig verdeutlicht werden.

Bei Zerspanungsprozessen auf Werkzeugmaschinen kann das Phänomen des regenerativen Ratterns auftreten. Diese Bezeichnung wird für einen Schwingungsvorgang zwischen Werkzeug (Drehmeißel) und Werkstück verwendet, der unter ungünstigen Umständen während der Bearbeitung auftreten kann und sich als lautes Geräusch äußert. Gleichzeitig ruft dieser Vorgang Rattermarken auf der Oberfläche des Werkstückes hervor.

In Bild 10 sind die Bearbeitungssituation und die unterschiedlichen Bewegungen beim Drehvorgang dargestellt. Das Werkstück ist im Spannfutter der Hauptspindel eingespannt und wird mit der Hauptbewegung gedreht. Gleichzeitig wird das Werkzeug am Werkstück durch eine Überlagerung von Vorschub- und Zustellbewegung entlanggeführt. Dabei wird ein Span abgetrennt, der einen durch die Vorschub- (Vorschub f) und Zustellbewegung (Schnitttiefe a_p) festgelegten Spanungsquerschnitt A besitzt. Die direkt am Spanungsquerschnitt messbaren Größen Spanungsdicke h und Spanungsbreite b ergeben sich aus den Maschineneinstellungen f, a_p und durch den Einstellwinkel κ des Werkzeuges.

Der Rattervorgang beim Zerspanen, der die Qualität des erzeugten Werkstückes negativ beeinflusst, hat folgende Ursachen.

In Bild 11 ist die Schnittkraft F_c dargestellt, die sich aufgrund der Hauptbewegung (Drehung des Werkstücks mit Schnittgeschwindigkeit v_c) ergibt:

$$F_c = k_c \cdot A \qquad (1)$$

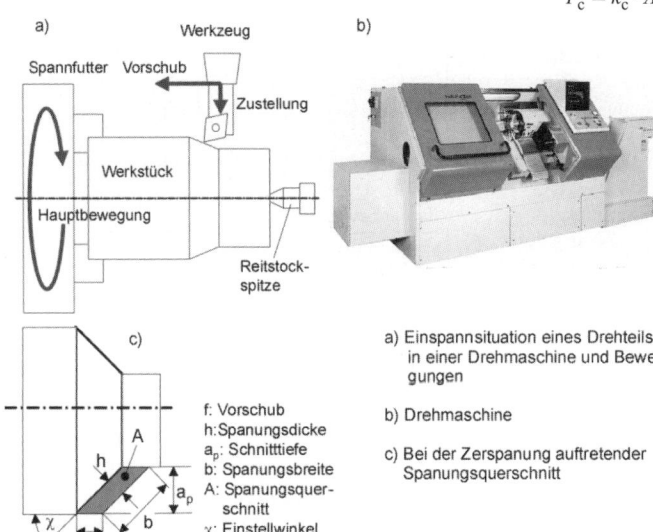

a) Einspannsituation eines Drehteils in einer Drehmaschine und Bewegungen

b) Drehmaschine

c) Bei der Zerspanung auftretender Spanungsquerschnitt

f: Vorschub
h: Spanungsdicke
a_p: Schnitttiefe
b: Spanungsbreite
A: Spanungsquerschnitt
χ: Einstellwinkel

Bild 10.
Drehverfahren

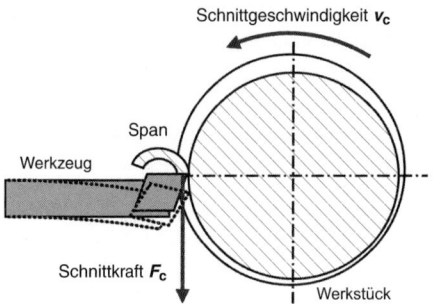

Bild 11. Verbiegung des Drehwerkzeugs unter der Schnittkraft F_c

Deren Größe ist proportional zum Spanungsquerschnitt A, wobei der Proportionalitätsfaktor k_c spezifische Schnittkraft genannt wird. Diese Größe ist vor allem vom Werkstoff, aber auch von weiteren Größen wie beispielsweise Schnittgeschwindigkeit v_c und Spanungsdicke h abhängig. Für den Spanungsquerschnitt gilt (Bild 10):

$$A = a_p \cdot f = b \cdot h \qquad (2)$$

Unter der Schnittkraft verformt sich das Werkzeug, das man in erster Näherung als Biegebalken betrachten kann und dessen Verformung dem Hooke'schen Gesetz $F = c \cdot x$ gehorcht. Dabei ist c die Steifigkeit, Federkonstante oder auch Federrate und x der Betrag, um den sich das Werkzeug in Richtung der Kraft verformt.

Aufgrund der Verformung (Bild 11) wird das Werkzeug aus dem Schnitt gedrängt. Das führt zu einer Verringerung der Schnitttiefe a_p, was wiederum zu einer Verkleinerung des Spanungsquerschnittes A führt. Da die Schnittkraft F_c dem Spanungsquerschnitt proportional ist, sinkt diese ab, wodurch wiederum die Verformung des Werkzeugs abnimmt und die Schnitttiefe erneut ansteigt. Dieser Vorgang wiederholt sich ständig. Entsprechend dem Hooke'schen Gesetz führt die ständige Veränderung der Kraft zu einer ständigen Veränderung der Verformung: es liegt eine Schwingung vor. Diese Schwingung kann, wie in Bild 11 gezeigt, durch eine sich im Laufe einer Werkstückumdrehung ändernde Schnitttiefe angefacht werden und sie kann sich weiter aufschaukeln, da bei weiteren Umdrehungen die Schnitttiefe durch die davor liegenden Schwankungen phasenrichtig mit den aktuellen Schwankungen zusammentreffen kann. Es liegt dann regeneratives Rattern vor.

Ist die Werkzeugmaschine manuell bedient, kann der Maschinenbediener durch Variieren der Einstelldaten (Schnittgeschwindigkeit, Vorschub, Schnitttiefe) versuchen, die Ratterschwingung zu vermindern. Für automatisch arbeitende Maschinen muss man schon in der Konstruktions- und Entwicklungsphase Vorkehrungen treffen, um das Auftreten von Ratterschwingungen zu vermeiden oder zu beseitigen. Wie würden nun Konstrukteure der unterschiedlichen

Ingenieurdisziplinen Maschinenbau, Elektrotechnik und Mechatronik vorgehen?

Eine der Ursachen für das Auftreten von Ratterschwingungen ist eine zu geringe Steifigkeit von Werkzeug und Werkzeughalterung. Dies entspricht im Hooke'schen Gesetz einer zu kleinen Federkonstante c. Diese wiederum ist vom Werkstoff und von den Materialquerschnitten abhängig, sodass ein Maschinenbauingenieur an dieser Stelle Verbesserungen vornehmen würde und z.B. einen Drehmeißel mit größerem Schaftquerschnitt aus festerem Werkstoff wählt, der zusätzlich noch günstiger im Halter abgestützt wird.

In Bild 12 ist eine schematische Aufsicht auf eine Drehmaschine mit den wichtigsten im Kraftfluss der Maschine liegenden Baugruppen dargestellt. Teilbild a) zeigt *die* Baugruppen grau unterlegt, die der Maschinenbauingenieur beeinflussen würde. Ob eine Schwingung angefacht wird, hängt auch von der Größe der Dämpfung in der Maschine, vor allem in den im Kraftfluss liegenden Bauteilen ab. Hier haben verschiedene Werkstoffe verschiedene Dämpfungseigenschaften. So hat beispielsweise Gusseisen, aus dem häufig Gestellbauteile von Werkzeugmaschinen gefertigt werden, eine höhere innere Dämpfung als Stahl; spezieller im Werkzeugmaschinenbau eingesetzter Polymerbeton hat eine noch wesentlich höhere Dämpfung als Gusseisen. Dies beruht auf der inhomogenen inneren Struktur des Werkstoffs. So kann der Maschinenbauingenieur die Eigenschaften der Maschine, hier speziell die Neigung zum Rattern, durch die Werkstoffwahl positiv beeinflussen. Schaut man sich im Bild 12a die Baugruppen an, die grau unterlegt sind, so sieht man, dass es Baugruppen im Kraftfluss gibt, die nicht durch maschinenbauliche Maßnahmen beeinflusst werden.

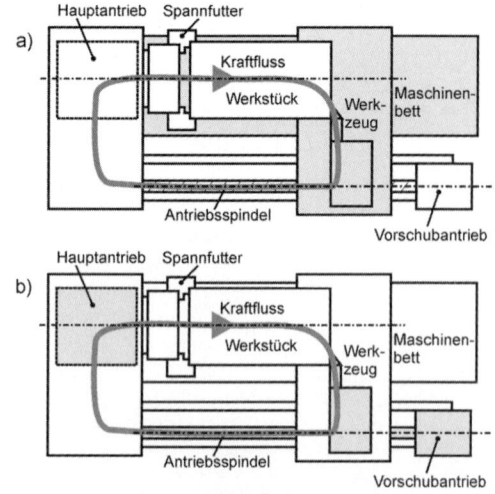

Bild 12. Schematische Draufsicht einer Drehmaschine mit Baugruppen im Kraftfluss
a) grau unterlegt: maschinenbauliche Maßnahmen
b) grau unterlegt: elektrotechnische Maßnahmen

Die Antriebe von Werkzeugmaschinen sind heute grundsätzlich elektrische Antriebe, die zusätzlich meist noch elektronisch drehzahlregelbar sind. Ein Elektroingenieur würde deshalb hier ansetzen, um mögliche Ratterschwingungen zu bekämpfen.

So könnte man mit Hilfe von Sensoren, beispielsweise Beschleunigungssensoren, eventuell auftretende Schwingungen erfassen und mit gezielten Strategien über die elektronische Maschinensteuerung den Hauptantrieb und damit die Schnittgeschwindigkeit oder den Vorschubantrieb und damit die Vorschubgeschwindigkeit beeinflussen, um eine Ratterschwingung zu unterdrücken. Dies ist die Vorgehensweise, die ein Maschinenbediener im manuellen Betrieb auch anwenden würde. Auch hier sieht man in Bild 12b, dass nur ein Teil der im Kraftfluss liegenden Baugruppen von diesen Maßnahmen betroffen wäre.

Kombiniert man nun beides, so sind alle Bereiche der Maschine, die am Entstehen einer Ratterschwingung beteiligt sind, einbezogen. Ist dies dann schon die mechatronische Lösung?

Der Mechatronik-Ingenieur untersucht diese Möglichkeiten und stellt fest, dass nun die Wahrscheinlichkeit des Auftretens einer Ratterschwingung minimiert worden ist, aber die eigentliche Ursache, nämlich eine Modulation (schwellende Veränderung) der Kraft gar nicht direkt beeinflusst wird. Die Ursache der Schwingung (veränderliche Kraft $\tilde{F}$) bewirkt eine entsprechend veränderliche Verformung $\tilde{x}$:

$$\tilde{F} = c \cdot \tilde{x} ,\qquad(3)$$

es liegt also ein dynamisches und kein statisches Problem vor.

Will man nun erreichen, dass die Federkraft F überhaupt nicht mehr schwankt, so muss man die Steifigkeit c der im Kraftfluss liegenden Baugruppen genau mit einer Frequenz modulieren, die gegenüber den Schwankungen der Kraft um 180° phasenverschoben ist. Ähnlich wie die Überlagerung von Lichtwellen an bestimmten Punkten durch Interferenz zur Auslöschung und damit Dunkelheit führen kann, sollten mechanische Schwingungen bei entsprechender Überlagerung ausgelöscht werden können. Bild 13 zeigt eine solche Auslöschung durch Interferenz. Der harmonischen Schwingung 1 mit bestimmter Frequenz f und einer Amplitude A wird eine Schwingung 2 überlagert d.h. dazuaddiert, die gleiche Frequenz, am Anfang und am Ende abweichende Amplitude und eine Phasenverschiebung von 180° gegenüber Schwingung 1 besitzt. Wie man sieht, findet durch Interferenz dort, wo die beiden Schwingungen den gleichen Absolutwert der Amplitude besitzen, eine komplette gegenseitige Auslöschung statt. Dies stellt der durchgezogene Kurvenverlauf in Bild 13 dar.

Wie wird dieses Prinzip zur Schwingungsauslöschung bei dem behandelten Beispiel des regenerativen Ratterns angewendet?

Hier kann man neuartige piezoelektrische Sensoren und Aktoren einsetzen, die in den Kraftfluss zwischen Werkzeug und Werkstück eingebaut werden. Deren Funktion beruht auf dem *piezoelektrischen* bzw. *reziproken piezoelektrischen Effekt*, den Stoffe wie Quarz (SiO_2), Bariumtitanat ($BaTiO_3$) oder Bleimetaniobat ($PbNb_2O_6$) zeigen.

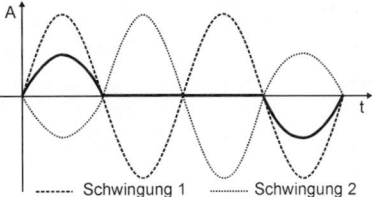

Bild 13. Interferenz zweier Schwingungen mit Auslöschung im mittleren Bereich

Der piezoelektrische (druckelektrische) Effekt beruht darauf, dass bei einer Belastung eines solchen Stoffes mit einer äußeren mechanischen Spannung elektrische Ladungen auf gegenüberliegenden Oberflächen getrennt werden. Man kann dann zwischen den Oberflächen eine elektrische Spannung messen. Dieser Prozess ist auch noch umkehrbar; d.h. es tritt auch ein reziproker piezoelektrischer Effekt auf. Bringt man den Stoff zwischen zwei Elektroden und legt an diese eine Spannung an, so reagiert das piezoelektrische Material mit einer Formänderung.

Der Piezoeffekt beruht auf den Eigenschaften der Elementarzellen des Materialgefüges eines solchen Stoffes. Eine Elementarzelle ist die kleinste Systemeinheit des Materials, aus deren Vervielfachung der Aufbau des makroskopischen Kristalls möglich ist. Voraussetzung für das Auftreten des Piezoeffektes ist eine sehr geringe elektrische Leitfähigkeit und das Fehlen eines Symmetriezentrums in der Elementarzelle. Der Vorgang der Ausbildung des Piezoeffektes ist in Bild 14 am Beispiel des Quarzes gezeigt. Wird das Material durch äußeren Druck deformiert, so deformieren sich auch die Elementarzellen, wodurch die Schwerpunkte der positiven und negativen Ladungen verschoben werden. Dadurch bilden die Elementarzellen elektrische Dipole aus, wobei aus energetischen Gründen sich alle Dipole benachbarter Elementarzellen in gleicher Richtung orientieren und so genannte Domänen bilden. Auf den äußeren Elektroden sammeln sich Ladungen an, sodass zwischen ihnen eine Spannung gemessen werden kann.

Der reziproke piezoelektrische Effekt tritt auf, wenn man an die Elektroden eines solchen Elementes eine elektrische Spannung anlegt. Im elektrischen Feld verformen sich die Elementarzellen, sodass beispielsweise bei einer Scheibe dieses Stoffes eine Dickenänderung auftritt.

Piezoelektrische Stoffe werden in der Technik vielfältig eingesetzt, wobei sowohl der normale als auch der reziproke Effekt ausgenutzt werden. Ein solches Piezoelement wird beispielsweise als Kraftmesssensor benutzt, da durch den piezoelektrischen Effekt an einem solchen Element durch Druck oder Zug elektrische Spannungen erzeugt werden, die der Größe der Kraft proportional sind. Durch Nutzung des reziproken Effektes kann auch ein Aktor hergestellt werden, den man für kurzhubige, genaue Stellbewegungen nutzen kann.

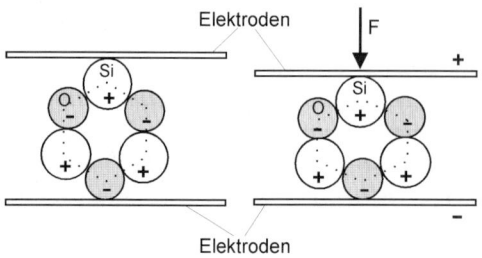

Bild 14. Elementarzelle des Quarzes ohne und mit äußerer Belastung

Im beschriebenen Beispiel können solche Piezoelemente unter Ausnutzung des piezoelektrischen Effektes als Sensor zur Registrierung von Schwingungen ausgenutzt werden, da sie ein kraftproportionales Spannungssignal liefern. Bringt man zusätzlich in den Kraftfluss ein Element ein, das den reziproken piezoelektrischen Effekt ausnutzt, so kann man eine Steifigkeitsmodulation durchführen, die gegenüber der registrierten Schwingung um 180° phasenverschoben verläuft. Das Anlegen einer Wechselspannung an ein solches Aktor-Element führt zu einer Dickenänderung des Elementes, die bei einem dünnen scheibenförmigen Element im Bereich weniger Mikrometer liegt. Legt man es zwischen Werkzeug und Werkzeughalter und legt eine Wechselspannung an, so ändert sich die Gesamtsteifigkeit der Anordnung in Kraftrichtung. Die Steifigkeitsmodulation muss natürlich von einem Rechner aufgrund der Sensorsignale exakt gesteuert werden. Als Ergebnis ist eine solche Einrichtung in der Lage, die Ratterneigung komplett zu unterdrücken, während die anderen Lösungen nur Teilaspekte in Betracht ziehen, ohne die eigentliche Ursache zu behandeln. In der Gleichung des Hooke'schen Gesetzes drückt sich dies so aus:

$$\tilde{F} = \tilde{\tilde{c}} \cdot x \tag{4}$$

Die Bezeichnung $\tilde{\tilde{c}}$ deutet an, dass die Steifigkeit gegenphasig moduliert wird. Man sieht an der Gleichung (4), dass durch die gegenphasige Modulation der Steifigkeit $\tilde{\tilde{c}}$ zum Kraftverlauf $\tilde{F}$ die Verformung x konstant gehalten werden kann, d. h. die Schwingung verschwindet.

Durch den mechatronischen Denkansatz kann also eine generellere Lösung des Ratterproblems gefunden werden, die nicht nur einzelne Symptome behandelt und unter Umständen erheblich wirtschaftlicher arbeitet.

2 Modellbildung und Simulation

In Bild 7, Kap. 1, ist die Struktur eines mechatronischen Systems dargestellt worden. Es handelt sich in der Regel um Systeme, die rechnergesteuert unter Informationsaufnahme durch Sensoren bestimmte Bewegungen erzeugen oder Kräfte ausüben. Es geht dabei um dynamische Systeme, deren Bewegungen durch Rechneralgorithmen gesteuert und geregelt werden.

Um die Kinematik und die Dynamik eines komplexen Systems behandeln zu können und darauf aufbauend ein Steuerungs- und Regelungskonzept des Systems zu entwickeln, ist immer zuerst eine Modellbildung erforderlich. Dies ist eine in verschiedenen Schritten ablaufende Herausarbeitung der wesentlichen Systemeigenschaften, die am Ende auf die Bildung eines Satzes mathematischer Beschreibungen des Systemverhaltens (Bild 1) führt. Zu einer solchen Modellbildung gehören die Beschreibung der Lage und der Orientierung der einzelnen Körper zueinander und die Bestimmung der Geschwindigkeiten und Beschleunigungen.

Wie Bild 1 zeigt führt die Modellbildung von der verbalen zu einer mathematischen Beschreibung, die in der Regel durch Differentialgleichungen und Anfangsbedingungen gegeben ist. Differentialgleichungen sind Gleichungen, in denen neben physikalischen Größen auch deren Ableitungen vorkommen können. Dies sind, in den in der Mechatronik häufig vorkommenden Bewegungs-Differentialgleichungen, beispielsweise:

- der Weg x,

- die Geschwindigkeit $v = \dfrac{dx}{dt} = \dot{x}$,

- die Beschleunigung

$$a = \frac{dv}{dt} = \dot{v} = \frac{d}{dt}\left(\frac{dx}{dt}\right) = \frac{d^2x}{dt^2} = \ddot{x}.$$

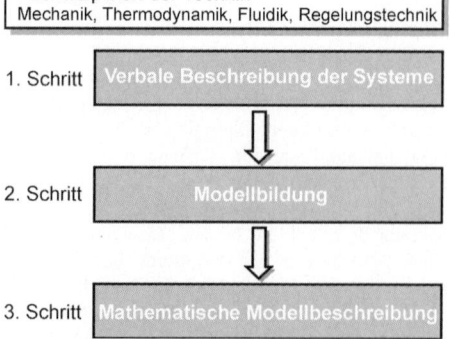

Bild 1. Vorgehensweise bei der Beschreibung physikalisch technischer Systeme

Die mathematische Modellbeschreibung ist dann zwar exakt und lässt genaue Aussagen für das Modell zu, aber die Gleichungen gelten nicht für das reale Objekt der Betrachtung, sondern für sein Modell. Dies bedeutet, dass das Modell häufig nicht exakt das reale Verhalten beschreibt und meist auch gar nicht soll.

2.1 Verfahren der Modellbildung

Modelle dienen zur Beschreibung der Eigenschaften und der Struktur eines Systems. Sie sind nie ein absolut vollständiges Abbild eines Systems. Je nachdem, welchen Zweck man mit der Modellbildung verfolgt, gibt es verschiedenartige Modelle mit unterschiedlichen Eigenschaften. In Bild 2 sind unterschiedliche Modelle aufgeführt. Dabei unterscheidet man physikalische und mathematische Modelle. Physikalische Modelle sind stets gegenständlich und maßstäblich, mathematische Modelle sind abstrakt und dienen einer formalen Beschreibung der Systemeigenschaften. Bei den physikalischen Modellen unterscheidet man folgende Arten:

- Prototypmodell
- Pilotmodell
- Ähnlichkeitsmodell

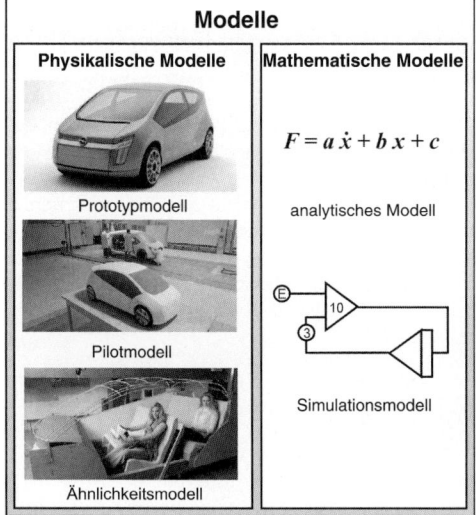

Bild 2. Unterschiedliche Arten von Modellen

Das Prototypmodell ist 1:1 maßstäblich und besitzt höchste qualitative und quantitative Ähnlichkeit. Wie im Beispiel (Bild 2) gezeigt, wird ein solcher Prototyp eines PKW vor der Serienherstellung angefertigt. Er ist ein weitestgehend mit den Serieneigenschaften ausgestatteter Originalaufbau, an dem alle Eigenschaften des späteren Originals direkt und konkret getestet werden können. Nachteile eines solchen Prototypmodells sind seine aufwändige und teuere

Herstellung und geringe Flexibilität bei erforderlichen Änderungen. Die Erstellung eines solchen Modells wird daher nur der letzte Schritt vor Serienanlauf eines Massenproduktes sein.

Das Pilotmodell ist häufig maßstäblich unterschiedlich zum Original, z.B. 1:10. Es bildet daher nur wesentliche Eigenschaften genau ab. Seine Herstellung ist in der Regel mit reduziertem Aufwand möglich und lässt sich einfacher ändern. Häufig ist die Aufgabe eines solchen Modells nur die Visualisierung, um beispielsweise das Design beurteilen zu können.

Der geringste Aufwand zur Herstellung eines physikalischen Modells tritt beim Ähnlichkeitsmodell auf. Es werden hier nur noch Teile des Systems hergestellt, an denen man ein eingeschränktes Spektrum von Untersuchungen vornehmen kann. So könnten unter Berücksichtigung der Ähnlichkeitsverhältnisse an einem solchen Modell Untersuchungen im Windkanal über das Strömungsverhalten der Karosserie gemacht werden, d. h. es handelt sich um Untersuchungen während des Entwicklungsprozesses.

Deutlich flexibler und mit geringem Aufwand herstellbar sind abstrakte mathematische Modelle. Dafür muss man die analytischen Zusammenhänge zwischen den Attributen eines Systems bestimmen, was einen Satz von Gleichungen liefert, die eine geschlossene, analytische Lösung besitzen. Dies ist in der Regel ohne Rechnereinsatz nur für sehr einfache Systeme möglich. Für einige einfache Systeme werden im Folgenden die Vorgehensweise zur Erstellung eines mathematischen Modells und die dabei auftretenden Probleme beschrieben.

Komplexere Systeme kann man mit Hilfe eines Simulationsmodells behandeln. Dieses Modell wird auf einem Digitalrechner erstellt und mit Hilfe numerischer Rechenverfahren gelöst.

2.1.1 Mathematische Modellbildung

Um ein mathematisches Modell eines realen Systems zu bilden, stehen zwei verschiedene Vorgehensweisen zur Verfügung. Liegen relativ genaue Kenntnisse der inneren Zusammenhänge eines System vor, so liefert eine theoretische Systemanalyse ein *theoretisches Modell*. Sind kaum Kenntnisse über die Beziehung der Attribute zueinander und über die Struktur des Systems bekannt, so muss man experimentelle Methoden anwenden, die so genannten *Identifikationsverfahren*. Bei solchen Verfahren werden Testsignale mit genau festgelegten Eigenschaften auf die Eingänge des Systems gegeben und die Ausgangssignale gemessen. Aus deren zeitlichen Verlauf kann man unter Umständen auf die dynamischen Eigenschaften des Systems zurückschließen.

Eine häufig verwendete einfache Identifikationsmethode ist die Ermittlung der *Sprungantwort*. Wie in Bild 3 gezeigt, wird dabei auf den Eingang des zu identifizieren Systems (Black Box) von einem Signalgenerator ein sprungförmiges Signal gegeben

und dieses auf dem ersten Kanal eines Zweikanal-
schreibers aufgezeichnet. Gleichzeitig wird mit dem
zweiten Kanal das dabei auftretende Ausgangssignal
registriert. Aus dem zeitlichen Vergleich der beiden
Signalverläufe und der Amplituden der Signale
kann auf das Übertragungsverhalten des Systems
und auf seine Verstärkung geschlossen werden. Bild
4 zeigt ein Beispiel für eine solche Messung zur
Identifikation des Übertragungsverhaltens eines
Systems. Auf den Sprung des Eingangssignals $x_e(t)$
mit der Amplitude „1" reagiert das Ausgangssignal
$x_a(t)$ mit Verzögerung und einer asymptotischen
Annäherung an den Endwert mit der Amplitude K_p.
Die Größe K_p wird auch als *Proportionalbeiwert*
oder *Verstärkung* des Systems bezeichnet. Das zeitliche Übergangsverhalten zwischen Anfangs- und
Endwert von $x_a(t)$ wird durch die *Zeitkonstante T*
charakterisiert, die sich aus dem Schnittpunkt der
Anfangstangente zu Beginn des Vorgangs und dem
Wert der Amplitude im Beharrungszustand ergibt.
Solche Systeme und ihr Verhalten werden ausführ-
licher in Kapitel 2.2 behandelt.

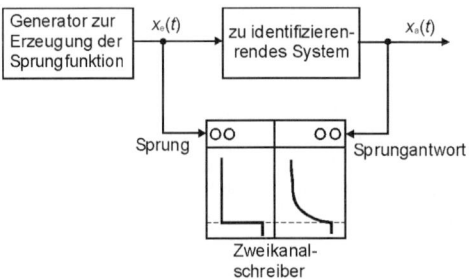

Bild 3. Messung der Sprungantwort eines zu identi-
fizierenden Systems

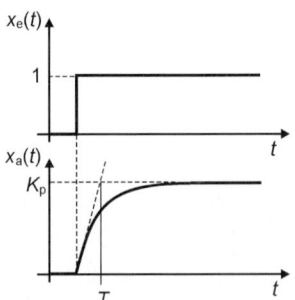

Bild 4. Verlauf der Sprungantwort $x_a(t)$ in Abhängigkeit eines Einheitssprungs $x_e(t)$

Um die prinzipielle Vorgehensweise darzustellen und
einige dabei auftretende Probleme zu erläutern, wird
im Folgenden ein einfaches Beispiel behandelt werden. Es handelt sich dabei um das einfache System
des Einmassenschwingers mit viskoser Dämpfung.

2.1.2 Das mathematische Modell

Das Verhalten der häufig behandelten kontinuierlichen
Systeme lässt sich durch wenige physikalische Grundgesetze beschreiben. Solche Gesetze sind beispielweise
die Newton'schen Axiome der Mechanik, die Hebel-
gesetze, die Hauptsätze der Thermodynamik, das
Ohm'sche Gesetz und die Kirchhoff'schen Regeln.
Häufig lassen sich mit Hilfe dieser Grundgesetze
Bilanzgleichungen für gespeicherte Energien, Massen
und Impulse herleiten (Bild 5), deren Formulierung in
der Regel zu Differentialgleichungen führt, d. h. die
behandelten Größen treten in der Gleichung auch in
Form ihrer Ableitungen auf. Hängen die Zustandsgrößen des behandelten Systems nur von der Zeit t
ab, so kann man die Systeme durch gewöhnliche
Differentialgleichungen beschreiben, deren Lösung
noch relativ einfach ist. Man spricht dann auch von
Systemen mit *konzentrierten Parametern*.

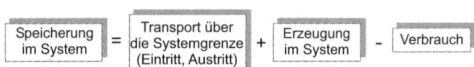

Bild 5. Bilanzgleichung zur Erstellung eines mathematischen Modells

Hängen die Zustandsgrößen außer von der Zeit t auch
noch von anderen Größen wie beispielsweise dem Ort
x oder dem Druck p ab, so sind für die mathematische
Modellbeschreibung partielle Differentialgleichungen
erforderlich, d. h. die Zustandsgrößen müssen partiell
nach mehreren Variablen abgeleitet werden. Hierzu
wird bereits ein erheblicher Rechenaufwand benötigt.
Man spricht dann von Systemen mit *verteilten Parametern*.
Um die Bilanzgleichung nicht zu kompliziert werden
zu lassen, führt man häufig Randbedingungen und
Einschränkungen ein, die einerseits eine mathematische Lösung ermöglichen, aber andererseits die Gültigkeit des Modells auf bestimmte Aspekte und Fälle
beschränken.

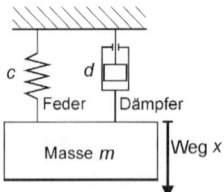

Bild 6. Einmassenschwinger,
c Federkonstante, d Dämpfungskonstante

Dies wird am Beispiel des mechanischen Einmassen-
schwingers aus Bild 6 deutlich.
Ein solcher Einmassenschwinger besteht aus einer
Einzelmasse m, bei der man sich die Eigenschaft
„Masse" als vollständig im Schwerpunkt des Körpers
konzentriert vorstellt. Sie ist an einer Feder aufge-

hängt, die die Federkonstante c besitzt und als masselos angenommen wird. Außerdem ist die Masse über einen ebenfalls als masselos angenommenen viskosen Dämpfer (Stoßdämpfer) mit dem ruhenden Aufhängepunkt verbunden. Bewegungen dieses Systems sind nur in einer Ebene mit der Richtung x möglich.

Diese Beschreibung zeigt, dass eine große Anzahl von Einschränkungen und Vereinfachungen mit der Modellbildung verbunden sind. Würde man dies nicht tun, wäre die mathematische Behandlung des Modells bereits sehr komplex.

Dieses Modell steht beispielsweise für die Aufhängung eines PKW-Rades, die aus einer Feder/Dämpfer-Kombination aus Schraubenfeder und Stoßdämpfer besteht (Bild 7). Man erkennt, dass das sehr einfache Modell des viskos gedämpften Einmassenschwingers nur durch Vernachlässigung einer Anzahl realer Einflüsse auf dieses System Gültigkeit hat.

So ist eine wichtige Einschränkung des Modells, dass es nur einen Freiheitsgrad enthält, da es nur lineare Bewegungen in Richtung der Koordinate x zulässt (Bild 6). Im realen System ist der Stoßdämpfer an der Karosserie drehbar aufgehängt, wodurch Drehbewegungen des Gesamtsystems um die Aufhängung möglich sind. Diese treten auch auf, da die zeitlich veränderliche äußere Zwangskraft $F(t)$ nicht nur in Richtung von x als Reaktionskraft zwischen Reifen und Untergrund auftritt. Die Feder wird also nicht nur in x-Richtung verformt, sondern auch seitlich dazu. Außerdem wurde ein lineares Dehnungsverhalten der Feder im ganzen Arbeitsbereich vorausgesetzt. Schlägt diese bei extremen Stößen durch, verhält sie sich wegen der dann auftretenden Begrenzung stark nichtlinear.

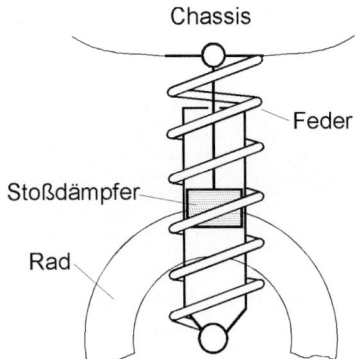

Bild 7. PKW-Federbein

Für den pneumatischen Stoßdämpfer wird eine viskose Dämpfung mit der Dämpfungskonstanten d angenommen, die geschwindigkeitsproportional ist:

$$F_d = d \cdot v = d \cdot \frac{dx}{dt} = d \cdot \dot{x}$$

Dies gilt für die hauptsächlich auftretende Dämpfung durch das Komprimieren und Abströmen der Luft im

Dämpfer, jedoch nicht für die Reibung der Dichtung an der Außenwand. Hier liegt trockene Reibung vor ($F_R = \mu \cdot F_N$), die proportional zur Normalkraft F_N ist. Das Abklingverhalten von Schwingungsvorgängen ist in Abhängigkeit von diesen Reibungstypen mit dem entsprechenden Reibverhalten unterschiedlich. Bei trockener Reibung klingt die gedämpfte Schwingung linear ab (Bild 8a), bei viskoser Reibung folgt das Abklingverhalten einer Exponentialfunktion (Bild 8b).

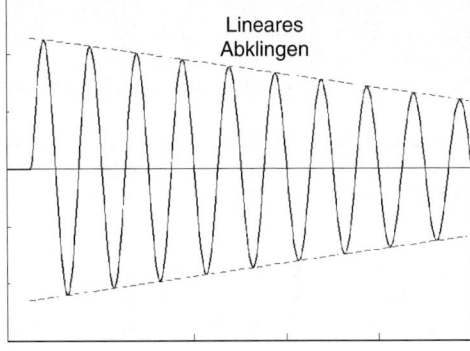

a)

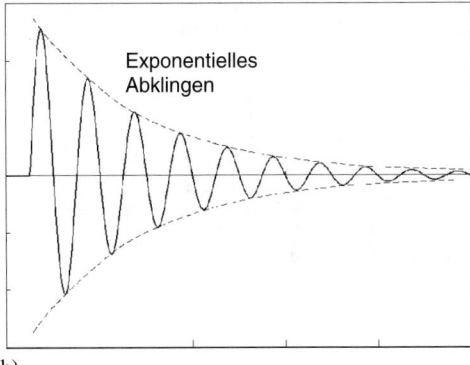

b)

Bild 8. Abklingen der Schwingung eines Einmassenschwingers mit Dämpfung durch
a) trockene und
b) viskose Reibung

Weiterhin werden bei der Modellbildung alle Massen zu einer Masse m zusammengefasst und in einem Punkt konzentriert angenommen, um den Angriffspunkt der Massenkräfte eindeutig festzulegen. Im realen System sind die Massen über das ganze System verteilt, weshalb der Schwerpunkt nur schwer zu bestimmen ist und seine Lage verändert sich auch noch. Schließlich wurden untergeordnete Kräfte wie beispielsweise der Luftwiderstand des Rades oder des Stoßdämpfers weggelassen.

Obwohl das reale System nur wenig mit dem einfachen Modell des Einmassenschwingers zu tun zu haben scheint, wird es trotzdem in Lehrbüchern häufig beispielhaft verwendet. Das Modell muss so ein-

fach gestaltet werden, um mit klassischen Rechenmethoden die Ermittlung des Bewegungszustandes des
Systems zu beliebigen Zeitpunkten vornehmen zu
können. Erst die Verfügbarkeit leistungsfähiger Digitalrechner lässt heute das Durchrechnen komplexerer
Modelle zu, die das reale Verhalten von Systemen
noch besser und auch in Grenzbereichen beschreiben.
Zum anderen kann man auch schon aus dem einfachen
Modell mit einer in der Technik hinreichenden Genauigkeit bestimmte Kenngrößen ermitteln und das reale
System dimensionieren. Größere Fehler treten ja nur
auf, wenn die vernachlässigten Kräfte oder die vereinfachenden Annahmen durch Extremsituationen in
solchen Bereichen liegen, in denen sie nicht mehr ohne
weiteres vernachlässigt werden können.
Ein Beispiel für die Modellierung der Dynamik eines
einfachen Systems, bei dem das Verlassen des Gültigkeitsbereichs der Modellannahmen zu starken
Abweichungen zwischen Modell und Realität führt,
ist das jedem bekannte Pendel. Das Bild 9 zeigt das
Schema eines Pendels und außerdem die an der Masse angreifenden Kräfte. Wird die Masse aus der Ruhelage um den Winkel $\varphi = \varphi(t)$ ausgelenkt, so wirkt
auf sie infolge der Massenkraft $F_G = m \cdot g$ in der zur
Auslenkung entgegengesetzten Richtung die Rückstellkraft $F_R = m \cdot g \cdot \sin \varphi$. Die Bogenlänge beträgt
dabei $s = l \cdot \varphi$, die Beschleunigung $a = l \cdot \ddot{\varphi}$. Durch
Einsetzen in das Newton'sche Bewegungsgesetz
$(F = m \cdot a)$) erhält man:

$$m \cdot l \cdot \ddot{\varphi}(t) = -m \cdot g \cdot \sin \varphi(t)$$
oder
$$m \cdot l \cdot \ddot{\varphi}(t) + m \cdot g \cdot \sin \varphi(t) = 0 \qquad (1)$$

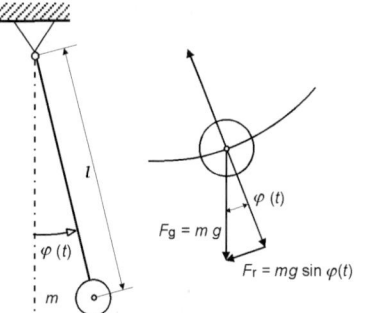

Bild 9. Pendel und angreifende Kräfte

Dies ist eine Differentialgleichung 2. Ordnung zu der
noch zusätzlich die Anfangsbedingungen festgelegt
werden müssen:

$$\varphi(t = 0) = \varphi_0 \qquad \ddot{\varphi}(t = 0) = \dot{\varphi}_0 = 0$$

Bei dieser Modellierung wurden wieder vereinfachende Annahmen getroffen, nämlich dass der Faden
masselos und die Masse in einem Punkt – dem
Schwerpunkt – konzentriert ist. Außerdem wurden

Kräfte durch Luftwiderstand und Lagerreibung vernachlässigt.
Aus der Bewegungsgleichung und den Anfangsbedingungen lässt sich eine Lösung gewinnen, die die
freien Schwingungen des Pendels beschreibt. Jedoch
handelt es sich bei der Bewegungsgleichung, da
φ sowohl als zweite Ableitung als auch als Argument
der Sinusfunktion auftaucht, um eine nichtlineare
Differentialgleichung, deren Lösung schwierig ist.
Daher wird vorwiegend der Fall behandelt, dass das
Pendel nur sehr kleine Ausschläge macht, d. h. unter
dieser Voraussetzung gilt nämlich

$$\sin \varphi(t) \approx \varphi(t) \qquad (2)$$

Damit kann die Differentialgleichung folgendermaßen
linearisiert werden, wodurch sie leichter lösbar ist:

$$m \cdot l \cdot \ddot{\varphi}(t) + m \cdot g \cdot \varphi(t) = 0 \qquad (3)$$

Dass dieses mathematische Modell für das Pendel
aber nur sehr eingeschränkt gilt, kann man leicht an
der folgenden Bildserie (Bild 10) erkennen, die durch
Simulation des Modells mit einem numerischen Simulationssystem auf einem Rechner erstellt wurde.

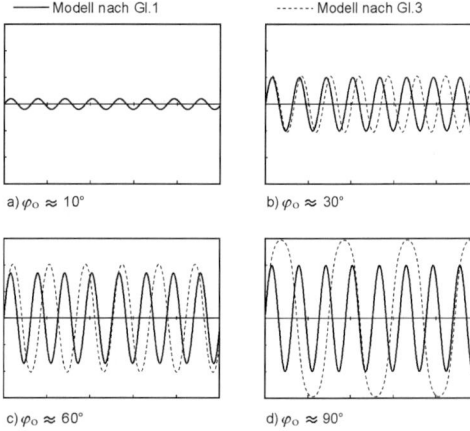

Bild 10. Simulation des Schwingungsverlaufs verschiedener Modelle eines Pendels für unterschiedliche Anfangsauslenkungen

Sie zeigt in jedem Teilbild die Schwingungsverläufe
nach Loslassen aus einer ausgelenkten Stellung für
beide Modellgleichungen (1) und (3). Alle Teilbilder
haben den gleichen Amplituden- und Zeitmaßstab. Im
Teilbild a) ist der Winkel noch sehr klein ($\varphi_0 \approx 10°$),
sodass Gleichung (2) gilt und die beiden Schwingungsverläufe der unterschiedlichen Modelle kaum
zu unterscheiden sind. In den Teilbildern b) - d) wird
der Auslenkungswinkel schrittweise bis auf
$\varphi_0 = 90°$ vergrößert. Bei $\varphi_0 = 30°$ weichen die
beiden Modelle erst nach mehreren Schwingungen
deutlich voneinander ab, bei $\varphi_0 = 60°$ wird die Abweichung in der Frequenz schon nach einer Schwin

gung sichtbar, bei $\varphi_0 = 90°$ tritt sofort eine starke Abweichung in Frequenz und Winkel auf. Das vereinfachte Modell nach Gleichung (3) liefert also nur für den kleinsten Bereich der möglichen Anfangsauslenkungen φ_0 den richtigen Wert für $\varphi(t)$. Trotzdem wäre der Aufwand für die rechnerische Behandlung des Modells nach Gleichung (1) unnötig hoch, wenn man ein technisches System untersuchen würde, in dem ein Pendel vorkommt, das nur Ausschläge geringer Amplitude ausführt und daher zur Beschreibung auch das Modell nach Gleichung (3) ausreicht.

Für die Erstellung des Modells eines technisches Systems gelten drei allgemeine Anforderungen:

- Die Modellelemente müssen klar definiert, eindeutig beschreibbar und in sich widerspruchsfrei sein (*physikalische Transparenz*).
- Die Folgerungen über das Verhalten, die man aus den Verknüpfungen der Modellelemente zu einem Gesamtmodell ziehen kann, müssen im Rahmen des Modellzwecks (*Gültigkeitsbereich*) dem realen Systemverhalten entsprechen (*Modellgültigkeit*).
- Gibt es verschiedene Möglichkeiten zur Darstellung des Systems, die alle den ersten beiden Forderungen genügen, so sollte man die einfachst mögliche auswählen (*Effizienz*).

Für die Herleitung eines einfachen, effizienten und gültigen Modells gibt es keine in allgemein gültige Regeln fassbare Vorgehensweise.

Das Modell eines mechanischen Systems, das beispielsweise alle nur denkbaren Bewegungsmöglichkeiten berücksichtigt, ist zwar physikalisch richtig, aber für die praktische Anwendung unübersichtlich, unhandlich und verliert für die meisten Fälle die physikalische Überschaubarkeit. Die Kunst bei der Modellbildung besteht daher darin, das Modell so einfach wie möglich zu gestalten, um es mit technisch und wirtschaftlich vertretbarem Aufwand untersuchen zu können. Dabei dürfen aber keine unzulässigen, das Systemverhalten zu stark verfälschenden Annahmen getroffen werden.

2.1.3 Modell des Einmassenschwingers

Am Beispiel des Fadenpendels wurde der Vorgang der Bildung des mathematischen Modells bereits einmal demonstriert. Ausgangspunkt war dabei eine Bilanzgleichung, hier das Newton'sche Bewegungsgesetz $F = m \cdot a = m \cdot \ddot{x}$.

Im Folgenden soll nun das mathematische Modell für den gedämpften Einmassenschwinger nach Bild 6 hergeleitet werden. Ziel ist es, bei einem mechanischen System eine Bewegungsgleichung zu ermitteln, aus der man den Bewegungszustand (x, $v = \dot{x}$, $a = \ddot{x}$) eines Punktes zu jedem Zeitpunkt t bestimmen kann. Will man nämlich ein technisches System und sein Bewegungsverhalten durch Mecha-

tronik verbessern, so muss man entsprechend der in Bild 7, Kap. 1 dargestellten Struktur eines mechatronischen Systems mit Hilfe eines Digitalrechners steuernd und regelnd auf das System einwirken. Die dazu erforderlichen Algorithmen können nur erstellt werden, wenn man das mathematische Modell des Systems kennt.

Entsprechend der Bilanzgleichung in Bild 5 stellt in der Mechanik die Verallgemeinerung des Newton'schen Bewegungsgesetzes, das *Prinzip von d' Alembert*, eine solche Bilanzgleichung zur Verfügung, die die Dynamik auf statische Betrachtungen zurückführt:

$$\sum F = F + F_T = 0 . \tag{4}$$

Es besagt nichts anderes, als dass die Summe aller Kräfte, die auf einen Körper einwirken, gleich Null sein muss. Dabei ist F eine von außen am Körper angreifende Kraft und F_T die Trägheitskraft des Körpers.

Um dieses Prinzip zum Aufstellen der Bewegungsgleichung eines Körpers anwenden zu können, muss man alle äußeren Kräfte ermitteln. Dazu wendet man das in Bild 11 dargestellte Schnittprinzip an, bei dem alle zum Körper bestehenden Verbindungen gedanklich aufgetrennt werden und durch die an den Schnittstellen entstehenden Reaktionskräfte ersetzt werden. Von außen auf den Körper wirkende Kräfte sind dann die Federkraft F_c und die Dämpferkraft F_d. Außerdem kann noch eine äußere Erregerkraft $F(t)$ auf die Masse wirken. Ebenfalls am Schwerpunkt der Masse greift die Trägheitskraft $F_T = m \cdot \ddot{x}$ an. Wegen der Annahme einer linearen Feder beträgt die Federkraft:

$$F_c = c \cdot x . \tag{5}$$

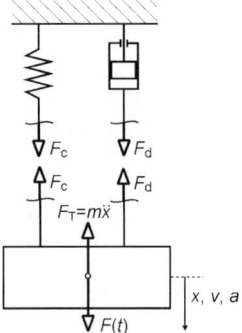

Bild 11. Anwendung des Schnittprinzips beim Einmassenschwinger

Die Dämpferkraft beträgt wegen der Annahme einer viskosen Dämpfung:

$$F_d = d \cdot \dot{x} . \tag{6}$$

Das Prinzip von d'Alembert besagt nun, dass die Summe aller am Körper angreifenden Kräfte gleich null sein muss:

$$F(t) - F_c - F_d - F_T = 0 \; . \tag{7}$$

Setzt man die Werte der Kräfte in die Gleichung ein, so erhält man die Bewegungsdifferentialgleichung des viskos gedämpften Einmassenschwingers mit äußerer Erregung:

$$m \cdot \ddot{x}(t) + d \cdot \dot{x}(t) + k \cdot x(t) = F(t) \tag{8}$$

Dies ist eine gewöhnliche, lineare Differentialgleichung 2. Ordnung, deren Lösung ohne Rechnerhilfe noch möglich ist.

Um die durch die äußere Erregungskraft $F(t)$ bedingte Unbestimmtheit des Systems zu eliminieren, betrachtet man häufig auch den Fall der freien Schwingung, d. h. die Erregungskraft ist null.

Die in der Gleichung (6) vorkommende Dämpfungskonstante d ist dimensionsbehaftet. Zur Charakterisierung des Bewegungsverhaltens schwingungsfähiger Systeme wie des Einmassenschwingers verwendet man daher meist den dimensionslosen, als *Lehr'sches Dämpfungsmaß* oder auch *Dämpfungsgrad* bezeichneten Wert D. Damit ergibt sich die Lösung $x(t)$ der Gleichung (8) für $F(t) = 0$:

$$x(t) = e^{-\omega_0 Dt} \left(x_0 \cos \omega t + \left(\frac{\dot{x}_0 + D\omega_0 x_0}{\omega} \right) \sin \omega t \right) \tag{9}$$

Darin sind e die Euler'sche Zahl, $x_0 = x(t = 0)$, $\dot{x}_0 = \dot{x}(t = 0)$ und ω die *Kreisfrequenz* des Systems. Die Kreisfrequenz ω hängt auf folgende Art mit der Schwingfrequenz f zusammen und lässt sich aus den Kennwerten des schwingungsfähigen Systems berechnen:

$$\omega = 2\pi \cdot f = \sqrt{\frac{c}{m} - \left(\frac{d}{2m} \right)^2} \; . \tag{10}$$

Für den Fall, dass die Dämpfungskonstante d gleich null ist, das System also ungedämpft schwingen kann, wird aus der Kreisfrequenz die *Eigenkreisfrequenz*:

$$\omega_0 = 2\pi \cdot f_0 = \sqrt{\frac{c}{m}} \; . \tag{11}$$

Mit diesen Größen kann der Dämpfungsgrad D ausgedrückt werden:

$$D = \frac{d}{2m\omega_0} = \frac{d}{2\sqrt{mc}} \; . \tag{12}$$

Setzt man Gleichung (12) in Gleichung (10) ein, so erhält man:

$$\omega = \omega_0 \sqrt{1 - D^2} \; . \tag{13}$$

Anhand dieser Gleichung kann man unterschiedliche Fälle des Bewegungsverhaltens des Einmassenschwingers unterscheiden.

Ist $D < 1$, so schwingt das System mit einer Kreisfrequenz ω, die kleiner als ω_0 ist.

Ist $D = 1$, so wird der Wurzelausdruck in Gleichung (13) gleich null, es liegt keine Schwingung mehr vor; man spricht auch vom *aperiodischen Grenzfall*, da von diesem kritischen Dämpfungswert ab zu höheren Dämpfungsgraden hin keine Schwingung mehr auftritt.

Ist $D > 1$, so stellt der Wurzelausdruck keine reele Zahl sondern eine komplexe Zahl dar, es liegt eine überkritische Dämpfung mit einem Kriechvorgang vor.

Da mit der Differentialgleichung (8) das mathematische Modell des Systems „Einmassenschwinger" bekannt ist, kann man das System und sein Bewegungsverhalten auch mit Hilfe eines *Simulationssystems* auf einem Rechner simulieren. Wie dies gemacht wird, wird im Kapitel 2.5 eingehender beschrieben.

Um das Verhalten in den 3 oben aufgeführten Fällen zu verdeutlichen, wurde in der Simulation die Sprungantwort des Systems aufgenommen. Diese ist in der Bildfolge Bild 12 - 14 dargestellt.

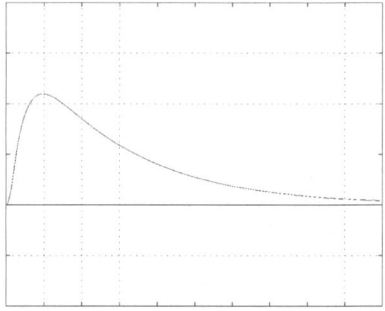

Bild 12. Darstellung der Amplitude über der Zeit (Simulation) nach Auslenkung eines Einmassenschwingers mit überkritischer Dämpfung ($D > 1$: Kriechvorgang)

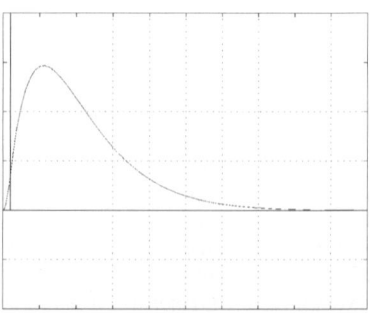

Bild 13. Darstellung der Amplitude über der Zeit (Simulation) nach Auslenkung eines Einmassenschwingers mit kritischer Dämpfung ($D = 1$: aperiodischer Grenzfall)

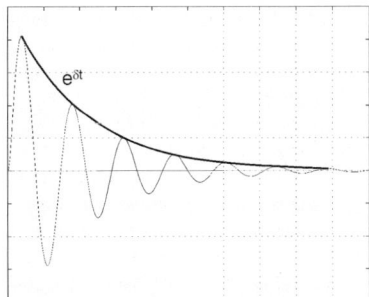

Bild 14. Darstellung der Amplitude über der Zeit (Simulation) nach Auslenkung eines Einmassenschwingers mit unterkritischer Dämpfung ($D < 1$: Schwingung)

In Bild 12 ist die Dämpfung überkritisch mit $D > 1$, weshalb aufgrund des Eingangssprungs (z. B. eine bestimmte Anfangsauslenkung x_0 des Schwingers, wobei zur Zeit $t = 0$ die Masse aus dieser Lage losgelassen wird) kein Schwingungsvorgang, sondern ein Zurückkriechen in die Ausgangslage stattfindet. In Bild 13 liegt die kritische Dämpfung mit $D = 1$ vor, der aperiodische Grenzfall, in dem gerade noch keine Schwingung auftritt. In Bild 14 ist $D < 1$, weshalb das System nach Aufgeben des Sprungs eine Schwingung mit der Kreisfrequenz ω ausführt. Diese Schwingung klingt nach einer bestimmten Exponentialfunktion $f(x) = e^{\delta t}$ ab, die ebenfalls vom Dämpfungsgrad D abhängt. Dieses Verhalten ist auch an der Lösungsgleichung (9) der Differentialgleichung (8) ablesbar. In dieser Gleichung wird ein Summenausdruck aus Cosinus- und Sinusfunktionen (Schwingung) mit einem Faktor $e^{-\omega_0 D t}$ multipliziert. Dies ist die exponentiell abklingende Dämpfungsfunktion mit $\delta = -\omega_0 D$. Bild 15 zeigt nochmals eine Zusammenstellung der unterschiedlichen Wegverläufe $x(t)$ des Einmassenschwingers für unterschiedliche Werte von D, nachdem das System um einen Anfangswert x_0 ausgelenkt wurde.

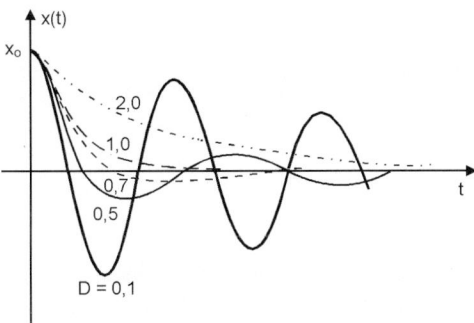

Bild 15. Darstellung des Schwingverhaltens eines Einmassenschwingers für verschiedene Werte des Lehr'schen Dämpfungsmaßes D

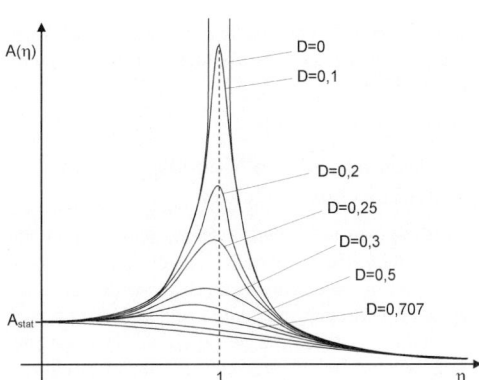

Bild 16. Amplitude eines harmonisch erregten Schwingers in Abhängigkeit des Lehr'schen Dämpfungsmaßes

In der Technik ist der zuletzt behandelte Fall der von außen angeregten Schwingung von großer Bedeutung. In einem solchen Fall spielt die Eigenfrequenz ω des schwingungsfähigen Systems eine besondere Rolle. Denkt man sich einen Einmassenschwinger, der beispielsweise durch eine harmonische Schwingung von außen mit der Frequenz Ω angeregt wird und trägt, wie in Bild 16 dargestellt, die Schwingamplitude $A(\eta)$ über dem Verhältnis

$$\eta = \frac{\Omega}{\omega} \qquad (14)$$

auf, so ergeben sich in Abhängigkeit des Lehr'schen Dämpfungsmaßes D die dargestellten unterschiedlichen Kurven. Die Kurven beginnen alle bei der statischen Auslenkung A_{stat}, derjenigen Verformung, die unter einer statischen Last ($\Omega = 0$) auftritt. Eine Extremstelle der Amplitudenfunktion tritt an der Stelle $\eta = 1$ auf, wobei die dynamischen Amplituden sehr unterschiedlich sein können. Die Amplituden bei kleinen Werten von D können sehr groß werden, man spricht von Resonanz. Für den Einmassenschwinger bedeutet das, dass bei harmonischer Anregung mit einer Anregefrequenz Ω, die der Eigenfrequenz ω des Schwingers entspricht, das System bei kleinen Dämpfungen in so starke Schwingungen versetzt werden kann, dass der Schwinger dadurch geschädigt oder sogar zerstört wird.

Um bei bekannter Anregefrequenz Ω, die z. B. durch eine rotierende Masse mit einer Unwucht hervorgerufen werden kann, eine Anregung im Bereich der Eigenfrequenz ω zu vermeiden, muss man ω durch Verändern von Masse oder Federkonstante so verschieben, dass die Eigenfrequenz weit oberhalb oder unterhalb der Anregefrequenz liegt. Dies verhindert zu große Schwingamplituden des durch die Unwucht angeregten Bauteils. Ist die Anregefrequenz nicht konstant, wie beispielsweise bei einem rotierenden PKW-Rad (unterschiedliche Drehzahlen) so muss das Rad genau ausgewuchtet werden, um die Unwuchtkräfte möglichst klein zu halten und damit eine Anregung der Eigenfrequenz des Rades im Resonanzpunkt zu vermeiden.

2.2 Unterschiedliche Modelltypen von technischen Systemen

Betrachtet man technische Systeme und ermittelt für diese mathematische Modelle, so stellt man fest, dass äußerlich sehr unterschiedliche Systeme den gleichen Typ von Übertragungsverhalten zeigen. Das bedeutet, dass solche Systeme, die den gleichen Typ von mathematischen Modell besitzen, auf statische und dynamische Eingangssignale mit vergleichbaren Änderungen der Ausgangssignale reagieren. Dies erleichtert generalisierte Verfahren zur Regelung von Systemen.

In mechatronischen Systemen findet immer eine Regelung der wesentlichen Ausgangsgrößen statt. Eine *Regelung* unterscheidet sich von einer *Steuerung* dadurch, dass anstelle der offenen Wirkkette von Systemen in einer Steuerung (Bild 17a), bei der Regelung ein geschlossener Regelkreis tritt (Bild 17b).

Die Aufgabe einer Regelung wird in DIN 19226 wie folgt definiert:

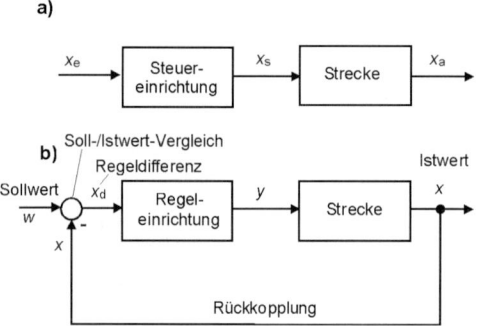

Bild 17. Wirkprinzipien von
a) Steuerung und
b) Regelung

Die Regelung ist ein Vorgang, bei dem der vorgegebene Wert einer Größe fortlaufend durch Eingriff aufgrund von Messungen dieser Größe hergestellt und aufrecht erhalten wird. Hierdurch entsteht ein Wirkungsablauf, der sich in einem geschlossenen Kreis (Regelkreis) vollzieht, denn der Vorgang läuft ab aufgrund von Messungen einer Größe, die durch den Vorgang selbst wieder beeinflusst wird. Dieser Wirkungskreis wird Regelkreis genannt. Eine selbsttätige Regelung (im folgenden kurz „Regelung" genannt) liegt vor, wenn dieser Vorgang ohne menschliches Zutun abläuft.

Im Hauptzweig einer Regelung liegt die *Regelstrecke*, ein beliebiges System, dessen Ausgangsgröße $x_a(t)$

geregelt werden soll. Um die Regeleinrichtung (Regler) auslegen zu können, muss man das Übertragungsverhalten der Regelstrecke und damit sein mathematisches Modell kennen.

Für viele technische Systeme kann ein lineares Übertragungsverhalten angenommen werden, oder die Systeme können für bestimmte Arbeitspunkte linearisiert werden. Ein *lineares System* verhält sich folgendermaßen. Reagiert das System auf das Eingangssignal $x_{e1}(t)$ mit dem Ausgangssignal $x_{a1}(t)$ und auf das Eingangssignal $x_{e2}(t)$ mit dem Ausgangssignal $x_{a2}(t)$ so ist es linear, wenn es auf eine Linearkombination der Eingangssignale $x_e(t) = A \cdot x_{e1}(t) + B \cdot x_{e2}(t)$ mit dem Ausgangssignal $x_a(t) = A \cdot x_{a1}(t) + B \cdot x_{a2}(t)$ reagiert. Dieses Verhalten wird auch als *Superpositionsprinzip* bezeichnet.

Es gibt eine relativ kleine Anzahl unterschiedlichen Typen von linearen Systemen, mit deren Kenntnis man schon viele Modelle für technische Systeme erstellen kann. Diese Grundtypen werden in den folgenden Kapiteln 2.2.1-2.2.4 behandelt.

2.2.1 Proportionalglieder

Proportionalglieder oder kurz *P-Glieder* erzeugen ein Ausgangssignal $x_a(t)$, das während der meisten Zeit proportional zum Eingangssignal $x_e(t)$ ist:

$$x_a(t) = K_p \cdot x_e(t) \qquad (15)$$

Dabei heißt der Proportionalitätsfaktor K_p *Proportionalitätsbeiwert* oder auch *Verstärkungsfaktor*. Die letzte Bezeichnung wird auch dann verwendet, wenn $K_p < 1$ gilt, also eigentlich eine Abschwächung vorliegt.

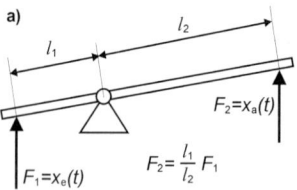

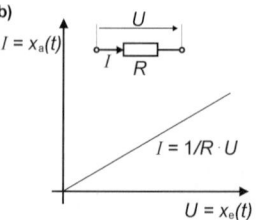

Bild 18. Beispiele für Proportionalglieder a) Hebel b) elektrischer Widerstand

Beispiele für solche Systeme sind ein mechanischer Hebel (Bild 18a) oder ein elektrischer Widerstand (Bild 18b). Die mathematischen Modelle, die solche Systeme beschreiben, sind einfache Proportionalgesetze wie das Hebelgesetz oder das Ohm'sche Gesetz. Im Falle des Hebels ergibt sich aus dem Hebelgesetz $K_p = l_1/l_2$, beim elektrischen Widerstand, dessen Eingangsgröße die Spannung U und dessen Ausgangsgröße der Strom I ist, beträgt der Proportionalitätsbeiwert $K_p = 1/R$ entsprechend dem Ohm'schen Gesetz.

Diese mathematischen Modelle beruhen aber auf Vereinfachungen, durch deren Hilfe man für die Mehrzahl der betrachteten Fälle mit niedrigerem Rechenaufwand auskommt. Solche Systeme werden als Proportionalglieder bezeichnet.

Komplexere Systeme stellt man häufig grafisch in Form eines *Blockschaltbildes* dar, in dem alle Einzelsysteme als Blöcke mit bekanntem oder zu ermittelnden Übertragungsverhalten zwischen Eingang und Ausgang dargestellt werden. Der entsprechende Block für ein P-Glied wird, wie in Bild 19a gezeigt, dargestellt. Die Symbolik im Block beruht auf dem Funktionsverlauf der Sprungantwort eines solchen Systems, die in Bild 19b dargestellt ist. Zum Zeitpunkt t eines auf den Eingang gegebenen Sprungsignals der Amplitude „1" reagiert das P-Glied unmittelbar mit einem Sprung der Amplitude K_p am Ausgang.

So gilt das einfache Hebelgesetz aus Bild 18a nur unter der Annahme, dass der Hebel ein starrer Körper ist. In Wirklichkeit ist er natürlich ein elastischer Körper, der bei Aufgeben eines Kraftsprungs elastisch nach dem Hooke'schen Gesetz verformt wird. Bis der mechanische Energiespeicher „Feder" des Hebelarms aufgefüllt ist, gilt nicht das einfache P-Verhalten. Da das System einen Speicher enthält, spricht man von PT_1-*Verhalten* oder von einem *Proportionalglied mit Verzögerung 1. Ordnung*. Den Verlauf der Sprungantwort und das Symbol für ein Blockschaltbild zeigt Bild 20. Diesen Verlauf kann man nach folgender Gleichung berechnen:

$$x_a(t) = K_p \left(1 - e^{-t/T}\right) \cdot x_e(t) \tag{16}$$

Für $t > T$ wird die e-Funktion schnell sehr klein, so das Gleichung (16) wieder mit Gleichung (15) übereinstimmt. In diesem Zustand beschreibt ein einfaches Gesetz wie das Hebelgesetz das System wieder korrekt als einfaches P-Glied.

Ebenso wie das System „Einmassenschwinger mit Dämpfung" besitzt das PT_1-Glied eine Eigenfrequenz ω_0. Diese steht mit der Verzögerungszeit T in folgendem Zusammenhang:

$$\omega_0 = 2\pi \cdot f_0 = 1/T \tag{17}$$

a)

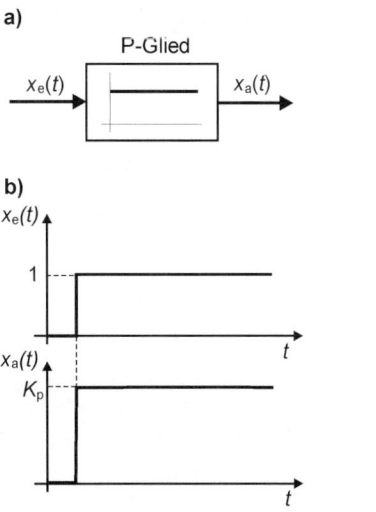

a)

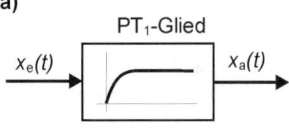

b)

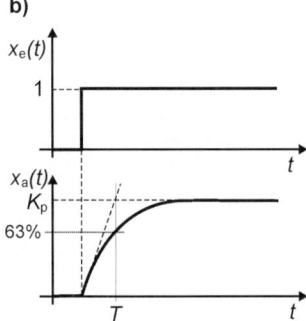

Bild 19. a) Symbol des P-Gliedes im Blockschaltbild
b) Sprungsantwort

Bild 20. a) Symbol des PT_1-Gliedes im Blockschaltbild b) Sprungsantwort

Reale physikalische System reagieren in einem Zeitintervall nach dem Zeitpunkt t, dessen Länge als *Verzögerungszeit T* bezeichnet wird, abweichend von dem Verhalten einfacher P-Glieder. Dies beruht darauf, das reale Systeme in der Regel „Energiespeicher" enthalten, die nach einer dynamischen Änderung des Eingangs zuerst einmal aufgefüllt oder entleert werden müssen. Dies ruft ein entsprechendes dynamisches Verhalten von Systemen hervor, die als *Proportionalglieder mit Verzögerung* bezeichnet werden.

Das gleiche Systemverhalten gilt auch für das Beispiel „elektrischer Widerstand", da hier bei Aufgabe eines Spannungssprungs auch erst ein Energiespeicher aufgefüllt werden muss. Weil der Strom ansteigt oder abfällt (je nach Richtung des Spannungssprungs), erwärmt sich der Widerstand oder kühlt sich ab. Der Proportionalbeiwert $1/R$ ist temperaturabhängig (Widerstand nimmt bei Erwärmung zu), dadurch reagiert das System ebenfalls mit PT₁-Verhalten.

In der Technik ist auch häufig die Reaktion eines Systems auf sinusförmige Eingangssignale von Bedeutung. Das PT_1-Glied antwortet auf ein solches Eingangssignal mit einem sinusförmigen Ausgangssignal. Beginnend bei niedrigen Frequenzen ω kann das Signal das PT_1-Glied fast unverändert passieren (Bild 21). Zu höheren Frequenzen hin wird die Ausgangsamplitude immer kleiner, da das Auffüllen und Entleeren des Energiespeichers dem schnellen Wechsel nicht mehr folgen kann. Das PT_1-Glied glättet daher ein stark welliges Signal hoher Frequenz. Da es tiefe Frequenzen nahezu ungehindert durchlässt und hohe Frequenzen stark schwächt, wird es auch als *Tiefpass* bezeichnet.

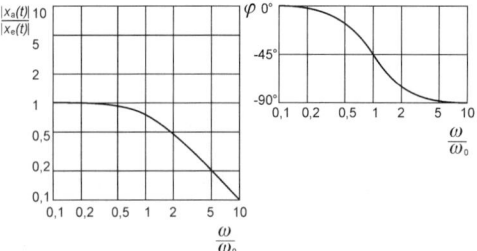

Bild 21. Bode Diagramm eines PT_1-Gliedes

Da das PT_1-Glied Eingangssignale verzögert, tritt zusätzlich zu der frequenzabhängigen Amplitudenschwächung auch noch eine frequenzabhängige Phasenverschiebung auf. Die Darstellung dieser Beeinflussung von sinusförmigen Signalen erfolgt beispielsweise mit Hilfe des *Bode-Diagramms*. Es besteht aus zwei Teilbildern, in denen das Amplitudenverhältnis zwischen Aus- und Eingang sowie die Phasenverschiebung in Abhängigkeit vom Verhältnis ω/ω_0 dargestellt werden (Bild 21). Wie dargestellt, nimmt beim PT_1-Glied für $K_p = 1$ die Ausgangsamplitude für $\omega = 10 \cdot \omega_0$ auf 10% der Eingangsamplitude ab, die maximal mögliche Phasenverschiebung beträgt $\varphi = -90°$.

Weitere Beispiele für Systeme mit PT_1-Verhalten sind das Füllen eines Druckbehälters durch eine Drosselstelle (Ventil) oder das Laden eines Kondensators über einen Widerstand. Wird auf das Einlassventil des Druckbehälters ein Drucksprung aufgegeben, so erhöht sich der Druck im Behälter entsprechend dem Zeitverhalten eines PT_1-Gliedes. Ebenso verhält es sich mit der Spannung am Kondensator, nachdem über den Widerstand ein Spannungssprung aufgegeben wurde.

Enthält ein lineares System n Energiespeicher, so wird das dynamische Verhalten in der Regel durch eine Differentialgleichung n-ter Ordnung beschrieben. Beim mathematischen Modell des in Kapitel 2.1.3 beschriebenen Einmassenschwingers ist dies eine lineare, gewöhnliche Differentialgleichung 2. Ordnung, weil das System zwei Energiespeicher in

Form der Feder und des Dämpfers enthält. Dieses System ist ein Proportionalglied mit Verzögerung 2. Ordnung oder kurz PT_2-Glied, das man sich aus einer Reihenschaltung zweier PT_1-Glieder zusammengesetzt denken kann. In Bild 22 ist wieder das Blockschaltbildsymbol (Bild 22 a) und die Sprungantwort (Bild 22 b) dargestellt. Die Kurve beginnt mit einer waagerechten Tangente und läuft ebenfalls in einen neuen waagerechten Beharrungszustand. Dazwischen hat die Kurve einen Wendepunkt. Die Wendetangente bestimmt die zwei für das PT_2-Glied charakteristischen Zeitkonstanten, die *Verzugszeit* T_u und die *Ausgleichszeit* T_g.

a)

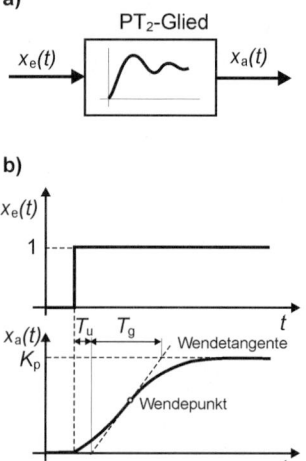

b)

Bild 22. a) Symbol des PT_2-Gliedes im Blockschaltbild b) Sprungantwort

Wie bereits in Kapitel 2.1.3 erläutert wurde, hängt nun jedoch der prinzipielle Verlauf der Sprungantwort von dem Dämpfungsbeiwert D ab. Für $D \geq 1$ erfolgt der Übergang nach dem Eingangssprung aperiodisch (Bild 22b), bei $D < 1$ erfolgt der Übergang schwingend (Bild 15).

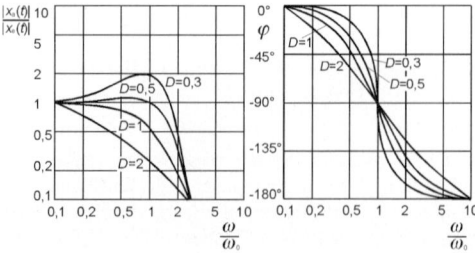

Bild 23. Bode Diagramm eines PT_2-Gliedes für unterschiedlichen Dämpfungsgrad D

Im Bild 23 ist das Bode-Diagramm für das PT_2-Glied dargestellt. Auch hierin müssen das Amplitudenverhältnis und die Phasenverschiebung in Abhängigkeit vom Parameter D dargestellt werden. Vergleicht man diese Diagramme mit denen des PT_1-Gliedes, so sieht man, dass im aperiodischen Fall ($D \geq 1$) die Tiefpasswirkung (Amplitudenschwächung) des PT_2-Gliedes größer ist und das eine maximale Phasenverschiebung von $\varphi = -180°$ auftreten kann. Im Falle geringer Dämpfung ($D < 1$) tritt im Bereich der Frequenz ω_0 Resonanz auf, d. h. das Amplitudenverhältnis $x_a(t)/x_e(t)$ wird für $K_p = 1$ größer als eins.

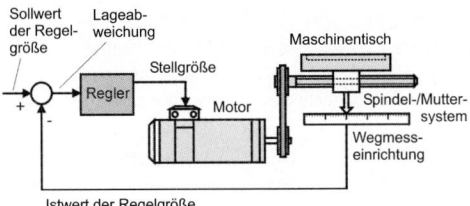

Bild 24. Lageregelkreis einer Werkzeugmaschine

Betrachtet man den Lageregelkreis des Werkzeugmaschinenschlittens in Bild 24, so verhält sich der Anteil aus Spindel-/Muttersystem, Maschinentisch und Führungsbahnen annähernd wie ein PT_2-Glied. Die Eingangsgröße dieses Teilsystems ist die Drehzahl der Spindel, die Ausgangsgröße die Geschwindigkeit des Maschinentisches. Das elastisch verformbare Spindel-/Muttersystem ist eine Feder, die viskose Reibung zwischen Maschinentisch und Führungsbahnen stellt einen Dämpfer dar und der Tisch mit einem eventuell darauf gespannten Werkstück bildet die Masse des Schwingers. Bei diesem technischen System erkennt man die Bedeutung der richtigen Abstimmung von Masse, Feder- und Dämpfungskonstante, weil bei einem Positioniervorgang (Abbremsen) die Gefahr bestehen würde, dass bei zu kleinem Dämpfungsbeiwert D der Schlitten über die Zielposition hinausschießt und sich dann schwingend der Endposition annähert. Dies würde, wenn bei dem Positioniervorgang das Werkzeug im Eingriff ist, zu einer Zerstörung der zu erzeugenden Geometrie führen.
Das Teilsystem Antriebsmotor (Gleichstrommotor) besitzt ebenfalls PT_2-Verhalten, da seine Drehzahl bei Aufgabe eines Sprunges der Motorspannung sich verzögert einem neuen Endwert annähert. Je nach Dämpfung kann dies wieder aperiodisch oder schwingend erfolgen.
Das PT_2-Verhalten kommt nur bei Beschleunigungsvorgängen zum Tragen; bewegt sich der Schlitten mit konstanter Geschwindigkeit, so liegt reines Proportionalverhalten der beiden Systemanteile aus Bild 24 vor. Das Verhalten des Gesamtsystems, einschließlich des Antriebsmotors, ist noch prinzipiell anders.

2.2.2 Integralglieder

Gibt man einen Spannungssprung auf den Antriebsmotor, so erhöht sich seine Drehzahl entsprechend dem zeitlichen Verhalten eines Verzögerungsgliedes.

Betrachtet man jedoch das Gesamtsystem aus Motor, Spindel-/Mutter und Maschinentisch mit der Ausgangsgröße „Position des Maschinentisches", so liegt ein anders Zeitverhalten vor (Bild 25). Ist die Motorspannung anfangs 0 und wird ein Spannungssprung mit der Amplitude 1 auf den Motor gegeben, so ändert sich die Position des Maschinentisches entsprechend einer linear ansteigenden Funktion. Der Vorgang führt anders als beim Verzögerungsglied nicht zu einem neuen Beharrungszustand, sondern der Ausgangswert ändert sich bis zum Erreichen physikalischer Grenzen (Endposition des Maschinentisches). Man nennt solche Systeme daher auch *Systeme ohne Ausgleich*.
Systeme mit entsprechendem Verhalten heißen *Integralglieder* oder *I-Glieder*, weil das Ausgangssignal dem Integral des Eingangssignals entspricht:

$$x_a(t) = K_I \cdot \int x_e(t)dt \qquad (18)$$

Die Konstante K_I heißt integrale Übertragungskonstante oder auch Integrationsbeiwert.
Für den Fall der Sprungantwort (Bild 25) kann man wegen des linearen Anstiegs die Ausgangsgröße $x_a(t)$ besonders einfach berechnen:

$$x_a(t) = K_I \cdot t = 1/T_I \cdot t \qquad (19)$$

a)

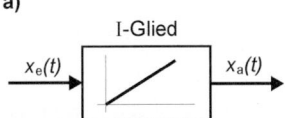

b)

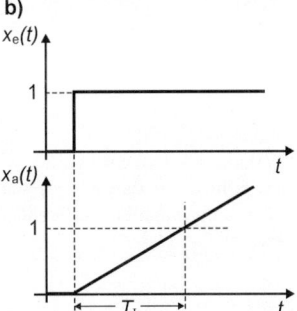

Bild 25. a) Symbol des I-Gliedes im Blockschaltbild
b) Sprungantwort

T_I heißt Integrationszeitkonstante und gibt diejenige Zeit an, die vergeht, bis die Ausgangsgröße nach einem Eingangssprung der Amplitude „1" ebenfalls den Wert „1" hat.
Auf ein sinusförmiges Eingangssignal antworten I-Glieder ebenfalls mit einem sinusförmigen Ausgangssignal, das aber mit zunehmender Frequenz ω in der Amplitude geschwächt wird. Wie man am Bode-Diagramm des I-Glieds in Bild 26 sieht, hat das Amplitudenverhältnis für $\omega = \omega_0$, mit $\omega_0 = 1/T_I$, den Wert

eins und fällt zu hohen Frequenzen im gleichen Maß ab wie beim PT_1-Glied. Für Amplitudenverhältnisse, die dimensionslos sind, verwendet man in der Regel das logarithmische Vergleichsmaß *Dezibel* (1/10 Bel) mit der Abkürzung dB und teilt die Achsen des Bode-Diagrams logarithmisch. Den Betrag des Amplitudenverhältnisses $|A|$ in dB erhält man durch Multiplikation mit dem Maßstabsfaktor 20:

$$|A| = 20 \cdot \log \frac{|x_a|}{|x_e|} \tag{20}$$

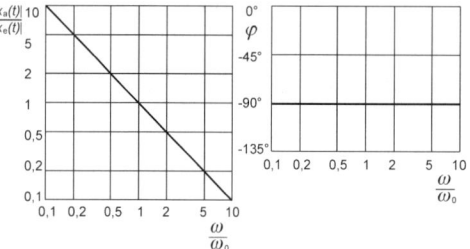

Bild 26. Bode Diagramm eines I-Gliedes

Entsprechend kann man den Amplitudenabfall beim I-Glied mit 20 dB/Dekade angeben, wobei sich *Dekade* auf das Frequenzverhältnis ω/ω_0 bezieht und zwar auf das Intervall zwischen zwei 10-er Potenzen. Die Phasenverschiebung des I-Glieds beträgt im ganzen Frequenzbereich $\varphi = -90°$.

Weitere Beispiele für integrierend wirkende Systeme sind das Auffüllen oder Entleeren eines Behälters oder das Zählen von Messimpulsen in einen elektronischen Zähler. Beim Behälter ist der zu- oder abfließende Volumenstrom die Eingangsgröße und der Füllstand die Ausgangsgröße, denn diese ist das Integral über den Volumenstrom (Aufsummierung). Beim Zähler sind die Messimpulse die Eingangsgröße und der Zählerstand die Ausgangsgröße.

Ebenso wie reines P-Verhalten in technischen Systemen in der Regel nicht auftritt, ist das I-Verhalten meist mit einem Verzögerungsverhalten verbunden, es liegen dann I/PT_1- oder I/PT_2-Glieder vor.

2.2.3 Differenzierglieder

Ein Differenzierglied oder kurz D-Glied erzeugt ein Ausgangssignal, das dem Differentialquotienten oder der Ableitung des Eingangssignals entspricht:

$$x_a(t) = K_D \cdot \dot{x}_e(t) \tag{21}$$

Dies bedingt, dass der Verlauf des Ausgangssignals der Steigung des Eingangssignals entspricht. Gibt man daher einen Sprung als Eingangssignal auf ein D-Glied, so antwortet dieses am Ausgang mit einem kurzen nadelförmigen Impuls (Bild 27). Auch hier wird sofort deutlich, dass es in technischen Systemen

kein reines D-Verhalten geben kann, es ist immer auch mit einem Verzögerungsverhalten kombiniert. Andernfalls müsste bei einem Eingangssprung, dessen Steigung (Ableitung) zum Zeitpunkt des Sprungs ∞ ist, die Ausgangsamplitude unendlich groß werden. Anteiliges D-Verhalten findet man jedoch in technischen Systemen, was ein sehr schnelles Ansteigen oder Abfallen des Ausgangssignals bei Änderungen des Eingangssignals bewirkt. Dieses Verhalten wird auch als *Vorhalt* bezeichnet, ein Begriff der vom Schießen auf bewegte Ziele abgeleitet ist. Um ein bewegtes Ziel zu treffen, muss der Schütze die Bahn verfolgen und unter einem vorlaufenden Vorhaltwinkel den Schuss auslösen um das Ziel zu treffen. Dabei ist der Vorhaltwinkel der Geschwindigkeit (Ableitung des Weges) proportional, was genau dem D-Verhalten entspricht.

a)

b)

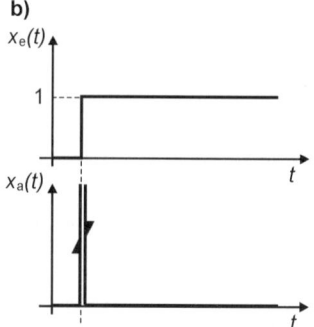

Bild 27. a) Symbol des D-Gliedes im Blockschaltbild
            b) Sprungsantwort

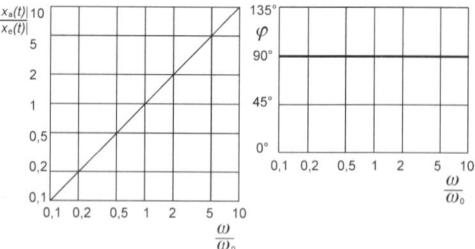

Bild 28. Bode Diagramm eines D-Gliedes

Auf sinusförmige Signale reagiert ein reines D-Glied wie im Bode-Diagramm in Bild 28 dargestellt. Das Amplitudenverhältnis steigt mit 20 dB/Dekade an, was zur Folge hat, das niedrige Frequenzen stark geschwächt, hohe Frequenzen jedoch sogar verstärkt werden. Aus diesem Grund werden D-Glieder auch als

Hochpässe bezeichnet. Die Phasenverschiebung zwischen Ausgangs- und Eingangssignal eines reinen D-Gliedes beträgt im ganzen Frequenzbereich $\varphi = 90°$.

Mit Kombinationen in Form von Reihen- oder Parallelschaltungen der Übertragungsglieder mit PT, I und D-Verhalten kann man dann viele technische Systeme modellieren. So lässt sich das Gesamtübertragungsverhalten der Positioniereinrichtung einer Werkzeugmaschine in Bild 24 als Reihenschaltung eines PT2-Gliedes und eines I-Gliedes modellieren.

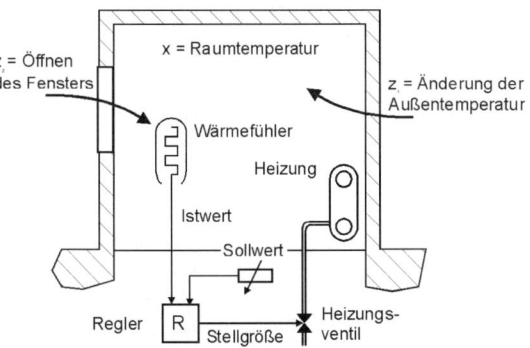

Bild 29. Temperaturregelung eines Raumes

2.2.4 Regler

In Bild 17 b ist ein vollständiger Regelkreis dargestellt. Die *Strecke* ist ein System, dessen Ausgangsgröße *x* geregelt werden soll. Dazu wird dem Regelkreis ein Sollwert *w* vorgegeben. Aufgabe des Regelkreises kann es sein, die Ausgangsgröße *x* der Strecke konstant zu halten und zwar beim durch die Sollwertvorgabe festgelegten Wert. Dies ist beispielsweise bei einer normalen Temperaturregelung wie in Bild 29 der Fall. Der Temperatursollwert wird dem Regelkreis mit einem Potentiometer vorgegeben, die Regelstrecke ist ein Raum mit einem Heizkörper. Äußere *Störgrößen z* wie das Öffnen von Fenstern oder der Wärmestrom durch die Wände lassen die Raumtemperatur (Istwert *x*) absinken. Die Temperatur wird ständig durch einen Sensor gemessen und der Messwert mit dem Sollwert verglichen, indem der Sollwert vom Istwert abgezogen wird. Das Ergebnis ist die *Regeldifferenz* x_d. Weicht x_d von null ab, so erhält die Regeleinrichtung oder kurz *Regler* ein Eingangssignal, das durch die Übertragungseigenschaften des Reglers in die Stellgröße *y* umgeformt wird. Dies ist die Eingangsgröße in die Strecke, die aus dem Heizköper und einem Stellglied (Ventil) besteht. Die Stellgröße öffnet das Ventil wodurch mehr heißes Wasser durch den Heizkörper fließt. Dies wiederum erhöht die Raumtemperatur (Istwert), wodurch die Regelabweichung aufgrund des ständigen Soll-Istwert-Vergleichs langsam wieder auf null absinkt. Dadurch wird das Stellventil erneut gedrosselt, so dass sich ein Gleichgewicht einstellt.

Der Regler kann nun alle Systemeigenschaften aus den Kapiteln 2.2.1-2.2.3 besitzen. Im einfachsten Fall kann dies ein P-Regler sein, d. h. ein Regler mit der Eigenschaft eines P-Gliedes. In Bild 30 ist dargestellt wie eine Strecke mit PT$_2$-Verhalten ohne und mit verschiedenen Reglercharakteristiken auf einen Störungssprung reagiert. Ohne Regler ist der Ausgangswert der Strecke die typische Sprungantwort eines PT$_2$-Systems, was zur Folge hat, dass der Ausgangswert sich dauerhaft ändert. Unter Verwendung eines geschlossenen Regelkreises mit P-Regler steigt der Ausgangswert nur auf einen Bruchteil des Wertes ohne Regler, d. h. die dauerhafte Abweichung vom Sollwert ist deutlich geringer. Es ist aber festzustellen, dass die Störung nicht vollständig kompensiert wird, es entsteht eine *bleibende Regelabweichung*.

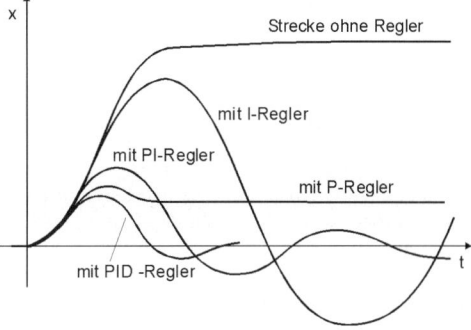

Bild 30. Vergleich des Regelverhaltens verschiedener Reglertypen

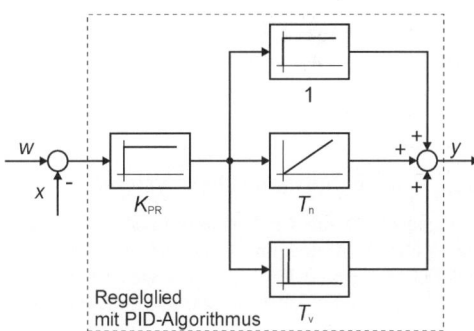

Bild 31. Blockschaltbild eines PID-Reglers

Ist der Regler ein I-Glied, so sieht man in Bild 30, dass dieser zwar keine bleibende Regelabweichung erzeugt und nach vielen Zyklen einer Regelschwingung die Regelabweichung zu Null macht, aber die starken dynamischen Veränderungen bis zum Ausgleich können sehr störend wirken. Kombiniert man die P- und I-Eigenschaften in einem PI-Regler, so haben die Regelschwingungen deutlich kleinere Amplituden und der Ausgleich erfolgt nach kürzerer Zeit. Fügt man dem Regler dann noch einen D-Anteil hinzu, so entsteht ein PID-Regler, der nochmals deutliche Verbesserungen des Regelverhaltens zur Folge hat. Im Bild 31 ist als Blockschaltbild dargestellt wie man aus der Zusammenschaltung verschiedener Systeme mit dem geforderten P-, I-, und D-Verhalten einen PID-Regler erhält. Entsprechend lautet die Übertragungsfunktion:

$$x_a(t) = K_{PR}\left(x_e(t) + \frac{1}{T_n}\int x_e(t)dt + T_v\frac{dx_e(t)}{dt}\right)(22)$$

Nach diesem Regelalgorithmus arbeiten viele kommerzielle Regeleinrichtungen. Die Parameter K_{PR} (Verstärkung des P-Anteils), T_n (Nachstellzeit des I-Anteils) und T_v (Vorhaltezeit des D-Anteils) sind in der Regel einstellbar und dienen zur Optimierung des dynamischen Regelverhaltens.
Es gibt jedoch auch Strecken, deren Ausgangsgröße (Istwert) nicht konstant gehalten werden soll, sondern sich nach einem Sollwertsprung konstant ändern soll. Ein Beispiel hierfür ist der Lageregelkreis aus Bild 24. Hierbei ist der Istwert die aktuelle Position des Maschinentisches, die ständig durch ein Wegmesssystem erfasst wird. Wird ein neuer Lagesollwert auf den Regler gegeben, so liegt eine Lageabweichung vor, die eine Stellgröße für den Motor hervorruft. Der sich drehende Motor verschiebt den Maschinentisch, wodurch sich dessen Istwert kontinuierlich ändert. Deshalb muss der Regler hier ein P-Regler sein, da dieser eine bleibende Regelabweichung besitzt, die den Motor kontinuierlich antreibt. Erst wenn Soll- und Istwert gleich sind, die gewünschte Position also erreicht wurde, wird die Regeldifferenz annähernd null und der Schlitten bleibt in dieser Position. Da das Regelverhalten des P-Reglers aber ungünstig ist, muss man mit weiteren Maßnahmen, deren Behandlung hier zu weit führen würde, das Regelverhalten eines Lageregelkreises optimieren.

2.3 Modelle mechanischer Systeme

Die mechanischen Eigenschaften von mechatronischen Systemen sind im Wesentlichen durch Trägheit, Elastizität und Reibungsvorgänge gekennzeichnet, die den durch äußere Kräfte und Stellkräfte und Momente hervorgerufenen Bewegungszustand beeinflussen. Diese Merkmale der Bauelemente des Systems werden durch idealisierte Modelle repräsentiert. Dabei werden Körpermodelle in der Regel als mit Masse und Trägheit behaftet angenommen, jedoch solche Elemente wie Federn und Dämpfer als masse- und trägheitslos. Sich translatorisch oder rotatorisch zueinander bewegende Körper sind durch Gelenke oder Führungen miteinander verbunden, wobei die Einschränkung des Freiheitsgrades der Bewegung von Körpern Reaktionskräfte und -momente zur Folge hat. Bild 32 zeigt eine Zusammenstellung wichtiger verwendeter Ersatzmodelle und die ihnen zugeordneten Eigenschaften.

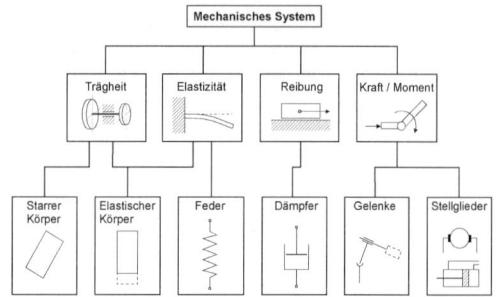

Bild 32. Elemente für Modelle von mechanischen Systemen

Zur Bildung des Modells eines mechatronischen Systems versucht man, die einzelnen realen Objekte durch die in Bild 32 dargestellten Ersatzmodelle zu beschreiben und damit eine kinematische Struktur aufzubauen. Dabei muss man immer beachten, welche Fragen man mit dem Modell beantworten will. Ein kompliziertes technisches System wie beispielsweise ein Personenkraftwagen auf welliger Straße hat nicht einfach eine bestimmte Zahl von Freiheitsgraden, sondern die Anzahl der Freiheitsgrade, die man notwendigerweise einführen muss, hängt davon ab, welche Informationen man benötigt.

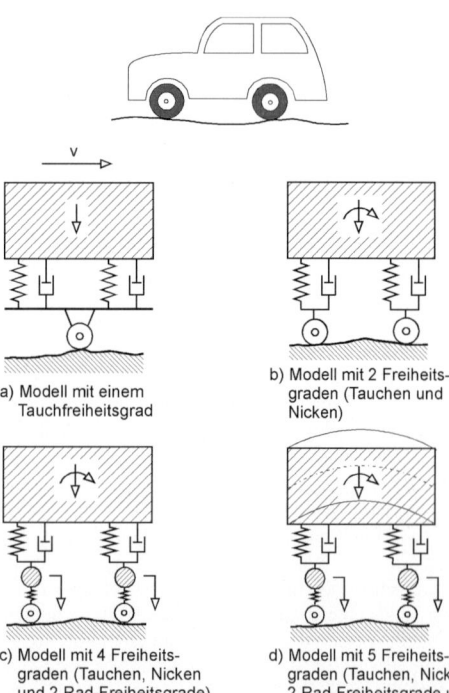

a) Modell mit einem Tauchfreiheitsgrad

b) Modell mit 2 Freiheitsgraden (Tauchen und Nicken)

c) Modell mit 4 Freiheitsgraden (Tauchen, Nicken und 2 Rad-Freiheitsgrade)

d) Modell mit 5 Freiheitsgraden (Tauchen, Nicken, 2 Rad-Freiheitsgrade und 1. Eigenform der Zelle)

Bild 33. Ebene mechanische Modelle mit unterschiedlicher Anzahl von Freiheitsgraden für einen Personenkraftwagen.

In Bild 33 ist ein Beispiel für die Modellierung eines Personenkraftwagens gegeben, wobei von Stufe zu Stufe immer mehr Freiheitsgrade eingeführt werden. Im sehr einfachen Modell aus Einzelmassen, Federn und Dämpfern in Bild 33 a) mit einem Freiheitsgrad wurde die Reifenfederung und -dämpfung mit der Federung und Dämpfung zwischen Rad und Aufbau zusammengefasst. Das Rad ist als starrer Körper idealisiert. Dieses Modell, das dem Einmassenschwinger entspricht, liefert bezüglich des Tauch-Freiheitsgrades vernünftige Aussagen für die Abstimmung des Systems, die im Allgemeinen so erfolgt, dass die Taucheigenfrequenz ω_0 bei etwa 1 bis 2 Hz und der Dämpfungsgrad D bei 0,2 bis 0,3 liegt. Man kann daraus, da die gefederte Masse m bekannt ist, die Dämpfungskonstante d des Dämpfers und die Federkonstante c der Feder bestimmen. Hat beispielsweise ein PKW eine Masse $m = 600$ kg, so entfällt auf ein Federbein eine zu federnde Masse von 150 kg. Sollen die Taucheigenfrequenz des Federbeins bei 2 Hz und der Dämpfungsgrad bei 0,3 liegen, so lassen sich d und c aus den Gleichungen (11) und (12) wie folgt berechnen:

$$c = m \cdot \omega_0^2 = 150\,\text{kg} \cdot 4\,\frac{1}{\text{s}^2} = 600\,\frac{\text{N}}{\text{m}}$$

$$d = 2D\sqrt{m \cdot c} = 0,6\sqrt{150\,\text{kg} \cdot 600\,\text{N/m}} = 180\,\frac{\text{Ns}}{\text{m}}$$

Für eine genauere Untersuchung des Fahrkomforts muss zumindest der Nick-Freiheitsgrad (Drehung um die horizontale Querachse) wie in Bild 33 b mit einbezogen werden. Erst durch ihn kommt der Zeitunterschied, der zwischen Vorder- und Hinterrad beim Überfahren einer Bodenwelle auftritt, zur Geltung. Dieses Modell gibt aber nur unzureichend Auskunft darüber, ob beim Überfahren von Hindernissen Radentlastungen bis hin zu kurzzeitigem Abheben auftreten. Darüber kann erst das in Bild 33 c dargestellte Modell Aussagen machen, das die Vertikal-Freiheitsgrade der Achsmassen berücksichtigt. Mit diesem Modell erfasst man den Frequenzbereich bis 15 Hz schon sehr gut. In einem Modell, das bis 25 Hz gute Aussagen liefert, muss die Annahme einer starren Karosserie aufgeben und als zusätzlichen Freiheitsgrad die 1. Biegeschwingungseigenform der Karosserie einbeziehen (Bild 33 d).

Das letzte benutzte Modell ist aber immer noch kein allgemein gültiges Modell des realen Systems, da es zweidimensional ist und nur die Untersuchung von Vertikalschwingungen zulässt. Ein entsprechendes räumliches Modell wird noch über erheblich mehr Freiheitsgrade verfügen müssen. Man sieht an diesem Beispiel jedoch gut, dass die Komplexität des Modells nicht unabhängig von der Fragestellung an das Modell ist.

Ein Beispiel dafür, wie man mit Hilfe solcher mechanischer Modelle ein mechatronisches System mit verbesserten Eigenschaften gegenüber einem konventionellen rein mechanischen System entwerfen und

realisieren kann, ist das im Folgenden beschriebene *aktive Kraftfahrzeug-Fahrwerk*.

Die heute bei Kraftfahrzeugen im Einsatz befindlichen passiven Feder-/Dämpfersysteme haben einen Entwicklungsstand erreicht, der die Möglichkeiten für die gleichzeitige Verbesserungen von Fahrsicherheit und Fahrkomfort nahezu ausschöpft. Jede gewählte Fahrwerksabstimmung stellt dabei immer einen Kompromiss zwischen diesen beiden Kriterien dar, je nach dem, ob eine mehr sportlich-sicherheitstechnische oder eine komfortbetonte Fahrphilosphie beim Fahrzeug im Vordergrund steht. Zusätzlich ändert sich das Federverhalten in Abhängigkeit der Personenzahl. Wie wir im obigen Auslegungsbeispiel für Feder und Dämpfer gesehen haben, sind die optimalen Werte stark von der gefederten Masse abhängig, die sich zwischen Leerzustand und Vollbeladung ohne weiteres um 40 % vergrößern kann.

Eine wesentliche auch vom Fahrzeugnutzer spürbare Verbesserung der Eigenschaften Sicherheit und Komfort über das Optimum der passiven Abstimmung hinaus kann nur durch eine sich aktiv an die äußeren Randbedingungen anpassende Feder-/Dämpfercharakteristik erreicht werden.

Bei konventionellen Fahrwerken verrichten Feder-/Dämpferelemente die Aufgabe, Rad und Karosserie zu führen und zu dämpfen. Bei einem aktiven Fahrwerk werden die Feder-/Dämpferelemente durch aktive Kraftstellglieder, in der Regel Hydraulikzylinder mit elektrohydraulischem Ventil, ersetzt. Um einen geschlossenen Regelkreis herzustellen, benötigt das System außerdem Sensoren zur Erfassung der Federwege und Zylinderdrücke. Diese und weitere Informationen werden dann im Regler zu Stellsignalen für die Ventile in der Art verknüpft, dass Fahrkomfort und Fahrsicherheit des Fahrzeugs in jeder Fahrsituation optimal sind. Bild 34 a) zeigt ein einzelnes Rad mit konventionellem Feder-/Dämpfer-Element (McPershon Federbein) und Bild 34 b) ein Rad mit aktivem Federungssystem.

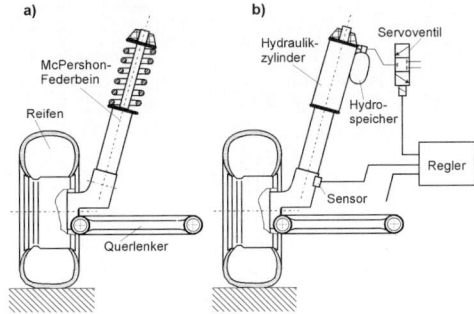

Bild 34. Verschiedenartig gefederte Fahrwerke
a) konventionell mit Feder-/Dämpfer-
   Kombination
b) aktive Federung mit Hydraulikzylinder und
   Servoventil

Um die Auswirkung der aktiven Federung zu untersuchen, wurde ein Viertel des gesamten Fahrwerks
und des Federungssystems auf einem Simulationssystem (s. Kap. 2.5) modelliert. Bild 35 zeigt das Modell
des Viertelfahrzeugs, in dessen Zentrum zwischen
Aufbaumasse und Radmasse das aktive Federungssystem eingefügt werden kann.

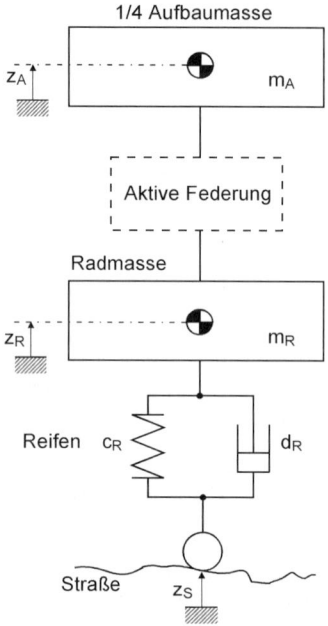

Bild 35. Ersatzmodell eines Viertelfahrzeugs

Das aktive Federungssystem besteht aus einem Hydraulikzylinder in Plungerbauweise, der von einem
Servoventil mit Drucköl versorgt wird. Bild 36 zeigt
eine schematische Darstellung des Systems und die
für die Simulation erforderlichen Größen. Mit dem
elektrisch angesteuerten Servoventil kann durch Zu-
oder Abführung von Hydrauliköl ein vorgegebener
Druck im Hydraulikzylinder und damit eine gewünschte Zylinderkraft eingestellt werden. Der Hydrospeicher übernimmt bei hohen Kolbengeschwin-
digkeiten die Ölströme, die nicht vom Ventil geliefert
werden können und wirkt somit entlastend für das
Ventil. Die Kombination Hydrospeicher/Drossel bestimmt die Grundsteifigkeit, also die Federsteifigkeit
bei ausgeschaltetem Regler und geschlossenen Ventilen. Diese Federsteifigkeit ist entscheidend für das
Systemverhalten außerhalb des Regelbereichs und
wird deshalb hydraulisch weich und komfortabel
gewählt. Mit einer weichen Grundabstimmung weist
das System auch Notlaufeigenschaften auf, sodass bei
Reglerausfall das Fahrzeug weiterhin gute Fahreigenschaften behält. Komfort und Sicherheit sind dann so
abgestimmt wie bei einem Fahrzeug mit konventioneller Federung, wodurch ein problemloses Weiter-
fahren auch ohne Reglerbetrieb möglich ist.

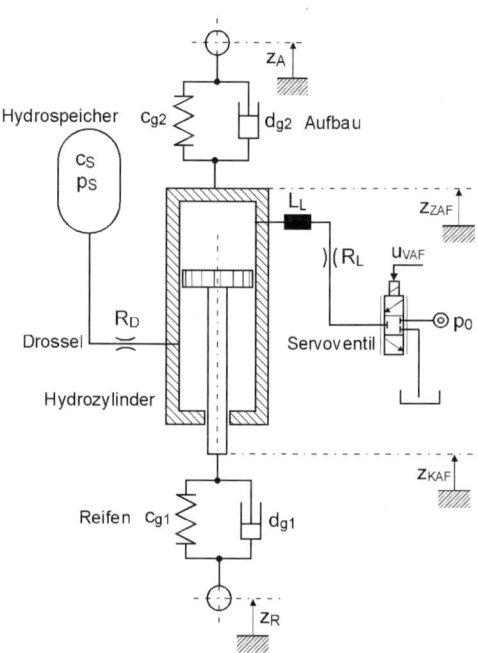

Bild 36. Simulationsmodell des aktiven Federungssystems

Gegenüber einem konventionell gefederten Ver-
gleichsfahrzeug können Fahrkomfort und Fahrsicherheit durch folgende Eigenschaften der aktiven Federung verbessert werden:
- Erhöhung der Aufbaudämpfung,
- Senkung der Aufbaubeschleunigung bis zu 38%,
- Kompensation von Wank- und Nickbewegungen.

Unter *Wanken* versteht man Schwingungen um die
Fahrzeuglängsachse, unter *Nicken* Schwingungen um
die Querachse.
Das Federungssystem wurde im Labor mittels einer
Hardware-in-the-loop-Simulation (Kapitel 2.5) erprobt. Dabei werden die Hardware der aktiven Fede-
rung auf einem Prüfstand aufgebaut und alle anderen
Komponenten simuliert. Zwei zusätzliche Hydraulikzylinder bewegen im Simulationsaufbau den Fede-
rungszylinder so, als wäre er im Fahrzeug eingebaut.
Über einen der Zusatzzylinder werden die vom Rad
weitergeleiteten Stöße des Straßenprofils simuliert.
In Bild 37 sind die Amplitudenverläufe verschiedener
Federungssysteme über der Anregungsfrequenz aufgetragen. Die mit AF bezeichnete Kurve stellt das
Ergebnis der Simulation der aktiven Federung, die
mit PF bezeichnete Kurve die Simulation eines konventionellen Fahrwerks dar. An diesen Kurven sieht
man, dass die Karosserie mit der konventionellen
Federung unterhalb der Radresonanz, die bei etwa 12
Hz liegt, bei gleicher Anregung deutlich höhere Amplituden aufweist. Oberhalb der Radresonanzstelle
verlaufen beide Kurven gleich, sodass sich hier keine
Verbesserung durch das aktive Fahrwerk mehr ergibt.

Weitere Verbesserungen sind nur noch mit aktiven Schwingungstilgern zu erreichen.

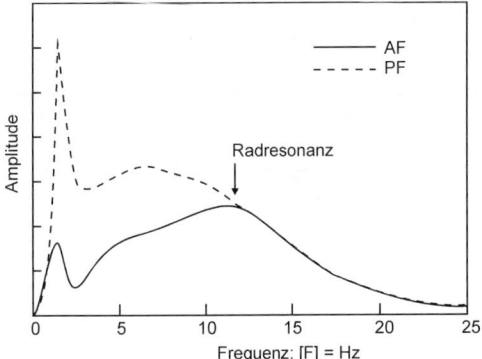

Bild 37. Amplitudenverlauf von aktiver und konventioneller (passiver) Federung AF: aktiv PF: passiv

Das hier vorgestellte aktive Federungssystem ist inzwischen auch schon erfolgreich in Kraftfahrzeugen eingebaut und erprobt worden.

2.4 Modelle elektrischer Systeme

Um ein mathematisches Modell eines elektrischen Systems herzuleiten, benutzt man in der Regel die bekannten Bilanzgleichungen der Elektrotechnik, die Kirchhoff'schen Gesetze. Bild 38 zeigt einen Schaltkreis aus einem Widerstand R, einer Spule mit der Induktivität L und einem Kondensator der Kapazität C. Eine erste Gleichung liefert ein Maschenumlauf nach dem 2. Kirchhoff'schen Gesetz:

$$U_R(t) + U_L(t) + U_C(t) - U_e(t) = 0 \qquad (23)$$

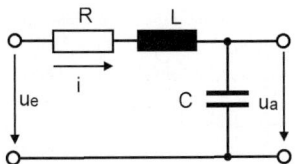

Bild 38. Elektrischer Schaltkreis aus konzentrierten Bauelementen (Schwingkreis)

Unter der Annahme, dass kein Strom aus dem elektrischen System herausfließt ($I_a = 0$), kann man für den Knoten, an dem Spule und Kondensator miteinander verbunden sind, nach dem 1. Kirchhoff'schen Gesetz eine Knotengleichung aufstellen:

$$I_C = I + I_a \quad \Rightarrow \quad I_C = I \qquad (24)$$

Für die Spannungen an den verschiedenen Bauteilen gilt:

$$U_R = R \cdot I \qquad \text{R: ohmscher Widerstand}$$
$$U_L = L \cdot \dot{I} \qquad \text{L: Induktivität}$$
$$U_C = 1/C \cdot \int I \, dt \qquad \text{C: Kapazität}$$

Da die Ausgangsspannung gleich der Spannung am Kondensator ist, gilt:

$$U_a(t) = U_C(t) = 1/C \cdot \int I \, dt$$

$$\Rightarrow \dot{U}_a(t) = 1/C \cdot I \,, \; \ddot{U}_a(t) = \frac{1}{C} \cdot \dot{I}$$

Unter Verwendung dieser Beziehungen kann man dann Gleichung (23) folgendermaßen schreiben:

$$LC\ddot{U}_a(t) + RC\dot{U}_a(t) + U_a(t) = U_e(t) \qquad (25)$$

Dies ist wieder eine gewöhnliche Differentialgleichung 2. Ordnung, wie in Gleichung (8) für den Einmassenschwinger.

Das dynamische Verhalten eines solchen Systems muss daher genauso sein wie bei einem Einmassenschwinger. Vergleicht man die Koeffizienten vor den Ableitungen der entsprechenden Zustandsgröße in den Gleichungen (8) und (25), so kann man sogar folgende Analogie aufstellen:

mechanisches System	elektrisches System
Masse m	$\hat{=}$ Induktivität L
Dämpfungskonstante d	$\hat{=}$ ohmscher Widerstand R
Nachgiebigkeit $k = 1/c$	$\hat{=}$ Kapazität C

Das elektrische System ist auch als Schwingkreis bekannt, was schon andeutet, dass auch dieses System schwingungsfähig ist. Wie schon beim Einmassenschwinger festgestellt, führen solche Systeme in Abhängigkeit des Lehr'schen Dämpfungsmaßes eine Schwingung oder einen Kriechvorgang aus. Analog zum mechanischen Dämpfungsmaß (Gleichung (12)) beträgt die Dämpfung für das elektrische System:

$$D = \frac{R}{2\sqrt{L/C}} \; .$$

Wegen der gleichen Analogien beträgt die Kreisfrequenz entsprechend Gleichung (10):

$$\omega = \sqrt{\frac{1}{LC} - \left(\frac{R}{2L}\right)^2} \; .$$

Man sieht, dass elektrische und mechanische Systeme auf der Ebene der Systembeschreibung mit mathematischen Modellen durchaus gleich behandelt werden können und dass kein prinzipieller Unterschied zwischen ihnen besteht.

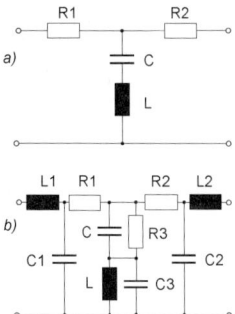

Bild 39. Verschiedene Modelle eines elektrischen Vierpols a) für niedrige Frequenzen b) für hohe Frequenzen

Bei elektrischen Systemen scheint auf den ersten Blick die Modellbildung einfacher vonstatten zu gehen, als bei mechanischen Systemen. Betrachtet man in Bild 39a) den elektrischen Vierpol aus zwei Widerständen, einem Kondensator und einer Spule, so entspricht diese Darstellung exakt den körperlich vorhandenen Bauteilen und ihren Verbindungen. Die Bauteile selber können durch einfache, bekannte, elektrische Grundgleichungen beschrieben werden. Man darf sich aber nicht darüber täuschen lassen, dass auch diese Darstellung nicht einfach ein Lageplan (Schaltplan) der elektrischen Komponenten ist, sondern ein Modell des realen Systems. Dieses Modell hat nämlich nur Gültigkeit, solange in das System eingehende Signale niedrige Frequenz besitzen. Bei hohen Frequenzen kann ein aussagefähiges Modell nicht mehr die Einflüsse gewisser Eigenschaften der Bauteile und vor allem der Verbindungen vernachlässigen. So besitzen die Drahtverbindungen Koppelkapazitäten und Leitungsinduktivitäten, die Spule Windungskapazitäten und der Kondensator dielektrische Verluste oder auch Eigeninduktivität. Ein gültiges Modell des gleichen Vierpols muss daher wie in Bild 39b) dargestellt aussehen. Hier sind die unerwünschten, parasitären Eigenschaften elektrischer Bauelemente als zusätzliche parallel und in Reihe geschaltete konzentrierte Bauelemente eingezeichnet. Die daraus folgenden Modellgleichungen sind entsprechend komplizierter. Bei höchsten Frequenzen sind dann nochmals andere Modellstrukturen erforderlich.

2.5 Simulation

In der Entwicklungs- und Planungsphase mechatronischer Systeme ist es heute vielfach üblich, solche Systeme nicht an körperlich vorhandenen Prototypeneinrichtungen zu erproben und zu optimieren,

sondern sie auf einem Digitalrechner zu simulieren. Die dazu erforderliche Software wird als Simulationssystem bezeichnet. Solche Simulationssysteme gibt es zur Bewegungssimulation der Kinematik (Beispiel Robotersimulationssystem), zur Simulation dynamischer Vorgänge (Beispiel regelungstechnisches Simulationssystem) oder auch zur Belastungssimulation und Ermittlung der Spannungsverteilung in statisch und dynamisch beanspruchten Bauteilen (Beispiel Finite-Element-System, FEM). Auch für die Simulation des elektrischen Verhaltens von Schaltungen und Bewegungssystemen ist entsprechende Software verfügbar.

2.5.1 Simulationssysteme

In den vorherigen Kapiteln wurde schon häufiger die Simulation dynamischer Vorgänge auf Digitalrechnern angesprochen und damit ermittelte Ergebnisse solcher Vorgänge gezeigt. Die Technik der numerischen Simulation bezieht sich auf die mathematischen Modelle realer Systeme, die im Modellbildungsverfahren (s. Kap. 2.1) ermittelt wurden. Hat man als mathematisches Modell eine lineare Differentialgleichung gefunden, so ist die geschlossene Lösung mit konventionellen Methoden ohne Rechnereinsatz möglich, aber sehr zeitaufwändig. Insbesondere, wenn man verschiedene Fälle ausrechnen will oder die Auswirkungen von Parameteränderungen studieren möchte, kann der Einsatz eines Simulationssystems auf einem Digitalrechner mit grafischer Ausgabe viel Zeit und Mühe sparen und die Visualisierung der Ergebnisse sehr gut unterstützen.

Eine an die in der Regelungstechnik durchgeführte Modellbildung angelehnte Simulationstechnik ist der Blockschaltbild-Editor. Hier werden auf einer grafischen Oberfläche die in der Regelungstechnik üblichen Blöcke in einem Gesamtschaltbild erfasst. Bei Kenntnis der Übertragungsfunktionen der Blöcke vom Eingang zum Ausgang kann direkt eine Simulation durchgeführt werden. Eines der bekanntesten Systeme in diesem Bereich ist das Programm SIMULINK, dass wiederum eine Untermenge der Programmiersprache MATLAB[1] ist.

Im Bild 40 ist das Simulations-Blockschaltbild von SIMULINK für den bereits mehrfach angesprochenen Einmassenschwinger dargestellt. Zu dieser Darstellung gelangt man, wenn man die Gl. (7) wie folgt umschreibt:

$$F_T = F(t) - F_c - F_d = m \cdot \ddot{x} \quad .$$

Auf der linken Seite des Blockschaltbildes befindet sich ein Summierer (Sum), der die Summenbildung aus Erregungskraft (Pulse Generator), Federkraft und Dämpferkraft vornimmt und dabei die Trägheitskraft

---

[1] Produkt der Firma The Math Works Inc.

errechnet. Teilt man diese durch die Masse m, so erhält man die Beschleunigung $\ddot{x}$. Mit Integratoren wird diese danach zweifach integriert und liefert am Ausgang den Weg x. Die Multiplikation des Weges mit der Federkonstante c ergibt die Federkraft, die vom ersten Integrator gelieferte Geschwindigkeit $\dot{x}$ multipliziert mit der Dämpfungskonstanten d die Dämpferkraft. Diese beiden Kräfte kann man dann wieder direkt für die Summenbildung auf der linken Seite des Bildes benutzen. Bild 41 zeigt die Scopeanzeige des simulierten Wegverlaufs des Einmassenschwingers aus Bild 40 für unterschiedliche Werte des Dämpfungsgrades D. Durch Eintragen neuer

Werte für m, c und d ins Blockschaltbild und erneute Simulation kann man so leicht die Änderungen im Systemverhalten studieren.

Der Nachteil solcher Blockschaltbild-Editoren ist, dass man sie nur verwenden kann, wenn man das mathematische Modell schon kennt. So genannte objektorientierte Simulationssysteme verwenden direkt die realen Bauelemente (deren einzelnes mathematisches Modell jeweils auch bekannt ist), die man dann so zusammenfügen kann, wie sie untereinander körperlich verbunden sind. Dies erleichtert den Aufbau größerer Simulationsstrukturen.

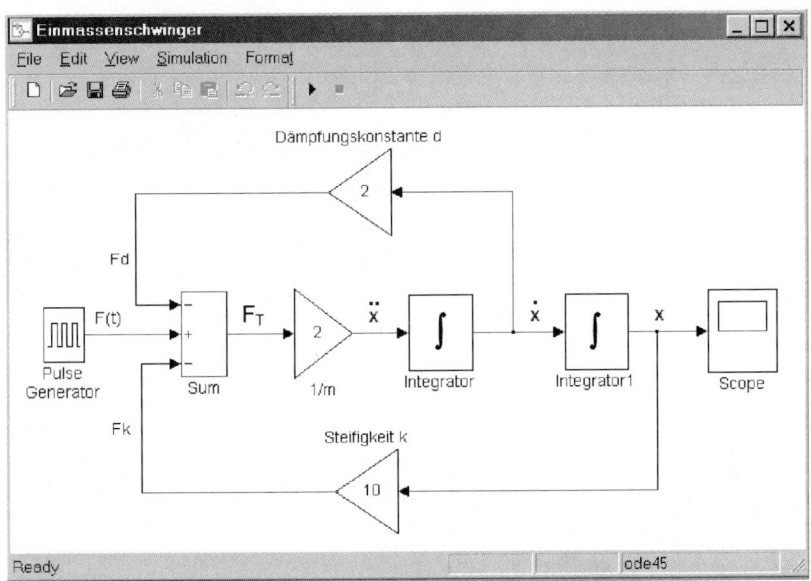

Bild 40. Simulationsblockschaltbild des Einmassenschwingers in SIMULINK

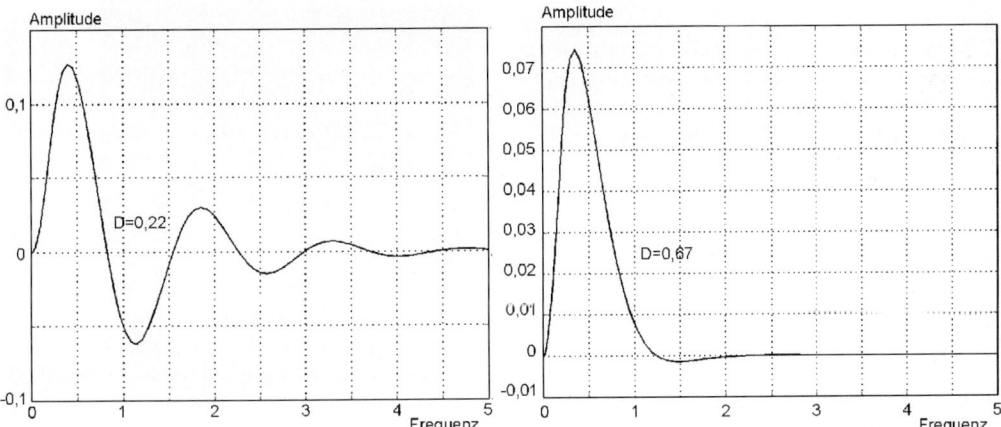

Bild 41. Scopeanzeige des Wegverlaufs bei dem simulierten Einmassenschwinger für unterschiedliches Dämpfungsmaß D

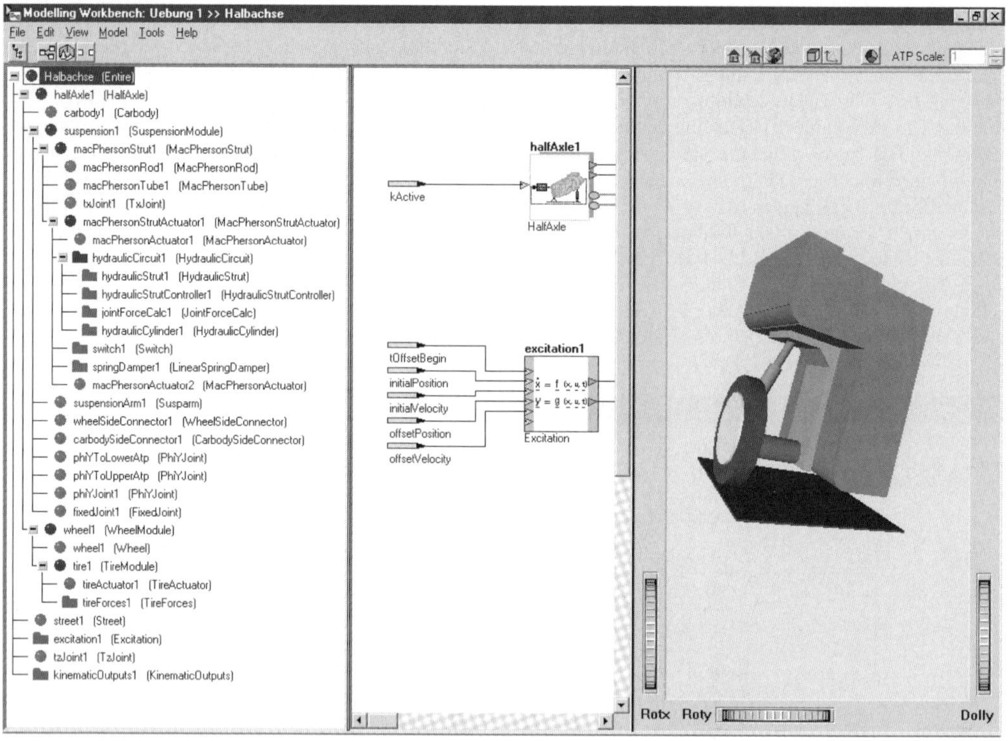

Bild 42. Simulationsumgebung für das Modell „Halbachse des Simulationssystems CAMeL-View

Solche objektorientierten Simulationssysteme sind DYMOLA und CAMeL-View[2]. Bild 42 zeigt die Simulationsumgebung von CAMeL-View und das Modell „Halbachse", das die Hälfte einer PKW-Achse darstellt. Die Modellierung des Mehrkörpersystems erfolgt so, dass aus einer Bibliothek einfache Elemente wie Stäbe, Federn, Gelenke, usw. entnommen werden, die so zusammengefügt werden können, wie sie im richtigen Fahrzeug räumlich miteinander verbunden sind. Das Generieren des Rechenmodells für die Simulation erfolgt dann mehr oder weniger automatisch. Auf der linken Seite des Bildes ist die Gesamtstruktur des Modells „Halbachse" dargestellt.
Für ausschließlich elektrische Systeme ist vor allem das Simulationssystem SPICE und die daraus abgeleiteten Varianten entwickelt worden.
Für spezielle Simulationsaufgaben gibt es außerdem spezielle, zugeschnittene Simulationssysteme. So ist bei Anwendungen von Industrierobotern vor allem eine Simulation der Kinematik ohne Berücksichtigung elastischer Eigenschaften des mechanischen Systems von Bedeutung. Daher kann man in einem Roboter-Simulationssystem wie beispielsweise WORKSPACE wie in einem CAD-System ein kinematisches Robotermodell erstellen und dieses in seiner Applikationsumgebung bewegen. So können Kollisionsbetrachtungen durchführt und Zykluszeiten

ermitteln werden, ohne die Roboterzelle schon zur Verfügung zu haben. Bild 43 zeigt ein Robotermodell eines solchen Simulationssystems.

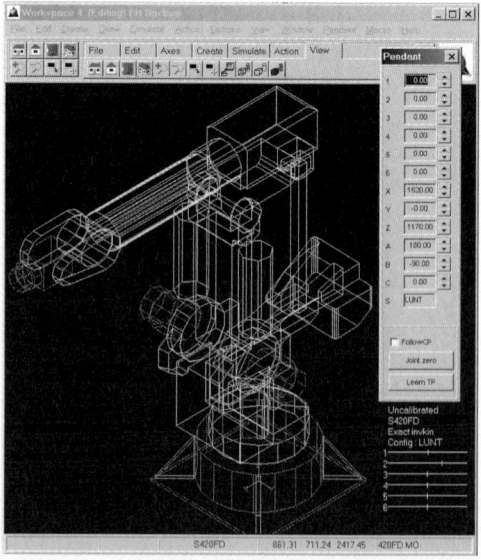

Bild 43. Drahtmodell eines Industrieroboters, der auf dem Simulationssystem Workspace modelliert wurde

---

[2] Produkt der Firma iXtronics GmbH, Paderborn

2.5.2 Simulationstechniken

Im Laufe des Entwicklungsprozesses von mechatronischen Systemen wird man nicht alle Baugruppen ausschließlich auf einem Digitalrechner simulieren wollen, da dies aufgrund stets notwendiger Modellvereinfachungen in komplexen Systemen zu falschen Aussagen führen kann. Daher benutzt man auch die Möglichkeiten, entweder körperlich Hardwarekomponenten in eine Simulation einzubeziehen (Hardware-in-the-Loop: HIL) oder eine entwickelte Simulation in ein mechatronisches System einzubinden (Software-in-the-Loop: SIL).

Unter *Hardware-in-the-Loop* versteht man die Integration von realen Komponenten (Bauteilen und Systemmodellen) in eine gemeinsame Simulationsumgebung. Die HIL-Nachbildung (Simulation) dynamischer Systeme durch physikalische und mathematische Modelle muss dabei in Echtzeit und unter Nachbildung der physikalischen Randbedingungen erfolgen. Ein Beispiel ist die Simulation eines Gesamtfahrzeuges am Rechner mit der Anbindung eines realen Steuergerätes und der Aktorik für eine Funktionsregelung zur Fahrstabilitätsregelung. Ein entscheidender Vorteil der HIL ist der Funktionstest des Steuergerätes unter realen Bedingungen bei gleichzeitiger Einsparung von zeit- und kostenintensiven Fahrmanövern. Simulationssysteme, die diese Art der Echtzeit-Simulation erlauben, sind CAMeL-View und dSPACE. Das letztgenannte System verwendet MATLAB/SIMULINK Modelle und erzeugt einen echtzeitfähigen Code, der auf spezieller Hardware lauffähig ist.

Unter *Software-in-the-Loop* versteht man die Integration von Systemmodellen in eine gemeinsame Simulationsumgebung mit dem modellierten Prozess (Regelstrecke); sowohl die zu entwickelnde Funktion als auch der Prozess, auf den die Funktion einwirkt, werden modelliert. Die SIL-Nachbildung (Simulation) dynamischer Systeme durch physikalische und mathematische Modelle muss dabei nicht in Echtzeit erfolgen. Ein entscheidender Vorteil der SIL ist der Funktionstest unter simulierten Bedingungen bei gleichzeitiger Einsparung von zeit- und kostenintensiven Experimenten (z.B. Fahrmanöver). Ausgehend von der SIL-Umgebung können entweder die Funktion, der Prozess oder beide Teile physikalisch realisiert und im geschlossenen Kreis hinsichtlich ihres Verhaltens analysiert werden.

Will man eine Komponente eines mechatronischen Systems unter Verwendung von HIL und SIL entwickeln, so muss man verschiedene Arbeitsschritte durchlaufen und die Eigenschaften der zu entwickelnden Komponente absichern. In Bild 44 sind die einzelnen Arbeitsschritte am Beispiel der Entwicklung eines Steuergerätes für einen PKW dargestellt.

Dies sind im Einzelnen:

1.) **Funktionsnachweis:** Eine neue oder veränderte Funktionalität eines Steuergerätes wird als Modell in einem geschlossenen Regelkreis mit einem Streckenmodell (Prozessmodell) getestet. Diese Untersuchung wird als Software-in-the-Loop bezeichnet.

2.) **Adaption:** Die am Streckenmodell überprüfte Funktion kann dann an dem realen Prozess abgestimmt werden (so genannte Applikation).

3.) **Zielsoftware-/Schnittstellennachweis:** Durch die Kopplung des realen Steuergerätes mit dem Streckenmodell in einer HIL-Umgebung kann die Fehlerfreiheit der Zielsoftware und der Schnittstellenkommunikation überprüft werden.

4.) **Integration:** Die Integration des mit einer neuen Funktionalität ausgestatteten Steuergerätes in den realen Prozess erlaubt die Erprobung des Gesamtsystems und die Anpassung aller relevanten Signal- und Steuerdaten.

Eine solche Kombination aus virtuellen und realen Tests neuer Komponenten eines mechatronischen Systems verkürzt die früher notwendigen langen Entwicklungs- und Erprobungszeiten erheblich.

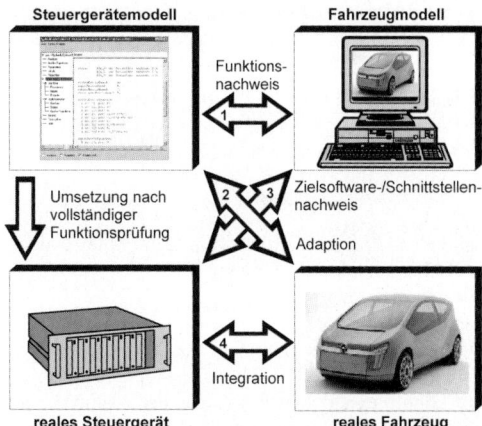

Bild 44. Arbeitsschritte der Eigenschaftsabsicherung einer als Simulationsmodell entwickelten Komponente am Beispiel eines Steuergerätes für ein Kraftfahrzeug

3 Industrieroboter als mechatronisches System

Anfänglich tauchte der Begriff Mechatronik vor allem im Zusammenhang mit Industrierobotern und anderen autonomen Robotersystemen auf. Eine der ersten Buchveröffentlichungen aus dem Jahr 1991 trägt den Titel „Mechatronics & Robotics" und ist eine Sammlung von Vorträgen einer internationalen Konferenz. Die Robotertechnologie ist seitdem ein wichtiges Anwendungsfeld der Mechatronik.

Ein „normaler" Industrieroboter, wie er in Bild 1 dargestellt ist, ist nicht von vornherein ein mechatronisches System. Vergleicht man ein solches Gerät, das eine universelle Handhabungseinrichtung für Werkstücke und Werkzeuge darstellt, mit dem Strukturbild eines mechatronischen Systems (Bild 7, Kap. 1), so sieht man, dass alle wesentlichen Bestandteile vorhanden sind bis auf Sensoren, die Informationen aus der Umwelt aufnehmen. Für Standard-Handhabungsaufgaben ist dies auch nicht erforderlich, da man hier von festen Positionen der Handhabungsobjekte ausgehen kann, die dem Roboter bei der Erstellung des Bewegungsprogramms gezeigt (geteacht) und abgespeichert oder als berechnete Positionen vorgegeben werden. Ein solches Bewegungsprogramm kann dann immer wieder automatisch abgefahren werden. Dies entspricht auch im Wesentlichen der Vorgehensweise bei der NC-Programmierung.

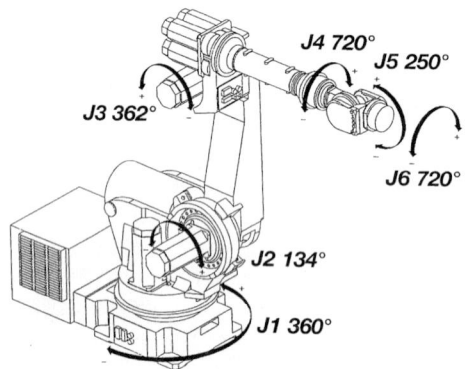

Bild 1. 6-achsiger Vertikal-Knickarmroboter Typ S430 der Fa. Fanuc Robotics

Häufig treten jedoch Umstände auf, die eine mehr oder weniger große Unbestimmtheit in einen Handhabungsprozess einbringen. Die daraus resultierenden Probleme können durch einfaches Zeigen der Positionen und anschließendes automatisches Abfahren der Bewegungsbahnen nicht gelöst werden. Einfache Problemstellungen dieser Art liegen vor, wenn Objekte, die gehandhabt werden sollen, nicht immer reproduzierbar an der gleichen Position dem Roboter zur Handhabung übergeben werden. Um trotzdem eine automatische Handhabung zu ermöglichen, benötigt der Roboter zusätzliche Sensoren, die die erforderlichen Informationen über Abweichungen in Lage, Form, Gewicht oder Ähnlichem erfassen und daraufhin eine zielgerichtete Beeinflussung des Bewegungsprogramms vornehmen. Dies entspricht dem oberen Zweig in dem Strukturbild über Funktionalitäten von mechatronischen Systemen in Bild 9, Kap.1, in dem aufgenommene Informationen aus der Umwelt so interpretiert werden, dass ein zielorientiertes Verhalten für die Ausführung der Handlungen vorliegt.

Die Entwicklung eines Sensorsystems zur Erfassung von Unbestimmtheiten in einem Werkzeug-Handhabungsprozess und die dazu erforderliche Korrektursoftware wurde in einem studentischen Projekt im Rahmen der Lehrveranstaltung „Industrieroboter" für Studierende der Mechatronik durchgeführt. Dies wird im nachfolgenden Kapitel beispielhaft dargestellt, indem nochmals alle Komponenten und Aspekte eines mechatronischen Systems behandelt werden.

3.1 Sensorkorrektur von Bewegungsdaten

Automatisierungsaufgaben, bei denen ein Industrieroboter (IR) ein Werkzeug handhaben soll, beinhalten oft die Aufgabe, das Werkzeug entlang einer ebenen oder räumlichen Kontur mit konstantem Abstand zum Werkstück zu bewegen. Beispiele hierfür sind das Laser- und Wasserstrahlschneiden oder das Auftragen einer Kleberaupe. Im Normalfall wird der Verlauf der erforderlichen Werkzeugbahn durch Teachen von Bahnstützpunkten dem IR mitgeteilt. Vielfach sind bei solchen Verfahren die Werkstücke (Blechteile, Kunststoffteile) aufgrund der inneren Instabilität oder durch Toleranzen in ihrer Geometrie nicht sehr genau. Reagiert dann das Bearbeitungsverfahren empfindlich auf Abstandsveränderungen zwischen Werkzeug und Werkstück, so ist häufiges Nachteachen der Bahnstützpunkte erforderlich oder die Verfahrensqualität schwankt sehr stark. Bild 2 zeigt eines der Strahlverfahren. Da der Schneidstrahl (Laser, Wasser) nicht zylindrisch, sondern konisch ist, kommt es bei Abstandsänderungen der Schneiddüse zum Werkstück zu Veränderungen des Schneidspaltes.

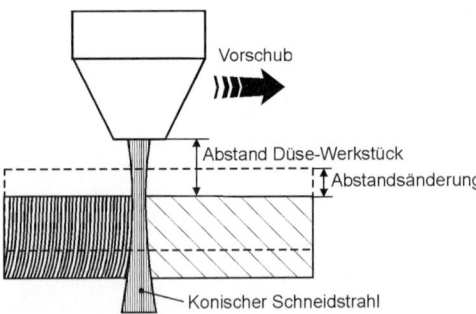

Bild 2. Veränderungen des Schneidspaltes bei Abstandsänderungen zwischen Werkzeug und Werkstück aufgrund des konischen Schneidstrahls

3.2 Nachführen eines Roboterarms an einer Freiformfläche

Das genannte Problem könnte gelöst werden, wenn der Roboter aufgrund von Abstandsmessdaten einer Sensorik den Bahnverlauf in Abhängigkeit von den aktuellen Werkstückschwankungen selbsttätig korri-

gieren würde. Die Projektidee für das Entwicklungs-
projekt bestand darin, eine Sensorik zu entwickeln
und mit der Steuerung des Roboters zu verbinden.
Die Messwerte sollten in die Steuerung übernommen,
ausgewertet und die Bahndaten eines Bewegungsprogramms aufgrund dieser Messwerterfassung automatisch korrigiert werden.

Da das Problem *Abstandsänderung* bei den oben
genannten Bearbeitungsverfahren seit längerem bekannt ist, gibt es kommerzielle Produkte, die das
Problem lösen. Beispielsweise wird beim Laserschneiden eine kapazitive Abstandssensorik benutzt,
aufgrund deren Messwert ein Stellsignal für eine
separate Zustellachse erzeugt wird. Wegen dieses
Aufwandes und verschiedener technologischer Zusatzfunktionen ist ein solches System sehr teuer und
liegt in einem Kostenrahmen von ca. 40.000 Euro.
Die zusätzliche Stellachse in z-Richtung des Koordinatensystems ist beispielsweise bei einer Laser-
Bearbeitungsanlage für ebene Bleche ohnehin erforderlich, da die Bewegungskinematik einer solchen
Anlage nur Bewegungen in der xy-Ebene vorsieht.
Hierdurch wird die Welligkeit einer ansonsten ebenen
Blechtafel ausgeglichen. Wendet man das Verfahren
an räumlich gekrümmten Oberflächen an, indem man
den Laserschneidkopf von einem 6-achsigen Industrieroboter (Bild 1) führen lässt, so enthält die Bewegungskinematik schon alle Freiheitsgrade (ein Hand-
habungsobjekt hat maximal 6 Freiheitsgrade), die
erforderlich wären, um Abweichungen von Form und
Lage auszugleichen. Trotzdem verwendet man in
kommerziellen Produkten ein komplettes Regelungs-
system mit zusätzlicher Stellachse, um vom Roboter-
typ und seinen steuerungstechnischen Fähigkeiten
unabhängig zu sein.

3.2.1 Projektdurchführung

Die Aufgabe des Entwicklungsprojektes bestand darin, mit Hilfe einer preiswerten Sensorik Abstand und
Orientierung des Handgelenkes eines IR, das über
eine beliebige unbekannte Freiformfläche geführt
wird, konstant zu halten. Dies lässt sich dadurch erreichen, dass man versucht, den Abstand und die
Orientierung des Werkzeug-Koordinatensystems des
Roboters, das seinen Ursprung in der Flanschplatte
des Roboter-Handgelenks hat und dessen z-Achse
(Bild 3) senkrecht aus dem Handflansch herauszeigt,
konstant zu der Freiformfläche zu halten. Die
Flanschplatte ist das Ende der kinematischen Kette
des Roboterarms, an der Greifer oder Werkzeuge
befestigt werden.

Um den Abstand zu der Freiformfläche zu messen,
reicht eine Abstandsmessung in einem Punkt aus. Um
jedoch die Orientierung des Roboterhandgelenkes
und damit die des Werkzeug-Koordinatensystems
konstant senkrecht zur Fläche zu halten, müssen die
beiden Neigungswinkel α_x und α_y der Achsen x
und y des Koordinatensystems zur Freiformfläche

erfasst und in einer Korrekturstrategie berücksichtigt
werden. Im Soll-Zustand müssen die beiden Winkel
den Wert null haben.

Um den Neigungswinkel zwischen zwei Geraden
(Tangente an die Freiformfläche/Koordinatenachse)
zu bestimmen, muss man von zwei Punkten einer
Parallelen zur Koordinatenachse aus eine Abstandsmessung zur Tangente an die Freiformfläche vornehmen (Bild 4).

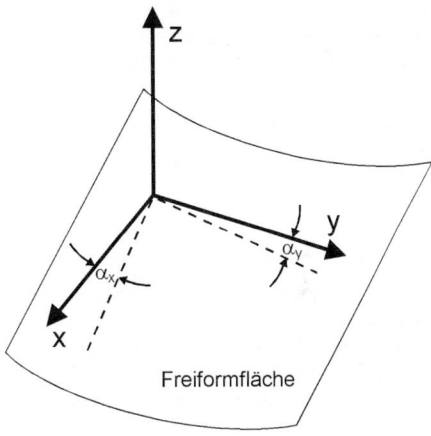

Bild 3. Neigungswinkel des Koordinatensystems gegenüber der Freiformfläche

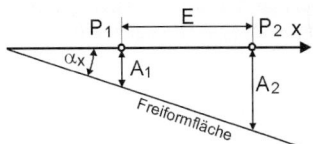

Bild 4. Winkelbestimmung zwischen Koordinatenachse und Freiformfläche

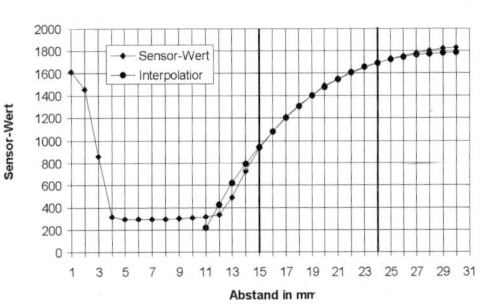

Bild 5. Amplitudenkennlinie des Abstandsensors
SY113 und Verlauf der interpolierten Funktion

Sind die beiden Punkte P_1, P_2 nicht zu weit voneinander entfernt und die Fläche nicht zu stark gekrümmt, so kann die Freiformfläche zwischen den beiden Messpunkten durch eine Gerade ersetzt werden und der Winkel α_x ergibt sich dann zu:

$$\alpha_x = \arctan\left(\frac{A_2 - A_1}{E}\right) \tag{1}$$

Die minimale Anzahl von Sensoren für die Messung von zwei Winkeln beträgt drei, da man den Punkt P_1 für beide Winkelmessungen gleich wählen kann und dadurch einen Sensor einspart. Ordnet man die Sensoren symmetrisch auf einem Kreis an, so sollte eine Messung der Neigung der xy-Ebene des Werkzeugkoordinatensystems gegenüber der Freiformfläche immer möglich sein.

Für die Abstandsmessung sollen preiswerte integrierte Lichttaster, die eine Infrarot-Leuchtdiode als Sender und einen Fototransistor als Empfänger enthalten, verwendet werden. Die Vermessung der Kennlinie mit Hilfe eines 12-Bit A/D-Wandlers (Wertebereich 0-2047) in der Robotersteuerung ergab die in Bild 5 dargestellte Kennlinie. Wie zu erwarten, lässt sich ein stark nichtlineares Messverhalten im Bild ablesen. Als Erstes kann man erkennen, dass sich deutlich unterscheidbare Messwertänderungen nur im Bereich zwischen 12 mm und 30 mm ergeben. Um die dort messbaren Werte zur Berechnung der Entfernung auswerten zu können, müssen sie jedoch linearisiert werden oder die nichtlineare Kennlinie muss durch eine bekannte rationale Funktion approximiert werden. Dies kann man durch die Newton'sche Interpolation der Kennlinienfunktion im interessierenden Bereich berechnen. Hier ergab sich folgende interpolierte Funktion:

$$W = -0,158(32,5 - A)^3 + 1789 \tag{2}$$

wobei W der Messwert am Ausgang des A/D-Wandlers und A der wahre Abstand in mm ist.

Die Anschmiegung dieses Polynoms dritter Ordnung an die Kennlinie des Sensors passt nur im Bereich zwischen 15 mm und 25 mm, da hier die Abweichung als Fehler in mm berechnet kleiner oder gleich 0,1 mm beträgt. Man könnte durch Einbeziehung von mehr Stützstellen und einem daraus resultierenden Polynom höherer Ordnung zwar eine bessere Anschmiegung in einem größeren Intervall erreichen, würde aber dadurch den Rechenaufwand bei der späteren Positionskorrektur stark erhöhen. Der brauchbare Messbereich beträgt demnach 10 mm, der Sollabstand für die Abstandsregelung sollte in der Mitte des Messbereichs bei 20 mm Abstand von der Oberfläche liegen. Um noch genügend Sicherheit für die Regelung zu haben, wurde daher eine maximale Regelabweichung von ±3 mm festgelegt. Die drei erforderlichen Sensoren wurden dann in einen nach unten in Tastrichtung offenen Sensorhalter (Bild 6) eingebaut, der so an der Flanschplatte befestigt wurde, dass die z-Achse des Werkzeug-Koordinatensystems in Tastrichtung zeigt.

Bild 6. Sensorhalter mit drei Sensoren SY113

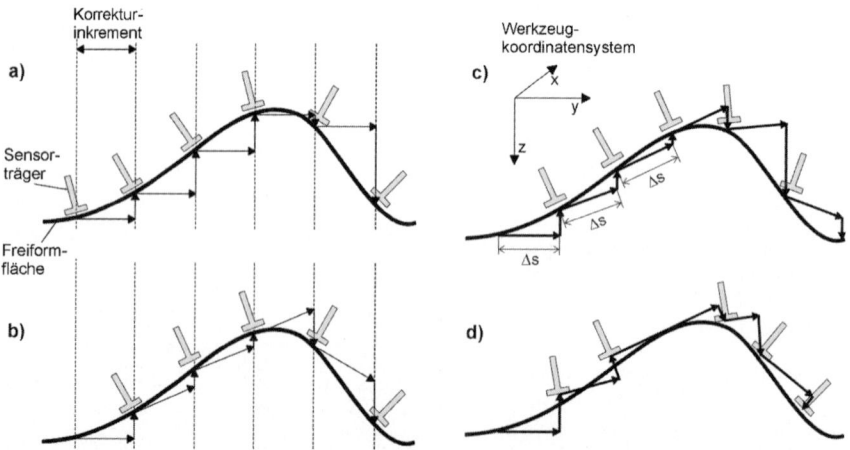

Bild 7. Verschiedene Möglichkeiten des Verfahrens entlang einer Freiformfläche mit den zugehörigen Korrekturverfahren

Will man das geplante Abstands-Korrektursystem bei einer Werkzeughandhabung über einer Freiformfläche einsetzen, so gibt es eine Soll-Werkzeugbahn, die auf übliche Art und Weise geteacht wurde. Um nun Korrekturen beim Abfahren dieser Bahn zu berücksichtigen, sind die in Bild 7 dargestellten unterschiedlichen Strategien möglich.

Prinzipiell gibt es die beiden folgenden Möglichkeiten:

- Ereignisüberwachung beim Abfahren der Soll-Bahn und Korrektur bei Bedarf
- Inkrementelles Fortschreiten auf der Soll-Bahn und Korrektur nach jedem Weginkrement.

Die in Teilbild 7 a) dargestellte Vorgehensweise geht davon aus, dass der Soll-Weg in der xy-Ebene in feste Inkremente aufgeteilt wird. Der Verfahrbefehl für das Zurücklegen des Weges wird nur in der xy-Ebene ausgeführt. Nach dem Verfahren eines solchen Weginkrementes erfolgt eine Messung des Abstandes und der Orientierung mit anschließender Korrektur des Abstandes in z-Richtung und der Orientierung des an der Roboterflanschplatte montierten Sensorhalters normal (senkrecht) zur Fläche. Bei dieser Vorgehensweise treten Probleme bei großen positiven oder negativen Steigungen der Freiformfläche auf, weil die Abstands- und Orientierungsänderungen in den Korrekturpunkten sehr groß werden können. Wie oben gesagt ist aber nur ein Arbeitsbereich von 10 mm mit einer maximalen Regelabweichung von ±3 mm vorgesehen, sodass es bei dieser Methode leicht zum Verlassen des Arbeitsbereichs kommen kann.
In Teilbild 7 b) wird, wie bei der Vorgehensweise in Teilbild a), der Weg über der Fläche in Inkremente zerlegt. Das Verfahren erfolgt dann jedoch nicht nur in der xy-Ebene, sondern an den Korrekturpunkten wird eine neue z-Koordinate für den nächsten Verfahrweg berechnet. In den Korrekturpunkten wird dann auch die Orientierung korrigiert. Bei gleichmäßigen Steigungen unter einem beliebigen Winkels erreicht man eine recht geringe Abweichung von der Freiformfläche. Jedoch treten hier Probleme bei kleinen Krümmungsradien nach großen Steigungen auf.
Bei der Vorgehensweise in Teilbild 7 c) erfolgt eine Zerlegung des Weges in feste Weginkremente Δs im Raum. Der Abstand und die Orientierung werden nach jedem Schritt korrigiert. Probleme treten hierbei auch nach kleinen Krümmungsradien der Fläche auf.
Bei der Methode in Teilbild 7 d) wird auf die Ereignisüberwachung innerhalb von Fahrbefehlen zurückgegriffen, d. h. die Sensoren kontrollieren während eines Fahrbefehls ständig Abstand und Orientierung und korrigieren gegebenenfalls. Hierbei besteht das Problem, dass man insbesondere bei geringen Krümmungen der Fläche kaum eine Aussage machen kann, wann und wie stark korrigiert werden muss.

3.2.2 Projektergebnisse

Im Projekt fiel die Entscheidung für die Korrekturmethode in Teilbild 7 c), da sie bei nicht zu kleinen Krümmungsradien die besten Korrekturergebnisse liefern sollte. In Bild 8 ist nun die genaue geometrische Anordnung der Sensoren im Sensorhalter dargestellt. Die eigentliche Abstands- und Orientierungskorrektur an den Stützpunkten der Soll-Bewegungsbahn erfolgt dann so, dass man drei Drehachsen S1, S2 und S3 durch jeweils 2 der Sensoren definiert, um die eine Drehung des Sensorkopfes ausgeführt wird. Diese Drehung erfolgt abgeleitet vom Abstandsmesswert, den der jeweils dritte Sensor liefert. Der Winkel, um den jeweils der Sensorkopf gedreht werden muss, kann aus der Geometrie der Sensoranordnung (Bild 4) und dem Abstandsmesswert berechnet werden. Der Wert des Korrekturwinkels beträgt $\Delta\alpha = 1{,}324°$ je mm Abweichung vom Soll-Abstand. Führt man hintereinander für alle drei Messpunkte eine Drehung um die gegenüberliegende Drehachse aus, so ist an allen drei Punkten wieder der Soll-Abstand eingestellt und die z-Achse des Tool-Koordinatensystems muss wieder senkrecht zur Freiformfläche orientiert sein. Aus den Messwerten wird auch der neue Verfahrvektor im Raum Δs mit Hilfe einer Koordinatentransformation, die Bestandteil des Sprachumfangs der Roboter-Software ist, durchgeführt.

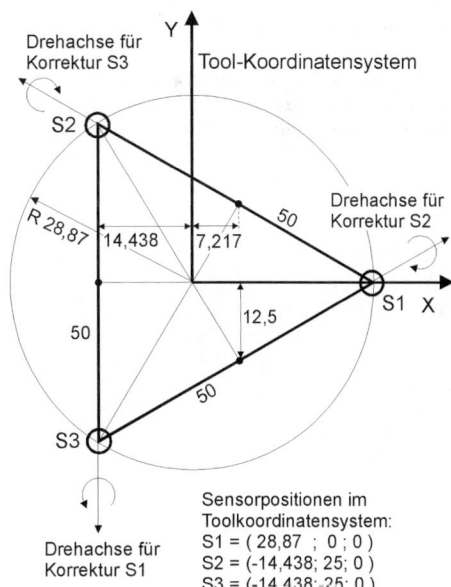

Bild 8. Geometrische Anordnung der drei Abstandssensoren im Sensorträger

Mit Hilfe dieses Konzeptes war es möglich, wie in Bild 9 gezeigt, in der Größenordnung der Prozessgeschwindigkeit einer Strahlbearbeitung mit konstantem

Abstand und stets senkrechter Orientierung des Schneidstrahls über einer beliebig geformten Freiformfläche mit Krümmungsradien < 100 mm eine vorgegebene geschlossene Sollbahn abzufahren. Veränderungen von Lage und Form der Freiformfläche können dabei vollständig ausgeglichen werden, wodurch der IR zu einer „intelligenten" Maschine geworden ist, die die Bezeichnung „mechatronisches System" zu Recht trägt.

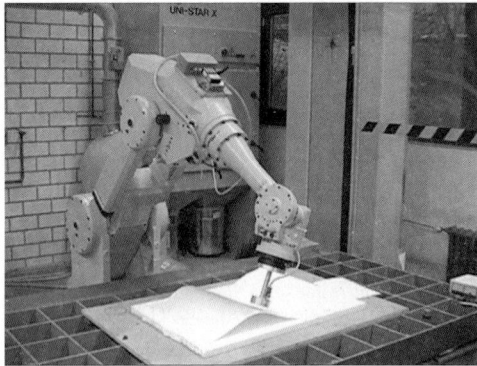

Bild 9. Fahren eines Industrieroboters über eine Freiformfläche mit Sensorführung

Dabei wurden alle in der Mechatronik üblichen Konzepte und Methoden berücksichtigt (Bild 7, Kap. 1):
• Unbekannte Umgebungsbedingungen werden messtechnisch erfasst.
• Die Messwerte werden in einem Digitalrechner aufbereitet.

• Vorgegebene Bewegungsdaten werden mit Hilfe eines Korrekturalgorithmus verändert.
• Die korrigierten Bewegungsdaten werden von der Aktorik in Bewegungen umgesetzt.

Dieses mechatronische Konzept ist in ein „normales" Steuerungs- und Regelungskonzept innerhalb der Robotersteuerung eingebettet, das für sich alleine genommen noch nicht als Mechatronik bezeichnet werden kann. Dies ist dem ABS-System vergleichbar, das sich im Kern eines normalen Bremssystem bedient, aber durch die Erfassung von Sensordaten und Berechnung von Bremskorrekturwerten optimierend in den Bremsvorgang eingreifen kann.

Besonders das letzte Beispiel zeigt, was Mechatronik ist:

das Zusammenwirken von Maschinenbau, Elektrotechnik und Informatik.

Literatur

Heimann, B./Gerth, W./Popp, K.: *Mechatronik*. München/ Wien: Hanser Verlag, 1998
Isermann, R.: *Mechatronische Systeme*. Berlin-Heidelberg-New York: Springer-Verlag, 1999
Reichert, Ruf, Vogt: *Mechatronik 1+2*, Würzburg: Vogel Verlag, 2002
Roddeck, W.: *Einführung in die Mechatronik*. Wiesbaden: Teubner Verlag, 2002
VDI-Richtlinie 2206: *Entwicklungsmethodik mechatronischer Systeme*

I Maschinenelemente

Alfred Böge, Wolfgang Böge, Ulrich Borutzki, Frank Weidermann, Petra Wieland

1 Einführung in die Konstruktionsmethodik

F. Weldermann, P. Wieland

1.1 Einordnung des konstruktiven Entwicklungsprozesses in den Produktlebenszyklus

Der konstruktive Entwicklungsprozess eines Produkts kann nicht losgelöst von den einzelnen Phasen betrachtet werden, die es während seines Bestehens durchläuft. Jede Phase beeinflusst mehr oder weniger die Ziele der Produktentwicklung. Diese Wechselwirkungen müssen Entwickler und Konstrukteur berücksichtigen. Zum Teil spiegeln sich diese Verbindungen in Anforderungen und Gestaltungshinweisen wider (siehe Kapitel 1.4). Im Folgenden wird der Produktlebenszyklus mit seinen einzelnen Phasen näher vorgestellt.

Der Produktlebenszyklus
Das Produktlebenszyklusmodell kann sich von Produkt zu Produkt im Detail unterscheiden.
Die Erarbeitung eines produktspezifischen Lebenszyklusmodells wird in der DIN ISO 15226 [15] genauer beschrieben. Bei allen Produkten sind aber die allgemeinen Phasen nach Spur/Krause [16] gleich. Nach Bild 1 sind das:

- Produktforschung
- Produktplanung
- Produktkonstruktion
- Produkterprobung
- Produktherstellung,
- Produktdistribution,
- Produktgebrauch und
- Produktabwicklung.

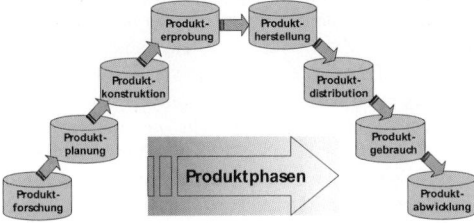

Bild 1. Phasen des Produktentwicklungsprozesses [17]

Produktforschung und -planung wurden aufgrund des veränderten Marktverhaltens notwendig. Heute existiert ein Anbietermarkt, bei dem das Angebot die Nachfrage übersteigt. Der Produzent muss sich sicher sein, in welchem Feld er sein Produkt platzieren möchte. Das betrifft neben den technischen Parametern wie Baugröße, Genauigkeit und Flexibilität in hohem Maß auch die Kosten. Erwachsen die Anforderungen an das Produkt jedoch direkt aus einem Kundenauftrag, können diese Phasen entfallen. Produktplanung ist in diesem Fall nur erforderlich, wenn keine konkreten Anforderungen vorliegen, sondern nur eine Produktidee. Bekannt ist also nur, in welchem Marktbereich und für welche Aufgaben das Produkt platziert werden soll und nicht in welcher Menge und mit welchen konkreten technischen Parametern.

Eine weitere Phase, die je nach Art des Produkts entfällt oder nur mittels Simulation durchgeführt wird, ist die Produkterprobung. Hierbei hat die Stückzahl einen entscheidenden Einfluss. Bei einer Massen- oder Serienfertigung kommt es zum Bau von Prototypen, die in dieser Phase detailliert erprobt werden und zu Veränderungen in der Konstruktion führen können. Durch das Simultaneous Engineering, bei dem Teile der Produktphasen parallel durchschritten werden, rückt die Phase der Erprobung vor der Herstellung immer mehr in den Hintergrund. Bei der Einzelteil- und Kleinserienfertigung wird die Erprobung häufig durch den Einsatz von Simulationswerkzeugen während der Entwicklungs- und Konstruktionsphase ersetzt. Zum Beispiel kann dem Bau einer Sonderwerkzeugmaschine kein Bau eines Prototypen vorangestellt werden. Für einen solchen Fall erfolgt oft der Test einzelner Komponenten und deren Zusammenwirken mit Hilfe der Simulation (z.B. FEM-Berechnungen, Mehrkörpersimulation, Anwendung der virtuellen Realität und Hardware in the Loop). Alle anderen Phasen durchläuft jedes Produkt.

Zusammenarbeit von Produktforschung, -planung und Konstruktion
In den Phasen Produktforschung und -planung werden in den Unternehmen neue Produkte sowie neue Märkte erkundet und analysiert. Es wird gefiltert, in welchen Bereichen Produkte platziert werden können und welche Funktionen sie erfüllen müssen. Dabei ist bezüglich der Zusammenarbeit mit der Konstruktion zu berücksichtigen, welches Potenzial das Unternehmen besitzt, d.h. auf welchen Gebieten der Entwicklung und Konstruktion Kompetenzen vorhanden sind und welche Arbeitsmittel, besonders Software, zur Verfügung stehen. Andererseits erhalten die Entwicklungs- und Konstruktionsabteilungen von der Produktforschung und -planung Informationen wie:

- Beschreibung der geforderten Funktionen (technische Parameter, Design, Ergonomie),

- günstigster Zeitpunkt für Markteintritt,
- möglicher Kostenrahmen und
- mögliche Stückzahlen.

Aus diesen Informationen entsteht im ersten Arbeitsschritt des konstruktiven Entwicklungsprozesses das Pflichten- oder Lastenheft.

Gleichzeitig kann die Produktforschung Impulse geben, welche Produkte in Zukunft nicht mehr nachgefragt werden und in welche Richtung sich die Bereiche der Entwicklung und Konstruktion orientieren, d. h. wo neue Fähigkeiten und Fertigkeiten erarbeitet werden müssen.

Zusammenarbeit Produkterprobung und Konstruktion
Produkterprobung durch den Bau eines Prototypen rückt immer mehr in den Hintergrund. Bei einer Neukonstruktion lassen sich aber nicht alle möglichen Mängel und Probleme von Anfang an ausschließen. Häufig ist es erforderlich, Erfahrungen aus ähnlichen Baustrukturen zu übernehmen und Parallelen zu erkennen. Der Konstrukteur sollte daher einen sehr engen Kontakt mit Versuchsabteilungen anstreben. Aus diesem Bereich kann er einen Erfahrungsschatz gewinnen, der ihm besonders bei intuitiven Problemlösungen hilft.

Bei der Serien- und Massenfertigung wird durchaus noch Wert auf die Produkterprobung gelegt. In einigen Bereichen kommt es zum Bau von Funktionsmustern. Hier werden spezielle Methoden wie das Rapid Prototyping eingesetzt. Diese Modelle beinhalten nicht die volle Funktionsfähigkeit des Produkts, können aber Aufschluss besonders hinsichtlich Ergonomie oder auch Kollisionsverhalten geben. Nullserien werden hingegen schon mit den entsprechenden Fertigungseinrichtungen hergestellt. An diesen Teilen kann die vollständige Erfüllung der im Pflichtenheft festgelegten Anforderungen analysiert werden.

Zusammenarbeit Produktherstellung und Konstruktion
Die Funktionalität vieler Bauelemente ist stark abhängig von den durch die Fertigung realisierten Maß-, Form- und Lageabweichungen sowie der Oberflächenqualität. Daher hat der Konstrukteur die Pflicht, die von ihm festgelegten Maße hinsichtlich der kosten- und zeitbewussten Fertigung zu hinterfragen. Es gilt der Grundsatz, jedes Maß so genau wie nötig und nicht so genau wie möglich, zu tolerieren. Diese Überlegungen finden sich in den Gestaltungsrichtlinien wieder, die eine fertigungsgerechte Konstruktion der Bauteile fordern. Zwischen den Werkern an der Maschine, der Fertigungsplanung sowie dem Konstrukteur sollte ein ständiger Erfahrungsaustausch bestehen, in dem mögliche konstruktive Veränderungen hinterfragt werden, die zu einer optimalen Fertigung führen. Gleiches gilt für die Montage. Ein Informationsfluss besteht aber auch von der Konstruktion zur Fertigung. In diesem werden zukünftige

Fertigungsanforderungen beschrieben. Hierbei ist festzulegen, welche Teile unbedingt vor Ort gefertigt werden müssen, da sie entweder zeitkritische Teile sind oder das eigentliche Know-How des Produkts bestimmen. Durch Fertigung bei einem Zulieferer könnten diese Wettbewerbsvorteile des Unternehmens verloren gehen. Für diese Fälle müssen die Fertigungsvoraussetzungen geschaffen werden.

Zusammenarbeit Produktdistribution und Konstruktion
Bei der Zusammenarbeit zwischen Produktverteilung und Konstruktion gibt es zwei Hauptpunkte. Zum einen muss das Produkt so gestaltet sein, dass es einfach und unkompliziert zu transportieren und vor Ort zu montieren ist. Aus diesem Grund werden zum Beispiel Pressengestelle ab einer bestimmten Größe aus mehren Teilen hergestellt oder die Maschinenhöhe bestimmt sich aus der typischen Höhe von Hallentoren. Häufig wird der äußere Bauraum durch Transportmöglichkeiten festgelegt. Größere Produkte sollten in sinnvolle Transporteinheiten untergliedert werden, so dass die Fügestellen einen geringen Montageaufwand verursachen. Ein zweiter Schwerpunkt ist die zeitliche Bereitstellung der Produkte. Da durch Beginn und Ende der Konstruktionsphase die Fertigstellung der Produkte stark beeinflusst wird, sind die Termine abzustimmen. Der Auftritt auf einer Messe wird oft als Markteinstieg genutzt.

Zusammenarbeit Produktgebrauch und Konstruktion
Da zugunsten von virtuellen Tests der Prototypenbau immer weiter zurückgedrängt wird, sind für den Konstrukteur Erfahrungen bei der Produktnutzung von großer Wichtigkeit.

Ein Indiz dafür sind die in letzter Zeit gehäuften Rückrufaktionen von Automobilen. Hier haben sich während des Gebrauchs Mängel der Konstruktion gezeigt. Neben diesen Fehlern kann der Kunde selbst am besten auf Verbesserungen hinweisen, die die Funktionserfüllung und -optimierung betreffen. Weitere Informationen, die der Konstrukteur aus diesem Bereich erhält, sind Einsatzhäufigkeit und -bedingungen. Für die Konstruktion ist entscheidend, ob das Produkt z.B. auf Zeitfestigkeit oder Dauerfestigkeit auszulegen ist. Besonders in Bereichen der Informationstechnik findet häufig ein moralischer Verschleiß[1] weit vor einem physischen Verschleiß statt. Wichtig sind auch solche Randbedingungen wie der Einsatzort. Eine Maschine, für tropische Regionen geplant, benötigt einen anderen Korrosionsschutz. Für den Produktgebrauch muss der Konstrukteur je nach Notwendigkeit das Produkt wartungs- und instandhaltungsfreudig gestalten. Welche Baugruppen hierbei besonders zu berücksichtigen sind, weiß er

---

[1] Beispiel: Ein 15 Jahre alter Rechner, der nicht benutzt wurde, funktioniert noch einwandfrei, ist aber nach heutigen Anforderungen nicht mehr verwendbar, er ist moralisch verschlissen.

zum einen aus seiner Konstruktion und zum anderen aus den Erfahrungen mit der Nutzung der Produkte. So ist die Montagefreundlichkeit bei Automobilbremsen zu gewährleisten, da sie Verschleißteile sind, wohingegen der Austausch des Tanks von untergeordneter Bedeutung ist.

Zusammenarbeit Produktabwicklung und Konstruktion
Die Phase der Produktabwicklung umfasst den Zeitraum der Produktion des Produkts und die Gebrauchsfähigkeit. Wichtig für den Konstrukteur sind die Informationen, inwieweit das Produkt demontiert und dementsprechend recyclinggerecht gestaltet werden muss (siehe Kapitel 1.4). Die Umweltrichtlinien eines jeden Landes sind zu berücksichtigen. Auch ist zu prüfen, ob einzelne Baugruppen weiter verwendet werden können. Ein solches Vorgehen ist aus der Konsumgüterproduktion bekannt, wenn der Funktionsumfang einer Waschmaschine durch den Austausch von Elektronikbaugruppen erweitert wird, dabei die mechanischen Baugruppen größtenteils erhalten bleiben. Ähnliches wird auch mit dem so genannten Retrofitting an Werkzeugmaschinen durchgeführt. Solche Umbau- und Demontagemöglichkeiten sind während der Konstruktion mit zu beachten.
Diese Wechselwirkungen zeigen, wie umfangreich die Randbedingungen sind, die Entwickler und Konstrukteur während ihres Berufslebens zu bedenken haben.

1.1.1 Aufgaben und Ziele des methodischen Konstruierens

Wie das vorangegangene Kapitel zeigt, unterliegt der Produktentwicklungsprozess einer Vielzahl von stofflichen, technologischen und wirtschaftlichen Einflüssen sowie gesetzlichen, umwelt- und menschenbezogenen Einschränkungen, die der Konstrukteur berücksichtigen muss. Ziel soll es sein, marktfähige Produkte rechtzeitig zu entwickeln. Um dies zu gewährleisten, ist ein methodisches Vorgehen erforderlich, speziell das methodische Konstruieren,, das dem Konstrukteur ein Handwerkszeug zum kreativen Gestalten und objektiven Beurteilen seiner Arbeit unter Beachtung aller erforderlichen Randbedingungen zur Verfügung stellt. Nach Pahl/Beitz [1] leiten sich folgende Aufgaben einer Konstruktionsmethodik ab:

- problemorientiertes und branchenunabhängiges Vorgehen ermöglichen,
- erfindungs- und erkenntnisfördernd sein,
- Lösungen nicht nur zufallsbedingt erzeugen,
- Lösungen auf verwandte Aufgaben leicht übertragen können,
- lehr- und erlernbar sein,
- Planung und Steuerung von Teamarbeit erleichtern und
- für den Einsatz von Rechnern geeignet sein.

Besonderes Augenmerk liegt auf dem nicht zufallsbedingten Finden von Lösungen. Häufig hat der Konstrukteur für eine Aufgabenstellung schon konkrete Vorstellungen hinsichtlich der Baustruktur. Von diesen gilt es, sich im konstruktiven Entwicklungsprozess zu trennen, nach weiteren Lösungen zu suchen sowie die verschiedenen Varianten objektiv zu beurteilen. Nur so wird es gelingen, ein optimales Produkt für das vorliegende Problem und die Aufgabenstellung zu finden.

1.1.2 Konstrukteur

Der Konstrukteur ist bestrebt ein Produkt zu entwerfen, das den Anforderungen und Wünschen des Kunden oder/und des Marktes entspricht. Nach Dixon [18] und Penny [19] steht die konstruktive Arbeit in der Mitte sich überschneidender technischer und kultureller Einflüsse, Bild 3.

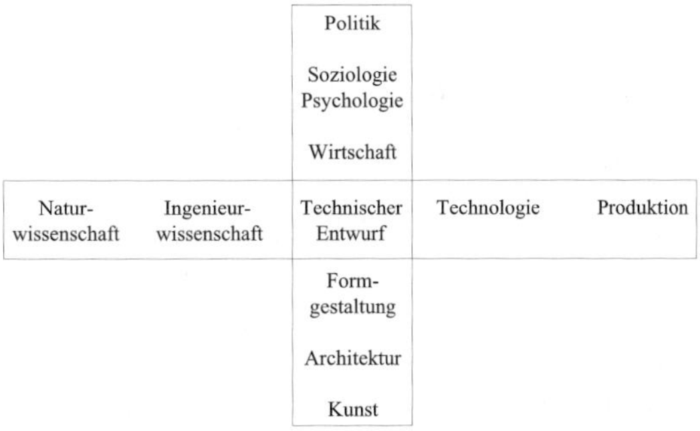

		Politik		
		Soziologie		
		Psychologie		
		Wirtschaft		
Natur-wissenschaft	Ingenieur-wissenschaft	Technischer Entwurf	Technologie	Produktion
		Form-gestaltung		
		Architektur		
		Kunst		

Bild 3. Einflussbereiche der konstruktiven Tätigkeit

Im konstruktiven Entwicklungsprozess (siehe Kapitel 1.3) lassen sich die Tätigkeiten in konzipierende, entwerfende, ausarbeitende sowie berechnende, darstellende und Information beschaffende unterteilen. Dabei hält in die Konstruktionsabteilung mehr und mehr die Rechentechnik mit Software zur Darstellung (CAD), zur Berechnung und Datenverwaltung Einzug.

1.2 Grundlagen

Unter Grundlagen beim methodischen Konstruieren werden die wesentlichsten Definitionen und Begriffe sowie die wichtigsten Vorgehensweisen und Werkzeuge verstanden, die in den unterschiedlichen Phasen des Konstruktionsprozesses gleichermaßen benötigt werden.
Hierzu gehören insbesondere die Möglichkeiten zur Ideenfindung und zum Bewerten.

1.2.1 Begriffe und Zusammenhänge

Jeder Wissenschaftsbereich verwendet seine eigene Begrifflichkeit. Der Fachmann muss sich mit den Begriffen und deren Verwendung im Zusammenhang mit seinem Fachgebiet auskennen. Falsche Verwendung von wesentlichen Begriffen führt manchmal zu Vorurteilen und Missverständnissen.

Maschinen, Apparate, Geräte

Es gibt keine verbindliche Festlegung, die das Benennen von technischen Gebilden oder Produkten regelt. Bestrebungen gehen dahin, die Hauptumsatzgröße als Entscheidungskriterium zu nehmen. Hauptumsatzgrößen können Stoff-, Energie- und Informationsumsatz sein. Technische Gebilde mit hauptsächlichem Stoffumsatz werden als Apparate bezeichnet. Beispiele hierfür sind Förderbänder und Mischer. Technische Gebilde mit hauptsächlichem Signalumsatz heißen Geräte. Als Beispiel hierfür sind Faxgeräte und Diktiergeräte zu nennen. Technische Gebilde mit hauptsächlichem Energieumsatz werden als Maschinen bezeichnet, z.B. Verbrennungsmotoren und Generatoren.

Im Umgangssprachgebrauch haben sich auch Bezeichnungen eingebürgert, die diesen Definitionen widersprechen, z.B. Fotoapparat. Außerdem kann ein und dasselbe technische Gebilde einerseits Maschine, Apparat oder Gerät sein und andererseits nur Baugruppe eines komplexen technischen Gebildes, z.B. der Motor eines Autos. So relativieren sich auch die Begriffe Bauteil und Baugruppe.

System

Ein System ist ein von seiner Umgebung abgegrenzter Gegenstand, der eine bestimmte Funktion erfüllt. Es wird beschrieben durch Systemgrenzen, durch Größen die von außen in das System eindringen, den Eingangsgrößen und durch Größen, die das System verlassen, den Ausgangsgrößen. Je nach Sicht des Betrachters werden die Systemgrenzen gelegt. Der Systembegriff ist universell und gut geeignet für die Beschreibung unterschiedlicher technischer Gebilde. Ein System ist unterteilbar in Teilsysteme, für die wiederum Eingangsgrößen, Ausgangsgrößen und Systemgrenzen festgelegt werden.

Aufgaben und Probleme

Von einem Problem wird gesprochen, wenn es einen Istzustand gibt, der nicht zufriedenstellend ist, und einen Sollzustand, der zufriedenstellend und ungefähr beschreibbar ist und wenn nicht bekannt ist, wie der Istzustand in den Sollzustand überführt werden kann. Im Unterschied dazu ist bei einer Aufgabe die Beschreibung des Weges vom Ist- zum Sollzustand genau möglich. Der Sollzustand ist nicht nur ungefähr, sondern genau darstellbar. Der Unterschied zwischen Aufgabe und Problem wird an folgendem Beispiel verdeutlicht.

Firma A und Firma B sind Wettbewerber und stellen vergleichbare Werkzeugmaschinen eines bestimmten Typs her. Firma A bringt unerwartet für B eine neue Maschine mit 30% mehr Dynamik (Beschleunigung) bei sonst gleichen Randbedingungen auf den Markt. Die Konstrukteure von Firma B haben jetzt das Problem, die Dynamik ihrer Maschine um ca. 30% zu verbessern, um konkurrenzfähig zu bleiben. Ein Beispiel für eine Aufgabe ist das Anfertigen einer Anpassungskonstruktion unter genau vorgegebenen Randbedingungen. In der Praxis sind die Dinge nicht immer so klar trennbar und aus ursprünglichen Aufgaben werden Probleme.

Konstruktionsarten

Neukonstruktionen werden durchgeführt für:
- völlig neue Aufgabenstellungen,
- bei bekannten Aufgabenstellungen und neuen Lösungsprinzipien,
- bei bekannten Aufgabenstellungen und neuer Kombination von bekannten Lösungsprinzipien.

Alle Phasen des Konstruktionsprozesses müssen durchlaufen werden, wobei dem Festlegen der Anforderungsliste und dem Bewerten von Konzepten, Varianten und Entwürfen viel Aufmerksamkeit geschenkt werden sollte.

Anpassungskonstruktionen werden durchgeführt bei:
- bekannten Aufgabenstellungen mit neuen Randbedingungen unter der Verwendung von bekannten Lösungsprinzipien.

Anpassungskonstruktionen können durch sich ändernde Normen und Richtlinien erforderlich sein.

Variantenkonstruktionen werden durchgeführt, wenn das Produkt in unterschiedlichen Größen und Ausführungsvarianten benötigt wird. Bei der Neukonstruktion eines solchen Produktes ist dies zu berücksichtigen. Für die Variantenkonstruktionen ist es in der Regel nicht erforderlich, alle Phasen des Konstruktionsprozesses systematisch zu durchlaufen. Das erfolgte bei der Neukonstruktion. Hier musste der Spielraum geschaffen werden, der eine Variantenkonstruktion erlaubt.

1.2.2 Ideenfindung

Ziel ist, gute Lösungen zu finden und diese konstruktiv umzusetzen. Eine mittelmäßige Lösungsidee, konstruktiv sehr gut umgesetzt, führt in der Regel nicht zu einem guten Produkt. Deshalb ist es wichtig, eine sehr gute Lösungsidee zu finden. Ist sie gefunden, bleibt immer noch die Frage: „ Gibt es noch eine bessere oder ist die beste schon gefunden."

Mit dem methodischen Konstruieren wird versucht, dies nicht dem Zufall zu überlassen.

Beschreibung des Denkens

Das Denken ist einteilbar in das *intuitive* Denken und das *diskursive* Denken.

Beim intuitiven Denken wird die Lösung durch einen plötzlichen und nicht planbaren Einfall gefunden. Es ist nicht genau beschreibbar wie der Einfall zustande kommt und er kann nicht erzwungen werden.

Die Wahrscheinlichkeit, in kurzer Zeit durch intuitives Vorgehen eine gute Lösungsidee zu erhalten, kann erhöht werden indem:

- der Bearbeiter ein umfassendes Wissen auf dem Gebiet hat, in dem die Lösungsidee gesucht wird.
- der Bearbeiter eine Zeit ungestört und intensiv darüber nachdenken kann. Hierbei ist eine nähere Auseinandersetzung mit dem Problem hilfreich (z.B. skizzieren, Besuche vor Ort).
- durch Gruppenarbeit das Wissen mehrerer Bearbeiter und Nutzer in die Lösungsidee einfließt.

Der Nachteil hierbei ist, dass die Lösungsidee nur aus dem fachlichen Wissen des Bearbeiters stammen kann. Im Gegensatz zum intuitiven Vorgehen wird beim diskursiven Denken bewusst und organisiert vorgegangen. So kann in gewissen Grenzen planbar eine gute Lösung gefunden und sogar noch abgeklärt werden, ob diese die bestmögliche Lösungsidee ist. Weil das diskursive Denken in der Regel systematisch ist (Durchprobieren aller möglichen Kombinationen von Teillösungen), ist es auch zeitaufwändig und an gewisse Voraussetzungen gebunden (z.B. das Vorhandensein von Konstruktionskatalogen).

Beiden Denkweisen treten bei der Lösungssuche gemeinsam in unterschiedlicher Gewichtung auf. Bei Pahl /Beitz [1] werden gute Problemlöser in treffender Weise wie folgt beschrieben.

Gute Problemlöser

- besitzen ein gutes fachliches Wissen in geordneter Weise, d.h. sie haben ein inneres gut strukturiertes Modell,
- finden ein richtiges, je nach Situation angepasstes Maß zwischen Konkretheit und Abstraktion,
- können auch bei Unschärfe oder Unbestimmtheiten handeln und
- halten am Ziel bei flexiblem Vorgehensverhalten fest.

Im Folgenden werden Vorgehensweisen zum Finden einer guten Lösungsidee vorgestellt. An vielen Stellen im Konstruktionsprozess werden gute Ideen benötigt, sei es beim Konzipieren, beim Entwerfen oder beim Ausarbeiten. Deshalb soll das Finden von guten Ideen hier als ein Werkzeug des Konstrukteurs angesehen werden, dem er sich an beliebiger Stelle bedienen kann.

Analysieren ist das genaue Untersuchen, um Informationen zu gewinnen. Arbeitsschritte des Analysierens sind das Zerlegen, das Ordnen, das Vergleichen und das Neubeschreiben. Das Analysieren ist immer ein erster Arbeitsschritt und Voraussetzung für andere Methoden der Lösungssuche. Durch sorgfältiges Analysieren entstehen häufig schon erste Ideen. Als besonders wichtig und hilfreich erweist sich immer eine gründliche Analyse der Aufgabenstellung.

Beispiel:

Ein Hersteller von Werkzeugmaschinen möchte, um den Umsatz anzuheben, mehrere Werkzeugmaschi-

nen einer Art zu einer Fertigungslinie verbinden. Hierzu ist es nötig, eine Handlingeinrichtung zu entwickeln, die die Werkstücke zwischen An- und Abtransport und zwischen den einzelnen Maschinen transportiert. Durch das Analysieren der Aufgabenstellung werden Antworten auf folgende Fragen gefunden.

- Wie viele Maschinen sollen minimal (maximal) verbunden werden?
- Welche Maschinenanordnungen sind sinnvoll?
- Welche geometrischen Restriktionen gibt es auf Grund von Normen und Sicherheitsbestimmungen?
- Welche maximale Masse können die Werkstücke haben? Hierzu müssen Anwendungsfälle untersucht werden, weil das Produkt aus Arbeitsraumvolumen und Materialdichte viel zu groß ist.
- Welche Bewegungen sollen möglich sein? Drei Translationen und drei Rotationen ermöglichen universelle Bewegungen, aber jede überflüssige mögliche Bewegung kostet Geld.
- Wie sind die Taktzeiten und die Transportwege, schafft eine Handlingeinrichtung alle anfallenden Transportaufgaben?
- Müssen zwei Werkstücke gleichzeitig gehändelt werden?
- Wie sind die geometrischen Verhältnisse in den zu verbindenden Maschinen?

Weiterhin können die Transportaufgaben durch Analysieren der zu realisierenden Funktion, siehe Bild 4, genauer beschrieben werden.

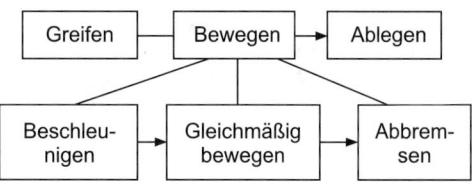

Bild 4. Zerlegen von Funktionen in Teilfunktionen

Fragen stellen

Durch gezieltes Fragen und Antworten können nützliche Informationen gewonnen und viele Gedanken und Ideen angeregt werden. Für sich wiederholende Aufgabenstellungen gibt es in der Praxis Frage- oder Checklisten z.B. bei Vorstellungsgesprächen. Das gezielte Fragen kann als sinnvoller Arbeitsschritt beim Analysieren verwendet werden.

Abstrahieren

Abstrahieren ist das Rückführen auf das Wesentliche. Arbeitsschritte sind das Vereinfachen, das Einordnen in eine höhere Hierarchieebene und das Weglassen von Details. Das Abstrahieren ist ein sehr wichtiges Werkzeug beim methodischen Konstruieren, weil hierbei über das zu lösende Problem grundlegend und unvoreingenommen nachgedacht werden muss. Sinnvoll ist, die Ergebnisse des Abstrahierens zu dokumentieren.

Beispiel:
Beim spontanen Nachdenken über PKW-Antriebe fallen dem Konstrukteur Diesel- und Benzinmotoren ein. Durch Abstrahieren der Problemstellung entsteht Folgendes. Es wird eine Antriebsleistung von x kW benötigt, die dazu benötigte Energie muss speicherbar und in angemessener Form transportabel sein. Nur auf diese Weise wird der Konstrukteur offen für neue Lösungen wie Hybridantriebe, Elektroantriebe und Brennstoffzellen.

Morphologischer Kasten
Der morphologische Kasten basiert auf der von Zwicky 1966 vorgeschlagenen morphologischen Methode. Die Gesamtfunktion wird in Teilfunktionen zerlegt. Für jede Teilfunktion werden Lösungsprinzipien gesucht. Diese werden in eine Tabelle eingetragen. Durch Verbinden von miteinander „verträglichen" Lösungsprinzipien entstehen Lösungskombinationen. In Kapitel 1.3, Tabelle 2 ist unter Arbeitsabschnitt 3 ein morphologischer Kasten für die Entwicklung eines Ausgleichsgetriebes für einen PKW dargestellt. Manchmal werden die Teilfunktionen und die Lösungsprinzipien noch durchnummeriert. Die Anwendung eines morphologischen Kastens ist sinnvoll bei umfangreichen Neu- und Anpassungskonstruktionen, die sich gut in Teilfunktionen gliedern lassen. Je besser und sorgfältiger die Lösungsprinzipen erarbeitet werden und je mehr Fachwissen und Erfahrung beim Verbinden der Lösungsprinzipien einfließt, desto größer ist die Wahrscheinlichkeit, gute Lösungskombinationen zu bekommen.

Brainstorming
Die wohl bekannteste intuitive Methode der Ideenfindung ist das Brainstorming nach Osborn. Durchgeführt wird das Brainstorming in einer Gruppe von 5 bis 15 Personen, inklusive eines Leiters. Die Gruppe sollte aus Fachleuten unterschiedlicher Bereiche und auch aus Laien bestehen. Sehr wichtig ist, dass die Gruppenmitglieder nicht aus unterschiedlichen Hierarchieebenen stammen und gegenseitig nicht weisungsbefugt sind. Der Gruppenleiter ist für die organisatorischen Aufgaben verantwortlich. Hierzu zählt: die Zusammensetzung der Gruppe bestimmen, einen neutralen Protokollführer festlegen, den Termin festlegen und dazu einladen sowie die nach der Sitzung erforderliche Auswertung organisieren. Während der Sitzung muss der Leiter das zu lösende Problem erläutern, das Einhalten wichtiger Regeln durchsetzen und ein Protokoll führen. Die wichtigste Regel beim Brainstorming ist, dass die Vorschläge anderer nicht kritisiert oder bewertet werden. Nach der Brainstorming-Sitzung, die zwischen 30 min und 60 min dauern sollte, wird sie durch Fachleute ausgewertet. Vorteilhaft ist die Durchführung eines Brainstorming, wenn noch kein Lösungsprinzip vorhanden ist oder man mit allem Bekannten nicht weiter kommt.

Weitere ähnliche Verfahren sind die Methode 635 nach Rohrbach, die Galeriemethode nach Hellfritz, die Delphi-Methode und die Methode Synektik nach Gordon, bei denen ebenfalls nach vorgegebenen Regeln auf intuitive Weise Ideen gesucht werden.

Arbeiten mit Konstruktionskatalogen
In Konstruktionskatalogen werden bekannte und/oder schon umgesetzte Lösungen gesammelt. Ziel ist es, dem nach einer Lösungsidee suchenden Konstrukteur Anregungen zu geben. Der Idealfall wäre, wenn der Konstrukteur in dem Konstruktionskatalog eine für ihn brauchbare Lösung findet.
In Büchern, Prospekten, Zeitschriften und Firmenschriften sind auch Lösungsideen vorrätig. Sie sind aber sehr unterschiedlich dargestellt, weshalb ein direkter Vergleich schwierig ist. Außerdem ist es aufwändig, für eine Aufgabenstellung die bisher bekannten Lösungen aus der Literatur zu suchen. An Konstruktionskatalogen werden deshalb folgende Anforderungen gestellt:
- sie sollten möglichst vollständig sein, zumindest aber erweiterbar,
- sie sollten firmen- und branchenunabhängig sein,
- sie sollten für den Einsatz mit und ohne Rechner geeignet sein und
- sie sollten gut handhabbar sein.

Wesentliche Vor- und Forschungsarbeiten bei der Erstellung und Entwicklung von Konstruktionskatalogen leistete Roth.
Sein dreibändiges Werk „Konstruieren mit Konstruktionskatalogen" [2] enthält viele Konstruktionskataloge und Verweise zu weiteren. Roth schlägt folgenden Aufbau für Konstruktionskataloge vor,

Gliederungsteil				Hauptteil		Zugriffsteil			Anhang	
1	2	3	4	1	2	Nr	1	2	3	1	2
						1					
						2					
						3					
						4					
						5					

Bild 5. Konstruktionskatalog in Anlehnung an Roth [2]

wobei in den einzelnen Spalten folgende Inhalte einzuordnen sind:

Gliederungsteil: – ordnende und gliedernde Gesichtspunkte,
        – dient dem systematischen Aufbau,

Hauptteil: – hier werden die Lösungen beschrieben,
        Zeichnungen und Skizzen,

Zugriffsteil: – Eigenschaften der beschriebenen Lösungen sind aufgelistet und eingeordnet,

Anhang: – Bemerkungen, Verweise auf Referenzstellen, Ergänzungen.

TRIZ-Methode

Der Begründer dieser Methode ist Genrich Altschuller. Er untersuchte eine Vielzahl von Patenten, um auf Grund von Ähnlichkeiten der Erfindungen eine Evolution bei technischen Systemen zu finden. Das Ergebnis seiner Untersuchungen war jedoch, dass Erfindungen in der Regel nicht durch das Eingehen von Kompromissen, sondern durch das Verbinden von gegensätzlich erscheinenden Dingen gemacht wurden.

Bei der TRIZ-Methode wird nun das zu lösende Problem analysiert und in eine Tabelle mit Merkmalen, ähnlich einer Anforderungsliste, eingetragen. Auf dem Rechner befindet sich eine Datenbank, in der möglichst viele physikalische Effekte gespeichert sind, vergleichbar einem technischen Lexikon.

Mit dem Computer wird die Datenbank hinsichtlich der in der Tabelle stehenden Anforderungen durchsucht und es werden Lösungskombinationen gefunden. Da kein Konstrukteur allein in der Lage ist, das ganze Wissen der Datenbank in sich zu vereinen, werden so Lösungen gefunden, an die man zum Beispiel beim Brainstorming nicht gedacht hätte.

In den USA und auch bei großen deutschen Firmen ist diese Methode seit Jahren im Einsatz [3,4,5].

1.2.3 Bewerten

Das Bewerten kann an vielen Stellen des Konstruktionsprozesses erforderlich werden. Es ist aufwändiger im Vergleich zum einfachen Auswählen und sollte deshalb dort eingesetzt werden, wo wichtige Entscheidungen zu treffen sind. Durch Bewerten können technische Lösungen untereinander oder in Bezug zu einer idealen Lösung verglichen werden. Die zwei wesentlichsten, in der Praxis eingesetzten Bewertungsverfahren sind die Nutzwertanalyse und die Bewertung nach der VDI-Richtlinie 2225. In einem ersten Arbeitsschritt müssen die Bewertungskriterien gefunden werden. Sie sollten folgende vier Bedingungen erfüllen.

- Sie sollten positiv formuliert werden z.B. geringer Kraftstoffverbrauch statt hoher Kraftstoffverbrauch.
- In den Bewertungskriterien sollten alle wesentlichen Anforderungen enthalten sein.
- Die Bewertungskriterien sollten voneinander unabhängig sein. Wenn ein Kriterium der geringe Kraftstoffverbrauch ist, ist es nicht sinnvoll, als weitere Betriebskosten hinzuzunehmen.
- Die Bestimmung der Bewertungskriterien sollte mit vertretbarem Aufwand möglich sein, z.B. direkte Messung.

In einem zweiten Arbeitsschritt müssen die Bewertungskriterien gewichtet werden.

Bei der Nutzwertanalyse erfolgt das in einem hierarchischen System, das dort als Zielsystem bezeichnet wird. Bei der technisch-wirtschaftlichen Bewertung nach VDI-Richtlinie 2225 gibt es keine hierarchische Ordnung der Bewertungskriterien. Eine Gewichtung wird nur empfohlen, wenn einzelne Kriterien eine sehr unterschiedliche Bedeutung haben. Beiden Methoden ist gleich, dass die Summe der Gewichtungsfaktoren 1 bzw. 100% ist (in der Nutzwertanalyse wird diese in der untersten Hierarchieebene gebildet).

Ein dritter Arbeitsschritt ist das Bewerten der Lösungsvorschläge hinsichtlich der Bewertungskriterien. Dazu wird bei beiden Methoden ein unterschiedliches Punktesystem vorgeschlagen (Tabelle 1):

Werteskala			
Nutzwertanalyse		Richtlinie VDI 2225	
Pkt.	Bedeutung	Pkt.	Bedeutung
0	absolut unbrauchbare Lösung	0	unbefriedigend
1	sehr mangelhafte Lösung		
2	schwache Lösung	1	gerade noch tragbar
3	tragbare Lösung		
4	ausreichende Lösung	2	Ausreichend
5	befriedigende Lösung		
6	gute Lösung mit geringen Mängeln	3	Gut
7	gute Lösung		
8	sehr gute Lösung	4	sehr gut (ideal)
9	über die Zielvorstellung hinausgehende Lösung		
10	Ideallösung		

Tabelle 1. Werteskala für Nutzwertanalyse und Richtlinie VDI 2225

Für die Verteilung der Punkte kann je nach Bedeutung der Bewertung unterschiedlich viel Aufwand betrieben werden. So ist es durchaus üblich, für quantitativ erfassbare Bewertungskriterien Grenzwerte zum Vergeben der Punkte, zum Teil sogar nach mathematischen Formeln, festzulegen.

In einem vierten Arbeitsschritt werden die Gewichtungsfaktoren der einzelnen Bewertungsfaktoren mit den vergebenen Punkten multipliziert. Jedes Bewertungskriterium erhält einen gewichteten Wert. Für jede Lösungsvariante ist somit aus der Summe der gewichteten Werte über alle Bewertungskriterien der Gesamtwert bestimmbar. Die Lösungsvariante mit dem größten Gesamtwert ist die beste.

Ein Beispiel wird im Kapitel Phasen des Konstruktions- und Entwicklungsprozesses gezeigt. Häufig ist es sinnvoll, eine technische und eine wirtschaftliche Bewertung getrennt voneinander durchzuführen. In der VDI-Richtlinie 2225 wird zum Zusammenführen beider Bewertungsergebnisse ein so genanntes Stärke-Diagramm vorgeschlagen. Darin ist gut zu erkennen, wie sich die technische und wirtschaftliche Wertigkeit der Lösungen von Entwicklungsschritt zu Entwicklungsschritt verändern (Bild 6).

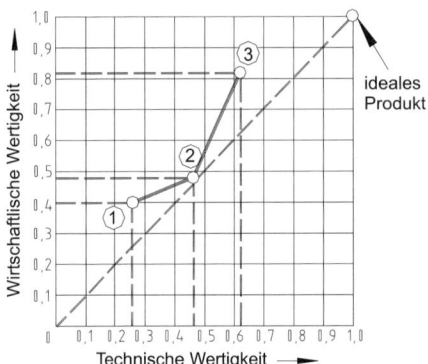

Bild 6. Wertigkeitsdiagramm nach Kesselring [6]

Bei einer schlechten Lösung ist es möglich, in einem Entwicklungsschritt sowohl die technische als auch die wirtschaftliche Wertigkeit zu erhöhen. Irgendwann wird dann eine Grenze erreicht. Danach ist es nur noch möglich, eine Eigenschaft auf Kosten einer anderen zu verbessern. Das wurde vor ca. 100 Jahren von Pareto, einem italienischen Wissenschaftler und Mathematiker beschrieben. So ist es ab einer bestimmten Grenze nur noch möglich, Verbesserungen in der technischen Wertigkeit durch höhere Kosten zu erreichen. Nur durch völlig neue Erfindungen und Technologien können diese Grenzen weiter verschoben werden.

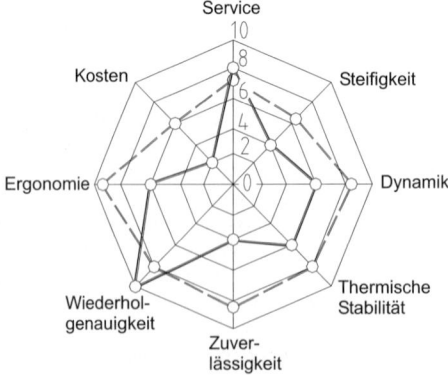

Bild 7. Bewertung zweier Werkzeugmaschinen mit einem Spinnendiagramm

Eine weitere Möglichkeit, die Ergebnisse einer Bewertung darzustellen, ist ein so genanntes Spinnendiagramm (Bild 7). Es werden von einem zentralen Punkt, etwa im gleichen Winkel zueinander, so viele

Koordinatenachsen gezeichnet, wie Bewertungskriterien festgelegt wurden. Nun werden für jede Lösung die Bewertungsergebnisse eingetragen und verbunden. Ist eine Lösung bezüglich aller Bewertungskriterien besser als eine andere, so schneiden sich die Verbindungslinien für diese beiden Lösungen nicht. Die Verbindungslinie der schlechteren Lösung liegt innerhalb der durch die Verbindungslinie der besseren Lösung gebildeten Fläche. Schneiden sich die Verbindungslinien zweier Lösungen, so hat jede Lösung Vor- und Nachteile gegenüber der anderen. Der Vergleich der Gesamtwerte ist mit einem Spinnendiagramm nicht möglich.

1.2.4 Technische Schutzrechte

Patente und Gebrauchsmuster sind technische Schutzrechte. Sie sind geeignet, die Ergebnisse von Konstruktions- und Entwicklungsleistungen wirkungsvoll vor Nachahmung zu schützen. Im Arbeitnehmererfindungsgesetz wird geregelt, wie Arbeitnehmer, die während ihrer Arbeit schutzrechtwürdige Erfindungen machen, angemessen entlohnt werden. Neben der Schutzfunktion hat das Patentwesen eine weitere: die Vermittlung des Standes der Technik bei Forschung und Entwicklung; denn durch die Patentämter werden die angemeldeten Erfindungen veröffentlicht. Durch die Nichtnutzung dieser Veröffentlichungen entsteht jährlich ein hoher Schaden, Erfindungen und Entwicklungen werden mehrfach durchgeführt. In Deutschland ist das Deutsche Patentamt in München zuständig für die Anmeldung, Prüfung und Erteilung von Patenten und Gebrauchsmustern. Die übergeordnete Stelle ist das Europäische Patentamt. Europäische Patente gelten in den beteiligten Staaten auch als nationale Patente.

1.2.4.1 Patent

Welche Voraussetzungen gibt es für die Erteilung von Patenten?
Als Patente werden technische Erfindungen geschützt, die neu sind, auf einer erfinderischen Tätigkeit beruhen und gewerblich anwendbar sind (§ 1 Abs. 1 PatG).

Nicht patentfähig sind:
• wissenschaftliche Theorien und mathematische Methoden,
• Computerprogramme,
• ästhetische Formen,
• Information (Tabellen, Formulare),
• Konstruktionen, die Naturgesetzen widersprechen,
• Pflanzensorten und Tierarten,
• Verfahren zur chirurgischen und therapeutischen Behandlung an Mensch und Tier.

Eine Erfindung ist nur dann patentfähig, wenn sie neu ist. Damit ist gemeint, dass sie nicht zum Stand der Technik gehört und nicht schon irgendwo veröffentlicht ist (weltweit). Zum Stand der Technik gehören alle Dinge, die veröffentlicht sind oder benutzt werden oder in sonst irgendeiner Weise bekannt sind.

Man muss sich aber darüber im Klaren sein, dass eine weltweite lückenlose Prüfung praktisch nicht möglich ist.

Als zweite Bedingung muss eine Erfindung auf erfinderischer Tätigkeit beruhen. Damit ist gemeint, dass ein normaler Fachmann auf dem jeweiligen technischen Gebiet sich die patentwürdige Idee nicht aus dem Stand der Technik in naheliegender Weise erschließen kann.

Die dritte Bedingung ist die gewerbliche Nutzbarkeit. Sie ist gegeben, wenn die Erfindung in irgendeiner Weise hergestellt und gewerblich genutzt werden kann.

Die Anmeldung eines Patents

Grundsätzlich kann jeder der will beim Deutschen Patent- und Markenamt ein Patent anmelden. Es gibt keinen Anwaltszwang. Ausnahmen hiervon gibt es für Ausländer und Firmen ohne Firmensitz in Deutschland. Hier besteht Anwaltszwang.

Ein Patent ist schriftlich oder in elektronischer Form in deutscher Sprache (oder die Übersetzung wird nachgereicht) beim Deutschen Patent- und Markenamt einzureichen.

Folgende Unterlagen müssen zur Anmeldung eines Patents eingereicht werden:

1. ein Erteilungsantrag. Das ist ein Anmeldeformular, das auch im Internet unter der Adresse http://www.dpma.de vorliegt, ebenso ein „Merkblatt".
2. Anmeldungsunterlagen. Hier muss die Erfindung für einen Fachmann verständlich erklärt werden. Dies sollte sehr sorgfältig getan werden, da ein „Nachbessern" nicht möglich ist. Bei fehlerhaften Unterlagen wird die Anmeldung zurückgewiesen und die Anmeldungsgebühr ist verfallen.

Auf den folgenden zwei Seiten sind beispielhaft die zur Einreichung eines Patents erforderlichen Texte für eine Kugelgelenkverbindung abgedruckt.

Beschreibung der Kugelgelenkverbindung

Einordnung

Mechanismen mit parallelkinematischer Struktur finden zunehmend Anwendung im Werkzeugmaschinenbau, in der Roboter- und Handhabungstechnik und bei Bewegungsaufgaben in der Medizintechnik. Meist ist das Gestell mit der Abtriebsplattform bei derartigen Mechanismen mit Streben verbunden, wobei die Verbindung oft mit Kugel- bzw. Kardangelenken erfolgt. Die Berechnung vieler derartiger Mechanismen ergab, dass besonders gute Übertragungs- und Bewegungseigenschaften erreicht werden können, wenn mehrere Streben in einem Punkt mit dem Gestell bzw. mit der Plattform verbunden sind. Mit der hier vorgestellten Erfindung wird es möglich, dass mehrere Streben über eine Kugelgelenkverbindung verbunden werden. Es bleibt jede mögliche

Drehbewegung jeder Strebe gegenüber jeder anderen Strebe erhalten. Die Drehachsen aller dieser Drehbewegungen schneiden sich in einem Punkt.

Stand der Technik

Im Patent GB 2289002 werden Kugelgelenkverbindungen vorgestellt bei denen 2 Streben mit dem Gestell in einem Punkt verbunden werden können. Zwei Kugelhälften werden über ein Drehgelenk verbunden, so dass eine Kugelhälfte gegenüber der anderen beliebig verdrehbar ist. An jeder Kugelhälfte ist jeweils eine Strebe fest angeschlossen.

Im Patent GB 2289001 ist beschrieben, wie die durch die beiden Kugelhälften entstehende Kugel in einer weiteren Kugelschale gelagert werden kann, so dass zwei weitere gemeinsame Drehbewegungen möglich werden. Im Patent wird die Umsetzung der Lagerung der Kugelschalen mit einer Magnetlagerung beschrieben.

In der Firmenschrift GAP HEX3 GB97 der Firma Geodetic Technology (USA), Inc. Gaskins Centre, 3827 Gaskins Road, Glen Allen, Virginia 23060, USA, werden für die in den beiden oben genannten Patenten beschriebenen Bewegungen unterschiedliche Lagerarten verwendet (Wälzlager und Gleitlager).

In den Patenten GB 2288998, GB 2269552, GB 2329138 und US 5857815 werden Anwendungsfälle für Mechanismen paralleler Struktur beschrieben, bei denen die Anlenkpunkte zweier Streben in einem Punkt zusammenfallen.

Mängel bisheriger Lösungen

Bei den bisherigen bekannten Lösungen können nicht mehr als 2 Streben mit dem Gestell (Plattform) in einem Punkt verbunden werden.

Weiterhin ist es nicht möglich die Streben ohne ein weiteres Kugelgelenk um die eigene Achse zu verdrehen.

Gelöste Problemstellung

Parallelkinematische Strukturen können nur dann leicht und steif sowie mit einer hohen Dynamik und Genauigkeit gebaut werden, wenn sie eine einem Fachwerk ähnliche Struktur haben, weil es nur dann möglich ist nur Zug- und Druckbelastungen in der Struktur zu haben. Zur Ausbildung der „Fachwerkknoten" ist es erforderlich, dass sich die Wirkungslinien mehrerer Streben in einem Punkt schneiden. Für räumliche Strukturen müssen 3 Streben mit dem Gestell (Plattform) in einem Punkt verbunden werden, um eine Kraft beliebiger Richtung in nur Zug- und Druckkräfte bei veränderlichen Strebenrichtungen sicher zerlegen zu können.

Erläuterung der Erfindung und ein Ausführungsbeispiel

Die Kugelgelenkverbindung ermöglicht zwei, drei und mehr Streben in einem Punkt zu verbinden, so dass jede Strebe gegenüber jeder anderen Strebe um alle drei Drehachsen verdrehbar ist. Kinematisch gleichwertig ist diese Verbindung, als ob jede Strebe mit jeder anderen und jede Strebe mit dem Gestell über ein Kugelgelenk verbunden sind und sich die Drehachse aller möglichen Drehbewegungen in einem Punkt schneiden. Die gegenseitige Bewegung der einzelnen Gelenkelemente wird durch die Oberfläche konzentrischer Kugeln geführt. Die Strebe (1) ist fest mit einer Kugel verbunden, wobei die Strebenachse den Kugelmittelpunkt schneidet. An der Strebe (2) ist die Hälfte einer Hohlkugel befestigt welche mit einer Aussparung versehen ist. Durch diese Aussparung wird die Strebe (1) gesteckt. Von der Größe der Aussparung hängt der Schwenkwinkel ab, der zwischen Strebe (1) und Strebe (2) möglich wird. Eine weitere halbe Hohlkugel (3) ergänzt die erste halbe Hohlkugel zu einer Hohlkugel. Auch der Mittelpunkt der inneren und äußeren Kugeloberfläche, der Hohlkugel (2, 3) und die Strebenachse der Strebe (2) schneiden sich in einem Punkt. Die innere Oberfläche der Hohlkugel die mit Strebe (2) verbunden ist und die Oberfläche der Kugel die mit Strebe (1) verbunden ist, gleiten aufeinander. Es sind auch Lagerungen zwischen beiden Kugeloberflächen vorstellbar (z.B. Wälzlagerung). Durch die Durchmesserdifferenz der beiden Kugeloberflächen wird die Genauigkeit und das Spiel der Gelenkverbindungen bestimmt.

Mit diesen beiden Streben können weitere in gleicher Art und Weise verbunden werden, wobei dann die bisherige Strebe (2,3) die Funktion der Strebe (1) und die neue Strebe (4, 5) die Funktion der Strebe (2, 3) übernimmt. In Analogie sind weitere Streben anbindbar. Auf Bild 8 ist die Verbindung von 3 Streben und einer Gestell (Plattform) -anbindung (6, 7) dargestellt. Bei der Ausführung gemäß Bild 8 ist eine Rotation der Strebe (1) um beliebige Winkel möglich. Um alle anderen Drehachsen sind Schwenkbewegungen um 60° bis max. 70° sinnvoll konstruktiv umsetzbar. Die Mittelstellung dieser ± 30° bis ± 35° Schwenkbewegungen ist konstruktiv um den beliebig wählbaren Winkel α verlagerbar, siehe Bild 10. Bei einer Ausführung gemäß Bild 10 erhöht sich ein Schwenkwinkel jeder Strebe von ca. ± 30° bis ± 35° auf bis zu ± 90°. Die Konstruktion auf Bild 9 ist im Vergleich zu der auf Bild 8 nicht so steif ausführbar. Bei der Montage ist es möglich aber nicht erforderlich jeweils zusammengehörige Hohlkugelhälften miteinander zu verbinden (Schraubverbindung, Stiftverbindung o.ä.). Konstruktiv einfach ist die Umsetzung der Kugelgelenkverbindung über Gleitverbindungen, wobei je nach Anwendungsfall und Belastung unterschiedliche Gleitlagerwerkstoffe und Schmierungsarten in Frage kommen.

Vorteile und Anwendernutzen

Mit Hilfe der Kugelgelenkverbindung wird es möglich eine Vielzahl von räumlichen parallelkinemati-

schen Mechanismen so zu konstruieren, dass nur Zug- und Druckbelastungen auftreten. Weiterhin wird es möglich den singularitätsfreien Arbeitsraum dieser Mechanismen zu vergrößern.

Patentansprüche

1. Kugelgelenkverbindung insbesondere für parallelkinematische Werkzeugmaschinen, für Mechanismen in der Handhabungs- und Robotertechnik und Mechanismen in der Medizintechnik.
   Dadurch gekennzeichnet,
   dass die Schnittpunkte der Achsen mehrerer Kugelgelenke in einem Punkt zusammen fallen, und die gegenseitige Bewegung der einzelnen Gelenkelemente durch die Oberflächen konzentrischer Kugeln geführt wird.

2. Kugelgelenkverbindung nach Patentanspruch 1 **gekennzeichnet dadurch,**
   dass der mögliche Schwenkbereich um eine Nullstellung erfolgt, die eine beliebige Orientierung im Raum hat.

3. Kugelgelenkverbindung nach Patentanspruch 1 und 2 **gekennzeichnet dadurch,**
   dass die gegenseitige Bewegung der einzelnen Gelenkelemente durch beliebige Führungen (z.B. Gleitführung, Wälzführung) erfolgen kann.

4. Kugelgelenkverbindung nach Patentanspruch 1, 2 und 3 **gekennzeichnet dadurch,**
   dass die Schnittpunkte der Achsen infolge von Toleranzen nicht exakt aufeinander liegen.

Zusammenfassung

Kugelgelenkverbindung

Bei der Konstruktion von parallelkinematischen Werkzeugmaschinen, Robotern und medizintechnischen Mechanismen ist die optimale kinematische Struktur meist dadurch gekennzeichnet, dass mehrere Streben in einem Punkt angreifen müssen. Das kann durch die Kugelgelenkverbindung umgesetzt werden. Durch die Führung der gegenseitigen Bewegungen der einzelnen Gelenkelemente auf den Oberflächen von konzentrischen Kugeln wird erreicht, dass sich die Schnittpunkte der Drehachsen aller miteinander verbundenen Kugelgelenke in einem Punkt vereinen. So wird die Verbindung von mindestens zwei, drei und mehr Streben in einem Punkt möglich. Eine Strebe ist mit einer Kugel und die weiteren Streben sind mit aus 2 Hälften zusammengesetzten Hohlkugeln verbunden. Die Mittelpunkte der Kugeln aller Kugeloberflächen und die Strebenachsen schneiden sich in einem Punkt. Durch die gegenseitigen Bewegungen kommen alle möglichen Lagerungen in Frage (z.B. Gleitlagerung, Wälzlagerung).

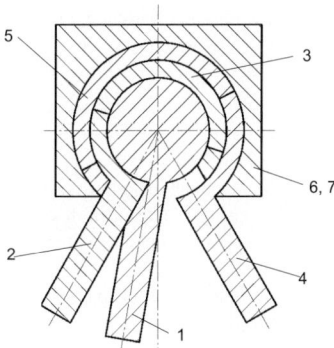

Bild 8. Kugelgelenkverbindung (Schnittdarstellung)

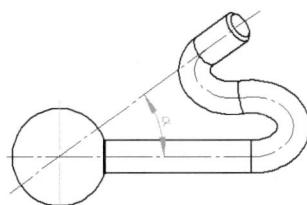

Bild 9. Modifizierte innere Strebe (1) zur Veränderung der Lage des Schwenkbereiches um den Winkel α

Bild 10. Räumliche Darstellung der Kugelgelenkverbindung mit Schwenkwinkelerweiterung

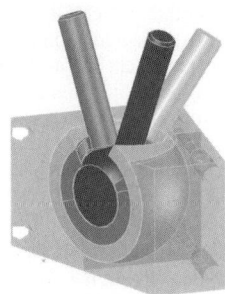

Bild 11. Räumliche Schnittdarstellung der Kugelgelenkverbindung

Bild 12. Räumliche Darstellung der Kugelgelenkverbindung ohne Gehäuse (Gestell- oder Plattformanbindung)

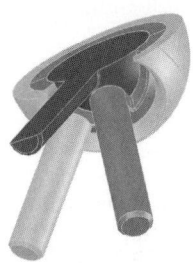

Bild 13. Räumliche Schnittdarstellung der Kugelgelenkverbindung ohne Gehäuse (Gestell- oder Plattformanbindung)

Zu den Anmeldungsunterlagen gehören
a) die Patentansprüche: In dem ersten Patentanspruch (Hauptanspruch) sind die wichtigsten Merkmale der Erfindung zu nennen. Es sind weitere Patentansprüche (Nebenansprüche) möglich.
b) eine Beschreibung der Erfindung mit folgendem Inhalt:
  • Angaben des technischen Gebiets der Erfindung,
  • Stand der Technik,
  • Mängel bisheriger Lösungen,
  • Beschreibung des gelösten technischen Problems,
  • Erläuterung der Erfindung an Ausführungsbeispielen,
  • Einzelheiten zu besonderen Ausführungsarten,
  • Vorteile, die durch die Erfindung erreicht werden,
  • Zeichnungen.
c) eine Zusammenfassung mit max. 1500 Zeichen. Ihr ist die aussagekräftigste Zeichnung zuzuordnen. Die Zusammenfassung dient zur Information, z.B. bei Patentrecherchen.
d) Modelle und Proben sind nur auf Aufforderung des Deutschen Patent- und Markenamtes einzureichen.
e) eine Erfinderbenennung. Etwa 18 Monate nach Anmeldung sind die Patentunterlagen dann für jedermann einsehbar.

Durch ein Patent kann eine Erfindung bis zu max. 20 Jahren geschützt werden. Ab dem 3. Jahr ist für jedes Jahr, in dem das Patent weiter gelten soll, eine Gebühr zu zahlen, die von Jahr zu Jahr steigt. Derzeit kostet das 3. Jahr 70,00 € und das 20. Jahr 1940,00 €. Die davor entstehenden Kosten sind mit der Anmeldegebühr abgegolten, derzeit 60,00 € plus Prüfungsantragsgebühr 350,00 €. Die Kosten für eine europäische Patentanmeldung sind erheblich höher. Es ist möglich, ein Patent erst national und dann innerhalb von 12 Monaten als Europäisches Patent anzumelden.

1.2.4.2 Gebrauchsmuster

Neben dem Patent ist das Gebrauchsmuster ein weiteres Schutzrecht. Es hat große Bedeutung, weil es schneller zu erlangen ist als ein Patent, die Kosten geringer sind und ebenfalls einen umfassenden Schutz ermöglicht. Ein Gebrauchsmuster muss körperlich sein. Die Bestimmungen über den Neuheitsgrad sind nicht so streng wie bei einem Patent und ein Antrag für ein Gebrauchsmuster wird nicht geprüft. Es ist also kein geprüftes Schutzrecht. Mit einem Gebrauchsmuster ist ein Schutz bis zu 8 Jahren möglich. Es kann sinnvoll sein, ein Gebrauchsmuster und ein Patent für ein und dieselbe Sache gleichzeitig einzureichen, weil durch den Gebrauchsmusterschutz die Zeitspanne überstrichen wird, bis der vollständige Patentschutz erreicht wird. Regelungen über den Gebrauchsmusterschutz sind im Gebrauchsmusterschutzgesetz (GbmG) festgeschrieben. Merkblätter gibt es beim Deutschen Patent- und Markenamt und im Internet.

1.3 Phasen des Entwicklungs- und Konstruktionsprozesses

Der Entwicklungs- und Konstruktionsprozess, der sich vor die Fertigung und Montage bei der Entstehung eines Produktes einordnen lässt, ist Dreh- und Angelpunkt des methodischen Konstruierens. In der VDI-Richtlinie 2221 wird ein Vorschlag gemacht, wie die Prozesse aussehen sollten.

Das Ziel ist immer ein gutes Produkt und nicht, den Entwicklungs- und Konstruktionsprozess möglichst optimal zu beschreiben. Durch das methodische Konstruieren werden Werkzeuge zur Verfügung gestellt, die es erleichtern, systematisch und sicher zu einem guten Produkt zu gelangen. Die Beschreibung dieser Prozesse ist eine Anleitung zum Handeln.

In der Praxis, vor allem in kleineren Unternehmen, gibt es vielerorts kein methodisches Konstruieren. Das wird als Geldverschwendung angesehen. Der Konstrukteur erstellt eine Zeichnung nach der gefertigt wird. und man denkt, die eingesparten Arbeitsschritte sind Gewinn.

Der Entwicklungs- und Konstruktionsprozess wird nach Pahl/Beitz [1] in diese 4 Phasen gegliedert:

1. Planung und Klären der Aufgabe,
2. Konzipieren,
3. Entwerfen und
4. Ausarbeiten.

Geschichtliches Beispiel: Horch

Nach seinem Maschinenbaustudium am Technikum Mittweida und einigen Jahren Industrieerfahrung gründete August Horch im Jahr 1899 die Firma Horch und Cie in Köln. Drei Jahre später kam er nach Sachsen zurück und ab 1904 wurden in Zwickau Autos gebaut.

1909 kam es dann zum Streit zwischen August Horch und dem Aufsichtsrat. Er verließ die Firma. Man kann auch sagen, er wurde aus seiner eigenen Firma rausgeschmissen. Kurz darauf wollte er eine neue Fa. Horch gründen, verlor aber den Rechtsstreit um den Namen und gründete so 1910 die Fa. AUDI (AUDI = lat. Horch). Weshalb kam es zu diesem Streit? Horch wollte die Leistungsfähigkeit seiner Wagen bei Rennen testen und der Vorstand sah das als Zeit- und Geldverschwendung an.

Horch wusste schon damals, dass Prototypen, Tests und das Einhalten gewisser Regeln im Konstruktionsprozess sehr wichtig sind. Horch gewann in den folgenden 4 Jahren mit AUDI das seinerzeit bedeutendste Autorennen, die internationale österreichische Alpenrundfahrt.

Andere Möglichkeiten der Gliederung siehe auch [1,2,7,8,12]. Die Zielstellung ist allerdings immer die gleiche: Der Konstrukteur mit seiner vorgefassten Vorstellung soll durch die Abstraktion offen werden für andere Lösungsmöglichkeiten.

1.3.1 Planen und Klären der Aufgabe

Die erste Phase im Entwicklungs- und Konstruktionsprozess ist das Planen und Klären der Aufgabe. Hier sollte man sehr sorgsam vorgehen. Es stehen sich zwei Parteien gegenüber, einmal der Auftraggeber bzw. der an der konstruktiven Lösung interessierte Partner und auf der anderen Seite der Ausführende, meist der Konstrukteur. Beide können in einem sehr unterschiedlichen Verhältnis zueinander stehen und auch sehr unterschiedliche Kompetenz haben.

Ist der Auftraggeber kein Fachmann, ist es die Aufgabe des Konstrukteurs, seinen Auftraggeber zu beraten.

Wird eine so genannte Auftragskonstruktion durchgeführt, d.h. ein externer Auftraggeber beauftragt ein Konstruktionsbüro, etwas ganz Bestimmtes zu konstruieren, muss nach abgeschlossener Arbeit die Konstruktionsleistung durch den Auftraggeber bezahlt werden. Dies funktioniert, wenn der Auftraggeber mit der Konstruktionsleistung zufrieden ist. Es kann aber auch sein, dass der Auftraggeber mit der Konstruktionsleistung nicht zufrieden sein will, z.B. weil es seine Strategie ist, auf diese Weise den Preis zu drücken.

Auch firmenintern kann es derartige Dinge geben, weil zunehmend zwischen den einzelnen Abteilungen eine Konkurrenzsituation aufgebaut wird. Deshalb ist es wichtig, eine möglichst genaue Aufgabenstellung zu haben.

Hierfür eignet sich eine Anforderungsliste, auf der die Forderungen und Wünsche eingetragen werden. Forderungen müssen unter allen Umständen eingehalten werden, und Wünsche sollten nach Möglichkeit realisiert werden.

Besonders bei den Forderungen sollte Wert darauf gelegt werden, dass diese exakt nachprüfbar sind. So ist eine Forderung nach geringem Gewicht nicht eindeutig. Die Forderung, das Gerät sollte im einsatzbereiten Zustand inklusive der Betriebsstoffe leichter als 10 kg sein, ist sehr gut nachprüfbar.

Für die Gestaltung von Anforderungslisten gibt es keine Vorschriften. Jedoch sollte sie den Namen und die Unterschrift von Auftraggeber und Auftragnehmer und das Datum der letzten Änderung enthalten. Im folgenden Bild ist dargestellt, wie eine Anforderungsliste aussehen könnte. Die aufgeführten Merkmale sind als Checkliste verwendbar. Es muss nicht für jedes Merkmal eine Forderung oder einen Wunsch geben. Die ersten drei Merkmale sind weiter untersetzt. Je nach Bedarf müsste man bei den anderen ebenso vorgehen.

Firmenlogo	**Anforderungsliste**	F = Forderung W = Wunsch	
Auftrags-Nr.:	**Projekt:**	Bearbeiter: Datum:	
Merkmale		Anforderungen	F / W
Ergonomie			
Fertigung			
Kontrolle			
Montage			
Transport			
Gebrauch			
Instandhaltung			
Recycling			
Kosten			
Termin			

Bild 14. Beispiel einer Anforderungsliste

1.3.2 Konzipieren

Konzipieren bedeutet umgangssprachlich, von einer bestimmten Vorstellung (Idee) ausgehend etwas planen und entwickeln. Beim methodischen Konstruieren wird die Phase, die dem Planen und Klären der Aufgabe folgt, als Konzipieren bezeichnet.

Ausgehend von der Aufgabenstellung wird versucht, durch Abstrahieren das Wesentliche zu erkennen. Dieses Abstrahieren ist wichtig, um von vorgefassten Vorstellungen abzukommen. Im Entwicklungs- und Konstruktionsprozess nach VDI-Richtlinie 2221 werden das Ermitteln von Funktionen und deren Strukturen, das Suchen nach Lösungsprinzipien und deren Strukturen und das Gliedern in realisierbare Module der Phase des Konzipierens zugeordnet. Diese wird oft aus Kostengründen eingespart. Sie ist jedoch der kreativste Teil des Entwicklungs- und Konstruktionsprozesses. Hier sollten auch die Werkzeuge zur Ideenfindung eingesetzt werden. Etwa 70% der Kosten eines Produkts werden während der Konstruktion festgelegt.

Wird in der Phase des Konzipierens eine einfache und gute Lösung gefunden, ist der Grundstein für ein gutes Produkt gelegt. Wird keine gute Lösungsidee gefunden, dienen die folgenden Phasen dazu, für eine mittelmäßige Idee eine gute konstruktive Umsetzung zu finden.

1.3.3 Entwerfen

Das Entwerfen ist die dritte Phase im Entwicklungs- und Konstruktionsprozess. Entsprechend der Definition in der VDI-Richtlinie gibt es eine Überschneidung. In der Phase des Entwerfens sind nach dieser Richtlinie die Schritte Gliedern in realisierbare Module, Gestalten der maßgebenden Module und Gestalten des gesamten Produktes einzuordnen. Arbeitsergebnisse sind Vorentwürfe und der Gesamtentwurf.

Firmenlogo	**Anforderungsliste**	F = Forderung W = Wunsch	
Auftrags-Nr.:	**Projekt:**	Bearbeiter: Datum:	
Merkmale		Anforderungen	F / W
Funktion - *Gesamtfunktion* - *Teilfunktion* - *Hauptfunktion* - *Nebenfunktion*			
Geometrie - ***Abmessungen*** - *Raumbedarf* - *Anzahl* - *Anordnung* - *Anschluss* - *Ausbau* - *Erweiterung*			
Kinematik - *Bewegungsart* - *Bewegungsrichtung* - *Geschwindigkeit* - *Beschleunigung*			
Kräfte			
Stoff			
Energie			
Signal			
Sicherheit			

Häufig gibt es Missverständnisse, was ein Vorentwurf oder ein Gesamtentwurf ist. In der Literatur zum methodischen Konzipieren findet man dazu unterschiedliche bis keine Angaben. Sollte für ein Produkt nur ein Entwurf und nicht die kompletten Fertigungsunterlagen zu erstellen sein, ist es sehr wichtig, schon in Phase eins genau zu vereinbaren, was alles zum Entwurf gehört, am besten schriftlich.

Ein Entwurf sollte maßstäblich sein, eine eindeutige Bezeichnung haben, sowie Name und Unterschrift des Konstrukteurs und das Erstellungsdatum enthalten. Aufbau und Funktion der Konstruktion müssen eindeutig erkennbar sein. Ein Entwurf sollte deshalb enthalten:

- ausreichend viele Darstellungen und Schnitte, um die Anfertigung von Einzelteilzeichnungen durch einen Teilkonstrukteur zu ermöglichen,
- Darstellung von beweglichen Elementen in Endlagen,
- Passungen von Lagern, Wellen-, Nabenverbindungen und anderen Maschinenelementen,
- Anschlussmaße (Befestigungsbohrungen, Wellenstumpfpassungen und -längen),
- Außenabmaße,
- wichtige Achsabstände und Lage der Achsen zu Bezugsflächen,
- Norm-Kurzbezeichnung von Teilen,
- grundlegende Parameter, z.B. Verzahnungsparameter.

In Bild 15 ist ein konstruktiver Gesamtentwurf für ein Getriebe dargestellt (Beispiel des Autors). Beim Entwerfen komplexer Produkte kann es von Nutzen sein, eine bestimmte Reihenfolge einzuhalten.

Von Pahl/Beitz [1] wird die Empfehlung gegeben, nach dem Konzipieren und vor dem Entwerfen in gestaltungsbestimmende und abhängige Hauptfunktionsträger zu unterscheiden. Diese Unterteilung ist hilfreich, weil eine grobe Reihenfolge für das Entwerfen vorgegeben wird. Zuerst werden die gestaltungsbestimmenden und danach die abhängigen Hauptfunktionsträger entworfen.

Beim Entwerfen müssen Gestaltungshinweise zu bestimmten Forderungen beachtet werden. Diese werden ausführlich im folgenden Kapitel dargestellt.

1.3.4 Ausarbeiten

Das Ausarbeiten ist die vierte und letzte Phase im Entwicklungs- und Konstruktionsprozess. Zu dieser Phase gehört entsprechend der VDI-Richtlinie 2221 das Ausarbeiten der Ausführungs- und Nutzungsangaben. Das Ergebnis dieses Abschnitts ist die Produktdokumentation. Sie umfasst Einzelteilzeichnungen, Zusammenbauzeichnungen, Baugruppenzeichnungen, Stücklisten sowie Anleitungen für Montage, Demontage, Wartung, Bedienung und Instandhaltung. Es sollte eine Zeichnungskontrolle und Schlussprüfung der gesamten Konstruktion erfolgen.

1.3.5 Beispiel

Im Folgenden sollen die Phasen des Entwicklungs- und Konstruktionsprozesses am Beispiel eines Ausgleichsgetriebes eines PKW-Motors vorgestellt werden. Das Ausgleichsverfahren wird als Lanchester-Ausgleich bezeichnet. Hierzu werden zwei gegenläufige Wellen mit der doppelten Kurbelwellendrehzahl und einer definierten Unwucht benötigt. Forderungen und Wünsche orientieren sich deshalb an Anforderungen aus der Automobilindustrie.

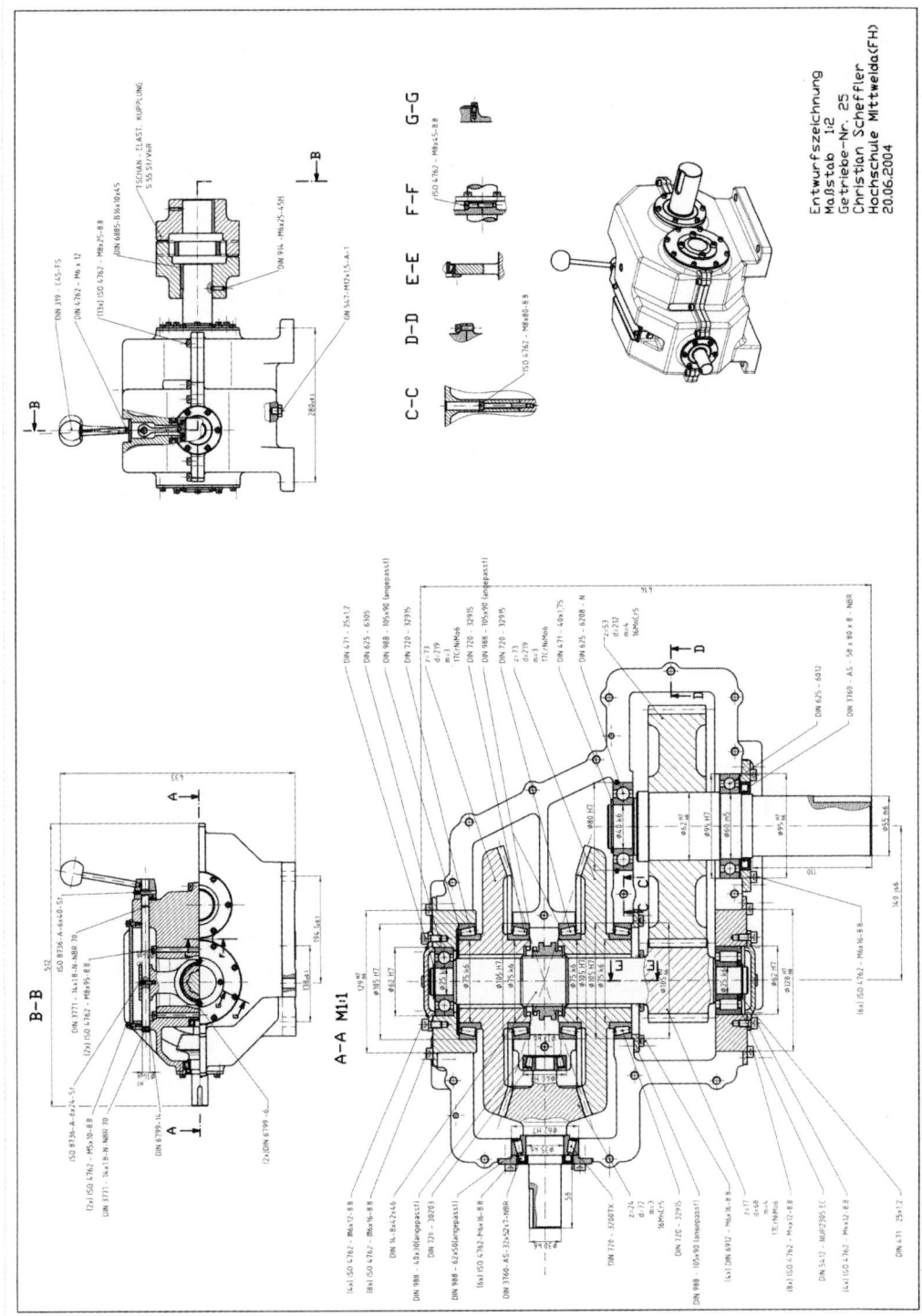

Bild 15. Entwurf eines Zahnradgetriebes

Arbeitsabschnitte	Bemerkung	Beispiel Stirnradgetriebe
1 Klären und Präzisieren der Aufgabenstellung	**Erstellen der Anforderungsliste** Um Fehlentwicklungen zu vermeiden müssen die Ziele und Bedingungen der Aufgabe durch Anforderungen herausgearbeitet werden. **Forderungen** müssen unter allen Umständen eingehalten werden. Eine Lösung ohne ihre Erfüllung ist nicht akzeptabel. **Wünsche** sollten nach Möglichkeit berücksichtigt werden. Die präzisierte Aufgabenstellung sollte die Eigenschaften der auszuführenden Konstruktion so exakt beschreiben, dass nach der Fertigstellung der Konstruktionsunterlagen **keine unterschiedliche Ausdeutung** der Anforderungen möglich ist.	**Beispiel für Angaben in einer Anforderungsliste** Gesamtfunktion: Ausgleich Massenkraft 2. Ordnung eines Verbrennungsmotors F Lage: alle Wellen parallel F Geometrie: entsprechend der Randbedingungen F Eingangsdrehzahl bis 8000 min^{-1} W Wirkungsgrad maximal W Welle 1/Welle 2: i=2, Welle 2/Welle 3: i=1, W Fertigung: möglichst wenig Einzelteile F große Stückzahl W Gebrauch: geräuscharm F Lebensdauer 5000 h W Termin: 31.03.2006
2 Ermitteln von Funktionen und deren Strukturen	Abgeleitet aus der Aufgabenstellung kann eine lösungsneutrale Gesamtfunktion angegeben werden. Diese beschreibt in einer Blockdarstellung den Zusammenhang von Eingangs- und Ausgangsgrößen. Abhängig von der Komplexität der Gesamtfunktion kann eine Zerlegung in Teilfunktionen sinnvoll sein. Durch die Gliederung in allgemeine Funktionen wird die Suche nach geeigneten Wirkprinzipien erleichtert. (Verwendung von Lösungskatalogen) **Ziel der Abstraktion besteht in der Trennung von der Vorfixierung, welche die Lösungsmenge bewusst einschränkt.**	n_{te} → Ausgleichen → Massenkraftausgleich n_{te} → Leiten — Lagern Verbinden Ausgleichen Verbinden Lagern — Leiten → Massenkraftausgleich
3 Suchen nach Lösungsprinzipien und deren Strukturen	**Suche nach Lösungsprinzipien unter Zuhilfenahme der unterschiedlichsten Werkzeuge zur Ideenfindung. Beispiel rechts morphologischer Kasten Bewerten der Lösungsvarianten.**	(siehe Tabellen unten)

Morphologischer Kasten (zu Arbeitsabschnitt 3):

Teilfunktion	Lösungsvarianten			
	1	2	3	4
Leiten	Starre Welle	Biegsame Welle		
Lagern	Wälzlager	Gleitlager		
Verbinden (Welle/ Nabe)	Passfeder	Profilwelle	Presssitz (zylindrig)	Spannelemente
Umformen (Drehmoment, Drehzahl)	Kegelräder	Stirnräder	Schneckenräder	Reibräder

Eigenschaft	Wichtung	Variante 1		Variante 2		Variante 3	
		Wert	Gew. Wert	Wert	Gew. Wert	Wert	Gew. Wert
Drehmoment	0,2	8	1,6	8	1,6	5	1,0
Wirkungsgrad	0,1	10	1,0	10	1,0	4	0,4
Fertigungsaufwand	0,4	6	2,4	4	1,6	3	1,2
Geräusch	0,3	4	1,2	5	1,5	10	3,0
Σ	1	-	6,2	-	5,7	-	5,6
Rangfolge	1		2		3		

Arbeitsabschnitte	Bemerkung	Beispiel Stirnradgetriebe
4 Gliedern in realisierbare Module	Strukturen des Konzepts in **gestaltungsbestimmende** und **abhängige** Hauptfunktionsträger (Gruppen, Teile) unterteilen.	**Gestaltungsbestimmend:** Zahnräder, Wellen, Lager **Abhängig:** Gehäuse, Schmiermittelversorgung

5
Gestalten der maßgebenden Module
 	
6
Gestalten des gesamten Produktes
	Forderungen an einen Entwurf
	- Funktion muss erfüllt sein
	- Sicherheit und Zuverlässigkeit
	- sollte einfach und kostengünstig sein
	- sollte - fertigungsgerecht
	       - festigkeitsgerecht
	       - werkstoffgerecht
	       - montagegerecht und
	       - umweltgerecht
	gestaltet sein.
		- Aufteilen der Gesamtübersetzung auf die Getriebestufen,
		- Hauptabmessungen (Breite, Durchmesser) durch Überschlagsrechnungen festlegen,
		- Festlegen der Verzahnungsdaten (Modul, Zähnezahl, Schrägungswinkel, Profilverschiebung, Genauigkeit (DIN-Qualität)),
		- Entwurf des Getriebes entsprechend den Anforderungen (Pflichtenheft),
		- Nachrechnung der Tragfähigkeit, Verformung und Lebensdauer der Bauteile gestützt auf Entwurfszeichnungen,
		- Bestätigt die Nachrechnung den Entwurf, kann mit der Detailarbeit begonnen werden, ansonsten Daten des Entwurfs ändern und neu nachrechnen.

7 Ausarbeiten der Ausführungs- und Nutzungsangaben	- Teilezeichnungen erstellen, Einzelheiten festlegen - Gruppen- und Gesamtzeichnung, Stücklisten erstellen - Zeichnungskontrolle, Schlussprüfung der Konstruktion - Erstellen von Anleitungen für Montage, Demontage, Betreiben und Instandhalten	

Tabelle 2. Darstellung der Phasen des Konstruktionsprozesses am Beispiel der Entwicklung eines Ausgleichsgetriebes für PKW-Motoren

1.4 Gestaltungshinweise zu bestimmten Forderungen

1.4.1 Überblick und Einordnung möglicher Forderungen

An ein Produkt werden die verschiedensten Forderungen und Wünsche gestellt. Diese sind z.B. aus einer Anforderungsliste entnehmbar. Aufgabe des Konstrukteurs ist es, diese Forderungen und Wünsche konstruktiv umzusetzen.

Viele Forderungen und Wünsche wiederholen sich immer wieder. Daraus lassen sich Gestaltungshinweise (hinsichtlich bestimmter Forderungen) ableiten. Aus unterschiedlichen Forderungen können sich widersprechende Gestaltungshinweise ergeben. Generell muss ein Produkt seine Funktion erfüllen und aus ökonomischer Sicht brauchbar sein. Außerdem dürfen von ihm keine Gefahren für Mensch und Umwelt ausgehen. Aus diesen Selbstverständlichkeiten werden von Pahl/Beitz [1] Grundregeln für das Gestalten abgeleitet. Sie lauten „eindeutig", „einfach" und „sicher" und eignen sich gut zu einer groben Überprüfung der Ideen und der Konstruktion.

Anforderungen an Konstruktion und Produkt:

- zuverlässig, sicher, betriebssicher,
- kostengerecht, einfach, wirtschaftlich,
- fertigungsgerecht,
- werkstoffgerecht,
- festigkeitsgerecht, kraftflussgerecht, beanspruchungsgerecht,
- montagegerecht,
- umweltgerecht, umweltfreundlich,
- funktionsgerecht,
- wartungsgerecht, möglichst wartungsfrei,
- strömungsgerecht,
- leichtbaugerecht,
- schön, formschön, elegant, wohlproportioniert.

1.4.2 Zuverlässigkeit und Sicherheit

Zuverlässigkeit und Sicherheit sind Forderungen an ein technisches Gebilde, die mit bestimmten Vorstellungen verknüpft werden und als Verkaufsargument dienen können. Unter Zuverlässigkeit soll verstanden werden, dass ein technisches Gebilde innerhalb bestimmter Grenzen und einer bestimmten Zeitdauer seine Funktion ordnungsgemäß erfüllt.
Das wird in DIN 40041 und DIN 40042 beschrieben. Sicherheit wird bei der Berechnung gemäß DIN 31000 in drei Arten unterteilt:

- unmittelbare Sicherheitstechnik
- mittelbare Sicherheitstechnik
- hinweisende Sicherheitstechnik

Unmittelbare Sicherheitstechnik: Das technische Gebilde ist so ausgelegt, dass von ihm überhaupt keine Gefährdung ausgeht. Erreicht werden kann das im Wesentlichen auf zweierlei Art und Weise:

1. Das technische Gebilde ist ausreichend dimensioniert. (siehe 1.4.4 Festigkeitsgerechtes Gestalten) Besonders schwierig gestaltet sich dabei das Festlegen der Sicherheitsfaktoren.
Sind aus folgender Tabelle viele Fragen mit ja zu beantworten, ist der Sicherheitsfaktor größer zu wählen.

1. Ist in der Folge des Schadens mit schlimmen Wirkungen zu rechnen?
   - Werden Menschen und/oder die Umwelt gefährdet?
   - Ist mit hohen Ausfallkosten zu rechnen?
   - Ist mit einem Totalausfall zu rechnen, der nicht bis zur nächsten Wartung zulässig ist?
   - Ist das zerstörte Bauteil teuer oder schwer zu beschaffen oder schwer einzubauen?
2. Erfolgt die Konstruktion und Berechnung über Annahmen?
   - Werden nur überschlägige Berechnungen durchgeführt?
   - Liegen keine Messwerte oder keine genauen Angaben über Lastkollektive vor?
   - Treten die Belastungen oft auf?
   - Ist der Einsatzort nicht bekannt?
   - Ist keine Abnahme bei der Inbetriebnahme erforderlich?
3. Gibt es große Unsicherheiten aus dem Bereich, Fertigung, Qualität, Materialien, Bedienung?
   - Sind die Werkstoffkennwerte unsicher?
   - Gibt es keine regelmäßigen Inspektionen?
   - Erfolgt die Bedienung durch ungeschultes Personal?
   - Gibt es grobe Fertigungstoleranzen?
   - Sind die Umgebungstemperaturen unterschiedlich?

Tabelle 3. Einflüsse, die höhere Sicherheiten erfordern

2. Sicherheit wird durch „redundante" Anordnung sicherheitsrelevanter Baugruppen erreicht.
Dabei wird zwischen aktiver und passiver Redundanz unterschieden.

Aktive Redundanz: Mehrere gleiche oder ähnliche Baugruppen erfüllen gleichzeitig und zusammen die gleiche Aufgabe. Durch den Ausfall einer Baugruppe ist das System etwas geschwächt, es funktioniert aber weiter, z.B. mehrere Generatoren bei der Stromerzeugung.

Passive Redundanz: Eine Ersatzbaugruppe ist vorrätig und kann im Bedarfsfall zugeschaltet werden.

Mittelbare Sicherheitstechnik:
Unter mittelbarer Sicherheitstechnik sind alle Schutzeinrichtungen zu verstehen, die im Fall des Versagens der unmittelbaren Sicherheitstechnik Schutz bieten.

Zur mittelbaren Sicherheitstechnik zählen zum Beispiel Gurte und Airbags im PKW und Schutzzäune an einem Roboterarbeitsplatz.

Hinweisende Sicherheitstechnik dient zur Kennzeichnung von Gefahren z.B. durch Schilder.

Es sollte das Ziel sein, möglichst viele Gefahren durch unmittelbare Sicherheitstechniken gar nicht erst entstehen zu lassen. Nur wenn das nicht mit vertretbaren Mitteln möglich ist, sollte auf mittelbare Sicherheitstechnik zurückgegriffen werden. Hinweisende Sicherheitstechnik sollte die Ausnahme sein und nicht als kostengünstiges Mittel verstanden werden, Probleme zu lösen.

1.4.3 Kostengerechtes Gestalten

Neben der Erfüllung der funktionalen Anforderungen an ein Produkt sind die Kosten ein entscheidendes Kaufkriterium. Diesem Sachverhalt muss sich der Konstrukteur bewusst sein, legt er doch ca. 70 % der Kosten, die ein Produkt bei seiner Herstellung sowie Nutzung hervorruft, fest. Da durch die Globalisierung des Marktes immer mehr Produktanbieter existieren, kann der Absatz nur durch einen entscheidenden Neuheitswert oder aber ein günstiges Preis-Leistungs-Verhältnis gesichert werden. Während der Konstruktion müssen daher die entstehenden Kosten immer im Auge behalten werden und der Konstrukteur muss die Kostenstruktur des Unternehmens kennen. Folgende Kosten ergeben sich bei der Entwicklung und der Herstellung eines Produkts:
- Sondereinzelkosten (Entwicklungskosten, Versuchskosten, Vorrichtungskosten)
- Materialkosten und
- Fertigungskosten.

Diese fügen sich mit den Gemeinkosten (Lagerwesen, Gehälter, Verwaltung, Vertrieb) zu den Selbstkosten zusammen. Die VDI-Richtlinie 2225 [20] enthält eine Methodik, wie bereits während der Entwurfsphase die Herstellkosten (= Summe Material- und Fertigungskosten) überschlägig bestimmt werden können. Den später wirklich entstehenden Kosten werden für den Verkaufspreis noch ein Gewinn sowie gegebenenfalls Vertreterprovision und Transportkosten zugerechnet. Der Gewinn richtet sich nach den Absatzmöglichkeiten des Produkts am Markt. Es ist sinnvoll, die Methode der Zielkostenkonstruktion anzuwenden. Dabei wird bestimmt, welchen Betrag der Kunde bereit ist, für ein bestimmtes Produkt zu bezahlen. Daraus ergeben sich die möglichen Kosten für die einzelnen Bereiche. Dementsprechend muss das Produkt entworfen werden. In letzter Zeit rücken neben den Anschaffungskosten (Verkaufspreis des Produkts) immer mehr die Lebenslaufkosten in den Vordergrund. Bei der Investitionsentscheidung werden auch die Betriebs-, Instandhaltungs- und Entsorgungskosten mit berücksichtigt. So kommt z.B. im Bereich der Werkzeugmaschinenkonstruktion der technisch überlegene

Lineardirektantrieb nicht umfassend zum Einsatz, da sowohl die Anschaffungs- als auch Nutzungskosten zu hoch sind. Untersuchungen im Bereich des Werkzeugmaschinenbaus gehen davon aus, dass die Anschaffungskosten nur noch 10 % bis 30 % der Lebenslaufkosten ausmachen. Daher kommen vermehrt Methoden wie die Untersuchung der Lebenszykluskosten (Life-Cycle-Costing) und in letzter Zeit verstärkt auch das Life-Cycle-Controlling zum Einsatz. Bei der letzten Methode werden Kosten- und Erlöspositionen aufgelistet und monetär bewertet. Es wird also nicht mehr das Produkt bevorzugt, das den geringsten Preis hat, sondern das in Bezug auf seinen Preis das beste Kosten-Nutzenverhältnis bei der Anwendung ermöglicht. In Bild 16 ist die Kostenstruktur entlang des Produktlebenszyklus aus Sicht des Herstellers dargestellt. Am Break-Even-Point hat das Unternehmen durch den Gewinn aus dem Verkauf des Produkts die Vorlaufkosten (Produktplanung, Konstruktion) ausgeglichen. Jeder weitere Gewinn kommt dem Unternehmen zugute.

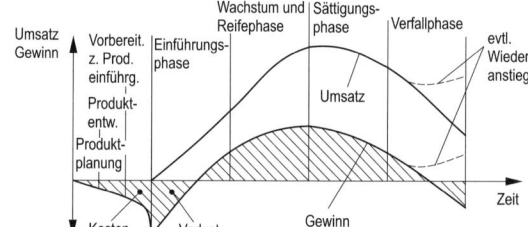

Bild 16. Produktlebenszyklus aus ökonomischer Sicht

Beachtet der Konstrukteur diese Zusammenhänge, wird es ihm gelingen, ein marktfähiges Produkt zu entwerfen.

1.4.4 Festigkeitsgerechtes Gestalten

Teile von Maschinen dürfen durch die wirkenden Kräfte und Momente nicht überlastet werden und sich nur in bestimmten Grenzen verformen. Das jeweils strengere Kriterium bestimmt dabei die Auslegung und Gestaltung der Maschinenteile. Ist die Verformung das strengere Kriterium, spricht man von der Steifigkeit als Auslegungskriterium. Die Steifigkeit wird meist in N/μm angegeben. Mit Steifigkeit $k = 100$ N/μm ist gemeint, dass eine Kraft von 100 N erforderlich ist, um eine Verformung von 1 μm hervorzurufen. Wird durch ein Kräftepaar (Moment) eine Verdrehung hervorgerufen, spricht man von Verdrehsteifigkeit. Als Belastungen kommen Kräfte in den 3 Koordinatenrichtungen und Momente um die 3 Achsen in Frage. Diese können Verformungen in den 3 Koordinatenrichtungen und Verdrehungen um 3 Achsen hervorrufen. Die 36 möglichen Kombinationen daraus ergeben die Elemente der Steifigkeitsmatrix. Überall im Maschinenbau, wo es auf hohe Genauigkeit ankommt (Werkzeugmaschinen, Messmaschinen), ist die Steifigkeit Auslegungskriterium. So haben Gestellbauteile von Werkzeugmaschinen oft eine Sicherheit von 10 bis 50 hinsichtlich ihrer Festigkeit.

Die steifigkeitsgerechte Auslegung von Maschinenteilen gestaltet sich einfach, weil das Hooke'sche Gesetz zu Grunde gelegt werden kann.

Im Fall des nicht Erreichens der geforderten Steifigkeit würde die Maschine nicht qualitätsgerecht arbeiten. Die Gefahr der Zerstörung der Maschine besteht aber nicht.

Ist die Belastung das strengere Kriterium, wird an jeder gefährdeten Stelle die Spannung errechnet und die Sicherheit überprüft [9]. Bei der Belastung wird zwischen statischer und dynamischer Belastung unterschieden. Je nach Anzahl der Schwingspiele bei der dynamischen Belastung wird zwischen Dauerfestigkeit und Zeitfestigkeit unterschieden. Die Dauer- und Zeitfestigkeit wird für eine bestimmte Überlebenswahrscheinlichkeit bererechnet. Ein üblicher Wert für die Überlebenswahrscheinlichkeit ist $P_{\ddot{u}} = 97{,}5\,\%$. Bei der Dauer- und Zeitfestigkeit werden immer gleiche Spannungsamplituden zu Grunde gelegt. Das führt in der Praxis häufig zu überdimensionierten Bauteilen.

Begünstigt durch die Entwicklung der Rechentechnik und besonders der Methode der finiten Elemente (FEM), hat sich die Berechnung der Betriebsfestigkeit durchgesetzt. Bei der Berechnung der Betriebsfestigkeit können unterschiedlich große Belastungen (Spannungsamplituden) berücksichtigt werden. Dadurch können Festigkeitsreserven des Materials besser genutzt werden, siehe Differenz zwischen Lebensdauerlinie und Wöhlerlinie in Bild 17. Ein guter Überblick über die Berechnung der Betriebsfestigkeit wird durch die FKM-Richtlinie 183 gegeben [9,10].

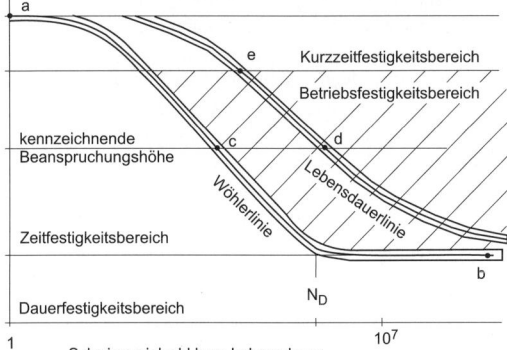

Bild 17. Einordnung von Betriebsfestigkeit, Dauerfestigkeit und Zeitfestigkeit

Praktische Hinweise zur festigkeitsgerechten Gestaltung:

- Kräfte und Momente möglichst auf kurzem und direktem Weg ableiten,
- Anzahl der Teile, die im Kraftfluss liegen minimieren,
- Kerbwirkung durch plötzliche Form- und Querschnittsänderung minimieren,
- Anbringen von Entlastungskerben,
- Vermeiden von Biege- und Torsionsbeanspruchung zu Gunsten von Zug- und Druckbeanspruchung, siehe Bild 18,
- Kraftausgleich durch symmetrische Gestaltung oder durch das Anbringen von Ausgleichselementen,
- Anpassen der Querschnitte an die Belastungsverläufe.

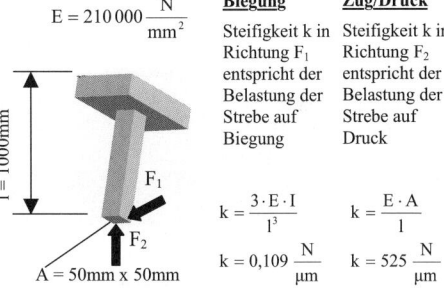

Bild 18. Gegenüberstellung von Zug/Druck- und Biegebelastung

Bild 18 zeigt, welches Verbesserungspotenzial erschließbar ist, wenn es gelingt, die Belastungen als Zug- und Druckbelastungen an der Maschine zu leiten. Viele Ingenieurbauten, z.B. der über 300 m hohe Eiffelturm oder die 1,3 km lange Golden-Gate-Bridge, wären ohne Nutzung dieser Zusammenhänge nicht denkbar. Auch die Tragstruktur eines Zeppelins wird nur auf Zug und Druck belastet.

1.4.5 Fertigungsgerechtes Gestalten

In der zeitlichen Reihenfolge ist die Fertigung nach der Konstruktion einzuordnen. Ein Konstrukteur sollte sich schon während der Konstruktion Gedanken über die Fertigung machen. Auch wenn in der Ausbildung zwischen konstruktiven und produktionstechnischen Studienrichtungen im Maschinenbau unterschieden wird, muss ein guter Konstrukteur vertieftes fertigungstechnisches und produktionstechnisches Wissen haben.

Durch die Möglichkeiten der Rechentechnik neigen vor allem Anfänger dazu, möglichst viele Abmessungen zu berechnen. Besser ist, wenn man einige Hauptabmessungen (Querschnitte) berechnet und den Rest konstruktiv, entsprechend fertigungstechnischer Möglichkeiten, gestaltet und abschließend eine Sicherheitsberechnung durchführt.

1.4.6 Werkstoffgerechtes Gestalten

Werkstoffgerechtes, festigkeitsgerechtes und fertigungsgerechtes Gestalten hängen eng miteinander zusammen. Es ist nicht immer eindeutig möglich, einer Maßnahme eine bestimmten Gestaltungsart zuzuordnen. Ziel sollte immer das gute Produkt bleiben und nicht die Theorie auf dem Weg dahin. Werkstoffe haben bestimmte Festigkeitseigenschaften und sind nur mit bestimmten Verfahren ver- und bearbeitbar.

Die Werkstoffauswahl bzw. -festlegung erfolgt frühzeitig im Entwicklungs- und Konstruktionsprozess. Auswahlkriterien sind die Werkstoffkosten, die Fertigungseigenschaften und die Festigkeitseigenschaften. Auch subjektive Eigenschaften spielen eine Rolle. So ist ein Fahrrad mit einem Aluminiumrahmen teurer verkaufbar im Vergleich zu einem Fahrrad mit Stahlrahmen, obwohl Aluminium gegenüber Stahl kein wirkliches Leichtbaupotenzial hat. Um die Eignung eines Werkstoffs als Leichbauwerkstoff einschätzen zu können, werden Kenngrößen gebildet in denen die Dichte enthalten ist. So lässt sich über das Dichte/E-Modulverhältnis gut einschätzen, welches Leichtbaupotenzial ein Werkstoff hat.

Die Kosten eines Werkstoffs lassen sich gut mit den relativen Werkstoffkosten beschreiben. Dazu werden die Kosten eines Basiswerkstoffs für bestimmte Abmessungen und eine bestimmte Bezugsmenge als 1 oder 100 % gesetzt. Dazu im Vergleich sind die Kosten für die anderen Werkstoffe einzuordnen. Nach VDI-Richtlinie 2225 Blatt 2 wird der warmgewalzte Rundstahl S235JRG1 nach DIN EN 10025 mit einem $\varnothing$ 30 bis 100 mm und einer Bezugsmenge von 1000 kg als Bezugswerkstoff vorgeschlagen. Die relativen Werkstoffkosten sind nahezu unabhängig von Preisschwankungen. Mit den spezifischen Werkstoffkosten werden die Kosten eines Werkstoffs je Volumeneinheit beschrieben.

1.4.7 Montagegerechtes Gestalten

Die Montage von technischen Gebilden sollte möglichst einfach und eindeutig sein. Mit den folgenden Stichpunkten werden Hinweise dazu gegeben. Nicht bei jedem Produkt bietet es sich an, alle Hinweise zu beachten.

- Die Montage sollte in ihrer Reihenfolge und hinsichtlich der verwendeten Teile eindeutig sein. Es sollte keine ähnlichen Teile geben, nur gleiche und stark verschiedene Teile.
- Die Montage sollte hierarchisch aufgebaut sein, sodass eine Vormontage von Baugruppen, die auch parallel durchgeführt werden kann, möglich ist.
- Fertigungsoperationen während der Montage sollten vermieden werden.
- Unterschiede bei der Montage, die sich aus unterschiedlichen Ausführungsvarianten eines Produkts ergeben, sollten erst möglichst spät auftreten.

- Montageoperationen sollten eingespart werden durch
  - Funktionsintegrationen (Schrauben mit selbstschneidendem Gewinde),
  - Verringern von Fügestellen,
  - weniger aber dafür größere oder höherwertige Schrauben,
  - mehrere Montageoperationen gleichzeitig ausführen.
- Vereinfachung der Positionierung von Teilen durch Anschläge oder andere Formelemente.
- Vermeidung von gleichzeitigen Fügeoperationen, die sich gegenseitig beeinflussen.
- Voraussetzungen für eine automatische Montage schaffen.

1.4.8 Ausdehnungsgerechtes Gestalten

Durch die Wirkung von Wärme kommt es zur Ausdehnung der betroffenen Teile. Der Längenausdehnungskoeffizient α mit der Einheit 1/K eines Werkstoffs gibt dabei an, wie viel sich ein Werkstoff bei einer Temperaturerhöhung von 1°K ausdehnt. Bei Invarstahl (64 % Fe, 36 % Ni) ist der Längenausdehnungskoeffizient $\alpha \approx 0$. Bei CFK-Materialien ist er einstellbar. Diese Materialien sind deshalb geeignet für thermisch stabile Konstruktionen. Die Längenausdehnung von Stahl beträgt $\alpha \approx 11{,}6 \cdot 10^{-6}\ K^{-1}$ und von Aluminium $\alpha \approx 24 \cdot 10^{-6}\ K^{-1}$. Bei Kunststoffen ist α meist größer. Da Stahl der wichtigste Werkstoff im Maschinenbau ist, spielt ausdehnungsgerechtes Gestalten eine große Rolle. Bei Werkzeugmaschinen entstehen heute bis zu 70 % der Fertigungsungenauigkeiten durch thermisch bedingte Verlagerungen zwischen Werkstück und Werkzeug. Konstruktiv ergeben sich folgende Möglichkeiten, thermisch bedingte Verlagerungen zu vermeiden, zu verringern oder zu kompensieren:

- thermische Belastungen vermeiden oder vermindern,
- Temperierung der Gesamtmaschine oder einzelner Baugruppen und gezielte Wärmeabfuhr,
- konstruktive Gestaltungsmaßnahmen.

Die konstruktiven Gestaltungsmaßnahmen können sein:

- Befestigung der Gestellbauteile so, dass die Verformungen in der kritischen Richtung minimal werden,
- Ausnutzung von Symmetrieebenen,
- Maßnahmen zur konstruktiven Wärmeabfuhr,
- Isolierung und Separierung wärmeintensiver Bauteile (z.B. Hauptantrieb).

Steuerungstechnische Kompensation ist mit Hilfe von Regression und nichtlinearer Datenanalyse möglich.

1.4.9 Umweltgerechtes Gestalten

Als umweltgerechtes Gestalten werden die Maßnahmen verstanden, die verhindern, dass negative Einflüsse sowohl für den Menschen als auch die Umgebung des Produktes während dessen Fertigung, Betriebes und Entsorgung entstehen. Ein Hauptkriterium ist die ergonomiegerechte Gestaltung. Das Produkt muss so ausgelegt sein, dass sowohl während der Montage als auch bei der Bedienung des Produkts keine Schädigungen der Gesundheit auftreten. Nach arbeitswissenschaftlichen Kriterien sind das zum Beispiel die maximal aufzubringenden menschlichen Kräfte, die Körperhaltung, das Geräuschverhalten oder auch das Emissionsverhalten. Ein weiteres wichtiges Kriterium ist das direkte Umweltverhalten als Einflüsse auf die Umgebung und die Natur. Ein typisches Beispiel ist das Abgasverhalten der Automobile oder das Leckverhalten von Werkzeugmaschinen. Der Konstrukteur muss sich immer die Frage stellen, welche Nebenwirkungen kann die Funktionsweise hervorrufen, welche können die Umgebung schädigen und wie kann das verhindert werden. In der jetzigen Zeit wo die Lebenszeit der Produkte immer kürzer wird, muss man bei einem umweltgerechten Gestalten auch die Entsorgung berücksichtigen. Die Konstrukteure und Entwickler sollten daher auf folgende Punkte achten:

- optimale Materialausnutzung,
- Einsatz länger verfügbarer Rohstoffe,
- Werkstoffverträglichkeit untrennbarer Einheiten,
- demontagegerechte Fügestellen (kurze Demontagewege, geringe Anzahl möglichst gleichartiger Verbindungselemente),
- demontagegerechte Baustrukturen.

Je nach Produkt kann es auch sinnvoll sein, einige Baugruppen so zu gestalten, dass sie nach dem Recycling eine Weiterverwendung erfahren.

Literatur

[1] Pahl, G.; Beitz, W.; Feldhusen, J.; Grote, K.-H.: *Konstruktionslehre*. Berlin: Springer, 5. Aufl. 2003

[2] Roth, K.: *Konstruieren mit Konstruktionskatalogen*. 3. Aufl., Band I: Konstruktionslehre. Berlin: Springer, 2000. Band II: Konstruktionskataloge. Berlin: Springer, 2001. Band III: Verbindungen und Verschlüsse, Lösungsfindung. Berlin: Springer, 1996

[3] Terniko, J.; Zusman, A.; Zlotin, B.: *Der Weg zum konkurrenzlosen Erfolgsprodukt*. Verlag Moderne Industrie, 2000

[4] Schweizer, P.: *Systematische Lösungen finden*. Zürich: vdf-Hochschulverlag, 2. Aufl. 2001

[5] Orloff, M. A.: *Grundlagen der klassischen TRIZ*. Berlin: Springer, 2. Aufl. 2005

[6] VDI-Richtlinie2225: Technisch-wirtschaftliches Konstruieren. Düsseldorf: VDI-Verlag, 1977.

[7] Rodenacker, W.G.: *Methodisches Konstruieren. Konstruktionshandbücher Band 27*. Berlin: Springer, 2. Aufl. 1984

[8] Koller, R.: *Konstruktionslehre für den Maschinenbau*. Berlin: Springer, 4. Aufl. 1998

[9] FKM-Richtlinie: *Rechnerischer Festigkeitsnachweis für Maschinenbauteile aus Stahl, Eisenguss und Aluminiumwerkstoffen*. Frankfurt: VDMA-Verlag, 5. Ausgabe 2003

[10] Heybach, E.: *Betriebsfestigkeit*. Berlin: 2. Aufl. 2002

[11] Hintzen, H.; Laufenberg, H.; Kurz, U.: *Konstruieren, Gestalten, Entwerfen*. Braunschweig/Wiesbaden: Vieweg, 3. Aufl. 2002.

[12] VDI-Richtlinie 2221: *Methodik zum Entwickeln und Konstruieren technischer Systeme und Produkte*. Düsseldorf: VDI-Verlag 1993.

[13] VDI-Richtlinie 2222 Blatt 1: *Konzipieren technischer Produkte*: Düsseldorf: VDI-Verlag (Entwurf) 1973, überarbeitete Fassung: 1977. Methodisches Entwickeln von Lösungsprinzipien. Düsseldorf: VDI-EKV 1996.

[14] VDI-Richtlinie 2222 Blatt 2: *Erstellung und Anwendung von Konstruktionskatalogen*. Düsseldorf: VDI-Verlag 1982.

[15] DIN ISO 15226: *Lebenszyklusmodell und Zuordnung von Dokumentationen*, 1999

[16] Spur, G.; Krause, F.-L.: *Das virtuelle Produkt-Management der CAD-Technik*. München-Wien: Hanser Verlag, 1997

[17] Neugebauer, R.; Wieland, P.; Hochmuth, C.: *Fertigungskompetenzzellen*. In: Teich, T. (Hrsg.): *Hierarchielose regionale Produktionsnetzwerke*. (2001), S. 211- 238

[18] Dixon, J. R.: *Design Engineering: Inventiveness, Analysis and Decision Making*. New York: McGraw-Hill, 1966

[19] Penny, R. K.: *Principles of Engineering Design*. Postgraduate 46 (1970) P. 344-349

[20] VDI/VDE-Richtlinien 2225: *Konstruktionsmethodik Technisch-wirtschaftliches Konstruieren – vereinfachte Kostenermittlung, Blatt 1*

2 Normzahlen, Toleranzen, Passungen
A. Böge

Normen (Auswahl)

DIN 323	Normzahlen, Hauptwerte, Genauwerte, Rundwerte
DIN 4760	Begriffe für die Gestalt von Oberflächen
DIN 4766	Herstellverfahren und Rauheit von Oberflächen, Richtlinien für Konstruktion und Fertigung
DIN 5425	Toleranzen für den Einbau von Wälzlagern
DIN 7150	ISO-Toleranzen und ISO-Passungen
DIN 7154	ISO-Passungen für Einheitsbohrung
DIN 7155	ISO-Passungen für Einheitswelle
DIN 7157	Passungsauswahl, Toleranzfelder, Abmaße, Passtoleranzen
DIN 58700	Toleranzfeldauswahl für die Feinwerktechnik

2.1 Normzahlen

Vor allem wegen der Kosten ist es sinnvoll, sich beim Festlegen von Maßen aller Art auf Vorzugszahlen zu beschränken (Baugrößen, Drehzahlen, Drehmomente, Leistungen, Drücke usw.). Man verwendet dazu eine geometrisch gestufte Zahlenfolge (siehe Abschnitt Mathematik). Bild 1 zeigt, dass bei der geometrischen Stufung die Werte im unteren Bereich fein, im oberen grob gestuft sind. Das ist nicht nur technisch sinnvoll. Bei den *Normzahlen* (DIN 323) sind die Dezimalbereiche nach *vier Grundreihen* geometrisch gestuft. Der *Stufensprung q* ist das konstante Verhältnis einer Normzahl zur vorhergehenden. Der Buchstabe R weist auf *Renard* hin, der die Normzahlen entwickelt hat.

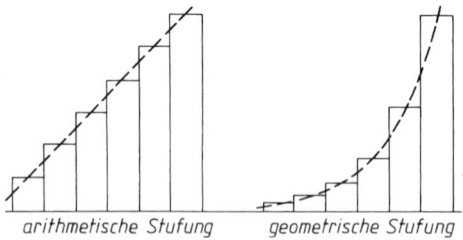

arithmetische Stufung   geometrische Stufung

Bild 1. Schematische Darstellung von arithmetischer und geometrischer Stufung

Tabelle 1. Stufensprung der vier Grundreihen

Reihe	Stufensprung	Rechenwert	Genauwert	Mantisse
R 5	$q_5 = \sqrt[5]{10}$	1,58	1,5849 ...	200
R 10	$q_{10} = \sqrt[10]{10}$	1,26	1,2589 ...	100
R 20	$q_{20} = \sqrt[20]{10}$	1,12	1,1220 ...	050
R 40	$q_{40} = \sqrt[40]{10}$	1,06	1,0593 ...	025

Die Abkürzungen bei den DIN-Nummern haben folgende Bedeutung:

E	Entwurf,
Bbl	Beiblatt,
EN	Europäische Norm, deren deutsche Fassung den Status einer Deutschen Norm erhalten hat.
ISO	Deutsche Norm, in die eine Internationale Norm der ISO unverändert übernommen wurde.
EN ISO	Europäische Norm, in die eine Internationale Norm (ISO-Norm) unverändert übernommen wurde und deren deutsche Fassung den Status einer Deutschen Norm hat.

Tabelle 2. Normzahlen

Reihe R 5	1,00	1,60	2,50	4,00	6,30	10,00					
Reihe R 10	1,00	1,25	1,60	2,00	2,50	3,15	4,00	5,00	6,30	8,00	10,00
Reihe R 20	1,00	1,12	1,25	1,40	1,60	1,80	2,00	2,24	2,50	2,80	3,15	3,55
	4,00	4,50	5,00	5,60	6,30	7,10	8,00	9,00	10,00		
Reihe R40	1,00	1,06	1,12	1,18	1,25	1,32	1,40	1,50	1,60	1,70	1,80	1,90
	2,00	2,12	2,24	2,36	2,50	2,65	2,80	3,00	3,15	3,35	3,55	3,75
	4,00	4,25	4,50	4,75	5,00	5,30	5,60	6,00	6,30	6,70	7,10	7,50
	8,00	8,50	9,00	9,50	10,00						

Die Zahlen sind gerundete Werte. Die Wurzelexponenten 5, 10, 20, 40 geben die Anzahl der Glieder im Dezimalbereich an, z.B. hat die Reihe R5 (Wurzelexponent 5) fünf Glieder: 1 1,6 2,5 4,0 6,3. Für Dezimalbereiche unter 1 und über 10 wird das Komma jeweils um eine oder mehrere Stellen nach links oder rechts verschoben, z.B. für die Reihe R5:
0,01 0,016 0,025 0,04 0,063 0,1 oder
10 16 25 40 63 100.

2.2 ISO-Passungen

2.2.1 Grundbegriffe

Bezeichnungen:

N Nennmaß, G_o Höchstmaß, G_u Mindestmaß, *I* Istmaß, *ES, es* oberes Grenzabmaß, *EI, ei* unteres Grenzabmaß, *T* Maßtoleranz, P_s Spiel, $P_ü$ Übermaß.

E, e, ES, es, EI, ei sind die französischen Bezeichnungen mit der Bedeutung: *E* (Abstand, écart), *ES* (oberer Abstand, écart supérieur), *EI* (unterer Abstand, écart inférieur). Große Buchstaben für Bohrungen (Innenmaße), kleine für Wellen (Außenmaße).

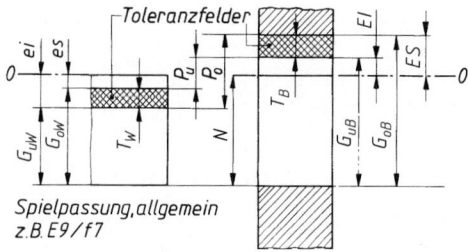

Bild 2. Darstellung der wichtigsten Passungsgrundbegriffe an Welle und Bohrung

Berechnungen
oberes Grenzabmaß = Höchstmaß – Nennmaß

$$ES = G_{oB} - N$$

unteres Grenzabmaß= Mindestmaß – Nennmaß

$$EI = G_{uB} - N$$

Höchstpassung = Höchstmaß Bohrung – Mindestmaß Welle

$$P_o = G_{oB} - G_{uW}$$

$$P_o = ES - ei$$

Mindestpassung = Mindestmaß Bohrung – Höchstmaß Welle

$$P_u = G_{uB} - G_{oW}$$

$$P_u = EI - es$$

Spiel P_s (positive Passung) liegt vor, wenn die Differenz der Maße von Innen- und Außenpassfläche positiv ist.
Übermaß $P_ü$ (negative Passung) liegt vor, wenn die Differenz der Maße von Innen-und Außenpassfläche negativ ist.

2.2.2 Toleranzsystem

2.2.2.1 Toleranzeinheit.
Ein genaues Einhalten des Nennmaßes ist aus Herstellungsgründen nicht möglich und meistens auch nicht erforderlich. Die Toleranzgröße (Qualität) ist abhängig von der Abmessung des Werkstücks und dem Verwendungszweck und ist ein Vielfaches der Toleranzeinheit i:

$$i = 0,45 \sqrt[3]{D} + 0,001 D \qquad (1)$$

$$D = \sqrt{D_1 \cdot D_2}$$

$$\frac{i}{\mu m} \; \Big| \; \frac{D}{mm}$$

D geometrisches Mittel des Nennmaßbereichs nach Tabelle 3.

Nach DIN 7151 sind 20 ISO-Qualitäten vorgesehen: IT 01 (kleinste Toleranz = größte Genauigkeit) bis IT 18 (größte Toleranz = kleinste Genauigkeit), IT = ISO-Toleranz.
Jeder Qualität entspricht eine bestimmte Anzahl Toleranzeinheiten, deren Zunahme ab IT 5 nach der geometrischen Reihe R5 mit dem Stufungsfaktor $q_5 \approx 1,6$ erfolgt (Tabelle 3.).

■ **Beispiel:**
Nennmaßbereich 50 mm bis 80 mm

$$D = \sqrt{D_1 \cdot D_2} = \sqrt{(50 \cdot 80)mm} = 63,245 \dots mm$$

$$i = 0,45 \cdot \sqrt[3]{D} + 0,001 \cdot D =$$

$$= (0,45 \cdot \sqrt[3]{63,245\dots} + 0,001 \cdot 63,245\dots)\,\mu m$$

$$i = 1,856 \dots \mu m$$

Grundtoleranz T für IT 10:
$$T = 64 \cdot i = 64 \cdot 1,856 \dots \mu m =$$
$$= 118,793 \dots \mu m$$

$$T \approx 120\,\mu m \text{ (siehe Tabelle 3)}$$

Tabelle 3. Grundtoleranzen der Nennmaßbereiche in μm

Quali-tät	ISO Tole-ranz	1 bis 3	über 3 bis 6	über 6 bis 10	über 10 bis 18	über 19 bis 30	über 30 bis 50	über 50 bis 80	über 80 bis 120	über 120 bis 180	über 180 bis 250	über 250 bis 315	über 315 bis 400	über 400 bis 500	Toleranzen in i
01	IT 01	0,3	0,4	0,4	0,5	0,6	0,6	0,8	1	1,2	2	2,5	3	4	
0	IT 0	0,5	0,6	0,6	0,8	1	1	1,2	1,5	2	3	4	5	6	
1	IT 1	0,8	1	1	1,2	1,5	1,5	2	2,5	3,5	4,5	6	7	8	–
2	IT 2	1,2	1,5	1,5	2	2,5	2,5	3	4	5	7	8	9	10	–
3	IT 3	2	0,5	2,5	3	4	4	5	6	8	10	12	13	15	–
4	IT 4	3	4	4	5	6	7	8	10	12	14	16	18	20	–
5	IT 5	4	5	6	8	9	11	13	15	18	20	23	25	27	≈ 7
6	IT 6	6	8	9	11	13	16	19	22	25	29	32	36	40	10
7	IT 7	10	12	15	18	21	25	30	35	40	46	52	57	63	16
8	IT 8	14	18	22	27	33	39	46	54	63	72	81	89	97	25
9	IT 9	25	30	36	43	52	62	74	87	100	115	130	140	155	40
10	IT 10	40	48	58	70	84	100	120	140	160	185	210	230	250	64
11	IT 11	60	75	90	110	130	160	190	220	250	290	320	360	400	100
12	IT 12	90	120	150	180	210	250	300	350	400	460	520	570	630	160
13	IT 13	140	180	220	270	330	390	460	540	630	720	810	890	970	250
14	IT 14	250	300	360	430	520	620	740	870	1 000	1 150	1 300	1 400	1 550	400
15	IT 15	400	480	580	700	840	1 000	1 200	1 400	1 600	1 850	2 100	2 300	2 500	640
16	IT 16	600	750	900	1 100	1 300	1 600	1 900	2 200	2 500	2 900	3 200	3 600	4 000	1 000
17	IT 17	–	–	1 500	1 800	2 100	2 500	3 000	3 500	4 000	4 600	5 200	5 700	6 300	1 600
18	IT 18	–	–	–	2 700	3 300	3 900	4 600	5 400	6 300	7 200	8 100	8 900	9 700	2 500

2.2.2.2 Lage der Passtoleranzfelder. Die Passtoleranzfeldlage wird durch Buchstaben gekennzeichnet: Große Buchstaben für Innenmaße, kleine Buchstaben für Außenmaße.

Für Bohrungen:
A B C D E F G H I J K L M N O P Q R S T U V W X Y Z ZA ZB ZC

Für Wellen:
a b c d e f g h i j k l m n o p q r s t u v w x y z za zb zc

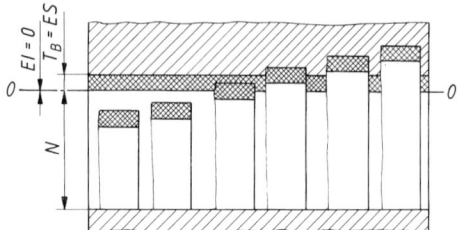

Bild 4. Passtoleranzfeldlagen im Passsystem Einheitsbohrung

Nach Bild 3 haben die A(a)-Felder bzw. Z(z)-Felder den größten Abstand zur Nulllinie, wobei für Bohrungen das A-Feld oberhalb, das Z-Feld unterhalb der Nulllinie liegt. Die Toleranzfelder für Wellen liegen entsprechend umgekehrt.

Die Abstände der Passtoleranzfelder von der Nulllinie sind nach DIN 7150 festgelegt. Eine Auswahl nach DIN 7157 zeigt Tabelle 4.

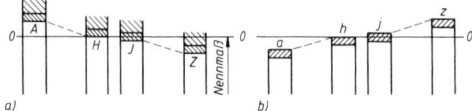

Bild 3. Lage der Passtoleranzfelder (schematisch)
a) bei Bohrungen (Innenmaße)
b) bei Wellen (Außenmaße)

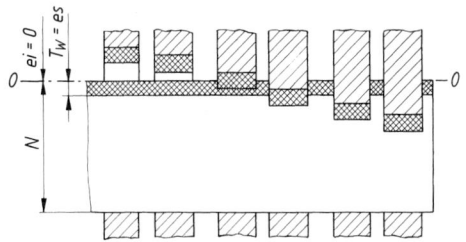

Bild 5. Passtoleranzfeldlagen im Passsystem Einheitswelle

2.2.3 Passsysteme Einheitsbohrung und Einheitswelle

2.2.3.1 Einheitsbohrung. Im Passsystem Einheitsbohrung (EB) ist das *untere* Abmaß aller Bohrungen gleich null ($EI = 0$).

Die verschiedenen Passungen ergeben sich durch die Wahl verschiedener Toleranzfeldlagen der Wellen und der oberen Abmaße der Bohrungen (ES)

Passungsbeispiele: H7/s6, H8/f7, H8/e8.

Beachte: EB ist erkennbar am Buchstaben H; die untere Begrenzung des Passtoleranzfeldes der Bohrung deckt sich mit der Nulllinie.

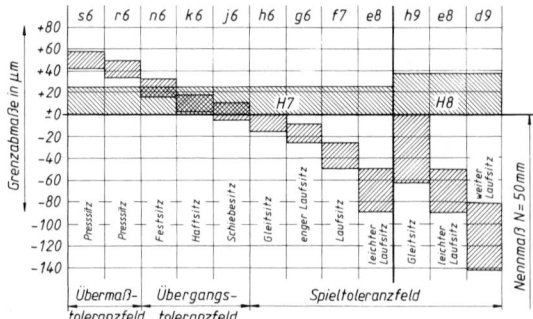

Bild 6. Toleranzfeldauswahl für Einheitsbohrung, dargestellt für das Nennmaß 50 mm

2.2.3.2 Einheitswelle. Im Passsystem Einheitswelle (EW) ist das *obere* Abmaß aller Wellen gleich null ($es = 0$).

Die verschiedenen Passungen ergeben sich durch die Wahl verschiedener Toleranzfeldlagen der Bohrungen und der unteren Abmaße der Wellen (ei).

Passungsbeispiele: G7/h6, F8/h6, D10/h9.

Beachte: EW ist erkennbar am Buchstaben h; die obere Begrenzung des Toleranzfeldes der Welle deckt sich mit der Nulllinie.

2.3 Maßtoleranzen

Grundsätzlich lässt sich jedes Maß mit einem Passungskurzzeichen versehen. Dies ist jedoch unzweckmäßig bei Maßen, die keine große Genauigkeit erfordern, in keiner Beziehung zu anderen Teilen stehen oder sich mit Rachenlehren oder Grenzlehrdornen nicht messen lassen. In diesen Fällen werden Maßtoleranzen vorgesehen. Hierbei werden zum Nennmaß die Grenzabmaße in mm hinzugefügt. Beispiele zeigt Bild 7. Maße ohne Toleranzangabe unterliegen den Vorschriften nach DIN 7168 über Freimaßtoleranzen (nicht für Neukonstruktionen).

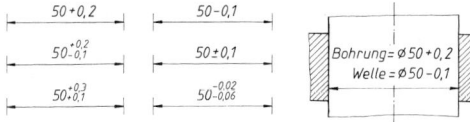

Bild 7. Eintragen von Grenzabmaßen

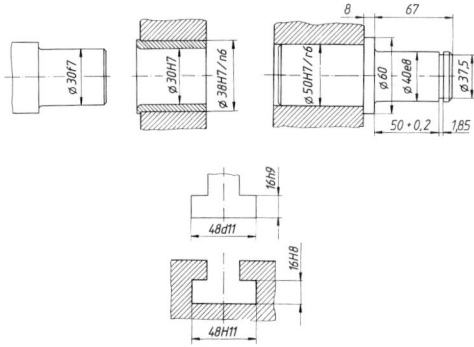

Bild 8. Beispiele zum Eintragen von Toleranzklassen

2.4 Eintragen von Toleranzen in Zeichnungen

Die Maßeintragung in Zeichnungen ist in DIN 406 festgelegt:

1. Grenzabmaße und Toleranzklassen sind hinter der Maßzahl des Nennmaßes einzutragen. (Bilder 7 und 8).
2. Bei Grenzabmaßen stehen das obere Grenzabmaß und das untere Grenzabmaß über der Maßlinie hinter dem Nennmaß.
3. Toleranzklassen für Bohrungen (Innenmaße) werden mit Großbuchstaben und Zahl angegeben, z.B. H7; für Wellen (Außenmaße) mit Kleinbuchstaben und Zahl z.B. f 7. Sie stehen hinter dem Nennmaß über der Maßlinie.

2.5 Verwendungsbeispiele für Passungen

Passungs-bezeichnung	Kennzeichnung, Verwendungsbeispiele, sonstige Hinweise
H 8 / x 8	**Übermaß- und Übergangstoleranzfelder**
H 7 / s 6	*Presssitz:* Teile unter großem Druck mit Presse
H 7 / r 6	oder durch Erwärmen/Kühlen fügbar; Bronzekränze auf Zahnradkörpern, Lagerbuchsen in Gehäusen, Radnaben, Hebelnaben, Kupplungen auf Wellenenden; zusätzliche Sicherung gegen Verdrehen nicht erforderlich.
H 7 / n 6	*Festsitz:* Teile unter Druck mit Presse fügbar; Radkränze auf Radkörpern, Lagerbuchsen in Gehäusen und Radnaben, Laufräder auf Achsen, Anker auf Motorwellen, Kupplungen und Wellenenden; gegen Verdrehen sichern.
H 7 / k 6	*Haftsitz:* Teile leicht mit Handhammer fügbar; Zahnräder, Riemenscheiben, Kupplungen, Handräder, Bremsscheiben auf Wellen; gegen Verdrehen zusätzlich sichern.
H 7 / j 6	*Schiebesitz:* Teile mit Holzhammer oder von Hand fügbar; für leicht ein- und auszubauende Zahnräder, Riemenscheiben, Handräder, Buchsen; gegen Verdrehen zusätzlich sichern.
	Spieltoleranzfelder
H 7 / h 6	*Gleitsitz:* Teile von Hand noch verschiebbar;
H 8 / h 9	für gleitende Teile und Führungen, Zentrierflansche, Wechselräder, Stellringe, Distanzhülsen.
H 7 / g 6	*Enger Laufsitz:* Teile ohne merkliches Spiel verschiebbar;
G 7 / h 6	Wechselräder, verschiebbare Räder und Kupplungen.
H 7 / f 7	*Laufsitz:* Teile mit merklichem Spiel beweglich; Gleitlager allgemein, Hauptlager an Werkzeugmaschinen, Gleitbuchsen auf Wellen.
H 7 / e 8	*Leichter Laufsitz:* Teile mit reichlichem Spiel;
H 8 / e 8	mehrfach gelagerte Welle (Gleitlager), Gleitlager
E 9 / h 9	allgemein, Hauptlager für Kurbelwellen, Kolben in Zylindern, Pumpenlager, Hebellagerungen.
H 8 / d 9	*Weiter Laufsitz:* Teile mit sehr reichlichem Spiel;
F 8 / h 9	Transmissionslager, Lager für Landmaschinen,
D 10 / h 9	Stopfbuchsenteile, Leerlauf Scheiben.
D 10 / h 11	

Tabelle 4. Ausgewählte Passtoleranzfelder und Grenzabmaße (in μm) für das System Einheitsbohrung (H)

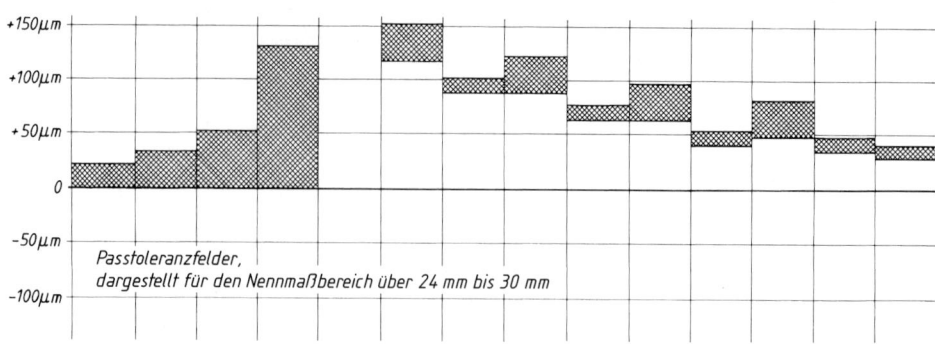

Passtoleranzfelder, dargestellt für den Nennmaßbereich über 24 mm bis 30 mm

Nennmaßbereich mm	H7	H8	H9	H11	za6	za8	z6	z8	x6	x8	u6[1] / t6	u8	s6	r6
über 1 bis 3	+10	+14	+25	+60	+38	—	+32	+40	+26	+34	+24	—	+20	+16
	0	0	0	0	+32		+26	+26	+20	+20	+18		+14	+10
über 3 bis 6	+12	+18	+30	+75	+50	—	+43	+53	+36	+46	+31	—	+27	+23
	0	0	0	0	+42		+35	+35	+28	+28	+23		+19	+15
über 6 bis 10	+15	+22	+36	+90	+61	+74	+51	+64	+43	+56	+37	—	+32	+28
	0	0	0	0	+52	+52	+42	+42	+34	+34	+28		+23	+19
über 10 bis 14	+18	+27	+43	+110	+75	+91	+61	+77	+51	+67	+44	—	+39	+34
	0	0	0	0	+64	+64	+50	+50	+40	+40	+33		+28	+23
über 14 bis 18					+88	+104	+71	+87	+56	+72		—		
					+77	+77	+60	+60	+45	+45				
über 18 bis 24	+21	+33	+52	+130	—	+131	+86	+106	+67	+87	+54	—	+48	+41
	0	0	0	0		+98	+73	+73	+54	+54	+41		+35	+28
über 24 bis 30					—	+151	+101	+121	+77	+97	+54	+81		
						+118	+88	+88	+64	+64	+41	+48		
über 30 bis 40	+25	+39	+62	+160	—	+187	+128	+151	+96	+119	+64	+99	+59	+50
	0	0	0	0		+148	+112	+112	+80	+80	+48	+70	+43	+34
über 40 bis 50					—	+219	—	+175	+113	+136	+70	+109		
						+180		+136	+97	+97	+54	+70		
über 50 bis 65	+30	+46	+74	+190	—	+272	—	+218	+141	+168	+85	+133	+72	+60
	0	0	0	0		+226		+172	+122	+122	+66	+87	+53	+41
über 65 bis 80					—	+320	—	+256	+165	+192	+94	+148	+78	+62
						+274		+210	+146	+146	+75	+102	+59	+43
über 80 bis 100	+35	+54	+87	+220	—	+389	—	+312	+200	+232	+113	+178	+93	+73
	0	0	0	0		+335		+258	+178	+178	+91	+124	+71	+51
über 100 bis 120					—	—	—	+364	+232	+264	+126	+198	+101	+76
								+310	+210	+210	+104	+144	+79	+54
über 120 bis 140	+40	+63	+100	+250	—	—	—	+428	+273	+311	+147	+233	+117	+88
	0	0	0	0				+365	+248	+248	+122	+170	+92	+63
über 140 bis 160					—	—	—	+478	+305	+343	+159	+253	+125	+90
								+415	+280	+280	+134	+190	+100	+65
über 160 bis 180					—	—	—	—	+335	+373	+171	+273	+133	+93
									+310	+310	+146	+210	+108	+68
über 180 bis 200	+46	+72	+115	+290	—	—	—	—	+379	+422	+195	+308	+151	+106
	0	0	0	0					+350	+350	+166	+236	+122	+77
über 200 bis 225					—	—	—	—	+414	+457	—	+330	+159	+109
									+385	+385		+258	+130	+80
über 225 bis 250					—	—	—	—	+454	+497	—	+356	+169	+113
									+425	+425		+284	+140	+84
über 250 bis 280	+52	+81	+130	+320	—	—	—	—	+507	+556	—	+396	+190	+126
	0	0	0	0					+475	+475		+315	+158	+94
über 280 bis 315					—	—	—	—	+557	+606	—	+431	+202	+130
									+525	+525		+350	+170	+98
über 315 bis 355	+57	+89	+140	+360	—	—	—	—	+626	+679	—	+479	+226	+144
	0	0	0	0					+590	+590		+390	+190	+108
über 355 bis 400					—	—	—	—	+696	—	—	+524	+244	+150
									+660			+435	+208	+114

[1] u 6 bei Nennmaß bis 24 mm, t 6 darüber

Tabelle 4. (Fortsetzung)

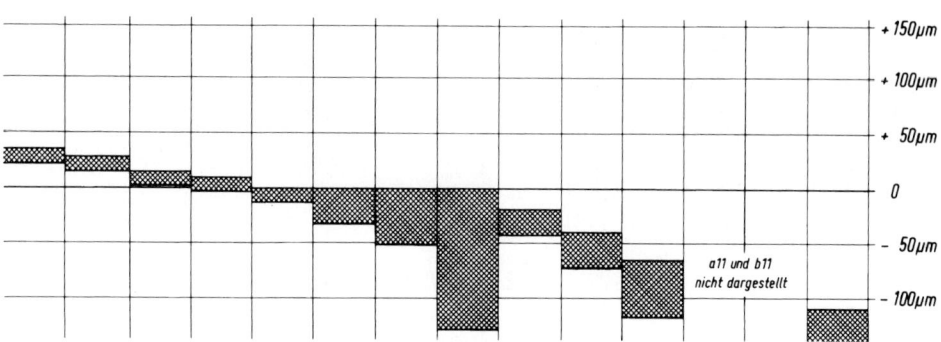

a11 und b11 nicht dargestellt

p 6	n 6	k 6	j 6	h 6	h 8	h 9	h 11	f 7	e 8	d 9	a 11	b 11	c 11	Nennmaßbereich mm
+ 12 / + 6	+ 10 / + 4	+ 6 / 0	+ 4 / − 2	0 / − 6	0 / − 14	0 / − 25	0 / − 60	− 6 / − 16	− 14 / − 28	− 20 / − 45	− 270 / − 330	− 140 / − 200	− 60 / − 120	über 1 bis 3
+ 20 / + 12	+ 16 / + 8	+ 9 / + 1	+ 6 / − 2	0 / − 8	0 / − 18	0 / − 30	0 / − 75	− 10 / − 22	− 20 / − 38	− 30 / − 60	− 270 / − 345	− 140 / − 215	− 70 / − 145	über 3 bis 6
+ 24 / + 15	+ 19 / + 10	+ 10 / + 1	+ 7 / − 2	0 / − 9	0 / − 22	0 / − 36	0 / − 90	− 13 / − 28	− 25 / − 47	− 40 / − 76	− 280 / − 370	− 150 / − 240	− 80 / − 170	über 6 bis 10
+ 29 / + 18	+ 23 / + 12	+ 12 / + 1	+ 8 / − 3	0 / − 11	0 / − 27	0 / − 43	0 / − 110	− 16 / − 34	− 32 / − 59	− 50 / − 93	− 290 / − 400	− 150 / − 260	− 95 / − 205	über 10 bis 14 / über 14 bis 18
+ 35 / + 22	+ 28 / + 15	+ 15 / + 2	+ 9 / − 4	0 / − 13	0 / − 33	0 / − 52	0 / − 130	− 20 / − 41	− 40 / − 73	− 65 / − 117	− 300 / − 430	− 160 / − 290	− 110 / − 240	über 18 bis 24 / über 24 bis 30
+ 42 / + 26	+ 33 / + 17	+ 18 / + 2	+ 11 / − 5	0 / − 16	0 / − 39	0 / − 62	0 / − 160	− 25 / − 50	− 50 / − 89	− 80 / − 142	− 310 / − 470	− 170 / − 330	− 120 / − 280	über 30 bis 40
											− 320 / − 480	− 180 / − 340	− 130 / − 290	über 40 bis 50
+ 51 / + 32	+ 39 / + 20	+ 21 / + 2	+ 12 / − 7	0 / − 19	0 / − 46	0 / − 74	0 / − 190	− 30 / − 60	− 60 / − 106	− 100 / − 174	− 340 / − 530	− 190 / − 380	− 140 / − 330	über 50 bis 65
											− 360 / − 550	− 200 / − 390	− 150 / − 340	über 65 bis 80
+ 59 / + 37	+ 45 / + 23	+ 25 / + 3	+ 13 / − 9	0 / − 22	0 / − 54	0 / − 87	0 / − 220	− 36 / − 71	− 72 / − 126	− 120 / − 207	− 380 / − 600	− 220 / − 440	− 170 / − 390	über 80 bis 100
											− 410 / − 630	− 240 / − 460	− 180 / − 400	über 100 bis 120
+ 68 / + 43	+ 52 / + 27	+ 28 / + 3	+ 14 / − 11	0 / − 25	0 / − 63	0 / − 100	0 / − 250	− 43 / − 83	− 85 / − 148	− 145 / − 245	− 460 / − 710	− 260 / − 510	− 200 / − 450	über 120 bis 140
											− 520 / − 770	− 280 / − 530	− 210 / − 460	über 140 bis 160
											− 580 / − 830	− 310 / − 560	− 230 / − 480	über 160 bis 180
+ 79 / + 50	+ 60 / + 31	+ 33 / + 4	+ 16 / − 13	0 / − 29	0 / − 72	0 / − 115	0 / − 290	− 50 / − 96	− 100 / − 172	− 170 / − 285	− 660 / − 950	− 340 / − 530	− 240 / − 530	über 180 bis 200
											− 740 / − 1030	− 380 / − 670	− 260 / − 550	über 200 bis 225
											− 820 / − 1110	− 420 / − 710	− 280 / − 570	über 225 bis 250
+ 88 / + 56	+ 66 / + 34	+ 36 / + 4	+ 16 / − 16	0 / − 32	0 / − 81	0 / − 130	0 / − 320	− 56 / − 108	− 110 / − 191	− 190 / − 320	− 920 / − 1240	− 480 / − 800	− 300 / − 620	über 250 bis 280
											− 1050 / − 1370	− 540 / − 860	− 330 / − 650	über 280 bis 315
+ 98 / + 62	+ 73 / + 37	+ 40 / + 4	+ 18 / − 18	0 / − 36	0 / − 89	0 / − 140	0 / − 360	− 62 / − 119	− 125 / − 214	− 210 / − 350	− 1200 / − 1560	− 600 / − 900	− 360 / − 720	über 315 bis 355
											− 1350 / − 1710	− 680 / − 1040	− 400 / − 760	über 355 bis 400

Tabelle 5. Passungsauswahl, empfohlene Passtoleranzen, Spiel-, Übergangs- und Übermaßtoleranzfelder in μm nach DIN ISO 286

Nennmaßbereich mm \ Passung	H8/x8 u8 [1]	H7 s6	H7 r6	H7 n6	H7 k6	H7 j6	H7 h6	H8 h9	H11 h9	H11 h11	G7 H7 h6 g6
über 1 bis 3	− 6 / − 34	− 4 / − 20	− 0 / − 16	+ 6 / − 10	−	+ 12 / − 4	+ 16 / 0	+ 39 / 0	+ 85 / 0	+ 120 / 0	+ 18 / + 2
über 3 bis 6	− 10 / − 46	− 7 / − 27	− 3 / − 23	+ 4 / − 16	−	+ 13 / − 7	+ 20 / 0	+ 48 / 0	+ 105 / 0	+ 150 / 0	+ 24 / + 4
über 6 bis 10	− 12 / − 56	− 8 / − 32	− 4 / − 28	+ 5 / − 19	+ 14 / − 10	+ 17 / − 7	+ 24 / 0	+ 58 / 0	+ 126 / 0	+ 180 / 0	+ 29 / + 5
über 10 bis 14	− 13 / − 67	− 10 / − 39	− 5 / − 34	+ 6 / − 23	+ 17 / − 12	+ 21 / − 8	+ 29 / 0	+ 70 / 0	+ 153 / 0	+ 220 / 0	+ 35 / + 6
über 14 bis 18	− 18 / − 72										
über 18 bis 24	− 21 / − 87	− 14 / − 48	− 7 / − 41	+ 6 / − 28	+ 19 / − 15	+ 25 / − 9	+ 34 / 0	+ 85 / 0	+ 182 / 0	+ 260 / 0	+ 41 / + 7
über 24 bis 30	− 15 / − 81										
über 30 bis 40	− 21 / − 99	− 18 / − 59	− 9 / − 50	+ 8 / − 33	+ 23 / − 18	+ 30 / − 11	+ 41 / 0	+ 101 / 0	+ 222 / 0	+ 320 / 0	+ 50 / + 9
über 40 bis 50	− 31 / − 109										
über 50 bis 65	− 41 / − 133	− 23 / − 72	− 11 / − 60	+ 10 / − 39	+ 28 / − 21	+ 37 / − 12	+ 49 / 0	+ 120 / 0	+ 264 / 0	+ 380 / 0	+ 59 / + 10
über 65 bis 80	− 56 / − 148	− 29 / − 78	− 13 / − 62								
über 80 bis 100	− 70 / − 178	− 36 / − 93	− 16 / − 73	+ 12 / − 45	+ 32 / − 25	+ 44 / − 13	+ 57 / 0	+ 141 / 0	+ 307 / 0	+ 440 / 0	+ 69 / + 12
über 100 bis 120	− 90 / − 198	− 44 / − 101	− 19 / − 76								
über 120 bis 140	− 107 / − 233	− 52 / − 117	− 23 / − 88	+ 13 / − 52	+ 37 / − 28	+ 51 / − 14	+ 65 / 0	+ 163 / 0	+ 350 / 0	+ 500 / 0	+ 79 / + 14
über 140 bis 160	− 127 / − 253	− 60 / − 125	− 25 / − 90								
über 160 bis 180	− 147 / − 273	− 68 / − 133	− 28 / − 93								
über 180 bis 200	− 164 / − 308	− 76 / − 151	− 31 / − 106	+ 15 / − 60	+ 42 / − 33	+ 59 / − 16	+ 75 / 0	+ 187 / 0	+ 405 / 0	+ 580 / 0	+ 90 / + 15
über 200 bis 225	− 186 / − 330	− 84 / − 159	− 34 / − 109								
über 225 bis 250	− 212 / − 356	− 94 / − 169	− 38 / − 113								
über 250 bis 280	− 234 / − 396	− 106 / − 190	− 42 / − 126	+ 18 / − 66	+ 48 / − 36	+ 68 / − 16	+ 84 / 0	+ 211 / 0	+ 450 / 0	+ 640 / 0	+ 101 / + 17
über 280 bis 315	− 269 / − 431	− 118 / − 202	− 46 / − 130								
über 315 bis 355	− 301 / − 479	− 133 / − 226	− 51 / − 144	+ 20 / − 73	+ 53 / − 40	+ 75 / − 18	+ 93 / 0	+ 229 / 0	+ 500 / 0	+ 720 / 0	+ 111 / + 18
über 355 bis 400	− 346 / − 524	− 151 / − 244	− 57 / − 150								

[1] bis Nennmaß 24 mm: x 8; über 24 mm Nennmaß: u 8

Tabelle 5. (Fortsetzung)

H 7 f 7	F 8 h 6	H 8 f 7	F 8 h 9	H 8 e 8	E 9 h 9	H 8 d 9	D 10 h 9	H 11 d 9	D 10 h 11	C 11 h 9	C 11 H 11 h 11 c 11	A 11 H 11 h 11 a 11
+ 26	+ 28	+ 30	+ 47	+ 42	+ 64	+ 59	+ 85	+105	+120	+145	+ 180	+ 390
+ 6	+ 6	+ 6	+ 6	+ 14	+ 14	+ 20	+ 20	+ 20	+ 20	+ 60	+ 60	+ 270
+ 34	+ 36	+ 40	+ 58	+ 56	+ 80	+ 78	+108	+135	+153	+175	+ 220	+ 420
+ 10	+ 10	+ 10	+ 10	+ 20	+ 20	+ 30	+ 30	+ 30	+ 30	+ 70	+ 70	+ 270
+ 43	+ 44	+ 50	+ 71	+ 69	+ 97	+ 98	+134	+166	+188	+206	+ 260	+ 460
+ 13	+ 13	+ 13	+ 13	+ 25	+ 25	+ 40	+ 40	+ 40	+ 40	+ 80	+ 80	+ 280
+ 52	+ 54	+ 61	+ 86	+ 86	+118	+120	+163	+203	+230	+248	+ 315	+ 510
+ 16	+ 16	+ 16	+ 16	+ 32	+ 32	+ 50	+ 50	+ 50	+ 50	+ 95	+ 95	+ 290
+ 62	+ 66	+ 74	+105	+106	+144	+150	+201	+247	+279	+292	+ 370	+ 560
+ 20	+ 20	+ 20	+ 20	+ 40	+ 40	+ 65	+ 65	+ 65	+ 65	+110	+ 110	+ 300
										+342	+ 440	+ 630
+ 75	+ 80	+ 89	+126	+128	+174	+181	+242	+302	+340	+120	+ 120	+ 310
+ 25	+ 25	+ 25	+ 25	+ 50	+ 50	+ 80	+ 80	+ 80	+ 80	+352	+ 450	+ 640
										+130	+ 130	+ 320
										+404	+ 520	+ 720
+ 90	+ 95	+106	+150	+152	+208	+220	+294	+364	+410	+140	+ 140	+ 340
+ 30	+ 30	+ 30	+ 30	+ 60	+ 60	+100	+100	+100	+100	+414	+ 530	+ 740
										+150	+ 150	+ 360
										+477	+ 610	+ 820
+106	+112	+125	+177	+180	+246	+261	+347	+427	+480	+170	+ 170	+ 380
+ 36	+ 36	+ 36	+ 36	+ 72	+ 72	+120	+120	+120	+120	+487	+ 620	+ 850
										+180	+ 180	+ 410
										+550	+ 700	+ 960
										+200	+ 200	+ 460
+123	+131	+146	+206	+211	+285	+308	+405	+495	+555	+560	+ 710	+1020
+ 43	+ 43	+ 43	+ 43	+ 85	+ 85	+145	+145	+145	+145	+210	+ 210	+ 520
										+580	+ 730	+1080
										+230	+ 230	+ 580
										+645	+ 820	+1240
										+240	+ 240	+ 660
+142	+151	+168	+237	+244	+330	+357	+470	+575	+645	+665	+ 840	+1320
+ 50	+ 50	+ 50	+ 50	+100	+100	+170	+170	+170	+170	+260	+ 260	+ 740
										+685	+ 860	+1400
										+280	+ 280	+ 820
										+750	+ 940	+1560
+160	+169	+189	+267	+272	+370	+401	+530	+640	+720	+300	+ 300	+ 920
+ 56	+ 56	+ 56	+ 56	+110	+110	+190	+190	+190	+190	+780	+ 970	+1690
										+330	+ 330	+1050
										+860	+1080	+1920
+176	+187	+208	+291	+303	+405	+439	+580	+710	+800	+360	+ 360	+1200
+ 62	+ 62	+ 62	+ 62	+125	+125	+210	+210	+210	+210	+900	+1120	+2070
										+400	+ 400	+1350

Tabelle 6. Allgemeintoleranzen für Form und Lage nach DIN ISO 2768-2

Toleranzklassen	Toleranzen in mm für												
	Geradheit/Ebenheit					Rechtwinkligkeit				Symmetrie			
	bis 10	über 10 bis 30	über 30 bis 100	über 100 bis 300	über 300 bis 1000	bis 100	über 100 bis 300	über 300 bis 1000	über 1000 bis 3000	bis 100	über 100 bis 300	über 300 bis 1000	über 300 bis 1000
H	0,02	0,05	0,1	0,2	0,3	0,2	0,3	0,4	0,5	0,5			
K	0,05	0,1	0,2	0,4	0,6	0,4	0,6	0,8	1	0,6		0,8	1
L	0,1	0,2	0,4	0,8	1,2	0.6	1	1,5	2	0,6	1	1,5	2

Tabelle 7. Kennzeichnung der Oberflächenbeschaffenheit nach DIN EN ISO 1302

Symbol	Definition	Symbol	Definition
✓	**Grundsymbol**; Angabe der Oberflächenbeschaffenheit.	e ✓	Bearbeitungszugabe
▽	spanend bearbeitete Oberfläche	a ▽	höchstzulässiger Rauheitswert R_a in μm
⌀▽	spanende Bearbeitung nicht zugelassen oder Zustand des vorangegangenen Arbeitsganges belassen	▽⊥	Rillenrichtung rechtwinklig zur Projektionsebene
a_1 a_2 ▽	Größtwert Rauheit a_1 Kleinstwert Rauheit a_2	e ▽ a b c d	a Rauheitswert R_a oder Rauheitsklassen N
			b Oberflächenbehandlung oder Fertigungsverfahren
vernickelt ▽	Verfahren der Herstellung oder Oberflächenbehandlung		c Bezugsstrecke
			d Rillenrichtung
			e Bearbeitungszugabe

Rauheitsklasse N	N 1	N 2	N 3	N 4	N 5	N 6	N 7	N 8	N 9	N 10	N 11	N 12
Rauheitswert R_a in μm	0,025	0,05	0,1	0,2	0,4	0,8	1,6	3,2	6,3	12,5	25	50

Tabelle 8. Mittenrauwerte R_a in μm

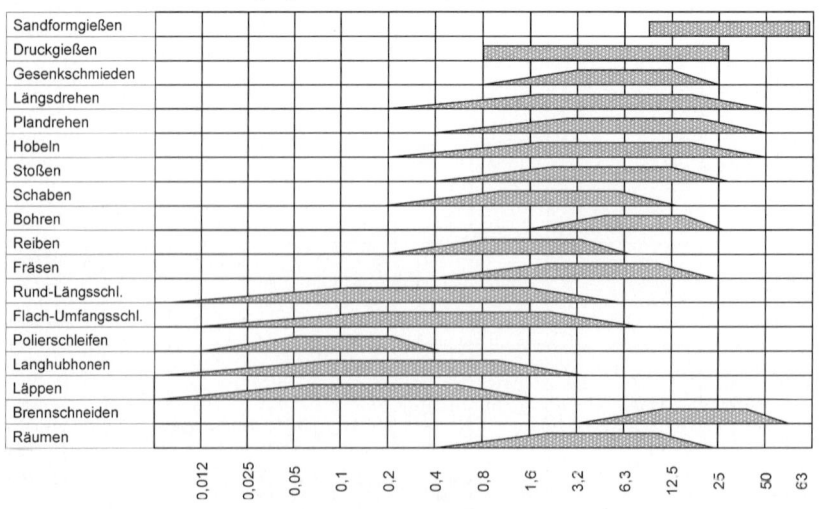

Mittenrauwert R_a in μm

3 Praktische Festigkeitsberechnungen im Maschinenbau

A. Böge

Ziel aller Festigkeitsberechnungen ist die Ermittlung der vorhandenen Spannung und der Nachweis, dass ein konstruiertes Bauteil mit Sicherheit „hält". Seine geforderte oder erwartete Tragfähigkeit muss unter allen denkbaren Umständen gewährleistet sein, es darf z.B. auch bei Dauerbelastung in der vorgeschriebenen Lebensdauer nicht brechen oder seine Form bleibend so verändern, dass es seine Funktion nicht mehr ausreichend erfüllt.

Mit der Wahl des Werkstoffs liegen die Festigkeitsgrößen vor, z.B. die Zug-, Druck-, Biege- und Torsions-Wechselfestigkeit (σ_{zW}, σ_{dW}, σ_{bW}, τ_{tW}) oder die entsprechenden 0,2%-Dehngrenzen ($R_{p\,0,2}$). Zur Ermittlung der *Gestaltfestigkeit* werden Faktoren K in die Berechnung der *Sicherheit* S_D gegen Dauerbruch (Dauerhaltbarkeit) oder gegen bleibende Verformung (Fließgrenze) eingeführt, z.B. der Rauheitsfaktor $K_{F\sigma}$ oder die Kerbwirkungszahl K_f.

Die dazu erforderlichen Rechnungsgänge, Methoden und Tabellen werden ausführlich behandelt in der FKM[1])-Richtlinie: Rechnerischer Festigkeitsnachweis für Maschinenbauteile[2]), 5. erweiterte Ausgabe 2003, VDMA Verlag Frankfurt a.M. (270 Seiten).

4 Klebverbindungen

A. Böge

Normen (Auswahl)

DIN 16920	Klebstoffe, Klebstoffverarbeitung,
DIN 53281	T1 Behandlung der Klebflächen
	T2 Herstellung der Proben
	T3 Kenndaten des Klebvorganges
DIN 53282	Winkelschälversuch
DIN 53283	Zugscherversuch
DIN 53284	Zeitstandsversuch
DIN 53287	Beständigkeit gegen Flüssigkeiten
DIN 53289	Rollenschälversuch
DIN 54452	Druckschälversuch
DIN 54455	Torsionsschälversuch

4.1 Allgemeines

Unter **Kleben** versteht man das Verbinden von Teilen aus gleichen oder verschiedenartigen Werkstoffen mit nichtmetallischen Klebstoffen. Normalerweise entsteht eine Klebverbindung bei Raumtemperatur ohne Druckeinwirkung. Die Verarbeitung einiger Klebstoffe setzt jedoch auch höhere Drücke und Temperaturen bis ca. 150 °C voraus.

---

[1]) Forschungskuratorium Maschinenbau

[2]) gilt nicht bei Vorliegen spezieller Richtlinien oder Normen wie z.B. DIN 742: Tragfähigkeitsberechnung von Wellen und Achsen

Die Festigkeit einer Klebverbindung wird durch die Haftung eines Klebstoffs an der Werkstückoberfläche (Adhäsion) und seine Bindekräfte zwischen den Klebstoffmolekülen (Kohäsion) bestimmt.

Durch Entwicklung von Klebern hoher Bindefestigkeit wird das Kleben als Verbindungsart auch metallischer Bauteile im zunehmenden Maß verwendet, insbesondere im Leichtmetallbau, im Flugzeugbau für Tragflächen, Rumpfblechversteifungen, Tür- und Fensterrahmen, in der Elektrotechnik für magnetische Spannplatten, Transformatoren- und Statorbleche, Geräte und Apparate, im Kraftfahrzeugbau für Reibbeläge bei Kupplungen und Bremsen, ferner in der Kunststoffindustrie, bei Spiel-, Leder- und Verpackungswaren und im Bauwesen für Wand- und Fußbodenplatten.

Vorteile gegenüber anderen Verbindungselementen: Verbinden verschiedenartigster Werkstoffe; keine Werkstoffbeeinflussung; keine Schwächung der Bauteile durch Niet- oder Schraubenlöcher.

Nachteile: Geringere spezifische Festigkeit gegenüber Schweißen oder Nieten; geringe Schälfestigkeit; Stumpfstöße kaum möglich; teilweise längere Aushärtungszeiten.

4.2 Klebstoffe

Klebstoffe werden hauptsächlich auf Kunstharzbasis in der Form von Phenol- und Epoxydharzen oder auf Kautschukbasis als Lösungsmittelklebstoffe hergestellt. Nach DIN 16920 und der VDI-Richtlinie 2229 teilt man sie nach der Art des Abbindens ein:

Physikalisch abbindende Klebstoffe sind Klebstoffe mit Lösungsmitteln, die vor dem Fügen oder Erstarren der Klebstoffschmelze zum größten Teil ablüften (verdunsten). Diese Klebstoffe sind zur Verbindung von Metallen mit porösen Werkstoffen wie z.B. Kork, Holz, Leder oder auch durchlässigen Kunststoffen geeignet. Zu den physikalisch abbindenden Klebstoffen gehören Kontakt-Schmelzklebstoffe sowie Plastisole.

Kontaktklebstoffe (Basis Kautschuk) werden beidseitig auf die zu klebenden Flächen aufgetragen, abgelüftet und unter kurzem starken Druck gefügt.

Schmelzklebstoffe werden auf ca. 150 °C erhitzt und in geschmolzenem Zustand vor dem Erstarren des Klebstoffs gefügt.

Plastisole (Basis Polyvinilchlorid) sind lösungsmittelfrei und werden in teigigem Zustand aufgetragen. Sie binden bei Temperaturen zwischen 140 °C und 200 °C ab.

Chemisch abbindende Klebstoffe (Reaktionsklebstoffe) sind Klebstoffe auf Kunstharzbasis, die nur durch geeignete Reaktionsstoffe (Katalysatoren) hohe Haftfestigkeit und innere Festigkeit erreichen. Sie werden auch als Zwei-Komponenten-Klebstoffe (Bindemittel-Härter) bezeichnet. Abbindereaktionen werden durch den Härter, erhöhte Temperaturen, Luftfeuchtigkeit oder Entzug von Sauerstoff (anaerob) herbeigeführt. Da bei chemisch abbindenden Klebstoffen oft große Abbindezeiten (bis zu mehreren

Tagen) einzuhalten sind, wird als dritte Komponente vielfach ein Beschleuniger zur Verkürzung der Abbindezeit zugegeben.

Es gibt kalt- und warmabbindende Klebstoffe. **Kalthärtende** Klebstoffe (Kalthärter) härten bei Raumtemperatur oder erhöhten Temperaturen aus. **Warmhärtende** Klebstoffe (Warmhärter) härten nur bei erhöhten Temperaturen aus. Tabelle 1 zeigt eine Zusammenstellung einiger kalt- und warmabbindender Klebstoffe.

4.3 Herstellung der Klebverbindung

4.3.1 Vorbehandlung

Nur wenn die zu verklebenden Flächen sauber und fettfrei sind, kann eine Klebverbindung die erforderliche Festigkeit und Beständigkeit erreichen.

Säubern von Schmutz, Farbresten, Oxidschichten usw. geschieht meist mechanisch durch Bürsten, Schmirgeln oder Strahlen.

Entfetten von Öl-, Fett- öder Wachsresten erfolgt durch organische Lösungsmittel wie Perchloräthylen, Methylchlorid oder Aceton.

Beizen (Ätzen) vor allem von Metallklebeflächen in verdünnter Schwefelsäure und – bei Leichtmetallen – nachfolgende anodische Oxidation.

Tabelle 1. Auswahl von Kalt- und Warmklebern

Kalt-härter	Basis	Aushärtung	Zugscher-festigkeit τ_{KB} in N/mm²	tempera-tur-beständig bis	Anwen-dung
Agomet M	Acryl-harz	20 °C … 24 h 50 °C … 1 h	22 … 32	80 °C	Stahl, Leichtme-talle, Hartkunst-stoffe
Araldit AV 138	Epoxid-harz	20 °C … 30 h 120 °C … 1 h 150 °C … 0,5 h	22 … 32	60 °C	Metalle, Glas, Keramik, Duroplaste
Sicomet 85	Cyan-acrylat	23 °C 5s … 5 min	18 … 26	110 °C	Metalle, nichtporö-se Stoffe
Bostik 788	Polyes-terharz	20 °C 48 h … 170 h	15 … 18	80 °C	Metalle

Warm-härter	Basis	Aushärtung	Zugscher-festigkeit τ_{KB} in N/mm²	tempera-tur-beständig bis	Anwen-dung
Araldit AT1	Epoxid-harz	110 °C … 30 h 200 °C … 0,5 h	17 … 32	150 °C	Metalle, Keramik, Glas, gehärte Kunststof-fe
Redux 64	Phenol-harz/Po-lyvinil-formal	145 °C … 0,5 h 180 °C … 0,1 h	30 … 40	300 °C	Metalle, Bremsbe-läge
Scotch Klebe-film AF 42	Nylon-Epoxid-harz	175 °C … 1 h 230 °C … 30 s	13 … 30	120 °C	Metalle, Keramik, Glas, glasfaser-verstärkter Kunststoff

Der Umfang der erforderlichen Oberflächenbehandlung richtet sich nach der Beanspruchung der Klebverbindung:

Niedrige Beanspruchung für Zugscherfestigkeit bis 5 N/mm². Kein Kontakt mit Wasser; Einsatz in geschlossenen Räumen. Anwendungsgebiete: Modellbau, Möbelbau, Elektrotechnik/Elektronik.

Mittlere Beanspruchung für Zugscherfestigkeit bis 10 N/mm². Kontakt mit Öl und Treibstoffen zulässig. Anwendungsgebiete: Maschinen- und Fahrzeugbau.

Hohe Beanspruchung für Zugscherfestigkeit über 10 N/mm². Kontakt mit Lösungsmitteln, Ölen und Treibstoffen zulässig. Anwendungsgebiete: Schiffbau, Behälterbau, Flugzeugbau.

Vorschläge für Oberflächenbehandlungen verschiedener zu klebender Werkstoffe nach Tabelle 2.

4.3.2 Klebvorgang

Beim Auftragen des Klebstoffes müssen Herstellerangaben genau eingehalten werden. Wichtig ist ein gleichmäßig dicker Auftrag mit Pinsel oder Zahnspachtel auf die Klebflächen.

Tabelle 2. Vorbehandlung von Klebflächen

Werkstoff	Behandlungsfolgen für		
	niedrige Beanspruchung	mittlere Beanspruchung	hohe Beanspruchung
Stahl	Reinigen, Entfetten, Spülen, Trocknen	Reinigen, Schleifen, Entfetten, Spülen, Trocknen	Reinigen, Strahlen, Entfetten, Spülen, Trocknen
Stahl, verzinkt	Reinigen, Entfetten, Spülen, Trocknen	Reinigen, Entfetten, Spülen, Trocknen	Reinigen, Entfetten, Spülen, Trocknen
Titan	Reinigen, Entfetten, Spülen, Trocknen	Reinigen, Schleifen, Entfetten, Spülen, Trocknen	Reinigen, Strahlen, Entfetten, Spülen, Trocknen
Gusseisen	Gusshaut entfer-nen	Schleifen, Bürsten	Strahlen
Aluminium-legierung	Reinigen, Entfetten, Spülen, Trocknen	Reinigen, Beizen, Schleifen, Spülen, Trocknen	Reinigen, Strahlen, Beizen, Spülen, Trocknen
Magnesium	Reinigen, Entfetten, Spülen, Trocknen	Reinigen, Entfetten, Schleifen, Spülen, Trocknen	Reinigen, Strahlen, Entfetten, Beizen, Spülen, Trock-nen
Kupfer-legierung	Reinigen, Entfetten, Spülen, Trocknen	Reinigen, Schleifen, Entfetten, Spülen, Trocknen	Reinigen, Strahlen, Entfetten, Spülen, Trocknen

Bei **Lösungsmittelklebstoffen** ist der richtige Zeitpunkt des Fügens unter Druck nach dem Verdunsten des Lösungsmittels und Abbinden des Klebstoffs entscheidend für die Festigkeit der Verbindung.

Bei **Reaktionsklebstoffen** wird nur eine der Klebflächen durch Streichen, Spachteln, Aufstreuen oder Auflegen von Klebefolien beschichtet. Danach können die Teile sofort gefügt werden.

4.4 Berechnung

Eine Klebverbindung sollte nur auf Schub und/oder Druck beansprucht werden (Bild 1).

Biege- und Zugbeanspruchungen sollten vermieden werden. Lässt sich eine Schälbeanspruchung nicht vermeiden, kann durch zusätzliches Nieten, Punktschweißen oder Falzen eine Abschwächung der Schälbeanspruchung erreicht werden.

Die wichtigste Kenngröße zur Berechnung von Klebverbindungen ist die Bindefestigkeit τ_{KB} (Zugscherfestigkeit). Sie wird an Prüfkörpern (Bild 2) mit einschnittiger Überlappung in Abhängigkeit von Klebstoff, Klebschichtdicke und Oberflächen- oder Temperatureinflüssen ermittelt.

$$\tau_{KB} = \frac{F}{A_{Kl}} = \frac{F}{l_{ü}\, b} \qquad \begin{array}{c|c|c|c} \tau_{KB} & F & A_{Kl} & l_{ü},\, b \\ \hline \dfrac{N}{mm^2} & N & mm^2 & mm \end{array} \quad (1)$$

F Zugkraft
A_{Kl} Klebfugenfläche
$l_{ü}$ Überlappungslänge
b Klebfugenbreite

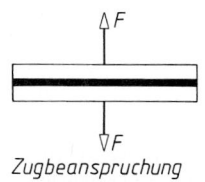
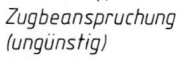

Zugbeanspruchung
(ungünstig)

Schälbeanspruchung
(sehr ungünstig)

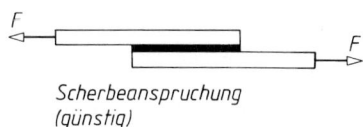

Scherbeanspruchung
(günstig)

Bild 1. Beanspruchungsarten von Klebverbindungen

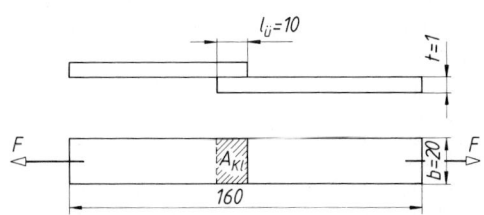

Bild 2. Prüfkörper zur Ermittlung der Bindefestigkeit

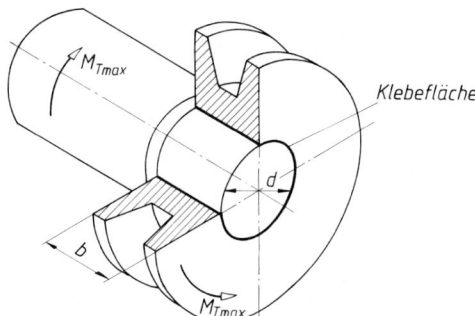

Bild 3. Torsionsbeanspruchung der Klebschicht

Zugscherfestigkeiten einiger Klebstoffe nach Tabelle 1. Mit der Sicherheit S ergibt sich als zulässige Spannung

$$\tau_{K\,zul} = \frac{\tau_{KB}}{S} \qquad \begin{array}{c|c|c} \tau_{K\,zul} & \tau_{KB} & S \\ \hline \dfrac{N}{mm^2} & \dfrac{N}{mm^2} & 1 \end{array} \quad (2)$$

$S \approx 4 \dots 5$ bei wechselnder Beanspruchung
$S \approx 3$ bei schwellender Beanspruchung
$S \approx 2$ bei ruhender Beanspruchung

Die maximale **Scherkraft** ergibt sich nach Bild 2 aus

$$F_{max} \leq A_{Kl}\, \tau_{K\,zul} = b\, l_{ü}\, \tau_{K\,zul} \qquad (3)$$

$$\begin{array}{c|c|c|c} F_{max} & A_{Kl} & \tau_{Kzul} & b,\, l_{ü} \\ \hline N & mm^2 & \dfrac{N}{mm^2} & mm \end{array}$$

Das maximale **Torsionsmoment** nach Bild 3 aus

$$M_{T\,max} \leq 0{,}5\, \pi\, d^2\, b\, \tau_{K\,zul} \qquad (4)$$

$$\begin{array}{c|c|c} M_{T\,max} & \tau_{K\,zul} & b,\, d \\ \hline Nmm & \dfrac{N}{mm^2} & mm \end{array}$$

■ **Beispiel:**
Zwei mit Araldit AV 138 verklebte Stahlrohre (Bild 4) übertragen wechselnd ein Torsionsmoment $M_{Tmax} = 32$ Nm. Im Betrieb tritt höchstens eine Umgebungstemperatur von 25 °C auf. Es soll nachgerechnet werden, ob die vorgesehene Überlappungslänge $b = 25$ mm ausreicht.

Gegeben:

Überlappungslänge	b	= 25 mm
Torsionsmoment	M_T	= 32 Nm
Rohrdurchmesser	d	= 30 mm
Bindefestigkeit	τ_{KB}	= 18 N/mm²

(gewählt nach Tabelle 1)
Sicherheit S
bei wechselnder Beanspruchung   = 4 (gewählt)

Lösung:
Zulässige Spannung nach Gleichung (2)

$$\tau_{K\,zul} = \frac{\tau_{KB}}{S} = \frac{18\ \text{N/mm}^2}{4} = 4{,}5\ \text{N/mm}^2$$

$$b \geq \frac{M_{T\,max}}{0{,}5\,\pi\,d^2\,\tau_{K\,zul}} = \frac{32\,000\ \text{Nmm}}{0{,}5 \cdot \pi \cdot 30^2\,\text{mm}^2 \cdot 4{,}5\ \text{N/mm}^2} = 5{,}03\ \text{mm}$$

Die Überlappungslänge b = 25 mm kann also noch reduziert werden, wenn nicht andere Gründe dagegen sprechen.

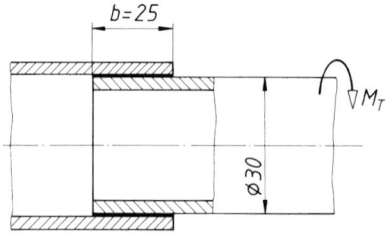

Bild 4. Verdrehbeanspruchte, geklebte Rohrverbindung

4.5 Gestaltungshinweise

Eine klebgerechte Konstruktion sollte sich nach folgenden Gestaltungsregeln richten: Stumpfstöße können wegen der zu kleinen Klebfläche nicht angewendet werden. Eine geschäftete Verbindung ist möglich, aber teuer in der Herstellung.

Genügend große Klebflächen erhält man durch Überlappungsverbindungen. Dabei sind gefalzte oder doppelte Überlappungen der einfachen oder abgesetzten Doppelaschenverbindung vorzuziehen.

Bei Rohrverbindungen sollten die Rohre ineinander gesteckt oder mit Muffen versehen werden (größere Klebfläche).

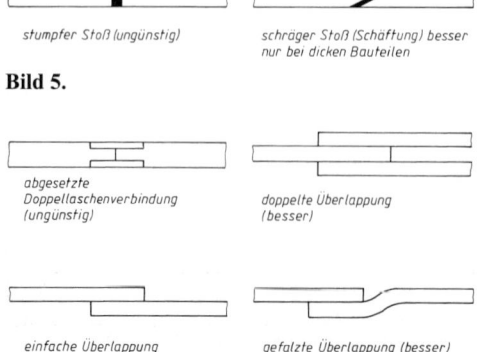

stumpfer Stoß (ungünstig)   schräger Stoß (Schäftung) besser
                                          nur bei dicken Bauteilen

Bild 5.

abgesetzte
Doppelaschenverbindung   doppelte Überlappung
(ungünstig)   (besser)

einfache Überlappung   gefalzte Überlappung (besser)

Bild 6.

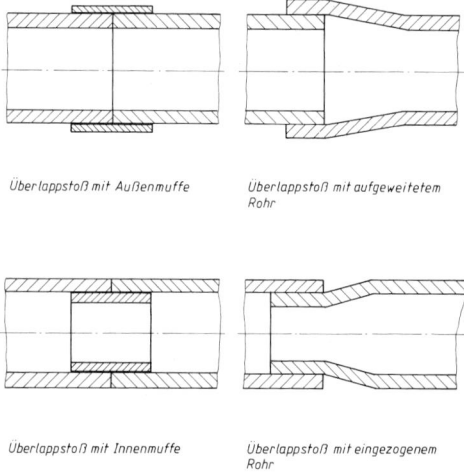

Überlappstoß mit Außenmuffe   Überlappstoß mit aufgeweitetem
                                    Rohr

Überlappstoß mit Innenmuffe   Überlappstoß mit eingezogenem
                                    Rohr

Bild 7.

Über Lotarten, Lötverfahren, Festigkeitseigenschaften und die Gestaltung von Lötverbindungen wird im Abschnitt M Spanlose Fertigung – Verbindende Fertigungsverfahren – berichtet. Weitere Angaben über Lote sind im Abschnitt E Werkstofftechnik zu finden.

5 Schweißverbindungen

U. Borutzki

5.1 Grundsätze

Werden beim Fügen von Einzelteilen zu Baugruppen die Verbindungen durch Schweißen gefertigt, so ist der Konstrukteur weit reichenden Festlegungen unterworfen, wenn die Erzeugnisse dem durch staatliche Normen geregelten Bereich zuzuordnen sind (geregelter Bereich). Hierzu zählen Stahl-, Schienenfahrzeug-, Eisenbahnbrücken-, Schiff-, Behälter- und Rohrleitungsbau sowie Erzeugnisse im Bereich der Wehrtechnik. Weit gehend eigenverantwortlich und nur den „anerkannten Regeln der Technik" verpflichtet ist dagegen der Maschinenbauer in seinen Entscheidungen bei der Wahl von Werkstoff, Schweißverfahren und der Berechnung der Schweißverbindungen (nicht geregelter Bereich).

5.1.1 Darstellung und Begriffe

Unabhängig vom Anwendungsbereich wird in DIN EN 12345 die mittelbare Anordnung der zu schweißenden Teile als Stoßart bezeichnet (Tabelle 1). Die Stoßart übt bei schwingender Beanspruchung einen wesentlichen Einfluss auf die Gestaltfestigkeit eines Schweißbauteils wegen der verschiedenartigen Kraftumlenkungen aus.

Stumpfnähte sind wegen ihres weit gehend ungestörten Kraftflusses gegenüber Kehlnähten aus dieser Sicht vorteilhafter, Kehlnähte dagegen wegen ihrer einfacheren Vorbereitung und Ausführung kostengünstiger. Weitere konstruktive Empfehlungen siehe Abschnitt 5.1.4. Die unmittelbare Gestaltung an der Schweißstelle vor dem Schweißen (Fugenform) nimmt der Konstrukteur in Abhängigkeit von Stoßart, Blechdicke, Werkstoff und Schweißverfahren nach DIN EN 22553 vor. Handelt es sich um in der Norm erfasste Schweißnähte, so kann ihre Bezeichnung in symbolischer Form nach Tabelle 2 erfolgen. Bei nicht genormten Schweißnähten sind die Schweißnahtvorbereitung und die fertige Schweißnaht vollständig zu zeichnen, zu bemaßen und hinsichtlich der geforderten Qualitäten zu tolerieren. Erfordern es die Qualität oder die Herstellungsbedingungen, so legt der Konstrukteur die Ausführungsrichtung des Schweißens durch Eintragen der Schweißposition in die Schweißnahtbezeichnung fest. Die Schweißposition muss dann in der Fertigung gegebenenfalls durch Vorrichtungen oder Werkstückmanipulatoren eingehalten werden (Bild 1).

Tabelle 1. Schweißnahtbegriffe und Anwendungsbereiche nach DIN EN 12345 und DIN EN 22553 (Abkürzungen siehe Tabelle 2)

Stoßart	Sinnbild	Fugenform	Name	Blechdicke mm	Schweißverfahren
Stumpfstoß			I - Naht	bis 4 einseitig bis 8 einseitig 2 bis 15 bis 20 bis 100 bis 8 beidseitig 4 bis 40 beidseitig	G, E, WIG MAG, MIG, WP UP LA EB G, E, WIG, MAG, MIG UP
			V - Naht	3 bis 10 einseitig 3 bis 40 beidseitig	G E, WIG, MAG, MIG
			DV - Naht	über 10 16 bis 50	E, MAG, MIG UP
			Steilflankennaht	über 16 über 20	E, MAG, MIG UP
Parallelstoß			Stirnfugennaht	konstruktiv	E, WIG, MAG, MIG
			Stirnflachnaht	bis 4	G, WIG, WP, LA, EB (ohne Schweißzusatz)
Überlappstoß			Kehlnaht	über 3 max. a = 0,7·t	E, MAG, MIG, UP
T - Stoß			Doppelkehlnaht		
			HV - Naht	3 bis 40	E, MAG, MIG, UP
			DHV - Naht	über 10	E, MAG, MIG, UP
Eckstoß			HV - Naht	3 bis 40	E, MAG, MIG, UP
			Kehlnaht	konstruktiv	E, MAG, MIG

Tabelle 2. Darstellung von Schweißnähten nach DIN EN 22553 und DIN EN ISO 4063

Symbolische und bildliche Schweißnahtbezeichnung

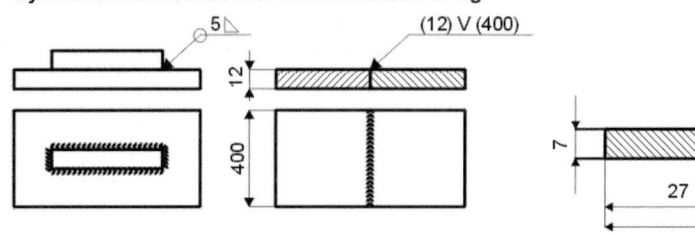

Kehlnaht, a = 5mm   Stumpfnaht   V - Naht

Schweißnähte werden auf Zeichnungen symbolisch (oben) oder bildlich (unten) dargestellt. Nicht benutzt wird in einer Ansicht die symbolische *und* die bildliche Darstellung.

In Vorbereitung und Ausführung sind Schweißnähte zu zeichnen und zu bemaßen, wenn für sie keine genormten Symbole existieren.

Vollständige Schweißnahtbezeichnung nach DIN EN 22553

12	Nahtdicke, kann bei durchgeschweißten Stumpfnähten entfallen
400	Schweißnahtlänge, entfällt, wenn Naht- gleich Bauteillänge
111	Kennzahl des Schweißverfahrens nach DIN ISO 4063
BS	Qualitätsangabe: Bewertungsgruppe B einer Stumpfnaht
PA	Schweißposition (vergl. Bild 1)

E 43 22 RR6: Schweißelektrode

V-Naht mit Zusatzsymbol

12 V 400   111 / BS / PA / E 43 22 RR6

Ausgewählte Zusatzsymbole für die Schweißnahtausführung

Wurzel ausgearbeitet u. Gegenlage ausgeführt *)		Nahtübergänge kerbfrei, gegebenenfalls bearbeitet		Naht eingeebnet durch zusätzliche Bearbeitung		Beilage benutzt M
gewölbt	konvex	flache Nahtoberfläche	—	Unterlage benutzt MR		*) Schwärzung, Schrafur oder Punktmuster zulässig
	konkav					

Anwendungsbeispiele für Zusatzsymbole

flache V-Naht, von der oberen Werkstückseite durch zusätzliche Bearbeitung eingeebnet

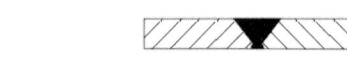

flache V-Naht mit flacher Gegennaht

Y-Naht mit ausgearbeiteter Wurzel und Gegennaht

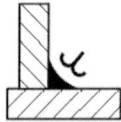

Kehlnaht mit kerbfreiem (ggf. bearbeitetem) Übergang

Kennzahlen nach DIN ISO 4063

111	Lichtbogenhandschweißen	(E)	21	Widerstandspunktschweißen	(RP)
12	Unterpulverschweißen	(UP)	3	Gasschmelzschweißen	(G)
131	Metall-Inertgasschweißen	(MIG)	41	Ultraschallschweißen	(US)
135	Metall-Aktivgasschweißen	(MAG)	42	Reibschweißen	(FR)
141	Wolfram-Inertgasschweißen	(WIG)	751	Laserstrahlschweißen	(LA)
15	(Wolfram-) Plasmaschweißen	(WP)	76	Elektronenstrahlschweißen	(EB)

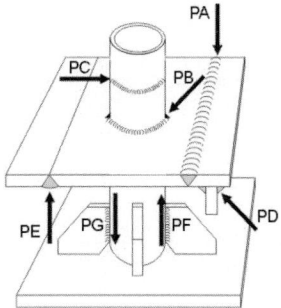

Bild 1. Schweißpositionen

PA waagerecht, PB horizontal, PC quer, PD halb über Kopf,
PE über Kopf, PF senkrecht steigend, PG senkrecht fallend

5.1.2 Werkstoffwahl

Geschweißt werden vorzugsweise plastifizierungsfähige Stähle, die eine Wärmeschrumpfung von ca. 2% durch örtliches Fließen gestatten. Als allgemein schweißgeeignet gelten unlegierte Stähle mit einem Kohlenstoffgehalt unter 0,22%. Ebenfalls geschweißt und hinsichtlich der Tragfähigkeit berechnet werden niedrig legierte Stähle und Feinkornbaustähle, wenn deren Schweißeignung nachgewiesen ist. Dieser Nachweis lässt sich mit Hilfe der $t_{8/5}$-Zeit (Abkühlzeit von 800°C auf 500°C), von ZTU-Schaubildern oder durch das Berechnen des Kohlenstoffäquivalents CEV (1) nach DIN 10025

$$CEV = \% \, C + \frac{\% \, Mn}{6} + \frac{\% \, Cr + \% \, Mo + \% \, V}{5} + \\ + \frac{\% \, Ni + \% \, Cu}{15} \qquad (1)$$

erbringen. Das Ziel besteht darin, möglichst ohne Vorwärmen rissicher zu schweißen. Dies kann in der Regel erreicht werden, wenn der Werkstoff ein Kohlenstoffäquivalent $CEV < 0,35$ aufweist.
Berechnet und geschweißt werden auch Verbindungen an Aluminium und seinen Legierungen. Bei nicht aushärtendem kaltverfestigtem Aluminium gestattet der Härte- und Festigkeitsabfall im Bereich der Wärmeeinflusszone nur das Rechnen mit den Festigkeitswerten des weichen Zustands. Auch bei aushärtbaren Aluminiumlegierungen fallen nach dem Schweißen zunächst die mechanischen Gütewerte ab. Gezielte Wärmebehandlung nach dem Schweißen gestattet jedoch das Einstellen verlässlicher Festigkeitswerte und das Berechnen von Aluminium-Schweißverbindungen [01].

5.1.3 Wahl von Schweißverfahren und Bewertungsgruppe

Die Eigenschaften der Schweißung werden durch mehr oder weniger starke Abweichungen der fertigen Schweißnaht von der Idealgeometrie beeinflusst. In

DIN EN 25817 „Lichtbogenschweißen an Stahl; Richtlinie für Bewertungsgruppen von Unregelmäßigkeiten (Imperfektionen)" sind Grenzwerte für die Stahlschweißung festgelegt (Bild 2). Neben dieser Norm gelten weitere für andere Schweißverfahren und Werkstoffe. Geringfügige Unregelmäßigkeiten der Nahtgeometrie haben auf die statische Beanspruchbarkeit einen vernachlässigbar kleinen Einfluss, während das dynamische Tragverhalten signifikant von Schweißnaht- und Bauteilgeometrie bestimmt wird. Mit dem Festlegen der Bewertungsgruppe fällt der Konstrukteur ein zusammenfassendes Qualitätsurteil über alle inneren und äußeren Schweißnahtimperfektionen. Die Bewertungsgruppe wird in die Konstruktionszeichnung eingetragen (Tabelle 2). Von DS nach BS sinken die Toleranzen, gleichzeitig steigen die Fertigungskosten. Während für den geregelten Bereich oft Zusammenhänge zwischen der Qualität und der Tragfähigkeit vorgeschrieben sind, bestehen für den nicht geregelten Bereich keine Festlegungen zur Wahl der Bewertungsgruppe. Das DVS-Merkblatt 0705 [02] enthält Empfehlungen zur Wahl der Bewertungsgruppe nach:

1. dem Sicherheitsbedürfnis (Schutz von Personen, Anlagen oder der Umwelt)
   Druckbehälter → Bewertungsgruppe B
   Wehrtechnik → Bewertungsgruppe D
2. der Beanspruchung
   niedrig 50%
   Ausnutzung der zulässigen Spannung
   → Bewertungsgruppe D
   mittel 75%
   Ausnutzung der zulässigen Spannung
   → Bewertungsgruppe C
   hoch 100%
   Ausnutzung der zulässigen Spannung
   → Bewertungsgruppe B
3. Zusatzkriterien
   z.B. Öldichtheit prüfen.

5.1.4 Gestaltung von Schweißverbindungen

Unterliegen Schweißbaugruppen verschiedenen Beanspruchungen, so erweisen sich ebenso verschiedene Gestaltungen als beanspruchungsgerecht, Bild 3. Die Lösung unter a) wird wegen der Schweißnahtanhäufung vielfach als ungünstig angesehen. Schweißnahtanhäufung bewirkt Konzentration von Schrumpfspannungen, hier entsteht eine dreiachsige Zugspannung. Die am Schweißnahtende auftretende Kerbwirkung ist dagegen bei Variante a) geringer und nimmt in Richtung c) zu. Bei schwingender Beanspruchung und fehlender Sprödbruchgefahr wird der Konstrukteur daher der Lösung a) gegenüber b) und c) wegen deutlich besserer Schwingfestigkeitswerte den Vorzug geben. Weitere konstruktive Empfehlungen zeigt Tabelle 3.

Die Qualitätsbewertung von Schweißnahtgüten mit Hilfe der DIN EN 25817		
Gültigkeitsbereich	**Merkmalsgruppen**	Umfang der zerstörungsfreien Prüfung von Schweißverbindungen der Bewertungsgruppen für den nichtgeregelten Bereich (nach DVS-M 0705) und Gütebeiwert b_2 für Gleichung (8)

Gültigkeitsbereich	Merkmalsgruppen	Bewertungsgruppen für Stumpfnähte		
			BS	CS	DS
* Schmelzschweißen an un- und legiertem Stahl	* Risse * Hohlräume	Volumenprüfung	100%	-	-
	* feste Einschlüsse	Sichtprüfung	100%	100%	100%
* Schweißverfahren: Metalllichtbogenschweißen ohne Gasschutz, UP-Schweißen, MSG-Schweißen, Plasmaschweißen	* Bindefehler und ungenügende Durchschweißung	Gütebeiwert b_2	1	0,8	0,5
	* Formfehler		Bewertungsgruppen für Kehlnähte		
			BK	CK	DK
* t = 3 bis 63mm	* sonstige Fehler, z.B. Zündstellen, Schweißspritzer, Anlauffarben, u.a.	Sichtprüfung	100%	100%	100%
		Gütebeiwert b_2	0,8	0,5	0,3

Unregelmäßigkeit	Darstellung	Grenzwert in der Bewertungsgruppe		
		B	C	D
Einbrandkerben		$h \le 0,5$ mm	$h \le 1,0$ mm	$h \le 1,5$ mm
Nahtüberhöhung (weiche Übergänge sind gefordert)		$h \le 1$mm$+0,1 \cdot b$ max. 5mm	$h \le 1$mm$+0,15 \cdot b$ max. 7mm	$h \le 1$mm$+0,25 \cdot b$ max. 10mm
		$h \le 1$mm$+0,1 \cdot b$ max. 3mm	$h \le 1$mm$+0,15 \cdot b$ max. 4mm	$h \le 1$mm$+0,25 \cdot b$ max. 5mm

Bild 2. Bewertungsgruppen für das Lichtbogenschweißen von Stahl nach DIN 25817

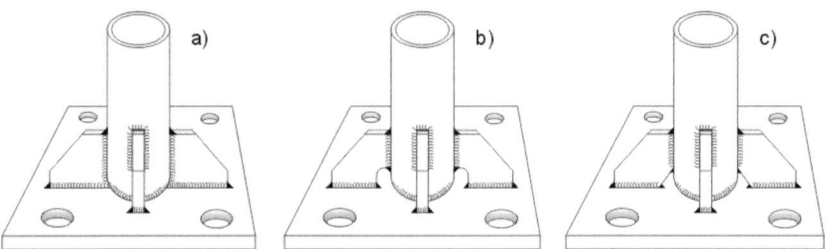

Bild 3. Anschlussformen und Beanspruchbarkeit

5.2 Berechnung von Schweißverbindungen

5.2.1 Spannungen in Schweißnähten

Kräfte und Momente rufen in Schweißnähten Spannungen hervor, die sich mit Hilfe vereinfachter Annahmen nach den Regeln der Technischen Mechanik berechnen lassen. Das zeitlich veränderliche Wirken der Kräfte kann durch Betriebsfaktoren, Teilsicherheits- oder Schwingungsbeiwerte oder andere, in den Regelwerken vorgeschriebene Lastannahmen berücksichtigt werden. Charakteristische Schweißnahtspannungen (Bild 4) sind

$\sigma_\perp$ Normalspannungen quer zur Nahtrichtung: Charakteristische Schweißnahtspannung, die zur

Auslegung von Stumpf- und Kehlnähten herangezogen wird.

$\sigma_\parallel$ Normalspannungen in Nahtrichtung: Von untergeordneter Bedeutung. Wird in der Regel nicht berechnet. Die Tragfähigkeit wird bei ruhender Beanspruchung in diesem Fall durch den angrenzenden Grundwerkstoff bestimmt.

$\tau_\parallel$ Schubspannungen in Nahtrichtung: Charakteristische Schweißnahtspannung in Hals- und Flankenkehlnähten. Tritt auch als Querkraftschub in biegebeanspruchten Trägern auf (5).

$\tau_\perp$ Schubspannungen quer zur Nahtrichtung: Möglichst vermeiden. Bei Stirnkehlnähten in Stabanschlüssen jedoch übliche Schweißnaht (Tabelle 6, Nr. 2-4).

Tabelle 3. Gestaltungsempfehlungen für Schweißkonstruktionen

Nr.	Variante 1	Variante 2	Erklärung
	Montagegerechtes Gestalten		
1			Beim Verschließen von Behältern kann bei Variante 1 mit Robotern/Automaten ohne Wenden einseitig geschweißt werden, der Deckel ist zentriert. Bei Variante 2 bestimmt bereits die Bauteilhöhe die Deckellage.
2			Das Einschweißen ohne Zentrierbund (V1) reduziert die Zerspanungsarbeit, empfohlen bei großen Stückzahlen. Der Zentrierbund bei V2 gestattet das präzise Einschweißen der Nabe ohne Zentriervorrichtung.
	Verfahrensgerechtes Gestalten		
3	Schmelzschweißen	Reibschweißen	V1: Mit geringem Vorbereitungsaufwand beanspruchungsgerechte Gabel schmelzgeschweißt. V2: Bei höherer Stückzahl Gabel biegen (ggf. warm) und Tragzapfen stumpf durch Reibschweißen anschließen.
4	Lichtbogenschweißen	Laserschweißen	V1: T-Stöße, hier bei Schottwänden im Schiffbau, verursachen erhebliche Winkelschrumpfung beim Schmelzschweißen und deutliche Deformation. V2: Mit dem Laserstrahl bleiben die Stöße verzugsarm und nachbearbeitungsfrei - Bewertungsgruppen für Laser- u. Elektronenstrahlschweißnähte nach DIN EN ISO 13919-2.
	Beanspruchungsgerechtes Gestalten		
5			V1: Bei ruhender Beanspruchung werden die Flansche mit HV-Nähten und der ausgeklinkte Steg mit Kehlnähten angeschlossen. V2: Bei schwingender Beanspruchung alle Anschlüsse ausrunden (Gesonderte Flanschbleche fertigen und einbinden).
6			V1: Rohr-Flansch-Verbindung bei niedriger Beanspruchung. V2: Steife Ausführung, für schwingende Beanspruchung geeignet.
	Prüfgerechtes Gestalten		
7			V1: Kehlnähte lassen sich nur auf äußere Merkmale hin zerstörungsfrei prüfen. V2: Ist die innere Fehlerfreiheit am T-Stoß durch Ultraschallprüfung nachzuweisen, dann DHV-Naht anwenden.
	Kostengerechtes Gestalten		
8			V1: Unterbrochene Kehlnähte bringen weniger Schweißgut und Wärme in das Bauteil und reduzieren die Fertigungszeit. V2: Durchgehende Kehlnähte sind korrosionssicherer und besitzen keine Kerbstellen an den Nahtenden.

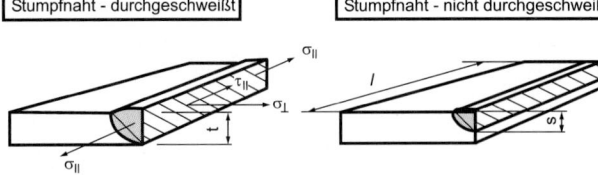

| Stumpfnaht - durchgeschweißt | Stumpfnaht - nicht durchgeschweißt | Kehlnaht |

a - rechnerische Kehlnahtdicke: zum Berechnen wird a in die Beanspruchungsebene gedanklich umgeklappt (a*). Bei Stumpfnähten wird die rechnerische Nahtdicke mitunter auch mit s bezeichnet. Für durchgeschweißte Stumpfhähte gilt a = t = s.

Bild 4. Schweißnahtspannungen an Stumpf- und Kehlnähten

Bei Schweißnähten, die durch eine Längs- oder Querkraft beansprucht werden, gilt für die in der Schweißnaht vorhandene Spannung

$$\begin{matrix} \sigma_\perp \\ \tau_\perp \\ \tau_\parallel \end{matrix} = \frac{F}{A_W} = \frac{F}{\sum (al)}$$

$\sigma_\perp, \tau_\perp, \tau_\parallel$	F	A_w	a, l
$\dfrac{N}{mm^2}$	N	mm^2	mm

(2)

mit Schweißnahtdicke a und Schweißnahtlänge l nach Bild 4. Erfolgt die Beanspruchung durch ein Biegemoment, so wirkt in der Schweißnaht die Normalspannung $\sigma_\perp$ (3). Mit y wird der Abstand des Nachweisortes von der Schwerachse der Schweißnahtfläche bezeichnet. Bei Kehlnähten wird die Schwerachse im „theoretischen Wurzelpunkt" liegend angenommen, der in der Regel dem Schnittpunkt der geschweißten Bauteilkanten zugeordnet ist (Bild 4).

$$\sigma_\perp = \frac{M_b}{I_W} y$$

$\sigma_\perp$	M_b	I_w	y
$\dfrac{N}{mm^2}$	Nmm	mm^4	mm

(3)

Werden Zapfen, Wellen, Zahnräder mit Kehlnähten angeschlossen und durch ein Torsionsmoment M_T beansprucht (Bild V. 5), so gilt:

$$\tau_\parallel = \frac{M_T}{W_{wp}} =$$

$\tau_\parallel$	M_T	D	d
$\dfrac{N}{mm^2}$	Nmm	mm	mm

(4)

$$= \frac{M_T \cdot 5D}{D^4 - d^4}$$

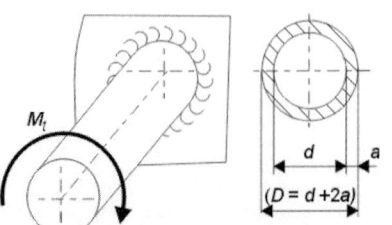

a - Kehlnahtdicke, d - Zapfendurchmesser

Bild 5. Zapfen mit Kehlnahtanschluss und Torsion

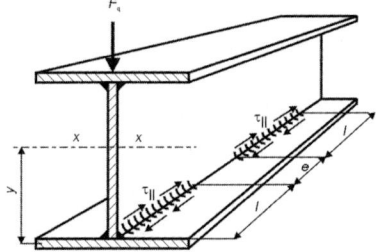

Bild 6. Querkraftschub in Schweißnähten am Biegeträger

Bei querkraftbelasteten Biegeträgern (Bild 6) tritt in den Längsnähten und auch im Stegblech selbst eine Schubspannung (Querkraftschub) auf. Neben der Querkraft F_q gehen in die Berechnung von $\tau_\parallel$ das Flächenmoment 1. Grades H der angeschlossenen Querschnittsflächen (H erhält man durch Multiplikation der Querschnittsfläche mit dem Abstand y ihres Schwerpunkts zur Schwerlinie nach Bild 6), das Flächenmoment 2. Grades I des Gesamtquerschnitts sowie die Summe der anschließenden Schweißnahtdicken a ein. Werden die in Bild 6 unterbrochen dargestellten Kehlnähte durchgeschweißt, dann entfällt der Ausdruck $(e+l)/l$ in Gleichung (5).

$$\tau_\parallel = \frac{F_q H}{I \sum a} \cdot \frac{(e+l)}{l}$$

$\tau_\parallel$	F_q	I	H	a, e, l
$\dfrac{N}{mm^2}$	N	mm^4	mm^3	mm

(5)

5.2.2 Nachweis von Schweißnähten im Maschinenbau

Die nach 5.2.1 ermittelten Nennspannungen werden mit zulässigen Spannungen in der Form

$$\sigma_\perp,\ \tau_\parallel,\ \tau_\perp \le \sigma_{w\,zul},\ \tau_{w\,zul} \qquad (6)$$

als Einzelspannungsnachweis verglichen. Beanspruchen mehrere dieser Nennspannungen die Schweißnaht gleichzeitig, so werden sie, ebener Spannungszustand vorausgesetzt, unter Berücksichtigung ihrer Wirkrichtung zusammengefasst, z.B. Addition von $\sigma_\perp$

aus Normalkraft und Biegung oder $\tau_\parallel$ aus Abscherung und Torsion. Wirken in den Schweißnähten jedoch gleichzeitig Normal- und Schubspannungen, so wird eine Vergleichsspannung σ_{wv} gebildet, wobei im Maschinenbau häufig mit der Gestaltänderungsenergiehypothese gerechnet wird. Es ist getrennt voneinander für ruhende und schwingende Beanspruchungen zu ermitteln:

$$\sigma_{wv} = \sqrt{\sigma_\perp^2 + 3(\alpha_0\,\tau_\parallel)^2} \leq \sigma_{w\,zul} \qquad (7)$$

Das Anstrengungsverhältnis α_0 (siehe Abschnitt D, Festigkeitslehre) kann bestimmt werden aus $\alpha_0 = \sigma_D/(1{,}7\,\tau_D)$ mit σ_D und τ_D nach 5.2.2.2.

5.2.2.1 Ruhende (statische) Beanspruchung

Für *ruhende Beanspruchungen* wird $\alpha_0 = 0$, siehe Abschnitt D. Das DVS-Merkblatt 0705 [02] empfiehlt zur Wahl zulässiger Spannungen im nicht geregelten Bereich:

– $\sigma_{w\,zul}$ für Stumpfnähte gleich der zulässigen Spannung des Grundwerkstoffs (bei Stahl)
– $\sigma_{w\,zul}$ für Kehlnähte (Quer- und Längskehlnähte) gleich 65% der zulässigen Spannungen des Grundwerkstoffs

bei hinreichend vorhandener Schweißeignung (Kapitel 5.1.2). Für die Konstruktionsstähle S235 und S355 können konkrete Werte der Tabelle 4 entnommen werden.

Tabelle 4. Zulässige Spannungen für Stumpf- und Kehlnähte an Stahl der Bewertungsgruppen B, C und D bei vorwiegend ruhender (statischer) Beanspruchung nach DVS M-0705, Beiblatt 1

Nahtart	Bewertungs-gruppe nach DIN EN 25817	Beanspru-chungsart	$\sigma_{w\,zul}$ [N/mm²] S 235	$\sigma_{w\,zul}$ [N/mm²] S 355
Stumpfnähte (durch-geschweißt)	alle Nahtgüten	Druck	160	240
	B	Zug	160	240
	C		120	180
	D		80	120
Kehlnähte	B	Druck	150	190
	C	Zug	110	145
	D	Schub	75	95

5.2.2.2 Schwingende (dynamische) Beanspruchung

Bei der im Maschinenbau oft auftretenden *schwingenden Beanspruchung* kann die stark geometrieabhängige zulässige Schweißnahtspannung $\sigma_{w\,zul}$ in Abhängigkeit von der Dauerfestigkeit σ_D und τ_D des geschweißten Bauteilwerkstoffs ermittelt werden. Alle, die Tragfähigkeit der Naht beeinflussenden Größen wie Nahtform, Beanspruchungsart, Kerbwirkung und dergleichen lassen sich durch den Minderungsbeiwert b_1 (Tabelle 5), alle die Güte der Schweißnaht betreffenden Faktoren durch den Gütebeiwert b_2 (Bild 2) überschlägig bestimmen. Mit dieser Vorgehensweise können auf der Grundlage von Erfahrungswerten zulässige Schweißnahtspannungen berechnet werden nach:

Tabelle 5. Minderungsbeiwerte b_1 zum Ermitteln zulässiger Spannungen für schwingend beanspruchte Schweißnähte im nicht geregelten Bereich

Zeile	Nahtart	Fugenform	Nahtbild	Beiwert b_1 Zug Druck	Beiwert b_1 Biegung	Beiwert b_1 Schub Torsion
1	Stumpfnähte	I-Naht		0,45	0,55	0,40
2	Stumpfnähte	V- und HV-Naht		0,55	0,65	0,50
3	Stumpfnähte	DV-Naht		0,65	0,75	0,55
4	Stumpfnähte	Y- und U-Naht		0,60	0,70	0,55
5	Kehlnähte	Flachkehlnaht		0,35	0,20	0,35
6	Kehlnähte	Hohlkehlnaht		0,40	0,20	0,40
7	Kehlnähte	Doppel-Flachkehlnaht (auch umlaufende Flachkehlnaht)		0,55	0,70	0,55
8	Kehlnähte	Doppel-Hohlkehlnaht (auch umlaufende Hohlkehlnaht)		0,65	0,80	0,65
9	Kehlnähte	HV- und DHV-Naht		0,70	0,90	0,70
10	Kehlnähte	Ecknaht		0,35	0,20	0,35
11	Kehlnähte	Ecknaht mit Kehlnaht		0,55	0,70	0,55

$$\sigma_{\text{w zul}} = \frac{\sigma_D\, b_1\, b_2}{v} \quad \begin{array}{c|c|c} \sigma_{\text{w zul}},\, \sigma_D & b_1,\, b_2 & v \\ \hline \dfrac{N}{mm^2} & - & - \end{array} \quad (8)$$

σ_D und τ_D sind die Dauerfestigkeitswerte des Grundwerkstoffs; entsprechend der Beanspruchungs- und Belastungsart setzt man σ_{zSch}, σ_{bW}, τ_{tSch} aus Dauerfestigkeitsdiagrammen ein (Abschnitt D Festigkeitslehre). Je nach Häufigkeit der Höchstlast wählt man für die Sicherheit v:

     bei 100% $v \approx 2{,}5$
     bei 50% $v \approx 2$
     bei 25% $v \approx 1{,}5$

Bei gleichzeitigem Auftreten mehrerer Beanspruchungen wird der zur überwiegenden Beanspruchung gehörende σ_D (τ_D)- und b_1-Wert gewählt. Bei eingeebneten und allseitig bearbeiteten Schweißnaht- und Bauteiloberflächen kann b_1 um bis zu 10% erhöht werden, ebenso bei Stumpfnähten der Bewertungsgruppe BS.

Die geschilderte Vorgehensweise liefert mit hinreichender Genauigkeit rasche Ergebnisse. Allgemeingültige Aussagen zur Beanspruchbarkeit schwingend beanspruchter Schweißnähte lassen sich so jedoch nicht ermitteln, weil deren Tragfähigkeit neben der Schweißnaht stark von der Bauteilgeometrie sowie von Richtung und Fluss der angreifenden Beanspruchungen abhängt. Ein weiter reichender Nachweis kann unter Anwendung der DIN 15018 [03] oder der FKM-Richtline [04] erfolgen.

Für Schweißnähte an Maschinenbauteilen wird empfohlen, die Grenzabmessungen nach Abschnitt 5.2.3.2 einzuhalten.

5.2.3 Nachweis von Schweißnähten im Stahlbau

5.2.3.1 Allgemeine Richtlinien

Im Stahlbau werden die Einzelheiten zum Bemessen und Konstruieren, beim Herstellen und im Besonderen beim Schweißen durch die DIN 18800 (11.90) geregelt. Anders als im Maschinenbau ist die Verwendung von Stählen auf wenige Werkstoffarten begrenzt. Dies geschieht vor allem, weil höherfeste Stähle, wenn ein Dauerfestigkeits- oder Stabilitätsnachweis erforderlich wird, nur geringfügige oder keine Vorteile in ihrer Tragfähigkeit aufweisen. Dagegen erfordern sie z.B. bei der Baustellenmontage einen deutlich höheren schweißtechnischen Aufwand. Uneingeschränkt anwendbar sind in Schweißkonstruktionen die Baustähle S235 und S355 nach DIN EN 10025, in der DIN 18800 (11.90) noch als St37-2 und St52-3 nach DIN 17100 bezeichnet, und auch die schweißgeeigneten Feinkornbaustähle StE355, WStE355, TStE355 und EStE355 nach DIN EN 17102.

Sollen andere Stahlsorten in Schweißkonstruktionen des Stahlbaus Verwendung finden, so müssen dafür speziell geregelte Zulassungen vorliegen.

5.2.3.2 Grenzabmessungen von Schweißnähten

Neben den einschränkenden Regelungen bei den Werkstoffen sind auch dem Gestaltungsermessen folgende Grenzen für rechnerisch nachgewiesene Schweißnähte gesetzt:

Zur Nahtdicke

– Bei durchgeschweißten Nähten, das sind nach Tabelle 5 Stumpfnaht (Zeile 1-4) sowie HV und DHV-Naht (Zeile 9), ist die rechnerische Nahtdicke a gleich der kleinsten angeschlossenen Blechdicke $t_{\min}$.

– Die rechnerische Nahtdicke nicht durchgeschweißter Nähte entspricht dem Maß s: (siehe Bild 4)

– Grenzmaße von Kehlnähten werden unabhängig von ihrer spannungsmäßigen Auslastung nach (9) und (10) eingeschränkt. Dabei sind $t_{\min/\max} = t$ bei gleichdicken Blechen. Über 30 mm Blechdicke darf von dieser Bedingung abgewichen werden, wenn $a \geq 5$ mm eingehalten wird.

$$2\text{ mm} \leq a \leq 0{,}7\, t_{\min} \quad \begin{array}{c|c} a & t_{\min} \\ \hline mm & mm \end{array} \quad (9)$$

$$a \geq \sqrt{t_{\max}} - 0{,}5 \quad \begin{array}{c|c} a & t_{\min} \\ \hline mm & mm \end{array} \quad (10)$$

Zur Nahtlänge

– Die rechnerische Nahtlänge ist gleich der geometrischen Nahtlänge. In diesem Bereich muss die Kehlnaht mit der geforderten Geometrie ausgeführt sein.

– Für geschweißte Stabanschlüsse mit oder ohne Knotenbleche empfiehlt DIN 18800 Lösungen nach Tabelle 6. Für diese Fälle darf Außermittigkeit rechnerisch vernachlässigt werden.

– Bei Kehlnähten muss die Nahtlänge mit 30 mm $\leq l \geq 6a$ eingehalten werden.

– Die Nahtlänge unmittelbarer Laschen- und Stabanschlüsse ist mit max. $l \leq 150\, a$ zu bemessen.

Sonstige Regeln

– Kaltverformte Bleche ohne nachträgliches Normalglühen dürfen im kaltverformten und angrenzenden Bereich nur unter Berücksichtigung der in Tabelle 7 angegebenen Grenzwerte geschweißt werden.

– Stumpf angeschlossene I-Träger müssen rechnerisch nicht nachgewiesen werden, wenn die konstruktiven Bedingungen nach Tabelle 7 erfüllt sind.

– Stumpf gestoßene Bleche unterschiedlicher Dicke werden nach Tabelle 7 gestaltet. In den rechnerischen Nachweis geht als Schweißnahtdicke t_{min} ein.
– Auf Druck beanspruchte Stumpfnähte werden nicht berechnet, wenn sie voll durchgeschweißt sind. Dies gilt auch für Zugbeanspruchung bei nachgewiesener Schweißnahtqualität (zerstörungsfreie Prüfung).
– Der Festigkeitsnachweis für Normalspannungen $\sigma_\parallel$ (vergl. Bild 4) kann entfallen.

Tabelle 6. Rechnerische Schweißnahtlängen nach DIN 18800

Nr.	Nahtart	Bild	Rechnerische Nahtlängen Σl
1	Flankenkehlnähte		$\Sigma l = 2\,l_1$
2	Stirn- und Flankenkehlnähte		$\Sigma l = b + 2\,l_1$
3	Rings umlaufende Kehlnaht - Schwerachse näher zur längeren Naht		$\Sigma\,l = l_1 + l_2 + 2b$
4	Ringsumlaufende Kehlnaht - Schwerachse näher zur kürzeren Naht		$\Sigma l = 2l_1 + 2b$
5	Kehlnaht oder HV .Naht bei geschlitztem Winkelprofil		$\Sigma l = 2\,l_1$

Tabelle 7. Sonstige Grenzabmessungen

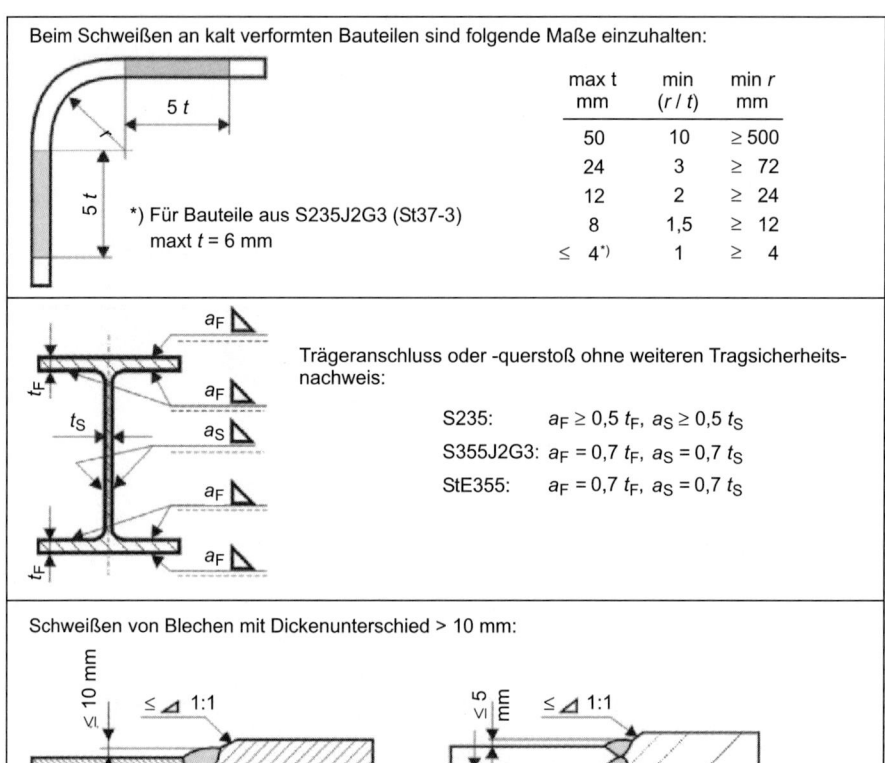

Beim Schweißen an kalt verformten Bauteilen sind folgende Maße einzuhalten:

max t mm	min (r / t)	min r mm
50	10	≥ 500
24	3	≥ 72
12	2	≥ 24
8	1,5	≥ 12
≤ 4[*]	1	≥ 4

*) Für Bauteile aus S235J2G3 (St37-3) max t = 6 mm

Trägeranschluss oder -querstoß ohne weiteren Tragsicherheitsnachweis:

S235: $a_F \geq 0{,}5\,t_F$, $a_S \geq 0{,}5\,t_S$
S355J2G3: $a_F = 0{,}7\,t_F$, $a_S = 0{,}7\,t_S$
StE355: $a_F = 0{,}7\,t_F$, $a_S = 0{,}7\,t_S$

Schweißen von Blechen mit Dickenunterschied > 10 mm:

5.2.3.3 Zulässige Spannungen im Stahlbau

Die nach 5.2.1. ermittelten Nennspannungen werden auch im Stahlbau einer zulässigen Spannung gegenübergestellt. Diese, in DIN 18800 Grenzschweißnahtspannung $\sigma_{w,R,d}$ genannt, wird aus der um die Faktoren α_w und γ_M geminderten Streckgrenze einheitlich für Normal- und Schubspannungen ermittelt:

$$\sigma_{w,R,d} = \frac{\alpha_w \cdot f_{y,k}}{\gamma_M} \qquad (11)$$

$\sigma_{w,R,d}$	$f_{y,k}$	α_w	γ_M
$\dfrac{N}{mm^2}$	$\dfrac{N}{mm^2}$	–	–

Für die in DIN 18800 mit $f_{y,k}$ bezeichneten Werte der Streckgrenze werden bei Blechdicken $t \leq 40$ mm 240 N/mm² für den Stahl S235 sowie 360 N/mm² jeweils für den S355 und den StE355 eingesetzt. Im Bereich 40 mm $< t \leq 80$ mm betragen die Werte 215 N/mm² bzw. 325 N/mm². Der Teilsicherheitsbeiwert γ_M wird mit 1,1 angesetzt. In Abhängigkeit von Werkstoff, Nahtform, Beanspruchungsart und besonders der Art des Gütenach-

weises nimmt der Schweißnahtfaktor α_w einen Wert von 0,55 bis 1,0 an (Bild 7).
Mit der Grenzschweißnahtspannung $\sigma_{w,R,d}$ ist nach DIN 18800 der Schweißnahtnachweis für Stumpf- und Kehlnähte zu führen in der Form $\dfrac{\sigma_{w,v}}{\sigma_{w,R,d}} \leq 1$ mit

$$\sigma_{w,v} = \sqrt{\sigma_\perp^2 + \tau_\perp^2 + \tau_\parallel^2}$$

5.3 Berechnungsbeispiele

■ **Beispiel 1: Schwingende Beanspruchung im Maschinenbau**
Ein gebrochener Wellenzapfen aus E355 ist durch einen neuen, geschweißten Zapfen zu ersetzen, Bild 8. Angeschlossen wird der Zapfen mit einer nicht durchgeschweißten HV-Naht. Die Schweißnaht wird nach Bild 2 mit BK ($b_2 = 0{,}8$) und Tabelle 5, Ziffer 8 wegen des verbleibenden Spaltes mit $b_1 = 0{,}8$ eingestuft. Nach dem Schweißen wird die Naht wärmebehandelt und blecheben bearbeitet (Lagersitz) und erhält daher den 10%igen Aufschlag. Zu überlegen ist der Austausch des E355 durch den schweißgeeigneten S355J2G3. Beansprucht wird die Schweißnaht durch eine Lagerkraft F = 22kN und das zu übertragende Drehmoment $M_T = 1{,}1 \cdot 10^6$ Nmm (schwellend). Häufigkeit der Höchstbelastung 50%.

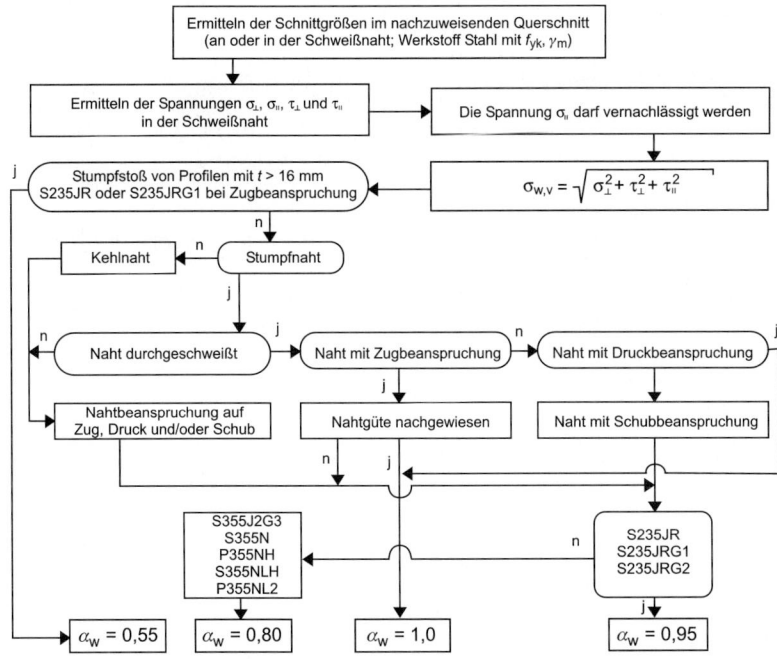

Bild 7. Ermitteln des Faktors α_w für die Schweißnahtberechnung im Stahlbau

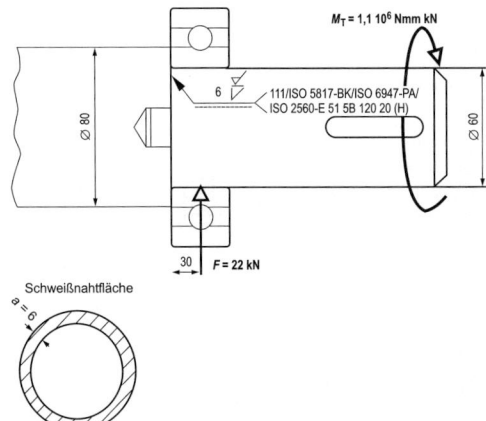

Bild 8. Geschweißter Wellenzapfen

Schweißnahtnachweis:
Die Schweißnaht wird durch die Lagerkraft wechselnd auf Biegung und Schub, durch das Drehmoment M = Torsionsmoment M_T schwellend auf Torsion beansprucht. Schub kann erfahrungsgemäß vernachlässigt werden. Es liegt also eine dynamische Beanspruchung vor. Nachweis nach Gleichung (6):

$$\sigma_{wv} = \sqrt{\sigma_\perp^2 + 3(\alpha_0\,\tau_\parallel)^2} \leq \sigma_{w\,zul}$$

Vorhandene Biegespannung $\sigma_\perp = \sigma_{wb} = M_b/W_w$
$M_b = Fl = 22$ kN $\cdot$ 30 mm $= 660 \cdot 10^3$ Nmm. Die kreisringförmige Schweißnaht (Bild 7) hat ein axiales Widerstandsmoment von

$$W_w = \frac{D^4 - d^4}{10D} = \frac{60^4 \text{ mm}^4 - 48^4 \text{ mm}^4}{10 \cdot 60 \text{ mm}} \approx 12750 \text{ mm}^3 \,.$$

Damit wird

$$\sigma_{wb} = \frac{660 \cdot 10^3 \text{ Nmm}}{12,75 \cdot 10^3 \text{ mm}^3} \approx 52 \, \frac{\text{N}}{\text{mm}^2}$$

Vorhandene Torsionsspannung $\tau_\parallel = \tau_{wt} = M_T / W_{wp}$
das polare Widerstandsmoment der Schweißnaht beträgt

$$W_{wp} = \frac{D^4 - d^4}{5D} = \frac{60^4 \text{ mm}^4 - 48^4 \text{ mm}^4}{5 \cdot 60 \text{ mm}} \approx 25500 \text{ mm}^3$$

Damit wird

$$\tau_{wt} = \frac{1,1 \cdot 10^6 \text{ Nmm}}{25,5 \cdot 10^3 \text{ mm}^3} \approx 43 \, \frac{\text{N}}{\text{mm}^2} \,.$$

In der Gleichung für σ_{wv} steht das Anstrengungsverhältnis α_0. Nach 5.2.2 ist $\alpha_0 = \sigma_D/(1,7 \cdot \tau_D)$. σ_D entspricht hier der Biegewechselfestigkeit $\sigma_{bW} = 260$ N/mm² nach Tabelle 8, Abschnitt D. τ_D entspricht der Torsionsschwellfestigkeit $\tau_{tSch} = 210$ N/mm². Damit wird

$$\alpha_0 = \frac{\sigma_D}{1,71 \cdot \tau_D} = \frac{\sigma_{bw}}{1,7 \cdot \tau_{tSch}} = \frac{260 \text{ N/mm}^2}{1,7 \cdot 210 \text{ N/mm}^2} = 0,73$$

und

$$\sigma_{wv} = \sqrt{(52 \text{ N/mm}^2)^2 + 3(0,73 \cdot 43 \text{ N/mm}^2)^2} \approx 75 \, \frac{\text{N}}{\text{mm}^2} \,.$$

Die zulässige Schweißnahtspannung ist nach Gleichung (8)
$\sigma_{w\,zul} = \sigma_D b_1 b_2 / v$.
Mit Sicherheit $v = 2$; $b_1 = 0,8 + 10\% = 0,88$; $b_2 = 0,8$ wird

$$\sigma_{w\,zul} = \frac{260 \text{ N/mm}^2 \cdot 0,88 \cdot 0,8}{2} = 91,5 \, \frac{\text{N}}{\text{mm}^2} > \sigma_{wv} = 75 \, \frac{\text{N}}{\text{mm}^2} \,.$$

Die Schweißnaht ist dauerbruchsicher.

■ **Beispiel 2:** Ruhende Beanspruchung im Stahlbau
Ein Seilspanner, Werkstoff S235J2G3, ist mit Kehlnähten an eine Stahlstütze mit Horizontalnähten a_F am Flansch und Doppelkehl-

nähten a_S an den Stegen angeschlossen. Alle Nähte werden rundum geschweißt (verriegelt). Die kurzen der Blechdicke entsprechenden Nähte werden in der Berechnung nicht berücksichtigt. Die Länge der Stegnaht ist mit $h_S = 70$ mm konstruktiv ausgelegt. Alle weiteren Angaben zeigt Bild 9.

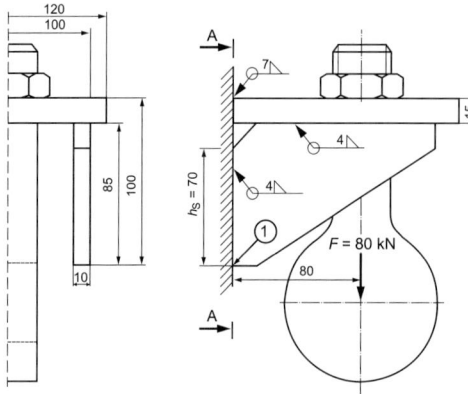

Schweißnahtbild in A–A

$A_1 = 7$ mm x 120 mm

$A_2 = A_1$

$A_{3...6} = 4$ mm x 70 mm

Bild 9. Geschweißte Konsole mit Seilspanner

Schweißnahtnachweis:
Der Schweißnahtanschluss A–A wird unter Vernachlässigung der Eigenlast durch das Biegemoment
$M_b = Fl = 80$ kN $\cdot$ 80 mm $= 6,4 \cdot 10^6$ Nmm und abscherend durch die Querkraft 80 kN beansprucht. Die Grenzschweißnahtspannung $\sigma_{w,R,d}$ beträgt

$$\sigma_{w,R,d} = \alpha_w \frac{f_{y,k}}{\gamma_M} = 0,95 \frac{240 \text{ N/mm}^2}{1,1} \approx 207 \frac{\text{N}}{\text{mm}^2} \;.$$

Die Maximalspannung tritt im Punkt ① auf (Bild 9). Die Normalspannung $\sigma_\perp$ wird vom gesamten Schweißnahtanschluss getragen, nach (3) gilt:

$$\sigma_\perp = \frac{M_b}{I_w} y_0$$

Zur Berechnung von y_0 und I_w werden zunächst die Kehlnahtdicken am Flansch und am Steg vordimensioniert. Dafür können die Grenzabmessungen nach (9) und (10) benutzt werden:

$a_F \le 0,7 \, t_F = 0,7 \cdot 15$ mm $= 10,5$ mm   gewählt: $a_F = 7$ mm
$a_S \le 0,7 \, t_S = 0,7 \cdot 10$ mm $= 7,0$ mm   gewählt: $a_S = 5$ mm

Wegen des nichtsymmetrischen Anschlusses wird zunächst der Schwerpunktabstand der Gesamtschweißnahtfläche A–A von der x-Achse mit den Einzelschweißnahtflächen $A_1 = A_2 = 7$ mm $\cdot$ 120 mm $= 840$ mm² und $A_{3...6} = 5 \cdot 70$ mm $= 350$ mm² bestimmt, siehe Abschnitt D, Festigkeitslehre. y_1 und y_2 reichen von der x-Achse zum theoretischen Wurzelpunkt, $y_{3...6}$ zum Flächenschwerpunkt der Schweißnähte.

$$y_0 = \frac{A_1 y_1 + A_2 y_2 + ... + A_6 y_6}{\sum A_{1-6}}$$

$$y_0 = \frac{840 \text{ mm}^2 \cdot 100 \text{ mm} + 840 \text{ mm}^2 \cdot 85 \text{ mm} + 4 \cdot 35 \text{ mm} \cdot 350 \text{ mm}^2}{3080 \text{ mm}^2} \approx$$

$$\approx 66,4 \text{ mm}$$

Damit kann das Flächenmoment I_w 2. Grades im Querschnitt A–A ermittelt werden:

$$I_w = A_1 \cdot l_1^2 + A_2 \cdot l_2^2 + A_3 \cdot l_3^2 + A_4 \cdot l_4^2 + A_5 \cdot l_5^2 + A_6 \cdot l_6^2 + \frac{a_S \cdot h_S^3}{3}$$

$$I_w = 840 \text{ mm}^2 \left[(100 - 66,4 \text{ mm})^2 + (85 \text{ mm} - 66,4 \text{ mm})^2 \right] +$$

$$+ \; 4 \cdot 350 \text{ mm}^2 \cdot (35 \text{ mm} - 66,4 \text{ mm})^2 + ... \, 0,33 \cdot 5 \cdot 70^3 \text{ mm}^4$$

$$I_w = 31,9 \cdot 10^5 \text{ mm}^4$$

Maximale Normalspannung $\sigma_\perp$ im Punkt ① :

$$\sigma_\perp = \frac{F \cdot l}{I_w} y_0 = \frac{80 \text{ kN} \cdot 80 \text{ mm}}{31,9 \cdot 10^5 \text{ mm}^4} \cdot 66,4 \text{ mm} \approx 133 \frac{\text{N}}{\text{mm}^2}$$

Schubspannung $\tau_\parallel$ im Punkt ① :
Zur Berechnung der Schubspannung $\tau_\parallel = F/A_w$ wird nur die Fläche der in Kraftwirkungsrichtung liegenden Stegnähte $A_{3...6}$ herangezogen.

$$\tau_\parallel = \frac{F}{A_w} = \frac{80 \text{ kN}}{1400 \text{ mm}^2} \approx 57 \frac{\text{N}}{\text{mm}^2}$$

Vergleichsspannung im Punkt ① :

$$\sigma_{w,v} = \sqrt{\sigma_\perp^2 + \tau_\parallel^2} = \sqrt{(133 \text{ N/mm}^2)^2 + (57 \text{ N/mm}^2)^2} \approx 145 \frac{\text{N}}{\text{mm}^2}$$

Schweißnahtnachweis:

$$\frac{\sigma_{w,v}}{\sigma_{w,R,d}} = \frac{145 \text{ N/mm}^2}{207 \text{ N/mm}^2} \le 1 \;.$$

Die Tragfähigkeit des Schweißnahtanschlusses im Querschnitt A–A ist nachgewiesen. Das Verringern der Kehlnahtdicken und erneutes Nachrechnen ist ratsam, um Schweißelektrodenverbrauch und Fertigungszeit zu senken.

Literatur

[1] Behnisch, H.: *Kompendium der Schweißtechnik, Band 4: Berechnung und Gestaltung von Schweißkonstruktionen.* Düsseldorf: DVS-Verlag, 1997

[2] DVS-Merkblatt 0705: *Empfehlungen zur Auswahl von Bewertungsgruppen nach DIN EN 25817 und ISO 5817 – Stumpfnähte und Kehrnähte an Stahl.* Düsseldorf: DVS, März 1994

[3] DIN 15018: *Krane, Grundsätze für Stahltragwerke*, 1984

[4] Forschungskuratorium Maschinenbau FKM (Hrsg): *Rechnerischer Festigkeitsnachweis für Maschinenbauteile.* Frankfurt: FKM- Richtlinie 154, 5. Aufl. 2003

6 Nietverbindungen

A. Böge

6.1 Allgemeines

Nietverbindungen sind unlösbare Verbindungen von Bauteilen aus beliebigen Werkstoffen. Je nach Verwendungsart unterscheidet man: feste Verbindungen (Stahlbau), feste und dichte Verbindungen (Kesselbau) und dichte Verbindungen (Behälterbau). Außer im Leichtmetallbau werden heute Nietverbindungen häufig durch Schweißverbindungen ersetzt.

Die Niete schrumpfen in Längs- und Querrichtung, es entstehen Zug- und Schubspannungen im Niet. Die Längskraft presst die Bauteile zusammen. Der bei Betriebsbelastung in den Berührungsflächen der Bauteile entstehende Reibungswiderstand verhindert das Verschieben der Bauteile gegeneinander. Durch die Querschrumpfung steht der Niet berührungsfrei im Nietloch, solange die äußeren Querkräfte kleiner sind als der Reibungswiderstand. Werden die Querkräfte größer als der Reibungswiderstand, liegt der Nietschaft an der Lochwand an (*Setzen* der Verbindung) und es treten Zug- und Schubspannungen auf. Die nach dem Schrumpfen im Niet auftretende Zugspannung ist rechnerisch nicht zu erfassen, daher werden Nietverbindungen mit stark verminderter zulässiger Spannung auf Abscheren berechnet (siehe auch Abschnitt D Festigkeitslehre).

Vorteile, besonders gegenüber dem Schweißen: Keine Werkstoffbeeinflussung; kein Verzug der Bauteile; Verbindungen von Teilen aus verschiedenartigen Werkstoffen; leichte Herstellung auf Baustellen; sichere Kontrollmöglichkeiten. *Nachteile:* Schwächung der Bauteile durch Nietlöcher, dadurch größere Querschnitte; keine Stumpfstöße sondern nur Überlappungs- oder Laschenverbindungen; im Allgemeinen höherer Arbeitsaufwand.

Tabelle 1. Die gebräuchlichen Nietformen

Bild	Bezeichnung	DIN	Abmessungen in mm		Verwendungsbeispiele
Halbrundniet	Halbrundniet	123	d	$= 10 \dots 36$	Kessel- und Großbehälterbau
			D	$\approx 1,8\,d$	
		124	d	$= 10 \dots 36$	Stahlbau
			D	$\approx 1,6\,d$	
		660	d	$= 1 \dots 9$	Leichtmetallbau
			D	$\approx 1,75\,d$	
	Senkniet	302	d	$= 10 \dots 36$	Stahlbau, Kesselbau, Behälterbau
			D	$\approx 1,5\,d$	
		661	d	$= 1 \dots 9$	Leichtmetallbau
			D	$\approx 1,75\,d$	
	Linsenniet	662	d_1	$= 1,7 \dots 8$	für Leisten, Beschläge, Schilder,
			D	$= 2\,d_1$	als Zierniet, im Leichtmetallbau
	Flachrundniet	674	d_1	$= 1 \dots 8$	für Beschläge, Feinbleche,
			D	$\approx 2,25\,d_1$	Leder, Pappen

6.2 Nietformen

Man unterscheidet die Niete nach ihrer Kopfform: Halbrundniete, Senkniete, Linsenniete usw. (siehe Tabelle 1). Sonderformen wie Sprengniete oder Blindniete werden dort verwendet, wo die Nietstelle schwer oder nur von einer Seite zugänglich ist.

6.3 Nietwerkstoffe

Im Stahlbau, Metall- und Fahrzeugbau werden Niete aus Q St 36-3 für Bauteile aus S 235 JR verwendet. Außer Stahl kommen als Nietwerkstoffe noch Kupfer, Aluminium und deren Legierungen in Frage, z.B. CuZn 37 für Niete in Flugzeugbau.

6.4 Herstellen der Nietverbindungen

Niete im Stahl- und Kesselbau werden bei Hellrot- bis Weißglut geschlagen; dadurch fast vollkommene Lochausfüllung und hoher Reibungsschluss zwischen den Bauteilen nach Erkalten und Schrumpfen der Niete. Stahlniete unter 8 … 10 mm Durchmesser und solche aus Nichteisenmetallen werden kalt geschlagen; dabei nur geringer Reibungsschluss erreichbar.

Die *Rohniet-Schaftlänge l* ist abhängig von den Dicken *s* der vernieteten Bauteile, vom Nietdurchmesser *d* und der Form des Schließkopfes (Bild 1):

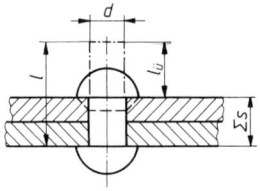

Bild 1. Rohnietlängen

$$l = \Sigma\, s + l_{\ddot{u}} \qquad (1)$$

Überstand $l_{\ddot{u}} \approx 1{,}4 \ldots 1{,}6\, d$ für Halbrundkopf
$\hphantom{Überstand\ } l_{\ddot{u}} \approx 0{,}6 \ldots 1\, d$ für Senkkopf.

Die höheren Werte für $l_{\ddot{u}}$ bei größeren Klemmlängen Σs. Als endgültige Schaftlänge ist die nächstliegende Normlänge zu wählen (Tabelle 2).

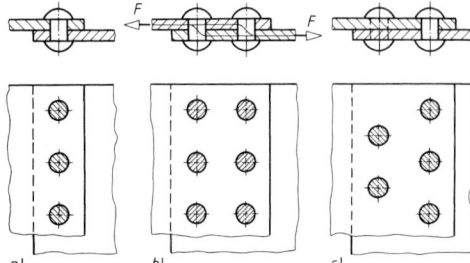

Bild 2. Überlappungsnietungen
a) einreihig, b) zweireihig-parallel,
c) zweireihig zick-zack

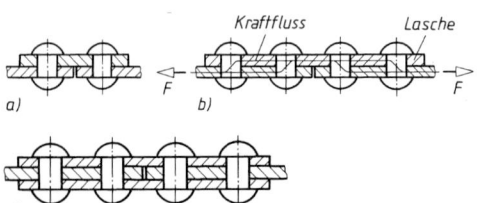

Bild 3. Laschennietungen
a) einseitig, einreihig, b) einseitig, zweireihig,
c) Doppellaschen, zweireihig

6.5 Verbindungsarten, Schnittigkeit

Man unterscheidet *Überlappungsnietungen* (Bild 2), angewendet vorwiegend im Stahlbau, und *Laschennietungen* (Bild 3) hauptsächlich für Kessel- und Behälterbau. Für die Berechnung ist die Anzahl der Kraft übertragenden Nietreihen wichtig, worunter man die rechtwinklig zur Kraftrichtung stehenden versteht. Sie sind sicher mit Hilfe des „Kraftflusses" zu erkennen: Bild 3b ist danach eine zweireihige (*nicht* vierreihige) Verbindung, d.h., die Kraft wird von zwei (nicht von vier) Reihen übertragen.
Ferner ist die *Schnittigkeit* zu beachten. Das ist die Anzahl der von *einem* Niet beanspruchten Querschnitte. Die Nietverbindung Bild 2 ist damit einschnittig, die in Bild 3c ist zweischnittig. Besteht jede Nietreihe aus fünf Nieten, tragen in der Verbindung (Bild 3c) zwei Reihen mit je fünf zweischnittigen Nieten also 20 Nietquerschnitte.

6.6 Nietverbindungen im Stahlbau

6.6.1 Allgemeine Richtlinien

Für Berechnung und Konstruktion sind im *Stahl-*

hochbau die Richtlinien nach DIN 18 800, für den *Kranbau* nach DIN 15 018 und für den *Straßen-, Wege-* und *Brückenbau* nach DIN 1072 maßgebend. Für die Lastannahme sind die *Lastfälle* H und HZ vorgesehen: Lastfall H erfasst die Summe aller Hauptlasten, das sind ständige Laste (Eigengewichtskraft), Verkehrslast, Schneelast, Lagerstoffe, Massenkräfte von Maschinen. Lastfall HZ erfasst Haupt- und Zusatzlasten wie Windkräfte, Wärmewirkungen und Bremskräfte.
Maßgebend ist der Lastfall, der die größten Stabquerschnitte ergibt. Er ist durch Proberechnungen zu ermitteln, wenn er nicht schon erfahrungsgemäß erkannt wird:

Lastfall H, wenn $\dfrac{F_{\mathrm{H}}}{\sigma_{\mathrm{H\,zul}}} > \dfrac{F_{\mathrm{HZ}}}{\sigma_{\mathrm{HZ\,zul}}}$

Lastfall HZ, wenn $\dfrac{F_{\mathrm{HZ}}}{\sigma_{\mathrm{HZ\,zul}}} > \dfrac{F_{\mathrm{H}}}{\sigma_{\mathrm{H\,zul}}}$

Zeiger H und HZ kennzeichnen die dem betreffenden Lastfall zugeordneten Größen. Belastungsänderungen, Stöße und dergl. werden durch Erhöhung der äußeren Lasten um Stoßzahlen (zwischen 1,1 … 2) und Schwingungsbeiwerte (zwischen 1,02 … 1,64) berücksichtigt. Die zulässigen Spannungen bleiben unverändert.

6.6.2 Berechnung der Niete

6.6.2.1 Nietdurchmesser. Bei Form- und Stabstählen, wie ∟-, U-, I-Stählen usw. ist der Nietdurchmesser d nach DIN 124 zu wählen. Bei Blechen und Breitflachstählen rechnet man erfahrungsgemäß:

$d \approx \sqrt{50s} - 2$ in mm, oder bei mittleren Dicken
$s \approx 5 \ldots 10$ mm: $d \approx s + 8 \ldots 10$ mm (siehe auch Tabelle 2).

6.6.2.2 Nietzahl. Die Niete werden auf *Abscheren* und *Lochleibungsdruck* berechnet, da der Reibungsschluss zwischen den Bauteilen nicht sicher ist. Unter der Annahme einer gleichmäßigen Kraftverteilung auf alle Niete muss für die Nachprüfung einer Nietverbindung (Bild 4) die *vorhandene Scherspannung* sein:

$$\tau_{\mathrm{a}} = \frac{F}{A_1\, n\, m} \le \tau_{\mathrm{a\,zul}} \qquad (2)$$

τ_{a}	F	A_1	n, m
$\dfrac{\mathrm{N}}{\mathrm{mm}^2}$	N	mm²	1

und der *vorhandene Lochleibungsdruck*

$$\sigma_l = \frac{F}{d_1\, s\, n} \le \sigma_{l\,\mathrm{zul}} \qquad (3)$$

σ_l	F	d_1, s	n
$\dfrac{\mathrm{N}}{\mathrm{mm}^2}$	N	mm	1

Tabelle 2. Niete für Stahl- und Kesselbau nach DIN 124

Rohniet-durchmesser d in mm	10	12	(14)	16	(18)	20	22	24	27	30	(33)	36
Durchmesser des geschlagenen Nietes, Nietlochdurchmesser d_1 in mm	11	13	15	17	19	21	23	25	28	31	34	37
Nietquerschnitt $A_1 = \dfrac{d_1^2 \pi}{4}$ in mm²	95	133	177	227	284	346	415	491	616	755	908	1080
Blechdicken s in mm	4 … 6		> 6 … 8		> 8 … 12		> 12 … 18		> 18			
zugehörige Sechskant-schrauben nach DIN 7990	M10	M12	–	M16	–	M20	M22	M24	M27	M30	M33	M36

Größen in ( ) möglichst vermeiden
Stufung der Nietlänge l: 10 12 14 usw. bis 40, dann 42 45 48 50 usw. bis 80, dann 85 90 95 usw. bis 150 mm

F von der Nietverbindung aufzunehmende Kraft; $A_1 = d_1^2 \pi / 4$ Nietquerschnitt (siehe auch Tabelle 2); n Nietzahl; m Schnittigkeit; d_1 Durchmesser des geschlagenen Nietes gleich Lochdurchmesser (Tabelle 2); s Dicke des spezifisch am stärksten beanspruchten Bauteils, bei einschnittigen Verbindungen Dicke des schwächsten Bauteils.

$\tau_{a\,zul}$, $\sigma_{l\,zul}$ zulässige Scherspannung und zulässiger Lochleibungsdruck nach DIN 18800 und DIN 15018 (siehe auch Abschnitt D Festigkeitslehre, Knickungsberechnung im Stahlbau).

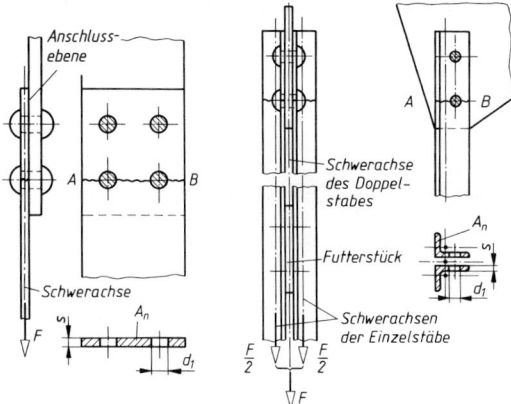

Bild 4. Mittig angeschlossene Zugstäbe

Aus den Gleichungen (2) und (3) ergibt sich nach Umformen die erforderliche *Nietzahl auf Grund der zulässigen Scherspannung*

$$n_a = \frac{F}{A_1 \, \tau_{a\,zul}\, m} \qquad \begin{array}{c|c|c|c} F & A_1 & \tau_{a\,zul} & m \\ \hline N & mm^2 & \dfrac{N}{mm^2} & 1 \end{array} \qquad (4)$$

und die erforderliche Nietzahl auf Grund des zulässigen Lochleibungsdrucks

$$n_l = \frac{F}{d_1\, s\, \sigma_{l\,zul}} \qquad \begin{array}{c|c|c|c} F & d_1, s & \sigma_{l\,zul} \\ \hline N & mm & \dfrac{N}{mm^2} \end{array} \qquad (5)$$

Es ist die aus beiden Gleichungen sich ergebende größere, immer aufzurundende Nietzahl zu wählen. Je Stabanschluss sind sicherheitshalber mindestens zwei Niete vorzusehen. In Kraftrichtung hintereinander sollen nicht mehr als fünf Niete gesetzt werden, weil sonst die Kraftverteilung zu ungleichmäßig wird.

6.6.3 Berechnung genieteter Bauteile

6.6.3.1 Mittig angeschlossene Zugstäbe
Die Schwerachse des Stabes geht durch die Anschlussebene hindurch oder fällt nur wenig aus dieser heraus wie bei Flachstahlanschlüssen oder Doppelstäben (Bild 4). Seitliches Ausbiegen der Stäbe ist vernachlässigbar klein oder wird durch Futterstücke oder Laschen verhindert. Beanspruchung praktisch nur auf Zug.
Für den geschwächten Querschnitt $A - B$ muss die *vorhandene Zugspannung* sein

$$\sigma_z = \frac{F}{A_n} \le \sigma_{z\,zul} \qquad \begin{array}{c|c|c} \sigma_z & F & A_n \\ \hline \dfrac{N}{mm^2} & N & mm^2 \end{array} \qquad (6)$$

F Zugkraft, $A_n = A - (d_1\, s\, z)$ nutzbarer Stabquerschnitt, A ungeschwächter Stabquerschnitt, d_1 Lochdurchmesser, s Stabdicke, z Anzahl der den Querschnitt schwächenden Löcher; $\sigma_{z\,zul}$ zulässige Zugspannung, siehe Abschnitt D Festigkeitslehre.

Für die *Vorwahl des Stabes* wird der erforderliche Querschnitt ermittelt aus $A = F/(v\,\sigma_{zul})$; $v \approx 0{,}8$ Verschwächungsverhältnis zur Berücksichtigung der zunächst nicht erfassbaren Schwächung des Querschnitts durch Nietlöcher.

6.6.3.2 Außermittig angeschlossene Zugstäbe.

Bei diesen fällt die Stab-Schwerachse erheblich aus der Anschlussebene heraus wie bei einseitig angeschlossenen Profilstählen (Bild 5). Durch Moment $M_b = F\,e$ biegt der Stab seitlich aus. Neben Zugspannung entsteht zusätzliche Biegespannung. Die maximale Zugspannung tritt in der Biegezugfaser auf, in der sich Zugspannung und Biegezugspannung addieren.

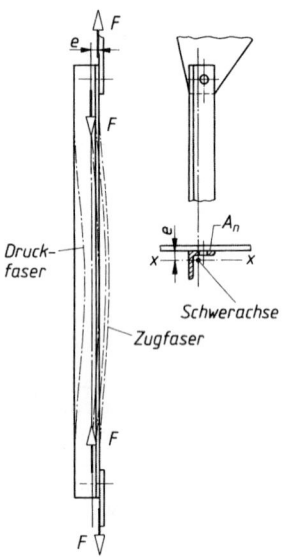

Bild 5. Außermittig angeschlossener Zugstab

Es ist nachzuweisen, dass die maximale, *resultierende Spannung*

$$\sigma_{max} = \sigma_z + \sigma_b = \frac{F}{A_n} + \frac{F\,e^2}{I} \le \sigma_{zul} \qquad (7)$$

σ	F	A_n	e	I
$\dfrac{N}{mm^2}$	N	mm^2	mm	mm^4

e Schwerachsenabstand von der Zugfaser
I Flächenmoment 2. Grades für die Biegeachse $x - x$.

Vorwahl des Stabes wie bei mittig angeschlossenen Stäben, jedoch mit Verschwächungsverhältnis $v \approx 0{,}5 \ldots 0{,}6$ (siehe Abschnitt D Festigkeitslehre).

6.6.3.3 Druckstäbe.

Berechnung nach DIN 18 800 (siehe auch Abschnitt D Festigkeitslehre).

6.6.4 Gestaltung der Nietverbindungen

Darstellung der Nietverbindungen in Zeichnungen durch Sinnbilder nach DIN ISO 5845.
Bei Profilstählen ist die Anordnung der Niete nach DIN 997 bis DIN 999 zu wählen oder auch der Tabelle 3 zu entnehmen.
Bei Stabfachwerken sollen sich die Netzlinien (Systemlinien) mit den Schwerachsen der Stäbe decken (Bild 7). Nur bei kleineren Fachwerken können die Netzlinien mit den Lochrisslinien zusammenfallen, wodurch sich günstigere Knotenpunktgestaltungen ergeben.

Tabelle 3. Richtwerte für Niet- (und Schrauben-) Abstände im Stahlbau (Bild 6), Maße in mm

Nietdurchmesser d	Lochdurchmesser d_1	Randabstand in der zur Kraftrichtung e_1	rechtwinklig zur Kraftrichtung e_2	Kraftnieten üblich	max. Abstand	bei Stäben	Heftnieten (max. Abstand) bei Blechen mit Dicke > 4...6	> 6...8	> 8...12	> 12...18
10	11	25	20	35	80	130	120	–	–	–
12	13	30	20	45	100	150	120	–	–	–
16	17	35	25	55	135	200	120	150	200	–
20	21	45	35	65	165	250	–	150	200	250
22	23	50	35	70	180	270	–	–	250	270
24	25	50	40	75	200	300	–	–	–	300
27	28	60	45	85	220	330	–	–	–	330
30	31	60	45	95	245	370	–	–	–	–
36	37	75	55	115	300	440	–	–	–	–

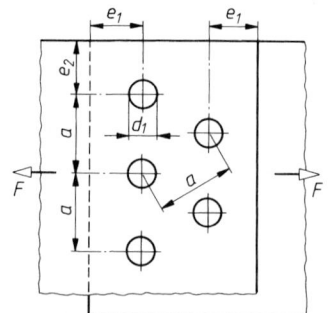

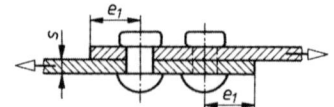

Bild 6. Anordnung der Niete

■ **Beispiel:**
Der Stab S_1 eines Hochbau-Fachwerks hat eine Zugkraft $F_1 = 104\,000$ N (Lastfall H) aufzunehmen (Bild 7). Bauteile aus S 355 JO.
Zu berechnen: a) erforderlicher ungleichschenkliger Winkelstahl für Stab S_1; b) Vernietung des Stabes mit dem 8 mm dicken Knotenblech.

Lösung:

a) Der Stab wird auf Zug und wegen einseitigen Anschlusses zusätzlich auf Biegung beansprucht; es handelt sich also um einen außermittig angeschlossenen Zugstab.

Vorwahl des Stabes mit $A \approx F_1/(\sigma_{z\,zul}\,v)$; $\sigma_{z\,zul} = 240$ N/mm² für S 355 JO, Lastfall H; Verschwächungsverhältnis $v = 0{,}5$ geschätzt (D Festigkeitslehre), damit $A \approx 104\,000$ N/(240 N/mm² · 0,5) $A \approx 870$ mm². Hierfür wird zunächst gewählt: $\llcorner$ 100 × 50 × 6 mit $A = 873$ mm² (fehlende Größen siehe Abschnitt D Festigkeitslehre).

Der Winkel wird nun nach Gleichung (7) auf Zug und Biegung überprüft.

$$\sigma_{max} = \sigma_z + \sigma_b = \frac{F_1}{A_n} + \frac{F_1\,e^2}{I} \le \sigma_{zul}$$

Nutzbarer Stabquerschnitt $A_n = A - d_1\,s$; für die Schenkelbreite 100 mm – der breite Schenkel wird zweckmäßig angeschlossen, um die Biegung klein zu halten – wird gewählt: Nietdurchmesser $d = 22$ mm, Lochdurchmesser $d_1 = 23$ mm; mit $s = 6$ mm wird $A_n = 873$ mm² − 23 mm · 6 mm = 735 mm².

Randabstand $e \triangleq e_y = 10{,}4$ mm.

Flächenmoment $I \triangleq I_y = 15{,}3 \cdot 10^4$ mm⁴. Damit wird

$$\sigma_{max} = \frac{104\,000\ \text{N}}{735\ \text{mm}^2} + \frac{104\,000\ \text{N} \cdot (10{,}4\ \text{mm})^2}{15{,}3 \cdot 10^4\ \text{mm}^4} =$$

$$= 141{,}5\ \frac{\text{N}}{\text{mm}^2} + 73{,}5\ \frac{\text{N}}{\text{mm}^2} = 215\ \frac{\text{N}}{\text{mm}^2} < \sigma_{zul} = 240\ \frac{\text{N}}{\text{mm}^2}$$

Damit wird endgültig gewählt: $\llcorner$ 100 × 50 × 6.

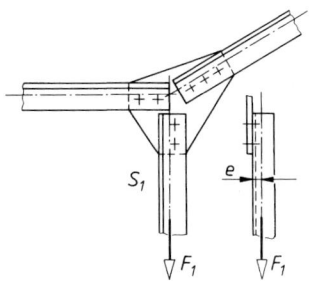

Bild 7. Knotenpunkt eines Traggerüstes

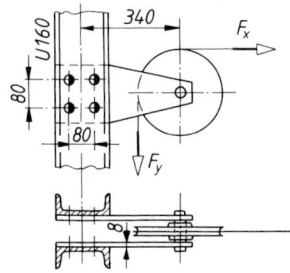

Bild 8. Lagerbleche für eine Seilrolle

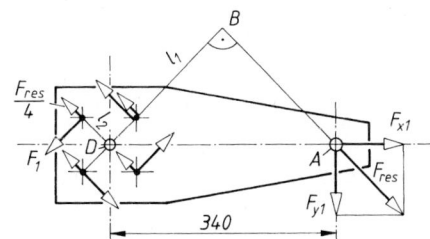

Bild 9. Kräfte am Lagerblech

b) Nietdurchmesser bereits unter a) gewählt: $d = 22$ mm, $d_1 = 23$ mm. Erforderliche Nietzahl auf Grund der zulässigen Scherspannung nach Gleichung (4):

$$n_a = \frac{F_1}{A_1\,\tau_{a\,zul}\,m}$$

Querschnitt des geschlagenen Nietes nach Tabelle 2: $A_1 = 415$ mm²; $\tau_{a\,zul} = 210$ N/mm² und $m = 1$, da Verbindung einschnittig; damit ist

$$n_a = \frac{104\,000\ \text{N}}{415\ \text{mm}^2 \cdot 210\ \dfrac{\text{N}}{\text{mm}^2} \cdot 1} = 1{,}19$$

Erforderliche Nietzahl auf Grund des zulässigen Lochleibungsdrucks nach Gleichung (5):

$$n_l = \frac{F_1}{d_1\,s\,\sigma_{l\,zul}}$$

Durchmesser des geschlagenen Nietes $d_1 = 23$ mm; Dicke des schwächsten Bauteils gleich Stabdicke $s = 6$ mm $\sigma_{l\,zul} = 420$ N/mm²; damit ist

$$n_l = \frac{104\,000\ \text{N}}{23\ \text{mm} \cdot 6\ \text{mm} \cdot 420\ \dfrac{\text{N}}{\text{mm}^2}} = 1{,}8$$

Gewählt: 2 Niete mit $d = 22$ mm.

■ **Beispiel:**

Zur Vernietung der Lagerbleche einer Umlenk-Seilrolle an der Säule eines Wanddrehkrans sind je vier Niete $d = 16$ mm vorgesehen (Bild 8). Höchste Seilzugkraft $F_x = F_y = 22\,000$ N. Bauteile aus S 235 JR.

Lösung:

Die Nietverbindung ist *exzentrisch* belastet, d.h. die äußere Kraft geht nicht durch den Schwerpunkt der Nietverbindung, die damit auf Biegung (Drehung) und Schub beansprucht wird. Anstelle von F_x und F_y wird mit deren Resultierenden F_{res}, angreifend im Mittelpunkt A der Rollenachse, gerechnet. Die Nietkräfte müssen F_{res} das Gleichgewicht halten (Bild 9).

Für *ein* Lagerblech wird

$$F_{res} = F_{x1}\ \sqrt{2} = 11\,000\ \text{N} \cdot \sqrt{2} \approx 15\,560\ \text{N}.$$

Der Schwerpunkt des Nietsystems liegt im Punkt D in Bild 9. Dazu hat die Wirklinie der Resultierenden F_{res} den Wirkabstand l_1. Aus dem gleichschenkligen Dreieck DAB erkennt man

$$l_1 = \frac{l}{\sqrt{2}} = \frac{340\ \text{mm}}{\sqrt{2}} = 240\ \text{mm} .$$

Ebenso ergibt sich aus den gleichschenkligen Dreiecken am Punkt D

$$l_2 = 40\ \text{mm} \cdot \sqrt{2} = 56{,}6\ \text{mm}.$$

Die Nietkraft F_1 kann nun aus der Momentengleichgewichtsbedingung berechnet werden:

$\Sigma M_{(D)} = 0 = 4\,F_1\,l_2 - F_{res}\,l_1$

$4F_1l_2 = F_{res}\,l_1$

$F_1 = \dfrac{F_{res}\,l_1}{4\,l_2} = \dfrac{15\,560\ \text{N} \cdot 240\ \text{mm}}{4 \cdot 56{,}6\ \text{mm}} = 16\,495\ \text{N}.$

Aus der Bedingung $\Sigma F = 0$ folgt, dass an jedem Niet noch die Kraft $F_{res}/4 = 15\,560$ N/4 = 3890 N entgegen F_{res} angreifen muss. Die größte resultierende Nietkraft ergibt sich, wie aus Bild 9 ersichtlich, für den rechten oberen Niet

$F = F_1 + \dfrac{F_{res}}{4} = 16\,495\ \text{N} + 3\,890\ \text{N} = 20\,385\ \text{N}.$

Mit $A_1 = 227$ mm² nach Tabelle 2 wird die vorhandene Abscherspannung für den rechten oberen Niet

$\tau_a = \dfrac{F}{A_1} = \dfrac{20\,385\ \text{N}}{227\ \text{mm}^2} = 89{,}8\ \dfrac{\text{N}}{\text{mm}^2}.$

Für den angenommenen Lastfall H beträgt die zulässige Abscherspannung $\tau_{a\,zul} = 112$ N/mm² (siehe Abschnitt D Festigkeitslehre).

Es ist also

$\tau_a = 89{,}8\ \dfrac{\text{N}}{\text{mm}^2} < \tau_{a\,zul} = 112\ \dfrac{\text{N}}{\text{mm}^2}.$

Mit $d_1 = 17$ mm und $s = 7{,}5$ mm Stegdicke für den Profilstahl U160 wird der vorhandene Lochleibungsdruck

$\sigma_l = \dfrac{F_1}{d_1 s} = \dfrac{20\,385\ \text{N}}{17\ \text{mm} \cdot 7{,}5\ \text{mm}} = 160\ \dfrac{\text{N}}{\text{mm}^2}.$

Da der zulässige Lochleibungsdruck $\sigma_l = 280$ N/mm² beträgt, ist auch hier

$\sigma_l = 160\ \dfrac{\text{N}}{\text{mm}^2} < \sigma_{l\,zul} = 280\ \dfrac{\text{N}}{\text{mm}^2}.$

7 Schraubenverbindungen

A. Böge, W. Böge

Normen (Auswahl) und Bezugsliteratur

DIN 13   Metrisches ISO-Gewinde
DIN 74   Senkungen
DIN 78   Gewindeenden, Schraubenüberstände
DIN 103   Metrisches ISO-Trapezgewinde
DIN 475   Schlüsselweiten

[1] VDI-Richtlinie 2230; Systematische Berechnung hoch beanspruchter Schraubenverbindungen. VDI, 2003. Die Richtlinie (171 Seiten) enthält eine ausführliche Liste wichtiger Bezugsliteratur.

7.1 Allgemeines

Schrauben werden nach ihrem Verwendungszweck eingeteilt in *Befestigungsschrauben* für lösbare Verbindungen von Bauteilen, *Bewegungsschrauben* zur Umwandlung von Drehbewegungen in Längsbewegungen, *Dichtungsschrauben* für Ein- und Auslauföffnungen z.B. bei Ölwannen, *Einstellschrauben*, *Spannschraub*en.

7.2 Gewinde

Die Gewinde werden durch ihr Profil (Dreieck, Trapez), die Steigung, Gangzahl (ein- oder mehrgängig) und den Windungssinn (rechts- oder linkssteigend) bestimmt. Die gebräuchlichsten Profilformen zeigt Bild 1.

7.2.1 Gewindearten

Metrisches ISO-Gewinde, DIN 13 Blatt 1; Gewindedurchmesser von 1 mm bis 68 mm; Anwendungen für Befestigungsschrauben und Muttern aller Art; Abmessungen siehe Tabelle 7.
Metrisches ISO-Feingewinde, DIN 13. Blätter 2 bis 12; Gewindedurchmesser von 1 mm bis 300 mm; Anwendung als Befestigungsgewinde, als Dichtungsgewinde, für Mess- und Einstellschrauben.
Metrisches ISO-Trapezgewinde, DIN 103; Gewindedurchmesser von 8 mm bis 300 mm; Anwendung als Bewegungsgewinde bei Spindeln an Drehmaschinen, Schraubstöcken, Ventilen, Pressen usw.; Abmessungen siehe Tabelle 8.
Rundgewinde, DIN 405; Anwendung als Bewegungsgewinde bei rauem Betrieb, z.B. Kupplungsspindeln.
Metrisches Sägengewinde, DIN 513: Anwendung als Bewegungsgewinde bei hohen einseitigen Belastungen, z.B. bei Hubspindeln.

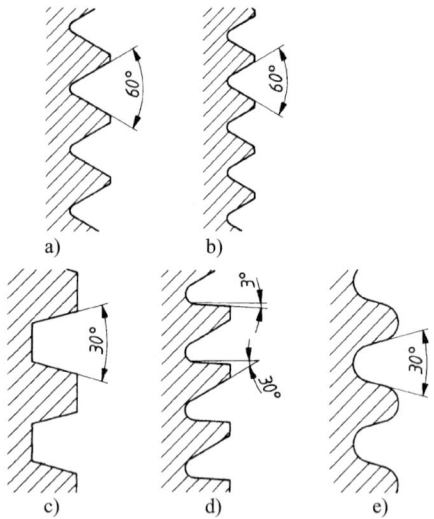

Bild 1. Grundformen der gebräuchlichsten Gewinde a) metrisches Regelgewinde, b) metrisches Feingewinde, c) Trapezgewinde, d) Sägengewinde, e) Rundgewinde

7.2.2 Gewindeabmessungen

Aus der Abwicklung eines Gewindegangs (Bild 2) ergibt sich der *Steigungswinkel* α, bezogen auf den Flankendurchmesser d_2 aus dem rechtwinkligen Dreieck:

$$\alpha = \arctan \frac{P}{d_2\,\pi} \qquad (1)$$

P Gewindesteigung, für die bei mehrgängigem Gewinde $P = z\,P$ zu setzen ist. Dann ist P die Gewindeteilung (Abstand zweier Gänge im Längsschnitt), z Gangzahl (siehe Tabelle 8).

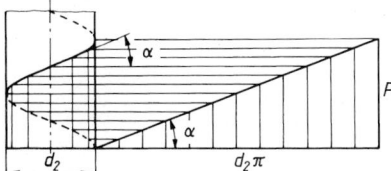

Bild 2. Entstehung der Schraubenlinie

7.3 Schrauben und Muttern

7.3.1 Schraubenarten

Sie unterscheiden sich hauptsächlich durch die Form ihres Kopfes. Ausführliche Übersicht siehe DIN-Taschenbuch 10 des Deutschen Normenausschuss. Gebräuchliche Schraubenarten siehe Bild 3; Hauptabmessungen von Sechskantschrauben: (siehe Tabelle 12).

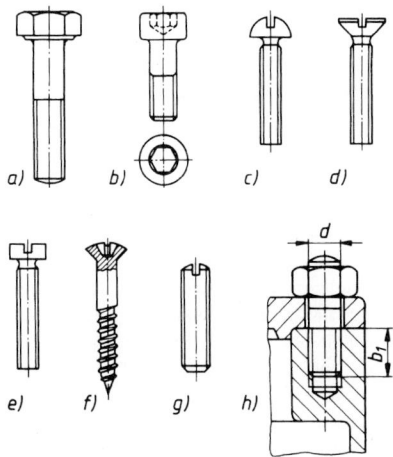

Bild 3. Schraubenarten
a) Sechskantschraube, b) Innensechskantschraube, c) Halbrundschraube, d) Senkschraube, e) Zylinderschraube, f) Linsensenkholzschraube mit Kreuzschlitz, g) Gewindestift mit Kegelkuppe, h) Stiftschraube (Einbauspiel)

Sechskantschrauben DIN 931, 7990, sind die am häufigsten verwendeten; Ausführung mit metrischem Regelgewinde, teilweise auch mit metrischem Feingewinde. Innensechskantschrauben, DIN 912, DIN 6912 Zylinderschrauben, Platz sparend durch versenkten Kopf mit Innensechskant; gefälliges Aussehen; Ausführung vielfach aus hochfesten Stählen. Halbrund-, Senk-, Zylinder- und Linsenschrauben mit Schlitz oder Kreuzschlitz werden vielseitig im Maschinen-, Fahrzeug-, Apparate- und Gerätebau verwendet. Stiftschrauben, DIN 835 und DIN 938 bis 940 dienen vorwiegend zu Verschraubungen von Gehäuseteilen bei Getrieben, Turbinen, Motoren, usw.

Einschraubende b_1 (Bild 3) richtet sich nach dem Werkstoff, in den eingeschraubt ist: $b_1 \approx d$ bei Stahl, Stahlguss und Bronze, $b_1 \approx 1{,}25\,d$ bei Gusseisen, $b_1 \approx 2\,d$ bei Al-Legierungen, $b_1 \approx 2{,}5\,d$ bei Weichmetallen. Gewindestifte mit Zapfen, Ringschneide, Spitze oder Kegelkuppe werden zum Befestigen von Naben, Buchsen, Radkränzen und dergleichen verwendet.

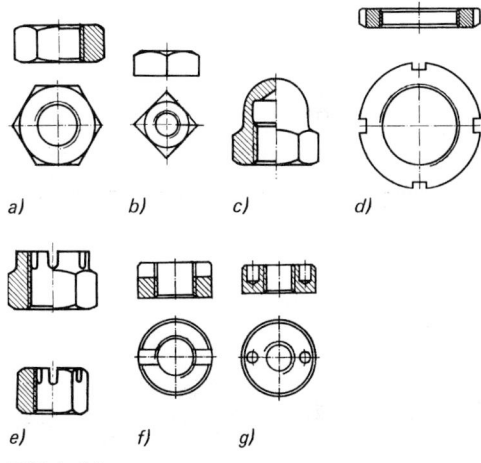

Bild 4. Muttern
a) Sechskantmutter, b) Vierkantmutter, c) Hutmutter (hohe Form), d) Nutmutter, e) Kronenmutter, f) Schlitzmutter, g) Zweilochmutter

7.3.2 Mutterarten

Einige gebräuchliche Arten zeigt Bild 4. Am häufigsten verwendet werden Sechskantmuttern mit normaler Höhe ($m \approx 0{,}8\,d$), DIN 934, flache Sechskantmuttern ($m \approx 0{,}5\,d$), DIN 439 und 936, bei kleineren Schrauben und metrischem Feingewinde. Vierkantmuttern, DIN 557 und 562, werden vorwiegend mit Flachrundschrauben (Schlossschrauben) zum Verschrauben von Holzteilen verwendet. Hutmuttern, DIN 917 und 1587, schützen das Schraubengewinde vor Beschädigungen und verhüten Verletzungen. Nut- und Kreuzlochmuttern, DIN 1804 und 1816, mit Feingewinde dienen vielfach zum Befestigen von Wälzlagern auf Wellen. Schlitz- und Zweilochmuttern werden als Senkmutter verwendet. Kronenmuttern, DIN 935, Sicherungsmuttern und selbstsichernde Muttern dienen der Sicherung von Schraubenverbindungen, siehe auch 7.4.2.

7.3.3 Ausführung und Werkstoffe

Für Maßgenauigkeit, Oberflächenbeschaffenheit, Werkstoffeigenschaften und Prüfung sind die Bedingungen nach DIN 267 maßgebend.

Toleranzklassen: fein (f) für große Genauigkeit bei geringem Spiel, mittel(m) für normale Verwendung, grob (g) für rauen Betrieb. Die Toleranzklasse m braucht bei Bestellungen nicht angegeben zu werden.

Als Werkstoff kommen insbesondere Stahl, Messing und Al-Legierungen in Frage. Bezeichnungen und Festigkeitseigenschaften der Schraubenstähle siehe Tabelle 1. Werkstoff-Kennzeichen z.B. 5.8 bedeutet: 5 Kennzahl der Mindestzugfestigkeit (500 N/mm^2); 8 Kennzahl für das Verhältnis $(R_e/R_m) \cdot 10$. Hochfeste Schrauben (und Muttern) ab 6.6 sind auf dem Schraubenkopf entsprechend gekennzeichnet, einschließlich Firmenzeichen.

Tabelle 1. Festigkeitseigenschaften der Schraubenstähle nach DIN EN 20898

Kennzeichen (Festigkeitsklasse)	4.6	4.8	5.6	5.8	6.6	6.8	6.9	8.8	10.9	12.9
Mindest-Zugfestigkeit R_m in N/mm^2	400		500		600			800	1 000	1 200
Mindest-Streckgrenze R_e oder $R_{p\,0,2}$-Dehngrenze in N/mm^2	240	320	300	400	360	480	540	640	900	1 080
Bruchdehnung A_5 in %	25	14	20	10	16	8	12	12	9	8

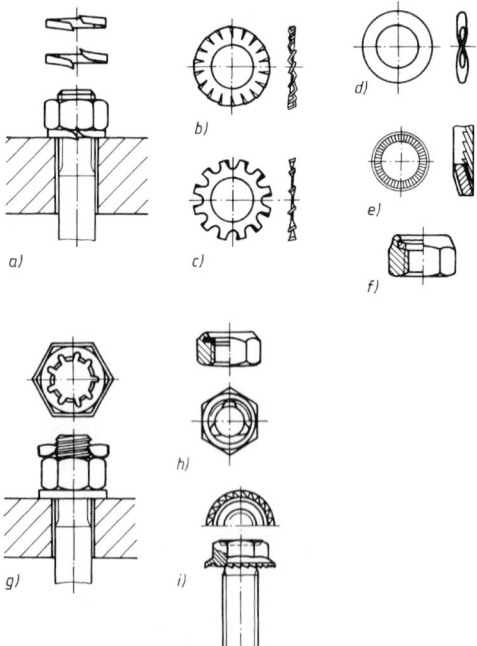

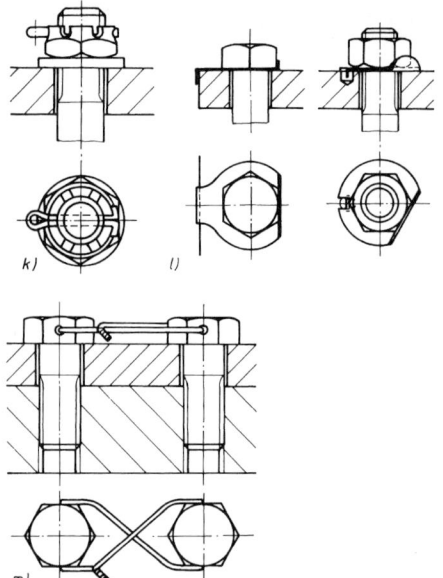

Bild 5. Schraubensicherungen
a) Federring, b) Fächerscheibe, c) Zahnscheibe, d) Federscheibe, e) Schnorr-Sicherung, f) selbstsichernde Sechskantmutter, g) Sicherungsmutter, h) Spring-Stopp Sechskantmutter, i) TENSILOCK Sicherungsschraube, k) Kronenmutter mit Splint, l) Sicherungsbleche, m) Drahtsicherung

7.4 Schraubensicherungen

7.4.1 Kraft-(reib-) schlüssige Sicherungen

Gebräuchliche Sicherungen siehe Bild 5a bis 5f. *Federring* DIN 128; *Fächerscheibe,* DIN 6798; *Zahnscheibe,* DIN 6797 und *Federscheibe,* DIN 137 erzeugen durch ihre Federwirkung hohe Reibung im Gewinde und an der Auflagefläche und durch Eindrücken in die Oberflächen noch zusätzlichen Formschluss. Zu beachten ist, dass damit wohl die Mutter, nicht unbedingt die Schraube und damit die Verbindung, ausreichend gesichert ist. Reine Reibschlusssicherungen sind die *Gegenmutter,* heute meist durch die wirksamere und Platz sparende *Sicherungsmutter,* DIN 7967, ersetzt; ferner die *selbstsichernde Mutter,* DIN 986, mit einem sich in das Schraubengewinde einpressenden Fiber- oder Kunststoffring und die *geschlitzte Mutter,* bei der sich die an der Schlitzstelle versetzten Gewindegänge beim Aufschrauben federnd in das Schraubengewinde pressen.

7.4.2 Formschlüssige Sicherungen

Als häufigste Sicherung gegen Lösen und Verlieren dient die *Kronenmutter,* DIN 935 und 979, mit Splint (Bild 5k), bei der Schraube *und* Mutter gleichzeitig gesichert sind. *Sicherungsbleche* verschiedener Ausführung (Bild 5) sind als Muttersicherung nicht unbedingt ausreichend für die ganze Verbindung. Dicht zusammensitzende Schrauben können gegenseitig durch *Drahtbügel* gesichert werden. Hochfeste Schraubenverbindungen (ab Festigkeitsklasse 8.8) erhalten keine Sicherungen.

7.5 Scheiben

Sie sollen nur dann verwendet werden, wenn die Oberfläche der verschraubten Teile weich oder uneben ist oder zum Beispiel poliert ist und nicht beschädigt werden soll.

7.6 Berechnung von Befestigungsschrauben

7.6.1 Kräfte und Verformungen in zentrisch vorgespannten Schraubenverbindungen bei axial wirkender Betriebskraft F_A (Verspannungsdiagramm)

Eine Schraubenverbindung besteht aus der Schraube, der Mutter und den aufeinander zu pressenden Teilen (Platten), zum Beispiel zwei Flanschen. Diese Verbindung kann im Betrieb eine axial wirkende *Betriebskraft* F_A oder eine Querkraft F_Q oder beide gemeinsam aufzunehmen haben. Beispiele: Die Schraubenverbindungen am Zylinderkopf haben eine in Achsrichtung wirkende Betriebskraft F_A aufzunehmen, hervorgerufen durch den Gasdruck im Zylinder. Die Schraubenverbindung am Tellerrad des Ausgleichgetriebes dagegen muss ein Drehmoment übertragen, dessen Kräftepaar quer zur Schraubenachse wirkt.

Das Kräftespiel mit den Formänderungen bei axial wirkender Betriebskraft F_A macht man sich mit dem *Verspannungsdiagramm* klar (Bild 6). Es entsteht, wenn über den elastischen Formänderungen (Verlängerung und Verkürzung) der Schraube und der verspannten Teile die axial wirkenden Kräfte aufgetragen werden.

Das Anziehen der Schraubenverbindung bewirkt eine Zugkraft F in der Schraube und eine gleich große Druckkraft in den Flanschen. Die Schraube verlängert sich wie eine Zugfeder entsprechend dem Hooke'schen Gesetz (siehe D Festigkeitslehre). Zugleich verkürzen sich die Platten wie eine Druckfeder. Beim Erreichen der Vorspannkraft F_V nach dem Anziehen hat sich die Schraube um f_S verlängert, die Platten haben sich um f_P verkürzt. Das zeigen die Verspannungsdiagramme 6a) und b).

Die „Druckfläche" der Platten ist größer als die „Zugfläche" in der Schraube, daher ist stets $f_P < f_S$ und $\beta_P > \beta_S$. Man kann auch sagen: Die „Zugfeder" Schraube ist weicher als die „Druckfeder" Platten. Es fördert das Verständnis für die Formänderungsvorgänge, wenn man sich die Schraube als Schraubenzugfeder, die Platten als Schraubendruckfeder vorstellt, die beide parallel geschaltet ineinander greifen (Federmodell der Verbindung, siehe auch 9.2.4). Das übliche Verspannungsdiagramm einer Schraubenverbindung (Bild 6c) entsteht durch Zusammenfügen der beiden Diagramme a) und b) für Schraube und Platten. Die Winkel β_S und β_P sind die Neigungswinkel der beiden Kennlinien (Federkennlinien, siehe Kapitel 9.2).

Nach dem Anziehen der Schraubenverbindung wirkt die Vorspannkraft F_V als Zugkraft in der Schraube und als Druckkraft in den verspannten Platten (Flanschen). Im Betrieb hat die Verbindung die axiale Betriebskraft F_A aufzunehmen, hervorgerufen beispielsweise durch den ansteigenden Druck der Verbrennungsgase im Zylinder eines Verbrennungsmotors. Sie bewirkt Folgendes (Bild 7): Die Schraube wird zusätzlich zugbelastet und um den Längenbetrag Δf verlängert.

Dabei steigt die Zugkraft in der Schraube von der Vorspannkraft F_V (Punkt A) längs der Schraubenkennlinie auf die Schraubenkraft F_S an (Punkt B). Wenn die Schraube um Δf verlängert wird, können sich die Platten um den gleichen Längenbetrag wieder ausdehnen (Vorstellung: Federmodell). Dabei sinkt die Druckkraft in den Platten vom Betrag der Vorspannkraft F_V (Punkt A) längs der Plattenkennlinie auf die theoretisch übrig bleibende Klemmkraft F_{K1} (Punkt C in Bild 7). Sinkt nun die axiale Betriebskraft auf null ab, dann stellt sich der ursprüngliche Kraft-Verformungszustand wieder ein (Punkt A).

Die Oberflächenrauigkeiten der zusammengepressten Flächen einer Schraubenverbindung (Gewindegänge, Kopf- und Mutterauflage, Trennfugen der Platten) verformen sich schon beim Anziehen plastisch (bleibend). Dieses „Setzen" vermindert die elastische Längenänderung $f_S + f_P$ um den Setzbetrag f_Z, auch wenn es sich nur um wenige μm handelt. Damit vermindert sich auch die tatsächlich wirksame Vorspannkraft F_V um die *Setzkraft* F_Z (Bild 7). Im Betrieb steht dann auch nicht mehr die theoretische Klemmkraft F_{K1} zur Verfügung, sondern die *Klemmkraft* $F_K = F_{K1} - F_Z$, zum Beispiel als Dichtkraft.

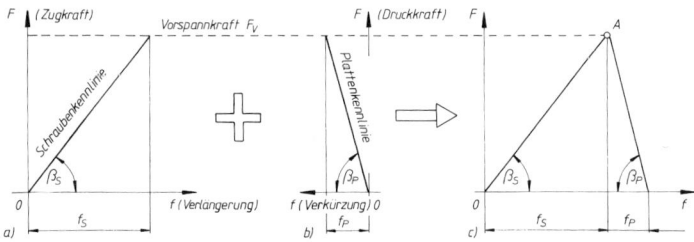

Bild 6.
Verspannungsdiagramme
a) der Schraube
b) der Platten
   (der verspannten Teile)
c) der Schraubenverbindung

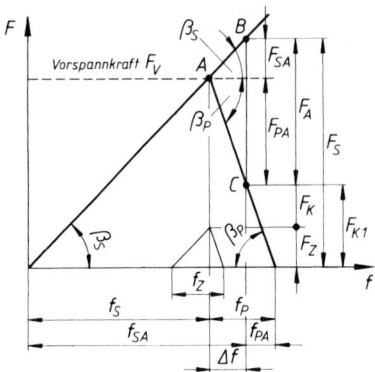

Bild 7. Verspannungsdiagramm einer vorgespannten Schraubenverbindung nach dem Aufbringen der axialen Betriebskraft F_A

F_V	Vorspannkraft der Schraube
F_A	axiale Betriebskraft
F_K	Klemmkraft (Dichtkraft)
F_{K1}	theoretische Klemmkraft
F_Z	Vorspannkraftverlust durch Setzen während der Betriebszeit
F_S	Schraubenkraft
F_{SA}	Axialkraftanteil (Betriebskraftanteil) der Schraube
F_{PA}	Axialkraftanteil der verspannten Teile
f_S	Verlängerung der Schraube nach der Montage
f_P	Verkürzung der verspannten Teile nach der Montage
f_{SA}, f_{PA}	entsprechende Formänderungen nach Aufbringen der Betriebskraft F_A
f_Z	Setzbetrag (bleibende Verformung durch „Setzen")
Δf	Längenänderung nach dem Aufbringen von F_A
β_S, β_P	Neigungswinkel der Kennlinie

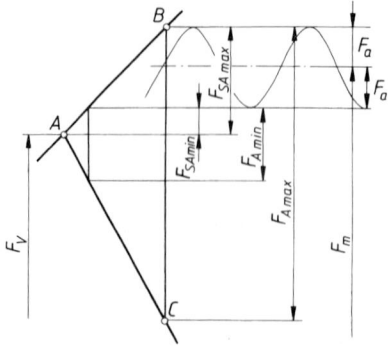

Bild 8. Ausschnitt aus dem Verspannungsdiagramm

Im allgemeinen Betriebsfall wird die axiale Betriebskraft nach Bild 8 bis zu einem Maximalwert $F_{A\,max}$ aufgebaut und fällt dann auf den kleineren Wert

$F_{A\,min}$ ab und so fort (dynamisch schwellende Belastung). Die Schraubenbelastung schwingt also mit der *Ausschlagkraft* F_a um eine gedachte Mittelkraft F_m. $F_{SA\,max}$ und $F_{SA\,min}$ sind die Axialkraftanteile in der Schraube.

7.6.2 Herleitung der Kräfte- und Formänderungsgleichungen

Zur Herleitung der Gleichungen für die Berechnung einer Schraubenverbindung bei axial wirkender Betriebskraft wird das Verspannungsdiagramm in Bild 9 ausgewertet. Die Betriebskraft F_A ist durch die Betriebsbedingungen bekannt (z. B. über den Öldruck in einem Hydraulikzylinder). Außerdem muss eine Mindestklemmkraft $F_{K\,erf}$ bekannt sein oder angenommen werden, zum Beispiel als erforderliche Dichtkraft. Betriebskraft F_A und erforderliche Klemmkraft $F_{K\,erf}$ sind daher die Ausgangsgrößen für die Berechnung vorgespannter Schraubenverbindungen.

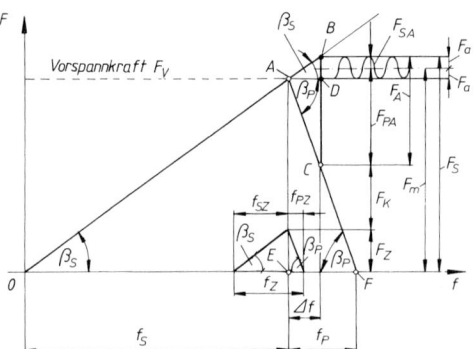

Bild 9. Verspannungsdiagramm der vorgespannten und durch eine axial wirkende Betriebskraft F_A belasteten Schraubenverbindung

Zunächst wird als Hilfsgröße die *Nachgiebigkeit* δ definiert: Sie ist das Verhältnis der Längenänderung (Verlängerung, Verkürzung) zur jeweiligen Zug- oder Druckkraft. Es gilt also für die Schraube $\delta_S = f_S/F_V$ und $\delta_P = f_P/F_V$. Dieser Quotient ist in den rechtwinkligen Dreiecken, O, E, A und A, D, B sowie E, F, A und A, C, D der Kotangens (= $1/$Tangens) der Neigungswinkel β_S und β_P. Damit lassen sich Gleichungen für die *Nachgiebigkeiten* δ_S und δ_P aufstellen:

$$\delta_S = \frac{f_S}{F_V} = \frac{\Delta f}{F_{SA}} \qquad (2)$$

Nachgiebigkeit der Schraube
nach Aufbringen der Vorspannkraft F_V

$$\delta_P = \frac{f_P}{F_V} = \frac{\Delta f}{F_{PA}} = \frac{\Delta f}{F_A - F_{SA}} \qquad (3)$$

Nachgiebigkeit der Platten
nach Aufbringen der Vorspannkraft F_V

Beide Gleichungen können nach Δf aufgelöst und gleichgesetzt werden. Daraus lässt sich eine Gleichung für *den Axialkraftanteil* F_{SA} in der Schraube entwickeln:

$$\Delta f = \delta_S \, F_{SA} = \delta_P \, (F_A - F_{SA})$$
$$\delta_S \, F_{SA} = \delta_P \, F_A - \delta_P \, F_{SA}$$
$$F_{SA}(\delta_S + \delta_P) = \delta_P \, F_A$$

$$F_{SA} = F_A \, \frac{\delta_P}{\delta_P + \delta_S} \quad \text{und mit} \quad \frac{\delta_P}{\delta_P + \delta_S} = \Phi$$

$$F_{SA} = \Phi \, F_A \quad \text{Axialkraft in der Schraube} \tag{4}$$

Der Quotient $\delta_P/(\delta_P + \delta_S)$ aus den Nachgiebigkeiten spielt als Kenngröße bei Schraubenberechnungen eine Rolle. Nach Gleichung (4) ist er das Verhältnis des Axialkraftanteils F_{SA} zur Axialkraft (Betriebskraft) F_A. Er heißt daher *Kraftverhältnis Φ*:

$$\Phi = \frac{\delta_P}{\delta_P + \delta_S} = \frac{F_{SA}}{F_A} \tag{5}$$

Kraftverhältnis der Schraubenverbindung (siehe auch 7.6.3.3)

Das Verspannungsdiagramm zeigt $F_{PA} = F_A - F_{SA}$. Nach Gleichung (5) ist $F_{SA} = F_A \, \Phi$. Das ergibt eine Gleichung für den *Axialkraftanteil* F_{PA} in den verspannten Platten (Flanschen):

$$F_{PA} = F_A \, (1 - \Phi) \quad \text{Axialkraftanteil in den Platten} \tag{6}$$

Die Neigungswinkel β_S und β_P der Kennlinien treten auch in den beiden kleinen rechtwinkligen Dreiecken mit der Setzkraft F_Z auf. Analog zu den Gleichungen (2) und (3) wird damit:

$$\delta_S = \frac{f_{SZ}}{F_Z} \quad \text{und} \quad \delta_P = \frac{f_{PZ}}{F_Z} \Rightarrow f_{SZ} = \delta_S \, F_Z \quad \text{und}$$
$$f_{PZ} = \delta_P \, F_Z$$

Die Summe der beiden Teilsetzbeträge ist gleich dem *Setzbetrag* F_Z, also wird

$$f_Z = f_{SZ} + f_{PZ}$$
$$f_Z = \delta_S \, F_Z + \delta_P \, F_Z = F_Z \, (\delta_P + \delta_S)$$

Die Summe der Nachgiebigkeiten $(\delta_P + \delta_S)$ kann nach Gleichung (5) durch δ_P/Φ ausgedrückt und damit eine Gleichung für die *Setzkraft* F_Z entwickelt werden. Die Setzkraft F_Z ist der Vorspannungskraftverlust durch Setzen während der Betriebszeit:

$$F_Z = f_Z \, \frac{\Phi}{\delta_P} \quad \text{Setzkraft} \tag{7}$$

Nach Bild 9 ist die *Klemmkraft* $F_K = F_V - F_Z - F_{PA}$. In Verbindung mit Gleichung (6) wird dann:

$$F_K = F_V - F_Z - F_A \, (1 - \Phi) \quad \text{Klemmkraft} \tag{8}$$

Kann die Klemmkraft als bekannt vorausgesetzt werden, zum Beispiel durch die Annahme einer notwendigen Dichtkraft, dann lässt sich die *Vorspannkraft* F_V ermitteln:

$$F_V = F_Z + F_K + F_A \, (1 - \Phi) \quad \text{Vorspannkraft} \tag{9}$$

Zur Bestimmung der größten Zugbeanspruchung in der Schraube wird die größte Zugkraft, die *Schraubenkraft* F_S, gebraucht. Unter Zuhilfenahme des Verspannungsdiagramms Bild 9 und der Gleichungen (4) und (9) ergibt sich:

$$F_S = F_V + F_{SA} \tag{10}$$
$$F_S = F_V + \Phi F_A \tag{11}$$

$$\overbrace{}^{\text{Vorspannkraft } F_V}$$

$$F_S = F_Z + F_K + (1 - \Phi) \, F_A + \Phi F_A \tag{12}$$

Schrauben-kraft	Setz-kraft	Klemm-kraft	Axialkraft-anteil der verspannten Teile	Axialkraft-anteil der Schraube

$$\underbrace{}_{\text{axiale Betriebskraft } F_A}$$

In dynamisch schwellend belasteten Schraubenverbindungen muss die Dauerfestigkeit der Schraube bestätigt werden. Ausgangsgröße für diese Berechnungen ist die *Ausschlagkraft* F_a, die um die *Mittelkraft* F_m schwingt. Im Hinblick auf die axiale Betriebskraft F_A können zwei unterschiedliche Betriebsbedingungen auftreten:

Fällt die Betriebskraft F_A immer wieder auf den Wert null zurück, dann gilt nach Bild 9 in Verbindung mit Gleichung (4):

$$F_a = \frac{F_{SA}}{2} \tag{13}$$

$$F_a = \frac{\Phi}{2} F_A \qquad \text{Ausschlagkraft} \tag{14}$$

$$F_m = F_V + F_a \qquad \text{Mittelkraft} \tag{15}$$

Schwankt die axiale Betriebskraft dagegen zwischen einem Größtwert $F_{A\,max}$ und einem Kleinstwert $F_{A\,min} \neq 0$, dann lässt sich aus Bild 8 ablesen:

$$F_a = \frac{F_{SA\,max} - F_{SA\,min}}{2} \tag{16}$$

Nach Gleichung (4) ist $F_{SA} = \Phi \, F_A$. Folglich gilt auch $F_{SA\,max} = \Phi \, F_{A\,max}$ und $F_{SA\,min} = \Phi \, F_{A\,min}$. Dies in Gleichung (16) eingesetzt und das Kraftverhältnis Φ ausgeklammert führt zu

$$F_a = \frac{\Phi}{2}(F_{A\,max} - F_{A\,min}) \quad \text{Ausschlagkraft} \quad (17)$$

$$F_m = F_V + \Phi F_{A\,min} + F_a \quad \text{Mittelkraft} \qquad (18)$$

7.6.3 Berechnung der Nachgiebigkeit δ und des Kraftverhältnisses Φ

Für die elastische Formänderung von Zug- und Druckstäben gilt das Hooke'sche Gesetz, also auch für die Schraube und die Platten (Flansche) einer vorgespannten Schraubenverbindung (siehe D Festigkeitslehre). Schreibt man das Hooke'sche Gesetz in der Form $\Delta l / F = l_0 / (A\,E)$ und setzt anstelle der allgemeinen die speziellen Bezeichnungen für die Schraubenverbindung ein, erhält man zwei Gleichungen für die *Nachgiebigkeit* δ_S und δ_P:

$$\sigma = \epsilon E$$

$$\frac{F}{A} = \frac{\Delta l}{l_0} E$$

$$\frac{\Delta l}{F} = \frac{l_0}{A E} = \delta$$

Nachgiebigkeit (allgemein) der Schraube

$$\delta_S = \frac{f_{SV}}{F_V} = \frac{l_S}{A_S\,E_S} \tag{19}$$

Nachgiebigkeit (allgemein) der Platten

$$\delta_P = \frac{f_{PV}}{F_V} = \frac{l_P}{A_P\,E_P} \tag{20}$$

F Zug- oder Druckkraft $\triangleq F_V$

A Zug- oder Druckfläche $\triangleq A_S$ und A_P

Δl elastische Verlängerung oder Verkürzung
  $\triangleq f_S$ und f_P

E Elastizitätsmodul

l_0 federnde Länge $\triangleq l_S$ und l_P

Die Gleichungen für die Nachgiebigkeit δ_S und δ_P enthalten noch Größen, die eine genauere Betrachtung erfordern. Das soll für Schraube und Platten gesondert geschehen.

7.6.3.1 Nachgiebigkeit δ_S der Schraube

An einer Sechskantschraube (Bild 10) gibt es die Dehnlänge l_1 mit dem *Schaftquerschnitt* A und die Dehnlänge l_2 mit dem *Spannungsquerschnitt* A_S nach Tabelle 7. Als zusätzliche Dehnlänge im Mutter- und Kopfbereich legt man aus Erfahrung $l_3 = 0{,}4d$ fest und als zugehörigen Querschnitt vereinfachend den Spannungsquerschnitt A_S.

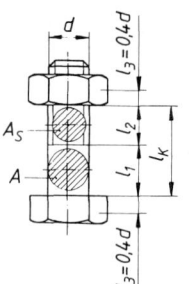

Bild 10.
Dehnquerschnitte und Dehnlängen an der Sechskantschraube

Das entsprechende Federmodell besteht demnach aus drei hintereinander geschalteten Zugfedern, deren Einzel-Nachgiebigkeiten sich addieren:
$\delta_S = \delta_{S1} + \delta_{S2} + 2 \cdot \delta_{S3}$.

Entsprechend Gleichung (19) ist
$\delta_{S1} = l_1 / (AE_S)$, $\delta_{S2} = l_2 / (A_S E_S)$ und
$\delta_{S3} = 2l_3 (A_S E_S) = 2 \cdot 0{,}4\,d / (A_S E_S)$.

Damit kann eine zusammenfassende Gleichung für die *Nachgiebigkeit* δ_S für die Sechskantschraube entwickelt werden

$$\delta_S = \delta_{S1} + \delta_{S2} + 2 \cdot \delta_{S3}$$

$$\delta_S = \frac{l_1}{A\,E_S} + \frac{l_2}{A_S E_S} + 2 \cdot \frac{0{,}4\,d}{A_S\,E_S}$$

$$\delta_S = \frac{\dfrac{l_1}{A} + \dfrac{l_2 + 0{,}8\,d}{A_S}}{E_S} \tag{21}$$

Nachgiebigkeit einer Sechskantschraube

δ_S	l_1, l_2, d	A, A_S	E_S
$\dfrac{mm}{N}$	mm	mm²	$\dfrac{N}{mm^2}$

Die Nachgiebigkeit einer *Dehnschraube* wird auf die gleiche Art ermittelt.

7.6.3.2 Nachgiebigkeit der verspannten Platten (Flanschen)

Die federnde Länge l_P der druckbelasteten Plattenzonen ist die Klemmlänge l_K der Schraubenverbindung ($l_P = l_K$).

Die Nachgiebigkeit δ_S der Schraube konnte mit (21) leicht ermittelt werden, weil die federnden Teile der Schraube eindeutig begrenzte Kreiszylinder sind. Innerhalb der verspannten Platten dagegen nimmt die Druckbeanspruchung im Klemmbereich radial nach außen hin ab. Näherungsweise arbeitet man mit der Vorstellung eines Doppel-Hohlkegels, in dessen Einzelquerschnitten die Druckbeanspruchung gleichmäßig verteilt ist. Für den Ersatzquerschnitt A_{ers} (Ersatzdurchmesser D_{ers}) wird in der Literatur für die Verbindungskonstruktion nach Bild 11 mit der Bedingung $d_w + l_K < D_A$ die folgende Gleichung (22a) angegeben:

$$A_{\text{ers}} = \frac{\pi}{4}\left(d_w^2 - d_h^2\right) + \frac{\pi}{8} d_w l_K \left[\left(\sqrt[3]{\frac{l_K d_w}{(l_K + d_w)^2}} + 1\right)^2 - 1\right]$$

$$(22a)$$

Ersatzquerschnitt (Ersatz-Hohlzylinder) A_{ers} der Platten für $d_w + l_K < D_A$

D_A Außendurchmesser der verspannten Teile

d_w Außendurchmesser der Kopfauflage, bei Sechskantschrauben (Bild 11) Durchmesser des Telleransatzes, sonst Schlüsselweite, bei Zylinderschrauben Kopfdurchmesser

d_h Durchmesser der Durchgangsbohrung nach Tabelle 5

l_K Klemmlänge

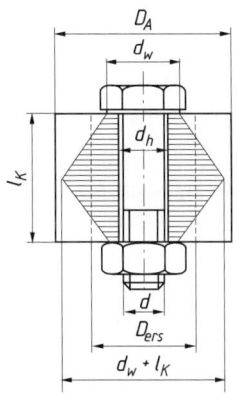

Bild 11. Ersatz-Hohlzylinder in den verspannten Platten

Für zwei Verbindungskonstruktionen mit anderen als in Bild 11 eingetragenen Abmessungen werden die folgenden Gleichungen angegeben:

$$A_{\text{ers}} = \frac{\pi}{4}\left(d_w^2 - d_h^2\right) + \frac{\pi}{8} d_w (D_A - d_w)\left[\left(\sqrt[3]{\frac{l_K d_w}{D_A^2}} + 1\right)^2 - 1\right]$$

$$(22b)$$

Ersatzquerschnitt (Ersatz-Hohlzylinder) A_{ers} der Platten für $d_w \leq D_A \leq d_w + l_K$

$$A_{\text{ers}} = \frac{\pi}{4}\left(D_A^2 - d_h^2\right) \qquad (23)$$

Ersatzquerschnitt (Ersatz-Hohlzylinder) A_{ers} der Platten für $D_A \leq d_w$

Nach Gleichung (20) kann nun mit den Bezeichnungen $l_P = l_K$ und $A_P = A_{\text{ers}}$ die Gleichung zur Berech-

nung der *Nachgiebigkeit* δ_P der Platten (Flansche) geschrieben werden:

$$\delta_P = \frac{l_K}{A_{\text{ers}} E_P} \qquad (24)$$

Nachgiebigkeit der Platten (Flansche)

Mit den beiden Nachgiebigkeiten δ_S und δ_P, der Vorspannkraft F_V und der axialen Betriebskraft F_A lässt sich das Verspannungsdiagramm maßstäblich aufzeichnen.

7.6.3.3 Berechnung des Kraftverhältnisses Φ

Mit den Gleichungen für Nachgiebigkeit und Ersatzquerschnitt (21), (22), (23) lässt sich eine Gleichung zur Berechnung des *Kraftverhältnisses* Φ für Sechskantschrauben nach Bild 10 entwickeln:

$$\Phi = \frac{\delta_P}{\delta_P + \delta_S} = \frac{F_{SA}}{F_A} \qquad (25)$$

$$\Phi = \frac{\dfrac{l_K}{A_{\text{ers}} E_P}}{\dfrac{l_K}{A_{\text{ers}} E_P} + \dfrac{\dfrac{l_1}{A} + \dfrac{l_2 + 0{,}8 d}{A_S}}{E_S}} \qquad (26)$$

$$\Phi = \frac{l_K}{l_K + \dfrac{A_{\text{ers}} E_P}{E_S}\left(\dfrac{l_1}{A} + \dfrac{l_2 + 0{,}8\, d}{A_S}\right)}$$

l_K Klemmlänge nach Bild 10

E_P Elastizitätsmodul der Platten (siehe D Festigkeitslehre)

E_S Elastizitätsmodul der Schraube, für Stahl ist $E_S = 21 \cdot 10^4 \, \text{N/mm}^2$

A_{ers} Ersatzquerschnitt nach (22a, 22b oder 23)

l_1, l_2 Teillängen der Schraube nach Tabelle 5

d Gewindenenndurchmesser nach Tabelle 7

A Schaftquerschnitt der Schraube nach Tabelle 7

A_S Spannungsquerschnitt der Schraube nach Tabelle 7

7.6.4 Krafteinleitungsfaktoren n (Tabelle 2) und Kraftverhältnis Φ_n

7.6.4.1 Erläuterungen zum Krafteinleitungsfaktor n

Bei der Besprechung der Kräfte und Formänderungen in einer vorgespannten Schraubenverbindung (Kap. 7.6.1) war angenommen worden, dass die axiale Betriebskraft F_A unter dem Schraubenkopf und in der Mutterauflagefläche angreift. Das Verspannungsdiagramm in Bild 7 zeigt die dadurch hervorgerufene

Längenänderung Δf, um die sich die Schraube zusätzlich dehnt. Um den gleichen Betrag können sich die zusammengedrückten Platten wieder entspannen, und zwar auf der gesamten Klemmlänge l_K.

Untersuchungen an ausgeführten Schraubenverbindungen zeigen dagegen, dass die Betriebskraft F_A häufiger zwischen zwei Punkten *innerhalb* der Klemmlänge l_K angreift, wodurch sich die Kraft- und Formänderungsverhältnisse ändern. Tabelle 2 zeigt schematisiert vier angenommene Fälle für die Einleitung der Betriebskraft F_A (I, II, III und IV).

Im Unterschied zum Einleitungsfall I, bei dem sich die Platten über der ganzen Klemmlänge l_K entspannen, federn sie in den anderen Fällen nur in den *längs gestrichenen* Bereichen der Klemmlänge zurück (Bilder in der Tabelle 2). Diese Teillänge wird mit $l_{K1} = n\, l_K$ bezeichnet, wobei n der *Krafteinleitungsfaktor* ist. Er ist immer kleiner als eins ($n < 1$, z.B. $n = \frac{1}{2}$ im Einleitungsfall III).

Im Bereich der *quer gestrichenen* Plattenzonen dagegen bewirkt die dort eingeleitete Betriebskraft F_A kein Entspannen, sondern ein weiteres Zusammenpressen.

Daraus folgt:
Der Schraube sind beim allgemeinen Krafteinleitungsfall (II, III oder IV) federnde Plattenzonen vorgeschaltet. Ein entsprechendes Schraubenfedermodell besteht aus zwei hintereinander geschalteten Schraubenfedern, die die gleiche Kraft zu übertragen haben, die Betriebskraft F_A, allerdings einmal als Druckkraft (in den quer gestrichenen Plattenzonen) und einmal als Zugkraft (in der Schraube). Der „Zugfeder" Schraube ist eine „Druckfeder" entsprechend den quer gestrichenen Plattenzonen vorgeschaltet. In Kapitel 9 wird nachgewiesen, dass zwei hintereinander geschaltete Federn „weicher" sind als jede der beiden Einzelfedern. Die Kennlinie eines solchen Federsystems verläuft flacher, weil bei gleicher Belastung der Federweg größer ist. Im Verspannungsdiagramm in der Tabelle 2 ist das an der gestrichelten Kennlinie zu sehen. Die Nachgiebigkeit δ zweier hintereinander geschalteter Federn ist also in den Fällen II, III, IV größer als im Einleitungsfall I. Man nennt die Nachgiebigkeit unter diesen Betriebsbedingungen die Betriebsnachgiebigkeit δ_{SB}. Gegenüber dem Krafteinleitungsfall I mit der Nachgiebigkeit δ_S ist also immer $\delta_{SB} > \delta_S$.

Für die längs gestrichenen Plattenzonen (Tabelle 2), die sich beim allgemeinen Krafteinleitungsfall teilweise entspannen, ist die federnde Länge kürzer als im Einleitungsfall I mit den Angriffspunkten unter dem Schraubenkopf und der Mutterauflage ($n\, l_K < l_K$). Nach Gleichung (20) ergibt diese Änderung auch eine Verringerung der Nachgiebigkeit der Platten. Es ist also stets die Betriebsnachgiebigkeit $\delta_{PB} < \delta_P$. Im Verspannungsdiagramm verläuft die Kennlinie der Platten steiler. Es gilt die gestrichelte Linie im Verspannungsdiagramm in Tabelle 2. Die Veränderung $\delta_{SB} > \delta_S$ der Schraube führt zu $f_{SB} < f_{SV}$. Entsprechend folgt aus $\delta_{PB} < \delta_P$ der Platten $f_{PB} < f_{PV}$. Abschließend ist darauf hinzuweisen, dass die Betriebskräfte in Schraubenverbindungen ebenso wie in anderen technischen Bauteilen nie punktförmig angreifen. Vielmehr werden sie durch ein räumliches Spannungs- und Formänderungssystem in den Teilen weitergeleitet.

Mit dem Krafteinleitungsfaktor $n < 1$ wird die Klemmlänge l_K entsprechend den Bildern in Tabelle 2 aufgeteilt

in die Teillänge $l_{K1} = n\, l_K$ für die Plattenzonen, die durch die axiale Betriebskraft etwas entlastet werden und

in die restliche Teillänge l_{K2} für die Plattenzonen, die noch stärker zusammengedrückt werden, als sie es nach dem Anziehen schon waren.

Die Summe beider Teillängen ergibt die Schraubenklemmlänge $l_K = l_{K1} + l_{K2}$. Daraus folgt mit

$$l_{K1} = n\, l_K$$
$$l_{K2} = l_K - n\, l_K \tag{27}$$
$$l_{K2} = l_K\,(1 - n) = (1 - n)\, l_K \tag{28}$$

Wie die Gleichungen (19) und (20) zeigen, ist die Nachgiebigkeit δ von Zug- oder Druckfedern bei sonst gleich bleibenden Größen der federnden Länge proportional (größere Federlänge ergibt größere Nachgiebigkeit und umgekehrt).

Für die *Betriebsnachgiebigkeit* δ_{PB} der entlasteten Plattenzonen mit der federnden Länge $l_{K1} = n\, l_K$ gilt daher die Proportion

$$\frac{\delta_P}{\delta_{PB}} = \frac{l_K}{n\, l_K} \quad \Rightarrow \quad \delta_{PB} = n\, \delta_P \tag{29}$$

Für die *Betriebsnachgiebigkeit* $\delta_{PB\,rest}$ der restlichen Plattenzonen mit der federnden Länge $l_{K2} = (1 - n)\, l_K$ wird

$$\frac{\delta_P}{\delta_{PB\,rest}} = \frac{l_K}{(1 - n)\, l_K} \quad \Rightarrow \quad \delta_{PB\,rest} = (1 - n)\, \delta_P \tag{30}$$

Tabelle 2. Krafteinleitungsfaktoren n

Krafteinleitungsfall	I	II	III	IV
entlastete Klemmlänge	$l_k;\ n=1$	$\frac{3}{4}\,l_k;\ n=\frac{3}{4}$	$\frac{1}{2}\,l_k;\ n=\frac{1}{2}$	$\frac{1}{4}\,l_k;\ n=\frac{1}{4}$
Krafteinleitung Durchsteckschraube				
Krafteinleitung Kopfanziehschraube				
schematisiertes Konstruktions-beispiel	seltener Fall			
Kraftverhältnisse $\Phi_n = n\cdot\Phi$	$1\cdot\Phi$	$\frac{3}{4}\cdot\Phi$	$\frac{1}{2}\cdot\Phi$	$\frac{1}{4}\cdot\Phi$

Verspannungs-Schaubilder ohne Berücksichtigung der Setzkraft

$$F_{SA}=F_A\,\frac{\delta_P}{\delta_P+\delta_S}=F_A\,\Phi$$

$$F_{PA}=F_A\left(1-\frac{\delta_P}{\delta_P+\delta_S}\right)$$

$$F_{PA}=F_A\,(1-\Phi)$$

$$\delta_{SB}=\delta_S+(1-n)\,\delta_P$$

$$\delta_{PB}=n\,\delta_P$$

$$F_{SA}=F_A\,\frac{\delta_{PB}}{\delta_{PB}+\delta_{SB}}=F_A\,n\Phi$$

$$F_{PA}=F_A\left(1-\frac{\delta_{PB}}{\delta_{PB}+\delta_{SB}}\right)=F_A\,(1-n\Phi)$$

C_{SB} Betriebsnachgiebigkeit der spannenden Teile
C_{PB} Betriebsnachgiebigkeit der durch die Betriebskraft entlasteten Teile

Die gestrichelten Kennlinien für Schraube und Teile kennzeichnen die Krafteinleitungsfälle für $n<1$

| Längen-änderungen f | $f_S=F_V\delta_S;\ \ f_P=F_V\delta_P$ | $f_{SB}=F_V\delta_{SB}\ ;\ \ \ f_{PB}=F_V\delta_{PB}$ | | |

Anmerkung: Das Produkt $n\cdot l_K$ gibt an, in welchem Klemmlängenanteil die verspannten Teile von der Axialkraft entlastet sind. Im Fall III beispielsweise ist die Hälfte der Flanschendicke entlastet, d.h. der Abstand der axialen Betriebskräfte beträgt $n=l_K/2$.

7.6.4.2 Berechnung des Krafteinleitungsfaktors n nach VDI-Richtlinie 2230 (vereinfacht)

Wie üblich wird aus der Verbindungskonstruktion, z.B. einer Flanschverbindung mit mehreren Schrauben, eine Schraube aus der Verbindung herausgelöst (siehe Abschnitt C Mechanik, Freimachen). Diese so genannte Einschraubenverbindung (ESV) liegt den Untersuchungen der VDI-Richtlinie zu Grunde.

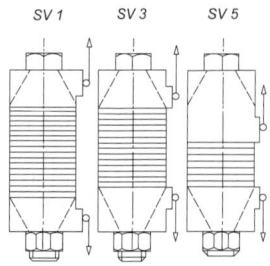

Bild 11a. Krafteinleitungsfälle SV einer Durchsteckschraube nach VDI 2230

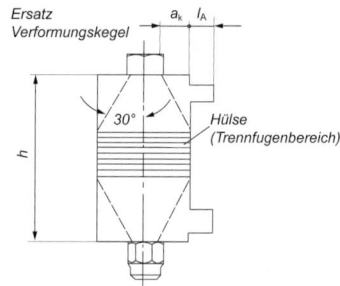

Bild 11b. Parameter zur Ermittlung von n

h Höhe, a_k Abstand zwischen dem Rand der Verspannfläche, l_A Länge zwischen Grundkörper und Krafteinleitungspunkt im Anschlusskörper

Tabelle 2a. Krafteinleitungsfaktoren n

A/h	0,00			0,10			0,20			$\geq 0,30$		
a_K/h	0,10	0,30	$\geq 0,50$	0,10	0,30	$\geq 0,50$	0,10	0,30	$\geq 0,50$	0,10	0,30	$\geq 0,50$
SV1	0,55	0,30	0,13	0,41	0,22	0,10	0,28	0,16	0,07	0,14	0,12	0,04
SV3	0,37	0,26	0,12	0,30	0,20	0,09	0,23	0,15	0,07	0,14	0,12	0,04
SV5	0,25	0,22	0,10	0,21	0,15	0,07	0,17	0,12	0,06	0,13	0,10	0,03

Dort werden sechs Krafteinleitungsfälle als Verbindungstypen eingeführt, von denen drei Bild 11a zeigt (SV1, SV3 und SV5), vergl. auch Tabelle 2. Im waagerecht gestrichenen Teil der Schraube soll die Trennfuge der Verbindung liegen, der Trennfugenbereich. Er wird ermittelt mit dem eingezeichneten 30°-Kegel nach Bild 11b.

Die Parameter nach Bild 11a werden der Konstruktion entnommen, bei zentrischer Belastung ist die Länge $l_A = 0$ zu setzen.

Mit der festgelegten Verbindungstype SV und den Parameten nach Bild 11b kann der einzuführende Krafteinleitungsfaktor n ermittelt werden (Tabelle 2a).

Bei sehr kleinen Krafteinleitungsfaktoren neigt die Verbindung zum Klaffen. Damit sind die Berechnungsvoraussetzungen nicht mehr gegeben. Im häufigeren Fall der exzentrisch verspannten Mehrschraubenverbindung kann nach der VDI-Richtlinie 2230 mit dem Krafteinleitungsfaktor $n = 0,4$ gerechnet werden.

Die *Betriebsnachgiebigkeit* δ_{SB} der Schraube ist die Summe aus der Nachgiebigkeit δ_S der Schraube nach Gleichung (21) und der Betriebsnachgiebigkeit $\delta_{PB\,rest}$, weil sich die Nachgiebigkeiten hintereinander geschalteter Federn addieren (siehe Federn, Kapitel 9.2.4):

$$\delta_{SB} = \delta_S + \delta_{PB\,rest}$$
$$\delta_{SB} = \delta_S + (1 - n)\delta_P \tag{31}$$

Das *Betriebskraftverhältnis* Φ_n für den allgemeinen Krafteinleitungsfall wird aus den Betriebsnachgiebigkeiten δ_{SB} und δ_{PB} ermittelt, wie das bereits für den Einleitungsfall I in Gleichung (5) geschehen ist:

$$\Phi_n = \frac{\delta_{PB}}{\delta_{PB} + \delta_{SB}} = \frac{F_{SA}}{F_A} \tag{32}$$

Mit Hilfe der Gleichungen (29) und (30) erhält man außerdem eine Beziehung zwischen dem Betriebskraftverhältnis Φ_n und dem Kraftverhältnis Φ nach Gleichung (5):

$$\Phi_n = \frac{n\,\delta_P}{n\,\delta_P + \delta_S + (1 - n)\,\delta_P} =$$

$$= \frac{n\,\delta_P}{n\,\delta_P + \delta_S + \delta_P - n\,\delta_P}$$

$$\Phi_n = n\,\frac{\delta_P}{\delta_P + \delta_S} = n\,\Phi = \frac{F_{SA}}{F_A} \tag{33}$$

Aus der vorstehenden Gleichung lässt sich in Verbindung mit dem gestrichen gezeichneten Verspannungsdiagramm in Tabelle 2 ablesen:

Wird der Krafteinleitungsfaktor n kleiner, verringert sich entsprechend das Kraftverhältnis F_{SA}/F_A, das Verhältnis der zusätzlich von der Schraube aufzunehmenden Kraft (Axialkraftanteil) zur axialen Betriebskraft F_A. Im Fall $n = 0$ hat die Schraube überhaupt keine Zusatzkraft F_{SA} aufzunehmen, wenn die Betriebskraft wirkt. Die höchste Zugkraft in der Schraube, die Schraubenkraft F_S, ist dann gleich der Vorspannkraft $F_V = F_S$. Krafteinleitungsfaktor $n = 0$ bedeutet, dass die Krafteinleitungsebenen mit der Teilungsebene der Flansche (Platten) zusammenfallen. In diesem Sinn sind die Konstruktionsbeispiele in Tabelle 2 zu verstehen. In der Bezugsliteratur wird empfohlen, mit dem Krafteinleitungsfaktor $n = 1/2$ zu rechnen.

7.6.5 Zusammenstellung der Berechnungsformeln für vorgespannte Schraubenverbindungen bei axial wirkender Betriebskraft F_A

Die Schraubenverbindung hat äußere Kräfte aufzunehmen, die zu einer statisch oder dynamisch auftretenden Betriebskraft F_A in der Schraube führen. Die Betriebskraft wirkt als Schraubenlängskraft (axial). Die Verbindung wird mit einer Montagevorspannkraft F_{VM} angezogen, die in der Schraubenachse wirkt. Die Funktion der Verbindung soll durch eine erforderliche Klemmkraft $F_{K\ erf}$ sichergestellt werden. Eine rechtwinklig zur Schraubenachse wirkende Querkraft F_Q (Betriebskraft) tritt nicht auf.

Gegebene Größen:
axiale Betriebskraft F_A
erforderliche Klemmkraft $F_{K\ erf}$
Festigkeitsklasse der Schraube

Die zu wählenden oder anzunehmenden Größen werden in den folgenden Abschnitten besprochen.

7.6.5.1 Spannungsquerschnitt A_S und Festlegen des Gewindes

Beim Anziehen wird die Schraube durch die Vorspannkraft F_V auf Zug, durch das Gewindereibmoment M_{RG} auf Torsion beansprucht. Beide Größen können erst später berechnet werden. Aus diesem Grund wird zunächst reine Zugbeanspruchung angenommen, hervorgerufen durch die Zugkraft (Schraubenkraft) $F_S = F_{K\ erf} + F_A$ (siehe Verspannungsdiagramm Tabelle 2).

Die zulässige Zugspannung $\sigma_{z\ zul}$ setzt man gleich dem v-fachen (mit $v < 1$) der 0,2-Dehngrenze des Schraubenwerkstoffs ($\sigma_{z\ zul} = v\,R_{p\,0,2}$). Die Zug-Hauptgleichung

$$\sigma_z = \frac{F}{A} = \frac{(F_{K\ erf} + F_A)}{A_S} = v\,R_{p\,0,2}$$

führt dann mit dem Anziehfaktor α_A zu der Gleichung für den *erforderlichen Spannungsquerschnitt* A_S der Schraube:

$$A_{S\ erf} = \frac{\alpha_A(F_{K\ erf} + F_A)}{v\,R_{p\,0,2}} \qquad (34)$$

$A_{S\ erf}$	$F_{K\ erf}, F_A$	α_A, v	$R_{p\,0,2}$
$\mathrm{mm^2}$	N	1	$\dfrac{\mathrm{N}}{\mathrm{mm^2}}$

$A_{S\ erf}$ erforderlicher Spannungsquerschnitt nach Tabelle 7
α_A Anziehfaktor
$F_{K\ erf}$ erforderliche Klemmkraft (zum Beispiel Dichtkraft)
F_A axiale Betriebskraft

v Ausnutzungsgrad für die Streckgrenze R_e oder für die 0,2-Dehngrenze $R_{p\,0,2}$.
Zweckmäßig wird $v = 0,6$ bis $0,8$ gesetzt (Erfahrungswert)
$R_{p\,0,2}$ 0,2-Dehngrenze nach Tabelle 1

Mit dem *Anziehfaktor* α_A wird die Streuung der Vorspannkraft bei den verschiedenen Anziehverfahren berücksichtigt. In der Bezugsliteratur werden Richtwerte angegeben:

$\alpha_A = 1$	bei genauesten Anziehverfahren (geringste Streuung des Anziehdrehmoments M_A) wie beim Winkelanziehverfahren (Drehwinkel ist Maß für Schraubenverlängerung)
$\alpha_A = 1,25 \dots 1,8$	beim Anziehen mit Drehmomentschlüssel [1] oder Drehschrauber
$\alpha_A = 1,6 \dots 2$	beim Anziehen mit Schlagschrauber mit Einstellkontrolle [1]
$\alpha_A = 3 \dots 4$	beim Anziehen mit Schlagschrauber ohne Einstellkontrolle

[1] kleinere Werte für kleinere, größere Werte für größere Reibzahlen

Aus der Gewindetabelle 7 wählt man das metrische ISO-Gewinde mit einem Spannungsquerschnitt, der annähernd so groß ist wie der berechnete erforderliche Spannungsquerschnitt ($A_{S\ Tabelle} \approx A_{S\ erf}$). Nach der Festlegung des Gewindes sollten alle Größen aus den Tabelle 5 und 7 zusammengestellt werden, die für die weiteren Berechnungen erforderlich sind. Dazu kann man nach der folgenden Aufstellung vorgehen:

7.6.5.2 Zusammenstellung geometrischer Größen der Schraube

Aus Tabelle 5		*Aus Tabelle 7*	
Bezeichnung der Schraube		Gewindedurchmesser	d
Außendurchmesser der Mutter- oder Kopfauflage	d_a	Flankendurchmesser	d_2
Schraubenlänge	l	Steigungswinkel	α
Gewindelänge	b	Spannungsquerschnitt	A_S
Durchgangsbohrung	D_B	Schaftquerschnitt	A
Kopfauflagefläche	A_p	polares Widerstandsmoment	W_{pS}

7.6.5.3 Nachgiebigkeit δ_S der Schraube

Zur Berechnung der *Nachgiebigkeit* δ_S einer Sechskantschraube wird die in 7.6.3.1 hergeleitete Gleichung (21) verwendet:

$$\delta_S = \frac{\dfrac{l_1}{A} + \dfrac{l_2 + 0,8\,d}{A_S}}{E_S} \qquad (35)$$

δ_S	E_S	A, A_S	l_1, l_2
$\dfrac{mm}{N}$	$\dfrac{N}{mm^2}$	mm^2	mm

E_S Elastizitätsmodul des Schraubenwerkstoffs
nach Abschnitt D Festigkeitslehre Kapitel 1,
Tabelle 2 ($E_{Stahl} = 21 \cdot 10^4$ N/mm^2)

A Schaftquerschnitt der Schraube nach Tabelle 7

A_S Spannungsquerschnitt nach Tabelle 7

l_1, l_2 federnde Teillängen an der Schraube nach
Tabelle 5

Mit den Angaben in Tabelle 5 gilt für Durchsteckschrauben:

$$l_1 = l - b \text{ und } l_2 = l_K - l_1$$

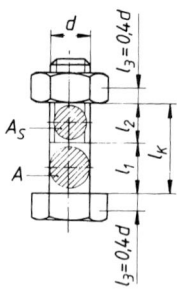

Bild 12.
Schraubenlängen und
Schraubenquerschnitte

7.6.5.4 Querschnitt A_{ers} des Ersatz-Hohlzylinders der Platten (Flansche)

Für *den Ersatzquerschnitt* A_{ers}, der zur Berechnung
der Nachgiebigkeit δ_P der Platten gebraucht wird,
stehen die in 7.6.3.2 angegebenen Gleichungen zur
Verfügung.

7.6.5.5 Nachgiebigkeit δ_P der Platten (Flansche)

Es gilt die in 7.6.3.2 hergeleitete Gleichung für die
Nachgiebigkeit δ_P der aufeinander gepressten Flansche:

$$\delta_P = \frac{l_K}{A_{ers}\, E_P} \tag{36}$$

δ_P	E_P	A_{ers}	l_K
$\dfrac{mm}{N}$	$\dfrac{N}{mm^2}$	mm^2	mm

E_P Elastizitätsmodul der verspannten Teile (siehe
Abschnitt D Festigkeitslehre, Kapitel 1, Tabelle
2 und 3

l_K Klemmlänge

A_{ers} Querschnitt des Ersatz- Hohlzylinders

7.6.5.6 Kraftverhältnis Φ und $\Phi_n = n\ \Phi$

$$\Phi = \frac{\delta_P}{\delta_P + \delta_S}$$

$$\Phi_n = n\ \Phi$$

n Krafteinleitungsfaktor nach Tabelle 2 und 2a,
empfohlener Richtwert: $n = 0,4$

Zur Kontrolle des Kraftverhältnisses Φ kann für
Sechskantschrauben auch die in 7.6.3.3 hergeleitete
Gleichung (26) verwendet werden. Mit dieser Glei-
chung wurden die folgenden Überschlagswerte für
Stahlflansche mit $E_P = 21 \cdot 10^4$ N/mm^2 und Flansche
aus EN-GJL-300 (Klammerwerte) mit $E_P = 12 \cdot 10^4$
N/mm^2 in Abhängigkeit von l_K/d berechnet:

$l_K/d =$	1	2	3	4	5
$\Phi =$	0,21 (0,31)	0,23 (0,32)	0,22 (0,30)	0,20 (0,28)	0,19 (0,26)

$l_K/d =$	6	7	8	9	10
$\Phi =$	0,18 (0,24)	0,16 (0,22)	0,15 (0,20)	0,14 (0,19)	0,13 (0,17)

$l_K/d =$	11	12	13	14	15
$\Phi =$	0,12 (0,16)	0,11 (0,15)	0,10 (0,14)	0,097 (0,13)	0,091 (0,12)

$l_K/d =$	16	17	18	20	-
$\Phi =$	0,086 (0,11)	0,081 (0,105)	0,076 (0,099)	0,068 (0,088)	-

Berechnet nach Gleichung (26) mit den Vereinfa-
chungen: $d_a = 1,6\ d$; $D_B = 1,1\ d$; $d_S = 0,85\ d$ (für A_S);
$l_1 = 0,7\ l_K$; $l_2 = 0,3\ l_K$

7.6.5.7 Setzkraft F_Z

Es gilt die in Kapitel 7.6.2 hergeleitete Gleichung (7).
Mit dem Setzbetrag f_Z (bleibende Verformung durch
Setzen), dem Kraftverhältnis Φ und der Nachgiebigkeit δ_P der Platten wird die *Setzkraft* F_Z (Vorspann-
kraftverlust durch Setzen):

$$F_Z = \frac{\Phi}{\delta_P}\, f_Z \tag{38}$$

Richtwerte für den *Setzbetrag* f_Z in mm in Abhängigkeit vom Klemmlängenverhältnis l_K/d sind zum Beispiel in der Bezugsliteratur [2] für drei bis sieben
Trennfugen zu finden:

$l_K/d = 1$	2,5	5	10
$f_Z = 0,003$	0,005	0,006	0,008

7.6.5.8 Montagevorspannkraft F_{VM}

Wie das Verspannungsdiagramm 9 zeigt, ist die Vorspannkraft F_V die Summe aus der Setzkraft F_Z, der Klemmkraft F_K und dem Axialkraftanteil $F_{PA} = F_A (1 - \Phi)$ nach Gleichung (6). Es ist also $F_V = F_Z + F_K + F_A (1 - \Phi)$. Die *Montagevorspann-kraft* F_{VM} ist gegenüber der (theoretischen) Vorspannkraft F_V um den *Anziehfaktor* $\alpha_A > 1$ größer ($F_{VM} = \alpha_A F_V$), um bei den unterschiedlichen Anziehverfahren sicherzugehen, dass die gewünschte Vorspannkraft tatsächlich erreicht wird. Entsprechend den Erläuterungen in Kapitel 7.6.4 in Verbindung mit Tabelle 2 muss anstelle des Kraftverhältnisses Φ mit dem *Krafteinleitungsfaktor n* gerechnet werden, also mit $\Phi_n = n \, \Phi$:

$$F_{VM} = \alpha_A [F_Z + F_{K\,erf} + F_A (1 - n \, \Phi)] \qquad (39)$$

α_A Anziehfaktor nach 7.6.5.1 einsetzen
n Krafteinleitungsfaktor nach Tabelle 2;
empfohlen wird $n = 0,5$.

7.6.5.9 Schraubenkraft F_S

Die Schraubenkraft F_S ist die größte Zugkraft in der Schraube (siehe Verspannungsdiagramm 9 und andere). Sie ist um den Axialkraftanteil $F_{SA} = \Phi F_A$ größer als die Montagekraft F_V (siehe Gleichungen (4) und (12)). Gleichung (39) für die Montagevorspannkraft F_{VM} muss daher ebenfalls den Summanden $n \, \Phi F_A = F_{SA}$ erhalten:

$$F_S = F_{VM} + \overbrace{n \, \Phi F_A}^{F_{SA}} \qquad (40)$$

$$F_S = \alpha_A [F_Z + F_{K\,erf} + F_A (1 - n \, \Phi)] + n \Phi F_A \qquad (41)$$

7.6.5.10 Kräftevergleich $F_S \leq F_{0,2}$

Zur ersten Festigkeitskontrolle wird die größte Schraubenzugkraft, die Schraubenkraft F_S, der *Streckgrenzkraft* $F_{0,2}$ gegenübergestellt. Das ist diejenige Zugkraft in der Schraube, bei der die Zugspannung σ_z im Spannungsquerschnitt A_S gerade die Streckgrenze R_e oder die 0,2-Dehngrenze $R_{p\,0,2}$ nach Tabelle 1 erreicht. Mit $F_{0,2} = A_S \, R_{p\,0,2}$ muss dann gewährleistet sein:

$$F_S \leq A_S \, R_{p\,0,2} \qquad (42)$$

A_S Spannungsquerschnitt nach Tabelle 7
$R_{p\,0,2}$ 0,2-Dehngrenze nach Tabelle 1

Ist diese Bedingung nicht erfüllt, muss die Rechnung mit dem nächstgrößeren Schraubendurchmesser d wiederholt werden.

7.6.5.11 Anziehdrehmoment M_A

Um die Montagevorspannkraft F_{VM} nach Gleichung (39) aufzubringen, ist es erforderlich, zum Beispiel

mit dem Drehmomentenschlüssel ein entsprechendes *Anziehdrehmoment* M_A einzuleiten. Die Gleichung für M_A wird im Abschnitt C Mechanik 1.8.7.4 eingehend hergeleitet.

$$M_A = F_{VM} \left[\frac{d_2}{2} \tan(\alpha + \varrho') + \mu_A \cdot 0,7d \right] \qquad (43)$$

M_A	F_{VM}	d_2, d	μ_A
Nmm	N	mm	1

F_{VM} Montagevorspannkraft
d_2 Flankendurchmesser am Gewinde nach Tabelle 7
d Gewindedurchmesser nach Tabelle 7
α Steigungswinkel am Gewinde nach Tabelle 7
ϱ' Reibwinkel am Gewinde
μ_A Gleitreibzahl der Kopf- oder Mutterauflage-fläche nach Abschnitt C Mechanik, Kap. 1 Statik, Tabelle 2
$\mu_A \approx 0,1$ für Stahl/Stahl, trocken ($\approx 0,05$ geölt)
$\mu_A \approx 0,15$ für Stahl/Gusseisen, trocken ($\approx 0,05$ geölt)

Richtwerte für Reibzahlen μ' und Reibwinkel ϱ' für metrisches ISO-Regelgewinde

Reibungs-verhältnisse / Behandlungsart	trocken		geschmiert		MoS$_2$-Paste	
	μ'	ϱ'	μ'	ϱ'	μ'	ϱ'
ohne Nachbehandlung	0,16	9°	0,14	8°		
phosphatiert	0,18	10°	0,14	8°		
galvanisch verzinkt	0,14	8°	0,13	7,5°	0,1	6°
galvanisch verkadmet	0,1	6°	0,09	5°		

7.6.5.12 Montagevorspannung σ_{VM}

Beim Anziehen der Schraubenverbindung tritt im Spannungsquerschnitt A_S die *Montagevorspannung* σ_{VM} auf. Sie ist der Quotient aus der Montagevorspannkraft F_{VM} und dem Spannungsquerschnitt A_S:

$$\sigma_{VM} = \frac{F_{VM}}{A_S} \qquad (44)$$

σ_{VM}	F_{VM}	A_S
$\dfrac{N}{mm^2}$	N	mm^2

7.6.5.13 Torsionsspannung τ_t

Das Anziehdrehmoment M_A nach Gleichung (43) setzt sich zusammen aus dem Gewindereibmoment $M_{RG} = F_{VM} \, d_2 \tan (\alpha + \varrho')/2$ und dem Mutterauflage-reibmoment $M_{RA} = F_{VM} \, \mu_A \cdot 0,7d$ (siehe Abschnitt C Mechanik, Kapitel 1.8.7.4). Das Gewindereibmoment M_{RG} ruft in der Schraube die *Torsionsspannung* τ_t hervor:

$$\tau_t = \frac{M_{RG}}{W_{ps}}$$

$$\tau_t = \frac{F_{VM} d_2 \tan(\alpha + \varrho')}{2 W_{ps}} \tag{45}$$

τ_t	F_{VM}	d_2	W_{ps}
$\dfrac{N}{mm^2}$	N	mm	mm^3

M_{RG} Gewindereibmoment

d_2 Flankendurchmesser

$W_{ps} = \dfrac{\pi}{16} d_s^3$ polares Widerstandsmoment der

       Schraube

d_S Durchmesser des Spannungsquerschnitts A_S

       nach Tabelle 7

α Steigungswinkel des Gewindes aus

       $\tan \alpha = P / \pi\, d_2$

P Gewindesteigung

ϱ' Reibwinkel nach 7.6.5.11

7.6.5.14 Vergleichsspannung σ_{red} (reduzierte Spannung)

Das beim Anziehen in der Schraube auftretende räumliche Spannungssystem wird ersetzt durch die *Vergleichsspannung* σ_{red} entsprechend der Hypothese der größten Gestaltänderungsenergie (siehe Abschnitt D Festigkeitslehre 3.3.1):

$$\sigma_{red} = \sqrt{\sigma_{VM}^2 + 3\,\tau_t^2} \le 0{,}9 \cdot R_{p\,0,2} \tag{46}$$

$R_{p\,0,2}$ 0,2-Dehngrenze nach Tabelle 1

Ist die Bedingung $\sigma_{red} \le 0{,}9 \cdot R_{p\,0,2}$ nicht erfüllt, muss die Schraubenberechnung mit einem größeren Schraubendurchmesser d oder mit einer höheren Festigkeitsklasse wiederholt werden.

7.6.5.15 Ausschlagkraft F_a

Zur Ermittlung der bei dynamisch wirkender Betriebskraft F_A in der Schraube auftretenden Ausschlagspannung σ_a wird die *Ausschlagkraft* F_a gebraucht. Hierzu können die in Kapitel 7.6.2 entwickelten Gleichungen verwendet werden:

$$F_a = \frac{F_{SA\,max} - F_{SA\,min}}{2} =$$

$$= \frac{F_{A\,max} - F_{A\,min}}{2} n\, \Phi \tag{47}$$

$$F_a = \frac{F_{SA}}{2} \text{ bei } F_{SA\,min} = 0 \tag{48}$$

Beachte: Nach Gleichung (40) ist $F_{SA} = n\, \Phi F_A$.

7.6.5.16 Ausschlagspannung σ_a

Die *Ausschlagspannung* σ_a ist der Quotient aus der Ausschlagkraft F_a und dem Spannungsquerschnitt A_S. Sie soll gleich oder kleiner sein als 90 % der *Ausschlagfestigkeit* σ_A des Schraubenwerkstoffs:

$$\sigma_a = \frac{F_a}{A_S} \le 0{,}9 \cdot \sigma_A \tag{49}$$

Ausschlagfestigkeit $\pm\ \sigma_A$ in N/mm²

Festigkeits-klasse	Gewinde			
	< M 8	M 8 ... M 12	M 14 ... M 20	> M 20
4.6 und 5.6	50	40	35	35
8.8 bis 12.9	60	50	40	35
10.9 und 12.9 schlussgerollt	100	90	70	60

Eingehende Betrachtungen und Untersuchungen zur Dauerhaltbarkeit von Schraubenverbindungen in [3].

7.6.5.17 Flächenpressung p

In der Kopf- und Mutterauflagefläche tritt Flächenpressung auf. Daher ist der Nachweis erforderlich, dass die *Flächenpressung* p in der gepressten *Auflagefläche* A_p (Tabelle 5) gleich oder kleiner ist als die *Grenzflächenpressung* p_G. Maßgebend ist die größte Zugkraft in der Schraube, die Schraubenkraft F_S:

$$p = \frac{F_S}{A_p} \le p_G \tag{50}$$

p, p_G	F_S	A_p
$\dfrac{N}{mm^2}$	N	mm^2

Richtwerte für die Grenzflächenpressung p_G

Anziehart	Grenzflächenpressung p_G in N/mm² bei Werkstoff der Teile						
	S235 JO	E 335	C 45 E	Stahl, vergütet	Stahl, einsatz-gehärtet	EN-GJL-250 EN-GJL-300	AlSiCu-Leg.
motorisch	200	350	600	–	ca.	500	120
von Hand (drehmomentgesteuert)	300	500	900	ca. 1 000	ca. 1 500	750	180

7.6.6 Berechnungsbeispiel einer dynamisch belasteten Flanschverschraubung mit Schaftschraube

Die beiden Flansche einer dynamisch axial belasteten, vorgespannten Schraubenverbindung sollen mit Durchsteckschrauben verbunden werden (Schaftschrauben mit metrischem ISO-Regelgewinde). Die Berechnung soll dem vorhergehenden Kapitel 7.6.5 folgen.

Gegeben:

axiale Betriebskraft	$F_{A\,max}$	= 6 kN
	$F_{A\,min}$	= 0
Mindestklemmkraft	$F_{K\,erf}$	= 6 kN
Belastungsart:		dynamisch schwellend
Krafteinleitungsfaktor	n	= 0,4 (angenommen)
Festigkeitsklasse		8.8
Flanschwerkstoff EN-GJL-300	E_P	$= 12 \cdot 10^4$ N/mm²
mit Schraubenwerkstoff Stahl	E_S	$= 21 \cdot 10^4$ N/mm²
mit Klemmlänge	l_K	= 40 mm

Anziehen der Schraube mit Drehmomentenschlüssel (Anziehfaktor α_A = 1,4 angenommen), Gewinde ohne Nachbehandlung, trocken.

Lösung:

Erforderlicher Spannungsquerschnitt $A_{S\,erf}$ und Gewindedurchmesser d

$$A_{S\,erf} = \frac{\alpha_A(F_{K\,erf} + F_A)}{v\,R_{p\,0,2}}$$

$$A_{S\,erf} = \frac{1,4\,(6\,000\,\text{N} + 6\,000\,\text{N})}{0,7 \cdot 660\,\dfrac{\text{N}}{\text{mm}^2}}$$

$$A_{S\,erf} = 36,4\,\text{mm}^2$$

α_A	= 1,4 (angenommen)
F_A	= 6 000 N
$F_{K\,erf}$	= 6 000 N
v	= 0,7 (gewählt)
$R_{p\,0,2}$	= 660 N/mm² nach Tabelle 1

Nach Tabelle 7 wird das Gewinde M8 gewählt mit
$A_S = 36,6\,\text{mm}^2 \approx A_{S\,erf} = 36,4\,\text{mm}^2$.

Zusammenstellung geometrischer Größen der Schraube
(Tabellen 5 und 7)

Gewindedurchmesser	d	= 8 mm
Flankendurchmesser	d_2	= 7,188 mm
Steigungswinkel	α	= 3,17°
Spannungsquerschnitt	A_S	= 36,6 mm²
Schaftquerschnitt	A	= 50,3 mm²
polares Widerstandsmoment	W_{pS}	= 62,46 mm³
Bezeichnung der Schraube:		M8 × 50 DIN 13 – 8.8
Durchmesser der Kopfauflage	d_w	= 13 mm
Schraubenlänge (gewählt)	l	= 50 mm
Gewindelänge	b	= 22 mm
Durchgangsbohrung	d_h	= 9 mm
Kopfauflagefläche	A_p	= 69,1 mm²
Außendurchmesser der verspannten Teile	D_A	= 25 mm

Nachgiebigkeit δ_S der Schraube

$$\delta_S = \frac{\dfrac{l_1}{A} + \dfrac{l_2 + 0,8\,d}{A_S}}{E_S} = \frac{\dfrac{28\,\text{mm}}{50,3\,\text{mm}^2} + \dfrac{12\,\text{mm} + 0,8 \cdot 8\,\text{mm}}{36,6\,\text{mm}^2}}{21 \cdot 10^4\,\text{N/mm}^2}$$

$$\delta_S = 5 \cdot 10^{-6}\,\frac{\text{mm}}{\text{N}}$$

$l_1 = l - b = (50 - 22)\,\text{mm} = 28\,\text{mm}$
$l_2 = l_K - l_1 = (40 - 28)\,\text{mm} = 12\,\text{mm}$
$A = 50,3\,\text{mm}^2$
$A_S = 36,6\,\text{mm}^2$
$E_S = 21 \cdot 10^4\,\text{N/mm}^2$

Querschnitt A_{ers} des Ersatz-Hohlzylinders der Flansche nach (22b)

$$A_{ers} = 239\,\text{mm}^2$$

Nachgiebigkeit δ_P der Flansche

$$\delta_P = \frac{l_K}{A_{ers}\,E_P} = \frac{40\,\text{mm}}{239\,\text{mm}^2 \cdot 12 \cdot 10^4\,\dfrac{\text{N}}{\text{mm}^2}} = 1,39 \cdot 10^{-6}\,\frac{\text{mm}}{\text{N}}$$

Kraftverhältnis Φ

$$\Phi = \frac{\delta_P}{\delta_P + \delta_S} = \frac{1,39 \cdot 10^{-6}\,\dfrac{\text{mm}}{\text{N}}}{(1,39 + 5) \cdot 10^{-6}\,\dfrac{\text{mm}}{\text{N}}} = 0,218$$

$$\Phi_n = n\,\Phi = 0,4 \cdot 0,218 = 0,0872$$

Setzkraft F_Z

$$F_Z = f_Z\,\frac{\Phi}{\delta_P} = 0,006\,\text{mm}\,\frac{0,218}{1,39 \cdot 10^{-6}\,\dfrac{\text{mm}}{\text{N}}} = 941\,\text{N}$$

Für $l_K/d = 40\,\text{mm} / 8\,\text{mm} = 5$ ist nach 7.6.5.7 der Setzbetrag $f_Z = 0,006\,\text{mm}$.

Montagevorspannkraft F_{VM}

$$F_{VM} = \alpha_A[F_Z + F_{K\,erf} + F_A\,(1 - n\,\Phi)]$$
$$F_{VM} = 1,4\,[941\,\text{N} + 6\,000\,\text{N} + 6\,000\,\text{N}(1 - 0,4 \cdot 0,218)]$$
$$F_{VM} = 18\,117\,\text{N}$$

Schraubenkraft F_S

$$F_S = F_{VM} + n\,\Phi\,F_A$$
$$F_S = 18\,117\,\text{N} + 0,5 \cdot 0,218 \cdot 6\,000\,\text{N}$$
$$F_S = 18\,640\,\text{N}$$

Kräftevergleich $F_S \leq F_{0,2}$

$$F_{0,2} = A_S\,R_{p\,0,2}$$

$$F_{0,2} = 36,6\,\text{mm}^2 \cdot 660\,\frac{\text{N}}{\text{mm}^2} = 24\,156\,\text{N} \approx 24,2\,\text{kN}$$

$$F_S = 18,6\,\text{kN} < 24,2\,\text{kN (Bedingung erfüllt)}$$

Anziehdrehmoment M_A

$$M_A = F_{VM}\left[\frac{d_2}{2}\tan(\alpha + \varrho') + \mu_A \cdot 0,7\,d\right]$$

$$M_A = 18\,117\,\text{N}\left[\frac{7,188\,\text{mm}}{2}\tan(3,17° + 9°) + 0,1 \cdot 0,7 \cdot 8\,\text{mm}\right]$$

$$M_A = 24\,210\,\text{Nmm} \approx 25\,\text{Nm}$$

d_2	= 7,188 mm
α	= 3,17°
ϱ'	= 9°
μ_A	= 0,1
d	= 8 mm

Montagevorspannung σ_{VM}

$$\sigma_{VM} = \frac{F_{VM}}{A_S} = \frac{18\,117\,\text{N}}{36,6\,\text{mm}^2} = 495\,\frac{\text{N}}{\text{mm}^2}$$

Torsionsspannung τ_t

$$\tau_t = \frac{F_{VM}\, d_2 \tan(\alpha + \varrho')}{2\, W_{pS}} = \frac{18\,117\ \mathrm{N} \cdot 7{,}188\ \mathrm{mm}\, \tan(3{,}17° + 9°)}{2 \cdot 62{,}46\ \mathrm{mm}^3} =$$

$$= 225\ \frac{\mathrm{N}}{\mathrm{mm}^2}$$

Vergleichsspannung σ_{red}

$$\sigma_{red} = \sqrt{\sigma_{VM}^2 + 3\tau_t^2} = \sqrt{\left(495\ \frac{\mathrm{N}}{\mathrm{mm}^2}\right)^2 + 3\left(225\ \frac{\mathrm{N}}{\mathrm{mm}^2}\right)^2} =$$

$$= 630\ \frac{\mathrm{N}}{\mathrm{mm}^2}$$

$$\sigma_{red} = 630\ \frac{\mathrm{N}}{\mathrm{mm}^2} > 0{,}9 R_{p\,0,2} = 0{,}9 \cdot 660\ \frac{\mathrm{N}}{\mathrm{mm}^2} = 594\ \frac{\mathrm{N}}{\mathrm{mm}^2}$$

(Bedingung *nicht* erfüllt)

Ausschlagkraft F_a

$$F_a = \frac{F_{SA}}{2} = \frac{n\, \Phi\, F_A}{2} \qquad F_{SA} = n\, \Phi F_A \text{ nach Gleichung (40)}$$

$$F_a = \frac{0{,}4 \cdot 0{,}218 \cdot 6\,000\ \mathrm{N}}{2} = 261{,}6\ \mathrm{N}$$

Ausschlagspannung σ_a

$$\sigma_a = \frac{F_a}{A_S} = \frac{261{,}6\ \mathrm{N}}{36{,}6\ \mathrm{mm}^2} = 7{,}15\ \frac{\mathrm{N}}{\mathrm{mm}^2}$$

$$\sigma_a = 7{,}15\ \frac{\mathrm{N}}{\mathrm{mm}^2} < 0{,}9\ \sigma_A = 0{,}9 \cdot 50\ \frac{\mathrm{N}}{\mathrm{mm}^2} = 45\ \frac{\mathrm{N}}{\mathrm{mm}^2}$$

(Bedingung erfüllt)

Flächenpressung p

$$p = \frac{F_S}{A_p} = \frac{18\,117\ \mathrm{N}}{69{,}1\ \mathrm{mm}^2} = 262\ \frac{\mathrm{N}}{\mathrm{mm}^2}$$

$$p = 262\ \frac{\mathrm{N}}{\mathrm{mm}^2} < p_G = 750\ \frac{\mathrm{N}}{\mathrm{mm}^2} \quad \text{(Bedingung erfüllt)}$$

7.6.7 Berechnung vorgespannter Schraubenverbindungen bei Aufnahme einer Querkraft

Die Schraubenverbindung überträgt die gesamte statisch oder dynamisch wirkende Querkraft $F_{Q\,ges}$ allein durch Reibungsschluss: Reibkraft $F_R = F_{Q\,ges}$. Die erforderliche Vorspannkraft F_V (Schraubenlängskraft) setzt sich zusammen aus der erforderlichen Klemmkraft $F_{K\,erf}$ und der Setzkraft F_Z. Eine axiale Betriebskraft F_A tritt nicht auf ($F_A = 0$).

7.6.7.1 Erforderliche Klemmkraft $F_{K\,erf}$ je Schraube

Die Reibkraft F_R zwischen den verspannten Platten (Flansche) muss gleich oder größer sein als die gesamte Querkraft $F_{Q\,ges}$, die von der Verbindung zu übertragen ist ($F_R \geq F_{Q\,ges}$). Ist n die *Anzahl der Schrauben,* dann hat jede Schraube $F_{Q\,ges}/n$ aufzunehmen. Die dazu erforderliche Reibkraft ist das Produkt aus der Normalkraft (hier Vorspannkraft F_V) und der Reibzahl μ (siehe C Mechanik Kapitel 1.8). Wie das Verspannungsdiagramm 7 zeigt, setzt sich bei $F_A = 0$ die Vorspannkraft F_V aus der Klemmkraft F_K und der Setzkraft F_Z zusammen. Diese lässt sich aber erst ermitteln, wenn der Gewindedurchmesser und die Nachgiebigkeit δ_P der Platten bekannt sind, wie Gleichung (38) zeigt. Daher wird zunächst nur die erforderliche Klemmkraft $F_{K\,erf}$ berechnet und auch zur Ermittlung des erforderlichen Spannungsquerschnitts $A_{S\,erf}$ verwendet (7.6.7.3). Als Reibzahl wird zur Sicherheit mit der *Gleitreibzahl* μ_A zwischen den Bauteilen gerechnet.

Mit $F_{K\,erf}\, \mu_A \geq F_{Q\,ges}/n$ ergibt sich die *erforderliche Klemmkraft* $F_{K\,erf}$:

$$F_{K\,erf} \geq \frac{F_{Q\,ges}}{n\, \mu_A} \tag{51}$$

$F_{K\,erf}$, $F_{Q\,ges}$	n, μ_A
N	1

μ_A Gleitreibzahl
n Anzahl der Schrauben

Hat die Schraubenverbindung ein *Drehmoment M* zu übertragen wie im Berechnungsbeispiel 7.6.8, gelten die gleichen physikalischen Überlegungen wie bei der Herleitung der Gleichung (51). Darüber hinaus hilft die Annahme, dass das Drehmoment M durch die am Lochkreis tangential wirkende Querkraft $F_{Q\,ges}$ weitergeleitet wird. Der Wirkabstand ist der Lochkreisradius $r_L = d_L/2$ und damit $M = F_Q\, d_L/2$. Löst man diese Gleichung nach $F_{Q\,ges}$ auf und setzt den gefundenen Ausdruck in Gleichung (51) ein, erhält man auch für den Fall der Drehmomentenübertragung eine Gleichung für die *erforderliche Klemmkraft* $F_{K\,erf}$:

$$F_{K\,erf} \geq \frac{2\,M}{n\, \mu_A d_L} \tag{52}$$

$F_{K\,erf}$	M	d_L	n, μ_A
N	Nmm	mm	1

7.6.7.2 Spannungsquerschnitt A_S und Festlegen des Gewindes

Grundsätzlich gelten die im Kapitel 7.6.5.1 angestellten Überlegungen und damit auch die Gleichung (34), wenn berücksichtigt wird, dass bei der vorliegenden Schraubenverbindung keine axiale Betriebskraft auftritt ($F_A = 0$). Damit ergibt sich für den *erforderlichen Spannungsquerschnitt* $A_{S\,erf}$:

$$A_{S\,erf} = \frac{\alpha_A\,F_{K\,erf}}{v\,R_{p\,0,2}} \qquad (53)$$

Erläuterungen und Tabellenhinweise in Kapitel 7.6.5.1

7.6.7.3 Fortgang der Berechnung

Die gewählte Schraube (Gewindenenndurchmesser d und Festigkeitsklasse) wird nun nach Kapitel 7.6.5 überprüft. Wegen der fehlenden axialen Betriebskraft gelten die Gleichungen mit $F_A = 0$. Beispielsweise wird die Montagevorspannkraft nach Gleichung (39): $F_{VM} = \alpha_A\,(F_Z + F_{K\,erf})$; siehe auch nachfolgendes Berechnungsbeispiel.

7.6.8 Berechnungsbeispiel einer querbeanspruch- ten Schraubenverbindung

Das Tellerrad an einem Ausgleichsgetriebe soll mit Schaftschrauben mit metrischem ISO-Regelgewinde befestigt werden.

Gegeben:

zu übertragendes Drehmoment	$M = 2\,300$ Nm
Lochkreisdurchmesser	$d_L = 130$ mm
Anzahl der Schrauben	$n = 12$ (angenommen)
Klemmlänge	$l_K = 20$ mm
Festigkeitsklasse	12.9
Werkstoff der verspannten Teile	Stahlguss

Anziehen der Schrauben von Hand mit Drehmomentenschlüssel.
Gesucht sind alle wichtigen Größen der vorgespannten Schraubenverbindung unter der Bedingung, dass eine axial wirkende Betriebskraft nicht auftritt ($F_A = 0$).

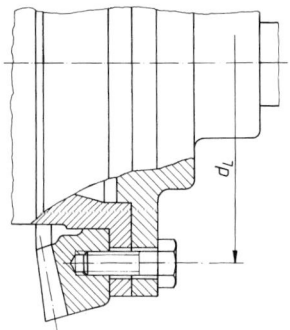

Bild 13. Tellerradverbindung am Kraftfahrzeug

Lösung:

Erforderliche Klemmkraft $F_{K\,erf}$ je Schraube

$$F_{K\,erf} = \frac{2\,M}{n\,\mu_A d_L}$$

$$F_{K\,erf} = \frac{2 \cdot 2\,300 \cdot 10^3\,\text{Nmm}}{12 \cdot 0,1 \cdot 130\,\text{mm}} = 29\,490\,\text{N}$$

$M = 2\,300 \cdot 10^3$ Nmm
$n = 12$
$d_L = 130$ mm
$\mu_A = 0,1$ für Stahl/Stahl (angenommen)

Erforderlicher Spannungsquerschnitt $A_{S\,erf}$ und Schraubendurchmesser d

$$A_{S\,erf} \geq \frac{\alpha_A F_{K\,erf}}{v\,R_{p\,0,2}}$$

$$A_{S\,erf} \geq \frac{1,6 \cdot 29\,490\,\text{N}}{0,6 \cdot 1100\,\dfrac{\text{N}}{\text{mm}^2}} = 71,5\,\text{mm}^2$$

$\alpha_A = 1,6$ nach 7.6.5.1
$R_{p\,0,2} = 1\,100$ N/mm² (Tabelle 1)
$v = 0,6$ nach 7.6.5.1 (angenommen)

Nach Tabelle 7 wird das Gewinde M12 gewählt mit $A_S = 84,3$ mm² $> A_{S\,erf} = 71,5$ mm².

Nachgiebigkeit δ_S der Schraube

$$\delta_S = \frac{\dfrac{l_1}{A} + \dfrac{l_2 + 0,8\,d}{A_S}}{E_S}$$

$l_1 = 15$ mm (angenommen)
$l_2 = 5$ mm
$A = 113$ mm²

$$\delta_S = \frac{\dfrac{15\,\text{mm}}{113\,\text{mm}^2} + \dfrac{5\,\text{mm} + 0,8 \cdot 12\,\text{mm}}{84,3\,\text{mm}^2}}{21 \cdot 10^4\,\dfrac{\text{N}}{\text{mm}^2}}$$

$$\delta_S = 1,46 \cdot 10^{-6}\,\frac{\text{mm}}{\text{N}}$$

Querschnitt A_{ers} des Ersatz-Hohlzylinders nach (22b)

$$A_{ers} = 259\,\text{mm}^2$$

mit den Größen

$E_p = E_S = 21 \cdot 10^4$ N/mm²
$d = 12$ mm
$l_1 = 15$ mm
$l_2 = 5$ mm
$A = 113$ mm²
$A_S = 84,3$ mm²
$D_A = 25$ mm
$d_W = 19$ mm
$d_h = 13$ mm
$l_K = 20$ mm

Nachgiebigkeit δ_p der verspannten Teile

$$\delta_p = \frac{l_K}{A_{ers}E_p} = \frac{20\ \text{mm}}{259\ \text{mm}^2 \cdot 21 \cdot 10^4\ \dfrac{N}{\text{mm}^2}}$$

$$\delta_p = 0,368 \cdot 10^{-6}\ \frac{\text{mm}}{N}$$

Kraftverhältnis Φ

$$\Phi = \frac{\delta_P}{\delta_P + \delta_S} = \frac{0,368 \cdot 10^{-6}\ \dfrac{\text{mm}}{N}}{(0,368 + 1,46) \cdot 10^{-6}\ \dfrac{\text{mm}}{N}}$$

$$\Phi = 0,201$$

Setzkraft F_Z

$$F_Z = f_Z\ \frac{\Phi}{\delta_P}$$

f_Z in Abhängigkeit von l_K/d nach 7.6.5.7

$$\frac{l_K}{d} = \frac{20\ \text{mm}}{12\ \text{mm}} = 1,7 \Rightarrow f_Z \approx 0,004\ \text{mm}$$

$$F_Z = 0,004\ \text{mm} \cdot \frac{0,201}{0,368 \cdot 10^{-6}\ \dfrac{\text{mm}}{N}}$$

$$F_Z = 2185\ N$$

Montagevorspannkraft F_{VM}

$$F_{VM} = \alpha_A\ [F_{K\ erf} + F_Z + (1 - n\ \Phi)\ F_A]$$
$$F_{VM} = 1,6 \cdot (29\ 490\ N + 2\ 185\ N) = 50\ 680\ N$$

Beachte: $F_A = 0$!

Schraubenkraft F_S

$$F_S = F_{VM} + n\ \Phi\ F_A\ \text{mit}\ F_A = 0\ \text{wird daraus}$$
$$F_S = F_{VM} = 50\ 680\ N$$

Kraftnachweis zur ersten Kontrolle

Mit $F_S = F_{VM}$ sowie $R_{p\,0,2} = 1\ 100\ N/\text{mm}^2$ erhält man:

$$F_{0,2} = A_S\ R_{p\,0,2} =$$
$$= 84,3\ \text{mm}^2 \cdot 1\ 100\ \frac{N}{\text{mm}^2} =$$
$$= 92\ 730\ N$$
$$F_S = F_{VM} = 50\ 680\ N < F_{0,2} = 92\ 730\ N$$

Die Rechnung zeigt, dass die größte Schraubenzugkraft $F_S = F_{VM}$ kleiner ist als die Streckgrenzkraft $F_{0,2}$ für die Festigkeitsklasse 12.9 der Schraube. Das gewählte Gewinde M 12 kann also beibehalten werden.

Erforderliches Anziehdrehmoment M_A

$$M_A = F_{VM}\left[\frac{d_2}{2}\tan(\alpha + \varrho') + \mu_A \cdot 0,7\ d\right]$$

$$M_A = 50\ 680\ N\left[\frac{10,863\ \text{mm}}{2}\cdot\tan(2,94° + 9°) + 0,1 \cdot 0,7 \cdot 12\ \text{mm}\right] =$$
$$= 100\ 780\ \text{Nmm}$$
$$M_A \approx 100\ \text{Nm}$$

Spannungen und Flächenpressung

Die folgenden Größen werden wie im Beispiel 7.6.6 berechnet. Man erhält:

Montagevorspannung	$\sigma_{VM} = 601\ \dfrac{N}{\text{mm}^2}$
Torsionsspannung	$\tau_t = 262\ \dfrac{N}{\text{mm}^2}$
Vergleichsspannung	$\sigma_{red} = 753\ \dfrac{N}{\text{mm}^2} < 0,9\ R_{p\,0,2}$
	$\sigma_{red} = 990\ \dfrac{N}{\text{mm}^2}$
Flächenpressung	$p = 362\ \dfrac{N}{\text{mm}^2} < p_G$
	$p = 500\ \dfrac{N}{\text{mm}^2}$

Die Rechnung zeigt, dass unter den gegebenen Bedingungen die gewählte Schraube M12 beibehalten werden kann.

7.7 Berechnung der Bewegungsschrauben

7.7.1 Überschlägige Berechnung

Für *kurze* Bewegungsschrauben (Spindeln) mit überwiegender Zug- oder Druckbeanspruchung ergibt sich der *erforderliche Kernquerschnitt*

$$A_3 = \frac{F}{\sigma_{z(d)zul}} \qquad (54)$$

A_3	F	$\sigma_{z(d)zul}$
mm^2	N	$\dfrac{N}{\text{mm}^2}$

F	Zug-(Druck-)kraft in der Spindel
$\sigma_{z(d)zul}$	zulässige Zug-(Druck-)spannung

Man setzt

bei vorwiegend ruhender Belastung $\sigma_{z(d)zul} \approx \dfrac{R_e}{1,5}$

bei Schwellbelastung $\sigma_{z(d)zul} \approx \dfrac{\sigma_{z(d)Sch}}{2}$

bei Wechselbelastung $\sigma_{z(d)zul} \approx \dfrac{\sigma_{z(d)W}}{2}$

Bei *langen druckbeanspruchten Spindeln,* bei denen die Gefahr des Ausknickens besteht, ergibt sich aus der Euler-Knickformel der *erforderliche Kerndurchmesser*

$$d_{3\ erf} = \sqrt[4]{\frac{64\ v\ F\ l_K^2}{E\ \pi^3}} \qquad (55)$$

d_3, l_K	F	E	v
mm	N	$\dfrac{N}{\text{mm}^2}$	1

F Druckkraft
v $\approx$ 8 ... 10 Sicherheit
l_K freie Knicklänge, je nach Knickfall, siehe D
       Festigkeitslehre Kapitel 2.3
E Elastizitätsmodul des Spindelwerkstoffs
       (für Stahl: $E \approx 21 \cdot 10^4$ N/mm^2)

7.7.2 Spannungsnachweis

Die mit den Gleichungen (54) und (55) berechneten Schrauben (Spindeln) sind auf Zug oder Druck und Torsion nachzuprüfen. Es ist nachzuweisen, dass die *Vergleichsspannung*

$$\sigma_{red} = \sqrt{\sigma^2_{z(d)} + 3\,\tau_t^2} \le \sigma_{zul} \qquad (56)$$

$\sigma_{z(d)}$ = F/A_3 vorhandene Zug-(Druck-)spannung.

τ_t = M_T/W_p vorhandene Torsionsspannung
      mit $M_T = M_{RG}$ nach 7.6.5.13 und

$$W_p \approx 0{,}2\ d_3^3$$

σ_{zul} zulässige (Normal-)Spannung; bei überwiegend ruhender Belastung wird

$\sigma_{zul} \approx R_e / 1{,}5$

$\sigma_{zul} \approx \sigma_{zSch} / 2$; bei Schwellbelastung

$\sigma_{zul} \approx \sigma_{z(d)W} / 2$; bei Wechselbelastung

7.7.3 Nachprüfung auf Knicksicherheit

Lange, knickgefährdete Spindeln sind zusätzlich auf Knicksicherheit zu prüfen (siehe auch Kapitel Knickung im Abschnitt D Festigkeitslehre). Für den *elastischen Knickbereich*, d.h. für den Schlankheitsgrad $\lambda > 105$ für S235JO und $\lambda > 89$ für E295 ist die *Knickspannung nach Euler*

$$\sigma_K = \frac{E\,\pi^2}{\lambda^2} \qquad \begin{array}{c|c} \sigma_K, E & \lambda \\ \hline \dfrac{N}{mm^2} & 1 \end{array} \qquad (57)$$

$\lambda = l_K / i$, mit Trägheitsradius $i = \sqrt{I/A_3}$ wird, für $I = \pi\,d_3^4/64$ und $A_3 = d_3^2\pi/4$ gesetzt, der *Schlankheitsgrad* für Spindeln

$$\lambda = \frac{4\,l_K}{d_3} \qquad \begin{array}{c|c} \lambda & l_K, d_3 \\ \hline 1 & mm \end{array} \qquad (58)$$

Die vorhandene *Knicksicherheit* v soll sein

$$v = \frac{\sigma_K}{\sigma_V} \approx 3 \dots 6 \qquad \begin{array}{l} \text{mit zunchmendem} \\ \text{Schlankheitsgrad } \lambda \end{array} \qquad (59)$$

Für den *unelastischen Knickbereich* ergibt sich für S235JO bei $\lambda < 105$ und für E295 bei $\lambda < 89$ die *Knickspannung nach Tetmajer*

$$\sigma_K = 310 - 1{,}14\ \lambda \text{ (für S235JO)} \qquad (60)$$

$$\sigma_K = 335 - 0{,}62\ \lambda \text{ (für E295)}$$

$$\begin{array}{c|c} \sigma_K & \lambda \\ \hline \dfrac{N}{mm^2} & 1 \end{array}$$

Vorhandene Knicksicherheit nach Gleichung (59) soll hier $v \approx 4 \dots 2$ mit abnehmendem λ sein.

7.7.4 Spindelführung

Die *Länge der Spindelführung* ergibt sich auf Grund einer zulässigen Flächenpressung der Gewindeflanken aus

$$l_1 = \frac{FP}{p_{zul}\ d_2\ \pi\ H_1} \qquad \begin{array}{c|c|c} l_1, P, d_2, H_1 & F & p_{zul} \\ \hline mm & N & \dfrac{N}{mm^2} \end{array} \qquad (61)$$

F Längskraft in der Spindel
P Gewindeteilung (Steigung bei eingängigem Gewinde)
p_{zul} zulässige Flächenpressung nach Tabelle 3:
d_2 Flankendurchmesser
H_1 Tragtiefe des Gewindes bei ISO-Regelgewinde und ISO-Trapezgewinde (Tabelle 7 und 8)

Tabelle 3. Richtwerte für die zulässige Flächenpressung bei Bewegungsschrauben

Werkstoff		p_{zul} in N/mm^2
Schraube (Spindel)	Mutter (Spindelführung)	
Stahl	Stahl	8
Stahl	Gusseisen	5
Stahl	CuZn und CuSn - Legierung	10
Stahl, gehärtet	CuZn und CuSn - Legierung	15

Tabelle 4. Reibungszahlen und Reibungswinkel für Trapezgewinde

Gewinde	trocken		geschmiert	
	μ'	ϱ'	μ'	ϱ'
Spindel aus Stahl, Mutter aus Gusseisen	0,22	12°		
Spindel aus Stahl, Mutter aus CuZn- und CuSn -Legierungen	0,18	10°		
Aus vorstehenden Werkstoffen	–	–	0,1	6°

7.7.5 Berechnungsbeispiel einer Bewegungsschraube

Die Spindel der Handspindelpresse (Bild 14) ist zu berechnen und die Länge der Führungsmutter festzulegen. Maximale Druckkraft $F = 120\,000$ N, Spindellänge $l = 1\,250$ mm. Werkstoff: E295 für die Spindel, CuZn-Legierung für die Führungsmutter.

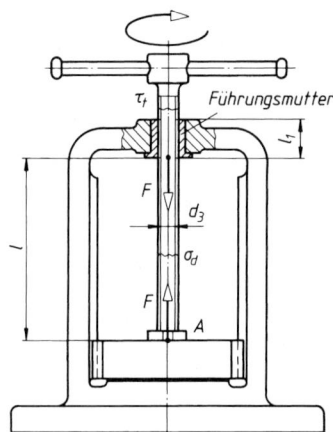

Bild 14. Handspindelpresse

Lösung:
Die Spindel soll ein nicht-selbsthemmendes, mehrgängiges metrisches ISO-Trapezgewinde erhalten. Die Vorwahl des Gewinde-Kerndurchmessers der auf Druck und damit auch auf Knickung beanspruchten Spindel erfolgt nach Gleichung (55):

$$d_{3\,\text{erf}} = \sqrt[4]{\frac{64\,\nu\,F\,l_K^2}{E\,\pi^3}}$$

Mit Sicherheit $\nu = 9$, Knicklänge $l_K \approx 0{,}75\,l = 0{,}75 \cdot 1\,250$ mm = $= 937{,}5$ mm, $E = 21 \cdot 10^4$ N/mm² wird

$$d_{3\text{erf}} = \sqrt[4]{\frac{64 \cdot 9 \cdot 120\,000\ \text{N} \cdot 937{,}5^2\ \text{mm}^2}{21 \cdot 10^4\,\dfrac{\text{N}}{\text{mm}^2} \cdot \pi^3}}$$

$d_{3\text{erf}} = 55$ mm

Nach Tabelle 8 hat der nächstliegende Kerndurchmesser $d_3 = 54$ mm, bei einem Gewindedurchmesser $d = 65$ mm, die Bezeichnung: Tr 65 × 30 P10 bei dreigängigem Gewinde, Kernquerschnitt $A_3 = 2\,290$ mm².

Der Spannungsnachweis wird mit Gleichung (56) geführt:

$$\sigma_{\text{red}} = \sqrt{\sigma_d^2 + 3\,\tau_t^2} \le \sigma_{\text{zul}}$$

$$\sigma_d = \frac{F}{A_3} = \frac{120\,000\ \text{N}}{2\,290\ \text{mm}^2} \approx 52{,}4\,\frac{\text{N}}{\text{mm}^2}$$

ist die vorhandene Druckspannung,

$\tau_t = \dfrac{M_{\text{RG}}}{W_p}$ ist die auftretende Torsionsspannung.

Das Gewindereibmoment nach Gleichung (45) errechnet sich mit $d_2 = 60$ mm, $\alpha = 3 \cdot 3{,}04° = 9{,}12°$ (bei drei Gängen) und $\varrho' = 6°$ nach Tabelle 4 zu:
$M_{\text{RG}} = F r_2 \tan(\alpha + \varrho') = 120\,000$ N $\cdot$ 30 mm $\cdot$ tan 15,12° $=$ $= 972\,703$ Nmm und das polare Widerstandsmoment zu

$W_p \approx 0{,}2\ \ d_3^3 = 0{,}2 \cdot 54^3\ \text{mm}^3 = 31\,493\ \text{mm}^3$; damit ist

$$\tau_t = \frac{972\,703\ \text{Nmm}}{31\,493\ \text{mm}^2} \approx 31\,\frac{\text{N}}{\text{mm}^2}$$

$$\sigma_{\text{red}} = \sqrt{52{,}4^2\left(\frac{\text{N}}{\text{mm}^2}\right)^2 + 3 \cdot 31^2\left(\frac{\text{N}}{\text{mm}^2}\right)^2}$$

$$\sigma_{\text{red}} \approx 75\,\frac{\text{N}}{\text{mm}^2}$$

Bei überwiegend ruhender Belastung wird

$$\sigma_{\text{zul}} \approx \frac{R_e}{1{,}5} = \frac{300\,\dfrac{\text{N}}{\text{mm}^2}}{1{,}5} = 200\,\frac{\text{N}}{\text{mm}^2} > \sigma_{\text{red}}$$

Die Nachprüfung auf Knicksicherheit beginnt mit der Berechnung des Schlankheitsgrades der Spindel nach Gleichung (58). Danach ist

$$\lambda = \frac{4\,l_K}{d_3} = \frac{4 \cdot 937{,}5\ \text{mm}}{54\ \text{mm}} \approx 69$$

Für E295 beträgt der Grenzschlankheitsgrad $\lambda_0 = 89$. Da $\lambda < \lambda_0$, handelt es sich um unelastische Knickung; die Knickspannung ist nach Tetmajer (Gleichung (60)) zu ermitteln. Damit wird

$\sigma_K = 335 - 0{,}62\,\lambda$

$\sigma_K = (335 - 0{,}62 \cdot 69)\,\dfrac{\text{N}}{\text{mm}^2} = 292\,\dfrac{\text{N}}{\text{mm}^2}$

und nach Gleichung (59) die vorhandene Knicksicherheit

$$\nu = \frac{\sigma_K}{\sigma_{\text{red}}} = \frac{292\,\dfrac{\text{N}}{\text{mm}^2}}{75\,\dfrac{\text{N}}{\text{mm}^2}} = 3{,}89$$

Nach Gleichung (59) soll die Knicksicherheit im unelastischen Bereich $\nu \approx 4 \ldots 2$ betragen. Diese Forderung ist erfüllt und damit können die vorgewählten Spindeldaten als endgültig angesehen werden.

Die Berechnung der Länge l_1 der Führungsmutter erfolgt nach Gleichung (61)

$$l_1 = \frac{F\,P}{p_{\text{zul}}\,d_2\,\pi\,H_1}$$

Für eine CuZn-Legierung beträgt die zulässige Flächenpressung bei Bewegungsschrauben nach Tabelle 3: $p_{\text{zul}} \approx 10$ N/mm², Flankendurchmesser $d_2 = 60$ mm, Tragtiefe $H_1 = 5$ mm. Damit wird

$$l_1 = \frac{120\,000\ \text{N} \cdot 10\ \text{mm}}{10\,\dfrac{\text{N}}{\text{mm}^2} \cdot 60\ \text{mm} \cdot \pi \cdot 5\ \text{mm}} = 127\ \text{mm}$$

gewählt: $l_1 = 130$ mm.

Tabelle 5. Geometrische Größen an Sechskantschrauben
Bezeichnung einer Sechskantschraube M10, Länge l = 90 mm,
Festigkeitsklasse 8.8:
Sechskantschraube M10 × 90 DIN 931–8.8

Maße in mm, Kopfauflagefläche A_p in mm²

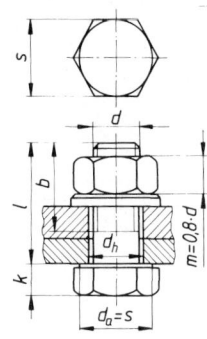

Gewinde	$d_a \triangleq s$	k	l-Bereich [1]	b		d_h		A_p	
				2)	3)	fein	mittel	4)	5)
M 5	8	3,5	22 ... 80	16	22	5,3	5,5	26,5	30
M 6	10	4	28 ... 90	18	24	6,4	6,6	44,3	41
M 8	13	5,5	35 ... 110	22	28	8,4	9	69,1	64
M 10	17	7	45 ... 160	26	32	10,5	11	132	100
M 12	19	8	45 ... 180	30	36	13	13,5	140	93
M 14	22	9	45 ... 200	34	40	15	15,5	191	134
M 16	24	10	50 ... 200	38	44	17	17,5	212	185
M 18	27	12	55 ... 210	42	48	19	20	258	244
M 20	30	13	60 ... 220	46	52	21	22	327	311
M 22	32	14	60 ... 220	50	56	23	24	352	383
M 24	36	15	70 ... 220	54	60	25	26	487	465
M 27	41	17	80 ... 240	60	66	28	30	613	525
M 30	46	19	80 ... 260	66	72	31	33	806	707

1) gestuft: 18, 20, 25, 28, 30, 35, 40,
2) für $l \leq 125$ mm
3) für $l > 125$ mm ... 200 mm
4) für Sechskantschrauben
5) für Innen-Sechskantschrauben

Anmerkung: Die Kopfauflagefläche A_p für 4) wurde als Kreisringfläche berechnet mit $A_p = \pi/4\,(d_a^2 - d_{h\,\text{mittel}}^2)$, für 5) aus den Maßen nach DIN. Aussenkungen der Durchgangsbohrungen (d_h) verringern die Auflagefläche A_p unter Umständen erheblich.

Tabelle 6. Maße an Senkschrauben mit Schlitz und an Senkungen für Durchgangsbohrungen

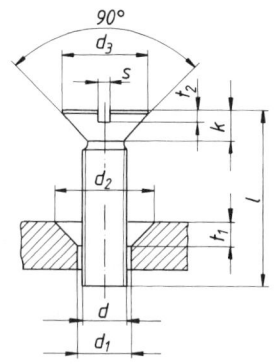

Bezeichnung einer Senkschraube M10
Länge l = 20 mm, Festigkeitsklasse 5.8:

Senkschraube M10 × 20 DIN 962 – 5.8

Bezeichnung der zugehörigen Senkung der Form A
mit Bohrungsausführung mittel (m):

Senkung A m 10 DIN 74

Maße in mm

Gewinde durchmesser $d = M ...$	1	1,2	1,4	1,6	2	2,5	3	4	5	6	8	10	12	16	20
k_{max}	0,6	0,72	0,84	0,96	1,2	1,5	1,65	2,2	2,5	3	4	5	6	8	10
d_3	1,9	2,3	2,6	3	3,8	4,7	5,6	7,5	9,2	11	14,5	18	22	29	36
$t_{2\,max}$	0,3	0,35	0,4	0,45	0,6	0,7	0,85	1,1	1,3	1,6	2,1	2,6	3	4	5
s	0,25	0,3	0,3	0,4	0,5	0,6	0,8	1	1,2	1,6	2	2,5	3	4	5
d_1	1,2	1,4	1,6	1,8	2,4	2,9	3,4	4,5	5,5	6,6	9	11	14	18	22
d_2	2,4	2,8	3,3	3,7	4,6	5,7	6,5	8,6	10,4	12,4	16,4	20,4	24,4	32,4	40,4
t_1	0,6	0,7	0,8	0,9	1,1	1,4	1,6	2,1	2,5	2,9	3,7	4,7	5,2	7,2	9,2

Tabelle 7. Metrisches ISO-Gewinde nach DIN 13

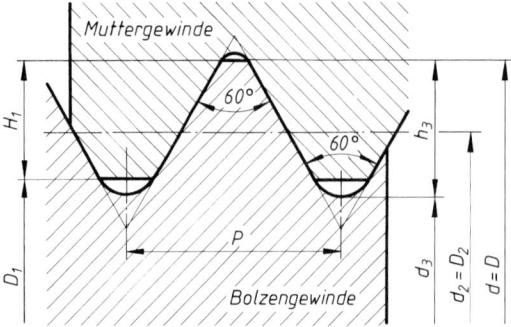

Bezeichnung des metrischen Regelgewindes z.B.
M 12 Gewinde-Nenndurchmesser
$d = D = 12$ mm

Maße in mm

Gewinde-Nenndurchmesser $d = D$		Steigung	Steigungs-winkel	Flanken-durchmesser	Kerndurchmesser		Gewindetiefe [1]		Spannungs-querschnitt	polares Wider-standsmoment
		P	α	$d_2 = D_2$	d_3	D_1	h_3	H_1	A_S	W_{ps}
Reihe 1	Reihe 2		in Grad						mm^2	mm^3
3		0,5	3,40	2,675	2,387	2,459	0,307	0,271	5,03	3,18
	3,5	0,6	3,51	3,110	2,764	2,850	0,368	0,325	6,78	4,98
4		0,7	3,60	3,545	3,141	3,242	0,429	0,379	8,73	7,28
	4,5	0,75	3,40	4,013	3,580	3,688	0,460	0,406	11,3	10,72
5		0,8	3,25	4,480	4,019	4,134	0,491	0,433	14,2	15,09
6		1	3,40	5,350	4,773	4,917	0,613	0,541	20,1	25,42
8		1,25	3,17	7,188	6,466	6,647	0,767	0,677	36,6	62,46
10		1,5	3,03	9,026	8,160	8,376	0,920	0,812	58,0	124,6
12		1,75	2,94	10,863	9,853	10,106	1,074	0,947	84,3	218,3
	14	2	2,87	12,701	11,546	11,835	1,227	1,083	115	347,9
16		2	2,48	14,701	13,546	13,835	1,227	1,083	157	554,9
	18	2,5	2,78	16,376	14,933	15,294	1,534	1,353	192	750,5
20		2,5	2,48	18,376	16,933	17,294	1,534	1,353	245	1 082
	22	2,5	2,24	20,376	18,933	19,294	1,534	1,353	303	1 488
24		3	2,48	22,051	20,319	20,752	1,840	1,624	353	1 871
	27	3	2,18	25,051	23,319	23,752	1,840	1,624	459	2 774
30		3,5	2,30	27,727	25,706	26,211	2,147	1,894	561	3 748
	33	3,5	2,08	30,727	28,706	29,211	2,147	1,894	694	5 157
36		4	2,18	33,402	31,093	31,670	2,454	2,165	817	6 588
	39	4	2,00	36,402	34,093	34,670	2,454	2,165	976	8 601
42		4,5	2,10	39,077	36,479	37,129	2,760	2,436	1 120	10 574
	45	4,5	1,95	42,077	39,479	40,129	2,760	2,436	1 300	13 222
48		5	2,04	44,752	41,866	42,587	3,067	2,706	1 470	15 899
	52	5	1,87	48,752	45,866	46,587	3,067	2,706	1 760	20 829
56		5,5	1,91	52,428	49,252	50,046	3,374	2,977	2 030	25 801
	60	5,5	1,78	56,428	53,252	54,046	3,374	2,977	2 360	32 342
64		6	1,82	60,103	56,639	57,505	3,681	3,248	2 680	39 138
	68	6	1,71	64,103	60,639	61,505	3,681	3,248	3 060	47 750

---

[1] H_1 ist die Tragtiefe (siehe D Festigkeitslehre: Flächenpressung im Gewinde)

Tabelle 8. Metrisches ISO-Trapezgewinde

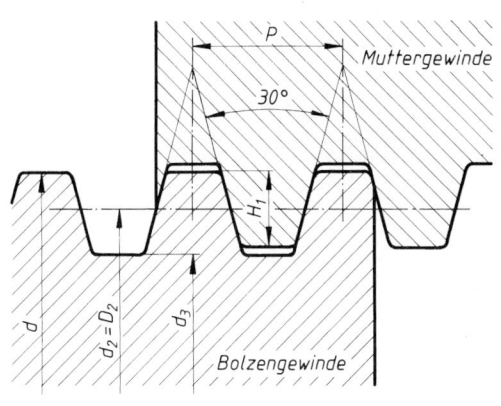

Bezeichnung für
a) eingängiges Gewinde z.B.
   Tr 75 × 10   Gewindedurchmesser
                 $d = 75$ mm,
                 Steigung $P = 10$ mm = Teilung

b) zweigängiges Gewinde z.B.
   Tr 75 × 20 P 10   Gewindedurchmesser
                      $d = 75$ mm,
                      Steigung $P_h = 20$ mm,
                      Teilung $P = 10$ mm

$$\text{Gangzahl } z = \frac{\text{Steigung } P_h}{\text{Teilung } P} = \frac{20 \text{ mm}}{10 \text{ mm}} = 2$$

Maße in mm

Gewinde-durchmesser	Steigung	Steigungs-winkel	Tragtiefe	Flanken-durchmesser	Kern-durchmesser	Kern-querschnitt	polares Wider-standsmoment
d	P	α in Grad	H_1 $H_1 = 0,5\,P$	$D_2 = d_2$ $D_2 = d - H_1$	d_3	$A_3 = \frac{\pi}{4}d_3^2$ mm^2	$W_p = \frac{\pi}{16}d_3^3$ mm^3
8	1,5	3,77	0,75	7,25	6,2	30,2	46,8
10	2	4,05	1	9	7,5	44,2	82,8
12	3	5,20	1,5	10,5	9	63,6	143
16	4	5,20	2	14	11,5	104	299
20	4	4,05	2	18	15,5	189	731
24	5	4,23	2,5	21,5	18,5	269	1 243
28	5	3,57	2,5	25,5	22,5	398	2 237
32	6	3,77	3	29	25	491	3 068
36	6	3,31	3	33	29	661	4 789
40	7	3,49	3,5	36,5	32	804	6 434
44	7	3,15	3,5	40,5	36	1 018	9 161
48	8	3,31	4	44	39	1 195	11 647
52	8	3,04	4	48	43	1 452	15 611
60	9	2,95	4,5	55,5	50	1 963	24 544
65	10	3,04	5	60	54	2 290	30 918
70	10	2,80	5	65	59	2 734	40 326
75	10	2,60	5	70	64	3 217	51 472
80	10	2,43	5	75	69	3 739	64 503
85	12	2,77	6	79	72	4 071	73 287
90	12	2,60	6	84	77	4 656	89 640
95	12	2,46	6	89	82	5 281	108 261
100	12	2,33	6	94	87	5 945	129 297
110	12	2,10	6	104	97	7 390	179 203
120	14	2,26	7	113	104	8 495	220 867

8 Bolzen, Stiftverbindungen, Sicherungselemente

A. Böge

8.1 Allgemeines

Bolzen und Stifte dienen der gelenkigen oder festen Verbindung von Bauteilen, der Lagesicherung, Zentrierung, Führung usw. Bei losen Verbindungen müssen die Bolzen, Stifte oder Bauteile gegen Verschieben gesichert werden, z.B. durch Stellringe, Splinte und Querstifte. Formen und Abmessungen dieser Verbindungselemente sind weitgehend genormt.

8.2 Bolzen

8.2.1 Formen und Verwendung

Bolzen ohne Kopf, DIN EN 22 340, Bolzen mit kleinem oder großem Kopf, DIN 22 341, werden als Gelenkbolzen verwendet, zum Beispiel bei Laschenketten, Stangenverbindungen und Ketten.
Bolzen mit Gewindezapfen, DIN 1445 (Bild 1c) und Senkbolzen mit Nase, (Bild 1d) werden als festsitzende Lager- und Achsbolzen z.B. bei Laufrollen und Türscharnieren benutzt.
Für die Bolzen wird als Toleranz h11, für die Bohrung H 8 bis H 11 empfohlen, andere Toleranzen sind jedoch für besondere Fälle zulässig.

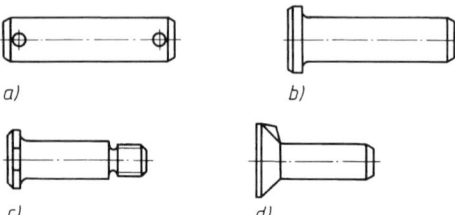

a)   b)

c)   d)

Bild 1. Bolzen
a) Bolzen ohne Kopf (mit Splintlöchern) b) Bolzen mit Kopf c) Bolzen mit Gewindezapfen d) Senkbolzen mit Nase

8.2.2 Berechnung der Bolzenverbindungen

Bolzenverbindungen werden normalerweise auf Biegung und Flächenpressung berechnet, die Abscherbeanspruchung ist meist vernachlässigbar klein.
Im gefährdeten Querschnitt $A - B$ des Bolzens (Bild 2) muss die *vorhandene Biegespannung* sein:

$$\sigma_b = \frac{M_b}{W} \leq \sigma_{b\,zul}$$

σ_b	M_b	W
$\dfrac{N}{mm^2}$	Nmm	mm^3

(1)

M_b maximales Biegemoment für den Bolzen, das sich im vorliegenden Fall bei Streckenlast ergibt aus $M_b = F/2(s/2 + l/4)$; $W = \pi\, d^3/32$ axiales Widerstandsmoment; $\sigma_{b\,zul}$ zulässige Biegespannung (siehe D Festigkeitslehre 1.9).

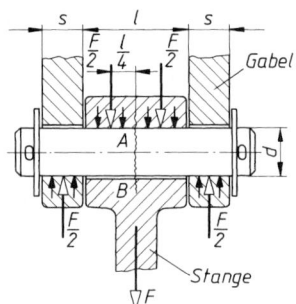

Bild 2. Kraftwirkungen am Bolzen

Ferner darf die *vorhandene Flächenpressung* die zulässige nicht überschreiten:

$$p = \frac{F}{A_{proj}} \leq p_{zul}$$

p	F	A_{proj}
$\dfrac{N}{mm^2}$	N	mm^2

(2)

F Stangenzug-(druck-)Kraft; A_{proj} projizierte Bolzenfläche, für den Stangenkopf: $A_{proj} = d\,l$, für die Gabel: $A_{proj} = 2\,d\,s$, für die Nachprüfung ist die kleinere Fläche maßgebend; p_{zul} zulässige Flächenpressung nach Tabelle 1 oder Kapitel 9, Tabelle 1.

Tabelle 1. Richtwerte für zulässige Beanspruchungen bei Bolzen- und Stiftverbindungen bei annähernd ruhender Beanspruchung (Werte gelten für nicht gleitende Flächen oder nur geringe Bewegungen)

Werkstoff	Art des Bolzens, Stiftes, Bauteils	zulässige Beanspruchungen in N/mm²		
		p_{zul}	$\sigma_{b\,zul}$	$\tau_{a\,zul}$
S235JR...E295 10S 20K	Kegel-, Zylinderstifte, Bolzen, Wellen	160	130	90
E335, E360	Bolzen, Kerbstifte, Wellen	240	200	140
Federstahl	Spannstifte, Spiralstifte	–	–	300
Gussstahl	Naben	120	–	–
Gusseisen	Naben	90	–	–

Bei Schwellbelastung sind die Werte mit ≈ 0,7, bei Wechselbelastung mit 0,4 zu multiplizieren. Für gleitende Flächen siehe Tabelle 8.

8.3 Stifte

8.3.1 Kegelstifte

Kegelstife, DIN EN 22 339 (Bild 3a), werden hauptsächlich zur Lagesicherung und Zentrierung von Bauteilen, zum Beispiel im Vorrichtungsbau verwendet. Die Verbindung ist form- und reibschlüssig. Sie ist teuer, da Löcher aufgerieben und Stifte eingepasst werden müssen, hat aber den Vorteil, dass auch bei häufigem Ausbau die Lagezentrierung wieder genau hergestellt wird.

Kegelstifte mit Gewindezapfen und Lösemutter, DIN EN 28 737 (Bild 3b), werden bei Sacklöchern verwendet. Werkstoff: martensitischer nicht rostender Stahl.

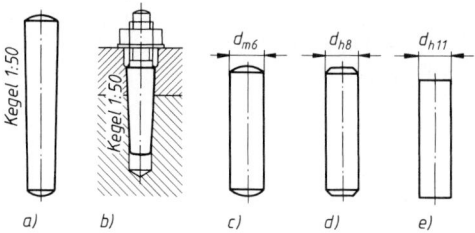

Bild 3. Kegel- und Zylinderstifte
a) Kegelstift b) Kegelstift mit Gewindezapfen
c) bis e) Zylinderstifte

8.3.2 Zylinderstifte

Zylinderstifte werden ähnlich wie Kegelstifte verwendet. Ungehärtete Stifte, DIN EN ISO 2338 (Bilder 3c bis 3e), sind mit Toleranz m6 für feste Verbindungen, mit h8 und h11 für lose Verbindungen vorgesehen (beachte Kuppenform). Gehärtete Zylinderstifte, DIN EN ISO 8734, mit Toleranz m6 werden hauptsächlich bei hochbeanspruchten Teilen im Werkzeugmaschinen- und Vorrichtungsbau verwendet. Werkstoffe wie für Kegelstifte.

8.3.3 Kerbstifte, Kerbnägel

Kerbstifte haben am Umfang mehrere Wulstkerben und ermöglichen dadurch einen festen Sitz auch in normal gebohrten Löchern. Verschiedene Ausführungen zeigen die Bilder 4a bis 4e. Anwendung wie Kegel- und Zylinderstifte bei geringeren Ansprüchen an Genauigkeit, vielfach auch als Lager- und Gelenkbolzen.

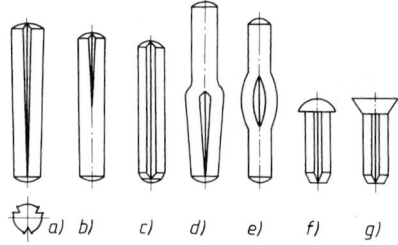

Bild 4. Kerbstifte and Kerbnägel
a) Kegelkerbstift DIN EN ISO 8744 b) Passkerbstift DIN EN ISO 8745 c) Zylinderkerbstift DIN EN ISO 8739/40 d) Steckkerbstift DIN EN ISO 8741
e) Knebelkerbstift DIN EN ISO 8742/43
f) Halbrundkerbnagel DIN EN ISO 8746
g) Senkkerbnagel DIN EN ISO 8747

Kerbnägel (Bilder 4f und 4g) dienen zur einfachen und schnellen Befestigung von Teilen wie Rohrschellen und Schilde.
Werkstoff für Kerbstifte:
Austenitischer nicht rostender Stahl.

8.3.4 Spannstifte

Spannstifte (Spannhülsen), DIN EN ISO 8752 (schwere Ausführung) und DIN EN ISO 13 337 (leichte Ausführung), sind längs geschlitzte Hülsen aus Federstahl (Bild 5a) und ergeben durch größeres Übermaß ($\approx 0,2 \ldots 0,5$ mm) einen kräftigen Festsitz in normalen Bohrungen. Anwendung ähnlich wie Kerbstifte, besonders zur Aufnahme hoher Scherkräfte.

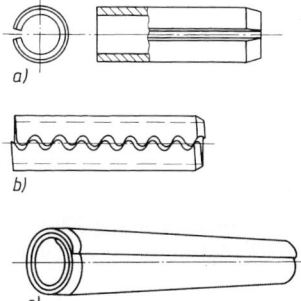

Bild 5. Spannstifte
a) Spannstift, b) Connex-Stift, c) Spiral-Stift

Sonderformen stellen der *Connex-Spannstift* [1] (Bild 5b), der sich durch härtere Federung auszeichnet und der *Spiral-Stift* [2] (Bild 5c) dar, der sich durch seine Federeigenschaften zur Aufnahme hoher dynamischer Stoßbelastungen eignet.

8.4 Bolzensicherungen

Sicherungsringe für Wellen, DIN 471, und für Bohrungen, DIN 472 (Bilder 6a und 6b), dienen zur Sicherung von Bauteilen gegen axiales Verschieben, z.B. von Wälzlagern, Naben und Buchsen. Durch ihre besondere Form bleiben die aus Federstahl bestehenden Ringe beim Einbau (Auf- oder Zusammenbiegen) rund und pressen sich in die Nuten gleichmäßig fest ein. Wegen hoher Kerbwirkung durch die Nuten möglichst nur an Bolzen- oder Wellenenden anordnen.
Sprengringe, DIN 5417 und DIN 7993 (Bild 6c), werden dort verwendet, wo ein gleich bleibender Ringquerschnitt aus Einbaugründen erforderlich ist, z.B. bei Kugellageraußenringen (Bild 11).

---

[1] Hersteller: Gebr. Eberhardt, Ulm
[2] Hersteller: W. Prym GmbH, Stollberg (Rhld.)

Bei kleinen Bolzen in der Feinmechanik werden *Sicherungsscheiben,* DIN 6799 (Bild 6d), bevorzugt, z.B. bei Plattenspielern.

Splinte, DIN EN ISO 1234 (Bild 6e), werden besonders bei losen Bolzenverbindungen und zur Sicherung von Kronenmuttern verwendet.

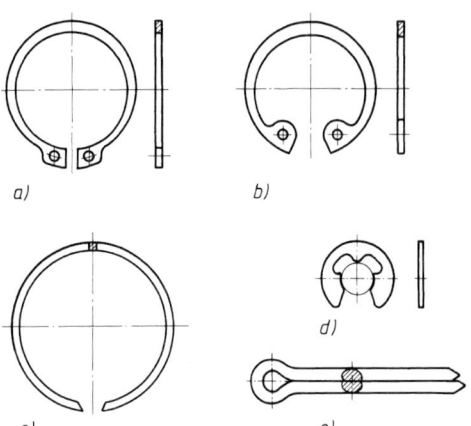

Bild 6. Sicherungselemente
a) Außensicherung, b) Innensicherung, c) Sprengring,
d) Sicherungsscheibe, e) Splint

Stellringe (Bild 7) sollen das axiale Spiel von Bolzen und Wellen begrenzen oder bewegliche Teile (Hebel, Räder) seitlich führen. Befestigung durch Gewindestift oder bei schweren Ringen durch Kegelstift.

Achshalter sichern Achsen und Bolzen gleichzeitig gegen Verschieben und Drehen (siehe Bild 8).

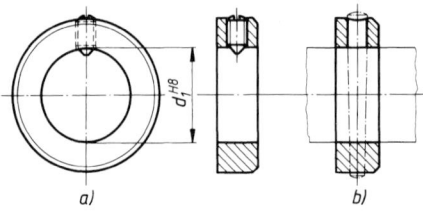

Bild 7. Stellringe
a) Stellring mit Gewindestift, b) mit Kegelstift

8.5 Gestaltung der Bolzen- und Stiftverbindungen

Rollenlagerung (Bild 8): Bolzensicherung durch beidseitige Achshalter, entgegen der Kraftübertragungsstelle angeordnet. Toleranzen z.B.: Bolzen d9, Bohrungen H8.

Hebellagerung (Bild 9): Bolzensicherung durch Stellringe mit Kegelstift. Der Bolzen sitzt in beiden Teilen lose. Passung z.B. H9/h11.

Laufradlagerung (Bild 10): Der Knebelkerbstift sitzt fest in der Nabenbohrung und lose in der Gabel. Alle Bohrungen können ohne Nacharbeit mit Spiralbohrer gebohrt werden.

Wälzlagerung (Bild 11): Der Sprengring sichert das Kugellager gegen axiales Verschieben im Gehäuse. Der Innenring ist auf der Welle durch einen Sicherungsring festgelegt.

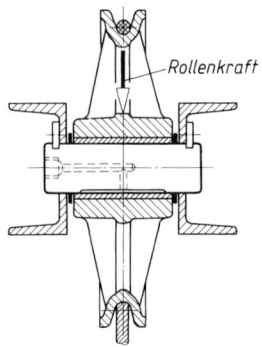

Bild 8. Gleitlagerung einer Seilrolle

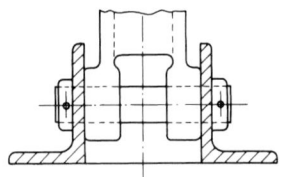

Bild 9. Hebellagerung

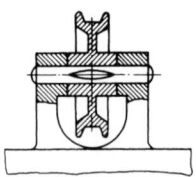

Bild 10. Laufradlagerung

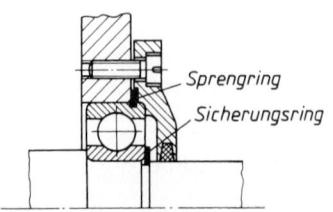

Bild 11. Wälzlagerung

BENZING

SICHERUNGSRINGE | FORMFEDERN | PRÄZISIONSTEILE

...über *100 Milliarden*
hergestellte Sicherungselemente
sprechen für sich...

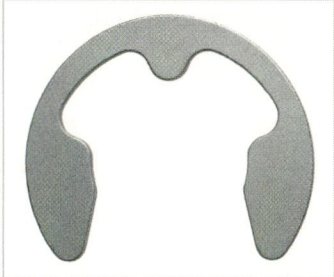

DIN 6799
BENZING-SICHERUNGSSCHEIBE

FEDERNDE VERBINDUNG
KAT/TURBOLADER

DIN 5417
SPRENGRING

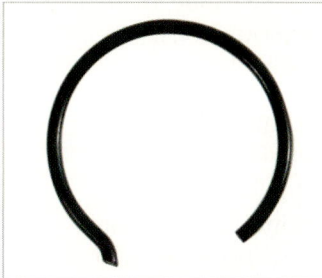

KOLBENBOLZEN-
SICHERUNG

SPEZIALSCHEIBE
KUPPLUNG

FEINSTANZTEIL "GESCHLIFFEN"
ZUM TOLERANZAUSGLEICH

BESCHICHTETE SCHEIBE
REIBWERTERHÖHEND

DIN 471
SICHERUNGSRING

DIN 472
SICHERUNGSRING

Original Benzing-Sicherungen®

HUGO BENZING GMBH & CO. KG
POSTFACH 40 01 20 | D-70401 STUTTGART
TEL.: +49 (0)711 - 80 00 6-0 | FAX: +49 (0)711 - 80 00 6-29
info@hugobenzing.de | www.hugobenzing.de

Das Standardwerk für Maschinenbauer

Muhs, Dieter / Wittel, Herbert / Jannasch, Dieter / Voßiek, Joachim

Roloff/Matek Maschinenelemente

Normung, Berechnung, Gestaltung - Lehrbuch und Tabellenbuch
17., überarb. Aufl. 2005. XX, 792 S. mit 703 Abb., 74 vollst. durchger.
Beisp., einem Tabellenbuch mit 230 S. sowie CD-ROM. Geb.
€ 34,90
ISBN 3-528-17028-X

Inhalt: Konstruktionsgrundlagen - Toleranzen und Passungen - Festigkeit,
zulässige Spannung - Kleb- und Lötverbindungen - Schweiß-, Niet- und
Schraubverbindungen - Bolzen- u. Stiftverbindungen - Elastische Federn -
Achsen, Wellen, Zapfen - Wellen /Nabenverbindungen - Kupplungen -
Bremsen - Wälz- und Gleitlager - Zahnräder und Zahnradgetriebe - Außen-
verzahnte Stirnräder, Kegelräder, Schraubrad- und Schneckengetriebe -
Riemen- und Kettengetriebe - Rohrleitungen - Dichtungen - Tribologie

Diese umfassende normgerechte Darstellung von Maschinenelementen
für den Unterricht ist in ihrer Art bislang unübertroffen. Durch fortwährend Überarbeitung sind alle Bestandteile des Lehrsystems ständig
auf dem neuesten Stand und in sich stimmig. Die ausführliche Herleitung
von Berechnungsformeln macht die Zusammenarbeit und Hintergründe
transparent. Schnell anwendbare Berechnungsformeln ermöglichen die
sofortige Dimensionierung von Bauteilen.
Dem Lehrbuch ist eine CD beigegeben. Sie enthält die Studienversion der
marktführenden Berechnungssoftware MDesign von T-Data.
Bitte beachten Sie unsere zusätzlichen Hinweise und Hilfen unter
www.roloff-matek.de.

vieweg

Abraham-Lincoln-Straße 46
65189 Wiesbaden
Fax 0611.7878-400
www.vieweg.de

Stand Juli 2006.
Änderungen vorbehalten.
Erhältlich im Buchhandel oder im Verlag.

9 Federn
A. Böge

Normen (Auswahl) und Richtlinien

DIN 2088	Zylindrische Schraubenfedern aus runden Drähten und Stäben, Berechnung und Konstruktion von kaltgeformten Drehfedern (Schenkelfedern)
DIN 2089	Zylindrische Schraubenfedern aus runden Drähten und Stäben, Berechnung und Konstruktion von Druck- und Zugfedern
DIN 2090	Zylindrische Schraubendruckfedern aus Flachstahl, Berechnung
DIN 2091	Drehstabfedern mit rundem Querschnitt, Berechnung und Konstruktion
DIN 2092	Tellerfedern, Berechnung
DIN 2093	Tellerfedern, Maße und Güteeigenschaften
DIN 2094	Blattfedern für Straßenfahrzeuge, Anforderung, Prüfung
DIN 2095	Zylindrische Druckfedern aus Runddraht, kaltgeformt
DIN 2097	Zylindrische Zugfedern aus Runddraht

9.1 Allgemeines

Mit Federn werden elastische Verbindungen hergestellt. Sie verformen sich unter Einwirkung äußerer Kräfte, speichern dabei Energie und geben diese bei Entlastung durch Rückfederung wieder ab. Anwendung als Arbeitsspeicher, zur Stoß- und Schwingungsdämpfung, als Rückholfedern, zur Kraftmessung und als Spannelemente. Nach ihrer Gestalt unterscheidet man Blatt-, Schrauben-, Teller-, Stab-, Spiral-, Ring-, Hülsen- und Scheibenfedern, nach der Beanspruchungsart wird in Zug-, Druck-, Biege- und Drehfedern unterteilt.

9.2 Kenngrößen an Federn

9.2.1 Federkennlinien

Die Federeigenschaften werden nach Kennlinien beurteilt. Diese zeigen die Abhängigkeit des Federweges f (oder des Verdrehwinkels φ) von der Federkraft F (oder dem Federdrehmoment M) und können progressiv (ansteigend gekrümmt), gerade oder degressiv (abfallend gekrümmt) verlaufen (Bilder 1 und 2). Bei torsionsbeanspruchten Federn (z.B. Drehstabfedern im Fahrzeugbau) entspricht der Federkraft F das Federdrehmoment M und dem Federweg f der Verdrehwinkel φ.
Federn aus Werkstoffen, für die das Hooke'sche Gesetz gilt, zeigen bei reibungsfreier Federung lineare (gerade) Kennlinien; Federweg f und Federkraft F sind proportional (siehe D Festigkeitslehre 2.1.2).

Die Fläche unter der Kennlinie stellt die *Federungsarbeit W* dar.

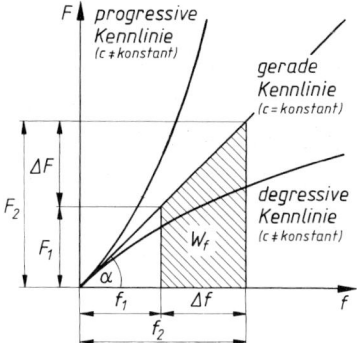

F Federkraft, *f* Federweg

Bild 1. Federkennlinien und Federungsarbeit W von zug-, druck- oder biegebeanspruchten Federn

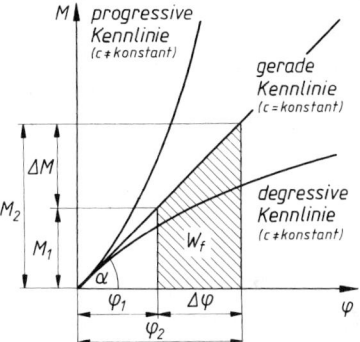

M Federdrehmoment, φ Verdrehwinkel

Bild 2. Federkennlinien und Federungsarbeit W_t von torsionsbeanspruchten Federn

9.2.2 Federsteifigkeit c (Federrate), Federnachgiebigkeit δ und Federungsarbeit W

Das Steigungsmaß der Federkennlinie ist der Tangens ihres Neigungswinkels α, also der Quotient aus der Federkraft F (oder dem Federdrehmoment M) und dem Federweg f (oder dem Verdrehwinkel φ). Für Federn mit *gerader* Kennlinie gilt daher: $\tan \alpha = F/f$ $= F_1/f_1 = F_2/f_2$ oder $\tan \alpha = M/\varphi = M_1/\varphi_1 = M_2/\varphi_2$ (siehe Bilder 1 und 2). Dieser Quotient heißt *Federsteifigkeit c* (nach DIN 2089 Federrate c). Sie hat die Einheit N/mm oder N/m.
Der Kehrwert der Federsteifigkeit wird als *Nachgiebigkeit* $\delta = 1/c$ bezeichnet; sie hat daher die Einheit mm/N.

$$c = \frac{F}{f} = \frac{F_1}{f_1} = \frac{F_2}{f_2} = \frac{F_2 - F_1}{f_2 - f_1} = \frac{\Delta F}{\Delta f} \qquad (1)$$

$$\delta = \frac{1}{c} = \frac{f}{F} = \frac{f_1}{F_1} = \frac{f_2}{F_2} = \frac{f_2 - f_1}{F_2 - F_1} = \frac{\Delta f}{\Delta F} \qquad (2)$$

c Federsteifigkeit (Federrate)
δ Federnachgiebigkeit für Zug-, Druck- und
    Biegefedern

$$c_t = \frac{M}{\varphi} = \frac{M_1}{\varphi_1} = \frac{M_2}{\varphi_2} = \frac{M_2 - M_1}{\varphi_2 - \varphi_1} = \frac{\Delta M}{\Delta \varphi} \qquad (3)$$

$$\delta_t = \frac{1}{c_1} = \frac{\varphi}{M} = \frac{\varphi_1}{M_1} = \frac{\varphi_2}{M_2} = \frac{\varphi_2 - \varphi_1}{M_2 - M_1} = \frac{\Delta \varphi}{\Delta M} \qquad (4)$$

c_t Federsteifigkeit (Federrate)
δ_t Federnachgiebigkeit für Drehfedern

Definitionsgemäß gibt die Federsteifigkeit c an, welche äußere Belastung (Federkraft F oder Federdrehmoment M) für eine bestimmte Formänderungsdifferenz (Federweg f oder Verdrehwinkel φ) zwischen zwei Angriffsstellen der Belastung erforderlich ist.
Beispielsweise bedeutet $c = 50$ N/mm, dass sich eine zug-, druck- oder biegebeanspruchte Feder bei einer Federkraft $F = 50$ N um $f = 1$ mm zwischen zwei Kraftangriffsstellen verformt.
Von zwei Federn mit den Federsteifigkeiten $c_1 = 50$ N/mm und $c_2 = 20$ N/mm ist die erste Feder „härter" (steilere Kennlinie), die zweite Feder „weicher" (flachere Kennlinie). Es ist hier $c_1 = \tan \alpha_1 > c_2 = \tan \alpha_2$.
Die Federungsarbeit W entspricht der Fläche unter der Federkennlinie (Bilder 1 und 2). Sie ist ein Maß für das Vermögen der Feder, mechanische Arbeit aufzunehmen oder abzugeben. Für die Federungsarbeit zwischen zwei Belastungszuständen (F_1 und F_2 oder M_1 und M_2) lässt sich dann für die in Bild 1 schraffierte Trapezfläche ablesen:

$$W = \frac{F_1 + F_2}{2} \Delta f \qquad \begin{array}{l} F_1 = c f_1; \; F_2 = c f_2; \; \Delta f = f_2 - f_1 \\ \text{eingesetzt, ergibt:} \end{array}$$

$$W = \frac{c f_1 + c f_2}{2} (f_2 - f_1)$$

$$W = \frac{c}{2} (f_2 + f_1)(f_2 - f_1)$$

und wegen $(f_2 + f_1)(f_2 - f_1)$, siehe A Mathematik 2.5.2.1:

$$W = \frac{c}{2}(f_2^2 + f_1^2) \quad \begin{array}{c|c|c} W & c & f_1, f_2 \\ \hline \text{Nmm} & \dfrac{\text{N}}{\text{mm}} & \text{mm} \end{array} \qquad (5)$$

Federungsarbeit einer Zug-, Druck- oder Biegefeder

Entsprechend ergibt die Entwicklung nach Bild 2:

$$W_t = \frac{c_t}{2}(\varphi_2^2 - \varphi_1^2) \quad \begin{array}{c|c|c} W_t & c_t & \varphi_1, \varphi_2 \\ \hline \text{Nmm} & \dfrac{\text{Nmm}}{\text{rad}} & \text{rad} \end{array} \qquad (6)$$

Federungsarbeit einer Drehfeder

Soll die Federungsarbeit W vom entlasteten Federzustand aus berechnet werden, dann vereinfachen sich die Gleichungen. Die Fläche unter der Kennlinie ist dann eine Dreieckfläche:

$$W = \frac{Ff}{2} = \frac{F^2}{2c} = \frac{c}{2} f^2 \qquad (7)$$

$$W_t = \frac{M\varphi}{2} = \frac{M^2}{2 c_t} = \frac{c_t}{2} \varphi^2 \qquad (8)$$

9.2.3 Nutzungsgrad η_A der Feder

Im Abschnitt D Festigkeitslehre 2.1.2.3 wird für Zug- oder Druckstäbe die Gleichung für die Formänderungsarbeit $W = \sigma^2 V / 2 E$ hergeleitet. Sie gilt allgemein für Stäbe mit *gleichmäßiger* Spannungsverteilung in den Querschnitten der federnden Länge. Entsprechend gilt für *Zug- und Druckfedern mit gleichmäßiger* Spannungsverteilung für die *Federungsarbeit W*:

$$W = \frac{\sigma^2 V}{2E} \qquad (9)$$

Federungsarbeit für Zug- und Druckfedern

Auf dem gleichen Weg wie für Zug- und Druckstäbe wird im Abschnitt D Festigkeitslehre 2.5.1.3 die Gleichung $W = \tau_t^2 V / 4 G$ für torsionsbeanspruchte Stäbe mit Kreisquerschnitt hergeleitet. Die Torsionsspannung ist *nicht* gleichmäßig über dem Querschnitt verteilt, sondern linear (siehe D Festigkeitslehre 2.5.1.2). Im Nenner der Formänderungsarbeit W erscheint hier eine 4 anstelle der 2 in Gleichung (9) für Stäbe mit gleichmäßiger Spannungsverteilung im Querschnitt. Solche Abweichungen von Gleichung (9) ergeben sich auch bei Federn anderer Gestalt, zum Beispiel Dreieckblattfedern.
Zum Federvergleich hat man daher als Kenngröße den *Nutzungsgrad* η_A (Ausnutzungsgrad) definiert und schreibt die Gleichungen für die Federungsarbeit bei Federn mit *ungleichmäßiger* Spannungsverteilung über den Querschnitten und der federnden Länge in der Form:

$$W = \eta_A \frac{\sigma^2 V}{2 E} \qquad (10)$$

Federungsarbeit für Biegefedern

$$W_t = \eta_A \frac{\tau_t^2 V}{2 G} \qquad (11)$$

Federungsarbeit für Drehstabfedern

In den vorstehenden Gleichungen ist σ die Normalspannung (Zug-, Druck- oder Biegespannung), τ_t die Torsionsspannung, V das Volumen der Feder, E der Elastizitätsmodul, G der Schubmodul und η_A der Nutzungsgrad.
Für Zug- und Druckfedern nach Gleichung (9) ist der Nutzungsgrad $\eta_A = 1$.
Als weitere Kenngröße zum Vergleich von Federn verwendet man die *volumenbezogene* Federungsarbeit:

$$\frac{W}{V} = \eta_A \frac{\sigma^2}{2\,E} \qquad (12)$$

$$\frac{W_t}{V} = \eta_A \frac{\tau_t^2}{2\,G} \qquad (13)$$

W, W_t	V	σ, τ_t	η_A
Nmm	mm³	$\dfrac{\text{N}}{\text{mm}^2}$	1

9.2.4 Resultierende Federsteifigkeit c_0 und Federnachgiebigkeit δ_0 bei parallel und hintereinander geschalteten Federn

Bei bestimmten federungstechnischen Aufgaben kann es zweckmäßig sein, zwei oder mehr Federn parallel oder hintereinander zu schalten (meist Schraubenfedern). Die Kennlinien in den Bildern 3 und 4 zeigen, wie aus den gegebenen Federsteifigkeiten c_1 und c_2 zweier Federn die resultierende Federsteifigkeit c_0 einer gedachten „Ersatzfeder" ermittelt werden kann. Wie in der Statik die resultierende Kraft hat hier die Ersatzfeder die gleiche Wirkung wie die Einzelfedern zusammen.

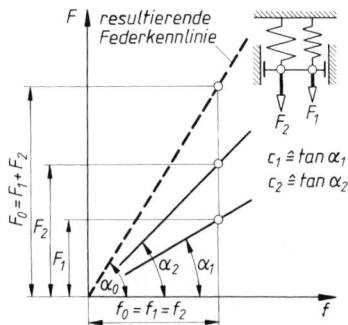

Bild 3. Federkennlinien von zwei parallel geschalteten Federn und deren Ersatzfeder

Beim Federsystem aus zwei *parallel geschalteten* Federn (Bild 3) ist die *resultierende Federkraft* F_0 die Summe der Einzelfederkräfte, also $F_0 = F_1 + F_2$. Dagegen sind die Federwege f_1 und f_2 für die beiden Einzelfedern und der Federweg f_0 der gedachten Ersatzfeder gleich groß: $f_0 = f_1 = f_2$. Mit diesen Bedingungen wird die *resultierende Federsteifigkeit* c_0 mit Gleichung (1):

$$c_0 = \frac{F_0}{f_0} = \frac{F_1 + F_2}{f_0} = \frac{F_1}{f_1} + \frac{F_2}{f_2} = c_1 + c_2$$

$$c_0 = c_1 + c_2 = \tan \alpha_0 \qquad (14)$$

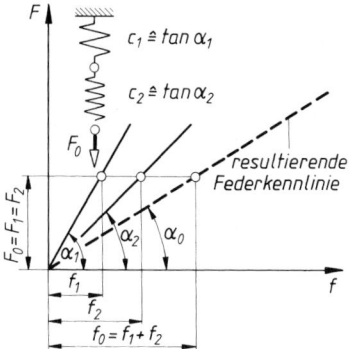

Bild 4. Federkennlinien von zwei hintereinander geschalteten Federn und deren Ersatzfeder

Demnach ist die resultierende Federsteifigkeit c_0 die Summe der Einzelfedersteifigkeiten. Parallel geschaltete Federn wirken also „härter" als die härteste der beiden Einzelfedern.
Werden mehr als zwei Federn parallel geschaltet, gilt in Erweiterung von Gleichung (14):

$$c_0 = c_1 + c_2 + \dots + c_n \qquad (15)$$

Mit $\delta = 1/c$ nach Gleichung (2) wird für die *resultierende Federnachgiebigkeit* δ_0 von zwei *parallel geschalteten* Federn:

$$\frac{1}{\delta_0} = \frac{1}{\delta_1} + \frac{1}{\delta_2} \quad \text{oder} \qquad (16)$$

$$\delta_0 = \frac{\delta_1 \delta_2}{\delta_1 + \delta_2} \qquad (17)$$

Beim Federsystem aus zwei *hintereinander geschalteten* Federn (Bild 4) ändert sich der physikalische Sachverhalt. In jedem Schnitt rechtwinklig zur Federachse wirkt die *resultierende Federkraft* $F_0 = F_1 = F_2$, während der Federweg f_0 der Ersatzfeder die Summe der Einzelfederwege ist: $f_0 = f_1 + f_2$. Die *resultierende Federsteifigkeit* c_0 ergibt sich daher aus:

$$c_0 = \frac{F_0}{f_0} = \frac{F_0}{f_1 + f_2} \qquad \frac{1}{c_0} = \frac{f_1 + f_2}{F_0} = \frac{f_1}{F_1} + \frac{f_2}{F_2}$$

$$\frac{1}{c_0} = \frac{1}{c_1} + \frac{1}{c_2} \quad \text{oder} \qquad (18)$$

$$c_0 = \frac{c_1 c_2}{c_1 + c_2} = \tan \alpha_0 \qquad (19)$$

Da $1/c = \delta$ ist, wird mit Gleichung (18) die *resultierende Federnachgiebigkeit* δ_0 hintereinander geschalteter Federn:

$$\delta_0 = \delta_1 + \delta_2 \qquad (20)$$

Werden mehr als zwei Federn hintereinander geschaltet, gilt in Erweiterung von Gleichung (20):

$$\delta_0 = \delta_1 + \delta_2 + \ldots + \delta_n \qquad (21)$$

Beim parallel geschalteten Federsystem war die resultierende Feder*steifigkeit* c_0 die Summe der Einzelsteifigkeiten ($c_0 = c_1 + c_2 + \ldots c_n$). Entsprechend ist beim hintereinander geschalteten Federsystem die resultierende Feder*nachgiebigkeit* δ_0 die Summe der Einzelnachgiebigkeiten ($\delta_0 = \delta_1 + \delta_2 + \ldots + \delta_n$). Nach Bild 4 wirken hintereinander geschaltete Federn „weicher" als die weichste Einzelfeder allein.

Eine Analogiebetrachtung zeigt formale Übereinstimmung der Gleichungen (14) und (18) mit den Gleichungen für kapazitive Widerstände in der Elektrotechnik, die Gleichungen (16) und (20) dagegen mit denen für ohmsche Widerstände.

Die Gleichungen (18) und (21) werden bei den Formänderungsbetrachtungen an vorgespannten Schraubenverbindungen gebraucht (Kapitel 7.6.2).

9.3 Federwerkstoffe

Federwerkstoffe sind meist hochlegierte Stähle, DIN 17221, 17222, 17224 und DIN 2077, DIN 1570, DIN 4620, siehe Tabelle 1.

Nichteisenmetalle nur bei besonderen Anforderungen, zum Beispiel an Korrosionsbeständigkeit oder magnetische Eigenschaften, DIN 17741 (Ni-Be-Legierung). Nichtmetallische Federn, hauptsächlich aus Gummi, zur Schwingdämpfung, als Kupplungsglieder oder in Schnittwerkzeugen.

9.4 Zug- und druckbeanspruchte Metallfedern

9.4.1 Zug- oder Druckstäbe

Mit dem Hooke'schen Gesetz lässt sich eine Gleichung für die *Federsteifigkeit* c von Zug- oder Druckstäben entwickeln:

$$\sigma = \varepsilon E \rightarrow \frac{F}{A} = \frac{\Delta l}{l_0} E \quad \text{(Hooke'sches Gesetz)}$$

l_0 Federlänge l, Δl Federweg f

$$c = \frac{AE}{l} \qquad \begin{array}{c|c|c} A & E & l \\ \hline \mathrm{mm^2} & \dfrac{\mathrm{N}}{\mathrm{mm^2}} & \mathrm{mm} \end{array} \qquad (22)$$

Darin ist A Federquerschnitt, E Elastizitätsmodul (für Stahl ist $E = 21 \cdot 10^4 \ \mathrm{N/mm^2}$) und l Federlänge.

Wegen der sehr großen Federsteifigkeit werden Zug- oder Druckstäbe als Federn nur in wenigen speziellen Fällen verwendet.

9.4.2 Ringfedern

Ringfedern bestehen aus abwechselnd zug- und druckbeanspruchten Ringen mit konischen Pressflächen. Infolge der elastischen Verformung schieben sich die Ringe ineinander, wobei im Außenring Zugspannungen, im Innenring Druckspannungen auftreten. Wegen der Reibungsarbeit beim Aufeinandergleiten der Ringe ist die Dämpfung sehr groß (bis 70 %).

Die Kennlinie verläuft als Gerade, aber bei Belastung anders als bei Entlastung. Die Rückfederung beginnt erst bei einer bestimmten Federkraft F_E. Die Berechnung erfolgt zweckmäßig nach Herstellerangaben. Wegen der hohen Dämpfung sind Ringfedern besonders als Pufferfedern und zur Stoßdämpfung bei Pressen geeignet.

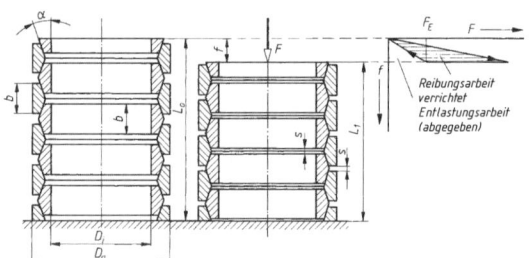

Bild 5. Ringfeder
a) unbelastet
b) belastet, mit Kennlinie

9.5 Biegebeanspruchte Metallfedern

9.5.1 Rechteck- und Dreieckfedern

Die einfache Rechteckfeder wird als Freiträger mit Höchstbeanspruchung an der Einspannstelle betrachtet. Die Werkstoffausnutzung ist schlecht. Anwendung als Kontakt- oder Rastfeder usw. Die Dreieckfeder als Träger gleicher Spannung (siehe im Abschnitt D Festigkeitslehre 2.2.5 und Tabelle 3) bietet bessere Werkstoffausnutzung, lässt sich aber praktisch schlecht ausführen; besser ist die Trapezfeder und die aus dieser entwickelte Mehrschicht-Blattfeder. Die Kennlinie ist eine Gerade.

Berechnung: Für die Federn nach Bild 6 gilt für die *Biegespannung*

$$\sigma_b = \frac{M_b}{W} = \frac{6\,Fl}{b\,h^2} \leq \sigma_{b\,zul} \qquad (23)$$

σ_b	F	$l,\,b,\,h$
$\dfrac{N}{mm^2}$	N	mm

Durchbiegung f bei Federkraft F und *maximale Durchbiegung* f_{max} ergeben sich aus

$$f = q_1 \frac{l^3 F}{b\,h^3 E} \qquad (24)$$

$$f_{max} = q_2 \frac{l^2 \sigma_b}{h\,E} \qquad (25)$$

$f,\,l,\,b,\,h$	F	$E,\,\sigma_b$	$q_1,\,q_2$
mm	N	$\dfrac{N}{mm^2}$	1

Die *maximale Federungsarbeit* wird

$$W = q_3\,V\,\frac{\sigma_b^2}{E} \qquad (26)$$

V	σ_b	E	q_3
mm³	$\dfrac{N}{mm^2}$	$\dfrac{N}{mm^2}$	1

Für Rechteckfeder: $\quad q_1 = 4, \qquad q_2 = \dfrac{2}{3}, \qquad q_3 = \dfrac{1}{18}$

für Dreieckfeder: $\qquad q_1 = 6, \qquad q_2 = 1, \qquad q_3 = \dfrac{1}{6}$

für Trapezfeder: $\qquad q_1 \approx 4\,\dfrac{3}{2 + b'/b}$

$$q_2 \approx \frac{2}{3}\,\frac{3}{2 + b'/b}$$

$$q_3 \approx \frac{1}{9}\,\frac{3}{2 + b'/b}\,\frac{1}{1 + b'/b}$$

l Federlänge, h Federblattdicke; E Elastizitätsmodul des Federwerkstoffs nach Tabelle 1; $V = b\,h\,l$, $V = b\,h\,l/2$, $V = \frac{1}{2}\,b\,h\,l\,(1 + b'/b)$ Federvolumen für Rechteck-, Dreieck bzw. Trapezfeder nach Bild 6. $\sigma_{b\,zul}$ zulässige Biegespannung nach Tabelle 1.

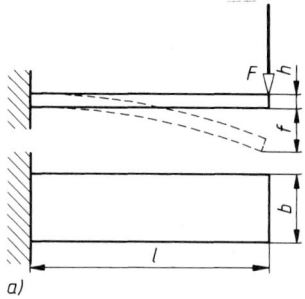

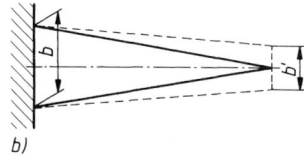

Bild 6. Blattfedern
a) Rechteckblattfeder
b) Dreieck-(Trapez-)blattfeder

Tabelle 1. Festigkeits-Richtwerte von Federwerkstoffen in N/mm²

Federart	Werkstoff und Behandlungszustand	E-Modul G-Modul	statische Festigkeitswerte		dynamische Festigkeitswerte
Blattfedern Kegelfedern	Federstahl, warmgewalzt, DIN 17221, vergütet 38Si7, 51Si7, 55Si7, 65Si7 50Mn7, 60SiCr7, 55Cr5 50CrV4, 51CrMoV4	$E = 210\,000$	R_m 1 300 ... 15 000 $\sigma_{bzul} \approx 0{,}7\,R_m$	R_e 1 100	$\sigma_m + \sigma_A$ $\sigma_{b\,zul} = \sigma_m + 0{,}75\,\sigma_A$
	Walzhaut				$\sigma_{bD} = 500 \pm 120 ... 300$
	Walzhaut entfernt, vergütet				$\sigma_{bD} = 500 \pm 300$
	geschliffen				$\sigma_{bD} = 500 \pm 400$
Drehfedern Schenkelfedern	Federstahl DIN 17221 s.o. Stahldraht für Federn DIN EN 10270 -1 unlegiert -2 ölschlussvergütet -3 nicht rostender Stahl	$E = 210\,000$ $G = 81\,500$ $E = 200\,000$	abhängig vom Drahtdurchmesser d (siehe Bild 9)		nach Herstellerangaben

Federart	Werkstoff und Behandlungszustand	E-Modul G-Modul	statische Festigkeitswerte		dynamische Festigkeitswerte	
Spiralfedern Uhrwerkfedern	Kaltband aus Stahl, f. Wärmebeh. DIN EN 10132-4: C55E ... C101E, 55Si7, 67SiCr5, 71Si7	$E = 210\,000$	R_m 1800 ... 2400 1900 ... 2400	R_e 1700 1800	nach Herstellerangaben	
Drehstabfedern	Federstahl DIN 17221 vergütet 66Si7 für $d < 25$ mm	$G = 80\,000$	τ_B 850 ... 950	τ_S 700	$\tau_\text{m} + \tau_\text{A}$ $\tau_\text{tD} = 500 \pm 150$	
	67SiCr5 für $d < 40$ mm 50CrV4		900 ... 1000 800 ... 1000	800 700	$\tau_\text{tD} = 500 \pm 200$	
			$\tau_\text{t zul} \approx 0{,}5\ \tau_\text{B}$		$\tau_\text{t zul} \approx 500 + 0{,}75\ \tau_\text{A}$	
Schraubenfedern Druckfedern	Stahldraht für Federn DIN EN 10 270 Draht für allg. Zwecke (Cu-Leg.) DIN EN 12136	$G = 80\,000$ $G = 35\,000$ bis $46\,000$	τ_zul siehe Bild 16		τ_zul siehe Bilder 16 ... 18	
unmagnetische Federn	DIN 17660 NiBe2	$E = 200\,000$ $G = 75\,000$	$R_\text{m} = 1\,500 ... 1\,800$ $\sigma_\text{b zul}$ und $\tau_\text{t zul}$		nach Herstellerangaben	
Federn aus Cu-Leg.	DIN EN 1254 Federbänder CuZn36 (Ms63), CuSn6 (SnBz6)	$E = 100\,000$ $G = 35\,000$	$R_\text{m} = 1\,500 ... 1\,800$ $\sigma_\text{b zul} \approx 250$ $\tau_\text{t zul} \approx 150$		schwellend, wechselnd $\sigma_\text{b zul} \approx 150$ 80 $\tau_\text{t zul} \approx 80$ 40	
korrosionsbeständig	DIN EN 12166 Drähte CuNi18Zn20 (Neusilber)	$E = 120\,000$ $G = 45\,000$	$R_\text{m} \approx 620$ $\sigma_\text{b zul} \approx 350$ $\tau_\text{t zul} \approx 250$		schwellend, wechselnd $\sigma_\text{b zul} \approx 250$ 100 $\tau_\text{t zul} \approx 150$ 80	
Gummifedern	Weichgummi Shore-Härte 40 ... 70	$E = 2 ... 8$ $G = 0{,}4 ... 1{,}4$ $R_\text{m}\ 5 ... 30$	$\sigma_\text{z zul} \approx 1 ... 2$ $\sigma_\text{d zul} \approx 3 ... 5$ $\tau_\text{zul} \approx 1 ... 2$		$\sigma_\text{z zul} \approx 0{,}5 ... 1$ $\sigma_\text{d zul} \approx 1 ... 1{,}5$ $\tau_\text{zul} \approx 0{,}3 ... 0{,}8$	

9.5.2 Mehrschicht-Blattfedern

Die Entwicklung aus der doppelseitigen Trapezfeder zeigt Bild 7. Die Feder wird in gleich breite Streifen zerlegt, diese werden aufeinander geschichtet und in der Mitte durch Spannbügel, Bunde oder ähnliche Elemente zusammengehalten. Verwendung hauptsächlich zur Federung von Kraft- und Schienenfahrzeugen.

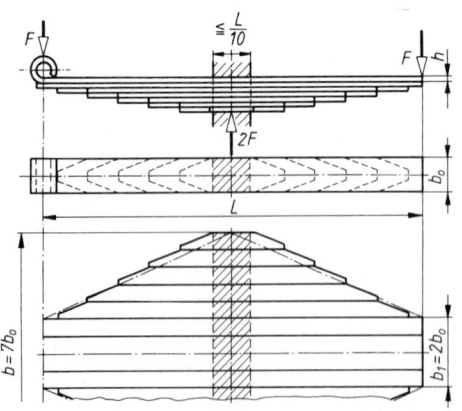

Bild 7. Mehrschicht-Blattfeder. Entwicklung aus der Trapezfeder

Die Kennlinie ist wegen der Reibung zwischen den Blättern nur angenähert eine Gerade. Die abgegebene Arbeit ist kleiner als die aufgenommene (Dämpfung). Eine genaue *Berechnung* ist wegen der kaum erfassbaren Reibung zwischen den Blättern nicht möglich. Unter Vernachlässigung der Reibung wird die *Breite der Mehrschichtfeder* $b_0 = b/z$, worin b die maximale Breite der Trapezfeder, z die Blattzahl bedeutet. Erfahrungsgemäß ist jedoch die tatsächliche Tragkraft je nach Blattzahl $\approx 2 ... 12$ % höher als die rechnerische.

9.5.3 Drehfedern (Schenkelfedern)

Verwendung vorwiegend als Rückhol- oder Andrückfedern in der Feinmechanik (Bild 8). Die Kennlinie ist eine Gerade.

Das Moment soll so wirken, dass sich die Windungen zusammenziehen. Dabei verändern sich Windungszahl, Federdurchmesser und Schenkelstellung. Unter Berücksichtigung der Spannungserhöhung durch Drahtkrümmung und Schenkeldurchbiegung gelten bei eingespannten Federenden für die *Biegespannung* und den *Verdrehwinkel*

$$\sigma_\text{b} = \frac{k\,M_\text{b}}{W} \approx \frac{k\,F\,r}{0{,}1\,d^3} \leq \sigma_\text{b zul} \tag{27}$$

$$\alpha° = \frac{180°}{\pi} \cdot \frac{M_b\, l}{E\, I} \approx 3\,700\, \frac{F r\, D_m\, i_f}{E\, d^4} \qquad (28)$$

σ_b	F	r, d, D_m	α	E	i_f, k
$\dfrac{N}{mm^2}$	N	mm	°	$\dfrac{N}{mm^2}$	1

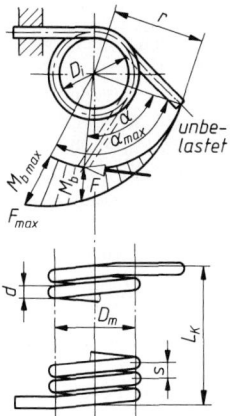

Bild 8. Drehfeder

Die *gestreckte Länge der Windungen* ergibt sich aus

$$l \approx i_f \sqrt{(D_m\, \pi)^2 + s^2} \qquad \begin{array}{c|c} l, s, D_m & i_f \\ \hline mm & 1 \end{array} \qquad (29)$$

Die Länge des unbelasteten Federkörpers ist
$L_K \approx (i_f\, s) + d$

F Federkraft; r Hebelarm der Federkraft; d Draht-durchmesser; D_m mittlerer Windungsdurchmesser; i_f Anzahl der federnden Windungen; s Windungsstei-gung; E Elastizitätsmodul des Federwerkstoffs nach Tabelle 1; zulässige Biegespannung $\sigma_{b\,zul}$ nach dem Diagramm in Bild 9; k Beiwert zur Berücksichtigung der Spannungserhöhung durch die Drahtkrümmung nach Bild 24.

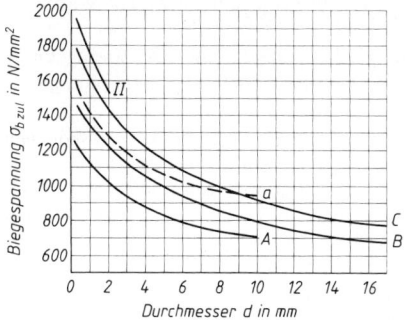

Bild 9. Zulässige Biegespannung für kaltgeformte Drehfedern (Schenkelfedern) aus Federstahldraht II, A, B und C nach DIN 2088 und ölschlussvergütetem Federstahl (Kurve a) nach DIN EN 10270.

9.5.4 Spiralfedern

Die meist aus rechteckigem Federstahl hergestellten Spiralfedern (Bild 10) werden hauptsächlich als Rückstellfedern bei Instrumenten, als Uhrwerkfedern und bei drehelastischen Kupplungen verwendet.

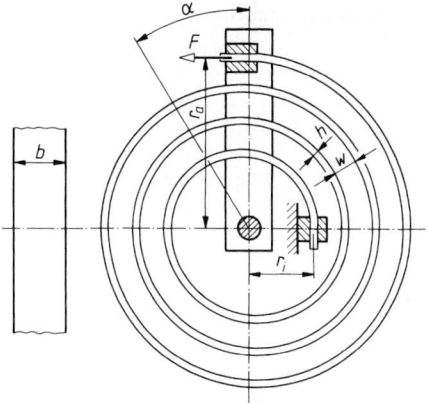

Bild 10. Spiralfeder

Berechnung ähnlich wie bei Drehfedern. Für die *Biegespannung* und den *Verdrehwinkel* gelten

$$\sigma_b = \frac{M_b}{W} = \frac{6\, F r_a}{b\, h^2} \le \sigma_{b\,zul} \qquad (30)$$

$$\alpha° = \frac{180°}{\pi} \cdot \frac{M_b\, l}{E\, I} \approx 690\, \frac{F r_a\, l}{E\, b\, h^3} \qquad (31)$$

σ_b	F	r_a, b, h, l	E	α
$\dfrac{N}{mm^2}$	N	mm	$\dfrac{N}{mm^2}$	°

Bei überall gleichem Windungsabstand w, dem äuße-ren Radius r_a und inneren Radius r_i wird die *gestreck-te Federlänge*

$$i \approx \frac{\pi(r_a^2 - r_i^2)}{h + w} \qquad (32)$$

Die von der Feder aufzuspeichernde maximale *Fede-rungsarbeit* ist

$$W = \frac{1}{6} V\, \frac{\sigma_b^2}{E} \qquad (33)$$

W_f	V	σ_b, E
Nmm	mm³	$\dfrac{N}{mm^2}$

$V = b\, h\, l$ Federvolumen; zulässige Biegespannung $\sigma_{b\,zul} \approx 1\,100$ N/mm² bei $h \le 1$ mm, ≈ 950 N/mm² bei $h \approx 1 \ldots 3$ mm, ≈ 800 N/mm² bei $h > 3$ mm.

9.5.5 Tellerfedern

Normen

DIN 2092 Tellerfedern, Berechnung
DIN 2093 Tellerfedern, Maße,
          Qualitätsforderungen

Formelzeichen und Einheiten

D_a, D_i	mm	Außen-, Innendurchmesser des Federtellers
D_0	mm	Durchmesser des Stülpmittelpunktkreises
E	N/mm²	Elastizitätsmodul (für Federstahl $E = 206\,000$ N/mm²)
F	N	Federkraft des Einzeltellers
L_0	mm	Länge von Federsäule oder Federpaket, unbelastet
L_C	mm	berechnete Länge von Federsäule oder Federpaket, platt gedrückt
N		Anzahl der Lastspiele bis zum Bruch
R	N/mm	Federrate
W	Nmm	Federungsarbeit
$h_0 = l_0 - t, h_0'$	mm	lichte Tellerhöhe des unbelasteten Einzeltellers (Rechengröße = Federweg bis zur Plananlage) bei Tellerfedern ohne Auflagefläche, mit Auflagefläche
s (s_1, s_2, s_3...)	mm	Federweg des Einzeltellers (bei F_1, F_2, F_3 ...)
$s_{0,75}$	mm	Federweg des Einzeltellers beim Federweg $s = 0{,}75\,h_0$
t, t'	mm	Tellerdicke, reduzierte Dicke bei Tellern mit Auflagefläche (Gruppe 3)
μ		Poisson-Zahl ($\mu = 0{,}3$ für Stahl)
$\sigma(\sigma_I, \sigma_{II}, \sigma_{III}, \sigma_{OM})$	N/mm²	rechnerische Normalspannung für die Querschnitte nach Bild 11
σ_h	N/mm²	Hubspannung bei Dauerschwingbeanspruchung der Feder
σ_0, σ_u	N/mm²	rechnerische Oberspannung, Unterspannung bei Schwingbeanspruchung
σ_O, σ_U	N/mm²	Ober-, Unterspannung der Dauerschwingfestigkeit
$\sigma_H = \sigma_O - \sigma_U$	N/mm²	Dauerhubfestigkeit

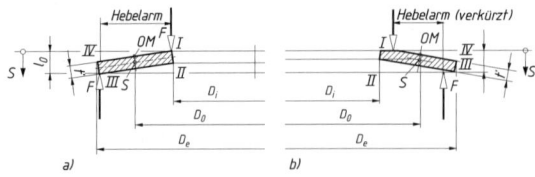

Bild 11. Maße der Einzeltellerfeder
a) ohne Auflagefläche, b) mit Auflagefläche und Lage der Berechnungspunkte (I, II, II, IV, OM), I und II sind Punkte der Krafteinleitungskreise, S ist der sog. Stülpmittelpunkt, ein Punkt des Stülpmittelpunktkreises mit dem Durchmesser
$D_0 = (D_e - D_i)/(\ln D_e/D_i)$.

9.5.5.1 Beschreibung, Bauarten, Reihen, Gruppen

Tellerfedern sind kegelschalenförmig geprägte, ungeschlitzte (meist verwendet) oder geschlitzte Ringscheiben aus Federstahl. Sie werden in Achsrichtung federnd durch die Federkraft F (Stülpkraft) belastet und dadurch biegebeansprucht. Sie werden dort eingesetzt, wo kleine bis sehr große Kräfte, elastisch bei geringem Raumbedarf, auf kleinen Federwegen Formänderungsarbeit aufzunehmen haben, z.B. zur Stoßdämpfung bei Puffern, in Presswerkzeugen und Vorrichtungen, zum Spielausgleich bei Kugellagern. Wegen des kleinen Federwegs des Einzeltellers werden sie meist zu Säulen geschichtet. Zur Berechnung, Gestaltung und Verwendung der Tellerfedern sind neben den Angaben der Hersteller die Vorschriften der DIN 2092 und DIN 2093 zu berücksichtigen. Man unterscheidet drei *Reihen* (A, B, C) und drei *Gruppen* (1, 2, 3):

Reihe A für kaltgeformte, harte (steife) Federn,
Reihe B für kaltgeformte, mittelharte und
Reihe C für warmgeformte, weiche Federn.

Für jede Reihe gibt es drei Fertigungsgruppen:

Gruppe 1 mit Tellerdicke $t < 1{,}25$ mm, kaltgeformt,

Gruppe 2 mit $t = 1{,}25$ mm bis 6 mm, kaltgeformt, D_e und D_i spanabhebend bearbeitet (Drehen),

Gruppe 3 mit $t > 6$ mm bis 14 mm, kalt- oder warmgeformt, allseits spanabhebend bearbeitet.

Tellerfedern der Gruppe 3 über 6 mm Dicke werden spanabhebend mit kleinen Auflageflächen an den Stellen I und III (Bild 11) gefertigt. Die dadurch beim Stülpvorgang entstehende Verkürzung des Hebelarms der Krafteinleitung wird durch Verringern der Tellerdicke auf $t' \approx 0{,}94 \cdot t$ ausgeglichen, sodass die Federkennlinie annähernd den Verlauf der Fertigungsgruppe 2 hat. Die Federkraft soll bei dem Federweg $s = 0{,}75\,h_0$ die gleiche wie bei der nicht reduzierten Feder sein.

Die Teller werden gestanzt, kalt- oder warmgeformt, gedreht oder feingeschnitten, die Kanten sind gerundet.

Die *Werkstoffe* für Tellerfedern müssen hohe Zugfestigkeit und Elastizitätsgrenze bei ausreichendem plastischen Formänderungsvermögen aufweisen (Kaltverformung).

Als Standardwerkstoffe gelten die Stähle C60, C75, Ck67, Ck75, Ck85, 50CrV4 für besondere Ansprüche, z.B. erhöhte Korrosionsbelastung X12CrNi17 7, hohe Betriebstemperaturen X22CrMoV12 1. Bei Nichteisenmetallen wie Kupferlegierungen ist für die Festigkeitsberechnungen zu beachten, dass der Elastizitätsmodul E erheblich kleiner ist als der von Stahl (50 – 60 %).

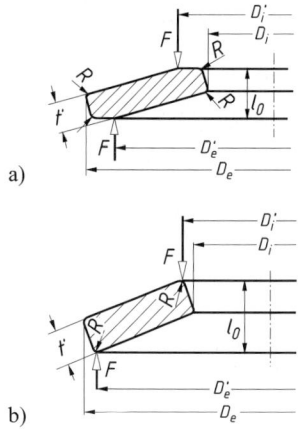

a)

b)

Bild 12. Querschnitt (schematisch) einer Tellerfeder
a) ohne Auflagefläche, b) mit Auflagefläche

Tellerfedern aus üblichem Federstahl werden zur Erhöhung der Zähigkeit bei gleichzeitig optimaler Dauerschwingfestigkeit vergütet. Nach dieser Wärmebehandlung werden die Federteller mindestens einmal platt gedrückt (plastisch verformt).

Bei diesem *Vorsetzen* verringert sich die Bauhöhe und an der Oberseite entstehen Zugeigenspannungen, die bei Belastung der Feder den Lastspannungen entgegenwirken und damit Spannungsspitzen abbauen.

Für Tellerfedern mit schwingender Belastung hat sich die Oberflächenverfestigung durch *Kugelstrahlen* bewährt Dabei werden an ihrer Oberfläche Druckspannungen aufgebaut, die den Zugeigenspannungen beim Vorsetzen entgegenwirken und sie teilweise wieder abbauen, sodass sich kugelgestrahlte Federn etwas stärker setzen. Daher wird bei statischen Federbelastungen eine durch Kugelstrahlen hervorgerufene Oberflächenverfestigung nicht empfohlen.

Korrosionsschutz wird vom Hersteller in verschiedenen Arten angeboten, z.B. durch Phosphatieren, Brünieren oder metallische Überzüge. Angewandt werden galvanische Verfahren, mechanische Metallbeschichtung, Metallspritzen, galvanische Vernickelung, Dacromet, eine anorganische, metallisch silbergraue Beschichtung aus Zink- und Aluminiumlamellen in einer Chromatverbindung.

Die Bezeichnung einer Tellerfeder enthält neben der Angabe des DIN-Blattes den Buchstaben für die Reihe (A, B, C), den Außendurchmesser D_e und falls gewünscht, einen Buchstaben für das Herstellverfahren (G für gedreht oder F für feingeschnitten). Beispiel: Tellerfeder DIN 2093-A45G. Für das Verspannen von Kugellagern der üblichen Baureihen EL, R, 62 und 63 werden Tellerfedern mit der Bezeichnung „K" (SCHNORR) für spielfreien Lauf und Geräuschminderung eingesetzt. Gleiches gilt für die Tellerfedern als Schraubensicherung.

Vorschriften zu Werkstoffen, Ausführungen, Wärme- und Oberflächenbehandlung sowie zulässigen Spannungen bei ruhender oder schwingender Beanspruchung enthält DIN 2093.

9.5.5.2 Kennlinien für Einzelfedern und Federkombinationen

Federkennlinien zeigen den Verlauf der Federkraft F in Abhängigkeit vom Federweg s.

Die Grundlagen zum Verständnis von Federkennlinien stehen in Kap. 9.2. Kenngrößen an Federn (Federkennlinie, Federrate, Steifigkeit, Nachgiebigkeit und Federungsarbeit). Diese Größen lassen sich bei der Einzeltellerfeder durch Wahl der Tellerhöhe h_0 und Tellerdicke t erheblich verändern, wie Bild 13 zeigt.

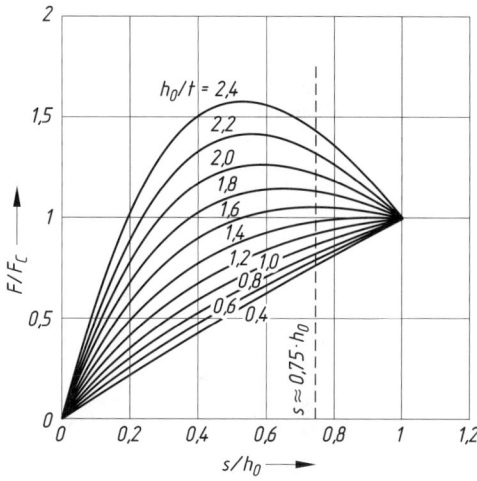

Bild 13. Federkennlinien von Einzeltellern mit verschiedenen Verhältnissen h_0/t = lichte Tellerhöhe h_0/Tellerdicke t, gestrichelte Ordinate gilt für Werte nach DIN 2093 (siehe auch Tabelle 2).

Das Diagramm zeigt in den meisten Fällen von h_0/t Kennlinien, die nicht gerade, sondern weniger oder mehr degressiv gekrümmt sind. Die Federrate R, siehe Gleichung (57), wird mit zunehmender Federkraft (zunehmender Einfederung) kleiner. Nur bei sehr kleinen Verhältnissen $h_0/t < 0,6$ ergeben sich fast gerade ansteigende Kennlinien, in bestimmten Bereichen des Federwegs s auch annähernd waagerechte und abfallende Kennlinien. Daher können Einzeltellerfedern entwickelt werden, bei denen die Federkraft über einen längeren Federweg konstant bleibt.

Bei Federwegen $s > 0,75\,h_0 = s_{0,75}$ verschieben sich die Krafteinleitungspunkte an den Tellern so, dass sich kleinere Hebelarme für die elastische Verformung beim Stülpvorgang einstellen.

Entsprechend steigt die Federkraft stärker als berechnet an. Deshalb werden in DIN 2093 die kennzeichnenden Größen wie Federkraft $F_{0,75}$, Federweg $s_{0,75}$ und die entsprechenden Spannungen nur für den Federweg $s \approx 0,75\ h_0$ angegeben (siehe Tabelle 2).

Häufig reichen Einzeltellerfedern für die vorgesehenen Beanspruchungen nicht aus. Dann schichtet man die Einzelteller zu *Federpaketen* mit mehreren ($n = 2$ bis 3) gleichsinnig geschichteten Einzeltellern oder als *Federsäule*, einer Kombination aus $i < 30$ wechselsinnig aneinander gereihten Einzeltellern oder $i < 20$ Federpaketen (z.B. $n = 2$, $i = 4$). Federsäulen werden durch oberflächengehärtete, geschliffene Führungsbolzen oder -hülsen gehalten. Belastet ändern sich Außen- und Innendurchmesser der Teller. Beim Einbau sind die Vergrößerung ΔD_e des Außen- und die Verkleinerung ΔD_i des Innendurchmessers zu berücksichtigen. Bei dynamischer Belastung sollen die Teller mit einem Federweg $s_V = (0,15 - 0,2) \cdot h_0$ vorgespannt werden, um beim Einfedern Zug-/Druck-Wechselspannungen und damit Anrisse im Bereich des Querschnitts I zu vermeiden.

In Bild 14 sind mögliche Kombinationen von Einzeltellerfedern dargestellt, dazu (schematisiert) das jeweilige Federkraft-Federweg-Diagramm (F, s-Diagramm).

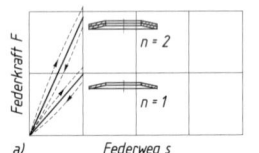
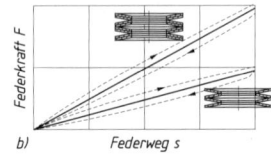

a)   Federweg s

b)   Federweg s

Bild 14. Kombinationen geschichteter Tellerfedern
a) Federpaket, b) Federsäule

Sind die Teller gleichsinnig geschichtet, spricht man auch hier von Parallelschaltung, bei gegensinnig geschichteten von Hintereinanderschaltung der Einzelteller. Es gelten dann die bereits in Kap. 9.2.4 hergeleiteten Gesetze für parallel und hintereinander geschaltete Federn.

Die zwei Tellerfedern in Bild 14a sind parallel geschaltet, bei gleichem Federweg addieren sich die Federkräfte. Bei hintereinander geschalteten Einzelfedern dagegen addieren sich bei gleicher Federkraft die Federwege. Über die resultierende Federrate c_0 und Federnachgiebigkeit δ_0 siehe Kap. 9.2.4.

Wegen der Reibung zwischen den Tellern bei gleichsinnig geschalteten Einzelfedern wird ein Teil der Federungsarbeit in Wärme umgesetzt (3 % – 6 %). Das Federpaket hat damit auch größere Dämpfung. Bei Berechnungen kann dann die Reibung nicht mehr vernachlässigt werden (siehe DIN 2092, Abschnitt 7.4).

Durch Kombinieren von Schichtung, Tellerdicke t oder/und Telleranzahl n erhält man einen degressiven, waagerechten oder progressiven Kennlinienverlauf, z.B. ergeben sich stark oder schwach und längs des Federwegs unterschiedlich ansteigende Federkennlinien durch Schichtung unterschiedlich dicker Teller oder durch Pakete aus gleich dicken Tellern verschiedener Anzahl.

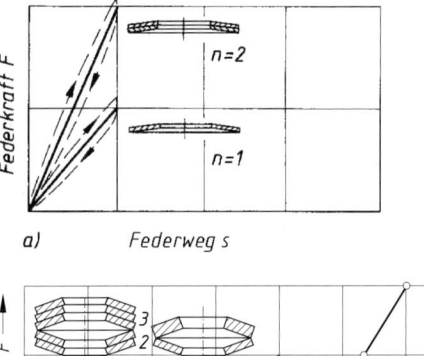

a)   Federweg s

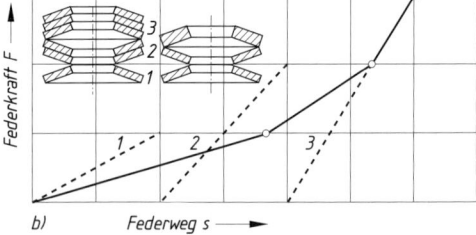

b)   Federweg s

Bild 15. Progressiver Kennlinienverlauf durch Schichtung f (SCHNORR)

Als Beispiel zeigt Bild 15a schematisch den Kennlinienverlauf bei Hintereinanderschaltung einer Einfach-, Zweifach- und Dreifachschichtung. Dabei werden bei Belastung die Teller nacheinander platt gedrückt. Die resultierende Federkennlinie (Ersatzkennlinie) ergibt sich aus der Addition der Einzelkennlinien (siehe auch 9.2.4). Zum gleichen Ergebnis führt die Anordnung als Säule nach Bild 15b mit Tellern unterschiedlicher Dicke. Eine Überbeanspruchung der dünneren Federn kann konstruktiv durch Distanzhülsen oder Ringe zur Hubbegrenzung vermieden werden.

9.5.5.3 Berechnungen

a) Federkraft F, Federweg s und Länge L bei Federpaketen und Federsäulen

Die Berechnung für den federnd belasteten Einzelteller ist in DIN 2092 vorgeschrieben. DIN 2093 enthält dazu unter anderem drei Tabellen mit Abmessungen, Federkräften, Federwegen und den entsprechenden Spannungen für die Reihen A, B, C und die Gruppen 1, 2, 3. Die wichtigste Größen daraus sind hier in Tabelle 2 zusammengefasst. Für die Kombinationen von Einzeltellern zu Federpaketen und Federsäulen gelten bei angenommen reibungsfreiem Verhalten die folgenden Gleichungen: *Federpaket* mit n Anzahl der gleichsinnig geschichteten Einzelteller:

Gesamtfederkraft $\quad F_{\text{ges}} = n \cdot F \qquad\qquad$ (34)

Gesamtfederweg $\quad s_{\text{ges}} = s \qquad\qquad$ (35)

Pakethöhe (unbelastet) $\quad L_0 = l_0 + (n-1) \cdot t \quad$ (36)

Pakethöhe (belastet) $\quad L = L_0 - s_{\text{ges}} \qquad$ (37)

Federsäule mit Anzahl *i* der wechselsinnig aneinander gereihten Pakete und je *n* Einzelteller:

Gesamtfederkraft $\quad L_{\text{ges}} = n \cdot F \qquad\qquad$ (38)

Gesamtfederweg $\quad s_{\text{ges}} = i \cdot s \qquad\qquad$ (39)

Säulenlänge $\qquad L_0 = i \cdot [l_0 + (n-1) \cdot t] \quad$ (40)

(unbelastet) $\qquad = i \cdot (h_0 + n \cdot t) \qquad$ (41)

Säulenlänge $\qquad L = L_0 - s_{\text{ges}} \qquad\quad$ (42)

(belastet) $\qquad = i \cdot (h_0 + n \cdot t - s) \quad$ (43)

F, s, l_0, t, ho siehe Tabelle 2.

b) Berechnungsgleichungen für die Einzeltellerfeder

Die hier verwendeten Berechnungsgleichungen aus DIN 2092 werden für Größen gebraucht, die nicht in Tabelle 2 oder in DIN 2093 enthalten sind (Zwischengrößen), zur Bestimmung der Dauerschwinghaltbarkeit oder bei der Berechnung nicht genormter Tellerfedern. Die diesbezüglichen Veröffentlichungen werden in DIN 2092 genannt, angeführt von den 1936 erschienenen Arbeiten der beiden Amerikaner *J.O. Almen* und *A. Lászió*.

Kennwerte K:

$$\delta = \frac{D_{\text{e}}}{D_{\text{i}}} \quad \text{Durchmesserverhältnis}$$

$$K_1 = \frac{1}{\pi} \cdot \frac{\left(\dfrac{\delta-1}{\delta}\right)^2}{\dfrac{\delta+1}{\delta-1} - \dfrac{2}{\ln\delta}} \qquad (44)$$

$$K_2 = \frac{6}{\pi} \cdot \frac{\dfrac{\delta-1}{\ln\delta} - 1}{\ln\delta} \qquad (45)$$

$$K_3 = \frac{3}{\pi} \cdot \frac{\delta-1}{\ln\delta} \qquad (46)$$

$$K_4 = \sqrt{-\frac{C_1}{2} + \sqrt{\left(\frac{C_1}{2}\right)^2 + C_2}} \qquad (47)$$

$K_4 = 1$ bei Federteller ohne Auflagefläche

$$C_1 = \frac{\left(\dfrac{t'}{t}\right)^2}{\left(\dfrac{1}{4} \cdot \dfrac{l_0}{t} - \dfrac{t'}{t} + \dfrac{3}{4}\right)\left(\dfrac{5}{8} \cdot \dfrac{l_0}{t} - \dfrac{t'}{t} + \dfrac{3}{8}\right)} \qquad (48)$$

$$C_2 = \frac{C_1}{\left(\dfrac{t'}{t}\right)^3}\left[\frac{5}{32} \cdot \left(\frac{l_0}{t} - 1\right)^2 + 1\right] \qquad (49)$$

Federkraft F bei beliebigem Federweg s des Einzeltellers ($s_1, s_2, s_3 \ldots$):

$$F = \frac{4E}{1-\mu^2} \cdot \frac{t^4}{K_1 D_{\text{e}}^2} \cdot K_4^2 \frac{s}{t}\left[K_4^2\left(\frac{h_0}{t} - \frac{s}{t}\right)\left(\frac{h_0}{t} - \frac{s}{2t}\right) + 1\right] \qquad (50)$$

Beachte: Für Tellerfedern der Gruppe 3 mit Auflagefläche und reduzierter Dicke *t′* ist in allen Gleichungen *t* durch *t′* und h_0 durch $h_0' = l_0 - t'$ zu ersetzen.

Federkraft F_C bei platt gedrückter Tellerfeder ($s = h_0$):

$$F_C = F h_0 = \frac{4E}{1-\mu^2} \cdot \frac{t^3 h_0}{K_1 D_{\text{e}}^2} \cdot K_4^2 \qquad (51)$$

Für Federstahl kann mit dem Faktor

$$\frac{4E}{1-\mu^2} = 905\,495 \text{ N/mm}^2 \text{ gerechnet werden (Elastizi-}$$

tätsmodul $E = 206\,000$ N/mm² und Poisson-Zahl $\mu = 0{,}3$).

Rechnerische Spannungen
(negative Beträge sind Druckspannungen):

$$\sigma_{0\text{M}} = -\frac{4E}{1-\mu^2} \cdot \frac{t^2}{K_1 D_{\text{e}}^2} \cdot K_4 \cdot \frac{s}{t} \cdot \frac{3}{\pi} \leq \sigma_{\text{zul}} \qquad (52)$$

$$\sigma_{\text{I}} = -\frac{4E}{1-\mu^2} \cdot \frac{t^2}{K_1 D_{\text{e}}^2} \cdot K_4 \cdot \frac{s}{t} \cdot$$
$$\cdot \left[K_4 \cdot K_2\left(\frac{h_0}{t} - \frac{s}{2t}\right) + K_3\right] \leq \sigma_{\text{zul}} \qquad (53)$$

$$\sigma_{\text{II}} = -\frac{4E}{1-\mu^2} \cdot \frac{t^2}{K_1 D_{\text{e}}^2} \cdot K_4 \cdot \frac{s}{t} \cdot$$
$$\cdot \left[K_4 \cdot K_2\left(\frac{h_0}{t} - \frac{s}{2t}\right) - K_3\right] \leq \sigma_{\text{zul}} \qquad (54)$$

$$\sigma_{\text{III}} = -\frac{4E}{1-\mu^2} \cdot \frac{t^2}{K_1 D_{\text{e}}^2} \cdot K_4 \cdot \frac{1}{\delta} \cdot \frac{s}{t} \cdot$$
$$\cdot \left[K_4 \cdot (K_2 - 2K_3) \cdot \left(\frac{h_0}{t} - \frac{s}{2t}\right) - K_3\right] \leq \sigma_{\text{zul}} \ (55)$$

$$\sigma_{\text{IV}} = -\frac{4E}{1-\mu^2} \cdot \frac{t^2}{K_1 D_{\text{e}}^2} \cdot K_4 \cdot \frac{1}{\delta} \cdot \frac{s}{t} \cdot$$
$$\cdot \left[K_4 \cdot (K_2 - 2K_3) \cdot \left(\frac{h_0}{t} - \frac{s}{2t}\right) + K_3\right] \leq \sigma_{\text{zul}} \ (56)$$

Federrate R:

$$R = \frac{4E}{1-\mu^2} \cdot \frac{t^3}{K_1 D_e^2} \cdot K_4^2 \cdot$$

$$\cdot \left[K_4^2 \cdot \left\{ \left(\frac{h_0}{t} \right)^2 - 3 \cdot \frac{h_0}{t} \cdot \frac{s}{t} + \frac{3}{2} \left(\frac{s}{t} \right)^2 \right\} + 1 \right] \quad (57)$$

Federungsarbeit W:

$$W = \frac{2E}{1-\mu^2} \cdot \frac{t^5}{K_1 D_e^2} \cdot K_4^2 \left(\frac{s}{t} \right)^2 \left[K_4^2 \cdot \left(\frac{h_0}{t} - \frac{s}{2t} \right)^2 + 1 \right] \quad (58)$$

c) Festigkeitsnachweis bei statischer Belastung

Für diese und die so genannte quasistatische Belastung bei $N < 10^4$ Lastspielen wählt man die Tellerfeder aus Tabelle 2 so aus, dass die vorhandene größte Federkraft F kleiner ist als die in der Tabelle angegebene zulässige Federkraft $F_{0,75}$ bei dem Federweg $s_{0,75} = 0,75 \cdot h_0$. Die im Querschnitt I auftretende Druckspannung σ_I soll 2400 N/mm² bei dem Federweg $s = 0,75 \cdot h_0 = s_{0,75}$ nicht überschreiten.

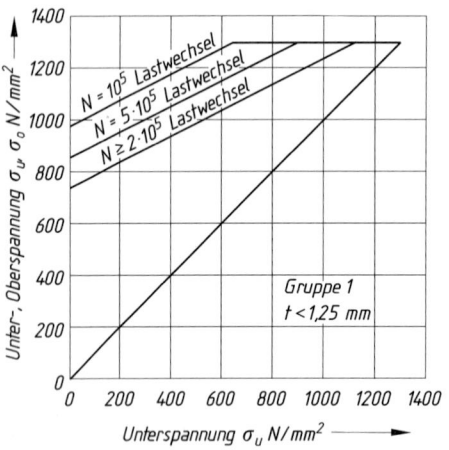

Bild 16. Dauer- und Zeitfestigkeitsdiagramm der Tellerfedergruppe 1 mit $t < 1,25$ mm

d) Nachweis bei schwingender Belastung (Dauerfestigkeit)

Grundlage für den Nachweis der Dauer- oder Zeitfestigkeit (siehe Berechnungsbeispiel) sind die in den Bildern 16 bis 18 dargestellten Dauerfestigkeitsdiagramme (*Goodman*-Diagramme). Zur Auswertung werden die vorhandenen rechnerischen oberen und unteren Zugspannungen σ_{IIo} σ_{IIu} σ_{IIIo} σ_{IIIu} in den Querschnitten II und III mit den Gleichungen (54) und (55) ermittelt. Diese Werte müssen kleiner sein als die Spannungshubgrenzen in den Dauerfestigkeitsdiagrammen der Bilder 16 bis 18 (siehe Beispiel).

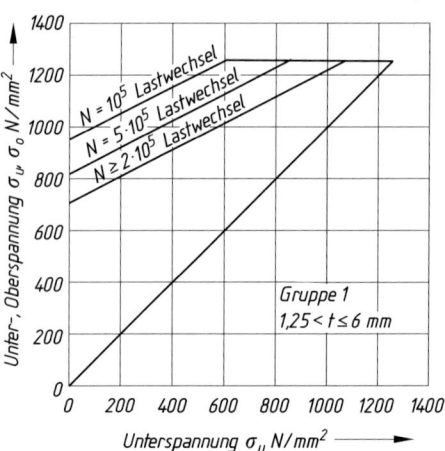

Bild 17. Dauer- und Zeitfestigkeitsdiagramm der Tellerfedergruppe 2 mit 1,25 mm $\leq t \leq 6$ mm

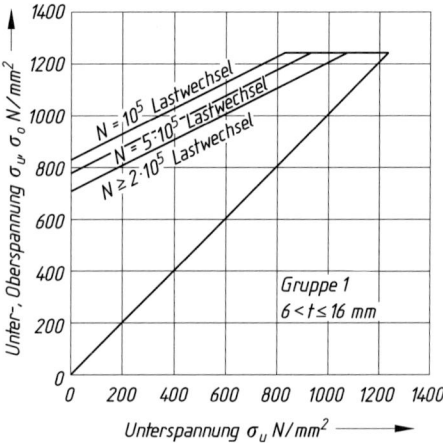

Bild 18. Dauer- und Zeitfestigkeitsdiagramm der Tellerfedergruppe 3 mit 6 mm $< t < 14$ mm

9.5.5.4 Berechnungsbeispiel (Nachrechnung) einer Tellerfeder

Für eine dynamische Belastung mit oberer Federkraft $F_0 = 7000$ N und unterer Federkraft $F_u = 4000$ N wurde gewählt: Tellerfeder DIN 2093 – A 50 mit den Werten aus Tabelle 2:

Außendurchmesser	$D_e = 50$ mm
Tellerdicke	$t = 3$ mm
Federkraft	$F_{0,75} = 12000$ N
Federweg	$s_{0,75} = 0,83$ mm
Innendurchmesser	$D_i = 25,4$ mm
lichte Tellerhöhe	$h_0 = 1,1$ mm
rechn. Druckspg.	$\sigma_{0M} = -1250$ /mm²
größte rechn. Zugspg.	$\sigma_{II} = 1430$ N/mm²
Länge	$l_0 = 4,1$ mm

Gesucht:
a) maximaler Federweg s_0
b) obere und untere rechnerische Spannung in den gefährdeten Querschnitten nach Bild 11
c) Schwing-Festigkeitsnachweis für $N = 10^5$ Lastspiele.

Lösung:

a) Mit dem Durchmesserverhältnis

$$\delta = \frac{D_e}{D_i} = \frac{50\ \text{mm}}{25,4\ \text{mm}} = 1,9685$$

werden zuerst die Kennwerte K_1, K_2, K_3, K_4 mit den Gleichungen (44) bis (47) berechnet:

$K_1 = 0,688$; $K_2 = 1,213$; $K_3 = 1,366$; $K_4 = 1$ (Teller ohne Auflagefläche).

Für die bis zur Plananlage durchgedrückte Tellerfeder ist der Federweg s_C gleich der lichten Höhe h_0 am unbelasteten Einzelteller: $s_C = h_0 = 1,1$ mm.

Damit kann die Federkraft F_C für die platt gedrückte Tellerfeder nach (51) berechnet werden: $F_C = 15\,640$ N.

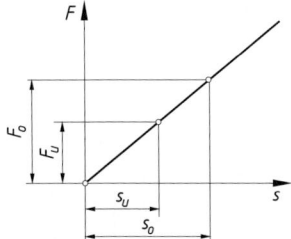

Linearer Kennlinienverlauf

Mit den beiden Größen F_C und s_C lässt sich bei Annahme eines linearen Kennlinienlaufs das Federdiagramm zeichnen. Das Diagramm zeigt die Proportion $F_C/F_0 = s_C/s_0$. Damit und mit der gegebenen oberen und unteren Federkraft $F_0 = 7\,000$ N und $F_u = 4\,000$ N lassen sich die zugehörigen Federwege berechnen:

$$s_0 = s_C \cdot \frac{F_0}{F_C} = 1,1\ \text{mm} \cdot \frac{7\,000\ \text{N}}{15\,640\ \text{N}} = 0,492\ \text{mm}$$

$$s_u = s_C \cdot \frac{F_u}{F_C} = 1,1\ \text{mm} \cdot \frac{4\,000\ \text{N}}{15\,640\ \text{N}} = 0,281\ \text{mm}$$

Zu annähernd gleichen Federwegbeträgen muss die Rechnung führen, wenn anstelle der berechneten Federkraft F_C und dem Federweg s_C die Federkraft $F_{0,75}$ bei $s_{0,75}$ nach Tabelle 2 eingesetzt wird:

$$s_0 = s_{0,75} \cdot \frac{F_0}{F_{0,75}} = 0,83\ \text{mm} \cdot \frac{7\,000\ \text{N}}{12\,000\ \text{N}} = 0,484\ \text{mm}$$

$$s_u = s_{0,75} \cdot \frac{F_u}{F_{0,75}} = 0,83\ \text{mm} \cdot \frac{4\,000\ \text{N}}{12\,000\ \text{N}} = 0,25\ \text{mm}$$

Die Rechnung ergibt den maximalen Federweg;
$s_0 = 0,492$ mm $< s_{0,75} = 0,75 \cdot h_0 = 0,75 \cdot 1,1$ mm $= 0,825$ mm.

b) Mit den berechneten Federwegen s_0, s_u lassen sich die Spannungen in den gefährdeten Querschnitten ermitteln.
Die Prüfung im Querschnitt I ist nicht erforderlich, weil $s_0 = 0,492$ mm $< s_{0,75} = 0,75 \cdot h_0 = 0,75 \cdot 1,1$ mm $= 0,825$ mm ist.
Die Rechnung für die Querschnitte II und III ergibt mit den Gleichungen (54) und (55) die Zugspannungen:

$$\begin{aligned}
\sigma_{IIo} &= 794\ \text{N/mm}^2 \\
\sigma_{IIu} &= 435\ \text{N/mm}^2 \\
\sigma_{IIIo} &= 710\ \text{N/mm}^2 \\
\sigma_{IIIu} &= 418\ \text{N/mm}^2
\end{aligned}$$

c) Die im Schwingspiel auftretende Hubspannung σ_{hII} im Querschnitt II beträgt
$\sigma_{hII} = \sigma_{IIo} - \sigma_{IIu} = (794 - 435)\ \text{N/mm}^2 = 359\ \text{N/mm}^2$. Aus dem Dauerfestigkeitsdiagramm für Tellerfedern der Gruppe 2 kann mit der vorhandenen Unterspannung $\sigma_{IIu} = 435\ \text{N/mm}^2$ die zulässige Oberspannung $\sigma_{o\,zul} = 1\,160\ \text{N/mm}^2$ abgelesen werden. Die Hubfestigkeit ist dann
$\sigma_H = \sigma_{o\,zul} - \sigma_{IIu} = (1\,160 - 435)\ \text{N/mm}^2 = 725\ \text{N/mm}^2$.
Die vorhandene Hubspannung ist mit $\sigma_{hII} = 359\ \text{N/mm}^2$ wesentlich kleiner als die Hubfestigkeit $\sigma_H = 725\ \text{N/mm}^2$ der Tellerfeder; der Dauerfestigkeitsnachweis ist erbracht.

Tabelle 2. Original-SCHNORR [1] Tellerfedern (nach DIN 2093), erweitert

D_e Außendurchmesser
D_i Innendurchmesser
t Tellerdicke des Einzeltellers
l_0 Bauhöhe des unbelasteten Federtellers
$h_0 = l_0 - t$ Federweg bis zur Plananlage der Tellerfeder ohne Auflagefläche
= lichte Höhe am unbelasteten Einzelteller
$F_{0,75}$ Federkraft am Einzelteller bei Federweg
$s_{0,75} = 0,75 \cdot h_0$

$s_{0,75}$ Federweg am Einzelteller bei $s = 0,75 \cdot h_0$
σ_{OM}[2], σ_{II}[3], σ_{III} Rechnerische Spannung an der Stelle OM, II, III (Bild 11)
[1] t' ist die verringerte Tellerdicke der Gruppe 3 (Grenzabmaße nach DIN 2093, Abschnitt 6.2).
[2] rechnerische Druckspannung am oberen Mantelpunkt OM (Bild 11).
[3] größte rechnerische Zugspannung an der Tellerunterseite,
[*] Werte gelten für die Stelle II, sonst für Stelle III (Bild 11).

Reihe	D_e	D_i	t (t')[1]	l_0	h_0	h_0/t	bei $s = 0,75 \cdot h_0$				bei $s \approx 1,0 \cdot h_0$
							$F_{0,75}$	$s_{0,75}$	σ_{OM}	σ_{II}[*], σ_{III}[*]	σ_{OM}
	mm	mm	mm	mm	mm		N	mm	N/mm²	N/mm²	N/mm²
C	8	4,2	0,2	0,45	0,25	1,25	39	0,19	−762	1040	−1000
B	8	4,2	0,3	0,55	0,25	0,83	119	0,19	−1140	1330	−1510
A	8	4,2	0,4	0,6	0,2	0,50	210	0,15	−1200	1220	−1610
C	10	5,2	0,25	0,55	0,3	1,20	58	0,23	−734	980	−957
B	10	5,2	0,4	0,7	0,3	0,75	213	0,23	−1170	1300	−1530
A	10	5,2	0,5	0,75	0,25	0,50	329	0,19	−1210	1240	−1600

| Reihe | D_e | D_i | $t\,(t')^{1)}$ | l_0 | h_0 | h_0/t | bei s $= 0{,}75 \cdot h_0$ | | | $\sigma_{II}^{*)}, \sigma_{III}^{*)}$ | bei s $\approx 1{,}0 \cdot h_0$ |
| | | | | | | | $F_{0,75}$ | $s_{0,75}$ | σ_{OM} | | σ_{OM} |
	mm	mm	mm	mm	mm		N	mm	N/mm²	N/mm²	N/mm²
C	12,5	6,2	0,35	0,8	0,45	1,29	152	0,34	− 944	1280	− 1250
B	12,5	6,2	0,5	0,85	0,35	0,70	291	0,26	− 1000	1110	− 1390
A	12,5	6,2	0,7	1	0,3	0,43	673	0,23	− 1280	1420	− 1670
C	14	7,2	0,35	0,8	0,45	1,29	123	0,34	− 769	1060	− 1020
B	14	7,2	0,5	0,9	0,4	0,80	279	0,3	− 970	1100	− 1290
A	14	7,2	0,8	1,1	0,3	0,38	813	0,23	− 1190	1340	− 1550
C	16	8,2	0,4	0,9	0,5	1,25	155	0,38	− 751	1020	− 988
B	16	8,2	0,6	1,05	0,45	0,75	412	0,34	− 1010	1120	− 1330
A	16	8,2	0,9	1,25	0,35	0,39	1000	0,26	− 1160	1290	− 1560
C	18	9,2	0,45	1,05	0,6	1,33	214	0,45	− 789	1110	− 1050
B	18	9,2	0,7	1,2	0,5	0,71	572	0,38	− 1040	1130	− 1360
A	18	9,2	1	1,4	0,4	0,40	1250	0,3	− 1170	1300	− 1560
C	20	10,2	0,5	1,15	0,65	1,30	254	0,49	− 772	1070	− 1020
B	20	10,2	0,8	1,35	0,55	0,69	745	0,41	− 1030	1110	− 1390
A	20	10,2	1,1	1,55	0,45	0,41	1530	0,34	− 1180	1300	− 1560
C	22,5	11,2	0,6	1,4	0,8	1,33	425	0,6	− 883	1230	− 1180
B	22,5	11,2	0,8	1,45	0,65	0,81	710	0,49	− 962	1080	− 1280
A	22,5	11,2	1,25	1,75	0,5	0,40	1950	0,38	− 1170	1320	− 1530
C	25	12,2	0,7	1,6	0,9	1,29	601	0,68	− 936	1270	− 1240
B	25	12,2	0,9	1,6	0,7	0,78	868	0,53	− 938	1030	− 1240
A	25	12,2	1,5	2,05	0,55	0,37	2910	0,41	− 1210	1410	− 1620
C	28	14,2	0,8	1,8	1	1,25	801	0,75	− 961	1300	− 1280
B	28	14,2	1	1,8	0,8	0,80	1110	0,6	− 961	1090	− 1280
A	28	14,2	1,5	2,15	0,65	0,43	2850	0,49	− 1180	1280	− 1560
C	31,5	16,3	0,8	1,85	1,05	1,31	687	0,79	− 810	1130	− 1080
B	31,5	16,3	1,25	2,15	0,9	0,72	1920	0,68	− 1090	1190	− 1440
A	31,5	16,3	1,75	2,45	0,7	0,40	3900	0,53	− 1190	1310	− 1570
C	35,5	18,3	0,9	2,05	1,15	1,28	831	0,86	− 779	1080	− 1040
B	35,5	18,3	1,25	2,25	1	0,80	1700	0,75	− 944	1070	− 1260
A	35,5	18,3	2	2,8	0,8	0,40	5190	0,6	− 1210	1330	− 1610
C	40	20,4	1	2,3	1,3	1,30	1020	0,98	− 772	1070	− 1020
B	40	20,4	1,5	2,65	1,15	0,77	2620	0,86	− 1020	1130	− 1360
A	40	20,4	2,25	3,15	0,9	0,40	6540	0,68	− 1210	1340	− 1600
C	45	22,4	1,25	2,85	1,6	1,28	1890	1,2	− 920	1250	− 1230
B	45	22,4	1,75	3,05	1,3	0,74	3660	0,98	− 1050	1150	− 1400
A	45	22,4	2,5	3,5	1	0,40	7720	0,75	− 1150	1300	− 1530
C	50	25,4	1,25	2,85	1,6	1,28	1550	1,2	− 754	1040	− 1010
B	50	25,4	2	3,4	1,4	0,70	4760	1,05	− 1060	1140	− 1410
A	50	25,4	3	4,1	1,1	0,37	12000	0,83	− 1250	1430	− 1660
C	56	28,5	1,5	3,45	1,95	1,30	2620	1,46	− 879	1220	− 1170
B	56	28,5	2	3,6	1,6	0,80	4440	1,2	− 963	1090	− 1280
A	56	28,5	3	4,3	1,3	0,43	11400	0,98	− 1180	1280	− 1570
C	63	31	1,8	4,15	2,35	1,31	4240	1,76	− 985	1350	− 1320
B	63	31	2,5	4,25	1,75	0,70	7180	1,31	− 1020	1090	− 1360
A	63	31	3,5	4,9	1,4	0,40	15000	1,05	− 1140	1300	− 1520
C	71	36	2	4,6	2,6	1,30	5140	1,95	− 971	1340	− 1300
B	71	36	2,5	4,5	2	0,80	6730	1,5	− 934	1060	− 1250
A	71	36	4	5,6	1,6	0,40	20500	1,2	− 1200	1330	− 1590
C	80	41	2,25	5,2	2,95	1,31	6610	2,21	− 982	1370	− 1310
B	80	41	3	5,3	2,3	0,77	10500	1,73	− 1030	1140	− 1360
A	80	41	5	6,7	1,7	0,34	33700	1,28	1260	1460	− 1680
C	90	46	2,5	5,7	3,2	1,28	7680	2,4	− 935	1290	− 1250

| Reihe | D_e | D_i | $t\,(t')^{1)}$ | l_0 | h_0 | h_0/t | bei $s = 0{,}75 \cdot h_0$ | | | $\sigma_{II}^{*)}, \sigma_{III}^{*)}$ | bei $s \approx 1{,}0 \cdot h_0$ |
| | | | | | | | $F_{0,75}$ | $s_{0,75}$ | σ_{OM} | | σ_{OM} |
	mm	mm	mm	mm	mm		N	mm	N/mm²	N/mm²	N/mm²
B	90	46	3,5	6	2,5	0,71	14200	1,88	− 1030	1120	− 1360
A	90	46	5	7	2	0,40	31400	1,5	− 1170	1300	− 1560
C	100	51	2,7	6,2	3,5	1,30	8610	2,63	− 895	1240	− 1190
B	100	51	3,5	6,3	2,8	0,80	13100	2,1	− 926	1050	− 1240
A	100	51	6	8,2	2,2	0,37	48000	1,65	− 1250	1420	− 1660
C	112	57	3	6,9	3,9	1,30	10500	2,93	− 882	1220	− 1170
B	112	57	4	7,2	3,2	0,80	17800	2,4	− 963	1090	− 1280
A	112	57	6	8,5	2,5	0,42	43800	1,88	− 1130	1240	− 1510
C	125	64	3,5	8	4,5	1,29	15400	3,38	− 956	1320	− 1270
B	125	64	5	8,5	3,5	0,70	30000	2,63	− 1060	1150	− 1420
A	125	64	8	10,6	2,6	0,41	85900	1,95	− 1280	1330	− 1710
C	140	72	3,8	8,7	4,9	1,29	17200	3,68	− 904	1250	− 1200
B	140	72	5	9	4	0,80	27900	3	− 970	1110	− 1290
A	140	72	8	11,2	3,2	0,49	85300	2,4	− 1260	1280	− 1680
C	160	82	4,3	9,9	5,6	1,30	21800	4,2	− 892	1240	− 1190
B	160	82	6	10,5	4,5	0,75	41100	3,38	− 1000	1110	− 1330
A	160	82	10	13,5	3,5	0,44	139000	2,63	− 1320	1340	− 1750
C	180	92	4,8	11	6,2	1,29	26400	4,65	− 869	1200	− 1160
B	180	92	6	11,1	5,1	0,85	37500	3,83	− 895	1040	− 1190
A	180	92	10	14	4	0,49	125000	3	− 1180	1200	− 1580
C	200	102	5,5	12,5	7	1,27	36100	5,25	− 910	1250	− 1210
B	200	102	8	13,6	5,6	0,81	76400	4,2	− 1060	1250	− 1410
A	200	102	12	16,2	4,2	0,44	183000	3,15	− 1210	1230	− 1610
C	225	112	6,5	13,6	7,1	1,19	44600	5,33	− 840	1140	− 1120
B	225	112	8	14,5	6,5	0,93	70800	4,88	− 951	1180	− 1270
A	225	112	12	17	5	0,51	171000	3,75	− 1120	1140	− 1490
C	250	127	7	14,8	7,8	1,21	50500	5,85	− 814	1120	− 1090
B	250	127	10	17	7	0,81	119000	5,25	− 1050	1240	− 1410
A	250	127	14	19,6	5,6	0,50	249000	4,2	− 1200	1220	− 1600

[1] Adolf Schnorr GmbH + Co. KG, 71050 Sindelfingen

9.6 Drehbeanspruchte Metallfedern

9.6.1 Drehstabfedern

Drehstabfedern sind gerade, auf Torsion (Verdrehung) beanspruchte Stäbe mit meist rundem, seltener quadratischem Querschnitt oder auch Bündel von Federbändern. Verwendung bei Kraftfahrzeugen zur Achsfederung (Bild 19), für Drehmoment-Schraubenschlüssel und zur Drehkraftmessung.

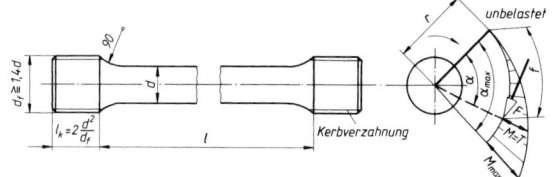

Bild 19. Drehstabfedern mit allgemeinem Maßen

Berechnung: Genormt nach DIN 2091. Für die durch ein Torsionsmoment M_T beanspruchte Stabfeder mit Durchmesser d nach Bild 19 gilt für die *Torsionsspannung*

$$\tau_t = \frac{M_T}{W_p} = \frac{M_T}{0{,}2\,d^3} \le \tau_{t\,zul} \qquad (59)$$

τ_t	M_T	d
$\dfrac{N}{mm^2}$	Nmm	mm

im Abstand l ergibt sich ein *Verdrehwinkel*

$$\alpha = \frac{180°}{\pi} \cdot \frac{M_T\,l}{I_p\,G} \qquad (60)$$

α	M_T	l, d	G
°	Nmm	mm	$\dfrac{N}{mm^2}$

Zulässige Torsionsspannung $\tau_{t\,zul}$ und Schubmodul G siehe Tabelle 1. Mit $M_T = F\,r$ ergibt sich ein

Federweg gleich der von *F* beschriebenen Bogenlänge $f = r \, \alpha$. Darin ist $\alpha = M_T l/(I_p G)$. Für die *Federsteifigkeit c* gilt bei Drehstabfedern $c = M_T/\alpha$.

9.6.2 Schraubenfedern

9.6.2.1 Allgemeines. Schraubenfedern als Zug- und Druckfedern sind die am meisten verwendeten Federn. Sie sind als schraubenförmig gewundene Drehstabfedern aufzufassen, meist aus Rund-, seltener aus Quadrat- oder Rechteckstäben hergestellt.
Verwendete Federstähle siehe Tabelle 1. Drahtdurchmesser für kaltgeformte Federn: d = 0,5 0,56 0,63 0,7 0,8 0,9 1,0 1,25 1,4 1,6 1,8 2,0 2,25 2,5 2,8 3,2 3,6 4,0 4,5 5,0 5,6 6,3 7,0 8,0 9,0 10 11 12,5 14 16 mm; für warmgeformte Federn: d = 16 18 20 22,5 25 28 32 36 40 45 50 mm
Anwendung sehr vielseitig, z.B. als Ventilfedern, Spannfedern, Achsfedern bei Fahrzeugen, Polsterfedern usw.

9.6.2.2 Ausführung der Schraubenfedern mit Kreisquerschnitt

Zugfedern, Richtlinien für die Ausführung nach DIN 2097. Zugfedern werden allgemein rechtsgewickelt

und bis d = 17 mm kaltgeformt mit aneinander liegenden Windungen (Vorspannung).
Federn mit d > 17 mm werden warmgeformt, wobei die Windungen einen vom Wickelverhältnis $w = D_m/d$ abhängigen Abstand haben. Ösenformen nach DIN 2097; die gebräuchlichste „ganze deutsche Öse" zeigt Bild 20.

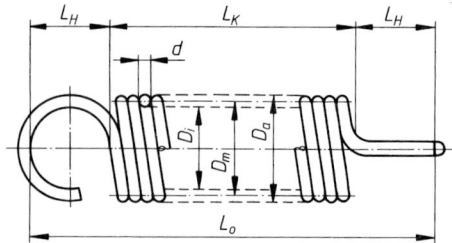

Bild 20. Ausführung einer Schrauben-Zugfeder

Druckfedern. Ausführungsrichtlinien für kaltgeformte Federn ($d \leq 17$ mm) nach DIN 2095, für warmgeformte nach DIN 2096. Druckfedern werden normal rechtsgewickelt. Die Drahtenden werden bei d > 0,5 mm plan geschliffen (Bild 21).

Tabelle 3. Ermittlung der Summe der Mindestabstände nach DIN 2095 bei kaltgeformten Druckfedem

Drahtdurchmesser d in mm	Berechnungsformel für S_a in mm	x-Werte in 1/mm bei Wickelverhältnis w			
		4... 6	> 6...8	> 8 ... 12	> 12
0,07 ... 0,5	$S_a = 0,5 \cdot d + x \cdot d^2 \cdot i_f$	0,50	0,75	1,00	1,50
über 0,5 ... 1,0	$0,4 \cdot d + x \cdot d^2 \cdot i_f$	0,20	0,40	0,60	1,00
über 1,0 ... 1,6	$0,3 \cdot d + x$- $d^2 \cdot i_f$	0,05	0,15	0,25	0,40
über 1,6 ... 2,5	$0,2 \cdot d + x$- $d^2 \cdot i_f$	0,035	0,10	0,20	0,30
über 2,5 ... 4,0	$1 + x \cdot d^2 \cdot i_f$	0,02	0,04	0,06	0,10
über 4,0 ... 6,3	$1 + x \cdot d^2 \cdot i_f$	0,015	0,03	0,045	0,06
über 6,3 ... 10	$1 + x \cdot d^2 \cdot i_f$	0,01	0,02	0,030	0,04
über 10 ... 17	$1 + x \cdot d^2 \cdot i_f$	0,005	0,01	0,018	0,022

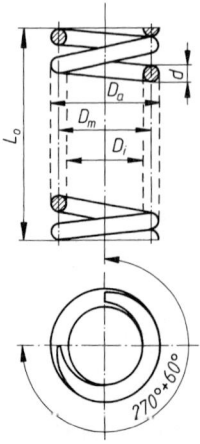

Bild 21. Ausführung einer Schrauben-Druckfeder

Die Windungssteigung ist so zu wählen, dass auch bei Höchstlast noch ein Mindestabstand zwischen den Windungen vorhanden ist, der vom Drahtdurchmesser d und Wickelverhältnis w abhängig ist. Die Summe der Mindestabstände S_a errechnet sich bei kaltgeformten Federn nach Tabelle 3, bei warmgeformten Druckfedern beträgt die Summe der Mindestabstände nach DIN 2096 $S_a \approx 0,17 \, d \, i_f$.
Für die Festlegung der Bauabmessungen ist die Länge der Feder bei aneinander liegenden Windungen, die Blocklänge L_{Bl} und die Lange der unbelasteten Feder L_0 wichtig. Bei kaltgeformten Federn mit plan geschliffenen Enden beträgt:

$$L_{Bl} \approx (i_f + 1,5) \, d + 0,5 \, d \approx i_g \, d \qquad (61)$$

L_{Bl}, d	i_f, i_g
mm	1

Bei warmgeformten Federn, deren Enden ausgeschmiedet und geschliffen werden, ist:

$$L_{Bl} \approx (i_f + 1)\,d + 0{,}2\,d \approx (i_g - 0{,}3)\,d \qquad (62)$$

$L_{Bl},\, d$	$i_f,\, i_g$
mm	1

i_g Gesamtzahl der Windungen:
für Gleichung (61) $i_g = i_f + 2$
für Gleichung (62) $i_g = i_f + 1{,}5$

$$L_0 = L_{Bl} + f_n + S_a \qquad (63)$$

Unter f_n ist der Federweg zu verstehen, der zur maximalen Federkraft F_n gehört.

9.6.2.3 Berechnung der Schrauben-Zugfedern

Die Berechnung ist nach DIN 2089 genormt. Ohne Berücksichtigung der Spannungserhöhung durch die Drahtkrümmung ergibt sich die *ideelle Torsionsspannung*

$$\tau_i = \frac{8\,F\,D_m}{\pi\,d^3} \le \tau_{i\,zul} \qquad (64)$$

τ_i	F	$d,\, D_m$
$\dfrac{N}{mm^2}$	N	mm

D_m — mittlerer Windungsdurchmesser
$\tau_{i\,zul}$ — zulässige ideelle Torsionsspannung nach Diagramm Bild 22

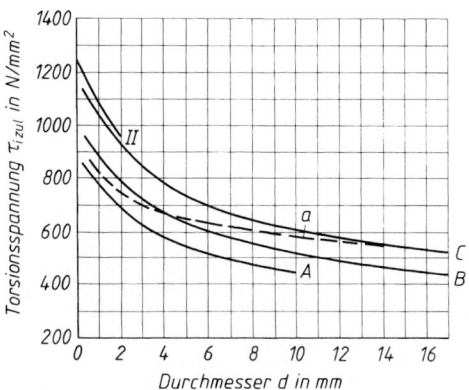

Bild 22. Zulässige Torsionsspannung für kaltgeformte Zugfedern aus Federstahldraht und ölvergütetem Federstahl (Kurve a) nach DIN EN 10270

Überschlägige Ermittlung des Drahtdurchmessers d nach Leiter, Bild 29.
Bei Federn, die ohne innere Vorspannung gewickelt sind, ergibt sich der *Federweg*

$$f = \frac{8\,D_m^3\,i_f\,F}{G\,d^4} \qquad (65)$$

$f,\, D_m,\, d$	F	G	i_f
mm	N	$\dfrac{N}{mm^2}$	1

i_f Anzahl der federnden Windungen, G Schubmodul des Federwerkstoffs nach Tabelle 1.
Bei Federn mit innerer Vorspannung ist für F die Differenz $F - F_0$ zu setzen. Die zum Öffnen der aneinander liegenden Windungen bei vorgespannten Federn erforderliche *innere Vorspannkraft* ergibt sich aus

$$F_0 = F - \frac{G\,d^4\,f}{8\,D_m^3\,i_f} \qquad (66)$$

$F_0,\, F$	G	d, f, D_m	i_f
N	$\dfrac{N}{mm^2}$	mm	1

Hiermit ist nachzuweisen, dass die *innere Torsionsspannung*

$$\tau_{i0} \approx \frac{F_0\,D_m}{0{,}4\,d^3} \le \tau_{i0\,zul} \qquad (67)$$

τ_{i0}	F_0	$D_m,\, d$
$\dfrac{N}{mm^2}$	N	mm

Werte für $\tau_{i0\,zul}$ nach Tabelle 4.

Tabelle 4. Richtwerte für die innere Torsionsspannung $\tau_{i0\,zul}$ für Federstahldraht nach DIN EN 10270

Herstellungsverfahren		Wickelverhältnis	
		$w = \dfrac{D_m}{d} =$ $= 4 \ldots 10$	$w = \dfrac{D_m}{d} =$ = über $10 \ldots 15$
kaltgeformt	auf Wickelbank	$0{,}25\ \tau_{i\,zul}$	$0{,}14\ \tau_{i\,zul}$
	auf Automat	$0{,}14\ \tau_{i\,zul}$	$0{,}07\ \tau_{i\,zul}$

Die *Federsteifigkeit* c ergibt sich aus

$$c = \frac{F}{f} = \frac{F - F_0}{f} = \frac{G\,d^4}{8\,D_m^3\,i_f} \qquad (68)$$

c	F, F_0	f, d, D_m	G	i_f
$\dfrac{N}{mm}$	N	mm	$\dfrac{N}{mm^2}$	1

Die *Gesamtzahl der Windungen* bei Federn mit aneinander liegenden Windungen wird

$$i_g = \frac{L_K}{d} - 1 \qquad (69)$$

i_g	$L_K,\, d$
1	mm

L_K Länge des unbelasteten Federkörpers.

Bei Federn ohne bzw. mit innerer Vorspannung ist die *Federungsarbeit*

$$W_f = \frac{F\,f}{2} \quad \text{bzw.} \quad W_f = \frac{(F + F_0)\,f}{2} \tag{70}$$

W_f	F, F_0	f
Nmm	N	mm

Die vorstehende Berechnung gilt für vorwiegend ruhend belastete, kaltgeformte Federn. Bei warmgeformten Federn soll $\tau_{izul} \approx 600\ \text{N/mm}^2$ nicht überschreiten. Schwingend belastete Zugfedern sind zu vermeiden, da deren Dauerfestigkeit weit gehend von der Ösenform und deren Übergang zum Federkörper abhängt und nur schwer zu erfassen ist.

9.6.2.4 Berechnung der Schrauben-Druckfedern

Die Berechnung ist wie die der Zugfedern nach DIN 2089 genormt. Es gelten die gleichen Berechnungsgleichungen, da Zug- und Druckfedern im Federungs- und Festigkeitsverhalten weit gehend übereinstimmen. Die im Folgenden benutzten Formelzeichen stimmen mit denen für die Berechnung der Zugfedern überein.

Für überwiegend *ruhend* belastete Druckfedern gilt für die *ideelle Torsionsspannung*

$$\tau_i \approx \frac{F\,D_m}{0{,}4\,d^3} \le \tau_{izul} \tag{71}$$

Werte für $\tau_{i\,zul}$ nach Diagramm Bild 23. Überschlägige Ermittlung des Drahtdurchmessers d nach Leiter Bild 29.

Bei überwiegend *schwingend* belasteten Federn wird unter Berücksichtigung der durch die Drahtkrümmung entstehenden Spannungserhöhung die

$$\text{Torsionsspannung } \tau_k \approx k \frac{F\,D_m}{0{,}4\,d^3} \le \tau_{kzul} \tag{72}$$

und die

$$\text{Hubspannung } \tau_{kh} \approx k \frac{\Delta F\,D_m}{0{,}4\,d^3} \le \tau_{kH} \tag{73}$$

Beiwert k berücksichtigt die Spannungserhöhung durch die Drahtkrümmung; Werte, abhängig vom Wickelverhältnis $w = D_m/d$ nach Diagramm Bild 24. Werte für $\tau_{k\,zul}$ und τ_{kH} nach Dauerfestigkeitsdiagrammen Bild 25 bis 27.

Der *Federweg f*, die *Federsteifigkeit c* und die *Federungsarbeit W* ergeben sich aus:

$$f = \frac{8\,D_m^3\,i_f\,F}{G\,d^4} \tag{74}$$

$$c = \frac{F}{f} = \frac{\Delta F}{\Delta f} = \frac{G\,d^4}{8\,D_m^3\,i_f} \tag{75}$$

$$W = \frac{F\,f}{2} \tag{76}$$

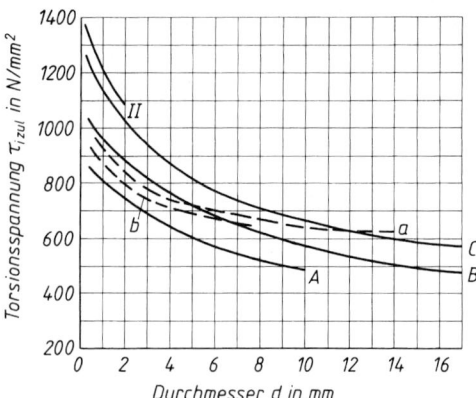

Bild 23. Zulässige Torsionsspannung für kaltgeformte Druckfedern aus Federstahldraht und ölvergütetem Federstahl (Kurve a) und ölvergütetem Ventilfederdraht (Kurve b) nach DIN EN 10270

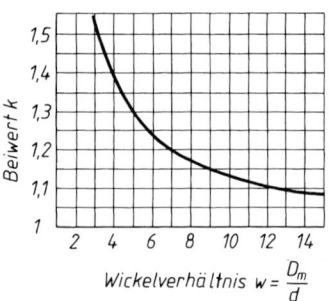

Bild 24. Beiwert k in Abhängigkeit vom Wickelverhältnis w

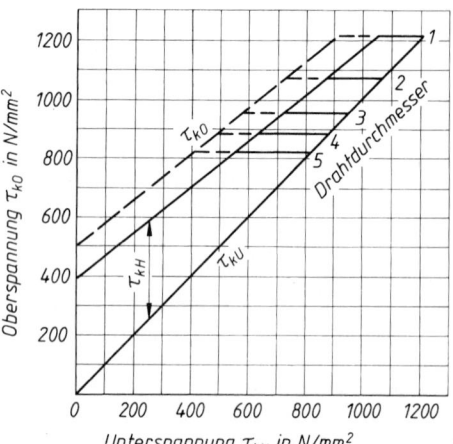

Bild 25. Dauerfestigkeitsdiagramm für kaltgeformte Druckfedern aus Federstahldraht C. Nicht gestrahlt (ausgezogene Linien), gestrahlt (gestrichelte Linien)

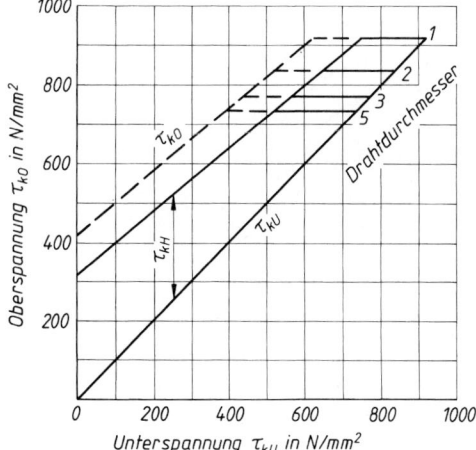

Bild 26. Dauerfestigkeitsdiagramm für kaltgeformte Druckfedern aus ölvergütetem Federstahldraht nach DIN EN 10270. Nicht gestrahlt (ausgezogene Linien), gestrahlt (gestrichelte Linien)

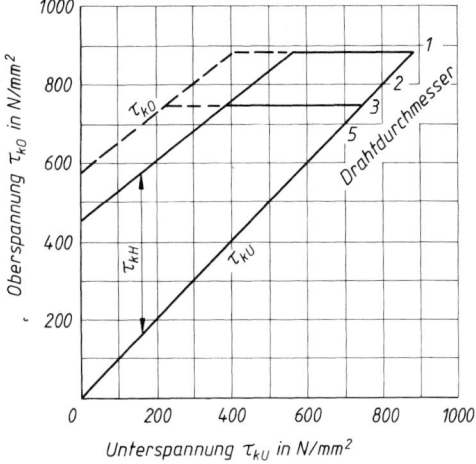

Bild 27. Dauerfestigkeitsdiagramm für kaltgeformte Druckfedern aus ölvergütetem Ventilfederdraht nach DIN EN 10270. Nicht gestrahlt (ausgezogene Linien), gestrahlt (gestrichelte Linien)

Bei längeren Federn ist die Knicksicherheit zu prüfen. Ein seitliches Ausknicken tritt nicht ein, wenn die Kurven im Diagramm Bild 28 nicht überschritten werden. Maßgebend sind der Schlankheitsgrad L_0/D_m und die Federung $(f_\mathrm{max}/L_0)\,100$ in %.
Längere Federn sind in einer Hülse oder auf einem Dorn zu führen.

■ **Beispiel:**
Es ist eine zylindrische Schrauben-Druckfeder (Ventilfeder) mit unbegrenzter Lebensdauer aus ölvergütetem, gestrahltem Ventilfederdraht nach DIN EN 10270 für die Federkräfte

$F_1 = 350$ N, $F_2 = 700$ N bei einem Hub $h \triangleq \Delta f = 12$ mm zu berechnen. Der innere Windungsdurchmesser D_i darf 20 mm nicht unterschreiten.

Lösung:
Berechnung auf Dauerfestigkeit, Belastung: allgemein dynamisch, schwellend. Bei der Betrachtung des Dauerfestigkeitsdiagramms Bild 27 stellt man fest, dass die ertragbare Hubspannung τ_kH nahezu konstant und von der Vorspannung $\tau_\mathrm{kU} \triangleq \tau_\mathrm{kv}$ fast unabhängig ist. $\tau_\mathrm{kH} \approx 500$ N/mm², gewählt: $\tau_\mathrm{kH\,zul} = 325$ N/mm², die Wahl des Wickelverhältnisses w ist für die Größe der Spannungserhöhung an der Innenseite durch dem Faktor k entscheidend;
$w = D_\mathrm{m}/d = 6 \triangleq k = 1{,}27$ nach Bild 24.

Mit diesen Voraussetzungen lässt sich der Drahtdurchmesser d nach den Gleichungen (72) und (73) wie folgt berechnen:

Aus $\tau_\mathrm{k} \approx k\,\dfrac{F\,D_\mathrm{m}}{0{,}4\,d^3}$ wird $\tau_\mathrm{kh} \approx k\,\dfrac{\Delta F\,D_\mathrm{m}}{0{,}4\,d^3} \approx k\,\dfrac{\Delta F\,6\,d}{0{,}4\,d^3} \le \tau_\mathrm{kH\,zul}$

$$d \approx \sqrt{1{,}27\,\dfrac{(700\,\mathrm{N} - 350\,\mathrm{N})\cdot 6}{0{,}4\cdot 325\,\dfrac{\mathrm{N}}{\mathrm{mm}^2}}} = 4{,}53\ \text{mm, gewählt: } d = 4{,}5\ \text{mm}$$

$D_\mathrm{m} = 6\,d = 6\cdot 4{,}5$ mm $= 27$ mm, $D_\mathrm{i} = D_\mathrm{m} - d = 27$ mm $- 4{,}5$ mm
$D_\mathrm{m} = 22{,}5$ mm

Überprüfung auf Dauerhaltbarkeit:

$$\tau_\mathrm{k1} \approx 1{,}27\,\frac{350\,\mathrm{N}\cdot 27\ \mathrm{mm}}{0{,}4\cdot 4{,}5^3\mathrm{mm}^3} = 329{,}3\,\frac{\mathrm{N}}{\mathrm{mm}^2}$$

$$\tau_\mathrm{k2} = \tau_\mathrm{k1}\cdot\frac{F_2}{F_1} = 329{,}3\,\frac{\mathrm{N}}{\mathrm{mm}^2}\,\frac{700\,\mathrm{N}}{350\,\mathrm{N}} = 658{,}6\,\frac{\mathrm{N}}{\mathrm{mm}^2}$$

$$\tau_\mathrm{kh} = \tau_\mathrm{k2} - \tau_\mathrm{k1} = 658{,}6\,\frac{\mathrm{N}}{\mathrm{mm}^2} - 329{,}3\,\frac{\mathrm{N}}{\mathrm{mm}^2} = 329{,}3\,\frac{\mathrm{N}}{\mathrm{mm}^2}$$

nach Bild 27 liegen alle Werte im zulässigen Bereich.

Festlegung der Federsteifigkeit c, der federnden Windungen i_f und der Gesamtwindungszahl i_g.

Nach Gleichung (75) ist:

$$c = \frac{\Delta F}{\Delta f} = \frac{G\,d^4}{8\,D_\mathrm{m}^3\,i_\mathrm{f}}$$

$$c = \frac{F_2 - F_1}{\Delta f} = \frac{700\,\mathrm{N} - 350\,\mathrm{N}}{12\ \mathrm{mm}} = 29{,}17\,\frac{\mathrm{N}}{\mathrm{mm}}$$

$$c\,i_\mathrm{f} = \frac{G\,d^4}{8\,D_\mathrm{m}^3} = \frac{83\,000\cdot 4{,}5^4\ \mathrm{mm}^4}{8\cdot 27^3\mathrm{mm}^3} = 216{,}2\,\frac{\mathrm{N}}{\mathrm{mm}}$$

$$i_\mathrm{f} = \frac{216{,}2\,\dfrac{\mathrm{N}}{\mathrm{mm}}}{29{,}17\,\dfrac{\mathrm{N}}{\mathrm{mm}}} = 7{,}4$$

gewählt: $i_\mathrm{f} = 7{,}5$ und damit $i_\mathrm{g} = i_\mathrm{f} + 2 = 7{,}5 + 2 = 9{,}5$ Windungen nach Gleichung (61).

$$c_\mathrm{vorh} = \frac{216{,}2\,\dfrac{\mathrm{N}}{\mathrm{mm}}}{7{,}5} = 28{,}83\,\frac{\mathrm{N}}{\mathrm{mm}}$$

die endgültigen Federwege betragen:

$$f_1 = \frac{F_1}{c_\mathrm{vorh}} = \frac{350\ \mathrm{Nmm}}{28{,}83\ \mathrm{N}} = 12{,}1\ \mathrm{mm}$$

$$f_2 = \frac{F_2}{c_\mathrm{vorh}} = \frac{700\ \mathrm{Nmm}}{28{,}83\ \mathrm{N}} = 24{,}3\ \mathrm{mm}$$

$$\Delta f \approx 12{,}2\ \mathrm{mm}$$

Die Blocklänge der Feder wird nach Gleichung (61):
$L_{Bl} \approx i_g \, d = 9,5 \cdot 4,5 \text{ mm} = 42,8 \text{ mm}$. Unter Berücksichtigung eines Mindestabstands zwischen den einzelnen Windungen wird die Länge der unbelasteten Feder: $L_0 = L_{Bl} + f_2 + S_a$; S_a nach Tabelle 3:

$$S_a \approx 1 + x \, d^2 \, i_f = 1 + 0,015 \cdot 4,5^2 \cdot 7,5 = 3,3 \text{ mm}$$

$$L_0 \approx 42,8 \text{ mm} + 24,3 \text{ mm} + 3,3 \text{ mm}$$

$$L_0 \approx 70,0 \text{ mm}$$

Abschließend ist die Knicksicherheit zu prüfen:

$$\text{Schlankheitsgrad } \frac{L_0}{D_m} = \frac{70 \text{ mm}}{27 \text{ mm}} = 2,6$$

$$\text{Federung } \frac{f_2}{L_0} 100 \,\% = \frac{24,3 \text{ mm}}{70 \text{ mm}} \cdot 100 \,\% = 35 \,\%$$

Mit diesen Werten wird keine der Kurven in Bild 28 erreicht, d.h., die Feder ist knicksicher.

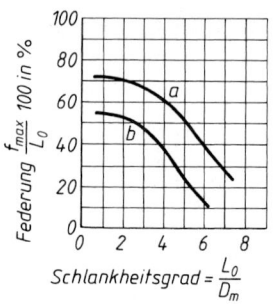

Bild 28. Ausknickung von Schrauben-Druckfedern
Kurve a: für Federn mit geführten Einspannenden
Kurve b: für Federn mit veränderlichen Auflagebedingungen

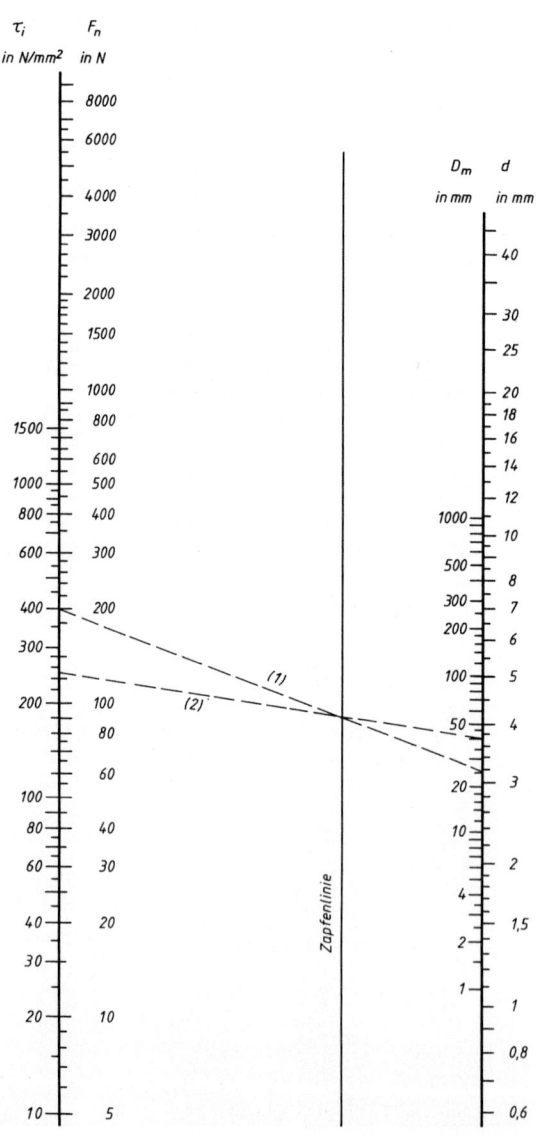

Gegeben: F_n, τ_i

Gewählt: D_m

Linie (1) von D_m zu F_n ergibt Schnittpunkt auf Zapfenlinie.
Linie (2) durch diesen Schnittpunkt zu τ_i ergibt d.

Beispiel: $F_n = 600$ N,
$\tau_i = 700$ N/mm², $D_m = 25$ mm

Linie (1) von 25 mm zu 600 N,
Linie (2) durch Schnittpunkt der Linie (1) mit Zapfenlinie zu 700 N/mm² ergibt
$d \approx 3,8$ mm

Bild 29. Leitertafel zur Entwurfsberechnung zylindrischer Schrauben-Druckfedern

10 Achsen, Wellen und Zapfen

A. Böge

Normen (Auswahl)

DIN 509	Freistiche
DIN 668, 670, 671	Blanker Rundstahl
DIN 669	Blanke Stahlwellen
DIN 743	Tragfähigkeitsberechnung von Wellen und Achsen
DIN 748	Zylindrische Wellenenden
DIN 1448, 1449	Kegelige Wellenenden mit Außen-, Innengewinde

10.1 Allgemeines

Achsen dienen zum Tragen und Lagern von Laufrädern, Seilrollen, Hebeln usw. und werden hauptsächlich auf Biegung beansprucht. Sie übertragen kein Drehmoment. *Feststehende Achsen* werden nur ruhend oder schwellend auf Biegung beansprucht. Sie sind festigkeitsmäßig günstiger als *umlaufende Achsen,* bei denen die Biegung wechselnd auftritt. *Wellen* laufen ausschließlich um. Sie übertragen über Riemenscheiben, Zahnräder, Kupplungen usw. Drehmomente, werden also auf Verdrehung und meist zusätzlich auf Biegung beansprucht.
Zapfen sind die zum Tragen und Lagern, meist abgesetzten Achsen- und Wellenenden oder auch Einzelelemente (Spurzapfen, Kurbelzapfen).

10.2 Werkstoffe, Normen

Für normal beanspruchte Achsen und Wellen von Getrieben, Hebezeugen, Werkzeugmaschinen usw. werden die Baustähle, DIN EN 10025, z.B. E 335 verwendet; für höhere Beanspruchungen, bei Kraftfahrzeugen, Motoren, Turbinen, schweren Werkzeugmaschinen usw., die Vergütungsstähle, DIN EN 10084 z.B. C 22, 18 CrNiMo 13-4. Gegebenenfalls sind bei der Werkstoffwahl noch zu beachten: Schweißbarkeit, Schmiedbarkeit, Korrosionsverhalten, magnetische Eigenschaften und Lieferform (Blöcke, Stangen), siehe auch Abschnitt Werkstofftechnik.
Normen: Rundstähle nach DIN 668 mit Toleranz h11, nach DIN 670 mit Toleranz h8 und DIN 671 mit Toleranz h9; Oberfläche kaltgezogen und geschält oder geschliffen. Stahlwellen, DIN 669, mit Toleranz h9, Oberfläche kaltgezogen und poliert. Bei anderen Toleranzen und teils unbearbeiteter Oberfläche wird warmgewalzter Rundstahl, DIN EN 10278, verwendet.
Achsen und Wellen größerer Abmessungen oder besonderer Formen, zum Beispiel Achsen von Kraftfahrzeugen oder Kurbelwellen, werden gepresst, vorgeschmiedet oder auch gegossen.

10.3 Berechnung der Achsen

Beanspruchung auf Biegung; zusätzliche Schubbeanspruchung ist meist gering und wird vernachlässigt. Für die vorhandene *Biegespannung* σ_b gilt

$$\sigma_b = \frac{M_b}{W} \leq \sigma_{b\,zul} \tag{1}$$

σ_b	M_b	W
$\dfrac{N}{mm^2}$	Nmm	mm^3

M_b Biegemoment; W axiales Widerstandsmoment; mit $W \approx 0,1\, d^3$ wird der erforderliche *Durchmesser d* für Vollachsen:

$$d \geq \sqrt[3]{\frac{M_b}{0,1\,\sigma_{b\,zul}}} \tag{2}$$

d	M_b	σ_{bzul}
mm	Nmm	$\dfrac{N}{mm^2}$

Zulässige Biegespannung $\sigma_{b\,zul}$ je nach Belastungsfall, siehe Festigkeitslehre

10.4 Berechnung der Wellen

10.4.1 Torsionsbeanspruchte Wellen

Reine Torsionsbeanspruchung tritt selten auf, z.B. bei direkt mit einem Motor gekuppelte Wellen von Lüftern oder Kreiselpumpen. Vorhandene *Torsionsspannung*

$$\tau_t = \frac{M_t}{W_p} \leq \tau_{t\,zul} \tag{3}$$

τ_t	M_t	W_p
$\dfrac{N}{mm^2}$	Nmm	mm^3

M_t zu übertragendes Torsionsmoment; bei gegebener Leistung P in kW und Drehzahl n in min^{-1} ist $M_t = 9,55 \cdot 10^6\, P/n$, W_p polares Widerstandsmoment, mit $W_p \approx 0,2\, d^3$ wird der erforderliche *Wellendurchmesser*

$$d \geq \sqrt[3]{\frac{M_t}{0,2\,\tau_{t\,zul}}} \tag{4}$$

d	M_t	$\tau_{t\,zul}$
mm	Nmm	$\dfrac{N}{mm^2}$

Zulässige Torsionsspannung $\tau_{t\,zul}$ je nach Belastungsfall, siehe Festigkeitslehre.

10.4.2 Torsions- und biegebeanspruchte Wellen

Gleichzeitige Torsions- und Biegebeanspruchung liegt bei Wellen am häufigsten vor, z.B. bei Wellen mit Zahnrädern, Riemenscheiben und Hebeln. Durch die Zahnrad-, Riemenzug- und sonstigen Kräfte treten Biegespannungen und noch meist vernachlässigbar kleine Schubspannungen auf (Bild 1). Das Biegemoment ist oft zunächst unbekannt. Der *Wellendurchmesser* wird dann überschlägig berechnet aus

$$d \approx c_1 \sqrt[3]{M_t} \approx c_2 \sqrt[3]{\frac{P}{n}} \qquad (5)$$

d	c_1, c_2	M_t	P	n
mm	1	Nmm	kW	min^{-1}

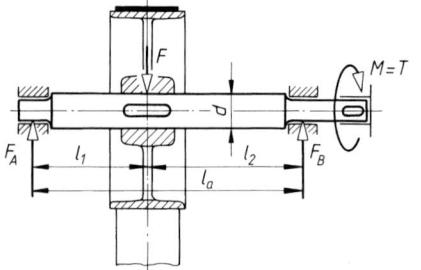

Bild 1. Welle mit gleichzeitiger Torsions- und Biegebeanspruchung

Beiwerte c_1 und c_2 sind abhängig von der zulässigen Torsionsspannung; man setzt: $c_1 = 0,69$ bzw. $c_2 = 146$ bei S 235 JR, S 275 JR, $c_1 = 0,625$ bzw. $c_2 = 133$ bei E295, E335 und jeweils vergleichbaren Stählen, $c_1 = 0,58$ bzw. $c_2 = 123$ für Stähle höherer Festigkeit. Nach überschlägiger Berechnung nach (5) lassen sich die erforderlichen Abmessungen (Radabstände, Lagerabstände usw.) genügend genau festlegen, und damit die Biegemomente und Biegespannungen ermitteln. Die Welle wird dann auf Biegung und Torsion nachgeprüft. Dabei muss die *Vergleichspannung* σ_v sein:

$$\sigma_v = \sqrt{\sigma_b^2 + 3(\alpha_0 \tau_t)^2} \leq \sigma_{b\,zul} \qquad (6)$$

$\sigma_v, \sigma_b, \tau_t$	α_0
$\dfrac{N}{mm^2}$	1

σ_b vorhandene Biegespannung
τ_t vorhandene Torsionsspannung

Anstrengungsverhältnis $\alpha_0 = \dfrac{\sigma_{b\,zul}}{1,73\,\tau_{t\,zul}}$

Man setzt $\alpha_0 \approx 1,0$, wenn σ_b und τ_t im gleichen Belastungsfall (z.B. beide wechselnd) auftreten, $\alpha_0 \approx 0,7$

wenn σ_b wechselnd und τ_t schwellend oder ruhend auftritt (häufigster Fall). $\sigma_{b\,zul}$ zulässige Biegespannung je nach Belastungsfall, siehe Abschnitt Festigkeitslehre.

Sind Torsionsmoment und Biegemoment bekannt, dann lässt sich der Wellendurchmesser mit dem *Vergleichsmoment* M_v berechnen:

$$M_v = \sqrt{M_b^2 + 0,75(\alpha_0\,M_t)^2} \qquad (7)$$

M_v, M_b, M_t	α_0
Nmm	1

Mit M_v ergibt sich der *Wellendurchmesser*

$$d \geq \sqrt[3]{\frac{M_v}{0,1\,\sigma_{b\,zul}}} \qquad (8)$$

d	M_v	$\sigma_{b\,zul}$
mm	Nmm	$\dfrac{N}{mm^2}$

10.4.3 Lange Wellen

Bei langen Wellen, zum Beispiel bei Transmissionswellen und Fahrwerkwellen von Kranen ist meist die *Formänderung* für die Berechnung maßgebend. Erfahrungsgemäß soll der Verdrehwinkel $\varphi = 0,25°$ ... $0,5°$ je m Wellenlänge nicht überschreiten. Ein größerer Verdrehwinkel ergibt eine kleine kritische Drehzahl und führt damit leicht zu Schwingungen. Aus der Berechnungsgleichung für den *Verdrehwinkel*

$$\varphi = \frac{180°}{\pi} \cdot \frac{l\,\tau_t}{r\,G} \leq 0,25° \qquad (9)$$

ergibt sich für $\varphi = 0,25°$, $l = 1\,000$ mm, $r = \dfrac{d}{2}$,

$\tau_t = \dfrac{M_t}{0,2\,d^3}$ und $G = 80\,000\,\dfrac{N}{mm^2}$ der *Wellendurch-messer*

$$d \approx 2,33 \sqrt[4]{M_t} \approx 130 \sqrt[4]{\frac{P}{n}} \qquad (10)$$

d	M_t	P	n
mm	Nmm	kW	min^{-1}

M_t zu übertragendes Torsionsmoment; P zu übertragende Leistung; n Drehzahl der Welle. Die mit Gleichung (10) berechnete Welle ist auf Festigkeit mit den Gleichungen (3) bzw. (6) zu prüfen.

Die Verwendung eines Stahls hoher Festigkeit zum Erreichen eines kleinen Verdrehwinkels bringt keinen Gewinn, da die Formänderung vom Schubmodul G abhängig ist, der für alle Stähle annähernd gleich groß ist. Der *Lagerabstand* bei langen Wellen wird erfahrungsgemäß gewählt:

$l_a \approx 300 \sqrt{d}$ in mm, d Wellendurchmesser in mm.

10.5 Auszuführende Achsen- und Wellendurchmesser

Die endgültigen Durchmesser der nach vorstehenden Gleichungen berechneten Achsen und Wellen sind nach Normzahlen (Tabelle 2) festzulegen. Dabei sind genormte Abmessungen von Lagern, Stellringen, Dichtungen usw. sowie etwaige Nuten, Eindrehungen und sonstige Querschnittsverminderungen zu berücksichtigen.

Der endgültige Durchmesser ist so zu wählen, dass nach Abzug der zugehörigen Nut- und Eindrehungstiefen der berechnete Durchmesser als „Kerndurchmesser" übrigbleibt (Bild 2). Wellennuttiefe t_1 nach Tabelle 9.6.

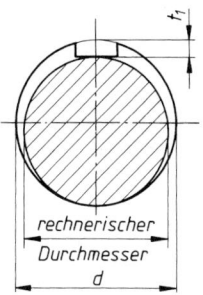

Bild 2. Rechnerischer Wellendurchmesser

10.6 Berechnung der Zapfen

10.6.1 Achszapfen

Achszapfen werden auf Biegung beansprucht, und zwar Lagerzapfen umlaufender Achsen wechselnd, Tragzapfen feststehender Achsen ruhend oder schwellend. Zapfendurchmesser werden meist konstruktiv festgelegt und dann nachgeprüft. Für den gefährdeten Querschnitt $A - B$ (Bild 3) muss die *Biegespannung* σ_b sein:

$$\sigma_b = \frac{M_b}{W} = \frac{F\,\dfrac{l}{2}}{0{,}1\,d_1^3} \leq \sigma_{b\,\text{zul}} \tag{11}$$

σ_b	F	l, d_1
$\dfrac{\text{N}}{\text{mm}^2}$	N	mm

zulässige Biegespannung $\sigma_{b\,\text{zul}}$ je nach Belastungsfall, siehe Abschnitt Festigkeitslehre.

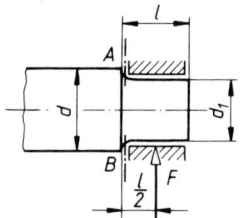

Bild 3. Achszapfen

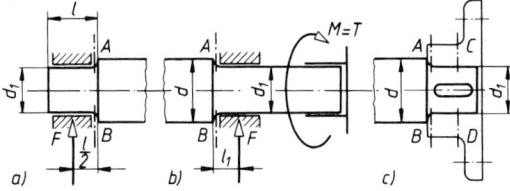

Bild 4. Wellenzapfen
a) biegebeansprucht, b) torsions- und biegebeansprucht, c) torsionsbeansprucht

10.6.2 Wellenzapfen

Die zur Lagerung dienenden Wellenzapfen (*Lagerzapfen*, Bild 4a) werden fast ausschließlich wechselnd auf Biegung beansprucht; Berechnung wie Achszapfen nach (11). *Antriebszapfen* nach Bild 4b werden auf Biegung und Verdrehung beansprucht; für den gefährdeten Querschnitt $A - B$ ist die Vergleichsspannung sinngemäß nach (6) nachzuprüfen. Antriebszapfen nach Bild 4c übertragen nur ein Drehmoment; gefährdete Querschnitte sind $A - B$ und $C - D$; Nachprüfung auf Verdrehung sinngemäß nach (3) praktisch nur für nutgeschwächten Querschnitt $C - D$; beachte „Kerndurchmesser" (Bild 2).

Normen: Zylindrische Wellenenden nach DIN 748; kegelige Wellenenden mit langem Kegel (1:10) und Gewindezapfen nach DIN 749, mit kurzem Kegel und Gewindezapfen nach DIN 1448 Tabelle 9.

10.7 Gestaltung

10.7.1 Allgemeine Richtlinien

Gedrängte Bauweise mit kleinen Rad- und Lagerabständen anstreben, dadurch kleine Biegemomente und kleinere Wellendurchmesser.

Zapfenübergänge gut runden: $r \approx d/10 \dots d/20$ (Bild 5a). Nuten nicht bis an Übergänge heranführen (Kerbwirkung). Festigkeitsmäßig am günstigsten sind Korbbogen-Übergänge: $r \approx d/20$, $R \approx d/5$ (Bild 5b). Bei geschliffenen Flächen Freistiche vorsehen (Bilder 5c und 5d).

Räder und Scheiben gegen axiales Verschieben durch Distanzhüllen oder Wellenschultern sichern (Bilder 5a und 5b), nicht durch Sicherungsringe (Kerbwirkung). Nuten immer kürzer als Naben (Abstand *a*), wegen Ausgleich von Einbauungenauigkeiten und im Zusammenfallen der „Kerbebenen" zu vermeiden. Möglichst Fertigwellen verwenden (siehe unter 2.), um Bearbeitung zu ersparen.

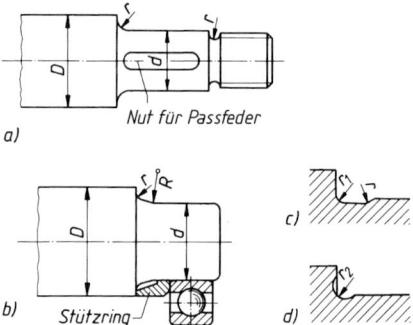

Bild 5. Gestaltung der Zapfenübergänge
a) normaler Übergang
b) Korbbogenübergang
c) und d) Freistiche

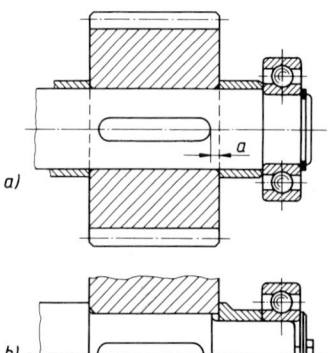

Bild 6. Festlegung von Rädern und Scheiben
a) durch Distanzhülsen, b) durch Wellenschultern

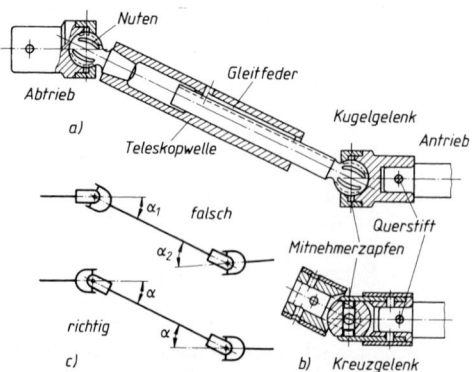

Bild 7. Gelenkwelle
a) mit Kugelgelenken, b) Kreuzgelenk, c) falsche und richtige Anordnung der Gelenke

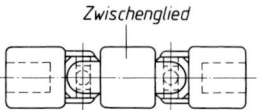

Bild 8. Doppel-Gelenk

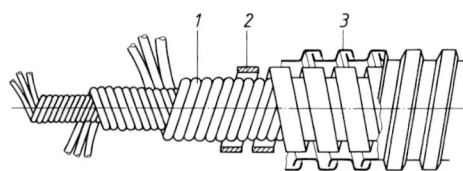

Bild 9. Biegsame Welle mit Metallschutzschlauch

10.7.2 Sonderausführungen

Gelenkwellen: Anwendung zum Verbinden von nicht fluchtenden, in der Lage veränderlichen Wellenteilen, z.B. bei Fräsmaschinen, Mehrspindelbohrmaschinen, Kraftfahrzeugen. Für kleinere Drehmomente Ausführung mit Kugelgelenken (Bilder 7a und 7b). Richtige Anordnung der Gelenke beachten (Bild 7c), um ungleichförmigen Lauf der Abtriebswelle zu vermeiden. Zum Verbinden zweier zueinander geneigter Wellen dienen Doppelgelenke (Bild 8). Das Zwischenglied hat dabei die Funktion der Zwischenwelle.

Normen: Einfach- und Doppel-Kreuzgelenke, DIN 7551, mit Ablenkwinkel bis 45° bzw. 90° für allgemeine Zwecke; Wellengelenke, DIN 808, vorwiegend für Werkzeugmaschinen. Ausführung ähnlich den in Bild 7 dargestellten.

Biegsame Wellen: Anwendung hauptsächlich zum Antrieb ortsveränderlicher Elektrowerkzeuge mit kleineren Leistungen (Bild 9). Schraubenförmig in mehreren Lagen gewickelte Stahldrähte (1) sind vielfach noch durch gewundenen Flachstahl (2) verstärkt und von beweglichem Metallschutzschlauch (3) umhüllt.
Normen: Biegsame Wellen, DIN 44 713; Anschlüsse (Lötmuffen), DIN 42 995.

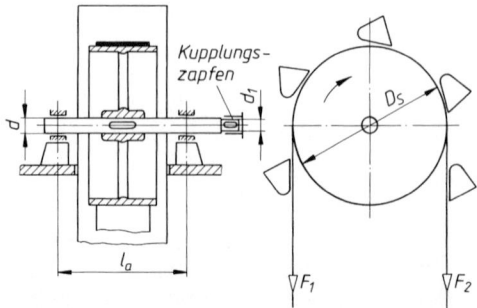

Bild 10. Antriebswelle eines Becherwerks

■ Beispiel:

Der Durchmesser der Antriebswelle eines Becherwerks, (Bild 10), ist zu berechnen.

Antriebsleistung $P = 6{,}6$ kW

Drehzahl $n = 80$ min^{-1}

Gurtscheibendurchmesser $D_S = 800$ mm

Lagerabstand $l_a = 580$ mm

Zugkraft im aufsteigenden Trum $F_1 = 12\,000$ N

Zugkraft im absteigenden Trum $F_2 = 10\,000$ N

Welle aus E295

Lösung:

Die Welle wird schwellend auf Verdrehung und wechselnd auf Biegung beansprucht. Drehmoment und Biegemoment können bestimmt werden, Berechnung daher mit Vergleichsmoment nach (7):

$$M_v = \sqrt{M_b^2 + 0{,}75(\alpha_0\, M_t)^2}$$

Maximales Biegemoment tritt in der Mitte der Gurtscheibe auf.

Scheibenkraft $\quad F = F_1 + F_2 = 12\,000$ N $+ 10\,000$ N $= 22\,000$ N

Lagerkräfte $\quad F_A = F_B = F/2 = 11\,000$ N (Bild 11)

Hiermit ist $\quad M_b = F_A\, l_a/2 = 11\,000$ N $\cdot 290$ mm $= 319 \cdot 10^4$ Nmm

Drehmoment $\quad M = 9{,}55 \cdot 10^6\, P/n = 78{,}8 \cdot 10^4$ Nmm $=$ Torsionsmoment M_t

Anstrengungsverhältnis $\alpha_0 \approx 0{,}7$ für M_b wechselnd und M_t schwellend.

Damit wird

$$M_v = \sqrt{(319 \cdot 10^4 \text{Nmm})^2 + 0{,}75\,(0{,}7 \cdot 78{,}8 \cdot 10^4\ \text{Nmm})^2} =$$
$$= 323{,}5 \cdot 10^4\ \text{Nmm}$$

Hiermit der Wellendurchmesser nach Gleichung (8):

$$d = \sqrt[3]{\frac{M_v}{0{,}1\,\sigma_{\text{b zul}}}}$$

Zulässige Biegespannung bei dynamischer Belastung und bekannter Kerbwirkung:

$$\sigma_{\text{b zul}} = \frac{\sigma_G}{v} = \frac{\sigma_{\text{bW}}}{\beta_k\, v}\, b_1\, b_2$$

Für E295 nach Dauerfestigkeitschaubild: $\sigma_{\text{bw}} = 260$ N/mm^2; Sicherheit $v = 1{,}5$ gewählt; Oberflächenbeiwert für gezogene (entspricht etwa geschliffene) Oberfläche: $b_1 \approx 0{,}9$; Größenbeiwert für geschätzten Durchmesser ≈ 80 mm: $b_2 \approx 0{,}75$; Kerbwirkungszahl für Passfedernut: $\beta_k \approx 1{,}7$; damit wird

$$\sigma_{\text{b zul}} = \frac{260\,\dfrac{\text{N}}{\text{mm}^2}}{1{,}7 \cdot 1{,}5} \cdot 0{,}9 \cdot 0{,}75 \approx 68\,\frac{\text{N}}{\text{mm}^2} \quad \text{und hiermit}$$

$$d = \sqrt[3]{\frac{323{,}5 \cdot 10^4\ \text{Nmm}}{0{,}1 \cdot 68\,\dfrac{\text{N}}{\text{mm}^2}}} = \sqrt[3]{476{,}4 \cdot 10^3\ \text{mm}^3} \approx 78\ \text{mm}$$

Unter Berücksichtigung der Nuttiefe wird nach Gleichung (5) gewählt: $d = 90$ mm. Hierfür beträgt die Nuttiefe nach Tabelle 4: $t_1 = 9$ mm.

Der „Kerndurchmesser" wird damit:

$d - t_1 = 90$ mm $- 9$ mm $= 81$ mm > 78 mm

(rechnerischer Durchmesser)

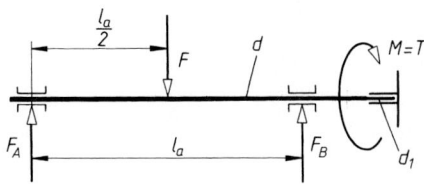

Bild 11. Kräfte an der Antriebswelle

Tabelle 1. Zylindrische Wellenenden nach DIN 748 (Maße in mm)

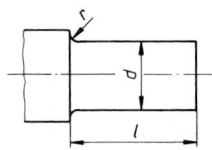

Durchmesser d		6	7	8	9	10	11	12	14	16	19	20	22	24	25	28
Länge l	lang	16		20		23		30		40		50			60	
	kurz					15		18		28		36			42	
Toleranz [1]		k6														
Rundungsradius r [2]		0,6										1				
Durchmesser d		30	32	35	38	40	42	45	48	50	55	60	65	70	75	80
Länge l	lang	80				110						140				170
	kurz	58				82						105				130
Toleranz		k6								m6						
Rundungsradius r		1								1,6						

[1] Die Rundungsradien sind maximale Werte; an Stelle der Rundungen können auch Freistiche nach DIN 509 vorgesehen werden.

[2] Andere Toleranzen sind in der Bezeichnung anzugeben.

Bezeichnung eines Wellenendes mit $d = 40$ mm Durchmesser und $l = 110$ mm Länge: Wellenende DIN 748 oder z.B. Wellenende 40 r6 × 110 DIN 748

Tabelle 2. Sicherungsringe für Wellen und Bohrungen

Maße für den Sicherungsring

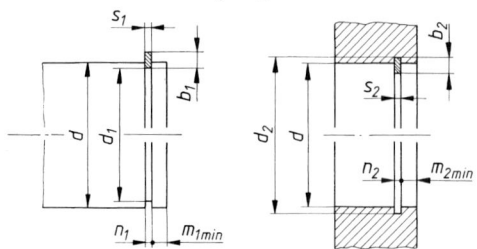

Bezeichnung eines Sicherungsrings für
Wellendurchmesser $d = 50$ mm und
Dicke $s_1 = 2$ mm:
Sicherungsring 50 × 2 DIN 471
Bezeichnung eines Sicherungsrings für
Bohrungsdurchmesser $d = 50$ mm und
Dicke $s_2 = 2$ mm:
Sicherungsring 50 × 2 DIN 472
Der Nutgrund ist scharfkantig auszuführen

Maße für die Nut

d	d_1		d_2		s_1 (h11)	s_2 (h11)	b_1 ≈	b_2 ≈	n_1 (H13)	n_2 (H13)	$m_{1\,min}$	$m_{2\,min}$	größte Axialkraft [1] in kN (Welle)	größte Axialkraft [1] in kN (Bohrung)
10	9,6		10,4				1,8	1,4				0,6	0,6	1,5	1,6
12	11,5	h11	12,5	H11	1		1,8	1,7	1,1			0,75	0,75	2,3	2,4
15	14,3		15,7			1	2,2	2		1,1		1,1	1,1	4	4,2
20	19		21		1,2		2,6	2,3	1,3			1,5	1,5	7,7	7,8
25	23,9		26,2			1,2	3	2,7		1,3		1,7	1,8	10,6	12
30	28,6		31,4		1,5		3,5	3	1,6			2,1	2,1	16,2	13,7
35	33		37			1,5	3,9	3,4		1,6		3	3	26,7	26,9
40	37,5		42,5				4,4	3,9						38,1	40,5
45	42,5		47,5		1,75	1,75	4,7	4,3	1,85	1,85	3,8	3,8		43	43,1
50	47		53				5,1	4,6						57	60,7
55	52	h12	58	H12	2	2	5,4	5	2,15	2,15				63	63,5
60	57		63				5,8	5,4						69	62,1
65	62		68				6,3	5,8			4,5	4,5		75	78,2
70	67		73				6,6	6,2						80,5	84,2
75	72		78		2,5	2,5	7	6,6	2,65	2,65				86	90
80	76,5		83,5				7,4	7						107	112
90	86,5		93,5				8,2	7,6			5,3	5,3		121	126
100	96,5		103,5				9	8,4						135	140
110	106		114		3	3	9,6	9	3,15	3,15				170	176
120	116		124				10,2	9,7						185	192
140	136		144				11,2	10,7	4,15	4,15	6	6		217	223
160	155	h13	165	H13	4	4	12,2	11,6						310	319
180	175		185				13,5	13,2			7,5	7,5		345	345
200	195		205				14	14						319	325

[1]   für schwellende Belastung (ohne Sicherheit), scharfkantig anliegendes Bauteil und Wellen- oder Bohrungswerkstoff mit
    $R_e \geq 300$ N/mm²

Tabelle 3. Zusammenstellung wichtiger Normen für den Konstruktionsentwurf einer Getriebewelle

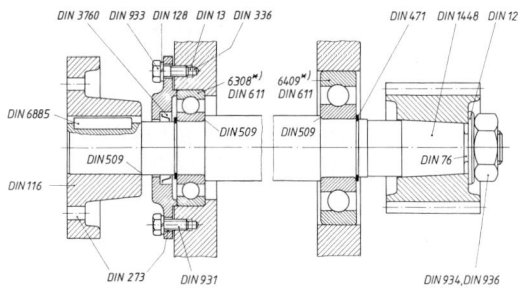

*) 6308 und 6409 sind die Bezeichnungen für die Wälzlager

DIN 13 Teil 1	Metrisches ISO-Gewinde, Regelgewinde
DIN 76 Teil 1	Gewindeausläufe; Gewindefreistiche für Metrisches ISO-Gewinde
DIN 116	Antriebselemente; Scheibenkupplungen, Maße, Drehmomente, Drehzahlen
DIN 125	Scheiben
DIN 128	Federringe
ISO 273	Durchgangslöcher für Schrauben
DIN 336 Teil 1	Durchmesser für Bohrwerkzeuge für Gewindekernlöcher
DIN 471 Teil 1	Sicherungsringe für Wellen
DIN 509	Freistiche
DIN 611	Wälzlagerteile, Wälzlagerzubehör und Gelenklager
DIN 931, DIN 933	Sechskantschrauben
DIN 1448 Teil 1	Kegelige Wellenenden mit Außengewinde
DIN 3760	Radial-Wellendichtringe
DIN 6885 Teil 1	Passfedern, Nuten

10.8 Tragfähigkeit für Wellen und Achsen

Schäden an Wellen und Achsen werden hauptsächlich hervorgerufen durch Dauerbrüche, also Ermüdungs- und Schwingungsbrüche. Um solche Schäden möglichst auszuschließen, sollte neben der konstruktiven Gestaltung und der Dimensionierung von Wellen und Achsen nach dem Nennspannungsprinzip (s. Abschnitt D) die Berechnung der Sicherheiten gegen das Auftreten von Dauerbrüchen und gegen bleibende Verformung bzw. Anriss durchgeführt werden. Die Tragfähigkeitsberechnung nach DIN 743 gliedert sich auf in zwei Sicherheitsnachweise: Den Nachweis der rechnerischen Sicherheit gegen Überschreiten der Dauerfestigkeit und den Nachweis der rechnerischen Sicherheit gegen Überschreiten der Fließgrenze. Für beide Sicherheitsnachweise muss die rechnerische Sicherheit S gleich oder größer der Mindestsicherheit S_{min} sein. Bei der Dimensionierung von Wellen und Achsen beträgt die anzunehmende Mindestsicherheit $S_{min} = 1{,}2$. Mögliche Unsicherheiten in der Größe und der Art der Belastung erhöhen die Mindestsicherheit. Rechnerische Sicherheit S:

$$S > S_{min}$$

10.8.1 Sicherheitsnachweis gegen Dauerfestigkeit

Treten bei Wellen und Achsen die Beanspruchungen Zug, Druck, Biegung und Torsion gleichzeitig auf, errechnet sich die Sicherheit gegen Überschreiten der Dauerfestigkeit aus der Gleichung:

$$S = \frac{1}{\sqrt{\left(\dfrac{\sigma_{z,d}}{\sigma_{z,dADK}} + \dfrac{\sigma_b}{\sigma_{bADK}}\right)^2 + \left(\dfrac{\tau_t}{\tau_{tADK}}\right)^2}} \tag{12}$$

S	$\sigma_{z,d}$	σ_b	τ_t	$\sigma_{z,dADK}$	σ_{bADK}	τ_{tADK}
1	$\dfrac{N}{mm^2}$	$\dfrac{N}{mm^2}$	$\dfrac{N}{mm^2}$	$\dfrac{N}{mm^2}$	$\dfrac{N}{mm^2}$	$\dfrac{N}{mm^2}$

$\sigma_{z,d}$, σ_b, τ_t vorhandene Zug-, Druck-, Biege- und Torsionsspannungen (3 ... 6).

$\sigma_{z,dADK}$, σ_{bADK}, τ_{tADK} Gestalt- oder Bauteil-Ausschlagfestigkeit

Die Indizes σ und τ fassen jeweils die Beanspruchungen Zug, Druck, Biegung (σ) bzw. Abscheren und Torsion (τ) zusammen.

Bei reiner Biegebeanspruchung wird die Sicherheit S:

$$S = \frac{\sigma_{bADK}}{\sigma_b}$$

S	σ_b	σ_{bADK}
1	$\dfrac{N}{mm^2}$	$\dfrac{N}{mm^2}$

(13)

Bei reiner Torsionsbeanspruchung wird die Sicherheit S:

$$S = \frac{\tau_{tADK}}{\tau_t}$$

S	τ_t	τ_{bADK}
1	$\dfrac{N}{mm^2}$	$\dfrac{N}{mm^2}$

(14)

10.8.1.1 Ermittlung der Gestaltfestigkeit

Die Gestaltfestigkeitswerte $\sigma_{z,dADK}$, σ_{bADK}, τ_{tADK} für Wellen und Achsen errechnen sich aus der Festigkeit glatter Probestäbe. Die Gestaltfestigkeit gibt die höchste ertragbare Spannung einer Welle oder Achse an. Dabei werden folgende Faktoren berücksichtigt:

Technologischer Größeneinflussfaktor K_1

Dieser Faktor berücksichtigt, dass die Streckgrenze und Ermüdungsfestigkeit beim Vergüten oder Einsatzhärten mit steigendem Durchmesser d_{eff} abnimmt (d_{eff} ist der für die Wärmebehandlung maßgebende Durchmesser; $d_{eff} = d$ + Schleifaufmaß).

Für *Nitrierstähle* und die *Zugfestigkeit* allgemeiner und höherfester Baustähle (nicht vergütet) errechnet sich K_1 aus:

$$K_1 = 1 - 0{,}23 \cdot \lg\left(\frac{d_{eff}}{10\ mm}\right)$$

K_1	d_{eff}
1	mm

(15)

Für die *Streckgrenze* allgemeiner und höherfester Baustähle im nicht vergüteten Zustand:

$$K_1 = 1 - 0,26 \cdot \lg\left(\frac{d_{\text{eff}}}{2 \cdot d_B}\right) \qquad \frac{K_1 \;\big|\; d_{\text{eff}}, d_B}{1 \;\big|\; \text{mm}} \quad (16)$$

d_B Probestab-Bezugsdurchmesser, $d_B = 16$ mm

Für Vergütungsstähle und Baustähle im vergüteten Zustand, CrNiMo-Einsatzstähle im gehärteten Zustand:

$$K_1 = 1 - 0,26 \cdot \lg\left(\frac{d_{\text{eff}}}{d_B}\right) \qquad \frac{K_1 \;\big|\; d_{\text{eff}}, d_B}{1 \;\big|\; \text{mm}} \quad (17)$$

Für Einsatzstähle im gehärteten Zustand außer CrNiMo-Einsatzstähle:

$$K_1 = 1 - 0,41 \cdot \lg\left(\frac{d_{\text{eff}}}{d_B}\right) \qquad \frac{K_1 \;\big|\; d_{\text{eff}}, d_B}{1 \;\big|\; \text{mm}} \quad (18)$$

Geometrischer Einflussfaktor K_2
Dieser Faktor berücksichtigt, dass bei größer werdendem Durchmesser die Biegewechselfestigkeit in die Zug/Druckwechselfestigkeit übergeht und die Torsionswechselfestigkeit sinkt.
Für die Zug- und Druckbeanspruchung ist $K_2 = 1$.
Für Biegungs- und Torsionsbeanspruchungen berechnet sich K_2 aus:

$$K_2 = 1 - 02 \cdot \lg\left(\frac{\lg\left(\dfrac{d}{7,5\ \text{mm}}\right)}{\lg 20}\right) \qquad \frac{K_2 \;\big|\; d}{1 \;\big|\; \text{mm}} \quad (19)$$

Bei Kreisringquerschnitten ist d der Außendurchmesser.

Einflussfaktor der Oberflächenrauheit $K_{F\sigma}, K_{F\tau}$
Dieser Faktor berücksichtigt den Einfluss der Oberflächen-Rauheit auf die Dauerfestigkeit von Wellen und Achsen.
Für die Zug-, Druck- oder Biegebeanspruchung gilt:

$$K_{F\sigma} = 1 - 0,22 \cdot \lg\left(\frac{R_Z}{\mu\text{m}}\right) \cdot \left[\lg\left(\frac{R_m}{20\ \dfrac{\text{N}}{\text{mm}^2}}\right) - 1\right] \quad (20)$$

$$\frac{K_{F\sigma}, K_{F\tau} \;\big|\; R_m \;\big|\; R_Z}{1 \;\big|\; \dfrac{\text{N}}{\text{mm}^2} \;\big|\; \mu\text{m}}$$

R_m Zugfestigkeit, $R_m \leq 2000\ \dfrac{\text{N}}{\text{mm}^2}$

R_Z gemittelte Rautiefe

Für die Torsionsbeanspruchung gilt:

$$K_{F\tau} = 0,575\ K_{F\sigma} + 0,425 \quad (21)$$

Einflussfaktor der Oberflächenverfestigung K_V
Dieser Faktor berücksichtigt in Abhängigkeit vom Wellen- bzw. Achsendurchmesser bei einem *gekerbten* Probestab Veränderungen von Spannung und Härte, z.B. durch Nitrieren oder Kugelstrahlen, an der Wellen- oder Achsenoberfläche (siehe DIN 743-2, Seite 13).

Nitrieren:
Für d = 8 mm bis 25 mm: $K_V = 1,15 \dots 1,25$
Für d = 25 mm bis 40 mm: $K_V = 1,10 \dots 1,15$
Einsatzhärten:
Für d = 8 mm bis 25 mm: $K_V = 1,20 \dots 2,10$
Für d = 25 mm bis 40 mm: $K_V = 1,10 \dots 1,50$
Kugelstrahlen:
Für d = 8 mm bis 25 mm: $K_V = 1,10 \dots 1,30$
Für d = 25 mm bis 40 mm: $K_V = 1,10 \dots 1,20$

Einflussfaktor Kerbwirkung $\beta_{\sigma,\tau}$
Richtwerte für Kerbwirkungszahlen siehe Festigkeitslehre. Genauere und umfangreichere Werte in DIN 743-2.
Kerbwirkungszahlen für Welle-Nabe-Verbindungen werden errechnet aus

$$\beta_\sigma \approx 3,0 \cdot \left(\frac{R_m}{1000\ \dfrac{\text{N}}{\text{mm}^2}}\right)^{0,38} \qquad \frac{\beta_{\sigma,\tau} \;\big|\; R_m}{1 \;\big|\; \dfrac{\text{N}}{\text{mm}^2}} \quad (22)$$

$$\beta_\sigma \approx 0,56 \cdot \beta_\sigma + 0,1 \quad (23)$$

Aus den vier Einflussfaktoren K_V, K_2, K_F *und* β wird je nach Beanspruchungsart ein Gesamteinflussfaktor $K_{\sigma,\tau}$ gebildet.

Für Zug-, Druck- oder Biegebeanspruchung gilt:

$$K_\sigma = \left(\frac{\beta_\sigma}{K_2} + \frac{1}{K_{F\sigma}} - 1\right) \cdot \frac{1}{K_V} \quad (24)$$

Für Torsionsbeanspruchung gilt:

$$K_\tau = \left(\frac{\beta_\tau}{K_2} + \frac{1}{K_{F\tau}} - 1\right) \cdot \frac{1}{K_V} \quad (25)$$

Mit den Gleichungen für die Bauteil-Wechselfestigkeiten $\sigma_{z,d,bwK}$ und τ_{tWK} können nun die Gleichungen für die Gestaltfestigkeit definiert werden:

Bauteil-Wechselfestigkeit für Zug- und Druckbeanspruchung $\sigma_{z,dWK}$:

$$\sigma_{z,dWK} = \frac{0,4 \cdot R_m \cdot K_1}{K_\sigma} \tag{26}$$

Bauteil-Wechselfestigkeit für Biegebeanspruchung σ_{bWK}:

$$\sigma_{bWK} = \frac{0,5 \cdot R_m \cdot K_1}{K_\sigma} \tag{27}$$

$\sigma_{z,dWK},\, \sigma_{bWK}$	R_m	$K_1, K_{\sigma,\tau}$
$\dfrac{N}{mm^2}$	$\dfrac{N}{mm^2}$	1

Bauteil-Wechselfestigkeit für Biegebeanspruchung τ_{tWK}:

$$\sigma_{tWK} = \frac{0,3 \cdot R_m \cdot K_1}{K_\tau} \tag{28}$$

Bei der Berechnung der Bauteil-Wechselfestigkeit ist der Größeneinflussfaktor K_1 nach Gleichung (15) zu bestimmen.

Die Gestaltfestigkeit (Gleichungen (34) bis (36)) ergibt sich als Funktion aus der Bauteil-Wechselfestigkeit (Gleichungen (26) bis (28)), den Einflussfaktoren der Mittelspannungsempfindlichkeit $\psi_{z,d,b,\tau K}$ nach den Gleichungen (29) bis (31) und der Vergleichsmittelspannung σ_{mv} bzw. τ_{mv} nach den Gleichungen (32) und (33).

Faktor der Mittelspannungsempfindlichkeit für Zug- und Druckbeanspruchung $\psi_{z,dK}$:

$$\psi_{z,d,K} = \frac{\sigma_{z,dWK}}{2 \cdot K_1 \cdot R_m - \sigma_{z,dWK}} \tag{29}$$

$\sigma_{z,dWK},\, \sigma_{bWK},\, \psi_{z,d,b,\tau K}$	R_m	$K_1, K_{\sigma,\tau}$
$\dfrac{N}{mm^2}$	$\dfrac{N}{mm^2}$	1

Faktor der Mittelspannungsempfindlichkeit für Biegebeanspruchung ψ_{bK}:

$$\psi_{b,K} = \frac{\sigma_{bWK}}{2 \cdot K_1 \cdot R_m - \sigma_{bWK}} \tag{30}$$

Faktor der Mittelspannungsempfindlichkeit für Torsionsbeanspruchung $\psi_{\tau K}$:

$$\psi_{tK} = \frac{\tau_{tWK}}{2 \cdot K_1 \cdot R_m - \tau_{\tau WK}} \tag{31}$$

Die Vergleichsmittelspannung σ_{mv} bzw. τ_{mv} ergibt sich als Funktion aus der Bauteil-Fließgrenze und der Mittelspannungsempfindlichkeit.

Vergleichsmittelspannung σ_{mv}:

$$\sigma_{mv} = \frac{(K_1 \cdot K_{2F} \cdot \gamma_F \cdot R_e) - \sigma_{z,d,bWK}}{1 - \psi_{z,d,bWK}} \tag{32}$$

Vergleichsmittelspannung τ_{mv}

$$\tau_{mv} = \frac{\dfrac{(K_1 \cdot K_{2F} \cdot \gamma_F \cdot R_e)}{\sqrt{3}} - \tau_{tWK}}{1 - \psi_{tWK}} \tag{33}$$

K_1 Technologischer Größeneinflussfaktor nach Gleichung (16)

K_{2F} Faktor für die statische Stützwirkung; bei einer Vollwelle für Biegung und Torsion ist $K_{2F} = 1,2$, bei einer Hohlwelle für Biegung und Torsion ist $K_{2F} = 1,05$

γ_F Erhöhungsfaktor der Fließgrenze R_e; für Biegebeanspruchung ist $\gamma_F = 1,1$, für Torsionsbeanspruchung ist $\gamma_F = 1,0$

Gestaltfestigkeit für Zug- und Druckbeanspruchung $\sigma_{z,d,ADK}$:

$$\sigma_{z,d,ADK} = \sigma_{z,dWK} - \psi_{z,dK} \cdot \sigma_{mv} \tag{34}$$

Gestaltfestigkeit für Biegebeanspruchung σ_{bADK}:

$$\sigma_{bdADK} = \sigma_{bWK} - \psi_{bK} \cdot \sigma_{mv} \tag{35}$$

Gestaltfestigkeit für Torsionsbeanspruchung τ_{tADK}:

$$\tau_{tADK} = \tau_{tWK} - \psi_{tK} \cdot \tau_{mv} \tag{36}$$

10.8.2 Sicherheitsnachweis gegen Fließgrenze

Treten Zug-, Druck-, Biege- und Torsionsbeanspruchungen gleichzeitig auf, ergibt sich die vorhandene Sicherheit S aus:

$$S = \frac{1}{\sqrt{\left(\dfrac{\sigma_{z,d\,max}}{\sigma_{z,dFK}} + \dfrac{\sigma_{b\,max}}{\sigma_{bFK}}\right)^2 + \left(\dfrac{\tau_{t\,max}}{\tau_{tFK}}\right)^2}} \tag{37}$$

$\sigma_{z,dmax}$, σ_{bmax}, τ_{tmax} vorhandene Maximalspannungen infolge der Betriebsbelastung. $\sigma_{z,dFK}$, σ_{bFK}, τ_{FK} Bauteil-Fließgrenze für die jeweilige Beanspruchung. Bei reiner Biegebeanspruchung wird die Sicherheit S:

$$S = \frac{\sigma_{bFK}}{\sigma_{bmax}}$$

S	σ_{bmax}	σ_{bFK}	
1	$\dfrac{N}{mm^2}$	$\dfrac{N}{mm^2}$	(38)

Bei reiner Torsionsbeanspruchung wird die Sicherheit S:

$$S = \frac{\tau_{t\,FK}}{\tau_{t\,max}} \qquad \begin{array}{c|c|c} S & \tau_{t\,max} & \tau_{t\,FK} \\ \hline 1 & \dfrac{N}{mm^2} & \dfrac{N}{mm^2} \end{array} \qquad (38)$$

10.8.2.1 Ermittlung der Bauteil-Fließgrenze $\sigma_{z,b,dFK}$ und $\tau_{t\,FK}$:

Da man nicht davon ausgehen kann, dass die auf das konkrete Bauteil bezogene Streckgrenze bekannt ist, kann die Bauteil-Fließgrenze aus der für den verwendeten Werkstoff abgeleiteten Streckgrenze R_e bzw. $R_{p0,2}$ und einem Größenfaktor K_1 bestimmt werden. Bauteil-Fließgrenze für Zug-, Druck- und Biegebeanspruchung $\sigma_{z,bFK}$:

$$\sigma_{z,b,dFK} = K_1 \cdot K_{2F} \cdot \gamma_F \cdot R_e \qquad (39)$$

Bauteil-Fließgrenze für Torsionsbeanspruchung $\tau_{t\,FK}$

$$\tau_{tFK} = \frac{(K_1 \cdot K_2 \cdot \gamma_F \cdot R_e)}{\sqrt{3}}$$

$$\begin{array}{c|c|c} \sigma_{z,d,bFK},\ \tau_{t\,FK} & R_e & K_1, K_{2F}, \gamma_F \\ \hline \dfrac{N}{mm^2} & \dfrac{N}{mm^2} & \dfrac{N}{mm^2} \end{array} \qquad (40)$$

K_1 Technologischer Größeneinflussfaktor K_1 nach Gleichung (16)

K_{1F} Faktor für die statische Stützwirkung; bei einer Vollwelle für Biegung und Torsion ist $K_{2F} = 1,2$ bei einer Hohlwelle für Biegung und Torsion ist $K_{2F} = 1,05$

γ_F Erhöhungsfaktor der Fließgrenze R_e, für Biegebeanspruchung ist $\gamma_F = 1,1$, für Torsionsbeanspruchung ist $\gamma_F = 1,0$

R_e Streckgrenze nach DIN 743-3. Bei gehärteter Randschicht gelten die Werte für den weicheren Kern.

■ **Beispiel**
Für das Beispiel der Berechnung der Antriebswelle eines Becherwerkes auf (Bild 10 in 10.7.2) sollen die Sicherheiten gegen Überschreiten der Dauerfestigkeit und der Fließgrenze ermittelt werden.

Wellenwerkstoff E295 mit $R_m = 490 \dfrac{N}{mm^2}$ und $R_e = 295 \dfrac{N}{mm^2}$ nicht vergütet; errechneter Wellendurchmesser $d_{eff} = d = 90$ mm (keine Wärmebehandlung vorgesehen) Nuttiefe $t_1 = 9$ mm
Oberflächenrauheit $R_Z = 6,3\ \mu m$
Beanspruchungsarten Biegung und Torsion

Ermittlung der Sicherheit gegen Überschreiten der Dauerfestigkeit

1. Schritt – Berechnung des Größeneinflussfaktors K_1 nach Gleichung (15):

$$K_1 = 1 - 0,23 \cdot lg\left(\frac{d_{eff}}{100\ mm}\right) =$$
$$= 1 - 0,23 \cdot lg\left(\frac{90\ mm}{100\ mm}\right) = 1,011 \approx 1$$

2. Schritt – Berechnung des geometrischen Einflussfaktors K_2 nach Gleichung (19):

$$K_2 = 1 - 0,2 \cdot lg\left(\frac{lg\left(\frac{d}{7,5\ mm}\right)}{lg\ 20}\right) = 1 - 0,2 \cdot lg\left(\frac{lg\left(\frac{90\ mm}{7,5\ mm}\right)}{lg\ 20}\right) =$$
$$= 0,834$$

3. Schritt – Ermittlung des Einflussfaktors der Oberflächenverfestigung K_V:
Da die Antriebswelle des Becherwerkes nicht oberflächenbehandelt wird, entfällt K_V ($K_V = 1$ gesetzt).

4. Schritt – Ermittlung des Einflussfaktors der Oberflächenrauheit K_F nach Gleichung (20) und (21):

$$K_{F\sigma} = 1 - 0,22 \cdot lg\left(\frac{R_Z}{\mu m}\right) \cdot \left[lg\left(\frac{R_m}{20\frac{N}{mm^2}}\right) - 1\right] =$$
$$= 1 - 0,22 \cdot \left(\frac{6,3\ \mu m}{\mu m}\right) \cdot \left[lg\left(\frac{490\frac{N}{mm^2}}{20\frac{N}{mm^2}}\right) - 1\right] = 0,93$$

$$K_{F\tau} = 0,575 \cdot K_{F\sigma} + 0,425 = 0,575 \cdot 0,93 + 0,425 = 0,96$$

5. Schritt – Ermittlung des Einflussfaktors Kerbwirkung β für Welle-Nabe-Verbindungen nach den Gleichungen (22) und (23):

$$\beta_\sigma \approx 3,0 \left(\frac{R_m}{1000\frac{N}{mm^2}}\right)^{0,38} \approx 3,0 \cdot \left(\frac{490\frac{N}{mm^2}}{1000\frac{N}{mm^2}}\right)^{0,38} = 2,3$$

$$\beta_\tau = 0,56 \cdot 2,3 + 0,1 = 1,4$$

6. Schritt – Ermittlung des Gesamteinflussfaktors $K_{\sigma,\tau}$ nach den Gleichungen (24) und (25):

$$K_\sigma = \left(\frac{\beta_\sigma}{K_2} + \frac{1}{K_{F\sigma}} - 1\right) \cdot \frac{1}{K_V} = \left(\frac{2,3}{0,834} + \frac{1}{0,93} - 1\right) \cdot \frac{1}{1} = 2,83$$

$$K_\tau = \left(\frac{\beta_\tau}{K_2} + \frac{1}{K_{F\tau}} - 1\right) \cdot \frac{1}{K_V} = \left(\frac{1,4}{0,834} + \frac{1}{0,86} - 1\right) \cdot \frac{1}{1} = 1,72$$

7. Schritt – Berechnung der Bauteil-Wechselfestigkeit σ_{bWK} und τ_{tWK} nach den Gleichungen (27) und (28):

$$\sigma_{bWK} = \frac{0,5 \cdot R_m \cdot K_1}{K_\sigma} = \frac{0,5 \cdot 490 \frac{N}{mm^2} \cdot 1}{2,83} = 86,6 \frac{N}{mm^2}$$

$$\tau_{tWK} = \frac{0,3 \cdot R_m \cdot K_1}{K_\tau} = \frac{0,3 \cdot 490 \frac{N}{mm^2} \cdot 1}{1,72} = 85,5 \frac{N}{mm^2}$$

8. Schritt – Berechnung des Faktors der Mittelspannungsempfindlichkeit $\psi_{b,tK}$ den Gleichungen (30) und (31):

$$\psi_{bK} = \frac{\sigma_{bWK}}{2 \cdot K_1 \cdot R_m - \sigma_{bWK}} = \frac{86,6 \frac{N}{mm^2}}{2 \cdot 1 \cdot 490 \frac{N}{mm^2} - 86,6 \frac{N}{mm^2}} = 0,1$$

$$\psi_{tK} = \frac{\tau_{tWK}}{2 \cdot K_1 \cdot R_m - \tau_{tWK}} = \frac{85,5 \frac{N}{mm^2}}{2 \cdot 1 \cdot 490 \frac{N}{mm^2} - 85,5 \frac{N}{mm^2}} = 0,1$$

9. Schritt – Berechnung der Vergleichsmittelspannungen σ_{mv} und τ_{mv} nach den Gleichungen (32) und (33):

$$\sigma_{mv} = \frac{(K_1 \cdot K_{2F} \cdot \gamma_F \cdot R_e) - \sigma_{z,d,b,WK}}{1 - \psi_{z,d,bWK}} =$$

$$= \frac{\left(1 \cdot 1,2 \cdot 1,1 \cdot 295,5 \frac{N}{mm^2}\right) - 86,6 \frac{N}{mm^2}}{1 - 0,1} = 336 \frac{N}{mm^2}$$

$$\tau_{mv} = \frac{\frac{(K_1 \cdot K_{2F} \cdot \gamma_F \cdot R_e)}{\sqrt{3}} - \tau_{tWK}}{1 - \psi_{tWK}} =$$

$$= \frac{\left(1 \cdot 1,2 \cdot 1,1 \cdot 295,5 \frac{N}{mm^2}\right) - 85,5 \frac{N}{mm^2}}{1 - 0,1} = 132 \frac{N}{mm^2}$$

10. Schritt – Berechnung der tatsächlich wirkenden Biege- und Torsionsspannungen σ_{vorh} und τ_{tvorh}:

$$\sigma_{vorh} = \frac{M_b}{W} = \frac{319 \cdot 10^4 \, Nmm}{0,1 \cdot 90^3 \, mm^3} = 43,8 \frac{N}{mm^2}$$

$$\tau_{tvorh} = \frac{M_t}{W_p} = \frac{78,8 \cdot 10^4 \, Nmm}{0,2 \cdot 90^3 \, mm^3} = 5,4 \frac{N}{mm^2}$$

11. Schritt – Berechnung der vorhandenen Sicherheit S nach Gleichung (12):

$$S = \frac{1}{\sqrt{\left(\frac{\sigma_b}{\sigma_{bADK}}\right)^2 + \left(\frac{\tau_t}{\tau_{tADK}}\right)^2}} =$$

$$= \frac{1}{\sqrt{\left(\frac{43,8 \frac{N}{mm^2}}{53 \frac{N}{mm^2}}\right)^2 + \left(\frac{5,4 \frac{N}{mm^2}}{72,3}\right)^2}} = 1,21$$

$S = 1,21 > S_{min} = 1,15$

Ermittlung der Sicherheit gegen Überschreiten der Bauteil-Fließgrenze $S_{min} = 3$ (Vereinbarung)

1. Schritt – Berechnung der Bauteil-Fließgrenze für Biege- und Torsionsbeanspruchung σ_{bFK} und τ_{tFK} nach den Gleichungen (40) und (41):

$$\sigma_{bFK} = K_1 \cdot K_{2F} \cdot \gamma_F \cdot R_e = 1 \cdot 1,2 \cdot 1,1 \cdot 295 \frac{N}{mm^2} =$$

$$= 389,4 \frac{N}{mm^2}$$

$$\tau_{tFK} = \frac{(K_1 \cdot K_{2F} \cdot \gamma_F \cdot R_e)}{\sqrt{3}} = 1 \cdot 1,2 \cdot 1 \cdot 295 \frac{N}{mm^2} =$$

$$= 204,4 \frac{N}{mm^2}$$

2. Schritt – Berechnung der vorhandenen Sicherheit S nach Gleichung (37):

$$S = \frac{1}{\sqrt{\left(\frac{43,8 \frac{N}{mm^2}}{389,4 \frac{N}{mm^2}}\right)^2 + \left(\frac{5,4 \frac{N}{mm^2}}{204,4 \frac{N}{mm^2}}\right)^2}} = 8,65$$

$S = 8,65 > S_{min} = 3$

11 Nabenverbindungen   *W. Böge*

11.1 Übersicht

Die Hauptaufgabe einer Welle ist das Weiterleiten von Drehmomenten. Das geschieht über aufgesetzte Maschinenelemente wie Zahnräder, Riemenscheiben, Kupplungsscheiben, Hebel aller Art und andere Bauteile. Das Verbindungssystem zwischen der Welle und dem angeschlossenen Maschinenelement zur Weiterleitung des Drehmoments heißt *Nabenverbindung*. Die Nabe ist der Teil des Zahnrads, der Scheibe oder des Hebels, der die Drehmomentenübernahme von der Welle zu gewährleisten hat. Technische Bauteile können Kräfte und Drehmomente durch den Reibungseffekt zwischen festen Körpern, durch das Ineinandergreifen der beteiligten Bauteile oder durch einen verbindenden Stoff erhalten (Klebstoffe aller Art). Lässt man die Klebverbindungen außer Acht, kann man die Vielzahl der inzwischen gängigen Elemente zum Verbinden von Welle und Nabe in zwei Gruppen einteilen.

Die eine Gruppe umfasst alle Nabenverbindungen, die durch *Haftreibung* zwischen Welle und Nabe das zu übertragende Drehmoment weiterleiten. Das sind die *kraftschlüssigen* oder reibschlüssigen Verbindungen. Zur zweiten Gruppe gehören diejenigen Nabenverbindungen, bei denen Welle und angeschlossenes Bauteil ineinander greifen. Das sind die *formschlüssigen* Verbindungen.

Die bekanntesten *kraftschlüssigen* Nabenverbindungen sind: zylindrische oder keglige Pressverbindungen (Presssitzverbindungen), Klemmsitzverbindungen, Keilsitzverbindungen und Spannverbindungen.

Zu den *formschlüssigen* Nabenverbindungen gehören: Stiftverbindungen, Passfederverbindungen und Profilwellenverbindungen.
Eine Übersicht mit Anwendungsbeispielen geben die Tabellen 1 und 2.

Tabelle 1. Kraftschlüssige (reibschlüssige) Nabenverbindungen (Beispiele)

Hauptvorteil: Spielfreie Übertragung wechselnder Drehmomente		
zylindrischer Pressverband	Pressverband (Presssitzverbindung)	Vorwiegend für nicht zu lösende Verbindung und zur Aufnahme großer, wechselnder und stoßartiger Drehmomente und Axialkräfte: *Verbindungsbeispiele*: Riemenscheiben, Zahnräder, Kupplungen, Schwungräder im Großmaschinenbau, aber auch in der Feinwerktechnik. Ausführung als Längs- und Querpressverband (Schrumpfverbindung). Besonders wirtschaftliche Verbindungsart.
kegliger Pressverband (Wellenkegel)		Leicht lösbare und in Drehrichtung nachstellbare Verbindung auf dem Wellenende zur Aufnahme großer, wechselnder und stoßartiger Drehmomente. *Verbindungsbeispiele*: Wie beim zylindrischen Pressverband, außerdem bei Werkzeugen und in den Spindeln von Werkzeugmaschinen und bei Wälzlagern mit Spannhülse und Abziehhülse. Wegen der Herstellwerkzeuge und der Lehren möglichst genormte Kegel verwenden (siehe keglige Wellenenden mit Kegel 1 : 10. Die Naben werden durch Schrauben oder Muttern aufgepresst, die Werkzeuge durch die Axialkraft beim Fertigen (zum Beispiel Bohrer). Kegelbuchsen sind meist geschlitzt.
kegliger Pressverband (Kegelbuchse)		
geteilte Nabe	Klemmsitzverbindung	Leicht lösbare und in Längs- und Drehrichtung nachstellbare Verbindung zur Aufnahme wechselnder kleinerer Drehmomente. Bei größerer Drehmomentenaufnahme werden zusätzlich Passfedern oder Tangentkeile angebracht. *Verbindungsbeispiele*: Riemen- und Gurtscheiben, Hebel auf glatten Wellen. Die Nabe ist geschlitzt oder geteilt.
Einlegekeil	Keilsitzverbindung	Lösbare Verbindung zur Aufnahme wechselnder Drehmomente. Kleinere Drehmomentenaufnahme beim Flach- und Hohlkeil, große und stoßartige Drehmomentenaufnahme beim Tangentkeil. Die Keilneigung beträgt meistens 1 : 100. *Verbindungsbeispiele*: Schwere Scheiben, Räder und Kupplungen im Bagger- und Landmaschinenbau, insgesamt bei schwererem und rauem Betrieb. Die Verbindung mit dem Hohlkeil ist nachstellbar.
Ringfederspannelement	Ringfederspann-verbindung	Leicht lösbare und in Längs- und Drehrichtung nachstellbare Verbindung zur Aufnahme großer, wechselnder und stoßartiger Drehmomente. Das übertragbare Drehmoment ist abhängig von der Anzahl der Spannelemente. Hierzu sind die Angaben der Herstellerfirmen zu beachten, zum Beispiel Fa. Ringfeder GmbH, Krefeld-Uerdingen.

Tabelle 2. Formschlüssige Nabenverbindungen (Beispiele)

Hauptvorteil: Lagesicherung		
 Querstiftverbindung Längsstiftverbindung	Stiftverbindung	Lösbare Verbindung zur Aufnahme meist richtungskonstanter kleinerer Drehmomente. *Verbindungsbeispiele*: Bunde an Wellen, Stellringe, Radnaben, Hebel, Buchsen. Verwendet werden Kegelstifte nach DIN 1 mit Kegel 1 : 50, Zylinderstifte nach DIN 7, für hochbeanspruchte Teile auch gehärtete Zylinderstifte nach DIN 6325. Hinzu kommen Kerbstifte und Spannhülsen.
 Einlegepassfeder	Passfederverbindung	Leicht lösbare und verschiebbare Verbindung zur Aufnahme richtungskonstanter Drehmomente. *Verbindungsbeispiele*: Riemenscheiben, Kupplungen, Zahnräder. Gagen axiales Verschieben ist eine zusätzliche Sicherung vorzusehen (Wellenbund, Axialsicherungsring). *Gleitpassfedern* werden zum Beispiel bei Verschieberädern in Getrieben verwendet.
 Polygonprofil Kerbzahnprofil Vielnutprofil	Profilwellenverbindung	Profil Wellenverbindungen sind Formschlussverbindungen für hohe und höchste Belastungen. Das *Polygonprofil* ist nicht genormt. Hierzu sind die Angaben der Hersteller zu verwenden, zum Beispiel: Fortuna-Werke, Stuttgart-Bad Cannstadt oder Fa. Manurhin, Mühlhausen (Elsaß). Das *Kerbzahnprofil* ist nach DIN 5481 genormt. Die Verbindung ist leicht lösbar und feinverstellbar. Verwendung zum Beispiel bei Achsschenkeln und Drehstabfedern an Kraftfahrzeugen. Ein Sonderfall ist die Stirnverzahnung (Hirthverzahnung) als Plan-Kerbverzahnung. Hersteller: A. Hirth AG, Stuttgart-Zuffenhausen. Das *Vielnutprofil* ist als „Keilwellenprofil" genormt. Die Bezeichnung „Keilwellenprofil" ist irreführend, weil die Wirkungsweise der Passfederverbindung (Formschluss) entspricht, nicht aber der Keilverbindung. Die Verbindung ist leicht lösbar und verschiebbar. Verwendung zum Beispiel bei Verschieberädergetrieben, bei Kraftfahrzeugkupplungen und Antriebswellen von Fahrzeugen.

11.2 Zylindrische Pressverbände

Normen (Auswahl)

DIN	7190	Pressverbände, Berechnungsgrundlagen und Gestaltungsregeln
DIN	4766	Ermittlung der Rauheitsmessgrößen R_a, R_z, R_{max}

11.2.1 Begriffe bei Pressverbänden

Der Pressverband ist eine kraftschlüssige (reibschlüssige) Nabenverbindung ohne zusätzliche Bauteile wie Passfedern und Keile.
Außenteil (Nabe) und Innenteil (Welle) erhalten eine Presspassung; sie haben also vor dem Fügen immer ein Übermaß U. Nach dem Fügen stehen sie unter einer Normalspannung σ mit dem Fugendruck p in der Fuge.
Bei der Presspassung ist immer ein Übermaß U vorhanden. Das Höchstmaß der Bohrung ist also kleiner als das Mindestmaß der Welle. Zur Presspassung zählt auch der Fall $U = 0$.

Herstellen von Pressverbänden (Fügeart)

– durch Einpressen (Längseinpressen des Innenteils): Längspressverband
– durch Erwärmen des Außenteils (Schrumpfen des Außenteils)
– durch Unterkühlen des Innenteils (Dehnen des Innenteils)
– durch hydraulisches Fügen und Lösen (Dehnen des Außenteils)

Durchmesserbezeichnungen und Fugenlänge l_F

D_F Fugendurchmesser (ungefähr gleich dem Nenndurchmesser der Passung)
D_{iI} Innendurchmesser des Innenteils I (Welle)
D_{aI} Außendurchmesser des Innenteils I, $D_{aI} \approx D_F$
D_{aA} Außendurchmesser des Außenteils A
D_{iA} Innendurchmesser des Außenteils A (Nabe),
$\qquad D_{iA} \approx D_F$
l_F Fugenlänge ($l_F < 1{,}5\,D_F$)

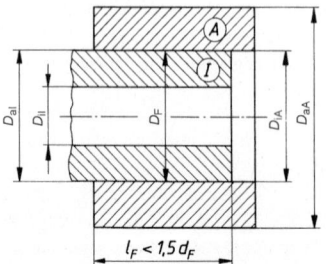

Durchmesserverhältnis Q

$$Q_A = \frac{D_F}{D_{aA}} < 1$$

$$Q_I = \frac{D_{iI}}{D_F} < 1$$

Übermaß U ist die Differenz des Außendurchmessers des Innenteils I und des Innendurchmessers des Außenteils A:

$$U = D_{aI} - D_{iA}$$

Glättung G ist der Übermaßverlust $\Delta U = G$, der beim Fügen durch Glätten der Fügeflächen auftritt:

$$G \approx 0{,}8\,(R_{zA} + R_{zI}) \qquad \text{R_z gemittelte Rautiefe nach DIN 4768 Teil 1}$$

Wirksames Übermaß U_W (Haftmaß) ist das um $G = \Delta U$ verringerte Übermaß, also das Übermaß nach dem Fügen:

$$U_W = U - G$$

Fugendruck p ist die nach dem Fügen in der Fuge auftretende Flächenpressung.

Fasenlänge l_e und Fasenwinkel φ

$$l_e = \sqrt[3]{D_F}$$

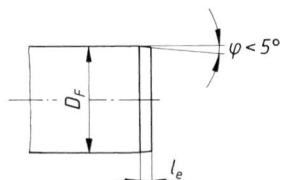

11.2.2 Zusammenstellung der Berechnungsformeln für zylindrische Pressverbände

11.2.2.1 Erforderlicher Fugendruck p

Der Fugendruck p zwischen Außenteil (Nabe) und Innenteil (Welle) ist gleichmäßig über der Fugenfläche $A_F = \pi\,D_F\,l_F$ verteilt. Wie bei der Flächenpressung p (Abschnitt D Festigkeitslehre 2.6) ergibt sich die Normalkraft $F_N = p\,A_F = p\,\pi\,D_F\,l_F$. Im Hinblick auf die Haftkraft F_H kann sie an jedem beliebigen Punkt des Kreisumfangs angesetzt werden, beispielsweise so, wie es das folgende Bild zeigt.

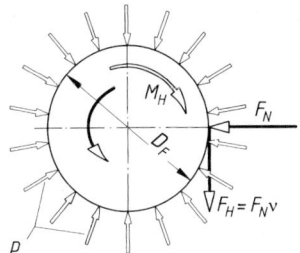

p

M Drehmoment, M_H Haftmoment
F_N Normalkraft, F_H Haftkraft (Reibkraft)

Als Reibkraft ist die Haftkraft $F_H = F_N \nu = p \pi D_F l_F \nu$

Das Haftmoment ergibt sich aus $M_H = F_H D_F / 2$. Es wirkt dem eingeleiteten Drehmoment M entgegen und muss mindestens gleich dem zu übertragenden Drehmoment sein ($M_H \geq M$). Zusammenfassend führt diese Entwicklung zu einer Gleichung für den erforderlichen Fugendruck p:

$$M_H = F_H \frac{D_F}{2} = \frac{\pi}{2} p D_F^2 l_F \nu \geq M$$

$$p \geq \frac{2M}{\pi D_F^2 l_F \nu} \leq p_{zul} \qquad (1)$$

p	M	D_F, l_F	ν
$\dfrac{N}{mm^2}$	Nmm	mm	1

Das Drehmoment M in Nmm kann aus der Wellenleistung P in kW und der Wellendrehzahl n in min^{-1} berechnet werden. Der zulässige Flächendruck p_{zul} wird aus der Elastizitätsgrenze R_e, der 0,2-Dehngrenze $R_{p\,0,2}$ oder der Zugfestigkeit R_m ermittelt. Er kann ebenso wie der Haftbeiwert ν den folgenden Zusammenstellungen entnommen werden:

Anhaltswerte für p_{zul}

Belastung	Stahl	Gusseisen
ruhend und schwellend	$p_{zul} = \dfrac{R_e}{1,5}$	$p_{zul} = \dfrac{R_m}{3}$
wechselnd und stoßartig	$p_{zul} = \dfrac{R_e}{2,5}$	$p_{zul} = \dfrac{R_m}{4}$

R_e (oder $R_{p\,0,2}$) sowie R_m aus den Dauerfestigkeitsdiagrammen (Abschnitt D-Festigkeitslehre Tabelle 7)

Haftbeiwert ν und Rutschbeiwert ν_e (Mittelwerte)

Der Rutschbeiwert ν_e wird zur Berechnung der Einpresskraft F_e gebraucht.

Längspressverband

Werkstoffe Welle/Nabe	Haftbeiwert ν trocken	Rutschbeiwert ν_e geschmiert
Stahl/Stahl Stahl/Stahlguss	0,1 (0,1)	0,08 (0,06)
Stahl/Gusseisen	0,12 (0,1)	0,06
Stahl/Guss	0,07 (0,03)	0,05

Querpressverband

Werkstoffe, Fügeart, Schmierung		Haftbeiwert ν
Stahl/Stahl	hydraulisches Fügen, Mineralöl	
Stahl/Stahl	hydraulisches Fügen, entfettete	0,12
	Fügeflächen,	0,18
	Glyzerin aufgetragen	
Stahl/Stahl	Schrumpfen des Außenteils	0,14
Stahl/Gusseisen	hydraulisches Fügen, Mineralöl	0,1
Stahl/Gusseisen	hydraulisches Fügen, entfettete Fügeflächen	0,16

11.2.2.2 Formänderungs-Hauptgleichung für Pressverbände

Die folgende Gleichung beschreibt die Formänderung von zwei Hohlzylindern unterschiedlicher Werkstoffe (Hohlwelle und Nabe), die durch Presssitz miteinander verbunden sind.

$$U_W = p D_F \left[\frac{1}{E_A} \left(\frac{1+Q_A^2}{1-Q_A^2} + \mu_A \right) + \frac{1}{E_I} \left(\frac{1+Q_I^2}{1-Q_I^2} - \mu_I \right) \right]$$

$$(2)$$

U_W, D_F	p, E_A, E_I	Q_A, Q_I, μ_A, μ_I
mm	$\dfrac{N}{mm^2}$	1

U_W wirksames Übermaß nach dem Fügen (auch Haftmaß genannt)

p Fugendruck (Flächenpressung in den Fügeflächen)

l_F Fugenlänge

E_A, E_I Elastizitätsmodul des Außenteil; A (Nabe) und des Innenteils I (Welle)

μ_A, μ_I Querdehnzahl des Außenteils A (Nabe) und des Innenteils I (Welle)

Q_A, Q_I,   Durchmesserverhältnis: $Q_A = D_F / D_{Aa} < 1$ $\quad Q_I = D_{Ii} / D_F < 1$

Die Querdehnzahl μ ist das Verhältnis der Querdehnung ε_q eines zugbeanspruchten Stabes zur Längsdehnung ε ($\mu = \varepsilon_q / \varepsilon$) und hat somit die Einheit 1 (siehe Festigkeitslehre 1.5). Die Querdehnung ist immer kleiner als die Längsdehnung, folglich ist $\mu < 1$ (Beispiel: $\mu_{stahl} \approx 0,3$).

Nach DIN 1304 steht der griechische Buchstabe μ sowohl für die Querdehnzahl als auch für die Reibungszahl an erster Stelle. Zur Unterscheidung wird hier der Buchstabe v für die Querdehnzahl verwendet. Er wird in DIN 1304 als zweites Formelzeichen vorgeschlagen.

Elastizitätsmodul E und Querdehnzahl v (Mittelwerte):

Werkstoff	Elastizitätsmodul E $\dfrac{N}{mm^2}$	Querdehnzahl v Einheit 1
Stahl	210 000	0,3
EN-GJL-200	105 000	0,25
EN-GJS-500-7	150 000	0,28
Bronze, Cu-Leg.	80 000	0,35
Al.-Legierungen	70 000	0,33

11.2.2.3 Formänderungsgleichungen für Pressverbände mit Vollwelle

Setzt sich der Pressverband aus *Vollwelle* und Nabe zusammen, dann wird das Durchmesserverhältnis $Q_I = D_{Ii}/D_F = 0$, weil der Innendurchmesser D_{Ii} des Innenteils (Welle) gleich null ist. Bei unterschiedlichen Werkstoffen beider Verbindungselemente vereinfacht sich Gleichung (2) mit $Q_{Ii} = 0$ und man erhält für das *wirksame Übermaß* U_W die Form:

$$U_W = p\, D_F \left[\frac{1}{E_A}\left(\frac{1+Q_A^2}{1-Q_A^2} + v_A \right) + \frac{1}{E_I}\left(1 - v_I\right) \right] \quad (3)$$

U_W, D_F	p, E_A, E_I	Q_A, Q_I, v_A, v_I
mm	$\dfrac{N}{mm^2}$	1

Bestehen *Vollwelle* und Nabe aus gleich elastischen Werkstoffen, zum Beispiel aus Stahl, dann sind die Elastizitätsmoduln gleich groß ($E_A = E_I = E$) und die Formänderungs-Hauptgleichung (2) für das *wirksame Übermaß* U_W vereinfacht sich weiter:

$$U_W = \frac{2\, p\, D_F}{E(1 - Q_A^2)} \quad (4)$$

U_W, D_F	p, E	Q_A
mm	$\dfrac{N}{mm^2}$	1

11.2.2.4 Übermaß U und Glättung G

Mit den Gleichungen (2) bis (4) kann je nach vorliegendem Fall das Übermaß U errechnet werden, mit dem der zur Drehmomentenübertragung erforderliche

Fugendruck p erreicht wird. Beim Einpressen (Fügen) der beiden Fügeteile wird die Oberfläche von Welle und Nabenbohrung geglättet, was zu einem Übermaßverlust ΔU führt. Diese nur schätzbare *Glättung* G muss also dem gewünschten wirksamen Übermaß U_W hinzuaddiert werden, um das erforderliche *Übermaß* U einzuhalten:

$$\begin{array}{cccc} U & = & U_W & + & G \quad (5) \end{array}$$

gemessenes Übermaß vor dem Fügen $=$ wirksames Übermaß (Haftmaß) $+$ Glättung (Übermaßverlust ΔU beim Fügen der Teile)

$$G = 0,8\,(R_{zA} + R_{zI}) \quad (6)$$

R_z gemittelte Rautiefe nach DIN 4166

Beispiele für G (Mittelwerte):

polierte Oberfläche $\quad G = 0,002\ mm = 2\ \mu m$

feingeschliffene Oberfläche $\quad G = 0,005\ mm = 5\ \mu m$

feingedrehte Oberfläche $\quad G = 0,010\ mm = 10\ \mu m$

11.2.2.5 Einpresskraft F_e

Beim Fügen des Pressverbands muss die Reibung F_R zwischen Innen- und Außenteil überwunden werden. Die Gleichungen für die Fugenfläche A_F und für die Reibkraft F_R wurden bereits in Kapitel 11.2.2.1 hergeleitet. Damit wird für die *Einpresskraft F_e*:

$$F_e = p_g\, \pi\, D_F\, l_F\, v_e \quad (7)$$

F_e	p_g	D_F, l_F	v_e
N	$\dfrac{N}{mm^2}$	mm	1

p_g größte vorhandene Fugenpressung

D_F Fugendurchmesser

l_F Fugenlänge

v_e Rutschbeiwert nach 11.2.2.1

Herleitung der Gleichung:

$F_R = F_N\, v_e$

$F_N = p_g\, A_F$

$A_F = \pi\, D_F\, l_F$

$F_e = F_R = p_g\, \pi\, D_F\, l_F\, v_e$

11.2.2.6 Spannungsverteilung und Spannungsgleichungen

Das Spannungsbild zeigt die tatsächliche und die vereinfachte Spannungsverteilung im Innen- und Außenteil eines Pressverbands aus Hohlwelle und Nabe. Für Überschlagrechnungen reicht es aus, eine gleichmäßige Spannungsverteilung über den Querschnitten anzunehmen.

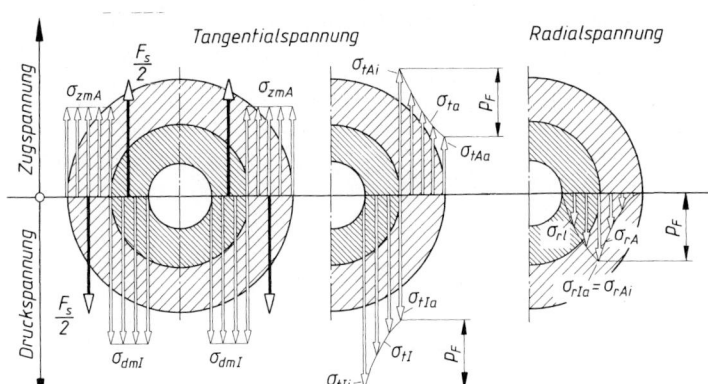

vereinfachte Spannungsverteilung   wirkliche Spannungsverteilung

Spannungsbild eines
Pressverbandes
($p_F = p =$ Fugendruck)

σ_{zmA} mittlere tangentiale Zugspannung im Außenteil
σ_{dmI} mittlere tangentiale Druckspannung im Innenteil
F_S Nabensprengkraft
σ_{tA} Tangentialspannung im Außenteil

σ_{rA} Radialspannung im Außenteil
σ_{tI} Tangentialspannung im Innenteil
σ_{rI} Radialspannung im Innenteil

Tangentialspannung σ_t		Radialspannung σ_r	
Außenteil	Innenteil	Außenteil	Innenteil
$\sigma_{t\,Ai} = p\,\dfrac{1+Q_A^2}{1-Q_A^2}$	$\sigma_{t\,Ii} = p\,\dfrac{2}{1-Q_I^2}$	$\sigma_{r\,Ai} = p$	$\sigma_{r\,Ii} = 0$
$\sigma_{t\,Aa} = p\,\dfrac{2Q_A^2}{1-Q_A^2}$	$\sigma_{t\,Ia} = p\,\dfrac{1+Q_I^2}{1-Q_I^2}$	$\sigma_{r\,Aa} = 0$	$\sigma_{r\,Ia} = p$

11.2.2.7 Mittlere tangentiale Zugspannung σ_{zmA} und Druckspannung σ_{dml}

Bei Annahme einer gleichmäßigen Spannungsverteilung gilt die Zug- und die Druck-Hauptgleichung. Mit den Gleichungen für den jeweiligen Querschnitt und der Nabensprengkraft $F_S = p\,D_F\,l_F$ ergeben sich die folgenden Spannungsgleichungen:

$$\sigma_{zmA} = \frac{F_S}{A_{Nabe}} = \frac{p\,D_F\,l_F}{(D_{aA} - D_{iA})l_F}$$

$$\sigma_{zmA} = \frac{p\,D_F}{D_{aA} - D_{iA}} = \frac{p\,D_F}{D_{aA} - D_F} \tag{9}$$

$$\sigma_{dml} = \frac{F_S}{A_{Welle}} = \frac{p\,D_F\,l_F}{(D_F - D_{iI})l_F}$$

$$\sigma_{dml} = \frac{p\,D_F}{D_F - D_{iI}} \tag{10}$$

Für die *Voll*welle gilt mit $D_{iI} = 0$:

$$\sigma_{dml} = \frac{p\,D_F}{D_F - 0} = p \tag{11}$$

11.2.2.8 Fügetemperatur $\Delta\vartheta$ für Schrumpfen

$$\Delta\vartheta = \frac{U + U_{S\vartheta}}{\alpha\,D_F} \tag{12}$$

$$U_{S\vartheta} \geq \frac{D_F}{1000} \tag{13}$$

U Übermaß in mm
$U_{S\vartheta}$ erforderliches Fügespiel in mm
α Längenausdehnungskoeffizient des Werkstoffs:

$$\alpha_{Stahl} = 11 \cdot 10^{-6}\ 1/\,°C$$
$$\alpha_{Gusseisen} = 9 \cdot 10^{-6}\ 1/\,°C$$

Herleitung einer Gleichung:
Mit dem Längenausdehnungskoeffizienten α in m/(m °C) = 1/°C beträgt die Verlängerung Δl eines Metallstabs der Ursprungslänge l_0 bei seiner Erwärmung um die Temperaturdifferenz $\Delta\vartheta$:

$$\Delta l = \alpha\,\Delta\vartheta\,l_0$$

Für den Außenteil (Nabe) eines Pressverbands ist $\Delta l = U + U_{S\vartheta}$ und $l_0 = D_F$. Damit wird analog zu $\Delta l = \alpha\,\Delta\vartheta\,l_0$:

$$U + U_{S\vartheta} = \alpha\,\Delta\vartheta\,D_F$$

und daraus die obige Gleichung für $\Delta\vartheta$.

11.2.2.9 Festlegen der Presspassung

Bei Einzelfertigung führt man die Nabenbohrung aus und fertigt nach deren Istmaß die Welle für das errechnete Übermaß U. Bei Serienfertigung müssen größere Toleranzen zugelassen werden. Dazu ist eine Presspassung festlegen. Eine Auswahl der ISO-Toleranzlagen und -Qualitäten zeigt Kapitel 1, Tabelle 4 für das im Maschinenbau übliche System der Einheitsbohrung.

Da sich kleinere Toleranzen bei Wellen leichter einhalten lassen als bei Bohrungen, wählt man zweckmäßig:

Bohrung H7 mit Wellen der Qualität 6
Bohrung H8 mit Wellen der Qualität 7 usw.

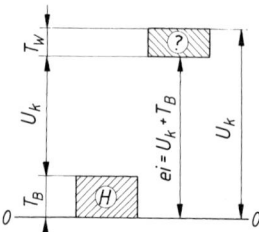

Liegt ein Toleranzfeld für die Bohrung fest zum Beispiel H7, findet man das Toleranzfeld für eine Welle folgendermaßen:

Das errechnete Übermaß wird gleich dem Kleinstübermaß U_k gesetzt und die Toleranz der Bohrung T_B addiert. Damit hat man das vorläufige untere Abmaß ei der Welle:

$$ei = U_k + T_B$$
$$U_k = U$$

Mit diesem Wert geht man in der Tabelle 4, Kap. 2 in die Zeile für den vorliegenden Nennmaßbereich und wählt dort für die vorher festgelegte Qualität ein Toleranzfeld für die Welle, bei dem das angegebene untere Abmaß dem errechneten am nächsten kommt (siehe Beispiele).

■ **Beispiel:**

Nennmaßbereich	35 mm
Toleranzfeld für die Bohrung	H7
Qualität für die Welle	6
Toleranz der Bohrung	$T_B = 25\,\mu$m
errechnetes Übermaß	$U = 60\,\mu$m $= U_k$
unteres Abmaß der Welle:	$ei = U_k + T_B = 60\,\mu$m $+ 25\,\mu$m
	$= 85\,\mu$m

Toleranzfeld der Welle:	× 6 mit $ei = 80\,\mu$m und
	$es = 96\,\mu$m

Damit können die Mindest- und Höchstübermaß U_k und U_g berechnet werden:

$$U_k = Ei - es = 25\,\mu\text{m} - 80\,\mu\text{m} = -55\,\mu\text{m}$$
$$U_g = ES - ei = 0 - 96\,\mu\text{m} = -96\,\mu\text{m}$$

11.2.3 Berechnungsbeispiel eines zylindrischen Pressverbands

In einem Getriebe sollen Vollwelle und Zahnrad als Längspressverband gefügt werden. Der Konstrukteur soll dazu die erforderliche Presspassung festlegen. Es ist schwellende Belastung zu erwarten. Die Rechnungen werden nach Kapitel 11.2.2 durchgeführt.

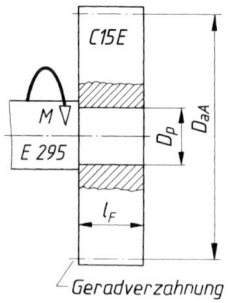

Gegeben:

Wellendrehmoment	M	$= 2000$ Nm
Fugendurchmesser	D_F =	63 mm
Fugenlänge	l_F =	50 mm
Außendurchmesser des Außenteils	D_{aA} =	160 mm

Wellenwerkstoff: E 295
Zahnradwerkstoff: Einsatzstahl C15E
Fügeflächen mit den gemittelten Rautiefen
$R_{ziA} = R_{zaI} = 6\,\mu$m

Lösung:

1. Erforderlicher Fugendruck p

$$p = \frac{2M}{\pi\, D_F^2\, l_F\, \nu} \leq p_{zul}$$

$M = 2\,000$ Nm $= 2 \cdot 10^3$ Nm
$M = 2 \cdot 10^6$ Nmm
$D_F = 63$ mm
$l_F = 50$ mm
ν Stahl / Stahl $= 0{,}08$
angenommen nach 11.2.2.1 für geschmierte Oberflächen

$$p_{zul,\,E\,295} = \frac{R_{e\,(E\,295)}}{1{,}5} = \frac{300\,\dfrac{\text{N}}{\text{mm}^2}}{1{,}5} = 200\,\frac{\text{N}}{\text{mm}^2}$$

$$p = \frac{2 \cdot 2 \cdot 10^6\ \text{Nmm}}{\pi \cdot 63^2\ \text{mm}^2 \cdot 50\text{mm} \cdot 0{,}08} = 80{,}2\,\frac{\text{N}}{\text{mm}^2}$$

$$p = 80{,}2\,\frac{\text{N}}{\text{mm}^2} < p_{zul,\,E\,295} = 200\,\frac{\text{N}}{\text{mm}^2}$$

2. Durchmesserverhältnis Q_A

$$Q_A = \frac{D_F}{D_{aA}} = \frac{63\ \text{mm}}{160\ \text{mm}} = 0{,}394 \approx 0{,}4$$

3. Wirksames Übermaß U_W (nach Gleichung (4))

$$U_W = \frac{2p\,D_F}{E(1 - Q_A^2)} = \frac{2 \cdot 80{,}2\,\dfrac{\text{N}}{\text{mm}^2} \cdot 63\ \text{mm}}{21 \cdot 10^4\,\dfrac{\text{N}}{\text{mm}^2}(1 - 0{,}394^2)}$$

$$U_W = 0{,}057\ \text{mm} = 57\,\mu\text{m}$$

4. Übermaß U

Das erforderliche Übermaß U setzt sich zusammen aus dem wirksamen Übermaß U_W und der Glättung G:

$U = U_W + G$
$U = 57\,\mu$m $+ 10\,\mu$m $= 67\,\mu$m
$G = 0{,}8\,(R_{ziA} + R_{zaI}) = 0{,}8\,(6\,\mu\text{m} + 6\,\mu\text{m})$
$G = 9{,}6\,\mu$m $\approx 10\,\mu$m

Mit dem berechneten Übermaß $U = 67\,\mu$m kann der Pressverband das Drehmoment $M = 2\,000$ Nm übertragen.

Nach den Erläuterungen in Kapitel 11.2.2.9 wird aus Tabelle 4 die Presspassung H7/ × 6 gewählt:

$EI = 0$ $ei = 122 \, \mu m$

$ES = 30 \, \mu m$ $es = 141 \, \mu m$

Damit ergeben sich:

Mindestpassung

$P_u = EI - es = 0 - 141 \, \mu m = -141 \, \mu m$

Höchstpassung

$P_o = ES - ei = 30 \, \mu m - 122 \, \mu m = -92 \, \mu m$

Die Höchstpassung $P_o = 92 \, \mu m$ liegt um ca. 37 % über dem errechneten Übermaß $U = 67 \, \mu m$. Folglich kann bei Vorliegen der Höchstpassung der Pressverband das Drehmoment $M = 2\,750 \, Nm$ übertragen, immer vorausgesetzt, alle Annahmen waren richtig.

6. Spannungsnachweise (siehe 11.2.2.6. Spannungsbild)

Den hier verwendeten Formänderungsgleichungen (2) und (4) liegt das Hooke'sche Gesetz $\sigma = \varepsilon \, E$ zugrunde. Sie gelten also nur im sogenannten elastischen Bereich. Daher darf die größte vorhandene Normalspannung σ_{vorth} die Proportionalitätsgrenze nicht überschreiten. Praktisch kann als Grenzspannung die Streckgrenze R_e oder die 0,2-Dehngrenze $R_{p\,0,2}$ (bei Werkstoffen ohne ausgeprägte Streckgrenze, z.B. bei Vergütungsstählen) herangezogen werden. Für die Werkstoffe E 295 für die Welle und C 15 E für die Nabe (Zahnrad) zeigen die Dauerfestigkeitsdiagramme gleiche Werte an:

$$R_{e\,(E\,295)} = 300 \, \frac{N}{mm^2}$$

$$R_{e\,(C\,15\,E)} = 300 \, \frac{N}{mm^2}$$

Ausgangsgrößen für die Berechnung der vorhandenen Spannungen sind das größte wirksame Übermaß U_{gw} und die sich dabei einstellende größte Fugenpressung p_g.

6.1. Größtes wirksames Übermaß U_{gw}

$U_{gw} = U - G = 141 \, \mu m - 10 \, \mu m =$
$= 131 \, \mu m = 0,131 \, mm$

6.2. Größter Fugendruck p_g

$$p_g = \frac{U_{gw} \, E(1 - Q_A^2)}{2 \, D_F}$$

$$p_g = \frac{0,131 \, mm \cdot 210\,000 \, \frac{N}{mm^2} \cdot (1 - 0,394^2)}{2 \cdot 63 \, mm}$$

$$p_g = 184 \, \frac{N}{mm^2} < p_{zul} = 200 \, \frac{N}{mm^2}$$

$U_{gw} = 0,131 \, mm$
$E = 210\,000 \, N/mm^2$
$Q_A = 0,394$
$D_F = 63 \, mm$

6.3. Tangentialspannungen σ_t und Radialspannungen σ_r

$$\sigma_{tAi} = p_g \, \frac{1 + Q_A^2}{1 - Q_A^2} = 184 \, \frac{N}{mm^2} \cdot \frac{1 + 0,394^2}{1 - 0,394^2} = 252 \, \frac{N}{mm^2}$$

$$\sigma_{tAa} = p_g \, \frac{2Q_A^2}{1 - Q_A^2} = 184 \, \frac{N}{mm^2} \cdot \frac{2 \cdot 0,394^2}{1 - 0,394^2} = 68 \, \frac{N}{mm^2}$$

Kontrollrechnung:

$\sigma_{tAi} - \sigma_{tAa} = p_g$

(siehe Spannungsbild)

$(252 - 68) \, \frac{N}{mm^2} = 184 \, \frac{N}{mm^2}$

$$\sigma_{tIi} = p_g \, \frac{2}{1 - Q_I^2} = p_g \, \frac{2}{1 - 0} = 2 p_g = 2 \cdot 184 \, \frac{N}{mm^2} =$$

$$= 368 \, \frac{N}{mm^2} > R_{e\,(I)} = 300 \, \frac{N}{mm^2}$$

$$\sigma_{tAa} = p_g \, \frac{1 + Q_I^2}{1 - Q_I^2} = p_g \, \frac{1 + 0}{1 - 0} = p_g = 184 \, \frac{N}{mm^2}$$

$$\sigma_{rAi} = p_g = 184 \, \frac{N}{mm^2}$$

$$\sigma_{rAa} = 0$$

$$\sigma_{rIi} = 0$$

$$\sigma_{rIa} = p_g = 184 \, \frac{N}{mm^2}$$

6.4. Mittlere tangentiale Zugspannung σ_{zmA}

$$\sigma_{zmA} = \frac{p_g \, D_F}{D_{aA} - D_F} = \frac{184 \, \frac{N}{mm^2} \cdot 63 \, mm}{160 \, mm - 63 \, mm} =$$

$$\sigma_{zmA} = 120 \, \frac{N}{mm^2}$$

6.5. Mittlere tangentiale Druckspannung σ_{dmI}

$$\sigma_{dmI} = p_g = 184 \, \frac{N}{mm^2}$$

7. Spannungsvergleiche und festigkeitstechnische Anmerkungen

a) Die größten Tangentialspannungen treten an den Innenseiten der Fügeteile auf:

tangentiale Zugspannung

$$\sigma_{tAi} = 252 \, \frac{N}{mm^2} > \sigma_{tAa} = 68 \, \frac{N}{mm^2}$$

tangentiale Druckspannung

$$\sigma_{tIi} = 368 \, \frac{N}{mm^2} > \sigma_{tIa} = 184 \, \frac{N}{mm^2} .$$

b) Die Spannung σ_{tIi} ist größer als die Streckgrenze $R_e = 300$ N/mm² für die Werkstoffe von Welle und Nabe. Die Werkstoffteilchen in den entsprechenden Ringzonen der Fügeteile verformen sich also nicht mehr nach dem Hooke'schen Gesetz elastisch sondern plastisch.

c) Die hier errechneten Spannungen treten bei Größtübermaß auf. In diesem Fall sind Überschreitungen der Streckgrenze zulässig, solange der Werkstoff in diesen Ringzonen nicht geschädigt wird. Das ist hier nicht der Fall, dann es ist

$$\sigma_{tIi} < R_m \approx 500 \, \frac{N}{mm^2}$$

8. Größte Einpresskraft F_e

$$F_e = p_g = \pi \, D_F \, l_F \, \nu_e$$

$$F_e = 184 \, \frac{N}{mm^2} \cdot \pi \cdot 63 \, mm \cdot 50 \, mm \cdot 0,06$$

$F_e = 109\,252 \, N \approx 109 \, kN$
$p_g = 184 \, N/mm^2$
$D_F = 63 \, mm$
$l_F = 50 \, mm$
$\nu_e = 0,06$ (nach 11.2.2.1 für Stahl / Stahl, geschmiert)

11.3 Keglige Pressverbände (Kegelsitzverbindungen)

Normen (Auswahl)

DIN 254   Kegel
DIN 1448,1449 Keglige Wellenenden
DIN 7178   Kegeltoleranz- und Kegelpasssystem
ISO 3040   Eintragung von Maßen und Toleranzen für Kegel

11.3.1 Begriffe am Kegel

Kegelmaße:

Kegel im technischen Sinn sind keglige Werkstücke mit Kreisquerschnitt:
(spitze Kegel und Kegelstümpfe).
Bezeichnung eines Kegels mit dem Kegelwinkel
$\alpha = 30° \Rightarrow$ Kegel 30°
Bezeichnung eines Kegels mit dem Kegelverhältnis
$C = 1 : 10 \Rightarrow$ Kegel 1 : 10

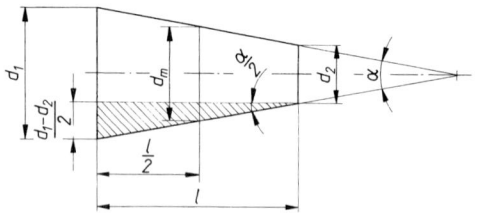

d_1, d_2 Kegeldurchmesser

$d_\mathrm{m} = \dfrac{d_1 + d_2}{2}$ mittlerer Kegeldurchmesser

l Kegellänge
α Kegelwinkel
$\alpha/2$ Einstellwinkel zum Fertigen und Prüfen des Kegels

Kegelverhältnis C

$$C = \frac{d_1 - d_2}{l}$$

$$C = 1 : x = \frac{1}{x}$$

$$d_2 = d_1 - C\,l$$

Das Kegelverhältnis C wird in der Form $C = 1 : x$ angegeben, zum Beispiel $C = 1 : 5$

Kegelwinkel α und Einstellwinkel $\alpha/2$

Aus dem schraffierten rechtwinkligen Dreieck lässt sich ablesen:

$$\tan \frac{\alpha}{2} = \frac{d_1 - d_2}{2\,l} \Rightarrow C = 2 \tan \frac{\alpha}{2}$$

$$\frac{\alpha}{2} = \arctan \frac{C}{2}$$

$$\alpha = 2 \arctan \frac{C}{2}$$

$$d_2 = d_1 - 2\,l \tan \frac{\alpha}{2}$$

Vorzugswerte für Kegel

Kegelverhältnis $C = 1 : x$	Kegelwinkel α	Einstellwinkel $\dfrac{\alpha}{2}$
1 : 0,2886751	120°	60°
1 : 0,5	90°	45°
1 : 1,8660254	30°	15°
1 : 3	18° 55'29"≈ 18,925°	9° 27'44"
1 : 5	11° 25'16"≈ 11,421°	5° 42'38"
1 : 10	5° 43'29"≈ 5,725°	2° 51'45"
1 : 20	2° 51'51"≈ 2,864°	1° 25'56"
1 : 50	1° 8'45"≈ 1,146°	34'23"
1 : 100	34'22"≈ 0,573°	17'11"

Werkzeugkegel und Aufnahmekegel an Werkzeugmaschinenspindeln, die so genannten Morsekegel (DIN 228), haben ein Kegelverhältnis von ungefähr 1 : 20.

11.3.2 Zusammenstellung der Berechnungsformeln für keglige Pressverbände

Der erforderliche Fugendruck p wird durch das Anziehen der Mutter hervorgerufen. Für die Untersuchung des Kräftegleichgewichts in der Pressverbindung ist es erlaubt, sich einen einzigen Angriffspunkt A an der Welle oder an der Nabe herauszugreifen, weil auch die Reibkraft $F_\mathrm{R} = F_\mathrm{N}\,\mu$ von Größe und Form der Berührungsfläche unabhängig ist (siehe Abschnitt C Mechanik 1.8). Es sind zwei Zustände zu untersuchen: Beim Aufpressen der Nabe auf das keglige Wellenende, bei dem sich am frei gemachten Wellenteilchen W das Kräftesystem an der schiefen Ebene einstellt (siehe Abschnitt C Mechanik 1.8.6) und der Betriebszustand, bei dem die Reibkraft $F_\mathrm{Ru} = F_\mathrm{R}$ in tangentialer Richtung wirkt.

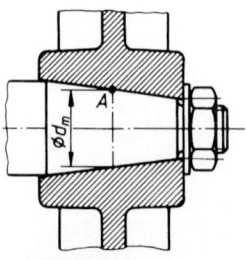

Kegliges Wellenende

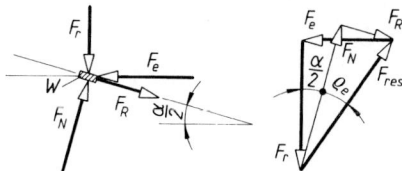

Kräftesystem und Krafteck beim Einpressen (ϱ_e Reibwinkel)

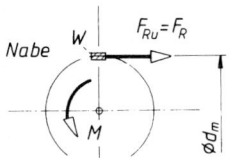

Reibkraft F_{Ru} im Betriebszustand

Das am Wellenteilchen W angreifende zentrale Kräftesystem beim Einpressen besteht aus der Normalkraft F_N, der Reibkraft F_R, der Radialkraft F_r und der Einpresskraft F_e. Aus den rechtwinkligen Dreiecken im Krafteck können die Beziehungen abgelesen werden:

$$\sin\left(\frac{\alpha}{2}+\varrho_e\right)=\frac{F_e}{F_{res}} \Rightarrow F_e = F_{res}\sin\left(\frac{\alpha}{2}+\varrho_e\right)$$

$$\cos\varrho_e = \frac{F_N}{F_{res}} \Rightarrow F_{res}=\frac{F_N}{\cos\varrho_e}$$

Daraus:

$$F_e = F_N \cdot \frac{\sin\left(\dfrac{\alpha}{2}+\varrho_e\right)}{\cos\varrho_e}$$

Im Betriebsfall wird an Stelle des Rutschbeiwertes μ_e der Haftbeiwert μ wirksam. Sicherheitshalber wird aber auch hier mit dem Rutschbeiwert ν_e gerechnet, also mit $F_R = F_N\,\nu_e$.

$$M = F_R\,\frac{d_m}{2}=F_N\,\nu_e\,\frac{d_m}{2} \Rightarrow F_N = \frac{2M}{\nu_e\,d_m}$$

$$F_e = \frac{2M}{\nu_e\,d_m}\cdot\frac{\sin\left(\dfrac{\alpha}{2}+\varrho_e\right)}{\cos\varrho_e}$$

Für übliche Reibwinkel ϱ_e wird $\cos\varrho_e \approx 1$, sodass vereinfacht werden kann:

$$F_e = \frac{2M}{\nu_e\,d_m}\cdot\sin\left(\frac{\alpha}{2}+\varrho_e\right)$$

Mit dem Fugendruck p und der Fugenfläche A_F wird die Normalkraft $F_N = p\,A_F$. Die Fugenfläche A_F kann nach der Guldin'schen Regel ausgedrückt werden durch

$$A_F = 2\,\pi\,\frac{d_m}{2}\cdot\frac{l_F}{\cos\left(\frac{\alpha}{2}\right)}=\frac{\pi\,d_m\,l_F}{\cos\left(\frac{\alpha}{2}\right)}$$

Bringt man außerdem $F_N = 2\,M/\mu_e\,d_m$ ein, dann ergibt sich:

$$\frac{2M}{\nu_e\,d_m}=\frac{p\,\pi\,d_m\,l_F}{\cos\left(\frac{\alpha}{2}\right)}$$

und daraus die Gleichung für den Fugendruck

$$p = \frac{2M\cos\left(\frac{\alpha}{2}\right)}{\pi\,\nu_e\,d_m^2\,l_F}$$

Beachte: Für den Fall $\cos(\alpha/2)=0$ liegt der zylindrische Pressverband vor. Dann ergibt sich mit $\cos 0° = 1$ und $d_m = D_F$ die Gleichung (1).

Die Herleitung führt zu folgenden Gleichungen für die Berechnung von kegligen Pressverbänden:

Erforderliche Einpresskraft F_e

$$F_e = \frac{2M}{d_m\,\nu_e}\cdot\sin\left(\frac{\alpha}{2}+\varrho_e\right) \tag{14}$$

$$M = 9{,}55\cdot10^6\,\frac{P}{n} \tag{15}$$

F_e	M	d_m, l_F	ν_e	P	n	p
N	Nmm	mm	1	kW	$\min^{-1}$	$\dfrac{N}{mm^2}$

vorhandener Fugendruck p

$$p = \frac{2M\cos\left(\frac{\alpha}{2}\right)}{\nu_e\,d_m^2\,l_F} \le p_{zul} \tag{16}$$

Einpresskraft F_e für einen bestimmten Fugendruck p:

$$F_e = \pi\,p\,d_m\,l_F\cdot\sin\left(\frac{\alpha}{2}+\varrho_e\right) \tag{17}$$

M Drehmoment
P Wellenleistung
n Drehzahl

$\dfrac{\alpha}{2}$ Einstellwinkel

ϱ_e Reibwinkel aus $\tan\varrho_e = \mu_e$
     $\varrho_e = \arctan\mu_e$
ν_e Rutschbeiwert aus 11.2.2.1
d_m mittlerer Kegeldurchmesser
l_F Fugenlänge
p_{zul} nach 11.2.2.1

11.3.3 Berechnungsbeispiel eines kegligen Pressverbands

Die skizzierte Kegelverbindung eines Zahnrads mit dem Wellenende einer Getriebewelle ist zu berechnen. Es ist schwellende Belastung anzunehmen.

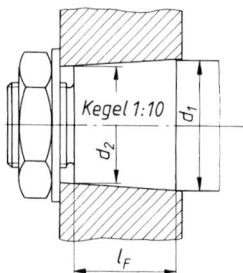

Kegel 1:10

Gegeben:

Wellendrehmoment	$M = 2000$ Nm
Wellendurchmesser	$d_1 = 63$ mm
Fugenlänge	$l_F = 50$ mm
Wellenwerkstoff	C45E
Zahnradwerkstoff	C25E
Kegelverhältnis	$C = 1 : 10$

Lösung:

1. Wellendurchmesser d_2

$$d_2 = d_1 - C\, l_F = 63\ \text{mm} - \frac{1}{10} \cdot 50\ \text{mm}$$

$$d_2 = 58\ \text{mm}$$

2. Mittlerer Kegeldurchmesser d_m

$$d_m = \frac{d_1 + d_2}{2} = \frac{63\ \text{mm} + 58\ \text{mm}}{2} = 60{,}5\ \text{mm}$$

3. Einstellwinkel $\frac{\alpha}{2}$

$$\frac{\alpha}{2} = \arctan \frac{C}{2} = \arctan \frac{1}{10 \cdot 2} = 2{,}862405226° = 2°51'45''$$

4. Einpresskraft F_e

$$F_e = \frac{2\,M}{d_m\,\nu_e} \cdot \sin\!\left(\frac{\alpha}{2} + \varrho_e\right)$$

Für den Rutschbeiwert ν_e wird nach 2.2.1 festgelegt: $\nu_e = 0{,}1$
Damit wird der Reibwinkel ϱ_e ermittelt:
$\varrho_e = \arctan \nu_e = \arctan 0{,}1 = 5{,}7°$

$$F_e = \frac{2 \cdot 2000 \cdot 10^3\ \text{Nmm}}{60{,}5\ \text{mm} \cdot 0{,}1} \cdot \sin(22{,}9° + 5{,}7°)$$

$F_e = 98\,866\ \text{N} = 98{,}9\ \text{kN}$
(Ausgangsgröße zur Berechnung des Anziehdrehmoments M_A für die Mutter)

5. Fugendruck p

$$p = \frac{2\,M \cos\!\left(\frac{\alpha}{2}\right)}{\pi\,\nu_e\,d_m^2\,l_F}$$

$$p = \frac{2 \cdot 2000 \cdot 10^3\ \text{Nmm} \cdot \cos 2{,}9°}{\pi \cdot 0{,}1 \cdot 60{,}5^2\ \text{mm}^2 \cdot 50\ \text{mm}} = 69\ \frac{\text{N}}{\text{mm}^2}$$

6. Pressungsvergleich

Der Werkstoff mit der niedrigeren Streckgrenze R_e oder 0,2-Dehngrenze $R_{p\,0,2}$ ist hier der Zahnradwerkstoff C25E mit $R_e = 320$ N/mm² (siehe Tabelle 27 in Abschnitt E, Kap. 3.4.3.8). Die zulässige Flächenpressung wird nach 11.2.2.1 für schwellende Belastung angenommen:

$$p_{zul,\,C25E} = \frac{R_{e,C25E}}{1{,}5} = \frac{320\ \dfrac{\text{N}}{\text{mm}^2}}{1{,}5} = 213\ \frac{\text{N}}{\text{mm}^2}\ ; \text{ folglich ist}$$

$$p = 69{,}5\ \frac{\text{N}}{\text{mm}^2} < p_{zul} = 213\ \frac{\text{N}}{\text{mm}^2}$$

Tabelle 3. Maße für keglige Wellenenden mit Außengewinde

Bezeichnung eines langen kegligen Wellenendes mit Passfeder und Durchmesser $d_1 = 40$ mm:

Wellenende 40 × 82 DIN 1448

Maße in mm

Durchmesser d_1		6	7	8	9	10	11	12	14	16	19	20	22	24	25	28
Kegellänge l_1	lang	10		12		15		18		28			36			42
	kurz	–		–		–		–		16			22			24
Gewindelänge l_2		6		8		8		12				14			18	
Gewinde		M4		M6				M8 × 1		M10 × 1,25			M12 × 1,25			M16 × 1,5	
Passfeder [1]	$b \times h$							2 × 2		3 × 3		4 × 4			5 × 5	
Nuttiefe t_1	lang			–		1,6	1,7	2,3	2,5	3,2		3,4	3,9		4,1	
	kurz			–		–	–	–	2,2	2,9		3,1	3,6		3,6	

Durchmesser d_1		30	32	35	38	40	42	45	48	50	55	60	65	70	75	80
Kegellänge l_1	lang	58				82						105				130
	kurz	36				54						70				90

Durchmesser d_1		30	32	35	38	40	42	45	48	50	55	60	65	70	75	80
Gewindelänge l_2		22				28						35				40
Gewinde		M 20 × 1,5		M 24 × 2		M 30 × 2			M 36 × 3			M 42 × 3		M 48 × 3		M 56 × 4
Passfeder	$b \times h$	5 × 5		6 × 6		10 × 8		12 × 8			14 × 9		16 × 10		18 × 11	20 × 12
Nuttiefe t_1	lang	4,5		5				7,1			7,6		8,6		9,6	10,8
	kurz	3,9		4,4				6,4			6,9		7,8		8,8	9,8

1) Passfeder nach Tabelle 6.

Tabelle 4. Richtwerte für Nabenabmessungen

Verbindungsart	Nabendurchmesser D_{aA} Naben aus		Nabenlänge l	
	Gusseisen	Stahl oder Stahlguss	Gusseisen	Stahl oder Stahlguss
zylindrische und keglige Pressverbände und Spannverbindungen	2,2 ... 2,6 d	2 ... 2,5 d	1,2 ... 1,5 d	0,8 ... 1 d
Klemmsitz- und Keilsitzverbindungen	2 ... 2,2 d	1,8 ... 2 d	1,6 ... 2 d	1,2 ... 1,5 d
Keilwelle, Kerbverzahnung	1,8 ... 2 d_1	1,6 ... 1,8 d_1	0,8 ... 1 d_1	0,6 ... 0,8 d_1
Passfederverbindungen	1,8 ... 2 d	1,6 ... 1,8 d	1,8 ... 2 d	1,6 ... 1,8 d
längs bewegliche Naben	1,8 ... 2 d	1,6 ... 1,8 d	2 ... 2,2 d	1,8 ... 2 d
lose sitzende (sich drehende) Naben	1,8 ... 2 d	1,6 ... 1,8 d	2 ... 2,2 d	

d Wellendurchmesser

Die Werte für Keilwelle und Kerbverzahnung sind Mindestwerte (d_1 „Kerndurchmesser"). Bei größeren Scheiben oder Rädern mit seitlichen Kippkräften ist die Nabenlänge noch zu vergrößern.

Allgemein gelten die größeren Werte bei Werkstoffen geringerer Festigkeit, die kleineren Werte bei Werkstoffen höherer Festigkeit.

11.4 Klemmsitzverbindungen

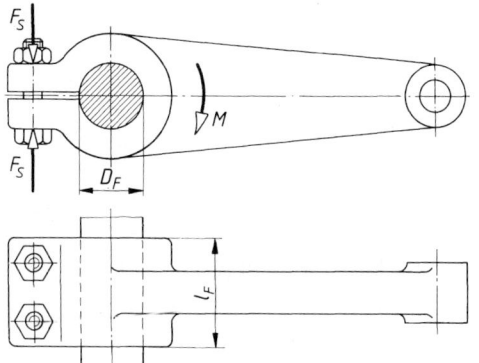

Klemmsitzverbindungen werden mit geteilter oder geschlitzter Nabe hergestellt. Mit Schrauben, Schrumpfringen oder Kegelringen werden die beiden Nabenhälften so auf die Welle gepresst, dass ohne Rutschen ein gegebenes Drehmoment M übertragen werden kann. Die dazu erforderliche Verspannkraft wird hier *Sprengkraft* F_S genannt. Die in der Fugenfläche entstehende Flächenpressung ist der *Fugen-*

druck p. Der errechnete Betrag ist mit der zulässigen Flächenpressung für den Werkstoff mit der geringeren Festigkeit zu vergleichen.

Die beiden folgenden Gleichungen gelten unter der Annahme, dass die Spannungsverteilung bei der Klemmsitzverbindung die gleiche ist wie beim zylindrischen Pressverband. Insbesondere wird von einer gleichmäßigen Verteilung der Fugenpressung in der Fugenfläche ausgegangen. Die Berechnungsgleichungen ergeben sich dann aus der Herleitung in 11.2.2.1 in Verbindung mit der Gleichung für die Nabensprengkraft in 11.2.2.7.

Vor allem bei der geschlitzten Nabe ist eine gleichmäßige Verteilung der Fugenpressung kaum zu erzielen. Der zulässige Flächendruck p_{zul} sollte daher kleiner angesetzt werden als beim zylindrischen Pressverband.

Sicherheitshalber ist in der Gleichung für die Sprengkraft F_S der Rutschbeiwert ν_e (siehe 11.2.2.1) zu verwenden, der kleiner ist als der Haftbeiwert ν, der in den Gleichungen für den zylindrischen Pressverband verwendet wird.

Sprengkraft F_S (gesamte Verspannkraft):

$$F_S = \frac{2\,M}{\pi\,\nu_e\,D_F} \tag{18}$$

$$M = 9,55 \cdot 10^6 \, \frac{P}{n} \tag{19}$$

F_S	p, p_{zul}	M	D_F, l_F	ν_e	P	n
N	$\dfrac{N}{mm^2}$	Nmm	mm	1	kW	min^{-1}

Vorhandener Fugendruck p

$$p = \frac{F_S}{D_F \, l_F} \leq p_{zul} \tag{20}$$

$$p = \frac{2 \, M}{2 \pi \, D_F^2 \, l_F} \leq p_{zul} \tag{21}$$

Zulässige Flächenpressung p_{zul}

für Stahl-Nabe:

$$p_{zul} = \frac{R_e}{3} \text{ oder } \frac{R_{p, 0,2}}{3} \tag{22}$$

für Gusseisen-Nabe:

$$p_{zul} = \frac{R_m}{5} \tag{23}$$

11.5 Keilsitzverbindungen

Keilsitzverbindungen werden in der Praxis nicht berechnet, weil die Eintreibkraft, von der die Zuverlässigkeit des Reibschlusses abhängt, rechnerisch kaum erfasst werden kann.

Für bestimmte Wellen- und Nabenabmessungen sind die Abmessungen der Keile den Normen zu entnehmen, die in der folgenden Darstellung angegeben sind. Die Passfeder ist hier zur Vervollständigung noch einmal aufgenommen worden:

Passfeder DIN 6885

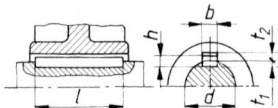

Keil DIN 6886

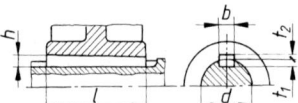

Nasenkeil DIN 6887

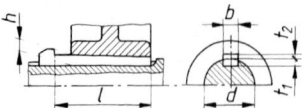

Flachkeil DIN 6883   Nasenflachkeil DIN 6884

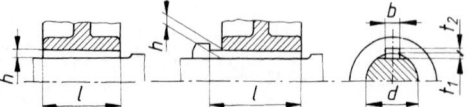

Hohlkeil DIN 6881   Nasenhohlkeil DIN 6889

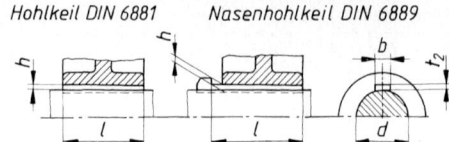

11.6 Ringfederspannverbindungen

Ringfederspannverbindungen werden in der Praxis nicht berechnet. Die Hersteller liefern Tabellen für die Abmessungen und die übertragbaren Drehmomente, die aus Versuchsergebnissen zusammengestellt worden sind.

Man verwendet *Ringfeder-Spannelemente* und *-Spannsätze*. Die Kraftumsetzung von Axial- in Radialspannkräfte an den keglig aufeinandergeschobenen Ringen erfolgt wie bei Keilen. Die Neigungswinkel der kegligen Flächen sind so groß, dass keine Selbsthemmung auftritt. Wird die Verbindung gelöst, lässt sich die Spannverbindung leicht ausbauen.

11.6.1 Einbau und Einbaubeispiel für Ringfeder-spannverbindungen

Ringfeder-Spannelemente bestehen aus den Spannelementen 1, das sind keglige Stahlringe, dem Druckring 2, den Spannschrauben 3 und den Distanzhülsen 4. Welle und Nabe brauchen eine zusätzliche Zentrierung Z. Zum Aufeinanderschieben der kegligen Spannelemente (Ringpaare) ist ein ausreichender Spannweg s vorzusehen. Er wird in den Tabellen der Herstellerfirmen angegeben. Wegen der exponential abfallenden Wirkung können nur bis zu $n = 4$ Spannelemente hintereinandergeschaltet werden.

Spannsätze bestehen aus dem Außenring 1, dem Innenring 2, den beiden Druckringen 3 und den gleichmäßig am Umfang verteilten Spannschrauben 4, mit denen die Druckringe 3 axial verspannt werden. Dadurch wird der Innenring elastisch zusammengepresst (Wellensitz), der Außenring gedehnt (Nabensitz). Auch für Spannsätze ist eine zusätzliche Zentrierung von Welle und Nabe erforderlich.

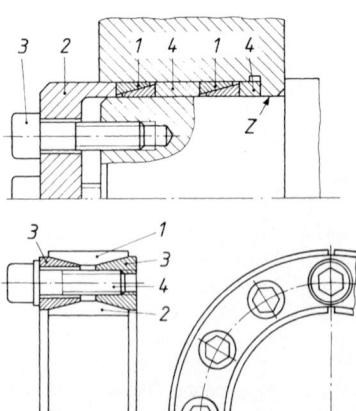

Titel zur CAD-Technik

Clement, Steffen / Kittel, Konstantin
**Pro/ENGINEER Wildfire 2.0 -
kurz und bündig**
Grundlagen für Einsteiger
Herausgegeben von Sándor Vajna
2005. VIII, 139 S. Br. € 14,90
ISBN 3-528-04122-6

Klette, Guido
**UNIGRAPHICS NX3 -
kurz und bündig**
Grundlagen für Einsteiger
Herausgegeben von Sándor Vajna
2005. X, 130 S. Br. € 14,90
ISBN 3-528-03988-4

Ledderbogen, Reinhard/
Vajna, Sándor (Hrsg.)
CATIA V5 - kurz und bündig
Grundlagen für Einsteiger
2., überarb. u. erg. Aufl. 2005. VIII, 108 S.
(Studium Technik) Br. € 13,90
ISBN 3-528-13958-7

List, Ronald
**CATIA V5 - Grundkurs für
Maschinenbauer**
Bauteil- und Baugruppenkonstruktion
Zeichnungsableitung
2., verb. u. erw. Aufl. 2006. X, 336 S.
mit 565 Abb.
(Studium Technik) Br. € 28,90
ISBN 3-8348-0176-3

Schabacker, Michael/
Vajna, Sándor (Hrsg.)
Solid Edge - kurz und bündig
Grundlagen für Einsteiger
2005. 122 S. (Studium Technik)
Br. € 15,90
ISBN 3-528-03996-5

Wagner, Wolfgang / Engelken, Gerhard
**UNIGRAPHICS-Praktikum
mit NX3**
Modellieren mit durchgängigem
Projektbeispiel
2005. VIII, 302 S. zahlr. Abb.
(Studium Technik) Br. € 26,90
ISBN 3-528-04120-X

vieweg

Abraham-Lincoln-Straße 46
65189 Wiesbaden
Fax 0611.7878-400
www.vieweg.de

Stand Juli 2006.
Änderungen vorbehalten.
Erhältlich im Buchhandel oder im Verlag.

Tabelle 5. Ringfederspannverbindungen, Maße, Kräfte und Drehmomente (nach Ringfeder GmbH, Krefeld-Uerdingen)

Spannelement

$M_{(100)}$ ist das von *einem* Spannelement übertragbare Drehmoment bei

$p = 100 \ \frac{\text{N}}{\text{mm}^2}$ mm Flächen-

pressung. Entsprechendes gilt für $F_{(100)}$ und $F_{ax(100)}$. Ermittlung der Anzahl hintereinander geschalteter Elemente in 11.6.2.

| Maße | | | Kräfte | | | Drehmoment | Spannweg s | | | |
| $d \times D$ | l_1 | l_2 | F_0 | $F_{(100)}$ | $F_{ax(100)}$ | $M_{(100)}$ | \multicolumn{4}{c}{in mm bei n} |
mm	mm	mm	kN	kN	kN	Nm	1	2	3	4
10 × 13	4,5	3,7	6,95	6,30	1,40	7,0	2	2	3	3
12 × 15	4,5	3,7	6,95	7,50	1,67	10,0	2	2	3	3
14 × 18	6,3	5,3	11,20	12,60	2,80	19,6	3	3	4	5
16 × 20	6,3	5,3	10,10	14,40	3,19	25,5	3	3	4	5
18 × 22	6,3	5,3	9,10	16,20	3,60	32,4	3	3	4	5
20 × 25	6,3	5,3	12,05	18,00	4,00	40	3	3	4	5
22 × 26	6,3	5,3	9,05	19,80	4,40	48	3	3	4	5
25 × 30	6,3	5,3	9,90	22,50	5,00	62	3	3	4	5
28 × 32	6,3	5,3	7,40	25,20	5,60	78	3	3	4	5
30 × 35	6,3	5,3	8,50	27,00	6,00	90	3	3	4	5
35 × 40	7	6	10,10	35,60	7,90	138	3	3	4	5
40 × 45	8	6,6	13,80	45,00	9,95	199	3	4	5	6
45 × 57	10	8,6	28,20	66,00	14,60	328	3	4	5	6
50 × 57	10	8,6	23,50	73,00	16,20	405	3	4	5	6
55 × 62	12	10,4	21,80	80,00	17,80	490	3	4	5	6
60 × 68	12	10,4	27,40	106,00	23,50	705	3	4	5	7
63 × 71	12	10,4	26,30	111,00	24,80	780	3	4	5	7
65 × 73	14	12,2	25,40	115,00	25,60	830	3	4	5	7
70 × 79	14	12,2	31,00	145,00	32,00	1120	3	5	6	7
75 × 84	17	15	34,60	155,00	34,40	1290	3	5	6	7
80 × 91	17	15	48,00	203,00	45,00	1810	4	5	6	8
85 × 96	17	15	45,60	216,00	48,00	2040	4	5	6	8
90 × 101	17	15	43,40	229,00	51,00	2290	4	5	6	8
95 × 106	17	15	41,20	242,00	54,00	2550	4	5	6	8
100 × 114	21	18,7	60,70	317,00	70,00	3520	4	6	7	9

Spannsätze

Bei zwei Spannsätzen verdoppeln sich die Beträge des übertragbaren Drehmoments M und der übertragbaren Axialkraft F_{ax}

| Maße | | | | Kraft F_{ax} | Dreh moment M | Flächenpressung | | Schrauben DIN 912 | | |
| $d \times D$ | l_1 | l_2 | l | | | p_{Welle} | p_{Nabe} | An zahl | Gewinde d_1 | M_A |
mm	mm	mm	mm	kN	Nm	N/mm²	N/mm²			Nm
30 × 55	20	17	27,5	33,4	500	175	95	10	M 6 × 18	14
35 × 60	20	17	27,5	40	700	180	105	12	M 6 × 18	14
40 × 65	20	17	27,5	46	920	180	110	14	M 6 × 18	14
45 × 75	24	20	33,5	72	1 610	210	125	12	M 8 × 22	35
50 × 80	24	20	33,5	71	1 770	190	115	12	M 8 × 22	35
55 × 85	24	20	33,5	83	2 270	200	130	14	M 8 × 22	35
60 × 90	24	20	33,5	83	2 470	180	120	14	M 8 × 22	35
65 × 95	24	20	33,5	93	3 040	190	130	16	M 8 × 22	35
70 × 110	28	24	39,5	132	4 600	210	130	14	M 10 × 25	70
75 × 115	28	24	39,5	131	4 900	195	125	14	M 10 × 25	70
80 × 120	28	24	39,5	131	5 200	180	120	14	M 10 × 25	70
85 × 125	28	24	39,5	148	6 300	195	130	16	M 10 × 25	70
90 × 130	28	24	39,5	147	6 600	180	125	16	M 10 × 25	70
95 × 135	28	24	39,5	167	7 900	195	135	18	M 10 × 25	70
100 × 145	30	26	44	192	9 600	195	135	14	M 12 × 30	125
110 × 155	30	26	44	191	10 500	180	125	14	M 12 × 30	125
120 × 165	30	26	44	218	13 100	185	135	16	M 12 × 30	125
130 × 180	38	34	52	272	17 600	165	115	20	M 12 × 35	125

11.6.2 Ermittlung der Anzahl n der Spann-elemente und der axialen Spannkraft F_a

Anzahl n für gegebenes Drehmoment M in Nm

$$n = f_p f_n \, \frac{M}{M_{(100)}} \qquad (24)$$

$M_{(100)}$ übertragbares Drehmoment M in Nm nach Tabelle 5 für *ein* Spannelement und einer Flächenpressung von $p = 100$ N/mm^2

f_p Pressungsfaktor nach Gleichung (25)

f_n Anzahlfaktor, abhängig von der Anzahl der hintereinandergeschalteten Elemente:

     für $n = 2$ ist $f_n = 1,55$

     für $n = 3$ ist $f_n = 1,85$ und

     für $n = 4$ ist $f_n = 2,02$.

Pressungsfaktor f_p

$$f_p = \frac{p_w}{p_{(100)}} \qquad p_{(100)} = 100 \, \frac{\text{N}}{\text{mm}^2} \qquad (25)$$

p_w Grenzwert der Flächenpressung für den Wellen- oder Nabenwerkstoff

p_w $= 0,9 \, R_e$ (oder $R_{p\,0,2}$) für (Stahl und Stahl-guss)

p_w $= 0,6 \, R_m$ für Gusseisen

R_e Streckgrenze, $R_{p\,0,2}$ 0,2-Dehngrenze

R_m Zugfestigkeit (alle Werte aus dem Dauer-festigkeitsdiagramm)

Anzahl n für gegebene Axialkraft F_{ax} in kN

$$n = f_p f_n \, \frac{F}{F_{ax(100)}} \qquad (26)$$

$F_{ax(100)}$ Axialkraft in kN nach (Tabelle 5 für ein Spannelement und einer Flächenpressung von $p = 100$ N/mm^2)

f_p Pressungsfaktor nach Gleichung (25)

f_n Anzahlfaktor, abhängig von der Anzahl der hintereinander geschalteten Elemente:

     für $n = 2$ ist $f_n = 1,55$

     für $n = 3$ ist $f_n = 1,85$ und

     für $n = 4$ ist $f_n = 2,02$.

Erforderliche axiale Gesamtspannkraft F_a in kN

$$F_a = F_0 + F_{(100)} f_p \qquad (27)$$

F_0 axiale Spannkraft in kN nach Tabelle 5 zur Überbrückung des Passungsspiels bei h6/H7 und einer gemittelten Rautiefe $R_z \approx 6 \ \mu$m

$F_{(100)}$ axiale Spannkraft in kN nach Tabelle 5 bei einer Flächenpressung $p = 100$ N/mm^2

f_p Pressungsfaktor nach Gleichung (25)

11.7 Längsstiftverbindung

Bauverhältnisse (Anhaltswerte)

$$\frac{d_S}{d} = 0,13 \ldots 0,16$$

$$\frac{l}{d} = 1,0 \ \ldots 1,5$$

l Nabenlänge

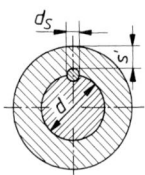

Nabendicke s' in mm (M in Nm einsetzen)

$$s' = (3,2 \ldots 3,9) \, \sqrt[3]{M}$$

für Gusseisen-Nabe

$$s' = (2,4 \ldots 3,2) \, \sqrt[3]{M}$$

für Stahl- und Stahlguss-Nabe

$$M = 9550 \, \frac{P}{n}$$

M	P	n
Nm	kW	min^{-1}

Übertragbares Drehmoment M

$$M \leq \frac{d_S \, d \, l_S}{4} \, p_{zul(Nabe)} \qquad (28)$$

p_{zul} nach 11.8, l_S Stiftlänge

M	d_S, d, l_S	p_{zul}
Nmm	mm	$\dfrac{\text{N}}{\text{mm}^2}$

11.8 Querstiftverbindung

Bauverhältnisse (Anhaltswerte)

$$\frac{d_S}{d} = 0,2 \ldots 0,3$$

$$\frac{d_a}{d} = 2,5 \qquad \text{für Gusseisen-Nabe}$$

$$\phantom{\frac{d_a}{d}} = 2,0 \qquad \text{für Stahl- und Stahlguss-Nabe}$$

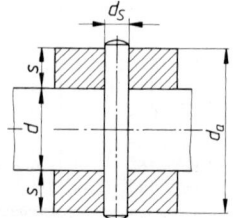

Übertragbares Drehmoment M

$$M \le \frac{d\,d_S^2\,\pi}{4}\,\tau_{a\,zul} \qquad (29)$$

$$M \le d_S\,s\,(d+s)\,p_{zul}\;(\text{Nabe}) \qquad (30)$$

$$M = 9{,}55 \cdot 10^6 \frac{P}{n}$$

M	d, d_S, s	$\tau_{a\,zul}, p_{zul}$	P	n
Nmm	mm	$\dfrac{\text{N}}{\text{mm}^2}$	kW	min^{-1}

Übertragbare Längskraft F_l

$$F_l \le \frac{\pi\,d_S^2}{2}\,\tau_{a\,zul} \qquad (31)$$

Tabelle 6. Maße für zylindrische Wellenenden mit Passfedern und übertragbare Drehmomente

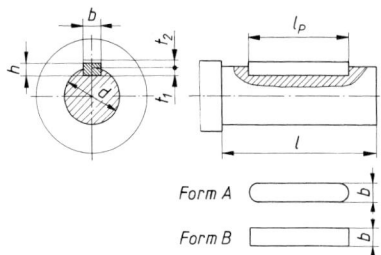

Form A

Form B

Bezeichnung der Passfeder Form A
für $d = 40$ mm, Breite $b = 12$ mm
Höhe $h = 8$ mm, Passfederlänge $l_P = 70$ mm:

Passfeder A12 × 8 × 70 DIN 6885

Bezeichnung eines zylindrischen Wellenendes
von $d = 40$ mm und $l = 110$ mm:

Wellenende 40 × 110 DIN 748

Maße in mm

Wellen-durchmesser d	l kurz	l lang	Toleranzfeld	Passfedermaße [1] Breite mal Höhe $b \times h$	Wellennut-tiefe t_1	Nabennut-tiefe t_2	Richtwerte für das übertragbare Drehmoment M in Nm reine Torsion [2]	Torsion und Biegung [3]
6	–	16		–	–	–	1,7	0,7
10	15	23		4 × 4	2,5	1,8	7,9	3,3
16	28	40		5 × 5	3	2,3	32	14
20	36	50		6 × 6	3,5	2,8	63	26
25	42	60	$\dfrac{\text{k6}}{\text{H7}}$	8 × 7	4	3,3	120	52
30	58	80					210	89
35	58	80		10 × 8	5	3,3	340	140
40	82	110		12 × 8	5	3,8	500	210
45	82	110		14 × 9	5,5	3,8	720	300
50	82	110					980	410
55	82	110		16 × 10	6	4,3	$1,3 \cdot 10^3$	550
60	105	140		18 × 11	7	4,4	$1,7 \cdot 10^3$	710
70	105	140		20 × 12	7,5	4,9	$2,7 \cdot 10^3$	$1,1 \cdot 10^3$
80	130	170		22 × 14	9	5,4	$4 \cdot 10^3$	$1,7 \cdot 10^3$
90	130	170		25 × 14	9	5,4	$5,7 \cdot 10^3$	$2,4 \cdot 10^3$
100	165	210	$\dfrac{\text{k6}}{\text{H7}}$	28 × 16	10	6,4	$7,85 \cdot 10^3$	$3,3 \cdot 10^3$
120	165	210		32 × 18	11	7,4	$13,6 \cdot 10^3$	$5,7 \cdot 10^3$
140	200	250		36 × 20	12	8,4	$21,5 \cdot 10^3$	$9,1 \cdot 10^3$
160	240	300		40 × 22	13	9,4	$32,2 \cdot 10^3$	$13,5 \cdot 10^3$
180	240	300		45 × 25	15	10,4	$45,8 \cdot 10^3$	$19,2 \cdot 10^3$
200	280	350		50 × 28	17	11,4	$62,8 \cdot 10^3$	$26,4 \cdot 10^3$
220	280	350		56 × 32	20	12,4	$83,6 \cdot 10^3$	$35,1 \cdot 10^3$
250	330	410					$123 \cdot 10^3$	$51,6 \cdot 10^3$

[1] Passfederlänge l_p in mm:
8/10/12/14/16/18/20/22/25/28/32/36/40/45/50/56/63/70/80/90/100/110/125/140/160/180/200/220/250/280/315/355/401

[2] berechnet mit $M = 7{,}85 \cdot 10^{-3} \cdot d^3$ aus $\tau_t = \dfrac{M_t}{W_p} = \dfrac{M_t}{(\pi/16)d^3} = \tau_{t\,zul} = 40$ N/mm^2

[3] berechnet mit $M = 3{,}3 \cdot 10^{-3} \cdot d^3$ aus $\sigma_b = \dfrac{M}{W} = \dfrac{M}{(\pi/32)d^3} = \sigma_{b\,zul} = 70$ N/mm^2 sowie mit $M = M_v = \sqrt{M_b^2 + 0{,}75 \cdot (\alpha_0\,M_t)^2}$ für

$S_0 = 0{,}7$ und $M_b = 2\,M_t$ (Biegemoment = 2 × Torsionsmoment)

Zulässige Beanspruchungen

$$p_{zul(Nabe)} = (120 \dots 180)\,\frac{N}{mm^2}$$

für Stahl und Gusseisen

$$= (90 \dots 120)\,\frac{N}{mm^2}$$

für Gusseisen

$$\tau_{a\,zul} = (90 \dots 130)\,\frac{N}{mm^2}$$

für S235JR ... E295, 10S20K der Kegel- und Zylinderstifte

$$= (140 \dots 170)\,\frac{N}{mm^2}$$

für E335 und E360 der Kerbstifte

bei Schwellbelastung 70 %, bei Wechselbelastung 50 % der zulässigen Beanspruchung ansetzen.

11.9 Passfederverbindungen (Nachrechnung)

Die beiden letzten Spalten der Tabelle 6 enthalten Richtwerte für das übertragbare Drehmoment. Im Normalfall ist das zu übertragende Drehmoment M bekannt oder kann über die gegebene Leistung P und die Wellendrehzahl n errechnet werden. Mit dem Drehmoment M werden der Wellendurchmesser d und die zugehörige Passfeder ($b \times h$) festgelegt.
Abgesehen von der Gleitfeder muss die Passfederlänge l_p etwas kleiner sein als die Nabenlänge l. Werden für die Nabenlänge l die in Tabelle 4 angegebenen Richtwerte verwendet, erübrigt es sich, die Flächenpressung p zu überprüfen ($p \leq p_{zul}$). Nur bei kürzeren Naben ist die folgende Nachrechnung erforderlich.

Vorhandene Flächenpressung p_W an der Welle

$$p_W = \frac{2\,M}{d\,l_t\,t_1} \leq p_{zul} \qquad (32)$$

$$M = 9{,}55 \cdot 10^6\,\frac{P}{n}$$

P	M	d, l_t, t_1	P	n
$\dfrac{N}{mm^2}$	Nmm	mm	kW	min^{-1}

Vorhandene Flächenpressung p_N an der Nabe

$$p_N = \frac{2\,M}{d\,l_t(h-t_1)} \leq p_{zul} \qquad (33)$$

d Wellendurchmesser
t_1 Wellennuttiefe
l_t tragende Länge an der Passfeder
$l_t = l_p$ bei den Passfederformen A und B für die Wellennut
$l_t = l_p - b$ bei Passfederform A für die Nabennut

Zulässige Flächenpressung p_{zul}

Mit Sicherheit v_S gegenüber der Streckgrenze R_e oder $R_{p\,0,2}$ (0,2-Dehngrenze) und v_B gegenüber der Bruchfestigkeit R_m des Wellen- oder Nabenwerkstoffs setzt man je nach Betriebsweise (Stoßanfall):

$$p_{zul} = \frac{R_e}{v_S} \quad \text{für Stahl und Stahlguss mit } v_S = 1{,}3 \dots 2{,}5$$

$$p_{zul} = \frac{R_m}{v_B} \quad \text{für Gusseisen mit } v_B = 3 \dots 4$$

Herleitung der Gleichungen für die Flächenpressung p_W, p_N

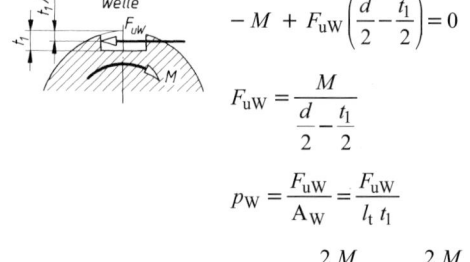

$$-M + F_{uW}\left(\frac{d}{2} - \frac{t_1}{2}\right) = 0$$

$$F_{uW} = \frac{M}{\dfrac{d}{2} - \dfrac{t_1}{2}}$$

$$p_W = \frac{F_{uW}}{A_W} = \frac{F_{uW}}{l_t\,t_1}$$

$$p_W = \frac{2\,M}{(d - t_1)\,l_t\,t_1} \approx \frac{2\,M}{d\,l_t\,t_1}$$

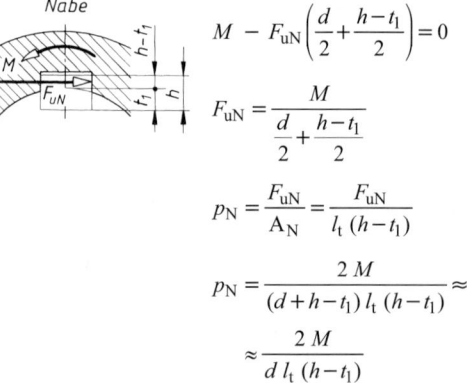

$$M - F_{uN}\left(\frac{d}{2} + \frac{h-t_1}{2}\right) = 0$$

$$F_{uN} = \frac{M}{\dfrac{d}{2} + \dfrac{h-t_1}{2}}$$

$$p_N = \frac{F_{uN}}{A_N} = \frac{F_{uN}}{l_t\,(h-t_1)}$$

$$p_N = \frac{2\,M}{(d + h - t_1)\,l_t\,(h-t_1)} \approx$$

$$\approx \frac{2\,M}{d\,l_t\,(h-t_1)}$$

11.10 Keilwellenverbindung

Nennmaße für Welle und Nabe
(Auswahl aus ISO 14: Keilwellenverbindung mit geraden Flanken, Übersicht)

Innendurch-messer d_1 in mm	Außendurch-messer d_2 in mm	Anzahl der Keile z	Keilbreite b in mm
18	22	6	5
21	25	6	5
23	28	6	6
26	32	6	6
28	34	6	7
32	38	8	6
36	42	8	7
42	48	8	8
46	54	8	9
52	–	–	–
62	72	8	12
82	–	–	–
92	102	10	14
102	112	10	16
112	125	10	18

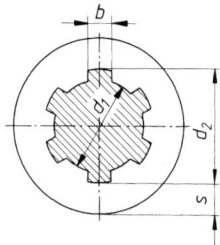

Nabendicke s in mm (M in Nm einsetzen)

$$s = (2,6 \ldots 3,2)\sqrt[3]{M}$$
für Gusseisen-Nabe

$$s = (2,2 \ldots 3)\sqrt[3]{M}$$
für Stahl- und Stahlguss-Nabe

$$M = 9550 \frac{P}{n}$$

M	P	n
Nm	kW	min^{-1}

Nabenlänge l in mm (M in Nm einsetzen)

$$l = (4,5 \ldots 6,5)\sqrt[3]{M}$$
für Gusseisen-Nabe

$$l = (2,8 \ldots 4,5)\sqrt[3]{M}$$
für Stahl- und Stahlguss-Nabe

Flächenpressung p

$$p = \frac{2\,M}{0,75\,z\,h_1\,l\,d_\mathrm{m}} \leq p_\mathrm{zul} \tag{34}$$

$$h_1 = 0,8\,\frac{d_2 - d_1}{2}$$

$$d_\mathrm{m} = \frac{d_1 + d_2}{2}$$

p	M	h_1, l, d_m	z
$\dfrac{\text{N}}{\text{mm}^2}$	Nmm	mm	1

Faktor 0,75 (nach Versuchen tragen nur etwa 75 % der Mitnehmerflächen)

Zulässige Flächenpressung p_zul

$$p_\mathrm{zul} = \frac{R_\mathrm{e\,(Nabe)}}{S} \quad \text{für Stahl-Nabe}$$

$$p_\mathrm{zul} = \frac{R_\mathrm{m\,(Nabe)}}{S} \quad \text{für Gusseisen-Nabe}$$

R_e ($R_\mathrm{p\,0,2}$) und R_m aus dem Dauerfestigkeitsdiagramm
für stoßfrei wechselnde Betriebslast wird bei Befestigungsnaben: $S = 2,5$ (1,7)
für unbelastet verschobene Verschiebenaben:
$S = 8$ (5)
für unbelastet verschobene Verschiebenaben $S = (15)$
für Stahl-Nabe und (3) für Gusseisen-Nabe
Klammerwerte bei gehärteten oder vergüteten Sitzflächen der Welle

12 Kupplungen   *A. Böge*

Normen und Richtlinien

DIN 115   Schalenkupplungen
DIN 116   Scheibenkupplungen
DIN 740   Nachgiebige Wellenkupplungen
VDI-Richtlinie 2240: Wellenkupplungen, systematische Einteilung nach ihren Eigenschaften, VDI-Verlag, Düsseldorf

12.1 Allgemeines

Hauptaufgabe der Kupplungen ist das Weiterleiten von Rotationsleistung $P = M\omega$. Als Zusatzaufgabe kann das Schalten des Drehmoments M hinzukommen oder die Verbesserung bestimmter dynamischer Eigenschaften. Entsprechend unterteilt man die Kupplungen in:
Feste Kupplungen (drehstarre Kupplungen) dienen der starren, fluchtenden Verbindung von Wellen und anderen Getriebeelementen.

Bewegliche Kupplungen (drehelastische Kupplungen) verbinden die Elemente elastisch oder unelastisch, können Fluchtfehler ausgleichen und stoß- und schwingungsdämpfend wirken.

Schaltkupplungen ermöglichen durch Unterbrechung und Wiederherstellung der Verbindung das Schalten des Drehmoments.

Sicherheitskupplungen unterbrechen die Verbindung bei Überlastung.

Anlaufkupplungen werden bei schwer anlaufenden Maschinen eingesetzt.

Freilauf- und Überholkupplungen verbinden die Elemente nur bei Gleichlauf und lösen die Verbindung, wenn das antreibende Element langsamer als das getriebene umläuft.

Steuerbare Kupplungen ermöglichen Drehmoment- und Drehzahländerungen während des Betriebs.

12.2 Feste Kupplungen

12.2.1 Scheibenkupplung

Anwendung und Ausführung: Bei starrer Verbindung von Wellen zu langen, durchgehenden Wellensträngen, zum Beispiel Transmissionswellen, Fahrwerkwellen von Kranen. Geeignet für einseitige und wechselseitige Drehmomente.

Beide Scheiben werden möglichst durch Passschrauben reibschlüssig verschraubt. Nach DIN 116 sind Bohrungsdurchmesser, Länge und Ausführungsform genormt: Form A mit Zentrieransatz (1), bei der zum Lösen der Verbindung die Wellen axial verschoben werden müssen (Bild 1a).

Form B ermöglicht nach dem Herausnehmen der zweiteiligen Zwischenscheibe (2) ein Lösen ohne Axialverschiebung der Welle (Bild 1b). Die Befestigung auf der Welle erfolgt bei einseitigen Drehmomenten durch Passfedern, bei wechselseitigen durch Keile.

Vorteile gegenüber Schalenkupplungen: Bei gleicher Nenngröße (Bohrungsdurchmesser) sind größere und auch wechselnde Drehmomente übertragbar.

Nachteile: Ein- und Ausbau schwieriger, geteilte Lager erforderlich.

Werkstoffe: im Allgemeinen Gusseisen, in Sonderfällen auch Stahlguss.

Berechnung: Das Drehmoment soll durch Reibungsschluss der Scheibenflächen übertragen werden. Reibungsmoment $M_R \geq$ Drehmoment M. Mit Reibungskraft F_R, angreifend am Lochkreis D_S (gleich mittlerer Reibungsflächendurchmesser), wird nach Bild 2:

$$M = \frac{F_R D_S}{2} = \frac{F_N \, \mu \, D_S}{2}$$

Anpresskraft $F_N = F_S\, n$ gesetzt, ergibt das *übertragbare Drehmoment*

$$M = \frac{F_S \, n \, \mu \, D_S}{2} \qquad (1)$$

M	F_S	n, μ	D_S
Nmm	N	1	mm

F_S = Anpresskraft gleich Zugkraft einer Schraube, n Schraubenzahl; μ Reibungszahl, sicherheitshalber Gleitreibungszahl einsetzen (siehe Abschnitt C Mechanik).

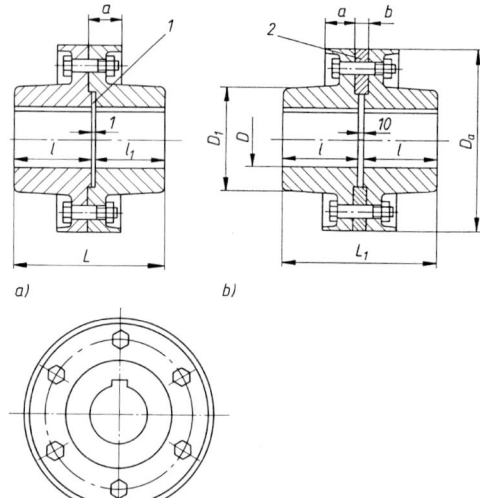

Bild 1. Scheibenkupplungen nach DIN 116
a) Form A mit Zentrieransatz, b) Form B mit zweiteiliger Zwischenscheibe.
Abmessungen siehe Tabelle 1.

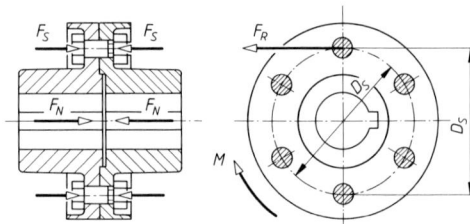

Bild 2. Berechnung der Scheibenkupplungen

12.2.2 Schalenkupplung

Anwendung und Ausführung: Verwendung wie Scheibenkupplungen, jedoch vorwiegend bei einseitigen Drehmomenten.

Schalen werden auf Wellenenden geklemmt, sodass das Drehmoment durch Reibungsschluss übertragen wird. Meist zusätzliche Sicherung durch Passfeder, nicht durch Keil, da Keilkräfte der Klemmkraft entgegenwirken.

Einfacher Ein- und Ausbau ohne gleichzeitigen Ausbau von Wellenteilen. Genormt sind nach DIN 115 Bohrungsdurchmesser, Länge und Form. Gegen Unfälle Ausführung häufig mit Schutzmantel (Bild 3).

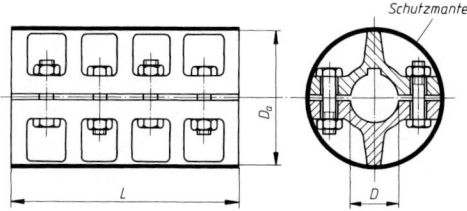

Bild 3. Schalenkupplung nach DIN 115 Abmessungen siehe Tabelle 1

Berechnung: Die Verbindung entspricht der Klemmverbindung einer geteilten Scheibennabe. In Abwandlung der Gleichung (1) ergibt sich das *übertragbare Drehmoment*

$$M = F_S\, n\, \mu\, D \qquad \frac{M}{\text{Nmm}}\ \Big|\ \frac{F_S}{\text{N}}\ \Big|\ \frac{n,\mu}{1}\ \Big|\ \frac{D}{\text{mm}} \qquad (2)$$

F_S, n, μ wie zu (1), D Bohrungsdurchmesser. Übertragbare Drehmomente meist nach Angabe der Hersteller, siehe Tabelle 1.

Tabelle 1. Hauptabmessungen und übertragbare Drehmomente von festen Kupplungen (nach Flender, Bocholt)

a) Scheibenkupplungen nach Bild 1   b) Schalenkupplungen Bild 3

D mm	M in 10^4 Nmm	D_a mm	D_1 mm	a mm	b mm	L mm	L_1 mm	l mm	Gewichtskraft Form A N	Form B N	D mm	M in 10^4 Nmm	D_a mm	L mm	Gewichtskraft N
25	4,75	125	58			101	110	50	43	55	20	2,5	85	110	19
30	9	125	58	31	16	101	110	50	42	53	25	4	100	130	45
35	15	140	72			121	130	60	59	73	30	5,8	100	130	42
40	24,3	140	72			121	130	60	56	70	35	8	110	160	65
45	36,5	160	95	34		141	150	70	97	115	40	10,2	110	160	62
50	53	160	95		16	141	150	70	93	110	45	12,5	120	190	85
55	75	180	110	37		171	180	85	140	160	50	15	130	190	90
60	100	180	110			171	180	85	135	155	55	50	150	220	130
70	175	200	130	41		201	210	100	210	240	60	85	150	220	125
80	272	224	145		18	221	230	110	280	320	65	125	170	250	185
90	412	250	164	54		241	250	120	410	450	70	170	170	250	170
100	600	280	180			261	270	130	530	580	80	250	190	280	270
110	850	300	200	60		281	290	140	680	730	90	380	215	310	410
125	1280	335	225		18	311	320	155	910	980	100	540	250	350	630
140	1950	375	250	70		341	350	170	1300	1350	110	750	250	390	700
160	3070	425	290	75		401	410	200	1900	2000	125	1100	275	430	960
180	4620	450	325	80	20	451	460	225	2500	2650	140	1500	325	490	1600
200	6300	500	360	80	20	501	510	250	3350	3500	160	2300	365	560	2550
											180	3200	420	630	3200
											200	4000	500	700	5500

12.3 Bewegliche, unelastische Kupplungen

Sie finden dort Verwendung, wo mit axialen, radialen oder winkligen Wellenverlagerungen gerechnet werden muss.

Die bekanntesten dieser drehstarren Kupplungen sind die *Bogenzahnkupplungen*. Bild 4 zeigt die Bowex-Kupplung (Hersteller: F. Tacke KG., (Rheine/Westf.). Kupplungshülse (1) hat zwei Innenverzahnungen, in die ballige Zähne der Naben (2) eingreifen; dadurch allseitige Beweglichkeit. Die Hülse besteht aus Kunststoff (Polyamid), Naben werden wahlweise aus Kunststoff oder Stahl gefertigt.

12.4 Elastische Kupplungen

12.4.1 Anwendung

Elastische Kupplungen dienen zur stoß- und schwingungsdämpfenden Verbindung bei Antrieben, z. B. von Motor- und Getriebewelle, Getriebe- und Maschinenwelle oder auch direkt von Welle und Riemenscheibe oder Zahnrad. Die meisten Bauarten können gleichzeitig kleinere radiale, axiale und winklige Wellenverlagerungen ausgleichen.

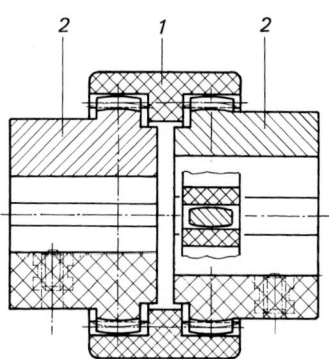

Bild 4. Bo-Wex-Bogenzahnkupplung

12.4.2 Elastische Stahlbandkupplung (Malmedie-Bibby-Kupplung)

Die *Bibby-Kupplung* ist eine nicht dämpfende Ganz-metallkupplung (Bild 5). Kupplungsnaben (1 und 2) sind durch ein schlangenförmig gewundenes Stahl-band (4) verbunden. Bei Normallast liegt das Band außen an den sich nach innen erweiterten Nuten an. Mit wachsendem Drehmoment verdrehen sich die Kupplungshälften gegeneinander, die Bandanlage verschiebt sich nach innen, wodurch die Stützweite der Feder verringert und die Federung härter wird (Bild 5b). Die Kupplung zeigt damit eine progressive Federkennlinie (siehe 9.2). Anwendung für Antriebe mit starken Drehmomentschwankungen, z.B. Walz-werkantriebe.

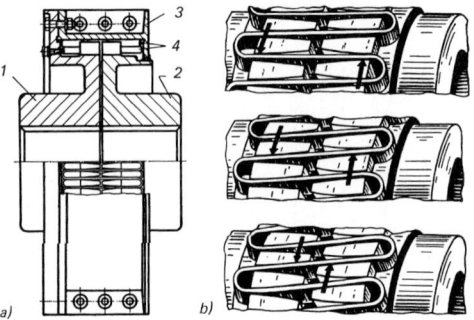

Bild 5. Malmedie-Bibby-Kupplung
(Werkbild Malmedie Antriebstechnik GmbH, Solingen)

12.4.3 Elastische Bolzenkupplung

Allgemein gebräuchlichste elastische Kupplung für Antriebe aller Art. *Die RUPEX-Kupplung* hat als Dämpfungsglieder auf Stahlbolzen sitzende Kunst-stoffbuchsen (Perbunan ölfest). Sie sind zur Erhö-hung der Elastizität und Winkelbeweglichkeit ballig ausgebildet (Bild 6).

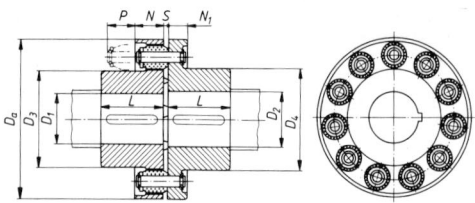

Bild 6. RUPEX-Kupplung
(Werkbild Flender AG, Bocholt)

12.4.4 Hochelastische Kupplungen

Bei diesen ist Gummi der vorherrschende Werkstoff der Verbindungsglieder zwischen den Kupplungshälf-ten. Sie finden Anwendung dort, wo starke stoßartige Belastungen gedämpft werden müssen, z.B. bei An-trieben von Hobel- und Stoßmaschinen, Kranhubwer-ken

Bei der *Radaflex-Kupplung* Bild 7 werden beide Kupplungshälften (1) durch einen zweiteiligen Gum-mireifen (2) mit den Metallträgern (4) mit Schrauben (3) verbunden. Die Kupplung ist dadurch leicht ein-zubauen und die Verbindung der Wellen ist ohne Axialverschiebung durch Abschrauben des Reifens leicht zu lösen.

Diese Kupplung ist für Drehmomente von $1{,}6 \cdot 10^4$ … $100 \cdot 10^4$ Nmm ausgelegt.

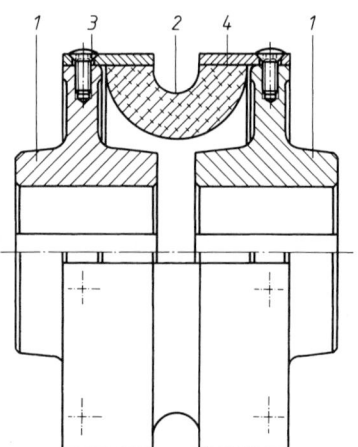

Bild 7. Radaflex-Kupplung
(Rexnord Antriebstechnik, Dortmund)

Tabelle 2. Hauptabmessungen und übertragbare Drehmomente von elastischen Kupplungen (RUPEX-Kupplung nach Bild 6, Flender, Bocholt)

Bauart REWN	Bohrungen		Maße									max. Drehzahl	Nenn-Drehmoment	Trägheitsmoment	Gewichtskraft
	von	bis	D_1	D_2	D_a	D_3	D_4	L	N	N_1	p	S	n	M_{max}	J	F_G
Größe	mm	mm	mm	mm	mm	mm	mm	mm	mm	mm	mm	min^{-1}	$\cdot 10^{-3}$ Nmm	kgm^2	N
0,6	14	25	30	96	44	50	35	24	18	25	2 … 6	7200	43	0,0018	18,0
1	14	30	38	104	52	60	40	24	18	25	2 … 6	6600	72	0,0028	23,0
1,6	20	35	42	112	62	68	45	24	18	25	2 … 6	6100	115	0,004	30,0
2,5	20	40	48	125	65	75	50	28	20	30	2 … 6	5500	180	0,0068	42,0
4	25	45	55	140	76	88	55	28	20	30	2 … 6	4900	290	0,0115	58,0
6,3	25	50	60	160	85	95	60	38	22	35	2 … 6	4300	450	0,023	85,0
10	30	60	70	180	102	112	70	38	22	35	2 … 6	3800	720	0,0405	125,0
14	35	70	80	200	120	128	80	38	22	40	2 … 6	3400	1000	0,0728	170,0
20	40	80	90	225	134	144	90	42	28	40	4 … 10	3000	1440	0,1235	240,0
28	45	90	100	250	154	164	100	42	28	40	4 … 10	2700	2000	0,2025	330,0
40	50	100	110	285	166	176	110	54	35	50	4 … 10	2400	2900	0,375	460,0
56	55	110	120	320	190	195	125	54	35	50	4 … 10	2100	4000	0,65	650,0
80	65	120	130	360	205	210	140	68	44	60	6 … 14	1900	5800	1,2	900,0
110	75	130	140	400	218	230	160	80	52	75	6 … 14	1700	7900	2,025	1250,0
160	85	140	160	450	240	260	180	80	52	75	6 … 14	1500	11500	3,375	1700,0
220	95	160	180	500	270	290	200	102	62	90	6 … 14	1350	15800	6,125	2450,0

12.5 Schaltkupplungen

12.5.1 Mechanisch betätigte Schaltkupplungen

Eine im Stillstand schaltbare *Formschlusskupplung* ist die *Zahnkupplung* (Bild 8). Beide Kupplungsnaben (1 und 2) haben Außenverzahnungen, die über eine Innenverzahnung der Hülse (3) verbunden werden. Das Einkuppeln erfolgt durch Verschieben der Hülse (im Bild nach links) mit dem Schaltring (4). Zähne werden durch Schmierkopf (5) mit Fett geschmiert. Anwendung z.B. zum Kuppeln von Zahnrädern in Werkzeugmaschinen und Kfz-Getrieben.

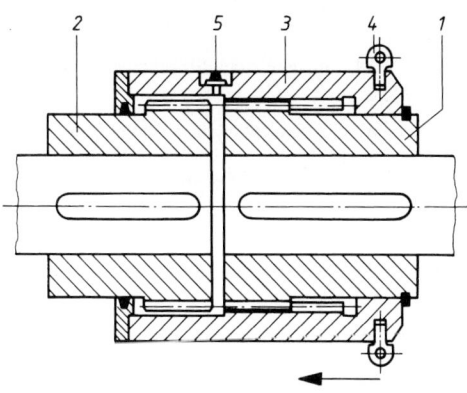

Bild 8. Schaltbare Zahnkupplung

Während des Betriebs ein- und ausschaltbar sind die *Reibungskupplungen.* Bei der ALMAR-Kupplung

(Bild 9) wird das Drehmoment über mehrere im Mitnehmerring (3) sitzende Reibklötze (23) übertragen, die zwischen zwei mit Kupplungsteil (1) durch Gleitfeder (19) verbundene Druckringe (4 und 5) gepresst werden. Auskuppeln durch Verschieben des Schaltrings (6) mit Schaltmuffe (7) nach links. Dadurch wird der Winkelhebel (10) frei und beide Druckringe werden durch Druckfedern (18) auseinandergedrückt, sodass der Reibungsschluss und damit die Verbindung der beiden Kupplungsnaben (1 und 2) gelöst sind. Verwendung für häufig ein- und ausschaltbare Antriebe, z.B. von Förderelementen.

Eine häufig verwendete Bauform schaltbarer Reibungskupplungen ist die dem Prinzip der Scheibenkupplung entsprechende *Lamellenkupplung.* Eine der bekanntesten dieser Art ist die *Sinus-Lamellenkupplung* (Bild 10). Die auf treibender Welle sitzende Nabe (1) trägt Außenverzahnung, in die die Zähne der gewellten „Sinus“-Innenlamellen (3) eingreifen. Die plan geschliffenen Außenlamellen (4) greifen mit Außenzähnen in die Innenverzahnung des Mantels der Nabe (2) ein. Einkuppeln erfolgt durch Verschieben der Schaltmuffe (5) nach links, wodurch Winkelhebel (6) die axial verschiebbaren Federstahl-Lamellen aufeinander pressen. Weiches Anlaufen durch allmähliche Abflachung der Lamellen bis zur Plananlage. Beim Ausschalten (Verschieben der Schaltmuffe nach rechts) federn Lamellen durch ihre Wellenform von selbst auseinander. Die Anpresskraft und damit das übertragbare Drehmoment ist durch die Ringmutter (7) einstellbar, sodass die Kupplung auch als Sicherheitskupplung verwendbar ist.

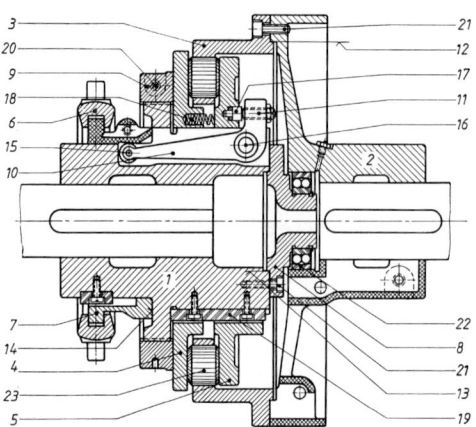

Bild 9. ALMAR-Kupplung
(Werkbild Flender AG, Bocholt)

1 Kupplungsteil, 2 Mitnehmerteil, 3 Mitnehmerring,
4 Zwischenring, 5 Druckring, 6 Schaltring, 7 Schaltmuffe,
8 Zentrierzapfen, 9 Nachstellring, 10 Winkelhebel,
11 Gewindestift, 12 Zentrierung a, 13 Zentrierung b,
14 Anschlag, 15 Rolle mit Bolzen, 16 Bolzen, 17 Druckstück,
18 Druckfeder, 19 Gleitfeder, 20 Feststellschraube,
21 Innensechskantschraube, 22 Kugellager (Zentrierung),
23 Reibklotz

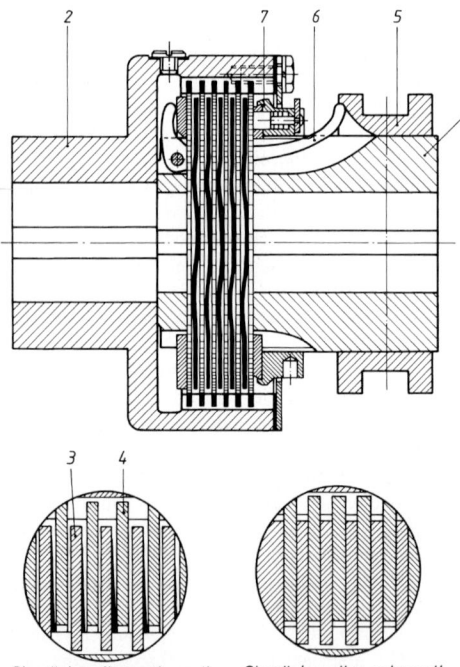

„Sinus"-Lamellen entkuppelt   „Sinus"-Lamellen gekuppelt

Bild 10. Sinus-Lamellenkupplung (Werkbild
Ortlinghaus-Werke GmbH, Wermelskirchen)

Lamellenkupplungen zeichnen sich durch kleine
Baudurchmesser aus und sind besonders zum Einbau
in Bauteile wie Trommeln und Riemenscheiben geeignet.

12.5.2 Elektrisch betätigte Schaltkupplungen

Vorteile gegenüber mechanisch betätigten sind: klei-
nere Bauabmessungen bei gleichem Drehmoment,
Fernschaltung möglich, Schaltgestänge und Ver-
schleißstellen entfallen, einfache Steuerung durch
Endschalter oder Schaltwalzen. *Nachteile*: dauernder
Stromverbrauch, während des Betriebs Leistungsver-
lust durch Reibungs- und Stromwärme.
Anwendung vorwiegend bei Werkzeugmaschinen.

■ **Beispiel:**
Elektromagnetische Einscheibenkupplung (Bild 11). Über
Schleifringe (9) wird der Spule (3) Gleichspannung zugeführt.
Durch das magnetischen Kraftfeld wird die auf der abtriebssei-
tigen Nabe (4) axial verschiebbare Ankerscheibe (1) mit dem Reibbelag (6) angezogen; wird der Strom unterbrochen, drücken Federn (11) die Ankerscheibe zurück.

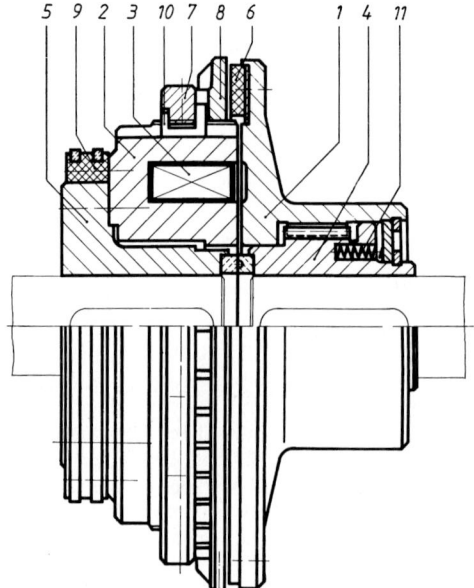

Bild 11. Elektromagnetische Einscheibenkupplung
(Werkbild Stromag AG, Unna)

1 Ankerscheibe, 2 Spulenkörper, 3 Spule,
4 abtriebsseitige Nabe, 5 antriebsseitige Nabe,
6 Reibbelag, 7 Nutmutter, 8 Reibring (verstellbar)
9 Schleifringkörper, 10 Einstellkeil, 11 Abdrückfeder

12.5.3 Hydraulisch und pneumatisch betätigte Schaltkupplungen

Vorteile gegenüber mechanisch oder elektrisch betätigten sind: Übertragbares Drehmoment durch Ändern des Öl- oder Luftdruckes leicht zu variieren;
Nachstellen bei Verschleiß entfällt, Ausgleich durch
größere Kolbenwege. *Nachteile*: Besondere Pumpen-
und Steuerungsanlagen erforderlich; Gefahr von

Druckverlusten durch Undichtigkeiten. Anwendung hauptsächlich bei Werkzeugmaschinen.

■ **Beispiel:**

Drucköl-(oder druckluft-) gesteuerte Lamellenkupplung (Bild 12). Das durch die Welle zugeführte Treibmittel tritt durch die Bohrung (3) in den Druckraum (4) und schiebt den Kolben (5) mit Bolzen (6) gegen die Lamellen (7), wodurch die Kupplungsteile (1 und 2) reibschlüssig verbunden werden. Hört die Druckwirkung auf, wird der Kolben durch die Feder (8) wieder abgedrückt und die Verbindung gelöst.

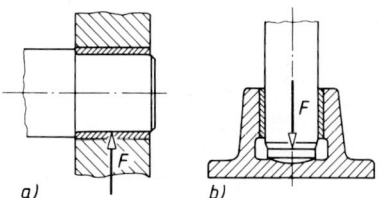

Bild 1. Grundformen der Lager
a) Radiallager, b) Axiallager

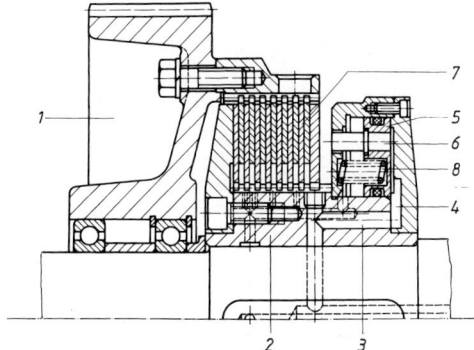

Bild 12. Drucköl- (oder druckluft) gesteuerte Lamellenkupplung (Werkbild Stromag, Unna)

13 Lager   *A. Böge*

Normen (Auswahl) und Richtlinien

DIN-Taschenbuch 24:	Wälzlager-Normen, Beuth-Vertrieb GmbH, Berlin
DIN 611	Übersicht Wälzlager
DIN 1850	Buchsen für Gleitlager
DIN 31652	Hydrodynamische Radial-Gleitlager im stationären Betrieb
DIN 51519	ISO-Viskositätsklassifikation für flüssige Industrieschmierstoffe
VDI-Richtlinie 2202:	Schmierstoffe und Schmiereinrichtungen für Gleit- und Wälzlager
VDI-Richtlinie 2204:	Blatt 1: Auslegung von Gleitlagerungen; Grandlagen; Blatt 2: Berechnung; Blatt 3: Kennzahlen und Beispiele für Radiallager; Blatt 4: Kennzahlen und Beispiele für Axiallager.

13.1 Allgemeines

Man unterscheidet nach Art der Bewegungsverhältnisse *Gleitlager,* bei denen eine Gleitbewegung zwischen Lager und gelagertem Teil stattfindet und *Wälzlager,* bei denen die Bewegung durch Wälzkörper übertragen wird. Nach der Richtung der Lagerkraft unterteilt man in *Radiallager* (Querlager) und *Axiallager* (Längslager), Bild 1.

13.2 Wälzlager

13.2.1 Eigenschaften, Verwendung

Wälzlager zeichnen sich durch kleines Anlauf-Reibungsmoment, geringen Schmierstoffverbrauch und Anspruchslosigkeit in Pflege und Wartung aus. Nachteilig ist die Empfindlichkeit gegen Stöße und Erschütterungen sowie gegen Verschmutzung; die Höhe der Lebensdauer und der Drehzahl ist begrenzt. Verwendung für möglichst wartungsfreie und betriebssichere Lagerungen bei normalen Anforderungen, z.B. bei Werkzeugmaschinen, Getrieben, Motoren, Fahrzeugen, Hebezeugen.

13.2.2 Bauformen

Rillenkugellager, DIN 625 (Bild 2a): Radial und axial in beiden Richtungen belastbar, bei liegenden Wellen und hohen Drehzahlen für Axialkräfte sogar besser geeignet als Axialrillenkugellager. Es erreicht von allen Lagern die höchsten Drehzahlen und ist von allen belastungsmäßig vergleichbaren das preiswerteste.

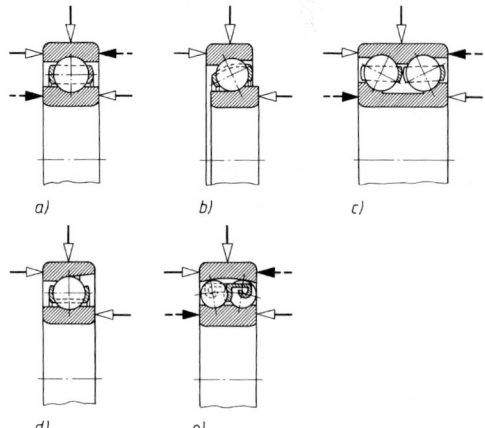

Bild 2. Kugellager
a) Rillenkugellager, b) einreihiges und
c) zweireihiges Schrägkugellager, d) Schulterkugellager, e) Pendelkugellager

Einreihiges Schrägkugellager, DIN 628 (Bild 2b); für größere Axialkräfte in einer Richtung geeignet; Einbau nur paarweise und spiegelbildlich zueinander.

Zweireihiges Schrägkugellager, DIN 628 (Bild 2c): Entspricht einem Paar spiegelbildlich zusammengesetzter einreihiger Schrägkugellager; radial und axial in beiden Richtungen hoch belastbar.

Schulterkugellager, DIN 615 (Bild 2d): Zerlegbares Lager mit abnehmbarem Außenring mit ähnlichen Eigenschaften wie das einreihige Schrägkugellager.

Pendelkugellager, DIN 630 (Bild 2e): Durch kugelige Außenringlaufbahn unempfindlich gegen winklige Wellenverlagerungen; radial und axial belastbar; dort verwendet, wo mit unvermeidlichen Einbauungenauigkeiten gerechnet werden muss.

Zylinderrollenlager, DIN 5412 (Bild 3): Wegen linienförmiger Berührung zwischen Rollen und Laufbahnen radial hoch belastbar, axial jedoch nicht oder nur sehr gering belastbar. Nach Anordnung der Borde unterscheidet man Bauarten N und NU mit bordfreiem Außen- bzw. Innenring und NJ und NUP als Führungslager zur axialen Wellenführung.

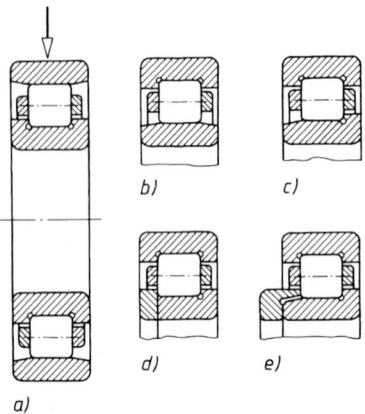

a)

b)   c)

d)   e)

Bild 3. Zylinderrollenlager
a)   Bauart N (Innenbordlager)
b)   Bauart NU (Außenbordlager)
c)   Bauart NJ (Stützlager)
d)   Bauart NUP (Führungslager)
e)   Bauart NJ mit Stützring (Führungslager)

Nadellager, DIN 617 (Bild 4) Zeichnet sich durch kleinen Baudurchmesser aus; nur radial belastbar; unempfindlich gegen stoßartige Belastung. Verwendung vorwiegend bei kleineren Drehzahlen und Pendelbewegungen (Pleuellager, Kipphebellager).

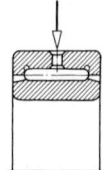

Bild 4.
Nadellager

Kegelrollenlager, DIN 720 (Bild 5): Radial und axial hoch belastbar; Einbau nur paarweise und spiegelbild-

lich zueinander; Lagerspiel kann ein- und nachgestellt werden. Verwendung für Radlagerungen bei Fahrzeugen, Seilrollenlagerungen, Spindellagerungen.

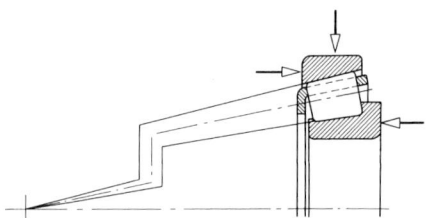

Bild 5. Kegelrollenlager

Tonnen- und Pendelrollenlager, DIN 635 (Bild 6): Ermöglichen durch kugelige Außenringlaufbahnen und tonnenförmige Wälzkörper den Ausgleich von winkligen Wellenverlagerungen. Anwendung wie Pendelkugellager bei höchsten Radialkräften, Pendelrollenlager auch bei hohen Axialkräften.

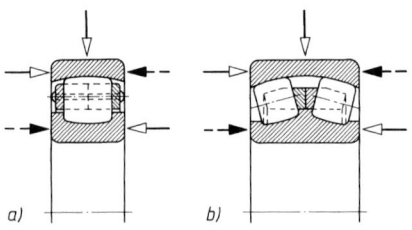

a)   b)

Bild 6. Tonnenlager
a) Tonnenlager, b) Pendelrollenlager

Axial-Rillenkugellager, DIN 711 (Bild 7) nehmen nur Axialkräfte bei möglichst senkrechten Wellen auf, zweiseitig wirkende übertragene Kräfte in beiden Richtungen.

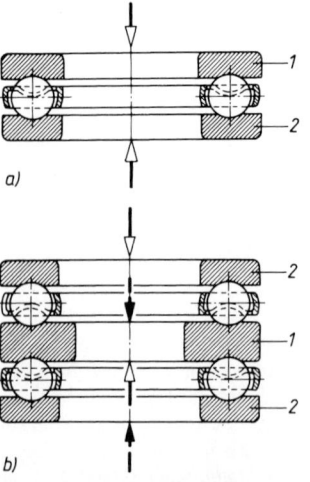

a)

b)

Bild 7. Axial-Rillenkugellager
a) einseitig wirkend b) zweiseitig wirkend

Axial-Pendelrollenlager, DIN 728 (Bild 8) sind Fluchtfehler ausgleichende Axiallager; tonnenförmige Wälzkörper übertragen die Kraft unter ≈ 45° zur Lagerachse auf beide Scheiben.

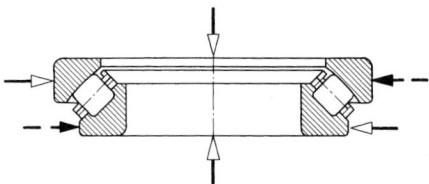

Bild 8. Axial-Pendelrollenlager

13.2.3 Baumaße, Kurzzeichen

Jeder Lagerbohrung sind mehrere Außendurchmesser (Durchmesserreihen 0, 2, 3 und 4) und Breiten (Breitenreihen 0, 1, 2 und 3) zugeordnet, um einen möglichst großen Belastbarkeitsbereich bei Lagern gleicher Bohrung zu erreichen. Das Lagerkurzzeichen setzt sich aus Ziffern oder Buchstaben und Ziffern zur Kennzeichnung der Bauform, Breitenreihe und Durchmesserreihe zusammen. Die letzte Zifferngruppe stellt die Bohrungskennziffer dar. Bei Bohrungen ≥ 20 mm ergibt sich deren Größe durch Multiplikation der Kennziffer mit 5.

■ **Bezeichnungsbeispiel:**

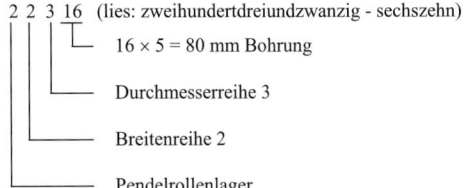

Die wichtigsten Lagerabmessungen enthalten die Tabellen 9 bis 19.[1]

13.2.4 Berechnung umlaufender Wälzlager

13.2.4.1 Dynamisch äquivalente Lagerbelastung

Unter dynamisch äquivalenter (gleichwertiger) Lagerbelastung versteht man die rein, radiale, bei Axiallagern axiale Belastung, die das Lager unter den tatsächlich vorliegenden Betriebsverhältnissen auch erreicht.
Wird das Radiallager allein durch eine *Radialkraft* F_r belastet, dann wird die dynamisch *äquivalente Lagerbelastung*

$$P = F_r \qquad \begin{array}{c|c} P & F_r \\ \hline N & N \end{array} \qquad (1)$$

Für radial mit einer *Radialkraft* F_r und axial mit einer *Axialkraft* F_a belastete Radiallager beträgt die dynamisch *äquivalente Lagerbelastung*

$$P = X F_r + Y F_a \qquad \begin{array}{c|c} P, F_r, F_a & X, Y \\ \hline N & 1 \end{array} \qquad (2)$$

Diese Gleichung gilt nur bei annähernd konstanter Lagerbelastung (Drehmoment M und Drehzahl n konstant). Bei wechselnden Belastungsgrößen M und n sind die Herstellerangaben zu beachten.
Für nur axial belastete Axial-Rillenkugellager und Axial-Pendelrollenlager wird $P = F_a$. Für radial und axial belastete Axial-Pendelrollenlager ist

$$P = F_a + 1{,}2\,F_r \quad \text{für} \quad F_r \le 0{,}55\,F_a \qquad (3)$$

F_r Radialkraft; F_a Axialkraft; X Radialfaktor, berücksichtigt Verhältnis Radial- zur Axialkraft; Y Axialfaktor zum Umrechnen der Axialkraft in eine gleichwertige (äquivalente) Radialkraft; Werte für X und Y siehe Tabelle 2.

13.2.4.2 Lebensdauer, dynamische Tragzahl

Die Lebensdauer eines Lagers ist die Anzahl der Umdrehungen oder Stunden, bevor sich erste Anzeichen einer Oberflächenbeschädigung (Risse, Poren) bei Wälzkörpern und Rollbahnen zeigen. Da die Werte in weiten Grenzen schwanken, ist für die Berechnung die *nominelle Lebensdauer* maßgebend, die mindestens 90 % einer größeren Zahl gleicher Lager erreichen oder überschreiten.
Die dynamische Tragzahl C ist die Belastung, die eine nominelle Lebensdauer $L = 10^6$ Umdrehungen bzw. $L_h = 500$ h bei $n = 33\frac{1}{3}$ min^{-1} erwarten lässt.
Die Lebensdauer eines Lagers ergibt sich aus

$$f_L = \frac{C}{P} f_n f_t \qquad \begin{array}{c|c} f_L, f_n, f_t & C, P \\ \hline 1 & N \end{array} \qquad (4)$$

f_L dynamische Kennzahl Lebensdauerfaktor (siehe Tabelle 7 und 8)
f_n Drehzahlfaktor (siehe Tabelle 7)
f_t Temperaturfaktor (siehe Tabelle 1)

Tabelle 1. Temperaturfaktor f_t

Betriebstemperatur	Temperaturfaktor
°C	f_t
< 150	1,0
200	0,73
250	0,42
300	0,22

---

[1] Sämtliche Angaben in den Tabellen zur Wälzlagerbestimmung wurden mit Genehmigung der FAG Kugelfischer Georg Schäfer & Co., Schweinfurt, dem Katalog FAG Standardprogramm Supplement 41 ST 500 D entnommen.

Tabelle 2. Radial- und Axialfaktoren für Rillen-kugellager

F_a / C_0	e	$F_a / F_r \leq e$		$F_a / F_r > e$	
		X	Y	X	Y
0,025	0,22	1	0	0,56	2
0,04	0,24	1	0	0,56	1,8
0,07	0,27	1	0	0,56	1,6
0,13	0,31	1	0	0,56	1,4
0,25	0,37	1	0	0,56	1,2
0,5	0,44	1	0	0,56	1

Die statische Tragzahl C_0 wird der Tabelle 9 für Rillenkugellager entnommen.

13.2.4.3 Höchstdrehzahlen.
Vorstehende Berechnungsgleichungen gelten für „normal" ausgeführte Lager, solange bestimmte Höchstdrehzahlen nicht überschritten werden. Höhere Drehzahlen führen zu Schwingungen und gefährden durch zu hohe Fliehkräfte das einwandfreie Abwälzen der Wälzkörper.

13.2.5 Berechnung stillstehender oder langsam umlaufender Lager

Die Berechnung gilt für Wälzlager im Stillstand, bei Pendelbewegungen oder bei kleinen Drehzahlen etwa $n \leq 20$ min^{-1}.

13.2.5.1 Statisch äquivalente Lagerbelastung.
Die statisch äquivalente Lagerbelastung ist die radiale, bei Axiallagern axiale Belastung, die an Rollbahnen und Wälzkörpern die gleiche Verformung hervorruft, wie sie bei den vorliegenden Verhältnissen auch auftritt. Für ein- und zweireihige *Rillenkugellager* gilt für die *statisch äquivalente Lagerbelastung P_0*:

$$P_0 = F_r \qquad \text{für } \frac{F_a}{F_r} \leq 0,8 \qquad (5)$$

$$P_0 = 0,6 \cdot F_r + 0,5 \cdot F_a \qquad \text{für } \frac{F_a}{F_r} > 0,8 \qquad (6)$$

Für die anderen Wälzlagerarten sind die Gleichungen in den Tabellen 10, 12, 14, 16, 18, und 19 zu verwenden.

13.2.5.2 Statische Tragzahl.
Die statische Tragzahl ist die rein radiale, bei Axiallagern axiale Lagerbelastung, die bei stillstehenden Lagern eine bleibende Verformung von 0,01 % des Wälzkörperdurchmessers an der Berührungsstelle zwischen Wälzkörper und Rollbahn hervorruft.
Unter Berücksichtigung der Betriebsverhältnisse ergibt sich die *statische Höchstbelastung*

$$P_0 = \frac{C_0}{f_s} \qquad \begin{array}{c|c} P_0, C_0 & f_s \\ \hline \mathrm{N} & 1 \end{array} \qquad (7)$$

und hieraus die erforderliche *statische Tragzahl*

$$C_0 = P_0 f_s \qquad (8)$$

f_s Betriebsfaktor; man setzt $f_s \geq 2$ bei Stößen und Erschütterungen, $f_s = 1$ bei normalem Betrieb, $f_s = 0,5$ bis 1 bei erschütterungsfreiem Betrieb. Werte für C_0 siehe Wälzlagertabellen 9 und folgende.

13.2.6 Gestaltung der Lagerstellen

13.2.6.1 Passungen.
Für die Wahl der Passung zwischen Innenring und Welle bzw. Außenring und Gehäuse sind Größe und Bauform der Lager, Belastung, axiale Verschiebemöglichkeit bei Loslagern (siehe 13.2.6.2) und besonders die *Umlaufverhältnisse* entscheidend. Hierunter versteht man die relative Bewegung eines Lagerrings zur Lastrichtung. Man unterscheidet

Umfangslast, bei der der Ring relativ zur Lastrichtung umläuft, und *Punktlast,* bei der der Ring relativ zur Lastrichtung stillsteht.

Einbauregel: Der Ring mit Umfangslast muss fest sitzen, der Ring mit Punktlast kann lose (oder auch fest) sitzen.

Geeignete Passungen für häufig vorkommende Betriebsfälle siehe Tabelle 4 und 5.

13.2.6.2 Ein- und Ausbau.
Bei mehrfacher Wellenlagerung darf insbesondere wegen verspannungsfreien Einbaues und Wärmedehnungen nur ein Lager, das Festlager (2), die Welle in Längsrichtung führen, die anderen Lager, die Loslager (1), müssen sich axial frei einstellen können (siehe Bild 13).
Möglichkeiten des Einbaus von Innen- und Außenring bei Festlagern zeigen die Bilder 9 und 10. Einbaumaße für Rillenkugellager nach Tabelle 3.

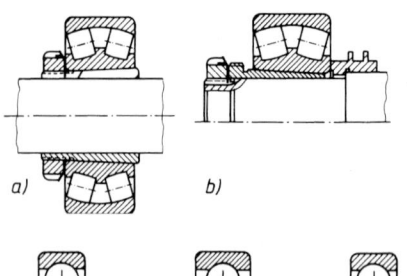

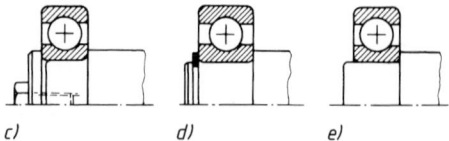

Bild 9. Befestigung der Lager auf Wellen
a) durch Spannhülse b) durch Abziehhülse
c) durch Spannscheibe d) durch Sicherungsring
e) durch Presssitz

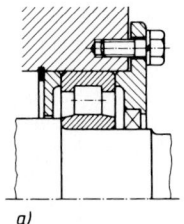 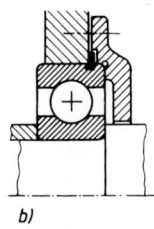

a)   b)

Bild 10. Befestigung von Außenringen in Gehäusebohrungen
a) durch Zentrieransatz des Lagerdeckels
b) durch Ringnut und Sprengring

Für den Ausbau der Lager sind, besonders bei ungeteilten Lagerstellen, geeignete konstruktive Maßnahmen zu treffen, z.B. Vorsehen von Gewindelöchern für Abdrückschrauben. Bei schweren Lagern mit Kegelsitz (Spannhülse) hat sich der hydraulische Ausbau bewährt.

Tabelle 3. Einbaumaße in mm für Kugellager (Kantenabstände nach DIN 620, Rundungen und Schulterhöhen nach DIN 5418)

Kantenabstand r_{smin}	Hohlkehlenradius r_{gmax}	Schulterhöhe h_{min} Lagerreihe	
		618	62
		160	63
		161	42
		60	43
0,15	0,15	0,4	0,7
0,2	0,2	0,7	0,9
0,3	0,3	1	1,2
0,6	0,6	1,6	2,1
1	1,	2,3	2,8
1,1	1	3	3,5
1,5	1,5	3,5	4,5
2	2	4,4	5,5
2,1	2,1	5,1	6
3	2,5	6,2	7
4	3	7,3	8,5
5	4	9	10

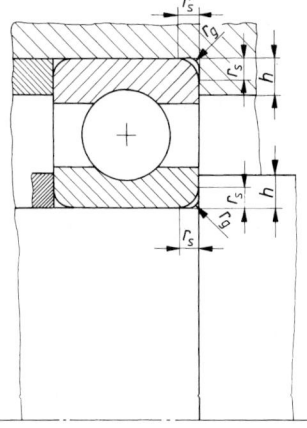

13.2.7 Schmierung der Wälzlager

Allgemein wird *Fettschmierung* bevorzugt. Sie erfordert nur geringe Wartung und schützt gleichzeitig gegen Verschmutzung. Verwendet werden Wälzlagerfette. Die Lager selbst werden eingestrichen und der Gehäuseraum etwa zur Hälfte gefüllt, um Walkarbeit und Erwärmung zu vermeiden. Eigenschaften und Verwendung der Wälzlagerfette nach Empfehlung der Hersteller.
Ölschmierung kommt nur bei sehr hohen Drehzahlen und dort in Frage, wo Öl zur Schmierung anderer Elemente, z.B. der Zahnräder in Getriebegehäusen ohnehin vorhanden ist. Ölgeschmierte Lager erfordern einen höheren Aufwand an Dichtungen als fettgeschmierte. Verwendet werden Mineralöle nach DIN 51519.

13.2.8 Lagerdichtungen

Dichtungen sollen in erster Linie die Lager gegen Eindringen von Schmutz schützen, zum anderen das Austreten des Schmiermittels verhindern.

13.2.8.1 Nicht schleifende Dichtungen. Bei diesen wird die Dichtwirkung enger Spalten ausgenutzt. Sie arbeiten verschleißfrei und haben dadurch eine fast unbegrenzte Lebensdauer.
Spaltdichtungen werden vorwiegend bei fettgeschmierten Lagern verwendet und vielfach bei starkem Schmutz- und Staubanfall den spaltlosen, schleifenden Dichtungen vorgeschaltet.
Bei geringer Verschmutzungsgefahr genügen einfache *Spalt-* oder *Rillendichtungen* (Bilder 11a und 11b). Am wirksamsten sind die *Labyrinthdichtungen,* deren Gänge meist noch mit Fett gefüllt werden. Bei ungeteilten Gehäusen muss das Labyrinth axial (Bild 11c) gestaltet werden, bei geteilten wird die radiale Labyrinthdichtung (Bild 11d) bevorzugt, die das Fett besser hält.

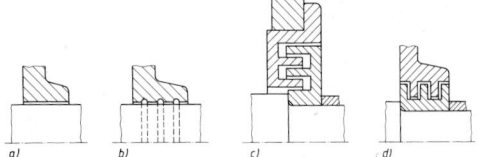

a)   b)   c)   d)

Bild 11. Nicht schleifende Dichtungen
(nach Kugelfischer)
a) einfache Spaltdichtung, b) Rillendichtung, c) axiale Labyrinthdichtung, d) radiale Labyrinthdichtung

13.2.8.2 Schleifende Dichtungen. Diese schließen das Lager spaltlos ab. Sie haben dadurch eine bessere Dichtwirkung als Spaltdichtungen und sind bei Fett- und Ölschmierung gleich gut geeignet. Schleifende Dichtungen erfordern sorgfältig bearbeitete Gleitflächen; sie haben wegen des Verschleißes jedoch eine begrenzte Lebensdauer.

In vielen Fällen genügt der *Filzring,* DIN 5419 (Bild 12a), der vielfach auch als Feindichtung hinter Labyrinthen verwendet wird. Am häufigsten wird der *Radialdichtring* eingesetzt. Die Ausführung mit Gehäuse wird bevorzugt, wenn der Ring von außen zum Beispiel in einen Lagerdeckel eingeführt wird (Bild 12b).

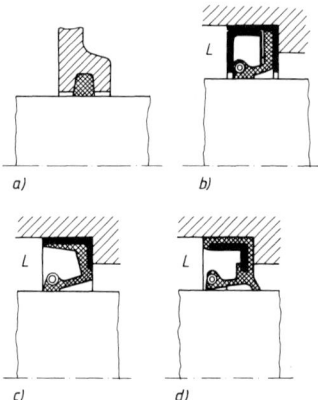

Bild 12. Schleifende Dichtungen
a) Filzring, b) bis d) Radialdichtringe verschiedener Form (L Lager-Innenraum)

13.2.9 Einbau-Beispiele

Lagerung einer Schneckenwelle (Bild 13): Es treten Radialkräfte und eine hohe Axialkraft auf. Bei Ausführung a) nimmt das zweireihige Schrägkugellager (2) als *Fest*lager sowohl die Radialkraft als auch die Axialkraft auf, das Rillenkugellager als Loslager nur die Radialkraft.

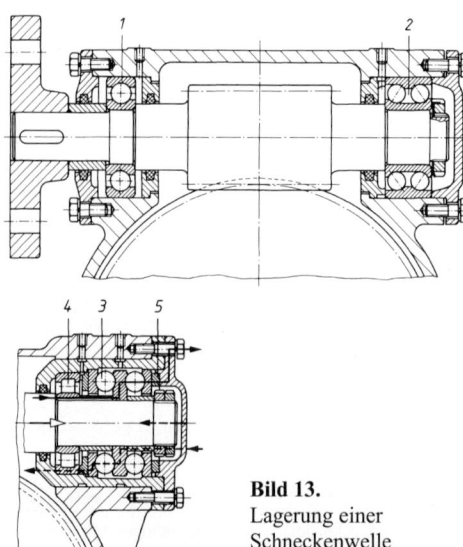

Bild 13.
Lagerung einer
Schneckenwelle
(nach Kugelfischer)

Bei Ausführung b) reichen Radiallager zur Aufnahme der Axialkraft nicht mehr aus. Es wird dann ein Zylinderrollenlager (4) mit einem zweiseitig wirkenden Axialrillenkugellager (3) kombiniert und mit dem Passring (5) spielfrei eingestellt. In Bild 13b zeigt die obere Hälfte den axialen Kraftfluss von links nach rechts, die untere den Kraftfluss von rechts nach links. Geschmiert wird mit Fett. Der Filzring verhindert das Eindringen von Abriebteilchen in das Gehäuseinnere.

Vorderradlagerung eines Kraftwagens (Bild 14): Aufzunehmen sind hohe Radial- und normale Axialkräfte. Ausführung mit spiegelbildlich zueinander eingebauten Kegelrollenlagern, die durch Kronenmutter (K) ein- und nachgestellt werden. Es liegt hier „Punktlast für den Innenring" vor, daher sitzen Innenringe lose und verschiebbar auf der Achse. Vorratsschmierung mit Fett; Abdichtung durch Radial-Dichtring.

Normal-Stehlager (Bild 15): Es treten Radial- und normalerweise geringere Axialkräfte auf. Das Gehäuse ist geteilt und fast nur mit Pendelkugellager mit Spannhülse ausgeführt. Das Bild zeigt die Ausbildung als Festlager; beim Loslager werden Futterringe (F) weggelassen, der Außenring ist dann frei verschiebbar. Vorratsschmierung mit Fett.

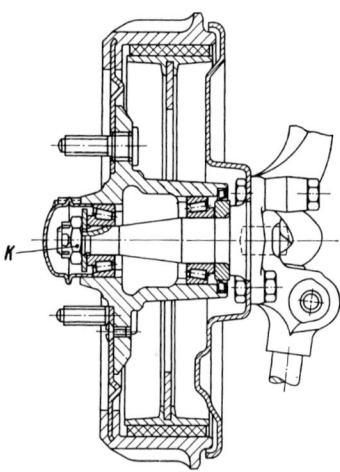

Bild 14. Vorderradlagerung eines Kraftwagens (nach Kugelfischer)

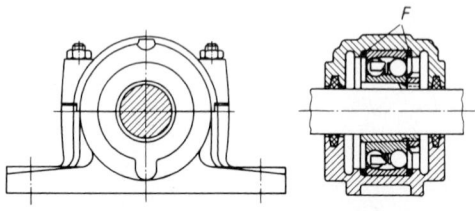

Bild 15. Normal-Stehlager

13.2.10 Berechnungsbeispiele für Wälzlager

■ **Beispiel 1:**

Für das Festlager einer Kegelradwelle wird entsprechend dem vorher ermittelten Wellendurchmesser $d = 45$ mm das Rillenkugellager 6209 vorläufig festgelegt. An der Lagerstelle wirken die Stützkräfte: Radialkraft $F_r = 2\,200$ N und Axialkraft $F_a = 1\,400$ N. Die Wellendrehzahl beträgt $n = 260$ min^{-1}. Die Betriebstemperatur liegt unter 150 °C.

Es ist zu prüfen, ob das Lager für eine geforderte Lebensdauer von $L_h \geq 20\,000$ h ausreicht.

Lösung:

Für das gewählte Lager 6209 liest man aus Tabelle 9 ab:

dynamische Tragzahl $C = 32{,}5$ kN $= 32\,500$ N
statische Tragzahl $C_0 = 17{,}6$ kN $= 17\,600$ N

Zur Bestimmung der Faktoren X und Y muss nach Tabelle 2 vorgegangen werden:

$$\frac{F_a}{C_0} = \frac{1\,400 \text{ N}}{17\,600 \text{ N}} = 0{,}0795$$

Der nächstliegende Wert in Tabelle 2 für e beträgt $e = 0{,}27$. Nun wird der Quotient F_a / F_r berechnet und mit dem Wert $e = 0{,}27$ verglichen:

$$\frac{F_a}{F_r} = \frac{1\,400 \text{ N}}{2\,200 \text{ N}} = 0{,}636 > e = 0{,}27$$

Für den Radialfaktor X und für den Axialfaktor Y ergeben sich nach Tabelle 2 die Werte:

Radialfaktor $X = 0{,}56$
Axialfaktor $Y = 1{,}6$

Damit kann die dynamisch äquivalente Lagerbelastung P errechnet werden:

$$P = XF_r + YF_a = 0{,}56 \cdot 2\,200 \text{ N} + 1{,}6 \cdot 1\,400 \text{ N}$$
$$P = 3\,472 \text{ N} = 3{,}472 \text{ kN}$$

Es sind nun alle Größen zur Berechnung der dynamischen Kennzahl f_L bekannt. Nach Gleichung (4) gilt:

$$f_L = \frac{C}{P} f_n$$

$$f_L = \frac{32{,}5 \text{ kN}}{3{,}472 \text{ kN}} \cdot 0{,}504 = 4{,}72$$

$C = 32{,}5$ kN
$P = 3{,}472$ kN
$f_n = 0{,}504$ nach Tabelle 7 für $n = 260$ min^{-1}
Nach Tabelle 7 beträgt für $f_L = 4{,}72$ die nominelle Lebensdauer $L_h \approx 53\,000$h.

Diese Lebensdauer ist allerdings nur dann zu erwarten, wenn nicht andere Einflussgrößen dagegen sprechen, zum Beispiel Wellendurchbiegung und Fremdstoffe im Lagerbereich. Da die Betriebstemperatur unter 150 °C liegen soll, ist eine Verkleinerung der nominellen Lebensdauer nicht erforderlich (siehe Tabelle 1).

■ **Beispiel 2:**

Die Festlagerstelle einer Schneckenradwelle wird durch die Radialkraft $F_r = 1\,340$ N und durch die Axialkraft $F_a = 4\,300$ N belastet. Die Wellendrehzahl beträgt $n = 750$ min^{-1}, die Betriebstemperatur liegt unter 150 °C.

Es ist anzunehmen, dass die relativ hohe Axialkraft von einem Rillenkugellager mit zweckmäßigem Wellendurchmesser nicht aufgenommen werden kann. Deshalb wird zunächst ein zweireihiges Schrägkugellager vorgesehen, und zwar für eine Lebensdauer von $L_h \geq 15\,000$ h.

Lösung:

In der Tabelle 10 sind für die dynamisch äquivalente Lagerbelastung jeweils zwei Gleichungen für die Druckwinkel von 25° und von 35° angegeben. Entscheidet man sich für die Standardausführung B mit Polyamidkäfig und dem Druckwinkel $\alpha = 25°$, dann gelten die beiden ersten Gleichungen. In beiden Fällen ist zunächst das Verhältnis F_a / F_r zu bestimmen:

$$\frac{F_a}{F_r} = \frac{4\,300 \text{ N}}{1\,340 \text{ N}} = 3{,}2 > 0{,}68$$

Zu verwenden ist also die Gleichung

$P = 0{,}67\,F_r + 1{,}41\,F_a$
$P = 0{,}67 \cdot 1\,340 \text{ N} + 1{,}41 \cdot 4\,300 \text{ N}$
$P = 6\,961 \text{ N} = 6{,}96 \text{ kN}$

Nun kann mit der Gleichung nach Tabelle 10 weitergerechnet werden. Sie wird zur Berechnung der erforderlichen dynamischen Tragzahl C_{erf} umgestellt:

$$f_L = \frac{C}{P} f_n \qquad\qquad C_{erf} = P\,\frac{f_L}{f_n}$$

Die dynamische Kennzahl f_L beträgt nach Tabelle 7 für die geforderte Lebensdauer $L_h > 15\,000$ h:

$$f_L = 3{,}11.$$

Ebenfalls aus Tabelle 7 wird der Drehzahlfaktor $f_n = 0{,}354$ abgelesen. Damit kann die erforderliche dynamische Tragzahl berechnet werden:

$$C_{erf} = P\,\frac{f_L}{f_n} = 6{,}96 \text{ kN} \cdot \frac{3{,}11}{0{,}354} = 61{,}1 \text{ kN}$$

Geht man nun in der Tabelle 11 die Spalte für die dynamische Tragzahl C von oben nach unten durch, erkennt man als erstes Lager, mit dem die Bedingung $C_{erf} \leq C$ erfüllt werden kann, das zweireihige Schrägkugellager 3 308 B mit $C = 62$ kN und mit dem Wellendurchmesser $d = 40$ mm.

Im Hinblick auf die nominelle Lebensdauer gelten auch hier die Anmerkungen am Schluss von Beispiel 1.

Tabelle 4. Wellentoleranzen

Radiallager mit zylindrischer Bohrung

Belastungsart	Lagerart	Wellen-durchmesser	Verschiebbarkeit Belastung	Toleranzfeld
Punktlast für den Innenring	Kugellager, Rollenlager und Nadellager	alle Größen	Loslager mit verschiebbarem Innenring	g6 (g5) h6 (h5)
			Schrägkugellager und Kegelrollenlager mit angestelltem Innenring	h6 (j6)
Umfangslast für den Innenring oder unbestimmte Last	Kugellager	bis 40 mm	normale Belastung	j6 (j5)
		bis 100 mm	kleine Belastung	j6 (J5)
			normale und hohe Belastung	k6 (k5)
		bis 200 mm	kleine Belastung	k6 (k5)
			normale und hohe Belastung	m6 (m5)
		über 200 mm	normale Belastung	m6 (m5)
			hohe Belastung, Stöße	n6 (n5)
	Rollenlager und Nadellager	bis 60 mm	kleine Belastung	j6 (j5)
			normale und hohe Belastung	k6 (k5)
		bis 200 mm	kleine Belastung	k6 (k5)
			normale Belastung	m6 (m5)
			hohe Belastung	n6 (n5)
		bis 500 mm	normale Belastung	m6 (n6)
			hohe Belastung, Stöße	p6
		über 500 mm	normale Belastung	n6 (p6)
			hohe Belastung	p6

Axiallager

Belastungsart	Lagerart	Wellendurchmesser	Betriebsbedingungen	Toleranzfeld
Axiallast	Axial-Rillenkugellager	alle Größen		j6
	Axial-Rillenkugellager zweiseitig wirkend	alle Größen		k6
	Axial-Zylinderrollenlager oder Axial-Nadelkranz mit Wellenscheibe	alle Größen		h6 (j6)
	Axial-Zylinderrollenkranz oder Axial-Nadelkranz mit Lauf- oder Axialscheibe	alle Größen		h 10
	Axial-Zylinderrollenkranz oder Axial-Nadelkranz	alle Größen		h8
Kombinierte Belastung	Axial-Pendelrollenlager	alle Größen	Punktlast für die Wellenscheibe	j6
		bis 200 mm	Umfangslast für die Wellenscheibe	j6 (k6)
		über 200 mm		k6 (m6)

Tabelle 5. Gehäusetoleranzen
Radiallager

Belastungsart	Verschiebbarkeit Belastung	Betriebsbedingungen	Toleranzfeld
Punktlast für den Außenring	Loslager mit leicht verschiebbarem Außenring	Die Qualität der Toleranz richtet sich nach der notwendigen Laufgenauigkeit	H7 (H6)
	Außenring meist verschiebbar, Schrägkugellager und Kegelrollenlager mit angestelltem Außenring	hohe Laufgenauigkeit notwendig	H6 (J6)
		normale Laufgenauigkeit	H7 (J7)
		Wärmezufuhr von der Welle	G7
Umfangslast für den Außenring oder unbestimmte Last	kleine Belastung	Bei hohen Anforderungen an die Laufgenauigkeit K6, M6, N6 und P6	K7 (K6)
	normale Belastung, Stöße		M7(M6)
	hohe Belastung, Stöße		N7 (N6)
	hohe Belastung, starke Stöße, dünnwandige Gehäuse		P7 (P6)

Axiallager

Belastungsart	Lagerart	Betriebsbedingungen	Toleranzfeld
Axiallast	Axial-Rillenkugellager	normale Laufgenauigkeit hohe Laufgenauigkeit	E8 H6
	Axial-Zylinderrollenlager oder Axial-Nadelkranz mit Gehäusescheibe		H7 (K7)
	Axial-Zylinderrollenkranz oder Axial-Nadelkranz mit Lauf- oder Axialscheibe		H11
	Axial-Zylinderrollenkranz oder Axial-Nadelkranz		H10
	Axial-Pendelrollenlager	normale Belastung hohe Belastung	E8 G7
kombinierte Belastung, Punktlast für die Gehäusescheibe	Axial-Pendelrollenlager		H7
kombinierte Belastung, Umfangslast für die Gehäusescheibe	Axial-Pendelrollenlager		K7

Tabelle 6. Richtwerte für die dynamische Kennzahl f_L (Lebensdauerfaktor)

Einbaustelle	anzu-strebender f_L-Wert	Einbaustelle	anzu-strebender f_L-Wert
Kraftfahrzeuge		**Werkzeugmaschinen**	
Motorräder	0,9 ... 1,6	Drehspindeln, Frässpindeln	3 ... 4,5
Leichte Personenwagen	1,4 ... 1,8	Bohrspindeln	3 ... 4
Schwere Personenwagen	1 ... 1,6	Schleifspindeln	2,5 ... 3,5
Leichte Lastwagen	1,8 ... 2,4	Werkstückspindeln von Schleifmaschinen	3,5 ... 5
Schwere Lastwagen	2 ... 3	Werkzeugmaschinengetriebe	3 ... 4
Omnibusse	1,8 ... 2,8	Pressen / Schwungrad	3,4 ... 4
Verbrennungsmotor	1,2 ... 2	Pressen / Exzenterwelle	3 ... 3,5
		Elektrowerkzeuge und Druckluftwerkzeuge	2 ... 3
Schienenfahrzeuge			
Achslager von:		**Holzbearbeitungsmaschinen**	
Förderwagen	2,5 ... 3,5	Frässpindeln und Messerwellen	3 ... 4
Straßenbahnwagen	3,5 ... 4	Sägegatter/Hauptlager	3,5 ... 4
Reisezugwagen	3 ... 3,5	Sägegatter/Pleuellager	2,5 ... 3
Güterwagen	3 ... 3,5		
Abraumwagen	3 ... 3,5	**Getriebe im Allg. Maschinenbau**	
Triebwagen	3,5 ... 4	Universalgetriebe	2 ... 3
Lokomotiven / Außenlager	3,5 ... 4	Getriebemotoren	2 ... 3
Lokomotiven / Innenlager	4,5 ... 5	Großgetriebe, stationär	3 ... 4,5
Getriebe von Schienenfahrzeugen	3 ... 4,5		
		Fördertechnik	
Schiffbau		Bandantriebe / Tagebau	4,5 ... 5,5
Schiffsdrucklager	3 ... 4	Förderbandrollen / Tagebau	4,5 ... 5
Schiffswellentraglager	4 ... 6	Förderbandrollen / allgemein	2,5 ... 3,5
Große Schiffsgetriebe	2,5 ... 3,5	Bandtrommeln	4 ... 4,5
Kleine Schiffsgetriebe	2 ... 3	Schaufelradbagger/Fahrantrieb	2,5 ... 3,5
Bootsantriebe	1,5 ... 2,5	Schaufelradbagger/Schaufelrad	4,5 ... 6
		Schaufelradbagger/Schaufelradantrieb	4,5 ... 5,5
Landmaschinen		Förderseilscheiben	4 ... 4,5
Ackerschlepper	1,5 ... 2		
selbst fahrende Arbeitsmaschinen	1,5 ... 2	**Pumpen, Gebläse, Kompressoren**	
Saisonmaschinen	1 ... 1,5	Ventilatoren, Gebläse	3,5 ... 4,5
		Kreiselpumpen	4 ... 5
Baumaschinen		Hydraulik-Axialkolbenmaschinen und	
Planierraupen, Lader	2 ... 2,5	Hydraulik-Radialkolbenmaschinen	1 ... 2,5
Bagger / Fahrwerk	1 ... 1,5	Zahnradpumpen	
Bagger / Drehwerk	1,5 ... 2	Verdichter, Kompressoren	1 ... 2,5
Vibrations-Straßenwalzen, Unwuchterreger	1,5 ... 2,5		2 ... 3,5
Rüttlerflaschen	1 ... 1,5		
		Brecher, Mühlen, Siebe u.a.	
Elektromotoren		Backenbrecher	3 ... 3,5
E-Motoren für Haushaltsgeräte	1,5 ... 2	Kreiselbrecher, Walzenbrecher	3 ... 3,5
Serienmotoren	3,5 ... 4,5	Schlägermühlen	3,5 ... 4,5
Großmotoren	4 ... 5	Hammermühlen	3,5 ... 4,5
Elektrische Fahrmotoren	3 ... 3,5	Prallmühlen	3,5 ... 4,5
		Rohrmühlen	4 ... 5
Walzwerke, Hütteneinrichtungen		Schwingmühlen	2 ... 3
Walzgerüste	1 ... 3	Mahlbahnmühlen	4 ... 5
Walzwerksgetriebe	3 ... 4	Schwingsiebe	2,5 ... 3
Rollgänge	2,5 ... 3,5		
Schleudergießmaschinen	3,5 ... 4,5		

Tabelle 7. Lebensdauer L_h, Lebensdauerfaktor f_L und Drehzahlfaktor f_n für Kugellager

f_L-Werte für Kugellager

L_h h	f_L	L_h h	f_L	L_h h	f_L	L_h h	f_L	L_h h	f_L
100	0,585	420	0,944	1 700	1,5	6 500	2,35	28 000	3,83
110	0,604	440	0,958	1 800	1,53	7 000	2,41	30 000	3,91
120	0,621	460	0,973	1 900	1,56	7 500	2,47	32 000	4
130	0,638	480	0,986	2 000	1,59	8 000	2,52	34 000	4,08
140	0,654	500	1	2 200	1,64	8 500	2,57	36 000	4,16
150	0,669	550	1,03	2 400	1,69	9 000	2,62	38 000	4,24
160	0,684	600	1,06	2 600	1,73	9 500	2,67	40 000	4,31
170	0,698	650	1,09	2 800	1,78	10 000	2,71	42 000	4,38
180	0,711	700	1,12	3 000	1,82	11 000	2,8	44 000	4,45
190	0,724	750	1,14	3 200	1,86	12 000	2,88	46 000	4,51
200	0,737	800	1,17	3 400	1,89	13 000	2,96	48 000	4,58
220	0,761	850	1,19	3 600	1,93	14 000	3,04	50 000	4,64
240	0,783	900	1,22	3 800	1,97	15 000	3,11	55 000	4,79
260	0,804	950	1,24	4 000	2	16 000	3,17	60 000	4,93
280	0,824	1 000	1,26	4 200	2,03	17 000	3,24	65 000	5,07
300	0,843	1 100	1,3	4 400	2,06	18 000	3,3	70 000	5,19
320	0,862	1 200	1,34	4 600	2,1	19 000	3,36	75 000	5,31
340	0,879	1 300	1,38	4 800	2,13	20 000	3,42	80 000	5,43
360	0,896	1 400	1,41	5 000	2,15	22 000	3,53	85 000	5,54
380	0,913	1 500	1,44	5 500	2,22	24 000	3,63	90 000	5,65
400	0,928	1 600	1,47	6 000	2,29	26 000	3,73	100 000	5,85

f_n-Werte für Kugellager

n min^{-1}	f_n	n min^{-1}	f_n	n min^{-1}	f_n	n min^{-1}	f_n	n min^{-1}	f_n
10	1,49	55	0,846	340	0,461	1 800	0,265	9 500	0,152
11	1,45	60	0,822	360	0,452	1 900	0,26	10 000	0,149
12	1,41	65	0,8	380	0,444	2 000	0,255	11 000	0,145
13	1,37	70	0,781	400	0,437	2 200	0,247	12 000	0,141
14	1,34	75	0,763	420	0,43	2 400	0,24	13 000	0,137
15	1,3	80	0,747	440	0,423	2 600	0,234	14 000	0,134
16	1,28	85	0,732	460	0,417	2 800	0,228	15 000	0,131
17	1,25	90	0,718	480	0,411	3 000	0,223	16 000	0,128
18	1,23	95	0,705	500	0,405	3 200	0,218	17 000	0,125
19	1,21	100	0,693	550	0,393	3 400	0,214	18 000	0,123
20	1,19	110	0,672	600	0,382	3 600	0,21	19 000	0,121
22	1,15	120	0,652	650	0,372	3 800	0,206	20 000	0,119
24	1,12	130	0,635	700	0,362	4 000	0,203	22 000	0,115
26	1,09	140	0,62	750	0,354	4 200	0,199	24 000	0,112
28	1,06	150	0,606	800	0,347	4 400	0,196	26 000	0,109
30	1,04	160	0,593	850	0,34	4 600	0,194	28 000	0,106
32	1,01	170	0,581	900	0,333	4 800	0,191	30 000	0,104
34	0,993	180	0,57	950	0,327	5 000	0,188	32 000	0,101
36	0,975	190	0,56	1000	0,322	5 500	0,182	34 000	0,0993
38	0,957	200	0,55	1100	0,312	6 000	0,177	36 000	0,0975
40	0,941	220	0,533	1200	0,303	6 500	0,172	38 000	0,0957
42	0,926	240	0,518	1300	0,295	7 000	0,168	40 000	0,0941
44	0,912	260	0,504	1400	0,288	7 500	0,164	42 000	0,0926
46	0,898	280	0,492	1500	0,281	8 000	0,161	44 000	0,0912
48	0,886	300	0,481	1608	0,275	8 500	0,158	46 000	0,0898
50	0,874	320	0,471	1700	0,27	9 000	0,155	50 000	0,0874

Tabelle 8. Lebensdauer L_h, Lebensdauerfaktor f_L und Drehzahlfaktor f_n für Rollenlager und Nadellager

f_L-Werte für Rollenlager und Nadellager

L_h h	f_L	L_h h	f_L	L_h h	f_L	L_h h	f_L	L_h h	f_L
100	0,617	420	0,949	1700	1,44	6500	2,16	28000	3,35
110	0,635	440	0,962	1300	1,47	7000	2,21	30000	3,42
120	0,652	460	0,975	1300	1,49	7500	2,25	32000	3,48
130	0,668	480	0,988	1900	1,52	8000	2,3	34000	3,55
140	0,683	500	1	1200	1,56	8500	2,34	36000	3,61
150	0,697	550	1,03	2400	1,6	9000	2,38	38000	3,67
160	0,71	600	1,06	1500	1,64	9500	2,42	40000	3,72
170	0,724	650	1,08	2800	1,68	10000	2,46	42000	3,78
180	0,736	700	1,11	3000	1,71	11000	2,53	44000	3,83
190	0,748	750	1,13	3200	1,75	12000	2,59	46000	3,88
200	0,76	800	1,15	3400	1,78	13000	2,66	48000	3,93
220	0,782	850	1,17	3600	1,81	14000	2,72	50000	3,98
240	0,802	900	1,19	3800	1,84	15000	2,77	55000	4,1
260	0,822	950	1,21	4000	1,87	16000	2,83	60000	4,2
280	0,84	1000	1,23	4200	1,89	17000	2,88	65000	4,31
300	0,858	1100	1,27	4400	1,92	18000	2,93	70000	4,4
320	0,875	1200	1,3	4600	1,95	19000	2,98	80000	4,58
340	0,891	1300	1,33	4800	1,97	20000	3,02	90000	4,75
360	0,906	1400	1,36	5000	2	22000	3,11	100000	4,9
380	0,921	1500	1,39	5500	2,05	24000	3,19	150000	5,54
400	0,935	1600	1,42	6000	2,11	26000	3,27	200000	6,03

f_n-Werte für Kugellager

n min^{-1}	f_n	n min^{-1}	f_n	n min^{-1}	f_n	n min^{-1}	f_n	n min^{-1}	f_n
10	1,44	55	0,861	340	0,498	1800	0,302	9500	0,183
11	1,39	60	0,838	360	0,49	1900	0,297	10000	0,181
12	1,36	65	0,818	380	0,482	2000	0,293	11000	0,176
13	1,33	70	0,8	400	0,475	2200	0,285	12000	0,171
14	1,3	75	0,784	420	0,468	2400	0,277	13000	0,167
15	1,27	80	0,769	440	0,461	2600	0,271	14000	0,163
16	1,25	85	0,755	460	0,455	2800	0,265	15000	0,16
17	1,22	90	0,742	480	0,449	3000	0,259	16000	0,157
18	1,2	95	0,73	500	0,444	3200	0,254	17000	0,154
19	1,18	100	0,719	550	0,431	3400	0,25	18000	0,151
20	1,17	110	0,699	600	0,42	3600	0,245	19000	0,149
22	1,13	120	0,681	650	0,41	3800	0,242	20000	0,147
24	1,1	130	0,665	700	0,401	4000	0,238	22000	0,143
26	1,08	140	0,65	750	0,393	4200	0,234	24000	0,139
28	1,05	150	0,637	800	0,385	4400	0,231	26000	0,136
30	1,03	160	0,625	850	0,378	4600	0,228	28000	0,133
32	1,01	170	0,613	900	0,372	4800	0,225	30000	0,13
34	0,994	180	0,603	950	0,366	5000	0,222	32000	0,127
36	0,977	190	0,593	1000	0,36	5500	0,216	34000	0,125
38	0,961	200	0,584	1100	0,35	6000	0,211	36000	0,123
40	0,947	220	0,568	1200	0,341	6500	0,206	38000	0,121
42	0,933	240	0,553	1300	0,333	7000	0,201	40000	0,119
44	0,92	260	0,54	1400	0,326	7500	0,197	42000	0,117
46	0,908	280	0,528	1500	0,319	8000	0,193	44000	0,116
48	0,896	300	0,517	1600	0,313	8500	0,19	46000	0,114
50	0,885	320	0,507	1700	0,307	9000	0,186	50000	0,111

Tabelle 9. Rillenkugellager, einreihig, Maße und Tragzahlen

d Wellendurchmesser r_s Kantenabstand *)
D Lageraußendurchmesser C dynamische Tragzahl
B Lagerbreite C_0 statische Tragzahl

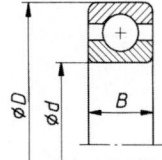

Maße in mm				Tragzahlen in kN		Kurzzeichen	Maße in mm				Tragzahlen in kN		Kurzzeichen
				dyn.	stat.						dyn.	stat.	
d	D	B	$r_{s\,min}$	C	C_0		d	D	B	r_{smin}	C	C_0	
3	10	4	0,15	0,71	0,23	623	25	37	7	0,3	3,8	2,45	61 805
							25	47	8	0,3	7,2	4,05	16 005
4	9	2,5	0,15	0,64	0,2	618/4	25	47	12	0,6	10	5,1	6 005
4	13	5	0,2	1,29	0,41	624	25	52	15	1	14,3	6,95	6 205
4	16	5	0,3	1,9	0,59	634	25	62	17	1,1	22,4	10	6 305
							25	80	21	1,5	36	16,6	6 405
5	16	5	0,3	1,9	0,59	625							
5	19	6	0,3	2,45	0,9	635	30	42	7	0,3	4,15	2,9	61 806
							30	55	9	0,3	11,2	6,4	16 006
6	13	3,5	0,15	1,06	0,38	618/6	30	55	13	1	12,7	6,95	6 006
6	19	6	0,3	2,45	0,9	626	30	62	16	1	19,3	9,8	6 206
							30	72	19	1,1	29	14	6 306
7	14	3,5	0,15	0,88	0,36	618/7	30	90	23	1,5	42,5	20	6 406
7	19	6	0,3	2,45	0,9	607							
7	22	7	0,3	3,25	1,18	627	35	47	7	0,3	4,3	3,25	61 807
							35	62	9	0,3	12,2	7,65	16 007
8	16	4	0,2	1,6	0,62	618/8	35	62	14	1	16,3	9	6 007
8	22	7	0,3	3,25	1,18	608	35	72	17	1,1	25,5	13,2	6 207
							35	80	21	1,5	33,5	16,6	6 307
9	24	7	0,3	3,65	1,43	609	35	100	25	1,5	55	26,5	6 407
9	26	8	0,6	4,55	1,7	629							
10	19	5	0,3	1,83	0,8	61 800	40	52	7	0,3	4,65	3,8	61 808
10	26	8	0,3	4,55	1,7	6 000	40	68	9	0,3	13,2	9	16 008
10	28	8	0,3	5	1,86	16 100	40	68	15	1	17	10,2	6 008
10	30	9	0,6	6	2,24	6 200	40	80	18	1,1	29	15,6	6 208
10	35	11	0,6	8,15	3	6 300	40	90	23	1,5	42,5	21,6	6 308
							40	110	27	2	63	31,5	6 408
12	21	5	0,3	1,93	0,9	61 801							
12	28	8	0,3	5,1	2,04	6 001	45	58	7	0,3	6,4	5,1	61 809
12	30	8	0,3	5,6	2,24	16 101	45	75	10	0,6	15,6	10,6	16 009
12	32	10	0,6	6,95	2,65	6 201	45	75	16	1	20	12,5	6 009
12	37	12	1	9,65	3,65	6 301	45	85	19	1,1	32,5	17,6	6 209
							45	100	25	1,5	53	27,5	6 309
15	24	5	0,3	2,08	1,1	61 802	45	120	29	2	76,5	39	6 409
15	32	8	0,3	5,6	2,36	16 002							
15	32	9	0,3	5,6	2,45	6 002	50	65	7	0,3	6,8	5,7	61 810
15	35	11	0,6	7,8	3,25	6 202	50	80	10	0,6	16	11,6	16 010
15	42	13	1	11,4	4,65	6 302	50	80	16	1	20,8	13,7	6 010
							50	90	20	1,1	36,5	20,8	6 210
17	26	5	0,3	2,24	1,27	61 803	50	110	27	2	62	32,5	6 310
17	35	8	0,3	6,1	2,75	16 003	50	130	31	2,1	86,5	45	6 410
17	35	10	0,3	6	2,8	6 003							
17	40	12	0,6	9,5	4,15	6 203	55	72	9	0,3	9	7,65	61 811
17	47	14	1	13,4	5,6	6 303	55	90	11	0,6	19,3	14,3	16 011
17	62	17	1,1	23,6	9,65	6 403	55	90	18	1,1	28,5	18,6	6 011
							55	100	21	1,5	43	25,5	6 211
20	32	7	0,3	3,45	1,96	61 804	55	120	29	2	76,5	40,5	6 311
20	42	8	0,3	6,95	3,55	16 004	55	140	33	2,1	100	53	6 411
20	42	12	0,6	9,3	4,4	6 004							
20	47	14	1	12,7	5,7	6 204							
20	52	15	1,1	17,3	7,35	6 304							
20	72	19	1,1	30,5	12,9	6 404							

*) siehe Tabelle 3   Fortsetzung →

Maße in mm				Tragzahlen in kN		Kurzzeichen	Maße in mm				Tragzahlen in kN		Kurzzeichen
				dyn.	stat.						dyn.	stat.	
d	D	B	$r_{s\,min}$	C	C_0		d	D	B	$r_{s\,min}$	C	C_0	
60	78	10	0,3	9,3	8,15	61812	105	160	18	1	54	46,5	16021
60	95	11	0,6	20	15,3	16012	105	160	26	2	71	56	6021
60	95	18	1,1	29	20	6012	105	190	36	2,1	132	90	6221
60	110	22	1,5	52	31	6212	105	225	49	3	173	127	6321
60	130	31	2,1	81,5	45	6312	110	140	16	1	24,5	24,5	61822
60	150	35	2,1	110	60	6412	110	170	19	1	57	49	16022
65	85	10	0,6	11,6	10	61813	110	170	28	2	80	62	6022
65	100	11	0,6	21,2	17,3	16013	110	200	38	2,1	143	102	6222
65	100	19	1,1	30,5	22	6013	110	240	50	3	190	143	6322
65	120	23	1,5	60	36	6213	120	150	16	1	25	26	61824
65	140	33	2,1	93	52	6313	120	180	19	1	61	56	16024
65	160	37	2,1	118	68	6413	120	180	28	2	83	68	6024
70	90	10	0,6	12,5	11,2	61814	120	215	40	2,1	146	108	6224
70	110	13	0,6	28	22	16014	120	260	55	3	212	163	6324
70	110	20	1,1	39	27,5	6014	130	165	18	1,1	32,5	34	61826
70	125	24	1,5	62	38	6214	130	200	22	1,1	78	71	16026
70	150	35	2,1	104	58,5	6314	130	200	33	2	104	86,5	6026
70	180	42	3	143	88	6414	130	230	40	3	166	127	6226
75	95	10	0,6	12,9	12	61815	130	280	58	4	228	186	6326
75	115	13	0,6	28,5	23,2	16015	140	175	18	1,1	34	36,5	61828
75	115	20	1,1	40	30	6015	140	210	22	1,1	80	76,5	16028
75	130	25	1,5	65,5	42,5	6215	140	210	33	2	108	93	6028
75	160	37	2,1	114	67	6315	140	250	42	3	176	143	6228
75	190	45	3	153	98	6415	140	300	62	4	255	212	6328
80	100	10	0,6	12,9	12,5	61816	150	190	20	1,1	42,5	44	61830
80	125	14	0,6	32	27,5	16016	150	225	24	1,1	91,5	86,5	16030
80	125	22	1,1	47,5	34,5	6016	150	225	35	2,1	122	108	6030
80	140	26	2	72	45,5	6216	150	270	45	3	176	146	6230
80	170	39	2,1	122	75	6316	150	320	65	4	285	260	6330
80	200	48	3	163	108	6416	160	200	20	1,1	44	48	61832
85	110	13	1	18,3	16,3	61817	160	240	25	1,5	102	100	16032
85	130	14	0,6	34	29	16017	160	240	38	2,1	140	122	6032
85	130	22	1,1	50	37,5	6017	160	290	48	3	200	176	6232
85	150	28	2	83	55	6217	160	340	68	4	300	280	6332
85	180	41	3	125	76,5	6317	170	215	22	1,1	54	58,5	61834
85	210	52	4	173	118	6417	170	260	28	1,5	122	118	16034
90	115	13	1	21,6	19,3	61818	170	260	42	2,1	170	150	6034
90	140	16	1	41,5	34,5	16018	170	310	52	4	212	196	6234
90	140	24	1,5	58,5	43	6018	170	360	72	4	325	315	6334
90	160	30	2	96,5	62	6218	180	225	22	1,1	56	63	61836
90	190	43	3	134	81	6318	180	280	31	2	140	129	16036
90	225	54	4	196	140	6418	180	280	46	2,1	186	170	6036
95	120	13	1	22	20,4	61819	180	320	52	4	224	212	6236
95	145	16	1	40	35,5	16019	180	380	75	4	355	355	6336
95	145	24	1,5	60	46,5	6019	190	240	24	1,5	67	73,5	61838
95	170	32	2,1	108	71	6219	190	290	31	2	150	146	16038
95	200	45	3	143	98	6319	190	290	46	2,1	196	186	6038
100	125	13	1	23,6	22,8	61820	190	340	55	4	255	245	6238
100	150	16	1	44	39	16020	190	400	78	5	375	380	6338
100	150	24	1,5	60	47,5	6020	200	250	24	1,5	68	76,5	61840
100	180	34	2,1	122	80	6220	200	310	34	2	170	166	16040
100	215	47	3	163	116	6320	200	310	51	2,1	212	208	6040
							200	360	58	4	270	270	6240

Tabelle 10. Schrägkugellager, zweireihig, äquivalente Belastung

dynamisch äquivalente Lagerbelastung P	für Druckwinkel $\alpha = 25°$ (Standardausführung B):		
	$P = F_r + 0{,}92\,F_a$	für $\dfrac{F_a}{F_r} \leq 0{,}68$	F_r Radialkraft F_a Axialkraft
	$P = 0{,}67\,F_r + 1{,}41\,F_a$	für $\dfrac{F_a}{F_r} > 0{,}68$	
	für Druckwinkel $\alpha = 35°$:		
	$P = F_r + 0{,}66\,F_a$	für $\dfrac{F_a}{F_r} \leq 0{,}95$	
	$P = 0{,}6\,F_r + 1{,}07\,F_a$	für $\dfrac{F_a}{F_r} > 0{,}95$	
statisch äquivalente Lagerbelastung P_0	für Druckwinkel $\alpha = 25°$: $P_0 = F_r + 0{,}76\,F_a$	für Druckwinkel $\alpha = 35°$: $P_0 = F_r + 0{,}58\,F_a$	

Tabelle 11. Schrägkugellager, zweireihig, Maße und Tragzahlen

d Wellendurchmesser r_s Kantenabstand [*)]
D Lageraußendurchmesser C dynamische Tragzahl
B Lagerbreite C_0 statische Tragzahl

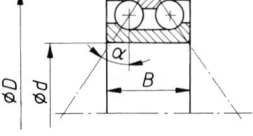

Maße in mm				Tragzahlen in kN		Kurzzeichen	Maße in mm				Tragzahlen in kN		Kurzzeichen
				dyn.	stat.						dyn.	stat.	
d	D	B	$r_{s\,min}$	C	C_0		d	D	B	$r_{s\,min}$	C	C_0	
10	30	14	0,6	7,8	3,9	3 200B	60	110	36,5	1,5	69,5	72	3212
12	32	15,9	0,6	10,6	5,1	3 201B	60	130	54	2,1	114	112	3312
15	35	15,9	0,6	11,8	6,1	3 202B	65	120	38,1	1,5	73,5	83	3213
15	42	19	1	16,3	8,65	3 302B	65	140	58,7	2,1	129	129	3313
17	40	17,5	0,6	14,6	7,8	3 203B	70	125	39,7	1,5	81,5	91,5	3214
17	47	22,2	1	20,8	10,6	3 303B	70	150	63,5	2,1	143	146	3314
20	47	20,6	1	19,6	10,8	3 204B	75	130	41,3	1,5	85	98	3215
20	52	22,2	1,1	23,2	12,9	3 304B	75	160	68,3	2,1	163	166	3315
25	52	20,6	1	21,2	12,7	3 205B	80	140	44,4	2	95	110	3216
25	62	25,4	1,1	30	17,3	3 305B	80	170	68,3	2,1	176	186	3316
30	62	23,8	1	30	18,3	3 206B	85	150	49,2	2	112	132	3217
30	72	30,2	1,1	41,5	24,5	3 306B	85	180	73	3	190	200	3317
35	72	27	1,1	39	25	3 207B	90	160	52,4	2	125	146	3218
35	80	34,9	1,5	51	30	3 307B	90	190	73	3	216	240	3318
40	80	30,2	1,1	48	31,5	3 208B	95	170	55,6	2,1	140	163	3219
40	90	36,5	1,5	62	39	3 308B	95	200	77,8	3	220	245	3319
45	85	30,2	1,1	48	32	3 209B	100	180	60,3	2,1	160	196	3220
45	100	39,7	1,5	71	67	3 309	100	215	82,6	3	240	280	3320
50	90	30,2	1,1	51	36,5	3 210B	105	190	65,1	2,1	176	208	3221
55	100	33,3	1,5	54	58,5	3 211	110	200	69,8	2,1	190	228	3222
55	120	49,2	2	98	95	3 311	110	240	92,1	3	280	345	3322

[*)] siehe Tabelle 3

Tabelle 12. Pendelkugellager, äquivalente Belastung

dynamisch äquivalente Lagerbelastung P	$P = F_r + Y F_a$ für $\dfrac{F_a}{F_r} \le e$ $P = 0{,}65 \cdot F_r + Y F_a$ für $\dfrac{F_a}{F_r} > e$	F_r Radialkraft F_a Axialkraft Y, Y_0 Axialfaktoren nach Tabelle 13 e siehe Tabelle 13
statisch äquivalente Lagerbelastung P_0	$P_0 = F_r + Y_0 F_a$	

Tabelle 13. Pendelkugellager, Maße, Tragzahlen und Faktoren

d Wellendurchmesser C dynamische Tragzahl
D Lageraußendurchmesser C_0 statische Tragzahl
B Lagerbreite Y, Y_0 Axialfaktoren
r_s Kantenabstand [*)]

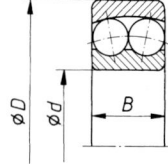

Maße in mm				Tragzahlen C, C_0 in kN und Faktoren						Kurz-zeichen
				dynamische		$\dfrac{F_a}{F_r} \le e$	$\dfrac{F_a}{F_r} > e$	statische		
d	D	B	$r_{s\,min}$	C	e	Y	Y	C_0	Y_0	
5	19	6	0,3	2,5	0,35	1,8	2,8	0,62	1,9	135
6	19	6	0,3	2,5	0,35	1,8	2,8	0,62	1,9	126
7	22	7	0,3	2,65	0,33	1,9	3	0,73	2	127
8	22	7	0,3	2,65	0,33	1,9	3	0,73	2	128
9	26	8	0,6	3,8	0,32	2	3	1,06	2,1	129
10	30	9	0,6	5,5	0,32	2	3	1,53	2,1	1 200
10	30	14	0,6	7,2	0,66	1	1,5	2,04	1	2 200
10	35	11	0,6	7,2	0,34	1,9	2,9	2,08	1,9	1 300
12	32	10	0,6	5,6	0,37	1,7	2,6	1,66	1,8	1 201
12	32	14	0,6	7,5	0,58	1,1	1,7	2,24	1,1	2 201
12	37	12	1	9,5	0,35	1,8	2,8	2,8	1,9	1 301
15	35	11	0,6	7,5	0,34	1,9	2,9	2,28	1,9	1 202
15	35	14	0,6	7,65	0,51	1,2	1,9	2,4	1,3	2 202
15	42	13	1	9,5	0,35	1,8	2,8	3	1,9	1 302
15	42	17	1	12	0,51	1,2	1,9	3,75	1,3	2 302
17	40	12	0,6	8	0,33	1,9	3	2,65	2	1 203
17	40	16	0,6	9,8	0,51	1,2	1,9	3,15	1,3	2 203
17	47	14	1	12,5	0,32	2	3	4,15	2,1	1 303
17	47	19	1	14,3	0,53	1,2	1,8	4,55	1,2	2 303
20	47	14	1	10	0,28	2,2	3,5	3,45	2,4	1 204
20	47	18	1	12,5	0,5	1,3	2	4,3	1,3	2 204
20	52	15	1,1	12,5	0,29	2,2	3,4	4,4	2,3	1 304
20	52	21	1,1	18	0,51	1,2	1,9	6,1	1,3	2 304
25	52	15	1	12,2	0,27	2,3	3,6	4,4	2,4	1 205
25	52	18	1	12,5	0,44	1,4	2,2	4,65	1,5	2 205
25	62	17	1,1	18	0,28	2,2	3,5	6,7	2,4	1 305
25	62	24	1,1	24,5	0,48	1,3	2	8,5	1,4	2 305
30	62	16	1	15,6	0,25	2,5	3,9	6,2	2,6	1 206
30	62	20	1	15,3	0,4	1,6	2,4	6,1	1,6	2 206
30	72	19	1,1	21,2	0,26	2,4	3,7	8,5	2,5	1 306
30	72	27	1,1	31,5	0,45	1,4	2,2	11,4	1,7	2 306
35	72	17	1,1	16	0,22	2,9	4,4	6,95	3	1 207
35	72	23	1,1	21,6	0,37	1,7	2,6	8,8	1,8	2 207
35	80	21	1,5	25	0,26	2,4	3,7	10,6	2,5	1 307
35	80	31	1,5	39	0,47	1,3	2,1	14,6	1,4	2 307

[*)]   siehe Tabelle 3

Fortsetzung →

Maße in mm				dynamische		$\frac{F_a}{F_r} \le e$	$\frac{F_a}{F_r} > e$	statische		Kurz-zeichen
d	D	B	$r_{s\,min}$	C	e	Y	Y	C_0	Y_0	
40	80	18	1,1	19,3	0,22	2,9	4,4	8,8	3	1208
40	80	23	1,1	22,4	0,34	1,9	2,9	10	1,9	2208
40	90	23	1,5	29	0,25	2,5	3,9	12,9	2,6	1308
40	90	33	1,5	45	0,43	1,5	2,3	17,6	1,5	2308
45	85	19	1,1	22	0,21	3	4,6	10	3,1	1209
45	85	23	1,1	23,2	0,31	2	3,1	11	2,1	2209
45	100	25	1,5	38	0,25	2,5	3,9	17	2,6	1309
45	100	36	1,5	54	0,43	1,5	2,3	22	1,5	2309
50	90	20	1,1	22,8	0,2	3,1	4,9	11	3,3	1210
50	90	23	1,1	23,2	0,29	2,2	3,4	11,6	2,3	2210
50	110	27	2	41,5	0,24	2,6	4,1	19,3	2,7	1310
50	110	40	2	64	0,43	1,5	2,3	26,5	1,5	2310
55	100	21	1,5	27	0,19	3,3	5,1	13,7	3,5	1211
55	100	25	1,5	26,5	0,28	2,2	3,5	13,4	2,4	2211
55	120	29	2	51	0,24	2,6	4,1	24	2,7	1311
55	120	43	2	75	0,42	1,5	2,3	31,5	1,6	2311
60	110	22	1,5	30	0,18	3,5	5,4	16	3,7	1212
60	110	28	1,5	34	0,29	2,2	3,4	17,3	2,3	2212
60	130	31	2,1	57	0,23	2,7	4,2	28	2,9	1312
60	130	46	2,1	86,5	0,41	1,5	2,4	37,5	1,6	2312
65	120	23	1,5	31	0,18	3,5	5,4	17,3	3,7	1213
65	120	31	1,5	44	0,29	2,2	3,4	22,4	2,3	2213
65	140	33	2,1	62	0,23	2,7	4,2	31	2,9	1313
65	140	48	2,1	95	0,39	1,6	2,5	43	1,7	2313
70	125	24	1,5	34,5	0,19	3,3	5,1	19	3,5	1214
70	125	31	1,5	44	0,27	2,3	3,6	23,2	2,4	2214
70	150	35	2,1	75	0,23	2,7	4,2	37,5	2,9	1314
70	150	51	2,1	110	0,38	1,7	2,6	50	1,7	2314
75	130	25	1,5	39	0,17	3,7	5,7	21,6	3,9	1215
75	130	31	1,5	44	0,26	2,4	3,7	24,5	2,5	2215
75	160	37	2,1	80	0,23	2,7	4,2	40,5	2,9	1315
75	160	55	2,1	122	0,38	1,7	2,6	56	1,7	2315
80	140	26	2	40	0,16	3,9	6,1	23,6	4,1	1216
80	140	33	2	51	0,25	2,5	3,9	28,5	2,6	2216
80	170	39	2,1	88	0,22	2,9	4,4	45	3	1316
80	170	58	2,1	137	0,37	1,7	2,6	64	1,8	2316
85	150	28	2	49	0,17	3,7	5,7	28,5	3,9	1217
85	150	36	2	58,5	0,26	2,4	3,8	32	2,5	2217
85	180	41	3	98	0,22	2,9	4,4	51	3	1317
85	180	60	3	140	0,37	1,7	2,6	68	1,8	2317
90	160	30	2	57	0,17	3,7	5,7	32	3,9	1218
90	160	40	2	71	0,27	2,3	3,6	39	2,4	2218
90	190	43	3	108	0,22	2,9	4,4	58,5	3	1318
90	190	65	3	153	0,39	1,6	2,5	76,5	1,7	2318
100	180	34	2,1	69,5	0,18	3,5	5,4	41,5	3,7	1220
100	180	46	2,1	98	0,27	2,3	3,6	55	2,4	2220
100	215	47	3	143	0,23	2,7	4,2	76,5	2,9	1320
100	215	73	3	193	0,38	1,7	2,6	104	1,7	2320
110	200	38	2,1	88	0,17	3,7	5,7	53	3,9	1222
120	215	42	2,1	120	0,2	3,2	4,9	72	3,3	1224
130	230	46	3	125	0,19	3,3	5,1	76,5	3,5	1226
140	250	50	3	163	0,21	3	4,6	100	3,1	1228
150	270	54	3	183	0,22	2,9	4,4	118	3	1230

Tabelle 14. Zylinderrollenlager, äquivalente Belastung

dynamisch äquivalente Lagerbelastung P	$P = F_r$	F_r Radialkraft
statisch äquivalente Lagerbelastung P_0	$P_0 = F_r$	

Tabelle 15. Zylinderrollenlager, einreihig, Maße in Tragzahlen

d Wellendurchmesser
D Lageraußendurchmesser
B Lagerbreite

C dynamische Tragzahl
C_0 statische Tragzahl

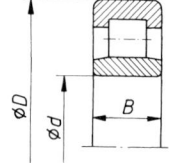

Maße in mm			Tragzahlen in kN dyn.	stat.	Kurzzeichen	Maße in mm			Tragzahlen in kN dyn.	stat.	Kurzzeichen
d	D	B	C	C_0		d	D	B	C	C_0	
15	35	11	9	6,95	NU202	70	125	24	120	137	NU214E
17	40	12	17,6	14,6	NU203E	70	150	35	204	220	NU314E
17	47	14	25,5	21,2	NU303E	70	180	42	224	232	NU414
20	47	14	27,5	24,5	NU204E	75	130	25	132	156	NU215E
20	52	15	31,5	27	NU304E	75	160	37	240	265	NU315E
25	52	15	29	27,5	NU205E	75	190	45	260	270	NU415
25	62	17	41,5	37,5	NU305E	80	140	26	140	170	NU216E
25	80	21	52	46,5	NU405	80	170	39	255	275	NU316E
30	62	16	39	37,5	NU206E	80	200	48	300	310	NU416
30	72	19	51	48	NU306E	85	150	28	163	193	NU217E
30	90	23	71	64	NU406	85	180	41	290	325	NU317E
35	72	17	50	50	NU207E	85	210	52	335	355	NU417
35	80	21	64	63	NU307E	90	160	30	183	216	NU218E
35	100	25	75	69,5	NU407	90	190	43	315	345	NU318E
40	80	18	53	53	NU208E	90	225	54	365	390	NU418
40	90	23	81,5	78	NU308E	95	170	32	220	265	NU219E
40	110	27	93	86,5	NU408	95	200	45	335	380	NU319E
45	85	19	64	68	NU209E	95	240	55	390	430	NU419
45	100	25	98	100	NU309E	100	180	34	250	305	NU220E
45	120	29	106	100	NU409	100	215	47	380	425	NU320E
50	90	20	64	68	NU210E	100	250	58	440	490	NU420
50	110	27	110	114	NU310E	110	200	38	290	365	NU222E
50	130	31	129	124	NU410	110	240	50	440	510	NU322E
55	100	21	83	95	NU211E	110	280	65	540	610	NU422
55	120	29	134	140	NU311E	120	215	40	335	415	NU224E
55	140	33	140	137	NU411	120	260	55	520	600	NU324E
60	110	22	95	104	NU12E	120	310	72	670	780	NU424
60	130	31	150	156	NU312E	130	230	40	360	450	NU226E
60	150	35	166	170	NUJ412	130	280	58	610	720	NU326E
65	120	23	108	120	NU213E	130	340	78	815	930	NU426
65	140	33	180	190	NU313E						
65	160	37	183	186	NU413						

Tabelle 16. Kegelrollenlager, einreihig, äquivalente Belastung

dynamisch äquivalente Lagerbelastung P	$P = F_r$	für $\dfrac{F_a}{F_r} \le e$	F_r	Radialkraft
			F_a	Axialkraft
	$P = 0{,}4\,F_r + YF_a$	für $\dfrac{F_a}{F_r} > e$	Y, Y_0	Axialfaktoren nach Tabelle 17
statisch äquivalente Lagerbelastung P_0	$P_0 = F_r$	für $\dfrac{F_a}{F_r} \le \dfrac{1}{2y_0}$		
	$P_0 = 0{,}5\,F_r + Y_0 F_a$	für $\dfrac{F_a}{F_r} > \dfrac{1}{2y_0}$		

Tafel 17. Kegelrollenlager, einreihig, Maße, Tragzahlen und Faktoren

d Wellendurchmesser
D Lageraußendurchmesser
B_i Breite des Innenrings
B_a Breite des Außenrings
B Lagerbreite

C dynamische Tragzahl
C_0 statische Tragzahl
Y, Y_0 Axialfaktoren

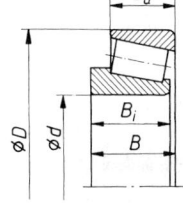

Maße in mm					Tragzahlen in kN und Faktoren					Kurzzeichen
					dynamische			statische		
d	D	B_i	B_a	B	C	e	Y	C_0	Y_0	
15	35	11	10	11,75	12	0,46	1,3	12	0,7	30202
20	47	14	12	15,25	26,5	0,35	1,7	29	0,9	30204A
25	47	15	11,5	15	25	0,43	1,4	34,5	0,8	32005X
30	55	17	13	17	36	0,43	1,4	46,5	0,8	32006X
35	62	18	14	18	36	0,42	1,4	50	0,8	32007XA
40	68	19	14,5	19	50	0,38	1,6	69,5	0,9	32008XA
45	75	20	15,5	20	57	0,39	1,5	85	0,8	32009XA
50	80	20	15,5	20	58,5	0,42	1,4	93	0,8	32010X
55	90	23	17,5	23	75	0,41	1,5	118	0,8	32011X
60	95	23	17,5	23	76,5	0,43	1,4	122	0,8	32012X
65	100	23	17,5	23	78	0,46	1,3	127	0,7	32013X
70	110	25	19	25	98	0,43	1,4	160	0,8	32014X
75	115	25	19	25	100	0,46	1,3	166	0,7	32015X
80	125	29	22	29	129	0,42	1,4	212	0,8	32016X
85	130	29	22	29	134	0,44	1,4	228	0,7	32017X
90	140	32	24	32	156	0,42	1,4	260	0,8	32018XA
95	145	32	24	32	163	0,44	1,4	280	0,7	32019XA
100	150	32	24	32	166	0,46	1,3	290	0,7	32020X
105	160	35	26	35	193	0,44	1,4	335	0,7	32021X
110	170	38	29	38	228	0,43	1,4	390	0,8	32022X
120	180	38	29	38	236	0,46	1,3	425	0,7	32024X
130	200	45	34	45	315	0,43	1,4	570	0,8	32026X
140	210	45	34	45	325	0,46	1,3	610	0,7	32028X
150	225	48	36	48	365	0,46	1,3	695	0,7	32030X

Tabelle 18. Axial-Rillenkugellager, einseitig wirkend

d Wellendurchmesser
D Lageraußendurchmesser
H Lagerhöhe

C dynamische Tragzahl
C_0 statische Tragzahl

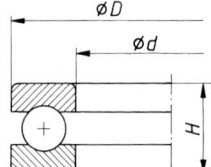

Anmerkung: Die dynamisch und die statisch äquivalente Belastung ist gleich der Axialkraft:

$$P = F_a \quad \text{und} \quad P_0 = F_a$$

Maße in mm			Tragzahlen in kN dyn. C	stat. C_0	Kurzzeichen	Maße in mm			Tragzahlen in kN dyn. C	stat. C_0	Kurzzeichen
d	D	H				d	D	H			
10	24	9	10	11,8	51100	65	90	18	38	85	51113
10	26	11	12,7	14,3	51200	65	100	27	64	125	51213
12	26	9	10,4	12,9	51101	65	115	36	106	186	51313
12	28	11	13,2	16	51201	65	140	56	224	390	51413
15	28	9	10,6	14	51102	70	95	18	40	93	51114
15	32	12	16,6	20,8	51202	70	105	27	65,5	134	51214
17	30	9	11,4	16,6	51103	70	125	40	137	250	51314
17	35	12	17,3	23,2	51203	70	150	60	240	440	51414
20	35	10	15	22,4	51104	75	100	19	44	104	51115
20	40	14	22,4	32	51204	75	110	27	67	143	51215
25	42	11	18	30	51105	75	135	44	163	300	51315
25	47	15	28	42,5	51205	75	160	65	265	510	51415
25	52	18	34,5	46,5	51305	80	105	19	45	108	51116
25	60	24	45,5	57	51405	80	115	28	75	160	51216
30	47	11	19	33,5	51106	80	140	44	160	300	51316
30	52	16	25,5	40	51206X	80	170	68	275	550	51416
30	60	21	38	55	51306	85	110	19	45,5	114	51117
30	70	28	69,5	95	51406	85	125	31	98	212	51217
35	52	12	20	39	51107X	85	150	49	190	360	51317
35	62	18	35,5	57	51207	85	177	72	320	655	51417
35	68	24	50	75	51307	90	120	22	45,5	118	51118
35	80	32	76,5	106	51407	90	135	35	120	255	51218
40	60	13	27	53	51108	90	155	50	196	390	51318
40	68	19	46,5	83	51208	90	187	77	325	695	51418
40	78	26	61	95	51308	100	135	25	61	160	51120
40	90	36	96,5	143	51408	100	150	38	122	270	51220
45	65	14	28	58,5	51109	100	170	55	232	475	51320
45	73	20	39	67	51209	100	205	85	400	915	51420
45	85	28	75	118	51309	110	145	25	65,5	186	51122
45	100	39	122	186	51409	110	160	38	129	305	51222
50	70	14	29	64	51110	110	187	63	275	610	51322
50	78	22	50	90	51210	110	225	95	465	1120	51422
50	95	31	88	146	51310	120	155	25	65,5	193	51124
50	110	43	137	216	51410	120	170	39	140	335	51224
55	78	16	30,5	63	51111	120	205	70	325	765	51324
55	90	25	61	114	51211	120	245	102	520	1320	51424
55	105	35	102	176	51311	130	170	30	90	255	51126
55	120	48	166	265	51411	130	187	45	183	455	51226
60	85	17	41,5	95	51112	130	220	75	360	880	51326
60	95	26	62	118	51212	130	265	110	570	1400	51426
60	110	35	102	176	51312	140	178	31	98	285	51128
60	130	51	200	325	51412	140	197	46	190	475	51228
						140	235	80	400	1020	51328
						140	275	112	585	1560	51428

Tabelle 19. Axial-Rillenkugellager, zweiseitig wirkend

d	Wellendurchmesser	C	dynamische Tragzahl
D	Lageraußendurchmesser	C_0	statische Tragzahl
H	Lagerhöhe		

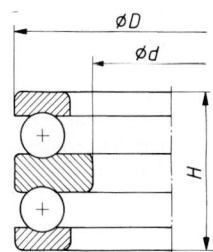

Anmerkung: Die dynamisch und die statisch äquivalente Belastung ist gleich der Axialkraft:

$$P = F_a \quad \text{und} \quad P_0 = F_a$$

Maße in mm			Tragzahlen in kN		Kurzzeichen	Maße in mm			Tragzahlen in kN		Kurzzeichen
			dyn.	stat.					dyn.	stat.	
d	D	H	C	C_0		d	D	H	C	C_0	
10	32	22	16,6	20,8	52202	55	100	47	64	125	52213
15	40	26	22,4	32	52204	55	115	65	106	186	52313
15	60	45	45,5	57	52405	55	105	47	65,5	134	52214
20	47	28	28	42,5	52205	55	125	72	137	250	52314
20	52	34	34,5	46,5	52305	55	150	107	240	440	52414
20	70	52	69,5	95	52406	60	110	47	67	143	52215
25	52	29	25,5	40	52206X	60	135	79	163	300	52315
25	60	38	38	55	52306	60	160	115	265	510	52415
25	80	59	76,5	106	52407	65	115	48	75	160	52216
30	62	34	35,5	57	52201	65	140	79	160	300	52316
30	68	44	50	75	52307	65	170	120	275	550	52416
30	68	36	46,5	83	52208	70	125	55	98	212	52217
30	78	49	61	95	52308	70	150	87	190	360	52217
30	90	65	96,5	143	52408	70	180	135	325	695	52418
35	73	37	39	67	52209	75	135	62	120	255	52218
35	85	52	75	118	52309	75	155	88	196	390	52318
35	100	72	122	186	52409	80	210	150	400	915	52420
40	78	39	50	90	52210	85	150	67	122	270	52220
40	95	58	88	146	52310	85	170	97	232	475	52320
40	110	78	137	216	52410	95	160	67	129	305	52222
45	90	45	61	114	52211	95	190	110	275	610	52322
45	105	64	102	176	52311	100	170	68	140	335	52224
45	120	87	166	265	52411	100	210	123	325	765	52324
50	95	46	62	118	52212	110	190	80	183	455	52226
50	110	64	102	176	52312	110	225	130	360	880	52326
50	130	93	200	325	52412						

13.3 Gleitlager

13.3.1 Eigenschaften, Verwendung

Gleitlager sind wegen großer, dämpfender Trag- und Schmierfläche unempfindlich gegen Stöße und Erschütterungen; geräuscharmer Lauf; unempfindlich gegen Verschmutzung; unbegrenzt hohe Drehzahlen; im Gebiet der Flüssigkeitsreibung praktisch verschleißfreier Lauf und unbegrenzte Lebensdauer. Nachteilig sind hohes Anlaufmoment wegen anfangs trockener Reibung, hoher Schmierstoffverbrauch und laufende Überwachung.

Verwendung: Bei hohen Drehzahlen und Belastungen für „Dauerläufer", z.B. Wasser- und Dampfturbinen, Generatoren, Kreiselpumpen; für einfache Lagerungen bei geringen Ansprüchen, z.B. Haushalts- und Büromaschinen, Klein-Hebezeuge, Winden, Landmaschinen.

13.3.2 Schmierungs- und Reibungsverhältnisse

Die Gleitflächen sollen durch eine zusammenhängende Schmierschicht voneinander getrennt sein. Voraussetzungen hierfür sind nach der hydrodynamischen Schmiertheorie:

1. ein sich in Bewegungsrichtung verengender Spalt,
2. relative Bewegung der Gleitflächen zueinander,
3. Haftfähigkeit des Schmiermittels zu den Gleitflächen.

Im Radial-Gleitlager entsteht ein keilförmiger Spalt durch die exzentrische Lage e des Zapfens in der Bohrung (Bild 16). Beim Anlauf ist noch kein Schmierfilm zwischen den Gleitflächen wirksam, es liegt *Trockenreibung* vor (Festkörperreibung). Bei steigender Drehzahl geht diese in *Mischreibung* über; die Gleitflächen werden teilweise durch eine Flüssigkeitsschicht getrennt. Bei weiter steigender Drehzahl wächst der Flüssigkeitsdruck im Spalt und hebt den Lagerzapfen an, bis bei der *Übergangsdrehzahl* $n_{\ddot{u}}$ die Gleitflächen vollkommen getrennt werden: *Flüssigkeitsreibung* (Schwimmreibung). Die Lagerreibung ist am geringsten, nimmt aber dann wegen innerer Flüssigkeitsreibung wieder langsam zu.

Den Druckverlauf bei Flüssigkeitsreibung zeigt Bild 16. Höchster Öldruck herrscht kurz vor dem engsten Spalt h_0, dessen Weite mindestens gleich der Summe der Oberflächenrautiefen sein muss. Der gleichmäßig um die belastete Lagerhälfte verteilt gedachte Druck ist der mittlere Lagerdruck, die mittlere Flächenpressung. Sie wird als spezifische Lagerbelastung p bezeichnet.

Eine in der belasteten Lagerhälfte angebrachte Nut stört den Druckverlauf erheblich. An der Nutstelle fällt der Druck praktisch auf null ab, da das Öl in der Nut ausweichen kann und wegen des geringen Widerstands (Abstand a im Bild 16c) seitlich ausströmt. Der Lagerdruck sinkt auf p', die Tragfähigkeit wird geringer, die Schwimmreibung kann in Mischreibung übergehen.

13.3.3 Gleitlagerwerkstoffe

Als *Wellenwerkstoff* kommt praktisch nur Stahl in Frage: Baustähle, Vergütungsstähle und Einsatzstähle je nach Anforderung und Beanspruchung. Der Wellenwerkstoff soll immer härter sein als der Lagerwerkstoff, damit die Welle nicht angegriffen wird und sich in den Lagerwerkstoff einbettet.

Die *Lagerwerkstoffe* sind wegen der vielseitigen Anforderungen sehr verschiedenartig hinsichtlich ihrer stofflichen Zusammensetzung, Eigenschaften und Verwendung. Tabelle 20 gibt einen Überblick über die wichtigsten Eigenschaften gebräuchlicher Lagerwerkstoffe. Mit diesen Angaben kann eine Werkstoffauswahl getroffen werden (siehe auch Abschnitt E Werkstofftechnik).

Gusseisen EN-GJL-150 und EN-GJL-200 ist nur für geringe, EN-GJL-250 und EN-GJL-300 für höhere Belastungen und Gleitgeschwindigkeiten geeignet. Verwendung für gering belastete Transmissionslager, Haushaltsmaschinen, einfache Lagerungen.

Sintermetalle haben gute Notlaufeigenschaften. Feinporiges Gefüge nimmt bis 25 % seines Volumens Öl auf und führt es infolge Erwärmung und Saugwirkung den Gleitflächen zu. Bei Stillstand nehmen die Poren das Öl wieder auf. Verwendung bei Haushaltsmaschinen, Büromaschinen, Pumpen, Plattenspieler, Tonbandgeräten.

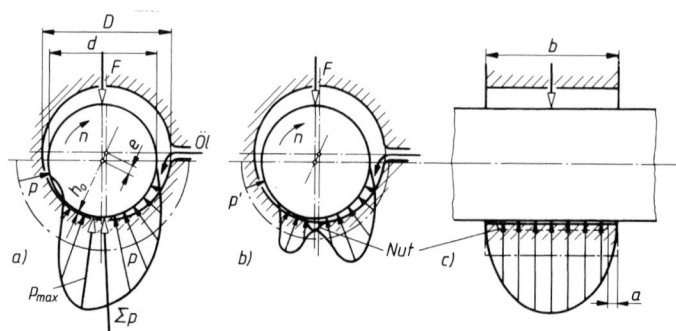

Bild 16.
Öldruckverlauf im Radial-Gleitlager
a) ungestört
b) durch Nut gestörter Druckverlauf
c) im Längsschnitt

Tabelle 20. Eigenschaften gebräuchlicher Gleitlagerwerkstoffe

Forderung nach	Gleitlagerwerkstoffe und ihre Eignung								
	Guss-eisen	Sinter-mctall	Cu Sn-Leg./Cu Zn-Leg.	Cu Sn-Pb-Leg.	Pb Sn	Kunst-stoffe	Holz	Gummi	Kohle Graphit
Gleiteigenschaften	◐	◐	◕	●	●	●	●	●	●
Notlaufeigenschaften	○	●	◕/◐	◔	◕	●	◔	○	●
Verschleißfestigkeit	●	◐	●	◐	◔	◐	◔	○	◔
stat. Tragfähigkeit	●	◐	◕	◔	◔	◔	◔	○	◔
dyn. Belastbarkeit	◕	◔	◕	◔	◔	◔	○	○	○
hoher Gleitgeschwindigkeit	◔	○	◕/◔	●	●	○	○	○	◕
Unempfindlichkeit gegen Kantenpressung	○	○	◕	◕	●	●	●	◕	◐
Bettungsfähigkeit	○	○	◕	◕	●	●	◕	●	◕
Wärmeleitfähigkeit	◐	◐	◕	◐	◔	○	○	○	◕
kleiner Wärmedehnung	●	●	◕	◐	◐	○	◔	○	●
Beständigkeit gegen hohe Temperaturen	◐	◐	◐	○	○	○	○	○	●
Öl-(Fett-) Schmierung	●	●	●	●	●	●	○	◐	●
Wasserschmierung	○	○	○	○	○	◐	●	●	◐
Trockenlauf	○	○	○	○	○	●	○	●	●

● sehr gut   ◕ gut   ◐ ausreichend   ◔ mäßig   ○ mangelhaft

Tabelle 21. Gleitlagerwerkstoffe (Normen, Belastungswerte, Verwendung); 1 MPa = 1 N/mm²

Werkstoff Kurzzeichen	Ältere + Handels-bezeichg.	Kennwerte, σ_{dB} Härte, p_{zul} in Mpa oder p, v-Werte	Schmierung Wellen	Allgemeine Hinweise, Beispiele
Gusseisen DIN EN 1561				
GJL-150...200	GG-10	Druckfestigkeit σ_{dB}	Öl, Fett	Lager mit geringen Ansprüchen an
GJL-250	GG-15	500...700	feinbearbeitet	Gleiteigenschaften; Hebezeuge, Land-
	GG-25	800...900	gehärtet	maschinen

Blei-Zinn-Gusslegierungen für Verbundgleitlager DIN ISO 4381; 7 Sorten (im Entwurf von 1999 nur 5)

	$\sigma_{p0,2}$ Mpa 20° 100°C		σ_{bW} MPa	Dichte kg/dm³	$\lambda^{2)}$ W/mK	Wellen Härte	
PbSb15SnAs	39	25	±24	9,7	25		Gut einbettungsfähige Sorten für reine Gleitbean-
PbSb15Sn10	43	30	±25	9,9	24		spruchung, geringe bis mittlere Belastung und
PbSb10Sn6	39	27	±25	10,3	25	160	-geschwindigkeit
SnSb12Cu6Pb	61	36	±28	7,4	22,7	HB	Hoher Verschleißwiderstand bei rauen Zapfen.
SnSb8Cu4	47	27	±31	7,3	23,9		Für Schlag- und Biegewechselbeanspruchung

Kupfer-Gusslegierungen für Massiv- und dickwandige Verbundgleitlager DIN ISO 4382-1; 10 Sorten

Massivlager	$\sigma_{p0,2}$ Mpa GS GZ/GC		A %	$\alpha_1^{1)}$ 10^{-6}/K	$\lambda^{2)}$ W/mK	Wellen Härte	
CuPb8Pb2	130	130	3/5		47	250	
CuPb5Sn5Zn5	90	100	13	18	71	HB	
CuSn10Pb	130	150	3/6		50	55	
CuSn12Pb2	130	170	7/7		54	HRC	
Massiv- und dickwandige Verbundlager							
CuPb9Sn5	60	130	7/9		71	250	
CuPb10Sn10	80	110	7/6	18	47	HB	
CuPb15Sn8	80	100	5/8		47		
CuAl10Fe5Ni5						55HRC	

Werkstoff Kurzzeichen	Ältere + Handels- bezeichg.	Kennwerte, σ_{dB} Härte, p_{zul} in Mpa oder p, v-Werte			Schmierung Wellen	Allgemeine Hinweise, Beispiele
Kupfer-Knet-Legierungen für Massivgleitlager DIN ISO 4382-1; 4 Sorten						
	w / h[3]		w / h			
CuSn8P	200	480	55/10	17	59		Gerollte Buchsen, Gleitscheiben
CuZn37Mn2Al2Si	300	----	15	19	65	55 HRC	für hohe statische Belastung , Druckmuttern
CuAl9Fe4Ni4	400	----	15	16	27		

Verbundwerkstoffe für dünnwandige Gleitlager DIN ISO 4383; 4 PbSb-und SnSb-Sorten wie DIN ISO 4381 5 CuPb-Sorten, Al-Sorten und 2 polymerimprägnierte CuSn-Sorten				
	Härte		Min.-Härte der Welle	
CuPb-Sorten	gegossen	gesintert		Für ständige Beanspruchung im Mischreibungsgebiet,
CuPb10Sn10	70...130 HB	60...90	53 HRC	Kolbenbolzenbuchsen, Gleitscheiben,
CuPb24Sn4	60...90 HB	45...70	48 HRC	gerollte Buchsen, Haupt und Pleuellager.
CuPb30	----------	30...45	270 HB	Auch für ungehärtete Wellen geeignet.
Al-Sorten	gewalzt			
AlSn20Cu	30...40 HB		250 HB	Korrosionsbeständig, mit hoher Dauerfestigkeit, gute
AlSi11Cu	45...60 HB		50 HRC	Wärmeleitung, meist mit Gleitschicht versehen.
AlZn5Si1,5Cu1	45...70 HB		45 HRC	Haupt- und Pleuellager in Verbrennungsmotoren
Pb1Mg				
Gleitschichten PBSn10, PbSn10Cu2, PbIn7	Galvanisch aufgebrachte Gleitschichten zum Einlaufen (ca. =,02 mm) PbIn7 angewandt bei CuPb- und hochfesten Al-Legierungen			

Sintermetalle Porenraum mit Schmierstoff gefüllt, selbstschmierend				
Sintereisen, < 0,3 %C, 1-5% Cu Sinterbronze, Cu + 9...11 % Sn	SKF	p_{zul} ≈ 10Mpa, v < 0,5 m/s p_{zul} ≈ 50 Mpa, stat. ≈ 10 Mpa, v > 0,01	ölgetränkt feinbearbeitet R_a < 1 μm, 300 HB	Lager mit kleinen Gleitgeschwindig- keiten (< 3 m/s), Haushalt- und Büromaschinen, Ventilatoren, Pumpen, Tonbandgeräte
Trockengleitlager: DIN ISO 4383: Stahlrücken mit CuSn10-, oder CuPb10Sn10-Schicht (0,2...0,4 mm), Poren mit PFTE oder POM und Festschmierstoffen gefüllt als Einlaufschicht 5...30 μm oder dicker mit Schmiertaschen				
	Glycodur Permaglide DU-Trockenlager	statisch p_{zul} = 250 Mpa, dynamisch 80..120 v_{max} < 2 m/s	trocken (Initialschmie- rung)	niedrige Reibzahl, nicht zu schmie- rende Lager von Textil-, Druckerei- und Haushaltmaschinen, Licht- maschinen, Spurstangenlager
Thermoplastische Polymere für Gleitlager DIN ISO 6691 6 Sorten				
Polyamid PA PA6; PA66; Pa11; PA12 Polyoxymethylen POM Polytetrafluorethylen PFTE Polyimid PI	Ultramid, Sustamid, Durethan Delrin, Hostaform Teflon Kinel, Kerimid	Öl, Fett, Fest- schmierstoffe, Wasser gehärtet, ge- schliffen		Zähhart, stoß- und verschleißfest, für schwingbeanspruchte Lager, Kupplungen. Für Mischreibung geeignet, Zahnräder. Weich, niedrige Reibzahl, kaltzäh. Hart, wärmebeständig bis 350 °C.

[1] Längenausdehnungskoeffizient   [2] Wärmeleitzahl   [3] weich/hart

Guss-Zinnbronzen, Guss-Bleibronzen, Blei-Zinn-Lagermetalle sind hochwertigste Lagerwerkstoffe mit besten Gleiteigenschaften. Geeignet für höchste Anforderungen bei Hebezeugen, Motoren, Turbinen, Pumpen, Werkzeugmaschinen.

Kunststoffe haben gute Notlaufeigenschaften, Ausführung meist als Kunststoff-Verbundlager mit Stützschale aus Stahl, Gusseisen oder CuSn-Legierung, Zwischenschicht aus CuSn- Legierung und Überzug aus Kunststoff als Laufschicht, z.B. Polytetrafluoräthylen (Teflon) mit eingelagertem pulverförmigen Füllstoff (z.B. Zinnbronze). Sie laufen als „Trockenlager" u.U. längere Zeit ohne Schmierung. Verwendung bei Haushalts- und Büromaschinen, Textilmaschinen und sonstigen schwer zugänglichen, nicht zu schmierenden Lagerungen.

Gummi hat sich bei wassergeschmierten Lagern z.B. in Pumpen bewährt.

Kohle, Graphit sind für selbstschmierende Lager bei hohen Temperaturen und aggressiven Flüssigkeiten (Säuren, Laugen) geeignet.

Normen:

DIN ISO 4378
-1 Gleitlager - Lagerwerkstoffe u. Eigenschaften
-2 Reibung und Verschleiß
-3 Schmierung
-4 Berechnungskennwerte und Kurzzeichen

DIN ISO 4381   Blei- und Blei-Zinn-Verbundlager

DIN ISO 4382-1   Cu-Gusslegierungen für dickwandige Verbund- und Massivgleitlager

DIN ISO 4382-2   Cu-Knetlegierungen für Massivgleitlager

DIN ISO 8483   Verbundwerkstoffe für dünnwandige Gleitlager

DIN 1495-3   Gleitlager aus Sinterwerkstoff -1 und -2 sind Maßnormen

DIN ISO 6691   Thermoplastische Polymere für Gleitlager

13.3.4 Zusammenstellung der Berechnungsformel n für hydrodynamisch tragende Radialgleitlager

Die folgende Zusammenstellung ist zugleich der Arbeitsplan für die Ermittlung der Daten des Radialgleitlagers. Damit wird auch die Aufstellung eines Rechnerprogramms erleichtert (siehe Berechnungsbeispiel 13.3.9).

13.3.4.1 Gegebene oder angenommene Größen

Wellendrehzahl $\quad n$ in $\dfrac{U}{s} = \dfrac{1}{s} = s^{-1}$

dynamische Viskosität (Zähigkeit) des verwendeten Öls $\quad \eta$ in Pa s $= \dfrac{Ns}{m^2}$

Lagerkraft $\qquad\qquad F$ in N
Lagerbreite $\qquad\qquad b$ in m
Lagerdurchmesser $\qquad d$ in m
Lagerwerkstoff $\qquad$ siehe 13.3.4.3
Umgebungstemperatur $\quad \vartheta_U$ in °C

Wärmeabfuhrzahl $\qquad \alpha$ in $\dfrac{J}{m^2 s\,K} = \dfrac{W}{m^2\,K}$

(siehe Abschnitt F Thermodynamik 4.3)

Wärmeabfuhrzahl für ca. 1,25 m/s Geschwindigkeit der umgebenden Luft $\quad \alpha = 20\,\dfrac{W}{m^2\,K} = 20\,\dfrac{Nm}{s\,m^2\,K}$

(1 K = 1 °C)

13.3.4.2 Viskosität des Öls.

Wenn bei der Berechnung hydrodynamisch tragende Gleitlager (Radial- und Axiallager) von der „Viskosität" oder „Zähigkeit" des Öls gesprochen wird, dann ist immer die *dynamische* Viskosität η des Öls gemeint. Sie ist stark von der Temperatur abhängig und nimmt mit abnehmender Temperatur zu. Bestimmungen über das Viskosität-Temperaturverhalten (V-T-Verhalten) enthält DIN 51 563.

Die SI-Einheit der dynamischen Viskosität ist Pa s (Pascal-Sekunde). Mit 1 Pa = 1 N/m² gilt also 1 Pa s = 1 Ns/m². Beziehungen zu anderen Einheiten (Poise P und Zentipoise cP) und zwischen der dynamischen Viskosität η und der kinematischen Viskosität $\nu = \eta/\varrho$ sind:

für die *dynamische Zähigkeit* η das *Poise* (P):

$$1\,\frac{Ns}{m^2} = 10\ \text{P (Poise)} \qquad = 1\,000\ \text{cP (Zentipoise)}$$

$$1\ \text{P} \quad = 0{,}1\,\frac{Ns}{m^2} \qquad\qquad = 100\ \text{cP (Zentipoise)}$$

für die *kinematische Zähigkeit* ν das *Stokes* (St):

$$1\,\frac{m^2}{s} = 10^4\ \text{St (Stokes)}$$

$$1\ \text{St} \quad = 10^{-4}\,\frac{m^2}{s} \qquad = 100\ \text{cSt (Zentistokes)}$$

$$1\ \text{P} \quad = 0{,}1\ \text{Pa}\cdot\text{s} \qquad = 0{,}1\,\frac{N\cdot s}{m^2} = 0{,}1\,\frac{kg}{m\cdot s}$$

$$1\ \text{Pa}\cdot\text{s} = 10\ \text{P} \qquad 1\ \text{cP} = 10^{-3}\,\frac{N\cdot s}{m^2}$$

Umrechnungen °E in cSt

°E	cSt	°E	cSt
1	1	4,5	33,4
1,5	6,25	5	37,4
2	11,8	5,5	41,4
2,5	16,7	6	45,2
3	21,2	6,5	49,0
3,5	25,4	8	60,5
4	29,6	10	76,0

Umrechnung aus Englergraden in $\dfrac{m^2}{s}$:

$$v = (7,32\,E - 6,31/°E)\,10^{-6} \text{ in } \frac{m^2}{s}$$

13.3.4.3. Spezifische Lagerbelastung p. Die spezifische Lagerbelastung p ist die mittlere Flächenpressung, hervorgerufen in der Lagerfläche durch die Lagerkraft F (siehe 13.3.2 und Abschnitt D Festigkeitslehre 2.6.2).

$$p = \frac{F}{b\,d} \leq p_{zul} \qquad \begin{array}{c|c|c} F & b,\,d & p,\,p_{zul} \\ \hline N & m & \dfrac{N}{m^2} \end{array} \qquad (9)$$

Richtwerte für die zulässige spezifische Lagerbelastung p_{zul}:

Lagerwerkstoff	p_{zul} in N/m² ( ) in N/mm²	Längenausdehnungskoeffizient α_L in 1/K = 1/°C	Temperaturgrenze in °C	E-Modul in N/m²
Pb Sn-Lagermetall	$12,5 \cdot 10^6$ (12,5)	$24 \cdot 10^{-6}$	110	$3,1 \cdot 10^{10}$
Cu Sn7 Zn4 Pb7-C	$20 \cdot 10^6$ (20)	$17 \cdot 10^{-6}$	250	$9 \cdot 10^{10}$
Cu Sn12-C	$25 \cdot 10^6$ (25)	$17 \cdot 10^{-6}$	250	$10,5 \cdot 10^{10}$

13.3.4.4 Relative Lagerbreite β. Der Wellendurchmesser d ist aus der vorausgegangenen Festigkeitsberechnung bekannt. Die Lagerbreite b wird aus der *relativen Lagerbreite β* (Bauverhältnis) festgelegt; man wählt $\beta = b/d \approx 0,5 \ldots 1$.
Verhältnisse $b/d < 0,5$ sind ungünstig, da die Seitenströmung zu groß wird und der hydrodynamische Druck sinkt; $b/d > 1$ ist wegen der Gefahr zu großer Kantenpressung zu vermeiden (Bild 17):

$$\beta = \frac{b}{d} = 0,5 \ldots 1 \qquad (10)$$

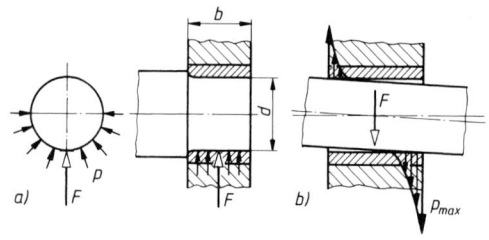

Bild 17. Berechnung der Radiallager

a) Flächenpressung, Bauverhältnis,
b) Kantenpressung

13.3.4.5 Umfangsgeschwindigkeit v des Lagerzapfens

$$v = \pi\,d\,n \qquad \begin{array}{c|c|c} v & d & n \\ \hline \dfrac{m}{s} & m & \dfrac{1}{s} = s^{-1} \end{array} \qquad (11)$$

13.3.4.6 Wärmeabgebende Oberfläche A_G des Lagergehäuses. Durch die Reibung im Lager erhöht sich die Lagertemperatur ϑ_L in Abhängigkeit von der auftretenden Reibleistung P_R nach Gleichung (25). Die wärmeabgebende Oberfläche A_G des Lagergehäuses kann bei der Nachrechnung eines Radialgleitlagers aus der Konstruktionszeichnung entnommen werden, zum Beispiel durch Ausplanimetrieren. Bei Entwurfsrechnungen wird sie aus den Richtwerten für die Oberflächen A_L und A_W ermittelt:

$$A_G = A_L + A_W \qquad \begin{array}{c|c} A_G,\,A_L,\,A_W & b,\,d \\ \hline m^2 & m \end{array} \qquad (12)$$

A_L Wärmeabgebende Oberfläche des Lagers
A_W Wärmeabgebende Oberfläche der Welle

Richtwerte

	A_L	A_W
$d \leq 0,1$ m	$(25 \ldots 20)\,d\,b$	$(15 \ldots 10)\,d^2$
$d > 0,1$ m	$(20 \ldots 15)\,d\,b$	$(10 \ldots 5)\,d^2$

13.3.4.7 Mittleres relatives Betriebslagerspiel ψ_B. Bei der effektiven Schmierstofftemperatur ϑ_{eff} stellt sich das Lagerspiel P_{sB} ein. Als Kenngröße für weitere Rechnungen hat man das mittlere *relative* Lagerspiel ψ_B definiert. Es ist das auf den Lagerdurchmesser d bezogene Lagerspiel:

$$\psi_B = \frac{P_{sB}}{d}$$

ψ_B	P_{sB}, d	v
1	m	$\dfrac{m}{s}$

(13)

Als erste Annahme rechnet man mit der Zahlenwertgleichung nach *Vogelpohl*:

$$\psi_B = 0,8 \sqrt[4]{v} \cdot 10^{-3} \qquad (14)$$

Danach ist ψ_B abhängig von der Umfangsgeschwindigkeit v nach Gleichung (11).
Die bestimmten relativen Betriebslagerspielen entsprechenden Passungen für verschiedene Lagerdurchmesser sind dem Diagramm zu entnehmen:

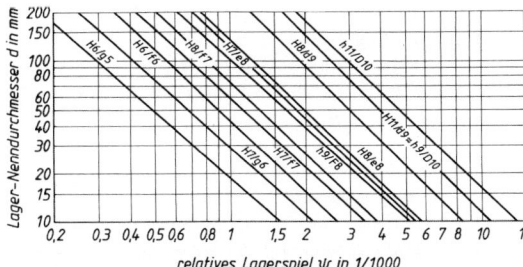

13.3.4.8 Lagerspiel P_{sB} bei Betriebstemperatur

$$P_{sB} = \psi_B \, d \qquad (15)$$

13.3.4.9 Richtungskonstante *m*.
Im Viskosität-Temperatur-Diagramm haben die verschiedenen Schmieröle unterschiedlich geneigte Gerade mit unterschiedlichen *Richtungskonstanten m*. Sie werden als Kenngröße für die Berechnung des Hilfsfaktors W_X nach Gleichung (19) gebraucht.
Richtwerte für ISO-Schmieröle nach DIN 51 519, gültig für den Viskositätsindex VI = 50 und Dichte $\varrho = 900 \, \text{kg/m}^3$ bei 50 °C:

	VG2	VG3	VG5	VG7	VG10
m	3,723	3,941	4,065	4,136	4,084
$\eta \cdot 10^{-3} \frac{\text{Ns}}{\text{m}^2}$	1,67	2,35	3,26	4,63	6,59

	VG15	VG22	VG32	VG46	VG68
m	4,076	4,026	4,064	4,072	4,048
$\eta \cdot 10^{-3} \frac{\text{Ns}}{\text{m}^2}$	9,46	13,5	18,7	25,8	36,7

	VG100	VG150	VG220	VG320
m	3,996	3,920	3,872	3,806
$\eta \cdot 10^{-3} \frac{\text{Ns}}{\text{m}^2}$	51,9	75,2	106	150

	VG460	VG680	VG1000	VG1500
m	3,776	3,735	3,710	3,684
$\eta \cdot 10^{-3} \frac{\text{Ns}}{\text{m}^2}$	208	297	420	606

Ablesebeispiel: Für die Ölsorte ISO-VG 100 DIN 51 519 beträgt die Richtungskonstante $m = 3,996$ und die Viskosität η bei 50 °C:

$$\eta = 51,9 \cdot 10^{-3} \, \frac{\text{Ns}}{\text{m}^2}$$

13.3.4.10 Hilfsfaktor W_M.
Mit der nach 13.3.4.9 ermittelten Viskosität η wird der Hilfsfaktor W_M ermittelt (Zahlenwertgleichung). Er wird in der Zahlenwertgleichung (19) gebraucht. Index M siehe 13.3.4.12.

$$W_M = \lg \lg \left(\frac{\eta}{\varrho} \cdot 10^6 + 0,8 \right) \qquad (16)$$

η siehe Richtwerte für 50 °C in 13.3.4.9
$\varrho = 900 \, \text{kg/m}^3$ (Dichte des Öls bei 50 °C)

13.3.4.11 Sommerfeldkonstante C_{So}.
Mit der nach Gleichung (9) berechneten spezifischen Lagerbelastung p, dem mittleren relativen Lagerspiel ψ_B nach Gleichung (14) und der noch zu berechnenden Winkelgeschwindigkeit ω wird die Sommerfeldkonstante C_{So} ermittelt:

$$\omega = 2 \pi n \qquad (17)$$

$$C_{So} = \frac{p \, \psi_B^2}{\omega} \qquad (18)$$

ω, n	C_{So}	p	ψ_B
$\dfrac{1}{s} = s^{-1}$	$\dfrac{\text{Ns}}{\text{m}^2}$	$\dfrac{\text{N}}{\text{m}^2}$	1

Für die nun folgenden Rechnungen muss eine Betriebstemperatur ϑ_{eff} *angenommen* werden, zum Beispiel $\vartheta_{eff} = 60$ °C. Kommt am Schluss der Rechnung keine annähernde Übereinstimmung zustande, muss die Rechnung von hier ab wiederholt werden, bis sich diese gewünschte Übereinstimmung ergibt (Iteration).

Erster Iterationsschritt:

13.3.4.12 Hilfsfaktor W_X.
Die Gleichung für den Hilfsfaktor W_X ist eine von *Ubbelohde* und *Walther* empirisch ermittelte Zahlenwertgleichung zur Beschreibung des V-T-Verhaltens (Viskosität-Temperatur-Verhalten) des Schmieröls. Der Index M kennzeichnet die gemessene Größe, der Index X die gesuchte Größe.

$$W_X = m \, (\lg T_M - \lg T_X) + W_M \qquad (19)$$

m Richtungskonstante nach 13.3.4.9

$T_M = 50\,°C + 273,15\,K = 323,15\,K$

$T_X = \vartheta_{eff} + 273,15\,K$

   (bei Iterationsbeginn $\vartheta_{eff} \approx 60\,°C$ annehmen)

W_M siehe 13.3.4.10

13.3.4.13 Effektive Viskosität η_{eff} des Öls

$$\eta_{eff} = \varrho \, [10^{(10^{W_x})} - 0,8] \cdot 10^{-6} \qquad (20)$$

$\varrho = 900\ \text{kg/m}^3$

(Dichte des
Öls bei 50 °C)

η_{eff}	ϱ
$\dfrac{Ns}{m^2}$	$\dfrac{kg}{m^3}$

13.3.4.14 Sommerfeldzahl So.
Die Gleichung für die Sommerfeldzahl erfasst insbesondere die Zusammenhänge von Belastung und Reibungsverhalten (siehe auch. 13.3.4.15). Mit der Sommerfeldzahl kann man die Lager dem Schnelllaufbereich ($So \leq 1$) und dem Schwerlastbereich ($So > 1$) zuordnen.

$$So = \frac{C_{So}}{\eta_{eff}} \qquad (21)$$

$$So = \frac{p \, \psi_B^2}{\eta_{eff}\ \omega} = \frac{F \, \psi_B^2}{b \, d \, \eta_{eff}\ \omega} = \frac{F \, \psi_B^2}{2 \, \pi \, n \, b \, d \, \eta_{eff}} \qquad (22)$$

So	C_{So}	η_{eff}	p	ψ_B	ω, n	F	b, d
1	$\dfrac{Ns}{m^2}$	$\dfrac{Ns}{m^2}$	$\dfrac{N}{m^2}$	1	$\dfrac{1}{s}$	N	m

$So \leq 1$ Lager liegt im Schnelllaufbereich
$So > 1$ Lager liegt im Schwerlastbereich

13.3.4.15 Reibzahl μ.
Mit der Sommerfeldzahl So als Kenngröße und mit dem nach Gleichung (13) ermittelten relativen Betriebslagerspiel ψ_B wird die Reibzahl μ berechnet:

$$So \leq 1 \qquad \mu = \frac{k \, \psi_B}{So} \qquad (23)$$

$$So > 1 \qquad \mu = \frac{k \, \psi_B}{\sqrt{So}} \qquad (24)$$

k Gestaltfaktor
k = 3 als Mittelwert (nach *Vogelpohl*) für voll umschlossene Lager

Zur Kontrolle kann der berechnete Wert mit den Werten in der unten stehenden Tabelle verglichen werden.

13.3.4.16 Wärmestrom P_R (Reibleistung).
Im Betriebszustand tritt im Lager Reibung auf (siehe 13.3.2). Die Reibkraft F_R ist das Produkt aus der Lagerkraft F und der Reibzahl μ ($F_R = F \, \mu$), die entsprechende Reibleistung ist das Produkt aus der Reibkraft F_R und der Umfangsgeschwindigkeit v. Diese Reibleistung wird als Wärmestrom P_R bezeichnet:

$$P_R = F \, \mu \, v \qquad (25)$$

$1\ W = 1\ Nm/s = 1\ J/s$

P_R	F	μ	v
W	N	1	$\dfrac{m}{s}$

Erfahrungswerte für Gleitlager-Reibzahlen μ

Lagerart und Schmierung	Werkstoff von Welle	Werkstoff von Lager	mittlere Werte für μ Anlaufreibung	mittlere Werte für μ Mischreibung	mittlere Werte für μ Flüssigkeitsreibung
Radiallager					
Fett		Cu Sn-Leg.	0,12	0,05 … 0,1	–
Öl		Cu Sn-Leg.	0,14	0,02 … 0,1	0,003 … 0,005
Öl		Cu Sn Pb-Leg.	0,24	–	0,002 … 0,003
Öl	Stahl	Pressstoff	0,14	0,01 … 0,03	0,003 … 0,006
Öl		Sintermetall	0,17	–	0,002 … 0,014
trocken		Kunstharzverbund	bei Gleitgeschwindigkeit < 0,1 m/s:		0,05 … 0,1
			0,2 … 6 m/s:		0,1 … 0,16
Axiallager Spurlager					
Fett		Cu Sn-Leg.	0,15	–	–
Öl	Stahl	Cu Sn-Leg.	0,25	0,03	–
Segmentlager					
Öl		Cu Sn-Leg	0,25	–	0,002

13.3.4.17 Lagertemperatur ϑ_L. Die Lagertemperatur ϑ_L entspricht der mittleren Temperatur, die sich im Lager einstellt, wenn der thermische Gleichgewichtszustand erreicht ist, also das Gleichgewicht zwischen entstehender und abgeführter Wärme. Sie ist für den gesamten bisherigen Rechnungsgang die wichtigste Kenngröße, denn sie darf den für Lagerwerkstoff und Schmierstoff zulässigen Wert nicht überschreiten. Geht man davon aus, dass die gesamte entstehende Wärme durch Wärmeübergang (Wärmekonvektion) vom Lagergehäuse an die umgebende Luft übertragen wird, dann gelten die Gesetze des Wärmeübergangs nach Abschnitt F Thermodynamik. An die Stelle des dort eingeführten Wärmeübergangskoeffizienten tritt hier die *Wärmeabfuhrzahl* α (siehe 13.3.4.1). Es gilt dann mit Gleichung (3):

$$P_R = \alpha A_G \left(\vartheta_L - \vartheta_U \right) \tag{26}$$

A_G ist die Wärme abgebende Oberfläche des Lagergehäuses nach 13.3.4.6, ϑ_L die Lagertemperatur und ϑ_U die Temperatur der umgebenden Luft. Gleichung (26) wird nach ϑ_L aufgelöst:

$$\vartheta_L = \vartheta_U + \frac{P_R}{\alpha \, A_G} \tag{27}$$

ϑ_L, ϑ_U	P_R	A_G	α
°C	W	m²	$\dfrac{W}{m^2\,°C}$

Die Umgebungstemperatur wird mit $\vartheta_U = 20\ °C$ angenommen, die Wärmeabfuhrzahl mit $\alpha = 20\ W/(m^2\ °C)$. Diese Annahme gilt für eine Luftgeschwindigkeit $w_{Luft} = 1{,}2$ m/s (Windstärke null). Für andere Luftgeschwindigkeiten kann nach Tabelle 2 im Abschnitt F Thermodynamik vorgegangen werden.

13.3.4.18 Temperaturvergleich. Den Rechnungen ab 13.3.4.12 liegt die Annahme zugrunde, dass der Schmierstoff eine effektive Temperatur von $\vartheta_{eff} = 60\ °C$ annimmt (siehe Gleichung (19)). Folglich muss nun die nach Gleichung (27) berechnete Lagertemperatur ϑ_L mit ϑ_{eff} verglichen werden, weil es nur bei annähernder Übereinstimmung beider Werte sinnvoll ist, die Rechnung weiterzuführen. Sonst ist die Rechnung ab 13.3.4.12 mit dem *zweiten Iterationsschritt* zu wiederholen (siehe Berechnungsbeispiel 13.3.9). Die Rechnung kann erst dann nach 13.3.4.20 fortgesetzt werden, wenn der Betrag der

Temperaturdifferenz

$$\Delta\vartheta = |\ \vartheta_L - \vartheta_{eff}\ | \leq 2\ °C \tag{28}$$

ist. Ist die Temperaturdifferenz $\Delta\vartheta$ größer als 2 °C, muss vor Iterationsbeginn nach Gleichung (28) die neue effektive Schmierstofftemperatur $\vartheta_{eff,\ neu}$ ermittelt werden (siehe Berechnungsbeispiel 13.3.9).

13.3.4.19 Neue effektive Schmierstofftemperatur ϑ_{eff} Man berechnet die neue effektive Schmierstofftemperatur $\vartheta_{eff,\ neu}$ als arithmetisches Mittel aus der zu Beginn des ersten Iterationsschritts angenommenen effektiven Schmierstofftemperatur $\vartheta_{eff} = \vartheta_{eff,\ alt}$ und der mit Gleichung (27) ermittelten Lagertemperatur ϑ_L:

$$\vartheta_{eff,\ neu} = \frac{\vartheta_{eff,\ alt} + \vartheta_L}{2} \tag{29}$$

Mit $\vartheta_{eff,\ neu}$ ist die Iteration ab 13.3.4.12 aufzunehmen, bis die Bedingung

$$\Delta\vartheta = |\ \vartheta_L - \vartheta_{eff,\ neu}\ | \leq 2\ °C \text{ erfüllt ist.}$$

13.3.4.20 Kleinste Spalthöhe h_0 (Schmierspalthöhe). Die kleinste Spalthöhe (kleinste Schmierschichtdicke) wird nach empirischem Gleichungen in Abhängigkeit von der Sommerfeldzahl nach 13.3.4.14 ermittelt:

für $So \leq 1$:

$$h_0 = \frac{P_{sB}}{2} \left[1 - \frac{So}{2} \cdot \frac{1+\beta}{2\,\beta} \right] > h_{0\ min} \tag{30}$$

für $So > 1$:

$$h_0 = \frac{P_{sB}}{4\ So} \cdot \frac{2\,\beta}{1+\beta} > h_{0\ min} \tag{31}$$

h_0, P_{sB}	β, So
m	1

Die rechnerisch ermittelte kleinste Spalthöhe h_0 soll größer sein als ein bestimmter *Grenzrichtwert* $h_{0\ min}$ und mindestens gleich der Summe der Oberflächenrautiefen R_{tW} und R_{tL} für Welle und Lager ($h_0 \geq R_{tW} + R_{tL}$). Siehe dazu Beispiel 2 in 13.3.9. *Grenzrichtwerte* $h_{0\ zul}$ in $\mu m = 10^{-6}$ m in Abhängigkeit vom Wellendurchmesser d und von der Umfangsgeschwindigkeit v des Lagerzapfens:

d in mm	v in m/s			
	≤ 1	$> 1 \ldots 3$	$> 3 \ldots 10$	$> 10 \ldots 30$
20 ... 60	3	4	5	7
> 60 ... 160	4	5	7	10
>160 ... 400	6	7	10	13

13.3.4.21 Erforderlicher Schmierstoffdurchsatz $\dot{V}_s$. Nach 13.3.2 wird durch die Relativbewegung zwischen Welle und Lager der Schmierstoff unter Druckaufbau durch den Schmierspalt gepresst. Der Durchsatzquerschnitt ist das Produkt aus Lagerbreite b und kleinster Schmierspalthöhe h_0 (Rechteckquerschnitt $b\ h_0$). Überschlägig ist dann:

$$\dot{V}_s = \varphi\, h_0\, b\, v \qquad (32)$$

φ Durchsatzfaktor

$\varphi \approx 0{,}75$ einsetzen

$\dot{V}_s$	h_0, b	v	φ
$\dfrac{m^3}{s}$	m	$\dfrac{m}{s}$	1

13.3.4.22 Erforderlicher Kühlöldurchsatz $\dot{V}_k$.

Bei schnelllaufenden, hoch belasteten Lagern können sich Lagertemperaturen $\vartheta_L \geq 80\ °C$ ergeben. Dann ist zusätzliche Kühlung erforderlich, zum Beispiel durch Umlaufschmierung. Vernachlässigt man in diesen Fällen die Wärmeabgabe durch das Lagergehäuse, wird der thermische Gleichgewichtszustand durch die Gleichung beschrieben:

entstehende Wärme = abzuführende Wärme
(Wärmestrom P_R)

$$P_R = \dot{V}_k\, \varrho_{Öl}\, c_{Öl}\, (\vartheta_2 - \vartheta_1) \qquad (33)$$

$\dot{V}_k$ Kühldurchsatz; $\varrho_{Öl}$ Dichte des Öls; $c_{Öl}$ spezifische Wärmekapazität des Öls (siehe auch Abschnitt F Thermodynamik 1.6); ϑ_1, ϑ_2 Ein- und Austrittstemperatur des Öls.
Das Produkt $\dot{V}_k\, \varrho_{Öl}$ ist der Massendurchsatz $\dot{m}_{Öl}$. Der Punkt über dem Formelzeichen für die physikalische Größe bedeutet, dass es sich um die zeitbezogene Größe handelt, also $\dot{V}_k$ in m³/s und $\dot{m}_{Öl}$ in kg/s. Gleichung (33) kann nun nach dem Kühlöldurchsatz $\dot{V}_k$ aufgelöst werden:

$$\dot{V}_k = \frac{P_R}{c_{Öl}\, \varrho_{Öl}\, (\vartheta_2 - \vartheta_1)} \qquad (34)$$

$$\vartheta_2 - \vartheta_1 = 15\ °C$$

Beachte: 1 K = 1 °C

$\dot{V}_k$	P_R	$c_{Öl}$	$\varrho_{Öl}$	ϑ_1, ϑ_2
$\dfrac{m^3}{s}$	$W = \dfrac{Nm}{s} = \dfrac{J}{s}$	$\dfrac{J}{kg\ K}$	$\dfrac{kg}{m^3}$	°C

Die Temperaturdifferenz $\Delta\vartheta = \vartheta_2 - \vartheta_1$ soll 15 °C nicht überschreiten, um Viskositätsänderungen des Schmierstoffs in Grenzen zu halten. Die spezifische Wärmekapazität des Öls kann den Tabellen im Abschnitt F Thermodynamik entnommen werden, zum Beispiel ist für Maschinenöl $c_{Öl} = 1\,675$ J/(kg K), die Dichte des Öls kann mit $\varrho_{Öl} = 900$ kg/m³ angesetzt werden.

13.3.4.23 Übergangsdrehzahl $n_ü$ *(nach Vogelpohl)*

$$n_ü = 10^{-7}\, \frac{F}{\eta_{eff}\, V} \qquad (35)$$

η_{eff} nach 13.2.4.13

$V = \pi\, d^2\, b/4$
(Lagerzapfenvolumen)

$n_ü$	F	η_{eff}	V
min^{-1}	N	$\dfrac{Ns}{m^2}$	m^3

Bei $n_ü$ geht Flüssigkeitsreibung in Mischreibung über. Die Betriebsdrehzahl n soll mindestens zwei- bis dreimal größer sein als die Übergangsdrehzahl: $n = (2 \ldots 3)\, n_ü$.

13.3.4.24 Hertz'sche Pressung p_0.

Wird das Lager auch im Stillstand mit der Lagerkraft F belastet, dann ist die Hertz'sche Pressung p_0 (Walze gegen Walze) zu bestimmen und mit p_{zul} für den Lagerwerkstoff nach 13.3.4.3 zu vergleichen. Näherungsweise gilt:

$$p_0 = 0{,}591\, \sqrt{E\, p\, \psi_B} \qquad (36)$$

p nach 13.3.4.3
ψ_B nach 13.3.4.7

$$E = \frac{2\, E_L\, E_W}{E_L + E_W}$$

E_L, E_W Elastizitätsmodul von Lagerwerkstoff (nach 13.3.4.3) und Wellenwerkstoff (bei Stahl $E_W = 21 \cdot 10^{10}$ N/m²)

Der maximale Flüssigkeitsdruck kann das Zwei- bis vierfache der mittleren Flächenpressung p_m betragen (örtlich bis zum Zehnfachen).

13.3.5 Berechnung der Axial-Gleitlager

13.3.5.1 Voll-Spurlager, Ring-Spurlager.

Beim *Voll-Spurlager* mit ebener Spurplatte ist die Pressung beim Lauf hyperbolisch über der Spurfläche (Vollkreis) verteilt. Durch die in der Mitte theoretisch unendlich große Pressung tritt hier starker Verschleiß auf, der beim Ring-Spurlager durch eine zentrische Aussparung vermieden wird (Bild 18).
Diese Lager haben praktisch nur geringe Bedeutung. Anwendung bei kleinen Dreh- oder Pendelbewegungen oder bei mittleren Drehzahlen und geringen Belastungen, Schwimmreibung ist wegen fehlender Anstellflächen nicht erreichbar.

Tabelle 22. Spiel- und Toleranzberechnungen

Spieländerung ΔP_S durch Wärmedehnung im Betrieb (nach *Gersdorfer*)	$\Delta P_S = d \left(\alpha_W \, \Delta \vartheta_W - \dfrac{A_L \, E_L \, \alpha_L + A_G \, E_G \, \alpha_G \, \Delta \vartheta_G}{A_L \, E_L + A_G \, E_G} \right)$

$$
\begin{array}{c|c|c|c|c|c}
\Delta P_S & d & \alpha & \Delta \vartheta & A & E \\
\hline
\text{mm} & \text{mm} & \dfrac{1}{°C} & °C & \text{mm}^2 & \dfrac{N}{\text{mm}^2}
\end{array}
$$

d Wellendurchmesser; α_W, α_L, α_G Längenausdehnungs-Koeffizienten von Wellen, Lager- und Gehäusewerkstoff; $\Delta \vartheta_W = \Delta \vartheta_L = \vartheta_B - \vartheta_O$ mit mittlerer Betriebstemperatur des Lagers ϑ_B und Umgebungstemperatur ϑ_O; $\Delta \vartheta_G = \vartheta_G - \vartheta_O$ mit angenommener Gehäusetemperatur ϑ_G; A_L, A_G Querschnittsfläche von Lagerbuchse(-schale) und Gehäusewandung; E_L, E_G die entsprechenden Elastizitätsmoduln.

Einbauspiel P_{SE}	$P_{SE} = P_{SB} + \Delta P_S$ P_{SB} Lagerspiel bei Betriebstemperatur im Lager
mittleres Einbauspiel $P_{SE\,mittel}$	$P_{SE\,mittel} = \dfrac{P_{SE\,gr} + P_{SE\,kl}}{2}$ $P_{SE\,gr}$ größtes Einbauspiel $P_{SE\,kl}$ kleinstes Einbauspiel $P_{SE\,gr}$ und $P_{SE\,kl}$ nach dem Festlegen der Passung aus 13.1.8 $P_{SE\,mittel}$ muss etwa gleich P_{SE} werden

mittleres relatives Einbauspiel $\psi_{E\,mittel}$	$\psi_{E\,mittel} = \dfrac{P_{SE\,mittel}}{d}$	$\begin{array}{c\|c\|c} \psi & P_{SE} & d \\ \hline 1 & \text{mm} & \text{mm} \end{array}$

Richtwerte für das mittlere relative Einbauspiel für einige Lagerwerkstoffe

Pb Sn-Leg.	$(0{,}4 \dots 1)$	$\cdot 10^{-3}$	
Cu Pb-Leg. [1]	$(2 \dots 3)$	$\cdot 10^{-3}$	größere Werte für größere Durchmesser
Al-Leg. [1]	$(1{,}5 \dots 1{,}7)$	$\cdot 10^{-3}$	
Sintermetall	$(1{,}5 \dots 1{,}7)$	$\cdot 10^{-3}$	
Kunststoff	$(3 \dots 4)$	$\cdot 10^{-3}$	[1] Schleuderguss
Gusseisen	$(1 \dots 2)$	$\cdot 10^{-3}$	

größtes und kleinstes Betriebsspiel P_{SB}	$P_{SB\,gr} = P_{SE\,gr} - \Delta P_S$ alle Maße in mm oder in μm $P_{SB\,kl} = P_{SE\,kl} - \Delta P_S$

Richtwerte R_{tW} und R_{tL} (größere Werte für größere Durchmesser)

feingedreht	$2 \dots 10 \ \mu m$	feinstgeschliffen	$0{,}15 \dots 0{,}6 \ \mu m$
feinstgedreht	$1 \dots 3 \ \mu m$	feinstgerieben	$0{,}4 \dots 1 \ \mu m$
geschliffen	$4 \dots 10 \ \mu m$	geläppt	$0{,}3 \dots 0{,}6 \ \mu m$
feingerieben	$1 \dots 3 \ \mu m$	poliert	$0{,}08 \dots 0{,}25 \ \mu m$

R_{tW}, R_{tL} Rautiefe von Welle und Lagerbuchse oder -schale

relatives Betriebsspiel ψ_B	$\psi_{B\,gr} = \dfrac{1}{d} \, [P_{SE\,mess\,gr} - \Delta P_S + (R_{tW} + R_{tL})]$ alle Maße in mm $\psi_{B\,kl} = \dfrac{1}{d} \, [P_{SE\,mess\,kl} - \Delta P_S + (R_{tW} + R_{tL})]$
messbares Einbauspiel $P_{SE\,mess}$ (weil P_{SE} auf Mitten der Rautiefen bezogen ist)	$P_{SE\,mess\,gr} = P_{SE\,gr} - (R_{tW} + R_{tL})$ alle Maße in mm $P_{SE\,mess\,kl} = P_{SE\,kl} - (R_{tW} + R_{tL})$

Anmerkung: Das Fertigungsspiel wird durch Presssitz der Lagerbuchse verringert. Richtwert: Verkleinerung des Bohrungsdurchmessers ca. 70 % des Passungsübermaßes.

Berechnung der *Flächenpressung*:

$$p_{\mathrm{m}} = \frac{F_{\mathrm{a}}}{\frac{\pi}{4}(D^2 - d^2)} \leq p_{\mathrm{m\,zul}} \qquad (37)$$

p_{m}	F_{a}	D, d
$\dfrac{\mathrm{N}}{\mathrm{mm}^2}$	N	mm

F_{a} Axialkraft; D Außen-, d Innendurchmesser der Ringspurplatte; man wählt Bauverhältnis: $d/D \approx 0{,}5 \ldots 0{,}6$. $p_{\mathrm{m\,zul}}$ nach Tabelle 23.

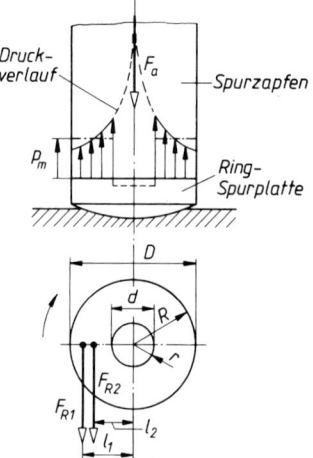

Bild 18. Berechnung des Ring-Spurlagers

Tabelle 23. Richtwerte für die zulässige mittlere Flächenpressung $p_{\mathrm{m\,zul}}$ bei kleinen Gleitgeschwindigkeiten

Werkstoff für		$p_{\mathrm{m\,zul}}$-Werte N/mm^2
Welle	Lager	
Stahl gehärtet	Stahl gehärtet	15
	Cu Sn-Leg.	10
	Gusseisen	8
E295, E335, Stahlguss	Cu Sn-Leg.	8
Stahl ungehärtet	Gusseisen	5
	Sintermetall	3
	Cu Sn-Leg.	3
	Kunststoff	2,5

Beim ruhenden Zapfen ist die Flächenpressung gleichmäßig verteilt; Reibkraft F_{R1} greift im Schwerpunkt der Ringfläche an, beim drehenden Zapfen verschiebt sich der Angriffspunkt der Reibkraft F_{R2} zur Mitte der Ringfläche ($l_2 = (D + d)/4$).

13.3.5.2 Segment-Spurlager. Durch Aufteilung der Ringfläche in Segmente mit „angestellten" Flächen wird Schwimmreibung ermöglicht. Druckverlauf über den Segmentflächen zeigt Bild 19.

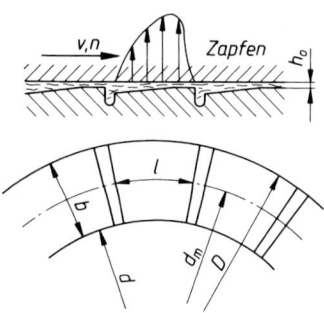

Bild 19. Berechnung des Segment-Spurlagers

Nach *Schiebel* ergibt sich die *Tragkraft* bei Flüssigkeitsreibung

$$F_{\mathrm{a}} \approx 16 \cdot 10^{-4}\, d_{\mathrm{m}}\, b^2\, n\, \eta \qquad (38)$$

F_{a}	d_{m}, b	n	η
N	mm	min^{-1}	P

d_{m} mittlerer Spurflächendurchmesser; b Spurflächenbreite, es soll sein $b \approx 0{,}3\, d_{\mathrm{m}}$; n Drehzahl; η Ölviskosität.

13.3.6 Schmierung der Gleitlager

13.3.6.1 Schmierungsarten

Ölschmierung: Vorherrschend bei kleinen bis höchsten Drehzahlen und Belastungen. Geschmiert wird vorwiegend mit Mineralölen. Zusätze von Molybdänsulfid oder auch Graphit verbessern die Schmiereigenschaften durch Erhöhung der Haftfähigkeit und Glättung der Gleitflächen.
Fettschmierung: Vorwiegend bei kleinen Drehzahlen und Pendelbewegungen, stoßartigen Belastungen oder wenn Schwimmreibung nicht erreichbar ist, zum Beispiel bei einfachen Lagerungen von Pressen, Hebezeugen, Landmaschinen, bei Gelenken und Führungen. Verwendet werden Gleitlagerfette.
Wasserschmierung hat sich bei Holz-, Kunststoff- und Gummilagern (Walzenlagern, Pumpenlagern) bewährt.
Trockenschmierung mit Trockenschmiermitteln wie Molybdänsulfid oder Graphit wird bei hohen Temperaturen, zur Notlauf- und einmaliger Schmierung verwendet, zum Beispiel bei langsam laufenden, schwer oder nicht zugänglichen Lagern, Gelenken, Führungen.

13.3.6.2 Schmierverfahren, Schmiervorrichtungen

Durchlaufschmierung: Das Schmiermittel durchläuft die Gleitstelle nur einmal und wird meist nicht wieder verwendet. Anwendung nur bei gering beanspruchten, einfachen Lagern (Haushalts-, Büromaschinen) oder wo andere Schmierung nicht möglich ist (schwingende Lagerstellen, Gelenke).

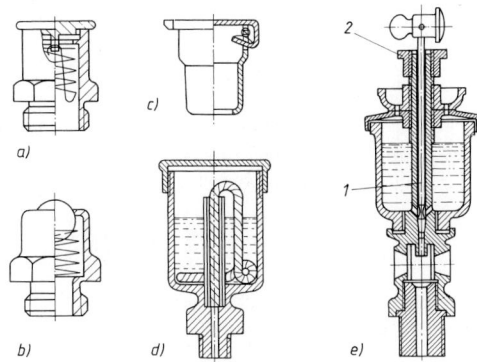

Bild 20. Öl-Schmiervorrichtungen

a) Einschraub-Deckelöler

b) Einschraub-Kugelöler

c) Einschlag-Klappdeckelöler

d) Dochtöler

e) Tropföler

13.3.8 Gestaltung der Gleitlager

13.3.8.1 Lagerbuchsen, Lagerschalen. Lagerwerkstoff ist meist als Buchsen oder Schalen im Gehäuse untergebracht. Buchsen (Bild 21a) werden in ungeteilte Lagergehäuse eingepresst; Abmessungen: $d_1 \approx 1,1 \ d + 5$ mm; Passungen: Außendurchmesser r 6, Gehäusebohrung H7, genormte Lagerschalen siehe DIN 1850.

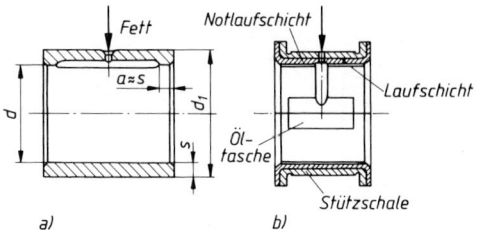

Bild 21. Lagerbuchsen, Lagerschalen

a) Buchse für Fettschmierung

b) Dreistoff-Lagerschale

Vorrichtungen: Offene Öllöcher oder Öler verschiedener Ausführungen, DIN 3410 für Handschmierung. Selbsttätige Schmierung durch Tropföler mit sichtbarer, regulierbarer Ölabgabe (Bild 20), ferner durch Dochtöler mit tropfenweiser Ölabgabe. Fettschmierung von Hand durch Staufferbüchse oder Schmierköpfe oder selbsttätig durch Fettbüchse, bei der eine federbelastete Scheibe das Fett nachdrückt.

Umlaufschmierung: Gebräuchlichste Schmierverfahren für Gleitlager aller Art. Ständiger Umlauf des gleichen Öls durch Förderorgan. Vorwiegend wird Ringschmierung bei Steh- und Flanschlagern mit waagerechten Wellen verwendet: feste mit Welle umlaufende Schmierringe bei höheren Drehzahlen und größeren Lagern (Bild 22) oder lose Schmierringe bei kleineren Drehzahlen.

Bei *Tauchschmierung* tauchen zu schmierende Teile in Öl ein, z. B. bei Kurbellagern in Kurbelgehäusen oder Zahnradgetrieben.

Umlaufschmierung durch Pumpe ist am sichersten und leistungsfähigsten; Anwendung bei hoch belasteten Lagern von Turbinen, Generatoren, Werkzeugmaschinen, auch als Zentralschmierung für ganze Maschinen.

Das Schmiermittel ist immer der unbelasteten Lagerhälfte zuzuführen.

13.3.7 Lagerdichtungen

Dichtungen bei Gleitlagern vorwiegend gegen Austreten von Öl; häufig genügen Ölfangrillen an den Lagerenden (Bild 22), sonst werden die unter 13.2.8 beschriebenen Dichtungen verwendet.

Lagerschalen werden in Bohrungen geteilter Gehäuse eingelegt. Ausführung meist als Verbundlager, d. h. Zweistoff- oder Dreistofflager, zum Beispiel Dreistofflager (Bild 21b) mit Stützschale aus Stahl, Notlaufschicht aus PbSn-Leg. und Laufschicht aus Blei-Zinn-Lagermetall.

13.3.8.2 Ausführungsbeispiele für Radiallager.

Für einfache Lagerungen genügen Augenlager, DIN 504, oder Flanschlager, DIN 502, mit oder ohne Buchse, meist für Fettschmierung vorgesehen.

Ein starres Stehlager mit Ringschmierung durch festen Schmierring zeigt Bild 22. Öl wird durch den mit der Welle umlaufenden Schmierung (1) durch Ölabstreifer (2) in Seitenräume (3) gefördert und tritt durch Löcher (4) zwischen die Gleitflächen. Seitlich austretendes Öl wird durch Ölfangrillen (5) abgefangen und in den Vorratsraum zurückgeführt.

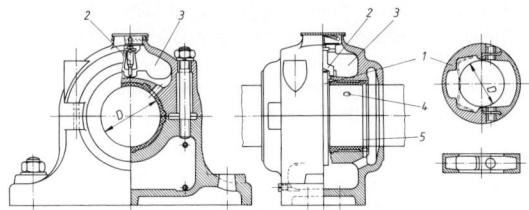

Bild 22. Starres Stehlager mit festem Schmierring

Zum Ausgleich von Fluchtfehlern und zur Vermeidung von Kantenpressungen (Transmissionen) werden Pendellager verwendet, bei denen die Lagerschalen pendelnd im Lagergehäuse angebracht sind.

Die Forderung nach geringstem, ein- und nachstellbarem Lagerspiel ist durch Mehrgleitflächenlager (MF-Lager) zu erfüllen. Das MGF-Lager nach Malcus (Bild 23) hat vier durch einen elastischen Ring verbundene Gleitklötze (1) mit Anstellflächen. Ein- und Nachstellen durch Schrauben (2). Umlaufschmierung durch Pumpe; Öleintritt bei (3), Ölaustritt bei (4). Schmierkeile halten eine Welle auch bei richtungsveränderlichen Lagerkräften in zentrischer Lage.

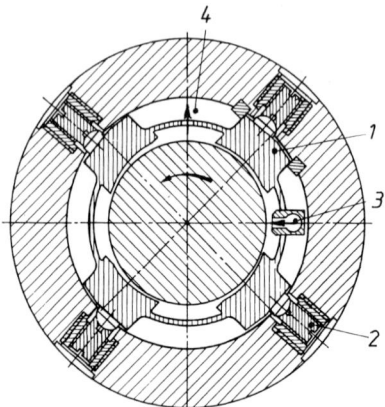

Bild 23. Mehrgleitflächenlager nach Malcus

13.3.8.3 Ausführungsbeispiele für Axiallager.

Ring-Spurlager, im Prinzip nach Bild 18, haben wegen fehlender Anstellflächen praktisch keine große Bedeutung. Anwendung nur bei kleinen Drehzahlen oder Schwenkbewegungen, zum Beispiel bei Säulen kleiner Wanddrehkrane. Für höhere Drehzahlen und Belastungen kommen Segmentlager infrage. Einen einbaufertigen Axial-Druckring aus (Caro-)Bronze zeigt Bild 24. Hydrodynamisch wirksame, feinkopierte Keilflächen (2) ermöglichen Schwimmreibung; Öl tritt in Nuten (1) ein, Rastflächen (3) stützen die Welle bei Stillstand ab.

Einbaubeispiel bei senkrechter Welle zeigt Bild 25a, Ölzufuhr bei (1) über Ringnut (2) durch Hohlschrauben (3). Einbau eines doppelseitigen Axial-Druckrings bei waagerechter Welle nach Bild 25b; Druckring (1) sitzt zwischen den mit der Welle fest verbundenen Stahl-Laufringen (2), die durch Distanzring (3) auf Abstand gehalten werden.

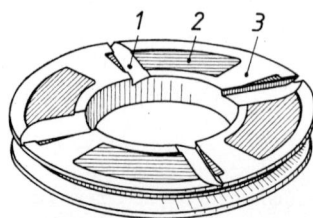

Bild 24. Axial-Druckrichtung für eine Drehrichtung

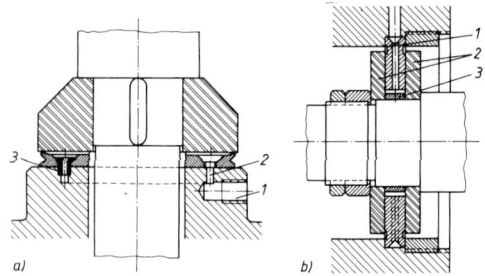

Bild 25. Einbau von Axial-Druckringen
a) bei senkrechter
b) bei waagerechter Welle

13.3.9 Berechnungsbeispiele für ein Radialgleitlager

■ **Beispiel 1:**
Mit den gegebenen Größen ist die Entwurfsberechnung nach 13.3.4 durchzuführen.

Gegeben:

Lagerkraft	F	= 190 000 N
Lagerdurchmesser	d	= 0,38 m
Lagerbreite	b	= 0,3 m
Wellendrehzahl	n	= 3 s^{-1} = 180 min^{-1}
Umgebungstemperatur	ϑ_U	= 20 °C

$$\text{Wärmeabfuhrzahl} \quad \alpha = 20\,\frac{\text{W}}{\text{m}^2\text{K}} = 20\,\frac{\text{Nm}}{\text{s m}^2\text{K}}$$

Werkstoffpaarung: Stahl/Lg Pb Sn nach 13.3.4.3.

Ölsorte: ISO VG 100 DIN 51 519, mit VI = 50 nach 13.3.4.9.

Lösung:

1. Spezifische Lagerbelastung p

$$p = \frac{F}{b\,d} \le p_{zul} \quad F, b, d \text{ und } p_{zul} \text{ sind gegebene Größen}$$

$$p = \frac{190\,000\ \text{N}}{0,3\ \text{m} \cdot 0,38\ \text{m}} = 1,67 \cdot 10^6\,\frac{\text{N}}{\text{m}^2} < p_{zul} = 12,5 \cdot 10^6\,\frac{\text{N}}{\text{m}^2}$$

2. Relative Lagerbreite β

$$\beta = \frac{b}{d} = \frac{0,3\ \text{m}}{0,38\ \text{m}} = 0,789 \approx 0,8$$

3. Umfangsgeschwindigkeit v

$$v = \pi\,d\,n = \pi \cdot 0,38\ \text{m} \cdot 3\,\frac{1}{\text{s}} = 3,58\,\frac{\text{m}}{\text{s}}$$

4. Wärme abgebende Lageroberfläche A_G

$$A_G = A_L + A_W \qquad A_L = 20\,d\,b \text{ gewählt}$$

$$A_G = 3,724\ \text{m}^2 \qquad A_W = 10\,d^2 \text{ gewählt}$$

5. Relatives Lagerspiel ψ_B

$$\psi_B = 0,8 \cdot \sqrt[4]{v} \cdot 10^{-3} = 0,8 \cdot \sqrt[4]{3,58} \cdot 10^{-3} = 0,0011$$

$$\psi_B = 1,1 \cdot 10^{-3}$$

6. *Lagerspiel P_{sB}*

$$P_{sB} = \psi_B\, d = 1,1 \cdot 10^{-3} \cdot 0,38 \text{ m} =$$
$$= 0,418 \cdot 10^{-3} \text{ m} = 0,418 \text{ mm}$$

7. *Richtungskonstante m*

$$m = 3,996$$

8. *Hilfsfaktor W_M*

$$W_M = \lg \lg\left(\frac{\eta_M}{\varrho} \cdot 10^6 + 0,8\right)$$

$$W_M = 0,2472$$

$$\eta_M = 51,9 \cdot 10^{-3}\, \frac{\text{Ns}}{\text{m}^2}$$

$$\varrho = 900\, \frac{\text{kg}}{\text{m}^3}$$

9. *Sommerfeldkonstante C_{So}*

$$C_{So} = \frac{p\,\psi_B^2}{\omega} = \frac{1,67 \cdot 10^6\, \frac{\text{N}}{\text{m}^2} \cdot (1,1 \cdot 10^{-3})^2}{18,85\, \frac{1}{\text{s}}} = 0,107\, \frac{\text{Ns}}{\text{m}^2}$$

Erster Iterationsschritt:

10. *Hilfsfaktor W_x mit $\vartheta_{eff} = 60$ °C*

$$W_x = m\,(\lg T_M - \lg T_x) + W_M$$
$$W_x = 3,996\,(\lg 323,15 - \lg 333,15) + 0,2472$$
$$W_x = 0,1943$$

$$m = 3,996$$
$$T_M = 50 \text{ °C} + 273,15 \text{ K} = 323,15 \text{K}$$
$$T_x = \vartheta_{eff} + 273,15 \text{ K} = 60 \text{ °C} + 273,15 \text{ K}$$
$$T_x = 333,15 \text{ K}$$
$$W_M = 0,2472$$

11. *Effektive Viskosität η_{eff}*

$$\eta_{eff} = \varrho\,[10^{(10^{W_x})} - 0,8] \cdot 10^{-6} \qquad \varrho = 900\, \frac{\text{kg}}{\text{m}^3} \qquad W_x = 0,1943$$

$$\eta_{eff} = 900 \cdot [10^{(10^{0,1943})} - 0,8] \cdot 10^{-6}$$

$$\eta_{eff} = 32,3 \cdot 10^{-3}\, \frac{\text{Ns}}{\text{m}^2}$$

12. *Sommerfeldzahl So*

$$So = \frac{C_{So}}{\eta_{eff}} = \frac{0,107\, \frac{\text{Ns}}{\text{m}^2}}{32,3 \cdot 10^{-3}\, \frac{\text{Ns}}{\text{m}^2}} = 3,3 > 1$$

13. *Reibzahl μ*

$$\mu = \frac{k\,\psi_B}{\sqrt{So}} = \frac{3 \cdot 1,1 \cdot 10^{-3}}{\sqrt{3,3}} = 1,8 \cdot 10^{-3}$$

$$k = 3 \text{ angenommen}$$

14. *Wärmestrom (Reibleistung) P_R*

$$P_R = F\,\mu\,v = 190\,000 \text{ N} \cdot 1,8 \cdot 10^{-3} \cdot 3,58\, \frac{\text{m}}{\text{s}} =$$

$$= 1\,224\, \frac{\text{Nm}}{\text{s}} = 1\,224 \text{ W}$$

15. *Lagertemperatur ϑ_L*

$$\vartheta_L = \vartheta_U + \frac{P_R}{\alpha\,A_G}\,; \quad \vartheta_U = 20 \text{ °C (gegeben)}\,; \quad \alpha = 20\, \frac{\text{Nm}}{\text{sm}^2\text{K}} \text{ (gegeben)}$$

$$\vartheta_L = 20 \text{ °C} + \frac{1\,224\, \frac{\text{Nm}}{\text{s}}}{20\, \frac{\text{Nm}}{\text{sm}^2\text{K}} \cdot 3,724 \text{ m}^2}$$

Der Betrag der Temperaturdifferenz | $\vartheta_L - \vartheta_{eff}$ | wird also
| $\Delta\vartheta$ | = | 36,4 °C − 60 °C | = 23,6 °C $\gg$ 2 °C,
das heißt, es muss mit einer neuen effektiven Lagertemperatur ϑ_{eff} gerechnet werden.

16. *Neue effektive Lagertemperatur ϑ_{eff}*

$$\vartheta_{eff\,neu} = \frac{\vartheta_{eff\,alt} + \vartheta_L}{2} = \frac{60 \text{ °C} + 36,4 \text{ °C}}{2} =$$
$$= 48,2 \text{ °C}$$

Zweiter Iterationsschritt:

Hilfsfaktor W_x mit $\vartheta_{eff} = 48,2$ °C

$$W_x = m\,(\lg T_M - \lg T_x) + W_M$$
$$W_x = 3,996 \cdot [\lg 323,15 - \lg (48,2 + 273,15)] + 0,2472$$
$$W_x = 0,257$$

Effektive Viskosität η_{eff}

$$\eta_{eff} = \varrho\,[10^{(10^{W_x})} - 0,8] \cdot 10^{-6}$$

$$\eta_{eff} = 900 \cdot [10^{(10^{0,257})} - 0,8] \cdot 10^{-6} =$$

$$= 57 \cdot 10^{-3}\, \frac{\text{Ns}}{\text{m}^2} \quad \text{(vorher } 32,3 \cdot 10^{-3}\, \frac{\text{Ns}}{\text{m}^2}\text{)}$$

Sommerfeldzahl So

$$So = \frac{C_{So}}{\eta_{eff}} = \frac{0,107\, \frac{\text{Ns}}{\text{m}^2}}{57 \cdot 10^{-3}\, \frac{\text{Ns}}{\text{m}^2}} = 1,88 > 1 \quad \text{(vorher 3,3)}$$

Reibzahl μ

$$\mu = \frac{k\,\psi_B}{\sqrt{So}} = \frac{3 \cdot 1,1 \cdot 10^{-3}}{\sqrt{1,88}} = 2,4 \cdot 10^{-3} \quad \text{(vorher } 1,8 \cdot 10^{-3}\text{)}$$

Wärmestrom (Reibleistung) P_R

$$P_R = F\,\mu\,v = 190\,000 \text{ N} \cdot 2,4 \cdot 10^{-3} \cdot 3,58\, \frac{\text{m}}{\text{s}} =$$

$$= 1\,632\, \frac{\text{Nm}}{\text{s}} = 1\,632 \text{ W}$$

Lagertemperatur ϑ_L

$$\vartheta_L = \vartheta_U + \frac{P_R}{\alpha\,A_G} =$$

$$= 20 \text{ °C} + \frac{1632\, \frac{\text{Nm}}{\text{s}}}{20\, \frac{\text{Nm}}{\text{sm}^2\text{K}} \cdot 3,724 \text{ m}^2} = 42 \text{ °C}$$

Der Betrag der Temperaturdifferenzen
| $\Delta\vartheta$ | = | $\vartheta_L - \vartheta_{eff}$ | wird jetzt
| $\Delta\vartheta$ | = | 42 °C − 48,2 °C | = 6,2 °C.

Diese Temperaturdifferenz liegt noch über 2 °C, also muss noch einmal gerechnet werden.

Der dritte Iterationsschritt ergibt die folgenden Größen:

Hilfsfaktor W_x = 0,2737 mit ϑ_{eff} = 45,1 °C
Effektive Viskosität η_{eff} = 67,2 · 10⁻³ Ns/m²
Sommerfeldzahl *So*   = 1,59 > 1
Reibzahl μ = 2,6 · 10⁻³
Reibleistung P_R = 1 780 W
Lagertemperatur ϑ_L = 43,9 °C ≈ 44 °C
Temperaturdifferenz | $\Delta\vartheta$ | = 1,2 °C
Anmerkung: Das Lager läuft im Schwerlastbereich (*So* > 1). Die Rechnung kann nun weitergeführt werden:

Kleinste Schmierspalthöhe h_0

$$h_{0\,(So>1)} = \frac{P_{sB}}{4\,So} \cdot \frac{2\,\beta}{1+\beta} = \frac{0{,}418 \cdot 10^{-3}\,\text{m}}{4 \cdot 1{,}59} \cdot \frac{2 \cdot 0{,}789}{1 + 0{,}789}$$

$$h_0 = 58 \cdot 10^{-6}\,\text{m} = 58\,\mu\text{m} > h_{0\,zul} \approx 10\,\mu\text{m}$$

Die Bedingung $h_{0\,vorh} > h_{0\,zul}$ ist erfüllt.

Erforderlicher Schmierstoffdurchsatz $\dot{V}_s$

$$\dot{V}_s = \varphi\,h_0\,b\,v$$

$$\dot{V}_s = 0{,}75 \cdot 58 \cdot 10^{-6}\,\text{m} \cdot 0{,}3\,\text{m} \cdot 3{,}58\,\frac{\text{m}}{\text{s}}$$

$$\dot{V}_s = 46{,}7 \cdot 10^{-6}\,\frac{\text{m}^3}{\text{s}}$$

$$\dot{V}_s = 46{,}7 \cdot 10^{-6}\,\frac{10^3\,l}{\frac{1}{3600}\,\text{h}} = 168\,\frac{l}{\text{h}}$$

Übergangsdrehzahl $n_{\ddot{u}}$

$$n_{\ddot{u}} = 10^{-7} \cdot \frac{F}{\eta_{eff}\,V} = \frac{190\,000 \cdot 10^{-7}}{67{,}2 \cdot 10^{-3} \cdot 0{,}034}\,\text{min}^{-1} =$$

$$= 8{,}3\,\text{min}^{-1} \ll 180\,\text{min}^{-1}$$

■ **Beispiel 2:**

Spiel- und Toleranzberechnungen nach Tabelle 22.

Gegeben:

Betriebs-Lagerspiel P_{sB} = 0,418 mm = 418 μm aus Beispiel 1, ebenso Durchmesser d = 380 mm und Betriebstemperatur ϑ_B = 44 °C.

Lösung:

Spieländerung durch Wärmedehnung

d = 380 mm

α_W = 12 $\cdot$ 10^{-6} $\frac{1}{\text{K}}$ für Stahl

α_G = 9 $\cdot$ 10^{-6} $\frac{1}{\text{K}}$ für Gusseisen

α_L = 24 $\cdot$ 10^{-6} $\frac{1}{\text{K}}$

nach Abschnitt F Thermodynamik, Tabelle 3.

$\Delta\vartheta_W = \vartheta_B - \vartheta_0$ = 44 °C $-$ 20 °C = 24 °C

$\Delta\vartheta_L = \Delta\vartheta_W$ = 24 °C

$\Delta\vartheta_G = \vartheta_G - \vartheta_0$ = 15 °C angenommen

$E_L = 3{,}1 \cdot 10^4\,\frac{\text{N}}{\text{mm}^2}$

$E_G = 12 \cdot 10^4\,\frac{\text{N}}{\text{mm}^2}$ für Gusseisen

Annahmen:

Außendurchmesser der Lagerbuchse = 390 mm

Außendurchmesser des Lagergehäuses = 450 mm

Damit ergeben sich die Querschnittsflächen

$$A_L = \frac{\pi}{4}\,(390^2 - 380^2)\,\text{mm}^2 \approx 0{,}6 \cdot 10^4\,\text{mm}^2$$

$$A_G = \frac{\pi}{4}\,(450^2 - 390^2)\,\text{mm}^2 \approx 3{,}96 \cdot 10^4\,\text{mm}^2$$

Mit diesen Größen kann die Spieländerung ΔP_s berechnet werden:

$$\Delta P_s = 0{,}052\,\text{mm} = 52\,\mu\text{m}$$

Die Spieländerung ΔP_s ist stark abhängig von den vorhandenen und angenommenen Temperaturdifferenzen. So wird zum Beispiel

bei $\Delta\vartheta_G$ = 10 °C $\Rightarrow \Delta P_s$ = 68 μm

bei $\Delta\vartheta_G$ = 5 °C $\Rightarrow \Delta P_s$ = 85 μm

Hier soll mit ΔP_s = 52 μm weitergerechnet werden.

Einbauspiel P_{sE}:

$$P_{sE} = P_{sB} + \Delta P_s = 418\,\mu\text{m} + 52\,\mu\text{m} = 470\,\mu\text{m}$$

Mittleres Einbauspiel $P_{sE\,mittel}$: Es lassen sich mehrere Spieltoleranzfelder zusammenstellen. Bei der Auswahl muss versucht werden, mit dem mittleren Einbauspiel $P_{sE\,mittel}$ möglichst nahe an das berechnete Einbauspiel heranzukommen. So ergibt sich beispielsweise für das Spieltoleranzfeld H9/d9 mit den Abmaßen nach Tabelle 4 und der Rechnung nach 1.4.1

$P_{sE\,gr} = ES - ei$ $ES = +\,140\,\mu\text{m}$ $es = -\,210\,\mu\text{m}$

$P_{sE\,kl} = EI - es$ $EI = 0$ $ei = -\,350\,\mu\text{m}$

$P_{sE\,gr}$ = 140 μm $-$ ($-$ 350 μm) = 490 μm

$P_{sE\,kl}$ = 0 $\quad$ $-$ ($-$ 210 μm) = 210 μm

Das mittlere Einbauspiel wird damit für die Passung H9/d9:

$$P_{sE\,mittel} = \frac{P_{sE\,gr} + P_{sE\,kl}}{2} = \frac{(490 + 210)\,\mu\text{m}}{2} =$$

$$= 350\,\mu\text{m} < P_{sE} = 470\,\mu\text{m}$$

Die Passung H11/d9 in Tabelle 5 führt im Gegensatz zu H9/d9 zu einem mittleren Einbauspiel, das dicht beim Einbauspiel P_{sE} = 470 μm liegt:

$P_{sE\,gr}$ = 710 μm

$P_{sE\,kl}$ = 210 μm

$$P_{sE\,mittel} = \frac{(710 + 210)\,\mu\text{m}}{2} = 460\,\mu\text{m} \approx P_{sE} = 470\,\mu\text{m}$$

Mit diesem mittleren Einbauspiel soll die Rechnung nach Tabelle 22 weitergeführt werden. Mittleres relatives Einbauspiel $\psi_{E\,mittel}$:

$$\psi_{E\,mittel} = \frac{P_{sE\,mittel}}{d} = \frac{0{,}460\,\text{mm}}{380\,\text{mm}} = 1{,}2 \cdot 10^{-3}$$

Dieser Wert liegt an der oberen Grenze der in Tabelle 22 angegebenen Richtwerte für das Lagermetall Lg Pb Sn.

Betriebsspiele P_{sE}:

$P_{sE\,gr}$ = 710 μm $-$ 52 μm = 658 μm

$P_{sE\,kl}$ = 210 μm $-$ 52 μm = 158 μm

Messbares Einbauspiel $P_{sE\,mess}$: Mit den angenommenen Rautiefen $R_{tW} = R_{tL}$ = 8 μm für feingedrehte Oberflächen nach Tabelle 22 wird

$P_{sE\,mess\,gr}$ = (710 $-$ 16) μm = 694 μm

$P_{sE\,mess\,kl}$ = (210 $-$ 16) μm = 194 μm

Relatives Betriebsspiel ψ_B:

$$\psi_{B\,gr} = \frac{1}{d}\,[P_{sE\,mess\,gr} - \Delta P_s + (R_{tW} + R_{tL})]$$

$$\psi_{B\,gr} = \frac{1}{380\,\text{mm}}\,[0{,}710\,\text{mm} - 0{,}052\,\text{mm} + 0{,}016\,\text{mm}] = 1{,}8 \cdot 10^{-3}$$

$$\psi_{B\,kl} = \frac{1}{d}\,[P_{sE\,mess\,kl} - \Delta P_s + (R_{tW} + R_{tL})]$$

$$\psi_{B\,kl} = \frac{1}{380\,\text{mm}}\,[0{,}194\,\text{mm} - 0{,}052\,\text{mm} + 0{,}016\,\text{mm}] = 0{,}4 \cdot 10^{-3}$$

Mit den angenommenen Rautiefen ist auch die Bedingung nach 13.3.4.19 erfüllt:

$$h_0 \geq R_{tW} + R_{tL}$$

$$58\,\mu\text{m} > 16\,\mu\text{m}$$

14 Zahnräder

A. Böge

Normen (Auswahl)

DIN 3990 Tragfähigkeitsberechnung von Stirnrädern
DIN 3991 Tragfähigkeitsberechnung von Kegelrädern

14.1 Allgemeines

Zahnräder dienen der unmittelbaren formschlüssigen Übertragung von Drehmomenten und Drehbewegungen zwischen parallelen, sich kreuzenden oder sich schneidenden Wellen.

Je nach Verlauf der Zahnflanken unterscheidet man Geradzähne, Schrägzähne, Pfeilzähne, Kreisbogenzähne, Spiralzähne und Evolventenzähne.

Zahnradgetriebe-Grundformen: 1. Stirnradgetriebe (Bild 1a bis 1c) bei parallelen Wellen ($i_{max} \approx 8$ je Stufe), 2. Kegelradgetriebe (Bild 1d) bei sich schneidenden, auch sich kreuzenden Wellen ($i_{max} \approx 6$), 3. Schneckengetriebe (Bild 1e) bei sich kreuzenden Wellen ($i_{min} \approx 5$ bis $i_{max} \approx 60$, Ausnahme: $i \geq 100$), 4. Schraubradgetriebe (Bild 1f) ebenfalls bei sich kreuzenden Wellen ($i_{max} \approx 5$).

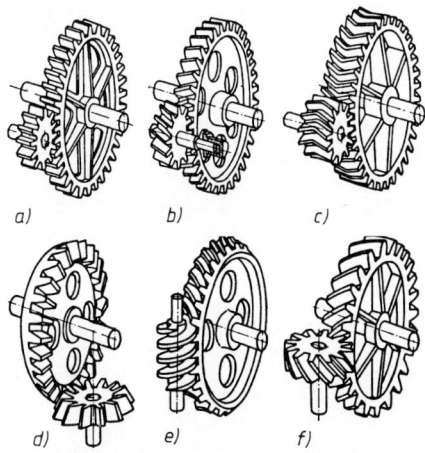

a)   b)   c)

d)   e)   f)

Bild 1. Grundformen der Zahnradgetriebe

a) bis c) Stirnradgetriebe,
d) Kegelradgetriebe,
e) Schneckengetriebe,
f) Schraubradgetriebe

14.2 Verzahnungsgesetz

Die Übersetzung eines Zahnradpaares ist

$$i = n_1/n_2 = \omega_1/\omega_2 = r_2/r_1 = z_2/z_1;$$

n Drehzahl, ω Winkelgeschwindigkeit, r Teilkreisradius, z Zähnezahl; Index 1 bezogen auf antreibendes, Index 2 auf angetriebenes Rad. Gleichmäßiger Lauf beider Räder setzt i = konstant voraus (Ausnahme:

Ellipsenräder, die Getriebe mit veränderlichem i ergeben).

Nach Bild 2 ist B der augenblickliche Berührungspunkt zweier zunächst beliebig geformter Zahnflanken. B läuft als Punkt des Rades 1 mit der Umfangsgeschwindigkeit v_1 um Mittelpunkt M_1 als Punkt des Rades 2 mit der Umfangsgeschwindigkeit v_2 um M_2 (v_1, v_2, $\perp r_1'$, r_2'). Die beiden Zahnflanken haben in B gemeinsam die Tangente t und die Normale n. Die Umfangsgeschwindigkeiten v_1 und v_2 werden in die Tangentialkomponenten w_1, w_2 und in die Normalkomponenten c_1, c_2 zerlegt. Sollen die Zahnflanken sich immer berühren, d. h. sich weder voneinander entfernen noch ineinander eindringen, dann muss $c_1 = c_2$ sein.

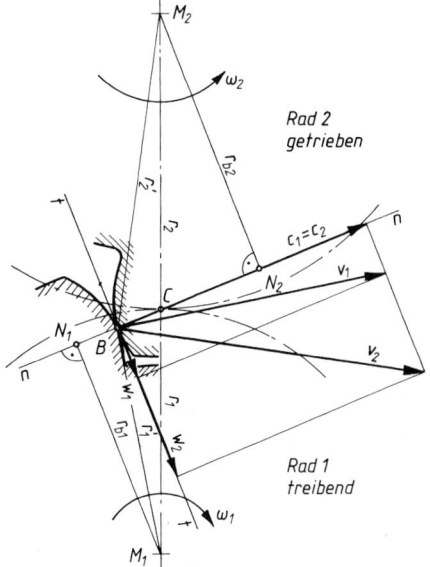

Bild 2. Verzahnungsgesetz

Aus $c_1 = \omega_1 r_{b1}$ bzw. $c_2 = \omega_2 r_{b2}$ folgt mit Hilfe der ähnlichen Dreiecke CM_1N_1 und CM_2N_2 (Bild 2):

$$\frac{r_{b2}}{r_{b1}} = \frac{r_2}{r_1}$$

und mit $c_1 = c_2$ auch:

$$\frac{\omega_1}{\omega_2} = \frac{r_2}{r_1} = i = \text{konstant}$$

Das *Verzahnungsgesetz* lautet:

Zwei Zahnflanken sind nur dann brauchbar, wenn die Normale auf den jeweiligen Berührungspunkt B die Verbindungslinie der beiden Mittelpunkte M_1M_2 im umgekehrten Verhältnis der Winkelgeschwindigkeiten teilt.

Kurz: Die jeweilige Eingriffsnormale muss immer durch den Punkt C gehen.

In Punkt C ist mit $c_1 = c_2$ auch $\omega_1\, r_1 = \omega_2\, r_2$, d. h. die Kreise mit den Radien r_1, r_2 rollen ohne zu gleiten aufeinander ab: *Wälzkreise*. Der gedachte Berührungspunkt beider Kreise ist der *Wälzpunkt C*.

Bei Zahnradgetrieben mit veränderlicher Übersetzung (Ellipsenräder) wandert der Wälzpunkt C auf der Verbindungslinie der beiden Mittelpunkte auf und ab. *Folgerungen*: Die unterschiedliche Größe von w_1 und w_2 besagt, dass neben Wälzbewegung gleichzeitige Gleitbewegung der Flanken aufeinander erfolgt. Dadurch ist die Voraussetzung für hydrodynamische Flüssigkeitsreibung gegeben: keilförmiger Spalt und Relativbewegung ($w = w_2 - w_1$) zueinander (siehe auch 13.3.2).

Fällt B auf C, dann ist die Relativgeschwindigkeit w gleich null, d. h. in dieser Zone tritt kurzzeitig reine Wälzbewegung auf, der Schmierfilm wird hier unterbrochen und damit die Zerstörung der Flanken eingeleitet.

14.3 Begriffe, allgemeine Verzahnungsmaße

Folgende Angaben beziehen sich auf evolventenverzahnte Geradstirnräder als Nullräder (Bild 3). Nach DIN 867, 868 und 3960 sind festgelegt:

Teilkreisteilung p_t: Bogenlänge auf Teilkreis zwischen zwei aufeinander folgende Rechts- oder Linksflanken der Zähne.

Teilkreis: Bezugskreis für Teilung p_t gleich Herstellungswälzkreis, auf dem das Werkzeug bei der Zahnradherstellung; im Abwälzverfahren abwälzt. Aus Teilkreisumfang $d\,\pi = p_t\, z$ folgt $d = p_t\, z/\pi$; $p_t/\pi = m$ (Modul) gesetzt, ergibt den *Teilkreisdurchmesser*

$$d = m\, z \qquad \frac{d,\, m}{\mathrm{mm}} \bigg|\; \frac{z}{1} \qquad (1)$$

Modulwerte für Stirn- und Kegelräder nach DIN 780 siehe Tabelle 1.

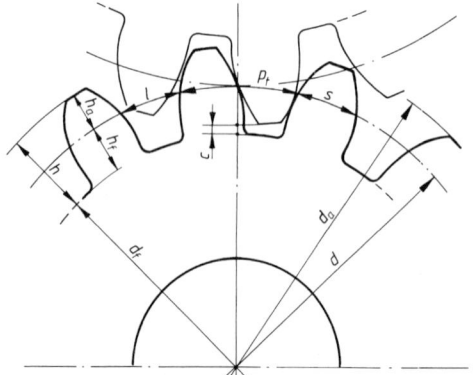

Bild 3. Allgemeine Verzahnungsmaße

Tabelle 1. Modulreihe für Stirn- und Kegelräder, Auszug aus DIN 780 (in mm)

Reihe 1:	0,1	0,12	0,16	0,20	0,25	0,3	0,4	0,5	0,6	0,7	0,8
	0,9	1		1,25	1,5	2		2,5	3	4	5	6	8
	10	12		16	20	25	32	40	50			
Reihe 2:	0,11	0,14	0,18		0,22	0,28	0,35	0,45	0,55	0,65	0,75	0,85
	0,95	1,125	1,375	1,75	2,25	2,75	3,5	4,5	5,5	7	9
	11	14		18	22	28	36	45	55	70		

Die Moduln gelten im Normalschnitt; Reihe 1 ist gegenüber Reihe 2 zu bevorzugen.

Zahnabmessungen:

Kopfhöhe $h_a = m$; Fußhöhe $h_f = 1,16 \ldots 1,3\, m$, normal $h_f = 1,25\, m$; Zahnhöhe $h = 2,25\, m$; damit ergeben sich *Kopfkreisdurchmesser d_a* und *Fußkreisdurchmesser d_f*

$$d_a = d \pm 2\, h_a = d \pm 2\, m \qquad (2)$$

$$d_f = d \mp 2\, h_f = d \mp 2,5\, m \qquad (3)$$

obere Vorzeichen gelten bei Außen-, untere bei Innenverzahnung.

Kopfspiel c: Abstand zwischen Kopfkreis des einen und Fußkreis des anderen Rades.

$$c = h_f - h_a = 0,25\, m$$

Flankenspiel: Wegen Einbauungenauigkeiten, Wärmedehnung und Schmierung erforderliches Spiel zwischen den Zahnflanken zweier Räder.

Normalflankenspiel j_n: Abstand der Zahnflanken zweier Räder auf der Eingriffslinie (Bild 4).

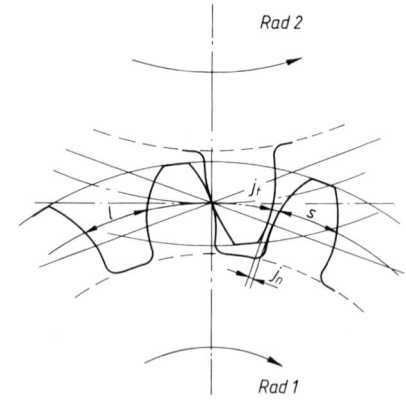

Bild 4. Flankenspiel der Zähne

Drehflankenspiel j_t: Auf den Teilkreis bezogenes Flankenspiel (Bogenstück), um das sich Rad 1 bei feststehendem Rad 2 verdrehen lässt.

Der *Achsabstand a_d* eines Nullradpaares oder eines V-Null-Getriebes mit $d = mz$ ergibt sich aus

$$a_d = \frac{d_1 + d_2}{2} = \frac{m\,(z_1 + z_2)}{2} \qquad (4)$$

14.4 Verzahnungsarten

14.4.1 Zykloidenverzahnung

Die Zykloidenverzahnung, deren Zahnflanken sich aus Epizykloide (Kopfflanke) und Hypozykloide (Fußflanke) zusammensetzen, wird nur in Sonderfällen z. B. für Uhrenzahnräder, Zahnstangenwinden oder als Triebstockverzahnung verwendet. Die Herstellung ist teurer und schwieriger als die der Evolventenverzahnung; die Verzahnung ist empfindlich gegen ungenauen Achsenabstand. Eingriffs- und Verschleißverhältnisse sind jedoch günstiger als bei Evolventenzähnen. Im Maschinenbau wird praktisch nur die Evolventenverzahnung verwendet.

14.4.2 Evolventenverzahnung

14.4.2.1 Eigenschaften und Verwendung

Die Zahnflankenform wird durch eine Evolvente gebildet. Das ist die Kurve, die ein Punkt einer Geraden beschreibt, die auf einem Kreis (dem Grundkreis) abwälzt. Im Maschinenbau wird fast ausschließlich die Evolventenverzahnung verwendet. Sie lässt sich mit einfachen (geradflankigen) Werkzeugen im Abwälzverfahren herstellen, auch für die häufig erforderliche Profilverschiebung. Nachteilig gegenüber Zykloidenverzahnung sind größerer Verschleiß und geringere Belastbarkeit.

Konstruktion des Zahnstangengetriebes (Bild 6): Zahnstange mit Bezugsprofil Kopfhöhe $h_a = m$ und Fußhöhe $h_f = 1{,}25\ m$. Eingriffslinie n durch Wälzpunkt C unter $\alpha_n = 20°$ zur Profilmittellinie zeichnen. Um Mittelpunkt M des Ritzels mit $d = m\,z$ Grundkreis mit Radius $r_b = r \cos \alpha_n$ an Eingriffslinie legen. Vom Normalpunkt N die Punkte 1, 2, 3 usw. in beliebigen Abständen auf n nach beiden Seiten abtragen. Die gleichen Abstände, auf den Grundkreis übertragen, ergeben 1', 2', 3' usw. Durch schrittweises Abwälzen der Eingriffslinie auf den Grundkreis erhält man die durch C gehende Evolvente. Verlauf der Fußflanke vom Grundkreis bis Fußkreis wird durch relative Kopfbahn des erzeugenden Werkzeugs bestimmt (siehe Bild 9); bei $z > 20$ ist diese angenähert eine radial verlaufende Gerade. Fußrundung wird ebenfalls durch Werkzeug bestimmt. Zugehörige Gegenflanke wird zweckmäßig durch spiegelbildliches Übertragen von der Zahnmittellinie gezeichnet. Vorher wird die Zahndicke $s = p_t/2$ auf den Teilkreis abgetragen.

14.4.2.2 Bezugsprofil, Konstruktion der Zahnflanken.
Form und Abmessungen sind durch Bezugsprofil nach DIN 867 festgelegt (Bild 5). Es entspricht dem Profil der Zahnstange und der Herstellungswerkzeuge (Kamm-Meißel, Schneckenfräser). Halber Flankenwinkel gleich Eingriffswinkel $\alpha_n = 20°$.

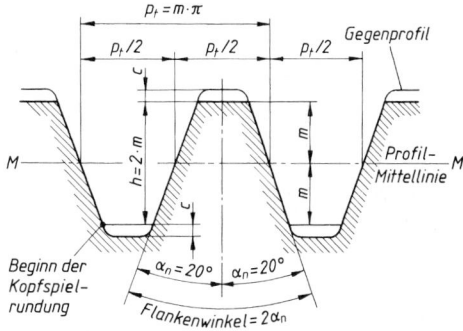

Bild 5. Bezugsprofil der Evolventenverzahnung

14.4.2.3 Eingriffsstrecke, Eingriffslänge, Profilüberdeckung.
Bei Rechtsdrehung des Ritzels in Bild 6 beginnt der Eingriff, die Berührung zweier Zähne, in A (Schnittpunkt der Eingriffslinie mit Kopflinie der Zahnstange) und endet in E (Schnittpunkt von n mit Kopfkreis des Ritzels). Der Eingriff verläuft längs der Eingriffsstrecke AE (Punktlinie).

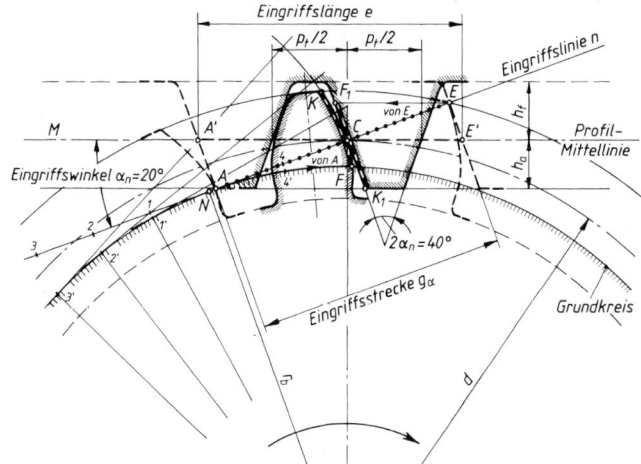

Bild 6.
Evolventen-Zahnstangengetriebe

Die Zahnstange verschiebt sich dabei um die Ein-
griffslänge $e = \overline{A'E'} = \overline{AE}/\cos\alpha_n$. Damit mindestens
ein Zahnpaar ständig im Eingriff steht, muss $e > p_t$
oder die *Profilüberdeckung* $\epsilon_\alpha = e/p_t > 1$ sein;

$$\epsilon_\alpha = \frac{\overline{AE}}{p_t\cos\alpha_n} = \frac{\overline{AE}}{\pi\,m\cos\alpha_n} > 1 \tag{5}$$

Eine Gefährdung der Eingriffsverhältnisse ($\epsilon_\alpha < 1$)
ergibt sich für Außenverzahnung bei Zähnezahlen
$z < 14$. Dann ist Profilverschiebung erforderlich
(siehe 14.4.2.8). $\epsilon_\alpha < 1{,}25$ sollte vermieden werden.
Die Profilüberdeckung ϵ_α wird zweckmäßig *zeichnerisch* bestimmt durch maßstäbliches Aufzeichnen der
Kopf- und Grundkreise und Abgreifen der Strecke
$\overline{AE}$ (Bild 7). Rechnerisch lässt sich ϵ_α bei unter-
schnittfreien Geradzahnrädern ermitteln aus:

$$\epsilon_\alpha = \frac{\sqrt{r_{a1}^2 - r_{b1}^2} \pm \sqrt{r_{a2}^2 - r_{b2}^2} \mp a_d\sin\alpha_n}{\pi\,m\cos\alpha_n} \tag{6}$$

obere Vorzeichen gelten bei Außen-, untere bei In-
nenverzahnung.
r_a Kopfkreisradius; r_b Grundkreisradius;
$r_b = r\cos\alpha_n$; a_d Achsabstand; $\pi\,m = p_t$ Teilung;
α_n Eingriffswinkel.

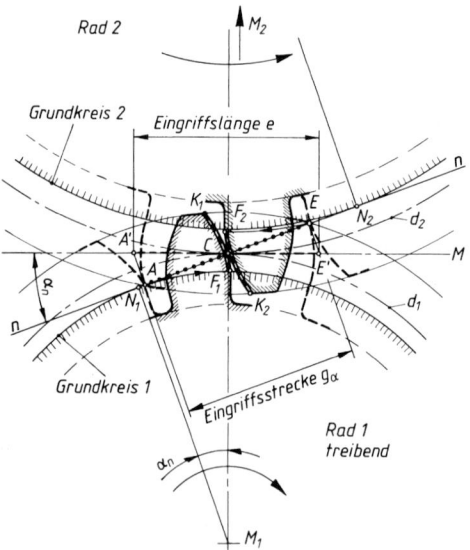

Bild 7. Evolventen-Außenverzahnung

Die Gleichung gilt für Null- und V-Null-Getriebe.
Für V-Getriebe ist statt a_d der Achsabstand a und für
$\sin\alpha_n$ ist $\sin\alpha_w$, einzusetzen (siehe Tabelle 4).

14.4.2.4 Abwälzverhältnisse. Bei Eingriffsbeginn
fallen Fußpunkt F und Kopfpunkt K_1 in A zusammen
(Bild 6). Währen der ersten Eingriffsphase wälzen die
Flankenteile $\overwidehat{FC}$ und $\overwidehat{K_1C}$, während der zweiter
Phase $\overwidehat{CK}$ und $\overwidehat{CF_1}$ aufeinander ab. Aus deren unterschiedlichen Längen geht hervor, dass neben Ab-
wälzbewegung noch Gleitbewegung stattfindet (siehe
auch unter 14.2). Die außerhalb der durch Doppel-
linien gekennzeichneten „Arbeitsflanken" liegenden
Flankenteile sind also am Eingriff nicht beteiligt. Die
Lage der Zähne am Beginn und Ende des Eingriffes
ist durch Strichlinien dargestellt.

14.4.2.5 Außenverzahnung. Die Konstruktion der
Zahnflanken erfolgt im Prinzip wie beim Zahn-
stangengetriebe, unter 14.4.4.2 beschrieben. Durch
Abwälzen der Eingriffslinie auf den Grundkreisen 1
und 2 entstehen die Flanken der Zähne des Rades 1
und 2 (Bild 7). Eingriff erfolgt längs der Eingriffsstrecke $\overline{AE}$, der der Eingriffslänge e auf der Profilmittellinie M entspricht. Flankenteil $\overwidehat{F_1C}$ wälzt mit
$\overwidehat{K_2C}$, Flankenteil $\overwidehat{CK_1}$ mit $\overwidehat{CF_2}$ ab.

14.4.2.6 Innenverzahnung. Die Zähne des Ritzels
entstehen, wie unter 14.4.2.2 beschrieben. Die Zähne
des Hohlrades werden mit einem Schneidrad gleichen
Bezugsprofils hergestellt. Deren Flankenform gleicht
der eines außenverzahnten Rades gleicher Zähnezahl
(Bild 8). Der Eingriff beginnt in A (Schnittpunkt der
Eingriffslinie n mit Kopflinie des gemeinsamen Bezugsprofils) und endet in E (Schnittpunkt von n mit
Kopfkreis des Ritzels). Bei Eingriffsbeginn fallen
Fußpunkt F_1 des Ritzels und Kopfpunkt K_2 des Hohlrades in A zusammen, beim Eingriffsende fallen K_1
und F_2 in E zusammen. Flankenteile außerhalb dieser
Punkte sind also am Eingriff nicht beteiligt. Das
Kopfstück des Hohlzahnes von K_2 bis zum Kopfkreis
könnte wegfallen oder muss mit $r = l$ (Länge des
Kopfstücks) gerundet werden, um Eingriffsstörungen
zu vermeiden.

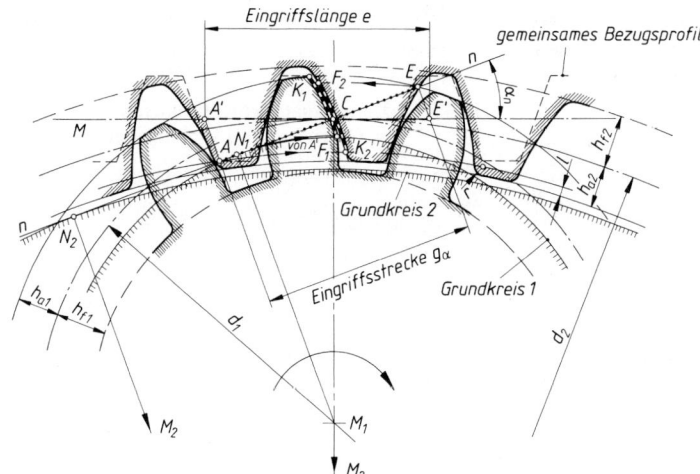

Bild 8.
Innenverzahnung, Konstruktion
und Eingriffsverhältnisse

14.4.2.7 Zahnunterschnitt, Grenzzähnezahl.
Beim Unterschreiten einer *Grenzzähnezahl* z_g tritt sogenannte *Unterschneidung* der Zähne ein, d. h. die relative Kopfbahn des abwälzenden Zahnstangenwerkzeugs schneidet die Evolvente außerhalb des Grundkreises in F (Bild 9). Die Fußflanke ist von F bis zum Fußkreis ist daher am Eingriff nicht beteiligt. Dem Punkt F entspricht Punkt A auf der Eingriffslinie. Der Eingriff beginnt in A und endet in E. Die Eingriffslänge e ist gegenüber „normaler" Verzahnung verkürzt. Gleichzeitig wird die Zahnwurzel geschwächt und damit die Bruchgefahr erhöht.

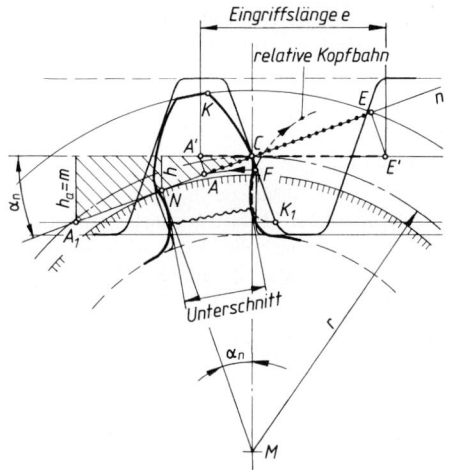

Bild 9. Entstehung von Zahnunterschnitt

Zahnunterschnitt beginnt, wenn Normalpunkt N innerhalb der Kopflinie des Bezugsprofils liegt; der Grenzfall liegt vor, wenn N auf die Kopflinie in A_1 fällt, d. h. $h_a = m = h$ ist. Aus der Ähnlichkeit des schraffierten Dreiecks mit Dreieck CMN folgt

$h = \overline{NC} \sin \alpha_n = r \sin^2 \alpha_n$. Mit $r = mz/2$ und $h = m$ wird die *theoretische Grenzzähnezahl*

$$z_g = \frac{2}{\sin^2 \alpha_n} \qquad (7)$$

Für den genormten Eingriffswinkel $\alpha_n = 20°$ wird $z_g = 17$. Der Unterschnitt wird durch Verminderung der Profilüberdeckung jedoch erst unterhalb der *praktischen Grenzzähnezahl* $z'_g = 14$ schädlich.

14.4.2.8 Profilverschiebung bei Geradverzahnung.
Profilverschiebung v wird angewendet: 1. zur Vermeidung von Zahnunterschnitt, wobei v positiv sein muss, 2. zum Erreichen eines bestimmten Achsabstands, wobei v auch negativ sein kann. Bei *positiver Profilverschiebung* wird das Werkzeug gegenüber seiner Normallage abgerückt, bei *negativer Verschiebung* dagegen eingerückt. Man unterscheidet danach: 1. *Nullräder*, bei denen keine Profilverschiebung vorgenommen worden ist, 2. *V-Räder* mit Profilverschiebung; dabei haben *V-Plus-Räder* positive, *V-Minus-Räder* negative Profilverschiebung.

Je nach Paarung der Räder unterscheidet man: 1. *Nullgetriebe* bei Paarung zweier Nullräder, 2. *V-Null-Getriebe* bei Paarung von V-Plus- mit V-Minus-Rad gleicher positiver und negativer Verschiebung, 3. *V-Getriebe* bei Paarung von V-Rad mit Nullrad oder von V-Rädern untereinander. Zur *Vermeidung von Unterschnitt* ist nach Bild 9 eine *positive* Profilverschiebung um die Strecke $v = h_a - h$ erforderlich, sodass die Kopflinie des Bezugsprofils durch den Normalpunkt N geht.

Die *Profilverschiebung* v wird aus rechnerischen Gründen in den *Profilverschiebungsfaktor* x und den *Modul m* aufgespalten:

$$v = xm \qquad (8)$$

Mit $h = r \sin^2 \alpha_n = (z\,m/2) \sin^2 \alpha_n$ und $h_a = m$ wird $x\,m = h_a - h = m - (z\,m/2) \sin^2 \alpha_n$ und daraus mit $2/\sin^2 \alpha_n = z_g$ der Profilverschiebungsfaktor $x = (z_g - z)/z_g$.

Für das DIN-Rad ist $z_g = 17$, sodass sich der *Mindestprofilverschiebungsfaktor* x_{min} ergibt zu

$$x_{min} = \frac{17 - z}{17} \qquad (9)$$

Für die praktische Rechnung genügt es, mit der praktischen Grenzzähnezahl $z_g' = 14$ zu rechnen. Damit wird der *praktische Profilverschiebungsfaktor*

$$x_{min} = \frac{14 - z}{17} \qquad (10)$$

14.4.2.9 Zahnspitzengrenze. Bei positiver Profilverschiebung werden beide Flanken eines Zahnes weiter nach außen gezogen, d. h. die Zahnkopfdicke wird immer kleiner, bis sich bei einer bestimmten Profilverschiebung v bzw. bei einem bestimmten Profilverschiebungsfaktor x die beiden Evolventenflanken in einer Spitze vereinigen. Die Zahnspitzengrenze der DIN-Geradverzahnung liegt bei $z_{min} = 7$ Zähnen. In Bild 10 ist die Grenze des Unterschnitts und die Spitzengrenze in Abhängigkeit von Zähnezahl z und Profilverschiebungsfaktor x aufgetragen.

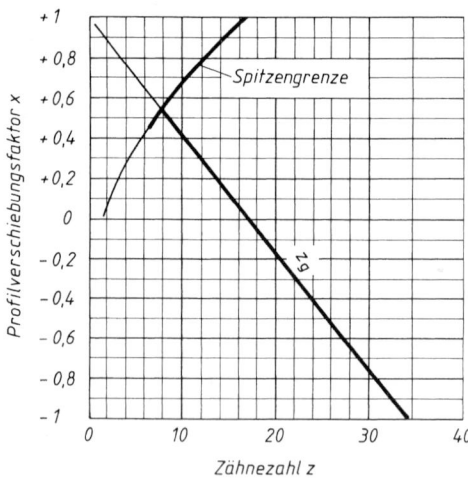

Bild 10. Grenzzähnezahlen und Spitzengrenze der DIN-Geradverzahnung

Ablesebeispiele:
1. Für $z = 10$ liegt nach Bild 10 der Faktor x etwa zwischen 0,23 und 0,68. Unterhalb $x = 0,23$ tritt schädlicher Unterschnitt auf, oberhalb $x = 0,68$ wird der Zahn spitz, bzw. die Zahnspitze liegt schon innerhalb des Kopfkreises.
2. Welche maximale positive Profilverschiebung v ist möglich für ein geradverzahntes Stirnrad mit $z = 15$ und $m = 3$ mm? Aus Bild 10 wird bei

$x \approx 0,9$ der Zahn gerade spitz. Damit wird $v_{max} = x_{max}\,m = 0,9 \cdot 3\text{ mm} = 2,7\text{ mm}$.

14.4.2.10 Die geometrischen Größen bei V-Getrieben und V-Nullgetrieben

V-Plus-Räder: Teilkreisdurchmesser bleibt unverändert $d = m\,z$; ebenso Grundkreisdurchmesser $d_b = d \cos \alpha_n$. *Kopf-* und *Fußkreisdurchmesser* d_a, d_f vergrößern sich entsprechend der Profilverschiebung auf:

$$d_a = d + 2\,m + 2\,v \qquad (11)$$
$$d_f = d - 2,5\,m + 2\,v \qquad (12)$$

Die Zahndicke des Nullrades auf dem Teilkreis ist gleich der Zahnlücke: $s = p_t/2$. Beim V-Plus-Rad wird der Zahn im Fuß dicker, die *Zahndicke* s auf dem Teilkreis wächst um $2\,v \tan \alpha_n = 2\,x\,m \tan \alpha_n$:

$$s = \frac{p_t}{2} + 2\,x\,m \tan \alpha_n \qquad (13)$$

Wegen der Verstärkung des Zahnfußes werden auch Räder mit mehr als 17 Zähnen positiv profilverschoben.

V-Minus-Räder: der Teilkreisdurchmesser bleibt unverändert $d = m\,z$; ebenso der Grundkreisdurchmesser $d_b = d \cos \alpha_n$. *Kopf-* und *Fußkreisdurchmesser* d_a, d_f verkleinern sich entsprechend der Profilverschiebung auf:

$$d_a = d + 2\,m - 2\,v \qquad (14)$$
$$d_f = d - 2,5\,m - 2\,v \qquad (15)$$

Der Zahn wird beim V-Minus-Rad im Fuß schwächer. Die *Zahndicke* s auf dem Teilkreis beträgt:

$$s = \frac{p_t}{2} - 2\,x\,m \tan \alpha_n \qquad (16)$$

V-Nullgetriebe: die Herstellungsteilkreise berühren sich wie beim Nullgetriebe im Wälzpunkt C. Auch der Eingriffswinkel bleibt der gleiche. Damit bleibt auch beim V-Nullgetriebe der Achsabstand a_d des Nullgetriebes erhalten. Zusammenstellung der Berechnungsgleichungen für V-Nullgetriebe siehe Tabelle 3.

V-Getriebe: die Herstellungsteilkreise berühren sich *nicht*. Teilkreis und Betriebswälzkreise sind verschieden. Der Achsabstand a ist daher gegenüber a_d verschieden. Eine rein rechnerische Vergrößerung des normalen Achsabstands a_d um den Betrag $v_1 + v_2$, also $a = a_d + v_1 + v_2$ würde eine Vergrößerung des Flankenspiels ergeben. Daher müssen die Räder bis zum theoretisch flankenspielfreien Eingriff wieder zusammengerückt werden. Diese Zusammenrückung ist in den Berechnungsgleichungen nach Tabelle 4 schon enthalten.

Für den *Achsabstand* a des V-Getriebes bei flankenspielfreiem Zahneingriff gilt (siehe auch Bild 11):

$$a = r_{w1} + r_{w2} = \frac{m}{2}(z_1 + z_2)\frac{\cos \alpha_n}{\cos \alpha_w}$$

und mit der Rechengröße $a_d = \frac{m}{2}(z_1 + z_2)$:

$$a = a_d \frac{\cos \alpha_o}{\cos \alpha_b} \qquad (17)$$

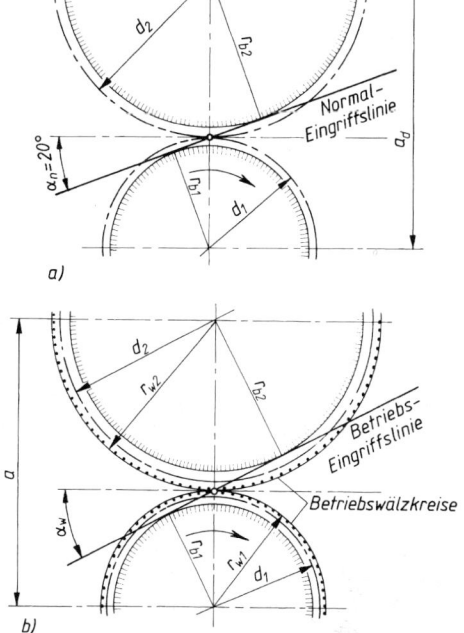

a)

b)

Bild 11. Eingriffswinkel und Achsabstand
a) bei Nullgetrieben, b) bei V-Getrieben

Kopfkürzung: Bei genauer Einhaltung des Kopfspiels c (z. B. $c = 0{,}25\ m$) müssen die Zähne beider Räder um den Betrag der *Wiedereinrückung*

$$y = v_1 + v_2 - (a - a_d)$$

gekürzt werden. Hierauf kann verzichtet werden, wenn $z_1 + z_2 \geq 20$ ist, da die Kürzung dann vernachlässigbar klein bleibt.

14.4.2.11 Die Evolventenfunktion und ihre Anwendung bei V-Getrieben

a) *Definition der Evolventenfunktion.* Die Evolventenfunktion ermöglicht die genaue Berechnung der geometrischen Größen am Zahnrad, die für Konstruktion, Herstellung und Messung wichtig sind wie Zahndicke, Lückenweite, Achsabstand, Spitzenradius, Pressungswinkel, Sehnenmaße usw.

Nach Bild 12 ist der Pressungswinkel α der spitze Winkel zwischen einer Tangente t an das Zahnprofil und dem Mittelpunktsstrahl durch den Berührungspunkt B. Mit der Evolventenfunktion des Winkels α bezeichnet man den Polarwinkel $\varphi = \mathrm{inv}\,\alpha = \beta - \alpha$ (sprich Involut α). Winkel φ, β, α im Bogenmaß.

Mit $\beta = \overset{\frown}{AT}/r_b$ und $\overset{\frown}{AT} = \overline{BT} = r_b \tan \alpha$ wird $\beta = r_b \tan \alpha / r_b = \tan \alpha$ und mit $\mathrm{inv}\,\alpha = \beta - \alpha$ auch:

$$\mathrm{inv}\,\alpha = \tan \alpha - \mathrm{arc}\,\alpha \qquad (18)$$

Der Zahlenwert von $\mathrm{inv}\,\alpha$ ist also gleich der Radialprojektion der Evolventenkurve auf den Einheitskreis ($r = 1$). Diese Funktion lässt sich tabellarisieren (siehe Tabelle 2); zum Beispiel ist $\mathrm{inv}\,20° = 0{,}014\,904$. Die für praktische Rechnungen erforderliche Genauigkeit gibt allerdings nur der elektronische Rechner. Die Tafelwerte sollen nur zur Kontrolle dienen.

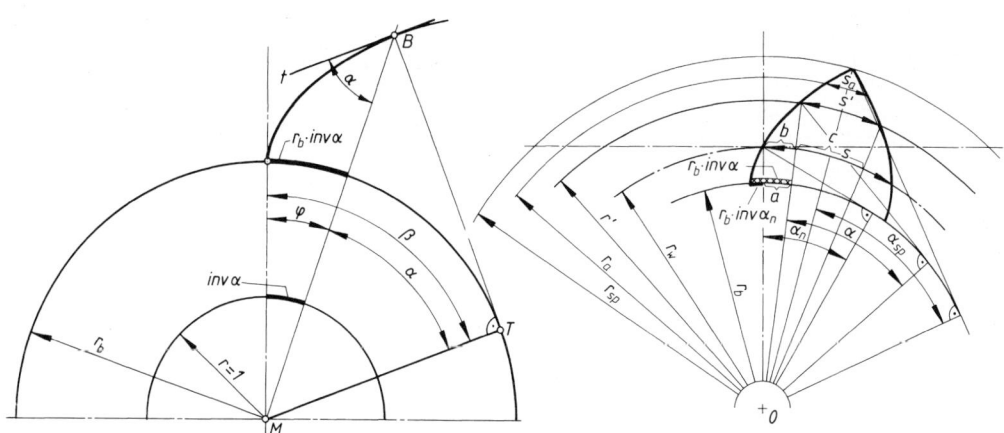

Bild 12. Darstellung und Anwendung der Evolventenfunktion

b) *Anwendung der Evolventenfunktion.* Bestimmung der *Zahndicke* s' auf beliebigem Radius r' wie folgt: in Bild 12 ist Bogen $a = r_b \, (\text{inv } \alpha - \text{inv } \alpha_n)$, Bogen $b = a \, r_w / r_b$, Bogen $c = s - 2 \, b$ und $s' = c r' / r_w$, sodass mit $s = (p_t/2) + 2 \, x m \tan \alpha_n$ nach (13) oder $s = (\pi \, m/2) + 2 \, x \, m \tan \alpha_n$ die *Zahndicke* s' auf beliebigem Radius r' wird:

$$s' = c \, \frac{r'}{r_w} = (s - 2 \, b) \frac{r'}{r_w}$$

und nach einigen Umformungen: (19)

$$s' = 2 \, r' \left[\frac{1}{z} \left(\frac{\pi}{2} + 2 \, x \tan \alpha_n \right) - (\text{inv } \alpha - \text{inv } \alpha_n) \right]$$

Der *Pressungswinkel* α kann mit $r_w = r$ bestimmt werden aus

$$\cos \alpha = \frac{r_b}{r'} = \frac{r \cos \alpha_n}{r'} \qquad (20)$$

Gleichung (19) für s' kann benutzt werden zur Berechnung der Zahndicke s_a auf dem Kopfkreis mit dem Radius r_a, indem für $s' = s_a$, für $r' = r_a$ eingesetzt und $\cos \alpha_a = r \cos \alpha_n / r_a$ berechnet wird.

Auf den Betriebswälzkreisen muss die Summe der Zahndicken s_{w1} und s_{w2} gleich der Teilung p_{tw} sein: $p_{tw} = s_{w1} + s_{w2}$. Damit ergeben sich die Gleichungen zur Bestimmung des Achsabstands a und der Summe der Profilverschiebungsfaktoren (23) und (24).

Mit Gleichung (19) wird

$$p_{tw} = 2 \, r_{w1} \left[\frac{1}{z_1} \left(\frac{\pi}{2} + 2 \, x_1 \tan \alpha_n \right) - (\text{inv } \alpha - \text{inv } \alpha_n) \right] +$$

$$+ \, 2 \, r_{w2} \left[\frac{1}{z_2} \left(\frac{\pi}{2} + 2 \, x_2 \tan \alpha_n \right) - (\text{inv } \alpha - \text{inv } \alpha_n) \right]$$

Mit $2 \, \pi \, r_{w1} = z_1 \, p_{tw}$ und $2 \, \pi \, r_{w2} = z_2 \, p_{tw}$ wird

$$2 \, \frac{x_1 + x_2}{z_1 + z_2} \tan \alpha_n = \text{inv } \alpha - \text{inv } \alpha_n \qquad (21)$$

Diese Gleichung liefert bei gegebenen Profilverschiebungsfaktoren x_1, x_2 den *Betriebs-Eingriffswinkel* α_w aus

$$\text{inv } \alpha_w = 2 \, \frac{x_1 + x_2}{z_1 + z_2} \tan \alpha_n + \text{inv } \alpha_n \qquad (22)$$

α_w wird aus der Evolventen-Funktionstabelle 2 abgelesen.

Der *Betriebs-Wälzkreisradius* r_w ergibt sich wieder aus der bekannten Beziehung $r_{w1} = r_{b1}/\cos \alpha_w$ oder $r_{w2} = r_{b2}/\cos \alpha_w$ und damit der *Achsabstand*

$$a = r_{w1} + r_{w2} = \frac{m}{2}(z_1 + z_2) \frac{\cos \alpha_n}{\cos \alpha_w} =$$

$$= a_0 \frac{\cos \alpha_n}{\cos \alpha_w} \qquad (23)$$

Ist der Achsabstand $a = r_{w1} + r_{w2}$ gegeben, kann nach Gleichung (23) $\cos \alpha_w$ bestimmt und α_w aus der Funktionstabelle abgelesen werden. Über die Evolventen-Funktionstabelle ist damit auch $\text{inv } \alpha_w$ bekannt und mit (22) kann die Summe der Profilverschiebungsfaktoren bestimmt werden:

$$x_1 + x_2 = \frac{\text{inv } \alpha_w - \text{inv } \alpha_n}{2 \tan \alpha_n} (z_1 + z_2) \qquad (24)$$

Für die Aufteilung der Summe $x_1 + x_2$ auf die beiden Räder gilt Bild 13 nach DIN 3992 – Empfehlungen für die Wahl der Profilverschiebung.

Ablesebeispiel: Gegeben $z_1 = 24$, $z_2 = 108$, damit $i = 4,5$, Summe $x_1 + x_2 = +0,5$. Man trägt über mittlerer Zähnezahl $z = (z_1 + z_2)/2 = (24 + 108)/2 = 66$ den mittleren Verschiebungswert $x = (x_1 + x_2)/2 = +0,25$ von der Nulllinie auf. Die den benachbarten *L*-Linien angepasste Gerade ergibt für z_1 und z_2 die Werte $x_1 = +0,36$ und $x_2 = +0,14$.

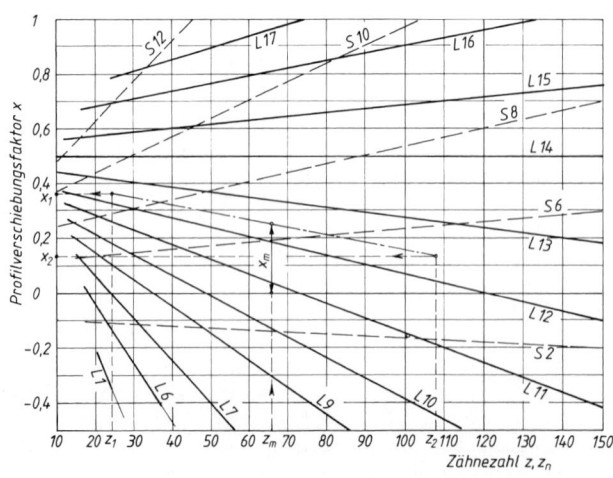

Bild 13.
Aufteilung der Summe der Profilverschiebungsfaktoren: Paarungslinien *L* bei $i > 1$ (Übersetzung ins Langsame), *S* bei $i < 1$ (Übersetzung ins Schnelle)

Tabelle 2. Evolventenfunktion inv α = tan α − arc α

Minuten	inv α für $\alpha°$												
	16	17	18	19	20	21	22	23	24	25	26	27	28
0	0,00749	0,00903	0,01076	0,01272	0,01490	0,01735	0,02005	0,02305	0,02635	0,02997	0,03395	0,03829	0,04302
1	751	905	1079	1275	1494	1739	2010	2310	2641	3004	3402	3836	4310
2	754	908	1082	1278	1498	1743	2015	2315	2646	3010	3408	3844	4318
3	757	911	1085	1282	1502	1747	2019	2321	2652	3017	3416	3851	4326
4	759	913	1088	1285	1506	1752	2024	2326	2658	3023	3423	3859	4335
5	661	916	1092	1289	1510	1756	2029	2331	2664	3029	3429	3867	4343
6	764	919	1095	1292	1514	1760	2034	2336	2670	3036	3436	3874	4351
7	766	922	1098	1296	1518	1765	2039	2342	2676	3042	3443	3882	4359
8	769	924	1101	1299	1522	1769	2044	2347	2681	3048	3450	3889	4368
9	771	927	1104	1303	1525	1773	2048	2352	2687	3055	3457	3897	4376
10	774	930	1107	1306	1529	1778	2053	2358	2693	3061	3464	3905	4384
11	776	933	1110	1310	1533	2058	2058	2363	2699	3068	3471	3912	4393
12	779	936	1113	1313	1537	1786	2063	2368	2705	3074	3478	3920	4401
13	781	938	1117	1317	1541	1791	2068	2374	2711	3081	3486	3928	4410
14	783	941	1120	1320	1545	1795	2073	2379	2717	3087	3493	3935	4418
15	786	944	1123	1324	1549	1799	2078	2385	2723	3094	3499	3943	4426
16	788	947	1126	1327	1553	1804	2082	2390	2728	3100	3507	3951	4435
17	791	949	1129	1331	1557	1808	2087	2395	2734	3107	3514	3959	4443
18	793	952	1132	1335	1561	1813	2092	2401	2740	3113	3521	3966	4452
19	796	955	1136	1338	1565	1817	2097	2406	2746	3119	3528	3974	4460
20	798	958	1139	1342	1569	1822	2102	2411	2752	3126	3535	3982	4468
21	801	961	1142	1345	1573	1826	2107	2417	2758	3133	3542	3990	4477
22	803	964	1145	1349	1577	1831	2112	2422	2764	3139	3549	3997	4486
23	806	967	1148	1353	1581	1835	2117	2428	2770	3146	3557	4005	4494
24	808	969	1152	1356	1585	1840	2122	2433	2776	3152	3564	4013	4502
25	811	972	1155	1360	1589	1844	2127	2439	2782	3159	3571	4021	4511
26	813	975	1158	1363	1593	1849	2132	2444	2788	3165	3578	4029	4519
27	816	978	1161	1367	1597	1853	2137	2450	2794	3172	3585	4037	4528
28	818	981	1164	1371	1601	1858	2142	2455	2800	3178	3592	4044	4537
29	821	984	1168	1374	1605	1862	2147	2461	2806	3185	3599	4052	4545
30	823	987	1171	1378	1609	1867	2151	2466	2812	3192	3607	4060	4554
31	826	989	1174	1382	1613	1871	2156	2472	2818	3198	3614	4068	4562
32	829	992	1178	1385	1617	1876	2161	2477	2824	3205	3621	4076	4571
33	831	995	1181	1389	1621	1880	2167	2483	2830	3212	3629	4084	4579
34	834	908	1184	1393	1625	1885	2171	2488	2836	3218	3636	4092	4588
35	836	0,01001	1187	1396	1629	1889	2177	2494	2842	3225	3643	4099	4597
36	839	1004	1191	1399	1634	1894	2181	2499	2848	3231	3650	4108	4605
37	841	1007	1194	1404	1638	1898	2187	2505	2855	3238	3658	4116	4614
38	844	1010	1197	1407	1642	1903	2192	2510	2861	3245	3665	4124	4623
39	847	1013	1201	1411	1646	1907	2197	2516	2867	3252	3672	4132	4631
40	849	1016	1204	1415	1650	1912	2202	2521	2873	3258	3680	4139	3640
41	852	1019	1207	1419	1654	1917	2207	2527	2879	3265	3687	4148	4649
42	854	1022	1211	1422	1658	1921	2212	2532	2885	3272	3695	4156	4657
43	857	1025	1214	1426	1663	1926	2217	2538	2891	3279	3702	4164	4666
44	860	1028	1217	1430	1667	1930	2222	2544	2898	3285	3709	4172	4675
45	862	1031	1221	1433	1671	1935	2227	2549	2904	3292	3717	4180	4684
46	865	1034	1224	1437	1675	1940	2232	2555	2910	3299	3724	4188	4692
47	868	1037	1227	1441	1679	1944	2238	2561	2916	3306	3731	4196	4701
48	870	1040	1231	1445	1684	1949	2243	2566	2922	3312	3739	4204	4710
49	873	1043	1234	1449	1688	1954	2248	2572	2929	3319	3746	4212	4719
50	876	1046	1237	1452	1692	1958	2253	2578	2935	3326	3754	4220	4728
51	878	1049	1241	1456	1696	1963	2258	2583	2941	3333	3761	4228	4736
52	881	1052	1244	1459	1700	1968	2263	2589	2947	3340	3769	4236	4745
53	884	1055	1248	1464	1705	1972	2268	2595	2954	3347	3776	4244	4754
54	886	1058	1251	1467	1709	1977	2274	2601	2960	3353	3783	4253	4763
55	889	1061	1254	1471	1713	1982	2279	2606	2966	3360	3791	4261	4772
56	892	1064	1258	1475	1717	1986	2284	2612	2972	3367	3798	4269	4780
57	894	1067	1261	1479	1722	1991	2289	2618	2979	3374	3806	4277	4789
58	897	1070	1265	1483	1726	1996	2294	2624	2985	3381	3814	4285	4798
59	899	1073	1268	1487	1730	2001	2300	2629	2991	3388	3821	4294	4807

Tabelle 3. Rechenschema zur Bestimmung der geometrischen Größen beim Geradzahn-V-Nullgetriebe bei gegebenen Zähnezahlen z_1, z_2 und gegebenem Modul m (Außengetriebe)

geometrische Größe	Formel- zeichen	Berechnungsgleichung
Übersetzung	i	$i = n_1/n_2 = z_2/z_1 = r_2/r_1 = M_{t2}/M_{t1}$
Teilkreisradius	r	$r = d/2 = m\,z/2$
Teilkreisteilung	p_t	$p_t = m\,\pi$
Grundkreisradius	r_b	$r_b = r \cos \alpha_n$
Grundkreisteilung	p_b	$p_b = p_t \cos \alpha_n$
Mindest-Profilverschiebungsfaktor bei $z_1 < 17$	x	$x = (17 - z_1)/17$
Profilverschiebung	v	$v_1 = x_1\,m;\ v_2 = -v_1,$ wegen $x_2 = -x_1$
Kopfkreisradius	r_a	$r_{a1} = r_1 + m + v_1$ $r_{a2} = r_2 + m - v_1$
Fußkreisradius	r_f	$r_{f1} = r_1 - m\,(1{,}25 - x_1)$ für Zahnkrafthöhe des $r_{f2} = r_2 - m\,(1{,}25 + x_2)$ Werkzeugs $h_{fP} = 1{,}25\,m$
Achsabstand (Rechengröße)	a_d	$a_d = r_1 + r_2 = m\,(z_1 + z_2)/2$
Profilüberdeckung	ϵ_α	$\epsilon_\alpha = \dfrac{\sqrt{r_{a1}^2 - r_{b1}^2} \pm \sqrt{r_{a2}^2 - r_{b2}^2} \mp a_d \sin \alpha_n}{m\,\pi \cos \alpha_n}$

a_d ist „normaler" Achsabstand nach (4); x_1, x_2 Profilverschiebungsfaktoren nach (10); m Modul; z_1, z_2 Zähnezahlen; zu ϵ_α: obere Vorzeichen für Außenverzahnung, untere für Innenverzahnung

Tabelle 4. Rechenschema zur Bestimmung der geometrischen Größen beim Geradzahn-V-Getriebe (Außengetriebe)

geometrische Größe	Formel- zeichen	Berechnungsgleichung
Übersetzung	i	$i = n_1/n_2 = z_2/z_1 = r_2/r_1 = r_{w2}/r_{w1} = M_2/M_1$
Teilkreisradius	r	$r = d/2 = m\,z/2$
Teilkreisteilung	p_t	$p_t = m\,\pi$
Grundkreisradius	r_b	$r_b = r \cos \alpha_n$
Grundkreisteilung	p_b	$p_b = p_t \cos \alpha_n$
Wälzkreisradius	r_w	$r_w = \dfrac{r_b}{\cos \alpha_w}$
Betriebseingriffswinkel	α_w	$\operatorname{inv} \alpha_w = 2\,\dfrac{x_1 + x_2}{z_1 + z_2}\, \tan \alpha_n + \operatorname{inv} \alpha_n;\ \cos \alpha_w = \cos \alpha_n\,\dfrac{a_d}{a}$
Mindest-Profilverschiebungsfaktor bei $z_1 < 17$	x	$x = (17 - z_1)/17$
Profilverschiebung	v	$v_1 = x_1\,m;\ v_2 = x_2\,m$
Summe der Profilverschiebungsfaktoren	$x_1 + x_2$	$x_1 + x_2 = \dfrac{\operatorname{inv} \alpha_w - \operatorname{inv} \alpha_n}{2 \tan \alpha_n}\,(z_1 + z_2)$
Achsabstand	a	$a = r_{w1} + r_{w2} = \dfrac{m(z_1 + z_2)}{2}\,\dfrac{\cos \alpha_n}{\cos \alpha_w};\ a = a_d\,\dfrac{\cos \alpha_n}{\cos \alpha_w}$
Rechengröße	a_d	$a_d = r_1 + r_2 = m\,(z_1 + z_2)/2$
Kopfkreisradius	r_a	$r_{a1} = a + m\,(1 - x_2) - r_2$ $r_{a2} = a + m\,(1 - x_1) - r_1$
Fußkreisradius	r_f	$r_{f1} = r_1 - m\,(1{,}25 - x_1)$ für Zahnkopfhöhe des $r_{f2} = r_2 - m\,(1{,}25 - x_2)$ Werkzeugs $h_{fP} = 1{,}25\,m$
Profilüberdeckung	ϵ_α	$\epsilon_\alpha = \dfrac{\sqrt{r_{a1}^2 - r_{b1}^2} \pm \sqrt{r_{a2}^2 - r_{b2}^2} \mp a \sin \alpha_w}{m\,\pi \cos \alpha_n}$

14.5 Geradstirnräder

14.5.1 Verwendung, Eigenschaften

Verwendung bei kleineren bis mittleren Umfangsgeschwindigkeiten ($v_{u0} < 20$ m/s) für Universalgetriebe, Hebezeuge, Winden, Verschieberädergetriebe in Werkzeugmaschinen. Geradstirnräder erzeugen im Gegensatz zu Schrägstirnrädern keine Axialkraft und damit keine zusätzlichen Lagerbelastungen, sind jedoch bei hohen Drehzahlen hinsichtlich Laufruhe und Geräuschbildung ungünstiger.

14.5.2 Allgemeine Abmessungen, geometrische Größen, Profilverschiebung

Allgemeine Abmessung und Verzahnungsmaße siehe unter 14.3; Eingriffsstrecke, Eingriffslänge, Profilüberdeckung siehe unter 14.4.2.3; Zahnunterschnitt, Grenzzähnezahl siehe unter 14.4.2.7; Profilverschiebung, Spitzengrenze siehe unter 14.4.2.8 und 14.4.2.9; geometrische Größen bei V- und V-Nullgetrieben siehe unter 14.4.2.10.

14.5.3 Kraftverhältnisse

Zahnkraft F_{bt} wirkt rechtwinklig zur Zahnflanke längs der Eingriffslinie. Komponenten sind die Umfangskraft F_t und die Radialkraft F_r (Bild 14). Aus Drehmoment M und Teilkreisdurchmesser d ergibt sich die *Umfangskraft* (Tangentialkraft).

$$F_t = \frac{2\,M}{d}$$

$$\begin{array}{c|c|c} F_t & M & d \\ \hline N & Nmm & mm \end{array}$$

(27)

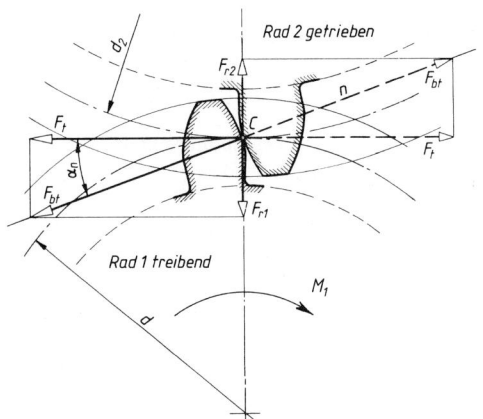

Bild 14. Kräfte am Geradzahn-Stirnrad

Bei Eingriffswinkel $\alpha_n = 20°$ werden hiermit die *Radialkraft F_r* und die *Zahnkraft F_{bt}*:

$$F_r = F_t \tan \alpha_n \approx 0{,}364\,F_t \qquad (28)$$

$$F_{bt} = \frac{F_t}{\cos \alpha_n} \approx 1{,}065\,F_t \qquad (29)$$

14.5.4 Berechnung der Zähne

Die genaue Berechnung der Tragfähigkeit der Zähne kann nur eine Nachprüfung sein, da alle Verzahnungsdaten bekannt sein müssen.

14.5.4.1 Vorwahl der Hauptabmessungen. Vor der Nachprüfung werden die Hauptabmessungen der Zahnräder (Modul, Zähnezahl, Teilkreisdurchmesser, Breite) zunächst überschlägig mit Erfahrungsdaten festgelegt. Man unterscheidet folgende Fälle:
a) Durchmesser d_r der Welle für das Ritzel ist aus vorhergegangener Festigkeitsberechnung gegeben oder überschlägig bestimmt nach Gl. 5 in Kapitel 10 Der hierfür erforderliche, möglichst kleine *Ritzel-Teilkreisdurchmesser* ergibt sich aus:

$$d_1 \geq \frac{1{,}8\,d_r z_1}{z_1 - 2{,}5}$$

$$\begin{array}{c|c} d_1, d_r & z_1 \\ \hline mm & 1 \end{array}$$

(30)

Bei Ausbildung als Ritzelwelle (Welle und Ritzel aus einem Stück) wird

$$d_1 \approx \frac{1{,}1\,d_r z_1}{z_1 - 2{,}5} \qquad (31)$$

Als *Ritzelzähnezahl* wählt man bei hohen Umfangsgeschwindigkeiten ($v > 5$ m/s): $z_1 \approx 20 \ldots 25$; bei mittleren Umfangsgeschwindigkeiten ($v = 1 \ldots 5$ m/s): $z_1 \approx 18 \ldots 22$; bei kleinen Umfangsgeschwindigkeiten ($v < 1$ m/s): $z_1 \approx 15 \ldots 20$.
Zur Ermittlung von $v = d_1 \pi n / 60\,000$ wählt man zunächst $d_1 \approx 2\,d_r$ bzw. $\approx 1{,}25\,d_r$.
Der *Modul* ergibt sich dann aus $m = d_1 / z_1$; gewählt wird der nächstliegende nach DIN 780, Tabelle 1.
Zur Festlegung der *Zahnbreite* nimmt man aus $b_1 \approx \psi_d\,d_1$ und $b_1 \approx \psi_m\,m$ etwa den mittleren Wert. Breitenverhältnis $\psi_d = b_1 / d_1$ nach Bild 15. Breitenverhältnis $\psi_m = b_1 / m \approx 10$ bei gegossenen Zähnen; $\psi_m \approx 15$ bei geschnittenen Zähnen, Lagerung auf Trägern, Sockeln, Ritzel fliegend; $\psi_m \approx 25$ bei genau geschnittenen Zähnen, guter Lagerung in Getriebekästen; $\psi_m \geq 30$ bei bester Verzahnung und genauester starrer Lagerung.
Zur Vermeidung von „Radversetzungen" und zum Ausgleich von Einbauungenauigkeiten wählt man die Breite des Großrades $b_2 \approx b_1 - 5$ mm.

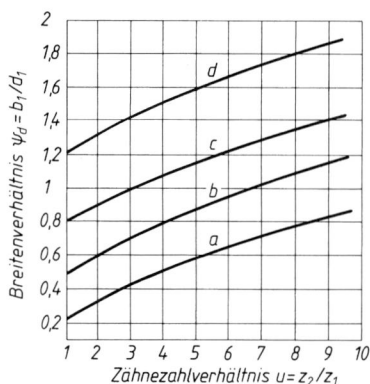

Bild 15. Breitenverhältnis ψ_d

Kurve a: Schaltgetriebe und Getriebe mit kleinen Drehzahlen; Verzahnung und Wellenlagerung in mittlerer Ausführung; bei „fliegendem" Ritzel

Kurve b: Getriebe mit mittleren Drehzahlen; Universalgetriebe; Verzahnung und Wellenlagerung in guter, handelsüblicher Ausführung

Kurve c: Schnelllaufende Getriebe mit hoher Lebensdauer; Verzahnung und Wellenlagerung mit hoher Genauigkeit

Kurve d: Schnelllaufende Getriebe mit höchster Lebensdauer; Verzahnung und Wellenlagerung mit höchster Präzision bei starr gelagerten Wellen

b) Wellendurchmesser sind noch unbekannt; nicht gebunden an bestimmten Achsenabstand; Übertragung größerer Leistungen.

Man bestimmt den *Teilkreisdurchmesser des treibenden Rades* (meist des Ritzels) aus

$$d_1 \approx \frac{950}{\sigma_{H\,lim}} \cdot 3\sqrt{\frac{M_1\,\sigma_{H\,lim}}{\psi_d} \cdot \frac{i+1}{i}} \qquad (32)$$

oder aus

$$d_1 \approx \frac{20\,500}{\sigma_{H\,lim}} \cdot 3\sqrt{\frac{P_1\,\sigma_{H\,lim}}{\psi_d\,n_1} \cdot \frac{i+1}{i}} \qquad (33)$$

d_1	M_1	P_1	$\sigma_{H\,lim}$	n_1	$\psi_d, 1$
mm	Nm	kW	$\dfrac{N}{mm^2}$	min^{-1}	1

M_1 Drehmoment des teibenden Rades; P_1 zu übertragende Leistung; i Übersetzung des Radpaares;

ψ_d Breitenverhältnis nach Bild 15; $\sigma_{H\,lim}$ Hertz'sche Pressung des Ritzels nach Tabelle 5 (zur Vorwahl des Ritzelwerkstoffs Tabelle 6) n_1 Drehzahl des teibenden Rades.

Ritzelzähnezahl, *Modul* und *Zahnbreite* wählt man wie oben unter a). Bei der Wahl der Ritzelzähnezahl ist zu beachten, dass die Bedingungen nach (30) bzw. (31) erfüllt ist. Der Durchmesser der Ritzelwelle kann dabei überschlägig ermittelt werden aus $d_r \approx 0{,}65 \sqrt[3]{M_1}$ in mm (M_1 in Nmm).

c) Achsenabstand a ist aus baulichen Gründen gegeben (häufig bei Feinmaschinen). Der *Teilkreisdurchmesser des treibenden Rades* (meist des Ritzels) wird dann

$$d_1 = \frac{2\,a}{i+1} \qquad \begin{array}{c|c} d_1, a & i \\ \hline mm & 1 \end{array} \qquad (34)$$

Bei Leistungsgetrieben sollen gleichzeitig die Bedingungen nach (32) bzw. (33) erfüllt sein. Gegebenenfalls ist der $\sigma_{H\,lim}$-Wert und damit der Werkstoff des Ritzels entsprechend zu wählen. Für die Festlegung von *Ritzelzähnezahl*, *Modul* und *Zahnbreite* gelten die Angaben wie oben zu a) und b). Vielfach lässt sich jedoch der verlangte Achsenabstand nur durch entsprechende Profilverschiebung erreichen (siehe unter 14.4.2.11).

14.5.4.2 Vorwahl der Zahnradwerkstoffe. Der Werkstoff des Ritzels soll mindestens eine um 50 N/mm^2 höhere Bruchfestigkeit haben als der des Rades. Gegebenenfalls ist der Werkstoff zu ändern, falls die Nachprüfung der Zähne dieses erfordert.

14.5.4.3 Wahl der Verzahnungsqualität. Für die Toleranzen und damit für die Genauigkeit der Verzahnung sind nach DIN 3960 zwölf Qualitäten vorgesehen. Für deren Wahl sind insbesondere das Verwendungsgebiet und die Umfangsgeschwindigkeit maßgebend, Richtlinien für die Auswahl der Qualität siehe Bild 16.

Normen:

DIN 3961	Erläuterungen zu den Toleranzen für Stirnradverzahnungen
DIN 3962	zulässige Einzelfehler der Verzahnungen
DIN 3963	zulässige Sammelfehler
DIN 3964	Toleranzen für die Einbaumaße

Tabelle 5. Werkstoffe und Festigkeitswerte für Zahnräder (Empfehlungen nach DIN 3990)

Nr.	Werkstoff		Art der Behandlung	Dauerfestigkeitswerte für		
				R_m N/mm^2	Zahnfußspannung bei Schwelllast $\sigma_{F\,lim}$ N/mm^2	Hertz'sche Pressung $\sigma_{H\,lim}$ N/mm^2
1	Gusseisen mit	EN-GJL-200		200	50	270
2	Lamellengraphit	EN-GJL-250		250	60	310
3		EN-GJL-350		350	80	360
4	Gusseisen mit	EN-GJS-400-15		800	200	360
5	Kugelgraphit	EN-GJS-500-7		900	210	420
6		EN-GJS-600-3		1 000	220	490
7		EN-GJS-700-2		1 100	230	525
8	Stahlguss	GE 240		410	130	280
9		GE 260		470	150	340
10		GE 300		520	170	420
11	allgemeiner			450	170	290
12	Baustahl,	E 295		550	190	340
13	unlegiert,	E 355		650	200	400
14	ungehärtet	E 360		800	220	460
15	Vergütungsstahl	C22 E	vergütet	600	170	440
16		C45 E	umlaufgehärtet	1 000	270	1 100
17		C45 E	badnitriert	1 100	350	1 100
18		C60 E	vergütet	900	220	620
19		34Cr4	vergütet	900	260	650
20		37Cr4	vergütet	950	270	650
21		37Cr4	umlaufgehärtet	1 150	310	1 280
22		42CrMo4	vergütet	1 100	290	670
23		42CrMo4	umlaufgehärtet	1 300	350	1 360
24		42CrMo4	badnitriert	1 450	430	1 220
25		34CrNiMo6	vergütet	1 300	320	770
26	Einsatzstahl	C15 E	einsatzgehärtet	900	230	1 600
27		16MnCr5		1 400	460	1 630
28		20MnCr5		1 500	480	1 630
29		20MoCr4		1 300	400	1 630
30		15CrNi6		1 600	500	1 630
31		18CrNi8		1 700	500	1 630
32		17CrNiMo6		1 700	500	1 630

Tabelle 6. Beispiele für den Betriebsfaktor c_s

Der Betriebsfaktor berücksichtigt die Betriebsart des Systems „Kraftmaschine – Getriebe – Arbeitsmaschine", insbesondere Drehmomentenschwankungen von der Antriebsseite her und Stöße aus der Arbeitsmaschine. Er wird im Einvernehmen mit dem Abnehmer des Getriebes festgelegt.

Kraftmaschine (Antrieb)	Arbeitsmaschine (Abtrieb)	Betriebsfaktor c_s
Turbine	Kreiselpumpe	1,1
Elektromotor	Werkzeugmaschine	1,25
Verbrennungsmotor	Schiffsschraube	1,4
Elektromotor	Walzwerksanlage	1,5

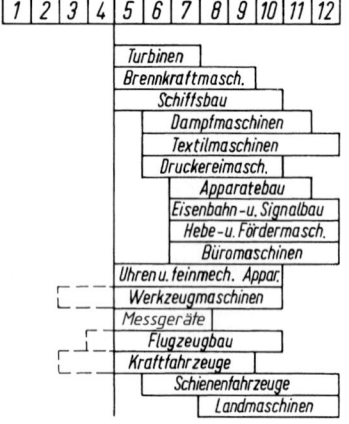

a)

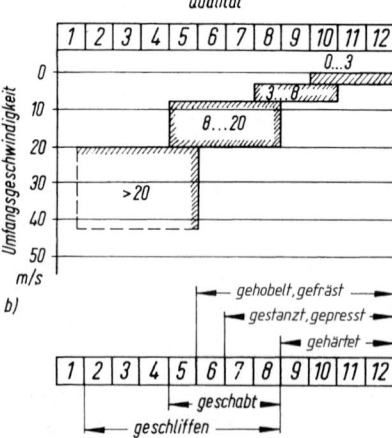

b)

c)

Bild 16. Richtlinien für die Wahl der Verzahnungsqualität. a) nach Verwendungsgebiet, b) nach Umfangsgeschwindigkeit, c) nach Herstellungsverfahren

14.5.4.4 Nachprüfung der Zähne.

Nach Vorwahl und Festlegung der Verzahnungsdaten wird die Zahnfußbeanspruchung und die Flankenbeanspruchung (Hertz'sche Pressung) nachgeprüft. Für umfangreichere Berechnungen zum Tragfähigkeitsnachweis bei Zahnrädern sind die Normen heranzuziehen, insbesondere die Empfehlungen aus DIN 3990 (für Stirnräder), 3991 (für Kegelräder), 3996 (Zylinder-Schneckengetriebe)

Nachprüfung der Zahnfußbeanspruchung. Der Zahnfuß ist am stärksten gefährdet, wenn die Zahnkraft F_{bt} am Kopfpunkt des Zahnes angreift (Bild 17). Gefährdeter Querschnitt $A - B$ wird durch Komponente F_d auf Druck, durch Moment $M_b = F_b\, l$ auf Biegung und zusätzlich durch F_b auf Schub (vernachlässigbar) beansprucht.

Werden F_d und F_b durch Umfangskraft F_t ausgedrückt und die konstanten bzw. wenig veränderlichen Verzahnungsdaten (α_n, β, l, s_f) in Y_F zusammengefasst, dann ergibt sich die *Zahnfußspannung*

$$\sigma_F = \frac{F_t}{b\,m}\, Y_F\, Y_\in \le \sigma_{FP}$$

$\sigma_F,\ \sigma_{FP}$	F_t	b, m	$Y_F\ Y_\in$
$\dfrac{N}{mm^2}$	N	mm	1

(35)

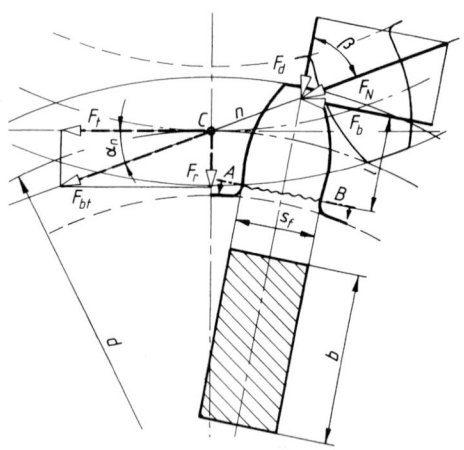

Bild 17. Kräfte am Zahn

Umfangskraft am Teilkreis $F_t = 2\,M_1\,c_S/d_1$, worin M_1 (Nenn-)Drehmoment des Ritzels in Nmm, c_S Betriebsfaktor nach Bild 6, Ritzel-Teilkreisdurchmesser in mm, b Zahnbreite; m Modul; Y_F Zahnformfaktor, abhängig von den Verzahnungsdaten, nach Bild 18; $Y_\in$ Überdeckungsfaktor zur Berücksichtigung der Profilüberdeckung ist. Man setzt $Y_\in = 1$ bei „normaler" Verzahnung (Qualität 8 ... 12), rohen Zähnen und geringer Belastung, da hierbei nicht damit zu rechnen ist, dass mehrere Zahnpaare gleichzeitig die

Umfangskraft übertragen; $Y_\in \approx 0,8$ bei genauer Verzahnung (Qualität 5 ... 7) und höherer Belastung. σ_{FP} ist die zulässige Zahnfußspannung; man setzt $\sigma_{FP} = R_m/\nu$ (bei langsam laufenden Rädern und handbetätigten Hebezeugen, Sicherheit $\nu \approx 2,5$), $\sigma_{FP} = \sigma_{F\,lim}/\nu$ (bei schnelllaufenden Rädern, $\eta \approx 2$). Entsprechende Festigkeitswerte siehe Tabelle 5.
Die Nachprüfung soll immer für beide Räder durchgeführt werden.

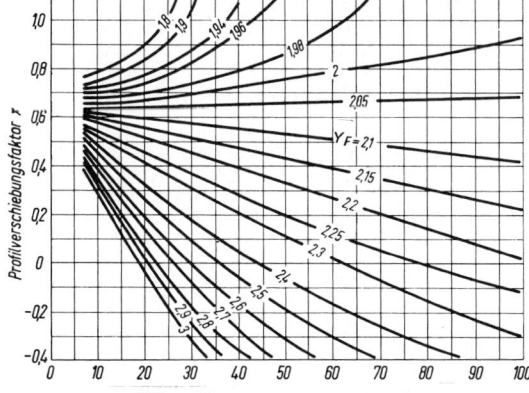

Bild 18. Ermittlung des Zahnformfaktors Y_F

Nachprüfung der Flankenbeanspruchung. Die an den Zahnflanken auftretende Flächenpressung ist für die Lebensdauer eines Getriebes von entscheidender Bedeutung. Um eine fortschreitende „Grübchenbildung" an den Flächen zu vermeiden und die Lebensdauer der Zähne nicht zu gefährden, darf die im Wälzpunkt auftretende *Hertz'sche Pressung* einen zulässigen Wert nicht überschreiten:

$$\sigma_H = \sqrt{\frac{F_t}{b\,d_1}\,\frac{u+1}{u}}\; Z_E\, Z_\in Z_H \le \sigma_{HP} \qquad (36)$$

p	F_t	b, d_1	$u, Z_H, Z_\in$	Z_E
$\dfrac{N}{mm^2}$	N	mm	1	$\sqrt{\dfrac{N}{mm^2}}$

Umfangskraft am Teilkreis $F_t = 2\,M_1\,c_S/d_1$ wie zu (35); b Zahnbreite (von beiden Rädern die kleinere); d_1 Teilkreisdurchmesser des Ritzels, $u = z_2/z_1 \ge 1$ Zähnezahlverhältnis gleich Verhältnis der Zähnezahl des Großrades zur Zähnezahl des Ritzels, bei $i > 1$ ist $u = i$; Z_E Elastizitätsfaktor zur Berücksichtigung des E-Moduls der Werkstoffe der Räder nach Tabelle 7; $Z_\in$ Überdeckungsfaktor zur Berücksichtigung der Länge der Berührungslinien: Bei „normaler" Verzahnung (Qualität 8 ... 12), rohen Zähnen und geringer Belastung ist mit gleichzeitiger Übertragung der Kraft durch mehrere Zahnpaare nicht zu rechnen, man setzt dann $Z_\in = 1$; bei genauer Verzahnung und höherer

Belastung kann $Z_\in \approx 0,8$ gesetzt werden; Zonenfaktor Z_H ist abhängig von den Verzahnungsdaten und erfasst die Krümmung der Zahnflanken:

$$Z_H = \frac{1}{\cos \alpha_t}\sqrt{\frac{2\cos \beta_b}{\tan \alpha_{wt}}} \quad \text{für Zahnräder} \qquad (37)$$

$$Z_H = 2\sqrt{\frac{\cos \beta_b}{\sin (2\,\alpha_t)}} \quad \text{für Null-Kegelräder} \qquad (38)$$

Eingriffswinkel im Stirnschnitt α_t am Teilkreis nach $\tan \alpha_t = \tan \alpha_n/\cos \beta$ (bei Geradverzahnung ist $\beta = 0$ und damit $\alpha_t = \alpha_n = 20°$); Betriebseingriffswinkel im Stirnschnitt α_{wt} bei vorgeschriebenem Achsabstand a nach $\alpha_{wt} = \arccos a_d\,\alpha_t/a$ mit Achsabstand a_d ohne Profilverschiebung nach (42); Schrägungswinkel β_b am Grundkreis nach $\arctan \beta_b = (\tan \beta_b \cos \alpha_t)$ mit Schrägungswinkel β am Teilkreis siehe 14.6.2 Zulässige Hertz'sche Pressung aus $\sigma_{HP} = \sigma_{H\,lim}/\nu$, wobei $\nu \approx 1,5$ einzusetzen ist. $\sigma_{H\,lim}$ aus Tabelle 5.

Tabelle 7. Richtwerte für den Elastizitätsfaktor Z_E in $\sqrt{N/mm^2}$

Werkstoff des Ritzels	Werkstoff des Rades		Elastizitäts-faktor Z_E in $\sqrt{N/mm^2}$
Stahl	Stahl		189,8
	Stahlguss	GE 300	188,9
	Kugelgra-phitguss	EN-GJS-500-7	181,4
	Grauguss	EN-GJL-250	163,5
	Guss-Zinn-Bronze	G-SnBz 14	155
Kugel-graphit-guss EN-GJS-500-7	Kugel-graphit-guss	EN-GJS-400-15	173,9
Stahl	Duoplast-Schichtstoff (Hartgewebe)		57,2

14.6 Schrägstirnräder

14.6.1 Verwendung, Eigenschaften

Die Zähne sind auf dem Radzylinder schraubenförmig gewunden und bilden am Teilkreis mit der Radachse den Schrägungswinkel β. Bei Paarung zweier Räder zum Stirnradgetriebe müssen die Zähne des einen Rades rechts- die des anderen linkssteigend sein. Zwei Räder mit Zähnen gleichen Steigungssinnes ergeben ein Schraubradgetriebe. Verwendung bei höheren Drehzahlen und Belastungen, ruhiger, geräuscharmer Lauf; größerer Überdeckungsgrad gegenüber Geradstirnrädern; jedoch Axialschub, der durch Doppelschräg- oder Pfeilzähne aufgehoben werden kann.

14.6.2 Allgemeine Abmessungen

Schrägungswinkel üblich $\beta \approx 10°$ ... $20°$. Im Normalschnitt rechtwinklig zur Flankenrichtung zeigt sich die normale Evolventenverzahnung mit dem *Normaleingriffswinkel* α_n und *der Normalteilung* $p_n = m_n \pi$ (m_n Normalmodul gleich Normmodul). An der *Stirnfläche* des Rades wird die Stirnteilung $p_t = p_n/\cos \beta$ gemessen, entsprechend Stirnmodul $m_t = m_n/\cos \beta$ (Bild 19); Stirneingriffswinkel α_t aus $\alpha_t = (\arctan \alpha_n/\cos \beta)$. *Teilkreisdurchmesser d, Kopfkreisdurchmesser d_a, Grundkreisdurchmesser d_b und Achsabstand a_d* ergeben:

$$d = m_t z = \frac{m_n}{\cos \beta} z \tag{39}$$

$$d_a = d + 2 \, m_n \tag{40}$$

$$d_b = d \cos \alpha_t \tag{41}$$

$$a_d = \frac{d_1 + d_2}{2} = \frac{m_n (z_1 + z_2)}{2 \cos \beta} \tag{42}$$

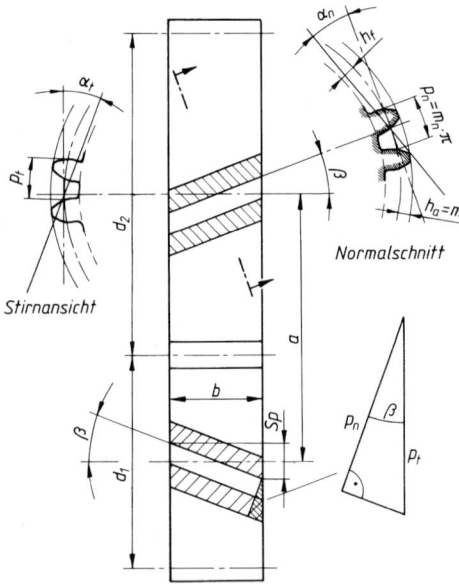

Bild 19. Abmessungen der Schrägzahn-Stirnräder

14.6.3 Eingriffsstrecke, Eingriffslänge, Profilüberdeckung

Für die Eingriffsstrecke g_α und die Eingriffslänge e gelten sinngemäß die Angaben und Gleichungen unter 14.4.2.3 und in Tabelle 3, wobei $\alpha_n = \alpha_t$ zu setzen ist. Die *Gesamtüberdeckung* ϵ_{ges} ergibt sich aus der Profilüberdeckung ϵ_α nach (6), worin $\alpha_n = \alpha_t$ zu setzen ist, und der Sprungüberdeckung $\epsilon_\beta = Sp/p_t$ mit Sprung $Sp = b \tan \beta$:

$$\epsilon_{ges} = \epsilon_\alpha + \epsilon_\beta \tag{43}$$

Der Sprung Sp ist die auf die Zahnbreite bezogene, am Teilkreis gemessene Schrägstellung der Zähne (Bild 19).

14.6.4 Ersatz-Geradstirnrad, Grenzzähnezahl

Man führt zweckmäßig das Schrägstirnrad mit der Zähnezahl z auf ein Geradstirnrad, das Ersatz-Geradstirnrad zurück. Hierfür gelten dann sinngemäß die Angaben unter 14.4.2.7.

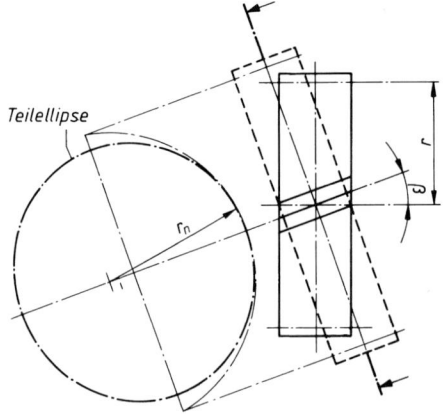

Bild 20. Ersatz-Geradstirnrad

Für das aus dem Normalschnitt entstehende Ersatzrad (Bild 20) ergibt sich die *Ersatzzähnezahl*

$$z_n = \frac{z}{\cos^3 \beta} \tag{44}$$

Wird $z_n = z_g = 17$ gesetzt, dann ergibt sich die *Grenzzähnezahl* bei Schrägstirnrädern

$$z_{gS} = 17 \cos^3 \beta \tag{45}$$

14.6.5 Profilverschiebung, Zahnspitzengrenze

Bei Zähnezahlen $z < z_{gS}$ ist zur Vermeidung von Unterschnitt Profilverschiebung erforderlich. Zur Ermittlung der Profilverschiebung v und der Profilverschiebungsfaktoren x_{th} und x gelten die unter 14.4.2.8 hergeleiteten Gleichungen (8), (9) und (10), wobei $m = m_n$ (Normalmodul) und $z = z_n$ zu setzen sind.

Ebenso wie die Grenzzähnezahl liegt auch die Spitzengrenze mit größer werdendem Schrägungswinkel β niedriger.

Grenzzähnezahlen und Spitzengrenze sind in Abhängigkeit vom Schrägungswinkel in Bild 21 dargestellt.

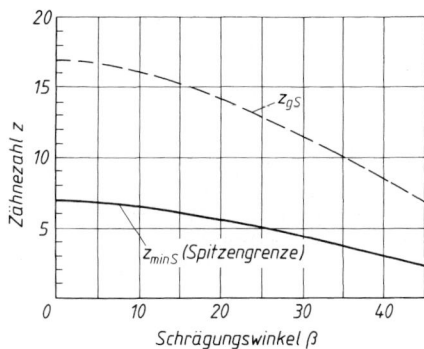

Bild 21. Grenz- und Mindestzähnezahlen bei Schrägverzahnung

14.6.6 Kraftverhältnisse

Die Schrägung der Zähne ergibt zusätzliche Axialkraft. Nach Bild 22 ergeben sich mit der Umfangskraft $F_t = 2\,M/d$ die *Axialkraft* F_a und die *Radialkraft* F_r:

$$F_a = F_t \tan \beta \qquad (46)$$

$$F_r = \frac{F_t \tan \alpha_n}{\cos \beta} \qquad (47)$$

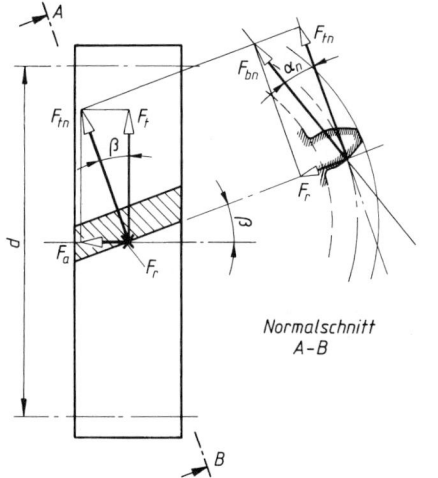

*Normalschnitt
A–B*

Bild 22. Kraftverhältnisse am Schrägzahn-Stirnrad-
getriebe

14.6.7 Berechnung der Zähne

Die Berechnung wird im Prinzip wie für Geradstirnräder unter 14.5.4 durchgeführt.

14.6.7.1 Vorwahl der Hauptabmessungen

a) Durchmesser d der Welle des Ritzels ist bekannt
oder überschlägig bestimmt nach Gl. 5 in Kap. 10.

Man ermittelt den *Ritzel-Teilkreisdurchmesser* d_1
nach (30) bzw. (31). *Als Ritzelzähnezahl* wählt man
ein bis zwei Zähne weniger als bei Geradzähnen
(siehe unter 14.5.4.1a). Der *Stirnmodul* ergibt sich
aus $m_t = d_1/z_1$. Die *Zahnbreiten* b_1 und b_2 wählt man
wie für Geradstirnräder, jedoch soll $\psi_m = b_1/m_t \approx 30$
bei größeren Schrägungswinkeln ($\beta > 25°$) nicht überschreiten.
Den *Schrägungswinkel* β bestimmt man so, dass die
Sprungüberdeckung $\epsilon_\beta \approx 1 \dots 1,2$ beträgt (günstig für
Laufruhe, keine zu großen Axialkräfte).
Aus

$$\epsilon_\beta = \frac{Sp}{p_t} = \frac{b_1 \tan \beta}{\pi\, m_t}$$

kann der *Schrägungswinkel* ermittelt werden aus

$$\beta = \arctan \frac{\pi\, m_t}{b_1} \qquad \epsilon_\beta \approx 3,5 \frac{m_t}{b_1} \qquad (48)$$

Mit β ergibt sich dann der *Normalmodul*
$m_n = m_t \cos \beta$. Für diesen wird der nächstliegende
Norm-Modul nach Tabelle 1 gewählt und hiermit die
endgültigen Radabmessungen nach 14.6.2 festgelegt.
b) Wellendurchmesser noch unbekannt; nicht gebunden an bestimmten Achsenabstand; Übertragung
größerer Leistungen.
Man ermittelt den Ritzel-Teilkreisdurchmesser wie
bei Geradstirnrädern nach (32) bzw. (33). Zur Ermittlung der sonstigen Baugrößen ist wie unter a) zu
verfahren. Gleichzeitig sind die Hinweise unter
14.5.4.1b zu beachten.
c) Achsenabstand ist aus baulichen Gründen gegeben.
Bestimmung des Teilkreisdurchmessers des treibenden Rades nach (34). Für die Festlegung der sonstigen Baugrößen gelten sinngemäß die Angaben zu
14.5.4.1 c).

14.6.7.2 Werkstoffe, Verzahnungsqualität. Für die
Wahl der Werkstoffe und der Verzahnungsqualität
sind die gleichen Gesichtspunkte wie für Geradstirnräder maßgebend, siehe unter 14.5.4.2 und 14.5.4.3.

14.6.7.3 Nachprüfung der Zähne. Die Tragfähigkeit der Zähne der Schrägstirnräder wird genauso
geprüft wie die der Geradstirnräder:
Nachprüfung der Zahnfuß-Tragfähigkeit nach (35)
und der Flanken-Tragfähigkeit nach (36). An Stelle
von m ist jeweils der Normalmodul m_n, an Stelle von
z die Ersatzzähnezahl z_n zu setzen.

■ **Beispiel:**
Für den Spindelantrieb einer Fräsmaschine ist das Schrägstirnrad-
paar als Eingangsstufe zu berechnen. Antriebsleistung $P = 4$ kW,
Antriebsdrehzahl $n = 700$ min^{-1}. Das Ritzel sitzt auf der Motorwelle mit $d_t = 38$ mm Durchmesser. Übersetzung $i = 4,8$.

Lösung:

Zunächst werden Hauptabmessungen vorgewählt. Durchmesser d_r der Welle des Ritzels ist gegeben. Nach 14.6.7.1 unter a) wird der Ritzel-Teilkreisdurchmesser nach (30):

$$d_1 \geq \frac{1,8\, d_r\, z_1}{z_1 - 2,5}$$

Nach 1.4.5.4.1 unter a) wird Ritzelzähnezahl $z_1 = 20$ gewählt bei

$$v = \frac{d_1\, \pi\, n_1}{60} \approx \frac{2\, d_t\, \pi\, n}{60} \approx 2 \cdot 0,038 \cdot \pi \cdot \frac{700}{60} \approx 2,8\, \frac{m}{s}$$

hiermit und mit $d_t = 38$ mm wird

$$d_1 \geq \frac{1,8 \cdot 38\ \text{mm} \cdot 20}{20 - 2,5} \geq 78\ \text{mm} \approx 80\ \text{mm}$$

Der Stirnmodul ergibt sich aus (39):
$m_t = d_1/z_1 = 80$ mm/20 = 4 mm. Ritzelbreite gleich Zahnbreite $b_1 \approx \psi_d\, d_1$; Breitenverhältnis nach Bild 15: $\psi_d \approx 0,9$ für Kurve b und $u = i = 4,8$; damit $b_1 \approx 0,9 \cdot 80$ mm ≈ 70 mm.
Mit Breitenverhältnis $\psi_m \approx 15$ (geschnittene Zähne, Ritzel fliegend) wird $b_1 = \psi_m\, m_t \approx 15 \cdot 4$ mm ≈ 60 mm; gewählt wird $b_1 = 65$ mm als mittlerer Wert.
Ein günstiger Schrägungswinkel β ergibt sich aus (48):

$$\beta \approx \arctan 3,5\, \frac{m_t}{b_1} \approx 3,5\, \frac{4\ \text{mm}}{65\ \text{mm}} = 12,155°$$

gewählt $\beta = 12°$

Hiermit wird der Normalmodul
$m_n = m_t \cos \beta = 4$ mm $\cos 12° = 3,91$ mm, gewählt nach DIN 780, Tabelle 1: $m_n = 4$ mm. Damit werden nun die endgültigen Abmessungen der Räder festgelegt:
Tatsächlicher Stirnmodul
$m_t = m_n/\cos \beta = 4$ mm /cos 12° = 4,09 mm
Teilkreisdurchmesser nach (39) für Ritzel:
$d_1 = m_t\, z_1 = 4,09$ mm $\cdot 20 = 81,8$ mm
für Rad mit
$z_2 = i\, z_1 = 4,8 \cdot 20 = 96$; $d_2 = m_t\, z_2 = 4,09 \cdot 96 = 392,64$ mm
Achsenabstand a_d nach (42):
$a_d = (d_1 + d_2)/2 = (81,8$ mm $+ 392,64$ mm$)/2 = 237,22$ mm;
Breite des Ritzels $b_1 = 65$ mm, Breite des Rades $b_2 = 60$ mm.
Vorwahl der Werkstoffe. Nach Tabelle 6 werden vorläufig für das Ritzel Stahl E360, für das Rad Stahlguss GE260, gewählt.
Wahl der Verzahnungsqualität. Nach Bild 16a kommen für Werkzeugmaschinen Qualitäten bis 10 infrage; für Umfangsgeschwindigkeit

$$v = \frac{d_1\, \pi\, n_1}{60} = 0,0818 \cdot \pi \cdot \frac{760}{60}\, \frac{m}{s} \approx 3\, \frac{m}{s}$$

die Qualitäten 8 bis 10. Gewählt wird Qualität 8.

Nachprüfen der Zähne. Für die Zahnfußbeanspruchung gilt für das Ritzel nach (35):

$$\sigma_{F1} = \frac{F_{t1}}{b_1\, m_n}\, Y_F\, Y_\epsilon \leq \sigma_{FP}$$

Umfangskraft $F_{t1} = 2\, M_1\, c_S/d_1$
Drehmoment des Ritzels
$M_1 = 9\,550\, P/n = 9\,550 \cdot 4/700 = 54,6 \cdot 10^3$ Nmm;
Betriebsfaktor nach Bild 6:
$c_S = 1,5$ (Elektromotor – Volllast, stoßfrei – Zahnrad (Bruch) – 8 h)
damit $F_{t1} = 2 \cdot 54,6 \cdot 10^3$ Nmm $\cdot 1,5/81,8$ mm $\approx 2\,000$ N
Zahnbreite $b_1 = 65$ mm. Normalmodul $m_n = 4$ mm.
Zahnformfaktor nach Bild 18 für
$z_{n1} = z_1/\cos^3 \beta = 20/\cos^3 12° = 21,3$ (nach Gleichung 44) und
$x = 0$: $Y_F \approx 2,9$. Überdeckungsfaktor $Y_\epsilon = 1$ für Verzahnungsqualität 8. Damit wird

$$\sigma_{F1} = \frac{2\,000\ \text{N}}{65\ \text{mm} \cdot 4\ \text{mm}} \cdot 2,9 \cdot 1\, \frac{N}{mm^2} = 22,3\, \frac{N}{mm^2}$$

mit dem $\sigma_{F\,lim}$-Wert der Tabelle 5 wird nach (35) für Stahl E360

$$\sigma_{F\,P1} = \frac{\sigma_{F\,lim}}{v} = \frac{220\, \frac{N}{mm^2}}{2}\, \frac{N}{mm^2} = 110\, \frac{N}{mm^2}$$

Die Zahnfußbeanspruchung für das Ritzel ist weit ausreichend; es genügte zunächst ein schwächerer Stahl.
Für das Rad wird die Zahnfußbeanspruchung

$$\sigma_{F2} = \frac{F_{t2}}{b_2\, m_n}\, Y_F\, Y_\epsilon$$

$F_{t1} = F_{t2} = 2\,000$ N; $b_2 = 60$ mm; $m_n = 4$ mm
für $z_{n2} = z_2/\cos^3 \beta = 96/\cos^3 12° = 102$ wird (nach Bild 18)
$Y_F \approx 2,2$; $Y_\epsilon = 1$, damit

$$\sigma_{F2} = \frac{2\,000\ \text{N}}{60\ \text{mm} \cdot 4\ \text{mm}} \cdot 2,2 \cdot 1\, \frac{N}{mm^2} = 18,3\, \frac{N}{mm^2}$$

mit dem $\sigma_{F\,lim}$-Wert der Tabelle 5 wird nach (35) für Stahlguss GE260

$$\sigma_{FP2} = \frac{\sigma_{F\,lim}}{v} = \frac{150\, \frac{N}{mm^2}}{2} = 75\, \frac{N}{mm^2}$$

Für die Flankentragfähigkeit gilt nacht (36):

$$\sigma_H = \sqrt{\frac{F_t}{b\, d_1} \cdot \frac{u+1}{u}}\, Z_E\, Z_\epsilon\, Z_H$$

$F_t \triangleq F_{t1} = 2\,000$ N (w.o.); $b \triangleq b_2 = 60$ mm (kleinste Breite!)
$d_1 = 81,8$ mm; $u \triangleq i = 4,8$; Zonenfaktor Z_H mit $a_d = 237,22$ mm,
$\beta = 12°$ und $\alpha_t = 20,41°$ nach (37): $Z_H = 2,45$; Elastizitätsfaktor für Stahl gegen Stahlguss nach Tabelle 7: $Z_E = 188,9$; Überdeckungsfaktor $Z_\epsilon = 1$ gewählt.

$$\sigma_H = \sqrt{\frac{2\,000\ \text{N}}{60\ \text{mm} \cdot 81,8\ \text{mm}} \cdot \frac{4,8+1}{4,8}} \cdot 2,45 \cdot 188,9 \cdot \sqrt{\frac{N}{mm^2}} = 324\, \frac{N}{mm^2}$$

mit dem $\sigma_{H\,lim}$-Wert der Tabelle 5 wird nach (36) für Stahl E360

$$\sigma_{H\,P1} = \frac{\sigma_{H\,lim}}{v} = \frac{460\, \frac{N}{mm^2}}{1,5} = 307\, \frac{N}{mm^2}$$

und für Stahlguss GE 260

$$\sigma_{H\,P2} = \frac{340\, \frac{N}{mm^2}}{1,5} = 227\, \frac{N}{mm^2}$$

Sowohl beim Ritzel als auch beim Rad ist die Flankentragfähigkeit $\sigma_H > \sigma_{HP}$, es muss in beiden Fällen ein Werkstoff mit einem größeren $\sigma_{H\,lim}$-Wert gewählt werden.

14.7 Kegelräder

14.7.1 Allgemeines

Ausführung mit Geradzähnen (nur bei kleineren Drehzahlen und Belastungen), Schräg- und Bogenzähnen. Die Kegelradachsen schneiden sich normalerweise in einem Punkt (keine Achsversetzung), meist unter dem Achsenwinkel $\Sigma = 90°$.

14.7.2 Geradverzahnte Kegelräder

14.7.2.1 Geometrische Beziehungen

Übersetzung $i = n_1/n_2 = z_2/z_1 = d_2/d_1 = r_2/r_1$. Mit den Teilkegelwinkeln δ_1 und δ_2 folgt aus Bild 23:
$\sin \delta_1 = r_1/R_a$ und $\sin \delta_2 = r_2/R_a$, hiermit:
$\sin \delta_2/\sin \delta_1 = (r_2 R_a)/(r_1 R_a) = r_2/r_1 = i$; damit wird die *Übersetzung*

$$i = \frac{n_1}{n_2} = \frac{z_2}{z_1} = \frac{d_2}{d_1} = \frac{\sin \delta_2}{\sin \delta_1} \tag{49}$$

Bei $\Sigma = \delta_1 + \delta_2 = 90°$ wird

$$i = \cot \delta_1 = \tan \delta_2 \tag{50}$$

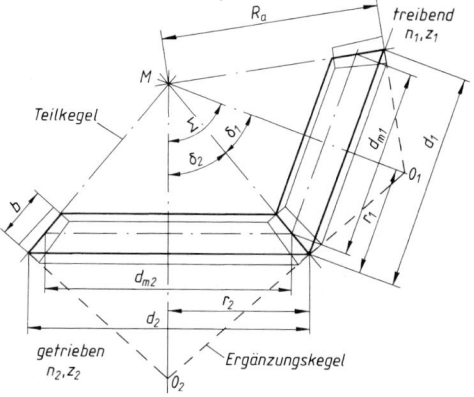

Bild 23. Geometrische Beziehungen am Kegelradgetriebe

Äußerer Teilkreisdurchmesser $d = m_t\, z$; m_t (Außen-) Modul gleich Normmodul nach Tabelle 1.
Teilkreisteilung $p_t = m_t\, \pi$, Kopfhöhe $h_a = m_t$, Fußhöhe $h_f = 1,2\, m_t$ gemessen an der Außenfläche (Bild 24).

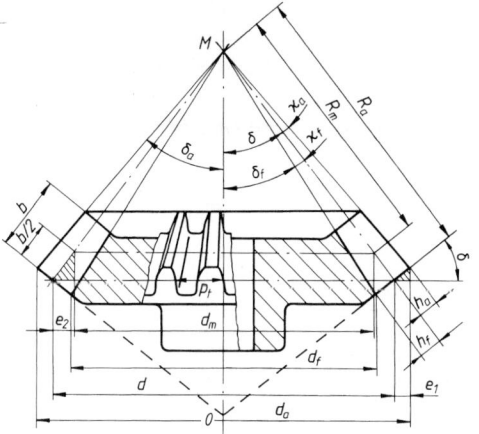

Bild 24. Abmessungen am Geradzahnkegelrad

Teilkegellänge gleich Spitzenentfernung
$R_a = d/(2 \sin \delta) \geq 3\, b$ (Bild 23). Kopfwinkel κ_a aus
$\kappa_a = \arctan h_a/R_a = \arctan m_t/R_a$; Kopfkegelwinkel wird damit $\delta_a = \delta + \kappa_a$. Fußwinkel κ_f aus
$\kappa_f = \arctan h_f/R_a = \arctan 1,2\, m_t/R_a$; Fußkegelwinkel wird damit $\delta_f = \delta - \kappa_f$.
Kopfkreisdurchmesser gleich größter Durchmesser des Radkörpers wird $d_a = d + 2\, h_a \cos \delta$; mittlerer Teilkreisdurchmesser $d_m = d - (b \sin \delta)$.

14.7.2.2 Ersatzzähnezahl, Eingriffsverhältnisse

Zur Untersuchung der Eingriffsverhältnisse und Ermittlung der Grenzzähnezahl wird das Kegelrad auf ein Ersatz-Stirnrad zurückgeführt mit dem Teilkreisradius gleich Mantellinienlänge des Ergänzungskegels $r_r = r/\cos \delta$; die zugehörige *Ersatz-Zähnezahl* ist entsprechend

$$z_n = \frac{z}{\cos \delta} \tag{51}$$

Mit $z_n = z_g = 17$ wird die *Grenzzähnezahl* bei geradverzahnten Kegelrändern

$$z_{gK} = 17 \cos \delta \tag{52}$$

14.7.2.3 Profilverschiebung, Zahnspitzengrenze

Wird bei einer Ritzelzähnezahl $z_1 < z'_{gK}$ positive Profilverschiebung erforderlich, soll das Großrad möglichst die gleiche negative Verschiebung erhalten, also ein V-Null-Getriebe verwendet werden. Teilkegelwinkel und damit die Übersetzung bleiben dann unverändert. Bei $i \approx 1$ soll darum sein

$$z_1 > z'_{gK}$$

Profilverschiebung und Profilverschiebungsfaktor ergeben sich aus (8), (9) und (10), wobei $z = z_n$ zu setzen ist. Die Zahnspitzengrenze liegt bei

$$z_{min\,K} = 7 \cos \delta.$$

14.7.2.4 Kraftverhältnisse.
Die an dem Rädern angreifenden Kräfte werden auf die Mitte der Zähne bezogen (Bild 25). Für das Ritzel ergeben sich die *Umfangskraft* F_{tm}, die *Axialkraft* F_{a1} und die *Radialkraft* F_{r1} bei Achsenwinkel $\Sigma = 90°$.

$$F_{tm1} = \frac{M_1}{r_{m1}} \tag{53}$$

$$F_{a1} = F_{tm1} \tan \alpha_n \sin \delta_1 \tag{54}$$

$$F_{r1} = F_{tm1} \tan \alpha_n \sin \delta_1 = F_{a1} \tag{55}$$

M_1 Drehmoment des Ritzels; Eingriffswinkel $\alpha_n = 20°$; δ_1 Teilkreiswinkel des Ritzels; i Übersetzung.
Die am Gegenrad wirkenden Kräfte sind, wie aus Bild 25 ersichtlich:

$$F_{tm2} = F_{tm1}; \; F_{a2} = F_{r1} \text{ und } F_{r2} = F_{a1}$$

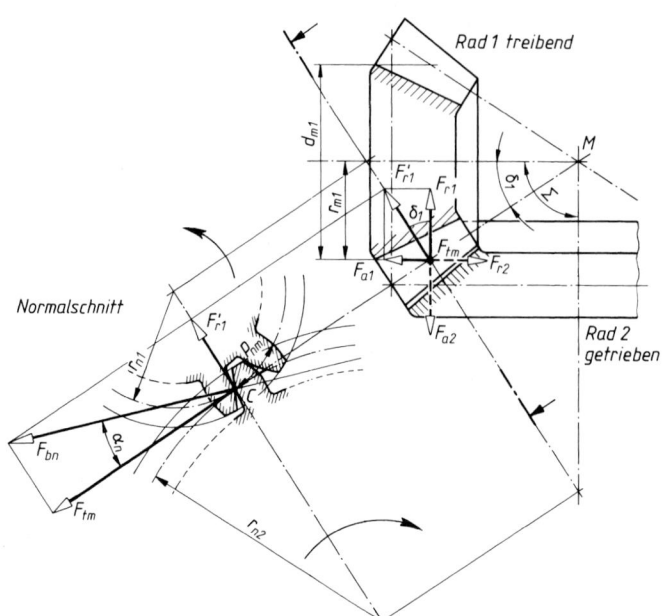

Bild 25.
Kraftverhältnisse am Gerad-
zahn-Kegelradpaar $\Sigma = 90°$

14.7.2.5 Berechnung der Zähne

Die Kegelräder werden zweckmäßig auf Ersatz-Geradstirnräder mit der Ersatz-Zähnezahl z_n zurückgeführt und sinngemäß wie diese berechnet. Nachfolgende Berechnung gilt für den Achsenwinkel $\Sigma = 90°$.

a) Der Durchmesser d_r der Welle für das Ritzel ist bekannt oder überschlägig bestimmt nach (5). Für das aufzusetzende Ritzel bzw. bei Ausführung als Ritzelwelle wählt man den *mittleren Teilkreisdurchmesser*

$$d_{m1} \approx 2{,}5\, d_r \quad \text{bzw.} \quad \approx 1{,}25\, d_r \tag{56}$$

b) Bei unbekanntem Wellendurchmesser und größeren Drehmomenten bzw. Leistungen bestimmt man den *mittleren Teilkreisdurchmesser des treibenden Rades* (meist des Ritzels) aus

$$d_{m1} \approx \frac{950}{\sigma_{H\,lim}} \sqrt[3]{\frac{M_1\, \sigma_{H\,lim} \cos^2 \delta_1}{\psi_d} \cdot \frac{i^2+1}{i^2}} \approx$$

$$\approx \frac{20\,500}{\sigma_{H\,lim}} \sqrt[3]{\frac{P_1\, \sigma_{H\,lim} \cos^2 \delta_1}{\psi_d\, n_1} \cdot \frac{i^2+1}{i^2}} \tag{57}$$

d_{m1}, d_r	M_1	P_1	$\sigma_{H\,lim}$	ψ_d, i	n_1	δ_1
mm	Nmm	kW	$\dfrac{N}{mm^2}$	1	min^{-1}	°

M_1 Drehmoment, P_1 Leistung des treibenden Rades; δ_1 Teilkegelwinkel, i Übersetzung; ψ_d Breitenver-

hältnis nach Tabelle 8; $\sigma_{H\,lim}$ Flankenfestigkeit nach Tabelle 5; n_1 Drehzahl des treibenden Rades.

Mit d_{m1} ergibt sich der *äußere Teilkreisdurchmesser*

$$d_1 = d_{m1} + (b \sin \delta_1) \tag{58}$$

Breite der Zähne $b = \psi_d\, d_{m1} \leq 0{,}4\, R_a$.

Der Außenmodul wird damit $m_t = d_1/z_1$ mit z_1 nach Tabelle 8. Für m_t wird der nächstliegende Norm-Modul nach Tabelle 1 gewählt und hiermit die Radabmessungen endgültig nach 14.7.2.1 festgelegt. Für die Wahl des Werkstoffs und der Verzahnungsqualität gelten die Angaben unter 14.5.4.2 und 14.5.4.3.

Nachprüfung der Zahnfußbeanspruchung. Für die Nachprüfung werden die Ersatz-Geradstirnräder zugrunde gelegt. Kräfte und Verzahnungsdaten beziehen sich auf den mittleren Teilkreisdurchmesser d_m. Eingehende Tragfähigkeitsberechnungen nach DIN 3991-1 ... 4.

Für die *Zahnfußbeanspruchung* gilt:

$$\sigma_F = \frac{F_{tm}}{b\, m_{nm}} Y_F\, Y_{\epsilon v} \leq \sigma_{FP}$$

σ_F, σ_{FP}	F_{tm}	b, m_{nm}	Y
$\dfrac{N}{mm^2}$	N	mm	1

(59)

Umfangskraft am mittleren Teilkreis:
$F_{tm} = 2\, M_1\, c_S/d_{m1}$; c_S Betriebsfaktor nach Bild 6; b Zahnbreite; m_{nm} mittlerer Modul; Y_F Zahnformfaktor, abhängig von z_n, nach Bild 18; $Y_{\epsilon v}$ Über-

deckungsfaktor der Ergänzungsverzahnung, üblich ist $Y_{\in v} = 1$, zulässige Biegespannung σ_{FP} wie zu Gleichung (35); $m_{nm} = d_m/z$. Die Nachprüfung ist für beide Räder durchzuführen.

Nachprüfung der Flankenbeanspruchung. Für die im Wälzpunkt auftretende *Hertz'sche Pressung* gilt

$$\sigma_H = \sqrt{\frac{F_{tm}}{b\,d_{m1}} \cdot \frac{\sqrt{u^2+1}}{u}}\; Z_{Hv}\,Z_E\,Z_{\in v} \leq \sigma_{HP}$$

$\sigma_H,\,\sigma_{HP}$	F_{tm}	b, d_{m1}	$u, Z_{Hv}, Z_{\in v}$	Z_E
$\dfrac{N}{mm^2}$	N	mm	1	$\dfrac{N}{mm^2}$

(60)

F_{tm} und b wie zu (59); d_{m1} mittlerer Teilkreisdurchmesser des Ritzels; Zähnezahlverhältnis $u = z_2/z_1$; Z_{Hv} Zonenfaktor nach (38); Z_E Elastizitätsfaktor nach Tabelle 7; $Z_{\in v}$ Überdeckungsfaktor für Kegelräder wie zu (36); σ_{HP} zulässige Pressung wie zu Gleichung (36).

Tabelle 8. Erfahrungswerte zur Kegelradberechnung

Übersetzung i	1	2	3	4	5	≥ 6
Ritzelzähnezahl z_1	30 ... 20	25 ... 18	22 ... 16	18 ... 14	14 ... 12	12 ... 10
Breitenverhältnis $\psi_d = b/d_{m1}$	0,25	0,4	0,55	0,7	0,85	0,85

Für geradverzahnte Räder mehr die oberen Werte für z_1, für schräg- und bogenverzahnte die unteren wählen.

14.7.3 Schräg- und bogenverzahnte Kegelräder

14.7.3.1 Flankenformen, Eigenschaften. Verlauf der Flankenlinien an der aus der Abwicklung des Kegelmantels entstandenen Planverzahnung zeigt Bild 26. Schrägungswinkel β_m gleich Winkel zwischen Radiale und Zahnflankentangente in Zahnmitte. Äußere Stirnteilung $p_{ta} = m_{ta}\,\pi$; mittlere Stirnteilung $p_{tm} = m_{tm}\,\pi$; mittlere Normalteilung im Normalschnitt durch Zahnmitte $p_{nm} = m_{nm}\,\pi$; wobei mittlerer Normalmodul meist gleich Normmodul m ist. φ Sprungwinkel.

Schräg- und bogenverzahnte Kegelräder laufen ruhiger, haben einen größeren Überdeckungsgrad und eine etwas höhere Zahnfestigkeit als geradverzahnte.

14.7.3.2 Ersatz-Zähnezahl, Eingriffsverhältnisse. Die Kegelräder werden auf Ersatz-Schrägstirnräder mit der Ersatz-Zähnezahl $z_n = z/(\cos\delta\,\cos^3\beta_m)$ zurückgeführt. Die Gesamtüberdeckung setzt sich aus der Profilüberdeckung ϵ_α der Ersatz-Schrägstirnräder und der Sprungüberdeckung zusammen:

$$\epsilon_\beta = R_a\,\varphi°\,\pi/(180° \cdot t_{sm})$$
$$\epsilon_{ges} = \epsilon_\alpha + \epsilon_\beta.$$

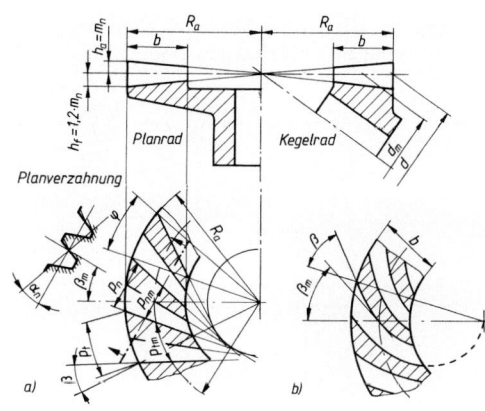

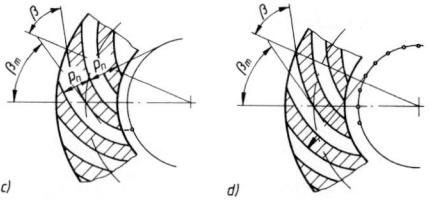

Bild 26. Flankenformen schräg- und bogenverzahnter Kegelräder
a) Schrägzähne b) Spiralzähne c) Evolventenzähne
d) Kreisbogenzähne

14.7.3.3 Grenzzähnezahl, Profilverschiebung. Für schrägverzahnte Kegelräder ergibt sich die *Grenzzähnezahl*

$$z_{g\,KS} = 17\cos\delta\cos^3\beta \tag{61}$$

Bei Bogenzähnen liegen je nach Herstellungsverfahren unterschiedliche Verhältnisse vor. Profilverschiebung zur Vermeidung von Zahnunterschnitt kommt praktisch kaum in Frage, da $z_{g\,KS}$ fast nie unterschritten wird.

14.7.3.4 Berechnung der Zähne. Sinngemäß wie unter 14.7.2.5. Dabei ist z_{ns} anstelle von z_n und m_{nm} anstelle von m_m zu setzen.

14.8 Schneckengetriebe

14.8.1 Eigenschaften, Ausführungsformen

Das Getriebe besteht aus meist treibender Schnecke und getriebenem Schneckenrad. Übersetzung fast nur ins Langsame: $i_{min} \approx 5$, $i_{max} \ldots 100$. Kreuzungswinkel der Achsen meist 90°. Schnecke und Schneckenrad können zylindrische oder globoide Form haben; Getriebe-Ausführungsformen zeigt Bild 27.

Je nach Herstellungsverfahren unterscheidet man A- und N-Schnecken als gebräuchlichste Formen:

A-Schnecke zeigt im Achsschnitt, N-Sehnecke im Normalschnitt ein geradflankiges Trapezprofil.

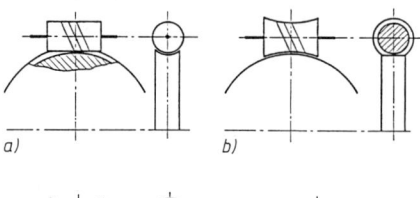

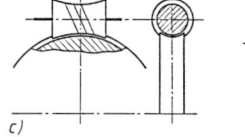
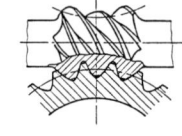

Bild 27. Schneckengetriebe
a) Zylinderschneckentrieb
b) Globoidschnecken-Zylinderradtrieb
c) Globoidschneckentrieb

14.8.2 Geometrische Beziehungen

14.8.2.1 Übersetzung

Übersetzung $i = n_1/n_2 = z_2/z_1 = M_2/(M_1\, \eta_g)$; Index 1 für Schnecke, Index 2 für Schneckenrad, η_g Gesamtwirkungsgrad des Getriebes (siehe 8.4). Günstige Bauverhältnisse ergeben sich bei i und z_1:

i	5 ... 10	> 10 ... 15
z_1	4	3
i	> 15 ... 30	> 30
z_1	2	1

14.8.2.2 Abmessungen der Schnecke.
Aus der Abwicklung eines Schneckenganges ergibt sich der Steigungswinkel γ_m gleich Winkel zwischen Zahn-

flankentangente am Mittenkreis und Senkrechter zur Achse aus $\tan \gamma_m = H/(d_{m1}\, \pi)$,
Steigung $H = z_1\, t_a$ (Bild 28).
Im Achsschnitt wird Achsteilung $p_a = m_a\, \pi$, im Normalschnitt Normalteilung $p_n = m_n\, \pi = p_a \cos \gamma_m$.
Der *Mittenkreisdurchmesser der Schnecke* ergibt sich aus

$$d_{m1} = \frac{z_1\, m_a}{\tan \gamma_m} = \frac{z_1\, m_n}{\sin \gamma_m} \tag{62}$$

m_a Achsmodul, meist gleich Norm-Modul; m_n Normal-Modul; Steigungswinkel $\gamma_m \approx 15° ... 25°$ üblich.
Eingriffswinkel im Achsschnitt aus
$\tan \alpha_a = \tan \alpha_n/\cos \gamma_m$ mit Normaleingriffswinkel $\alpha_n = 20°$.
Bei Ausführung als Schneckenwelle (Bild 28) soll bei einem Wellendurchmesser d_{s1} etwa sein:
$d_{m1} \approx 1{,}4\, d_{s1} + 2{,}5\, m_a$, bei aufgesetzter Schnecke
$d_{m1} \geq 1{,}8\, d_1 + 2{,}5\, m_a$, Überschlägig rechnet man
$d_{s1} \approx 0{,}65\, \sqrt[3]{M_1}$ in mm; M_1 Drehmoment der Schnecke in Nmm. Mit Zahnkopfhöhe $h_{a1} = m_a$ und Zahnfußhöhe $h_{f1} = 1{,}2\, m_a$ ergeben sich Kopf- und Fußkreisdurchmesser d_{a1} und d_{f1} (Bild 28). Damit möglichst alle Schneckengänge in der ganzen Länge zum Tragen kommen, soll die *Schneckenlänge* ausgeführt werden:

$$L \approx 2\, m_s \sqrt{2\, z_2 - 4} \qquad \begin{array}{c|c} L,\, m_s & z_2 \\ \hline \mathrm{mm} & 1 \end{array} \tag{63}$$

14.8.2.3 Abmessungen des Schneckenrades.
Das Schneckenrad entspricht einem globoiden Schrägstirnrad. Schrägungswinkel $\beta = \gamma_m$, Stirnteilung $p_t = p_a$ entsprechend Stirnmodul $m_s = m_a$ bei Kreuzungswinkel 90°. *Teilkreisdurchmesser*

$$d_2 = m_s\, z_2 = \frac{m_n\, z_2}{\cos \beta} \tag{64}$$

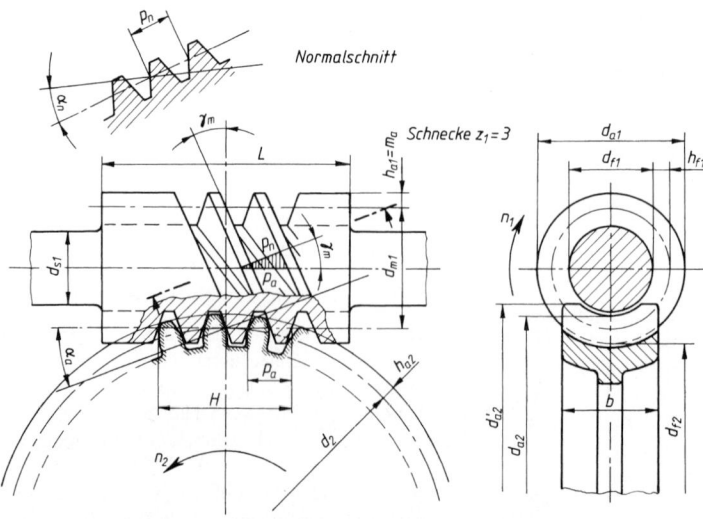

Bild 28.
Geometrische Beziehungen am Schneckengetriebe

Zahnkopfhöhe, Zahnfußhöhe und damit Kopfkreis- und Fußkreisdurchmesser wie bei Schrägstirnrädern. Außendurchmesser $d'_{a2} \approx d_2 + 3\,m_s$ konstruktiv festlegen. Radbreite, normalerweise gleich Zahnbreite, $b = 0{,}8\,d_{m1}$ konstruktiv festlegen. *Achsabstand* $a = (d_{m1} + d_2)/2$.

14.8.3 Eingriffsverhältnisse

Wird Übersetzung $i \approx 5$ bei $z_2 \approx 20 \ldots 30$ nicht unterschritten, besteht keine Unterschnittgefahr und Gefährdung der Eingriffsverhältnisse. Profilverschiebung daher nur ausnahmsweise, z. B. zum Erreichen eines bestimmten Achsenabstands.

14.8.4 Wirkungsgrad

Bei treibender Schnecke ist der *Wirkungsgrad der Verzahnung*

$$\eta_Z = \frac{\tan \gamma_m}{\tan(\gamma_m + \varrho')} \tag{65}$$

(Keil-) Reibungswinkel ϱ' aus $\tan \varrho' = \mu' = \mu/\cos \alpha_n$; bei Stahl-Schnecke und Gusseisen-Rad bei Fettschmierung: $\varrho' \approx 6°$ ($\mu' \approx 0{,}1$), sonst gilt bei Ölschmierung:

v_g	0,5	1	2	4	$\geq 6\,\dfrac{m}{s}$
$\varrho' \approx$	3	2,3	2	1,4	1,1

v_g Gleitgeschwindigkeit der Zahnflanken ($v_g = \pi\,d_{m1}\,n_1$).

Der Gesamtwirkungsgrad des Schneckengetriebes wird $\eta_g = \eta_Z\,\eta_L$ mit Lagerungswirkungsgrad $\eta_L \approx 0{,}95$ bei Wälzlagerung, $\eta_L \approx 0{,}9$ bei Gleitlagerung der Wellen. Für den Entwurf wählt man bei

$$z_1 = 1 : \eta_g \approx 0{,}7 \qquad z_1 = 2 : \eta_g \approx 0{,}8$$
$$z_1 = 3 : \eta_g \approx 0{,}85 \qquad z_1 = 4 : \eta_g \approx 0{,}9$$

Selbsthemmung bei $\gamma_m < \varrho'$.

14.8.5 Kraftverhältnisse

Die Kraftwirkungen bei treibender Schnecke zeigt Bild 29. Mit der Umfangskraft am Teilkreis der Schnecke $F_{t1} = 2\,M_1\,c_S/d_{m1}$, worin c_S Betriebsfaktor nach Bild 6 ist, ergeben sich aus dem Kräfteplan, Bild 29 die *Axialkraft der Schnecke*:

$$F_{a1} = \frac{F_{t1}}{\tan(\gamma_m + \varrho')} \tag{66}$$

Aus Normalschnitt folgt $F_{r1} = F'_{N1}\tan \alpha_n$. Wird F'_{N1} nach dem Kräfteplan durch F_{t1} ausgedrückt, ergibt sich die *Radialkraft*

$$F_{r1} = \frac{F_{t1}\cos \varrho'\tan \alpha_n}{\sin(\gamma_m + \varrho')} \tag{67}$$

Die Umfangskraft am Schneckenrad ist gleich, aber entgegengerichtet der Axialkraft an der Schnecke: $F_{t2} = F_{a1}$. Ebenso ist $F_{r2} = F_{r1}$. Aus Bild 29 ergibt sich die *Axialkraft am Schneckenrad*

$$F_{a2} = F_{t1}.$$

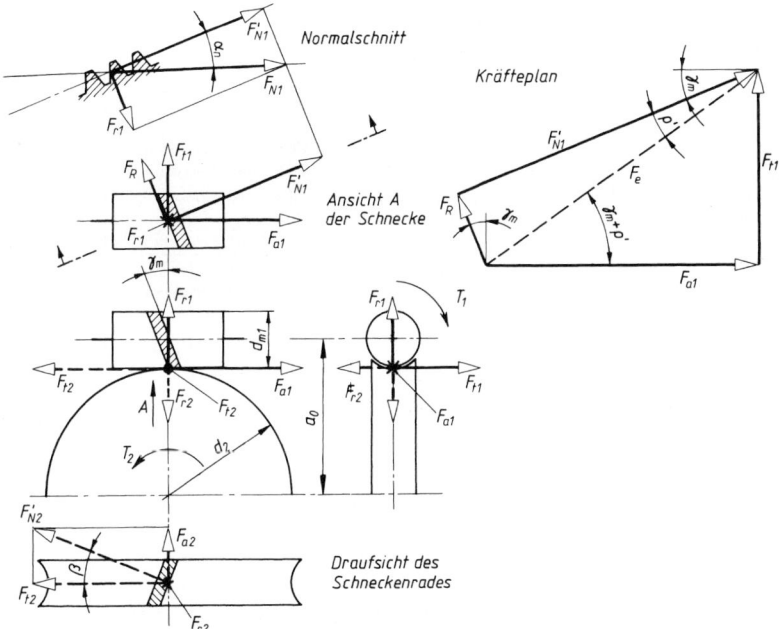

Bild 29.
Kraftverhältnisse am Schneckengetriebe

14.8.6 Berechnung der Zähne

Wegen der anders gearteten Bewegungsverhältnisse der Zahnflanken aufeinander kann die Berechnungsweise für Stirn- und Kegelräder nicht ohne weiteres für Schneckengetriebe angewandt werden. Man ermittelt auf Grund der Wälzfestigkeit der Zahnflanken den Teilkreisdurchmesser *des Schneckenrades* aus

$$d_2 \approx 1,1 \cdot \sqrt[3]{\frac{M_2\, z_2}{k_s}} \approx 240 \cdot \sqrt[3]{\frac{P_2\, z_2}{k_s\, n_2}}$$

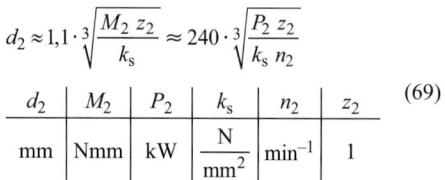

d_2	M_2	P_2	k_s	n_2	z_2	(69)
mm	Nmm	kW	$\dfrac{\text{N}}{\text{mm}^2}$	min^{-1}	1	

Drehmoment des Schneckenrades $M_2 = M_1\, i\, \eta_g$; vom Schneckenrad zu übertragende Leistung $P_2 = P_1\, \eta_g$; z_2 Zähnezahl des Sehneckenrades; n_2 Drehzahl des Schneckenrades; k_s Wälzfestigkeit nach Tabelle 9.
Mit d_2 wird Stirnmodul gleich Achsmodul $m_s = m_a = d_2/z_2$ ermittelt und nächstliegender Norm-Modul gewählt. Nach DIN 780 sind für Schneckengetriebe vorgesehen:

$m_a = m_s = 1\;\; 1,25\;\; 1,6\;\; 2\;\; 2,5\;\; 3,15\;\; 4\;\; 5\;\; 6,3\;\; 8\;\; 10$
$12,5\;\; 16\;\; 20\;\, \text{mm}$

Mittelkreisdurchmesser d_{m1} der Schnecke in Abhängigkeit vom Wellendurchmesser d_1 nach 14.8.2.2 festlegen und damit den Steigungswinkel γ_m aus (62). Sonstige Schnecken- und Schneckenradabmessungen nach 14.8.2.2 und 14.8.2.3 bestimmen. Vorwahl der Werkstoffe nach 14.8.7.
Nach Vorwahl der Getriebeabmessungen wird die Flanken-Tragfähigkeit, d. h. die *Wälzpressung*, geprüft:

$$k = \frac{2\, M_2\, (c_S)}{d_2^2\, b_2\, y_z} = \frac{19,5 \cdot 10^6\, P_2\, (c_S)}{d_2^2\, b_2\, y_z\, n_2} \le k_{zul} \quad (70)$$

k	b_2	y_z	M_2, P_2, d_2, n_2	c_S
$\dfrac{\text{N}}{\text{mm}^2}$	mm	1	wie zu (67)	1

Die *zulässige Wälzpressung* ergibt sich aus:

$$k_{zul} = \frac{k_s\, y_v\, y_L}{v}$$

k_{zul}, k_s	y_v, y_L, v	(71)
$\dfrac{\text{N}}{\text{mm}^2}$	1	

b_2 Zahnbreite des Schneckenrades; y_z Zahnformfaktor nach Bild 30; k_s Wälzfestigkeit nach Tabelle 9; y_v Geschwindigkeitsfaktor nach Bild 31; y_L Lebensdauerfaktor nach Bild 32; v Sicherheit, bei gleichmäßigem Lauf: $v \approx 1,25$, (bei Wechsel- und stoßhaftem Betrieb: $v \approx 1,5$).

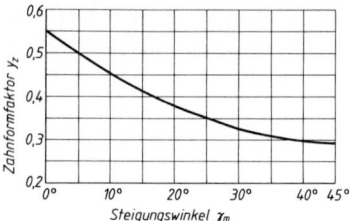

Bild 30. Zahnformfaktor y_z

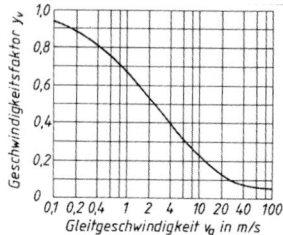

Bild 31. Geschwindigkeitsfaktor y_v

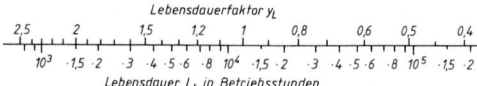

Bild 32. Lebensdauerfaktor zur Berechnung der Schneckengetriebe

Tabelle 9. Richtwerte für die Wälzfestigkeit k_s von Schneckengetrieben

Werkstoff		Wälz-festigkeit k_s in N/mm²
der Schnecke	der Zähne des Schneckenrades	
Stahl, gehärtet und geschliffen, z.B. E355, E360, C15, 16MnCr5	CuSn-Legierungen, z. B. CuSn12Ni2-C	8
	Al-Legierungen, z. B. CuZn25Al5Mn4Fe3-C	4
	Perlitguss	12
Stahl, vergütet (nicht geschliffen), z.B. E355, E360 42CrMo4	CuSn-Legierungen (w.o.)	5
	Al-Legierungen (w.o.)	2,5
	Zn-Legierungen (w.o.)	2
	Gusseisen, z. B. EN-GJL-150	4
Gusseisen EN-GJL-200	CuSn-Legierungen (w.o.)	4
	Al-Legierungen (w.o.)	2
	Gusseisen, z. B. EN-GJL-150	3,5

Nachprüfung auf Bruchfestigkeit der Zähne ist normalerweise nicht erforderlich.

14.8.7 Werkstoffe für Schnecke und Schneckenrad

Bei mäßiger Geschwindigkeit und Belastung für Schnecke: E335 und E360, für Schneckenrad: EN-GJL-200 und CuSn-Leg. Bei hohen Drehzahlen und Belastungen für Schnecke: Einsatzstähle und Vergütungsstähle wie C16E und 16Cr3 für Schneckenrad: CuSn-Leg. wie CuSn12Ni2-C, für korrosionsbeständige Getriebe bei geringen Belastungen auch Al-Leg. wie CuZn25, Al5MnFe3-C und Kunststoffe bei gehärteter Schnecke.

■ **Beispiel:**
Für Abtriebsleistung $P_2 = 11$ kW und Übersetzung $n_1/n_2 = 960/75$ ist ein Schneckengetriebe für eine Lebensdauer von ≈ 8000 Stunden zu berechnen.

Lösung:
Zunächst Festlegung der *Zähnezahlen*.
Mit $i = n_1/n_2 = 960/75 = 12,8$ wird nach 14.8.2.1 für Schnecke $z_1 = 3$ (3 gängig) gewählt. Zähnezahl des Schneckenrades $z_2 = i\, z_1 = 12,8 \cdot 3 = 38,4$; festgelegt $z_2 = 38$.
Teilkreisdurchmesser des Schneckenrades nach (69):

$$d_2 \approx 240\ \sqrt[3]{\frac{P_2\, z_2}{k_s\, n_2}}$$

Leistung des Schneckenrades $P_2 = 11$ kW; Zähnezahl $z_2 = 38$; Drehzahl $n_2 = 75$; Wälzfestigkeit $k_s = 5$ N/mm²; für vorgewählten Schneckenwerkstoff E355 (Vergütungsstahl) und Radwerkstoff CuSn12Ni2-C bei vorliegender mäßiger Belastung.

$$d_2 \approx 240\ \sqrt[3]{\frac{11 \cdot 38}{5 \cdot 75}}\,\text{mm} \approx 250\ \text{mm}$$

Hiermit wird *Stirnmodul* $m_s = d_2/z_2 = 250$ mm/38 ≈ 6,6 mm; gewählt nach 14.8.6: $m_s = m_a = 6,3$ mm.
Mittelkreisdurchmesser der Schnecke nach 14.8.2.2 bei Ausführung als Schneckenwelle:
$d_{m1} \approx 1,4\, d_{s1} + 2,5\, m_s$; Wellendurchmesser überschlägig
$d_{s1} \approx 0,65\ \sqrt[3]{M_1}$ nach 14.8.2.1 wird

$M_1 = M_2/(i\ \eta_g);\ M_2 = 9550 \cdot 10^3\ P/n = 9550 \cdot 10^3\ \dfrac{11}{75} = 1400 \cdot 10^3$
Nmm; für $z_1 = 3$ wird nach 14.8.4 geschätzt $\eta_g \approx 0,85$; damit
$M_1 = 1400 \cdot 10^3$ Nmm/12,8 · 0,85 ≈ 129 · 10³ Nmm und

$d_1 \approx 0,65\ \sqrt[3]{129 \cdot 10^3}\ \approx 35$ mm; hiermit
$d_{m1} \approx 1,4 \cdot 5$ mm + 2,5 · 6,3 mm ≈ 64,8 mm gewählt
$d_{m1} \approx 65$ mm.

Steigungswinkel gleich *Schrägungswinkel* aus (62):
$$\gamma_m = \arctan \frac{z_1\, m_a}{d_{m1}} = \arctan 3 \cdot \frac{6,3\ \text{mm}}{65\ \text{mm}} = 16°13' = \beta_0$$

Schneckenlänge nach (63):
$L \approx 2\, m_s\ \sqrt{2\, z_2 - 4} \approx 2 \cdot 6,3\ \text{mm} \cdot \sqrt{2 \cdot 38 - 4} =$
$= 107$ mm ≈ 110 mm

Teilkreisdurchmesser des Schneckenrades nach (64):
$d_2 = m_s\, z_2 = 6,3$ mm · 38 = 239,4 mm

Radbreite gleich *Zahnbreite* $b \approx 0,8\, d_{m1} \approx 0,8 \cdot 65$ mm = 52 mm, ausgeführt $b = 50$ mm.
Mit den vorgewählten Daten wird *die Flanken-Tragfähigkeit* nach (70) geprüft:

$$k = \frac{2\, M_2}{d_2^2\, b_2\, y_z} \le k_{zul}$$

$M_2 = 1,4 \cdot 10^6$ Nmm, $d_2 = 239,4$ mm, $b_2 \triangleq b = 50$ mm (s.o.); Zahnformfaktor $y_z \approx 0,4$ für $\gamma_m \approx 16°$ nach Bild 30; damit wird

$$k = \frac{2 \cdot 1,4 \cdot 10^6}{239,4^2 \cdot 50 \cdot 0,4}\ \frac{\text{N}}{\text{mm}^2} \approx 2,5\ \frac{\text{N}}{\text{mm}^2}$$

Zulässige Wälzpressung nach (71);
$$k_{zul} = k_s\, y_v\, y_L / v.$$

Wälzfestigkeit $k_s = 5$ N/mm² (s.o.)
Geschwindigkeitsfaktor $y_v \approx 0,42$ nach Bild 31 für
$v_g = d_{m1}\ \pi\ n_1/(60 \cos \gamma_m) = 0,065\ \pi \cdot 960/(60 \cdot 0,9602) = 3,4$ m/s
Lebensdauerfaktor $y_L \approx 1,15$ nach Bild 32 für $L_h = 800$ h
Sicherheit $v = 1,25$ gewählt bei angenommenem gleichmäßigem Lauf; damit wird

$$k_{zul} = 5\ \frac{\text{N}}{\text{mm}^2} \cdot 0,42 \cdot \frac{1,15}{1,25} \approx 2\ \frac{\text{N}}{\text{mm}^2} < k = 2,5\ \frac{\text{N}}{\text{mm}^2}$$

Mit vorbestimmten Getriebedaten genügt die angenommene Werkstoffpaarung nicht.
Für die Schnecke neu gewählt: Einsatzstahl C15E, gehärtet und geschliffen; mit Schneckenrad aus Cu-Sn12Ni2-C wird dann $k_s = 8$ N/mm² und damit

$$k_{zul} \approx 3,1\ \frac{\text{N}}{\text{mm}^2} > k = 2,5\ \frac{\text{N}}{\text{mm}^2}$$

Achsenabstand $a = (d_{m1} + d_2)/2 = (65\ \text{mm} + 239,4)/2 = 152,2$ mm.

14.9 Gestaltung der Zahnräder aus Metall

Ritzel werden durchweg als Vollräder ausgeführt. Ritzelzähne möglichst etwas breiter als Radzähne, um „Versetzungen" zu vermeiden (siehe auch unter 14.5.4.1). Bruchempfindliche Zahnenden seitlich abschrägen. *Großräder* werden meist als Gusskonstruktionen, bei Einzelstücken auch als Schweißkonstruktionen ausgeführt, und zwar mit Teilkreisdurchmesser bis $d \approx 8\, d$ (d Wellendurchmesser) als Scheibenräder, größere mit Armen. Ausführungsbeispiele zeigt Bild 33.
Anzahl der Arme $z_A \approx 1/8\ \sqrt{d} \ge 4$; Armquerschnitt: $b_1 \approx 1,8\, m$, $b_2 \approx 1,5\, m$ (Modul), $h_1 \approx 5\, b_1$, $h_2 \approx 4\, b_1$; Kranzdicke $e \approx 4\, m$.

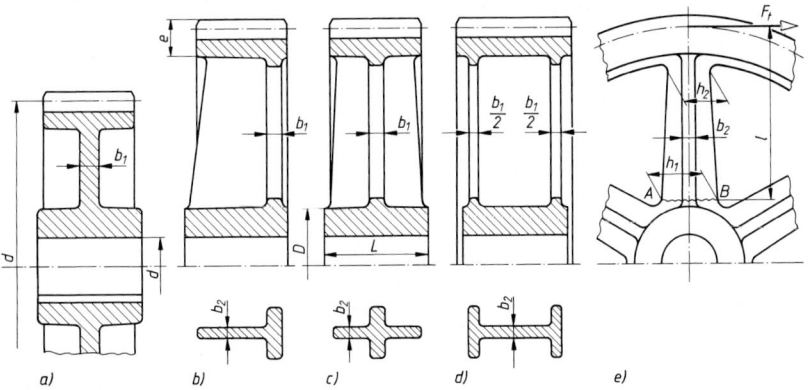

Bild 33. Ausführung der Großräder   a) Scheibenrad   b) bis e) Räder mit Armen

14.10 Schmierung der Zahnradgetriebe

Die Schmierung soll die unvermeidbare Zahnflanken-
reibung und damit Geräuschbildung, Erwärmung und
Verschleiß verringern und den Getriebewirkungsgrad
erhöhen. Vielfach genügen reine Mineralöle. Bei
höheren Belastungen (Stoß, unterbrochener Betrieb,
Bogenverzahnung) sind EP- Zusätze üblich (EP-Öle,
EP: Extreme Pressure).
Eine Auswahl von Schmierstoffen für Zahnradgetriebe gibt DIN 51509 Bl. 1 und 2 (Schmieröle und plastische Schmierstoffe).

14.11 Zahnräder aus Kunststoff

14.11.1 Vor- und Nachteile, Verwendung

Vorteile gegenüber den Zahnrädern aus Metall: ge-
räusch- und schwingungsdämpfender Lauf, große
Abriebfestigkeit und Zähigkeit, kleine Reibungswerte
und geringe Wichte, gute Notlaufeigenschaften, Korrosionsbeständigkeit, elastischer Ausgleich von Eingriffsteilungsfehlern, leichte Bearbeitbarkeit.
Nachteile: geringere Belastbarkeit, höhere Werkstoffkosten, teilweise starke Quellung durch Feuchtigkeit.
Einsatzgebiete der Kunststoff-Zahnräder: Büromaschinen, Textil- und Druckereimaschinen, Haushaltsmaschinen, Spielzeuge.

14.11.2 Kunststoffsorten

Pressschichtstoffe zeichnen sich durch hohe Festigkeit gegenüber den anderen Kunststoffen aus; emp-

findlich gegen Feuchtigkeit. Gegenrad aus Metall, da
Gefahr von „Fressen" besteht. *Hartgewebe* ist unempfindlich gegen Feuchtigkeit, Festigkeit ca. 50 %
geringer als Pressschichtholz. Gegenrad aus Metall.
Polyamide besitzen hohe Elastizität und niedrige
Dichte, hohe Geräuschdämpfung, da Polyamid-Räder
gepaart werden können.

14.11.3 Berechnung der Kunststoff-Zahnräder

Teilkreisdurchmesser des auf die Welle zu setzenden
Ritzels $d_1 \approx 2,5 \dots 3\,d$ (d Wellendurchmesser); Ritzelzähnezahl z_1 um 4 bis 6 höher gegenüber der zu Gleichung (30); Zahnbreite b über ψ_{d} für Kennlinien a
und b nach Bild 15. Überschlägig kann für die so
vorgewählten Hauptabmessungen nach Bild 34 die
übertragbare Leistung P in kW je mm Zahnbreite b
für eine Ritzelzähnezahl $z_1 = 20$ ermittelt werden. Die
übertragbare Leistung eines Rades wird dann

$$P = y\left(\frac{P}{b}\right)b \qquad (72)$$

$$y = 2 - \frac{30}{z+10} \qquad (73)$$

$\dfrac{P}{\mathrm{kW}}$	$\dfrac{y}{1}$	$\dfrac{b}{\mathrm{mm}}$

y Zähnezahlfaktor zur Berücksichtigung anderer Rit-
zelzähnezahlen als 20, die dem P/b-Wert nach Bild
34 zugrunde gelegt wurden. Eine genaue Berechnung
sollte immer nach Angaben des Kunststoff-Herstel-
lers erfolgen.

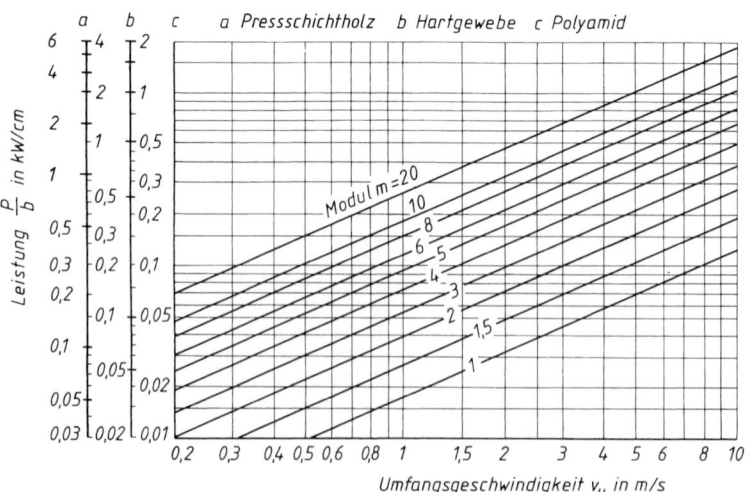

Bild 34. Ermittlung der Leistung P in kW je cm Zahnbreite für Zahnräder aus Kunststoffen

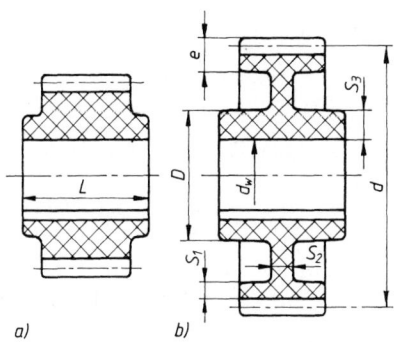

a) b)

Bild 35. Ausführung und Abmessungen von Polyamid-Zahnrädern
a) Vollrad b) Scheibenrad

14.11.4 Gestaltung der Polyamid-Zahnräder

Vollräder für $d < 3\,d_w$ (d_w Wellendurchmesser)
Scheibenräder für $d \geq 3\,d_w$
Zahnkranzdicke $s_1 \approx 2 \dots 2,5\,m$; $e \approx 4,2 \dots 4,7\,m$
Nabendurchmesser $D \approx 1,6 \dots 1,8\,d_w$
Wanddicke $s_3 \approx 0,3 \dots 0,4\,d_w$
Nabenlänge $L \approx 1,8 \dots 2\,d_w$

Kanten und Übergänge gut runden. Befestigung kleiner Räder mit Welle durch Kleben oder Aufspritzen (Bild 36). In die Nabe eingesetzte Metallbuchse erhöht die Nabenfestigkeit.

14.11.5 Schmierung der Kunststoff-Zahnräder

Pressschichtstoffe: Fett- oder Trockenschmiermittel (z. B. Molybdänsulfid).
Hartgewebe: Öl-, Fett- oder Trockenschmiermittel.
Polyamide: Öl-, Fett- oder Trockenschmiermittel

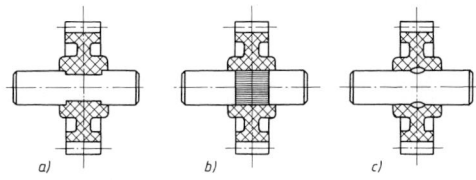

a) b) c)

Bild 36. Auf Wellen aufgespritzte Polyamid-Zahnräder

a) mit angefrästen Flächen
b) mit Rändel
c) mit angestauchten Lappen

K Fördertechnik

Johannes Sebulke

Formelzeichen und Einheiten

A m², cm², mm²	Fläche	
$E \dfrac{N}{m^2}$	Elastizitätsmodul	
F N	Kraft	
G N	Gewichtskraft	
J kgm²	Trägheitsmoment (Massenmoment 2. Grades)	
L h	Lebensdauer	
M Nm	Drehmoment	
P W, kW	Leistung	
S N	Seilzugkraft	
T s	Periodendauer	
V m³, cm³, mm³	Volumen	
W J = Nm = Ws	Arbeit, Energie	
$a \dfrac{m}{s^2}$	Beschleunigung	
d m, cm, mm	Durchmesser	
$f \dfrac{1}{s}$	Frequenz	
$g \dfrac{m}{s^2}$	Fallbeschleunigung	
i 1	Übersetzung	
l m, cm, mm	Länge	
m kg, t	Masse, Fördermenge	

$\dot m \quad \dfrac{kg}{s}, \dfrac{kg}{h}, \dfrac{t}{h}$	Förderstrom (Massendurchsatz) = Masse pro Zeiteinheit
$m' \quad \dfrac{kg}{m}, \dfrac{t}{m}$	Masse pro Längeneinheit
n min⁻¹	Drehzahl
p 1	Polpaarzahl
r m, cm, mm	Radius
s m, cm, mm	Weg
t s, h	Zeit
t_k m, mm	Kettenteilung
$v \quad \dfrac{m}{s}, \dfrac{km}{h}$	Geschwindigkeit
w 1	Widerstandsbeiwert
x m	Weggröße
α °	Steigungswinkel Förderrichtung
ϵ 1	Dehnung
η 1	Wirkungsgrad
μ 1	Reibzahl
$\rho \quad \dfrac{kg}{m^3}, \dfrac{t}{m^3}$	Dichte
φ 1	Stufensprung, Beiwert
ψ 1	Beiwert
< >	Zahlen in eckigen Klammern sind Hinweise auf weiterführende Literatur, die am Ende dieses Abschnitts aufgeführt ist.

1 Überblick über das Gesamtgebiet der Fördertechnik

1.1 Begriffsbestimmung und Abgrenzung

Die Fördertechnik befasst sich mit allen Fragen innerbetrieblicher Materialtransporte sowie mit der Organisation des gesamten betrieblichen Materialflusses. Die Hebetechnik ist ein Teilgebiet der Fördertechnik. Die Materialflusstechnik in der Produktion und die eng damit verbundene Warenlager- und -Verteiltechnik (auch Kommissionier- oder Distributionstechnik genannt) sind wichtige Teilgebiete. Die Umschlagtechnik in Häfen und Güterbahnhöfen sowie die Beförderung von Bergbauprodukten auf Förderbändern manchmal über mehrere 100 Kilometer sind weitere Beispiele.

Nicht mehr zur Fördertechnik gehören die außerbetriebliche Güterbeförderung, wie z.B. durch Eisenbahn und Lkw, sowie die gesamte Personenbeförderung (Tabelle 1).

Die Abgrenzungen sind jedoch fließend, und es gibt Überschneidungen, wie z.B. die Aufzugstechnik oder ein sogenanntes „integriertes Transportsystem", d.h. die Verwendung von genormten Behältern („Containern") *und* entsprechende organisatorische Maßnahmen, um diese auf Schiff, Bahn, Lkw *und* innerbetrieblich gleich rationell verwenden zu können.

Die Lagertechnik, bei der es auf das organische Ein- und Auslagern von Fertig- und Halbfertigprodukten ankommt, und die Logistik, die den gesamten Warenfluss vom Lieferanten bis zur Einbaustelle in der Produktion optimiert, sind verwandte Fachgebiete, bei denen sehr viel Fördertechnik zur Anwendung kommt.

1.2 Häufig gestellte Fragen („FAQ's - Frequently Asked Questions")

- *Was unterscheidet die Fördertechnik vom allgemeinen Maschinenbau?*
  Die Fördertechnik integriert viele Gebiete des Maschinenbaus bezüglich des **organisierten Transports von Gütern über kurze Strecken.**
  So vielfältig wie die transportierten Güter – von Kohle bis zu Flughafengepäck –, so vielfältig ist auch die Fördertechnik.
  Eng verbunden mit der Fördertechnik ist die Logistik, die Lehre von der zeitlich und örtlich genauen Bereitstellung von Gütern. Die Fördertechnik deckt dabei mehr den maschinenbaulichen Teil ab, die Logistik mehr den Bereich der Optimierung der Warenströme.
  Um trotz der Vielfalt nicht jede Förderanlage neu konstruieren zu müssen, wird in der Fördertechnik das **Baukastenprinzip** eingesetzt, wenn immer möglich: kombinieren statt konstruieren.

Tabelle 1. Gliederung der Fördertechnik und angrenzende Bereiche

Transporttechnik					
Verkehrstechnik		**Fördertechnik**			
Personenverkehr	Güterverkehr	Komponententechnik — Fördertechnische Bausteine	Anlagentechnik — Gesamtheit d. Fördermittel		Systemtechnik — Planung u. Ausführung komplexer Gesamtanlagen
		Bauelemente	*Unstetigförderer*: Krane	„software"	Materialflusstechnik
			Hängebahnen		Organisationstechnik
		Lastaufnahme-einrichtungen	Regalförderzeuge		Operations research
			Flurförderer		Datentechnik
		Antriebe	Verladeanlagen		Prozesssteuerungen
		Übersetzungs-getriebe	*Stetigförderer*: Bandförderer	„hardware" (Beispiele)	Warenlager u. -verteilzentren
			Becherwerke		Autom. Materialflusssysteme in der Fertigung
		Bremsen	Rutschförderer		Flughafen-Gepäck-transportsysteme
			Pneumat.Förderer		Paketsortieranlagen
		Hebezeuge	Rollenförderer		Containerterminals

In der Fördertechnik ist der **Bereitstellungs- oder Aussetzbetrieb** häufig. So heben z.B. Krane Lasten, wenn dies gebraucht wird. Dies kann selten sein (z.B. bei Montagekranen in Kraftwerken), oder es kann häufig sein (z.B. bei Kranen im Stahlhandel oder bei Verladeanlagen). Wegen dieser großen Unterschiede in der Belastung pro Zeiteinheit ist das Denken in **Beanspruchungsgruppen und Lastkollektiven** typisch für die Fördertechnik.

Der Transport bewegter, oft schwerer Güter birgt eine hohe Unfallgefahr in sich. Deshalb gibt es in der Fördertechnik neben Unfallverhütungsvorschriften und Vorschriften der Berufsgenossenschaften (UVV, VBG) auch detaillierte **genormte Berechnungs- und Gestaltungsvorschriften,** die bindend einzuhalten sind. Die wichtigsten sind in den Deutschen Industrie Normen (DIN) enthalten <15,16,17,18>.

- *Welche Vorkenntnisse braucht man für das Gebiet der Fördertechnik?*
  Antriebstechnik – Maschinenelemente, – Stahlbau – Steuerungstechnik – Materialflusstechnik – Systemtechnik <11,12>.

- *Was ist der besondere Nutzen der Fördertechnik für Technikstudenten?*
  Die Wirkungen von Kräften, Momenten und Energien sind in der Fördertechnik noch sehr anschaulich und unmittelbar: ein fehlerhaft berechneter Baukran knickt eben ein, ein falsch gesteuertes Förderband einer Verladeanlage versenkt eben den Lastkahn, den es beladen soll! Wegen dieser Anschaulichkeit ist die Fördertechnik ein ideales Lerngebiet für Technikstudenten: man erhält auf anschauliche Weise ein Gefühl für die mechanischen Auswirkungen von technischen Maßnahmen.

- *Welche Hilfen bietet das Internet bezüglich der Fördertechnik?*
  Das Internet ist für Literatur- Patent- und Normenrecherchen (z.B. http://www2.beuth.de) geeignet. Daneben sind die Homepages von Spezialfirmen hilfreich, die spezielle marktfähige Produkte beschreiben.

1.3 Einteilung der Fördermittel

a) Nach der zeitlichen Arbeitsweise der Fördermittel unterscheidet man: *aussetzend arbeitende Förderer* (Unstetigförderer), wie z.B. Krane, Bagger; *stetig arbeitende Förderer* (Stetig- oder Dauerförderer), z.B. Förderbänder.

b) Nach den bedienten Freiheitsgraden unterscheidet man:
- *linienbedienende Fördermittel* (1 Freiheitsgrad), z.B. Schachtförderanlage, Förderbänder, Kreisförderer, Hängebahn;

- *flächenbedienende Fördermittel* (2 Freiheitsgrade), z.B. Elektrokarren (waagerechte Fläche), Regalförderzeuge (senkrechte Fläche);
- *raumbedienende Fördermittel* (3 Freiheitsgrade), z.B. Laufkrane mit Katze, Turmdreh- und -Wippkrane, Gabelstapler.

c) Nach Lastweg und Förderrichtung unterscheidet man:
- waagerechte und schwach geneigte Förderer;
- stark geneigte Förderer;
- senkrechte (seigere) Förderer oder Hubförderer.

Nach Umfang und Schwierigkeitsgrad unterscheidet man nach Tabelle 1:
Komponenten (Bauteile oder Baugruppen für Fördermittel, die in Serie hergestellt werden können, aber für sich allein meist noch keine Förderaufgaben erfüllen können);
Anlagen (große, umfangreiche Fördermittel, wie z.B. Verladeanlagen, die nicht mehr in Serie gefertigt werden können);
Fördertechnische Systeme (umfangreiche Fördermittel, bei denen neben dem reinen Fördervorgang eine organisatorische Funktion – z.B. Sortieren, Verteilen, Kommissionieren, Lagern von Stückgut eine maßgebliche Bedeutung hat). Bei Fördersystemen ist praktisch immer vorab eine Untersuchung des Materialflusses und der jeweiligen Zusatzfunktionen erforderlich, um das geeignetste Fördermittel oder die günstigste Kombination von Fördermitteln zu finden.

1.4 Transportarbeit, Transportleistung

Physikalische Transportarbeit
Mit Transportarbeit W wird diejenige Arbeit bezeichnet, die aufzuwenden ist, um eine bestimmte Last von einem Punkt im Raum zu einem anderen zu bewegen:

$$W = F s = F v t$$

	W	F	s	v	t	P
	$\mathrm{Nm} = \mathrm{J}$	N	m	$\dfrac{\mathrm{m}}{\mathrm{s}}$	s	$\dfrac{\mathrm{Nm}}{\mathrm{s}} = \mathrm{W}$

Für die Leistung gilt entsprechend:

$$P = \frac{W}{t} = F v$$

Die Kraft F setzt sich zusammen aus
a) der Kraft F_R zur Überwindung der Roll- und Gleitreibung
$$F_R = m\, g\, \mu \cos \alpha$$

b) der Kraft F_H für die Überwindung von Steigungen

$$F_R = m\, g \sin \alpha$$

	F_R, F_H, F_B	m	g, a	μ
	N	kg	$\dfrac{\mathrm{m}}{\mathrm{s}^2}$	1

$\alpha > 0$ Steigung; $\alpha = 0$ Ebene; $\alpha < 0$ Gefälle; $\alpha = 90°$, d.h. $\sin \alpha = 1$ Senkrechtförderung

c) der Beschleunigungskraft

$$F_B = m\,a$$

Die Transportleistung P wird dann

$$P = (F_R + F_H + F_B)\,v$$

In der Regel sind die drei Kraftanteile während des Fördervorganges nicht konstant. So tritt z.B. die Beschleunigungskraft nur beim Anfahren und Bremsen auf. Dann kann man für überschlägige Rechnungen die Förderstrecke in Abschnitte aufteilen, für die man die Teilkräfte kennt, und die Transportarbeit bzw. -leistung stückweise ermitteln. Oft überwiegt auch eine Teilkraft so stark, dass man die anderen vernachlässigen kann.

Technische Transportleistung

Bei stetigen und unstetigen Fördermitteln wird unter Transportleistung meist diejenige Menge an Fördergut verstanden, die das Fördermittel unter den vorgesehenen Betriebsbedingungen umschlagen bzw. befördern kann, z.B. t/h bei Gurtförderern oder Verladeanlagen. Anstelle der Fördergutmenge können auch andere charakteristische Größen treten, z.B. Paletten/h (Rollenförderer), Arbeitsspiele/h (Krane, Regalförderzeuge).

Arbeitsphysiologische Transportarbeit

Arbeitsphysiologische Transportarbeit ist die bei Handtransporten vom Körper aufzuwendende Energie. Bei der Schaufelarbeit haben z.B. die Einsticharbeit, die Beschaffenheit des Schaufelgutes und die Wurfhöhe den größten Einfluss.

Handtransporte sind in Industrieländern weitgehend auf Lasten unter 10 kg und kurze Wege beschränkt. Beispiele dieser Handtransporte sind das Einspannen von Werkstücken in Werkzeugmaschinen, das Heben von Kisten auf Werktische und das Verladen und Verpacken von Kartons, soweit dieser Bereich durch Kleinhebezeuge, Manipulatoren oder Industrieroboter noch nicht mechanisiert oder automatisiert ist.

2 Die Baukastensystematik in der Fördertechnik

2.1 Begriffsbestimmungen

In der Fördertechnik wird kaum ein größerer Einsatzfall so dem anderen gleichen, dass man zwei Anlagen nach denselben Zeichnungen fertigen kann. Konstruktionszeiten, Rüst- und Umstellungszeiten der Fertigung sind hoch; der Kunde muss bei Einzel-

anfertigung lange Lieferzeiten in Kauf nehmen. In der Fördertechnik haben sich daher Baukastenprinzip, Standardisierung und die Konstruktion von Erzeugnisreihen weitgehend durchgesetzt.

Baukastenprinzip heißt, dass ein Erzeugnis so lange nach Bild 1 in Baugruppen, Untergruppen und Einzelteile „aufgelöst" wird, bis die Erzeugnisteile genügend oft verwendet und daher in Serie gefertigt werden können. Natürlich müssen die einzelnen Baugruppen miteinander kombinierbar sein. Der Konstrukteur kann dann die vom Kunden gewünschte Lösung weitgehend aus vorhandenen „Bausteinen" zusammensetzen.

Standardisierung von Erzeugnissen oder Bauteilen bedeutet, dass man nicht mehr das Erzeugnis oder das Bauteil für jeden speziellen Einsatzfall neu auslegt, sondern das Erzeugnis nur in einigen häufig vorkommenden, oft genormten Größen fertigt. Der Kunde kann sich dann z.B. ein kostengünstiges, in Serie gefertigtes Laufrad nach Liste aussuchen, und braucht sich kein teures in Einzelfertigung „maßschneidern" zu lassen.

Eine *Reihenbildung* von Erzeugnissen oder Bauteilen liegt vor, wenn die Standardisierung in gesetzmäßigen Abstufungen erfolgt (Bild 2). Der Faktor, mit dem man die maßgebliche Größe (z.B. Hauptmaße, Drehmomente, Leistungen) einer Stufe multiplizieren muss, um die nächste Stufe zu erhalten, heißt Stufensprung φ. Als Zahlenwerte für den Stufensprung nimmt man Normzahlen nach DIN 323.

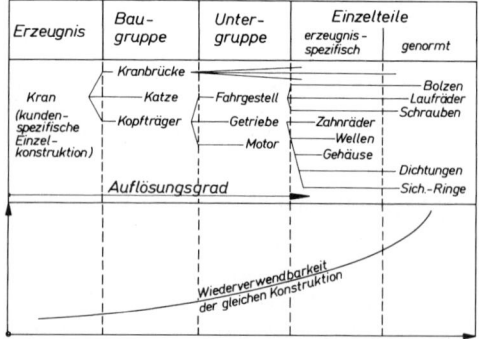

Bild 1.

Auflösung eines Kranes in Baugruppen, Untergruppen und Einzelteile

(Dematik)

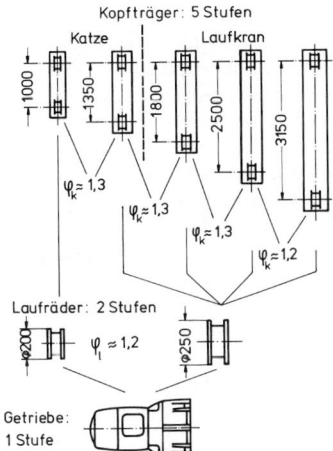

Bild 2.
Kopfträgerreihe für Laufkatzen und Laufkrane;
Stufensprunge φ_k und φ_p;
(Dematik)

2.2 Nutzen des Baukastenprinzips für die Betreiber und Hersteller fördertechnischer Anlagen

Der Betreiber bekommt eine auf seinen Bedarf zugeschnittene Anlage, deren Bauteile aber in der Serie erprobt und bewährt sind. Die Ersatzteilhaltung ist wegen hoher Mehrfachverwendbarkeit der Bauteile geringer, die Austauschbarkeit ist größer, Kundendienst und Reparatur werden einfacher.

Anwendungsbeispiel für einen fördertechnischen Baukasten:
Das Bild 3 zeigt Baugruppen eines Elektrozugbaukastens, die sich zu den verschiedensten kundenspezifischen Elektrozügen zusammensetzen lassen. Die Baugruppen selbst sind wieder in einfache Wiederholteile aufgelöst.

2.3 Komponenten der Fördertechnik

Dem Baukastenprinzip eng verwandt ist das Arbeiten mit Komponenten. Komponenten sind in der Fördertechnik maschinenbauliche und elektrotechnische Bauteile und Baugruppen, die der Hersteller fördertechnischer Anlagen komplett beziehen und für seine speziellen Zwecke einsetzen kann.
So können z.B. Hersteller von Kranen oder sonstigen schienenbeweglichen Fördermitteln den Fahrantrieb nach Bild 3, bestehend aus speziell für Fahrantriebe ausgelegtem Motor und Getriebe, komplett beziehen und einfach auf die Laufradwelle aufflanschen.
Für eine Greifer-Umschlagsanlage können der Greifer, Umlenkrollen, das komplette Hubwerk und die Fahrantriebe als Komponenten bezogen werden. Der Anla-

genhersteller konzentriert sich in diesem Fall auf kundenspezifische Auslegung, Konstruktion und Lieferung der neuen Gesamtanlage.

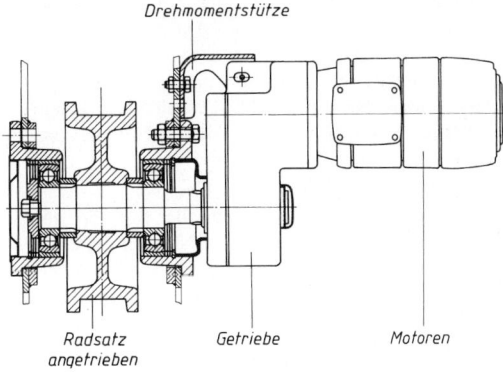

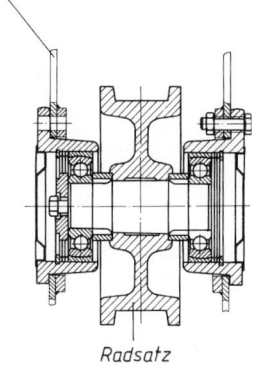

Bild 3. Beispiel eines kompletten Fahrantriebes, der in einer gestuften Baureihe zum Einbau in beliebige fördertechnische Anlagen zur Verfügung steht. (Dematik)

3 Bauelemente der Fördertechnik

Es sind dies im wesentlichen Elemente der Seiltriebe, der Kettentriebe und Lastaufnahmeeinrichtungen.
Seile und Ketten können nur Zugkräfte aufnehmen. In den meisten Fällen wählt man als Zugorgane Seile wegen ihrer hohen Zugfestigkeit, Preisgünstigkeit und Sicherheit gegen plötzlichen Bruch. Ketten kommen als Huborgan wegen ihres hohen Eigengewichts nur für begrenzte Hubhöhen (bis ca. 10 m) in Frage. Man verwendet sie, wo Seile zu empfindlich sind (z.B. beim Eintauchen von Lasten in Bäder, bei starker Verschmutzung wie in Kettenkratzförderern), oder wo es auf geringe Umlenkradien ankommt (kompakte Kleinhebezeuge). Das Hauptanwendungsgebiet der Ketten in der Fördertechnik ist die Zugübertragung beim Antrieb von Fördermaschinen (z.B. Kreisförderer, Plattenförderer).

3.1 Bauelemente der Seiltriebe

3.1.1 Seile

Die Sicherheit gegen Lastabsturz, ein störungsfreier Betrieb und eine befriedigende Aufliegezeit (= „Lebensdauer") der Seile setzen sachgemäße Behandlung, sorgfältige Pflege und regelmäßige Überwachung voraus. Nach Möglichkeit werden alle schädlichen Einwirkungen, wie z.B. Wasser, Dämpfe, Säuren, von den Seilen ferngehalten.

Konstruktion der Drahtseile

In den DIN 3051–3071 sind alle Normen über Drahtseile zusammengefasst. Die Normen gelten für Hebezeuge und Fördermittel, für die Schifffahrt und für den Bergbau (außer Förderseile). Die Bruchkräfte und die zulässigen Zugkräfte werden mittels verschiedener empirisch festgestellter Faktoren vom Seildurchmesser abgeleitet.

Die Normen „Drahtseile aus Stahldrähten" sind in folgender Weise gegliedert. DIN 3051 Teil 1 gibt eine Übersicht über die genormten Seile und ihre Aufteilung auf die einzelnen Normblätter.

DIN 3051 Teil 2 erläutert die Seilarten und die in der Seiltechnik vorkommenden Begriffe. In DIN 3051 Teil 3 sind die Berechnungsgrundlagen sowie die anzuwendenden Faktoren zusammengestellt. Es sind die Faktoren des metallischen Querschnitts (Füllfaktor), für den Verseilverlust (Verseilfaktor) und für das Seilgewicht (Gewichtsfaktor) angegeben, getrennt nach Seilkonstruktionen sowie danach, ob das Seil eine Faserseele oder eine Stahleinlage haben. DIN 3051 Teil 4 enthält die Technischen Lieferbedingungen für Drahtseile.

Die Normen DIN 3052 bis DIN 3071 sind die Maßnormen der Seile; sie enthalten die Seil-Nenndurch-

messer, die Seilgewichte, die rechnerischen Bruchkräfte und die Mindestbruchkräfte. Die rechnerische Bruchkraft ist auf Draht-Nennfestigkeiten von 1 570 N/mm^2 und 1 770 N/mm^2 bezogen. Es können auch nichtgenormte Sonderseile angefertigt und geliefert werden. Eine Übersicht über vorwiegend gebräuchliche Seilkonstruktionen, Normen, wesentliche Merkmale und Durchmesser gibt Tabelle 1. Die wichtigste Gruppe sind Rundlitzenseile, bei denen die aus Stahldrähten gefertigten Litzen links- oder rechtsgängig um eine in Fett getränkte Fasereinlage geschlagen werden. Haben die Drähte in den Litzen dieselbe Schlagrichtung wie die Litzen im Seil, nennt man das Seil Gleichschlagseil (Bild 1), bei entgegengesetzter Schlagrichtung Kreuzschlagseil (Bild 2).

Das Seil wird handelsüblich blank in Kreuzschlag (K) und rechtsgängig (Z) geliefert. Wird das Seil verzinkt, im Gleichschlag (G), linksgängig (S) oder spannungsarm benötigt, so muss das in der Bestellung angegeben werden.

Gleichschlagseile sind biegsamer und liegen in den Rillen der Rollen und Trommeln besser auf. Die Flächenpressung ist deshalb geringer, die Aufliegezeit größer. Da aber das Gleichschlagseil sich in belastetem Zustand leichter aufdreht, wird es nur für geführte Lasten (z.B. Aufzug) verwendet. Im Kranbau werden Kreuzschlagseile – in der Regel rechtsgängig – verwendet.

Es stehen mehrere Seilmacharten zur Verfügung, insbesondere Filler (= Fülldraht)-, Seale-, Warrington- und Standardmachart (Bild 3). Die Skizzen in Bild 3 Nr. 1 – 20 sind in Tabelle 1, Zeile 1 – 20 beschrieben und erläutert.

Tabelle 1. Übersicht über gebräuchliche Seilkonstruktionen, Normen, wesentliche Konstruktionsmerkmale und Seildurchmesserbereiche nach DIN 3051

| Seilarten | DIN | Anzahl | | | Bezeichnung der Verseilungsart der Litzen | Art der Einlage | Seil-Nenn durch- mes- ser | | Bild 3 |
		der Litzen	der Drähte in 1 Litze	aller Drähte			von	bis	Nr.
Spiralseile	3052	–	–	7	–	–	0,6	16	1
(Rundlitzen)	3053	–	–	19	–	–	1	25	2
	3054	–	–	37	–	–	3	36	3
	3055	6	7	42	–	1 Faser- oder 1 Stahleinlage	2	40	4
	3056	8	7	56	–	1 Faser- oder 1 Stahleinlage	4	24	5
	3057	6	19+6F	114	Filier	1 Faser- oder 1 Stahleinlage	8	44	6
	3058	6	19	114	Seale	1 Faser- oder 1 Stahleinlage	6	36	7
	3059	6	19	114	Warrington	1 Faser- oder 1 Stahleinlage	6	36	8
	3060	6	19	114	Standard	1 Faser- oder 1 Stahleinlage	3	56	9
Einlagige Rundlitzenseile	3061	8	19+6F	152	Filier	1 Faser- oder 1 Stahleinlage	10	56	10
	3062	8	19	152	Seale	1 Faser- oder 1 Stahleinlage	10	44	11
	3063	8	19	152	Warrington	1 Faser- oder 1 Stahleinlage	10	44	12
	3064	6	36	216	Warrington-Seale	1 Faser- oder 1 Stahleinlage	12	56	13
	3065	6	35	210	Warrington gedeckt	1 Faser- oder 1 Stahleinlage	8	56	14

	3 066	6	37	222	Standard	1 Faser- oder 1 Stahleinlage	6	64	15
	3 067	8	36	288	Warrington-Seale	1 Faser- oder 1 Stahleinlage	16	68	16
	3 068	6	24	144	Standard	7 Fasereinlagen	6	56	17
Mehrlagige Rundlitzenseile	3 069	18	7	126	drehungsarm	1 Faser- oder 1 Stahleinlage	4	28	18
	3 071	36	7	252		1 Faser- oder 1 Stahleinlage	12	40	19
Flachlitzenseil	3 070	10	10	100	drehungsfrei	1 Faser- oder 1 Stahleinlage	12	32	20

Bild 1.
Gleichschlagseil, rechtsgängig

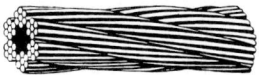

Bild 2.
Kreuzschlagseil, rechtsgängig

Die Konstruktion eines Drahtseiles wird im allgemeinen durch eine Kurzbezeichnung entsprechend den Haupttiteln der Normen DIN 3 052 bis DIN 3 071 beschrieben, die folgende Angaben enthält:

a) Seilart (z.B. Rundlitzenseil).
b) Produkt aus Anzahl der Litzen im Seil und Anzahl der Drähte in einer Litze (z.B. 6 × 19).
c) Bezeichnung der Verseilungsart der Litzen, soweit erforderlich (z.B. Seale).
d) Hinweis auf besondere Eigenschaften, soweit zutreffend (z.B. drehungsarm).
e) Hinweis auf Art und Anzahl der Einlagen, soweit erforderlich (z.B. + 7 Fasereinlagen).

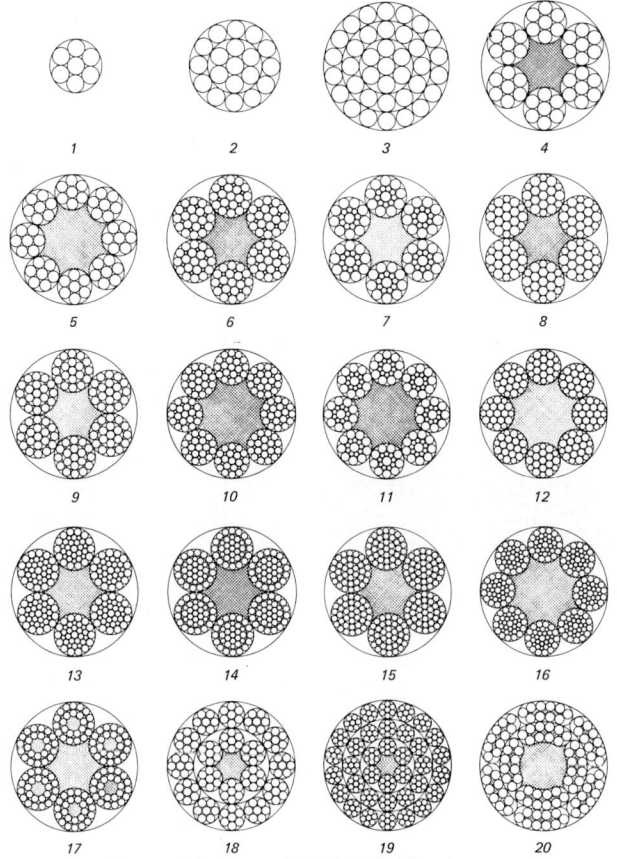

Bild 3. Übersicht zu gängigen Seilkonstruktionen nach DIN 3 051/Blatt 1
Fillermachart Nr. 6 – 10, Sealermachart Nr. 7 und 11, Warringtonmachart Nr. 8, 12, 14, Standardmachart Nr. 9, 15, 17
Weitere Erläuterungen siehe Tabelle 1, Zeile 1 – 20.

3.1.2 Seilrollen und Seiltrommeln

Seilrollen (Tabellen 2 und 3) dienen zum Leiten und Umlenken der Seile. Die Rillenprofile sind nach DIN 15061 Teil 1 genormt.
Geschmiedete oder gegossene Seilrollen werden in Baureihen (siehe Kap. 2) serienmäßig hergestellt. Sie haben fast ausschließlich Wälzlagerung. Geschweißte Seilrollen in Ronden-(A) oder Speichenausführung (B) werden, mit Gleit- oder Wälzlagerung, hauptsächlich für Sonderkonstruktionen verwendet.

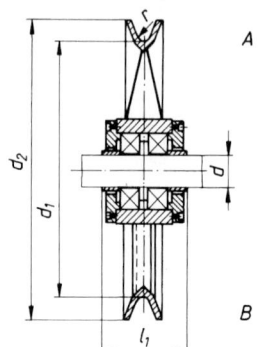

Seiltrommeln dienen dem Antrieb und dem Speichern des Seils. In die Trommel sind in der Regel Rillen nach DIN 15061 Teil 2 zur besseren Führung und Schonung des Seils eingefräst (Bild 3 in Kap. 7). Die Trommel wird also nur in einer Lage bewickelt. Ausnahmen bilden nur Handwinden, Schrapper oder sonstige Maschinen, bei denen eine geringe Aufliegezeit des Seils in Kauf genommen wird. Berechnung von Trommeln nach 3.2.3.

Tabelle 2. Seilrollen in Graugussausführung mit Rillenkugellager (Beispiele)

Ausführung	d	d_1	d_2	l	l_1	r		Seil-$\varnothing$	
A	30	112	131	20	20	3,5		6,5	
	45	160	186	32	34,5	3,5	4,8	6,5	9
	50	225	263	43	43	4,8	6,8	9	13
	60	280	328	48	48	6,8	8,4	13	16
B	70	355	415	65	65	8,4		16	

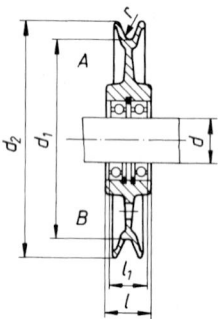

3.1.3 Seilendverbindungen

Für die Verbindung zweier Drahtseilenden oder das Anschließen eines Drahtseiles an ein festes Konstruktionsteil wurden im Hebezeugbau unterschiedliche Seilverbindungen entwickelt. Die älteste Art ist das Spleißen, die einfachste Art ist das Zusammenklemmen mit Drahtseilklemmen.

Tabelle 3. Seilrollen in Schweißausführung mit Rillenkugellager (Beispiele)

Ausführung	d	d_1	d_2	l_1	r [1]	Seil-$\varnothing$
A	70	355	410	100	9	14 ... 17
	70	400	460	100	10	16 ... 19
	80	450	520	105	11	18 ... 21
	90	500	575	110	12,5	20 ... 24
	100	560	640	120	14	22 ... 27
	140	560	640	120	14	22 ... 27
	110	630	715	130	16	26 ... 30
	150	630	715	125	16	26 ... 30
	120	710	800	135	18	30 ... 34
	170	710	800	140	18	30 ... 34
B	130	800	905	135	20	32 ... 38
	180	800	905	145	20	32 ... 38
	200	900	1020	155	22,5	37 ... 43
	220	1000	1135	165	25	40 ... 48
	240	1120	1255	165	25	40 ... 48
	260	1250	1385	190	25	40 ... 48

[1] Kranz, kalibriert, daher Radius maßhaltig und geglättet

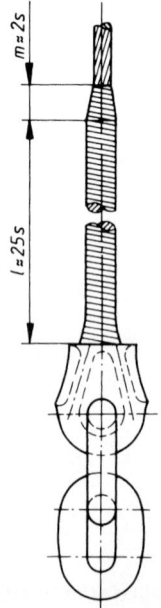

Bild 4. Gespleißtes Seilende (Dematik)

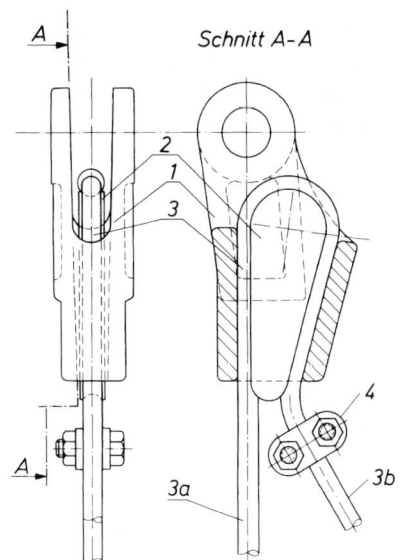

Bild 5. Seilschloss mit Keil (Keilschloss)

1 Seilschlossmantel
2 Klemmkeil
3 Seil
3a Last tragendes Seilende
3b loses Seilende
4 Sicherheitsklemme

(Dematik)

Diese Klemme verhindert den Verlust des Klemmkeils und damit das Lösen der Klemmverbindung, wenn das Seilende 3a auf Grund von Betriebsstörungen einmal ohne Vorspannung sein sollte.

Beide Arten werden jedoch nur für untergeordnete Einsätze verwendet. Meist kommt es auf hohe Festigkeit an, auf schnelle und leichte Lösbarkeit der Verbindung, auf gleichmäßige Krafteinleitung und auf Rollengängigkeit der Verbindung. In diesen Fällen sind Keilschloss- und Vergussbirnenverbindungen vorteilhaft.

Keilschloss (Bild 5). Mit dem Keilschloss werden Seile mit tragenden Konstruktionsteilen verbunden. Unter Belastung zieht sich das um den Keil geführte Seil in die Tasche hinein und ergibt eine feste Verbindung. Durch einfaches Herausschlagen des Keils kann diese Verbindung wieder gelöst werden.

Vergussbirnen. In Vergussbirnen werden die Seilenden nach von den Herstellern genau angegebenen Verfahren aufgefächert und mit Spezialmaterial vergossen. Die Vergussbirnen zweier Seilenden werden mit Seilschäkeln nach Bild 7 verbunden und so ausgelegt, dass die Verbindungsstelle auch über Seilrollen laufen kann (Bild 6).

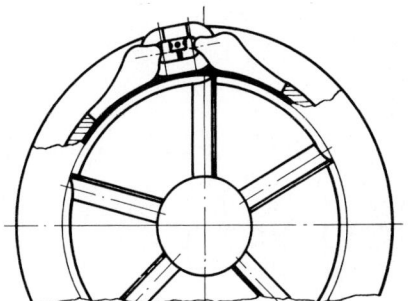

Bild 6. Rollengängige Seilverbindung mit Vergussbirnen und Schäkel
(Dematik)

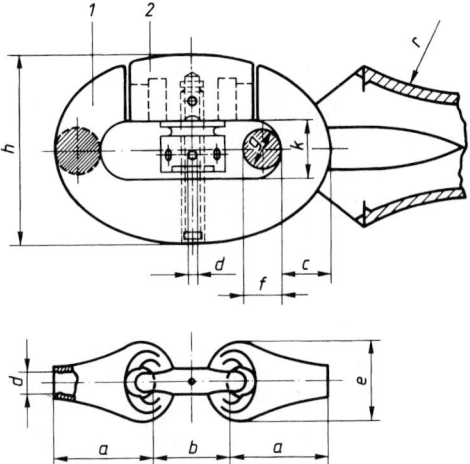

Bild 7. Schäkel für Seilverbindung mit Vergussbirnen 1 Bügel, 2 Schäkelschloss mit Federmutter
$a, b, c, d, e, f, g, h, k$ Baumaße nach Herstellertabelle für verschiedene Seilrollendurchmesser r
(Dematik)

3.1.4 Berechnung von Seiltrieben

3.1.4.1 Flaschenzugübersetzung. Ein Flaschenzug besteht aus einer Kombination „fester" und „loser" Rollen, wobei die festen Rollen zur „festen Flasche" und die losen Rollen zur „losen Flasche" zusammengefasst werden.

Wesentlich ist, dass die Last an mehr Strängen hängt, als angezogen werden (Bild 8). Die Flaschenzugübersetzung errechnet sich abhängig von der Lastaufhängung zu

$$i_{Fl} = \frac{n_L}{n_A} =$$

$$= \frac{\text{Anzahl der Stränge, an denen die Last hängt}}{\text{Anzahl der angezogenen Stränge}}$$

Ein Beispiel zeigt Bild 8.

Die erforderliche Geschwindigkeit der Zugseile beträgt:

$$v_A = v_H \, i$$

v_A Geschwindigkeit der angezogenen Seile, v_H Geschwindigkeit des Hakens.

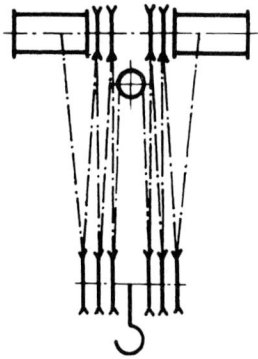

Bild 8. Doppelflaschenzug, bestehend aus zwei jeweils 6-strängigen Flaschenzügen $n = 6$ mit je drei losen Rollen, je zwei festen Rollen, je einer Trommel sowie einer festen Ausgleichsrolle zwischen den beiden Flaschenzügen. Zwischen Trommel und Flaschenzug befindet sich hier keine feste Seilrolle ($i = 0$)

$$i_{Fl} = \frac{\text{Last an 12 Strängen}}{2 \text{ angezogene Stränge}}$$

2 oder je Einzelflaschenzug:

$$i_{Fl} = \frac{6}{1} = 6$$

(Dematik)

Die Seilzugkraft F der angezogenen Seile beträgt, wenn G die Gewichtskraft an der Unterflasche aus deren Eigengewicht sowie der Nutzlast ist,

$$F = \frac{G}{i_{Fl}} \cdot \frac{1}{\eta_S}$$

η_S ist der nach DIN 15020 Blatt 1 zu errechnende Wirkungsgrad des Seiltriebes. Nach dieser Norm gilt:

$$\eta_S = (\eta_R)^i \cdot \frac{1}{n} \cdot \frac{1 - (\eta_R)^n}{1 - \eta_R}$$

i Anzahl der festen Seilrollen zwischen Seiltrommel und Flaschenzug bzw. Last (z.B. bei Hubwerken von Auslegerkranen)

n Anzahl der Seilstränge in *einem* Flaschenzug. *Ein* Flaschenzug ist die Gesamtheit aller Seilstränge und Seilrollen für *ein* auf eine Seiltrommel auflaufendes Seil (siehe Bild 8).

η_F Gesamtwirkungsgrad des Flaschenzuges

$$\eta_F = \frac{1}{n} \cdot \frac{1 - (\eta_R)^n}{1 - \eta_R}$$

η_R Wirkungsgrad *einer* Seilrolle
η_S Wirkungsgrad des Seiltriebes

Der Wirkungsgrad einer Seilrolle ist außer von der Art ihrer Lagerung (Gleitlagerung oder Wälzlagerung) auch vom Verhältnis Seilrollendurchmesser: Seildurchmesser ($D : d$), von der Seilkonstruktion und der Seilschmierung abhängig. Sofern keine genaueren Werte durch Versuche nachgewiesen sind, soll gerechnet werden

bei Gleitlagerung mit $\eta_R = 0,96$
bei Wälzlagerung mit $\eta_R = 0,98$

Mit diesen Werten sind die Wirkungsgrade nach Tabelle 4 errechnet.

Für Ausgleichrollen braucht kein Wirkungsgrad berücksichtigt zu werden.

Tabelle 4. Gesamtwirkungsgrad von Flaschenzügen

	n	2	3	4	5	6	7
η_F	Gleitlagerung	0,98	0,96	0,94	0,92	0,91	0,89
	Wälzlagerung	0,99	0,98	0,97	0,96	0,95	0,94

	n	8	9	10	11	12	13	14
η_F	Gleitlagerung	0,87	0,85	0,84	0,82	0,81	0,79	0,78
	Wälzlagerung	0,93	0,92	0,91	0,91	0,90	0,89	0,88

Soll die Nutzlast mit einer Hubgeschwindigkeit v angehoben werden, so ist die an den angezogenen Seilen aufzubringende Leistung

$$P = \frac{1}{\eta_S} \cdot G \cdot v$$

	P	G	v	η_S
$W = \dfrac{Nm}{s}$	$\dfrac{Nm}{s}$	N	$\dfrac{m}{s}$	1

G = Gewichtskraft = $m \cdot g$

Um die erforderliche Motorleistung zu ermitteln, ist diese Leistung noch durch die Wirkungsgerade von Trommel und Getriebe zu dividieren und mit einem Sicherheitsfaktor für dynamische Beanspruchungen zu multiplizieren.

3.1.4.2 Berechnung der Seiltriebe nach DIN 15020.

Der folgende Rechengang gilt für Krane und Serienhebezeuge aller Art, bei denen die Seile über Seilrollen geführt und auf Seiltrommeln aufgewickelt werden. Für besondere Betriebsverhältnisse (z.B. Baggerbetrieb, Aufzüge, Schiffskrane, Bergwerke, Abspannseile) gelten besondere Rechenvorschriften.

Die Einzeldrähte der Seile werden bei der Herstellung und im Betrieb auf Zug, Biegung und Verdrillung (Torsion) beansprucht. Die Berechnungsverfahren haben sich aus Versuchen und aus der Praxis entwickelt. Tragkraft und Aufliegezeit (= Lebensdauer) von Drahtseilen hängen im Wesentlichen ab

1. von der Zugfestigkeit der Einzeldrähte,
2. von der Betriebsweise des Seiltriebes,
3. von dem Durchmesser der Seiltrommeln, Seilrollen und Ausgleichsrollen,
4. von der Bemessung der Seilrillen.

Die Lebensdauer der Seile hängt ferner ab von der Anzahl der Biegewechsel. Ein Biegewechsel liegt vor, wenn das Seil einmal von der Geraden in eine gekrümmte Bahn gelenkt wird und umgekehrt, z.B. Auflauf des Seiles auf eine Seilrolle = 1 Biegewechsel, Ablauf des Seils von einer Seilrolle = 1 Biegewechsel.

Zu 1: Die Zugfestigkeit der Einzeldrähte von in der Fördertechnik verwendeten Seilen ist in Tabelle 5 angegeben. Die Zugfestigkeit der Förderseile beträgt wegen Biegungen und Quetschungen nur etwa 90 % der genannten Werte.

Zu 2: Der erforderliche Seildurchmesser errechnet sich zu

$$d \geq c\sqrt{F_S} \qquad \begin{array}{c|c|c} d & c & F_S \\ \hline mm & \dfrac{mm}{\sqrt{N}} & N \end{array}$$

d Seildurchmesser, c Beiwert für die Betriebsweise, F_S Seilzugkraft

Die Triebwerksgruppe wird nach Tabelle 6 abhängig von der mittleren Laufzeit pro Tag (Zeile 2) und der durchschnittlichen Belastung (= Lastkollektiv) ermittelt. Man erkennt, dass ein Triebwerk, dass z.B. nur ca. 2 ... 4 Std. am Tag in Betrieb ist und nahezu ständig die höchstzulässige Last transportiert, in die gleiche Triebwerksgruppe 3 m eingestuft wird, wie ein Triebwerk, was viel länger in Betrieb ist (z.B. 8 ... 16 Std.), aber dafür nur selten Höchstlast transportiert. Mit dem aus Tabelle 6 ermittelten Triebwerksgruppenwert kann man aus Tabelle 5 den Beiwert c für

verschiedene Seile entnehmen und damit den Seildurchmesser nach obiger Gleichung berechnen.

Zu 3: Eine ausreichende Aufliegezeit des Seils wird erreicht, wenn Seiltrommeln, Seilrollen und Ausgleichsrollen zumindest den Durchmesser haben:

$$D_{min} = h_1 \, h_2 \, d_{min} \qquad \begin{array}{c|c} D_{min}, d_{min} & h_1, h_2 \\ \hline mm & 1 \end{array}$$

D_{min}　Rollen- und Trommeldurchmesser
h_1　　Beiwert nach Tabelle 7, abhängig von der Machart des Seils und von der Triebwerksgruppe
h_2　　Beiwert, abhängig von der Anordnung der Seiltriebe; $h_2 = 1$ für Seiltrommeln, $h_2 = 1 \ldots 1{,}25$ für Flaschenzüge je nach Anzahl und Gegen- oder Gleichsinnigkeit der Umlenkrollen. Für Seilrollen in Greifern und Serienhebezeugen kann stets $h_2 = 1$ gesetzt werden
d_{min}　Seildurchmesser

Zu 4: Der Seilrillenradius r soll dem Seildurchmesser d möglichst gut angepasst sein; empfohlen wird die Berechnung durch die Gleichung

$$r = 0{,}525 \qquad \begin{array}{c|c} r & d \\ \hline mm & mm \end{array}$$

Bei den Triebwerksgruppen 1 E_m, 1 D_m und 1 C_m ist durch Auflegen entsprechender Seile dafür zu sorgen, dass zusätzlich das Verhältnis der rechnerischen Seilbruchkraft zur rechnerischen Seilzugkraft nicht kleiner ist als 3,0.

Tabelle 5. Beiwerte c zur Berechnung des zulässigen Seildurchmesser nach DIN 15020

Trieb-werk-gruppe	c in mm / $\sqrt{N}$ für													
	übliche Transporte und								gefährliche Transporte[2] und					
	nicht drehungsfreie Drahtseile					drehungsfreie bzw. drehungsarme Drahtseile [1]			nicht drehungsfreie Drahtseile			drehungsfreie bzw. drehungsarme Drahtseile [1]		
	Nennfestigkeit der Einzeldrähte in N/mm²													
	1570	1770	1960	2160[3]	2450[3]	1570	1770	1960	1570	1770	1960	1570	1770	1960
1 E_m	–	0,0670	0,0630	0,0600	0,0560	–	0,0710	0,0670	–			–		
1 D_m	–	0,0710	0,0670	0,0630	0,0600	–	0,0750	0,0710	–			–		
1 C_m	–	0,0750	0,0710	0,0670		–	0,0800	0,0750	–			–		
1 B_m	0,0850	0,0800	0,0750	–		0,0900	0,0850	0,0800	–			–		
1 A_m	0,0900	0,0850		–		0,0950		0,0900	0,0950			0,106		
2 $_m$		0,0950		–			0,106		0,106			0,118		
3 $_m$		0,106		–			0,118		0,118			–		
4 $_m$		0,118		–			0,132		0,132			–		
5 $_m$		0,132		–			0,150		0,150			–		

[1]　Bei Serienhebezeugen dürfen für drehungsfreie bzw. drehungsarme Drahtseile die gleichen Beiwerte c benutzt werden wie für nicht drehungsfreie Drahtseile, wenn durch die Wahl der Seilkonstruktion eine ausreichende Aufliegezeit erreicht wird.

[2]　Z.B. Befördern feuerflüssiger Massen, Befördern von Reaktor-Brennelementen.
　　Bei Serienhebezeugen kann auf diese Einstufung verzichtet werden, wenn unter Beibehaltung von Drahtseil-, Seiltrommel- und Seilrollen Durchmesser die Seilzugkraft auf $\frac{2}{3}$ des Wertes für übliche Transporte herabgesetzt wird.

[3]　Besonders Drahtseile von 2 160 und 2 450 N/mm² Nennfestigkeit müssen von solcher Konstruktion sein, dass sie für den vorliegenden speziellen Anwendungsfall geeignet sind.

Tabelle 6. Triebwerkgruppen nach Laufzeitklassen und Lastkollektiven nach DIN 15 020

Lauf-klasse-zeit"	Kurzzeichen		V_{006}	V_{012}	V_{025}	V_{05}	V_1	V_2	V_3	V_4	V_5
	mittlere Laufzeit je Tag in h, bezogen auf 1 Jahr		bis 0,125	über 0,125 bis 0,25	über 0,25 bis 0,5	über 0,5 bis 1	über 1 bis 2	über 2 bis 4	über 4 bis 8	über 8 bis 16	über 16
	Nr.	Benennung	Erklärung	Triebwerkgruppe							
Last-kollektiv	1	leicht	geringe Häufigkeit der größten Last	1 E$_m$	1 E$_m$	1 D$_m$	1 C$_m$	1 B$_m$	1 A$_m$	2$_m$	3$_m$	4$_m$
	2	mittel	etwa gleiche Häufigkeit von kleinen, mittleren und größten Lasten	1 E$_m$	1 D$_m$	1 C$_m$	1 B$_m$	1 A$_m$	2$_m$	3$_m$	4$_m$	5$_m$
	3	schwer	nahezu ständig größte Lasten	1 D$_m$	1 C$_m$	1 B$_m$	1 A$_m$	2$_m$	3$_m$	4$_m$	5$_m$	5$_m$

[1] Bei einer Dauer eines Arbeitsspieles von 12 Minuten oder mehr darf der Seiltrieb um 1 Triebwerkgruppe niedriger gegenüber der Triebwerkgruppe eingestuft werden, die aus Laufzeitklasse und Lastkollektiv ermittelt wird.

Tabelle 7. Beiwerte h_1 zur Berechnung von Mindestrollen- und -trommeldurchmessern für Seiltriebe nach DIN 15 020

Trieb-werk-gruppe	Seiltrommel und		h_1 für Seilrolle		Ausgleichsrolle und	
	nicht drehungsfreie Drahtseile	drehungsfreie bzw. drehungsarme [1] Drahtseile	nicht drehungsfreie Drahtseile	drehungsfreie bzw. drehungsarme [1] Drahtseile	nicht drehungsfreie Drahtseile	drehungsfreie bzw. drehungsarme [1] Drahtseile
1 E$_m$	10	11,2	11,2	12,5	10	12,5
1 D$_m$	11,2	12,5	12,5	14	10	12,5
1 C$_m$	12,5	14	14	16	12,5	14
1 B$_m$	14	16	16	18	12,5	14
1 A$_m$	16	18	18	20	14	16
2$_m$	18	20	20	22,4	14	16
3$_m$	20	22,4	22,4	25	16	18
4$_m$	22,4	25	25	28	16	18
5$_m$	25	28	28	31,5	18	20

[1] Seilrollen in Greifern dürfen unabhängig von der Einstufung des übrigen Seiltriebes nach Triebwerkgruppe 1 B$_m$ bemessen werden.
Bei Serienhebezeugen dürfen für drehungsfreie bzw. drehungsarme Drahtseile die gleichen Beiwerte h_1 benutzt werden wie für nicht dehnungsfreie Drahtseile, wenn durch die Wahl der Seilkonstruktion eine ausreichende Aufliegezeit erreicht wird.

3.2 Bauelemente für Kettentriebe

Ketten haben den Vorteil der Handlichkeit, Beweglichkeit und Anpassungsfähigkeit nach allen Richtungen. Als Nachteil stehen gegenüber: großes Gewicht, geringe Elastizität, Empfindlichkeit gegen Stoß und Schlag. Man unterscheidet Rundgliederketten und Gelenkketten.

3.2.1 Rundgliederketten (Bild 9)

Tabelle 8 gibt eine Übersicht der wichtigsten Normblätter.
Werkstoff: Ketten der Normalgüte aus S235 (einsatzgehärtet in verschleißfester Ausführung). Hochfeste

Ketten aus Stählen mit Zusätzen von Mangan, Chrom, Nickel, Molybdän, Vanadin. – Ketten mit besonderen Werkstoffeigenschaften aus Sonderstählen (z.B. säure-, hitze-, korrosionsbeständig, antimagnetisch).

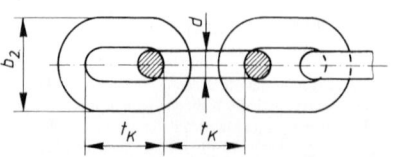

Bild 9. Kenngrößen des Kettengliedes
b Breite, d Drahtdurchmesser, t_K Teilung

Berechnung des Kettengliedes: Jedes Kettenglied wird über seinen ganzen Umfang durch einen mehrachsigen Spannungszustand beansprucht, da es nicht nur aus geraden, sondern auch aus gebogenen Abschnitten besteht.

Ähnlich wie bei den Drahtseilen wurden daher die zulässigen Beanspruchungen in Forschung und Praxis ermittelt und als Erfahrungswerte in den DIN festgelegt.

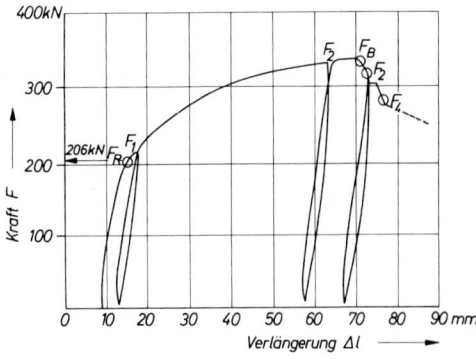

Bild 10. Kraft-Verlängerungsschaubild einer 17-mm-Rundstahlkette

Tabelle 8. Übersicht über die wichtigsten Normblätter für Rundstahlketten

DIN	Verwendungsart
685	Rundstahlketten, Anforderungen, Prüfungen
766	Rundstahlketten für allgemeine Zwecke und Hebezeuge
5684	hochfeste Rundstahlketten für Hebezeuge
762	Rundstahlketten für Stetigförderer – langgliedrig
764	Rundstahlketten für Stetigförderer – halblanggliedrig
22252	hochfeste Rundstahlketten für den Bergbau
5685	Rundstahlketten halb- und langgliedrig nicht geprüft
691	Spannketten
695, 5688	Anschlagketten, Hakenketten, Ringketten

Kettencharakteristik (Bild 10). Für die Beurteilung einer Kette werden folgende Kriterien herangezogen:

Recklast. Das Kraft-Verlängerungsschaubild lässt durch den Knick in der Kraftkurve die Kraft F_R ablesen, mit der Ketten nach dem Vergüten belastet werden, damit sie maßhaltig bleiben. Bis zu dieser Belastung ist die Kette auch bei wiederholten Belastungen praktisch nur elastisch verformbar.

Bruchdehnung. Die Bruchdehnung ist die relative Verlängerung $\Delta l / l$ der Kette, bei der sie bricht.

Verfestigungsfähigkeit. Sie drückt sich im Bereich der plastischen Verformung durch den Anstieg der Kraft von F_R auf F_B aus.

In Bild 10 ist eine Kette von 17 mm Rundstahldurchmesser und 840 mm Länge mit einer Recklast von $F_R = 206$ kN wiedergegeben, bis zu der sie sich nur elastisch verformt. Näherungsweise gilt in diesem Bereich das Hookesche Gesetz, d.h. mit Einführung eines ideellen Moduls der Kette E_K kann gesetzt werden:

$$\sigma = \in E_K = \frac{\Delta l}{l_0} E_K$$

$\in$ Dehnung
Δl Verlängerung
l_0 Ausgangslänge der Kette

Die Grenze der elastischen Verformung ist von der Recklast abhängig, an den folgenden Entlastungskurven kann man erkennen, dass der Bereich der elastischen Verformung durch Erhöhung der Recklast z.B. auf $F_1 = 220$ kN bzw. auf $F_2 = 332$ kN erhöht wird.

Die Bruchlast beträgt $F_B = 338$ kN und als Bruchdehnung wird bei der Einspannlänge von $l_0 = 840$ mm, $\delta = \Delta l / l_0 = 70/840 = 0,083 = 8,3$ % ermittelt.

In den DIN wurden die Anforderungen, denen Rundstahlketten in bezug auf Werkstoffe, Bruchdehnung, Bruchkraft, Oberflächenhärte und Maßhaltigkeit genügen müssen, festgelegt. Die Aufliegezeit (= Lebensdauer) wird durch die höchstzulässige Längung durch Verschleiß begrenzt. Diese beträgt z.B. für Hebezeugketten maximal 5 % über eine Teilung t_K nach DIN 685 und maximal 2 % über eine Länge von 11 t_K bei motorischem Antrieb, bei Handantrieb 3 %.

3.2.2 Gelenkketten (Bilder 11 und 12)

Die Gelenk- oder Laschenketten werden nach ihrem Erfinder auch Gallsche Ketten genannt. Gall-Ketten nach DIN 8150. Sie werden aus geraden oder gekröpften Laschen gefertigt, die durch Bolzen gelenkig miteinander verbunden sind (Bild 11). Die Bolzen sind an beiden Enden abgesetzt und werden entweder vernietet oder versplintet. Sie laufen auf verzahnten Kettenrädern.

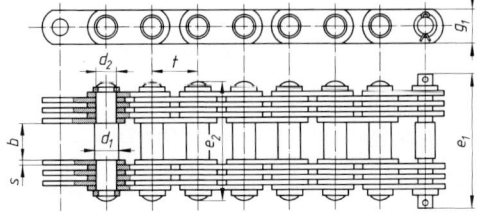

Bild 11.
Gallkette nach DIN 8150, 90 mm Teilung

garantierte Tragkraft	Mindest-Bruchkraft	Teilung t_k	lichte Weite b	Bolzen-Ø d_1	Zapfen-Ø d_2	Breite über Verbindungsbolzen e_1	Breite über Nietbolzen e_2	Plattenbreite g_1	Plattenstärke s	Anzahl der Platten pro Glied
kN	kN	mm	mm	mm	mm	mm	mm	mm	mm	
150	750	90	70	40	36	199	183	70	7	6

$$D = \sqrt{\left(\frac{t_k}{\sin\dfrac{90°}{z}}\right)^2 + \left(\frac{d}{\cos\dfrac{90°}{z}}\right)^2} \qquad \begin{array}{c|c} D,\, t_k,\, d & z \\ \hline mm & 1 \end{array}$$

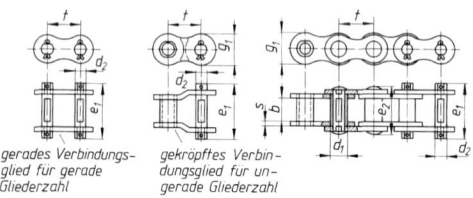

Bild 12.
Buchsenkette nach DIN 8164, 90 mm Teilung

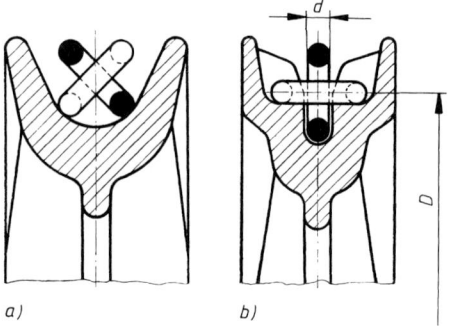

a)   b)

Bild 13. Ausführung von Kettenrollen
a) als Umlenkrolle,
b) als Umlenkrolle und als Antriebsrolle

Bei $z \geq 6$ und $d \geq 16$ mm kann das zweite Glied unter der Wurzel vernachlässigt werden.
Kettentrommeln für Gliederketten haben nur eine untergeordnete Bedeutung. Die Oberfläche erhält eingedrehte Rillen für einlagiges Aufwickeln. Zwei Sicherheitswindungen müssen zusätzlich Platz haben. Werkstoff ist Grauguss, seltener Stahlguss oder S235JR61 für geschweißte Ausführungen.

Mindest-Bruchkraft	Teilung	lichte Weite	Buchsen-Ø	Bolzen-Ø	Breite über Verbindungsbolzen	Breite über Nietbolzen	Plattenbreite	Plattenstärke
	t	b	d_1	d_2	e_1	e_2	g_1	s
kN	mm	mm	mm	mm	mm	mm	mm	mm
400	90	80	50	36	160	144	85	12

Förderketten im schweren Einsatz bedürfen einer sorgfältigen Wartung und Verschleißkontrolle.

Eine mindestens 5fache Sicherheit wird bei der angegebenen Tragkraft garantiert. Kettengeschwindigkeiten von 0,3 m/s bis 4,0 m/s, je nach Kettentyp.

Als Kraftübertragungsketten für höhere Geschwindigkeiten ($v > 4$ m/s) sind Stahlgelenkketten in der Form von Buchsenketten nach DIN 8164 und Rollenketten nach DIN 8081–8088 verfügbar.

3.2.3 Kettenrollen und Kettentrommeln

Kettenrollen für unkalibrierte Gliederketten werden unverzahnt ausgeführt, wenn sie zur Umlenkung dienen. Der Rollendurchmesser – von Mitte bis Mitte Kette gemessen – beträgt $D = 20 - 25\ d$ (d Kettendrahtdurchmesser). Die kalibrierten Ketten erfordern verzahnte Antriebsrollen, deren Durchmesser klein gewählt werden können, jedoch soll die Zähnezahl mindestens 5 betragen. Bezeichnet t_k die Teilung, z die Zähnezahl, d die Kettendrahtdurchmesser, dann wird der Teilkreisdurchmesser D:

3.3 Lastaufnahmeeinrichtungen und Ladehilfsmittel

Hier werden alle Konstruktionsteile, Hilfsgeräte oder Hilfsmittel zusammengefasst, die der geeigneten Verbindung des Transportgutes mit dem Fördermittel und der guten Transportierbarkeit dienen.
Der Begriff „Lastaufnahmeeinrichtungen" ist in DIN 15003 festgelegt. Die Lastaufnahmeeinrichtungen gliedern sich danach in Tragmittel, Lastaufnahmemittel und Anschlagmittel.
Tragmittel sind zum Hebezeug gehörende Hubeinrichtungen zum Aufnehmen der Last einschließlich der Seil- und Kettentriebe, wie z.B. Lasthaken, Unterflasche, Seile.

Lastaufnahmemittel sind nicht zum Hebezeug gehörende, zum Aufnehmen der Last dienende Einrichtungen, die ohne besondere Um- oder Einbaumaßnahmen mit dem Tragmittel verbunden werden können, wie z.B. Magnete, Greifer, Zangen oder Kübel.

Anschlagmittel sind nicht zum Hebezeug gehörende, die Verbindung zwischen Tragmittel und Nutzlast herstellende Einrichtungen, wie z.B. Anschlagseile, -ketten oder -gurte.

Ladehilfsmittel sind Einrichtungen, mit deren Hilfe besonders Stückgut zu transportfreundlichen, meist genormten Ladeeinheiten zusammengefasst werden kann, wie z.B. Paletten, Container.

Von der zweckmäßigen Konstruktion der Lastaufnahmeeinrichtungen und Ladehilfsmittel für die jeweiligen Einsatzfälle hängt die schonende Behandlung des Transportgutes, die Sicherheit und die Wirtschaftlichkeit der Fördereinrichtung weitgehend ab. Bei der Konstruktion sind Art, Form, Größe, Gewicht, Oberflächenbeschaffenheit des Gutes bzw. der Verpackung von besonderer Bedeutung, außerdem die Lagerung (stehend – liegend – geordnet – ungeordnet – verpackt – in Behältern) und die Umschlagmenge.

Die Last wird durch Kraftschluss oder Formschluss aufgenommen, gelegentlich auch durch Haftschluss. Beim Kraftschluss werden Klemm- oder Spreizkräfte erzeugende Geräte benutzt. Beim Anheben der Last schließen sich die Backen des Gerätes fest um das Gut. Sobald der Gegenstand abgesetzt wird, öffnen sich die Backen. Beim Formschluss wird das Gut allein durch Auflegen oder Anschlagen aufgenommen, wobei die Aufnahmemittel der jeweiligen Form weitgehend angepasst sein müssen[1]. Bei den Haftgeräten handelt es sich um Lasthebemagnete und Vakuumheber. Bei Hebemagneten werden die Haftkräfte elektromagnetisch erzeugt, beim Vakuumheber pneumatisch.

3.3.1 Lasthaken

Eine einfache und schnelle Lastaufnahme geschieht durch Einhängen der Lasthaken in Ösen der Anschlagmittel oder der zu transportierenden Güter. Anschlagketten in der Ausführung als Ring-, Haken-Kranz- oder Spreizketten sind dabei gebräuchliche Hilfsmittel, ebenso werden Anschlagseile aus Stahldraht als Öse-, Haken- oder Schlingseile verwendet. Abmessungen für Einfach- und Doppelhaken, Ösenhaken und Haken für Lastketten, sowie Angaben über Beanspruchung, Werkstoffe und Prüfungen siehe DIN 15401–15407.

Berechnungsgrundlage: Der Haken wird im Zapfenquerschnitt auf Zug, in den stark gekrümmten Teilen auf Biegung und Zug berechnet. Der Hakenquerschnitt wird als Trapez mit abgerundeten Ecken ausgeführt. Der Haken ist drehbar gelagert. Als Gewinde wählt man Rundgewinde, Sägen- oder Trapezgewinde. Die Hakenmutter ist zu sichern.

Um bei etwaiger Schlaffseilbildung ein Herausspringen der Anschlagseile aus dem Haken zu vermeiden, kann dieser karabinerartig mit einer Sperrklinke versehen werden.

Bei Lasten über 15 t überwiegen Doppelhaken. In Verbindung mit einem Flaschenzug nimmt man Hakengeschirre oder Hakenflanschen (Bild 14).

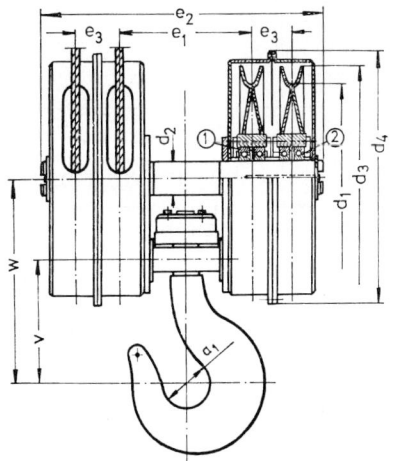

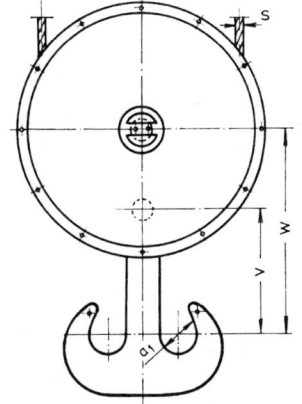

Bild 14.
Vierrollige Unterflasche für Einfach- oder Doppelhaken für 40 ... 160 t. Seildurchmesser s 22 ... 48 mm, Rollendurchmesser d_3 575 ... 1 385 mm. Buchstaben sind kennzeichnende Abmessungen nach Herstellertabelle für die verschiedenen Größen der Baureihe. (Dematik)

---

[1] Unter Anschlagen versteht man die Tätigkeit, mit normalen oder speziellen Anschlagmitteln die zu transportierende Last sicher an die Hebemaschine anzuhängen.

Tabelle 9. Ausführungen von Lasthaken

a) Maße für den einfachen Haken nach DIN 15401 (Maße in mm)

Traglast (Masse) in $t = 10^3$ kg	Schaftdurchmesser			Maul-weite	Querschnitte								
	d	d_1	d_2	a	h	b_1	b_2	h'	b_1'	b_2'	f_1	f_2	f
5	45	48	53	90	90	78	30	75	60	30	85	55	200
7,5	58	60	65	100	110	95	40	95	75	45	105	70	245
10	64	67	72	120	130	110	45	110	90	55	115	75	260
15	70	73	78	140	160	135	50	140	110	60	130	80	315
20	83	86	95	160	170	145	55	150	120	65	150	95	370
25	96	98	105	180	190	160	65	165	135	75	160	110	410
30	103	106	116	200	205	170	70	180	145	80	170	115	430
40	118	120	130	220	230	200	70	205	170	90	210	130	500
50	128	130	140	240	255	220	80	225	190	160	220	145	525

b) Maße für den Doppelhaken nach DIN 15402 (Maße in mm)

Traglast (Masse) in $t = 10^3$ kg	Schaft-durch-messer	Maul-weite						
	d_3	a	h	b_1	b_2	h'	b_1'	b_2'
5	53	80	89	60	25	70	55	25
7,5	65	95	103	70	30	80	65	30
10	72	110	116	90	35	90	80	35
15	78	130	143	100	40	115	95	40
20	105	150	158	110	45	120	105	45
25	115	160	180	130	50	140	115	50
30	125	180	194	140	55	150	125	55
40	140	200	218	150	60	170	135	60
50	155	220	244	170	65	190	150	65
60	170	240	268	185	75	210	165	75
75	195	270	306	215	85	240	185	85
100	225	300	345	240	100	270	210	100

Masse d, d_1, d_2, f, f_1, f_2 wie beim einfachen Haken

Schäkel (Bild 15). Für größere Lasten ($m \geq 50$ t) werden auch geschlossene Lastbügel (Schäkel) benutzt, die entweder aus einem Stück geschmiedet oder aus Zugbändern mit Querstück zusammengesetzt sind. Alle Schäkel erschweren das Anschlagen der Last durch Seile oder Ketten, dafür haben sie den Vorteil, dass sie bei gleicher Tragkraft leichter sind als Haken.

3.3.2 Anschlagmittel, Brooken, Zangen (Bild 16)

Anschlagmittel sind Anschlagseile (DIN 3088) und -ketten. Zangen, Kübel, Gehänge sind einfache *Lastaufnahmemittel*. Diese gibt es in den verschiedensten Formen. Für Behälter und Kübel eignen sich selbstzentrierende Gehänge. Gehänge mit beweglichen Greifarmen werden oft mit einem Antrieb zur Ausführung der Greifbewegung gebaut.

Bei den Klemmen und Zangen wirken die Klemmkräfte zwischen zwei gegeneinander beweglichen Armen, an denen Klemmbacken angebracht sind. Für ein sicheres Arbeiten ist ein genügend großer Reibwert zwischen Klemmbacken und Last erforderlich, dieser Wert μ kann durch entsprechende Reibbeläge verbessert werden. Durch das Gewicht der Zange schließen sich die Backen, und durch das Gewicht der Last werden sie über eine Hebelübersetzung fest an das Fördergut gepresst. Es ist möglich, durch Einrasten die geöffnete Maulstellung festzusetzen. Für die verschiedenen Industriezweige gibt es Spezialausführungen, so dass für jeden Transportfall die optimale Konstruktion ausgewählt werden kann.

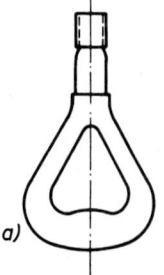 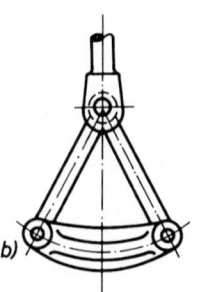

Bild 15.
Ausführungen von Schäkeln
a) einfacher Lastbügel
b) mehrteiliger Lastbügel

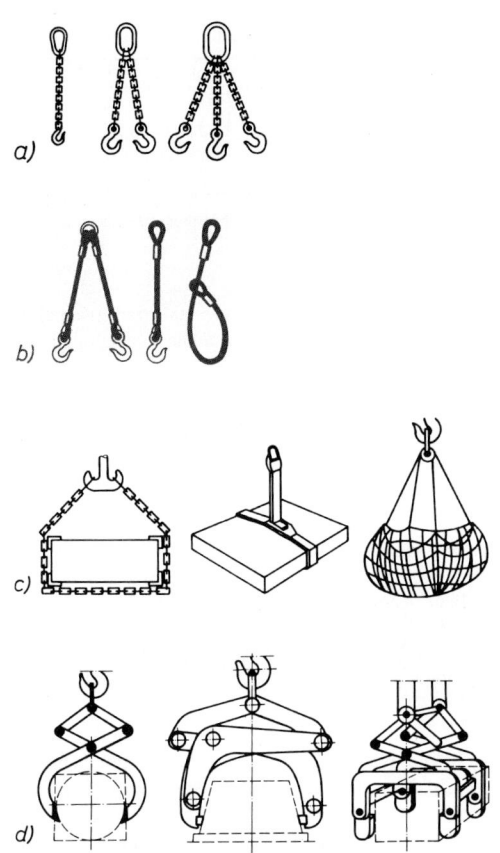

Während des Füllens bleibt der Schließwiderstand, den das aufzunehmende Gut den Schalen entgegengesetzt, nicht konstant: bei Beginn des Schließvorganges ist er am kleinsten, mit zunehmender Füllung wird er größer. Die Greifer werden nach ihrem Verwendungszweck in Baureihen aufgeteilt (Tabelle 10).

Das Füllgewicht der genormten Greifer aller Baureihen ist ungefähr gleich dem Greifereigengewicht.

Die örtlichen Verhältnisse machen es notwendig, dass der Greifer entweder in Richtung des Auslegers oder quer dazu öffnet. Mit Rücksicht auf eine ausreichende Standfestigkeit wird eine tiefe Schwerpunktslage angestrebt, daher schwere Greiferschalen und große Greiferbreite. Der Zweischalengreifer ist der ideale Mehrzweckgreifer für alle Schüttgüter.

Im Entladen von Schiffen hat sich der Trimmgreifer bewährt. Für den Umschlag von gestapeltem Rundholz, Getreide, Schrott usw. sind Sondergreifer entwickelt worden. Mehrschalengreifer werden z.B. für Stahlspäne und Müll eingesetzt.

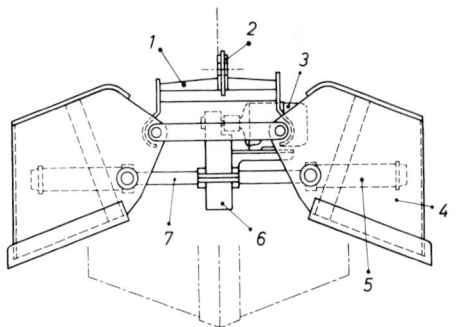

Bild 16. Gehänge zur Lastaufnahme
a) Anschlagketten;
b) Anschlagseile;
c) Anschlagkette, Anschlagband, Netzbrooke;
d) Zangen

Bild 17.
Motorgreifer mit Spindelantrieb
1 Greiferkopf
2 Aufhängung
3 Verschiebeläufer-Motor (siehe Kap. 6, Bild 4)
4 Schale
5 Rohr mit Trapez-Innengewinde
6 Getriebekasten
7 Spindelwelle

3.3.3 Greifer

Greifer dienen dem Umschlag von Schüttgütern. Sie lassen sich auf Grund ihrer Wirkungsweise in zwei Hauptgruppen einordnen.
a) *Einseilgreifer* hängen nur an einem Seil an einer Eintrommelwinde. Das Öffnen und Schließen erfolgt mit einem im Greifer eingebauten Motor (Motorgreifer).
b) *Mehrseilgreifer* haben getrennte Schließ- und Halteseile, die eine Winde mit zwei Seiltrommeln erfordern.

Ein bestimmtes Mindestgewicht des Greifers darf nicht unterschritten werden, damit der Greifer das Fördergut beim Aufsetzen noch trennen kann. Die erforderliche Schließkraft – die von der Schalenschneide ausgeübte Horizontalkraft – wird vom Trennwiderstand und der Verlagerungsarbeit des Gutes im Greifer bestimmt.

Motorgreifer benötigen kein zweites Schließseil, sondern lediglich eine Stromzuführung. Motorgreifer können daher mit Kranen oder Elektrozügen betrieben werden. Der Motorgreifer (Bild 17) wird am Greiferkopf in den Lasthaken gehängt. Gehoben und gesenkt wird der Greifer durch das vom Eintrommelwindwerk ablaufende Hubseil, geöffnet und geschlossen durch den eingebauten Motor. Die Schließkraft des Motorgreifers ist nicht wie bei den Mehrseilgreifern von der Seilkraft und damit vom Greifergewicht abhängig, sondern allein von der Motorkraft. Die Kraft vom Motor zu den Greiferschalen kann über eine Flaschenzugwinde, über eine Spindel oder hydraulisch übertragen werden.

Tabelle 10. Beispiel von Baureihen von Zweischalen-Stangengreifern (Dematik)

		Fassungsvermögen ($V_1 + V_2$) in m³ (Auswahl nach Normreihe)								
		0,63	1	1,6	2,5	4	5	6,5	8	10	12,5
Eigengewicht in t	Baureihe I	–	1,4	1,7	2,1	2,8	4,25	–	4,85	6,5	8,0
	Baureihe II	–	1,5	2,05	3,4	4,35	5,2	8,0	–	–	–
	Baureihe III	1,8	2,6	4,0	6,3	9,5	–	–	–	–	–
	Baureihe IV	–	–	5,5	8,1	–	–	–	–	–	–

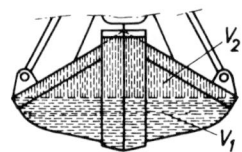

Schüttgewichte von Massengütern für Baureihe I

Material	t/m³	Material	t/m³
Kohle	0,8	Braunkohle – Briketts	0,8
Fein- und Nusskohle	0,85 ... 1,0	Holzkohle	0,2
		Koks, bis Faustgröße	0,45
Schlammkohle, lose und trocken	1,0	Koksasche	0,7 ... 0,9
		Kesselasche	1,0
Lignit und Braunkohle	0,75	Schlackensand	0,9
Staubkohle	0,7		

u.a. bis zu einem Schüttgewicht von ca. 1,2 t/m³

Schüttgewichte von Massengütern für Baureihe II

Material	t/m³	Material	t/m³
Sand und Kies	1,6 ... 1,8	Gips	1,25
Kalkstein, kleinstückig bis 30 mm	1,6 ... 2,0	Steinsalz, lose geschüttet	1,2
Zement	1,7	Rohphosphat	1,5
Zement-Klinker	1,8	Amoniak	0,9
Kalk, gebr. stückig	1,2	Kali	1,2
Kalk, gelöscht	1,2	Soda	1,0
Formsand	1,6	Kunstdünger	1,0

u.a. bis zu einem Schüttgewicht von ca. 2,0 t/m³

Schüttgewichte von Massengütern für Baureihe III

Material	t/m³	Material	t/m³
Minette	1,8	Martinschlacke ohne Eisen	2,1
Erze fein bis mittelgrob	2,0 ... 2,5	Kalkstein über 50 mm	2,0
Steinschotter	1,8	Gipsstein	1,9
Basaltschotter	2,0	Quarz	1,8 ... 2,4

u.a. bis zu einem Schüttgewicht von ca. 2,6 t/m³

Schüttgewichte von Massengütern für Baureihe IV

Material	t/m³	Material	t/m³
Erze schwer	2,5 ... 3,5	Magnesit	2,2
Schwefelkies, grob	3,5	Schwerspat	2,5 ... 3,0
Basaltsplit	3,2	Zinkblende	1,8 ... 2,0
Kalkstein, grob	2,0		

u.a. bis zu einem Schüttgewicht von ca. 4,0 t/m³

3.3.4 Lasthebemagnete

Zum Heben und Bewegen von Stahl- und Eisenteilen bieten sich die Lasthebemagnete als selbsttätige Lastaufnahmemittel an. Zeitraubendes Anschlagen entfällt. In Walz- und Hüttenwerken und in der Maschinen- und Stahlindustrie werden Lasthebemagnete für Umschlagarbeiten auch größerer und sperriger Stücke verwendet. Auch zur Förderung von Spänen sind Magnete gut geeignet.

Bauarten: Rundmagnet mit 700 ... 1 000 mm ϕ mit einer Traglast von 4 ... 30 t. Zum Transport von Blechen werden 2 ... 50 Kleinmagnete in 1-, 2- oder 3-teiliger Anordnung an entsprechende Traversen gehängt. Heiße Stahlstücke werden noch bis 500 ºC aufgenommen, bei 700 ºC ist Stahl nicht mehr magnetisierbar, ebenfalls nicht kalter Stahl mit 7 % Mn-Gehalt.

Die Leistungsfähigkeit von Lasthebemagneten hängt nicht nur von der gemessenen Abreißkraft, sondern auch stark vom Luftspalt zwischen Magnet und Last, und damit von der Art und der Zusammensetzung des Fördergutes ab (z.B. Bleche, Rohre, Schrott, Kleineisen, Gusstrauben).

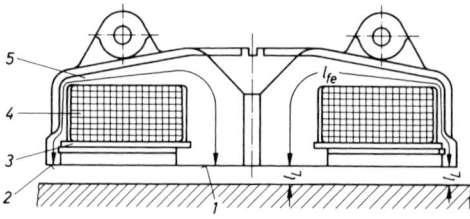

Bild 18. Lasthebemagnet (schematisch)

1	Innenpol	5	Gehäuse
2	Außenpol	l_{Fe}	Eisenlänge des
3	Abdeckplatte		Magnetfeldes
4	Spule	l_L	Luftspaltlänge

Einzelmagnete und Magnettraversen können an jeden Elektrozug oder Kran mit ausreichender Tragfähigkeit angehängt werden (Bild 19).

3.3.5 Vakuumheber

Vakuumheber (= Saugheber) sind Haftgeräte, bei denen die Haftkräfte pneumatisch erzeugt werden. Im Heber wird durch eine Pumpe ein Vakuum zwischen Saugteller und Last erzeugt. Der atmosphärische Druck bewirkt dann, dass der Heber gegen das Gut gepresst wird.

Vakuumheber sind besonders zur Aufnahme von Glas, Holzplatten und Kunststoffen geeignet, aber auch für Metalle, die durch Magnete nicht aufnehmbar sind.
Eine exakte Aussage, ob ein bestimmtes Gut, z.B. Schaumgummi, durch Vakuumheber aufgenommen werden kann, ist nur nach Probeversuchen möglich.

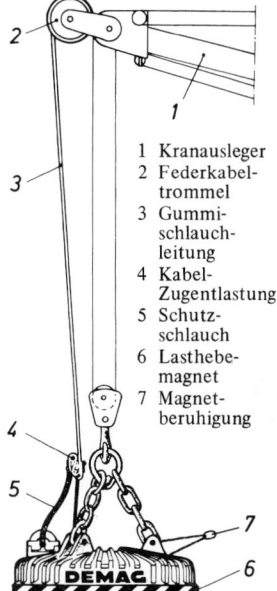

1 Kranausleger
2 Federkabel-
  trommel
3 Gummi-
  schlauch-
  leitung
4 Kabel-
  Zugentlastung
5 Schutz-
  schlauch
6 Lasthebe-
  magnet
7 Magnet-
  beruhigung

Bild 19.
Anordnungs-
schema für einen
Lasthebemagneten
am Kranausleger

3.3.6 Frachtbehälter, Paletten, Container

Seit langem werden Schüttgüter und flüssige Stoffe in genormten Behältern, wie z.B. Fässern, transportiert. Man ist aber auch bestrebt, Stückgüter der verschiedensten Arten in oder auf genormten Ladehilfsmitteln zu transportieren. Die Ladeeinheit soll sich für den innerbetrieblichen Transport, für die Lagerung und für den außerbetrieblichen Transport auf Lkw, Bahn oder Schiff eignen. Kleinere Ladeeinheiten sollen miteinander zu größeren kombinierbar sein (Modulsystem). Förder-, Transport- und Umschlagseinrichtungen braucht man dann nicht mehr für die sehr vielen verschiedenen Fördergüter zu konzipieren, sondern nur noch für die genau festgelegten Behältergrößen. Man erzielt dadurch einen großen Rationalisierungseffekt und eine Vereinfachung und Beschleunigung aller Lager- und Transportvorgänge. Man kann die Behälter unterteilen in
Stapelbare Behälter für Stückgut, Paletten, Container, Schüttgutbehälter.

Stapelbehälter sind so konstruiert, dass sie formschlüssig aufeinander gestellt werden können. Größere Stapelbehälter dienen in der Fertigung dem Transport und der Lagerung von Kleinteilen (Zahnräder,

Wellen, Rohteile u.a.). Die Behälter werden von Gabelstaplern oder Kranen aufgenommen und von einer Bearbeitungsstelle zur anderen transportiert.

Paletten (Bild 20) sind Plattformen genormter Größen (DIN 15141–42 bis 15146–47 und 15155), die stapelbare Güter aufnehmen können. Paletten haben stets Füße mit einer Höhe von ca. 100 mm, so dass sie von den Gabeln von Flurförderzeugen, Krangehängen oder Regalförderzeugen leicht unterfahren und angehoben werden können. Die häufigsten Grundflächenmaße von Paletten sind 800×1000 mm, 800×1200 mm und 1000×1200 mm.

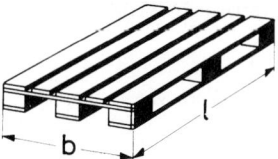

Bild 20.
Flachpalette; dargestellt ist eine „Vierwegpalette", die ihren Namen daher hat, dass sie von allen vier Seiten durch die Gabeln eines Förderzeuges aufgenommen werden kann, im Gegensatz zur „Zweiwegpalette"

Die Größe 1000×1200 mm passt am besten in die meisten bisher gebauten Transport- und Lagersysteme sowie in die Verkehrsträger Bahn-, Lkw und Schiff.

Flachpaletten lassen sich in beladenem Zustand nur dann aufeinander schichten, wenn das Fördergut dem Druck der darüber gestapelten Paletten standhält, ansonsten werden sie zweckmäßig in Regalen untergebracht.

Sonderpaletten sind solche mit Zusatzeinrichtungen, wie z.B. Seitenwänden für nicht stapelfähige Kleinteile, Stahlrungen für Stangenmaterial oder Spezialhalterungen z.B. für die Aufnahme von Pkw-Austauschmotoren. Sonderpaletten werden meist stapelbar ausgeführt. Paletten sind meist aus Holz, oft aber auch aus Stahl, Aluminium, Presspappe oder Kunststoff.

Container sind Großfrachtbehälter, die in allen Einzelheiten und Abmessungen den ISO-Empfehlungen entsprechen, und in der Reihe 1 der DIN 15190, in Bezug auf ihre Abmessungen und die konstruktive Ausführung festgelegt wurden. Der größte Container hat die Außenmaße $b \cdot l \cdot h = 2435 \times 12190 \times 2435$ mm und 30,48 t zulässige Bruttomasse. Der nächstkleinere Container hat 25,4 t zulässige Bruttomasse und den gleichen Querschnitt 2435×2435 mm; er ist aber nur halb solang, so dass zwei kleinere Container den gleichen Platzbedarf haben wie ein großer.
Container sind robust gebaut und genügend widerstandsfähig, um wiederholte Verwendung durch mehrere Verkehrs- und Fördermittel ohne Umladen des

Inhalts zu gestatten. Sie haben Einrichtungen zum leichten Umschlagen von einem Beförderungsmittel in das andere. Für bestimmte Fördergüter gibt es Spezialcontainer, so z.B.

Isoliercontainer mit wärmedämmenden Schichten an den Wänden, jedoch ohne Kühlaggregat.

Kühlcontainer mit ein- oder angebauten Kühlaggregaten mit eigenem Antrieb.

Open-Top-Container, oben offener Container zum Beladen mit schwerem Stückgut von oben. Er kann mit Planen abgedeckt werden.

Pa-Behälter sind Container, die auch ohne Krane durch Rollböcke umgesetzt und verladen werden können. Sie eignen sich besonders für den kombinierten Verkehr Bahn-Lkw.

Tank-Container zum Transport von Flüssigkeiten oder Gasen.

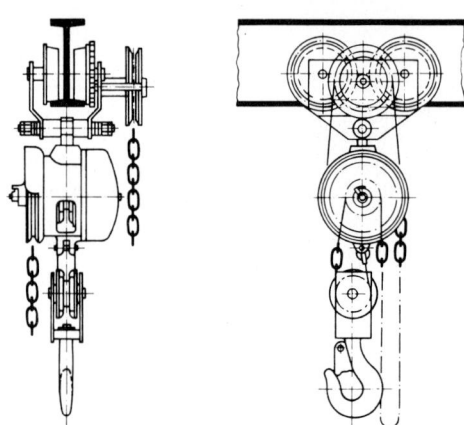

Bild 1. Kettenhebezeug für Traglasten bis 10 t; Hub- und Fahrantrieb durch Haspelketten (GEDI)

Handantriebselemente sind Kurbeln, Ratschen, Handräder und für über Flur befindliche Fördergeräte Haspelketten. Die aufzubringende Handkraft an der Kurbel oder Haspelkette soll 350 N nicht überschreiten. Bild 1 zeigt ein Kettenhebezeug mit Handantrieb (siehe auch Kap. 7, Bild 2).

4 Antriebe

Alle Antriebsarten, wie

- Handantrieb
- Elektromotoren
- Pneumatische Antriebe
- Hydraulische Antriebe
- Verbrennungsmotoren
- Dampfmaschinen

werden in der Fördertechnik verwendet. Ihre Auswahl richtet sich nach den jeweiligen Betriebsbedingungen und den lokalen Möglichkeiten (z.B. Stromanschluss).
Zwischen Antriebsmotor und der angetriebenen Welle ist in der Regel ein mechanisches Getriebe oder ein hydraulischer Drehmomentwandler zwischengeschaltet, um die Drehzahl zu mindern und das Antriebsmoment zu erhöhen (Hand-, Elektro-, Verbrennungsmotor-, pneumatische Antriebe). Bei Verbrennungsmotoren muss zusätzlich eine betriebsmäßig lösbare Kupplung zwischengeschaltet werden, da diese Motoren nicht aus dem Stand heraus unter Last anlaufen können. Dampfmaschinen arbeiten in der Regel direkt auf die anzutreibende Welle. Bei hydrostatischen Antrieben sind die drehzahl- und drehmomentwandelnden Systemteile (Regelpumpe, Hydraulikleitungen, Ventile) *vor* dem eigentlichen Hydraulikmotor angeordnet.

4.1 Handantrieb

Handantrieb wird bei seltenem Betrieb und bei kleinen Betätigungskräften bzw. -momenten verwendet. Typische Anwendungen sind Lauf- und Hubwerksantriebe von Kleinhebezeugen und Antriebe von Winden und Hebeböcken.

4.2 Elektrische Antriebe

Elektromotoren sind einfach, robust und betriebssicher. Energiezufuhr und Steuerung ist meist durch Kabel leicht möglich. Elektromotoren kann man wirtschaftlich als Einzelantriebe einsetzen, d.h. Laufräder, Drehwerk und Hubwerke erhalten separate Motoren. E-Motoren sind besonders unempfindlich gegenüber dem in der Fördertechnik häufigen Aussetzbetrieb, können gut regelbar hergestellt werden und können unterschiedliche, für die jeweiligen Einsatzfälle besonders geeignete Drehzahl-Drehmoment-Charakteristiken erhalten.
Der E-Motor ist stets sofort betriebsbereit. Er ist leicht umsteuerbar und hat einen guten Wirkungsgrad in allen Lastbereichen. Der E-Motor lässt sich einfach mit anderen Funktionselementen, wie Bremsen oder Getrieben, kombinieren.
In der Fördertechnik verwendet man Drehstrom-Motoren mit und ohne Schleifringläufer, Gleichstrom-Reihenschlussmotoren und Gleichstrom-Nebenschlussmotoren.
Nach Möglichkeit wird der Drehstrom-Asynchronmotor mit Kurzschlussläufer eingesetzt, da dieser am einfachsten gebaut ist und das für ihn erforderliche Drehstromnetz fast überall zur Verfügung steht.
Ein geeigneter Antrieb für schwere Hubwerke ist der Gleichstrom-Reihenschlussmotor, da dieser seine Drehzahl der Momentenbelastung selbsttätig anpasst. Der Antrieb ist aber nur wirtschaftlich, wenn sich wegen einer größeren Anzahl von Gleichstromverbrauchern der Aufbau eines eigenen Gleichstromnetzes lohnt (Hütten- und Walzwerke, Großhäfen).

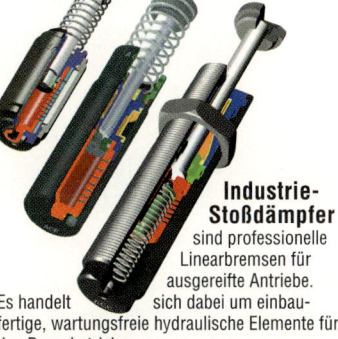

Einzigartig in der Fachkompetenz, umfassend in der Themenauswahl

Braess, Hans-Hermann /
Seiffert, Ulrich (Hrsg.)

Vieweg Handbuch Kraftfahrzeugtechnik

4. vollst. bearb. u. erw. Aufl.
2005. XXXVI, 847 S. Geb.
€ 89,00   ISBN 3-528-33114-3

DAS BUCH

Fahrzeugingenieure in Praxis und Ausbildung benötigen den raschen und sicheren Zugriff auf Grundlagen und Details der Fahrzeugtechnik. Dies stellt das Handbuch komprimiert aber vollständig bereit. Die Autoren sind bedeutende Fachleute der deutschen Automobil- und Zuliefererindustrie, sie stellen sicher, dass Theorie und Praxis vernetzt vermittelt werden. Diese 4. Auflage geht über die schon in der 3. Auflage erfolgten Aktualisierungen und Erweiterungen, z.B. hinsichtlich Unfallforschung, Software und Wettbewerbsfahrzeuge, noch hinaus. Dies zeigt sich besonders in den Themen Elektrik, Elektronik und Software, die dem aktuellen Stand und den Entwicklungstendenzen entsprechend neu strukturiert und in wesentlichen Teilen neu bearbeitet wurden.

DIE HERAUSGEBER

Prof. Dr.-Ing. Dr.-Ing. E.h. Hans-Hermann Braess ist ehemaliger Forschungsleiter von BMW und Honorarprofessor an der TU München, TU Dresden und HTW Dresden.
Prof. Dr.-Ing. Ulrich Seiffert ist ehemaliger Forschungs- und Entwicklungsvorstand der Volkswagen AG, geschäftsführender Gesellschafter der WiTech Engineering GmbH, Honorarprofessor und Sprecher des Zentrums für Verkehr der Technischen Universität Braunschweig und Mitglied des wissenschaftlichen Beirates der MTZ.

zzgl. Versandkosten
Änderungen vorbehalten.
Erhältlich im Buchhandel oder beim Verlag.

Abraham-Lincoln-Straße 46
D-65189 Wiesbaden
Fax 0611.7878-420
www.vieweg.de

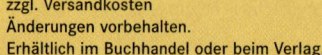

4.2.1 Drehstrom-Asynchronmotoren

Drehstrommotoren haben eine feste Nenndrehzahl, die von der Netzfrequenz und der Polpaarzahl des Motors abhängt

$$n_n = \frac{60\,f}{p}$$

n_n	f	p
min^{-1}	Hz	1

n_n Nenndrehzahl, f Frequenz, p Polpaarzahl

Drehstrommotoren können polumschaltbar gemacht werden, wodurch man verschiedene Abtriebsdrehzahlen erhält.

Die wirkliche Drehzahl liegt um den Schlupf unter der Nenndrehzahl. Dieser beträgt, abhängig vom Motormoment, bis etwa 7 %.

Beim Einschalten haben die Motoren eine sehr hohe Stromaufnahme. Das Anzugsmoment beträgt dann etwa das 1,5 ... 3,5-fache des Nennmoments. Bei übersynchronen Drehzahlen infolge durchziehender Last wirkt der Motor als Bremse. Drehstromasynchronmotoren werden überall eingesetzt, wo es nicht auf eine feine Drehzahlregelung ankommt, und wo die Drehzahl unabhängig vom abverlangten Moment konstant sein soll. Beispiele sind der Aufzugbau, Antrieb von Stetigförderern, Elektrozügen, Kranfahrantrieben.

Oft ist es wirtschaftlicher, ein unter Umständen störendes ruckartiges Anlaufverhalten durch mechanische Maschinenelemente (Rutschkupplungen, Beschleunigungsmassen) auszugleichen, als teurere Regelantriebe zu verwenden.

Bei Drehstromasynchronmotoren mit Schleifringläufern kann die Drehzahl-Momentenkennlinie durch abgestufte Widerstände verändert werden. Der Motor kann weich anlaufen und ist ähnlich robust wie der Kurzschlussläufer, er ist daher als Fördermittelantrieb sehr umfassend verwendbar.

4.2.2 Gleichstrommotoren

Beim *Gleichstrom-Reihenschlussmotor* ist die Drehzahl stark vom abverlangten Moment abhängig:
– hohes Moment ergibt niedrige Drehzahl,
– kleines Moment ergibt hohe Drehzahl.
(Bei völlig fehlender Momentenbelastung wird die Drehzahl theoretisch ∞, d.h. der Motor „geht durch".) Der Gleichstrom-Reihenschlussmotor wird dort eingesetzt, wo dieses Regelverhalten erwünscht ist. Bei Hafenkranen z.B. werden durch einen Gleichstrom-Reihenschlussmotor leichtere Lasten schneller gehoben, die Spielzeit verkürzt sich.

Wo es auf momentunabhängige Geschwindigkeiten ankommt, oder wo eine bestimmte Drehzahl nicht überschritten werden soll, kann der Gleichstrom-Reihenschlussmotor nur mit zusätzlichen Regel- bzw. Sicherheitsmaßnahmen betrieben werden.

Beim *Gleichstrom-Nebenschlussmotor* bleibt die Drehzahländerung auch bei größeren Schwankungen des abverlangten Momentes klein. Der Motor kann nicht unzulässig hohe Drehzahlen annehmen („durchgehen"). Der Motor wird ebenfalls mit Widerständen geregelt.

Die Drehmoment-Drehzahlcharakteristik ist dem oberen Ast der Kennlinie des Drehstrom-Asynchronmotors ähnlich.

Anwendung findet der Gleichstrom-Nebenschlussmotor in Fällen, bei denen es auf eine möglichst momentunabhängige gleichmäßige Drehzahl ankommt, wie z.B. bei Einzelfahrantrieben von Kranen in Werken mit Gleichstromnetz.

4.2.3 Getriebemotoren

Elektromotoren, besonders die häufigen Drehstrom-Asynchronmotoren, geben bei wirtschaftlicher Auslegung nur ganz bestimmte, eng begrenzte Drehzahlen und Drehmomente an den Motorwellen ab. Der Motor wird daher oft mit einem Zahnradgetriebe und gegebenenfalls auch mit einer Bremse zu einer kompletten Einheit kombiniert.

Als Bremse empfiehlt sich eine Kegelreibungsbremse oder eine elektrisch gelüftete Scheiben- oder Doppelbackenbremse.

Die Hersteller bauen Getriebe- und Getriebebremsmotoren nach der Baukastensystematik. Dem Konstrukteur fördertechnischer Maschinen steht auf diese Weise eine variantenreiche Vielzahl an Antriebseinheiten zur Verfügung, aus der er entsprechend dem speziellen Einsatzfall die geeignetste nach
– Motor- und Getriebetyp
– Leistung, Einschaltdauer und Betriebsverhältnissen
– Drehmoment und Drehzahl
– Konstruktions- und Befestigungselementen (Füße, Flansch u.a.) auswählt.

4.3 Pneumatische Antriebe

Druckluftantriebe werden in zwei Formen in der Fördertechnik eingesetzt.

a) Druckluft dient als Fördermedium (siehe Kap 9.6), d.h. sie wird in feinkörniges Fördergut (z.B. Getreide) eingeblasen, um dieses fließfähig zu machen. Das Luft-Fördergutgemisch wird dann durch Rohre geleitet, wodurch ein schneller und sauberer Umschlag erzielt wird.

b) Druckluft dient nur zur Energieübertragung und treibt über Turbinen Fördermaschinen für vielfältige Zwecke an.

Der Antrieb erfolgt weich; die Antriebsmaschinen sind sehr kompakt. Pneumatische Antriebe werden bevorzugt in explosionsgefährdeten Räumen eingesetzt, wo man Elektromotoren wegen der Gefahr der Funkenbildung bei Beschädigung der Stromleitungen vermeiden möchte, wie z.B. im Bergbau oder beim Umgang mit gefährlichen Chemikalien.

4.4 Hydrostatische Antriebe

Hydrostatische Antriebe bestehen aus einer Hydraulikpumpe (die von einer nicht hydraulischen Kraftmaschine angetrieben werden muss), den Übertragungsleitungen und dem eigentlichen Hydraulikmotor. Hydrostatische Antriebe sind feinfühlig regelbar. Die Motore sind sehr kompakt.

Die Leitungen lassen sich leicht verlegen, die Pumpe kann, wo gerade Platz ist, angeordnet werden. Rücklaufventile in den Leitungen ersparen separate Standbremsen. Nachteilig sind Dichtungsprobleme und der gegenüber einfachen Elektromotoren erhöhte Aufwand bei der Fertigung, bei den Anschaffungskosten und bei der Wartung.

Hydrostatische Antriebe treten oft an die Stelle mechanischer Kraftübertragungssysteme mit Getrieben und Kardanwellen, wie z.B. bei hydrostatischen Fahrantrieben von Baggern und Autokranen.

Hydraulikzylinder werden eingesetzt wo die Förderhöhen noch mit diesen bewältigt werden können (Hubtische, Hubstapler, kleine Autokrane), oder wo die feinfühlige Regelbarkeit den Ausschlag gibt.

4.5 Verbrennungsmotoren und Dampfmaschinen

Dampfmaschinen werden wegen der Nachteile, Unsauberkeit, lange Anlaufzeit, großer Raumbedarf, kaum verwendet. Ausnahmen sind, wo Kohle billig zur Verfügung steht, wo Arbeitskräfte billig sind, oder wo Mangel an sonstigen Energiequellen dazu zwingt.

Verbrennungsmotoren werden hauptsächlich in mobilen Fördergeräten eingebaut, die unabhängig von ortsgebundenen Energiequellen arbeiten sollen (Autokrane, mobile Förderbänder). Wegen ihrer schlechten Regelbarkeit (Gefahr des Abwürgens) werden Verbrennungsmotoren bei größeren Fördergeräten oft nur zum Antrieb von Hydraulikpumpen oder Generatoren eingesetzt, die dann besser regelbare hydraulische oder elektrische Einzelantriebe mit Energie versorgen.

5 Steuerungen in der Fördertechnik

Direkte Steuerungen durch elektrische Drucktaster oder Hydraulikhebel werden in einfachen Fällen angewandt, so z.B. bei Kranen in der Endmontage im Maschinenbau oder bei Ladekranen an LKW.

In vielen Fällen sind die Förderelemente oder -maschinen in Fördersysteme eingebunden, so dass die einzelnen Förderbewegungen aufgrund vielfältiger Bedingungen und Sensorsignale erfolgen müssen. Deshalb ist die elektronische Steuerung bei einer Förderanlage die Regel. Der Einsatz der Elektronik

kann dabei zwei verschiedene Schwerpunkte haben, und zwar:

a) die genaue *Vorgabe der Förderbewegung* für jedes zu fördernde Teil. Beispiele sind Warensortieranlagen oder automatische Regallager (Bild 8 in Kap. 10), bei denen die Förderbewegungen je Teil von einem Leitrechner nach bestimmten Kriterien vorbestimmt werden. Hier *werden Ablaufsteuerungen* eingesetzt.

b) die *gute Dosierbarkeit der Förderbewegung* durch den Bediener. Dies ist besonders in der Mobilhydraulik wichtig. Der Bediener eines Autokrans will die Förderbewegung z.B. eines zu montierenden Windkraftpropellers selbst millimetergenau bestimmen. Er will dies feinfühlig und sicher tun, ohne sich um den Kran, den Motor oder Einzelheiten der Hydraulik kümmern zu müssen.

Hier kommen spezielle *Mikroprozessorsteuerungen* zum Einsatz.

5.1 Ablaufsteuerungen

Bild 1 zeigt als Beispiel das Prinzip einer ausgeführten Steuerung einer Anlage, die aus einem Stahlstablager, einer automatischen Förderanlage und einem Sägeautomat besteht. Bei dieser Anlage kann man „just in time" Sägezuschnitte aus Stabstahl „bestellen".

Bei diesem Beispiel ist die gesamte Steuerung auf einem Industrie-PC realisiert.

Den Kern bilden drei Softwareteile:

a) die *Vorverarbeitungssoftware* speichert die Maße der pro Auftrag gewünschten Abschnitte und sortiert diese nach einer vorgegebenen Strategie (z.B. so, dass möglichst wenig Stangenreste verbleiben).

b) die *Maschinensoftware* umfasst die maschinentypischen Abläufe und Parameter, wie z.B. die Sägetechnologie, Vorschubgeschwindigkeiten je nach Stahlfestigkeit und Querschnittsform, typische Förderabläufe der Rollenförderer und des Regalförderzeuges.

c) die *SPS-Software* (SPS siehe Abschnitt Q Steuerungstechnik) steuert den Ablauf, wenn der Befehl erteilt wird, einen ganz bestimmten Stahlstab aus einem ganz bestimmten Fach zu holen, die Teile Nr. 1 – x abzusägen, in eine vorgewählte Box zu legen und den Stab wieder in das Fach zurückzulegen.

Neben dem Echtzeitkern des Rechners gibt es die Ebene der *Außenkommunikation* (Aus- und Eingabedisplay, Speichermedien, Schnittstellen) und die Ebene der *Innenkommunikation* des Rechners (zu Säge, Förderer, Lager, Sensoren, Stellglieder, hier realisiert durch einen Lichtleiter-Feldbus).

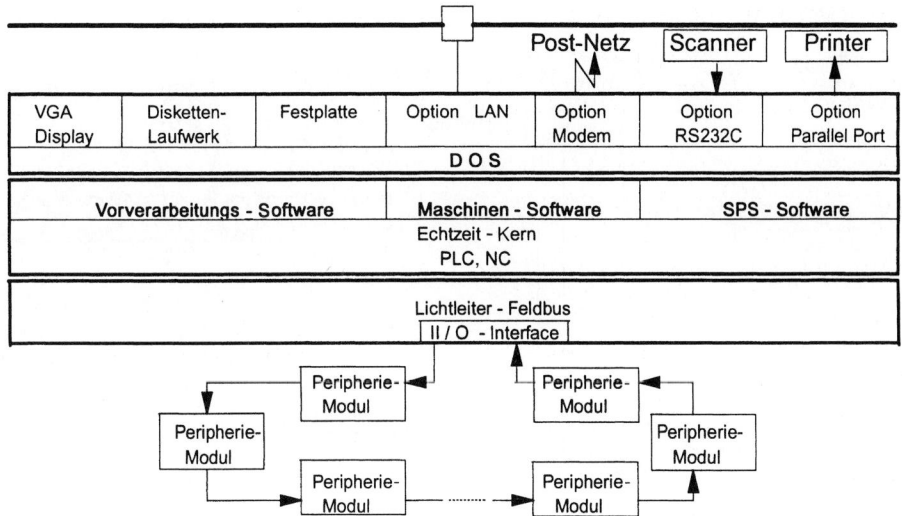

Bild 1. Prinzipbild der Steuerung einer automatischen Anlage zur Herstellung von Stahlstababschnitten, die aus Einzelstablager, Regalförderzeug, Rollenförderer und Sägeautomat und Abschnittsortieranlage besteht.
Die Datenvorverarbeitung, die Bedieneroberfläche und der SPS-Teil werden über einen schnellen Industrie-PC abgewickelt. Die Datenübertragung erfolgt hier über einen störungssicheren Lichtleiter-Feldbus.

5.2 Mikroprozessorsteuerungen

Die Bilder 2 und 3 zeigen als Beispiel eine Mikroprozessorsteuerung, wie sie im Mobilbereich für Autokrane, Gabelstapler, Radlader und Forstspezialfahrzeuge mit Rückekran typisch ist. Diese Fahrzeuge haben einen einzigen Dieselmotor sowohl für den Fahrantrieb als auch für den Antrieb der Arbeitsgeräte gemeinsam. Wegen der guten Möglichkeiten der Regelung und der Leistungsverzweigung sind diese Fahrzeuge mit hydrostatischen Pumpen und Motoren ausgestattet. Der Mikroprozessor erhält über Fahr- und Bremspedal, Potentiometer oder Joysticks proportionale Signale über die gewünschte Motordrehzahl, Fahrtrichtung, und den momentanen Leistungsbedarf der einzelnen Arbeitsbewegungen, wie z.B. Kranarm, Greifer, Drehwerk, die der Bediener im Moment gerade betätigt. Zusätzlich erhält er vom Dieselmotor dessen Ist-Drehzahl. Die Leistungskennlinie des Dieselmotors ist in den Rechner bereits eingegeben, meist durch „Teach In", d.h. Aufnahme der Kennlinie durch den Rechner direkt an der Maschine bei der Inbetriebnahme.

Ausgabegrößen des Mikroprozessors sind proportionale Signale an die Stellglieder der Hydraulikpumpen und Hydraulikmotoren, und an Hydraulikventile für die einzelnen Arbeitszylinder des Krans. Die Anfahrrampen und andere Einstellwerte werden im Prozessor pro Fahrzeugtyp (oder auch pro Fahrer) hinterlegt. Wesentlich ist die Funktion der *Grenzlastregelung*. Sinkt die Drehzahl des Dieselmotors durch zu hohe Lastabnahme über ein vorher festgesetztes Maß, so werden die Fahr- und/oder Arbeitsgeschwindigkeiten zurückgeregelt, bevor der Motor überlastet wird und stehenbleibt („abwürgt"). So werden gefährliche Situationen sicher vermieden.
Oft sind zwei spezialisierte Mikroprozessorsteuerungen vorgesehen, die über einen CAN-Bus kommunizieren und sich die Arbeit wie folgt teilen:

Steuerung I: Antriebsmanagement,
Steuerung II: Regelung der Arbeitsbewegungen über Joysticks und Elektro-Proportionalventile.

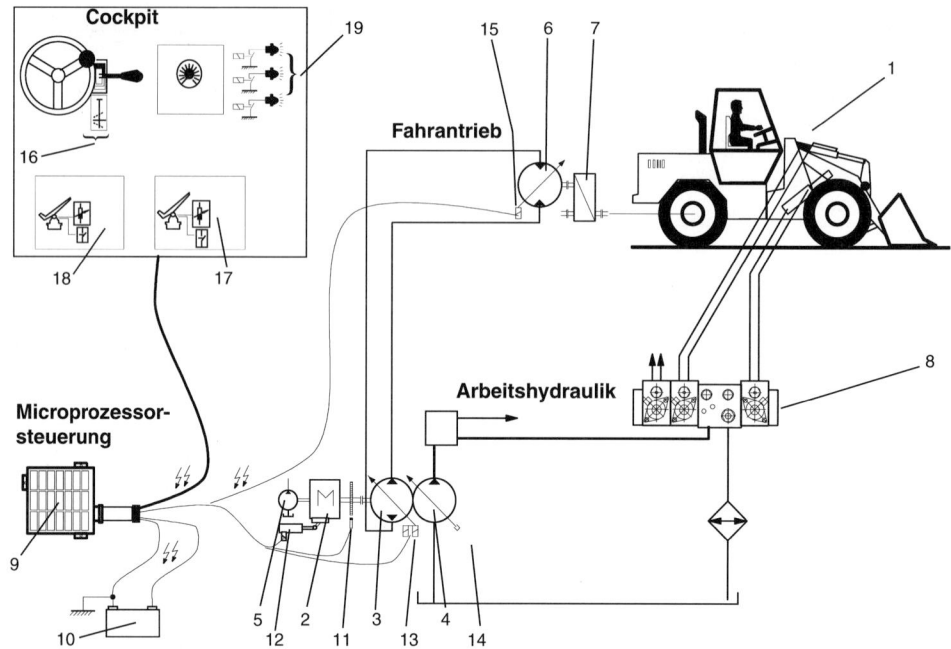

Bild 2. Typische Mikroprozessorsteuerung für mobile Fördergeräte wie Flurförderzeuge, Autokrane und Forstspezialfahrzeuge.

1   Mobiles Förderzeug mit vollhydrostatischem Antrieb, hier: Radlader.

Antrieb:

2   Dieselmotor zum Antrieb von drei hydrostatischen Regelpumpen
3   Hydrostatische Loadsensing-Regelpumpe für den Fahrantrieb (geschlossener Kreislauf)
4   Hydrostatische Loadsensing-Regelpumpe für die Arbeitshydraulik (offener Kreislauf)
5   Hydrostatische Konstantpumpe für Lenkung, Servobremse, Steuerhydraulik
6   Hydrostatischer Regelmotor für den Fahrantrieb
7   Fahrgetriebe mit Gangschaltung für Arbeitsbetrieb (langsam) und Überführungsfahrten (schnell) und Gelenkwellenabtrieb zu Vorder- und Hinterachse
8   Ventilsteuerblock für die Arbeitshydraulik (Krane, Schaufeln, Sondergeräte). Betätigung durch (hier nicht dargestellte) elektronische Proportionalsteuerung

Steuerung:

9   Mikroprozessorsteuerung für Fahr- und Arbeitshydraulik, mit Grenzlastregelung des Dieselmotors

10 Stromversorgung über Fahrzeugbatterie 12 oder 24 V

Ein/Ausgangsgrößen der Steuerung:

11 Digitaler Drehzahlsensor am Anlasserzahnkranz
12 Stellglied Motor („elektronisches Gaspedal")
13 Lagesensor sowie Verstellmagnet Pumpe Fahrantrieb
14 Lagesensor sowie Verstellmagnet Pumpe Arbeitsgeräte-Antrieb
15 Lagesensor sowie Verstellmagnet Motor Fahrantrieb

Fahrerhaus /Cockpit:

16 Fahrtrichtungs-Vorwahl Vorwärts – Neutral – Rückwärts
17 Fahrpedal (Gaspedal) mit Geberpoti und Leerlaufschalter
18 Inchpedal (Bremspedal) mit Geberpoti und Leerlaufschalter
19 Kontrollleuchten: Bremsen – Rückwärtsfahrt – Störung
20 Mode-Steuerung; Vorwahl der maximalen Geschwindigkeit, min für Feinarbeiten, Max für lange Transportwege

Linde AG

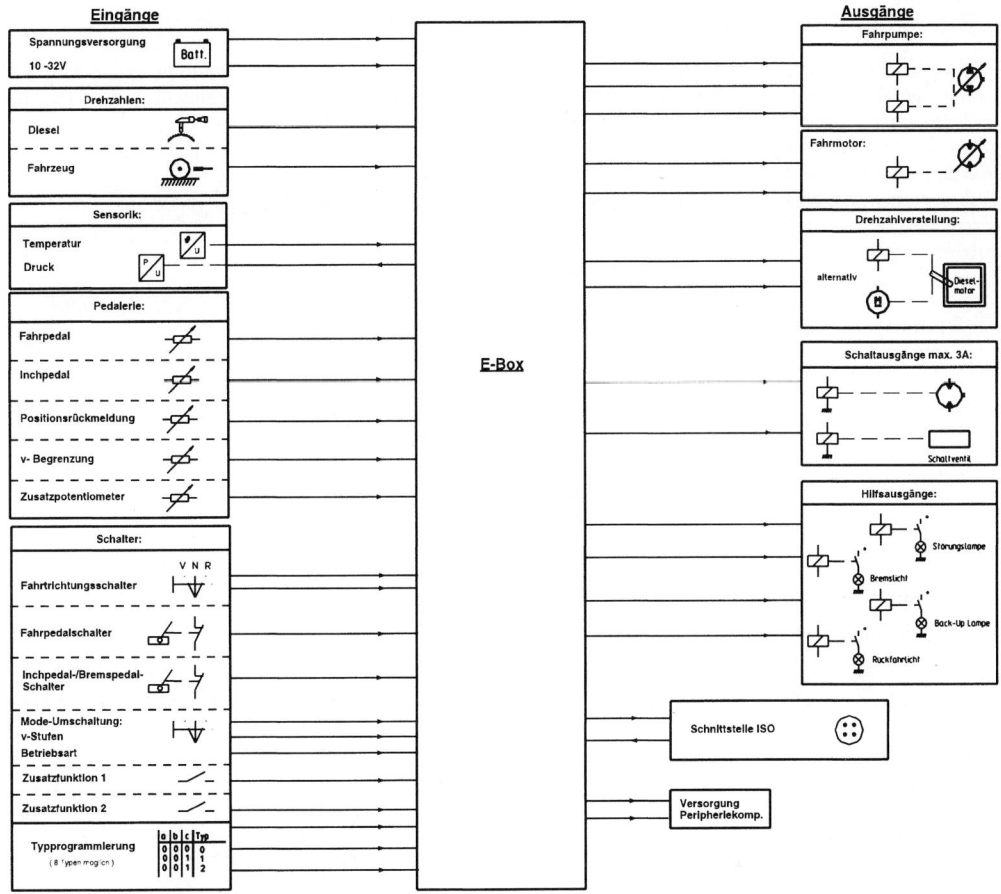

Bild 3. Blockschaltbild für die Projektierung und Programmierung der Mikroprozessorsteuerung nach Bild 2.

Mitte: E-Box mit Mikroprozessor

Links: Eingangsgrößen:
Spannungsversorgung – Drehzahlen – Sensorsignale – Pedale – Schalter

Rechts: Ausgangsgrößen:
Fahrpumpenverstellung – Fahrmotorverstellung –
Dieseldrehzahlverstellung – Schaltventile – Hilfsausgänge
(z.B. Kontrollleuchten);
Schnittstelle ISO, z.B. für CAN-Bus;
Versorgung Peripheriekomponenten, wie Schreiber, Drucker, Service-PC.

Linde AG

6 Bremsen und Rücklaufsperren

Bremsen sind in der Fördertechnik Geräte zur Reduzierung der Fördergeschwindigkeit. In Hebezeugen haben *Bremsen* z.B. die Aufgabe, die Senkgeschwindigkeit der Last auf den gewünschten Wert zu vermindern (Stillstand oder begrenzte Senkgeschwindigkeit), wenn der Antrieb abgeschaltet wird. Rücklaufsperren haben die Aufgabe, ein Rückdrehen der Sperrwelle gegen Antriebsrichtung von vornherein auszuschließen.

6.1 Reibungsbremsen

Nach dem Verwendungszweck unterscheidet man Regelbremsen, Haltebremsen und Stoppbremsen, nach der Bauart Trommelbremsen, Bandbremsen, Scheibenbremsen und Lamellenbremsen.

Bremsen bilden einen wichtigen Bestandteil aller Fördermaschinen und sind besonders sorgfältig zu entwerfen und auf Sicherheit zu berechnen, um Unfälle im Betrieb zu vermeiden.

6.1.1 Trommelbremsen (Bild 1)

Hinweis: Trommel- und Scheibenbremsen siehe DIN 15430 – 31; 15434 – 37

Trommelbremsen werden in der Fördertechnik mit außenliegenden Bremsbacken gebaut. Die Bremsbacken sind mit einem meist aufgeklebten Bremsbelag ($\mu \approx 0,3...0,4$) für eine zulässige Temperatur von mindestens 150 °C ausgerüstet.

Die Konstruktion der Norm-Bremsen erlaubt die Kombination mit allen auf dem Markt befindlichen Bremslüftgeräten. Die Bremskraft wird durch eine Feder – innen- oder außenliegend – hervorgerufen. Beim Lüften heben sich die Bremsbacken um einen Lüftweg von

der Bremsscheibe ab. Beim Abschalten des Bremslüfters schließt die Bremse wieder selbsttätig.

Meistens werden Trommelbremsen mit elektrohydraulisch arbeitenden Bremslüftgeräten („Eldrogeräten") eingesetzt (Bild 1).

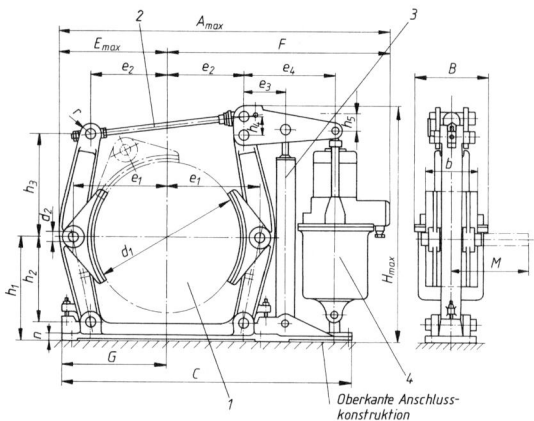

1 Bremstrommel
2 Zugstab
3 Bremsfeder
4 Bremslüftgerät
Buchstaben: Konstruktionsmaße nach unten stehender Tabelle bzw. Herstellertabelle

Bild 1.
Trommelbremse nach DIN 1543 mit außenliegenden Bremsbacken und selbsttätiger Bremsbelagverschleiß-Nachstellung für Fördereinrichtungen.

(Siegerland-Bremsen)

	Alle Maße in mm								Momente in Nm
Bremstrommel-durchmesser	Hebellängen				Umrissmasse				Bremsmomente bei einem Reibwert von $\mu \approx 0,3$
d_1	h_2	h_3	h_4	e_4	A_{max}	A_{max}	B	M	M_B
200	125	230	49	218	585 ... 608	475	160	120	0 ... 155
250	150	274	42	218	689 ... 703	520 ... 580	160 ... 190	135	0 ... 325
315	185	240 ... 308	48	245	780 ... 817	565 ... 615	160 ... 190	185 ... 817	0 ... 250 ... 100 ... 700
400	230	276 ... 415	55 ... 70	280	907 ... 967	645 ... 800	190 ... 216	230	100... 1 420
500	283	340	61	318	1 109 ... 1 132	780	225	285	300 ... 2 850
630	354	425	69	348	1 295 ... 1 302	960	265	345	700... 5 000
710	398	478	73	375	1 420 ... 1 427	1072	300	390	800... 5 720

Das Gerät besteht im Prinzip aus der Bremsfeder, die die Bremse im Ruhezustand geschlossen hält, sowie einem gegen die Federkraft arbeitenden Hubkolben mit zugehöriger Fliehkraftpumpe mit elektrischem Antriebsmotor. Nach Einschalten des Motors drückt die Pumpe das über dem Hubkolben befindliche Öl unter den Kolben. Sobald die hydraulische Druckkraft am Kolben größer geworden ist als die Kraft der Bremsfeder, hebt sich der Kolben und lüftet über das Bremsgestänge die Bremse. Wird der Motor abgeschaltet, gleitet der Kolben in seine Ausgangsstellung zurück. Das Öl fließt wieder zurück und dämpft dabei den Rückgang des Kolbens so, dass die Bremse zwar sofort, aber sanft und stoßfrei schließt.

Berechnung von Doppelbackenbremsen (Bild 2)
Stets muss das abzubremsende Moment M_B an der Welle kleiner sein als das größtmögliche Bremsmoment:

$$M_B < 2\,F_B\,\frac{d}{2}\,\mu = F_B\,d\,\mu$$

$$F_B = F_H\,\frac{l_2}{l_1}$$

$$F_H = F_z\,\frac{l_4}{l_3}$$

$$F_z > \frac{M_B}{d}\cdot\frac{1}{\mu}\cdot\frac{l_1}{l_2}\cdot\frac{l_3}{l_4}$$

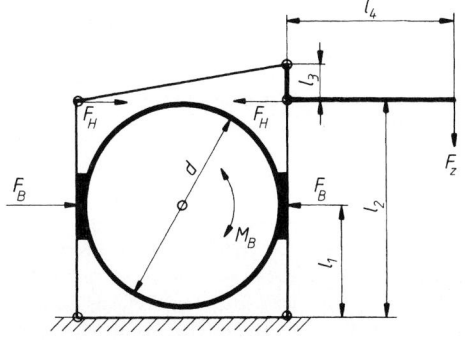

Bild 2.
Berechnungsskizze für Trommelbremsen M_B abzubremsendes Moment; F_B, F_N, F_z Kräfte; l_1, l_2, l_3, l_4 Hebellängen; d Bremsscheibendurchmesser

F_z	M_B	μ	d, l_1, l_2, l_3, l_4
N	Nm	1	m

F_z erforderliche Kraft der Bremsfeder; M_B abzubremsendes Moment an der Bremswelle, μ Reibzahl ($\mu \approx$ 0,3...0,4 bei der Paarung Bremsbelag-Stahl); $l_{1,2,3,4}$ Hebellängen nach Bild 2. Das abzubremsende Moment M_B muss aus den statischen und dynamischen Kräften und Momenten der Förderanlage oder -maschine berechnet werden.
Nach DIN 15434 Teil 1 sind ferner nachzuprüfen

– die Flächenpressung p an den Bremsbelägen,
– die Gleitgeschwindigkeit v_1 an den Bremsbelägen,
– der im speziellen Einsatzfall erreichbare Reibwert μ.
Alle drei Größen werden zum Parameter $(p\,v_1\,\mu)_{zul}$ zusammengefasst. Als Richtwert gilt nach DIN 15434:

Bremsscheibendurchmesser d_1 in mm	Zulässiger Wert $(p\,v_1\,\mu)_{zul}$ $\dfrac{N}{mm^2}\cdot\dfrac{m}{s}\cdot 1 = \dfrac{W}{mm^2}$
200	0,75
250	0,8
315	0,9
400	1,0
500	1,1
630	1,25
710	1,35

■ **Beispiel:**
Für eine Förderanlage wird eine Trommelbremse nach DIN 15434 mit außenliegenden Bremsbacken mit elektrohydraulischer Bremsbelüftung (Eldrogerät) für ein Bremsmoment von 4000 Nm benötigt. Reibwert $\mu = 0,3$. Technische Daten nach Bild 1.

Frage:
1. Welcher Bremsscheibendurchmesser wird benötigt?
2. Welche Bremskraft muss die im Bremslüftgerät eingebaute Bremsfeder mindestens haben?

Lösung:
Nach der Leistungstabelle Bild 1 muss zur Übertragung eines Bremsmomentes von 4000 Nm ein Bremsscheibendurchmesser von 630 mm gewählt werden. Dann gilt mit den Bildern 1 und 2 für die Bremsfederkraft F_2:

$l_1 = h_2 = 354$ mm
$l_2 = h_2 + h_3 = 354 + 425 = 779$ mm
$l_3 = h_4 = 69$ mm
$l_4 = e_4 = 348$ mm

$$F_2 \geq \frac{4000}{0,630}\cdot\frac{1}{0,3}\cdot\frac{0,354}{0,779}\cdot\frac{0,069}{0,348} = 1906\,\text{N} \approx 2000\,\text{N}$$

Die Bremsfeder muss also für eine Zugkraft von mindestens 2000 N ausgelegt sein.
Die Lösekraft des Eldrogerätes muss ca. 20 % über der max. Bremsfederkraft liegen.

Das für eine Fördermaschine erforderliche Bremsmoment ist sorgfältig entsprechend dem jeweiligen Einsatzfall aus Lastmoment und Verzögerungsmomenten nach DIN 15434 Teil 1 zu berechnen. Es gilt

$$M_{Berf} = M_L + M_R + M_T$$

M_{Berf}, erforderliches Bremsmoment in Nm; ML Moment der ruhenden Last und der Widerstände, z.B. aus Reibung (–) und Wind (+), bezogen auf die Bremswelle, in Nm; M_R, M_T, Verzögerungsmomente aus umlaufenden Massen (Rotation) und aus geradlinig bewegten Massen (Translation) in Nm.

Bei Hubwerksbremsen gilt für das Lastmoment

$$M_L = \frac{S\, d_T\, \eta}{2\, i}$$

mit

S Summe der an der Seiltrommel angreifenden Seilkräfte nach DIN 15 020 (Kap 8 Bild 3), in N

d_T Trommeldurchmesser in m

i Gesamtübersetzung zwischen Bremse und Trommel; sind Trommel und Bremse auf derselben Achse fest verbunden, gilt $i = 1$

η mechanischer Wirkungsgrad des Getriebes zwischen Trommel und Bremse. Der Wirkungsgrad steht im Zähler und vermindert das rechnerische Lastmoment, da die durch den Wirkungsgrad berücksichtigten Widerstände beim Bremsen helfen.

Für das Verzögerungsmoment M_R für die rotierenden Massen und M_T für die geradlinig bewegten Massen gilt:

$$M_R = \Sigma J \cdot \frac{\Delta \omega}{t_B}$$

$$M_T = \frac{S}{g} \cdot \frac{\Delta v}{t_B} \cdot \frac{d_T}{2} \cdot \frac{\eta}{i}$$

mit

ΣJ Summe der Trägheitsmomente aller rotierenden Massen, die mit abzubremsen sind, reduziert auf die Bremsenwelle in kgm² (siehe Teil Mechanik, Reduktion von Trägheitsmomenten).

$\Delta \omega$ Winkelgeschwindigkeitsdifferenz in 1/s bzw.

Δv Hubgeschwindigkeitsdifferenz in m/s vor und nach dem Bremsvorgang. Bei Bremsungen bis zum Stillstand ist für $\Delta \omega$ die Winkelgeschwindigkeit der Bremstrommelwelle bei Beginn des Bremsvorganges und für Δv die Senkgeschwindigkeit der Last einzusetzen.

t_B Bremszeit in s. Man erkennt, dass das Verzögerungsmoment M_R um so größer ist, je kürzer die zulässige Bremszeit ist.

6.1.2 Bandbremsen

Bandbremsen sind weich steuerbar und einfach im Aufbau. Ihr Nachteil ist eine Biegebelastung der Welle. Bandbremsen werden hauptsächlich als Haltebremsen eingesetzt. Als Betriebsbremse wird meist die Scheibenbremse eingesetzt, die eine bessere Abführung der Reibungswärme ermöglicht. Der Bandzug vergrößert sich, wie in Bild 3a dargestellt, über den Umschlingungswinkel von F_1 auf F_2. Für die Zugkräfte F_1 und F_2 gelten die Beziehungen

$$F_1 = \frac{2\, M_B}{d} \cdot \frac{1}{(e^{\mu\alpha} - 1)}$$

$$F_2 = \frac{2\, M_B}{d} \cdot \frac{e^{\mu\alpha}}{(e^{\mu\alpha} - 1)}$$

F_1, F_2	M_B	d	e, μ	α
N	Nm	m	1	rad

M_B abzubremsendes Moment

e Basis der natürlichen Logarithmen (e = 2,718)

μ Reibzahl

α Umschlingungswinkel im Bogenmaß

Werte für $e^{\mu\alpha}$ siehe Abschnitt Mechanik (Statik).

Aus dem Momentengleichgewicht um den Drehpunkt P ergibt sich für die Zugkraft F_z am Handhebel

$$F_z = \frac{2\, M_B}{d} \cdot \frac{1}{l_4} \cdot \frac{1}{(e^{\mu\alpha} - 1)} (l_3 \mp x\, e^{\mu\alpha})$$

mit $x = 0$ für Bild 3a, (–) Minuszeichen für Bild 3b und (+) Pluszeichen für Bild 3c.

F_z Handzugkraft, d Bremsscheibendurchmesser, l_4, l_3, x Hebellängen nach Bild 3.

Man kann den Abstand x nach Bild 3b so groß wählen, dass die Bremse selbsttätig sperrt, ohne dass noch eine Zugkraft Z aufgebracht werden muss.

Wenn die Bremse in beiden Drehrichtungen gleich gut arbeiten soll, so wird eine Anordnung nach Bild 3c mit $x = l_3$ gewählt, bei der F_1 und F_2 an gleichen Hebelarmen angreifen.

6.1.3 Kegelbremsen, Scheibenbremsen (Bild 4)

Hinweis: Scheibenbremsen siehe DIN 15 433 – 34; 15 436; 25 607 – 3.

Bei diesen Bremsen werden stets drehende, mit der Bremswelle drehfest verbundene Bremsscheiben axial gegen stehende, mit dem Gehäuse verbundene Gegenflächen gedrückt. Bei Kegelreibungsbremsen wird die Welle samt Bremsteller axial verschoben und in einen Innenkegel gepresst. Die Kegelreibungsbremse erreicht bei sonst gleichen Abmessungen ein größeres Bremsmoment als eine Flachscheibenbremse, da der Kegelwinkel die axiale Bremskraft verstärkt.

Bei Scheibenbremsen wird eine mit der Bremswelle fest verbundene Scheibe durch eine oder mehrere Bremszangen gehalten. Die Bremszangen werden zweckmäßig symmetrisch angeordnet, um die Welle nicht mit Biegemomenten zu belasten. Scheibenbremsen sind vergleichsweise unempfindlich, einfach in ihrem Aufbau und haben eine große, die Reibungswärme ableitende Fläche. Sie eignen sich daher auch zum Betrieb im Freien und zu Dauerbremsungen.

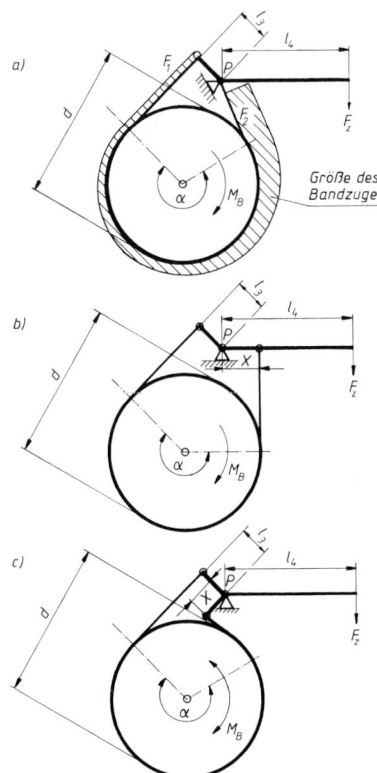

Bild 3. Skizzen verschiedener Bandbremsen
a) einfache Bandbremse
b) Differentialbandbremse
c) drehrichtungsunabhängige Bandbremse
M_B abzubremsendes Moment; α Umschlingungswinkel; F_1, F_2 Bremsbandzugkräfte; F_3 Handhebelzugkraft; d, l_3, l_4, x geometrische Abmessungen

Die axiale Anpresskraft F, die durch die Bremsfedern z zwischen Bremsbelägen und Reibflächen erzeugt wird, muss sein:

$$F \geq \frac{2\,M_B}{d} \cdot \frac{1}{\mu} \cdot \frac{1}{n} \cdot \sin \alpha$$

F	M_B	d	μ, n	α
N	Nm	m	1	°

M_B abzubremsendes Gesamtmoment
d mittlere Reibflächendurchmesser
μ Reibzahl an den Bremsflächen
n Anzahl der Reibflächen; bei Scheibenbremsen n = 2 je Bremszange, bei Kegelreibungsbremsen stets $n = 1$
α Kegelwinkel; $\alpha = 90°$, $\sin \alpha = 1$ bei Scheibenbremsen; $\alpha \approx 20°$, $\sin \alpha \approx 0{,}34$ bei Kegelreibungsbremsen

6.2 Rücklaufsperren

Rücklaufsperren sind mechanische, selbsttätig eingreifende Maschinenteile, die ein Zurückdrehen der Sperrwelle unter dem Einfluss eines Lastmomentes verhindern, wenn der Antrieb abgeschaltet oder unterbrochen wird. Nach ihrer Wirkungsweise unterscheidet man Zahn(Klinken-)-Gesperre und stufenlos arbeitende Freiläufe.

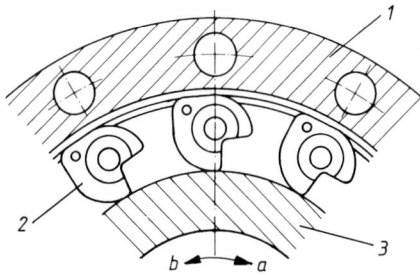

Bild 5. Klemmkörper-Freilauf als Rücklaufsperre für Fördereinrichtungen

1 Außenring (drehfest mit dem Gehäuse des Getriebes oder der Fördereinrichtung verbunden)
2 Klemmkörper; die Klemmkörper sind in Leerlaufposition gezeichnet, bei der sie unter Einwirkung der Fliehkraft vom stillstehenden Außenring abheben. Bei Stillstand gelangen sie unter die Einwirkung der nicht gezeichneten Anfederung wieder in Eingriff, so dass ein Zurückdrehen der Welle in Richtung a ausgeschlossen ist.
3 Innenring, mit der zu sperrenden Welle verbunden
a) gesperrte Drehrichtung
b) freie Drehrichtung
(RINGSPANN)

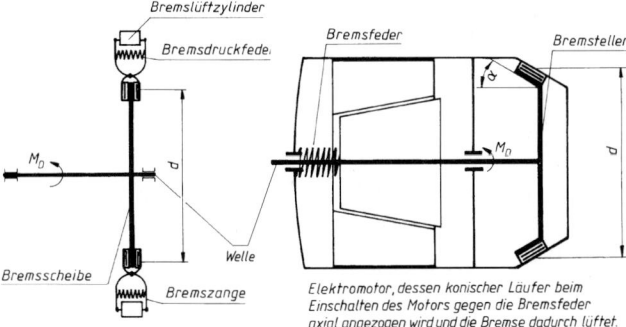

Bild 4.
Berechnungsskizze für Scheiben- und Kegelreibungsbremsen

Die *Zahngesperre* haben besonders geformte Zahnräder, in deren Lücken die Sperrklinke einrastet. Zahngesperre arbeiten formschlüssig, aber naturgemäß nicht stufenlos. Weiterhin verursachen sie während der gesamten Leerlaufzeit ein störendes Klickergeräusch. Sie werden daher nur für Handantriebe sowie für langsame untergeordnete Einsatzfälle verwendet.
Bei den reibschlüssigen Rücklaufsperren unterscheidet man Klemmkörperfreiläufe (Bild 5) und Rollenfreiläufe (Bild 6).

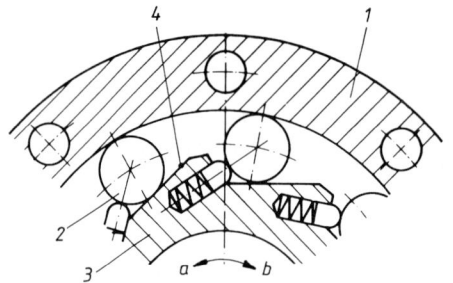

Bild 6. Rollenfreilauf als Rücklaufsperre für Fördereinrichtungen
1 Außenring
2 Klemmrollen
3 Innenring mit Klemmrampen (Innenstern)
4 Klemmrampen
a) gesperrte Drehrichtung
b) freie Drehrichtung
(RINGSPANN)

Die Klemmkörperfreiläufe werden aus den konzentrisch angeordneten Innen- und Außenringen und den dazwischen befindlichen, leicht angefederten Klemmkörpern gebildet. Letztere gleiten bei „Freilaufbetrieb" auf dem Innenring. Im „Mitnahmebetrieb" verklemmen sie sich zwischen Innen- und Außenring, so dass Drehmoment übertragen werden kann.
Damit der Freilauf auch klemmt und nicht durchrutscht, muss der Tangens des Abstützwinkels der Klemmkörper („Klemmwinkel ϵ") stets kleiner sein als der Reibwert μ.

$$\tan \epsilon < \mu$$

Da Rücklaufsperren an Fördereinrichtungen den größten Teil ihrer Betriebszeit in Freilaufrichtung laufen, spielen die Maßnahmen zur Vermeidung von Verschleiß und damit zur Erhöhung der Lebensdauer eine große Rolle. Bei Rücklaufsperren ist meist Fliehkraftabhebung möglich. Man unterscheidet:
– Fliehkraftabhebung bei umlaufendem Außenring. Der Schwerpunkt der Klemmkörper ist so gelegt, dass sie unter der Einwirkung der Fliehkraft vom stillstehenden Innenring abheben. Dadurch wird Gleitverschleiß unterbunden.
– Fliehkraftabhebung bei umlaufendem Innenring (Bild 5). Die Klemmkörper laufen mit dem Innenring um und stützen sich an einem speziell ausgebildeten Käfig so ab, dass sie vom stillstehenden Außenring abheben. Diese Konstruktion ermöglicht eine elegantere Bauweise, da der drehende Innenring direkt mit der Welle und der stehende Außenring direkt mit dem Gehäuse verbunden werden kann.

Wo Fliehkraft, z.B. wegen geringer Drehgeschwindigkeit im Leerlauf, nicht angewandt werden kann, wird der Außenring nicht rund, sondern leicht polygonal geschliffen. Die Klemmkörper stehen dadurch bei ihrem langsamen Wandern am Umfang manchmal „steiler", manchmal „flacher". Die Berührungslinie wandert dadurch auf dem Klemmkörper, das Verschleißvolumen wird größer, die Lebensdauer erheblich länger.
Bei Rollenfreiläufen verklemmt sich eine Rolle zwischen dem runden Außenring und dem mit „Klemmrampen" versehenen Innenring („Innenstern") (Bild 6). Klemmrollenfreiläufe werden eingesetzt, wenn Fliehkraftabhebung nicht möglich ist, oder wenn umfangreiche Branchenerfahrungen mit dieser Bauart vorliegen.

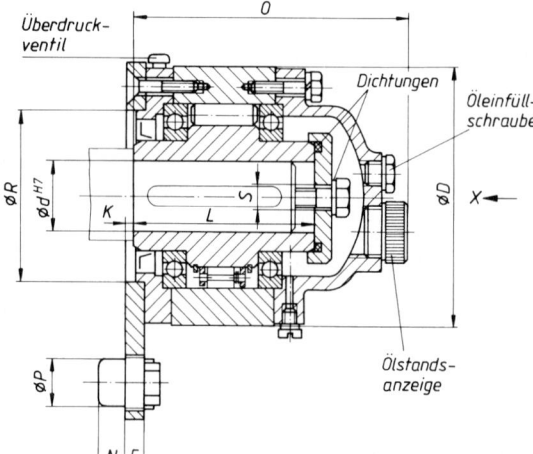

Bild 7. Rücklaufsperre in Aufsteckbauweise mit Drehmomentabstützung.

Obere Bildhälfte: Ausführung mit Rollenfreilauf nach Bild 6. Untere Bildhälfte: Ausführung mit Klemmkörpern nach Bild 5.

Die Buchstaben sind für den Einbau wichtige Baugrößenmaße nach Herstellertabelle.
Die hier gezeigte Ausführung verfügt über eine eigene Lagerung, eigene Dichtungen und damit über eine eigene Ölversorgung mit Ölstandschauglas. Sie ist daher besonders für Sonderkonstruktionen geeignet.
Für den Anbau an Seriengetriebe gibt es eine anflanschbare Bauform, bei der die Lagerung und der Ölkreislauf des Getriebes mitbenutzt werden. Dadurch kann dann die Funktion: „Rücklauf sperren" kostengünstiger realisiert werden.
(RINGSPANN)

7 Hebezeuge

7.1 Handhebezeuge

Unter dem Sammelbegriff „Handhebezeuge" werden solche Kleinhebezeuge zusammengefasst, die meist Handantrieb haben, aber auch mit Motorantrieb ausgeführt sein können. Handhebezeuge erfüllen vielfältige Aufgaben in Montage, Reparatur und in Fällen, wo große Lasten nur selten zu heben sind (Kap. 4.1).

Die gebräuchlichsten Kleinhebezeuge einfacher Art sind Winden:

Zahnstangenwinden – genormte Bauweise für 1,5 t, 3 t, 5 t, 10 t, 15 t und 25 t Tragfähigkeit (Bild 1).

Schraubenwinden – die Last wird durch eine Schraubenspindel gehoben.

Die Betätigung erfolgt mit einem Handhebel, oft unter Zwischenschaltung einer Ratsche. Bei Teleskopwinden sind mehrere Schraubenspindeln ineinandergebaut. Die Tragfähigkeit beträgt bis ca. 6000 kg.

Hebeböcke – für schwere Lasten von 20 ... 300 t. Die Last wird hydraulisch oder durch Spindeln angehoben bei Hubhöhen bis zu ca. 3 m.

Handhebezeuge sind ferner Kettenhebezeuge mit Flaschenzügen nach Bild 2. In allen Fällen, in denen Kettenhebezeuge häufiger gebraucht werden, werden Elektroantriebe verwendet.

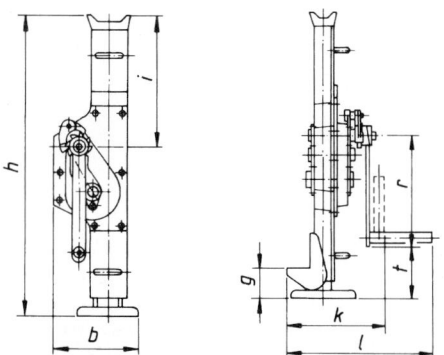

Bild 1.
Zahnstangenwinde für 1,5 ... 10 t Traglast, Hub ca. 300 ... 350 mm, Kurbeldruck 250 N, bei 10 t Traglast 500 N, *g, k, l, t, r* Abmessungen je nach Baugröße der Baureihen

(Gebr. Dickertmann)

7.2 Elektroseilzüge

Elektroseilzüge sind Hebemaschinen nach Bild 3, bei denen die Baugruppen Seiltrommel, Getriebe, Antriebsmotor und Bremse in einer kompakten Einheit kombiniert sind.

Elektrozüge werden durchweg nach dem Baukastenprinzip in vielen Varianten hergestellt (Bild 4), und werden angepasst an die geforderte Traglast, Hubgeschwindigkeit und die Betriebsbedingungen geliefert (vgl. 7.2.2).

Der Elektrozug wird für Traglasten von 160 ... 80000 kg hergestellt. Er kann auch mit einem Feingang ausgerüstet werden.

Größere Elektrozüge werden über Schütze gesteuert. Sie sind das Herzstück vieler Anlagen, wie z.B. Standard-Laufkrane, Hängekrane und Hängebahnen.

7.2.1 Prinzip eines Elektroseilzuges (Bild 3)

Der Antrieb ist als Aggregat aus Elektromotor und Bremse nach dem Verschiebeläufer-Prinzip gebaut. Im abgeschalteten Zustand (untere Hälfte) drückt die Bremsfeder (14) den konischen Verschiebeläufer (13) mit der Kegelbremsscheibe (15) gegen die Bremshaube (17), im eingeschalteten Zustand (obere Bildhälfte) bewirkt die Axialkraft des Läufers eine Lüftung der Bremse. Die Rippen des Gehäuses werden von der Bremsscheibe, die hier gleichzeitig als Lüfter ausgebildet ist, angeblasen, um die entstehende Wärme nach außen abzuführen.

Die kegelige Bremsscheibe ist durch Verzahnung mit der Motorwelle verbunden. Das Drehmoment des Elektromotors wird durch eine axialelastische Kupplung (18) auf das Getriebe übertragen. Ein geschlossenes Getriebegehäuse (1) nimmt alle Zahnräder auf, die im Ölbad laufen. Die Getriebestufen sind teilweise schrägverzahnt. Die tragende Verbindung zwischen Motor und Getriebe wird durch Trageflansche und ein Mantelgehäuse aus Stahlblech (10) hergestellt.

Der Elektrozug kann auch mit einem Feinhubwerk nach Bild 3 ausgerüstet werden. In diesem Fall wirkt die Bremse des Haupthubmotors als Kupplung zum Feingang.

Eine aus dem Getriebe herausgeführte Hohlwelle (4) treibt die Seiltrommel (5) an. Durch verschiedene Seilabläufe kann der Elektrozug praktischen Betriebsfällen angepasst werden.

Als Hubmotor für Elektrozüge im unteren Traglastbereich wird vorwiegend der Drehstrom-Asynchron-Kurzschlussläufer verwendet. Über etwa 10 kW Nennleistung werden die Elektrozüge oft mit Schleifringläufermotoren ausgestattet, um das Stromnetz nicht durch zu hohe Anlaufströme zu belasten.

7.2.2 Einteilung der Elektroseilzüge nach DIN 15020

Die Berechnungsregeln nach DIN 15020 bezwecken eine Dimensionierung aller Bauteile nach der späteren betrieblichen Beanspruchung, die durch Traglast und Laufzeit charakterisiert wird.

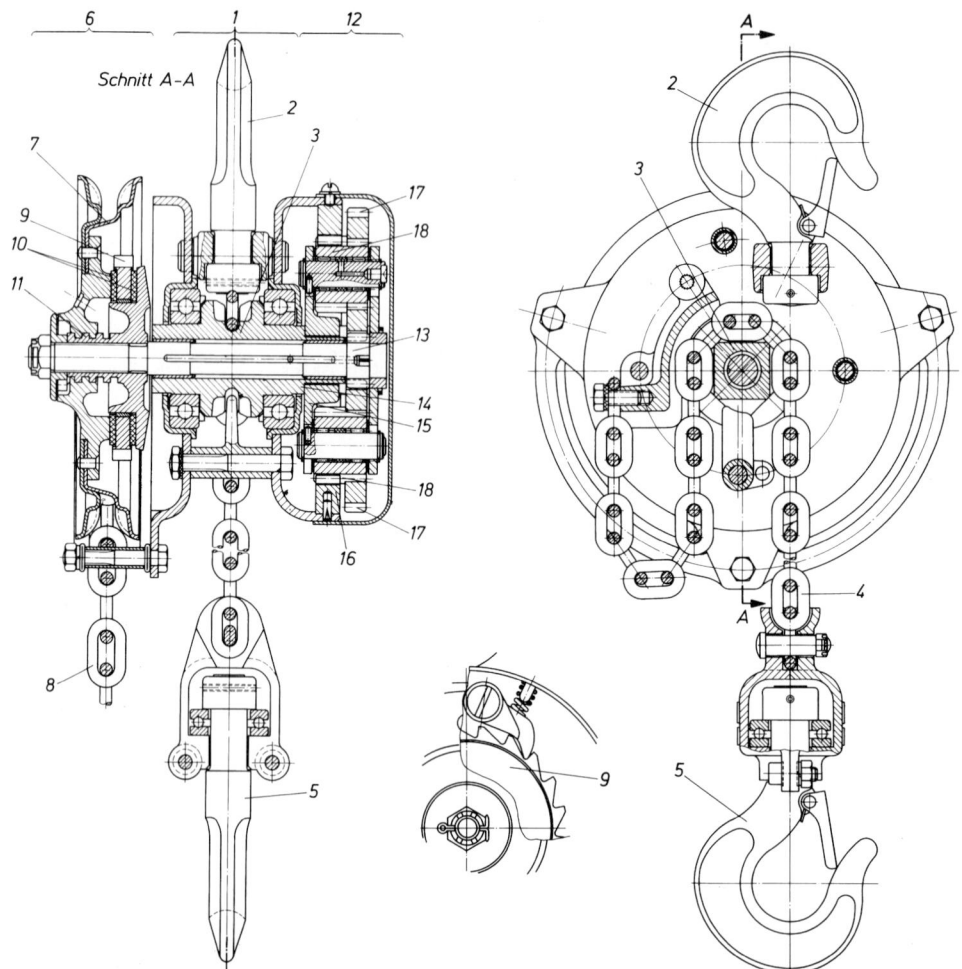

Bild 2. Kettenzug mit Handantrieb

1   Lasttragende Baugruppe, bestehend aus:
2   oberer Aufhängehaken
3   kugelgelagertes Kettenrad für Rundstahlkette
4   lasttragende Rundstahlkette
5   Lasthaken mit Axialkugellager, damit sich die Last frei drehen kann, ohne die Rundstahlkette zu verdrillen.
6   Baugruppe mit Haspelantrieb und Lastdruckbremse, mit:
7   Abtriebskettenrad für Haspelkette
8   Haspelkette für Heben und Senken von Hand
9   Klinkenrad mit Sperrklinke
10 Reibbeläge
11 Lastdruckgewinde. Im Ruhezustand erzeugt das Lastmoment durch das Gewinde einen lastabhängigen Druck auf die Reibbeläge 10 und das gesperrte Klinkenrad 9. Dadurch wird die Last gehalten.
Beim Heben dreht sich das Klinkenrad 9 mit, die Sperrklinke ratscht durch.
Beim Senken wird das Haspelrad gegen das Reibmoment am gesperrten Klinkenrad in Senkrichtung gedreht.

Das Lastdruckgewinde wird dadurch etwas gelöst. Ist der Druck an den Reibbelägen dadurch so gering geworden, dass das Gesamtreibmoment kleiner ist als das Lastmoment, so dreht das Lastmoment „nach", – wobei die Last sinkt, bis das Reibmoment wieder gleich oder größer wie das Lastmoment ist.

12 Planetengetriebe zur Erzielung hoher Übersetzungen bei geringem Raumbedarf mit:
13 Antriebwelle mit Antriebsritzel
14 Abtriebshohlwelle mit Kettenrad 3
15 Planetenradträger, drehfest mit der Abtriebshohlwelle verbunden.
16 Sonnenrad, mit dem Gehäuse drehfest verbunden.
17, 18 Planetenräder
Bei Verdrehung des Planetenrades 17 durch das Antriebsritzel 13 muss sich das Planetenrad 18 am stillstehenden Sonnenrad 16 abwälzen. Dabei wird der Planetenradträger 15 mit dem Lastkettenrad 3 verdreht. Die Räder 17 und 18 laufen also um („Planetenräder").

(Yale)

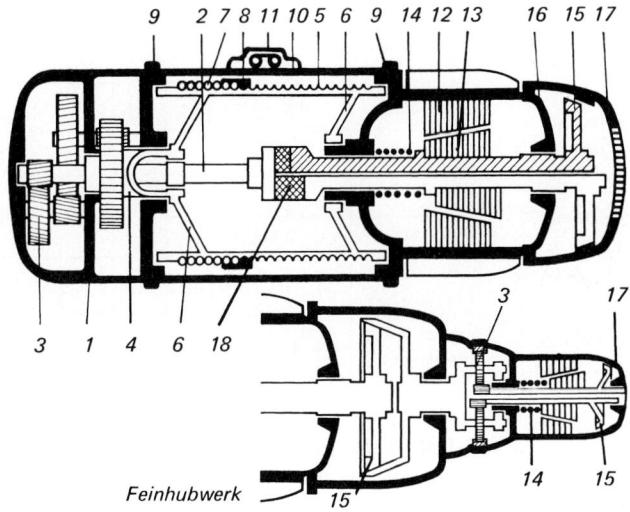

Bild 3. Prinzipskizze eines Elektroseilzuges

(Dematik)

1 Getriebegehäuse
2 Antriebswelle
3 Getrieberäder
4 Hohlwelle
5 Seiltrommel
6 Trommelstege
7 Drahtseil
8 Seilführung
9 Tragflansche mit Füßen
10 Mantel
11 Mantelseiltaschen mit Seil-keil
12 Ständer mit Wicklung
13 Verschiebeläufer
14 Bremsfeder
15 Brems- und Lüfterscheibe
16 Lagerschilde
17 Bremshaube
18 Dreh- und axialelastische Kupplung

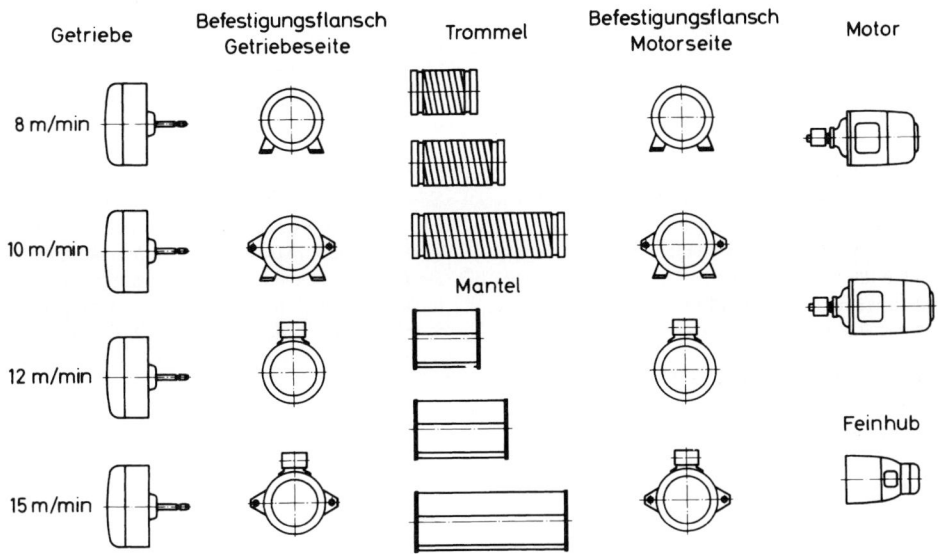

Bild 4. Verschiedene, jeweils miteinander kombinierbare Baugruppen eines Serienelektrozugs, die eine gute Anpassung des Hebezeuges an die jeweiligen Einsatzfälle ermöglichen.

(Dematik)

Diese wichtigen Einflüsse auf die Nutzungsdauer, *mittlere Traglast* und *Laufzeit*, müssen daher sowohl bei der Herstellung als auch bei der Auswahl durch den Betreiber berücksichtigt werden. Nur so erhält man für den jeweiligen Einsatzfall den wirtschaftlichsten Elektrozug mit ausreichender Sicherheit und Lebensdauer.

Harter Dauereinsatz – schwerer Elektrozug; seltener, leichter Einsatz – leichter Elektrozug. Derartige „Betriebsfestigkeitsüberlegungen" sind für die gesamte Fördertechnik von Bedeutung.

Zwischen den wichtigsten Einflüssen auf die Lebensdauer besteht näherungsweise folgender rechnerischer Zusammenhang

$$L \sim \frac{1}{q^3 t}$$

L	q	t
Jahre	kg	$\dfrac{\text{h}}{\text{Jahr}}$

L Lebensdauer, q mittlere Belastung, t Laufzeit pro Jahr

Ein Elektrozug, der jedes Jahr nur die halbe Zeit t im Einsatz ist als ein anderer, wird also auch entsprechend weniger verschleißen und kann also bei gleicher Lebensdauer ($L = 10$) entsprechend leichter konstruiert und damit billiger sein. Andererseits braucht man die mittlere Belastung q nur um 20 % (d.h. auf das 0,8-fache) zu senken, um einen sonst gleichen Zug doppelt solang benützen zu können ($0{,}8^3 = 0{,}5$).

Definition der Elektroseilzuggruppen nach Laufzeitklassen und Belastungskollektiven

Laufzeitklassen $V_{0{,}25}$ ... V_5. Tabelle 1 zeigt in den einzelnen Spalten, welche Zeit ein Elektroseilzug im Mittel je Tag, Jahr oder 10-Jahres-Zeitraum laufen muss, um der entsprechenden Laufzeitklasse zugeordnet zu werden. Meist wird die mittlere Laufzeit je Tag geschätzt und danach die Laufzeitklasse bestimmt.

Belastungskollektive, 1 leicht – 2 mittel – 3 schwer (Tabelle 2).

Leicht: Elektroseilzüge, die selten die höchstzulässige Last, und meistens kleinere Lasten heben, z.B. im Kraftwerks- oder Montagebetrieb (Belastungskennzahl $k \leq 0{,}53$).

Mittel: Elektroseilzüge, die etwa gleichmäßig die höchste Traglast sowie größere und kleinere Traglasten heben, beispielsweise im Stückgutbetrieb ($0{,}53 < k \leq 0{,}67$).

Schwer: Elektroseilzüge, die hauptsächlich Lasten in der Nähe der höchstzulässigen Last (Traglast) heben, beispielsweise Greiferbetrieb ($0{,}67 < k$).

Tabelle 1. Bestimmung der Laufzeitklasse für Serienhebezeuge

Laufzeitklasse	$V_{0{,}25}$	$V_{0{,}5}$	V_1	V_2	V_3	V_4	V_5
mittl. Laufzeit je Tag (Stunden)	bis 0,5	0,5 bis 1	1 bis 2	2 bis 4	4 bis 8	8 bis 16	über 16
Rechenwert	0,32	0,63	1,25	2,5	5,0	10	20
mittl. Laufzeit je Jahr (Stunden)	80	160	320	630	1 250	2 500	5 000
Laufzeit in 10 Jahren (Std.)	800	1 600	3 200	6 300	12 500	25 000	50 000

Tabelle 2. Gruppenstufung I_b ...V der Triebwerke von Elektroseilzügen nach DIN 15020 abhängig von Laufzeitklasse und Belastungskollektiv

Belastungskollektiv		Laufzeitklasse						
		$V_{0{,}25}$	$V_{0{,}5}$	V_1	V_2	V_3	V_4	V_5
	kubischer Mittelwert k	mittlere Laufzeit je Tag in Stunden						
		$\leq 0{,}5$	≤ 1	≤ 2	≤ 4	≤ 8	≤ 16	> 16
1	$k \leq 0{,}53$			I_b	I_a	II	III	IV
2	$0{,}53 < k \leq 0{,}67$		I_b	Ia	II	III	IV	V
3	$0{,}67 < k \leq 0{,}85$	I_b	I_a	II	III	IV	V	V

Kann man die Belastungsart nicht schätzen, so muss man aus Messwerten das „Lastkollektiv" des entsprechenden Einsatzfalles ermitteln und daraus die Belastungskennzahl k (kubischer Mittelwert der Belastung) errechnen. Ein Lastkollektivdiagramm gibt an, wie häufig, verteilt auf die gesamte Laufzeit, die Belastung des Hebezeugs mit Höchstlast, mittlerer bzw. kleiner Last ist.

Elektroseilzuggruppen. Mit den nunmehr ermittelten Laufzeitklassen bzw. Belastungsarten kann man nach Tabelle 2 die Elektroseilzeug-Gruppe bestimmen. Die Hersteller geben für jeden Elektroseilzugtyp die zulässigen Traglasten in den einzelnen Gruppen an. Die Betreiber sind in der Lage, je nach Laufzeit und Betriebsbedingungen den jeweils wirtschaftlichsten aus dem Programm auszuwählen (Tabelle 3).

7.2.3 Windwerke

Windwerke sind Hebemaschinen nach Bild 5 bei denen die Hauptbaugruppen Antriebsmotor – Bremse – Getriebe – Seiltrommel nicht in einer Maschine kombiniert, sondern „offen" hintereinander geschaltet sind. Windwerke werden nicht serienmäßig hergestellt, sondern stets für Sonderfälle gebaut, die in bezug auf Traglast, Hubgeschwindigkeit, Hakenweg oder Lebensdauer von den Elektroseilzügen nicht abgedeckt werden (Bild 6).

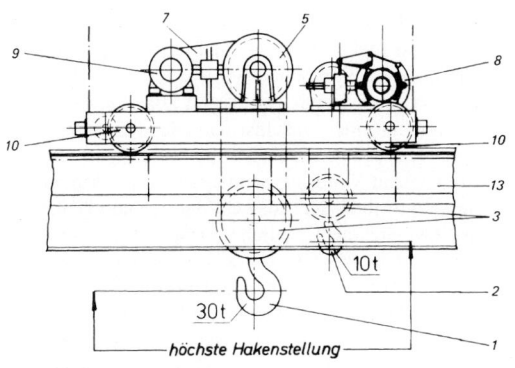
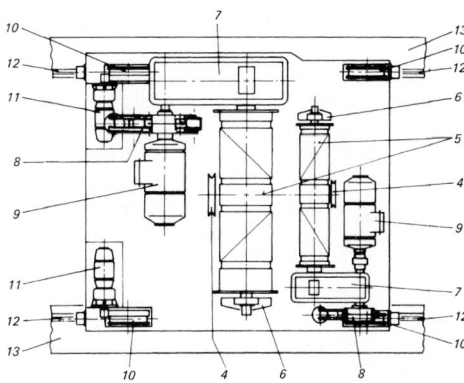

höchste Hakenstellung

Bild 5.
Laufkatze mit offenem Windwerk

1	Haupthub, z.B. 30 t	5	Seiltrommeln	10	Katzlaufräder
2	Hilfshub, z.B. 10 t	6	Trommellager	11	Fahrmotore
3	Unterflaschen	7	Hubgetriebe	12	Fahrschiene
4	Oberflaschen	8	Doppelbackenbremsen	13	Kranträger
		9	Hubmotore		

Tabelle 3. Beispiel eines Elektroseilzugprogramms aus 8 Baureihen (Dematik)
Die Baugröße ist bestimmt durch Belastungskollektiv, mittlere Laufzeit, Traglast und Einscherungsart.

Belastungskollektiv:	2 mittel	3 schwer	4 sehr schwer
1 leicht	Hubwerke, die etwa gleichmäßig die höchste Traglast sowie größere und kleinere Teillasten heben	Hubwerke, die hauptsächlich Lasten in der Nähe der höchsten Traglast heben.	Hubwerke, die nur Lasten der höchsten Traglast mit sehr großer Totlast heben.
Hubwerke, die selten die höchste Traglast und meistens kleinere Teillasten heben.			

Aus Laufzeit und Belastungskollektiv wird die Gruppe bestimmt.

Belastungsart	Mittlere Laufzeit je Arbeitstag in Stunden					
1 leicht	bis 2	2–4	4–8	8–16	über 16	–
2 mittel	bis 1	1–2	2–4	4–8	8–16	über 16
3 schwer	bis 0,5	0,5–1	1–2	2–4	4–8	8–16
4 sehr schwer (FEM)	bis 0,25	0,25–0,5	0,5–1	1–2	2–4	4–8
Gruppe nach FEM/DIN 15020	1 Bm	1 Am	2m	3m	4m	5m

Einscherungsart [1] bei einrilliger Trommel   Baureihe Elektroseilzug-Baugrößen

1/1	2/1	4/1	6/1	8/1		1 Bm	1 Am	2m	3m	4m	5m
Traglast in kg											
160	320	630	–	–							P 116
200	400	800	–	–						P 120	
250	500	1000	–	–					P 125		
320	630	1250	–	–				P 132			P 203
400	800	1600	–	–		P 140				P 204	
500	1000	2000	–	–	100	P 150			P 205		
630	1250	2500	–	–				P 206			P 406
800	1600	3200	–	–		P 208				P 408	
1000	2000	4000	6300	8000	200	P 210			P 410		P 610
1250	2500	5000	8000	10000		P 212			P 412	P 612	
1600	3200	6300	10000	12500		P 416			P 616		P 1016
2000	4000	8000	12500	16000	400	P 420		P 620		P 1020	
2500	5000	10000	16000	20000		P 425	P 625		P 1025	P 1225	P 1625
3200	6300	12500	20000	25000	600	P 632			P 1032	P 1232	P 1632
4000	8000	16000	25000	32000				P 1040	P 1240	P 1640	P 2040
5000	10000	20000	32000	40000	1000	P 1050		P 1250	P 1650	P 2050	
6300	12500	25000	40000	50000	1200	P 1263		P 1663	P 2063		
8000	16000	32000	50000	63000	1600	P 1680		P 2080			
–	20000	40000	63000	80000	2000	P 2100					

[1] Der Fachbegriff „Einscherungsart" sagt aus, an wie viel Seilen die Last hängt, und wie viel Seile durch ein Hubwerk direkt angezogen werden. So sagt beispielsweise die Einscherungsart 4/1 aus, dass die Last an 4 Seilen hängt, wovon eines motorisch angezogen wird. Die Traglast ist also 4 mal so groß wie bei Einscherungsart 1/1, die Hubgeschwindigkeit aber nur 1/4 derjenigen bei Einscherungsart 1/1.

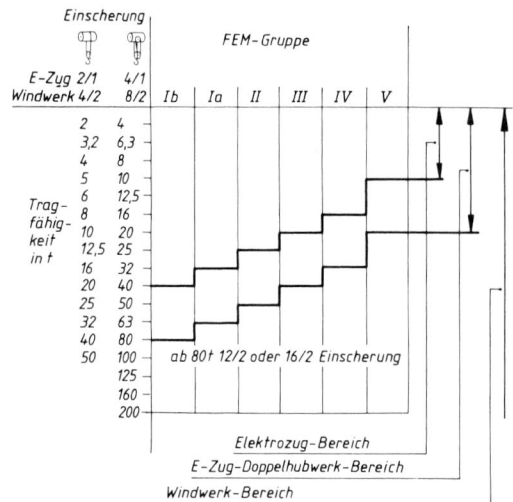

Bild 6. Traglastbereiche für Elektroseilzüge und Windwerke in dem einzelnen Gruppen nach FEM bzw. DIN 15020 (Dematik)

Bild 6 zeigt die Traglastbereiche abhängig von der FEM- Gruppe, die
a) von Elektroseilzügen
b) von Elektroseilzugdoppelhubwerken
c) von Windwerken
überstrichen werden.
Im Überschneidungsbereich sind bei normalen Einsatzfällen meist Elektroseilzüge wirtschaftlicher. Es können aber auch hier besondere Einsatzbedingungen, wie Mehrseilgreiferbetrieb, den Einsatz eines Windwerkes erzwingen. Die Baugruppen eines Windwerks sind:

Hubmotor. Als Hubmotor des Windwerkes wird bevorzugt ein Drehstrom-Schleifringläufermotor verwendet. Bei Antriebsleistungen über 20 kW ist deren Einsatz aus Gründen der Netzbelastung (niedrigere Anlaufströme) unvermeidlich. Der Vorteil des Wind-

werkes liegt aber auch darin, dass alle anderen Bauarten von Elektromotoren eingesetzt werden können, z.B. Gleichstrommotoren.
Hubgetriebe. In der Regel sind alle Getriebestufen im gemeinsamen Gehäuse im Ölbad zusammengefasst. Das Hubgetriebe ist über eine Kupplung mit Bremse und Motor verbunden. Es lässt einen weiten Spielraum bei der Auswahl der gewünschten Hubgeschwindigkeiten durch verschiedene Übersetzungsverhältnisse der Getriebestufen und manchmal auch durch fernbetätigte Umschaltstufen zu.
Hubwerksbremse. Die Hubwerksbremse ist meist eine Doppelbackenbremse mit elektromechanischem oder elektrohydraulischem Bremslüftgerät (siehe Kap. 6).
Bei einigen speziellen Bedarfsfällen wird aus Sicherheitsgründen die Forderung nach Einbau einer zweiten Bremse erhoben, z.B. beim Heben feuerflüssiger Massen. Diese Bremsen müssen unabhängig voneinander wirken und die Last aus der Aufwärtsbewegung stoßfrei abfangen können.
Seiltrieb. Dieser besteht aus Trommel und Trommellagerung, Rollen (Unter- und Oberflaschen) und Drahtseil mit verschiedenen Einscherungen.
Die Seiltrommel kann dem speziellen Einsatzfall hinsichtlich besonders großer Hakenwege, mehrrilliger Ausführung für das Anhängen von Traversen oder auch Mehrseilgreifern und ähnlichen Lastaufnahmemitteln angepasst werden.

7.2.4 Seilwinden für den Forsteinsatz

Seilwinden sind neben dem spezialisierten Kran („Rückekran") das Hauptarbeitsgerät an modernem Forstspezialmaschinen („Rückeschleppern"). Auch für diese Winden gilt grundsätzlich die DIN 15020. Die wichtigste gemeinsame *Unfallverhütungsvorschrift* (*VBG* 8) sieht aber wegen der grundverschiedenen Einsatzbedingungen auch sehr abweichende Sicherheitsvorschriften vor. Deshalb sind im Folgenden die Hauptunterschiede aufgeführt:

Elektroseilzüge, Windwerke	Seilwinden für den Forsteinsatz
sind *Hebezeuge*	sind primär *Bodenzugwinden, also keine Hebezeuge*
stationärer Einsatz	mobiler Einsatz in schwierigem, oft steilem Gelände
Seilwicklung *einlagig* auf einer Trommel (Bild 3) Dadurch bei gleichem Antriebsmoment auch gleiche Seilkraft über die gesamte	Seilwicklung *mehrlagig* auf einer Trommel ohne Rillen. Dadurch bei gleichem Antriebsmoment höchste Seilkraft nur in der ersten Seillage, dann sinkende Seilkraft, je mehr Seillagen aufgewickelt werden, da der wirksame Trommelradius steigt. (*Ausnahme: Konstantzugwinde*, bei der das Antriebsmoment proportional zum Füllgrad der Trommel hochgeregelt wird.)
Antrieb immer unlösbar gekuppelt mit der Seiltrommel, Seil immer fest verbunden mit Seiltrommel. *Die Last darf auf keinen Fall abrauschen.*	*Antrieb muss vollständig lösbar von der Seiltrommel sein.* Seil ist nur leicht an der Seiltrommel angeklemmt. *Bei Gefahr soll eher der Baumstamm samt Seil abrauschen, als dass der Schlepper oder gar der Bediener mitgerissen wird.*
Trommel *mit Rillen* (Bild 3) Dadurch geringer Seilverschleiß	Trommel *ohne Rillen*, Aufhaspelung. Höherer Seilverschleiß, aber geringerer Platzbedarf pro Meter Seillänge.
Seilstärke- und Seilqualität liegen definitiv fest, nach Auswahl der Gruppe nach FEM/DIN 15 020. Erstabnahme und dann nur noch Verschleißprüfungen durch den Service	*Seilstärke und -qualität kann vom Betreiber bei Bedarf geändert werden.* Änderung und neue Windeneinstellung muss nach UVV-Regeln vorgenommen und im Windprüfbuch dokumentiert werden.

8 Krane und Hängebahnen

Fest aufgehängte Hebezeuge können die Last nur auf einer senkrechten *Linie* zwischen oberster und unterster Hakenstellung befördern. Hebezeuge, die an einer verfahrbaren Katze befestigt sind, können die senkrechte *Fläche* unter der Fahrschiene bedienen. Krane der verschiedensten Bauarten können einen *dreidimensionalen Raum* bedienen.

Durch den Wandschwenkkran nach Bild 1 z.B. kann eine Last gehoben, sowie zu jedem Punkt innerhalb les gezeichneten Halbkreisraumes transportiert werden, der nach oben von der obersten Hakenstellung begrenzt wird.

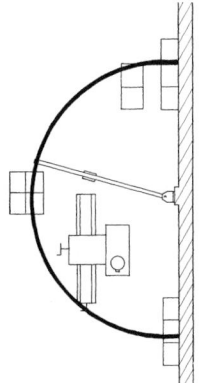

Bild 1.
Arbeitsraum eines Wandschwenkkranes, der durch den Schwenkradius und die oberste Hakenstellung begrenzt wird.

8.1 Berechnung nach DIN 15018

Prüffähige Berechnungen von Kranen müssen nach DIN 15018 ausgeführt werden.

Im Folgenden sollen deren Grundzüge aufgezeigt werden.

Die DIN 15018 gibt Hilfen zur Bestimmung aller Belastungen eines Krans und schreibt genau vor, wie dann bei der Berechnung vorzugehen ist:

⇒ Die konkrete Festlegung der Belastungen, die bei dem gerade betrachteten Kran wirklich vorliegen werden, ist und bleibt in der Verantwortung des Technikers.
Hier ist eine genaue Kenntnis der späteren Betriebsbedingungen sowie – Technische Mechanik gefragt!

Die DIN schreibt die Punkte 8.1.1 – 8.1.9 vor:

8.1.1 Mindestinhalt der Berechnungen

Hier sind alle für die Berechnung erforderlichen technischen Angaben zu machen, so z.B.

- Art und Arbeitsweise des Krans,
- vorgesehene Schwere und Häufigkeit der Beanspruchung und daraus abgeleitet Festlegung der Lastannahmen, der Hubklasse und der Beanspruchungsgruppe
- Zeichnung des Krans mit allen Hauptmassen
- Zeichnung tragender Querschnitte an der Stelle der höchsten Beanspruchung, mit Werkstoffangaben
- Berechnung der vorgeschriebenen Lastfälle
- Im einzelnen gilt:

8.1.2 Lastannahmen

Unterschieden werden

Hauptlasten (diese wirken im normalen Betrieb immer):

- Hublasten (Nutzlast und alle an den Seilen hängende Lasten von Unterflaschen, Greifern, Traversen u.ä.)
- Lasten aus Eigengewicht und ggf. Lasten von Schüttgütern auf Stetigförderern und Aufprallkräfte von Schüttgut
- Beschleunigungs- und Verzögerungskräfte
- Fliehkräfte bei Drehkranen oder Dreheinrichtungen

Zusatzlasten (diese wirken mit großer Wahrscheinlichkeit nie alle gleichzeitig)

- Wind- und Schneelasten, Kräfte aus Schräglauf von Kranen und Katzen
- Lasten auf Laufstegen, Treppen, Wartungspodesten u.ä.

Sonderlasten (diese kommen nicht bei jedem Kran vor)

- Kippkräfte bei Kranen mit Lastführung
- Pufferkräfte
- Prüflasten

8.1.3 Hubklassen und Beanspruchungsgruppen

Die Hubklasse berücksichtigt die zusätzlichen Massenkräfte beim Anheben der Last. Je ruckartiger das Anheben der Last erfolgt, desto größer die zu wählende Hubklasse.

Die Beanspruchungsgruppe berücksichtigt die Benutzungshäufigkeit des Krans. („Spannungsspielbereich") und, ob am häufigsten leichte, mittlere oder schwere Lasten zu heben sein werden („Spannungskollektiv").

Tabelle 1 dient zur Festlegung der Beanspruchungsgruppe B1 ... B6 abhängig vom jeweils vorhandenen Spannungsspielbereich N1 (gelegentliche Nutzung) bis N4 (angestrengter Dauerbetrieb) sowie dem Spannungskollektiv S0 (sehr leicht) bis S3 (schwer).

Tabelle 2 gibt Anhaltswerte für die Wahl der Hubklasse und der Beanspruchungsgruppe häufiger Krantypen.

⇒ Hinweis: Die Lastannahmen, Hubklassen und Beanspruchungsgruppen sind vom Techniker oder Ingenieur vor Beginn der eigentlichen Berechnung sorgfältig zu ermitteln und festzuschreiben

8.1.4 Lastfälle

Würde man alle Haupt-, Zusatz- und Sonderlasten nach 8.1.2 gleichzeitig in eine einzige Rechnung einbeziehen, so würden die Krane viel zu schwer werden. In DIN 15018 wurden daher die Lastkombinationen, die gleichzeitig auftreten können, in Tabelle 3 zu Lastfällen zusammengefasst. Jede Spalte ist ein Lastfall. Beispiel: die Hauptlast „4.1.4.3 Fallenlassen oder plötzliches Aufsetzen der Last", (berücksichtigt in Lastfall H, Spalte 2), wird nicht gleichzeitig mit der Hauptlast „4.1.6 Fliehkräfte", (berücksichtigt in Lastfall H, Spalte 1) auftreten.

8.1.5 Berechnungsgrundsätze

Für jeden der 8 Lastfälle (4 Regellastfälle + 4 Sonderlastfälle) ist ein gesonderter rechnerischer Nachweis zu führen. Die Eigenlasten sind dabei mit dem Eigenlastbeiwert („Stoßfaktor") nach Tabelle 4 zu multiplizieren. Die Hublasten sind dabei mit dem Hublastbeiwert („Faktor lotrechte Massenkräfte") nach Tabelle 5 zu multiplizieren.

⇒ Die Berechnungen müssen den anerkannten Regeln der Statik, Dynamik und Festigkeitslehre entsprechen. Die einzelnen Lasten müssen in der für das gerade berechnete Bauteil ungünstigsten Stellung angesetzt werden.

8.1.6 Spannungsnachweis

Spannungsnachweise sind für jeden Lastfall für alle gefährdeten Querschnitte für Stahlträger, Schweißnähte Schraubverbindungen zu ermitteln (siehe z.B. DIN 15018 – zulässige Spannungen –, DIN 4132 Stahltragwerke, DIN 6914 – 6918 Hochfeste HV-Schraubverbindungen).

8.1.7 Stabilitätsnachweis

Dieser ist für Knicken bei Stäben, für Beulen bei Kastenträgern (siehe DIN 18800), für Kippen bei kippgefährdeten Kranen (z.B. Baukrane) und für Vertikalschwingungen (dies besonders bei Kranen mit großer Spannweite) zu führen.

8.1.8 Betriebsfestigkeitsnachweis (Dauerfestigkeitsnachweis)

Der Betriebsfestigkeitsnachweis braucht nur für den Lastfall H und nur für diejenigen Bauteile durchgeführt werden, für die mehr als 2×10^4 Lastspiele zu erwarten sind (z.B. Kranträger bei Verladekranen).

Tabelle 1. Beanspruchungsgruppen („Beanspruchungskollektive") nach DIN 15018, abhängig von der Schwere (Spannungskollektiv S) und Häufigkeit (Spannungsspielbereich N) der Beanspruchung

Spannungsspielbereich	N 1	N 2	N 3	N 4
Anzahl der vorgesehenen Spannungsspiele max A	über $2 \cdot 10^4$ bis $2 \cdot 10^5$ Gelegentliche nicht regelmäßige Benutzung mit langen Ruhezeiten	über $2 \cdot 10^5$ bis $6 \cdot 10^5$ Regelmäßige Benutzung bei unterbrochenem Betrieb	über $6 \cdot 10^5$ bis $2 \cdot 10^6$ Regelmäßige Benutzung im Dauerbetrieb	über $2 \cdot 10^6$ Regelmäßige Benutzung in angestrengtem Dauerbetrieb
Spannungskollektiv	Beanspruchungsgruppe			
S 0 sehr leicht	B 1	B 2	B 3	B 4
S 1 leicht	B 2	B 3	B 4	B 5
S 2 mittel	B 3	B 4	B 6	B 6
S 3 schwer	B 4	B 5	B 6	B 6

Tabelle 2. Beispiele für die Einstufung von Kranarten in Hubklassen und Beanspruchungsgruppen nach DIN 15 018

Lfd. Nr.	Kranarten		Hub-klassen	Beanspru-chungsgruppen
1	Handkrane		H 1	B 1, B 2
2	Montagekrane		H 1, H 2	B 1, B 2
3	Maschinenhauskrane		H 1	B 2, B 3
4	Lagerkrane	unterbrochener Betrieb	H 2	B 4
5	Lagerkrane, Traversenkranc, Schrottplatzkrane	Dauerbetrieb	H 3, H 4	B 5, B 6
6	Werkstattkrane		H 2, H 3	B 3, B 4
7	Brückenkrane, Fallwerkkrane	Greifer- oder Magnetbetrieb	H 3, H 4	B 5, B 6
8	Gießkrane		H 1, H 2	B 5, B 6
9	Tiefofenkrane		H 3, H 4	B 6
10	Stripperkrane, Chargierkrane		H 4	B 6
11	Schmiedekrane		H 4	B 5, B 6
12	Verladebrücken, Halbportalkrane, Vollportal-krane mit Laufkatze oder Drehkran	Greifer- oder Magnetbetrieb	H 3, H 4	B 5, B 6
13	Verladebrücken, Halbportalkrane, Vollportal-krane mit Laufkatze oder Drehkran	Hakenbetrieb	H 2	B 4, B 5
14	Fahrbare Bandbrücken mit fest eingebaut m oder verschiebbaren Band (Bänder)		H 1	B 3, B 4
15	Dockkrane, Hellingkrane. Ausrüstungskrane	Hakenbetrieb	H 2	B 3, B 4
16	Hafenkrane, Drehkrane, Schwimmkrane, Wipp-drehkrane	Hakenbetrieb	H 2	B 4, B 5
17	Hafenkrane, Drehkrane, Schwimmkrane, Wipp-drehkrane	Greifer- oder Magnetbetrieb	H 3, H 4	B 5, B 6
18	Schwerlast-Schwimmkrane, Bockkrane		H 1	B 2, B 3
19	Bordkrane	Hakenbetrieb	H 2	B 3, B 4
20	Bordkrane	Greifer- oder Magnetbetrieb	H 3, H 4	B 4, B 5
21	Turmdrehkrane für den Baubetrieb		H 1	B 3
22	Montagekrane, Derrickkrane	Hakenbetrieb	H 1, H 2	B 2, B 3
23	Schienendrehkrane	Hakenbetrieb	H 2	B 3, B 4
24	Schienendrehkrane	Greifer- oder Magnetbetrieb	H 3, H 4	B 4, B 5
25	Eisenbahnkrane in Zügen zugelasscn		H 2	B 4
26	Autokrane. Mobilkrane	Hakenbetrieb	H 2	B 3, B 4
27	Autokrane, Mobilkrane	Greifer- oder Magnetbetrieb	H 3, H 4	B 4, B 5
28	Auto-Schwerlastkrane, Mobil-Schwerlastkrane		H 1	B 1, B 2

Tabelle 3. Von DIN 15 018 vorgesehene Lastfälle. Jede senkrechte Spalte umfasst einen Lastfall. Die Lastfälle H setzen sich nur aus Hauptlasten zusammen, die Lastfälle HZ umfassen Haupt- und Zusatzlasten, die Sonderlastfälle umfassen Haupt- und Sonderlasten

Lasten			Zeichen	Regellastfälle — Lastfälle HZ / Lastfälle H								Sonderlastfälle			
4.1. Hauptlasten	4.1.1.	Eigenlast	G	$\varphi\,G$		$\varphi\,G$		G	$\varphi\,G$	G	G	$\varphi\,G$			G
	4.1.4.1.	Eigenlastbeiwert	φ					–		–	–				
	4.1.2.	Lasten von Schüttgütern in Bunkern und auf Stetigförderern.	Gm	$\varphi\,Gm$		$\varphi\,Gm$		Gm	$\varphi\,Gm$	–	Gm	–			–
	4.1.3.	Hublast	P	$\psi\,P$		–			$P\cdot\psi$	P	P	–			–
	4.1.4.2.	Hublastbeiwert	ψ					–		–	–	–			–
	4.1.4.3.	Fallenlassen oder plötzliches Absetzen von Nutzlasten	$-0,25\ \psi P$	–		$-0,25\ \psi P$		–	–	–	–	–			–
	4.1.3.	Hublasten ohne Wirkung der Nutzlast	Po												
	4.1.5.	Massenkräfte aus Antrieben — Katzfahren	Ka	Ka	–	–	–	Ka	–	–	–	–	–	Ka		
		Katzfahren	Kr	–	Kr	–	–	–	Kr	Kr	–	–	–	Kr		
		Drehen	Dr	Dr	Dr	Dr	Dr	Dr	Dr	Dr	–	–	–	–	Dr	
		Wippen	Wp	–	–	Wp	–	–	–	Wp	–	–	–	–		Wp	–
	4.1.6.	Fliehkräfte	Z	–	–	–	Z	–	–	–	–	–	–	–	Z	–
4.2. Zusatzlasten	4.2.1.	Windlast — in Betrieb	Wi	Wi		Wi		–	Wi	–	–	–			–
		außer Betrieb	Wa	–		–		Wa	–	–	–	–			–
	4.2.2.	Kräfte aus Schräglauf	S	–		–		S	–	–	–	–			–
4.3. Sonderlasten	4.3.1.	Kippkraft bei Laufkatzen mit Hublastführung	Ki	–		–		–	–	Ki	–	–			–
	4.3.2.	Pufferkräfte	Pu	–		–		–	–	–	Pu	–			–
	4.3.3.	Prüflasten — klein	Pk	–		–		–	–	–	–	$\dfrac{1+\psi}{2}\cdot Pk$			–
		groß	Pg	–		–		–	–	–	–	–			Pg

Tabelle 4. Eigenlastbeiwerte nach DIN 15 018, für Krane mit ungefederten Laufrädern, abhängig von der Fahrgeschwindigkeit und der Fahrbahnbeschaffenheit.

Für gefederte Laufräder darf stets $\varphi = 1,1$ gesetzt werden.

Fahrgeschwindigkeit v_F in m/min — Fahrbahnen		Eigenlastbeiwert φ
mit Schienenstößen oder Unebenheiten (Straße)	ohne Schienenstöße oder mit geschweißten, bearbeiteten Schienenstößen	
bis 60	bis 90	1,1
über 60 … 200	über 90 … 300	1,2
über 200		≥ 1,2

Tabelle 5. Hublastbeiwerte ψ abhängig von der Hubgeschwindigkeit und der Hubklasse nach DIN 15 018. Zur Hubklassenermittlung vgl. Tabelle 2.

Hubklasse	Hublastbeiwert ψ bei Hubgeschwindigkeit in v_H m/min	
	bis 90	über 90
H 1	$1,1 + 0,0022\ v_H$	1,3
H 2	$1,2 + 0,0044\ v_H$	1,6
H 3	$1,3 + 0,0066\ v_H$	1,9
114	$1,4 + 0,0088\ v_H$	2,2

8.2 Kranbauformen

Krantragewerke werden heute fast ausschließlich nicht mehr als Fachwerke, sondern in Vollwandbauweise ausgeführt („Kastenträger"). Für das Schweißen von Kranen sind DIN 15018, DIN 8563 und DIN 4100 maßgebend.

Bild 2 zeigt die gebräuchlichsten in Industriebetrieben und Werkstätten verwendeten Kranbauformen. Sie haben geringe Bauhöhen und kurze seitliche Anfahrmaße der Katzen. Die Krane werden als Ein- und Zweiträgerkrane gebaut.

8.3 Laufkrane

Bild 3 zeigt einen modernen Kran in Kastenbauweise. Maschinelle Schweißverfahren ermöglichen die Serienfertigung von Standard-Kastenträgerkranen, die sich durch folgende Vorteile auszeichnen: geringes Leistungsgewicht, dadurch geringe Belastung des Gebäudes, geringer Aufwand für Wartung und formschönes Aussehen.

Zweiträger-Laufkrane werden für Traglasten bis zu 63 t und Spannweiten bis zu 30 m mit Zweischienenkatzen ausgeführt. Die Hubgeschwindigkeit wird durch das eingebaute Hubwerk bestimmt. Die Kranfahrgeschwindigkeit beträgt in der Regel 10 ... 80 m/min. Meist wird je ein Laufrad auf jeder Kranseite durch je einen Getriebe-Bremsmotor separat angetrieben (Bild 3).

Wenn die Anforderungen an das Hubwerk über die Leistungen des Elektrozuges hinausgehen, werden die Krane mit Windwerken ausgerüstet (Kap. 7, Bilder 5 und 6). Die Hubmotoren können bei Bedarf mit einem Feingang oder regelbar ausgeführt werden. Krane haben Flur- oder Führerhausbedienung. Sie können auch mit einer Fernsteuerung oder mit einer automatischen Steuerung ausgerüstet werden.

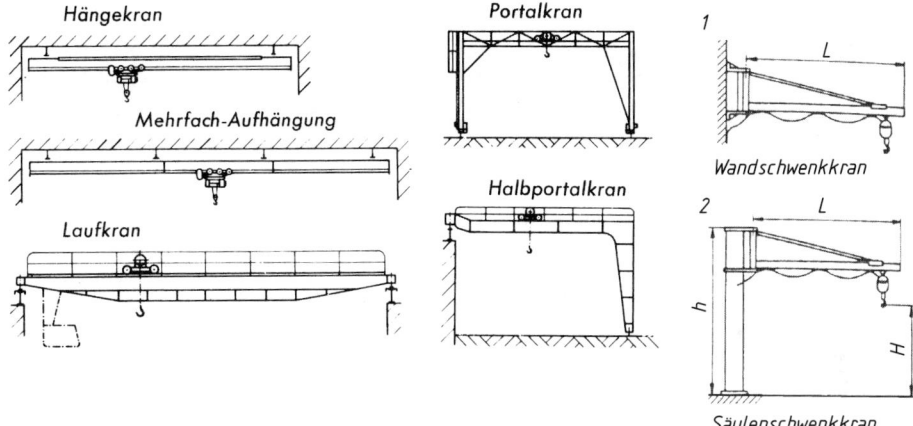

Bild 2. Kranbauformen (schematisch)

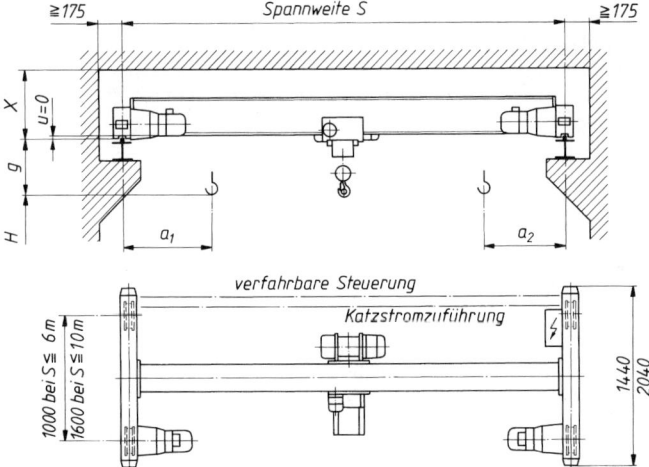

Bild 3. Einträger-Laufkran mit Vollwand-Kastenträger und Hängekatze.

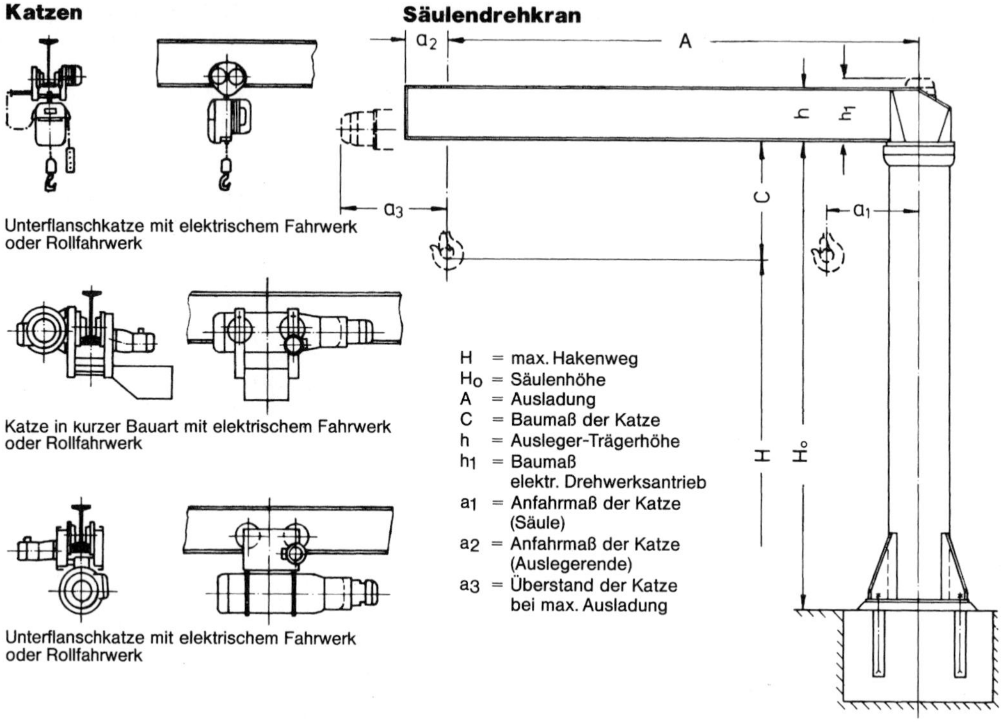

Katzen

Unterflanschkatze mit elektrischem Fahrwerk
oder Rollfahrwerk

Katze in kurzer Bauart mit elektrischem Fahrwerk
oder Rollfahrwerk

Unterflanschkatze mit elektrischem Fahrwerk
oder Rollfahrwerk

Säulendrehkran

H   = max. Hakenweg
H_0 = Säulenhöhe
A   = Ausladung
C   = Baumaß der Katze
h   = Ausleger-Trägerhöhe
h_1 = Baumaß
       elektr. Drehwerksantrieb
a_1 = Anfahrmaß der Katze
       (Säule)
a_2 = Anfahrmaß der Katze
       (Auslegerende)
a_3 = Überstand der Katze
       bei max. Ausladung

Bild 4. Säulendrehkran für ein Lastmoment von ca. 200 kNm, maximale Ausladung A = 8 m, maximale Traglast
6.3 t
(Dematik)

8.4 Konsolkrane, Säulendrehkrane, Wandschwenkkrane

Zur Entlastung der Laufkrane werden oft Konsolkra-
ne eingesetzt, die unterhalb der Laufkrane arbeiten,
dadurch bleibt die Halle von Stützen frei. Konsolkra-
ne werden in Vollwandträgerbauweise ausgeführt.
Zur Bedienung von Werkzeugmaschinen und ähnlichen Einsatzzwecken eignen sich auch Wand-
schwenkkrane (Bild 1) und Säulendrehkrane (Bild 4).

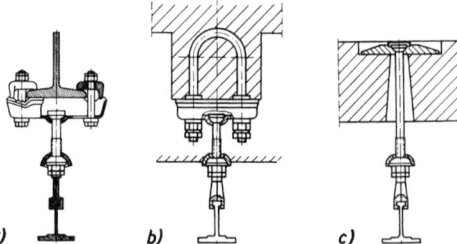

a)   b)   c)

8.5 Hängekrane, Hängebahnen

Charakteristisch ist die Aufhängung der Hängekrane
und Hängebahnen an der Hallenkonstruktion nach
Bild 5. Durch die Kombination von Hängebahnen mit
Hängekranen lassen sich ausgedehnte Förderanlagen
zusammenbauen. Einen besonderen Vorteil bietet die
Überfahrmöglichkeit von Katzen auf Krane und An-
schlussbahnen (Bild 7). Die Hängebahnen lassen sich
an Deckenkonstruktionen der verschiedensten Art
anbringen. Bewährte Aufhängungen sind Klemmbe-
festigungen für I-Profile; (Bild 5a).
Bügelschrauben (Bild 5b) und Bodenplatten (Bild 5c)
für Betondecken und Schaubbügel für Stahl- und
Betonkonstruktionen (Bild 6).

Bild 5. Hängebahnaufhängungen
a) Klemmbefestigung für I-Profile,
b) Bügelschrauben
c) Bodenplatte für Betondecken
(Dematik)

Die Hängebahn wird in Abständen von 1 ... 10 m mit
Hängestangen an der Decke befestigt Die Hängestange ermöglicht eine allseitige Pendelbewegung, sie
wird nur auf Zug beansprucht. Man kann die Hängebahn aber auch ohne Hängestange direkt an die Ober-
gurtkonstruktion oder Betondecke schrauben (Dek-
kenkrane); dies kommt vor allem für leichtere Einsatzfälle in Frage.

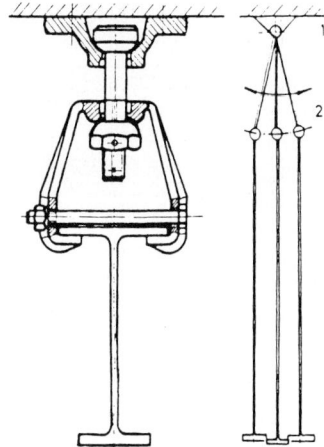

Bild 6. Doppelkardanische Aufhängung für Hänge-bahnträger. Durch die doppelkardanischen Bahnauf-hängungen mit je einem oberen und unteren Kugelge-lenk werden die eigentlichen Verbindungselemente, die Hängestangen, nur auf Zug beansprucht. (Dematik)

Die Hängebahnträger werden in geometrisch abge-stuften Größen gebaut. Sie sind Schweißkonstruktio-nen oder Spezial-Walzprofile. Bis zu einer Ge-schwindigkeit von 63 m/min ist das Steuern von Laufkatzen vom Flur erlaubt, während bei höheren Geschwindigkeiten die Unfallverhütungsvorschriften eine Führerhausbedienung vorschreiben.
Gegenüber anderen flurfreien Fördermitteln können Hängekatzen von einem Hauptförderstrang über Schiebeweichen in andere Bahnen verfahren, so dass ein System entsteht, mit dem beliebig viele Ziele außerhalb der Kranfahrbahn erreichbar sind (Bilder 7 und 8).

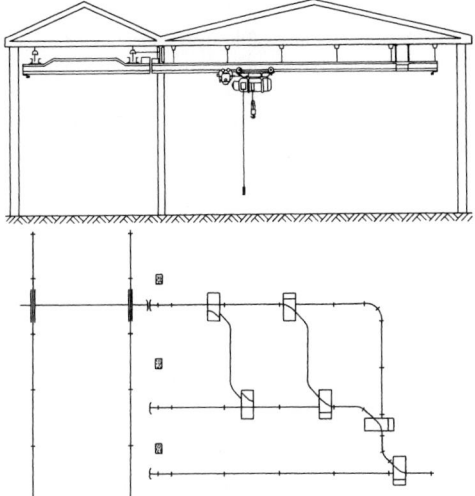

Bild 7. Skizze eines Hängekran-Hängebahn-Systems

Mit Hängebahnen und Hängekranen kann :in vollau-tomatisierter Förderablauf unter Anwendung von Programmsteuerungen erreicht werden (z.B. Bekoh-lungsanlagen).

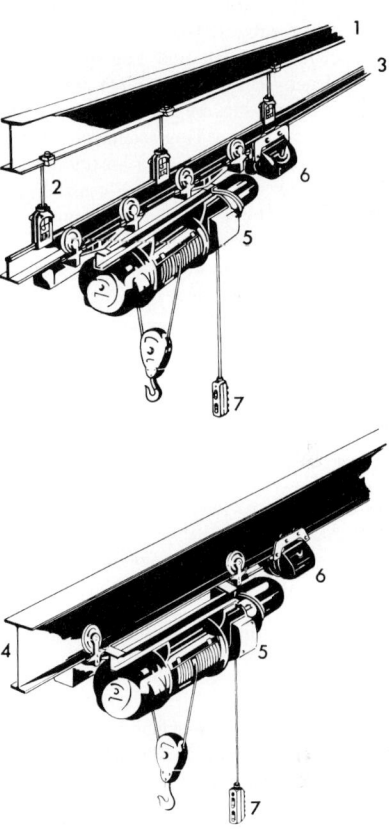

Bild 8. Elektroseilzuglaufkatze für Hängerkrane: und Hängebahnen.
(Dematik)
1 Obergurt
2 Fahrbahnaufhangung
3 Fahrbahn („Wulstschiene")
4 Fahrbahn (Walzprofil)
5 Hängekatze
6 Reibradfahrantrieb
7 Druckknopftaster

8.6 Portalkrane

Portalkrane werden hauptsächlich in Außenbereichen eingesetzt. Bild 2 zeigt einen Portalkran und einen Halbportalkran. Halbportalkrane kommen für die Maschinen- und Arbeitsplätze der seitlichen Hallen-bereiche in Frage. Ihre Anordnung unterhalb der Hallenkrane schließt eine gegenseitige Behinderung aus. Sie werden meistens in Vollwandträger-Kon-struktion ausgeführt.

8.7 Fahrzeugkrane

Man unterscheidet hier die Mobilkrane, welche zum Verladen und Stapeln, bei Montagen und Kurztransporten für die Lasten bis ca. 10 t bei ca. 5 m Hubhöhe (verfahrbar) oder 30 t und ca. 33 m Hubhöhe bei Lastmomenten 84 tm (abgestützt) eingesetzt werden, hauptsächlich in Fabrikhallen und Lagerplätzen an den Stellen, an denen kein ortsfester Kran zur Verfügung steht, sowie Autokrane, die nur abgestützt arbeiten, die in Baureihen bis zu Traglasten von 1 000 t und bis zu Hubhöhen von 180 m und Lastmomenten von 20 000 tm gebaut werden. (Der Einsatzbereich dieser Großkrane sind Häfen, Containerterminals und Großbaustellen (z.B. Windkraftanlagen).

Autokrane haben ein gelände- und straßengängiges mehrachsiges Fahrwerk, welches in Arbeitsstellung des Kranes durch vier hydraulische Ausleger abgestützt wird. Sie haben entweder Gittermastausleger die sich zu verschiedenen Höhen aufbauen lassen (Bild 9) oder hydraulisch ausfahrbare Ausleger. Die Tragkraft beträgt:

$$F \leq \frac{M_L}{a}$$

F	M_L	a		F	M_L	a
kN	kNm	m	oder	t	tm	m

F Tragkraft, M_L typbedingtes maximales Lastmoment des Fahrzeugkranes, a Ausladung des Auslegers.

Meist sind zwei unabhängig voneinander arbeitende Hubwerke, ein Haupt- und ein Hilfshubwerk, vorhanden. Die Bedienung erfolgt über elektronisch angesteuerte Proportionalventile, wodurch alle Bewegungsabläufe gleichzeitig feinfühlig gesteuert werden können (vergl. Kap 5).

8.8 Verladeanlagen und Hafenkrane

Für den Umschlag von Rohstoffen, wie Erz, Kalk, Kies, Kohle, Koks u.a. mehr oder zum Verladen von Fertigprodukten und Containern sind große Verladebrücken konstruiert worden. Sie können Straßen, Flüsse, Eisenbahngleise und Lagerplätze überspannen und sind je nach Einsatzfall mit Greifern, Becherwerken oder pneumatischen Förderern ausgerüstet.

Konstruktionsmerkmale

Die tragenden Stahlbauteile werden als geschweißte Vollwandkonstruktionen ausgeführt.
Die Brückenlast ruht im allgemeinen auf Laufrädern, die sich auf Räder der Pendelstütze und Räder der festen Stütze verteilen. Jede Stütze hat ihren eigenen Fahrantrieb, der meist die Hälfte aller Räder antreibt (Bilder 10 bis 12).

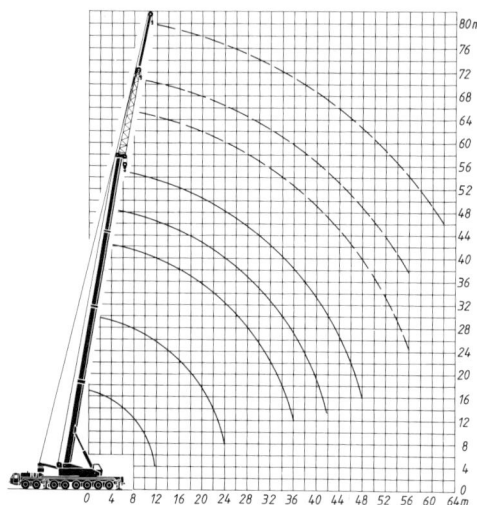

Bild 9. Arbeitsbereich eines Autokranes mit einem Hubmoment von 744 tm (= 85 % des Kippmomentes) und dementsprechend abhängig von der Ausladung und der Auslegerlänge einem Traglastbereich von 200 ... 3,3 t
(Liebherr)

Die größeren Verladebrücken sind mit einer Sicherung gegen Schrägfahren ausgerüstet. Die Schrägstellung der Brücke tritt durch das Zurückbleiben einer Stütze dann auf, wenn der Kran oder die Laufkatze über einer Stütze steht und diese stärker belastet als die andere, oder wenn beim Abschalten unterschiedliche Massenkräfte auf beiden Leiten abzubremsen sind.

Jede Brückenstütze hat Sturmsicherungen, die automatisch einfahren und sich an der Fahrschiene festklemmen, wenn der Sturm die Brücke abzutreiben droht.

Bild 10 a – d zeigt ausgeführte Verladeanlagen.

Da Kastenträger nicht nur auf Biegung, sondern auch auf Verdrehung (Torsion) beansprucht werden können, wurden Einträger-Winkelkatzen (Bild 12) entwickelt. Die Brücke besteht nur noch aus einem einzigen Träger in Kastenbauweise, der mit der festen Stütze dreh- und biegesteif und mit der losen Pendelstütze durch ein Kugelgelenk verbunden ist, so dass sich ein statisch bestimmtes System ergibt. Bei Verladebrücken für Schiffe ist der über Wasser befindliche Teil der Verladebrücke meist klappbar, um Masten und Schornsteine der Schiffe ohne Ummanövrieren überfahren zu können (Bild 10 d).

Die Winkelkatze hat zwei oben angetriebene Laufräder mit Führungsrollen und zwei untere Laufräder. Sie verfährt seitlich neben dem Träger. Die Oberseite des Trägers bleibt so für den Anbau des senkrechten Pfeilers (Pylon), für elektrische Leitungen und für Begehungen zu Wartungszwecken frei. Der Greifer

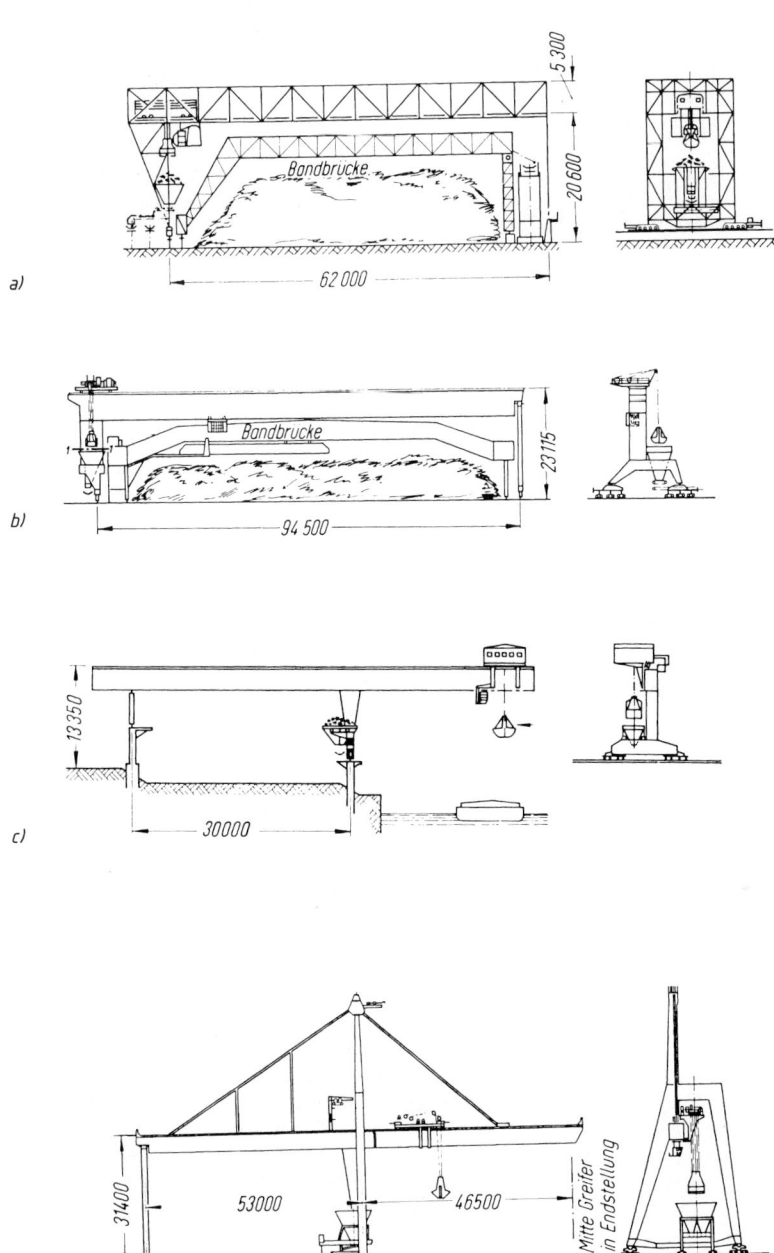

Bild 10. Verladeanlagen
a) Erzverladebrücke in Fachwerkbauart mit innenlaufender Katze, Tragfähigkeit 16 t
b) Erzverladebrücke in Einträgerbauweise mit obenlaufender Katze (ohne Kragarm), Tragfähigkeit 20 t
c) Erzverladebrücke mit festem Kragarm in Einträgerbauweise mit Zweischienen-Winkelkatze, Tragfähigkeit 12 t
d) 32-t-Verladebrücke in Einträgerbauweise mit hochklappbarem Ausleger und Zweischienen-Winkelkatze, Tragfähigkeit 32 t
(MAN)

kann mit einer Drehvorrichtung für Längs- und Quergreifen ausgestattet werden. Die Verladeanlagen sind mit Fahrwerks-, Katz und Hubantrieben mit geregelten Gleichstromantrieben (Ward-Leonhard-Satz) ausgerüstet.

Das Führerhaus ist eine Vollsichtkanzel, die unter der Unterkante des Trägers angeordnet werden kann, um dem Bedienungsmann eine bessere Übersicht über den Arbeitsbereich des Greifers zu geben. Verladebrücken werden bis etwa 80 t Tragfähigkeit gebaut.

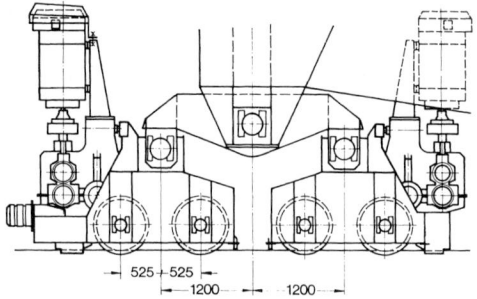

Bild 11.
Teilansicht des Fahrantriebes einer Verladeanlage
(MAN)

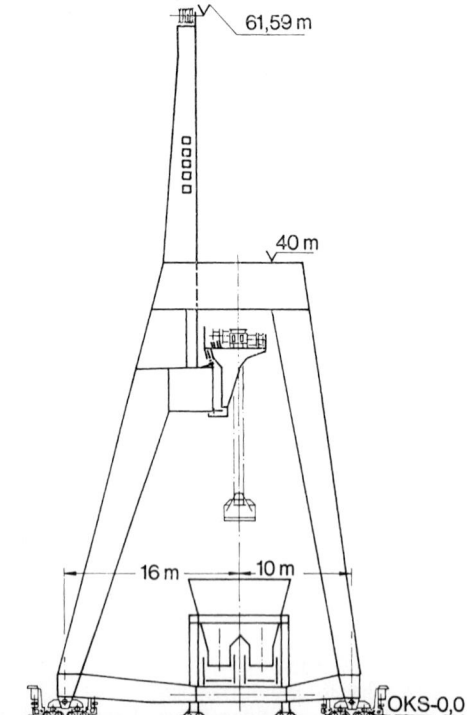

Bild 12. Feste Stütze mit Pylon und Winkelaufkatze der Verladebrücke nach Bild 10 d
(MAN)

Die in Bild 12 gezeigte Verladeanlage hat eine Umschlagkapazität von 1 200 t/h.

Hafenkrane
Unter Hafenkranen versteht man für Be- und Entladung von Schiffen mit Stückgütern allgemeiner Art vorgesehene Krane, die mit einem Hubseil mit Haken arbeiten.

Der Hafenkran besteht aus den Hauptbaugruppen Portal mit Fahrwerk, Drehwerk, Ausleger und Hubwerk.

Das Portal kann auf Schienen verschiedener Höhe fahren, um Lkw oder Eisenbahn die Durchfahrt zu gestatten. Die Laufräder sind einzeln angetrieben und können durch Schienenzangen gegen Windkräfte gesichert werden.

Für das Drehwerk werden Kugeldrehkränze großen Durchmessers verwendet.

Die Ausleger sind meist mit einer Vorrichtung ausgestattet, die bei Veränderung der Ausladung einen waagerechten Lastweg gewährleistet (Wippausleger, Schwinghebelseilausgleich).

Als Antriebsmotoren für Fahr-, Dreh- und Windwerk dienen Gleichstromreihenschluss- oder auch Drehstrommotoren.

8.9 Stapelkrane und Regalförderzeuge

Stapelkrane und Regalförderzeuge sind Fördergeräte, die an spezielle Aufgaben in der Lager- und Materialflusstechnik angepasst sind. Sie dienen dem Zweck, spezielle Fördergüter, wie z.B. Drahtbunde, oder Ladeeinheiten, wie z.B. Paletten oder Langgutkassetten, in die Lagerplätze von Regallagern ein- und auszulagern.

Stapelkrane (Bild 13) sind in Bezug auf die Kranträger und das Kranlaufwerk entweder wie ein Zweiträger-Laufkran oder wie ein Zweiträger-Hängekran ausgebildet. Die Katze (Stapelkatze) ist jedoch mit einer starren oder teleskopierbaren Säule zur Führung des Hubwagens ausgerüstet. Am Hubwagen ist ein auf den entsprechenden Einsatzfall zugeschnittenes Lastaufnahmemittel angebracht. Bild 13 zeigt als Beispiel einen Stapelkran mit Hubgabel zum Transport von Drahtbunden. Die Katze verfährt auf den (im Bild geschnittenen) Trägern eines Zweiträger-Laufkranes. Der an der Hubsäule der Katze geführte Hubwagen ist hier mit einer Krankanzel ausgerüstet.

Regalförderzeuge oder **Regalbediengeräte** sind in der Lagertechnik verwendete Geräte, die es gestatten, hohe Regallager („Hochregallager") zu bauen und die Regale zu beschicken („zu bedienen").

Bild 14 zeigt schematisch die erhebliche Vergrößerung der nutzbaren Regalflächen bei Einsatz von Regalbediengeräten.

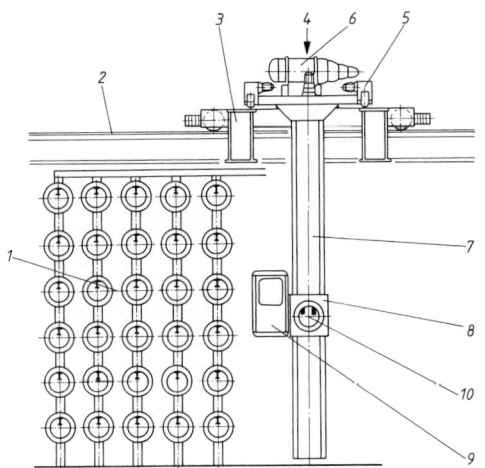

Bild 13.
Stapelkran, aufgebaut aus Zweiträger-Laufkran und Stapelkatze mit Führungsrohr, Bedienungskanzel und Lastaufnahmegabel, als Lager- und Transportmittel in einer Drahtbeizerei
 1 Drahtbundlager
 2 Kranfahrbahn
 3 Zweiträger-Laufkran
 (die Träger sind im Bild geschnitten)
 4 Stapelkatze mit
 5 Katzfahrwerk
 6 Katzhubwerk
 7 Führungssäule
 8 Hubwagen
 9 Krankanzel
10 Hubgabel mit Drahtbund

Regalförderzeuge verfahren auf einer Bodenschiene zwischen den Regalen. Sie werden im oberen Regalbereich an einer Schiene geführt. Sie bestehen je nach Einsatzzweck aus einer oder zwei Säulen (Bild 15) und einem Hubwagen. Der Hubwagen trägt bei den Regalförderzeugen eine seitlich ausschiebbare Teleskopgabel. Mit dieser werden die Ladeeinheiten in die Regale eingelagert bzw. diesen entnommen. In der Regel ist der Hubwagen, auch bei automatischen Geräten, mit einem Fahrerstand ausgerüstet, um das Regalbediengerät auch manuell steuern zu können (z.B. bei Servicebetrieb).

Bild 15 zeigt einige Beispiele von ausgeführten Regalbediengeräten und die zugehörigen Leistungsdaten.

Kommissioniergeräte sind Regalbediengeräte, die der Zusammenstellung von bestimmten Lageraufträgen („Kommissionen") für Kunden oder Fertigungsstellen dienen.

Der Bedienungsmann fährt gemäß Bild 16 mit dem Hubwagen zu den Regalfächern, denen er dann die angeforderte Warenmenge entnimmt. Wenn alle gewünschten Regale abgefahren sind, erscheint der Bedienungsmann mit dem Regalbediengerät und der komplett zusammengestellten Kommission wieder am Regalausgang. Einsäulen-Regalbediengeräte dienen meist nicht der direkten Kommissionierung, sondern der Beschickung von Hochregallagern. Diese bestehen aus meist mehreren Regalgängen mit Regalfächern für bestimmte Ladehilfsmittel, meist Paletten. Regalbediengeräte übernehmen die Ladeeinheiten am Regaleingang und befördern sie zu dem vorbestimmten Regalplatz. Anschließend können sie einem beliebigen anderen Regalplatz eine auszulagernde Palette entnehmen und wieder zum Regalausgang befördern.

Herkömmliche Kommissionierlager

Kommissionierlager mit Regalbediengerät

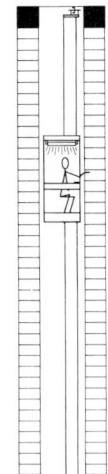

Greifbereiche: ■ ungünstig □ günstig

Bild 14. Nutzbare Regalhöhen bei Verwendung eines Flurregals, eines Leiterregals, bei mehrgeschossiger Bauweise sowie im Vergleich dazu bei Benutzung eines Regalbediengerätes

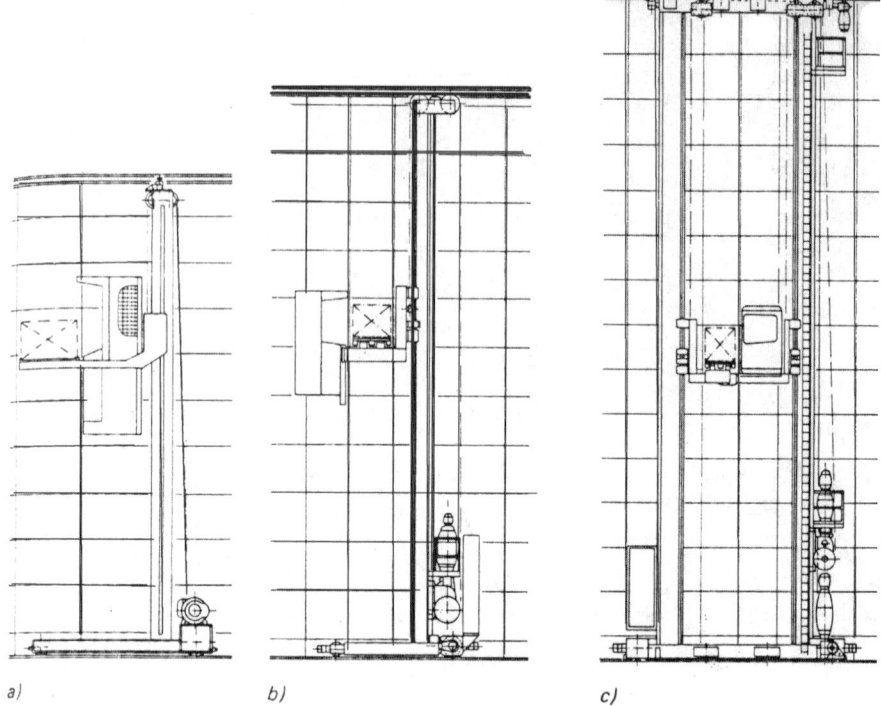

a)   b)   c)

Bild 15.
Beispiele aus einer Baureihe von Regalförderzeugen (= Regalbediengeräten)
a) Kommissioniergerät mit manueller Steuerung von der Führerkabine aus
    Traglast: 500 kg
    Gerätehölle: bis 12 m
    Hubgeschwindigkeit: bis 16 m/min
    Fahrgeschwindigkeit: 10 ... 80 m/min

b) Einsäulengerät und

c) Zweisäulengerät zum Aus- und Einlagern von Ladeeinheiten für automatischen und manuellen Betrieb
    Traglast: bis 4 000 kg
    Gerätehöhe: bis 40 m
    Hubgeschwindigkeit: bis 40 m/min
    Fahrgeschwindigkeit: bis 160 m/min
(Dematik)

Zweisäulen-Regalförderzeuge kommen hauptsächlich zum Einsatz, wenn großvolumige, lange Fördergüter, wie z.B. Stangenmaterial in Langgutkassetten, aus- und eingelagert werden müssen.
Regalförderzeuge können bei Bedarf über Umsetzbrücken vor dem Regal von einem Regalgang in den anderer, umgesetzt werden.
Regalförderzeuge werden meist automatisch online gesteuert, d.h. sie erhalten ihre Fahrbefehle direkt von einem zentralen Prozessrechner.
Bild 16 zeigt ein Hochregallager für Paletten mit vier Regalgängen, in denen Einsäulen- Regalförderzeuge vollautomatisch verfahren. Das Bild zeigt ferner die Rollenfördersysteme, welche das Palettenlager mit Produktionsbereichen, Zwischenlagern, Kommissionierlagern, Eingangszonen und Versandplätzen je nach Bedarf verbinden.

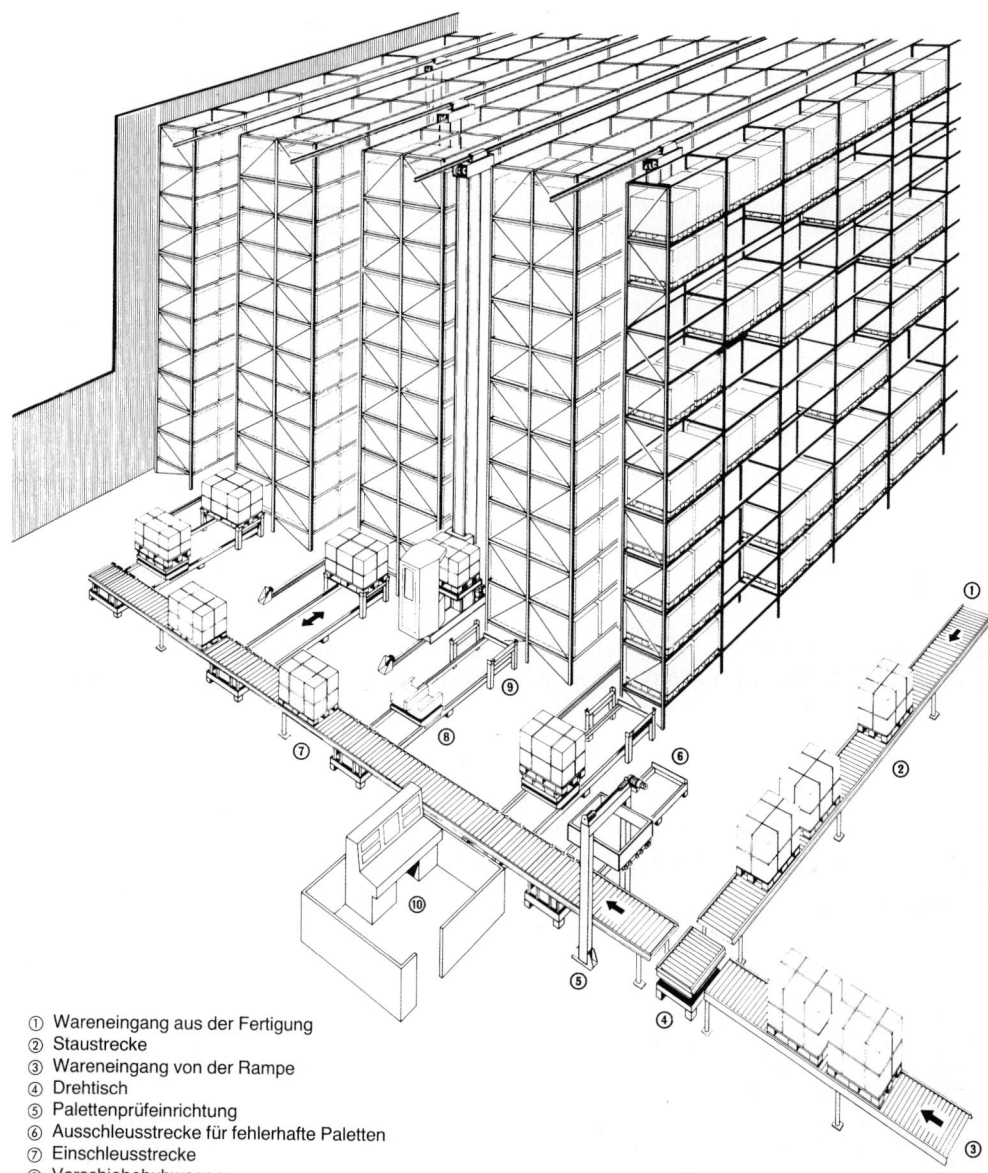

① Wareneingang aus der Fertigung
② Staustrecke
③ Wareneingang von der Rampe
④ Drehtisch
⑤ Palettenprüfeinrichtung
⑥ Ausschleusstrecke für fehlerhafte Paletten
⑦ Einschleusstrecke
⑧ Verschiebehubwagen
⑨ Übernahmebereich
⑩ Steuerpult

Bild 16.
Vollautomatisches Hochregallager mit Regalbediengeräten und Fördereinrichtungen
(Dematik)

9 Stetigförderer

9.1 Definition, Einteilung, Hauptanwendungen

Als Stetigförderer bezeichnet man Fördermaschinen für Schütt- oder Stückgüter, die ununterbrochen (= stetig) Fördergüter auf vorher festgelegten Wegen befördern können. Stetigförderer haben also keine Arbeitsspiele, wie z.B. Krane oder Bagger, die nach dem Absetzen der Last leer zurückfahren müssen, um die nächste Last aufzunehmen. Förderbänder und Rolltreppen sind Beispiele für typische Stetigförderer, Greifer- und Aufzugsanlagen sind typische Unstetigförderer. Becherwerke zählen zu den Stetigförderern, da sie durch den engen Becherabstand und die kontinuierlich laufenden Antriebe einen fast gleichmäßigen Förderstrom erzeugen. Stetigförderer sind aber auch alle Förderer, die Rohrleitungen benutzen, um flüssige, gasförmige oder feste Stoffe zu fördern, wie Pipelines oder pneumatische Förderer.

Stetigförderer finden überall dort wirtschaftlich Verwendung, wo große Mengen etwa gleichartiger Fördergüter auf gleichbleibenden Wegen gefördert werden müssen. Die Fördermenge je Zeiteinheit (Förderstrom) ist bei Stetigförderern unabhängig von der Förderlänge, wenn der Anlaufvorgang einmal abgeschlossen ist.

Stetigförderer übernehmen neben der Förderaufgabe oft auch Zusatzfunktionen, wie z.B. Trocknen, Mischen (Bandförderer, Schneckenförderer pneumatische Förderer), Zwischenlagern durch Aufstau des Fördergutes und Verteilen auf verschiedene Förderziele (Stückgutförder- und Verteilanlagen). Stetigförderer werden in großer Vielfalt für die verschiedensten Einsatzgebiete gebaut. Im Tage- und Untertagebergbau übernehmen die Stetigförderer weitgehend den Abtransport des Abbaugutes zu den Lager- oder Verteilplätzen. Bei großen Schüttgutumschlagsanlagen machen Stetigförderer den Greiferanlagen Konkurrenz.

Bei der Fließbandfertigung werden Stetigförderer für den Materialfluss eingesetzt. In großen Lageranlagen für Schütt- oder Stückgut sind Stetigförderer wesentliche Systembestandteile.

Stückgutstetigförderer werden auch für Förder- und Verteilungsaufgaben, wie z.B. Paket-Sortieranlagen der Post, Kommissionierzentren für den Großhandel oder Aktenförderung in Verwaltungsgebäuden eingesetzt.

Einteilung der Stetigförderer

Im Folgenden werden die Stetigförderer nach ihren kennzeichnenden Konstruktionselementen eingeteilt (Gurtförderer – Gliederbandförderer – Rutschförderer – Becherwerke – Schaufelradanlagen – pneumatische Förderer – Rollenförderer).

Außerdem sind folgende Einteilungen manchmal zweckmäßig:
– nach dem Fördergut (Schüttgutförderer – Stückgutförderer),
– nach der Beförderungsart, z.B. tragend (Gurtförderer, Plattenförderer), schiebend (Rutschförderer, Kratzförderer), in Fremdmedien (pneumatische und fluidische Förderer).

9.2 Gurtförderer

Gurtförderer transportieren meist Schüttgüter, wie z.B. Kohle oder Erz. Gurtbandanlagen werden für Förderlängen von wenigen Metern bis zu Längen von über 100 km gebaut; letztere werden aus Einzelanlagen von bis zu 12 km Länge zusammengesetzt. Förderleistungen bis zu etwa 50 000 t/h sind möglich.

Gurtbandanlagen werden immer eingesetzt, solange nicht besonders raue Betriebsbedingungen oder heiße oder scharfkantige Förderguter den Einsatz von aufwändigeren Gliederbandförderern (Kap. 9.3) erfordern.

Die Bänder laufen endlos über die Antriebstrommeln und Umlenkrollen mit einer Spannvorrichtung. Die Lagerung erfolgt auf einem Rahmen aus Stahlprofilen. Das Oberband wird von in gleichmäßigen Abständen verteilten mehrteiligen Bandrollen getragen, während der Rücklauf des abgedeckten Unterbandes über breite Tragrollen erfolgt. Die Anwendung dieser Bänder ist auf gradlinige Förderwege bis 18° aufwärts und etwa 8° abwärts beschränkt.

Der Förderer besteht aus dem eigentlichen Gurt, den Antriebsstationen sowie dem Bandgestell mit Tragrollen und Umkehre. Zur Schonung der Bänder ist eine sorgfaltige Ausrichtung aller Rollen erforderlich.

Kraftübertragung auf den Gurt. Die von der Antriebstrommel auf den Gurt übertragbare Kraft ist abhängig
a) vom Trommeldurchmesser,
b) von der Größe des umspannten Bogens auf der Antriebstrommel,
c) von der Reibzahl zwischen Gurt und Antriebstrommel,
d) von der Spannung des auflaufenden Gurtbandes.

Wenn der Trommeldurchmesser durch die Konstruktion vorgegeben ist, so kann der Umschlingungswinkel μ an der Antriebstrommel vergrößert und der Reibungswert n durch Reibbeläge erhöht werden, um die notwendige Spannkraft zu erzeugen. Ferner kann eine geeignete Spannanlage – besonders beim Anfahren – den Schlappgurt aus dem Antrieb ziehen und für die richtige Vorspannung sorgen. Lässt sich trotz dieser Überlegungen die nötige Umfangskraft mit einer Antriebstrommel (Bild 1) nicht mehr übertragen, so werden zwei oder drei Antriebstrommeln verwendet (Bilder 2 und 3).

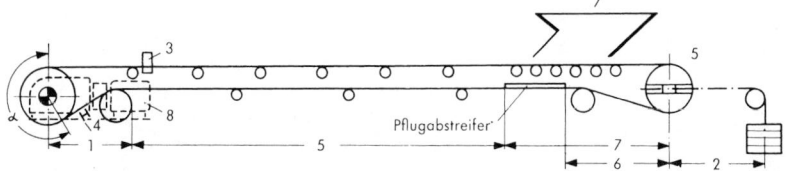

Bild 1. Gummigurtförderer, waagerecht gelagert

1 Antrieb 3 Gurtgeradlauf-Einrichtung 5 Traggerüst 7 Aufgabestelle
2 Gurtspannanlage 4 Gurtreinigung 6 Bandumkehre

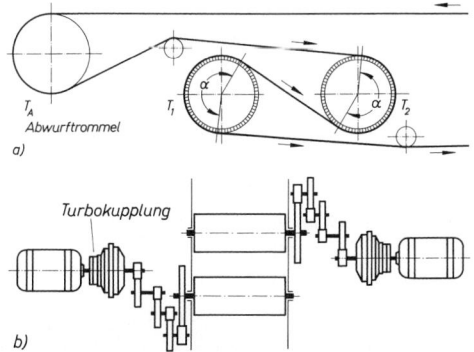

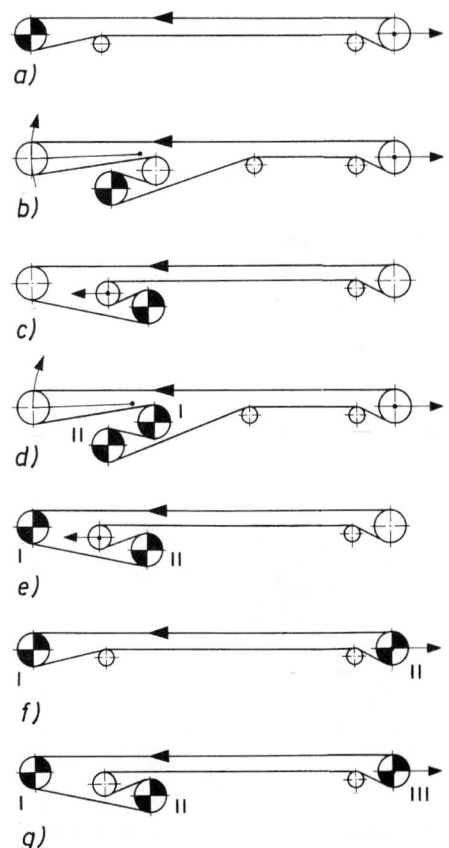

Bild 2. Doppeltrommelantrieb
a) Schema der Seitenansicht
b) Schema mit Einzelantrieb der Trommeln über Getriebe und Elektromotor, hier unter Zwischenschaltung einer Turbokupplung

Bei Zwei- oder Mehrtrommelantrieb genügen Gurte geringerer Zugfestigkeit, Antriebstrommeln mit kleinerem Durchmesser und kleinere Getriebeeinheiten. Besonders haben sich Zweitrommelantriebe mit gleichen Einzelantriebsleistungen durch ihre Robustheit und ihre einfache elektrische Installation bewährt. Unterschiede der Umfangsgeschwindigkeiten der beiden Trommeln je nach dem verschieden großen Dehnschlupf des Bandes beim Umlauf um die Trommeln werden durch die Turbokupplung oder durch den Schlupf des Elektromotors abgebaut. Elektromotor und Getriebe können auch raumsparend in den Trommeln untergebracht werden. Diese Trommeln nennt man dann Elektrotrommeln.
Vor dem Auflauf des Gurtes auf die erste Antriebstrommel sind meist Reinigungseinrichtungen erforderlich.

Fördergurte (Bild 4) müssen zugfest, verschleißarm und unfallsicher sein.
Synthetische Fasern oder Stahleinlagen werden mit einem festen Stoffgewebe verbunden, so dass ein Zerreißen der einzelnen Lagen oder ein Zersetzen des Materials praktisch ausgeschlossen ist.
Die Tragdecke der Fördergurte wird auf die spezifischen Erfordernisse des jeweiligen Einsatzfalls abgestimmt.

Bild 3. Arten bewährter Gurtführung
a) Eintrommel-Antrieb mit direktem Abwurf
b) Eintrommel-Antrieb mit Schwenkarm und Abwurfausleger
c) Eintrommel-Antrieb mit Abwurfausleger
d) Zweitrommel-Kopfantrieb mit Schwenkarm und Abwurfausleger
e) Zweitrommel-Kopfantrieb mit direktem Abwurf
f) Eintrommel-Kopfantrieb mit Eintrommel-Umkehrantrieb
g) Zweitrommel-Kopfantrieb mit Eintrommel-Umkehrantrieb

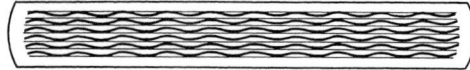

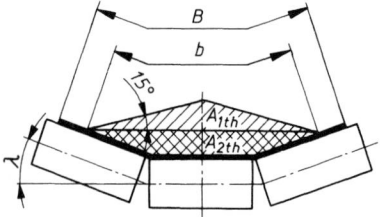

kerbzäher Innengummi   verschleißfester Deckplattengummi

Bild 4. Gurtausführungen
a) Gurt mit Gewebezugträger;
b) Gurt mit Stahlseilzugträger

Die Gummi-Industrie liefert Fördergurte

a) *mit Gewebezugträger* (nach DIN 22102) vorwiegend mit vollsynthetischen Polyester/Polyamid-Gewebeeinlagen
    – in Normalausführung.
    – in temperaturbeständiger Ausführung (–200 °C),
    – in ölbeständiger Ausführung,
    – in lebensmittelverträglicher Ausführung,

für den Steinkohlenbergbau in
    – schwerentflammbarer (nach; DIN 22103) und
    – selbstverlöschender (nach DIN 22109) Ausführrung;
    – mit aufvulkanisierten Profilen für die Steilförderung,
    – als Elevatorgurte.

b) *mit Stahlseilzugträger* (nach DIN 22131) für Anlagen mit großen Achsabständen und hohen Förderleistungen.

Berechnungsgrundlagen
Die Berechnungsgrundlagen für Bandförderer sind in DIN 22101 festgelegt. Die wichtigsten Gesichtspunkte sind die Ermittlung der Förderleistung, der Antriebsleistung und der Bauteildimensionierung (Festigkeitsrechnung).
Der theoretische Füllquerschnitt A_{th} errechnet sich aus den schraffierten Vieleckflächen nach den Bildern 5 und 6. Für Muldungswinkel $20° \leq \lambda \leq 40°$ und Gurtbreiten 650 mm $\leq B \leq 3000$ mm kann der theoretische Füllquerschnitt A_{th} direkt aus DIN 22101 entnommen werden.

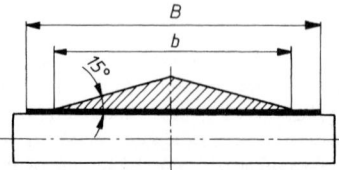

Bild 5.
Theoretischer Füllquerschnitt eines flachen Gurtes

Bild 6.
Theoretischer Füllquerschnitt eines gemuldeten Gurtes $A_{th} = A_{1\,th} + A_{2\,th}$. Für die nutzbare Gurtbreite b in Abhängigkeit der Gurtbreite B gilt:
$b = 0,9 \cdot B - 50$ mm für $B \leq 2000$ mm
$b = B \quad - 250$ mm für $B > 2000$ mm

Dann ergibt sich
theoretischer Volumenstrom $\quad Q_{V\,th} = A_{th}\,v$
Nennvolumenstrom $\quad Q_{VN} = \varphi\,\varphi_{St}\,Q_{V\,th}$
Nennmassenstrom $\quad Q_{mN} = \varphi\,\varphi_{St}\,\rho\,Q_{V\,th}$

Nennstreckenlast infolge
aufliegender Förderlast
(= Gewichtskraft je Längeneinheil!) $\qquad q_{LN} = \varphi\,\varphi_{St}\,\rho\,g\,A_{th}$

$Q_{V\,th}$ in m³/s, Q_{mN} in kg/s
q_{LN} in N/m
v Fördergeschwindigkeit in m/s
ρ Schüttdichte der Förderlast in kg/m³
g Fallbeschleunigung in m/s²
φ Füllungsgrad
φ_{St} Abminderungsfaktor bei Steigung

Der Füllungsgrad φ ist eine von den Eigenschaften der Förderlast (z.B. Stückigkeit, max. Kantenlänge) und den Betriebsverhältnissen der Gurtförderanlage (Gleichmäßigkeit der Materialaufgabe, Geradlauf des Bandes, Reservekapazität i bestimmte Größe. (Meist ist $0,7 \leq \varphi \leq 1,1$). Der Abminderungsfaktur φ_{St} berücksichtigt die verminderte Fördermenge bei steigender oder fallender Förderung. Die von den Trommeln auf den Fördergut zu übertragende Umfangskraft F wird wie folgt errechnet

$$F = (F_H + F_N) + F_{St} + F_S$$

$(F_H + F_N)$ Bewegungswiderstandskraft zur Überwindung der Reibung der Anlage in N
F_{St} Steigungswiderstandskraft bei geneigter Förderung in N.
F_S Sonderwiderstandskraft in N

Die Bewegungswiderstandskräfte $(F_H + F_N)$ errechnen sich zu

$$(F_H + F_N) = L\,Cf\,[q_R + (2\,q_G + q_L)\cos\delta]$$

L Förderlänge in m
q_R Streckenlast infolge der drehenden Tragrollenteile von Ober- und Untertrum *gemeinsam* in N/m

q_G Streckenlast infolge Fördergut in N/m

q_L Streckenlast infolge Förderlast bei gleichmäßiger Verteilung auf der Förderstrecke in N/m (normalerweise ist q_L = q_{LN}, siehe oben)

$\cos \delta$ Neigungsfaktor. Bei einer Anlagenneigung $\delta < 15°$ kann $\cos \delta \approx 1$ gesetzt werden.

f fiktiver Reibungswert $f \approx 0,020$ (normal), $f \approx 0,017$ bei günstigen und $f \approx 0,027$ bei schweren Betriebsbedingungen

C Beiwert zur globalen Berücksichtigung von Nebenwiderstanden (falls diese nicht in Einzelrechnung erfasst werden) nach Bild 7.

Bei Steigungen oder Gefalle kommt die Hangabtriebskraft $\pm F_{St}$ dazu:

$$F_{St} = q_L \, H$$

H Hubhöhe in m, $+H$ bei Steigungen, $-H$ bei Gefalle.

Ferner können noch Sonderwiderstande F_S an den seitlichen Tragrollen auftreten. Diese sind ggf.

Nach DIN 22 101 zu berechnen.

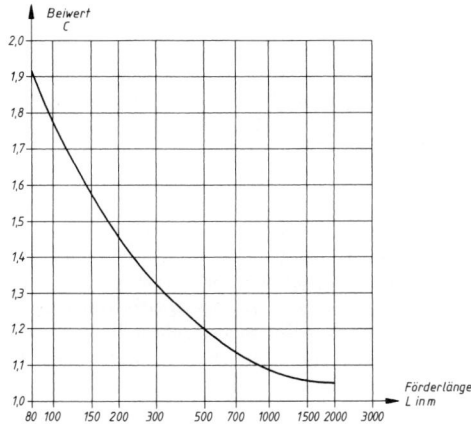

Bild 7.
Beiwert C nach DIN 22 101

Die erforderliche Antriebsleistung beträgt dann

$$P = F \, v$$

P	F	v
$W = \dfrac{Nm}{s}$	N	$\dfrac{m}{s}$

■ **Beispiel:**
Berechnung der Antriebsleistung eines steigend verlegten Gurtförderers mit einem Eintrommelantrieb am Kopf der Bandanlage.

Für die Rechnung werden folgende Daten zugrunde gelegt:

Förderlänge $L = 250$ m

Förderhöhe $H = 20$ m

Schüttdichte der Förderlast ρ = $1\,800 \, \dfrac{kg}{m^3}$

Fiktiver Reibwert der Rollen f = 0.027

Nennmassenstrom $Q_{vN} = 116,67 \, \dfrac{kg}{m^3}$

Mechanischer Wirkungsgrad des Antriebs $\eta = 0,82$
Gemuldeter Gurt $B = 0,8$ m, 20° Muldenwinkel

Bandgeschwindigkeit $v_F = 1,2 \, \dfrac{m}{s}$

Gurtmasse $14,5 \, \dfrac{kg}{m}$ daraus $q_g = 14,5 \, \dfrac{kg}{m} \cdot 9,81 \, \dfrac{m}{s^2} =$

$= 142,25 \, \dfrac{N}{m}$

Masse einer Rolle im Obertrum 24,6 kg
Rollenabstand im Obertrum 0,8 m
Masse einer Rolle im Untertrum 11,8 kg
Rollenabstand im Untertrum 2,5 m
Sonderwiderstände sollen nicht auftreten.

Lösung:
Beiwert C nach Bild 7: $C = 1,38$
Streckenlast aus Tragrollen:

Obertram: $q_{RO} = \dfrac{24,6 \, kg}{0,8 \, m} \cdot 9,81 \, \dfrac{m}{s^2} = 301,67 \, \dfrac{N}{m}$

Untertrum: $q_{RU} = \dfrac{11,8 \, kg}{2,5 \, m} \cdot 9,81 \, \dfrac{m}{s^2} = 46,30 \, \dfrac{N}{m}$

Summe: $q_R = 347,97 \, \dfrac{N}{m}$

Streckenlast infolge Fördergut:

$$q_L \approx \dfrac{Q_{vN}}{v} = \dfrac{116,67 \, \dfrac{kg}{s}}{1,2 \, \dfrac{m}{s}} \cdot 9,81 \, \dfrac{m}{s^2} = 953,77 \, \dfrac{N}{m}$$

Die Bewegungswiderstandskräfte betragen:

$(F_H + F_N) = 250 \cdot 1,38 \cdot 0,027 \cdot [347,97 + (2 \cdot 142,25 + 953,77) \cdot 1 = 14'776' \, N$

Die Hubkraft beträgt

$$F_{St} = 953,77 \, \dfrac{N}{m} \cdot 20 \, m = 19'075,4 \, N$$

Die erforderliche Umfangskraft an der Antriebstrommel ist
$F = 14'776 \, N + 19'075 \, N = 33'851 \, N$
Die erforderliche Antriebsleistung beträgt

$$P_{erf} = F \, v \, \dfrac{1}{\eta} = 33'851 \, N \cdot 1,2 \, \dfrac{m}{s} \cdot \dfrac{1}{0,82} = 49'538,6 \, W \approx 50 \, kW$$

$P_{erf} = 50$ kW

9.3 Gliederbandförderer

Während die bisher beschriebenen Gurtbänder sowohl für die Kraftübertragung als auch für die Aufnahme des Fördergutes das gleiche Bauteil, den Gurt, benutzen, besitzen Gliederbandförderer hierfür zwei verschiedene, miteinander verbundene Bauteile. Stahlgelenkketten oder Rundstahlketten übernehmen die Kraftübertragung, während an den Ketten befestigte Transportglieder das Fördergut tragen.

Transportglieder sind Stahlplatten (Großplattenbänder, Kurzplattenbänder, Wandertische), Stahlplatten mit seitlich hochgezogenen Wänden (Trogbandförderer) und Querstegen zur Steilförderung. Die konstruktive Ausführung von Gliederbandförderern ist je nach dem speziellen Einsatzfall außerordentlich mannigfaltig.

Anwendungsgebiete für Gliederbandförderer sind besonders:

1. Transport von schwierigem Fördergut z.B. scharfkantige Stücke (Schrott. Stahlblechabschnitte), verschleißendes Fördergut (Schlacken, Koks), heißes Feingut (Sinterrückgut, Schwefelkiesabbrände). glühendes Material (Sinteragglomerat, geschäumte Schlacke), schwere Einzelteile (Gussstücke. Knüppel, Masseln) mit Großplattenbändern.

2. Massenguttransport mit großen Förderleistungen in Aufwärtsförderung bei mehr als 18° Neigung, wofür übliche Gurtförderanlagen nicht ausreichen.

3. Steilförderung bis zu 60° Neigung mit Kastenbandförderern. Auch sehr feinkörniges und staubartiges Fördergut kann kontinuierlich in gut dichtenden Zellen aufwärts gefördert werden.

4. Bunkeraustragevorrichtungen bei üblichen Bunkerverschlüssen oder zum Abziehen des Materials aus langen Schlitzbunkern, wobei die Förderanlage für die starken Belastungen des sich auf der Austragevorrichtung abstützenden Fördergutes ausgelegt werden muss.

5. Rundförderung an Materialbearbeitungsplätzen, gegebenenfalls mit zwischengeschaltetem, automatischem Abwurf.

6. Erfüllung von Sonderaufgaben durch Spezialbänder, beispielsweise gleichzeitige, gegenläufige Förderung im Über- und Untertrum zur Einsparung einer zweiten, zusätzlichen Förderanlage. Einschaltung einer oder mehrerer Zwischenentladungen in der Förderstrecke. Vorübergehende Bunkerung von Material als Pufferung bei kontinuierlicher Zuförderung und stockender Abförderung im Untertagebetrieb. Materialkühlung während des Transportes.

7. Förderung unter sehr rauen Betriebsbedingungen (im Bergbau)), wo Robustheit und Unempfindlichkeit die wichtigsten Betriebseigenschaften des Fördermittels sein müssen. Feuerungsanlagen.

Berechnung des Förderstromes von Gliederbandförderern (DIN 22 200)

$$\dot{m} = A \, v \, \rho_S$$

$\dot{m}$	A	v	ρ_S
$\dfrac{\text{kg}}{\text{s}}$	m^2	$\dfrac{\text{m}}{\text{s}}$	$\dfrac{\text{kg}}{\text{m}^3}$

A Füllquerschnitt des Tragbandes. Dieser kann bei Steigungswinkeln bis $\alpha = 15°$ als Produkt aus der lichten Breite B und der lichten Höbe h des Tragbandes berechnet werden, also $A = B \, h$.

V Fördergeschwindigkeit (0,6 ... 0,8 m/s bei Laschenketten; 1,2 ... 1,5 m/s bei Rundgliederketten).

ρ_S Schüttdichte des Fördergutes ($\approx 0,85$ ... 0,9) t/m³ bei Steinkohle).

Ist mit einer ungleichförmigen Beladung zu rechnen, so ist dies durch einen Ausnutzungsfaktor $\varphi = 0,5$ ... 1,0 zu berücksichtigen. Steigungen von $\alpha°$ werden durch Term $0,02 (65°-\alpha°)$ berücksichtigt. Damit wird

$$\dot{m} = B \, h \, \varphi \, v \, \rho_S$$

für $\alpha = 0°$ ... 15° Steigung

$$\dot{m} = 0,02(65° - \alpha°) B \, h \, \varphi \, v \, \rho_S$$

für $\alpha = 15°$ ... 40° Steigung

Bei Gliederbandförderern für Stückgut muss der Förderstrom aus den Abmessungen und dem Gesamtgewicht der je Zeiteinheit transportierten Stücke oder Ladeeinheiten aufsummiert werden.

Antriebsstationen

Für die Anordnung der Motoren gilt das gleiche wie bei den Gurtförderern, d.h. die Antriebe werden so vorgesehen, dass die Bänder gezogen werden. Bei waagerechten und ansteigenden Bandanlagen kommen die Antriebe an das Abwurfende. Bei Abwärtsbetrieben in Bandanlagen wird der Antrieb so lange am Abwurfende aufgestellt, als die Bewegungswiderstände größer sind als die Hangabtriebskraft. Überwiegt letztere, so muss der Förderer abgebremst werden, und der Antrieb wird am Aufgabeende angeordnet. Im Gegensatz zu den Gurtförderern ist bei Gliederbandförderern das Eigengewicht und damit die belastungsunabhängige Leerlaufleistung von erheblicher Bedeutung.

Als Antriebsmotoren benutzt man Drehstrom-Kurzschlussläufermotoren mit einer elektronischen, hydraulischen oder mechanischen Sanftanlaufschaltung. Der weiche Anlauf schont Band und Getriebe und setzt die Stromspitzen herab. Bei längeren Gliederbandförderern baut man oft Zwischenantriebe ein. Dies ermöglicht, die Zugkettenstränge schwächer zu dimensionieren. Die Antriebsleistung wird nach DIN 22 200 analog den Gleichungen für Gurtbandförderer aufgestellt und erfasst Leerlauf-, Transport- und Hubleistung.

9.3.1 Trogbandförderer

Das Hauptanwendungsgebiet des Trogbandförderers ist die Streckenförderung unter Tage. Er ist unempfindlicher und in der horizontalen und vertikalen Richtung wendiger und anpassungsfähiger als der Gummigurtförderer. Im Gegensatz zu Kratzerförderern, bei denen das Fördergut auf einer stillstehenden Rinne gleitet, wird das Fördergut beim Trogbandförderer auf einer aus einzelnen Stahltrögen gebildeten gelenkigen, endlosen Bandmatte transportiert. Die Fördergeschwindigkeit beträgt 0,6 ... 2,0 m/s .

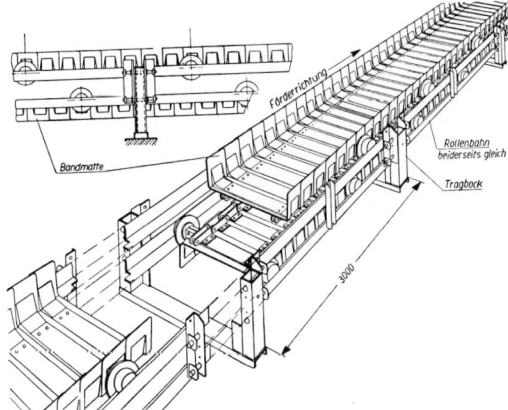

Bild 8. Trogbandförderer mit mitlaufenden Rollen

9.3.2 Plattenbandförderer und Wandertische

Der Plattenbandförderer unterscheidet sich in seinem konstruktiven Aufbau vom Trogbandförderer dadurch, dass er als Tragelemente Stahlplatten verwendet.

Diese werden der Form und der äußeren Beschaffenheit des Fördergutes angepasst. Dadurch ist es möglich, mit diesem Förderer Kisten, Fässer, Ballen, Säcke, Werkstücke oder auch Gepäck zu transportieren. Vollkommen glatte Platten werden hei waagerechtem Verlauf der Förderstrecke verwandt. Bei ansteigender Förderung über eine begrenzte Neigung werden Mitnehmer (Bleche, Stege quer zur Förderrichtung) auf den Tragplatten befestigt. Der Plattenbandförderer wird nicht nur zum Transport der verschiedenen oben genannten Güter eingesetzt, sondern er kann auch als Fließband in der Produktion verwendet werden. Im letzten Falle können Vorrichtungen, die zur Bearbeitung von Werkstücken notwendig sind, auf den Stahlplatten befestigt werden. Bei entsprechender Konstruktion laufen diese Vorrichtungen unter dem Fördergerüst wieder an den Ausgang des Förderweges zurück und stehen zur neuen Werkstückaufnahme zur Verfügung.

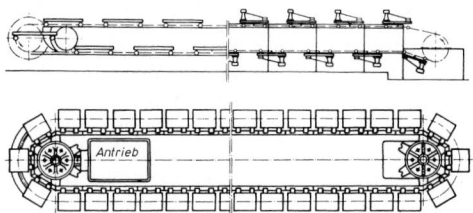

Bild 9. Prinzipskizze von Wandertischen
a) vertikal umlaufend
b) horizontal umlaufend

Die Aufnahme des Fördergutes kann an jeder beliebigen Stelle der Transportstrecke erfolgen. Unter Berücksichtigung entsprechender Sicherheitsvorschriften lässt sich der Plattenbandförderer auch in einem Kanal verlegen, so dass Plattenoberkante und Fußboden auf gleicher Höhe sind. Dieser längs laufende Transporteur kann dann überschritten und bei besonders stabiler Konstruktion auch überfahren werden.

Für Schüttgüter aller Art können Plattenbandförderer als Abzugsbänder für die Entleerung von Bunkern eingesetzt werden. Das Abzugsband beschränkt sich in seiner Länge nur auf die Funktion des Abziehens und übergibt anschließend das Fördergut nachgeschalteten Fördereinrichtungen leichterer Bauart. Durch den Einbau eines einstellbaren Absperrschiebers im Bunkerauslauf und bei Verwendung eines stufenlos regelbaren Getriebes am Förderer lässt sich die Fördermenge den betrieblichen Bedingungen entsprechend regulieren.

Soll der Plattenbandförderer z.B. einen Ofen zum Trocknen des Fördergutes durchlaufen, so werden für die auftretenden maximalen Temperaturen entsprechende Spezialkonstruktionen für Ketten- und Tragelemente verwandt.

Wandertische werden hauptsächlich in der Fließfertigung zum Fortbewegen der Arbeitsstücke von einem Arbeitsplatz zum anderen in Bearbeitungs-, und Montagewerkstätten, in Gießereien (als Form-, Gieß-, Kühl- und Ausklopfstrecke) und für viele andere Fertigungszwecke z.B. in der Automobilindustrie, Elektro-Industrie usw. verwendet. Es gibt horizontal und vertikal umlaufende Wandertische.

Die Wahl der Bauart eines Wandertisches richtet sich nach den örtlichen Verhältnissen. Senkrecht umlaufende Wandertische zeichnen sich durch eine gedrungene Ausführung aus. Dabei können je nach Anwendungsfall nur ein Trum (umlaufender Teil des Förderers zwischen den Umkehren) oder auch beide Trums in entgegengesetzter Förderrichtung ausgenutzt werden.

Waagerecht umlaufende Wandertische ermöglichen die Ausnutzung der gesamten Tischlänge, und die Linienführung kann an die Fertigungsbedingungen genau angepasst werden. Entsprechend ausgelegte Aufgabe- und Abgabestationen erlauben es, andere Förderer an Wandertische anzuschließen. Durch die mögliche Bewegung des Fördergutes im geschlossenen Kreislauf lassen sich diese Wandertische bei relativ kleiner Gesamtlänge auch für langwierige Fertigungsvorgänge (z.B. beim Abkühlen oder Trocknen der Arbeitsstücke auf dem Tisch) sowie als bewegliche Lager verwenden.

9.3 Becherwerke

Becherwerke haben als Zugelemente meist angetriebene Ketten und benutzen als Tragelemente pendelnd oder drehfest mit den Zugketten verbundene Becher.

Pendelbecherwerke (Bild 10) finden Anwendung, wenn die Förderstrecke teils waagerecht, teils senkrecht verläuft. Ein typischer Einsatzfall ist der Kohle- und Schlackentransport zwischen Heizkessel und Halden bei Heizkraftwerken.

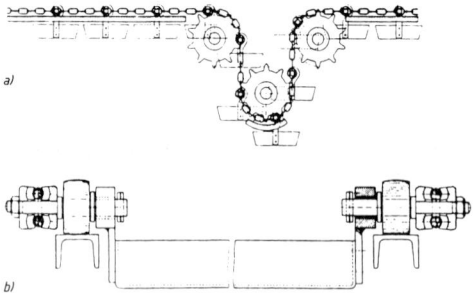

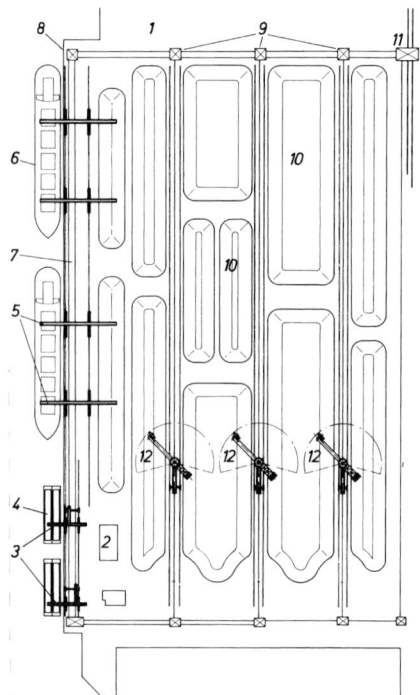

Bild 10.
Prinzipskizze eines Pendelbecherwerkes (Schaukel-Doppelkettenförderer) mit Rundstahlketten als Zug-element
a) Prinzipanordnung
b) Flanschmitnehmer
(RUD-Kettenfabrik)

Becherwerke mit von der Zugkette fest geführten Bechern dienen ausschließlich der Senkrecht- oder Steilförderung. Es werden staubende Güter (Koh-lenstaub, Mehl), feinkörnige (Korn, Granulate) und grob körnige (Erz, Stückkohle) gefördert. Die Becher sind nach DIN 15 231-36 genormt.
Zur Schiffsentladung können Becherwerke an Ausle-gern in die Schiffe abgesenkt werden. Sie bilden eine Alternative zum (unstetigen) Greiferbetrieb. Je größer und je gleichartiger die zu entladenden Mengen sind, desto wirtschaftlicher wird man in der Regel ein Becherwerk einsetzen.

9.4 Schaufelradlader

Schaufelradlader sind stetig arbeitende Massengut-umschlaggeräte, die an Lagerplätzen und im Braun-kohlenbergbau eingesetzt werden; sie arbeiten stets im Verbund mit anderen Stetigförderern, meist mit Gurtförderern.

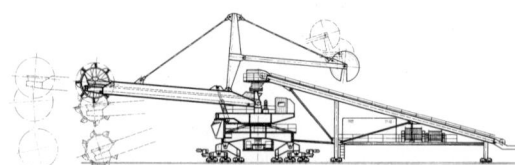

Bild 11. Beispiel eines Standard-Schaufelradladers
Auslegerlänge: 22 m
Schaufelrad: Zellenrad
Schaufel-Inhalt: 250 *l*
Durchmesser des Schaufelrades: 5,0 m
Rückladeleistung für Erz und Kohle: 800 t/h
Beladeleistung für Erz und Kohle: 2 000 t/h
Bandbreite: 1 200 mm
Installierte Leistung: 250 kW

(MAN)

Bild 12.
Beispiel einer Massengutumschlagsanlage für Erz, Kohle, Bauxit, Phosphat o.ä. mit Schaufelradladern
1   Förderband
2   Trafostation
3   Schiffsbelader
4   Schubschiff
5   Schiffsentlader
6   Seeschiff
7   Kaiförderband
8   Kaimauer
9   Förderbandübergabe
10 Lagerplatz
11 Waggonbeladestation
12 Kombinierter Schaufelradlader
(MAN)

Schaufelradlader können auf Gleisen oder auf Rau-penfahrwerken verfahren werden. Als Lastaufnahme-gerät dient ein kontinuierlich umlaufendes Rad mit ca. 5 ... 15 m Durchmesser, welches an seinem Um-fang Schürfkübel („Schaufeln") trägt. Das Schaufel-rad ist an einem Ausleger angebracht, der gehoben, gesenkt und nach links und rechts geschwenkt wer-den kann. Das Schaufelrad übergibt das aufgenom-mene Schüttgut an Gurtförderer, die es über den Aus-leger an ein fest installiertes, von der Auslegerstel-lung unabhängiges Gurtbandsystem zum Weiter-transport übergeben.
Schaufelradgeräte leisten bis zu 10 000 t/h; Sie zeich-nen sich trotz dieser hohen Leistung durch niedrigen Wartungsaufwand und geringen Personalbedarf aus.

Bild 12 zeigt eine Massengutumschlagsanlage für Schüttgüter, bei der Schaufelradlader. Förderbandsysteme sowie Be- und Entladeanlagen Verwendung finden.

Die Seeschiff-Entlader geben das Schüttgut auf die Bandanlage, die zu den Halden oder den Binnenschiff-Beladern führt, so dass beide Förderwege bedient werden können. Die kombinierten Schaufelradgeräte, auf Schienen verfahrbar, sind so ausgelegt, dass sie zum Einlagern und Rückverladen jeden Punkt der Halde erreichen.

Man kann durch eine zusätzliche Schiebebühne oder Quergleise die Anzahl der Lagerplatzgeräte auf ein Minimum beschränken.

9.5 Rutschförderer

Bei Rutschförderern wird das Fördergut nicht getragen, sondern es gleitet auf einer Förderbahn. Das Fördergut wird von der Schwerkraft oder von Mitnahmeelementen einer Zugkette vorwärtsbewegt.

Verschleiß und erforderliche Antriebskraft sind wegen der Gleitreibung hoch. Trotzdem sind Rutschen die einfachsten Fördermittel und daher in vielen Fällen wirtschaftlich.

Rutschen werden eingesetzt

– wenn starkes Gefälle überwunden werden muss, man das Fördergut jedoch wegen der Aufprallwucht nicht einfach fallen lassen kann (z.B. Wendelrutschen für Stück- und Schüttgut),

– wenn bei einer durch eine Bremskette kontrollierten Abwärtsförderung die Reibung erwünscht ist, um die Bremsleistung herabzusetzen (Bremsförderer),

– bei rauem Betrieb und kurzen Förderlängen, wie z.B. die Abbaustreckenförderung im Kohlebergbau.

Schwerkraftrutschen sind auf abfallende Förderstrecken beschränkt.

Nachteilig ist dass die Rutschgeschwindigkeit nicht genau kontrolliert werden kann. Sie ist außer vom Gefällewinkel auch noch abhängig von dem Reibwert μ zwischen Fördergut und Rutsche; dieser schwankt mit dem Material, dem Feuchtigkeitsgrad und der Rutschgeschwindigkeit. Er kann nur durch Versuche bestimmt wenden. Schwerkraftrutschen finden meist nur als Zubringer von oder zu anderen Stetigförderern Verwendung.

■ **Beispiel:**

Eine Stückgutrutsche für würfelförmige Pakete mit der Masse $m = 30$ kg habe einen Gefällewinkel von $\alpha = 25°$ und überwinde eine Höhe von $h = 3$ m. Die mittlere Reibzahl zwischen Paketen und Rutsche wurde bei normalen Betriebsbedingungen zu $\mu = 0,25$ gemessen.

1. Welche maximale Geschwindigkeit erreicht das Paket ?
2. Wieweit rutscht es über das Ende der Gefällestrecke hinaus?
3. Mit welcher Energie prallen die Pakete höchstens aufeinander, falls sich ein Stau bildet und immer neue Pakete; nachrutschen?

Lösung:

1. Die das Paket beschleunigende Kraft F ist gleich der Hangabtriebskraft minus Reibkraft $F = g\,m(\sin\alpha - \mu \cdot \cos\alpha) = m\,g\cos\alpha\,(\tan\alpha - \mu)$.

Es tritt also nur dann ein Rutschen ein, wenn die Rutschbedingung $\mu < \tan\alpha$ erfüllt ist. Die maximale Geschwindigkeit v_{max} tritt dann am Ende der Rutsche auf. Aus den Fallgesetzen kann dafür die Beziehung abgeleitet werden:

$$v_{max} = \sqrt{2\,g\,h\left(1 - \frac{\mu}{\tan\alpha}\right)}$$

$$v_{max} = \sqrt{2 \cdot 9,81\frac{m}{s^2} \cdot 3\,m \cdot \left(1 - \frac{0,25}{0,465}\right)} = 5,2\frac{m}{s}$$

2. Das Paket rutscht soweit, bis die Bewegungsenergie ($\frac{m}{2}v^2$) durch die Reibkraft ($m\,g\,\mu$) aufgezehrt ist.

$$\frac{m}{2}v_{max}^2 = m\,g\,\mu\,x$$

$$x = \frac{v_{max}^2}{2\,g\,\mu} = \frac{(5,2\frac{m}{s})^2}{2 \cdot 9,81\frac{m}{s^2} \cdot 0,25} = 5,5\,m$$

3. Die Aufprallenergie beträgt $W = \frac{m}{2}v^2$. Sie ist dann am größten, wenn das herabrutschende Paket im Augenblick seiner größtmöglichen Geschwindigkeit auf das vorhergehende aufprallt. Dies ist der Fall, wenn der Rückstau gerade das Ende der Rutsche erreicht hat. Die Aufprallenergie beträgt dann

$$W_{max} = \frac{30\,kg}{2} \cdot \left(5,2\frac{m}{s}\right)^2 = 406\,Nm = 406\,J$$

Das Anwendungsgebiet für *Kratzförderer* in Doppel- und Einkettenausführung ist hauptsächlich die Grundstoffindustrie. Eine feststehende Stahlblechrinne (Trog) dient als Unterlage für das Fördergut, das sich auf dieser gleitend bewegt, geschoben oder durch Querrippen gebremst wird. Die Querrippen, oder Stege sind in regelmäßigen Abständen an einer oder zwischen zwei Stahlketten befestigt, die endlos zwischen der Antriebstrommel und der Umkehrtrommel der Anlage laufen. Meist ist das Obertrum im Eingriff mit dem Fördergut, während das Untertrum leer zurückläuft. Es kann aber auch umgekehrt sein (Bild 13).

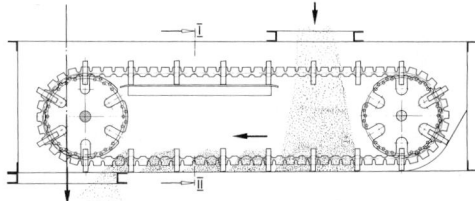

Bild 13. Beispiel eines Kettenkratzerförderers (Trogkettenförderers) für Förderleistungen von 28 ... 56 m³/h, für den Transport von staubförmigen und körnigen Gütern in der verfahrenstechnischen Industrie. Eine Besonderheit sind die Gummiförderketten mit Stahleinlagen und Mitnehmern aus Kunststoff, die eine gelenklose Bauweise, Korrosionsfreiheit, Geräuscharmut und staubdichte Förderung ermöglichen. (Wiese-Förderanlagen)

Die Geschwindigkeit von Kratzförderern beträgt ca. 0.4 ... 0,8 m/s.

Bremsförderer finden Verwendung, wenn eine Abwärtsförderung von Schüttgütern dosiert und kontrolliert geschehen muss. Es werden – hauptsächlich Stauscheiben – bzw. Einkettenförderer verwendet. Das Fördertrum der endlosen Stahlgliederkette gleitet in einer muldenförmigen Rinne. Der Rückführung des Leertrums dient ein geschlossenes Rückführungsrohr. Dieses ist seitlich mit der Rinne fest verbunden. Die Antriebstrommel mit ihrer vertikalen Achse liegt am oberen Ende des Förderers, die Umkehrtrommel mit Spannvorrichtung wird unten vorgesehen. Auf der Kette sind in regelmäßigen Abständen Stauscheiben außermittig quer zur Förderrichtung befestigt. An diesen Tellern staut sich das abrutschende Fördergut. Die Förderkette mit den Stauscheiben muss nun vom Antrieb gebremst werden, wenn der Hangabtrieb des Fördergutes größer ist als der Reibungswiderstand von Fördergut und Kette. Bei großen Bremsmomenten empfiehlt sich der Einbau eines selbsthemmenden Schnecken-Vorgeleges als erste Übersetzungsstufe in den Antrieb, damit die Förderkette den Antriebsmotor nicht treiben kann. Wenn die Hangabtriebskraft des Fördergutes kleiner ist als die Reibkraft, das heißt, wenn die Bedingung

$$g\, m_{\mathrm{F}} \sin \alpha \le (m_{\mathrm{K}}\, \mu_{\mathrm{K}} + m\, \mu_{\mathrm{B}}) \cos \alpha \cdot g$$

m, m_{K}	g	μ	α
kg	$\dfrac{\mathrm{m}}{\mathrm{s}^2}$	1	°

m Fördergutmasse, m_{K} Kettenmasse. μ_{B}, μ_{K} zugeordnete Reibwerte

– erfüllt ist, muss die Stauscheibenkette vom Motor angetrieben werden. Dies ist etwa bei einem Neigungswinkel von $\alpha \le 20 ... 25°$ je nach Größe der Reibwerte μ_{K} und μ_{B} der Fall. Die Fördergeschwindigkeit beträgt etwa 0,5 ... 0,7 m/s. Die Förderleistung liegt bei ca. 50 ... 100 t/h.

Eine *Schwingrinne* besteht aus einem trog- oder röhrenförmigen Behälter, der das zu fördernde Schüttgut aufnimmt, aus der pendelnden Abstützung unter dem Winkel β (Bild 14), aus dem Schwingantrieb und den Schwingfedern. Manchmal übernehmen die Federn auch die Abstützung, so dass die Pendelstützen entfallen. Als Schwingantriebe findet man Unwucht-Motoren, elektromagnetische Schwinger und gelegentlich auch Kurbelantriebe.
Der Schwingantrieb versetzt die Rinne in der in Bild 7b eingezeichneten Richtung in Schwingungen, wodurch das in der Rinne befindliche Fördergut (meist Schüttgut) in Förderrichtung in Bewegung versetzt wird.

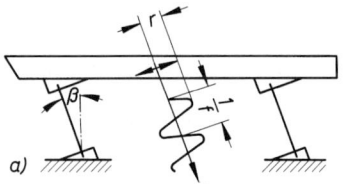

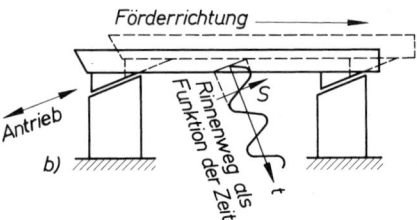

Bild 14. Wirkungsweise einer Schwingrinne,
a) Bewegungsprinzip,
b) Rinnenweg β Anstellwinkel der Rinne,
   r Schwingungsamplitude, f Frequenz, s Rinnenweg

Wirkungsweise
Aus der Schwingfrequenz f, dem Schwingweg s und dem Winkel β lässt sich die vertikale Komponente a_{v} der Schwingbeschleunigung ermitteln.
Während des Vorschwingens erteilt die Rinne dem Fördergut den vertikalen Impuls $m\, a_{\mathrm{v}}\, \Delta t$ ($\Delta t =$ Vorschwingzeit). Sie „wirft" das Fördergut nach oben. Gleichzeitig wird das Fördergut mit der Kraft $F_{1\mathrm{v}} = m\,(g + a_{\mathrm{v}})$ an den Rinnenboden gepresst. Daher kann dem Fördergut gleichzeitig aufgrund der Reibkraft

$$F_{\mathrm{R}} = \mu\, F_{1\mathrm{v}} = \mu\, m\,(g + a_{\mathrm{v}})$$

der waagerechte Impuls in Förderrichtung $\mu\, m\,(g + a_{\mathrm{v}})\, \Delta t$ erteilt werden. Das Fördergut wird also insgesamt schräg in Förderrichtung hochgeworfen.
Beim Zurückschwingen wirkt auf das Fördergut nur die Fallbeschleunigung g, wenn die Rinne -schneller zurückgezogen wird, als das Fördergut in freiem Fall folgen kann ($a > g$); dies ist bei allen modernen Schwingrinnen der Fall (im Gegensatz zu den älteren Schüttelrutschen). Das Fördergut fliegt also wie ein geworfener Stein ein kleines Stück frei nach einer Wurfparabel. Die Frequenz der Schwingrinne wird so gewählt, dass das Fördergut dann wieder auf den Rinnenboden auftrifft, wenn die Rinne in unterster Stelle ist und der nächste Wurfvorgang beginnt.
Heute werden fast nur noch Schwingrinnen mit ($g > a_{\mathrm{v}}$) gebaut, bei denen das Fördergut in Mikro-Würfen vorwärts bewegt wird, da diese das Fördergut schonender behandeln und der Verschleiß geringer ist als bei Schüttelrutschen ($g < a_{\mathrm{v}}$).

Schwingrinnen werden für kurze Förderstrecken gebaut, meist bis 20 m, max. bis 100 m Förderlänge. Ihr Haupteinsatzgebiet liegt dort, wo die Schwingbewegung gleichzeitig für Zusatzaufgaben ausgenutzt werden kann, wie Sieben, Mischen oder Lockern des Fördergutes.

Pneumatische Rinnen (Bild 15) sollen hier den Rutschen zugezählt werden, da sie nur abwärts fördern können und die Luft hier nur eine – wenn auch wichtige – Hilfsfunktion ausübt. Bei pneumatischen Rinnen befindet sich unter dem siebartig ausgebildeten Rinnenboden ein Kanal, in den Luft geblasen wird Die Luft durchdringt das feinkörnige Fördergut von unten und setzt die innere und äußere Reibung so stark herab, dass das Fördergut wie eine Flüssigkeit fließt.

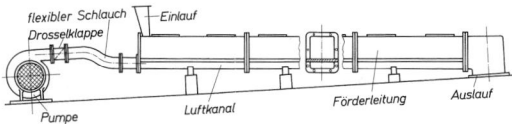

Bild 15. Pneumatische Förderrinne

9.6 Pneumatische Förderanlagen

Pneumatische Förderer nennt man Anlagen, bei denen das Fördergut in Rohrleitungen vom Luft- oder Gasstrom frei fliegend mitgerissen oder vorwärtsgeschoben wird. Befördert wird meist staubförmiges, feinkörniges oder mittelkörniges Gut bis etwa 10 mm Korndurchmesser, seltener gröbere Korngrößen.
Pneumatische Förderer werden in der Zementindustrie, in der Bauindustrie, in der chemischen Industrie, in der Stahlindustrie, in der Glasindustrie und in der Lebensmittelindustrie verwendet.
Ein besonderer Vorteil der pneumatischen Förderanlagen besteht darin, dass es einfach möglich ist, Verzweigungen vorzunehmen, d.h. das Fördergut mit Hilfe von Weichen zu verschiedenen Bunkern oder Verarbeitungsstellen zu leiten. Bei aggressiven Fördergütern kann die Förderleitung aus Edelstahl, Kunststoff, Glas oder anderen Stoffen hergestellt werden. Die pneumatische Förderung ist ferner wegen ihrer geschlossenen Rohrleitungen sauber und staubfrei, was besonders bei feinkörnigem Fördergut sehr wichtig ist. Dazu kommt, dass pneumatische Förderanlagen elegant an die verschiedenen Räume angepasst werden können. Rohrleitungen kann man problemlos waagerecht, senkrecht, gekrümmt, gerade, über oder unter Flur verlegen und hat damit größere Gestaltungsfreiheit als bei anderen Fördersystemen. In der verfahrenstechnischen Industrie werden Schüttstoffe in Straßen- oder Bahntankfahrzeugen oder Containern angeliefert, die durch pneumatische Förderer leicht und sauber be- und entladen werden können. Bei pneumatischen Förderern ist es auch in

einfacher Weise möglich, noch zusätzlich einen Teilprozess des Verfahrens in die Förderanlage zu legen, wie z.B. Kühlen, Aufheizen, Trocknen, Mahlen oder Sieben des Fördergutes.

9.6.1 Grundlagen der pneumatischen Förderung

Für die in den Rohren strömende Luft gelten die Gesetze der Strömungs- und Thermodynamik kompressibler Medien. Werden Schüttgüter in den Luftstrom eingebracht, so ändern sich diese Gesetze abhängig von den Schüttguteigenschaften, der Aufgabeart, Förderart und Fördermenge auf vielschichtige Weise. Das Fließverhalten von Schüttgütern hängt nämlich von sehr viel mehr Einflussgrößen ab. als es bei Flüssigkeiten der Fall ist. Von Einfluss sind:

a) Korngröße, Kornform, Korngrößenverteilung; je kleiner die Korngröße, desto größer ist das Verhältnis der angeblasenen Fläche zum Gewicht (da das Gewicht mit der dritten, die angeblasene Fläche aber nur mit der zweiten Potenz steigt), desto besser ist die Förderbarkeit; je kugelähnlicher und glatter die Kornform, desto geringer gegenseitiges Verhaken; je länglicher (= fischiger), desto schlechter, da die Anblasfläche des Kornes bei Längslage im Rohr so klein werden kann, dass es liegen bleibt; je gleichmäßiger die Korngrößen des gesamten Fördergutes, desto genauer lassen sich die gewünschten Strömungsverhältnisse herstellen.

b) Das Schüttgewicht; es bestimmt die je Volumeneinheit zu überwindenden Massen- und Gewichtskräfte.

c) Die Härte der Körner; sie erlaubt eine Abschätzung, ob sich die Körner des Schüttgutes durch Zerkleinern und Verformen während des Fördervorganges ändern werden.

d) Sondereigenschaften, z.B. elektrostatische Aufladung bei Kunststoffen, hygroskopisches (= feuchtigkeitsanziehendes) Verhalten, chemische Instabilität wie Oxydationsneigung u.a.m.

In einem Druckverlust-Geschwindigkeitsdiagramm werden die Zustände dargestellt, die das Schüttgut-Luftgemisch haben kann (Bild 16). Das Diagramm ändert sich sofort, wenn man eine der oben beschriebenen Einflussgrößen ändert. Trotzdem kann man grundsätzlich erkennen: die Leerlaufkennlinie entspricht dem Bernoullischen Gesetz, dem die *Freiflugförderung* (Bild 17) desto besser gehorcht, je größer die Fördergeschwindigkeit ist. Mit hohem Druckabfall, aber niedriger Geschwindigkeit, arbeiten die Schubförderungen. Dazwischen sind verschiedene Zustände möglich.

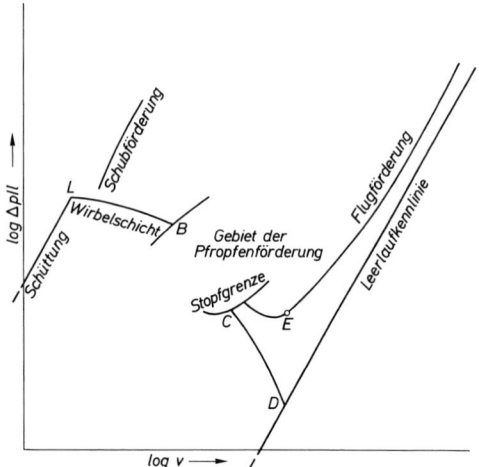

Bild 16.
Zustandsdiagramm eines Schüttgut-Gasgemisches nach Zenz

v Fördergeschwindigkeit

$\dfrac{\Delta p}{l}$ Druckverlust je Längeneinheit der Rohrleitung   } logarithmisch aufgetragen

(Rotzinger Pneumatik)

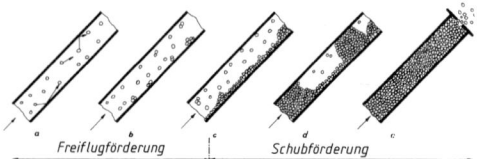

Bild 17. Verschiedene Strömungszustände in pneumatischen Förderleitungen (Rotzinger Pneumatik)

9.6.2 Einteilung der pneumatischen Förderer

Aufbau und Betrieb pneumatischer Förderanlagen lassen sich nach verschiedenen Gesichtspunkten gliedern:

a) nach dem Fördergut, z.B. Zementförderer, Blasversatzförderer, Rohrpost,

b) nach der Art der Materialaufgabe in Saugförderung und Druckförderung. Bild 18 zeigt schematisch verschiedene Fördersysteme nach Gliederung b,

c) nach dem Betriebsdruck in Förderer mit

     Niederdruck   bis 0,2 bar
     Mitteldruck   0,2 ... 0,5 bar
     Hochdruck   über 0,5 bar

d) nach dem Förderprinzip in Freiflugförderer und Schubförderer (Bild 17).

Bei der Freiflugförderung bewegen sich die Gutteilchen einzeln oder in Form von Gutwolken bei hoher Geschwindigkeit des Fördermittels durch die Rohrleitung. Bei Schubförderung wird das Gut in dichter

Packung, durch die das Fördermittel strömt, durch die Leitung geschoben.

9.6.3 Ausgeführte Anlagen

Ausgeführte Anlagen arbeiten in der Regel nach den in Bild 18 gezeigten Prinzipien. Bei der Saugförderung (Bild 18 a) erzeugt ein Saugventilator in der Nähe des Förderzieles die Luftströmung in der Förderleitung. Die Materialauf- und -abgabe erfolgt über Zellschleusen.

Bei Druckförderanlagen, Bild 18 b, entfallen die Zellschleusen bei den Empfangerbunkern. Wenn Schutzgasbetrieb erforderlich ist, wird nach Bild 18 c ein geschlossener Kreislauf ausgeführt. Beim Schutzgaseintrittstutzen werden nur noch Leckverluste ausgeglichen.

Wenn ankommende Silofahrzeuge entladen werden müssen, empfiehlt sich eine kombinierte Saug-Druckanlage nach Bild 18 d, um das Silofahrzeug durch einen Schlauch auf einfache Weise an das Fördersystem anschließen zu können.

Abweichend von den bisher beschriebenen Verfahren arbeiten *Druckgefäßförderer* mit einem „pneumatischen Sender", der die Aufgaben der Zellradschleuse, das Fördergut in die Förderleitung zu schleusen, und die Druckversorgung der Förderleitung zeitlich nacheinander übernimmt. Druckgefäßförderer arbeiten also nicht mehr im strengen Sinne stetig, sondern befördern das Fördergut chargenweise.

Funktionsweise: Der „pneumatische Sender" besteht aus einem Druckgefäß, welches durch Steuerungen verschließbare Öffnungen zur Förderleitung (unten), zur Einfüllleitung (oben) und zur Druckluftversorgung (meist oben; bei backenden Fördergütern unten am Ausfließkegel zur Auflockerung des Fördergutes) hat.

Während des Einfüllvorganges sind Förder- und Druckluftöffnung geschlossen. Wenn das Gefäß voll ist, wird automatisch die Einfüllöffnung geschlossen, die Förderöffnung geöffnet und Druckluft in den Sender eingeblasen. Dadurch wird der Behälterinhalt durch die Förderleitungen gedrückt. Um, insbesondere bei langen Förderleitungen, Verstopfungen zu vermeiden, kann an mehreren Stellen der Förderleitung über Luftdosierstellen zusätzliche Luft in das Fördergut eingeblasen werden. Diese löst etwaige Pfropfenbildungen wieder auf und erhöht dadurch die Fördergeschwindigkeit bei gleichzeitiger Senkung des Energieverbrauchs.

Blasversatzanlagen bestehen aus einem Drucklufterzeuger, den Blasleitungen und einer Blasversatzmaschine zur Aufgabe des Versatzgutes.

Blasversatzanlagen werden im Untertagebergbau eingesetzt, um abgebaute Strecken und Stollen wieder mit Steinen und Geröll (= den Bergen) anzufüllen (= zu versetzen). Die Steine werden durch die Blasversatzmaschine in den Blastrog geschleust und von der mit hoher Geschwindigkeit durch den Blastrog und die Blasleitung strömenden Luft beschleunigt.

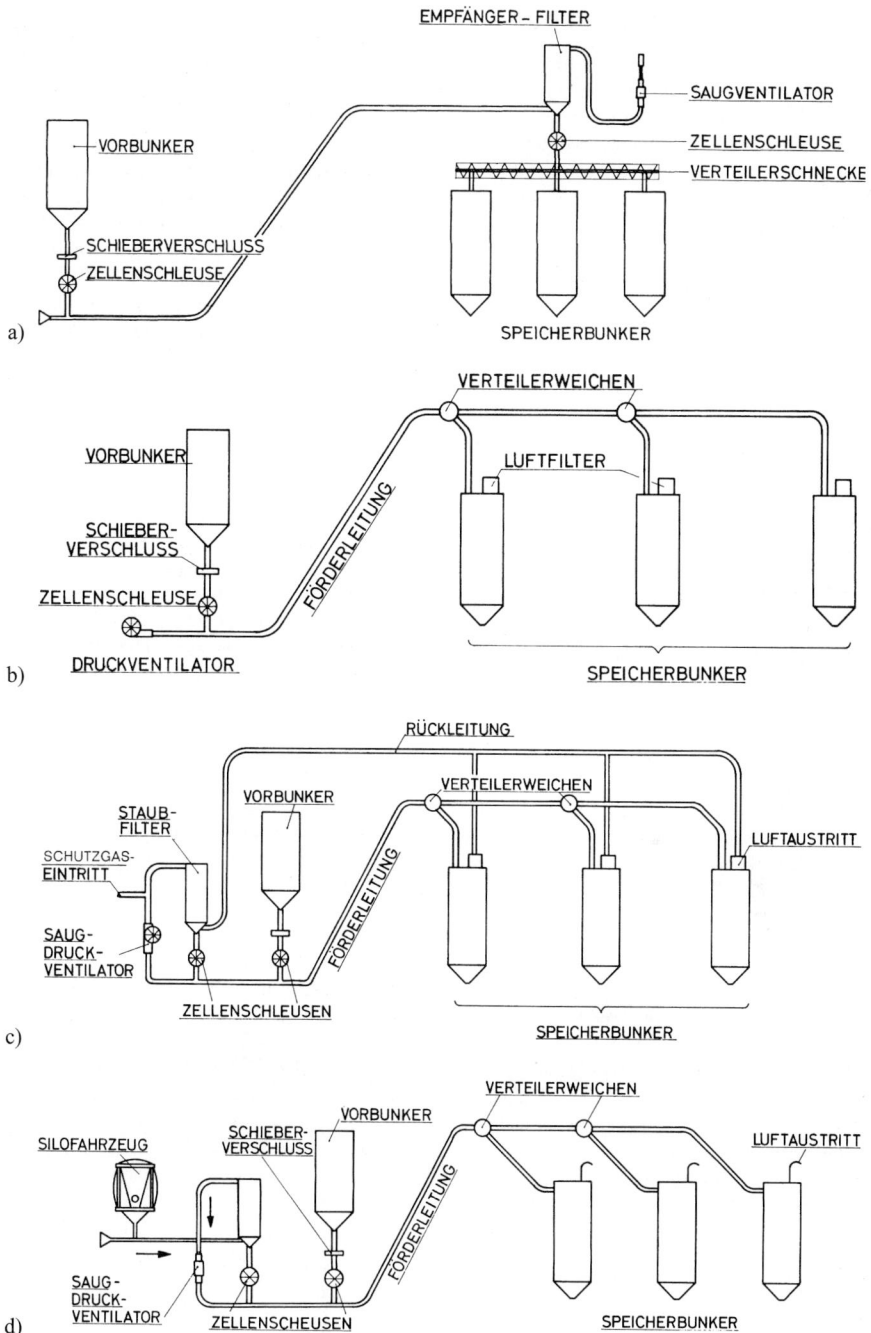

Bild 18. Schemata verschiedener pneumatischer Fördersysteme

a) einfache Saugförderanlage
b) einfache Druckförderanlage
c) Druckförderanlage mit geschlossenem Kreislauf für Schutzgasbetrieb
d) Kombinierte Saug-Druck-Förderanlage

(Rotzinger Pneumatik)

10 Stetigförderer für Stückgut

Stetigförderer, mit denen Stückgüter befördert werden können, sind Rutschen und Gliederbandförderer (Kap. 9.3 und 9.5) sowie Rollenförderer und Kreisförderer. Hier sollen nur die letzteren gesondert angesprochen werden.

10.1 Rollenförderer

Rollenförderer sind Förderanlagen, bei denen in gleichmäßigen Abständen Rollen angebracht sind, über die das (rollenlose) Stückgut gefördert wird. Man unterscheidet einfache Rollgänge, über die das Stückgut geschoben werden muss Gefällerollbahnen und angetriebene Rollenbahnen. Für leichtere Stückgüter werden Röllchenbahnen und Kugelrolltische eingesetzt.

Auf Rollenförderern und den kleineren Röllchenbahnen werden Fördergüter meist in Ladehilfsmitteln, wie Paletten, Behältern oder Kisten befördert. Die Beladung von Paletten soll stabil sein und durch Umreifungen, Schrumpffolien o.a. gesichert werden.

Bauart. Rollenförderer werden fast ausschließlich nach dem Baukastensystem gefertigt und in kompletten Baugruppen geliefert. Das ermöglicht eine einfache Anpassung der Förderanlage an den speziellen Einsatzfall.

Bild 1 zeigt als Beispiel ein Rollenbahnstück für DIN-Paletten, das als komplette Baugruppe in Serie hergestellt wird. Es kann leicht abgewandelt mit und ohne Antrieb, als Gefällestrecke, als Gefällestrecke mit Bremse und als Stauförderer Verwendung finden.

Mit anderen Baugruppen, wie z.B. Drehtischen und Verschiebehubwagen lassen sich umfangreiche Fördersysteme aufbauen. Bild 2 zeigt Baugruppen eines Palettenförderbaukastens, die zu einem Demonstrationsmodell zusammengestellt wurden.

Anwendung. Palettenförderer finden hauptsächlich in der Lager- und Warenverteiltechnik Verwendung. Leichte Rollenförderer und Röllchenförderer kommen z.B. beim innerbetrieblichen Materialfluss in der Fertigung und in Versandhäusern zum Einsatz. Schwere Rollenbahnen werden z.B. in der Schwerindustrie zur Beförderung von Brammen und Walzwerkserzeugnissen eingesetzt.

10.2 Kreisförderer

Kreisförderer sind meist in Fertigungsbetrieben und Sortieranlagen anzutreffen. Sie bestehen aus einer über Flur angebrachten endlosen, in einer Schiene mit Fahrwerken geführten Zugkette, und den Lastgehängen, die entweder an denselben Fahrwerken angebracht sind (Einschienenkreisförderer), oder aber an gesonderten, in einer zweiten Schiene laufenden Fahrwerken („Power and free"-Kreisförderer, Schleppkettenkreisförderer).

Kreisförderer sind endlos verlegt. Jedes Gehänge kommt also nach einer bestimmten Zeit wieder an den Ausgangsort zurück, es wird „im Kreis herum gefördert". Es kann grundsätzlich an jeder Stelle der Förderstrecke eine Be- oder Entladestelle vorgesehen werden.

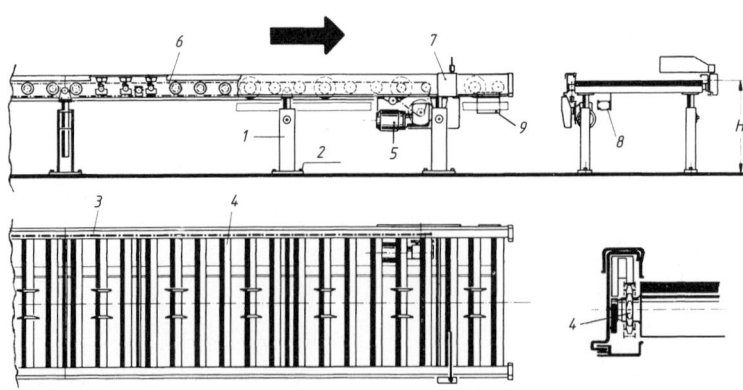

Bild 1. Rollenbahnstück als Beispiel einer kompletten Baugruppe für Rollenfördersysteme

Bauteile

1	Ständer	4	Tragrolle mit Kettenrad	7	Endschalter
2	Dübel	5	Antrieb	8	Kabelführungskanal, Klemmbefestigung
3	Wange	6	Rollenkette	9	Klemmkasten

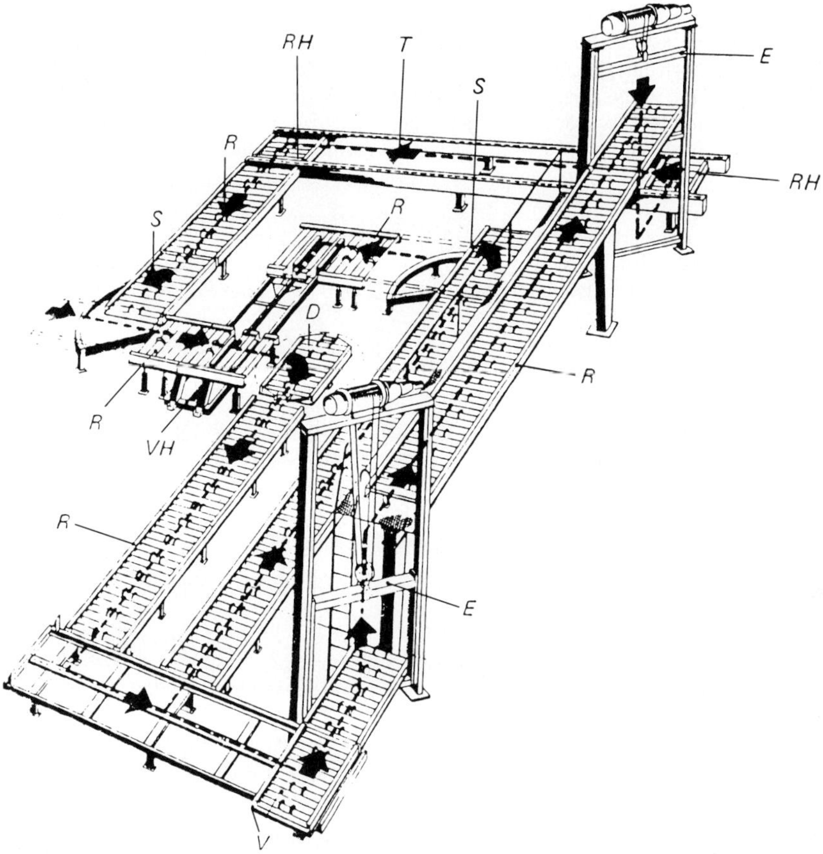

Bild 2.
Baugruppen eines Rollenfördererbaukastens, welche zu einem Demonstrationsmodell zusammengestellt wurden.

D Drehtisch	S Schwenktisch
E Etagenförderer	T Tragkettenförderer
R angetriebene Rollenbahn	V Verschiebewagen
oder Rollenstandförderer	VH Verschiebehubwagen
RH Rollenhubtisch	(Dematik)

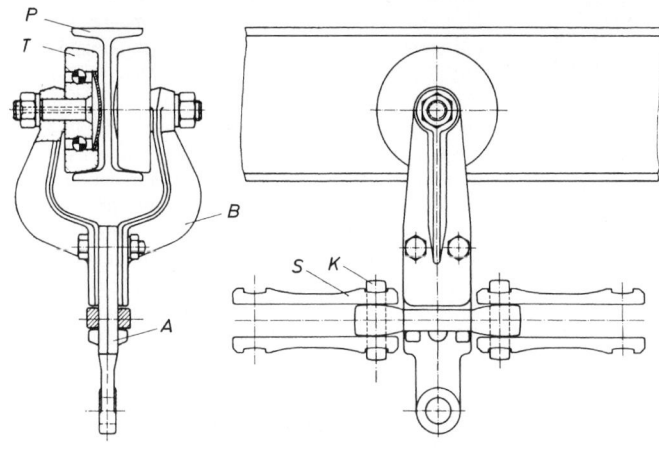

Bild 3.

Fahrwerk für Einschienenkreisförderer mit Steckkette

Tragrolle (T); Rollenbügel (B); das Anschlussstück (A) steckt in einem Innenglied der Kette und wird mit den Rollenbügeln verschraubt. Ein Auge an der Unterseite des Anschlussstückes ermöglicht die Befestigung des Lastaufnahmemittels (Lastenträger).

(Dematik)

Beim *Einschienenkreisförderer* (Bilder 3 und 4) sind Lastfahrwerk und Zugkette fest verbunden. Einschienenkreisförderer eignen sich für gleichmäßig anfallende Förderaufgaben mit stets gleichen Wegen wie z.B. das Durchfahren von Tauchbädern und Lackierstraßen oder das Beschicken von Montagestraßen. Die Fördergeschwindigkeit beträgt ca. 0,25 m/s.

Bei Schleppkreisförderern ("Power and free" Förderern) (Bild 5) läuft nur die Zugkette allein mit eigenen Fahrwerken und eigener Schiene dauernd um. Die Lastgehänge laufen mit gesonderten Fahrwerken in darunter angeordneten Schienen und können daher beliebig angekoppelt oder gelöst und auf Nebenbahnen geschoben werden.

Der Schleppkreisförderer ist also eine Kombination von Kreisförderketten (Power) und Rollgehängen (Free) und gestattet besonders freizügige, kombinierte Förderwege. Er fördert Stückgüter jeder Art und ist durch die in eigener Bahn (Freebahn) laufenden Lastgehänge besonders für hohe Nutzlasten bis ca. 1 t (je nach Zahl der tragenden Achsen) geeignet.

Mitnehmernocken an der Kette, die in Mitnehmerklinken der Freewagen eingreifen, stellen eine formschlüssige, trennbare Verbindung zwischen Schleppkreisförderer (Powerbahn) und Lastengehänge (Freewagen) her.

Führungsbahn: Die Führungsbahn des Schleppkreisförderers (Powerbahn) besteht je nach Ausführungsart aus einem I-Profil (T), aus zwei Winkelschienen oder einem Schlitzrohr.
Als Führungsbahn (Bild 5) (F) für den Förderwagen (W) des Lastengehänges dienen meist in geringem Abstand zueinander laufende, mit ihren Schenkeln nach innen gekehrte U-Profile. Beide U-Profile werden durch Bügel miteinander verbunden.

Rollengehänge (Bild 5): Das Mitnehmergehänge besteht aus zwei Steckkreisförderer-Rollengehängen, zwischen denen ein Spezialglied mit Mitnehmernocken (N) sitzt, das in die Mitnehmerklinken (M) des Freewagens (W) eingreift.
An der Unterseite des Förderwagens erlaubt ein Auge (A) den gelenkigen Anschluss des Lastaufnahmemittels.
Der Förderer kann horizontale und vertikale Bögen durchlaufen. Der kleinste Radius hierfür ist ca. 3,0 m. Die Freebahn hat alle Möglichkeiten einer antriebslosen Hängebahn, wie z.B. Abzweigen in beliebiger Richtung auch Kurven und Drehscheiben oder Absenken von Teilstrecken der Freebahn einschließlich Gehängen. Wiegen des Fördergutes, ohne es vom Gehänge abzunehmen, auch lassen sich Lastgehänge in Freebahnen speichern und durch geeignete

Zielsteuerungen wieder wahlweise in den Förderkreislauf einbeziehen.
Die Lastaufnahmemittel werden dem jeweiligen Fördergut und dem Einsatzzweck angepasst und können jede beliebige Form annehmen z.B. Haken, mehrstöckige, plattformähnliche Traggestelle, Regale, Aufhängerahmen u.ä.

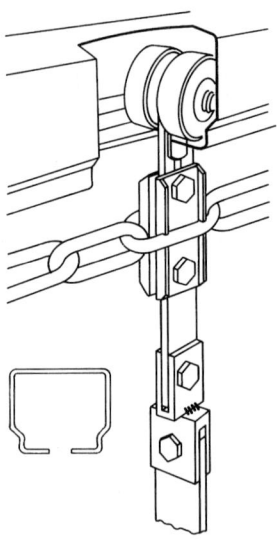

Bild 4.
Fahrwerk eines Einschienenkreisförderers mit einer Rohrschiene und einer Rundstahlkette als Zugelement (Dematik)

Ohne Überlastung des einzelnen Antriebe, bzw. der Förderkette lassen sich beliebig lange Förderwege dadurch erzielen, dass in den Kreisförderer mehrere Antriebe eingebaut werden, oder dass die Gehänge über eine Freebahn von einem Schleppkreisförderer auf einen oder mehrere andere Schleppkreisförderer mit eigenen Antrieben übergeben werden (Bild 6).
Eine interessante Sonderkonstruktion ist der *Schalenkreisförderer* nach den Bildern 7 und 8, der in Kommissionier- und: Sortieranlagen eingesetzt wird. Er ist im Prinzip ein Einschienenkreisförderer, der aber statt eines Gehänges oben offene, kippbare Schalen trägt. Wesentlicher Bestandteil des Schalenkreisförderers ist eine automatische Zielsteuerung, mittels der man jeder Schale, in welche man in der Greifzone (Bild 7) eine Ware legt, gleich den Befehl mitgeben kann, diese Ware an einer ganz bestimmten Packrutsche des Versandes (Bild 7) abzukippen.

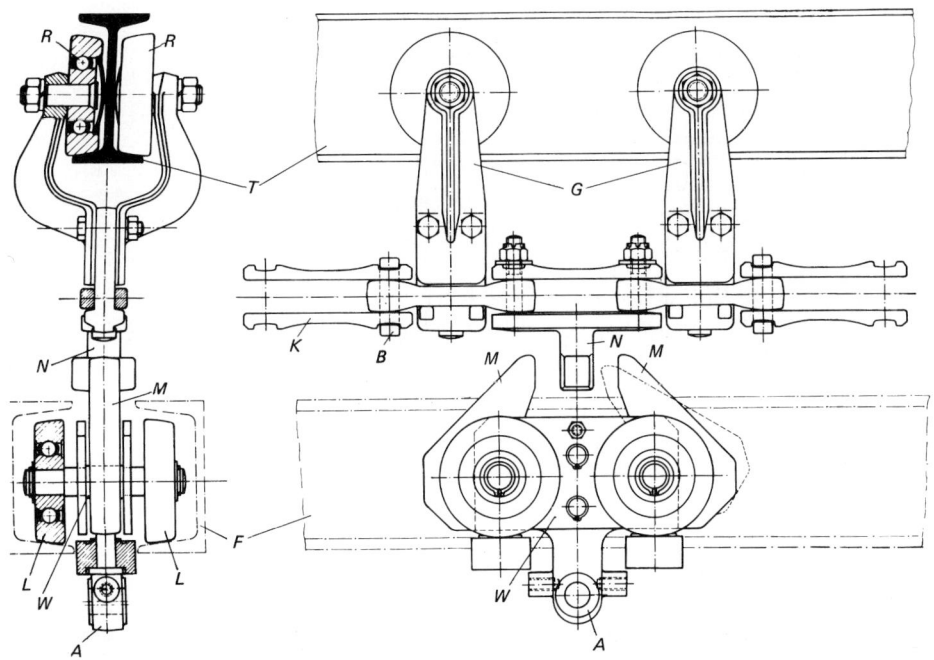

Bild 5. Schleppkreisförderer mit separaten Fahrwerken und Schienen für Schleppkette und Fahrwerk

R Rollen des Schleppkettenfahrwerkes; T Schleppkettenschiene; N Mitnehmernocken; M Mitnehmerklinke; L Laufrollen; W Förderwagen (Freewagen); G Fahrwerk der Schleppkette; K Schleppkette; B Bolzen; A Auge zum Anbringen des Lastaufnahmemittels   (Dematik)

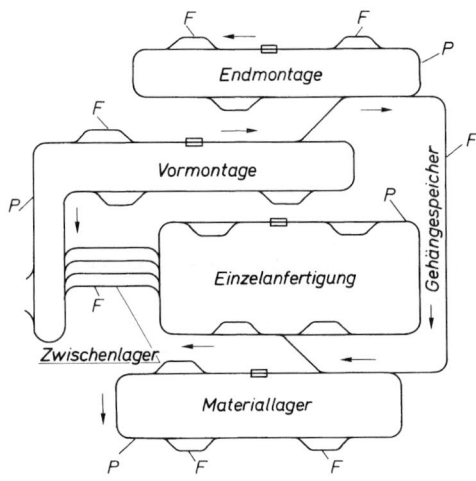

Bild 6.
Schematische Darstellung des Materialflusses durch Schleppkreisförderer (Power an Free)
P   angetriebene Strecke
F   Warteschleife ohne Antrieb
(Dematik)

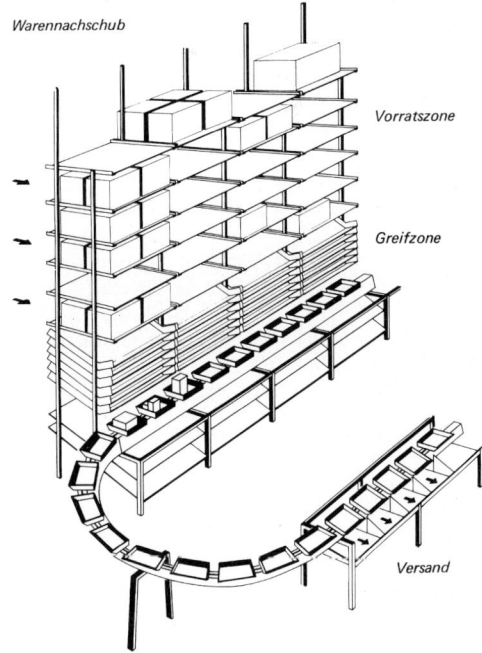

Bild 7.
Schalenkreisförderer in einer Kommissionieranlage
(Dematik)

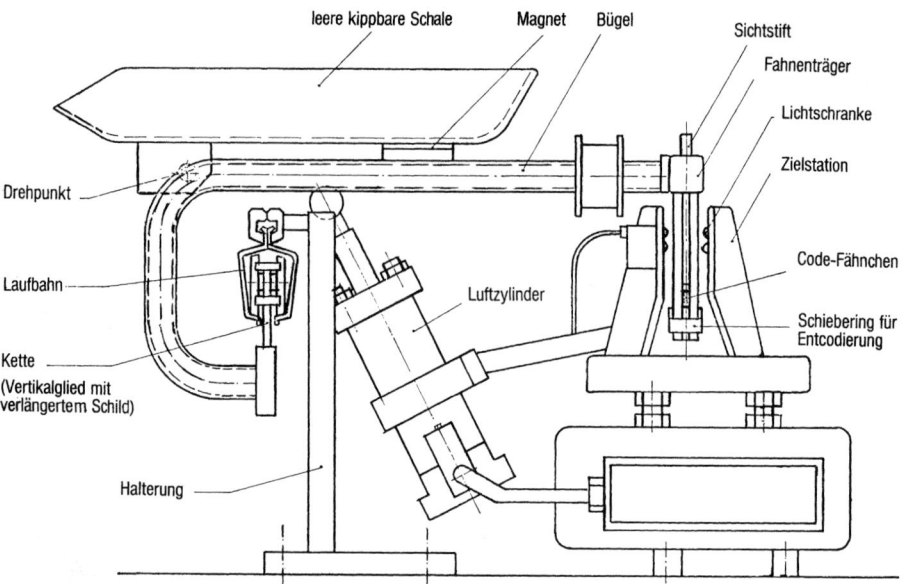

Bild 8. Schale eines Schalenkreisförderers mit Zieladressenträger, Leseeinrichtung und pneumatischem Kippzylinder (Dematik)

Schleppkettenförderer verfügen wie Schleppkreisförderer über eine stetig umlaufende Zugkette. Die Zugkette kann je nach Verwendungszweck unterflur, seitlich oder Überflur angebracht werden. Die geschleppten Lasten können flurverfahrbare Wagen, Baumstämme oder Brammen auf Rollgängen oder Gleisfahrzeuge sein.

Schleppketten können in flexibler Weise gerade, in Bogenstücken, auf Gefälle- und Steigungsstrecken verlegt werden. Bei Stichbahnen muss die Kette seitlich oder unterhalb des Obertrums zurückgeführt werden.

Das System kann mit Weichen, Staustrecken und einer automatischen Zielsteuerung versehen werden, so dass jeder Wagen an jeder Stelle des Systems angekuppelt werden kann und dann selbsttätig das vorgewählte Ziel anläuft.

10.3 Zielsteuerungen für Stückgutfördersysteme

Zielsteuerungen werden in vielfältiger Weise in den verschiedensten Fördersystemen eingesetzt. Sie sollen am Beispiel von Stückgutfördersystem hier erläutert werden. Bei Stückgutfördersystemen gibt es immer mehrere Ausschleusstellen und meist mehrere Einschleusstellen. Es sind dies z.B. mehrere Verladerampen, mehrere Regalgänge, mehrere Fertigungsmaschinen, die beschickt werden müssen, oder mehrere Packtische. Die Anzahl der möglichen Aus- und Ein-

schleusstellen ist unbegrenzt. Eine Paketsortieranlage kann 100 Ausschleusstellen bei einer Sortierleistung von ca. 3 000 Paketen/Stunde haben. Die Förderwege haben dann eine Vielzahl von Weichen, Verzweigungen, Übergängen, an denen ein Fördergut gesteuert in eine andere Bahn gelenkt werden kann. Bei Plattenbändern und Schalenkreisförderern geschieht die Ablenkung meist durch Kippen der Platten oder Schalen (Bild 8). Bei Rollenfördern kommen Querfördern, Drehtische, Hubwagen und Verschiebewagen (Bild 2) in Frage.

Durch die Zielsteuerungen werden diese Ausschleuselemente im richtigen Augenblick in Bewegung versetzt.

Grundfunktion

Eine Zielsteuerung besteht stets aus dem Codeträger (Code = verschlüsselte Zielangabe, Zieladresse), dem Codeleser und dem Impulsgeber, der den abgelesenen Code in einen Steuerimpuls für eine Weiche o.a. verwandelt. Man unterscheidet grundsätzlich folgende Systeme:

Direkte Zielsteuerungen

Die Zieladresse befindet sich direkt am Stückgut oder Lastaufnahmemittel.

Bei diesem System ist es gleichgültig, an welcher Stelle des Förderweges die Zieladresse aufgebracht wird. Die Schale wird immer bei der vorgesehenen Ausschleusstelle gekippt werden.

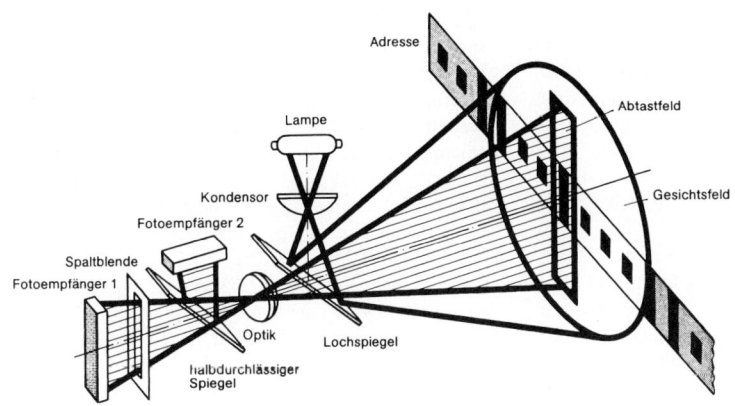

Bild 9.

Funktionsschema einer Adressenerkennung mit einem optischen Lesegerät (AEG)

Derartige Zielsteuerungen gibt es in großer Mannigfaltigkeit. Der Zieladressenträger kann aus mehreren Riegeln, aus einer Reflektorleiste oder aus einem Magnetband bestehen. Es kann aber auch gegebenenfalls eine natürliche Eigenschaft des Fördergutes, wie z.B. die Pakethöhe oder -farbe, zur Steuerung herangezogen werden, wenn der Sortierzweck es gestattet. Der Zieladressenleser kann je nach Art der Zieladresse optisch, mechanisch, magnetisch oder pneumatisch arbeiten.

Sie gestatten eine automatische „Codierung" durch Aufkleben oder Aufdrucken der codierten Zieladresse. Ein optisches Lesesystem zeigt Bild 9.

Indirekte Zielsteuersysteme

Bei indirekten Zielsteuersystemen erhält das Stuckgut keine direkte Zieladresse mit auf den Weg.

Es gibt zwei Möglichkeiten:

1. Beim Einschleusen erhalten bereits die Ausschleusstellen den Befehl, in einer bestimmten Zeit *t* eine Ausschleusung vorzunehmen. Die Zeit *t* wird aus der Fördergeschwindigkeit so bemessen, dass sich dann das vorgesehene Stückgut genau an der Ausschleusstelle befindet. Wegen des möglichen Schlupfes zwischen Fördergut und Fördermittel findet diese Version nur für begrenzte Förderlängen Verwendung.

2. Die Steuerung erfolgt über Prozessrechner. In diesem Fall wird das gesamte Fördersystem im Rechner nachgebildet und ähnlich wie in einem Stellwerk der Eisenbahn in Abschnitte eingeteilt. Am Anfang und Ende jedes Streckenabschnittes sind Messstellen, die den Durchlauf jeder Ladeeinheit dem Rechner melden. Beim Einschleusen der Ladeeinheit in das Fördersystem wird dem Rechner die Zieladresse mitgeteilt. Der Rechner verfolgt den Förderweg der Ladeeinheit anhand der Messimpulse und stellt die „Weichen" nach der Zieladresse.

Der Prozessrechner bietet auch die Möglichkeit, gleichzeitig auch noch Optimierungsaufgaben zu übernehmen, wie z.B. gleichmäßige Auslastung aller Verladerampen.

11 Flurförderzeuge

Als Flurförderzeuge bezeichnet man Fahrzeuge wie Karren oder Schlepper und Gabelstapler, die keine eigene Transportebene besitzen, wie z.B. Krane oder Kreisförderer sondern die auf dem normalen Fußboden (= Flur) verfahren werden. Flurförderer verlangen daher meist nur vergleichsweise geringe Anlageinvestitionen.

Flurförderzeuge kann man einteilen in angetriebene und nichtangetriebene, in gleisgebundene und gleislos verfahrbare, in Flurförderzeuge für reine Transportaufgaben (Wagen) und solche mit eigenen Lastaufnahmeeinrichtungen und Zusatzfunktionen (Gabelstapler), in handbediente (z.B. Elektrowagen) und automatisch gesteuerte (z.B. durch im Boden verlegte Induktionsleitungen).

Die Flurförderzeuge ohne Eigenantrieb können durch Hand- oder Schleppkettenantrieb oder durch Schlepper fortbewegt werden. Für kurze Entfernungen (bis 50 m Förderweg), kleine Lasten (bis 1 t) und zeitlich ungeregelt anfallende Transporte verwendet man von Hand gezogene oder geschobene Fahrzeuge. Nach DIN 4902 unterscheidet man Karren, Wagen und Roller.

11.1 Flurförderer ohne Lastaufnahmeeinrichtung

Karren sind von Hand bewegte Förderzeuge, mit einem Rad (Schubkarren) oder mit zwei Rädern z.B. „Sackkarren" für Säcke, Kisten, Sauerstofflaschen).

Handwagen sind Flurförderzeuge mit drei oder vier Rädern, die für kleine Lasten (bis 1 t) und für Gelegenheitsbetrieb (z.B. in der Werkstattinstandhaltung) oder für Schleppzüge (Gepäcktransport auf Bahnhofbahnsteigen) Verwendung finden. Die Lenkung erfolgt meist durch Deichsel und Drehschemel. Die Ladefläche ist meist eben, als seitliche Begrenzungen können je nach Einsatzfall Klappen, Gitter oder feststehende Wände angebracht sein.

Elektrowagen sind vierrädrige Plattformwagen mit oder ohne Zusatzaufbau mit Fahrerstand oder Fahrersitz für Lasten bis 5 t. Elektrowagen werden meist für innerbetriebliche, unregelmäßig anfallende Transportaufgaben herangezogen. Seltener werden „fahrplanmäßige" Materialflussaufgaben übernommen. Wegen der Abgasfreiheit können Elektrowagen auch in geschlossenen Räumen eingesetzt werden. Die Transportentfernung sollte durchschnittlich mindestens etwa 100 m betragen: darunter arbeiten Gabelstapler wirtschaftlicher.

Dieselwagen sind grundsätzlich genauso aufgebaut, wie die eben beschriebenen Elektrowagen. Der Dieselwagen (mit Schaltgetriebe oder mit stufenlosem hydrostatischen Getriebe) findet hauptsächlich im Transportverkehr auf freiem Werksgelände Verwendung.

Elektroschlepper sind kleine, wendige, vier- oder dreirädrige Fahrzeuge ohne nennenswerte eigene Ladefläche. Sie werden dort eingesetzt, wo es wegen großen Transportaufkommens zweckmäßig ist, Schleppzüge zu bilden. Beispiel: Gepäckförderung auf Bahnhöfen mit handgelenkten Schleppern, oder Stückguttransport in Flurfördersystemen in Lagerzentren durch automatisch gesteuerte Schlepper.

11.2 Flurförderer mit eigener Lastaufnahmeeinrichtung

Flurförderer mit eigener Lastaufnahmeeinrichtung sind Gabelhubwagen, Gabelstapler und Portalhubwagen Die eigene Lastaufnahmeeinrichtung kann eine heb- und senkbare Ladefläche sein, die ein Unterfahren der Last erlaubt, aber auch eine Gabel, ein Dorn, eine Zange, ein Manipulator oder ein drehbarer Schüttkübel.

Flurförderzeuge mit eigener Lastaufnahmeeinrichtung finden Verwendung, wenn die Be- und Entladezeiten gegenüber den reinen Transportzeiten erheblich ms Gewicht fallen. Dies ist in der Regel bei Transportwegen unter 100 m der Fall (Bild 1). Ferner, wenn neben der Transportaufgabe auch andere Funktionen erfüllt wenden sollen, wie z.B. Stapeln von Behältern, Paletten und sonstigen Ladeeinheiten. Be- und Entladen von anderen Fördermitteln oder Fahrzeugen.

Die große Mannigfaltigkeit derartiger Flurförderer sowie ihre Fertigung nach dem Baukastenprinzip und in Baureihen ermöglichen eine gute Anpassung des Flurförderzeuges an den jeweiligen Einsatzfall.

Gabelhubwagen mit Handbedienung bestehen aus einem Kopfteil, welches den Hubmechanismus, die Deichsel und ein lenkbares Rad enthält, sowie einer flachen, rollenunterstützten Gabel. Mit dieser Gabel können Paletten und geeignet konstruierte Behälter bis 2 t unterfahren werden. Anschließend wird die Gabel durch Heben und Senken der Deichsel über eine mechanische oder hydraulische Kraftübertragung gehoben, so dass die Last auf dem Gabelhubwagen verfahren und an anderer Stelle wieder abgesenkt werden kann. Für Hub- und Fahrbewegung kann auch ein batteriegespeister, elektromotorischer Antrieb vorgesehen werden (Elektro-Geh-Gabelhubwagen).

Gabelstapler (Bild 2) sind Flurförderer mit drei oder vier Rädern, bei denen die Last außerhalb der durch die Räder begrenzten Stützfläche des Fahrzeugs aufgenommen wird. Die Last verursacht also ein Kippmoment um die Tragachse. Die Tragachse ist wegen der hohen Belastung daher meist angetrieben und nicht lenkbar. Über den Lenkrädern sind Gegengewichte angebracht, die der Last das Gleichgewicht halten. Die Gabel bzw. die sonstige Lastaufnahmeeinrichtung ist an einem senkrechten Hubgerüst angebracht, welches um durchschnittlich 5° nach vorn (zum leichteren Last-Unterfahren) und 12° nach hinten (zur Verbesserung der Schwerpunktlage der Last beim Fahren) geneigt werden kann. Das Hubgerüst ist oft teleskopartig nach oben ausfahrbar, so dass Hubhöhen von 5 m und mehr erreicht werden. Gabelstapler werden durch Dieselmotoren oder durch batteriegespeiste Elektromotoren angetrieben. Die Kraftübertragung zum Fahrwerk erfolgt durch Getriebe oder hydrostatisch, das Hubwerk arbeitet mit Zugketten oder mit Hydraulikzylindern.

Portalhubwagen sind doppelportalartige, vierrädrige Fahrzeuge, die Container oder andere schwere, große Ladeeinheiten aufnehmen und verfahren können. Sie werden auf Container-Umschlagsplätzen (= Containerterminals) und Lagerplätzen eingesetzt.

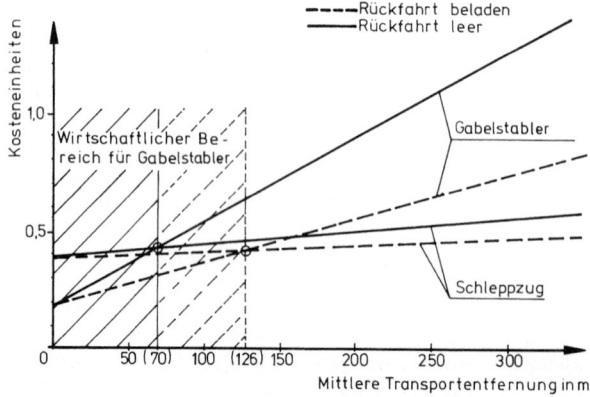

Bild 1.

Gegenüberstellung der Kosten für einen Gabelstapler- bzw. Schleppzugbetrieb (BKS)

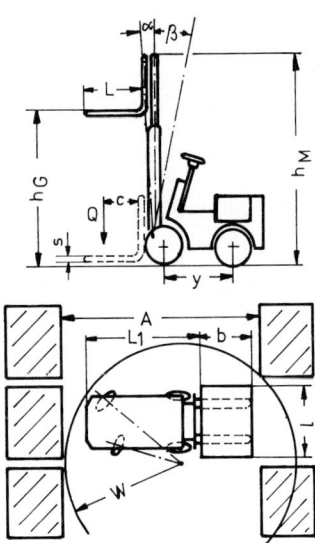

Bild 2.
Charakteristische Größen eines Gabelstaplers
Q Traglast
c max. Schwerpunktabstand der Last
L Gabellänge
s Gabeldicke
h_G max. Hubhöhe
α, β Neigungswinkel des Mastes
h_M max. Höhe des ausfahrbaren Mastes
b, l Lademittelmaße
A Gangbreite
W kleinster Wendekreis
y L_1 Wagenmaße

11.3 Automatisch gesteuerte Flurförderer

Im allgemeinen ist für jedes Flurförderzeug oder für jeden Schleppzug ein Fahrer erforderlich. Flurförderzeuge sind deshalb wesentlich schwerer automatisierbar als gleisgebundene Förderanlagen. Trotzdem gibt es automatische Anlagen.

Ein Beispiel ist ein automatisch gesteuertes Flurfördersystem, bei dem unterhalb der vorgesehenen Fahrwege Induktionsleitungen verlegt sind. Ein Schlepper (Traktor) wird mit dem Antriebsmotor ausgestattet sowie mit der erforderlichen elektronischen Steuerung, um sich an den Induktionsleitungen entlang zum vorprogrammierten Ziel zu tasten. An den Schlepper werden mehrere Anhänger angekuppelt.

11.4 Flurförderzeuge im Untertagebergbau

Im Bergbau gibt es neben Stetigförderern, wie Gurt- oder Trogbandförderern, auch Gleislosfahrzeuge und schienengebundene Lokomotiven mit Förderwagen. Im Folgenden soll nur auf letztere kurz eingegangen werden.

Förderwagen
Nach der Normung unterscheidet man Kleinförderwagen, Mittelförderwagen und Großförderwagen, siehe Tafel 1. Im Einsatz sind fast nur noch Großförderwagen.

Tabelle 1. Förderwagen im Bergbau

Wagengröße	Rauminhalt in l bei Roh-Steinkohle $\rho_{RH} = 1\dfrac{t}{m^3}$
Kleinförderwagen	bis 1 000
Mittelförderwagen	1 000 ... 3 000
Großförderwagen	über 3 000

Kleinförderwagen haben einen vollständig geschweißten Kasten mit Randversteifung, starre Puffer mit Hakenkupplungen und wälzgelagerte Radsätze. Der *Mittelförderwagen* hat folgende Merkmale: Wagenkasten wie bei Kleinförderwagen, gefederte Puffer mit Laschenkupplungen, Kegelrollenlagerradsätze. *Großförderwagen* werden in Schachtanlagen überwiegend verwendet. Die Merkmale dieser Wagen sind: geschweißter Kasten mit Randversteifung und seitlich angeordneten Bremsleisten, Puffer gefedert, Kegellagerradsätze mit Blattfederung. Als Radsätze werden im Gegensatz zur Bundesbahn Losradsätze verwendet, bei denen sich die Räder unabhängig voneinander bewegen. Das erlaubt das Durchfahren enger Kurven. Bei allen Wagengrößen beträgt der normale Raddurchmesser 350 mm. Die Normspurbreite beträgt 600 mm oder 700 mm.

Lokomotiven
Verwendung finden elektrische Fahrdraht- oder Batterie-, sowie Diesel-, Druckluft- und Verbundlokomotiven.

Elektrische Lokomotiven haben meist Gleichstrom-reihenschlussmotoren (oft ein Motor je Achse), die über eine große Anzugskraft verfügen.

Der *Fahrdrahtlokomotive* wird der Strom über eine Oberleitung zu- und von ihr über die Schienen zurückgeführt. Wegen der nicht vollständig vermeidbaren Funkenbildung am Fahrdraht sind Fahrdrahtlokomotiven für schlagwettergefährdete Gruben nicht geeignet.

Batterielokomotiven sind schlagwettergeschützt. Der Fahrbereich der Lokomotiven hängt von der Batteriekapazität ab, die für mindestens eine Schicht ausreichen soll.

Verbundlokomotiven besitzen neben der Anlage für Fahrdrahtbetrieb noch eine Batterie. In den Bereichen der Grube, in denen Fahrdrahtbetrieb nicht zulässig ist, wird im Batteriebetrieb gefahren. Auf diese Weise lässt sich die Leistungsfähigkeit der Fahrdrahtlokomotive mit der Schlagwettersicherheit der Batterielokomotive verbinden.

Diesellokomotiven werden durch kompressorlose Diesel-Vorkammermotoren angetrieben. Der verwendete Kraftstoff muss den Bedingungen des Oberbergamts entsprechen. Die Kraftübertragung erfolgt durch Strömungs- und Zahnradgetriebe oder durch stufenlos regelbare hydrostatische Getriebe. Die Auspuffgase müssen aus Sicherheitsgründen durch eine Wasservorlage geleitet werden, wo die Auspuffgase auf 70 °C abgekühlt werden.

Druckluftlokomotiven führen als Energie hochgespannte Druckluft von 160 ... 225 bar in 1 ... 3 Hochdruckflaschen mit sich. Der hohe Druck wird vor der Arbeitsverrichtung durch ein Druckminderventil auf 12 ... 25 bar in der Arbeitsflasche reduziert, wobei durch die Drosselung allerdings ein Teil der Spannungsenergie verloren geht. Die Entspannung erfolgt in zwei- bis dreistufigen Arbeitsturbinen. Da der Fahrbereich der Druckluftlokomotive beschränkt ist, müssen Hochdruckleitungen ins Feld geführt werden. An den Füllstellen wird zweckmäßig in Luftspeicherflaschen ein größerer Druckluftvorrat untergebracht, damit das Füllen beschleunigt wird.

Literatur:

(1) *Scheffler, Martin*: Grundlagen der Fördertechnik, – Elemente und Triebwerke.
Friedr. Vieweg & Sohn Verlagsgesellschaft mbH, Braunschweig / Wiesbaden, 1994. ISBN 3 – 528 – 06558 – 3.

(2) *Scheffler, Martin; Feyrer, Klaus; Matthias, Karl*: Fördermaschinen, – Hebezeuge, Aufzüge, Flurförderzeuge.
Friedr. Vieweg & Sohn Verlagsgesellschaft mbH, Braunschweig / Wiesbaden, 1998. ISBN 3 – 528 – 06626 – 1.

(3) *Pfeifer, Heinz; Kabisch, Gerald; Lautner, Hans*: Fördertechnik – Konstruktion und Berechnung. Friedr. Vieweg & Sohn Verlagsgesellschaft mbH, Braunschweig / Wiesbaden, 7. Auflage 1998. ISBN 3 – 528 – 64061 – 8.

(4) Stahl im Hochbau. Handbuch für Entwurf, Berechnung und Ausführung von Stahlbauten. Verlag Stahleisen mbH., Düsseldorf.

(5) *Zillich, E.*: Fördertechnik, Band 1 – 3. Werner-Verlag, Düsseldorf

(6) *Aumund, H.*: Hebe- und Förderanlagen. Springer-Verlag, Berlin.

(7) *Hanfstengel, G.*: Die Förderung von Massengütern. Springerverlag, Berlin.

(8) *Meyercordt, W.*: Stetigfördererfibel. Verlag Hagemeier, Heidelberg.

(9) *Salzer, G.*: Stetigförderer, Band I und II. Krausskopf-Verlag, Mainz.

(10) *Siegel, W.*: Pneumatische Förderung. Vogel-Verlag, Würzburg.

(11) VDI-Reihe: Materialfluss und Fördertechnik. VDI-Verlag, Düsseldorf.

(12) *Jünemann, R.*: Systemplanung für Stückgutläger. Springer-Verlag, Berlin.

(13) *Franke, G.*: Flurförderzeuge. Hanser- Verlag, München.

(14) ABC des Gabelstaplers. VDI-Verlag, Düsseldorf.15) DIN-Taschenbuch 44. Krane und Hebezeuge 1. (DIN 536 bis DIN 15 030). Normen. (Fördertechnik 1)

(16) DIN-Taschenbuch 185 Krane und Hebezeuge 2. (ab DIN 15 049). Normen. (Fördertechnik 2)

(17) DIN-Taschenbuch 64. Aufzüge, Stetigförderer, Flurförderzeuge, Lagertechnik. Normen. (Fördertechnik 3)

(18) DIN-Taschenbuch 59. Drahtseile

Herausgeber der DIN-Taschenbücher: DIN Deutsches Institut für Normung e.V. Vertrieb über Beuth Verlag GmbH Berlin Wien Zürich

(19) „Technical documents" zu verschiedenen Gebieten der Fördertechnik. FEM Fédération Européenne de la Manutention/Europäische Vereinigung der Förder- und Lagertechnik im VDMA. http://www.fem-eur.com

L Kraft- und Arbeitsmaschinen

Wolfgang Böge, Manfred Ristau

Formelzeichen und Einheiten

A	m², mm²	Fläche, Querschnitt	s	kJ/kgK	spezifische Entropie
a	1	Hubverhältnis	s	m, mm	Wanddicke, Kolbenhub
B	kg/h	Kraftstoffverbrauch	T_c	K	Verdichtungsendtemperatur
b_{eff}	g/kWh	spezifischer Kraftstoff-	t	°C	Temperatur
		verbrauch	t	s	Ventilöffnungszeit, Unterbre-
c	kJ/kgK	spezifische Wärmekapazität			cherkontakt-Schließzeit
c	m/s	Wassergeschwindigkeit	u	m/s	Umfangsgeschwindigkeit
d	mm	Zylinderdurchmesser			(Kreisbahn)
f	1/min	Zündfunkenfrequenz	V	cm³	Volumen
g	m/s²	Fallbeschleunigung	V	m³/s	Volumenstrom, Durchsatz
H_o, H_u	kJ/kg	Verbrennungswärme, unterer	V_c	cm³	Verdichtungsraum
		Heizwert	V_h	cm³	Zylinderhubraum
H, h	m	Fallhöhe	V_b	cm³	Verbrennungsraum
h	kJ/kg	spezifische Enthalpie	V_H	cm³	Motorhubraum
k	kJ/m² h K	Wärmedurchgangskoeffizient	v	m³/kg	spezifisches Volumen
L	m³/kg	Luftbedarf	v_m	m/s	mittlere Kolbengeschwindig-
L_r	kg/m² h	Rostbelastung			keit
l	mm	Kanalhöhe, radiale Schaufel-	w	m/s	relative Geschwindigkeit
		höhe	z	1	Anzahl, Stückzahl, Zylinder-
M	kg/kmol	Molekülmasse			zahl
M	Nm	Motordrehmoment	z	1/min	Schmieröl- oder Kühlwasser-
m	kg	Masse, Ladungsmasse			umlaufzahl
$\dot{m}$	kg/s	Massenstrom, Ladungsdurch-	α	°	Winkel
		satz	α	kJ/m² h K	Wärmeübergangskoeffizient
$\dot{m}_B$	kg/h	Brennstoffdurchsatz	β	°	Winkel
n	1	Polytropenexponent, Luftüber-	τ	°	Zündabstandswinkel
		schusszahl	η	1	Wirkungsgrad, Liefergrad
O_{min}	m³/kg	Sauerstoffmindestbedarf	η_{eff}	1	Nutzwirkungsgrad
P	kW, W	Leistung	η_g	1	Gütegrad
P_H	kW/dm³	Hubraumleistung	η_m	1	mechanischer Motorwirkungs-
p	Pa, bar	Druck			grad
p_{eff}	bar	effektiver Kolbendruck	η_i	1	indizierter Wirkungsgrad
p_i	bar	indizierter Druck	κ	1	Adiabatenexponent
Q	kJ, J	Wärmemenge	ϵ	1	Verdichtungsverhältnis
$\dot{Q}$	kJ/s, W, kW	Wärmestrom	λ	1	Luftverhältnis
q_r	kJ/m² h	Rostwärmebelastung	λ	kJ/m² h K	Wärmeleitfähigkeit
q_f	kJ/m³ h	Feuerraumwärmebelastung	π_c	1	Ladedruckverhältnis
r	kJ/kg	spezifische Verdampfungs-	Φ	kJ/kg	Wärmemengenverbrauch
		wärme	σ	1	Thomasche Kavitationszahl
r	m, mm	Kurbelradius	φ	1	Düsenreibwert
S	kJ/K	Entropie	φ	1	Kanal- oder Schaufelreibwert

1 Feuerungstechnik　　　*W. Böge*

1.1 Brennstoffe

Brennstoffe werden fest, flüssig und gasförmig genutzt. Festbrennstoffe werden gefunden als Holz, Torf, Braun- und Steinkohle, Flüssigbrennstoff als Erdöl und Gasbrennstoff als Erdgas. Aus diesen natürlichen Brennstoffen lassen sich durch Veredelung hochwertigere Brennstoffe erzeugen.

1.1.1 Feste Brennstoffe

Feste Brennstoffe enthalten neben den brennbaren Elementen Kohlenstoff (C), Wasserstoff (H) und Schwefel (S) die unbrennbaren Ballaststoffe Wasser und Asche. Durch Elementaranalysen, deren Untersuchungsmethoden nach DIN 51 701 bis 51 729 genormt sind, können die brennbaren und unbrennbaren Massenanteile fester Brennstoffe ermittelt werden.
Kohle wird im Feuerraum erwärmt. Feuchtigkeit und flüchtige Bestandteile entweichen, wobei sich Form und Zustand des Kohlekörpers verändern. Es entsteht so Schrumpfung, Aufblähung, Zusammenbacken und Kokung. Steinkohlen werden nach dem Gehalt an flüchtigen Bestandteilen im Brennbaren in zehn Klassen unterteilt.

Klasse	0	1	2	3	4
fl. B. %	0 ... 3	3 ... 10	10 ... 14	14 ... 20	20 ... 28
Benennung	Meta Anthrazit	Anthrazit	Magerkohle	geringbituminöse Kohle	mittelbituminöse Kohle
(früher)	Anthrazit		Mager-	Ess-	Fett-
Klasse	5	6	7	8	9
fl. B. %	28 ... 33	33 ... 41	33 ... 44	35 ... 50	42 ... 50
Benennung	hochbituminöse Kohle				
(früher)	Gas-		Gasflammkohle		

Mittelwerte von Asche- und Feuchtigkeitsgehalt einiger Kohlensorten zeigt Tabelle 1.

Tabelle 1. Feste Brennstoffe

Sorte	Brennstoff hat	
	Asche %	Wasser %
Anthrazit	3 ... 6	1 ... 3
Magerkohle	8 ... 10	1 ... 3
Esskohle	8 ... 10	1 ... 3
Fettkohle	8 ... 10	1 ... 3
Gas- und Gasflammkohle	8 ... 10	1 ... 3
Koks	7 ... 11	3 ... 8
Braunkohle	3 ... 8	45 ... 60
Brikett	5 ... 11	15

Bei der Braunkohle unterscheidet man zwischen Rohkohle und Brikett. Briketts sind wasserärmer und aschereicher als Rohbraunkohle.

1.1.2 Flüssige Brennstoffe

Das Rohöl (Erdöl, Teer u.a.) wird gereinigt und durch Destillation in Benzine (bis 180 °C), Leuchtöle (150 bis 300 °C), Gasöle (300 bis 350 °C) und Heiz- und Schweröle (über 300 °C) getrennt.
Sie sind Gemische aus Kohlenwasserstoffmolekülen, also Verbindungen der Elemente Kohlenstoff (C) und Wasserstoff (H). Reihen sich die Kohlenstoffatome eines Kohlenwasserstoffmoleküls kettenförmig aneinander, spricht man von Paraffinen (Methan CH_4, Äthan C_2H_6, usw.). Sind dagegen die Kohlenstoffatome eines Moleküls ringförmig angeordnet, wie z.B. beim Benzol C_6H_6, spricht man von Aromaten (vgl. E Werkstofftechnik, Grundlagen der Kohlenstoffchemie).
Große Paraffin- und Aromatenmoleküle werden durch das Cracken in kleinere Moleküle „zerbrochen". Beim Cracken verarbeitet man vorwiegend mittelschwere und schwere Destillate, z.B. Heizöle, durch Behandlung bei erhöhter Temperatur und erhöhtem Druck zu Benzinen.
Flüssige Brennstoffe werden unter Zerstäubung in den Feuerraum eingebracht. Hierfür ist die Dichte und die Zähigkeit des Brennstoffes maßgebend. Durch die Feuerraumwärme wird der zerstäubte Brennstoff verdampft, mit Luft vermischt, gezündet und verbrannt. Kennzeichnend für die Brenneigenschaften flüssiger Brennstoffe sind die Siedeverläufe und die Flammpunkte.

Tabelle 2 zeigt in einer Übersicht die Mittelwerte von Elementanteilen und die Eigenschaften der wichtigsten flüssigen Brennstoffe.

1.1.3 Gasförmige Brennstoffe

Als natürliches Gas wird Erdgas oft bei Erdölbohrungen mit erbohrt. Durch Entgasung wird aus Kohle Schwelgas, Stadtgas und Koksofengas gewonnen. Durch Vergasung von Koks, Halbkoks, Anthrazit, wird je nach Vergasungsmittel Luftgas, Generatorgas und Wassergas hergestellt. Beim Hochofenbetrieb entsteht Gichtgas. Gase sind Mischungen aus Wasserstoff (H), Kohlenoxid (CO), schweren Kohlenwasserstoffen (C_nH_m), Kohlendioxid (CO_2), Sauerstoff (O_2) und Stickstoff (N_2). Davon ist CO_2, O_2 und N_2 Ballast. Tabelle 3 zeigt die Zusammensetzungen der technisch wichtigsten Gase.

Tabelle 2. Flüssige Brennstoffe

		Benzin	Gasöl (Diesel)	Heizöl L (leicht)	Heizöl M (mittel)	Heizöl S (schwer)	
Elemente	C	86	87	86 ...87	85 ... 87	84 ... 88	%
	H	14	13	13... 14	12 ... 13	11 ... 12	%
	O + N	–	–	–	1 ... 2	1 ... 3	%
Zähigkeit	bei 20 °C	–	2 ... 10	10 ... 17	–	–	cS t [1]
	bei 50 °C	–	–	–	20 ... 75	80 ... 700	cS t [1]
Siedeverlauf							
Erwärmung bis:		200	350	300	300	300	°C
bringt Destillatmenge:		95	95	90	70 ... 85	40 ... 70	Vol.- %
Flammpunkt		20	55 ...60	55 ... 70	65 ... 80	65 ... 100	°C

Die Heizöle M und S erfordern Vorwärmung
[1] cSt = Zentistokes (kinematische Viskosität) nach DIN 51 603

Tabelle 3. Gasbrennstoffe

Gasart	Raumprozente						
	CO	H_2	CH_4	C_2H_6	C_2H_4	CO_2	(O + N)
Erdgas	–	–	93 ... 96	1 ... 4	–	–	2 ... 6
Koksofengas	5,5	57	24	–	1,5	2	10
Mischgas	22	51	17	–	2	4	4
Wassergas	40	50	–	–	–	5	5
Generatorgas	29	11	–	–	–	5	55
Gichtgas	31	2	–	–	–	9	58

1.2 Verbrennungswärme (Heizwert) und Verbrennungsluft

$$H_u = H_o - r\,(w + 9\,h) \qquad \begin{array}{c|c} H_u, H_o, r & h, w \\ \hline \dfrac{kJ}{kg} & \% \end{array} \qquad (1)$$

1.2.1 Verbrennungswärme und unterer Heizwert

Die Verbrennungswärme H_o (oberer Heizwert) ist die Wärme (Wärmemenge), die bei einer vollständigen Verbrennung von 1 kg Brennstoff unter Abkühlung der entstehenden Brenngase auf Ausgangstemperatur abgegeben wird.

Die Bestimmung der Verbrennungswärmen verschiedener Brennstoffe erfolgt im Kalorimeter.

Da jedoch bei der Verbrennung Wasserdampf entsteht, der mit den Abgasen entweicht, muss zur Ermittlung der tatsächlich verwertbaren Wärme die Verbrennungswärme H_o um die Verdampfungswärme r des Wasserdampfes gekürzt werden. Die Verdampfungswärme von 1 kg Wasserdampf bei 20 °C Bezugstemperatur beträgt r = 2 450 kJ/kg. Hat der Brennstoff h % Wasserstoff, so entstehen daraus bei der Verbrennung 9 h % Wasserdampf und w % Feuchtigkeit (Wasser). Damit ergibt sich der untere Heizwert H_u für feste und flüssige Brennstoffe aus

Verbrennungswärme H_o und Heizwert H_u gasförmiger Brennstoffe errechnen sich als Summe der Heizwertanteile H_u' der im Gasgemisch enthaltenen Gassorten. Alle Verbrennungswärme- bzw. Heizwertangaben vom Gasen beziehen sich auf das Normvolumen 1 m³ (0 °C; 1,013 25 bar nach DIN 1343). Damit ergibt sich der untere Heizwert H_u aus

$$H_u = H_u' \cdot CO + H_u' \cdot H_2 + \Sigma\,(H_u' \cdot C_nH_m)$$

$$\begin{array}{c|c} H_u & CO, H_2, C_nH_m \\ \hline \dfrac{kJ}{m^3} & \dfrac{m^3}{m^3} \end{array} \qquad (2)$$

Verbrennungswärmen H_o und untere Heizwerte H_u einiger fester, flüssiger und gasförmiger Brennstoffe sind in Tabelle 4 zusammengefasst.

Tabelle 4. Verbrennungswärme H_o und unterer Heizwert H_u in kJ/kg bzw. kJ/m^3

Feste Brennstoffe	H_o	H_u	Flüssige Brennstoffe	H_o	H_u	Gasförmige Brennstoffe	H_o	H_u
Anthrazit	$33{,}4 \cdot 10^3$	$32{,}5 \cdot 10^3$	Benzin	$46{,}1 \cdot 10^3$	$43{,}5 \cdot 10^3$	Erdgas	$40{,}2 \cdot 10^3$	$36{,}4 \cdot 10^3$
Magerkohle	$32{,}2 \cdot 10^3$	$31{,}4 \cdot 10^3$	Gasöl (Diesel)	$44{,}8 \cdot 10^3$	$41{,}9 \cdot 10^3$	Koksofengas	$18{,}8 \cdot 10^3$	$16{,}7 \cdot 10^3$
Esskohle	$32{,}2 \cdot 10^3$	$31{,}2 \cdot 10^3$	Heizöl (leicht)	$44{,}8 \cdot 10^3$	$41{,}9 \cdot 10^3$	Mischgas	$17{,}4 \cdot 10^3$	$15{,}5 \cdot 10^3$
Fettkohle	$32{,}1 \cdot 10^3$	$31{,}0 \cdot 10^3$	Heizöl (mittel)	$44{,}0 \cdot 10^3$	$41{,}0 \cdot 10^3$	Wassergas	$11{,}6 \cdot 10^3$	$10{,}5 \cdot 10^3$
Gasflamm- kohle	$31{,}1 \cdot 10^3$	$29{,}9 \cdot 10^3$	Heizöl (schwer)	$43{,}1 \cdot 10^3$	$39{,}8 \cdot 10^3$	Generatorgas	$5{,}2 \cdot 10^3$	$4{,}9 \cdot 10^3$
Koks	$28{,}4 \cdot 10^3$	$28{,}1 \cdot 10^3$				Gichtgas	$4{,}3 \cdot 10^3$	$4{,}2 \cdot 10^3$
Braunkohle	$10{,}7 \cdot 10^3$	$9{,}8 \cdot 10^3$						
Brikett	$21{,}4 \cdot 10^3$	$20{,}1 \cdot 10^3$						

1.2.2 Verbrennungsluft

Die Verbrennung ist die vollständige Oxydation der Elemente Kohlenstoff (C), Wasserstoff (H) und Schwefel (S). Die Oxydationsvorgänge werden durch die Verbrennungsgleichungen (3) deutlich gemacht. Die Rechnungen werden über die Mengeneinheit kmol durchgeführt. Die eingesetzten Zahlenwerte stehen für das Molvolumen in m^3 bei Gasen bzw. die Atom- oder Molekülgewichte in kg bei festen Stoffen. Für C, S, H$_2$ und O$_2$ gelten abgerundet (vgl. E Werkstofftechnik):

$M_c = 12$ kg; $M_s = 32$ kg; $M_h = 2$ kg; $M_o = 32$ kg; Molvolumen für Sauerstoff $V_{Mo} = 22{,}4$ m^3

$$
\begin{array}{lll}
C + O_2 = CO_2 \rightarrow 12 \text{ kg C} + 22{,}4 \text{ m}^3 O_2 = 22{,}4 \text{ m}^3 CO_2 \\
S + O_2 = SO_2 \rightarrow 32 \text{ kg S} + 22{,}4 \text{ m}^3 O_2 = 22{,}4 \text{ m}^3 SO_2 \\
H_2 + O = H_2O \rightarrow 2 \text{ kg H}_2 + 22{,}4 \text{ m}^3 O_2 = 22{,}4 \text{ m}^3 H_2O
\end{array} \quad (3)
$$

1 kg C verlangt demnach

$$\frac{22{,}4}{12} \text{ m}^3 = 1{,}87 \text{ m}^3 \text{ Sauerstoff}$$

1 kg S verlangt demnach

$$\frac{22{,}4}{32} \text{ m}^3 = 0{,}7 \text{ m}^3 \text{ Sauerstoff}$$

1 kg H verlangt demnach

$$\frac{22{,}4}{4} \text{ m}^3 = 5{,}6 \text{ m}^3 \text{ Sauerstoff}$$

Damit benötigt 1 kg Brennstoff zur Verbrennung seiner Anteile C %, H %, S % und O % den Sauerstoffmindestbedarf

$$O_{min} = 1{,}87 \text{ C \%} + 5{,}6 \text{ H \%} + 0{,}7 \text{ S \%} - 0{,}7 \text{ O \%}$$

O_{min}	V_{Mo}	M_c, M_s, M_h, M_o	C, H, S, O	
$\dfrac{\text{m}^3}{\text{kg}}$	m^3	kg	%	(4)

Wird als Verbrennungsluft trockene Luft normaler Zusammensetzung mit 21 Vol.-% Sauerstoff vorausgesetzt, ergibt sich für 1 kg Brennstoff der Luftmindestbedarf

$$L_{min} = 4{,}67 \cdot O_{min}$$

L_{min}, O_{min}	
$\dfrac{\text{m}^3}{\text{kg}}$	(5)

In der Praxis reicht der Luftmindestbedarf zur vollständigen Verbrennung des Brennstoffes nicht aus, da es je nach Verbrennungsart mehr oder weniger schwierig ist, Brennstoff und Verbrennungsluft optimal miteinander zu vermischen. Der Luftmindestbedarf L_{min} muss also noch mit der Luftüberschusszahl n multipliziert werden. Dann ergibt sich der tatsächliche Luftbedarf

$$L = L_{min} \cdot n$$

L, L_{min}	n	
$\dfrac{\text{m}^3}{\text{kg}}$	1	(6)

Richtwerte für die Luftüberschusszahl n sind
bei Handfeuerung $n = 1{,}5$ bis $1{,}8$
bei mechanischer Rostfeuerung $n = 1{,}4$ bis $1{,}6$
bei Kohlenstaub- und Ölfeuerungen $n = 1{,}2$ bis $1{,}4$
bei Gasfeuerung $n = 1{,}1$ bis $1{,}2$

1.3 Verbrennungskontrolle

Die beste Brennstoffnutzung erfolgt dann, wenn mit dem kleinsten Luftüberschuss alles Brennbare des Brennstoffs vollständig verbrannt wird. Dies erkennt man an den Abgasen. Sie sollen kein brennbares H$_2$- oder CO-Gas enthalten. Durch genügend Luftüberschuss wird dies erreicht. Noch größerer Luftüberschuss vergrößert die abziehende Abgasmenge und dadurch auch die darin enthaltene Wärmeenergie. Außerdem sinkt die Verbrennungstemperatur. Man misst die Gasanteile im abziehenden Schornsteingas. Es sollen die CO % und die H$_2$ % Nullwert sein. Bei diesem Nullwerteintritt hat dann der CO$_2$-Gasanteil seinen Größtwert und der Sauerstoffanteil seinen Kleinstwert (kleinster Luftüberschuss) Bei derartiger vollkommener Verbrennung mit Luftüberschuss lässt sich die Zusammensetzung der abziehenden Rauchgase aus den Verbrennungsgleichungen und dem Luftbedarf errechnen. Kohle- und Schwefelgehalt des Brennstoffs erzeugen CO_2- und SO_2-Gas. Ihr Molvolumen ist $V'_M = 22{,}26$ m^3 für CO_2 und $V''_M = 21{,}89$ m^3 für SO_2-Gas. Die Feuchtigkeit des Brennstoffs und sein Wasserstoffgehalt erzeugen Wasserdampf, der $V_{Md} = 22{,}4$ m^3 und $M_d = 18{,}016$ kg hat. Gebundener Stickstoffgehalt im Brennstoff wird durch die Verbrennung gasförmig frei und hat $V_{Mn} = 22{,}4$ m^3 mit $M_n = 28{,}016$ kg. Jedes kg Brennstoff erzeugt bei Vollverbrennung den Rauchgasanteil

$$V'_R \quad \underbrace{\frac{V'_M}{A_c}\,C\,\% \quad \frac{V''_M}{A_s}\,S\,\% \quad \frac{V_{Mn}}{M_n}\,N\,\% }_{} \quad \underbrace{\frac{V_{Md}}{M_h}\,H\,\% \quad \frac{V_{Md}}{M_d}\,\Gamma\,\%}_{}$$

$$\qquad\quad CO_2 \qquad\ SO_2 \qquad\ N_2 \qquad\qquad\qquad\qquad (7)$$

$$\underbrace{\hphantom{CO_2 \qquad SO_2 \qquad N_2}}_{\text{trockenes Rauchgas}} \qquad \underbrace{\hphantom{H \qquad \Gamma}}_{\text{Wasserdampf}}$$

V'_R	$V'_M, V''_M, V_{Mn}, V_{Md}$	M_c, M_s, M_n, M_h, M_d	C, S, N, H, F
$\dfrac{\text{m}^3}{\text{kg}}$	m^3	kg	%

Insgesamt entweicht bei Vollverbrennung je kg Brennstoff das *Rauchgasvolumen*

$$V_R = V'_R + L - O_{min} \quad \begin{array}{c} V_R, V'_R, L, O_{min} \\ \hline \dfrac{\text{m}^3}{\text{kg}} \end{array} \qquad (8)$$

Es enthält den überschüssigen Sauerstoff $O_2 = (n-1)\,O_{min}$ und den Stickstoffanteil der Luft $N_2 = 0{,}79\,L$ in m^3/kg. (Genauere Anteile sind: 78,05 % Stickstoff, 0,92 % Argon und 0,03 % Kohlendioxid). Alle Gastanteile können in % vom Rauchgasvolumen V_R umgerechnet werden.

Da bei Überwachungsmessung der Rauchgase die Gasprobe abkühlt, zeigt die Messung nur die Prozentwerte des trockenen Rauchgases, also ohne den Wasserdampfanteil von V'_R. Bei Messung mit dem Orsatapparat wird wegen der gleichzeitigen Absorption des SO_2-Gases mit dem CO_2-Gas ihr gemeinsamer Prozentanteil vom trockenen Rauchgas gemessen.

Sinkt die Temperatur der Heizgase unter den Taupunkt, so schlägt sich der Wasserdampf an den Heizflächen nieder und kann konzentrierte Säurelösungen bei Schwefelgehalt im Brennstoff bilden, die starke Korrosionswirkung zur Folge haben. Deshalb ist die Mindesttemperatur der Heizgase während des Heizganges zu beachten und zu überwachen.

1.4 Feuerungsarten

Die Brennstoffe verbrennen im Feuerraum. Man unterscheidet liegende Verbrennung auf Rostanlagen für stückige Festbrennstoffe oder schwebende Verbrennung bei Kohlenstaub, Öl und Gas.

1.4.1 Rostanlagen

Die tragende Rostfläche A_r wird von auswechselbaren Roststäben gebildet. Sie liegen mit Spaltabstand nebeneinander und bilden eine Stabgruppe, mehrere Stabgruppen ergeben den Rost. Durch die Spaltabstände entsteht die Spaltfläche A_s für die Unterluftzufuhr. Die Roststäbe können Plan- oder Formstäbe sein (siehe Bild 1). Die Spaltlänge beim Formstab ist größer als seine Stablänge, so dass bei kleiner Spaltweite doch ausreichende Spaltfläche entsteht, wodurch feinkörnige Brennstoffe ohne großen Durchfallverlust getragen werden können. Das Spaltverhältnis A_s/A_r kennzeichnet die Zufuhr der Unterluft. Auf der Rostfläche A_r werden stündlich $\dot{m}_B$ kg Brennstoff vom Heizwert H_u kJ/kg verbrannt. Die Rostbelastung $L_r = \dot{m}_B/A_r$ in kg/m^2 h und die Rostwärmebelastung $q_r = \dot{m}_B\,H_u/A_r$ in kJ/m^2 h kennzeichnen die Leistung einer Rostanlage.

1.4.2 Planrost im Flammrohr

Nach Bild 2 liegen die Stabgruppen im vorderen Teil eines gewellten Flammrohres zwischen der Schürplatte und der Brücke, die den Rost und den Aschenraum nach hinten begrenzt und abschließt. Der Brennstoff wird entweder von Hand oder durch Wurfschaufelmechanik mit Motorantrieb zugeführt. Die Rostbelastung ist 80 bis 100 kg/m^2 h und das Spaltverhältnis je nach Brennstoffart 0,2 bis 0,5 m^2/m^2. Die Rostbreite ist vom Flammrohrdurchmesser abhängig. Es werden nicht mehr als drei Roststabgruppen hintereinander im Flammrohr verbaut.

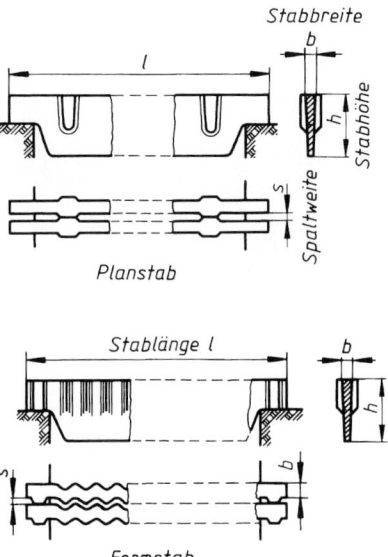

Bild 1. Roststäbe

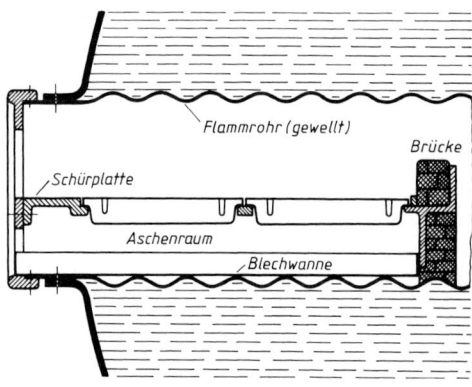

Bild 2. Planrost im Flammrohr

1.4.3 Unterschubrost

Er besteht aus Mittel- und Seitenrostflächen. Sie werden von schmalen Rostplatten gebildet, die mit senkrechtem Spaltabstand unter gegenseitiger Stufenüberdeckung liegen. Die waagerechten Luftspalte können weit gebaut werden, große Spaltflächen sind möglich. Nach Bild 3 wird der Brennstoff durch eine Konusschnecke mit Motorantrieb unter die Mittelrostglut geschoben, wo seine Entgasung sofort beginnt. Diese Gase durchströmen mit der zugeführten Brennluft die darüber liegende Glutschicht und werden dadurch sicher gezündet. Durch den nachfolgenden Brennstoffschub quillt der fast entgaste Brennstoff auf die schwach geneigten Seitenrostflächen, wo er schließlich als Koksrest ausbrennt.

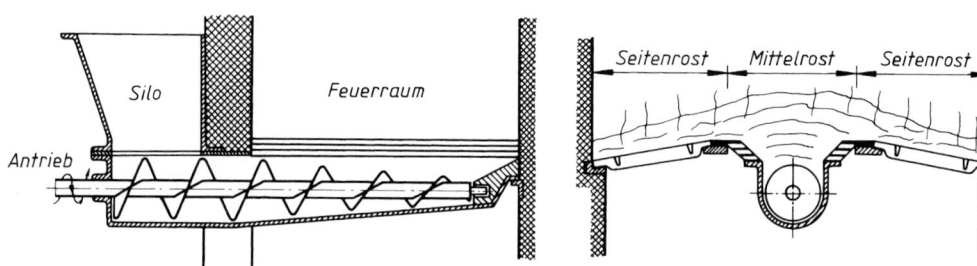

Bild 3. Unterschubrost

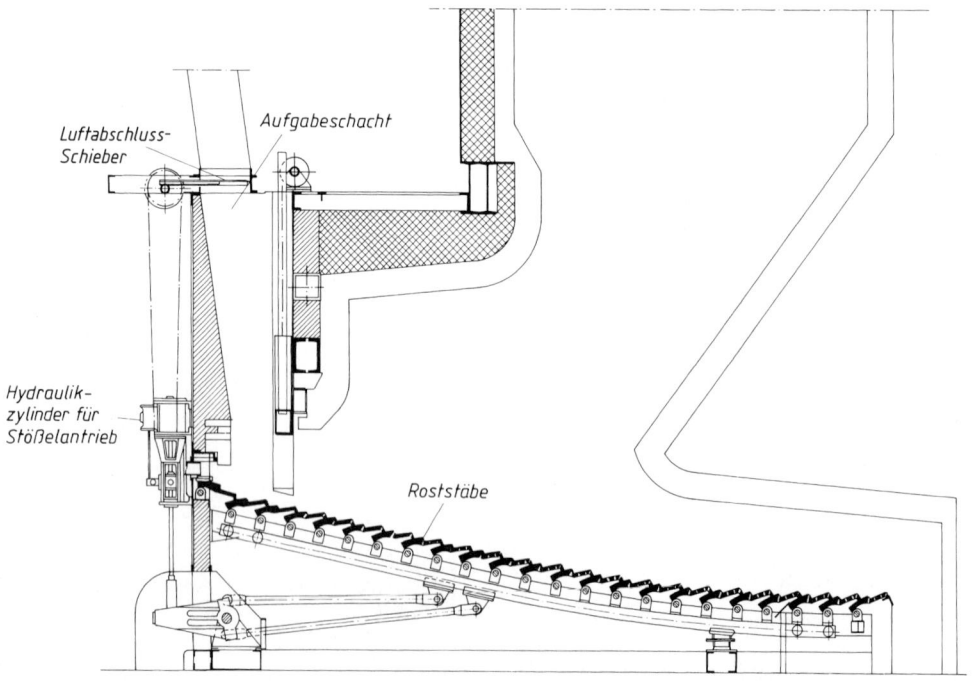

Bild 4. Gegenschubrost

Die Rostbelastung ist bei Flammrohranlagen ähnlich wie beim Planrost. Bei Anlagen mit größerem Feuerraum kann sie aber je nach Brennstoffart bis zu 250 kg/ m² h gesteigert werden, weil die waagerechte Luftspaltart großes Spaltverhältnis bis 0,7 m²/m² und damit große Unterluftzufuhr für dicke Brennstoffschichten zulässt.

1.4.4 Gegenschubrost

Ein Gegenschubrost nach Bild 4 besteht aus zwei parallelen Rostplattenreihen. Eine Rostplattenreihe bewegt sich zum Rostende hin, die andere bewegt sich in Gegenrichtung. Der Antrieb erfolgt über bewegliche Rostrahmen, die sich auf Wälzlagern abstützen. Durch die Gegenschubbewegung wird eine sehr gute Schürwirkung erreicht. Der Raum unter dem Rost ist in mehrere, voneinander getrennte Zonen unterteilt, um – je nach Abbrand – mehr oder weniger Verbrennungsluft zugeben zu können. Als Brennstoffe werden Braunkohle, Holzabfälle, Torf oder Müll eingesetzt.

1.4.5 Zonenwanderrost

Die Flanken seiner Roststäbe sind gerillt, damit eine große Kühlfläche entsteht. Die Stabgruppen bilden aneinandergekettet ein endloses Band (siehe Bild 5).

Das Oberband trägt auf Schienen laufend den Brennstoff in den Feuerraum. Ein Motorantrieb wirkt auf die Vorderwelle, deren Kettenräder das Rostband bewegen. Am hinteren Umlenkende des Bandes befindet sich oft keine Welle mit Radkörper, sondern nur eine Umlenkbahn der Laufschienen. Die Stabgruppen klaffen hier auseinander, Schlacken- und Aschenreste fallen ab (u.U. Abklopfer). Das Staupendel am Feuerbahnende staut den Brennstoff und zwingt zum Ausbrand. Der Schuppenwanderrost hat kippbare Rostplatten, die schuppenartig mit Luftspalt einander überdecken. Am Umlenkende kippen sie auseinander und werfen die Rückstände ab. Lange Rostbahnen verlangen Unterluftzufuhr, aufgeteilt in Zonen für unterschiedliche Unterluftmenge, die dem Brennablauf bei der Schichtwanderung angepasst wird. Die einzelnen Zonen werden durch seitlich austragende Transportschnecken von Asche entleert. Auf Wanderrosten können mindere als auch hochwertige Brennstoffe verbrannt werden. Die Rostwärmebelastung beträgt je nach Brennstoffgüte $q_r = (2,9$ bis $5,9) \cdot 10^9$ kJ/m² h $= (0,81$ bis $1,64) \cdot 10^9$ W/m².

Für mittel- und hochflüchtige Kohlensorten mit hohem Feinkornanteil werden Wanderrostfeuerungen mit Wurfbeschickung gebaut. Die Wurfbeschickung sorgt bei sonst gleicher Bauweise des Rostes für eine wesentlich größere Laststeigerungsgeschwindigkeit als bei der herkömmlichen Bauweise.

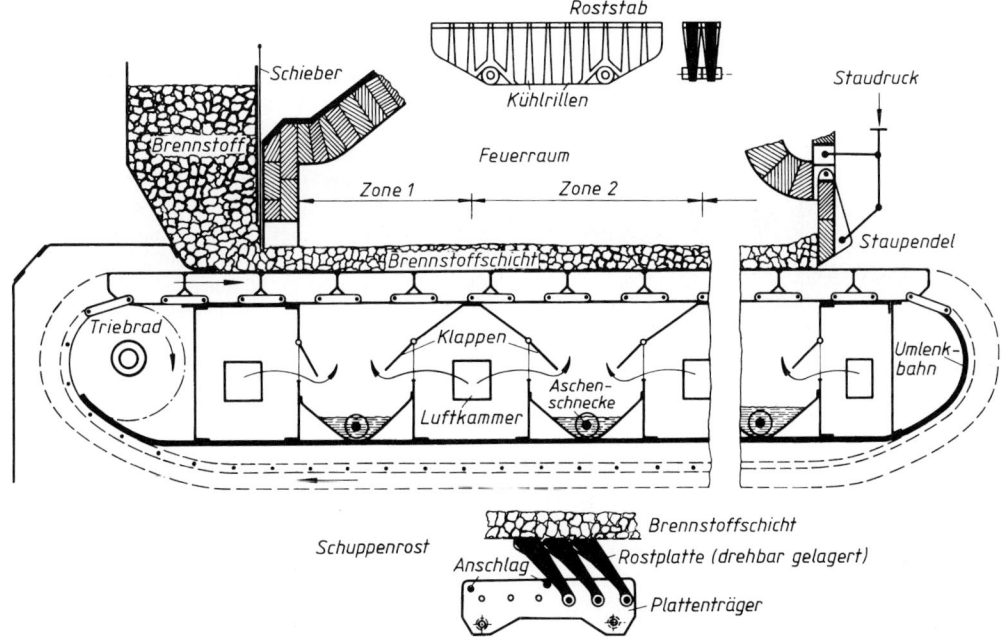

Bild 5. Zonenwanderrost

1.4.6 Kohlenstaubfeuerung

Der Brennstoffstaub verbrennt schwebend im Feuerraum V_f ohne Rost. Die Feuerraum-Wärmebelastung $q_f = \dot{m}_B \, H_u/V_f$ in kJ/m³ drückt die Anlageleistung aus. Richtwerte sind $q_f = (0,63$ bis $1,2) \, 10^9$ kJ/m² h = $(0,18$ bis $0,33) \, 10^9$ W/m². Der Feuerraum ist mit senkrechten Wasserrohrwänden ausgekleidet, die von der frei brennenden Flamme bestrahlt und nicht berührt werden (vgl. Strahlungskessel). Braunkohle wird nach Bild 6 durch schnellläufige Einblasmühlen (Schlagrad mit Ventilator) gemahlen, durch rückgesaugtes Rauchgas getrocknet (Mahltrocknung), gesichtet, eingeblasen und mit vorgewärmter Zweitluft verbrannt. Zündluftzugabe zur Mühle sichert die Staubzündung beim Eintritt in den Feuerraum. Steinkohle wird ähnlich verarbeitet. Langsame Trommel- und Kugelmühlen verlangen stärkere Windleistung für Trägerluft zum Staubtransport. Bei wasserreichem Brennstoff wird in einem Zwischenbunker der Brüden abgesogen, damit das Staub-Luftgemisch zündfähig wird. Die Asche sinkt aus der Flamme teigig (oder als Tropfen) nach unten, wird von den unteren Wasserrohrwänden abgeschreckt und sammelt sich im Aschentrichter des Feuerraums.

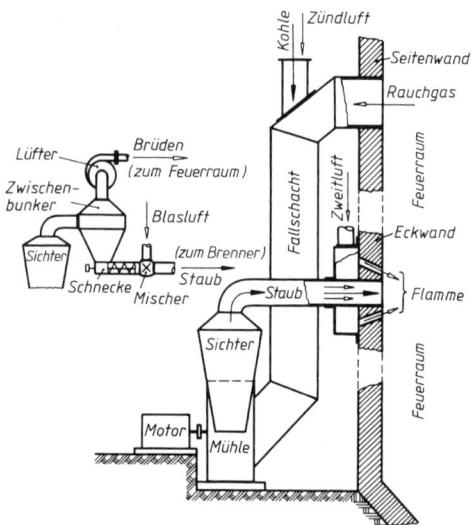

Bild 6. Kohlenstaubfeuerung

1.4.7 Schmelzfeuerung

Bei hoher Feuerraumtemperatur wird die Schlacke flüssig in einer Schmelzkammer gesammelt. Sie besteht aus bestifteten Wasserrohren mit Schamottenmantel und ist gegen den Hauptfeuerraum durch einen Fangrost aus Stiftrohren abgegrenzt. Die Kammertemperatur liegt über dem Aschenschmelzpunkt, so dass sie hier größtenteils flüssig abgeschieden wird. Am Fangrost bleibt der letzte Rest hängen und tropft in den Schlackensumpf. Bei der Zyklonfeue-

rung wird in eine Schmelzkammer tangential eingeblasen, wodurch ein langer Spiralweg der Flamme mit guter Wandberührung entsteht und 80 % flüssige Schlacke bereits hier, der Rest im Fangrost abgeschieden wird. Das Bild 7 zeigt diese Bauart.

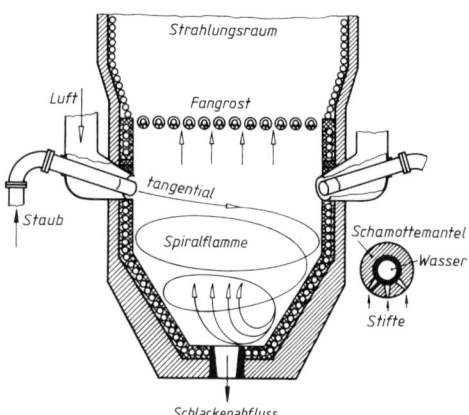

Bild. 7. Zyklonfeuerung

1.4.8 Drucködfeuerung

Das über Vorwärmer erwärmte Heizöl wird unter Druck der verschiebbaren Druckößlanze zugeführt (Bild 8). Hier wird das Öl vernebelt, mit der Verbrennungsluft verwirbelt und gezündet. Es entsteht ein Feuerwirbel in Form eines Kegelmantels.
Die Rauchgase konzentrieren sich im Innern des Wirbels und werden aus dem Feuerraum abgesaugt.

1.4.9 Wirbelschichtfeuerung

Beim Wirbelschichtverfahren (Bild 9) strömt Verbrennungsluft über eine Verteilerplatte in die Brennkammer und verwirbelt das Bettmaterial aus Kohlenstoff, Asche und Kalkstein. Die Kohlenstoffkonzentration liegt unter 1 %. Im Wirbelbett reagiert der Kohlenstoff der eingebrachten Kohle mit dem Sauerstoff der Verbrennungsluft. Die Temperatur im Wirbelbett wird zwischen 800 °C und 900 °C gehalten. In das Wirbelbett tauchen Wärmetauscher ein, die einen großen Teil der frei werdenden Wärme aufnehmen. Konvektive Heizflächen werden nachgeschaltet, um die Rauchgastemperatur zu senken.
Als Brennstoffe kommen Kohlenarten geringer Qualität mit hohem Asche- und Schwefelgehalt, Ölschiefer, Petrolkoks und Abfälle in Frage. Durch die niedrige Verbrennungstemperatur entsteht kein Stickoxid (NO_x) und die meisten Schadstoffe bleiben in der Achse enthalten.
Wird die Luft mit Kohlenstaub durchsetzt, erhält man Kombinationsbrenner für Staub-Öl-Feuerungen. Werden die Rohr- und Düsenquerschnitte für Gasbrennstoff und seinen Betriebsdruck umgestaltet (vergrößert), so arbeitet diese Brennart als Gasbrenner für Gasfeuerungen.

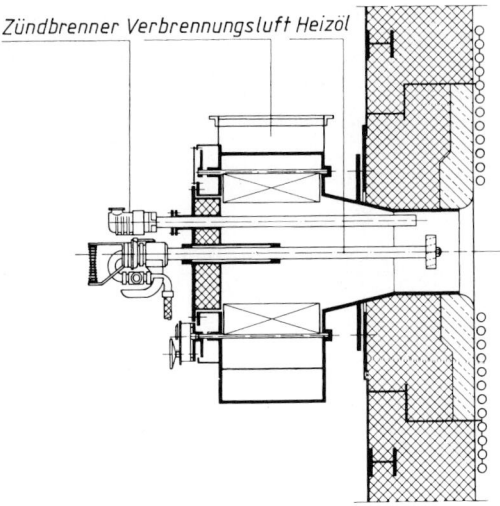

Bild 8. Drucköblbrenner (VKW)

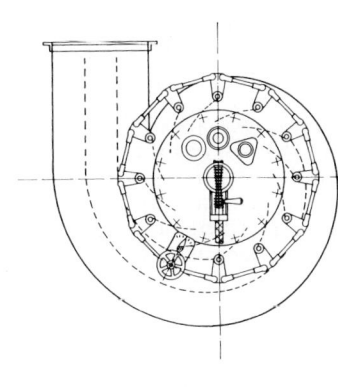

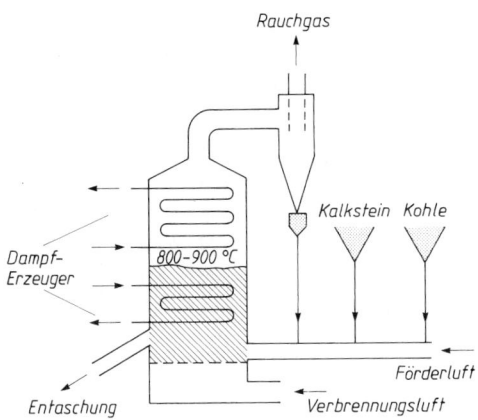

Bild 9. Wirbelschichtfeuerung

2 Dampferzeugung *W. Böge*

Im Dampferzeuger (Dampfkessel) wird Wasser durch die heißen Feuergase auf Siedetemperatur erwärmt und verdampft. Es entsteht Sattdampf, der sich im Dampfraum über dem siedenden Wasser sammelt. Die Siedetemperatur ist vom Druckzustand abhängig. Der eingeschlossene Dampf hat Überdruck und damit Druckenergie.

2.1 Dampfarten

Die Vorgänge bei der Dampferzeugung gliedern sich in Wassererwärmung auf Siedetemperatur im Wasservorwärmer, Verdampfung im Kessel und danach Erwärmung über Siedetemperatur im Überhitzer. Die VDI-Wasserdampftafeln geben eine Übersicht der Zusammenhänge von Siededruck, Siedetemperatur,

Wärmeaufwand, Dichte und Wichte von Wasser und Dampf bei der Dampferzeugung. Die Tabelle 1 ist ein Auszug daraus mit abgerundeten Werten. Neben Siededruck und -temperatur ist das spezifische Volumen und der Wärmeinhalt oder die Enthalpie des Sattdampfes angegeben. Dieser Wärmeinhalt enthält die Wasserwärme h' und die Verdampfwärme r. Sattdampf hat die Enthalpie $h'' = h' + r$ in kJ/kg. Meist durchströmt der erzeugte Sattdampf die beheizten Rohre eines Überhitzers, wo er bei gleichbleibendem Druck über Siedetemperatur erwärmt und als überhitzter Dampf oder Heißdampf entnommen wird. Sein Wärmeinhalt ist um $h_{\ddot{u}}$ auf den Wert $h_h = h'' + h_{\ddot{u}}$ angestiegen. Diese Werte sind in den VDI-Tafeln enthalten und auch in Tabelle 1 aufgeführt. Bei Wärmeverlust wird Sattdampf durch Teilkondensation seiner Moleküle feucht und heißt dann Nassdampf. Dies geschieht meist bei gleichbleibendem Druck ohne Temperaturveränderung. Ist pro kg Sattdampf der Wärmeverlust h_v, so hat der entstandene Nassdampf die Enthalpie $h_n = h'' - h_v$ in kJ/kg. Die Wärmemenge h_v wurde der Verdampfwärme r entzogen. Also ist der Feuchtigkeitsanteil im Dampf $f = h_v/r$ oder in Prozent ausgedrückt: $f\% = (h_v/r)\,100$.

2.2 Kesselwirkungsgrad, Verdampfziffer

Verarbeitet eine Kesselfeuerung den Brennstoffdurchsatz $\dot{m}_B$ in kg/s und hat der Brennstoff den unteren Heizwert H_u in kJ/kg, so entsteht die Feuerwärme $\dot{m}_B \cdot H_u$ in kJ/s.
Sie erzeugt aus Wasser vom Wärmeinhalt h_w die Dampfmenge $\dot{m}_D$ in kg/s bei dem Betriebsdruck p in bar meist als Heißdampf vom Wärmeinhalt h_h. Damit wird der Anlage die Nutzwärme $\dot{m}_D (h_h - h_w)$ in kJ/s (kW) entnommen. Aus dem Verhältnis Nutzen/Aufwand erhält man den Kesselwirkungsgrad

$$\eta_K = \frac{\dot{m}_D\,(h_h - h_w)}{\dot{m}_B\,H_u}$$

$\dot{m}_B, \dot{m}_D$	h_h, h_w	η_K
$\dfrac{kg}{s}$	$\dfrac{kJ}{kg}$	1

(1)

Die pro kg Brennstoff erzeugte Dampfmenge ist die Bruttoverdampfziffer $d = \dot{m}_D / \dot{m}_B$ der Anlage. Sie kennzeichnet die Betriebsart unter bestimmten Betriebsbedingungen. Zum Vergleich der Anlagen untereinander wird auf Normaldampfbetrieb bezogen.

Darunter versteht man Sattdampferzeugung bei 1 bar Betriebsdruck aus Eiswasser von 0 °C mit dem Wärmeinhalt $h'' = 2\,675$ kJ/kg. Wird diese Dampfart erzeugt, so ergibt das die Nettoverdampfziffer $d_N = \dot{m}_{DN} / \dot{m}_B$. Jedes kg Brennstoff erzeugt die Nutzwärme $d\,(h_h - h_w) = d_N \cdot 2675$; also gilt auch als Wirkungsgrad

$$\eta_K = \frac{d\,(h_h - h_w)}{H_u} = \frac{d_N\,2675}{H_u}$$

Tabelle 1. Dampftafel (Auszug)

p bar	t °C	Sattdampf h' kJ/Kg	r kJ/kg	h'' kJ/kg	v'' m³/kg	Heißdampf (h_h in k J/kg) 250°C	290°C	330°C	370°C	400°C	400°C	440°C	460°C	480°C	500°C
1	99,1	415	2257	2675	1,725	2973	3052	3132	3211	3274	3316	3358	4000	3442	3483
2	120	502	2202	2705	0,902	2968	3048	3128	3211	3274	3312	3354	4000	3442	3483
3	133	557	2165	2721	0,617	2964	3048	3128	3207	3270	3312	3354	3396	3437	3483
4	143	599	2135	2734	0,471	2964	3044	3123	3207	3270	3312	3354	3396	3437	3479
5	151	636	2110	2747	0,382	2960	3040	3123	3207	3266	3308	3349	3396	3437	3479
6	158	666	2089	2755	0,321	2956	3040	3119	3203	3266	3308	3349	3391	3437	3479
7	164	691	2068	2759	0,278	2952	3035	3119	3203	3266	3308	3349	3391	3433	3479
8	170	716	2051	2768	0,245	2948	3031	3115	3199	3262	3303	3349	3391	3433	3475
9	175	737	2035	2772	0,219	2948	3031	3115	3199	3262	3303	3345	3387	3433	3475
10	179	759	2018	2776	0,198	2943	3027	3111	3195	3257	3303	3345	3387	3429	3475
11	183	779	2001	2780	0,181	2939	3023	3111	3195	3257	3299	3345	3387	3429	3475
14	194	825	1964	2788	0,144	2927	3014	3102	3190	3253	3295	3341	3383	3425	3471
21	214	917	1884	2801	0,0968	2901	2998	3086	3178	3241	3287	3329	3375	3416	3463
26	225	963	1838	2801	0,0785	2885	2981	3077	3165	3232	3278	3324	3366	3412	3458
30	233	1005	1800	2805	0,0680	2860	2968	3065	3161	3228	3274	3316	3362	3408	3454
35	241	1043	1758	2801	0,0582	2834	2952	3056	3149	3220	3266	3312	3358	3404	3446
40	249	1080	1721	2801	0,0508	–	2931	3040	3156	3211	3257	3303	3349	3395	3442
50	263	1147	1645	2793	0,0402	–	2897	3015	3119	3195	3241	3291	3337	3383	3433
60	274	1206	1578	2784	0,0331	–	2847	2985	3098	3174	3228	3278	3324	3370	3421
70	284	1260	1511	2772	0,0279	–	2800	2956	3077	3157	3211	3262	3312	3362	3408
80	294	1311	1449	2759	0,0240	–	–	2918	3052	3140	3195	3245	3295	3349	3396
90	302	1357	1390	2747	0,0210	–	–	2885	3027	3119	3178	3232	3283	3337	3387
100	310	1398	1327	2726	0,0185	–	–	2839	3002	3098	3161	3216	3270	3324	3375
150	341	1599	1017	2617	0,0107	–	–	–	2839	2981	3061	3132	3195	3257	3316
200	364	1809	632	2441	0,0062	–	–	–	2554	2835	2939	3031	3111	3182	3253

2.3 Heizteile

Dampferzeugung aus Wasser gliedert sich in Wassererwärmung, Verdampfung und Überhitzung. Deshalb ist eine Kesselanlage in mehrere Heizteile aufgeteilt. Der Wasservorwärmer erwärmt das Wasser auf fast Siedetemperatur. Er besteht aus Blöcken in Reihe geschalteter Wasserrohre mit oder ohne Rippen, durch die das Wasser gegen Betriebsdruck gepumpt wird und die von außen durch die Feuergase turbulent berührt und beheizt werden. Bild 1 zeigt ein Baubeispiel.

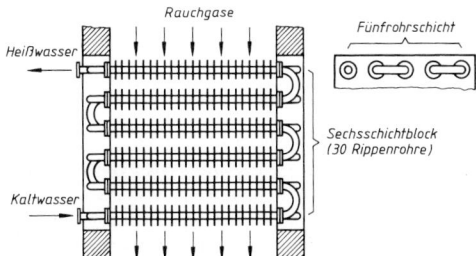

Bild 1. Wasservorwärmer

Im Verdampfer, der Hauptheizfläche, wird das Wasser unter Betriebsdruck bei Siedetemperatur verdampft und der Dampf im Dampfraum gesammelt. Im Überhitzer wird der entstandene Sattdampf auf Heißdampftemperatur erwärmt. Er besteht aus Gruppen paralleler Rohrschlangen, wie Bild 2 als Baubeispiel zeigt. Sie werden vom Dampf durchströmt und durch die Feuergase beheizt. Verdampfer und Überhitzer werden je nach Feuerungsanlage mit Berührungs- oder Strahlungsheizung betrieben.

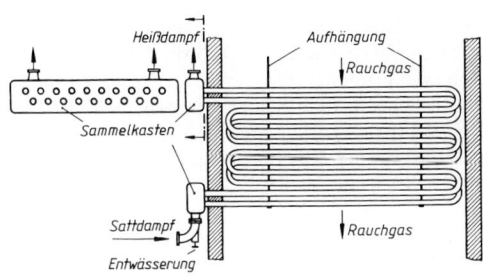

Bild 2. Dampfüberhitzer

Der Luftvorwärmer nutzt den letzten Teil der Feuerwärme aus und erwärmt die Brennluft. Er besteht meist aus Gruppen paralleler Blechkanäle von schmalem Rechteckquerschnitt, die mit Berührungsheizung unter Kreuzströmung von Luft und Feuergas betrieben werden. Bild 3 zeigt als Beispiel den Plattenlufterhitzer.

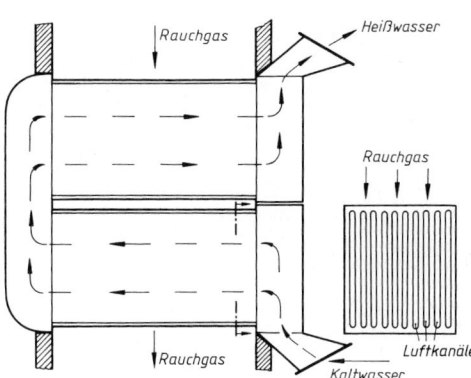

Bild 3. Luftvorwärmer

2.4 Wärmeaustausch

Energie (Wärme) kann durch Wärmeleitung, Wärmeübergang oder Wärmestrahlung übertragen werden.
Wärmeleitung kennzeichnet den Energietransport (Wärmestrom) innerhalb eines Stoffes mit unterschiedlichen Temperaturen (vgl. F Thermodynamik). Wärmeleitfähigkeit λ in $W/(m \cdot K)$ für einige feste, flüssige und gasförmige Stoffe siehe F Thermodynamik.
Wärmeübergang kennzeichnet den Energietransport zwischen verschiedenen Stoffen mit unterschiedlichen Temperaturen (vgl. F Thermodynamik).
Wärmeübergangskoeffizienten α in $J/hm^2 K$ und in $W/(m^2 \cdot K)$ für Dampferzeuger bei normalen Betriebsbedingungen sind in Tabelle 2 zusammengefasst.

Tabelle 2. Wärmeübergangskoeffizienten α

	$\dfrac{J}{h\,m^2 K}$	$\dfrac{W}{m^2 K}$
Wasservorwärmer: zwischen Feuergas und Rohrwand	$6{,}3 \dots 12{,}6 \cdot 10^4$	$17{,}5 \dots 35$
zwischen Rohrwand und Wasser	$2{,}1 \dots 3{,}3 \cdot 10^7$	$5\,830 \dots 9\,170$
Verdampfer: zwischen Feuergas und Wand	$8{,}4 \dots 20{,}9 \cdot 10^4$	$23 \dots 58$
zwischen Wand und Wasser	$2{,}1 \dots 4{,}2 \cdot 10^7$	$5\,830 \dots 11\,700$
Überhitzer: zwischen Rohrwand und Feuergas oder Dampf	$12{,}6 \dots 20{,}9 \cdot 10^4$	$35 \dots 58$
Lufterhitzer: zwischen Blechwand und Luft oder Feuergas	$4{,}2 \dots 8{,}4 \cdot 10^4$	$12 \dots 23$

Weitere Mittelwerte für den Wärmeübergangskoeffizienten α siehe F Thermodynamik.
Wärmedurchgang kennzeichnet den Energietransport von durch Wände getrennten Flüssigkeiten oder Gasen unterschiedlicher Temperatur. Bei Heizwand-

oberflächen als Trennwände wird die Energie zwischen dem Heiz- und dem Wärmgut durch Wärmeleitung und Wärmeübergang transportiert (vgl. F Thermodynamik).

Wärmedurchgangskoeffizient k wird aus dem Wärmeübergangskoeffizienten α und der Wärmeleitfähigkeit λ bestimmt. Mit der Dicke s für eine einschichtige, ebene Trennwand wird k:

$$k = \frac{1}{\dfrac{1}{\alpha_1} + \dfrac{s}{\lambda} + \dfrac{1}{\alpha_2}} \quad \begin{array}{c|c|c} k,\,\alpha & \lambda & s \\ \hline \dfrac{J}{h\,m^2\,K} & \dfrac{J}{h\,m\,K} & m \end{array} \qquad (2)$$

Sind die Heizwände auf der Heizseite durch Asche, Flugkoks und Ruß oder auf der Wasser- bzw. Dampfseite durch Kesselstein verschmutzt, treten mehrere Leitvorgänge auf. Der Wärmedurchgang wird schlechter als bei reiner (einschichtiger) Heizwand, weil nun die Energie durch mehrere Wandschichten transportiert werden muss und Ruß, Kohle und Kesselstein schlechte Wärmeleiter sind. Für mehrschichtige Trennwände wird $k = 1/(1/\alpha_1 + 1/\alpha_2 + \sum s/\lambda)$.

Tabelle 3. Wärmedurchgangskoeffizient k

	$\dfrac{J}{h\,m^2\,K}$	$\dfrac{W}{m^2\,K}$
Wasservorwärmer	$4{,}1 \ldots 12{,}6 \cdot 10^4$	$11{,}4 \ldots 35$
Verdampferheizfläche	$8{,}4 \ldots 20{,}9 \cdot 10^4$	$23{,}3 \ldots 58$
Überhitzer	$8{,}4 \ldots 25{,}1 \cdot 10^4$	$23{,}3 \ldots 69{,}7$

Die Größe der Heizflächen eines Dampferzeugers lässt sich aus der Wärmeleistung $\dot{Q}$ (Wärmemenge/Zeit), dem Wärmedurchgangskoeffizienten k und der Temperaturdifferenz Δt errechnen. Die Heizfläche A ergibt sich aus der Gleichung:

$$A = \frac{\dot{Q}}{k\,\Delta t} \quad \begin{array}{c|c|c|c} A & \dot{Q} & k & \Delta t \\ \hline m^2 & kW & \dfrac{J}{h\,m^2\,K}\,;\,\dfrac{W}{m^2\,K} & K \end{array}$$

$$(3)$$

Die gesamte Wärmeleistung teilt sich auf in die Wasservorwärmleistung $\dot{Q}_{VW}$, die Verdampferwärmeleistung $\dot{Q}_V$ und die Überhitzerwärmeleistung $\dot{Q}_{Ü}$.

Die Teilwärmeleistungen errechnen sich aus

$$\dot{Q}_{VW} = \dot{m}_D\,(h' - h_w)$$

$$\dot{Q}_V = \dot{m}_D\,r$$

$$\dot{Q}_{Ü} = \dot{m}_D\,(h_h - h'')$$

$$(4)$$

$$\begin{array}{c|c|c} \dot{Q}_{VW},\,\dot{Q}_V,\,\dot{Q}_{Ü} & h',\,h'',\,h_w,\,h_h,\,r & \dot{m}_D \\ \hline \dfrac{kJ}{s} = kW & \dfrac{kJ}{kg} & \dfrac{kg}{s} \end{array}$$

2.5 Kesselbauarten

Von den heute noch häufig anzutreffenden Großwasserraum-Kesseln wie den Flammrohr-, Heizrohr- und Rauchrohrkesseln wird nur noch der Dreizugkessel als Kombination aus Flamm- und Rauchrohrkessel gebaut. Daneben kommen Naturumlauf- und Zwangsumlaufkessel zur Anwendung. Die wichtigsten Bauformen sind:

2.5.1 Dreizugkessel

Der Dreizugkessel (Bild 4) setzt sich zusammen aus dem Grundrahmen mit Kesselstühlen, Öl- oder Gasbrenner mit Verbrennungsluftgebläse, Flammrohren und Rauchrohren, hinterer und vorderer Wendekammer und dem Überhitzer.

Das Flammrohr als Brennkammer hat gewellte oder glatte Rohre und eignet sich gut zum Einbau von Drucköl- oder Gasbrennern. Es ist im unteren Teil des Wasserraumes untergebracht. Dadurch werden Wärmeaustausch und Wasserumlauf gefördert. Kesselleistungen über 9 MW erfordern den Einbau von zwei Flammrohren.

In der hinteren Wendekammer werden die Rauchgase umgelenkt und auf die Rauchrohre des zweiten Kesselzuges verteilt. Das Gleiche geschieht in der vorderen Wendekammer, die die Rauchgase vom zweiten in den dritten Kesselzug umleitet.

Im Überhitzer wird die vom Betriebsdruck abhängige Sattdampftemperatur bis auf maximal 450 °C erhöht. Die Lage des Verdichters richtet sich nach der erforderlichen Dampftemperatur. Möglich ist der Einbau des Überhitzers in der vorderen Wendekammer, in einem vergrößerten Rauchrohr des zweiten Kesselzuges (Bypass-Überhitzer) oder direkt hinter dem Flammrohr.

Dreizugkessel werden eingesetzt zur Erzeugung von Warm- oder Heißwasser und in Heizkraftwerken zur Erzeugung von Heißdampf.

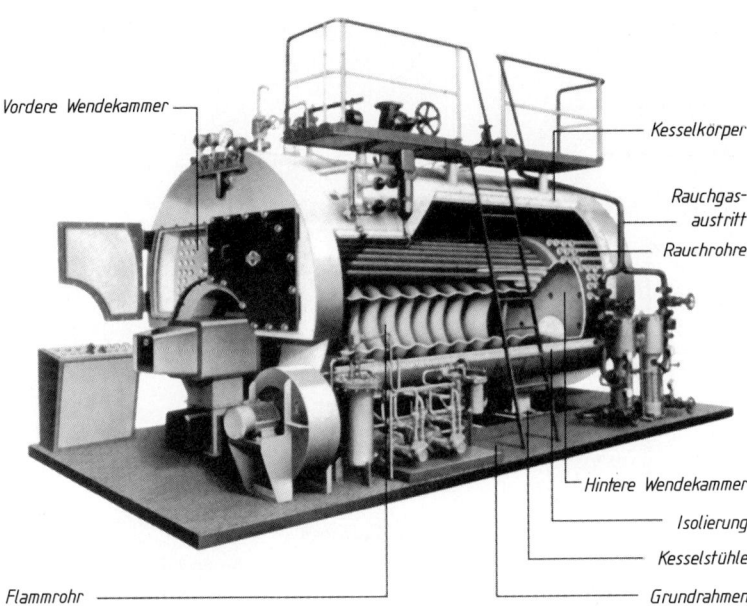

Vordere Wendekammer

Kesselkörper

Rauchgas-
austritt

Rauchrohre

Hintere Wendekammer

Isolierung

Kesselstühle

Grundrahmen

Flammrohr

Bild 4. Dreizugkessel
(Omnical)

2.5.2 Naturumlauf-Dampferzeuger

Bei dem natürlichen Umlauf des Wassers bilden sich in den beheizten Siederohren Dampfblasen. Die Dichte des Wasser-Dampfgemisches sinkt gegenüber der Wasserdichte in den Fallrohren. Deshalb entsteht am unteren Ende der Fallrohre ein Überdruck, der das Wasser-Dampfgemisch in den Siederohren nach oben drückt.

2.5.2.1 Steilrohrkessel. Die Wasserrohre münden in eine Obertrommel, in der sich der aufsteigende Dampf sammelt und in eine unbeheizte, durch das Wasser der Fallrohre gefüllte Untertrommel (Bild 5). Überhitzer-, Wasser- und Luftvorwärmer liegen in den Temperaturzonen der Brenngase. Die Trommeln sind unbeheizt, aber gegen Wärmeverlust isoliert.

2.5.2.2 Strahlungskessel. Der Feuerraum ergibt durch großflächige Rostanlagen eine starke Strahlungswirkung. Deshalb wird er mit Wasserrohrwänden ausgekleidet, die, wie die nachgeschalteten Verdampferheizflächen des Strahlraumes, ihre Wärme hauptsächlich durch Strahlung aufnehmen. Der Überhitzer wird als Strahlungs- und Berührungsheizteil ausgeführt. Dazwischen ist eine Wassereinspritzung zur Temperaturregelung des Heißdampfes vorgesehen.
Strahlungskessel werden als Einzug-, Eineinhalbzug- und Zweizugdampferzeuger gebaut.

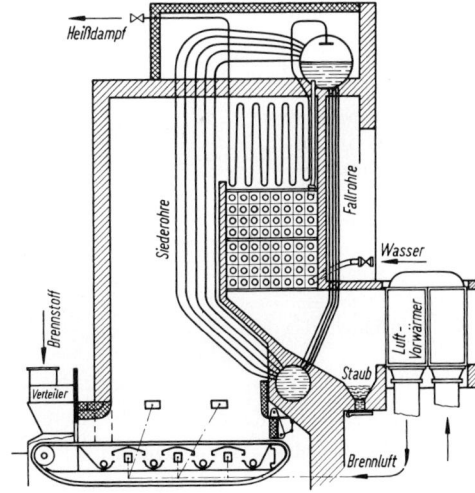

Heißdampf

Fallrohre

Siederohre

Wasser

Brennstoff

Luft-
Vorwärmer

Staub

Verteiler

Brennluft

Bild 5. Steilrohrkessel

Bei Zweizugdampferzeugern (Bild 6) befindet sich der Rauchgasaustritt unten. Sie benötigen mehr Platz als Einzugdampferzeuger, bauen jedoch niedriger. Naturumlauf-Dampferzeuger erreichen Dampfleistungen bis zu 380 kg/s bei Dampfdrücken bis zu 195 bar. Als Brennstoffe werden Steinkohle, Braunkohle, Gicht- und Erdgas und Schweröl eingesetzt.

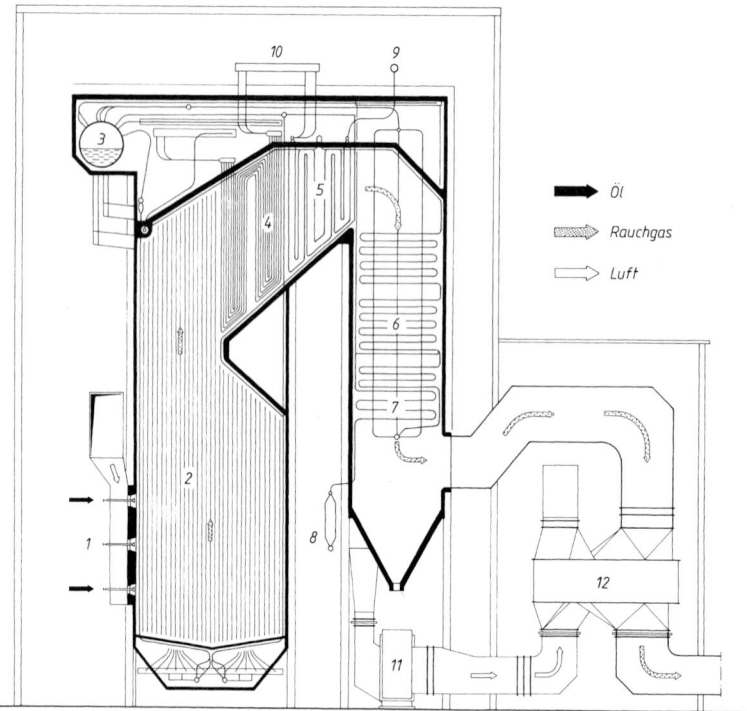

Bild 6. Naturumlaufkessel mit Schwerölfeuerung (VKW)
1 Ölbrenner
2 Strahlteil
3 Kesseltrommel
4 Schottenüberhitzer
5 Endüberhitzer
6 Vorüberhitzer
7 Speisewasservorwärmer
8 Wassereintritt
9 Heißdampfaustritt
10 Einspritzkühler
11 Frischluftgebläse
12 Regenerativluftüberhitzer

2.5.3 Zwangsdurchlauf-Dampferzeuger

Bei einem Dampfdruck über 100 bar wird der Unterschied zwischen Dampf- und Wasserdichte so gering, dass der natürliche Wasserkreislauf träge wird. Dann werden Umlaufpumpen zwischen die Fall- und Steigrohre gesetzt, die das Wasser durch die Steigrohre pumpen. Nun können auch engere Wasserrohre (32 mm Innendurchmesser) verwendet werden. Steigrohre können in starken Windungen auf- und abwärtsgeführt werden. Man spricht dann von einer Mäanderbandwicklung.

Die bekannteste Bauart ist der Bensonkessel (Bild 7). Er hat keine Dampfscheidetrommel, sondern man

schaltet nach dem strahlungsbeheizten Verdampfer einen Nachverdampfer in den Kreislauf, der vor der Dampfüberhitzung liegt. Die Speisepumpen drücken das Kondensat durch den Wasservorwärmer zum Verdampfer bis zum Nachverdampfer. Die Pumpen arbeiten gegen den Betriebsdruck und müssen auch die beträchtlichen Strömungswiderstände überwinden. Da bei Dampflastabnahme die Strömung in allen Heizteilen abnimmt, muss die Heizwärme durch Brennstoffregelung angepasst werden.

Bensonkessel erreichen Dampfleistungen bis 550 kg/s und Dampfdrücke von 220 bar. Die Brennstoffe entsprechen denen der Feuerungen von Naturumlaufkesseln.

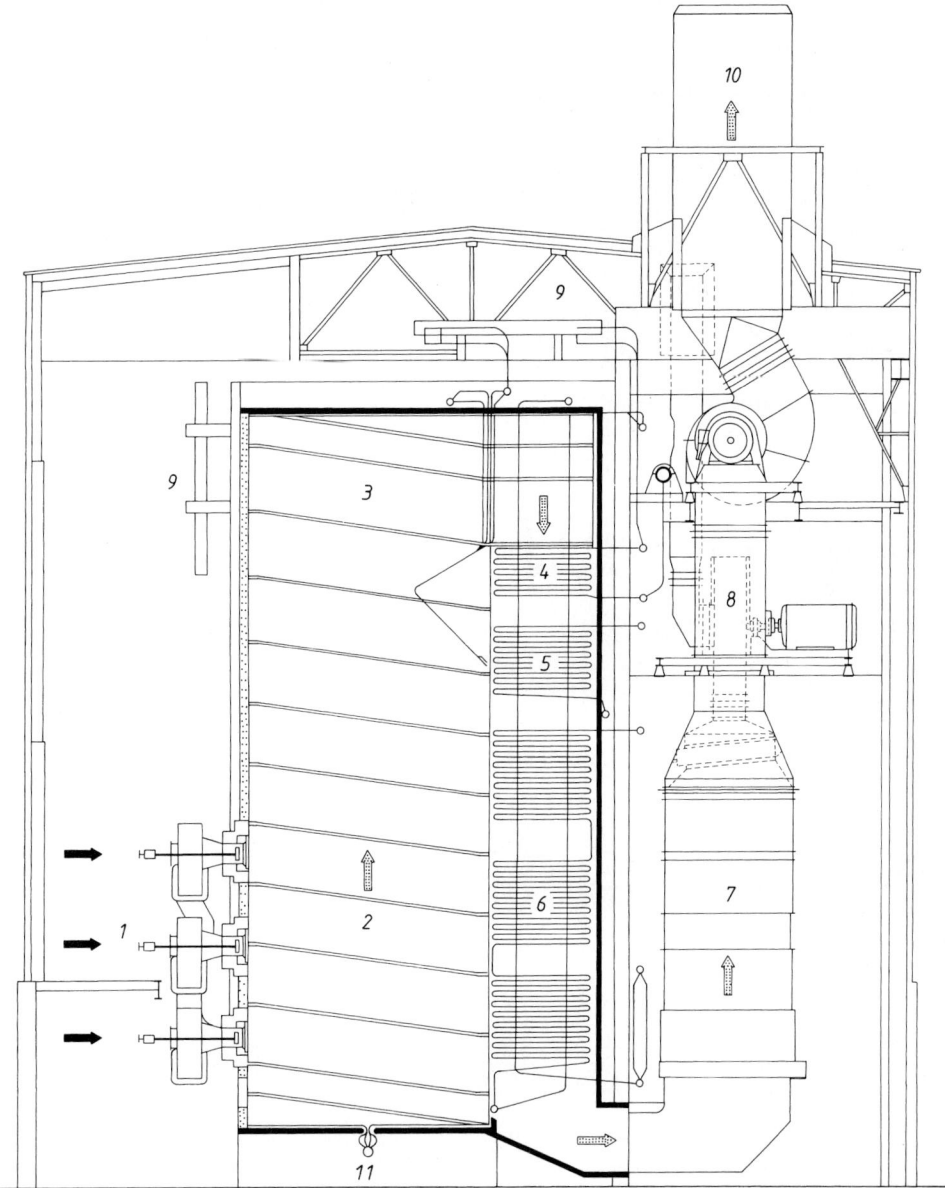

Bild 7. Bensonkessel mit Schwerölfeuerung (VKW)

1 Drucköbrenner
2 Verdampfer
3 Vorüberhitzer
4 Endüberhitzer
5 Vorüberhitzer
6 Speisewasservorwärmer
7 Luftvorwärmer
8 Frischluftgebläse
9 Einspritzkühler
10 Kamin
11 Feuerraumboden

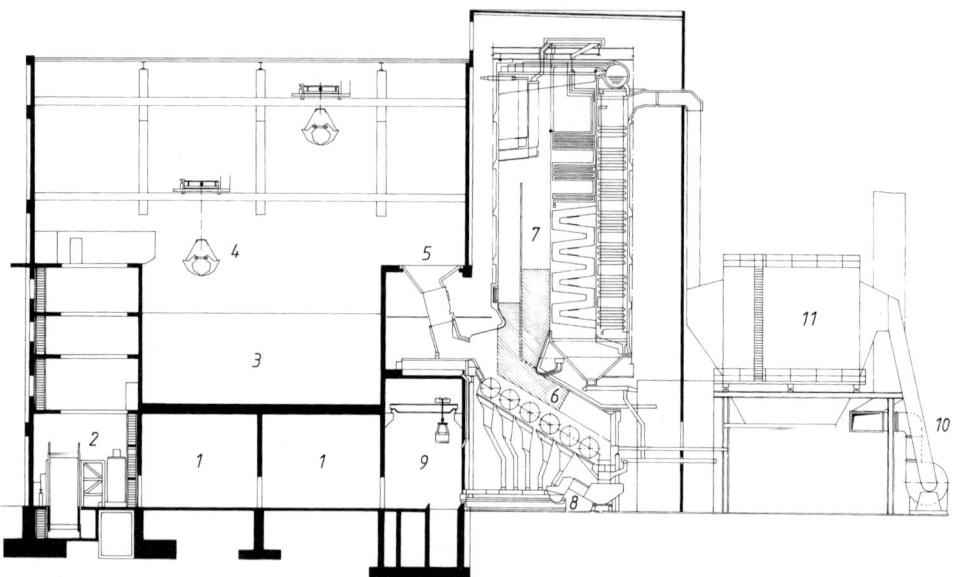

Bild 8. Müllverbrennungsanlage Hameln (VKW)

1   Fahrzeugschleuse
2   Sperrmüllschere
3   Müllbunker
4   Müllkran
5   Müllaufgabetrichter
6   Walzenrost
7   Dampferzeuger
8   Entschlacker
9   Aschebunker
10 Saugzug
11 Elektro-Entstauber

2.5.4 Dampferzeugung durch Müllverbrennung

Der Abfall wird auf Rostfeuerungen (Walzen- oder Treppenroste) verbrannt. Die starke Verschmutzung der Roste wird durch große Ausbrandräume vermindert. Der Dampferzeuger im Bild 8 ist ein Steilrohr-Strahlrohrkessel mit natürlichem Wasserumlauf. Die Dampfleistung der Anlage beträgt 8 kg/s bei einem Dampfdruck von 49 bar und einer Dampftemperatur von 450 °C.

Der erzeugte Dampf von Müllverbrennungsanlagen wird meistens in das Dampfnetz von Kraftwerken eingespeist.

3 Dampfturbinen   *W. Böge*

3.1 Erzeugung der kinetischen Energie

3.1.1 Dampfgeschwindigkeit

Der im Dampferzeuger unter Druck stehende Dampf besitzt potentielle Energie. Dieser Dampf strömt unter Druckminderung durch düsenförmige Leiteinrichtungen, wobei die potentielle Energie des Dampfes in kinetische Energie umgesetzt wird. Die Druckminderung von p_1 auf p_2 entspricht einer Enthalpieänderung von $\Delta h = h_1 - h_2$ in kJ/kg. Aus der Beziehung $E_{pot} = E_{kin}$ erhält man mit $m = 1$ kg die Gleichung $\Delta h = c_s^2/2$ und daraus die theoretische Dampfgeschwindigkeit am Düsenaustritt $c_s = \sqrt{2\,\Delta h}$ in m/s. Die Reibung des Dampfes an den Düsenwandungen verringert die Dampfgeschwindigkeit. Düsenreibzahl $\varphi = 0,93$ bis $0,98$. Zusammengefasst wirkt am Düsenaustritt die Dampfgeschwindigkeit

$$c = \varphi\sqrt{2\,\Delta h} \qquad \begin{array}{c|c|c} c & \Delta h & \varphi \\ \hline \dfrac{m}{s} & \dfrac{J}{kg} = \dfrac{Nm}{kg} = \dfrac{m^2}{s^2} & 1 \end{array} \qquad (1)$$

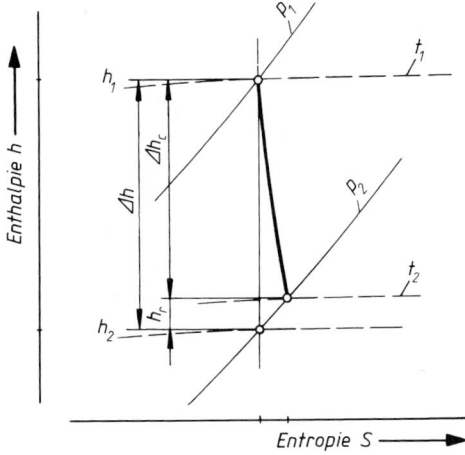

Bild 1. Energiegefälle Δh

Die Enthalpiewerte h_1 und h_2 entnimmt man der Dampftafel (L10, Tabelle 1), nämlich h_1 für p_1, T_1 und h_2 für p_2, $T_2 = T_1\,(p_1/p_2)^{\frac{\kappa-1}{\kappa}}$.

Einfacher wird das Energiegefälle Δh aus der Entropietafel (Tabelle 1) als Differenz zwischen den beiden Drucklinien p_1 und p_2 abgelesen, beginnend mit der Temperatur t_1 und dem Druck p_1 wie auch Bild 1 zeigt. Die Dampfreibung innerhalb der Düse bedeutet Erwärmung und damit Entropiezunahme des Dampfes, wodurch sich die Enthalpiedifferenz Δh um $h_r = (1 - \varphi^2)\,\Delta h$ verkleinert und das Nutzgefälle $\Delta h_c = (\varphi^2\,\Delta h)$ ist (Bild 1).

3.1.2 Kritisches Druckgefälle

Solange die Dampfströmung in der Düse nicht die Schallgeschwindigkeit für Dampf erreicht, darf der Düsenkanal stetige Querschnittsverkleinerung bis zum Dampfaustritt aufweisen, wie im Bild 2 für Einfachdüsen dargestellt ist. Bei großem Energiegefälle wird aber die Schallgrenze überschritten. Dann muss eine erweiterte Düse (Lavaldüse) angewandt werden, deren Erweiterungswinkel höchstens 10° sein soll (siehe Bild 2, Lavaldüse). Bis zum engsten Querschnitt A_{min} wird das kritische Druckverhältnis p_k/p_1 verarbeitet und danach im Erweiterungsteil das restliche Druckgefälle von p_k auf p_2. Das kritische Druckverhältnis ist für Heißdampf 0,546 und für Sattdampf 0,577. Man erkennt, dass Lavaldüsen nötig sind, wenn das verarbeitete Druckverhältnis p_1/p_2 bei Heißdampf größer als 1,83 ist.

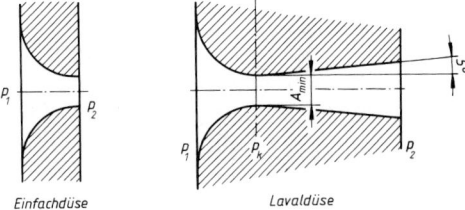

Einfachdüse   Lavaldüse

Bild 2. Düsenarten

3.1.3 Düsenquerschnitt

Düsenkanäle haben meist Rechteckquerschnitt und werden nebeneinander als Düsensegment in die Gehäusewand der Turbine vor dem Laufrad eingebaut. Das Bild 3 lässt erkennen, wie die mittlere Bogenstrecke B des Segmentes durch z Kanäle in die Teilungsstrecke $t = B/z$ aufgeteilt ist. Der Dampfeintritt in die Kanäle erfolgt unter 90° zur Gehäusewand (... axial).

Die Kanalverengung entsteht durch Abwinkelung der Kanalwände auf den Austrittswinkel α_1 (15° bis 22°). Unter diesem Winkel strömt der Dampf gegen die Schaufeln des Laufrades. Er gilt daher auch als Zuströmwinkel α_1. Mit der Kanalwanddicke s entsteht am Düsenende die Austrittweite $b_a = t \sin \alpha_1 - s$. Bei einer Kanalhöhe l ergeben z Düsenkanäle den Austrittsquerschnitt

$$A = l\,b_a\,z \qquad \begin{array}{c|c|c} A & l, b_a & z \\ \hline mm^2 & mm & 1 \end{array} \qquad (2)$$

Tabelle 1. Entropietafel für Wasserdampf

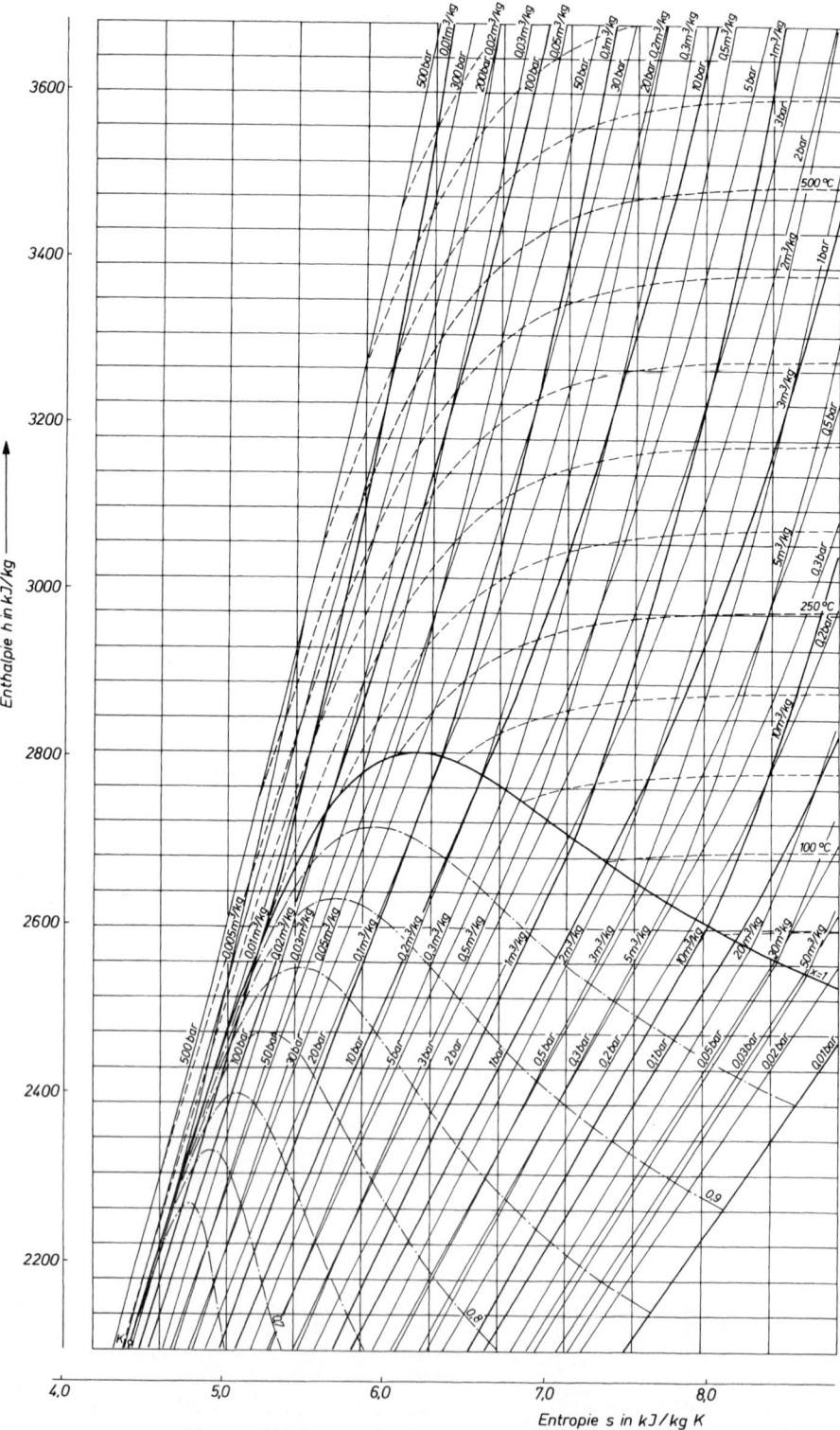

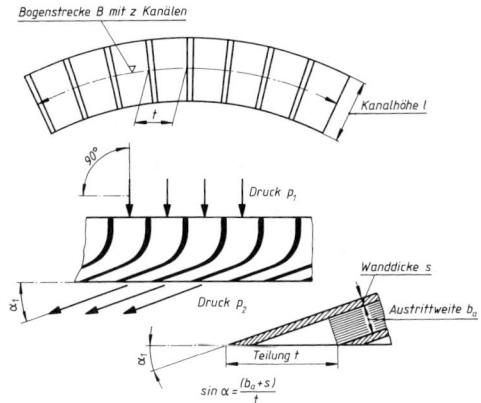

Bild 3. Einfachdüsensegment

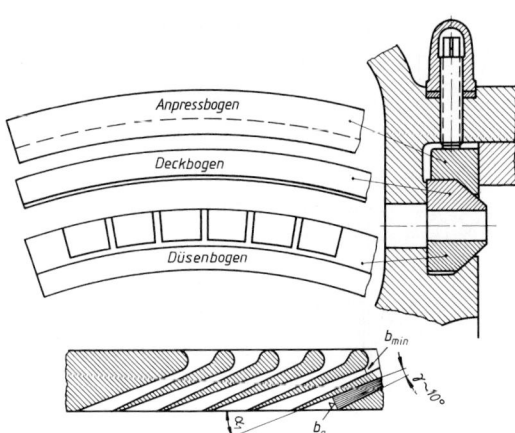

Bild 4. Lavaldüsensegment (dreiteilig)

3.1.4 Düsenbauart

Düsensegmente werden gegossen oder bei großem Druckgefälle aus Düsenbogen, Deckbogen und Anpressbogen zusammengebaut. Im Düsenbogen sind die Kanäle aus dem Vollen herausgefräst, so dass die Kanalwände stehen bleiben, die der Deckbogen abdeckt. Düsen- und Deckbogen werden in die Gehäusewand vom Anpressbogen durch Pressschrauben dampfdicht eingebaut. Das Bild 4 zeigt diese Bauart als Lavaldüsen mit Kleinstweite b_{min} und dem Erweiterungswinkel.

Da Düsensegmente nur einen Teil des Laufradumfangs mit Dampf beströmen, spricht man von Teilbeaufschlagung. Ihr Nachteil ist, dass die nicht beströmten Schaufeln den Umgebungsdampf verwirbeln und Verlustarbeit entsteht (Ventilationsverluste). Wenn irgend möglich, sollen Laufräder vollbeaufschlagte Dampfströmung erhalten. Erreichbar ist dies, indem sich mehrere Einzelbögen zum Vollumfang ergänzen, beispielsweise durch acht Einzelbögen zu je 45° Bogenwinkel. Bei unterkritischem Druckgefälle sind Einfachdüsen auf dem Vollumfang angeordnet, die dann auch Leitkanäle in den Zwischenböden mehrstufiger Turbinen genannt werden (vgl. Zoellyturbinen). Als Kanalwände dienen hier eingegossene Ni-St-Bleche zwischen Innen- und Außenring des Zwischenbodens oder eingesetzte Profilschaufeln mit Fuß. Um bei der Endmontage die Turbinenwelle mit den Laufrädern einlegen zu können, werden alle vollbeaufschlagten Düsenwände und Zwischenböden zweiteilig ausgeführt und in die beiden Gehäusehälften der Turbine eingebaut.

3.1.5 Dampfdurchsatz

Der Austrittsquerschnitt bestimmt mit der Dampfgeschwindigkeit das sekundlich durchströmende Dampfvolumen $\dot{V} = A\,c_1$ in m³/s. Hat der Dampf beim Ausströmdruck p_2 das spezifische Volumen v, so ist die sekundlich verarbeitete Dampfmasse $\dot{m}_D = V_s/v$ in kg/s. Man erhält pro Stunde den Dampfdurchsatz

$$\dot{m}_{Dh} \qquad \frac{3\,600\,A\,c_1}{v}$$

$\dot{m}_{Dh}$	A	c_1	v
$\dfrac{kg}{h}$	m^2	$\dfrac{m}{s}$	$\dfrac{m^3}{kg}$

$\qquad$ (3)

3.2 Nutzung der kinetischen Energie

Der aus den Düsen austretende Dampf strömt auf die Schaufeln des Laufrades. Die Schaufeln bilden gekrümmte Kanäle mit konstanter Kanalweite, in denen die durchströmende Dampfmasse abgelenkt wird. Um konstante Kanalweite zu erhalten, werden Profilschaufeln verwendet, wie es in Bild 5 dargestellt ist. Der erzeugte Ablenkdruck wirkt als Triebkraft F am Radumfang und treibt die Radschaufeln mit der Umlaufgeschwindigkeit u an, wodurch sich die Triebleistung $P = Fu$ ergibt. Der Druckzustand des Dampfes ist vor und hinter dem Laufrad gleich groß. Das Laufrad arbeitet als Gleichdruckrad, die Turbine gilt als Gleichdruckturbine. Der im Bild 5 aufgezeigte Geschwindigkeitsverlauf der Dampfströmung im Radkanal lässt die Energienutzung erkennen.

3.2.1 Dampfeintritt

Vor dem Radkanal hat der Dampf die Geschwindigkeit c_1 und den Zuströmwinkel α_1 zur Umlaufrichtung der Radkanäle, deren Eintrittskanten (Schaufelkanten) die Umlaufgeschwindigkeit u haben. Aus beiden Geschwindigkeiten ergibt sich die relative Geschwindigkeit w_1 unter dem Richtungswinkel β_1, die der Dampf gegenüber der umlaufenden Eintrittskante des Radkanals hat. Die Kanalwand (Schaufelwand) muss baumäßig diesen Richtungswinkel β_1 am Kanalanfang haben, damit der Dampf ohne Strömungsstörung an die Wand mit w_1 angleitet und stoßfreier Dampfeintritt in den Radkanal erfolgt.

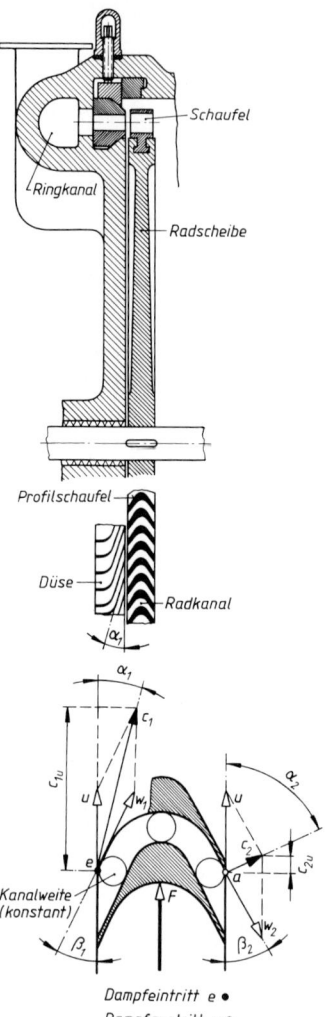

Bild 5.
Energienutzung im Radkanal

3.2.2 Dampfaustritt

Im umlaufenden Radkanal wird der Dampf durch die Wandkrümmung abgelenkt. Während dieser Ablenkung sinkt die relative Dampfgeschwindigkeit durch Reibung der Dampfmoleküle auf $w_2 = \psi\, w_1$, Schaufelbeiwert $\psi = 0,95$ bis $0,8$ (je nach Größe des Ablenkungsgrades). Mit dieser Geschwindigkeit w_2 verlässt der Dampf die umlaufende Kanalwand unter Wandneigungswinkel β_2. Da die Kanalwand die Geschwindigkeit u hat, entsteht aus w_2 und u hinter dem Radkanal die absolute Dampfgeschwindigkeit c_2 unter dem Abströmwinkel α_2 zur Umlaufrichtung geneigt, wie es die Austrittseite am Laufrad im Bild 5 zeigt. Tabelle 2 zeigt Reibzahlwerte ψ abhängig vom Ablenkgrad.

Tabelle 2. Schaufelbeiwerte

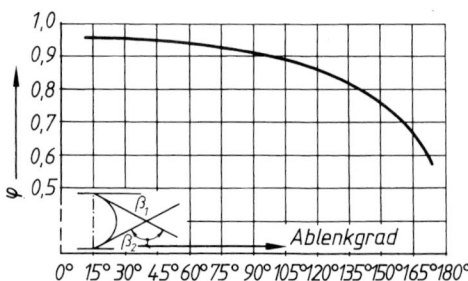

3.2.3 Triebkraft und Leistung am Radumfang

Die Geschwindigkeiten am Ein- und Austritt des Radkanals zeigen zwei Geschwindigkeitsdreiecke, die zusammengefasst den Geschwindigkeitsplan der Energienutzung ergeben, der im Bild 6 dargestellt ist, wobei oft beide Dreiecke nebeneinander gezeichnet werden. Betrachtet man in diesem Plan die Komponenten der Dampfströmung in Radlaufrichtung, so ist vor Radkanal $c_{1u} = c_1 \cos \alpha_1$ und nachher $c_{2u} = c_2 \cos \alpha_2$ als Komponente zu erkennen. Die in Radlaufrichtung wirkende Triebgeschwindigkeit des Dampfes nimmt während der Ablenkung im Radkanal um $\Delta c_u = c_{1u} - c_{2u}$ ab. Damit entsteht der Triebimpuls $Ft = m\, \Delta c_u$ in Ns und mit der sekundlich durchströmenden Dampfmasse $\dot m_D$ ist am Radumfang die Triebkraft

$$F = \dot m_D\, \Delta c_u = \dot m_D\, (c_{1u} - c_{2u})$$

F	$\dot m_D$	c_{1u}, c_{2u}
N	$\dfrac{\text{kg}}{\text{s}}$	$\dfrac{\text{m}}{\text{s}}$

(4)

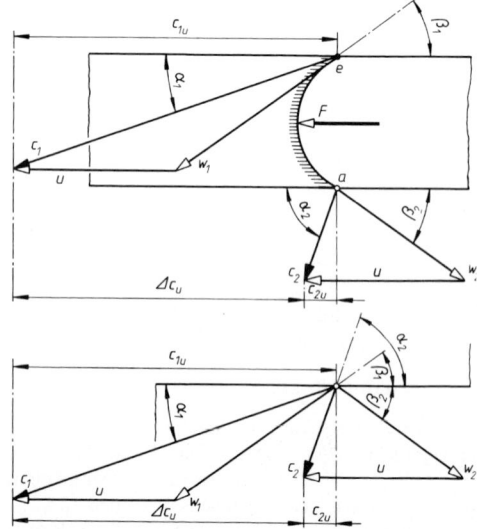

Bild 6. Geschwindigkeitsplan

Bei der Umlaufgeschwindigkeit u des Radkanals (Schaufel) ist dann als sekundliche Triebarbeit des Dampfes am Radumfang die Umfangsleistung

$$P_u = Fu = \dot{m}_D\, u\, (c_{1u} - c_{2u})$$

P	$\dot{m}_D$	u, c_{1u}, c_{2u}
W	$\dfrac{kg}{s}$	$\dfrac{m}{s}$

$\qquad\qquad\qquad\qquad\qquad\qquad$ (5)

3.2.4 Turbinengleichung, Bestnutzung

Jedes kg Dampfmasse gibt im Radkanal den Energiebetrag $E = u\,(c_{1u} - c_{2u})$ in J/kg an das Laufrad der Turbine ab. Diese Gesetzmäßigkeit wird als allgemeine Turbinengleichung $E = u\,(c_1 \cos \alpha_1 \pm c_2 \cos \alpha_2)$ bezeichnet. Hierbei ist zu beachten, dass die Komponenten c_{1u} und c_{2u} gleiche oder gegensinnige Richtung haben, denn ihr Änderungsbetrag bestimmt die Größe des Triebimpulses und damit Radtriebkraft und Radleistung. Die beste Energienutzung am Laufrad entsteht dann, wenn der Zuströmwinkel α_1 möglichst klein gehalten wird und der Abströmwinkel $\alpha_2 = 90°$ beträgt, damit der Abströmdampf keine Rotationsenergie enthält. Setzt man vereinfacht $w_2 = w_1$ und baut gleiche Wandwinkel $\beta_1 = \beta_2$, so erreicht man 90° Abströmwinkel, wenn $u = w_2 \cos \beta_2 = \cos \beta_1\, w_1$ ist. Dann wird auch $c_{1u} = 2\,u$, wie es im Bild 7 der Geschwindigkeitsplan für Bestnutzung zeigt. Man erkennt, dass dafür die Umlaufgeschwindigkeit $u = c_{1u}/2 = (c_1/2) \cos \alpha_1$ die Bestlaufbedingung ist.

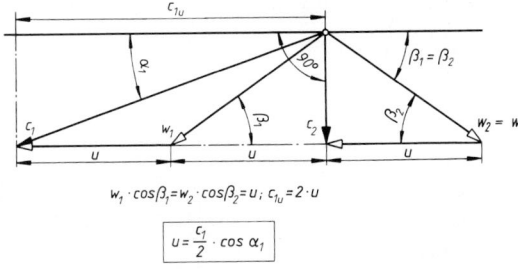

$w_1 \cdot \cos\beta_1 = w_2 \cdot \cos\beta_2 = u\,;\ c_{1u} = 2 \cdot u$

$$u = \frac{c_1}{2} \cdot \cos \alpha_1$$

Bild 7. Bestlaufregel

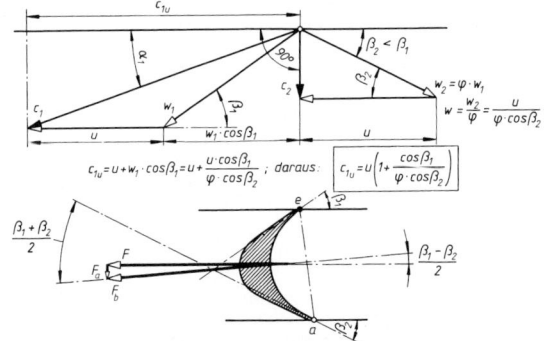

$c_{1u} = u + w_1 \cdot \cos\beta_1 = u + \dfrac{u \cdot \cos\beta_1}{\varphi \cdot \cos\beta_2}\,;$ daraus $\ \boxed{c_{1u} = u\left(1 + \dfrac{\cos\beta_1}{\varphi \cdot \cos\beta_2}\right)}$

$\dfrac{\beta_1 + \beta_2}{2}$ $\dfrac{\beta_1 - \beta_2}{2}$

Bild 8. Unsymmetrische Schaufel (β_2 kleiner β_1)

3.2.5 Schaufelprofile

Durch die Dampfreibung im Radkanal wird $w_2 < w_1$. Soll der Abströmwinkel 90° erreicht werden, so baut man vielfach unsymmetrisches Schaufelprofil mit $\beta_2 < \beta_1$, um gute Laufbedingung $c_{1u} = u\,[1 + \cos \beta_1/(\psi \cos \beta_2)]$ zu erhalten, wie es Bild 8 erkennen lässt. Hierbei wirkt die Bahnkraft F_b unter Winkelneigung $(\beta_1 - \beta_2)/2$ zur Radlaufrichtung und hat neben der Triebkomponente F eine kleine Axialkomponente $F_a = F \tan [(\beta_1 - \beta_2)/2]$.

Diesen Nachteil vermeidet man bei symmetrischem Schaufelprofil mit $\beta_1 = \beta_2$ nach Bild 9. Der dort aufgestellte Geschwindigkeitsplan zeigt, dass dann für den Bestnutzungslauf die Umlaufgeschwindigkeit

$$u = c_{1u}\, \frac{\psi}{\psi + 1} \quad \text{sein muss.}$$

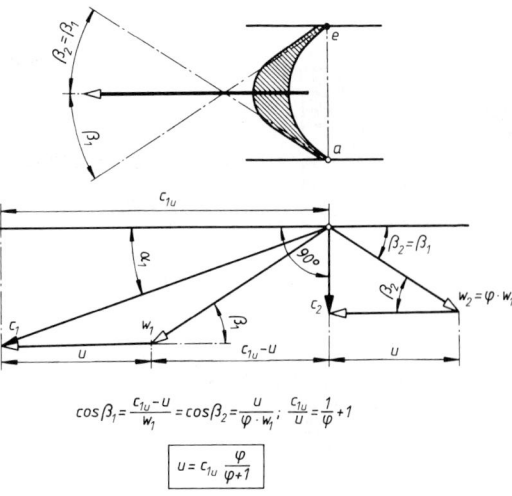

$\cos\beta_1 = \dfrac{c_{1u} - u}{w_1} = \cos\beta_2 = \dfrac{u}{\varphi \cdot w_1}\,;\ \dfrac{c_{1u}}{u} = \dfrac{1}{\varphi} + 1$

$$\boxed{u = c_{1u}\, \frac{\varphi}{\varphi + 1}}$$

Bild 9. Symmetrische Schaufel ($\beta_2 = \beta_1$)

Eine weitere Maßnahme für Bestnutzung ist bei vollbeaufschlagten Rädern die Anwendung eines kleinen Druckgefälles im Laufradkanal, dessen Energiebetrag gerade die Reibverluste aufhebt, wodurch $w_2 = w_1$ erhalten wird und mit Symmetrieschaufel ($\beta_1 = \beta_2$) nach Bild 7 die Umlaufgeschwindigkeit $u = (c_1/2) \cos \alpha_1$ sein muss. Derartige Radkanäle haben Düsenform mit Verengungskanal, das Rad hat Überdruckschaufeln, wie es Bild 10 zeigt. Der Schaufelkranz des Rades erhält dann Labyrinthdichtung gegen Gehäusewand durch Laufkämme am Deckband, damit der am Rad wirkende Überdruck sich dort nicht ausgleicht (Spaltverluste werden klein gehalten). Der Überdruck auf die Radfläche A_R erzeugt eine Axialkraft $F_a = (p_2 - p_2') A_R$, die zu berücksichtigen ist. Die Radkanalhöhe (Schaufellänge l) muss am Dampfaustritt größer als am Eintritt sein, da bei p_2' das spezifische Volumen υ_2' größer als υ_2 beim Druckzustand p_2

ist und die sekundlich durchströmende Dampfmasse $\dot{m}_D = V_{se}/v_2 = V_{sa}/v_2'$ beträgt. Mit der Radkanalzahl z und $w_1 = w_2$ muss dann $\dfrac{b_1\,l_1}{v_2} = \dfrac{b_2\,l_2}{v_2'}$ sein und demnach das Höhenverhältnis $\dfrac{l_2}{l_1} = \dfrac{b_1\,v_2'}{b_2\,v_2}$. Am Dampfaustritt sorgt das geradflankige Kanalende für gute Dampfabströmung.

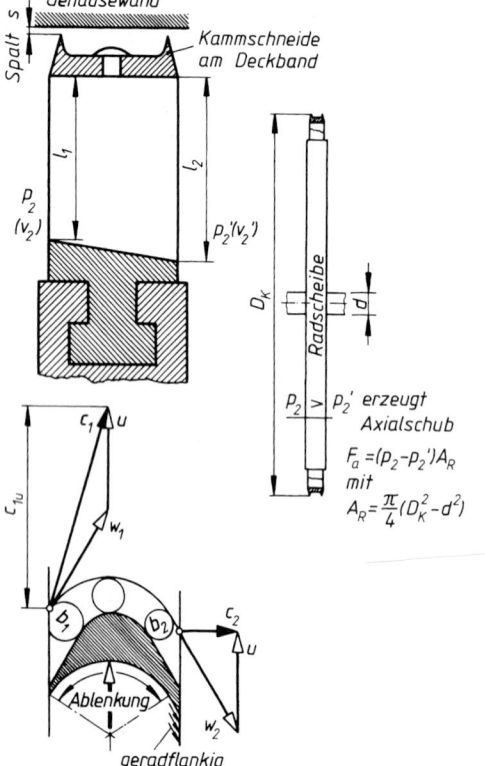

Bild 10. Überdruckschaufel (b_1 größer b_2)

3.3 Geschwindigkeitsstufung (Curtisrad)

Die Umlaufgeschwindigkeit bestimmt die Fliehkraftwirkung auf die Schaufeln und deren Festigkeitsbeanspruchung. Für bestes Schaufelmaterial gilt als erträglicher Höchstwert $u = 300$ m/s. Dafür kann die Dampfgeschwindigkeit $c_1 = 2u = 600$ m/s durch ein Energiegefälle $\Delta h = (600^2/2) = 180$ kJ/kg in der Düse erzeugt werden. In Lavaldüsen werden aber meist mehr als 419 kJ/kg als Energiegefälle verarbeitet, dessen Energiebetrag dann nur mehrstufig am Rad ausgenutzt werden kann. Man verwendet ein mehrkränziges Laufrad, das Curtisrad (Curtisturbine). Praktisch werden hauptsächlich zweikränzige Räder (2C-Räder) angewandt, selten dreikränzige. Zwischen den beiden Radkränzen greift der am Gehäuse befes-

tigte Leitschaufelkranz ein, dessen Kanäle den Austrittsdampf des ersten Radkranzes wieder in Laufrichtung zum zweiten Radkranz umleiten. Als Nachteil entsteht in drei Kanälen mehr Reibverlust als bei einstufiger Energienutzung, wodurch Curtisräder einen schlechten Wirkungsgrad aufweisen. Es treten drei verschiedene Kanalreibzahlen ψ', ψ_m und ψ'' auf, deren Gesamtprodukt $\psi_g = \psi'\,\psi_m\,\psi''$ ist. Für Symmetrieschaufeln erhält man durch ähnliche Überlegungen wie am Einkranzrad nach Bild 9 hier beim 2 C-Rad die Bestlaufbedingung $c_{1u}/u = f(\psi', \psi'', \psi_g)$. Vorläufig geschätzte Reibzahlen bestimmen nach dieser Bestlaufbedingung die Umlaufgeschwindigkeit des 2 C-Rades für dessen Betriebswerte $\dot{m}_D$, Δh, φ, α_1. Die Schaufelprofile der Kränze werden unter Beachtung der wirklichen Kanalreibzahlen durch den Geschwindigkeitsplan ermittelt und der Strömungsverlauf im 2 C-Rad erkannt. Das Beispiel vom Bild 11 (Kleinturbine; $n = 6\,000$ 1/min) zeigt die Anwendung der erkannten Zusammenhänge.

3.3.1 Übungsbeispiel (2 C-Rad)

Betriebswerte:
Dampfmenge je Sekunde am Düsenausgang
$$\dot{m}_D = 1\ \frac{\text{kg}}{\text{s}}$$
Spezifisches Volumen
$$v = 0{,}9\ \frac{\text{m}^3}{\text{kg}}$$
Enthalpiedifferenz
$$\Delta h = 419\ \frac{\text{kJ}}{\text{kg}}$$
Lavaldüsen mit Düsenreibzahl $\varphi = 0{,}95$
Zuströmwinkel $\alpha_1 = 17°$
Drehzahl $n = 6\,000$ min^{-1}

Düsensegment:
Ausströmvolumen je Sekunde
$$\dot{V} = \dot{m}_D\,v = 0{,}9\ \frac{\text{m}^3}{\text{s}}$$
Düsenaustrittsgeschwindigkeit
$$c_1 = \varphi\sqrt{2\,\Delta h} = 869\ \frac{\text{m}}{\text{s}}$$
Gesamte Düsenaustrittsfläche
$$A_d = \frac{\dot{V}}{c_1} = 1\,035\ \text{mm}^2$$
Düsenzahl $z = 15$
Kanalwanddicke $s = 2$ mm $\qquad\Big\}$ (gewählt)

Kanalquerschnitt $\dfrac{A_d}{z} = 69\ \text{mm}^2$;

Kanalhöhe $l_d = 7{,}2$ mm
Kanalweite $b_a = 9{,}6$ mm

Düsenteilung $t = \dfrac{b_\mathrm{a} + s}{\sin \alpha_1} = 39,8$ mm

Bogenlänge $B = z\,t = 597$ mm (vgl. Bilder 3 und 4)

Laufkranz I:
Zuströmgeschwindigkeit

$$c'_{1\mathrm{u}} = 869\ \frac{\mathrm{m}}{\mathrm{s}} = \text{Düsenaustrittsgeschwindigkeit } c_1$$

Umlaufkomponente

$$c'_{1\mathrm{u}} = c'_1 \cos \alpha_1 = 831\ \frac{\mathrm{m}}{\mathrm{s}}$$

Axialkomponente

$$c'_{1\mathrm{a}} = c'_1 \sin \alpha_1 = 254\ \frac{\mathrm{m}}{\mathrm{s}}$$

Kanalreibzahl der Laufkränze (geschätzt)
$\psi' = 0,8,\ \psi'' = 0,9$
Kanalreibzahl im Leitkranz $\psi_\mathrm{m} = 0,85$

Umlaufgeschwindigkeit

$$u = \frac{c'_{1\mathrm{u}}}{f\,(\psi', \psi'', \psi_\mathrm{g})}\ \text{mit } \psi_\mathrm{g} = \psi'\,\psi_\mathrm{m}\,\psi''\ \text{und}$$

$$f(\psi', \psi'', \psi_\mathrm{g}) = 5,35$$

$$u = 155\ \frac{\mathrm{m}}{\mathrm{s}}$$

Umfang $U = \dfrac{u}{n} = 1,55$ m

Laufdurchmesser $D = \dfrac{U}{\pi} = 0,494$ m

Beaufschlagung $\dfrac{B}{U} = \dfrac{0,597}{1,55} = 0,385 \mathbin{\hat{=}} 38,5\ \%$

Profilwinkel (Symmetrieschaufel)

$$\beta'_1 = \beta'_2 \text{ aus } \tan \beta'_1 = \frac{c'_{1\mathrm{a}}}{c'_{1\mathrm{u}} - u}$$

$$\tan \beta'_1 = \frac{254}{831 - 155} = 0,376; \quad \beta'_1 = 20,6^\circ$$

Profilwinkel $\beta'_1 = \beta'_2 = 20,6^\circ$ ergibt mit Umlenkung um $139,2^\circ$ nach Tabelle 2 die Kanalreibzahl $\psi' = 0,8$ (wie geschätzt)
Relative Geschwindigkeiten

$$w'_1 = \frac{c'_{1\mathrm{a}}}{\sin \beta'_1} = 721\frac{\mathrm{m}}{\mathrm{s}}$$

$$w'_2 = w'_1\,\psi' = 577\ \frac{\mathrm{m}}{\mathrm{s}}$$

Umlaufkomponente

$$c'_{2\mathrm{u}} = w'_2 \cos \beta'_2 - u = 385\ \frac{\mathrm{m}}{\mathrm{s}}$$

Abströmwinkel α'_2 aus

$$\tan \alpha'_2 = \frac{w'_2 \sin \beta'_2}{c'_{2\mathrm{u}}} = 0,53; \quad \alpha'_2 = 28^\circ$$

Abströmgeschwindigkeit

$$c'_2 = \frac{c'_{2\mathrm{u}}}{\cos \alpha'_2} = 436\ \frac{\mathrm{m}}{\mathrm{s}}$$

Triebkraft $F' = \dot{m}_\mathrm{D}\,(c'_{1\mathrm{u}} - c'_{2\mathrm{u}}) = 446$ N
Ablenkbreite $a = 10$ min,
Kranzbreite $k = 1,1 \cdot a = 11$ mm (gewählt)
Schaufel- bzw. Kanalzahl

$$z = \frac{U}{t} = \frac{4\,U \sin \beta \cos \beta}{a} = 204,3\ ,\ \text{gewählt}$$

$z' = 205$ mit $t' = \dfrac{U}{z'} = 7,56$ mm Teilung

Kanaleintritt:
Kanaleintrittsquerschnitt

$$\frac{\dot{V}}{w'_1 \left(\dfrac{B}{t'} \right)} = 21,16\ \mathrm{mm}^2$$

Kanalhöhe $l'_1 = 8$ mm, Kanalweite $b' = 2,65$ mm,
Endwanddicke $s = 0,3$ mm

Kanalaustritt:

Kanalhöhe $l'_2 = l'_1 \left(\dfrac{w'_1}{w'_2} \right)\!\left(\dfrac{v'}{v} \right) = 11$ mm

Leitkranz:
Profilwinkel $\beta_\mathrm{m} = \alpha'_2 = 28^\circ$ ergibt mit Umlenkung um 124° nach Tabelle 2 Kanalreibzahl $\psi_\mathrm{m} = 0,85$ (wie geschätzt)

Zuströmgeschwindigkeit $c_\mathrm{e} = c'_2 = 436\ \dfrac{\mathrm{m}}{\mathrm{s}}$

Abströmgeschwindigkeit $c_\mathrm{a} = \psi_\mathrm{m}\,c_\mathrm{e} = 370\ \dfrac{\mathrm{m}}{\mathrm{s}}$

Schaufelzahl $z_\mathrm{m} = f(U, \beta_\mathrm{m}, a) = 257,3$, gewählt
$z_\mathrm{m} = 250$ mit $t_\mathrm{m} = 6,2$ mm Teilung

Kanaleintritt:
Kanalhöhe $\qquad l_{1\mathrm{m}} = 11,8$ mm
Kanalweite $\qquad b_\mathrm{m} = 2,65$ mm
Endwanddicke $\quad s_\mathrm{m} = 0,5$ mm

Kanalaustritt:

Kanalhöhe $l_{2\mathrm{m}} = \left(\dfrac{l_{1\mathrm{m}}}{\psi_\mathrm{m}} \right)\!\left(\dfrac{v''}{v'} \right) = 14,3$ mm

$\dot{V}' = 0,99\ \dfrac{\mathrm{m}^3}{\mathrm{s}}$ am Eintritt nimmt durch Erwärmung

zu auf $\dot{V}'' = 1,015\ \dfrac{\mathrm{m}^3}{\mathrm{s}}$

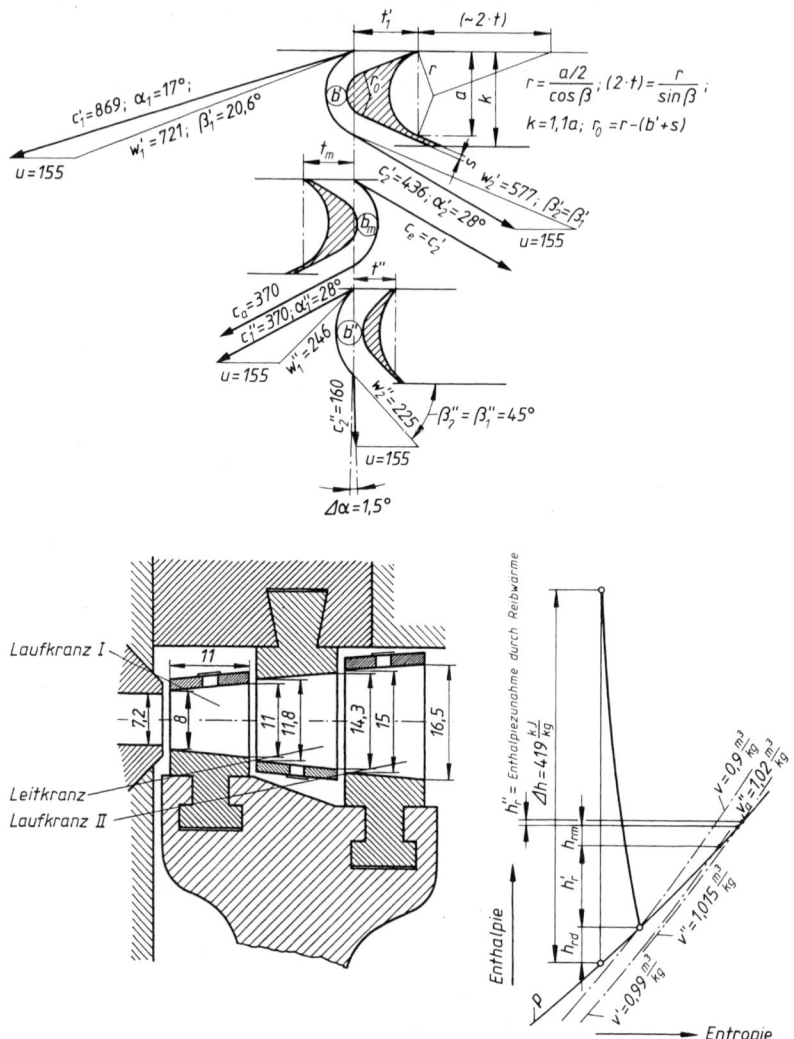

Bild 11. Zweikränziges Curtisrad zum Übungsbeispiel

Laufkranz II:

Zuströmgeschwindigkeit $c_1'' = c_a = 370 \frac{m}{s}$

Zuströmwinkel $\alpha_1'' = \alpha_2' = 28°$

Umlaufkomponente $c_{1u}'' = c_1'' \cos \alpha_1'' = 327 \frac{m}{s}$

Axialkomponente $c_{1a}'' = c_1'' \sin \alpha_1'' = 174 \frac{m}{s}$

Profilwinkel $\beta_1'' = \beta_2''$ aus $\tan \beta_1'' = \dfrac{c_{1a}''}{c_{1u}''-u} = 1,01$

$\beta_1'' = 45°$ ergibt mit Ablenkung von 90° nach Tabelle 2 die Kanalreibzahl $\psi'' = 0,915$ (statt wie geschätzt ψ'' = 0,9!)

Relative Geschwindigkeiten $w_1'' = \dfrac{c_{1a}''}{\sin \beta_1''} = 246 \frac{m}{s}$

und $w_2'' = \psi'' \, w_1'' = 225 \frac{m}{s}$

Umlaufkomponente $c_{2a}'' = w_2'' \cos \beta_2'' - u = 4,07 \frac{m}{s}$

(gegen Triebrichtung)

Abweichwinkel

$\Delta \alpha$ von 90° aus $\tan \Delta \alpha = \dfrac{c_{2u}''}{w_2'' \sin \beta_2''} = 0,026,$

$\Delta \alpha = 1,5°$

Abströmwinkel $\alpha_2'' = 90° - \Delta \alpha = 88,5°$

Abströmgeschwindigkeit $c_2'' = \dfrac{c_{2u}''}{\sin \Delta \alpha} = 157 \dfrac{m}{s}$

Triebkraft $F'' = \dot{m}_D \left(c_{1u}'' - c_{2u}''\right) = 331 \; N$
Schaufelzahl $z'' = f(U, \beta', a) = 310$ mit $t'' = 5$ mm Teilung

Kanaleintrittsquerschnitt $\dfrac{\dot{V}''}{w_1'' \; \dfrac{B}{t''}} = 34{,}6 \; mm^2$

Kanaleintritt:

Kanalhöhe $l_1'' = 15$ mm, Kanalweite $b'' = 2{,}3$ mm, Endwanddicke $s = 0{,}9$ mm

Kanalaustritt:

Kanalhöhe $l_2'' = 16{,}4$ mm

Austrittsvolumen $\dot{V}_a = 1{,}02 \; \dfrac{m^3}{s}$

Spezifisches Volumen $\upsilon_a = 1{,}02 \; \dfrac{m^3}{kg}$

Leistung $P_u = (F' + F'') \, u = 120\,435 \; \dfrac{Nm}{s} = 120{,}44 \, kW$

3.3.2 Wirkungsgrad

Die Dampfleistung wird ohne Berücksichtigung von Wärmeverlusten nach der Gleichung $P_0 = \dot{m}_D \, \Delta h = (\dot{m}_D \, /2) \; c_0^2$ ermittelt. Hinter der Düse ergibt sich die tatsächliche Dampfleistung aus $P_1 = (\dot{m}_D \, /2) \; c_1^2$. Daraus lässt sich der Düsenwirkungsgrad $\eta_d = P_1/P_0 = (c_1/c_0)^2 = \varphi^2$ bestimmen. Ebenso lässt sich der Kanal- oder Schaufelwirkungsgrad festlegen:

$$\eta_s = \dfrac{P_u}{P_1} \quad \dfrac{2\,P_u}{\dot{m}_D \; c_1^2} \quad \begin{array}{c|c|c|c} \eta_s & P_u & \dot{m}_D & c_1 \\ \hline 1 & W & \dfrac{kg}{s} & \dfrac{m}{s} \end{array} \quad (6)$$

Das Produkt beider Einzelwirkungsgrade ergibt den Gesamtwirkungsgrad am Radumfang, den Umfangswirkungsgrad $\eta_u = P_u/P_0 = P_u/\dot{m}_D \, \Delta h$. Teilbeaufschlagte Räder haben Leistungsverluste P_v durch Ventilation, die durch Schutzringe (Bild 13) gering gehalten werden können. Vollbeaufschlagte Räder mit Überdruckwirkung in den Kanälen (Bild 10) haben Spaltverluste P_s, weil Dampf durch die Laufspalte an den Kranzkanälen vorbeiströmt. Die Leistungsverluste $P_{v,s}$ betragen 3 bis 5 % von P_0 und verschlechtern den Umfangswirkungsgrad auf den Innenwirkungsgrad $\eta_i = (0{,}95$ bis $0{,}97) \; \eta_u$.

3.4 Druckstufung (Zoellyturbine)

Hohe Dampfgeschwindigkeit und großer Ablenkgrad im Radkanal erzeugt große Reibverluste und einen schlechten Wirkungsgrad (siehe 2 C-Rad). Wird ein großes Energiegefälle in mehrere Teilgefälle unterteilt verarbeitet, so erhält man kleinere Dampfgeschwindigkeiten, kleinere Reibverluste und einen besseren Wirkungsgrad. Derartige Energieverarbeitung heißt Druckstufung. Sie findet Anwendung in der Zoellyturbine, die als Reihenschaltung mehrerer Gleichdruckturbinen angesehen werden kann. In jeder Stufe wird möglichst das gleiche Teilgefälle Δh verarbeitet, das in den düsenförmigen Leitkanälen des Zwischenbodens Energie erzeugt, die im nachfolgenden Gleichdruckrad triebmäßig ausgenutzt wird. Die Leitkanäle jeder Folgestufe verarbeiten als Düse ihr Druckgefälle und die ungenutzte Abströmenergie der vorhergehenden Stufe. Bei gleichem Energierestbetrag in jeder Folgestufe ist die erzeugte Energie in diesen Folgestufen gleich groß. Einen Abströmverlust erhält nur die letzte Stufe. Das Übungsbeispiel nach Bild 12 zeigt die Zusammenhänge.

3.4.1 Übungsbeispiel (5 Gleichdruckstufen)

Betriebswerte:

Dampfmenge je Sekunde $\dot{m}_D = 20 \; \dfrac{kg}{s}$

Summe der Teilenergiegefälle $\Delta h_g = 419 \; \dfrac{kJ}{kg}$

Teilenergiegefälle $\Delta h = 83{,}8 \; \dfrac{kJ}{kg}$ (5 Stufen)

Turbinendrehzahl $n = 3\,000 \; min^{-1}$
Düsenreibzahl $\varphi = 0{,}96$ bei einem Zuströmwinkel $\alpha_1 = 17°$

Anfangsstufe:
Düsenaustrittsgeschwindigkeit

$$c_1 = \varphi \; \sqrt{2 \, \Delta h} = 394 \dfrac{m}{s}$$

Umlaufkomponente $c_{1u} = c_1 \cos \alpha_1 = 376 \dfrac{m}{s}$

Axialkomponente $c_{1a} = c_1 \sin \alpha_1 = 115 \dfrac{m}{s}$

Profilwinkel β_1 mit $u < \dfrac{c_{1u}}{2}$ und mit

$\tan \beta_1 = \dfrac{c_{1a}}{c_{1u} - u}$, $\beta_1 = 30°$ (gewählt)

Umlaufgeschwindigkeit $u = c_{1u} - \dfrac{c_{1a}}{\tan \beta_1} \quad 176 \dfrac{m}{s}$

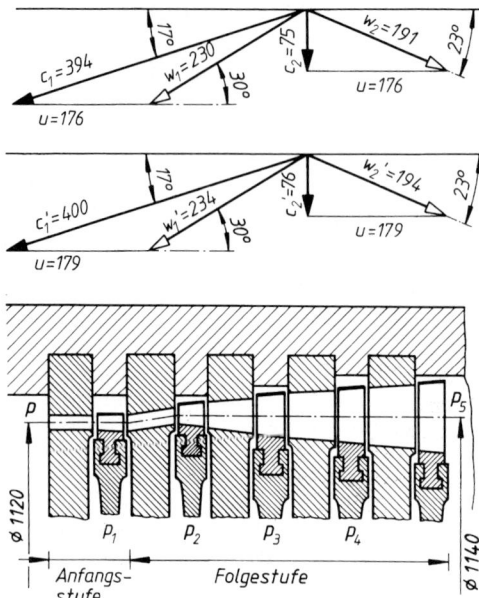

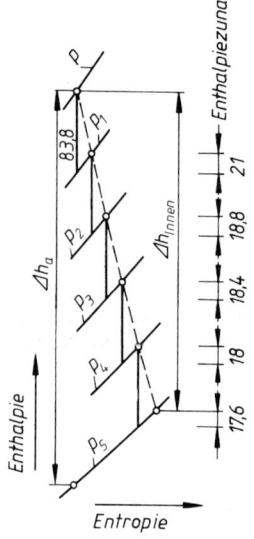

Bild 12. Fünfstufige Gleichdruckturbine

Laufdurchmesser $D = \dfrac{u}{\pi\,n} = 1{,}12$ m

Kanalreibzahl $\psi = 0{,}83$ (geschätzt)

Profilwinkel β_2 aus $\cos\beta_2 = \dfrac{\cos\beta_1\,u}{\psi\,(c_{1u}-u)} = 0{,}918$

$\beta_2 = 23°$ (Bestlaufregel nach Bild 8)
Ablenkung 127° nach Tabelle 2 für $\psi = 0{,}83$

Relative Geschwindigkeiten

$$w_1 = \frac{c_{1a}}{\sin\beta_1} = 230\,\frac{\text{m}}{\text{s}}$$

$$w_2 = \psi\,w_1 = 191\,\frac{\text{m}}{\text{s}}$$

Abströmgeschwindigkeit $c_2 = u\tan\beta_2 = 75\,\dfrac{\text{m}}{\text{s}}$

Abströmwinkel $\alpha_2 = 90°$

Restenergie $h_r = \dfrac{c_2^2}{2} = 2{,}81\,\dfrac{\text{kJ}}{\text{kg}}$ (aus $c_2 = \sqrt{2\,h_r}$)

Triebkraft $F_I = \dot m_D\,c_{1u} = 7\,520$ N
Umfangsleistung $P_{uI} = F_I\,u = 1\,323\,520$ W

Folgestufen:

Austrittsgeschwindigkeit an der Zwischenbodendüse

$$c_1' = \varphi\,\sqrt{2\,(\Delta h + h_r)} = 400\,\frac{\text{m}}{\text{s}}$$

Umlaufkomponente $c_{1u}' = 382\,\dfrac{\text{m}}{\text{s}}$ $(\alpha_1 = 17°)$

Axialkomponente $c_{1a}' = 117\,\dfrac{\text{m}}{\text{s}}$

Umlaufgeschwindigkeit

$$u' = c_{1u} - \frac{c_{1a}}{\tan\beta_1'} = 179\,\frac{\text{m}}{\text{s}}\ \ (\beta_1' = 30°)$$

Laufdurchmesser $D' = \dfrac{u'}{\pi\,n} = 1{,}14$ m

Profilwinkel $\beta_2' = 23°$ nach $f(\beta_1',\ \psi,\ u,\ c_{1u})$

Relative Geschwindigkeiten

$$w_1' = \frac{c_{1a}'}{\sin\beta_1'} = 234\,\frac{\text{m}}{\text{s}}$$

$$w_2' = \psi\,w_1' = 194\,\frac{\text{m}}{\text{s}}$$

Abströmgeschwindigkeit $c_2' = u\tan\beta_2' = 76\,\dfrac{\text{m}}{\text{s}}$

bei $\alpha_2 = 90°$
Triebkraft $F_{II} = c_{1u}'\,\dot m_D = 7\,640$ N
Umfangsleistung $P_{uII} = F_{II}\,u = 1\,367\,560$ W

Restenergie $h_r' = \dfrac{c_2'^2}{2} = 2{,}888\,\dfrac{\text{kJ}}{\text{kg}}$

Austrittsgeschwindigkeit aus der folgenden Zwischendüse

$$c_1'' = \varphi\sqrt{2\,(\Delta h + h_r')} = 400\,\frac{\text{m}}{\text{s}}$$

In den folgenden Stufen ergeben sich die gleichen Geschwindigkeiten!

3.4.2 Wirkungsgrad

Der Wirkungsgrad der Zoellyturbine wird mit den im Übungsbeispiel ermittelten Werten bestimmt. Die Anfangsstufe hat den Umfangswirkungsgrad η_u

$$\eta_u = \frac{P_{u\,I}}{\dot{m}_D \, \Delta h} = \frac{c_{1u} \, u}{\Delta h} = 0{,}79$$

In jeder Folgestufe beträgt der Umfangswirkungsgrad η_u'

$$\eta_u' = \frac{c_{1u}' \, u'}{\Delta h} = 0{,}816$$

Für alle Stufen erhält man den gesamten Umfangswirkungsgrad η_{ug}

$$\eta_{ug} = \frac{\Delta h \, (0{,}79 + 4 \cdot 0{,}816)}{\Delta h_g} = 0{,}8108$$

Für Spalte und Radscheiben werden Leistungsverluste von 3 % bis 4 % geschätzt, so dass mit einem Innenwirkungsgrad $\eta_{ig} = 0{,}78$ gerechnet werden kann. Zum Vergleich beträgt für das 2 C-Rad (Übungsbeispiel 3.3.1) der Innenwirkungsgrad $\eta_i = 0{,}54$. Damit ist erwiesen, dass durch Druckstufung eine bessere Energienutzung als bei Geschwindigkeitsstufung möglich ist. Allerdings ist der Bauaufwand der Druckstufung gegenüber C-Rädern wesentlich größer.

3.5 Überdruckstufung

Durch genügend große Stufenzahl wird der Druckunterschied an den Zwischenböden klein (ca. 20 bis 30 N/mm²). Dann können die Düsenkanäle ähnlich wie die Leitkanäle beim mehrkränzigen Curtisrad gebaut werden. Als düsenförmige Leitkränze greifen sie zwischen die Laufschaufelkränze, die alle auf einem gemeinsamen Trommelkörper sitzen.
Die Zwischenböden mit ihren Labyrinthdichtungen werden ebenso wie die vielen Radscheiben eingespart, wie es das Bild 13 zeigt. Der kräftige Trommelkörper gestattet kleine radiale Laufspalte der Leit- und Laufschaufeln, deren Enden ohne Abdeckband zugeschärft werden, damit beim möglichen Anstreifen an Gehäuse- oder Trommelumfang nur geringer Abschliff entsteht. Zweckmäßig wird in den Laufschaufelkränzen ebenfalls Druckgefälle verarbeitet, wodurch eine mehrstufige Überdruckturbine entsteht, die bei mehrteiligen Turbinenanlagen als Parsonsteil bezeichnet wird. Das Energiegefälle wird meist im Leit- und Laufkranz gleich groß, als Reaktionsgrad (vgl. Wasserturbinen) also $r = 0{,}5$ festgelegt. Als Bestlaufregel gilt für Überdruckturbinen $u = (0{,}8$ bis $1) \, c_{1u}$. Die Durchrechnung der Stufenprofile und Geschwindigkeitspläne ist ähnlich wie im Druckstufungsbeispiel 3.4.1, jedoch wird oft auf Abströmwinkel $\alpha_2 = 90°$ verzichtet und $\beta_2 = \alpha_1$ sowie $\beta_1 = \alpha_2$ angestrebt.
Der an jeder Laufkranzringfläche A_r wirkende Überdruck Δp erzeugt eine Kraft in Richtung des Druckgefälles.

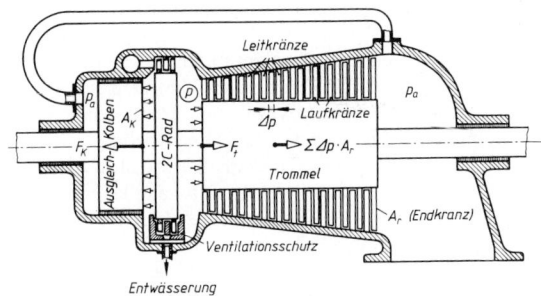

Bild 13. Trommelturbine (Überdruckstufung)

3.5.1 Ausgleichkolben

Der an jeder Laufkranzringfläche A_r wirkende Überdruck Δp erzeugt eine Kraft in Richtung des Druckgefälles. Die Summe dieser Kräfte und der Dampfkraftunterschied F_a auf die Ringflächen des Trommelkörpers wirken an der Welle als Axialkraft $F_a = F_t + \sum \Delta p \, A_r$. Diese Kraft wird durch einen Ausgleichkolben aufgehoben, dessen Labyrinthdichtung meist das ganze Überdruckgefälle $(p - p_a)$ absperrt. Seine wirksame Überdruckfläche F_k wird so bemessen, dass die Kolbenkraft $F_k = (p - p_a) \, A_k$ die Axialkraft F_a aufhebt, wie es im Bild 13 angedeutet ist. Vor dem Parsonsteil arbeitet ein teilbeaufschlagtes 2 C-Rad, dessen Ventilationsverluste durch einen Schutzring gemildert werden.

3.6 Labyrinthdichtung

Der Laufspalt zwischen Welle und Gehäuse (Zwischenboden) verlangt Abdichtung durch Labyrinthkammern. In die Welle werden Blechstreifen eingestemmt (Stemmdraht), deren zugeschärfte Kammschneiden in Ausdrehungen der Gehäusewand (oder Stopfbuchsenwand) hineinragen oder umgekehrt. Es entstehen viele Spaltkammern mit Dichtstellen. Aus dem Vollen hergestellte Dichtstellen sind sehr wirksam, aber teuer. Zwischenböden erhalten meist eingesetzte Kammschneiden gegenüber der glatten Laufradnabe. Kondensatorseitige Labyrinthdichtung wird mit Sperrdampf beschickt, der Außenluft nicht eintreten lässt (Vakuumhaltung des Kondensators). Das Bild 14 zeigt die wichtigsten Dichtungsbauformen.

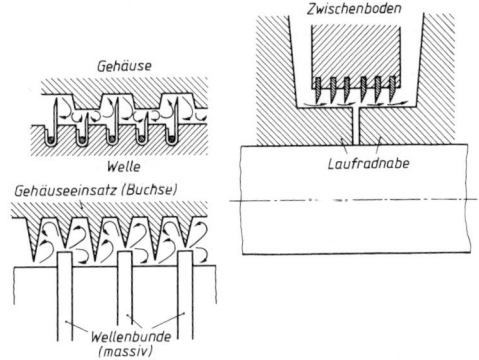

Bild 14. Labyrinthdichtungen

3.7 Regelung

Konstante Drehzahlhaltung bei Laständerung verlangt die Regelung der Energiezufuhr. Man unterscheidet Mengen- und Drosselregelung. Drosselung ist Dampfdruckabfall ohne Enthalpieänderung (vgl. Thermodynamik). Der Druckabfall entsteht in einem Drosselventil. Bild 15 zeigt den Vorgang als waagerechte Verlaufslinie in der i, s-Tafel. Das Energiegefälle der Turbine wird verkleinert, weil $\Delta h' < \Delta h$ wird. Sie ist unwirtschaftlich, denn der Energienutzungsgrad wird schlechter ($\eta_{th} = \Delta h'/h_1 < \Delta h/h_1$). Bei der Mengenregelung (Füllungsregelung) sind die Eintrittsdüsen in mehrere Kammern angeordnet, die ihre Dampfzufuhr je über ein Kammerventil (Düsenventil) erhalten (Bild 16). Bei Volllast sind alle Ventile offen (voller Dampfdurchsatz), bei Teillast nur so viel, dass die zur Teilleistung erforderliche Dampfmasse zuströmen kann. Mit vier Kammerventilen kann in Stufen zu je $\frac{1}{4}$ Volllast heruntergeregelt werden. Kleinere Lastschwankungen zwischen den Laststufen werden von einem der Kammerventile als Drosselventil geregelt. Die Steuerung der Kammerventile geschieht hydraulisch.

Bei plötzlicher Entlastung (Elektrizitätswerke) verhütet ein Sicherheitsregler unzulässige Drehzahlzunahme. Ein Fliehkraftbolzen (oder Ring) entriegelt die Sperrung des Hauptventils der Dampfzufuhr, das dann durch Federkraft zuschlägt (Bild 17).

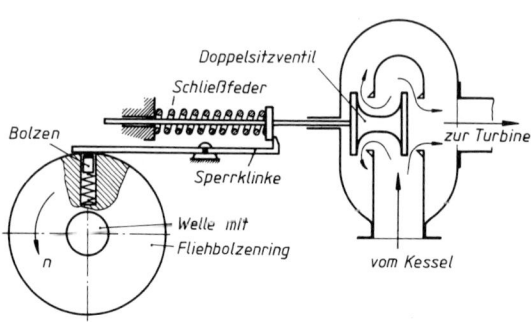

Bild 17. Sicherheitsregelung mit Schnellschlussventil

3.8 Radialturbinen

Die Dampfströmung ist radial senkrecht zur Welle gerichtet. Die mehrstufige Arbeitsart kann Gleichdruckstufung sein, ist aber meist als Überdruckstufung ausgeführt, weil dann die Zwischenböden fortfallen. Die Einfach-Radialturbine (Siemens) hat feststehende Leitkränze, die zwischen die Laufradkränze greifen. Die Durchströmung ist wechselnd innen- und außenläufig. Durch ein vorgeschaltetes Gleichdruckrad (oder 2 C-Rad) kann ein kleiner Betriebsdruck im Turbinengehäuse erreicht werden. Die Doppelt-Radialturbine (Ljungström) arbeitet mit gegenläufigen Radscheiben, deren Kränze gegenseitig ineinandergreifen. Beide Kranzgruppen sind gleichartig. Die Laufschaufeln einer Radscheibe sind gleichzeitig die Leitschaufeln für die andere Radscheibe. Durch den Gegenlauf der Scheiben verarbeiten zwei aufeinander folgende Kränze soviel Energiegefälle, wie sonst in vier Laufradkränzen üblicher Überdruckstufung verarbeitet werden. Man erkennt den wesentlichen Bauvorteil (Bild 18).

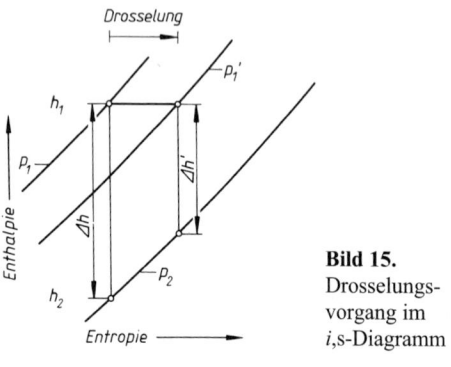

Bild 15.
Drosselungsvorgang im
i,s-Diagramm

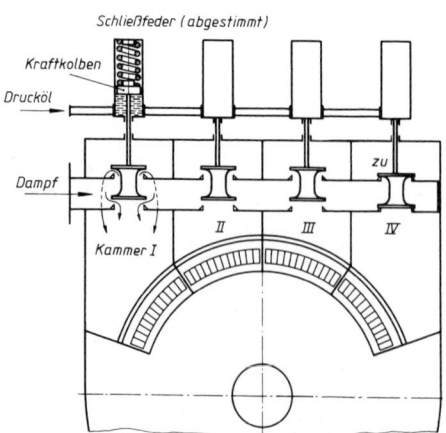

Bild 16. Düsenkammern mit Regel Ventilen

3.9 Turbinenanlagen

Großturbinen der Kraftwerke (Elektrizitätserzeugung) bestehen meist aus Hoch-, Mittel- und Niederdrückteil mit Kondensatoranlage und verarbeiten ein großes Energiegefälle. Erreicht der Dampf 8 % bis 10 % Dampfnässe, so muss vor weiterer Nutzung Zwischenüberhitzung einsetzen. Sie erfolgt in einem mit

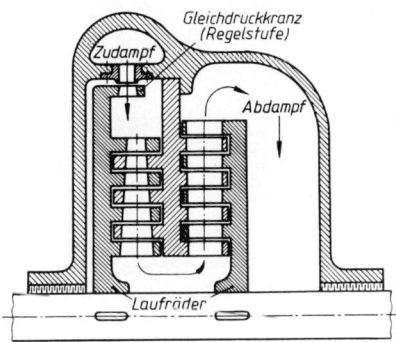

Einfach-Radialturbine

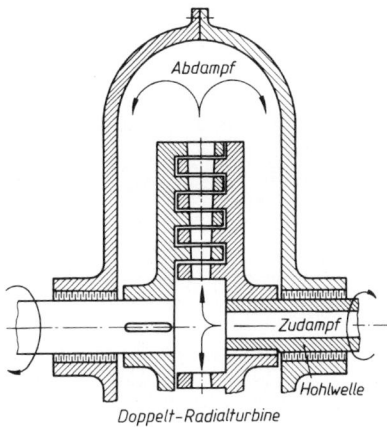

Doppelt-Radialturbine

Bild 18. Radialturbinen

Frischdampf beheizten Zwischenüberhitzer neben der Turbine oder im Zwischenüberhitzer des Kessels, wozu Hin- und Rücklaufrohre des Dampfes zwischen Turbine und Kessel erforderlich sind (Nachteil). Kondensatoranlagen entziehen durch Wasserrohrkühlung dem Abdampf die Verdampfwärme bei Unterdruck (Vakuum). Das entstehende Kondenswasser wird dem Dampferzeuger wieder zugeführt (Kreislaufbetrieb). Die Kühlwassermassen werden bei Frischwasserkühlung einem Flusslauf (oder Brunnen) entnommen. Ihre Kühlwirkung erreicht bis 0,03 bar Abdampfdruck im Kondensator. Bei Frischwassermangel muss das Kühlwasser in Kühltürmen rückgekühlt werden, wobei nur bis ca. 0,1 bar Abdampfdruck im Kondensator erreicht werden kann.

Für Industriezwecke sind Gegendruck-, Entnahme- und Abdampfturbinen gebräuchlich. Gegendruckturbinen verarbeiten nur das obere Energiegefälle, der Rest dient anderen industriellen Heiz- und Wärmezwecken. Bei Entnahmeturbinen wird vor dem Mittel- oder Niederdruckteil Dampfströmung für andere Zwecke abgezweigt. Abdampfturbinen werden mit Abdampf niederen Druckes anderer Energie- oder Industriedampfanlagen gespeist.

4 Wasserturbinen   *W. Böge*

4.1 Stauanlagen

Gestaut wird durch Wehr oder Staumauer, wodurch nutzbarer Höhenunterschied der Energielage des Wassers entsteht. Diese Höhendifferenz wirkt als Wasserdruckgefälle in der Turbinenanlage.

4.1.1 Niederdruckanlage

Flussanlagen haben meist kleine Höhendifferenz und sind daher Niederdruckanlagen. Das Wasser fließt vom Einstaugebiet oberhalb des Wehrs durch den Obergraben zur Turbine und danach in den Untergraben ab. Bei natürlichen Gräben wird je nach Bodenbeschaffenheit 0,2 bis 1,0 m/s Zulaufgeschwindigkeit im Obergraben gewählt. Gemauerte oder betonierte Kanäle gestatten größere Werte, jedoch ist dann der größere Fallhöhenverlust zu beachten. Rechen und Kiesfang sorgen für Wasserreinheit. Überläufe (Übereich) vermeiden Überschwemmung bei Hochwasseranfall. Turbine und Obergraben können für Reparatur oder Kontrolle durch Haupt- und Leerlaufschütze wasserfrei gemacht werden. Das Bild 1 zeigt ein Anlagebeispiel.

Bei Flussanlagen im Flachgelände liegt die Turbinenkammer direkt am Wehr ohne Obergraben. Wenn nötig, erhalten die Stauanlagen eine Schleusenkammer für den Schiffsverkehr mit Ober- und Unterkanal, wie im Anlagebeispiel vom Bild 2 zu erkennen ist.

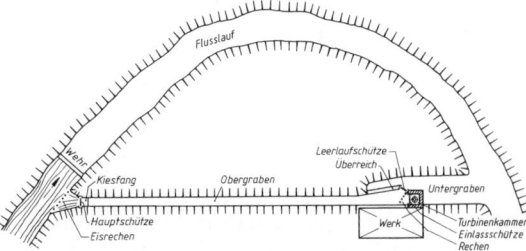

Bild 1. Niederdruckanlage mit Obergraben

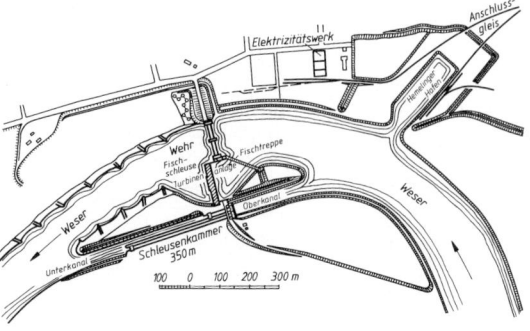

Bild 2. Niederdruckanlage am Wehr

4.1.2 Hochdruckanlage

Anlagen mit Staumauer als Talsperre erschaffen einen Stausee. Solche Stauseeanlagen haben große Höhendifferenz und gelten als Hochdruckanlagen. Vom Stausee führt ein Kanal oder Stollen das Wasser zum Wasserschloss. Von diesem fließt das Wasser durch Rohrleitungen zur Turbine und danach in den Untergraben ab. Das Bild 3 zeigt eine derartige Anlage. Absperrorgane der Rohrleitungen sind Absperrschieber. Der Rohrquerschnitt wird für 1 bis 3 m/s Wassergeschwindigkeit ausgelegt, wobei für lange Rohrstrecken der auftretende Strömungswiderstand (Verlusthöhe) zu beachten ist. Die Rohrwandstärke wird für den auftretenden Wasserdruck bemessen.

Gute Lagerung, Bettung und Verankerung der Rohre sind erforderlich, besonders an Steilhängen mit großem Baugefälle. Die Linienführung der Rohrstrecke soll möglichst gerade sein. Längenänderungen an langen Rohrsträngen durch Temperaturschwankungen werden von Rohrstopfbuchsen aufgefangen.

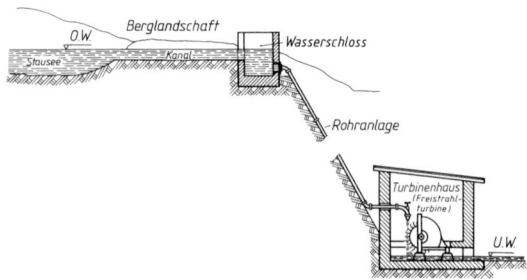

Bild 3. Hochdruckanlage

4.2 Durchfluss, Höhenwerte

Wasserturbinen sind als Strömungsmaschinen dadurch gekennzeichnet, dass bei Betrieb die Schaufelkanäle des Triebrades stetig vom Treibwasser durchströmt werden.

Das sekundlich durch die Turbine strömende Wasservolumen heißt Durchfluss oder Wasserstrom $\dot{V}$ und wird in m³/s gemessen.

Die Fallhöhe H ergibt sich aus der Bernoullischen Druckhöhengleichung.

$$\frac{p_1}{\rho g} + \frac{c_1^2}{2g} + z_1 = \frac{p_2}{\rho g} + \frac{c_2^2}{2g} + z_2$$

p	c	z	g	ρ
$\dfrac{N}{m^2} = Pa$	$\dfrac{m}{s}$	m	$\dfrac{m}{s^2}$	$\dfrac{kg}{m^3}$

(1)

Nach Bild 4 errechnet sich die Fallhöhe $H(p_1 = p_2)$ aus

$$H = z_1 + \frac{c_1^2}{2g} - z_2 - \frac{c_2^2}{2g}$$

$$H = z_1 - z_2 + \frac{c_1^2 - c_2^2}{2g}$$

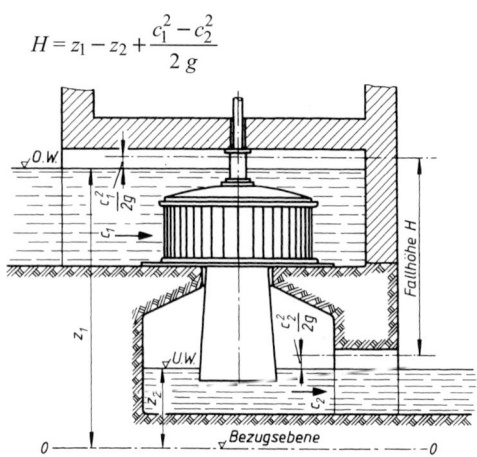

Bild 4. Turbine mit offenem Ober- und Unterwasserspiegel

Für die Spiralturbine nach Bild 5 errechnet sich die Fallhöhe $H(p_1 \neq p_2)$ aus

$$H = z_1 + \frac{p_1}{\rho g} + \frac{c_1^2}{2g} - z_2 - \frac{c_2^2}{2g}$$

$$H = z_1 - z_2 + \frac{p_1}{\rho g} + \frac{c_1^2 - c_2^2}{2g}$$

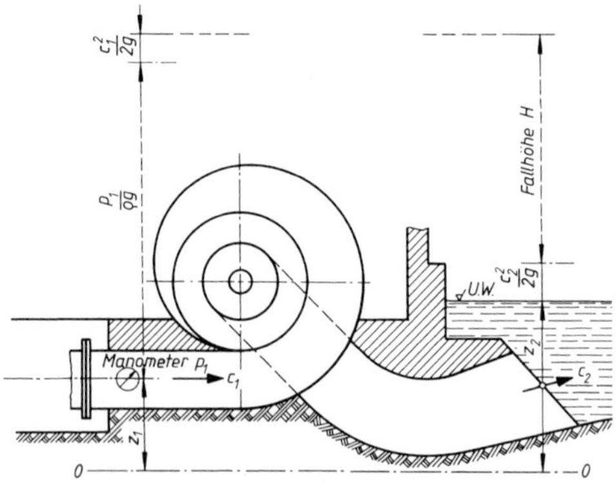

Bild 5. Spiralturbine mit Rohrzufluss

4.3 Freistrahlturbinen

Sie arbeiten an Hochdruckanlagen mit großer Fallhöhe. In den Rohranlagen wirkt am unteren Rohrende die ganze Energiehöhe als Druckenergie auf den Rohrabschluss Die dort angebaute Düse wandelt Druckenergie in Strömungsenergie um. Die Energie des so erzeugten freien Wasserstrahls wird durch Ablenkung an der umlaufenden Radschaufel ausgenutzt. Die Turbine arbeitet als Gleichdruckturbine, weil das Wasser vor und hinter der Schaufel gleichen Druck hat. Die Beaufschlagung ist partiell, weil nur einige Schaufeln vom Strahl gleichzeitig getroffen werden. Mehrdüsige Bauart ist möglich, wodurch größere Drehzahl und Beaufschlagung erhalten wird.

4.3.1 Turbinenleistung

Im Bild 6 ist die Betriebslage der Turbine zwischen Ober- und Unterwasserspiegel dargestellt.
Aus der Fallhöhe H und dem Durchfluss $\dot{V}$ erhält man die theoretische Wasserleistung $P_{th} = \dot{V} H \rho g$ in Watt. Der Turbinenwirkungsgrad berücksichtigt auftretende Verluste.

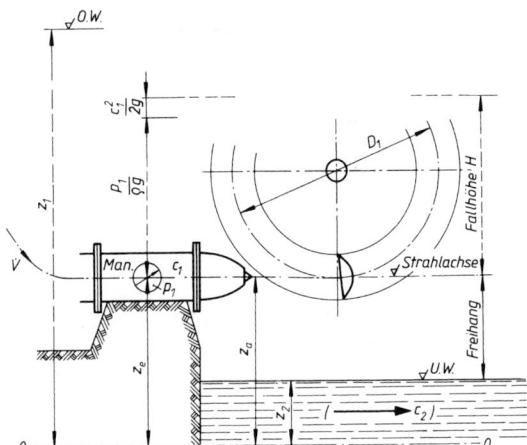

Bild 6. Freistrahlturbine

Damit ist die Turbinenleistung an der Welle

$$P = \eta \, \dot{V} H \rho g$$

P	$\dot{V}$	ρ	H	
W	$\dfrac{m^3}{s}$	$\dfrac{kg}{m^3}$	m	(2)

4.3.2 Düse, Düsennadel

Verarbeitet die Düse die Druckhöhe $h_D = p/\rho\,g$, so entsteht nach dem Energiesatz mit der Geschwindigkeitszahl $\varphi =$ ca. 0,98 die Strahlgeschwindigkeit

$$c_1 = \varphi \, \sqrt{2\,g\,h_D}$$

c_1	g	h_D	φ	
$\dfrac{m}{s}$	$\dfrac{m}{s^2}$	m	1	(3)

Nach dem Strömungsgesetz wird mit dem Durchfluss $\dot{V}$ der Strahlquerschnitt

$$A_1 = \frac{\dot{V}}{c_1}$$

A_1	$\dot{V}$	c_1	
m^2	$\dfrac{m^3}{s}$	$\dfrac{m}{s}$	(4)

Aus $A_1 = d_1^2 \, \pi/4$ erhält man den Strahldurchmesser d_1. Die Düse enthält die Düsennadel. Sie regelt bei Lastschwankungen die Turbinenleistung und verhütet unzulässigen Drehzahlanstieg. Die Anordnung der Nadel in der Düse zeigt das Bild 7 im Längsschnitt ebenso wie die Profilierung von Nadel und Düsenwand. Wird die Nadel vorgeschoben, so verkleinert sich der Austrittsquerschnitt des Wassers am Düsenmund und damit auch der Strahlquerschnitt. Der Durchfluss wird kleiner und dadurch die Leistung durch Mengenregelung der Last angepasst. Bei Vollöffnung für Vollleistung ragt die Nadelspitze aus dem Düsenmund, so dass ringförmiger Austrittsquerschnitt vorliegt und der Strahldurchmesser d_1 bei Volllast immer kleiner als der Munddurchmesser d_0 ist. Düsenwand- und Nadelkopfprofil sind so geformt, dass bei allen Nadelstellungen des Regelhubes in der Düse der Querschnitt in Fließrichtung abnimmt, das Wasser also stets beschleunigt wird. Die Nadelspitze hat meist Kegelform. Ihr größter Kegeldurchmesser d_k muss größer als der Munddurchmesser d_0 sein, dann sind obige Arbeitsbedingungen der Nadel erfüllt. Der Spitzenwinkel des Wandprofils beträgt ca. 60 bis 80°. Die Betätigung der Nadel erfolgt durch hydraulische Kräfte, die durch einen Fliehkraftregler eingeleitet und gesteuert werden.

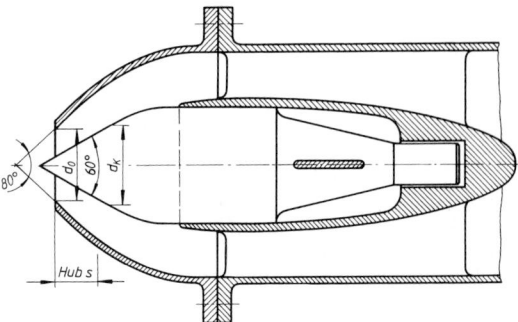

Bild 7. Düsen- und Nadelprofil einer Freistrahlturbine

4.3.3 Radschaufel

Der freie Wasserstrahl trifft die umlaufende Radschaufel. Sie hat Doppelschalenform mit Trennschneide und wird auch Doppellöffel, Doppelbecher genannt. Der Strahldurchmesser d_1 bestimmt die Schaufelgröße. Richtwerte sind: Breite $b =$ Länge $l \approx$ (3 bis 4) d_1; Tiefe $t \approx$ (0,9 bis 1,0) d_1; Ausschnittbreite $a \approx 1,2\ d_1$. Die Schneide teilt den Strahl beim Wassereintritt. Das Bild 8 zeigt den dadurch auftretenden Geschwindigkeitswinkel β_1 beim Wassereintritt, der je nach Schneidensschärfe 6 bis 8° beträgt. Die Schaufelkrümmung erzeugt Wasserumlenkung. Wegen der nachfolgenden Schaufel am Rad wird nur auf 180° − β_2 umgelenkt. Der Winkel β_2 wird je nach Bedarf 8 bis 15°, jedoch so klein wie möglich gestaltet.

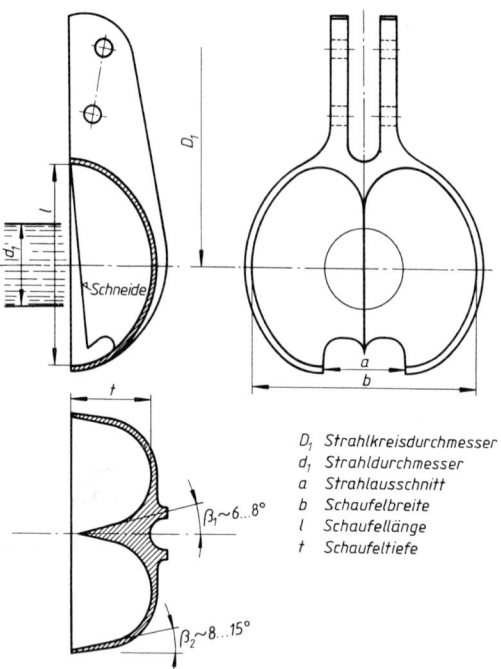

D_1 Strahlkreisdurchmesser
d_1 Strahldurchmesser
a Strahlausschnitt
b Schaufelbreite
l Schaufellänge
t Schaufeltiefe

Bild 8. Radschaufel der Freistrahlturbine

4.3.4 Energienutzung

Der Geschwindigkeitsplan im Bild 9 zeigt die Verhältnisse der Energienutzung. Der Wassereintritt hat den Zuströmwinkel $\alpha_1 = 0°$ und den kleinen Ablenkwinkel β_1 durch die Schneidenschärfe. Die Schaufelschneide und das Strahlwasser haben gleiche Bewegungsrichtung. Das Wasser verlässt die Schalenwand mit kleinem Winkel β_2 gegen u-Richtung. Die Komponenten w_{u1} und w_{u2} unterscheiden sich wenig von w_1 und w_2. Vereinfacht betrachtet wird dann $w_1 = c_1 - u$ und mit $w_1 = w_2$ (ohne Reibzahl ψ) auch $c_2 = u - w_1 = c_1 - 2 w_1$.

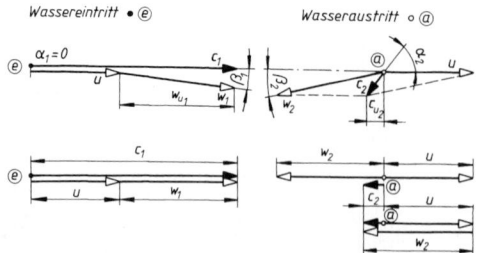

Bild 9. Geschwindigkeitsplan der Freistrahlturbine

Die beste Energienutzung entsteht dann, wenn (vereinfacht) $w = u = c_1/2$ wird mit $c_2 = 0$ (genauer mit c_2 als Kleinstwert bei Winkel $\alpha_2 = 90°$). Wie bei Dampf-

turbinen wird im Geschwindigkeitsplan die Komponentendifferenz $\Delta c_u = c_{u1} - c_{u2}$ in Triebrichtung erkannt und mit der sekundlichen Durchflussmasse erhält man die Radtriebkraft

$$F = \dot{V} \rho \Delta c_u \qquad \begin{array}{c|c|c|c} F & \dot{V} & \rho & \Delta c_u \\ \hline N & \dfrac{m^3}{s} & \dfrac{kg}{m^3} & \dfrac{m}{s} \end{array} \quad (5)$$

Mit der Umlaufgeschwindigkeit u ist in allgemeiner Form die Radleistung

$$P_u = F\, u \qquad \begin{array}{c|c|c} P_u & F & u \\ \hline W & N & \dfrac{m}{s} \end{array} \quad (6)$$

Die Radscheibengröße wird durch den Strahlkreisdurchmesser D_1 festgelegt. Als Kleinstwert hierfür kann $D_{1\,min} \approx 10\, d_1$ gebaut werden. Im Geschwindigkeitsplan gilt als Umlaufgeschwindigkeit der Schaufel $u = D_1\, \pi n\, /60$ bei der Raddrehzahl n.

4.3.5 Strahlablenker

Im Bild 10 ist die Wirkungsweise der Strahlablenker dargestellt. Bei plötzlicher Entlastung auf Leerlauf darf die Düsennadel nicht schlagartig den Durchfluss sperren, da hierdurch Wasserdruckstöße im Zuflussrohr und Düse entstehen und sie gefährden. Der sofort einschwenkende Ablenker leitet den Strahl (oder Teilstrahl) aus seiner Richtung derart ab, dass die Schaufeln nicht mehr getroffen werden. Nachfolgend regelt die Nadel langsam auf Neulast ein, wobei der Strahl allmählich vom Ablenker wieder frei gegeben wird. Nadel und Ablenker sind mechanisch oder hydraulisch gekoppelt und aufeinander abgestimmt.

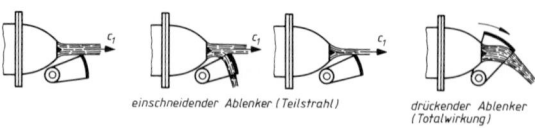

einschneidender Ablenker (Teilstrahl)   drückender Ablenker (Totalwirkung)

Bild 10. Strahlablenker der Freistrahlturbine

4.3.6 Betriebsverhalten

Jede Ent- oder Überlastung der Turbine bei Vollstrahlbetrieb erzeugt eine Drehzahländerung und damit schlechtere Energienutzung des Strahlwassers am Rad. Bei Kleinturbinen für mechanische Arbeitsleistung wird dieser Nachteil manchmal geduldet und nur für längere Minderlastfahrt die Wassermenge durch Handverstellung der Nadel der Last angepaßt. Bei Großanlagen, vor allem bei Elektrizitätserzeugung, muss eine gleichbleibende Drehzahl bei Laständerung gehalten werden.

4.3.6.1 Regelbetrieb. Die Mengenregelung des Strahlwassers hält die Turbine für jede Last zwischen Leerlauf und Volllast auf konstanter Drehzahl. Die Strahl- und Umlaufgeschwindigkeit bleibt dabei erhalten, so dass im Geschwindigkeitsplan bei bester Energienutzung auch die Komponentendifferenz Δc_u gleich bleibt Die Triebkraft am Radumfang $F = \dot{V} \rho$ Δc_u nimmt nur proportional mit dem Durchfluss $\dot{V}$ ab. Die Regelung zeigt Triebmomentanpassung bei gleichbleibender Winkelgeschwindigkeit.

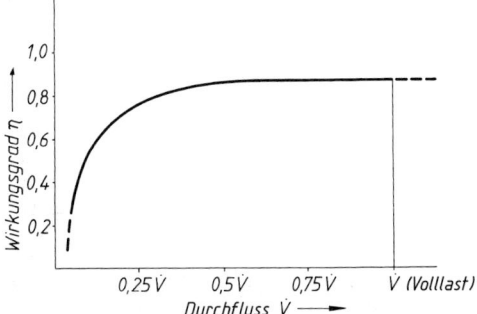

Bild 11. Wirkungsgradverlauf der Freistrahlturbine

Da hierbei kein zusätzlicher Energieverlust des Wassers auftritt, haben Freistrahlturbinen über weiten Lastbereich einen guten, fast gleichbleibenden Wirkungsgradverlauf, wie das Beispiel in Bild 11 erkennen lässt.

4.3.6.2 Überlastung. Bei Überlastung durch größeres Lastmoment M' als das Volllastmoment M sinkt die Drehzahl und die Leistung. In der Schaufel entsteht nicht mehr die beste Energienutzung. Das austretende Wasser hat noch Bewegungsenergie, c_2' hat keinen Kleinstwert, wie der vereinfachte Geschwindigkeitsplan im Bild 12 erkennen lässt Das Verhältnis Überlast- zu Volllastmoment M'/M entspricht dem Triebkraftverhältnis F'/F und dem Verhältnis der Komponentendifferenz $\Delta c_u'/\Delta c_u$ im Geschwindigkeitsplan. Mit dieser vereinfachten Betrachtung ($w_2 = w_1$ und $\beta_1 = \beta_2 = 0$) erhält man für das Drehzahl- und Leistungsverhältnis in Abhängigkeit vom Momentverhältnis nach Bild 13 die Gesetzmäßigkeiten:

$$\frac{n'}{n} = 2 - \frac{M'}{M} \qquad (7a)$$

$$\frac{P'}{P} = M'M\left(2\frac{M'}{M}\right) \qquad (7b)$$

Man erkennt, dass bei zweifachem Volllastmoment Drehzahl und Leistung null wird. Praktisch tritt dieser Stillstand bereits *bei* $M'/M = 1,9$ ein.

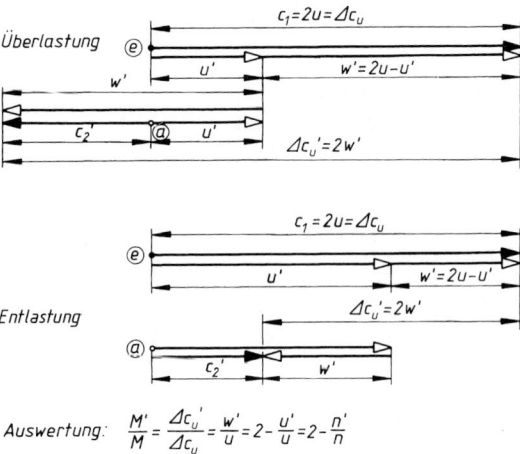

Bild 12. Geschwindigkeitsplan für ungeregelte Über- und Entlastung einer Freistrahlturbine

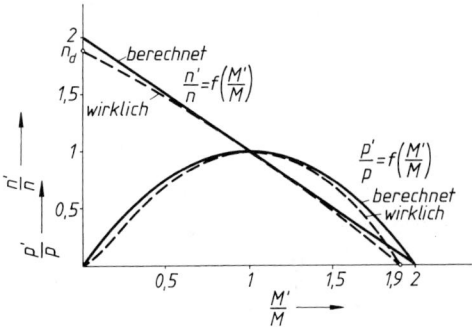

Bild 13. Schaubild für ungeregelte Über- und Entlastung einer Freistrahlturbine

4.3.6.3 Durchgangsdrehzahl. Wird die Turbine ohne Regelung entlastet, so entsteht ein Drehzahlanstieg mit Leistungs- und Triebmomentabnahme. Die Strahlenergie wird nur teilweise am Rad ausgenutzt, das vom Rad ablaufende Wasser hat noch Bewegungsenergie. Die Betriebsverhältnisse und deren Gesetzmäßigkeiten sind hierbei ähnlich wie bei Überlastung, wie in den Bildern 12 und 13 dargestellt wird. Die bei ungeregelter Entlastung auftretende Höchstdrehzahl heißt Durchgangsdrehzahl n_d. Sie liegt praktisch bei 1,9 facher Volllastdrehzahl, rechnerisch nach den vereinfachten Gesetzmäßigkeiten bei zweifachem Wert. Aus Sicherheitsgründen muss die Turbine (und der Generator) diese Drehzahl ertragen können, auch wenn eine Regelanlage vorhanden ist.

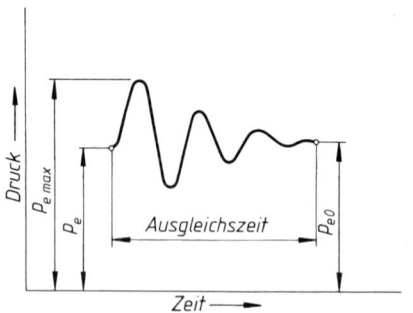

Bild 14. Druckverlauf bei Abschaltung einer Freistrahlturbine

4.3.6.4 Abschaltdruck.
Jede Durchflussänderung der Wasserströmung erzeugt Druckänderung im Wasser. Beim Abschaltvorgang entsteht Druckanstieg. Der Übergang vom Strömungsdruckzustand p_e bis zum Ruhedruckzustand p_{e0} verläuft als Druckschwingung (Bild 14). Der größte hierbei auftretende Abschaltdruck $p_{e\,max}$ ist für Rohr- und Düsenfestigkeit maßgebend.

4.3.7 Übungsbeispiel (Freistrahlturbine)

Betriebswerte:

Wasserdurchfluss $\dot{V} = 18\,\dfrac{\text{m}^3}{\text{s}}$ über 6 Düsen

Druckgefälle in den Düsen 54 bar
Drehzahl des Laufrades $n = 360\ \text{min}^{-1}$

Düsenwerte:

Wasserstrom je Düse $\dot{V}_1 = \dfrac{\dot{V}}{6} = 3\,\dfrac{\text{m}^3}{\text{s}}$

Düsenreibzahl $\varphi = 0{,}97$
Strahlgeschwindigkeit

$$c_1 = \varphi\sqrt{2\,g\,h_D} = 0{,}97\sqrt{19{,}6\cdot 540}\,\frac{\text{m}}{\text{s}} = 100\,\frac{\text{m}}{\text{s}}$$

Strahlquerschnitt $A_1 = \dfrac{\dot{V}}{c_1} = 30\,000\ \text{mm}^2$,

Strahldurchmesser $d_1 = 196$ mm

Laufradwerte:

Umlaufgeschwindigkeit $u = \dfrac{c_1}{2} = 50\,\dfrac{\text{m}}{\text{s}}$

Strahlkreisdurchmesser $D_1 = 2{,}653$ m
Löffelbreite $b = 3{,}5\ d_1 = 686$ mm
Außenranddurchmesser
$D_a = D_1 + l = 3\,339$ mm $(l = b)$

Radleistung:

Relative Geschwindigkeiten

$$w_1 = (c_1 - u)\sin 82° = 50{,}5\,\frac{\text{m}}{\text{s}}\quad(\beta_1 = 8°)$$

$$w_2 = \varphi'\,w_1 = 49{,}5\,\frac{\text{m}}{\text{s}}\quad(\varphi' = 0{,}98)$$

$$w_{u\,2} = w_2\cos\beta_2 = 48{,}8\,\frac{\text{m}}{\text{s}}\quad(\beta_2 = 10°)$$

Umlaufkomponente $c_{u\,2} = u - w_{u\,2} = 1{,}2\,\dfrac{\text{m}}{\text{s}}$

Umlaufkomponentendifferenz

$$\Delta c = c_1 - c_{u\,2} = 98{,}8\,\frac{\text{m}}{\text{s}}$$

Leistung am Radumfang

$$P_u = \dot{m}\,\Delta c\,u = \dot{V}\,\rho\,\Delta c\,u$$
$$P_u = 18\,000 \cdot 98{,}8 \cdot 50\ \text{W} = 88\,920\,000\ \text{W}$$

Wirkungsgrad $\eta = \dfrac{P_u}{\dot{V}\,\rho\,g\,h_D} = 0{,}933$

4.4 Francisturbinen

Sie arbeiten an Hoch- und Niederdruckanlagen bis zu kleinen Fallhöhen herunter ($H = 1$ bis 400 m) bei großem Durchfluss $\dot{V}$. An Hochdruckanlagen mündet der Rohrzufluss im Spiralgehäuse der Turbine, bei Niederdruck hat man einen offenen Zufluss (Bilder 4 und 15).

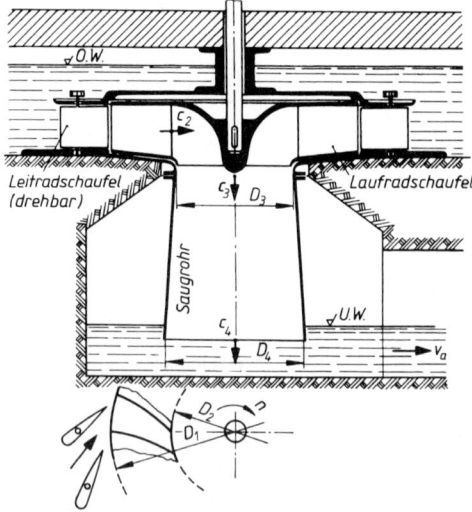

Bild 15. Francisturbine, Langsamläufer

4.4.1 Leitrad

Vor dem Laufrad durchströmt das Wasser drehbare Leitschaufeln, die für die Zuströmrichtung unter Winkel α_1 sorgen und zur Regelung der Durchflussmenge $\dot{V}$ dienen. Ihre Kanäle zeigen schwache Düsenform, um den Fallhöhenanteil h_1 in Strömungsenergie umzuwandeln ($c_0 = \sqrt{2\,g\,h_1}$). Die Zuströmung ist vollbeaufschlagt.

4.4.2 Laufrad

Im Laufrad wird der größere Fallhöhenanteil $h_{\ddot{u}}$ verarbeitet. Die Laufradschaufeln bilden düsenförmige Strömungskanäle mit Ablenkkrümmung, so dass gleichzeitig Energie erzeugt und genutzt wird. Am Laufrad wirkt Überdruck, der den Fliehkraftdruck überwindet und Energiezunahme um $\dot{V}\,\rho/2$ $(w_2^2 - w_1^2)$ erzeugt. Das Verhältnis $h_{\ddot{u}}/H$ heißt Reaktionsgrad. Die Turbine arbeitet als Überdruckturbine.

4.4.3 Saugrohr

Durch das Saugrohr kann die Turbine über den Unterwasserspiegel hochgesetzt werden, ohne dass die wirksame Fallhöhe verloren geht. Es dient auch zum Rückgewinn hoher Austrittsenergie des Laufradwassers. Das Wasser wird von c_3 auf c_4 verlangsamt, indem der Rohrquerschnitt von A_3 auf A_4 erweitert wird. Für gute Strömung und gute Rückgewinnwirkung muss der Erweiterungswinkel kleiner als $12°$ sein. Große Querschnittsänderung $A_4/A_3 = c_3/c_4$ verlangt dann große Baulängen des Rohres, wodurch bei kleiner Saughöhe abgekrümmte Rohre mit langem waagerechten Auslaufteil notwendig sind (Bild 16). Als Saughöhe H_s gilt die Entfernung vom Unterwasserspiegel bis zur Leitradunterkante oder bis zur Mitte vom Spiralgehäuse.

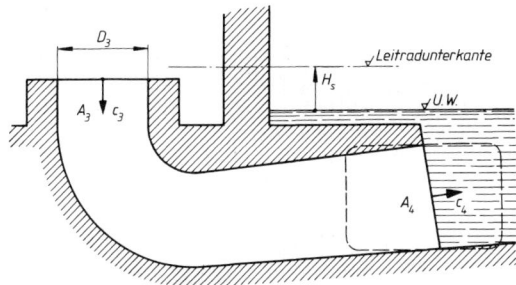

Bild 16. Abgekrümmtes Saugrohr

4.4.4 Energienutzung, Turbinengleichung

Im Bild 17 ist ein Laufradkanal mit den Verhältnissen der Wasserströmung dargestellt. Der Wassereintritt am Rad erfolgt mit c_1 unter den Zuströmwinkel α_1. Stoßfreier Wassereintritt verlangt Winkel β_1 bei Umlaufgeschwindigkeit u_1. Am Wasseraustritt wird wieder eine optimale Energienutzung erreicht, wenn das Wasser mit einem Kleinstwert c_2 unter dem Winkel $\alpha_2 = 90°$ austritt. Winkel β_2 ist ca. $20°$ bis $30°$ bei normaler Bauart.

Die im Radkanal zwischen Ein- und Austritt auftretenden Energiedifferenzen der sekundlichen Wassermasse ergeben summiert die Radleistung P_u. Es gilt:

$$P_u = \frac{\dot{m}}{2} \cdot [(c_1^2 - c_2^2) + (u_1^2 - u_2^2) + (w_2^2 - w_1^2)] \qquad (7)$$

oder umgestellt

$$P_u = \frac{\dot{m}}{2} \cdot [(c_1^2 + u_1^2 - w_1^2) - (c_2^2 + u_2^2 - w_2^2)]$$

$$\text{Eintritt} \qquad \text{Austritt}$$

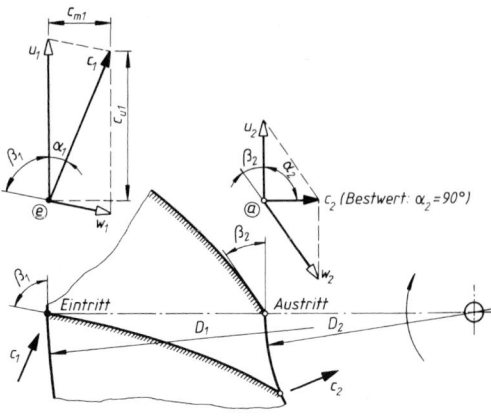

Bild 17. Geschwindigkeitsplan der Francisturbine (Langsamläufer)

Das Austrittsdreieck zeigt $c_2^2 + u_2^2 - w_2^2 = 0$; am Eintrittsdreieck ist nach dem Cosinussatz $c_1^2 + u_1^2 - w_1^2 = 2\,u_1\,c_1\,\cos\alpha_1$; dann ist mit $c_1\cos\alpha_1 = c_{u\,1}$ eingesetzt die Radleistung

$$P_u = \dot{m}\,u_1\,c_{u\,1} \qquad \begin{array}{c|c|c} \dot{m} & u,\,c_{u\,1} & P_u \\ \hline \dfrac{\mathrm{kg}}{\mathrm{s}} & \dfrac{\mathrm{m}}{\mathrm{s}} & \dfrac{\mathrm{Nm}}{\mathrm{s}} = W \end{array} \qquad (8)$$

Wird P_u und ηP_{th} gleichgesetzt, so ist $\dot{m}\,u_1\,c_{u\,1} = \dot{m}\,g\,H\,\eta$ und gekürzt entsteht die allgemein gebräuchliche Turbinengleichung

$$g\,H\,\eta = u_1\,c_{u\,1} \qquad \begin{array}{c|c|c|c} H & g & u_1,\,c_{u\,1} & \eta \\ \hline \mathrm{m} & \dfrac{\mathrm{m}}{\mathrm{s}^2} & \dfrac{\mathrm{m}}{\mathrm{s}} & 1 \end{array} \qquad (9)$$

Sie zeigt, dass bei vorliegender Fallhöhe H um so größere Umlaufgeschwindigkeit am Rad auftritt, je kleiner der Wert $c_{u\,1} = c_1\cos\alpha_1$ wird. Dies erreicht man durch eine kleine Druckhöhe h_1 im Leitrad und einen großen Überdruck $h_{\ddot{u}}$ im Laufrad. Man erkennt: Überdruck erzeugt Schnellläufigkeit der Turbinen. Ist am Wasseraustritt der Abströmwinkel nicht $90°$, so entsteht die Geschwindigkeitskomponente $c_{u\,2}$ und es gilt als Turbinengleichung $g\,h\,\eta = u_1\,c_{u\,1} - u_2\,c_{u\,2}$. Für die Durchströmung im Rad gilt $\dot{V} = A_1\,c_{m\,1} = A_2\,c_{m\,2}$, wobei A_1 und A_2 der Eintritts- bzw. Austrittsquerschnitt des Rades ist und $c_{m\,1}$ bzw. $c_{m\,2}$ die radialen Geschwindigkeitskomponenten (d.h. in Meridianrichtung) von c_1 und c_2 sind. Bei Anströmwinkel $\alpha_2 = 90°$ wird $c_{m\,2} = c_2$ und $c_{u\,2} = 0$.

4.4.5 Radformen

Je näher die Schaufelflächen zur Radmitte gebaut werden, um so größere Raddrehzahl kann erreicht werden. Man unterscheidet drei Typen. Liegen die Flächen nur im radialen Strömungsgang, so spricht man vom Langsamläufer. Hier ist D_1 größer als D_2, wie es Bild 15 bereits aufzeigt und wie auch im Bild 18 dargestellt ist. Beim Normalläufer liegen die Schaufelflächen im Umlenkteil der Strömung mit radialer Zuströmungsebene zur Eintrittskante der Schaufel (c_{m1}) und mit axialer Abströmung c_{m2} von der Austrittskante.

Die Raddurchmesser D_1, D_2 und D_3 sind annähernd gleich groß. Die Schaufelflächen sind doppelt gekrümmt, also schwerer herstellbar als beim Langsamläufer. Wird nur der untere Umlenkteil der Strömung durch Schaufelflächen besetzt, so entsteht der Schnellläufer. Die Eintritts- und Austrittskante der Schaufelflächen haben fast gleichen mittleren Durchmesser D_m. Sämtliche drei Bautypen sind im Bild 18 zum Vergleich dargestellt.

Wird bei den Rädern der Austrittsquerschnitt A_2 klein gestaltet, so erhält man kleine Raddurchmesser und damit eine hohe Drehzahl der Turbine. Aus $A_2 = \dot{V}/c_{m2}$ oder bei $\alpha_2 = 90°$ auch $A_2 = \dot{V}/c_2$ folgt, dass man kleine Durchmesser durch große c_2-Werte erreichen kann. Deshalb wird die Austrittsenergie des Wassers relativ groß gewählt, die dann im Saugrohr durch Verlangsamen wiedergewonnen wird. Richtwerte sind: $c_2^2/2g = H/10$ für Normalläufer, $c_2^2/2g = H/5$ für Schnellläufer und $c_2^2/2g = H/20$ für Langsamläufer.

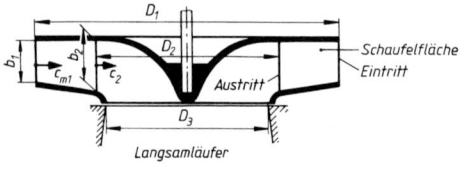

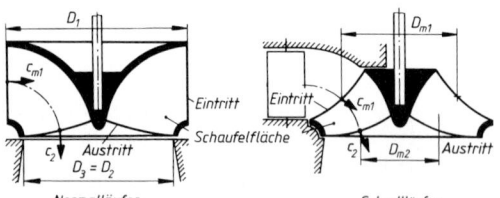

Bild 18. Radformen der Francisturbinen

4.4.6 Regelung

Die Verdrehung der Leitschaufeln verkleinert den Austrittsquerschnitt des Leitrades und damit auch den Durchfluss $\dot{V} = c_0\,A_0$. Hierdurch entsteht Mengenregelung für die Lastanpassung. Dabei wird die Richtung von c_1 zum Laufrad geändert und am Wassereintritt entsteht bei gleicher Raddrehzahl (u_1 = konstant) eine kleinere Relativgeschwindigkeit w_1' mit der

Stoßkomponente w_s, die entweder Bremswirkung hat oder Turbulenz im Radkanal erzeugt. Auch der Wasseraustritt erfolgt unter anderem Winkel α_2', wodurch c_2' eine Rotationskomponente c_{u2}' erhält. Diese Rotationsenergie des Austrittswassers lässt sich im Saugrohr nicht zurückgewinnen und ist Energieverlust. Das Bild 19 zeigt obige Folgeerscheinungen der Regelung. Die Nachteile sind: Stoßeintritt und Turbulenz oder Bremswirkung, größere Austrittsverluste durch Rotationsenergieminderung, Wirkungsgradverschlechterung der Turbine.

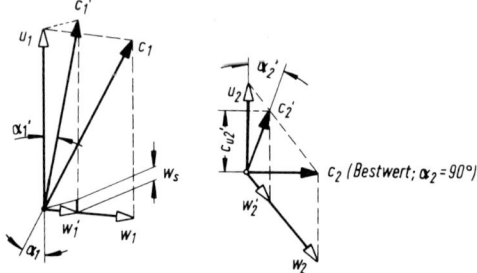

Bild 19. Geschwindigkeitsplan der Francisturbine bei Regelung für konstante Drehzahl

4.4.7 Betriebsverhalten

Lastschwankungen im praktischen Betrieb verlangen Regelung der Turbine für konstante Betriebsdrehzahl. Die geschilderten Regelungsnachteile ergeben einen schlechteren Wirkungsgradverlauf bei Francisturbinen als bei Freistrahlturbinen. Das Bild 20 zeigt das Betriebsverhalten bei Durchflussregelung zwischen Leerlauf bis 1,5 fachen Volllastdurchfluss bei n = konstant. Man erkennt einen brauchbaren Wirkungsgradverlauf im Regelbereich von 0,6 bis 1,4 $\dot{V}$ ($\dot{V}$ Volllastdurchfluss mit Bestnutzung).

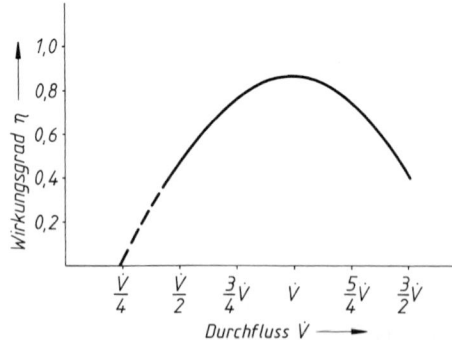

Bild 20. Wirkungsgradverlauf der Francisturbine

Für diesen Leistungsbereich werden Francisturbinen vorausgeplant und gebaut. Außerhalb dieses vorgesehenen Leistungsbereichs muss der schlechtere Wirkungsgrad geduldet werden.

4.4.8 Übungsbeispiel (Francisturbine)

Betriebswerte:

Wasserdurchfluss $\dot{V} = 2\,\dfrac{\mathrm{m}^3}{\mathrm{s}}$

Druckgefälle 14 bar, Turbinendruckhöhe $h = 140\,\mathrm{m}$
Drehzahl des Turbinenrades $n = 750\,\mathrm{min}^{-1}$

Laufradumrisse:

Wandwinkel am Wasseraustritt $\beta_2 = 26°$ (gewählt)
Wasseraustrittsgeschwindigkeit

$$c_2 = \sqrt{0,08\,g\,h} = 10,5\,\frac{\mathrm{m}}{\mathrm{s}} \left(\text{aus } \frac{c_2^2}{2\,g} = 0,04\,h \right)$$

Umlaufgeschwindigkeit

$$u_2 = \frac{c_2}{\tan \beta_2} = 21,5\,\frac{\mathrm{m}}{\mathrm{s}}$$

Laufraddurchmesser

$$D_2 = \frac{u_2}{\pi\,n} = 0,548\,\mathrm{m},$$

gewählt $D_2 = 550\,\mathrm{mm}$ mit

$$u_2 = 21,6\,\frac{\mathrm{m}}{\mathrm{s}} \text{ und } c_2 = 10,54\,\frac{\mathrm{m}}{\mathrm{s}}$$

Wasseraustrittsquerschnitt $A_2 = \dfrac{\dot{V}}{c_2} = 0,189\,\mathrm{m}^2$

Austrittshöhe der Radkanäle $b_2 = \dfrac{1,15\,A_2}{D_2\,\pi} = 0,126\,\mathrm{m}$,

mit 15 % Schaufelwandeinfluss aus $1,15\,A_2 = D_2\,\pi\,b_2$ ermittelt

Relative Geschwindigkeit

$$w_2 = \frac{c_2}{\sin \beta_2} = 24,1\,\frac{\mathrm{m}}{\mathrm{s}}$$

Geschwindigkeitszahl für die Leit- und Laufradkanäle $\varphi = 0,93$ (gewählt)
Umlaufgeschwindigkeit u_1 mit $\beta_1 = 90°$ und $u_1 = c_{u1}$ nach der Turbinengleichung $u_1\,c_{u1} = \varphi^2\,g\,h$

$$u_1 = 34,5\,\frac{\mathrm{m}}{\mathrm{s}}$$

Laufraddurchmesser $D_2 = 0,878\,\mathrm{m}$

Zuströmwinkel $\alpha_1 = 16,8°$ nach $c_{m1} = c_2$ und

$$\tan \alpha_1 = \frac{c_{m1}}{u_1}$$

Wassereintrittsgeschwindigkeit

$$c_1 = \frac{c_{m1}}{\sin \alpha_1} = 36,3\,\frac{\mathrm{m}}{\mathrm{s}}$$

Relative Geschwindigkeit $w_1 = c_{m1} = 10,5\,\dfrac{\mathrm{m}}{\mathrm{s}}$

Eintrittshöhe der Radkanäle $b_1 = b_2\,\dfrac{D_2}{D_1} = 79\,\mathrm{mm}$

Leistung am Radumfang:

$$P_u = \dot{m}\,u_1\,c_{u1} = 2\,380\,500\,\mathrm{W}$$

Wirkungsgrad am Radumfang

$$\eta = \frac{P_u}{\dot{V}\,\rho\,g\,h} = 0,867$$

Saugrohr:

Saugrohrdurchmesser $D_3 = 500\,\mathrm{mm}$ (gewählt) mit $A_3 = 0,196\,\mathrm{m}^2$
Saugrohrquerschnitt $A_4 = 1\,\mathrm{m}^2$ (gewählt)
Saugrohrgeschwindigkeiten

$$c_3 = \frac{\dot{V}}{A_3} = 10,2\,\frac{\mathrm{m}}{\mathrm{s}}$$

$$c_4 = c_3\,\frac{A_3}{A_4} = 2\,\frac{\mathrm{m}}{\mathrm{s}} \quad \text{(ohne Saugrohrwirkungs-}$$

grad)

4.5 Kaplanturbinen

Um den nachteiligen Stoßeintritt und die Rotationskomponente c_{u2} der Francisturbine bei Regelung zu vermeiden, werden die Schaufeln des Laufrades verstellbar gebaut. Hohe Drehzahl des Laufrades erreicht man mit großer Austrittsenergie des Wassers aus dem Laufrad (L 50, 4.4.5). Es wird $c_2^2/2\,g = 0,3$ bis $0,4\,H$ gewählt, wodurch für Verlangsamung des Wassers große Baulängen des Saugrohres auftreten können.

4.5.1 Leitrad

Das Leitrad hat gleiche Bauart und Regelwirkung wie bei Francisturbinen. Die Leitschaufeln führen das Wasser tangential in den schaufelfreien Umlenkraum, wo es zusätzliche Fallströmung erhält.

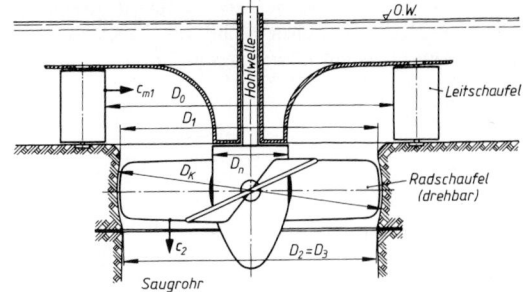

Bild 21. Kaplanturbine

Das Bild 21 lässt den Umlenkraum vor dem Laufrad erkennen.

4.5.2 Laufrad

Die flügelförmigen Schaufeln sind drehbar in der Radnabe gelagert. Ihr Verstelltrieb wird durch die hohle Radwelle zugeführt. Die Gehäusedurchmesser sind meist fast gleich dem Saugrohrdurchmesser $D_3 \sim D_2 \sim D_1$. Der Nabendurchmesser ist $D_n = 0,3$ bis $0,5$ D_k, worin D_k = Kugeldurchmesser des mittleren Gehäuseteils ist.

4.5.3 Doppelregelung

Bei der Mengenregelung für Lastanpassung mit konstanter Drehzahl werden Leit- und Radschaufeln gleichzeitig verstellt. Der geringere Durchfluss $\dot{V}'$ verlangt am Rad bei konstantem u kleinere Werte c'_m und c'_2, weil $\dot{V}' = A_1 c'_m = A_2 c'_2$ kleiner ist als $\dot{V} = A_1 c_{m1} = A_2 c_2$ Hierbei soll der Abströmwinkel $\alpha_2 = 90°$ erhalten bleiben, wie es im Bild 22 dargestellt ist, damit im Saugrohr das Wasser keine Rotationsenergie aufweist, weil diese dort nicht zurückgewonnen werden kann. Die genaue Abstimmung beider Schaufelverstellungen auf diese guten Austrittsbedingungen ist anzustreben.

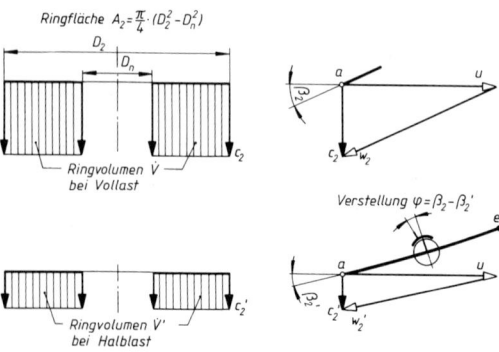

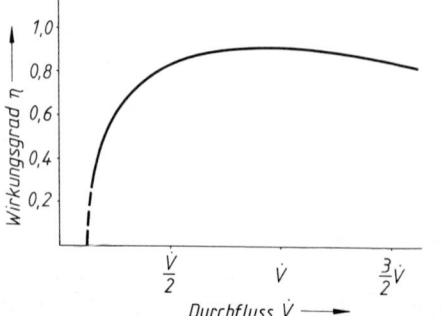

Bild 22. Radschaufelverstellung bei Regelung der Kaplanturbine

Durch diese Doppelregelung wird über weitem Lastbereich ein guter Wirkungsgradverlauf erzielt ähnlich wie bei Freistrahlturbinen. Das angeführte Beispiel im Bild 23 zeigt zwischen 0,3 bis 1,6 $\dot{V}$ brauchbaren Regelbereich mit guten Wirkungsgraden.

Bild 23. Wirkungsgradverlauf der Kaplanturbine

4.5.4 Übungsbeispiel (Kaplanturbine)

Betriebswerte:

Wasserdurchfluss

$$\dot{V} = 67 \frac{\text{m}^3}{\text{s}}$$

Nutzgefälle
$h = 3,5$ m

Laufradumrisse:

Wasseraustrittsgeschwindigkeit

$$c_2 = \sqrt{0,8\,g\,h} = 5,24 \frac{\text{m}}{\text{s}} \quad \left(\text{aus } \frac{c_2}{2\,g} = 0,4\,h\right)$$

Wasseraustrittsquerschnitt

$$A_2 = \frac{\dot{V}}{c_2} = 12,79 \text{ m}^2$$

Bauverhältnisse
$$D_1 = D_2 = D_3 = D_k,\ D_n = 0,444\,D_3 \text{ (gewählt)}$$

Gehäusedurchmesser

$$D_3 = \sqrt{\frac{4\,A_2}{\pi\,0,803}} = 4,5 \text{ m} \quad \left(\text{aus } A_2 = \frac{\pi}{4}(D_3^2 - D_n^2)\right)$$

Nabendurchmesser
$$D_n = 0,444\,D_3 = 2 \text{ m}$$

Flügellänge

$$l_f = \frac{D_3 - D_n}{2} = 1,25 \text{ m}$$

Querschnitterweiterung auf
$$A_3 = 15,9 \text{ m}^2 \text{ über Baulänge } l_n = 2,2 \text{ m}$$

Saugrohrgeschwindigkeiten

$$c_3 = \frac{\dot{V}}{A_3} = 4,21 \frac{\text{m}}{\text{s}},\ c_4 = 2 \frac{\text{m}}{\text{s}} \text{ (gewählt)}$$

Saugrohraustrittsquerschnitt

$$A_4 = \frac{\dot{V}}{c_4} = 33,5 \frac{\text{m}}{\text{s}}$$

Geschwindigkeiten in Flügelmitte:

Mittlerer Laufdurchmesser

$$D = \frac{D_3 + D_n}{2} = 3,25 \text{ m}$$

Flügelwinkel $\beta_2 = 24°$ (gewählt)
Umlaufgeschwindigkeit

$$u = \frac{c_2}{\tan \beta_2} = 11,78 \frac{\text{m}}{\text{s}} \quad \left(\text{aus } \tan \beta_2 = \frac{c_2}{u}\right)$$

Raddrehzahl

$$u = \frac{u}{\pi\,D} = 69 \text{ min}^{-1}$$

Geschwindigkeitszahl
$\varphi = 0,95$ (gewählt)

Umlaufkomponente

$$c_{u1} = \frac{30,9}{u} = 2,62 \frac{\text{m}}{\text{s}}$$

aus der Turbinengleichung

$$u\, c_{u1} = \varphi^2\, g\, h = 30{,}9\ \frac{m^2}{s^2}$$

Zuströmwinkel $\alpha_1 = 63{,}5°$ nach

$$c_{m1} = c_2 \text{ und } \tan\alpha_1 = \frac{c_{m1}}{c_{u1}}$$

Wassereintrittsgeschwindigkeit

$$c_1 = \frac{c_{m1}}{\sin\alpha_1} = 5{,}85\ \frac{m}{s}$$

Flügelwinkel

$$\beta_1 = 30° \text{ (nach } \tan\beta_1 = \frac{c_{m1}}{u - c_{u1}} = 0{,}572)$$

Relative Geschwindigkeiten

$$w_1 = \frac{c_{m1}}{\sin\beta_1} = 10{,}5\ \frac{m}{s}\ ,\ w_2 = \frac{c_2}{\sin\beta_2} = 12{,}9\ \frac{m}{s}$$

Leistung am Radumfang:

$$P_u = \dot{m}\, u\, c_{u1} = 2\,067\,861\ W$$

Wirkungsgrad am Radumfang

$$\eta = \frac{P_u}{\dot{V}\, \rho\, g\, h} = 0{,}899$$

4.6 Spezifische Drehzahl

Die Turbinenarten unterscheiden sich hauptsächlich durch die Radschaufelformen, die als Doppelschalen, einfach oder doppelt gekrümmte Blattflächen und als Flügel auftreten. Zur Kennzeichnung der Turbinenart benutzt man diejenige Drehzahl der Turbine, die an 1 m Fallhöhe mit einem Durchfluss $\dot{V} = 1\ m^3/s$ arbeitet. Diese Drehzahl heißt spezifische Drehzahl n_q. Räder für andere Fallhöhen und anderen Durchfluss sind formähnlich, haben aber andere Abmessungen und andere Drehzahlen. Ihr Zusammenhang mit der spezifischen Drehzahl zeigt das Ähnlichkeitsgesetz, dem folgende Überlegungen zu Grunde liegen. Mit Abnahme der Fallhöhe H auf 1 m nimmt bei gleichbleibender Leitradöffnung der Turbine der Fallhöhenanteil h_1 proportional mit H auf $h_1' = h_1/H$ ab. Der Geschwindigkeitsplan im Bild 24 lässt erkennen, dass dadurch alle Geschwindigkeitswerte im Verhältnis $1 : \sqrt{H}$ abnehmen und die Turbinendrehzahl auf $n' = n/\sqrt{H}$ absinkt.
Der Durchfluss sinkt ebenfalls auf $\dot{V}' = \dot{V}/\sqrt{H}$, weil c_m auf $c_m' = c_m/\sqrt{H}$ abnimmt. Die Leistung ändert sich ebenfalls und ergibt sich aus $P' = P/\sqrt{H}$. Soll nun an 1 m Fallhöhe bei gleichem c_m' der Durchfluss $\dot{V}'$ auf den Wert $\dot{V}_q = 1\ m^3/s$ abnehmen, müssen die

Strömungsquerschnitte geändert werden. Für den Wassereintritt wird $A_0 = \dot{V}/c_m'$ auf $A_{0q} = \dot{V}_q/c_m'$ verändert. Aus $A_0/A_{0q} = D^2/D_q^2 = n_q^2/n'^2$ folgt $n_q = n/\sqrt{H}$ sowie $\dot{V}' = \dot{V}/\sqrt{H}$. Eingesetzt ergibt sich daraus das Ähnlichkeitsgesetz

$$n_q = \frac{n}{\sqrt{H}}\sqrt{\frac{\dot{V}}{\sqrt{H}}}\ \mu \qquad \begin{array}{c|c|c} n_q, n & H & \dot{V} \\ \hline min^{-1} & m & \dfrac{m^3}{s} \end{array} \tag{10}$$

Richtwerte sind:

Freistrahlturbine,	1 Düse	$n_q =$	$0 \dots 9; H = 2\,000$ m
	4 Düsen	$n_q =$	$9 \dots 18;$
Francisturbine, Langsamläufer		$n_q =$	$15 \dots 45; c_2^2/2\,g = H/20$
Francisturbine, Normalläufer		$n_q =$	$45 \dots 75; c_2^2/2\,g = H/10$
Francisturbine, Schnellläufer		$n_q =$	$75 \dots 120; c_2^2/2\,g = H/4$
Kaplanturbine		$n_q =$	$130 \dots 300; c_2^2/2\,g = H/2$

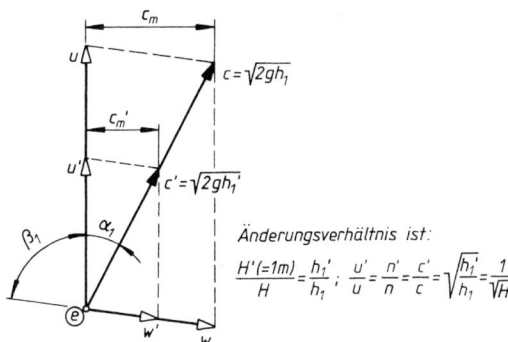

Bild 24. Geschwindigkeitsplan einer Francisturbine bei Fallhöhenänderung mit Bestnutzung

4.7 Kavitation

An kleinen Fallhöhen erhöht die Saugwirkung die Strömungsgeschwindigkeit, so dass ein kleiner Bauquerschnitt mit hoher Turbinendrehzahl erreicht wird. Für 2 m Fallhöhe ist ohne Saugwirkung $v = \sqrt{2\,g\,2} = 6{,}3$ m/s, kann aber theoretisch auf $v' = \sqrt{2\,g\,(2+B)} = \sqrt{2\,g\,(2+10)} = 15{,}5$ m/s gesteigert werden, wenn der Luftdruck 1 bar beträgt.
Ausnutzungsgrenze der Saugwirkung ist der Dampfdruck p_D des Wassers, der von der Wassertemperatur abhängig ist.

Übersichtstabelle:

Temperatur ϑ in °C	0	10	20	30	40	50
Dampfdruck p_D in Pa	611	1228	2337	4241	7374	12340

Sinkt durch Saugwirkung der Wasserdruck unter Dampfdruck, so entstehen Dampfblasen, die nachfolgend an Stellen mit höheren Druck in der Strömung schlagartig kondensieren und zusammenbrechen (Schlaggeräusch!). Diese Erscheinung heißt Hohlraumbildung oder Kavitation. Sie erzeugt Energieverlust und Wandzerstörung.

Die Stelle kleinsten Druckes in der Strömung liegt meist am Laufradaustritt. Hier muss der Druck noch so groß sein, dass sich die Strömung nicht von der Schaufel- oder Führungswand ablöst, weil sonst Kavitation entstehen würde. Dieser sogenannte Haftdruck h_0 wird für die Turbinenarten durch Versuch ermittelt. Auf 1 m Fallhöhe umgerechnet erhält man die Thomasche Kavitationszahl $\sigma = h_0/H$.

Übersichtstabelle (Richtwerte).

Spezifische Drehzahl n_q in min^{-1}	15	30	60	90	120	150	180	210	240	270
Kavitationszahl σ	0,03	0,05	0,1	0,2	0,3	0,4	0,6	0,8	1,0	1,2

Mit dem Luftdruck p_L, dem Saugdruck p_S und dem Dampfdruck p_D wird am Laufradaustritt der kleinstmögliche Druck $\sigma p_{min} = p_L - \rho g H_s - \rho g h_D$. Daraus ergibt sich die anwendbare Fallhöhe aus $H = p_L/\rho g - H_s - h_D$. Bei einem mittleren Luftdruck $p_L = 1$ bar und h_D sehr klein wird angenähert $\sigma H = 10 - H_s$. Daraus folgt, dass schnellläufige Turbinen mit großer Kavitationszahl nur für kleinere Fallhöhen geeignet sind.

■ **Beispiel:**

Kaplanturbine mit $n_q = 150$ min^{-1}, $\sigma = 0,4$ und $H_s = 0$ kann mit maximal $H = \frac{1}{\sigma} = 25$ m Fallhöhe arbeiten. Durch die Saughöhe H_s verringert sich die maximale Fallhöhe weiter.

5 Windkraftanlagen   *W. Böge*

5.1 Nutzung der kinetischen Energie

Windkraftanlagen können bei Windgeschwindigkeiten ab 5 m/s Strom erzeugen. Die Nennleistung wird bei Windgeschwindigkeiten in Nabenhöhe von 12 bis 16 m/s erreicht, was ungefähr der Windstärke 7 entspricht.

Probleme ergeben sich durch stark wechselnde Windgeschwindigkeiten. Dadurch ist das Energieangebot so unterschiedlich, dass die durch den Wind produzierte Energie meist nur in das vorhandene Stromnetz eingespeist werden kann. Ein gleichmäßigeres Energieangebot kann durch Zusammenfassung von Windkraftanlagen zu Windparks erreicht werden. Durch den Einfluss von Sturmwinden oder Böen können Windkraftanlagen schwer beschädigt werden. Deshalb erfolgt bei ca. 16 m/s ein Strömungsabriss an den Rotorblättern (Bild 1). Bei ca. 25 m/s wird der Rotor abgeschaltet. Die maximale Sicherheitsge-

schwindigkeit der Winkraftanlage liegt bei ca. 60 m/s Windgeschwindigkeit.

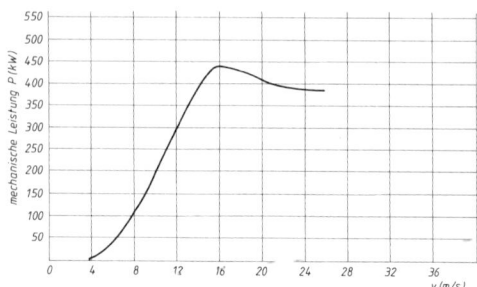

Bild 1. Windgeschwindigkeit in Nabenhöhe

5.2 Aufbau einer Windkraftanlage

5.2.1 Rotor

Bild 2 zeigt den Aufbau der Gondel, die den gesamten Triebwerkskopf aufnimmt.

Die Rotoren werden meist als Dreiblatt-Luvläufer ausgelegt. Bei Luvläufern befindet sich der Rotor – in Richtung dies anblasenden Windes gesehen – vor dem Turm der Anlage. Bei drehendem Wind erfolgt die Nachführung des Rotors automatisch.

Die Rotordurchmesser sind abhängig von der geplanten Nennleistung und den durchschnittlichen Windgeschwindigkeiten. Anhaltswerte für Rotordurchmesser (Bild 3).

Die Leistungsregelung erfolgt über die Verstellung der Rotorblätter.

Werkstoffe für Rotoren sind glasfaser- oder kohlefaserverstärkte Kunststoffe.

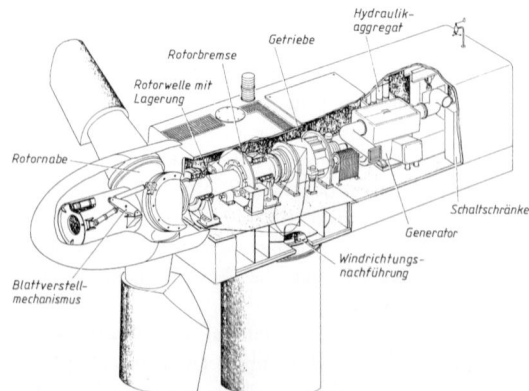

Bild 2. Gondel einer Windkraftanlage (MAN)

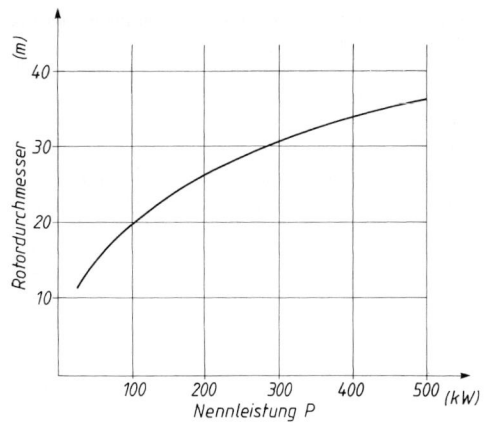

Bild 3. Rotordurchmesser in Abhängigkeit von der Nennleistung

5.2.2 Bremse

Die Rotorbremse begrenzt eine mögliche Rotor-Überdrehzahl z.B. durch Sturm oder durch Lastabwurf bei Netzstörungen. Sie wirkt über zwei voneinander unabhängig arbeitende hydraulische Bremssysteme.

5.3 Getriebe und Generator

Bei den Getrieben werden zwei- oder dreistufige Planetengetriebe mit elastischen Kupplungen zur Generatorseite hin eingesetzt. Bei den Generatoren handelt es sich hauptsächlich um asynchrone Wellengeneratoren, die bei Nennleistungen über 200 kW auch hintereinander geschaltet werden, um – je nach Windstärke – einen breiteren Leistungsbereich abdecken zu können.

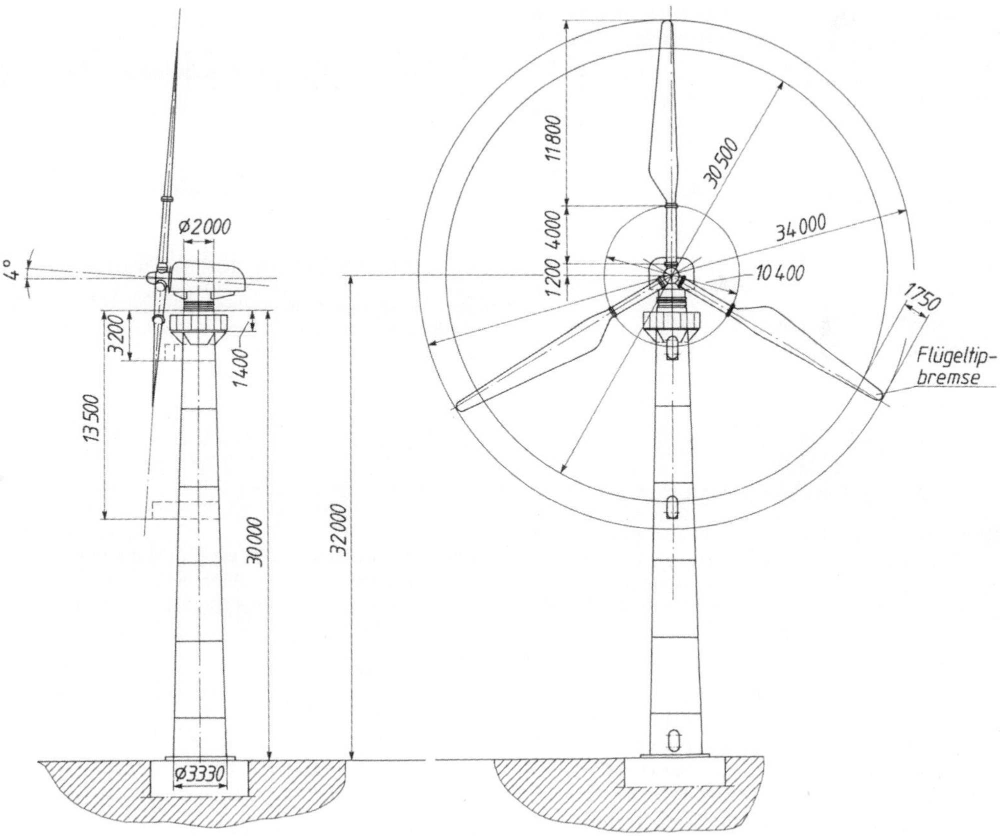

Bild 4. Windkraftanlage mit einer Nennleistung von 400 kW (Dorstener)

6 Pumpen
W. Böge

Pumpen fördern Flüssigkeiten auf ein höher gelegenes Niveau. Pumpen sind Arbeitsmaschinen, weil ihnen mechanische Energie zugeführt wird. Diese mechanische Energie wird umgewandelt in Druck- und kinetische Energie.

6.1 Fördermenge, Förderhöhe

Als Fördermenge (Förderstrom, Durchsatz) wird nur das nutzbare Flüssigkeitsvolumen je Zeiteinheit $\dot V$ in m^3/s bezeichnet.

Entlastungs-, Leck- und entnommene Kühlflüssigkeiten für die Pumpenanlage zählen nicht zum Förderstrom.

Die Förderhöhe h in m (Bild 1) wird als Nutzförderhöhe bezeichnet. Zunächst muss in der Saugleitung durch die Pumpe ein Unterdruck erzeugt werden, damit die Flüssigkeit aus der Lage z_1 über die Saugleitung bis zur Pumpe gelangen kann. Dann wird ein Überdruck erzeugt, damit die Flüssigkeit über die Druckleitung auf die Lage z_2 transportiert werden kann.

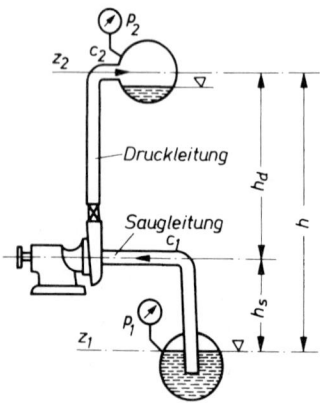

Bild 1. Pumpenanlage

Die Nutzförderhöhe setzt sich zusammen aus der Saughöhe h_s und der Druckhöhe h_d:

$$h = h_s + h_d \qquad (1)$$

Ausschlaggebend für die Saugwirkung ist bei allen Pumpen der atmosphärische Druck bei offenem Saugbehälter oder der Druck p_1 bei geschlossenem Saugbehälter. Bei einem atmosphärischem Druck von ca. 1 bar könnte theoretisch die Saughöhe für Wasser als Förderflüssigkeit 10 m betragen. Die praktisch erreichbare Saughöhe ist allerdings wesentlich geringer, da der tatsächliche Barometerstand, die Wassertemperatur und die am Ende der Saugleitung vorhandene Geschwindigkeitsenergie des Wassers berücksichtigt werden muss Durch diese Umstände lässt

sich für Wasser eine nutzbare Saughöhe von maximal 7 m erreichen.

Bei Wassertemperaturen über 70 °C muss auf das Ansaugen ganz verzichtet werden; man lässt in diesem Fall das Wasser der Pumpe zulaufen.

Neben der nutzbaren Saughöhe h_s und der Druckhöhe h_d müssen noch sämtliche Widerstände in der Saug- und Druckleitung, in Armaturen, Krümmern, Messgeräten und Filtern überwunden werden. Widerstände treten auch durch Geschwindigkeitsänderungen infolge Querschnittsunterschiede in den Leitungen auf.

Daraus ergibt sich die erforderliche Förderhöhe h_{erf} ($h_{erf} > h$):

$$h_{erf} = h + \frac{p_2 - p_1}{\rho\, g} + \frac{c_2^2 - c_1^2}{2\, g} + h_v$$

h_{erf}, h, h_v	p_1, p_2	ρ	g	c_1, c_2
m	$\dfrac{N}{m^2}$	$\dfrac{kg}{m^3}$	$\dfrac{m}{s^2}$	$\dfrac{m}{s}$

(2)

h nutzbare Förderhöhe

$\dfrac{c_2^2 - c_1^2}{2\, g}$ Geschwindigkeitshöhe

$\dfrac{p_2 - p_1}{\rho\, g}$ Druckhöhe

h_v Widerstandshöhe

6.2 Pumpenleistung und Wirkungsgrad

Die Nutzleistung einer Pumpe ergibt sich aus der Fördermenge $\dot V$ und der Förderhöhe h_{erf}:

$$P_n = \dot V\, h_{erf}\, \rho\, g$$

P_n	$\dot V$	h_{erf}	ρ	g
W, kW	$\dfrac{m^3}{s}$	m	$\dfrac{kg}{m^3}$	$\dfrac{m}{s^2}$

(3)

Die Wellenleistung P_a an der Kupplung muss größer sein, da Leck-, Wirbel-, Radreibungs-, Gleitflächen- und Spaltverluste auftreten können ($P_a > P_n$).

Durch das Verhältnis von P_a zu P_n wird der Wirkungsgrad η_p bestimmt:

$$\eta_p = \frac{P_n}{P_a} \qquad (4)$$

η_p ist außerdem das Produkt aus mechanischem Wirkungsgrad η_m und hydraulischem Wirkungsgrad η_h:

$$\eta_p = \eta_m\, \eta_h \qquad (5)$$

Der Gesamtwirkungsgrad η_{ges} ergibt sich als Produkt der Wirkungsgrade des Antriebsmotors η_{mot}, der Steigleitung η_l und der Pumpe η_p:

$$\eta_{ges} = \eta_{mot}\, \eta_l\, \eta_p \qquad (6)$$

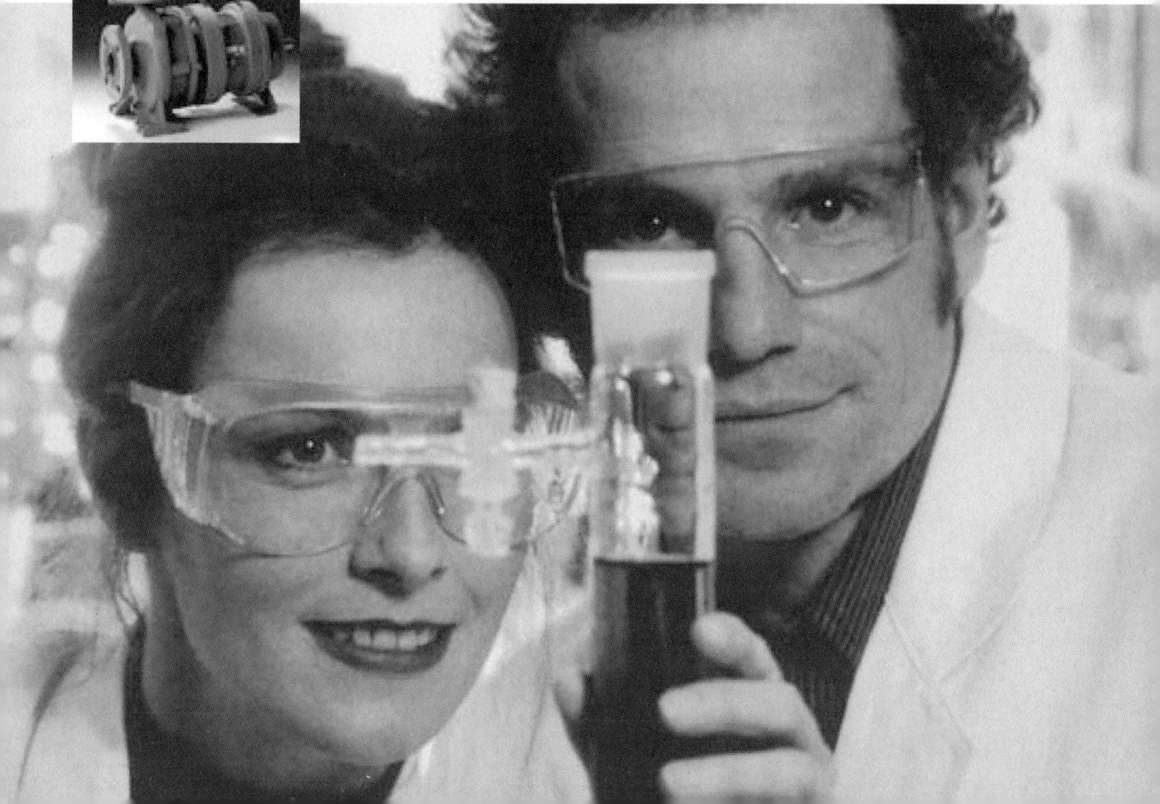

Konstruktionstechnik

Fröhlich, Peter
FEM-Anwendungspraxis
Einstieg in die Finite Elemente Analyse Zweisprachige Ausgabe Deutsch/Englisch
2005. XIII, 269 S. mit 123 Abb. Br. € 27,90
ISBN 3-528-03972-8

Klein, Bernd
FEM
Grundlagen und Anwendungen der Finite-Element-Methode im Maschinen- und
Fahrzeugbau
6., verb. u. erw. Aufl. 2005. XIV, 403 S. mit 229 Abb., 12 Fallstudien u. 19 Übungs-
aufg. Br. € 34,90
ISBN 3-8348-0025-2

Klein, Bernd
Leichtbau-Konstruktion
Berechnungsgrundlagen und Gestaltung
6., überarb. Aufl. 2005. XII, 493 S. mit 270 Abb., 56 Tab. u. umfangr. Übungsaufg.
zu allen Kap. des Lehrb. Br. € 34,90
ISBN 3-528-54115-6

Kurz, Ulrich / Hintzen, Hans / Laufenberg, Hans
Konstruieren, Gestalten, Entwerfen
Ein Lehr- und Arbeitsbuch für das Studium der Konstruktionstechnik
3., verb. u. akt. Aufl. 2004. XIV, 368 S. über 400 Abb. sowie zahlr. Tafeln u. Tab.
und einem Anhang. Br. € 27,90
ISBN 3-528-23841-0

Labisch, Susanna / Weber, Christian
Technisches Zeichnen
Intensiv und effektiv lernen und üben
2., überarb. u. verb. Aufl. 2005. XIV, 304 S. mit 324 Abb. u. 55 Tab. Br. € 20,90
ISBN 3-8348-0057-0

vieweg

Abraham-Lincoln-Straße 46
65189 Wiesbaden
Fax 0611.7878-420
www.vieweg.de

Stand Juli 2006.
Änderungen vorbehalten.
Erhältlich im Buchhandel oder im Verlag.

Der hydraulische Wirkungsgrad η_h schwankt je nach Druckhöhe in der Saug- und Druckleitung zwischen $\eta_h = 0,82$ bei niedrigen und $\eta_h = 0,97$ bei hohen Drücken.

Der Wirkungsgrad des Antriebsmotors beträgt $\eta_{mot} \approx 0,84$ bis $0,95$, je nach Antriebsart.

Der Wirkungsgrad der Saug- und Druckleitung η_l berücksichtigt die Widerstandshöhe h_v:

$$\eta_l = \frac{h}{h_{erf}} \qquad (7)$$

6.3 Kolbenpumpen

Die Saug- und Druckwirkung der Kolbenpumpen beruht auf dem Verdrängungsprinzip. Bild 2 zeigt schematisch den Aufbau einer einfachwirkenden Druckpumpe mit Tauchkolben in liegender Bauweise. Der Tauchkolben drückt beim Druckhub das Wasser durch das selbsttätig öffnende Druckventil (5) hindurch in die Druckleitung. Es wird nur bei jedem zweiten Hub (Druckhub) Wasser gefördert. Beim Saughub wird das Wasser infolge des atmosphärischen Druckes durch das sich selbsttätig öffnende Saugventil (7) dem Pumpenkolben nachgedrückt. Die durch die hin- und hergehende Bewegung des Tauchkolbens auftretende pulsierende Förderung kann durch Anordnung von mehreren phasenversetzt arbeitenden Tauchkolben weitgehend ausgeglichen werden. Bei Dreifachwirkung (mit 120° Phasenversetzung an der Kurbel) wird ein praktisch konstanter Förderstrom erzielt. Zum Ausgleich der Bewegungen der Druckwasser- und der Saugwassersäule dienen jedoch vor allem die Druckwindkessel (3) und Saugwindkessel (10). Der zum Teil mit Luft gefüllte Druckwindkessel nimmt beim Druckhub Wasser auf. Dabei wird die Luft zusammengedrückt; Wasserstand und Druck im Kessel steigen an. Bei Abnahme der Wassergeschwindigkeit und während des Hubwechsels gibt der Druckwindkessel wieder Wasser ab; Wasserstand und Druck sinken.

Das Luftkissen des Druckwindkessels wird vom Druckwasser laufend aufgezehrt und muss von Zeit zu Zeit ergänzt werden. Dies kann mit Hilfe des Schnüffelventils (13) geschehen. Bei Förderdrücken über 15 bar wird der Betrieb mit dem Schnüffelventil aber unwirtschaftlich. Der Druckwindkessel muss dann über einen entsprechenden Anschluss (2) immer wieder mit Druckluft aufgefüllt werden. Der unter dem Saugventil liegende Saugwindkessel (10) dient ebenfalls als Ausgleicher.

Mit Hilfe eines Ejektors (8) kann die Luft aus Saugwindkessel und Saugleitung abgesaugt werden, so dass die Pumpe auch trocken ansaugen kann. Zur Drucküberwachung sind am Saugwindkessel ein Vakuummeter und am Druckwindkessel ein Manometer angebracht. Die Sicherheitsventile (4) schützen die Pumpe vor zu hohem Druckanstieg. Würde z.B. ein in der Druckleitung befindliches Absperrorgan versehentlich abgesperrt und die Pumpe weiter ange-

trieben, könnte der entstehende hohe Druck die Pumpe sprengen. Auch der Druck im Saugwindkessel könnte beim Füllen mit Wasser unzulässig hoch ansteigen.

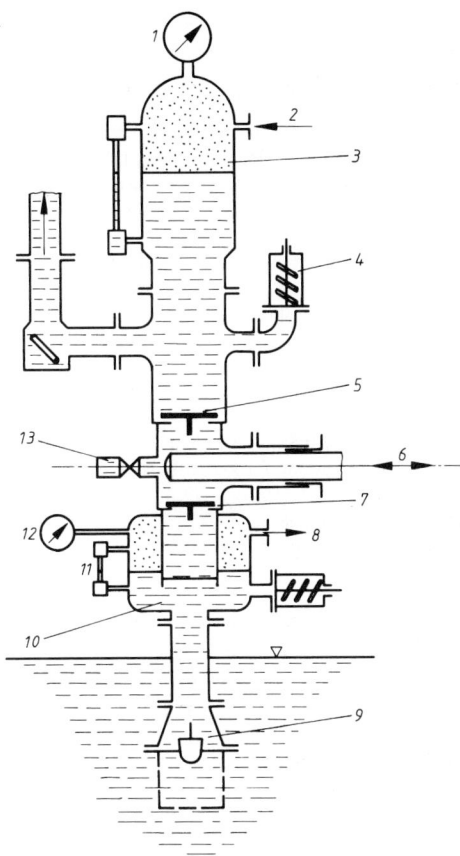

Bild 2. Schematischer Aufbau einer einfachwirkenden Druckpumpe mit Tauchkolben in liegender Bauweise

1. Manometer	8 Ejektor
2. Druckluftzufuhr	9 Filterventil
3. Druckwindkessel	10 Saugwindkessel
4. Sicherheitsventil	11 Wasserstandsmesser
5. Druckventil	12 Vakuummeter
6. Tauchkolben	13 Schnüffelventil
7. Saugventil	

Die theoretische Fördermenge $\dot{V}_{th}$ in m³/s kann ermittelt werden aus der Kolbenfläche A, dem Kolbenhub s und der Drehzahl n der Kurbelwelle:

$$\dot{V}_{th} = \frac{A\,s\,n}{60} \qquad \begin{array}{c|c|c|c} \dot{V}_{th} & A & s & n \\ \hline \dfrac{m^3}{s} & m^2 & m & min^{-1} \end{array} \qquad (8)$$

Aus Gleichung (8) geht hervor, dass die Veränderung des Förderstromes am einfachsten über die Regelung der Drehzahl möglich ist.

6.3.1 Schwungradlose Pumpen

In wärmewirtschaftlichen und in explosionsgefährdeten Betrieben werden häufig schwungradlose Pumpen, Simplex- und Duplexpumpen verwendet.
Sie zeichnen sich durch Anspruchslosigkeit, geringen Raumbedarf, niedrige Anschaffungskosten und einfache Regelbarkeit aus. Bei diesen Pumpen, die durch Dampf oder Druckluft angetrieben werden, ist der Kolbenhub nicht zwangsläufig festgelegt; er wird durch besondere Steuerungen begrenzt. Bei den einachsigen Simplexpumpen wird der antreibende

Dampf- (Druckluft-) Zylinder von seiner eigenen Kolbenstange gesteuert.
Duplexpumpen (Bild 3) sind Zwillingspumpen, bei denen Antriebs- und Pumpenkolben durch eine Kolbenstange verbunden sind und bei denen die Kolbenbewegung der einen Maschinenseite jeweils die Kolbenbewegung der anderen steuert. Simplex- und Duplexpumpen eignen sich auch zur Förderung von kalten und heißen Ölen sowie leicht verdampfenden Flüssigkeiten, besonders in gestängeloser Bauform, bei der die Steuerschieber durch Dampfdruckimpulse betätigt werden.
Bild 3 zeigt eine stehende Duplex-Dampfpumpe (Ruhrpumpen GmbH, Witten), die direkt und vierfach wirkend arbeitet. Die Pumpe ist mit einer außen liegenden Gelenksteuerung ausgerüstet.

Bild 3. Stehende Duplex-Dampfpumpe
Typ RDV, Ruhrpumpen GmbH, Witten-Annen
 1 Kolbenring
 2 Dampfkolben
 3 Dampfzylinder
 4 Stopfbüchsdeckel mit Grundbüchse
 5 Stopfbüchspackung für Dampfkolbenstange
 6 Stopfbüchsbrille
 7 Dampfkolbenstange
 8 Kupplungsflansch
 9 Kreuzkopf
10 Steuerbolzen
11 Pumpenkolbenstange
12 Stopfbüchsdeckel mit Grundbüchse
13 Stopfbüchspackung für Pumpenkolbenstange
14 Laufbüchse
15 Pumpenkolben
16 Canvasring
17 Pumpenzylinder
18 Pumpenzylinderdeckel
19 Saugventil
20 Andrückflansch
21 Steuerstrebe
22 Steuerbockdeckel
23 Druckventil
24 Ventilkastendeckel
25 Ventilkasten
26 Steuerbock
27 Schmierpumpe
28 Lenkstange mit Büchse
29 Gabelkopf
30 Gewindebüchse mit Vierkantmutter
31 Schieberstange
32 Stopfbüchsbrille
33 Stopfbüchse mit Schieberstange
34 Stopfbüchspackung für Schieberstange
35 Grundbüchse
36 Schieberkastendeckel
37 Stangenkopf
38 Gleitstück mit Feder
30 Flachschieber
40 Dampfzylinderdeckel
41 Kompressionsventil

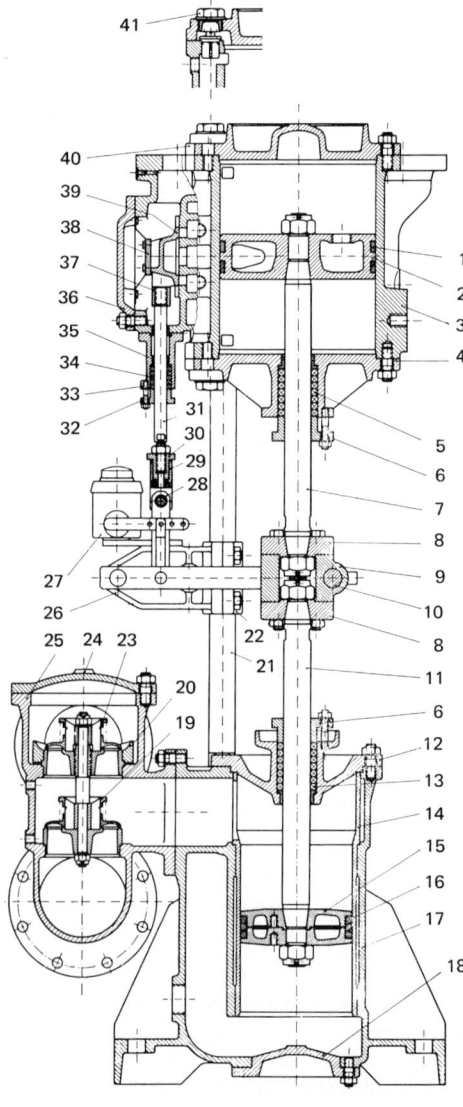

Als Steuerungselement dienen Dampfschieber, die als Flachschieber ausgebildet sind. Die übereinander liegenden Saug- und Druckventile der Pumpe (19 und 23) sind federbelastete Tellerringventile.

6.3.2 Membranpumpen

Die Membran- oder Diaphragmapumpen, die ähnlich wie die Kolbenpumpen arbeiten, besitzen an Stelle des Kolbens eine Membrane (Diaphragma) aus Gummi oder Kunststoff, die am äußeren Umfang dicht mit dem Pumpengehäuse verbunden ist. Die Membrane wird durch eine Kolbenstange auf und nieder bewegt und so die Verdrängungswirkung hervorgerufen. Die Membranpumpen werden sowohl als Saugpumpen wie auch als Druckpumpen gebaut. Die Maschinenteile kommen mit der Förderflüssigkeit nicht in Berührung, so dass ein Verschleiß und ein Verstopfen der Pumpe vermieden werden. Die Membranpumpen eignen sich daher besonders für die Förderung sand- und schlammhaltigen Wassers. Durch die gute Abdichtung der Pumpe können Saughöhen bis zu 7 m erreicht werden.

6.3.3 Schraubenspindelpumpen

Bei diesen werden durch zwei oder mehr ineinandergreifende Schraubenspindeln, die gegeneinander und gegen das Gehäuse abdichten, Kammern gebildet, die das Fördergut aufnehmen und in axialer Richtung bewegen. Die Schraubenspindelpumpen können mit hohen Drehzahlen gefahren werden und eignen sich daher für den direkten Antrieb durch schnelllaufende Antriebsmaschinen.

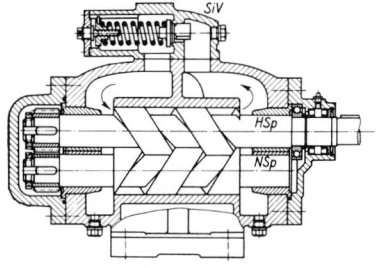

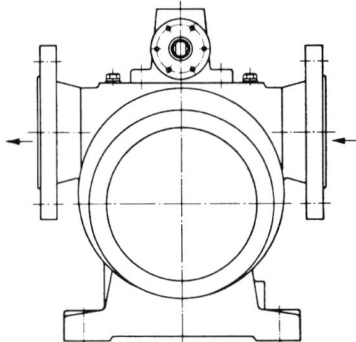

Bild 4. Schraubenspindelpumpe

Anwendung: Kühlmittel- und Schmierölpumpen sowie als Druckölpumpen für ölhydraulische Antriebe (Bild 4).

Bei der Mohno-Pumpe (Pumpen- und Maschinenbau Abel GmbH & Co. KG) dreht sich der als eingängige Schnecke ausgebildete Läufer aus Spezialstahl in einem aus Gummi gefertigten, feststehenden Stator, der die Form einer zweigängigen Schnecke besitzt. Die Pumpe eignet sich besonders für die Förderung von aggressivem und schlammhaltigem Wasser. Die Schraubenspindelpumpen sind selbstansaugend.

6.3.4 Zahnradpumpen

Zahnradpumpen sind ebenso wie die Kolbenpumpen Verdrängerpumpen. Sie werden entweder als einfache Zahnradpumpen mit einem ineinander greifenden Zahnradpaar oder als Mehrfach-Zahnradpumpen mit außen- und innenverzahnten Rädern sowie als Zahnringpumpen gebaut. Im Saugraum der Pumpe werden die Zahnlücken mit der Förderflüssigkeit gefüllt; sie fördern entlang der Gehäusewand die Flüssigkeit auf die Druckseite, wo durch das Ineinandergreifen der Zähne die eigentliche Drucksteigerung erfolgt. Die Zahnradpumpen eignen sich für die Förderung von Drucköl, Schneid- und Bohröl und als Hydraulikpumpe.

Bild 5 zeigt eine Präzisions-Hochdruck-Zahnradpumpe der Firma Plessey Maschinen Elemente, Neuß/Rhein, die in verschiedenen Größen hergestellt wird: Förderströme 1,2 bis 19 l/min bei 1 000 l/min, maximale Antriebsdrehzahl bis 3 500 l/min, maximaler Betriebsdruck je nach Größe 105 bis 175 bar. Die Pumpe besitzt ein Leichtmetallgehäuse und selbstnachstellende Wellenlager, die durch eine Niederdruckschmierung mit Drucköl versorgt werden.

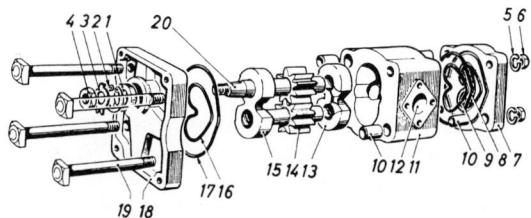

Bild 5. Hochdruckzahnradpumpe, Plessey (Deutschland) GmbH, Neuß/Rhein

1 Wellendichtring	11 Gehäuse
2 Sicherungsring	12 Einlassöffnung
3 Sicherungsblech	13 unteres Lager
4 Wellenmutter	14 getriebenes Zahnrad
5 Federring	15 oberes Lager
6 Deckelmutter	16 Wellendichtring (innerer)
7 Deckel	17 Wellendichtring (äußerer)
8 Wellendichtring (äußerer)	18 Flansch
9 Wellendichtring (innerer)	19 Schraube
10 Zentrierhülse	20 Antriebszahnrad X-Type

6.3.5 Axialkolbenpumpen

Je nach der Art der Erzeugung der Kolbenbewegung unterscheidet man Taumelscheibenpumpen, Schwenktrommelpumpen (Schrägtrommelpumpen), Schrägscheibenpumpen.

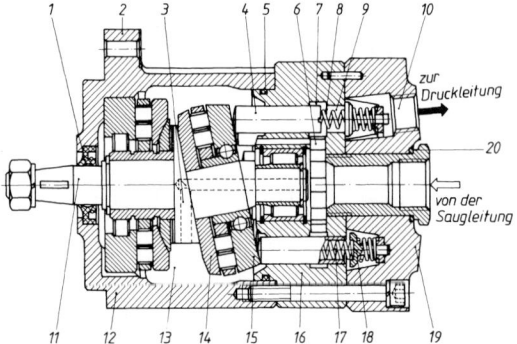

Bild 6. Taumelscheibenpumpe, Bosch, Hildesheim

1 Radial-Dichtring	10 Druckraum
2 Befestigungsflansch	11 Antriebswelle
3 Bohrungen für Schmie-	12 Gehäuse
rung und Kühlung	13 Lagerraum
4 Kolben	14 Taumelscheibe
5 Ring-Abdichtung des	15 Druckscheibe
Gehäuses	16 Pumpenkörper
6 Ringkanal (Saugraum)	17 Kolbenfeder
7 Ringnut	18 Druckventil
8 Steuerkante	19 Anschlussplatte
9 Kolben-Hubraum	20 Abdichtung des Saug-
	stutzens

Bei der Taumelscheibenpumpe (Bild 6) sind die Kolben im feststehenden Pumpengehäuse gelagert und erhalten durch eine Taumelscheibe den Arbeitshub. Die Druckflüssigkeit wird beim Rückwärtshub der Kolben angesaugt. Beim Vorwärtshub schließt der Kolben mit seiner Oberkante seinen Füllraum und drückt die Flüssigkeit über das Druckventil in die Druckleitung. Die Taumelscheibenpumpe ist dem Aufbau nach die einfachste unter den Axialkolbenpumpen. Sie hat einen guten Wirkungsgrad und erreicht Drücke bis zu 250 bar. Die Fördermenge ist bei konstanter Drehzahl unveränderlich. Die Pumpe kann in beliebiger Richtung angetrieben werden, ohne dass sich die Richtung des Förderstromes ändert. Die Taumelscheiben-Axialkolbenpumpen können in entsprechender Bauweise auch als Motor verwendet werden.

Die Schwenktrommelmaschinen (Bild 7) sind ebenfalls sowohl als Pumpe als auch als Motor verwendbar. Hier werden die Kolben samt der Schwenktrommel von der Triebscheibe über die Kolbenstangen mitgenommen und erzeugen auf diese Weise die Pumpbewegung.

Gewöhnlich wird der Förderstrom bei dem größten Ausschwenkwinkel – im allgemeinen $\alpha_{max} = 25°$ –

(siehe Bild 8) angegeben. Dann ergibt sich der Förderstrom bei einem beliebigen Schwenkwinkel α:

$$\dot{V} = \dot{V}_{max}\,\frac{\sin \alpha}{\sin 25°} \tag{9}$$

Wird die Trommel nach beiden Seiten aus der Mittellage geschwenkt, so wird auch die Richtung des Ölstromes dabei umgekehrt. Die Schwenktrommelpumpe erzeugt Drücke bis zu 350 bar und wird in der Öl-Hydraulik angewendet.

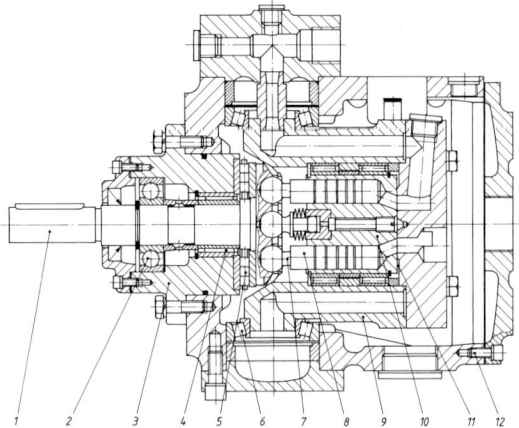

Bild 7. Schwenktrommelpumpe
Fried. Krupp Hüttenwerke AG

1 Triebflansch	7 Kolbenstange
2 Stützlager	8 Kolben
3 Lagerflansch	9 Zylindergehäuse
4 Triebflanschlager	10 Zylinderblock
5 Axial-Zylinderrollenlager	11 Steuerfläche
6 Schwenklager	12 Gehäuse

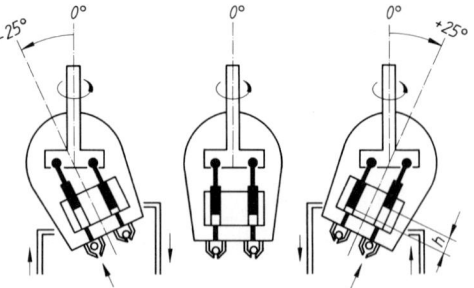

Bild 8. Schwenktrommelpumpe – Veränderung des Förderstromes

Auch mit der Schrägscheibenpumpe (Bild 9) können Drücke bis 300 bar bei sehr guten Wirkungsgraden erreicht werden. Ihre Wirkungsweise beruht darauf, dass die Kolben axial in einer Zylindertrommel angeordnet sind, die mit der Welle rotiert.

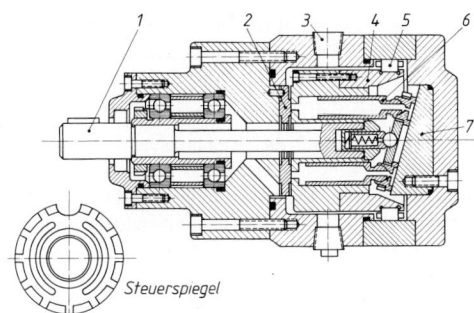

Bild 9. Schrägscheibenpumpe
1 Antriebswelle
2 Steuerspiegel
3 Leckölanschluss
4 Zylinderkörper
5 Rollenlager
6 Kolben
7 schräge Hubplatte

Die aus der Trommel herausragenden Kolbenstangenenden werden auf einer zur Welle schräg gestellten, nicht rotierenden Ebene geführt. Dadurch führt jeder Kolben bei einer vollen Umdrehung der Zylindertrommel einen Hin- und Rückhub aus, dessen Länge von der Schrägstellung der Ebene (bis 17°) und seinem Abstand von der Welle abhängt. Werden die Kolben in die Zylinderbohrung hineingedrückt, fördern sie die Flüssigkeit durch die nierenförmige Öffnung des Steuerspiegels in die Druckleitung. Werden die Kolben auf der anderen Seite unter dem in der Rückflussleitung herrschenden Druck (Speisedruck) herausgedrückt, so lassen sie durch die zweite nierenförmige Öffnung (Saugseite) des Steuerspiegels Flüssigkeit aus der Rückflussleitung in die Zylinderbohrungen einströmen. Durch Schwenken der Ebene in die zur Welle senkrechte Stellung können die Kolbenhübe auf null gebracht werden und durch Schwenken in die entgegengesetzte Schräglage Saug- und Druckseite vertauscht werden. Während bei Pumpen die Schwenkung der Ebene nach beiden Seiten erfolgen kann, wird bei Schrägscheibeneinheiten, die als Motor arbeiten sollen, die Schrägebene meist starr angeordnet.

6.3.6 Radialkolbenpumpen

Bei Radialkolbenpumpen sind die Zylinderbohrungen radial angeordnet. Durch eine Exzentrizität der Innentrommel gegenüber der Außentrommel wird eine Hubbewegung der Kolben in den radialen Zylinderbohrungen bewirkt. Eine Änderung der Exzentrizität hat bei konstanter Antriebsdrehzahl eine stufenlose Mengenregelung zur Folge. Bei manchen Ausführungen wird der Förderstrom von einem zentralen Steuerkörper, um den sich der Läufer dreht und der gleichzeitig die Saug- und Druckkanäle aufnimmt, geregelt.

6.3.7 Drehflügelpumpen (Flügelzellenpumpen)

Bild 10 zeigt den Aufbau einer Drehflügelpumpe. Danach ist das wesentliche Konstruktionsmerkmal dieser Pumpen der zylindrische, mit radial liegenden Schlitzen versehene Rotor, der in einer mit zwei sich gegenüber liegenden Erhebungskurven versehenen feststehenden Hubscheibe umläuft. In den Rotorschlitzen befinden sich Flügel, die sich auf der Hubkurve, von der Fliehkraft nach außen gedrückt, abstützen. In den den Arbeitsraum in axialer Richtung abschließenden Seitenscheiben sind Steuerschlitze angeordnet, durch die das Öl angesaugt und ausgepresst wird. Die beiden Druck- und Saugräume liegen einander diametral gegenüber, so dass sich die Radialdruckkräfte gegenseitig aufheben. Die Flügelzellenpumpen werden für Förderströme bis 60 l/min und kurzzeitig zulässige Spitzendrücke von 150 bar gebaut. Die Vorteile dieser Pumpenbauart liegen in ihren kleinen Abmessungen bei vergleichsweise hohen Förderleistungen, äußerst pulsationsarmen Förderströmen und einer weitgehenden Unempfindlichkeit gegen Schmutz und Fremdkörper.

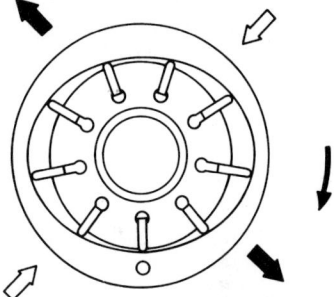

Bild 10. Drehflügelpumpe, Aufbau-Schema

6.3.8 Schwimmerpumpen

Schwimmerpumpen arbeiten als periodisch wirkende Druckluftpumpen nach dem Verdrängerprinzip. Bei der in Bild 11 gezeigten Saug- und Druckpumpe mit Magnetsteuerung wird das Wasser mit Hilfe eines Injektors in den Pumpenkessel gesaugt.

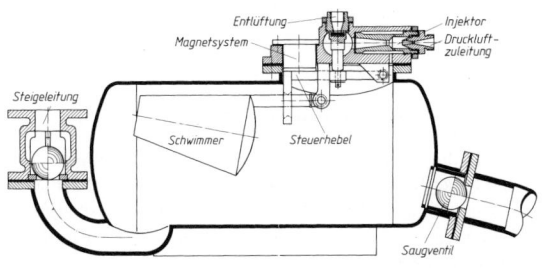

Bild 11. Saug- und Druckpumpe, Gründer & Hötten GmbH

Das einströmende Wasser hebt den Schwimmer und damit den Steuerhebel an. In der höchsten Schwimmerlage wird der Steuerhebel schlagartig vom Magnetsystem angezogen, wodurch die Entlüftungsleitung abgesperrt, die Druckluft in den Pumpenkessel geleitet und Wasser in die Steigleitung gedrückt wird. Mit fallendem Wasserspiegel wird in der tiefsten Schwimmerlage der Steuerhebel durch das Schwimmergewicht vom Magnetsystem abgerissen,. Dadurch wird die Entlüftung mit Hilfe des Injektors eingeleitet und wieder Wasser in den Kessel gesaugt.

6.3.9 Strahlpumpen

Bei Strahlpumpen erzeugt nach Bild 12 aus der Treibdüse (T) austretender Treibmittelstrahl vor der Mündung der Druck- oder Fangdüse (D) einen Unterdruck. Durch diesen Unterdruck wird dem Saugrohr (S) das Fördergut angesaugt und in der Mischkammer (M) mit dem Treibmittelstrahl vereinigt. Dabei gibt der Treibmittelstrahl einen Teil seiner Energie an das Fördergut ab. Das Gemisch aus Treibmittel und Fördergut verlässt durch den Diffusor (D_i) die Strahlpumpe.
Nach der Art des verwendeten Treibmittels unterscheidet man Wasserstrahlpumpen, Luftstrahlpumpen und Dampfstrahlpumpen. Bei den Dampfstrahlpumpen werden Ejektoren (Ausspritzer) und Injektoren (Einspritzer) unterschieden. Sie werden als Injektoren in mehrstufiger Bauart zur Förderung des Speisewassers in Dampfkessel benutzt.
Die stoßweise arbeitenden Wasserstrahlpumpen (Stoßheber oder hydraulische Widder) fördern durch Ausnutzung der Strömungsenergie einen Teil der Flüssigkeit auf größere Höhen.
Die Strahlpumpen arbeiten mit verhältnismäßig geringen Wirkungsgraden (bis ca. 35 %), sie bieten aber als Vorteile: geringe Anschaffungskosten, Wartungslosigkeit und Unempfindlichkeit gegen verschmutzte und sandhaltige Saug-Flüssigkeiten.

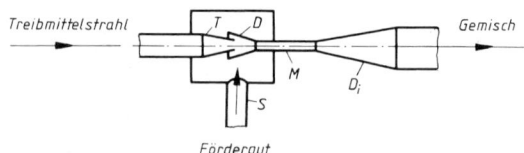

Bild 12. Schema einer Wasserstrahlpumpe

6.3.10 Mammutpumpen (Mischluftwasserheber)

Durch diese können sehr große Wassermengen gefördert werden. Die Mammutpumpe besteht nach Bild 13 aus einem weiten Förderrohr, das in das Wasser eintaucht und einem parallel laufenden engeren Luftrohr, das etwas über dem unteren offenen Ende des Förderrohres in dieses einmündet. Die eindringende Druckluft mischt sich mit dem Wasser. Das Wasser-

luftgemisch, das spezifisch leichter ist als das Wasser, steigt in dem Förderrohr hoch. Die zu erreichende Förderhöhe wird durch die Eintauchtiefe und durch die Menge der zugeführten Druckluft bestimmt.

Mit Rücksicht auf die Reibungsverluste soll die Strömungsgeschwindigkeit in der Förderleitung 2 m/s nicht überschreiten. Der Wirkungsgrad der Mammutpumpen, der je nach Eintauchtiefe und Förderhöhe zwischen 5 % und 20 % liegt, lässt die Verwendung der Mammutpumpe für ständige Wasserförderung nicht zu. Die Pumpen sind für die Förderung von verschmutztem und sandhaltigem Wasser gut geeignet; sie werden deshalb auch zur Sümpfung im Bergbau, bei Gründungsarbeiten und zur Kiesgewinnung aus Wasserläufen verwendet.

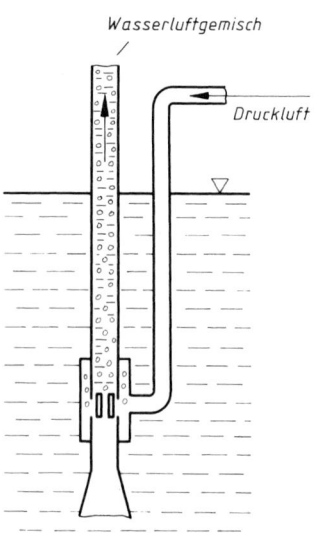

Bild 13. Schema einer Mammutpumpe

6.4 Kreiselpumpen

Bei Kreiselpumpen treten mit umgekehrtem Vorzeichen die gleichen Bewegungsverhältnisse wie bei Francisturbinen auf (vgl. Abschnitt 4, Wasserturbinen). Bei Francisturbinen wird die kinetische Energie des Wassers in mechanische Energie umgewandelt; bei Kreiselpumpen wird die zugeführte mechanische Energie in Druckenergie und kinetische Energie umgewandelt. Auch bei Kreiselpumpen unterscheidet man je nach Konstruktionsmerkmalen der Räder in Langsamläufer, Normalläufer und Schnellläufer.
Bild 14 zeigt den Aufbau einer Niederdruckkreiselpumpe mit Spiralgehäuse und einseitigem Einlauf. Bei dieser Pumpe tritt das Wasser axial in das Laufrad der Pumpe ein, durchströmt infolge der Fliehkraftwirkung nahezu radial von innen nach außen die Schaufelkanäle des Rades und wird am äußeren Umfang abgeschleudert.

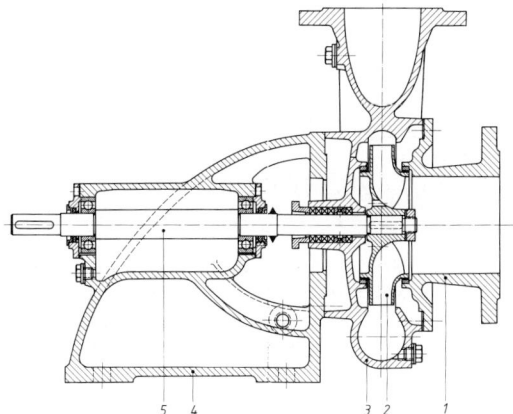

Bild 14. Niederdruckkreiselpumpe mit Spiralgehäuse, einflutig
1 Saugdeckel
2 Laufrad
3 Spiralgehäuse
4 Lagerstuhl
5 Welle

Das vom Laufrad mit hoher Geschwindigkeit abgeschleuderte Wasser wird im Leitrad oder im Spiralgehäuse (Diffusor) verzögert. Hierdurch wird Geschwindigkeitsenergie in Druckenergie verwandelt. Für die Aufrechterhaltung der Strömung in Pumpe und Leitung behält das Wasser aber noch einen Rest an kinetischer Energie.

6.4.1 Strömung im Laufrad

Die im wesentlichen radial verlaufenden Schaufelkanäle des Laufrades werden gegenseitig durch die Laufschaufeln abgegrenzt. Bei den Schaufeln sind die Eintritts- und Austrittskanten zu unterscheiden: Am Eintritt sind die Schaufeln so gekrümmt, dass sie beim Lauf des Rades im vorgesehenen Drehsinn in das zuströmende Wasser einschneiden. An der Austrittsstelle können die Schaufelenden grundsätzlich radial verlaufen (I), vorwärts gekrümmt (II) oder rückwärts gekrümmt (III) sein (Bild 15).

Mit den im Bild 15 dargestellten Geschwindigkeitsverhältnissen und nach Abschnitt 4.4.4 errechnet sich die theoretische Förderhöhe h_{th} aus der Gleichung

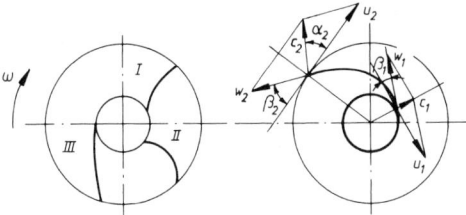

Bild 15. Laufradform und Geschwindigkeitsparallelogramm

$$h_{th} = \frac{u_2^2 - u_1^2 + w_1^2 - w_2^2 + c_2^2 - c_1^2}{2\,g}$$

Mit Hilfe des Cosinussatzes ergibt sich aus den Geschwindigkeitsdreiecken am Radeintritt und Radaustritt (Bilder 17 und 15):

$$w_1^2 = c_1^2 + u_1^2 - 2\,c_1\,u_1\cos\alpha_1$$
$$w_2^2 = c_1^2 + u_2^2 - 2\,c_2\,u_2\cos\alpha_2$$

Daraus folgt die Hauptgleichung der Kreiselpumpe

$$h_{th} = \frac{c_2\,u_2\cos\alpha_2 - c_1\,u_1\cos\alpha_1}{g} \tag{10}$$

Die Gestaltung der Schaufelaustrittseite hängt von der Wahl des Winkels β_2 ab (Bild 15):

  I. $\beta_2 = 90°$ Schaufelenden verlaufen radial,

  II. $\beta_2 > 90°$ Schaufelenden sind vorwärts gekrümmt,

  III. $\beta_2 < 90°$ Schaufelenden sind rückwärts
      gekrümmt.

Aus dem Geschwindigkeitsdreieck für den Laufrad-Austritt geht hervor, dass bei gleich bleibenden Werten für u_2 und w_2 die absolute Austrittsgeschwindigkeit c_2 bei $\beta_2 > 90°$ am größten, für $\beta_2 < 90°$ am kleinsten wird. Man erreicht also mit Laufrädern, die vorwärts gekrümmte Schaufelenden besitzen, eine größere Förderhöhe als bei Rädern mit rückwärts gekrümmten Schaufelenden.

Da aber bei Schaufelwinkeln $\beta_2 > 90°$ die Stromführung in den Laufkanälen verschlechtert und die Wirbelungs- und Reibungsverluste durch die Zunahme der absoluten Austrittsgeschwindigkeit erhöht werden, sinkt bei diesen Rädern der Wirkungsgrad. In der Praxis werden daher die Pumpen mit rückwärts gekrümmten Schaufelenden bevorzugt. (Übliche Werte: ($\beta_2 = 20 \dots 40°$)

6.4.2 Drosselkurve und Betriebsverhalten

Kreiselpumpen zeigen bei konstanter Drehzahl einen veränderlichen, mit zunehmender Förderhöhe abnehmenden Förderstrom. Dieses Verhalten wird durch die Drosselkurve ($\dot{V}$, h-Linie) dargestellt. Diese Kennlinie, die graphisch die Abhängigkeit der Förderhöhe h von der Fördermenge $\dot{V}$ bei konstanter Drehzahl n zeigt, wäre unter der Voraussetzung einer reibungsfreien Strömung und für stoßfreien Eintritt des Förderstromes in die Verschaufelung eine waagerechte Gerade. Für $\beta_2 < 90°$, d.h. bei rückwärts gekrümmten Schaufelenden, fällt diese Gerade mit zunehmenden Werten für $\dot{V}$ ab (Bild 16).

Zur Berücksichtigung der Kanalreibung sind die entsprechenden Verlusthöhen abzuziehen. Sie steigen annähernd mit dem Quadrat der Geschwindigkeit, also mit dem Quadrat der Fördermenge (Bild 17).

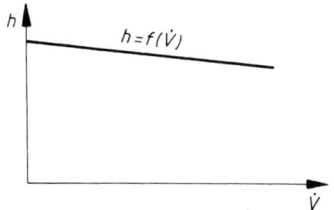

Bild 16. Förderhöhen in Abhängigkeit vom Förderstrom $\dot{V}$ bei rückwärts gekrümmten Schaufeln, stoßfreiem Laufrad-Eintritt und reibungsfreier Strömung

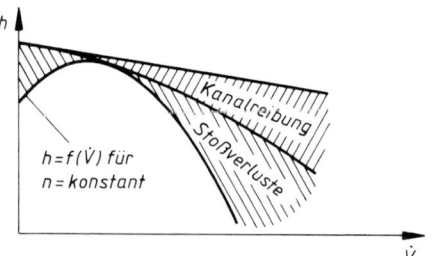

Bild 17. Entstehung der Drosselkurve

Stoßfreier Eintritt in das Laufrad bzw. Verringerung der Stoßverluste auf ein Minimum liegt nur bei tangentialer Einströmung vor. Dieser stoßfreie Eintritt ist nur für eine bestimmte Fördermenge $\dot{V}$ gewährleistet. Jede Abweichung von dieser Fördermenge lässt auch die Stoßverluste mit dem Quadrat der Änderung des Förderstromes anwachsen. Die entsprechenden Verlusthöhen sind ebenfalls in Abzug zu bringen. Die sich so ergebende Drosselkurve der Kreiselpumpe ist eine Parabel. Die gleiche Kreiselpumpe liefert bei verschiedenen Drehzahlen verschiedene Drosselkurven. Zeichnet man die Drehzahllinien im das Diagramm ein und verbindet außerdem die Punkte gleichen Wirkungsgrades durch entsprechende Kurven, so erhält man das Kennfeld der Kreiselpumpe (Bild 18). Zeichnet man zur Kennlinie einer Kreiselpumpe in gleicher Darstellungsweise die Kennlinie der zugehörigen Rohrleitung, so erhält man mit dem Schnittpunkt der beiden Kennlinien den Betriebspunkt der Pumpe. Eine engere Rohrleitung oder eine Verengung der Rohrleitung durch ein in die Leitung eingebautes regelbares Drosselventil ergibt bei kleineren Fördermengen größere Widerstände und damit steiler verlaufende Rohrleitungskennlinien.

Zwischen den Drosselkurven einer Kreiselpumpe, die verschiedenen Drehzahlen entsprechen, besteht eine Ähnlichkeit, die durch die Beziehungen zwischen den Größen $\dot{V}$, h und n gekennzeichnet ist:

$$\frac{\dot{V}_1}{\dot{V}_2} = \frac{n_1}{n_2} ; \frac{h_1}{h_2} = \frac{n_1^2}{n_2^2} ; \frac{P_1}{P_2} = \frac{n_1^3}{n_2^3} \qquad (11)$$

Diese Beziehungen gelten stets gleichzeitig und erlauben bei Vorliegen einer Kennlinie für eine Dreh-

zahl n_1 die Ableitung der Kennlinien für andere Drehzahlen n_2, n_3 usw.

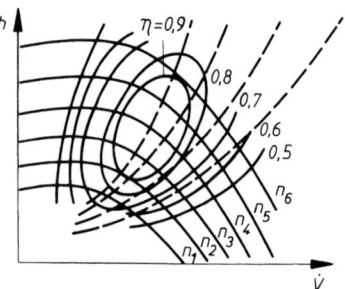

Bild 18. Kennfeld einer Kreiselpumpe für verschiedene Drehzahlen

Der vom Scheitelpunkt S nach links abfallende Teil der Kennlinie (Bild 19) ist labil und ist dadurch gekennzeichnet, dass hier bereits geringe Druckschwankungen unter Umständen große Änderungen und Schwingungen des Förderstroms bis zum Aussetzen der Förderung nach sich ziehen können. Der Betriebspunkt B der Pumpe (Schnittpunkt der $\dot{V}$, h-Linie mit der Rohrleitungskennlinie) sollte im stabilen Bereich, also rechts vom Scheitelpunkt S liegen. Die zu überwindende Förderhöhe besteht aus dem statischen, von der Fördermenge $\dot{V}$ unabhängigen Anteil h und der mit dem Quadrat der Fördermenge ansteigenden Widerstandshöhe h_v (Verlusthöhe). Arbeitet die Pumpe gegen einen veränderlichen statischen Druck, fördert sie also z.B. in einen Druckkessel, so wandert die Rohrleitungskennlinie bei zu geringer Entnahme aus diesem Kessel immer höher und tangiert schließlich in einem Punkt die $\dot{V}$, h-Linie (Punkt P). Hier setzt die Förderung der Pumpe aus und das Rückschlagventil hinter der Pumpe schließt sich. Sie arbeitet im toten Wasser leer weiter. Der gleiche Betriebszustand kann aber auch bei einem Absinken der Betriebsdrehzahl eintreten: Die Pumpe fällt dann ab und fördert nicht mehr, weil der Leitungsdruck den Pumpendruck übersteigt.

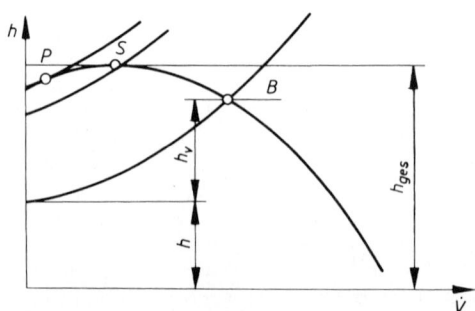

Bild 19. Labiler und stabiler Betriebsbereich

Der Einfluss der Betriebsbedingungen auf Fördermenge und Förderhöhe soll nachstehend an einigen
wichtigen Betriebsfällen gezeigt werden:

6.4.2.1 Regelung der Fördermenge durch Drosse-
lung (Bild 20). Jeder Stellung des Drosselschiebers
der Rohrleitung entspricht eine neue Kennlinie der
Rohrleitung. Damit ergibt sich bei gleich bleibender
Drehzahl auch jeweils ein neuer Betriebspunkt. Eine
zunehmende Drosselwirkung kann auch durch In-
krustierung der Rohre entstehen, was eine Abnahme
der Fördermenge zur Folge hat.

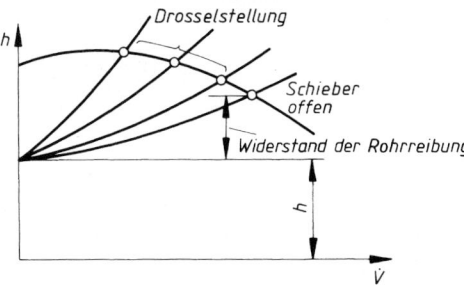

Bild 20. Drosselregelung

6.4.2.2 Drehzahlregelung (Bild 21). Den Schnitt-
punkten der $\dot{V}$, h-Linien für die verschiedenen Drehzahlen mit der Rohrleitungskennlinie entsprechen den
einzelnen Betriebspunkten (B_1, B_2, B_3): Der Betriebspunkt wandert bei Drehzahländerung auf der Rohrleitungskennlinie.

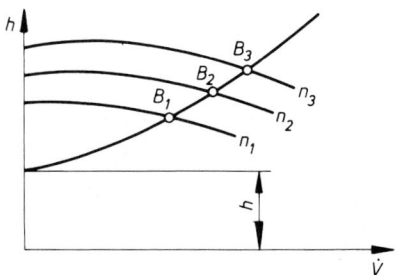

Bild 21. Drehzahlregelung

6.4.2.3 Änderung der Förderhöhe bei flacher und
bei steiler $\dot{V}$, h-Linie (Bild 22). Flach verlaufende $\dot{V}$,
h-Linien bedingen, dass bei Schwankungen der För-
derhöhe die Fördermenge stark schwankt. Bei steilen
$\dot{V}$, h-Linien können dagegen schwankende Förderhöhen nur geringe Veränderungen der Fördermenge
nach sich ziehen. Die $\dot{V}$, h-Linie einer Pumpe ist um
so flacher, je geringer ihre spezifische Drehzahl ist
(siehe Abschnitt 4.4.3).

6.4.2.4 Parallelschaltung mehrerer Kreiselpum-
pen (Bild 23). Wenn mehrere Kreiselpumpen in die
gleiche Rohrleitung fördern, ist aus den $\dot{V}$, h-Linien

der einzelnen Pumpen zunächst die „gemeinsame" $\dot{V}$,
h-Linie zu bilden: Man addiert dazu die Fördermen-
gen der einzelnen Pumpen bei jeweils konstanter
Förderhöhe. Der Schnittpunkt der „gemeinsamen" $\dot{V}$,
h-Linie mit der Rohrleitungskennlinie ergibt den
Betriebspunkt (B).

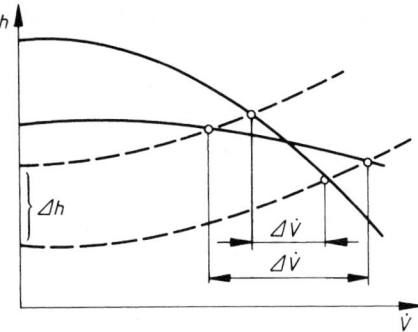

Bild 22. Flache und steile $\dot{V}$, h-Linie

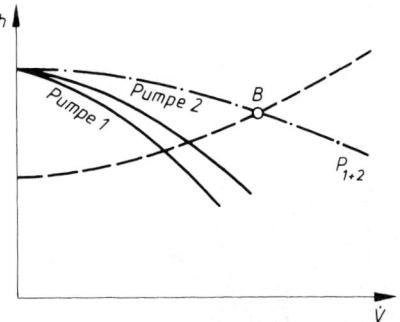

Bild 23. Parallelschaltung mehrerer Kreiselpumpen

6.4.2.5 Parallelschaltung von Kolbenpumpe und
Kreiselpumpe (Bild 24). Die Kennlinie der Kolbenpumpe in $\dot{V}$, h-Diagramm ist eine Parallele zur h-
Achse. Die „gemeinsame" $\dot{V}$, h-Linie wird hier wieder durch Addition der zur gleichen Förderhöhe gehörenden Fördermengen der beiden Pumpen gefunden.

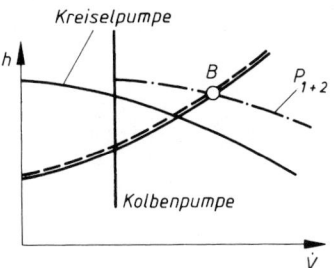

Bild 24. Parallelschaltung von Kolben- und Kreiselpumpe

6.4.2.6 Parallelschaltung von mehreren Rohrleitungen

6.4.2.6 Parallelschaltung von mehreren Rohrleitungen (Bild 25). Wenn eine oder mehrere Pumpen in zwei oder mehr parallel geschaltete Rohrleitungen fördern, ist aus den einzelnen Rohrleitungskennlinien zunächst die „gemeinsame" Rohrleitungskennlinie zu bilden: Man addiert die Fördermengen der einzelnen Rohrleitungen bei jeweils gleicher Widerstandshöhe. Den Schnittpunkt der „gemeinsamen" Rohrleitungskennlinie mit der $\dot V$, h-Linie ergibt den Betriebspunkt (B).

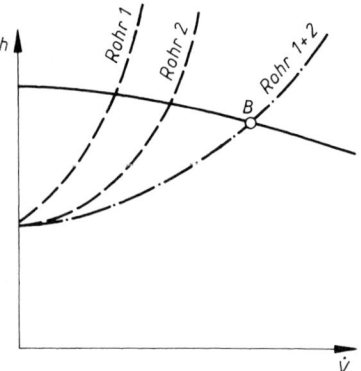

Bild 25. Parallelschaltung von mehreren Rohrleitungen

6.4.3 Spezifische Drehzahl

Zur Kennzeichnung der Pumpentypen benutzt man diejenige Drehzahl einer der aufgeführten Pumpe geometrisch ähnlichen ideellen Pumpe, die in einer Stufe auf 1 m Förderhöhe $\dot V = 1$ m³/s liefert. Diese Drehzahl heißt spezifische Drehzahl n_q der Pumpe. Die spezifische Drehzahl folgt aus den Daten des ausgeführten Pumpenlaufrades:

$$n_q = n\frac{\sqrt{\dot V}}{h^{\frac{3}{4}}} = \sqrt[4]{\frac{\dot V^2}{h^3}}$$

n_q, n	h	$\dot V$
min⁻¹	m	$\dfrac{m^3}{s}$

(12)

Zwischen den verschiedenen Laufradtypen und den spezifischen Drehzahlen besteht folgende Zuordnung:

Hochdruckräder	$n_q =$	25 ...	90 min⁻¹
Mitteldruckräder	$n_q =$	40 ...	145 min⁻¹
Niederdruckräder	$n_q =$	70 ...	225 min⁻¹
Schraubenräder	$n_q =$	150 ...	565 min⁻¹
Propellerräder	$n_q =$	300 ...	1 100 min⁻¹

Wasserhaltungs- und Kesselspeisepumpen werden vorwiegend als radiale Pumpen ausgeführt, Propellerräder zeigen dagegen ein stark labiles Betriebsverhalten und sind daher als Kesselspeisepumpen ungeeignet.

Die spezifische Drehzahl beeinflusst die $\dot V$, h-Linie: Sie wird um so steiler, je größer die spezifische Drehzahl ist.

Auch der erreichbare Wirkungsgrad ist stark von der spezifischen Drehzahl abhängig: Der Wirkungsgrad steigt mit zunehmender spezifischer Drehzahl. Im Interesse eines wirtschaftlichen Betriebes sind daher Pumpen mit extrem niedrigen spezifischen Drehzahlen zu vermeiden; dies führt zur Wahl mehrstufiger Pumpen.

6.4.4 Aufbau der Kreiselpumpen

6.4.4.1 Niederdruckpumpen. Bild 26 zeigt den Aufbau einer einstufigen Niederdruck-Kreiselpumpe in einflutiger Bauart mit Lagerbock. Das fliegend auf der Welle angeordnete und sorgfältig ausgewuchtete Laufrad (2) ist durch Ausgleichsbohrungen hydraulisch entlastet, wodurch der Axialhub ausgeglichen wird. Die Pumpe hat keine Innenlager, die Welle ist so ausgeführt, dass der Läufer selbst bei den hierbei üblichen Drehzahlen bis 3 500 min⁻¹ vibrationsfrei bleibt. Die Abdichtung im Gehäuse erfolgt durch auswechselbare Spaltringe (6).

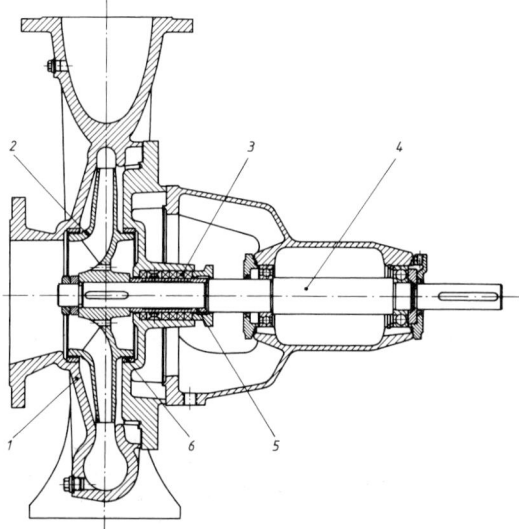

Bild 26. Einstufige, einflutige Kreiselpumpe mit Lagerbock (Normpumpe 50 nach DIN 24 255)

1 Gehäuse	4 Welle
2. Laufrad	5 Wellenschutzhülse
3. Packung	6 Spaltringe

Die Sperringbuchse kann mit Druckwasser, Fremdwasser oder Sperrfett beaufschlagt werden, um den Laufradraum vom Eindringen der Luft abzuriegeln, während gleichzeitig die Wellenschutzhülse an der Packungsstelle geschmiert wird. Niederdruckpumpen dieser Bauart sind für einen Druckbereich bis etwa

100 m und je nach Größe für Fördermengen von 100 bis 20 000 l/min zu verwenden; die erforderlichen Antriebsleistungen liegen zwischen 0,07 kW und 160 kW. Der weitgesteckte Bereich der Daten ermöglicht eine vielseitige Verwendbarkeit der Niederdruckpumpen, allerdings sind dabei Grenzen gesetzt hinsichtlich der zulässigen Temperatur, der Drücke, der Wellenabdichtung und der Art des Fördergutes.

Einstufige Kreiselpumpen, die bei großer Fördermenge einen möglichst hohen Wirkungsgrad besitzen und weitgehend axialschubfrei arbeiten sollen, werden in zweiflutiger Bauart ausgeführt.

6.4.4.2 Hochdruck-Kreiselpumpen.

Bei Hochdruck-Kreiselpumpen wird der zu erzeugende Druck durch die Hintereinanderschaltung mehrerer Laufräder erreicht. Nach jedem Laufrad ist ein Nachleitapparat mit Rückführschaufeln angeordnet, durch die das Wasser radial nach innen, bis zum folgenden Laufradeintritt, geleitet wird. Durch diese mehrstufige Bauweise können Hochdruckpumpen mit verhältnismäßig kleinen Durchmessern und nicht allzu hohen Drehzahlen gebaut werden. Der Axialschub wird entweder durch eine Entlastungsscheibe ausgeglichen oder durch eine hydraulische Entlastung mittels Bohrungen in den Laufrädern. Um bei Höchstdrücken und bei großen Saughöhen eine sichere Abdichtung zu erzielen, werden die Stopfbüchsen auf der Druckseite entlastet und auf der Saugseite mit einem Druckwasserverschluss versehen. Auch die Zwischengehäuse sind beim Durchgang der Welle durch auswechselbare Drosselbüchsen abgedichtet. Die mehrstufigen Pumpen werden auch in zweiflutiger Bauart ausgeführt.

6.4.4.3 Sonderbauarten.

Unterwasserpumpen sind vertikale Kreiselpumpen, die mit dem Unterwassermotor, einem wasserfesten Drehstrom-Kurzschlussmotor, gekuppelt sind. Das gesamte Aggregat hängt an der Steigrohrleitung und arbeitet unterhalb des Wasserspiegels. Der Motor erhält seine Energie durch ein Unterwasser-Spezialkabel, das am Steigrohr befestigt wird. Bei dem mit einem „Nassläufer" arbeitenden Motor wird auf jede Schutzeinrichtung gegen das Eindringen von Wasser in den Motor verzichtet. Der Motor wird vor dem Einsetzen des Pumpen-Aggregates in den Brunnen mit sauberem Wasser gefüllt. Die Spezialgleitlager werden durch dieses Wasser geschmiert, und die Wicklung mit nicht alternder, wasserabweisender Isolation wird von dem gleichen Wasser gekühlt. Verunreinigungen werden durch wartungslose, dauerhafte Vorrichtungen vom Motorinnern ferngehalten.

Da die Pumpe unter dem Wasserspiegel arbeitet, läuft ihr das zu fördernde Wasser zu, so dass Saugschwierigkeiten vermieden werden. Die Pumpe arbeitet praktisch wartungsfrei, da sie wassergeschmierte Lager besitzt und keine Stopfbuchse benötigt.

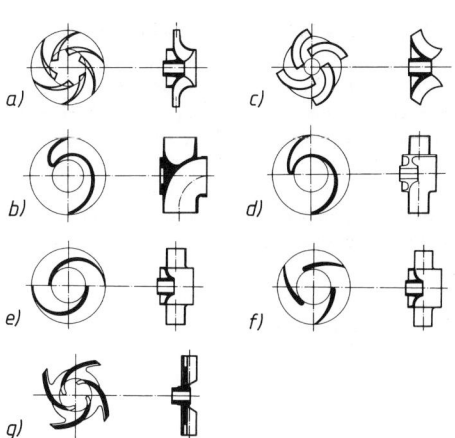

Bild 27. Einflutige Laufräder mit verschiedenen Schaufelformen

a) Mehrschaufeliges Laufrad zur Förderung reiner und leicht verschmutzter Flüssigkeiten;

b) Spiralschlauchrad mit freiem Durchgang für Spinn- und Faserstoffe, für Flüssigkeiten mit größeren Festteilen, z.B. Zuckerrüben;

c) beiderseits offenes, halbaxiales Schraubenrad für große Mengen reiner und leicht verschmutzter Flüssigkeiten;

d) Einkanalrad mit großem Durchgang für stark verunreinigte Flüssigkeiten;

e) Zweikanalrad für verunreinigte und viskose Flüssigkeiten;

f) Dreikanalrad für verunreinigte und viskose Flüssigkeiten, flache Kennlinie;

g) beiderseits offenes Kanalrad mit reduzierter Schaufelzahl für gashaltige und breiartige Stoffe.

Die Unterwasserpumpen finden vor allem dort Verwendung, wo unter Berücksichtigung der Wasserspiegelabsenkung die zulässige Saughöhe normaler Kreisel- oder Kolbenpumpen nicht mehr ausreicht. Sie dienen daher vornehmlich zur Wasserförderung aus tiefen Brunnen und können dank ihrer schlanken Bauweise auch in enge Bohrbrunnen eingesetzt werden.

Heute ist auch die einstufige, einflutige Kreiselpumpe ein vielseitiges Förderelement, das in vielen Fällen vor völlig verschiedenartige Aufgaben gestellt wird. Durch besondere Gestaltung des Laufrades wird die Pumpe den Verhältnissen angepasst. Bild 27 zeigt einflutige Laufräder mit verschiedenen Schaufelformen.

6.5 Vergleich zwischen Kolben- und Kreiselpumpen

Kolben- und Kreiselpumpen weisen grundlegende Unterschiede in ihren Betriebseigenschaften auf, wodurch sich verschiedene Verwendungsgebiete für die eine oder andere Pumpenart ergeben:

Bei Kolbenpumpen ist der Förderstrom pulsierend und begrenzt auf $\dot V \approx 0{,}055$ m^3/s; sie erreichen auch bei großen Förderhöhen einen hohen Wirkungsgrad, der von dem Verhältnis $\dot V/h$ praktisch unabhängig ist; ihre Drehzahlen sind niedrig (bis 300 l/min) was bei der Auswahl des Antriebes berücksichtigt werden muss, ebenso die Tatsache, dass ihr Anfahrmoment fast ebenso groß wie das Betriebsdrehmoment ist; sie können selbst ansaugen; die Förderhöhe passt sich selbständig dem herrschenden Gegendruck an und ist unabhängig von einer Veränderung der Fördermenge. Bei Kreiselpumpen erzielt man einen gleichbleibenden Förderstrom, der praktisch in der Größe nicht begrenzt ist; die Förderhöhe dagegen ist von der Drehzahl abhängig und nur mit größeren Stufenzahlen sind große Drücke erreichbar; dabei ist der Wirkungsgrad der Pumpe stark von Förderhöhe und Fördermenge abhängig: Bei kleinem Verhältnis $\dot V/h$ sind nur geringe Wirkungsgrade erreichbar; $\dot V$ und h beeinflussen sich wechselseitig (Kennlinie); bei normaler Bauweise kann die Luft aus der Saugleitung nicht abgesaugt werden. Sie muss vor der Inbetriebnahme entlüftet oder aufgefüllt werden; das Anfahrmoment ist gering und die Bauweise ermöglicht auch bei großen Leistungen die Verwendung von leichten, platzsparenden und relativ billigen Einheiten.

7 Verdichter
W. Böge

Verdichter fördern im Gegensatz zu den „Flüssigkeitspumpen" Gase, d.h. kompressible Medien; dabei ist eine Drucksteigerung der Gase mit einer Temperaturerhöhung oder einer Wärmeabgabe sowie mit einer Volumenverringerung verbunden.

Da Gase im Vergleich mit Flüssigkeiten eine weitaus geringere Dichte besitzen, können die Gasgeschwindigkeiten bei den Verdichtern viel höher liegen (bis ca. 100 m/s) als die Wassergeschwindigkeiten in Pumpen (bis ca. 2 m/s).

Theoretische Grundlagen über Zustandsänderungen von Gasen (isotherme, adiabatische, polytropische Verdichtung usw.) werden vorausgesetzt (vgl. Thermodynamik).

7.1 Mehrstufige Verdichtung und Kühlung

Um die isothermische Verdichtung zu erreichen, muss die Verdichtungsarbeit als Wärme abgeführt, d.h. die Maschine gekühlt werden. Die unvollkommene Kühlung der Kompressoren (kleine Wärmeübertragungsflächen, Schnellläufigkeit) bewirkt, dass sich die Verdichtung der Adiabate nähert. Eine Verringerung der hierdurch entstehenden adiabatischen Mehrarbeit kann durch stufenweise Verdichtung mit Zwischenkühlung erreicht werden.

Im Beispiel der zweistufigen Luftkompression wird die Luft in der ersten Stufe von p_1 auf den Zwischen-

druck p_Z adiabatisch verdichtet. Dabei steigt ihre Temperatur von T_1 auf T_2. Im Zwischenkühler wird die Luft bei nahezu konstant bleibendem Zwischendruck p_Z abgekühlt – im Idealfall bis auf die Anfangstemperatur T_1. In der zweiten Stufe erfolgt die wiederum adiabatische Verdichtung vom Zwischendruck p_Z auf den Enddruck p_2.

Durch mehrstufige Verdichtung mit Zwischenkühlung kann mit zunehmender Unterteilung des Verdichtungsvorganges dieser dem isothermischen Prozess genähert werden.

Außer der Verringerung der adiabatischen Mehrarbeit bietet die zwei- oder mehrstufige Verdichtung mit Zwischenkühlung den Vorteil einer Verringerung der Endtemperatur der Luft. Endtemperatur möglichst nicht über 200 ºC!

Für den mehrstufigen Verdichter wird der Arbeitsbedarf am geringsten, wenn das Druckverhältnis in allem n-Stufen gleich groß gewählt wird:

$$\frac{p_2}{p_1} = \sqrt[n]{\frac{p}{p_1}} \qquad (1)$$

p_1 Anfangsdruck, p_2 Zwischendruck (zwischen Stufe 1 und 2), p Enddruck, n Stufenzahl.

Bei Hochleistungsverdichtern bleibt man im allgemeinen mit dem Verdichtungsverhältnis in einer Stufe unter $\frac{1}{3}$; d.h. $p_2/p_1 = 3$.

Bei der Erzeugung von Druckluft ist die Feuchtigkeit der angesaugten atmosphärischen Luft zu berücksichtigen: Während der Verdichtung verringert sich die relative Feuchtigkeit der Luft infolge der starken Temperaturerhöhung. Bei der Abkühlung kann die relative Feuchtigkeit jedoch stark ansteigen und der Taupunkt überschritten werden. Zwischen- und Nachkühler sind daher mit Entwässerungseinrichtungen zu versehen.

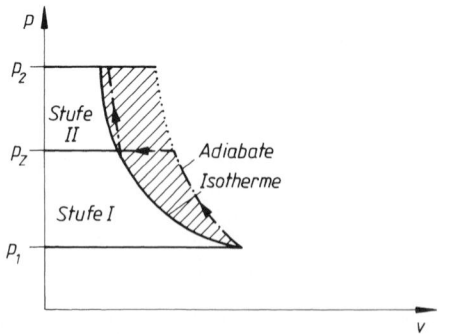

Bild 1. Zweistufige Kompression mit Zwischenkühlung

Die Kühlung der Luft – insbesondere im Nachkühler – verfolgt deshalb auch den Zweck, die erzeugte Druckluft zu entwässern bzw. zu trocknen.

7.2 Verdichterleistung und Wirkungsgrad

Die theoretische Verdichterleistung ergibt sich bei isothermischer bzw. adiabatischer Verdichtung aus der Gleichung

$$P_{is/ad} = \dot{V}\,W_{t\,is/ad}$$

$P_{is/ad}$	$\dot{V}$	$W_{t\,is/ad}$
kW	$\dfrac{m^3}{s}$	$\dfrac{Nm}{m^3}$	(2)

Der mechanische Wirkungsgrad η_m eines Verdichters vergleicht die innere Leistung P_1 mit der zugeführten Leistung P_e und berücksichtigt Leistungsverluste durch Reibung an den Gleitflächen:

$$\eta_m = \frac{P_i}{P_e} \tag{3}$$

Der isothermische Wirkungsgrad η_{is} vergleicht die theoretisch optimale Leistung P_{is} mit der Antriebsleistung des Verdichters P_e:

$$\eta_{is} = \frac{P_{is}}{P_e} \tag{4}$$

7.3 Kolbenverdichter

Nach den Druckbereichen werden unterschieden:

Kompressoren mit Enddrücken bis ca. 10 bar Überdruck,

Hochdruckverdichter mit Enddrücken über 10 bar Überdruck,

Vakuumpumpen; ihr Ansaugdruck liegt unter 1 bar absolutem Druck.

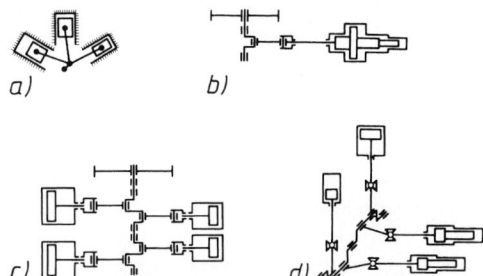

Bild 2. Gegenüberstellung verschiedener Triebwerksformen von Kolbenverdichtern

a) luftgekühlte Kolbenverdichter in W- oder V-Bauart

b) Kolbenverdichter in liegender Bauart

c) Kolbenverdichter in doppelter Boxerbauart

d) Kolbenverdichter in doppelter Winkelbauart

Die mehrstufige Kompression bedingt eine Mehrzylinderbauweise. Bei dieser setzt sich, insbesondere bei kleinen Maschinen, immer mehr die V- und W-Bauart gegenüber der Reihenmaschine durch. Die früher üblichen langsamlaufenden, liegenden Großkolbenmaschinen für große Liefermengen werden immer stärker durch schneller laufende, kleinere

Maschinen in L- und Boxer-Bauart verdrängt (Bild 2).

7.3.1 Diagramm (Indikatordiagramm)

Der Druckverlauf im Zylinder eines Kolbenverdichters während eines Arbeitsspieles wird durch einen Indikator in Abhängigkeit vom Hub aufgezeichnet. Dieses Indikatordiagramm oder p,v-Diagramm (Bild 3) zeigt:

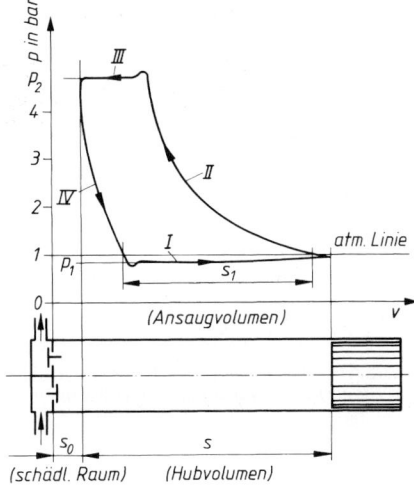

Bild 3. p,v-Diagramm (Indikatordiagramm)

I   Die Ansauglinie; sie liegt infolge der Druckverluste in den Saugleitungen und in den Ventilen unter dem Druck des Saugraumes bzw. der freien Atmosphäre.

II   Die Kompressionslinie (Adiabate bzw. Polytrope, im „Idealfall" eine Isotherme).

III   Die Ausschublinie; sie liegt entsprechend den zu überwindenden Leitungswiderständen über dem Druck des Leitungsnetzes bzw. des zu füllenden Druckluftbehälters.

IV   Die Rückexpansionslinie; sie zeigt die Rückexpansion der im „schädlichen Raum" befindlichen Luft auf den atmosphärischen Druck.

7.3.1.1 Volumetrischer Wirkungsgrad η_V.

Das auf den Zustand des Saugraumes bezogene Ansaugvolumen $\dot{V}_a$ ist kleiner als das Hubvolumen $\dot{V}_h$. Dies ist bedingt durch

a) die Rückexpansion der im schädlichen Raum verdichteten Restluft,

b) die Unterexpansion der Luft während des Ansaugens,

c) die Erwärmung der Luft während des Ansaugens durch die heißen Zylinderwände.

Das Verhältnis des Ansaugvolumens $\dot{V}_a$ zum Hubvolumen $\dot{V}_h$ nennt man den volumetrischen Wirkungsgrad oder Füllungsgrad η_V:

$$\eta_V = \frac{\dot{V}_a}{\dot{V}_h} \qquad (5)$$

Nach den VDI-Verdichterregeln kann der volumetrische Wirkungsgrad aus dem Indikatordiagramm eines Kolbenverdichters bestimmt werden:

$$\eta_V = \frac{s_1}{s} \qquad (6)$$

Der volumetrische Wirkungsgrad kann zur Berechnung der angesaugten Luftmenge $\dot{V}_a$ benutzt werden:

$$\dot{V}_a = \frac{\eta_V \, A \, s \, n \, i}{60} \qquad (7)$$

A Kolbenfläche in m^2
s Hub in m
n Drehzahl in min^{-1}
i Zylinderanzahl

$\dot{V}_a$ Luftmenge in $\dfrac{\text{m}^3}{\text{s}}$

7.3.1.2 Liefergrad λ. Die auf den Ansaugezustand bezogene tatsächliche Fördermenge eines Kolbenverdichters $\dot{V}_{eff}$ ist infolge der Undichtheiten (Kolben, Ventile usw.) geringer als die angesaugte Luftmenge. Mit dem Liefergrad λ gilt:

$$\dot{V}_{eff} = \lambda \, \dot{V}_h$$

$$\dot{V}_{eff} = \frac{\lambda \, A \, s \, n \, i}{60}$$

$\dot{V}_{eff}$	A	s	n
$\dfrac{\text{m}^3}{\text{s}}$	m^2	m	m^{-1}

(8)

7.3.2 Aufbau der Kolbenkompressoren

Der Aufbau der Kolbenverdichter hat sich in den letzten Jahren stark gewandelt. Bei den Kleinkolbenverdichtern trat an Stelle der Reihenbauweise die V- und W-Bauart; bei den Großkolbenverdichtern haben die schnelllaufenden L- und Boxermaschinen die langsam laufenden, liegenden Maschinen abgelöst. Als Vorteile bieten die schnelllaufenden Maschinen ein günstigeres Leistungsgewicht, geringere freie Massenkräfte und damit leichtere Fundamente, eine Verringerung der erforderlichen Grundfläche und einen geringeren Anschaffungspreis.
Die Luftkühlung setzt sich, auch bei größeren Aggregaten, immer mehr durch. Ihr Hauptvorteil liegt in der geringeren Störanfälligkeit (keine Frostschäden, einfachere Wartung, kein Heißlaufen bei warmer Witterung).
Beim Kolbenkompressor ET 6 (Atlas Copco) erfolgt die Regelung in drei Stufen durch Entlastungskolben, die die Saugventile offen halten (Leerlauf-Halbblast-Volllast). Die von dem Kühlgebläse des Zwischen-

und Nachkühlers gelieferte Warmluft (ca. 50 °C) kann für Heizzwecke benutzt werden. Der Kompressor wird durch thermostatregulierte Öldruckschalter geschützt. Bei zu niedrigem Öldruck oder zu hoher Drucklufttemperatur wird der Kompressor automatisch stillgesetzt. Er liefert ca. 30 m^3/min Druckluft von 7 bar Überdruck – höchster Betriebsdruck 8,8 bar –, seine Drehzahl liegt bei 485 l/min, die erforderliche Antriebsleistung beträgt 160 kW.
Bild 4 zeigt die schematischen Darstellungen der wichtigsten Bauarten der Hubkolbenverdichter.

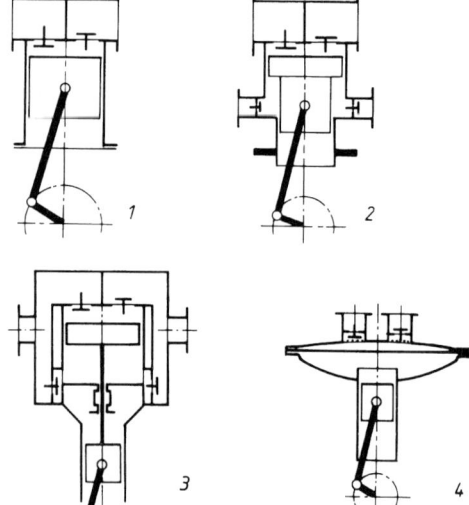

Bild 4. Schematische Darstellungen der wichtigsten Bauarten der Hubkolbenverdichter

1 einfachwirkender Hubkolbenverdichter
2 doppeltwirkender Hubkolbenverdichter mit Stufenkolben
3 doppeltwirkender Hubkolbenverdichter mit Scheibenkolben und Kreuzkopf
4 Membrane-Kolbenverdichter

7.3.3 Regelung der Kolbenverdichter

Ein konstanter Betriebsdruck im Druckluftnetz oder Druckluftbehälter, der aus betrieblichen Gründen angestrebt wird, bedingt bei konstanter Liefermenge des Kompressors eine gleichbleibende Entnahme. Da in den meisten Fällen aber die Entnahme unregelmäßig erfolgt, muss die Liefermenge des Kompressors geregelt werden. Dies kann erfolgen durch:
a) Drehzahlregelung: Ist nur bei hierfür geeigneten Antriebsmaschinen (z.B. Kolbenkraftmaschinen, regelbare Gleichstrommaschinen) möglich.
b) Stillsetzung: Wird meist bei elektrischen Antrieben in Verbindung mit einer Automatik verwendet, die den Kühlwasserstrom ab- und wieder anstellt und ein unbelastetes Anfahren des Verdichters durch Anheben der Saugventile ermöglicht.

c) Leerlaufregelung:
   Durch Offenhalten der Saugventile (angesaugte Luft wird wieder ausgeschoben).
   Durch Absperrung der Saugleitung (Kompressor arbeitet im Vakuum).
d) Zuschaltung von „schädlichen Räumen".
e) Stufenlose Mengenregelung: Die Saugventile werden über das Hubende hinaus während einer beliebig einstellbaren Zeit offen gehalten. Dadurch wird ein Teil der angesaugten Luft wieder in die Saugleitung zurück geschoben. Die Regelung der Liefermenge kann bis auf den Leerlauf hinunter erfolgen (gänzliches Offenhalten der Saugventile). Die Betätigung der Saugventile kann dabei durch Drucköl, Druckluft oder elektromagnetisch erfolgen.

7.3.4 Drehkolbenverdichter

Man unterscheidet einwellige und zweiwellige Drehkolbenverdichter.

Einwellige Drehkolbenverdichter. Bei diesen bilden die in einer exzentrisch gelagerten Walze verschiebbar angeordneten Schieber oder Lamellen einzelne Kammern, die bei der Walzendrehung ihr Volumen verändern (Bild 5). Die Verdichter besitzen ein kleines Schwungmoment und eignen sich daher besonders zur Ausrüstung mit selbsttätigen Anlass- und Stillsetzvorrichtungen.

Bild 5. Drehkolbenverdichter, einwellige Bauart

Zweiwellige Drehkolbenverdichter. Das Roots-Gebläse (Bild 6) arbeitet nach dem Prinzip einer Zahnradpumpe. Die als Lemniskaten ausgebildeten gegenläufigen Rotoren werden zwangsläufig durch ein außerhalb des Druckraumes befindliches Zahnradpaar geführt. Die beiden Lemniskaten bewegen sich mit engem Spiel im Gehäuse und berühren sich gegenseitig gasdicht.
Ebenfalls nach dem Verdrängungsprinzip arbeiten die Kapselgebläse, bei denen ein Drehkörper das Drehmoment überträgt, der andere gegenläufige Drehkörper nur steuert.

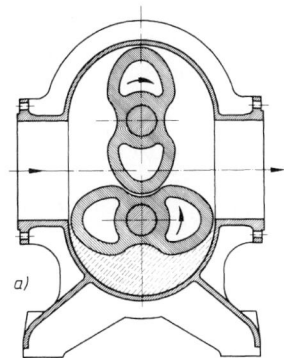

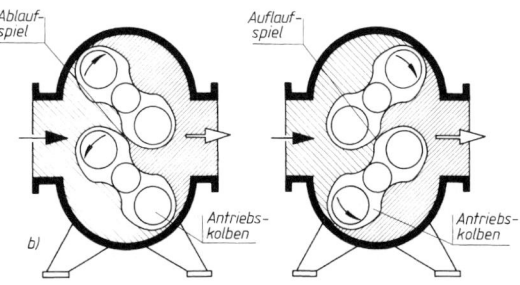

Bild 6. Drehkolbenverdichter, Roots-Gebläse
a) Querschnitt durch ein Drehkolbengebläse
b) Ablauf- und Auflaufspiel der Drehkolben

Die Schraubenverdichter (Bild 7) sind besonders für die ölfreie Verdichtung von Gasen aller Art geeignet. Da bei leichten Gasen die untere Grenze des Anwendungsbereiches von Turbomaschinen über $\dot{V} = 2,8$ m^3/s liegt und Kolben- und andere Rotationsverdichter normalerweise das Fördermedium mit Schmieröl in Verbindung bringen, bilden die Schraubenverdichter eine notwendige Ergänzung der Verdichterbauarten. Fördermengen liegen zwischen 0,14 m^3/s und 7,5 m^3/s.
Beim Schraubenverdichter besitzt der Hauptläufer vier, der Nebenläufer sechs Zähne. Der Synchronlauf wird durch ein Zahnradpaar mit entsprechendem Übersetzungsverhältnis erreicht. Das Gas tritt von unten in das Gehäuse und strömt axial in die Lückenräume ein. Mit der Drehung der Läufer öffnen sich die Zahnlückenräume fortschreitend von der Saugseite zur Druckseite hin. Dieser Vorgang gleicht dem Saughub des Kolbenverdichters. Nach Füllung der Zahnlücken wird durch weitere Drehung der Läufer der Ansaugraum abgeschlossen, die eingeschlossene Luft wandert weiter bis zur Oberseite der Stirnwand des Gehäuses. Durch den jetzt beginnenden Eingriff der Zähne werden die Zahnlückenräume verkürzt und das eingeschlossene Gas verdichtet. Diese Verdichtung hält an bis die Zahnspitzen und Zahnflanken die Steuerkanten am Druckstutzen überstreichen. Von da an wird das Gas durch weitere Verkürzung der Zahn-

lückenräume restlos durch den Druckstutzen ausgeschoben. Dieser Vorgang wiederholt sich in jeder aufeinander folgenden Zahnlücke der beiden Läufer.

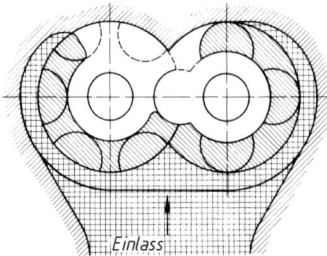

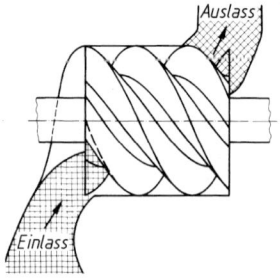

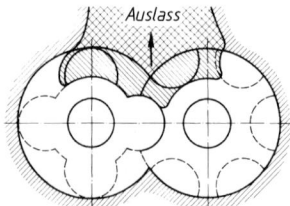

Bild 7. Schraubenverdichter, Ein- und Auslassquerschnitte

7.4 Kreiselverdichter (Turboverdichter)

Bei Kreiselverdichtern wird der Welle Energie zugeführt und über die Beschaufelung an das strömende Medium übertragen. Dementsprechend ähneln die Bauformen der Kreiselverdichter denen der Kreiselpumpen.

Nach dem erreichbaren Druck unterscheidet man:
a) Kompressoren: Vielstufige Verdichter mit hohen Enddrücken.
b) Gebläse: Sie erreichen mittlere Enddrücke und sind ein- bis dreistufig ausgeführt.
c) Ventilatoren oder Lüfter: Sie dienen der Förderung sehr großer Luftmengen bei kleinen Drucksteigerungen, die meist nur die Strömungswiderstände überwinden sollen.

Im Gegensatz zu der unmittelbaren Drucksteigerung der nach dem Verdrängerprinzip arbeitenden Kolbenverdichter arbeiten die Turboverdichter mit einer doppelten Energieumwandlung:

1. Die an der Verdichterwelle zugeführte mechanische Energie wird im Laufrad teils als Druckenergie infolge der Fliehkraftwirkung, teils als kinetische Energie auf das Gas oder die Luft übertragen.
2. In der dem Laufrad nachgeschalteten Leitvorrichtung wird die kinetische Energie in Druckenergie umgesetzt.

Infolge der doppelten Energieumwandlung haben die Turbokompressoren größere Verluste und schlechtere isothermische Wirkungsgrade als die Kolbenverdichter. Die Turboverdichter sind für große Fördermengen besonders gut geeignet, weniger für die Erzielung hoher Drücke.

7.4.1 Radialverdichter

Der Aufbau der Radialverdichter entspricht dem der Kreiselpumpen. Die zur Druckerzeugung notwendigen hohen Umfangsgeschwindigkeiten erfordern hohe Drehzahlen. Dabei haben hochtourige Läufer mit entsprechend geringen Durchmessern den Vorteil, dass sie geringeren Fliehkräften ausgesetzt sind. Sie werden meist mit Schaufeln, die aus dem vollen Laufradmaterial herausgefräst sind, versehen; hierdurch lassen sich besonders steife Läufer bauen, die unter Umständen unterkritisch laufen können.

Die theoretisch erreichbare Förderhöhe und Drucksteigerung ist aus der Hauptgleichung der Strömungsmaschinen zu errechnen (Gleichung 10).

Bei drallfreiem Eintritt in das Laufrad ist c_1 radial gerichtet, also $\alpha_1 = 90°$ bzw. $\cos \alpha_1 = 0$:

$$h_{th} = \frac{c_2\, u_2 \cos \alpha_2}{g} \qquad \begin{array}{c|c|c} h_{th} & u_2, c_2 & g \\ \hline m & \dfrac{m}{s} & \dfrac{m}{s^2} \end{array} \qquad (9)$$

Radiale Schaufeln werden nur auf Zug beansprucht; es können Umfangsgeschwindigkeiten bis 400 m/s erreicht werden. Dabei wird wegen der hohen Fliehkräfte vielfach die Deckscheibe der Laufräder weggelassen, was allerdings an dem zwischen Verschaufelung und Gehäuse bestehenden Spalt zu Leckverlusten und Rückströmung vom Druckraum zum Saugraum führen kann. Rein radiale Schaufeln werden bei Fahrzeugverdichtern, z.B. Flugmotorenaufladern, wo es auf hohe Drücke und geringe Abmessungen ankommt, verwendet.

Die Luft wird im Verdichter einmal „adiabatisch" (bzw. polytropisch), entsprechend dem Verdichtungsvorgang erwärmt, zum anderen aber auch durch die Wärme, die durch die Strömungsverluste (Luft- und Radreibung) erzeugt wird. Diese Wärme erhöht unmittelbar, noch während der Zustandsänderung, die Temperatur der Luft und vergrößert ständig das zu verdichtende Volumen. Hierdurch wird die erforderliche Antriebsleistung erhöht. Will man die Verdichtung dem isothermischen Vorgang annähern, so ist eine weitaus stärkere Kühlung als bei den Kolbenkompressoren erforderlich.

Als Richtwerte können für den notwendigen Kühlwasserverbrauch bei Verdichtung von 1 bar auf 6 bar gelten:

Kolbenkompressor:
ca.   3 000 l Kühlwasser je 1 000 m³ Luft

Turboverdichter:
ca.   10 000 l Kühlwasser je 1 000 m³ Luft

Entsprechend der relativ geringen Drucksteigerung in einer Stufe erfordert der Turboverdichter eine höhere Stufenzahl als der Kolbenkompressor. Um z.B. von $p_1 = 1$ bar auf $p_e = 6$ bar zu verdichten, muss der Turbokompressor bereits mit vier Stufen arbeiten, wenn die Umfangsgeschwindigkeiten begrenzt bleiben sollen. Die mehrstufige Bauart erfordert hinter jeder Stufe eine Umlenkung des Fördermittels, was eine Verringerung des Wirkungsgrades zur Folge hat. Die Kennlinie des Radialverdichters – im Prinzip gleicht sie der Kennlinie einer Kreiselpumpe – verläuft flach; bei Rädern mit radial verlaufenden Schaufeln ist sie flacher als bei Rädern mit rückwärts gekrümmten Schaufeln.

Die flache Kennlinie des Radialverdichters ergibt einen größeren stabilen Betriebsbereich, allerdings bei mäßigeren Wirkungsgraden als beim Axialverdichter, der eine steilere Kennlinie, kleineren stabilen Betriebsbereich und höheren Wirkungsgrad besitzt. Ob danach in einem Bedarfsfall die radiale oder axiale Bauart vorteilhafter ist, hängt von dem Verlauf der Betriebswiderstandslinie (vgl. Rohrleitungskennlinien der Kreiselpumpenanlagen), dem erforderlichen Regelbereich und von den Herstellungskosten der verschiedenen Verdichter ab. Dabei ist zu beachten, dass mit wachsendem Ansaugvolumen der Kapitalaufwand für den Axialverdichter im Vergleich zu dem für den Radialverdichter geringer wird.

Die mechanischen Reibungsverluste der Radialverdichter sind, wie bei allen Turboverdichtern, sehr gering; sie erreichen einen hohen mechanischen Wirkungsgrad (bis 99 %).

Der isothermische Wirkungsgrad, der wie bei den Kolbenverdichtern das Verhältnis der isothermischen Kompressorleistung zur tatsächlichen Antriebsleistung darstellt, ist wegen der hohen Radreibungs- und Wirbelungsverluste in der Luft schlechter als bei Kolbenverdichtern. Je nach Größe und Ausführung der Maschine kann mit $\eta_{is} = 0{,}6$ bis $0{,}73$ gerechnet werden.

Bei niedrigen Druckverhältnissen – bis 1 : 3 – werden Radialkompressoren auch als ungekühlte Maschinen gebaut. Als Vergleich dient dann der adiabatische Wirkungsgrad, der je nach Größe und Ausführung der Maschine $\eta_{ad} = 0{,}75$ bis $0{,}9$ beträgt.

7.4.1.1 Regelung. Bei der Regelung der Turboverdichter wird in den meisten Fällen ein gleichbleibender Betriebsdruck angestrebt, da zum Betrieb von Druckluftwerkzeugen und Maschinen ein möglichst gleichbleibender Luftdruck erwünscht ist.

Drehzahlregelung. Bei veränderlicher Fördermenge kann der Druck durch entsprechende Veränderung der Drehzahl konstant gehalten werden. Dabei ist aber zu berücksichtigen, dass mit zunehmender Fördermenge die Luftgeschwindigkeit wächst und der Rohrleitungswiderstand mit dem Quadrat der Strömungsgeschwindigkeit zunimmt. Der Verdichter muss also mit zunehmender Fördermenge mit höheren Druck liefern, was auch mit einer Drehzahlerhöhung und daher mit einer Einengung des Regelbereiches verbunden ist. Die Drehzahlregelung erfordert Antriebsmaschinen mit veränderlicher Drehzahl. Sie ist dann eine sehr einfach und wirtschaftlich durchführbare Regelungsart.

Drosselregelung. Von ihr wird Gebrauch gemacht, wenn mit Rücksicht auf den Antrieb eine Drehzahlregelung nicht möglich ist. Man drosselt entweder in der Saug- oder in der Druckleitung Die Drosselregelung ist unwirtschaftlicher als die Drehzahlregelung, da eine Drosselung stets mit Energieverlusten verbunden ist, die bei der Drosselung der Saugleitung allerdings geringer sind als bei der Drosselung der Druckleitung.

Aussetzerregelung. Der Verdichter wird bei steigendem Druck selbsttätig abgeschaltet und bei abgesunkenem Druck wieder eingeschaltet. Dabei lassen sich kleinere oder größere Druckschwankungen nicht vermeiden; ihre Größe und Dauer hängt von der Speicherfähigkeit des Netzes und der Größe der Veränderung der Entnahme ab. Die Druckschwankungen sind um so kleiner, je flacher die Verdichterkennlinie verläuft. Die Aussetzer- oder Leerlaufregelung wird oft bei Turbokompressoren, die an der Pumpgrenze arbeiten, angewendet.

Abblaseverfahren. Dabei wird die zuviel erzeugte Druckluft durch ein von Hand betätigtes oder druckgesteuertes Ventil ins Freie abgeblasen, wenn durch Absinken des Druckluftverbrauches die Gefahr eintritt, dass die Pumpgrenze unterschritten wird. Da das Verfahren durch den Verlust der überschüssig erzeugten Druckluft unwirtschaftlich ist, sollte es nur dort angewendet werden, wo die Pumpgrenze tief liegt und entsprechend den Betriebsverhältnissen mit einem nur kurzzeitigen Absinken des Luftverbrauches unter die Pumpgrenze zu rechnen ist.

7.4.1.2 Aufbau. Turbokompressoren erfordern für höhere Drücke, insbesondere bei leichten Gasen, höhere Stufenzahlen. Bei großen Stufenzahlen werden die Turboverdichter auch mehrgehäusig gebaut. Der einseitige Einlauf ergibt einen Axialschub, der ausgeglichen oder durch entsprechende Lager aufgenommen werden muss. Der Ausgleich des Axialschubes kann durch einen Ausgleichkolben, der auf der Innenseite unter dem Druck der letzten Stufe, auf der Außenseite unter dem Atmosphärendruck steht, erfolgen. Die von Stufe zu Stufe dichtere Luft bedingt, dass die Laufräder ebenfalls von Stufe zu Stufe schmaler ausgeführt sind. Auch die Raddurchmesser der letzten Stufen werden verringert, um die Radreibung der in der hochverdichteten Luft laufenden Räder zu verkleinern.

Turboverdichter mit durchgehender Laufradwelle ergeben bei höheren Enddrücken nur dann günstigere Wirkungsgrade, wenn sie für große Fördermengen ausgelegt sind. Bei kleineren Fördermengen ergeben die mit gleicher Drehzahl laufenden Räder der mehrstufigen Verdichter mit durchgehender Laufradwelle in den letzten Stufen ungünstige Strömungsverhältnisse. Dieser Nachteil wird durch abgestufte Drehzahl der Laufräder der einzelnen Stufen vermieden, wie dies z.B. bei dem vierstufigen Getriebe-Turboverdichter der DEMAG (Bild 8) der Fall ist. Hier werden die erforderlichen hohen Drehzahlen durch eine Rädervorlage erzielt, wobei die Ritzel der 1. und 2. Stufe eine kleinere Drehzahl der Laufräder, die Ritzel der 3. und 4. Stufe eine größere Drehzahl bewirken. Die vier Laufräder sind fliegend eingebaut, wodurch ein strömungstechnisch günstiger Einlauf erzielt werden kann. Durch die paarweise entgegenwirkenden Laufräder wird deren Axialschub aufgehoben. Die Verdichterspiralgehäuse dienen der Druckumsetzung hinter den Laufrädern. Wegen des großen Verdichtungsverhältnisses der einzelnen Stufen ist nach jeder Stufe ein Zwischenkühler angeordnet; Zwischenkühler bilden mit Kompressor und Getriebe eine Baueinheit.

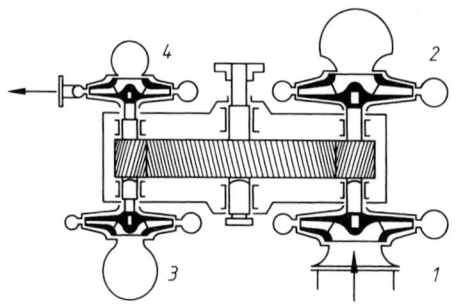

Bild 8. Schema eines vierstufigen DEMAG-Getriebe-Turboverdichters

Der vierstufige DEMAG- Getriebe-Turboverdichter wird serienmäßig zur Verdichtung von Luft und ähnlichen Gasen, wie z.B. Stickstoff, gebaut. Durch elf geometrisch gestufte Baugrößen wird ein Ansaugemengenbereich zwischen 2,7 m³/s und 27 m³/s überdeckt, wobei die Enddrücke zwischen 5 bar und 10 bar betragen. Der Verdichter kann direkt mit dem Elektromotor gekuppelt werden.

7.4.2 Axialverdichter

Beim Axialverdichter verläuft die Strömung hauptsächlich parallel zur Welle des Laufrades. Jede Stufe des Axialverdichters besteht aus einer Laufschaufelreihe und einer Leitschaufelreihe (Bild 9). In der Laufschaufelreihe wird die Strömung in Umfangsrichtung abgelenkt und in der Leitschaufelreihe wird

diese Ablenkung wieder zurückgeführt. Im Laufrad wird die Relativströmung, im Leitrad die Absolutströmung verzögert und dadurch eine Drucksteigerung bewirkt. Da die Druckerzeugung nur durch Umlenkungen hervorgerufen wird, treten Verluste nur vor der ersten Stufe als „Zuströmverluste" und hinter der letzten Stufe als „Austrittsverluste" auf.

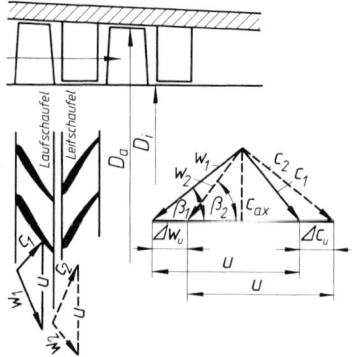

Bild 9. Axialverdichter, Beschaufelung (schematisch) und Geschwindigkeitsdreiecke

Die in einer Stufe erreichbare Druckerhöhung ist beim Axialverdichter nur gering. Aus der Hauptgleichung der Strömungsmaschinen folgt die in einer Stufe bei verlustloser Verdichtung theoretisch erreichbare Druckhöhe:

$$h_{th} = \frac{u_m}{g}(c_{2u} - c_{1u}) \text{ oder}$$

$$h_{th} = \omega \frac{D_m}{2g}(c_{2u} - c_{1u})$$

(10)

h_{th}	D_m	ω	c_{1u}, c_{2u}, u_m
m	m	$\frac{1}{s}$	$\frac{m}{s}$

Zur Erzielung höherer Drücke müssen daher viele Stufen vorgesehen werden. Dabei wirkt sich, im Gegensatz zum Radialverdichter, die Zwischenkühlung nachteilig aus. Mit jeder Zwischenkühlung wird die axiale Strömung unterbrochen und der Wirkungsgrad durch die zusätzlichen Ein- und Austrittsverluste verschlechtert. Der Nutzen einer mehrfachen Zwischenkühlung wird durch die mehrfachen Ein- und Austrittsverluste zum großen Teil wieder aufgezehrt. Diese Verluste können nur durch eine mehrgehäusige Bauart mit strömungsgünstig gestalteten Stutzen verringert werden.

Der ungekühlte Axialverdichter ist dem Radialverdichter im Wirkungsgrad überlegen. Die Abmessungen des Gehäuses des Axialverdichters sind nur wenig größer als der äußere Durchmesser des Laufrades. Dadurch sind die Abmessungen des Axialverdichters sowie sein Gewicht und sein Preis, besonders bei großem Ansaugvolumen, günstiger als bei der radialen Bauart. Die höhere Drehzahl ermöglicht als Antrieb schnelllaufende Turbinen, die ebenfalls kleiner und billiger sind. Axialverdichter werden daher besonders für größere Ansaugvolumen (ab. ca. 5,5 m³/s) gebaut.

Die Axialverdichter werden mit verschiedenen Schaufelwinkeln ausgeführt, die eine unterschiedliche Aufteilung der Druckerhöhung auf Laufschaufelkranz und fest stehenden Leitschaufelkranz bedingen. Diese Aufteilung ist durch den Reaktionsgrad gekennzeichnet, das ist das Verhältnis der Druckerhöhung im Laufrad zur Druckerhöhung der aus Lauf- und Leitrad gebildeten Stufe.

Die verschiedenen Bauarten unterscheiden sich auch durch die weiteren wichtigen Kennzahlen der Verdichter:

a) die Umfangsgeschwindigkeit der Laufschaufeln u_i bezogen auf den Nabendurchmesser D_i;

b) die Durchflusszahl $v = \dfrac{\dot{V}}{A\,u_i}$ ($\dot{V}$ sekundliche Durchflussmenge; A Durchflussquerschnitt);

c) die Druckzahl $\mu = \dfrac{H}{u_i^2}$;

d) den Wirkungsgrad.

Durchflusszahl und Druckzahl bestimmen die Kennlinie des Verdichters.

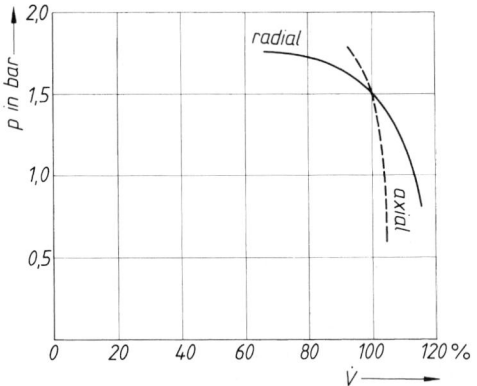

Bild 10. Kennlinien des Axial- und des Radialverdichters

Die Kennlinie des Axialverdichters zeigt die Abhängigkeit des Förderdruckes h vom Fördervolumen $\dot{V}$.
Die Kennlinie des Axialverdichters verläuft steiler als die des Radialverdichters; demzufolge ist der stabile Arbeitsbereich gering (Bild 10).
Arbeitet der Verdichter mit einem Ansaugvolumen, das unter dem Auslegungspunkt liegt, so tritt ein Ablösen der Strömung von der Profiloberfläche der Schaufel ein. Diese Erscheinung kann beim Axialverdichter bereits bei einer Verminderung des Fördervolumens auf ca. 90 % des Auslegungswertes auf-

treten. Die Folgen können Schaufelbrüche und die Zerstörung des Verdichters sein. Die Ablösung der Strömung tritt dann ein, wenn der relative Anstellwinkel der Strömung zum Flügelprofil zu groß wird. Diese Vergrößerung des Anstellwinkels α folgt aus der Verzögerung der Fördermenge und der sich daraus ergebenden Verkleinerung der Axialgeschwindigkeit (Bild 11). Die Abreißgrenze macht sich durch plötzliches Absinken der Förderhöhe und des Wirkungsgrades bemerkbar (Bild 12).

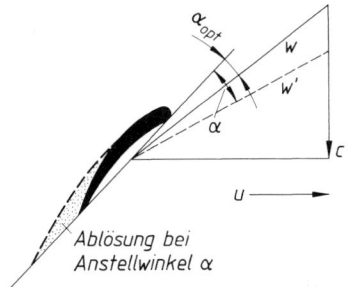

Bild 11. Anströmung des Schaufelprofils bei verschiedenen Durchsatzmengen

Eine größere Verringerung der Fördermenge sollte beim Axialverdichter daher nur durch Änderung der Drehzahl vorgenommen werden.
Die Steilheit der Kennlinie des Axialverdichters hängt von der Druckzahl μ ab: Je kleiner diese ist, um so steiler verläuft im Bestpunkt die Kennlinie. Eine Erhöhung der Druckzahl und damit eine flachere Kennlinie kann durch eine stärkere Wölbung der Schaufelprofile erreicht werden.
Der steile Kennlinienverlauf kann allerdings nicht als grundsätzlicher Nachteil des Axialverdichters angesehen werden: In Sonderfällen kann es nämlich erwünscht sein, dass die Änderung des Gegendruckes nur kleine Änderungen der Fördermenge nach sich zieht.

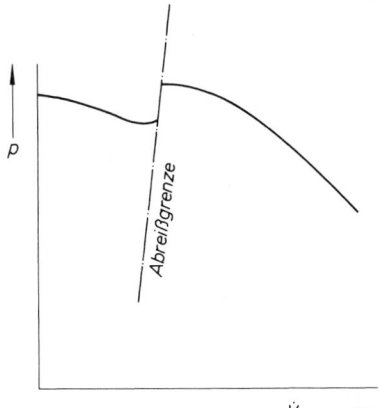

Bild 12. Axialverdichter, Abreißgrenze

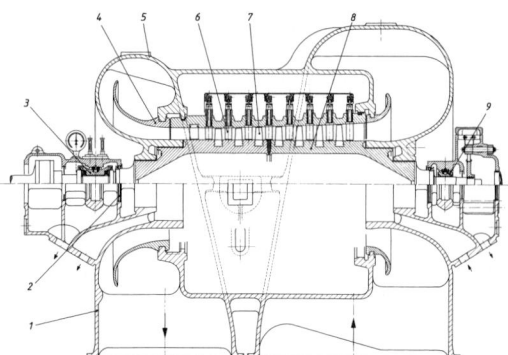

Bild 13. BBC-Axialgebläse mit verstellbaren Leitschaufeln in allen Reihen

1	Gehäuseunterteil	6	verstellbare Leitschaufel
2	Ölabstreifbleche	7	Laufschaufel
3	Kannenlager	8	Welle
4	Diffusor	9	Traglager
5	Gehäuseoberteil		

7.4.2.1 Regelung. Wegen der steilen Kennlinie und
der hohen Pumpgrenze eignet sich der Axialverdichter nur in einem sehr engen Bereich zur Mengenregelung, besonders bei konstanter Antriebsdrehzahl, z.B.
bei elektrischem Antrieb. Bei niedriger Entnahme
kann man sich dann durch Abblasen der überschüssigen Luftmenge helfen, deren Energie in Expansions-
turbinen genützt werden kann.
Eine ideale Regelung des Axialgebläses mit konstant
bleibender Antriebsdrehzahl wird durch die Ausführung mit verstellbaren Leitschaufeln erzielt.

7.4.2.2 Aufbau. Bei der mehrstufigen Bauweise
besteht der Axialverdichter aus dem Rotor, der die
Laufschaufeln trägt und dem Stator, der zu jeder
Laufschaufelreihe eine Leitschaufelreihe besitzt. Am
Eintritt wird der ersten Laufschaufelreihe eine Leit-
schaufelreihe vorgeschaltet.
Bild 13 zeigt das Schnittbild eines BBC-Axialgeblä-
ses mit verstellbaren Leitschaufeln in allen Reihen.

8 Verbrennungsmotoren

M. Ristau

8.1 Grundlagen

Verbrennungsmotoren sind Wärmekraftmaschinen,
die als Energiequelle Flüssigkraftstoff oder Gas verwenden. Die Umsetzung der im Kraftstoff enthaltenen chemischen Wärmeenergie wird durch Verbrennung im Zylinderraum vor dem Kolben vorgenommen (innere Verbrennung) und durch Expansion sofort
über ein Kurbeltriebwerk in mechanische Energie umgesetzt. Die expandierten Verbrennungsgase werden

durch Frischgase ausgetauscht (Ladungswechsel) und
der Prozess zyklisch fortgeführt. Wegen des kürzeren
Energieweges vom Kraftstoff bis zur Triebwerkswelle,
der hohen Prozesstemperaturen und Druckverhältnisse,
arbeiten Verbrennungsmotoren mit besserem thermischen Wirkungsgrad als andere Wärmekraftmaschinen.
Die Ausführungsformen und Bauarten der Verbrennungsmotoren sind vielfältig. Sie lassen sich nach
verschiedenen Kriterien einteilen:

– nach der Art des Ladungswechsels (Zweitakt-,
  Viertaktmotoren)
– nach der Gemischbildung (Ottomotoren- äußere,
  Dieselmotoren- innere)
– nach der Verbrennungseinleitung des Kraftstoff-
  Luft-Gemisches (Ottomotor-Fremdzündung, Die-
  selmotor- Selbstzündung)
– nach der Anordnung der Motorzylinder (Reihen-, V-,
  Boxer-, Gegenkolben-, Sternmotoren)
– nach der Kühlung (Flüssigkeits-, Luftkühlung)
– nach dem Bewegungsablauf (Hubkolben-, Kreiskolbenmotor, Gasturbine)
– nach der Drehrichtung
– nach dem Drehzahlbereich
– nach der Frischgaszufuhr (Saug-, Ladermotoren)

8.1.1 Thermodynamische Grundlagen

Während eines Arbeitsspiels durchläuft der Gasinhalt
des Zylinders immer wieder dieselben thermodynamischen Zustandsänderungen (Kreisprozess).
Für Ottomotoren kann dazu als Idealprozess der
Gleichraumprozess (**Bild 1a**) mit adiabatischer (i-
sentroper) Verdichtung, isochorer Wärmezufuhr Q_z
adiabater Expansion und isochorer Wärmeabgabe Q_a
herangezogen werden. Für Dieselmotoren wird als
Idealprozess der *Gleichdruckprozess* (**Bild 1b**) mit
adiabater Verdichtung und Expansion, isobarer Wärmezufuhr Q_z und isochorer Wärmeabgabe Q_a, verwendet.
In der Praxis arbeiten weder der Ottomotor, noch der
Dieselmotor nach diesen Idealprozessen, da die
Verbrennung des eingespritzten Kraftstoffes im Dieselmotor nicht bei gleich bleibendem Druck erfolgt
und auch die beim Gleichraumprozess vorausgesetzte, unendlich große Verbrennungsgeschwindigkeit
nicht auftritt.
Der *Seiligerprozess* (**Bild 1c**), als Überlagerung von
Gleichdruck- und Gleichraumprozess, berücksichtigt
noch am besten die realen Arbeitsprozesse von Otto-
und Dieselmotor.
Die thermodynamische Wärmebilanz der Vergleichsprozesse zeigt den theoretisch erreichbaren *Idealwir-
kungsgrad* η_v des vollkommenen Motors. Mit den im
Bild 1 gezeigten Idealdiagrammen werden die Ideal-
wirkungsgrade:

$$\eta_{\text{v}} = 1 - \frac{\Delta t_{\text{a}}}{\Delta t_{\text{z}}} \quad \text{für den Gleichraumprozess} \tag{1}$$

$$\eta_{\text{v}} = 1 - \frac{\Delta t_{\text{a}}}{\kappa \Delta t_{\text{z}}} \quad \text{für den Gleichdruckprozess,}$$

$$\kappa \text{ Adiabatenexponent} \tag{2}$$

$$\eta_{\text{v}} = 1 - \frac{\Delta t_{\text{a}}}{\Delta t_{\text{z1}} + \kappa \Delta t_{\text{z2}}} \quad \text{für den Seligerprozess} \tag{3}$$

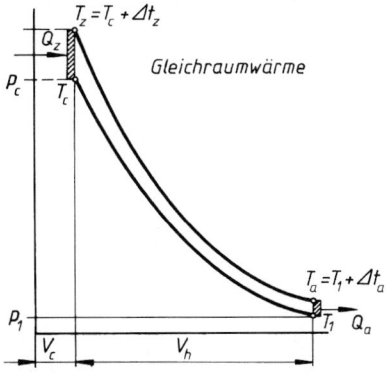

a) Gleichraumprozess

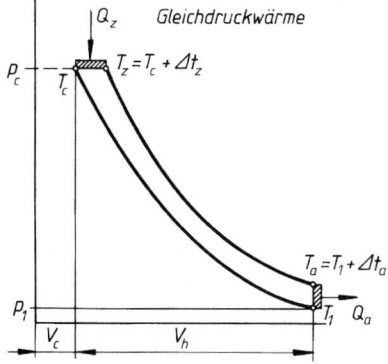

b) Gleichdruckprozess

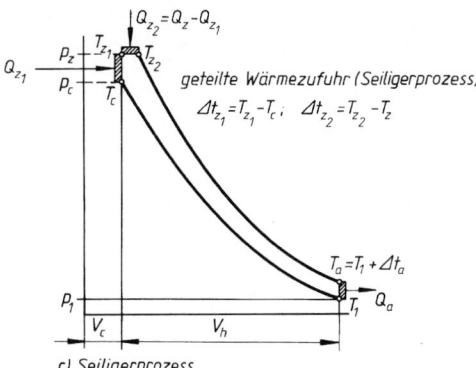

c) Seligerprozess

Bild 1. Vergleichsprozesse
V_{h} = Zylinderhubraum

V_{c} = Verdichtungsraum
p_1 = Anfangsdruck
T_1 = Anfangstemperatur
P_{c} = Verdichtungsenddruck
T_{c} = Verdichtungsendtemperatur
p_{z} = Druck nach Wärmezufuhr Q_{z}
T_{z} = Temperatur nach Wärmezufuhr Q_{z}
T_{a} = Temperatur bei Wärmeabgabe Q_{a}
Δt_{z} = Temperaturerhöhung durch Wärmezufuhr Q_{z}
Δt_{a} = Temperaturverringerung durch Wärmeabgabe Q_{a}
Q_{a} = Wärmeabgabe
$Q_{\text{z}}\circ$ = Wärmezufuhr

Der *innere (indizierte) Wirkungsgrad* η_{i} des wirklichen Motors ist jedoch geringer, da Strömungs- und Ladungsverluste, unvollkommene Verbrennung und Wärmeverluste an den Wandungen auftreten.
Der *Gütegrad* η_{g} kennzeichnet das Verhältnis des praktischen zum idealen Wirkungsgrad η_{v}

$$\eta_{\text{g}} = \frac{\eta_{\text{i}}}{\eta_{\text{v}}} \tag{4}$$

Richtwerte: $\eta_{\text{g}} = 0{,}7 \dots 0{,}9$

Durch die Berücksichtigung der mechanischen Reibungsverluste im Motor (Triebwerk, Öl-, Wasserpumpe, Generator, Gebläse usw.) ergibt sich der mechanische Motorwirkungsgrad

$$\eta_{\text{m}} = \frac{P_{\text{eff}}}{P_{\text{i}}} \tag{5}$$

P_{eff} Effektivleistung (Kupplungsleistung)
P_{i} Innenleistung

Richtwerte: für Ottomotoren $\quad \eta_{\text{m}} = 0{,}80 \dots 0{,}92$
für Dieselmotoren $\quad \eta_{\text{m}} = 0{,}75 \dots 0{,}85$

Die Innenleistung P_{i} unterscheidet sich von der Effektivleistung P_{eff} durch die Reibleistung $P_{\text{r}}(P_{\text{i}} = P_{\text{eff}} + P_{\text{r}})$.
Der *effektive-* oder *Nutzwirkungsgrad* η_{eff} des Verbrennungsmotors beträgt

$$\eta_{\text{eff}} = \eta_{\text{i}} \eta_{\text{m}} \text{ oder } \eta_{\text{eff}} = \eta_{\text{v}} \eta_{\text{g}} \eta_{\text{m}} \tag{6}$$

8.1.2 Grundlegende Berechnungen und Bezeichnungen am Hubkolbenmotor

Mit dem Zylinderdurchmesser d und dem Kolbenhub s errechnet sich der Hubraum V_{h} eines Zylinders

$$V_{\text{h}} = \frac{d^2 \pi s}{4} \qquad \begin{array}{c|c|c} \dfrac{V_{\text{h}}}{\text{cm}^3} & \dfrac{d}{\text{cm}} & \dfrac{s}{\text{cm}} \end{array} \tag{7}$$

Mit z Zylindern beträgt der Motorhubraum

$$V_{\text{H}} = V_{\text{h}} z \tag{8}$$

Der Raum über dem Kolben im oberen Totpunkt (einschließlich der Nebenbrennräume bei Dieselmotoren) ist der Verdichtungsraum V_c.

Das Verhältnis von Verbrennungsraum $V_b = V_h + V_c$ zum Verdichtungsraum V_c ist das *Verdichtungsverhältnis* ε

$$\varepsilon = \frac{V_h + V_c}{V_c} \qquad \frac{V_h}{cm^3} \left| \frac{V_c}{cm^3} \right| \frac{\varepsilon}{1} \qquad (9)$$

Richtwerte: für Ottomotoren　　$\varepsilon = 7 \dots 11$
　　　　　　für Dieselmotoren　$\varepsilon = 14 \dots 24$

ε ist ein wichtiger Kennwert für Leistung und thermischen Wirkungsgrad eines Motors. Verdichtungserhöhung ergibt höheren Arbeitsdruck und höhere Motorleistung.

Grenzen der Verdichtungserhöhung sind durch die thermische Belastung und die Klopffestigkeit des Kraftstoffes gegeben.

Der Verdichtungsenddruck p_c der Luft oder des Kraftstoff-Luft-Gemisches ergibt sich mit dem Ausgangsdruck der Zylinderfüllung p_0, dem Verdichtungsverhältnis ε und dem Polytropenexponenten n (1,35 ... 1,38 für Luft).

$$p_c = p_0 \varepsilon^n \qquad \frac{p_c}{bar} \left| \frac{p_0}{bar} \right| \frac{\varepsilon}{1} \qquad (10)$$

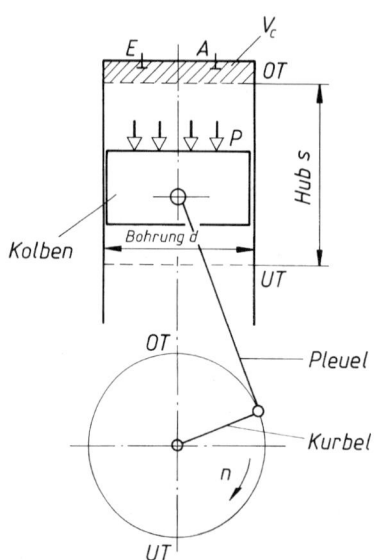

OT　Oberer Totpunkt
UT　Unterer Totpunkt
E　Einlassventil
A　Auslassventil
V_c　Verdichtungsraum
p　Innendruck

Bild 2. Bezeichnungen am Zylinder

Richtwerte: für Ottomotoren　　$p_c = 10 \dots 15$ bar
　　　　　　für Dieselmotoren　$p_c = 24 \dots 50$ bar

Die *Verdichtungsendtemperatur* T_c ergibt sich mit der Ausgangstemperatur T_0 der Luft oder des Gemisches

$$T_c = T_0 \varepsilon^{n-1} \qquad \frac{T_0}{K} \left| \frac{T_c}{K} \right| \frac{\varepsilon}{1} \qquad (11)$$

Richtwerte:　mit $t_c = T_c - 273{,}15$ K
　　　　　　für Ottomotoren　　$t_c = 400 \dots 500$ °C
　　　　　　für Dieselmotoren　$t_c = 700 \dots 900$ °C

Das Hubverhältnis

$$a = \frac{s}{d} \qquad \frac{a}{1} \left| \frac{s}{mm} \right| \frac{d}{mm} \qquad (12)$$

kennzeichnet die Motoren als Kurzhub- ($a < 1$), Langhub- ($a > 1$) oder Quadrathubmotoren ($a = 1$). Übliche Werte bei Otto- und Dieselmotoren liegen bei $a = 0{,}75 \dots 1{,}25$.

Aus Kurbelwellendrehzahl n und dem Kolbenhub s wird die *mittlere Kolbengeschwindigkeit* v_m nach der Zahlenwertgleichung

$$v_m = \frac{sn}{30} \qquad \frac{v_m}{m/s} \left| \frac{s}{m} \right| \frac{n}{1/min} \qquad (13)$$

Die *maximale Kolbengeschwindigkeit* v_{max} beträgt ca. 1,62 v_m bei einem Pleuelstangenverhältnis $\lambda_{PL} = 0{,}25$ nach Gleichung (28).

Richtwerte:　für Ottomotoren　　$v_m = 9 \dots 15$ m/s
　　　　　　für Dieselmotoren　$v_m = 8 \dots 14$ m/s

Der *Liefergrad* λ_L kennzeichnet das Verhältnis der angesaugten Ladung m_z zur theoretisch möglichen Ladung m_{th}

$$\lambda_L = \frac{m_z}{m_{th}} \qquad \frac{\lambda_L}{1} \left| \frac{m_z}{kg} \right| \frac{m_{th}}{kg} \qquad (14)$$

Richtwerte:　für Saugmotoren　　$\lambda_L = 0{,}7 \dots 0{,}9$
　　　　　　für Ladermotoren　$\lambda_L = 1{,}2 \dots 1{,}6$

Die angesaugte Gemischmasse und damit die Größe von λ_L ist abhängig von der Drosselung und Erwärmung beim Ansaugen und von der Motordrehzahl. Durch Aufladung (Kap. 8.13), Mehrventiltechnik und lange Ventilöffnung kann λ_L verbessert werden.

Die praktischen Verhältnisse beim Lauf eines Verbrennungsmotors lassen sich in einem p-V-Diagramm (Indikatordiagramm) aufzeigen. Durch einen Indikator (piezo-elektrischer Druckschreiber) wird der tatsächliche Druckverlauf im Zylinder während eines Arbeitsspiels (2- oder 4-Takte) bei laufendem Motor ermittelt und aufgezeichnet.

Bild 3 zeigt das Indikatordiagramm für einen Viertakt-Dieselmotor.

Beim Arbeitshub wirkt am Kolben der Expansionsdruck p und die Kolbenkraft $F_K = pA$. Während des Hubes s ändern sich p und damit auch die Kolbenkraft F_K ständig. Man rechnet daher mit einem mittleren Kolbendruck p_m.

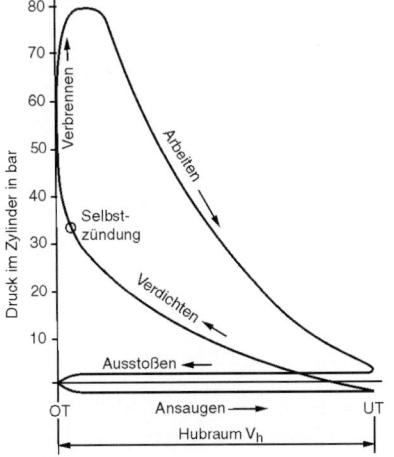

Bild 3. p-V-Diagramm (Indikatordiagramm) eines Viertakt-Dieselmotors

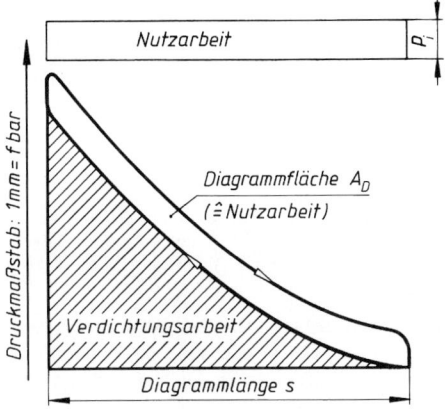

Bild 4. Indikatordiagramm

Die Kolbenarbeit während des Hubes beträgt $W = P_m$ $A\,s = P_m\,V_h$, die im Druckverlaufsdiagramm als Rechteckfläche inhaltsgleich der Diagrammfläche erscheint. Der Verdichtungshub benötigt einen Teil dieser Dehnarbeit, der Rest wirkt als Nutzarbeit am Kolben.

Das *Indikatordiagramm* zeigt die innere Nutzarbeit am Kolben als Diagrammfläche. Der sich daraus ergebende mittlere Nutzdruck heißt *indizierter Druck* p_i (Bild 4).

Die Diagrammfläche wird mit dem Planimeter ausgemessen oder durch Streifenrechnung ermittelt. Den Druckmaßstab liefert die Indikatorfeder (1 mm Diagrammhöhe entspricht f bar). Die durch den Gasdruck p_i an den Kolben abgegebene Leistung ist die indizierte Leistung P_i (Innenleistung). Setzt man in $P = F$ v für $F = A\,p_i$ und für v die mittlere Kolbengeschwindigkeit $v_m = s\,n\,/\,30$, so wird $P_i = A\,p_i\,s\,n\,/\,30$. Bei z Zylindern und unter Berücksichtigung, dass beim Viertaktmotor jeder vierte, beim Zweitaktmotor jeder zweite Takt ein Arbeitstakt ist, beträgt die *indizierte Leistung* eines Motors

$$P_i = \frac{A\,s\,z\,p_i\,n}{2} \qquad \text{für Viertaktmotoren}$$

$$P_i = A\,s\,z\,p_i\,n \qquad \text{für Zweitaktmotoren}$$

P_i	A	s	p_i	n	z	
W	m²	m	$\dfrac{\text{N}}{\text{m}^2}$	$\dfrac{1}{\text{s}}$	1	(15)

als Zahlenwertgleichung:

$$P_i = \frac{A\,s\,z\,p_i\,n}{x}$$

P_i	A	s	n	p_i	z	
kW	cm²	m	1/min	bar	1	(16)

$x = 12\,000$ für Viertaktmotoren und $x = 6\,000$ für Zweitaktmotoren

Fasst man Asz zum Motorhubraum V_H in dm³ zusammen, so ergibt sich

$$P_i = \frac{V_H\,p_i\,n}{y}$$

P_i	V_H	p_i	n	
kW	dm³	bar	1/min	(16a)

$y = 1\,200$ für Viertaktmotoren und $y = 600$ für Zweitaktmotoren

Richtwerte für den mittleren indizierten Druck p_i (Saugmotoren):

$$\text{für Ottomotoren} \quad p_i = 9 \dots 14 \text{ bar}$$
$$\text{für Dieselmotoren} \quad p_i = 7 \dots 10 \text{ bar}$$

Die Nutzleistung oder *Effektivleistung* P_{eff} eines Motors wird durch Bremsmessungen auf dem Motorenprüfstand (Wasserströmungsbremse oder elektrische Bremse) ermittelt. Sie ist um die Reibleistung P_r geringer als die Innenleistung P_i. Den Unterschied drückt der mechanische Wirkungsgrad $\eta_m = P_{eff}\,/\,P_i$ aus, siehe Gleichung (5).

Die Nutzleistung eines Verbrennungsmotors (DIN 1940) ist die Kupplungsleistung, die bei einer bestimmten Drehzahl abgegeben werden kann. Die zum Motorbetrieb notwendigen Hilfseinrichtungen (Öl- und Wasserpumpe, Kühlergebläse, Generator usw.) werden dabei vom Motor angetrieben. SAE-Leistungsangaben (USA) liegen höher als diese DIN-

Angaben, da bei ihrer Ermittlung die Nebenaggregate nicht vom Motor selbst angetrieben werden.

Die Ermittlung der Leistungen von Kraftfahrzeugmotoren erfolgt nach ISO 1585 bei den Versuchsbedingungen: Lufttemperatur $T_0 = 298$ K, Luftdruck $p_0 = 1\,000$ mbar und rel. Luftfeuchte 30 %.

Aus dem Motordrehmoment M und der Winkelgeschwindigkeit ω der Kurbelwelle wird die effektive Leistung $P_{eff} = M\omega$. Gebräuchlich ist die Zahlenwertgleichung mit der Motordrehzahl n:

$$P_{eff} = \frac{Mn}{9550} \qquad \frac{P_{eff}}{\text{kW}} \left| \frac{M}{\text{Nm}} \right| \frac{n}{\text{1/min}} \qquad (17)$$

Tabelle 1. Auslegungswerte und Anwendungsgebiete für Verbrennungsmotoren (Kolbenschmidt)

Anwendungsgebiet	Arbeitsverfahren [1]	Zylinder-Φ d mm	Leistung P_{eff} kW	Drehzahl n min^{-1}	Hubraumleistung P_H kW/dm^3	mittlere Kolbengeschwindigkeit v_m m/s bei $P_{eff\,max}$	Mitteldruck p_m bar	Verdichtungsverhältnis ε 1	Zünddruck p_x bar
Motorrad	2-T O	40 ... 80	5 ... 40	5000 ... 12000	50 ... 150	10 ... 20	5 ... 10	7[2]	40
	4-T O	40 ... 80	5 ... 80	5000 ... 10000	50 ... 100	15 ... 20	7 ... 12[3]	9 ... 11	70
Personenwagen	4-T O	60 ... 100	30 ... 180	5000 ... 7000	40 ... 60[3]	9 ... 15	7 ... 11[3]	8 ... 11	70
	4-T IDI (ATL)	80 ... 95	30 ... 85	4000 ... 5000	25 (31)	11 ... 14	6 ... 7 (8,5)	20 ... 23	85 (120)
Lieferwagen[4]	4-T IDI/DI (ATL)	80 ... 110	30 ... 75	2200 ... 4500	15 ... 25 (31)	7 ... 13	7 (10)	20 (16)	85 (120)
Lastwagen[5]	4-T DI (ATL/LLK)	90 ... 150	75 ... 300	2000 ... 4000	15 ... 20 (25)	7 ... 12	6 ... 9 (14)[5]	17 (15)	95 (140)
Lokomotive/Schnellboot[6]	2/4-T DI ATL/LLK	140 ... 280	500 ... 5000	1000 ... 2000	10 ... 33	7 ... 12	13 ... 25	12 ... 15	140
Seeschiffe/-Kraftstationen	4-T DI ATL/LLK	250 ... 620	... 11000	400 ... 1000	7 ... 15	8 ... 10	15 ... 23	10 ... 12	140
	2-T DI ATL/LLK	400 ... 1000	... 40000	60 ... 300	2 ... 5	5 ... 7	12 ... 18	12	120

[1] Abkürzungen: 2-T = Zweitakt, 4-T = Viertakt, O = Otto, IDI = Kammerdiesel, DI = Direkteinspritz-Diesel, ATL = Abgasturboaufladung (wenn eingeklammert: häufig, aber nicht grundsätzlich eingesetzt), LLK = Ladeluftkühlung.

[2] Effektives Verdichtungsverhältnis bei Zweitaktmotoren (entspricht 10 ... 14 geometrischem Verdichtungsverhältnis je nach Steuerzeiten).

[3] Hohe Werte gelten für 4-Ventil-Motoren.

[4] Große Spanne für Auslegungsdaten, da Lieferwagenmotoren von PKW- oder LKW-Motoren abgeleitet sein können.

[5] Bei M_{max} bis zu 20 % (Höchstleistungsmotoren) bzw. 50 % (Konstantleistungsmotoren) p_m-Überhöhung gegenüber Wert bei $P_{eff\,max}$.

[6] Große Spanne für Auslegungsdaten je nach Wartungsanspruch, Lebensdaueranforderung usw.

Aus dieser Leistung kann durch Umstellen von (16a) mit geänderten Indizes der *mittlere effektive Kolbendruck* p_{eff} berechnet werden. Er wird häufig als Vergleichsgröße zur Motorenbeurteilung herangezogen.

$$p_{eff} = \frac{yP_{eff}}{V_H n} \qquad \frac{p_{eff}}{\text{bar}} \left| \frac{P_{eff}}{\text{kW}} \right| \frac{V_H}{\text{dm}^3} \left| \frac{m}{\text{1/min}} \right. \qquad (18)$$

$y = 1200$ für Viertaktmotoren, $y = 600$ für Zweitaktmotoren

Richtwerte (Saugmotoren):

    für Ottomotoren $p_{eff} = 9 \ldots 13$ bar
    für Dieselmotoren $p_{eff} = 6 \ldots \;\, 9$ bar

Ein weiterer Motorvergleichswert ist der *spezifische Kraftstoffverbrauch* b_{eff}, der die leistungs- und zeitbezogene Kraftstoffverbrauchsmenge angibt. Mit dem zeitbezogenen *Kraftstoffverbrauch* B und der effektiven Leistung P_{eff} wird

$$b_{eff} = \frac{B1000}{P_{eff}} \qquad \frac{b_{eff}}{\frac{\text{g}}{\text{kWh}}} \left| \frac{B}{\frac{\text{kg}}{\text{h}}} \right| \frac{P_{eff}}{\text{kW}} \qquad (19)$$

Wird die Nutzleistung mit dem Wärmeenergieaufwand verglichen, der in dem zugeführten Kraftstoff enthalten ist, so erhält man für den Nutzwirkungsgrad

$$\eta_{eff} = \frac{3600\,P_{eff}}{BH_u} \qquad \frac{P_{eff}}{\text{kW}} \left| \frac{B}{\frac{\text{kg}}{\text{h}}} \right| \frac{H_u}{\frac{\text{kJ}}{\text{kg}}} \left| \frac{\eta_{eff}}{1} \right. \qquad (20)$$

Für H_u wird der *spezifische Kraftstoffheizwert* eingesetzt. (Nach DIN 6271 beträgt der Kraftstoff-Bezugsheizwert $H_u = 42000$ kJ/kg.).

Richtwerte: für Normalbenzin $H_u = 42700$ kJ/kg
Richtwerte: für Superbenzin $H_u = 43300$ kJ/kg
Richtwerte: für Diesel $H_u = 42500$ kJ/kg

Mit dem spezifischen Kraftstoffverbrauch b_{eff} wird

$$\eta_{\text{eff}} = \frac{3600/1000}{b_{\text{eff}} H_u} \quad \begin{array}{c|c|c} b_{\text{eff}} & H_u & \eta_{\text{eff}} \\ \hline \dfrac{g}{kWh} & \dfrac{kJ}{kg} & 1 \end{array} \quad (21)$$

Richtwerte: für Ottomotoren
$\eta_{\text{eff}} = 0{,}20 \dots 0{,}28$, $b_{\text{eff}} = 250 \dots 380$ g/kWh

Richtwerte: für Großdiesel
$\eta_{\text{eff}} = 0{,}36 \dots 0{,}43$, $b_{\text{eff}} = 170 \dots 250$ g/kWh

Richtwerte: für Fahrzeugdiesel
$\eta_{\text{eff}} = 0{,}27 \dots 0{,}34$, $b_{\text{eff}} = 190 \dots 290$ g/kWh

Als Motorvergleichswert wird oft die *Hubraumleistung* P_H (Literleistung) verwendet.

$$P_H = \frac{P_{\text{eff}}}{V_H} \quad \begin{array}{c|c|c} P_H & P_{\text{eff}} & V_H \\ \hline \dfrac{kW}{dm^3} & kW & dm^3 \end{array} \quad (22)$$

■ **Beispiel:**
Von einem 6-Zylinder Viertakt-Dieselmotor sind folgende Daten bekannt:
Bohrung 98 mm, Hub 127 mm, $V_c = 56{,}3$ cm^3 (durch Auslitern ermittelt), mittlerer innerer Kolbendruck (aus Indikatordiagramm ermittelt) $p_i = 8{,}4$ bar, mechanischer Wirkungsgrad (mittlerer Wert angenommen) $\eta_m = 0{,}87$, Motornenndrehzahl $n = 2660$ 1/min, spezifischer Kraftstoffverbrauch $b_{\text{eff}} = 230$ g/kWh bei der Nenndrehzahl.
Zu ermitteln sind:

a) Zylinderhubraum
b) Motorhubraum
c) Verdichtungsverhältnis
d) mittlere Kolbengeschwindigkeit
e) mittlere Kolbenkraft bei p_i
f) Motorinnenleistung P_i
g) Motornutzleistung P_{eff}
h) Verlustleistung P_r
i) Motordrehmoment bei Nenndrehzahl
j) Hubverhältnis
k) Nutzwirkungsgrad
l) Innenwirkungsgrad

Lösung:

a) $V_h = \dfrac{d^2 \pi s}{4} = \dfrac{(9{,}8\,\text{cm})^2 \cdot \pi \cdot 12{,}7\,\text{cm}}{4} =$
$= 957{,}47$ cm^3 Zylinderhubraum

b) $V_H = V_h z = 957, \text{cm}^3 \cdot 6\,\text{Zyl} = 5744{,}92$ cm^3 Motorhubraum

c) $\varepsilon = \dfrac{V_h + V_c}{V_c} = \dfrac{957{,}47\,\text{cm}^3 + 56{,}3\,\text{cm}^3}{56{,}3\,\text{cm}^3} =$
$= 18$ geschrieben 18 : 1

d) $v_m = \dfrac{sn}{30} = \dfrac{0{,}127 \cdot 2660}{30} = 11{,}26\,\dfrac{\text{m}}{\text{s}}$
(Mittlere Kolbengeschwindigkeit bei der Nenndrehzahl)

e) Mit $F = p_i A$ wird
$F = \dfrac{9{,}81\,\text{N/cm}^2}{\text{bar}} \cdot 8{,}4\,\text{bar} \cdot \dfrac{(9{,}8\,\text{cm})^2 \pi}{4} = 6225{,}24$ N

f) $p_i = \dfrac{V_H p_i n}{1200} = \dfrac{5{,}74 \cdot 8{,}4 \cdot 2660}{1200} = 106{,}88$ kW

g) Mit (5) $\eta_m = \dfrac{P_{\text{eff}}}{P_i}$ wird $P_{\text{eff}} = P_i \eta_m =$
$= 106{,}88$ kW $\cdot 0{,}87 = 92{,}99$ kW

h) Da $P_i = P_{\text{eff}} + P_r$ (5) ist, wird $P_r = P_i - P_{\text{eff}} =$
$= 106{,}88$ kW $- 92{,}99$ kW $= 13{,}89$ kW

i) Aus (17) $P_{\text{eff}} = \dfrac{Mn}{9550}$ wird $M = \dfrac{P_{\text{eff}} \, 9550}{n} =$
$= \dfrac{92{,}99 \cdot 9550}{2660} = 333{,}85$ Nm

j) $a = \dfrac{s}{d} = \dfrac{127\,\text{mm}}{98\,\text{mm}} =$
$= 1{,}29$ (typischer LKW-Langhubmotor)

k) Aus (21) wird mit dem gewählten Heizwert (Diesel)
$H_u = 42\,000\,\dfrac{\text{kJ}}{\text{kg}}$
$\eta_{\text{eff}} = \dfrac{3600 \cdot 1000}{230 \cdot 42000} = 0{,}37$ – ein sehr guter Wirkungsgrad

l) $\eta_i = \dfrac{\eta_{\text{eff}}}{\eta_m} = \dfrac{0{,}37}{0{,}87} = 0{,}43$

8.1.3 Motorkennlinien und Verbrauchskennfelder

Motorkennlinien sind graphische Darstellungen der auf einem Motorprüfstand (Wasserströmungsbremse, Wirbelstrombremse u.a.) ermittelten Motorkennwerte. Durch Diagrammanalyse lassen sich Aussagen über die Motorcharakteristik ableiten.
Volllastkennlinien (Bild 5) stellen Effektivleistung (Nutzleistung) P_{eff}, Motordrehmoment M und spezifischen Kraftstoffverbrauch b_{eff} in Abhängigkeit von der Motordrehzahl n dar.
Leistungsentwicklung, Drehmomentverlauf und spezifischer Kraftstoffverbrauch bei zugeordneter Motordrehzahl können mit anderen Motortypen verglichen werden.

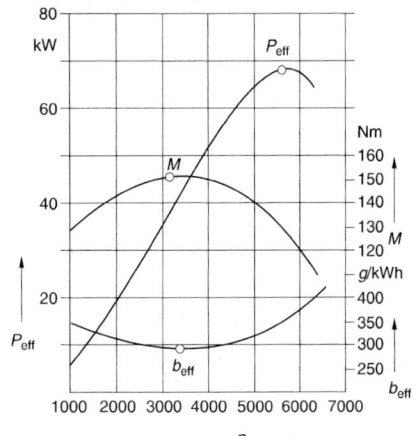

a)

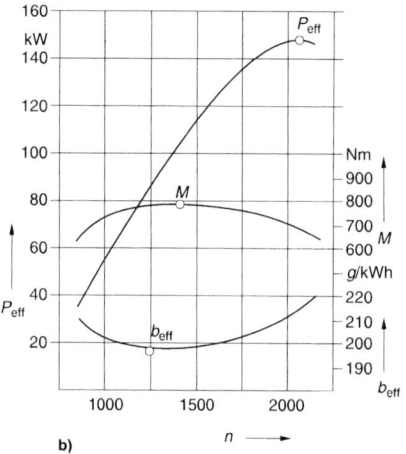

b)

Bild 5. Volllastkennlinien über der Motordrehzahl
a) Ottomotor
b) Dieselmotor

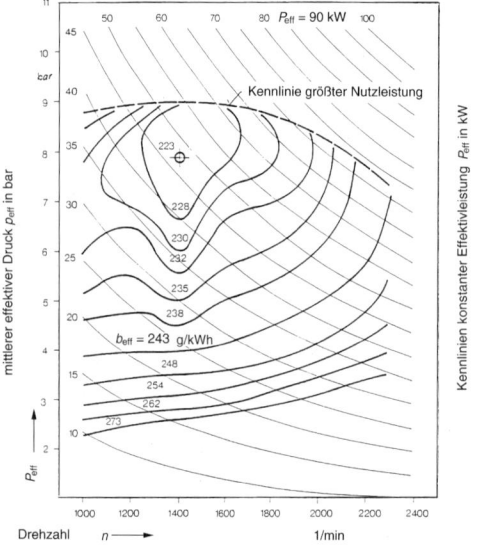

Bild 6. Kennfelder eines Dieselmotors

Verbrauchskennfelder zeigen Kennlinien derselben Abhängigkeit unter dem Einfluss eines veränderlichen Parameters. Das Kennfeld des Dieselmotors in Bild 6 zeigt Kennlinien des konstanten spezifischen Kraftstoffverbrauchs b_{eff} (Muschellinien) in Abhängigkeit von der Motordrehzahl n und dem mittleren effektiven Druck p_{eff}, sowie Linien konstanter Effektivleistung P_{eff} (Hyperbeln) mit der Volllastkurve. Kennfelder dienen zur Darstellung der Betriebszustände unter denen ein Motor arbeiten kann. Die Kennlinie für die größte Nutzleistung (Volllastkurve) zeigt die Dauerleistung, die ein Motor bei einer Dreh-

zahl abgeben kann. Aus den Hyperbeln der konstanten Effektivleistung kann man z.B. ablesen, dass der Motor eine bestimmte Nutzleistung bei unterschiedlichen spezifischen Kraftstoffverbräuchen erbringen kann.

Ablesebeispiel: P_{eff} 50 kW bei ca. 2300 1/min →
b_{eff} 248 g/kWh

                   oder P_{eff} 50 kW bei ca. 1550 1/min →
b_{eff} 228 g/kWh

8.2 Bauteile der Verbrennungsmotoren

Verbrennungsmotoren bestehen aus den Hauptbaugruppen *Motorgehäuse, Kurbeltriebwerk* und *Motorsteuerung*. Hinzu kommen die Baugruppen und Aggregate, die für den Betrieb erforderlich sind, wie *Kraftstoffsystem, Abgasanlage, Motorelektrik, Kühl-* und *Schmiersystem*.

8.2.1 Motorgehäuse

Motorgehäuse bestehen aus dem Zylinderblock oder aus Einzelzylindern, dem Zylinderkopf, der Zylinderkopfhaube, der Zylinderkopfdichtung und der Ölwanne.

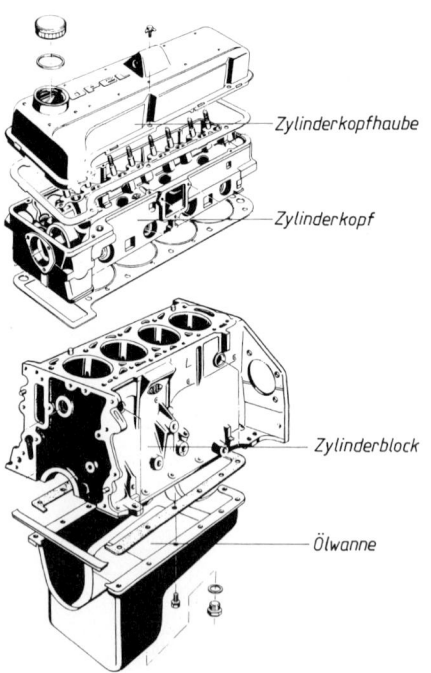

Bild 7. Motorgehäuse (Opel)

Zylinder führen den Kolben, leiten die Verbrennungswärme ab und nehmen den Verbrennungsdruck auf. Das Kurbelgehäuseoberteil mit der Kurbelwellenlagerung wird bei wassergekühlten Motoren mit dem Zylinderblock meist in einem Stück gegossen (Zylinderkurbelgehäuse). Es dient als Anbauteil für die Motoraufhängung und die Nebenaggregate (Starter, Generator usw.). Die verschraubte Ölwanne bildet den unteren Abschluss. Nach oben bildet der Zylinderkopf mit dem Zylinder den Verbrennungsraum.

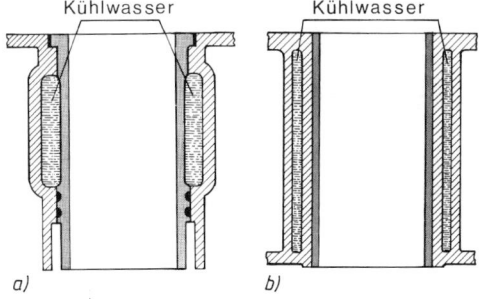

Bild 8. Zylinderlaufbuchsen
a) nasse Laufbuchse
b) trockene Laufbuchse

Einzelzylinder von luftgekühlten Motoren sind mit Kühlrippen versehen und werden mit dem Kurbelgehäuse einzeln verschraubt. Als Werkstoff werden entweder AlSi- Legierungen oder Gusseisenwerkstoffe verwendet. Zur Verbesserung der Gleit- und Verschleißeigenschaften sind spezielle Laufflächenbehandlungen (Hartverchromen) oder eingegossene Buchsen erforderlich. Man verwendet Eisen-Aluminium-Verbundguss (Alfin) oder besondere Laufflächenbehandlungen wie ALUSIL-, NIKASIL- und LOKASIL-Verfahren.

Beim ALUSIL-Verfahren wird der Zylinder aus AlSi-Legierung nach dem Honen an der Lauffläche durch elektrochemisches Ätzen behandelt. Die harten Si-Kristalle wirken als verschleißfester Laufbahnschutz. Beim NIKASIL-Verfahren wird die Kolbenlaufbahn der AlSi- Legierung galvanisch mit Ni beschichtet. Beim LOKASIL-Verfahren wird ein hochporöser Formkörper aus Si mit keramischem Bindemittel (Preform) in einem speziellen Druckgussverfahren von der Al-Schmelze durchdrungen.

Zylinderkurbelgehäuse mit flüssigkeitsgekühlten Zylindern aus Gusseisen- oder AlSi-Legierungen werden meist in *Closed-Deck-Ausführung* (Bild 7) hergestellt. Die Abdichtfläche der Zylinder zum Zylinderkopf ist um die Zylinderbohrung herum geschlossen. Bei der *Open-Deck-Ausführung* ist der Kühlflüssigkeitsmantel an der Zylinderkopfdichtfläche um die Zylinderbohrungen herum offen. Sie erfordern Metall-Zylinderkopfdichtungen. Man verwendet eingearbeitete Bohrungen und nasse oder trockene Zylinderlaufbuchsen als Kolbenlauffläche.

Nasse *Laufbuchsen* (Wanddicke 5 ... 8 mm) werden direkt vom Kühlwasser umspült und sind bei Laufflä-

chenverschleiß ohne Motorausbau leicht zu wechseln (Bohrung fertig bearbeitet). Die Abdichtung zum Wasserraum erfolgt über Gummidichtringe, zum Zylinderkopf über die Zylinderkopfdichtung (Buchsenüberstand 0,05 ... 0,1 mm).

Trockene Laufbuchsen (Wanddicke 1,5 ... 2 mm) werden in die Zylinderbohrung eingepresst und sind nicht vom Kühlwasser umspült. Die Lauffläche muss oft noch bearbeitet werden. Als Werkstoff wird Schleuderguss verwendet. Durch Honen der Laufflächen werden Motoreinlaufzeit und Verschleiß verringert.

Die **Kurbelgehäuseentlüftung** verhindert ein Entweichen von am Kolben vorbeistreichenden unverbrannten Kohlenwasserstoffen, Leckageströmungen an den Kolbenringen (Blow-by-Gase) bei aufgeladenen Dieselmotoren und von Öldämpfen (Kurbelwangenmitriß) in die Atmosphäre. Das Öldampf-Gasgemisch wird aus dem Kurbelgehäuse angesaugt, der Ölanteil in einem Ölabscheider (Zyklon) getrennt und die Gase dem Ansaugsystem zugeführt.

Die **Ölwanne** nimmt beim Viertaktmotor die Ölfüllung auf und bildet den unteren Abschluss des Kurbelgehäuses. Sie wird aus Stahlblech oder Al-Guss hergestellt. Bei Zweitaktmotoren bildet sie den Vorverdichtungsteil.

Der **Zylinderkopf** enthält bei Ottomotoren die Zündkerzen, die Ein- und Auslassventile (Viertakt) mit den Ventilsteuersystemen und bei Dieselmotoren Voroder Wirbelkammer, Glühkerzen und Einspritzdüsen. Er bildet den oberen Teil des Verbrennungsraumes, enthält die Gaswechselkanäle und trägt durch die Brennraumgestaltung entscheidend zur Verbrennungsbeeinflussung und Gemischbildung bei. Brennräume werden kugel-, keil- oder wannenförmig ausgebildet (von der Ventilanordnung abhängig). Beim Heron-Brennraum befindet sich der größte Brennraumteil in einer Kolbenmulde (gute Gemischverwirbelung). Beim *Querstromzylinderkopf* liegen Ein- und Auslasskanal einander gegenüber, der Kopf wird quer durchströmt.

Beim *Gegenstromzylinderkopf* liegen Ein- und Auslaß auf derselben Kopfseite untereinander (kurze Gaswechselwege). Als Werkstoffe werden bei Otto- und PKW-Dieselmotoren wegen der besseren Wärmeleitfähigkeit und der geringeren Masse vorwiegend Al-Legierungen, bei LKW Grauguss, verwendet.

Die *Zylinderkopfdichtung* verhindert Brennraum-Druckverluste sowie Schmier- und Kühlmittelverluste. Zylinderkopfdichtungen aus Metall-Asbest-Geweben werden nicht mehr verwendet. Bei *Metall-Weichstoff-Zylinderkopfdichtungen* ist auf einem Metallgitter als Trägerblech beidseitig eine Weichstoffauflage aus wärmebeständigem Kunststoff aufgebracht. Metalleinfassungen verstärken die Durchgangsöffnungen für Brennraum, Wasser- und Ölkanäle und Verschraubungen. *Metall - Mehrschicht - Zylinderkopfdichtungen* werden oft bei aufgeladenen Dieselmotoren verwendet. Sie bestehen aus mehreren Lagen Stahlblech, haben ein geringeres Setzverhalten und bessere Dauerhaltbarkeit als Metall-Weichstoff-dichtungen. Sie ermöglichen eine geringere Vorspannung der Zylinderkopfverschraubung (geringerer Verzug).

8.2.2 Kurbeltriebwerk

Das Kurbeltriebwerk besteht aus Kolben, Kolbenringen, Kolbenbolzen, Pleuelstange und Kurbelwelle mit Lagern und Schwungrad. Das Triebwerk formt die hin- und hergehende Kolbenbewegung in eine Drehbewegung an der Kurbelwelle um.

Kräfte und Bewegungsverhältnisse am Kurbeltriebwerk

Durch den Verbrennungsdruck p (veränderlich mit der Kolbenstellung) wird die sich ständig ändernde Kolbenkraft F_K erzeugt. Mit dem mittleren effektiven Druck p_{eff} und der Kolbenfläche A wird die *mittlere Kolbenkraft* berechnet:

$$F_K = p_{eff} A \qquad \begin{array}{c|c|c} F_K & p_{eff} & A \\ \hline N & \dfrac{N}{cm^2} & cm^2 \end{array} \qquad (23)$$

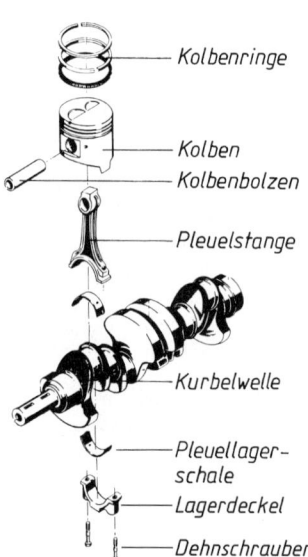

Bild 9. Kurbelgetriebe (Opel)

— Kolbenringe
— Kolben
— Kolbenbolzen
— Pleuelstange
— Kurbelwelle
— Pleuellager-schale
— Lagerdeckel
— Dehnschrauben

Sie wird über den Kolbenbolzen in eine *Pleuelstangenkraft* F_S und eine senkrecht zur Zylinderwand wirkende *Kolbenseitenkraft* F_N zerlegt. Mit dem Kurbelwinkel α und dem Pleuelstangenwinkel β wird

$$F_S = \frac{F_K}{\cos \beta} \qquad (24a)$$

$$F_N = F_K \tan \beta \qquad (24b)$$

Die Pleuelstangenkraft F_S greift am Pleuelzapfen der Kurbelwelle an und kann in die *Tangentialkraft* F_T und die *Radialkraft* F_R zerlegt werden.

$$F_T = F_K \frac{\sin(\alpha + \beta)}{\cos \beta} \quad \text{und mit } F_S$$

$$F_T = F_S \sin(\alpha + \beta) \qquad (25)$$

sowie

$$F_R = F_K \frac{\cos(\alpha + \beta)}{\cos \beta} \quad \text{und mit } F_S$$

$$F_R = F_S \cos(\alpha + \beta) \qquad (26)$$

Die Tangentialkraft F_T erzeugt am Pleuelzapfen der Kurbelwelle das Motordrehmoment

$$M = F_T\, r \qquad \begin{array}{c|c|c} M & F_T & r \\ \hline Nm & N & m \end{array} \qquad (27)$$

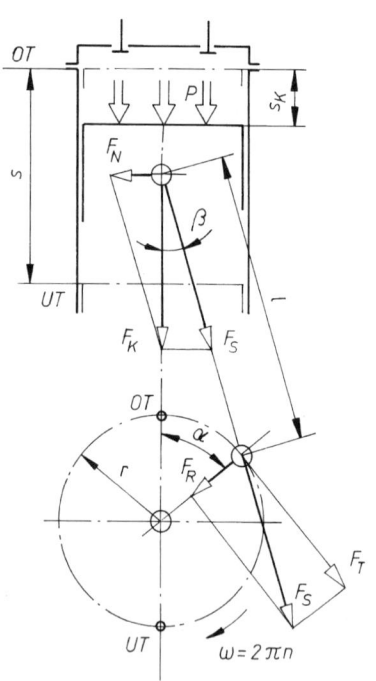

Bild 10. Kräfte am Kurbeltrieb

p = Verbrennungsdruck
r = Kurbelradius
s = Kolbenhub ($s = 2r$)
l = Pleuelstangenlänge
α = Kurbelwinkel = ωt
β = Pleuelstangenwinkel
s_K = Kolbenweg
n = Kurbelwellendrehzahl

Mit dem *Pleuelstangenverhältnis* $\lambda_{PL} = r / l$
(Richtwerte: PKW-Motoren $\lambda_{PL} = 0{,}26 \ldots 0{,}36$
                LKW-Motoren $\lambda_{PL} = 0{,}23 \ldots 0{,}33$)

kann aus dem jeweiligen *Kurbelwinkel* α der *Pleuel-stangenwinkel* β berechnet werden:

$$\sin \beta = \lambda_{PL} \sin \alpha \tag{28}$$

$$\cos \beta = \sqrt{1 - (\lambda_{PL} \sin \alpha)^2} \tag{29}$$

Der jeweils zurückgelegte Weg s_K kann mit einer Näherungsformel berechnet werden:

$$s_K = r (1 - \cos \alpha) \pm l(1 - \cos \beta)$$
+ Kolbenbewegung von OT nach UT
− Kolbenbewegung von UT nach OT

sowie: (30)

$$s_K = r\left(1 - \cos\alpha \pm \frac{1}{2}\lambda_{PL} \sin^2 \alpha\right)$$

Die Kolbenbewegung ist ungleichmäßig beschleunigt und verzögert. Die *Kolbengeschwindigkeit* v ergibt aus $\omega = 2\,\pi\,n$ = konst. (Winkelgeschwindigkeit des Kurbelzapfens), Kurbelwellendrehzahl n und Umfangsgeschwindigkeit der Kurbelwelle $v_u = r\,\omega$

$$v = v_u\left(\sin\alpha \pm \frac{1}{2}\lambda_{PL}\sin 2\alpha\right) \text{ sowie mit } \alpha = \omega t$$
(31)

$$v = r \cdot \omega\left(\sin\omega t \pm \frac{1}{2}\lambda_{PL}\sin 2\omega t\right) \quad t \text{ Zeit in s}$$

Für Überschlagsrechnungen verwendet man die mittlere Kolbengeschwindigkeit $v_m = s\,n / 30$ (13).

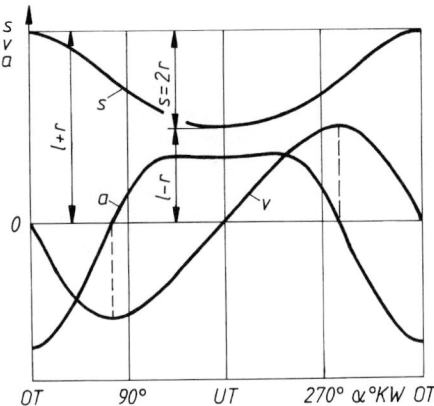

Bild 11. Verlauf von Kolbenweg s, Kolbengeschwindigkeit v und Kolbenbeschleunigung a über dem Kurbelwinkel α (Kolbenschmidt)

s Kolbenhub
v Kolbengeschwindigkeit
a Kolbenbeschleunigung
°kW   Grad Kurbelwinkel

Die *Kolbenbeschleunigung* a beträgt:

$$a = \frac{v_u^2}{r}(\cos\alpha \pm \lambda_{PL}\cos 2\alpha)$$

sowie

$$a = r\omega^2 (\cos\omega t \pm \lambda_{PL}\cos 2\,\omega t) \tag{32}$$

α	v_u	r	ω	t	t	λ_{PL}
$\dfrac{m}{s^2}$	$\dfrac{m}{s}$	m	$\dfrac{1}{s}$	s	s	1

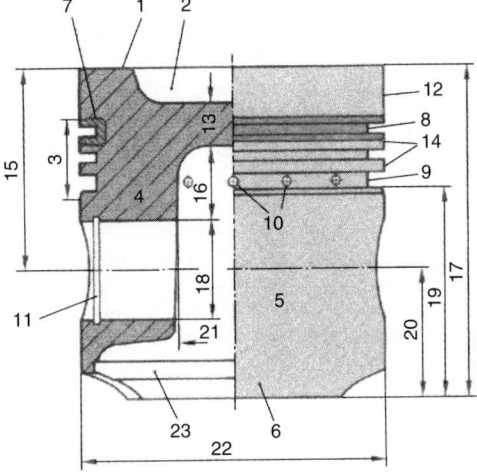

Bild 12. Bezeichnungen und Abmesungen am Kolben (Mahle)

1 Kolbenboden
2 Bodenmulde, Verbrennungsmulde
3 Ringpartie
4 Bolzennabe
5 Schaft
6 Schaftlapen
7 Ringträger
8 Verdichtungsnut
9 Ölringnut
10 Ölrücklaufbohrungen
11 Bolzensicherungsnut
12 Feuersteg
13 Bodendicke
14 Ringsteg
15 Kompressionshöhe
16 Dehnlänge
17 Gesamtlänge
18 Bolzenlochdurchmesser
19 Schaftlänge
20 untere Länge
21 Nabenabstand
22 Kolbendurchmesser
23 Einpass

Der Kolben überträgt den Druck des Arbeitsgases auf das Triebwerk. Er steuert beim Zweitaktmotor den Gaswechsel und trägt bei Otto- und Dieselmotoren durch die Einbeziehung als Brennraumbestandteil wesentlich zur Gemischaufbereitung und zum Verbrennungsablauf bei.

Anforderungen an den Kolben: Geringe Masse (Trägheitskräfte), bei gleichzeitig hoher Belastbarkeit, gute Abdichtung, geringer Verschleiß und Ölverbrauch, geringe Reibung.
Den Kolbenaufbau, eingeteilt nach Bauzonen, zeigt Bild 12.

Auf dem Kolbenboden sind neben Kolbendurchmesser und Einbauspiel auch die Einbaurichtung eingeschlagen.

Kolbenbauarten

Eine Auswahl oft verwendeter Kolbenbodenformen zeigt Bild 13. Die erste Reihe zeigt Kolben für Ottomotoren, die zweite für PKW- und LKW-Dieselmotoren.

Gegossene *Einmetallkolben* aus eutektischen AlSi-Legierungen, auf die oft eine 0,02 mm Eisen- oder Chromschicht aufgebracht wird (anschließend verzinnt), werden für Ottomotoren mit Al-Zylindern verwendet. Für höchste Beanspruchungen werden im Warmfließpress-Verfahren hergestellte Kolben eingebaut.

Zur Erfüllung der Forderungen nach geringem Gewicht, geringer Reibung und geringem Ölverbrauch, werden *Regelkolben* eingesetzt. Sie erhalten eingegossene Stahlstreifen im Bolzenaugenbereich oder eingegossene Stahlringe im Schaftbereich. Dadurch gelingt es, die durch hohe Temperaturen in Laufrichtung auftretenden Ausdehnungen zu verringern und in Richtung der Bolzenachse umzulenken. Weiterhin erzielt man durch besondere Kolbenformgebung (Kopf konisch, Schaft ballig, Durchmesserform oval) wesentlich kleinere Laufspiele als bei ungeregelten Kolben.

Gegen die hohen mechanischen und thermischen Beanspruchungen im Kolbenbodenbereich wird bei hochbelasteten Dieselmotoren ein Ringträger aus austenitischem Gusseisen eingegossen und die Kolbenkühlung durch *Kühlkanalkolben* mit Ölspritzdüsen vorgenommen (Bild 72).

Insbesondere während der Start- und Warmlaufphase kommt es oft zu Mischreibungszuständen zwischen Kolben und Zylinderwand. Notlaufeigenschaften erhalten Kolben durch dünne (1 ... 10 µm) Beschichtungen (verbleien, verzinnen, phosphatieren, graphitieren).

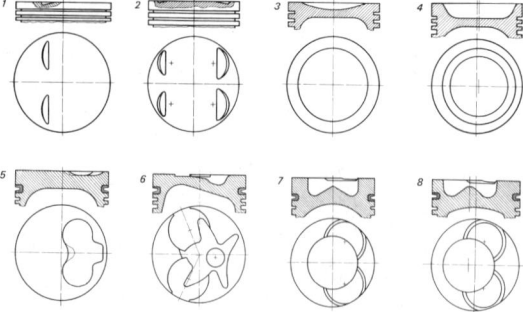

Bild 13. Kolbenbodenformen
1 ..... 4 für Ottomotoren
5 und 6 für Vor-Wirbelkammer-Dieselmotoren
7 und 8 für Direkteinspritzer-Dieselmotoren
(Kolbenschmidt)

Neuere Entwicklungen verwenden Kolben mit *Klopfschutzschichten* für Ottomotoren, und mit Verstärkungen aus Aluminiumoxid-Fasern für Kolbenboden und Ringpartie. Für Dieselmotoren werden *Kolbenbodeneinsätze* aus Keramik oder Aluminiumtitanat verwendet.

Kolbenringe sollen die Gas- und Ölabdichtung des Verbrennungsraumes gegenüber dem Kurbelgehäuse (Kompressionsringe), das Abstreifen des Schmieröls von den Laufflächen (Ölabstreifringe), sowie den Wärmetransport vom Kolben an die gekühlte Zylinderwand vornehmen. Die Ringe liegen unter radialer Vorspannung an der Zylinderwandung an. Zum Dehnungsausgleich muss im eingebauten Zustand ein Stoßspiel von 0,2 ... 0,7 mm vorhanden sein. Zweitaktmotoren mit Mischungsschmierung erhalten keine Ölabstreifringe. Verdichtungsringe werden hier mit einer Stiftsicherung gegen Verdrehen versehen.

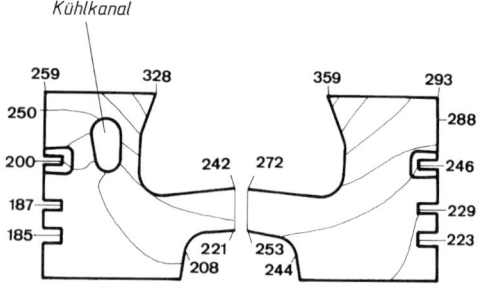

Bild 14. Temperaturfelder (°C) eines NKW-Kolbens mit (links) und ohne Kühlkanal (rechts) bei gleicher Belastung (Kolbenschmidt)

In der ersten Kolbenringnut werden meist *Rechteck-* oder *Minutenringe* (Bild 15) eingesetzt, die oft mit beschichteten Laufflächen (Molybdän, verchromt, phosphatiert, ferrooxidiert) versehen sind. Als Werkstoff verwendet man Gusseisen oder hochlegierten CrMo-Stahl. Für den zweiten Ring werden unbeschichtete Trapez- oder *Nasenminutenringe* verwendet. Als Ölabstreifringe kommen *Dachfasen-*, *Ölschlitz-*, *Schlauchfeder-* und *Lamellenringe* zum Einsatz. Die Ölabstreifringnut ist mit Bohrungen versehen, durch die das Öl auf die Kolbenschaftinnenseite gedrückt wird (Kolbenbolzenschmierung).

Kolbenbolzen übertragen die Kräfte vom Kolben auf das Pleuel. Sie werden auf Flächenpressung, Biegung und Ovalverformung (Durchmesservergrößerung quer zur Belastungsrichtung) beansprucht. Nach der Bolzenlagerung unterscheidet man Klemmpleuel und schwimmende Lagerung, bei der sich der Bolzen frei in der Bolzenaugen- und Pleuelbohrung drehen kann. Sicherungs- oder Drahtsprengringe sichern in axialer Richtung (Bild 16a). Die Lagerung ist fresssicher und verschleißarm. Die Schmierung erfolgt über die Ölbohrung im Pleuel.

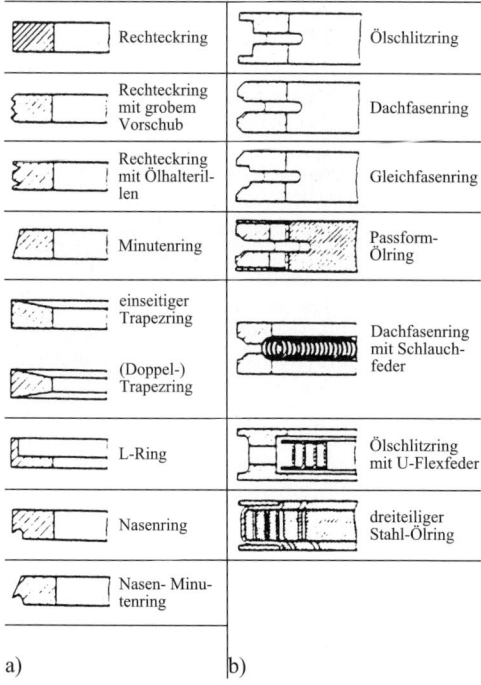

	Rechteckring		Ölschlitzring
	Rechteckring mit grobem Vorschub		Dachfasenring
	Rechteckring mit Ölhalterillen		Gleichfasenring
	Minutenring		Passform-Ölring
	einseitiger Trapezring		Dachfasenring mit Schlauchfeder
	(Doppel-) Trapezring		
	L-Ring		Ölschlitzring mit U-Flexfeder
	Nasenring		dreiteiliger Stahl-Ölring
	Nasen- Minutenring		

a)   b)

Bild 15. Kolbenringbauarten
a) Verdichtungsringe
b) Ölabstreifringe

Beim Klemmpleuel (Bild 16b) sitzt der Kolbenbolzen mit Schrumpfsitz in der Pleuelstange und hat eine Spielpassung in der Bolzennabe. Axiale Sicherungselemente können entfallen. Zur Verringerung ihrer Masse werden Kolbenbolzen hohl ausgeführt (Ausnahme: bei Zweitaktmotoren zur Vermeidung von Spülverlusten, einseitig oder mittig geschlossen). *Werkstoffe*: Einsatz- und Nitrierstähle (z.B. 15Cr3; 41CrAlMo7), die nach dem Oberflächenhärten durch Schleifen und Kurzhubhonen (Superfinish) feinbearbeitet werden.

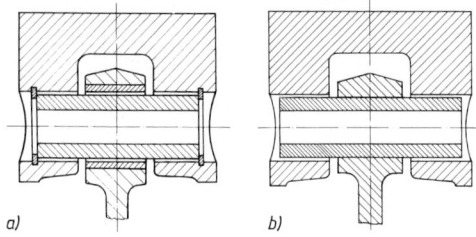

a)   b)

Bild 16. Kolbenbolzenlagerung
(Spiel übertrieben dargestellt)
a) Schwimmende Lagerung
b) Klemmpleuel (Kolbenschmidt)

Die Pleuelstange (Bild 17) wird durch den Verbrennungsdruck auf Knickung und Druck, durch die Mas-

senträgheitskräfte des Kolbens im oberen Totpunkt auf Zug und durch die Fliehkräfte bei höheren Drehzahlen auf Biegung beansprucht. Sie besteht aus dem Pleuelkopf mit Gleitlagerbuchse für den Kolbenbolzen (bei Zweitaktmotoren meist Nadellager), I-förmigem Pleuelschaft und dem gerade- oder schräg geteilten (große Diesel) Pleuelfuß mit Pleueldeckel. *Ungeteilte Pleuel* werden für Einzylindermotoren mit zusammengesetzter Kurbelwelle verwendet. Sie erhalten *Wälzlager*.

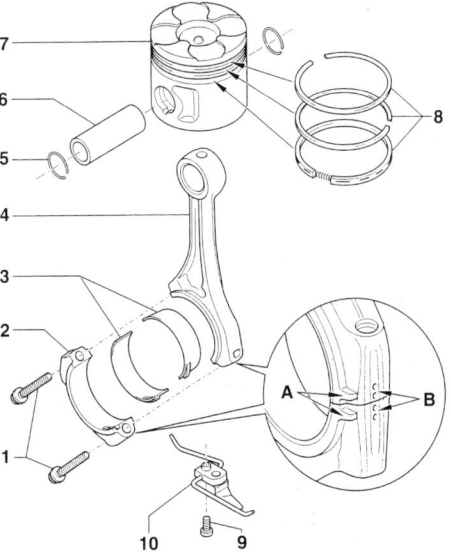

Bild 17. Aufbau von Pleuelstange und Kolben für einen Motor mit Vierventiltechnik (Audi)

1 Dehnschraube
2 Pleuellagerdeckel
3 Pleuellagerschalen
4 Pleuelschaft
5 Sicherungsring
6 Kolbenbolzen
7 Kolben
8 Kolbenringe
9 Schraube für Ölspritzdüse
10 Ölspritzdüse
A, B Markierungen für verwechslungssichere Montage

Die Schmierung der Pleuelbuchse wird entweder durch Tropföl (Senkung im Pleuelauge) oder durch Druckölschmierung über längs durchbohrte Pleuel oder Ölspritzdüsen ausgeführt (Hochleistungsmotoren). Pleuelstangen werden aus legiertem Vergütungsstahl (gesenkgeschmiedet), aus schmiedegesinterten legiertem Stahlpulver oder Temperguß und Kugelgraphitguss hergestellt.
Der Pleuellagerdeckel wird mittels *Passdehnschrauben*, *Dehnschrauben* und *Passhülsen* oder durch *Kerbverzahnung* zwischen Lagerdeckel und Pleuelfuß

passgenau verschraubt. Der Pleuelfuß von sinterge-schmiedeten Pleuelstangen wird durch eine spezielle Bruchtechnik hydraulisch an einer Sollbruchstelle abgesprengt (fractale splitting). Die körnige Struktur der Bruchstelle liefert einen unverwechselbaren Pass-sitz mit gutem Verzahnungseffekt.

Dehnschrauben an Zylinderköpfen, Pleuel- und Kur-belwellenlagern werden nach dem Streckgrenzverfah-ren (Drehmomentschlüssel) oder/und Drehwinkelver-fahren angezogen.

Die **Kurbelwelle** ist im Kurbelgehäuse gelagert. Die Gestalt wird von der Zylinderanordnung (Reihen-, V-, Boxermotor), der Zylinderanzahl, der Lage- und Anzahl der Hauptlager, vom Kolbenhub und der Zündfolge (Einspritzfolge) des Motors bestimmt. Kurbelwellen werden auf Torsion, Biegung (Mas-senträgheits- und Pleuelstangenkräfte) und durch Wechselbeanspruchung der mechanischen Dreh-schwingungen beansprucht. Diese setzen sich aus den umlaufenden Massenkräften von Kurbelwange und Kurbelzapfen, den oszillierenden Massenkräften des Kolbens und der Pleuelstange und durch den Pleuel-stangenanteil an den rotierenden und oszillierenden Massenkräften zusammen.

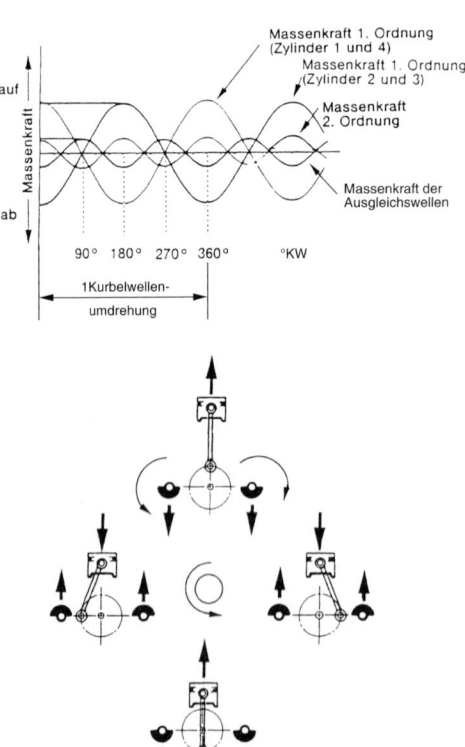

Bild 18. Verteilung der Massenkräte 1. und 2. Ord-nung bei einem Vierzylindermotor (Honda)

Die Größe der verbleibenden Massenkräfte und -momente ist von der Anordnung der Kurbelwellen-kröpfungen und der Zündabstände abhängig. Ein vollkommener Massenausgleich ergibt sich bei 6-Zylinder-Reihen-, 6-Zylinder-Boxer- und V12-Vier-taktmotoren.

Kurbelwellen von 4-Zylinder-Reihenmotoren sind durch die um 180° KW versetzten Kröpfungen, durch die gegenläufige Bewegung der Kolbenpaare 2 und 3 sowie 1 und 4 und durch die Ausgleichsgewichte mit statischer und dynamischer Auswuchtung für Kräfte und Momente 1. Ordnung ausgeglichen.

Massenkräfte 2. Ordnung werden durch die oszillie-renden Massen des Kurbeltriebwerks und durch die ungleichförmigen Gaskräfte des Viertaktverfahrens hervorgerufen. Die Massenkräfte 2. Ordnung laufen mit der doppelten Kurbelwellendrehzahl um und können nicht durch Auswuchten oder Ausgleichs-gewichte an der Kurbelwelle beseitigt werden (Bild 18).

Bei 6-Zylinder V-Motoren führen diese unausgegli-chenen Momente in Abhängigkeit vom V-Winkel der Zylinderbänke zu einer unerwünschten Taumelbewe-gung des Motors, die bei Dieselmotoren größer ist, als bei Ottomotoren (größere Kolben- und Pleuelmas-se).

Zum Ausgleich von Massenkräften dienen vereinzelt verwendete Ausgleichssysteme mit Ausgleichswel-len, die mit entgegengesetzter Drehrichtung und dop-pelter Kurbelwellendrehzahl umlaufen.

Kurbelwellenlager liegen bei Otto- und Dieselmoto-ren meist hinter jeder Kurbelwellenkröpfung. Die Kurbelwangen können so angeordnet sein, dass für jeden Zapfen ein- oder zwei Gegengewichte vorhan-den sind (Bild 19). Zur Ölversorgung sind Pleuella-gerzapfen und Kurbellagerzapfen durch diagonale Bohrungen miteinander verbunden.

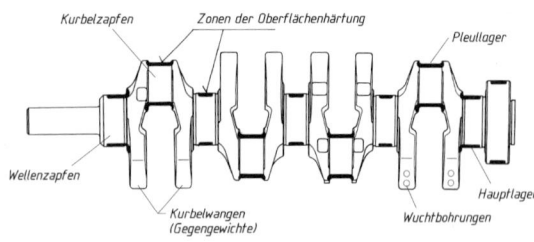

Bild 19. Kurbelwelle eines Ottomotors mit zwei Ausgleichsgewichten pro Kurbelzapfen

Durch die Ungleichförmigkeit des Verbrennungsab-laufs wird die Kurbelwelle in Drehschwingungen versetzt, die sich bei den kritischen Drehzahlen auf-schaukeln und zum Bruch der Kurbelwelle führen können. Auf der dem Schwungrad gegenüberliegen-den Seite sind *Drehschwingungsdämpfer* angeordnet, die als Viskose-, Feder- oder Gummidämpfer in Riemenscheibe oder Steuerzahnrad integriert sind. Durch die Trägheit ihrer Dämpfungsmassen werden die Drehschwingungen der Kurbelwelle gedämpft, indem die Dämpfungselemente elastisch verformt werden. Statisches- und dynamisches Auswuchten der Kurbelwelle erfolgt durch Anbohren der Ausgleichsgewichte. Die Lagerzapfen werden induktiv oberflächengehärtet und geschliffen. Die Radien zwischen Lagerzapfen und Kurbelwangen, werden zur Erhöhung der Gestalt- und Dauerfestigkeit durch Rollieren oberflächenverdichtet. Kurbelwellen werden im Gesenk oder bei Großmotoren durch Freiformschmieden (günstiger Faserverlauf) hergestellt. Als Werkstoff wird Vergütungsstahl oder Nitrierstahl (z.B. 40CrNiMo4 oder 36CrAlMo7) verwendet. Gegossene Kurbelwellen werden aus Kugelgraphitguss (Schwingungsdämpfend) hergestellt. Kurbelwellen von Einzylindermotoren werden oft aus Einzelteilen gefügt (Schrumpfverbindungen oder Hirth-Verzahnung).

Während eines Arbeitsspiels treten an der Kurbelwelle ungleichförmige Geschwindigkeiten durch Überwindung der Totpunktlagen und Leertakte auf, die durch das Schwungrad als Energiespeicher gemindert werden. Es dient weiter zur Aufnahme der Kupplung und des Starterzahnkranzes und enthält meist Markierungen für die Motorsteuerung (Totpunktlagen, Zündungs- oder Förderbeginn). Die Einbaulage ist durch Passstifte fixiert. Massenausgleich erfolgt durch gemeinsames statisches und dynamisches Auswuchten mit der Kurbelwelle.

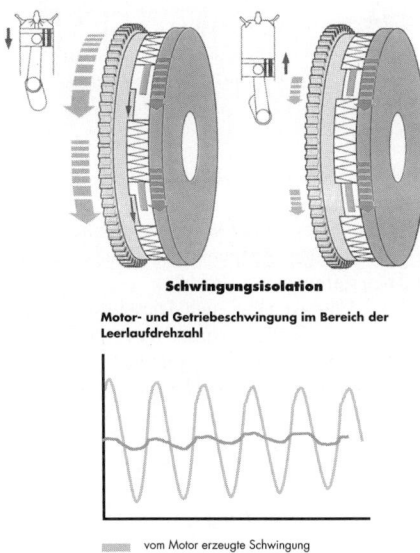

Schwingungsisolation

Motor- und Getriebeschwingung im Bereich der Leerlaufdrehzahl

▨ vom Motor erzeugte Schwingung
▬ vom Getriebe aufgenommene Schwingung

Bild 20. Schwingungsisolation durch Zweimassenschwungrad (Volkswagen)

Zweimassenschwungräder entkoppeln Drehschwingungen von Kurbelwelle und Schwungrad zum Getriebe und vermeiden Resonanzschwingungen an

Getriebe und Aufbau (Dröhngeräusche). Das Schwungrad ist hierzu in eine Primärmasse (Motorseite) und Sekundärmasse (Getriebeseite) aufgeteilt, die über ein Feder-Dämpfer-System drehbar miteinander verbunden sind. Weil die Resonanzfrequenzen dieses Systems nicht im Betriebsbereich des Motors liegen, werden vom Motor erzeugte Drehschwingungen nicht auf das Getriebe übertragen.

Für **Kurbelwellen-** und **Pleuellager** werden bei Viertakt-Otto- und Dieselmotoren geteilte Axial- und Radialgleitlager verwendet. Axiallager (Pass- oder Führungslager) mit seitlichen Anlaufscheiben oder Bund übernehmen die Axialkräfte, die durch Kupplungsbetätigung auftreten. Radial- und Axiallager werden meist als *Dreistoff-* bzw. *Mehrschicht-Gleitlager* ausgeführt. Aufbau: Stützschale aus Stahl, Tragschicht aus Bleibronze oder Al-Legierung (ca. 0,3 … 0,7 mm) mit Notlaufeigenschaften, Laufschicht aus Weißmetall (PbSn- Legierung, ca. 0,02 mm). Zur Vermeidung von Diffusion ist zwischen Trag- und Laufschicht eine Nickelschicht (ca. 0,002 mm) aufgalvanisiert. Lagerschalen erhalten Haltenasen als Verdrehsicherung. Kurbelwellenlager besitzen Ringnuten zur Ölaufnahme und Ölbohrungen zum Öltransport in das Lager.

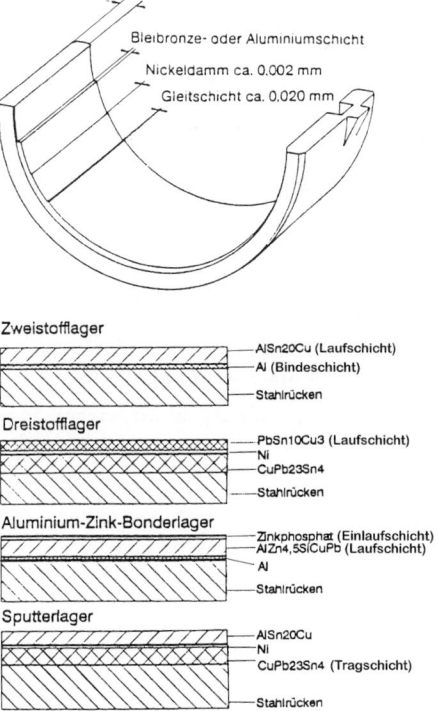

Schematischer Aufbau von Lagerschalen für Kurbelwellen- und Pleuellager

Bild 21. Aufbau eines Mehrschichtlagers (Glyco)

Wegen der extrem hohen spezifischen Belastungen der Kurbelwellen- und Pleuellager in neueren Dieseldirekteinspritzer-Konstruktionen (Verbrennungshöchstdrücke >150 bar), werden herkömmliche Dreistofflager durch Sputterlager ersetzt. Statt der bisherigen Laufflächen-Beschichtungsverfahren Walzplattieren, Galvanisieren oder Aufgießen wird durch Kathodenstrahlzerstäubung (Sputtern) eine Verbesserung in der Feinkörnigkeit der Lager-Oberflächenschichten erzielt, indem feinste weiche Sn-Einlagerungen in eine feinkörnige, härtere Al-Grundstruktur eingebettet werden. In einer Vakuumkammer wird die Lagerschale als Anode, das Lagermetall als Kathode angeordnet. Beim Sputtervorgang (Bild 22) schlagen positiv geladene Argon-Gasionen mit hoher Energie auf das negativ geladene Lagermaterial auf. Die dadurch herausgetrennten Lagermetallpartikel werden hochverdichtet auf das Trägermaterial der Lagerschale übertragen.

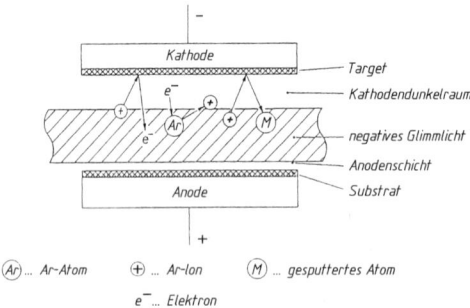

Bild 22. Schematische Darstellung des Sputterprozesses (Kolbenschmidt)

Vorteil: Beschichtungsverfahren für fast alle Werkstoffe möglich, hohe Tragfähigkeit und Verschleißfestigkeit der Laufflächenschicht.
Nachteil: deutlich höhere Verfahrenskosten als bei herkömmlichen Lagern.

8.2.3 Bauteile der Motorsteuerung

Die Motorsteuerung vollzieht die Gaswechselsteuerung der Frischgase und Abgase. Sie besteht aus den Ein- und Auslassventilen mit Federn, den Betätigungselementen und der Nockenwelle mit Übertragungsteilen (Bild 23). Nach der Ventil-Schließbewegung unterscheidet man obengesteuerte (Bild 23b-f) und untengesteuerte Motoren (Bild 23a).
Nach der Lage der Nockenwelle:
a) *sv-Motoren* (side valve) – untengesteuert, mit stehenden Ventilen; ist nicht mehr gebräuchlich
b) *ohv-Motoren* (overhead valves) – mit untenliegender Nockenwelle und Stößelstangen zu den Kipphebeln (Nutzfahrzeug-Dieselmotoren und älterer Ottomotorkonstruktionen)
c) und d) *ohc-Motoren* (overhead camshaft) – mit obenliegender Nockenwelle und Ventilbetätigung

über Schwinghebel (c), Kipphebel (d) oder Tassenstößel – durch geringe Massenbeschleunigungen schnelle Betätigung möglich
e) *dohc-Motoren* (double overhead camshaft) – mit je einer Nockenwelle für Ein- und Auslassventilreihe, direkte Ventilbetätigung über Tassenstößel, für Hochleistungsmotoren mit Drei-, Vier- oder Fünf-Ventiltechnik pro Zylinder
f) *cih-Motoren* (cam in head) – mit seitlich im Zylinderkopf gelagerter Nockenwelle

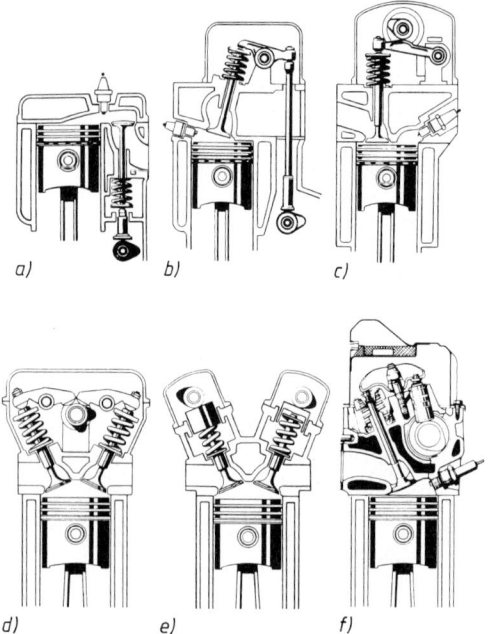

Bild 23. Bauarten der Motorsteuerung (Opel)

Die *Nockenwelle* bestimmt Öffnen und Schließen der Ventile zum richtigen Zeitpunkt, die Dauer der Öffnung und den Öffnungshub (Bild 24).
Sie läuft bei Viertakt Otto- und Dieselmotoren mit der halben Kurbelwellendrehzahl um und besitzt entsprechend der Zündfolge angeordnete Ein- und Auslassnocken. Untenliegende Nockenwellen enthalten Antriebsexzenter, oder Ritzel zum Antrieb von Kraftstoffförderpumpe, Zündverteiler, Ölpumpe und Diesel-Einspritzpumpe. Der Antrieb von der Kurbelwelle erfolgt über *Steuerzahnräder* (ohv). *Einfach-* oder *Doppelrollenketten* (Bild 25) mit Kettenspannern (hydraulisch oder federbelastet) oder Zahnriemenantrieb (geräuscharm) für obenliegende Nockenwellen. Nockenwellen sind zur Ölversorgung ihrer Lagerstellen (Gleitlager) längsdurchbohrt. Sie werden aus legiertem Stahl geschmiedet oder aus Schalenhartguss, Temperguß und Kugelgraphitguss hergestellt. Lagerstellen und Nocken sind oberflächengehärtet.

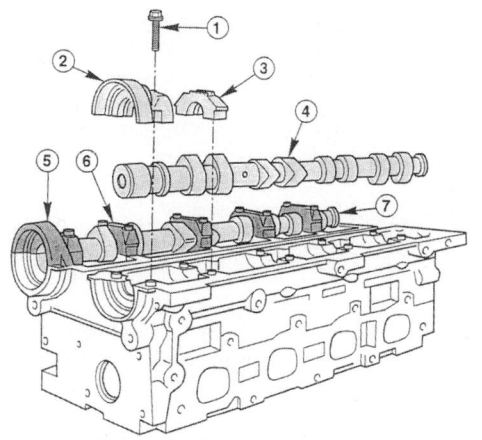

1 Lagerdeckelschraube
2 Vorderer Lagerdeckel (Auslassseite)
3 Lagerdeckel (Auslassseite)
4 Auslass-Nockenwelle
5 Vorderer Lagerdeckel (Einlassseite)
6 Lagerdeckel (Einlassseite)
7 Einlass-Nockenwelle

Bild 24. Zylinderkopf mit Nockenwellen für einen dohc-Motor (Ford)

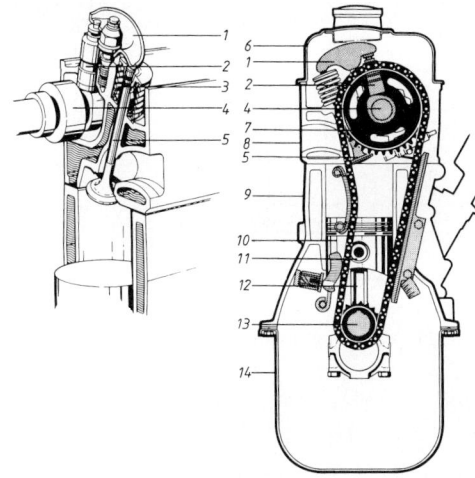

1 Kipphebel
2 Ventilstößel
3 Ventilfeder
4 Nockenwelle
5 Tellerventil
6 Zylinderkopfhaube
7 Zahnrad des Steuergetriebes
8 Zylinderkopf
9 Zylinderblock
10 Kolben
11 Kolbenbolzen
12 Pleuelstange
13 Kurbelwelle
14 Ölwanne

Bild 25. Bauteile der Motorsteuerung (Opel)

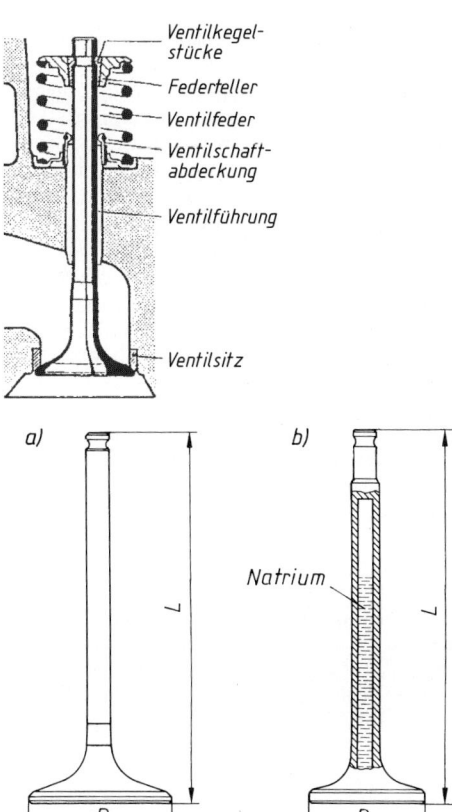

Bild 26. Ventile
a) Baueinheit Ventil
b) Einmetallventil
c) Hohlventil mit Natriumfüllung

Von der Nockenform werden der Ventilhub und die Steuerung der Öffnungs- und Schließvorgänge bestimmt. *Harmonische, flache Nocken* ergeben langsame Ventilbetätigungen bei kürzeren Öffnungszeiten (Normalmotoren), *Tangentennocken* ergeben lange Ventilöffnungszeiten und gute Zylinderfüllungen bei hoher Ventilbeschleunigung (Hochleistungsmotoren). Die Bauteile der Ventilsteuerung zeigt Bild 25. Das Öffnen der Ventile erfolgt, über die Nockenwelle gesteuert, durch *Schwinghebel, Kipphebel* oder *Tassenstößel*. Zunehmend eingesetzte *Rollenschwinghebel* oder *Rollenkipphebel* reduzieren deutlich die Reibleistung im Ventiltrieb. Geschlossen werden die Ventile kraftschlüssig durch eine oder zwei *Ventilfedern*. Jeder Zylinder ist mit je einem Ein- und Auslassventil versehen, deren Anordnung entscheidend die Brennraumform beeinflusst.
Mehrventiltechnik verbessert die Zylinderfüllung und den Gaswechsel. Die am meisten verwendete Vierventiltechnik verwendet zwei Einlass- und zwei Auslassventile je Zylinder. Die Bauart erfordert meist zwei obenliegende Nockenwellen (dohc). Fünfventil-

technik arbeitet mit drei Einlass- und zwei Auslassventilen.

Austauschbare *Ventilführungen* aus CuZn-Legierungen werden in Al-Zylinderköpfen eingepresst und ermöglichen eine gute Wärmeableitung. Eine *Ventilschaftabdichtung* verhindert zu großen Öltransport in den Verbrennungsraum.

Einlassventile (Betriebstemperatur ca. 500 °C) werden meist als *Einmetallventil* aus hochlegierten CrSi-Stählen mit gehärteten Sitzflächen und Schaftenden hergestellt. Der Tellerdurchmesser ist größer als bei Auslassventilen (bessere Zylinderfüllung). Auslassventile werden thermisch hoch belastet (Betriebstemperatur ca. 800 °C) und sind als *Bimetallventile* (Kopfstück warmfester CrMn- Stahl mit Schaft aus CrSi-Stahlstumpf verschweißt) oder als innengekühlte, natriumgefüllte *Hohlventile* ausgeführt. Die geschmolzene Natriumfüllung senkt durch Wärmetransport die Betriebstemperatur um ca. 100 °C. Auslassventil-Sitzflächen werden oft mit Hartmetall gepanzert. Der Ventilsitzwinkel beträgt 45°, selten 30°. Ventilteller sollen so groß wie möglich gestaltet werden, um die Gasdurchtrittsgeschwindigkeit niedrig zu halten und die Füllung zu verbessern. Bei ca. 70 m/s tritt merkliche Drosselung des Gasstromes ein.

Nach der Kontinuitätsgleichung berechnet sich mit der Kolbenfläche A, der mittleren Kolbengeschwindigkeit v_m und der Ventilöffnungsfläche A_V, die *mittlere Gasgeschwindigkeit im Ventilquerschnitt*

$$v_G = \frac{A v_m}{A_V} \qquad \frac{A, A_V}{cm^2} \left| \frac{v_m, v_m}{\dfrac{m}{s}} \right. \qquad (33)$$

Richtwerte für mittlere Gasgeschwindigkeiten:

Einlassventil v_G ca. 70 m/s
Auslassventil v_G ca. 110 m/s

Für Entwurfsberechnungen kann zur Berechnung des Ventilöffnungsquerschnitts A_V näherungsweise mit dem Ventiltellerdurchmesser d, anstatt des Gaskanaldurchmessers gerechnet werden (Bild 27). Mit dem Ventilhub l (0,1 … 0,25 d) und dem Ventilsitzwinkel a wird näherungsweise der *Ventilöffnungsquerschnitt*

$$A_V \approx d\,\pi\,l\,\sin\alpha \qquad \frac{A_V}{cm^2} \left| \frac{d}{cm} \right| \frac{l}{cm} \qquad (34)$$

Die Ventilsitzfläche wird je nach Betriebstemperatur breiter oder schmaler ausgeführt. Schmale Flächen (Einlassventil) ergeben dichten Sitz (hohe Flächenpressung), aber geringere Wärmeableitung als breite Ventilsitze (Auslassventil).

Ventilsitzringe aus Gusseisen oder Sintermetall, werden in Al-Zylinderköpfe eingeschrumpft. Ventilfedern müssen die Ventile bei Unterdruck (Ansaugen ca. 0,9 bar) dicht schließen, die Reibung des Stößels

beim Schließen überwinden und während der Ventilöffnungszeit die Trägheitskräfte der beschleunigten Ventil- und Steuerungsteilmassen abfangen. Die maximale Federkraft F_{max} wird mit der Masse m von Ventil- und Steuerungsteilen sowie der Ventilbeschleunigung a_{max} berechnet:

$$F_{max} = 1 \ldots 1,5\, m a_{max} \qquad \frac{F_{max}}{N} \left| \frac{m}{kg} \right| \frac{a_{max}}{\dfrac{m}{s^2}} \qquad (35)$$

Die Ventilbeschleunigung hängt von der Nockenform ab. Federschwingbruch wird durch veränderliche Federsteigung vermieden.

Die Steuerzeiten werden als Öffnungs- und Schließwinkel der Ventile, bezogen auf die Totpunkte, im *Steuerdiagramm* dargestellt.

Der Zündzeitpunkt, die Öffnungs- und Schließpunkte der Ventile, sowie beim Dieselmotor der Förderbeginn, werden in Grad Kurbelwinkel (°KW) angegeben und als Steuermarkierung auf Schwungrad oder Riemenscheibe eingeschlagen. Nach Bild 28 errechnet sich der *Öffnungswinkel* a_E des *Einlassventils*:

$$a_E = E\ddot{o}° + 180° + Es° \qquad (36)$$

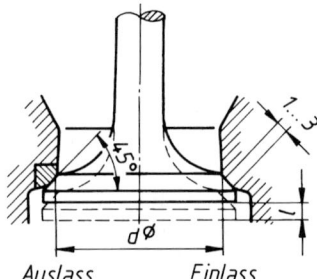

Auslass   Einlass

Bild 27. Ventil und Ventilsitz

der *Öffnungswinkel* a_A des Auslassventils:

$$a_A = A\ddot{o}° + 180° + As° \qquad (37)$$

und der *Ventilüberschneidungswinkel* $a_\ddot{U}$:

$$a_\ddot{U} = E\ddot{o}° + As° \qquad (38)$$

Der Abstand l_B der Markierungspunkte auf der Schwungscheibe von OT beträgt

$$l_B = \frac{d\pi a}{360°} \qquad \frac{l_B}{mm} \left| \frac{a}{°KW} \right. \qquad (39)$$

Die *Öffnungszeit t* der Ventile je Arbeitsspiel ist abhängig vom Öffnungswinkel α und von der Motordrehzahl *n*:

$$t = \frac{\alpha\, 60}{n\, 360°}$$

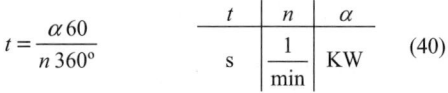

t	n	α
s	$\dfrac{1}{\text{min}}$	KW

(40)

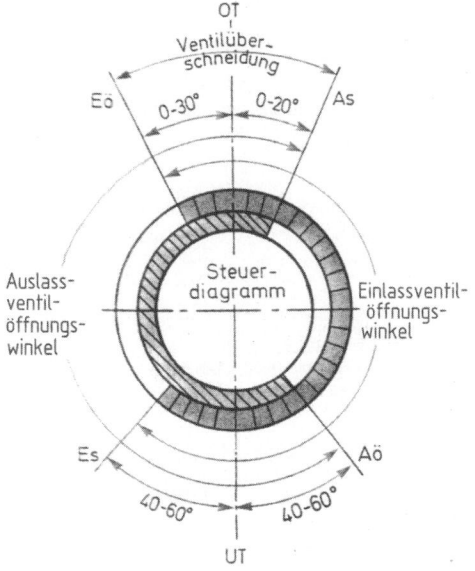

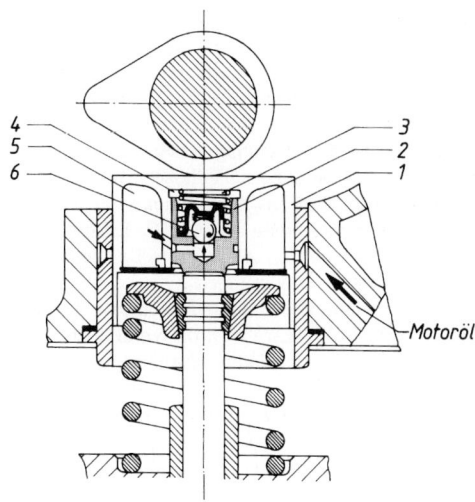

1 Stößel
2 Kolben
3 Rückstellfeder
4 Hochdruckraum
5 Vorratsraum
6 Rückschlagventil

Bild 29. Tassenstößel mit hydraulischem Ventilspielausgleich (Porsche)

Aö   Auslass öffnet
As   Auslass schließt
Eö   Einlass öffnet
Es   Einlass schließt
OT   oberer Totpunkt
UT   unterer Totpunkt

Bild 28. Steuerdiagramm des Viertaktmotors

Im Betrieb dehnen sich die Ventile aus. Mit der Temperaturdifferenz ϑ, der Ausgangslänge l_0 und dem Ausdehnungskoeffizienten α des Ventilwerkstoffes beträgt die *Längenausdehnung*

$$\Delta l = l_0\, \alpha\, \vartheta$$

$\Delta l, l_0$	α	ϑ
mm	$\dfrac{1}{\text{K}}$	K

(41)

Damit sicheres Schließen gewährleistet wird, muss die Längenänderung durch ein Ventilspiel oder durch hydraulischen Spielausgleich kompensiert werden.
Ist das *Ventilspiel* zu *klein*, so schließt das Ventil nicht bei Betriebstemperatur (Leistungsverlust, Verbrennen des Ventiltellers, Flammenrückschlag in den Ansaugkanal).
Ist das *Ventilspiel* zu *groß*, so wird infolge kürzerer Öffnung die Füllung verschlechtert (Leistungsverlust, geräuschvoller Lauf). Das Ventilspiel wird durch Einstellschrauben (Schwing- und Kipphebelbetätigung) oder Ausgleichsscheiben zwischen Tassenstößel und Nockenwelle, eingestellt.

Ventilstößel werden durch seitliches Versetzen von Nocken- und Stößelmitte in geringe Drehung versetzt (gleichmäßige Belastung). *Stößelstangen* (Stahlrohr) sind am Ende als Kugelkopf (Stößel) und als Kugelpfanne (Kipphebel), ausgebildet.
Hydraulische Stößel (Bild 29) ermöglichen eine spielfreie Ventilsteuerung ohne Ventilspielnachstellen und sie gleichen die Längenausdehnung selbsttätig aus. Hydrostößel, Hydrotassenstößel und Spielausgleichselemente (Schwinghebelauflager) sind an den Motorölkreislauf angeschlossen und gleichen über ein Öldrucksystem mit Spielausgleichsfeder das Spiel aus. *Kipp-* und *Schwinghebel* werden aus Stahlblech oder Leichtmetall gepresst oder geschmiedet. Tassenstößel aus Stahl werden durch Kalt- oder Warmfließpressen hergestellt. Ventildrehvorrichtungen versetzen Ventile bei jeder Betätigung in eine kleine Drehung. Die thermische Belastung sinkt, Ablagerungen durch Verbrennungsrückstände (Öl, Kraftstoff) werden vermindert.

8.2.4 Variable Motorsteuerung

Um Drehmomenterhöhung, Leistungsverstärkung, Schadstoffminderung im Abgas und Kraftstoffverbrauchssenkung durch Optimierung der Zylinderfüllung bei verschiedenen Betriebszuständen des Motors zu realisieren, verwendet man zunehmend Systeme zur Beeinflussung der Ventilsteuerzeiten und/oder Ventilhubveränderung.

Variable Nockenwellensteuerungen beeinflussen den Öffnungs- und Schließzeitpunkt der Einlassventile und damit die Ventilüberschneidung. Die mit unterschiedlicher Frequenz schwingende Gassäule im Ansaugtakt beeinflusst den Füllungsgrad. Durch Anpassung der Ventilöffnungszeiten an die schwingende Gassäule bei unterschiedlicher Motordrehzahl und Motorlast, wird das Schwingungsverhalten zur Füllungsgradverbesserung genutzt. Die Einlassventile sollen öffnen, wenn die Gasdruckwelle die Ventile erreicht.

Durch Verdrehung der Einlass-Nockenwelle zur Kurbelwelle (20 … 35 °KW) wird die Ventilüberschneidung bei niedrigen Motordrehzahlen vermindert, bzw. beseitigt. Dies verhindert, dass sich verbrannte Gase mit der Frischladung mischen oder Frischgase in den Auspuff gelangen. Bei höheren Motordrehzahlen und Volllast sollen die Einlassventile zur Erhöhung des Füllungsgrades möglichst lange geöffnet bleiben.

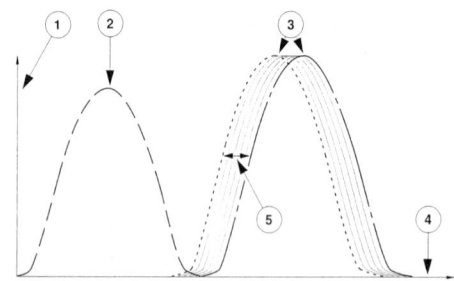

1 Ventilhub
2 Auslassventilerhebung
3 Einlassventilerhebung
4 Kurbelwellenwinkel
5 Verstellbereich

Bild 30. Ventilerhebungskurven (Ford)

Die Nockenwellenverstellung kann über verstellbare Kettenspanner (VarioCam) oder durch Verdrehung der Nockenwelle gegenüber dem Nockenwellenantriebsrad erfolgen (Vanos – nur Einlassnockenwellenverdrehung, Doppel-Vanos – Verdrehung von Einlass- und Auslassnockenwelle). Die Verdrehung der Einlassnockenwelle durch die Antriebskette nach Bild 31 wird durch einen hydraulisch betätigten Nockenwellensteller vorgenommen. Bei hohen Motordrehzahlen (Leistungsstellung) wird durch spätes Schließen des Einlassventils (bessere Zylinderfüllung) Leistungssteigerung erzielt. Im unteren und mittleren Drehzahlbereich wird die Einlassnockenwelle gegenüber der Auslassnockenwelle verdreht (Drehmomentsteigerung). Das Einlassventil schließt früh. Die Auslassnockenwelle wird nicht verdreht, da sie durch Ketten- oder Zahnriemenantrieb festgehalten wird.

Ein anderes System verdreht die Einlassnockenwelle hydraulisch über einen Verstellkolben im Nocken-

wellenantriebsrad. Das Antriebsrad ist mit innerer und äußerer Schrägverzahnung versehen. Die äußere Schrägverzahnung ist mit dem Nockenwellenrad, die innere mit der Nockenwelle verbunden. Aus Grad und Richtung der axialen Verschiebung resultiert der Drehwinkel der Nockenwelle relativ zum Nockenwellenantriebsrad.

Als Steuergrößen für den Verstellwinkel werden Motordrehzahl, Motorlast und andere Motorkenngrößen herangezogen.

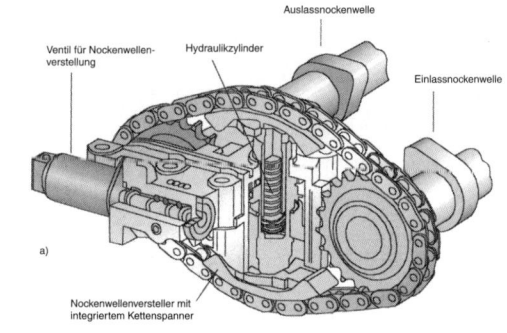

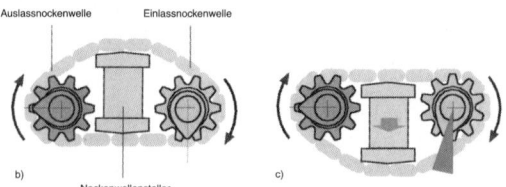

Bild 31. Prinzip der Nockenwellenverstellung (Volkswagen)

a) Verstelleinheit
b) Leistungserhöhung – unteres Kettenstück kurz, oberes lang – EV schließt spät
c) Drehmomenterhöhung – unteres Kettenstück lang, oberes kurz – EV schließt früh

Bei Systemen mit **variablem Ventiltrieb** wird neben der Verschiebung der Ventilöffnungszeiten auch eine *Ventilhubverstellung* vorgenommen. Die Nockenwelle setzt für jedes Ventilpaar einen Hauptnocken und zwei schmalere Nebennocken ein. Die Ventile werden über drei hydraulisch entriegelbare Schwinghebel betätigt. Bei niedrigen bis mittleren Motordrehzahlen liefern die Nebennocken einen kleineren Ventilhub und kurze Ventilöffnungszeiten. Bei höheren Drehzahlen und Volllast werden die Schwinghebel hydraulisch verriegelt und vom Hauptnocken mit großem Ventilhub und langer Ventilöffnungszeit betätigt. Die Nebennocken berühren die Schwinghebel nun nicht mehr.

Zylinderindividuelle, elektromechanische oder elektrohydraulische Ventiltriebsteuerungen ohne Nockenwellen sind in der Erprobung.

8.3 Kraftstoffe

Verbrennungsmotoren beziehen ihre Energie aus der chemischen Energie des Kraftstoffes. Neben Otto- und Dieselkraftstoff werden heute Alkohole, Flüssiggase und Wasserstoff als alternative Kraftstoffe verwendet. Die herkömmlichen Kraftstoffe sind Kohlenwasserstoffverbindungen und werden fast ausschließlich aus Erdöl hergestellt.

Anforderungen an die Kraftstoffe: Einfache und schnelle Bildung eines brennbaren Gemisches, schnelle und sichere Zündung, rückstandsfreie Verbrennung, hoher Heizwert und sichere Transportmöglichkeiten.

Ottokraftstoffe bestehen aus Kohlenwasserstoffen mit 4 … 11 C-Atomen im Siedebereich zwischen 30 … 215 °C. Für den motorischen Betrieb sind Klopffestigkeit, Flüchtigkeit (Siedeverhalten), Reinheit (Wassergehalt, feste Fremdstoffe), Kraftstoffzusammensetzung und Zusätze von Bedeutung.

Die *Klopffestigkeit* wird durch die *Oktanzahl* ausgedrückt und kennzeichnet die Widerstandsfähigkeit gegenüber Selbstzündung. Unter klopfender Verbrennung (Bild 32) versteht man die ungesteuerte Zündung im verdichteten, aber noch nicht brennenden Gemischrest. Der Druck steigt schlagartig steil an. Das Gemisch hat eine hohe Verbrennungsgeschwindigkeit (300 … 500 m/s gegenüber 20 m/s). Folge: Hohe thermische und mechanische Triebwerksbelastung.
Unterschieden werden *Beschleunigungsklopfen* und *Hochgeschwindigkeitsklopfen*. Die Oktanzahl wird in einem Prüfmotor durch Vergleichen des Kraftstoffes mit einem Bezugsgemisch aus Iso-Octan $C_8 H_{18}$ (Oktanzahl = 100) und n-Heptan $C_7 H_{16}$ (Oktanzahl = 0) bis zur Klopfgrenze, durch fortlaufendes Verändern der Verdichtung gemessen.

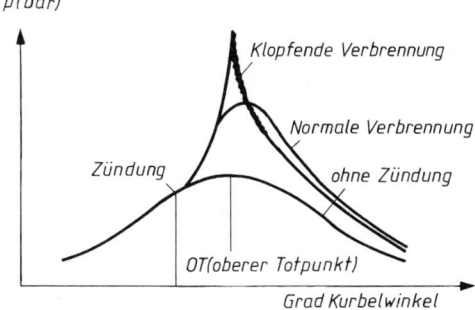

Bild 32. Verbrennung im Ottomotor (Shell)

Ermittelt wird nach der ROZ (Research-Methode, n = 600 1/min, keine Gemischvorwärmung) und der MOZ (Motor-Methode, n = 900 1/min, Gemischvor-

wärmung 150° C), vorgenommen. Nach der Oktanzahl werden Normal- und Superkraftstoffe unterschieden. Wegen des Einsatzes von Abgaskatalysatoren werden in der Bundesrepublik nur sogenannte bleifreie Benzinsorten abgegeben (Bleigehalt < 0,013 g/Liter). Die Bleireduzierung erfordert die Zugabe von Klopfbremsen (Benzol, Tuluol, Methyl-Tertiär-Buthylether) zum Kraftstoff.
Ottokraftstoffe haben als Kohlenwasserstoff- Gemische keinen Siedepunkt, sondern einen *Siedeverlauf.* Die Siedekurve in Bild 33 stellt den Anteil der verdampften Kraftstoffmenge (in Vol. -%) bei bestimmten Temperaturen dar. Lage und Charakteristik der Siedekurve geben Aufschluss über das Motor-Kraftstoffverhalten. Neben Siedebeginn und -ende sind für den motorischen Betrieb die 10, 50 und 90 Vol. - % - Punkte von Bedeutung. Sie geben die Anteile der verdampften Kraftstoffmengen bei bestimmten Temperaturen an (Flüchtigkeit). Die Flüchtigkeit muss so beschaffen sein, dass möglichst in allen Betriebssituationen ein zündfähiges Gemisch zur Verfügung steht (kritisch bei besonders kaltem und besonders heißem Motor). Die *Siedekennziffer* ist ein vereinfachtes Maß für die Vergasbarkeit des Kraftstoffs (mittlere Temperatur zwischen 5 Vol. -% und 95 Vol. -%). Sie liegt bei Ottokraftstoffen bei etwa 120 °C.

Tabelle 2. Kennwerte von Kraftstoffen (Aral)

Kennwert	Normalbenzin DIN EN 228	Superbenzin DIN EN 288	Super Plus DIN EN 228	Diesel DIN EN 590
Klopffestigkeit (Oktanzahl) ROZ MOZ	91 83	95 85	98 88	– –
Zündwilligkeit (Cetanzahl CZ)	14	8	8	55...55
Dichte bei 15° C in kg/dm³	0,725..0,780	0,725..0,780	0,725..0,780	0,820..0,860
Verdampfungswärme in kJ/kg	370...500	419	419	544...790
Heizwert H_u in kJ/kg	ca. 42700	ca. 43300	ca. 43500	ca. 42500
Siedebeginn in °C	ca. 30	ca. 30	ca. 30	ca. 180
Siedeende in °C	ca. 220	ca. 220	ca. 220	ca. 370
Zündtemperatur in °C	220	220	220	450
Schwefelgehalt in Gew.-%	0,05	0,05	0,05	0,05
Bleigehalt in g/dm³	0,013	0,013	0,013	–
Kohlenstoffgehalt in Gew.-%	ca. 86,7	ca. 87,0	ca. 86,5	ca. 86.5

Dieselkraftstoffe bestehen aus Kohlenwasserstoffen mit 11 … 18 C-Atomen im Siedebereich von 170 … 370 °C. Für den Einsatz in Verbrennungsmotoren sind insbesondere Zündwilligkeit, Kälteverhalten, Reinheit und Schwefelgehalt von Bedeutung. Die *Zündwilligkeit* kennzeichnet beim Dieselmotor die Kraftstoffgüte. Sie ist die Bereitwilligkeit des Kraftstoffes zur Selbstentzündung während der Einspritzung in den Brennraum. Als Maß für die Zündwilligkeit wird die *Cetanzahl* CZ im CFR (BASF)-Prüfmotor bestimmt. Dies geschieht durch *Messen* des *Zündverzugs* (Zeit zwischen Einspritzung und Verbrennungsbeginn ca. 0,001 s) gegenüber einem Bezugskraftstoff.

Dieselmotoren verlangen einen leicht siedenden, zündwilligen Kraftstoff. Bei großem Zündverzug ist bereits eine größere Menge Kraftstoff eingespritzt, die dann unter großer Triebwerksbelastung verbrennt. Damit sind Verbrauchserhöhung, Leistungseinbußen und große Geräuschemission, verbunden (Bild 34). Cetanzahl CZ und Oktanzahl OZ laufen in ihrer Wirkung einander entgegen. Sie können berechnet werden mit:

$$ROZ \approx 120 - 2\ CZ$$

sowie: (42)

$$CZ \approx 60 - 0{,}5\ ROZ$$

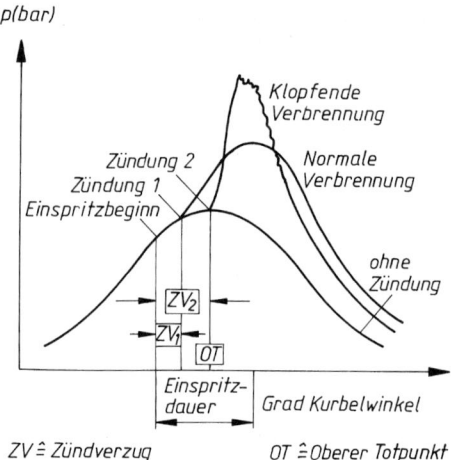

Bild 34. Verbrennung im Dieselmotor (Shell)

Der für den Betrieb in Verbrennungsmotoren verwendete Bereich liegt zwischen 45 … 55 CZ.

Für den Winterbetrieb ist das Kälteverhalten von Dieselkraftstoff von Bedeutung, da Paraffinausscheidungen zu Filterverstopfungen führen können. Winterdiesel ist bis –15 °C filtrierbar. Der Trübungspunkt oder Cold Filter Plugging Point (CFPP) ist der Grenzwert der Filtrierbarkeit. Bei tieferen Temperaturen ist für ungestörten Betrieb der Zusatz von Fließverbesserern, Benzin oder Petroleum erforderlich. Diese Mischungen setzen meist die Zündwilligkeit herab.

Der Schwefelgehalt von Dieselkraftstoff ist zur Verminderung der SO_2-Emission auf max. 0,05 % begrenzt.

Der *Flammpunkt* eines Kraftstoffes ist die Temperatur, bei der sich unter festgelegten Bedingungen, Dämpfe in solchen Mengen entwickeln, dass eine Fremdzündquelle das über dem Flüssigkeitsspiegel befindliche Kraftstoffdampf-Luft-Gemisch entflammen kann. Nach dem Flammpunkt werden Kraftstoffe in Gefahrengruppen/-klassen (für Transport, Lagerung) eingeteilt.

Beispiele: Ottokraftstoff Gruppe A I (Flammpunkt < 21 °C). Dieselkraftstoff Gruppe A III (Flammpunkt 55 … 110 °C).

8.4 Kraftstoff-Förderanlage

Die Kraftstoffförderanlage hat den Vergaser oder die Einspritzanlage mit Kraftstoff zu versorgen. Sie besteht aus Kraftstoffbehälter, Kraftstoffförderpumpe, Leitungen und Kraftstofffilter.

Kraftstoffbehälter werden aus korrosionsbeständig behandeltem Stahlblech oder aus Kunststoff hergestellt. Sie sind mit einem Be- und Entlüftungssystem ausgestattet. Verdampfende Kraftstoffanteile werden bei Motorstillstand in einen Aktivkohlebehälter geleitet, wo die gasförmigen Kohlenwasserstoffe festge-

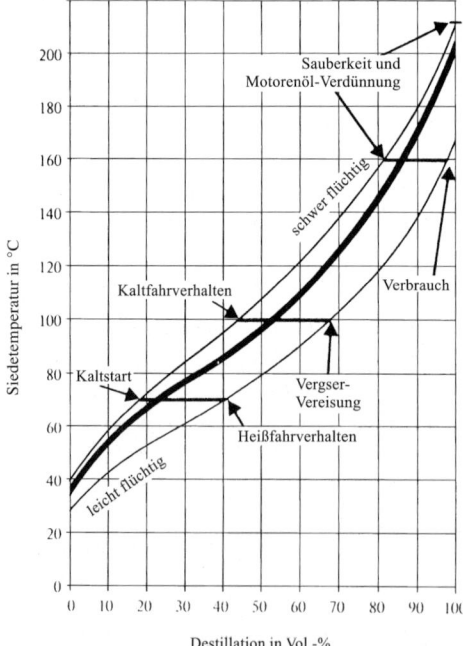

Bild 33. Siedeverlauf von Ottokraftstoff und dessen Einfluss auf das motorische Verhalten (Aral)

halten werden. Bei laufendem Motor werden die Dämpfe abgesaugt und dem Luftansaugrohr zugeführt.

Kraftstofffilter sind meist Papierfilter, die vor der Schwimmerkammer des Vergasers, oder der Druckregeleinrichtung der Einspritzanlage angebracht sind. Als *Kraftstoffförderpumpen* werden mechanisch, elektrisch oder pneumatisch angetriebene Pumpen verwendet.

Mechanische Membranpumpen mit Siebfilter, werden von der Motornockenwelle angetrieben. Elektrische angetriebene Kraftstoffpumpen (meist verwendet) werden als Inline- oder Intankpumpe eingesetzt. Man unterscheidet Rollenzellen-, Zahnring-, Schrauben- und Seitenkanalpumpen. Pneumatische Pumpen werden durch die Druckdifferenz im Kurbelgehäuse von Zweitaktmotoren zwischen Vorverdichten und Überströmen angetrieben.

8.5 Luftfilter

Die im Verbrennungsmotor benötigte Luft kann mit Staubanteilen von unterschiedlicher Konzentration belastet sein. Richtwerte: 1 mg Staub/m^3 Ansaugluft im Straßenbetrieb, bis 35 mg/m^3 in Baumaschinen und Mähdrescher.

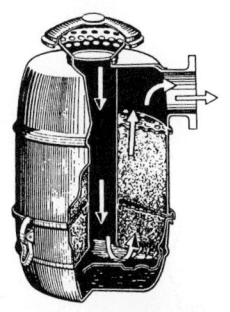

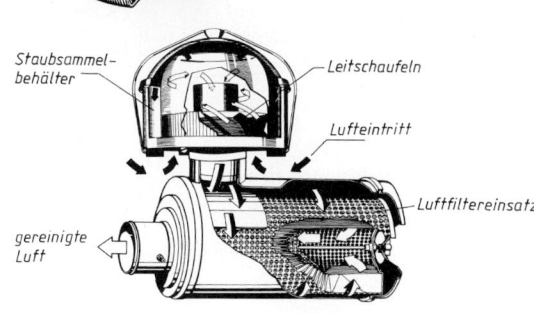

Staubsammel-behälter — Leitschaufeln

Lufteintritt

Luftfiltereinsatz

gereinigte Luft

Bild 35. Luftfilterbauarten (Mann)
a) Trockenluftfilter mit Papiereinsatz
b) Ölbadluftfilter
c) Luftfilter mit Zyklon-Vorabscheider
(Kombinationsluftfilter)

Dieser Staubanteil würde den Verschleiß von Kolben und Zylinder erheblich erhöhen. Luftfilter übernehmen neben der Ansaugluftreinigung die Dämpfung der Ansauggeräusche sowie die Regulierung der Ansauglufttemperatur. *Trockenluftfilter* haben auswechselbare Papier-Feinfilterpatronen. Mit zunehmender Verschmutzung steigt der Durchflusswiderstand, so dass die Standzeit von den Einsatzbedingungen abhängt.

Für Nutzfahrzeuge werden bei hohem Staubanteil *Zyklon-Vorabscheider* vorgeschaltet.

Die angesaugte Luft wird durch Leitbleche in Drehung versetzt und die schweren Staubteilchen durch die Fliehkraft entweder ins Freie oder in einen Staubsammelbehälter getragen (Bild 35). *Kombinationsluftfilter* für Nutzfahrzeuge (Vorabscheider und Feinfilterpatrone in einem Gehäuse) erreichen auch bei hohem Staubanteil gute Standzeiten. Sie sind oft mit einer Sicherheitspatrone versehen. Sie soll Staubeintritt während des Filterwechsels oder bei beschädigtem Hauptfilter vermeiden.

Beim *Ölbadluftfilter* (für Nutzfahrzeuge meist in Verbindung mit Zyklon-Vorabscheider) strömt die angesaugte Luft über ein Ölbad, wird umgelenkt und durch Fliehkraftwirkung vorgereinigt. Die aufwärtsströmende Luft reißt Öltröpfchen mit, die den Filtereinsatz benetzen und damit den Staub binden. Die gesättigten Tropfen fallen in das Ölbad zurück. Der Staub sinkt als Schlamm ab. Zur Wartung muss der Filtereinsatz in Kraftstoff ausgewaschen und die Ölfüllung erneuert werden. Ölbadluftfilter werden zunehmend durch die wartungsfreundlicheren Trockenluftfilter verdrängt.

Nassluftfilter werden bei geringem Staubanteil (z.B. für Stationärmotoren und Schiffsdiesel) verwendet. Die Luft durchströmt einen ölbenetzten Einsatz aus Metallwolle oder Naturfasern, an dem sich die Staubteilchen ablagern.

8.6 Gemischbildung bei Ottomotoren

8.6.1 Arbeitsspiel des Otto-Viertaktmotors

Das Arbeitsspiel des Viertaktmotors umfasst zwei KW-Umdrehungen oder vier Kolbenhübe (Takte). Beim Zweitaktmotor eine KW-Umdrehung und zwei Kolbenhübe. Im *ersten Takt* saugt der Kolben durch Bewegung von OT nach UT Gemisch an. Um eine gute Füllung zu erreichen (Liefergrad), öffnet das EV bereits 10 ... 30° vor OT und schließt erst ca. 30 ... 60° nach UT. Im *zweiten Takt* wird die Zylinderfüllung auf 10 ... 16 bar verdichtet, wodurch die Temperatur auf 400 ... 500 °C ansteigt. Etwa 40 ... 0° vor OT wird das Gemisch gezündet. Der Verbrennungsdruck steigt bis ca. 60 bar an. Es wird eine Verbrennungstemperatur von ca. 2500 °C erreicht.

Durch die Expansion *im dritten Takt* wird Arbeit verrichtet. Bereits 40 ... 60° vor UT öffnet das AV und lässt die Abgase mit hoher Strömungsgeschwindigkeit und ca. 600 … 900 °C in das Auspuffsystem ausströmen (Voröffnung vermeidet Staudruck in UT). Im *vierten Takt* ist zum Ausschieben der Abgase zwischen UT und OT nur noch ein geringer Spüldruck notwendig. Das Auslassventil schließt erst 5 … 30° nach OT. Dies ergibt eine Ventilüberschneidung durch gemeinsame Öffnung von EV und AV zwischen dem vierten und ersten Takt.

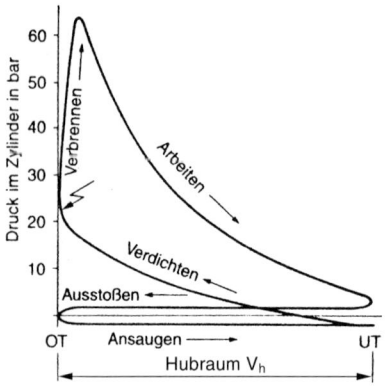

Bild 36. *p-V*-Diagramm (Arbeitsdiagramm) eines Viertakt-Ottomotors

8.6.2 Gemischbildung beim Otto-Viertaktmotor

Das Gemischbildungssystem des Ottomotors soll für zündfähiges Kraftstoff-Luftgemisch sorgen. Ein zündfähiges Gemisch ist nur innerhalb bestimmter Mischungsverhältnisse zu erzielen.
Die vollständige Verbrennung von 1 kg Kraftstoff (Normalbenzin) erfordert ca. 14,7 kg Luft (stöchiometrisches Verhältnis).
Das *Luftverhältnis* λ kennzeichnet das Verhältnis des tatsächlichen zum theoretischen Luftbedarf

$$\lambda = \frac{\text{zugeführte Luftmenge}}{\text{theoretischer Luftbedarf}} = \frac{L}{L_{min}} \qquad (43)$$

λ	L, L_{min}
1	kg

$\lambda = 1 \rightarrow$ stöchiometrisches Verhältnis
$\lambda < 1 \rightarrow$ fettes Gemisch, weniger Luftanteil
$\lambda > 1 \rightarrow$ mageres Gemisch, Luftüberschuss

Zum Kaltstart wird ein sehr fettes Gemisch (Anreicherung), im Teillastbereich ein mageres Gemisch (für geringen Verbrauch) benötigt. Volllast und Leerlauf erfordern ein fettes Gemisch. Die Abhängigkeit der Schadstoffemissionen, der Leistung und des spezifischen Kraftstoffverbrauchs zeigt Bild 37a). Da kein Luftverhältnis in der Lage ist, alle Faktoren zu optimieren, muss man versuchen, über eine genau

dosierte Kraftstoffmenge und eine genaue Mengenermittlung der Ansaugluft, den für die Praxis zweckmäßigsten Wert ($\lambda = 1$) in engen Grenzen einzuhalten. Zur Realisierung der Forderungen werden vorwiegend Benzin-Einspritzsysteme verwendet.

8.6.3 Vergaser

Beim *Vergaser* wird das Kraftstoff-Luftgemisch durch Zerstäubung im Saugrohr des Vergasers gebildet. In den gasförmigen Zustand gelangt der Kraftstoff durch Verwirbelung im Zylinder während der Verdichtung und durch die Wandungswärme von Saugrohr und Zylinder.

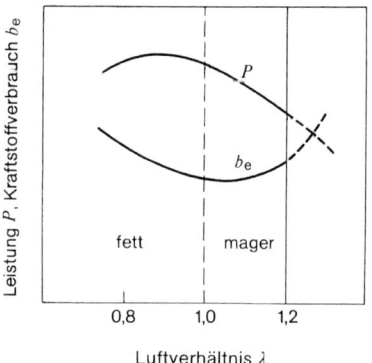

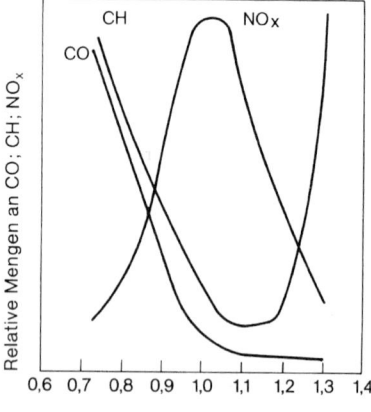

Bild 37. Luftverhältnis λ und motorisches Verhalten
a) Einfluss von λ auf Leistung, Verbrauch und Abgaszusammensetzung
b) Einfluss von λ auf die Schadstoffzusammensetzung im Abgas (Bosch)

Durch Öffnen und Schließen der Drosselklappe wird der Luftstrom und damit Leistung und Drehzahl entsprechend der Belastung (Leerlauf, Teillast, Volllast) variiert.

Nach der Anzahl der Mischkammerbohrungen werden Einfach-, Doppel-, Mehrfach-, Stufen- oder Registervergaser und Doppelregistervergaser unterschieden. Membran- und Schiebervergaser werden bei Zweitakt-Kleinmotoren verwendet.

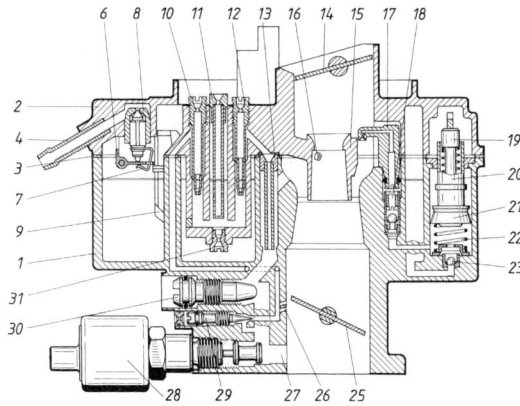

1	Vergasergehäuse	16	Hauptgemischaustritt
2	Vergaserdeckel	17	Spritzrohr
3	Vergaserdeckeldichtung	18	Pumpendruckventil
4	Kraftstoffanschluss	19	Pumpenstößel
6	Schwimmerhebel	20	Pumpenkolben
7	Drahtbügel	21	Pumpenmanschette
8	Schwimmernadelventil	22	Pumpenfeder
9	Schwimmer	23	Pumpensaugventil
10	Leerlaufkraftstoff-	25	Drosselklappe
	Luftdüse	26	Übergangsbohrungen
11	Luftkorrekturdüse mit	27	Leerlaufgemischaustritt
	Mischrohr	28	Leerlaufabschaltventil
12	Zusatzkraftstoff-Luftdüse	29	Grundleerlauf-
13	Mischrohr für Zusatzge-		Gemischregulierschraube
	misch	30	Zusatzgemisch-
14	Starterklappe		Regulierschraube
15	Vorzerstäuber	31	Hauptdüse

Bild 38. Hauptschema eines Fallstromvergasers (Pierburg)

Die Hauptbaugruppen des Einfachvergasers (Fallstromvergaser) zeigt Bild 38.

Schwimmereinrichtung: Die Schwimmereinrichtung besteht aus Schwimmer und Schwimmernadel, sowie Schwimmerkammer mit innerer, äußerer und umschaltbarer Belüftung. Sie reguliert den Kraftstoffzulauf von der Kraftstofförderpumpe zur Schwimmerkammer, hält das Kraftstoffniveau in der Schwimmerkammer konstant (durch Schwimmer und Schwimmernadelventil) und belüftet die Schwimmerkammer (Druckausgleich zwischen Mischrohr und Schwimmergehäuse).

Starteinrichtung: Bei kaltem Motor kondensiert Kraftstoff an der Saugleitung und Zylinderwand. Das Gemisch magert ab und zündet nicht mehr. Die Starteinrichtung stellt beim Kaltstart des Motors ein fettes Kraftstoff-Luft-Gemisch ($\lambda > 1$) her, magert während des Motorwarmlaufs das fette Kaltstartgemisch langsam ab und schaltet bei betriebswarmem Motor die Starteinrichtung aus. Man verwendet Tupfer (Kleinmotoren), Starterklappen (Choke = Starterzug mit Handbetrieb, Startautomatik) und Startvergaser.

Leerlaufsystem: Beim Leerlauf ist die Drosselklappe fast geschlossen. Das Leerlaufgemisch wird aus dem Grundleerlaufgemisch und dem Zusatzgemisch gebildet, da der Unterdruck nicht ausreicht, um aus dem Hauptdüsensystem anzusaugen. Der Kraftstoff wird über den Leerlaufgemischaustritt angesaugt. Die Leerlaufdrehzahl kann mit der Zusatzgemisch-Regulierschraube eingestellt werden. Mit dem *Leerlaufabschaltventil* wird nach Ausschalten der Zündung ein Nachlaufen des Motors verhindert.

Übergangssystem: Beim Übergang von Leerlauf auf Teillast wird die Drosselklappe über das Fahrpedal etwas geöffnet, so dass die Übergangsbohrungen frei werden (Bypassbohrungen) und zusätzlich Kraftstoff aus den Bypassbohrungen angesaugt wird, bis bei weiterer Drosselklappenöffnung das Hauptdüsensystem wirksam wird.

Beschleunigungseinrichtung: Beim Beschleunigen muss dem Motor zusätzlich Kraftstoff über die Beschleunigungspumpe zugeführt werden. Die mechanisch betätigte Beschleunigungspumpe wird als Kolbenpumpe (Bild 38) oder als Membranpumpe ausgeführt. Bei hoher Teillast oder bei Volllast (Drosselklappe ganz geöffnet) sorgt ein zusätzliches Volllastanreicherungsrohr für zusätzliche Kraftstoffanreicherung.

Vergaserzusatzeinrichtungen sind Höhenkorrektur (luftdruckabhängige Kraftstoffdrosselung durch eine Druckdose) und Gemischvorwärmung (gegen Vereisung).

Sind der Hubraum V_h eines Zylinders, die maximale Motordrehzahl n und die Zylinderanzahl bekannt, so kann der erforderliche *Vergaserdurchmesser d* (Saugrohrdurchmesser) berechnet werden (Pierburg):

$$d = k\sqrt{V_h n} \quad \begin{array}{c|c|c|c} d & V & k & n \\ \hline cm & cm^3 & 1 & \dfrac{1}{min} \end{array} \quad (44)$$

mit
$k = 0,0026$ für 1 bis 4 Zylinder je Vergaser
$k = 0,031$ für 6 Zylinder je Vergaser
$k = 0,036$ für 8 Zylinder je Vergaser

Fallstrom-Registervergaser

Der Register(Stufen)-Vergaser verfügt über zwei Mischkammern, die zwei verschiedene Querschnitte aufweisen und in ein gemeinsames Ansaugrohr münden. Stufe I arbeitet als Vergaser mit den zuvor beschriebenen Teilsystemen. Die zweite Vergaserstufe (größerer Querschnitt) wird über ihre Drosselklappe belastungsabhängig durch eine Unterdruckdose zugeschaltet.

Doppelregistervergaser vereinen zwei Registervergaser zu einem Vergaser mit meist gemeinsamer
Schwimmerkammer (Motoren mit 6 … 8 Zylindern).
Doppelvergaser verwenden zwei Mischkammern
gleichen Querschnitts. Die Drosselklappen werden
gemeinsam betätigt. Je eine Mischkammer versorgt
die Hälfte der Zylinder (Motoren mit großem V_H).
Gleichdruckvergaser arbeiten mit konstantem Unterdruck in der Mischkammer. Sie haben einen veränderlichen Kraftstoffdüsen- und einen variablen
Lufttrichterquerschnitt und werden durch eine Drosselklappe gesteuert (Kraftradvergaser).
Membranvergaser arbeiten als schwimmerlose Vergaser lageunabhängig (Kleinmotoren, z.B. Kettensägen).
Der **elektronisch geregelte Vergaser** ist ein elektronisches Gemischbildungssystem. Er besteht aus einem bis auf seine Grundsysteme reduzierten Vergaser
(Fallstrom-Register) mit Stellelementen, einem elektronischen Steuergerät und Sensoren zur Messwerterfassung. Das Steuergerät verarbeitet Signale der

Drosselklappenstellung, der Kühlmitteltemperatur,
der Motordrehzahl und der Lambdasonde. Die Signale werden vom Steuergerät verarbeitet und als Steuergrößen den Vergaseranbaukomponenten zur Ge-
mischbeeinflussung zugeführt.
Vergasersysteme sind weitgehend von Einspritzanlagen abgelöst worden.

8.6.4 Einspritzanlagen für Ottomotoren

Durch Benzineinspritzsysteme werden die Anforderungen an geringe Schadstoffemissionen durch genaue Kraftstoffzumessung (geringe Abweichungen
von $\lambda = 1$) erfüllt. Darüber hinaus werden bei geringerem spezifischem Kraftstoffverbrauch ein höheres
Motordrehmoment bei niedriger Drehzahl und größere Hubraumleistungen erzielt.
Man unterscheidet Anlagen mit Saugrohreinspritzung
(Indirekte Einspritzung) und Zylindereinspritzung
(Direkteinspritzung – GDI = Gasoline Direct Injection).

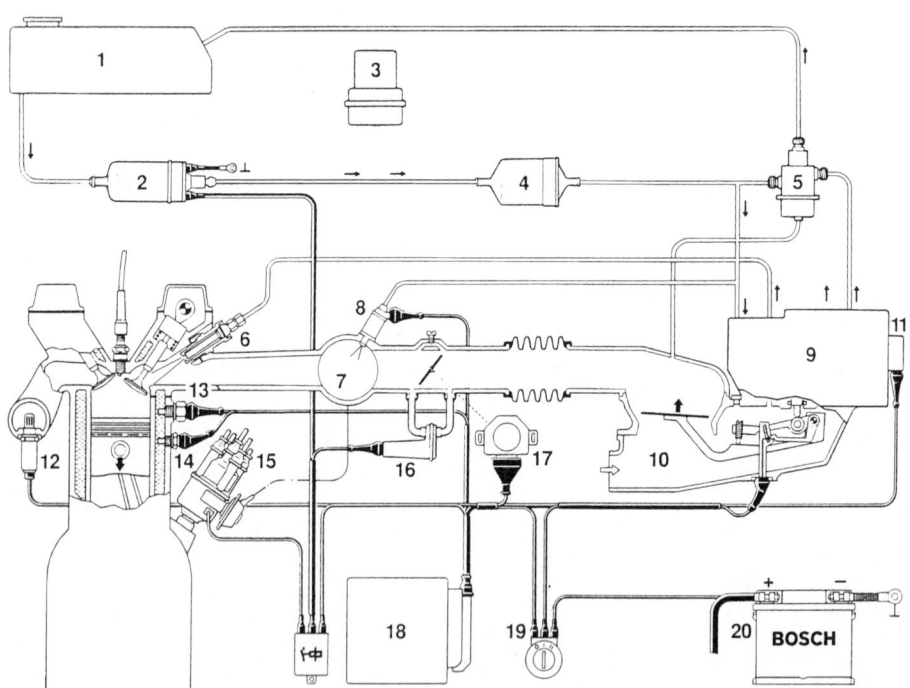

1 Kraftstoffbehälter	11 elektrohydraulischer Drucksteller
2 Elektrokraftstoffpumpe	12 Lambda-Sonde
3 Kraftstoffspeicher	13 Thermozeitschalter
4 Kraftstofffilter	14 Motortemperatursensor
5 Systemdruckregler	15 Zündverteiler
6 Einspritzventil	16 Zusatzluftschieber
7 Sammelsaugrohr	17 Drosselklappenschalter
8 Kaltstartventil	18 Steuergerät
9 Kraftstoffmengenteiler	19 Zünd-Start-Schalter
10 Luftmengenmesser	20 Batterie

Bild 39. Schema einer KE-Jetronic-Anlage mit Lambda-Regelung (Bosch)

Bei der indirekten Einspritzung wird der Kraftstoff vor das Einlassventil oder in das Drosselklappengehäuse gespritzt. Es werden Anlagen mit Mehrpunkteinspritzung MPI (Multi-Point-Injection; jeder Zylinder hat ein Einspritzventil) und Zentraleinspritzung SPI (Single-Point-Injection; ein zentrales Einspritzventil für alle Zylinder) eingesetzt. Nach dem Einspritzvorgang unterscheidet man kontinuierliche- und intermittierende Einspritzung. Kontinuierliche Einspritzanlagen sind K-Jetronic und KE-Jetronic. Intermittierend arbeitende Anlagen sind L-Jetronic, LH-Jetronic, Motronic und Mono-Jetronic. Mehrpunkteinspritzung besitzen K-, KE-, L-, LH-Jetronic und Motronic. Die Mono-Jetronic arbeitet mit Zentraleinspritzung.

Die Einspritzung bei Mehrpunktanlagen kann *sequentiell* (Einspritzung erfolgt nach der Zündfolge unmittelbar vor dem Ansaugtakt), *simultan* (Einspritzung erfolgt für alle Zylinder gleichzeitig und taktunabhängig) oder durch *Gruppeneinspritzung* (Einspritzung erfolgt gleichzeitig für Zylindergruppen, z.B. 1. und 3. sowie 2. und 4. Zylinder) erfolgen.

Die **K-Jetronic** ist eine mechanisch-hydraulisch arbeitende Einspritzanlage für Ottomotoren. Der Kraftstoff wird in Abhängigkeit von der angesaugten Luftmenge kontinuierlich vor die Einlassventile gespritzt. Zum Betrieb eines geregelten Katalysators ist das System nicht genau genug, daher durch die KE-Jetronic abgelöst.

Die **KE-Jetronic** ist die Weiterentwicklung der K-Jetronic (Bild 39). Das mechanisch-hydraulische Grundprinzip der K-Jetronic bleibt erhalten. Zur Verbesserung der Gemischanpassung, insbesondere während der Warmlaufphase und beim Lastwechsel werden von einem *elektronischen Steuergerät* zusätzliche, von Sensoren erfasste Daten verarbeitet.

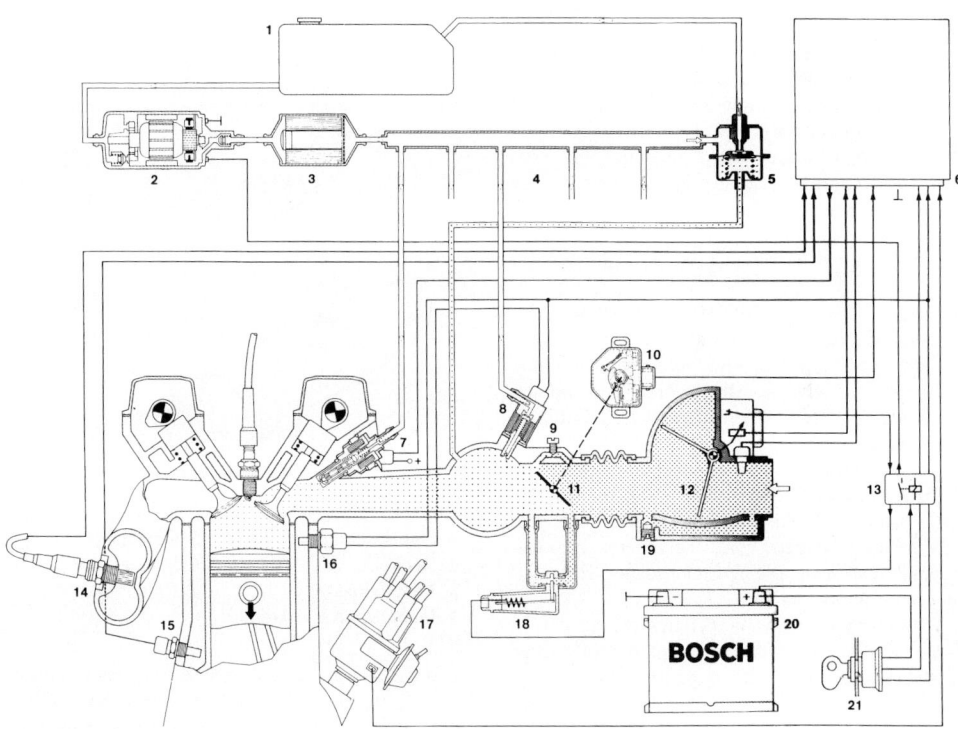

1 Kraftstoffbehälter	11 Drosselklappe
2 Elektrokraftstoffpumpe	12 Luftmengenmesser
3 Kraftstofffilter	13 Relaiskombination
4 Verteilerrohr	14 Lambda-Sonde
5 Druckregler	15 Motortemperaturfühler
6 Steuergerät	16 Thermozeitschalter
7 Einspritzventil	17 Zündverteiler
8 Kaltstartventil	18 Zusatzluftschieber
9 Leerlaufdrehzahl - Einstellschraube	19 Leerlaufgemisch-Einstellschraube
10 Drosselklappenschalter	20 Batterie
	21 Zünd-Start-Schalter

Bild 40. L-Jetronic-Anlagenschema (Bosch)

Der wesentliche Unterschied besteht im Wegfall des Warmlaufreglers. Dessen Aufgabe und zusätzliche Steuerfunktionen übernimmt der elektrohydraulische Drucksteller. Das Steuergerät verarbeitet die Signale, die von der Zündung (Motordrehzahl), Motortemperaturfühler, Stauscheiben-Potentiometer (angesaugte Luftmenge), Drosselklappenschalter (Gaspedalstellung), Starterschalter und Lambda-Sonde kommen und gibt sie als Steuersignale an den elektrohydraulischen Drucksteller weiter. Damit können neben Start-, Vollast- und Beschleunigungsanreicherung, Schubabschaltung, Drehzahlbegrenzung, Lambdaregelung und Höhenkorrektur verwirklicht werden.

Die **L-Jetronic** ist eine *elektronisch* gesteuerte Benzineinspritzung mit Luftmengenmessung und *intermittierender* Einspritzung (Bild 40).

Der Kraftstoff wird von der Pumpe aus dem Tank gesaugt und über das Filter und dem Verteilerrohr dem Druckregler zugeführt. Der sorgt für gleichmäßigen Kraftstoffdruck (2,5 ... 3 bar) an den elektromagnetisch betätigten Einspritzventilen. Jeder Zylinder ist mit einem Einspritzventil versehen, die alle gleichzeitig, unabhängig von der Einlassventilstellung, je Kurbelwellenumdrehung einmal betätigt werden (intermittierend). Die Einspritzmenge wird über die Öffnungsdauer der Einspritzventile vom Steuergerät beeinflusst. Die Ansaugluft bewegt eine federbelastete Stauklappe im Luftmengenmesser. Die Winkelstellung der Stauklappe wird über ein Potentiometer als Signal für die angesaugte Luftmenge an das Steuergerät weitergeleitet. Vom Steuergerät werden weiterhin die Ansauglufttemperatur im Luftmengenmesser, die Motordrehzahl und der Einspritzzeitpunkt über die Zündanlage, die Motortemperatur über den Temperaturfühler und die Stellung der Drosselklappe über den Drosselklappenschalter (Belastungssignal), verarbeitet.

Als weitere Funktionen sind Schubabschaltung im Schiebebetrieb, sowie Drehzahlbegrenzung bei maximaler Motordrehzahl möglich. Die Signale der Lambda-Sonde werden vom Steuergerät zur Gemischänderung über die Öffnungsdauer der Einspritzventile verarbeitet.

Die **LH-Jetronic** ist die Weiterentwicklung der L-Jetronic. Zur Messung der angesaugten Luftmenge wird statt des Klappen-Luftmengenmessers ein Luftmassenmesser verwendet.

Beim *Hitzdraht-Luftmassenmesser* (Bild 41) wird die Ansaugluft über einen beheizten Platindraht geleitet, der auf konstanter Temperatur gehalten wird. Die Veränderung des Heizstromes zur Temperaturkonstanthaltung wird als Lastsignal für die angesaugte Luftmasse im elektronischen Steuergerät verwendet und in Signale für die einzuspritzende Kraftstoffmenge umgeformt. Der Platindraht wird durch Nachheizen nach dem Motorabstellen von Verunreinigungen freigebrannt.

Bei der Verwendung von *Heißfilm-Luftmassenmessern* (Bild 42) erfolgt die Bestimmung der dem Motor

zugeführten Frischluftmasse über eine im Ansaugstrom angeordnete, beheizte Sensorfläche (Heißfilm-Widerstandsfolie auf einer Keramikplatte), die auf konstante Temperatur geregelt wird. Der zur Temperaturkonstanthaltung des Heißfilms notwendige Strom dient als Maß für die angesaugte Luftmasse. Sensoren zur Erfassung von Lufttemperatur und -druck entfallen. Heißfilm-Luftmassenmesser haben einen geringeren Strömungswiderstand als Hitzdraht-Luftmassenmesser. Ausführungen mit Rückströmerkennung erfassen und berücksichtigen Pulsationsfehler (Rückströmungen von Teilluftmassen), die durch das Öffnen und Schließen der Ventile hervorgerufen werden. Sie ermöglichen eine noch höhere Erfassungsgenauigkeit.

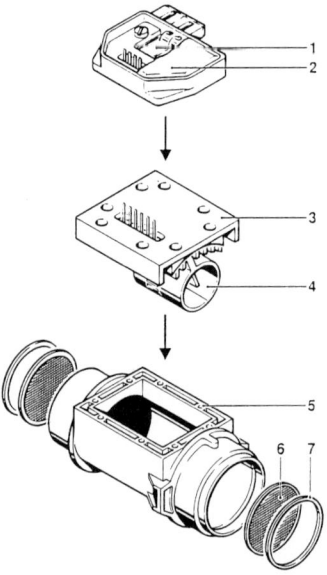

Bild 41. Hitzdraht Luftmassenmesser (Bosch)
1 Hybridschaltung   5 Gehäuse
2 Deckel   6 Schutzgitter
3 Metalleinsatz   7 Haltering
4 Innenrohr mit Hitzdraht

Das digitale Steuergerät steuert das Gemisch über ein Last-Drehzahl-Motorkennfeld. Gemischbeeinflussender Faktor ist die Einspritzdauer der Einspritzventile. Statt des Zusatzluftschiebers besitzt die LH-Jetronic einen Leerlaufsteller, mit dem eine Leerlauffüllungsregelung zur Regelung und Stabilisierung der Leerlaufdrehzahl erreicht wird. Zur Verbesserung der Gemischaufbereitung werden oft elektromagnetische *Einspritzventile mit Luftumfassung* verwendet. Vom Saugrohr angesaugte Luft wird den einzelnen Einspritzventilen zugeführt, mit dem einspritzenden Kraftstoff vermischt und zusammen in das Saugrohr gespritzt. Sie verbessern Kraftstoffzerstäubung und Verbrennung und reduzieren die Schadstoffemission.

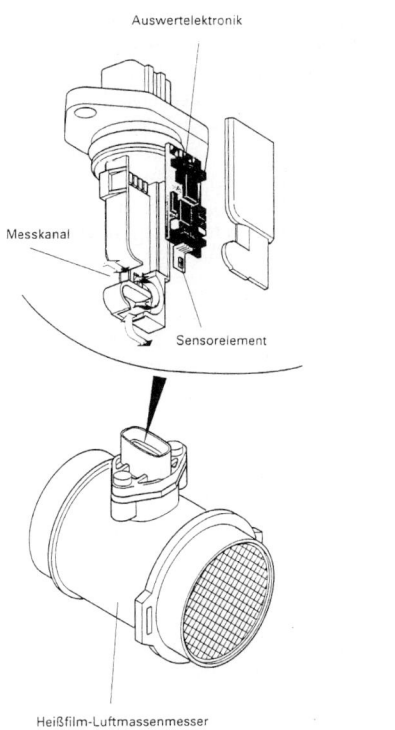

Bild 42. Heißfilm-Luftmassenmesser (Volkswagen)

Die **Zentraleinspritzung** ist eine elektronische Einspritzanlage, die nur ein Einspritzventil zur intermittierenden Einspritzung (synchron zum Ansaugtakt) vor der Drosselklappe verwendet (SPI = Single Point Injection). Durch die hohe Luftgeschwindigkeit und die Spritzkegelausformung wird eine gute Gemischaufbereitung erzielt. Die Gemischverteilung erfolgt wie bei Vergasersystemen über das Saugrohr zu den einzelnen Zylindern.

Die **Mono-Jetronic** ist eine intermittierende Einzelpunkteinspritzung mit elektronischer Steuerung. Das digitale Steuergerät mit Mikrocomputer und Kennfeldspeicher, verarbeitet Signale des Lufttemperaturfühlers, des Drosselklappenpotentiometers, des Motortemperaturfühlers, der Lambda-Sonde, sowie der Zündung und berechnet hieraus die Einspritzdauer des zentralen Einspritzventils als Maß für die jeweilige Gemischzusammensetzung.

Hauptsteuergrößen für die Grundeinspritzmenge sind die *Drosselklappenstellung* und die *Motordrehzahl*. Zur Kaltstartanreicherung und zum Warmlauf erfolgt Mehreinspritzung. Leerlauf-Drehzahlsteuerung erfolgt über den Drosselklappenstellmotor (Mehrluftmengenzufuhr). Teillast, Volllast, Beschleunigung und Schiebebetrieb werden aus dem Drosselklappensignal erkannt und auf die Einspritzdauer umgerechnet.

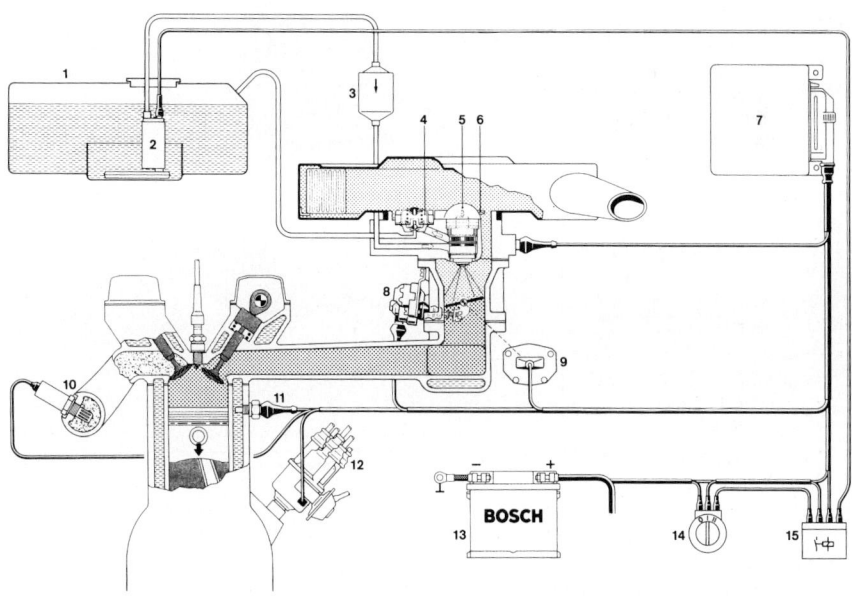

1 Kraftstoffbehälter	6 Luft-Temperaturfühler	11 Motor-Temperaturfühler
2 Elektrokraftstoffpumpe	7 Steuergerät	12 Zündverteiler
3 Kraftstofffilter	8 Drosselklappenstellmotor	13 Batterie
4 Systemdruckregler (1 bar)	9 Drosselklappenpotentiometer	14 Zünd-Start-Schalter
5 Einspritzventil	10 Lambda-Sonde	15 Relais

Bild 43. Zentraleinspritzung Mono-Jetronic (Bosch)

Die **Multec-Zentraleinspritzung** ist eine digitale Einzelpunkteinspritzung mit elektronischer Steuerung von Einspritzung und Zündung. Die Kraftstoffeinspritzung erfolgt vor der zentralen Drosselklappe im Atmosphärendruckbereich. Die Kraftstoffverteilung erfolgt im Sammelsaugrohr. Das digitale Steuergerät wertet Signale der wichtigsten Motorkenngrößen aus und verarbeitet sie kennfeldgesteuert zu Steuersignalen für Einspritzzeit, Einspritzdauer und Zündzeitpunktbeeinflussung.

Die KE- und L-Jetronic-Systeme, einschließlich der Zentraleinspritzung optimieren im weitesten Sinne nur die Gemischzusammensetzung.

Die **Motronic** verbindet die Einzelsysteme der Benzineinspritzung und der elektronischen Zündung zu einem digitalen Motorsteuerungssystem.

Diese Steuerung basiert auf gespeicherten *Kennfeldern* (Zünd-, Einspritz-, Schließwinkel-, Lambdaregelungs- und Warmlaufkennfeld), deren Parameter z.B. abhängig von Drehzahl, Belastung und Batteriespannung sind.

In einem Mikrocomputer werden die durch Sensoren übermittelten Daten in Steuergrößen für den günstigsten Zündzeitpunkt (Zündwinkel, Schließwinkel), die optimale Kraftstoffeinspritzmenge ($\lambda = 1$-Regelung über Einspritzdauer) und Leerlaufregelung (Leer-

laufsteller) umgerechnet und über Leistungsendstufen verstärkt an die entsprechenden Stellglieder angelegt (Bild 45). Der Mikrocomputer kann die Einspritzmenge und den Zündzeitpunkt genau an die verschiedenen Betriebszustände anpassen. Vorteil: Geringe Schadstoffemission, geringer Kraftstoffverbrauch und hohe Hubraumleistung.

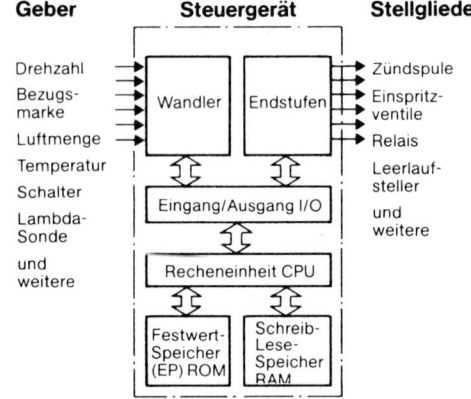

Bild 44. Steuergrößen des Motronic-Steuergerätes (Bosch)

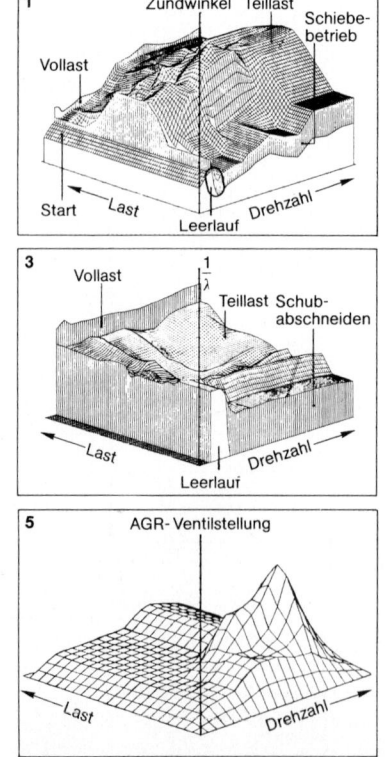

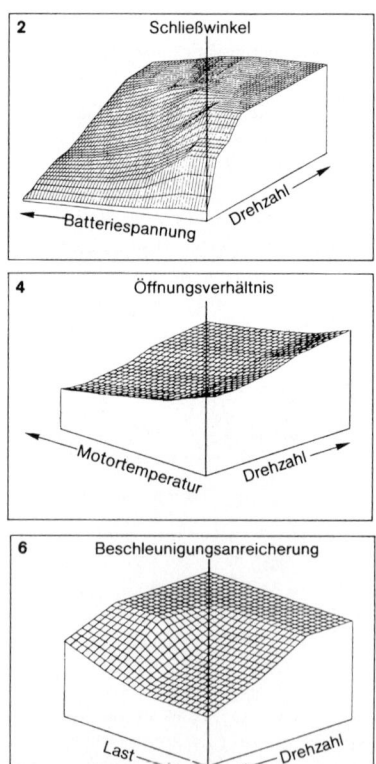

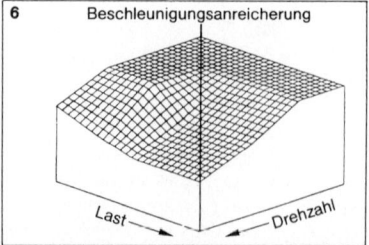

Bild 45. Kennfelder des Motronic-Systems (Bosch)
1 Zündwinkel 2 Schließwinkel 3 Lambda-Kehrwert 4 Öffnungsverhältnis des Leerlaufstellers 5 Ventilstellung der Abgasrückführung 6 Beschleunigungsanreicherung

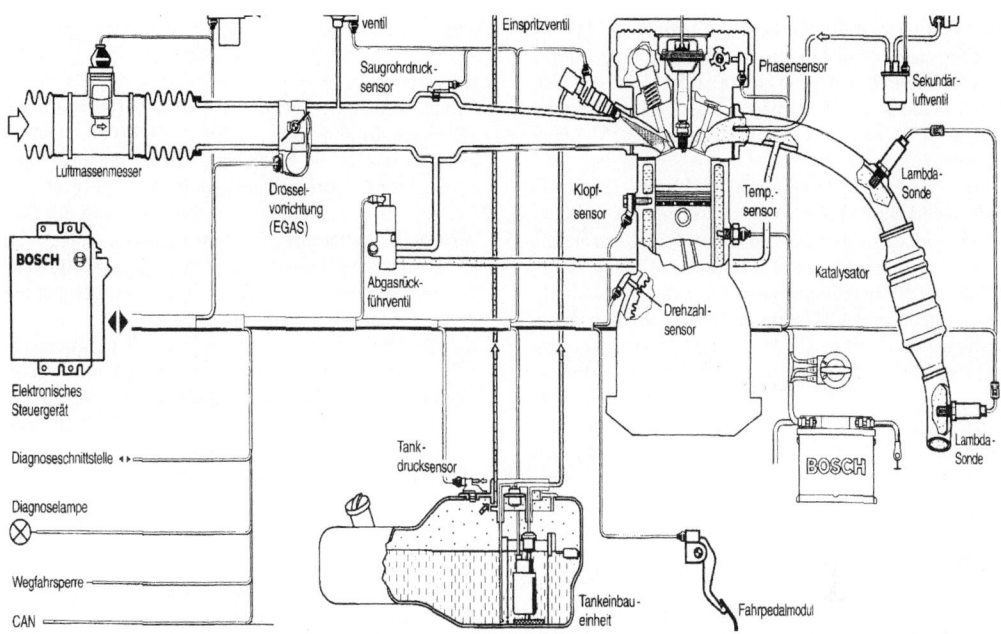

Bild 46. Anlagenschema der ME-Motronic (Bosch)

Die Motronic ermöglicht die *Eigendiagnose*, indem die im Fahrbetrieb gespeicherten Daten beim Service ausgegeben werden können. Bei Bedarf werden Drehzahlbegrenzung, Klopfregelung, Ladedruckregelung bei Turbomotoren, Start-Stop-Betrieb, Getriebesteuerung bei Automatikgetrieben, Zylinderabschaltung und Geschwindigkeitsregelung mit der Motronic realisiert.

Das Motormanagementsystem **ME-Motronic** ist eine Weiterentwicklung der Motronic. Es verwendet neben der Steuerung von Einspritzung und Zündung eine elektronische Motorfüllungssteuerung durch eine *elektronische Drosselvorrichtung* (EGAS). Das Fahrpedal hat keine mechanische Verbindung mehr mit der Motordrosselklappe. Die Fahrpedalstellung wird durch Sensoren erfasst und dem Motorsteuergerät zugeführt. Unter Berücksichtigung weiterer Motorbetriebsdaten wird dieses Fahrerwunschsignal zur Drehmomenterhöhung oder -reduzierung in eine motorische Verstellung in der Drosselklappensteuereinheit umgewandelt.

Neben den von der Motronic her bekannten Grundfunktionen ermöglicht die ME-Motronic vielfältige Zusatzfunktionen zur Zündungssteuerung, Abgasreinigung (Sekundärlufteinblasung, Abgasrückführung), Fahrgeschwindigkeits- und Fahrdynamikregelung (über CAN-Datenbus mit elektronischer Getriebesteuerung, Antriebsschlupfregelung, elektronisches Stabilitätsprogramm - ESP, Fahrgeschwindigkeitsbegrenzung u.a.). Der Lambda-Regelkreis wird durch eine zweite Sonde, die hinter dem Katalysator liegt, erweitert. Sie dient zur Überprüfung der Katalysatorfunktion.

Zur Überwachung der strenger werdenden Abgasgrenzwerte ist ein On-Board-Diagnose-System (OBD) eingebunden, das alle Abgaskomponenten des Motors überwacht, auftretende Fehler speichert und durch eine Abgas-Warnleuchte (Check-Engine-Lamp) anzeigt. Gespeicherte Fehlfunktionen können werkstattseitig und herstellertunabhängig über ein OBD-Auslesegerät abgefragt werden.

Direkteinspritzung für Ottomotoren

Bei der Benzin Direkteinspritzung (GDI = Gasoline Direct Injection) erfolgt die Kraftstoffeinspritzung direkt in den Verbrennungsraum (innere Gemischbildung). Die damit verbundene Innenkühlung bewirkt einen höheren thermischen Wirkungsgrad und ermöglicht ein größeres Verdichtungsverhältnis ε. Gegenüber Motoren mit herkömmlicher Saugrohreinspritzung kann eine Kraftstoffverbrauchssenkung von ca. 20 %, eine Leistungserhöhung von ca. 10 % und eine deutliche Reduzierung der CO_2-Emissionen erzielt werden. Die Hochdruck-Verwirbelungseinspritzdüsen erhalten den Kraftstoff über eine mechanisch angetriebene Einkolben-Hochdruckpumpe. Sie können ihr Strahlbild über Drallscheiben je nach Motorbetriebsart (Leistungs- oder Sparmodus) verändern. Für effektive Verbrennung ist eine intensive Ladungsbewegung erforderlich, die last- und drehzahlabhängig angepasst werden muss. Dies unterstützt die Zerstäubung und Vermischung mit dem rotierenden Ansaug-Luftstrom. Im Leistungsmodus erfolgt die Einspritzung im oberen Leistungsbereich des Motors bereits im Ansaugtakt des Motors (Innenkühlung mit Liefergradvergrößerung). Bei hoher Last und niedriger

Drehzahl erfolgt zweimaliges Einspritzen (in den Ansaug- und Verdichtungstakt) um Zündungsklopfen auszuschließen, während beim Beschleunigen zur Gemischanfettung zweimal eingespritzt wird. Im Sparmodus (Teillastbereich) wird in den Verdichtungstakt eingespritzt.

Durch besondere Ansaugkanalgestaltung (fast senkrecht) und Kolbenform (Nasenkolben mit Kolbenmulde) erfolgt eine walzenförmige Zylinderströmung (Tumble) in die der gerichtete Kraftstoffnebel eingespritzt wird. Zündfähiges Gemisch muss nur in direkter Umgebung der Zündkerze bereitgestellt werden. Im Brennraumrest entstehen Schichtladungen, die ein extrem mageres Gemisch mit $\lambda = 2,8 \dots 3,2$ ermöglichen (Kraftstoffverbrauchssenkung). Durch magere Verbrennung der Schichtladungen im Teillastbereich bei hohem O_2-Überschuss erhöhen sich allerdings die NO_x-Werte im Abgas. Diese müssen durch hohe Abgasrückführungsraten (bis 30 %), Vorschaltung eines selektiven Reduktions-Katalysator vor dem Dreiwege-Katalysator oder durch NO_x-Speicher-Katalysatortechnik (Denox-Kat) reduziert werden (s. Kap. 8.8.1). Weiterentwicklungen des GDI-Systems mit Schichtladungsbetrieb erfordern die Bereitstellung von schwefelfreien Kraftstoffen durch die Mineralölindustrie.

8.7 Gemischbildung bei Dieselmotoren

8.7.1 Arbeitsweise des Dieselmotors

Fahrzeug-Dieselmotoren arbeiten nach dem Viertaktverfahren, Großdiesel (z.B. Schiffsdiesel) vorwiegend nach dem Zweitaktverfahren. Der Dieselmotor arbeitet mit innerer Gemischbildung und Selbstzündung. Er saugt im ersten Takt über den Luftfilter Luft an

und verdichtet sie im zweiten Takt mit $\varepsilon = 14 \dots 24$ auf $28 \dots 50$ bar, wobei sie sich auf $750 \dots 900°C$ erwärmt. Etwa $15 \dots 30°$ vor OT wird mit einem Druck von $100 \dots 150$ bar (Vor- und Wirbelkammermotoren) und $200 \dots 350$ ($\dots 2050$) bar (Direkteinspritzung) in die verdichtete Luft Kraftstoff eingespritzt. Der Einspritzvorgang endet $5 \dots 20°$ nach OT. Die Zeit, in der sich der Kraftstoff dabei mit der Luft vermischt, verdampft und dann selbstentzündet, wird als Zündverzug bezeichnet. Er beträgt ca. 0,001 s. Er ist abhängig von der Cetanzahl, der Lufttemperatur und der Zerstäubungsintensität. Größerer Zündverzug ist unerwünscht und macht sich als harte, geräuschvolle Verbrennung (oft als Nageln bezeichnet – Kaltstart) bemerkbar. Der Druck steigt im Arbeitstakt auf $60 \dots 80$ bar an, wobei die Verbrennungstemperatur $2000 \dots 2500 °C$ erreicht. Durch die Gasexpansion wird Arbeit verrichtet.

8.7.2 Einspritzverfahren

Dieselmotoren arbeiten mit Direkteinspritzung (luftverteilende und wandverteilende Einspritzung) und mit indirekter Einspritzung nach dem Vor- und Wirbelkammerverfahren.

Bei der **luftverteilenden Direkteinspritzung** wird der Kraftstoff über eine Mehrlochdüse direkt in den durch Kolbenmulde und Zylinderkopf gebildeten Brennraum gespritzt. Die Luft wird durch den drallförmigen Einlasskanal und die Kolbenmuldenform stark verwirbelt (gute Gemischbildung, geringer spezifischer Kraftstoffverbrauch, gutes Kaltstartverhalten), Einsatz in den meisten PKW- und NKW-Motoren.

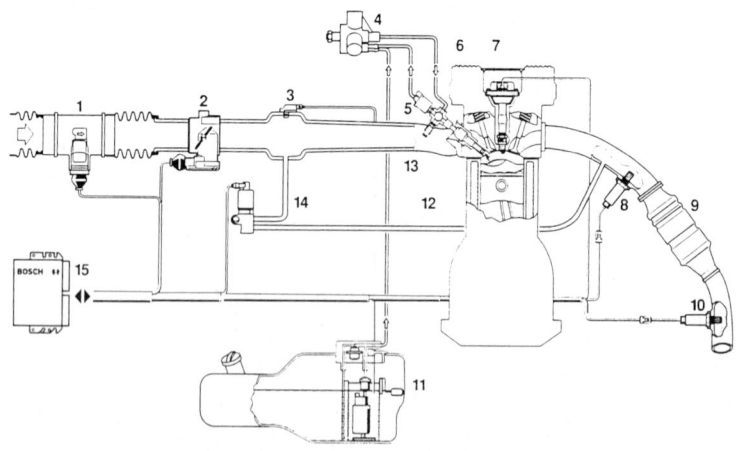

1	Luftmassensensor mit	5	Drucksteuerventil	9	NO_x-Katalysator	12	Einspritzventil
	Temperatursensor	6	Kraftstoffverteiler	10	Lambda Sonde (LSF)	13	Drucksensor
2	Drosselklappe (EGAS)	7	Zündspule	11	Fördermodul einschließlich	14	Abgasrückführventil
3	Saugrohrdrucksensor	8	Lambda Sonde (LSU)		Vorförderpumpe	15	elektronisches Steuergerät
4	Hochdruckpumpe						

Bild 47. Anlagenschema Direkteinspritzung bei Ottomotoren (Bosch)

Die **wandverteilende** Direkteinspritzung nach dem MAN-M-Verfahren (Bild 48), hat einen kugelförmigen, im Kolbenboden eingelassenen Brennraum, in den Kraftstoff über eine Mehrlochdüse eingespritzt wird. Nur etwa 5 % des Kraftstoffs zerstäuben und zünden (Zündstrahl); 95 % treffen auf die Brennraumwand, wo sie als Kraftstofffilm schichtweise abdampfen, sich mit der Luft vermischen und vom Zündstrahl entzündet werden (weiche, zeitlich kontrollierte Verbrennung, geringer Kraftstoffverbrauch). Beide Verfahren benötigen keine Glühkerzen als Kaltstarthilfe.

Vorkammerverfahren: Der Kraftstoff wird mit einer Zapfendüse in die durch Bohrungen (Schusskanäle) mit dem Brennraum verbundene Vorkammer (länglicher Nebenbrennraum im Zylinderkopf) eingespritzt. Durch die geringe Luftmenge in der Kammer (0,3 V_c) verbrennt nur ein kleiner Kraftstoffanteil mit starkem Druckanstieg. Verdampfender Kraftstoff wird mit hoher Geschwindigkeit in den Hauptbrennraum gedrückt, wo er sich mit der Luft vermischt und verbrennt. Kaltstarthilfe durch Glühkerzen erforderlich.

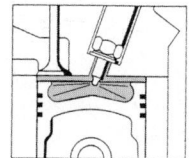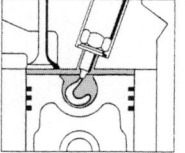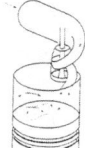

Bild 48. Direkteinspritzung
a) Luftverteilende Einspritzung
b) Wandverteilende Einspritzung
   nach dem MAN-M-Verfahren

Wirbelkammerverfahren: Dieselkraftstoff wird über eine Zapfendüse in die Wirbelkammer (kugelförmiger Nebenbrennraum im Zylinderkopf, ca. 0,5 V_c) eingespritzt. Sie ist durch einen großen tangentialen Schusskanal mit dem Verbrennungsraum verbunden. Der Kraftstoff entzündet sich an der stark verwirbelten Luft in der Wirbelkammer. Durch Druckanstieg geht die Verbrennung über den Schusskanal in den Hauptbrennraum über. Kaltstarthilfe durch Glühkerzen erforderlich.
Kennzeichen: Hohe Drehzahlen möglich, Starthilfe durch Glühkerzen nötig, relativ weicher Motorlauf.
Die Komponenten einer Dieseleinspritzanlage zeigt Bild 50.

Die **Kraftstoffförderpumpe** fördert den Kraftstoff aus dem Tank durch ein Vorreinigungssieb über das Filter zur Einspritzpumpe. Bei Falltankanlagen kann die Förderpumpe entfallen. Je nach Förderleistung werden einfach- oder doppeltwirkende Kolbenförderpumpen verwendet, die meist an der Reihen-Einspritzpumpe befestigt sind. Über einen Exzenter werden sie von der Einspritzpumpennockenwelle angetrieben. Förderhub und Fördermenge stellen sich je nach Druck in der Förderleitung über die Kolbenfeder von selbst ein. Die Handpumpe dient zum Füllen und Entlüften der Einspritzanlage. Vereinzelt werden Membranförderpumpen (von der untenliegenden Motornockenwelle angetrieben), Zahnradförderpumpen oder elektrisch angetriebene Rollenzellenpumpen verwendet.

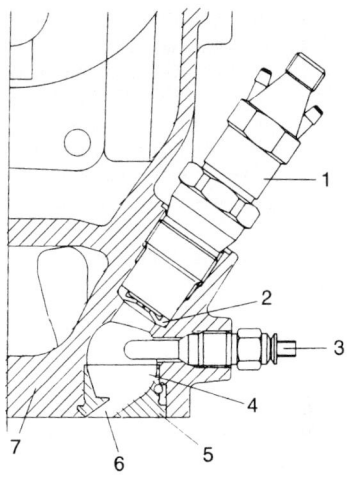

1 Einspritzdüse	5 Wirbelkammereinsatz
2 Wärmeschutzdichtung	6 Schusskanal
3 Glühkerze	7 Zylinderkopf
4 Wirbelkammer	

Bild 49. Zylinderkopf mit Wirbelkammer (BMW)

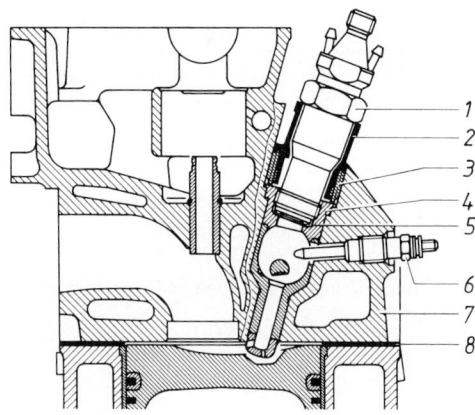

1 Düsenhalter	5 Dichtplatten
2 Abdichthülse	6 Glühkerze
3 Gewindering	7 Zylinderkopf
4 Vorkammereinsatz	8 Zylinderkopfdichtung

Bild 50. Vorkammerverfahren (Daimler-Benz)

Kraftstofffilter sollen Schmutzpartikel und Wasser aus dem Dieselkraftstoff ausscheiden. Es werden Wechselfilter oder Filtereinsätze aus Filz, meist aber Papier verwendet (Filterbox mit Filterdeckel). Filterdeckel können mit einer Handpumpe versehen sein. Einspritzpumpenelemente und Einspritzdüsen sind mit hoher Genauigkeit gefertigt. Hohe Filterqualität (Filtrierfähigkeit ca. 0,015 mm) und Einhaltung der Wechselintervalle tragen entscheidend zur Funktionsfähigkeit und Lebensdauer der Einspritzanlage bei. Eine Überströmdrossel am Filter sichert einen gleichbleibenden Druck im Saugraum der Einspritzpumpe und entlüftet gleichzeitig den Filter und den Saugraum der Einspritzpumpe. Filterdeckel können mit elektrischen Heizelementen zur Kraftstoffvorwärmung (gegen Paraffinausscheidung) versehen werden. Box- oder Stufenboxfilter sind meist mit Wasserspeichern zur Kondenswasserausscheidung und -sammlung ausgerüstet. Warnschalter werden zum Anzeigen eines zu hohen Wasserstandes im Filter eingebaut.

der Pumpennockenwelle über Rollenstößel gehoben und durch eine Feder gesenkt. Der Kolben ist mit ca. 0,003 mm Spiel ohne Dichtelement in den Zylinder eingepasst. Feinabdichtung und Schmierung erfolgt nur durch den Kraftstoff. Da der Kolbenhub unveränderlich ist, wird die Fördermenge durch Drehen des Kolbens verändert. Die über das Fahrpedal betätigte Regelstange verdreht über einen Zahnkranz und eine Regelhülse alle Kolben der Einspritzpumpe. Der Kolben ist mit einer Längsnut und einer schrägen Steuerkante versehen. Durch die Längsnut ist der Druckraum über dem Kolben mit dem Raum unterhalb der Steuerkante verbunden (Bild 53).

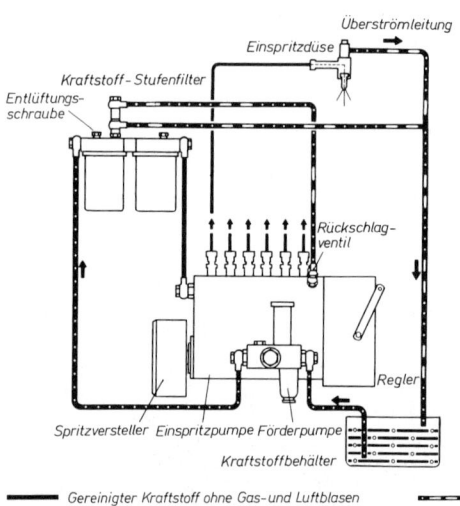

Bild 51. Übersicht über den Kraftstoffumlauf in einer Diesel-Einspritzanlage (Bosch)

8.7.3 Einspritzanlage mit Reiheneinspritzpumpe

In der Einspritzpumpe wird der Kraftstoff belastungs- und drehzahlabhängig auf den Einspritzdruck verdichtet. Über die Einspritzleitungen wird er zu den Einspritzdüsen gefördert, die ihn in den Verbrennungsraum einspritzen. Die Reiheneinspritzpumpe wird über Zahnräder, Zahnriemen oder Steuerketten mit Nockenwellendrehzahl (Viertaktmotor) von der Kurbelwelle angetrieben. Zur Schmierung der Pumpennockenwelle ist entweder eine eigene Ölversorgung oder der Anschluss an den Motorölkreislauf vorgesehen.
Aufbau: Die **Reiheneinspritzpumpe** (Bild 52) hat für jeden Zylinder des Motors ein Pumpenelement, das aus einem Pumpenzylinder (meist Zweilochelement mit Zulauf- und Steuerbohrung) und einem Pumpenkolben besteht. Der Kolben wird durch einen Nocken

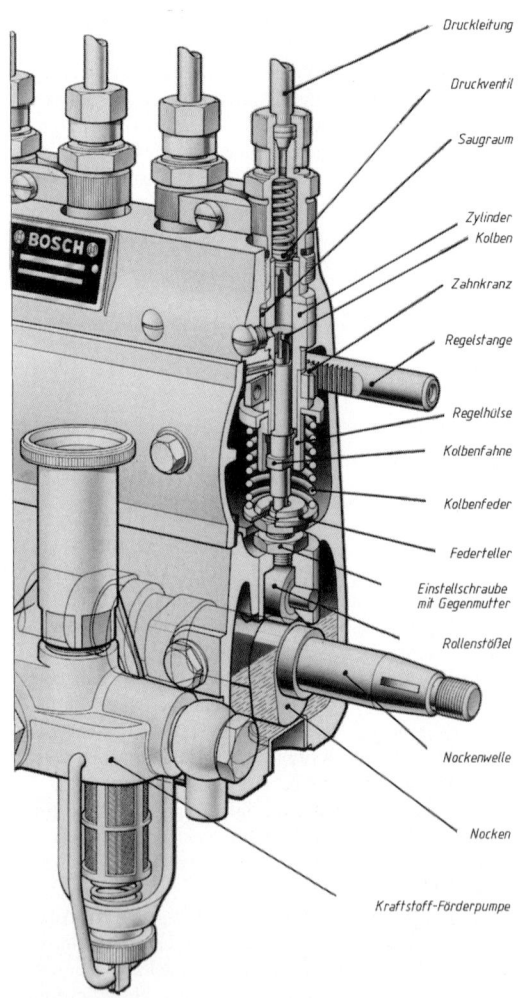

Bild 52. Reiheneinspritzpumpe für einen 4-Zylinder-Motor (Bosch)

Sobald die Kolbenoberseite die Zulaufbohrung verschließt, beginnt die Förderung. Sie endet, wenn die Steuerkante die Steuerbohrung freigibt. Je nach Drehung des Kolbens (Fahrpedalstellung) geschieht dies früher oder später (Teillast oder Volllast). Förderbeginn ist immer im gleichen Zeitpunkt, das Förderende ist variabel. Das Abstellen des Motors (Nullförderung) wird durch Kolbenverdrehung in die Stellung vollzogen, in der die Längsnut vor der Steuerbohrung steht. Ein Regelstangenanschlag begrenzt den Weg der Regelstange und damit die Volllastmenge. Zusätzliche Anpasseinrichtungen wie z.B. atmosphärendruckabhängiger- oder ladedruckabhängiger Volllastanschlag ermöglichen eine zusätzliche Angleichung der Kraftstoff-Fördermenge an spezielle Betriebsbedingungen des Motors.

Um bei Förderende ein schnelles Schließen der Einspritzdüse zu erreichen und ein Nachtropfen von Kraftstoff in den Verbrennungsraum zu verhindern, muss der Druck in der Druckleitung etwas sinken. Das *Druckventil* schließt bei Förderende den Druckraum gegenüber der Einspritzleitung ab und sorgt für ein sicheres Schließen der Einspritzdüse ohne Nachtropfen.

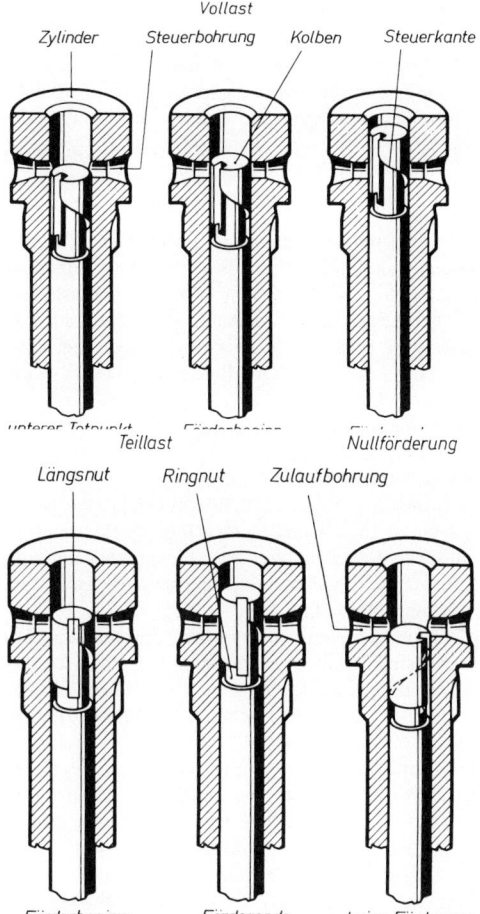

Bild 53. Kraftstoffregelung durch Drehkolben (Bosch)

Drehzahlregler

Dieselmotoren sollen entweder eine bestimmte Drehzahl unabhängig von der jeweiligen Belastung einhalten oder einen Drehzahlbereich nicht über- oder unterschreiten. Die Anforderung wird durch Verändern der Einspritzmenge mittels Regelstangenverschiebung erfüllt. In Fahrzeugmotoren (PKW, NKW) dient der Regler zur Sicherung der Leerlauf- und Höchstdrehzahl. *Alldrehzahlregler* wirken über den gesamten Drehzahlbereich (Schlepper, LKW mit Nebenantrieben, Schiffsantriebe). Fliehkraftregler arbeiten drehzahlabhängig, pneumatische Regler sind Alldrehzahlregler und arbeiten in Abhängigkeit vom Unterdruck im Ansaugrohr.

Der *Fliehkraftregler* wird von der Pumpennockenwelle angetrieben (Bild 54). Er besitzt zwei umlaufende Fliehgewichte, die über ein Hebelsystem mit der Regelstange verbunden sind. Jedes Fliehgewicht arbeitet gegen eine Leerlauf- und Endregelfeder (Regelfedern). Zwischen den Grenzdrehzahlen wird die Regelstange nur über das Fahrpedal verschoben. Bei Erreichen der Höchstdrehzahl wird die Regelstange über das Hebelsystem unabhängig von der Fahrpedalstellung in Richtung Stop verschoben (Fliehgewichte in äußerster Stellung).

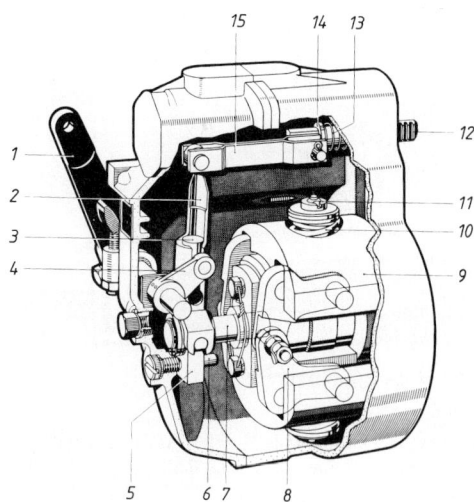

Bild 54. Fliehkraftregler einer Reiheneinspritzpumpe (Bosch)

1 Verstellhebel	9 Fliehgewichte
2 Regelhebel	10 Regelfedern
3 Kulissenstein	11 Einstellmutter
4 Lenkhebel	12 Regelstange
5 Gleitstein	13 Spielausgleichsfeder
6 Führungsbolzen	14 Federteller
7 Verstellbolzen	15 Gelenkgabel
8 Winkelhebel	

Automatische mechanische **Spritzversteller** verlegen den Einspritzbeginn drehzahlabhängig bis 16 °KW vor, um den leistungsmindernden Zündverzug besonders bei höheren Drehzahlen auszugleichen. Dazu wird die Pumpennockenwelle durch Exzenter-Spritzversteller (fliehkraftgesteuert) verdreht.

8.7.4 Einspritzanlage mit Verteilereinspritzpumpe

Die Verteilereinspritzpumpe verteilt über ein einzelnes Pumpenelement den Kraftstoff auf die Zylinder. Verwendung in PKW, Schleppern und leichten Nutzfahrzeugen. Schmierung und Kühlung erfolgt nur durch Kraftstoff. Die Baugruppen einer Axialkolben-Verteilereinspritzpumpe zeigt Bild 55. Die Kraftstoffförderpumpe (Flügelzellenpumpe) ist im Gehäuse der Verteilerpumpe untergebracht. Sie fördert den Kraftstoff in den Pumpeninnenraum. Über ein Drucksteuerventil wird der Pumpeninnendruck drehzahlabhängig reguliert und nicht benötigter Kraftstoff zum Tank zurück befördert. Vereinzelt wird zusätzlich eine Vorförderpumpe (Membranpumpe von Motornockenwelle angetrieben) eingesetzt. An der angetriebenen Hubscheibe ist der Verteilerkolben befestigt. Die Nockenzahl der Hubscheibe entspricht der Zylinderzahl. Die Nocken wälzen sich auf dem Rollenring ab und bewirken über eine Dreh-Hubbewegung des Verteilerkolbens, die Verteilung und Förderung des Kraftstoffs zu den einzelnen Einspritzdüsen.

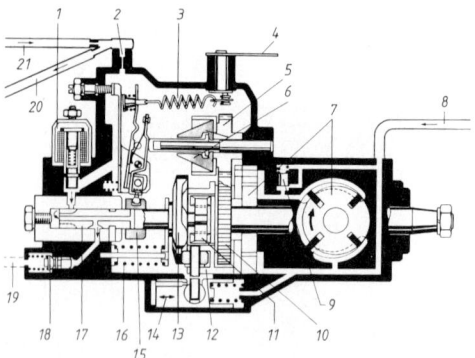

1 Magnetventil (Abstell-
　ventil
2 Überströmdrossel
3 Regelfeder
4 Verstellhebel
5 Reglergruppe
6 Fliegewichte
7 Förderpumpe (Flügel-
　zellenpumpe)
8 vom Filter
9 Drucksteuerventil
10 Reglerantrieb

11 Klauenkupplung
12 Rollenring
13 Hubscheibe
14 Spritzversteller
15 Regelschieber
16 Kolbenrückholfeder
17 Verteilerkolben
18 Druckventil
19 zur Einspritzdüse
20 Überstromleitung
21 zum Tank

Bild 55. Verteilereinspritzpumpe mit Fliehkraftregler (Volkswagen)

Der Verteilerkolben besitzt Verteilernuten (Anzahl = Zylinderzahl), der Verteilerkopf Auslassbohrungen, die zu den Druckventilen führen. Während der Dreh-Hubbewegung überschneiden die Verteilernuten während des Druckhubs die Auslassbohrungen (Förderbeginn). Das Förderende und damit die Einspritzmenge wird durch die Stellung des beweglichen Regelschiebers bewirkt, der die Absteuerbohrung freigibt.

Die Verteilerpumpe ist mit einem *Fliehkraftregler* (Leerlauf-Enddrehzahlregler oder Alldrehzahlregler) ausgerüstet, der von der Antriebswelle über einen Zahntrieb angetrieben wird. Die Fliehgewichte verschieben über einen federbelasteten Hebelmechanismus die Position des Regelschiebers auf dem Verteilerkolben. Motorabstellen erfolgt entweder durch ein Magnetventil (Kraftstoffzufuhr sperren) oder durch einen mechanischen Absteller (Regler betätigen). Der *hydraulische Spritzversteller* verdreht in Abhängigkeit vom Pumpeninnendruck mit steigender Drehzahl den Rollenring entgegen der Hubscheibendrehrichtung auf Früheinspritzung. Anpasseinrichtungen wie z.B. Kaltstartbeschleuniger oder ladedruckabhängiger Volllastanschlag ermöglichen eine zusätzliche Angleichung der Kraftstoff-Fördermenge an spezielle Betriebsbedingungen des Motors.

8.7.5 Elektronische Dieselregelung

Um die strenger werdenden gesetzlichen Abgasbestimmungen für Fahrzeugdieselmotoren erfüllen zu können und um gleichzeitig höhere Motorleistungen bei geringerem spezifischem Kraftstoffverbrauch zu realisieren, werden Dieseleinspritzanlagen mit elektronischer Regelung (EDC: Electronic - Diesel - Control) ausgeführt.

Dazu werden über Sensoren Fahrzeugbetriebsdaten wie Fahrpedalstellung, Motordrehzahl, Motor- und Ansauglufttemperatur, Ladedruck usw. erfasst, im elektronischen Steuergerät mit gespeicherten Kennfeldern verglichen und in Ausgangssignale zur elektronischen Regelung von z.B. Einspritzbeginn, Einspritzmenge, Ladedruckregelung und Abgasrückführung umgewandelt.

EDC-Anlagen ermöglichen die Speicherung von Betriebsfehlern, die werkstattseitig von einem Testgerät abgerufen werden können. Gespeicherte Ersatzwerte lassen einen eingeschränkten Motorbetrieb bei Ausfall der Elektronik zu.

Kraftstoffseitig arbeiten EDC-Anlagen mit Hochdruck-Einspritzpumpen (p_{max} 2050 bar). Hoher Einspritzdruck in Verbindung mit elektronischer Regelung ergibt eine feinere Kraftstoffzerstäubung, bessere Verbrennung des Kraftstoff-Luftgemisches und verminderte Schadstoffemissionen bei höherem Motordrehmoment und Motorleistung.

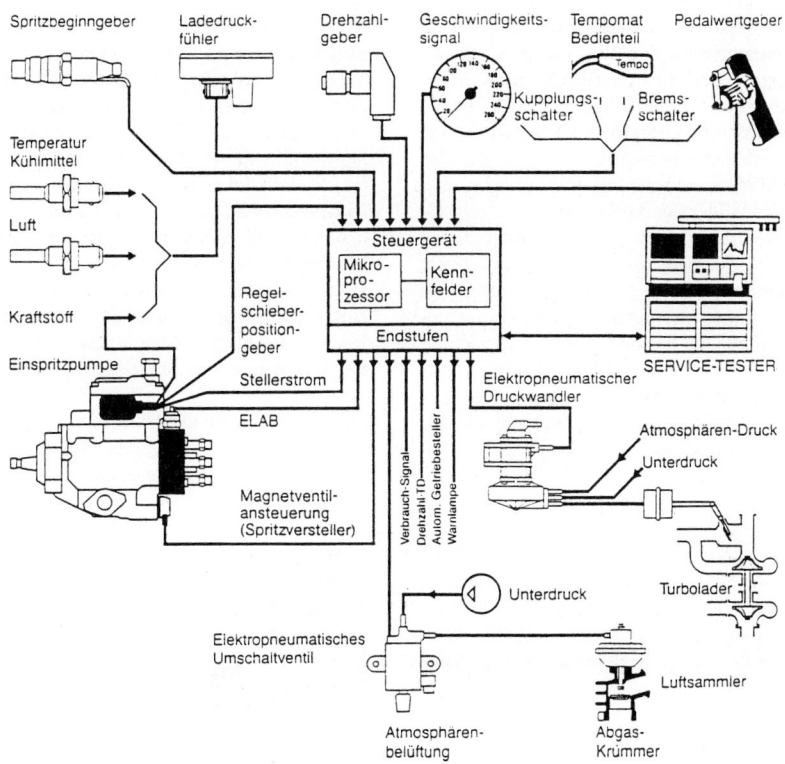

Bild 56. Komponenten der elektronischen Dieselregelung (BMW)

Man setzt elektronische Dieselregelung in Anlagen mit Axialkolben- Verteilereinspritzpumpen, Radial-kolben-Verteilereinspritzpumpen, Reiheneinspritz-pumpen, Hubschieber-Reiheneinspritzpumpen sowie in Pumpe-Düse-, Pumpe-Leitung-Düse- und in Com-mon-Rail-Systemen ein.

Die Axialkolben-Verteilereinspritzpumpe mit EDC entspricht im mechanischen Antrieb und Hydraulik-teil (Flügelzellenförderpumpe, Rollenring, Verteiler-kolben usw.) weitgehend der mechanischen Vertei-lereinspritzpumpe. Die Regelung von Einspritzmenge und Einspritzbeginn erfolgen elektronisch. Über den Fahrpedalgeber wird der Lastwunsch des Fahrers und über weitere Sensoren die Motorbetriebsbedingungen an das Steuergerät gemeldet. Durch Kennfeldabgleich werden das elektromagnetische Mengenstellwerk (er-setzt mechanischen Fliehkraftregler) und der Regel-schieber-Positionsgeber zur Einspritzmengenregulie-rung angesteuert. Durch Regelschieberverstellung wird die Solleinspritzmenge angeglichen. Ein Mag-netventil im Spritzversteller ersetzt den hydraulischen Spritzversteller. Durch Nadelbewegungsfühler (in-duktiver Spritzbeginngeber) wird der Istwert des Spritzbeginns der Einspritzdüsen vom Steuergerät erfasst und über das Magnetventil im Spritzversteller an den Sollwert angeglichen.

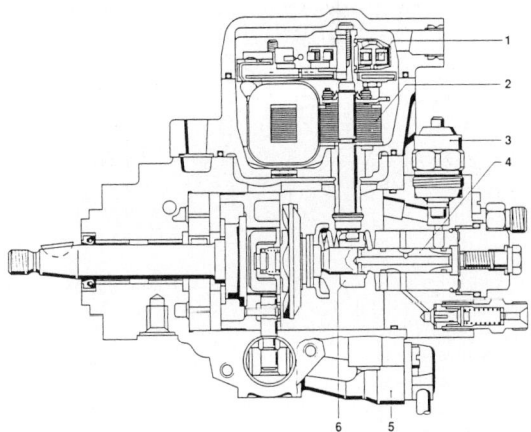

1 Regelschieberweggeber
2 Magnetstellwerk für Einspritzmenge
3 elektromagnetisches Abstellventil
4 Förderkolben
5 Magnetventil für Einspritzbeginnverstellung
6 Regelschieber

Bild 57. Verteilereinspritzpumpe für elektronische Dieselregelung (Bosch)

Eine Weiterentwicklung stellt die elektronisch ge-steuerte Axialkolben-Verteilereinspritzpumpe mit **Hochdruckmagnetventil** dar. Das schnellschaltende Hochdruckmagnetventil ersetzt als elektronisch ge-steuertes Zumesssystem die Aufgaben der Kraftstoff-zuteilung des elektromagnetischen Mengenstellwerks mit Regelschieber-Positionsgeber, indem es den Pumpenelementraum verschließt. Die Anlagen sind mit einem eigenen elektronischen Pumpensteuergerät ausgestattet, das über ein serielles Bussystem mit dem Motorsteuergerät verbunden ist. Ein zusätzlicher Drehwinkelsensor leitet die Signale der Rollenring-stellung an das Pumpensteuergerät. Die Druckerzeu-gung erfolgt wie bei der herkömmlichen Verteilerein-spritzpumpe über Rollenring und Hubscheibe.

Radialkolben-Verteilereinspritzpumpen mit EDC erzeugen bis zu 1500 bar Einspritzdruck an den Dü-sen (feine Zerstäubung, weniger Schadstoffe im Ab-gas). Auf der Pumpenantriebswelle ist ein Drehwin-kelsensor angebracht, der Signale über die Stellung der Pumpenantriebswelle zur Motorkurbelwelle und die Pumpendrehzahl an das Pumpensteuergerät leitet. Einspritzmengen- und Förderbeginnregelung werden elektronisch für jede einzelne Einspritzung über das pumpeneigene Steuergerät beeinflusst, das über einen CAN-Datenbus mit dem Motorsteuergerät zusam-menarbeitet.

Das Pumpensteuergerät gibt hierzu nach abgelegten Kennfeldern Steuerimpulse an das Hochdruck-Magnetventil (Einspritzmengenregelung) und das Taktventil für den Spritzversteller (Einspritzzeit-punkt). Die Bauart ermöglicht ein höheres Motor-drehmoment und geringere Abgasemissionen als herkömmliche Verteilereinspritzpumpen.

Bei **Reiheneinspritzpumpen** mit EDC werden Ein-spritzdrücke bis ca. 1200 bar erreicht. Ein elektro-magnetisches Stellwerk ersetzt den mechanischen Fliehkraftregler. Die Regelstange der Einspritzpumpe ist mechanisch nicht mit dem Fahrpedal gekoppelt. Durch Sensoren werden die Eingangsgrößen wie Fahrpedalstellung, Motordrehzahl und weitere Kor-rekturgrößen an das Steuergerät geleitet. Die errech-neten Ausgangssignale nehmen über das elektromag-netische Stellwerk die erforderlichen Verschiebungen der Regelstange vor. Ein Regelstangenweggeber meldet die aktuellen Regelstangenpositionen an das Steuergerät, bis die Verstellimpulse zum Sollwert angeglichen sind. Fehlerspeicherfunktion und Not-laufprogramme greifen bei Systemfehlern ein und ermöglichen einen eingeschränkten Weiterfahrbe-trieb.

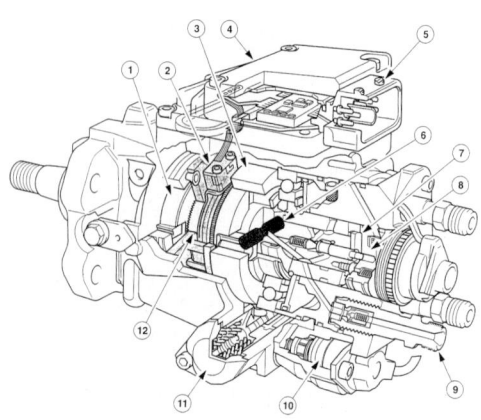

1 Flügelzellenpumpe
2 Drehwinkel-Sensor
3 Nockenring
4 Pumpen-Steuergerät (PCU)
5 Steckeranschluss PCU
6 Radialkolben-Hochdruckpumpe
7 Verteilerwelle
8 Hochdruck-Magnetventil
9 Druckventil
10 Spritzversteller-Magnetventil
11 Spritzversteller
12 Impulsgeberrad

Bild 58. Aufbau der Radialkolben-Verteilerspritz-pumpe (Ford)

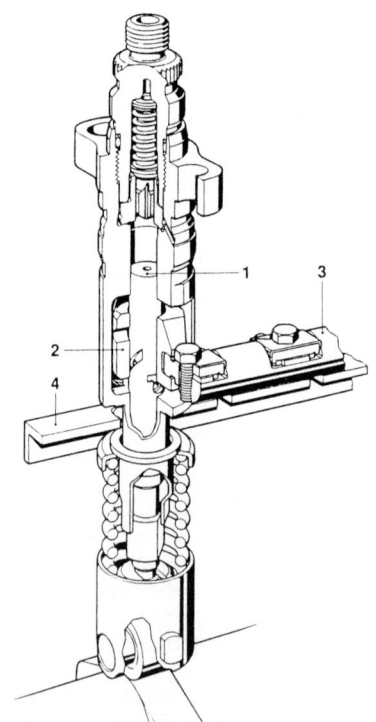

1 Pumpenkolben
2 Hubschieber
3 Hubschieber-Verstellwelle
4 Regelstange

Bild 59. Hubschieber-Verstellmechanik (Bosch)

Hubschieber-Reiheneinspritzpumpen mit EDC erzielen bei Dieselmotoren für Nutzfahrzeuge verminderte Schadstoffemissionen und geringeren spezifischen Kraftstoffverbrauch in allen Betriebszuständen. Es werden Einspritzdrücke bis ca. 1200 bar erreicht. Der Grundaufbau entspricht weitgehend der konventionellen Reiheneinspritzpumpe. Die Förderbeginnverstellung erfolgt jedoch nicht über einen Spritzversteller, sondern über einen axial beweglichen Hubschieber mit Absteuerbohrung, der auf jedem Pumpenkolben angeordnet ist. Durch eine Verstellwelle können alle Hubschieber gemeinsam in Förderrichtung über ein elektromagnetisches Stellwerk verschoben werden. Förderbeginn und Einspritzmenge werden in einem geschlossenen Regelkreis in Abhängigkeit von erfassten Betriebsdaten des Motors abgeglichen. Das System arbeitet mit Fehlerspeicherfunktion und Notlaufprogramm.

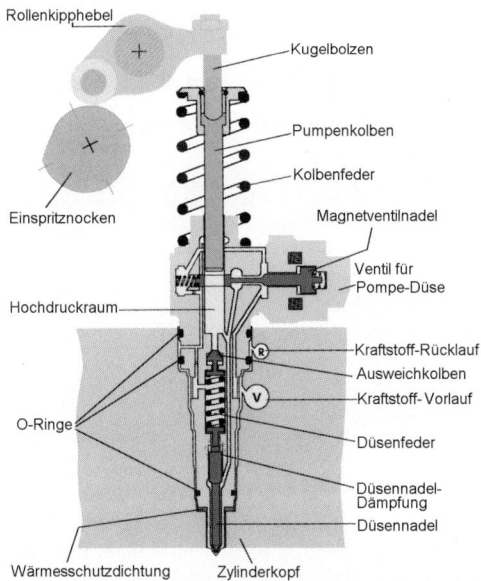

Bild 60. Aufbau des Pumpe-Düse-Einspritzsystems (Volkswagen)

Bei Dieselmotoren mit elektronisch geregelter **Pumpe-Düse-Einheit** (Direkteinspritzmotoren für PKW-Motoren mit obenliegender Nockenwelle) hat jeder Motorzylinder eine Einzylinder-Hochdruckeinspritzpumpe mit Magnetventilsteuerung, Einspritzdüse und Einspritzventil in einem Gehäuse vereint. Die sonst üblichen Hochdruckleitungen entfallen. Die Einheit wird in den Zylinderkopf über dem Brennraum eingebaut. Die obenliegende Motornockenwelle treibt über Kipphebel die Pumpenkolben der Pumpe-Düse-Einheiten an. Durch eine mechanische Kraftstoffförderpumpe werden alle Einheiten aus einem gemeinsamen Verteilerrohr versorgt. Nicht benötigter Kraftstoff wird über einen Kühler zum Tank zurück befördert. Ein elektronisches Steuergerät steuert die Mag-

netventile der Einheiten an und bestimmt damit Einspritzbeginn und Einspritzmenge nach gespeicherten Kennfeldern für jeden Betriebspunkt des Motors. Durch Voreinspritzung einer kleinen Kraftstoffmenge mit geringerem Druck vor der Haupteinspritzung wird ein ruhigerer Verbrennungsablauf erreicht. Die Haupteinspritzung erfolgt nach kurzer Spritzpause mit hohem Einspritzdruck (p_{max} 2050 bar) und feiner Zerstäubung. Das Verfahren ermöglicht einen hohen thermischen Wirkungsgrad bei geringem spezifischen Kraftstoffverbrauch.

Das **Pumpe-Leitung-Düse-Verfahren** ist wie das Pumpe-Düse-Verfahren ein Direkteinspritzsystem mit Einzelpumpenelementen für jeden Motorzylinder. Es wird bei Motoren mit untenliegender Motornockenwelle (ohv) in Nutzfahrzeugen eingesetzt. Die konventionellen Düsenhalter mit Einspritzdüsen (Lochdüsen) sind im Zylinderkopf eingebaut und mit einer kurzen Einspritzleitung mit den seitlich am Motorblock angebrachten Hochdruckeinspritzpumpen mit Magnetventil verbunden. Ein elektronisches Steuergerät errechnet in Abhängigkeit von Sensordaten die Steuerimpulse für die Magnetventile (Beeinflussung von Einspritzverlauf und -menge). Die hohen Einspritzdrücke (p_{max} ca. 1800 bar), Aufladung und die elektronische Regelung (Voreinspritzung, Zylinderabschaltung) ermöglichen einen geringen spezifischen Kraftstoffverbrauch und Reduzierung der Schadstoffemissionen bei höherer Motorleistung.

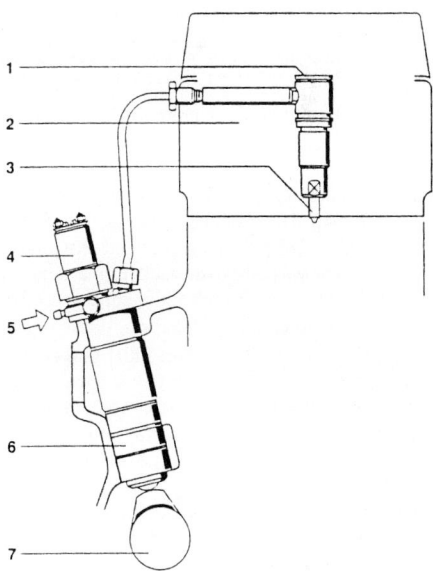

Bild 61. Aufbau des Pumpe-Leitung-Düse-Einspritzsystems (Bosch)
1 Düsenhalter 　　　　4 Magnetventil
2 Motor 　　　　　　　5 Zulauf
3 Düse 　　　　　　　　6 Hochdruckpumpe
7 Einspritznocken auf Nockenwelle

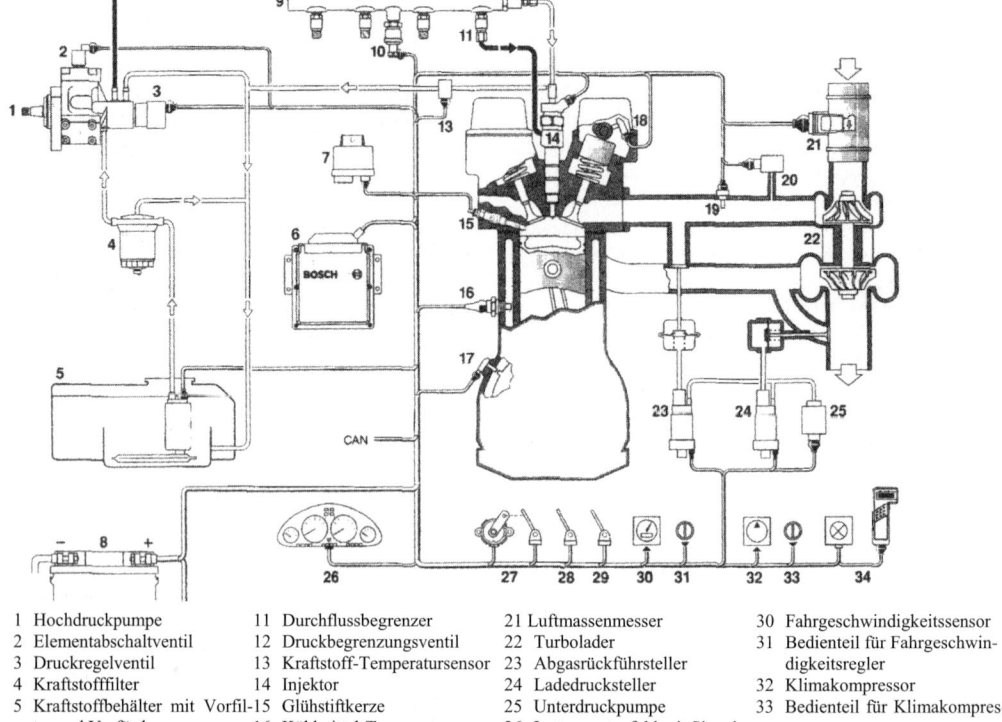

Bild 62. Anlagenschema der Common-Rail-Direkteinspritzung (Bosch)

1 Hochdruckpumpe	11 Durchflussbegrenzer	21 Luftmassenmesser
2 Elementabschaltventil	12 Druckbegrenzungsventil	22 Turbolader
3 Druckregelventil	13 Kraftstoff-Temperatursensor	23 Abgasrückführsteller
4 Kraftstofffilter	14 Injektor	24 Ladedrucksteller
5 Kraftstoffbehälter mit Vorfil-15 Glühstiftkerze		25 Unterdruckpumpe
ter und Vorförderpumpe	16 Kühlmittel-Temperatursensor	26 Instrumentenfeld mit Signal-
6 Steuergerät	17 Kurbelwellen-Drehzahlsensor	ausgabe für Kraftstoff-
7 Glühzeitsteuergerät	18 Nockenwellen-	verbrauch, Drehzahl usw.
8 Batterie	Drehzahlsensor	27 Fahrpedalsensor
9 Hochdruckspeicher (Rail)	19 Ansaugluft-Temperatursensor	28 Bremskontakte
10 Raildrucksensor	20 Ladedrucksensor	29 Kupplungsschalter

30 Fahrgeschwindigkeitssensor
31 Bedienteil für Fahrgeschwin-
digkeitsregler
32 Klimakompressor
33 Bedienteil für Klimakompres-
sor
34 Diagnoseanzeige mit An-
schluss für Diagnosegerät

Das **Common-Rail-Verfahren** ist ein elektronisch geregeltes Hochdruck-Speichereinspritzsystem mit Direkteinspritzung. Hochdruckerzeugung und Kraftstoffeinspritzung werden voneinander getrennt ausgeführt. Eine Radialkolben-Hochdruckpumpe erzeugt kontinuierlich und motordrehzahlunabhängig den Kraftstoff-Systemdruck (p_{max} 1600 bar), der in einem Hochdruck-Verteilerrohr (Common-Rail) gespeichert und über kurze Einspritzleitungen den magnetventilgesteuerten Einspritzeinheiten (Injektoren) zur Verfügung gestellt wird. Das Steuergerät ermittelt aus den Sensordaten die Einspritzmenge und den Einspritzzeitpunkt und taktet die magnetventilgesteuerten Einspritzinjektoren. Kennfelder optimieren durch flexible Einspritzung mit Vor-, Haupt-, Nach- und Mehrfacheinspritzung die Motorcharakteristik für jeden Betriebspunkt. Durch das System werden Abgas- und Geräuschemission und der spezifische Kraftstoffverbrauch reduziert. Motordrehmoment und -leistung liegen deutlich über den Werten konventioneller Anlagen.

8.7.6 Einspritzdüsen

Durch die *Einspritzdüse* wird der Kraftstoff fein zerstäubt und gerichtet im Brennraum verteilt. Über den *Düsenhalter* wird die Einspritzdüse im Zylinderkopf befestigt. Er besitzt Anschlüsse für den Zulauf (Pumpe) und Rücklauf (Lecköl). Über den Druckbolzen wird die Düsennadel mit einer vorgespannten Druckfeder (Vorspannung bestimmt Öffnungsdruck) gegen die Dichtfläche des Düsenkörpers gepresst.

Einspritzbeginn: Die Düsennadel hebt gegen den Federdruck von ihrem Sitz ab.

Förderende: Die Federkraft übersteigt die Druckkraft an der Düsennadel und schließt das Ventil. Der Düsenöffnungsdruck wird durch Ausgleichsscheiben oder Einstellschrauben eingestellt.

Lochdüsen werden für Direkteinspritzmotoren, *Zapfendüsen* für Vor- und Wirbelkammermotoren verwendet. Drosselzapfendüsen ermöglichen durch besondere Spritzzapfenausformung Voreinspritzung für weicheren Verbrennungsablauf. Angeschliffene Flächen am Drosselzapfen beugen bei Flächenzapfendüsen Verkokung vor.

Wärmeschutzhülsen sorgen bei hochbelasteten Direkteinspritzmotoren für eine Temperaturreduktion am Düsensitz (verlängert Düsenstandzeit, beugt Verkokung vor).

Zweifeder-Düsenhalter ermöglichen durch die Verwendung von zwei Druckfedern mit unterschiedlicher Federkennung eine Voreinspritzung bei Direkteinspritzmotoren (weichere Verbrennung mit geringeren Verbrennungsgeräuschen). Nadelbewegungssensoren (induktive Impulsgeber) in Verbindung mit Zweifeder-Düsenhaltern geben beim Öffnen der Düsennadel ein Signal an das Steuergerät der EDC zur genauen Spritzbeginnauswertung.

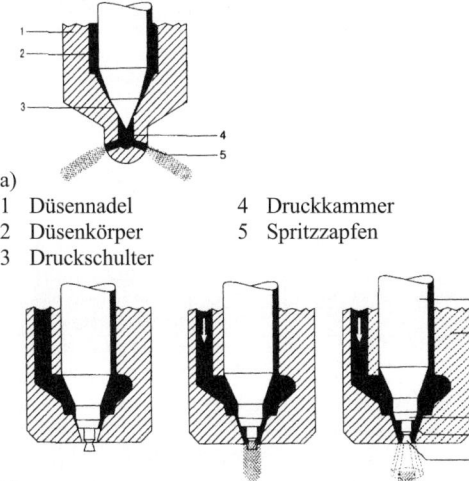

a)
1 Düsennadel   4 Druckkammer
2 Düsenkörper   5 Spritzzapfen
3 Druckschulter

b)
1 Düsenkörper   4 Sackloch
2 Düsennadel   5 Spritzloch
3 Düsensitz

Bild 63. Einspritzdüsenbauarten
a) Lochdüse
b) Drosselzapfendüse

8.7.7 Starthilfseinrichtungen für Dieselmotoren

Bei niedrigen Temperaturen reicht die Verdichtungswärme zur Kraftstoffselbstentzündung nicht aus (Wärmeleitverluste). Motoren mit Direkteinspritzung zeigen ein besseres Kaltstartverhalten als Vor- und Wirbelkammermotoren.

Bei Direkteinspritzmotoren von Nutzfahrzeugen erwärmt vereinzelt ein *Heizflanschelement* mit elektrisch beheizten Drähten (900 ... 1100°C) im Saugrohr zwischen Luftfilter und Zylinderkopf die beim Start angesaugte Luft.

Bei *Flammstartanlagen* wird die Ansaugluft durch Verbrennen von Kraftstoff erwärmt. Der Kraftstoff wird vom Filter- oder dem Einspritzpumpenrücklauf über ein Magnetventil einer Flammglühkerze im Ansaugrohr zugeführt. Hier verdampft er an einem Verdampferrohr, entzündet sich an einem Glühstift

und wärmt die Ansaugluft an. Zur Verbesserung der Warmlaufeigenschaften werden Einrichtungen mit temperaturgesteuertem Nachflammen verwendet (Nutzfahrzeuge).

Bei Vor- und Wirbelkammermotoren und bei Direkteinspritzmotoren für PKW werden Glühkerzen (Draht-, überwiegend Stiftglühkerzen) verwendet, die in den Nebenbrennraum ragen, die Luft darin erwärmen und beim Startvorgang den auf sie gespritzten Kraftstoff verdampfen und entzünden. Selbstregelnde Stiftglühkerzen erreichen die Entflammungstemperatur bereits nach 5 ... 10 s (Heizwendel in der Spitze aus CrAlFe-Legierung, Regelwendel aus Nickel in Reihe geschaltet) ohne die maximal zulässige Temperatur zu überschreiten.

Durch *Nachglüheinrichtungen* werden die Verbrennungsgeräusche gemindert, die Leerlaufqualität verbessert und Kohlenwasserstoff-Emission reduziert. Die Dauer der Nachglühphase wird vom Motorsteuergerät bestimmt. Sie kann mehrere Minuten betragen. Bei Überschreiten einer Schwellendrehzahl wird das Nachglühen außerdem unterbrochen.

Stiftglühkerzen sind einpolig und parallel zueinander geschaltet (Drahtglühkerzen in Reihe). Der Vorglühvorgang wird durch Relaisschaltungen oder elektronisch gesteuert. Die Startbereitschaft wird nach dem Vorglühen durch eine Kontrolllampe angezeigt.

Zündwilliger Kraftstoff, der in das Ansaugrohr gesprüht wird, ergibt eine sichere Starthilfe für alle Dieselmotorbauarten (Startpilot).

8.8 Maßnahmen zur Verminderung der Abgasschadstoffe bei Verbrennungsmotoren

Bei der theoretischen, vollständigen motorischen Verbrennung der Kraftstoffe (CH-Verbindungen) entstehen Wasserdampf und CO_2 als Verbrennungsprodukte. Bei der praktischen, unvollkommenen Verbrennung beim *Ottomotor* enthalten die Abgase noch schädliche Bestandteile wie Kohlenmonoxid (CO), unverbrannte Kohlenwasserstoffe (HC) und Stickoxide (NO_x). CO entsteht durch unvollständige Verbrennung (Luftmangel), HC- bei schlechter Gemischbildung und verzögerter Verbrennung, NO_x bei Luftüberschuss und hohen Verbrennungstemperaturen. CO_2 ist zwar ein ungiftiges Gas, trägt jedoch zum sog. Treibhauseffekt (Erwärmung der Erdatmosphäre) bei.

Da Dieselmotoren mit Luftüberschuss arbeiten ($\lambda = 1,2 ... 10$) sind CO- und HC-Emissionen geringer als bei Ottomotoren. Bei den NO_x-Emissionen ergeben sich etwa gleiche Konzentrationen wie beim Ottomotor. Trotz Luftüberschuss entsteht eine nicht unerhebliche Rußpartikel- und Rauchemission, da durch innere Gemischbildung keine optimale Kraftstoff-Luftvermischung erreicht wird. Rußpartikel bestehen aus einem Kohlenstoffkern mit angelagerten Schwefelverbindungen, Kohlenwasserstoffen und Wasser (gesundheitsschädlich). Schwefeldioxid (SO_2) ist im Dieselabgas, in geringen Mengen auch im Ottomotorabgas enthalten.

Tabelle 3. Abgasbestandteile von Otto- und Dieselmotoren (gemittelte Werte)

Abgasbestandteile		Ottomotor	Dieselmotor
Stickstoff	N_2	72 %	67 %
Sauerstoff	O_2	0,5 %	10 %
Wasserdampf	H_2O	13 %	11 %
Kohlendioxid	CO_2	14 %	12 %
Kohlenmonoxid	CO	0,85 %	0,05 %
Stickoxide	NO_x	0,085 %	0,15 %
Kohlenwasserstoffe	HC	0,05 %	0,03 %
Schwefeldioxid	SO_2	0,005 %	0,02 %
Rußpartikel		0,005 %	0,05 %

Tabelle 4. Abgasgrenzwerte für PKW/Kombi mit Ottomotor in Europa (Auszug)

Stufe	Ein-führungs-termin	CO g/km	HC g/km	NO_X g/km	$HC+NO_X$ g/km
Euro I	07.1992	2,72	–	–	0,97
Euro II	01.1996	2,2	–	–	0,5
Euro III	01.2000	2,3	0,2	0,15	–
Euro IV	01.2005	1,0	0,1	0,08	–

Tabelle 5. Abgasgrenzwerte für PKW mit Dieselmotor in Europa (Auszug)

Regelung	Einführungstermin	Motorbauart	CO g/km	$HC+NO_X$ g/km	Partikel g/km
91/441/EWG	Typprüfung/ 07.1992	$IDI^{1)}$	2,72	0,97	0,14
Stufe 1	Erstzulassung 01.1993		3,16	1,13	0,18
94/12/EU	Typprüfung/ 07.1996	$IDI^{1)}$	1,0	0,7	0,08
Stufe 2	Erstzulassung 01.1991	$DI^{2)}$	1,0	0,9	0,1
98/69 EU	Typprüfung/ 01.2000	$IDI^{1)}$	0,64	0,56	0,05
Stufe 3	Erstzulassung 01.2001	$DI^{2)}$		0,5	
Vorschlag	Typprüfung/ 01.2005	$IDI^{1)}$	0,5	0,3	0,025
Stufe 4	Erstzulassung	$DI^{2)}$		0,25	

[1] Kammermotoren, [2] Direkteinspritzmotoren

Die Verminderung der Abgasschadstoffe bei Otto- und Dieselmotoren und die dabei zugelassenen Grenzwerte für Abgasemissionen, sind durch gesetzliche Regelungen der verschiedenen Länder gekennzeichnet.
Zur Ermittlung der vom Gesetzgeber festgelegten Abgasgrenzwerte von Fahrzeugmotoren werden zur Typprüfung genormte Testzyklen, meist auf Rollenprüfständen, durchgeführt. Für Europa gilt der am 1.1.2000 eingeführte, verschärfte NEFZ-Fahrzyklus

(Neuer Europäischer Fahrzyklus – 11,007 km, mittlere Geschwindigkeit 33,6 km/h, maximale Geschwindigkeit 120 km/h im City- und Außerortszyklus). Die Messung beginnt mit Motorkaltstart. Die vorher übliche 40 Sekunden- Motorwarmlaufphase entfällt. Weitere wichtige Abgasgrenzwerte werden durch den USA-FTP75-Testzyklus und Japan-Testzyklus ermittelt.
In der Bundesrepublik wurden freiwillig schärfere Grenzwerte gegenüber den EU-Normen eingeführt.

Tabelle 6. Abgasgrenzwerte für PKW mit Ottomotor in der Bundesrepublik

Regelung	CO g/km	HC g/km	NO_X g/km
D3-Norm	1,5	0,17	0,14
D4-Norm	1,0	0,1	0,08

Tabelle 7. Abgasgrenzwerte für PKW mit Dieselmotor in der Bundesrepublik

Regelung	CO g/km	$HC+NO_x$ g/km	NO_x g/km	Partikel g/km
D3-Norm	0,6	0,56	0,5	0,05
D4-Norm	0,5	0,3	0,25	0,025

Durch Abgasuntersuchungen (AU) werden in der Bundesrepublik für den Verkehr zugelassene Fahrzeuge regelmäßig überprüft.
Abweichungen der Abgaszusammensetzung, die durch Motor-Fehlfunktionen aufgetreten sind, werden durch On-Board-Diagnose-Systeme (OBD) gespeichert. Durch Kontrollanzeigen werden die Betreiber der Fahrzeuge veranlasst, die Fehlfunktionen beheben zu lassen. OBD-Systeme sind seit 1.1.2000 für die Typprüfung von Neufahrzeugen vorgeschrieben.

8.8.1 Katalysatortechnik für Ottomotoren

Durch den Katalysator im Abgassystem werden vereinfacht gesehen Kohlenwasserstoffe und Kohlenmonoxid durch *Oxidation* umgewandelt,

$$2\,CO + O_2 \rightarrow 2\,CO_2$$
$$2\,C_2H_6 + 7\,O_2 \rightarrow 4\,CO_2 + 6\,H_2O$$

während die Beseitigung der Stickoxide durch *Reduktion* über das CO als Reduktionsmittel erfolgt:

$$2\,NO + 2\,CO \rightarrow N_2 + 2\,CO_2.$$

Von den technisch ausgeführten Katalysatorsystemen (Bild 64) stellt der Dreiwege-Katalysator (Dreiweg, weil alle drei Schadstoffgruppen verringert werden) in Verbindung mit einer $\lambda = 1$ Regelung, das wirksamste System dar, das jedoch nur mit unverbleitem Kraftstoff betrieben werden darf. Der Wirkungsgrad der Schadstoffreduzierung (Konvertierungsgrad) beträgt > 95 %.

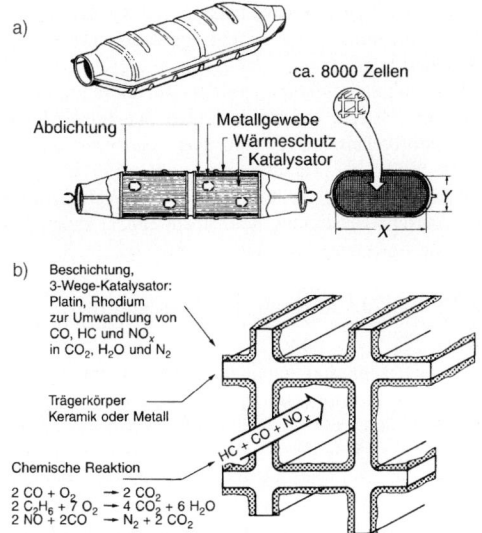

Bild 64. Keramik-Monolith-Katalysator (Opel)
a) Aufbau des Katalysators
b) Wirkungsweise des Katalysators

Der *Keramik-Monolith-Katalysator* (von allen europäischen Herstellern verwendet), besteht aus einem Blechgehäuse und dem zylindrischen oder ovalen Körper aus hochtemperaturbeständigem MgAl-Silikat der in Strömungsrichtung von parallelen Kanälen durchzogen ist (Bild 64). Die katalytisch wirkende Beschichtung des Trägerkörpers besteht aus Platin und Rhodium, die auf einer Zwischenschicht (washcoat) aus Al_2O_3 eingebettet ist, um eine größere spezifisch wirksame Oberfläche (Vergrößerungsfaktor 7000) zu erhalten. Platin ist für die Oxidation der CO und HC-Konzentration, Rhodium für die NO_x-Reduktion erforderlich. *Schüttgut* oder *Granulat Katalysatoren*, sowie *Metall-Monolith Katalysatoren* sind ohne Bedeutung.

Selektive NO_x-*Reduktions-Katalysatoren* oder NO_x-*Speicher-Katalysatoren* werden bei Motoren mit Benzin-Direkteinspritzung (Magerbetriebkonzept und Schichtladung) vor den Dreiwege-Katalysator gelegt, da im Betrieb mit $\lambda > 1$ erhöhte NO_x-Emissionen im Abgas auftreten, die im Dreiwege-Katalysator nicht abgebaut werden können.

Im NO_x Speicherkatalysator werden die hohen NO_x-Anteile während der Magerlaufphase des Motors in Form von Nitraten vorübergehend an der Katalysatoroberfläche angelagert (z.B. Bariumnitrat). Bei Erreichen der Speichergrenze muss zur Regeneration kurzzeitig auf fetten Motorbetrieb umgeschaltet werden (Sauerstoffmangel), wobei die Nitratablagerungen durch den CO- und CH-Anteil zu N_2 reduziert werden. Speicher-Katalysatoren benötigen für ihren Betrieb extrem schwefelarmen Kraftstoff, der erst noch von der Mineralölindustrie bereitgestellt werden muss.

Wichtigste Voraussetzung für den hohen Konvertierungsgrad des Dreiwege-Katalysators ist die Einhaltung einer Gemischzusammensetzung, die eng um $\lambda = 1$ liegt. Die Einhaltung dieses engen Bereiches, wird durch den Lambda-Regelkreis (Bild 65) realisiert, bei dem durch die Messung des Restsauerstoffgehaltes im Abgas mittels Lambda-Sonde, die Kraftstoffzufuhr ständig angepasst wird.

Die in die Abgasleitung vor dem Katalysator eingebaute Sonde arbeitet nach dem Prinzip einer galvanischen Sauerstoffkonzentrationszelle mit einem Festkörperelektrolyten (Zirkonoxid) und ist beidseitig mit porösen Platinelektroden versehen. Eine Seite befindet sich im Abgasstrom, die andere steht mit der Außenluft in Verbindung (Bild 65). Die Differenz des O_2-Partialdrucks an den beiden Elektroden erzeugt ein Spannungssignal, das als Regelimpuls an das Steuergerät einer elektronischen Einspritzanlage weitergegeben wird. Von dort wird es als Signal zur Gemischanfettung bzw. -abmagerung verarbeitet. Unter 250 °C Sondentemperatur werden keine Signale abgegeben. Die erforderliche Arbeitstemperatur liegt bei ca. 600 °C.

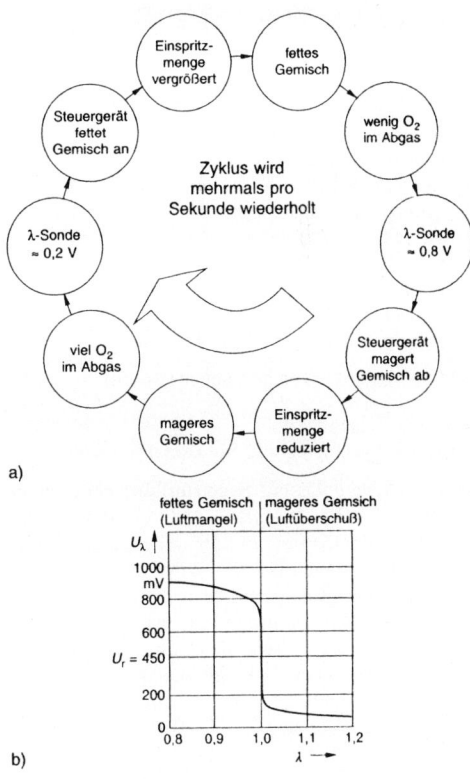

Bild 65. Lambda-Regelkreis (BMW)
a) Zeitlicher Ablauf
b) Lambdasondenspannung in Abhängigkeit vom Luft-Kraftstoffgemisch

Um die ungeregelte Zeit (Motorwarmlaufphase) kurz zu halten, werden neben ihrer motornahen Montage beheizte Sonden verwendet, die bereits wenige Sekunden nach dem Kaltstart des Motors eine Regelung zulassen.

Bei *planaren Lambdasonden* besteht der Festkörperelektrolyt aus keramischen Folien, die durch ein doppelwandiges Schutzrohr vor hohen thermischen Belastungen geschützt werden. Neuere Anlagen setzen eine Sonde vor und eine hinter den Katalysator zur Gemischkontrolle ein. Die *Nachkat-Sonde* soll die Arbeit des Katalysators (Alterungsprozesse) und der Vorkat-Sonde überprüfen und ihre Regelung bei Bedarf anpassen (OBD = On Board Diagnose-Systeme). *Breitband-Lambda-Sonden* liefern statt des Sprungsignals bei $\lambda = 1$ ein stetiges Signal an das Steuergerät. Die Regelung bei 6-, 8- und 12-Zylinder-V-Motoren kann als sogenannte Stereo- oder Quattroausführung erfolgen (je Zylinderbank eine oder zwei Lambdasonden mit getrennten Regelkreisen und Katalysatoren).

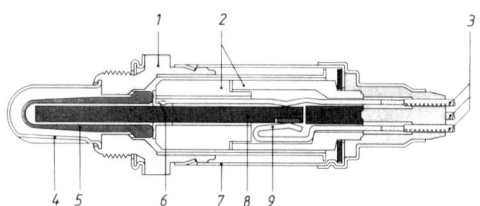

1 Sondengehäuse
2 keramisches Stützrohr
3 Anschlusskabel
4 Schutzrohr mit Schlitzen
5 aktive Sondenkeramik
6 Kontaktteil
7 Schutzhülse
8 Heizelement
9 Klemmanschlüsse für Heizelemente

Bild 66. Beheizte Lambda-Sonde (Bosch)

8.8.2 Katalysatortechnik für Dieselmotoren

Da der Dieselmotor mit Sauerstoffüberschuss arbeitet, ist ein Lambda-Regelkreis nicht erforderlich. Ein Oxidations-Katalysator in der Abgasanlage übernimmt die Oxidation der HC- und CO-Abgasanteile. Der Oxidations-Katalysator gleicht dem vom Ottomotor bekannten Dreiwege-Katalysator. Der Keramikkörper ist als Trägerschicht mit Aluminiumoxid beschichtet, auf dem als Katalysator für CO und HC Platin aufgedampft ist. Die Oxidation der an den Rußpartikeln angelagerten HC-Bestandteile verringert zusätzlich die Partikelemission.

NO_x-Bestandteile können nur durch zusätzliche konstruktive Maßnahmen reduziert werden.

Durch kontinuierliche Zugabe eines Reduktionsmittels (z.B. Harnstoff-Wasserlösung) werden beim *SCR-Verfahren* (selektive katalytische Reduktion) die NO_x-Bestandteile vor einem Oxidationskatalysator reduziert.

Zur Partikelabscheidung werden Rußabbrennfilter in den Abgasstrom eingebaut. Durch den hohen Restsauerstoffgehalt im Dieselabgas regenerieren sich diese Filter bei Temperaturen von > 550 °C durch Nachverbrennung selbsttätig. Durch Wärmezufuhr (elektrische Beheizung, Kraftstoffbrenner) kann auch Zwangsregeneration erzielt werden.

8.8.3 Abgasrückführung für Otto- und Dieselmotoren

Die NO_x-Emission kann auch durch Senkung der Verbrennungstemperaturen im Zylinder reduziert werden (bis zu 60 %). Dies wird durch Rückführung von bis zu 15 % der Abgasmenge (oft über Abgaskühler) in das Ansaugsystem des Motors über ein Abgasrückführungsventil erreicht (äußere Abgasrückführung im Teillastbetrieb). Durch das Steuergerät muss das Aufschalten des Ventils den Betriebsbedingungen angepasst werden (sonst schlechter Motorlauf, hoher Verbrauch usw.). Grenzen der Rückführungsrate sind durch Ansteigen der CO-, HC- und Partikelemissionen gegeben.

Unerwünschte innere Abgasrückführung erfolgt durch schlechte Zylinderspülung infolge Ventilüberschneidung (zwischen dem vierten und ersten Takt) bei niedrigen Motordrehzahlen. Abhilfe schaffen hier Systeme mit variabler Nockenwellensteuerung (Kap. 8.2.4).

8.8.4 Sekundärluftsysteme

Durch Einblasen von Frischluft vor den Katalysator in der Kaltstartphase des Motors wird das Abgas mit Luftsauerstoff angereichert. Durch thermische Nachverbrennung werden die in der Kaltlaufphase noch enthaltenen unverbrannten CO- und HC-Bestandteile reduziert und der Katalysator erreicht schneller seine Betriebstemperatur. Steuergrößen für die Aufschaltung der Sekundärluftpumpe durch das Motorsteuergerät sind Kühlmitteltemperatur und Lambdasondensignale.

8.9 Zweitaktmotoren

Zweitakt-Ottomotoren werden als Einzylindermotoren für Zweiräder, Bootsmotoren, Rasenmäher und Kettensägen, als Mehrzylindermotoren in Krafträdern, selten in PKW verwendet. Großmotoren werden als Zweitakt-Dieselmotoren gebaut.

Zweitakt-Ottomotoren arbeiten ohne Ventilsteuerung. Der Gaswechsel erfolgt durch Einlass-, Auslass- und Überströmkanäle in den Zylinderwandungen. Bei Zweitakt-Dieselmotoren werden zur Abgassteuerung Ventile verwendet.

8.9.1 Arbeitsspiel des Zweitaktmotors

Das Arbeitsspiel umfasst eine Kurbelwellenumdrehung oder zwei Kolbenhübe (2 Takte).

1. Takt (Kolben von UT nach OT, Überströmen-Verdichten-Voransaugen): Durch den offenen *Überströmkanal* 3 (Bild 67) strömt das im Kurbelgehäuse vorverdichtete Kraftstoff-Luft-Ölgemisch ein und spült Restgase durch eine gerichtete Strömung über die offenen Auslassschlitze 1 heraus (Frischgasverluste). Die Spülung dauert solange an, bis bei der Bewegung des Kolbens in Richtung OT zuerst der Überströmkanal 3 und danach die *Auslassschlitze* 1 geschlossen werden und die Verdichtung beginnt ($p =$ 8 … 12 bar, $\varepsilon = 6$ … 11). Im Kurbelgehäuse entsteht unterhalb des Kolbens durch Volumenvergrößerung ein Unterdruck (p = 0,6 … 0,8 bar). Nach Öffnen der *Einlassschlitze* 2 durch die Kolbenunterkante strömt das Kraftstoff-Luft-Ölgemisch unter dem Kolben in das Kurbelgehäuse (Mischungsschmierung).

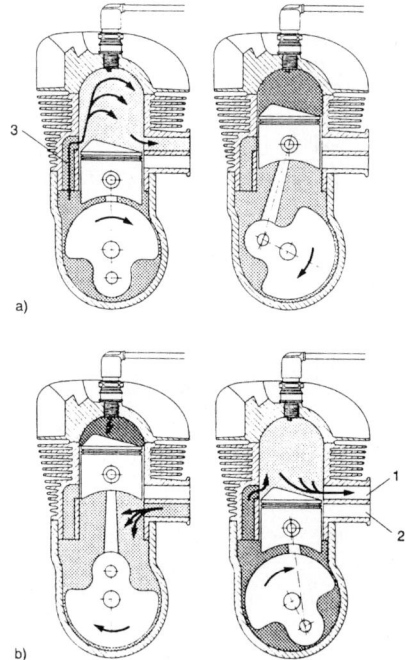

Bild 67. Zweitaktverfahren
a) 1. Takt (Überstromen-Verdichten-Voransaugen)
b) 2. Takt (Arbeiten – Auslassen – Vorverdichten)
1 Auslassschitze
2 Einlassschlitze
3 Überströmkanal

2. Takt (Kolben von OT nach UT, Arbeiten-Auslassen-Vorverdichten): Kurz vor OT erfolgt die Fremdzündung des verdichteten Gemisches (Ottomotor) oder Selbstzündung durch Einspritzung beim Dieselmotor. Der Gasdruck bewegt den Kolben in

Richtung UT, er verrichtet Arbeit. Durch Verschließen der Einlassschlitze 2 durch die Kolbenunterseite erfolgt Vorverdichtung des im Kurbelgehäuse befindlichen Gemischs ($p = 0,3$ … 0,7 bar). Zum Ende der Abwärtsbewegung öffnet der Kolben die Auslassschlitze 1 und kurz danach die Überströmkanäle 3.

Der Zweitaktmotor hat im Gegensatz zum Viertaktmotor einen *offenen Gaswechsel*, d.h. Auslass- und Überströmschlitz sind über weite Bereiche des Gaswechsels gleichzeitig offen. Es treten besonders bei geringen Drehzahlen Ladungsverluste und Vermischungen von Frisch- und Abgas auf, was den Wirkungsgrad mindert. Der *Spülgrad* λ_S beeinflusst die Leistung des Zweitaktmotors. Er errechnet sich als Verhältnis der Frischladung $\dot{m}_z$ im Zylinder zur gesamten Ladungsmasse (Frischgase $\dot{m}_z$ + Restgase $\dot{m}_r$) zu

$$\dot{\lambda}_S = \frac{\dot{m}_z}{\dot{m}_z + \dot{m}_r} \quad \begin{array}{c|c|c} \dfrac{\dot{m}_z}{\dfrac{kg}{s}} & \dfrac{\dot{m}_r}{\dfrac{kg}{s}} & \dfrac{\lambda_S}{1} \end{array} \quad (45)$$

Bei günstigen Spülverhältnissen lassen sich Spülgrade von $\lambda_S = 0,8$ … 0,9 bei Ottomotoren und $\lambda_S = 1$ bei Dieselmotoren mit Spülgebläsen (Rootsgebläse) erzielen.

8.9.2 Spülverfahren bei Zweitaktmotoren

Die Art des Spülverfahrens beeinflusst die Frischgasverluste. Man unterscheidet **Gleichstromspülung** mit gleicher Strömungsrichtung von Frisch- und Abgas durch den Zylinder (Zweitakt-Dieselmotoren) und **Gegenstromspülung** mit unterschiedlicher Strömungsrichtung von Frisch- und Abgas innerhalb des Zylinders. Hierbei werden Querstrom- und Umkehrspülung unterschieden.

8.9.2.1 Gleichstromspülung

Bei der *Gleichstromspülung* (Bild 68a) durchströmen Frischgase und Abgas den Zylinder in einer Richtung. Zur Spülung strömen die Frischgase durch den Einlasskanal in den Zylinder und schieben die Abgase in den Auslasskanal oder durch gesteuerte Auslassventile (Dieselmotor) aus. Gleichstromspülung ergibt unsymmetrische Steuerdiagramme.

8.9.2.2 Gegenstromspülung

Bei der *Umkehrspülung* münden zwei Überströmkanäle rechts und links vom Auslasskanal (Bild 68b1 – Prinzip Schnürle-Umkehrspülung,) in den Zylinder. Die beiden Frischgasströme münden tangential in den Zylinderraum, stoßen am Umfang des Zylinders zusammen, kehren im Zylinderkopf um und drücken die Altgasreine aus dem Auslasskanal. Hoher Spülgrad, gute Füllung, geringer Kraftstoffverbrauch, meist angewendetes Verfahren. Bei der Mehrkanalspülung werden mehrere Überströmkanäle mit unterschiedlicher Winkelstellung eingesetzt.

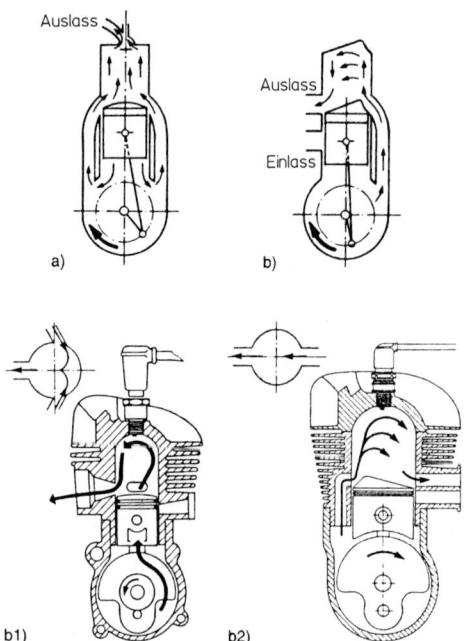

Bild 68. Spülverfahren bei Zweitaktmotoren
a) Gleichstromspülung   b) Gegenstromspülung
b1) Umkehrspülung   b2) Querstromspülung

Bei der *Querstromspülung* liegen Überström- und
Auslassschlitz einander gegenüber (Bild 68b2). Die
Frischgase werden durch einen Nasenkolben abge-
lenkt und strömen quer durch den Zylinder. Hoher
Restgasanteil, hoher Kraftstoffverbrauch, einfacher
Aufbau. Wegen der schlechten Wirkungsgrade kaum
noch eingesetzt.

Gaswechselsteuerungen werden durch Steuerdia-
gramme dargestellt. Bild 69 zeigt das *symmetrische
Steuerdiagramm* mit Schlitzsteuerung durch den
Kolben (Steuerwinkel für Einlass-, Auslass- und
Überströmen liegen symmetrisch zu OT bzw. UT).
Die Vorgänge im Verbrennungsraum werden im
äußeren, Vorgänge unterhalb des Kolbens im inneren
Kreisring dargestellt. Symmetrische Steuerwinkelver-
teilung führt durch die Frischladungsverluste zu ei-
nem höheren spezifischen Kraftstoffverbrauch und
Leistungsminderung.

Unsymmetrische Steuerdiagramme weisen verschieden große Öffnungs- und Schließwinkel der Kanäle
auf, die unsymmetrisch zu OT bzw. UT liegen können. Durch Überschneidung von Überströmwinkel
und Auslass erfolgt infolge Massenträgheit Nach-
strömen der Frischgase. Dadurch Füllungsverbesserung, hoher Spülgrad und geringerer spezifischer
Kraftstoffverbrauch.

Moderne Zweitakt-Ottomotoren erzielen Nachladeef-
fekte mit unsymmetrischen Steuerdiagrammen durch
kolbenunabhängige *Membransteuerungen* (Flatter-
ventile) oder von der Kurbelwelle angetriebene *Plat-*

ten- oder *Walzendrehschieber-Steuerungen* (gesteuertes Öffnen und Schließen des Einlasskanals).

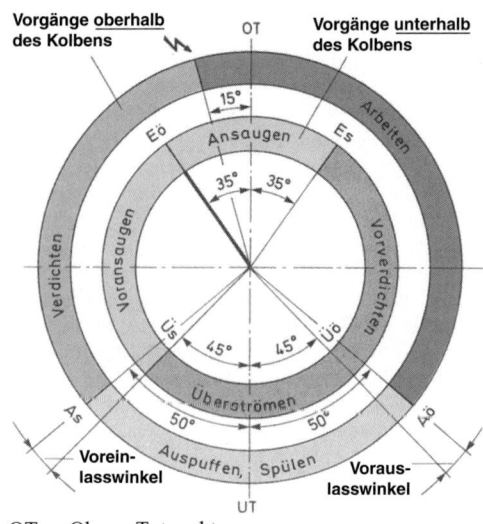

OT – Oberer Totpunkt
UT – unterer Totpunkt
Aö – Auslass öffnet
As – Auslass schließt
Eö – Einlass öffnet
Es – Einlass schließt
Üs – Überströmkanal schließt
Üö – Überströmkabel öffnet

Bild 69. Symmetrisches Steuerdiagramm eines
Zweitaktmotors

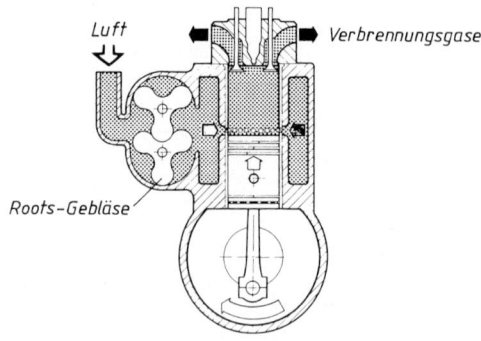

Bild 70. Zweitakt-Dieselmotor mit Aufladung (Opel)

Zweitakt-Dieselmotoren (Großdiesel) arbeiten bei
Gleichstromspülung mit gesteuerten Auslassventilen
(unsymmetrisches Steuerdiagramm) und Spülgebläsen (Bild 70).

Durch den vom Drehkolbengebläse (Rootsgebläse)
aufgebrachten tangentialen Spülstromeintritt richtet
sich eine rotierende Luftströmung aus, in die Dieselkraftstoff (bei Schiffsmotoren meist Schweröl oder
Rohöl) direkt eingespritzt wird. Die Motoren können

zum Rechts- und Linkslauf umgesteuert werden. Spülverluste sind ohne Bedeutung, da nur mit Luft gespült wird. Das Kurbelgehäuseunterteil ist meist als Ölwanne ausgebildet.

Zur Erhöhung der Leistungsausbeute verwendet man auch Doppelkolbenmotoren mit gabelförmiger Pleuelstange und Gegenkolbenmotoren mit zwei übereinanderliegenden Kurbelwellen.

Durch die stoßartigen Gaswechselvorgänge beim Zweitaktmotor werden die Gassäulen in den Überström-, Ansaug- und Abgasleitungen zu Schwingungen angeregt. Gasschwingungen können zur Frischgas- oder Abgasrückströmung führen (schlechtere Füllung). Abgas- und Ansaugleitungen müssen genau aufeinander abgestimmt sein um Leistungsverlust zu vermeiden.

Zweitaktmotoren verwenden Mischungs- und Frischölschmierung (s. Kap. 8.10).

8.10 Motorschmierung

Das Motoröl hat die Aufgabe:
- die Reibung und den Verschleiß zwischen den bewegten Motorteilen zu verringern,
- die Reibungswärme der Lager und ein Teil der Verbrennungswärme abzuführen,
- die Feinabdichtung zwischen Kolben, Kolbenringen und Zylinderwandung vorzunehmen,
- den Motor vor Korrosion zu schützen,
- metallische Abriebteile von den Lagern abzuführen,
- Ruß und Fremdstoffe in Schwebe zu halten.

Die **Viskosität** (Zähflüssigkeit) des Schmiermittels ist für die Wirksamkeit der Schmierung von Bedeutung. Das Öl darf bei niedrigen Temperaturen nicht zu zähflüssig sein (hoher Startwiderstand), bei hohen Temperaturen jedoch noch zähflüssig genug sein, damit der Schmierfilm nicht unterbrochen wird.

Nach ihrer Viskosität werden Motor- und Getriebeöle von der *SAE* (Society of Automotive Engineers) in Viskositätsklassen eingeteilt (0W ... 60 für Motoröle, 70W ... 240 für Getriebeöle):

Tafel 8. SAE-Viskositätsklassen der Motoröle (Aral – Auszug nach DIN 51511)

SAE-Viskositätsklasse	max. scheinbare Viskosität in mPa s bei Temperatur in °C	max Grenzpumptemperatur in °C	kinematische Viskosität bei 100 °C in mm²/s min.	max.
0 W	3250 bei – 30	– 35	3,8	–
5 W	3500 bei – 25	– 30	3,8	–
10 W	3500 bei – 20	– 25	4,1	–
15 W	3500 bei – 15	– 20	5,6	–
20 W	4500 bei – 10	– 15	5,6	–
25 W	6000 bei – 5	– 10	9,3	–
20	–	–	5,6	< 9,3
30	–	–	9,3	< 12,5
40	–	–	12,5	< 16,3
50	–	–	16,3	< 21,9

Abhängig von der SAE-Klasse liegen die Bezugstemperaturen im kalten Zustand bei –5 ... –30 °C. Bei warmen Motor bei 100 °C, obwohl höhere Öltemperaturen auftreten können. Die max. Grenzpumptemperatur ist der Wert, bei der das Öl noch von selbst durch die Ölpumpe läuft.

SAE-Klassen, deren Grenzwerte bei tiefen Temperaturen und bei 100 °C festgelegt sind, tragen zum unteren Wert den Zusatz W (W = Winter).

Das Kälteverhalten von Motorölen (Erreichen der Fließgrenze) wird durch den Pourpoint (ähnlich dem früher verwendeten Stockpunkt) angegeben. Durch Zugabe von Fließverbesserern wird der Pourpoint herabgesetzt.

Mehrbereichsöle decken durch die Zugabe von Viskosität-Index-Verbesserern mehrere Viskositätsbereiche ab.

■ **Beispiel:**
Das Öl SAE 15 W – 40 erfüllt bei –18 °C die Viskositätsanforderung des Einbereichöls SAE 15 W und bei 100 °C die Viskosität des Einbereichöls SAE 40. Sie werden als ganzjährig zu verwendende Öle eingesetzt.

Neben der SAE-Viskositätseinteilung werden Motorenöle durch das *API-Klassifizierungssystem* und nach *ACEA-Spezifikationen* (früher CCMC) nach ihrer Einsatzart gekennzeichnet.

Nach dem API-Klassifizierungssystem (American Petroleum Institute) werden Motoröle nach ihrem Leistungsvermögen in Qualitätsstufen und Einsatzarten eingeteilt. Man unterscheidet S-Klassen (Service-Klasse: Öle für Ottomotoren) und C-Klassen (Commercial-Klasse: Öle für Dieselmotoren). Die unterschiedlichen Qualitätsstufen für Motoren werden durch einen zweiten Buchstaben kenntlich gemacht. So gilt API SA als kleinste, API SH als größte Anforderungsklasse bei Motoröl für Ottomotoren und API CA bis API CG4 für Dieselmotoren.

■ **Beispiele:**
von Klasse *API-SA* bis *API-SH* (S = Service-Klasse, überwiegend für Ottomotoren) z.B. *API-SH*: Service Klasse H für Ottomotoren ab Baujahr 1993, höherer Schutz gegen Temperaturablagerungen und Korrosion als in den Klassen SF oder SG.

oder *API-CA* bis *API-CG4*: (C = Commercial Klasse überwiegend für Dieselmotoren) z.B. *API-CD*: Commercial Klasse D. Öl für aufgeladene Dieselmotoren für schwere Belastungen. Schutz gegen Verschleiß, Ablagerungen und Lagerkorrosion.

Die zugesicherten Anforderungen steigen von der Klasse SA bis SH bzw. CA bis CG4 an. Sie werden ständig angepasst.

Die für USA-Verhältnisse festgelegten API-Klassifikationen berücksichtigen nur ungenügend die Einsatzanforderungen europäischer Motoren. Die 1983 aufgestellten CCMC-Spezifikationen (Committee of Common Market Automobile Constructors) stellen an ein Motoröl höhere Anforderungen, als die durch die

API-Klassen vorgegebenen. Sie wurden 1996 durch die *ACEA-Spezifikation* (Association des Constructeurs Européen de l´Automobile) im Rahmen der EU abgelöst. Die ACEA-Spezifikationen berücksichtigen die speziellen Anforderungen moderner europäischer Motoren in Bezug auf Literleistung, längere Ölwechselintervalle, höheres Drehzahlniveau und Schlammbildung. Die Spezifikation setzt sich zusammen aus Buchstabe, Zahl und Einführungsjahr. Für Ottomotoren gilt der Buchstabe A, Für PKW-Dieselmotoren B und für LKW-Dieselmotoren E.

■ **Beispiel:**
ACEA A2-96 / B2-96: Das Hochleistungsöl erfüllt beim Einsatz im PKW-Ottomotor die Anforderungen der Klasse A2-1996 und beim Einsatz im PKW-Dieselmotor der Klasse B2-1996.

Auf Gebinden für Motoröle werden neben SAE-Klasse, API-Klassifikation und ACEA (CCMC)-Spezifikation auch die Freigabevermerke (Werksnormen) einzelner Motorenhersteller angegeben.

Schmiersysteme

Die *Druckumlaufschmierung* ist die meistverwendete bei Viertaktmotoren. Das Öl wird von der Ölpumpe über den Ölsaugkorb aus der Ölwanne angesaugt. Das Überdruckventil innerhalb des Pumpengehäuses begrenzt den maximalen Öldruck (4 … 8 bar) und leitet das überschüssige Öl in den Ansaugkanal der Pumpe zurück.
Das Öl gelangt zum Ölfiltergehäuse. Wenn das System mit thermostatisch gesteuertem Ölkühler (Luftölkühler oder Kühlwasserwärmetauscher) versehen ist, so leitet der Thermostat bei zu warmen Öl zunächst zum Ölkühler um, bevor der Filter durchlaufen wird. Wenn infolge Filterverstopfung oder zu kaltem Öl der Differenzdruck zwischen Filterzulauf und -ablauf zu groß wird, öffnet das Umgehungsventil und leitet das Öl unter Filterumgehung zum Ölhauptkanal im Motorgehäuse. Hier ist ein Öldruckschalter angebracht, der abfallenden Öldruck über eine Warnleuchte anzeigt oder ein Öldruckgeber gibt über eine Öldruckanzeige den Öldruck an. Vom Hauptkanal gelangt das Öl durch Querbohrungen zu den Kurbelwellenhauptlagern und über die Kurbelwellenschrägbohrungen zu den Pleuellagern. Hier tritt das Öl meist seitlich aus und das Schleuderöl schmiert die Zylinderwandungen und die Kolbenbolzenlager. Hochleistungsmotoren erhalten längs durchbohrte Pleuel (Bild 71) oder Ölspritzdüsen (Bild 72), die für die Schmierung und die Kolbenkühlung sorgen.
Vom Hauptölkanal führt ein Ölkanal zum Zylinderkopf und schmiert dort die Nockenwellenlagerstellen und die Stößel (Hydrostößel) oder Kipphebellagerstellen. Ventile und Ventilführungen werden durch Spritzöl der Nockenwellenschmierung versorgt. Vom Steigkanal werden Ölströme für die Kettenspanner, Steuerketten oder Steuerräder abgezweigt.

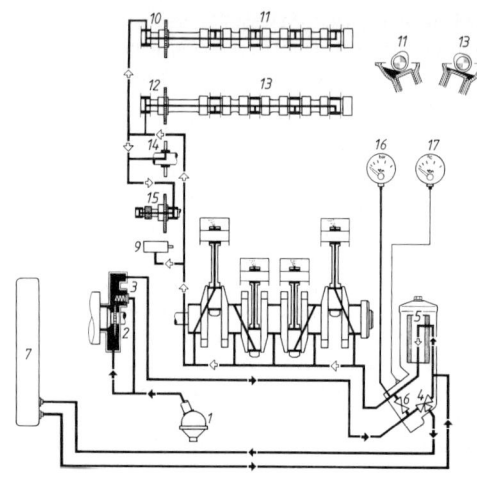

1 Ölsaugkorb
2 Ölpumpe
3 Ölüberdruckventil
4 Thermostat im Filtergehäuse
5 Ölfiltereinsatz
6 Umgehungsventil
7 Luftölkühler
9 Kettenspanner
10 Nockenwellenrad-Auslass
11 Nockenwelle-Auslass
12 Nockenwellenrad-Einlass
13 Nockenwelle-Einlass
14 Umlenkrad
15 Zwischenradwelle
16 Öldruckanzeige
17 Öltemperaturanzeige

Bild 71. Druckumlaufschmierung für einen 4-Zylinder-Ottomotor (Daimler-Benz)

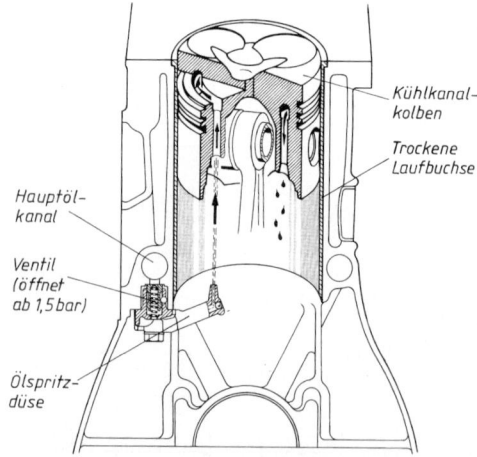

Kühlkanal-kolben

Trockene Laufbuchse

Hauptöl-kanal

Ventil (öffnet ab 1,5 bar)

Ölspritz-düse

Bild 72. Ölspritzdüse zur Kolbenkühlung für einen aufgeladenen PKW-Dieselmotor (Daimler-Benz)

Reiheneinspritzpumpen von Dieselmotoren und Abgasturbolader sind meist in den Kreislauf einbezogen. Ein Kugelrückschlagventil im Steigkanal verhindert Ölrückfluss nach dem Motorabstellen.

Bei der *Trockensumpfschmierung* befindet sich das Öl in einem separatem Öltank außerhalb des Motors. Durch eine Rückförderpumpe wird das von den Schmierstellen zurückfließende Öl sofort in den Tank geleitet. Eine Druckölpumpe saugt aus diesem Behälter an und arbeitet weiter wie bei der Druckumlaufschmierung. Verwendung bei Sportwagen, Motorrädern und Geländefahrzeugen, um bei schnellen Kurvenfahrten oder starker Schräglage des Motors ausreichende Schmierung zu gewährleisten.

Mischungsschmierung wird bei Zweitaktmotoren durch den Zusatz von Schmieröl zum Kraftstoff im Verhältnis 1 : 25 … 1 : 100 verwendet. Im Vergaser entsteht ein Kraftstoff-Luft-Ölgemisch. Das Öl benetzt die Zylinderwandungen und die Motorteile im Kurbelgehäuse. Nachteil: Umweltbelastung durch unverbranntes Öl, hoher Ölverbrauch.

Frischölschmierung (Getrenntschmierung): Kraftstoff und Öl befinden sich in getrennten Behältern. Das Öl wird im Vergaser, direkt nach der Hauptdüse, durch eine Dosierpumpe, drehzahl- und lastabhängig, dem Kraftstoff Luftgemisch zugeführt. Der Schmierölverbrauch wird bei Zweitaktmotoren dadurch beträchtlich gesenkt.

Ölpumpen dienen zur Förderung des Ölstroms und zum Aufbau des Öldrucks im Motorschmiersystem. Die Fördermenge der Ölpumpen liegt je nach Motorgröße zwischen 8 … 60 l/min, bei mittlerer Motordrehzahl.

Die *Fördermenge* $\dot{m}$ einer Motorölpumpe wird mit der Ölfüllmenge V des Motors, der Dichte ρ des Öls und der Zeit t für einen Schmierölumlauf:

$$\dot{m} = \frac{60 V \rho}{t} \quad \begin{array}{c|c|c|c} \dot{m} & V & \rho & t \\ \hline \dfrac{\text{Kg}}{\text{min}} & \text{dm}^3 & \dfrac{\text{Kg}}{\text{dm}^3} & \text{s} \end{array} \quad (46)$$

Die *Umlaufzahl z* des Schmieröls gibt an, wie oft der gesamte Motorölinhalt pro Minute umgewälzt wird

$$Z = \frac{\dot{m}}{V \rho} \quad \begin{array}{c|c|c|c} z & \dot{m} & V & \rho \\ \hline \dfrac{1}{\text{min}} & \dfrac{\text{kg}}{\text{min}} & \text{dm}^3 & \dfrac{\text{Kg}}{\text{dm}^3} \end{array} \quad (47)$$

Richtwerte: $z = 2{,}5 … 5$

Der *Schmierölverbrauch* B_S eines Verbrennungsmotors wird durch Fahrversuche oder auf dem Prüfstand ermittelt.

Der *spezifische Schmierölverbrauch* b_S ist die leistungs- und zeitbezogene, verbrauchte Schmierölmenge:

$$b_S = \frac{V_p \rho}{P_{\text{eff}} \, t_p} \quad \begin{array}{c|c|c|c|c} b_S & V_p & \rho & P_{\text{eff}} & t_p \\ \hline \dfrac{\text{g}}{\text{kWh}} & \text{cm}^3 & \dfrac{\text{g}}{\text{cm}^3} & \text{kW} & \text{h} \end{array} \quad (48)$$

Richtwerte:

Otto-Viertaktmotoren:	1,1 … 2,0 g/kWh
Otto-Zweitaktmotoren:	4,2 … 6,5 g/kWh
Diesel-Viertaktmotoren:	1,4 … 3,2 g/kWh

V_p ist die verbrauchte Ölmenge, ρ die Öldichte, P_{eff} die Motornutzleistung und t_p die Prüfzeit des Versuchsmotors.

■ **Beispiel:**

Die Ölfüllmenge eines 66 kW -Dieselmotors beträgt 5,5 Liter ($\rho_{\"Ol} = 0{,}91$ kg/dm³). Der Motor verbraucht bei einem 30 Minuten Volllast-Testlauf (mit Nennleistung) 72 cm³ Öl. Zu ermitteln sind:
a) Die Fördermenge der Ölpumpe
b) Die Zeit für einen Schmierölumlauf, wenn das Öl ca. 4,5 l/min umgewälzt werden soll
c) Der spezifische Schmierölverbrauch

Lösung:

a) $\dot{m} = z V \rho = 4{,}5 \ 1/\text{min} \cdot 5{,}5 \,\text{dm}^3 \cdot 0{,}91 \dfrac{\text{kg}}{\text{dm}^3} = 22{,}52 \dfrac{\text{kg}}{\text{min}}$

b) $t = \dfrac{60 V \rho}{\dot{m}} = \dfrac{60 \cdot 5{,}5 \cdot 0{,}91}{22{,}52} = 13{,}33 \ \text{s}$

c) $b_S = \dfrac{V_p \rho}{P_{\text{eff}} \, t_p} = \dfrac{72 \,\text{cm}^2 \cdot 0{,}91 \,\text{g}/\text{cm}^3}{66 \,\text{kW} \cdot 0{,}5 \,\text{h}} = 1{,}99 \dfrac{\text{g}}{\text{kWh}}$

Ölpumpenbauarten

Zahnradpumpen werden über Ketten oder Stirnräder von der Kurbelwelle angetrieben. Das Öl wird durch die Rotation der Zahnräder in den Zahnlücken an der Gehäusewand entlang von der Saug- zur Druckseite befördert. Die Berührungslinie der Zahnflanken bildet die Abdichtung zwischen Saug- und Druckraum. Einfacher, preiswerter Aufbau, meist verwendete Bauart.

Zahnradsichelpumpen besitzen ein innenverzahntes Zahnrad, das mit einem exzentrisch angeordneten außenverzahntem Zahnrad arbeitet. Dieses wird über die Kurbelwelle angetrieben. Der Saug- und Druckraum wird durch eine sichelförmige Gehäusescheibe getrennt. In den Zahnlücken ober- und unterhalb der Sichelscheibe wird das Öl transportiert. Geräuscharmer Lauf und hohe Förderleistung schon bei niedrigen Drehzahlen.

Rotorpumpen. Im Gehäuse arbeitet ein angetriebener, exzentrischer Außenrotor mit einem Innenrotor zusammen, der einen Zahn weniger als der Außenrotor aufweist. Rotorpumpen arbeiten geräuscharm und sind für hohe Drücke geeignet.

Ölfilter entfernen Metallabrieb, Verbrennungsrückstände und Verunreinigungen aus dem Ölstrom. Nach der Anordnung der Filter im Ölstrom unterscheidet man zwischen Hauptstrom-, Nebenstrom- sowie Kombinationen von Haupt- und Nebenstromfiltern (Bild 73).

Hauptstromfilter filtern den gesamten von der Ölpumpe kommenden Ölstrom bei jedem Umlauf. Sichere und am häufigsten angewendete Filteranordnung mit mittelfeiner Filterwirkung. Umgehungsventil notwendig.

Nebenstromfilter filtern nur etwa 5 … 15 % der umlaufenden Ölmenge. Der Rest geht ungefiltert zu den Schmierstellen. Das gesamte Öl wird erst im Verlauf mehrerer Umläufe gefiltert, daher ist sehr feine Filterung möglich.

Kombinationen von Haupt- und Nebenstromfiltern werden gerade im Nutzfahrzeugbereich verwendet und erzielen die beste Filterwirkung. Ein Teil des Ölstroms wird vor dem Hauptstromfilter abgezweigt und durch das als Feinfilter arbeitende Nebenstromfilter geleitet. Bei mehreren Umläufen wird das gesamte Öl feingefiltert.

Ölfilter-Bauarten: Zur Anwendung kommen hauptsächlich *Wechselfilter* im Hauptstrom, bei denen Filtergehäuse und Filterpatrone fest miteinander verbunden sind. *Siebfilter* und *Spaltfilter* werden im Fahrzeugbau nur noch selten verwendet.

Freistrahlzentrifugen werden als Nebenstromfilter in Nutzfahrzeugen bei schweren Belastungen verwendet. Der Öldruck versetzt den Rotor in Drehung. Die im Öl enthaltenen schwereren Schmutzteile setzen sich an der Rotorwandung ab.

Mit Permanentmagnet versehene Ölablassschrauben für magnetischen Metallabrieb dienen zur Unterstützung der vorhandenen Filterelemente.

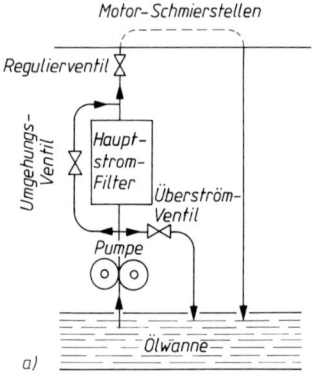

a)

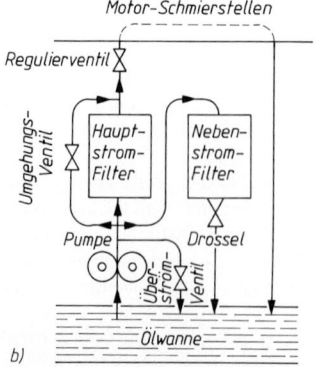

b)

Bild 73. Ölfilteranordnung (Mann)
a) Hauptstromfilter
b) Haupt- und Nebenstromfilter

Ölkühler (meist im Hauptstrom) haben die Aufgabe, bei thermisch hochbelasteten Motoren (z.B. mit Abgasturbolader), für die Erhaltung der Schmierfähigkeit durch ausreichende Kühlung zu sorgen. Im Normalfall ist die Ölwanne durch ihre Anordnung im Fahrtwind zur Kühlung ausreichend.

Ölkühler werden als *Luftölkühler* (Öffnung für Öldurchlass zum Kühler ab ca. 100 °C thermostatisch geregelt) (Bild 71) oder als *Wärmetauscher* (kühlwassergekühlt) gebaut. In der Warmlaufphase wird dadurch die Betriebstemperatur des Motors schneller erreicht. Nach Öffnung des Kühlwasserthermostates findet eine Umkehrung des Wärmeaustausches (Kühlung des Schmiermittels durch das Kühlmittel) statt.

Kontrolleinrichtungen: Zur Kontrolle der ausreichenden Ölmenge werden *Peilstäbe* oder in der Ölwanne angebrachte *elektrische Ölstandsgeber* verwendet (Schwimmer mit Permanentmagnet öffnet bei Minimalstand einen Reedkontakt, der eine Kontrollleuchte schaltet).

Der Öldruck wird entweder über einen *Öldruckmesser* angezeigt oder über einen Öldruckschalter in Verbindung mit einer Kontrollleuchte überwacht. Die Öltemperatur kann über einen *Temperaturfühler* (NTC-Widerstand) an einem Meßinstrument angezeigt werden.

8.11 Motorkühlung

Die Motorkühlung hat die Aufgabe, einen Teil der Verbrennungswärme abzuführen, um die Schmierfähigkeit des Öls zu erhalten, die Warmfestigkeit der Motorbauteile nicht zu überschreiten und um den Verbrennungsprozess kontrolliert ablaufen zu lassen. Durch die Notwendigkeit der Prozesskühlung werden ca. 28 … 34 % ($f = 0,28 … 0,34$) der im Kraftstoff enthaltenen Energie abgeführt. Die Wärme wird entweder indirekt über eine Wasserkühlung oder direkt an die Außenluft abgegeben. Die im Motor erzeugte *Wärmemenge* Φ berechnet sich mit dem Kraftstoffverbrauch B und dem spezifischem Heizwert des Kraftstoffes H_u:

$$\Phi = B\,H_u \qquad \begin{array}{c|c|c} \Phi & B & H_u \\ \hline \dfrac{kJ}{h} & \dfrac{kg}{h} & \dfrac{kJ}{kg} \end{array} \qquad (49)$$

Mit dem spezifischen Kraftstoffverbrauch b_{eff} und der Motornutzleistung P_{eff} wird

$$\Phi = \frac{b_{eff}\,H_u\,P_{eff}}{1000} \qquad \begin{array}{c|c|c|c} \Phi & b_{eff} & H_u & P_{eff} \\ \hline \dfrac{kJ}{h} & \dfrac{g}{kWh} & \dfrac{kJ}{kg} & kW \end{array} \qquad (50)$$

Von dieser erzeugten Wärmemenge wird unter Berücksichtigung des Wärmeflussfaktors f ($f = 0,28 … 0,34$) die über den Kühler *abzuführende Wärmemenge*:

$$\Phi_{ab} = \Phi f \qquad \begin{array}{c|c|c} \Phi_{ab} & \Phi & f \\ \hline \dfrac{kJ}{h} & \dfrac{kJ}{h} & 1 \end{array} \qquad (51)$$

Der *Kühlflüssigkeitsdurchsatz* $\dot{m}$ ist die auf die Leistung bezogene, zeitabhängige Kühlflüssigkeitsmenge, die notwendig ist, um die Wärmemenge über den Kühler abzuleiten. Mit der abzuführenden Wärmemenge Φ_{ab}, der Temperaturdifferenz ΔT zwischen Kühltemperatur-Eintritt (T_1) und -Austritt (T_2) und der spezifischen Wärmekapazität c des Kühlmediums (Wasser-Frostschutz-Mischungen), wird

$$\dot{m} = \dfrac{\Phi_{ab}}{\Delta T c} \qquad \begin{array}{c|c|c|c} \dot{m} & \Delta T & c & \Phi_{ab} \\ \hline \dfrac{kg}{h} & K & \dfrac{kJ}{kg \cdot K} & \dfrac{kJ}{h} \end{array} \qquad (52)$$

Richtwerte: $\Delta T = 5 \ldots 10$ K

Die *Kühlmittel-Umlaufzahl* z gibt an, wie oft die vorhandene Kühlmittelmenge m_K je Zeiteinheit umzuwälzen ist, um die erforderliche Wärmemenge Φ_{ab} abzuführen:

$$z = \dfrac{\Phi_{ab}}{\Delta T c m_K} = \dfrac{\dot{m}}{m_K} \qquad \begin{array}{c|c|c|c|c|c} z & \Phi_{ab} & \Delta T & c & m_K & \dot{m} \\ \hline \dfrac{1}{h} & \dfrac{kJ}{h} & K & \dfrac{kJ}{kg\,K} & kg & \dfrac{kg}{h} \end{array} \qquad (53)$$

Mit $t = 60/z$ ergibt sich die Zeit für einen Kühlmittelumlauf in Minuten.

■ **Beispiel:**

Ein Ottomotor hat bei einer Nennleistung von 74 kW einen mittleren spezifischen Kraftstoffverbrauch $b_{eff} = 310$ g/kWh. Für den Wärmeflussfaktor wird als mittlerer Wert $f = 0{,}31$ gewählt. Für H_u ist 42 000 kJ/kg und für die spezifische Wärmekapazität des Wassers $c = 4{,}18$ kJ/kgK anzunehmen. Zu ermitteln sind:

a) Die über den Kühler abzuführende Wärmemenge
b) Die Kühlflüssigkeitsmenge $\dot{m}$, die für eine Abkühlung von $\Delta T = 7$ K notwendig ist.
c) Die Anzahl der Kühlwasserumläufe je Stunde, bei 8 Liter Kühlsysteminhalt.

Lösung

a) $\Phi_{ab} = \Phi f = \dfrac{b_{eff} H_u P_{eff}\, f}{1000} =$

$= \dfrac{310 \cdot 42\,000 \cdot 74 \cdot 0{,}31}{1000} = 298\,678{,}8\,\dfrac{kJ}{h}$

b) $\dot{m} = \dfrac{\Phi_{ab}}{\Delta T c} = \dfrac{298\,678{,}8\,kJ/h}{7\,k \cdot 4{,}18\,kJ/kg\,K} = 10\,207{,}75\,\dfrac{kg}{h}$

c) $z = \dfrac{\dot{m}}{m_K} = \dfrac{10\,207{,}75\,kg/h}{8\,kg} = 1275{,}97$ Kühlwasserumläufe pro Stunde

Wasserkühlung: Zylinderblock und Zylinderkopf sind gießtechnisch mit Hohlräumen versehen, durch das Kühlwasser zur Wärmeabfuhr geleitet wird. Bei der pumpenlosen *Wärmeumlaufkühlung* (Thermosyphon-Kühlung) wird der Strömungsvorgang durch den Dichteunterschied des wärmeren Kühlwassers gegenüber dem abgekühlten Kühlwasser hervorgerufen. Wegen des langsamen Umlaufs und der erforderlichen Kühlergröße keine Bedeutung mehr.

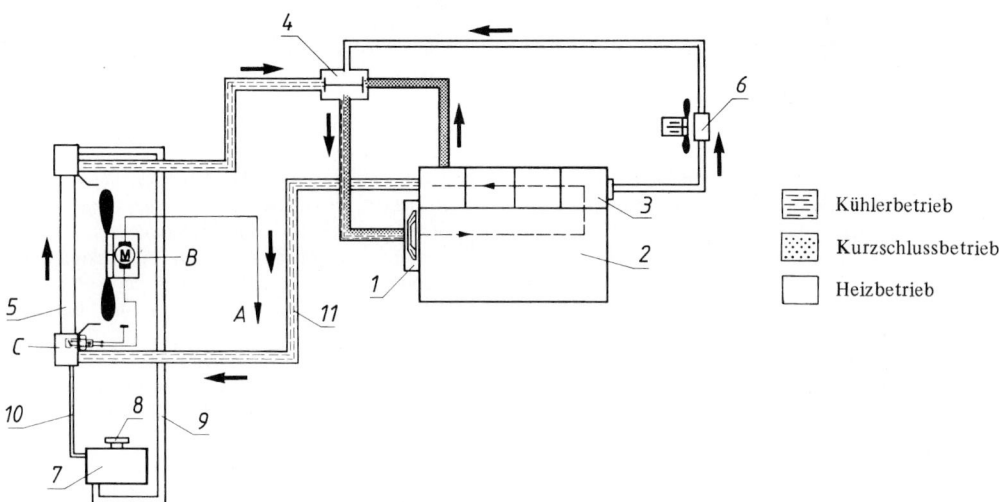

	Kühlerbetrieb
	Kurzschlussbetrieb
	Heizbetrieb

Bild 74. Pumpenumlaufkühlung (Porsche)

1 Wasserpumpe, 2 Kurbelgehäuse, 3 Zylinderkopf, 4 Thermostat (öffnet bei 83 °C), 5 Kühler, 6 Wärmetauscher (Wagenheizung), 7 Ausgleichsbehälter, 8 Einfüllstutzen mit Ventil, 9 Auffüllleitung, 10 Entlüftungsleitung, 11 Rücklaufleitung, A Relais (T) für Elektrolüfter, B Elektrolüfter, C Temperaturschalter für Elektrolüfter (z.B. Ein 92 $^{+3}_{-2}$ °C/Aus 89 $^{+3}_{-2}$ °C)

Bei der *Pumpenumlaufkühlung* (Bild 74) wird das Kühlwasser von der meist riemengetriebenen (Keil- oder Zahnriemen) Kühlwasserpumpe, thermostatisch gesteuert, in zwei Kreisläufen umgepumpt. Damit der kalte Motor schnell seine Betriebstemperatur erreicht, wird das Wasser ungekühlt nur innerhalb des Motors umgepumpt (Kurzschlusskreislauf). Das Thermostatventil schließt den Kühlerzulauf solange ab, bis das Wasser die Betriebstemperatur ($\approx$ 80 °C) erreicht hat. Dann öffnet sich das Ventil langsam und gibt den Kühlerkreislauf frei. Bei vollständiger Öffnung ist der Kurzschlusskreislauf geschlossen. Als Kühler verwendet man Lamellen- oder Röhrenkühler (CuZn-Rohre mit Kühlrippen aus Cu- oder Al-Legierungen, Wasserkästen aus Stahlblech oder Kunststoff). Bei Querstromkühlern fließt die Flüssigkeit nicht von oben nach unten (Normalfall), sondern durch waagerechte Röhren zu den seitlichen Wasserkästen. Der Kühlerverschlussdeckel ist zum Druckausgleich mit einem Überdruck- (höhere Wassertemperaturen) und Unterdruckventil (Abkühlungsausgleich) ausgestattet. *Thermostatventile* enthalten Dehnstoffelemente oder sie werden als Faltenbalgthermostate (nicht für Überdrucksysteme geeignet) gebaut.

Der übliche Regelbereich (Öffnungsbereich) der Kühlwasserthermostate liegt bei 10 ... 15 °C. Geschlossene *Kühlanlagen* haben einen im Nebenstrom angeordneten Überdruckausgleichsbehälter (Bild 74), um Ausdehnung ohne Wasserverluste und die Entlüftung des Kühlsystems zu ermöglichen. Durch den Überdruck wird die Siedetemperatur des Wassers heraufgesetzt. Die Kühlwirkung wird wesentlich von der den Kühler durchströmenden Luftmenge bestimmt. Starr angetriebene Lüfter sind meist auf der Wasserpumpenwelle befestigt. Energieverlust (ca. 5 %) und oft zu große Kühlwirkung bei hoher Drehzahl, bringen zuschaltbare Lüfter zum Einsatz, die neben dem Leistungsgewinn die Betriebstemperatur schneller erreichen lassen.

Elektronische Kühlsysteme regeln die Kühlmitteltemperatur in Abhängigkeit vom jeweiligen Motorlastzustand. Ein elektrisch beheizter Thermostat und gesteuerte Kühlerlüfterstufen regeln kennfeldgesteuert im gesamten Last- und Leistungszustand des Motors eine optimale Betriebstemperatur. Vorteile: Verbrauchsreduzierung im Teillastbereich, Reduzierung der Schadstoffe im Abgas, Leistungserhöhung bei Volllast (angesaugte Luft wird weniger erwärmt). *Lüfter* mit thermostatisch geregelter Ein- und Ausschaltung werden als Elektromotor-Lüfter, als Lüfter mit elektromagnetischer Lüfterkupplung oder als Lüfter mit Hydromotorantrieb gebaut. Thermostatisch geregelte, stufenlose Lüfterleistung wird durch Lüfter mit Viskose-Kupplung erzielt.
Kühlermodule besitzen zwei Lüfter. Der zweite Lüfter übernimmt bei Bedarf zusätzliche Kühlaufgaben für Nebenaggregate (Generator, Klimaanlage usw.). Stationäre Großmotoren werden mit Durchflusskühlung (ständiger Wasserzulauf oft ohne Rückkühlung),

Schiffsmotoren mit Seewasser direkt (Einkreiskühlung) oder indirekt über einen durch Seewasser gekühlten, geschlossenen Süßwasserkreis gekühlt.

Luftkühlung

Bei der Luftkühlung wird die Wärme an die den Zylinder umströmende Luft direkt abgegeben. Hierzu wird die Oberfläche von Zylinderkopf und Zylinder durch Kühlrippen vergrößert. Durch Verwendung von Werkstoffen mit großer Wärmeleitfähigkeit wird die Wärmeabführung verbessert. Der Luftstrom kann durch *Fahrtwind* (Zweiräder) oder durch Gebläse an den Zylinder herangeführt werden. Bei der *Gebläsekühlung* (Leistungsaufwand ca. 5 ... 7 % der Motorleistung) führen riemengetriebene Radial- oder Axialgebläse die Kühlluft über Leitbleche zu den einzelnen Zylindern. Um schneller die Betriebstemperatur zu erreichen, kann die Luftzufuhr thermostatisch geregelt verändert werden. Dies wird über Drosselringe oder durch Regelung der Gebläseleistung über eine hydraulische Strömungskupplung (Nutzfahrzeuge) vorgenommen.
Nachteile der Luftkühlung: Größere Geräuschentwicklung, höhere Motortemperaturen, schwankende Betriebsbedingungen, daher meist Ölkühler erforderlich.
Vorteile: Einfacherer Aufbau, große Betriebssicherheit und Unempfindlichkeit in unterschiedlichen Klimazonen.

8.12 Abgasanlagen

Die Abgasanlage (auch Schalldämpfer genannt) soll die austretende Gasströmung bei geringem Leistungsverlust (Strömungswiderstand) auf einen niedrigen Schallpegel dämpfen. In der StVZO und in EU-Richtlinien sind Grenzwerte für die Außengeräuschemissionen von Kraftfahrzeugen festgelegt. Im Betrieb unterliegen Schalldämpferanlagen hohen thermischen-, mechanischen- und chemischen Beanspruchungen (schnelle Temperaturwechsel, Vibrationen und Schwingungen, Innen- und Außenkorrosion). Die üblichen Schalldämpferanlagen beruhen auf der Absorption (Schallschlucken) oder der Reflexion (Schallbrechen).
Beim *Absorptionsdämpfer* wird der Schall durch Reibung an schallabsorbierenden, wärmebeständigen Stoffen, auf Silicium- oder Metallbasis in Wärme umgewandelt. Absorptionsdämpfer sind für hohe Schallfrequenzen geeignet (> 500 Hz).
Beim *Reflexionsdämpfer* wird der Schall ohne Wärmeerzeugung durch in Reihe oder seitlich angeordnete Schallwellenwiderstände gedämpft. Reihenwiderstände dampfen die Schallfrequenzen oberhalb ihrer Eigenfrequenz und lassen die tiefen Frequenzen durch. Abzweigfilter (seitlich) dämpfen den Schall in seinem Eigenfrequenzbereich und lassen die hohen Frequenzen durch. Die KFZ-Schalldämpferanlagen

bestehen oft aus *kombinierten Absorptions-Reflexions-Schalldämpfern*, welche die Vorzüge der einzelnen Systeme in sich zu vereinen suchen. Mehrzylinder-Viertaktmotoren besitzen meist Zweitopfanlagen mit Vorschalldämpfer (für Leistungsabstimmung des Motors) und Hauptschalldämpfer (Schalldämpfung). Als Werkstoffe werden Al-beschichtete, verzinkte oder nichtrostende CrNi-Stähle verwendet.

Zur Entkopplung von Schwingungen zwischen Motor und Abgasanlage und zur Geräuschreduzierung werden Entkopplungselemente (Wellrohre, flexible Schläuche usw.) eingebaut.

Leistungsverluste treten bei Mehrzylindermotoren durch Strömungsverluste (ca. 4 %), bei Einzylinder-Zweitaktmotoren durch Strömungs- und Trägheitswiderstände (ca. 2 % bei richtigem Gegendruck, sonst Spülverluste) auf. Bei richtiger Abstimmung der Abgasanlage herrscht ein Schwingungsunterdruck in der Abgasleitung, der bis zu 5 % Leistungsgewinn durch Unterstützung der Zylinderentleerung ergibt.

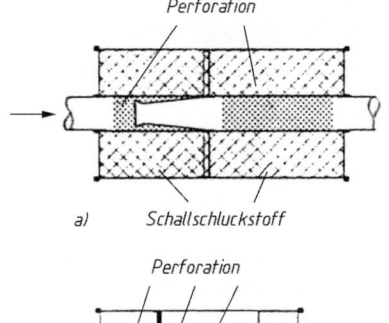

a)

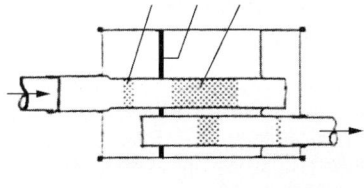

b)

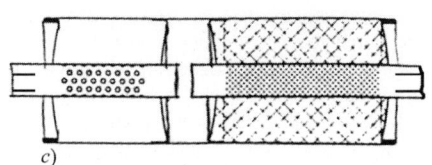

c)

Bild 75. Bauarten von Abgasschalldämpfern (Eberspächer)

a) Absorptions-Schalldämpfer
b) Reflexions-Schalldämpfer
c) kombinierter Reflexions-Absorptions-Schalldämpfer

8.13 Aufladung von Verbrennungsmotoren

Nach Gl. (16a) $P_i = V_H \, p_i \, n \, / \, y$ ist die Innenleistung eines Verbrennungsmotor proportional zum mittleren indizierten Druck, zum Hubraum und zur Motordrehzahl.

Eine Leistungserhöhung durch Erhöhung der Motordrehzahl hat gleichzeitig eine Erhöhung der mittleren Kolbengeschwindigkeit v_m zur Folge. Durch die damit steigende Triebwerksbelastung (Massenkräfte, Drosselverluste, Verschleiß) sind jedoch Grenzen auferlegt ($v_{m\,max}$. ca. 16 m/s). Eine Hubraumvergrößerung führt zu größeren und damit teureren Motoren. Die Erhöhung des mittleren indizierten Druckes p_i kann durch die Erhöhung des Verdichtungsverhältnisses ε (Grenzen durch klopfende Verbrennung beim Ottomotor und zulässige Spitzendrücke beim Dieselmotor) oder durch die Erhöhung der Zylinderfüllung mittels Aufladung erzielt werden.

Durch Füllung des Zylinders mit Ladeluft (Gemisch) vom Ladedruck p größer als Atmosphärendruck, wird die Füllluftmasse vergrößert. Die Ladeluftmasse $m = V \, \rho$ ist größer als die Ansaugluftmasse $m_h = V_h \, \rho$ mit Atmosphärendruck. Der Liefergrad $\lambda_L = m \, / \, m_h$ (bei aufgeladenen Motoren ($\lambda_L = 1{,}2 \ldots 1{,}6$) kennzeichnet die Verbesserung. Im Zylinder steht mit größerer Luftmasse auch mehr Sauerstoff zur Verfügung. Durch Aufladung werden Motorleistung und Drehmoment erhöht, der spezifische Kraftstoffverbrauch und die Schadstoffemissionen verringert. Wird λ_L zu groß, so wird bei Ottomotoren der Verdichtungsdruck zu hoch (Schäden durch klopfende Verbrennung). Abhilfe erfolgt durch kleineres Verdichtungsverhältnis ε gegenüber Saugmotoren.

Mit dem Ladedruckverhältnis

$$\pi_c = \frac{p_2}{p_1} \qquad \begin{array}{c|c} p_1, p_2 & \pi_c \\ \hline \text{bar} & 1 \end{array} \qquad (54)$$

(Index 2 = Ladedruck, Index 1 = Atmosphärendruck, π_c-Werte bis 3,5 möglich) steigen beim Verdichten auch die Lufttemperaturen, die wiederum den Liefergrad verschlechtern und die thermische Motorbelastung steigern. Die Verdichtung führt zu einem Anstieg der *Ladelufttemperatur* auf

$$T_2 = T_1 \left(\frac{p_2}{p_1} \right)^{(n-1)/n} \qquad (55)$$

mit T_1 der Atmosphärenlufttemperatur, T_2 der Ladelufttemperatur, p_1 dem Atmosphärenluftdruck, p_2 dem Ladeluftdruck und n dem Polytropenexponent (1,35 … 1,37 für Luft).

Man unterscheidet dynamische Aufladung, Abgasturboaufladung und mechanische Aufladesysteme.

8.13.1 Dynamische Aufladung

Bei der dynamischen Aufladung durch Schalt- oder Schwingsaugrohre (Register-Saugrohrumschaltung bei V-Motoren) wird die Bewegungsenergie der schwingenden Frischgassäule im Saugrohr zur Verbesserung der Zylinderfüllung genutzt. Neben Leistungssteigerung wird die Beeinflussung des Drehmomentverlaufs bei unterschiedlichen Motordrehzahlen angestrebt (vorwiegend bei Ottomotoren eingesetzt).

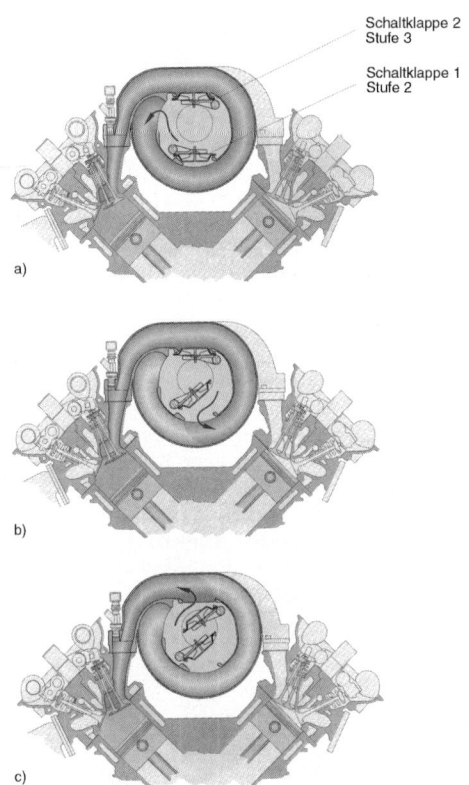

Schaltklappe 2
Stufe 3

Schaltklappe 1
Stufe 2

a)

b)

c)

Bild 76. Prinzip der Register-Saugrohrumschaltung (Volkswagen)

a) Stufe 1: lange Saugrohrlänge – Leerlauf und unterer Drehzahlbereich
   (Klappe 1 und 2 geschlossen)
b) Stufe 2: mittlere Saugrohrlänge – mittlerer Drehzahlbereich
   (Klappe 1 offen)
c) Stufe 3: Kurze Saugrohrlänge – oberer Drehzahlbereich
   (Klappe 1 und 2 offen)

Für jeden Zylinder steht ein Ansaugrohrsystem mit unterschiedlichen Rohrquerschnitten und variablen Saugrohrlängen bereit. Durch Aufschaltung von

pneumatisch- oder elektrisch betätigten Schaltklappen werden bedarfsgerecht unterschiedliche Saugrohrlängen realisiert. Bei niedriger Motordrehzahl wird für höheres Drehmoment ein langer Saugrohrweg mit engem Querschnitt geschaltet (höhere Strömungsgeschwindigkeit). Bei höherer Motordrehzahl wird zur Leistungssteigerung kurze wirksame Saugrohrlänge mit großem Querschnitt (Füllungsverbesserung) eingesetzt.

Bei *Resonanzaufladung* wird die abgekühlte Luft vor Motoreintritt in Resonanzrohre oder -kammern geleitet. Infolge periodischer Erregung durch die Ansaugtakte werden im Resonanzsystem periodische Druckschwingungen erzeugt. Diese führen zu einer weiteren Ladungserhöhung in einem bestimmten Drehzahlbereich (z.B. zur Drehmomentsteigerung bei LKW-Dieselmotoren).

Die Kombination von Resonanz- und Schwingsaugrohr in Verbindung mit Abgasturboaufladung und Ladeluftkühlung ermöglicht großen Drehmoment- und Leistungsgewinn über ein breites Drehzahlband (LKW-Dieselmotoren).

8.13.2 Abgasturboaufladung

Abgasturbolader bestehen aus dem Verdichter und der Gasturbine, die auf einer Welle mit der gleichen Drehzahl rotieren. Die Gasturbine setzt die Strömungsenergie der Abgase in Rotationsenergie um und treibt den Verdichter an, der Gemisch oder Frischluft ansaugt und vorverdichtet zu den einzelnen Zylindern fördert. Das Turbinenrad wird aus einer hochwarmfesten Ni-Legierung, die Welle aus Vergütungsstahl und das Verdichterrad aus einer Al-Legierung hergestellt. Die Laufeinheit wird in schwimmenden Gleitlagerbuchsen gelagert, die Schmierung erfolgt durch Anschluss an den Motorölkreislauf. Verdichtergehäuse werden aus Al-Legierungen, Turbinengehäuse aus GGG hergestellt.

Bei der *Stauaufladung* werden die Abgase aller Zylinder zu einem Sammelrohr geleitet, von wo aus sie mit nahezu konstantem Druck die Turbine antreiben. Bei der *Stoßaufladung* werden die Abgase der einzelnen Zylinder durch getrennte Leitungen oder je nach Zündfolge zusammengefasste Leitungen (6-Zylinder und mehr), zur Turbine geführt, wodurch die Abgasenergie durch Druckwellenbildung besser ausgenutzt wird.

V-Motoren können zur Realisierung großer Hubraumleistungen je Zylinderbank einen Turbolader (Biturbo) erhalten.

Da mit steigender Turbinendrehzahl (n bis 150 000 1/min) auch der Ladedruck ansteigt, muss der Ladedruck zur Vermeidung von thermischer- und mechanischer Motorüberlastung geregelt werden. Man unterscheidet mechanische- und elektronische Ladedruckregelung und Abgasturbolader mit verstellbaren Leitschaufeln.

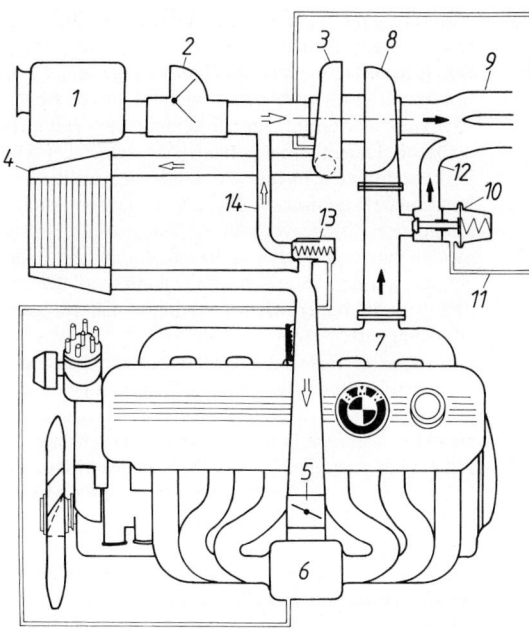

Bild 77.
Funktionsschema der Abgasturboaufladung
für einen Ottomotor (BMW)

1 Luftfilter
2 Luftmengenmesser
3 Verdichter
4 Ladeluftkühler
5 Drosselklappe
6 Luftverteiler
7 Auspuffkrümmer
8 Abgasturbine
9 vordere Auspuffrohre
10 Ladeluftregelventil
11 Steuerleitung
12 Abgas-Bypassleitung
13 Umluftventil
14 Umluft-Bypassleitung

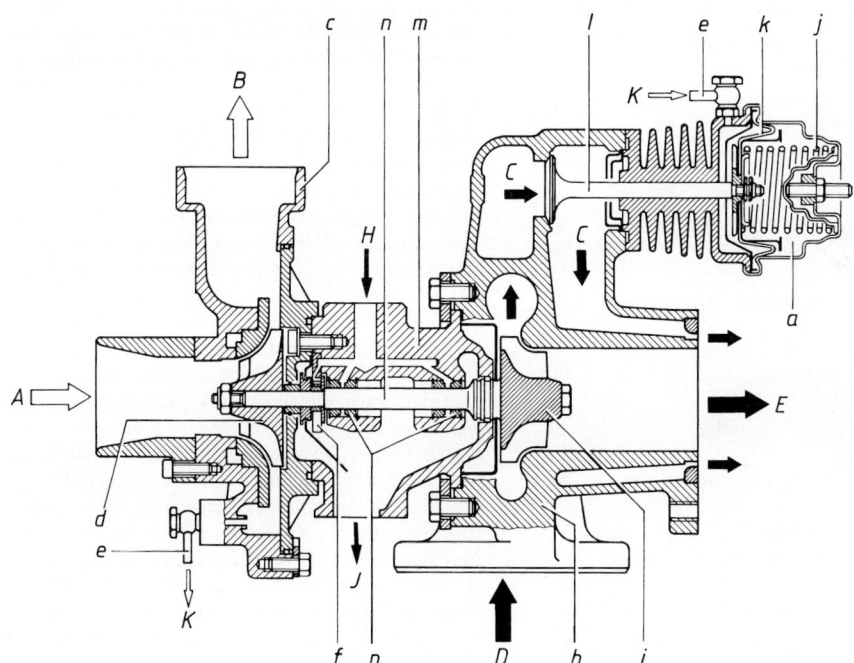

Bild 78. KKK-Abgasturbolader mit Ladedruckregelventil für einen PKW-Dieselmotor (Daimler-Benz)

a Ladedruckregelventil	h Turbinengehäuse	A Frischlufteintritt (vom Luftfil-
c Verdichtergehäuse	i Turbinenrad	ter)
d Verdichterrad	j Membranfeder	B Verdichtete Luft (zum Motor)
e Steuerleitung	k Membran	C Bypasska-
f Axiallager	l Ventil	nal/Ladedruckregelventil
g Lagerbuchse	m Ladergehäuse	
	n Welle	

D Abgaseintritt
E Abgasaustritt
H Motorölzulauf
J Ölablauf
K Steuerdruck

Bei *mechanischer Ladedruckregelung* kann mit steigender Motordrehzahl der Ladedruck durch ein *Ladedruckregelventil* (Bypass-Ventil) konstant gehalten werden. Dabei wird ein Teil des Abgasstroms (Ladedruck öffnet Regelventil) an der Turbine vorbei geleitet (Bild 78). Als weitere Sicherheitseinrichtung befindet sich am Ansaugkrümmer ein *Umluftventil* (Waste-Gate), das bei Überschreiten des Ladedruckes öffnet und Ansaugluft zur Ansaugseite des Laders zurückführt.

Bei der *elektronischen Ladedruckregelung* steuert das Motorsteuergerät in Abhängigkeit von Motorbetriebsgrößen Magnetventile für die Ladedruckbegrenzung an. Neben Ladedruckregelung kann auch Luftmassenregelung realisiert werden.

Abgasturbolader mit verstellbarer Turbinengeometrie verwenden zur Ladedruckregelung anstelle des Bypass-Ventils verstellbare Leitschaufeln in der Abgasturbine. Dabei wird die Intensität des Abgasstroms auf das Turbinenrad beeinflusst. Man erreicht hohe Ladedrücke bereits bei niedrigen Drehzahlen und reduziert den Ladedruck bei hohen Motordrehzahlen. Die Leitschaufeln sind über einem Trägerring an einem drehbaren Verstellring gekoppelt (Bild 79).

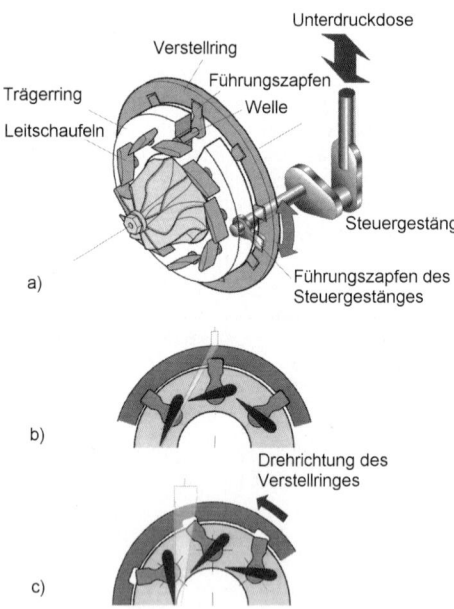

Bild 79. Prinzip der Leitschaufelverstellung (Volkswagen)

a) Anlagenschema Abgasturbine
b) flache Leitschaufelstellung
c) steile Leitschaufelstellung

Die Verdrehung des Verstellringes bewirkt gleichzeitiges und gleichmäßiges Verdrehen der Leitschaufeln. Sie erfolgt über eine Unterdruckdose. Bei niedriger

Motordrehzahl ist ein hoher Ladedruck erwünscht (sonst sog. Turboloch beim Motorhochdrehen). Durch eine flache Leitschaufelanstellung (enger Eintrittsquerschnitt der Abgase) erfolgt über die Abgasstrombeschleunigung eine Erhöhung der Turbinendrehzahl (Ladedrucksteigerung). Mit steigender Motordrehzahl (zunehmende Abgasmenge) werden die Leitschaufeln geöffnet und damit der Strömungsquerschnitt der Abgase vergrößert. Die gesamte Abgasmenge kann ohne Bypass-Ventil durch den Lader geleitet werden. Durch die steile Leitschaufelanstellung wird die Laderdrehzahl verringert und der Ladedruck begrenzt.

Für schnelles Beschleunigen können die Leitschaufeln auch bei hoher Drehzahl zur kurzfristigen Ladedrucküberhöhung flach gestellt werden (Overboost). Das Motorsteuergerät beeinflusst die Leitschaufelverstellung im gesamten Drehzahlbereich des Motors zur Leistungserhöhung, Drehmomentsteigerung und Verringerung des Kraftstoffverbrauchs.

8.13.3 Mechanische Aufladung

Bei *mechanischen Aufladesystemen* wird der Lader über Riemen- oder Zahntrieb über ein festes Übersetzungsverhältnis vom Motor angetrieben (Leistungsverlust, vorwiegend bei Großdieselmotoren). Es werden Sternkolbengebläse, Drehkolbengebläse (Rootsgebläse, KKK-Ro-Lader) und Verdrängerlader (VW-G-Lader) verwendet.

Vorteil: Einfacher Aufbau ohne Eingriff in das Abgassystem.

Bei der *Druckwellenaufladung* (Comprex-Lader) wird der mit hoher Geschwindigkeit pulsierende Abgasstrom in ein von der Kurbelwelle angetriebenes Zellenrad geleitet, das viele achsparallele, wabenförmige Schächte enthält, die von den seitlichen Kapselwänden abwechselnd geöffnet und verschlossen werden. Der Abgasstrom reflektiert mehrfach an der einströmenden Frischluft und verdichtet sie dabei.

Vorteil: Hohes Drehmoment bei niedriger Drehzahl.
Nachteil: Aufwendiger und teurer als Abgasturbolader.

Bei Zweitakt-Großdieselmotoren wird oft Verbundaufladung durch Kombination von mechanischer Aufladung (Rootsgebläse) und Abgasturboaufladung eingesetzt.

Mit steigendem Ladedruck erhöht sich die Ladelufttemperatur (Luftmasse nimmt ab, Liefergrad sinkt, Motorwärmebelastung steigt an, Klopfneigung nimmt zu). Durch *Ladeluftkühler* (Intercooler) wird die verdichtete Luft (ca. 110 °C) hinter dem Verdichter auf ca. 30 °C … 50 °C zurückgekühlt. Damit wird eine zusätzliche Leistungssteigerung durch Dichterückgewinn, eine Kraftstoffverbrauchssenkung und eine Minderung der thermischen Belastung durch Innenkühlung, erzielt. Man verwendet luftgekühlte- oder wassergekühlte Wärmetauscher.

8.14 Zündanlagen

Bei Ottomotoren muss die Verbrennung des verdichteten Kraftstoff-Luft-Gemisches durch Fremdzündung über einen Zündfunken eingeleitet werden. Der Zündfunken muss von hinreichender Temperatur und Brenndauer und zum richtigen Zeitpunkt (Zündzeitpunkt) von der Zündanlage bereitgestellt werden (um Klopfen zu verhindern, Kraftstoffverbrauch und Schadstoffemissionen gering zu halten und um eine hohe Leistung zu erzielen (Bild 81)). Man unterscheidet konventionelle Spulenzündung, Transistorzündung, elektronische Zündung, vollelektronische Zündung und Magnetzündanlagen.

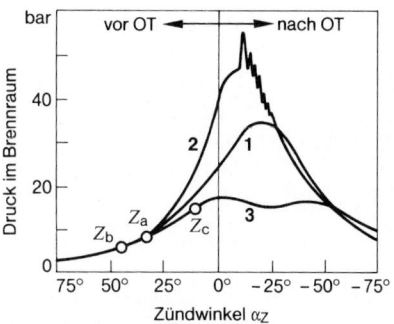

Bild 81. Druckverlauf im Brennraum bei unterschiedlicher Frühzündung (Bosch)

1 Zündung (Z_a) im richtigen Zündzeitpunkt
2 Zündung (Z_b) zu früh
3 Zündung (Z_c) zu spät

8.14.1 Konventionelle Spulenzündanlage
(Bild 82)

Bei betätigtem Zünd-Start-Schalter und geschlossenem Unterbrecherkontakt wird durch den Batterie- oder Generatorstrom in der Primärwicklung der Zündspule ein starkes Magnetfeld aufgebaut. Der Primärstromkreis wird zum Zündzeitpunkt durch Öffnen des Unterbrecherkontaktes unterbrochen. Das Magnetfeld induziert in der Sekundärwicklung der Zündspule einen Hochspannungsimpuls, der als Zündspannung über den Verteiler zur jeweiligen Zündkerze geleitet wird. Durch den erzeugten Zündfunken sinkt die Sekundärspannung rasch auf Null ab. Der Unterbrecherkontakt schließt wieder, lädt die Zündspule erneut auf und der sich drehende Verteilerläufer überträgt entsprechend der Motorzündfolge einem anderen Zylinder (Zündkerze) die Zündenergie. Um zu verhindern, dass am sich öffnenden Unterbrecherkontakt ein Lichtbogen entsteht (Abbrand), wird ein Zündkondensator parallel geschaltet, der durch den Primärstrom aufgeladen wird.

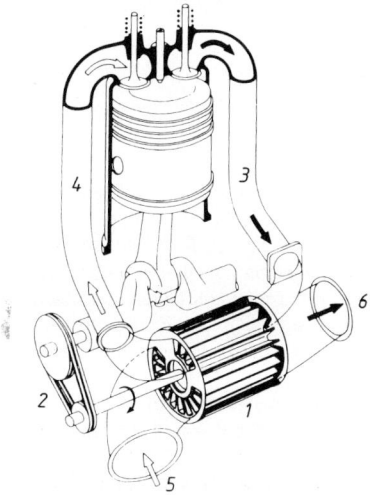

Bild 80. Compres-Lader (Opel)

1 walzenförmiges Zellenrad
2 Rotorantrieb
3 pulsierende Auspuffgase
4 verdichtete Frischladung
5 unverdichtete Ansaugluft
6 Abgasleitung

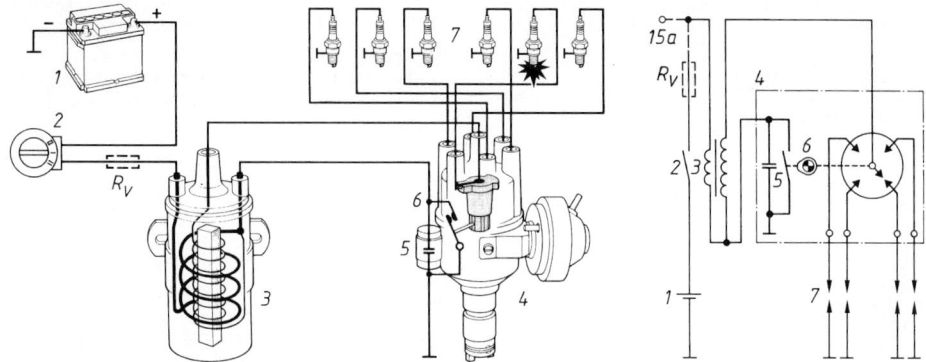

Bild 82. Funktionsschema und Schaltplan einer Spulenzündanlage (Bosch)
1 Batterie 2 Zünd-Start-Schalter 3 Zündspule 4 Zündverteiler 5 Zündkondensator 6 Unterbrecher 7 Zündkerzen, R_v Vorwiderstand zur Startspannungsanhebung (nicht generell eingebaut)

Aufgaben und Aufbau der Bauteile

Die Zündspule besitzt einen Eisenkern mit aufgewickelter Sekundärwicklung (10 000 … 30 000 Windungen). Darüber ist im Windungsverhältnis von ca. 1 : 100 die Primärwicklung (100 … 300 Windungen) aufgebracht. Je ein Ende ist miteinander verbunden und als Anschluss an den Unterbrecherkontakt gelegt.

Das freie Ende der Sekundärwicklung wird zum Hochspannungsanschluss an den Zündverteiler, das der Primärwicklung an den Eingangsanschluss geführt. Zur Isolierung der Wicklungen untereinander ist die Zündspule ausgegossen.

Hochleistungszündspulen sind für höhere Zündspannungen ausgelegt als Standardspulen (15 … 25 kV). *Vorwiderstände* zur Start-Spannungsanhebung werden beim Starten überbrückt, so dass trotz vorübergehenden Absinkens der Batteriespannung eine ausreichende Zündspannung ansteht. Der **Zündverteiler** für Mehrzylindermotoren besteht aus dem Verteilerläufer, der Verteilerwelle (von Nockenwelle angetrieben) mit Unterbrechernocken, dem Unterbrecherkontakt, dem Fliehkraft- und Unterdruckversteller, dem Zündkondensator und der Verteilerkappe mit Anschlüssen für die Hochspannungsleitungen.

Der *Unterbrecherkontakt* wird vom Unterbrechernocken (Nockenzahl = Zylinderzahl) betätigt. Er unterbricht und schließt den Primärstromkreis.

Der *Schließwinkel* α gibt den Verteilerwellendrehwinkel mit geschlossenem, der *Öffnungswinkel* β den Verdrehwinkel mit geöffneten Kontakten an. Der Abstand zwischen zwei Zündungen ist der *Zündabstandswinkel* γ der Verteilerwelle:

$$\gamma = \alpha + \beta \qquad (56)$$

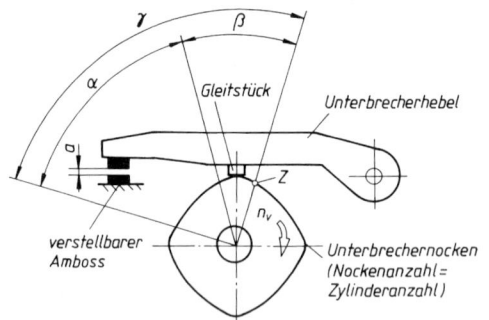

Bild 83. Unterbrecherkontakt
a　Kontaktabstand
α　Schließwinkel
β　Öffnungswinkel
γ　Zündabstandswinkel
n_V　Verteilerwellendrehzahl
Z　Zündzeitpunkt

Bei Viertaktmotoren erfordert ein Arbeitsspiel zwei Kurbelwellenumdrehungen (720°) und eine Verteilerwellenumdrehung (360°). Mit z Zylindern wird der *Zündabstand der Verteilerwelle*:

$$\gamma = \frac{360°}{z} \qquad (57)$$

Der Schließwinkel α wird auch in Prozent von γ als *relativer Schließwinkel* angegeben ($\gamma = 100\,\%$):

$$\alpha\,\% = \frac{100\%\cdot z\alpha}{360°} \qquad (58)$$

Die erforderliche *Funkenanzahl f* pro Minute, ist abhängig von der Zylinderzahl z und Verteilerwellendrehzahl n_V:

$$f = n_V\,z \qquad \begin{array}{c|c} f, n_v & z \\ \hline \dfrac{1}{\min} & 1 \end{array} \qquad (59)$$

Bei Viertaktmotoren: $n_V = 0{,}5\,n$ (Motordrehzahl); bei Zweitaktmotoren: $n_V = n$.

Der verstellbare Kontaktabstand a beeinflusst Schließwinkel und Zündzeitpunkt. Vergrößerung von a ergibt kleineren Schließwinkel α und späteren Zündzeitpunkt, Verkleinerung größeren Schließwinkel α und früheren Zündzeitpunkt. Durch Verschleiß am Gleitstück verringert sich der Kontaktabstand, durch Kontaktfeuer entsteht Kontaktverschleiß (Kraterbildung).

Mechanische Zündunterbrecher werden durch Transistorzündanlagen mit kontaktlosen Zündimpulsgebern abgelöst.

Die *Schließzeit t* des Unterbrecherkontaktes ist vom Schließwinkel α und der Motordrehzahl n abhängig. Aus $t = 2\,\alpha\,60 \, / \, n360°$ wird nach dem Kürzen die Zahlenwertgleichung

$$t = \frac{\alpha}{3°\,n} \text{ für Viertaktmotoren}$$

$$t = \frac{\alpha}{6°\,n} \text{ für Zweitaktmotoren} \qquad \begin{array}{c|c} t & n \\ \hline s & \dfrac{1}{\min} \end{array} \quad (60)$$

■ **Beispiel:**
Für einen 4-Zylinder-Viertaktmotor sind für die Motornenndrehzahl $n = 5280$ 1/min und einem Schließwinkel $\alpha = 54°$ folgende Werte zu ermitteln.

a) Der Zündabstand γ der Verteilerwelle,
b) Öffnungswinkel β,
c) Funkenfrequenz f,
d) Schließzeit t in s,
e) relativer Schließwinkel α in %.

Lösung:

a) $\gamma = \dfrac{360°}{z} = \dfrac{360°}{4} = 90°$

b) $\beta = \gamma - \alpha = 90° - 54° = 36°$

c) $f = n_V z = 0{,}5\,n \cdot 4 = 5280 \text{ 1/min} \cdot 0{,}5 \cdot 4 = 10560 \text{ 1/min}$

d) $t = \dfrac{\alpha}{3° n} = \dfrac{54°}{3° \cdot 5280} = 0,0034\,s$

e) $\alpha\,\% = \dfrac{100\% \cdot z\,\alpha}{360°} = \dfrac{100\% \cdot 4 \cdot 54°}{360°} = 60\%$

Mechanische **Zündversteller** sorgen für die belastungsabhängige (Unterdruckversteller) und drehzahlabhängige (Fliehkraftversteller) Verstellung des Zündzeitpunktes in bezug auf den OT, gemessen in Grad Kurbelwinkel (°KW); Frühzündung liegt vor OT, Spätzündung nach OT.

Fliehkraftversteller verdrehen drehzahlabhängig über Fliehgewichte den Unterbrechernocken in Drehrichtung der Verteilerwelle. Der Verdrehwinkel entspricht der Zündzeitpunktvorverlegung.

Unterdruckversteller verdrehen belastungsabhängig (Saugrohrunterdruck wirkt auf eine oder zwei Membrandosen) die Unterbrecherscheibe mit Unterbrecherkontakt gegen die Drehrichtung der Verteilerwelle.

Unterdruck- und Fliehkraftversteller arbeiten unabhängig voneinander.

Die *Verteilerwelle* wird meist über ein Schneckenrad oder eine Kupplung direkt von der Motornockenwelle angetrieben. In der Verteilerkappe wird die Zündspannung durch eine gefederte Schleifkohle (Mittenanschluss) über den von der Verteilerwelle angetriebenen Verteilerläufer (Läuferelektrode), auf die Festelektroden geführt. Von hier werden über Zündleitungen die Zündkerzen versorgt.

Zündkerzen (Bild 84) zünden das Gemisch im Verbrennungsraum durch Funkenübersprung an den Elektroden ($U > 10\,000$ V). Sie sind im Betrieb hohen elektrischen, thermischen und mechanischen Belastungen ausgesetzt. Die Werkstoffauswahl für die hochbelasteten Teile trägt diesen Beanspruchungen Rechnung. Der Isolator besteht aus Aluminiumoxid und die Elektroden aus Nickel-, Silberlegierungen oder Platin, oft mit Kupferkern zur besseren Wärmeableitung. Der Wärmewert einer Zündkerze ist ein Vergleichswert (Wärmewertkennzahl) für die thermische Belastbarkeit. Elektroden und Isolatorfuß müssen im Betrieb die Selbstreinigungstemperatur (400 … 850 °C) erreichen, um Verbrennungsrückstände (Ölkohle, Ruß) auf dem Isolatorfuß wegbrennen zu können. Oberhalb 850 °C können Glühzündungen auftreten. Hohe Wärmewertkennzahlen bedeuten großes Wärmeaufnahmevermögen und geringe Wärmeableitung. Niedrige Kennzahlen bedeuten großen Widerstand gegen Glühzündung (großes Wärmeableitungsvermögen).

Mehrbereichskerzen mit Mittelelektroden aus Platin oder Nickel mit Kupferkern passen sich unterschiedlichsten Betriebsbedingungen auch bei mageren, zündunwilligen Gemischen besser an.

Motoren mit *Doppelzündung* verwenden pro Zylinder zwei Zündkerzen zur Zündungsoptimierung.

Die elektrische und mechanische Schaltleistung der Unterbrecherkontakte (Verschleiß durch Abbrand mit

Zündzeitpunktverstellung) in der konventionellen Spulenzündung ist den hohen Anforderungen bezüglich Zündenergie und Hochspannung in modernen Motoren nicht mehr gewachsen. Als Leistungsschalter zur Primärstromunterbrechung werden statt des Unterbrechers daher *Transistoren* (Transistorzündung) verwendet.

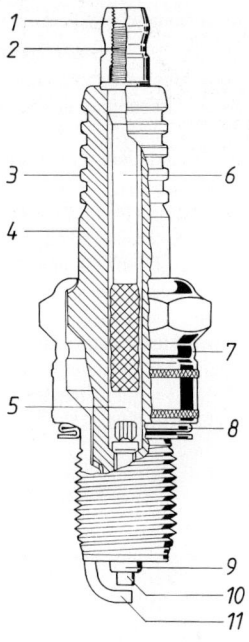

Bild 84. Aufbau der Zündkerze (Bosch)

1 Anschlussmutter
2 Anschlussgewinde
3 Kriechstrombarriere
4 Isolator (Al_2O_3)
5 elektrisch leitende Glasschmelze
6 Anschlussbolzen
7 Stauch- und Warmschrumpfzone
8 unverlierbarer äußerer Dichtring (bei Flachdichtsitz)
9 Isolatorfussspitze
10 Mittelelektrode
11 Masseelektrode

8.14.2 Transistorzündanlagen

Kontaktgesteuerte Transistorzündungen wurden vorübergehend zur Nachrüstung von konventionellen Spulenzündanlagen eingesetzt.

Kontaktlose Transistorzündungen (TSZ) ersetzen den nockenbetätigten Unterbrecher, durch kontaktlos arbeitende (verschleißfrei), elektronische Zündauslöser. Es werden erheblich höhere Zündspannungen und Zündenergien erreicht, die über die Endstufen des Steuergerätes verschleißfrei geschaltet werden.

Schließwinkelregelung und Primärstrombegrenzung werden in Abhängigkeit von der Batteriespannung und der Motordrehzahl durchgeführt. Nach der Steuergeräteansteuerung unterscheidet man Anlagen mit induktiver (TSZ-I)-Auslösung und Anlagen mit Auslösung nach dem Hallprinzip (TSZ-H). Fliehkraft- und Unterdruckverstellung bleiben erhalten.

Transistorzündung mit Induktionsgeber (TSZ-I)

Der Induktionsgeber ist entweder im Verteiler (Bild 85) oder am Schwungrad des Motors untergebracht (Kap. 8.6.4. Motronic). Durch Drehung des Rotors (Impulsgeberrad) auf der Verteilerwelle, wird der Luftspalt zwischen dem Rotor und dem Stator mit Induktionswicklung periodisch verändert. Die magnetische Feldänderung induziert eine einphasige Wechselspannung in der Induktionswicklung (Bild 85), deren Scheitelspannung von der Drehzahl abhängt ($U = 0,5 \ldots 100$ V). Der Spannungsimpuls wird vom Steuergerät zur kontaktlosen Zündungsauslösung verarbeitet. Entfernen sich Rotor und Stator voneinander, so wechselt die Spannung sprunghaft ihre Richtung (= Zündzeitpunkt). Die Frequenz der Spannung entspricht der Funkenzahl pro Minute (59).

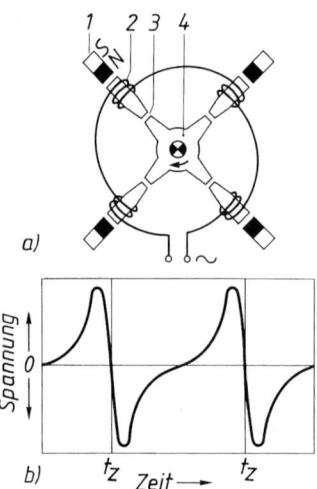

Bild 85. Zündverteiler mit Induktionsgeber (Bosch)

a) Funktionsprinzip
    1 Dauermagnet
    2 Induktionswicklung mit Kern
    3 unveränderlicher Luftspalt
    4 Rotor
b) Verlauf der Induktionsspannung

Transistorzündung mit Hallgeber (TSZ-H)

Der von der Verteilerwelle angetriebene Blendenrotor bewegt sich durch eine feststehende Magnetschranke mit Hall-IC. Durch das Ein- und Austauchen der Blende in die Magnetschranke, werden Spannungs-

impulse erzeugt. Taucht die Blende in den Luftspalt ein, fließt der Primärstrom, verlässt die Blende den Luftspalt, so wird der Primärstrom unterbrochen (= Zündzeitpunkt). Das erzeugte Geberspannungssignal wird im Steuergerät zur Primärstromschaltung und damit zur Zündungsauslösung verwendet.

TSZ-I und TSZ-H-Anlagen werden durch Transistorzündanlagen ersetzt, bei denen das Steuergerät in Hybridtechnik aufgebaut ist (TZ-I und TZ-H – geringere Abmessungen und Gewicht). Die Zündspule ist oft mit dem Steuergerät zu einer Einheit verbaut und zur besseren Wärmeableitung direkt mit der Karosserie verbunden. Es lassen sich elektronische Schließwinkelregelung, Primärstrombegrenzung und Ruhestromabschaltung realisieren.

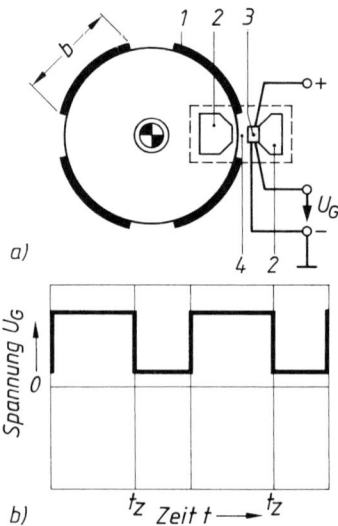

Bild 86. Zündverteiler mit Hallgeber (Bosch)

a) Funktionsprinzip
    1 Blende mit Breite b
    2 weichmagnetische Leitstücke mit Dauermagnet
    3 Hall-IC
    4 Luftspalt
b) Verlauf der Geberspannung U_G
    (umgeformte Hallspannung)

8.14.3 Elektronische Zündanlagen

Elektronische Zündanlagen (EZ) werden zusammen mit elektronischen Benzineinspritzanlagen eingesetzt und ersetzen die fliehkraft- und unterdruckgesteuerte Zündzeitpunktverstellung durch gemeinsame Signalgeber für Motordrehzahl (induktiv am Schwungrad) und Kurbelwellenstellung (OT-Bezugsmarkengeber). Die Motorbelastung wird durch Luftmengen- oder Luftmassenmessung im Saugrohr ermittelt. Weitere Signale sind die Drosselklappenstellung, die Motor- und Ansauglufttemperatur und die Batteriespannung. Diese Signale werden im Steuergerät nach Zündkennfeldern in Impulse zur Zündzeitpunktverstellung umgewandelt.

Die gewünschte Motorcharakteristik kann bei Steuergeräten mit austauschbaren Datenspeichern (EPROM) durch Umprogrammieren angepasst werden. Einsatz besonders in Motorentwicklung und Rennsport.

Der rotierende Hochspannungsverteiler (nur noch ein Verteilerläufer vorhanden) wird meist direkt von der Nockenwelle angetrieben.

Zur Vermeidung von Motorklopfen (s. Kap. 8.3) wird Klopfregelung realisiert. Einrichtungen zur **Klopfregelung** bestehen aus einem oder mehreren Klopfsensoren (piezokeramische Signalgeber) und gespeicherten Zündkennfeldern (Steuergerät) zur elektronischen Zündzeitpunktverstellung.

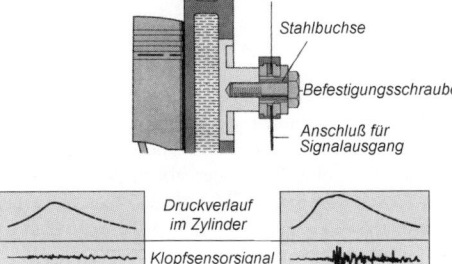

Bild 87. Klopfsensor und Klopfsensorsignale (Volkswagen)

Der Sensor wird am Motorblock befestigt. Er enthält eine piezokeramische Scheibe, die durch klopfende Verbrennung hervorgerufene mechanische Motorschwingungen in Spannungssignale an das Steuergerät umwandelt. Tritt Klopfen auf, wird der Zündwinkel kennfeldgesteuert in Winkelschritten zurückgenommen (nach „Spät" verstellt) und nach kurzer Zeit wieder an die Klopfgrenze herangeführt (Kennfeldpunkt). Der Zündzeitpunkt wird ständig an der Klopfgrenze entlanggeführt.

Motoren mit Klopfregelung können vorübergehend mit Kraftstoffen geringerer Oktanzahl betrieben werden (statt Super- mit Normalbenzin).

Bei *zylinderselektiver Klopfregelung* kann der Zündzeitpunkt jedes Zylinders beeinflusst werden (vorwiegend bei vollelektronischen Zündanlagen mit Einzelfunken-Zündspule).

Bei Turbomotoren kann kombinierte Klopf- und Ladedruckregelung realisiert werden.

Durch Klopfregelung werden der Motorwirkungsgrad und der spezifische Kraftstoffverbrauch optimiert.

Bei dem System Motronic werden Einspritzsystem und elektronische Zündung zentral gesteuert.

Bei **vollelektronischen Zündanlagen** entfällt die mechanische Zündspannungsverteilung (Verteilerläu-

fer). Die Zündspannungsverteilung (ruhende Hochspannungsverteilung) wird elektronisch vorgenommen. Hierzu werden Doppelfunkenzündspulen (eine Zündspule für je zwei Zylinder) oder Systeme mit je einer Zündspule und Endstufe pro Zündkerze verwendet. Der übrige Aufbau entspricht den Anlagen mit elektronischer Zündung.

8.14.4 Magnetzündanlagen

Magnetzündanlagen erzeugen den Zündstrom unabhängig von Batterie oder Generator selbst.

Verwendung in Zweitakt- und Viertakt-Ottomotoren für leichte Zweiräder, Rasenmäher, Bootsmotoren, Kettensägen.

Eingesetzt werden Magnetzünder-Generatoranlagen mit kontaktgesteuertem und kontaktlos gesteuertem Zündimpulsgeber. Ein umlaufendes Polrad, mit Permanentmagneten an der Kurbelwelle befestigt, dient gleichzeitig als Teil der Motorschwungmasse. Die feststehende Ankerplatte enthält den Zündanker (mit Primär- und Sekundärwicklung), den Generatoranker, sowie Kondensator, Unterbrecher und Hochspannungsanschluss. Durch den Polradumlauf wird in der Primärwicklung des Zündankers eine Spannung induziert, die bei geschlossenen Unterbrecherkontakten ein wechselndes Magnetfeld erzeugt. Wenn das Magnetfeld sein Maximum aufweist, unterbricht der Unterbrecherkontakt. Durch die schnelle Feldänderung wird in der Sekundärwicklung eine hohe Spannung induziert, die den Zündfunken auslöst. Zur Lichtstromerzeugung wird ein zusätzlicher Generatoranker (Wechselstromerzeugung) eingebaut. Es sind auch Anlagen mit Zündanker, Generatoranker und außenliegender Zündspule üblich. Zum Motorabstellen dient ein Kurzschlussschalter.

8.15 Generator

Verbrennungsmotoren benötigen zu ihrem Betrieb eine Stromversorgung, die beim Start von der Batterie (Starterbatterie als Blei-Schwefelsäure-Akkumulatoren) und bei laufendem Motor von dem angetriebenen Generator geliefert wird. Der Generator lädt gleichzeitig die Batterie auf.

Früher verwendete Gleichstromgeneratoren sind durch leistungsfähigere Drehstromgeneratoren abgelöst worden. Merkmale: Leistungsabgabe schon bei Leerlaufdrehzahl, verschleißarm, kleines Leistungsgewicht, elektronische Gleichrichtung durch Dioden.

Der Generator wird meist über Keilriemen von der Motorkurbelwelle angetrieben, oft gemeinsam mit der Wasserpumpe. Da Generatoren Wechselspannungen erzeugen, muss diese durch Gleichrichter und Regler auf eine drehzahlunabhängige, konstante Gleichspannung gebracht werden, damit die Batterie aufgeladen werden kann. Es werden Klauenpol-Synchrongeneratoren (für PKW und LKW) (Bild 87) und Einzelpolgeneratoren (für Großfahrzeuge mit hohem

Leistungsbedarf) für 12 V und 24 V Bordnetzspannungen gebaut.

Aufbau und Funktion des Drehstromgenerators:

In dreiphasigen, um 120° versetzten Ständerwicklungen (Stern- oder Dreieckschaltung), wird bei Drehung des Läufers ein Dreiphasen-Wechselstrom (Drehstrom) induziert. Der Läufer trägt die Antriebsriemenscheibe und das Lüfterrad und ist mit Magnetpolen, der Erregerwicklung und zwei Schleifringen für die Erregerstromzufuhr versehen. Ein Teil des erzeugten Drehstroms wird abgezweigt (Erregerstromkreis), über Erregerdioden gleichgerichtet und durch Kohlebürsten über die Schleifringe zur Erregerwicklung geführt (Regelung der induzierten Wechselspannung).

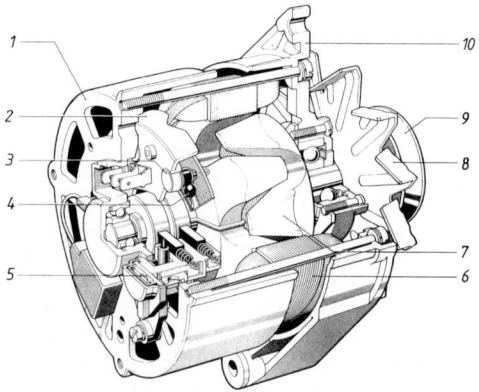

1 Schleifringlagerschild
2 Gleichrichter
3 Leistungsdiode
4 Erregerdiode
5 Regler, Bürstenhalter und Kohlebürsten
6 Ständer
7 Läufer
8 Lüfter
9 Riemenscheibe
10 Antriebslagerschild

Bild 88. Drehstromgenerator (Bosch)

Beim Anlauf muss über die Ladekontrollampe mit Batteriestrom erst vorerregt werden (Vorerregerstromkreis; nach Verlöschen der Lampe Selbsterregung). Der Hauptstromanteil wird durch die Leistungsdioden gleichgerichtet und in das Bordnetz für Batterie und Verbraucher abgegeben. Die Generatorspannung ist von der Erregerstromhöhe, der Drehzahl und der Belastung durch Verbraucher abhängig. Durch die Regelung des Erregerstromes (Ein- und Ausschalten über Z-Dioden, Steuer- und Leistungstransistor), wird die Generatorspannung drehzahl- und belastungsunabhängig gleich hoch gehalten, der Ladestrom dem Ladezustand der Batterie angepasst und der Generator vor Überlastung geschützt.

Als *Regler* werden elektronische Feld- oder Transistorregler, früher Kontaktregler verwendet.

Flüssigkeitsgekühlte *Kompaktgeneratoren* sind Weiterentwicklungen des lüftergekühlten Drehstromgenerators. Durch Lüfterwegfall und Gehäusekapselung arbeiten sie leiser. Konstantes Temperaturniveau auch bei höchster Leistungsentwicklung ergibt längere Lebensdauer. Sie arbeiten ohne Kohlebürsten und Schleifringe und geben die Verlustwärme direkt an das Kühlmittel ab.

8.16 Starter

Verbrennungsmotoren können nicht aus eigener Kraft anlaufen (innere Reibung, Verdichtungswiderstände). Sie benötigen eine Startanlage, um die Mindeststartdrehzahl (Ottomotor 60 … 110 l/min, Dieselmotor 70 … 200 l/min) zu erreichen. Kleinere Motoren mittels Seilzug oder Hebeleinrichtungen, größere Motoren (Kraftfahrzeuge, Eisenbahn- und Kleinschiffsdiesel) durch elektrische Startermotoren und Großdieselmotoren (Schiffsanlagen) durch direkte Druckluftbeaufschlagung gestartet.

Startermotoren arbeiten wegen des hohen Anlaufwiderstand-Drehmomentes als Gleichstrom-Reihenschluss-, Doppelschluss- oder als *permanenterregte Motoren* mit 12V bei PKW Anlagen. Nutzfahrzeuge arbeiten mit 24V, Bahn- und Schiffsdieselanlagen bis 110V Nennspannung.

Bei Betätigung des Startschalters führt ein *Einspursystem* das Starterritzel in den Zahnkranz des Schwungrades ($i = 9 : 1 … 18 : 1$), um das Anlaufdrehmoment und die Startdrehzahl aufzubringen. Da nach dem Anspringen des Motors mit eingespurtem Ritzel der Läufer mit hoher Drehzahl angetrieben werden würde, schützt ein *Freilaufsystem* den Startermotor vor Zerstörung. Nach Öffnen des Startschalters wird das Ritzel durch Federkraft aus den Zahnkranz gespurt. Nach der Art des Einspursystems werden Starteranlagen unterschieden in:

– *Schraubtriebstarter* für Motorräder. Das Ritzel wird über ein Steilgewinde mit voller Drehzahl eingespurt. Kein Freilauf, Ausspuren erfolgt über das Steilgewinde.

– *Schub-Schraubtriebstarter* für PKW und kleine Nutzfahrzeuge, mit und ohne Planetenvorgelege zur Drehmomenterhöhung. Das Ritzel wird durch ein Einrückrelais (Magnetschalter) bei gleichzeitiger Schraubbewegung über ein Steilgewinde in den Zahnkranz geschoben (Schub-Schraub-Bewegung). Erst nach dem Einspuren erfolgt volle Ankerdrehung. Rollenfreilauf als Überlastungsschutz, Rückstellen von Anker und Ritzel erfolgt über Rückstellfeder und Steilgewinde.

– *Schubankerstarter* für LKW und Busse. Das Ritzel wird über das Einrückrelais mit dem Anker langsam drehend in den Zahnkranz eingespurt, bevor der Starter durchdreht. Lamellenkupplung als Freilauf, Rückspuren erfolgt über eine Feder.

– *Schubtriebstarter* für große Leistungen (6 … 21 kW) mit mechanischer- und elektromotorischer Ritzelverdrehung, Einspuren über Einrückrelais bei langsamer Ankerdrehung zur Einspurerleichterung bevor der Starter durchdreht. Lamellenkupplung als Freilauf.

Batterieumschaltrelais schalten bei Nutzfahrzeugen mit 24V Startanlage und 12V Bordspannung die 12V Fahrzeugbatterien zum Startvorgang in Reihe und bei Motorlauf parallel. Startsperrelais verhindern ein Starten bei schon laufendem oder angelaufenem Motor.

Bei Kleinmotoren mit Magnetzündanlage werden Starter-Generator-Kombinationen verwendet, die direkt an die Kurbelwelle angeflanscht sind (Seilzug- und Kickstarter, Schwunglicht-Starter).

Ein *Schwungrad-Starter-Generator* für Kraftfahrzeuge vereint die Funktionen der beiden Aggregate in einer Einheit. Der Läufer (Teil der Schaltkupplung) bildet gleichzeitig die Schwungmasse, der Ständer ist in die Fahrzeugkupplung integriert. Zum Starten ist neben der Fahrzeugkupplung eine separate Kupplung für den Startermotor erforderlich. Das System befindet sich in der Erprobung.

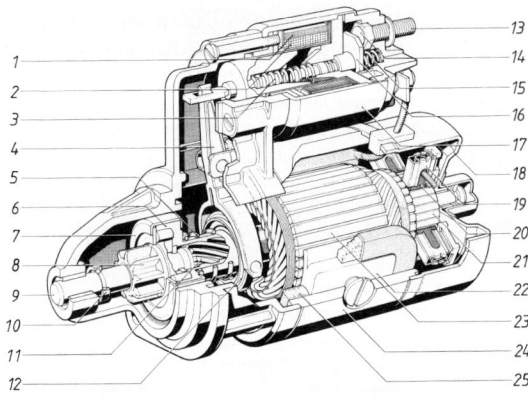

1 Haltewinkel	14 Kontakt
2 Einzugswicklung	15 Kontaktabschaltfeder
3 Rückstellfeder	16 Kontaktbrücke
4 Einrückhebel	17 Einrückrelais
5 Einspurfeder	18 Kommutatorlage
6 Mitnehmer	19 Bürstenhalter
7 Rollenfreilauf	20 Kohlebürste
8 Ritzel	21 Kommutator
9 Ankerwelle	22 Pohlschuh
10 Anschlagring	23 Anker
11 Steilgewinde	24 Polgehäuse
12 Führungsring	25 Erregerwicklung
13 Elektrischer Anschluss	

Bild 89. Schub-Schraubtrieb-Starter (Bosch)

8.17 Alternative Verbrennungsmotoren

Strenger werdende Abgasbestimmungen in Europa und den USA und Forderungen nach geringerem Kraftstoffverbrauch bei weniger Abgasemissionen gehören neben der Suche nach alternativen Kraftstoffen aus nichtfossilen Primärenergien zu den zentralen Anliegen der Motorenentwickler.

8.17.1 Alternative Kraftstoffe

Alternative Energiequellen sind nur dann für den Betrieb in Verbrennungsmotoren von Bedeutung, wenn sie bestimmte Mindestanforderungen in Bezug auf Transportfähigkeit, ausreichender Energiedichte und Verfügbarkeit erfüllen können. Langfristiges Ziel ist die ausschließliche Abhängigkeit von Erdölprodukten zu reduzieren und den Einsatz nichtfossiler Energieträger mit geringen Schadstoffemissionen und einer positiven Primärenergiebilanz bei der Herstellung voranzutreiben.

Flüssiggas (Autogas) ist ein Gemisch aus den bei der Erdölverarbeitung anfallenden Gasen Butan und Propan, die bei 5 … 15 bar flüssig werden (LPG = Liquefied Petroleum Gas). Flüssiggas ist hochklopffest (ROZ > 100) und verbrennt sehr schadstoffarm. Gegenüber Benzin etwas erhöhter Verbrauch bei geringerer Leistung. Flüssiggas erfordert einen Druckbehälter als Tank und wird oft als Kombination mit Benzinbetrieb verwendet (bivalent = von Gas auf Benzin umschaltbarer Betrieb).

Erdgas für den Einsatz im Verbrennungsmotor besteht je nach Herkunft in erster Linie aus Methan (CH_4). Es ist in sehr großen Mengen verfügbar und verursacht bei der motorischen Verbrennung (Benzinersatz) sehr geringe Schadstoffemissionen (z.B. CO- und CO_2-Emission um 40 … 70 % niedriger). Der Betrieb ist wie bei Autogas bivalent, der Trend geht jedoch (bei zunehmender Tankinfrastruktur) zum monovalenten Erdgasbetrieb. Da der Gemischheizwert niedriger liegt, ist die spezifische Leistung etwas geringer als bei Benzin- oder Dieselbetrieb. Die größere Klopffestigkeit (ROZ ≈ 130) ermöglicht im monovalenten Betrieb zur Kompensation ein deutlich höheres Verdichtungsverhältnis ε (verbrauchssenkend). Für den Fahrzeugeinsatz ist eine spezielle Speichertechnik erforderlich. Hochdrucktanks mit ca. 200 bar (Compressed Natural Gas-CNG) Speicherdruck oder verflüssigtes Liquefied Natural Gas (LNG) von ca. – 160 °C in aufwendigen Thermotankanlagen (Kryogentank) sind im Einsatz. Für die Betankung an normalen Zapfsäulen wird die CNG-Druckgasvariante bevorzugt, da an Tankstellen auf normale Erdgasleitungen mit zusätzlichen Druckerhöhungseinrichtungen zurückgegriffen werden könnte. Für den motorischen Betrieb in Kraftfahrzeugen sind Systemeinbauten zur Gasdruckreduktion und Gemischbildung erforderlich.

Wegen der insgesamt positiven Energie- und Umweltbilanz wird Erdgas als Alternativkraftstoff gefördert. Erdgas betriebene Anlagen sind im Stationärbetrieb zur Elektrizitätserzeugung (z.B. Gasturbinen/ Generator mit Kraft-Wärme-Kopplung) verbreitet, als

Fahrzeugantriebe (Busse und PKW) in zunehmenden Kleinserien auf dem Markt.

Methanol und **Ethanol** (Bioalkohol) können aus kohlenstoffhaltigen Rohstoffen CO_2-neutral hergestellt werden (großtechnisch jedoch noch kostspielig). Technisch ausgeführt wird oft auch die Herstellung auf Erdgasbasis. Großversuche wurden in Kraftfahrzeugen im Mischkraftstoffbetrieb (Benzin/Methanol oder Benzin/Ethanol – 80 % / 20 %) ohne nennenswerte Änderungen an den Motoren durchgeführt. Die Kraftstoffmischung besitzt im Vergleich zu Benzin höhere Klopffestigkeit, einen besseren thermischen Wirkungsgrad und erzeugt geringere Schadstoffemissionen. Methanol hat einen geringeren spezifischen Heizwert H_u (ca. 49 % von Benzin), daher volumetrischer Mehrverbrauch. Nachteilig wirken sich der niedrige Dampfdruck, der höhere Siedepunkt und Korrosionsprobleme gegenüber bestimmten Legierungen aus. Der Einsatz von reinem Alkohol als Kraftstoff erfordert umfangreichere Motoranpassungen (z.B. an das veränderte Zündverhalten).

Wasserstoff ist als Kraftstoff technisch erprobt und gilt als Energiequelle der Zukunft, auch wenn die Herstellung nur mit schlechtem Wirkungsgrad möglich ist. H_2 wird aus Wasser, Biomasse oder Erdgas unter Energieeinsatz gewonnen (katalytisches Dampfreforming). Für den Fahrzeugeinsatz besteht die Möglichkeit, H_2 an Metallegierungen (TiFe oder Mg) gebunden als Metallhydrid zu speichern, oder im verflüssigten Zustand in Fahrzeug-Druckbehältern (– 250 °C) zu transportieren. Die motorische Verbrennung ist mit einigen Anpassungen problemlos, sie arbeitet praktisch emissionsfrei. Der geringere volumenspezifische Heizwert erfordert für den Fahrzeugbetrieb größere Tankanlagen für vergleichbare Reichweiten. Wasserstoff wird als Kraftstoff weiterhin in der Wärmetechnik, in der Elektrizitätserzeugung bei Motor/Generator-Einheiten (Kraft-Wärme-Kopplung) und bei Gasturbine/Generator-Einheiten in Spitzenkraftwerken wirtschaftlich eingesetzt. Als Alternative zur Wasserstoffverbrennung gilt die Erzeugung elektrischer Energie mit hohem Wirkungsgrad (55 … 65 %) in einer **Brennstoffzelle**. Sie wandelt chemische Energie eines Brennstoffs (Wasserstoff, Erdgas usw.) auf elektrochemischem Weg in Elektrizität um. Die erzeugte Energie kann zum Antrieb von Elektromotoren, bei Mischbetrieb mit Verbrennungsmotor zur Bord-Stromversorgung genutzt werden. Brennstoffzellen sind Einheiten aus PEM-Elektrolyten (Polymer-Elektrolyt-Membranen = protonenleitende Elektrolytfolien aus Kunststoff mit katalytischer Platinbeschichtung), auf deren Seiten je eine gasdurchlässige Bipolarplatte für H_2 und Luft zugeordnet ist. In der Zelle wird durch Oxidation von H_2 und O_2 aus der Luft Strom mit einer Spannung von ca. 0,6V erzeugt. Durch Reihenschaltung der Zellen (Stacks) sind beliebige Spannungen möglich. Bei der Reaktion entsteht Wasserdampf. Der Wasserstoff für den Brennstoffzellenbetrieb wird in Druck-

behältern mitgeführt oder durch Methanol-Reformierung auf direktem Weg an Bord erzeugt.

Biodiesel wird aus Rapsölmethylester (RME) hergestellt. Bei der motorischen Verbrennung entstehen in Verbindung mit einem Oxidationskatalysator weniger Rußpartikel, weniger unverbrannte Kohlenwasserstoffe und geringerer CO-Ausstoß gegenüber fossilem Dieselkraftstoff. Wegen des etwas geringeren spezifischen Heizwerts volumetrischer Mehrverbrauch von ca. 10 %. Die Abgase sind frei von Schwefelverbindungen. Als nachwachsender Rohstoff besteht ein geschlossener CO_2-Kreislauf bei der motorischen Verbrennung. Wegen der geringen baulichen Veränderungen für den Einsatz in herkömmlichen Dieselmotoren und als Schmieröl bereits weit verbreitet.

8.17.2 Alternative Antriebe

Der **Hybridantrieb** ist eine Mischantriebsart, bei der zumeist die Kombination Elektromotor-Verbrennungsmotor zum Antrieb von Fahrzeugen verwendet wird.

Man unterscheidet seriellen und parallelen Hybridantrieb.

Beim *seriellen Hybridantrieb* treibt ein ständig arbeitender Verbrennungsmotor einen Generator an, der Strom für den Antriebs-Elektromotor und zur Batterieladung erzeugt. Der konstant arbeitende Verbrennungsmotor kann im schadstoffarmen, wirkungsgradgünstigen Betriebsbereich betrieben werden.

Beim *parallelen Hybridantrieb* werden der Verbrennungsmotor und die Generator-Elektromotor-Kombination einzeln, bei höherem Leistungsbedarf auch zusammen eingesetzt. Elektromotor und Generator sind oft als Stator/Rotor-Einheit zwischen Verbrennungsmotor und Getriebe angeordnet. Es wird z.B. im Stadtbereich und zum Anfahren Elektrobetrieb über Batteriepakete und bei Überlandfahrt Verbrennungsmotorbetrieb eingesetzt. Der Verbrennungsmotor lädt hier gleichzeitig die Batterien auf (Elektromotor als Generator betrieben). Zur Abdeckung von Leistungsspitzen werden beide Motorarten zusammen geschaltet.

Für vertretbare Fahrzeugreichweiten sind schwere Batteriepakete (z.B. NiCd- oder Nickel-Metall-Hydrid-Batterien) erforderlich, deren Speichervermögen noch nicht zufriedenstellend ist. Hybridantriebe sind bei vielen Fahrzeugherstellern in Kleinserien im Einsatz.

Elektromotoren für Elektrofahrzeuge erzeugen im Straßeneinsatz keine Schadstoffe, sind leiser als Verbrennungsmotoren und lassen sich ohne Schaltgetriebe betreiben. Die strenge kalifornische Gesetzgebung fordert von den Fahrzeugherstellern die Entwicklung und den praktischen Einsatz von sogenannten ZEV-Fahrzeugen (Zero Emission Vehicle). Sie schreibt diese Antriebsart ab 2003 für Kalifornien mit einem 10 %-Anteil im Verkaufsprogramm vor. Der

Schwerpunkt der Entwicklungen in der Fahrzeugindustrie liegt bei Batteriesystemen, die hohe Speicherkapazität bei geringer Masse und Bauvolumen, hohen Lade-/Entladewirkungsgrad bei langer Lebensdauer und großen Aktionsradius ohne Aufladen aufweisen müssen und sich ohne große Veränderungen in vorhandene Modellreihen einbauen lassen. Natrium-Schwefel (Na/S)-, Natrium-Nickelchlorid (Na/NiCl₂)- und Lithium-Polymer-Batterien sind als bedeutend leistungsfähigere Alternativen zum Bleiakku in der Erprobung.

Der Wankel-**Kreiskolbenmotor** arbeitet nach dem Viertaktprinzip und hat keine hin- und hergehenden Massen. Ein exzentrisch gelagerter Kreiskolben übernimmt die Funktion des Hubkolben-Kurbeltriebwerks beim Ottomotor.

Die Steuerung des Gaswechsels geht im Vergleich zum Hubkolbenmotor einfacher vor sich. Während der einzelnen Arbeitstakte bewegt sich die Gasfüllung

im Gehäuse und kommt ständig mit gekühlten Wandungsflächen in Berührung (geringe Klopfneigung). Der Läufer (Kreiskolben) hat die Querschnittsform eines Bogendreiecks. Er ist auf einer Exzenterwelle gelagert und rotiert mit 2/3 der Wellendrehzahl in entgegengesetzter Richtung, also mit 1/3 der Wellendrehzahl bezogen auf das feststehende Gehäuse. Hierdurch ergeben sich geringere Gleitgeschwindigkeiten. Bei der Drehbewegung bleiben die drei Dichtkanten (A, B, C) dauernd mit der Wand des bogenförmigen Gehäuses (Epitrochoide) in Berührung und erzeugen dabei Hubräume wechselnder Größe für die einzelnen Arbeitstakte. Ein vollständiges Viertakt-Arbeitsspiel ergibt sich bei einer Kreiskolbendrehung oder drei Exzenterwellenumdrehungen. Durch Aneinanderreihen der Kreiskolben und Gehäusemantelteile (durch Zwischenteile getrennt) auf einer verlängerten Exzenterwelle lassen sich Mehrscheibenmotoren bauen.

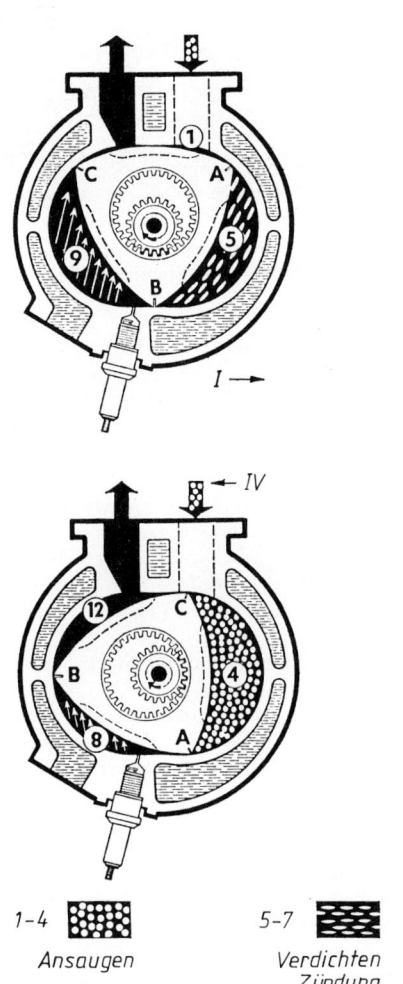

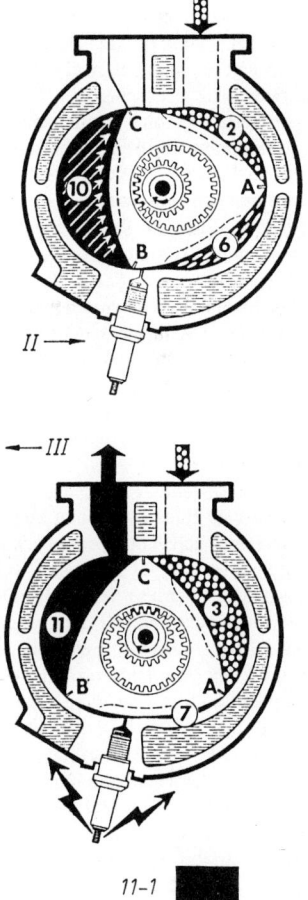

1–4	5–7	8–10	11–1
Ansaugen	Verdichten Zündung	Arbeitshub (Verbrennung)	Ausschieben

Bild 90. Wirkungsweise des Kreiskolbenmotors

Arbeitsweise (Bild 90): Das Volumen 1 wächst während des Ansaugens in der Läuferstellung 2 bis 3, wobei der Ansaugkanal geöffnet ist. In Stellung 4 ist der Ansaugtakt beendet. Anschließende Verdichtung erfolgt in den Stellungen 5, 6 und 7. In Stellung 7 wird das Gemisch gezündet. Die Arbeitsabgabe an die Welle geschieht während des Ausdehnungshubes in Stellung 8, 9 und 10. Der Auslasskanal wird bei 10 geöffnet. Das Ausschieben der verbrannten Gase erfolgt während der Stellung 11 bis 12. Bei 1 beginnt das Arbeitsspiel wieder.

Neuere Konzeptionen verwenden zwei nebeneinander liegende Zündkerzen. Elektronische Benzineinspritzung, Dreiwege-Katalysator und Abgasturboaufladung sind genauso üblich wie bei Hubkolbenmotoren.

Vorteile: Gedrungene, leichte Bauweise, wenig Bauelemente, ruhiges schwingungsarmes Laufverhalten.

Nachteile: Höherer Kraftstoffverbrauch, höherer Bauaufwand und ungünstige Brennraumform.

Gasturbinen sind wegen des schlechten Wirkungsgrades und des hohen Kraftstoffverbrauchs, besonders im Teillastbereich, im Vergleich zu den Hubkolbenmotoren, kaum für den Einsatz im Fahrzeugbereich geeignet. Man unterscheidet Gasturbinen für Flugtriebwerke (Hubschrauber, Propellerflugzeuge), Industrieturbinen zur Stromerzeugung mit Kraft-Wärmekopplung und Fahrzeugturbinen. Sie treten im Kraftwerksbetrieb in Konkurrenz zum stationären Dieselmotor. Ihr Einsatz erfolgt vorwiegend für große Triebwerksleistungen. Der Grundaufbau (Verdichter, Brennkammer, Turbine) ist bei den Ausführungen gleich.

Während beim Hubkolbenmotor der Kreisprozess im Zylinder zeitlich nacheinander abläuft, laufen die Zustandsänderungen bei der Gasturbine räumlich getrennt gleichzeitig ab.

Einwellen-Gasturbinen sind wegen ihres ungünstigen Drehmomentverhaltens nicht zum Fahrzeugantrieb geeignet.

Bei der *Zweiwellen-Fahrzeuggasturbine* (Bild 91) wird Luft vom Radialverdichter angesaugt und in die Brennkammer geleitet (3 … 10 bar). Dort wird kontinuierlich eingespritzter Brennstoff (Gas, Diesel oder beides im Dualbetrieb) verbrannt. Das Heißgas (ca. 900 °C) expandiert unter Energieabgabe in den Leitschaufeln der Antriebsturbine, die in Drehung versetzt wird. Die *Verdichterturbine* zum Verdichterantrieb und die *Antriebsturbine* zum Fahrzeugantrieb sind nicht durch Wellen verbunden (n Antrieb bis 50 000 l/min). Die Abgase werden vor dem Ausstoßen einem Wärmetauscher zugeführt, in dem die angesaugte Luft vorgewärmt und damit der Wirkungsgrad erhöht wird. Die Antriebsdrehzahl wird in einem Zwischengetriebe untersetzt. Durch die über das Fahrpedal verstellbaren *Leitschaufeln* kann im Teillastbereich der Verbrauch gesenkt werden. Fahrzeuggasturbinen konnten über Versuchsanlagen nicht hinaus kommen.

Der **Stirlingmotor** (Heißgasmotor) ist ein Hubkolbenmotor. Er arbeitet in einem geschlossenen Kreisprozess (Sterling), da das Arbeitsgas (Wasserstoff oder Helium) ständig im Kreislauf verbleibt. Dem Arbeitsgas wird über die äußere Verbrennung eines Kraftstoff-Luft-Gemisches Wärme zugeführt, wodurch es sich ausdehnt und über einen Arbeitskolben Arbeit an das Kurbeltriebwerk abgibt. Durch den Verdrängerkolben wird das Arbeitsgas zyklisch über Kühler und Regenerator in den Erhitzer zurückbefördert. Arbeits- und Verdrängerkolben sind über Rhombentrieb zwangsgesteuert (Einzylindermotor). Mehrzylindermotoren arbeiten doppeltwirkend. Der Kolben eines Zylinders ist gleichzeitig Verdrängerkolben des benachbarten Zylinders.

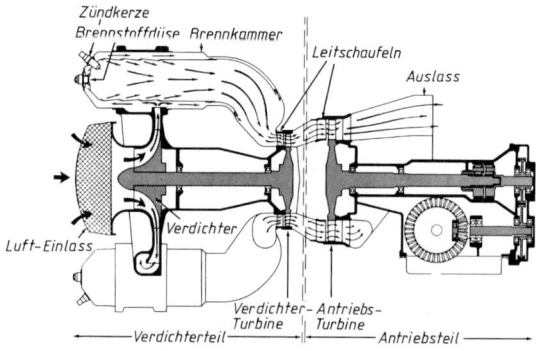

Bild 91. Schnitt durch eine Gasturbine (Opel)

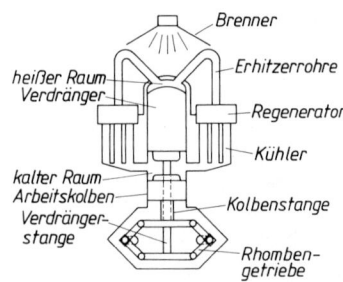

Bild 92. Prinzip des Stirlingmotors (Opel)

Dem leisen Lauf und Vielstoffeigenschaften bei hohem Wirkungsgrad stehen seine aufwendige Bauweise einer größeren Verbreitung gegenüber.

Arbeitsweise

1. Der Verdrängerkolben bleibt in OT-Lage, der Arbeitskolben verdichtet durch Bewegung nach oben kaltes Gas.

2. Der Arbeitskolben bleibt stehen, der Verdrängerkolben schiebt das Gas über Kühler, Regenerator und Erhitzer in den heißen Raum.

3. Das Gas expandiert und schiebt den Verdichter-
   und Arbeitskolben nach unten, wobei Arbeit aufgebracht wird.
4. Der Verdrängerkolben bewegt sich nach oben
   (Arbeitskolben bleibt unten) und schiebt das heiße
   Gas über Erhitzer, Regenerator und Kühler in den
   kalten Raum. Der Prozess beginnt neu.

Literatur

Robert Bosch GmbH (Hrsg.).: *Dieselmotor-Management*. Wiesbaden: Vieweg-Verlag, 2004

Robert Bosch (Hrsg.).: *Ottomotor-Management*. Wiesbaden:
Vieweg Verlag, 2005

Robert Bosch GmbH (Hrsg.).: *Autoelektrik/Autoelektronik*.
Wiesbaden: Vieweg-Verlag, 2002

Henneberger G.: *Elektrische Motorausrüstung*. Braunschweig:
Vieweg Verlag, 1990

Kraemer/Jungbluth: *Bau und Berechnung von Verbrennungsmotoren*. Berlin: Springer-Verlag, 1993

Robert Bosch GmbH: (Hrsg.).:*Kraftfahrtechnisches Taschenbuch*. Wiesbaden: Vieweg-Verlag, 2004

Köhler E.: *Verbrennungsmotoren*. Wiesbaden: Vieweg-Verlag,
2006

Küttner, K H.: *Kolbenmaschinen*. Stuttgart: Teubner-Verlag,
1994

Staudt, W.: *Kraftfahrzeugtechnik* Braunschweig: Vieweg-Verlag,
1995

Robert Bosch GmbH (Hrsg.).: *Schriftenreihe Technische Unter-
richtung, div. Jahrgänge*. Stuttgart

Wagner, H.: *Strömungs- und Kolbenmaschinen*, Braunschweig:
Vieweg-Verlag, 1993

Waldmann/Seidel: *Kraft- und Schmierstoff*. Sonderdruck der
ARAL-AG Bochum aus dem Automobiltechnischen Handbuch,. Berlin: de Gruyter-Verlag, 1979

M Spanlose Fertigung

Wolfgang Böge/Ulrich Borutzki

---

1 Urformen

W. Böge

Unter Urformen versteht man das Fertigen eines festen Körpers aus formlosem Stoff. Formlose Stoffe sind Gase, Flüssigkeiten, Pulver, Granulate und Späne.

Einzelne Urformverfahren:

Gießen:
Stoff in flüssigem oder breiigem Zustand wird in eine geometrische Form gebracht.

Sintern:
Formloser Stoff in festem Zustand (Pulver) wird gemischt und durch Pressen und nachfolgende Wärmebehandlung in eine geometrische Form gebracht.

1.1 Gießverfahren

Beim Gießen wird ein Hohlraum – die Form – mit flüssigem oder teigig-plastischem Metall gefüllt. Der Hohlraum entspricht in allen Einzelheiten der beabsichtigten äußeren Körperform des Gussstückes. Um das zu erreichen, ist zu beachten:

a) Das flüssig vergossene Metall zieht sich beim Erkalten zusammen, es schwindet. Deshalb muss die Form um die *Abkühlungsschwindung* größer sein als das kalte Werkstück (Tabelle 1).

b) Flächen des Gussteiles, die nachfolgend spangebend zu bearbeiten sind, erhalten eine *Bearbeitungszugabe* (Tabelle 2).

c) Wanddicken des Gussteiles sollen so gleichmäßig dick gewählt werden, dass eine gleichschnelle Abkühlung des Werkstückes an allen Stellen gewährleistet ist. Bei ungleichmäßiger Abkühlung können erhebliche Spannungen und Hohlstellen (Lunker) im zuletzt abkühlenden Teil entstehen.

d) Die Form muss steigend zu füllen sein, denn bei Kaskadensprüngen zerstört das fallende Metall die Formwandungen.

Die formbildende Masse kann mineralisch (Sandform) oder metallisch (Kokille) sein.

Die gießfertige Form wird gefüllt:
a) Beim Standguss durch die Schwerkraft des flüssigen Metalls,
b) beim Schleuderguss durch die Fliehkraft des flüssigen Metalls,

c) beim Druckguss durch äußeren Druck auf das flüssige oder teigige Metall.

Tabelle 1. Abkühlungsschwindung gegossener Metalle

Gusswerkstoff	Abkühlungsschwindung in %	Gießtemperatur in °C
GJL	1	1 300 ... 1 500
GJS ungeglüht	1,2	1 300 ... 1 450
GJS geglüht	0,5	1 300 ... 1 450
GS	2	1 500 ... 1 700
G-Al	0,5 ... 1,3	650 ... 830
G-Mg	0,4 ... 1,4	620 ... 740
G-Zn	0,5 ... 1,2	390 ... 430
G-Cu	1 ... 2	920 ... 1 300

Tabelle 2. Bearbeitungszugaben für Gussstücke

Werkstoff	Schleifen	Zugabe in mm zum Drehen, Fräsen	
		bis 800 mm	über 800 mm
GG	0,1 ... 1	2 ... 5	6 ... 20
GT	0,3 ... 1	2 ... 3	–
GS	–	3 ... 8	3 ... 30 [1])
Metallguss	0,3	2 ... 3	4 ... 10

[1] Zusätzlich sind die Maßabweichungen nach Tabelle 4 zu berücksichtigen

1.2 Modelle und Kokillen

Modelle werden aus leicht bearbeitbaren Werkstoffen hergestellt. Sie sollen glatte Oberflächen mit Aushebeschrägen haben und müssen als Modell erkennbar sein (DIN 1511). Diesen Anforderungen genügen:
Gipsmodelle für ein- bis dreimaliges Einformen mittelgroßer Teile oder für wiederholtes Einformen kleiner Massenteile.
Holzmodelle, je nach Modellqualität bis zu 50 Einformungen ohne Instandsetzung.
Metallmodelle für häufig wiederholtes Einformen (Serienfertigung).
Styropormodelle für Einzelabguss. Der Formwerkstoff verbrennt beim Einguss ohne Rückstand.

1.2.1 Holzmodelle

Verwendete Hölzer sollten gesunden Wuchs mit wenigen Ästen haben. Mittlere Holzqualität ist ausreichend, wenn der Härteunterschied zwischen Frühjahrs- und Herbstringen klein ist. Vor dem Verleimen soll das Holz auf 6 bis 10 % Feuchtigkeitsgehalt getrocknet sein. Die Auswahl der Holzqualität und fasergerechtes Verleimen bestimmen die Modellgüteklasse. DIN 1511 unterscheidet drei Güteklassen:

Güteklasse I:
Sehr gute Holzmodelle für serienweise Abgüsse
Güteklasse II:
Gute Holzmodelle für 10 bis 30 Abgüsse
Güteklasse III:
Brauchbare Holzmodelle für 1 bis 5 Abgüsse

Dicke Holzklötze bekommen beim Austrocknen *Schwindrisse*, deshalb werden dickwandige Modelle *abgesperrt* verleimt. Einzelbrettdicke abgesperrter Klötze 12 bis 40 mm. Im Modell ist so viel Hohlraum vorzusehen, wie die Festigkeit des Modells zulässt.
Abzurundende Körperkanten lassen sich gut einformen, deshalb werden am Modell alle scharfen Übergänge gerundet. Hohlkehlen bis $R = 8$ mm lassen sich billig aus Kitt herstellen, Hohlkehlradien $R = 8$-12 mm formt man am Modell durch Leder- oder Kunststoffeinlagen. Hohlradien $R \geq 12$ mm lassen sich nur durch Holzleisten formen; sie sollten wegen der hohen Herstellungskosten für das Modell möglichst vermieden werden.

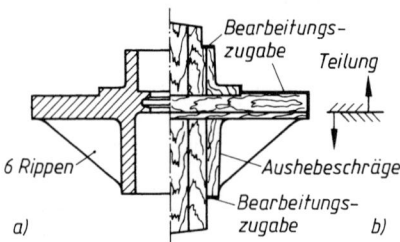

Bild 1. Geteiltes Kernmodell

a) Werkstattzeichnung
b) Modell-Vorderansicht
   Teilfuge liegt außerhalb der Scheibenmitte, Rippen verstärken den Flansch der unteren Modellhälfte

Nach der Werkstattzeichnung wird eine Modell-Vorderansicht gefertigt (Bild 1), aus dem die Modellteilung und der Verleimungsaufbau ersichtlich sind. Es wird unterschieden nach Naturmodell und Kernmodell.

Ein *Naturmodell gleicht* dem Gusskörper. Es ist nur um die Abkühlungsschwindung und die Bearbeitungszugabe größer.
Hohlräume im Gusskörper werden durch *Kerne* geformt. Kernmodelle können ungeteilt oder geteilt (Bild 1) ausgeführt sein.

1.2.2 Kerne

Zylindrische Kerne werden von langen, auf einer Kerndrehmaschine hergestellten Kernstangen abgeschnitten (billigstes Herstellverfahren). Nicht zylindrische Kerne, auch solche, die nur einen dünneren Teil haben, müssen im Kernkasten geformt werden. Für jeden nicht zylindrischen Hohlraum im Gussteil ist ein besonderer Kernkasten zu bauen.

1.2.3 Schablonen

Rotationssymmetrische Körper oder lange Körper gleichen Querschnittes werden mit profilierten Brettern – *Schablonen* genannt – eingeformt, um teure Modelle zu sparen. Bild 2 zeigt die Formherstellung eines rotationssymmetrischen Körpers mittels Schablone, die an einer Säule (Rohr oder Stahlwelle) drehbar befestigt ist.

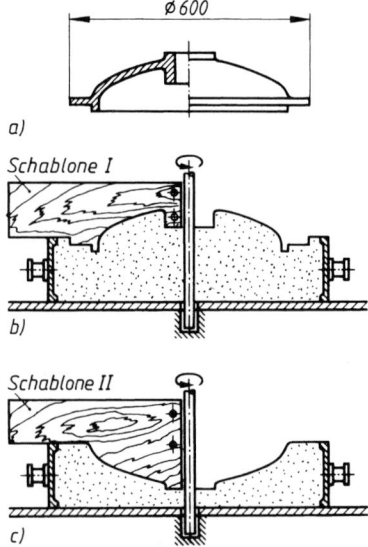

Bild 2. Schablonenformerei für Rotationskörper.

a) Werkstattzeichnung,
b) mit Schablone I geformte Innenkontur im Unterkasten,
c) mit Schablone II geformte Außenkontur im Oberkasten

Zur Herstellung langer Körper gleicher Querschnitte wird die Schablone – hier Ziehbrett genannt – an Ziehleisten geführt (Bild 3). Werden statt der geraden Ziehleisten gebogene verwendet, können auch Rohrkrümmer oder ähnliche Formen aus der Formmasse herausgearbeitet werden.

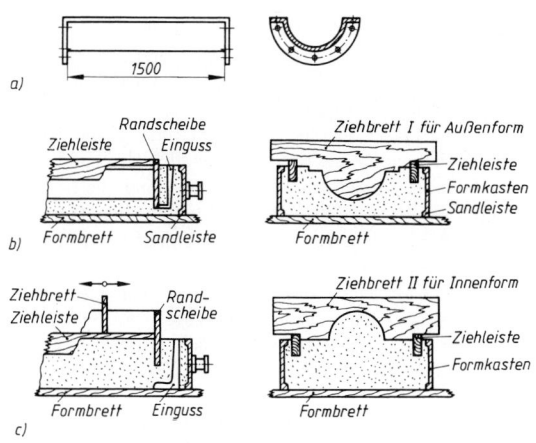

Bild 3. Schablonenformerei mit Ziehleisten

a) Werkstattzeichnung
b) Einformen der Außenkonturen mit Ziehbrett I, Ziehleisten und Randscheiben
c) Einformen der Innenkonturen mit Ziehbrett II, Ziehleisten und Randscheiben

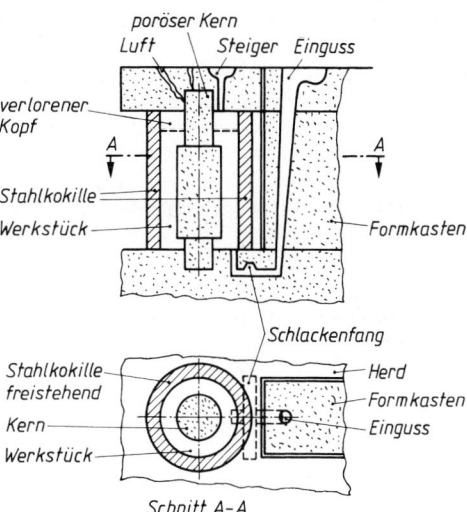

Bild 4.
Kokillenguss, Stahlkokille für eine Hartgusswalze

Vorgesehene Verrippungen müssen mit *Hilfsmodellen* – das sind keine vollen Modelle – von Hand eingeformt werden.

1.2.4 Metallmodelle

Metallmodelle werden nach *Muttermodellen* aus Holz oder Gips gegossen und allseitig auf Modellmaß mit Bearbeitungszugabe spangebend bearbeitet, damit das *Tochter-* oder *Arbeitsmodell* den Einformforderungen in allen Einzelheiten entspricht. Bei der Herstellung der Muttermodelle ist die Schwindung des Modellwerkstoffes *und* die Schwindung des Fertigungsgusses zu berücksichtigen.

Für die Modellherstellung sind alle gießbaren Metalle geeignet. Bevorzugt werden Aluminium-Gusslegierungen, die für alle Modellgrößen geeignet sind. Sie sind leicht, stabil und gut bearbeitbar. Gusseisen wird verwendet für kleine Modelle, wenn die Modelloberflächen maschinell zu bearbeiten sind, Stahlguss für Maschinenformerei größerer Modelle.

1.2.5 Kokillen

Kokillen eignen sich gut zur Hartgussherstellung, weil die Gießmasse außen schnell abkühlt. Bild 4 zeigt die Herstellung einer Hartgusswalze in einer meist wassergekühlten Stahlkokille. Auch ohne Wasserkühlung bildet sich eine dünne, harte Haut am Gussstück, die durch nachträgliches Erwärmen und anschließende langsame Abkühlung normalisiert werden muss, falls sie die weitere Bearbeitung stört.

Vorteile des Kokillengusses: Maßgenaue Werkstücke mit kleinen Bearbeitungszugaben, glatte saubere Oberflächen ohne anhaftende Sandkörner, wichtig für hydraulische Bremsanlagen z. B. in Fahrzeugen.

1.3 Formerei

Die in der Formerei hergestellte Sandform muss *standfest* gegen den Druck des flüssigen Metalles, *beständig* gegen die hohen Gießtemperaturen und *gasdurchlässig* für die Luft aus dem Formraum und sich entwickelnde Gase sein.

Zur Formherstellung werden Form- und Formhilfsstoffe zum *Modellsand* (Formmasse) gemengt. Der Modellsand soll *bildsam und feinkörnig* sein. Bildsamer Modellsand passt sich gut dem Modell an, feinkörniger Modellsand liefert glatte Gussstückoberflächen (Korngröße 0,5 mm für allgemeine Zwecke; 0,2 mm und kleiner für glatte Gussstückoberflächen). *Kernsand* für Hohlräume muss den Anforderungen wie Modellsand entsprechen und zusätzlich nach dem Guss rieselförmig zerfallen.

Formstoffe: feuerfester Sand (Quarzsand), Ton und Lehm. Formhilfsstoffe: Steinkohlenstaub, Holzkohlenstaub, Graphit und Formpuder.

Zum Modellsand der Graugießerei wird 35 % Neusand, 8 bis 30 % Ton, 5 bis 15 % Steinkohlenstaub und aufbereiteter Altsand mit Wasser angemengt.

Für Kleinteile wählt man Modellsand mit Tongehalt bis 15 % und gießt, wenn die Form noch feucht ist, *Guss in grüne Formen* oder *Nassguss*. Formen für große Gussstücke müssen wegen des hohen Tongehalts trocken sein: *Trockenguss*. Die normale Trockenzeit von 8 bis 10 Tagen wird auf 4 bis 6 Stunden abgekürzt durch Trocknen in Trockenöfen oder mittels Warmluft. Beim schnellen Trocknen wird die Form rissig und gasdurchlässig, behält aber ihre Standfestigkeit.

Herdformerei zum Einformen einteiliger Modelle für Gussstücke mit untergeordnetem Verwendungszweck z. B. Roststäbe in Großkesseln, Maschinenfundamentplatten und Ausgleichsgewichte.

a) *Offene Herdformerei.* Das Modell formt man in der Formsandaufschüttung (bis 1,5 m hoch) auf dem Fußboden der Gießerei, dem *Herd* ein, formt von Hand einen Einguss und Überlauf und gießt. Die Oberfläche der Gussstücke kühlt an der Luft schnell ab, wird dabei hart, blasig und uneben.

b) *Geschlossene Herdformerei.* Die im Herd eingedrückte Form wird mit einem sandgefüllten Kasten abgedeckt. Das Gussstück kühlt gleichmäßig ab, die Gussstückoberfläche wird brauchbar, enthält aber Blasen.

Vorteil der beiden Verfahren: kostengünstige Gussstücke.

Kastenformerei zum Einformen geteilter Modelle mit und ohne Kerne, für saubere Abgüsse, bequemer durchführbar als Herdformerei.

Formkästen sind Rahmen ohne Deckel und Boden aus Gusseisen gegossen oder aus Stahlblech gefertigt, in Sonderfällen auch Holzrahmen (Brandgefahr). Sandleisten halten die Formmasse im Kasten fest. Für jede Modellhälfte ist ein Formkasten nötig, weil die Modellteilfuge in der Trennebene der Kästen liegen muss. Das Einformen von Einguss, Steiger und Schlackenfang bedingt zusätzliche Formerarbeit (Bild 3).

Gussputzerei. Von den ausgepackten Gussstücken werden in der Gussputzerei Steiger und Einguss abgeschlagen; anhaftender Formsand und vorhandener Gießgrat wird entfernt.

1.3.1 Zementformerei

Der Modellsand wird aus Quarzsand und 12 % Portlandzement unter Zugabe von etwa 10 % Wasser angemengt. Diese Formmasse trägt man etwa 3 cm dick auf das Modell auf. Die Former müssen mit Gummihandschuhen arbeiten, weil Zement ätzt.

Vorteile der Zementformerei: Die Gussstücke haben sehr glatte, sandfreie Oberflächen, modellgetreue Maße, die Bearbeitungszugaben können kleiner gehalten werden als beim Sandformguss (Zementmasse legt sich gut an das Modell, quillt wenig auf). Schadstellen der Form lassen sich leichter ausbessern als bei Sandformen, Füllsand braucht nicht aufgestampft werden, mischen der Formmasse dauert nur 5 Minuten.

1.3.2 Maskenformerei (Croning-Verfahren)

Dieses Verfahren wird angewendet, wenn bei Serienabgüssen hohe Anforderungen an die Werkstückoberfläche bezüglich Gestalttreue und Oberflächengüte gestellt werden oder wenn kleine Bearbeitungszuga-

ben und kleine Maßtoleranzen einzuhalten sind, z. B. bei Werkzeugmaschinengehäusen, Bremstrommeln für Kraftfahrzeuge, Armaturengehäusen und Kühlrippenzylinder für Motoren.

Um eine Formmaske herzustellen (Bild 5), sind Metallmodelle nötig, die mit den Einlaufkanälen auf eine metallische Modellplatte verschraubt sind (bei kleinen Modellen wird die Modellplatte mit Einlaufkanälen und Modellen aus einem Stück gearbeitet). Mittels Pressstempel und Pressrahmen wird die Formmaskenmasse – das ist feingemahlener Quarzsand mit feinkörnigem Kunststoff – fest gegen die beheizte Modellplatte gedrückt. Infolge der Wärmewirkung verklebt die Kunststoffmasse den Quarzsand zu einer scharf ausgeprägten, formhaltenden Schicht von etwa 5 mm Dicke zur Formmaske. Nicht verklebte Formmaskenmasse wird vor dem Herausnehmen der Formmaske aus dem Pressrahmen abgeschüttet und wieder verwendet. Die verklebte Formmaske wird im Ofen getrocknet, damit die Kunststoffmaske feuerfest gasdurchlässig wird.

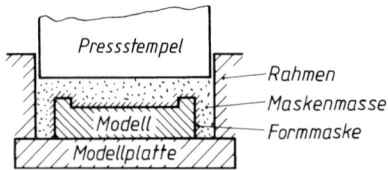

Bild 5. Herstellen einer Formmaske
Modell und Modellplatte müssen heizbar sein.

Soll das Gussstück in einem allseitig maskengeformten Hohlraum gegossen werden, sind mindestens zwei Formmasken nötig. Hohlräume im Gussstück können durch Formmaskenkerne gestaltet werden.

Es lassen sich kleine Bearbeitungszugaben (< 1 mm) und enge Maßtoleranzen einhalten (± 0,5 mm bei Teilen bis etwa 100 mm Länge).

1.4 Herstellung der Schmelze

Um eine Schmelze in geforderter Zusammensetzung zu erhalten, werden die Feststoffe für die Beschickung des Schmelzofens *gattiert* (art- und mengenmäßig ausgewählt). Beimengungen der Feststoffe (z. B. Phosphor und Schwefel im Roheisen oder Aschenteile im Koks), die nicht in die Schmelze gelangen dürfen, werden im Ofen *abgebaut* (verbrannt) oder *gebunden*. Sie schmelzen und sammeln sich als flüssige Schlacke auf dem geschmolzenen Metall oder gehen in die Ausmauerung des Ofens über.

Für die Gießereien verwendet man folgende Schmelzöfen:

Kupolöfen (Bild 6) sind einfache, feuerfest ausgemauerte Schachtöfen mit Koks- oder Ölfeuerung. Zusätzliche Luftvorwärmung oder Vorherd erhöhen die Leistung.

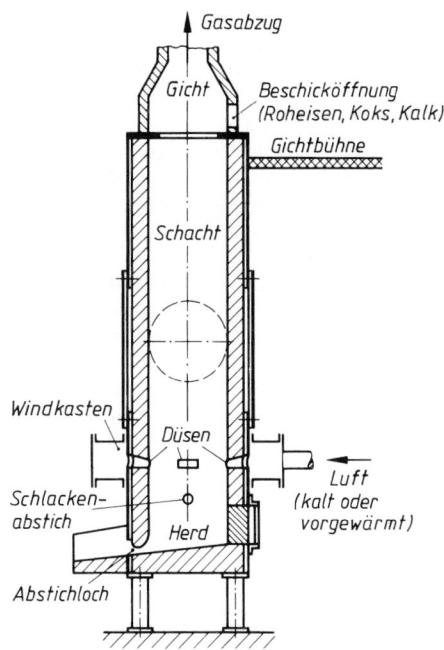

Bild 6. Kupolofen ohne Vorherd

Elektroöfen mit Widerstandserwärmung (Bild 7). Elektroden (große Kohlestäbe, an denen eine elektrische Spannung liegt) ragen in die Füllmasse (Charge) des Ofens (Roheisen, Stahlschrott und Gangarten, das sind Silicium- und Manganverbindungen).

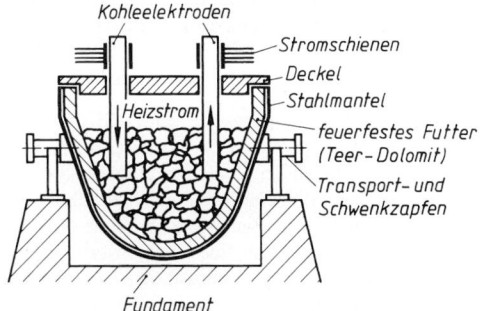

Bild 7. Elektroofen mit Widerstandserwärmung

Der von Elektrode zu Elektrode fließende elektrische Strom findet in der Füllmasse großen Widerstand, so dass die elektrische Energie in Wärme umgewandelt wird. Der Strom bleibt so lange eingeschaltet, bis die ganze Ofenfüllung geschmolzen ist.

Elektro-Lichtbogen-Öfen (Bild 8). Unter elektrischer Spannung stehende Kupfer-Graphitstäbe (Elektroden) berühren die Füllmasse des Ofens. Durch vorsichtiges Abheben der Elektroden wird ein Lichtbogen zwischen Füllmasse und Elektrode gezogen, in dessen hoher Temperatur die Füllmasse nach und nach schmilzt. Der Lichtbogen wird durch Nachschieben

der Elektroden gehalten, bis die Füllmasse restlos geschmolzen und die Gießtemperatur erreicht ist.

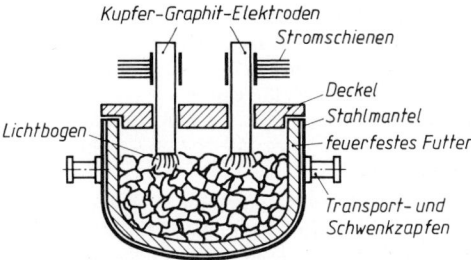

Bild 8. Elektro-Lichtbogen-Ofen

Hochfrequenz-Elektro-Öfen (Bild 9). Durch eine Kupferdrahtspule fließt ein Wechselstrom hoher Frequenz. Jede Spannungsänderung in der Spule erzeugt in der Ofenfüllmasse eine Spannung, die einen Stromfluss innerhalb der Füllmasse hervorruft. Es treten Wirbelströme auf, deren elektrische Energie in Wärme umgesetzt wird. Hochfrequenz-Elektro-Öfen eignen sich besonders zum Schmelzen feinkörniger Füllmassen (Gusseisenspäne, Granulat).

Tiegelöfen werden hauptsächlich zum Schmelzen von Qualitätsguss eingesetzt. Die Füllmasse wird in *Tiegeln* (erdige, feuerfeste, etwa eimergroße Gefäße) eingesetzt. Koks-, Gas- oder Ölbrenngase streichen an den verdeckten Tiegeln vorbei und erwärmen die Füllmasse auf Gießtemperatur. Man erhält eine besonders schwefelarme Schmelze, weil die Heizgase mit dem Schmelzgut nicht in Berührung kommen. Der Wirkungsgrad dieser Öfen ist sehr gering.

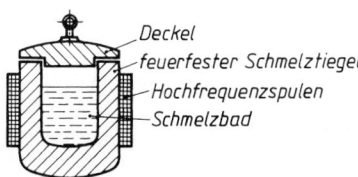

Bild 9. Hochfrequenz-Elektro-Ofen

1.4.1 Gusseisen

Ausgangswerkstoff: Mit Zuschlägen gattiertes Hütten- oder Koksroheisen.

Zuschläge: Gussbruch, Stahlschrott, Ferrosilicium, Ferromangan und Spiegeleisen.

Schmelzöfen: Kupolöfen mit Koksheizung, heute Hochfrequenz-Elektro-Öfen zum Schmelzen von Gusseisenspänen.

Die Schmelze erstarrt in der gießfertigen Form normalerweise unter lamellenartiger Ausscheidung des Kohlenstoffs. Soll der Kohlenstoff *Kugelgraphit* im Gusseisen bilden (Sphäroguss), wird die Schmelze nach dem Abstich in der Gießpfanne *geimpft* (Magnesiumzusatz).

Zur Erzielung von blasenfreiem und gefügedichtem Guss setzt man Ferrosilicium und Ferromangan erst in der Gießpfanne zu und schüttelt anschließend den Inhalt der Pfanne durch. Während des Schüttelvorganges verbrennen die Zusätze unter starker Wärmeentwicklung. Die Schmelze kocht brodelnd, wird durchgemischt und völlig gasfrei.

1.4.2 Stahlguss

Ausgangswerkstoffe: Stahlschrott, Stahlroheisen.
Schmelzöfen: Meist Elektro-Öfen mit Widerstands- oder Lichtbogenerwärmung, seltener werden Tiegelöfen eingesetzt.
Beim Schmelzen brennt der Kohlenstoff um etwa 5 % ab. Unerwünschte Beimengungen in der Füllmasse mindern die Qualität des Stahlgusses erheblich. Um die Verunreinigungen und die gelösten Gase aus der Schmelze zu treiben, muss sie brodelnd kochen. Dies tritt ein, wenn Silicium und (oder) Aluminium zugesetzt werden. Die Schmelze ist dann *beruhigt*.
Die hohen Gießtemperaturen des Stahles verlangen besonders hitzebeständige Formen. Abweichend vom Gusseisen wird die Formmasse für Stahlguss aus reinem Quarzsand mit frischem Ton oder Lehm und Graphit oder Kaolin (Porzellanerde) als Magerungs- und Bindemittel hergestellt. Kein Kohlezusatz, da Gefahr der Aufkohlung.
Gute mechanische Eigenschaften bei feinkörnigem Gefüge im Stahl erzielt man durch gesteuerte Abkühlung.
Steiger- und Eingussquerschnitte sind 15 bis 25 mal so groß auszubilden wie beim Gusseisen, weil Stahl stark *nachzieht*. Durch die 5 %ige Erstarrungsschwindung des Stahles entstehen in den gegossenen Wandungen Hohlräume (Lunker), die durch nachfließenden Stahl gefüllt werden müssen. Im Steiger muss Stahl noch flüssig sein, wenn die Gusswandung schon erstarrt ist.
In den Oberflächen der Stahlgussteile eingebettete Sandkörner, erhebliche Unebenheiten der Stahlgussflächen und das Einebnen der Steiger- und Eingusstrennflächen (Brennschnittflächen) verteuern die spangebende Bearbeitung der Stahlgussstücke.
Soll der aufgenommene Wasserstoff schnell aus dem Gussstück entfernt werden (wenn die natürliche Alterung zeitlich nicht abgewartet werden kann), muss man bei 100 bis 400 °C künstlich altern (glühen).

1.4.3 Metallguss

Alle Nichteisen- und Leichtmetalle sind sowohl in Sand als auch in Kokillen gießbar. Gießtemperaturen: Messing 1 000 bis 1 050 °C, Bronze (Rotguss) 1 100 bis 1 200 °C; Aluminium-Legierungen 680 bis 780 °C; Neusilber (Cu-Ni-Zn) 1 200 bis 1 250 °C.
Die Metalle werden in Tiegelöfen oder in Elektroöfen mit induktiver Erwärmung (z. B. Hochfrequenz-Elektro-Öfen) geschmolzen.
Die Schmelzvorgänge sind für die einzelnen Legierungen unterschiedlich. So können schwer schmelzende Legierungsbestandteile vor dem Einbringen des übrigen Metalls im Schmelzofen oder in einem Sonderofen geschmolzen werden, die Oxydationszugaben müssen der Legierung angepasst sein. Phosphorbronze ist z. B. eine mit Phosphor *desoxydierte* Bronze. Der Phosphor verbrennt restlos in der gießfertigen Schmelze, bringt sie zum brodelnden Kochen, wobei alle Verunreinigungen an die Oberfläche der Schmelze steigen und die eingeschlossenen Gase entweichen.
Die Oxidhäute der fertigen Gussstücke beizt man mit Salpeter- oder Schwefelsäure ab (Blankbrennen); sie würden die nachfolgende spangebende Bearbeitung empfindlich stören. Die Beizgase sind gesundheitsschädlich (Lungengifte).

1.4.4 Temperguss

Zum Tempern – das ist eine Wärmebehandlung zur Verbesserung der Werkstoffeigenschaften – eignen sich nur solche Gusseisenteile, deren Werkstoffgefüge weiß erstarrt ist, also ohne Graphitausscheidungen. Soll weiss erstarrtes Gefüge erzielt werden, muss die Schmelze vorwiegend aus *Temperroheisen* gattiert sein. Werden weiss erstarrte Gusseisen nach dem Erkalten langzeitig (4 bis 6 Tage) bei 850 bis 1 000 °C geglüht (*getempert*), steigert sich die Dehnfähigkeit des Werkstoffes. Der Werkstoff kann dann Zug- und Biegespannungen aufnehmen und ist in geringen Grenzen sogar schmied- und kaltformbar.

1.4.4.1 Weißer Temperguss. Zum Glühvorgang werden die weiss erstarrten Gusseisenstücke in Sauerstoff abgebende Glühmittel (Erze) eingepackt und 4 bis 6 Tage auf Glühtemperatur gehalten. Der vom Glühmittel abgegebene Sauerstoff verbindet sich mit dem ausscheidenden kristallinen Kohlenstoff zu gasförmigem Kohlenoxid oder -dioxid. Die Gase müssen entweichen können. Nur kristallin gebundener Kohlenstoff – nicht der als Graphit ausgeschiedene – verbindet sich mit dem Sauerstoff des Glühmittels. Die Entkohlung beginnt an der Werkstückoberfläche und dringt langsam zur Mitte vor. In der Mitte dicker Wandungen (bei dünnwandigen, wenn der Glühvorgang vorzeitig abgebrochen wurde) ist unzerlegtes Ledeburit (Gussgefüge) vorhanden, das an der großschuppigen Bruchfläche zu erkennen ist. Um diesen Kern hat sich ein Mantel aus Perlit mit Temperkohle ausgebildet, sein Bruchgefüge sieht grau aus. Die weiss schillernden Außenränder zeigen deutlich den ferritischen Gefügeaufbau.
Dünnwandige Werkstücke mit reinem ferritischen Querschnitt sind schweißbar.

1.4.4.2 Schwarzer Temperguss. Die weiß erstarrten Gusseisenstücke werden in neutralen Sand eingepackt und 4 bis 6 Tage geglüht. Während des Glühens spalten sich die harten Eisencarbide (Fe_3C) in Eisen-(Fe_2) und Kohlenstoffmoleküle (C_2). Der gesamte Kohlenstoff verbleibt im Gefüge. Die Bruchflächen des schwarzen Tempergusses sind über den ganzen Querschnitt gleich bleibend schwarz, aber feinkörnig. Aus der Struktur der Bruchflächen des schwarzen Tempergusses kann man nicht in allen Fällen eine sichere Grundlage für Beanstandungen herleiten.

Schwarzer Temperguss ist *nicht* schweißbar, da beim Erwärmen auf Schweißtemperatur die Temperkohle *ausfällt*, d.h. die Temperkohle wandert, bedingt durch die sehr hohen Temperaturen, an die Korngrenzen, kristallisiert dort lammelar aus oder oxidiert unter Luft- oder Schweißsauerstoffaufnahme.

Weißer und schwarzer Temperguss sind vergütbar. Erreichbare Grenzwerte: Bruchfestigkeit R_m = 800 N/mm², Bruchdehnung A = 1 bis 10 %, von der Wanddicke abhängig. Genaue Angaben enthält DIN 1692. *Konstruktionsmerkmale für Tempergussstücke.* Nach dem Ergebnis einer sorgfältig durchgeführten Festigkeitsberechnung entwirft man unter Berücksichtigung der gießtechnischen Belange. Blasenfreies Füllen der Form muss gewährleistet sein, die Aushebeschrägen und die Kerne müssen so ausgebildet werden, dass keine unterschiedlichen Wanddicken auftreten können und die Mindestwanddicke – allgemein 5 mm – nicht unterschritten wird. Zu fordern sind möglichst dünnwandige Gussstücke unter Vermeidung einseitiger Massenanhäufung und scharfer Übergänge.

Dünnwandige Stücke von gleicher Wanddicke erhalten in kurzer Glühzeit ein einwandfreies Tempergefüge, für das eine hohe zulässige Spannung in die Festigkeitsrechnung aufgenommen werden darf. Große Abrundungen und große Hohlkehlen an Stelle scharfer Übergänge mindern die Rissbildung beim Anwärmen zum Glühen.

Modelle und Kerne, die diesen Anforderungen entsprechen, sind oft erheblich teurer als für einfache Abgüsse. Auch die Kosten für das Tempern sind schon bei der Konstruktion zu berücksichtigen (koksbeheizte Glühöfen verbrauchen das 1,2 bis 1,8fache Gewicht des eingesetzten Gusseisens an Koks, für gasbeheizte Glühöfen rechnet man: erforderliches Gasgewicht etwa Einsatzgewicht des Gusseisens. Die Tempergussstücke weichen beachtlich von den Sollmaßen ab, vgl. Tabelle 3.

1.5 Strangguss

Mit Strangguss bezeichnet man die Herstellung von profiliertem Stangenmaterial aus flüssigem Metall durch Gießen.

1.5.1 Stahlstrangguss (Lotrechtguss)

Stranggießbar sind nur beruhigte Stähle. Bei unberuhigten Stählen treten während des Stranggießens Lunker im Inneren des Werkstoffes und Blasen an den Werkstückoberflächen auf.

Tabelle 3. Maßabweichungen für Tempergussstücke

Toleranzgruppe	Maßgruppe	Nennmaß in mm					
		bis 6	6 ... 18	18 ... 50	50 ... 180	180 ... 500	über 500
A	Außenmaße	−	+ 2... − 1	+ 3 ... − 2	+ 5 ... − 3,5	+ 7 ... − 5	+ 9 ... − 7
	Innenmaße	−	+ 1 ...− 2	+ 2 ... − 3	+ 3,5 ... − 5	+ 5 ... − 7	+ 7 ... − 9
	Mittenabstände Dicken der Wände, Rippen und Stege	± 1,5	± 2,5	± 3,5	± 4,5	−	−
B	Außenmaße	−	+ 1,2 ... − 1	+ 2 ... − 3	+ 4 ... − 2,5	+ 6 ... − 3,5	+ 8 ... − 5
	Innenmaße	−	+ 1 ...− 1,2	+ 1,5 ... − 2	+ 2,5 ... − 4	+ 3,5 ... − 6	+ 5 ... − 8
	Mittenabstände Dicke der Wände, Rippen und Stege	± 1	± 2	± 2,5	± 3,5		
			bis 18	18 ... 30	50 ... 80	120 ... 200	über 200
C	Außenmaße	−	+ 0,9 ... − 0,7	+ 1,1 ... − 1,8	+ 1,5 ... − 1,2	+ 2,1 ... − 1,9	+ 3,8 ... − 3
	Innenmaße	−	+ 0,7 ... − 0,9	+ 0,8 ... − 1,1	+ 1,2 ... − 1,5	+ 1,9 ... − 2,1	+ 3 ... − 3,8
	Mittenabstände Dicke der Wände, Rippen und Stege	+ 0,9 ... − 0,8	+ 1,4 ... − 1,1	+ 1,7 ... − 1,3	−	−	−

Unebenheiten, Unrunden und Verzug der Tempergussstücke sollen innerhalb dieser Abweichungen liegen.

Toleranzgruppe A: Nach Holzmodellen der Güteklasse II handgeformte Gussstücke.

Toleranzgruppe B: Nach Holzmodellen der Güteklasse I oder nach Metallmodellen hand- oder maschinengeformte Gussstücke.

Toleranzgruppe C: Nach besten Metall- oder Kunststoffmodellen maschinell geformte Massenteile unter Verwendung von teuren Sonderformmitteln.

Die Toleranzen verlangen genaue Nennmaßkennzeichnung nach DIN 1511, ob Aushebeschräge positiv, negativ oder gemittelt zum Nennmaß liegen soll.

Ablauf des Verfahrens (Bild 10). Aus einer 10 bis 100 t fassenden Gießpfanne wird flüssiger Stahl in einen Zwischenbehälter gegossen und fließt von dort durch die eigene Schwere formgebenden Kokillen zu. Da gleichmäßiger Durchsatz in den Kokillen einzuhalten ist, arbeitet man auch mit 2 Zwischenbehältern oder 2 Stopfenpfannen auf Dreh- oder Schiebevorrichtungen. Die wassergekühlten Kokillen bewegen sich sehr schnell auf und ab, um Haften des Stranges an den Kokillenwänden zu verhindern. Bis zu 8 Kokillen können nebeneinander angeordnet sein. In den Kokillen erstarrt eine etwa 20 mm dicke Randschicht, während das Innere noch flüssig ist. Unter den Kokillen durchlaufen die Stahlstränge eine 2 bis 10 m hohe Kühlkammer, in der sie durch Wasserbrausen entsprechend den Abkühlungsgesetzen für Stahl bis zum völligen Erstarren abkühlen. Stützrollen führen den rotwarmen Strang unter Verhinderung jeglichen Verzuges, damit keine inneren Strangschäden auftreten können. Außerhalb der Kühlkammer sorgt ein Rollengang für gleichmäßige und richtige Stranggeschwindigkeit. Die rotwarmen Stränge werden mittels Trennvorrichtung (Pendelsäge, Brennschneidmaschine o.a.) abgelängt. Dem Gießen kann sich sofort der erste Walzvorgang anschließen.

Dieses Verfahren hat das Blockgießverfahren fast völlig verdrängt. Es hat folgende Vorteile: geringerer Abstand während der Weiterverarbeitung (95 % statt etwa 85 %), geringerer Energieaufwand, steuerbare Abkühlungsgeschwindigkeit, Kokillenverschleiß ist billiger als Blockwalzenverschleiss, größerer Werkstoffdurchsatz, der den Stoßbetrieb des Stahlwerkes glatt auffängt, Personaleinsparung.

1.5.2 Gusseisenstränge (Horizontalguss) Bild 11. Zur Herstellung langer Gusseisenstangen gleichbleibender Qualität fließt aus einem Warmhalteofen flüssiges Gusseisen durch zwei kurze wassergekühlte Kokillen. Der Warmhalteofen wird alle 20 min mit flüssigem Gusseisen nachgefüllt und durch eine Heizanlage auf gleiche Temperatur gehalten. Die Kokillen formen volle Querschnitte der Stränge (meist rund oder quadratisch, in Sonderfällen auch beliebig), dabei wird der Werkstoff auf 900 °C abgekühlt. Die Stränge werden mit einem Rollengang oder durch Zangen aus den Kokillen herausgezogen, um einen gleichmäßigen und schnellen Gießfluss einzuhalten. Gießgeschwindigkeit bei 25 mm Stangendurchmesser etwa 50 m/h, bei dem z.Z. größten gießbaren Durchmesser 205 mm etwa 6 m/h. Hohlprofile können noch nicht stranggegossen werden (Kühlungsschwierigkeiten bei den innenformgebenden Werkzeugen).

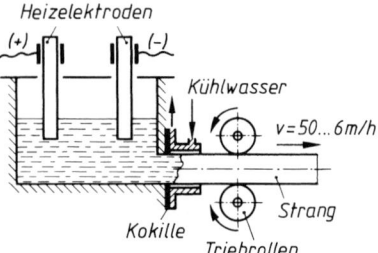

Bild 11. Schematische Darstellung einer Horizontal-Gießanlage

Die Stränge werden in gewünschter Stangenlänge (meist 4 m) ohne Unterbrechung des Gießvorganges abgetrennt.

Die harten Außenwandungen der runden Stangen werden vom Stangenhersteller abgeschält, quadratische oder beliebig geformte Stangen gehobelt oder gefräst.

Maßabweichungen der gegossenen Stangen + 1 mm, der geschälten oder gefrästen Stangen ± 0,05 mm vom Sollmaß. Diese kleinen Abmaße gewährleisten sicheres Spannen in den Spannzeugen der Stangenautomaten.

Werkstoffqualität der Gusseisenstangen: Zugfestigkeit 320 N/mm^2; Biegefestigkeit 560 N/mm^2; Härte 210 ± 20 HB; E-Modul $1,3 \cdot 10^5$ N/mm^2; Durchbiegung 14 mm des 600 mm langen Stabes von 30 mm Durchmesser; im Querschnitt und in der Länge der Stange gleichbleibend.

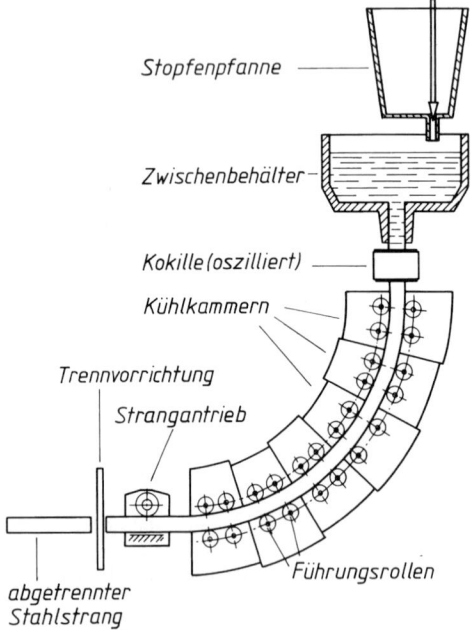

Bild 10. Schematische Darstellung einer Strahlstrang-Gießanlage

Stranggegossene Stahlstäbe haben Rechteckquerschnitt von maximal 140 × 250 mm. Diese Vorbrammen, 500 bis 1 500 mm lang, verarbeitet man auf Feinstahlstraßen, in Großschmieden oder in Strangpresswerken.

1.6 Schleuderguss

Schleudergießbar sind alle in feste Formen gießbaren Metalle, wenn der zu gießende Körper einen rotationssymmetrischen Hohlraum hat, der den Einguss des flüssigen Metalls gestattet. Rotationssymmetrische Körperform ist anzustreben, aber nicht Bedingung für die Schleudergießbarkeit des Werkstückes. Nur für Massenteile wirtschaftlich. Hergestellt in Schleuderguss werden aus *Gusseisen*: Versorgungsrohre für Be- und Entwässerungsnetze bis 200 mm Innendurchmesser, Zylinder für Kraftfahrzeugmotoren und Kompressoren mit und ohne Kühlrippen, Kolbenringe, Seil- und Bremstrommeln.
Stahl: Radkörper für Zahn- und Kegelräder.
NE-Metall: Buchsen, Lagerschalen, Schneckenräder und Schneckenradkränze.
Ablauf des Verfahrens: In eine rotierende Kokille mit waagerecht oder senkrecht angeordneter Rotationsachse wird flüssiger Werkstoff eingegossen. Durch die Reibung an der glatten Kokillenwand wird der Werkstoff nach und nach auf die Drehfrequenz der Kokille beschleunigt. Bei waagerecht angeordneter Rotationsachse muss die Fliehkraft des rotierenden flüssigen Metalls größer sein als die Erdanziehung (Gewichtskraft), sonst tropft in der höchsten Stellung Werkstoff aus. Waagerecht angeordnete Kokillenachsen sind für lange Gusskörper günstig, weil sich eine gleichmäßige Wanddicke von selbst einstellt. Dabei ist zu beachten, dass beim Rotieren schlanker Massen dynamische Unwuchten besonders stark hervortreten, zu deren Dämpfung sehr kräftig ausgebildete Gießmaschinen nötig sind. Schematische Darstellung einer Schleuderkokille mit waagerechter Achse zeigt Bild 12.

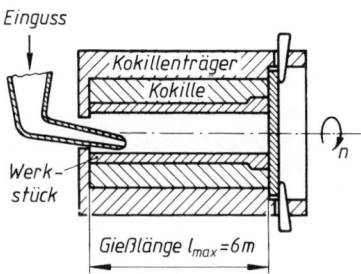

Bild 12. Schleudergießverfahren mit waagerechter Rotationsachse

In Kokillen mit senkrecht angeordneter Rotationsachse steigt das rotierende flüssige Füllgut an der glatten Kokillenwand hoch, wodurch im *Freischleuderverfahren* nach oben dünner werdende Wanddicken entstehen.

Im *Begrenzungsschleuderverfahren* gewährleisten Steigbegrenzer eine Mindestwanddicke des oberen Werkstoffrandes. Schleudergegossene Werkstücke haben keine Lunker (sie werden durch die Fliehkraft der Werkstoffteilchen zugedrückt) und keine Schlackeneinschlüsse (die leichtere Schlacke wird zum Innenradius zurückgedrängt, wo sich eine dünne Schlackenhaut bildet). Eine dünne Schlackenhaut auf den Innenwandungen schleudergegossener Rohre ist dann erwünscht, wenn hohe Korrosionsbeständigkeit gefordert wird. Im Schleudergussverfahren können Gussstücke bis zu einer Masse von 5 000 kg gefertigt werden.

Bei zu erwartenden großen Unwuchten schleudert man mit der Drehfrequenz n_{min}, bei der *Austropfen* sicher vermieden wird:

$$n_{min} = \sqrt{\frac{g}{r}}$$

n_{min}	g	r
$\dfrac{1}{s}$	$\dfrac{m}{s^2}$	m

g Fallbeschleunigung, r Innenradius

Wenn möglich, schleudert man mit großer Drehfrequenz, um dichte Gussgefüge mit feinkörniger, korrosionsbeständiger und verschleißfester Außenhaut zu bekommen.

■ **Beispiel:**
Welche kleinste Drehfrequenz n_{min} ist zum Schleudergießen von Rohren aus Gusseisen mit 180 mm Innendurchmesser bei waagerecht angeordneter Kokillenachse erforderlich?

Lösung:

$$n_{min} = \sqrt{\frac{g}{r}} = \sqrt{\frac{9{,}81 \text{ m/s}^2}{0{,}09 \text{ m}}} = 10{,}44 \, \frac{1}{s} \approx 626 \, \frac{1}{min} \; .$$

1.6.1 Schleuderverbundguss

Dient zum Ausgießen von vorgefertigten Lagerschalen (meist aus Stahl) mit Lagermetall.
Das Lagermetall wird in Lagerschalen ohne Haltenuten oder Schwalbenschwänze a) bei großer Drehfrequenz der vorgewärmten zylindrischen Lagerkörper im flüssigen Zustand eingegossen oder b) als feste Metallzugabe (Granulat, also Metall in Körnerform) vor dem Schleudern in die Lagerschale gegeben (Bild 13). Die Lagerschale und mit ihr das Granulat erwärmt man während des Schleuderns mittels Brenner oder elektro-induktiv. Ist das Lagermetall geschmolzen, wird die Wärmezufuhr unterbrochen und so lange geschleudert, bis Erstarrung eintritt.

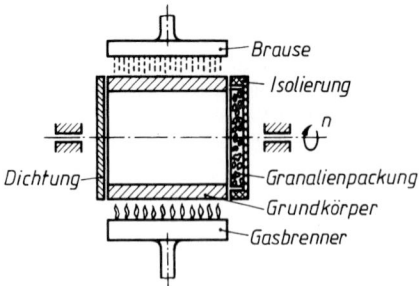

Bild 13. Schleuderverbundguss mit Granalien-packung

In beiden Fällen kann das Lagerfutter sehr dünn gehalten werden (3 mm). Das Lagermetall ist durch den Schleudervorgang besonders verschleißfest geworden und so fest mit dem Grundmetall verbunden, dass es auch bei starken, betriebsverursachten Formänderungen nicht reißt oder ausbröckelt. Das Verfahren verlangt viel Erfahrung, so dass es ratsam ist, mit der Ausführung Hersteller zu beauftragen, die über entsprechende Sonderwerkstätten verfügen.

1.7 Druckguss

Beim *Druckguss-Verfahren* wird flüssiges Metall unter hohem Druck in geteilte Metallformen gedrückt, wobei während des Erstarrungsvorganges des gegossenen Metalls der Druck aufrechterhalten bleibt. Durch dieses Verfahren können dünnwandige Werkstücke mit komplizierten Formen mit hoher Oberflächengüte und engen Toleranzen hergestellt werden.

Das *Spritzguss-Verfahren* ist dem Druckguss-Verfahren sehr ähnlich. Hier wird jedoch Kunststoff unter Druck gegossen.

Druckgussteile können nach dem Warmkammer- und dem Kaltkammerverfahren hergestellt werden.

Beim *Warmkammerverfahren* befinden sich Presskolben und Zylinder in dem mit flüssigem Metall gefüllten Werkstoffbehälter.

Fertigungsdaten:

Arbeitsdruck	(100 bis 3 500) bar
Einströmquerschnitt	(0,5 bis 8) mm
Strömungsgeschwindigkeit	(10 bis 70) m/s
Formfüllzeit	(0,1 bis 0,3) s

Mit Hilfe dieses Verfahrens können nur solche Materialien gegossen werden, die Presskolben und Zylinder nicht angreifen, also z. B. Magnesium-, Zinn-oder Zinklegierungen.

Beim *Kaltkammerverfahren* befinden sich Presskolben und Zylinder außerhalb des mit flüssigem Metall gefüllten Werkstoffbehälters.

Fertigungsdaten:

Arbeitsdruck	(20 bis 100) bar
Einströmquerschnitt	(0,1 bis 1) mm
Strömungsgeschwindigkeit	(12 bis 70) m/s
Formfüllzeit	(0,05 bis 0,2) s

Mit Hilfe dieses Verfahrens können nun solche Materialien gegossen werden, die Presskolben und Zylinder angreifen würden, also z. B. Aluminium- und Kupferlegierungen.

Gussteile aus Aluminiumlegierungen können bis zu einer Masse von ca. 45 kg hergestellt werden. Bei anderen Werkstoffen liegt die wirtschaftliche Obergrenze bei ca. 25 kg.

Konstruktionshinweise für Druckgussteile: Wanddicken sollten zwischen 0,5 mm und 4 mm ausgelegt werden (Tabelle 4). Übergänge werden zur Vermeidung von Kerbrissen abgerundet ($R \approx 1$ bis 1,5 mm). Hinterschneidungen sollten ganz vermieden werden. Zur Stabilität von Druckgussteilen können Verrippungen eingeplant werden. Kerne, die für den Mitguss von Bohrungen eingearbeitet werden, müssen einen Mindestdurchmesser von 1 mm (Zink), 2 mm (Magnesium-Legierungen) oder 2,5 mm (Aluminium-Legierungen) haben.

Vorteile der Druckgussfertigung:

– große mengenmäßige Leistung
– wirtschaftliche Ausnutzung des Werkstoffes
– gute Maßhaltigkeit
– geringe Bearbeitungszugaben
– sehr gute Oberflächen
– durch große Stückzahlen geringe Herstellungskosten

Nachteile der Druckgussfertigung:

– kleine Lufteinschlüsse im Abguss sind unvermeidlich
– Lebensdauer der Druckgussformen ist durch starke Erosion begrenzt
– Schwingungsbeanspruchung während des Abgusses kann zu einer größeren Sprödigkeit der Druckgusswerkstücke führen

Tabelle 4. Toleranz- und Wanddickenrichtwerte

Legierung Festigkeit im Teil Gießtemperatur	kleinste Wanddicke in mm	Toleranz für die Wanddicke Maßtoleranz der Längen	kleinste Bohrungs- durchmesser d größte Tiefe t bei Grundlöchern	kleinste Gewinde	
				außen	innen
Blei $R_m = 50 \text{ N/mm}^2$ $\approx 260\ ^\circ\text{C}$	0,7 ... 2	0,7 ... 5 mm $\approx 0{,}005$ mm über 5 mm $\approx 0{,}1\ \%$	$d = 0{,}6$ mm $t = 3\ d$	M 5	M12
Zinn D Sn Al 4 $R_m = 250 \text{ N/mm}^2$ $\approx 400\ ^\circ\text{C}$	0,5 ... 2	0,5 ... 10 mm $\approx 0{,}005$ mm über 10 mm $\approx 0{,}05\ \%$	$d = 0{,}6$ mm $t = 3\ d$	M 5	M12
Aluminium DIN 1725 (T2) $R_m = 250 \text{ N/mm}^2$ $\approx 700\ ^\circ\text{C}$	0,8 ... 3	0,8 ... 15 mm $\approx 0{,}03$ mm über 15 mm $\approx 0{,}2\ \%$	$d = 2$ mm $t = 3\ d$	M 12	M 20
Magnesium DIN 1729 (T2) $R_m = 140\ ...\ 170$ N/mm^2 $\approx 770\ ^\circ\text{C}$	0,8 ... 3	0,8 ... 12 mm $\approx 0{,}02$ mm über 12 mm $\approx 0{,}15\ \%$	$d = 2$ mm $t = 3\ d$	M 10	M 15
Kupfer R_m abhängig von der Kaltverfestigung $\approx 1000\ ^\circ\text{C}$ (teigig)	1,5 ... 4	1,5 ... 15 mm $\approx 0{,}15$ mm über 15 mm $\approx 0{,}4\ \%$	$d = 4$ mm $t = 2\ d$	M 15	vermeiden

1.8 Feinguss (Schalenformverfahren)

Modellherstellung: Die verlorenen Modelle für den Feinguss bestehen aus Wachs oder Thermoplasten und werden im Spritzgussverfahren hergestellt. Sehr kleine Modelle werden zu Modelltrauben zusammengesetzt (Bild 14).

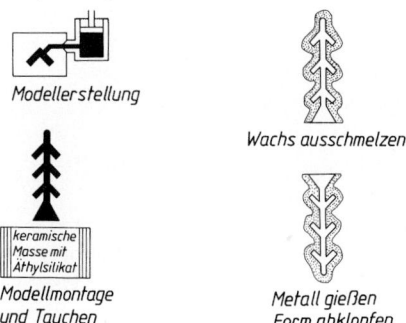

Modellerstellung

Wachs ausschmelzen

Modellmontage und Tauchen

Metall gießen Form abklopfen

Schalenbildung durch Tauchen und Besanden

Bild 14. Fertigungsablauf von Feinguss-Werkstücken

Fertigungsablauf:

Das Modell wird in eine zähflüssige keramische Masse mit Äthylsilikat getaucht und sofort anschließend besandet. Dieser Vorgang wird solange wiederholt, bis sich eine selbsttragende Keramikform gebildet hat. Anschließend wird die Wachs- oder Kunststoffmasse mit Heißdampf bei einer Temperatur von 170 °C und einem Druck von ungefähr 6 bar ausgeschmolzen. Nach dem Brennen der Form bei 1 000 °C (Brennzeit ca. 10 bis 12 h) muss sie eventuell durch Hinterfüllen mit Sand oder Zement verstärkt werden.

Die so entstandene Form wird meistens durch statisches Gießen (Gießen unter Schwerkraft) ausgegossen. Zur Steigerung des Formfüllungsvermögens und zur Vermeidung gasförmiger Einschlüsse kann auch bei Unterdruck oder im Vakuum gegossen werden.

Nach der Abkühlung des Metalls wird die Form zerstört und die Gusswerkstücke vom Speisungssystem durch Schleifen abgetrennt. *Grenzen und Genauigkeiten des Verfahrens*: Abmessungen der Gusswerkstücke bis zu 500 mm, bei Teilen aus Leichtmetall bis 800 mm. Gießmassen sind von 0,5 g bis 50 kg möglich. Die Maßabweichungen sind für gegossene Werkstücke sehr gering (Tabelle 5).

Tabelle 5. Toleranzen von Feingusswerkstücken

Nennmaß in mm	Maßabweichung in %
bis 10	± 1
bis 100	± 0,6
bis 500	± 0,4

Als *Gusswerkstoffe* können alle Werkstoffe mit einer genügend hohen Fließfähigkeit verwendet werden. Beispiele hierfür sind unlegierte und legierte Vergütungs- und Werkzeugstähle, Kupferlegierungen und Leichtmetalllegierungen auf Magnesium-, Aluminium- oder Titanbasis.

Anwendungsbeispiele für Feingussteile sind Dampfturbinenschaufeln, Turboladerrotoren, medizinische Geräte, Werkzeugbau, Luft- und Raumfahrt.

2 Trennen und Umformen

W. Böge

Aus den Halbzeugen *Blech* und den ähnlichen Halbzeugen *Blechband* und *Flachmaterial* lassen sich vielgestaltige Maschinen- und Gerätebauteile herstellen. Die gewünschte Größe der Bauteile erhält man durch *Zerteilen* (Trennen). Man zerteilt durch: Scherschneiden, Keilschneiden mit den Untergruppen Messerschneiden und Beißschneiden, Reißen, Brechen (Tabelle 1). In der industriellen Fertigung wird Scher- und Messerschneiden zum Abschneiden mit offener Schnittlinie, Auschneiden, Lochen mit geschlossener Schnittlinie am häufigsten angewendet. Durch *Umformen* werden Form, Oberfläche und Werkstoffeigenschaften eines Werkstücks gezielt verändert. Da-

bei bleiben Masse und Stoffzusammenhang bestehen (Übersicht über Umformverfahren in Tabelle 4).

DIN 8588 [1] legt fest: *Scherschneiden* (kurz Schneiden) ist Zerteilen von Werkstoff zwischen zwei Schneiden, die sich aneinander vorbeibewegen und bei dem der Werkstoff voneinander abgeschert wird. *Messerschneiden* ist Keilschneiden mit *einer* Schneide, deren Keil den Werkstoff auseinanderdrängt.

2.1.1 Abschneiden

Abschneidbar sind: Pappe, Papier, Leder, Textilien, Dichtungsstoffe, alle gewalzten Halbzeuge der Metalle und Kunststoffe. Größte schneidbare Stahlblechdicke 120 mm, größte schneidbare Walzdicke 230 mm im Quadrat, schneidbare Qualitäten bis $R_m = 1\,200$ N/mm^2.

Abschneiden ist vollständiges Trennen des Werkstückes vom Rohteil längs einer offenen (d.h. einer in sich nicht geschlossenen) Schnittlinie. Die Schnittlinie braucht nicht gerade zu sein. Die Schnittflächen sind uneben, schuppig und wenig maßhaltig (kleinste Maßtoleranz ± 0,2 mm), die Werkstücke durch den Schneidvorgang verbogen.

2.1.1.1 Der Schneidvorgang. Durch Druck auf den Werkstoff werden so hohe Scherspannungen im Werkstoff erzeugt, dass ein Quetschriss eintritt. Diese Scherspannungen lassen sich nicht auf die Trennlinie begrenzen, sondern pflanzen sich, schnell abnehmend, einige Millimeter tiefer in den Werkstoff fort. Scharfe Schneiden halten den Streifen erhöhter Scherspannungen schmal. Das ist wichtig, weil erhöhte Scherspannungen Werkstoffversprödungen hervorrufen.

2.1 Trennverfahren

Tabelle 1. Übersicht über Trennverfahren (Auszug)

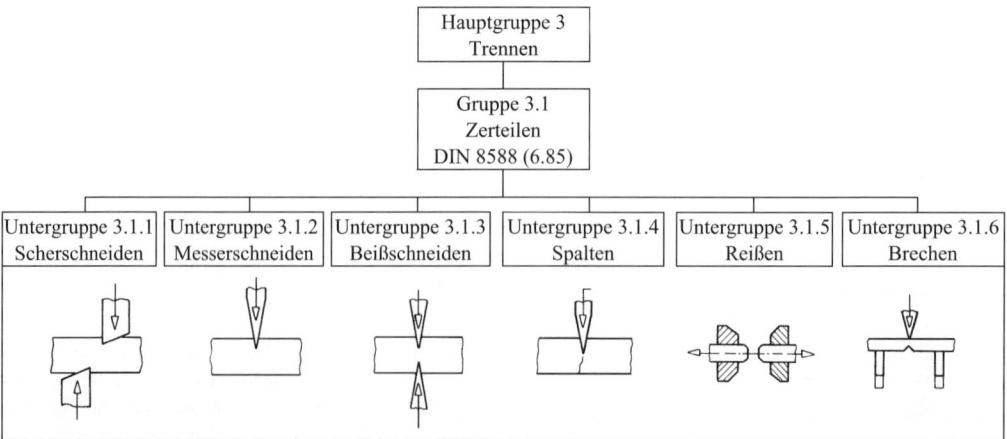

---

[1]   Entsprechend DIN 8588 sind alle Begriffe am Werkzeug mit Schneid, alle Begriffe am Werkstück mit Schnitt bezeichnet.

Schneiden mit Keilmesser (*Messerschneiden*) zum Trennen weicher Werkstoffe wie: Pappe, Papier, Textilien, Dichtungsstoffe oder dünn ausgewalztes Metall in Form von Blei-, Aluminium-, Zinn- oder Messingfolien. Beim Messerschneiden wird der *ideale Spannungszustand* nahezu erreicht (d.h. die Scherspannungen treten nur in der Scherebene auf), wenn die Schneidkeilmitten rechtwinklig zur Werkstoffoberfläche angeordnet sind.

Scherschneiden zum Trennen von Blechen und Profilen aller knetbaren Metalle, Platten und Stangen aus Kunststoff mit hoher Dehnung (in besonderen Fällen kann Erwärmen der Werkstoffe nötig sein). Beim Scherschneiden erzielt man im Werkstoff einen *technisch günstigen* Spannungsverlauf dadurch, dass nicht die Keilmitte – wie beim Messerschneiden – sondern eine Schneidfläche (meist die Druckfläche im Bild 3) rechtwinklig in den zu trennenden Werkstoff eindringt. Dabei bildet sich eine Ebene maximaler Scherspannungen heraus, die schräg zur Werkstückoberfläche liegt. Die Schräglage dieser Ebene größter Scherspannungen ist von der Kaltverformbarkeit und der Dicke des Werkstoffes, sowie von der Güte der Schneiden abhängig. Die Lage der Ebene größter Scherspannungen bestimmt die Größe des Schneidspalts u zwischen unterer und oberer Schneide. Zum Schneiden mittelharter und weicher Stähle wählt man:

$$\text{Schneidspalt } u \approx \frac{\text{Blechdicke}}{25} \approx \frac{s}{25} \text{ Blechdicke in mm}$$

Die Größe des Schneidspalts ist richtig gewählt, wenn die von beiden Schneiden ausgehenden Quetschrisse in einer Ebene liegen (stulpenfreie Schnittflächen), Bild 1.

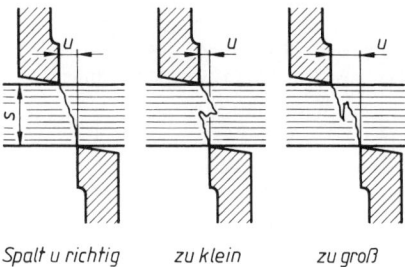

Spalt u richtig   zu klein   zu groß

Bild 1. Einfluss des Schneidspalts u der Schneiden auf die Güte der Schnittflächen

Die Schnittkräfte F_s (Bild 2) rufen im gedrückten Werkstoff *Spannungsfelder* hervor. Diese Spannungsfelder sind klein, aber aus großen Spannungen aufgebaut in harten Werkstoffen; groß, aber aus kleinen Spannungen aufgebaut in weichen Werkstoffen.

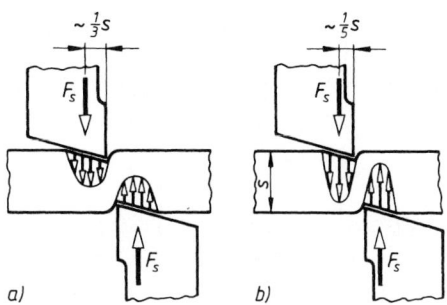

Bild 2. Spannungsfelder im Werkstoff
a) im weichen Stahl, b) im harten Stahl

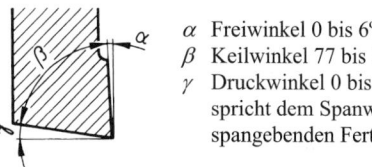

α Freiwinkel 0 bis 6°
β Keilwinkel 77 bis 85°
γ Druckwinkel 0 bis 10° entspricht dem Spanwinkel der spangebenden Fertigung

Bild 3. Winkel am Schneidmesser, $\alpha + \beta + \gamma = 90°$

Je größer der Druckwinkel γ gewählt wird, um so eindeutiger bildet sich die Trennbruch- oder Scherebene heraus bei schmaler Spannungs-(Versprödungs-)zone. Keilwinkel β so groß wie möglich gewählt, ergibt kräftige Schneidwerkzeuge für große Schnittkräfte und lange Standzeiten der Schneide.

Schnittkraft beim Schneiden: Das bewegliche Messer einer Schere wird durch die *Schnittkraft* F_s belastet. Ihre erforderliche Größe wird bestimmt durch die Größe des *Schnitt-Querschnitts* S und der *größten Scherfestigkeit* $\tau_{aB\,max}$ des zu trennenden Werkstoffes:

$$F_s = S\,\tau_{aB\,max} \qquad \begin{array}{c|c|c} F_s & S & \tau_{aB\,max} \\ \hline N & mm^2 & \dfrac{N}{mm^2} \end{array} \qquad (1)$$

Schnitt-Querschnitt S ist:

a) ein *Rechteck*, wenn die Schneidkanten parallel sind (Bild 4)

$$S = s\,l \qquad\qquad\qquad\qquad (2)$$

b) ein *Dreieck*, wenn die Schneidkanten einen Öffnungswinkel λ bilden und große Längen zu schneiden sind (Bild 5), und beim Schneiden mit Rollenscheren (Messer sind kreisförmig, vereinfachte Berechnung, Bild 6).

$$S = 0,5\,s^2 \cot \lambda \qquad \begin{array}{c|c|c} S & s & \cot \lambda \\ \hline mm^2 & mm & 1 \end{array} \qquad (3)$$

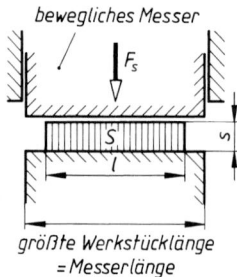

größte Werkstücklänge
= Messerlänge

Bild 4. Trennen mit parallelen Schneiden

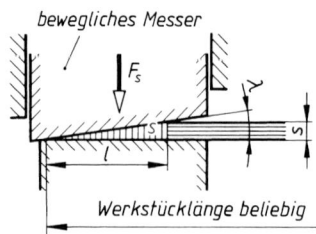

Werkstücklänge beliebig

Bild 5. Die Schneiden bilden den Messeröffnungs-winkel λ der *Schnitt-Querschnitt* ist ein Dreieck

c) ein *Trapez*, wenn die Schneidkanten einen Öffnungswinkel λ bilden und kurze Längen (Flachstahl) zu schneiden sind (Bild 7)

$$S = s\,l - 0{,}5\;l^2\tan\lambda \qquad \frac{S}{\mathrm{mm}^2}\;\bigg|\;\frac{s,\,l}{\mathrm{mm}}\;\bigg|\;\frac{\tan\lambda}{1} \qquad (4)$$

Der Schnitt-Querschnitt ist ein Trapez für die *Schnittlänge*

$$l < s\cot\lambda \qquad\qquad\qquad (5)$$

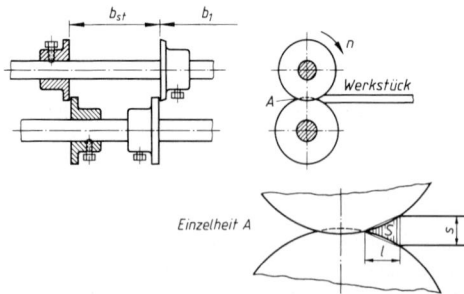

Einzelheit A

Bild 6. Trennen mit kreisförmigen Schneiden (Rollenscheren), Streifenbreite b_{st}, Abfallbreite b_1 einstellbar durch Verschieben der Rollenmesser. Schnitt-Querschnitt $S = s\,l/2$ vereinfacht als Dreieck angenommen.

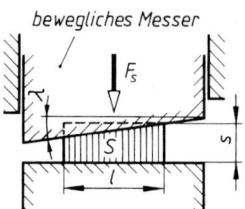

Bild 7. Die Schneiden bilden den Messeröffnungs-winkel λ, der *Schnitt-Querschnitt* ist ein *Trapez*

Diese Werte schwanken um ± 15 % je nach Walzhärte und Oberflächenbeschaffenheit. Sie gelten nur für scharfe Schneiden.
Scherfestigkeit $\tau_{aB\,max}$ bezeichnet die Scherfestigkeit der am schwersten zu trennenden Werkstoffteile, die beim Schneiden sicher getrennt werden müssen.

Tabelle 2. Richtwerte für Scherfestigkeit verschiedener Werkstoffe beim Zerteilen

Werkstoff	$\tau_{aB\,max}$ N/mm^2	Werkstoff	$\tau_{aB\,max}$ N/mm^2
Stahl S235JR	300	Cu, weich	250
	350	Pb, weich	25
S355J2G3 (0,2 % C)	400	Al-Cu-Legierungen	250
E295　　(0,3 % C)	450	Al-Mg-Legierungen	200
E355	550	Al 99,5, weich	80
E360	650	Al 99,5, hart gewalzt	150
hart gewalzt		Pappe, weich	20
mit 0,8 % C	900	Pappe, hart, holzfrei	40
nicht rostend		Papier　in 20 Lagen	20
weich	550	in 10 Lagen	25
Ms 58, weich	280	in 5 Lagen	50
Ms 63, weich	400	in 1 Lage	150

Es ist zu unterscheiden zwischen der garantierten Scherfestigkeit τ_{aB} für Festigkeitsberechnungen und der größten Scherfestigkeit $\tau_{aB\,max}$ für Schneiden und Trennen. Größenangaben für $\tau_{aB\,max}$ sind selten in Normen und Lieferbedingungen aufgeführt.
Tabelle 2 enthält Richtwerte der Scherfestigkeit $\tau_{aB\,max}$, die aus Schnittkraftversuchen ermittelt wurden.

■ **Beispiel:**
Zwischen parallelen Messern soll Flachstahl 5 mm dick, 32 mm breit aus S235JR rechtwinklig zur Walzrichtung geschnitten werden. Zu ermitteln ist die erforderliche Schnittkraft F_s.

Lösung:
Schnitt-Querschnitt
$S = s\,l = 5\ \mathrm{mm}\cdot 32\ \mathrm{mm} = 160\ \mathrm{mm}^2$.
Mit $\tau_{aB\,max} = 300\ \mathrm{N/mm}^2$ aus Tabelle 2 ist die erforderliche Schnittkraft
$F_s = S\,\tau_{aB\,max} = 160\ \mathrm{mm}^2\cdot 300\ \mathrm{N/mm}^2 = 48\,000\ \mathrm{N}$.

■ **Beispiel:**
Auf einer Tafelschere, deren Messer einen Messeröffnungswinkel von 4° bilden, soll 6 mm dickes Stahlblech der Qualität E335 geschnitten werden. Zu ermitteln ist die erforderliche Schnittkraft F_s.

Lösung:

Schnitt-Querschnitt

$S = 0.5\ s^2 \cot \lambda = 0.5 \cdot 6\ mm^2 \cdot \cot 4° = 258\ mm^2$.

Mit $\tau_{aB\ max} = 550\ N/mm^2$ aus Tabelle 2 ist die erforderliche Schnittkraft

$F_s = S\ \tau_{aB\ max} = 258\ mm^2 \cdot 550\ N/mm^2 = 141\ 900\ N$.

■ **Beispiel:**

Der Öffnungswinkel der Schermesser einer Handhebelschere beträgt 10°. Die Schere ist für eine maximale Schnittkraft von 62 000 N ausgelegt. Auf dieser Schere soll Flachstahl 8 mm dick der Qualität E295 verschiedener Breiten geschnitten werden. Bis zu welcher Breite ist ein sicheres Trennen möglich?

Lösung:

Für Stahl E295 ist nach Tabelle 2: $\tau_{aB\ max} = 450\ N/mm^2$. Damit wird der trennbare Schnitt-Querschnitt

$$S = \frac{F_s}{\tau_{aB\ max}} = \frac{62\,000\ N}{450\ \dfrac{N}{mm^2}} = 137,8\ mm^2$$

Ist der Schnitt-Querschnitt ein Dreieck entsprechend Bild 5, so ergibt sich für die gegebenen geometrischen Bedingungen:

$S = 0.5\ s^2 \cot \lambda = 0.5 \cdot 8^2\ mm^2 \cdot \cot 10° =$
$= 181,5\ mm^2$.

Eine Dreieckfläche ist zu groß, folglich liegen die Schnittbedingungen nach Bild 7 vor (Trapez). Die größtmögliche Schnittlänge l ist nach Umstellen von (4):

$$l_{1,2} = \frac{s}{\tan \lambda} \pm \sqrt{\frac{s^2}{\tan^2 \lambda} - \frac{2\ S}{\tan \lambda}} =$$

$$= \frac{8\ mm}{\tan 10°} \pm \sqrt{\frac{64\ mm^2}{\tan^2 10°} - \frac{2 \cdot 138\ mm^2}{\tan 10°}}$$

$l_1 = 67,6\ mm$; $\quad l_2 = 23,2\ mm$.

Welche der beiden Längen schneidbar ist, ergibt sich nach (5):

$l < s \cot \lambda < 8\ mm \cdot \cot 10° < 45,4\ mm$.

Danach ist die größte schneidbare Breite der Flachstähle 23,2 mm.

2.1.2 Ausschneiden und Lochen

Zum Ausschneiden und Lochen eignen sich alle Werkstoffe, die durch Zerteilen (hier vorwiegend Scher- und Messerschneiden) trennbar sind. Größte Werkstoffdicken: *Lochen* bis 45 mm Walzstahldicke, aber nicht dicker als Schneidstempeldurchmesser; *Ausschneiden* bis 15 mm Walzstahldicke, wenn Schneidstempel und Schneidplatte ausreichend stabil gebaut werden können.

Ausschneiden und Lochen ist Schneiden in einem beliebig geformten, aber geschlossenem Linienzug. *Ausschneiden* dient zur Herstellung der Außenform am Werkstück, *Lochen* zur Herstellung der Innenform am Werkstück.

Vorteile des Ausschneidens gegenüber dem Abschneiden: Der Schnittgrat liegt nur auf einer Seite

des Schnittteils, das Schnittteil nimmt die Oberflächengüte der Druckfläche des Schneidstempels an. Nachteile: Es entsteht höherer Werkstoffverschnitt, das ist der durch den Ausschnittrand bedingte Werkstoffverlust (Bild 8). Für Ausschneiden und Lochen benötigt man ein Schneidwerkzeug (früher Schnitt genannt, z. B. Plattenführungs*schnitt*). Schneidwerkzeuge sind nur zur Herstellung des Werkstückes verwendbar, für das sie gebaut sind; sie können aber zum gleichzeitigen Ausschneiden und Lochen eingerichtet sein.

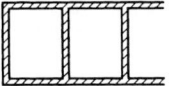

Bild 8. Werkstoffverlust durch Ausschnittrand

Die Schneiden eines Schneidwerkzeuges können ausgeführt sein in:

a) *Parallelanschliff* (Bild 9). Die Schneiden des Schneidstempels sind denen der Schneidplatte parallel. Häufigste Ausführungsart, da Herstellung und Nachschliff einfach sind; die Presse wird stoßartig belastet.

Beim Ausschneiden und Lochen mit Parallelanschliff ist die Größe des Schnitt-Querschnitts S abhängig vom Umfang U des oder der Schneidstempel und von der Werkstoffdicke s.

Schnitt-Querschnitt

$$S = s\,U \qquad \begin{array}{c|c|c|c} S & s,\ U & F_s & \tau_{aB\ max} \\ \hline mm^2 & mm & N & \dfrac{N}{mm^2} \end{array} \quad (6)$$

Schnittkraft für Parallelanschliff

$$F_s = s\,U\,\tau_{aB\ max} \qquad\qquad\qquad (7)$$

b) *Schräganschliff der Schneidplatte* (Bild 10). Die größte erforderliche Schnittkraft sinkt auf das etwa 0,7 fache der Schnittkraft für Parallelanschliff. Schnittkraft für Schräganschliff

$$F_{ss} = 0,7\ s\,U\,\tau_{aB\ max} \qquad\qquad (8)$$

Das Schneidwerkzeug schneidet weich an, die Presse wird geschont, aber die *gelochten Streifen sind verbogen*, deshalb nur für Ausschneiden geeignet.

c) *Schräganschliff der Schneidstempeldruckfläche* (Bild 11). Die erforderliche Schnittkraft erhält man durch (8). *Die herausfallenden Butzen sind verbogen, deshalb nur für Lochen geeignet.*

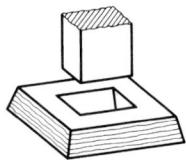

Bild 9. Schneidwerkzeug mit Parallelanschliff

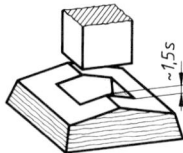

Bild 10. Schneidwerkzeug mit Schräganschliff der Schneidplatte

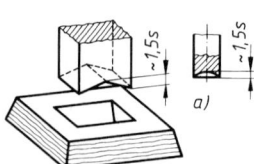

Bild 11. Schneidwerkzeug mit Schräganschliff des Schneidstempels
a) Hohlanschliff eines runden Schneidstempels

Tabelle 3. Schneidspalte bei Schneidwerkzeugen $(2 \times u$, Bild 12)

Werkstoffdicke s	Stahlblech Kupfer Messing weich	Stahlblech mittelhart	Stahlblech hart	Aluminium	Aluminiumlegierungen
mm	mm	mm	mm	mm	mm
0,25	0,01	0,015	0,02	0,02	0,02
0,5	0,025	0,03	0,035	0,05	0,08
0,75	0,04	0,045	0,05	0,07	0,1
1,0	0,05	0,06	0,07	0,1	0,15
1,25	0,06	0,075	0,09	0,12	0,18
1,5	0,075	0,09	0,1	0,15	0,2
1,75	0,09	0,1	0,12	0,17	0,3
2,0	0,1	0,12	0,14	0,2	0,35
2,5	0,13	0,15	0,18	0,25	0,4
3,0	0,15	0,18	0,21		
4,0	0,2	0,24	0,28		
5,0	0,25	0,3	0,36		

Schneidplattendurchbruch und Schneidstempel (Bild 12).
Zwischen den Schneiden von Schneidplatte und Schneidstempel muss ein Schneidspalt u vorhanden

sein, dessen Größe bestimmt wird von der zu trennenden Werkstoffsorte (Richtwerte siehe Tabelle 3) und seiner Dicke.

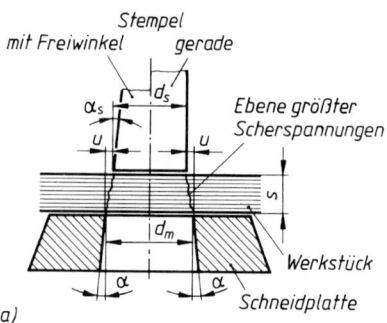

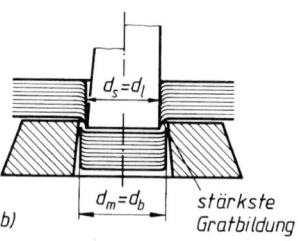

Bild 12. Schneiden mit Schneidwerkzeugen
a) vor dem Schnitt, b) nach dem Schnitt
d_s Schneidstempelmaß (Durchmesser)
d_m Maß des Schneidplattendurchbruchs (Durchmesser)
u Schneidspalt
$d_m = d_s + 2\,u$

α Freiwinkel im Schneidplattendurchbruch $\left.\begin{array}{c}\\\\\end{array}\right\}$ 0,5 bis 2°
α_s Freiwinkel am Schneidstempel
d_b Butzenmaß (Durchmesser)
d_l Lochmaß (Durchmesser)
s $\leq d_s$

2.1.3 Aufbau der Schneidwerkzeuge

Die Schneidwerkzeug-Ober- und Unterteile werden für die verschiedenen Schnittaufgaben unterschiedlich aufgebaut. Ihre Bauelemente sind genormt. Einspannzapfen DIN 9859; Stempelköpfe (Einspannzapfen mit Kopfplatte, Druckplatten und Stempelplatten) DIN 9866; Runde Schneidstempel, Seitenschneider und Anschläge dazu, runde Suchstifte DIN 9861 bis 9864; Schneidkästen DIN 9867 (dort als Schnittkästen bezeichnet); Säulengestelle DIN 9812 bis 9825. Die folgende Tabelle gibt einen Überblick über gebräuchliche Werkzeug-Werkstoffe:

Werkstoffe für Schneidplatten und -stempel

Werkstoff-Gruppe	Werkstoff Bezeichnung	Arbeitshärte (HRC)	einsetzbar für
Ölhärtende Stähle	100 Cr6 90 Mn Cr V8 105 W Cr6	54 ... 62	Stempel, Schneidplatten, schlanke Lochstempel, Suchstifte, Schneiden von Al- und Cu-Legierungen bei kleinen Fertigungsmengen.
	60 W Cr V7	50 ... 58	Wie oben, aber größere Zähigkeit für das Schneiden großer Wanddicken.
	X45 Ni Cr Mo4	48 ... 55	Für sehr große Wanddicken
Chromstähle	X210 Cr W 12	58 ... 63	Zusammengesetzte Stempel und Schneidstempel, Kaltfließpresswerkzeuge hohe Verschleissfestigkeit, geringer Maßverzug beim Härten.
	X155 CrVMo121	56 ... 62	Wie X210 Cr W 12, aber mit größerer Zähigkeit
Schnellarbeitsstähle	S 6-5-2 S 18-1-2-5 S 18-1-2-15	60 ... 66	Kaltfließpressstempel, dünne Lochstempel, hohe Verschleissfestigkeit und Zähigkeit, für Feinschneiden geeignet.
Hartmetalle	GT 20 GT 30 GT 40	1100 ... 1400 HV	Hochleistungs-Stanztechnik für große Serien mit hartmetalltauglichen Pressen. Stahl bis 3 mm Blechdicke ohne Schnittschlagdämpfung schneidbar. Sehr hohe Verschleissfestigkeit, geringe Zähigkeit.

2.1.3.1 Messerschneidwerkzeuge (Bild 13) zum Ausschneiden und Lochen von Pappe, Papier, Dichtungsstoffen, Gummi, plastischen Kunststoffen, Textilien, Metallfolien. Messerschneidwerkzeuge können für Lochen, Ausschneiden und Lochen mit Ausschneiden gebaut sein.

2.1.3.2 Freischneidwerkzeuge (Bild 14) zum Ausschneiden und Lochen von Papier in dickeren Lagen, starker Pappe, Kunststoffen und Metallen.
Kleinste erreichbare Maßabweichungen ± 0,2 mm vom Nennmaß der Lochweiten und Außenlängen.

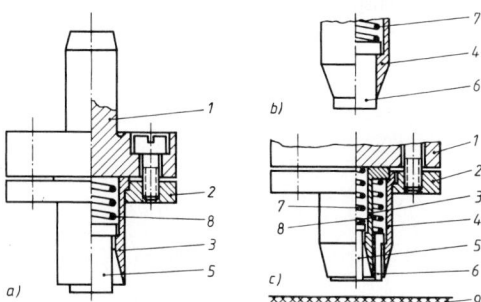

Bild 13. Aufbau der Messerschneidwerkzeuge
a) für Lochen
b) für Ausschneiden
c) für Ausschneiden und Lochen

1 Stempelkopf
2 Stempelplatte
3 Schneidstempel für Lochen
4 Schneidstempel für Ausschneiden
5 Auswerfer für Lochen
6 Auswerfer für Ausschneiden
7 und 8 Auswerferfedern
9 Schneidplatte (Hartpappe, Vulkanfiber)

Freischneidwerkzeuge können nur in Pressen verwendet werden, deren Stößel eng geführt sind und deren Rahmen sich unter der Wirkung der Schnittkraft nur wenig aufbiegen. Entspricht die Presse diesen Anforderungen nicht, kann der Schneidstempel auf die Schneidplatte aufsetzen, wobei der Schneidstempel, die Schneidplatte oder beide ausbröckeln (Totalverlust des Werkzeuges).
Freischneidwerkzeuge sind mit Auswerfern und Abstreifern (Bild 14) auszurüsten.

2.1.3.3 Plattenführungsschneidwerkzeuge (Bild 15) zum Ausschneiden *und* Lochen von Kunststoffen und Metallen. Kleinste erreichbare Maßabweichungen ± 0,1 mm vom Nennmaß der Lochweiten und Außenlängen.
Die geschlossene Bauweise der *Schneidkästen* lässt keine Beobachtung der Schneidkanten zu. Schneidkästen sind jedoch unfallsicher. In Plattenführungsschneidwerkzeugen können nur genau zugeschnittene Blechstreifen oder -bänder verarbeitet werden.

2.1.3.4 Säulenführungsschneidwerkzeuge Schnittaufgaben und erreichbare Maßgenauigkeit wie bei Plattenführungsschneidwerkzeugen.
Das Auswechseln der Schneidelemente und ihre Funktionsprüfung kann außerhalb der Presse vorgenommen werden. Säulengestelle verlangen keine genauen Stößelführungen.

2.1.4 Mehrzweckschneidwerkzeuge

Setzt man mehrere Schneid- und Biegestempel in Platten- oder Säulenführungsschneidwerkzeuge ein, wird je Pressenhub ein Werkstück gelocht, ausgeschnitten und geformt. Man unterscheidet Folge- und Gesamtschneidwerkzeuge.

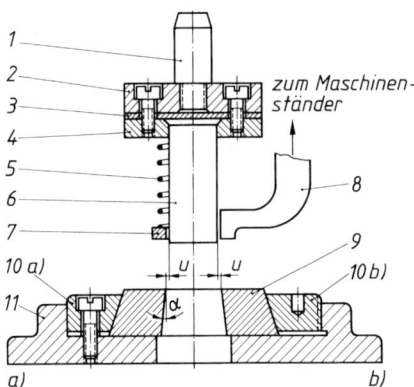

Bild 14. Aufbau eines Freischneidwerkzeuges
a) mit federbelastetem Abstreifer
b) mit festem Abstreifer

1   Einspannzapfen,
2   Kopfplatte,
3   Druckplatte,
4   Stempelplatte,
5   Abstreiferfeder,
6   Schneidstempel,
7   federbelasteter Abstreifer,
8   fester Abstreifer,
9   Schneidplatte,
10a Spannring oder
10b Spannmutter,
11 Einspannplatte

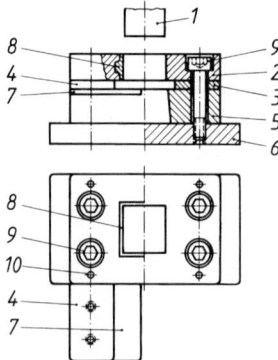

Bild 15. Aufbau eines Schneidkastens für Plattenführungsschneidwerkzeug

1   Schneidstempel
    (bleibt beim Schneiden in 2 geführt),
2   Führungsplatte,
3   kurze Zwischenlage,
4   lange Zwischenlage,
5   Schneidplatte,
6   Einspannplatte,
7   Auflageblech,
8   eingegossene Schneidstempelführung
    (nur für große Stückzahlen wirtschaftlich),
9   Innensechskantschraube,
10 Stift

2.1.4.1 Folgeschneidwerkzeuge führen in zwangsweiser Folge zuerst das Lochen, dann das Ausschneiden und zuletzt das Verformen, meist nur Biegen, aus. Lochen und Biegen kann in mehrere Stufen aufgeteilt sein. Getrennt gefertigte Lochgruppen können sowohl gegeneinander als auch gegenüber dem Werkstoffrand um die Vorschubtoleranz versetzt sein (kleinste Maßtoleranz ± 0,1 mm). Vorschubbegrenzung ist durch Einhängestifte (Bild 16), Seitenschneideranschläge (Bild 17), oder Suchstifte (Bild 18), möglich.
Die Stempelköpfe dürfen beim Schneiden nicht einseitig belastet werden, um den Einspannzapfen nicht auf Biegung zu beanspruchen.

2.1.4.2 Gesamtschneidwerkzeuge. Lochen und Ausschneiden wird im Gesamtschneidwerkzeug ohne Vorschub des Streifens an gleicher Stelle ausgeführt, um genaue Lage der Lochungen zueinander und im Stück zu bekommen. Die Maßtoleranzen sind kleiner als 0,05 mm.

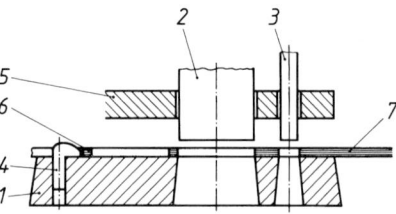

Bild 16. Vorschubbegrenzung durch Einhängestift

1   Schneidplatte,
2   Schneidstempel,
3   Lochstempel,
4   Einhängestift,
5   Führungsplatte,
6   Anschlagsteg für Vorschubbegrenzung,
7   Blechstreifen

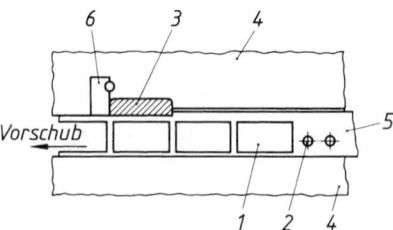

Bild 17. Vorschubbegrenzung durch Seitenschneider

1   Werkstückausschnitt,
2   Vorlochung,
3   Seitenschneider,
4   Führungsplatte,
5   Blechstreifen,
6   Seitenschnittanschlag

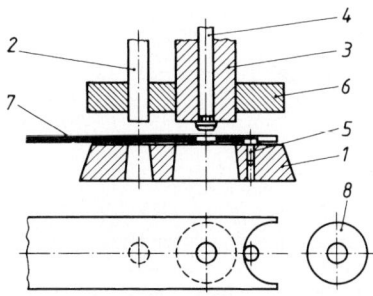

Bild 18. Vorschubbegrenzung durch Suchstift

1 Schneidplatte,
2 Lochstempel,
3 Schneidstempel,
4 Suchstift,
5 Einhängestift zur ungefähren Vorschubbegrenzung,
6 Führungsplatte,
7 Blechstreifen,
8 Werkstück

2.1.5 Sonderschneidverfahren

2.1.5.1 Trennschneiden mit Schneidwerkzeugen
(Bild 19). Anwendbar zum gleichzeitigen Lochen und
Trennen solcher Werkstücke aus Blechband oder
flachen Walzprofilen, deren Seitenkanten roh bleiben
können.

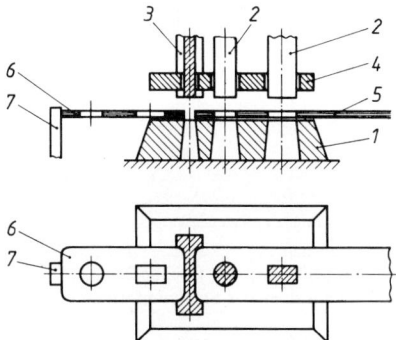

Bild 19. Trennschneiden mit Schneidwerkzeug im
Folgeschneidwerkzeug

1 Schneidplatte,
2 Lochstempel,
3 Trennstempel,
4 Führungsplatte,
5 Werkstoffstreifen,
6 Werkstück,
7 Anschlag

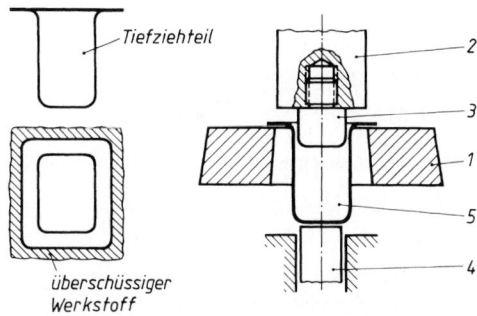

Bild 20. Beschneiden von Werkstücken

1 Schneidplatte,
2 Schneidstempel,
3 Werkstückzentrierung,
4 Auswerfer,
5 Werkstück (Tiefziehteil)

2.1.5.2 Beschneiden (Bild 20). Durch Beschneiden
wird überschüssiger Werkstoff an Biege- oder Tief-
ziehteilen abgetrennt. Die Lage des Werkstückes im
Werkzeug bestimmt eine Ziehkante oder eine Lochung.

2.1.5.3 Feinstanzen (Bild 21). Durch Feinstanzen
erhält man Schnittflächen mit hoher Oberflächengüte
(Profilrautiefe $R_z = 3 \ \mu$m).

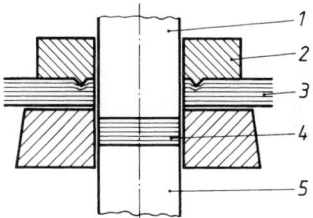

Bild 21. Feinstanzen

1 Schneidstempel,
2 Druckring,
3 Werkstoffstreifen,
4 Werkstück,
5 Gegendruckstempel zugleich Auswerfer

Der Streifen oder das für ein Werkstück zugeschnittene Rohteil wird durch einen Druckring mit so großer Kraft auf die Schneidplatte gedrückt, dass der
Werkstoff kaltverfestigt wird. Die Kaltverfestigung
wirkt sich günstig auf die Oberflächengüte der
Schnittkanten aus.
Die Pressen müssen mit Zusatzeinrichtungen für die
Druckringbetätigung ausgerüstet sein. Die erforderliche Schnittkraft muss 2,5 bis 3 mal so groß sein wie
beim herkömmlichen Ausschneiden. Feinstanzen eignet sich gut für das Durchsetzen, also Werkstoffver-
lagerung ohne Trennung mittels Stempel (Bild 22).

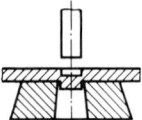

Bild 22. Durchsetzen mit Schneidstempel und Schneidplatte

2.1.5.4 Nachschneiden (Bild 23) ist ein spangebendes Fertigungsverfahren mit Schneidwerkzeug (auch Schaben genannt).
Mit geringem Übermaß (etwa 10 % der Werkstoffdicke) ausgeschnittene Werkstücke oder entsprechend kleiner gelochte werden durch die Schneidkanten des Stempels oder der Schneidplatten auf genaues Maß geschnitten.

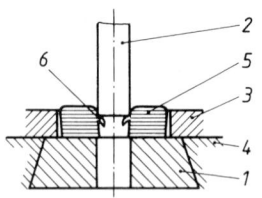

Bild 23. Nachschneiden einer Bohrung mit Schneidstempel

1 Schneidplatte, 2 Schneidstempel,
3 Werkstückaufnahme (beweglich, arretierbar),
4 Einspannplatte, 5 Werkstück, 6 Span

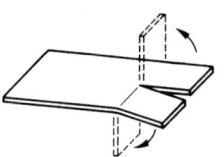

Bild 24. Einschneiden zum Biegen

Zum Umformen auf Pressmaschinen eignen sich alle plastisch verformbaren Metalle und Kunststoffe.
Werkstoffumformungen mittels Ober- und Unterstempel sind nach DIN 6932 mit Stanzen zu bezeichnen.
Die erforderliche Zuschnittlänge (gestreckte Länge) umzuformender Werkstücke wird für einfache Ausführungen berechnet, für genaue Ausführungen (Längentoleranzen < + 0,2 mm) durch Versuche ermittelt. Beschneiden auf Maß wird wegen der hohen Kosten selten angewendet.

2.2.1 Biegen und Abkanten

Je nach Härte des Werkstoffes wendet man freies, halbfreies oder zwangsweises Biegen an. Gebogene Werkstücke federn zurück. Anhaltswerte für die Rückfederung gibt Tabelle 5.
Löcher in Nähe der Abkantung – Entfernung etwa $r + s/2$ – werden elliptisch mit großer Achse rechtwinklig zur Biegelinie.

2.2 Umformverfahren

Tabelle 4. Übersicht über Umformverfahren (Auszug)

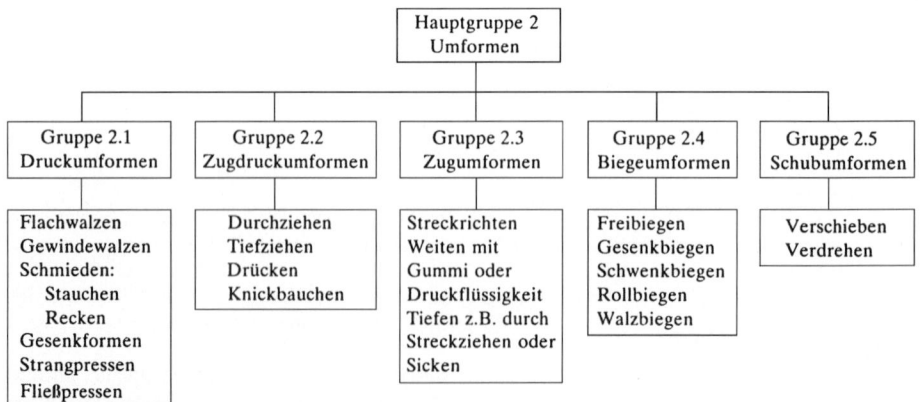

Die Unterteilung der Umformverfahren in den Gruppen 2.1 bis 2.5 ergibt sich aus den in der Umformzone überwiegend wirksamen Spannungen.

a) *Biegestanzen.* Abkantungen bis 200 mm Länge biegt man in Biegewinkel von 0 bis 179° im *Stanzwerkzeug* (Bild 25). Beim Biegen unter hartem Schlag (mit Exzenter-, Kniehebel- oder hydraulischen Pressen) ist für die Auswahl der Pressmaschinengröße die Größe der gepressten Fläche, nicht die erforderliche Biegekraft nach (17) maßgebend.

b) *Abkanten.* Die Herstellung von Abkantungen über 200 mm bis 6 m Abkantlänge wird auf Abkantbänken (Handbetätigung für Blechdicken bis 1 mm und Abkantlängen bis 1 m) und Abkantmaschinen (elektrischer Antrieb für Blechdicken bis 20 mm und Abkantlängen bis 6 m) ausgeführt.

Tabelle 5. Rückfederung nach dem Kaltbiegen zum Winkel von 90°

| Werkstoff | | Rückfederung bei einem Innenradius | | |
| | | $r =$ | | |
Werkstoffsorte	Werkstoffdicke s in mm	s in °	$1 \dots 5\,s$ in °	über $5\,s$ in °
Stahlblech bis $R_m = 400\ \text{N/mm}^2$	0,5	5	6	8
	1	3	4	7
	1,5	2	3	6
	2	2	2	4
	2,5	1	2	4
	3	1	1	3
	4	0	1	3
	5	0	1	3
Stahlblech $R_m = 400 \dots 550\ \text{N/mm}^2$	0,5	6	9	12
	1	5	7	9
	1,5	4	5	7
	2	3	5	7
	2,5	2	4	6
	3	2	4	6
	4	2	3	4
	5	2	3	4
Messingblech CuZn37 weich geglüht	0,5	4	5	6
	1	2	4	5
	1,5	2	3	4
	2	2	3	4
	2,5	1	2	3
	3	1	2	3
	4	0	1	2
	5	0	1	2

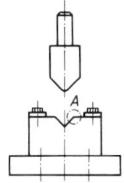 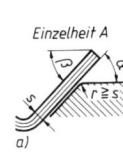 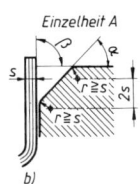

Bild 25. Biegestanze und Ausführung der Einlaufkante bei *A*
a) Einlaufkante für Biegewinkel $\beta \le \alpha$
b) Einlaufkante für Biegewinkel $\beta > \alpha$
    $\alpha = 30°$ bis $45°$

2.2.1.1 Berechnung der Zuschnittlänge. Die Schicht im Werkstoff, die beim Biegen weder gereckt noch gestaucht wird, heißt neutrale Faser. Sie ist nicht immer die Schwerachse des Werkstückquerschnitts, weil beim Biegen in kleinen Radien plastische Werkstoffe mehr gereckt als gestaucht werden. Dieses Verhalten des Werkstoffes muss man beim Bemessen der Zuschnittlängen berücksichtigen.

a) *Einfache Winkel.* Nach Bild 26 ist Zuschnittlänge *L*, *Bogenlänge* l_b und Fertigungs*radius* r_f

$$L = l_1 + l_b + l_2 \tag{9}$$

$$l_b = \frac{\pi r_f\, \alpha^\circ}{180^\circ} \tag{10}$$

$$r_f = r + x \tag{11}$$

l_1, l_2 gegebene Fertigungslängen; x Abstand der neutralen Faser vom Innenradius; $x = s/2$, wenn Biegewinkel $\alpha \le 30°$; $x = s/3$, wenn Biegewinkel $\alpha > 30°$; r Innenbiegeradius $\ge$ Blechdicke s; β Innenwinkel $= 180° - \alpha$.

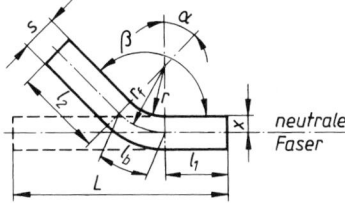

Bild 26. Zuschnittlänge *L* für Biegeteile

Wenn die Bemaßung vom *Winkelscheitel* bis zu den Werkstückenden (Bild 27) angegeben ist, wird die *Zuschnittlänge*

$$L = l_3 + l_4 - \upsilon_1 \tag{12}$$

l_3, l_4 gegebene Fertigungsmaße vom Winkelscheitel bis zu den Werkstückenden; υ_1 Verkürzung der gegebenen Maßsumme $l_3 + l_4$.

$$\upsilon_1 = \frac{2\,(r+s)}{\tan\,(\beta/2)} - \pi\, r \left(1 + \frac{\beta^\circ}{180^\circ}\right) \tag{13}$$

Fertigungsradius r_f nach (11), $x = s/2$, wenn $\beta \ge 150°$; $x = s/3$, wenn $\beta < 150°$.

Wenn die Bemaßung von den *Bogentangenten* bis zu den Werkstückenden (Bild 28) angegeben ist, wird die *Zuschnittlänge*

$$L = l_5 + l_6 - \upsilon_2 \tag{14}$$

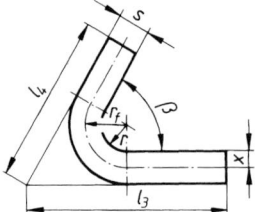

Bild 27. Biegeteil mit Maßangabe bis Winkelscheitel

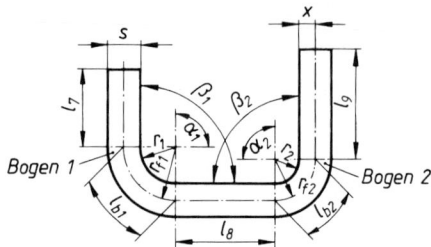

Bild 29. Doppelbiegeteil

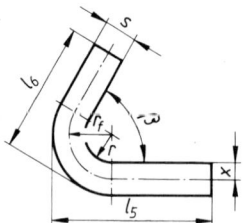

Bild 28. Biegeteil mit Maßangabe bis Bogentangente

l_5, l_6 gegebene Fertigungsmaße von den Bogentangenten bis zu den Werkstückenden; v_2 Verkürzung der gegebenen Maßsumme $l_5 + l_6$,

$$v_2 = 2\,(r + s) - \pi r_f \left(1 - \frac{\beta^\circ}{180^\circ}\right) \qquad (15)$$

Fertigungsradius r_f nach (11), $x = s/2$, wenn $\beta \geq 150^\circ$; $x = s/3$, wenn $\beta < 150^\circ$.
b) *Doppelbiegeteil (U-Stanzen)*. Nach Bild 29 beträgt die *Zuschnittlänge*

$$L = l_7 + l_{b1} + l_8 + l_{b2} + l_9 \qquad (16)$$

l_7, l_8, l_9 gegebene Fertigungslängen; l_{b1} Länge des Bogens 1; l_{b2} Länge des Bogens 2. *Bogenlänge* l_b nach (10), *Fertigungsradius* r_f nach (11), aber $x = s/3$, wenn $\beta > 90^\circ$; $x = s/4$, wenn $\beta \leq 90^\circ$.

■ **Beispiel:**

Für das skizzierte Biegeteil nach Bild 30, ist die Zuschnittlänge L zu berechnen.

Lösung:

Es liegt ein einfaches Biegeteil mit einem Biegewinkel $\alpha = 180^\circ - 45^\circ = 135^\circ$ vor. Die neutrale Faser liegt $s/3$ vom Innenradius entfernt, weil $\alpha > 30^\circ$ ist.
Nach (11) wird Fertigungsradius $r_f = r + x = r + s/3 = (12 + 9/3)$ mm = 15 mm.
Die Bogenlänge l_b wird nach (10):

$$l_b = \frac{\pi\,r_f\,\alpha^\circ}{180^\circ} = \frac{\pi \cdot 15\,\text{mm} \cdot 135^\circ}{180^\circ} = 35{,}4\,\text{mm}$$

und die Zuschnittlänge nach (9):

$$L = l_1 + l_b + l_2 = (40 + 35{,}4 + 60)\,\text{mm} = 135{,}4\,\text{mm}.$$

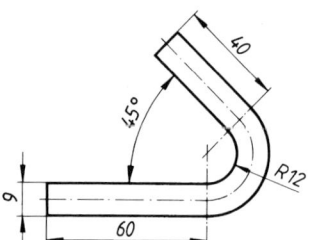

Bild 30. Biegeteil

■ **Beispiel:**

Das skizzierte Biegeteil im Bild 31 ist vom Winkelscheitel bis zu den Werkstückenden bemaßt. Zu berechnen ist die Zuschnittlänge L.

Lösung:

Aus der Bemaßung ist zu schließen, dass die Lage des Biegeteils zum Winkelscheitel wichtig ist, folglich muss nach (12) gerechnet werden. Die neutrale Faser liegt in $s/3$, da $\beta < 150^\circ$ ist. Nach (11) wird der Fertigungsradius

$$r_f = r + x = r + s/3 = (12 + 9/3)\,\text{mm} = 15\,\text{mm}.$$

Nach (13) ist die Verkürzung

$$\begin{aligned} v_1 &= \frac{2\,(r + s)}{\tan(\beta/2)} - r_f \left(1 - \frac{\beta^\circ}{180^\circ}\right) = \\ &= \frac{2\,(12\,\text{mm} + 9\,\text{mm})}{\tan(135^\circ/2)} - 15\,\text{mm}\left(1 - \frac{45^\circ}{180^\circ}\right) \\ &= 65{,}8\,\text{mm}. \end{aligned}$$

Zuschnittlänge
$$L = l_4 + l_5 - v_1 = (90{,}6 + 110{,}6 - 65{,}8)\,\text{mm} = 135{,}4\,\text{mm}.$$

■ **Beispiel:**
Zu berechnen ist die Zuschnittlänge L für das im Bild 32 dargestellte Biegeteil.

Lösung:
Die Bemaßung ist von den Bogentangenten ausgehend vorgenommen, diese Maße sind unbedingt einzuhalten. Es muss nach (14) gerechnet werden. Die neutrale Faser liegt, da der Innenwinkel $\beta < 150^\circ$ ist, im Abstand $s/3$ vom Innenradius. Nach (11) wird der Fertigungsradius

$$r_f = r + s/3 = (12 + 9/3)\,\text{mm} = 15\,\text{mm}.$$

Nach (15) wird die Verkürzung

$$v_2 = 2(r+s) - \pi\, r_f \left(1 - \frac{\beta^\circ}{180^\circ}\right) =$$

$$= 2 \cdot 21 \text{ mm} - \pi \cdot 15 \text{ mm} \left(1 - \frac{45^\circ}{180^\circ}\right) =$$

$$= (42 - 35{,}4) \text{ mm} = 6{,}6 \text{ mm}.$$

$$L = l_5 + l_6 - v_2 = (61 + 81 - 6{,}6) \text{ mm} = $$
$$= 135{,}4 \text{ mm}$$

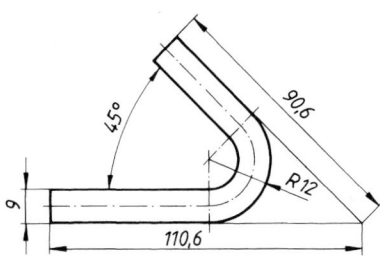

Bild 31. Biegeteil

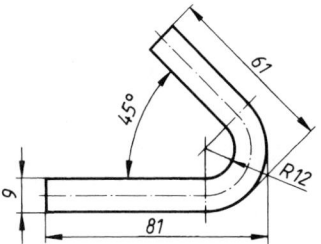

Bild 32. Biegeteil

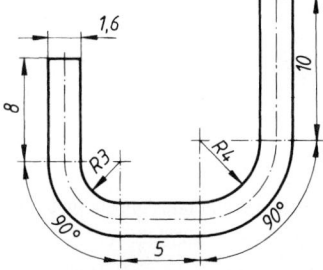

Bild 33. U-Stanzteil

■ **Beispiel:**
Welche Zuschnittlänge L ist für das U-Stanzteil des Bildes 33. erforderlich?

Lösung:
Da beide Biegewinkel 90° sind, liegt die neutrale Faser im Abstand $s/4$ vom Innenradius. Die beiden unterschiedlich großen Fertigungsradien r_{f1} und r_{f2} ergeben sich nach (11)

für Bogen 1:

$$r_{f1} = r_1 + \frac{s}{4} = \left(3 + \frac{1{,}6}{4}\right) \text{ mm} = 3{,}4 \text{ mm};$$

für Bogen 2:

$$r_{f2} = r_2 + \frac{s}{4} = \left(4 + \frac{1{,}6}{4}\right) \text{ mm} = 4{,}4 \text{ mm}.$$

Nach (10) erhält man
für Bogen 1:

$$l_{b1} = \frac{r_{f1}\, \alpha^\circ}{180^\circ} = \frac{\cdot 3{,}4 \text{ mm} \cdot 90^\circ}{180^\circ} = 5{,}34 \text{ mm}$$

$$\approx 5{,}3 \text{ mm};$$

für Bogen 2:

$$l_{b2} = \frac{r_{f2}\, \alpha^\circ}{180^\circ} = \frac{\cdot 4{,}4 \text{ mm} \cdot 90^\circ}{180^\circ} = 6{,}92 \text{ mm}$$

$$\approx 6{,}9 \text{ mm}$$
$$L = l_7 + l_{b1} + l_8 + l_{b2} + l_9 =$$
$$= (8 + 5{,}3 + 5 + 6{,}9 + 10) \text{ mm} = 35{,}2 \text{ mm}.$$

2.2.1.2 Berechnung der Biegekräfte. Mit den Bezeichnungen nach Bild 34 wird die *Biegekraft*

$$F_b = \frac{2 l_b\, s^2\, R_m\, \varepsilon}{3\, l_a}$$

F_b	l_b	s	l_a	R_m	ε
N		mm		$\dfrac{N}{mm^2}$	1

(17)

Der Beiwert ε berücksichtigt die Wirksamkeit des Schlages. Man wählt $\varepsilon = 2{,}5$ beim Biegen von Werkstücken mit geringen Dickentoleranzen ($\pm\, 0{,}1$ mm) und $\varepsilon = 3{,}5$ beim Biegen warmgewalzten Flachmaterials oder bei abgenutzten Werkzeugen zum Biegen maßhaltiger Stücke.

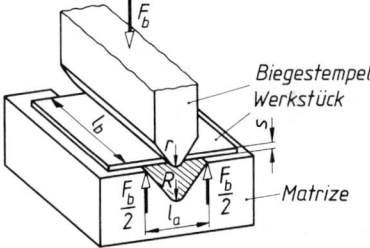

Bild 34. Die Größen für die Berechnung der Biegekraft F_b

$$R_{min} = r + s, \quad r_{min} = s$$

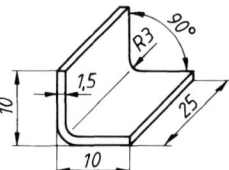

Bild 35. Biegeteil

■ **Beispiel:**
Zu berechnen ist die erforderliche Pressenkraft für das Biegen des im Bild 35 dargestellten Blechwinkels aus 1,5 mm dickem Ziehblech mit $R_m = 330$ N/mm^2 in einer vorhandenen Biegestanze mit einer Auflageweite $l_a = 30$ mm.

Lösung:

Die Dickenabweichung des Ziehbleches wird zu ± 0,1 mm angenommen. Dieser Wert ist den Lieferbedingungen zu entnehmen. Dann ist nach (17) mit $\varepsilon = 2,5$:

$$F_b = \frac{2\, l_b\, s^2\, R_m\, \varepsilon}{3\, l_a} =$$

$$= \frac{2 \cdot 25\ \text{mm} \cdot 1,5^2\ \text{mm}^2 \cdot 330\ \dfrac{\text{N}}{\text{mm}^2} \cdot 2,5}{3 \cdot 30\ \text{mm}} = 1\,031\ \text{N}$$

Nach Tabelle 5 sind 3° Aufbiegung zu erwarten.

2.2.2 Rollen (Bild 36)

Blechkanten werden gerollt, wenn man einen verstärkten Rand oder ein Scharnierauge fertigen will. Vor dem Rollen soll die Rollkante angekippt sein. Die neutrale Faser liegt in der Mitte des gerollten Teiles. Die Zuschnittlänge des Rollrandes wird nach (10) ermittelt. Die Größe des Biegewinkels ermittelt man nach genauer Zeichnung oder durch Versuche.

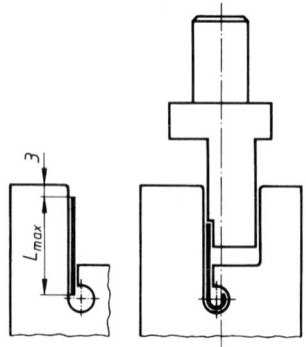

Bild 36. Rollstanzen im Werkzeug-Unterteil

2.2.3 Durchziehen (Bild 37)

Weiche Werkstoffe (Stahl bis 500 N/mm² Zugfestigkeit) werden zum Einschneiden von Gewinde oder zur Ausbildung einer Lagerstelle mit kleinem Durchmesser vorgelocht und dann der überschüssige Werkstoff aus der Blechebene herausgezogen.

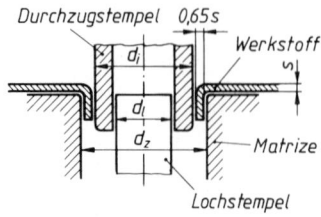

Bild 37. Durchziehen nach dem Lochen, d_l Lochdurchmesser, d_i Innendurchmesser = Stempeldurchmesser, d_z Durchzugdurchmesser = $d_i + 2 \cdot 0,65\ s$, s Werkstoffdicke

Durchziehen ohne Vorlochen ist möglich (Bild 38).

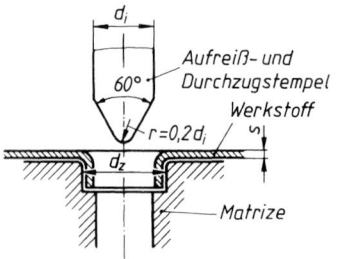

Bild 38. Durchziehen ohne Lochung, d_i Innendurchmesser, d_z Durchzugdurchmesser, s Werkstoffdicke

2.2.3.1 Stechen (Bild 39). Beim Stechen wird mit einseitig abgeschrägtem Schneidstempel das Blech in einem nicht geschlossenen Linienzug getrennt. Meist führt der Stempel gleichzeitig die Verformung des ausgetrennten Steges durch. Das Werkstück ist gegen Verschieben beim Schnitt zu sichern. Der Stempel muss sehr eng geführt sein, wenn ein Ausweichen, besonders bei dünnen Stempeln, vermieden werden soll.

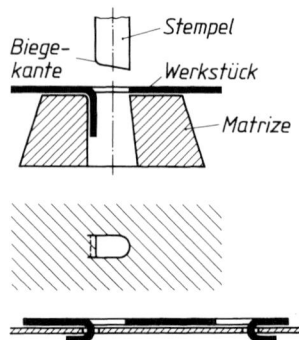

Bild 39. Stechen von Verbindungslappen und Verbinden zweier Bleche durch Lappen

2.2.4 Falzen (Bild 40)

Falzen ist das Verbinden dünner Bleche durch Ineinanderhaken umgebogener Ränder. Falzbar sind alle Bleche von 0,28 bis 1,25 mm Dicke, deren Werkstoff um 180° ohne Rissbildung zu biegen ist. Dabei darf der Abkantknick bei Zink- und Elektroblechen nicht parallel zur Walzrichtung liegen, bei Stahlblechen kann er beliebig zur Walzfaser liegen. Falzverbindungen sind staub- und regenwasserdicht (Dacheindeckungen). Durch Löten des fertigen Falzes oder durch Dichtungszwischenlagen aus Gummi oder Papier wird die Falzverbindung so dicht, dass sie höchsten Ansprüchen auf Luft- und Wasserdichtheit genügt (Konservendosen).

Falzverbindungen kann man von Hand, maschinell oder vollautomatisch herstellen.

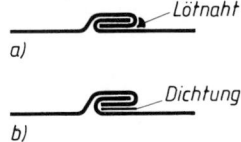

Bild 40. Falzverbindung

a) mit Lötnaht,
b) mit eingelegter Dichtung

2.2.5 Streckziehen (Bild 41)

Aus Blech zu formende Großteile geringer Stückzahl (etwa 200 im Monat) sind durch Streckziehen wirtschaftlich herstellbar.

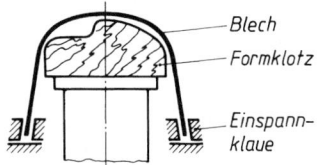

Bild 41. Streckziehen (schematisch)

Das in Klauen eingespannte Blech wird durch den Formklotz gestreckt, wenn er mit der Streckziehkraft F_z nach oben bewegt wird. Beim Strecken passt sich das Blech den erhabenen Formen des Formklotzes an. Den Vertiefungen des Formklotzes wird das Blech durch Nachstrecken von außen oder durch Einpoltern von Hand angeformt.

Streckziehanlagen sind billig. Formklötze aus druckfestem Holz (Buche, Nussbaum), Einspannklauen und Aufspannrahmen können in einfach eingerichteten Werkstätten gefertigt werden, während man für die Erzeugung der Streckziehkraft handelsübliche Hydraulikzylinder und -pumpen mit Hand-, Fuß- oder elektrischem Antrieb verwendet. Es ist jedoch zu empfehlen, Streckzi, eharbeiten von geschulten Fachkräften ausführen zu lassen. Gute Schmierung zwischen Formklotz und Blech muss die Reibung niedrig halten, sonst reißt das Blech in den Zonen der größten Streckung.

Streckziehen wird in der Großserienfertigung auf Doppelpressen durchgeführt (Fahrzeugkarosserieteile). Die Einspannklauen sind hier durch Halteränder ersetzt (Bild 42).

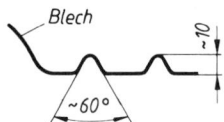

Bild 42. Halteränder zum Streckziehen in der Großserienfertigung

2.2.6 Tiefziehen

Durch Tiefziehen werden Blechzuschnitte aller Metalle, Plattenzuschnitte aus plastischen oder thermoplastischen Kunststoffen, Papier oder Pappe zu Hohlkörpern mit prismatischen Wandungen geformt (Bild 43).

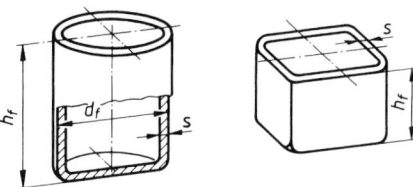

Bild 43. Tiefziehteile

Tiefziehen ist nur für Großserien (etwa ab 1000 Stück) wirtschaftlich, weil immer ein Ziehsatz nach Bild 44 erforderlich ist. Tiefgezogenen Körpern gibt man durch *Ausbauchen* und *Einziehen* (Abschnitt 2.2.7) der prismatischen Wandung zweckvollere Formen.

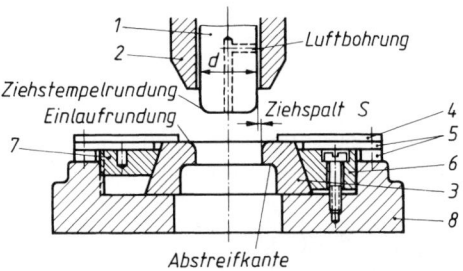

Bild 44. Aufbau eines Ziehsatzes

1 Ziehstempel aus gehärtetem Stahl, selten aus Hartmetall,
2 Faltenhalter aus Stahl,
3 Ziehring aus gehärtetem Stahl oder Hartmetall,
4 Aufnahme,
5 Ausfutterung,
6 Spannring mit Schrauben oder
7 Spannring als Spannringmutter,
8 Einspannplatte (Frosch) aus Baustahl oder Grauguss

Bei jedem Tiefziehen ist das *Zieh-* oder *Schlagverhältnis* einzuhalten, dessen Größe von der Ziehfähigkeit des Werkstoffs abhängt (Größe der Ziehverhältnisse siehe Tabelle 6). Der erste Umformvorgang eines ebenen Zuschnitts zu einem Topf heißt: *Anschlagzug*; die weiteren Umformungen zu Töpfen mit kleinerem Durchmesser, aber größerer Wandhöhe: *Weiterzug* oder *-schlag*.

Das *Ziehverhältnis m* für den Anschlagzug wird als Quotient „neuer Durchmesser" d zu „Ausgangsdurchmesser" D ausgedrückt:

Das *Weiterschlagverhältnis* m_1 kann für alle Durchmesserverkleinerungen gleichgroß angenommen werden (in Wirklichkeit wird das Weiterschlagverhältnis nach jeden Schlag größer und nähert sich dem Wert 1) und durch den Quotienten „neuer Durchmesser" zum „zugehörigen Ausgangsdurchmesser" ausgedrückt werden:

$$m_1 = \frac{d_1}{d} = \frac{d_2}{d_1} = \frac{d_3}{d_2} = \frac{d_4}{d_3} = \dots$$

Weiterzüge können *mit* und *ohne* Faltenhalter erfolgen (Bild 45).

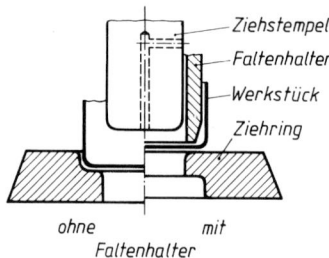

Bild 45. Weiterzug eines gezogenen Topfes, *ohne* und *mit* Faltenhalter
Zentrierung: ohne Faltenhalter im Ziehring, mit Faltenhalter durch den Faltenhalter

Um die Faltenhaltekraft F_f über den gesamten Ziehweg konstant zu halten, verwendet man Öldruck- oder luftkissengesteuerte Faltenhalter (Bild 46).

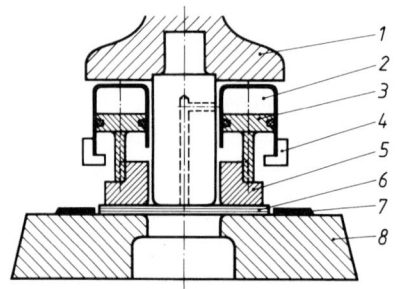

Bild 46. Luftkissen für konstante Faltenhaltekraft

1 Traverse für Ziehstempel und Luftkissenzylinder,
2 Luftkissen,
3 Luftkissenkolben,
4 Rückholbund,
5 Faltenhalter,
6 Werkstück,
7 Aufnahme,
8 Ziehring

Die drei Tiefziehverfahren

a) *Das Topfziehen* oder verlustlose Tiefziehen. Die gezogene Topfwandung hat die Dicke des Ausgangswerkstoffes (Bild 47), dadurch ergibt sich für das Topfziehen:

Oberfläche des Rohteils = Oberfläche des Fertigteils.

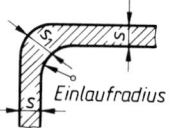

Bild 47. Werkstoffverdickung während des Zuges

s Ausgangswerkstoffdicke,
s_1 Werkstoffverdickung im Ziehbogen,
s_1 = 1,5 bis 1,66s

Für einen Topf mit zylindrischer Hohlwandung nach Bild 48 errechnet sich der *Zuschnittdurchmesser D* für die Ausgangsronde (kreisrunde Blechscheibe) zum Ziehen eines Topfes mit dem Fertigdurchmesser d_f und der Fertighöhe h_f zu:

$$D = \sqrt{d_f^2 \quad 4\, d_f\, h_f} \tag{20}$$

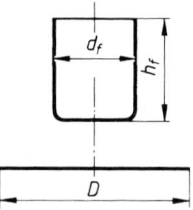

Bild 48. Zuschnittberechnung für verlustloses Tiefziehen

Die Zahl der erforderlichen Züge beeinflusst die Zuschnittberechnung nicht.
Die Größe der Ziehpresse bestimmt man nach überschlägig errechneter Zugkraft F_z und der ebenso bestimmten *Faltenhaltekraft F_f*:

$$F_z \approx s\, U\, R_m\, \kappa_z \qquad \begin{array}{c|c|c|c} F_z & s,\, U & R_m & \kappa_z \\ \hline N & mm & \dfrac{N}{mm^2} & 1 \end{array} \tag{21}$$

$s\, U$ ist die in Umformung befindliche Fläche, vereinfacht aus Stempelumfang U und Blechdicke s ermittelt, R_m Zugfestigkeit, κ_z Tiefzieh-Korrekturfaktor, siehe Tabelle 7.

$$F_f \approx A_f\, p \qquad \begin{array}{c|c|c} F_f & A_f & p \\ \hline N & mm & \dfrac{N}{mm^2} \end{array} \tag{22}$$

A_f niederzuhaltende Fläche in mm², für den Anschlagzug $\pi/4\,(D^2 - d^2)$, D Rondendurchmesser, d Durchmesser des 1. Topfes, p Faltenhalterdruck, Werte für p siehe Tabelle 6.

Tabelle 6. Tiefziehverhältnisse und Faltenhalterdruck für Bleche bis 2 mm Dicke und Tiefziehen mit Faltenhalter

	Anschlagzug-verhältnis $m = \dfrac{d}{D}$	Weiterzugverhältnis $m_1 = \dfrac{d_1}{d} = \dfrac{d_2}{d_1} \ldots$	Anzuwendender Faltenhalterdruck p N/mm^2
Karosserieblech	0,55	0,75	2
Tiefziehblech	0,58	0,78	2,5
Ziehblech	0,6	0,8	2,8
Stahlblech bis R_m = 500 N/mm^2	0,6	–	3
nichtrostender Stahl mit 12 ... 14 % Cr	0,55	0,8	3
Weißblech	0,6	0,88	3
Kupferblech, weich	0,5	0,85	2
Messingblech CuZn37	0,55	0,8	2
Messingblech CuZn28	0,63	0,75	1,8
Zinkblech	0,65	0,85	1,5
Zink-Legierung Zn-Cu	0,6	0,85	1,5
Aluminium 99,5 %	0,53	0,8	1,2
Al-Cu-Legierungen	0,55	0,9	1,5
Al-Mg-Legierungen	0,5	0,8	1,2

Fehler beim Tiefziehen

Fehler	Ursachen	Änderungsvorschlag
Doppelungen im Werkstoff	Oxid- oder Sandeinschlüsse im Werkstoff	Vor dem Umformen Ultraschallprüfung durchführen. Blechqualität verbessern.
Betonte Walzstruktur (Textur) führt zu Zipfelungen	Walzen des Bleches ergibt Zeilenstruktur. Mechanische Eigenschaften des Werkstoffs stark abhängig von der Walzrichtung.	Normalglühen des Bleches bei 900 bis 950 °C ergibt sehr feines Gefüge. Walzstruktur geht verloren. Die mechanischen Eigenschaften des Werkstoffs sind nach dem Glühprozess richtungsunabhängig.
Blechdickenabweichungen	Abgenutzte Walzen	Gewünschte maximale Blechdickenabweichung vorschreiben
Bodenreißer (häufiger Fall)	Ziehverhältnis zu groß	Zugabstufung wählen: Durch größere Anzahl der Züge vermindert sich der Verformungsgrad pro Zug! Blechqualität verbessern.
Bodenabriss (seltener Fall)	Ziehwerkzeug falsch ausgelegt	Werkzeuggestaltung generell überarbeiten.
Ziehriefen in der Oberfläche des Ziehteils	Übermäßiger Verschleiß des Ziehwerkzeugs	Hartverchromen der dem stärksten Verschleiß ausgesetzten Werkzeugoberflächen (Stempel, Matrize).

Zugkraft F_z und Faltenhaltekraft F_f ergeben die von der Presse aufzubringende *Gesamtziehkraft*

$$F_{ges} = F_z + F_f \qquad (23)$$

Die Gesamtziehkraft F_{ges} wirkt nur während des *Nutzhubes* der Presse, also nur dann, wenn die Wandhöhe h geformt wird. Daraus ergibt sich die annähernd aufzubringende *Nutzarbeit* W zu:

$$W \approx F_{ges}\, h\, \kappa_p \quad \begin{array}{c|c|c|c} W & F_{ges} & h & \kappa_p \\ \hline \mathrm{Nm} & \mathrm{N} & \mathrm{m} & 1 \end{array} \qquad (24)$$

κ_p Umform-Korrekturfaktor ist vom Ziehverhältnis m abhängig, Werte für κ_p siehe Tabelle 7.

Tabelle 7. Tiefziehkorrekturfaktoren für die Tiefziehverhältnisse m und m_1

Tiefziehverhältnis m oder m_1	Tiefziehfaktor κ_z	Umformfaktor κ_p
0,5	1	0,8
0,55	0,9	0,8
0,6	0,83	0,8
0,65	0,7	0,74
0,7	0,6	0,7
0,75	0,5	0,67
0,8	0,4	0,65
0,9	0,2	0,64
1,0	0,1	0,64

Für bestimmte Ziehaufgaben kann es nötig sein, den erforderlichen Kraftaufwand genau zu kennen, z. B. bei der Klärung von Beanstandungen nach aufgetretenen Bodenreißern. In solchen Fällen setzt man Messdosen zwischen Ziehstempel und Pressenstößel, die die Stößelkraft genau anzeigen.

■ **Beispiel:**

Zu berechnen ist der Zuschnittdurchmesser D der Ausgangsronde für verlustloses Tiefziehen eines Topfes aus 0,8 mm dickem Tiefziehstahlblech mit dem Fertigdurchmesser $d_f = 40$ mm und der Fertighöhe $h_f = 60$ mm.

Lösung:

Nach (20) ist unter Vernachlässigung der geringen Wanddicke $s = 0,8$ mm:

$$D = \sqrt{d_f^2 + 4 d_f h_f} = \sqrt{(40^2 + 4 \cdot 40 \cdot 60)\ \text{mm}^2}$$

$$D = 105,8\ \text{mm}$$

Auszuführen ist der Zuschnittdurchmesser
$D = 106$ mm.

■ **Beispiel:**

Aus 1 mm dickem Ziehblech mit $R_m = 320$ N/mm² Festigkeit sollen Töpfe mit einem Fertigdurchmesser $d_f = 25$ mm und einer Fertighöhe $h_f = 50$ mm tiefgezogen werden. a) Wieviel Züge (Schläge) sind erforderlich? b) Welche Stößelkraft F_{ges} muss die Presse haben?

Lösung:

a) Zur Ermittlung der Anzahl der Züge muss der Ausgangsdurchmesser D der Ronde bekannt sein. Er errechnet sich nach (20) zu:

$$D = \sqrt{d_f^2 + 4 d_f h_f} =$$
$$= \sqrt{(25^2 + 4 \cdot 25 \cdot 50)\ \text{mm}^2} = 75\ \text{mm}$$

Für den Anschlagzug kann nach Tabelle 6 für Ziehblech $m = 0,6$ gewählt werden. Damit wird der Topfdurchmesser d des Anschlagzuges nach (18):

$$d = m D = 0,6 \cdot 75\ \text{mm} = 45\ \text{mm}$$

Für die Weiterzüge wird aus Tabelle 6 mit dem für Ziehblech angegebenen Weiterzugverhältnis $m_1 = 0,8$ gerechnet. Damit ergeben sich nach (19):

$$d_1 = m_1 d = 0,8 \cdot 45\ \text{mm} = 36\ \text{mm}$$
$$d_2 = m_1 d_1 = 0,8 \cdot 36\ \text{mm} = 28,8\ \text{mm}$$
$$d_3 = m_1 d_2 = 0,8 \cdot 29\ \text{mm} = 23,2\ \text{mm}$$

Der geforderte Fertigdurchmesser d_f ist in vier Zügen zu fertigen mit den gerundeten Ziehdurchmessern 45, 36, 30, 25 mm.

b) Die aufzubringende Gesamtziehkraft F_{ges} ist nach (23): $F_{ges} = F_z + F_f$. Die Ziehkraft F_z wird nach (21) ermittelt, der fehlende Tiefzieh-Korrekturfaktor κ_z für das angewendete Anschlagziehverhältnis $m = 0,6$ aus Tabelle 7 entnommen zu: $\kappa_z = 0,83$.

$$F_z = U s R_m \kappa_z = 45\ \text{mm} \cdot \pi \cdot 1\ \text{mm} \cdot 320\ \frac{\text{N}}{\text{mm}^2} \cdot 0,83 = 37\,548,3\ \text{N}$$

Nach (22) wird die Faltenhaltekraft $F_f \approx A_f p$ ermittelt. Die niederzuhaltende Fläche beträgt $A_f = \pi/4\ (D^2 - d^2) = \pi/4\ (7,5^2 - 4,5^2)$ cm² = 28,3 cm². Der Faltenhalterdruck ist in Tabelle 6 für Ziehblech mit $p = 2,8$ N/mm² ausgewiesen. Mit diesen Werten ergibt sich die Faltenhaltekraft

$$F_f \approx A_f p = 2\,830\ \text{mm}^2 \cdot 2,8\ \frac{\text{N}}{\text{mm}^2} = 7\,924\ \text{N}$$

und

$$F_{ges} = F_z + F_f = 37\,548,3\ \text{N} + 7\,924\ \text{N} = 45\,472,3\ \text{N}$$

Für die Herstellung der verlangten Töpfe im Tiefziehverfahren ist eine Ziehpresse mit 50 000 N Stößelkraft einzusetzen.

a) *Polierziehen* wird angewendet, um im Tiefziehverfahren geformte Hohlwandungen zu glätten und maßhaltige Oberflächen zu bekommen. Die polierten Außenoberflächen der Hohlwandungen erhält man, wenn ein Ziehsatz verwendet wird, dessen Ziehspalt genau der Ausgangswanddicke des Werkstoffes entspricht.

b) *Tiefziehen mit Wandschwächung*. Aus gut ziehfähigen Metallen (Stahlblech in Tiefzieh- oder Karosseriegüte, Aluminium, weiches Messing, Kupfer) wird im verlustlosen Tiefziehen ein dickwandiger Topf mit niedriger Wandhöhe hergestellt. Die niedrige Wandhöhe zieht man durch einen Ziehsatz, dessen Ziehspalt kleiner als die Wanddicke s ist. Hierbei kann man beim ersten Zug die Wanddicke um 30 %, bei allen Weiterzügen um 25 % vermindern.

2.2.7 Ausbauchen und Einziehen

Die Hohlwandungen tiefgezogener Töpfe werden durch Ausbauchen oder Einziehen von der geraden Ausbildung in beliebige Gebrauchsformen gebracht.

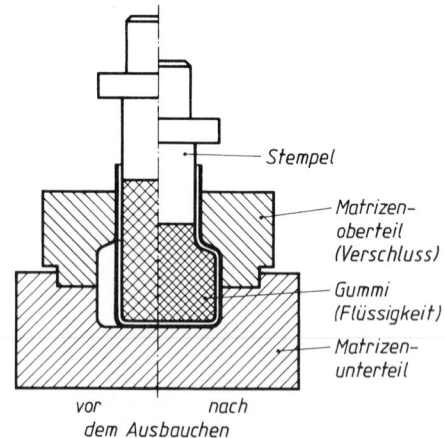

Bild 49. Ausbauchen mit Gummikissen oder Druckflüssigkeit

Man *baucht aus* mit Gummikissen oder Druckflüssigkeit (Bild 49) oder mit Spreizwerkzeugen (Bild 50). Man *zieht ein* mit Stempel und Einziehringen (Bild 51).

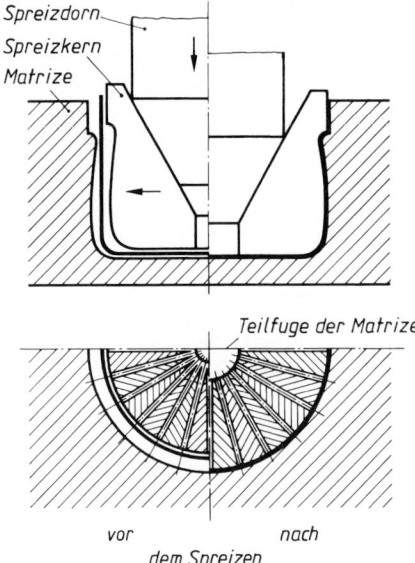

Bild 50. Ausbauchen mit Spreizkernen

Die formgebende Matrize ist geteilt, um das Auspacken der fertigen Werkstücke zu ermöglichen oder zu erleichtern. Ausbauchmatrizen sollen wegen des häufigen Bewegens von Hand so leicht wie möglich sein. Eingezogene Wandungen steigen am Einziehring hoch und vergrößern die Wandhöhe.

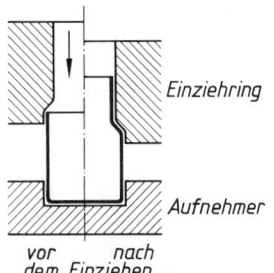

Bild 51. Einziehen tiefgezogener Töpfe

2.2.8 Drücken

Durch Drücken können nur kreisrunde, in Ausnahmefällen ovale Rotationskörper aus tiefziehfähigem Stahl- oder Weißblech (bis 1 mm dick), Aluminiumblech (bis 4 mm dick), Kupfer-, Messing- oder Zinkblech (bis 2 mm dick) hergestellt werden.

2.2.9 Sicken

Eine *Sicke* soll die Steifheit eines ebenen Bleches erhöhen. Sicken werden auf Sickenmaschinen eingewalzt (gesickt). Breite und Höhe der Sicken passt man dem Verwendungszweck und der Dehnung des Werkstoffes an.

2.2.10 Fließpressen

Beim Fließpressen wird Werkstoff unter hohem Druck zum Fließen gebracht und durch eine vom Pressstempel und Werkzeug gebildete Öffnung gepresst.
Kaltfließpressen liegt vor, wenn die Umformung unterhalb der Rekristallisationstemperatur stattfindet. Dabei verzerren sich die einzelnen Kristalle. Der Formänderungswiderstand des Werkstoffs vergrößert sich.
Warmfließpressen liegt vor, wenn die Umformung oberhalb der Rekristallisationstemperatur stattfindet. Dabei verzerren sich die Kristalle nicht und der Formänderungswiderstand bleibt gleich.

2.2.10.1 Fließpressverfahren

Beim *Rückwärtsfließpressen* – auch indirektes Fließpressen genannt – fließt der Werkstoff gegen die Bewegungsrichtung des Stempels (Bild 52). Er wird in Form einer Platine in das Werkzeugunterteil gelegt. Während der Stempel auf die Platine drückt, steigt der Werkstoff in entgegengesetzter Richtung empor. Die so erreichbaren Wanddicken sind im Verhältnis zum Durchmesser sehr klein.

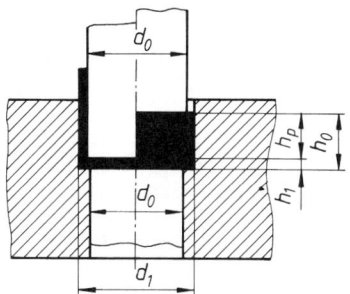

Bild 52. Rückwärtsfließpressen

Beim *Vorwärtsfließpressen* – auch direktes Fließpressen genannt – fließt der Werkstoff in Richtung der Stempelbewegung. Als Rohling ist ein Napf erforderlich. Der Stempel drückt auf die Stirnseite des Napfes und presst den Werkstoff durch die Matrizenöffnung (Bild 53).

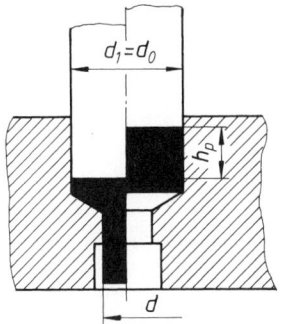

Bild 53. Vorwärtsfließpressen

Das *Koldflo-Verfahren* ist eine Kombination aus direktem und indirektem Fließpressen. Hier bewegen sich zwei Stempel gegeneinander. Als Rohlinge werden Näpfe eingelegt. Dieses Verfahren wird häufig beim Fließpressen von Stahl eingesetzt (Bild 54).

Beim *hydrostatischen Fließpressen* wird grundsätzlich vorwärts gepresst. Die Druckkraft wird über eine Flüssigkeit (Hydrauliköl in besonderer Zusammensetzung) auf das Werkstück übertragen.

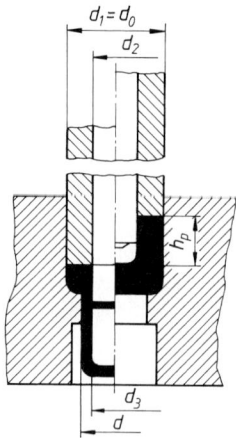

Bild 54. Fließpressen nach dem Koldflo-Verfahren

Vorteile gegenüber einer mechanischen Kraftübertragung: Geringere Reibung zwischen Werkstück und Werkzeug. Durch kleinere Matrizenöffnungswinkel verläuft der Umformprozess gleichmäßiger. Es können Rohlinge mit einem größeren Verhältnis von Länge zum Durchmesser umgeformt werden.

Nachteilig können sich die Abdichtungsschwierigkeiten an den Stempelführungen infolge der hohen Pressdrücke auswirken.

Müssen spröde Werkstoffe wie z. B. Chrom, Molybdän oder Beryllium verarbeit werden, kann *hydrostatisch mit Gegendruck* fließgepresst werden. Da hier der Flüssigkeitsdruck allseits auf das Werkstück wirkt, ist die Gefahr des Aufreißens während des Umformvorganges geringer als beim normalen hydrostatischen Fließpressen.

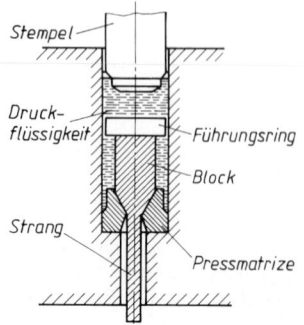

Bild 55. Hydrostatisches Fließpressen

Gegenüber der mechanischen Kraftübertragung macht die Bestimmung der erforderlichen Fließpresskraft große Schwierigkeiten. Die Druckflüssigkeit muss für jeden Fließpressvorgang neu eingefüllt werden und der Umformvorgang selbst läuft sehr langsam ab.

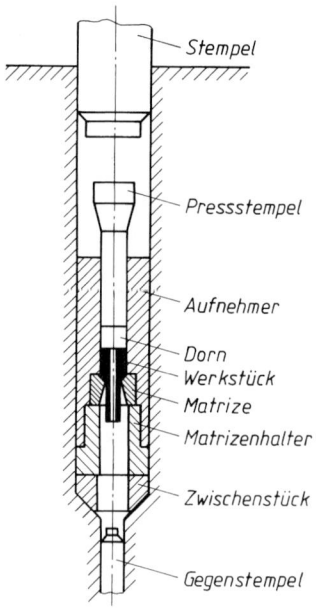

Bild 56. Hydrostatisches Fließpressen mit Gegendruck

2.2.10.2 Fließpressbare Werkstoffe

Alle Werkstoffe mit einem guten Formänderungsvermögen sind zum Fließpressen geeignet. Neben den Nichteisenmetallen lassen sich auch bestimmte Stahlsorten fließpressen. In der Praxis wird für jeden Werkstoff eine Fließkurve ermittelt. Als Kriterien werden neben der Härte, der Streckgrenze und der Bruchdehnung vor allem die Fließspannung k_f und der Umformgrad φ herangezogen (Bild 57).

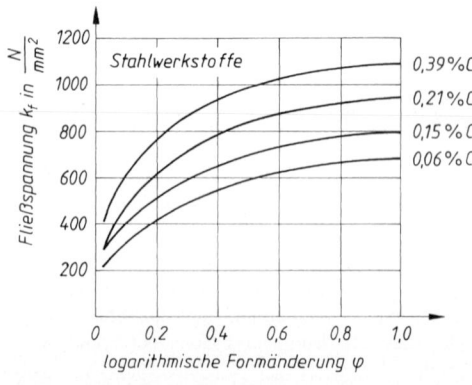

Bild 57. Fließkurven einiger Werkstoffe bei 20 °C

In einem Werkstoff wird die *Fließspannung* k_f erreicht, wenn eine bleibende Formänderung erzielt wird:

$$k_f = \frac{F}{A}$$

k_f	F	A
$\dfrac{N}{mm^2}$	N	mm^2

(25)

Der *Umformgrad φ* – auch logarithmische Formänderung genannt – ergibt sich aus dem logarithmischen Verhältnis der Ausgangs- zur Augenblickshöhe:

$$\varphi = \ln \frac{h_1}{h_0} \tag{26}$$

Grenzen des Verfahrens: Werkstoffe, bei denen die größte Formänderung unter 25 % liegt, sollten nicht fließgepresst werden. Werkstoffe, die Fließpresswerkzeuge mit einer Flächenpressung > 2 500 N/mm^2 belasten würden, sollten nicht fließgepresst werden, da die Wirtschaftlichkeit dieser Werkzeuge nicht mehr gegeben ist.

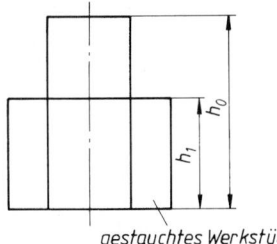

Bild 58. Stauchvorgang

2.2.10.2.1 Nichteisenmetalle

Das Fließpressen von NE-Metallen ist problemlos und sehr weit verbreitet. Hauptsächlich werden Werkstoffe wie Aluminium, Kupfer, Blei, Zinn, Zink und deren Legierungen verarbeitet.

2.2.10.2.2 Eisenmetalle

Stahl kann *unterhalb* der Rekristallisationstemperatur (kalt) fließgepresst werden, wenn die einzelnen Kristallite bei der auftretenden Druckbeanspruchung gleiten können, ohne dass der Zusammenhang der gleitenden Schichten verlorengeht. Spröde, also für das Fließpressen ungeeignete Werkstoffe lassen sich durch Kegelstauchproben aussondern.
Die chemische Zusammensetzung des Stahles hat einen großen Einfluß auf seine Kaltverformbarkeit. Mit steigendem Kohlenstoffgehalt und zunehmenden Legierungsbestandteilen nimmt das Formänderungsvermögen ab. Die Umformgrenze liegt bei einem Kohlenstoffgehalt von 0,45 %.

Bei *warmfließpressbaren* Stählen wird die Warmformänderungsfähigkeit durch den gleichen Versuchsablauf wie bei den kaltfließpressbaren Stählen festgestellt: Stauchprobe, Warmfließkurve und Analyse der chemischen Zusammensetzung. Niedriglegierte Nickel -und Manganstähle sowie Stähle mit geringem Kohlenstoffgehalt haben gegenüber hochlegierten Stählen eine gute Warmformbarkeit.

2.2.10.3 Rechnerische und praktische Fließkraftermittlung

Eine rechnerische Kraftermittlung ist nur bei sehr einfachen Fließvorgängen möglich. Für kompliziert geformte Fließpressteile werden auf Versuchsmaschinen Kraft-Weg-Diagramme erstellt und ausgewertet.

2.2.10.3.1 Rechnerische Kraftermittlung

Fließpresskraft für das *Rückwärtsfließpressen* (siehe Bild 52):

$$F = A_{d1} \frac{k_f \, \varphi_{rm}}{\eta_F}$$

F	k_f	A	$\varphi_{rm}, \varphi_g, \eta_F$
N	$\dfrac{N}{mm^2}$	mm^2	1

(27)

Fließpresskraft für das *Vorwärtsfließpressen* (siehe Bild 53):
von Vollkörpern

$$F = A_{d1} \frac{k_f \, \varphi_g}{\eta_F} \tag{28}$$

von Hohlkörpern

$$F = (A_{d1} - A_{d2}) \frac{k_f \, \varphi_g}{\eta_F} \tag{29}$$

φ_g logarithmische Formänderung

$$\varphi_g = \ln \frac{A_{d1}}{A_{d2}} \tag{30}$$

φ_{rm} mittlerer radialer Formänderungsgrad

$$\varphi_{rm} = \ln \frac{d_0}{d_1 - d} - 0,16 \tag{31}$$

φ_F Formänderungswirkungsgrad
für Rückwärtsfließpressen $\eta_F = 0,3$ bis 0,7
für Vorwärtsfließpressen $\eta_F = 0,4$ bis 0,6

2.2.10.3.2 Praktische Kraftermittlung

Zunächst muss der für die Fertigung eines bestimmten Fließpresswerkstücks zweckmäßigste Pressentyp festgelegt werden. Anschließend wird die maximal auftretende Fließpresskraft und ihr Kraftangriffspunkt auf dem Stempelweg ermittelt. Die so aufgenommenen Werte werden mit der Presskraftkennlinie der vorher festgelegten Presse überlagert.

Das Kraft-Weg-Diagramm (Bild 59) zeigt dass die maximale Presskraft innerhalb der Grenzkurve der Pressenkennlinie liegt. Da jedoch ungefähr 50° vor dem unteren Totpunkt des Stempels eine Kraftspitze auftritt, die über die Grenzkurve der Presse hinausgeht, kommt eine Verwendung dieses Pressentyps nicht in Betracht.

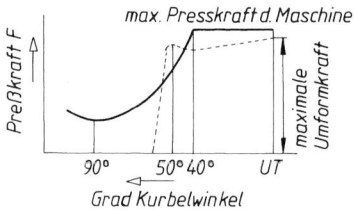

Bild 59. Pressenkennlinie und Fließpresskraft

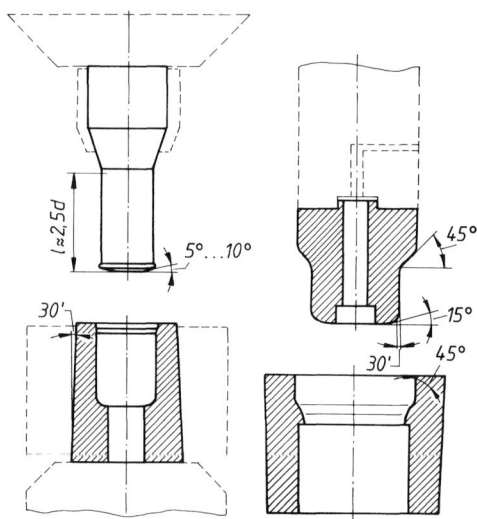

Bild 60. Stempel- und Matrizenkonstruktion

2.2.10.4 Werkzeugkonstruktion

2.2.10.4.1 Werkzeug-Werkstoffe

Beim Fließpressen mit den unter 2.2.10.2 beschriebenen Werkstoffen ist eine Druckspannung $\sigma_{d\,zul} \leq$ 2 500 N/mm^2 zulässig. Diese zulässige Druckspannung kann noch erhöht werden, wenn durch Pressvorgänge wie Setzen, Stauchen oder Kalibrieren eine Verfestigung der Werkzeug-Werkstoffe auftritt.
Auswahl geeigneter Werkzeug-Werkstoffe:

Stempeldruckplatte	X210Cr12
Fließpressstempel	X210Cr46
Pressbüchse	X210Cr46
	oder 50NiCr13
Gegenstempel	X210Cr46
Pressbüchsen-Druckplatte	X145Cr6

2.2.10.4.2 Stempel- und Matrizenkonstruktion

Durch hohe Druckkräfte besteht für den Stempel Knickgefahr. Deshalb sollte die Napftiefe oder die abzusteckende Länge nicht größer als das 2,5 bis 3fache des Stempeldurchmessers sein. Der zylindrische Teil des Stempels wird beim Rückwärtsfließpressen möglichst kurz gehalten und geht über einen Kegel in den Schaft über (Bild 60).
Beim Vorwärtsfließpressen werden Stempel und Schaft getrennt gefertigt, da der Stempel als eigentliches Verschleißteil sehr oft ausgewechselt werden muss. Um ein optimales Fließen des Werkstoffes erreichen zu können, beträgt der Pressbüchsenwinkel mindestens 45°. Für beide Verfahren wird die Pressbüchse mit ungefähr 30' konisch geschliffen, um Armierungen besser aufpressen zu können.

2.2.10.4.3 Vorspannung von Fließpresswerkzeugen

Bei der Umformung durch Fließpressen treten sehr hohe Drücke in axialer und in radialer Richtung auf. Der axiale Druck wird von der Presse aufgenommen, der radiale Druck wirkt auf die Pressbüchse. Bei schwer pressbaren Werkstoffen wird die nach außen wirkende positive Radialspannung so groß, dass eine entgegengesetzt gerichtete negativ wirkende Radialspannung geschaffen werden muss. Die Resultierende beider Spannungen darf während des Fließvorganges eine positive Radialspannung von 2 500 N/mm^2 nicht überschreiten. Eine negative Radialspannung (Vorspannung) kann durch Teilung der Matrize und Aufschrumpfen äußerer Ringe auf die Pressbüchse erreicht werden (Bild 61).

2.2.10.5 Schmierung

Der Schmierung kommt beim Fließpressen große Bedeutung zu. Günstige Schmierverhältnisse lassen die Umformkräfte sinken, die Standzeit vergrößern und die Oberfläche des Werkstückes verbessern. Normale Öle und Fette können nicht verwendet werden, weil die große Flächenpressung den Öl- oder Fettfilm abquetscht, so dass sich die Wirkflächen berühren können. Auch Ölzusätze, meist Sulfid-, Phosphid- oder Nitridverbindungen, die bei hohen Temperaturen Salze bilden und so ein Verschweißen von Metallen verhindern, sind nicht sehr wirkungsvoll.
Molybdändisulfid MoS$_2$ ist eine chemische Verbindung von Molybdän und Schwefel. MoS$_2$ wird wegen seiner besonders guten Schmiereigenschaften auch beim Fließpressen von Stahl verwendet.

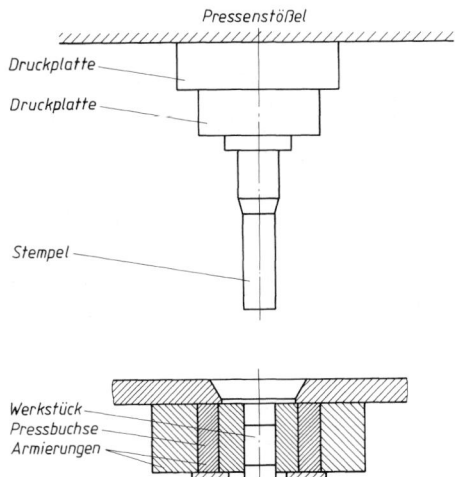

Bild 61. Fließpresswerkzeuge mit Armierungen

2.2.11 Schmieden

Durch Schmieden können Werkstücke getrennt, um-geformt und auch gefügt werden.

Zum Trennen gehören die Verfahren Abschneiden, Lochen, Abschroten, Einschroten und Schlitzen.

Durch Dornen, Durchlochen, Hohldornen oder Mas-sivlochen werden Hohlräume erzeugt.

Querschnittsveränderungen erreicht man durch Re-cken, Breiten, Stauchen oder Anstauchen.

Mehrere Schmiedeteile einer Baugruppe können durch Schrumpfen oder Schweißen gefügt werden.

Beim Warmschmieden werden die Rohteile so weit erwärmt, dass nach dem Schmieden keine bleibende Verfestigung des Werkstoffs auftritt. Bei Stahl muss bis oberhalb der Rekristallisationstemperatur (850 bis 1 200 °C) erwärmt werden.

Kaltgeschmiedet wird beim Kalibrieren, Prägen oder Stauchen. Die Umformung von meist kleineren Tei-len aus Stahl oder Nichteisenmetallen findet bei Raumtemperatur statt.

2.2.11.1 Freiformschmieden

Frei geformte Schmiedewerkstücke haben sehr große Fertigungstoleranzen und müssen meist spanend

nachbearbeitet werden. Durch das Freiformen werden nur einzelne Werkstücke hergestellt oder Gesenk-schmiedeteile vorgeformt. Freiformschmiedeteile können Massen zwischen 1 kg und 250 t haben.

2.2.11.2 Gesenkschmieden

Beim Gesenkschmieden wird der Werkstoff über mehrere Stufen in eine allseitig geschlossene Form geschlagen. Die Form besteht aus einem Ober- und einem Untergesenk (Bild 62).

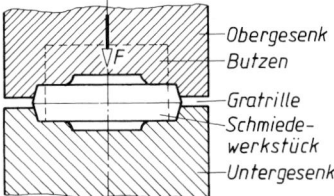

Bild 62. Ober- und Untergesenk

Der auf Schmiedetemperatur erwärmte Werkstoff des Rohlings wird umgeformt und fließt in die Richtung der Gratbahn, wo er sehr schnell abkühlt. Dadurch wird verhindert, dass weiterer Werkstoff nachfließen kann. Also erhöht sich in der letzten Umformphase der Druck im Gesenk sehr stark und es können die letzten Feinheiten wie z. B. kleinere Radien ausge-formt werden.

Die Umformung kann durch Stauchen oder Steigen des Werkstoffs erfolgen (Bild 63).

2.2.11.3 Stauchkraft und Staucharbeit

Eine der wichtigsten Größen zur Ermittlung der für die Umformung erforderlichen Stauchkraft und Staucharbeit ist die Fließspannung k_f (siehe Abschnitt 2.2.10.2). Sie ist beim Schmieden abhängig vom Werkstoff des Schmiedeteils, der Umformtemperatur und der Werkzeuggeschwindigkeit

$$k_f = k_{f0} \left(\frac{\upsilon}{h_1} \right)^n \quad \begin{array}{c|c|c|c} k_f, k_{f0} & \upsilon & h_1 & n \\ \hline \dfrac{N}{mm^2} & \dfrac{m}{s} & m & 1 \end{array} \quad (32)$$

k_{f0} Fließspannung bei festgelegten Umformtemperatu-ren nach Tabelle 8.

υ Werkzeuggeschwindigkeit
(entspricht Umformgeschwindigkeit)

h_1 Endhöhe des Schmiedeteils nach der Stauchung

n Formänderungsexponent

Tabelle 8. Fließspannung k_{f0} und Verformungsexponent n

Fließspannung k_{f0} in $\dfrac{N}{mm^2}$ von C45 für $\dfrac{\upsilon}{h_0} = 1\ s^{-1}$ bei veränderlicher Temperatur in °C					
φ	700 °C	750 °C	800 °C	900 °C	1 000 °C	1 100 °C
0,05	250	180	179	106	79	56
0,1	252	209	203	132	95	66
0,2	256	239	234	160	108	74
0,3	255	251	249	173	111	76
0,4	259	256	249	174	109	76
Formänderungsexponent n bei veränderlicher Temperatur in °C						
0,05	0,078	0,102	0,08	0,089	0,1	0,175
0,1	0,085	0,103	0,082	0,103	0,125	0,168
0,2	0,086	0,099	0,086	0,108	0,128	0,167
0,3	0,083	0,097	0,083	0,11	0,162	0,18
0,4	0,083	0,103	0,105	0,134	0,173	0,188

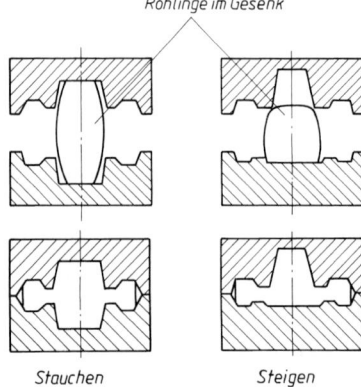

Rohlinge im Gesenk

Stauchen   Steigen

Bild 63. Füllvorgänge beim Gesenkschmieden

Wie die Tabelle 8 zeigt, ist k_{f0} abhängig von der Größe der Formänderung φ (Abschnitt 2.2.10.2). Die Fließspannungen für unterschiedliche Werkstoffe weichen stark voneinander ab. Deshalb können die Werte für C45 nicht auf andere Stähle übertragen werden.

Stauchkraft für einen kreisförmigen Querschnitt

$$F_{erf} = S\, k_{f0} \left(\frac{\upsilon}{h_1}\right)^n \left(1 + \frac{1}{3}\frac{\mu\, d_1}{h_1}\right) \tag{33}$$

Stauchkraft für einen rechteckförmigen Querschnitt

$$F_{erf} = b_1\, l_1\, k_{f0} \left(\frac{\upsilon}{h_1}\right)^n \left(1 + \frac{1}{3}\frac{\mu\, l_1}{h_1}\right) \tag{34}$$

k_f, k_{f0}	S	υ	h_1, b_1, d_1, l_1	μ, n
$\dfrac{N}{mm^2}$	mm^2	$\dfrac{m}{s}$	m	1

F_{erf} Stauchkraft
S Querschnittsfläche des Werkstücks,
υ Werkzeuggeschwindigkeit

h_1 Höhe nach dem Stauchvorgang
d_1 Durchmesser nach dem Stauchvorgang
b_1 Breite nach dem Stauchvorgang
l_1 Länge nach dem Stauchvorgang
n Formänderungsexponent
μ Gleitreibzahl

Staucharbeit für das Stauchen eines prismatischen Körpers mit Kreisquerschnitt

$$W_{erf} = \left(V\, k_{f0}\, \frac{\upsilon}{h_1}\right)^n \left[\ln\frac{h_0}{h_1} + \frac{\mu}{4,5}\left(\frac{d_1}{h_1} - \frac{d_0}{h_0}\right)\right] \tag{35}$$

W_{erf}	k_{f0}	V	υ	h_0, h_1, d_0, d_1	μ, n
Nmm	$\dfrac{N}{mm^2}$	mm^3	$\dfrac{m}{s}$	m	1

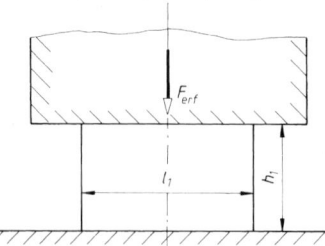

Bild 64. Stauchen eines Rohlings mit Rechteckquerschnitt

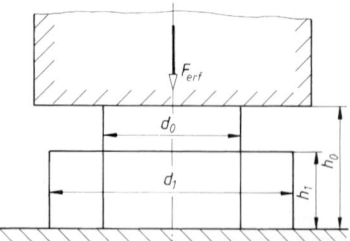

Bild 65. Stauchen eines Rohlings mit Kreisquerschnitt

■ **Beispiel:**

Ein zylindrisches Werkstück aus C45 soll durch Hammerschmieden von einer Ausgangshöhe von 13,5 cm auf eine Endhöhe von 10 cm gestaucht werden. Der Durchmesser des Rohlings beträgt 10 cm. Bei Stauchbeginn beträgt die Schmiedetemperatur 900 °C. Um die für diesen Schmiedevorgang erforderliche Pressmaschine auswählen zu können, müssen folgende Fragen gelöst werden:

1. Mit welcher Fließspannung muss bei einer Auftreffgeschwindigkeit von 5 m/s des Hammers und gleichbleibender Umformtemperatur gerechnet werden?
2. Wie groß ist die mittlere Werkzeuggeschwindigkeit bei einer Werkstückhöhe von 11,75 cm?
3. Welche erforderliche Umformarbeit ist bei einer geschätzten Reibzahl $\mu = 0,35$ für den Stauchvorgang aufzubringen?
4. Wie groß wird die erforderliche Stauchkraft?

Lösung:

1. Fließspannung k_f

Fließspannung k_f nach (32) bei $\upsilon = 5$ m/s und gleichbleibender Umformtemperatur:

$$k_f = k_{f0} \left(\frac{\upsilon}{h_1}\right)^n$$

mit $k_{f0} = 173$ N/mm² nach Tabelle 8
bei $\varphi = \ln (h_0/h_1) = \ln 1,35 = 0,300\,1$ und $\vartheta = 900$ °C
Formänderungsexponent $n = 0,11$ bei $\varphi = 0,3$

$$k_f = 173 \frac{N}{mm^2} \cdot \left(\frac{5\ m/s}{0,135\ m}\right)^{0,11} = 257,4 \frac{N}{mm^2}$$

2. Mittlere Werkzeuggeschwindigkeit υ_m bei $h = 11,75$ cm

$$\varphi = \ln \frac{13,5\ cm}{11,75\ cm} = 0,1388$$

$k_{f0} = 140$ N/mm² bei $\varphi = 0,138\,8$ und $\vartheta = 900$ °C aus Tabelle 8

$$k_f = \frac{257,4\ N/mm^2 \times 140\ N/mm^2}{173\ N/mm^2} = 208,3\ N/mm^2$$

$$k_f = k_{f0} \left(\frac{\upsilon_m}{h}\right)^n; \quad \left(\frac{\upsilon_m}{h}\right)^n = \frac{k_f}{k_{f0}}$$

$$\ln \frac{\upsilon_m}{h} = \frac{\ln k_f - \ln k_{f0}}{n} = 3,599\,05$$

$$\frac{\upsilon_m}{h} = 36,563\,54\ m/s; \quad \upsilon_m = 4,3\ m/s$$

3. Umformarbeit W_{erf} nach (35)

$$W_{erf} = V k_f \left[\ln \frac{h_0}{h_1} + \frac{\mu}{4,5}\left(\frac{d_1}{h_1} - \frac{d_0}{h_0}\right)\right]$$

Volumen des Schmiedeteils $V = S\,h_0 = 78,54$ cm² $\cdot$ 13,5 cm = 1060,3 cm³. Die Grundfläche S_1 des Werkstücks nach dem Stauchvorgang ergibt sich aus $S_1 = V/h_1 = 106,03$ cm². Damit lässt sich der dann wirksame Durchmesser d_1 berechnen:

$$d_1 = \sqrt{\frac{4\,S_1}{\pi}} = 11,62\ cm$$

Mit diesen Werten kann nun die erforderliche Umformarbeit errechnet werden:

$$W_{erf} = 1060,3\ cm^3 \cdot 25\,740\ N/cm^2 \cdot$$
$$\cdot \left[\ln \frac{13,5\ cm}{10\ cm} + \frac{0,35}{4,5}\cdot\left(\frac{11,62\ cm}{10\ cm} - \frac{10\ cm}{13,5\ cm}\right)\right]$$

$$W_{erf} = 9,085 \cdot 10^6\ Ncm = 9,085 \cdot 10^4\ Nm =$$
$$= 9,085 \cdot 10^4\ J$$

4. Stauchkraft F_{erf} nach (33)

$$F_{erf} = S_1 k_{f0} \left(1 + \frac{\mu\,d_1}{3\,h_1}\right)$$

$$F_{erf} = 106,03\ cm^2 \cdot 25\,740\ N/cm^2 \cdot \left(1 + \frac{0,35 \cdot 11,62\ cm}{10\ cm}\right) =$$

$$= 3,84 \cdot 10^6\ N$$

2.2.11.4 Konstruktionshinweise

Stark unterschiedliche Wandstärken sollten vermieden werden, da sonst bei Abkühlung Spannungsrisse auftreten können.

Um Kerbrisse auszuschließen, müssen scharfe Übergänge vermieden werden.

Schmiedewerkstücke mit Rippen oder geringen Wanddicken können nur im Gesenk geschmiedet werden.

Gesenkschmiedewerkstücke müssen nach DIN 7523 mit Aushebeschrägen versehen werden.

Hinterschneidungen wegen der erheblichen höheren Werkzeugkosten vermeiden.

2.2.12 Oberflächenbehandlung von Umformwerkzeugen

Beim Umformen tritt Reib- und Adhäsionsverschleiß auf. Auf Werkzeugen und Werkstücken bilden sich Riefen. Die Riefenbildung kann verringert werden, wenn das Werkzeug mit einer verschleißfesten, eisenfreien Schicht überzogen wird. Je höher der Schmelzpunkt und die Härte der Schicht, desto geringer ist der abrasive Verschleiß bzw. die Neigung zur Riefenbildung.

Nitrieren (Gasnitrieren)
Bildung der Nitrierschicht bei 450 bis 550 °C.
Schichtdicken liegen zwischen 50 µm und 150 μm.
Härte der Nitrierschicht: 1 000 bis 1 400 HV 0,05.

Vorteile: Durch engen Verbund der Nitrierschicht mit dem Grundwerkstoff können auch Werkzeuge mit engen Radien oder Kanten behandelt werden. Nitrieren ist ein billiges Beschichtungsverfahren.

Nachteile: Änderungen oder Reparaturen an nitrierten Werkzeugen sind nur unter erhöhtem Aufwand möglich, z. B. muss nach Schweißarbeiten am Werkzeug nachnitriert werden.

Hartverchromen
Bildung der Chromschicht bei 50 °C.
Schichtdicken liegen zwischen 30 µm und 40 µm.
Härte der Chromschicht: 1 100 HV.

Vorteile: Beim Hartverchromen treten keinerlei Gefüge- oder Maßveränderungen auf. Das Verfahren ist fast unabhängig von der Größe und der Geometrie des Werkzeugs.

Nachteile: An kleinen Radien oder scharfen Kanten kann die Chromschicht abblättern. Nach Reparaturen oder Änderungen am Werkzeug kann – nach einer Entchromung – wieder verchromt werden.
Das Verfahren ist ungefähr 60 % teurer als das Nitrieren.

Titancarbidbeschichtung
Bildung der TiC-Schicht bei 1 100 °C.
Schichtdicken liegen zwischen 6 μm und 12 μm.
Härte der TiC-Schicht: 4 100 HV 0,05.

Vorteile: Sehr gute Haftung am Grundwerkstoff des Werkzeugs. Der Verschleiß ist durch die große Härte von Titancarbid sehr gering.

Nachteile: Es können nur kleine Werkzeuge oder Werkzeugeinsätze beschichtet werden (Ofengröße).
Nach Reparaturen oder Werkzeugänderungen kann nicht nachbeschichtet werden; eine Neuanfertigung ist erforderlich.
Das Verfahren ist ungefähr 300 % teurer als das Nitrieren.

2.3 Stahlbleche und ihre Verarbeitung

2.3.1 Abmessungen der Stahlbleche

2.3.1.1 Walzdicke der Stahlbleche. Die drei Gütegruppen der Stahlbleche sind: *Grobbleche* (4,76 mm dick oder dicker), *Mittelbleche* (3 bis 4,75 mm dick), *Feinbleche* (unter 3 mm dick). Bleche unter 3 mm Dicke mit Walzmustern (Riffeln, Tonnen, Warzen) und bearbeitete Bleche (gepresste Böden, Rauchrohrböden und sonstige Teile für den Kessel- und Behälterbau) gelten als Mittelbleche.

2.3.1.2 Tafelgrößen der Stahlbleche. Stahlbleche *mit* und *ohne* Oberflächenschutz (verzinnt, verzinkt) werden in Lagergrößen (Lagerformaten) und in *festen Maßen* geliefert. Lagergrößen der Stahlbleche

530 mm · 760 mm	für Qualitätsbleche ab 0,18 mm Dicke
500 mm · 1 000 mm	
600 mm · 1 200 mm	nach Anfrage lieferbare Zwischengrößen
700 mm · 1 400 mm	
800 mm · 1 600 mm	für Blechdicken bis 0,75 mm
1 000 mm · 2 000 mm	für Blechdicken 0,5 mm und darüber (Normalformat)
1 250 mm · 2 500 mm	für Blechdicken 0,75 mm und darüber (Mittelformat)
1 500 mm · 3 000 mm	für Blechdicken 1,0 mm und darüber (Großformat)

Bleche in *festen Maßen* werden vom Hersteller auf Bestellung zugeschnitten.

2.3.2 Blechaufteilung

Für die Herstellung von Werkstücken aus Blech werden die Blechtafeln in Streifen aufgeteilt.

Aufteilung der Blechtafeln in lange Streifen ist wirtschaftlicher als in kurze, weil weniger Scherenarbeit nötig ist und das Ausschneiden auf Pressen flüssiger abläuft.
Zu beachten ist, dass in Stahlblechen die Walzfasern parallel zur langen Tafelkante verlaufen.
Werkstücke aus Blech sind wirtschaftlich günstig gefertigt, wenn die größte Stückzahl bei geringstem Blechverbrauch und den niedrigsten Werkzeug- und Lohnkosten erreicht wird.
Das Gewicht der Tafeln und die Länge der Streifen erschweren die Scherenarbeit. Zweckmäßig werden zwei Mann als Bedienung für die Tafelschere eingeteilt zum Schneiden von:

a) Blechtafeln über 3 mm dick in Streifen über 1 m lang,
b) Blechtafeln unter 0,5 mm dick in Streifen über 1,4 m lang.

Für Massenteile aus Blech wird kaltgewalztes Blechband bevorzugt, wenn die höheren Kosten für das Blechband durch Automatisierung des Fertigungsverfahrens auszugleichen sind. Über Lieferbedingungen (Preis, Breiten- und Dickenabweichungen, Oberflächengüte, Werkstoffeigenschaften am Bandanfang und am Bandende) geben die Bandhersteller Auskunft.

2.3.2.1 Verwendung der Reststreifen von Blechtafeln. Anfallende Reststreifen aus der Blechaufteilung oder herausfallende Ausschnittstücke beim Ausschneiden sind vor dem Entstehen in die Fertigung einzuplanen und sofort zu verarbeiten. Wenn aus der sofortigen Verarbeitung des Abfalls kein wirtschaftlicher Nutzen erzielt werden kann, ist es ratsam, die Reststreifen, Ausfallteile und Streifenreste sofort aus dem Betrieb zu entfernen (Schrottverkauf).

2.3.2.2 Werkstücke im Blechstreifen. Mehrere Werkstückreihen im Blechstreifen sind vorteilhaft in Bezug auf die Höhe des Verschnitts, aber die Streifenbreite b_{st} (Abschnitt 2.3.2.3) darf nicht zu groß gewählt werden, sonst wird die Weiterverarbeitung der Streifen durch schwierige Handhabung und große Werkzeuge verteuert.

Man unterscheidet:
1-Lochstreifen (Bild 66); 2-Loch- oder Wendestreifen (Bilder 67. und 68.), – Wendestreifen sind solche Streifen, die nach dem Ausschneiden der ersten Lochreihe gewendet werden müssen (umgeschlagen wie eine Buchseite), zum Ausschneiden der zweiten Werkstückreihe –; 3-Lochstreifen (Bild 69). Streifen für mehr als drei Werkstückreihen (Mehrlochstreifen) werden wegen ihrer schwierigen Verarbeitung selten verwendet.

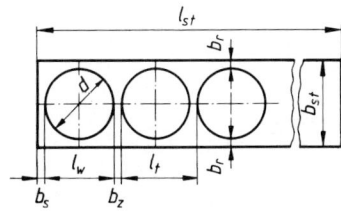

Bild 66. 1-Lochstreifen für Ronden

l_{st} Streifenlänge
l_w Länge des Werkstücks
l_t anteilige Streifenlänge für ein Werkstück $= l_w + b_z$
b_r Randstegbreite
b_s Seitenstegbreite
b_z Zwischenstegbreite
b_{st} Streifenbreite

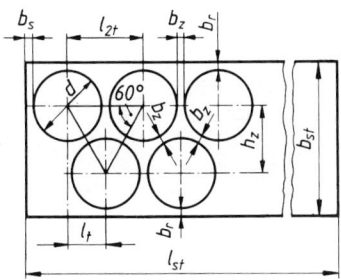

Bild 67. 2-Lochstreifen für Ronden l_s, l_t, b_r, b_s, b_z, b_{st}, siehe Bild 66.
l_{2t} anteilige Streifenlänge für zwei Werkstücke

$$h_z = \frac{d + b_z}{2} \sqrt{3} = \text{Zwischenhöhen der Werkstückreihen}$$

Voraussetzung für einen wirtschaftlich arbeitenden Stanzereibetrieb sind ausschneidegerecht konstruierte Werkstücke, wobei oft die spätere Verwendung zu beachten ist, Bild 70.

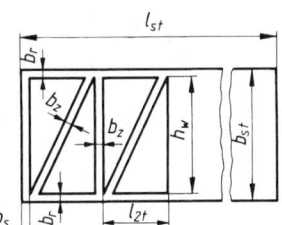

Bild 68. 2-Loch-Wendestreifen Zeichenerklärung siehe Bild 66 und 67, h_w Werkstückhöhe

2.3.2.3 Streifenbreite. Aus der Lage der Werkstücke im Blechstreifen, der Breite der Stege zwischen den Werkstücken und den Rändern sowie zwischen den Werkstückreihen ergibt sich die Streifenbreite b_{st}.

Für Überschlagsrechnungen setzt man: $b_r = b_s = b_z = b$ (Bild 71).

Stegbreite
    für $b_{st} \leq 70$ mm $b = 0,4\,s + 0,8$ mm   (36)
    bei $s \geq 0,5$ mm

Stegbreite
    für $b_{st} \leq 70$ mm $b = 2$ mm $- 2\,s$ (37)
    bei $s < 0,5$ mm

Stegbreite
    für $b_{st} > 70$ mm $b = 1,5\,(0,4\,s + 0,8$ mm$)$ (38)
    bei $s \geq 0,5$ mm

Stegbreite
    für $b_{st} > 70$ mm $b = 1,5\,(2$ mm $- 2\,s)$ (39)
    bei $s < 0,5$ mm

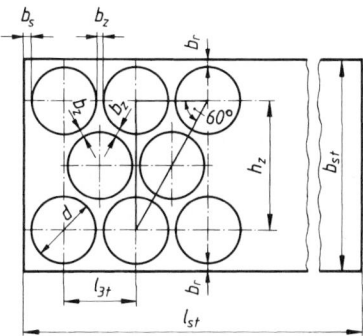

Bild 69. 3-Lochstreifen für Ronden. Zeichenerklärung siehe Bild 66, l_{3t} anteilige Streifenlänge für drei Werkstücke $h_z = (d + b_z)\sqrt{3} =$ Zwischenhöhe der äußeren Werkstückreihen

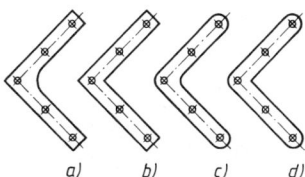

Bild 70. Fertigung von Eckenwinkel für Fensterrahmen
a) ungünstig; teures Werkzeug, viel Werkstoffverschnitt
a) möglichst vermeiden; scharfe Ecken begünstigen Härterisse in der Schneidplatte
c) günstig
d) besonders günstig für den Verbraucher, weil die Oberfräse der Tischlerei die innere Winkelkante scharfkantig ausschneidet

2.3.2.4 Anzahl der Werkstücke je Blechstreifen. An einem Blechstreifen der Länge l_{st} lassen sich n_{st} Werkstücke von der anteiligen Streifenlänge für 1 Werkstück $l_t = l_w + b$ ausschneiden (Bild 71). Anzahl der Werkstücke je Streifen

$$n_{st} = \frac{l_{st} - b}{l_t} \quad \frac{n_{st}}{\dfrac{\text{Werkstücke}}{\text{Streifen}}} \; \Bigg| \; \frac{l_{st}, b, l_1}{\text{mm}} \qquad (40)$$

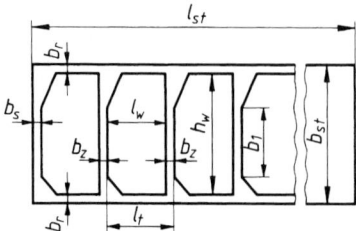

Bild 71. Streifenbreite b_{st} und Stückzahl pro Streifen n_{st}

l_{st}, l_w, b_r, b_s, b_z siehe Bild 66
h_w Werkstückhöhe
b_1 Trennsteglänge, wichtig für Bemessung von b_z

Die anteilige Streifenlänge l_t für ein oder bei Wende-streifen für zwei und mehr Werkstücke lässt sich durch Rechnung oft sehr schwer bestimmen. In solchen Fällen empfiehlt es sich, sie aus einer genauen Skizze in möglichst großem Maßstab abzumessen (Bild 72).

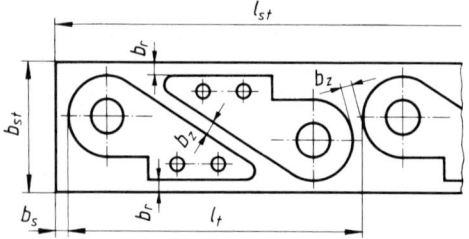

Bild 72. Anteilige Streifenlänge für zwei Werkstücke l_{st} nach Zeichnung ermittelt

2.3.2.5 Anzahl der Blechstreifen je Blechtafel.

Zum Ausschneiden von Werkstücken, die länger als breit sind, kann man eine Blechtafel *mit* oder *ohne* Anschnitt – Geradeschneiden der meist rauen Blechkante – entweder in lange schmale, in lange breite, in kurze schmale oder in kurze breite Streifen aufteilen. Sind die zu schneidenden Streifen schmaler als der Niederhalterabstand e der Tafelschere (Bild 73), bleibt von jeder Blechtafel ein nicht verwendbarer Reststreifen übrig, dessen Breite zwischen e und $e + b_{st}$ liegt.

Bei einer Aufteilung in lange schmale Streifen nach Bild 74 erhält man die Anzahl der Streifen je Blechtafel.

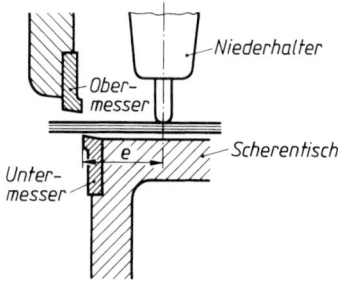

Bild 73. Niederhalterabstand e bei Tafelscheren

$$n_s = \frac{B_t - b_a - e}{b_{st}} \quad \frac{n_s}{\dfrac{\text{Streifen}}{\text{Blechtafel}}} \; \Bigg| \; \frac{B_t, b_a, e}{\text{mm}} \qquad (41)$$

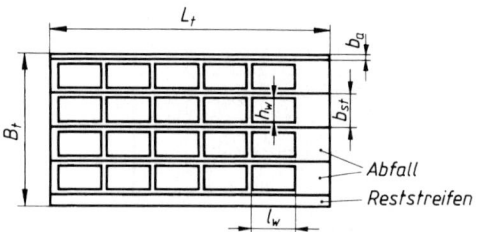

Bild 74. Blechtafel in lange schmale Streifen geteilt

Anschnittbreite b_a nur einsetzen, wenn die Blechtafel mit Anschnitt verarbeitet wird. Niederhalterabstand e der Tafelschere darf nur berücksichtigt werden, wenn die Streifenbreite $b_{st} < e$ ist.

Soll eine Blechtafel in eine andere Streifenart geteilt werden, verfährt man sinngemäß unter Ansatz der zugehörigen Maße.

2.3.3 Materialverschnitt bei Blechtafel-aufteilungen

Blechtafelverschnitt ist nicht mehr verwendbarer Abfall in Form von Reststreifen, kleinen Abfallstücken und Ausfallteilen. Auf die hergestellten Werkstücke einer Blechtafel oder eines Auftrages wird zur Deckung der eigenen Werkstoffkosten der Anteil des Verschnitts prozentual aufgeschlagen. Bei gleicher Blechdicke erhält man den Materialverschnitt

$$m_v = \frac{\text{Bruttofläche-Nettofläche}}{\text{Nettofläche}} \cdot 100 \text{ in \%} \qquad (42)$$

$$m_v = \frac{A_{\text{Brutto}} - A_{\text{Netto}}}{A_{\text{Netto}}} \cdot 100 =$$

$$= \left(\frac{A_{\text{Brutto}}}{A_{\text{Netto}}} - 1 \right) \cdot 100 \text{ in \%}$$

Was für uns noch eine Errungenschaft bedeutet, ist für künftige Generationen selbstverständlich. Mit Ideenreichtum und neuen Technologien treiben Entwickler und Ingenieure den Fortschritt voran: Mehr Sicherheit, Flexibilität und Komfort in modernen Verkehrsmitteln sind nicht zuletzt der Lasertechnologie zu verdanken. Denn wirtschaftliche Laserfertigungstechniken bedeuten neue konstruktive Möglichkeiten. TRUMPF Laser und Lasersysteme werden daher weltweit in der Industrieproduktion eingesetzt. Sprechen Sie mit uns. TRUMPF GmbH + Co. KG, Geschäftsfeld Lasertechnik; D-71254 Ditzingen, D-78713 Schramberg, CH-7214 Grüsch; E-Mail: info@de.trumpf-laser.com; Internet: www.trumpf-laser.com

Wer weiß, was sie in Zukunft bewegt?
Eines ganz sicher:
Lasertechnik von TRUMPF.

Laser:TRUMPF.

Titel zur Fertigungstechnik

Fahrenwaldt, Hans J. /
Schuler Volkmar
Praxiswissen Schweißtechnik
Werkstoffe, Verfahren, Fertigung
2003. XII, 587 S. Mit 521 Abb. u.
101 Tab. Geb. € 66,00
ISBN 3-528-03955-8

Habenicht, Gerd
**Kleben - erfolgreich
und fehlerfrei**
Handwerk, Haushalt, Ausbildung,
Industrie
4., überarb. u. erg. Aufl. 2006.
XII, 202 S. Mit 76 Abb. Br. € 20,90
ISBN 3-8348-0019-8

Hellwig, Waldemar
Spanlose Fertigung: Stanzen
Konventionelles Stanzen, Hoch-
leistungsstanzen, Feinstanzen
8., akt. u. erg. Aufl. 2006. XII, 308
S. (Viewegs Fachbücher der
Technik) Br. € 26,90
ISBN 3-528-74042-6

Meuthen, Bernd/
Jandel, Almuth-Sigrun
Coil Coating
Bandbeschichtung: Verfahren,
Produkte und Märkte
2005. 352 S. mit 210 Abb., (JOT-
Fachbuch) Geb., € 59,00
ISBN 3-528-03975-2

Tschätsch, Heinz
Praxis der Umformtechnik
Arbeitsverfahren, Maschinen,
Werkzeuge
8. Aufl. 2005. XII, 418 S. mit
CD-ROM. Geb. € 46,90
ISBN 3-8348-0038-4

Tschätsch, Heinz
Praxis der Zerspantechnik
Verfahren, Werkzeuge, Berechnung
Unter Mitarb. von Jochen Dietrich
7., verb. u. akt. Aufl. 2005. XII, 375 S.
mit 314 Abb., 145 Tab. u. CD-ROM.
Geb. € 46,90
ISBN 3-528-44986-1

vieweg

Abraham-Lincoln-Straße 46
65189 Wiesbaden
Fax 0611.7878-420
www.vieweg.de

Stand Juli 2006.
Änderungen vorbehalten.
Erhältlich im Buchhandel oder im Verlag.

3 Verbindende Verfahren

U. Borutzki

Einzelteile werden zu Baugruppen lösbar oder unlösbar gefügt. Zum lösbaren Fügen erforderliche Verbindungsmittel wie Schrauben, Bolzen oder Keile sind im Abschnitt I Maschinenelemente erläutert. In der Regel lassen sich lösbare Verbindungen ohne Schädigung der Einzelteile oder der Verbindungsmittel wiederholt trennen und fügen.

Durch Schweißen, Löten, Kleben, Nieten oder Falzen entstehen unlösbare Verbindungen, deren Trennen das Zerstören der Einzelteile oder Verbindungsmittel erfordert.

3.1 Schweißen

Beim Schweißen wird mit oder ohne Anwendung von Schweißzusätzen ein stofflicher Zusammenhalt geschaffen, der dem Fügeteilwerkstoff vergleichbare mechanische Gütewerte aufweist. Nach dem physikalischen Ablauf beim Schweißen unterscheidet DIN 1910 das Schmelzschweißen und das Pressschweißen.

3.1.1 Schmelzschweißen

3.1.1.1 Grundlagen

a) *Wärmewirkung und Schweißnahtbildung*

Durch Erwärmen der Fügestelle werden die Schweißteilkanten auf- und dann ineinander geschmolzen. An der Fügestelle erfolgt das Einformen des flüssigen Schweißgutes durch Oberflächenspannung, Schlacke oder Zwangsformung zur Schweißnaht, die vom festen Werkstoffufer ausgehend durch Kristallisation entsteht. Gleichzeitig mit der Nahtbildung bewirkt der Wärmeabfluss aus dem Schweißgut eine starke Wärmebeeinflussung des angrenzenden Grundwerkstoffs. Dadurch werden in dieser Wärmeeinflusszone Eigenschaftsänderungen verursacht, von denen die Gussstruktur und die Kornvergröberung zu den unerwünschten Erscheinungen zählen (Bild 1). Auch können Kohlenstoffgehalte über 0,22 % bei den unlegierten Stählen in Verbindung mit raschem Auskühlen der Fügestelle zu erhöhtem Martensitanteil und damit zu verschlechterten Zähigkeitswerten führen.

Hinweise zur Schweißeignung ausgewählter Baustähle nach DIN EN 10025 enthält der Abschnitt E Werkstofftechnik, Tabelle 5. Die mit dem Kristallisieren und Abkühlen der Schweißnähte einhergehende Schrumpfung wird durch angrenzende Werkstoffbereiche behindert. Auf diese Weise stellen sich in der Schweißnaht erhebliche Zugspannungen ein (Bild 2).

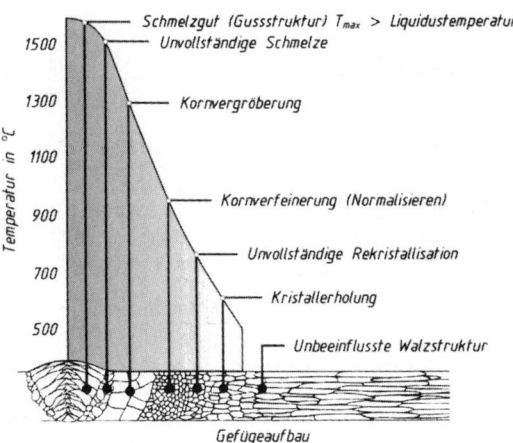

Bild 1. Gefügeaufbau einer einlagigen Schweißnaht an unlegiertem Stahl mit ca. 0,2 % Kohlenstoff

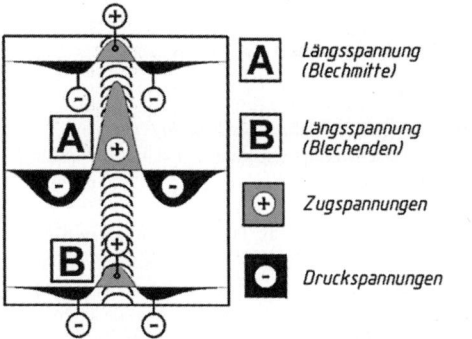

Bild 2. Längsspannungen an einer Stumpfnaht

Schweißgeeignete Werkstoffe bauen die Spannungen teilweise durch plastische Verformung ab. In dünnwandigen, schmelzgeschweißten Konstruktionen können die entstehenden Schrumpfspannungen erhebliche Verwerfungen bewirken. Mit der Wahl der Querschnittsform (z. B. X-Naht statt V-Naht), zweckmäßigem Nahtaufbau oder durch festes Einspannen beim Schweißen (plastischer Spannungsabbau) lassen sich die Schrumpfungen kontrollieren. Durch Richten können Verformungen korrigiert und durch Wärmebehandlung die beim Schweißen auftretenden Gefügeveränderungen eingeschränkt oder beseitigt werden.

Die sich in der Stumpfnaht einstellenden Zugspannungen rufen im angrenzenden Werkstoff Druckspannungen längs und quer zur Schweißnaht hervor. Im Bild 2 sind nur die Längsspannungen dargestellt. Die auch vorhandenen Dickenspannungen sind vernachlässigbar klein.

b) *Schweißnahtvorbereitung*

Das vollständige Durchschweißen stumpf gestoßener Bleche ist mit Verfahren geringerer Leistungsdichte (G , E) nur möglich, wenn die zu fügenden

Tabelle 1. Fugenformen zum Schmelzschweißen von Stahl

Bezeichnung	Symbol	Blechdicke t in mm	Schweißverfahren	Darstellung
I-Naht	II	$t \leq 4$	G, E, WIG	
		$t \leq 8$	MIG, MAG	
		$t \leq 20/100$	La / EB	
V-Naht	V	$3 \leq t \leq 10$	G, WIG	
		$3 \leq t \leq 40$	MIG, MAG	
DV-Naht	X	$t > 10$	E, MIG, MAG	

Werkstückkanten vollständig über die gesamte Blechdicke angeschmolzen werden. Wünschenswert ist das Schweißen einer I-Naht, weil dann oft ohne zusätzlichen Schweißzusatz und mit geringerer Wärmeeinbringung gearbeitet werden kann. Reicht die Prozessenergie für das Durchschweißen nicht aus, müssen die Werkstückkanten, auch Fugenflanken genannt, eine spezielle Form erhalten (Tabelle 1) und die Schweißnaht wird in mehreren Lagen gefertigt. Weitere Einzelheiten zur Wahl der Fugenformen enthält die DIN EN 29692.

c) *Energiequellen zum Schweißen*
Beim Gasschweißen wird heute fast ausschließlich als Brenngas Acetylen (C_2H_2) und als Oxidationsmittel Sauerstoff genutzt. Gelegentlich empfohlene andere Brenngase (H_2, Propan, Butan, Stadtgas und Gemische) haben punktuell Zweckmäßigkeit bewiesen, sich aber in der Breite nicht durchgesetzt. Alle Gase werden an Kleinabnehmer in Druckgasflaschen geliefert. Großabnehmer beziehen Acetylen in Flaschenbündeln oder Gascontainern, den Sauerstoff in flüssiger Form (Vergasung beim Nutzer).
Für das Lichtbogenschweißen werden Wandler benötigt, die aus der Netzenergie die hohen Spannungen und niedrigen Ströme zu schweißtechnisch geeigneten Kleinspannungen bei hohen Schweißströmen formen. Für das Wechselstromschweißen verwendet man fast ausschließlich Transformatoren, für das Gleichstromschweißen Transformatoren mit nachgeschaltetem Gleichrichter, als Kompakteinheit auch als Schweißgleichrichter bezeichnet. Das Steuern des Schweißstromes kann durch primär- oder sekundärseitig vom Transformator geschaltete Leistungstransistoren erfolgen (primär oder sekundär getaktete Schweißstromquellen). Die jüngste Generation am Markt, Inverterstromquellen, nutzen das in der Elektrotechnik bekannte Umrichterprinzip (Bild 3).

3.1.1.2 Gasschmelzschweißen (G)

Verfahrensprinzip
Beim Gasschmelzschweißen erwärmt eine Brenngas-Sauerstoffflamme die zu schweißenden Werkstoffe bis auf Schmelztemperatur und schützt gleichzeitig die Schweißzone vor dem Zutritt der atmosphärischen

Gase Stickstoff und Sauerstoff (Bild 4). Als Brenngas wird vorzugsweise Acetylen (C_2H_2) verwendet. Beide Gase werden erst im Schweißbrenner zu einem brennbaren Gemisch zusammengeführt. Die Ausströmgeschwindigkeit des zündfähigen Gemisches aus der Düse des Mischrohres (Bild 5) muss größer als die Zündgeschwindigkeit eingestellt sein, um so das Zurückschlagen der Flamme in den Schweißbrenner zu unterbinden. Das Mischen von Acetylen und Sauerstoff zu etwa gleichen Teilen ergibt eine chemisch neutrale Flamme, die sich besonders zum Schweißen von Stahl und Stahlguss sowie zum Löten und Wärmebehandeln eignet. Mit reduzierender Atmosphäre (Acetylenüberschuss) schweißt man Aluminium und Gusseisen und die oxidierende Flamme (O_2-Überschuss) kann beim Werkstoff Messing vorteilhaft sein.

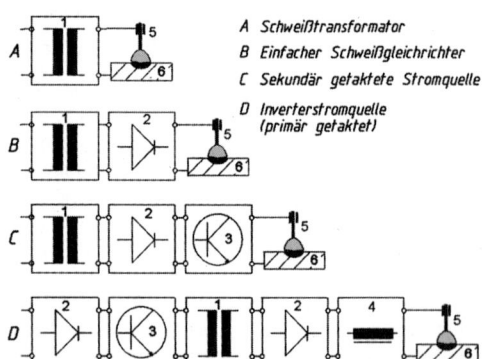

A Schweißtransformator
B Einfacher Schweißgleichrichter
C Sekundär getaktete Stromquelle
D Inverterstromquelle (primär getaktet)

Bild 3. Stromquellen für das Lichtbogenschweißen

1 Transformator
2 Gleichrichter
3 Schalttransistoren (bis 200 kHz)
4 Glättungsdrossel
5 Schweißlichtbogen
6 Werkstück

Anwendungsbereich
Abmessungen:
maximale Blechdicke $s = 6$ mm (bis 10 mm möglich, aber unwirtschaftlich)

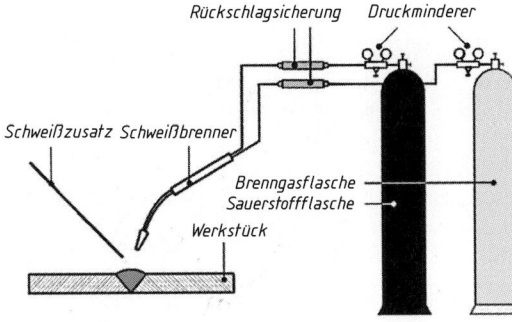

Bild 4. Gasschmelzschweißen

Das Acetylen ist in gelben und der Sauerstoff in blauen Gasflaschen gespeichert. Rückschlagsicherungen in den Gasleitungen verhindern mögliche Flammenrücktritte aus dem Brenner über die Schläuche bis zu den Gasflaschen. Der Zusatzwerkstoff (Schweißzusatz) wird manuell zugeführt.

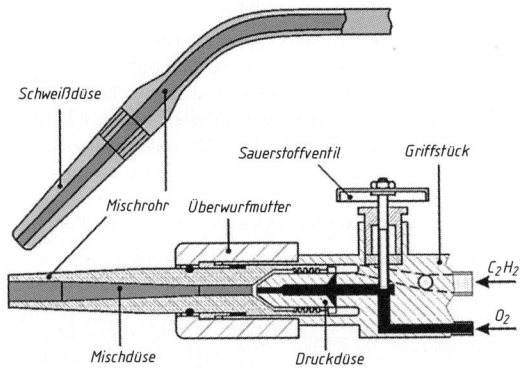

Bild 5. Aufbau eines Injektorbrenners

Das Sauerstoffventil wird zur Inbetriebnahme des Brenners zuerst geöffnet. Der aus der Druckdüse austretende Gasstrahl erzeugt einen Unterdruck und saugt das Acetylen an. Dann wird der Brenner gezündet. Das Schließen der Ventile erfolgt in umgekehrter Reihenfolge.

Werkstoffe:
unlegierter und niedrig legierter Stahl, Stahlguss, Gusseisen, Nichteisenmetalle

Erzeugnisse:
Dünnblechschweißen, Reparatursektor, Rohrleitungsbau, Installationstechnik, Baustellenarbeiten

Arbeitstechnik – Leistungskennwerte
Das Gasschweißen wurde aus wirtschaftlichen Gründen von neueren Schweißverfahren im Anwendungsumfang zurückgedrängt. Wesentliche Gründe dafür sind auch die mit der erheblichen Wärmeeinbringung verbundene Grobkornbildung, der Verzug der Werkstücke und die geringe Schweißgeschwindigkeit v_S (Tabelle 2).

Tabelle 2. Leistungsdaten beim Gasschweißen

Blechdicke s in mm	2	4	6
Fugenform (nach Tabelle 1)	I-Naht	V-Naht	V-Naht
v_S in cm/min	8,5	5,6	4,3
Abschmelzleistung an Stahl		0,3 kg / h	

3.1.1.3 Lichtbogenhandschweißen (E)

Verfahrensprinzip
Zwischen einer abschmelzenden Elektrode und dem Werkstück brennt ein elektrischer Lichtbogen, dessen Wärmeentwicklung die Elektrode ab- und die zu fügenden Werkstücke anschmilzt (Bild 6).

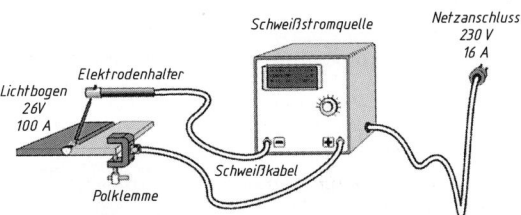

Bild 6. Lichtbogenhandschweißen

Das aus Werkstück- und Elektrodenwerkstoff gebildete Schweißgut kristallisiert beim Erkalten zur Schweißnaht. Das Lichtbogenhandschweißen wird fast ausschließlich manuell und überwiegend mit Gleichstrom ausgeführt, Wechselstromschweißen ist beim Verwenden geeigneter Schweißelektroden möglich. Zum Zünden des Lichtbogens wird die Elektrode kurzzeitig am Anfang der Schweißnaht auf das Werkstück „getupft". Dabei sinkt im Kurzschluss die Spannung auf nahe null ab und es fließt der Kurzschlussstrom. Alle Schweißstromquellen gestatten diesen Kurzschlussbetrieb zum Zweck des Zündens. Nach dem Abheben der Elektrode bildet sich der elektrische Lichtbogen aus. Die Höhe des einzustellenden Stromes wird hauptsächlich von der zu schweißenden Blechdicke und der konkreten Schweißaufgabe bestimmt. Kleinere Ströme stellt man bei dünnen Blechen, Wurzel-, Heft- und Zwangslagenschweißungen ein, höhere Werte gelten für dickere Bleche, Füll- und Decklagen oder für das Auftragsschweißen. Die Fülllagen können auch zur Wärmebehandlung genutzt werden. So kann z. B. die nächste Lage das Gefüge der vorhergehenden verfeinern (Bild 7). Der Werkstoffübergang erfolgt grundsätzlich von der Elektrode zum Werkstück (auch beim Überkopfschweißen). Die Tropfengröße und damit die Feinschuppigkeit der Naht steigt mit der Stromstärke an und wird darüber hinaus sehr stark von der chemischen Charakteristik der Elektrodenumhüllung und deren Dicke beeinflusst. Es werden vier Elektrodengrundtypen unterschieden (Tabelle 3):

Tabelle 3. Eigenschaften von Stabelektrodentypen

Merkmal	Elektrodentyp			
	(A) sauer umhüllt [1]	(R) Rutil umhüllt	(B) basisch umhüllt	(C) Zellulose umhüllt
Tropfengröße	sehr klein (d) bis klein (m)	klein (d) bis mittel (m)	mittel bis groß	mittelgroß
Schlackenentfernbarkeit	sehr gut	leicht	gut	keine Schlacke
Schweißguteigenschaft	mittel	gut	sehr hoch	gut
Nahtschuppung	glatt, feingezeichnet	glatt (d)	deutlich	gering überwölbt, mittelschuppig
Werkstofffluss	schnell fließend ("heiß gehend")	geringer als A	zähflüssig ("kalt gehend")	mittel bis zähflüssig
Stromart / Polung	$= (+, -) / \sim$	$= (-) / \sim$	$= (+)$	$= (+, -) / \sim$
Vorzugseignung	leichte Handha- bung bei Kehlnäh- ten in w-Position	Universalelektroden mit guter Abschmelz- charakteristik	rissfeste, kaltzähe Nähte im Kessel-, Behälter- und Pipelinebau	Fallnahtschweißen
(m) mitteldick umhüllt, (d) dick umhüllt, [1] werden als reiner A-Typ nicht mehr angeboten				

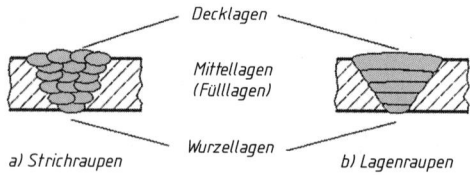

a) Strichraupen   b) Lagenraupen

Bild 7. Lagentechniken beim Schmelzschweißen

1. Sauer umhüllte Elektroden (Kennzeichnung **A**) sind durch sehr dünnflüssiges Schweißgut und hohe Abschmelzleistungen gekennzeichnet. Wegen der nur mäßigen Gütewerte des Schweißgutes und der Warmrissempfindlichkeit werden sie kaum noch angewendet.

2. Rutil umhüllte Elektroden (Kennzeichnung **R**) Ausgezeichnete Schweißeigenschaften bei zufriedenstellenden mechanischen Gütewerten. Allzweckelektrode.

3. Basisch umhüllte Elektroden (Kennzeichnung **B**) Beste mechanische Gütewerte. Aufwändigere Verarbeitung.

4. Zellulose umhüllte Elektroden (Kennzeichnung **C**) Gute Spaltüberbrückbarkeit, spezielle Fallnahtelektrode.

Anwendungsbereich
Abmessungen:
Blechdicke s = 2 bis 100 mm

Werkstoffe:
un-, niedrig und hoch legierter Stahl, Stahlguss, Gusseisen, bedingt Nichteisenmetalle

Erzeugnisse:
Verbindungs-, Auftrags- und Reparaturschweißungen in allen Bereichen der Metallverarbeitung

Arbeitstechnik – Leistungskennwerte
Das Lichtbogenhandschweißen wird heute vorzugsweise beim Schweißen hoch legierter Stähle ange-

wendet. Es ist nach dem Metall-Schutzgasschweißen das wichtigste Schweißverfahren in der industriellen und besonders der handwerklichen Fertigung. Größere Anwendungsfelder sind der Schiffbau (Hellingfertigung), der Rohrleitungsbau (Pipelinebau), der Stahlbau (hohe Verfahrensflexibilität) und der Energieanlagenbau. Lichtbogenhandschweißen wird auch häufig dann bevorzugt, wenn auf der Baustelle Spalte zu überbrücken sind oder wenn verschlissene Schichten aufgetragen werden sollen (Auftragsschweißen).

Tabelle 4. Leistungsdaten beim Lichtbogenhandschweißen

Blechdicke s in mm	2	5	10
Fugenform (nach Tabelle 1)	II	V-Naht	V-Naht
Anzahl der Lagen (nach Bild 7)	1	2	3
v_S in cm/min	28	16 [1]	3 [1]
Abschmelzleistung an Stahl	bis maximal 4,0 kg / h		

[1] Mittelwert aus den Lagenschweißungen

3.1.1.4 Schutzgasschweißen (SG)

Bei den Schutzgasschweißverfahren übernimmt ein Gas oder ein Gasgemisch den Schutz von Vorder- und ggf. auch Rückseite der Schweißstelle vor den Wirkungen der Atmosphäre (Stickstoffaufnahme, Oxidation). Verschiedene Gaszusammensetzungen sowie die Art der Schweißelektrode und die Brennerkonstruktion führten zur Entwicklung sehr leistungsfähiger Schweißverfahren (Bild 8).

a) *Metall-Schutzgas-Schweißen (MSG)*
Verfahrensprinzip
Beim Metall-Schutzgas-Schweißen (Bild 9) besteht der Schweißzusatz aus einem auf Korbspulen aufgewickelten Schweißdraht, den ein Vorschubmechanismus mit konstanter Elektrodenvorschubgeschwindigkeit v_E dem Lichtbogen zuführt.

Bild 8. Einteilung der Schutzgasschweißverfahren (vereinfacht nach DIN 1910 T4)

Unmittelbar vor dem Lichtbogen wird über einen Schleifkontakt (1) der Schweißstrom in den Schweißdraht geleitet. Typische Drahtdurchmesser sind d_E = 0,8 – 1,6 mm (2). Die konzentrisch zum Draht angeordnete Düse gewährleistet den Schutzgaskegel (3), vorzugsweise aus CO_2 + Ar-Mischgas, über dem Lichtbogen und dem Schweißbad (4) sowie über den schützenswerten Werkstückbereichen (5). Im Bild nicht dargestellte Prozesseinrichtungen wie Stromquelle oder Gasversorgung sind mit dem Schweißbrenner über Schutzgaszufuhr (6), Kühlwasserzu- und -abfuhr (7), Steuer- und Messleitungen (8), Schweißstromzufuhr (9), Prozess START/STOP (10) und Polklemme (11) verbunden. Wegen der bei einer Drahtvorschubgeschwindigkeit v_E um 9 m/min kurzen Verweilzeit des Drahtes im Bereich der Strom durchflossenen freien Elektrodenlänge l_E („stick out") ist dessen Erwärmung gering. Die dadurch möglichen hohen Schweißströme gestatten größere Abschmelzleistungen und ein tieferes Eindringen des Lichtbogens in das Werkstück als beim E-Schweißen. Das Schutzgas kann völlig oder in seiner wesentlichen Wirkung inert sein (MIG) oder mit dem Werkstoff reagieren (MAG). Aktive Gaskomponente ist vorzugsweise CO_2. Der O_2-Anteil im Schutzgas führt zur Oxidation von Legierungselementen. Dieser Verlust wird durch entsprechend hohe Legierungsgehalte im Schweißdraht kompensiert. Zum Schutzgasschweißen bewährte Gase und Gasgemische und ihre Wirkung beim Schweißen sind in DIN EN 439 aufgeführt.

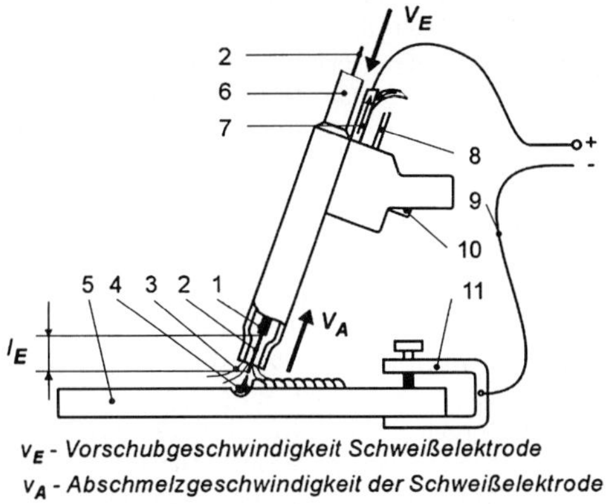

Dargestellt ist das teilautomatische Schweißen, bei dem der Schweißbrenner von Hand geführt wird. Das Verfahren wird verbreitet auch mit Schweißrobotern praktiziert.

Anwendungsbereich MAG
Abmessungen:
Blechdicke s = 0,8 bis 20 mm

Werkstoffe:
un- und niedrig legierte Stähle, Kessel-, Röhren und Schiffbaustähle, auch hoch legierte Stähle, keine Nichteisenmetalle

Erzeugnisse:
Gegenwärtig universellstes Schweißverfahren mit größtem Anwendungsumfang. Mit der Kurzlichtbogentechnik können Karosseriebleche repariert, mit der Impulstechnik Maschinenbauteile, Fahrzeugrahmen oder Stahlbauten spritzerfrei geschweißt werden. Mit dem Hochleistungsschweißen lassen sich wirtschaftlich dicke Bleche z.B. für Erdbaumaschinen, Chemieanlagen oder Meerestechnik verbinden.

Anwendungsbereich MIG
Abmessungen:
Blechdicke s = 3 bis 20 mm

Werkstoffe:
niedrig und hoch legierte Stähle, Aluminium, Magnesium, Kupfer, Nickel und andere Nichteisenmetalle

Erzeugnisse:
Charakteristisches Verfahren für Hochleistungsschweißungen an Leichtmetallkonstruktionen im Schienenfahrzeug- und Schiffbau

Arbeitstechnik – Leistungskennwerte
Aus dem Schutzgasschweißen ging eine Vielzahl von Verfahrensvarianten mit ganz speziellen Anwendungsbereichen hervor. Dazu zählen:

Kurzlichtbogentechnik (MAG) für das Schweißen dünner Bleche (s = 0,8 mm – 3 mm), Wurzel- und Zwangslagenschweißen. Ein stetiger Wechsel von Kurzschluss und Lichtbogenausbildung gestattet einen stabilen Lichtbogen bei Arbeitswerten bis herunter zu 19 V und 100 A.

Impulstechnik (MAG und MIG) nutzt einen geringen Grundstrom, kombiniert mit überlagerten Schweißstromimpulsen. Wichtige Ziele der Impulstechnik sind das spritzerfreie Schweißen und ein gesteuerter Wärmeeintrag. Die Impulstechnik erfordert spezielle Schweißstromquellen.

v_E - Vorschubgeschwindigkeit Schweißelektrode
v_A - Abschmelzgeschwindigkeit der Schweißelektrode

Bild 9. MAG-Schweißen

„T.I.M.E."-Schweißen (MAG) ist ein patentiertes Verfahren, bei dem die Elektrodenvorschubgeschwindigkeit bis 45 m/min gesteigert wird und der Lichtbogen mit Schweißstromstärken I_S über 400 A und Schweißspannungen $U_S > 40$ V unter Verwendung spezieller Mischgase (Ar-He-CO_2-O_2) brennt. Das sehr leistungsfähige Verfahren empfiehlt sich für dicke Bleche an Maschinen-, Schiff- und Stahlbaukonstruktionen.

Fülldrahtschweißen (MAG) nutzt mit Pulver gefüllte Schweißdrähte. Die Pulver übernehmen den Umhüllungen beim E-Schweißen vergleichbare Funktionen. Eine neuere, zukunftsträchtige Variante ist das Fülldrahtschweißen ohne Schutzgas (selbstschützende Drähte). Das Schweißen ohne Gasversorgung ist vor allem auf Baustellen von Bedeutung.

Tabelle 5. Leistungsdaten beim MAG-Schweißen von Stahl

Blechdicke s in mm	2	5	10
Fugenform (nach Tabelle 1)	II	II	V-Naht
Anzahl der Lagen (nach Bild 7)	1	1	2
v_S in cm/min	40	100	16 [1]
Abschmelzleistung an Stahl	bis maximal 4,0 kg / h		

[1] Mittelwert aus den Lagenschweißungen

b) *Wolfram-Inertgas-Schweißen (WIG)*
    Verfahrensprinzip

Beim Wolfram-Inertgas-Schweißen (Bild 10) brennt ein elektrischer Lichtbogen unter inertem Gasschutz zwischen einer nicht abschmelzenden Wolframelektrode (5) und dem Werkstück (7). Der Lichtbogen schmilzt die zu schweißenden Werkstückkanten auf und den ggf. seitlich zugeführten Schweißzusatz (6) ab. Das Inertgas (2) zum Schutz von Wolframelektrode und Schweißnaht entströmt einer konzentrisch um die Elektrode angeordneten Düse und wird dem Brenner über ein Schlauchpaket ebenso zugeführt wie Kühlwasser (3) und Schweißenergie (4). Ist die Elektrode verschmutzt oder angeschmolzen, wird sie gewechselt (1). Zuverlässiges berührungsfreies Zünden des Lichtbogens erreicht man durch dem Schweißprozess überlagerte Hochspannungsimpulse und Elektroden mit geringem Thoriumoxidgehalt (radioaktiv). Die DIN EN 26848 enthält thoriumfreie Wolframelektroden mit vergleichbaren Schweißeigenschaften.

Das WIG-Schweißen wird mit Gleichstrom (Stahlschweißung) oder Wechselstrom (Al, Mg) ausgeführt. Manuelles Schweißen und maschinelle Techniken sind in Gebrauch.

Anwendungsbereich
Abmessungen:
Verbindungsschweißen an Blechen mit s = 0,5 bis 10 mm, Wurzelschweißen an dicken Blechen

Werkstoffe:
un-, niedrig und hoch legierte Stähle, Al, Mg, Cu, Ni, Ti und andere NE-Metalle

Erzeugnisse:
Verfahren für Präzisionsschweißungen in allen Bereichen der Metallverarbeitung, Luft- und Raumfahrt, Schienen- und Straßenfahrzeuge, Behälterbau, Schankanlagen, Elektroanlagen, Haushaltgeräte

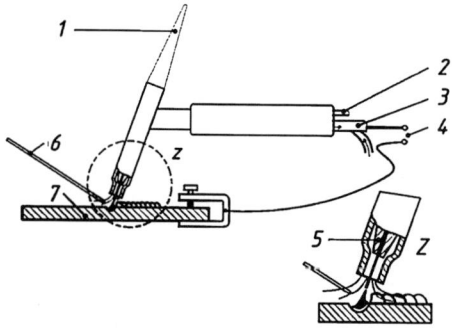

Bild 10. WIG-Schweißen

Dargestellt ist das manuelle Schweißen, bei dem der Schweißbrenner von Hand geführt wird. Die Zufuhr des Schweißzusatzes erfolgt von der Seite. Maschinelle Brennerführung und Zufuhr des Schweißzusatzes werden bei langen Schweißnähten und Präzisionsschweißungen praktiziert.

Arbeitstechnik – Leistungskennwerte

1. Schweißen von Al, Mg und deren Legierungen

Diese Werkstoffe sind wegen der ihrer Oberfläche stets anhaftenden Oxidschicht für die Lichtbogenausbildung nicht hinreichend leitfähig. Erforderlich ist daher

– vorherige mechanische und/oder chemische Oxidbeseitigung,
– spezielle Fugen- und Elektrodenform,
– Schweißen mit Wechselstrom.

Beim Wechselstromschweißen reißen die aus dem Schmelzbad austretenden Elektronen während der positiven Halbwelle die Oxidhäute auf, belasten dabei aber thermisch die Elektrode. Diese ist daher nicht spitz, sondern abgerundet (Bild 11). Geschweißt wird mit einfach aufgebauten Schweißtransformatoren (preiswert) oder transistorisierten Stromquellen (Abschnitt 3.1.1.3) mit rechteckförmigem Stromverlauf und ggf. einstellbarer Phasenbalance, die kleinere positive Halbwellen ermöglicht. Dadurch können die thermische Elektrodenbelastung gesenkt und der Schweißprozess stabiler geführt werden.

Vereinzelt wird auch mit Gleichstrom unter Helium als Schutzgas geschweißt. Wegen dessen höherer Ionisationsspannung wird der Lichtbogen heißer und die Oxidhaut thermisch zerstört. Die schwierigere Prozessführung begrenzt das Verfahren auf das mechanisierte Schweißen.

Stromart und Polung der Elektrode beim WIG-Schweißen			
Werkstoff	Gleichstrom		Wechselstrom
	+ Pol	- Pol	
Stahl (un- und niedrig legiert)	0	2	1
Rost-, säure- und hitzebeständige Stähle	0	2	1
Kupfer und Kupferlegierungen	0	2	1
Nickel und Nickellegierungen	0	2	1
Aluminiumbronze	0	1	2
Aluminium und Aluminiumlegierungen)	(1)	0	2
Magnesium und Magnesiumlegierungen)	(1)	0	2

2 - gut geeignet; 1 - bedingt anwendbar; ( ) - bis max 0,5mm; 0 - nicht geeignet

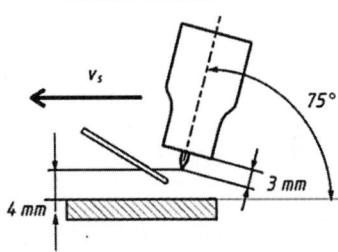

Einbrandpolung   Reinigungspolung   Wechselstrom

Fugenvorbereitung beim WIG-Schweißen von Al und Aluminiumlegierungen

Falsch:
Die in der Schweißfuge haftenden Oxidschichten werden nicht vollständig ausgeschwemmt und bilden eine Wurzelkerbe

Richtig:
Angefaste Kanten führen zur korrekten Ausbildung der Nahtrückseite

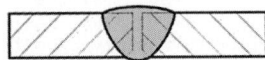

Arbeitstechnik

Nach-links-Schweißen beim WIG-Verfahren

Bild 11. Technologische Angaben zum WIG-Schweißen

2. Schweißen von hoch legiertem Stahl

Zum Schweißen hoch legierter Stähle, vorzugsweise der Chrom-Nickel-Stähle, ist das WIG-Schweißen seit seiner Entwicklung das bevorzugte Verfahren. Der inerte Argonschutz, verbunden mit zusätzlichem Schutz der Nahtrückseite (Wurzel), ermöglicht in weiten Grenzen anlauffarbenfreie Schweißnähte. Geschweißt wird mit Gleichstrom, Elektrode am Minuspol.

Zumischen von Wasserstoff mit 2 % bis 5 % wird in einigen Fällen des maschinellen Schweißens praktiziert. Wasserstoff wirkt als Wärmeträger, fördert die Benetzung und damit das zuverlässige Schweißen dünner Bleche (z.B. beim Längsnahtschweißen dünnwandiger Rohre) und gestattet metallisch blanke Nähte durch seine reduzierende Wirkung.

3. Schweißen der NE-Metalle

Nichteisenmetalle und ihre Legierungen, die schmelzmetallurgisch hergestellt wurden, lassen sich in der Regel auch mit dem WIG-Verfahren schweißen. Zu diesen Werkstoffen zählen Cu und seine Legierungen, Ni und Ni-Legierungen, Titan und Tantal. Dabei gilt, dass der inerte Gasschutz besonders bei den reaktionsfreudigen Werkstoffen durch zusätzliche Maßnahmen sicher gewährleistet werden muss. Das können Vor- und Nachlaufbrausen, gasdurchströmte

Vorrichtungen, Schweißzelte oder Vakuumkammern sein, die nach dem Evakuieren mit dem Schutzgas gefüllt werden. Das Beschicken der Kammern erfolgt durch Schleusen und das Schweißen über Manipulatoren.

Die Geräteentwicklung zum an sich sehr einfachen Verfahren hat heute ein Anspruchsniveau, zu dem folgende Merkmale zählen:

– wahlweise HF- oder Liftarc-Zündung (HF: Hochfrequente Hochspannungsimpulse zünden berührungsfrei, Liftarc: selbständiges Zurückziehen der Elektrode bei Kurzschlusszündung)

– programmierbare Schweißparameter

  Startstromwahl mit Anstieg zum Nennstrom (Up-Slope-Zeit)

  Absenkstrom bei Schweißende zur Kraterfüllung (Down-Slope-Zeit)

  Gasvor- und -nachströmzeit (Schutz von Werkstück und Elektrode)

– Kontrolle weiterer Prozessfunktionen

  Schutzgaswahl und Durchflusskontrolle

  Kühlwasserüberwachung

Tabelle 6. Leistungsdaten beim WIG-Schweißen von Stahl

Blechdicke s in mm	2	5	10
Fugenform (nach Tabelle 1)	II	II	V
Anzahl der Lagen (Bild 7)	1	1	3
v_S in cm/min	20	12	2 [1]
Abschmelzleistung an Stahl	bis maximal 0,5 kg / h		

[1] Mittelwert aus den Lagenschweißungen

3.1.1.5 Plasmaschweißen (Pl)

Verfahrensprinzip
Wird ein elektrischer Lichtbogen in den Randzonen gekühlt, verliert er dort seine Leitfähigkeit, der Strompfad wird eingeschnürt und der Lichtbogen nadelförmig. In der Schweißtechnik bezeichnet man dieses Phänomen als Plasmalichtbogen. Er erzeugt beim Schweißen sehr schmale Nähte. Bild 12 zeigt schematisch die konstruktiven Details des Plasmabrenners. Die Wolframelektrode sitzt hinter der Plasmadüse (3) und zwischen beiden brennt permanent ein Hilfslichtbogen kleiner Energie. Dieser erzeugt ein Hilfsplasma, das durch das Plasmagas aus der Düse gedrückt wird und die Lichtbogenstrecke vorionisiert. So kann das Arbeitsplasma durch Zuschalten des Hauptschweißstromes jederzeit berührungsfrei gezündet werden. Als Plasmagas wird Argon verwendet.

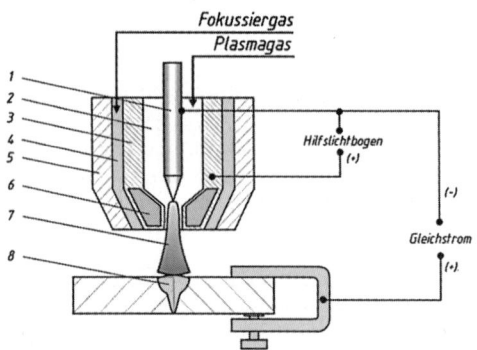

Bild 12. Plasmaschweißen

1   Wolframelektrode
2   Kanal für Plasmagas
3   Plasmadüse
4   Kanal für Fokussier-Schutzgas
5   Schutzgasdüse
6   Wasserkühlung
7   Plasmastrahl
8   Schweißnaht im Werkstück

Das Fokussierungsgas, das gleichzeitig den Schutz der Schweißstelle übernimmt, kann bei der Stahlschweißung ein $Ar + H_2$-Mischgas sein. Andere Brennerkonstruktionen und Gaskompositionen sind in Gebrauch. Das Plasmaschweißen wurde aus dem WIG-Verfahren heraus entwickelt und gestattet schmalere Schweißnähte und höhere Schweißgeschwindigkeiten. Wegen der hohen Präzision und den hohen Schweißgeschwindigkeiten wird überwiegend maschinell geschweißt.

In der Regel kommt das Plasmaschweißen ohne Zusatzwerkstoff aus, die Fugenflanken werden als I-Naht vorbereitet. Das Verwenden von Schweißzusatz, z.B. zum Ausgleich von Toleranzen, ist möglich.

Anwendungsbereich
Abmessungen:
Verbindungsschweißen an Blechen mit $s = 0,1$ bis 10 mm

Werkstoffe:
un-, niedrig und hoch legierte Stähle, Cu, Ni, Ti und andere NE-Metalle; Al, Mg und deren Legierungen ungebräuchlich

Erzeugnisse:
Längs- und Rundnahtschweißungen an Rohren und Blechsektionen, Behälterbau

Arbeitstechnik – Leistungskennwerte
Der Plasmalichtbogen lässt sich mannigfaltig variieren. So gingen aus dem klassischen Verfahren Varianten hervor wie

Mikroplasmaschweißen
Beim Mikroplasmaschweißen lassen stabile Lichtbögen von 1 A Stromstärke Präzisionsschweißungen an Feinblechen und Folien bis unter 0,1 mm Dicke zu. Mit dem Verfahren werden Hüllrohre für Kernbrennstäbe oder Schlitzrohre mit 0,15 mm Wanddicke geschweißt sowie Wellrohrkompensatoren und Druckmessdosen hergestellt. Ferner können auch Erzeugnisse aus Draht wie Zahnprothesen, Drahtnetze (Papierindustrie) oder Thermoelemente mit dem Verfahren gefertigt werden.

Plasmaschweißen mit Bogenablenkung
Der Plasmalichtbogen übt bei steigender Energie, die für höhere Schweißgeschwindigkeiten gebraucht wird, auch einen höheren Druck auf das Schmelzbad aus und durchbricht dieses. Um das zu vermeiden und bei hohen Geschwindigkeiten dünne Bleche zu schweißen, lenkt man den Lichtbogen in Schweißrichtung magnetisch aus (Schweißen von Blechsektionen im Schienenfahrzeugbau).

Plasmaschweißen mit Stichlocheffekt
Ab etwa 3 mm Blechdicke kann durch Energiesteigerung der Plasmastrahl das Werkstück durchstechen, es bildet sich ein schlüssellochförmiger Durchbruch, der mit dem Plasmastrahl in Schweißrichtung wandert und hinter dem die Fugenflanken zusammenfließen. Die Wärme wird vom Plasmastrahl nicht an die Blechoberfläche, sondern an die Stichlochflanken

abgegeben. Dadurch kann die Schweißgeschwindigkeit gegenüber dem Wärmeleitungsschweißen (WIG, Mikroplasma) deutlich gesteigert werden.

Plasmaauftragsschweißen

Durch seitlich zugeführten Schweißdraht oder direkt durch den Brenner geförderte Pulver lassen sich verschlissene Schichten auftragen oder spezielle Hartstoffschichten (Ni-Basis mit Cr, Co, W oder Wolframcarbid) erzeugen.

Tabelle 7. Leistungsdaten beim Plasmaschweißen

Blechdicke s in mm	2	5	10
Fugenform (nach Tabelle 1)	II	II	II
Anzahl der Lagen (nach Bild 7)	1	1	2
v_S in cm/min	90	50	40 [1])
Abschmelzleistung an Stahl [2])	bis maximal 0,5 kg / h		

1) Mittelwert aus den Lagenschweißungen
2) bei Kaltdrahtzufuhr, Steigerung durch Heißdraht
   möglich

3.1.1.6 Laserschweißen (La)

Verfahrensprinzip

Beim Laserschweißen wird die in einem Lasermedium (Kristall, Gasentladung, Halbleiter) erzeugte energiereiche Strahlung durch ein Linsensystem auf die Schweißstelle gebündelt. Das Laserlicht ist monochromatisch, kohärent und parallel und gestattet daher bei seiner Fokussierung Energiedichten über 10^6 W/cm². Damit können alle technischen Werkstoffe geschmolzen oder verdampft werden. In jedem Fall muss die Energie des Laserstrahls zunächst einmal als elektrische Energie dem Lasergenerator zugeführt werden. Im Fall des Festkörperlasers (Bild 13) erfolgt die erste Umwandlung in Licht über die Blitzlampen und schließlich die zweite Umwandlung in das Laserlicht. Die bei diesem Vorgang entstehende erhebliche Verlustwärme muss durch ein wirksames Kühlsystem abgeführt werden und ist Ursache für den durchweg sehr schlechten Verfahrenswirkungsgrad aller Laser. Während bislang die geometrischen Abmessungen der Laserresonatoren vom klassischen Kristallstab beim Festkörperlaser (rund) oder Entladungsrohr (rund) beim Gaslaser bestimmt waren, gewinnen kompakte Konstruktionen, genannt Slab-Laser (Slab = Platine, Platte), an Bedeutung.

Von den heute existierenden zahlreichen Lasertypen werden zum Schweißen CO_2-Gaslaser, Neodym: YAG-Laser und Halbleiterlaser verwendet. Diese drei Lasertypen haben außerordentlich verschiedene Eigenschaften, woraus auch ganz spezifische Einsatzfelder resultieren (Tabelle 8). Wegen der hohen Präzision des Laserstrahls wird das Verfahren fast ausschließlich mechanisiert ausgeführt, andere Entwicklungen (Kehlnahtschweißen mit handgeführtem Schweißkopf an Leichtbauprofilen oder manuelles Laserpunktschweißen in der Dentaltechnik) sind bekannt.

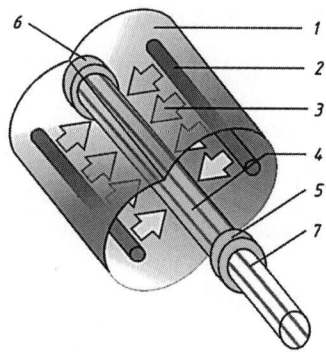

Bild 13. Laserschweißen

1 elliptische Reflektoren
2 Blitz- oder Bogenlampen strahlen die Energie als anregendes Licht in den Resonator
3 in den Laserkristall eingestrahltes Licht
4 Laserstab (Nd:YAG-Kristall)
5 halb durchlässiger Auskoppelspiegel
6 hinterer Resonatorspiegel
7 ausgekoppelter Laserstrahl
   (vor der Optik noch ungebündelt)

Anwendungsbereich

Abmessungen:
Verbindungsschweißen an Blechen mit s = 0,1 bis 10 mm nach oben gegenwärtig durch Laserleistung und die damit verbundenen Anlagenkosten begrenzt

Werkstoffe:
un-, niedrig und hoch legierte Stähle, Mg, Cu, Ni, Ti und andere Nichteisenmetalle. Metall-Keramik-Verbindungen. Für Al, Mg und deren Legierungen nach jüngsten Erkenntnissen besonders geeignet.

Erzeugnisse:
Präzisionsschweißungen im Feingerätebau, Maschinenbauteile, Behälter- und Anlagenbau, Straßen- und Schienenfahrzeugbau, neuerlich auch Stahl- und Schiffbau mit dem Schweißen von Dickblechen und Schweißnahtlängen über 10 m.

Arbeitstechnik – Leistungskennwerte

Die Anwendungsgrenzen für das Laserschweißen sind wegen der schnellen Geräteweiterentwicklung unscharf. Bei Präzisionsbauteilen ist das Verfahren meist durch mechanische Grenzwerte eingeschränkt. So beträgt die zulässige Abweichung von der spaltfreien Anlage beim Stumpfschweißen etwa 10 % der Blechdicke, das sind bei einem 0,1 mm dicken Blech 10 μm. Im oberen Leistungsbereich beträgt die maximale Schweißgeschwindigkeit etwa 10 m/min (Tabelle 9).

Tabelle 8. Ausgewählte Verfahrensmerkmale von Laserschweißverfahren

Arbeitsgröße	Einheit	Diodenlaser	Nd:YAG	CO_2-Gaslaser
Wellenlänge	µm	0,32 ... 32	1,06	10,6
max. Ausgangsleistung	kW	4	6	25
max v_S	m / min	1	5	10
Energieübertragung	–	Lichtwellenleiter	Lichtwellenleiter	Spiegelsystem
schweißbare Blechdicke am Beispiel CrNi-Stahl	mm	1	4,0	10

Diodenlaser

Das schon seit längerem bekannte Prinzip des Dio-denlasers konnte erst Ende der 90er Jahre zu nen-nenswerten Ausgangleistungen geführt und damit für schweiß- und schneidtechnische Aufgaben nutzbar gemacht werden. Der große Brennfleck von 2 mm × 4 mm schränkt seine Verwendbarkeit für Präzisions-aufgaben ein, die erzielbare Energiekonzentration von $5 \cdot 10^5$ W/cm^2 ist aber für das Schweißen vieler Auf-gaben vollkommen ausreichend. Der Diodenlaser ist für das Kunststoffschweißen besonders geeignet, obwohl einige Kunststoffe (amorphe) von dem nahe dem Infrarot liegenden Strahl durchdrungen werden. Der Diodenlaser ist besonders klein und kompakt (so erzielt man 2 kW Strahlleistung aus einem 30 cm × 18 cm × 13 cm Gehäuse) und ist daher problemarm im technologischen Prozess integrierbar. Auch sein elektrischer Wirkungsgrad von 40-50 % (Nd:YAG 3 %) weist neue Wege in der Laserschweißtechnologie. Anwendung: Kleinteileschweißen, Schankanlagen, CrNi-Stahlbleche, Elektroblech, Behälter aus chroma-tiertem Al.

Nd:YAG-Festkörperlaser

Der YAG-Laser erfordert im Gegensatz zum CO_2-Laser kein Arbeitsgas und sein Licht lässt sich durch Lichtwellenleiter (LWL) an die Schweißstelle führen. Das Licht des YAG-Lasers mit 1,06 µm Wellenlänge wird von metallischen Werkstoffen wesentlich besser absorbiert als das des CO_2-Lasers. Daher wird er vor allem wegen des günstigen Strahlhandlings durch LWL für das Schweißen an kleineren Bauteilen bei geringstem Wärmeeintrag bevorzugt. Sein Wirkungs-grad ist wegen des lichtgepumpten Kristalls gering.

Tabelle 9. Leistungsdaten beim Laserschweißen

Blechdicke s in mm	2	5	10
Fugenform (nach Tabelle 1)	II	II	II
Anzahl der Lagen (nach Bild 7)	1	1	1
v_S in cm/min	750	100	1 000
Abschmelzleistung an Stahl [1]	bis maximal 0,5 kg / h		

[1] Bei Kaltdrahtzufuhr, Steigerung durch Heißdraht mö-glich

Tabelle 10. Weitere Schmelzschweißverfahren (Auswahl)

Verfahren	Prinzip	Anwendung
Aluminothermes Schweißen (AS)	Chemische Reaktion zwischen Al und Eisenoxid	Gieß-Schweißverfahren zum Schweißen von Schienen und Massivprofilen. In den mit speziellen Formteilen modellierten Schweißstoß fließt im Schmelztiegel erzeugter Stahl.
Elektroschlackeschweißen (ES)	Stromdurchflossene Schlacke schmilzt Draht und Werkstoff auf	$s \geq 12$ mm, alle Stähle und Stahlguss, steigende Nähte an Dickblechen im Stahl-, Behälter- und Schiffbau.
Elektronenstrahlschweißen (EB)	Freier Elektronenstrahl trifft im Vakuum auf Werkstück	Wenige µm $\leq s \leq 100$ mm. Alle Stähle, NE-Metalle außer solche mit Verdampfungsneigung (Zink). Höchste Präzisi-onsschweißungen auch an sehr dicken Bauteilen. Werkstücke müssen in eine Vakuumkammer. Einziges Verfahren zum Al-Schweißen bis 100 mm Dicke.
Magnetisch bewegter Licht-bogen (MBS)	Lichtbogen zwischen Werkstück und Hilfs-elektrode	$s \geq 2$ mm, alle Stähle, Cu und seine Legierungen. Spezielles Verfahren für das Schweißen von Massenteilen aus Dünn-blech, automatischer Prozess bei sehr kurzer Schweißzeit.
Unterpulverschweißen (UP)	Lichtbogenschutz unter einer Pulverschicht	$s = 2$ bis 100 mm, alle Stähle und Stahlguss, höchste Ab-schmelzleistung aller Schweißverfahren, hoch produktiv bei dicken Blechen und Schweißnähten über 100 cm Länge.

CO₂-Gaslaser

Der CO_2-Laser gestattet wegen seiner energetisch günstigsten Konstruktion die höchsten Ausgangsleistungen. Das umgewälzte und zu kühlende Prozessgas muss anteilig erneuert werden, der Verbrauch beträgt z. B. bei einem 8 kW-Laser 60 l/h (80 % He, 26 % N_2, 2 % CO_2). Hinzu kommt technologisch bedingtes Gas zum Schutz der Schweißstelle. Da der CO_2-Laserstrahl nicht über LWL geführt werden kann, sind aufwändige Spiegelsysteme erforderlich. Zum Schweißen von Dicken über 5 mm ist der CO_2-Laser gegenwärtig die einzige lasertechnische Lösung (Tabelle 9). Trotz des günstigeren elektrischen Wirkungsgrades ist der Gesamtwirkungsgrad auch einer CO_2-Laserschweißanlage gering. So werden für 6 kW Laserstrahlleistung etwa 100 kW Anschlussleistung benötigt.

3.1.1.7 Weitere Schmelzschweißverfahren

Für besondere Bauteilgeometrien, z.B. sehr dick oder dünn, für spezielle Werkstoffe oder zum Schweißen mit besonders hoher Produktivität werden weitere Schmelzschweißverfahren in der industriellen und handwerklichen Praxis eingesetzt (Tabelle 10).

3.1.2 Pressschweißen

3.1.2.1 Widerstandspunktschweißen (RP)

Verfahrensprinzip

Das Widerstandspunktschweißen wird vorzugsweise zum Verbinden von überlappt angeordneten Blechen und auch Drähten genutzt (Bild 14). Zwei mechanisch betätigte Elektroden (2) pressen die Bleche (1) aufeinander, bis ein definierter Widerstand erreicht ist. Über diesen erzeugt ein kurzer Stromimpuls an der Schweißstelle die Widerstandswärme (Joule'sche Wärme), die durch Wärmestau vorwiegend zwischen den Blechen entsteht und dort zum Ausbilden der Schweißlinse (3) führt.

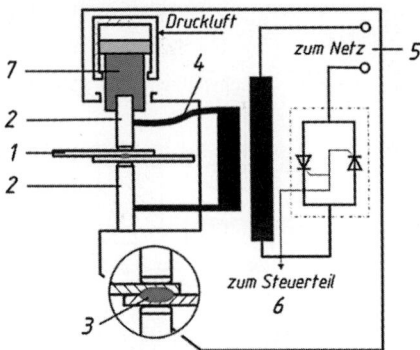

Bild 14. Widerstandspunktschweißen

Hinreichend große Elektrodenkräfte halten die Bleche bis zum Erkalten und Verfestigen der Schweißlinse unter Druck. Der Schweißstrom in Höhe mehrerer kA

wird den beweglichen Elektroden über flexible Kupferbänder (4) zugeführt. Bei wachsender Bedeutung der Gleichstromschweißung wird heute noch fast ausschließlich mit Wechselstrom geschweißt, der von speziellen einphasig angeschlossenen Schweißtransformatoren bereitgestellt wird.

Der Verlauf von Schweißstrom I_S und Elektrodenkraft F_E beim Einzelpunktschweißen ist in Bild 15 dargestellt. Zum Schweißen werden stationäre Maschinen, prozessintegrierte Schweißstationen oder mobile Schweißzangen, besonders robotergeführte, benutzt. Die Schweißelektroden bestehen aus härtegesteigerten Cu-Legierungen (CuCrZr) und werden wassergekühlt.

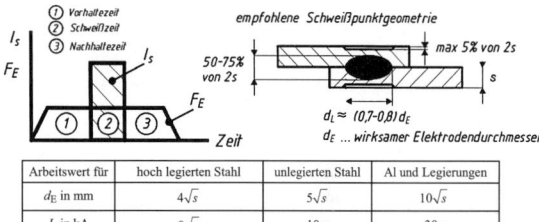

Arbeitswert für	hoch legierten Stahl	unlegierten Stahl	Al und Legierungen
d_E in mm	$4\sqrt{s}$	$5\sqrt{s}$	$10\sqrt{s}$
I_s in kA	$8\sqrt{s}$	$10\,s$	$30\,s$
t_s in Perioden	$5\sqrt{s}$	$8\,s$	$7\,s$
F_E in kN	$5\,s$	$2,5\,s$	$2\,s$

Bild 15. Arbeitsgrößen beim Widerstandspunktschweißen

Anwendungsbereich

Abmessungen:

$s = 0,4$ bis 4 (8) mm Einzelblechdicke, Stumpf- oder Kreuzdrahtschweißungen mit Durchmessern von 3 bis 10 mm

Werkstoffe:

Stahl und Nichteisenmetalle, sehr viel Werkstoffkombinationen, unverträgliche Werkstoffe lassen sich mit zwischengelegter Folie schweißen

Erzeugnisse:

Fahrzeug- und Flugzeugbau, Universalverfahren in der Blechbearbeitung, Haushaltgeräte, Kreuzdrahtschweißen von Bewehrungsstahl im Bauwesen

Arbeitstechnik – Leistungskennwerte

Neben dem klassischen Punktschweißen mit gegenüberliegenden Elektroden sind bauteilbedingt Sonderkonstruktionen in Gebrauch, z. B. das einseitige Punktschweißen (Bild 16) oder das Kondensatorimpulsschweißen. Die hohen Schweißströme (1 bis 1 000 kA) werden heute überwiegend primärseitig durch Thyristoren geschaltet, beim Gleichstromschweißen wird das Umrichterprinzip angewendet (siehe Abschnitt G Elektrotechnik). Die Schweißspannungen im Bereich von 3 bis 10 V bleiben aus Sicherheitsgründen klein und werden als Einstellgröße nicht verändert. Die Schweißzeit, allgemein in Perioden der Netzfrequenz (Per) angegeben, wird sehr kurz eingestellt. Dadurch kann die Wärme aus der Schweißzone nicht abwandern und die Elektrodeneindrücke bleiben klein. Neben dem zuverlässigen Einstellen der Elektrodenkräfte, blechdickenabhängig sind 0,5 bis 10 kN erforderlich, ist das Nachsetzverhalten der meist pneumatischen Kraftsysteme eine ganz wesentliche Maschineneigenschaft. Zu geringe Elektrodenkräfte oder zu langsames Nachsetzen führen zu aussspritzendem Werkstoff. Zu große Elektrodenkräfte bewirken anwachsende Eindrücke der Schweißelektroden. Saubere Werkstückoberflächen und gleichbleibende Werkstoffqualität sind Voraussetzung für eine hohe Schweißpunktqualität. Die Werkstücke müssen frei von Oxidschichten und Verunreinigungen sein, sonst besteht die Gefahr des Klebens (Anschweißen) der Elektroden an der Werkstückoberfläche. Weitere Verfahrensmerkmale zeigt Bild 16. Um das Abfließen des Schweißstromes über benachbarte Schweißpunkte (Nebenschluss) einzuschränken, sind Mindestabstände erforderlich. Punktschweißverbindungen werden überwiegend technologischen Prüfungen unterzogen, zu denen die so genannte „Ausknöpfprobe" zählt (ISO 1044). Über Abrollvorrichtungen oder mittels Meißel wird die Punktschweißung einer Schälbeanspruchung unterworfen. Knöpft dabei der Schweißpunkt aus einem Blech aus, so gilt die Verbindung als gut. Punktschweißverbindungen sollen vorzugsweise auf Schub, nicht auf Zug und niemals auf Abschälen beansprucht werden.

3.1.2.2 Widerstandsbuckelschweißen (RB)

Verfahrensprinzip

Das Widerstandsbuckelschweißen (Bild 17) wurde aus dem Widerstandspunktschweißen entwickelt. Der Schweißstrom wird an Stelle der punktförmigen Elektroden durch Plattenelektroden (1) vergleichbaren Werkstoffs dem Bauteil zugeführt und über im Bauteil ausgeprägte Buckel (2) auf mehrere Schweißstellen gleich verteilt. Die gleichzeitig zu schweißenden Buckel erfordern entsprechend höhere Ströme und Elektrodenkräfte bis zu 40 kN. Die Buckel werden beim Schweißen in die Bleche zurückgedrückt, daher sind hohe Anforderungen an trägheitsarme Elektrodenkraftsysteme (4) zum raschen Nachsetzen der Elektroden zu stellen. Der Schweißablauf wird über Prozesssteuerungen (5) koordiniert und überwacht. Für den Buckelabstand und den Randabstand der Buckel zur Werkstückkante gelten dem Punktschweißen vergleichbare Regeln (DVS-Merkblatt 2902).

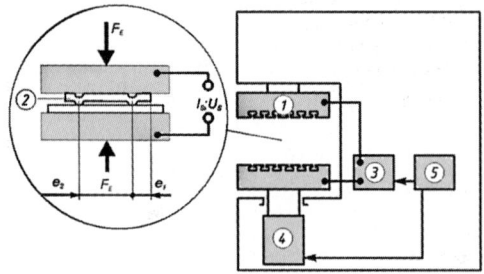

Bild 17. Buckelschweißen

Anwendungsbereich

Abmessungen:
s = 0,5 bis 5 mm Einzelblechdicke, Anschweißen massiver Teile an dünnere Bleche

Werkstoffe:
vorzugsweise Stahl und Aluminium, andere Werkstoffe möglich

Erzeugnisse:
Blechkonstruktionen, Anschweißteile im Fahrzeugbau

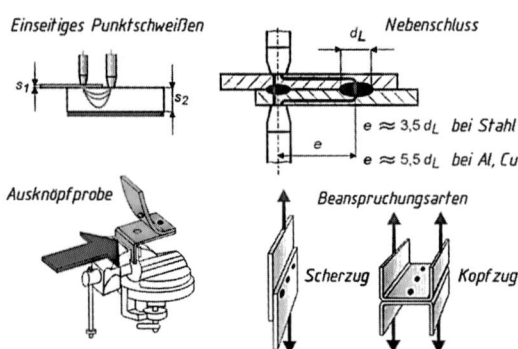

Bild 16. Verfahrensmerkmale beim Widerstandspunktschweißen

Tabelle 11. Leistungsdaten beim Widerstandspunktschweißen

Werkstoff	unlegierter Stahl C < 0,2 %		rost- und säurebeständiger Stahl		Aluminimum	
Blechdicke s in mm	0,4	3	0,4	3,0	0,5	3
Elektrodenkraft in kN	1	7,5	1,6	12	2,25	6,6
Schweißzeit in Per	4	21	4	17	6	11
Schweißstrom in kA	5	19	2,8	18	27	49

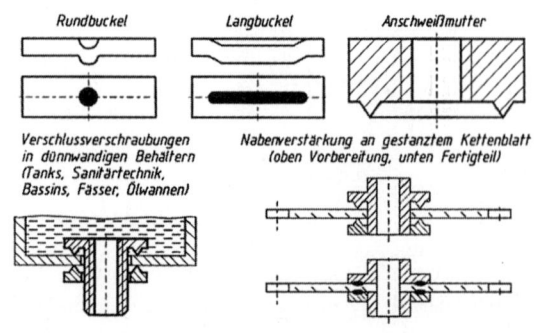

Bild 18. Konstruktionsformen beim Buckelschweißen

Arbeitstechnik – Leistungskennwerte

Die Schweißbuckel (DIN 8519) werden in vorgelagerten umformtechnischen Arbeitsgängen hergestellt oder sind bei Zulieferteilen, z. B. Anschweißmuttern, Bestandteil der Teilegeometrie. Neben dem wirtschaftlichen Vorteil, dass beim Buckelschweißen der Vorschub von Punkt zu Punkt entfällt und die Buckel gleichzeitig geschweißt werden, sind auch besonders günstige Konstruktionen möglich (Bild 18). Ausrüstungen zum Teilehandling, koordiniert durch übergeordnete Prozesssteuerungen, komplettieren Buckelschweißmaschinen zu hocheffektiven Fertigungseinrichtungen. Buckelschweißen wird auch an beschichteten Blechen durchgeführt, sofern die Beschichtung leitfähig ist.

Tabelle 12. Leistungsdaten beim Buckelschweißen

Blechdicke s in mm	1	3	5
Buckelhöhe in mm	0,75	1,25	1,75
Elektrodenkraft in kN	1,0	3,0	5,8
Schweißstrom in kA	5,5	10	14
Schweißzeit in Per	8	25	40

3.1.2.3 Weitere Pressschweißverfahren

Das elektrische Widerstandsschweißen hat von allen Fügeverfahren die breiteste Variation erfahren und reicht vom Mikrokontaktieren (Bonden) in der Elektronik bis zum Abbrennstumpfschweißen von Ankerkettengliedern. Darüber hinaus sind auch die Grenzen zu anderen Fertigungsverfahren fließend. So bildet sich z. B. beim Aufschweißen elektrischer Silberkontakte auf kupferne Schaltmesser ein Eutektikum, das unter dem Schmelzpunkt beider Partner liegt. Definitionsgemäß ist dies ein eutektisches Löten und kein Schweißen. Den Anwendungsbereich weiterer Pressschweißverfahren mit nennenswerter praktischer Bedeutung für Bleche mit $s > 1$ mm zeigt Tabelle 13.

3.2 Thermisches und nichtthermisches Schneiden

3.2.1 Grundlagen

Alle Schmelzschweißverfahren können bei zweckentsprechender Parameterwahl den Werkstoff auch trennen. Aus dieser Tatsache heraus wurden durch spezielle Geräteentwicklungen die thermischen Schneidverfahren geschaffen. Nachfolgend wird auf die wesentlichsten Verfahren zum thermischen Schneiden nach DIN 2310-6 eingegangen.

Werkstoffe lassen sich thermisch trennen, indem gesteigerte Wärmezufuhr die strukturellen Bindungskräfte aufhebt. Die Prozessenergie kann durch das Verbrennen des zu trennenden Werkstoffs gewonnen werden (Gasbrennschneiden) oder sie wird von außen zugeführt (Plasma- oder Laserschneiden). Neben der thermischen Energie ist bei allen thermischen Schneidverfahren die mechanische Energie eines Gasstrahls erforderlich, um die abgetrennten Werkstoffpartikel aus der Schnittfuge zu treiben. Wird die mechanische Strahlenergie drastisch erhöht, so kann ohne nennenswerte Wärmewirkung ebenfalls sehr effektiv geschnitten werden. Industriell genutzt wird dieses Prinzip beim Wasserstrahlschneiden (Abschnitt 3.2.5).

3.2.2 Autogenes Brennschneiden

Verfahrensprinzip

Beim Gasbrennschneiden (autogenes Brennschneiden) wird der Werkstoff zunächst durch eine Acetylen-Sauerstoffflamme auf Entzündungstemperatur vorgeheizt. Ein zusätzlicher Sauerstoffstrahl aus der Zentrumsbohrung (Bild 19) trifft auf das Werkstück, verbrennt den Werkstoff und treibt die Verbrennungsprodukte aus der Schnittfuge. Im weiteren Prozessablauf übernimmt die aus der Verbrennung freigesetzte Wärme überwiegend das Vorheizen. Wird die Schneidgeschwindigkeit größer als der Wärmevorlauf, ist die Leistungsgrenze des Verfahrens erreicht.

Tabelle 13. Weitere Pressschweißverfahren

Verfahren	Prinzip	Anwendung
Pressstumpfsehweißen	Stoßstelle elektrisch oder durch Gasflamme erwärmt und durch Druck gefügt	Bedeutung hat nur noch das elektrische Stumpfschweißen, bei dem die Erwärmung über einen Lichtbogen erfolgt; Anwendung: 1. Anschweißen von Bolzen mit und ohne Gewinde 2. Fügen von Hohl- und Vollprofilen
Kaltpressschweißen	Fügen nur durch Druck ohne jegliche Wärme	Verfahren zum Herstellen schwieriger Werkstoffkombinationen, z.B. von Al-Cu- Verbindungen; Schweißen von Drähten in Drahtziehanlagen und Fügen von Fahrleitungsdrähten
Reibschweißen	Erwärmung durch rotierende und aneinander reibende Werkstücke	Hochproduktives Verfahren in der Massenfertigung von rotationssymmetrischen Teilen, z. B. geschmiedeter Gabelkopf mit Gelenkwelle, Reduzierung der Zerspanungsarbeit an Rundteilen
Ultraschallschweißen	Fügen ohne Wärme nur durch Ultraschallschwingungen	Anwendbar für Metalle und Kunststoffe (viele Werkstoffkombinationen), für kleinere Teile wegen begrenzter Energie, sehr verbreitet für Kunststoffteile, keine Beeinträchtigung der Werkstückoberfläche

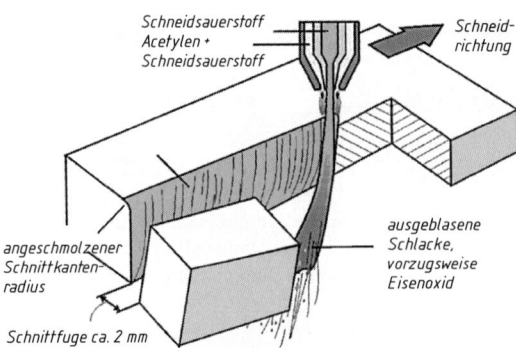

Bild 19. Autogenes Brennschneiden

Das Verfahren setzt folgende Eigenschaften des zu schneidenden Werkstoffs voraus:
1. Der Werkstoff muss brennbar sein
2. Entzündungstemperatur < Schmelztemperatur
3. Schmelztemperatur des Oxids < Schmelztemperatur des Werkstoffs
4. Möglichst große Verbrennungswärme
5. Möglichst kleine Wärmeleitfähigkeit

Anwendungsbereich
Abmessungen:
Blechdicke s > 5 mm (nach oben unbegrenzt)
Werkstoffe:
un- und niedrig legierter Stahl, Stahlguss

Erzeugnisse:
Schrott- und Qualitätsschnitte in allen Bereichen der Metallverarbeitung, Schweißkantenvorbereitung

Arbeitstechnik – Leistungskennwerte
Brennschneiden wird manuell, mechanisiert und auf CNC-gesteuerten Brennschneidmaschinen ausgeführt. Beim Zuschneiden großer Blechtafeln gewährleisten Brennschneidpläne (Bild 20) maximale Werkstoffausnutzung und maßgenaue Teile durch Berücksichtigung des Wärmeverzugs. Die dabei erreichbaren Schnittqualitäten werden durch Riefennachlauf (0,3 bis 25 mm), Riefentiefe (0,1 bis 2 mm), Unebenheit der Schnittflächen (0,1 bis 3 mm) und der Radius der angeschmolzenen Schnittkante (0,2 bis 4) mm beschrieben und in Gütestufen nach DIN EN 13920 klassifiziert.

Werden die Grenzen der Schneideignung nach Tabelle 14 überschritten, können Werkstoffe ggf. noch getrennt werden, indem mit Hilfe spezieller Schneidbrenner dem Sauerstoffstrahl mineralische Pulver oder Eisenpulver beigemischt werden. Diese unterstützen thermisch oder mechanisch den Trennvorgang und erweitern so den Einsatzbereich des Verfahrens.

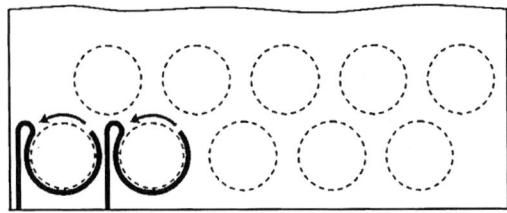

1. *Schnittteile lange mit schrumpfarmen Werkstückbereichen verbinden*
2. *Zusammenhängende, steife Materialreste fordern die Genauigkeit*
3. *Radien tangential anschneiden*
4. *Schnittteile sollen leicht aus dem Materialrest fallen*
5. *Wärme gleichmäßig in der Tafel verteilen*
6. *Einstechen vermeiden*

Bild 20. Brennschneidplan

3.2.3 Plasmaschneiden

Verfahrensprinzip
Beim Plasmaschneiden schmilzt ein gebündelter elektrischer Lichtbogen den zu schneidenden Werkstoff auf. Der aus dem Plasmabrenner zentrisch austretende Gasstrahl bläst das Schmelzgut aus der Schnittfuge. Mit dem Plasmaschneiden lassen sich alle elektrisch leitfähigen Werkstoffe trennen. Die an der Werkstückoberfläche durch den Plasmabogen entwickelte Wärme wird durch den Gasdruck in die Schnittfuge getrieben und mit deren Tiefe zunehmend an die Fugenflanken abgegeben. Dadurch ist beim Schneiden dickerer Bleche die Winkligkeit der Schnittfuge charakteristisch, Bild 21. Als Plasmagas wird bei hoch legierten Stählen vorzugsweise Argon, beim Schneiden von allgemeinen Baustählen und Aluminium Luft verwendet. Unter Anwesenheit von Luft verschleißen Plasmadüse und Kathode stärker als unter Argon und werden daher aus Kupfer gefertigt und leicht auswechselbar gestaltet.

Tabelle 14. Grenzwerte für das autogene Brennschneiden von Stahl

Werkstoff	Schneideignung			Bemerkung
	gut schneidgeeignet	bedingt schneidgeeignet	nicht schneidgeeignet	
C-Stähle	max. 0,3 % C	von 0,3-2 %C)*	über 3 % C	)* Vorwärmen 250-400 °C, Normalglühen
Mn-legierte Stähle	max. 1,3 %C max. 13 % Mn	max. 1,3 %C 13-18 % Mn)*	über 1,3 % C über 18 % Mn	)* Vorwärmen auf 300 °C
Si-legierte Stähle	max. 0,2 % C max. 2,5 % Si	max. 0,4 % C max. 3,8 % Si)*	max. 0,4 % C über 3,8 % Si	)* Verringern der Schneidgeschwindigkeit
Ni-legierte Stähle	max. 7 % Ni	max. 0,3 % C max. 35 % Ni)*	über 0,3 % C über 35 % Ni	)* Vorwärmen auf 260 °C bis 315 °C Wärmenachbehandlung
Cr-legierte Stähle	max. 1,5 %Cr	über 1,5 % Cr)*	über 8 % Cr bis 10 % Ni	)* Vorwärmen auf 300 °C und Wärmenachbehandluung, Cr-Stähle härten leicht

Tabelle 15. Leistungsdaten beim autogenen Brennschneiden

Blechdicke s in mm	3	5	10	300
Schneidgeschwindigkeit in m/min	0,8	0,8	0,70	0,1
Acetylenverbrauch in m^3/h	0,4	0,4	0,4	0,9
Heizsauerstoffverbrauch in m^3/h	0,5	0,5	0,5	1,1
Schneidsauerstoffverbrauch in m^3/h	0,4	0,5	1,2	33
Schnittfugenbreite in mm	0,8	0,9	2,0	6,0

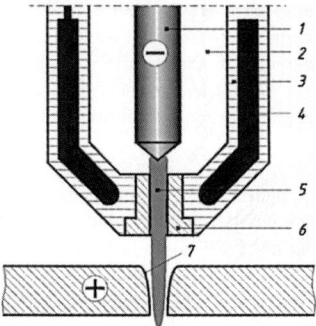

Bild 21. Plasmaschneiden

1 Wolframelektrode
2 Plasmagaskanal
3 Gasdüse
4 Wasserkühlung
5 Plasmastrahl (eingeschnürter Lichtbogen)
6 Plasmadüse (auswechselbares Verschleißteil)
7 winklige Schnittkanten mit Kantenradius

Anwendungsbereich
Abmessungen:
Blechdicke $s = 1$ bis 100 mm
Werkstoffe:
un-, niedrig und hoch legierter Stahl, Stahlguss, Gusseisen, Nichteisenmetalle

Erzeugnisse:
Schrott- und Qualitätsschnitte in allen Bereichen der Metallverarbeitung, Schweißkantenvorbereitung, einziges Schneidverfahren für Al und CrNi-Stahl bei Dicken über 20 mm

Arbeitstechnik – Leistungskennwerte:
Lichtbogenenergie und Gasausströmgeschwindigkeit sind beim Plasmaschneiden hoch und Lärm, UV-Strahlung sowie Gase, Rauche und Dämpfe wirken umweltbelastend. Daher werden industriell die zu schneidenden Bleche oft auf wassergefluteten Schneidtischen einige Zentimeter unter der Wasseroberfläche bearbeitet und so die Schadstoffe sowie Strahlung und Lärm gebunden. Das zunächst für nicht autogen schneidbare Werkstoffe genutzte Plasmaverfahren wird heute auch für dünnere unlegierte Stahlbleche wegen der gegenüber dem Gasbrennschneiden deutlich höheren Schneidgeschwindigkeit eingesetzt. Dem Gasbrennschneiden unterlegen ist die Schnitt-

qualität des Plasmaverfahrens. Für die meisten Zuschnitte, besonders im Dünnblechbereich, kommt man jedoch ohne spanende Nachbearbeitung bei hinreichender Schnittqualität aus.

Tabelle 16. Leistungsdaten beim Druckluft-Plasmaschneiden an Baustahl, 40 kW Strahlleistung

Blechdicke s in mm	3	5	8	10
Schneidgeschwindigkeit in m/min	5	4	3,5	3,0
Schnittfugenbreite in mm	3,5	4,5	5,5	6,5

3.2.4 Laserschneiden

Verfahrensprinzip
Zum Schneiden werden Halbleiter-, Festkörper- und Gaslaser verwendet. Großtechnisch genutzt wird jedoch vorzugsweise der CO_2-Gaslaser, weil nur dieser gegenwärtig die zum Schneiden dickerer Bleche erforderlichen Leistungen ermöglicht. Zum Weiterleiten des CO_2-Laserstrahles erfordern CO_2-Laserschneidanlagen einen beträchtlichen mechanischen Aufwand für die mit den Vorschubmechanismen zu führenden Spiegelsysteme, Bild 22.

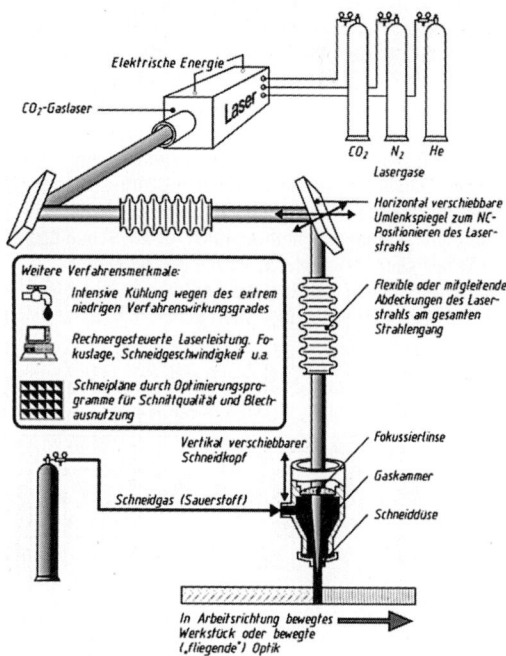

Bild 22. Laserschneiden

Der Laser schmilzt und verdampft den Werkstück-
werkstoff und ein Gasstrahl bläst die Schnittfuge frei.
Als Schneidgas ist Sauerstoff gebräuchlich, weil sich
durch die exotherme Reaktion die Schneidgeschwindigkeit beträchtlich steigern lässt. Der Gasstrahl hat
ferner die Aufgabe, die sehr empfindliche Laseroptik
vor Spritzern und Metalldampf zu schützen. Sollen
die Schnittkanten oxidfrei sein, müssen Edelgase oder
Stickstoff als Schneidgas eingesetzt werden. Das so
genannte Sublimierschneiden, bei dem der Werkstoff
vom festen Zustand unmittelbar in den dampfförmi-
gen übergeht, wird vorzugsweise beim Bearbeiten
von Kleinstbauteilen oder zum Bohren bei impuls-
förmigem Energieeintrag genutzt.

Anwendungsbereich
Abmessungen:
Blechdicke $s = 0,1$ bis 20 mm

Werkstoffe:
Metalle, Nichtmetalle, Gläser, Kunststoffe, textile
Werkstoffe

Erzeugnisse:
Präzisionsschnitte in allen Industriebereichen

Arbeitstechnik – Leistungskennwerte
Mit dem Laserstrahl lassen sich die meisten Kons-
truktionswerkstoffe schneiden. Einschränkungen bestehen bei einzelnen Kunststoffen, Natursteinen und
Baustoffen sowie bei beschichteten und extrem wärmeempfindlichen Werkstoffen. Der universellen
Nutzung stehen nur die hohen Anlagenkosten und
gegenwärtig noch ab etwa 20 mm Blechdicke aufwärts die Leistungsgrenze des Laserstrahls entgegen.
Das Laserschneiden wird fast ausnahmslos auf CNC-
Anlagen ausgeführt, die technologische Kopplung mit
mechanischen Trenn- und Umformverfahren (Stanzen, Nibbeln, Biegen) in Bearbeitungszentren ist
gebräuchlich und gestattet die Komplettbearbeitung
von Blechteilen auf einer Anlage. Geringe Schnittfu-
genbreite, hohe Schnittqualität und Schneidgeschwindigkeit favorisieren das Laserschneiden fast
immer bei hohen Stückzahlen und dünnen bis mittel-
dicken Blechen gegenüber allen anderen Schneidverfahren.

Tabelle 17. Leistungsdaten beim Laserstrahlbrenn-
schneiden an Baustahl, 1500 W Strahlleistung

Blechdicke s in mm	1	3	5	10
Schneidgeschwindigkeit in m/min	10	5	3	1
Schnittfugenbreite in mm		0,1	0,25	0,4	0,6

3.2.5 Wasserstrahlschneiden

Verfahrensprinzip
Wasserstrahlen, die bei Drücken bis 4000 bar aus
einer Schneiddüse mit einem Durchmesser von 0,3

mm und Förderströmen von 4 l/min austreten, zerstören technische Werkstoffe am Auftreffpunkt mit
scharf abgegrenzten Konturen. Bewegt man den
Strahl über das Werkstück hinweg, entstehen präzise
Schnittfugen mit etwa 1,2 mm Breite (Bild 23). Der
Primärdruck einer Ölhydraulik (1) von etwa 200 bar
wird im Druckübersetzer (2) auf den Arbeitsdruck
gebracht. Der Druckspeicher (3) formt den diskonti-
nuierlichen Druck aus dem Kolbenverdichter zu einem weitgehend stoßfreien Arbeitsdruck um. Üblich
sind bewegte Schneidköpfe (4), die den Strahl entlang
der Werkstückkontur führen. Kunststoffe werden mit
reinem Wasser geschnitten. Zum Schneiden von
Metallen erfolgt das Zumischen von abrasiv wirkenden Pulvern (4.1). Das hoch verdichtete Wasser (4.2)
wird von der Schneiddüse (4.3) zum Strahl geformt,
der in einer Mischkammer (4.4) nach dem Injek-
torprinzip das Abrasivmittel ansaugt und sich mit
diesem zum Abrasivstrahl vereinigt (4.5). Ein Fokus-
sierröhrchen (4.6) bündelt schließlich den Abrasivstrahl auf das Werkstück.

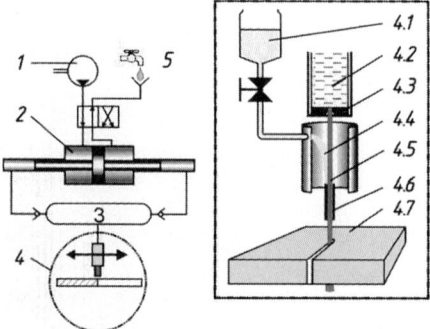

Bild 23. Wasserstrahlschneiden

Anwendungsbereich
Abmessungen:
Blechdicke $s = 1$ bis   40 mm an Stahl
               $s = 1$ bis   100 mm an Aluminium

Werkstoffe:
Metalle, Nichtmetalle, Gläser, Kunststoffe

Erzeugnisse:
Präzisionsschnitte an wärmeempfindlichen Werkstücken

Arbeitstechnik – Leistungskennwerte
Das Wasserstrahlschneiden ermöglicht an Metallen
ein grat- und anlauffarbenfreies Schneiden mit nahezu rechtwinkligen Schnittkanten bis etwa $s = 10$ mm.
Beim Schneiden mit Abrasivstrahlen sind die Schnittflächen charakteristisch rau, jedoch eben.
Neben dem „kalten Schnitt" ermöglicht das Verfahren scharfe Außenkonturen (kein Anschmelzen
schmaler Kanten) und das verzugsfreie Schneiden
gehärteter Werkstoffe.

Problematisch beim Wasserstrahlschneiden ist der entstehende Schneidschlamm, der sich im Arbeitstisch ansammelt und mit Umweltauflagen entsorgt werden muss. Neuere Anlagen verfügen über Schneidstoffaufbereitungseinrichtungen, die aus dem Schneidschlamm bis zu 80 % des Abrasivmittels zurückgewinnen und dem Prozess direkt wieder zuführen. An der Wasseraufbereitung mit dem Ziel geschlossener Prozesskreisläufe wird derzeit gearbeitet.

Tabelle 18. Leistungsdaten beim abrasiven Wasserstrahlschneiden

Blechdicke *s* in mm	1	3	5	10
Schneidgeschwindigkeit in m/min	0,5	0,3	0,2	0,15
Schnittfugenbreite in mm	1	1,0	1,2	1,2

Im Vergleich zu den thermischen Schneidverfahren hat das Wasserstrahlschneiden nur eine geringe Schneidleistung. An einem 10 mm dicken Baustahlblech lassen sich beim Trennen etwa 15 cm/min erzielen. Ist das Ziel ein nacharbeitsfreier Qualitätsschnitt, so sinkt die Schneidgeschwindigkeit auf 5 cm/min (Tabelle 18).

3.3 Löten

3.3.1 Grundlagen

Löten ist das Fügen von Werkstoffen durch ein Lot, dessen Schmelztemperatur unterhalb derjenigen beider Grundwerkstoffe liegt. Die zum Löten erforderliche Energie wird der Lötstelle von außen zugeführt oder durch Widerstandserwärmung an der Lötstelle erzeugt. Während der schmelzflüssigen Phase des Lotes bilden sich durch Diffusion von Lot- und Grundwerkstoffbestandteilen neue Legierungen im Lötspalt. Auf diese Weise kann die Festigkeit der Lötverbindung deutlich über der des Lotes liegen und beim Hartlöten jene des Grundwerkstoffs erreichen. Voraussetzung für einen sachgerechten Lötvorgang ist das zuverlässige Benetzen des Bauteilwerkstoffs durch das Lot. In Folge der Benetzung breitet sich das Lot aus, dringt vollständig in die Lötspalte ein und haftet an der Werkstoffoberfläche.

Neben dem richtigen Bemessen der Lötspalte (Bild 24) sind für das Benetzen metallisch reine Oberflächen (frei von Fetten und anderen Ablagerungen) sowie das Auflösen von Oxidschichten und das Absenken der Oberflächenspannung durch Flussmittel unerlässlich. Bei richtiger Kombination von Lot und Grundwerkstoff lassen sich fast alle metallischen Werkstoffe, auch Aluminium, löten. Typische Kombinationen sind in Tabelle 19 aufgeführt, Einzelheiten zu Loten für das Hart-, Weich- und Fugenlöten enthält DIN EN 677. Die DIN 8505 unterscheidet bei den Lötverfahren nach geometrischen, thermischen

und technologischen Merkmalen. Die Unterscheidung nach der Löttemperatur in Weichlöten (≤ 450 °C), Hartlöten (> 450 °C) und Hochtemperaturlöten (≥ 1 200 °C) orientiert sich dabei an charakteristischen Werkstofftemperaturen des Stahls.

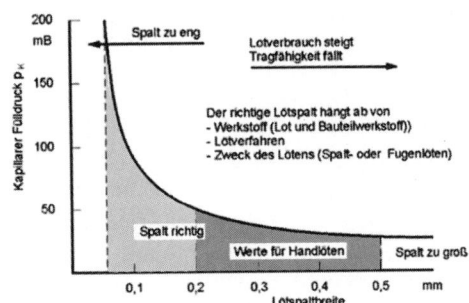

Lötspaltbreite beim Weich- und Hartlöten

Grundwerkstoff	SnPb-Lot	Kupferhartlot	Messinghartlot	Silberhartlot
Stahl (unlegiert)	0,05 - 0,20 mm	0,05 - 0,15 mm	0,10 - 0,30 mm	0,05 - 0,20 mm
Stahl (legiert)	0,10 - 0,25 mm	0,10 - 0,20 mm	0,10 - 0,35 mm	0,10 - 0,25 mm
Cu u. Cu-Leg.	0,05 - 0,20 mm	-	-	0,05 - 0,25 mm
Hartmetall	-	0,30 - 0,50 mm	-	0,30 - 0,50 mm

Bild 24. Lötspalte

3.3.2 Weichlöten

Umfangreich genutzt wird das Weichlöten in der Elektrotechnik und der Elektronik. Für die Massenfertigung gibt es automatisierte Verfahrensabläufe auf erzeugnisspezialisierten Anlagen. Hocheffiziente Technologien wie die SMD-Technik (surface mounted devices) zur Bestückung von Leiterplatten sind ebenso in Anwendung wie das traditionelle Kolbenlöten, vorzugsweise auf dem Reparatursektor. Weichlötverbindungen übertragen nur geringe Kräfte, sind bedingt temperaturbeständig und neigen unter Last zum Kriechen.

Wegen der einfachen Handhabung und der geringen Arbeitstemperatur ist das Weichlöten in der Installationstechnik (Wasserleitungen) und bei Klempnerarbeiten (Titanzink) ebenso verbreitet wie in der Dentaltechnik, bei der Herstellung von Schmuck und beim Bau wissenschaftlicher Geräte.

3.3.3 Hart- und Hochtemperaturlöten

Beim Löten über 450 °C muss die Löttemperatur besonders sorgfältig auf den Grundwerkstoff abgestimmt werden, da mit einer starken Gefügebeeinflussung zu rechnen ist. Mit dem Hartlöten werden Festigkeitswerte erzielt (Bild 25), die denen des Schweißens vergleichbar sind. Die mit dem Hochtemperaturlöten ausgeführten Verbindungen (Verwendung von Nickelbasisloten) sind zudem warmfest.

Tabelle 19. Lote zum Hart- und Weichlöten

Kombination von Grundwerkstoff / Flussmittel / Lot zum Fügen von Metallen					
Lotgrundtyp	→	Zinnlot	Silberlot	Phosphorlot	Messinglot
Lot	→	LSn5050	LAg40Cd20	LCuPB	LMs60
geeignet für:					
Stahl	/ Hartmetall	+	+	–	+
	/ Cu	+	+	–	+
	/ Ms	+	+	–	–
Kupfer	/ Kupfer	+	+	+	+
	/ Ms	+	+	+	–
	/ Nickel	+	+	–	+
Ms	/ Ms	+	+	+	–
	/ Nickel	+	+	–	–

Zug- und Scherfestigkeit ausgewählter Hartlötverbindungen nach DIN 8525							Konstruktive Empfehlungen		
Hartlot nach DIN 8513	Arbeits- tempera- tur °C	Zugfestigkeit in N/mm² (Lötspalt 0,1 mm)				Abscherfestig- keit τ_{aB} in N/mm² (Lötspalt 0,1 mm)	Entlüftungsboh- rung zum Entwei- chen der Fluss- mitteldämpfe. Diese drücken so das einschießende Lot nicht zurück.		Bei Rohr-Rohr-Ver- bindungen selbst- zentrierend mit Normal- und Schub- spannungen kon- struieren. Ggf. mit Schäftung arbeiten.
		S235JR	E295	E335	18/8-Stahl	S235JR E335			
LAg40Cd	610	410	540	640	520	190 280	Vom eingelegten Lotformteil steigt das Lot auf und verdrängt das Flussmittel. Sicht- kontrolle ist durch austretendes Lot möglich.		Lötgerecht gestalte- ter hoch beanspruch- barer Rohrflansch.
L-Ag30Cd	680	380	470	480	510	200 240			
LAg44	730	390	n.b.	520	530	205 280			
L-Ag20Cd	750	370	n.b.	440	500	170 260	Rohre in Steckver- bindungen nicht wesentlich tiefer als 1,5s wählen. Darüber hinaus kein Sicherheits- zuwachs		Universalkonstrukti- on für Ecken, Stüt- zen, Rippen, Gehäu- se. Nachteilig ist die Schälwirkung.
LAg12	830	370	460	480	440	170 200			
L-CuZn40	900	350-370	405	410	n.b.	200-240 260			

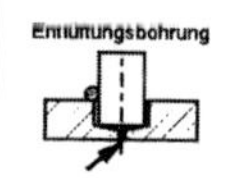

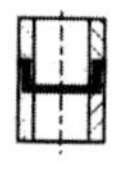

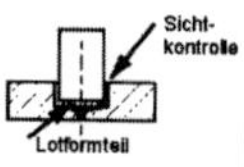

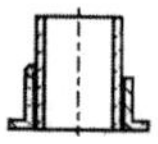

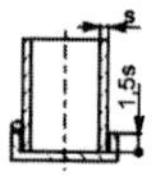

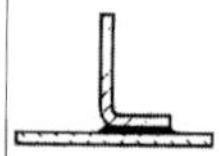

Bild 25. Konstruktive Empfehlungen für Hartlötverbindungen

Werden Flussmittel eingesetzt, so ist beim Hartlöten deren durchgängig korrodierende Wirkung zu beachten. Rückstände dieser Flussmittel müssen nach dem Löten durch geeignete Nachbehandlung entfernt werden. Techniken dazu sind Bürsten, Waschen in warmem Wasser oder Beizen in 5-10 %iger Schwefelsäure bei Schwermetallen bzw. in 10 %iger Salpetersäure bei Leichtmetallen. Flussmittelhersteller bieten zu diesem Zweck auch Reinigungsmittel an.

Unabhängig von Lot, Grundwerkstoff und Lötverfahren ist folgender Ablauf beim Löten charakteristisch:

1. Vorbereiten der Werkstücke (Rauheit, Lötspalt)
2. Säubern der Werkstücke von Fremdschichten (mechanisches Säubern, Bad- oder Dampfreinigen, Ultraschallbäder)
3. Fixieren der Werkstücke (Lagefixierung und Lotdeponie)
4. Erwärmen der Werkstücke auf Arbeitstemperatur

5. Aktivieren der Lötstelle durch Flussmittel
6. Zuführen, Fließen und Binden des Lotes
7. Abkühlen der Lötstelle (erschütterungsfreies Kristallisieren des Lotes)
8. Nachbehandeln und ggf. Prüfen

Als Wärmequellen werden zum Löten die klassische Gasflamme sowie Widerstands- und Induktionslötgeräte, Lötöfen, Lötbäder und zunehmend der Laserstrahl genutzt.

Literatur

Fahrenwaldt, H.-J., Schuler, V.: *Praxiswissen Schweißtechnik.* Wiesbaden: Vieweg Verlag, 2003

Behnisch, H.: *Kompendium der Schweißtechnik.* Düsseldorf: DVS-Verlag, 1997

Richter, H.: *Fügetechnik-Schweißtechnik.* Düsseldorf: DVS-Verlag, 1995

N Zerspantechnik

Alfred Böge

1 Drehen und Grundbegriffe der Zerspantechnik [1]

1.1 Bewegungen

Bei allen Zerspanvorgängen (Drehen, Hobeln, Fräsen, Bohren ...) sind die Bewegungen *Relativbewegungen* zwischen Werkstück und Werkzeugschneide. Man unterteilt in Bewegungen, die unmittelbar die Spanbildung bewirken (*Schnitt-, Vorschub-* und *resultierende Wirkbewegung*) und solche, die nicht unmittelbar zur Zerspanung führen (*Anstell-, Zustell-* und *Nachstellbewegung*). Alle Bewegungen sind auf das ruhend gedachte Werkstück bezogen (Bild 1). Schnitt- und Vorschubbewegung können sich aus mehreren Komponenten zusammensetzen, z.B. die Vorschubbewegung beim Drehen eines Formstücks aus Längs- und Planvorschubbewegung.

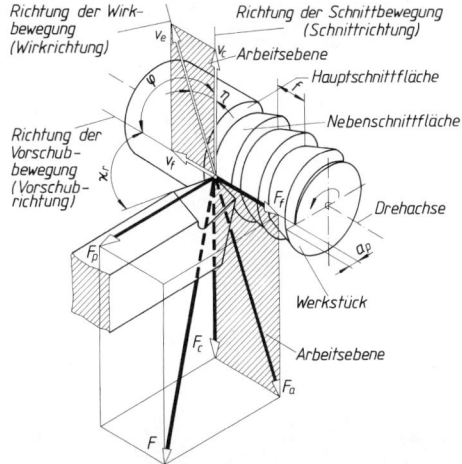

Bild 1. Bewegungen, Geschwindigkeiten und Kräfte beim Drehen; Größenverhältnisse willkürlich angenommen; Kräfte in Bezug auf das Werkzeug

F Zerspankraft
F_a Aktivkraft
F_c Schnittkraft
F_f Vorschubkraft
F_p Passivkraft
v_c Schnittgeschwindigkeit
v_f Vorschubgeschwindigkeit
v_e Wirkgeschwindigkeit
f Vorschub
a_p Schnitttiefe
κ_r Einstellwinkel
φ Vorschubrichtungswinkel (beim Drehen 90°)
η Wirkrichtungwinkel

[1]   Normen siehe Literaturhinweise am Ende des Abschnitts

Bei einem Einstellwinkel $\kappa = 45°$ ist das Verhältnis der Kräfte etwa $F_c : F_p : F_f = 5 : 2 : 1$.

Beim *Drehen* führt die umlaufende Bewegung des Werkstücks zur *Schnittbewegung*, die geradlinige (fortschreitende) Bewegung des Werkzeugs zur *Vorschubbewegung*. Die resultierende Bewegung aus Schnitt- und Vorschubbewegung heißt *Wirkbewegung*: sie führt zur Spanabnahme, beim normalen Drehen zur *stetigen* Spanabnahme. Die eingestellte Schnitttiefe a_p bleibt dann bei einem Arbeitsvorgang konstant und damit auch der eingestellte *Spanungsquerschnitt* $A = a_p f$ (Bild 2). Diese günstigen Schnittbedingungen führten zu umfangreichen Forschungsergebnissen, die zum großen Teil auch auf andere Zerspanvorgänge übertragen werden können. Drehen wird deshalb hier ausführlich behandelt.

Mit Hilfe der *Anstellbewegung* wird der Drehmeißel vor dem Zerspanen an das Werkstück herangeführt, durch die *Zustellbewegung* wird vor dem Schnitt die Dicke der abzunehmenden Werkstoffschicht festgelegt.

Durch die *Nachstellbewegung* lassen sich die während des Schnittes auftretenden Veränderungen korrigieren (z.B. Werkzeugverschleiß, zu groß oder zu klein gewordene Schnitttiefe usw.).

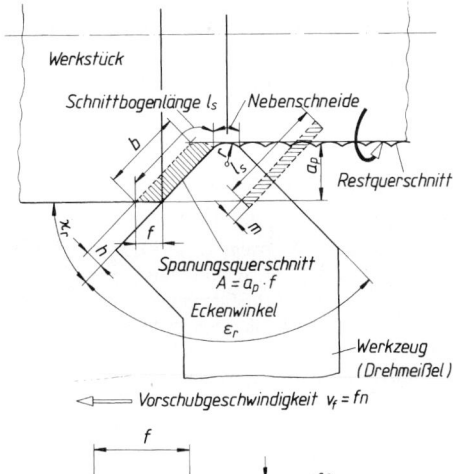

Bild 2. Schnittgrößen und Spanungsgrößen

f Vorschub, a_p Schnitttiefe, b Spanungsbreite, h Spanungsdicke, A Spanungsquerschnitt, l_s Schnittbogenlänge, m Bogenspandicke, R_{th} theoretische Rautiefe

Entsprechend der *Schnitt-*, *Vorschub-* und der *Wirkbewegung* wird auch zwischen den zugehörigen Geschwindigkeiten unterschieden:

Die *Schnittgeschwindigkeit* v_c ist die momentane Geschwindigkeit des betrachteten Schneidenpunkts in Schnittrichtung (Bild 1). Beim Drehen ist v_c die Umfangsgeschwindigkeit eines Punktes am Werkstückumfang. Mit Werkstückdurchmesser d und Drehzahl n wird:

$$v_c = d\,\pi\,n \quad \begin{array}{c|c|c} v_c & d & n \\ \hline \dfrac{m}{min} & m & min^{-1} \end{array} \quad (1)$$

Die *Vorschubgeschwindigkeit* v_f ist die momentane Geschwindigkeit des betrachteten Schneidenpunkts in Vorschubrichtung. Beim Drehen stehen v_f und v_c rechtwinklig zueinander. Der Vorschubrichtungswinkel ist dann $\varphi = 90°$ (Bild 1). Mit Vorschub f und Drehzahl n wird

$$v_f = fn \quad \begin{array}{c|c|c} v_f & f & n \\ \hline \dfrac{mm}{min} & \dfrac{mm}{U} & \dfrac{U}{min} = min^{-1} \end{array} \quad (2)$$

Die *Wirkgeschwindigkeit* v_e ist die momentane Geschwindigkeit des betrachteten Schneidenpunkts in Wirkrichtung: sie ist die resultierende Geschwindigkeit aus Schnitt- und Vorschubgeschwindigkeit. In den meisten Fällen ist (wie beim Drehen) das Verhältnis v_f/v_c so klein, dass $v_e = v_c$ angesehen werden kann. So ist z.B. bei $v_c = 50$ m/min und $v_f = fn = 0,1$ mm/U · 500 min^{-1} = $0,050$ m/min der *Wirkrichtungswinkel* $\eta \approx 3'$ (mit tan $\eta = v_f/v_c = 0,05/50 = 0,001$). Das Beispiel gilt für Drehen, also für $\varphi = 90°$, sonst siehe Gleichung (1).

1.2 Zerspangeometrie

Wichtigste Bezugsebene für die Zerspangeometrie ist die so genannte *Arbeitsebene* (Bild 1). Es ist diejenige gedachte Ebene, die Schnitt- und Vorschubrichtung des betrachteten Schneidenpunkts enthält. In ihr vollziehen sich alle an der Spanbildung beteiligten Bewegungen. Alle in der Arbeitsebene liegenden Kraftkomponenten der Zerspankraft F sind an der Zerspanleistung beteiligt (siehe Zerspanleistung).

1.2.1 Schnitt- und Spanungsgrößen

Schnittgrößen sind z.B. *Vorschub* f und *Schnitttiefe* a_p, also solche Größen, die zur Spanabnahme unmittelbar oder mittelbar eingestellt werden müssen.
Spanungsgrößen sind z.B. *Spanungsbreite* b, *Spanungsdicke* h und *Spanungsquerschnitt* A. Im Gegensatz dazu nennt man diejenigen Größen, die die Abmessungen der tatsächlich entstehenden Späne enthalten, *Spangrößen*.

Spanungsquerschnitt A, Schnitttiefe a_p, Vorschub f, Spanungsdicke h, Spanungsbreite b und Einstellwinkel κ_r der Hauptschneide hängen nach Bild 2 beim *Drehen* in folgender Weise voneinander ab:

$$A = a_p f = b\,h = m\,l_s \tag{3}$$

$$h = f \sin \kappa_r \tag{4}$$

$$b = \frac{a_p}{\sin \kappa_r} \tag{5}$$

A	f	a_p, h, b, m, l_s	κ_r
mm^2	$\dfrac{mm}{U}$	mm	$\circ$

Der *Spanungsquerschnitt* A ist der Querschnitt des abzunehmenden Spanes rechtwinklig zur Schnittrichtung.
Die im Schnitt befindliche *Schnittbogenlänge* l_s ist angenähert:

$$l_s = f + \frac{a_p}{\sin \kappa_r}$$

Denkt man sich die Schnittbogenlänge l_s einschließlich des Schneidenbogens mit Radius r *gestreckt*, so lässt sich ein rechteckiger Spanungsquerschnitt vorstellen, dessen Länge l_s und dessen Breite die sogenannte *Bogenspandicke* m ist (Bild 2):

$$m = \frac{A}{l_s} = \frac{a_p f}{l_s} \quad \text{in} \quad \frac{mm^2 \ \text{Spanungsquerschnitt}}{mm \ \text{Schneidenlänge}}$$

Anders aufgefasst ist die Bogenspandicke $m = A/l_s$ in mm²/mm die von 1 mm Schneidenlänge abgespante Fläche, vorstellbar als *spezifische Schneidenbelastung*.

■ **Beispiel:**
Gesucht: die Spanungsdicke h_1, h_2 für Vorschub $f = 1$ mm/U und $\kappa_{r1} = 60°$, $\kappa_{r2} = 10°$.

Lösung:

$$h_1 = f \sin \kappa_{r1} = 1\frac{mm}{U} \cdot \sin 60° = 0{,}866 \ mm$$

$$h_2 = f \sin \kappa_{r2} = 1\frac{mm}{U} \cdot \sin 10° = 0{,}174 \ mm$$

Beachte:
Das axiale Widerstandsmoment W des Spanungsquerschnitts wächst mit der Spanungsdicke h quadratisch ($W = b\,h^2/6$), d.h. bei 3-fachem h entsteht 9-facher Aufbiegungswiderstand.

■ **Beispiel:**
Gesucht: die Bogenspandicke m für Einstellwinkel $\kappa_{r1} = 90°$, $\kappa_{r2} = 45°$, $\kappa_{r3} = 5°$ bei Vorschub $f = 1$ mm/U und Schnitttiefe $a_p = 3$ mm.

Lösung:

$$l_{s1} = f + \frac{a_p}{\sin \kappa_{r1}} = 1\,\text{mm} + \frac{3\,\text{mm}}{\sin 90°} = 4\,\text{mm}$$

$$l_{s2} = 1\,\text{mm} + \frac{3\,\text{mm}}{\sin 45°} = 5,24\,\text{mm}$$

$$l_{s3} = 1\,\text{mm} + \frac{3\,\text{mm}}{\sin 5°} = 35,4\,\text{mm}$$

Bogenspandicke

$$m_1 = \frac{A}{l_{s1}} = \frac{3\,\text{mm}^2}{4\,\text{mm}} = 0,75\,\frac{\text{mm}^2\ \text{Spanungsquerschnitt}}{\text{mm Schneidenlänge}}$$

$$m_2 = \frac{A}{l_{s2}} = \frac{3\,\text{mm}^2}{5,24\,\text{mm}} = 0,57\,\frac{\text{mm}^2\ \text{Spanungsquerschnitt}}{\text{mm Schneidenlänge}}$$

$$m_3 = \frac{A}{l_{s3}} = \frac{3\,\text{mm}^2}{35,4\,\text{mm}} = 0,0847\,\frac{\text{mm}^2\ \text{Spanungsquerschnitt}}{\text{mm Schneidenlänge}}$$

Wird 0,75 mm²/mm = 100 % gesetzt, ergibt sich für 0,57 mm²/min = 76 % und für 0,0847 mm²/min = 11,3 %, d.h. die spezifische Schneidenbelastung sinkt mit abnehmendem Einstellwinkel κ_r.

1.2.2 Schneiden, Flächen und Winkel am Drehmeißel[1]

Die geometrische Grundform der Schneide an spanenden Werkzeugen ist der *Keil*. Er erscheint sowohl bei Haupt- als auch bei Nebenschneiden. Schneiden und Flächen sind in Bild 3 dargestellt.

Hauptschneide ist jede Schneide, deren *Wirkfreiwinkel* bei Vergrößerung des Vorschubs und damit Vergrößerung des Wirkrichtungswinkels η (Bild 1) kleiner wird. Der Keil der Hauptschneide weist während des Schnittes etwa in Richtung der Vorschubbewegung (Ausnahme z.B. beim Gleichlauffräsen). Alle anderen Schneiden sind Nebenschneiden. Die Grenze zwischen Haupt- und Nebenschneide bei gekrümmter Schneide liegt dort, wo der Einstellwinkel κ_r gegen null geht.

Spanfläche ist die Fläche am Schneidkeil, über die der Span abläuft. Die Breite der Spanflächenfase wird mit $b_{f\gamma}$ bezeichnet (Bild 3).

Freiflächen sind die Flächen am Schneidkeil, die den entstehenden Schnittflächen zugekehrt sind. Die Breite der Freiflächenfase wird mit $b_{f\alpha}$ bezeichnet (Bild 3).

An der *Schneidenecke* treffen Haupt- und Nebenschneide zusammen. Sie ist bei Drehmeißeln meist mit Radius r gerundet (Bild 4). Die *Winkel an der Schneide* müssen in zwei verschiedenen Bezugssystemen gemessen werden. Man unterscheidet danach:

Wirkwinkel (im Wirkbezugssystem gemessen), sind von der Stellung Schneidwerkzeug zu Werkstück, den Schnittgrößen und der geometrischen Form des Werkstückes abhängig. Sie sind für die Beurteilung des Zerspanvorgangs wichtig.

Werkzeugwinkel (im Werkzeug-Bezugssystem gemessen) sind maßgeblich für Herstellung und Instandhaltung der Schneidwerkzeuge.

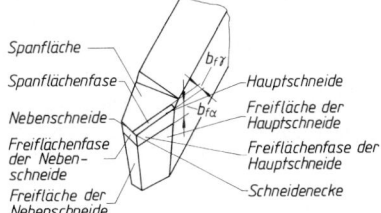

Bild 3. Bezeichnung der Schneiden und Flächen an einem Drehmeißel

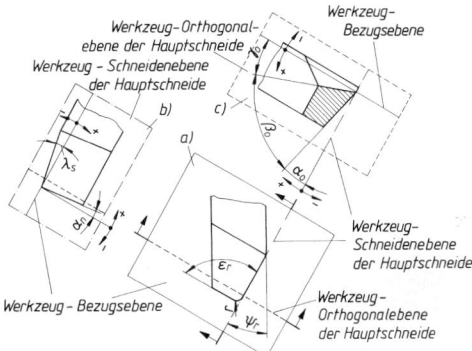

Bild 4. Lage der Werkzeugwinkel an einem Drehmeißel ohne Fase

———— Werkzeug-Bezugsebene   (a)

—·—·— Werkzeug-Schneidenebene   (b)

- - - - Werkzeug-Orthogonalebene   (c)

Das *Wirk-Bezugssystem* hat als Hauptachse die *Wirkrichtung* (Bild 1) und besteht aus den drei rechtwinklig aufeinander stehenden Ebenen:

Die *Wirk-Bezugsebene* steht rechtwinklig zur Richtung der *Wirkbewegung* (Bild 1).

Die *Schnittebene* ist die Tangentialebene an die momentan entstehende *Schnittfläche*, z.B. Hauptschnittfläche in Bild 1.

Die *Wirk-Messebene* steht rechtwinklig auf den beiden anderen Ebenen.

Das *Werkzeug-Bezugssystem* hat als Hauptachse die *Schnittrichtung* (Bild 1) und besteht aus den drei rechtwinklig zu einander stehenden Ebenen:

Die *Werkzeug-Bezugsebene* steht rechtwinklig zur Richtung der *Schnittbewegung* (Bilder 1 und 4); bei Dreh- und Hobelmeißeln liegt sie parallel zur Auflagefläche der Werkzeuge, bei Fräsern und Bohrern geht sie durch die Drehachse und den betrachteten Schneidenpunkt, bei Räumwerkzeugen rechtwinklig zur Längsachse des Werkzeugs; in anderen Fällen muss sie bezüglich der zu erwartenden Schnittrichtung besonders festgelegt werden.

---

[1] Nach DIN 6 581.

Werkzeug-Orthogonalkeilwinkelebene β_0 steht rechtwinklig auf den beiden anderen Elementen.

Die *Werkzeugwinkel an einem Drehmeißel ohne Fase* zeigt Bild 4. Werte für Wirkwinkel können nicht als allgemein gültig angesehen werden. Richtwerte nach den Angaben der Werkzeughersteller oder aus Forschungsarbeiten.

Die folgenden geometrischen Angaben beziehen sich auf die *Werkzeug*winkel (Lage der Winkel) nach Bild 4, die physikalischen (technologischen) Hinweise dagegen auf die Winkel als *Wirk*winkel:

Orthogonalfreiwinkel α_0 (Bild 4) – Freiwinkel genannt – ist der Winkel zwischen der Freifläche und der Werkzeug-Schneidenebene, bestimmt in der Werkzeug-Orthogonalebene. Er muss als Wirkwinkel immer positiv sein und beeinflusst die Reibung zwischen Schnittfläche am Werkstück und Freifläche am Werkzeug. Er ist um so größer zu machen, je sauberer die Schnittfläche sein soll, desgleichen bei weichen, plastischen Werkstoffen und je größer Drehdurchmesser d und Vorschub f sind, $\alpha_0 \approx 4° \ldots 6°$ für Hartmetall und $6° \ldots 8°$ für Schnellschnittstahl (bei Stahlbearbeitung),

Orthogonalkeilwinkel β_0 (Bild 4) – Keilwinkel genannt – ist der Winkel zwischen Frei- und Spanfläche, gemessen in der Werkzeug-Orthogonalebene. Er beeinflusst die Schneidfähigkeit der Werkzeugschneide. Große Keilwinkel führen bei spröden Werkstoffen zu dicken Spänen. Kleinere Keilwinkel ergeben geringere Zerspankraft (Keil dringt leichter ein), schlechtere Wärmeabfuhr (Wärmestau), damit höhere Schneidentemperatur und geringere Standzeit, die Schneide hakt leichter ein. Deshalb: $\beta_0 \approx 40° \ldots 50°$ für weiche, dehnbare Werkstoffe; $\beta_0 \approx 55° \ldots 75°$ für zähfeste Werkstoffe (Baustahl); $\beta_0 \approx 75° \ldots 85°$ für spröde, hochfeste Werkstoffe.

Orthogonalspanwinkel γ_0 (Bild 4) – Spanwinkel genannt – ist der Winkel zwischen der Spanfläche und der Werkzeug-Bezugsebene, bestimmt in der Werkzeug-Orthogonalebene. Er ist der wichtigste Winkel an der Schneide und beeinflusst den Spanablauf, die Spanbildung (Reißspan, Fließspan) und die Zerspankraft. Je größer γ_0, um so besser läuft der Span ab (Vibrieren wird vermieden) und um so geringer ist die Zerspankraft. Kleine γ_0 ergeben mehr schabende Wirkung, verringern aber die Bruchgefahr an der Schneidenecke. Negative Spanwinkel nach Bild 5 (nur an Hartmetallschneiden) sind bei hohen Schnittgeschwindigkeiten und sogenanntem unterbrochenem Schnitt (z.B. bei Gusshaut) und bei festen Werkstoffen wie Mangan-Hartstahl oder Hartguss günstig. Sie erhöhen in diesen Fällen die Standzeit erheblich, setzen jedoch starre, kräftige Maschinen mit hoher Antriebsleistung voraus.

Wie die schematische Darstellung in Bild 5 zeigt, trifft der Span bei $-\gamma_0$ die Spanfläche in größerer Entfernung von der Schneidenspitze. Eine mögliche Auskolkung K ist weniger gefährlich.

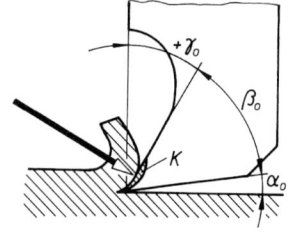

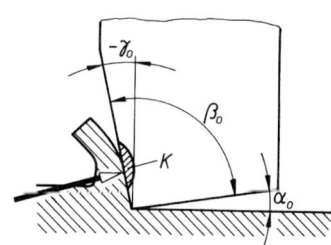

Bild 5. Positiver und negativer Spanwinkel γ_0 (schematisch dargestellt)

Für die Werkzeug-Winkel α_0, β_0, γ_0 gilt immer: $\alpha_0 + \beta_0 + \gamma_0 = 90°$.

Eckenwinkel ε_r (Bild 4) ist der Winkel zwischen zwei zusammengehörigen Haupt- und Nebenschneiden, bestimmt in der Werkzeug-Bezugsebene. Er beeinflusst die Standzeit. Bei kleinem ε_r kann die Wärme nicht genügend gut nach hinten abfließen, weil der Querschnitt zu klein ist. Die Temperatur der Schneidenecke kann unzulässig hoch ansteigen. $\varepsilon_r = 90°$ hat sich bei Vorschüben $f < 1$ mm/U bewährt. Bei größerem f kann ε_r entsprechend größer gewählt werden.

Schneidenwinkel ψ_r ist der Winkel zwischen der Werkzeug-Schneidenebene und der Hauptachse des Werkzeugs.

Einstellwinkel κ_r ist der Winkel zwischen der Arbeitsebene und der Schnittebene, bestimmt in einer Ebene rechtwinklig zur Schnittrichtung (Bild 1). Beim Einstechmeißel ist $\kappa_r = 0°$, er beeinflusst die Verteilung der Zerspankraft-Komponente in der Ebene rechtwinklig zur Schnittrichtung (Bild 1), die Spanform und damit die Standzeit. Bild 6 soll schematisch, ohne Berücksichtigung der tatsächlichen Kraftgrößen, in Verbindung mit dem folgenden Beispiel die Verhältnisse erläutern.

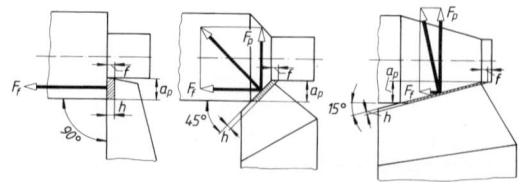

Bild 6. Vorschubkraft F_f und Passivkraft F_p in Abhängigkeit vom Einstellwinkel κ_r (schematisch dargestellt)

■ **Beispiel:**
Gegeben: Schnitttiefe a_p = 3 mm, Vorschub f = 1 mm/U; damit Spanungsquerschnitt $A = a_p f$ = 3 mm² = konstant für die drei Fälle des Bildes 6. κ_{r1} = 90°, κ_{r2} = 45°, κ_{r3} = 15°.
Gesucht: Spanungsdicke h, Schnittbogenlänge l_s, Bogenspandicke m, Spanungsbreite b und Widerstandsmoment W für die drei Spanungsquerschnittformen.

Lösung:

$$h_1 = f \sin \kappa_{r1} = 1 \text{ mm} \cdot \sin 90° = 1 \text{ mm}$$

$$l_{s1} = f + \frac{a_p}{\sin \kappa_{r1}} = 1 \text{ mm} + \frac{3 \text{ mm}}{\sin 90°} = 4 \text{ mm}$$

$$m_1 = \frac{A}{l_{s1}} = 0,75 \frac{\text{mm}^2}{\text{mm}}$$

$$b_1 = \frac{a_p}{\sin \kappa_{r1}} = 3 \text{ mm}$$

$$W_1 = \frac{b_1 h_1^2}{6} = 0,5 \text{ mm}^3$$

$$h_2 = f \sin \kappa_{r2} = 1 \text{ mm} \cdot \sin 45° = 0,707 \text{ mm}$$

$$l_{s2} = f + \frac{a_p}{\sin \kappa_{r2}} = 1 \text{ mm} + \frac{3 \text{ mm}}{\sin 45°} = 5,24 \text{ mm}$$

$$m_2 = \frac{A}{l_{s2}} = 0,57 \frac{\text{mm}^2}{\text{mm}}$$

$$b_2 = \frac{a_p}{\sin \kappa_{r2}} = 4,24 \text{ mm}$$

$$W_2 = \frac{b_2 h_2^2}{6} = 0,35 \text{ mm}^3$$

$$h_3 = f \sin \kappa_{r3} = 1 \text{ mm} \cdot \sin 15° = 0,258 \text{ mm}$$

$$l_{s3} = f + \frac{a_p}{\sin \kappa_{r3}} = 1 \text{ mm} + \frac{3 \text{ mm}}{\sin 15°} = 12,6 \text{ mm}$$

$$m_3 = \frac{A}{l_{s3}} = 0,24 \frac{\text{mm}^2}{\text{mm}}$$

$$b_3 = \frac{a_p}{\sin \kappa_{r3}} = 11,6 \text{ mm}$$

$$W_3 = \frac{b_3 h_3^2}{6} = 0,13 \text{ mm}^3$$

κ_r = 90°: Span ist dick und schmal, Schnittbogenlänge l_s klein, Widerstandsmoment W sehr groß und damit der Verformungswiderstand groß, d.h. auch große Reibung auf der Spanfläche, hohe Erwärmung und geringere Standzeit. Da Passivkraft F_p = 0 ist (keine durchbiegende Komponente) wählt man große Einstellwinkel für dünne oder dünnwandige Werkstücke die sich leicht durchbiegen, jedoch *nur* für solche Fälle. Der Werkstattbrauch immer mit großem κ_r zu arbeiten, führt zu hohen Werkzeugkosten, weil die spezifische Schneidenbelastung bei κ_r = 90° am größten ist.

κ_r = 15°: Span ist dünn und breit, Schnittbogenlänge l_s also groß, Widerstandsmoment W klein (nur 26 % von κ_r = 90°) und damit der Verformungswiderstand klein, d.h. geringere Reibung und Erwärmung und größere Standzeit. Durch die größere Trennlänge wird jedoch die Zerspankraft erhöht. Kleine Einstell-

winkel deshalb z.B. für das Schruppdrehen von Hartgusswalzen ($\kappa_r \approx$ 5°). Die Passivkraft F_p wird groß, dadurch größere Durchbiegung des Werkstücks möglich, eventuell Maßungenauigkeit, Rattermarken.
Angenommen: 0,5 mm³ = 100 %, dann sind 0,35 mm³ = 70 % und 0,13 mm³ = 26 %.

Beachte: Nicht dargestellt und berücksichtigt wurde die Veränderung der Zerspankraft und damit der Schnittkraft, die ebenso wie die Passivkraft mit kleiner werdendem κ_r ansteigt. Die Vorschubkraft wird zwar mit kleiner werdendem κ_r ebenfalls kleiner, sinkt aber nicht ganz auf null ab. Vorteilhaft sind Einstellwinkel κ_r = 45° ... 75°.

Neigungswinkel λ_s ist der Winkel zwischen der Hauptschneide und der Werkzeug-Bezugsebene (Bild 4), bestimmt in der Werkzeug-Schneidenebene. λ_s ist positiv, wenn die Schneidenecke der Hauptschneide in Schnittrichtung vorauseilt, anderenfalls ist er negativ. Eine geneigte Schneide beeinflusst die Spanablaufrichtung und vermindert durch Entstehung eines ziehenden Schnittes die Belastung des Schneidkeils.
Bei spanender Bearbeitung mit unterbrochenem Schnitt ist ein negativer λ_s sinnvoll, weil der immer wiederkehrende Anschnitt dann nicht an der Schneidenecke erfolgt. Geneigte Schneiden bewirken bei positivem λ_s eine Verringerung und bei negativem λ_s eine Vergrößerung der Passivkraft F_p.

1.2.3 Werkzeugstellung und Wirkwinkel

Gegenüber der Normalstellung verändert jede andere Stellung des Werkzeugs die Schneidenwinkel. Bild 7 zeigt den Einfluss einer *Schneidenüberhöhung h* auf Freiwinkel α_0 und Spanwinkel γ_0 beim Außendrehen (beim Innendrehen sind die Verhältnisse umgekehrt):

Meißelstellung über Mitte:
Wirk-Freiwinkel $\quad \alpha'_0 = \alpha_0 - \varphi$
$\quad\quad\quad$ und $\quad \gamma'_0 = \gamma_0 + \varphi$

Meißelstellung unter Mitte:
Wirk-Freiwinkel $\quad \alpha'_0 = \alpha_0 + \varphi$
$\quad\quad\quad$ und $\quad \gamma'_0 = \gamma_0 - \varphi$

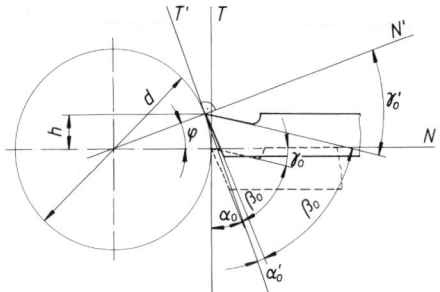

Bild 7. Einfluss der Schneidenüberhöhung h auf Freiwinkel α_0 und Spanwinkel γ_0

Beachte: Der über die Hauptschneide hinaus verlängerte Radius, die Normale N (bzw. N'), bildet mit der zugehörigen Tangente T (bzw. T) immer einen Winkel von 90°, der die Winkel $\alpha_0 + \beta_0 + \gamma_0 = 90°$ einschließt. Beim *Innendrehen* gilt: Meißel über Mitte: α'_0 größer, γ'_0 kleiner; Meißel unter Mitte: α' kleiner, γ' größer.

■ **Beispiel:**

Bei welcher Schneidenüberhöhung h wird der Wirk-Freiwinkel $\alpha'_0 = 0°$, wenn der Winkel $\alpha_0 = 5°$ in Normalstellung beträgt und Durchmesser $d = 15$ mm ist?

Lösung:

Bei $\alpha'_0 = 0°$ ist Winkel $\varphi =$ Winkel α_0 und damit

$$h = \frac{d}{2}\sin\alpha_0 = \frac{15\ \text{mm}}{2}\cdot\sin 5° = 0{,}65\ \text{mm}$$

Meistens wird $h = 1$ bis $2\,d/100$ gemacht (über Mitte) und damit α_0 um 1° bis 2° verkleinert und γ_0 um 1° bis 2° vergrößert. Beim Ein- und Abstechen ist die Schneide genau auf Mitte zu stellen.
Bei *Schrägstellung* des Drehmeißels nach Bild 8 ändern sich die Wirkwinkel trotz genauer Mittenstellung der Schneide in der angegebenen Weise.

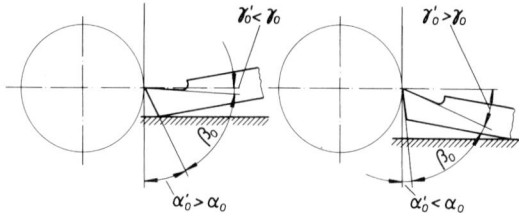

Bild 8. Einfluss der Schrägstellung des Drehmeißels auf Freiwinkel α_0 und Spanwinkel γ_0

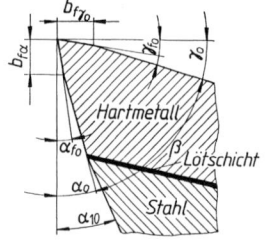

Bild 9.
Winkel an einer
Hartmetallschneide

1.2.4. Winkel an der Hartmetallschneide

Mit zunehmendem Spanwinkel γ_0 nehmen Schnittkraft und damit Antriebsleistung beträchtlich ab. Andererseits wird die Standzeit kleiner. Zur Standzeiterhöhung trotz größerer Spanwinkel wird deshalb der eigentliche Schneidkeil an der Spitze durch eine Fase verstärkt (Bild 9). Es wird $\gamma_{f0} < \gamma_0$ gemacht; bei zerspantechnisch schwierigen Arbeiten wird $\gamma_{f0} = 0°$ oder sogar negativ empfohlen, ebenso $\alpha_{f0} < \alpha_0$; gewöhnlich wählt man die 90°-Fase mit $\alpha_{f0} = 0°$ und $\gamma_{f0} = 0°$. Die Fase wird zweckmäßig geläppt.

---

[1]   Siehe auch DIN 6584.

$b_{f\alpha_0} = 0{,}5\ ...\ 2\,f$; α_f etwa 2° kleiner als α_0. Für das Nachschleifen der Freifläche $\alpha_{10} \approx 2°$ größer als α_0.

1.3 Kräfte und Leistungen[1]

Die beim Schnitt auftretenden Widerstände (Verformung, Reibung) erzeugen die *Zerspankraft F*, die nach Bild 1 in Richtung auf das Werkzeug wirkend betrachtet wird.
Jede in einer beliebigen Richtung oder in einer beliebigen Ebene (Arbeitsebene, Wirk-Bezugsebene ...) gesuchte Komponente der Zerspankraft F ergibt sich durch Projektion von F auf diese Richtung oder auf diese Ebene. Für die Praxis sind besonders von Bedeutung die Komponenten in der Arbeitsebene und in der Ebene rechtwinklig zur Schnittrichtung (Bild 1): *Schnittkraft F_c*, *Vorschubkraft F_f* und *Passivkraft F_p*. Beim Drehen ist F_c meist groß gegenüber F_f und F_p.
Die Schnittkraft F_c wird mit Schnittkraftmessgeräten bestimmt und daraus für Vergleiche die *spezifische Schnittkraft k_c* angegeben.
Die *spezifische Schnittkraft k_c* ist diejenige Schnittkraft, die erforderlich ist, um einen Span mit der Spanungsdicke h abzuheben.
Daraus lässt sich mit k_c und Spanungsquerschnitt A bzw. Schnitttiefe a_p und Vorschub f die *Schnittkraft F_c* berechnen:

$$F_c = k_c A = k_c a_p f \qquad (6)$$

F_c	k_c	A	a_p	f
N	$\dfrac{\text{N}}{\text{mm}^2}$	mm^2	mm	$\dfrac{\text{mm}}{\text{U}}$

k_c wächst mit der Festigkeit des Werkstoffs, bei Stahl also mit zunehmendem C-Gehalt. Phosphor und Schwefel dagegen verringern k_c (Automatenstähle).
Von größtem Einfluss ist die Form der Schneide: Großer Spanwinkel γ_0 setzt k_c stark herab, Verringerung des Einstellwinkels κ_r vergrößert k_c wegen der wachsenden Trennlänge.
Zunehmende Schnittgeschwindigkeit verringert k_c etwas bis zu einem Grenzwert, umgekehrte Veränderung nur bei Magnesium- und Zinklegierungen.
Schmiermittel setzen k_c herab, im Gegensatz zu Kühlmitteln. Mit wachsendem Spanungsquerschnitt (Vorschub) fällt k_c bei den verschiedenen Werkstoffen verschieden stark ab (Bild 10). Auch das Verhältnis f/a_p beeinflusst k_c: Je kleiner f/a_p ist, um so größer wird k_c.
Beachte: Die angegebenen Veränderungen setzen voraus, dass alle anderen Einflussgrößen konstant gehalten werden.

Tabelle 1. Richtwerte für die spezifische Schnittkraft k_c beim Drehen Die Richtwerte sind von der Firma Gebr. Boehringer in Göppingen aus Versuchswerten von Prof. Kienzle und allgemeinen Hinweisen aus dem Schrifttum abgeleitet worden.

spezifische Schnittkraft k_c in N/mm² bei Vorschub f in mm/U und Einstellwinkel κ_r

Werkstoff	Zugfestigkeit R_m in N/mm²	0,063			0,1			0,16			0,25			0,4			0,63			1		
		45°	70°	90°	45°	70°	90°	45°	70°	90°	45°	70°	90°	45°	70°	90°	45°	70°	90°	45°	70°	90°
S275 JR	bis 500	3010	2860	2820	2760	2635	2600	2550	2435	2400	2360	2265	2240	2200	2085	2060	2030	1945	1920	1890	1810	1800
E 295	520	4470	4180	4100	3980	3690	3610	3500	3260	3190	3100	2880	2830	2740	2550	2500	2430	2280	2240	2180	2040	1990
E 335	620	3620	3430	3380	3300	3130	3080	3010	2870	2830	2780	2650	2620	2580	2470	2440	2400	2300	2270	2220	2130	2110
E 360	720	5680	5260	5150	4980	4610	4500	4350	4010	3920	3800	3500	3410	3300	3060	2990	2900	2670	2600	2520	2310	2260
C 45 E	670	3450	3300	3260	3200	3080	3040	2990	2870	2840	2800	2690	2660	2620	2530	2500	2460	2370	2340	2310	2240	2220
C 60 E	770	3690	3500	3450	3380	3200	3150	3100	2960	2920	2860	2730	2700	2650	2530	2490	2450	2330	2300	2260	2160	2130
16 Mn Cr 5	770	4720	4410	4320	4200	3910	3830	3720	3470	3400	3300	3090	3020	2930	2720	2660	2580	2410	2360	2300	2140	2100
16 Cr Ni 6	630	5680	5260	5150	4980	4610	4510	4350	4015	3920	3800	3505	3410	3300	3070	3000	2900	2665	2590	2520	2315	2260
34 Cr Mo 4	600	4300	4070	4000	3900	3670	3610	3530	3345	3290	3220	3055	3000	2940	2795	2750	2670	2505	2460	2400	2280	2240
42 Cr Mo 4	730	5450	5100	5000	4880	4580	4500	4370	4080	4000	3890	3620	3550	3450	3220	3150	3060	2860	2800	2720	2550	2500
50 Cr V 4	600	5000	4650	4560	4440	4170	4100	3980	3690	3610	3500	3260	3190	3100	2880	2820	2730	2550	2500	2430	2270	2220
15 Cr Mo 5	590	3880	3715	3660	3590	3430	3390	3320	3175	3130	3070	2935	2900	2850	2720	2680	2630	2505	2470	2420	2325	2290
Mn-, CrNi-,	850 ... 1000	4530	4270	4200	4100	3870	3800	3710	3440	3450	3380	3200	3150	3080	2900	2850	2780	2640	2600	2550	2420	2380
CrMo- u.a.leg.St.	1000 ... 1400	4780	4520	4450	4350	4120	4050	3960	3760	3700	3610	3410	3350	3280	3120	3100	3030	2890	2850	2800	2660	2620
Nichtrost. St.	600 ... 700	4500	4270	4200	4120	3910	3850	3770	3580	3530	3460	3300	3250	3180	3040	3000	2940	2820	2780	2730	2610	2580
Mn-Hartstahl		6600	6210	6100	5950	5600	5500	5370	5060	4980	4860	4580	4500	4400	4150	4080	3980	3770	3700	3620	3410	3360
Hartguss		3720	3550	3500	3420	3240	3190	3130	2990	2940	2880	2730	2680	2620	2480	2450	2400	2280	2240	2200	2090	2060
GE 240	300 ... 500	2720	2590	2560	2510	2390	2360	2320	2210	2180	2140	2030	2000	1960	1890	1860	1820	1740	1720	1690	1620	1600
GE 260	500 ... 700	3010	2860	2820	2760	2630	2600	2550	2430	2400	2360	2270	2240	2200	2090	2060	2030	1950	1920	1890	1820	1800
EN-GJL-150		1800	1700	1670	1630	1530	1510	1480	1390	1370	1340	1270	1250	1220	1160	1140	1120	1050	1040	1020	960	950
EN-GJL-250		2570	2410	2360	2300	2150	2110	2060	1910	1870	1820	1690	1660	1610	1500	1470	1430	1320	1300	1280	1190	1160
Temperguss		2440	2280	2240	2180	2040	2000	1950	1830	1800	1750	1630	1600	1560	1490	1460	1420	1340	1320	1290	1220	1200
Gu Sn-Gussleg.		3010	2860	2820	2760	2630	2600	2550	2430	2400	2360	2270	2240	2200	2090	2060	2030	1950	1920	1890	1820	1800
CuSnZn-Gussleg.		1360	1270	1250	1220	1140	1120	1090	1020	1000	980	910	900	880	810	800	780	720	710	700	660	650
Cu Zn-knetleg.		1380	1310	1300	1280	1210	1200	1180	1110	1100	1080	1010	1000	980	930	920	900	860	850	840	790	780
Al-Gussleg.	300 ... 420	1360	1270	1250	1220	1140	1120	1090	1020	1000	980	910	900	880	810	800	780	710	710	700	660	650
Mg-Gussleg.		490	475	470	455	435	430	420	405	400	390	365	360	350	335	330	320	305	300	285	285	280

Neben den Richtwerten aus Tabelle 1 kann die spezifische Schnittkraft k_c rechnerisch ermittelt werden:

$$k_c = \frac{k_{c1\cdot1}}{h^z} K_V K_\gamma K_{WS} K_{WV} K_{ks} K_f \qquad (7)$$

Darin sind: h Spanungsdicke nach (4), z Spanungsdickenexponent und K Korrekturfaktoren. $k_{c1\cdot1}$ heißt *Hauptwert der spezifischen Schnittkraft* und ist die spezifische Schnittkraft bei 1 mm² Spanungsquerschnitt (1 mm Spanungsdicke · 1 mm Spanungsbreite).

Richtwerte für $k_{c1\cdot1}$ und Spanungsdickenexponent z in Tabelle 2, Korrekturfaktoren K in Tabelle 3.

Tabelle 2. Richtwerte für spezifische Schnittkraft $k_{c1\cdot1}$ und Spanungsdickenexponent z für Spanungsdicke $h = 0,05 ... 2,5$ mm

Werkstoff	$k_{c1\cdot1}$ in N/mm²	z
S235JR	1 780	0,17
S275JR	1 990	0,26
E335	2 110	0,17
E360	2 260	0,30
C15, C15E	1 820	0,22
C35, C35E	1 860	0,20
C45, C45E	2 220	0,14
C60, C60E2 130	2 130	0,18
16MnCr5	2 100	0,26
34CrMo4	2 240	0.21
GE240	1 600	0,17
EN-GJL-200	1 020	0,25
EN-GJL-250	1 160	0,26

Tabelle 3. Korrekturfaktoren K

Schnittgeschwindigkeits-Korrekturfaktor K_V

$$K_V = \frac{2,023}{v_c^{0,153}} \text{ für } v_c \leq 100 \frac{m}{min}$$

$$K_V = \frac{1,380}{v_c^{0,070}} \text{ für } v_c \geq 100 \frac{m}{min}$$

für $v_c = 20...600$ m/min $K_V = 100000$ für $v_c = 100 \frac{m}{min}$

Spanwinkel-Korrekturfaktor

$K_\gamma = 1,09 - 0,015 \gamma_0°$
K_γ für langspanende Werkstoffe z.B. Stahl
$K_\gamma = 1,03 - 0,015 \gamma_0°$
für kurzspanende Werkstoffe wie Gusseisen

Schneidstoff-Korrekturfaktor K_{WS}

$K_{WS} = 1,05$ für Schnellarbeitsstahl
$K_{WS} = 1,0$ für Hartmetall
$K_{WS} = 0,9 ... 0,95$ für Schneidkeramik

Werkzeugverschleiß-Korrekturfaktor K_{wv}

$K_{WV} = 1,3...1,5$ für Drehen, Hobeln und Räumen
$K_{WV} = 1,25 ... 1,4$ für Bohren und Fräsen
$K_{WV} = 1$ bei scharfer Schneide

Kühlschmierungs-Korrekturfaktor K_{ks}

$K_{ks} = 1$ für trockene Zerspanung

$K_{ks} = 0,85$ für nicht wassermischbare Kühlschmierstoffe

$K_{ks} = 0,9$ für Kühlschmier-Emulsionen

Werkstückform-Korrekturfaktor K_f

$K_f = 1$ für konvexe Bearbeitungsflächen z.B. Außendrehen

$K_f = 0,85$ für ebene Bearbeitungsflächen z.B. Hobeln und Räumen

$K_f = 1,2$ für konkave Bearbeitungsflächen z.B. Innendrehen, Bohren und Fräsen

Nach der allgemeinen Leistungsdefinition ist Leistung $P = F \cdot v$. Damit ergibt sich für den Zerspanvorgang mit Schnittgeschwindigkeit v_c die *Schnittleistung*

$$P_c = \frac{F_c v_c}{60\,000} \qquad (8)$$

$$P_c = \frac{k_c A v_c}{60\,000} \qquad (9)$$

P_c	F_c	v_c	k_c	A
kW	N	$\dfrac{m}{min}$	$\dfrac{N}{mm^2}$	mm²

Ist die Motorleistung P_m in kW angegeben, rechnet man unter Berücksichtigung des *Wirkungsgrads* η der Drehmaschine ($\eta = 0,6 ... 0,95$) mit der zugeschnittenen Größengleichung:

$$P_m = \frac{k_c A v_c}{60\,000\,\eta} \qquad (10)$$

$$v_c = \pi d n \qquad (11)$$

P_m	k_c	A	v_c	d	n
kW	$\dfrac{N}{mm^2}$	mm²	$\dfrac{m}{min}$	m	min⁻¹

Beachte: Die sich als Produkt aus Vorschubkraft F_f und Vorschubgeschwindigkeit $v_f = f n$ ergebende *Vorschubleistung* P_f ist wegen der geringen Vorschubgeschwindigkeit v_f vernachlässigbar klein (siehe Beispiel).

■ **Beispiel:**

Welche Schnitttiefe a_p kann maximal eingestellt werden, wenn auf einer Drehmaschine mit $P_m = 5,5$ kW Antriebsleistung bei 80 % Wirkungsgrad mit einer Schnittgeschwindigkeit von 140 m/min und einem Vorschub $f = 0,16$ mm/U bei Einstellwinkel $\kappa_r = 45°$ eine Welle aus E 360 und $d = 180$ mm Durchmesser bearbeitet werden soll?

Lösung:

Die an der Maschine einstellbare Drehzahl deckt sich meistens nicht mit der der gewählten Schnittgeschwindigkeit entsprechenden Drehzahl. Hier ist

$$n = \frac{v_c}{\pi\,d} = \frac{140\ \text{m}}{\text{min} \cdot \pi \cdot 0,18\ \text{m}} = 248\ \text{min}^{-1}$$

Eingestellt wird die nächstniedere Drehzahl $n = 224$ min^{-1} (Lastdrehzahlen siehe Abschnitt O Werkzeugmaschinen). Damit wird die tatsächlich vorhandene Schnittgeschwindigkeit

$$v_c = \pi\,d\,n = \pi \cdot 0,18\ \text{m} \cdot 224\ \text{min}^{-1} = 127\ \text{m/min}$$

Die spezifische Schnittkraft beträgt nach Tabelle 1:
$k_c = 4\,350$ N/mm^2.
Mit Spanungsquerschnitt $A = a_p\,f$ wird nach Gl. (10) die Schnitttiefe

$$a_p = \frac{P\,\eta\,60\,000}{k_c\,v_c\,f}\ \text{mm} = \frac{5,5 \cdot 0,8 \cdot 60\,000}{4350 \cdot 127 \cdot 0,16}\ \text{mm} \approx 3\ \text{mm}$$

■ **Beispiel:**

Es wird angenommen, dass im vorhergehenden Beispiel die Vorschubkraft F_f etwa 50 % der Schnittkraft F_c beträgt. Zu berechnen ist die Vorschubleistung F_f.

Lösung:

Mit $k_c = 4\,350$ N/mm^2, $a_p = 3$ mm, $f = 0,16$ mm/U, $n = 224$ min^{-1} wird die Schnittkraft
$F_c = k_c\,a_p\,f = 4\,350$ N/mm$^2 \cdot 3$ mm $\cdot 0,16$ mm $= 2088$ N.

Vorschubkraft
$F_f = 0,5\,F_c = 1\,044$ N.

Vorschubleistung
$P_f = F_f \cdot v_f = 1\,044$ N $\cdot 224$ min$^{-1} \cdot 0,16$ mm/U $= 37\,417$ Nmm/min

$P_f = 0,00062$ kW $= 0,624$ W $\approx 0,6 \cdot 10^{-3}$ kW

Die Vorschubleistung ist demnach vernachlässigbar klein.

1.4 Wahl der Schnittgeschwindigkeit

Die Vielzahl der Einflussgrößen macht es unmöglich, allgemein gültige Angaben über die „richtige" Schnittgeschwindigkeit vorzulegen. Richtwerttafeln über einzustellende Schnittgeschwindigkeiten sind mit größter Umsicht auszuwerten, weil sie nur für ganz bestimmte Fälle gelten. Richtwerte siehe Tabelle 4, die für die verschiedenen Werkstoffe nach Vorschub

gestufte Mittelwerte ohne Kühlung (keine Bestwerte) angibt. Darüber hinaus sollten die neuesten Richtwerttafeln der Schneidstoffhersteller ausgewertet werden.

$v_{c\,60}$ ist Schnittgeschwindigkeit bei 60 min Standzeit, entsprechend $v_{c\,240}$ für 240 min Standzeit. Man wählt $v_{c\,60}$ für einfache, leicht auswechselbare Drehmeißel; $v_{c\,240}$ für einfache Werkzeugsätze mit gegenseitiger Abhängigkeit (z.B. auf Revolvermaschinen); $v_{c\,480}$ für kompliziertere Werkzeugsätze, deren Auswechseln wegen der gegenseitigen Abhängigkeit und Genauigkeit der Schneiden längere Zeit erfordert (z.B. auf Vielschnittmaschinen, Drehautomaten). Gleiche Überlegungen gelten im Hinblick auf die Instandhaltung der Werkzeuge. Allgemein gilt: Höhere Schnittgeschwindigkeit gibt zeitgünstiges Zerspanen und niedrigere Schnittgeschwindigkeit kostengünstigeres.

1.4.1 Einflüsse auf die Schnittgeschwindigkeit v_c

Standzeit T ist die Zeitspanne in Minuten, in der die Schneide Schnittarbeit verrichtet, bis zum nötigen Wiederanschliff. Sie hat größte wirtschaftliche Bedeutung. T ist bei gleichem Werkstoff um so kleiner, je höher v_c gewählt wird, z.B. nur wenige Minuten bei $v_c \approx 2000$ m/min. Verschiedenartige Werkstoffe erfordern zu gleicher Standzeit T verschiedene Schnittgeschwindigkeiten v_c. Alle Betrachtungen dieser Art setzen voraus, dass die übrigen Schnittbedingungen konstant gehalten werden (Werkstoff-, Werkzeug- und Einstellbedingungen). Ändert sich auch nur eine der Bedingungen, muss auch v_c geändert werden, um zur gleichen Standzeit T zu kommen. *Werkstoff*: Bei bestimmter Standzeit ändert sich v_c für jeden Werkstoff in Abhängigkeit vom Spanungsquerschnitt unterschiedlich. Eine Verdoppelung des Spanungsquerschnitts setzt z.B. bei Cu Zn-Legierungen v_c stärker herab als bei Gusseisen. Schnittgeschwindigkeittabellen für verschiedene Werkstoffe ohne Angabe der zugehörigen Spanungsquerschnitte sind also nutzlos. *Schneidstoff*: Bei bestimmter Standzeit kann v_c vergrößert werden, wenn der Schneidstoff eine höhere zulässige Schneidentemperatur besitzt. Stufung: Werkzeugstahl, Schnellstahl, Hartmetall, Diamant. Siehe E Werkstofftechnik. *Spanungsquerschnitt A*: Die Schnittgeschwindigkeit wird sowohl von der *Größe* als auch von der *Form* (Verhältniss f/a_p) des Spanungsquerschnitts beeinflusst. Je größer der Spanungsquerschnitt A, um so kleiner muss v_c werden, bei gleicher Standzeit T. Je kleiner f/a_p, um so größer kann bei gleicher Standzeit T die Schnittgeschwindigkeit v_c sein. Mit f/a_p hängt der Einstellwinkel κ_r zusammen. Bei gleicher Standzeit T kann v_c um so größer sein, je kleiner κ_r ist. Trotzdem wird häufig mit $\kappa_r = 90°$ gearbeitet, was zu hohem Schneidstoffverbrauch führt.

Tabelle 4. Richtwerte für die Schnittgeschwindigkeit v_c beim Drehen. Die Richtwerte sind von der Firma Gebr. Boehringer in Göppingen aus Versuchswerten von Prof. Kienzle und allgemeinen Hinweisen aus dem Schrifttum abgeleitet worden.

Schnittgeschwindigkeit v_c in m/min bei Vorschub f in mm/U und Einstellwinkel κ [1)2)]

Werkstoff	Zugfestigkeit R_m in N/mm²	L/W	Schneidstoff [3)]	0,063 45°	0,063 70°	0,063 90°	0,1 45°	0,1 70°	0,1 90°	0,16 45°	0,16 70°	0,16 90°	0,25 45°	0,25 70°	0,25 90°	0,4 45°	0,4 70°	0,4 90°	0,63 45°	0,63 70°	0,63 90°	1 45°	1 70°	1 90°
E 295	500 … 600	L	HM	224	212	200	200	190	180	180	170	160	160	150	140	140	132	125	125	118	112	112	106	100
C 35		W	HM				475	450	425	400	375	355	335	315	300	280	265	250	236	224	212	200	190	180
		W	Keramik					560		500			450			400			355			315			280
E 335	600 … 700	L	HM	212	200	190	190	180	170	170	160	150	150	140	132	132	125	118	118	112	106	106	100	95
		L	HSS				35,5	31,5	28	28	25	22,4	25	22,4	20	20	18	16	18	16	14	16	14	12,5
C 45		W	HM				335	315	300	335	315	355	265	250	236	224	212	200	190	180	170	160	150	150
		W	Keramik				500	450		450	400		400	355		355	315		315	280		280		
E 360	700 … 850	L	HM	180	170	160	160	150	140	140	132	125	125	118	112	106	100	95	95	90	85	80	75	75
		L	HSS				28	25	22,4	25	22,4	20	20	18	16	18	16	14	16	14	12,5	12,5	11,2	10	9	8
C 60		W	HM				315	300	280	280	265	250	224	212	200	190	180	170	160	150	140	132	125	118
		W	Keramik				450			400			355			315			280			150			
Mn-, Cr Ni-, Cr Mo- und andere legierte Stähle	700 … 850	L	HM	180	170	160	160	150	140	140	132	125	125	118	112	106	100	95	95	90	85	80	80	75
		L	HSS				25	18	16	20	18	16	16	14	12,5	16	14	12,5	11,2	9	8	9	8	7
		W	HM	140	132	125	265	250	236	224	250	236	212	200	170	190	180	170	160	150	140	132	125	118
	850 … 1000	L	HM	140	132	125	190	180	150	100	95	90	90	85	80	71	67	63	63	60	56	56	53	50
		L	HSS				20	16	14	20	16	12,5	11,2	16	10	12,5	10	8	10	7,1	6,3	8	5,6	5
		W	HM	190			150	140	132	150	140	132	118	112	106	95	90	85	75	71	60	56	53
EN-GJL-150		L	HM	95	90	85	80	75	67	67	63	60	60	56	53	53	50	47,5	47,5	45	42,5
		L	HSS				28	22,4	20	20	16	14	16	14	11,2	9	8	9	8	7,1	6,3
EN-GJL-250		L	HM				200	180	170	180	170	160	150	140	132	125	118	112	100	95	90	85	80
		L	HSS				450	400		400	355		355								
EN-GJL-600-15		L	HM				160	150	150	140	132	125	118	112	106	95	90	85	80	75	63
		W	HM	170			560	16	500	400			450	123	112	100	95	90	355	71	67
Leg. Gusseisen DIN EN 12513		L	HM	19	18	17	17	16	15	15	14	13,2	13,2	11,8	11,2	11,8	10,6	10	10	9,5	8	8,5	9,5
		W	HM		125		112	26,6	25	21,2	23,6	20	17	16	15	13,2	10,6	11,8	12,5	10,6	9,5	8,5	10
Cu Sn - Leg. DIN EN 1982		L	HM	315	300	280	280	265	250	250	236	224	224	212	200	190	180	180	170	160	160	150	140
		L	HSS					53	50	53	50	47,5	45	40	37,5	40	353	37,5	31,5	33,5	28
Cu Sn Zn - Leg. DIN EN 1982		L	HM	425	400	375	400	375	355	355	335	315	315	300	280	280	265	265	250	236	236	224
		L	HSS				100	75	67	71	67	63	60	56	45	47,5	37,5	40	35,5	31,5	30	28
Cu Sn - Leg. DIN EN 12163		L	HM	500	475	450	475	450	425	425	400	400	375	355	335	335	315	315	300	280	265
		L	HSS				112	106	100	106	71	85	85	80	63	60	47,5	50	45	37,5	35,5	33,5
Al-Gussleg. DIN EN 1706	300 … 420	L	HM	250	236	224	212	200	200	190	180	180	170	160	150	140	140	132	125	118	112
		L	HSS	125	118	112	95	85	85	75	67	63	53	50	45	42,5	40	37,5	30	25	23,6	22,4
Mg-Gussleg. DIN EN 1753		L	HM	1600	1500	1400	1320	1250	1250	1180	1120	1120	1060	1000	1000	950	1000	900	850	800	750	710
		L	HSS	850	800	750	750	710	710	670	670	630	600	630	600	560	600	530	560	600	530

1) Die eingetragenen Werte gelten für Schnittiefe a_p bis 2,24 mm. Über 2,24 bis 7,1 mm sind die Werte um 1 Stufe der Reihe R10 um angenähert 20 % und über 7,1 bis 22,4 mm um 1 Stufe der Reihe R5 angenähert 40 % zu kürzen.   2) Die Werte v_c müssen beim Abdrehen einer Kruste, Gusshaut oder bei Sandeinschlüssen um 30 … 50 % verringert werden.   3) Die Standzeit T beträgt für gelötete Drehmeißel (L) aus HM = 240 mm; für Wendeschneidplatten (W) aus HM = 60 min; aus HSS = 60 min; für Keramik = 15 min.

$\kappa_r = 90°$ ist nur dann zulässig, wenn bei kurzer Drehlänge anschließend ohne Umspannen plangedreht werden soll. In Richtwerttabellen werden die Schnittgeschwindigkeiten in Abhängigkeit vom Vorschub f aufgetragen, weil die Schnitttiefe im Allgemeinen die v_c-Werte weniger beeinflusst.

Maschinenleistung: Sie kann um so eher ausgenutzt werden, je niedriger v_c und je größer A gewählt werden, weil der geringeren v_c ein größerer A entspricht, der außerdem wegen der absinkenden spezifischen Schnittkraft k_c noch weiter vergrößert werden kann.

Kühlung und Schmierung erhöhen bei gleicher Standzeit T die nutzbare Schnittgeschwindigkeit unter Umständen erheblich.

a) *Schneidenkühlung* mit Kühlmittel wie Soda- und Seifenwasser sowie Bohrölemulsionen (bis 1:10 verdünnt, Menge ca. 10 l/min) erhöhen die Standzeit (5 ... 10-fach) oder v_c (um 40 %) durch Einhaltung bestimmter Schneidentemperaturen; besonders beim Schruppen mit Schnellstahl zweckmäßig. Bei Hartmetallen besteht Gefahr der Rissbildung infolge ungleichmäßiger Abkühlung der Schneidflächen.

b) *Schmierung* und Kühlung mit Schneidölen (Rüböl, Sonderöle usw. verringern den Kraftbedarf und den Verschleiß an der Schneide, erhöhen die Oberflächengüte, schützen Werkstück und Maschine gegen Rosten, besonders zu empfehlen für harte und zähe Werkstoffe, für Schlichtarbeiten, für das Drehen mit Formstählen, für das Gewindeschneiden, für die Zahnflankenbearbeitung und für Arbeiten auf Automaten und Revolverdrehmaschinen.

Beachte: Unterbrochene Schnitte haben auch Kühlwirkung. Öle begünstigen die Bildung der Aufbauschneide. Für Kupfer und Kupferlegierungen dürfen wegen der hierbei auftretenden Fleckenbildung keine mit Schwefel behandelten Öle verwendet werden. Bei Magnesiumlegierungen darf wegen der Brandgefahr kein Wasser verwendet werden.

1.5 Berechnung der Hauptnutzungszeit

Die Hauptnutzungszeit ist reine Schnittzeit, Rücklaufzeiten werden als Nebenzeiten berücksichtigt.

Hauptnutzungszeit t_h beim Langdrehen (Bild 10)

$$t_h = \frac{L}{n\,f}\,i \tag{12}$$

$$L = l_s + l_a + l_w + l_{ü} \tag{13}$$

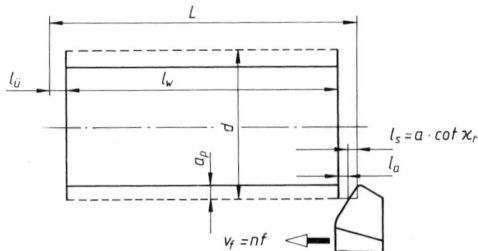

Bild 10. Zur Berechnung der Hauptnutzungszeit beim Langdrehen

Hauptnutzungszeit t_h beim Plandrehen (Bild 11)

$$t_h = \frac{L}{n\,f}\,i \tag{14}$$

$$L = \frac{D_a - D_i}{2} = \frac{d_1 - d_2}{2} + l_a + l_s + l_{ü} \tag{15}$$

d, d_1	Außendurchmesser	mm
d_2	Innendurchmesser	mm
v_c	Schnittgeschwindigkeit	m/min
n	Drehzahl $= 318 \cdot v_c / D_a$	min^{-1}
f	Vorschub	mm/U
L	Vorschubweg	mm
l_a	Anlaufweg	mm
$l_{ü}$	Überlaufweg	mm
l_s	Schneidenzugabe	mm
i	Anzahl der Schnitte	mm

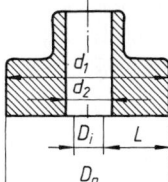

Bild 11.
Zur Hauptnutzungszeitberechnung beim Plandrehen

■ **Beispiel:**
Eine Welle aus E 360 mit $l_w = 350$ mm, $d = 90$ mm soll mit Einstellwinkel $\kappa_r = 60°$, Vorschub $f = 0,63$ mm/U, Schnitttiefe $a_p = 5$ mm mit Schneidstoff HM (L) nach Tabelle 4 in einem Schnitt langgedreht werden. Der Wirkungsgrad beträgt $\eta = 0,8$.
Gesucht: Schnittgeschwindigkeit $v_{c\,240}$, einzustellende Drehzahl n, spezifische Schnittkraft k_c, Schnittkraft F_c, erforderliche Antriebsleistung P_m, Hauptnutzungszeit t_h.

Lösung:
Schnittgeschwindigkeit $v_{c\,240}$, $\kappa = 70°$ nach Tabelle
$v_{c\,240} = 90$ m/min
Einzustellende Drehzahl

$$n = \frac{v_{c\,240}}{\pi d} = \frac{90\ \text{m}}{\text{min} \cdot 0,09\ \text{m} \cdot \pi} = 318\ \text{min}^{-1}$$

eingestellt $n_e = 315$ min^{-1} nach Maschinenkarte.
Spezifische Schnittkraft $k_c = 2\,670$ N/mm^2 nach Tabelle 1
Schnittkraft
$F_c = k_c\,a_p\,f = 2\,670$ N/mm$^2 \cdot 5$ mm $\cdot 0,63$ mm
$F_c = 8\,410,5$ N

Erforderliche Antriebsleistung $P_\mathrm{m} = \dfrac{k_\mathrm{c}\, a_\mathrm{p}\, f\, v_\mathrm{c}}{\eta\, 60\,000}$

$$P_\mathrm{m} = \frac{k_\mathrm{c}\, a_\mathrm{p}\, f\, d\, \pi\, n_\mathrm{e}}{\eta \cdot 60\,000 \cdot 1\,000} =$$

$$= \frac{2\,670 \cdot 5 \cdot 0{,}63 \cdot 90 \cdot \pi \cdot 315}{0{,}8 \cdot 60\,000 \cdot 1\,000}\,\mathrm{kW}$$

$P_\mathrm{m} = 15{,}606\ \mathrm{kW}$

Hauptnutzungszeit

$$t_\mathrm{h} = \frac{L}{n\,f}\,i = \frac{l_\mathrm{s}+l_\mathrm{a}+l_\mathrm{w}+l_\mathrm{ü}}{n_\mathrm{e}\,s}\,i = \left(\frac{3+4+350+3}{315 \cdot 0{,}63}\cdot 1\right)\mathrm{mm}$$

$t_\mathrm{h} = 1{,}81\ \mathrm{min}$

■ **Beispiel:**

Ein Flansch von 850 mm Außen- und 200 mm Innendurchmesser soll mit einer Drehzahl $n = 15\ \mathrm{min}^{-1}$ und mit einem Vorschub $f = 0{,}25$ mm/U plangedreht werden. Die Schnitttiefe beträgt $a_\mathrm{p} = 3$ mm, der Einstellwinkel $\kappa_\mathrm{r} = 45°$. Zu bestimmen ist die Hauptnutzungszeit t_h für $l_\mathrm{a} = 5$ mm und $l_\mathrm{ü} = 3$ mm.

$$L = \frac{d_1 - d_2}{2} + l_\mathrm{a} + l_\mathrm{s} + l_\mathrm{ü}$$

$$L = \left(\frac{850 - 200}{2} + 5 + 3 + 3\right)\mathrm{mm} = 336\ \mathrm{mm}$$

$$t_\mathrm{h} = \frac{L}{n\,f}\,i = \left(\frac{336}{15 \cdot 0{,}25}\cdot 1\right)\mathrm{min} = 89{,}6\ \mathrm{min}$$

2 Hobeln und Stoßen

2.1 Bewegungen [1]

Im Gegensatz zum Drehen ist die Schnittbewegung bei Maschinen mit hin- und hergehender Bewegung *nicht gleichförmig* (Hobel-, Stoß- und Räummaschinen). Die *mittlere Rücklaufgeschwindigkeit* v_mr ist meist größer als die *mittlere Geschwindigkeit beim Arbeitshub* v_ma, z.B. beim Antrieb durch die schwingende Kurbelschleife (v_m: v_ma etwa 1,4 ... 1,8). Außerdem sind die Geschwindigkeiten in Hubmitte größer als gegen Ende des Hubes. Beschleunigung und Verzögerung durch Umsteuern und An- und Auslauf sind besonders bei kleinen Hublängen zu berücksichtigen. Es wird mit der *mittleren Geschwindigkeit* v_m gerechnet:

$$v_\mathrm{m} = 2\,\frac{v_\mathrm{ma}\,v_\mathrm{mr}}{v_\mathrm{ma} + v_\mathrm{mr}} \qquad (1)$$

Mit n = Anzahl der Doppelhübe je min (DH/min) und L = Hublänge in mm ergeben sich außerdem die zugeschnittenen Größengleichungen:

$$(2)$$

	v_m	L	n
$v_\mathrm{m} = \dfrac{2\,L\,n}{1\,000}$			
$n = \dfrac{v_\mathrm{m}\,1\,000}{2\,L}$	$\dfrac{\mathrm{m}}{\mathrm{min}}$	mm	min^{-1}

Herleitung der Gleichung: Mit t_a = Zeit für einen Arbeitshub in min, t_r = Zeit für einen Rückhub in min, t_L = Zeit für einen Doppelhub in min, L = Hublänge in mm wird:

$$t_\mathrm{a} = \frac{L}{v_\mathrm{ma}};\quad t_\mathrm{r} = \frac{L}{v_\mathrm{mr}};\quad t_\mathrm{L} = \frac{2L}{v_\mathrm{m}};\quad t_\mathrm{L} = t_\mathrm{a} + t_\mathrm{r}$$

$$t_\mathrm{L} = \frac{L}{v_\mathrm{ma}} + \frac{L}{v_\mathrm{mr}} = \frac{2L}{v_\mathrm{m}} \quad \text{und daraus:}$$

$$v_\mathrm{m} = 2\,\frac{v_\mathrm{ma}\,v_\mathrm{mr}}{v_\mathrm{ma} + v_\mathrm{mr}}$$

■ **Beispiel:**

Bestimme die mittlere Geschwindigkeit v_m einer Langhobelmaschine, wenn für einen Doppelhub eine Zeit von 14,6 s mit der Stoppuhr gemessen wurde (Zeit für einen Arbeitshub, einen Rücklauf und zwei Umsteuerungen). Hublänge $L = 2\,200$ mm.

Lösung:

$$t_\mathrm{L} = \frac{14{,}6}{60}\,\mathrm{min} = 0{,}243\ \mathrm{min}$$

$$v_\mathrm{m} = \frac{2\,L}{t_\mathrm{L}\,1\,000} = \frac{2 \cdot 2\,200}{0{,}243 \cdot 1\,000}\,\frac{\mathrm{m}}{\mathrm{min}} = 18{,}1\,\frac{\mathrm{m}}{\mathrm{min}}$$

■ **Beispiel:**

Bestimme die mittlere Geschwindigkeit v_m, wenn mit der Stoppuhr die Anzahl der Doppelhübe in einer Minute aufgenommen wurde: $n = 4{,}1\ \mathrm{min}^{-1}$, $L = 2\,200$ mm.

Lösung:

$$v_\mathrm{m} = \frac{2\,L\,n}{1\,000} = \frac{2 \cdot 2\,200 \cdot 4{,}1}{1\,000}\,\frac{\mathrm{m}}{\mathrm{min}} = 18\,\frac{\mathrm{m}}{\mathrm{min}}$$

2.2 Zerspangeometrie [2]

Die Spanabnahme ist beim Drehen, Hobeln und Stoßen gleichartig, es gelten daher die im entsprechenden Kapitel für Drehen gemachten Angaben. Zweckmäßige Winkelwerte: Freiwinkel $\alpha_0 = 8°$; Spanwinkel γ_0 meist 20°, Neigungswinkel $\lambda_0 = 10°$. Vorschübe beim Schruppen bis 3 mm/DH (bei SS-Stahl höher), beim Breitschlichten bis 10 mm/DH.

2.3 Kräfte und Leistungen [2]

Es gelten die entsprechenden Angaben unter 1 Drehen.

2.4 Wahl der Schnittgeschwindigkeit

Es gelten die entsprechenden Angaben unter 1 Drehen. Mit den üblichen Bauarten der Hobelmaschinen sind höhere Werte als $v_\mathrm{c} = 60 \ldots 80$ m/min nicht erreichbar; bei Waagerecht- und Senkrechtstoßmaschinen etwa $v_\mathrm{c} = 25 \ldots 30$ m/min.

---

[1] Siehe Fußnote S. N 1.
[2] Siehe allgemeine Hinweise über Bewegungen, Geschwindigkeiten, Schnitt- und Spanungsgrößen, Kräfte und Leistungen beim Drehen.

Tabelle 1. Richtwerte für die Schnittgeschwindigkeit v_c beim Hobeln

Die Richtwerte sind von der Firma Gebr. Boehringer in Göppingen aus Versuchswerten von Prof. Kienzle, und allgemeinen Hinweisen aus dem Schrifttum abgeleitet worden.

Werkstoff	Zugfestigkeit R_m in N/mm²	Schneidstoff[2]	Schnittgeschwindigkeit v_c in m / min bei Vorschub f in mm / d h und Einstellwinkel κ_r [1]													
			0,16		0,25		0,4		0,63		1		1,6		2,5	
			45°	60°	45°	60°	45°	60°	45°	60°	45°	60°	45°	60°	45°	60°
S 235 JR C22	bis 500	P 30					75	70	67	63	63	60	56	53		
		S S			25	20	22	18	18	14	14	11	12	10	10	8
E 295 C 35	500 ... 600	P 30					63	60	56	53	50	47	45	42	40	37
		S S			22	18	18	14	16	12	12	10	10	8	8	6
E 335 C 45	600 ... 700	P 30					53	50	47	45	42	40	37	36		
		S S			18	14	14	12	12	10	10	8	8	6	6	5
E 360 C 60	700 ... 850	P 30					42	40	36	33	30	28	25	24		
		S S			16	12	12	10	10	8	8	6	6	5	5	4
42 Cr Mo 4 50 Cr V 4 16 Cr Ni 6 34 Cr Mo 4 16 Mn Cr 5	600 ... 700 700 ... 850	P 30					42	40	36	33	30	28	25	24		
		S S			12	10	10	8	8	7	7	5,6	5,6	4,5	4,5	4
Mn-, Cr Ni-, Cr Mo- und	850 ... 1 000	P 30					30	28	25	24	20	19	18	17		
		S S			10	8	8	6	6	5	5	4,5	4,5	4		
andere leg. Stähle	1 000 ... 1 400	P 30					18	17	16	15	14	12	12	11		
		S S			7	5,6	5,6	4,5	4,5	3,6	3,6	3				
Nichtrost. Stahl	600 ... 700	P 30					18	17	16	15	14	12				
Mn-Hartstahl		P 30					8	7,5	7	6	6	5,6	5,3	5	4,5	4
GE 240	300 ... 500	P 30					33	32	30	28	26	25	24	22	21	20
		S S			22	18	20	16	16	12	12	10	10	8	8	6
GE 260	500 ... 700	P 30					26	25	24	22	21	20	19	18	16	15
		S S			16	12	12	10	10	8	8	7	7	6	6	4,5
EN-GJL-150		K 20	53	50	50	47	47	45	45	42	42	40	40	37		
		S S			20	18	14	12	11	10	8	7	7	6	5,6	5
EN-GJL-250		K 10	36	33	32	30	28	26	26	25	25	24	22	20		
		S S			12	11	9	8	7	6	5,6	5	5	4,5	4	3
EN-GJMB-350-10		K 10, K 20		40	37	33	32	28	26	24	22	20	19			
		P 10, S S			18	17	14	13	11	10	8	7,5	7	6	5,6	5
EN-GJMW-450-7		P 20	50	47	45	42	40	37	36	33	32	30				
		S S			18	17	14	13	11	10	8	7,5	7	6	5,6	5
Hartguss		K 10	15	14	12,5	12	12	11	10	9,5	9	8,5	8	7,5		
Cu Sn Zn- Leg.		K 20	335	315	315	300	300	280	265	250	236	224	212			
		S S			40	37	32	30	25	23	20	19	18	17	16	15
Al- Gussleg.		K 20	200	190	180	170	160	150	140	132	125	118	112	106	100	95
		S S	47	45	36	33	26	25	20	19	16	15				
Gu Sn- Leg.		K 20	250	236	224	212	200	190	180	170	160	150	140	132	125	118
		S S	53	50	47,5	45	42,5	40	37,5	36	32	30	28	26,5	25	23

[1] Die v_c-Werte gelten für Schnitttiefen bis 2,24 mm. Über 2,24 ... 7,1 mm sind die Werte um 1 Stufe der Reihe R10 (d.h. um 20 %) und über 7,1 ... 22,4 mm um 1 Stufe der Reihe R 5 (d.h. um etwa 40 %) zu vermindern.

[2] Standzeit für Hartmetall (P 20, P 30, K 10 und K 20) 240 min und für Schnellarbeitsstahl (S S) 60 min.

Tabelle 2. Richtwerte für die spezifische Schnittkraft k_c beim Hobeln

Die Richtwerte sind von der Firma Gebr. Boehringer in Göppingen aus Versuchswerten von Prof. Kienzle und allgemeinen Hinweisen aus dem Schrifttum abgeleitet worden.

Werkstoff	Zugfestigkeit R_m in N/mm²	spezifische Schnittkraft k_c in N/mm² bei Vorschub f in mm/d h und Einstellwinkel κ_r												
		0,16		0,25		0,4		0,63		1		1,6		2,5	
		45°	60°	45°	60°	45°	60°	45°	60°	45°	60°	45°	60°	45°	60°
S 235 JR	bis 500	3000	2800	2720	2650	2500	2430	2360	2240	2180	2120	2060	2000	1950	1900
E 295, C 35	500 ... 600	4000	3750	3650	3350	3150	3000	2800	2650	2500	2360	2240	2060	1950	1850
E 335	600 ... 700	3450	3350	3250	3150	3000	2900	2800	2650	2570	2430	2360	2300	2240	2180
C 45	600 ... 700	3450	3350	3250	3150	3070	3000	2900	2720	2650	2570	2500	2430	2360	2300
E 360	700 ... 850	5000	4750	4500	4120	3870	3550	3350	3150	2900	2720	2500	2360	2240	2060
C 60	700 ... 850	3550	3450	3350	3150	3070	3000	2800	2720	2570	2500	2430	2300	2240	2180
42 Cr Mo 4	600 ... 700	5000	4750	4500	4250	4000	3750	3550	3350	3150	3000	2800	2650	2500	2360
50 Cr V 4	600 ... 700	4620	4370	4120	3870	3650	3550	3150	3000	2800	2650	2500	2360	2240	2120
16 Cr Ni 6	600 ... 700	5000	4750	4500	4120	3870	3550	3350	3150	2900	2720	2500	2360	2240	2060
34 Cr Mo 4	700 ... 850	4120	3870	3750	3550	3450	3250	3070	3000	2800	2650	2500	2430	2300	2180
16 Mn Cr 5	700 ... 850	4370	4120	3870	3650	3350	3150	3000	2800	2650	2500	2360	2240	2120	2000
Mn-, Cr Ni-, Cr Mo- und andere leg. Stähle	850 ... 1000	4370	4000	3870	3650	3550	3350	3250	3070	3000	2800	2650	2570	2430	2360
	1000 ... 1400	4620	4370	4250	4000	3870	3650	3550	3350	3250	3070	3000	2900	2720	2650
Nichtrost. Stahl	600 ... 700	4370	4250	4000	3870	3650	3550	3450	3350	3150	3070	3000	2800	2720	2650
Mn-Hartstahl		6300	6000	5600	5300	5000	4870	4620	4500	4250	4000	3750	3650	3450	3350
GE 240	300 ... 500	2650	2570	2430	2360	2240	2180	2060	2000	1950	1900	1850	1800	1750	1700
GE 260	500 ... 700	3000	2800	2720	2650	2500	2430	2300	2240	2180	2120	2060	1950	1900	1850
EN-GJL-150		1750	1650	1600	1500	1400	1360	1280	1210	1180	1120	1060	1030	970	950
EN-GJL-250		2360	2240	2060	1950	1850	1750	1700	1600	1500	1400	1280	1210	1150	1090
EN-GJMB-350-10		2240	2120	2000	1900	1800	1750	1650	1600	1500	1450	1360	1280	1250	1180
EN-GJMW-450-7															
Hartguß		3650	3450	3350	3150	3070	2900	2800	2650	2500	2430	2300	2240	2120	2060
Cu Sn Zn- Leg.		1250	1180	1170	1060	1000	950	900	850	820	780	750	710	690	650
Al- Gussleg.															
Cu Sn -Leg.		3000	2800	2720	2650	2500	2430	2300	2240	2180	2120	2060	1950	1900	1850

2.5 Berechnung der Hauptnutzungszeit t_h

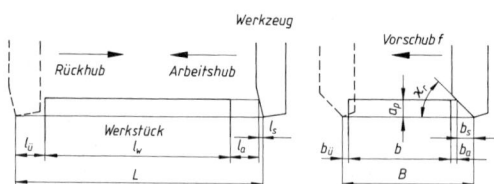

Bild 1. Kenngrößen zur Hauptnutzungszeitberechnung

$$t_h = \frac{2\,LB}{1000\,v_m\,f}\,i = \frac{B}{n\,f}\,i$$

$$L = l_w + l_a + l_s + l_ü$$

$$B = b_w + b_a + b_s + b_ü$$

$$v_m = 2\,\frac{v_{ma}v_{mr}}{v_{ma}+v_{mr}}$$

$$l_a = (10 ... 30)\ \text{mm}$$

$$l_s = \frac{a_p \tan \lambda_s}{\sin \kappa_r} \quad \text{für } \lambda_s < 0°$$

$$l_s = 0 \qquad \text{für } \lambda_s \geq 0°$$

$$b_a = (3 ... 5)\ \text{mm}$$

$$b_s = a_p \cot \kappa_r$$

L	Hublänge	mm
B	Hobelbreite (Vorschubweg)	mm
a_p	Schnitttiefe	mm
f	Vorschub	mm/DH
n	Anzahl der Doppelhübe je min (min^{-1}), bei Stoßmaschinen gleich der Drehzahl der Antriebskurbel	
v_m	mittlere Geschwindigkeit des Tisches oder Stößels	m/min
v_{ma}	mittlere Geschwindigkeit beim Arbeitshub	m/min
v_{mr}	mittlere Rücklaufgeschwindigkeit	m/min
i	Anzahl der Schnitte	

■ **Beispiel:**

Auf einer Langhobelmaschine wird eine rechteckige Platte aus E 295 bearbeitet. B = 1 000 mm, Hublänge des Tisches mit An- und Überlauf L = 2 200 mm, Vorschub f = 1,6 mm/DH, Einstellwinkel κ_r = 45°, mittlere Arbeitsgeschwindigkeit v_{ma} = 12 m/min, mittlere Rücklaufgeschwindigkeit v_{mr} = 36 m/min, Schnitttiefe a_p = 10 mm, Schnittzahl i = 2. Zu bestimmen sind Schnittkraft, Schnittleistung und Hauptnutzungszeit.

Lösung:

a) Schnittkraft F_c wie beim Drehen aus der spezifischen Schnittkraft k_c und Spanungsquerschnitt

$A = a_p\,f$; $k_c = 2{,}24 \cdot 10^3$ N/mm^2

Spanungsquerschnitt

$A = a_p\,f = 10\ \text{mm} \cdot 1{,}6\ \text{mm} = 16\ \text{mm}^2$

Schnittkraft

$F_c = k_c\,A = 2{,}24 \cdot 10^3\ \text{N/mm}^2 \cdot 16\ \text{mm}^2 = 35{,}84 \cdot 10^3\ \text{N}$

b) Schnittleistung P_c aus der Schnittkraft F_c und der mittleren Geschwindigkeit v_m:

mittlere Geschwindigkeit $v_m = 2\dfrac{v_{ma}\,v_{mr}}{v_{ma} + v_{mr}}$

$v_m = 2\dfrac{12 \cdot 36}{12 + 36}\dfrac{\text{m}}{\text{min}} = 18\dfrac{\text{m}}{\text{min}}$

Schnittleistung

$P_c = F_c\,v_m = 35{,}84 \cdot 10^3\ \text{N} \cdot \dfrac{18\ \text{m}}{60\ \text{s}}$

Hauptnutzungszeit

$t_h = \dfrac{2\,L\,B}{1\,000\,v_m\,f}\,i = \dfrac{2 \cdot 2\,200 \cdot 1\,000}{1\,000 \cdot 18 \cdot 1{,}5} \cdot 2\ \text{min}$

$t_h = 326\ \text{min}$

3 Räumen

3.1 Bewegungen[1]

Verzahnte stangenförmige (Innenräumer, Räumnadel) oder plattenförmige (Außenräumer) Werkzeuge, deren Zähne vom Anschnitt nach hinten ansteigen, werden durch die Bohrung des Werkstückes gezogen, gestoßen oder an der Außenfläche des Werkstücks vorbeibewegt. Dadurch wird am vorgearbeiteten Werkstück das gewünschte Innen- oder Außenprofil mit vorgeschriebener Maßtoleranz (meist ISO-Qualität 7) und Oberflächengüte hergestellt. Die Vorschubbewegung entfällt, sie liegt durch die Konstruktion des Werkzeugs fest. Das Profil wird meist in einem Hub gewonnen; nur bei sehr großer Spantiefe wird die gesamte Zerspanarbeit auf mehrere Werkzeuge aufgeteilt.

Bei schraubenförmigem Profil (Steigungswinkel = 45° ... 90°) kreisen Werkzeug oder Werkstück beim Durchziehen. Bei Steigungswinkeln von 45° ... 70° ist eine zwangsläufige Drehung erforderlich, darüber hinaus kann ohne zwangsläufige Drehung geräumt werden.

3.2 Zerspangeometrie[2]

Eine *Räumnadel* mit festen Zähnen nach DIN 1415 zeigt Bild 1. Das Werkzeug wird am Schaft vom Zugorgan der Räummaschine aufgenommen und in der Ringnute verriegelt. Der Zubringerkopf der Maschine nimmt das Endstück auf. Die Aufnahme am Werkzeug zentriert das Werkstück, das Führungsstück führt es beim Durchgang der letzten Schneiden.

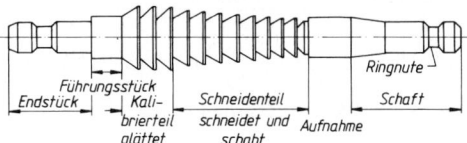

Bild 1. Räumnadel (schematisch) nach DIN 1 415

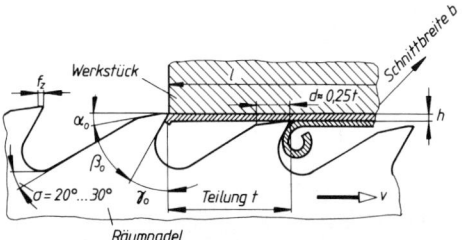

Bild 2. Zähne der Räumnadel, t Zahnteilung, l Räumlänge, h Spanungsdicke, f_z Fase, a_p Schnittbreite

Die *Zähne* der Räumnadel sind wie Fräserzähne ausgebildet (Bild 2); ebenso wie dort müssen große, gut gerundete Spankammern die Aufnahme des Spanvolumens ohne Zwängen sichern, da freier Spanablauf selten möglich ist. Das Spanvolumen ist mindestens dreimal größer als das Ursprungsvolumen.

Die *Zahnteilung* t ist außer von Werkstoff, Profil und Zahntiefe hauptsächlich von der Räumlänge l abhängig. Erfahrungswert: $t = (1{,}7 \ldots 1{,}8) \cdot \sqrt{l}$; sonst $t = 3 \cdot \sqrt{l\,h\,x}$ mit h Spanungsdicke in mm/Zahn, Räumlänge l in mm und Werkstofffaktor $x = 3 \ldots 5$ für bröckelige Späne, $x = 5 \ldots 8$ für langspanenden Werkstoff. Außerdem sollen mindestens zwei Zähne im Eingriff sein, mehrere Werkstücke können hintereinander gespannt werden, jedoch steigt die Durchzugskraft mit der Zähnezahl. Schräg zur Zugrichtung verlaufende Zähne arbeiten ruhiger.

Spannuten am breiten Zähnen teilen die Späne auf. Beim Schruppen soll Zahnteilung gleichmäßig sein, beim Schlichten um ± 20 % schwankend.

Freiwinkel α_0 wird beim- Schruppen 2° ... 3°, beim Schlichten 0,5° und für zylindrische Endzähne (Kalibrierzähne) ebenfalls 0,5° gewählt. *Spanwinkel* γ_0 siehe Tabelle 1.

Die *Fasenbreite* f_z beträgt für Schruppen 0 ... 0,1 mm, für Schlichten 0,1 mm, für zylindrische Endzähne 0,2... 0,3 mm.

---

[1]   Siehe Fußnote S. N 1.

[2]   Siehe allgemeine Hinweise über Bewegungen, Geschwindigkeiten, Schnitt- und Spanungsgrößen, Kräfte und Leistungen beim Drehen.

Tabelle 1. Mittelwerte für Räumen

Werkstoff	Spanungsdicke h in mm/Zahn für			Schnittgeschwindigkeit in m/min	Spanwinkel	spezifische Schnittkraft k_c in N/mm^2
	Räumen	Schlichträumen	Schruppräumen			
Stahl S 275 JR … E 335	0,025 … 0,06	0,004 … 0,015	bis 0,1	4 … 8	15 … 20°	4 000
Stahl E 335 … E 360	0,03 … 0,065	0,004 … 0,015	bis 0,12	3 … 6	12 … 15°	5 000
Gusseisen	0,05 … 0,12	0,004 … 0,015	bis 0,25	4 … 8	4 … 8°	2 300
Cu-Leg.	0,03 … 0,1	0,004 … 0,015	bis 0,2	5 …10	0 … 5°	2 000
Al-Leg.	0,025 … 0,1	0,004 … 0,015	bis 0,2	8 …15	15 … 25°	1 160

3.3 Schnittkraft (Räumkraft)

Die Schnittkraft F_c wird um so größer, je größer Spanungsquerschnitt A und spezifische Schnittkraft k_c sind. k_c- Werte in Tabelle 1.

Mit Spanungsdicke h (je Zahn), Schnittbreite b der Spanschicht und Anzahl der im Schnitt stehenden Zähne $z_e = l / t$ (= Räumlänge l / Teilung t) wird der *Spanungsquerschnitt*

$$A = b\, h\, z_e = bh\frac{l}{t} \qquad (1)$$

$$\frac{A}{\mathrm{mm}^2} \quad \begin{array}{c} b, h, l, t \\ \mathrm{mm} \end{array} \quad \begin{array}{c} z \\ 1 \end{array}$$

Damit ergibt sich die Schnittkraft

$$F_c = A\, k_c = b\, h\, z_e\, k_c$$

$$F_c = b\, h\, k_c\, \frac{l}{t} \qquad (2)$$

$$\frac{F_c}{\mathrm{N}} \quad \begin{array}{c} A \\ \mathrm{mm}^2 \end{array} \quad \frac{k_c}{\dfrac{\mathrm{N}}{\mathrm{mm}^2}}$$

Die erforderliche *Durchzugskraft* F_{max} der Maschine ist um den Faktor 1,3 (für Fasenreibung) größer. Ergibt sich durch Kraftmessung ein größerer Faktor, ist das Werkzeug zu schärfen.

$$F_{max} = 1,3\, F_c \qquad (3)$$

Der *gefährdete Querschnitt* A_{gef} des Räumwerkzeuges wird auf Zug beansprucht. Mit $\sigma_z = F_{max}/A_{gef}$ und $F_{max} = 1,3\, bhz_e\, k_c$ wird die *Zugspannung*

$$\sigma_z = 1,3\frac{b\, h\, z_e\, k_c}{A_{gef}} \leq \sigma_{z\,zul} \qquad (4)$$

$$\frac{\sigma_z, k_c}{\dfrac{\mathrm{N}}{\mathrm{mm}^2}} \quad \begin{array}{c} b, h, l, t \\ \mathrm{mm} \end{array} \quad \begin{array}{c} z \\ 1 \end{array} \quad \begin{array}{c} A_{gef} \\ \mathrm{mm}^2 \end{array}$$

Da die *Zahnteilung* $t = l/z$ ist, wird auch

$$t_{erf} = 1,3\frac{b\, h\, k_c\, l}{A_{gef}\, \sigma_{z\,zul}} \qquad (5)$$

3.4 Wahl der Schnittgeschwindigkeit

Die Schnittgeschwindigkeit v_c ist wegen des schwierigen Zerspanvorgangs bei allen Werkstoffen niedrig und zwar um so niedriger, je geringer die Zerspanbarkeit des Werkstoffs, je verwickelter das zu räumende Profil und je größer die Räumlänge l ist. Richtwerte aus Tabelle 1.

Standzeit und Oberflächengüte werden durch geeignete Schneidflüssigkeit stark beeinflusst: Erprobung ist zweckmäßig. Schneidöle lassen höhere Standzeit, Emulsionen bessere Oberfläche erwarten. Für schwierige Profile und Werkstoffe werden geschwefelte Schneidöle empfohlen.

Räumwerkzeuge besitzen gegenüber anderen Zerspanwerkzeugen höhere Standzeit und Lebensdauer wegen der niedrigeren Schnittgeschwindigkeit und wegen des geringeren Arbeitsaufwands je Zahn.

3.5 Berechnung der Hauptnutzungszeit t_h

Mit Hublänge L und mittlerer Geschwindigkeit v_m wird die Hauptnutzungszeit

$$t_h = \frac{2\, L}{v_m 1\,000} \qquad (6)$$

$$\frac{t_h}{\mathrm{min}} \quad \begin{array}{c} L \\ \mathrm{mm} \end{array} \quad \frac{v_m}{\dfrac{\mathrm{m}}{\mathrm{min}}}$$

Ermittlung von v_m siehe Kap. 2, Hobeln und Stoßen.

■ **Beispiel:**

Die Innennute einer Gusseisen-Buchse (Schnittbreite b = 12 mm, Tiefe 3,7 mm, Länge l = 100 mm) wird auf einer Waagerecht-Räummaschine hergestellt.

Hublänge L = 1 000 mm, v_a = 3 m/min, v_r = 4 m/min.

Zu bestimmen sind spezifische Schnittkraft k_c, Zahnteilung t, Schnittkraft F_c, Durchzugskraft F_{max} und Hauptnutzungszeit t_h.

Lösung:

a) Spezifische Schnittkraft k_c = 2 300 N/mm^2 nach Tabelle 1

b) Spanungsdicke h = 0,12 mm nach Tabelle 1

c) Zahnteilung $t = 3\sqrt{h\,l\,x} = 3\sqrt{0,12\ \mathrm{mm}\cdot 100\ \mathrm{mm}\cdot 4} = 20,8$ mm

d) Zähnezahl z_e je Räumlänge l:

$$z_e = \frac{l}{t} = \frac{100\ \text{mm}}{20{,}8\ \text{mm}} = 4$$

e) Spanungsquerschnitt

$$A = b\,h\,z_e = 12\ \text{mm} \cdot 0{,}12\ \text{mm} \cdot 4 =$$
$$= 5{,}76\ \text{mm}^2$$

f) Schnittkraft

$$F_c = A\,k_c = 5{,}76\ \text{mm}^2 \cdot 2300\ \text{N/mm}^2 =$$
$$= 13{,}2 \cdot 10^3\ \text{N}$$

g) Durchzugskraft

$$F_{max} = 1{,}3\,F_c = 1{,}3 \cdot 13{,}2 \cdot 10^3\ \text{N} =$$
$$= 17{,}2 \cdot 10^3\ \text{N}$$

h) Mittlere Geschwindigkeit des Räumwerkzeugs

$$v_m = 2\frac{v_a v_r}{v_a + v_r} = 2 \cdot \frac{3 \cdot 4}{3 + 4}\ \text{m/min} = 3{,}43\ \text{m/min}$$

i) Hauptnutzungszeit

$$t_h = \frac{2L}{v_m\,1000} = \frac{2 \cdot 1000}{3{,}43 \cdot 1000}\ \text{min} = 0{,}59\ \text{min}$$

4 Fräsen

4.1 Bewegungen[1]

Es gelten die unter 1 Drehen dargelegten Grundbegriffe der Zerspantechnik in Verbindung mit den Bildern 1, 2 und 6. Beim *Fräsen* führt die umlaufende Bewegung des Werkzeugs (des Fräsers) zur *Schnittbewegung* mit der *Schnittgeschwindigkeit* v_c und die geradlinige (fortschreitende) Bewegung des Werkstücks (des Tisches) zur *Vorschubbewegung* mit der *Vorschubgeschwindigkeit* v_f. Die resultierende Bewegung ist wieder die *Wirkbewegung* mit der *Wirkgeschwindigkeit* v_e (Bild 6); sie führt zur Spanabnahme und ist die momentane Geschwindigkeit des betrachteten Schneidenpunkts in Wirkrichtung.

Im Gegensatz zum Drehen mit $\varphi = 90°$ ändert sich beim Fräsen der *Vorschubrichtungswinkel* φ während des Schneidvorgangs des einzelnen Zahnes laufend (Bilder 1 und 2). Beim *Gegenlauffräsen* ist $\varphi < 90°$, beim *Gleichlauffräsen* dagegen ist $\varphi > 90°$, wie Bild 6 deutlich zeigt. Der *Wirkrichtungswinkel* η ist wieder der Winkel zwischen Wirk- und Schnittrichtung. Im allgemeinen Fall ($\varphi \lessgtr 90°$), wie beim Fräsen ist

$$\eta = \arctan \frac{\sin \varphi}{\dfrac{v_c}{v_f} + \cos \varphi} \tag{1}$$

Beim Drehen ist $\varphi = 90°$ und damit $\eta = \arctan v_f/v_c$ (siehe Drehen). Auch beim Fräsen ist in den meisten Fällen das Verhältnis v_f/v_c so klein, dass mit $v_e = v_c$ gerechnet werden kann.

Mit Fräserdurchmesser d, Fräserdrehzahl n und Vorschub f je Fräserumdrehung, Zahnvorschub f_z und Zähnezahl z werden *Schnitt-* und *Vorschubgeschwindigkeit* errechnet:

$v_c = \pi\,d\,n$	v_c	d	n	
	$\dfrac{\text{m}}{\text{min}}$	m	min^{-1}	(2)

$v_f = n\,f = n\,f_z\,z$	v_f	f	f_z	z	
	$\dfrac{\text{mm}}{\text{min}}$	$\dfrac{\text{mm}}{\text{U}}$	$\dfrac{\text{mm}}{\text{Zahn}}$	1	(3)

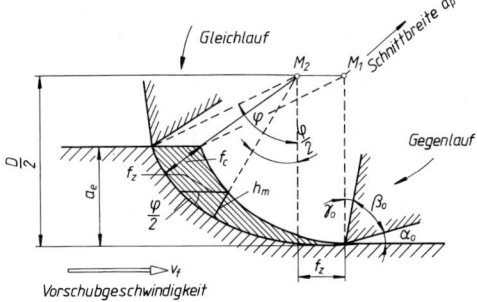

Bild 1. Walzen mit Walzenfräser, dargestellt in der Arbeitsebene

$\overline{M_1 M_2}$ — ergibt Zahnvorschub f_z

h_m — Mittenspanungsdicke beim halben Vorschubrichtungswinkel $\varphi/2$

a_e — Schnitttiefe

f_c — Schnittvorschub

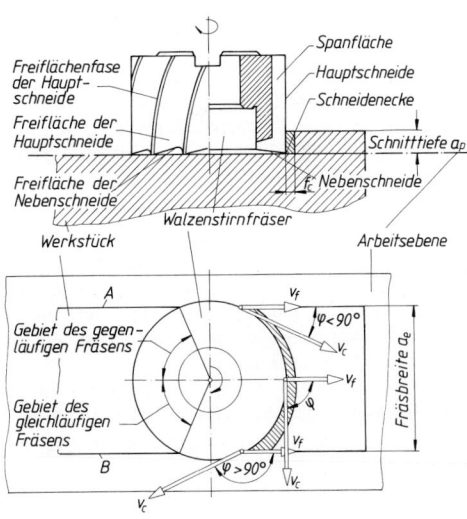

Bild 2. Stirnen mit Walzenstirnfräser bei symmetrischer Einstellung des Werkzeugs

a_p — Schnitttiefe

a_e — Schnittbreite

φ — Vorschubrichtungswinkel

v_c — Schnittgeschwindigkeit

v_f — Vorschubgeschwindigkeit

---

[1] Siehe Fußnote S. N 1.

4.2 Zerspangeometrie[1)]

Es gelten grundsätzlich die beim Drehen angegebenen Begriffsbestimmungen. Wichtigste Bezugsebene ist auch hier die *Arbeitsebene*, in der sich alle an der Spanbildung beteiligten Bewegungen vollziehen.

Sowohl beim *Walzen* (mit Walzen-, Scheiben-, Schaft- und Formfräsern) als auch beim *Stirnen* (mit Walzstirnfräsern und Messerköpfen) wird die Zerspanarbeit durch die Umfangszähne aufgebracht, die Stirnzähne reiben und glätten nur. Walzenfräsen mit scheibenartigen Hartmetall bestückten Messerköpfen wird deshalb auch als *Umfangsfräsen* bezeichnet.

Beim *Walzen* (Bild 1) entsteht ein kommaförmiger Span mit ungleichförmiger Querschnittsbelastung der Schneide. Der Schnittwiderstand wächst im Gegensatz zum Drehen von null bis auf einen Höchstwert und fällt dann plötzlich wieder auf null ab, entsprechend dem laufend veränderten Vorschubrichtungswinkel φ (beim Drehen ist $\varphi = 90° = $ konstant). Die Schnittkraftschwankungen werden vermindert durch schräge Zähne, wenn zugleich mehrere Zähne im Eingriff stehen und Zähnezahl z, Fräserdurchmesser d und Neigungswinkel λ_s im bestimmten Verhältnis zur Schnittbreite a_p stehen. Der Neigungswinkel lässt sich bestimmen aus:

$$\cot \lambda_s = \frac{a_p z}{d \, \pi} \qquad \lambda_s = \operatorname{arc cot} \frac{a_p z}{d \, \pi} \qquad (4)$$

Allgemein gilt:

Für harte Werkstoffe und Schlichten kleinerer Schneidenwinkel und feinere Zahnteilung, für Maschinenbaustähle bis 700 N/mm² Zugfestigkeit größere Schneidenwinkel und größere Zahnteilung, für Leichtmetalle große Schneidenwinkel und große Zahnteilung.

Beim *Gegenlauffräsen* reibt der Zahn vor dem Eindringen in den Werkstoff, wodurch er leichter abstumpft. Die während des Reibweges entstehende erhebliche Wärmemenge muss durch reichliches Kühlen abgeführt werden.

Beim *Gleichlauffräsen* dringt der Zahn sofort in das volle Material ein. Moderne Walzfräsmaschinen arbeiten im Gleichlauf, besonders Verzahnungsmaschinen. Über die Kräfte beim Gegen- und Gleichlauffräsen orientiert Bild 6.

Der *Vorschubrichtungswinkel* φ beim *Walzfräsen* (Bild 1) lässt sich bestimmen aus:

$$\cos \varphi = \frac{\dfrac{d}{2} - a_e}{\dfrac{d}{2}} = 1 - \frac{2\,a_e}{d} \qquad (5)$$

oder mit Hilfe der geometrischen Beziehung

$$\sin \frac{\varphi}{2} = \frac{\sqrt{a_e(d - a_e)}}{\sqrt{a_e(d - a_e) + (d - a_e)^2}}$$

und nach einigen Umformungen aus

$$\sin \frac{\varphi}{2} = \sqrt{\frac{a_e}{d}} \qquad (6)$$

Für $\varphi \leq 60°$ ergibt sich der Vorschubrichtungswinkel φ in Grad auch aus

$$\varphi° = \frac{360°}{\pi} \sqrt{\frac{a_e}{d}} \qquad (7)$$

Beim *Stirnen* (Bild 2) ist der Spanungsquerschnitt wie beim Drehen ein Rechteck oder Parallelogramm. Auch der Schlankheitsgrad des abgenommenen Spanes ist ähnlich, sodass wesentliche Erkenntnise vom Drehen übernommen werden können. Allerdings ändert sich beim Stirnfräsen wie beim Walzfräsen der Schnittvorschub f_c fortlaufend; beim Stirnfräsen jedoch geringfügiger als beim Walzfräsen. Daher ist beim *Stirnen* die Querschnittsbelastung der Schneide gleichmäßiger als beim Walzen.

Infolge des größeren Vorschubrichtungswinkels φ sind beim Stirnfräsen mehr Zähne im Eingriff. Die spezifische Spanungsleistung ist größer als beim Walzfräsen; Stirnen ist daher wirtschaftlicher.

Die Entscheidung zwischen Gegen- und Gleichlauffräsen ist beim Stirnfräsen nicht nötig, weil nach Bildt 2 im gleichen Schnitt sowohl gegen- als auch gleichläufiges Fräsen auftritt, jedenfalls solange die Fräserachse zwischen Eintritts- und Austrittsebene $(A - B)$ liegt.

Der *Vorschubrichtungswinkel* φ beim symmetrischen *Stirnfräsen* lässt sich bestimmen aus:

$$\sin \frac{\varphi}{2} = \frac{\dfrac{a_e}{2}}{\dfrac{d}{2}} = \frac{a_e}{d} \qquad \frac{\varphi}{2} = \arcsin \frac{a_e}{d} \qquad (8)$$

4.2.1 Schnitt- und Spanungsgrößen

Zu den beim Drehen gemachten Angaben kommen noch folgende Begriffsbestimmungen hinzu:

Zahnvorschub f_z ist der Vorschubweg zwischen zwei unmittelbar nacheinander entstehenden Schnittflächen, also der Vorschub je Zahn oder je Schneide (Bild 1).

[1)] Siehe Fußnote S. N 1.

Mit z Anzahl der Zähne des Fräsers und f Vorschubweg je Fräserumdrehung ist der *Zahnvorschub*

$$f_z = \frac{f}{z} \qquad \frac{f_z}{\frac{mm}{Zahn}} \quad \frac{f}{\frac{mm}{U}} \quad \frac{z}{1} \qquad (9)$$

Der *Schnittvorschub* f_c ist der Abstand zweier unmittelbar nacheinander entstehenden Schnittflächen, gemessen in der Arbeitsebene und rechtwinklig zur Schnittrichtung (Bilder 1 und 2).
Annähernd wird mit Zahnvorschub f_z und Vorschubrichtungswinkel φ der *Schnittvorschub*

$$f_c = f_z \cdot \sin \varphi \qquad (10)$$

Beim Drehen und Hobeln ist $\varphi = 90°$ und damit auch $f_c = f_z$ und mit Gl. (9) mit $z = 1$ auch $f_c = f_z = f$.
Schnittiefe a_p bzw. *Schnittbreite* a_e ist die Tiefe bzw. Breite des Eingriffs der Hauptschneide rechtwinklig zur Arbeitsebene gemessen (Bilder 1 und 2). Arbeitsebene ist die gedachte Ebene, die Schnitt- und Vorschubbewegung des betrachteten Schneidenpunktes enthält (Bilder 1 und 6).
Beim *Walzenfräsen* entspricht a_p der *Breite* des Eingriffs (Schnittbreite) nach Bild 2. Beim *Stirnfräsen* entspricht a_p der *Tiefe* des Eingriffs (Schnittiefe) nach Bild 2. *Schnittbreite* a_e ist die Größe des Eingriffs der Schneide (des Zahnes) je Umdrehung, gemessen in der Arbeitsebene und rechtwinklig zur Vorschubrichtung (Bilder 1 und 2). *Spanungsquerschnitt* A ist der Querschnitt des abzunehmenden Spanes rechtwinklig zur Schnittrichtung. In den meisten Fällen gilt

$$A = a_p \cdot f_c = b\,h$$

b Spanungsbreite
h Spanungsdicke. $\qquad (11)$

Beachte: Der Spanungsquerschnitt A ergibt sich immer als Produkt aus der Schnittiefe bzw. Schnittbreite a_p und dem Schnittvorschub f_c. Da f_c *in der Arbeitsebene* (bzw. parallel zu ihr) gemessen wird, muss die Schnittiefe rechtwinklig zur Arbeitsebene gemessen werden. Die Schnittbreite darf nicht mit der Schnittiefe verwechselt werden; sie steht rechtwinklig zur Schnittiefe und rechtwinklig zur Vorschubrichtung (siehe Bild 2).
Wichtige Bezugsgröße für die mittlere spezifische Schnittkraft k_c ist die so genannte *Mittenspanungsdicke* h_m (Bild 1). Für Walz- und Stirnfräsen gilt bei $a_e/d \leq 0,3$

$$h_m = f_z \sqrt{\frac{a_e}{d}} \sin \kappa_w \qquad (12)$$

$$h_m = \frac{v_f}{nz} \sqrt{\frac{a_e}{d}} \sin \kappa_w \qquad (13)$$

h_m, a_e, d	f_z	v_f	n	z	κ_w
mm	$\dfrac{mm}{Zahn}$	$\dfrac{mm}{min}$	min^{-1}	1	°

Darin ist beim Walzfräsen $\kappa_w = 90° - \lambda_s$, mit λ_s = Neigungswinkel.
Die Mittenspanungsdicke lässt sich mit Gl. (10) als Schnittvorschub f_c berechnen, wenn für φ der maximale Vorschubrichtungswinkel eingesetzt wird (Bild 1):

$$h_m = f_c \sin \kappa_w = f_z \sin \frac{\varphi}{2} \sin \kappa_w \qquad (14)$$

■ **Beispiel:**
Walzfräsen im Gleichlauf mit Fräserdurchmesser $d = 110$ mm ergibt nach Tabelle 3 die Zähnezahl 8.
Für eine Schnittbreite $a_p = 60$ mm ergibt sich aus

$$\cot \lambda_s = \frac{a_p z}{d\,\pi} = \frac{60\ mm \cdot 8}{110\ mm \cdot \pi} = 1,4$$

ein Neigungswinkel $\lambda_s \approx 35°$

Tabelle 2 gibt für Stahl den Zahnvorschub $f_z = 0,1 \ldots 0,25$ mm an; gewählt für Schnittiefe $a_e = 4$ mm wird Zahnvorschub $f_z = 0,2$ mm/Zahn.

Lösung:
Mittenspanungsdicke

$$h_m = f_z \sqrt{\frac{a_e}{d}} \sin \kappa_w = 0,2\ mm \sqrt{\frac{4\ mm}{110\ mm}} \sin 55° = 0,0312\ mm$$

Vorschubrichtungswinkel

$$\varphi = \frac{360°}{\pi} \sqrt{\frac{a_e}{d}} = \frac{360°}{\pi} \sqrt{\frac{4\ mm}{110\ mm}} \approx 22°$$

aus $\cos \varphi = 1 - \dfrac{2\,a_e}{d} = 0,927$

$$\varphi = 22°$$

Vorschubweg je Fräserumdrehung
$f = f_z \cdot z = 0,2\ mm \cdot 8 = 1,6\ mm/U$

Spanungsquerschnitt bei $\dfrac{\varphi}{2}$:

$$A = a_p \cdot f_c = a_p \cdot h_m = 60\ mm \cdot 0,031\ mm = 1,86\ mm^2$$

4.2.2 Flächen und Winkel am Fräserzahn

Es gelten die unter 1.2.2 dargelegten Begriffe.
Beim Stirnfräsen lassen sich die Begriffe vom Drehmeißel leicht auf die Schneide des Zahnes übertragen. Grundsätzlich wird nach Bild 3 unterschieden zwischen Fräsern mit geschliffener oder gefräster Freifläche und Fräsern mit hinterdrehter Freifläche (Formfräser). Letztere haben vielfach Spanwinkel von 0°, der beim Scharfschleifen eingehalten werden muss, weil sonst Profilverzerrung auftritt.

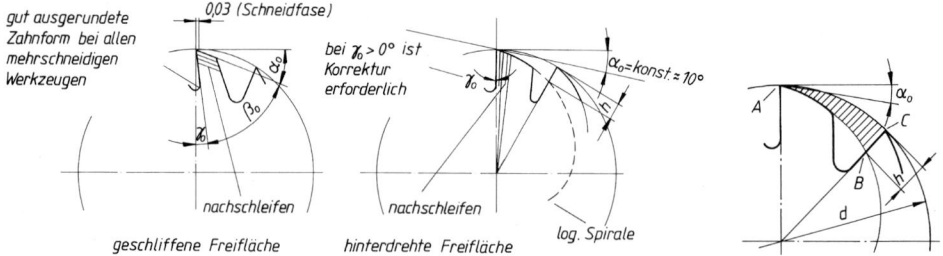

Bild 3. Fräser mit geschliffener und hinterdrehter Freifläche

Steigungshöhe h beim Formfräser ist die Höhe der Hinterdrehkurve, die wegen konstantem Steigungswinkel eine logarithmische Spirale ist. Nach Bild 3 ergibt sich aus dem Dreieck *ABC*: $\tan \alpha_0 = h z / d \pi$ und daraus

$$h = \frac{\pi \, d \, \tan \alpha_0}{z}$$

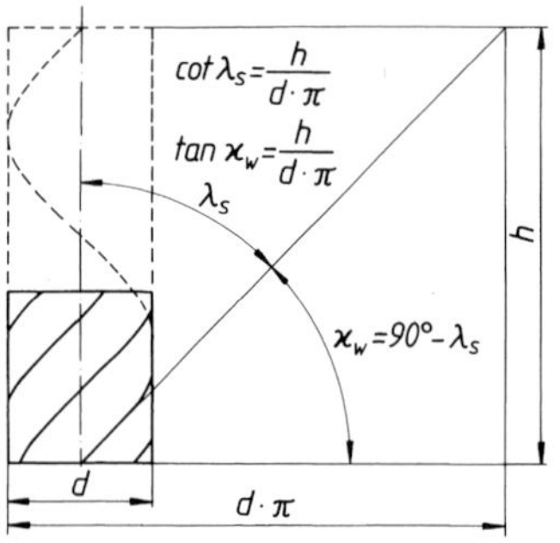

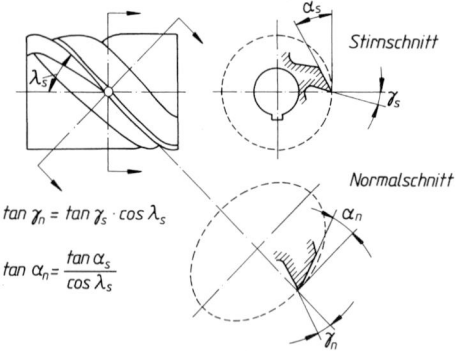

Bild 4. Neigungswinkel λ_s und Steigungswinkel κ_w beim schrägverzahnten Fräser

$$\tan \gamma_n = \tan \gamma_s \cdot \cos \lambda_s$$

$$\tan \alpha_n = \frac{\tan \alpha_s}{\cos \lambda_s}$$

Bild 5. Freiwinkel α und Spanwinkel γ (Werkzeugwinkel) im Normal- und Stirnschnitt

Beim *schrägverzahnten Walzenfräser* sind die Zähne um den *Neigungswinkel* λ_s gegenüber der Fräserachse geneigt. Steigungswinkel $\kappa_w = 90° - \lambda_s$. Das Abwicklungsdreieck Bild 4 zeigt

$$\cot \lambda_s = \frac{h}{d \, \pi} \tag{15}$$

$$\tan \kappa_w = \frac{h}{d \, \pi} \tag{16}$$

Wegen der Neigung der Zähne ist zwischen den Schneidwinkeln im Normalschnitt (Index n) und im Stirnschnitt (Index s) zu unterscheiden (Bild 5). Für Spanwinkel γ und Freiwinkel α gilt:

$$\tan \gamma_n = \tan \gamma_s \cos \lambda_s$$

$$\tan \alpha_n = \frac{\tan \alpha_s}{\cos \lambda_s} \tag{17}$$

Bei Fräsern mit geraden Zähnen ist $\lambda_s = 0°$.

4.2.3 Wahl der Werkzeugwinkel

Freiwinkel α_0 und *Spanwinkel* γ_0 hängen vom zu bearbeitendem Werkstoff und Fräserart ab. Wirtschaftlich ist bei SS-Werkzeugen die Beschränkung auf Freiwinkel $\alpha_0 = 5° ... 8°$ und Spanwinkel $\gamma_0 = 10° ... 15°$. Beim Gleichlauffräsen etwa doppelt so große Werte.

Formfräser werden normal mit Spanwinkel $\gamma_0 = 0°$ ausgeführt. Zerspanungstechnisch besser ist ein kleiner positiver Spanwinkel $\gamma_0 = 2° ... 5°$ bei entsprechend korrigiertem Profil. Spanwinkel $\gamma_0 \neq 0°$ müssen auf dem Fräser vermerkt und beim Scharfschleifen eingehalten werden, um Profilverzerrungen zu vermeiden. Formfräser können so oft an der Spanfläche nachgeschliffen werden (Bild 3), solange sie festigkeitsmäßig den Schnittwiderstand aufnehmen.

Neigungswinkel $\lambda_s = 20° ... 40°$, je nach Werkstoff.

Für *Messerköpfe* mit Hartmetallschneiden $\alpha_0 = 3° ... 8°$, $\gamma_0 = 6° ... 15°$, Schneidenneigungswinkel $\lambda_s = 7°$ für leicht und 12° für schwer bearbeitbare Stähle.

Richtwerte für *Zahnvorschub* f_z siehe Tabelle 2, für *Zähnezahl* z siehe Tabelle 3. Je kleiner die Fräserzähnezahl, umso kleiner ist der Kraftaufwand, umso größer ist der Zahnvorschub f_z und umso niedriger ist die spezifische Schnittkraft.

4.3 Kräfte und Leistungen[1]

Bild 6 zeigt die in der Arbeitsebene liegenden Geschwindigkeiten und Kräfte am einzelnen Fräserzahn beim Gegenlauf- und Gleichlauffräsen mit Walzenfräser. Die Kräfte sind in Bezug auf das Werkzeug eingetragen. Ein Vergleich mit Bild 1 aus Kap. 1 zeigt den Unterschied zwischen Drehen und Fräsen.

---

[1]   Siehe Fußnote S. N 1.

Beim *Drehen* ist der Vorschubrichtungswinkel $\varphi = 90° = $ konstant und damit die Stützkraft F_{st} identisch mit der der Schnittkraft F_c. Beim *Fräsen* dagegen ist $\varphi < 90°$ beim Gegenlauffräsen, $\varphi > 90°$ beim Gleichlauffräsen. Bei einem Zahneingriff ändert sich φ laufend während des Schneidens.

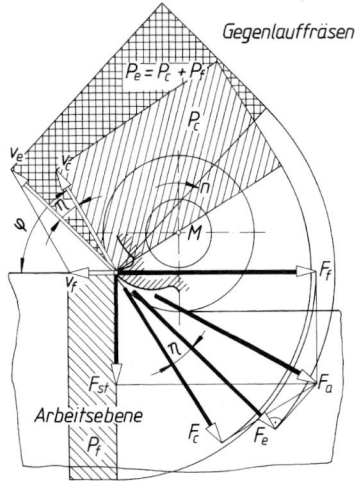

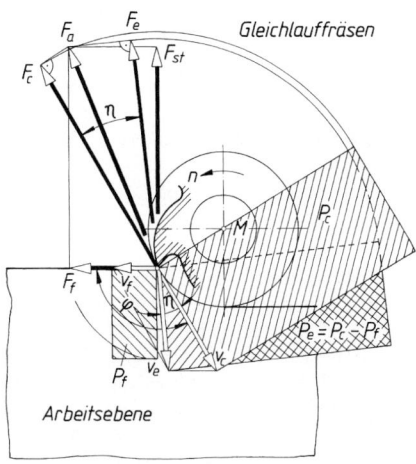

Bild 6. Kräfte, Leistungsflächen und Geschwindigkeiten in der Arbeitsebene beim Walzenfräsen im Gegen- und Gleichlauf; Kräfte in Bezug auf den Fräser; Größenverhältnisse willkürlich angenommen; P_e Wirkleistung, P_c Schnittleistung, P_f Vorschubleistung

Es erscheint die *Stützkraft* F_{st} als Projektion der (meist räumlich liegenden) Zerspankraft F (siehe Bild 1 aus Kap. 1) auf eine in der Arbeitsebene liegende Senkrechte zur Vorschubrichtung *und* die *Schnittkraft* F_c als Projektion von F auf die Schnittrichtung.

Die Resultierende von Stütz- und Vorschubkraft ist die *Aktivkraft* F_a. Sie ist zugleich die Projektion der Zerspankraft F auf die Arbeitsebene. Die *Wirkkraft* F_e ist die Projektion der Zerspankraft F auf die Wirkrichtung, d.h. auf die in der Arbeitsebene liegende Wirklinie der Wirkgeschwindigkeit v_e, F_c und F_e sind zugleich Komponenten der Aktivkraft F_a (Bild 6). Die *Stützkraft* F_{st} versucht beim *Gegen*lauffräsen das Werkstück von seiner Unterlage abzuheben („Ansaugen" des Fräsers), beim *Gegen*lauffräsen dagegen presst die Stützkraft F_{st} das Werkstück auf den Tisch und den Tisch auf seine Führung. Der Fräser versucht dabei auf das Werkstück zu „klettern". Vorsicht bei dünnwandigen oder schlecht zu spannenden Werkstücken.

Die *Vorschubkraft* F_f wirkt beim *Gegen*lauffräsen der Vorschubrichtung entgegen, beim *Gleich*lauffräsen dagegen *in* Vorschubrichtung. Die Wirkleistung P_e ist damit auch beim Gegenlauffräsen gleich der *Summe* aus Schnittleistung P_c und Vorschubleistung P_f, beim Gleichlauffräsen dagegen ist die Wirkleistung P_e die *Differenz* der beiden Leistungen (Bild 6). Das ergibt beim Gleichlauffräsen eine Ersparnis bis zu 15 % von der Gesamtleistung. Der gleiche Richtungssinn von Vorschubkraft und Vorschubgeschwindigkeit beim Gleichlauffräsen macht spielfreie Anordnung der Tischvorschubspindel und wegen Keilwirkung („Klettern" des Fräsers) sicheres Festspannen von Werkstück und Spannvorrichtung erforderlich.

Zur *Bestimmung der Kräfte* werden Vorschubkraft F_f und Stützkraft F_{st} mit Messgeräten bestimmt. Sie können zur resultierenden *Aktivkraft* F_a zusammengesetzt werden:

$$F_a = \sqrt{F_f^2 + F_{st}^2} \qquad (18)$$

Obwohl der Betrag der Komponenten gemessen werden kann, ist der Angriffspunkt der Schnittkraft noch nicht bekannt. Dazu wird das Drehmoment M gemessen. Daraus ergibt sich mit dem Fräserdurchmesser d die mittlere Schnittkraft F_c (= Umfangskraft) zu

$$F_c = \frac{2M}{d} \qquad M = F_c \frac{d}{2} \qquad (19)$$

F_c	M	d
N	Nmm	mm

Aus der Schnittleistung P_c und der Schnittgeschwindigkeit v_c lässt sich F_c ebenfalls berechnen:

$$F_c = 60\,000 \frac{P_c}{v_c} \qquad (20)$$

F_c	P_c	v_c
N	kW	$\dfrac{m}{min}$

Damit lässt sich auch die auf den Fräsermittelpunkt M wirkende Radialkraft F_r berechnen (in Bild 6 nicht eingetragen):

$$F_r = \sqrt{F_a^2 - F_c^2} \qquad (21)$$

Bei Fräsern mit Neigung der Schneiden ergibt sich die Zerspankraft F aus den drei Komponenten in Richtung des räumlichen Achsenkreuzes

$$F = \sqrt{F_{st}^2 + F_f + F_p^2} \qquad (22)$$

Die *Passivkraft* F_p (siehe Bild 1) ist nach Bild 7 aus der Schnittkraft F_c und dem Neigungwinkel λ_s bestimmt:

$$F_p = F_c \tan \delta \qquad (23)$$

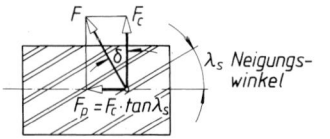

Bild 7. Passivkraft F_p (Axialkraft) und Neigungswinkel λ_s, beim Fräser mit schrägen Zähnen

Die mittlere *Schnittleistung* P_c an der Frässpindel ist abhängig von der spezifischen Schnittkraft k_c, von Schnittbreite a_e und Schnitttiefe a_p sowie von der Vorschubgeschwindigkeit v_f:

$$P_c = \frac{k_c \, a_p \, a_e \, v_f}{6 \cdot 10^7} \qquad (24)$$

P_c	k_c	a_p, a_e	v_f
kW	$\dfrac{N}{mm^2}$	mm	$\dfrac{mm}{min}$

Die *Antriebsleistung* P_m ist um den Wirkungsgrad η größer als $P_c \cdot \eta = 0{,}6 \ldots 0{,}9$; $P_m = P_c / \eta$. Die *spezifische Schnittkraft* k_c ist abhängig vom zu fräsenden Werkstoff, von der Zerspangeometrie und von der Mittenspanungsdicke h_m.
Die spezifische Schnittkraft k_c kann mit Gleichung (11) in Kapitel 1 Drehen bestimmt werden, ebenso ein Mittelwert der Schnittkraft F_c nach Gleichung 8 in Kap. 1. Für den Spanungsquerschnitt A ist dann Gleichung (11) aus diesem Kapitel zu verwenden.
Es ist $h_m = f_z \sqrt{a_e / d}$ d.h. je größer d, um so kleiner h_m, damit ist aber auch k_c größer, also ungünstiger.
Eine *vereinfachte Berechnung der Schnittleistung* P_c ist möglich mit Richtwerten für das spezifische (zulässige) Spanungsvolumen V_{spez} in cm³/kW min.

V_{spez} ist dasjenige Spanungsvolumen in cm³, das mit 1 kW Leistung in einer Minute erzielt werden kann:

$$V_{spez} = \frac{a_p \, a_e \, v_f}{1000 \cdot P_c} \qquad (25)$$

V_{spez}	a_p, a_e	v_f	P_c
$\dfrac{cm^3}{kW \, min}$	mm	$\dfrac{mm}{min}$	kW

Darin ist das *Spanungsvolumen V* je Minute:

$$V_{spez} = \frac{a_p \, a_e \, v_f}{1000} \qquad (26)$$

und damit die Schnittleistung

$$P_c = \frac{V}{V_{spez}} \qquad (27)$$

P_c	V	V_{spez}
kW	$\dfrac{cm^3}{min}$	$\dfrac{cm^3}{kW \, min}$

Richtwerte für das spezifische Spanungsvolumen V_{spez} siehe Tabelle 4.

4.4 Wahl der Schnittgeschwindigkeit und Grundregeln für Fräsen

Richtwerte siehe Tabelle 1 mit Bemerkungen. Durch zu hohe Schnittgeschwindigkeit v_c werden die Schneiden übermäßig erwärmt und die Standzeit vermindert.

Grundregeln: Schnittgeschwindigkeit v_c beim Schruppen klein, beim Schlichten größer (siehe Tabelle 1); Vorschubgeschwindigkeit v_f beim Schruppen stabiler Werkstücke durch Maschinenleistung und zulässige Schnittkräfte, beim Schlichten durch Oberflächengüte begrenzt, siehe Tabelle 2; Walzen möglichst vermeiden, Stirnen ist wirtschaftlicher, dem Drehen ähnlich; auf guten Rundlauf der Fräser achten; Fräser dicht am Spindelkopf oder am Fräsdornstützlager befestigen; mit Kühlflüssigkeit „schwemmen"; möglichst kleiner Fräserdurchmesser und großer Fräsdorndurchmesser; Schneidenwinkel richtig wählen; Fräser oft schärfen.

■ **Beispiel:**
Es soll Werkstoff E 335 mit Walzenfräser von 110 mm Durchmesser, z = 8 Zähne (Tabelle 3) gefräst werden. Gewählt:

$v_c = 16 \dfrac{m}{min}$ (Tabelle 1)

$f_z = 0{,}25 \dfrac{mm}{Zahn}$ (Tabelle 2)

Schnitttiefe a_e = 3 mm, Schnittbreite a_p = 120 mm.

Lösung:

Fräserdrehzahl

$$n = \frac{v_c}{\pi\,d} = \frac{16\,\text{m}}{\text{min} \cdot \pi \cdot 0,11\,\text{m}} = 46,3\,\text{min}^{-1}$$

eingestellt $n = 45\,\text{min}^{-1}$

Vorschub je Fräserumdrehung

$$f = f_z\,z = 0,25 \cdot 8\,\text{mm} = 2\,\text{mm}$$

Vorschubgeschwindigkeit

$$v_f = f\,n = 2 \cdot 45\,\frac{\text{mm}}{\text{min}} = 90\,\frac{\text{mm}}{\text{min}}$$

eingestellt $v_f = 90\,\dfrac{\text{mm}}{\text{min}}$

Mittenspanungsdicke

$$h_m = f_z\sqrt{\frac{a_e}{d}} = 0,25 \cdot \sqrt{\frac{3}{110}}\,\text{mm}$$

$$h_m = 0,0412\,\text{mm} \approx 0,040\,\text{mm}$$

Spanungsvolumen

$$V = \frac{a_p\,a_e\,v_f}{1\,000} = \frac{3 \cdot 120 \cdot 90}{1\,000}\,\frac{\text{cm}^3}{\text{min}} = 32,4\,\frac{\text{cm}^3}{\text{min}}$$

Spezifisches Spanungsvolumen

$$V_{\text{spez}} = 14\,\frac{\text{cm}^3}{\text{kW min}} \quad \text{(Tabelle 4)}$$

Schnittleistung

$$P_c = \frac{V}{V_{\text{spez}}} = \frac{32,4}{14}\,\text{kW} = 2,31\,\text{kW}$$

Antriebsleistung

$$P_m = \frac{P_c}{\eta} = \frac{2,31}{0,8}\,\text{kW} = 2,9\,\text{kW}$$

Mittlere Schnittkraft

$$F_c = 6 \cdot 10^4\,\frac{P_c}{\eta} = 6 \cdot 10^4 \cdot \frac{2,31}{16}\,\text{N} = 8680\,\text{N}$$

Tabelle 1. Richtwerte für Schnittgeschwindigkeiten v_c in m/min mit Schnellarbeitsstahl und Hartmetall beim Gegenlauffräsen

Werkzeug	Stahl	Werkstoffe Gusseisen	Al-Leg. ausgehärtet	Mg-Leg.
Walzen- und Walzenstirn- fräser	10 ... 25	10 ... 22	150 ... 350	300 ... 500
hinterdrehte Formfräser	15 ... 24	10 ... 20	150 ... 250	300 ... 400
Kreissägen	35 ... 40	20 ... 30	200 ... 400	300 ... 500
Messerkopf mit SS	15 ... 30	12 ... 25	200 .. 300	400 ... 500
Messerkopf mit HM	100 ... 200	30 ... 100	300 ... 400	800 ... 1 000

Niedere Werte für Schruppen; für Stirnfräser etwas höhere Werte als für Walzenfräser zulässig; Frästiefe 3 mm bzw. 5 mm bei Walzen- bzw. Stirnfräser, bei Messerkopf bis 8 mm. Höhere Werte für Schlichten.

Für Gewindefräsen: Langgewinde 1,3 × Wert für hinterdrehte Formfräser, Kurzgewinde 1,5 × Wert für hinterdrehte Formfräser.
Für Gleichlauffräser Werte × 1,75.

Tabelle 2. Richtwerte für Zahnvorschub f_z in mm/Zahn für Schnellarbeitsstahl und Hartmetall beim Gegenlauffräsen

Werkzeug	Stahl	Werkstoffe Gusseisen	Al-Leg. ausgehärtet	Mg-Leg.
Walzen- und Walzenstirn- fräser	0,1 ... 0,25	0,1 ... 0,25	0,05 ... 0,08	0,1 ... 0,15
hinterdrehte Formfräser	0,03 ... 0,04	0,02 ... 0,04	0,02	0,03
Messerkopf mit SS	0,3	0,1 ... 0,3	0,1	0,1
Messerkopf mit HM	0,1	0,15 ... 0,2	0,06	0,06

Die Werte gelten für Frästiefen: 3 mm bei Walzenfräsern, 5 mm bei Walzenstirnfräsern, bis 8 mm bei Messerköpfen, bei Kreissägen für 3 mm Blattbreite bei 10 mm Schnitttiefe, Werte für Messerköpfe mit HM bei Stahl und Gusseisen verdoppeln, wenn die Maschinenleistung hoch genug ist.

Tabelle 3. Richtwerte für Zähnezahlen an Schnellstahlfräsern

Werkzeug	Fräserdurchmesser d in mm										
	10	40	50	60	75	90	110	130	150	200	300
Walzenfräser		6	6	6	6	8	8	10	10		
Walzenstirnfräser		8	8	8	10	12	12	14	16		
Scheibenfräser			8	8	10	12	12	14	16	18	
hinterdreht Formfräser			8	10	10	10	12	14	16	18	
Schaftfräser	4	6									
Messerköpfe								8	10	10	12	16

Zähnezahlen gelten für normale Werkstoffe. Bei zähen und harten Werkstoffen obige Werte etwa × 1,5; bei Leichtmetallen etwa × 0,8

Tabelle 4. Richtwerte für spezifisches Spanungsvolumen V_{spez}

Werkstoff	V_{spez} in $\frac{\text{cm}^3}{\text{kW min}}$	Werkstoff	V_{spez} in $\frac{\text{cm}^3}{\text{kW min}}$
E 295	14 ... 18	EN-GJL-250	20 ... 30
E 335	12 ... 16	Sphäroguss	20 ... 25
E 360	10 ... 12	Cu Zn-Leg	35 ... 50
Ni-Stahl	10 ... 12	Al-Knetleg.	45 ... 65

4.5 Berechnung der Hauptnutzungszeit t_h

4.5.1 Walzfräsen und Stirnfräsen

$$t_h = \frac{L}{v_f}i = \frac{L}{nf}i \tag{28}$$

$$v_f = nf$$

$$f = f_z z$$

$$i = \frac{h}{a_e} \quad \text{beim Walzen} \tag{29}$$

$$i = \frac{h}{a_p} \quad \text{beim Stirnen}$$

$$n = 318\frac{v_c}{d}$$

$$l_a = \sqrt{a_e(d - a_e)} \tag{30}$$

für Walzen nach Bild 9

$$l_a \geq 0{,}5\left(d - \sqrt{d^2 - a_p^2}\right) \tag{31}$$

für Stirnen

a_e	Schnitttiefe	mm
a_p	Schnittbreite	mm
d	Fräserdurchmesser	mm
h	Werkstoffzugabe	mm
i	Anzahl der Schnitte	mm
l_a	Fräseranschnittweg	mm
$l_ü$	Fräserüberlaufweg	mm
L	Arbeitsweg $= l_a + l + l_ü$	mm
n	Fräserdrehzahl	min^{-1}
f	Vorschub	mm/U
f_z	Zahnvorschub	mm/Zahn
v_f	Vorschubgeschwindigkeit	mm/min
v_c	Schnittgeschwindigkeit	m/min
z	Zähnezahl des Fräsers	

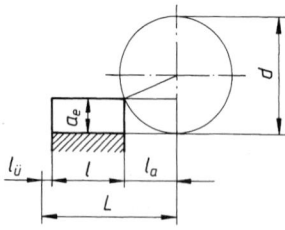

Bild 8. Fräseranschnittweg l_a beim Walzenfräsen

4.5.2 Nutenfräsen

$$t_n = \frac{t}{v_{f1}} + \frac{L}{v_{f2}}i \tag{32}$$

$$i = \frac{t}{a_e}L \tag{33}$$

$$L = l - d \tag{34}$$

(33) und (34) für Schaftfräser, sonst wie beim Walzen

l	Nutenlänge (Außenmaß)	mm
v_{f1}	Tiefenvorschubgeschwindigkeit	mm/min
v_{f2}	Längsvorschubgeschwindigkeit	mm/min
t	Nutentiefe	mm

4.5.3 Rundfräsen

$$t_h = \frac{a_e}{v_{f1}} + \frac{\pi d_1}{v_{f2}} \approx \frac{(1{,}2 \ldots 1{,}25)\,\pi\,d_1}{v_{f2}} \tag{35}$$

$$l_a = \sqrt{a_e(d - a_e)} \tag{36}$$

für tangentialen Anschnitt

a_e	Schnitttiefe	mm
v_{f1}	Radialvorschubgeschwindigkeit	mm/min
v_{f2}	Rundvorschubgeschwindigkeit	
	(= Umfangsgeschwindigkeit des	
	Werkstücks)	mm/min
d_1	Werkstückdurchmesser	mm
l_a	Fräseranschnittweg	mm
d	Fräserdurchmesser	mm

4.5.4 Gewinde- und Schneckenfräsen

4.5.4.1 Langgewinde mit Scheibenfräser

$$t_h = \frac{L}{v_f}g \tag{37}$$

$$L = \frac{\pi d_1 l}{h} \tag{38}$$

für kleine Steigung

$$L = \frac{\pi d_1 l}{\cos \alpha h} = \frac{l\sqrt{\pi^2 d_1^2 + h^2}}{h} \tag{39}$$

für große Steigung

$$\tan \alpha = \frac{h}{d_1 \pi} \tag{40}$$

d_1	Gewindedurchmesser
(genauer mit d_2 = Flankendurchmesser)	mm
g	Gangzahl des Gewindes
h	Steigung	mm
l	Gewindelänge (Zeichnungsmaß)	mm
v_f	Umfangsvorschubgeschwindigkeit
	am Durchmesser d	mm/min
L	Arbeitsweg (Länge der Schrauben-
	linie)	mm
α	Steigungswinkel der Schraubenlinie

4.5.4.2 Kurzgewinde mit Rillenfräser

$$t_h = \frac{L}{v_f} g$$

$$L = 3{,}7\, d_1 \qquad (41)$$

L Arbeitsweg = 7/6 mal Schraubganglänge
bei Berücksichtigung des Anschnitts   mm

4.5.5. Zahnradfräsen

4.5.5.1 Teilverfahren, wie Langfräsen

4.5.5.2 Wälzfräsverfahren (wie Bild 9)

$$t_h = \frac{Lz}{fng} = \frac{Li}{fn} \qquad (42)$$

$$l_a = \sqrt{h\,(d-h)} \qquad (43)$$

$$n = 318\frac{v_c}{d} \qquad (44)$$

d	Fräserdurchmesser	mm
g	Gangzahl des Fräsers	
h	Zahnhöhe	mm
l	Breite des Zahnrads	mm
l_a	Fräseranschnittweg	mm
L	Arbeitsweg des Wälzfräsers in Zahnrichtung	mm
m	Modul des Zahnrads	mm
n	Fräserdrehzahl	min^{-1}
f	Vorschub je Zahnradumdrehung	mm/U
$i =$	z/g = Übersetzungsverhältnis von Zahnradrohling / Frässchnecke	
v_c	Schnittgeschwindigkeit des Wälzfräsers	m/min
z	Zähnezahl des Zahnrads	

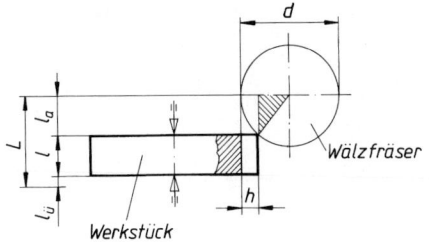

Bild 9. Fräseranschnittweg l_a beim Abwälzfräsen

4.5.6 Schneckenradfräsen (Wälzverfahren)

4.5.6.1 Radialfräsen (Tauchfräsen)

$$t_h = \frac{a_f z}{f_r ng} \qquad (45)$$

4.5.6.2 Axialfräsen

$$t_h = \frac{a_w z}{f_a ng} \qquad (46)$$

g	Gangzahl des Wälzfräsers	
f_a	Axialvorschub je Radumdrehung	mm/U
f_r	Radialvorschub je Radumdrehung	mm/U
a_f	Radialzustellung	mm
a_w	Axialzustellung	mm
l_a	Fräseranschnittweg	mm

■ **Beispiel:**
Eine Fläche von 600 mm Länge und 180 mm Breite (Fräsbreite) soll mit Stirnmesserkopf von 200 mm Durchmesser in drei Schnitten gefräst werden. Werkstoff EN-GJL-250. SS-Werkzeug. Schnitttiefe a_p = 5 mm. Gesucht: Hauptnutzungszeit t_h und erforderliche Schnittleistung P_c überschlägig.

Lösung:
Schnittgeschwindigkeit

$$v_c = 20\frac{m}{min} \quad \text{nach Tabelle 1}$$

Zahnvorschub

$$f_z = 0{,}2\frac{mm}{Zahn} \quad \text{nach Tabelle 2}$$

Drehzahl des Messerkopfes

$$n = 318\ \frac{v_c}{d} = 318 \cdot \frac{20}{200} = 31{,}8\ \text{min}^{-1}$$

Zähnezahl des Messerkopfes z = 12 nach Tabelle 3

Vorschub je Fräserumdrehung

$$f_z = f_z z = 0{,}2 \cdot 12\ \frac{mm}{U} = 2{,}4\ \frac{mm}{U}$$

Vorschubgeschwindigkeit

$$v_f = nf = 31{,}8 \cdot 2{,}4\frac{mm}{min} = 76{,}3\frac{mm}{min}$$

Fräseranschnittweg

$$l_a = 0{,}5(d - \sqrt{d^2 - a_e^2}) =$$
$$= 0{,}5 \cdot (200 - \sqrt{200^2 - 180^2})\,mm = 56{,}5\ mm$$

Arbeitsweg

$$L = l_a + l + l_\ddot{u} = 56{,}5\ mm + 600\ mm + 3{,}5\ mm = 660\ mm$$

Hauptnutzungszeit

$$t_h = \frac{L}{v_f} i = \frac{660}{76{,}3} \cdot 3\ \text{min} = 26\,\text{min}$$

Spezifisches Spanungsvolumen

$$V_{spez} = 30\ \frac{cm^3}{kW min} \quad \text{nach Tabelle 4}$$

Spanungsvolumen

$$V = \frac{5 \cdot 180 \cdot 76{,}3}{1\ 000}\ \frac{cm^3}{min} = 68{,}7\frac{cm^3}{min}$$

Schnittleistung

$$P_c = \frac{V}{V_{spez}} = \frac{68{,}7}{30}\ \text{kW} = 2{,}28\ \text{kW}$$

5 Bohren

5.1 Bewegungen [1]

Die umlaufende Bewegung des Werkzeugs führt zur *Schnittbewegung*, seine in Achsrichtung fortschreitende Bewegung ergibt die *Vorschubbewegung*. Beide Bewegungen stehen wie beim Drehen unter dem *Vorschubrichtungswinkel* $\varphi = 90°$ (Bild 1). Beide Bewegungen ergeben wieder die unter dem *Wirkrichtungswinkel* η zur Schnittrichtung geneigte *Wirkbewegung*. Entsprechend der *Schnitt-*, *Vorschub-* und *Wirk*bewegung ist auch hier zu unterscheiden zwischen *Schnittgeschwindigkeit* v_c *Vorschubgeschwindigkeit* v_f und *Wirkgeschwindigkeit* v_e.
Mit Bohrerdurchmesser d, Drehzahl n und Vorschub f wird

$$v_c = \pi\, d\, n \tag{1}$$

$$v_f = n f \tag{2}$$

v_c	d	n	v_f	f
$\dfrac{m}{min}$	m	min^{-1}	$\dfrac{mm}{min}$	$\dfrac{mm}{U}$

Bei dem meist sehr kleinen Verhältnis v_f / v_c kann auch hier $v_e = v_c$ gesetzt werden.
Alle Bewegungen liegen wiederum in der sogenannten Arbeitsebene (Bild 1).
Bohren ist auch der Sammelbegriff für Senken, Reiben, Gewindeschneiden, Bohren mit Drehmeißel u.a., sodass eine Vielzahl von Werkzeugen und Maschinen zu diesem Zerspanvorgang gehören, z.B. Ständer-, Reihen-, Radial-, Koordinaten-, Gelenkspindel-, Vielspindel-, Sonderbohrmaschinen, Horizontalbohrwerke, Lehrenbohrwerke, Tieflochbohrmaschinen, CNC-Fräsmaschinen.

5.2 Zerspangeometrie [1]

Das Bohren mit dem *Spiralbohrer* ist Schruppen mit der Stirnseite eines zweischneidigen Werkzeugs ($z = 2$); daher sind nur geringe Anforderungen an Formgenauigkeit und Maßhaltigkeit der Bohrungen und an die Oberflächengüte möglich. Höhere Oberflächengüte wird durch anschließendes Reiben erreicht.
Die Bezeichnungen und Lage der Schneiden, Flächen, Werkzeugwinkel, Geschwindigkeiten und Kräfte zeigt Bild 1. Der Zerspanvorgang an den beiden Hauptschneiden ähnelt dem Drehen. Jede Hauptschneide wird bei vertikal stehendem Werkzeug

schräg nach unten (in Wirkrichtung) unter dem Wirkrichtungswinkel η vorgeschoben.
Mit *Vorschub* f und *Werkzeug-Durchmesser* d wird tan $\eta = f /(d\ \pi)$. Der *Werkzeugspanwinkel* γ_0 des Spiralbohrers liegt durch den *Neigungswinkel* fest. Da dieser zur Bohrermitte hin abnimmt, wird auch γ_0 zur Seele hin kleiner. Der *Wirkspanwinkel* hängt außerdem vom *Wirkrichtungswinkel* η ab, wie bei jedem Zerspanvorgang. Mit kleiner werdendem Durchmesser d (zur Bohrermitte hin) wird η immer größer. Dadurch verändern sich *Wirkfreiwinkel* α_0 und *Wirkspanwinkel* γ_0. Sollen beide Winkel an jeder Durchmesserstelle gleich groß sein, muss der *Hinterschliffwinkel* an der Freifläche zur Mitte hin größer werden. Üblich ist ein Hinterschliffwinkel von 6° am Außendurchmesser, zur Spitze hin auf über 20° ansteigend. Exakte Ausführung ist daher nur auf Spiralbohrer-Schleifmaschinen möglich, nicht von Hand.
Spitzenwinkel und *Neigungswinkel* sind für die verschiedenen Werkstoffe aus der Erfahrung heraus festgelegt worden, z.B. für Stahl $\sigma = 118°$ Spitzenwinkel. Der *Querschneidenwinkel* ψ ist abhängig von der Art des Hinterschliffs. Günstig ist ein Winkel $\psi = 55°$. Jede andere Lage der Querschneide vergrößert die Vorschubkraft F_f, ohne das Drehmoment wesentlich zu verändern.
Die ungünstigen Zerspanverhältnisse unter der Querschneide (mehr „Reiben" als „Schneiden") erfordern bei Stahl und zähen Werkstoffen *Ausspitzen* der Bohrerspitze, sodass die Querschneide verkürzt wird. Dadurch kann die *Vorschubkraft* F_f (Axialkraft) bis auf ein Drittel verringert werden.
Für zähe und harte Werkstoffe ist Verjüngung des Bohrers zum Schaft hin nötig, etwa 0,1 ... 0,15 mm auf 100 mm Länge, sonst besteht Gefahr des Anfressens der Fasen, der Bohrer knirscht.
Der *Spanungsquerschnitt* A für *eine* Hauptschneide ergibt sich auch beim Bohren aus *Schnitttiefe* a_p und *Vorschub* f.

$$A = a_p f_s = \frac{d}{2} \cdot \frac{f}{2} = \frac{df}{4} \tag{3}$$

Die obige Gleichung ergibt sich wieder aus der für alle Zerspanvorgänge gültigen Begriffsbestimmung der Schnitttiefe als derjenigen Tiefe des Eingriffs der Hauptschneide, die *rechtwinklig zur Arbeitsebene gemessen* wird.
Nach Bild 1 ist demnach $a_p = d/2$, und mit $f_s = f_z \sin \varphi$ (Gl. (10)) wird bei $\varphi = 90°$, $f_c = f_z = \dfrac{f}{2}$ (siehe unter Fräsen).
Für beide Hauptschneiden wird dann $2A = df/2$.

---

[1] Siehe Fußnote S. N 1.

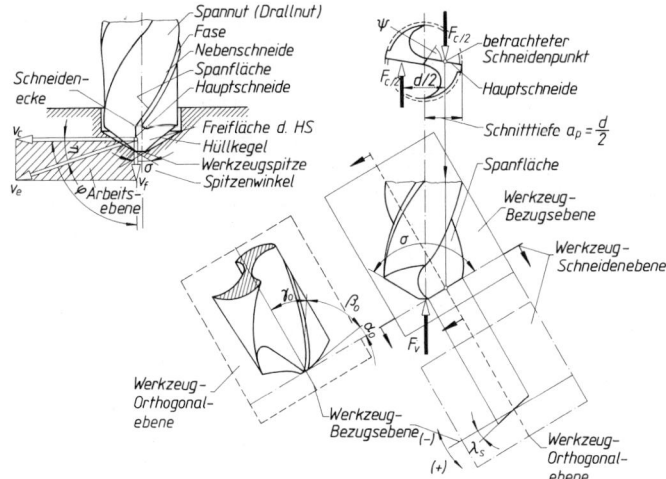

Bild 1.

Flächen, Schneiden, Werkzeugwinkel, Geschwindigkeiten und Kräfte am Spiralbohrer

φ Vorschubrichtungswinkel,

η Wirkrichtungswinkel

v_c Schnittgeschwindigkeit

v_f Vorschubgeschwindigkeit

v_e Wirkgeschwindigkeit

Der *Spanungsquerschnitt A* je Hauptschneide ergibt sich auch aus der Berechnung des minutlich gebohrten Spanungsvolumens *V*. Mit Vorschubgeschwindigkeit $v_f = nf$ und Bohrerdurchmesser *d* ist das *Spanungsvolumen*

$$V = \frac{d^2 \pi}{4} v_f = \frac{d^2 \pi}{4} nf \qquad (4)$$

Außerdem ist V auch das Produkt aus dem je Hauptschneide erzeugten Spanungsquerschnitt *A* und der am halben Bohrerdurchmesser herrschenden Schnittgeschwindigkeit v_{cm}.

$$V = 2 A v_{cm} = 2 A \frac{d}{2} \pi n \qquad v_{cm} = \frac{\pi d n}{2} \qquad (5)$$

Werden beide Gleichungen gleichgesetzt, so ergibt sich für den *Spanungsquerschnitt A* je Hauptschneide:

$$\frac{\pi d^2}{4} nf = 2\pi A \frac{d}{2} n \qquad A = \frac{df}{4}$$

In Bild 1 wurden von der die Hauptschneide und die Bohrerachse enthaltenden Werkzeug-Bezugsebene ausgehend die Ansichten des Werkzeugs in den anderen Ebenen entwickelt. Siehe auch Bild 4, Kap 1 und Erläuterungen unter 1 Drehen.

5.3 Kräfte und Leistungen[1]

Für das Bohren ins Volle mit ausgespitzten Spiralbohrern geben die Bohrmaschinenhersteller die Bohrleistungen und Kräfte an. Drehmomente und Vorschubkräfte werden mit Hilfe besonderer Messeinrichtungen durch Versuche bestimmt. Der Berechnung liegen folgende vom Drehen hergeleitete Überlegungen zugrunde.
Mit der *spezifischen Schnittkraft k_c beim Bohren* wird wie beim Drehen die *Schnittkraft*

$$F_c = 2 A k_c = 2 \frac{df}{4} k_c \quad \text{und daraus}$$

$$F_c = \frac{df}{2} k_c$$

F_c	d	f	k_c	
N	mm	$\dfrac{mm}{U}$	$\dfrac{N}{mm^2}$	(6)

Richtwerte für die spezifische Schnittkraft k_c beim Bohren siehe Tabelle 3.
Die *Vorschubkraft F_f* lässt sich nicht in gleicher Weise wie die *Schnittkraft F_c* bestimmen, weil der Spanungsquerschnitt unter der Querschneide geometrisch schwer zu erfassen ist und F_f stark von der Geometrie der Querschneide abhängt. Man rechnet deshalb mit versuchsmäßig aufgestellten Gleichungen, z.B. für E 295 in Abhängigkeit vom Bohrerdurchmesser *d* in mm nach (Gl. (11)): $F_f = 108 \, d \sqrt[3]{d}$.
Greift die Schnittkraft F_c nach Bild 1 je zur Hälfte an der Mitte der Hauptschneiden an, so ergibt sich das für die Schnittleistung P_c maßgebende *Drehmoment (Bohrmoment)*

$$M = \frac{F_c}{2} \cdot \frac{d}{2} = \frac{F_c d}{4}$$

M	F_c	d	
Nmm	N	mm	(7)

Mit Gl (6) ergibt sich auch

$$M = \frac{df}{2} k_c \frac{d}{4} = \frac{d^2 k_c f}{8} \qquad (8)$$

Aus der allgemeinen Beziehung: Leistung P = Drehmoment M × Winkelgeschwindigkeit ω kann die zugeschnittene Größengleichung für die *Schnittleistung* P_c entwickelt werden:

$$P_c = \frac{Mn}{9{,}55 \cdot 10^6} = \frac{F_c v_{cm}}{6 \cdot 10^4} \qquad (9)$$

P_c	M	n	F_c	v_{cm}
kW	Nmm	min^{-1}	N	$\dfrac{m}{min}$

---

[1] Siehe Fußnote S. N 1.

Die *Vorschubleistung* P_f ergibt sich aus der Vorschubkraft F_f und der Vorschubgeschwindigkeit $v_f = nf$ zu

$$P_f = \frac{F_f nf}{6 \cdot 10^7} \qquad (10)$$

P_f	F_f	n	f
kW	N	min^{-1}	$\dfrac{mm}{U}$

Da die Vorschubgeschwindigkeit $v_f = nf$ meist sehr klein ist, kann die Vorschubleistung P_f vernachlässigt werden. Die Antriebsleistung kann dann unter Berücksichtigung des Wirkungsgrads η allein aus der Schnittleistung berechnet werden ($P_{an} = P_c / \eta$).
Eine Übersicht über die prozentualen Anteile von Drehmoment M und Vorschubkraft F_f gibt die folgende Zusammenstellung:

	Anteil in % mit steigendem Vorschub	
	M	F_f
Hauptschneiden	70 ... 90	50 ... 40
Querschneiden	10 ... 5	45 ... 58
Fasen- und Spanreibung	20 ... 5	5 ... 2

Der erhebliche Anteil der Querschneide an der Vorschubkraft muss durch Ausspitzen oder Vorbohren vermindert werden.

5.4 Wahl von Schnittgeschwindigkeit und Vorschub

Richtwerte für allgemeine Bohrarbeiten werden Tabelle 1 und 2 entnommen.

5.5 Berechnung der Hauptnutzungszeit t_h (Maschinenlaufzeit)

$$t_h = \frac{L}{v_f} i = \frac{L}{nf} i \qquad (11)$$

für gestufte Drehzahlreihe

$$t_h = \frac{d\pi}{v_c} \cdot \frac{L}{f} i \qquad (12)$$

für stufenlosen Antrieb

L	Arbeitsweg $= l_a + l_w + l_{ü}$	mm
	(einschließlich An- und Überlauf)	
n	Drehzahl	min^{-1}
f	Vorschub	mm/U
v_c	Schnittgeschwindigkeit	m/min
d	Bohrerdurchmesser	mm
i	Schnittzahl	
v_f	Vorschubgeschwindigkeit	mm/min

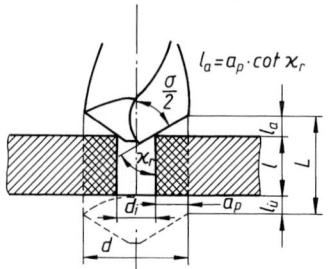

Bild 2.

Stoff	σ	κ_r	cot κ_r	$l_a = a_p$ cot κ_r
Stahl und Gusseisen	118°	59°	0,6	$\frac{1}{3}(d - d_i)$
Alu-Leg.	140°	70°	0,365	$\frac{1}{5}(d - d_i)$
Mg.-Leg.	100°	50°	0,839	$\frac{1}{2}(d - d_i)$
Marmor	80°	40°	1,192	$\frac{2}{3}(d - d_i)$
Hartgummi	30°	15°	3,732	$2(d - d_i)$

Zur Bestimmung des Arbeitsweges L sind folgende Zuschläge für An- und Überlaufweg bei durchgehenden Bohrungen zu machen:

Arbeitsvorgang	An- und Überlaufweg
Bohren mit Spiralbohrer ins Volle	$\frac{1}{3}$ Bohrerdurchmesser + 2 mm
Senken oder Aufbohren	$\frac{1}{10}$ Werkzeugdurchmesser + 2 mm
Reiben mit Maschine Gewindeschneiden mit Maschine	Länge des Führungsteils der Reibahle Länge des Gewindeteils des Bohrers
Ausbohren mit Meißel	Bohrers 3 ... 4 mm

■ **Beispiel:**
Mit einem Spiralbohrer (Einstellwinkel $\kappa_r = 60° \approx$ halber Spitzenwinkel $\sigma = 118°$) ist ein Sackloch von 30 mm Durchmesser und 45 mm Tiefe aus dem Vollen in Gusseisen EN-GJL-250 zu bohren. Der Vorschub soll $f = 0,4$ mm/U bei ca. 22 m/min Schnittgeschwindigkeit betragen.
Zu bestimmen sind Hauptnutzungszeit und Schnittleistung.

Lösung:

Drehzahl $n = 318 \cdot \dfrac{v_c}{d} = 318 \cdot \dfrac{22}{30}$ min^{-1} = 233 min^{-1}

einstellbar sind $n = 250$ min^{-1} nach Drehzahlreihe.

Arbeitsweg $L = l_a + l_w + l_{ü} = (10 + 45 + 2)$ mm = 57 mm

Hauptnutzungszeit $t_h = \dfrac{L}{nf} = \dfrac{57}{0,4 \cdot 250}$ min = 0,57 min $\approx$ 0,6 min

Die spezifische Schnittkraft beträgt nach Tabelle 3 für die gegebenen Größen: $k_c = 1\,529$ N/mm^2 und damit nach Gl.(6) die Schnittkraft

$$F_c = \frac{d \cdot f}{2} k_c = \frac{30 \text{ mm} \cdot 0,4 \text{ mm}}{2} \cdot 1520 \frac{N}{mm^2} = 9120 \text{ N}$$

Mit Gl.(7) beträgt das Drehmoment (Bohrmoment)

$$M = F_c \cdot \frac{d}{4} = 9120 \text{ N} \cdot \frac{30 \text{ mm}}{4} = 68\,400 \text{ Nmm}$$

und damit die Antriebsleistung

$$P_c = \frac{M \, n}{9,55 \cdot 10^6} \text{ kW} = \frac{68\,400 \cdot 250}{9,55 \cdot 10^6} \text{ kW} = 1,79 \text{ kW}$$

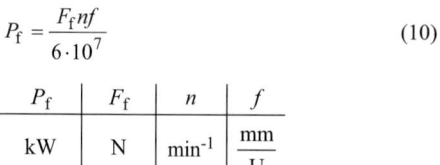

Tabelle 1. Richtwerte für allgemeine Bohrarbeiten (Werkzeuge aus Schnellarbeitsstahl)

Werkstoff	Arbeitsstufe	Art des Werkzeugs	Schnittgeschwindigkeit v_c in m/min	Vorschübe f in mm/U — Werkzeugdurchmesser in mm												
				5	6,3	8	10	12,5	16	20	25	31,5	40	50	63	80
Gusseisen bis EN-GJL-250	Bohren ins Volle	Spiralbohrer	28 … 18	0,16	0,18	0,2	0,22	0,25	0,28	0,32	0,36	0,4	0,45	0,5	0,56	0,63
	Senken	Senker	20 … 16	0,25	0,28	0,28	0,32	0,32	0,36	0,36	0,4	0,4	0,45	0,45	0,5	0,5
	Abflächen	Abflächmesser oder Zapfensenker	12,5 … 10	0,5	0,056	0,06	0,07	0,08	0,09	0,1	0,11	0,12	0,14	0,16	0,18	0,2
	Reiben	Reibahle	12,5 … 10	0,8	0,8	0,9	0,9	1,0	1,0	1,12	1,12	1,25	1,25	1,4	1,4	1,6
	Ausbohren, Schruppen	Bohrstange	20	–	–	–	–	–	–	–	–	0,28	0,32	0,32	0,36	0,36
	Ausbohren, Schlichten	mit eing. Stählen	25	–	–	–	–	0,18	0,2	0,22	0,25	0,28	0,32	0,36	0,4	0,45
	Feinbohren		31,5	–	–	–	–	0,16	0,18	0,18	0,2	0,2	0,32	0,22	0,25	0,25
E 335	Bohren ins Volle	Spiralbohrer	28 … 25	0,11	0,12	0,14	0,16	0,18	0,2	0,22	0,25	0,28	0,32	0,36	0,4	0,45
	Senken	Senker	22,4	0,36	0,36	0,4	0,4	0,45	0,45	0,5	0,5	0,56	0,56	0,63	0,63	0,7
	Abflächen	Abflächmesser oder Zapfensenker	12,5 … 10	0,05	0,056	0,06	0,07	0,08	0,09	0,1	0,11	0,12	0,14	0,16	0,18	0,2
	Reiben	Reibahle	8 … 6,63	0,4	0,45	0,5	0,56	0,63	0,71	0,8	0,9	1,0	1,1	1,25	1,4	1,6
	Ausbohren, Schruppen	Bohrstange	31,5	–	–	–	–	–	–	–	–	0,28	0,32	0,28	0,32	0,36
	Ausbohren, Schlichten	mit eing. Stählen	40	–	–	–	–	0,14	0,16	0,18	0,2	0,22	0,25	0,28	0,32	0,36
	Feinbohren		50	–	–	–	–	0,12	0,14	0,16	0,18	0,2	0,22	0,22	0,25	0,26
Cu Zn -, Cu Sn - Legierungen	Bohren ins Volle	Spiralbohrer	56 … 35,5	0,12	0,14	0,16	0,18	0,2	0,22	0,25	0,28	0,32	0,36	0,4	0,45	0,5
	Senken	Senker	31,5	0,36	0,36	0,4	0,4	0,45	0,45	0,5	0,5	0,56	0,56	0,63	0,63	0,63
	Abflächen	Abflächmesser oder Zapfensenker	25 … 20	0,05	0,056	0,06	0,07	0,08	0,09	0,1	0,11	0,12	0,14	0,16	0,18	0,2
	Reiben	Reibahle	14	0,8	0,8	0,9	1,0	1,0	1,12	1,12	1,25	1,25	1,25	1,4	1,4	1,6
	Ausbohren, Schruppen	Bohrstange	50	–	–	–	–	–	–	–	0,28	0,28	0,32	0,32	0,36	0,36

Tabelle 1. (Fortsetzung)

Werkstoff	Arbeitsstufe	Art des Werkzeugs	Schnittgeschwindigkeit v_c in m/min	Vorschübe f in mm/U													
				Werkzeugdurchmesser in mm													
				5	6,3	8	10	12,5	16	20	25	31,5	40	50	63	80
Leichtmetall-Al-Leg.	Bohren ins Volle	Spiralbohrer	160 … 125	0,16	0,18	0,2	0,22	0,25	0,28	0,32	0,36	0,4	0,45	0,5	0,56	0,63
	Senken	Senker	80 … 63	0,25	0,28	0,28	0,32	0,32	0,36	0,36	0,4	0,4	0,45	0,45	0,5	0,5
	Abflächen	Abflächmesser oder Zapfensenker	50 … 28	0,05	0,056	0,06	0,07	0,08	0,09	0,1	0,11	0,12	0,14	0,16	0,18	0,2
	Reiben	Reibahle	25	0,8	0,8	0,9	0,9	1,0	1,0	1,12	1,12	1,25	1,25	1,4	1,4	1,6
	Ausbohren, Schruppen	Bohrstange	140 … 125	–	–	–	–	–	–	0,25	0,25	0,28	0,28	0,32	0,32	0,36
	Ausbohren, Schlichten	mit eing. Stählen	80 … 63	–	–	–	–	0,14	0,16	0,18	0,2	0,22	0,25	0,28	0,32	0,36
	Feinbohren		140 … 125	–	–	–	–	0,12	0,14	0,16	0,18	0,2	0,2	0,22	0,22	0,22

Bei der Drehzahlermittlung sind für die kleinen Bohrerdurchmesser die hohen, für die großen Bohrerdurchmesser die niedrigen Schnittgeschwindigkeiten zugrunde zu legen.

Beim Bohren tiefer Löcher sind die Vorschübe nach folgender Aufstellung herabzusetzen.

Bohrerdurchmesser	Bohrtiefe bis zum	Bohrtiefe vom	Bohrtiefe über
bis 20 mm	≈ 5-fachen Bohrerdurchmesser	5 … 8-fachen Bohrerdurchmesser	8-fachen Bohrerdurchmesser
bis 32 mm	≈ 4-fachen Bohrerdurchmesser	4 … 6,3-fachen Bohrerdurchmesser	6,3-fachen Bohrerdurchmesser
bis 50 mm	≈ 3,15-fachen Bohrerdurchmesser	3,15 …5-fachen Bohrerdurchmesser	5-fachen Bohrerdurchmesser
bis 80 mm	≈ 2,5-fachen Bohrerdurchmesser	2,5 … 4-fachen Bohrerdurchmesser	4-fachen Bohrerdurchmesser
	(1-facher Vorschubwert)	(0,8-facher Vorschubwert)	(0,5-facher Vorschubwert)

Tabelle 2. Richtwerte für die Schnittgeschwindigkeit v_c und den Vorschub f beim Bohren

Werkstoff	Zugfestigkeit R_m in N/mm²	Schneid-werkzeug	Schnitt-geschwindig-keit v_c in m/min	Vorschub f in mm/U bei Bohrerdurchmesser			
				bis 4	> 4 ... 10	> 10 ... 25	> 25 ... 63
S 235 JR, C22 S 275 JQ	bis 500	S S	35 ... 30	0,18	0,28	0,36	0,45
		P 30	80 ... 75	0,1	0,12	0,16	0,2
E 295, C 35	500 ... 600	S S	30 ... 25	0,16	0,25	0,32	0,40
		P 30	75 ...70	0,08	0,1	0,12	0,16
E 335, C 45	600 ... 700	S S	25 ... 20	0,12	0,2	0,25	0,32
		P 30	70 ... 65	0,06	0,08	0,1	0,12
E 360, C 60	700 ... 850	S S	20 ... 15	0,11	0,18	0,22	0,28
		P 30	65 ... 60	0,05	0,06	0,08	0,01
Mn-, Cr Ni-Cr Mo- und andere legierte Stähle	700 ... 850	S S	18 ... 14	0,1	0,16	0,02	0,25
		P 30	40 ... 30	0,025	0,03	0,04	0,05
	850 ... 1 000	S S	14 ... 12	0,09	0,14	0,18	0,22
		P 30	30 ... 25	0,02	0,025	0,03	0,04
	1 000 ... 1 400	S S	12 ... 8	0,06	0,1	0,16	0,2
		P 30	25 ... 20	0,016	0,02	0,025	0,03
GE 240	300 ... 500	S S	30 ... 25	0,16	0,22	0,32	0,45
		P 30	80 ... 60	0,03	0,05	0,08	0,12
GE 260	500 ... 700	S S	25 ... 20	0,12	0,18	0,25	0,36
		P 30	60 ... 40	0,025	0,04	0,06	0,1
EN-GJL-150		S S	35 ... 25	0,16	0,25	0,4	0,5
		K 20	90 ... 70	0,05	0,08	0,12	0,16
EN-GJL-250		S S	25 ... 20	0,12	0,2	0,3	0,4
		K 10	40 ... 30	0,04	0,06	0,1	0,12
Temperguss		S S	25 ... 18	0,1	0,16	0,25	0,4
		K 10	60 ... 40	0,03	0,05	0,08	0,12
Cu Sn Zn-Leg. Cu Sn-Guss-Leg.		S S	75 ... 50	0,12	0,18	0,25	0,36
		K 20	85 ... 60	0,06	0,08	0,1	0,12
Cu Zn-Guss-Leg.		S S	60 ... 40	0,1	0,14	0,2	0,28
		K 20	100 ... 75	0,06	0,08	0,1	0,12
Al-Guss-Leg.		S S	200 ... 150	0,16	0,25	0,3	0,4
		K 20	300 ... 250	0,06	0,08	0,1	0,12

SS Schnellarbeitsstahl
P 30, K 10, K 20 Hartmetalle
Die Richtwerte sind von der Firma Gebr. Boehringer in Göppingen aus „Betriebstechnisches Praktikum" von Thiele-Staelin abgeleitet worden.

Tabelle 3. Richtwerte für spezifische Schnittkraft beim Bohren

Die Richtwerte sind von der Firma Gebr. Boehringer in Göppingen aus Versuchswerten von Prof. Kienzle und allgemeinen Hinweisen aus dem Schrifttum abgeleitet worden.

spezifische Schnittkraft k_c in N/mm² bei Vorschub f in mm/U und Einstellwinkel κ_T

Werkstoff	R_m in N/mm²	0,063				0,1				0,16				0,25				0,4				0,63				1			
		30°	45°	60°	90°	30°	45°	60°	90°	30°	45°	60°	90°	30°	45°	60°	90°	30°	45°	60°	90°	30°	45°	60°	90°	30°	45°	60°	90°
S 275 JR	bis 500	3200	3010	2880	2820	2950	2760	2650	2600	2710	2550	2450	2400	2500	2360	2280	2240	2320	2200	2100	2060	2150	2030	1960	1920	2000	1890	1830	1800
E 295	520	4900	4470	4220	4100	4350	3980	3730	3610	3850	3550	3300	3190	3400	3100	2900	2830	3000	2740	2580	2500	2650	2430	2300	2240	2360	2180	2060	1990
E 335	620	3850	3620	3460	3380	3540	3300	3190	3120	3230	3010	2890	2830	2950	2780	2670	2620	2730	2580	2480	2440	2530	2400	2310	2270	2350	2220	2140	2110
E 360	720	6300	5680	5320	5150	5500	4980	4660	4500	4820	4350	4060	3920	4200	3800	3550	3410	3660	3300	3100	3000	3200	2900	2700	2600	2800	2520	2340	2260
C 45, C 45 E	670	3600	3450	3320	3260	3380	3200	3100	3040	3150	2990	2890	2840	2940	2800	2700	2660	2750	2620	2530	2460	2580	2460	2380	2340	2420	2310	2250	2220
C 60, C 60 E	770	3950	3690	3530	3450	3610	3380	3230	3150	3300	3100	2980	2920	3040	2860	2750	2700	2810	2650	2550	2490	2600	2450	2350	2300	2400	2260	2180	2130
16 Mn Cr 5	770	5150	4720	4450	4320	4590	4200	3950	3830	4080	3720	3500	3400	3610	3300	3120	3020	3210	2930	2750	2660	2840	2580	2440	2360	2510	2300	2160	2100
16 Cr Ni 6	630	6300	5680	5320	5150	5500	4980	4660	4500	4820	4350	4060	3920	4200	3800	3550	3410	3660	3300	3100	3000	3200	2900	2700	2600	2800	2520	2340	2260
34 Cr Mo 4	600	4650	4300	4100	4000	4200	3900	3700	3610	3800	3530	3370	3290	3410	3220	3080	3000	3150	2940	2820	2750	2880	2670	2530	2460	2600	2400	2300	2240
42 Cr Mo 4	730	6000	5450	5150	5000	5300	4880	4620	4500	4750	4370	4120	4000	4250	3890	3660	3550	3780	3450	3250	3150	3350	3060	2890	2820	2980	2720	2580	2500
50 Cr V 4	600	5460	5000	4700	4560	4850	4440	4210	4100	4330	3980	3730	3610	3860	3500	3300	3190	3400	3100	2910	2820	3000	2730	2580	2500	2650	2430	2290	2220
15 Cr Mo 5	590	4120	3880	3740	3660	3810	3590	3450	3390	3520	3320	3200	3130	3260	3070	2950	2900	3010	2850	2740	2680	2790	2630	2520	2470	2580	2420	2340	2290
Mn-, Cr Ni	850 ... 1000	4900	4530	4310	4200	4420	4100	3900	3800	4000	3710	3500	3450	3620	3380	3220	3150	3300	3080	2920	2850	3000	2780	2660	2600	2720	2550	2440	2380
Cr Mo - u.a leg.St.	1 000 ... 1 400	5150	4780	4560	4450	4670	4350	4150	4050	4250	3960	3790	3700	3880	3610	3440	3350	3520	3280	3160	3100	3220	3030	2910	2850	2970	2800	2680	2620
Nichtrost. St.	600 ... 700	4800	4500	4300	4200	4400	4120	3940	3850	4030	3770	3610	3530	3690	3460	3320	3250	3390	3180	3060	3000	3120	2940	2840	2780	2890	2730	2630	2580
Mn-Hartstahl		7150	6600	6270	6100	6440	5950	5650	5500	5800	5370	5100	4980	5240	4860	4620	4500	4740	4400	4180	4080	4290	3980	3800	3700	3890	3620	3440	3360
Hartguss		3950	3720	3570	3500	3640	3420	3270	3190	3340	3130	3010	2940	3070	2880	2750	2680	2810	2640	2520	2450	2560	2400	2300	2250	2350	2200	2110	2060
GE 240	300 ... 500	2920	2720	2610	2560	2670	2510	2410	2360	2460	2320	2230	2180	2270	2140	2060	2000	2100	1960	1900	1860	1930	1820	1750	1720	1790	1690	1630	1600
GE 260	500 ... 700	3200	3010	2880	2820	2950	2760	2650	2600	2710	2550	2450	2400	2500	2360	2280	2240	2320	2200	2100	2060	2150	2030	1960	1920	2000	1890	1830	1800
EN - GJL - 150		1940	1800	1710	1670	1760	1630	1550	1510	1590	1480	1400	1370	1440	1340	1280	1250	1310	1220	1170	1140	1200	1120	1060	1040	1090	1020	970	950
EN - GJL - 250		2800	2570	2430	2360	2500	2300	2180	2110	2240	2060	1930	1870	2000	1820	1710	1660	1760	1610	1520	1470	1560	1430	1340	1300	1380	1280	1200	1160
Temperguss		2650	2440	2300	2240	2370	2180	2060	2000	2120	1950	1850	1800	1900	1750	1650	1600	1700	1560	1500	1460	1530	1420	1350	1320	1390	1290	1230	1200
Cu Sn-Gussleg.		3200	3010	2880	2820	2950	2760	2650	2600	2710	2550	2450	2400	2500	2360	2280	2240	2320	2200	2100	2060	2150	2030	1960	1920	2000	1890	1830	1800
CuSnZn-Gussleg.		1480	1360	1280	1250	1320	1220	1150	1120	1180	1090	1030	1000	1060	980	920	900	950	880	820	800	850	780	730	710	750	700	670	650
Cu Sn Zn-Knetleg.		1500	1380	1320	1300	1350	1280	1220	1200	1250	1180	1120	1100	1150	1080	1020	1000	1050	980	940	920	960	900	870	850	880	840	800	780
Al-Gussleg.	300 ... 420	1480	1360	1280	1250	1320	1220	1150	1120	1180	1090	1030	1000	1060	980	920	800	950	880	820	800	850	780	730	710	750	700	670	650
Mg-Gussleg.		520	490	475	470	480	455	435	430	440	420	405	400	410	390	370	360	380	350	335	330	340	320	305	300	310	300	285	280

6 Schleifen

6.1 Bewegungen

Ähnlich wie beim Fräsen führt auch beim Schleifen ein umlaufendes Werkzeug (die Schleifscheibe) die *Schnittbewegung* aus. Viele am Umfang der Scheibe verteilte, geometrisch nicht bestimmbare Schneiden (die Ecken der Schleifkörner) nehmen dabei vom Werkstück kleine kommaförmige Späne ab. Schleifen ist daher mit Fräsen vergleichbar. Tiefenzustellung und *Vorschubbewegung* werden je nach Bauart der Maschine vom Werkstück oder Werkzeug ausgeführt. Aufbau, Form der Schleifwerkzeuge, Körnung, Bindemittel und Kennzeichnung sind den Katalogen der Herstellerfirmen zu entnehmen.

6.2 Zerspangeometrie

Vereinfacht kann die Spanbildung nach Bild 1 erklärt werden. Die Schleifscheibe läuft mit der Drehzahl n_s, das Werkstück mit n_w um. Das momentan schneidende Umfangskorn der Scheibe besitzt die Umfangsgeschwindigkeit v_c (Schnittgeschwindigkeit). Es tritt im Punkt E (Bild 1) in das Werkstück ein und verlässt es wieder bei A. In der gleichen Zeit ist Punkt A nach B gewandert. Der abgeschliffene Span hat angenähert die Form ABE.

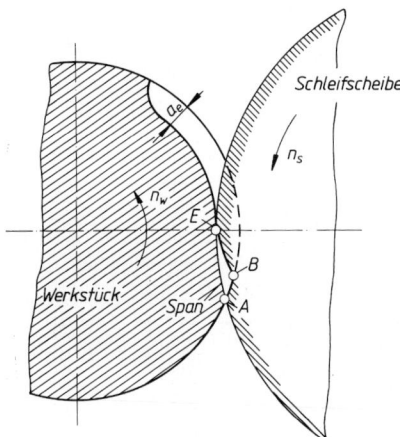

Bild 1. Spanbildung beim Rundschleifen (schematisch)

Er wird um so feiner sein, je höher *Schleifscheibengeschwindigkeit* v_c, je niedriger *Werkstückgeschwindigkeit* v_c und je kleiner die Schnitttiefe (Zustellung) a_e ist (Bild 1). Wichtig beim Schleifen ist demnach das *Geschwindigkeitsverhältnis* $q = v_c/v_w$.

Der momentane *Spannungsquerschnitt A* wächst beim Rundschleifen mit steigendem Längsvorschub f_l (Seitenvorschub), mit steigender Zustellung a_e, mit wachsender Umfangsgeschwindigkeit des Werkstücks v_w und mit fallender Umfangsgeschwindigkeit v_c der Schleifscheibe:

$$A = a_e f_l \frac{v_w}{v_c} \qquad (1)$$

A	a_e	f_l	v_w v_c
mm^2	mm	$\dfrac{mm}{U}$	$\dfrac{m}{s}$

6.3 Schleifkraft und Schleifleistung

Bestimmende Größe ist die *Tangentialkraft* F_t an der Schleifscheibe. Sie wird aus der *spezifischen Schleifkraft* k_c in N/mm^2 und dem *Spanungsquerschnitt A* in mm^2 bestimmt:

$$F_t = k_c A = k_c a_e f_l \frac{v_w}{v_c} \qquad (2)$$

Die *spezifische Schleifkraft* k_c [1] in N/mm^2 lässt sich aus den folgenden Versuchsgleichungen berechnen:

$$k_c = 8,55 \ \tau_s A^{-0,55} \quad \text{für Schleifscheibe 80 K}$$
$$k_c = 12 \ \tau_s A^{-0,6} \quad \text{für Schleifscheibe 60 L} \qquad (3)$$
$$k_c = 18 \ \tau_s A^{-0,73} \quad \text{für Schleifscheibe 46 L}$$

Darin ist τ_s die Schubfestigkeit des Werkstoffs in N/mm^2 und A der Spanungsquerschnitt in mm^2 nach Gl. (1).
Die *Schnittleistung* P_c ergibt sich damit aus der Zahlenwertgleichung:

$$P_c = \frac{F_t \ v_c}{1\,000} \qquad (4)$$

P_c	F_t	v_c
kW	N	$\dfrac{m}{s}$

---

[1] Nach *E. Salje*: Kennzahlen und Gesetzmäßigkeiten beim Schleifen, Forschungsbericht aus dem Institut für Werkzeugmaschinen und Betriebslehre der Technischen Hochschule Aachen.

6.4 Wahl von Geschwindigkeit, Vorschub und Zustellung

Die *Umfangsgeschwindigkeit* v_c der Schleifkörper ist wegen der Unfallgefahr nach oben begrenzt nach den Richtlinien des Deutschen Schleifscheibenausschusses (DSA). Richtwerte siehe Tabelle 1. Allgemein gilt: Außenrundschleifen von Stahl mit $v_c = 35$ m/s, bei Gusseisen $v_c = 25$ m/s. Bei Innenrundschleifen wird v_c begrenzt durch höchstmögliche Drehzahl der Schleifspindel, was ungünstige Verhältnisse ergeben kann. Höchstzulässige Umfangsgeschwindigkeit kann mit Genehmigung des DSA überschritten werden, der Schleifkörper muss dann einen festgelegten Vermerk tragen.

Mit wachsendem v_c wirkt jede Schleifscheibe härter, umgekehrt wirken harte Scheiben mit sinkender v_c weicher. Abnutzungsgrad und Schleifscheibengeschwindigkeit müssen daher aufeinander abgestimmt werden (Drehzahl ändern).

Die *Umfangsgeschwindigkeit* v_w des Werkstücks ist bei Außenrundschleifen und Schrupparbeiten möglichst hoch zu wählen; Zustellung a_e kann dann klein sein. Richtwerte siehe Tabelle 2.

Der *Längsvorschub* f_l (Seitenvorschub) richtet sich nach der *Schleifscheibenbreite b*:

für Schruppen (0,6 ... 0,75) b

für Schlichten (0,25 ... 0,5) b.

Längsvorschub f_l, Tischgeschwindigkeit v_t und Werkstückdrehzahl n_w sind voneinander abhängig: $f_l = v_t / n_w$.

Die *Schnitttiefe* (*Zustellung*) a_e je Längshub oder je Umdrehung wird je nach Stabilität des Werkstücks, Körnung der Scheibe und geforderter Oberflächengüte und Passung ausgewählt:

für Schruppen 10 ... 30 μm

für Schlichten 5 ... 25 μm.

Zu großes a_e gibt größeren Verschleiß der Scheibe. Bei grober Körnung der Scheibe und hartem Werkstoff kann großes a_e zum Ausbrechen der Körner führen. Große Werkstückdurchmesser erfordern wegen der größeren Flächenberührung kleineres a_e.

Tabelle 1. Richtwerte für Schleifscheibengeschwindigkeit v_c (Schnittgeschwindigkeit) in m/s

Schleifart	Stahl	Guss-eisen	Hartmetall	Leicht-metall
Außenschleifen	30	25	8	35
Innenschleifen	25	25	8	20
Flächenschleifen	25	20	8	25
Werkzeugschleifen	25		22 von Hand	
			12 maschinell	

Tabelle 2. Richtwerte für Werkstückgeschwindigkeit v_w in m/min

Schleifart	Stahl				Guss-eisen	Cu-Leg	Al-Leg
	weich	hart	einge-setzt	legiert			
Rund-schleifen							
Schrup-pen	12...15	14...18	15...18	14...18	12...15	18...21	30...40
Schlich-ten	8...12	8...12	10...13	10...14	9...12	15...18	24...30
Innen-schleifen	18...21	21...24	21...24	20...25	21...24	21...27	30...40
Flächen-schleifen			6...40				15...40

6.5 Oberflächen-Rautiefen

Durch die Fertigungsverfahren Drehen, Hobeln, Räumen, Fräsen, Bohren und Schleifen lassen sich unterschiedliche Oberflächen-Rautiefen erreichen.

Rautiefe R_y in μm ist der Abstand zwischen der oberen und der unteren Berührlinie innerhalb einer festgelegten Bezugsstrecke (Bild 2).

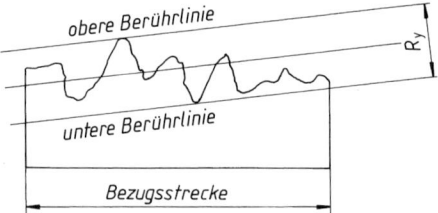

Bild 2. Rautiefe am Profilausschnitt

Tabelle 3. Richtwerte der Zuordnung von ISO-Toleranzreihe, Bearbeitungsverfahren und Rautiefe R_y

ISO-Toleranzreihe (II)	Bearbeitungsverfahren	etwa erreichbare Rautiefe in μm
IT 4	Feinstläppen, Schwingzieh-schleifen	0,06
IT 5	Polieren	0,06
IT 6	Läppen, Ziehschleifen, Feinstschleifen	0,12
IT 7 und IT 8	Rollieren, Feinziehen, Schleifen, Diamantdrehen, Feinräumen, Reiben	0,5 ... 1,0
IT 8 und IT 9	Feindrehen, Feinstfräsen, Ziehen, Kaltwalzen	1,0 ... 2,0
IT 10	Drehen, Fräsen, Räumen	4,0
IT 11	Schaben, Prägen	7,0 ... 9,0
IT 12 und IT 13	Hobeln, Senken, Sandstrah-len, Warmwalzen, Genau-schmieden, Bohren	12,0
IT 14	Pressen	24,0

6.6 Berechnung der Hauptnutzungszeit t_h (Maschinenlaufzeit)

6.6.1 Längsschleifen (Außen- und Innenrundschleifen)

$$t_h = \frac{l}{n_w f_l} i \qquad (5)$$

$$i = \frac{z}{2 a_e} \qquad (6)$$

$$t_h = \frac{l\, z}{2 a_e\, n_w f_l} i \qquad (7)$$

$$n_w = 318 \frac{v_w}{d} \qquad (8)$$

t_h	Hauptnutzungszeit	min
a_e	Schnitttiefe	mm
b	Schleifscheibenbreite	mm
d	Werkstückdurchmesser	mm
i	Anzahl der Schnitte	
l	Arbeitsweg (Werkstücklänge)	mm
n_w	Werkstückdrehzahl	min^{-1}
f_l	Längsvorschub (Seitenvorschub)	mm/U
f_t	Tauchvorschub	mm/min
z	Schleifzugabe im Durchmesser	mm
B	Schleifbreite	mm
n	Anzahl Doppelhübe	min^{-1}

6.6.2 Rundschleifen (Einstechen)

$$t_h = \frac{z}{2\, f_t} \qquad (9)$$

6.6.3 Flachschleifen, längs

$$t_h = \frac{B}{n\, f_l} \qquad (10)$$

Da das System Werkzeug/Maschine nicht starr ist, müssen Oberflächengüte und Genauigkeit des Werkstücks durch „Ausfeuern" verbessert werden, das ist Schleifen ohne Zustellung. Für Ausfeuerhübe ist deshalb ein Zuschlag von 10 % ... 20 % zu t_h zu geben.

■ **Beispiel:**
Längsschleifen eines Bolzens (τ_s = 500 N/mm^2) von 250 mm Länge und 80 mm Durchmesser mit Schleifscheibe 80 K von 40 mm Breite bei Schnitttiefe (Zustellung) a_e = 20 μm, Schleifscheibengeschwindigkeit v_c = 25 m/s und Werkstückgeschwindigkeit v_w = 10 m/min, Schleifzugabe z = 0,8 mm.
Gesucht: Schleifkraft (Umfangskraft), Schleifleistung, Hauptnutzungszeit.

Lösung:

Längsvorschub

$$f_l = 0,6\, b = 0,6 \cdot 40 \frac{\text{mm}}{\text{U}} = 24 \frac{\text{mm}}{\text{U}}$$

Spannungsquerschnitt

$$A = a_e\, f_l \frac{v_w}{v_c} = 0,02 \cdot 24 \text{ mm}^2 \frac{10 \text{ m/min}}{25 \cdot 60 \text{ m/min}} = 3,2 \cdot 10^{-3} \text{ mm}^2$$

Spezifische Schleifkraft $k_c = 8,55\ \tau_s\, A^{-0,55} =$

$$= 8,55 \cdot 500 \left(\frac{1\,000}{3,2}\right)^{0,55} = 10^5 \frac{\text{N}}{\text{mm}^2}$$

Schleifkraft $F_t = k_c A = 10^5 \cdot 3,2 \cdot 10^{-3}$ N = 320 N

Schleifleistung $P_c = \dfrac{F_t v_c}{1\,000} = \dfrac{320 \cdot 25}{1\,000} \text{ kW} = 8 \text{ kW}$

Anzahl der Schnitte $i = \dfrac{z}{2\, a_e} = \dfrac{0,8 \text{ mm}}{2 \cdot 0,02 \text{ mm}} = 20$

Werkstückdrehzahl

$$n_w = 318 \frac{v_w}{d} = 318 \cdot \frac{10}{80} \text{ min}^{-1} = 40 \text{ min}^{-1}$$

Hauptnutzungszeit

$$t_h = \frac{l}{n_w f_l} i = \frac{250}{40 \cdot 24} \cdot 20 \text{ min} = 5,3 \text{ min}$$

Zuschlag für Ausfeuern $\approx$ 10 %, damit $t_h \approx$ 6 min

Literaturhinweise

Normen (Auswahl)[1]

DIN 6580	Begriffe der Zerspantechnik, Bewegungen und Geometrie des Zerspanvorgangs
DIN 6581	Begriffe der Zerspantechnik, Bezugssysteme und Winkel am Schneidteil des Werkzeugs
DIN 6582	Begriffe der Zerspantechnik, Ergänzende Begriffe am Werkzeug, am Schneidkeil und an der Schneide
DIN 6584	Begriffe der Zerspantechnik, Kräfte, Energie, Arbeit, Leistungen
DIN 6589	Fertigungsverfahren Spanen, Schleifen mit rotierendem Werkzeug

Paucksch, E.: *Zerspantechnik.* Braunschweig: Vieweg Verlag, 1996

Krist, T.: *Formeln und Tabellen der Zerspantechnik.* Braunschweig: Vieweg Verlag, 1996

Tschätsch, H.: *Praxis der Zerspantechnik.* Wiesbaden: Vieweg Verlag, 2005

Degner, W.; Lutze, H.; Smejkal, E.: *Spanende Formung, Theorie, Berechnung, Richtwerte.* München: Carl Hanser, 2002

---

[1] DIN-Bläter sind erhältlich bei Beuth Verlag Berlin, Wien, Zürich, nähere Angaben in http://www.beuth.de

O Werkzeugmaschinen

Werner Bahmann

1 Grundlagen

1.1 Definition

Die **Werkzeugmaschine** (*auch als Fertigungsmittel oder Fertigungseinrichtung bezeichnet*) dient der *Erzeugung von Werkstücken* mittels *Werkzeugen* entsprechend der gegebenen *Fertigungsaufgabe*.

Die *Werkzeugmaschine* gibt dem *Werkstoff* durch *urformende, umformende, trennende* und/oder *fügende Verfahren* die geforderte *geometrische Form* und *Oberflächengestalt* sowie die gewünschten *Abmessungen*.

Die Werkzeugmaschine hat sich heute zum *komplexen Fertigungssystem* mit meist hohem Automatisierungsgrad entwickelt. Sie ist vielgestaltig und komplex geworden. Dadurch ist die moderne, für die Anwendung progressiver Fertigungsverfahren geeignete Werkzeugmaschine einschließlich peripherer Einrichtungen, wie Speicher- und Handhabungstechnik für Werkstücke und Werkzeuge, Qualitätssicherungs- und Prozessüberwachungssysteme sowie Möglichkeiten zur Integration in flexible Fertigungssysteme ein Maßstab für den Stand der Produktionstechnik eines Unternehmens.

1.2 Gebrauchswertparameter einer Werkzeugmaschine

Die Gebrauchswertparameter einer Werkzeugmaschine unterliegen dem technischen Fortschritt und müssen sich mit jeder Neuentwicklung erheblich erhöhen, um den Anforderungen der Werkzeugmaschinenanwender gerecht zu werden.

Die wesentlichen Gebrauchswertparameter der Werkzeugmaschine sind:

Produktivität P

Hauptfaktor des Gebrauchswertes bei vergleichbarer Arbeitsgenauigkeit zu vergleichbaren Erzeugnissen des Wettbewerbs. Es gilt:

$$P = \frac{W}{T \cdot A \cdot K} \tag{1}$$

dabei ist
  W Anzahl der erzeugten Werkstücke
  T Zeiteinheit [Stunde (h), Kalendertag, Monat, Jahr]
  A Bruttogrundfläche der Werkzeugmaschine [m²]
  K Anzahl Bedienkräfte, bei Bedienung von 4 Maschinen durch einen Bediener ist $K = 1/4$

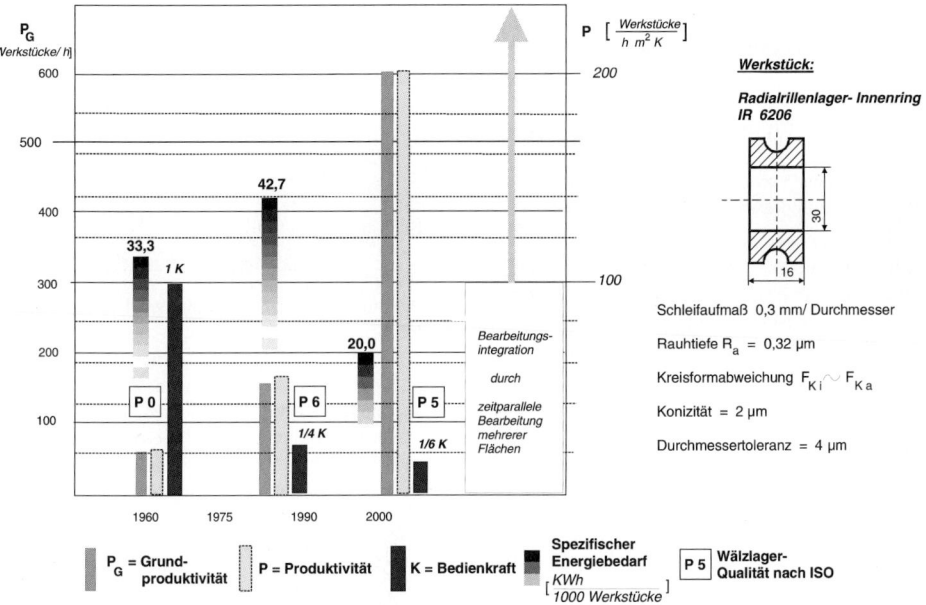

Bild 1. Entwicklung verschiedener Gebrauchswertparameter bei drei Erzeugnisgenerationen von Wälzlagerring-Schleifautomaten (Berliner Werkzeugmaschinenfabrik GmbH)

Dabei ist die Grundproduktivität

$$P_G = \frac{W}{T} \tag{2}$$

W	T	A	K
1	h	m²	1

Sie wird für die erste Einschätzung des technischen Niveaus einer Werkzeugmaschine, z.B. im Vergleich zum Wettbewerb, herangezogen. Werden längere Zeiteinheiten zu Grunde gelegt, wie Monat oder Jahr, setzen vor allem Ausfälle die Produktivität P herab. Die Bruttogrundfläche A ist die Fläche, welche zusätzlich zur Maschinengrundfläche benötigt wird, um Bedienbarkeit und Wartung zu ermöglichen sowie für erforderliche periphere Einrichtungen, wie Werkstückspeicher u.a.

Je weniger Arbeitskräfte zum Einrichten und Bedienen einer Fertigungseinrichtung benötigt werden, desto höher ist deren Produktivität.

Die Entwicklung einer neuen Werkzeugmaschinen-Generation ist dann besonders erfolgreich, wenn gegenüber der Vorgängergeneration die Produktivität P erheblich gesteigert werden kann. Im Bild 1 ist eine solche Entwicklung dargestellt. Es handelt sich um Schleifautomaten zur Bohrungsbearbeitung von gehärteten Wälzlager-Innenringen. Das Diagramm bezieht sich auf die Innenringe der Kugellagertype 6206, also mit Bohrungsdurchmesser 30 mm.

Als Voraussetzung für eine hohe Produktivitätssteigerung mit einer neuen Erzeugnisentwicklung gilt der Grundsatz: Die Entwicklung von Fertigungsverfahren, Werkzeug, Werkzeugmaschine und Hilfsstoff ist eine Einheit.

Arbeitsgenauigkeit/Maschinenfähigkeit

Die Werkzeugmaschine muss dem Trend zur Erhöhung der Genauigkeitsanforderungen der Metall verarbeitenden Industrie bei günstigen Kosten gerecht werden.

Die wesentlichen, von der Werkzeugmaschine beeinflussbaren Genauigkeiten am Werkstück sind:

• *Durchmesser- und Längentoleranzen*
beeinflussbar durch
In- und Postprozessmesssteuerungen, hohe Achsverfahrgenauigkeit, besonders bei NC-Maschinen

• *Rundheit*
beeinflussbar durch
Rundlaufgenauigkeit der Arbeits- oder Werkstückspindel

• *Geradheit*
beeinflussbar durch
Führungsgenauigkeit der Werkstück- oder Werkzeugschlitten

• *Welligkeit*
beeinflussbar durch
Reduzierung oder Vermeidung von Relativschwingungen zwischen Werkstück und Werkzeug

• *Oberflächenrauigkeit*
beeinflussbar durch
Reduzierung oder Vermeidung von Relativschwingungen zwischen Werkstück und Werkzeug

Flexibilität

Diese gewinnt bei vielen Anwendern auch unter den Bedingungen hoher Produktivität wie z.B. im Fahrzeugbau durch häufige Produktveränderung zunehmend an Bedeutung. Hohe Flexibilität wird erreicht durch:

• kurze Rüst- und Umrüstzeiten, ermöglicht durch geeignete Konstruktion der beteiligten Baugruppen sowie teilweise automatisches Umrüsten in einer bedienerarmen dritten Schicht
• Werkzeugspeicher und flexible Werkzeugwechsler
• ablegbare und aus dem Speicher der Steuerung wieder abrufbare Technologien
• flexible Qualitätskontrolleinrichtungen

Verfügbarkeit (Funktionsicherheit)

Ziel: *Eine Fertigungseinrichtung sollte ohne Ausfall in seiner „Lebenszeit" ständig produzieren!*

Die Dauerverfügbarkeit V_D wird aus folgender Beziehung ermittelt:

$$V_D = \frac{\overline{T}_B}{\overline{T}_B + \overline{T}_A} \cdot 100 \qquad \begin{array}{c|c|c} V_D & \overline{T}_A & \overline{T}_B \\ \hline \% & h & h \end{array} \tag{3}$$

dabei sind:

$$\overline{T}_B = \frac{T_{B\text{-akk}}}{z} \qquad \begin{array}{c|c|c} \overline{T}_B & T_{B\text{-akk}} & z \\ \hline h & h & - \end{array} \tag{4}$$

der mittlere Ausfallabstand,

$T_{B\text{-akk}}$ die akkumulierte Betriebsdauer in Stunden,
z die Anzahl von Ausfällen im Betrachtungszeitraum, (T_B entspricht dem Begriff MTBF [mean time between fallures]),

$$\overline{T}_A = \frac{T_{A\text{-akk}}}{z} \qquad \begin{array}{c|c|c} \overline{T}_A & T_{A\text{-akk}} & z \\ \hline h & h & - \end{array} \tag{5}$$

die mittlere Ausfalldauer,

$T_{A\text{-akk}}$ die akkumulierte Ausfalldauer in Stunden.

Der mittlere Ausfallabstand wird positiv beeinflusst durch:

– verschleißteillose oder -arme Konstruktion (z. B. berührungslose Dichtungen, Zahnriemen an Stelle von Keil- oder Flachriemen, berührungslose Näherungsinitiatoren an Stelle mechanisch betätigter Endschalter, schleifringlose Motoren, elektronische Steuerungen, Stelltechnik und Leistungstransistoren an Stelle Relais
– technische Diagnostik
– Dauertests der Werkzeugmaschinen beim Hersteller

Die mittlere Ausfalldauer wird positiv beeinflusst durch:

– schnelle Erkennung und Behebung eines Ausfalls (z. B. Diagnoseeinrichtungen mit Klartextanzeige an der Steuerung, leichte Zugänglichkeit zur ausgefallenen Baugruppe, kompletter Baugruppenaustausch mit wenig Werkzeugen)

Zu beachten ist:

$$V_D = V_{D1} \cdot V_{D2} \cdot ... \cdot V_{Dn} \quad \frac{V_D}{h} \left| \frac{V_{Dn}}{h} \right. \qquad (6)$$

$V_{D1...n}$ Dauerverfügbarkeit jeweils einer Baugruppe

Das heißt: Bei einer Dauerverfügbarkeit von 5 Baugruppen von je 99 % liegt die Dauerverfügbarkeit der Werkzeugmaschine nur noch bei 95 %. Um eine hohe Verfügbarkeit von 97 bis 98 % zu erreichen, müssen eine Reihe von Baugruppen möglichst eine solche von 100 % aufweisen, so beispielsweise die Steuerungselektronik und elektronische Antriebe.

Spezifischer Energie-Werkzeug- und Hilfsstoffverbrauch

Dieser bezieht sich immer auf die Anzahl der in dieser Bezugszeit erzeugten Werkstücke !
So ergibt sich der spezifische Energieverbrauch P_{Sp} pro 1000 erzeugter Werkstücke W zu:

$$P_{Sp} = \frac{P \cdot 1000}{W \cdot \dfrac{1}{h}}$$

$$\frac{P_{Sp}}{\text{KWh}/1000\ \text{Werkstücke}} \left| \frac{P}{\text{KW}} \right. \qquad (7)$$

dabei ist P die Leistung in KW.

Arbeits- und Umweltschutz

Besonders zu beachten sind Absaugeinrichtungen für Kühlschmierstoff, Schallpegelreduzierung durch geschlossene Arbeitsräume, geräuscharme Antriebstechniken, strenge Einhaltung der Arbeitsschutzvorschriften.

Formgestaltung und Ergonomie

Ist nicht nur ein gutes Verkaufsargument, sondern bei Werkzeugmaschinen auch vorbeugend zum Schutz gegen Ermüdung und Herausforderung zu Sauberkeit und Ordnung am Arbeitsplatz.
Diesen *Gebrauchswerten* stehen die **Kosten und Aufwände** beim Werkzeugmaschinen-Hersteller gegenüber, die letztlich den **Preis** der Werkzeugmaschine und damit deren **Preis-Leistungs-Verhältnis** bestimmen.

1.3 Kenngrößen und Kennlinien von Werkzeugmaschinen

Arbeitsbewegungen zur Erzeugung der Werkstückkontur (spanende Fertigung, DIN 8589).
Durch die Werkzeugmaschine müssen die entsprechenden Arbeitsbewegungen mit den erforderlichen Kräften, Drehmomenten und Geschwindigkeiten realisiert werden.

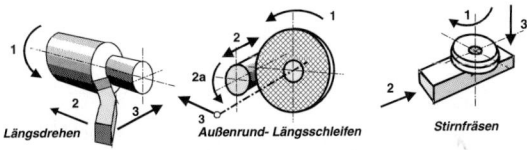

Bild 2. Beispiele für Arbeitsbewegungen bei verschiedenen spanenden Fertigungsverfahren
1 Schnittbewegung 2 Vorschubbewegung
2a Rundvorschub 3 Zu- oder Beistellbewegung

Baureihen bei Werkzeugmaschinen

Entwicklungen von Werkzeugmaschinen-Baureihen sollten auf der Basis von Normzahlen nach DIN 323 (siehe Abschnitt Maschinenelemente) erfolgen.
Dabei werden für die einzelnen Maschinenarten Leitparameter ausgewählt. Deren Abstufung erfolgt nach einer Normreihe, deren Stufensprung jeweils die Baugrößenabstände bestimmt.
Tabelle 1. zeigt eine relativ enge Abstufung des Leitparameters „Drehdurchmesser über Maschinenbett" durch Anwendung der Normreihe R 20 mit dem Stufensprung $\varphi = 1,12$ bei einer Baureihe von Leit- und Zugspindeldrehmaschinen DLZ im Gegensatz zum Leitparameter „Presskraft in kN" bei Einständerpressen PE mit dem Stufensprung $\varphi = 1,6$ und damit einer weiten Abstufung.

Tabelle 1. Beispiele von Werkzeugmaschinen-Baureihen

Maschinenart	Bezeichnung	Leitparameter	Reihe	Stufensprung
Leit- und Zugspindeldreh-Maschine	DLZ	Drehdurchmesser über Maschinenbett 400, 450, 500, 560, 630 mm	R 20	$\varphi = 1,12$
Koordinatenbohrmaschine	BK	Bohrbereich mm Durchmesser 16, 25, 40, 63	R 10	$\varphi = 1,25$
Einständerpresse	PE	Presskraft in kN 250, 400, 630, 1000	R 5	$\varphi = 1,6$

Geschwindigkeits- und Drehzahlbereiche

Schnittgeschwindigkeit v_C [m/min]: wird bestimmt durch Werkstück- und Werkzeugwerkstoff, Schruppoder Fertigbearbeitung, Werkstück- und Werkzeugsteife und weitere Einflussfaktoren.
Die *Grenzdrehzahlen* der Werkstückspindel bestimmen sich aus:

$$\boxed{\begin{array}{c} \textit{obere Grenzdrehzahl:} \\[4pt] n_{\max} = \dfrac{v_{C\max} \cdot 1000}{\pi \cdot d_{\min}}\ [1/\text{min}] \end{array}} \qquad (8)$$

<table>
<tr><td colspan="2" align="center">untere Grenzdrehzahl:</td></tr>
<tr><td>$$n_{\min} = \frac{v_{C\,\min} \cdot 1000}{\pi \cdot d_{\max}} \ [1/\text{min}]$$</td><td>(9)</td></tr>
</table>

<table>
<tr><td colspan="2" align="center">Drehzahlbereich:</td></tr>
<tr><td>$$B_n = \frac{n_{\max}}{n_{\min}}$$</td><td>(10)</td></tr>
</table>

Dabei sind:

$d_{\max}$ *maximaler Bearbeitungsdurchmesser*
in mm,

$d_{\min}$ *minimaler Bearbeitungsdurchmesser*
in mm,

$v_{C\,\max}$ *max. Schnittgeschwindigkeit*
in m/min

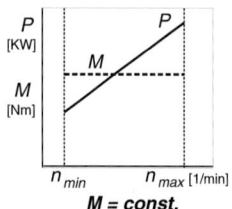

M = const.

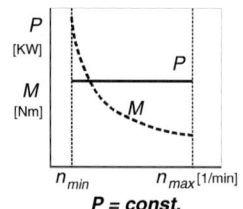

P = const.

$v_{C\,\min}$ *minimale Schnittgeschwindigkeit*
in m/min

Auslegung von Drehmoment und Leistung als Funktion der Arbeitsspindeldrehzahl bei WZM

Die Auslegung mit *konstantem Drehmoment* (Bild 3 links) wird bei *Schrupp- oder Schwerzerspanungsmaschinen* angewandt, da die Auslastung an der Belastungsgrenze im gesamten Drehzahlbereich möglich ist. Vorsicht vor Überlastung! Sollbruchstelle oder Leistungsmesser erforderlich. Mit *konstanter Leistung* im gesamten Drehzahlbereich (Bild Mitte) werden *Feinbearbeitungsmaschinen* ausgelegt, da die Drehmomentspitze bei n_{min} relativ gering ist. Bei den meisten Werkzeugmaschinen, besonders bei *Universalmaschinen*, ist der rechts abgebildete *Kompromiss* erforderlich.

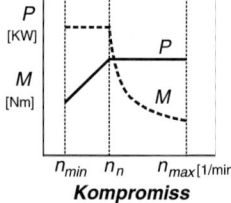

Kompromiss

Bild 3.
Drei Auslegungsmöglichkeiten des Leistungs- und Drehmomentverhaltens von Arbeitsspindelantrieben

2 Baugruppen von Werkzeug-maschinen

2.1 Arbeitsspindeln (Hauptspindeln) und ihre Lagerungen

Haupt- oder Arbeitsspindeln dienen zur Realisierung der Drehbewegung als Komponente der Relativbewegung zwischen Werkstück und Werkzeug in Arbeitsrichtung, siehe auch Kapitel 1, Bild 2.

Haupt- oder Arbeitsspindeln können in Abhängigkeit vom jeweiligen Fertigungsverfahren entweder *Werkstückspindeln* (z.B. bei Drehmaschinen, Rundschleifmaschinen, Drehfräsmaschinen u.a.) oder *Werkzeugspindeln* (z.B. bei Fräs- und Bohrbearbeitungszentren, Rund- und Flachschleifmaschinen u.a.) sein.

2.1.1 Anforderung an das System Arbeitsspindel – Lagerung

1. *Aufnahme der Spannmittel* für Werkstücke oder Werkzeuge in der Arbeitsspindel.

2. *Stabiles Führen der Arbeitsspindel* auf einer in ihrer Lage vorgeschriebenen Drehachse unter Einwirkung von *Spanungs-, Antriebs- und Massenkräften*. Dabei darf die Lage der Arbeitsspindelachse zur Drehachse nur um kleinste zulässige Werte abweichen.

3. *Sicherung der Leistungsübertragung* entsprechend des vorgegebenen *Drehzahlbereiches* und der erforderlichen *Drehmomente*.

Aufnahmen für Werkstückspanner
Die Arbeits- oder Werkstückspindel ist mit einem Spindelkopf, Bild 1, ausgebildet, der aus einem Kurzkegel zur Zentrierung und einem Flansch mit Planfläche hoher Ebenheit und Laufgenauigkeit besteht. Die Tolerierung der Flächen muss so gewählt werden, dass mit der Aufspannung des Futters die Planfläche und der Zentrierkegel zum Tragen kommen. Damit werden hohe Spanngenauigkeit und Steife erreicht.

Aufnahmen für Werkzeugspanner

– *Steilkegel 7 : 24*

Steilkegelwerkzeuge werden in allen Bearbeitungszentren verwandt, wo ein automatischer Werkzeugwechsel installiert ist. Auch für manuellen Werkzeugwechsel mit Kraftspannung werden sie an Fräsmaschinen, Waagerecht-Bohr- und Fräswerken u. a. eingesetzt. Bei automatischen Werkzeugwechsel wird durch Anzugsbolzen und Zange der Schaft zentriert. Das Drehmoment wird über Mitnehmersteine übertragen, Bilder 2. und 3.

– *Metrischer (Kegelwinkel 1°25′ 56″) und Morse-Innenkegel (1°26′43″...1°30′26″)*
selbsthemmend

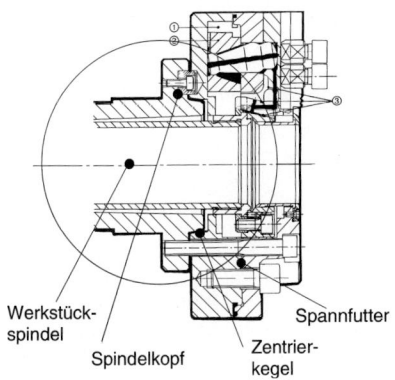

Werkstück-
spindel
Spindelkopf
Zentrier-
kegel
Spannfutter

Bild 1. Werkstückspindelkopf mit Kurzkegel und Plananlage nach DIN 55026 ... 55029 mit aufgespanntem Kraftspannfutter (Forkardt, Erkrath)

Nach DIN 228 insbesondere für Bohrmaschinen oder als Innenaufnahme an Drehmaschinen-Hauptspindeln.

– *Zylindrische Bohrung mit koaxialem Präzisionsgewinde* für die Schleifdornaufnahme an Innenschleifspindeln(ungenormt).

– *Steilkegel 1 : 5*
Für Schleifspindelköpfe von Außenrundschleifmaschinen

Belastung der Arbeitsspindel und ihrer Lagerung
Diese ergibt sich aus den Bearbeitungskräften, den Antriebskräften, den Massenkräften, dem Gewicht der Werkstückspindel, des Spannmittels und des Werkstückes oder dem Gewicht der Werkzeugspindel, des Werkzeugträgers und des Werkzeuges. Im Bild 4a und b sind die bei der Bearbeitung auftretenden Kräfte und Momente an einer Drehmaschinen-Werkstückspindel dargestellt.

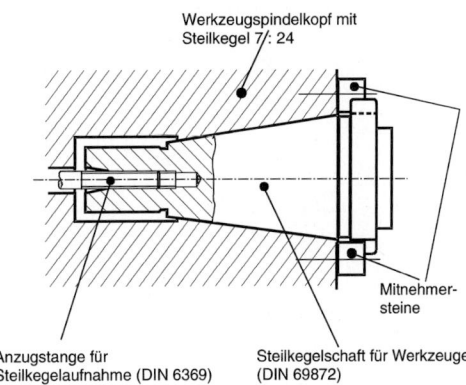

Werkzeugspindelkopf mit
Steilkegel 7 : 24

Mitnehmer-
steine

Anzugstange für
Steilkegelaufnahme (DIN 6369)

Steilkegelschaft für Werkzeuge
(DIN 69872)

Bild 2. Werkzeugspindelkopf mit Steilkegelschaft 7 : 24 für Werkzeuge nach DIN 69872 / DIN 2080

Für eine effektive Schruppzerspanung ist erforderlich:

Hohe *statische* und *dynamische Steife des Systems Arbeitsspindel-Lagerung* im gesamten Drehzahlbereich, um bei voller Auslastung der Antriebsleistung das Auftreten selbsterregter Schwingungen zu vermeiden.

Für eine ausreichend genaue *Schlicht- und Fertigbearbeitung* sind erforderlich:

Geringste Relativbewegungen zwischen Werkstück und Werkzeug in radialer und axialer Richtung durch: Hohe *statische Steife des Systems Arbeitsspindel-Lagerung* im gesamten Drehzahlbereich, um durch geringste Verformung (gemessen in N/μm am Spindelkopf) eine hohe Maß- und Formgenauigkeit des Werkstückes zu erreichen.

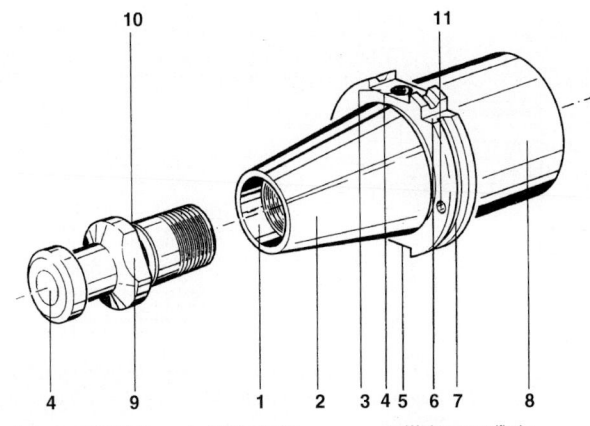

1. Passbohrung und Gewinde zur Aufnahme des Anzugsbolzens
2. Steilkegelschaft
3. Arretierung des Greifers
4. Werkzeugdatenträger
5. Ausfräsung für Mitnehmerstein
6. Nut zur Werkzeugarretierung
7. Trapezrille zum Eingriff des Wechslers beim Werkzeugtausch
8. Werkzeugspezifische Aufnahme
9. Anzugsbolzen
10. Innere Kühlschmierstoffzuführung (Form B)
11. O-Ring (Form B)

Bild 3.
Steilkegelschaft für Werkzeuge mit Steilkegel 7 : 24 für automatischen Werkzeugwechsel (DIN 69871). Die Trapezrille 7 ermöglicht die Betätigung durch einen Werkzeugwechsler.
Ein Werkzeugdatenträger ermöglicht die Kennung des jeweiligen Werkzeuges für den Datenspeicher der CNCSteuerung der Werkzeugmaschine.
(Deckel, München)

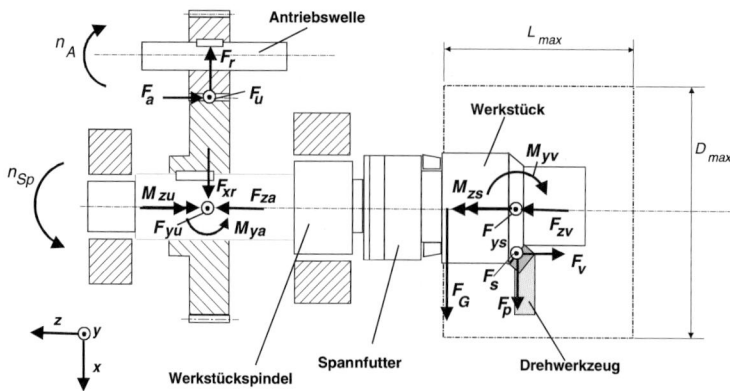

Bild 4a.
Kräfte und Momente an
der Werkstückspindel
bei einer Drehmaschine

Hohe *dynamische Steife des Systems Arbeitsspindel-Lagerung einschließlich des Arbeitsspindelantriebes* im gesamten Drehzahlbereich, um durch geringe Relativschwingungen zwischen Werkstück und Werkzeug eine gute Welligkeit und Oberflächenrauigkeit bei der Fertigbearbeitung zu sichern.

Hohe *Koaxialität* von Arbeitsspindelachse und Werkstückeinspannachse *und geringste Laufabweichungen* über die Gebrauchsdauer der WZM (10.000 ... 45.000 h) durch geeignete Konstruktion und hochgenaue Fertigung der Aufnahmeflächen.

Geringe *Lagerreibung* und hohe *thermische Stabilität.*

Belastungs-art	Ursache	Belastungs-art	Ursache
Radialkräfte F_{ys}, $F_{yu,}$ F_{xr}, F_{xp} F_{G1}, F_{Gi}	Schnittkraft F_s Passivkraft F_p Umfangskraft F_u Radialkraft F_r Eigengewicht F_G	Torsions-Momente M_{zs}, M_{zu}	Schnittkraft am Werkstückradius Umfangskraft am Teilkreisradius Massenträgheits-moment
Axialkräfte F_{za}, F_{zv}	Vorschubkraft F_v, Axialkraft F_a	Biege-momente M_{ya}, M_{yv}	Vorschubkraft am Werkstückradius Axialkraft am Teilkreisradius

Bild 4b. Beschreibung der Kräfte und Momente der Werkstückspindel im Bild 4a.

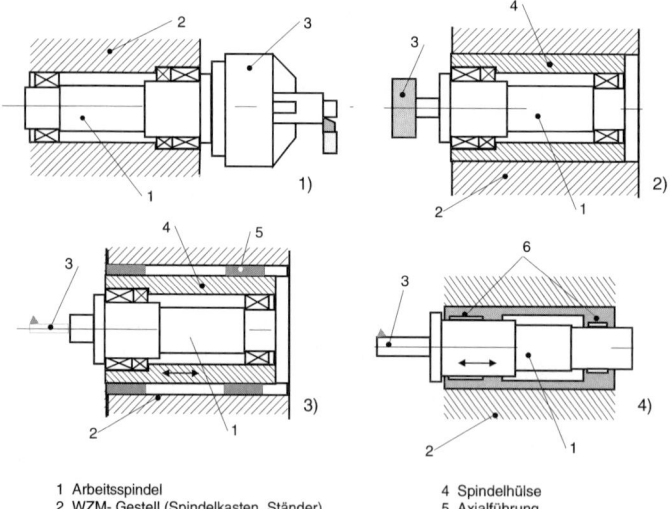

1 Arbeitsspindel
2 WZM- Gestell (Spindelkasten, Ständer)
3 Werkzeug / Werkstückspanneinrichtung
4 Spindelhülse
5 Axialführung
6 hydrostatische Lager

Bild 5.
Verschiedene Arten der
Aufnahme des Systems
Arbeitsspindel-Lagerung in
der Gestellbaugruppe

Zukünftige Entwicklung:
Sie geht zu *höheren* Arbeitsspindel-Drehzahlen bei gleichzeitiger Erhöhung der Spanungsleistungen und der Arbeitsgenauigkeit durch Einsatz neuer Schneidstoffe, wie Schneidkeramik, kubisches Bornitrid (CBN), Hochgeschwindigkeitsfräsen und -schleifen.

Art der Aufnahme des Systems Arbeitsspindel-Lagerung in der Gestellbaugruppe (Spindelkasten, Ständer)
Im Bild 5 sind verschiedene Möglichkeiten dargestellt:
1) Direkte Lagerung im Spindelkasten oder Ständer
   Vorteil: kostengünstige Konstruktion

Nachteil: Herstellung sehr genauer Lageraufnahmeflächen nur schwer möglich

2) Lagerung in einer Spindelhülse
Vorteil: hohe Bearbeitungsgenauigkeit der Lageraufnahmeflächen durch Schleifen oder Innenfeindrehen in einer Aufspannung möglich
Nachteil: höherer Arbeits- und Kostenaufwand

3) Lagerung in axial verschiebbarer Spindelhülse

4) Spindel axial in den Lagern verschiebbar (bei Anwendung hydrostatischer Lager)

Gestaltung und Dimensionierung von Arbeitsspindel und Lagerung

Bei der Auslegung des Systems Arbeitsspindel-Lagerung ist stets neben der Durchbiegung der Spindel auch die elastische Verformung der Lager mit in die Berechnung einzubeziehen, Bild 6. Es ist:

$$\frac{y}{F} = \underbrace{\frac{a^3}{3EI_a} + \frac{a^2 l}{3EI_l}}_{(y/F) \text{ der Spindel}} + \underbrace{\left(\frac{a+1}{l}\right)^2 \frac{1}{c_v} + \left(\frac{a}{l}\right)^2 \frac{1}{c_h}}_{(y/F) \text{ der Lagerung}} \quad (1)$$

Die Formel zeigt, dass die *Auskraglänge a* klein und die *Steife des vorderen Lagers groß* sein muss, um eine geringe Durchbiegung, bezogen auf die Spindelnase, oder eine hohe Steife zu erreichen.

Beim Lagerabstand l_{opt} tritt ein Durchbiegungsminimum oder ein Steifemaximum auf. In Abhängigkeit von den Spindel- und Lagerungsparametern gilt:

$$l_{opt} \approx 2...(5) \, a \qquad \frac{l_{opt}}{mm} \bigg| \frac{a}{mm} \quad (2)$$

Als Werkstoffe für Arbeitsspindeln werden eingesetzt: C45E und C60E (DIN EN 10 083) sowie 16 Mn Cr 4 und 20 Mn Cr 5 (DIN EN 10 084).

2.1.2 Lagerbauarten für Arbeitsspindeln

Einflächengleitlager

Diese werden im Werkzeugmaschinenbau für Arbeitsspindeln heute kaum noch verwandt. Sie arbeiten im Mischreibungsbereich und genügen trotz guter Dämpfungseigenschaften nicht mehr den Anforderungen moderner Werkzeugmaschinen.

Mehrflächengleitlager

Arbeiten als hydrodynamische Lager mit guten Laufeigenschaften und hoher Belastbarkeit. Größter Nachteil dieser Lagerbauart ist die Auslegung nach einem Drehzahlwert. Da aber bei Werkzeugmaschinen fast immer die Forderung nach einem großem Drehzahlbereich besteht, sind sie in fast allen Anwendungsfällen ungeeignet. Dort, wo nur eine Arbeitsdrehzahl vorliegt, wie beispielsweise bei der Schleifspindellagerung von spitzenlosen Schleifmaschinen, finden sie noch Anwendung.

Hydrostatische Lager

Diese Lagerbauart wird in zunehmenden Maße verwendet bei *Präzisionswerkzeugmaschinen*, wie Feindreh- und -bohrmaschinen und wenn langsame Drehbewegungen gefordert werden, z.B. bei Werkstücktischen von Verzahnungsmaschinen sowie bei Großwerkzeugmaschinen.

Das Prinzip des hydrostatischen Lagers ist im Bild 7 dargestellt.

Prinzip des hydrostatischen Lagers:
Einbringung von Taschen in zylindrische oder kegelförmige Innenflächen der Lagerbuchse, in der Regel 4, Bild 7.

Jede der Taschen ist über eine Bohrung und einer Drosselstelle mit der Ölversorgung (Bild 8) verbunden. Das Hydrauliköl wird über ein Druckstromaggregat in die Taschen gefördert und fließt dann von dort axial über die Stege der Lagerbuchse in den Ölbehälter zurück.

Der Öldruck p erhöht sich bei Belastung des Lagers in den Taschen gegenüber der Belastungsrichtung, Bild 7 oben. Dadurch entsteht nur eine geringe Verlagerung des Spindelachsmittelpunktes.

Bedingung für die ordnungsgemäße Funktion des hydrostatischen Lagers ist, dass vor dem Einschalten der Spindeldrehbewegung die Ölversorgung im Betrieb ist und damit der Öldruck am Lager anliegt. Deshalb ist auch der Begriff „Gleitlager" hier unangebracht. Der Spindelzapfen wird durch das durchströmende Öl „getragen". Bei sehr hohen Umfangsgeschwindigkeiten treten damit erhebliche Flüssigkeitsreibleistungen auf, die sich in Wärme umsetzen.

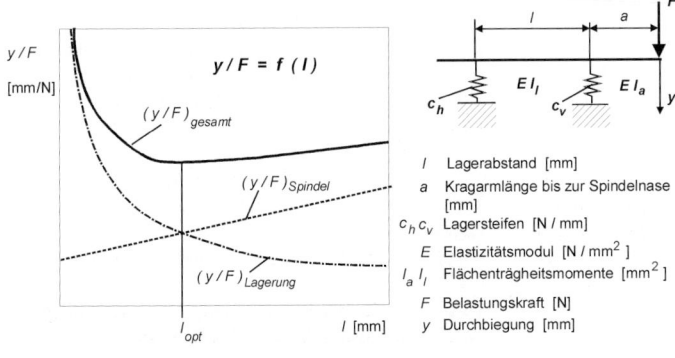

l	Lagerabstand [mm]
a	Kragarmlänge bis zur Spindelnase [mm]
$c_h c_v$	Lagersteifen [N / mm]
E	Elastizitätsmodul [N / mm²]
$I_a I_l$	Flächenträgheitsmomente [mm⁴]
F	Belastungskraft [N]
y	Durchbiegung [mm]

Bild 6.
Die bezogene Durchbiegung des Systems Arbeitsspindel-Lagerung als Funktion des Lagerabstandes

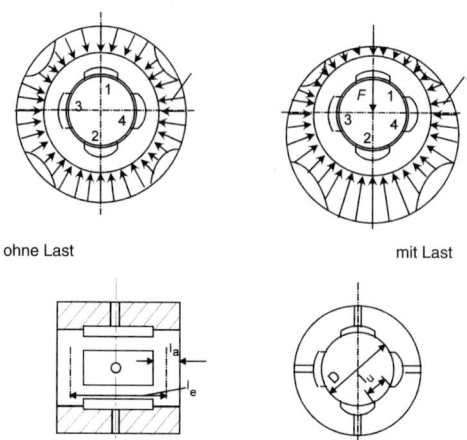

ohne Last   mit Last

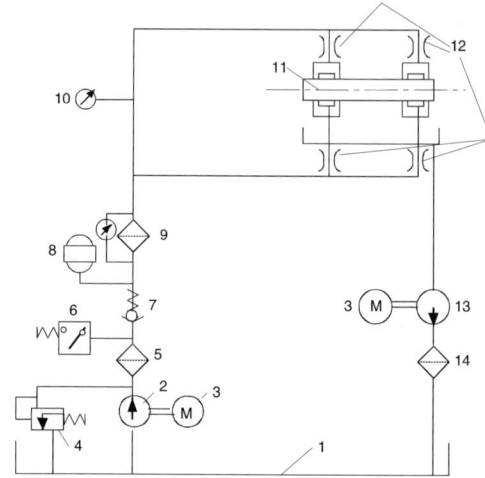

Bild 7. Bestimmungsgrößen des hydrostatischen Lagers

Die statische Steife eines hydrostatischen Lagers ermittelt sich zu:

$$c = \frac{dF}{de} = \frac{0,24}{h_0} \sqrt[3]{\frac{z^2}{\kappa}} \cdot p_p \cdot D \cdot l_E \qquad \left.\frac{c}{N/mm}\right| \quad (3),$$

$$\kappa = \frac{l_a \cdot z \cdot l_E}{l_u \cdot \pi \cdot D} \qquad \left.\frac{\kappa}{-}\right| \quad (4)$$

dabei ist:

$h_0 = \dfrac{D-d}{2}$ [mm]   Lagerspalt im unbelasteten Lager

d, D [mm]   Durchmesser Spindelzapfen, Lagerbuchse

e [mm]   Lagerspaltänderung

p_p [N /mm^2] Pumpendruck

z Anzahl der Öltaschen

$l_a, l_E, l_U,$ [mm] geometrische Werte, siehe Bild 7.

κ Geometriefaktor

Vorteile des hydrostatischen Lagers
Hohe Dämpfung in radialer Richtung, hohe Laufruhe
Nachteile des hydrostatischen Lagers
Zusätzlicher Aufwand für das Ölversorgungssystem einschließlich sorgfältiger Ölfilterung.
Eine hohe thermische Steife ist nur durch Ölkühler mit Temperaturregelung zu erreichen

Aerostatische Lager

Entspricht in seiner Wirkungsweise dem hydrostatischen Lager, nur dass an Stelle des Öls Luft als Druckmedium tritt. Ein erheblicher Aufwand muss hier dem Reinigen und Trocknen (Ausfrieren) der Druckluft gewidmet werden. Anwendungen gibt es gegenwärtig bei Ultrapräzisions-Werkzeugmaschinen, so u. a. bei der Laserspiegelherstellung.

1 Ölbehälter 2 Pumpe 3 Elektromotor
4 Druckbegrenzungsventil 5 Filter (grob)
6 Druckschalter 7 Rückschlagventil 8 Druckspeicher
9 Feinstfilter mit elektr. Verstopfungsanzeige
10 Manometer 11 Arbeitsspindel 12 Konstantdrosseln
13 Absaugpumpe 14 Ölkühler

Bild 8. Ölversorgung eines hydrostatischen Lagers

Magnetlager

Durch die Fortschritte in der Elektronik und Sensortechnik sind Magnetlager anwendungsreif.
Prinzip:
Der Spindelzapfen oder Rotor wird durch magnetische Felder (in der Regel 4) berührungslos im Schwebezustand gehalten, Bild 9 oben links. Die Rotorsoll-Lage wird von Stellungssensoren überwacht. Die Sensorsignale regeln Ströme in den Elektromagneten nach der Führungsgröße „Soll-Lage des Rotors beibehalten" (Bild 9 unten). Insofern liegt eine Analogie zum hydrostatischen Lager vor, nur dass hier an Stelle des Öldruckes magnetische Kräfte wirken.
Magnetlager werden heute eingesetzt bis zu Werkstückspindeldrehzahlen von 60.000 1/min bei Antriebsleistungen von 20 KW. Allerdings liegen die aufnehmbaren Radial- und Axialkräfte unter 350 ... 400 N. Radialsteifen, an der Spindelnase von Schleifspindeln gemessen, liegen bei 100 N/µm. Magnetlager eignen sich besonders für hochtourige Motorschleifspindeln, da außerdem mittels der vorhandenen Luftspaltregelung auch durch gewollte Schrägstellung der Arbeitsspindel die Schleifdorn-Durchbiegung beim Innenrundschleifen eliminiert werden kann. Auch gewolltes Unrundschleifen ist mit der Regeleinrichtung möglich.

Wälzlager

Die Wälzlagerung ist die heute am häufigsten verwendete Lagerbauart für Arbeitsspindeln. Sie sichert eine ausreichend hohe Laufgenauigkeit sowie hohe statische und dynamische Steife bei vergleichsweise *günstigen Kosten.*

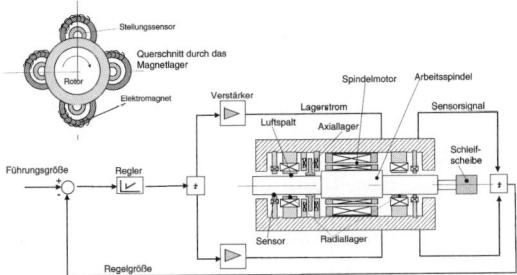

Bild 9. Motorspindeleinheit zum Innenrundschleifen, mit Magnetlagern ausgerüstet (GMN Nürnberg)

Dabei gilt für die Anwendung als Arbeitsspindellagerung, dass die Wälzlager ausnahmslos *vorgespannt*, also *spielfrei* eingebaut werden. Die Vorspannung darf auch nicht durch äußere Belastungskräfte aufgehoben werden. Deshalb finden auch nur bestimmte Wälzlagerbauarten Anwendung für Arbeitsspindellagerungen.

Folgende Lagerbauarten werden eingesetzt:
– Radial-Zylinderrollenlager zweireihig mit Innenkegel 1 : 12 im Innenring
– Kegelrollenlager mit Kontaktwinkel $\alpha = 10 ... 17°$
– Radial-Schrägkugellager mit Kontaktwinkel $\alpha = 12°, 15°,$ oder $25°$ in O-, X- oder T-Anordnung
– Axial-Kugellager mit Kontaktwinkel $\alpha = 90°$
– Axial-Schrägkugellager, ein- oder zweireihig, mit Kontaktwinkel $\alpha = 60°$

Die Lagerberechnung ist ausführlich in den Anwendungskatalogen der Wälzlagerhersteller (FAG, SKF, INA u.a.) beschrieben. Die Berechnung sollte unbedingt nach den Vorschriften des jeweiligen Herstellers ausgeführt werden.

Die Einsatzgebiete der genannten Lagerbauarten sind im Diagramm Bild 10 in Abhängigkeit von der geforderten statischen Steife und der oberen Grenzdrehzahl der Arbeitsspindel dargestellt.

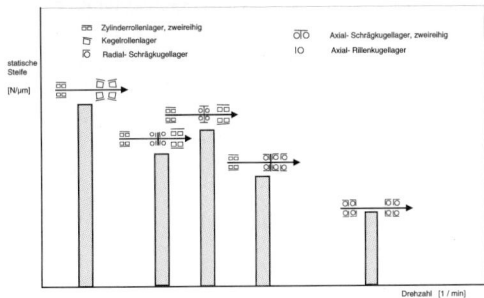

Bild 10. Statische Steife und obere Grenzdrehzahl bei verschiedenen Arbeitsspindel-Wälzlagerbauarten

Es zeigt, dass im mittleren Grenzdrehzahlbereich ($n = 3000 ... 5000$ 1/min) die zweireihigen Zylinderrollenlager als Radiallager bevorzugte Verwendung finden,

im oberen Bereich (ab 10.000 1/min) die Radial-Schrägkugellager als Spindellager in Hochgenauigkeitsausführung.

Bei Schwerwerkzeugmaschinen für die ausgesprochene Schruppbearbeitung und damit einer niedrigen oberen Grenzdrehzahl finden häufig Präzisionskegelrollenlager Anwendung.

Hinsichtlich der Axiallagerung zeigt sich, dass Axial-Schrägkugellager in doppelreihiger Ausführung mit 60° Kontaktwinkel höhere Drehzahlen und größere Belastungen zulassen als Axialrillenkugellager.

2.1.3 Anwendungsbeispiele des Systems Arbeitsspindel-Wälzlagerung mit Antriebskopplung

Arbeitsspindel für ein CNC-Bearbeitungszentrum, Bild 11.

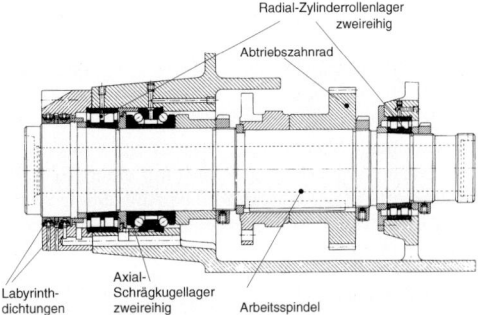

Bild 11. Arbeitsspindel als Werkzeugspindel zum Fräsen, Bohren u.a. für ein CNC-Bearbeitungszentrum (nach FAG)

Die Antriebsleistung für die gezeigte Arbeitsspindel beträgt 20 KW, der Drehzahlbereich liegt bei $n = 11 ... 2240$ 1/min. Der Antrieb erfolgt über ein schrägverzahntes Radpaar auf die Spindel. Dieses Beispiel stellt die klassische Wälzlagerung für einen großen Drehzahlbereich und hohe radiale und axiale Belastungen dar, wie sie vor allem beim Fräsen auftreten. Die definierte Vorspannung der Radial-Zylinderrollenlager (DIN 5412) wird erreicht über eine Mutter und die Innenkegelfläche im Verhältnis 1 : 12 des Innenrings, durch die dieser bei axialer Verschiebung geweitet wird. Um zu vermeiden, dass durch den Monteur eine zu große Vorspannung eingestellt wird, befindet sich im Bild links vor dem Lager-Innenring ein Distanzring, der auf eine der gewünschten Vorspannung entsprechende Breite geschliffen und plan geläppt wurde. Das doppelreihige Axial-Schrägkugellager besitzt zwei Innenringe und dazwischen ebenfalls einen Distanzring, dessen Breite die axiale Vorspannung bestimmt.

Positiv ist, dass nur eine Bohrung für das vordere Radiallager und das Axiallager herzustellen ist und der Radiallager-Außenring gleichzeitig den Zentriersitz für die vordere Abdeckkappe bildet, in welcher eine Labyrinthdichtung gegen das Eindringen von

Kühlschmiermittel und eine zweite gegen das Auslaufen von Schmieröl aus dem Spindelkasten (Öl-Umlaufschmierung) angebracht ist.

Arbeitsspindel für eine CNC-Drehmaschine, Bild 12.

Die Antriebsleistung beträgt 25 KW. Der Drehzahlbereich ist mit $n = 31,5 \dots 5000$ 1/min groß bei einer sehr hohen oberen Grenzdrehzahl. Es besteht an die Drehmaschine außerdem die Forderung nach Sicherung einer hohen Arbeitsgenauigkeit.

Durch den Einsatz von drei Spindellagern als vorderes Hauptlager wird eine ausreichende Steife und hohe Laufruhe erreicht. Durch „Freistellen" des dritten (linken) Spindellagers in radialer Richtung und damit nur zur Aufnahme der Axialkräfte entsteht eine geringere Wärmeentwicklung. Die Vorspannung wird über Distanzringe unterschiedlicher Breite zwischen den Lagern erreicht. Als hinteres Lager kann ein doppelreihiges Zylinderrollenlager mit leichter Vorspannung verwendet werden, da eine geringere Belastung vorliegt. Das integrierte Spannfutter verringert den Kragarm a (Bild 6) um ca. 30 % gegenüber einem normalen Spannfutter.

Die Schmierung erfolgt „for life" mit einem Spezial-Wälzlagerfett (FAG-Arcanol). Die Abdichtung gegen Eindringen von Kühlschmiermittel übernehmen wiederum Labyrinthe.

Planscheibenlagerung einer Senkrecht-Drehmaschine (Karussell), Bild 13.

Die Antriebsleistung beträgt 55 KW, der Drehzahlbereich liegt bei $n = 4 \dots 300$ 1/min. Die radiale Führung und die axiale Gegenführung übernimmt ein Radial-Schrägkugellager. Hauptstützlager ist ein Axial-Rillenkugellager.

Schleifspindel für Außenrundschleifmaschinen Bild 14.

Von Außenrundschleifmaschinen wird einerseits eine hohe Zerspanungsleistung beim Schruppschleifen gefordert, anderseits die Sicherung enger Formtoleranzen und guter Oberflächengüten beim Fertigschleifen. Die damit erforderliche hohe Steife wird erreicht durch großen Spindeldurchmesser, verstärkten Spindelkern zwischen den Lagern und durch die Anordnung von vier Hochpräzisions-Spindellagern auf der Schleifscheibenseite. Die Drehzahl liegt im Durchschnitt bei $3\,500 \dots 4\,000$ 1/min. Die Lagervorspannung des vorderen und hinteren Lagerpaketes übernehmen auch hier Distanzringe, wobei der innere Ring um wenige μm (je nach Größe der Vorspannkraft) gegenüber dem äußeren Ring in seiner Breite zurückgesetzt wird. Die Schmierung erfolgt „for life" durch Fett.

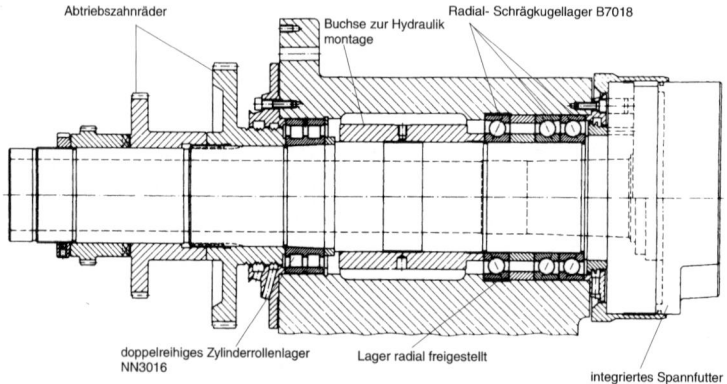

Bild 12.
Werkstückspindel mit Lagerung für eine CNC-Drehmaschine (nach FAG)

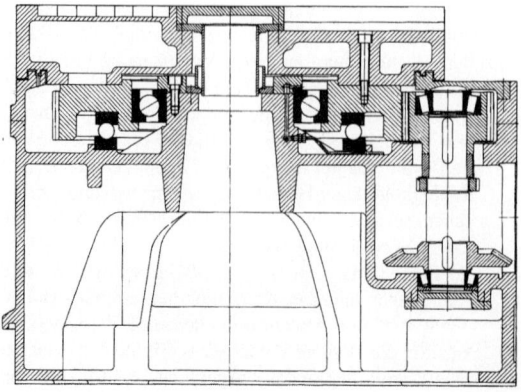

Bild 13.
Planscheibenlagerung einer Karusselldrehmaschine (nach FAG)

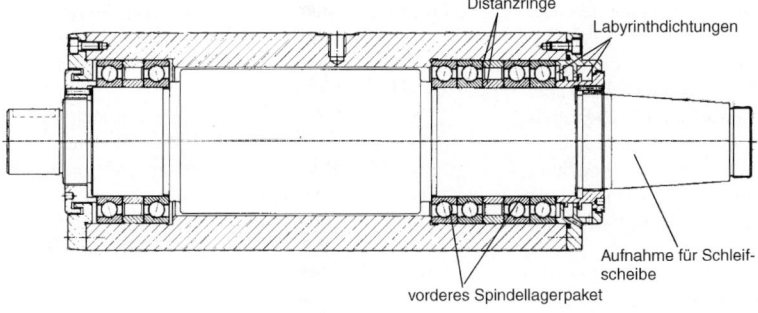

Bild 14.
Werkzeugspindelein-
heit für Außenrund-
schleifmaschinen
(Weiss Spindeltech-
nologie GmbH,
Schweinfurt)

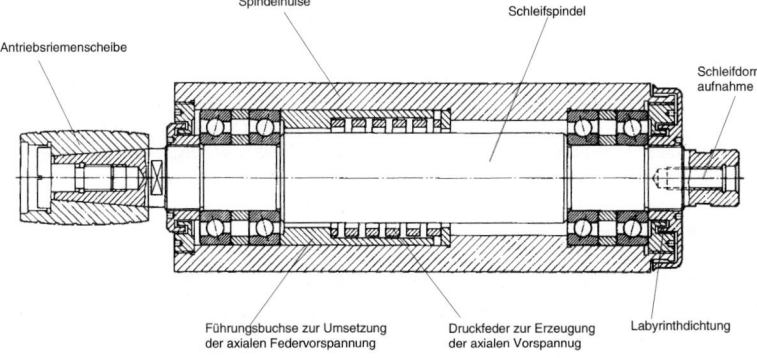

Bild 15.
Riemengetriebene
Schleifspindeleinheit
zum Innenrundschlei-
fen (Weiss Spindel-
technologie GmbH,
Schweinfurt)

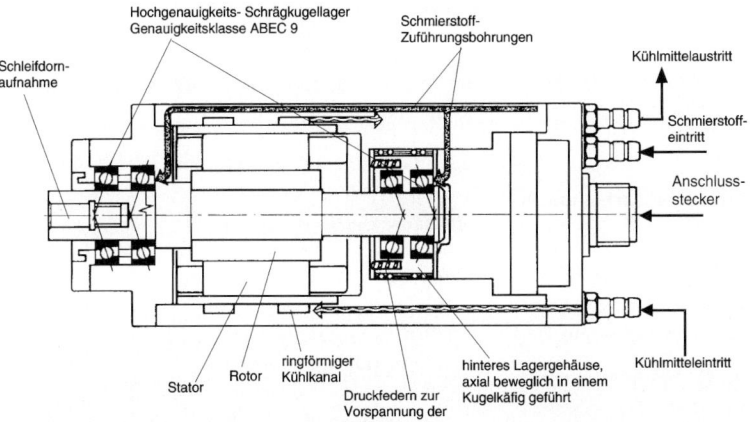

Bild 16.
Hochfrequenz-Schleif-
spindeleinheit 120 EG 60 -
6 mit n_{max} = 60.000 1/min,
Antriebsleistung P = 6 KW
Statischer Frequenzum-
former CS2000/12/P mit
einer Leistung von 12
kVA und 2000 Hz Maxi-
malfrequenz, vorzugswei-
se für Bohrungsdurchmes-
ser zwischen 20 ... 25 mm.
(Gamfior S.p.A., Turin,
Italien)

Werkzeugspindeleinheit zum Bohrungsschleifen
Bild 15.
Riemengetriebene Schleifspindeln werden bis maxi-
mal 30.000 1/min eingesetzt. Darüber hinaus ergeben
sich ungünstige Umschlingungswinkel des Flachrie-
mens an der auf der Schleifspindel sitzenden Riemen-
scheibe, da diese sehr klein gewählt werden muss, um
die erforderliche Übersetzung beim meist verwandten
Drehstrom-Asynchronmotor mit n = 3000 1/min als
Antrieb zu erreichen.
Zur Sicherung, des hochtourigen Laufs muss das
System Spindel-Lagerung steif und sehr genau sein.
Um Veränderungen u. a. durch thermische Einflüsse
zu begegnen, werden beide Lagerpakete über eine

Druckfeder, die auf das hintere Lagerpaket wirkt,
axial vorgespannt. Die Lagerpakete in sich erhalten
die Vorspannung wiederum über Distanzringe unterschiedlicher Breite. Die Schmierung erfolgt in der
Regel „for life" mit Fett.

Motorschleifspindel Bild 16.
Bereits 1960 wurden für das Innenrundschleifen
Spindeleinheiten mit integriertem, auf gleicher Achse
angeordneten Antriebsmotor, welcher als Hochfrequenzmotor mit maximaler Leistung und geringsten
Abmessungen gestaltet war, entwickelt. Mittels Mo-
torumformer wurde die gewünschte hohe Frequenz
erzeugt. Diese Entwicklung war notwendig gewor-

den, weil beim Bohrungsschleifen wegen der Anwendung höherer Schleifscheiben-Umfangsgeschwindigkeiten dank neuer Schleifstoffe und hochfester Bindungen diese nur durch Drehzahlerhöhung bei gleicher Spindelsteife im Gegensatz zum Außenrundschleifen (Vergrößerung des Schleifscheiben-Durchmessers) möglich war. So konnten Schleifspindeleinheiten bis 180.000 1/min entwickelt werden, wie sie beispielsweise zum Schleifen von Einspritzdüsenbohrungen zur Anwendung kommen.

In der Zwischenzeit haben sich mit der Entwicklung der Leistungselektronik *statische Frequenzumformer* durchgesetzt, die Ausgangsfrequenzen bis zu 4000 Hz zulassen und Nennleistungen bis zu 43 kVA bei Möglichkeit der Drehzahlvariabilität (in Grenzen), so zur Beibehaltung konstanter Schnittgeschwindigkeit bei zunehmenden Scheibenverschleiß durch das Abrichten.

Der zwischen beiden Lagerpaketen sitzende Hochfrequenzmotor wird mittels Kühlmittel über Kühlkanäle auf konstanter Temperatur gehalten. Die Lager werden mittels Öl-Luft-Gemisch oder Ölnebel geschmiert. Ölnebel oder Luft dienen gleichzeitig zur Sperrung gegen Schleifhilfsstoffeintritt in die Spindellagerung. Jedes Lagerpaket ist wieder über Distanzringe vorgespannt. Beide Lagerpakete werden mittels Druckfedern über die axial in einem Kugelkäfig geführte hintere Lagerbuchse axial vorgespannt. Durch die Kugelführung entsteht rollende Reibung und damit kein negativer Einfluss durch die Reibungskraft. Über Anschlussstecker und Spezialkabel ist die Schleifspindel mit dem Frequenzumformer verbunden.

Motorspindeleinheit für die Hartfeinbearbeitung kurzer, vorwiegend runder Teile (im Futter spannbar), Bild 17.

In zunehmenden Maße finden Motorspindeln als Werkstück- und Werkzeugspindeln Anwendung im Werkzeugmaschinenbau. Die Vorteile liegen auf der Hand:

– Wegfall mechanischer Getriebe

– Querkraftfreie Arbeitsspindel, damit Reduzierung von Relativschwingungen zwischen Werkstück und Werkzeug auf ein Minimum, besonders wichtig bei Präzisionsmaschinen

– Stufenlose Drehzahleinstellung und Regelung

– Anwendung hoher Schnittgeschwindigkeiten durch hohe Drehzahlen und leistungsstarke Motoren, z. B. beim Hochgeschwindigkeits(HSC)-Fräsen

– Leichte Verfahrbarkeit der Spindeleinheit in den kartesischen Koordinaten durch deren kompakten Aufbau

Die im Bild gezeigte Spindeleinheit besitzt als Antrieb einen stufenlos stellbaren Drehstrom-Synchronmotor (Siemens AG). Da dieser bei Belastung relativ kalt bleibt und ein zusätzliches Kühlsystem vorhanden ist, wird eine hohe thermische Steife erreicht. Der Motor ist bei dieser Spindel hinter den beiden Hauptlagern angeordnet. Dadurch wird ein drittes Lager am Spindelende benötigt. Zusätzliche Sperrluft sorgt für eine einwandfreie Abdichtung gegen Eindringen besonders von Schleifhilfsstoff (Hartfeindrehen erfolgt trocken).

2.2 Hauptantriebe

Hauptantriebe dienen zum Antrieb der Arbeitsspindel von Werkzeugmaschinen, sichern die Übertragung der *Antriebsleistung*, den Wandel der *Drehmomente* und ermöglichen die Sicherung des meistens geforderten *Drehzahlbereichs* der Arbeitsspindel.

Im Bild 18 sind die prinzipiellen Möglichkeiten der Hauptantriebe dargestellt.

2.2.1 Gleichförmig übersetzende Getriebe oder Antriebe

Stufenlose Getriebe

– Mechanisch
Früher in Form der Reibgetriebe oder Ketten- bzw. Riemengetriebe mit Spreizkegelscheiben (PIV-Getriebe) in Anwendung. Sie haben heute im Werkzeugmaschinenbau ihre Bedeutung, besonders als Hauptantrieb, durch die Entwicklung der elektrischen Antriebe verloren.

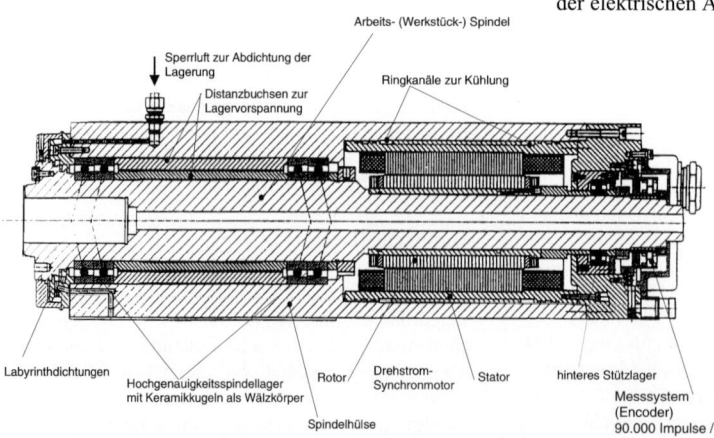

Arbeits- (Werkstück-) Spindel

Sperrluft zur Abdichtung der Lagerung

Distanzbuchsen zur Lagervorspannung

Ringkanäle zur Kühlung

Labyrinthdichtungen

Hochgenauigkeitsspindellager mit Keramikkugeln als Wälzkörper

Spindelhülse

Rotor

Drehstrom-Synchronmotor

Stator

hinteres Stützlager

Messsystem (Encoder) 90.000 Impulse / U

Bild 17. Werkstückspindeleinheit für Hartbearbeitungsmaschinen zum Hartfeindrehen und Schleifen in einer Aufspannung (Weiss Spindeltechnologie GmbH, Schweinfurt)

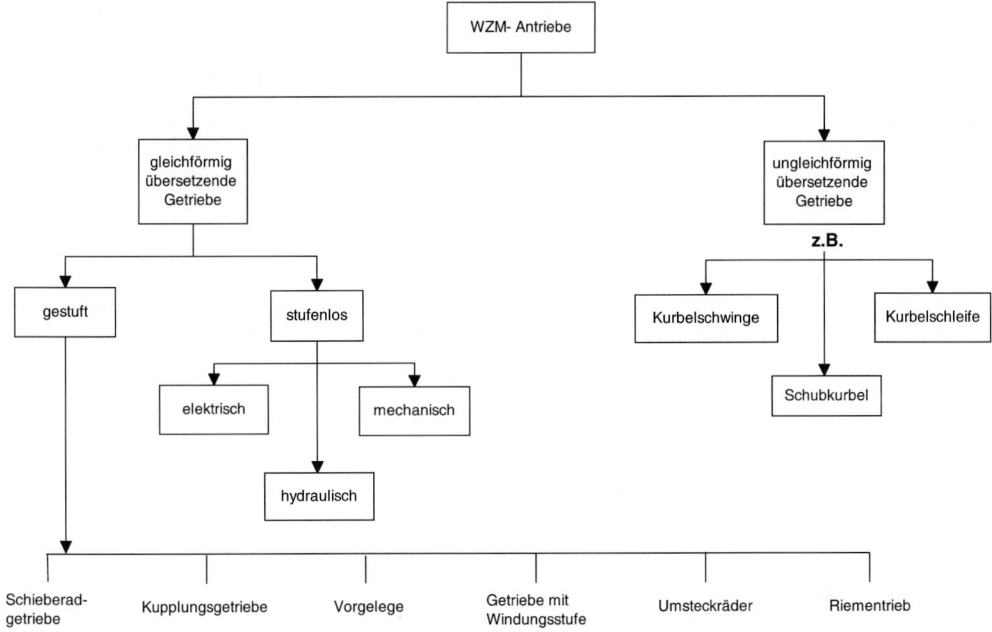

Bild 18. Als Werkzeugmaschinen-Hauptantrieb einsetzbare Getriebe und Antriebe

– Hydraulisch
Auch hydrostatische Getriebe, bestehend aus Hydrogenerator (Verstellpumpe) und rotatorischem Hydromotor, haben wegen schlechter thermischer Eigenschaften und hoher Verlustleistung keine Bedeutung mehr als Werkzeugmaschinen-Hauptantrieb. Hydrostatische Getriebe mit translatorischem Hydromotor (Hydrozylinder- und -kolben) finden dagegen Anwendungen als Hauptantrieb in Langhobelmaschinen und vor allem als Vorschubantrieb und für Längsbewegungen von Arbeitsschlitten, z. B. bei Rund- und Flachschleifmaschinen. Diese Antriebe werden deshalb im Kapitel 2.3.4 behandelt.
– Elektrisch
Direkte stufenlos stell- und regelbare elektrische Hauptantriebe (als Motor-Arbeitsspindeln) oder in Kombination mit mechanischen Getriebestufen zur Drehzahlbereichserweiterung gewinnen mit der Entwicklung der Leistungselektronik und der CNC-Technik immer mehr an Bedeutung. Ihnen ist das Kapitel 2.2.3 gewidmet.

Gestufte Getriebe
Gestufte mechanische Antriebe in Form von Zahnradgetrieben oder Riementrieben haben auch im Zeitalter der CNC-Technik und der elektronischen Antriebe ihre Bedeutung nicht verloren. Besonders in klassischen Universalwerkzeugmaschinen, wie sie auch heute noch von Klein- und Handwerksbetrieben und im Instandhaltungssektor eingesetzt werden, sind

insbesondere Zahnradgetriebe, auch gekoppelt mit Riementrieben, in Anwendung.

Ungleichförmig übersetzende Getriebe
Die aus der Getriebelehre bekannten Prinzipien, wie *Schubkurbel*, *Kurbelschwinge* und *Kurbelschleife* kommen besonders bei Maschinen der Umformtechnik (Kurbelpressen u.a.), Verzahnmaschinen (Schneidrad-Stoßmaschinen), Hobel- und Stoßmaschinen sowie Oszillationsgetrieben (hohe mechanische Frequenz) zur Anwendung.

2.2.2 Gestufte mechanische Getriebe, gleichförmig übersetzend

Getriebesymbole

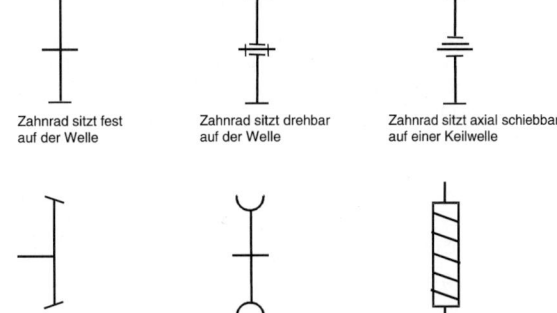

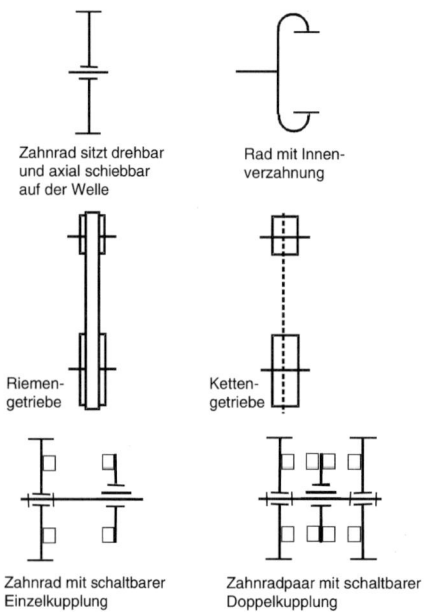

Zahnrad sitzt drehbar und axial schiebbar auf der Welle

Rad mit Innenverzahnung

Riemengetriebe

Kettengetriebe

Zahnrad mit schaltbarer Einzelkupplung

Zahnradpaar mit schaltbarer Doppelkupplung

Bild 19. Getriebesymbole zur vereinfachten Darstellung des Getriebeaufbaus

Schieberadgetriebe Bild 20 (unter Anwendung der Getriebesymbole Bild 19).

Zweierblock: Um axial klein zu bauen, Schieberad-Zweierblock zwischen die beiden Festräder legen, (linkes Bild), ansonsten vergrößert sich die Blockbreite b von 4 x Radbreite b_R auf 6 x b_R.
Dreierblock: Die axiale Breite beträgt mindestens 7 x b_R.
Vorteile von Schieberadgetrieben:
Übertragung hoher Drehmomente bei geringem Platzbedarf, kostengünstig, guter Wirkungsgrad.
Nachteile von Schieberadgetrieben:
nur im Stillstand schaltbar, Automatisierung nur mit viel Aufwand möglich.

Kupplungsgetriebe Bild 21a.
Jede der drei dargestellten Getriebestufen befindet sich ständig im Eingriff, während jeweils nur eine der drei Kupplungen wirkt.
Vorteile: unter Last schaltbar, da meist kraftschlüssige, schleifringlose Elektromagnet-Lamellenkupplungen verwendet werden. Gut automatisierbar
Nachteile: hohe Erwärmung durch Restmomente der nicht geschalteten Kupplungen ungünstiger Wirkungsgrad großes Bauvolumen, da oft die zur Drehmoment-Übertragung notwendige Kupplungsabmessung die Baugröße bestimmt

Vorgelege Bild 21b.
Vorgelege werden in der Regel über eine parallel zur Arbeitsspindel angeordnete Vorgelegewelle aufgebaut (im Bild als unten liegende Welle dargestellt).

Der mittels vorgelagerter Getriebestufen oder durch einen stufenlosen Antrieb erzeugte Drehzahlbereich wird beim Schalten der Kupplung nach links direkt an der Arbeitsspindel wirksam. Dabei wird bei der im Bild rechts dargestellten Bauart die auf der Vorgelegewelle sitzende Hülse mit den Zahnrädern b und c nach links verschoben und damit die Räder außer Eingriff gebracht.

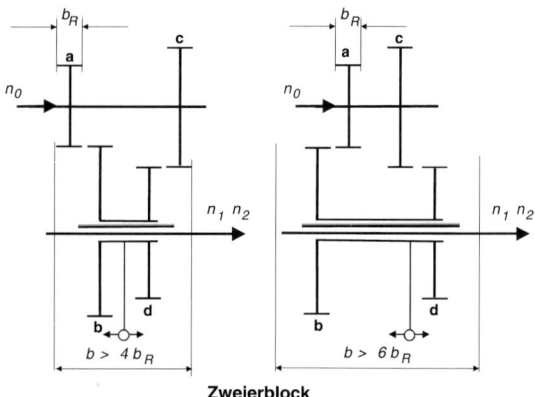

Zweierblock

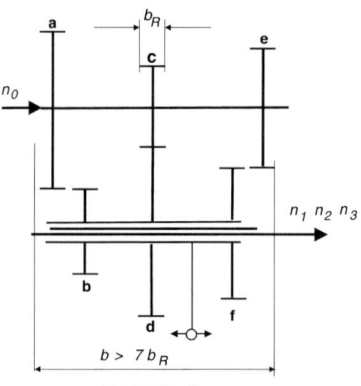

Dreierblock

Bild 20. Schieberadgetriebebauarten (Zweier- und Dreierblock). Die Buchstaben a, b, c, ... bezeichnen die einzelnen Räder und ihre Zähnezahlen, z.B. a = 22 Zähne

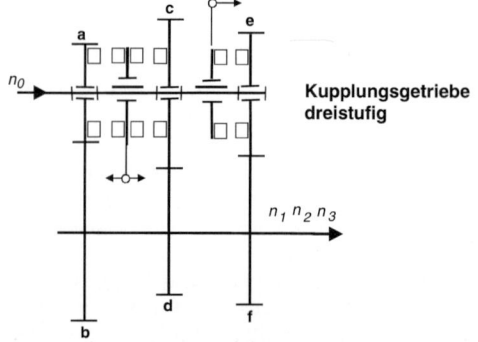

Kupplungsgetriebe dreistufig

Bild 21a. Kupplungsgetriebe

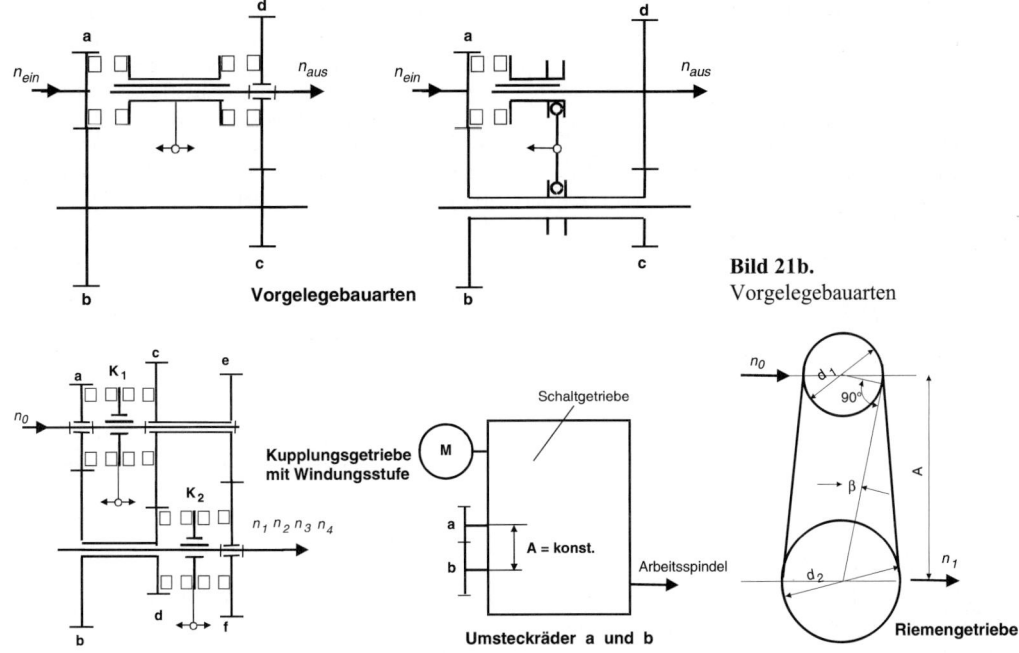

Bild 22. Getriebe mit Windungsstufe, Umsteckräder und Riemengetriebe

Durch Trennen der linken Kupplung und Eingriff der Räder oder Schalten der rechten Kupplung (im Bild links) erfolgt die Drehmomentübertragung über die Zahnräder a, b, c und d. Damit wird der niedrige Drehzahlbereich wirksam.

Vorteil ist eine große Gesamtübersetzung i_V = b/a · d/c, mit der eine Verdopplung des Drehzahlbereiches auf relativ einfache und kostengünstige Weise erreicht wird.

Kupplungsgetriebe mit Windungsstufe
Bild 22 links

Beim Getriebe mit Windungsstufe können mit drei Zahnradpaaren und zwei Doppelkupplungen *vier Abtriebsdrehzahlen erreicht werden.*

Die Übersetzungen ergeben sich aus:

$i_1 = \dfrac{b}{a}$, K_1 nach links und K_2 nach links

$i_2 = \dfrac{d}{c}$, K_1 nach rechts und K_2 nach links

$i_3 = \dfrac{f}{e}$, K_1 nach rechts und K_2 nach rechts

Windungsstufe

$i_4 = \dfrac{b}{a} \cdot \dfrac{d}{c} \cdot \dfrac{f}{e}$, K_1 nach links und K_2 nach rechts

Vorteil: große Übersetzung bei geringem radialen Bauraum

Nachteile: großer axialer Bauraum, schlechter Wirkungsgrad, hohe Erwärmung

Umsteckräder Bild 22 Mitte
Anwendung meist bei Sondermaschinen. Durch Umstecken der Zahnräder a und b gegen solche mit anderen Zähnezahlen kann der Drehzahlbereich der Arbeitsspindel nach niedrigeren oder höheren Drehzahlen verlegt werden

Riementrieb Bild 22 rechts
Als Riementriebe werden im Werkzeugmaschinenbau neben Flach- und Keilriemen in zunehmenden Maße Zahnriementriebe und Keilrippenriementriebe, auch Poly-V-Riementriebe genannt, verwandt, Bild 23.

Vorteile: ruhiger Lauf, bei Zahnriementrieb kein Schlupf und somit genaue Drehwinkelübertragung. Damit Verwendung besonders bei NC-Maschinen.

Nachteile: Schlupf bei kraftschlüssigem Riemenprinzip (kaum Schlupf bei Poly-V-Riemen). Spannen erforderlich über Achsversatz oder zusätzliche Spannrolle.

Übersetzung

$$i = \frac{n_0}{n_1} = \frac{d_2}{d_1}$$

Riemenlänge bei Flachriemen:

$$L = \frac{\pi}{2}(d_1 - d_2) + 2A\cos\beta + \frac{\pi\beta}{180°}(d_1 + d_2)$$

$$\frac{L}{mm} \quad \frac{d_1}{mm} \quad \frac{d_2}{mm} \quad \frac{A}{mm} \tag{5}$$

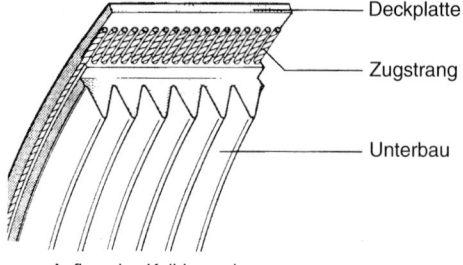

— Deckplatte

— Zugstrang

— Unterbau

Aufbau des Keilrippenriemens
(ContiTech, Hannover)

Zahnriemen zum Antrieb einer Lineareinheit
(ContiTech, Hannover)

Bild 23. Keilrippenriemen (Poly-V)- und Zahn-
riemengetriebe

Die Berechnung von Keilrippen- und Zahnriemenan-
trieben sollten nach den Berechnungsunterlagen der
Hersteller erfolgen.

Getriebeentwurf
Haupt- und auch Vorschubgetriebe werden geometrisch gestuft (arithmetrische Stufung nur bei Vorschubantrieben zur Erzeugung metrischer Gewinde-
steigungen). Die Drehzahlstufung folgt der Reihe:

n_1
$n_2 = n_1\,\varphi$
$n_3 = n_2\,\varphi = n_1\,\varphi^2$
$... = ...$
$n_z = n_1\,\varphi^{z-1}$

dabei ist z die Zahl der Drehzahlstufen, n_1 die niedrigste und n_z die höchste Drehzahl damit ergibt sich
der Stufensprung φ zu:

$$\varphi = \sqrt[z-1]{\frac{n_z}{n_1}} \tag{6}$$

Bei den Drehzahlreihen nach DIN 804, Tabelle 1.,
bilden die Grundreihen nach DIN 323 die Basis (siehe Abschnitt Maschinenelemente).

Geometrische Stufung bedeutet:
– Im niedrigen Drehzahlbereich liegt ein großes
   Drehzahlangebot vor. Dies ist günstig für die
   Schruppbearbeitung zur besseren Ausnutzung des
   Zerspanungsvorgangs.
– Im hohen Drehzahlbereich reicht das kleine Dreh-
   zahlangebot für die Schlicht- und Feinbearbeitung
   wegen der geringen Zerspankräfte aus.
– Bei einer geometrischen Reihe entstehen Multipli-
   ziergetriebe, die wieder geometrisch gestufte
   Drehzahlen ergeben, z. B. $z = 6$, dann ist $6 = 3 \cdot 2$,
   d. h. die erste Übersetzung besteht aus 3 Schaltstu-
   fen, die zweite aus 2. Es genügen also $3 + 2 = 5$
   Zahnradpaare.

Drehzahlplan nach Germar
Regeln:
(1) Getriebewellen (I, II, III...) werden als waagerech-
    te parallele Geraden gleichen Abstandes darge-
    stellt.
(2) Im Plan werden senkrecht Markierungslinien mit
    gleichen Abständen eingetragen. Sie symbolisie-
    ren eine logarithmische Teilung. Damit entspricht
    der Abstand zwischen zwei Linien dem Stufen-
    sprung φ.
(3) Zwischen den Drehzahlen der Wellen werden
    entsprechend der jeweiligen Zahnradübersetzung
    Drehzahlleitern gezogen. Dabei bedeuten:
    Senkrechte Drehzahlleiter Übersetzung $i = 1$
    Drehzahlleiter nach links $i > 1$,
           Übersetzung ins Langsame
    Drehzahlleiter nach rechts $i < 1$,
           Übersetzung ins Schnelle
(4) Im Bereich des Schaltgetriebeteils sollte als zuläs-
    sige Übersetzung gelten:

$$\left(\frac{1}{2}\right) ... \frac{1}{1,25} ... \le i_{zul} \le ... 2,8 ... (4), \tag{7}$$

dabei sollten die Klammerwerte nur in geeigneter
geometrischer Konfiguration zur Anwendung kommen.
Am Entwurf eines sechsstufigen Dreiwellengetriebes
sollen Drehzahl- und Getriebeplan erläutert werden:
Es sei: Motordrehzahl n_{mot} = 1400 1/min (Lastdreh-
zahl nach DIN 804), $n_z = n_6 = n_{mot}$, $z = 6$, $n_1 = 250$
1/min
Daraus folgt:

$$\varphi = \sqrt[z-1]{\frac{n_z}{n_1}} = \sqrt[5]{\frac{1400}{250}} \approx 1,4$$

In der Tabelle 1 können in Spalte 3 unter φ = 1,4 die
6 Drehzahlen abgelesen werden. Diese sind:
$n_1 = 250$, $n_2 = 355$,
$n_3 = 500$, $n_4 = 710$,
$n_5 = 1000$,
$n_6 = 1400$ 1/min.
Danach erfolgt die Überprüfung auf die zulässigen
Werte für φ nach (7).

Es ist: zulässiges i ins Langsame: $\varphi^x \leq 2,8$, d.h. $x \leq$ log 2,8 / log 1,4, $x \leq 3$,

zulässiges i ins Schnelle: $\varphi^x \geq 1/1,25$, d.h. $x \geq$ log 0,8 / log 1,4 $\geq -0,66$, $x \geq 1/2$

Die Aufteilung der Getriebestufen ergibt sich aus den Primfaktoren der Zahl z = 6 zu 3 und 2, das bedeutet zwei Stufenfaktoren.

Die Anzahl der Getriebewellen ergibt sich aus der Zahl der Stufenfaktoren + 1 -, d. h. 2 + 1 = 3 Wellen. Damit kann der Drehzahlplan nach Germar entworfen werden (Bild 24).

Tabelle 1. Lastdrehzahlen der Arbeitsspindel [U/min] nach DIN 804 (Die Drehzahlen können beliebig nach oben oder unten erweitert werden: Beispiel: Auf n = 1 000 folgen 1 120, 1 250, 1₍400, ... , 1/min)

Grundreihe R 20	R 20/2	Abgeleitete Reihen			
		R 20/3 (...2800...)	R 20/4 (.1400.)	(.2800.)	R 20/8 (...2800)
$\varphi=1,12$	$\varphi=1,25$	$\varphi=1,4$	$\varphi=1,6$	$\varphi=1,6$	$\varphi=2$
1	2	3	4	5	6
100					
112	112	11,2		112	11,2
125		125			
140	140		1400	140	1400
160		16			
180	180	180		180	180
200			2000		
224	224	22,4		224	22,4
250		250			
280	280		2800	280	2800
315		31,5			
355	355	355		355	355
400			4000		
450	450	45		450	45
500		500			
560	560		5600	560	5600
630		63			
710	710	710		710	710
800			8000		
900	900	90		900	90
1000		1000			

Regeln für den Getriebeentwurf

1) Hohe Drehzahlen der Zwischenwellen (im Bild 24, Welle II) ergeben kleinere Drehmomente und damit geringere Bauteilabmessungen (Zahnräder und deren Moduln, Wellen, Schieberadblöcke). Deshalb zunächst mit dem Dreierblock als aufwendige Baugruppe zwischen den Wellen I und II beginnen. Dadurch weist im Beispiel die minimale Drehzahl der Welle II immerhin noch 710 1/min auf.

2) Es sollte angestrebt werden, Übersetzungen ins Schnelle nur für Getriebestufen anzuwenden, die der Schlichtbearbeitung dienen.

3) Mit den Übersetzungen i_1, i_2 und i_3 werden die drei hohen Abtriebsdrehzahlen bereits auf Welle II erreicht. Damit ist die Übersetzung $i_4 = 1$ zwischen den Wellen II und III vorgegeben (senkrechte Drehzahlleiter). Um eine lückenlose Drehzahlreihe nach unten zu bekommen, muss die zweite Drehzahlleiter zwischen den Wellen II und

III von der höchsten Drehzahl n_6 der Welle II zur Drehzahl n_3 auf der Welle III geführt werden. Damit ist die Übersetzung $i_5 = \varphi^3$ bestimmt. Diese ist nach der Ermittlung der Grenzbedingungen i_{zul} gestattet.

4) Vor- oder nachgelagerte konstante Übersetzungen können größere zulässige Übersetzungswerte enthalten. Dabei sollten konstante größere Übersetzungen nach dem Schaltgetriebe liegen.

5) Das Getriebe sollte so gebaut werden, dass ein Minimum an Bauteilen entsteht und insbesondere komplizierte Bauteile reduziert werden. Deshalb kommt im Getriebeplan Bild 24 nur eine Keilwelle (Welle II) zur Anwendung. Sie trägt beide Schieberadblöcke.

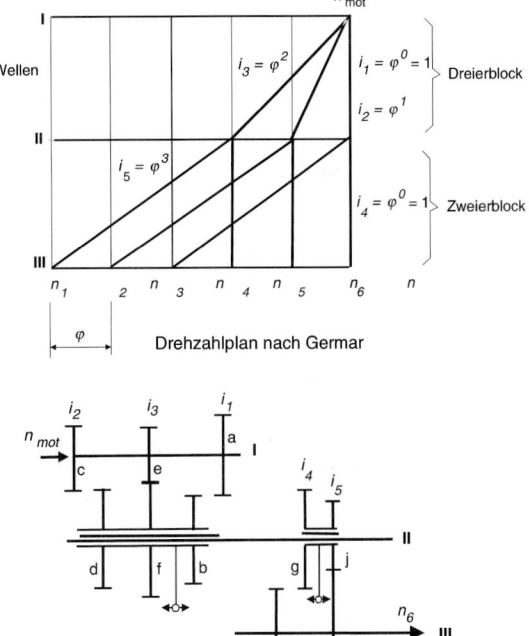

Bild 24. Sechsstufiges Dreiwellengetriebe-Drehzahl- und Getriebeplan

Anwendungsbeispiel: Drehzahl- und Getriebeplan für ein 12-stufiges Fräsmaschinen-Hauptgetriebe, Bild 25.

Das 6-stufige Grundgetriebe befindet sich im Fuß des Maschinenständers. Wegen der periodisch wechselnden Schnittkräfte beim Fräsen ist die Anwendung eines Riemengetriebes, beispielweise mit Keilrippenriemen, günstig. Außerdem wird damit die relativ große Entfernung zwischen dem Grundgetriebe und der Arbeitsspindel auf günstige Weise überbrückt.

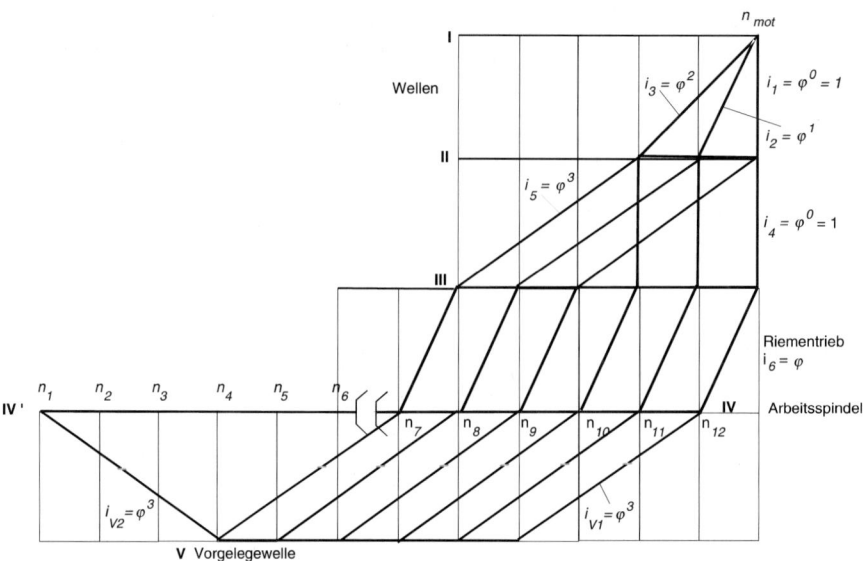

Bild 25a. Drehzahlplan für ein 12-stufiges Fräsmaschinenhauptgetriebe mit $n_{mot} = 2800$ 1/min, $n_1 = 45$ 1/min, $n_{12} = 2000$ 1/min, $\varphi = 1{,}4$

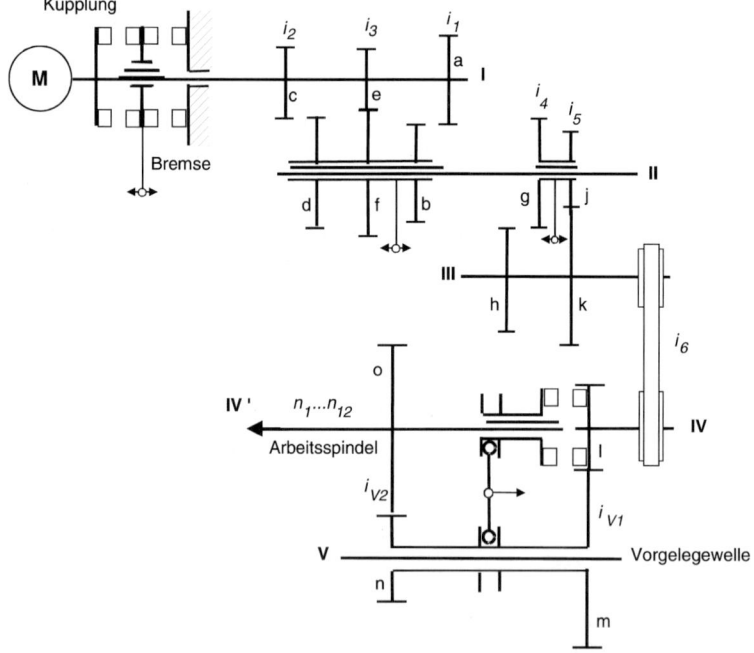

Bild 25b.
Getriebeplan des 12-stufigen Hauptgetriebes einer Fräsmaschine

Die Erweiterung auf 12 Drehzahlen erfolgt über ein Vorgelege, wodurch platzsparend die sechs niedrigen Drehzahlen n_1 bis n_6 erzeugt werden, Bild 25a.. Von der Arbeitsspindel wird die Übersetzung $i_{V1} = \varphi^3$ zur Vorgelegewelle V geführt und von dieser mit der gleich großen Übersetzung $i_{V2} = \varphi^3$ wieder auf die Arbeitsspindel zurück. Dabei wird die Kupplung zwischen der auf der Arbeitsspindel sitzenden An-

triebshülse und dem großen Abtriebszahnrad gelöst, Bild 28b. Durch die Anwendung des Vorgeleges bleiben die Übersetzungen $i_{V1, 2} = \varphi^3$ im zulässigen Bereich.

Die eingesetzte Motorkupplung ermöglicht ein gutes Anlaufverhalten und ein schnelles Erreichen der gewünschten Drehzahl. Die Bremse bringt die Arbeitsspindel schnell zum Stillstand.

2.2.3 Ungleichförmig übersetzende mechanische Getriebe

Diese dienen der Erzeugung reversierender geradliniger Bewegungen an Werkzeugmaschinen.

Schubkurbel
Die klassische Anwendung findet sich im Stößelantrieb von Kurbelpressen, aber auch in Superfinishmaschinen (Feinziehschleifen) als Oszillationsantrieb für das Werkzeug (Honstein), welcher mit hoher Frequenz erfolgen muss (> 500 Doppelhübe/min). Durch den Sinus-Verlauf der Beschleunigung wird eine hohe Laufruhe erreicht.

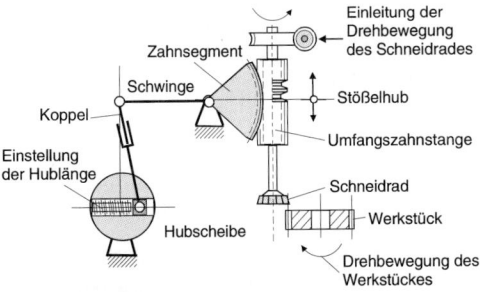

Kurbelschwinge

als Antrieb zur Erzeugung der Schnittbewegung beim Zahnrad- Wälzstoßen

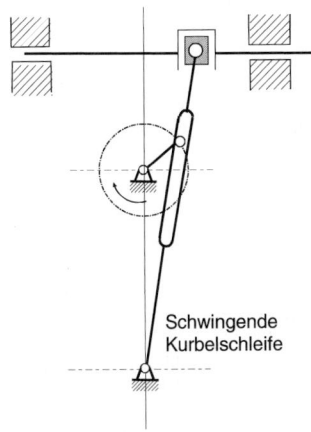

Schwingende Kurbelschleife

Bild 26. Beispiele für häufig in Werkzeugmaschinen angewandte ungleichförmig übersetzende Getriebe

Kurbelschwinge, Bild 26 oben
Auch hier liegt ein analoges Verhalten vor. Am Beispiel der Stößelhubbewegung einer Zahnrad-Wälzstoßmaschine ist das Wirkungsprinzip zu erkennen. Mittels Hubscheibe, Koppel und Schwinge wird die Hubbewegung erzeugt und über Zahnsegment und Umfangszahnstange auf die Stoßspindel und das Schneidrad übertragen.

Schwingende Kurbelschleife, Bild 26 unten
Der hauptsächlich gewählte Antrieb für Kurzhub-Hobelmaschinen (Shaping-Maschinen). Hublänge und Hublage sind leicht einstellbar.

2.2.4 Elektrische Hauptantriebe

Anforderungen an elektrische Hauptantriebe

Moderne Werkzeugmaschinen, besonders CNC-Maschinen, stellen aus technologischer und verfahrenstechnischer Sicht folgende Forderungen:

– Hohe Dynamik, d. h. größtmögliche Beschleunigungen und Verzögerungen der Arbeitsspindel
– Hohe maximale Drehzahlen, besonders bei HSC-Frässpindeln
– Hoher Drehzahlbereich, da auch geringste Geschwindigkeiten beispielsweise bei Fräsoperationen auf der CNC-Drehmaschine von deren Werkstückspindel gefordert werden
– Stufenlose Einstellung und Regelung der Drehzahl
– Wechselnde hohe Drehmomente und Antriebsleistungen
– Wird die Arbeitsspindel als numerische Achse genutzt, dann ist das Einfahren in eine gewünschte Winkelposition schnell und mit höchster Präzision erforderlich (im Winkelsekunden-Bereich).

Gleichstrom-Nebenschlussmotor
Mit der Entwicklung der Leistungselektronik in den siebziger Jahren war zunächst in Gestalt der Thyristoren (Stromtore), später der Leistungstransistoren, die Voraussetzung gegeben, die Arbeitsspindel, aber besonders die Vorschubantriebe der NC-Maschinen mittels des Gleichstrom-Nebenschlussmotors stufenlos einstell- und regelbar anzutreiben.
Für den Gleichstrom-Nebenschlussmotor gelten die Grundgleichungen:

Drehzahl

$$n = c_1 \frac{U_A}{\phi} \qquad \frac{n}{1/\text{min}} \left| \frac{U_A}{V} \right| \frac{\phi}{Vs} \tag{8},$$

Drehmoment

$$M = c_2 \cdot \phi \cdot I_A \qquad \frac{M}{\text{Nm}} \left| \frac{I_A}{A} \right| \frac{\phi}{Vs} \tag{9}$$

Dabei ist:
U_A Ankerspannung
I_A Ankerstrom
ϕ magnetischer Fluss
$c_1 ... c_3$ Maschinenkonstanten

Die abgegebene mechanische Leistung ist:

$$P = c_3 \cdot M \cdot n \qquad \frac{M}{\text{Nm}} \left| \frac{P}{\text{KW}} \right| \frac{n}{1/\text{min}} \tag{10}$$

Im Bild 27 ist das Prinzip des Gleichstrom-Nebenschlussmotors dargestellt. Die Motordrehzahl lässt
sich durch zwei Maßnahmen verändern:

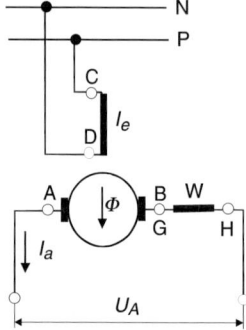

Gleichstrom-Nebenschlussmotor

Bild 27. Prinzip des Gleichstrom-Nebenschlussmotors
    A – B Ankerkreis,
    G – H Wendepolwicklung
    C – D Erregerkreis
    I_e Erregerstrom
    U_A Ankerspannung
    I_A Ankerstrom
    ϕ Magnetfluss (durch I_e erzeugt),

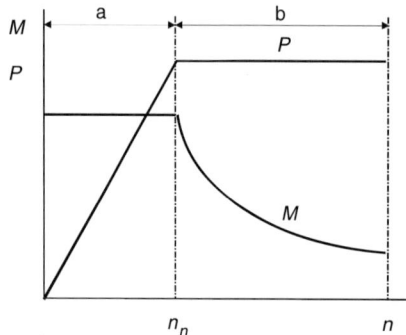

Drehmoment und Leistung bei Drehzahländerung eines
Gleichstrom-Nebenschlussmotors

Bild 28. $M, P = f(n)$
    M Drehmoment, P Leistung,
    n Drehzahl n_n Nenndrehzahl
    a Bereich der Drehzahländerung
    durch Änderung der Ankerspannung, b Bereich
    der Drehzahländerung durch Flussschwächung

Durch Änderung der Ankerspannung (Ankerstellbereich) oder durch Flussschwächung (Feldstellbe-
reich) im Verhältnis 1 : 3 zum Ankerstellbereich,
Bild 28.
Der benötigte Gleichstrom wird über Schaltungen
mit Thyristoren (für hohe Antriebsleistungen) oder
Leistungstransistoren aus dem Drehstromnetz gewonnen.

*Vorteile des Hauptantriebs mit Gleichstrom-Neben-
schlussmotor*
– Gute Dynamik, aber begrenzt durch Kommutie-
    rung
– Großer Drehzahlstellbereich, wobei Drehmoment
    und Leistung als Funktion der Spindeldrehzahl
    den Anforderungen, die von Universal-Werkzeug-
    maschinen gestellt werden, entsprechen, siehe
    Bild 3 im Kapitel 1.3.
– Ausreichende Gleichlaufgüte, zumindest über 80
    1/min.
– Kostengünstig

Nachteile
– Verschleiß von Kommutator und Bürsten, damit
    sind Ausfälle schlecht oder nicht vorhersehbar.
    Dieser Nachteil wirkt sich besonders negativ auf
    die Verfügbarkeit aus und führt dazu, dass die
    Anwendung in Neukonstruktionen immer weiter
    zurückgeht.
– Ungünstige Wärmeabfuhr über Rotorwelle
– Unter $n = 50 \dots 80$ 1/min nicht einsetzbar.

■ **Beispiel:**
    Antrieb einer Drehmaschinen-Arbeitsspindel, Bild 29.

Aus den Anforderungen an die Drehmaschine ergibt
sich eine minimale Drehzahl von 20 1/min, die für
einen Direktantrieb durch einen Gleichstrom-
Nebenschlussmotor nicht realisierbar ist. Aus diesem
Grunde wird eine Übersetzung über drei Getriebestufen mit $i = 4$ vorgesehen. Des weiteren ist der Feld-
stellbereich mit konstanter Leistung P für die Arbeitsaufgaben der Drehmaschine zu gering, so dass
eine Erweiterung des Feldstellbereichs durch eine
lastschaltbare Getriebestufe i_1 erforderlich ist. Diese
Lastschaltung erfolgt über zwei Kupplungen, siehe
Getriebeplan. Über einen Tachogeber (T) erfolgt die
Drehzahlrückmeldung an den Bediener. Mit dieser
Anordnung ist insgesamt ein stufenlos einstellbarer
Drehzahlbereich von 1 : 112 realisierbar.

Nachteile:
– Lastschaltung bei hohem Drehmoment führt zu
    erheblicher Erwärmung
– Die auf der Welle III sitzende Elektromagnet-
    Lamellenkupplung baut wegen der zu übertragen-
    den hohen Drehmomente sehr groß.

Vorteile:
– Im niedrigen Drehzahlbereich können alle Dreh-
    zahlen ab 20 1/min angesteuert werden, da das
    konstante Drehmoment einen gleichmäßigen Lauf
    ermöglicht
– Eine Lastschaltung kann vermieden werden, wenn
    elektrisch oder hydraulisch betätigte Schieberad-
    blöcke bzw. Stirnzahnkupplungen (anstelle der
    Lamellenkupplungen) verwendet werden. Deren
    Schaltung kann jedoch nur im Stillstand oder Aus-
    lauf erfolgen. Dabei ist ein Schalten vom Dreh-
    zahlbereich I in den Drehzahlbereich II unter Last

nicht möglich. Im Programm einer NC-Werkzeugmaschine kann das aber durchaus berücksichtigt werden, sodass einer Automatisierung einer solchen Lösung nichts im Wege steht.

Stufenlos stell- und regelbarer Drehstrom-Asynchronmotor

Der Drehstrom-Asynchronmotor mit seinem einfachen Aufbau und seiner hohen Verfügbarkeit ist der ideale Hauptantrieb für Werkzeugmaschinen, wenn

seine Drehzahl stufenlos geregelt werden kann. Dies ist seit Mitte der achtziger Jahre mit Motoren in spezieller Ausführung möglich.

In der zweiten Hälfte der neunziger Jahre ist es nunmehr gelungen, mit elektronischen Umrichtersystemen auch Norm-Asynchronmotoren mit einem stufenlos regelbarem Drehzahlbereich auszustatten.

Für die meisten Ansprüche von Arbeitsspindelantrieben sind spezielle Hauptspindelmotoren erforderlich, beispielsweise die 1PH-Reihe der Siemens AG.

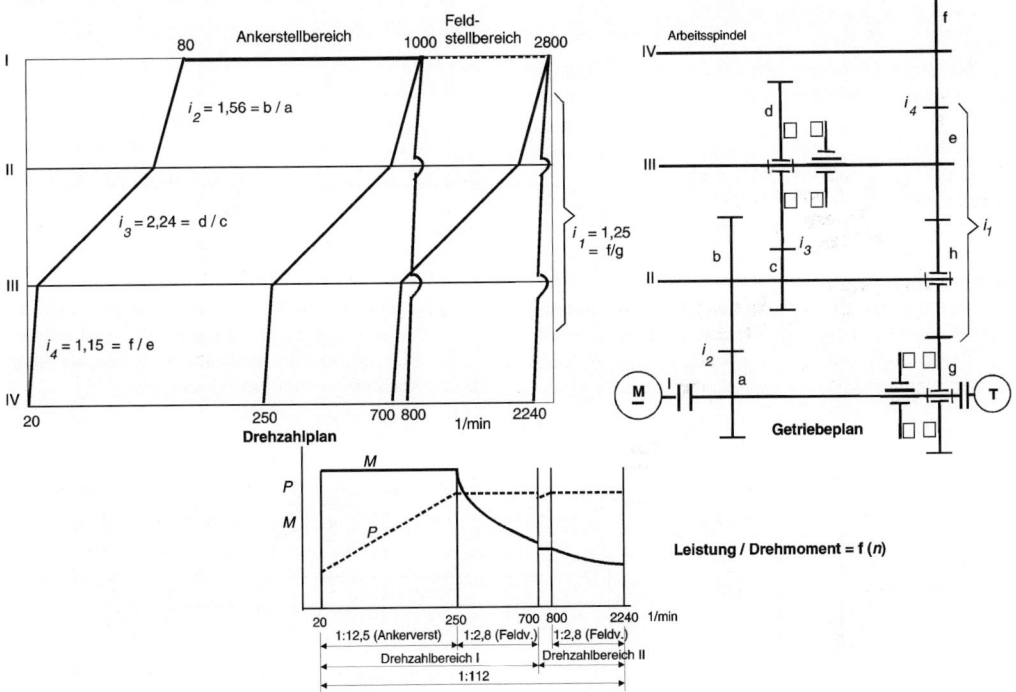

Bild 29. Drehmaschinen-Hauptantrieb mit thyristorgesteuertem Gleichstromnebenschlussmotor

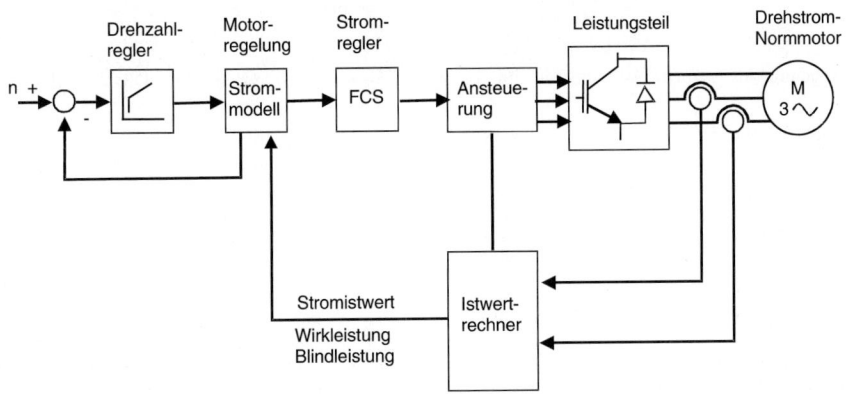

Bild 30. Regelung für Asynchron-Normmotoren mit dem analogen System SIMODRIVE 611 (Siemens AG)

Asynchron-Normmotor, Regelung
Die Regelung erfolgt entsprechend Bild 30 mit Hilfe
eines *Mikroprozessors*, der die Strom- und Drehzahlregelung enthält. Mittels feldorientiertem Regelalgorithmus, die Regelstrecken-Nachbildung über ein
Motormodell und die Ableitung der Istwertgrößen für
die Regelung ergibt dies eine hohe Regelgüte. Die
Drehzahlregelung erfolgt ohne zusätzliche Gebersys-
teme. Selbstinbetriebnahme-Routinen sind im Umrichtersystem integriert.

*Asynchron-Hauptspindelmotoren, Aufbau und Rege-
lung*
– Drehstrom-Hauptspindelmotoren mit Luftkühlung
Die Maximaldrehzahlen liegen zwischen 9000 bis
12000 1/min bei konstanter Leistung bis 1 : 10 durch
wide-range-Charakteristik. Damit können in den
meisten Fällen Zusatzgetriebe entfallen.
Diese Charakteristik wird durch eine Stern-/Dreieck-
Umschaltung erreicht, welche über ein externes Mo-
torschütz erfolgt, dass durch den Umrichter angesteuert wird, Bild 31.
Alle Hauptspindelmotoren sind für die Anwendung in
CNC-Werkzeugmaschinen standardmäßig C-achs-fä-
hig durch eingebauten Motorgeber G, Bild 32. Sie
weisen eine hohe Rundlaufgüte auf. Das volle Dreh-

moment ist mit hoher Überlastbarkeit auch im Stillstand dauernd verfügbar.

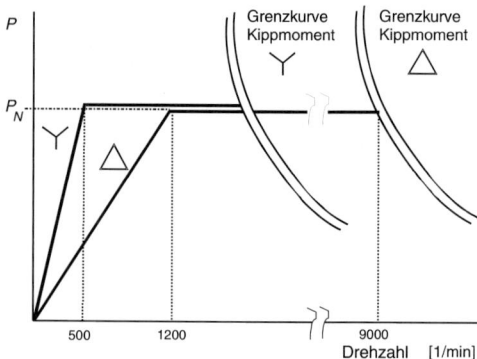

Bild 31. Stern-/Dreieck-Umschaltung zur Realisierung eines wide-range-Drehzahlbereichs bei konstanter Leistung (Siemens AG)

Die Regelung ist digital auf der Basis eines Mikroprozessors aufgebaut. Sie erfolgt über Sinus-Cosinus-
Geber. Es ist sowohl drehzahlgeregelter als auch
drehmomentgesteuerter Betrieb möglich.

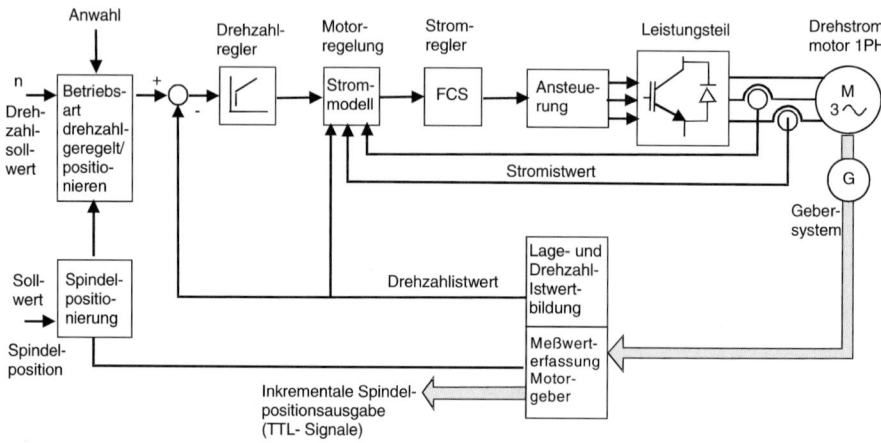

Bild 32. Regelung des Asynchron-Hauptspindelmotors im analogen Antriebssystem SIMODRIVE 611 (Siemens AG)

– Drehstrom-Hauptspindelmotoren mit Wasserkühlung
Der Einsatz erfolgt dort, wo keine thermische Belastung erfolgen darf, beispielsweise bei beschränktem
Einbauraum und Vollkapselung. Ein kleineres Mo-
torbauvolumen und eine hohe Schutzart (IP 65) ist
möglich. Die maximale Leistung beträgt heute 50
KW, die Maximaldrehzahl 9000 1/min. Für die Regelung gilt auch Bild 32.

– Drehstrom-Hauptspindel-Einbaumotoren, Bild 33.
Im Bild sind Rotor (Kurzschlussläufer) und Stator
dargestellt. Die Motoren werden wassergekühlt und

sind ausgelegt bis 18.000 1/min.
Bild 34 zeigt eine Hochgeschwindigkeitsfrässpindel
mit Einbaumotor für eine Maximaldrehzahl von
20.000 1/min. Im Bild 35 ist gezeigt, dass auch bei
Drehstrom-Hauptspindelmotoren ein nachgeschalte-
tes Schieberadgetriebe mit zwei Stufen eine leis-
tungsgünstige Drehzahlerweiterung ermöglicht.

– Permanenterregte Drehstromsynchronmotoren
Seit Ende der neunziger Jahre auch als Hauptspindelmotoren in der Anwendung, besonders dort, wo es
auf hohe Anforderungen aus thermischer Sicht ankommt, d. h. bei Präzisionsmaschinen für die Hart-

feinbearbeitung, siehe Bild 17.

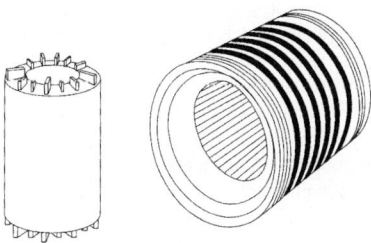

Bild 33. Rotor und Stator eines Asynchron-Einbaumotors (Siemens AG)

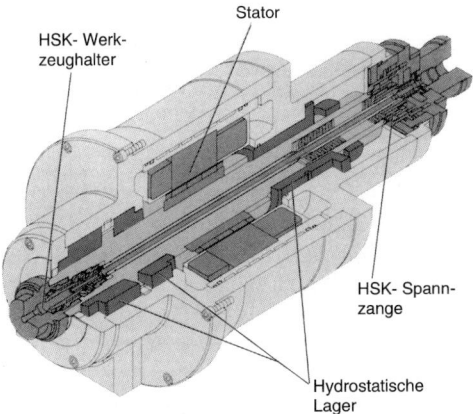

Bild 34. Frässpindeleinheit als Motorspindel mit Drehstrom-Asynchron-Einbaumotor, hydrostatischer Lagerung und HSK (Hohlspannkegel)-Spannung (Ingersoll Milling Machine Company, Burbach)

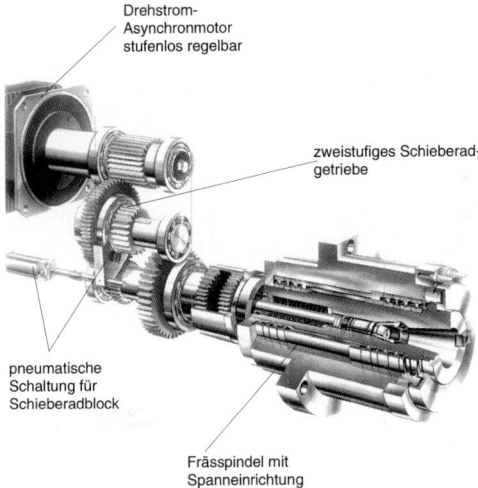

Bild 35. Hauptantrieb eines Großbearbeitungszentrums mit einem Drehstrom-Asynchronmotor und nachgelagerten pneumatisch geschalteten zweistufigen Getriebe (Heckert, Chemnitz)

2.3 Vorschub- und Stellantriebe

2.3.1 Ausführungsvarianten von Vorschubantrieben

Vorschubbewegungen haben ihren Ursprung fast immer in rotatorischen Antrieben. Außerdem sind meist niedrige Geschwindigkeiten gefordert. Arbeitstische oder –schlitten müssen vor oder nach der für die Zerspanung erforderlichen Bewegung sehr schnelle Eilbewegungen ausführen, um in kürzester Zeit Leerwege zu überbrücken.

Vorschubantriebe erzeugen Vorschubbewegungen von Werkstücken oder / und Werkzeugen:
- als *geradlinige* Vorschubbewegung (z. B. bei Drehmaschinen)
- als *kreisende* Vorschubbewegung (z. B. bei Verzahnmaschinen)
- mit *kontinuierlicher* Bewegung (z. B. bei Fräsmaschinen)
- mit *intermittierender* Bewegung (z. B. bei Hobelmaschinen)
- als *unabhängige* Vorschubbewegung (Vorschubgeschwindigkeit in mm/min, eigener Vorschubantrieb, z. B. Fräsmaschinen)
- als von der Schnitt- oder Hauptbewegung des Werkstückes/Werkzeuges *abhängige* Vorschubbewegung (Vorschubgeschwindigkeit in mm/U, wobei U = 1 Umdrehung des Werkstückes/Werkzeuges)

Folgende *Ausführungsvarianten* von *Vorschubantrieben* sind möglich, Bild 36:

(1) Abhängiger Vorschubantrieb mit mechanischer Ableitung der Drehbewegung von der Arbeitsspindel, Bild oben links. Die Antriebsmittler von der Arbeitsspindel sind in der Regel Zahnradstufen, Zahnräder als Wechselräder insbesondere zur Gewindeherstellung oder Zahnriementriebe. Über das Vorschubgetriebe werden die gewünschten Vorschubwerte eingestellt.

(2) Abhängiger Vorschubantrieb mit elektronischer Regelung, Bild 36 unten links. Über Drehgeber auf Arbeitsspindel und Vorschubspindel werden Lage-Soll-und Istwert verglichen und über einen Lageregler erfolgt die Konstanthaltung der Vorschubspindeldrehzahl.

(3) Unabhängiger Vorschubantrieb mit mechanischem Getriebe, Bild 36 oben rechts. Die Anwendung ist bei Vorschüben möglich, die keine direkte Beziehung zur Arbeitsspindeldrehzahl aufweisen müssen. Dies gilt meist dann, wenn die Arbeitsspindel als Werkzeugspindel eingesetzt wird, z.B. beim Fräsen, Bohren, aber auch beim Schleifen für die Zustellbewegung der Schleifscheibe zum Werkstück.

(4) Unabhängiger Vorschubantrieb mit Schrittmotor und hoch übersetzendem mechanischem Getriebe, Bild 36 Mitte rechts.

Der *Schrittmotor* ist ein reiner Stellantrieb und damit nicht regelungsfähig. Er setzt eine Steuerimpulsfolge unmittelbar in eine entsprechende Winkelposition um. Der Rotor des Schrittmotors kann bis zu 50 Polpaare enthalten und damit bis zu 200 Schritt/Umdrehung erreichen, was einem Schrittwinkel von 1,8° entspricht. Er ist in der Lage, im Stillstand ein Haltemoment auszuüben. Für den Positionierbetrieb genügt ein einfaches Steuergerät.

Für die Vorgabe von *Position* und *Drehzahl* werden nur zwei binäre Signale benötigt, nämlich *Puls* und *Richtung*. Die *Zahl der Pulse* legt den

Verfahrweg fest, die *Pulsfrequenz* bestimmt die momentane *Verfahrgeschwindigkeit*. Er ist nur für geringe Leistungen (< 1 KW) und Drehzahlen unter 500 1/min geeignet.

Um die letztgenannten Nachteile des Schrittmotors auszugleichen, wird er in der Regel zusammen mit einem hoch übersetzenden Getriebe (Harmonic Drive, Planetengetriebe u.a.) in Vorschubantrieben eingesetzt.

(5) Numerische Vorschubachse, Bild 36 unten rechts. Die numerische Achse wird im Kapitel 3.4 in Verbindung mit den CNC-Steuerungen eingehend erläutert.

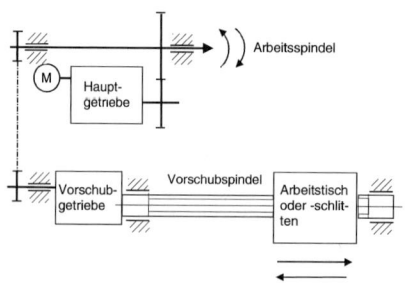

Abhängiger Vorschubantrieb mit mechanischer Ableitung der Drehbewegung von der Arbeitsspindel

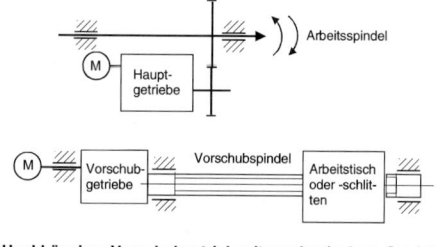

Unabhängiger Vorschubantrieb mit mechanischem Getriebe

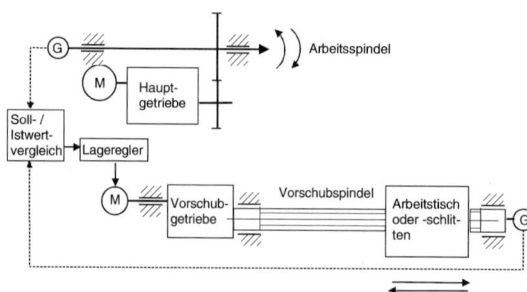

Abhängiger Vorschubantrieb mit elektronischer Regelung der Vorschubgeschwindigkeit als Funktion der Arbeitsspindeldrehzahl

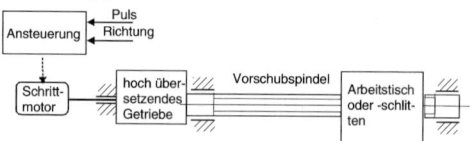

Unabhängiger Vorschubantrieb mit Schrittmotor und hoch übersetzendem mechanischem Getriebe

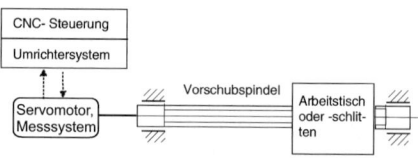

Numerische Vorschubachse

Bild 36. Ausführungsvarianten von Vorschubantrieben

2.3.2 Gestufte mechanische Vorschubgetriebe

Vorschubgetriebe erzeugen die gewünschten Vorschübe hinsichtlich Zahl (bei gestuften Getrieben) und Größe. Die benötigten geringen Vorschubgeschwindigkeiten werden durch hohe Übersetzungen und durch die nach dem Vorschubgetriebe meist eingesetzten Schraubtriebe erreicht.

Manuell schaltbare Getriebe

(1) Sämtliche Schieberadgetriebe-Bauarten, im Kapitel 2.2.1. beschrieben.
(2) Wechselradgetriebe, Bild 37.

Angewandt werden diese an konventionellen Drehmaschinen zur Gewindeherstellung und an konventi-

onellen Verzahnmaschinen zur Herstellung der Abhängigkeit der Drehbewegungen zwischen Werkstück und Werkzeug (Wälzbewegungen u.a.). Mit der ständig breiteren Anwendung von NC-Werkzeugmaschinen verlieren sie immer mehr an Bedeutung.

Es muss die Möglichkeit bestehen, die verschiedenen Gewindearten, wie metrisches Gewinde, Zollgewinde (1 Zoll = 1″ = 25,4 mm), Schneckengewinde (Modul-G.) mit $m \pi$ (m = Modul [mm]) oder englisches Schneckengewinde (Diametral Pitch Gewinde [DP]) herzustellen. Dazu dienen die Räder außerhalb des Fünfersatzes. So ist beispielsweise z = 127 Zähne ≡ 5 · 25,4 mm = 5 · 1″ oder die Zahl π = 5 · 71 / 113. Beide Zähnezahlen sind unter den Rädern des Wechselradsatzes vorhanden.

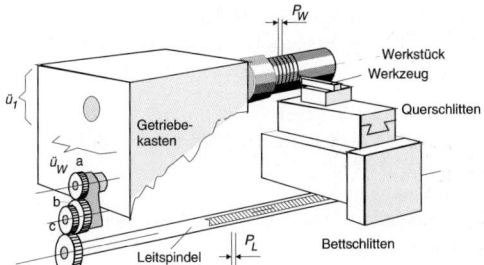

Räderverhältnis:

$$\ddot{u} = \frac{P_W}{P_L} = \ddot{u}_1 \cdot \ddot{u}_W \cdot \frac{a \cdot c}{b \cdot d}$$

dabei sind:

a, b, c, d Zähnenzahlen der Wechselräder

P_W = Gewindesteigung am Werkstück [mm, "]

P_L = Leitspindelsteigung [mm, "] = 3, 6, 12, 16
   mm oder 2, 4, (6) Gang auf 1 "

$\ddot{u}_1$, $\ddot{u}_W$ = feste Räderverhältnisse (Wendegetriebe) in
   der Regel = 1

Wechselradsatz, besteht aus Rädern mit:

z = 20 ... 125 Zähne im Abstand von 5 zu 5
   Zähnen

z = 127, 157, 71, 113 Zähne

Bild 37. Wechselradgetriebe, Aufbau am Beispiel
einer Leitspindeldrehmaschine

Des weiteren ist noch die *Aufsteckregel* zur bauseitigen Realisierbarkeit des Wechselradaufsteckens zu beachten. Es gilt das Zähnezahlverhältnis:

$$(a + b) < (c + x)$$
$$(c + d) > (b + x)$$

Der Wert x wird mit 15 Zähnen angenommen, allgemein – Zähnezahl des kleinsten Wechselrades minus 5 Zähne –.

(3) Ziehkeilgetriebe, Bild 38.

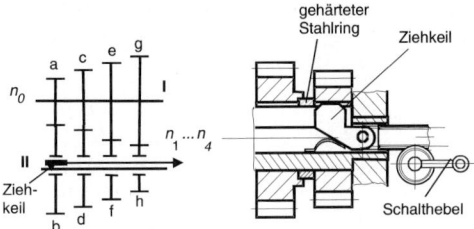

Bild 38. Ziehkeilgetriebe, Getriebeplan und konstruktiver Aufbau

Dieses Getriebe wird als Vorschubgetriebe an kleineren konventionellen Werkzeugmaschinen genutzt. Der Ziehkeil kann über einen Schalthebel, Ritzel und

verzahnte Schiebestange jeweils unter eines der lose laufenden Räder geschoben werden und bewirkt dann dessen Mitnahme. Wegen der geschlitzten Welle können nur geringe Drehmomente übertragen werden.

(4) Mäandergetriebe, Bild 39.

Mäandergetriebe dienen als Dividier- oder Multipliziergetriebe zur Erweiterung von Vorschub-Grundreihen. Mit dem axial verschiebbaren Abtriebsrad auf Keilwelle III können fünf Übersetzungsstufen realisiert werden. Durch zwei Getriebeeingänge über die Wellen I und II sind insgesamt zehn Abtriebsdrehzahlen erreichbar.

Im Getriebebeispiel werden folgende Übersetzungen beim Eingang über Welle I realisiert:

$$\ddot{u}_1 = \frac{30}{60} \cdot \frac{60}{30} = 1,$$

$$\ddot{u}_2 = \frac{30}{60} \cdot \frac{30}{60} \cdot \frac{30}{60} \cdot \frac{60}{30} = 1/4,$$

$$\ddot{u}_3 = \frac{1}{16} \ ...$$

$$\ddot{u}_4 = \frac{1}{64} \ ...$$

$$\ddot{u}_5 = \frac{1}{256}$$

Beim Eingang über Welle II ergeben sich:

$$\ddot{u}_1' = \frac{60}{30} = 2,$$

$$\ddot{u}_2' = \frac{30}{60} \cdot \frac{30}{60} \cdot \frac{60}{30} = \frac{1}{2},$$

$$\ddot{u}_3' = \frac{1}{8} \ ...$$

$$\ddot{u}_4' = \frac{1}{32} \ ...$$

$$\ddot{u}_5' = \frac{1}{128} \ .$$

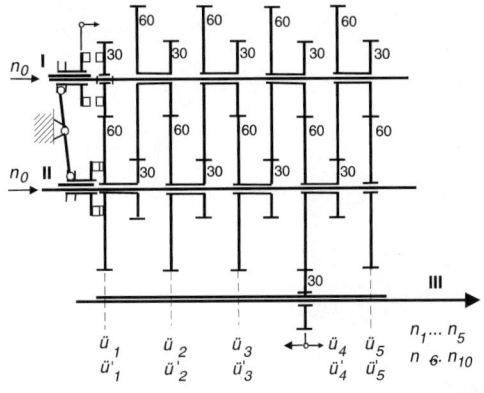

Bild 39. Mäandergetriebe

Automatisch schaltbare gestufte mechanische Vorschubgetriebe

(1) Kupplungsgetriebe entsprechend Bild 21.
Diese sind als Vorschubgetriebe wegen der niedrigen Drehzahlen relativ gut geeignet, da sie weniger Wärme erzeugen als beim Einsatz in Hauptgetrieben.

(2) Kupplungsgetriebe mit Windungsstufe entsprechend Bild 22.

(3) Ziehkeilgetriebe ist automatisierbar

(4) Mäandergetriebe ist automatisierbar

Getriebe mit konstanter hoher Übersetzung

Diese werden benötigt bei der Anwendung von Antriebsmotoren, beispielsweise Schrittmotoren, die im normalen Drehzahlbereich (maximale Drehzahl 500 bis 2000 1/min) arbeiten und langsame Vorschubbewegungen erzeugen sollen.

(1) Wellgetriebe (Harmonic Drive), Bild 40.
Bestandteile:
Wave Generator – eine elliptische Stahlscheibe mit zentrischer Nabe und aufgezogenem, elliptisch verformbarem Spezialkugellager
Flexspline – eine zylindrische, verformbare Stahlbuchse mit Außenverzahnung
Circular Spline – ein steifer, zylindrischer Ring mit Innenverzahnung.

Die Funktionsweise ist im Bild 41 dargestellt.
Schritt 1: Der elliptische *Wave Generator* (angetriebenes Teil) verformt über das Kugellager den *Flexspline*, der sich in den gegenüberliegenden Bereichen der großen Ellipsenachse mit dem innenverzahnten *Circular Spline* im Eingriff befindet.
Schritt 2: Mit der Drehung des *Wave Generators* verlagert sich die große Ellipsenachse und damit der Zahneingriffsbereich. Da der *Flexspline* zwei Zähne weniger als *Circularspline* besitzt, vollzieht sich im
Schritt 3: nach einer halben Umdrehung des *Wave Generators* ein Relativbewegung zwischen *Flexspline* und *Circular Spline* um die Größe eines Zahnes und,
Schritt 4:, ... nach einer ganzen Umdrehung um die Größe zweier Zähne.

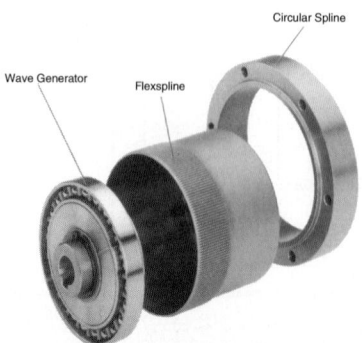

Bild 40. Harmonic Drive Getriebeeinbausatz HDUC (Harmonic Drive, Limburg a.d. Lahn)

Bei fixiertem *Circular Spline* dreht sich der *Flexspline* als Abtriebselement entgegen der Drehrichtung des Antriebs.

Merkmale des Wellgetriebes:
– hohe Verdrehsteifigkeit, kein Spiel in der Verzahnung, dadurch große Positionier- und Wiederholgenauigkeit
– kompakte Bauweise durch koaxialen An- und Abtrieb, geringes Gewicht, kleine Außendurchmesser
– hohe Übersetzungsverhältnisse in einer Stufe bei sehr gutem Wirkungsgrad
– lange Lebensdauer
– Übersetzungen je nach Baugröße von $i = 50$ bis $i = 260$
– Bei Nenndrehzahl 2000 1/min sind Nenndrehmomente von 0,3 ... 529 Nm übertragbar.

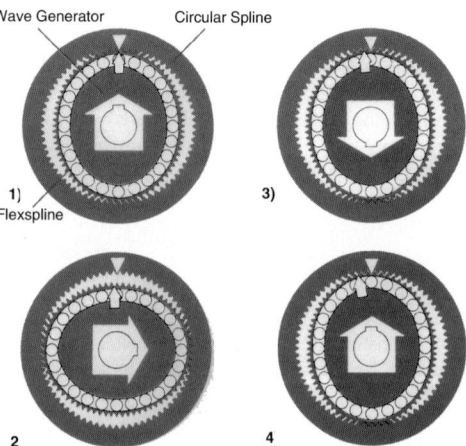

Bild 41. Funktionsweise des Harmonic Drive-Wellgetriebes, in 4 Schritten dargestellt (Harmonic Drive, Limburg a. d. Lahn)

(2) Planetengetriebe, Bild 42.

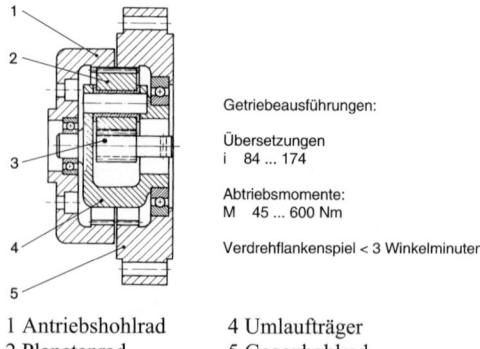

Getriebeausführungen:

Übersetzungen
i   84 ... 174

Abtriebsmomente:
M   45 ... 600 Nm

Verdrehflankenspiel < 3 Winkelminuten

1 Antriebshohlrad   4 Umlaufträger
2 Planetenrad   5 Gegenhohlrad
3 Antriebsritzel

Bild 42. Planetengetriebe-Einbausatz WPE (alpha Getriebebau GmbH, Igersheim)

Auch Planetengetriebe können konstante große Übersetzungen spielarm auf kleinem Raum verwirklichen. Das niedrige Trägheitsmoment ermöglicht hohe Beschleunigungen und Verzögerungen. Ein weiterer Vorteil ist die koaxiale Bauweise bei kleinem Bauraum.

2.3.3 Schraubtriebe

Der Gleitschraubtrieb

Gleitschraubtriebe sind heute weitgehend auf konventionelle Werkzeugmaschinen und auf untergeordnete Beistellbewegungen beschränkt. Sie werden in der Regel mit Trapezgewinde (Spitzenwinkel $\beta = 30°$) als Transportgewinde ausgeführt. Dieses Gewinde ermöglicht eine einfache Herstellung durch Drehen, Fräsen und Schleifen.

Vorteile:
– Kostengünstig
– Bei entsprechender Konstruktion Spielausgleich möglich

Nachteile:
– Schlechter Wirkungsgrad
– Bei kleinen Geschwindigkeiten und großer Reibung kann Ruckgleiten (stick-slip-Effekt) auftreten

Der übliche Durchmesserbereich liegt bei Anwendung in spanenden Werkzeugmaschinen zwischen 18 und 60 mm.

Bevorzugte Spindelsteigungen sind: P_h = 3, 6, 8, 10, 12 und 16 mm.

Spindelwerkstoffe: C 35E, C 60E (DIN EN 10083-1) oder 35 Cr AlNi 7 nach DIN EN 10085 (bei nitriergehärteten Spindeln)

Spindelmutter-Werkstoffe: GJL 250 nach DIN EN 1561 (bei Handbetätigung), CuAl10NiFe2-C (DIN EN 1982), Cu Sn 12-C (DIN EN 1982), CuZn35Mn2Al1Fe1-C (DIN EN 1982)

Im Bild 43 sind verschiedene Ausführungen von Gleitschraubtrieben dargestellt. Im Bild wird unter 1) eine längs geteilte Mutter gezeigt, wie sie bei Leitspindeln an Drehmaschinen Anwendung findet. Durch Drehen der Nutscheibe mittels Handhebel wird die Mutter geschlossen oder geöffnet.

Im Bild 2) oben rechts ist eine Spindelmutter mit Höhendifferenzausgleich dargestellt. Lageveränderungen zwischen Schlittenführung und Spindel führen nicht zu Zwängen beim Verfahren des Schlittens.

Bild 3) unten links zeigt eine Spindelmutter, bei welcher das Spiel im Gewinde mittels der mittleren Schraube eingestellt werden kann. Ist das gewünschte Spiel erreicht, wird das linke Mutterteil mit der Schraube festgezogen.

Bild 4) unten rechts stellt einen ständig mit gleicher Kraft wirkenden elastischen Spielausgleich dar. Die Belastung wird durch eine Feder aufgebracht und über eine Zahnstange auf ein Zahnrad übertragen. Dieses besitzt außerdem eine Stirnverzahnung, mittels der beide Muttern 1 und 2 gegenläufig verdreht werden, sodass beide Gewindeflanken ständig anliegen. Durch die Einstellung der Federvorspannung kann die Belastung der Flanken verändert werden.

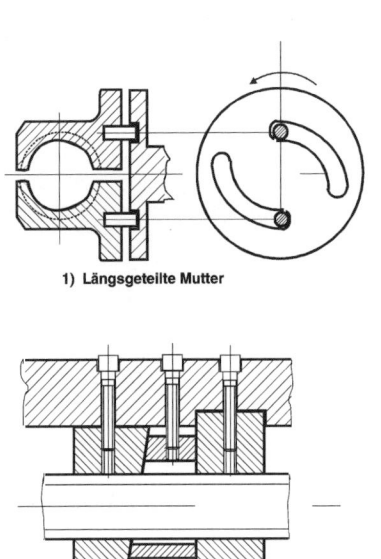

1) Längsgeteilte Mutter

2) Mutter mit Höhenausgleichsstück

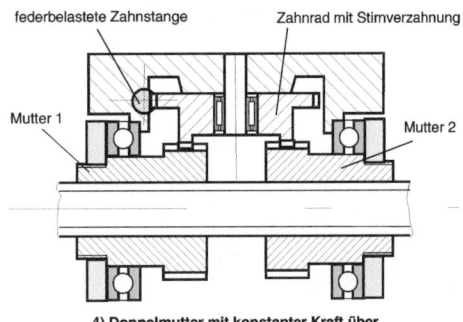

3) Mutter mit Spieleinstellung

federbelastete Zahnstange   Zahnrad mit Stirnverzahnung

Mutter 1   Mutter 2

4) Doppelmutter mit konstanter Kraft über Federbelastung zum Spielausgleich

Bild 43. Ausführungen des Systems Spindel – Mutter bei Gleitschraubtrieben

Dimensionierung der Spindel:
Spindeln werden auf Zug, Druck, Torsion und Knickung beansprucht. Es wird von einer Zugspannung ausgegangen, die maximal 30 % der zulässigen Spannung betragen darf. Dann ist:

$$\sigma = \frac{4F_a}{d_1^2\,\pi} \leq 0{,}3\sigma_{zul} \qquad \begin{array}{c|c|c} F_a & \sigma & d_1 \\ \hline N & \dfrac{N}{mm^2} & mm \end{array} \qquad (11)$$

Es sind: F_a [N] Axiallast, d_1 [mm] Kerndurchmesser des Spindelgewindes, $\sigma_{zul} = 80 \ldots 100$ N/mm².

$$d_1 = \sqrt{\frac{4F_a}{\pi \cdot 0{,}3\sigma_{zul}}} \qquad (12)$$

Festlegung der Spindelmutterlänge H: Die mittlere Flächenpressung ist

$$p_m \approx \frac{4F_a}{(d^2 - D_1^2)\,\pi z} \qquad \begin{array}{c|c|c|c|c} p_m & F_a & D_1 & d & z \\ \hline \dfrac{N}{mm^2} & N & mm & mm & - \end{array} \quad (13)$$

dabei sind:
d [mm]   Gewinde-Nenndurchmesser
D_1 [mm]   Mutter-Kerndurchmesser
z Anzahl der Gewindegänge

Mit $p_{m\;zul} = 10 \ldots 15$ N/mm² (Stahl gegen Bronze) erhält man z aus (13). Die Mutterlänge

$$H = zP_h \qquad \begin{array}{c|c} H & P_h \\ \hline mm & mm \end{array} \qquad (14)$$

Es sollte sein: H/d ≈ 1,5 ... 4
Das Spindelmoment ergibt sich zu

$$M_{sp} = F_a \frac{d_2}{2} \tan(\alpha + \rho') \quad \begin{array}{c|c|c|c|c} M_{sp} & d_2 & F_a & \alpha & \rho \\ \hline Nmm & mm & N & ° & ° \end{array} (15),$$

F_a Axiallast
d_2 Flankendurchmesser des Gewindes
μ = 0,08 ... 0,15 Reibwert für Gleitschraubtriebe
α Steigungswinkel des Gewindes

ρ' Reibungswinkel für Trapezgewinde
        mit *tan ρ' ≈ μ*

Der Wälzschraubtrieb WST (Kugelgewindetrieb KGT)

Die Grundlagen und Definitionen sind in DIN 69051 enthalten.

Haupteinsatzgebiete im Werkzeugmaschinenbau:
– Wesentliche Baugruppe der linearen NC-Vorschub- oder Zustellachse bei rotatorischem Antrieb (Servomotor)
– Als Antriebsachse für Pendelbewegungen, beispielsweise der Arbeitstische an NC-Schleifmaschinen
– Für die Realisierung des Werkstück- und Werkzeug-„handlings" und in der Robotertechnik

Bei vielen Arbeitsaufgaben hat der Wälzschraubtrieb eine Doppelfunktion, als Antriebsübertragungselement und überall dort als Messelement, wo zur Lageistwerterfassung eines Arbeitsschlittens ein rotatorisches Messsystem eingesetzt wird.

Das Grundprinzip des Kugelgewindetriebs ist im Bild 44 dargestellt.

Zwischen Gewindespindel und Mutter werden die Außen- und die Innengewindebahn als Kugelführung wie bei einem Wälzlager genutzt. Damit liegt *rollende Reibung* vor.

Die Bedingung für einen spielfreien Lauf als Voraussetzung für hohe Präzision bei der Positionierung ist die Vorspannung des Systems mit einer solchen Höhe, dass bei maximaler äußerer Belastung kein Spiel auftreten kann.

Vorteile des Kugelgewindetriebes
– Hohe Übertragungsgenauigkeit
– Hohe Positioniergenauigkeit
– Geringer Verschleiß
– Stick-slip-freie Bewegung (kein Ruckgleiten) auch bei geringen Geschwindigkeiten
– Hohe Steifigkeit, Spielfreiheit und geringste Umkehrspanne bei geeigneten Vorspannungsmaßnahmen

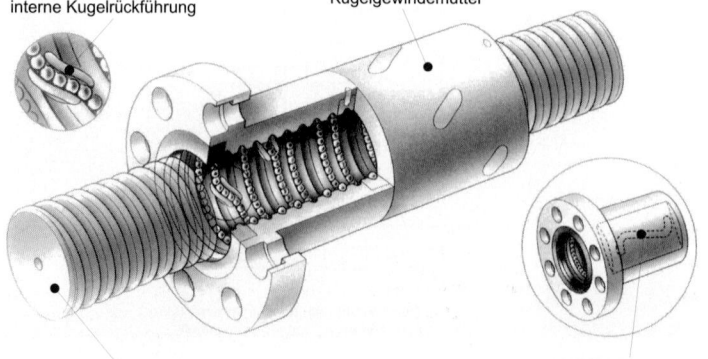

interne Kugelrückführung   Kugelgewindemutter

Kugelgewindespindel

externe Kugelrückführung
mit Ablenkung und Führungsnut

Bild 44.
Prinzip des Kugelgewindetriebes
(Gamfior SpA. Turin, Italien)

Nachteile des Kugelgewindetriebs
- Geringe Dämpfung
- Keine Selbsthemmung, die Position muss über den Antriebsregelkreis oder nach dessen Abschalten durch eine meist in den Servomotoren eingebaute Bremse bzw. Schlittenklemmung gehalten werden. Besonders wichtig bei senkrechtem Einbau!

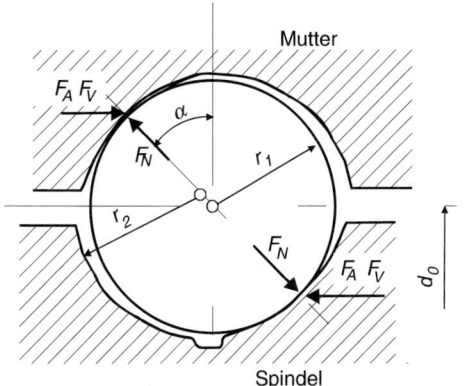

Kräfte zwischen Spindel, Kugel und Mutter beim KGT

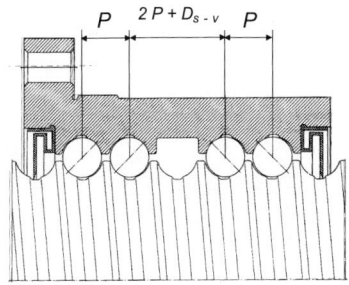

Vorgespannte, geshiftete KGT- Einzelmutter

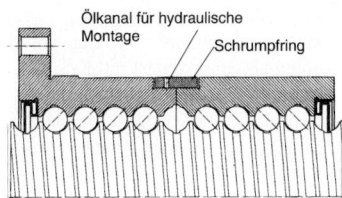

Vorgespannte KGT- Doppelmutter

Bild 45. Kräfte und Vorspannmöglichkeiten beim Kugelgewindetrieb KGT (nach FAG)

Die geometrischen Beziehungen ergeben sich aus Bild 45 oben zu:

Schmiegung

$$s = \frac{r_1}{r_2} \approx 0,96 \dots 0,98$$

$$\begin{array}{c|c|c}
s & r_1 & r_2 \\
\hline
- & \text{mm} & \text{mm}
\end{array} \qquad (16),$$

dabei sind r_1, = Radius der Kugel, r_2 = Radius des Gewindeprofils [mm].

Der Druckwinkel $\alpha = 45°$, das Verhältnis

$$i = \frac{d_1}{P} = 0,8 \dots 0,85, \text{ wobei}$$

d_1 = Kugeldurchmesser [mm],
P = Gewindesteigung [mm].

Auf die Kugeln wirken die Axiallast F_A und die Vorspannkraft F_V. Unter Berücksichtigung des Druckwinkels entsteht die Normalkraft F_N.
Zur Vorspannung gibt es zwei Möglichkeiten, Bild 45 Mitte. Oben ist eine Mutter dargestellt, in der von vornherein bei der Fertigung die Vorspannung durch das Shiften über zwei Gewindegänge (Steigung P) in der Mitte der Mutter um den Shiftbetrag $2P + \Delta_{s-v}$ erreicht wird.
Bei der zweiten Ausführung, Bild 45, unten, werden zwei Doppelmuttern planseitig durch Schleifen nachgesetzt und gegenseitig axial verspannt. Danach erfolgt die Fixierung über einen Schrumpfring mittels Hydraulik-Montage.
Wenn der Kugelgewindetrieb gleichzeitig Messbasis für den Lageistwert ist, werden an die Fertigung der Gewindespindel hohe Anforderungen gestellt. Maximale Steigungsfehler von 5 µm/ 300 mm Länge sind Standard. Darüber hinaus erfolgt eine elektronische Korrektur der Steigungsfehler mittels Vermessung und elektronischer Korrektur (+ / – Zählung) über die CNC-Steuerung der Werkzeugmaschine.
Im Bild 46 ist unter 1) die Axialverschiebung unter Last dargestellt. Das Diagramm zeigt die Kraft (Last) F als Funktion der Axialverschiebung δ. Dabei stellt die Kurve F_{AI} die Verschiebung in Abhängigkeit der Belastung in einer Richtung dar (Axiallast – rechte Mutter), die Kurve $F_{A\,II}$ zeigt die Funktion bei Belastung in der Gegenrichtung (Axiallast – linke Mutter). Beide Kurven kreuzen sich im Vorspannpunkt. Dieser entspricht der Vorspannkraft F_V mit der Vorspannungsverschiebung $\delta_{V/2}$. Die Axiallast F_A darf nur so groß werden, dass die zugeordnete Axialverschiebung δ_A den Wert $\delta_{V/2}$ in beiden Richtungen nicht überschreitet. Anderenfalls würde Spiel entstehen und die präzise Positionierung wäre nicht mehr möglich.

Die Bilder 2) und 3) im Bild 46 zeigen, welchen Einfluss die axiale Lagerung der Gewindespindel im Maschinengestell auf die Axialverschiebung hat. Werden an diesen Stellen konstruktionsseitig nur geringe Steifen vorgesehen, so sind Positionsfehler des Arbeitsschlittens unter Last vorprogrammiert.

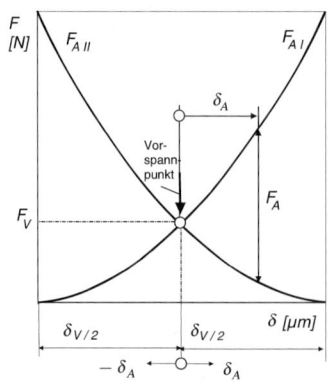

1) Vorspannung und Axialverschiebung
   Spindel : Mutter unter Axialbelastung

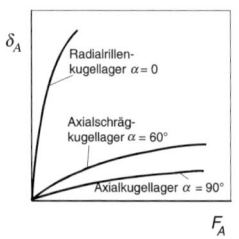

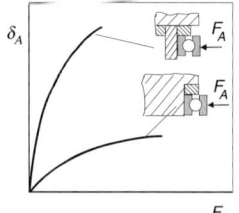

2) Einfluss der Art der Lagerung der Gewindespindel im
   Gestell (Bett, Kasten u. ä.)
   auf die Axialverschiebung

3) Einfluss der Art der Lageraufnahme der Gewindespindel im Gestell (Bett, Kasten
   u. ä.) auf die Axialverschiebung

Bild 46. Einflüsse auf die Axialverschiebung δ_A unter Last beim Wälzschraubtrieb

Die Berechnungen von Lebensdauer, zulässige statische Belastung und zulässige Drehzahl entsprechen weitgehend denen der Wälzlager.

Die Lebensdauer ergibt sich zu

$$L = \left(\frac{c_a}{F_A f_w}\right)^3 \cdot 10^6$$

L	c_a	F_a	f_w
Umdr.	daN	daN	–

(17)

Mit

c_a Dynamische Tragzahl
F_A Axiallast
f_w Faktor für Betriebsbedingungen = vibrations- und erschütterungsfreie Bewegungen
$\quad$ = 1,0 ... 1,2
$\quad$ normale Bewegungen
$\quad$ = 1,2 ... 1,5
$\quad$ Bewegungen mit Vibration und Erschütterungen
$\quad$ = 1,2 ... 2,5

Die Lebensdauer in Arbeitsstunden ist:

$$L_h = \frac{LP}{2l_s n_I 60 \cdot 10^3}$$

L_h	P	l_s	n_I
h	mm	m	$\dfrac{1}{\text{min}}$

(18)

dabei sind:
l_s Weg (Hub)
n_I Anzahl der Zyklen der Mutter pro min
P Steigung

Die zulässige statische Axiallast bei Stillstand der Spindel ergibt sich aus:

$$F_A \le \frac{c_{oa}}{f_s}$$

F_A	c_{oa}	f_s
daN	daN	1 – 3

(19)

dabei sind:
f_s statischer Sicherheitsfaktor, bei normaler Bewegung 1 ... 2, bei Vibrationen 2 ... 3
c_{oa} statische Tragzahl

Die zulässige Drehzahl
$$n_{zul} = 0,8\, n_{kr} f_{ko}$$

n_{zul}	n_{kr}	f_{ko}
$\dfrac{1}{\text{min}}$	$\dfrac{1}{\text{min}}$	0,32 – 2,24

(20)

mit

$$n_{kr} = \sqrt{\frac{g}{f}}$$

n_{kr}	f	g
$\dfrac{1}{\text{min}}$	mm	$\dfrac{\text{mm}}{\text{s}^2}$

(21)

und
n_{kr} kritische Drehzahl,
g Erdbeschleunigung,
f max. Durchbiegung bei Eigengewicht der Spindel als Streckenlast mit Korrekturfaktor
f_{ko} =
0,32 einseitig eingespannte Gewindespindel
1,00 beidseitig frei aufliegende Spindel
1,55 einseitig eingespannte, ansonsten frei aufliegende Spindel
2,24 beidseitig eingespannte Spindel

Im Bild 47 sind diese Fälle an Hand von verschiedenen Lagerungsmöglichkeiten der Gewindespindel dargestellt.
Einbaufall 5) reduziert den Korrekturfaktor f_{ko} auf den Wert 0,32 und setzt damit die zulässige Drehzahl erheblich herab. Außerdem zeigt das Diagramm im Bild unten, dass die Steife des Systems mit wachsendem Schlittenweg nach rechts erheblich abnimmt, während bei beidseitiger Axiallagerung der Gewindespindel die Steife ein Minimum in der Wegmitte

aufweist. Die besten Werte werden mit der axial vorgespannten Spindel, Einbaufall 4), erzielt.
Die Gesamtsteife c_{gesamt} [N/µm] ergibt sich aus:

$$\frac{1}{c_{gesamt}} = \frac{1}{c_{Masch.-Gestell}} + \frac{1}{c_{Festlager}} + \frac{1}{c_{Spindel}} +$$

$$+ \frac{1}{c_{Spindelbefestig.}} + \frac{1}{c_{Muttereinheit}} +$$

$$+ \frac{1}{c_{Muttereinh.-Verbind.}} \tag{22}$$

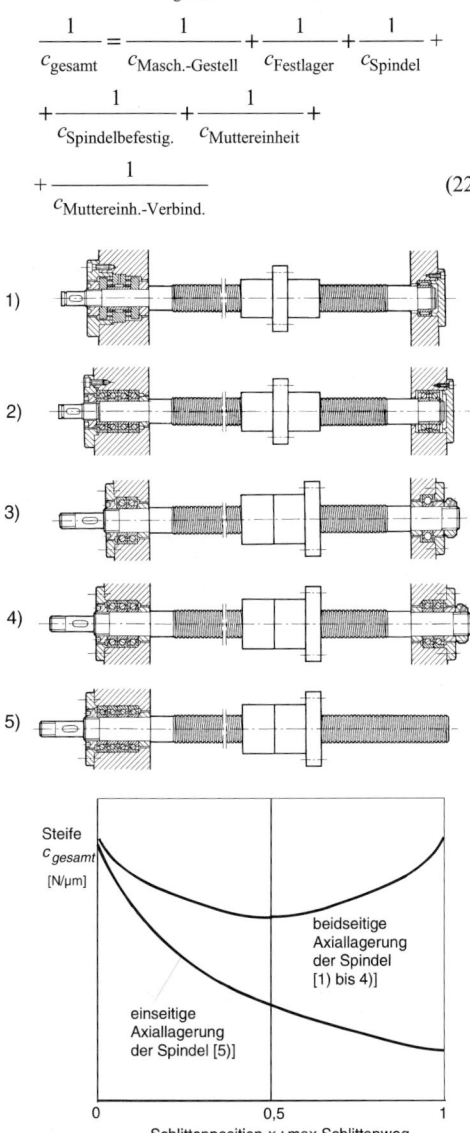

Bild 47. Möglichkeiten des Einbaus von Wälzschraubtrieben und Steife-Verhalten (Gamfior SpA, Turin, Italien)

Das schwächste Glied, d.h. die kleinste Einzelsteife, bestimmt die Gesamtsteife. Es ist in den meisten Fällen die KGT-Spindel mit Werten für $c_{Spindel}$ < 100 N/µm. Bei sorgfältiger Konstruktion und Montage sind alle anderen Steifen in (22) wesentlich größer als 100 N/µm. Durch die in der Gleichung dargestellten verschiedenen Einflüsse erreicht die Gesamtsteife c_{gesamt} in der Regel nur Werte unter 60 N/µm.

2.3.4 Hydraulische (hydrostatische) Vorschubantriebe

Hydraulische Antriebe hatten bis in die achtziger Jahre hinein einen hohen Stellenwert im Werkzeugmaschinenbau. Besonders mit der immer stärkeren Automatisierung der Produktion wurde die Hydraulik dank ihrer Eignung für automatisierte Einrichtungen umfassend eingesetzt. Mit der Entwicklung der NC-Technik, insbesondere der CNC-Steuerungen und der elektronischen Drehstromantriebstechnik, wird die Hydraulik an Vorschubantrieben immer weiter zurückgedrängt, ohne ihre Anwendungsgebiete im Werkzeugmaschinenbau zu verlieren. Diese liegen insbesondere bei der Betätigung von Spanneinrichtungen, bei Antrieben von Lade- und Entladesystemen und bei der Speicherung für Werkstücke und Werkzeuge u.ä. Dort treten jedoch als einflussreiche Konkurrenten die *pneumatischen Systeme* auf.

Vorteile der Hydraulik:
- Hohe Energiedichte, d.h. Erzeugung großer Kräfte bei geringen Abmessungen
- Einfache Erzeugung geradliniger Bewegungen
- Stufenlose Einstellung und Regelung der Geschwindigkeit des Hydromotors
- Einfache Umkehr der Bewegungsrichtung
- Einfacher Überlastungsschutz durch einstellbare Druckbegrenzungsventile
- Elektrische bzw. elektronische Ansteuerung hydraulischer Ventile sichert eine gute Automatisierbarkeit. Deswegen wird die Hydrostatik im Verbund mit der CNC-Technik auch die künftige Basis der meisten Werkzeugmaschinen bilden.

Nachteile der Hydraulik:
- Abhängigkeit der Viskosität und Kompressibilität des Hydrauliköls von Druck und Temperatur
- Erwärmung des Hydrauliköls, damit negative thermische Einflüsse auf die Arbeitsgenauigkeit der Werkzeugmaschinen
- Hohe Anforderungen an die Filterung des Hydrauliköls
- Notwendige Abführung des Lecköls in den Ölbehälter

Grundsätzlicher Aufbau einer hydraulischen Anlage

Im Bild 48 ist der grundsätzliche Aufbau einer hydraulischen Anlage dargestellt. Zu dieser gehört eine Ölpumpe, die auch in Analogie zur Elektrotechnik als Generator bezeichnet werden kann. Hier wird die durch den Antriebsmotor (in der Regel ein Elektromotor, aber im mobilen Bereich auch Verbrennungsmotoren) eingebrachte mechanische Leistung $P_{mech\ 1} \sim M \cdot \omega$ in hydraulische umgeformt, $p_1 \cdot Q_1$. Dabei ist p_1 [bar] der Hydraulikdruck. Q_1 [l/min] der Förderstrom der Pumpe, den diese aus dem Ölbehälter ansaugt.

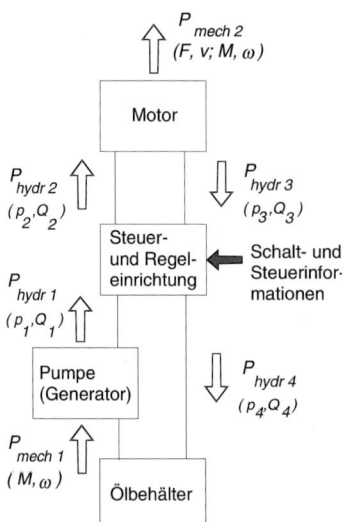

$P_{mech\ 2}$
$(F,\ v;\ M,\ \omega)$

Motor

$P_{hydr\ 2}$
(p_2,Q_2)

$P_{hydr\ 3}$
(p_3,Q_3)

Steuer-
und Regel-
einrichtung

Schalt- und
Steuerinfor-
mationen

$P_{hydr\ 1}$
(p_1,Q_1)

Pumpe
(Generator)

$P_{hydr\ 4}$
(p_4,Q_4)

$P_{mech\ 1}$
(M,ω)

Ölbehälter

Bild 48. Grundsätzlicher Aufbau

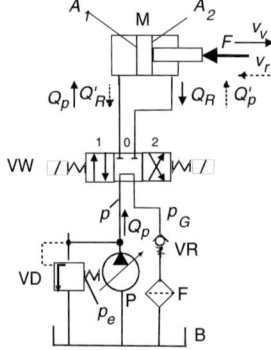

Bild 49. Aufbau eines offenen Hydraulikkreislaufes

Über Steuer- und Regeleinrichtungen werden notwendige Schalt- und Steuerinformationen in den Hydraulikkreislauf eingebracht. Im Motor, der entweder ein Arbeitszylinder mit Kolben oder ein Hydro-Rotationsmotor sein kann, wird die hydraulische Leistung wieder in mechanische ($P_{mech\ 2}$) umgeformt, die bei Linearmotoren $\sim F \cdot v$, also *Kraft · Geschwindigkeit* oder bei Rotationsmotoren $\sim M \cdot \omega$ ist.

Offener Hydraulikkreislauf:
Im Bild 49 ist ein offener Hydraulikkreislauf beispielsweise zur Erzeugung einer linearen Vorschubbewegung eines Arbeitsschlittens dargestellt. Durch den Einsatz eines Hydrozylinders mit Scheibenkolben und einseitiger Kolbenstange (sog. Differentialkolben) als Motor M erfolgt bei Öldruckbeaufschlagung des linken Zylinderraums eine Kolbenbewegung mit der Geschwindigkeit v_v nach rechts gegen die Bearbeitungskraft F. Die linksseitige Druckbeaufschlagung erfolgt über die Schaltstellung 1 des 4/3-Wegeventils VW.

Stromrichtung des Hydrauliköls

Verstellbarkeit

Stellglieder:
Muskelkraft

Stößel oder Taster

Elektromagnet

hydraulisch indirekt wirkend

Feder

Pumpen (Generatoren):

nicht verstellbar mit einer Förderrichtung

verstellbar mit zwei Förderrichtungen

Starre Leitungen:
Hauptleitung
Steuerleitung

Ölbehälter

Motore:
Arbeitszylinder mit Scheibenkolben, doppelt wirkend, einseitige Kolbenstange

Arbeitszylinder mit Scheibenkolben, doppelt wirkend, doppelseitige Kolbenstange

Rotationsmotor, verstellbar, gleichbleibende Abtriebsdrehrichtung

Druckflüssigkeitsspeicher (Akkumulator)

Ventile:
Drosselventil, verstellbar

Rückschlagventil, federbelastet, mit Druckabfall

4/2- Wegeventil (4 Leitungen, 2 Stellungen " 0 und 1 ")

4/2- Wegeventil mit einseitiger elektromagnetischer Verstellung und Federrückführung

4/3- Wegeventil (4 Leitungen, 3 Stellungen " 0, 1 und 2 ")

Druckbegrenzungsventil, eigengesteuert, ablaufdruckentlastet

Ölfilter

Ölkühler

Manometer

Druckschalter, elektrisch betätigt

Bild 50. Hydrauliksymbole nach DIN ISO 1219 (Auswahl)

Der Hydraulikschaltplan im Bild 49 ist in Symboldarstellung ausgeführt. Wichtige Symbole hydrauli-

scher Geräte und Bauelemente sind im Bild 50 dargestellt.
Das 4/3-Wegeventil VW wird durch Elektromagnete in die Schaltstellungen 1 und 2 geschaltet. Die Mittelstellung 0 (Kreislauf-Kurzschluss: Die Pumpe fördert gegen das Rückschlagventil VR mit Gegendruck p_G zurück in den Behälter B) wird über die beiden im Ventil eingebauten Federn erreicht. Während dieser Stellung sind die Leitungen vom Zylinder zum Ventil blockiert, d.h. der Kolben kann sich nicht bewegen.
Die Kolbengeschwindigkeit v_v nach rechts ergibt sich aus:

$$v_v = \frac{Q_p}{A_1} \qquad \begin{array}{c|c|c} v_v & Q_p & A_1 \\ \hline \dfrac{cm}{min} & \dfrac{1}{min} & cm^2 \end{array} \qquad (23)$$

wobei Q_p der Förderstrom und A_1 die Kolbenfläche ist.
Beim Schalten des Ventils in die Stellung 2 erfolgt ein Vertauschen der Leitungen: Der Druckstrom der Pumpe gelangt nunmehr in den rechten Zylinderraum. Bei gleichem Förderstrom $Q_p' = Q_p$ der Pumpe gilt:

$$v_v = \frac{Q_p}{A_2} \qquad \begin{array}{c|c|c} v_v & Q_p & A_2 \\ \hline \dfrac{cm}{min} & \dfrac{1}{min} & cm^2 \end{array} \qquad (24)$$

wobei die Fläche A_2 die Kolbenringfläche ist. Es ist $A_1 > A_2$, damit ist die Geschwindigkeit des Kolbens bei der Rückbewegung nach links entsprechend des Flächenverhältnisses $A_1 : A_2$ größer.
Mit diesem Kreislaufaufbau ergibt sich auf einfache Weise eine Vorschubgeschwindigkeit nach rechts und ein Eilrücklauf (ohne Belastung) nach links.
Wird als Pumpe eine Verstellpumpe eingesetzt, wie im Kreislauf dargestellt, so kann durch Veränderung des Pumpenförderstroms die gewünschte Kolbengeschwindigkeit eingestellt werden.
Zum Kreislauf gehört stets ein Druckbegrenzungsventil VD, an welchem der Grenzdruck p_e mittels Veränderung der Vorspannung der Ventilfeder eingestellt werden kann. Ein Ölfilter F in der Abflussleitung vervollständigt diesen offenen Hydraulikkreislauf als Vorschubantrieb.

Prinzipien wichtiger an Werkzeugmaschinen eingesetzter Hydraulikbaugruppen

1) Hydraulikpumpen

Konstantförderpumpen
Am Beispiel der Zahnradpumpe wird das Prinzip der Konstantförderpumpe erläutert, Bild 51.
Ein Zahnradpaar 1, 1' ist in einem Gehäuse 3 angeordnet und wird von den beiden Gehäusedeckeln 2, 4 axial eingeschlossen. Die Ölförderung geschieht über

die Zahnlücken beider Räder, die gegen das Gehäuse abgeschlossen sind. Das Ansaugen wird durch die nach dem Eingriff frei werdenden Zahnlücken und das sich dabei bildende Vakuum erreicht. Mit dem Zahneingriff wird auf der Druckseite das Öl in den Druckraum verdrängt. Um Quetschöl und damit hohes Pumpengeräusch zu vermeiden, sind im Gehäusedeckel Entlastungsnuten eingearbeitet.

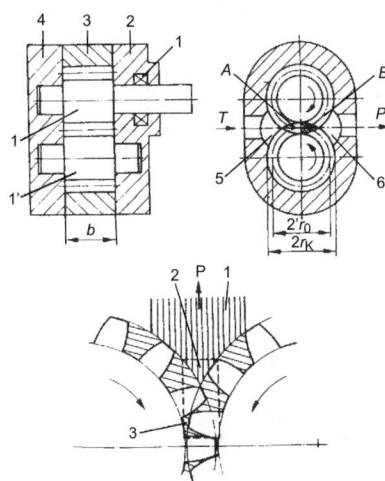

Zahradpumpe, außenverzahnt
1, 1' Zahnradpaar
2, 4 Gehäusedeckeln
3 Gehäuse 5 Saugraum 6 Druckraum
7 Wellendichtring

A Ansauggebiet
B Verdrängunggsgebiet

Abführung der Quetschflüssigkeit (Bild unten)

1 Druckraum, 2 Nut
3 Kompressionszone

Bild 51. Prinzipieller Aufbau einer Zahnradpumpe als Konstantförderpumpe

Der Pumpenaufbau ist einfach. Dadurch ist die Pumpe kostengünstig. Eine Verstellung des Förderstroms ist nur mittels Verstelldrossel und Druckbegrenzungsventil, welches dann zum Arbeitsventil wird und über das ständig Öl strömt, möglich. Dadurch entstehen hohe Leistungsverluste und eine hohe Ölerwärmung.
Aus den genannten Gründen wird deshalb die Konstantförderpumpe im Werkzeugmaschinenbau nur noch für untergeordnete Zwecke verwendet.

Verstell- oder Regelpumpen
Am Beispiel der in der Werkzeugmaschinenhydraulik am meisten angewandten Verstellpumpe, der Flügelzellenpumpe, Bild 52, wird das Prinzip der Verstelloder Regelpumpe erläutert.

Über einen von einem Motor angetriebenen Rotor 1, in welchem Stahlflügel 2 in Schlitzen leichtgängig eingepasst sind, die durch die Fliehkraft gegen den Gehäusering 3 gedrückt werden, öffnen sich durch die Drehung auf der Saugseite 4 Räume, die sich mit Öl füllen. Dies werden auf die Druckseite getragen. Dort wird das Öl durch die Zellenraumverkleinerung bei Weiterdrehung des Rotors über die Steuernut 5 in den Druckraum gebracht.

Die Größe des Förderstroms hängt von der *Exzentrizität e* des Rotors zum Gehäusering ab. Bei e = 0 ist der Förderstrom gleich Null. Bei der Verstellung der Exzentrizität über Mitte nach rechts (minus) kehrt sich die Förderrichtung um. Damit kann die Pumpe auch in *geschlossenen Kreisläufen* Anwendung finden, wo beispielsweise durch ständiges Wechseln der Exzentrizität von plus nach minus eine Hin- und Herbewegung eines Arbeitstisches erreicht werden kann.

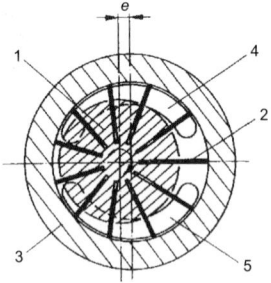

Flügelzellenpumpe, einfach wirkend
1 Rotor, 2 Flügel, 3 Gehäusering,
4 Steuernut – Saugseite, 5 Steuernut-Druckseite
e Exzentrizität

Bild 52. Prinzipieller Aufbau einer Flügelzellenpumpe als Verstellpumpe

Eine wesentliche Bedeutung hat in der Werkzeugmaschinen-Hydraulik die Verstellpumpe mit einer Regelung als Nullhubpumpe.

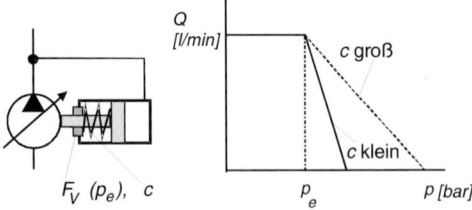

Bild 53. Regelpumpe mit Nullhubregler (Prinzip und Kennlinie)

Die Exzentrizität e des Rotors einer Flügelzellenpumpe wird über einen Kolben gegen eine Feder durch den Pumpendruck p verstellt. Deshalb ist über eine Nebenleitung der rechte Zylinderraum der Regeleinrichtung mit der Hauptleitung der Pumpe ver

bunden, Bild 53 links. Die Federvorspannung F_V ist einstellbar.

Die Kennlinie im Bild rechts zeigt die *Wirkungsweise des Nullhubreglers*. Bei niedrigem Druck liefert die Regelpumpe den vollen Förderstrom Q. Dies wäre beispielsweise der Fall, wenn ein Arbeitsschlitten oder der Stößel einer hydraulischen Presse im Eilgang bewegt werden soll, wo nur geringe Gegenkräfte wirken. Beim Auftreten einer hohen Gegenkraft steigt der Druck an. Ab einem bestimmten, über die Federvorspannung einstellbaren Druck p_e geht der Förderstrom zurück. In Abhängigkeit von der Federkennlinie c erreicht er bei weiterer Drucksteigerung den Wert 0. Eine geringe Förderung erfolgt danach nur, um Leckverluste auszugleichen. Der Druck wird in voller Höhe aufrecht erhalten. Da $Q \rightarrow 0$, ist der Energiebedarf äußerst gering. Da kein Öl gefördert wird, ist auch die thermische Stabilität größer. Es entsteht nur geringe Ölerwärmung. In Verbindung mit einem Druckspeicher hat sich diese Art der Anwendung im Werkzeugmaschinenbau fast überall durchgesetzt.

2) Arbeitszylinder als hydraulische Linearmotoren

Im Bild 54 sind verschiedene Aufbauprinzipien dargestellt.

Unter 1) oben links wird gezeigt, dass bei beidseitiger Kolbenstange im Fall b) deren fester Einbau mit Ölzuführung durch die Kolbenstange in den Zylinderraum eine Reduzierung der Einbaulänge auf > 2 · Hublänge H erreicht wird. Das kann bei Werkzeugmaschinen wegen des oft geringen Bauraums von Bedeutung sein.

Unter 2) sind die Möglichkeiten aufgezeigt, die sich bei Arbeitszylindern mit einseitiger Kolbenstange hinsichtlich möglicher Geschwindigkeiten ergeben. Durch entsprechende Schaltung über Wegeventile können die Bewegungen a) Vorlauf oder Arbeitsvorschub, b) Eilrücklauf und c) Eilvorlauf wirksam werden. Dies entspricht den meisten Forderungen an Werkzeugmaschinen-Arbeitsschlitten.

Bei c) Eilvorlauf ergibt sich die Geschwindigkeit zu

$$v_e = \frac{Q}{A_1 - A_2} \qquad \begin{array}{c|c|c|c} v_e & Q & A_1 & A_2 \\ \hline \dfrac{cm}{min} & \dfrac{1}{min} & cm & cm \end{array} \qquad (24)$$

Unter 3) sind Möglichkeiten der Endlagenbremsung dargestellt, bei Arbeitsschlitten besonders für die Feinbearbeitung (Schleifen, Feinbohren) wegen geforderter Stoßfreiheit von großer Bedeutung.

Beispiele von Hydraulikkreisläufen in Werkzeugmaschinen, Bild 55.
Im Bild links ist der Schaltplan und die Schaltbelegungstabelle für einen Schleifmaschinen-Tischantrieb dargestellt. Die Geschwindigkeit der Tischpendelbewegung wird über die Verstellpumpe eingestellt.

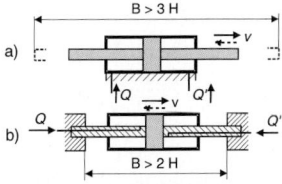

1) Arbeitszylinder mit beidseitiger Kolbenstange

a) Standardzylinder b) Sonderzylinder mit fest eingebauter Kolbenstange
B Einbaulänge, H Hublänge

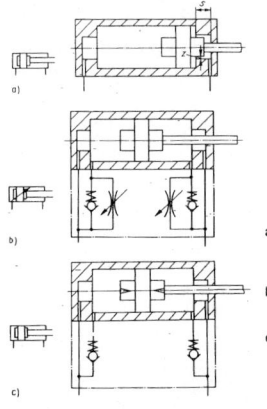

a) mit konstantem Drosselquer-
schnitt über den gesamten
Bremsweg

b) mit einstellbarem Drossel-
querschnitt

c) mit veränderlichem Drossel-
querschnitt über den Bremsweg

3) Möglichkeiten der Endlagenbremsung an Arbeitszylindern

2) Arbeitszylinder mit einseitiger Kolbenstange

a) Vorlauf (Arbeitsvorschub)
b) Eilrücklauf
c) Eilvorlauf

Bild 54.
Aufbau und
Einsatzmöglich-
keiten von
Arbeitszylindern

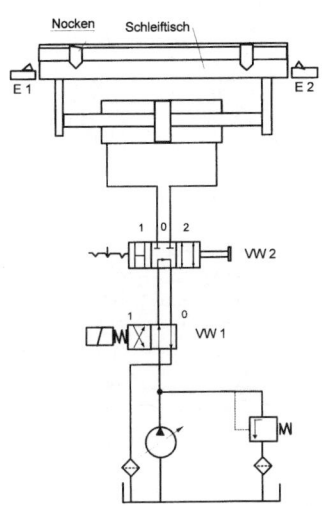

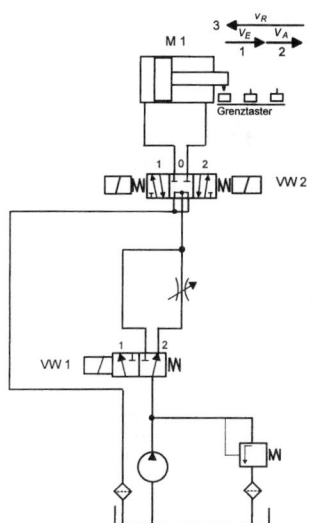

Schaltbelegungstabelle:

Kommando	V W 2			V W 1	
	0	1	2	0	1
Halt	+			+	
Tisch frei beweglich (Handrad)		+		+	
Tischbewegung nach rechts			+	+	
Tischbewegung nach links			+		+

Schaltbelegungstabelle:

Bewegungen		V W 2			V W 1	
		0	1	2	1	2
	Halt	+			+	
1	Eilvorlauf		+		+	
2	Arbeitsvorlauf		+			+
3	Eilrücklauf			+	+	

Hydraulischer Arbeitstischantrieb (Pendelbewegung)
einer Flachschleifmaschine

Vorschubeinheit in einer Taktstraße mit Gechwindigkeits-
einstellung über Drossel und vereinfachter Eilgangschaltung

Bild 55. Beispiele von Hydraulikkreisläufen bei Werkzeugmaschinen

Über die Endschalter E1 und E2 wird in den Endlagen jeweils das Wegeventil VW1 zwischen 0 und 1 umgeschaltet – Umkehr der Bewegungsrichtung. Über VW2 werden von Hand entweder die Tischhaltstellung 0, die freie Beweglichkeit des Tisches zum Verschieben mit dem Handrad (Stellung 1) oder das Pendeln (Stellung 2) eingestellt.

Im Kreislauf Bild rechts wird durch VW1 der Förderstrom einer Konstantförderpumpe entweder über die einstellbare Drossel (Arbeitsvorschub) geleitet (Stellung 2) oder diese umgangen (Eilgang Stellung 1).

2.4 Geradführungen an Werkzeugmaschinen

2.4.1 Grundlagen

Geradführungen dienen:
– zum Führen von Arbeitstischen, Schlitten und Supporten
– verwirklichen geradlinige Komponenten der Relativbewegung zwischen Werkstück und Werkzeug

Anforderungen an Geradführungen
– hohe statische, dynamische und thermische Steife
– geringer Verschleiß
– hohe geometrische und kinematische Genauigkeit
– gute Dämpfung
– Schutz vor Spänen, gute Ableitung der Späne
– hohe Bewegungsgüte

Konstruktive Grundformen

Im Bild 56 sind unter 1) oben links die Führungsbedingungen bezüglich der Freiheitsgrade dargestellt. Eine Führung wäre dann ideal, wenn außer in der *Bewegungsrichtung x* alle fünf anderen Freiheitsgrade = 0 wären. Dies ist aber real nicht möglich, da durch Führungsbahn-Ungenauigkeiten und Elastizitäten Abweichungen von der idealen Geometrie vorhanden sind, wenn gleich diese oft nur im μm-Bereich liegen.

In der Regel wird pro Arbeitsschlitten von *zwei Führungsbahnen* ausgegangen. Bei höheren Belastungen können durchaus auch drei verwendet werden. Im Bild 56 sind unter 2) oben rechts die möglichen Querschnittsformen von Führungen gezeigt. Dabei sind Dachführung, V-Führung und doppelte Rundführung statisch überbestimmt. Die ersten beiden werden u.a. noch bei Präzisionsdrehmaschinen angewandt. Dabei werden die am Schlitten liegenden Führungsbahnen zu den Bettbahnen eingeschabt. Bei gutem Tragbild wird eine hohe Führungsgenauigkeit erreicht und auftretender Verschleiß kompensiert. Die doppelte Rund- oder Säulenführung wird meist bei Umformmaschinen und -werkzeugen verwendet.

Die Flachführung kann große Kräfte aufnehmen. Bei Kombination von Dach- bzw. V-Führung mit der Flachführung entstehen eindeutige statische Verhältnisse und eine gute thermische Stabilität.

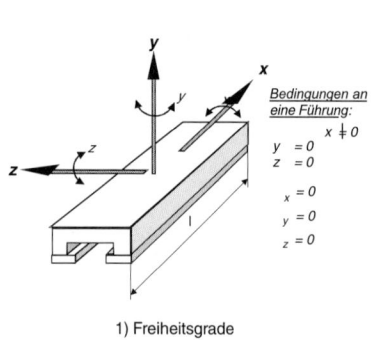

1) Freiheitsgrade

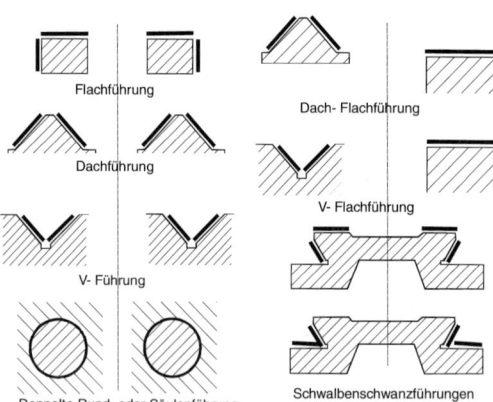

2) Querschnittsformen von Werkzeugmaschinenführungen

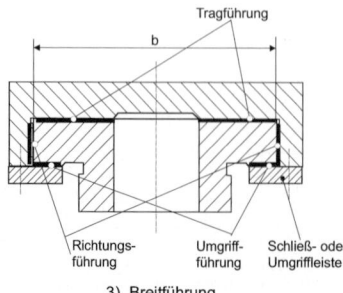

3) Breitführung

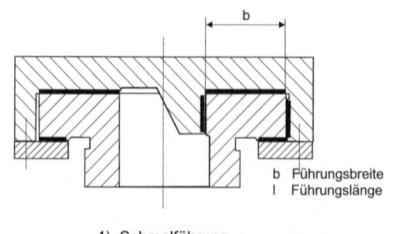

4) Schmalführung

b Führungsbreite
l Führungslänge

Bild 56. Gestaltungshinweise für Führungsbahnen

Die Bilder 3) und 4) zeigen die Unterschiede im Aufbau zwischen Breit- und Schmalführung. Besonders bei kleineren Führungslängen l sollte stets die Schmalführung zu Anwendung kommen, da durch ihr günstiges Verhältnis l / b eine hohe Führungsgenauigkeit entsteht und durch die freie Ausdehnung des Schlittenquerschnitts nach links ein gutes thermisches Verhalten vorliegt. Die Breitführung kann analog zum Verhalten eines Kommodenschrankkastens (Verkanten bei zu schneller Bewegung) gesehen werden, die Schmalführung zu dem eines Schubkastens im Küchentisch (leichtgängig bei allen Bedingungen).

Generell wird bei Führungen unterschieden zwischen:
– Tragführung
– Richtungsführung
– Umgriff-Führung

2.4.2 Gleitführungen

Gleitführungen werden im Werkzeugmaschinenbau noch relativ häufig angewandt, obwohl andere Führungsbahnbauarten wie Wälz- oder hydrostatische Führungen immer mehr zunehmen.

Der *Arbeitsbereich* der Gleitführungen liegt im *Mischreibungsfeld*.

Vorteile der Gleitführungen:
– Niedriger Aufwand
– Ausreichende Steife
– Hohe Dämpfung, sowohl senkrecht zur als auch in Vorschubrichtung
– Hohe Führungsgenauigkeit durch die integrierende Wirkung der Führungsflächen

Nachteile der Gleitführungen
– Schlechtes Reibverhalten ($\mu > 0{,}2$)
– Beim langsamen Bewegen Neigung zu Stick-slip-Erscheinungen (Ruckgleiten)
– Auftreten von Verschleiß

– Keine Spielfreiheit, ausgenommen Dach- und V-Führungen

Reibungs- und Bewegungsverhalten von Gleitführungen

Dieses hängt von folgenden Faktoren ab:
– Gleitgeschwindigkeit x'
– Belastung F
– Oberflächengüte der aufeinander gleitenden Flächen
– Anzahl, Form und Anordnung der Schmiertaschen
– Art und Zusammensetzung des Schmiermittels
– Werkstoffpaarung
– Bauform der Führungsbahnen
– Gleitweg (Verschleiß)

Reibung bei monotoner Bewegung

Im Bild 57 ist die Reibungszahl μ als Funktion der Gleitgeschwindigkeit x' zwischen zwei aufeinander gleitenden Flächen dargestellt.

Im Abschnitt I, Kurve oben links (geringe Geschwindigkeit nach dem Stillstand) sind die Rauhigkeitsspitzen noch ineinander verhakt, Skizze I im Bild oben rechts. Der Schmierspalt ist sehr klein gegenüber den Rautiefen beider Flächen.

Mit Vergrößerung der Gleitgeschwindigkeit schließt sich das Gebiet der *Mischreibung* an, Skizze II im Bild oben rechts. Dort ist der Flüssigkeitsfilm teilweise unterbrochen, da x' noch nicht ausreicht, um ein hydrodynamisches Verhalten zu erreichen. Dies ist das Arbeitsgebiet der Gleitführungen an Werkzeugmaschinen.

Erst bei großen Gleitgeschwindigkeiten tritt *Flüssigkeitsreibung* auf, Skizze III im Bild oben rechts. Diese entsteht bei Werkzeugmaschinen nur in Ausnahmen, z.B. bei Arbeitstischführungen von Langhobelmaschinen, da diese eine hohe Arbeitsgeschwindigkeit benötigen.

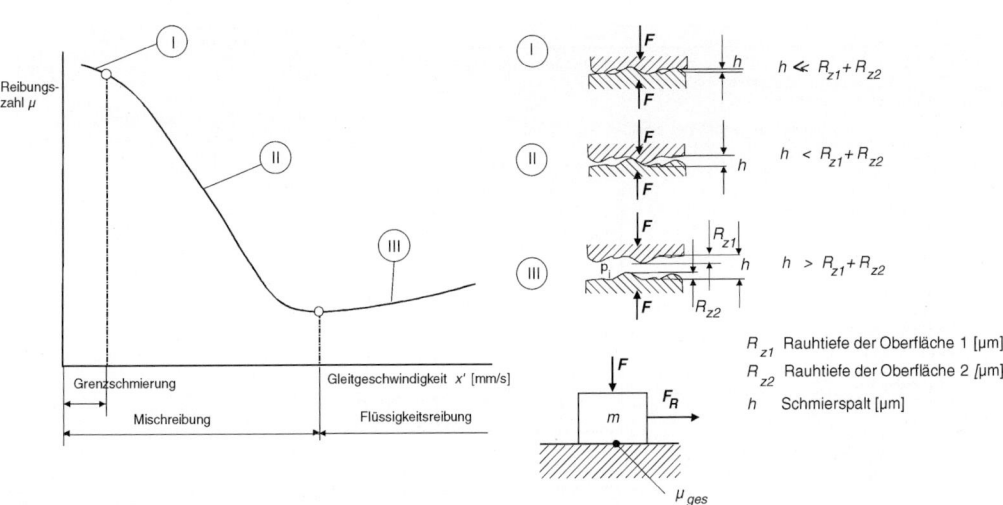

Bild 57. Reibung bei monotoner Bewegung (Stribeck-Kurve)

Im Bereich der Mischreibung gelten folgende Beziehungen:

$$\mu_{ges} = \frac{F_R}{F_N} \mu_{tr}\left(1 - \frac{F_{Hy}}{F_N}\right) + \mu_{fl}\frac{F_{Hy}}{F_N} \quad (26)$$

dabei ist

$$F_N = F_G + F \quad (27)$$

$$F_{Hy} = 6\eta b_G \, l_G^{\,2}\, k_p\, \frac{x'}{h_0^{\,2}}\, \psi \quad (28)$$

Es bedeuten:

F_G	Gewichtskraft	[N]
F	äußere Belastung	[N]
F_N	Normalkraft [N]	
F_R	Reibungskraft	[N]
F_{Hy}	Flüssigkeitstragkraft	[N]
μ_{tr}	Reibungszahl für trockene Reibung ($\approx 0{,}2 \ldots 0{,}4$)	
μ_{fl}	Reibungszahl für Flüssigkeitsreibung ($\approx 0{,}002$)	
η	dynamische Schmiermittelviskosität [Ns/mm²]	
μ_{ges}	wirksame Reibungszahl bei Mischreibung	
x'	Gleitgeschwindigkeit [mm/s]	
h_0	Schmierfilmhöhe	[mm]
b_G	Breite des Gleiters	[mm]
l_G	Länge des Gleiters	[mm]

ψ　Konstante für seitliche Leckverluste (siehe untenstehende Tabelle)

k_p　Konstante für Spaltform $\approx 0{,}025$

b_G/l_G	0	0,1	0,2	0,3	0,4	0,5	1,0
ψ	0	0,04	0,06	0,11	0,15	0,2	0,44

Bei der Auslegung des Schlittenantriebes muss beachtet werden, dass nach längeren Schlittenstillstandszeiten eine größere *Startreibkraft* zur Überwindung der Haftreibung erforderlich ist.

Stick-slip-Bewegungen

Die Ausgangsbedingungen für das Entstehen des Stick-slip-Effektes sind Mischreibung und kleine Gleitgeschwindigkeiten x'. Das Kennzeichen dieses Effektes sind ein periodisch wechselndes Haften und Gleiten des Arbeitsschlittens trotz einer kontinuierlichen Antriebsbewegung.

Die Auswirkungen sind meist eine Verschlechterung der Oberflächengüte, Fehler beim Positionieren des Schlittens und damit Beeinträchtigung der Arbeitsgenauigkeit und erhöhter Werkzeugverschleiß.

Im Bild 58 sind die Verhältnisse beim Stick-slip-Effekt dargestellt:

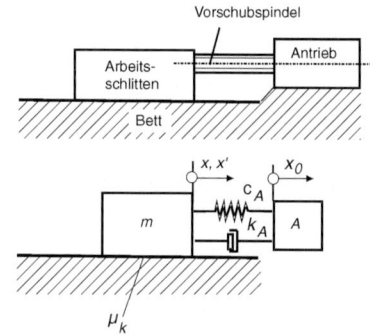

1) Stribeck- Diagramm beim Stick- slip- Effekt

2) Prinzip der Vorschubeinheit (oben)
　Ersatzmodell (unten)

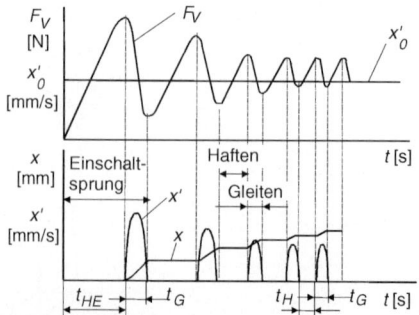

3) Reibungs- und Bewegungsverhältnisse beim Stick- slip- Effekt

Bild 58. Der Stick-slip-Effekt (das Ruckgleiten)

Es bedeuten:

m Masse des Schlittens [kg]

x Weg des Schlittens unter Stick-slip-Bedingungen [mm]

x' Gleitgeschwindigkeit des Schlittens [mm/s]

x_0 Weg des (unendlich steifen) Antriebes

x'_0 Geschwindigkeit des Antriebes

x'_{0g} Grenzgeschwindigkeit

k_A Dämpfungsfaktor [kg/s]

c_A Ersatzfedersteife von Gewindespindel, Mutter, Spindelbefestigung mit Axiallager und Lageraufnahme [N/mm]

g Erdbeschleunigung [mm/s^2]

μ_k Reibungszahl der Bewegung

μ_{p1} Reibungszahl beim Gleitvorgang

μ_{p2} Reibungszahl beim Haften des Schlittens

t_H Zeit des Haftens [s]

t_{HE} Zeit des Haftens nach dem Einschalten [s]

t_G Zeit des Gleitens [s]

F_V Vorschubkraft [N]

Ablauf:

Im Stillstand haftet der Schlitten mit der Reibungszahl μ_{p2}.

Nach dem Einschalten des Antriebs A wird von diesem die Geschwindigkeit x'_0 vorgegeben. Das elastische Antriebssystem, durch die Ersatzfedersteife c_A dargestellt, spannt sich gegen die ruhende Masse m, bis die Kraft F_V so groß geworden ist, dass die Reibkraft überwunden wird. Bei der nunmehr zu schnellen Schlittenbewegung wirkt die Reibungszahl μ_{p1}. Dieser Vorgang wird Einschaltsprung genannt. Dieser geht nach wenigen Perioden in den stabilisierten Laufsprung über (im Bild unter 3) dargestellt.

Aus dem Ersatzmodell 2) ergibt sich unter Vernachlässigung der Dämpfungskraft $k_A x'$:

$$m \cdot x'' + c_A (x_0 - x) = m \cdot g \cdot \mu_k \qquad (29)$$

m	x''	c_A	x_0	x	g	μ_k
kg	$\dfrac{\text{mm}}{\text{s}^2}$	$\dfrac{\text{N}}{\text{mm}}$	mm	mm	$\dfrac{\text{mm}}{\text{s}^2}$	–

Von großer Bedeutung ist die Grenzgeschwindigkeit x'_{0g}, bei dessen Unterschreitung der Stick-slip-Effekt auftritt:

$$x'_{0g} = \frac{\mu_k \cdot g}{\sqrt{\dfrac{c_A}{m}}} \qquad (30)$$

m	c_A	g	μ_k	x'_{0g}
kg	$\dfrac{\text{N}}{\text{mm}}$	$\dfrac{\text{mm}}{\text{s}^2}$	–	$\dfrac{\text{mm}}{\text{s}}$

Um x'_{0g} zu einem niedrigen Geschwindigkeitswert zu verschieben, sind folgende Maßnahmen erforderlich:
- Einsatz geeigneter Werkstoffpaarungen
- Einsatz legierter Gleitbahnöle
- Hohe Steife des Vorschubantriebes
- Hohe Dämpfung in den Gleitfugen
- Geringe Massen des Arbeitsschlittens einschließlich Spanneinrichtungen, Werkstücke oder Werkzeuge
- Geringe Belastungen

Bei der Werkstoffpaarung Stahl oder Gusseisen gegen Epoxydharz oder analoge Kunststoffe wird die Grenzgeschwindigkeit weit herabgesetzt.

Konstruktive Ausführung von Gleitführungen

Werkstoffe und Werkstoffpaarungen

Zur Anwendung kommen:
- Grauguss bis 50 HB mit guten Notlaufeigenschaften
- Wälzlagerstahl und Einsatzstähle, gehärtet auf 50 ± 4 HRc, Einsatz in Leistenform oder Blechstreifen, geringer Verschleiß, schlechte Notlaufeigenschaften
- Kunststoff, meist Epoxydharz oder Teflon, ergibt keinen Fressverschleiß, setzt die Grenzgeschwindigkeit des Auftretens von Stick-slip erheblich herab. Beim eingesetzten Kunststoff ist darauf zu achten, dass die Neigung zum „Quellen" in Grenzen bleibt.

Mögliche Werkstoffpaarungen (Bettführung / Schlittenführung) sind:

Gusseisen / Gusseisen, Gusseisen gehärtet / Gusseisen, Stahl gehärtet / Gusseisen, Gusseisen / Stahl gehärtet, Gusseisen / Kunststoff, Stahl gehärtet / Kunststoff.

Bearbeitung

Die Endbearbeitung der Führungsbahnen kann je nach Werkstoff und dessen Zustand durch Umfangsschleifen, Stirnschleifen, Feinfräsen, Schaben (Schlitten-Unterseite), Feinhobeln erfolgen.

Beim Einsatz von Epoxydharz für die Schlittenunterseiten-Führung ist das Abformen gegen den metallischen Gleitpartner durch Gießen bei einer Dicke von 1,5 ... 2 mm eine geeignete Technologie. Die zu beschichtende Fläche kann gehobelt oder gefräst werden, muss aber unbedingt fettfrei sein.

Für metallische Führungsbahnoberflächen sollte die Rautiefe R_z zwischen 1,6 und 10 µm liegen.

Schmierung

Im Bild 59 sind unter 1) oben links die günstigste Form und die Abmessungshinweise dargestellt. Es gilt:
- Die Schmiertaschen sollten quer zur Bewegungsrichtung liegen (keine zickzackförmigen Nuten anwenden)
- Jeweils am Führungsbahnende soll eine Tasche angeordnet sein

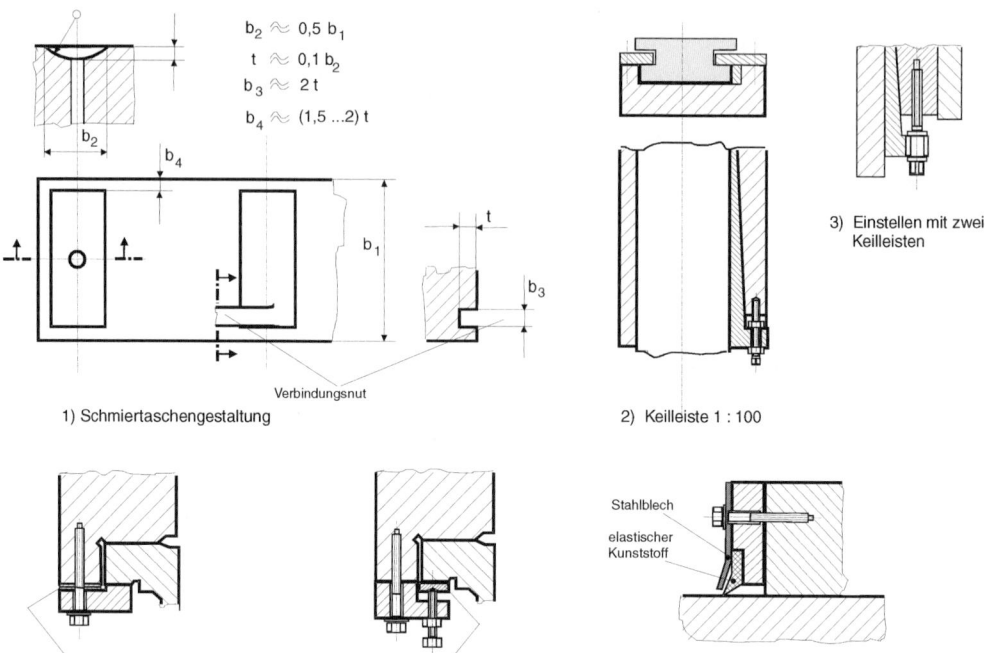

Bild 59. Schmiertaschengestaltung, Spieleinstellung und Führungsbahnschutz

– Der Taschenabstand sollte *kleiner* als der minimalste Schlittenweg sein
– Die Schmiermittelzufuhr sollte zu jeder Tasche direkt über eine Bohrung erfolgen. Wenn nicht möglich, soll nur eine Längsnut als Verbindungsnut (siehe Bild) vorgesehen werden.

Spieleinstellung
Hier liegen die Erfahrungswerte für kleine und mittlere Werkzeugmaschinen bei einem Spiel $s \geq 10$ µm, bei großen Werkzeugmaschinen bei $s \leq 80$ µm.
Zur Führungseinstellung werden eine 2) oder zwei Keilleisten 3) oder Druckleisten mit Druck- und Zugschrauben angewendet.
Zur Spieleinstellung im Umgriff können auf einfache Weise Beilagen 4) oder ebenfalls Druckleisten mit Druck- und Zugschrauben 5) zum Einsatz kommen.

Führungsbahnschutz
Dem Schutz bzw. der Abdeckung von Führungsbahnen kommt bei Einsatz an Werkzeugmaschinen eine erhebliche Bedeutung zu. Dies ergibt sich besonders durch die in den letzten Jahren erhebliche Steigerung der Zerspanleistung, die breiter werdende Anwendung der Hochgeschwindigkeitszerspanung und den Einsatz von Kühlschmiermitteln mit hohem Druck und großem Förderstrom besonders beim Schleifen. Möglichkeiten des Schutzes sind:
– Abstreifer bei offen liegenden Führungsbahnen, Bild 59, unter 6), z.B. an konventionellen Dreh-

maschinen
– Faltenbälge oder Rollos
– Teleskopabdeckung mit Blechen aus nichtrostendem Stahl als sicherste, wenn auch aufwendige Lösung.

■ **Beispiele von Gleitführungen:**
Im Bild 60 sind eine Flachführung als Schmalführung 1) und eine Schwalbenschwanzführung 2) dargestellt.

2.4.3 Wälzführungen

Prinzip
Zwischen den Führungsflächen des bewegten (Arbeitsschlitten) und des feststehenden Teils (Bett, Gestell, Kasten) befinden sich Wälzkörper. Diese können
– Kugeln
– Rollen
– Nadeln
sein. Wälzführungen finden wegen ihrer Vorteile zunehmend Anwendung an Werkzeugmaschinen, besonders an CNC-Maschinen. Günstig dabei ist, dass Wälzführungen ähnlich wie bei Kugelgewindetrieben von spezialisierten Zulieferfirmen einbaufertig angeboten werden.

Weitere Vorteile sind:
– Hohe Positioniergenauigkeit, da Reibungszahl $\mu \leq 0{,}05$. Dadurch kein Auftreten von Stick-slip!
– Meist Fettschmierung „for life" ausreichend

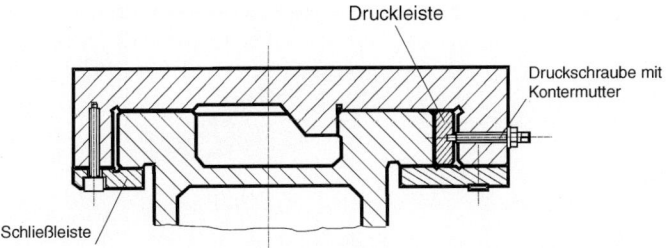

1) Flachführung als Schmalführung mit Druckleiste und Druckschrauben mit Kontermuttern

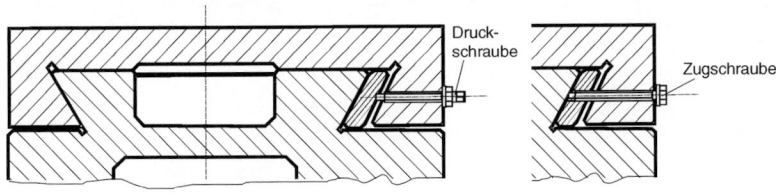

2) Schwalbenschwanzführung (Druckleiste mit Zug- und Druckschraube im Wechsel)

Bild 60. Beispiele ausgeführter Schlitten-Gleitführungen

– Sehr geringer Verschleiß
– Durch Vorspannung spielfreies Arbeiten auch unter voller Belastung und Steifigkeitserhöhung

Nachteile
– Geringe Dämpfung
– Hohe Empfindlichkeit gegen Verschmutzung und Späne, deshalb meist Anwendung der Abdeckung mittels Teleskopblechsystem
– Mehr Aufwand für Vorspannung und Klemmung erforderlich
– Hohe Qualität der Wälzkörper erforderlich (Sortierung)
– Hohe Qualität der Laufflächen erforderlich
– Große Anforderungen an die Werkstoffe von Rollen und Führungsleisten wegen hoher örtlicher Pressung

⎱ löst der Wälzführungshersteller

Geometrischer Grundaufbau
– Den Aufbau von
– Kreuzrollenführung
– Rollen- oder Nadelführung
– Kugelführung
    zeigt Bild 61, unter 1) und 2).

Unter Bild 1) oben ist die *Kreuzrollenführung* dargestellt, welche sich durch hohe Steife und Führungsstabilität auszeichnet. Das Prinzip wird durch Rollen bestimmt, deren Breite geringer als der Durchmesser ist. Dabei liegt die Achse der ersten Rolle unter dem Winkel 45°, die der zweiten unter 135°, der dritten wieder unter 45° usw. Bei Vorspannung beider Führungsleisten können seitliche Kräfte aus allen Richtungen aufgenommen werden.

Unter 2] und 3] sind *Rollen- und Nadelführung* sowohl als Flach- als auch als V-Führung gezeigt

Die unter 4] gezeigte *Kugelführung* weist eine hohe Genauigkeit auf, ist aber nicht so hoch belastbar im Gegensatz zur Flach- und zur Kreuzrollenführung.

Führungen für begrenzte Weglänge
Unter 3) ist im Bild 61 das Grundprinzip einer Wälzführung für begrenzte Weglänge dargestellt. Die Abbildungen unter 1) bis 3) auf der rechten Seite zeigen Führungsleisten für begrenzte Weglänge als Kreuzrollen-, Rollen und Nadelführungen.

Führungen für unbegrenzte Weglänge
Das Grundprinzip einer Wälzführung mit unbegrenzter Weglänge ist unter 4) im Bild 61 dargestellt. Es basiert auf Wälzkörper-Umlaufeinheiten, bei denen die Wälzkörper in einer umlaufenden endlosen Kette geführt werden (ähnlich den Gleisketten bei Traktoren etc.).

Bewegungs- und Verlagerungsverhalten

Entscheidend dafür sind:
– Qualität der beiden Führungsflächen, besonders hinsichtlich Form- und Lageabweichungen sowie der Oberflächengestalt
– Maß- und Formgenauigkeit der Wälzkörper (Aussortieren auf gleiche Maßgruppen erforderlich)
– Präzise Führung der Rollen und Nadeln im Käfig
– Höchste Parallelität der Führungsflächen
– Weiches Ein- und Auslaufen der Wälzkörper an den Führungsbahnenden sichern (bei begrenzter Weglänge)

1) Geometrischer Grundaufbau   2) Führungen mit begrenzter Weglänge

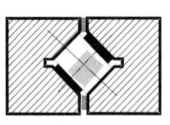

1] Kreuzrollenführung

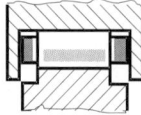

2] Rollen- Flachführung

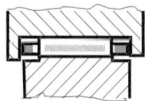

3] Nadelführung
    links: Flachführung
    rechts: V-Führung

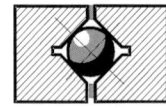

4] Kugelführung

3) Führung mit begrenzter Weglänge

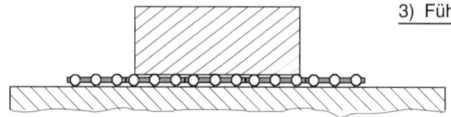

4) Führung mit "unbegrenzter" Weglänge

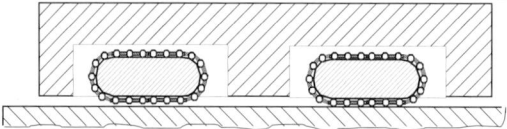

Bild 61. Bauarten von Wälzführungen (Fotos oben rechts: Schneeberger AG, Roggwil, Schweiz)

Verformungsverhalten und Vorspannung

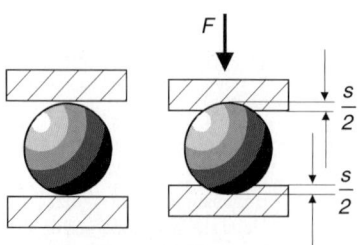

Bild 62. Verformungsverhalten einer Kugel zwischen zwei Platten nach Palmgren

Kugel zwischen zwei Platten (Bild 62)

$$s = k_K \left(\frac{F}{9,81}\right)^{\frac{2}{3}} \quad k_K = \frac{a_K}{d_K^{\frac{1}{3}}} \tag{31}$$

Zylinderrolle zwischen zwei Platten

$$s = k_R \left(\frac{F}{9,81}\right)^{0.9} , \, k_R = \frac{a_R}{l_W^{0,8}} \tag{32}$$

d_k	s	F	l_w
nm	μm	N	mm

Geeignete Beziehung des Verhältnisses Last : Verformung für Zylinderrollen bei Werkzeugmaschinen (hohe Steifigkeit):

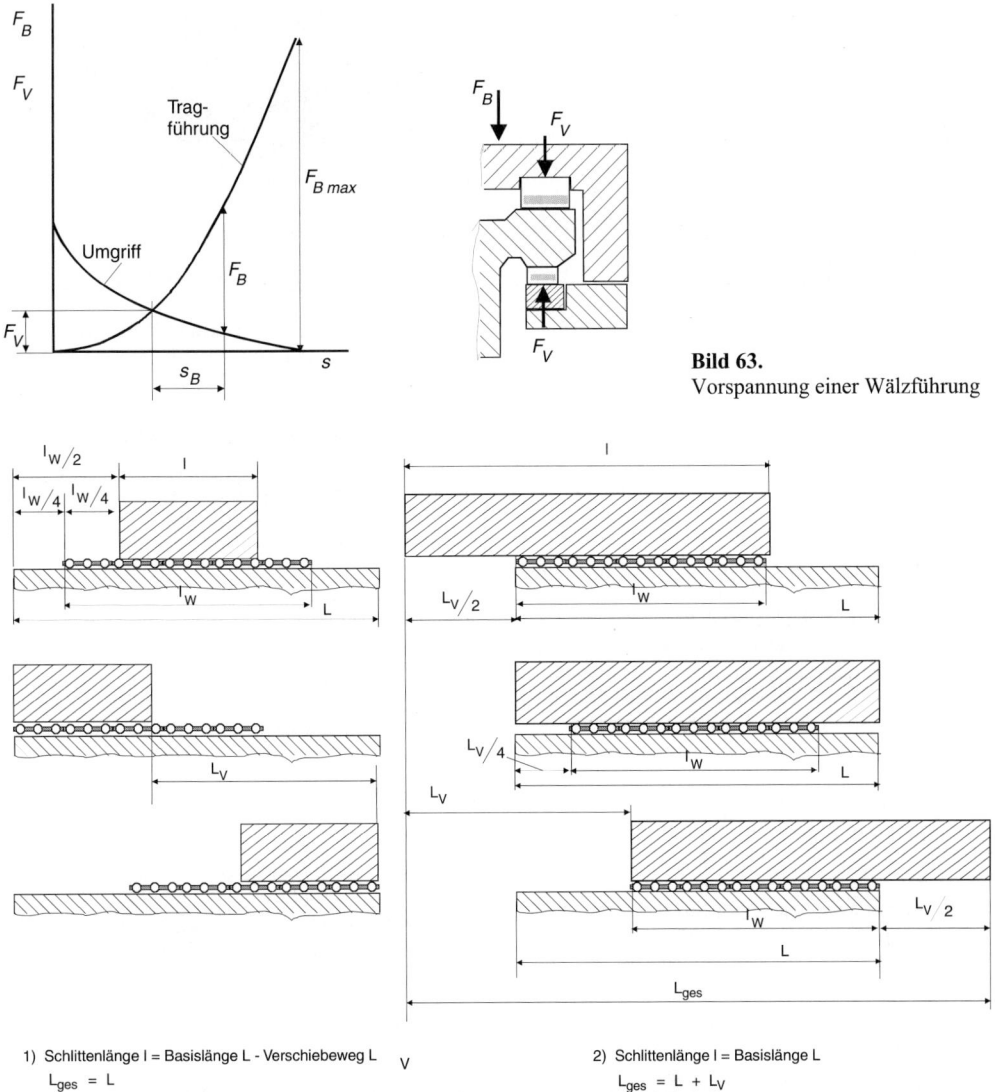

Bild 63.
Vorspannung einer Wälzführung

1) Schlittenlänge l = Basislänge L - Verschiebeweg L$_V$
   L$_{ges}$ = L

2) Schlittenlänge l = Basislänge L
   L$_{ges}$ = L + L$_V$

Bild 64. Gestaltungsmöglichkeiten bei Wälzführungen mit begrenzter Weglänge

$$s = \left(\frac{F}{\frac{69970}{f_N} l_{Weff}{}^b i} \right)^{\frac{1}{a}} \qquad l_{Weff} = l_W - \frac{d_W}{10} \qquad (33)$$

s	F	l_W	l_{Weff}	i
mm	N	mm	mm	1

In den Formeln bedeuten:
s Verformung [µm]
k_K werkstoffabhängige Deformationskonstante
       für die Kugel

k_R werkstoffabhängige Deformationskonstante
       für die Rolle
l_W Länge der Zylinderrolle [mm]
a_R werkstoffabhängige Konstante = 0,6 für
       Stahlrolle zwischen Stahlplatten
d_K Kugeldurchmesser [mm]
d_W Zylinderrollendurchmesser [mm]
a_K werkstoffabhängige Konstante = 4,07
       für Stahlkugel zwischen Stahlplatten
F Belastung [N]
a Exponent = 1,1 ... 1,2
i Anzahl der Wälzkörper in der Belastungs-
       zone

f_N Nachgiebigkeitsfaktor des Grundkörpers, bei
         Werkzeugmaschinen zwischen 1,6 ... 2,6
b Exponent = 0,7

Vorspannung der Wälzführung (Bild 63)
Es bedeuten:
F_V Vorspannkraft   [N]
F_B Belastung   [N]
F_{Bmax} max. Belastung   [N]
s Verformung   [μm]
s_B Verformung bei Belastung durch F_B [μm]

Es gilt: bei $F_B > F_{Bmax}$ erfolgt die völlige Entlastung
des Umgriffs. Damit tritt Spiel in der Führung auf,
was mit Positionierfehlern und Genauigkeitsverlusten
sowie Rattererscheinungen bei der Zerspanung einher
geht.

Konstruktive Ausführung von Wälzführungen

Führungen mit begrenzter Weglänge
Die beiden Aufbaumöglichkeiten für Führungen mit
„begrenzter" Weglänge und die geometrischen Beziehungen sind im Bild 64 dargestellt.
Im Bild 65 sind verschiedene Vorspannmöglichkeiten
von Kreuzrollenführungen mit „begrenzter" Weglänge dargestellt. Je nach geforderter Steife und Genauigkeit können die Ausführungen 1), 2) oder 3) mit
steigendem Kostenaufwand zur Anwendung kommen.

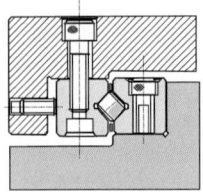

1) Im Normalfall wirkt
   die Stellschraube
   auf die Schiene

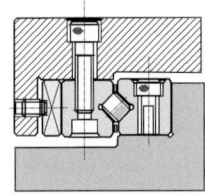

2) Für höhere Genauigkeit
   und Steifigkeit kann eine
   Zwischenplatte verwendet
   werden

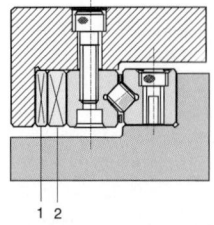

3) Für sehr hohe Genauigkeit
   und Steife werden die kegligen
   Leisten 1 und 2 benutzt

1 2

Bild 65. Vorspannungmöglichkeiten für eine Kreuzrollenführung mit „begrenzter" Weglänge (THK,
Tokio, Japan)

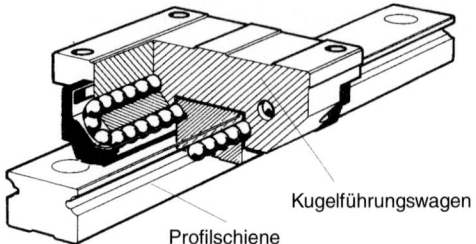

Kugelführungswagen

Profilschiene

Bild 66. Kugelumlaufeinheit KUE (INA, Homburg)

Wälzführungen mit „unbegrenzter" Weglänge
Bild 66 zeigt den konstruktiven Aufbau einer *Kugelumlaufeinheit* für unbegrenzte Weglänge. Die Profilschiene wird auf der Basis (Bett, Untersatz) aufge-
passt und verschraubt. Beim Hersteller (im Beispiel
INA) kann der Werkzeugmaschinenproduzent die
Kugelumlaufeinheit nach Größe, Genauigkeitsklasse,
Vorspannungsklasse, Länge der Profil- oder Führungsschiene und Anzahl der Führungswagen pro
Schiene bestellen. In jedem Falle sollten die Angaben
und Berechnungsvorschriften des Wälzführungsher-
stellers beachtet werden. Gleiches gilt für alle Wälzführungen.

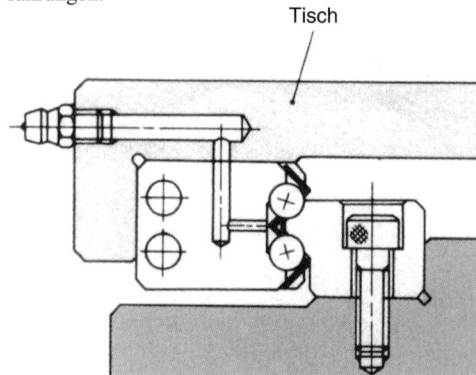

Tisch

Bild 67. Fettschmierungsmöglichkeit für eine Kugelumlaufeinheit (THK, Tokio, Japan)

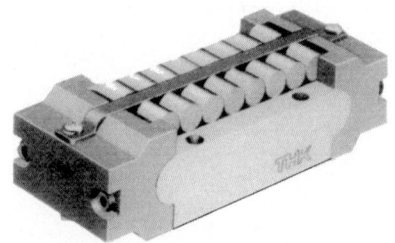

Bild 68. Rollenumlaufschuh LRU (THK, Tokio,
Japan)

Ein Beispiel für die Schmierungsmöglichkeit einer
Kugelumlaufeinheit wird im Bild 67 gezeigt. Es können sowohl Fett- als auch Ölschmierung, vorteilhaft
über Zentralschmierung, zur Anwendung kommen.

Auch die Möglichkeit einer „for life"-Fettschmierung ist gegeben.

Im Bild 68 ist ein *Rollenumlaufschuh* dargestellt. Die Ausführungsarten dieser Rollenumlaufschuhe unterscheiden sich im wesentlichen nach der Art ihrer Montage und Befestigung. Bei der gezeigten Ausführung erfolgt die Befestigung durch Verschraubung mit den vier Bohrungen im Tragkörper.

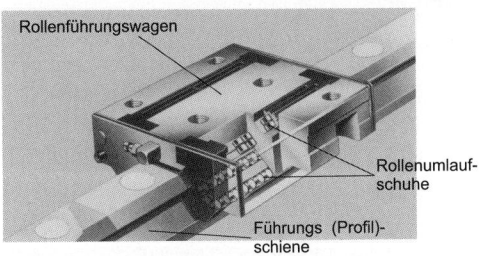

Bild 69. Kompakte Rollenumlaufeinheit (INA, Homburg)

Analog zu den Kugelumlaufeinheiten Bild 66 werden für höhere Belastungen *Rollenumlaufumlaufeinheiten*, Bild 69 durch die Zulieferindustrie (meist Wälzlagerproduzenten) hergestellt. Auch hier sind die Berechnungs- und Montagevorschriften des Herstellers in vollem Umfang einzuhalten.

Der Unterschied in den Tragzahlen und damit der Belastbarkeit zwischen Kugel- und Rollenumlaufeinheiten wird im Bild 70 anschaulich demonstriert.

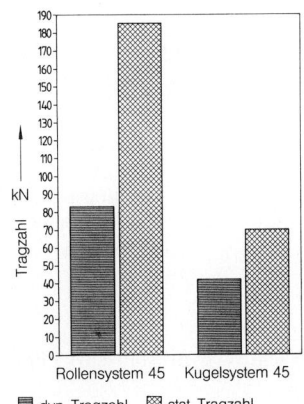

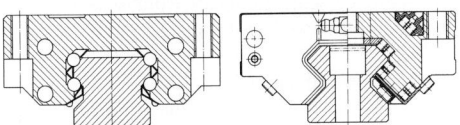

Kugelführung (Größe 45) Rollenführung (Größe 45)

Bild 70. Statische und dynamische Tragzahl im Vergleich zwischen Kugel- und Rollenführung gleicher Größe (INA Homburg)

Das Beispiel einer Rollenführung für einen Fräsmaschinentisch ist im Bild 71 dargestellt. In dieser Konstruktion sind die wesentlichen Grundsätze für eine ideale Führung vereinigt:

- Aufbau als Schmalführung, dadurch hohe Führungsgenauigkeit
- Hoch belastbare Wälzführung mit Rollenumlaufschuhen, dadurch „unbegrenzte" Weglänge
- Hohe Arbeitsgenauigkeit und Steife durch Vorspannung der Rollenumlaufschuhe über Keilzustellung
- Der Nachteil jeder Wälzführung – zu geringe Dämpfung – wird durch den Einbau von Dämpfungsleisten mit Squeeze-Film-Dämpfer kompensiert

Den positiven Einfluss eines Squeeze-Film-Dämpfers zeigt das Diagramm der Nachgiebigkeit als Funktion der Belastungsfrequenz im Bild 72 oben. Dessen Funktionsweise geht aus dem unteren Bild hervor. Der Dämpfer besteht aus einem definierten ölgefüllten Spalt mit einer Höhe von 0,02 ... 0,03 mm mit Ölimpulsschmierung ohne metallische Berührung zur Führungsschiene.

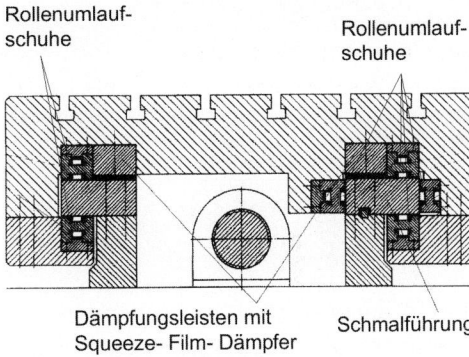

Bild 71. Wälzgeführter Fräsmaschinentisch (nach INA Homburg)

In der Schwingungsgleichung

$$m\ddot{x} + d\dot{x} + cx = F(t) \tag{34}$$

ist der Dämpfungsfaktor

$$d = \eta \frac{b^3}{h^3} l \tag{35}$$

Daraus ist erkennbar, dass die Breite des Dämpfers wesentlich für die Größe der Dämpfung ist, Bild 72 unten.

Auch Rollenumlaufeinheiten mit Führungs-(Profil)-Schiene können mit einem gesonderten Dämpfungsschlitten ausgestattet werden, die nach dem vorgenannten Prinzip arbeiten, Bild 73.

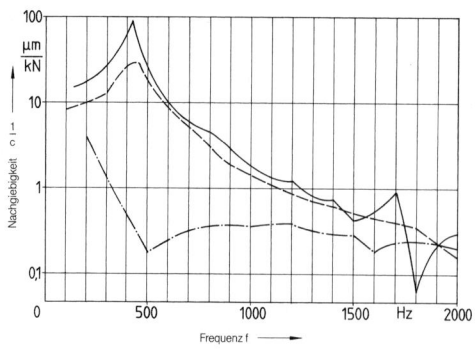

— Kugelumlaufführung mit höherer Vorspannung
-- RUE ohne Dämpfung
-·- RUE mit Dämpfung

Bild 73. Gedämpftes Rollenführungssystem mit integriertem Dämpfungsschlitten (INA Homburg)

2.4.4 Hydrostatische Führungen

Prinzip

Das Prinzip Bild 74 entspricht weitgehend dem des hydrostatischen Lagers:
In eine von beiden Gleitflächen sind Taschen eingearbeitet. Der Ölstrom Q wird in die Tasche gepumpt und strömt durch den Spalt h, die Abströmlänge l über Steg und den Umfang der Stegmittellinie b ab. Dabei entsteht der Taschendruck p_T.
Die hydrostatische Taschenkraft ist:

$$F = \int_A p \cdot dA ,$$

dabei ist p der hydrostatische Druck und A die Effektivfläche (Bild 74 rechts). Unter der Voraussetzung laminarer Strömung im Spalt ist der Durchflussstrom Q:

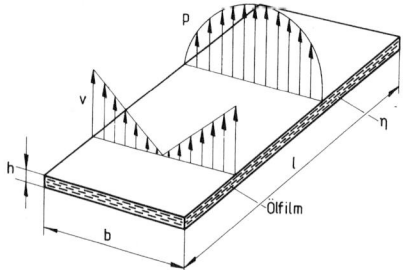

Bild 72. Dämpfungsverhalten von Wälzführungen ohne und mit Squeeze-Film-Dämpfer (Prinzip rechts) (INA Homburg)

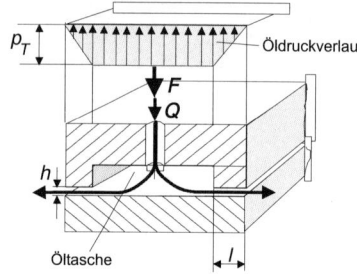

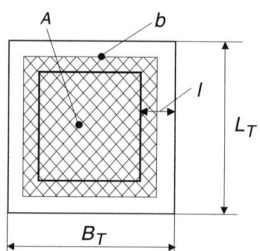

Bild 74.
Hydrostatische Führung – Funktionsprinzip (links) und Abströmverhältnisse bei Öltaschen (rechts)

$$Q \approx \frac{p_r \cdot b \cdot h^3}{12\,\eta \cdot l} \qquad (36)$$

Q	p_r	b	h	l	η
$\dfrac{l}{\min}$	bar	mm	mm	mm	Pa · s

η ist die dynamische Viskosität des Öls.

Als günstig haben sich erwiesen:
Taschentiefen je nach Größe der Führung zwischen 0,5 ... 5 mm, 4 bis 8 Taschen pro Führungsbahn, Mindestspalt h_{min} = 30 ... 80 μm je nach Werkzeugmaschinen-Größe, B_T/L_T = 0,2 ... 0,6, 1 / B_T = 0,2 ... 0,4.

Vor- und Nachteile hydrostatischer Führungen

Vorteile
– Völlige Verschleißfreiheit, vorausgesetzt eine ständige Funktion der Ölversorgung ist gewährleistet
– Sehr kleine Reibungszahlen ($\mu < 0,001$)
– Kein Stick-slip-Effekt, dadurch kleinste Geschwindigkeiten mit gleichförmiger Bewegung möglich
– Hohe Führungsgenauigkeit bei durchschnittlichem Bearbeitungsaufwand
– Große Dämpfung quer zur Bewegungsrichtung
– Aufnahme hoher Belastungen

Nachteile
- Hoher Aufwand für das Ölversorgungssystem (fällt bei Großwerkzeugmaschinen mit hohem Gesamtanlagewert anteilig nicht so ins Gewicht)
- Bei geforderter hoher thermischer Stabilität und Arbeitsgenauigkeit sind Ölkühlungssysteme erforderlich
- Geringe Dämpfung in der Bewegungsrichtung

Ölversorgungsysteme für hydrostatische Führungen, Bild 75.

1) *System „eine Ölpumpe pro Tasche"*
Der vereinfachte Schaltplan für dieses System ist im Bild 75 links dargestellt.
Der Pumpenförderstrom Q_P entspricht dem Taschendurchflussstrom Q und ist konstant. Das im Pumpenkreislauf eingebaute Druckbegrenzungsventil ist so eingestellt, dass es nur als Sicherheitsventil wirkt. Die Kennlinien für Taschendurchflussstrom Q, Spalthöhe h und Steife c sind im unteren Diagramm zu sehen.

Vorteile:
- Hohe Steife und vollständige Nutzung der Pumpenleistung zur Erzeugung der Tragkraft

Nachteile
- Hoher Aufwand, wobei dieser durch den Einsatz von Mehrstrompumpen reduziert werden kann
- Spalthöhe und Steife sind temperaturabhängig (Änderung der Viskosität des Öls)

2) *System „Gemeinsame Pumpe mit Konstantdrosseln",* Bild 75 Mitte
Hier erfolgt eine Ölstromteilung. Das Druckbegrenzungsventil wirkt als Überströmventil VDÜ und ein Teil des Ölstromes läuft ständig über dieses Ventil zurück in den Behälter. Der Druck p ist konstant und entspricht dem des an der Federvorspannung des VDÜ eingestellten Wertes.

Vorteile
- Geringer Aufwand, Spalthöhe und Steife sind nicht temperaturabhängig

Nachteile
- Geringere, von der Belastung abhängige Steife, erhöhte Wärmeerzeugung durch Drosseln und VDÜ

3) *System „Gemeinsame Pumpe mit Regeldrosseln",* Bild 75 rechts
Gleicher Aufbau wie bei 2), nur dass hier durch den Einsatz von Regeldrosseln die Spalthöhe mit wachsender Belastung F konstant bleibt.

Vorteile
- Sehr große Steife der Führung unabhängig von der Belastung. Höhenlage des Schlittens bleibt konstant.

Nachteile
- Hoher Aufwand für Regeldrosseln, da Regelkreis, Gefahr der Instabilität
- Erhöhte Wärmeerzeugung durch Drosseln und VDÜ

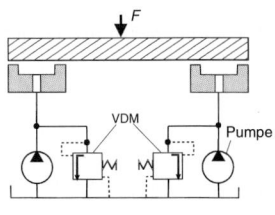

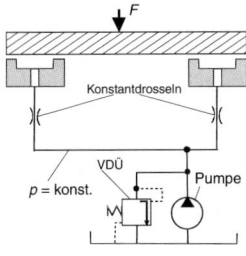

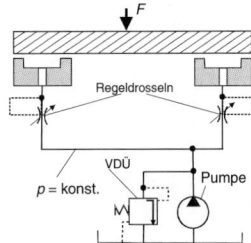

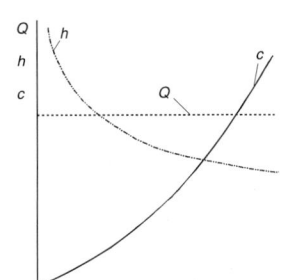

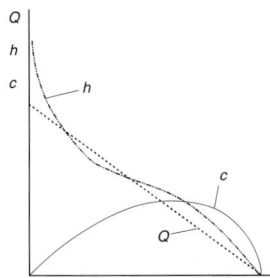

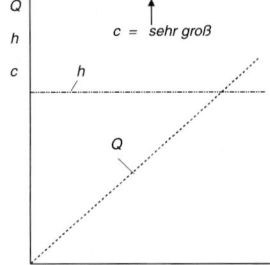

Bild 75. Möglichkeiten der Ölversorgung von hydrostatischen Führungen

Konstruktive Gestaltung

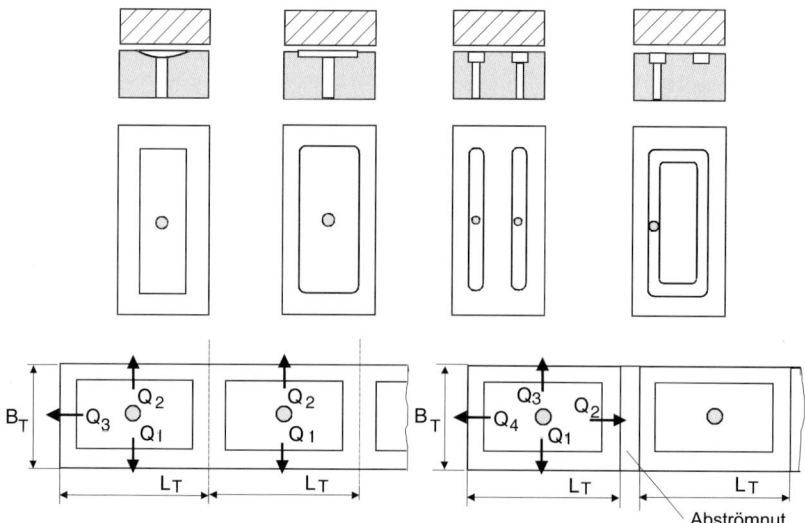

Bild 76. Öltaschengestaltung hydrostatischer Führungen

Konstruktionsseitig werden bei hydrostatischen Führungen für Tische und Schlitten Flach – Flach-Führungen als Schmalführungen mit Umgriff bevorzugt. Mögliche Taschenformen sind im Bild 76 oben gezeigt. Die Taschen können entsprechend Bild unten links aneinander gereiht oder, wie unten rechts dargestellt, mit einer Abströmnut zwischen jeder Tasche angeordnet werden.

Bei der Konstruktion einer hydrostatischen Führungsbahn, Bild 77, ist neben der Bohrung für den Ölzufluss eine weitere Bohrung für den Abfluss des Öles vorzusehen. Diese sollte einen größeren Durchmesser aufweisen, um einen zusätzlichen Staudruck zu vermeiden. Zur Abdichtung der Führungsbahn gegen Ölaustritt sind Kunststoff-Lippendichtungen in Anwendung, deren Dichtwirkung durch den hydrostatischen Druck erzielt wird. Zum Erreichen völliger Reibungsfreiheit sind auch Labyrinthdichtungen unter zusätzlicher Nutzung von Sperrluft einsetzbar.

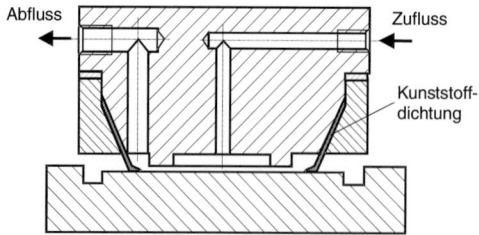

Bild 77. Konstruktive Ausführung einer hydrostatischen Führungsbahn als Flachführung

2.4.5 Aerostatische Führungen

Aerostatische Führungen sind analog zu den hydrostatischen Führungen aufgebaut. Da die Luft frei abströmen kann, gibt es keine Aufwendungen hinsichtlich Abdichtungen. Sie finden ihre Anwendung bei Präzisionsmaschinen, z.B. zum Feinstdrehen von Nichteisenmetallen. Da es für die Luftaufbereitung heute bereits kostengünstige Lösungen gibt, vergrößert sich der Einsatz dieser Führungsbauart zunehmend.

2.5 Gestelle von Werkzeugmaschinen

2.5.1 Aufgaben von Werkzeugmaschinengestellen

Mit dem Begriff *Gestell* werden die Grundkörper einer Werkzeugmaschine bezeichnet. Dazu gehören:

– Maschinenbetten
– Maschinenständer
– Arbeitstische
– Schlitten
– Untersätze für Arbeitstische und Schlitten
– Arbeitsspindelkästen
– Getriebekästen

Gestelle bestimmen in erheblichem Umfang die *Arbeitsgenauigkeit,* aber auch die *Produktivität* der Bearbeitung. So werden *Maß- und Formgenauigkeit* insbesondere durch die statische Steife, *Welligkeit und Rauheit* durch die dynamische Steife der Gestellbauteile beeinflusst. Die Produktivitätsgrenze einer Werkzeugmaschine bei der Schruppbearbeitung wird häufig durch deren dynamische Eigenschaften festgelegt. Dabei bestimmen die Eigenschaften der Gestellbauteile, bei welchen Schnittwerten selbsterregte Schwingungen (Rattern) auftreten, die eine einwandfreie Zerspanung verhindern.

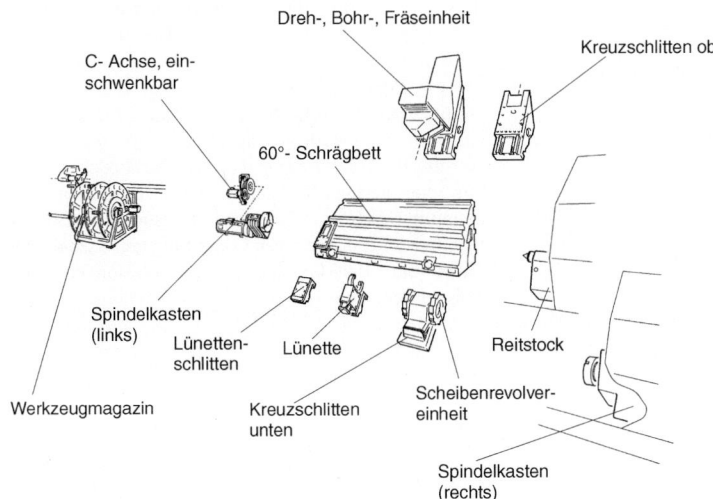

Dreh-, Bohr-, Fräseinheit

Kreuzschlitten oben

C- Achse, ein-
schwenkbar

60°- Schrägbett

Spindelkasten
(links)

Lünetten-
schlitten

Lünette

Reitstock

Werkzeugmagazin

Kreuzschlitten
unten

Scheibenrevolver-
einheit

Spindelkasten
(rechts)

Bild 78.
Gestellbauteile und Gruppen
eines Komplettbearbeitungs-
zentrums für Futter- und
Wellenteile (Auswahl) „Mill-
turn M 60" (WFL Voest-
Alpine Steinel, Linz, Öster-
reich)

Im Bild 78 sind die Gestellbauteile für ein Dreh-, Fräs- und Bohrzentrum aus dem Baukastensystem dargestellt. Je nach Kundenforderung kann die Maschine unterschiedlich ausgerüstet werden, beispielsweise mit Reitstock für die Wellenfertigung oder mit zweitem (rechtem) Spindelkasten (Gegenspindel) für die Rückseitenbearbeitung von Futterteilen. Basis des Bearbeitungszentrums (BAZ) ist ein 60°-Schrägbett aus Meehanite-Guss, mit Kernsand im Unterteil wegen der besseren Dämpfung gefüllt.

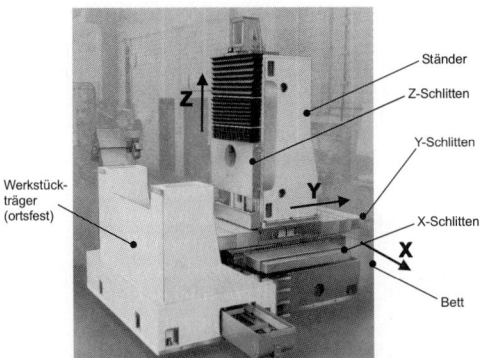

Ständer

Z-Schlitten

Y-Schlitten

Werkstück-
träger
(ortsfest)

X-Schlitten

Bett

Bild 79. Gestellaufbau eines Bearbeitungszentrums zur Fertigung kleiner prismatischer Teile in „Fahrständer" – Bauweise (Heckler & Koch, Schramberg-Waldmösingen)

Bild 79 zeigt den Aufbau eines Bearbeitungszentrums für die Mittelserienfertigung kleiner prismatischer Teile. Das BAZ ist in der sogenannten „Fahrständer" – Bauweise konstruiert, d. h. alle Bewegungen in den kartesischen Koordinaten x, y und z werden werkzeugseitig ausgeführt. Das Werkstück ist ortsfest angeordnet, lediglich erforderliche Dreh- oder Schwenkbewegungen des Werkstücktisches werden

durchgeführt. Dies hat erhebliche Vorteile in der Fertigungsautomatisierung, bei der Handhabung und dem Transport der Werkstücke zur Folge. Durch das Übereinander-Anordnen der Gestellbaugruppen muss deren statische und dynamische Steife besonders hoch sein. Dies trifft auch auf die Schlittenführungen zu.

2.5.2 Gestellwerkstoffe

Als wesentliche Werkstoffe kommen für Gestelle zur Anwendung:
– Stahl S275JR, S275J0, S275J2G3 nach DIN EN 10025 für Stahl-Schweiß-Konstruktionen
– Gusseisen mit Lamellengraphit EN-GJL-150 bis – 350 nach DIN EN 1561
– Gusseisen mit Kugelgraphit EN-GJS-400-15 nach DIN EN 1563 für stoßbeanspruchte Gestelle, z. B. von Kurbelpressen
– Reaktionsharzbeton (Mineralgussbeton), bestehend in den meisten Fällen aus Epoxydharz (wegen der erzielbaren hohen geometrischen Genauigkeit und ausreichender Topfzeit bei der Verarbeitung besonders größerer Gestellbauteile) und Zuschlagstoffe aus den Gesteinsarten Granit, Quarzit sowie Basalt. Der Gewichtsanteil des Harzes liegt unter 10 %. Zur Gestellherstellung sind leistungsfähige Fertigungsanlagen erforderlich, die neben den Silos für Harz, Härter und Gestein einen Zwangsmischer, Rütteltische für die Gießformen und eine geeignete Beschickungseinrichtung, meist in Form eines Portals, enthalten müssen.

Entscheidende Einflussgrößen des Werkstoffes auf die Eigenschaften des Gestellbauteils im Einsatz sind:
– der E-Modul
– Zug- und Druckfestigkeit (R_m, σ_{BD}) einschließlich der Dehngrenzen
– das Dämpfungsverhalten (D)

– das thermische Verhalten (Wärmeleitfähigkeit λ)
– die Dichte (ρ)

Im Bild 80 sind diese Eigenschaften für die einzelnen Gestellwerkstoffe dargestellt.

Nachdem bisher vorwiegend *Gusseisen* (gute Gestaltungsmöglichkeiten, wie Rundungen, Einbuchtungen etc.), aber auch *Stahl* als Gestellwerkstoffe in der Praxis dominierten, kommt in den letzten beiden Jahrzehnten *Reaktionsharzbeton* wegen seiner hohen Dämpfung, der geringen Wärmeleitfähigkeit sowie der daraus resultierenden hohen thermischen Steife bei ausreichender Druckfestigkeit zunehmend zur Anwendung. Wenn dabei noch berücksichtigt wird,

dass durch die niedrige Dichte von nur einem Drittel gegenüber Stahl oder Gusseisen wesentlich größere Wandstärken ermöglicht werden, bis das Gestellbauteil die Masse z.B. eines Gussbettes erreicht, wird damit auch eine größere Druckbelastung möglich.

Kritisch ist die niedrige Zugfestigkeit von nur 10...18 N/ mm^2 des Reaktionsharzbetons. Dies bedeutet, dass nur eine geringe Belastung durch Biegebeanspruchung möglich ist. Das erfordert besondere Maßnahmen bei der konstruktiven Gestaltung von Gestellbauteilen aus Reaktionsharzbeton, insbesondere von Maschinenbetten.

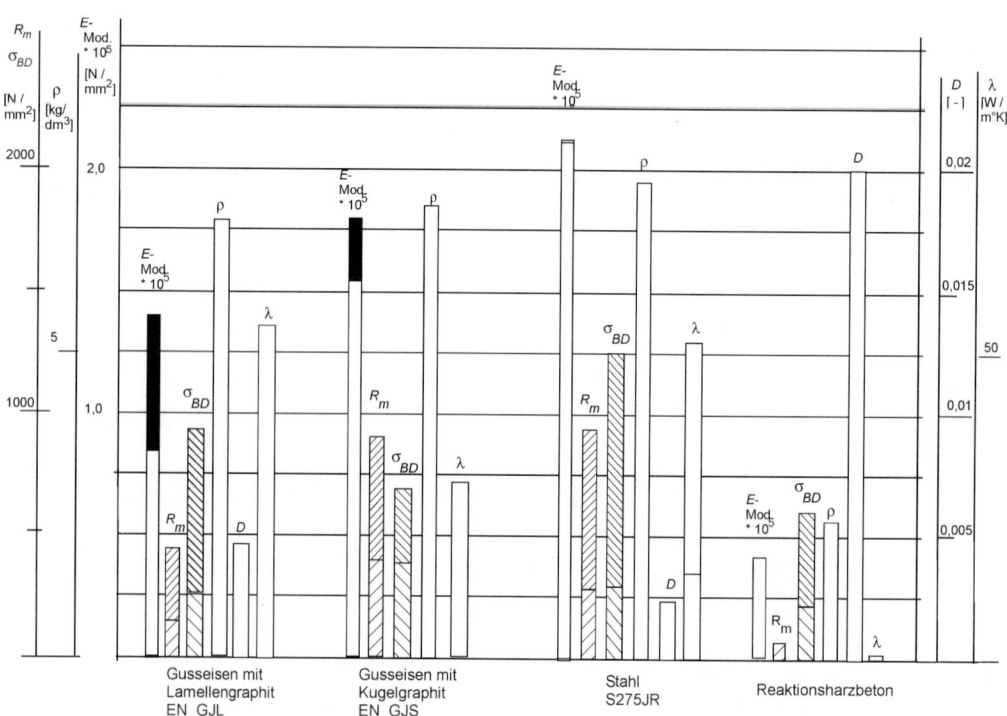

Bild 80. Physikalische Kennwerte verschiedener Gestellwerkstoffe im Vergleich

Gestelle aus *Stahl-Schweißkonstruktionen* können wegen des hohen *E*-Moduls von Stahl bei gleicher Last wesentlich leichter ausgeführt werden. Das Problem ist die niedrigere dynamische Steife wegen der sehr geringen Werkstoffdämpfung von Stahl. Durch konstruktive Maßnahmen, wie *zusätzliche Reibflächen*, können Verbesserungen erreicht werden. Ansonsten sind Stahl-Schweißkonstruktionen besonders günstig für auftragsgebundene Ausrüstungen als Einzelstück oder Kleinserie einsetzbar, da keine Modellkosten entstehen.

In der Regel wird heute eine Werkzeugmaschine hinsichtlich seiner Gestellbauteile in Mischbauweise aufgebaut, so beispielsweise:

Bett (Serienteil) $\Longrightarrow$ Reaktionsharzbeton,
Ständer (Serienteil) $\Longrightarrow$ Grauguss,
Werkstückträger $\Longrightarrow$ Stahl

2.5.3 Auslegung und konstruktive Gestaltung von Werkzeugmaschinengestellen

Grundsätze

1) Auslegung des Gestells auf die erforderliche statische und dynamische Steife bedeutet: Auslegung auf minimale Verformung, denn Verformung erzeugt Geometriefehler am Werkstück

2) Die Richtung der Verformung spielt hinsichtlich der Größe des Einflusses auf die Geometriefehler eine erhebliche Rolle, Bild 81. In *y*-Richtung auf-

tretende Verformungen f_y an einer Drehmaschine gehen nur als Fehler 2. Ordnung in den Werkstückdurchmesser ein, während ein gleich großer Verformungsbetrag f_x in x-Richtung (im Bild links) in voller Größe als Werkstückdurchmesserfehler eingeht. Das gleiche gilt für Relativschwingungen einschließlich ihrer Komponenten, deren Ursachen oft in erzwungenen Schwingungen aus Antrieben u. a. liegen und durch ungenügende dynamische Steife von Gestellteilen übertragen werden. Bei günstiger Antriebsauslegung, z. B. wenn die Richtung der aus dem Antrieb entstehenden statischen und dynamischen Kraftkomponente in die y-Richtung gelegt werden kann, können negative Auswirkungen auf das Bearbeitungsergebnis erheblich reduziert werden.

3) Durch geeignete *Bauteilquerschnittsformen* kann der Material- und Fertigungsaufwand für ein Gestellbauteil bei gleicher Belastung minimiert werden.

4) Die Gesamtverformung, welche das Arbeitsergebnis beeinflusst, setzt sich aus den Verformungen aller vom Kraftfluss berührten Bauteile zusammen. Da sich die Gesamtnachgiebigkeit f_{gesamt} in der Regel aus den einzelnen Nachgiebigkeiten als Reihenschaltung ergibt, wird stets das Bauteil mit geringster Steife die Größe von f_{gesamt} bestimmen [siehe auch Kapitel 2.3.3, Gleichung (22)].

Torsion
Tabelle 2. zeigt das Verhalten von Profilen bei Torsion unter gleichem Materialeinsatz. Hier zeigt sich die Überlegenheit geschlossener Profile (dünnwandige Rohre großen Durchmessers). Selbst ein rechteckiges Hohlprofil bringt schlechtere Werte hinsichtlich Verdrehwinkel φ_t und Torsionsspannung τ_t. Da beispielsweise Werkzeugmaschinenbetten nicht nur auf Biegung, sondern durch die Zerspanungskräfte in der Regel auch auf Torsion beansprucht werden, kommt einer weitgehend „geschlossenen" Konstruktion erhebliche Bedeutung zu.

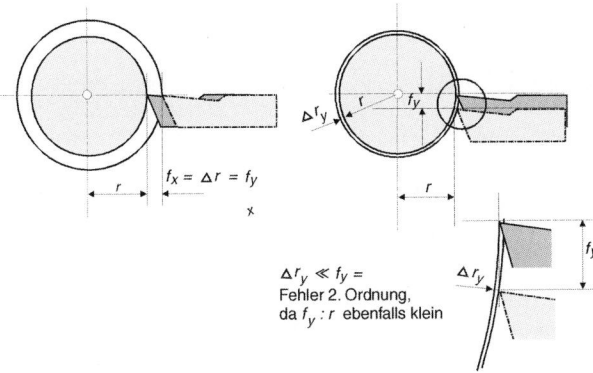

Bild 81.
Auswirkung unterschiedlicher Verformungsrichtungen auf das Arbeitsergebnis (Fehler des Werkstückdurchmessers) beim Längsdrehen

Verhalten stabförmiger Bauteile

	I_t [cm^4]	W_t [cm^3]	φ_t [°]	%	τ_t [N/mm^2]	%
	14,7	8,4	9,74	100	240	100
	138	36,4	1,04	11	55	23
	489	67	0,293	3	30	12,5
	89,6	17,5	1,6	16	114	47,5
	0,51	1,27	281	2885	1490	620
	0,58	1,29	248	2546	1550	646

Tabelle 2.
Geschlossene und offene Profile gleichen Flächeninhaltes unter Torsionsbelastung entsprechend Belastungsfall im Bild oben links im Vergleich zum Vollprofil eines Rundstabes mit 35 mm Durchmesser (nach Wächter)

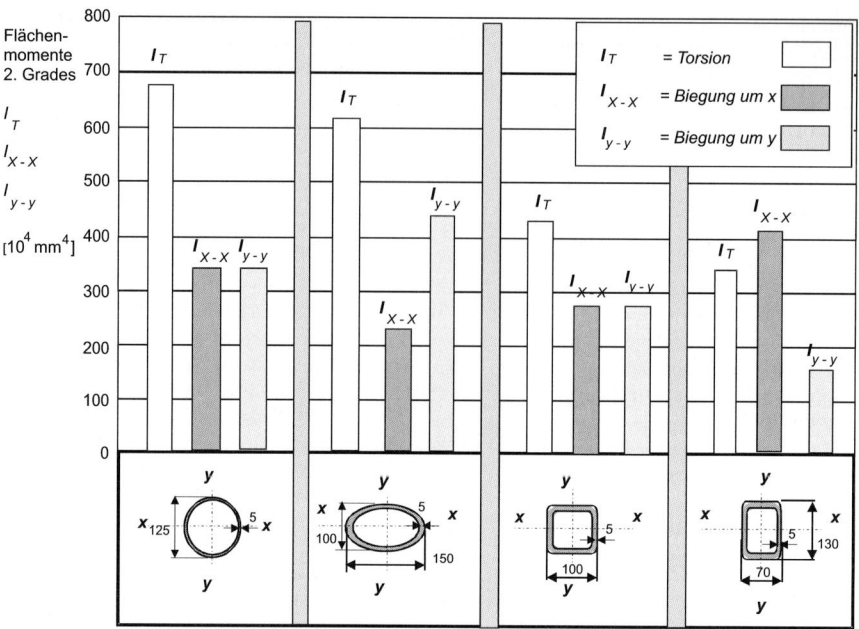

Bild 82. Geschlossene Profile bei gleichem Flächeninhalten und gleicher Wandstärke im Vergleich der Flächen-momente 2. Grades (nach Thum und Petri)

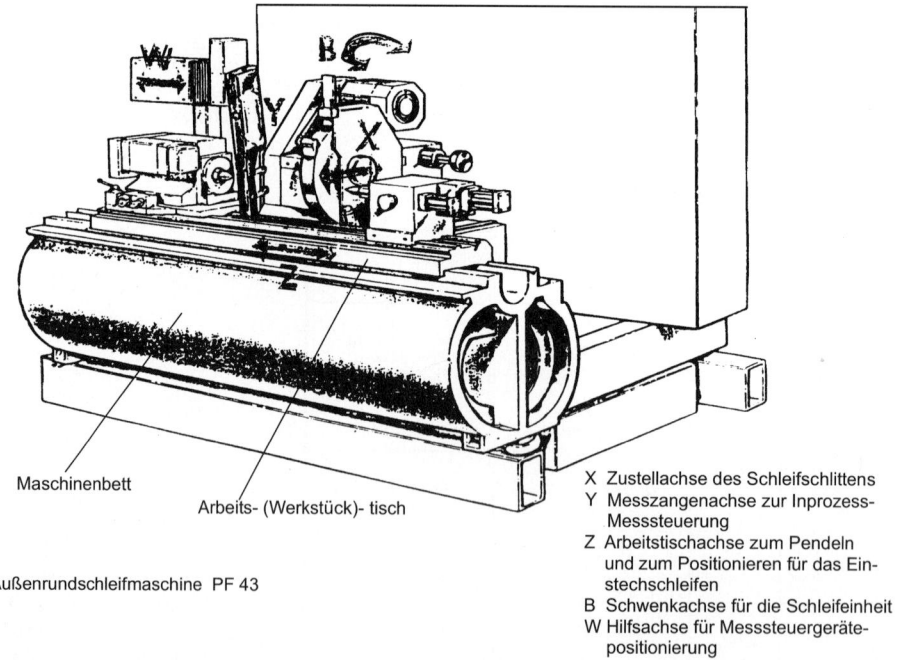

Maschinenbett

Arbeits- (Werkstück)- tisch

Außenrundschleifmaschine PF 43

X Zustellachse des Schleifschlittens
Y Messzangenachse zur Inprozess-
   Messsteuerung
Z Arbeitstischachse zum Pendeln
   und zum Positionieren für das Ein-
   stechschleifen
B Schwenkachse für die Schleifeinheit
W Hilfsachse für Messsteuergeräte-
   positionierung

Bild 83. Rohrförmig gestaltetes Maschinenbett einer Außenrundschleifmaschine. Die Verkleidung ist entfernt. (Schaudt GmbH / Schleifring / Stuttgart)

Torsion und Biegung

Der Widerstand geschlossener Profile gegenüber Biegung und Torsion lässt sich an der Größe der Flächenmomente 2. Grades bei Biegebelastung um $x - x$ und $y - y$ sowie Torsionsbelastung unter der Bedingung gleichen Werkstoffeinsatzes und gleicher Wandstärke ablesen, Bild 82. Die besten Werte erreichen das runde Profil (Rohr) und das elliptische Hohlprofil (bei Belastung um $y - y$).

Diese Erkenntnis wird bei der im Bild 83 dargestellten Konstruktion einer Außenrundschleifmaschine angewandt. Durch die Schleifkräfte werden neben den Biegebelastungen auch Torsionskräfte erzeugt, die zu erheblichen Bearbeitungsfehlern am Werkstück führen können. Deshalb kommt hier ein Maschinenbett aus Gusseisen zur Anwendung, dass als Rohrprofil gestaltet ist.

Einfluss von Verrippungen

Zur Versteifung werden Betten, Ständer und Kästen mit Rippen ausgestaltet. Dies gilt sowohl für Gestelle aus Gusseisen als auch aus Stahl. Dabei haben Stahlgestelle den Vorteil, dass beim Feststellen nicht ausreichender Ergebnisse an Hand von Messungen eine Korrektur durch Einschweißen zusätzlicher Rippen möglich ist, wenn es die Schweißfolgengestaltung zulässt.

Längsverrippungen in Werkzeugmaschinenständern

Im Bild 84 sind einem Ständer ohne Rippen solche mit verschiedenen Längsrippen gegenübergestellt. Zum Vergleich wird neben der relativen (Prozentualer Vergleich mit Ständer ohne Rippen = 100 %) Biege- und Torsionssteifigkeit das eingesetzte Material herangezogen.

Zunächst zeigt sich, das beim Ständer ohne Kopfplatte 5) die Torsionssteifigkeit auf nur noch ca. 10 % absinkt, obwohl der Materialeinsatz noch 93 % beträgt. Dies bedeutet, dass die Kopfplatte erheblichen Anteil am Steifeverhalten des Ständers hat und auf diese nicht verzichtet werden sollte.

Von den Längsverrippungen sind Diagonalrippen am effektivsten [3) und 4)], wenn auch bei 4) der Materialeinsatz beträchtlich ansteigt. Querrippen bringen kaum Steifigkeitserhöhungen.

Nach einem entsprechenden Entwurf eines Gestellbauteils unter Berücksichtigung solcher hier beschriebener Grundsätze kann von diesem unter Nutzung geeigneter Software eine Finite Elemente Analyse durchgeführt werden. Damit wird dem realen Verhalten unter Belastung weitgehend Rechnung getragen.

Verrippungen von Betten

Im Bild 85 wird der Einfluss von Verrippungen auf die Nachgiebigkeit des Bettes als Summe der Verformung durch 6 Einzellasten bei gleichzeitiger Wertung der Materialvolumina gezeigt. Die Werte des geschlossenen Bettes ohne Verrippung werden gleich 100 % gesetzt.

Bereits eine einfache quer angeordnete Diagonalverrippung, die auch das Materialvolumen nur um 26 % erhöht, setzt die Nachgiebigkeit bereits auf 82 % herab, 2). Äußerst wirksam sind auch hier wieder Längsrippen in diagonaler Anordnung 3), wobei der Materialanteil deutlich mehr (40 %) zunimmt. Fall 4) zeigt, dass weitere zusätzliche Querrippen keine Reduzierung der Nachgiebigkeit gegenüber 3) bringt, aber eine Materialvolumenzunahme um 15 % und damit eine unnötige Kostenerhöhung.

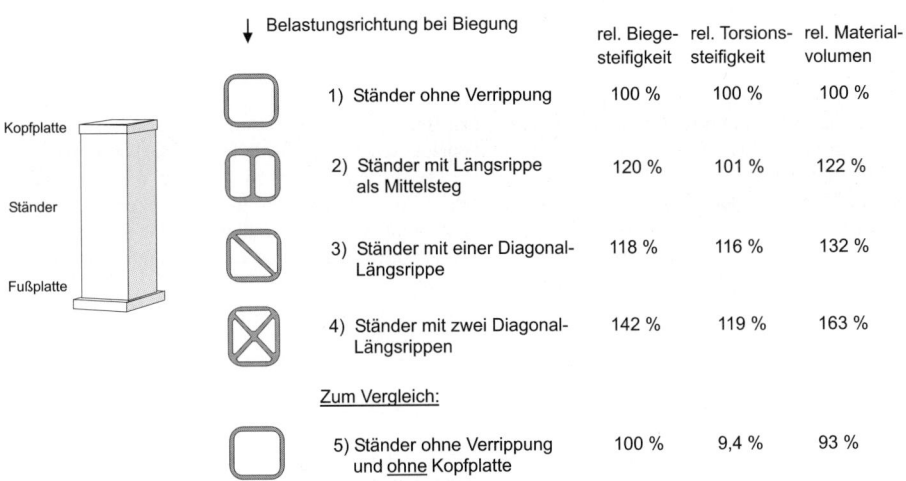

	Belastungsrichtung bei Biegung		rel. Biege-steifigkeit	rel. Torsions-steifigkeit	rel. Material-volumen
		1) Ständer ohne Verrippung	100 %	100 %	100 %
		2) Ständer mit Längsrippe als Mittelsteg	120 %	101 %	122 %
		3) Ständer mit einer Diagonal-Längsrippe	118 %	116 %	132 %
		4) Ständer mit zwei Diagonal-Längsrippen	142 %	119 %	163 %
	Zum Vergleich:				
		5) Ständer ohne Verrippung und <u>ohne</u> Kopfplatte	100 %	9,4 %	93 %

Kopfplatte

Ständer

Fußplatte

Bild 84. Relative Biege- und Torsionssteifigkeit sowie das relative Materialvolumen, bezogen auf den Ständer ohne Verrippung (100 %), bei Ständern mit verschiedenen Längsverrippungen (Nach Untersuchungen des WZL [Werkzeugmaschinenlabor] der Rheinisch-Westfälischen Technischen Hochschule [RWTH] Aachen)

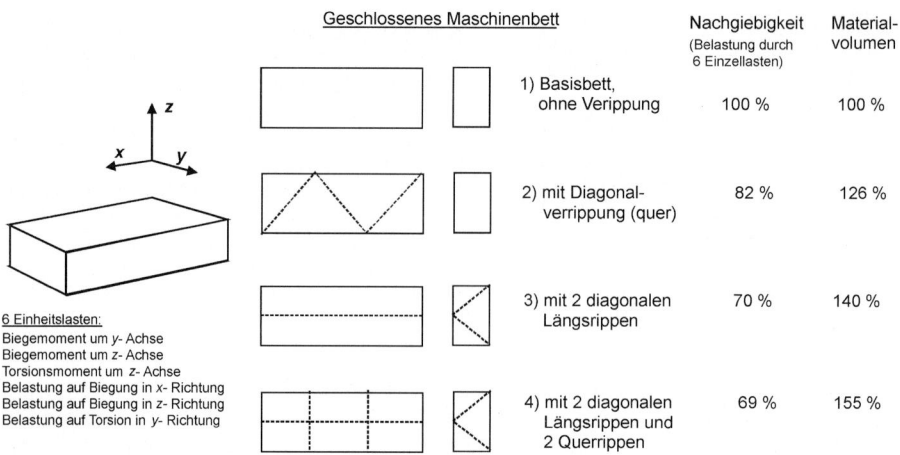

Bild 85. Geschlossene Maschinenbetten ohne und mit verschiedenen Verrippungen – Nachgiebigkeit und Materialvolumen (nach Untersuchungen des WZL der RWTH Aachen)

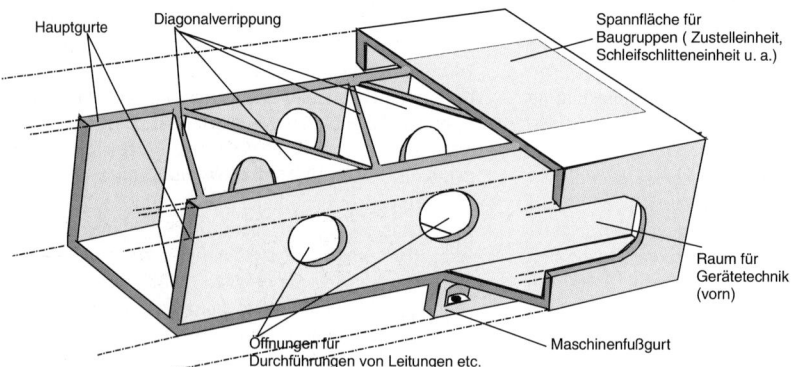

Bild 86. Geschlossenes Bett eines Wälzlagerbohrungsschleifautomaten mit Diagonalverrippung und integrierten Geräteräumen (vorn und hinten) mit Öffnungen zur Durchführung (SIW 3 B, Berliner Werkzeugmaschinenfabrik BWF GmbH)

Eine Anwendung dieser Erkenntnisse ist das im Bild 86 dargestellte geschlossene Maschinenbett des Wälzlager-Bohrungsschleifautomaten SIW 3 B der BWF GmbH Berlin, einem Betrieb des Schleifring (Körber) Hamburg.

Die beiden Hauptgurte und die Diagonalverrippung einschließlich Grund- und Deckplatte bilden das eigentliche geschlossene Bett. Letztere sind nach vorn und hinten erweitert und bilden Räume für den Einbau von Hydraulikventilkombinationen und Hydrospeicher, die wegen kürzester Nebenzeiten in der Nähe der Verbraucher (Hydromotoren) angeordnet sein müssen. Dadurch sind auch Durchführungen von Hydraulik- und Pneumatikleitungen von der Vorder- zur Rückseite der Maschine durch das Bett erforderlich. Dabei ist auf ausreichende *thermische Steife* zu achten (z. B. Anwendung der Kalthydraulik).

Die Deckplatte dient als Aufspannfläche für die Funktionalbaugruppen der Schleifmaschine. Diese sind:
Die Zustellschlitteneinheit mit dem darauf angeordneten Werkstückantrieb und der Werkstückspanneinrichtung sowie die Schleifeinheit mit dem Werkzeugschlitten und der auf diesem montierten Schleifspindel.

Dabei ist darauf zu achten, dass als Spannfläche nur das Feld zwischen den beiden Hauptgurten genutzt wird, damit eine korrekte *Krafteinleitung* möglich ist.

Krafteinleitung, Verschraubungen an Gestellen

Krafteinleitung

Diese erfolgt in der Regel über die Führungsbahnen zwischen Schlitten und Ständern einerseits und Tischen und Betten anderseits, d.h. eine entsprechende Integration der Führung in das Gestell ist erforderlich.

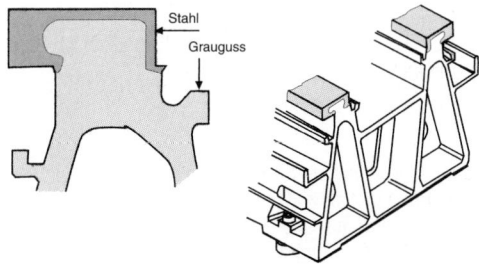

Bild 87. Krafteinleitung über die Führungsbahnen in das steif und symmetrisch gestaltete Bett eines Fräszentrums (Hitachi Seiki, Japan)

Dies ist beispielhaft gelöst bei dem im Bild 87 dargestellten Maschinenbett. Der Kraftfluss wird von den Führungsbahnen in die steif gestalteten Längsverrippungen geleitet. Durch einen symmetrischen Aufbau wird auch meist ein günstiges thermisches Verhalten erreicht.

Verschraubungen an Gestellen
Befestigungsschrauben sollten nicht über einen äußeren freiliegenden Flansch am Gestell wirksam werden, da dieser, wenn er nicht zusätzlich versteift ist, eine große Biegelänge aufweist. Die Befestigungsstelle ist in das Gestell zu integrieren. Dadurch entsteht eine große Steife und auch eine gestalterisch gute Lösung. Eine solche ist im Bild 87 rechts dargestellt. Die Schraubbefestigung mit dem Fundament am Bett unten links ist dementsprechend ausgeführt.

Bei der Anwendung von *Reaktionsharzbeton*, welcher im wesentlichen konstruktionsseitig druckbeansprucht werden kann, erfolgt die Verbindung mit den Anbauteilen (Führungsbahnaufsätze, Montageplatten u.a.) mittels Verschrauben, Eingießen oder Kleben.

Zum Verschrauben müssen Gegenstücke aus Stahl im Beton verankert werden. Dies sind in der Regel mit einer Gewindebohrung ausgestattete Eingießkörper, meist mit Hinterschnitt, Verbundanker oder Spreizdübel.

Besonderheiten der Gestaltung von Gestellen aus Reaktionsharzbeton

Bild 88 zeigt die kompakte Konstruktion eines Granitan-Bettes. Die Wandstärke liegt bei ca. 60 ... 80 mm, d. h. das Dreifache eines Gussbettes bei gleichem Gewicht. Besonders das Dämpfungsverhalten gegenüber Grauguss ist wesentlich besser, Bild rechts unten. Eine Auswahl von Eingießteilen, die sich formfest mit dem Mineralgusskörper verbinden, zeigt Bild 88 oben links. Diese nehmen insbesondere Zug-, Biege- und Torsionsbelastungen z.B. beim Befestigen von Gegenbauteilen auf. Verrippungen entfallen in der Regel. Durchbrüche, Kabeldurchführungen und zur Gewichtseinsparung auch Polystyrol-Hartschaumkerne können direkt eingegossen werden.

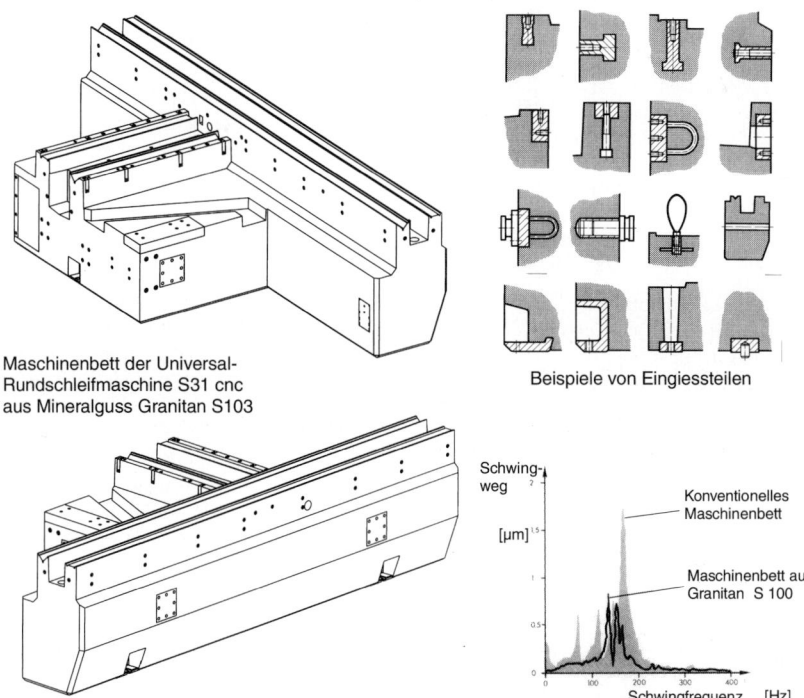

Maschinenbett der Universal-Rundschleifmaschine S31 cnc aus Mineralguss Granitan S103

Beispiele von Eingiessteilen

Bild 88. Maschinenbettgestaltung und Verhalten von Mineralguss Granitan (Studer AG, Thun, Schweiz)

Dynamische Einflüsse auf die Gestaltung

Freie gedämpfte Schwingungen

Diese werden erzeugt durch Stöße aus dem Bearbeitungsprozess, Zahneingriffsstöße als Ursache von Eingriffsteilungsfehlern u.a. Sie regen das schwingungsfähige System zu Schwingungen in dessen Eigenfrequenz an (bei Einmassensystemen).

Die Differentialgleichung lautet:

$$m\ddot{x} + \rho\dot{x} + cx = 0 \qquad (37)$$

für die Eigenkreisfrequenz gilt

$$\omega_0 = \sqrt{\frac{c}{m}} \qquad (38),$$

dabei ist:

x = Weg,
$\dot{x}$ = Geschwindigkeit,
$\ddot{x}$ = Beschleunigung,
c = Steife,
ρ = Dämpfungsfaktor,
m = Masse

Erzwungene Schwingungen

Diese werden hervorgerufen durch periodisch wirkende äußere Kräfte $F(t)$.

Die Differentialgleichung lautet:

$$m\ddot{x} + \rho\dot{x} + cx = F(t) \qquad (39)$$

Diese periodischen Kräfte können unabhängig von ihrer Frequenz sein (Bild 89 links) oder bei *Massenkrafterregung* mit der Erregerfrequenz ω (Drehfrequenz der Erregermasse) durch Fliehkraftwirkung wachsen.

Diese Massenkrafterregung entsteht durch rotierende Teile mit Restunwuchten, wie Getriebe- und Motorwellen in der Werkzeugmaschine (Bild 89 rechts).

Federkrafterregung liegt vor, wenn z. B. eine an sich sehr gut ausgewuchtete Riemenscheibe eine Exzentrizität aufweist, so dass der Antriebsriemen periodisch gespannt und entspannt wird, der Betrag der Kraftänderung aber im wesentlichen unabhängig von der Drehfrequenz der Riemenscheibe ist. Der Unterschied liegt darin, dass bei Federkrafterregung beim Frequenzverhältnis = 0 die Amplitude A gleich dem statischen Ausschlag A_0 entspricht. Der Einfluss der Dämpfung im Resonanzbereich ist erkennbar.

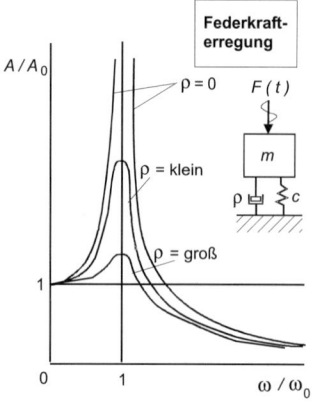

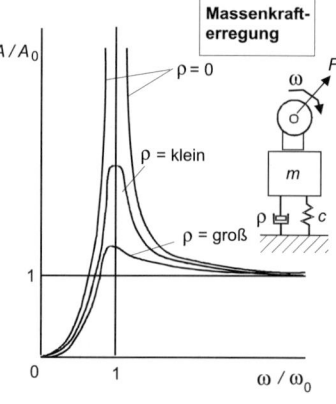

Bild 89.
Amplitudenverhältnis A/A_0 als Funktion des Frequenzverhältnisses ω/ω_0 bei erzwungenen Schwingungen durch Feder- und Massenkrafterregung

Aus der Beziehung über die Eigenkreisfrequenz ω_0 ist zu erkennen, dass eine hohe Steife und geringe Massen zu hohen Werten und damit in den meisten Fällen zu einer hohen dynamischen Steife führen. Es sind aber immer die Größen der Erregerfrequenzen zu beachten, z.B. wenn die max. Drehzahl einer Schleifspindel von 60.000 1/min [1000 Hz] der Werkzeugspindel eines Fräszentrums mit 9.000 1/min [150 Hz] gegenübergestellt wird. Bei einer Eigenfrequenz von z.B. 170 Hz des betroffenen Gestells wird sich eine Frässpindelunwucht erheblich auswirken, der Einfluss der Schleifspindel dagegen bei gleicher Kraftkomponente geringer sein, Bild 89 rechts.

Die dritte Möglichkeit, die *Dämpfungskrafterregung*, liegt in den meisten Fällen bei äußeren Schwingungserregern vor, deren Schwingungen über das Maschinenfundament beispielsweise auf das Maschinenbett übertragen werden.

Genauere Ergebnisse aus dem Gestellentwurf können auch bei dynamischen Belastungen nur über die Methode der Finiten Elemente erzielt werden. Deren Bestätigung kann nur durch Messungen am Funktionsmuster erfolgen.

Selbsterregte Schwingungen

Diese entstehen aus dem Zerspanungsprozess und werden durch dessen ständige Energiezufuhr aufrecht erhalten. Die Schwingung erfolgt dabei in der Eigenfrequenz eines dynamisch schwachen Bauteils. Ein Vergleich ist die Schwingung des Pendels einer Uhr mit seiner Eigenfrequenz, bestimmt aus Pendelmasse und Pendellänge. Die Energiezufuhr erfolgt über die potentielle Energie des Gewichts.

Durch Veränderung der Prozessparameter kann die Stabilität des Zerspanungsprozesses wieder erreicht werden. Dies geschieht aber meist zu Lasten der Produktivität, also über Verringerung oder Veränderung der Spanquerschnitte. Allerdings können auch Veränderungen der Einspannbedingungen der Werkzeuge, in bestimmten Fällen auch der Werkstücke, zur Stabilisierung der Zerspanung führen.

2.6 Werkzeug- und Werkstückspanner

2.6.1 Werkzeugspannsysteme für rotierende Werkzeuge

Steilkegelschaft 7 : 24 nach DIN 69871/ DIN 69872
Die heute hauptsächliche Aufnahme zeichnet sich insbesondere für CNC-Bearbeitungszentren mit automatischem Werkzeugwechsel durch ihre Universalität, steife Bauweise und leichte Wechsel- und Speichermöglichkeit aus, siehe Bilder 2. und 3. und Beschreibungen im Abschnitt 2.1.
Eine Auswahl aus einem Werkzeugaufnahmesystem nach DIN 69871 zeigt Bild 90. Neben Aufnahmen für Standardwerkzeuge einschließlich entsprechender Adapter, wie Spannhülsen mit Morsekegelaufnahme für Spiralbohrer (Zwischenmodul 1.21 im Bild 90), können auch ausgesprochene Spezialwerkzeuge, wie Rückwärtsbohrstangen oder Mehrspindelbohrköpfe im System integriert werden. Auch 3D-Messtaster

sind in das System einbezogen und sind mit ihren elektrischen Anschlüssen automatisch im CNC-Bearbeitungszentrum einwechselbar.

Hohlschaftkegel (HSK)-Aufnahme nach DIN 69893
In den letzten Jahren hat sich die HSK-Aufnahme als Spanner für rotierende Werkzeuge entwickelt. Das Prinzip ist im Bild 91 dargestellt. Im ungespannten Zustand beim Werkzeugwechsel liegt der Werkzeughohlkegel nur im vordersten Teil der Spindelnase an. Es ist ein Spiel zwischen der axialen Anlagefläche des Werkzeugspanners und der Spindelnase vorhanden, im Bild links. Durch den axialen Anzug der Werkzeugkupplung entstehen axiale und radiale Kräfte im Hohlraum des HSK-Kegels, die eine hohe Steife und Genauigkeit sichern.
Ein wesentlicher Vorteil der HSK-Spannung ist die Erhöhung der Spannkraft bei Drehzahlerhöhung durch die höheren Fliehkräfte. Der Anzug gegen die Stirnfläche verhindert axiale Verschiebungen, im Bild 91 Mitte.
Im Bild 91 rechts ist eine Motor-HF-Schleifspindel gezeigt, die eine HSK-Aufnahme für Innenschleifdorne besitzt. Über eine Anzugstange und den damit verbundenen Kupplungsfingern erfolgt die Spannung.

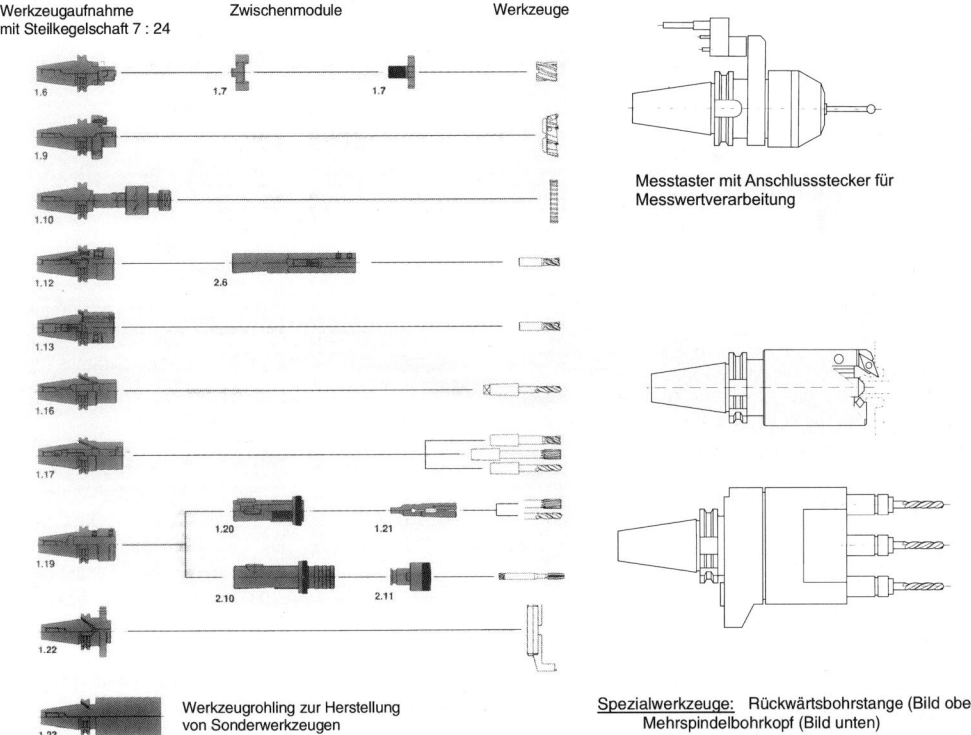

Werkzeugaufnahme mit Steilkegelschaft 7 : 24 Zwischenmodule Werkzeuge

Messtaster mit Anschlussstecker für Messwertverarbeitung

Werkzeugrohling zur Herstellung von Sonderwerkzeugen

Spezialwerkzeuge: Rückwärtsbohrstange (Bild oben) Mehrspindelbohrkopf (Bild unten)

Bild 90. Werkzeugaufnahmesystem nach DIN 69871, Werkzeuge und Zubehör (Auswahl) (Deckel, München)

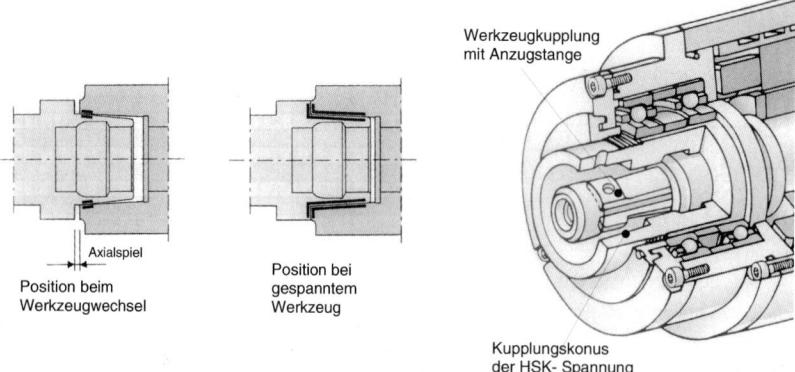

Werkzeugkupplung
mit Anzugstange

Axialspiel

Position beim
Werkzeugwechsel

Position bei
gespanntem
Werkzeug

Kupplungskonus
der HSK- Spannung

Bild 91. Prinzip der HSK-Werkzeugaufnahme und HSK-Aufnahme im Kopf einer Motor-HF-Schleifspindel GNS (Gamfior SpA, Turin, Italien)

2.6.2 Werkzeugspannsysteme für feste und angetriebene Werkzeuge

Solche Systeme werden bei CNC-Drehmaschinen und CNC-Komplettbearbeitungszentren für Futterteile und für die Wellenbearbeitung angewandt, und zwar überall dort, wo Werkzeugrevolver zum Einsatz kommen.

Werkzeugrevolver können mit Aufnahmen ausschließlich für feste Werkzeuge und mit solchen für feste und angetriebene Werkzeuge ausgerüstet werden. Bei letzteren ist ein entsprechender Werkzeugantrieb erforderlich.

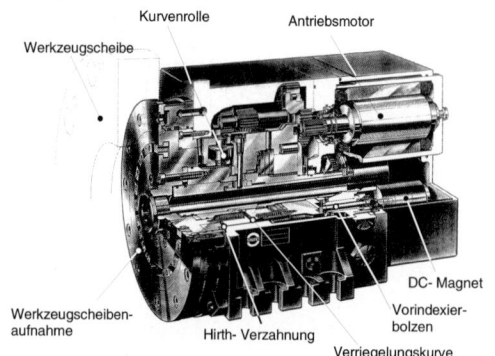

Kurvenrolle
Werkzeugscheibe
Antriebsmotor

DC- Magnet
Vorindexier-
bolzen
Werkzeugscheiben-
aufnahme
Hirth- Verzahnung
Verriegelungskurve

Bild 92. 12-fach-Werkzeug-Scheibenrevolver für feste Werkzeuge
(Sauter Feinmechanik GmbH, Metzingen)

Bild 92 zeigt einen 12 fach-Werkzeugscheibenrevolver für feste Werkzeuge. Die Werkzeugscheibe wird auf die Werkzeugsysteme des Anwenders zugeschnitten hergestellt. Um eine hohe Präzision in der Positionierung zu erreichen, wird dazu eine Hirth-Stirnverzahnung angewandt. Das Schwenken der Werkzeugscheibe erfolgt über einen AC-Antriebsmotor. Nach einer Vorindexierung über einen elektromagnetisch betätigten Vorindexierbolzen erfolgt die Verrie-gelung über eine Kurve und Kurvenrollen.

Revolver mit angetriebenen Werkzeugen sind meist so gestaltet, dass das in der Bearbeitungsposition befindliche Werkzeug über eine Kupplung, wie im Bild 93 gezeigt, oder über ein schaltbares Ritzel angetrieben wird. In einem 12-fach-Werkzeugrevolver können meist bis zu vier angetriebene Werkzeuge zum Einsatz kommen. Die anderen Positionen können mit festen Werkzeugen belegt werden.

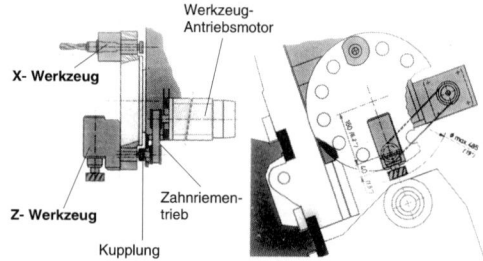

Werkzeug-
Antriebsmotor

X- Werkzeug

Z- Werkzeug

Zahnriemen-
trieb

Kupplung

Bild 93. Werkzeug-Scheibenrevolver mit angetriebenen und festen Werkzeugen. Die Darstellung zeigt das Antriebsprinzip und je ein angetriebenes Werkzeug in X- und Z-Richtung. (+ GF +, Schaffhausen, Schweiz)

In großem Umfang werden Werkzeughalter nach Bild 94. eingesetzt. Durch ein schräg in der Werkzeugscheibe angeordnetes Druckstück, welches in die Schaftverzahnung des Werkzeughalters eingreift, wird über deren Anzug mittels Schraube der Werkzeughalter sowohl axial als auch radial geklemmt. Damit entsteht eine steife und präzise Verbindung mit dem Revolver.

Die Werkzeuge können entweder in einer *Werkzeug-voreinstelleinrichtung* außerhalb der Maschine im Werkzeughalter eingestellt und die Positionswerte in das CNC-Programm übernommen werden oder dies geschieht automatisch über Werkzeugsensor (Tool eye) in der Maschine.

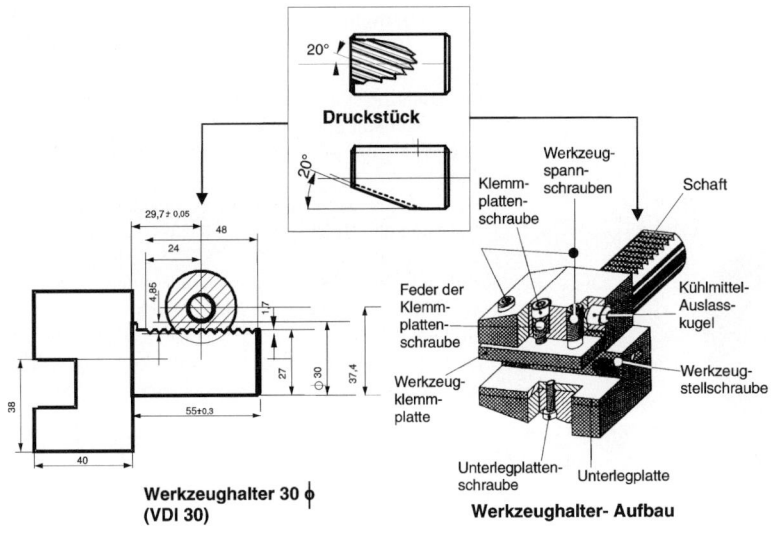

Bild 94.
Werkzeughalter nach
DIN 69880 (Schaft
nach VDI 3425 Bl. 2)
für CNC-Drehmaschi-
nen und Bearbeitungs-
zentren

Weitere Werkzeugspannsysteme haben sich besonders mit der Anwendung angetriebener Werkzeuge
entwickelt und sind im Einsatz.

2.6.3 Werkstückspanner für rotierende Werkstücke

Die Art der Aufnahme über Kurzkegel nach DIN
55026 ... 55029 ist im Abschnitt 2.1 erläutert.

Spannfutter:
Sie unterteilen sich in:
– *Handspannfutter* als Keilstangen (Dreibacken)-
   oder Planspiralfutter (Drei-, Vier-. oder Sechsba-
   cken-), Zweibackenfutter mit Doppelgewinde-
   spindel für unregelmäßig geformte Werkstücke,
   Planscheiben mit vier unabhängig voneinander
   verstellbaren Schnellwechselbacken und Plankur-
   venfutter für große Abmessungen.

– *Kraftspannfutter*
   Moderne Kraftspannfutter sind beispielsweise
   Keilhakenfutter mit großer Durchgangsbohrung,
   Fliehkraftausgleich und integrierter Schmierstoff-
   reserve, Bild 95 (siehe auch Bild 1 des Kapitels
   2.1)

Die *Betätigung* der Kraftspannfutter kann *hydraulisch, pneumatisch oder elektrisch* erfolgen. Als Beispiel ist im Bild 96 eine hydraulisch betätigte Hohlspanneinrichtung dargestellt. Das Kraftspannfutter
mit Fliehkraftausgleich ist mit einem Futterflansch
am Arbeitsspindelkopf befestigt. Über einen umlaufenden hydraulischen Hohlspannzylinder, welcher
über einen Zylinderflansch auf der Arbeitsspindel
befestigt ist, erfolgt die Spannbetätigung über ein
Zugrohr auf die Keilhaken des Spannfutters. Das
Ölzuführungsgehäuse zum Zylinder steht ortsfest und

enthält die Öl-Zu- und Abführung. Eine Spannweg-
Überwachung komplettiert die Einrichtung.

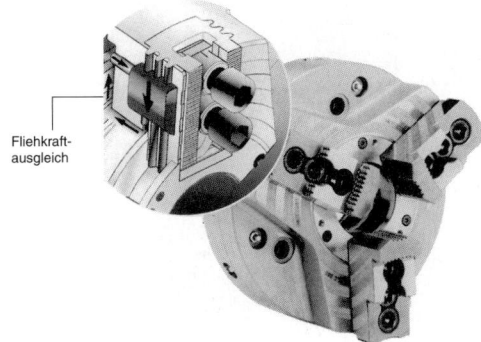

Bild 95. Kraftspannfutter 3 QLC (Keilhakenfutter
mit Fliehkraftausgleich für n_{max} bis 8 000 U/min)
(FORKARDT GmbH, Erkrath)

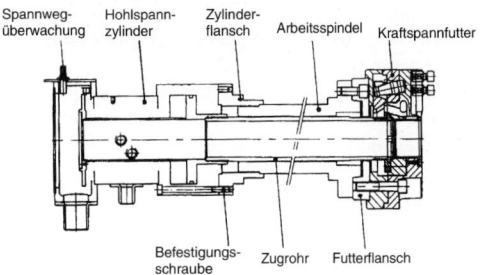

Bild 96. Hydraulisch betätigte Hohlspanneinrichtung
(FORKARDT GmbH, Erkrath)

Spannzangen:
Sie werden angewendet bei Spannen von Stangenma-
terial und bei geforderter hoher Rundlaufgenauigkeit.
Im Bild 97 wird eine Lamellen-Spannzange gezeigt,

die Werkstücke bis 200 mm Durchmesser und auch dünnwandige Werkstücke ohne Verformung mit einer Rundlaufgenauigkeit 0,01 mm spannt.

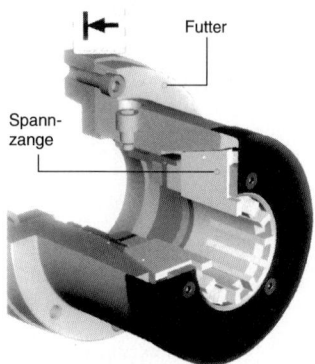

Lamellenspannzange LZK

Bild 97. Lamellenspannzange (FORKARDT GmbH, Errath)

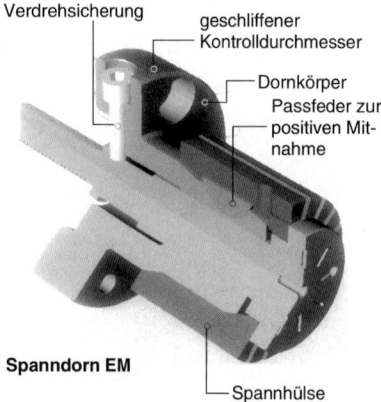

Spanndorn EM

Bild 98. Spanndorn mit Spannhülse (FORKARDT GmbH, Errath)

Spanndorne
Durch die Expansion der ohne Nachjustierung austauschbaren Spannhülse von 0,8 mm sind sie sowohl für automatisches Be- und Entladen geeignet und weisen Wiederhol-Spanngenauigkeiten von < 0,012 mm auf, Bild 98.

2.6.4 Werkstückspanneinrichtungen für feststehende Werkstücke

Unter feststehenden Werkstücken werden insbesondere solche mit prismatischer Grundform verstanden, welche entweder fest auf der Spannfläche des Arbeitsschlittens oder zur Vier- oder Fünfseitenbearbeitung auf einem schwenkbaren Maschinentisch, welcher auch als Wechseltisch aufgebaut sein kann, gespannt sind. Auch eine erforderliche Ergänzungsbearbeitung runder Teile zählt zu dieser Definition.

Maschinenschraubstöcke
Sie umfassen in der Regel das Zubehör von Bohr- und Fräsmaschinen sowie CNC-Bearbeitungszentren und sind, meist mit pneumatischer oder hydraulischer Kraftspannung ausgerüstet, in der Einzel- und Kleinserienfertigung in großem Umfang in der Anwendung.
Dazu zählen auch zentrisch spannende Flachspannsysteme hoher Präzision.

Zubehör zum Aufspannen eines oder mehrerer Werkstücke auf dem Maschinentisch
Größere Werkstücke werden einzeln oder mehrfach (z. B. bei Langhobelmaschinen) direkt auf dem Maschinentisch gespannt. Als Spannelemente dienen:

– Spanneisen verschiedener Formen, Bild 99.
– Spannpratzen, Bild 100.
– Kraftbetätigte Spanneisen, meist über Pneumatikzylinder
– Spannunterlagen zum Höhenausgleich zur Spannfläche, Bild 99.
– Spannwinkel zur Aufspannung an einer senkrechten oder schrägen Fläche
– Magnetspannplatten (für Flächenschleifmaschinen)

Spannvorrichtungen aus dem Baukasten
Bei kleineren Serien, wie sie beispielsweise im Maschinenbau üblich sind, bilden die Baukasten-Vorrichtungen den Schwerpunkt in der Fertigung prismatischer Teile, Bild 100.

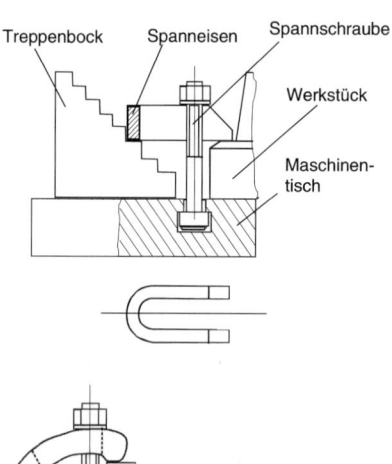

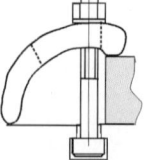

Bild 99. Spanneisen, Spannklaue und Treppenbock

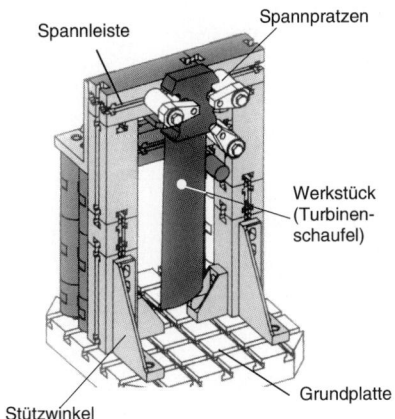

Bild 100. Baukastenvorrichtung aus dem Nutsystem (E. Halder KG, Laupheim)

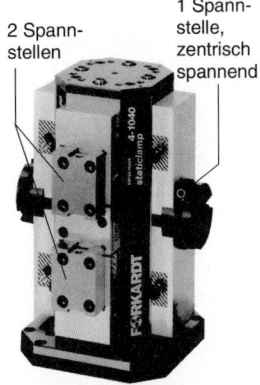

Bild 101. Mehrfachaufspannung auf einem Turm, Flachspannprogramm *staticlamp* (FORKARDT GmbH, Erkrath)

Spanneinrichtungen für größere Serien, Bild 101. Bis zu acht Werkstücke können auf diesem Turm gespannt werden. Unter Nutzung eines CNC-Bearbeitungszentrums mit Schwenktisch wird eine optimale Bearbeitung bei hoher Flexibilität durch schnellen Spannbacken- und Plattenwechsel erreicht.

3 Steuerungs- und Automatisierungstechnik an Werkzeugmaschinen

3.1 Baugruppen und Aufgaben

Eine leistungsfähige und funktionssichere Steuerungstechnik ist die ist die Voraussetzung für die Automatisierung der Werkzeugmaschinen und der Produktionsprozesse (Definition nach DIN 19226 siehe Abschnitt Steuerungstechnik).

Eine Steuerung umfasst eine Reihe von Baugruppen. Dazu zählen:
- Speicher (Kurve, Lochband, Diskette, elektronischer Speicher (RAM, EPROM), u. a.)
- Steuerketten und Regelkreise
- Gesteuerte und geregelte Organe (Servomotore als Schlittenantrieb, E-Magnete, E-Magnetkupplungen, Steuerventile u. a.)
- Schalter, Sensoren, Näherungsinitiatoren, Messsysteme

Bei Werkzeugmaschinen haben Steuerungen folgende Aufgaben:
- Einleiten und Beenden der Bewegungen von Arbeitsspindeln, Werkzeugschlitten, Arbeitstischen, Werkzeug- und Werkstückwechseleinrichtungen, Arbeitsraumtüren
- Zu- und Abschalten von Hilfsstoffen
- Verändern von Drehzahlen, Geschwindigkeiten, Kräften und Momenten
- Arbeitsspindeln, Werkzeugschlitten, Arbeitstische mit erforderlicher hoher Genauigkeit in die gewünschte Position fahren

3.2 Konventionelle Steuerungstechnik an Werkzeugmaschinen

3.2.1 Mechanisch gesteuerte Automaten

Erste mechanisch gesteuerte Automaten für die Dreh- und Ergänzungsbearbeitung wurden bereits gegen Ende des 19. Jahrhunderts entwickelt. Sie wurden im Laufe des 20. Jahrhunderts technisch weiter ausgebaut und haben auch heute, im Zeitalter der CNC-Technik, dort, wo ausgesprochene Großserien- und Massenfertigung vorliegt, ihre Bedeutung noch nicht verloren. Hauptelement dieser Automaten ist die Steuerkurve, als Kurvenscheibe oder Kurventrommel eingesetzt. In ihr ist sowohl der Weg als auch die Geschwindigkeit des von ihr angetriebenen Werkzeugschlittens gespeichert. Die Übertragung erfolgt mit direkten mechanischen Mitteln ohne zusätzliche Verstärkung, Bild 1.

Einspindel-Revolverdrehautomaten

Im Bild 2 ist der Getriebeplan eines Einspindel-Revolverdrehautomaten mit Hilfssteuerwelle dargestellt. Die Hilfssteuerwelle besitzt eine konstante höhere Drehzahl, um die Schaltvorgänge der Hilfsbewegungen, die von auf der Hauptsteuerwelle sitzenden Nocken ausgelöst werden, in kurzer Zeit auszuführen.

Auf der Hauptsteuerwelle, die sich pro Werkstück-Operativzeit einmal um 360° dreht, sitzen die Kurve für den Revolverschlitten und die Seitenschlittenkurven. Die Schlittengeschwindigkeit wird durch den Kurvenanstieg bestimmt, der Weg durch Anfangs- und Endpunkt eines Kurven-Abschnittes. Die Schaltung des Revolverkopfes erfolgt über ein Malteserkreuzgetriebe. Nach dem Schalten wird der Revolverkopf wieder automatisch verriegelt.

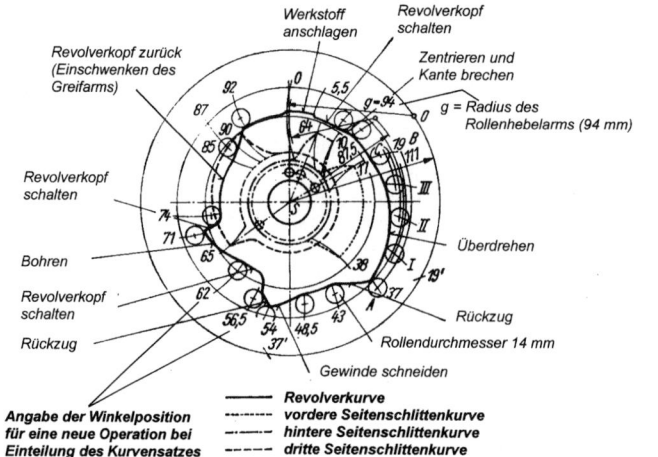

Bild 1.
Steuerkurvensatz für einen
Einspindelautomaten

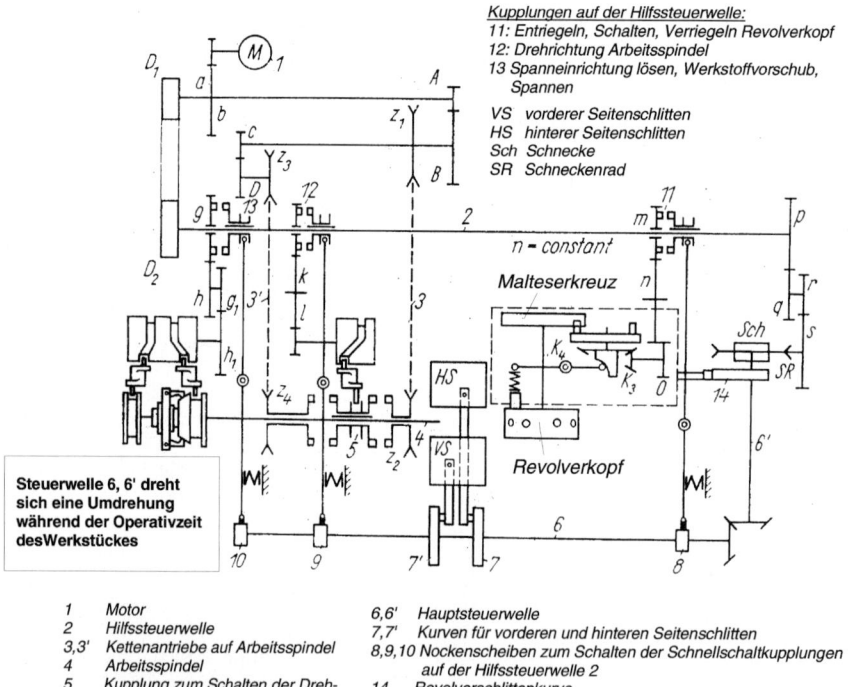

1   Motor
2   Hilfssteuerwelle
3,3' Kettenantriebe auf Arbeitsspindel
4   Arbeitsspindel
5   Kupplung zum Schalten der Dreh-
    richtung der Arbeitsspindel

6,6' Hauptsteuerwelle
7,7' Kurven für vorderen und hinteren Seitenschlitten
8,9,10 Nockenscheiben zum Schalten der Schnellschaltkupplungen
    auf der Hilfssteuerwelle 2
14 Revolverschlittenkurve

Bild 2. Getriebeschaltplan eines konventionellen Einspindel-Revolverdrehautomaten mit Hilfssteuerwelle
(Index, Esslingen)

Über Wechselräder kann die für die Fertigung geeignete Drehzahl der Hauptsteuerwelle von der Hilfssteuerwelle abgeleitet werden. Der Maschinenaufbau
ist rein mechanisch und damit kostengünstig und
robust. Hauptproblem ist, dass für jedes neue Zeich-
nungsteil ein neuer Kurvensatz benötigt wird und die
Umrüstung längere Zeit benötigt. Die Kurvenkon-
struktion und -herstellung kann aber heute sehr ratio-

nell über ein CAD-CAM-Programm online auf einem
CNC-Fräszentrum erfolgen, so dass nach wie vor bei
Vorhandensein großer Serien eine rationelle Ferti-
gung möglich ist.

Mehrspindeldrehautomaten

Da beim Mehrspindeldrehautomaten die Fertigungszeit für ein Werkstück nicht größer ist als die der

längsten Bearbeitungsoperation am Werkstück, gilt der Mehrspindler genau wie die Taktstraße bei der Fertigung prismatischer Teile (Motorenzylinderblöcke u. a.) als die derzeit produktivste Werkzeugmaschine in der spanenden Fertigung runder Teile.

Durch den relativ komplizierten Aufbau (Spindeltrommel und deren Lagerung, Aufnahmen der Arbeitsspindeln in der Trommel, Präzision der Trommelschaltbewegung u. a.) kann meist nur eine mittlere Arbeitsgenauigkeit erreicht werden. Höchste Präzision ist dann doch den CNC-Maschinen vorbehalten.

Aber in der Weichbearbeitung von Automobilteilen, Standard-Wälzlagerringen, Normteilen etc. wird der Mehrspindel-Drehautomat weiterhin mit großem Erfolg eingesetzt.

Bild 3 zeigt eine moderne Konstruktion eines Achtspindelautomaten mit AC-Antriebsmotorentechnik, stufenloser Drehzahleinstellung und deren Umsetzung über Scheibenkurven für die Vorschübe der Seiten- oder Querschlitten sowie für die Längsschlitten, schneller Austausch der Scheibenkurven, Ergänzung der Mechanik durch einzelne oder mehrere CNC-Schlitten für Fertigung komplizierter Konturen oder Teilefamilien sowie automatischer Korrektursteuerung zur Erhöhung der Präzision.

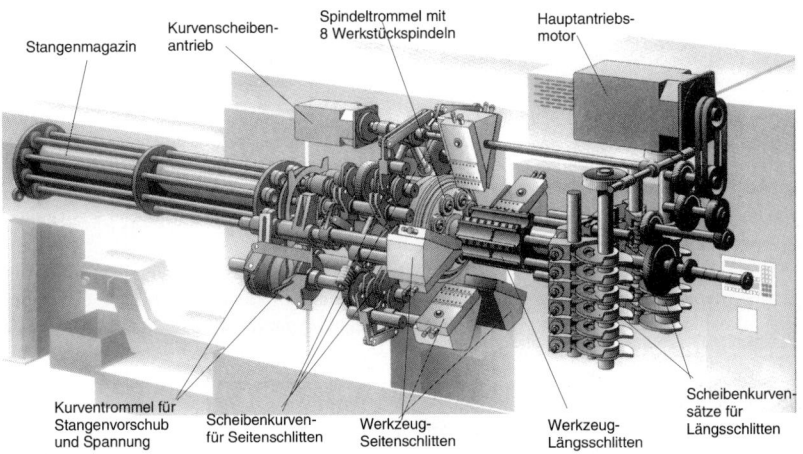

Bild 3. Mehrspindeldrehautomat für Stangenbearbeitung mit 8 Spindeln PM 26.8 (PITTLER TORNOS, Leipzig)

3.2.2 Programmsteuerungen

WZM oder Baueinheiten ohne CNC-Steuerung, aber mit automatischer Ablauffolge, werden häufig dort verwendet, wo in größeren Abständen umgerüstet werden muss, beispielsweise in

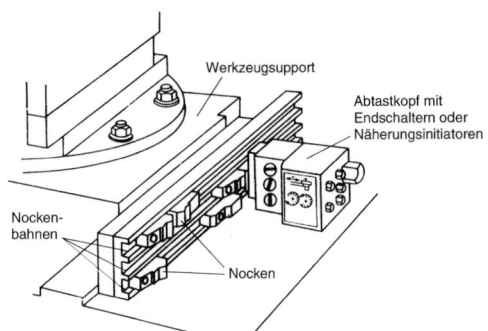

Bild 4. Nockensteuerung über Endschalter oder Näherungsinitiatoren

Taktstraßen und Fertigungslinien. Für nicht zu hohe Anforderungen hinsichtlich Positioniergenauigkeit

oder für Schaltkommandos wie „Umschalten von Eilgang- auf Arbeitsgeschwindigkeit" eines Werkzeugschlittens ist dieser mit *Nockenbahnen* ausgerüstet. Die Nocken betätigen über direkten Kontakt oder berührungslos elektrische oder elektronische Schalter, Bild 4.

Die logische Verknüpfung erfolgt heute in der Regel über die *speicherprogrammierte Steuerung* (*SPS*). Von dieser werden entsprechende Kommandos an Aktoren gegeben (Magnetventile, Kupplungen, Motoren u. a.). Von einer SPS können auch einzelne CNC-Achsmodule angesteuert werden, wenn diese innerhalb der Folgesteuerung aus Gründen der Präzision oder der Kompliziertheit des Bewegungsablaufs gebraucht werden.

Bei Anwendung hydraulischer Antriebe werden häufig *Anschlagsteuerungen* angewandt. Ein hydraulisch betätigter Arbeitsschlitten fährt gegen einen präzis einstellbaren Anschlag und wird durch den Öldruck gegen diesen gedrückt. Über den Druckanstieg kann zusätzlich ein Druckschalter betätigt werden, wodurch der nächste Teilschritt des automatischen Ablaufs eingeleitet werden kann.

3.3 Numerische Steuerungen

3.3.1 Definition

Numerische Steuerungen werden als *NC- oder CNC-Steuerungen* bezeichnet.

NC ist die Abkürzung für – *Numerical Control* –. Dies bedeutet: Steuern mit Ziffern oder Zahlen, d. h. die direkte Eingabe eines Positionswertes eines Werkzeugschlittens als Zahlenfolge ist möglich.

Alle Bewegungen und Positionen, die zur Bearbeitung eines Werkstückes erforderlich sind, einschließlich der Arbeitsspindeldrehzahlen, Vorschubgeschwindigkeiten und Hilfsfunktionen, wie Handhabung und Speicherung der Werkzeuge und Werkstücke, werden durch das *NC-Programm* der Steuerung vorgegeben.

Bei Maschinen mit *NC-Steuerungen* wird das NC-Programm stets in der Arbeitsvorbereitung erstellt und mittels Datenträger (in der Regel Lochstreifen) der NC-Maschine zugeführt.

Seit Ende der siebziger Jahre zunehmend und heute ausschließlich werden numerische Steuerungen *als CNC-Steuerungen* ausgeführt.

CNC ist die Abkürzung für – *Computerized Numerical Control* – d. h. diese Steuerungen besitzen *Mikrorechner*, die einschließlich weiterer Steuerungsbaugruppen, z. B. PLC (Programmable Logic Controler = SPS), in die Steuerungshardware der Maschine integriert sind. Wesentlicher weiterer Bestandteil ist die Bedientafel mit dem Display, heute meist als Farbbildschirm in der Anwendung, einschließlich der Tastatur, mit dessen Hilfe auch eine werkstattorientierte Programmierung an der Maschine möglich ist.

Die möglichen Steuerungsarten sind im Bild 5 dargestellt. Am einfachsten ist die *Punktsteuerung*, die u.a. bei CNC-Koordinatenbohrmaschinen ausreichend ist. Die *Streckensteuerung* wird besonders bei einfachen CNC-Drehmaschinen angewandt, bringt aber heute wegen des geringen Preisunterschiedes zu Bahnsteuerungen keinen Effekt mehr.

Steuerungsarten

Da sich heute immer mehr der Trend durchsetzt, auf einem Bearbeitungszentrum alle Bearbeitungen an einem Werkstück komplett durchzuführen, hat sich die *3-Achsen-Bahnsteuerung* weitgehend durchgesetzt. Dabei stehen die Bewegungen der einzelnen Achsen zueinander in funktioneller Abhängigkeit. Der Interpolator rechnet für einen kleinen Wegabschnitt die zu koordinierende Bewegungsfolge nach Richtung und Geschwindigkeit. Bei modernen Steuerungen können höhere Interpolationsverfahren, wie Spline- und Polynom-Interpolation zur Anwendung kommen.

Die *5 Achsen-Bahnsteuerung* wird durch die Interpolation der beiden Schwenkachsen A und C bei der Herstellung sehr komplizierter räumlicher Flächen mit Hinterschnitten, wie sie im Formenbau vorkommen, genutzt. Auch kann die Werkzeugkontur ständig den günstigsten Winkel zur Oberflächentangente einnehmen.

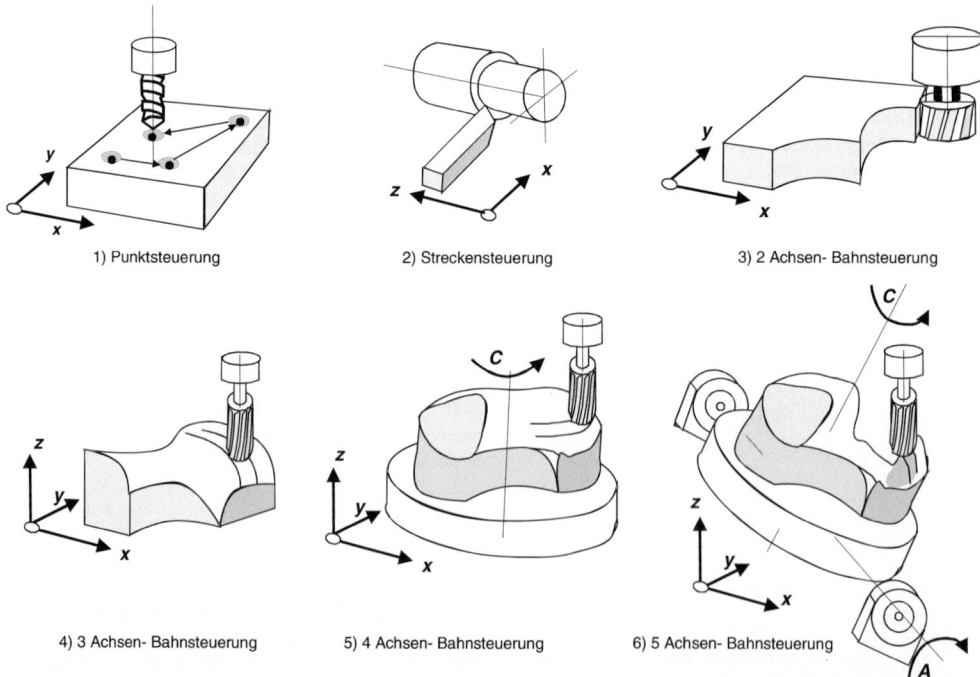

1) Punktsteuerung   2) Streckensteuerung   3) 2 Achsen- Bahnsteuerung

4) 3 Achsen- Bahnsteuerung   5) 4 Achsen- Bahnsteuerung   6) 5 Achsen- Bahnsteuerung

Bild 5. Die Steuerungsarten [(die Bahnsteuerungen 3) bis 6) werden durch Interpolator koordiniert]

3.3.2 Aufbau und Funktion von CNC-Steuerungen

Bild 6 zeigt den grundsätzlichen Aufbau einer CNC-Steuerung. Generell gilt:
Die CNC-Steuerung stellt Lage- und Geschwindigkeits-<u>Sollwerte</u> für die NC-Achsen sowie Ausgabewerte für <u>Schaltbefehle</u> zur Verfügung.

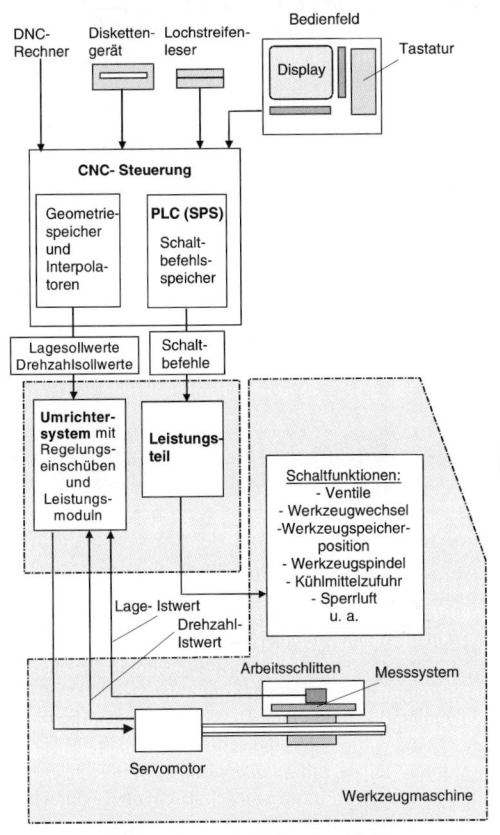

Bild 6. Grundsätzlicher Aufbau einer CNC-Steuerung

In einem Umrichtersystem mit Regler und Leistungsmodul erfolgt die Regelung des Servomotors einer CNC-Achse nach dessen Führungsgrößen „Lagesollwert" und „Drehzahlsollwert", wobei über Messsysteme Lage- und Drehzahl-Istwert erfasst und dem Regelsystem zugeführt werden.
Eine PLC in der Steuerung erteilt entsprechend des NC-Programms zum programmierten Zeitpunkt die gewünschten Schaltbefehle, welche über ein Leistungsteil (Leistungstransistoren, Relais, Motorschalter etc.) an die ausführenden Organe geleitet werden.
Moderne CNC-Steuerungen bestehen aus einem kompakten digitalen Komplettsystem, Bild 7. Das dargestellte System CNC 840D mit digitalen Antrieben „SIMODRIVE 611 digital" ist ein „offenes" System für Werkzeugmaschinenhersteller-Applikatio-

nen, beispielsweise mittels Visual Basic Programmierung unter Nutzung einer Windows-Oberfläche über ein MMC-Kommunikationsmodul. Die Steuerungsaufgaben werden über eine NCU (Numerical Control Unit)-Baugruppe durchgeführt, die aus einem hochintegrierten Mehrprozessorensystem besteht, welches CNC-CPU, PLC-CPU und Mikroprozessoren für Kommunikationsaufgaben enthält. Dieses System kann in einer NCU-Box im Einschub des Umrichtersystems eingegliedert werden. Bis zu acht interpolierende Achsen und die 5 Achsen-Bearbeitung sind möglich. Die Steuerung kann mechanische Störgrößen wie Reibung, Lose und mechanische Spindelsteigungsfehler kompensieren. Die Systemsoftware kann über eine Speicherkarte mit Adapter auf einfache Weise ausgetauscht werden.

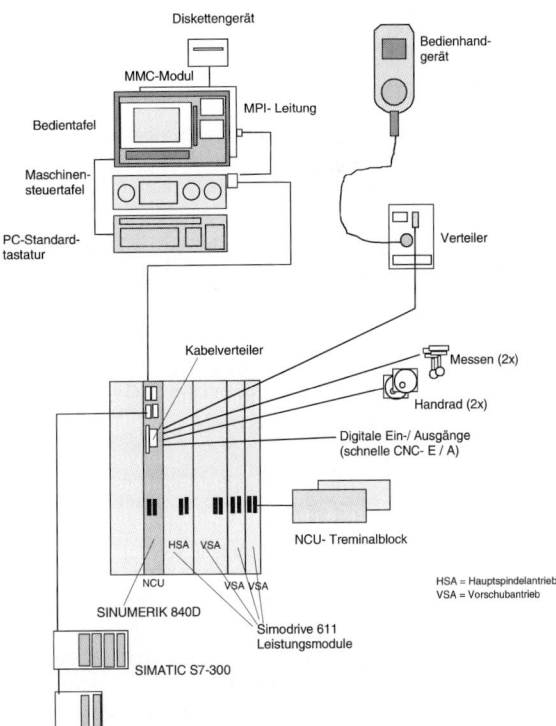

Bild 7. Kompaktes digitales Komplettsystem SINUMERIK 840D
(Siemens AG, Motion Control Systeme, Erlangen)

Auch Messtasterfunktion, Digitalisierung einer Oberflächengestalt, elektronisches transportables Handrad und Fernbediengerät sind bei solchen Steuerungen heute üblich.

Bedienerführung

Die modernen CNC-Steuerungen verfügen heute über eine *Bedienerführung* mittels grafischer und numerischer Bildschirmunterstützung (Benutzeroberfläche). Dies gibt es bereits seit längerer Zeit beispielsweise für CNC-Schleifmaschinen, wo zum Einrichten des Programms das know how des Einrichters erforderlich ist. Eine DIN-Programmierung ist dort nicht oder nur mit viel Aufwand möglich. Auch bei anderen Fertigungsverfahren führt sich die Bedienerführung immer mehr ein. Ein wesentlicher Bestandteil solch einer Bedienerführungssoftware sind wiederkehrende *Unterprogramme*, sog. Makros. Ein solches Makro ist beispielsweise der Abrichtzyklus an Schleifmaschinen. Er wird über eine Kennung aufgerufen und mit den erforderlichen Parametern versehen.

Programmierung numerischer Werkzeugmaschinen

Die Programmierung von CNC-Werkzeugmaschinen wird gesondert im Abschnitt P behandelt.

3.4 Die numerische Achse

3.4.1 Grundforderungen

Die *numerische Achse* bildet die *Gesamtheit eines Vorschub- oder/und Positionierantriebes, ausgehend von den* durch die CNC-Steuerung bereitgestellten *Lage- und Drehzahlsollwerten* über die Umrichter, Regler und Leistungsmoduln bis zum Servomotor, dem Kugelgewindetrieb und seiner Lagerung, den Meßsystemen zur Erfassung des momentanen Lageistwertes und der Istdrehzahl sowie der Qualität der Schlittenführung hinsichtlich Steife und Reibverhalten. Alternativ dazu tritt an Stelle des Servomotors (heute als Drehstrom-Synchronmotor) der Linearmotor mit einem linearen Lagemeßsystem.

Forderungen:
– Hohe Dynamik des Systems, um eine präzise Positionierung des Arbeitsschlittens zu erreichen
– Hohe Beschleunigung bis zum Erreichen des Eilgang-Sollwertes
– Schnelle Verzögerung beim Umschaltpunkt auf Arbeitsgeschwindigkeit
– Schnelle Verzögerung beim Einfahren in eine gewünschte Schlittenposition
– Präziser Stopp des Schlittens beim Erreichen der gewünschten Position ($< 1\ \mu m$), d. h. geringster Zeitverlust bei höchster Positioniergenauigkeit
– Die Schlittengeschwindigkeit muss stufenlos stell- oder regelbar sein. Sie muss über das NC-Programm vorgegeben werden können
– Die Bewegungen sollen sowohl linear oder bei Rundvorschüben und C-Achsen-Positionierung auch als Kreisbewegung ausführbar sein
– Die numerische Achse muss in ihrer Gesamtheit einschließlich der Regelkreise eine hohe statische und dynamische Steife aufweisen, um z.B. Kraftschwankungen aus dem Bearbeitungsprozess problemlos aufzunehmen
– Es dürfen keine Schwingungserscheinungen auftreten

– Die Umkehrspanne darf Werte um $0,1\ ...\ 1\ \mu m$ je nach Qualitätsforderungen nicht überschreiten

Im Diagramm Bild 8 sind idealer und realer Verlauf eines von einer numerischen Achse ausgeführten Zustellvorgangs beim Einstechschleifen dargestellt. Je näher der reale Verlauf dem idealen folgt, desto besser ist die Qualität der numerischen Achse einschließlich all ihrer Komponenten.
Der reale Geschwindigkeitsverlauf zeigt in der Gegenüberstellung ein leichtes Überschwingen bei s'_{r1} und ein aperiodisches Verhalten durch zu starke Dämpfung bei s'_{r2}.
Durch zu große Differenz zwischen idealem und realem Verlauf kommt es durch unterschiedliches Erreichen der Fertigmaßposition zum Positionsfehler.

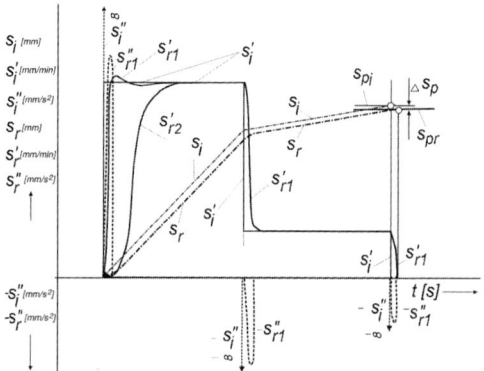

s_i [mm]	=	idealer Zustellweg
s'_i [mm/min]	=	idealer Zustellgeschwindigkeitsverlauf
s''_i [mm/s²]	=	idealer Beschleunigungs-/Verzögerungsverlauf
s_r [mm]	=	realer Zustellweg
s'_r [mm/min]	=	realer Zustellgeschwindigkeitsverlauf
s''_r [mm/s²]	=	realer Beschleunigungs-/Verzögerungsverlauf
s_{pi}	=	Soll-Position
s_{pr}	=	Ist-Position
Δs_p	=	Positionsfehler

Bild 8. Idealer und realer Verlauf eines Zustellvorgangs mittels CNC-Achse beim Einstechschleifen

3.4.2 Der Regelkreis einer numerischen Achse

Analoge Regelung

Um den unter 3.4.1 genannten Forderungen zu genügen, werden an den Regelkreis einer numerischen Vorschubachse bei analoger Vorschubregelung erhebliche Anforderungen gestellt. In der Regel werden Lageregelkreise mit unterlagerter Geschwindigkeits- und Stromrückführung angewendet.

Ein solcher Regelkreis ist im Bild 9 dargestellt.

Der zur Anwendung kommende Drehstromservomotor ist ein dauermagneterregter Synchronmotor mit Magnetmaterial aus seltenen Erden im Motorläufer, Schutzart IP 64, IP 67 und Wartungsfreiheit. Über ein Gebersystem werden Motordrehzahl und Rotorlage erfasst. Der Synchronmotor hat keine Kommutationsgrenze. Im Mikroprozessor des Drehzahlreglers ist der Regelalgorithmus implementiert (Regelcharakteristik mit PI-Verhalten).

Der Lagesollwert oder die Führungsgröße kommt von der Steuerung als Impulskette, wobei die Zahl der Impulse ein Maß für den zu verfahrenden Weg und die Impulsfrequenz ein Maß für die Solldrehzahl sind. Der Lageregler besitzt meist P-Verhalten. Die Lage-Regelabweichung bildet den Sollwert für den Drehzahlregler. Die Drehzahl-Regelabweichung bildet dann den Sollwert für den Stromregler, welcher meist eine Regelcharakteristik mit PID-Verhalten besitzt.

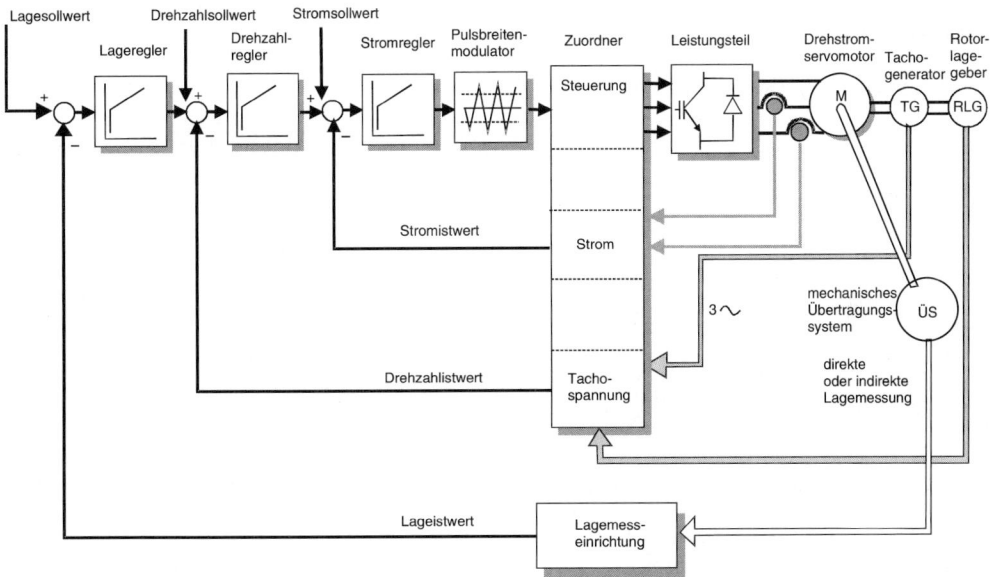

Bild 9. Analoge Vorschubregelung mit Drehstromservomotor als Lageregelkreis mit unterlagerter Geschwindigkeits- und Stromrückführung (Siemens AG, Motion Control Systeme, Erlangen)

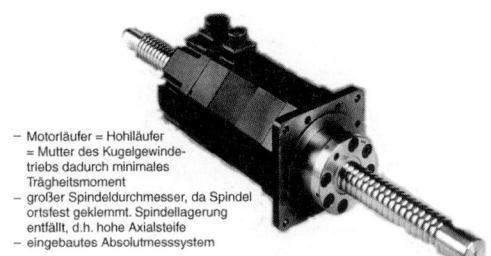

– Motorläufer = Hohlläufer
  = Mutter des Kugelgewindetriebs dadurch minimales Trägheitsmoment
– großer Spindeldurchmesser, da Spindel ortsfest geklemmt. Spindellagerung entfällt, d.h. hohe Axialsteife
– eingebautes Absolutmesssystem

Bild 10. Drehstromservomotor mit feststehender Kugelgewindespindel und einem als Kugelgewindemutter ausgebildeten Hohlläufer des Motors (GE FANUC Automation, Oshinomura, Japan)

Das dem Sollwert möglichst fehlerfreie Folgen des Lageistwertes wird realisiert durch:

- Hohe Kreisverstärkung des Regelkreises (Kv-Faktor)
- Hohe Dämpfung zur Vermeidung von Instabilitäten und Erscheinungen des Überschwingens

- Geringe Zeitkonstanten des Antriebes
- Kleine Massenträgheitsmomente der rotierenden Teile – oder – keine rotierenden Teile
- Hohe mechanische Eigenfrequenz
- Hohe Steifigkeit der im Kraftfluss liegenden mechanischen Elemente
- Spielfreiheit der mechanischen Übertragungselemente (Kugelgewindetrieb, Führungen u.a.) bei allen vorkommenden Belastungen
- Das Verhältnis der Eigenfrequenzen des mechanischen Übertragungssystems zum Regelkreis sollte sein: $\omega_{0\ \text{Mechanik}} > 2\ \omega_{0\ \text{Regelkreis}}$

Ein Beispiel dafür, wie aufbauend auf einer analogen Vorschubregelung und dem rotatorischen Prinzip dessen wesentliche Nachteile bezüglich der vorstehenden Faktoren vermieden werden können, ist der in Bild 10 gezeigte Servomotor. Durch das Prinzip „–feststehende Spindel – Motor am Schlitten angeflanscht – Motorläufer ist zugleich Gewindemutter" werden die Flächenmomente 2. Grades der rotierenden Bauteile auf ein Mindestmaß reduziert und die Spindel kann durch die damit mögliche Vergrößerung ihres Durchmessers sehr steif gestaltet werden.

Vorschubregelung im digitalen Komplettsystem

Am Beispiel der Vorschubregelung im digitalen System „SINUMERIK 840D/ SIMODRIVE 611 digital", Bild 11 wird deren Funktionsweise erläutert.

Die Regelung des digitalen Vorschubmoduls basiert auf einem leistungsfähigen *Signalprozessor*, mit dem die achsspezifische Strom- und Drehzahlregelung ausgeführt wird. Über einen *Kommunikations-*

baustein wird der Datenverkehr zur Lageregelung abgewickelt.

Die Regelung ist optimal auf spezifische Drehstrom-Servomotoren mit sinusförmiger Stromvorgabe und damit hervorragender Laufruhe sowie deren steife Konstruktion abgestimmt.

Neben der hohen Regeldynamik werden parametrierbare Filter zur Dämpfung mechanischer Resonanzen eingesetzt. Der Maschinen-Kv (Kreisverstärkungsfaktor) wird durch die digitale Regelung erheblich erhöht.

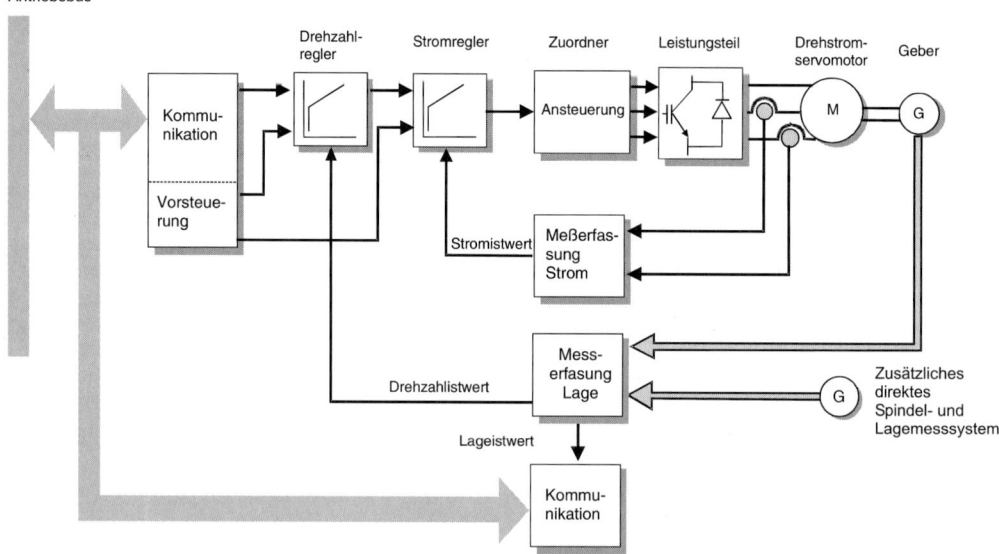

Bild 11. Vorschubregelung im digitalen System „SINUMERIK 840D / SIMODRIVE 611 digital" (Siemens AG, Motion Control Systeme, Erlangen)

Vorschubregelung im digitalem System mit Linearmotor

Linearmotoren sind die technisch perfekte Lösung für Vorschubschlitten mit digitaler Antriebsregelung.

Entscheidende Vorteile sind:
– Reduzierung der mechanischen Baugruppen
– Wegfall rotierender Bauteile und Baugruppen
– Vermeidung von nachteiligen Elastizitäts-, Spiel- und Reibungseffekten
– Wegfall von Eigenschwingungen im Antriebsstrang
– Vorschubkräfte zwischen 1 000 bis 15 000 N
– Beschleunigung ohne zusätzliche Last bis 27 g
– Spitzengeschwindigkeiten bis 4 m/s
– Berührungsfreie Bewegung (Luftspalt zwischen Gleiter und Magnetbahn ca. 1 mm)

Linearmotoren sind in der Regel dauermagneterregte Drehstrom-Synchronmotoren. Die im Primärteil ent-

stehende Verlustwärme kann über eine integrierte Flüssigkeitskühlung abgeführt werden. Als Magnetmaterial kommen seltene Erden zur Anwendung. Den Aufbau eines Linearmotorantriebes zeigt Bild 12.

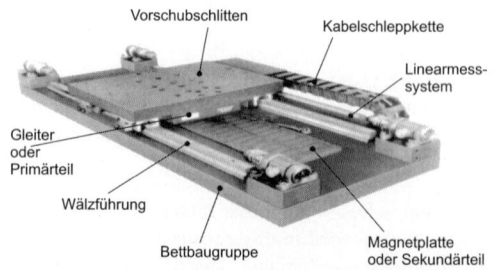

Bild 12. Aufbau eines Linearmotorantriebes für einen Vorschubschlitten
(GE FANUC Automation, Oshinomura, Japan)

3.4.3 Wegmesssysteme zur Lageistwerterfassung

Einteilung der Wegmesssysteme:

- Nach der Messwertabnahme in:
  – rotatorisch – oder – translatorisch –

- Nach der Messwerterfassung in:
  – digital – oder – analog –

- Nach dem *Messverfahren* in:
  – inkremental – oder – absolut –

Im Bild 13 sind die Unterschiede zwischen der inkrementalen und absoluten Maßbildung dargestellt. Die inkrementale Maßbildung entspricht der Eintragung von Kettenmaßen in einer Konstruktionszeichnung (Bild 13 oben). Bei der absoluten Maßbildung werden alle Maße von einem Ausgangspunkt P0 festgelegt (Bild 13 unten).

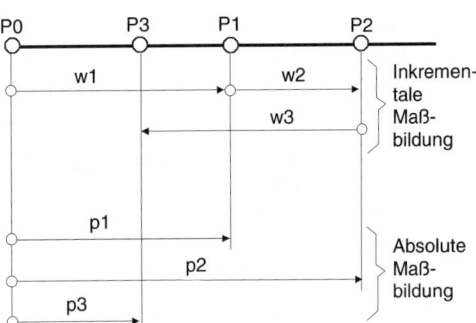

Bild 13. Inkrementale und absolute Maß bildung

Analoge Messwerterfassungen, z. B. auf induktiver Basis (Resolver) finden heute nur noch für untergeordnete Zwecke Anwendung.

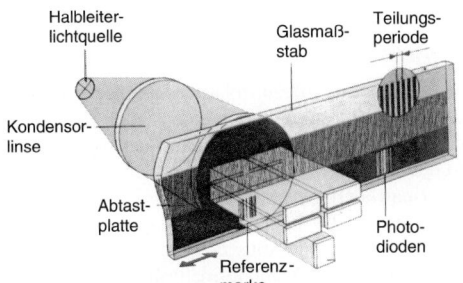

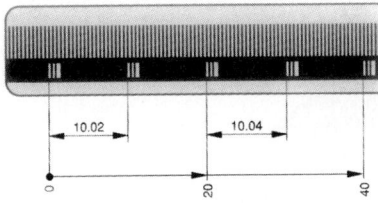

Bild 14. Digital-inkrementales Messprinzip auf photoelektrischer Basis mit Glasmaßstab und translatorischer Messwertabnahme im Durchlichtverfahren (Bild links) Der Maßstab besitzt codierte Referenzmarken zur Ermittlung der aktuellen Position und zum Suchen des Referenzpunktes (Bild rechts). (Dr. Johannes Heidenhain GmbH, Traunreut)

Inkrementale Systeme
Das häufig zur Anwendung kommende digital-inkrementale Messprinzip ist im Bild 14 als translatorischer Maßstab dargestellt. Die Abtastplatte besitzt vier Abtastfelder und reduziert eine Teilungsperiode des Maßstabes auf ein Viertel. Die weitere Unterteilung der Abtastsignale erfolgt über eine elektronische Interpolationsschaltung. Durch codierte Referenzmarken werden Nachteile des inkrementalen Messverfahrens weitgehend aufgehoben.
Bild 15 zeigt ein auf gleichem Prinzip wirkendes Wegmeßsystem mit *rotatorischer* Messwertabnahme als inkrementaler Drehgeber. Drehgeber werden in der Regel beim Einsatz von Servomotoren mit Kugelgewindetrieb angewendet.
Der Anbau dieser Drehgeber erfolgt entweder an der Kugelgewindespindel direkt oder am bzw. im Servomotor. Da Fehler im Kugelgewindetrieb nicht erfasst werden, hängt die Genauigkeit der Lage-Istwerterfassung von der Qualität und der thermischen Steife der Kugelgewindespindel ab.
Ansonsten sind solche Systeme kostengünstig und

erfüllen häufig die an die CNC-Werkzeugmaschine gestellten Anforderungen.

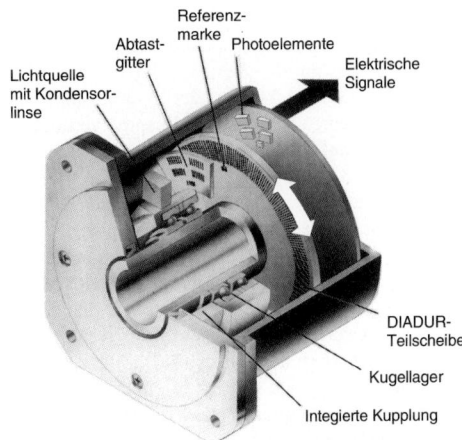

Bild 15. Inkrementaler Drehgeber mit integrierter Kupplung, Teilscheibe und Referenzmarke. (Dr. Johannes Heidenhain GmbH, Traunreut)

Absolute Systeme

Der Positionswert steht hier unmittelbar nach dem Einschalten zur Verfügung und kann jederzeit von der Steuerung abgerufen werden.

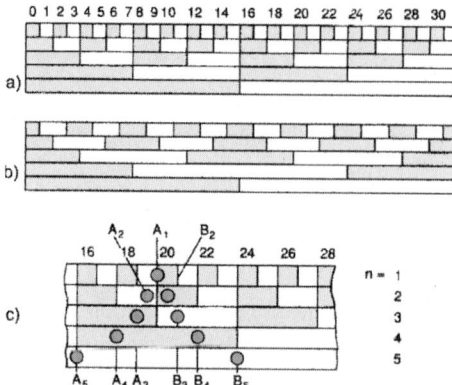

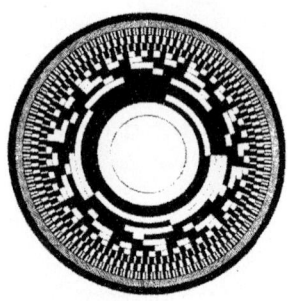

Bild 16. Absolute Messverfahren – Code-Arten a) Dual-Code, b) Gray-Code, c) V-Abtastung (A_n, B_n phasenversetzte Abtaststellen) (Dr. Johannes Heidenhain GmbH, Traunreut)

Dual codierte Scheibe mit 12 Spuren – digital-absolut-rotatorisch (Zeiss, Jena)

Der einfachste Code ist der Dual-Code, Bild 16a). Hier ist dieser für die Zahlen 0 bis 30 mit fünf Spuren dargestellt. Mittels der V-Abtastung c) können Probleme an den Intervallkanten verhindert werden. Bis auf die feinste Spur werden in allen Spuren zwei Signale A und B abgelesen. Der Gray-Code, b), benötigt weniger Aufwand an der Abtaststelle durch Überlappen der einzelnen Spuren. Das im Bild 17 dargestellte absolute Messverfahren benötigt nur wenige Teilungsspuren auf dem Maßstab, was durch die Interpolation der Signale aus jeder Spur erreicht wird. In jeder Spur werden mit vier Ablesefenstern und einer größeren Anzahl von Strichen zwei Signale erzeugt, die sicher 256fach interpoliert werden können und mit der Information der feinsten Spur synchronisiert werden. Der im Ergebnis gewonnene absolute Positionswert wird über einen Bus an die Steuerung übertragen. Mit sieben Teilungsspuren kann eine Messlänge vom >

3 m absolut in Messschritten von 0,1 µm gemessen werden.

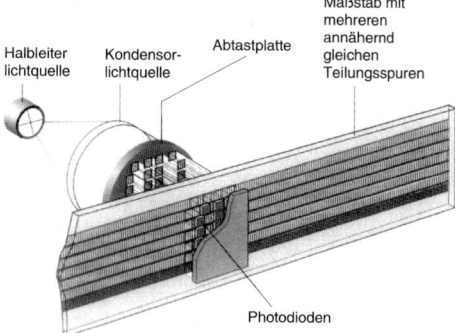

Bild 17. Absolutes Messverfahren mit wenigen Teilungsspuren (Dr. Johannes Heidenhain, Traunreut)

Konstruktiver Aufbau von translatorischen Messsystemen

Während der Aufbau rotatorischer Messsysteme relativ robust ausgeführt werden kann (Bild 15), sind bei translatorischen Systemen erhebliche Maßnahmen zur Sicherung der Genauigkeit und einer einwandfreien Funktion unter den Bedingungen der Produktion (Späne, Kühlschmiermittel, Staub, Temperatureinflüsse) erforderlich, Bild 18. Besonders den Dichtungsmaßnahmen ist große Aufmerksamkeit zu schenken.

Längsschnitt

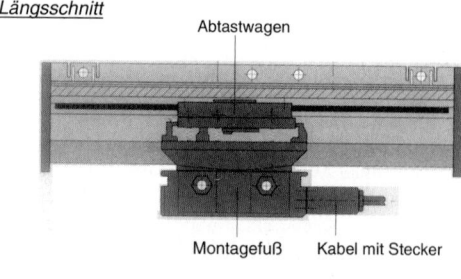

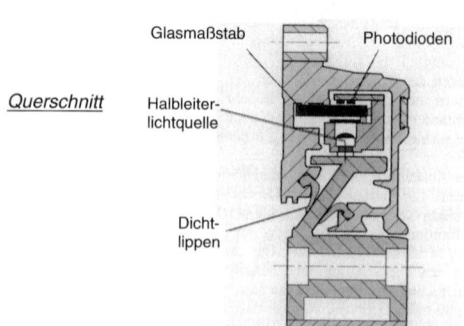

Bild 18. Gekapseltes photoelektrisches Längenmesssystem mit Messschritten von 1 oder 0,5 µm (Dr. Johannes Heidenhain, Traunreut)

4 Entwicklung der Werkzeugmaschine zum Komplettbearbeitungszentrum

In den letzten zwei Jahrzehnten hat sich die klassische, vorwiegend auf die Anwendung eines Fertigungsverfahrens ausgerichtete Werkzeugmaschine (Drehmaschine, Fräsmaschine, Bohrmaschine, Schleifmaschine usw.) zum Bearbeitungszentrum (BAZ) zur Komplettfertigung entwickelt, Bild 1.

Gründe für eine solche Entwicklung:
- Die Komplettbearbeitung des Werkstückes in einer Aufspannung sichert höchste Qualität, insbesondere in den Lage- und Formtoleranzen
- Der Lager-, Handlings- und Transportbedarf der Werkstücke in der Produktion wird erheblich reduziert
- Die Zahl der Fertigungsplätze (Werkzeugmaschine einschließlich Werkstück- und Werkzeugspeicher sowie Handhabeeinrichtungen) wird reduziert.
- Die Flexibilität in der Produktion erhöht sich
- Die Zahl der Bedienkräfte verringert sich
- Die Kosten sinken

Voraussetzungen für diese Entwicklung:
- Die Entwicklung der CNC-Steuerungs- und Antriebstechnik, besonders Mikrorechner, digitale Antriebe und Meßsysteme höchster Präzision
- Die Entwicklung leistungsfähiger Fertigungsverfahren und Werkzeuge mit hohen Standzeiten (CBN-Werkzeuge, Schneidkeramik, HSC-Fräsen, Lasertechnik)
- Hohe statische, dynamische und thermische Steife der Gestellbaugruppen, wodurch die zeitparallele Bearbeitung mit gleichen oder unterschiedlichen Fertigungsverfahren möglich wird

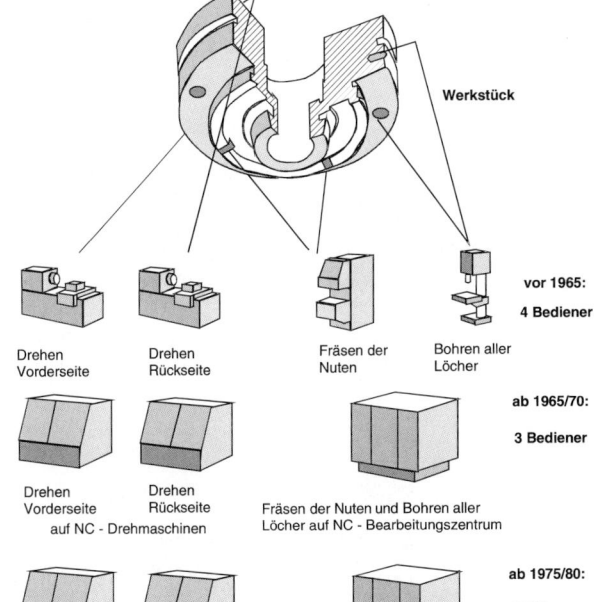

Werkstück

Drehen Vorderseite

Drehen Rückseite

Fräsen der Nuten

Bohren aller Löcher

vor 1965:
4 Bediener

Drehen Vorderseite

Drehen Rückseite

auf NC - Drehmaschinen

Fräsen der Nuten und Bohren aller Löcher auf NC - Bearbeitungszentrum

ab 1965/70:
3 Bediener

Drehen Vorderseite

auf CNC - Drehmaschinen

Drehen Rückseite

fahrerloses leitlinjengeführtes Transportfahrzeug

Fräsen der Nuten und Bohren aller Löcher auf CNC - Bearbeitungszentrum

ab 1975/80:
0,5 bis 1 Bediener

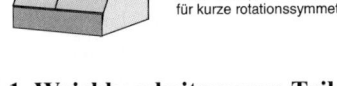

Flexibles Fertigungssystem

CNC - Komplett - Bearbeitungszentrum für kurze rotationssymmetrische Teile

nach 1990:
0,5 bis 1 Bediener

Bild 1.
Entwicklung der Produktivität bei der Weichbearbeitung von Futterteilen

4.1 Weichbearbeitung von Teilen mit überwiegend runder Gestalt

4.1.1 Bearbeitung von Futterteilen

Der im Bild 2 dargestellte Arbeitsraum eines CNC-Stangenbearbeitungszentrums (max. Werkstückdurchmesser 26 mm) zeigt die Arbeitsspindel als numerische Achse C_1 und die Gegenspindel C_2 zur Werkstückaufnahme für die Bearbeitung der Werkstückrückseite. Beide Spindeln sind mit Zangenspannung ausgerüstet. Die Gegenspindel ist zur Übernahme des auf der Vorderseite bearbeiteten Werkstückes in der numerischen Achse Z_3 verfahrbar. Die beiden Werkzeugrevolverköpfe mit je 12 Werkzeugaufnahmen sind in den CNC-Achsen X_1, Z_1 bzw. X_2, Z_2 verfahrbar, der Revolverkopf 1 dazu noch in einer Y-Achse. Mit dieser Konstellation können nahezu alle an einem Werkstück notwendigen Grund- und Ergänzungsbearbeitungen durchgeführt werden.

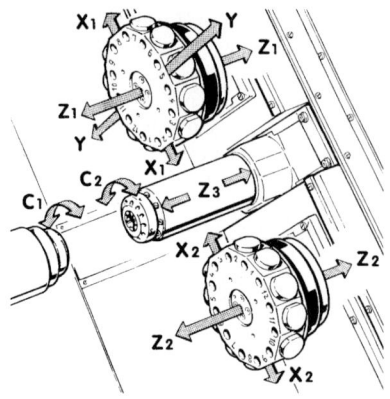

Bild 2.
Arbeitsraum des Komplettbearbeitungs-Zentrums
TNS 26 (Traub, Reichenbach/Fils)

<u>1) Arbeiten mit rotierender Arbeitsspindel und festen Werkzeugen</u>

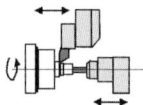

Drehen/Gewinde drehen aussen und innen,
Gewinden mit selbstöffnenden Köpfen
Bohren, Tieflochbohren, Profile innen und aussen räumen
(Beispiel: aussen drehen, bohren)

<u>2) Arbeiten mit rotierender Arbeitsspindel und angetriebenen Werkzeugen</u>

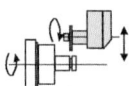

Bohren gegenläufig, Gewindebohren über-/unterholend
Aussen- und Inneneinstiche sägen, Mehrkantdrehen und
Gewindefräsen über Synchronantrieb
(Beispiel: Ausseneinstich sägen)

<u>3) Arbeiten bei positionierter Arbeitsspindel mit angetriebenen Werkzeugen</u>

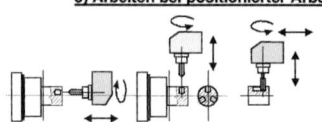

Bohren, Gewinden Nutenfräsen in
z- Richtung-
x- Richtung-
schräg zu x- und z- Achse
Flächen und Schlitze fräsen
(Beispiele: Bohren in z- Richtung, in x- Richtung,
Nutenfräsen in z- Richtung)

<u>4) Arbeiten an lage- und geschwindigkeitsgeregelter Arbeitsspindel (C- Achse)</u>

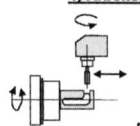

Stirnseitige Umfangsnuten, Spiralnuten, Polygone fräsen mit Schaftfräser,
Umfang- und Längsnuten fräsen mit Schaftfräser,
Polygone fräsen mit Scheibenfräser, Konturen fräsen und Gravieren
(Beispiel: Umfangs- und Längsnutenfräsen mit Schaftfräser)

<u>5) Arbeiten an der Rückseite des Werkstückes</u>

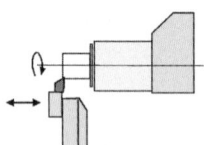

Werkstückbearbeitung nach automatischer Übergabe
an eine rotierende Gegenspindel analog zu den
Bearbeitungsmöglichkeiten der Vorderseite des
Werkstückes
(Beispiel: Aussendrehen an der Werkstückrückseite)

Bild 3.
Bearbeitungsmöglichkeiten
auf einem Komplett-
Bearbeitungszentrum
(TNS 30, Traub, Reichen-
bach/Fils)

Einen Überblick über die Bearbeitungsmöglichkeiten eines solchen Zentrums für Futterteile gibt Bild 3. Durch die Anwendung von rotierenden Werkzeugen in Längs-(Z)- oder Quer-(X)-Richtung und lage- und geschwindigkeitsgeregelter Arbeitsspindel (C-Achse) sind auch komplizierte Werkstückformen herzustellen, ohne dass die Maschine gewechselt werden muss.

Manuelle Handhabung der Werkstücke
Die Komplettbearbeitung auf einem Bearbeitungszentrum bringt große Nutzeffekte für den Anwender. Mit

dem 6-Achsen-CNC-Komplettbearbeitungszentrum „Multiplex", Bild 4 liegen durch die Anwendung solcher progressiver Lösungen wie:

– Bedienerführung beim Programmieren (WOB)
– Anwendung eines Werkzeugmessfühlers (Tool Eye, registriert die Werkzeugmessdaten nach Berührung im CNC-Speicher) mit erforderlicher Einrichtzeit pro Werkzeug von 30 s
– Automatische Übergabe des Werkstückes zwischen den beiden Spannfuttern bei laufenden Spindeln zur Werkstück-Rückseitenbearbeitung,

dadurch neben der Zeiteinsparung hohe Präzision hinsichtlich Koaxialität, Rund- und Planlauf zwischen beiden Einspannungen
– Erhebliche Reduzierung der Werkstückbearbeitungszeit durch kürzere Nebenzeiten, höhere Eilganggeschwindigkeiten u. a.
– Wegfallende Zwischentransportzeiten
– Wegfallende Werkstückspannoperationen

die Einsparungen an Fertigungszeit, Platzbedarf, Arbeitskräftebedarf, Ausrüstungskosten und Produktionskosten sehr hoch.

Automatische Handhabung und Speicherung der Werkstücke und Werkzeuge bei der Komplettbearbeitung von Futterteilen

Bei Bearbeitungszentren mit waagerechten Arbeitsspindelachsen muss die automatische Werkstückhandhabung von und zu einem Werkstückspeicher in der Regel über Robotertechnik erfolgen. Bei Futterteilen bietet sich ein Portalroboter für diese Aufgabe an (geringer zusätzlicher Platzbedarf, da dieser über der Maschine angeordnet werden kann). Die Werkstücke werden auf Paletten gespeichert und getaktet abgearbeitet.

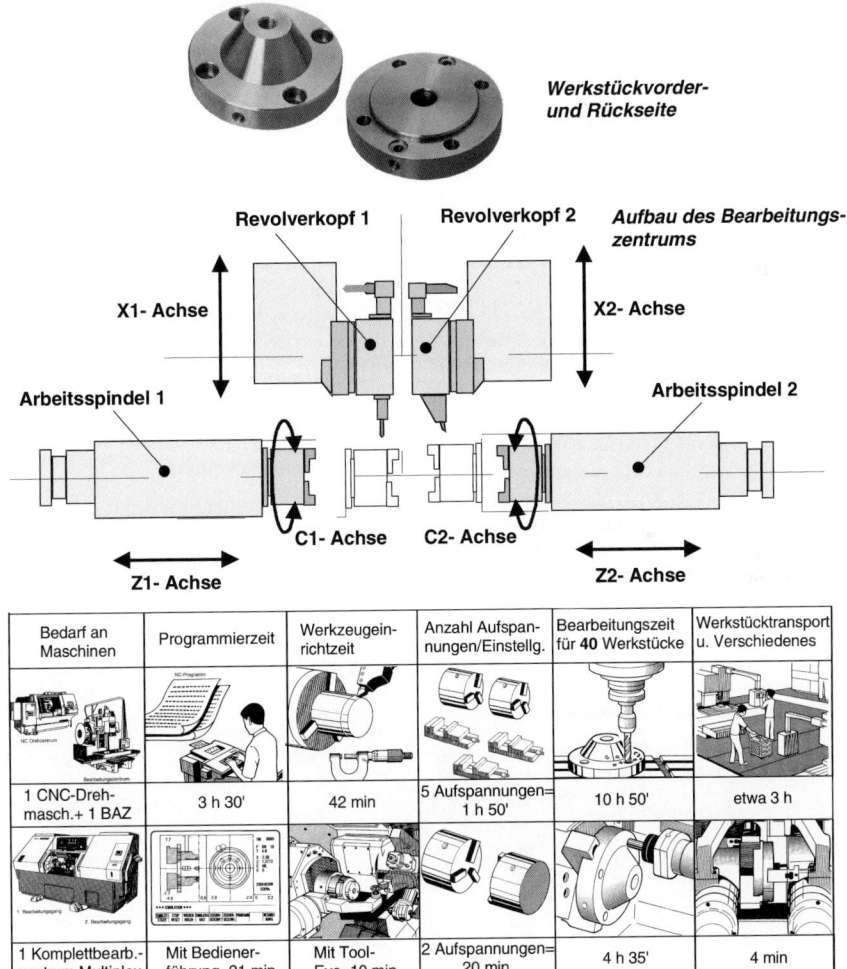

Gesamtfertigungszeit für 3 Lose = 120 Werkstücke:
bisher 59 h 36' = **3,7 Arbeitstage** (2 schichtig)
jetzt 16 h 18' = **1 Arbeitstag**

Platzbedarf jetzt nur noch **40 %**

Ausrüstungskosten jetzt **20 %** geringer

Arbeitskräftebedarf nur noch **50 %**

Geamtproduktionskosten pro Teil nur noch 60 %

Bild 4. 6-Achsen-CNC-Komplettbearbeitungszentrum „Multiplex", Aufbau und Nutzeffekte am Beispiel der Zwei-Seiten-Bearbeitung (YAMAZAKI MAZAK, Corp., Japan)

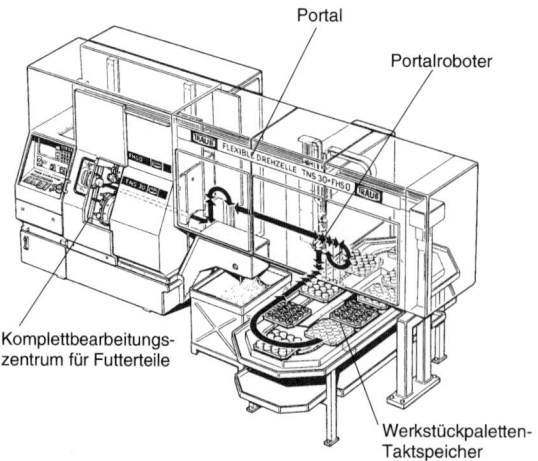

Portal

Portalroboter

Komplettbearbeitungs-
zentrum für Futterteile

Werkstückpaletten-
Taktspeicher

Bild 5.
Fertigungszelle zur Komplett-
Bearbeitung von Futterteilen
(Traub, Reichenbach/Fils)

Der Aufbau einer Fertigungszelle für Futterteile ist relativ aufwendig wegen der umfangreichen Peripherie, wie Bild 5 zeigt. Eine Umgehung dieses Aufwandes ist möglich, wenn die Bearbeitung der Werkstücke gleichgerichtet zu deren Speicherachse durchgeführt wird, d.h. die Arbeitsspindelachse steht senkrecht.

Ein solches Senkrecht-Bearbeitungszentrum ist im Bild 6 dargestellt. Die Arbeitsspindel 1 zur Bearbeitung der Werkstückvorderseite wird zusätzlich zur Nutzung des „Pick up"-Prinzips eingesetzt, d. h. das Spannfutter der Spindel greift sich das zu bearbeitende Werkstück von einem Werkstückspeicher. Die Arbeitsspindel 1 führt die Bewegungen sowohl in X- als auch in Z-Richtung aus. Der Werkzeugrevolver zur Bearbeitung der Werkstückvorderseite ist ortsfest am Bett angebracht.

Nach der Bearbeitung fährt Spindel 1 in die Achsposition der Gegenspindel 2 und übergibt das Werkstück in deren Spannfutter.

Ein zweiter Arbeitschlitten trägt einen Werkzeugrevolver und führt mit diesem die Bewegungen in X- und Z-Richtung zur Bearbeitung der Werkstückrückseite aus. Nach der Komplettbearbeitung wird das fertige Werkstück mittels Greifer aus dem Spannfutter entnommen und auf einem Fertigteilspeicher oder Transportband abgelegt.

Mit diesem Konzept kann der in einer waagerecht orientierten Fertigungszelle benötigte mit mehreren CNC-Achsen ausgerüstete Portalroboter eingespart werden.

4.1.2 Wellenbearbeitung

Zur Wellenbearbeitung werden CNC-Drehzentren mit bis zu vier numerischen Achsen, X_1, Z_1 für Revolverkopf 1 und X_2, Z_2 für Revolverkopf 2, dazu wahlweise mit numerischer C-Achse sowie den Reitstock zur Wellenabstützung eingesetzt. Die Möglichkeit des Ausbaus zur Fertigungszelle mit Portalroboterbeschickung und Werkstückspeicher ist gegeben.

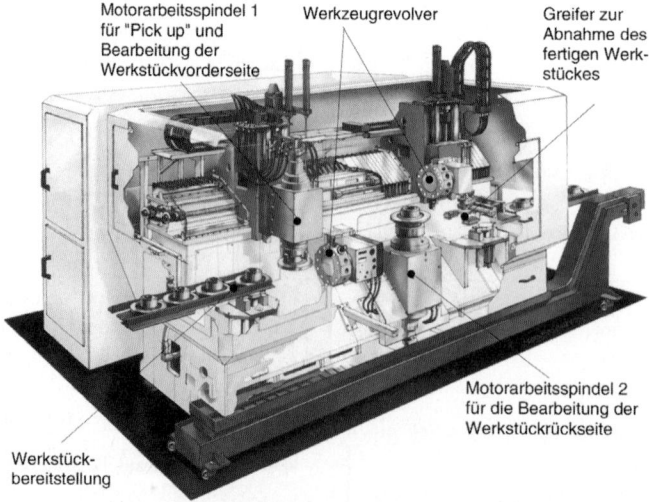

Motorarbeitsspindel 1
für "Pick up" und
Bearbeitung der
Werkstückvorderseite

Werkzeugrevolver

Greifer zur
Abnahme des
fertigen Werk-
stückes

Motorarbeitsspindel 2
für die Bearbeitung der
Werkstückrückseite

Werkstück-
bereitstellung

Bild 6.
Doppelspindliges Pick-up Bearbeitungszentrum HESSAPP DVT 300
(Thyssen Hüller Hille GmbH, Werk Hessapp, Taunusstein)

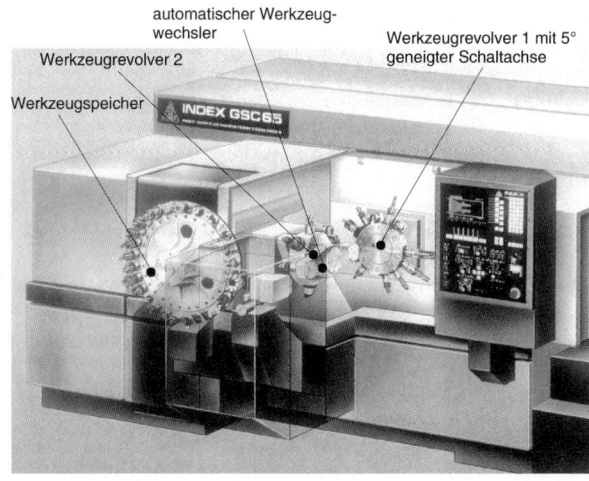

Bild 7.
Komplettbearbeitungszentrum INDEX GSC65 mit zusätzlichem Werkzeugspeicher (INDEX-Werke, Esslingen)

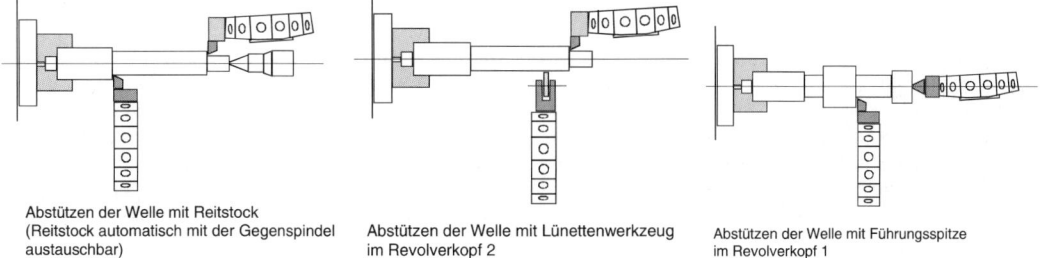

Abstützen der Welle mit Reitstock (Reitstock automatisch mit der Gegenspindel austauschbar)

Abstützen der Welle mit Lünettenwerkzeug im Revolverkopf 2

Abstützen der Welle mit Führungsspitze im Revolverkopf 1

Bild 8. Möglichkeiten zur Wellenfertigung auf dem Bearbeitungszentrum (INDEX-Werke Esslingen)

Moderne Komplettbearbeitungszentren (Bild 7) eignen sich sowohl für die Fertigung von Futterteilen unter Nutzung der Gegenspindel als auch durch deren automatischen Austausch mit einem Reitstock zur Wellenfertigung, Bild 8. Weitere Möglichkeiten zur Wellenabstützung sind im Bild rechts dargestellt. Bei hohem Werkzeugbedarf durch kleinere Serien mit wechselndem Teilesortiment kann ein zusätzlicher Werkzeugspeicher eingesetzt werden.

4.2 Hartbearbeitung von Teilen mit überwiegend runder Gestalt

Die Bearbeitung gehärteter Teile erfordert eine hohe Präzision der Fertigung, da die erzeugten Flächen in der Regel als Funktionsflächen dienen, beispielsweise bei Wälzlagern.

Besonders einsatzgehärtete und vergütete Flächen werden in zunehmenden Maße angewendet, so an Getrieberädern und -wellen im Maschinen- und Fahrzeugbau, in der Hydraulik- und Pneumatikgerätefertigung, der Verkehrs- sowie der Luft- und Raumfahrttechnik u.a.

Kennzeichnend sind nachstehende Forderungen:
- Maßtoleranzen in den Klassen IT 5 bis 7, bei Wälzlagerringen P4 und P5
- Formabweichungen < 2 ... 3 μm, häufig bei der

Kreisform < 1 μm
- Oberflächenrauhigkeiten R_z < 1,5 ... 2 μm, bei Wälzlagern R_a < 0,3 μm, bei Laufbahnen < 0,01 μm
- Rund-, Planlauf- und Koaxialitätstoleranzen < 1 ... 2 μm

Bevorzugte Fertigungsverfahren zur Hartbearbeitung sind:
- Schleifen
- Hartfeindrehen
- Läppen und Superfinishen (Feinziehschleifen) zur Verbesserung der Oberflächengüte geschliffener oder hartfeingedrehter Flächen

4.2.1 Hartbearbeitung von Futterteilen

Konventionelle Hartbearbeitung
Vor der Einführung der CNC-Technik im Schleifmaschinenbau (1983 bis 85) war die Schleifbearbeitung aufwendig und musste in mehreren Schritten auf verschiedenen Maschinen durchgeführt werden, z. B.:

– Schleifen einer Bohrung und einer Planfläche auf der Innenrundschleifmaschine
– Umspannen des Werkstückes auf einen Spanndorn und Schleifen der Außenzylinderflächen.

Schleifzentren zur Komplettbearbeitung

Durch Nutzung der CNC-Steuerungs- und Antriebstechnik bei Schleifmaschinen konnte in den letzten beiden Jahrzehnten die Entwicklung zur Schleifbearbeitung einer *Futterteil-Vorderseite komplett* mit Einbeziehung von *ein bis zwei* von ihrer Lage her geeigneten an der *Rückseite* liegenden Planflächen *in einer Aufspannung* vollzogen werden.

Bei der Gestaltung solcher Schleifzentren sind folgende Bedingungen zu beachten:
- beim Bohrungsschleifen verschiedener Durchmesser und zum Schleifen von innen liegenden Planflächen sind mehrere Motorschleifspindeln mit unterschiedlicher Spindeldrehzahl erforderlich, um mit optimalen Schleifscheiben-Umfangsgeschwindigkeiten und ausreichender Schleifdorn- und Spindelsteife zu arbeiten (siehe auch Bild 16 im Kapitel 2.1 und die zugehörige Beschreibung)
- eine langsam laufende Schleifspindel mit einer Schrägeinstech-Außenschleifscheibe und einem Außendurchmesser 350 ... 400 mm wird zum effektiven Schleifen von zylindrischen Außenflächen und Planflächen benötigt
- Die Bearbeitung der einzelnen Flächen kann nacheinander oder die Außenbearbeitung zeitparallel zur Innenbearbeitung erfolgen
- Die beim Schleifen erforderliche Arbeitsgenauigkeit verlangt Weginkremente der CNC-Achsen von 0,1µm und kleiner. Dies bedeutet den Einsatz von Linearmeßsystemen höchster Genauigkeit

Schleifzentren für zeitliche Nacheinanderbearbeitung
Bild 9 zeigt den Aufbau eines CNC-Schleifzentrums für die Bearbeitung von Futterteilen.
Die *Hauptachse X* führt die Zustellbewegung beim Schleifen von Bohrungen, Außenzylinder- und Ke-

gelflächen, die Pendel- oder Oszillationsbewegung beim Planflächenschleifen sowie die Positionierung auf die verschiedenen Durchmesser der zu bearbeitenden Zylinder- und Kegelflächen aus.

Die *Hauptachse Z* führt die Zustellbewegung beim Planflächenschleifen, die Pendel- oder Oszillationsbewegung beim Schleifen von Bohrungen, Außenzylinder- und Kegelflächen sowie die Positionierung auf die verschiedenen Längspositionen der zu bearbeitenden Zylinder- und Kegelflächen aus.

Die C-Achse dient der Drehzahländerung der Werkstückspindel zur Anpassung des Geschwindigkeitsverhältnisses, die B-Achse zum automatischen Schwenken des Werkstückspindelstockes für das Schleifen langer schlanker Kegelflächen (Kurzkegel werden über Interpolation von X- und Z-Achse erzeugt), die D-Achse für das Schwenken des Abrichters und als Option eine U-Achse als Hilfsachse für Handlings- und Spannfunktionen.

Zur optimalen Bearbeitung der verschiedenen Werkstückdurchmesser können vier verschiedene Motorschleifspindeln über den Revolverflachtisch zum Einsatz kommen. Die Revolvertischachse ist im Beispiel als Schaltachse ausgebildet. Sie kann aber auch zur numerischen B1-Achse erweitert werden.

Die Schleifoperationen erfolgen bei diesem Maschinenkonzept zeitlich nacheinander. Es befindet sich also immer nur ein Werkzeug im Eingriff.

Auf der Werkstück-Rückseite liegende Planflächen können nur unter Anwendung sogenannter „Pilzschleifkörper" bearbeitet werden, Bild 10. Damit ist es immerhin möglich, Flächen mit hohen Rund- und Planlauftoleranzen in einer Aufspannung zu bearbeiten. Das Schleifzentrum ist relativ einfach aufgebaut (Bild rechts). Beide Schleifeinheiten sind auf einem Querschlitten (X-Achse) angeordnet. Auf einen Revolvertisch kann verzichtet werden, was sich kostengünstig auswirkt.

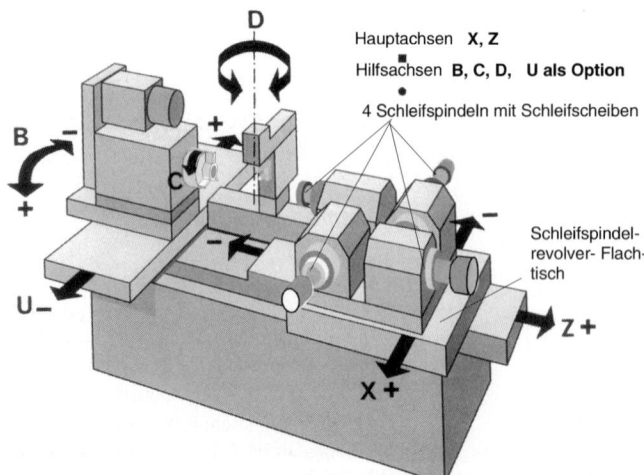

Hauptachsen **X, Z**
Hilfsachsen **B, C, D, U als Option**
4 Schleifspindeln mit Schleifscheiben

Schleifspindel-revolver- Flach-tisch

Bild 9.
Aufbau eines CNC-Schleif-Zentrums für Futterteile (Voumard Machines Co, La Chaux-de-Fonds, Schweiz)

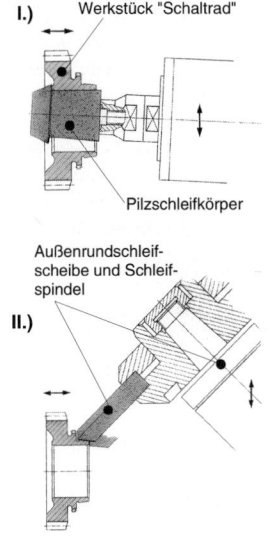

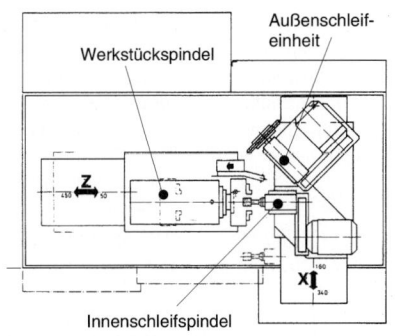

Komplettschleifbearbeitung in einer Aufspannung (links):

I.) Schleifen der Bohrung und der Planfläche an der Werkstück- Rückseite mit Pilzschleifkörper

II.) Schleifen des Synchronkegels und der Planfläche an der Werkstück- Vorderseite mit einer Außenschleifscheibe

Bild 10.
Schleifbearbeitung eines Schaltrades (links), Schleifzentrum (Draufsicht – rechts) (Buderus GmbH, Ehringshausen)

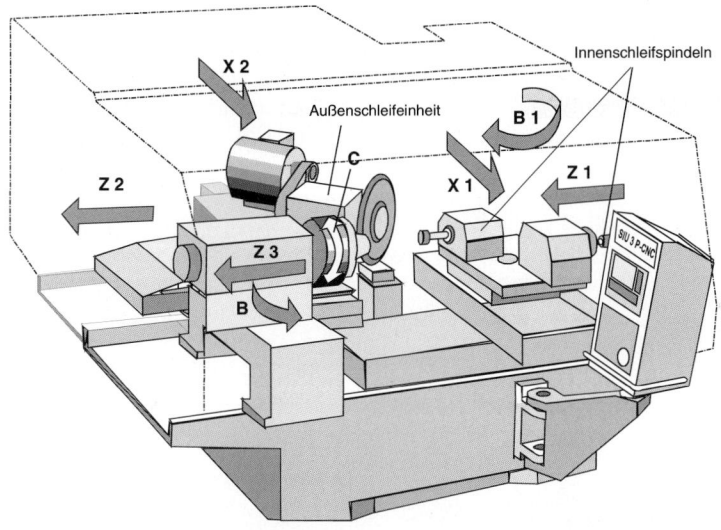

Bild 11.
Schleifzentrum SIU 3 P – CNC zur zeitparallelen Bearbeitung von Außen- und Innenflächen von Futterteilen (SCHAUDT MIKROSA BWF GmbH, Werk Berlin)

Schleifzentren für zeitliche Parallelbearbeitung
Eine Produktivitätssteigerung besonders in der Groß-serien- und Massenfertigung ist möglich, wenn die Außenflächenbearbeitung zeitparallel zur Bohrungs- und Innenplanflächenbearbeitung erfolgt. Dazu wird ein Schleifzentrum mit 4 CNC-Hauptachsen (X_1, Z_1 / X_2, Z_2) benötigt.

Ein solches Schleifzentrum ist im Bild 11 dargestellt. Neben den vier Hauptachsen für Außen- und Innen-schleifeinheit sowie der Werkstückspindelachse C wird eine weitere Achse Z 3 zur Aufnahme längerer Werkstücke unter Nutzung einer Lünette angewandt. Die numerischen Schwenkachsen B und B 1 komplet-tieren dieses Zentrum.

Hartfeindrehen und Schleifen mit einem flexiblen Bearbeitungszentrum
In den letzten Jahren hat das Hartfeindrehen mit Schneiden aus kubischem Bornitrid (CBN) an Bedeu-tung gewonnen. Besonders kurze Zylinderflächen und Planflächen sind produktiver durch Hartfeindrehen zu bearbeiten, während große Zylinderflächen und ins-besondere lange Bohrungen genauer und produktiver durch Schleifen herzustellen sind.
Diese Erkenntnisse führten zur Entwicklung des im Bild 12 gezeigten Bearbeitungszentrums zum Hart-feindrehen und Schleifen von Futterteilen in einer Aufspannung. Durch den Einsatz eines Linearmotor-antriebes für die X-Achse sind die Nebenzeiten zum Wechsel zwischen Hartdreh- und Schleifstation sehr gering (ca. 1 ... 2 s).

Im Bild unten ist die Bearbeitung eines Kfz-Schalt-rades dargestellt. Vordere und hintere Planfläche sowie die Synchronkegelfläche werden hartfeinge-dreht, die Bohrung wird geschliffen, auch die Endbe-arbeitung der Synchronkegelfläche erfolgt aus an-wendungstechnischen Gründen durch Schleifen.

4.2.2 Hartbearbeitung von wellenförmigen Teilen

Klein- und Mittelserienfertigung

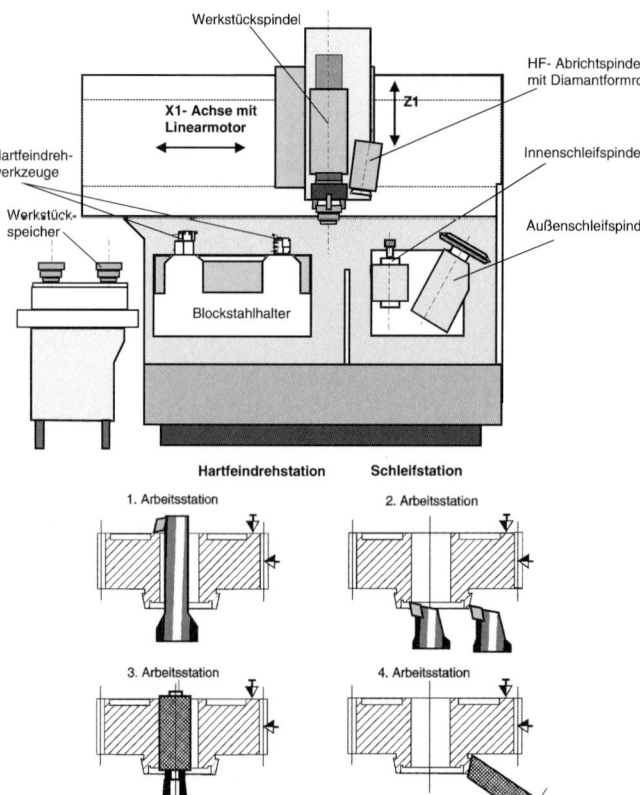

Bild 13. Arbeitsbeispiel einer Wellen-Komplettbear-beitung auf einer CNC-Schrägeinstech-Schleifma-schine mit einer durch eine Diamant-Abrichtrolle profilierten Schleifscheibe

Die Komplettfertigung in einer oder zwei Aufspan-nungen erfolgt heute im wesentlichen auf CNC-Außenrundschleifmaschinen mit Nacheinanderbear-beitung im Pendelschleifen oder Geradeinstich und Aufnahme der Werkstücke zwischen Spitzen.
Die Maschinen besitzen meist neben den beiden CNC-Hauptachsen X und Z eine numerische Schwenkachse für den Schleifspindelstock zum Wechsel zwischen Zylinder- und Kegelschleifen.

Großserien- und Massen-fertigung

Schleifen

Hier kommen im wesentlichen CNC-Komplettbearbeitungszentren zum Schrägeinstechschleifen oder, soweit es die Werkstückgestalt zulasst, spitzenlose Schleifautoma-ten zur Anwendung. Mittels Dia-mantabrichtrollen wird die Werk-stückkontur in die Schleifscheibe abgerichtet. Mit derartigen Ma-schinen wird eine sehr hohe Pro-duktivität erreicht, aber die Um-rüstzeiten und -kosten sind sehr hoch. Ein Bearbeitungsbeispiel einer CNC-Schrägeinstech-Schleif-maschine ist im Bild 13 dargestellt.

Bild 12.
Flexibles multifunktionales Bear-beitungszentrum „STRATOS M" (SCHAUDT MIKROSA BWF GmbH, Werk Berlin)

Hartfeindrehen und Schleifen auf einem Wellenbear-beitungszentrum
Auch bei der Wellenbearbeitung werden die Vorteile des Plan-Hartfeindrehens zum Bearbeiten der Schul-tern in der Länge auf Maß genutzt. Damit ist es mög-lich, anschließend alle Durchmesser mit einer Satz-scheibe im Geradeinstich zu schleifen. Auch eine kombinierte Weich-Hartbearbeitung ist möglich, Bild 14.

Durch die Anordnung der Werkstückträger über den Werkzeugträgern erfolgt ein freier Spänefall nach unten. Die großen Entfernungen zwischen Hartdreh- und Schleifstation werden durch einen Linearmotor-antrieb und hohen Geschwindigkeiten der Z-Achse schnell überbrückt.

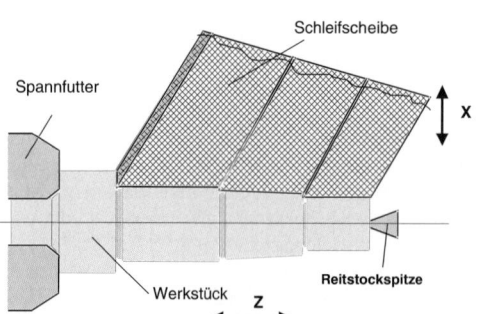

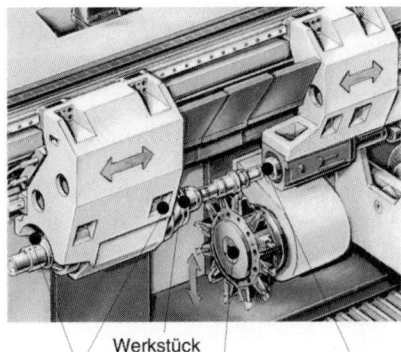

Werkstück

Reitstock

Werkstückantrieb Revolver für
CBN- Drehwerkzeuge
zum Plandrehen der
Werkstückschultern

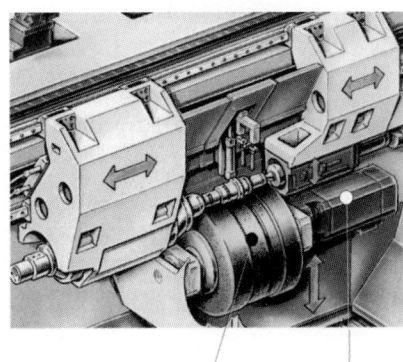

Satzschleifscheibe zum   Schleifscheiben-
Einstechschleifen aller   antrieb
Werkstückdurchmesser

Bild 14. Arbeitsraum des kombinierten Dreh- und
Schleifzentrums HSC 400 DS (EMAG KARSTENS
GmbH Maschinenfabrik, Neuhausen)

4.3 Bearbeitung von Teilen mit prismatischer Gestalt

Bei prismatischen Teilen muss davon ausgegangen
werden, dass eine Basis, meist als bearbeitete Fläche,
vorhanden sein muss, welche als Auflage auf dem
Arbeitstisch oder in der Spannvorrichtung dient,
damit das Werkstück gespannt werden kann (siehe
Kapitel 2.6).
Diese Auflage muss zunächst auf einem Bearbeitungszentrum oder bei Eignung auch aus rationellen
Gesichtspunkten über Mehrstückspannung z. B. auf
einer Bettfräsmaschine bearbeitet werden können.
Damit bleibt in der Regel für die weiteren Seiten des
Prismas die Möglichkeit, diese in einer Aufspannung
je nach Fertigungsaufgabe auf einem *Bearbeitungszentrum* mit hoher Genauigkeit, besonders hinsichtlich Form- und Lageabweichungen, komplett zu fertigen.

Komplizierte Oberflächenformen, wie im Werkzeugbau (u.a. Tiefziehwerkzeuge für Karosserieteile),
werden heute auf *Fünf-Achsen-Bearbeitungszentren* ,
siehe auch Abschnitt 4.3.4., hergestellt.

4.3.1 Mehrseiten-Bearbeitung prismatischer Teile

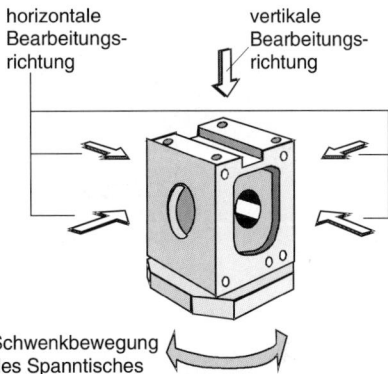

horizontale   vertikale
Bearbeitungs-   Bearbeitungsrichtung   richtung

Schwenkbewegung
des Spanntisches

Bild 15. Bearbeitungsrichtungen an einem Werkstück
mit prismatischer Grundform

Im Bild 15 ist ein prismatisches Teil dargestellt, bei
welchem nur die Aufspannfläche bereits bearbeitet ist
(sechste Seite).
Je nach der Fertigungsaufgabe kann es unterschiedliche Lösungen geben:

Großserien- und Massenfertigung:
• Anwendung einer Sondermaschine mit fünf Bearbeitungseinheiten, bei denen alle Bearbeitungen
  z.B. über Mehrspindelbohrköpfe gleichzeitig
  durchgeführt werden.

• Anwendung einer Taktstraße mit Wendestationen,
  besonders dort, wo auch Fräsarbeiten notwendig
  sind, die weitere Bearbeitungseinheiten fordern.
  Vorteil: höchste Produktivität,
  Nachteil: geringste Flexibilität

Mittel- und Kleinserienfertigung
• Anwendung von CNC-Bearbeitungszentren, je
  nach Werkstücksortiment mittels modularem Konzept bis zur Fünf Seiten-Bearbeitung wählbar.

Ein solches modulares Maschinenkonzept zeigt Bild
16. Die Bearbeitungszentren verschiedener Größen
und Palettenabmessungen können mit Dreh- oder
Teiltischen ausgerüstet werden. Damit ist die Vier
Seiten-Bearbeitung bereits möglich (Bild unten
links).

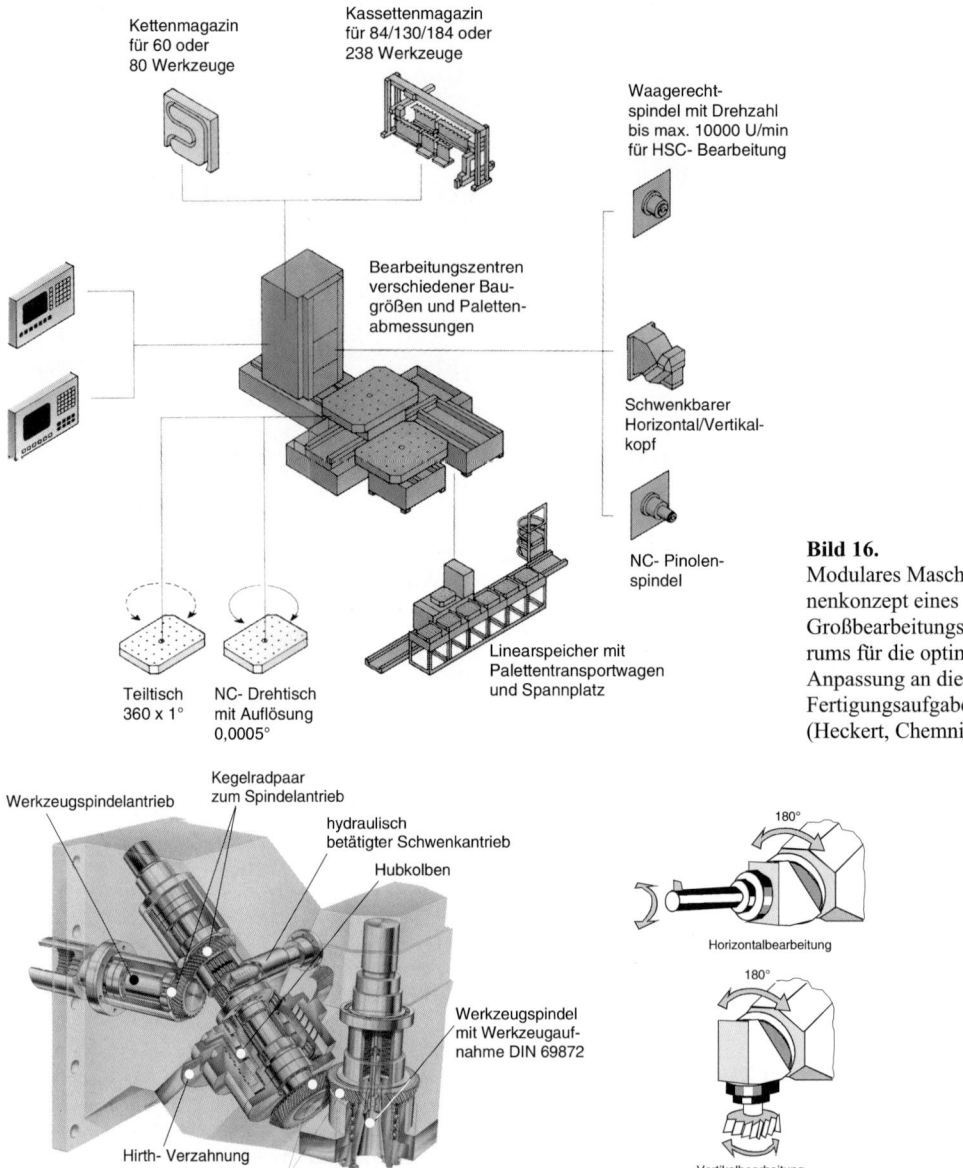

Bild 16.
Modulares Maschinenkonzept eines Großbearbeitungszentrums für die optimale Anpassung an die Fertigungsaufgabe (Heckert, Chemnitz)

Bild 17. Prinzip des Horizontal/Vertikal-Kopfes für die Fünf-Seiten-Bearbeitung und ein Beispiel für dessen konstruktiven Aufbau, (Heckert, Chemnitz)

Zur Komplettierung als Fertigungszelle wird werkstückseitig ein Linearspeicher mit Palettentransportwagen und Spannplatz eingesetzt (Bild unten).
Werkzeugseitig können drei verschiedene Arbeitsspindelausführungen zur Anwendung kommen:
– Horizontale Arbeitsspindel für hohe Leistung und hohe Drehzahlen (Bild rechts oben)
– Horizontale Pinolenspindel zur Bearbeitung langer Bohrungen oder tiefliegender Flächen

– Schwenkbarer Horizontal/Vertikal-Spindelkopf für die *Fünf-Seiten-Bearbeitung*
Komplettiert wird das Maschinenkonzept durch ein Kettenmagazin für 60 oder 80 Werkzeuge beziehungsweise ein Kassettenmagazin für maximal 238 Werkzeuge.
Zur Fünf-Seiten-Bearbeitung wird ein zwischen horizontaler und vertikaler Bearbeitungsrichtung schwenkbarer Arbeitsspindelkopf benötigt, dessen

Schwenkprinzip im Bild 17 dargestellt ist. Durch eine unter 45° liegende Schwenkachse wird bei einer Schwenkbewegung um 180° ein Wechsel der Arbeitsspindellage um 90° erreicht. Schwenk- und Aushubbewegung aus einer Hirth-Verzahnung werden hydraulisch betätigt, im Bild links. Die Hirth-Verzahnung sichert eine präzise Position bei hoher Steife.

Leistung und maximale Drehzahl sind durch das Übertragungsprinzip gegenüber einer nicht schwenkbaren Arbeitsspindel geringer, erreichen aber Werte über 20 KW und über 4000 1/min.

Bild 18 zeigt ein Vier Seiten-Bearbeitungszentrum aus dem im Bild 16 dargestellten modularen Konzept. Über einen CNC-Rundtisch ist jede beliebige Winkelstellung einstellbar. Die Werkstückauf- und Abspannung kann während der Bearbeitung erfolgen. Unter Nutzung eines schnellen Wechsels des CNC-Programms und einem ausreichenden Werkzeugsortiment im Magazin ist eine hohe Effektivität und Produktivität auch bei kleinen Serien gegeben.

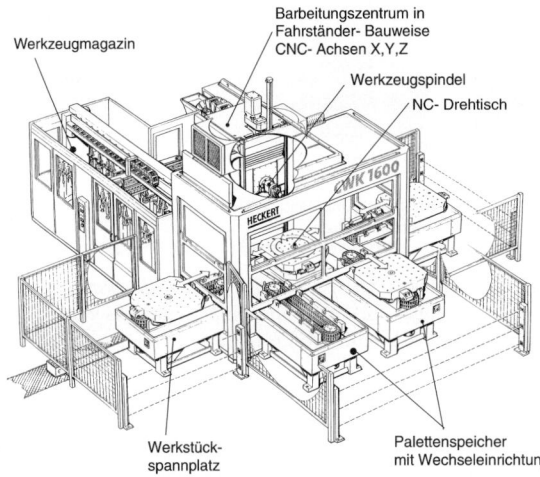

Bild 18. Bearbeitungszentrum CWK 1600 zur Vier-Seiten-Bearbeitung prismatischer Teile (Heckert, Chemnitz)

4.3.2 Fünf Achsen-Bearbeitung

Die Fünf Achsen-CNC-Bahnsteuerung (Bild 5 im Kapitel 3.3) mit funktioneller Abhängigkeit der drei Linearachsen X,Y,Z und der Schwenkachsen A und C über Interpolation ermöglicht die Bearbeitung komplizierter räumlicher Flächen, insbesondere im Werkzeugbau. Besonders in den letzten Jahren wurden progressive Lösungen für die Einbeziehung der Schwenkachsen A und C entwickelt.

Der im Bild 19 gezeigte Zweiachs-Schwenkkopf besitzt je einen Rundmotor (Torque-Motor) mit Einzelpolwicklungen. Dieser ermöglicht höchste Leistungsdichte und durch den Wegfall mechanischer Übertragungselemente eine hohe Dynamik auf kleins-

tem Raum. Drehmomente von 1000 Nm und Winkelgeschwindigkeiten von 360° pro Sekunde sind möglich.

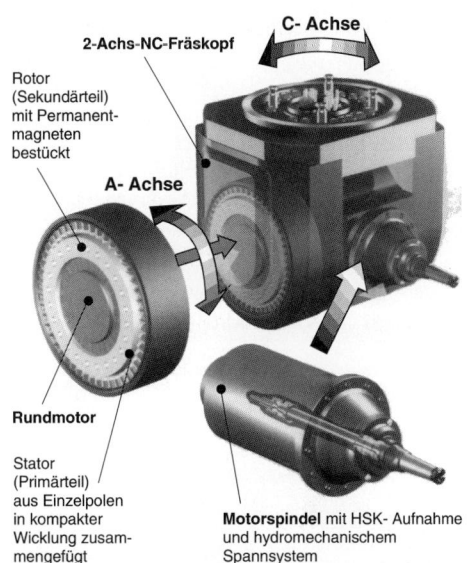

Bild 19. Getriebeloser direkt angetriebener Zweiachs-Schwenkkopf CyMill mit Motor-Arbeitsspindel CySpeed (Cytec Zylindertechnik GmbH, Jülich)

Damit werden bei Fahrständer-Bauweise sämtliche fünf CNC-Achsen über das Werkzeug realisiert.

Eine weitere Alternative für die Fünf-Achsen-Bearbeitung sind *Hexapod-Lösungen*, Bild 20. Hexapode bestehen aus Stäben, Gelenken und dem Rahmen. Dabei können die Stäbe ihre Länge verändern und dadurch die Plattform mit dem Werkzeugträger in 6 Freiheitsgraden bewegen. Hohe Dynamik und hohe Steife werden erreicht. Die max. Vorschubgeschwindigkeit in den Stäben des dargestellten Zentrums liegt bei 30 m/min, die Beschleunigung bei 10 m/s², die Arbeitsspindeldrehzahl bei maximal 30 000 1/min.

Die NC-Programmierung kann in herkömmlicher Weise erfolgen (X, Y, Z, A, B).

4.3.3 Höhere Flexibilität in der Großserienfertigung prismatischer Teile

Auch in der Großserienfertigung (Motoren- und Fahrzeugbau u.a.) hat sich die dort übliche Taktstraße gewandelt, Bilder 21. und 22. Sie enthält neben den üblichen Bearbeitungseinheiten mit Mehrspindelbohrköpfen u.ä. CNC-Fahrständermodule (X,Y,Z) sowohl mit Revolverkopf als auch mit Werkzeugmagazin und horizontaler Arbeitsspindel. Damit können z.B. Motorblöcke mit gleicher Grundausführung wie die Zylinderbohrungen, aber unterschiedlichen Details auf der gleichen Taktstraße bearbeitet werden.

4.3.4 Bearbeitung gehärteter prismatischer Teile

Diese Werkstücke kommen in großer Zahl und Universalität im Werkzeugbau vor. Weitere Teile sind z. B. Turbinenschaufeln. Die Basis dieser Fertigung bilden u.a. CNC-Bearbeitungszentren zum Flach-

schleifen, Bild 23 oder für die Hartbearbeitung von größeren Bohrungen Koordinatenschleifzentren mit Planetenschleifspindeln. Auch diese Flachschleifzentren werden in den meisten Fällen in der Fahrständer-Bauweise aufgebaut.

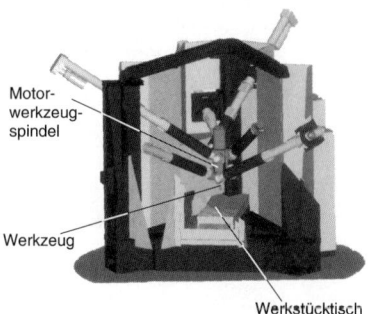

Motor-
werkzeug-
spindel

Werkzeug

Werkstücktisch

Arbeitsspindel
mit Werkzeug

Werkstück

Bild 20. Hexapod-6X-Fräszentrum, Aufbau im Bild links, Arbeitsraum im Bild oben (Mikromat Werkzeugmaschinen GmbH & Co. KG, Dresden)

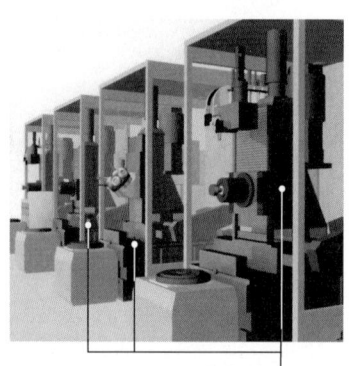

3-Achs-CNC-
Module

HPC Modul mit
6 fach-Revolverkopf

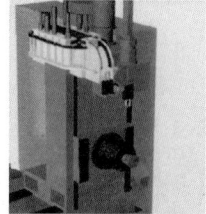

HPC Modul mit Werk-
wechselmagazin
(12 oder 24 Werkzeuge)

Bild 21. 3-Achs HPC-Module (X, Y, Z) in Fahrständer-Bauweise in verschiedenen Ausführungen für Taktstraßen und Sondermaschinen (Werkzeugmaschinenfabrik Vogtland GmbH, Plauen)

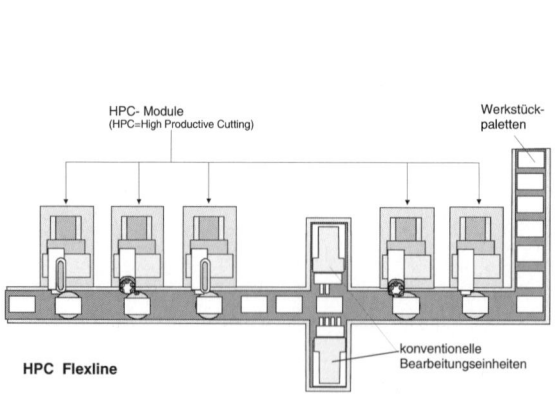

HPC- Module
(HPC=High Productive Cutting)

Werkstück-
paletten

konventionelle
Bearbeitungseinheiten

HPC Flexline

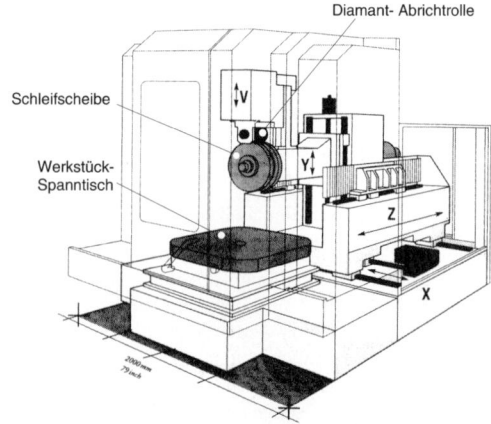

Diamant- Abrichtrolle

Schleifscheibe

Werkstück-
Spanntisch

V

Y

Z

X

Bild 22. Flexible Taktstraße „HPC Flexline" (Draufsicht) (Werkzeugmaschinenfabrik Vogtland GmbH, Plauen)

Bild 23. Profilschleifzentrum BLOHM PROFIMAT RT mit Fahrständerbauweise und Rundtakttisch zum gleichzeitigen Be- und Entladen der Werkstücke während des Schleifens (Blohm Maschinenbau GmbH, Schleifring-Gruppe, Hamburg)

5 Werkzeugmaschinen zur Herstellung von Verzahnungen

Im Bild 1 ist eine Auswahl von Verzahnungsarten dargestellt. Es zeigt die Vielfalt der herzustellenden Formen und damit die Breite der Verfahren, Maschinen, Werkzeuge und Einrichtungen. Da Zahnradgetriebe in großem Umfang im Automobilbau, in der Energie- und Fördertechnik sowie im Schiffbau eingesetzt werden, ist auch die Anzahl der benötigten Fertigungseinrichtungen zur Verzahnungsherstellung erheblich groß.

Die Zahnradpaarungen unterscheiden sich nach:

- Lage der Achsen
  - parallel
  - gekreuzt
  - senkrecht aufeinander stehend (schneidend oder axial versetzt)
- Übersetzungsverhältnisse (Zähnezahlen)
- Zu übertragende Drehmomente (Modul, Zahnbreite)
- Genauigkeit der Übertragung (Verzahnungsfehler, Umfangsgeschwindigkeit)
- Laufruhe (Verzahnungsfehler, Umfangsgeschwindigkeit)

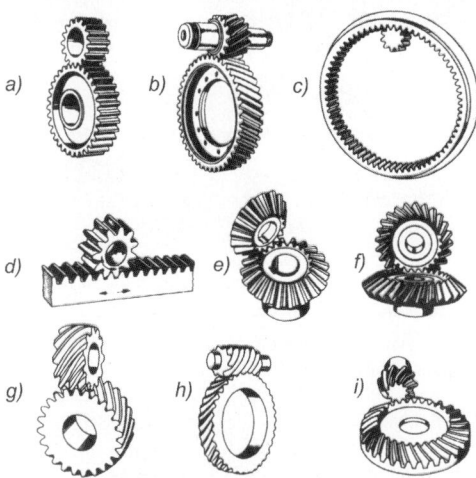

Bild 1. Verzahnungsarten – Grundformen
a) Stirnradpaar, geradverzahnt, *b)* Stirnradpaar, schräg verzahnt, *c)* Innenstirnradpaar, geradverzahnt, *d)* Zahnstange-Radpaar, *e)* Kegel-Radpaar, geradverzahnt, *f)* Kegelradpaar, schrägverzahnt, *g)* Stirnrad-Schraubenräderpaar, *h)* Schnecke- Schneckenrad, *i)* Kegel- Schraubräderpaar (nach Decker)

5.1 Grundlagen der spanenden Verzahnungsherstellung

Am Beispiel der Fertigung von Stirnrädern sind die Möglichkeiten der Verfahren im Bild 2 beschrieben. Für geringere Anforderungen hinsichtlich Übertra-

gungsgenauigkeit und Belastbarkeit ist die Weichbearbeitung ohne zusätzliche Feinbearbeitung oft ausreichend.

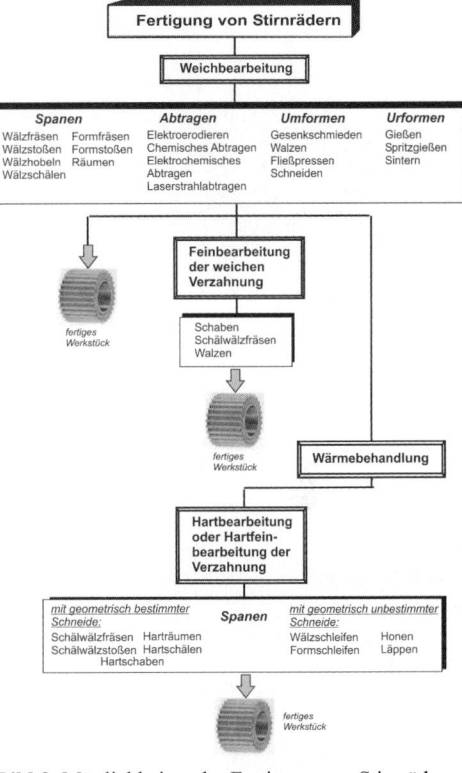

Bild 2. Möglichkeiten der Fertigung von Stirnrädern

Bei höheren Anforderungen ist meist eine Wärmebehandlung (Härten, Vergüten) erforderlich, so dass der daran anschließenden Hart- oder Hartfeinbearbeitung vor allem im Fahrzeug- und Maschinenbau eine erhebliche Bedeutung zukommt.

Den Hauptanteil an der *Weichbearbeitung* nehmen die spanenden Verfahren mit *geometrisch bestimmten Schneiden* ein. Auch Walzen als umformendes Verfahren nimmt an Bedeutung zu.

Den Hauptanteil an der *Fein- und Feinstbearbeitung* gehärteter oder vergüteter Verzahnungen nehmen spanende Verfahren mit *geometrisch unbestimmter Schneiden* ein.

Bezüglich der Erzeugung der Verzahnungsgeometrie wird im Wesentlichen unterschieden zwischen:

- wälzende Verfahren
- Formverfahren

5.1.1 Wälzende Verfahren

Bei den Wälzverfahren zur Herstellung einer Evolventenverzahnung erfolgt die Abwälzbewegung des Werkzeuges auf dem Wälzkreiszylinder des zu erzeugenden Zahnprofils (Bild 3). Translatorische und rotatorische Wälzbewegung sind in der Maschine miteinander gekoppelt. Die meisten Wälzverfahren arbeiten kontinuierlich.

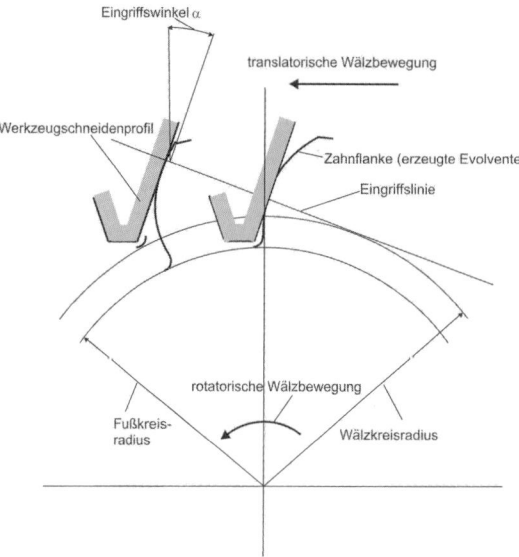

Bild 3. Erzeugung der Zahnflanke als Evolvente beim Wälzverfahren

Größter Vorteil:
Das Werkzeug kann bei gleichem Modul für alle zu erzeugenden Werkstückzähnezahlen zur Anwendung kommen.
Die Kopplung der beiden Bewegungen muss mit hoher Präzision erfolgen. Dies wird erreicht durch:
* Getriebezug
  bei *konventionellen* Verzahnmaschinen
* Elektronischer Wälzmodul
  bei *CNC-gesteuerten* Verzahnmaschinen

5.1.2 Formverfahren

Unterschiedliche Zähnezahlen, unterschiedliche Moduln, unterschiedliche Profil-Verschiebungen beeinflussen die Form des Werkzeuges.

5.2 Verzahnmaschinen mit geometrisch bestimmten Schneiden zur Bearbeitung von Zylinderrädern und Zylinderschnecken

5.2.1 Wälz- und Formfräsmaschinen

Im Bild 4 ist der Arbeitsraum einer Wälzfräsmaschine dargestellt. Die Werkstücktischachse steht senkrecht. Die Fräserachse ist um den Winkel χ geschwenkt. Die Beziehungen zwischen Werkstück und Werkzeug sind in Bild 5 dargestellt.
Die Bearbeitung erfolgt kontinuierlich. Der Wälzfräser entspricht einer zylindrischen Evolventenschnecke mit Spannuten und hinterarbeiteten Schneidzähnen. Das Werkstück entspricht dem Schneckenrad und wird dementsprechend im vorgegebenen Verhältnis zur Fräserdrehung gedreht. Die Vorschubbewegung erfolgt beim *Axialfräsen* in Richtung der Zahnbreite b. Beim kontinuierlichem tangentialen Verschieben oder „Shiften" des Fräsers entsteht das *Diagonalfräsen*.

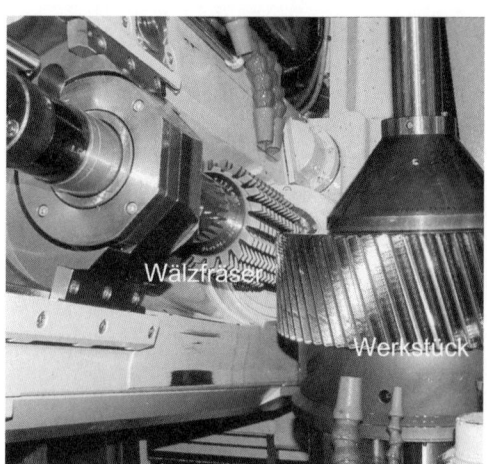

Bild 4. Arbeitsraum der Wälzfräsmaschine S 500 (Samputensili, Werk Chemnitz)

Der Schwenkwinkel χ ist die Summe aus Schrägungswinkel β_0 einer zu erzeugenden Schrägverzahnung und dem Steigungswinkel γ_0 der Fräserschnecke.

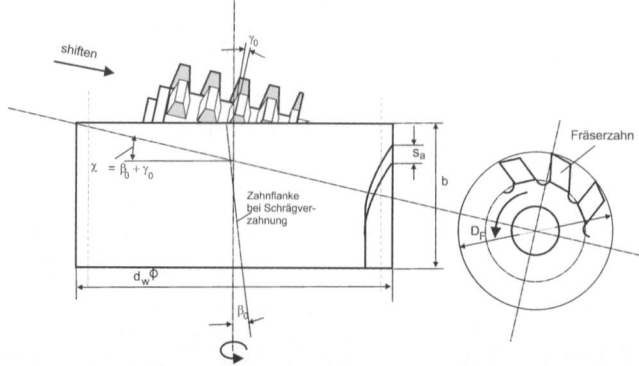

Bild 5.
Beziehungen Wälzfräser-Werkstück.

Es bedeuten:

Fräser: D_F Außendurchmesser

z_F Gangzahl

γ_0 Steigungswinkel

Werkstück: d_W Außendurchmesser

z_W Zähnezahl

b Werkstückbreite

β_0 Schrägungswinkel bei Schrägverzahnung

m_n Normalmodul

Bearbeitung: χ Schwenkwinkel der Fräserachse

s_A Axialvorschub

h_Z Zahntiefe

Bild 6 zeigt den Getriebeaufbau einer konventionellen Wälzfräsmaschine. Die geforderten Abhängigkeiten der Drehbewegungen werden über Wechselradgetriebe erreicht.

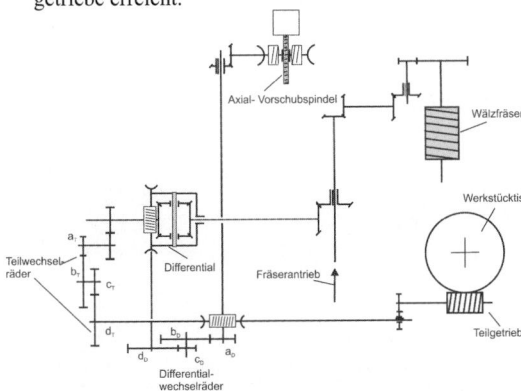

Bild 6. Getriebeplan einer konventionellen Wälzfräsmaschine

Wesentliche Bestimmungsgrößen sind die Getriebekonstante C_T und die Teilwechselräder für den Wälzgetriebezug. Das Übersetzungsverhältnis i_T des Teilwechsels ist:

$$i_T = C_T \cdot \frac{z_F}{z_W} = \frac{a_T \cdot c_T}{b_T \cdot d_T} \qquad (1)$$

Dabei sind:

a_T, b_T, c_T, d_T Zähnezahlen der Teilwechselräder

z_F Gangzahl des Wälzfräsers

z_W Zähnezahl des Werkstückes

Die Getriebekonstante C_D bestimmt im Wesentlichen den Differentialgetriebezug als Voraussetzung für das Wälzfräsen von Schrägzahnstirnrädern. Das Übersetzungsverhältnis i_D des Differentialwechsels ist:

$$i_D = C_D \cdot \frac{\sin \beta_0}{m_n \cdot z_F} = \frac{a_D \cdot c_D}{b_D \cdot d_D} \qquad (2)$$

Dabei sind:

a_D, b_D, c_D, d_D Zähnezahlen der Differentialwechselräder

m_n Normalmodul [mm]

β_0 Schrägungswinkel bei Schrägverzahnung [°]

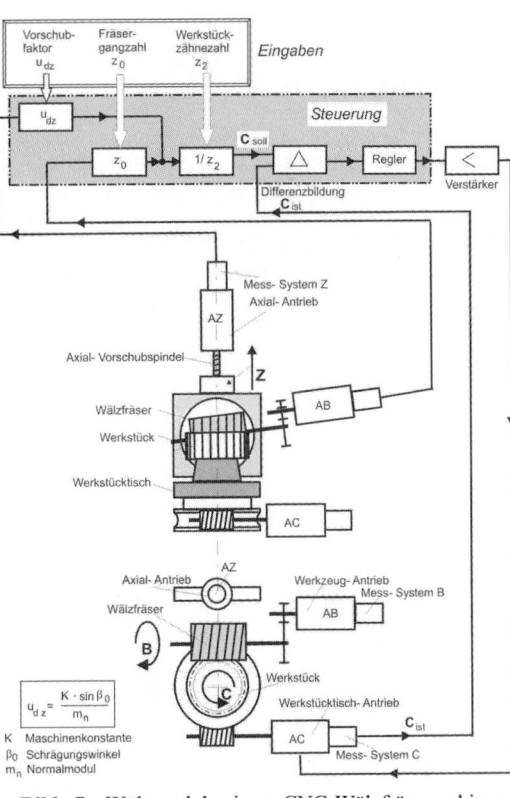

Bild 7. Wälzmodul einer CNC-Wälzfräsmaschine (nach Gleason-Pfauter, Ludwigsburg)

Im Bild 7 ist der Aufbau einer CNC-Wälzfräsmaschine gezeigt. Die CNC-Technik ist heute die Basis der Verzahnmaschinen. Diese sind dadurch flexibler geworden und lassen sich unter Zuhilfenahme entsprechender Hilfseinrichtungen leichter auf andere Werkstücke umstellen.

Die wesentlichen Bewegungen zur Erzeugung der Verzahnung werden durch 3 CNC-Achsantriebe erzeugt, die analog der im Kapitel 3.3, Bild 5, dargestellten Bahnsteuerung zueinander in funktioneller Abhängigkeit stehen. Es sind dies:

B – Achse Werkzeugantrieb, Drehbewegung des Fräsers

C – Achse Werkstückantrieb, Drehbewegung des Werkstücktisches

Z – Achse Axialantrieb des Werkzeugschlittens

Am Eingabeterminal der CNC-Steuerung werden die Werkstück-Zähnezahl z_2, die Fräsergangzahl z_0 und ein Vorschubfaktor u_{dz}, welcher aus Normalmodul und Schrägungswinkel des Werkstückes sowie einer Maschinenkonstante gebildet wird. eingegeben. Daraus wird der Sollwert für die C-Achse gebildet. Über die Differenzbildung mit dem Istwert von C, Regelung und Verstärkung erfolgt der Antrieb, wobei die Istwerte der Messsysteme der Achsen B und Z über die Rückführung den C-Sollwert beeinflussen. Bei hoher Dynamik der Antriebe und entsprechender Präzision der Messsysteme und der mechanischen Komponenten kann eine hohe Genauigkeit der Verzahnung erreicht werden.

Im Bild 8 ist die CNC-Achskonfiguration einer Wälzfräsmaschine dargestellt. Ein spielfreier stufenloser Fräskopfantrieb (B) über digitale CNC-Schnittstellen der 6-Achsen Bahnsteuerung Sinumerik 840 D, ein Werkstücktisch-Direktantrieb, beruhend auf dem Synchronprinzip als Torque-Motor (sh. Kapitel 4.3, Bild 19) sowie Linearschlitten mit AC-Servoantrieben sind wesentliche Merkmale einer modernen Maschinengestaltung.

Wälzfräsmaschine zur Fertigungszelle ergänzt. Auch in flexible Maschinensysteme lässt sie sich integrieren.

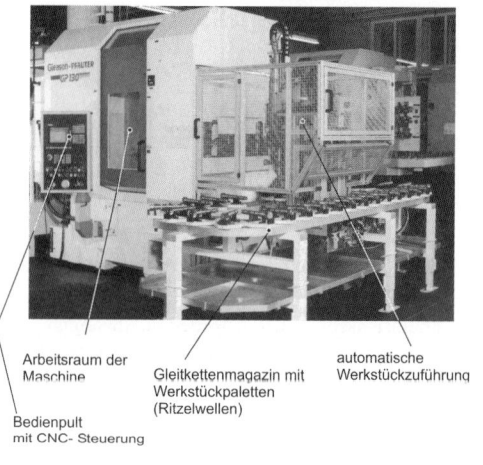

Arbeitsraum der Maschine

Bedienpult mit CNC- Steuerung

Gleitkettenmagazin mit Werkstückpaletten (Ritzelwellen)

automatische Werkstückzuführung

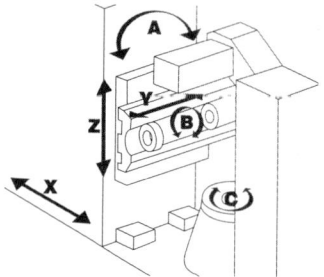

Bild 8. CNC-Achskonfiguration der Wälzfräsmaschine S 300 (Samputensili, Werk Chemnitz)
Achsen:
A Fräskopfschwenkung, C Werkstücktischdrehung, X Radialbewegung, Y Tangentialbewegung/Shifting, Z Axialbewegung, B Frässpindeldrehung

Mit Shifting (Y) wird ein Vorgang bezeichnet, bei dem durch kontinuierliches oder in gewissen Zeitabständen erfolgtes Verschieben des Werkzeuges tangential zum Werkstück eine gleichmäßige Belastung aller Fräserzähne und damit gleichmäßiger Verschleiß erzielt wird.

Bild 9 zeigt den konstruktiven Aufbau eines Standard-Motorfräskopfes für Wälzfräser mit Bohrung als Baueinheit.

Ausgerüstet mit Werkstückspeicher, Bild 10 oben, und automatischem Werkstückwechsel beispielsweise über Doppelgreifer, Bild 10 unten, wird die CNC-

Wälzfräser

fertiges Werkstück   Doppelgreifergehäuse   Rohteil

Arbeitsraum der Wälzfräsmaschine mit Doppelgreifer- Automatik. Der linke Greifer trägt das fertige Werkstück, der rechte das gedrehte Rohteil.

Bild 10. Einrichtungen zur automatischen Werkstückzuführung einschließlich Gleitkettenspeicher an der CNC-Wälzfräsmaschine GP 130 (Gleason-Pfauter, Maschinenfabrik, Ludwigsburg)

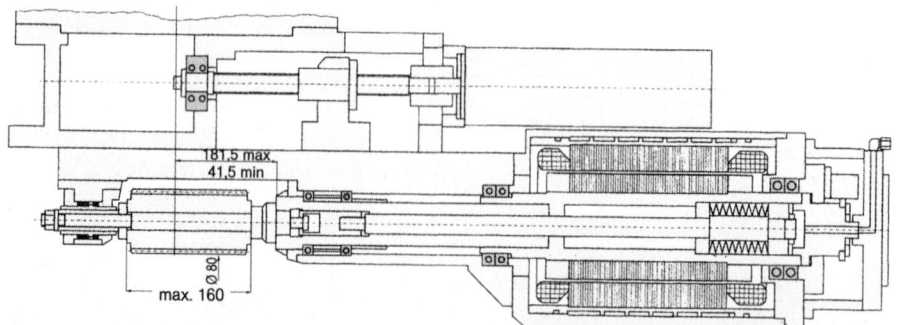

Bild 9. Standard-Motorfräskopf für Wälzfräser mit Bohrung. Im Bild links: Wälzfräser, im Bild rechts: Stufenlos stellbarer AC-Motor und Spanneinrichtung (Gleason-Pfauter Maschinenfabrik, Ludwigsburg)

Profil-oder Formfräsen: Mittels Profilfräser (Form einer Zahnlücke) können Verzahnungen auf Universalfräsmaschinen (mittels Teilkopf) oder Bearbeitungszentren, aber auch auf Wälzfräsmaschinen im Einzelteilverfahren hergestellt werden. Eine Zahnlücke wird längs gefräst, danach erfolgt die Teilung zur nächsten Lücke. Das erfordert eine hohe Teilgenauigkeit. Das Verfahren ist weniger produktiv, gewährt aber eine hohe Flexibilität bei kostengünstigem Werkzeug im Gegensatz zum teuren Wälzfräser. Außerdem kann der Zerspanprozess pro Lücke mit hoher Abtragleistung durchgeführt werden.

5.2.2 Wälzstoßmaschinen

Wälzstoßen ist vergleichbar mit der Wirkungsweise eines Zahnradpaares bei der Übertragung der Drehbewegung. Im Bild 11 ist das Wirkprinzip dargestellt.

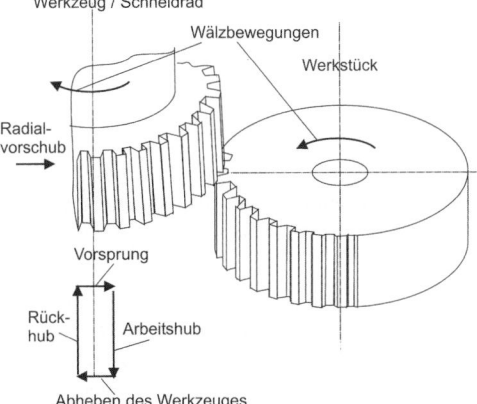

Bild 11. Prinzip des Wälzstoßens

Das Schneidrad besitzt hinterschliffene Zähne mit Evolventenform. Mittels eines Hubantriebs erfolgt die Stoßbewegung und der Rückhub. Dabei werden Doppelhubzahlen bis zu 2500 pro Minute erreicht. Beachtet werden muss, dass am Ende des Arbeitshubes ein Abheben des Werkzeuges notwendig ist, um eine Beschädigung des Schneidrades beim Rückhub zu vermeiden, Bild 11 unten. Werkzeug und Werkstück drehen sich dabei entsprechend des Übersetzungsverhältnisses. Der Radialvorschub stellt das Schneidrad radial zum Werkstück zu.

Hauptvorteil des Wälzstoßens: Es ist nur ein geringer Werkzeugüberlauf erforderlich, so dass beispielsweise Getrieberadblöcke mit mehreren Verzahnungen problemlos bearbeitet werden können.

Das Antriebsprinzip einer konventionellen Wälzstoßmaschine zeigt Bild 12. Über den Wälzantrieb werden Werkzeugspindel und Werkstücktisch angetrieben. Das erforderliche Drehzahlverhältnis wird über die Tischwechselräder erzeugt. Der Hubantrieb erzeugt über Kurbelgetriebe die Hubbewegung und die Drehbewegung der Abhebenockenscheibe. Der

Radialvorschub stellt die Werkzeugspindel radial zum Werkstücktisch zu. Zur Erzeugung von Schrägverzahnungen ist an konventionellen Stoßmaschinen eine Schrägführungsbuchse erforderlich, durch welche die Schneidradspindel beim Hub eine zusätzliche Drallbewegung erfährt, die dem Schrägungswinkel der Schneidradverzahnung entspricht. Der Umrüstaufwand ist insgesamt relativ groß.

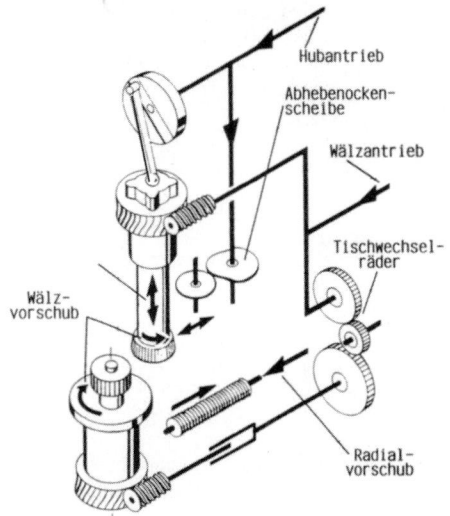

Bild 12. Aufbau einer konventionellen Wälzstoßmaschine (Maschinenfabrik Lorenz [Liebherr], Ettlingen)

Auch hier hat die Einführung der CNC-Technik zu grundlegenden Veränderungen hinsichtlich der Flexibilität und dem Einsatz in der Klein-und Mittelserienfertigung geführt.

Den Aufbau einer vollflexiblen Wälzstoßmaschine modernster Bauart zeigt Bild 13. Alle Verzahnungs-, Werkzeug- und Technologiedaten einschließlich des zu stoßenden Schrägungswinkels bei Schrägverzahnungen werden nur noch numerisch über ein Dialogprogramm eingegeben. Das umständliche Wechseln von Schrägführungsbuchsen entfällt. Damit ist es auch möglich, mehrere Verzahnungen mit unterschiedlichen Schrägungswinkeln und Richtungen in einer Aufspannung herzustellen. Dazu dient auch die NC-positionierbare Werkzeugabhebung A2. Als CNC-Steuerung werden die Siemens 840 D (siehe 3.4.2., Bild 11) einschließlich der Simodrive Digitalantriebe eingesetzt. Die Stoßspindel ist hydrostatisch gelagert und besitzt einen spielfreien Direktantrieb.

Im Bild 14 ist die Bearbeitung eines Werkstückes mit einem Tandemwerkzeug in einer Aufspannung dargestellt. Die Bearbeitung umfasst das Wälzstoßen einer Innen-Schrägverzahnung (unteres Schneidrad), einer Außen-Schrägverzahnung (mittleres Schneidrad) und einer Nut (oberes Schneidrad). Für die Werkzeugspannung ist eine Hohlschaftkegelaufnahme vorgesehen (siehe 2.6.1, Bild 91).

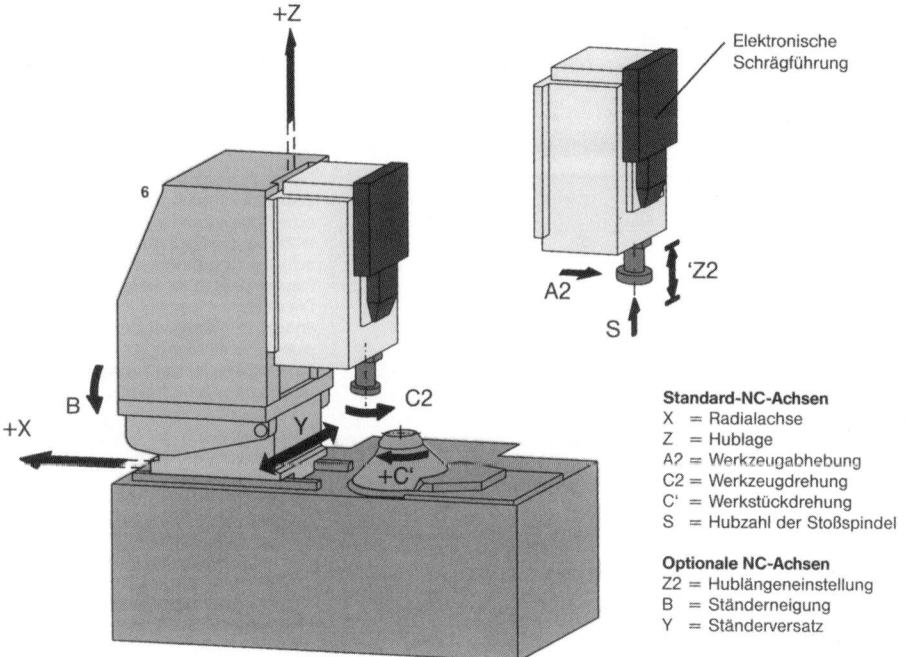

Bild 13. Achskonfiguration der Baureihe CNC-Wälzstoßmaschinen mit *„Elektronischer Schrägführung"* P 400 ES, P 600 ES, P 600 / 800 ES (Gleason-Pfauter, Maschinenfabrik GmbH, Ludwigsburg)

Bild 14. Wälzstoßen von drei verschiedenen Verzahnungen (schräge Innen- und Außenverzahnung sowie eine Nut) in einem Werkstück (Gleason-Pfauter, Maschinenfabrik GmbH, Ludwigsburg)

5.2.3 Schabmaschinen

Das Prinzip zeigt Bild 15. Durch die schräge Achskreuzung ergibt sich bei der Drehbewegung des Radpaares eine zur Spanabnahme führende resultierende Gleitbewegung. Durch das leistungsfähige Power Shaving Verfahren von Gleason-Hurth wird die Zykluszeit der Bearbeitung halbiert. Das mit einem eige-

nen Spindelantrieb rotierende Werkstück wird drehzahlsynchronisiert in das laufende Schabrad eingefädelt. Während des Prozesses wird das Werkstück mit einem Drehmoment beaufschlagt, wodurch eine Drehrichtungsumkehr nicht erforderlich ist, Bild 16. Die Schabemaschinen sind als CNC-Maschinen aufgebaut und meist noch mit integrierter Entgrateinheit ausgerüstet.

Bild 15. Prinzip des Zahnradschabens. Das Schabrad als Werkzeug besitzt in den Zahnflanken eingearbeitete Nuten als Schneidkanten. (Gleason-Hurth, GmbH, München)

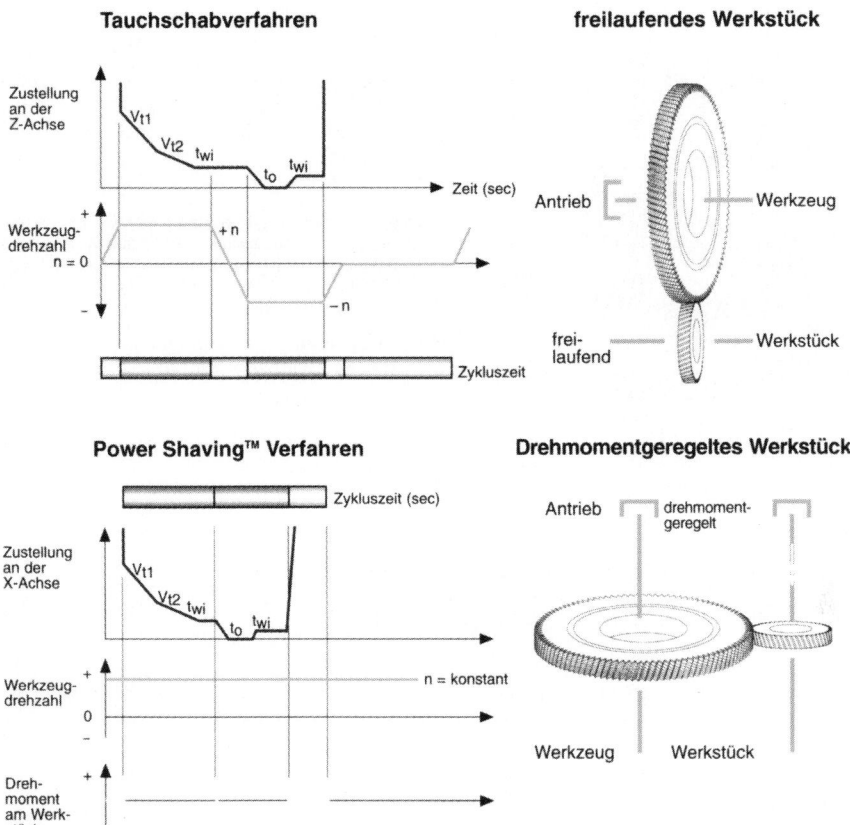

Bild 16. Vorteile des Power Shaving Verfahrens mit drehmomentgeregeltem Werkstück gegenüber dem Tauchschaben. (Gleason-Hurth GmbH, München)

5.3 Verzahnmaschinen mit geometrisch unbestimmten Schneiden zur Bearbeitung von Zylinderrädern und Zylinderschnecken

5.3.1 Wälzschleifmaschinen

Das in Bild 17 gezeigte Verfahren wird heute auf der Basis von CNC-Wälzschleifmaschinen in der Klein-, Mittel-und Großserienfertigung eingesetzt. Das Prinzip beruht auf einer CNC-geregelten Wälzkopplung zwischen der Drehbewegung einer zylindrischen Schleifschnecke mit Zahnstangenprofil und der Drehbewegung des Werkstückes. Bezüglich der Flexibilität spielen die Abrichtverfahren und der Maschinenaufbau eine wesentliche Rolle. Dieser ist im Bild 18 dargestellt. Die Schleifspindel B1 trägt die zylindrische Schleifschnecke.
Ein wesentliches Merkmal dieser Maschine ist der um die Achse C1 komplett um 180° in die Abrichtposition schwenkbare Werkzeugträger. Das Abrichtaggregat kann leicht den Anforderungen entsprechend eingerichtet werden.

Bild 17. Kontinuierliches Wälzschleifen mit zylindrischer Schleifschnecke (Reishauer AG, Wallisellen, Schweiz)

Bild 19 zeigt die verschiedenen Abrichtmöglichkeiten, die je nach geforderter Flexibilität und Produktivität zur Anwendung kommen können. Die Kosten der Diamantrollen sind ein entscheidender Faktor bei der Auswahl.

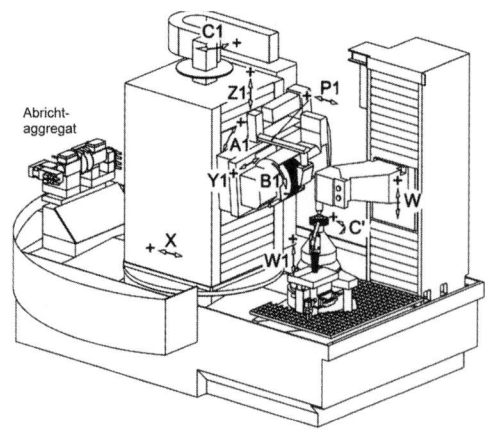

Abricht-
aggregat

A1 Schleifkopf schwenken, B1 Schleifspindel, C1 Werkzeugträger drehen, C' Werkstückspindel, P1 Schleiföldüsen-Nach-
stellung, W Reitstock verfahren, W1 Einzentriersonde Höhenein-
stellung, X X-Schlitten, Schleifschnecken-Zustellung, Y1 Shift-
schlitten, Z1 Schleifschlitten

Bild 18. Aufbau und Achskonfiguration der Verzah-
nungswälzschleifmaschine RZ 400 (Reishauer AG,
Wallisellen, Schweiz)

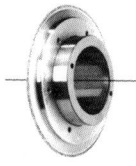 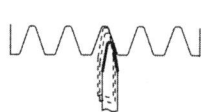

Diamant-Radius-Formrolle
Dieses Werkzeug hat ein diamantbeschichtetes aus
Radien zusammengesetztes Profil. Die zeilenförmige
Abrichtbewegung zur Erzeugung beliebiger Profilmodi-
fikationen sowie Zahnkopf- und -fussgeometrie wird
von der Steuerung berechnet.
Anwendung: Dank hoher Flexibilität geeignet in der
Prototypen- und Kleinserienfertigung

 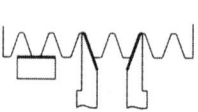

Diamantscheiben mit Überdrehscheibe
Diese Werkzeuge mit definierten Profilwinkeln und
Modifikationen sind an einer Flanke und am Kopf
diamantbeschichtet. Die Schleifschnecke wird
gleichzeitig an den Flanken und im Grund abgerichtet.
Anwendung: Kleinserienfertigung (flexibel)

 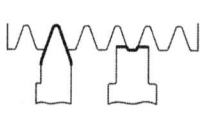

Diamant-Profilrollensatz
Die Diamantscheibe ist an beiden Flanken diamantbeschichtet. Sie speichert die Profilwinkel und
Modifikationen. Die Zahnfussradien werden durch
die separate Abrundungsrolle auf die Schleifschnecke
übertragen.
Anwendung: Automatisierte Fertigung (teilflexibel)

 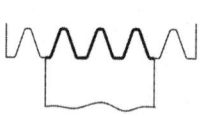

Diamant-Vollprofilrolle
Die Vollprofilrollen haben eine oder mehrere diamant-
beschichtete Rippen. Sie richten gleichzeitig die
Flanken, den Fuss und den Kopf der Schleifschnecke
ab. Die Vollprofilrolle besitzt das komplette Profil der
Werkstückverzahnung.
Anwendung: Automatisierte Fertigung (nur kleine
Module)

 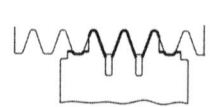

Diamant-Satzprofilrolle
Die kompakten Satzprofilrollen sind aus mehreren
Einzelwerkzeugen zusammengesetzt. Sie richten
gleichzeitig die Flanken, den Fuss und den Kopf der
Schleifschnecke ab.
Anwendung: Automatisierte Fertigung

Bild 19. Abrichtverfahren mit Diamantrollen auf der Wälzschleifmaschine RZ 400 (Reishauer AG, Wallisellen,
Schweiz)

5.3.2 Profilschleifmaschinen

Diskontinuierliches Profilschleifen

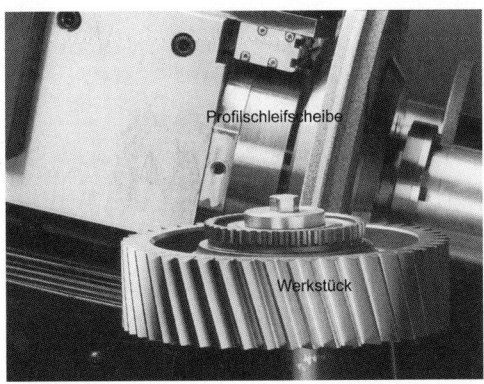

Bild 20. Diskontinuierliches Profilschleifen eines Schrägzahnrades auf der Profilschleifmaschine Helix 400 (Höfler Maschinenbau GmbH, Ettlingen)

Bild 20 zeigt das Bearbeitungsprinzip. Eine Schleifscheibe mit dem Profil einer Zahnlücke bearbeitet die Zahnflanken und den Zahngrund. Nach der Bearbeitung erfolgt die Weiterteilung zum nächsten Zahn. Unter den Bedingungen des Hochleistungsschleifens auch mit CBN-Schleifscheiben kann die Produktivität bei ausreichender Flexibilität auf CNC-Profilschleifmaschinen durchaus hoch sein, Bild 21.

Bild 21. Aufbauprinzip einer CNC-Profilschleifmaschine für die Bearbeitung großer Zahnräder (Kapp-NILES Werkzeugmaschinen GmbH, Berlin)

Kontinuierliches Profilschleifen
Werkzeugbasis dieses Verfahrens ist eine globoide Schleifschnecke. Das Aufbauprinzip ist in Bild 22 dargestellt. Mit einer entsprechenden Einrichtung erfolgt ein automatisches Einzentrieren der Verzahnung des Werkstückes in das Profil der laufenden Schleifschnecke.

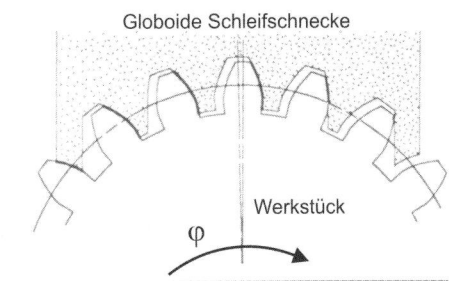

Arbeitsprinzip

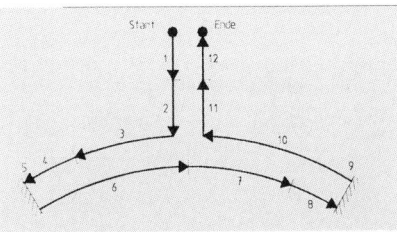

1 Eilgang vor, 2 Eintauchen, 3 Schruppen links, 4 Schlichten links, 5 Ausfunken links, 6 Rückstellen links, 7 Schruppen rechts, 8 Schlichten rechts, 9 Ausfunken rechts, 10 Rückstellen rechts, 11 Ausfahren, 12 Eilgang zurück

Bild 22. Arbeitsprinzip des kontinuierlichen Profilschleifens (Reishauer AG, Wallisellen, Schweiz)

Bild 23. Kontinuierliches Profilschleifen und Honen in einer Maschine RZF mit einer Werkstückspannung (Reishauer AG, Wallisellen, Schweiz)

Danach werden zunächst die linken Zahnflanken mittels Drehvorschub φ des Werkstückes geschliffen. Danach erfolgt das Rückstellen links und anschließend das Schleifen der rechten Flanken. Das Profilieren der Schleifscheibe erfolgt ähnlich mittels eines werkstückspezifischen diamantbeschichteten Zahnrades als Profilierwerkzeug. Auf der CNC-Maschine RZF erfolgt nach dem Schleifen noch das Honen als

Feinstbearbeitung der Verzahnung in einer Werkstückaufspannung, Bild 23. Das kontinuierliche Profilschleifen hat eine hohe Produktivität und wird für
die Produktion großer Serien eingesetzt.

5.3.3 Honmaschinen

Der Materialabtrag auf der Werkstückflanke erfolgt
über einen innenverzahnten, abrasiven Honring, der
im Honkopf eingespannt ist, Bild 24. Durch den
Achskreuzungswinkel entsteht beim Kämmen mit
dem Werkstück eine Schleifbewegung. Die Geometrie des Honrings wird regelmäßig mit diamantbeleg-
ten Abrichtrollen unter Verwendung eines elektronischen Getriebes erzeugt.
Flankenkorrekturen können allein durch Maschinen-
bewegungen realisiert werden.

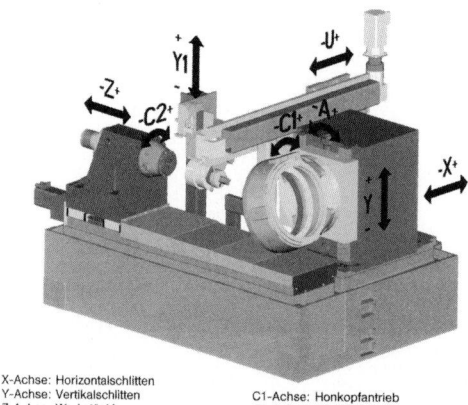

X-Achse: Horizontalschlitten
Y-Achse: Vertikalschlitten
Z-Achse: Werkstückbewegung
      horizontal
A-Achse: Honkopfschwenkung

C1-Achse: Honkopfantrieb
C2-Achse: Werkstückantrieb
U-Achse: Horizontalhub Ladeportal
Y1-Achse: Indexiereinheit

Maschinenaufbau und Achskonfiguration

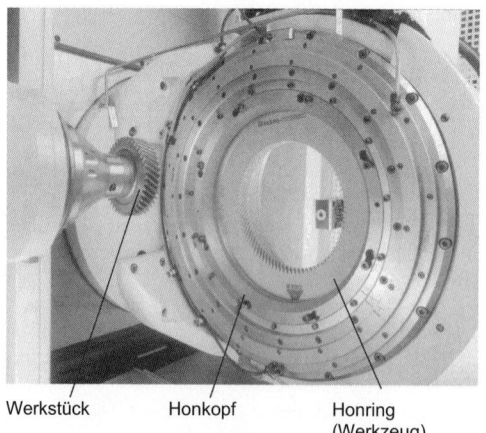

Werkstück   Honkopf   Honring
                             (Werkzeug)
Arbeitsraum

Bild 24. Zahnrad-Spheric-Leistungshonmaschine ZH
200 (Gleason-Hurth, München)

5.4 Verzahnmaschinen zur Kegelrad-herstellung

5.4.1 Wälzfräsmaschinen

Teilverfahren
Gerad- oder schrägverzahnte Kegelräder können auf
Teilwälzfräsmaschinen hergestellt werden. Dabei
verkörpern zwei ineinander greifende Scheibenfräser
einen Zahn eines Planrades, das in das zu erzeugende
Kegelrad eingreift. Jede Zahnlücke wird durch Wälzen fertiggefräst. Danach erfolgt die Weiterteilung
zur nächsten Zahnlücke.

Kontinuierliche Verfahren
Spiralkegelrad-Wälzfräsmaschinen ermöglichen die
kontinuierliche Bearbeitung von Kegelrädern. Am
Beispiel des Zyklo-Palloid-Verfahrens (Klingelnberg)
wird im Bild 25 die Arbeitsweise gezeigt. Voraussetzung ist der Einsatz eines mehrgängigen Stirnmesser-
kopfes als Werkzeug. Über die CNC-Steuerung wird
der Zusammenhang zwischen Gangzahl (Anzahl der
Messergruppen) des Fräsers, Werkstückzähnezahl,
Messerkopf- und Werkstückbewegung hergestellt.
Die Flankenform der Zähne entspricht einer verlängerten Epizykloide, Bild 25.

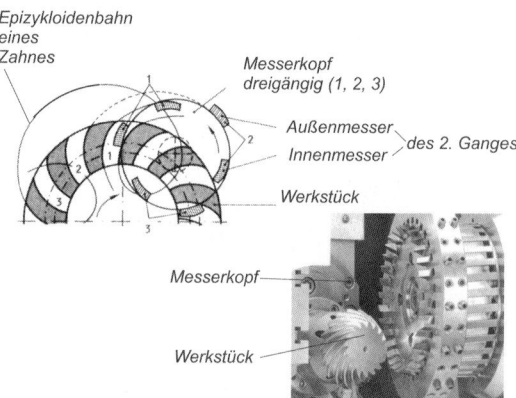

Bild 25. Wälzfräsen von Spiralkegelrädern im Zyklo-
Palloid-Verfahren (Klingelnberg GmbH, Hückeswagen)

Eine zukunftweisende Entwicklung stellt die in Bild 26
gezeigte Maschine dar. Durch steifen Maschinenaufbau
können hohe Schnittgeschwindigkeiten, beispielsweise
bei der Trockenbearbeitung, zur Anwendung kommen.
Die traditionelle Wälztrommel wurde durch CNC-
Linearachsen ersetzt, um beliebige mathematische
Funktionen zu realisieren. Die C-Achse als Rotationsachse führt dabei die Grundwinkelbewegung durch.
Digitale Antriebe und direkte Messsysteme sichern
hohe Positioniergenauigkeiten. Die Maschine ist nur
eine aus einem Spiralkegelrad-Wälzfräsmaschinen-
Baukasten mit gleichen Komponenten.

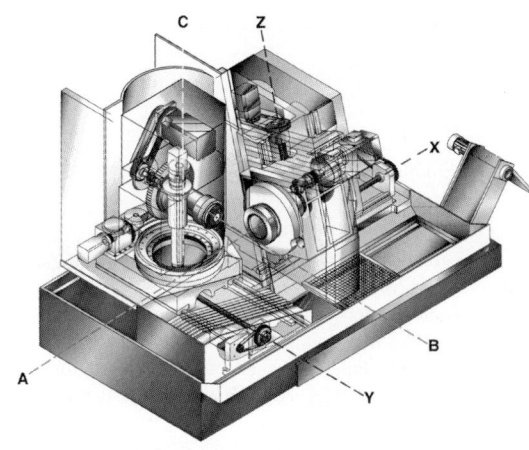

A-Achse: Messerkopfdrehachse, B-Achse: Werkstückdrehachse,
C-Achse: Rotationsachse, X-, Y-, Z-Achse: Linearachsen

Bild 26. Aufbau der Spiralkegelrad-Verzahnmaschine
Oerlikon C 42 (Klingelnberg AG, Zürich, Schweiz)

5.4.2 Wälzschleifmaschinen

Am Beispiel des Spiralkegelrad-Wälzschleifens wird
die Verfahrensweise gezeigt. Eine moderne Konzep-
tion mit senkrechter Schleifspindel zum ungehinder-
ten Abfluss der Späne zeigt Bild 27. Sämtliche Antriebseinheiten liegen oberhalb des Arbeitsraums. Das
Profilieren der Schleifscheibe erfolgt CNC-bahnge-
steuert mittels Diamant-Abrichtrolle, welche sämtliche Profilmodifikationen erlaubt.

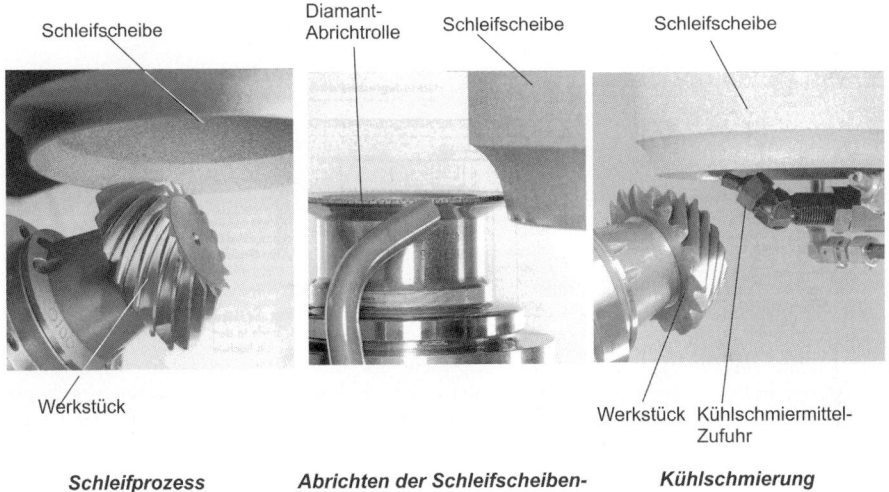

Schleifscheibe   Diamant-Abrichtrolle   Schleifscheibe   Schleifscheibe

Werkstück   Werkstück   Kühlschmiermittel-Zufuhr

Schleifprozess   *Abrichten der Schleifscheiben-Außenkontur*   *Kühlschmierung*

Bild 27. Arbeitsraum der Spiralkegelrad-Wälzschleifmaschine G 27 (Klingelnberg AG, Zürich, Schweiz)

6 Werkzeugmaschinen zur Feinstbearbeitung

6.1 Definition der Feinstbearbeitung

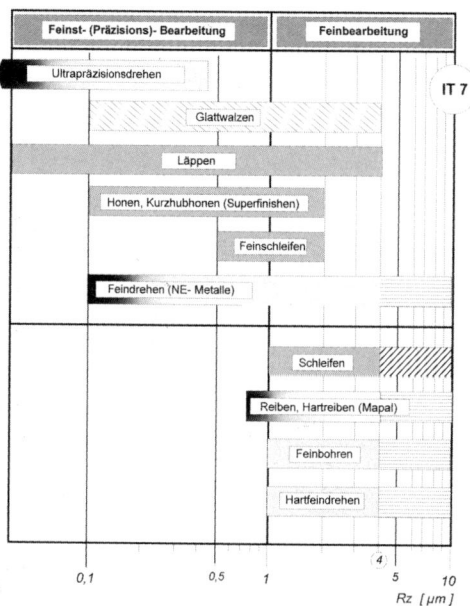

Bild 1. Übersicht über die Fein-und Feinstbearbeitungsverfahren, bezogen auf erreichbare Rauhigkeitswerte R_Z in µm

Nach der VDI-Richtlinie 3220 sind Feinbearbeitungsverfahren alle formgebenden Fertigungsverfahren, deren Ergebnis eine *Verbesserung* von *Maß, Form, Lage* und *Oberflächenqualität* ist, wobei die erzielte *Maßgenauigkeit mindestens der ISO-Qualität IT 7* (in den meisten Fällen IT 6) entspricht.

In der Übersicht im Bild 1 ist gezeigt, dass der Begriff *„Feinst- oder Präzisionsbearbeitung"* dann zur Anwendung kommt, wenn die erzielbare Rautiefe **$0{,}1 \leq R_Z \leq 1$ µm** ist.

In der Regel sollten die weiteren *Werte der Oberflächengestalt* liegen bei:

Arithmetischer Mittenrauwert
  $0{,}01$ µm $\leq R_a \leq 0{,}1$ µm
Welligkeit (z. B. Wälzlager)
  $0{,}1$ µm $\leq W_t \leq 1{,}5$ µm

Die *Form-und Lagetoleranzen* fein- und feinstbearbeiteter Flächen sollten liegen entsprechend Tabelle 1.

Tabelle 1. Form-und Lagetoleranzen fein- und feinstbearbeiteter Flächen

	Forderung	erreichbar
Rundheit	< 3 µm	< 1 µm bei 80 mm Ø
Zylindrizität	< 2 – 4 µm / 50 mm	< 2 µm
Rund-, Planlauf verschiedener Funktionsflächen zueinander	< 2 – 4 µm	< 2 µm bei Bearbeitung in einer Aufspannung
Neigung	5 – 10 µm	< 5 µm

Die Übersicht im Bild 1 zeigt, dass besonders die Fertigungsverfahren

– *Honen*
– *Kurzhubhonen oder Superfinishen*
– *Läppen*
– *Glattwalzen (mit Einschränkung)*

zum Erreichen dieser Zielstellung bei der Bearbeitung von Stahl geeignet sind.

Die ersten drei der genannten Verfahren basieren auf Werkzeugen, die mit geometrisch unbestimmten Schneiden arbeiten. Damit ist auch die Hartfeinstbearbeitung gegeben. Diese umfasst die meisten Anwendungsfälle in der Praxis. Auch mit dem Glattwalzen ist in der Form des Hartglattwalzens eine Hartbearbeitung unter bestimmten Voraussetzungen möglich.

6.2 Spanende Feinstbearbeitungsmaschinen für Werkzeuge mit geometrisch bestimmter Schneide

6.2.1 Feindrehmaschinen

Das Fein-und Feinstdrehen wird unter Anwendung von Diamantwerkzeugen für die Bearbeitung von Nichteisenmetallen oder anderen Werkstoffen, wie technische Keramik, herangezogen. Auch für die Hartfeinstbearbeitung von Stahl ist das Feindrehen in Kombination mit dem Feinschleifen geeignet. Auf dem im Kapitel 4.2.2, Bild 12, Seite O 78 gezeigten Bearbeitungszentrum kann das Hartdrehen beispielsweise von Bohrungen als Vorbearbeitungsprozess kombiniert werden mit einem anschließenden Fertig-Feinschleifen, bei dem mit einer hinsichtlich Körnung und Härte geeigneten Schleifscheibe nur noch wenige µm bis zum Erreichen des Endmaßes abgetragen werden. Damit sind Rautiefen $R_Z \leq 1$ µm durchaus erreichbar.

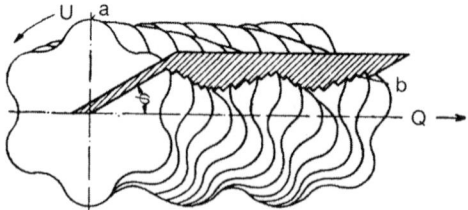

Bild 2. Umfangs- und Querwelle an einem unter der Einwirkung einer Relativschwingung zwischen Werkstück und Werkzeug gedrehten Werkstück (die Frequenz der Relativschwingung ist nicht ganzzahlig zur Drehfrequenz des Werkstückes während der Drehbearbeitung)
a Umfangswelle, b Querwelle, U Umfangsrichtung, Q Querrichtung

Ausgesprochene Ultra-Feinstdrehmaschinen sind nach einem Grundsatz konstruiert:

– Jegliche Relativschwingungen zwischen Werkstück und Werkzeug sind zu vermeiden –

Im Bild 2 sind die Auswirkungen solcher Relativschwingungen auf die Gestaltabweichung des Werkstücks beim Drehprozess dargestellt. Es entstehen Wellen sowohl in Umfangs- als auch in Querrichtung, die neben der Welligkeit auch die Rauheit der Oberfläche negativ beeinflussen.
Thermische Einflüsse können sich auf Maß und Form negativ auswirken.
Aus den genannten Gründen haben sich nachstehende Konstruktionsmerkmale herausgebildet:

– Aerostatisch gelagerte Synchronmotorspindeln als Werkstückträger (Grundaufbau entsprechend Bild 17, Seite O 12, Kapitel 2.1.3)
– Aerostatische Gerad- und Rundführungen
– Maschinengestelle aus Mineralguss oder Granit (entsprechend Bild 88, Seite O 55, Kapitel 2.5.3)
– Klimaraum als Aufstellort
– Trocknung der Arbeitsluft für die Aerostatik

6.2.2 Feinbohrmaschinen

Mit Feinbohrmaschinen oder den in Taktsraßen (entsprechend Bild 22, Seite O 82, Kapitel 4.3.2) zur Anwendung kommenden Feinbohreinheiten werden in der Regel kleinste Rautiefenwerte $R_z > 1$ μm erreicht, so dass zum Erreichen höherer Qualitäten noch eine zusätzliche Feinstbearbeitung erfolgen muss.

6.3 Spanende Feinstbearbeitungsmaschinen für Werkzeuge mit geometrisch unbestimmter Schneide

6.3.1 Honmaschinen

Definition des Honens (DIN 8589 Teil 14)

Honen:
Spanen mit geometrisch unbestimmten Schneiden, wobei die vielschneidigen Werkzeuge eine aus 2 Komponenten bestehende Schnittbewegung ausführen, von denen mindestens eine Komponente hin- und hergehend ist, so dass die bearbeitete Oberfläche sich definiert überkreuzende Spuren aufweist.
Die Verhältnisse sind im Bild 3 dargestellt.

Rundhonen:
Honen zur Erzeugung kreiszylindrischer Oberflächen

Profilhonen:
Honen, bei dem das Werkzeugprofil auf dem Werkstück abgebildet wird

Planhonen:
Honen zur Erzeugung ebener Flächen

Schraubhonen, Wälzhonen, Formhonen, beispielsweise bei Verzahnungsbearbeitung (siehe auch Bild 24, Kapitel 5.5.3)

Langhubhonen:
Honen, bei welchem die Schnittbewegung aus einer Drehbewegung und einer <u>langhubigen</u> Hin-und Herbewegung gebildet wird (siehe Bild 3)

Kurzhubhonen, Superfinishen, Feinziehschleifen:
Honen, bei welchem die Schnittbewegung aus einer Dreh-und/oder Hubbewegung sowie einer überlagerten kurzhubigen Oszillationsbewegung gebildet wird

Außenhonen: Honen von Außenflächen

Innenhonen: Honen von Innenflächen

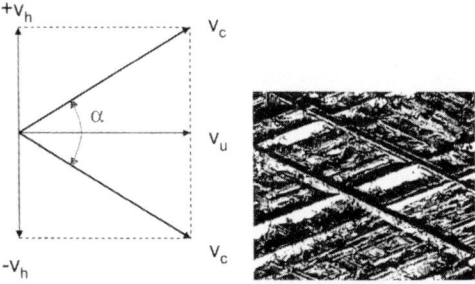

Bild 3. Prinzip des Honens (Langhubhonen)
v_c Schnittgeschwindigkeit, v_u Umfangsgeschwindigkeit, v_h Hubgeschwindigkeit, α Honwinkel
Bild rechts: gehonte Oberfläche (Auflicht) (nach Nagel, Maschinen- und Werkzeugfabrik GmbH, Nürtingen)

Superfinish-(Kurzhub-Hon)-Maschinen
Realisieren die Bearbeitung runder Flächen an Werkstücken mit *überwiegend runder Gestalt* mittels der Verfahren:

– *Kurzhub-Außen- oder Innen-Rundhonen*
– *Kurzhub-Außen- oder Innen-Profilhonen*

In der Industrie hat sich der Begriff – **Superfinishmaschinen** – eingebürgert und wird nahezu ausschließlich verwendet, auch in den nachfolgenden Ausführungen.
Im Bild 4 ist das Prinzip der Superfinishbearbeitung als Kurzhub-Außen-Rundhonen dargestellt.
Links im Bild wird das *Stein-Superfinishen* gezeigt. Als Werkzeug dient ein Honstein, meist aus Edelkorund oder CBN. Die Korngröße richtet sich nach der Rautiefe der Vorbearbeitung und der zu erzielenden Rautiefe sowie nach der Bearbeitungszeit. Die Korngrößen für das Schrupp-Superfinishen liegen zwischen 6 und 10 μm, für das Fertig-Superfinishen zwischen 3 und 6,5 μm. Durch geeignete Bindung und Härte wird erreicht, dass das Korn nach Abnutzung selbst ausbricht, das heißt, der Honstein wird im Gegensatz zur Schleifscheibe nicht abgerichtet. Er schärft sich selbst.

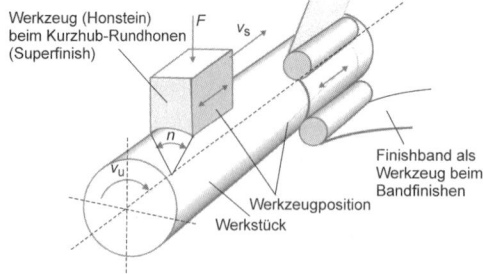

Bild 4. Prinzip der Superfinish-Bearbeitung mit Stein und Band
F Honstein-Anpresskraft, v_u Werkstück-Umfangsgeschwindigkeit, *n* Kontaktwinkel, v_s Vorschubgeschwindigkeit (nach Supfina Grieshaber GmbH & Co KG, Remscheid)

Der Honstein wird mit einem konstanten, meist hydraulisch oder pneumatisch erzeugten Druck zwischen 9 bis 40 N/cm² gegen die rotierende Werkstückoberfläche gepresst. Dabei oszilliert er mit Frequenzen zwischen 2 und 85 Hz und Amplituden von 0,7 ...0,8 mm. Dadurch bewegt sich das einzelne Korn entlang einer Sinuslinie.
Rechts im Bild 4 ist das *Bandfinishen* dargestellt. Superfinishbänder können zwischen 5 und 300 mm breit sein und eine Länge zwischen 1 und 300 m aufweisen. Der verschlissene Bandbereich wird entweder kontinuierlich oder getaktet erneuert. Die Bänder bestehen aus Gewebe, Papier oder Polyesterfilm, jeweils mit aufgebrachtem Schleifmittel (Korn mit Größen zwischen 0,3 bis 70 µm und Bindung). Das Finishband oszilliert in Werkstück-Achsrichtung wie beim Bandfinishen. Das Bandfinishen wird meist in der Automobil-Industrie angewandt, besonders in der Kurbel- und Nockenwellenfertigung.

Im Bild 5 ist die Verbesserung der einzelnen Parameter der Gestaltabweichung der bearbeiteten Werkstückoberfläche durch das Superfinishen dargestellt. Es muss aber gesagt werden, das bei den Parametern *Rundheit* und *Zylindrizität*, aber auch bei *Ebenheit* und *Geradheit* eine hohe Vorbearbeitungsgenauigkeit beim Schleifen oder Hartfeindrehen gefordert wird, um den Erfolg der Superfinishbearbeitung zu erreichen.

Einheiten zur spitzenlosen Einstech-Bearbeitung mit Honsteinen
Im Bild 6 ist das Prinzip des spitzenlosen Einstech-Superfinishens am Beispiel der Bearbeitung einer Getriebewelle dargestellt.

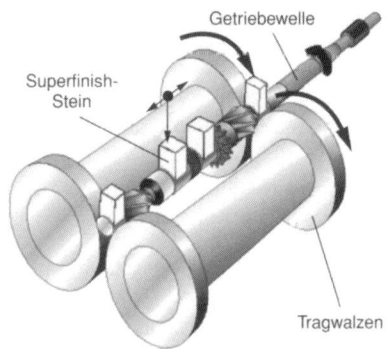

Bild 6. Spitzenlose Aufnahme einer Getriebewelle zwischen angetriebenen Tragwalzen. Die Bearbeitung von 4 Sitzen mittels 4 Superfinisheinheiten erfolgt zeitgleich. (Supfina Grieshaber GmbH & Co KG, Remscheid)

Parameter	Norm	Hartdrehen/Schleifen	Superfinish
Rundheit	DIN ISO 1101		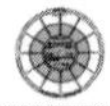
Geradheit	DIN ISO 1101		
Ebenheit	DIN ISO 1101		
Zylindrizität	–		
Rautiefe	DIN 4768	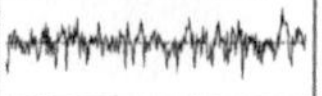	
Material-anteil	DIN 4762, ISO 4287/1		

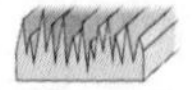

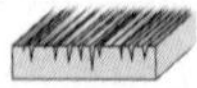

Bild 5. Verbesserung der Parameter der Gestaltabweichung durch das Superfinishen (nach Supfina Grieshaber GmbH & Co KG, Remscheid)

Bild 7. Superfinish-Anbaueinheit beim Einsatz im Revolverkopf einer Drehmaschine (Supfina Grieshaber GmbH & Co KG, Remscheid)

Zur Bearbeitung werden hier 4 pneumatisch angetriebene Superfinish-Anbaueinheiten angewendet. Im Bild 7 ist eine solche Anbaueinheit für die Bearbeitung von Werkstücken auf einer Drehmaschine gezeigt. Die Einheit ist mit einer Möglichkeit zur Aufnahme in einer Position des Werkzeugrevolvers der Drehmaschine versehen.

Maschinen zur spitzenlosen Durchlaufbearbeitung mit Honsteinen

Durch Schrägstellung der Tragwalzen erfahren die Werkstücke eine Vorschubbewegung. Dadurch entsteht die Durchlaufbearbeitung, Bild 8. Die Verfeinerung der Werkstückoberfläche ergibt sich durch den nacheinander erfolgenden Eingriff von Werkzeugen mit feiner werdendem Korn. Erreichbare Durchlaufgeschwindigkeiten liegen zwischen 500 und 6500 mm/min. Diese Bearbeitungsart eignet sich besonders für Wälzkörper, wie Rollen, Nadeln und Kegelrollen, aber auch Nadelstangen, Kolbenbolzen, Kipphebelwellen u. a. m., Bild 9.

Bild 9. Spitzenlose Durchlauf-Superfinish-Maschine Supfina 470 mit 10 Stein-Führungen, Transportwalzen mit 900 mm Nutzlänge und automatischer Zu- und Abführung der Werkstücke (Supfina Grieshaber GmbH & Co KG, Remscheid)

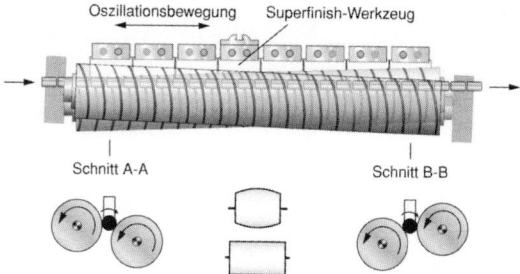

Bild 8. Prinzip der spitzenlosen Durchlaufbearbeitung mit 8 Superfinisheinheiten. Der Transport entsteht durch die Schrägstellung der Tragwalzen (Supfina Grieshaber GmbH & Co KG, Remscheid)

Zur Erzeugung von leicht balligen Wälzkörpern werden Tragwalzen mit Sonderformen angewendet. Dadurch können die Werkstücke auf definierten Bahnkurven unter den Honsteinen durchgeführt werden. Damit lassen sich Mantellinien mit bis zu 1 μm konvexer Form definiert herstellen.

Maschinen zum Stein-Superfinishen von Wälzlagerringen

Bild 10 zeigt das Prinzip des Superfinishens einer Laufbahn des Innenrings eines doppelreihigen Kegelrollenlagers. Die Bearbeitung erfolgt in senkrechter Lage der Werkstückachse. Der Ring wird über eine als Treiber ausgebildete Planscheibe angetrieben. Die Mitnahme wird über Druckrollen erreicht, die Achslage über Zentrierrollen. Im Bild 11 ist das Prinzip des Superfinishens einer Kugellaufbahn dargestellt. Der oszillierende Honstein ist vorprofiliert und damit der Form der Laufbahn angepasst.

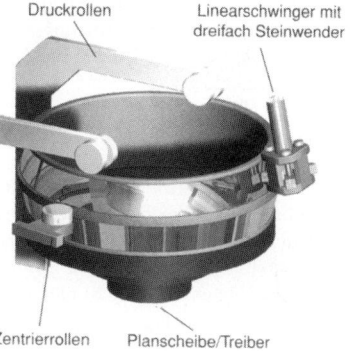

Bild 10. Superfinishen eines Kegelrollenlager-Innenrings. Antrieb des Werkstückes über Treiber, Druck- und Zentrierrollen (Supfina Grieshaber GmbH & Co KG, Remscheid)

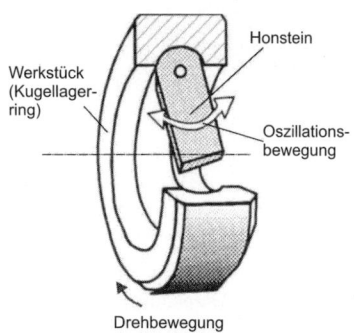

Bild 11. Superfinishen der Laufbahn eines Kugellager-Außenrings

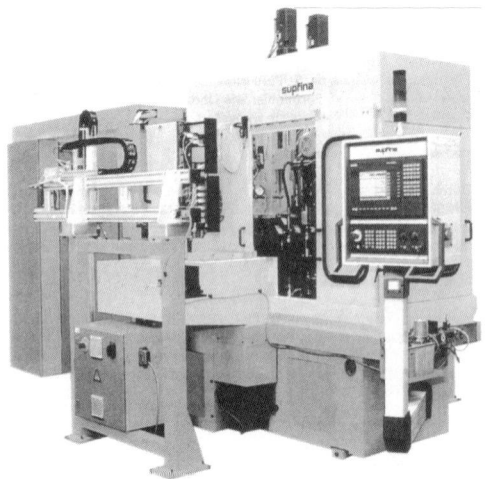

Bild 12. Superfinishautomat 725/2 NC zur Bearbeitung von Zylinder-, Kegel-, Tonnen-Rollenlager, Innen- und Außenringen mit einer oder mehreren Laufbahnen (Supfina Grieshaber GmbH & Co KG, Remscheid)

Der im Bild 12 gezeigte CNC-Superfinishautomat ist mit Digitalantrieben für Linear- und Rotationsbewegung ausgerüstet. Druckrollen und Zentriereinrichtung für das Werkstück sind NC-gesteuert. Beliebige Laufbahn-Querformprofile, wie konkav, konvex, logarithmisch u. a., werden durch einen NC-gesteuerten Überlagerungshub erzeugt. Die Bearbeitung erfolgt liegend und kann ein- oder mehrstufig mittels Steinwendeeinrichtung durchgeführt werden, siehe Bild 10. Der Steinanpressdruck kann hydraulisch extrem variiert werden. Die Umrüstzeiten auf eine andere Werkstücktype liegen unter 9 Minuten. Die automatische Be- und Entladung der Werkstücke erfolgt über Mehrfach-Greifer.

Band-Superfinish-Maschinen

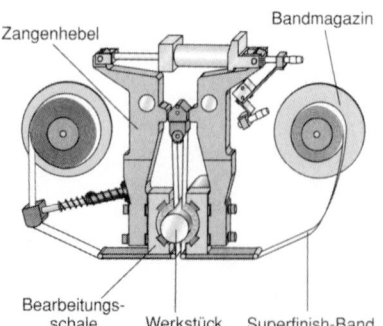

Bild 13. Bandfinishen mit Bearbeitungszangen. Das Werkstück wird von 2 Bearbeitungsschalen umfasst und damit von 2 Seiten gleichzeitig bearbeitet. Dabei oszilliert in der Regel der Werkstückträger. (Supfina Grieshaber GmbH & Co KG, Remscheid)

Den Aufbau einer Bandfinishstation mit umschließender Bearbeitung zeigt Bild 13. Über die Zangenhebel und die Bearbeitungsschalen erfolgt die Anpressung des Bandes. Harte Schalen werden bei der Mehrstufen-Bearbeitung für das Vorfinishen eingesetzt. Damit wird auch die Makrogeometrie positiv beeinflusst. Zur Fertigbearbeitung werden weiche Schalen verwendet.

Bild 14. Arbeitsraum einer Bandsuperfinishmaschine zur gleichzeitigen Bearbeitung der Lagersitze von Kurbelwellen. Das Werkstück ist horizontal gelagert. (Supfina Grieshaber GmbH & Co KG, Remscheid)

Zur Bearbeitung der Sitze an Kurbelwellen, Bild 14, werden so viele Bandfinisheinheiten wie erforderlich nebeneinander platziert. Die Oszillationsbewegung wird über das Werkstück ausgeführt.

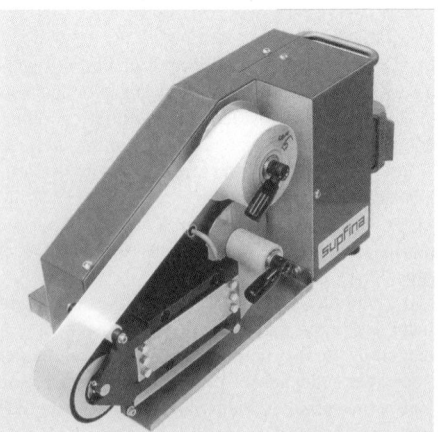

Bild 15. Bandsuperfinish-Anbaugerät zum Einsatz auf Dreh-, Schleif oder Fräsmaschinen. Anpressdruck und Oszillation erfolgen pneumatisch (Supfina Grieshaber GmbH & Co KG, Remscheid)

Bandsuperfinishen kann auch mit Anbaugeräten durchgeführt werden, Bild 15. Dabei erfolgt eine einseitige Bearbeitung, d. h. das Band umschließt das Werkstück nicht. Der Werkzeugeingriff liegt unter 50 %, siehe Bild 4 rechts.

Kreuzschliff-Superfinishmaschinen zur Bearbeitung planer, definiert konvexer (konkaver) oder sphärischer Flächen

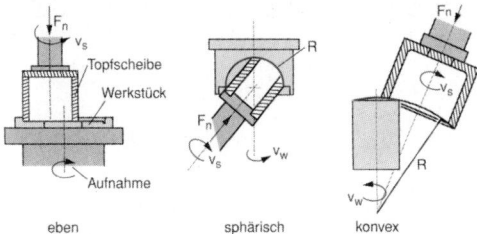

Bild 16. Kreuzschliff-Superfinish-Bearbeitung mit Topfscheiben. F_n Normalkraft, v_s Schnittgeschwindigkeit, v_w Werkstückgeschwindigkeit, R Radius der sphärischen oder konvexen Fläche (nach Supfina Grieshaber GmbH & Co KG, Remscheid)

Im Bild 16 sind die Möglichkeiten des Kreuzschliff-Superfinishens dargestellt. Die Topfscheiben sind vorprofiliert und schärfen sich selbst. Hauptanwendungsgebiete sind Dicht- und Anlageflächen von Komponenten für Dieseleinspritzpumpen oder Stirnflächen von Zahnrädern, aber auch künstliche Hüftgelenke.

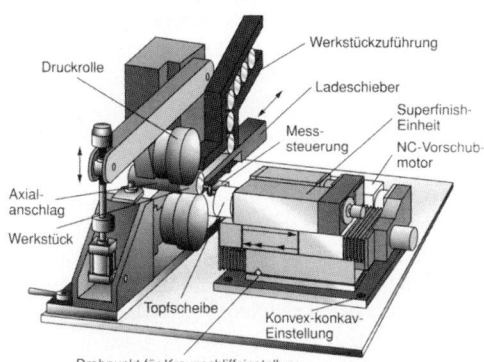

Bild 17. Aufbauprinzip der Kreuzschliff-Superfinishmaschine supfina 802 mit waagerechter Werkstückachse für die Bearbeitung von Stirnflächen rotationssymmetrischer Werkstücke (Supfina Grieshaber GmbH & Co KG, Remscheid)

Die im Bild 17 dargestellte Maschine wird u. a. für die Bearbeitung von Tassenstößeln eingesetzt. Eine Druckrolle drückt das Werkstück gegen den als Ladeschieber ausgebildeten Gleitschuh. Durch Schränkung der Rollenachsen wird das Werkstück gegen den Axialanschlag gedrückt. Die Beladezeiten liegen unter einer Sekunde.

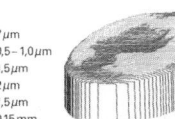

Die Ergebnisse	
Balligkeit	7 μm
Rz	0,5 – 1,0 μm
Rz, max	1,5 μm
Formabweichung	2 μm
Planlauf	1,5 μm
Abtrag	0,15 mm

Bild 18. Ergebnisse der Planflächenbearbeitung des Werkstückes „Tassenstößel" (Supfina Grieshaber GmbH & Co KG, Remscheid)

Die Balligkeit von 7 μm, Bild 18, ist definiert erreicht durch die Konvex-Konkav-Einstellung an der Maschine und vom Kunden vorgegeben.

Auch bei Kreuzschliff-Finishmaschinen kann der vertikale Aufbau ein großer Vorteil sein, analog Kapitel 4.1.1, Bild 6, Seite O 74, und Kapitel 4.2.2, Bild 12, Seite O 78.

Die in Bild 19 dargestellte Maschine ist extrem platzsparend. Auf dem NC gesteuerten Rundtisch können bis zu 8 Werkstückspindeln und an einer Mittelsäule bis zu 6 Bearbeitungseinheiten angeordnet werden.

Bild 19. Vertikal-Kreuzschliffmaschine Microstar V 286. Im Bild unten ist ein Ausschnitt des Arbeitsraumes mit einem Werkzeugträger (Bearbeitungseinheit) dargestellt. (Thielenhaus Technologies GmbH, Wuppertal)

Damit ist beispielsweise nachstehende Stationsfolge möglich:

1: Be- und Entladen
2: Vorfinish/Vorderseite
3: Fertigfinish/Vorderseite
4: Bürstentgraten
5: Wenden d. Teils
6: Vorfinish/Rückseite
7: Fertigfinish/Rückseite
8: Bürstentgraten

Die Taktzeit = Bearbeitungszeit beträgt in der Regel 6 Sekunden. Genauigkeiten wie Ebenheit $< 0,5$ μm und $R_Z < 0,1$ μm sind erreichbar.

Langhub-Honmaschinen (vorzugsweise zum Innen-Rundhonen)

Langhub-Honmaschinen, im Folgendem kurz – **Honmaschinen** genannt, werden in der Regel für die *Bohrungs-Feinstbearbeitung prismatischer Werkstücke* angewandt. Bei den Werkstücken handelt es sich besonders um Zylinderlaufbahnen von Kolbenmotoren, Pleuellager, Getriebegehäuse, Hydraulikblöcke u. a. m.

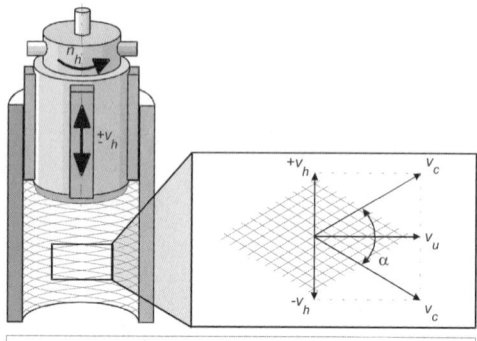

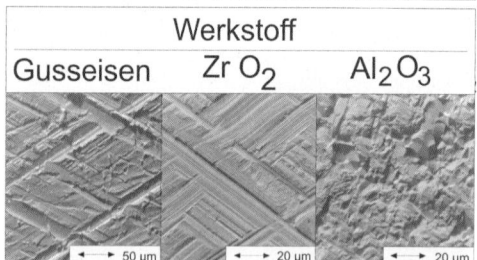

Bild 20. Kinematik des Langhubhonens, Bezeichnungen siehe Bild 3. Oben links: mehrstufiges Honwerkzeug mit 4 Honleisten. Unten: Auflichtaufnahmen gehonter Bohrungen (nach Nagel, Maschinen- und Werkzeugfabrik GmbH, Nürtingen)

Bild 20 zeigt das Prinzip. Über ein Werkzeug mit mehreren Honleisten, die an die zu bearbeitende Oberfläche gedrückt werden, erfolgt der Werkstoffabtrag durch dessen Langhubbewegung mit überlagerter Rotation. Die Honleisten liegen flächig an der Werkstück-Bohrung an. Durch die Bewegungen ergibt sich

eine resultierende Schnittgeschwindigkeit v_c zwischen 30 bis 50 m/min. Eine Orientierung des Honwerkzeuges in der Bohrung ist gegeben. Dadurch ergeben sich erhebliche Vorteile:

- Große aktive Fläche während der Bearbeitung
- Werkzeug richtet sich in der Bohrung aus
- Werkzeug schärft sich selbst
- Unterbrochener Schnitt ist möglich
- Geringe Temperaturen in der Wirkzone
- Hohe Lebensdauer der Werkzeuge

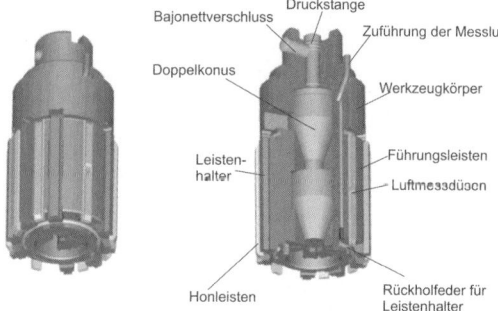

Bild 21. Aufbau eines Mehrleisten-Honwerkzeuges mit pneumatischem Messsystem zur Inprozess-Messsteuerung (Nagel, Maschinen- und Werkzeugfabrik GmbH, Nürtingen)

Mittels meist hydraulisch betätigter Druckstange werden über einen Doppelkonus die Honleisten gegen die zu bearbeitende Fläche gedrückt, Bild 21. Rückholfedern sorgen für die Leistenrücknahme nach erfolgter Bearbeitung. Bei Erreichen des Fertigmaßes beendet die Messsteuerung den Honvorgang.

Honmaschinen haben häufig einen senkrechten Aufbau.

Im Bild 22 ist eine Anlage zum Honen von gehärteten Zylinderlaufbuchsen gezeigt.

Die Maschine hat zwei Arbeitsstationen zum Vor- und Fertighonen. Auch hier wird dies wie beim Superfinishen durch unterschiedliche Steinqualitäten erreicht.

Bild 22. Honbearbeitung von gehärteten Zylinderlaufbuchsen.
Bild auf Seite 100: Honmaschine mit Werkstückspeicher und automatischer Beschickung.
Bild oben: Arbeitsraum der Honmaschine mit 2 Arbeitsstationen (Nagel, Maschinen- und Werkzeugfabrik GmbH, Nürtingen)

6.3.2 Läppmaschinen

Der Läppvorgang ist das Aneinanderreiben zweier Flächen mit dazwischen liegendem Medium aus Läppflüssigkeit (Läpp-Öl) und Läppkorn (Siliziumkarbid, Borcarbid, Diamantpulver mit verschiedener Korngröße und Härte).
Das Prinzip der Einscheiben-Läppmaschine mit 3 Abrichtringen ist im Bild 23 dargestellt. Merkmale sind die drehende Arbeitsscheibe, meist bestehend aus Grauguss, und die darauf mitrotierenden 3 oder 4 Abrichtringe, welche in Rollengabeln geführt werden. Innerhalb der Abrichtringe befinden sich Werkstückhalter, meist Platten aus Kunststoff, die mit passenden Öffnungen für die jeweiligen Werkstücke versehen sind. Mit einer Druckplatte und pneumatischer Unterstützung werden die Werkstücke gegen die Arbeitsscheibe gedrückt.

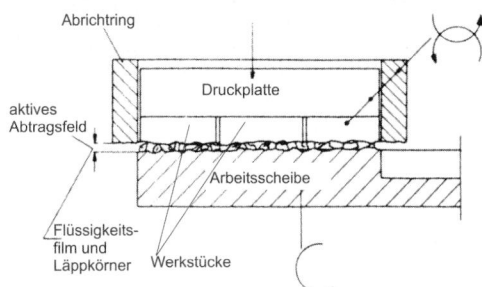

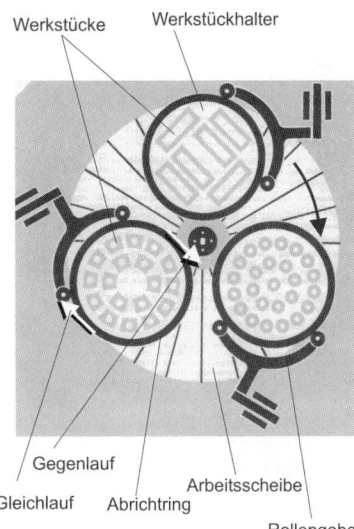

Bild 23. Arbeitsprinzip des Läppens. Unten links: Schnitt durch den Bearbeitungsvorgang.
Bild oben: Draufsicht auf den Arbeitsraum einer Läpp-Maschine mit 3 Abrichtringen und 3 unterschiedlichen Werkstücktypen (A. W. Stähli AG, Biel, Schweiz)

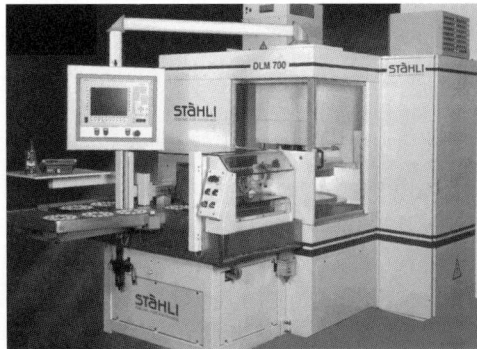

Bild 24. Läppmaschine DLM 700-3 CNC mit automatischem Werkstückwechsel (A. W. Stähli AG, Biel, Schweiz)

Die Abtragsraten beim Läppen liegen bei wenigen Mikrometern pro Minute, die Arbeitsgeschwindigkeit im Bereich zwischen 1 bis 50 m/min.
Das Läppen mit geeignetem Korn und entsprechendem Arbeitsscheibenwerkstoff eignet sich besonders für die Ultrapräzisionsbearbeitung, wo Rautiefenwerte R_a < 1 Nanometer und Ebenheiten < 1 μm erreicht werden können.
Dass moderne Steuerungs- und Automatisierungstechniken auch bei Läppmaschinen Eingang gefunden haben, zeigt Bild 24.

6.4 Umformende Feinstbearbeitungswerkzeuge

Glattwalzwerkzeuge werden in der Regel auf *Standardwerkzeugmaschinen*, beispielsweise Drehmaschinen, eingesetzt. Eigenständige Glattwalzmaschinen gibt es meist nur als Festwalzmaschinen in der Kurbelwellenfertigung.

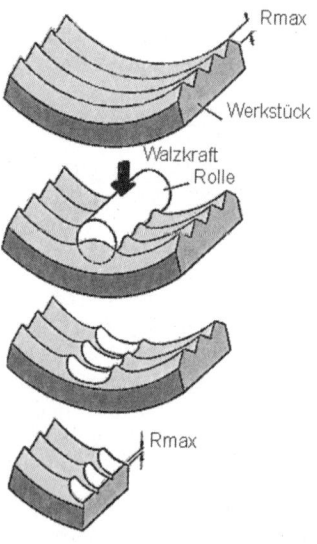

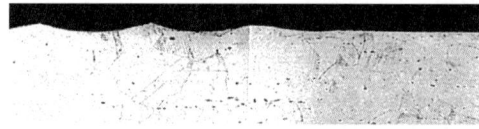

Bild 25.
Bild oben: Prinzip des Glattwalzens
Bild unten: Profilschnitt der vorgedrehten Oberfläche links im Bild, rechts die glattgewalzte Oberfläche (ECOROLL AG, Werkzeugtechnik Celle)

Im Bild 25 ist die Umformung der Randschicht einer Werkstückbohrung dargestellt. Die Vorbearbeitung erfolgt durch Drehen, Schälen oder Reiben. Eine oder mehrere Rollen werden mit einer senkrecht zur Werkstückoberfläche gerichteten Kraft beaufschlagt. Durch die hohe Druckspannung in den Spitzen des Oberflächenprofils wird das Werkstoffvolumen der Profilberge in die Tiefe des Werkstoffes verdrängt. Dadurch werden die Profiltäler von unten aufgefüllt. Im Bild 25 unten ist im linken Abschnitt die vorge-

drehte Oberfläche mit einem Rautiefenwert R_z von ca. 20 μm zu sehen. Mit dem Glattwalzen können Rautiefenwerte 1 μm $< R_z <$ 10 μm erreicht werden.

Das Glattwalzen mit mechanischen ein- oder mehrrolligen Werkzeugen ist für Werkstoffhärten < 45 HRC geeignet.

Der weitere Vorteil des Glattwalzens liegt in einer Zunahme der Härte der Oberflächenrandschicht. Dies kann im Einsatz des Werkstückes verschleißhemmend wirken.

6.4.1 Werkzeuge zum Hart-Glattwalzen

Stähle mit Härten < 65 HRC können mit dem hydrostatischem Glattwalzwerkzeug „ballpoint" bearbeitet werden. Die Mikroumformung der Werkstückoberfläche geschieht hier durch eine Hartstoffkugel mit einer speziellen Oberflächenbehandlung, Bild 26. Die Kugel wird mit Druckflüssigkeit gegen die Werkstückoberfläche gedrückt, während sie auf dem Druckpolster schwimmt.

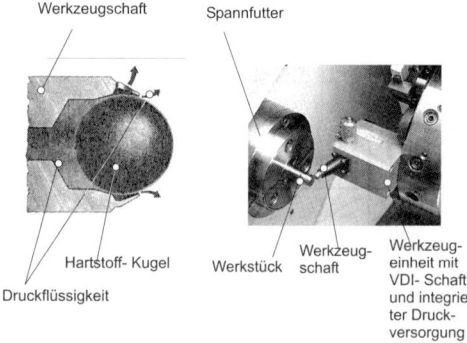

Bild 26. Hydrostatisches Hart-Glattwalzwerkzeug „ballpoint". Das Wirkungsprinzip ist im linken Bild dargestellt. Das rechte Bild zeigt die Anwendung der Werkzeugeinheit „ballpoint" auf einer Dreh-Maschine. Die Einheit ist dabei in einer Revolverkopfposition mittels VDI-Schaft eingespannt. (ECOROLL AG, Werkzeugtechnik Celle)

Ein automatisches Nachführsystem sorgt unter allen Betriebsbedingungen für einen optimalen Dichtspalt zwischen Kugel und Sitz. Die Walzkraft bleibt aufgrund der automatischen Nachführung konstant. Als Druckflüssigkeit kann Kühlschmierstoff verwendet werden. Durch Druckänderung zwischen 100 und 400 bar kann die Walzkraft den Erfordernissen der zu erzielenden Rautiefe angepasst werden.

7 Umformende und schneidende Werkzeugmaschinen (Auswahl)

Aus dem großen Gebiet der Maschinen zur Realisierung der Umform- und Schneidtechnik wird auf die in der Praxis am häufigsten in der Anwendung befindlichen eingegangen.

7.1 Maschineneinteilung

Die Gliederung der Fertigungsverfahren nach DIN 8580 in Umformen DIN 8582 und Schneiden anteilig in DIN 8588 bietet schon seit längerem keine Kompatibilität zu den hinter den Verfahren stehenden Maschinen oder Fertigungszentren.

Unter Berücksichtigung der heute in der Industrie, besonders im Automobil- und Maschinenbau sowie in der Elektrotechnik/Elektronik zum Einsatz kommenden Verfahrensintegrationen und Differenzierungen wurde das nachstehende Zuordnungsbild entwickelt, Bild 1.

Diese Einordnung wird deshalb der DIN 69651 – Einteilung der Umformmaschinen nach Maschinenart und Funktion – nur teilweise gerecht.

7.2 Werkzeugmaschinen zum Massivumformen

7.2.1 Pressen und Hämmer

Hauptanwendungsgebiet dieser Maschinen ist das *Schmieden,* sowohl als Gesenkschmieden von Stahl mit unterschiedlichsten Legierungen bis Aluminium sowie für *weitere Prozesse der Warm- und Halbwarmumformung.*

Mechanische Schmiedepressen

Bild 2 zeigt eine mechanische Schmiedepresse. Sie ist automatisierbar und kann auch im Durchlaufbetrieb eingesetzt werden. Der Ständer (1) ist aus Stahlguss in Monoblock-Bauweise hergestellt. Die Exzenterwelle (11) aus hochlegiertem Vergütungsstahl wandelt die Drehbewegung des Antriebs über die Druckstange (Pleuel (3)) in eine Hubbewegung des Pressenstößels (2) um. Kupplung und Bremse sind auf der Exzenterwelle angeordnet und sichern die Presse direkt gegen Überlast ab. Das Kupplungs-Bremssystem (5) in Lamellenbauweise kann entweder elektropneumatisch oder elektrohydraulisch gesteuert werden. Die Kupplung arbeitet im Wechselspiel mit der Bremse. Der Gewichtsausgleich (6) der auf- und abwärts bewegten Teile erfolgt über einen pneumatischen Gewichtsausgleich. Der Werkzeugraum der Maschine kann über die Stößelverstellung (7) eingestellt werden. Die links im Bild dargestellte Maschinenvariante ist mit Vorgelege (8) und Pfeilverzahnungsübertragung (9) ausgerüstet. Deren Einsatz hängt von der benötigten Umformenergie ab.

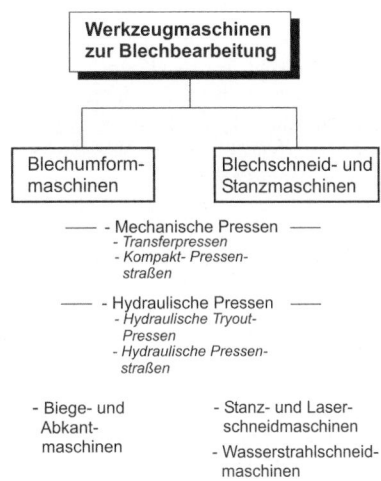

Bild 1. Einordnung der Werkzeugmaschinen der Umform- und Schneidtechnik, bezogen auf die Bearbeitungsgebiete „Massivumformen" und „Blechbearbeitung" als Hauptbestandteil der modernen Produktion im Maschinen- und Fahrzeugbau

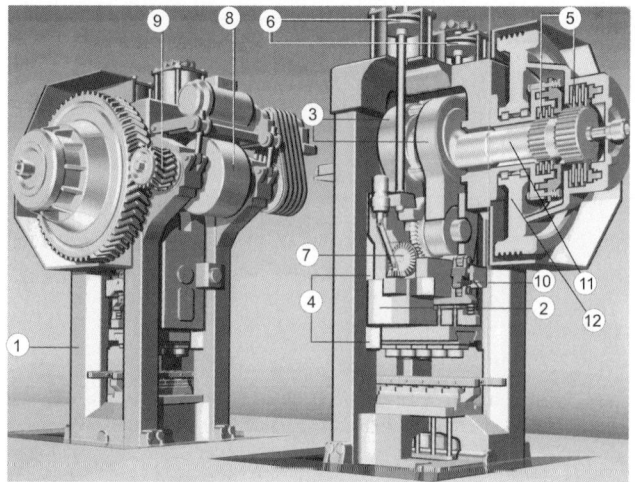

Bild 2.
Aufbau einer Schmiedepresse
„Maximapresse/Baureihe MP"
(SMS EUMUCO GmbH,
Leverkusen).
Es bedeuten:
1 Ständer
2 Stößel
3 Druckstange (Pleuel)
4 Stößelführung
5 Kupplungs-/Bremssystem
6 Gewichtsausgleich
7 Stößelverstellung
8 Vorgelege
9 Pfeil-Verzahnung
10 obere und untere Ausstoßer
11 Exzenterwelle
12 Schwungrad

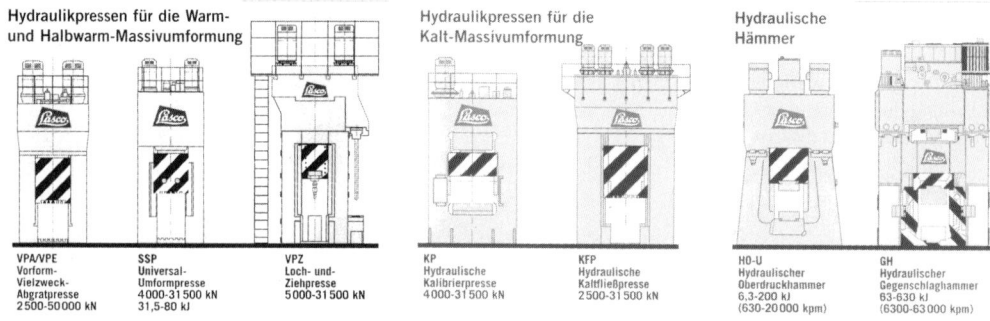

Bild 3. Übersicht über die Erzeugnispalette „Hydraulische Pressen und Hämmer zum Massiv-Umformen" eines Werkzeugmaschinen-Herstellers (LASCO Umformtechnik GmbH, Coburg)

Hydraulische Pressen und Hämmer

Hydraulische Pressen werden in entsprechenden Modifikationen sowohl für das *Warm- und Halbwarm-Massivumformen* als auch für das *Kalt-Massivumformen* eingesetzt.
Hydraulische Hämmer dienen ausschließlich zum *Warm-Massivumformen*.

Bild 3 zeigt eine Übersicht über die Erzeugnis-Anpassung an die jeweiligen Fertigungsverfahren des Massiv-Umformens. Als Beispiel sei der relativ niedrige Arbeitsraum der Kalibrierpresse genannt, denn das Kalibrieren eignet sich besonders für flache Teile, im Gegensatz zur Kaltfließpresse.
Moderne Roboter- und Manipulationstechnik erleichtert die Handhabung der Werkstücke sowohl beim Gesenk- als auch beim Freiformschmieden.
Der im Bild 4 dargestellte hydraulische Oberdruckhammer ist mit einem Schmiederoboter ausgerüstet. Das ermöglicht eine Integration solcher Fertigungseinheiten in automatische Produktionslinien.

Bild 4. Hydraulischer Oberdruckhammer mit Schmiederoboter (im Bild vorn rechts) (LASCO Umformtechnik GmbH, Coburg)

Dieses Computerbild beinhaltet auch den „unter Flur" befindlichen Teil des Hammerständers und zeigt die Aufstellung der Maschine auf Federdämpfungspaketen zur Isolierung gegen die Fortleitung der Bearbeitungsimpulse in die Umgebung der Anlage.

Spindelpressen
Spindelpressen, heute meist direkt elektrisch angetrieben, sind hubungebundene Umformmaschinen. Sie kennen keinen kinematisch bedingten unteren Totpunkt (wie bei Kurbelpressen) und kein Blockieren unter Last.
Spindelpressen können ein großes Kraft- und Energieangebot zu günstigen Kosten zur Verfügung stellen.

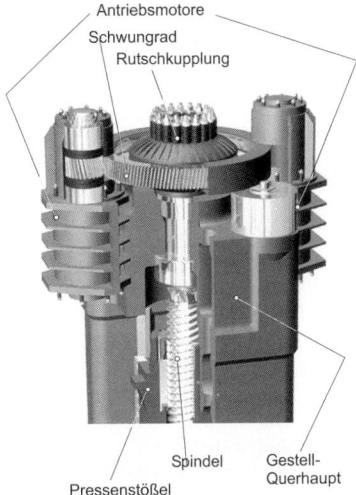

Antriebsmotore
Schwungrad
Rutschkupplung

Spindel   Gestell-
          Querhaupt
Pressenstößel

Bild 5. Elektrischer Antrieb einer großen Spindelpresse *SPR 2500* (25 MN Nennpresskraft, 500 kJ Bruttoenergie) über 2 symmetrisch am Schwungrad angeordnete Drehstrom-Asynchronmotoren. (LASCO Umformtechnik GmbH, Coburg)

Bild 5 zeigt einen Schnitt durch das Querhaupt einer direkt angetriebenen elektrischen Spindelpresse. Der frequenzgeregelte Umrichterantrieb beschleunigt das mit der Gewindespindel verbundene Schwungrad mittels elektrischer Energie und bremst im generatorischen Bremsbetrieb. Es ergeben sich ein geringer Stromverbrauch und kurze Hubzeiten. Durch computergesteuerte Regelung der Energie sind mehrere Schläge mit verschiedenen Energien im gleichen Gesenk möglich. Bei der gezeigten Maschine dient die Rutschkupplung zur Überlastsicherung.

Einsatzgebiete:

• Möglichkeit des Werkstückumformens mit vergleichsweise kurzem Hub
• Geforderte hohe Wiederholgenauigkeit des Umformprozesses durch Konstanz der Energie
• Umformen und Richten, Warm- oder Kaltkalibrieren, Prägen von Stahl, Aluminium und anderen NE-Metallen und hochlegierten Werkstoffen
• Präzisionsschmieden, auch im geschlossenen Gesenk
• Pulverschmieden zum Nachverdichten gesinterter Rohlinge

Bild 6 links zeigt einen Teilschnitt durch eine Spindelpresse. Bei dieser Konstruktion ist das Pressengestell mehrgeteilt und durch Zuganker vorgespannt verbunden. Die Auffederung erreicht durch die Vorspannung nur 20 % einer einteiligen Gestellausführung. Die ausgeübte Presskraft wird über Dehnmessstreifen erfasst. Bei wiederholter Überlast wird das Aggregat abgeschaltet.
Im Bild 6 rechts ist der Gesamtaufbau einschließlich Beschickungsroboter im Einsatz bei einem Automobil-Zulieferer zu sehen.
Die angewandte Gewindegeometrie schließt Selbsthemmung der Spindel aus.

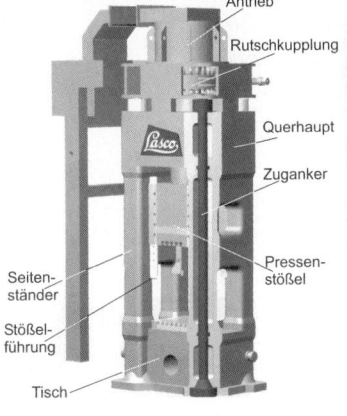

Antrieb
Rutschkupplung
Querhaupt
Zuganker
Pressen-
stößel
Seiten-
ständer
Stößel-
führung
Tisch

Beschickungs-
roboter   Arbeitsraum

Bild 6.
Aufbau einer Spindelpresse
Bild links: Teilschnitt durch eine Spindelpresse. Das mehrteilige Pressengestell ist durch Zuganker vorgespannt. Bild rechts: Automatisierte Spindelpresse *LASCO SPR 1250* mit Beschickungsroboter (LASCO Umformtechnik GmbH, Coburg)

7.2.2 Walzmaschinen zum Warm- oder Halb-warmumformen

Ringwalzmaschinen

Eine Vielzahl von Profilen lassen sich auf Ringwalz-maschinen präzise warm walzen. Dazu zählen Wälz-lagerringe, Eisenbahnradreifen, Ringe für die Luft-fahrtindustrie u. a. m. Im Bild 7c ist das Prinzip dar-gestellt: Über Dornwalzen wird der durch Zentrierrol-len geführte Ring gegen die Hauptwalze gedrückt. Axialwalzen sorgen für die gewünschte Werkstück-breite.

Die Ringwalzmaschinen sind mit moderner Steue-rungstechnik ausgestattet, Bild 8. Auf dem Display ist die Bearbeitungssituation vorgegeben. Die entspre-chenden technologischen Werte werden über die Bedienerführung der CNC-Steuerung der Maschine ubermittelt.

Bild 9 zeigt eine automatische Systemlösung zur Ringherstellung. Die Teile werden aus dem Dreh-herdofen mittels Manipulator einer Ringrohlingpresse (hydraulische Schmiedepresse mit mehreren Um-formstufen) zugeführt. Dort werden Rohlinge er-zeugt, die als Ausgangswerkstücke für das Ringwal-zen dienen.

Räderwalzmaschinen

Für das Walzen besonders von Eisenbahnrädern gel-ten analoge Bedingungen wie beim Ringwalzen, Bild 10. Durch die CNC-Steuerung aller Achsen ergeben sich auch hier minimale Programmwechselzeiten bei automatischer Einstellung der Walzsequenzen ent-sprechend der technischen Anforderungen.

Gesenk-Walzmaschinen

Diese Maschinen gibt es sowohl für axiale als auch für radiale Bearbeitung.

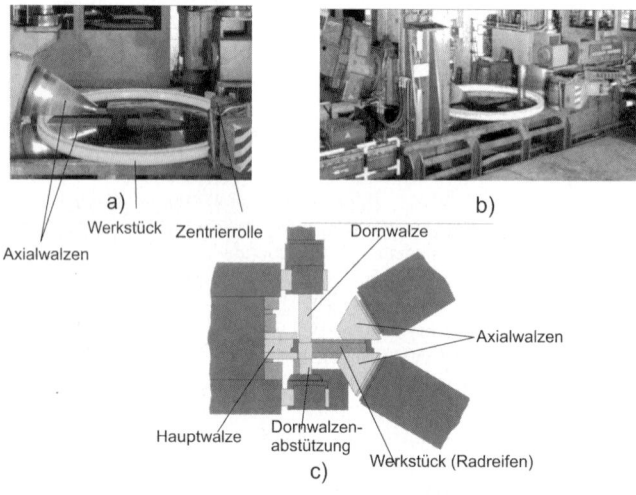

Bild 7.
Prinzip des
Ringwarmwalzens
Bild a): Arbeitsraum einer
Ringwalzmaschine
Bild b): Radial-Axial-
Ringwalzmaschine
Bild c): Prinzip des Walzens
eines Eisenbahn-Radreifens
(SMS Eumuco GmbH, Lever-
kusen)

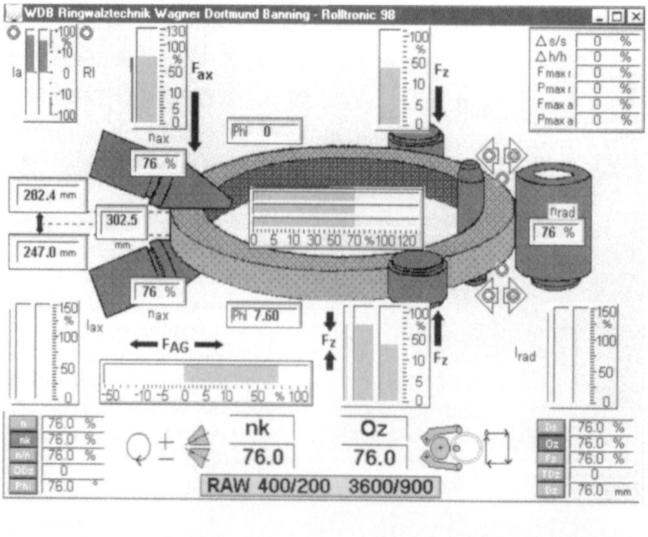

Bild 8.
Bedienoberfläche der CNC-
Steuerung einer Ringwalz-
maschine RAW (SMS Eumuco
GmbH, Leverkusen)

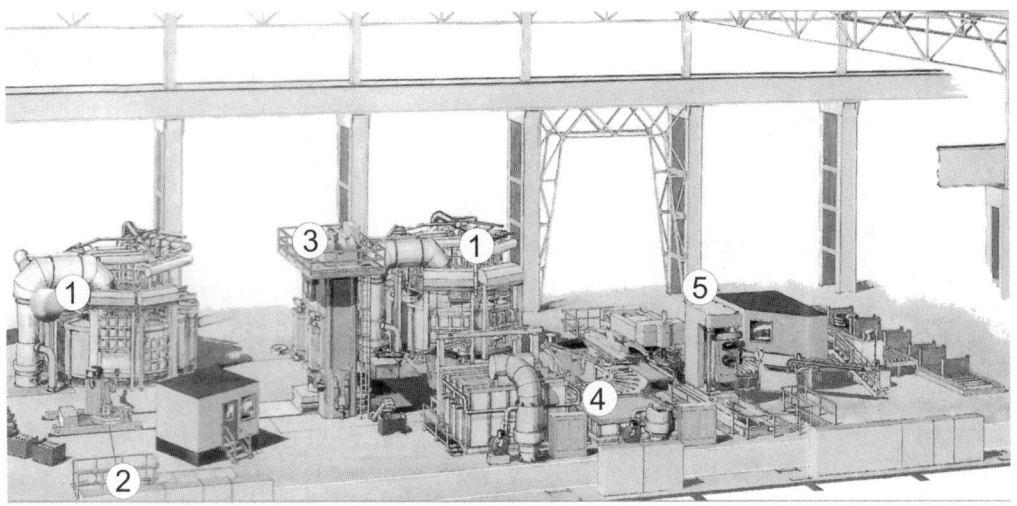

Bild 9. Systemlösung einer Anlage zur Ringproduktion
1 Drehherdofen, 2 Manipulator, 3 Ringrohlingpresse, 4 Transporteinrichtung, 5 Radial-Axial-Ringwalzmaschine
(SMS Eumuco GmbH, Leverkusen)

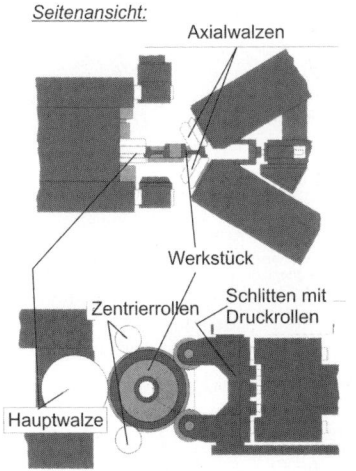

Bild 10. links: Prinzip des Vollrad-Warmwalzens
rechts: Vollräderwalzmaschine DRAW 1400 mit 15 NC-Achsen
(SMS Eumuco GmbH, Leverkusen)

Das Funktionsprinzip des Axial-Gesenkwalzens ist im Bild 11 dargestellt. Das Untergesenk, welches um seine senkrechte Achse rotiert, nimmt den umzuformenden Rohling auf. Das Oberwerkzeug rotiert um eine geneigte Achse und walzt das Material durch axiale Zustellung in die Gravur.

Nach der Fertigstellung wirft ein hydraulisch betätigter Ausstoßer das Werkstück aus.

Das Verfahren eignet sich besonders für die Herstellung von Aluminium-Felgen, Kupplungsringen, Radnaben und Tellerrädern.

Diese Maschinen dienen insbesondere zum Vorwalzen von Kurbelwellen, Achsen, Doppel-Pleueln u. a. aus runden oder quadratischen Ausgangsmaterialien als Ausgangsrohlinge für das Gesenkschmieden.

Der auf Umformtemperatur erwärmte Materialabschnitt wird zwischen Ober- und Unterwalze in eine definierte Stellung geführt, Bild 12b. danach beginnt der Walzvorgang. Die Walzform wird durch die Konturen (Bild 12a) der Walzsegmente bestimmt.

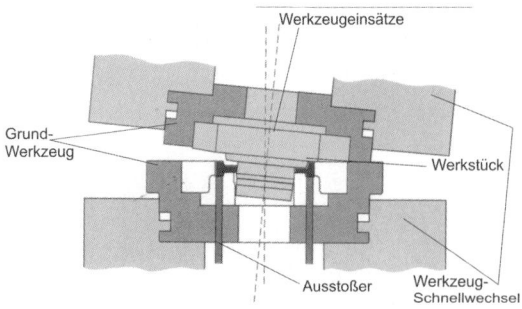

Bild 11. Funktionsprinzip des Axial-Gesenkwalzens (nach SMS Eumuco GmbH, Leverkusen)

Reckwalzmaschinen

Der Aufbau einer Reckwalzmaschine ist im Bild 12c zu sehen. Über einen Riementrieb wird ein Schwungrad vom Hauptmotor angetrieben. Durch das Betätigen der Kupplung drehen sich Ober- und Unterwalze. Nach erfolgter Arbeit rückt die Kupplung aus und die Bremsung erfolgt. Der Quertransport des Materials erfolgt servoelektrisch mit programmierbarer Positionierung. Mittels einer Schwinghebel-Automatik (AS) wird die Drehbewegung der Oberwalze in die Linearbewegung des Zangenrohrs mit der Zange übertragen und das Werkstück in horizontaler Richtung durch den Walzspalt transportiert.

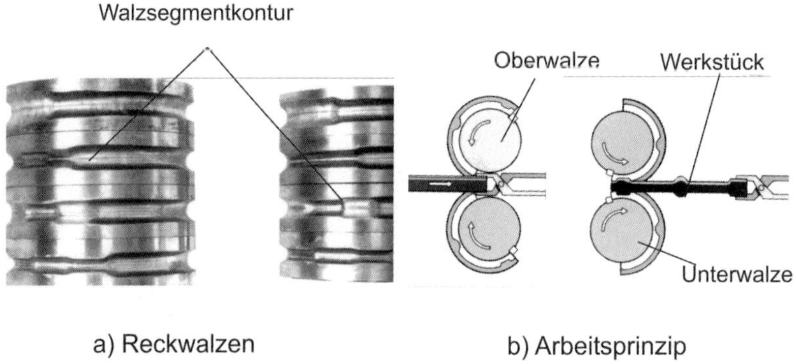

Walzsegmentkontur

a) Reckwalzen

b) Arbeitsprinzip

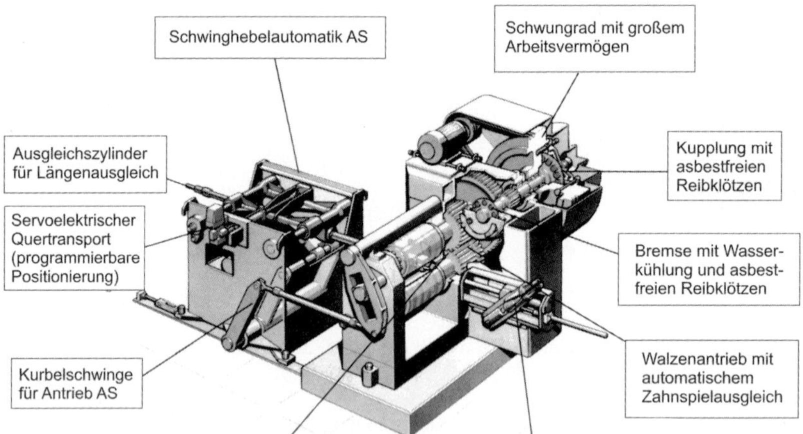

c) Reckwalzmaschine

Bild 12. Prinzip des Reckwalzens

Bild a: Reckwalzen mit Walzsegmentkonturen, Bild b: Arbeitsprinzip, Bild c: Automatische Reckwalzmaschine ARWS (SMS Eumuco GmbH, Leverkusen)

7.2.3 Kaltwalzmaschinen

Kaltwalzmaschinen werden im Wesentlichen eingesetzt zur Herstellung von

- Geradverzahnungen, vorzugsweise an Getriebewellen
- Schrägverzahnungen, auch bei Getriebewellen
- Rändel
- Gewinde
- Ölnuten
- Befestigungsrillen

Das im Bild 13 dargestellte Arbeitsprinzip PRFS der Kaltwalzmaschine ROLLRAPID besteht aus der gegenläufigen Bewegung der zwei Walzbalken mit einem Zusammenspiel von CNC-gesteuerter Abstandsänderung dieser Werkzeuge/Zustellschlitten (Walzmodule) und der möglichen Richtungsumkehr der Walzschlitten im Walzprozess. Die Entkopplung des Walzvorschubes von der Werkzeuggeometrie bewirkt die Möglichkeit der sofortigen Maßkorrektur und Verfahrensanpassung im Walzprozess über die Menütechnik der CNC-Steuerung. Der große Hub der Walzmodule (2 x 80 mm) ermöglicht ein leichtes Verfahren von mehrprofiligen Werkstücken mit großen Absätzen, beispielsweise Getriebewellen, zu den einzelnen Walzpositionen. Verzahnungen mit gleicher Zahngeometrie und verschiedenen Zähnezahlen lassen sich dadurch mit einem Werkzeug walzen.

Das im Bild 14 gezeigte steife Maschinengrundgestell der ROLLRAPID sichert eine Minimierung der Zylinderformabweichungen am gewalzten Teil.

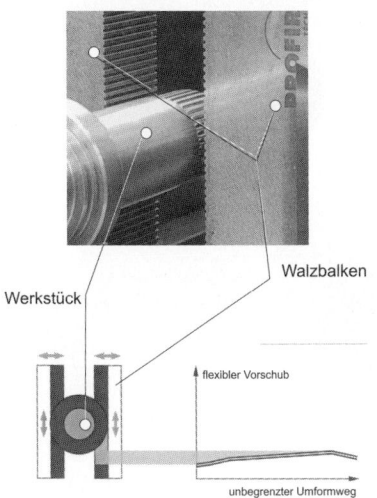

Bild 13. Präzisionskaltwalzen nach dem Prinzip des Profiroll Reversing Forming Systems – PRFS (Profiroll Technologies GmbH, Bad Düben)

Die grafische Bedienoberfläche der CNC-Steuerung zeigt dem Bediener typische Verfahrenskenngrößen wie Kraft und Moment an und bietet ein komplexes Prozessbild zur Analyse und Optimierung.

Ein integriertes Prozessdaten-Management mit elektronischer Spureinstellung der Walzbalken bietet die Voraussetzung für den Schnellwechsel der Werkzeuge und die Neueinrichtung in weniger als 15 Minuten.

Bild 14. Kaltwalzmaschine ROLLRAPID
Extrem steifes Grundgestell in Form eines geschlossenen Maschinenrahmens. Dadurch wird die Schwachstelle einer einseitigen Aufbiegung bisheriger Kaltwalzmaschinen minimiert (Profiroll Technologies GmbH, Bad Düben)

Bild 15 zeigt die Kaltwalzmaschine ROLLRAPID. Sie ist ausgelegt für maximale Verzahnungsdurchmesser von 70 mm und Werkstücklängen bis zu 1000 mm.

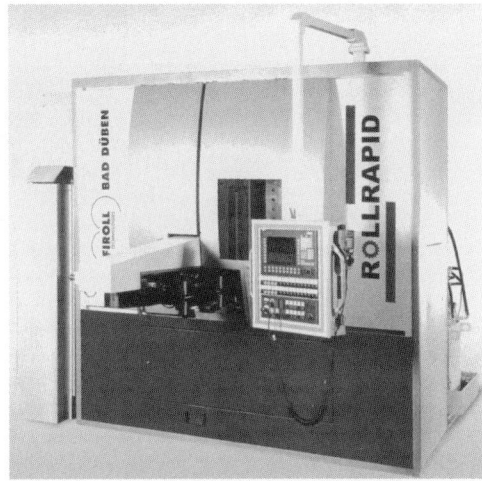

Bild 15. CNC-Kaltwalzmaschine ROLLRAPID (Profiroll Technologies GmbH, Bad Düben)

7.3 Werkzeugmaschinen zur Blechbearbeitung

Analog der Entwicklung bei Werkzeugmaschinen der spanenden Fertigung entwickelt sich der Trend in der Blechbearbeitung – die *Kombination der Fertigungsverfahren in einer Maschine oder in einem Fertigungssystem*. Vorangetrieben wird dies besonders durch die Karosserieproduktion, aber auch die Gehäusefertigung in der Elektro- und Elektronikindustrie sowie im Maschinen- und Anlagenbau. Dabei wird in nahezu allen Bereichen eine hohe Flexibilität der Produktion gefordert.

7.3.1 Mechanische Pressen

Kompakt-Exzenterpressen
Die Exzenterpresse im Bild 16 erlaubt durch die Doppelständerkonstruktion und beidseitiger Lagerung der Exzenterwelle sehr hohe Drehzahlen bis 500 U/min und garantiert dank vorgespannter Rollenführungen eine hohe Präzision.
Ein großer automatischer Verstellbereich von Hub und Stößel ermöglicht kurze Umrüstzeiten.
Die große Tischöffnung erlaubt den Einsatz eines pneumatischen Ziehkissens.

Schneid- und Umformautomaten
Die in den Bildern 17 und 18 dargestellten Schneid- und Umformautomaten (bis 20 000 kN Presskraft) sind in der Standardausführung als Stanz-, Schneid- und Umformautomat mit universeller Antriebstechnik ausgerüstet. Das bedeutet einen sinusförmigen Verlauf des Hubes, der Geschwindigkeit und der Beschleunigung des Pressenstößels. Die Bleche werden über eine Transfer-Vorschubeinheit transportiert.

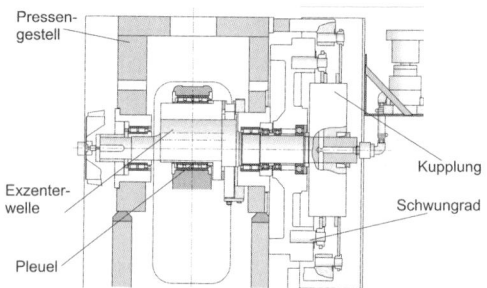

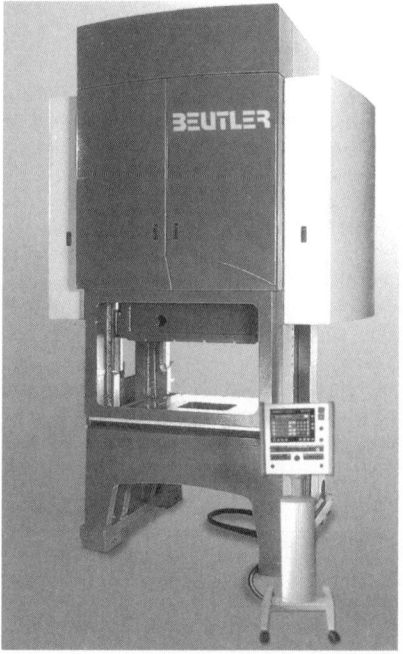

Bild 16. AZ Einpleuelpresse mit Exzenterantrieb (Beutler Nova AG, Gettnau, Schweiz)

Bild 17.
Schneid- und Umformautomaten mit 8000 kN Presskraft in Reihenanordnung bei einem Automobilzulieferer
(Müller Weingarten AG, Weingarten)

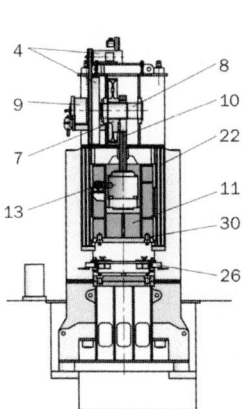
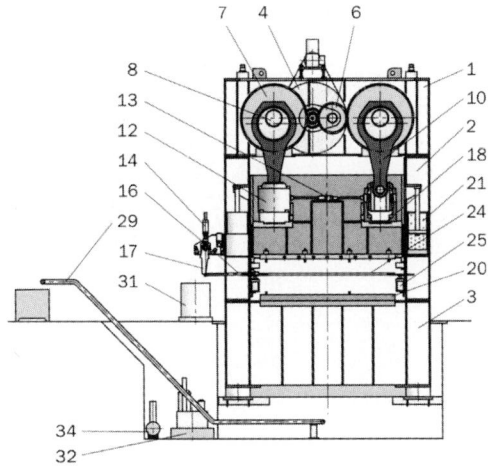

Bild 18. Prinzipdarstellung des Schneid- und Umformautomaten (Zweipunkt-Presse mit Exzenter-Antrieb) aus Bild 17 (Müller Weingarten AG, Weingarten)

1 Kopfstück, 2 Seitenständer, 3 Pressentisch, 4 Schwungrad mit Antriebsmotor, 6 Zwischenrad, 7 Exzenterrad, 8 Querwelle, 9 Kupplungs-Brems-kombination, 10 Pleuel, 11 Stößel, 12 Druckpunkt, 13 Stößelverstellung, 14 Transfer-Vorschubeinheit, 16 Raumlenker, 17 Transferhebel, 18 Über-lastsicherung, 20 Aufspannplatte, 21 Stößel-Gewichtsausgleich, 22 Stößel-Gleitführung, 24 Transferschienen, 25 Transfer-Schließkasten, 26 Antrieb Greiferschienenverstellung, 29 Schrottband, 30 Werkzeugspanner, 31 Kühl-Bremsaggregat, 32 Ölumlaufschmierung, 34 Kompressor

Transferpressen

Die in den Bildern 19 und 20 gezeigte Transferpresse transportiert die Werkstücke mit elektronischen Trans-fereinrichtungen über Antrieb mit Hebel und Transfer-schiene durch deren Heben – Transport des Teiles – Absenken in der nächsten Bearbeitungsstation.

Die gezeigte Presse ist mit drei verschiedenen Stö-ßeln versehen, wobei der erste ein Werkzeug, der zweite drei Werkzeuge und der dritte zwei Werkzeu-ge aufnehmen.

Bild 19. Pressraum einer Transferpresse, Presskraft 37 000 kN (Müller Weingarten AG, Weingarten)

Alle Stößel sind mit viergliedrigen Hipro-Gelenk-antrieben ausgerüstet. Dieser Antrieb lässt gegenüber dem Geschwindigkeitsverlauf der Standardpresse Bild 17 eine Geschwindigkeitsreduzierung auf ein Drittel bis zur Hälfte zu, was besonders für den Tief-ziehvorgang von Bedeutung ist, um Rissbildungsge-fahr im Blech zu vermeiden. Dadurch kann die Hub-zahl erheblich gesteigert werden, was wiederum eine Produktivitätserhöhung bedeutet.

Die gezeigte Presse besitzt einen automatischen Transferschienenwechsel und einen Werkzeugwech-sel über selbstfahrende Schiebetische.

Die Produktionsleistung der Presse bei der Herstel-lung von mittleren und großen Automobilteilen (Tür- und Trägerelemente) eines Automobilzulieferers liegt bei max. 18 Teilen pro Minute.

Transfersysteme für Pressenlinien

An modernen Anlagen werden zur Aufnahme und zum Transport der Blechteile meist Sauger eingesetzt. Zum Transport der Teile zwischen den Pressen kön-nen verschiedene Einrichtungen zur Anwendung kommen.

– Swingarm-Technologie:

Diese Transfertechnik wurde vom Hersteller speziell für neue Kompakt-Saugerpressen entwickelt. Durch die Trennung von Presse und Transfersystem kann jedem Pressteil sein eigenes frei programmierbares Bewegungsprofil zugeordnet werden. Das verbessert die Produktivität der gesamten Anlage. Der Teile-transport folgt direkt von einer Umformstufe zur anderen.

Das Prinzip ist im Bild 21 dargestellt. Über einen Servomotor wird der kurze Gelenkhebel bewegt. Je nach Motor-Drehrichtung fährt der Saugerbalken zur Teileentnahme in den Arbeitsraum ein und umgekehrt mit dem Teil wieder heraus. Der Saugerbalken wird dabei von einem Schwenkantrieb in der programmier-ten Position quer zur Transportrichtung gehalten. Ein weiterer Servomotor führt die Hubbewegung durch. Damit kann jedes beliebige Bewegungsprofil gefah-ren werden.

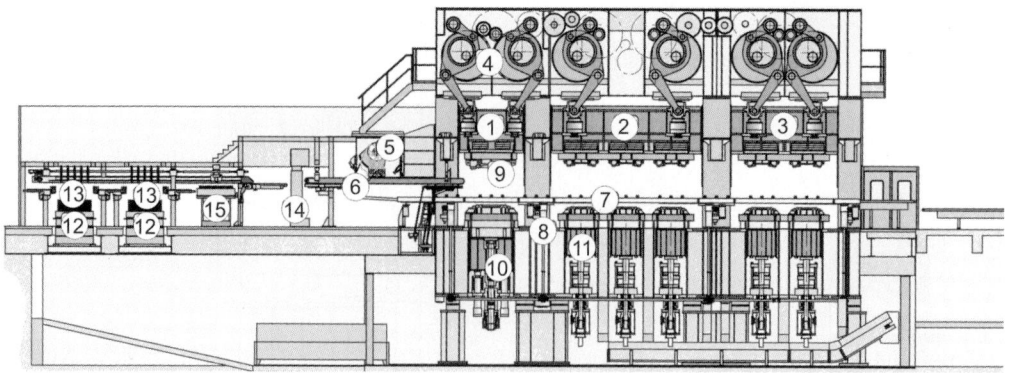

Bild 20. Multifunktionale Großteil-Transferpresse in Dreistößel-Ausführung für Karosserieteile mittlerer bis großer Abmessungen
1 Stößel 1, 2 Stößel 2, 3 Stößel 3, 4 Hipro-Gelenkantrieb, 5 Transferantrieb, 6 Transferhebel, 7 Transferschiene, 8 Schließkasten Heben/Senken, 9 Zichwerkzeug, 10 hydraulisches Vierpunkt-Ziehkissen, 11 pneumatisches Ziehkissen, 12 Platinenstapel mit Hubwagen, 13 Platinen-Entstapel-Station, 14 Platinen-Sprüheinrichtung, 15 Doppelblech-Ablagewagen (Müller Weingarten AG, Weingarten)

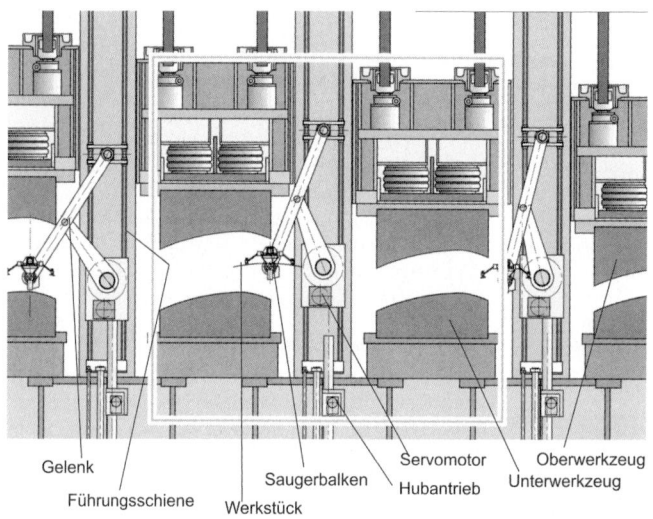

Bild 21.
Prinzip einer Kompakt-Saugertransferpresse mit Swingarm-Transfer (Müller Weingarten AG, Weingarten)

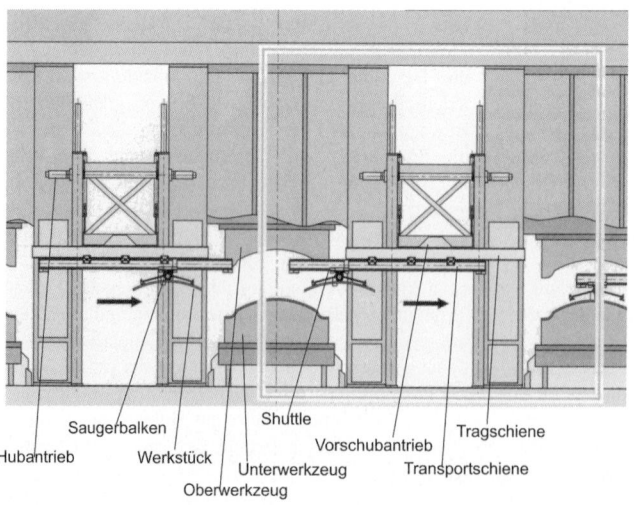

Bild 22.
Prinzip einer Kompakt-Pressenstraße mit Speed-bar-Transfer (Müller Weingarten AG, Weingarten)

– Speedbar-Technologie:
Die Speedbar-Technologie als Linear-Transfer wurde vom Hersteller für Hochleistungs-Pressenstraßen hoher Flexibilität entwickelt.
Die Speedbar-Module sind zwischen den Pressen eingebaut, Bild 22. Zwei Servomotoren bewegen über einen Zahnriementrieb die Teleskopschiene, welche an einer Tragschiene hängend geführt ist. Ein weiteres Zahnriemensystem in der Teleskopschiene bewegt über ein Shuttle den angedockten Saugerbalken. Dieser kann während seiner Horizontalbewegung zusätzliche Positionsänderungen quer zur Transportrichtung durchführen. Ein Hubantrieb führt die Hub- und Senkbewegungen aus. Damit kann auch hier jedes gewünschte Bewegungsprofil ausgeführt werden.

– Swivelarm-Technologie:
In der Swivelarmvariante im Bild 23 oben wird das Ziehteil aus dem Stößel entnommen und beim Transport gewendet.
Die Swivelarm-Technologie findet Anwendung bei großen Pressenabständen. Somit können mit diesem System auch bestehende Anlagen nachgerüstet werden. In der Bewegungsaddition werden Transportgeschwindigkeiten bis zu 10 m/s erreicht. Die Technologie eignet sich auch zur Platinenzuführung in die Kopfpresse und zur Fertigteilentnahme.

– Robotereinsatz:
Auch der Einsatz von vorzugsweise Gelenkrobotern ist möglich, aber auch eine Kostenfrage.

7.3.2 Hydraulische Pressen

Multifunktions-Pressen
Hydraulische Pressen sind aufgrund ihres Aufbaus flexibel und universell einsetzbar.

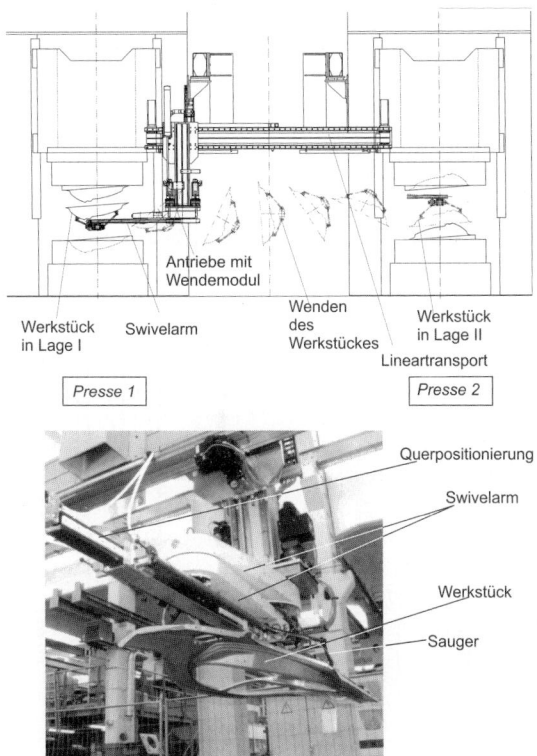

Bild 23. Swivelarm-Transfer zwischen zwei Pressen mit Wendemodul für das Werkstück
Bild oben:
– Werkstückentnahme mittels Sauger in Lage I
– Wenden des Werkstückes während des Transportes um 180°
– Werkstückablage in Lage II
Bild unten:
Swivelarm mit Werkstück in Ausgangsposition
(Müller Weingarten AG, Weingarten)

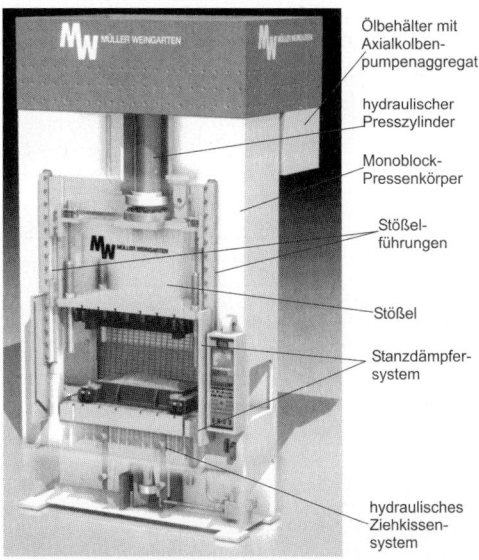

Bild 24. Hydraulische Multifunktions-Monoblockpresse der ZE-Baureihe (Teilschnitt).
Presskraftbereich 1.000 bis 10.000 kN, Tischbreiten 1250 bis 3400 mm (Müller Weingarten AG, Weingarten)

Die im Bild 24 gezeigte Presse eignet sich für die manuelle oder automatisierte Fertigung kleiner und mittlerer Automobilteile und Teile des Maschinen- und Anlagenbaus.
Der Pressenkörper ist als Monoblock mit integrierten Führungsbahnen aufgebaut. Der Stößel besitzt eine große Höhe, um auch außermittige Belastungen gut aufnehmen zu können. Eine Stößelsicherung ist über den gesamten Hubbereich möglich. Ein Mehrpum-

pen-Einzelantrieb verhindert Totalausfall. Ölbehälter und Antriebsaggregat sind schwingungs- und temperaturisoliert am Pressenkörper angehängt. Im Pressentisch ist ein Ziehkissensystem eingebaut. Im Eckbereich des Tisches sind vier Schnittschlagdämpfer angeordnet.

Hydraulische Tryout-Pressen
Diese Pressenbauart wurde für die *Realsimulation* von Umformwerkzeugen und schneller mechanischer Pressenantriebe zu deren Einarbeitung und Erprobung entwickelt. Dies ermöglicht eine Produktionsoptimierung der nachfolgenden Pressenanlagen.
Um mechanische Pressenantriebe, die Umformgeschwindigkeiten von 500 bis 800 mm/s erreichen, simulieren zu können, sind Multicurvepressen mit einem schnellen Speicherantrieb ausgerüstet, Bild 25. Zu Beginn der Umformsimulation strömen aus der Speicheranlage große Volumenströme zu den vier Presszylindern und bewirken die erforderliche Beschleunigung des Stößels. Ein leistungsfähiges im Zentralsteuerblock integriertes Regelsystem regelt die Volumenströme so ein, dass exakt die Bewegungsabläufe des simulierten mechanischen Pressenantriebes erreicht werden.

Damit können alle gängigen mechanischen Pressenantriebe, wie Exzenterantrieb, Kurbelantrieb, Hipro-Gelenkantrieb u. a. realitätsnah hinsichtlich des Weg/Druck-Zeitverhaltens simuliert werden.
Bild 26 zeigt den Einarbeitungsweg eines Umformwerkzeuges. Die Multicurvepresse simuliert die Bewegungscharakteristik des Hipro-Multifunktionsantriebes der mechanischen Presse, auf der die PKW-Seitenwand künftig produziert werden soll.

Hydraulische Pressenstraßen
Die im Bild 27 gezeigte hydraulische Pressenstraße produziert mittlere Karosserieteile für verschiedene Automobilhersteller. Dies erfordert eine hohe Flexibilität der Produktion. Die Kopfpresse übernimmt den Tiefziehprozess. Ein Grund für die hohe Leistungsfähigkeit der Straße ist die optimierte Kommunikation zwischen Presse und Roboter. Sie reagiert auf Materialveränderungen, Werkzeugverschleiß u.a. mit einer automatischen Nachjustierung der einzelnen Parameter. Der Werkzeugtransport geschieht mittels selbstfahrender Flurförderer (im Bild 27 oben im Vordergrund).

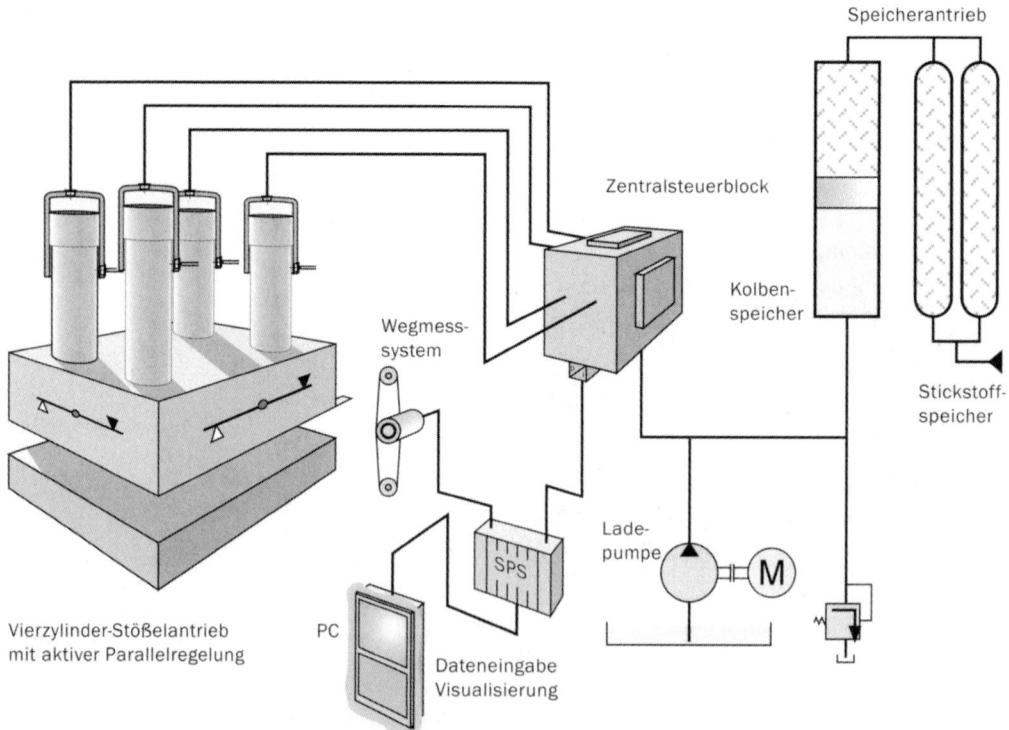

Bild 25. Steuerungsschema einer Tryout-Multicurvepresse (Müller Weingarten AG, Weingarten)

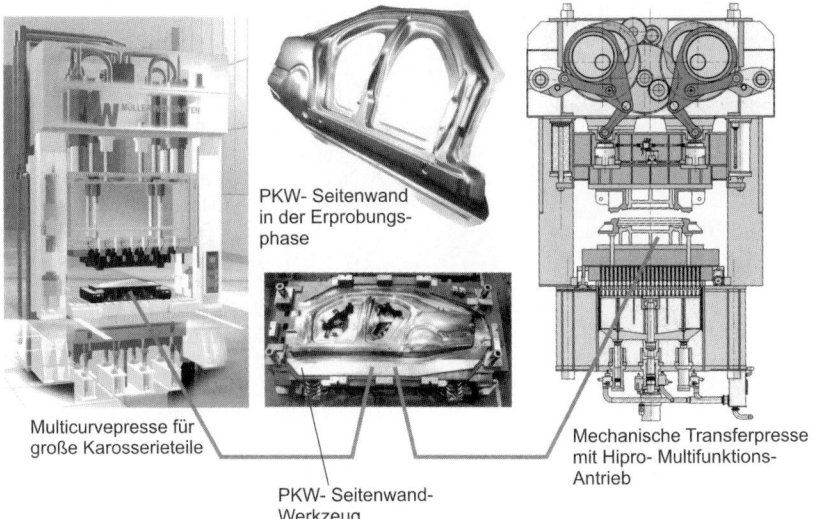

PKW- Seitenwand
in der Erprobungs-
phase

Multicurvepresse für
große Karosserieteile

PKW- Seitenwand-
Werkzeug

Mechanische Transferpresse
mit Hipro- Multifunktions-
Antrieb

Bild 26. Tryout-Prinzip des Einarbeitens eines PKW-Seitenwandwerkzeuges (Müller Weingarten AG, Weingarten)

Bild 27.
oben: Hydraulische Pressenstraße mit 1 Kopfpresse
(Presskraft 14.000 kN) und 4 Folgepressen (Presskraft 6.300 kN)
unten: Zum Teiletransport werden sechsachsige Ge-
lenkroboter eingesetzt.
(Müller Weingarten AG, Weingarten)

7.3.3 Stanz-und Laserschneidmaschinen

*Blechbearbeitungszentren zur Erzeugung komplexer
Innen- und Außenkonturen*

Die Bearbeitungsvielfalt und die Produktivität der
Bearbeitung ist in den vergangenen zwei Jahrzehnten
enorm gestiegen. Möglich wurde dies durch:
- Die Entwicklung der CNC-Technik, besonders die
  Schaffung von CNC-Achsen mit hoher Verfahrge-
  schwindigkeit bei ausreichender Präzision der
  Schlittenpositionierung.
- Die Entwicklung leistungsfähiger CO_2-Laser zum
  Schneiden von Stahlblech, besonders im Dünn-
  blechbereich.
- Die Möglichkeit hoher Flexibilität der Produktion
  durch CNC-Steuerungen mit Bedienerführung und
  leistungsfähiger Benutzersoftware.

In den Bildern 28 und 29 ist ein modernes CNC-
Komplettbearbeitungszentrum zum Laserschneiden,
Stanzen und Umformen dargestellt. Es können ebene
Bleche bis maximal 4 mm Dicke mit maximaler
Stanzkraft von 165 kN bearbeitet werden.

Stanzen und Umformen:
- Der Stanzkopf, Ansicht a) im Bild 29, mit Unter-
  und Oberwerkzeug ist um eine numerische C-
  Achse drehbar mit 60 U/min, Ansicht 29b). Dadurch kann das Stanzwerkzeug gleiche Aus-
  schnittformen in verschiedenen Winkellagen erzeugen.
- Es können Umformvorgänge mit Umformhöhen
  bis zu 25 mm sowie das Gewindeformen und das
  Umformen von unten nach oben durchgeführt
  werden.

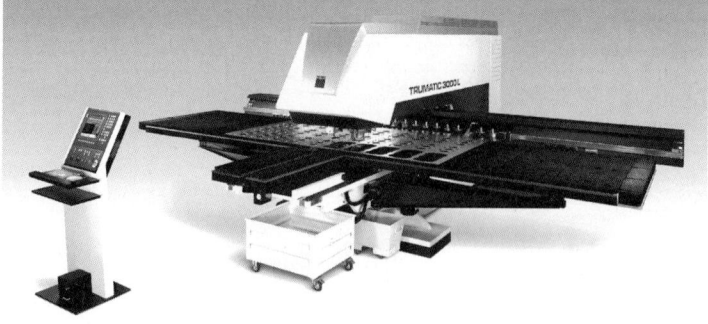

Bild 28.
Blechbearbeitungszentrum
TRUMATIC 3000
LASERPRESS zur Komplett-
bearbeitung durch Laser-
schneiden, Stanzen und Umformen (TRUMPF Werk-
zeugmaschinen GmbH + Co,
KG, Ditzingen)

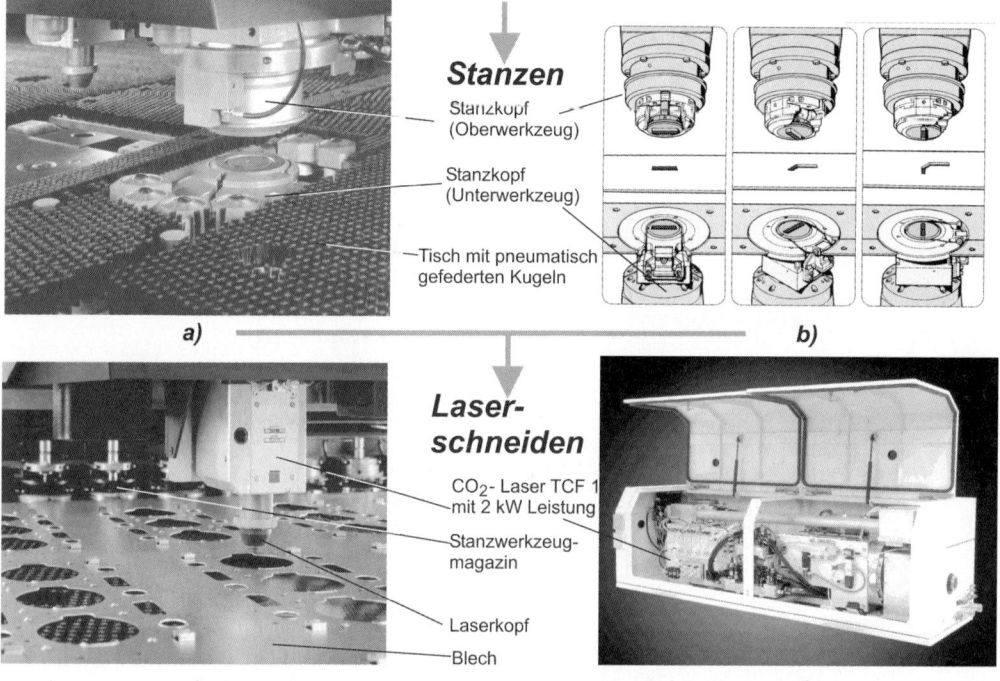

Bild 29. Blechbearbeitungszentrum TRUMATIC 3000 LASERPRESS
Ansichten a) und b): Bearbeitungssituation und Werkzeugaufbau zum Stanzen, Ansicht c): Bearbeitungssituation
Laserschneiden, Ansicht d): CO_2-Laser TCF 1 im geöffneten Zustand außerhalb der Maschine
(TRUMPF Werkzeugmaschinen GmbH + Co, KG, Ditzingen)

– Das Linearmagazin umfasst maximal 19 Stanz-
   werkzeuge. Mit einem Multitool-Speicher können
   bis zu 190 Werkzeuge gespeichert werden.
   Die Werkzeugwechselzeit beträgt 3,1 Sekunden.
– Bis zu 600 Hübe pro Minute sind beim Stanzen
   möglich.

Laserschneiden:
– Einsatz eines neuentwickelten diffusionsgekühlten
   CO_2-Lasers TCF 1. Mit 2 kW maximaler Leistung
   erreicht er die Schnittgeschwindigkeit herkömmlicher 3 kW CO_2-Laser.

– Der gestreckte Laserkopf kann besonders nahe an
   Umformungen zur Ausübung von Schneidvorgän-
   gen heranfahren.
– Schneidgeschwindigkeiten oder Laserleistung
   werden automatisch im Prozess aktiviert.
– Eine Abstandsregelung APC steuert die Lage des
   Laserkopfes und regelt einen konstanten Abstand
   zum Blech.

Der Arbeitsbereich der TRUMATIC 3000 L liegt mit
Nachsetzen bei X x Y = 2500 x 1250 mm., die Verfahrgeschwindigkeit der X-Achse bei 90 m/min und
der Y-Achse bei 60 m/min.

Bei simultaner Bewegung zum Positionieren ergibt sich eine Verfahrgeschwindigkeit von 108 m/min. Die Positionsabweichung Pa liegt bei maximal ± 0,1 mm.

Ein hochentwickeltes Programmiersystem ToPs mit übersichtlich strukturierter Bedienoberfläche und selbsterklärender Bedienreihenfolge bis hin zum Schachtelprozessor zur optimierten Blechtafelbelegung sichert höchste Flexibilität im Klein-und Mittelserienbereich.

Eine Möglichkeit zur automatisierten Fertigung von Blechteilen zeigt Bild 30. Die Vorteile dieses Systems sind:

- Bedienerfreie Fertigung
- Steigerung der Produktivität
- Kurze Durchlaufzeiten
- Optimale Nutzung der Ressourcen

Die Maschine ist mit Palettenwechsler ausgerüstet. Zeitgleich zur Produktion wird der nächste Schneidauftrag vorbereitet.

Nach Beendigung des Schneidplans erfolgt der Palettenwechsel an der Maschine. Der SortMaster positioniert über drei NC-Achsen eine Saugerplatte auf das zu entnehmende Einzelteil auf dem Palettenwechsler, entnimmt das Fertigteil aus dem Restgitter und legt es auf eine programmierbare Position ab.

Nach der Entnahme der Kleinteile durch den Sort-Master nimmt der LiftMaster sort die Maxiteile auf und legt sie auf einem Doppelwagen ab. Danach wird das Restgitter auf einem Podest abgelegt. Der Liftmaster sort vereinzelt die nächste Blechtafel auf dem Doppelwagen, transportiert sie per Sauger auf den Palettenwechsler.

Im Kompaktlager werden die Rohtafeln und die Fertigteile eingelagert und automatisch zum nächsten Arbeitsschritt bereitgestellt. Ein Fertigungsleitsystem überwacht den Prozess.

Eine umfassende 3D-Bearbeitung erfordert die Anwendung von Fünf-Achsen-Bahnsteuerungen mit Interpolation der 3 Linear-und 2 Schwenkachsen X, Y, Z, B, und C, siehe Seite O 64, Abschnitt 3.3, Bild 5. Eine Maschine mit dieser Steuerung ist die im Bild 31 dargestellte LASERCELL 1005. Die Verfahrgeschwindigkeiten der Linearachsen liegen zwischen 30 und 50 m/min, der Schwenkachsen bei 360°/s.

Sie ermöglicht das gratfreie Laserschneiden komplexer 3D-Teile aus Stahl, Aluminium oder Titan, welche erst nach dem Umformprozess mit Ausschnitten und Konturen versehen werden können. Im Bild 32 links ist ein solches Teil dargestellt. Dies ermöglicht auch dem Konstrukteur, Formen zu gestalten, die früher kaum zu realisieren waren. Laserschweißen, Bild 32 rechts, hat den Vorteil schmaler und tiefer Nähte, geringen Verzugs der gefügten Teile und Entfall von Nacharbeit.

Auch eine gezielte Härtung mit dem Laserstrahl ist in der gleichen Aufspannung möglich.

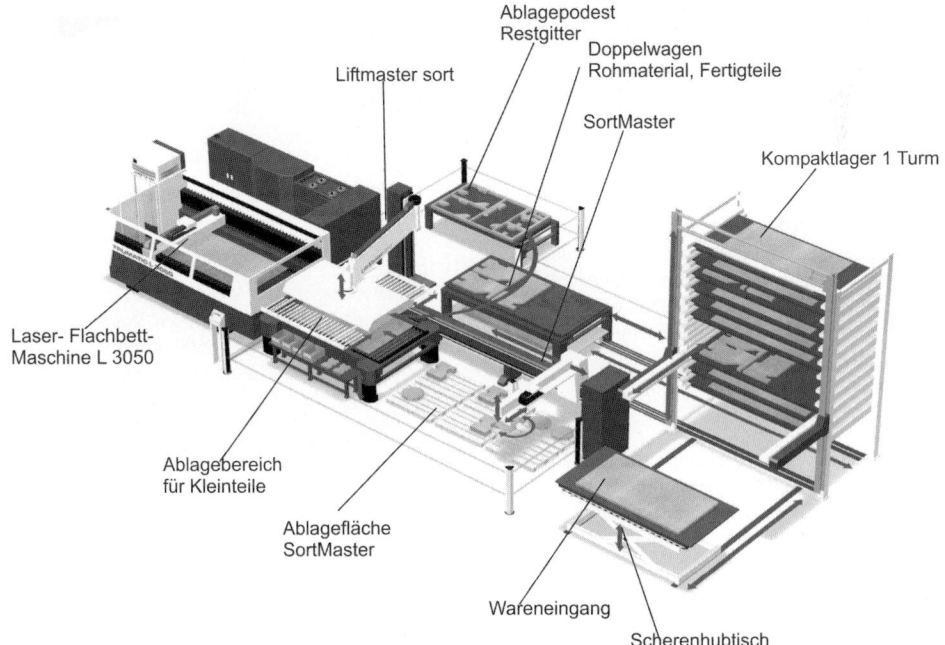

Bild 30. Blechfertigungssystem mit Laser-Flachbettmaschine TRUMATIC L 3050 (TRUMPF Werkzeugmaschinen GmbH + Co, KG, Ditzingen)

Laserbearbeitung komplexer 3D-Teile

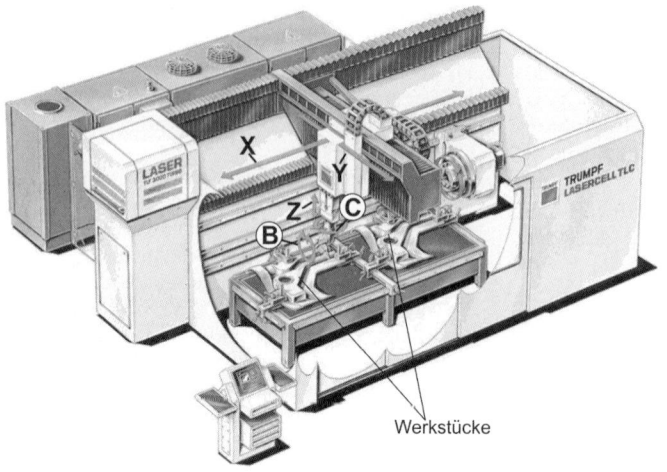

Bild 31.
Fünf Achsen-CNC-
Maschinensystem zum
Laserschneiden, Laser-
schweißen und Oberflä-
chenbehandeln TRUMPF
LASERCELL 1005
(TRUMPF Werkzeug-
maschinen GmbH + Co,
KG, Ditzingen)

Werkstücke

Laserschweißnaht

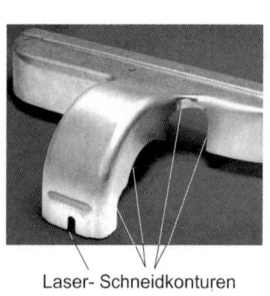
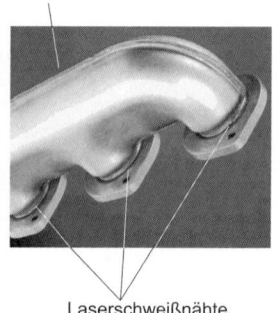

Bild 32.
Werkstücke, bearbeitet auf der TRUMPF
LASERCELL 1005 (TRUMPF Werkzeugmaschinen GmbH + Co, KG, Ditzingen)

Laser- Schneidkonturen

Laserschweißnähte

7.3.4 Biege- und Abkantmaschinen

Auch in der Biege-und Abkanttechnik wird eine hohe
Flexibilität bei gleichzeitiger großer Produktivität und
Sicherung der vorgegebenen Qualität gefordert.
Einsatzgebiete sind neben dem Maschinen-, Fahr-
zeug- und Anlagenbau besonders die Fertigung von
Gehäusen und Schrankteilen für die Elektro- und
Elektronikindustrie.

Hydraulische Abkantpressen
Bei der im Bild 33 gezeigten Abkantpresse wird die
Presskraft über je 2 Hydraulikzylinder auf beide Seiten
des Druckbalkens erzeugt. Die Balkeneilgangge-
schwindigkeit auf und ab beträgt 220 mm/s, die Arbeitsgeschwindigkeit ist zwischen 0,1 und 10 mm/s
wählbar. Die große Zahl einsetzbarer Biegewerkzeuge
ermöglicht vielfältige Geometrien ohne Nacharbeit.

CNC-Abkantpressen
CNC-Abkantpressen TrumaBend V besitzen neben
einem elektrohydraulischen Stößelantrieb mit Propor-

tionalventiltechnik ein Stößel-Wegmesssystem mit
Auffederungskompensation sowie eine sphärische
Aufhängung und Schrägstellung des Druckbalkens
(± 10 mm).
Der Hinteranschlag für das Werkstück besitzt 2 CNC-
Achsen (X und R) in Richtung zum Werkstück mit
Verfahrgeschwindigkeiten bis 500 mm/s und senkrecht dazu bis 300 mm/s. Eine Option bis zu 6 CNC-
Achsen ist möglich, etwa bei schräg zur Anschlag-
kante verlaufenden Biegelinien. Die Anschlagfinger
können hier an jede beliebige Stelle im 3D-Arbeits-
bereich positioniert werden.
Winkelsensoren ACB, Bild 34, übernehmen das Messen und Regeln des gewünschten Biegewinkel-Soll-
wertes im Prozess. Dadurch wird die Produktivität bei
gleichbleibender Qualität erhöht.
Eine selbstzentrierende Oberwerkzeugaufnahme und
hydraulische Werkzeugklemmung bringen zusätzlichen Produktivitätsgewinn.
Bild 35 zeigt ein Arbeitsbeispiel eines auf einer TrumaBend gefertigten Werkstückes mit 13 Biegungen.

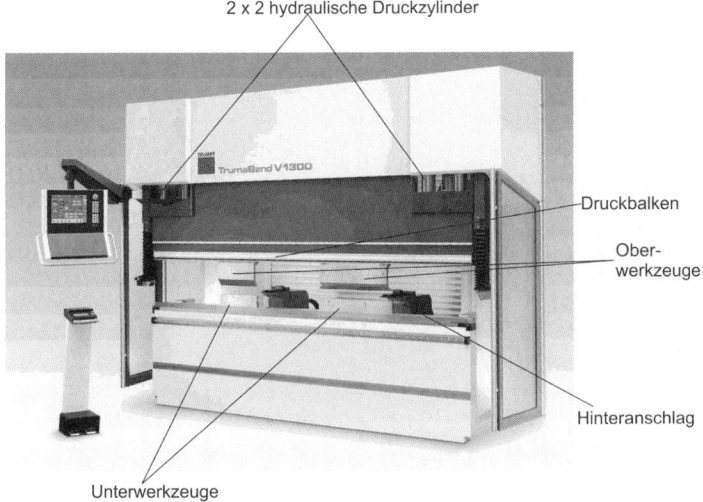

2 x 2 hydraulische Druckzylinder

Druckbalken

Ober-
werkzeuge

Hinteranschlag

Unterwerkzeuge

Bild 33.
Hydraulische Abkantpresse
TrumaBend V 1300 mit
1300 kN Presskraft
(TRUMPF Werkzeug-
maschinen GmbH + Co,
KG, Ditzingen)

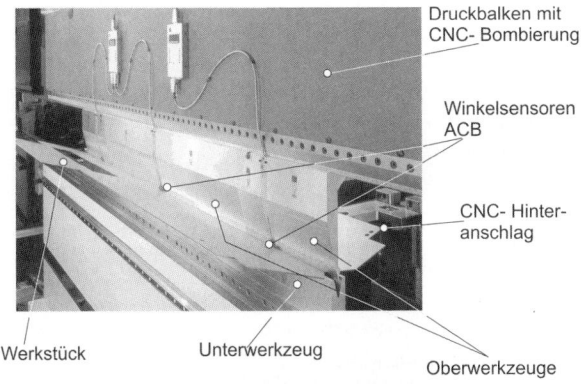

Druckbalken mit
CNC- Bombierung

Winkelsensoren
ACB

CNC- Hinter-
anschlag

Werkstück   Unterwerkzeug

Oberwerkzeuge

Bild 34.
Arbeitsraum einer CNC Abkantpresse
TrumaBend V
(TRUMPF Werkzeugmaschinen
GmbH + Co, KG, Ditzingen)

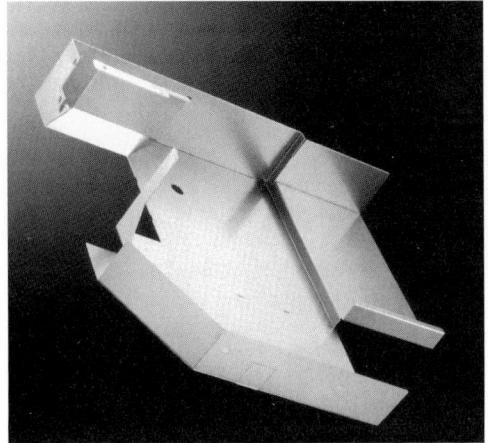

Bild 35. Verkleidung der Bewegungseinheit einer
Werkzeugmaschine
Material: 1,5 mm Al-Blech
Anzahl der Biegungen: 13

Automatische Abkant- und Biegezellen
Die automatische Abkant-und Biegezelle, Bild 36,
sichert eine komplette automatische Fertigung durch
die Anwendung des Handling-Roboters TRUMPF
BendMaster in Kombination mit einer CNC-Abkantpresse.
Der BendMaster erfasst mittels Sensorkopf den Platinenstapel, seine Lage und Höhe, greift prozesssicher
über mehrere Sauger das Blech, bewegt es in den
Arbeitsraum und führt die Platine bei der Bearbeitung
nach. Dabei erfolgt eine Synchronisation der Biege-
geschwindigkeit der CNC-Abkantpresse TrumaBend
V 170 mit dem Bendmaster.
Danach erfolgt eine Ablage der Fertigteile im Stapel
ineinander verschachtelt oder frei zueinander verdreht.
Ein Umgreifen unter Nutzung einer Parkposition
außerhalb des Pressentisches ist möglich.

CNC- Abkantpresse TrumaBend V 170   TRUMPF BendMaster

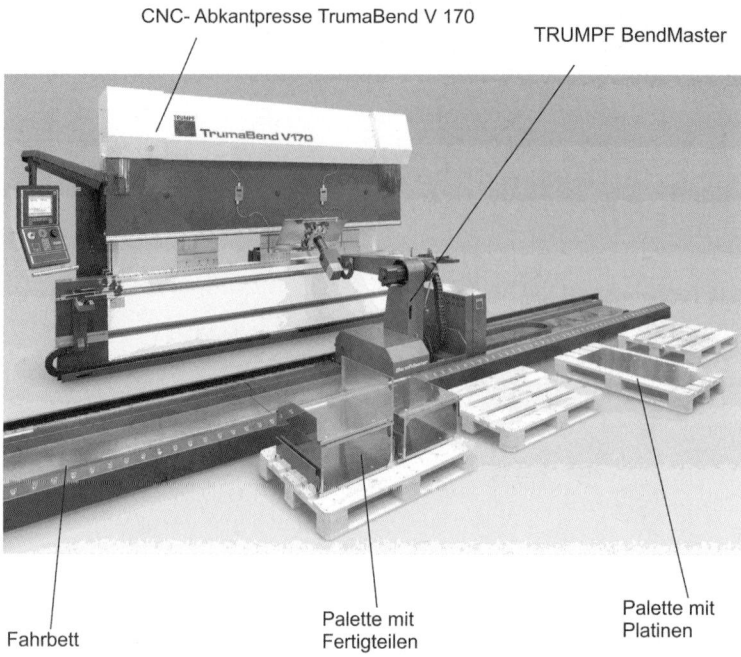

Fahrbett   Palette mit   Palette mit
                           Fertigteilen   Platinen

Bild 36. Automatische Biegezelle (TRUMPF Werkzeugmaschinen GmbH + Co, KG, Ditzingen)

Weiterführende Literatur

1. Bücher

Spur, G.: *Produktionstechnik im Wandel.* München-Wien: Carl Hanser Verlag, 1979

Spur, G.: *Vom Wandel der industriellen Welt durch Werkzeugmaschinen.* München-Wien: Carl Hanser Verlag, 1991

Weck, M.: *Werkzeugmaschinen Band 1, Werkzeugmaschinen, Maschinenarten und Anwendungs-Bereiche,* Düsseldorf: VDI-Verlag GmbH, 5. Auflage

Weck, M.: *Werkzeugmaschinen Band 2, Fertigungssysteme, Konstruktion und Berechnung.* Düsseldorf: VDI-Verlag GmbH, 2002

Weck, M.: *Werkzeugmaschinen Band 3, Mechatronische Systeme, Vorschubantriebe und Prozessdiagnose.* Düsseldorf: VDI-Verlag GmbH, 5. Auflage

Weck, M.: *Werkzeugmaschinen Band 4, Automatisierung von Maschinen und Anlagen.* Düsseldorf: VDI-Verlag GmbH, 2001

Kief, H. B.: *NC/CNC Handbuch 2000.* München-Wien: Carl Hanser Verlag, 2000

Ernst, A.: *Digitale Längen- und Winkelmesstechnik, Positionsmesssysteme für den Maschinenbau und die Elektronikindustrie, Band 165.* Landsberg/Lech: verlag moderne industrie, 1998

Berthold, H.: *Programmgesteuerte Werkzeugmaschinen,* Berlin: VEB Verlag Technik, 1975

Schibisch, D., Friedrich U.: *Superfinish-Technologie, Band 222.* Landsberg/Lech: verlag moderne industrie, 2001

2. Manuskripte

Bahmann, W., Künanz, K., Schindler H.: *Fein- und Feinstbearbeitung.* Weiterbildungszentrum Dresden der Technischen Akademie Esslingen, 2002, (Lehrgangsunterlagen 28558/45.314)

3. Normen

DIN 8580   *Fertigungsverfahren zur Metallbearbeitung*

DIN 69651   *Gliederung der Werkzeugmaschinen*

DIN 8582   *Fertigungsverfahren der Umformtechnik*

DIN 8588   *Fertigungsverfahren Zerteilen*

DIN 8589   *Spanende Fertigungsverfahren*

DIN 55026
bis 55029   *Aufnahmen für Werkstückspanner*

DIN 69871/72 *Werkzeugspindelkopf mit Steilkegel*

DIN 69880   *Werkzeughalter*

DIN 69893   *Hohlschaftkegelaufnahmen*

DIN 69051   *Kugelgewindetriebe*

DIN/ISO1219 *Hydrauliksymbole*

VDI 3220   *Feinbearbeitungsverfahren*

P Programmierung von Werkzeugmaschinen

Rainer Ahrberg, Jürgen Voss

In diesem Kapitel werden die allgemeinen Grundlagen der Programmierung von CNC-Werkzeugmaschinen beschrieben. Den grundsätzlichen Aufbau von numerischen Steuerungen behandelt Kapitel 3.3 ab Seite O 64.

■ **Beispiel:**

	P_1	P_2
	$X = + 30$	$X = - 30$
	$Y = + 30$	$Y = - 30$
	$Z = + 30$	$Z = - 30$

1 Geometrische Grundlagen für die Programmierung

1.1 Koordinatensystem

Um die Zerspanbewegungen einer Werkzeugmaschine festlegen zu können, ist ein Koordinatensystem erforderlich. Verwendet wird das kartesische Koordinatensystem mit den drei Hauptachsen X, Y und Z.

Neben der Lage der Koordinatensysteme sind auch die Achsrichtungen an Werkzeugmaschinen in DIN 66217 festgelegt.

Sind außer den Verfahrmöglichkeiten auch Dreh- oder Schwenkbewegungen möglich (Drehtische, Schwenkeinrichtungen von Werkzeug- und Werkstückträger), werden diese zusätzlichen Drehbewegungen den entsprechenden Achsen mit der Angabe des Drehwinkels zugeordnet. Die Drehrichtungen sind im Koordinatensystem wie folgt angegeben:

Drehwinkel A $\rightarrow$ Drehung um die X-Achse
Drehwinkel B $\rightarrow$ Drehung um die Y-Achse
Drehwinkel C $\rightarrow$ Drehung um die Z-Achse

Ein positiver Drehsinn liegt vor, wenn in positiver Achsrichtung gesehen die Drehung im Uhrzeigersinn erfolgt. Negativer Drehsinn liegt vor, wenn in positiver Achsrichtung gesehen die Drehung im Gegenuhrzeigersinn erfolgt.

Bild 1 zeigt das rechtwinklige Koordinatensystem mit dem Beispiel einer Punktdefinition im Raum.

Bei der Programmierung von CNC-Werkzeugmaschinen geht der Programmierer immer von einem feststehend gedachten Werkstück aus und bezieht hierauf sein Koordinatensystem.

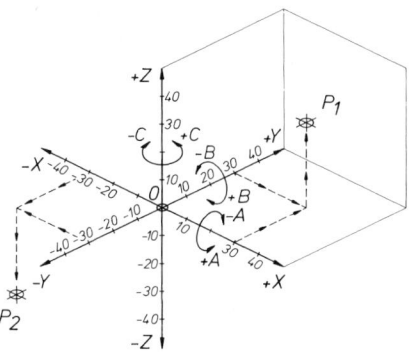

Bild 1. Rechtwinkliges, rechtshändiges Koordinatensystem

1.2 Lage der Achsrichtungen

Die Lage der Achsrichtungen an CNC-Werkzeugmaschinen ist durch DIN 66 217 festgelegt. Die Z-Achse einer Werkzeugmaschine ist durch die Lage der Arbeitsspindel bestimmt.

Der positive Bereich der Z-Achse zeigt vom aufgespannten Werkstück in Richtung der Arbeitsspindel. Entfernt sich das Werkzeug vom Werkstück, findet eine Maßvergrößerung statt. Die Z-Bewegung ist positiv, es vergrößert sich der Z-Koordinatenwert. Man spricht hier auch von einer **Plusbewegung.**

Bewegt sich das Werkzeug auf das Werkstück zu, findet eine Z-Bewegung in den negativen Bereich statt. Es entsteht eine Maßverkleinerung. Der zu programmierende Z-Wert ist negativ. Man spricht hier auch von einer Minusbewegung.

Die Achsbewegungen in der Z-Achse sind wegen der Gefahr der Kollision zwischen Spindel und Fräsmaschinentisch besonders sorgfältig zu beachten.

Die X-Achse des Koordinatensystems liegt parallel zur Aufspannfläche des Werkstückes und ist in den meisten Fällen in horizontaler Richtung angeordnet. Aus der Festlegung der Z- und der X-Achse ergibt sich die Lage der Y-Achse.

Für die Festlegung der Achsrichtungen bei Drehmaschinen ist zu unterscheiden, ob das Werkzeug *vor* der Drehmitte (Drehmaschinen mit Flachbett) oder *hinter* der Drehmitte (Drehmaschinen mit Schrägbett) liegt.

Befindet sich das Werkzeug vor der Drehmitte, zeigt die (für das Drehen nicht benötigte) Hauptachse +Y nach *unten.* Befindet sich das Werkzeug hinter der Drehmitte, zeigt die Hauptachse +Y nach *oben.*

1.3 Bezugspunkte im Arbeitsbereich einer CNC-Werkzeugmaschine

Um den Beginn einer Zerspanbewegung festlegen zu können, sind im Arbeitsraum einer Werkzeugmaschine verschiedene Bezugspunkte notwendig.

Der Ursprung des Koordinatensystems der Werkzeugmaschine ist der Maschinennullpunkt. Er wird vom Werkzeugmaschinenhersteller unveränderlich festgelegt.

Der Maschinennullpunkt ist Bezugspunkt für alle weiteren Koordinatensysteme im Arbeitsfeld der

Maschine. Er kann nicht immer auf allen Achsen angefahren werden. Um einen Ausgangspunkt für eine Bearbeitung zu erhalten, ist es notwendig, einen zweiten Punkt den Referenzpunkt, festzulegen.

Der Referenzpunkt wird als Referenzmarke auf den Wegmesssystemen angegeben und liegt häufig an der äußeren Grenze des Arbeitsraumes einer Werkzeugmaschine.

Der Referenzpunkt befindet sich stets in gleichem Abstand zum Maschinennullpunkt. Er dient gleichzeitig zur Eichung der auf den drei Achsen liegenden Wegmesssysteme. Diese Eichung wird auch „Nullung" der Wegmesssysteme genannt.

Eine nachträgliche Änderung des Abstandes zwischen Maschinennullpunkt und Referenzpunkt ist nur durch Einbau neuer Glasmaßstäbe möglich.

Das Werkstück wird für die Fräsbearbeitung auf dem Maschinentisch frei aufgespannt. Der Nullpunkt des Werkstückes wird vom Programmierer frei gewählt. Er stellt den Ursprung des Werkstückkoordinatensystems dar.

Der Werkstücknullpunkt wird an einen Eckpunkt des Werkstückes gelegt. Vom Werkstücknullpunkt aus werden in der Fertigungszeichnung alle Maße der Werkstückgeometrie angegeben. Bei Drehmaschinen liegt der Werkstücknullpunkt auf der Rotationsachse des Maschinensystems an der Maßbezugskante des Werkstückes.

Bei der Bearbeitung eines Werkstückes werden oft mehrere Werkzeuge eingesetzt. Da ausreichend Platz zum Werkzeugwechsel vorhanden sein muss, wird ein Werkzeugwechselpunkt WWP außerhalb des Werkstückes gewählt. Der Beginn eines CNC-Programms wird mit dem Programmnullpunkt P0 festgelegt. Am Programmnullpunkt befindet sich das Werkzeug vor Beginn der Bearbeitung. Bild 2 zeigt Bezugspunkte an einer CNC-Fräsmaschine.

Bei vielen CNC-Steuerungen sind für das Anfahren an eine Kontur Anfahrbedingungen zu beachten. Diese Anfahrbedingungen (Anfahren an die Kontur im Halbkreis) gewährleisten die korrekte Herstellung der programmierten Kontur. Für das Anfahren an eine Kontur wird ein Hilfspunkt HP gewählt.

Bei der Fertigung mit CNC-Drehmaschinen sind zusätzlich ein Spannmittelnullpunkt F und ein Werkzeugbezugspunkt Wz erforderlich.

Durch den Spannmittelnullpunkt wird die Lage des Spannmittels (Spannfutter) zum Werkstücknullpunkt festgelegt.

Durch den Werkzeugbezugspunkt wird die Lage der Schneidenecke des Drehmeißels bezogen auf den Werkzeugträger festgelegt.

Die Bezugspunkte im Arbeitsbereich einer CNC-Werkzeugmaschine sind in Tabelle 1 dargestellt.

1.4 Bezugspunktverschiebung

Verschiedene Bezugspunkte im Arbeitsbereich einer Werkzeugmaschine ermöglichen dem Programmierer, unabhängig von der Lage des Werkstückrohlings auf dem Maschinentisch, das CNC-Programm zu erstellen.

Der Maschinenbediener erhält das Teileprogramm und beginnt die Maschine einzurichten. Die Steuerung der Werkzeugmaschine kennt den Standort der Achsschlitten nach dem Einschalten nicht. Der Maschinennullpunkt muss erst vom Bediener im Einrichtbetrieb gesucht werden. Hierzu wird die Werkzeugmaschine solange in X-, Y- und Z-Achse verfahren, bis die Referenzmarken der Wegmesssysteme überfahren werden. Die damit gefundenen Abstände vom Referenzpunkt zum Maschinennullpunkt werden in einem Speicher abgelegt und die Bildschirmanzeige wird auf null gesetzt.

Nach der „Nullung" der Wegmesssysteme bestimmt der Maschinenbediener die Lage des eingespannten Werkstückrohlings durch eine Nullpunktverschiebung. Dazu wird der Abstand des Werkstücknullpunkts zum Maschinennullpunkt in allen Achsen mithilfe eines Kantentasters oder Einrichtmikroskops ermittelt und in einem Speicher abgelegt (Wegbefehle G54-G59).

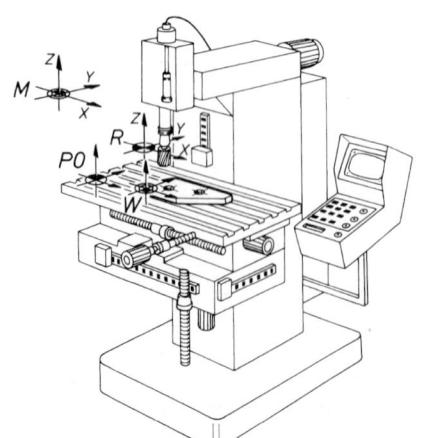

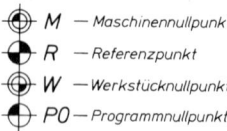

M — Maschinennullpunkt
R — Referenzpunkt
W — Werkstücknullpunkt
P0 — Programmnullpunkt

Bild 2.
Bezugspunkte an einer
CNC-Fräsmaschine

Darstellung	Bezugspunkte	Erläuterung
⊕ DIN 55003	Maschinennullpunkt M	Ursprung des Koordinatensystems der Werkzeugmaschine
⬤ DIN 55003	Referenzpunkt R	Der Referenzpunkt ist jederzeit in allen drei Achsen anfahrbar. Er wird zur „Nullung" der Wegmesssysteme benötigt.
⊕	Werkstücknullpunkt W (nicht genormt)	Nullpunkt des Werkstückkoordinatensystems
⬤	Programmnullpunkt P0 (nicht genormt)	Beginn des CNC-Programms. Werkzeugstandort vor Beginn der Bearbeitung.
⬤	Hilfspunkt HP (nicht genormt)	Anfahrpunkt, um Bedingungen zum „Eintauchen" in eine Kontur einzuhalten.
⊕	Werkzeugwechselpunkt WWP (nicht genormt)	Punkt, an dem das Werkzeug gewechselt werden kann. Der WWP muss nicht immer in P0 liegen.
⬤	Spannmittelnullpunkt F (nicht genormt)	F liegt in der Anschlagebene des Werkstückes an ein Spannmittel, z. B. Spannfutter.
⊕	Werkzeugbezugspunkt WZ (nicht genormt)	Bezugspunkt für das Werkzeug, bezogen auf den Werkzeugträger.

Tabelle 1.
Bezugspunkte im Arbeitsbereich einer CNC-Werkzeugmaschine

Die festgelegten Bezugspunkte sind für die Programmierung, die Werkstückbemaßung, die Werkstückaufspannung, den Werkzeugwechsel, das Eichen der Wegmesssysteme und den Fertigungsablauf unerlässlich.

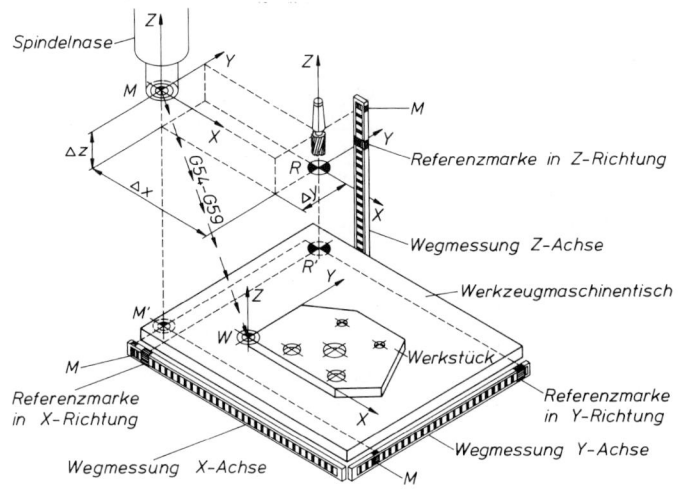

Bild 3.
Bezugspunktverschiebung
Zusammenhang zwischen
Maschinennullpunkt M
Referenzpunkt R und
Werkstücknullpunkt W

Wenn mehrere gleiche Werkstücke in einer Aufspannung hergestellt werden sollen, kann der Programmierumfang durch weitere Bezugspunkt-(Nullpunkt-) verschiebungen verringert werden. Das Programm für eine Werkstückbearbeitung wird nur einmal erstellt und über die Nullpunktverschiebung auf den jeweiligen Werkstücknullpunkt verschoben.

Der Maschinennullpunkt liegt in der X/Y-Ebene immer so, dass bei einer Verschiebung stets positive Koordinaten angegeben werden können.
Das Prinzip der Bezugspunktverschiebung ist in Bild 3 dargestellt. Bild 4 zeigt eine Bezugspunktverschiebung am Beispiel eines Bohrbildes.

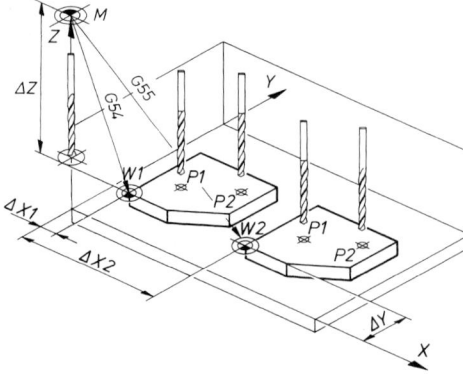

Bild 4. Nullpunktverschiebung am Beispiel eines
Bohrbildes
Arbeitsraum eines Fräsmaschinentisches
W = Werkstücknullpunkt

1.5 Zeichnerische Grundlagen für die Programmierung

Für die Bemaßung von Werkstückzeichnungen unter
Verwendung eines kartesischen oder polaren Koordinatensystems sind in DIN 406 unterschiedliche Maß-
systeme vorgesehen.

1.5.1 Absolutbemaßung

Bei der Absolutbemaßung wird zwischen einer Bemaßung mit einem Pfeil und der steigenden Bemaßung unterschieden.
Bemaßt wird immer ausgehend von Bezugskanten.
Bei der steigenden Bemaßung werden alle Maße
steigend auf einer Maßlinie mit entsprechendem Be-
grenzungspfeil angetragen. Die Absolutbemaßung ist
in Bild 5 und 6 dargestellt.
Damit der Steuerung einer Werkzeugmaschine bekannt wird, in welchem System die Übertragung der
geometrischen Informationen stattfindet, wird für die
Absolutbemaßung (Absolutprogrammierung) der
Wegbefehl G90 eingegeben.

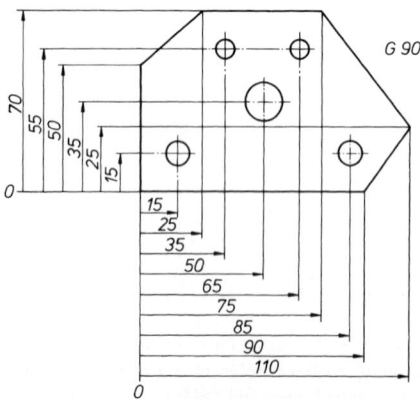

Bild 5. Absolutbemaßung mit einem Pfeil

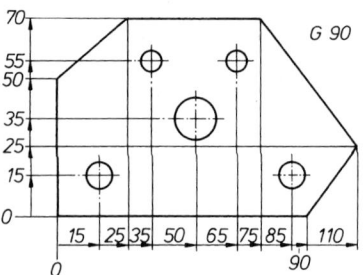

Bild 6. Absolutbemaßung in steigender Bemaßung

1.5.2 Inkrementalbemaßung (Relativbemaßung)

Bei der Inkrementalbemaßung, auch Kettenbemaßung
genannt, wird der erste Bearbeitungspunkt vom
Werkstücknullpunkt aus angegeben.
Für alle weiteren Bearbeitungspunkte ist der vorangegangene definierte Punkt Nullpunkt für die folgende Maßeintragung. Das bedeutet, dass bei der Inkrementalbemaßung (Inkrementalmaßprogrammierung)
das Koordinatensystem des Werkstücknullpunktes
gedanklich in die folgenden Bearbeitungspunkte verschoben wird und somit für folgende Maße ein neuer
Nullpunkt maßgebend ist.

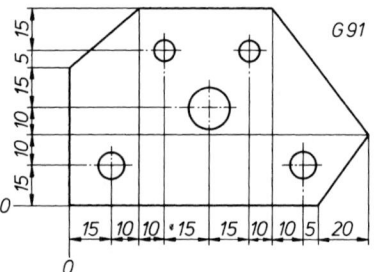

Bild 7. Inkrementalbemaßung. Zuwachsbemaßung
mit Maßkette

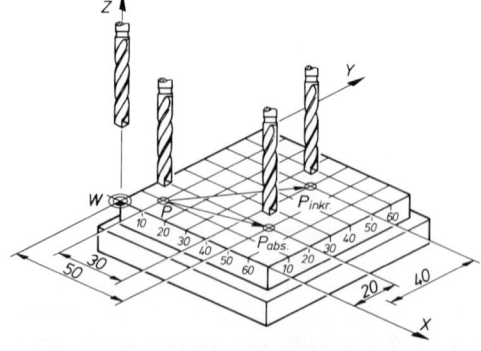

Bild 8. Unterschied zwischen Absolutmaß- und Inkrementalmaßprogrammierung

Absolutmaßprogrammierung:
Die x- und y-Koordinaten sind immer auf den Werkstücknullpunkt W bezogen

$P_{abs.}$	G 90	X 50	Y 20

Inkrementalmaßprogrammierung:
Die x- und y-Koordinaten beziehen sich immer auf den zuletzt angefahrenen Punkt P

$P_{inkr.}$	G 91	X 30	Y 40

Der Steuerung ist diese Bemaßungsart mit dem Wegbefehl G91 mitzuteilen. Der Wegbefehl ist so lange wirksam, bis er durch G90 abgelöst wird.
Bild 7 zeigt das Prinzip der Inkrementalbemaßung. Bild 8 zeigt den Unterschied zwischen einer Absolut- und Inkrementalbemaßung.

1.5.3 Bemaßung durch Polarkoordinaten

Polarkoordinatenbemaßung wird hauptsächlich bei der Beschreibung symmetrischer Elemente oder bei der Programmierung umfangreicher Bohrbilder verwendet.

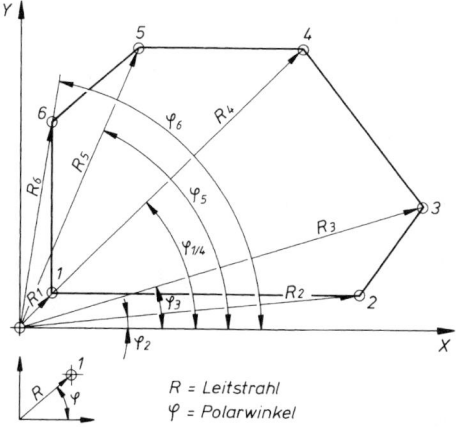

R = Leitstrahl
φ = Polarwinkel

Bild 9. Bemaßung durch Polarkoordinaten

Leitstrahl R in mm	Polarwinkel φ in Grad
R_1 ...	φ_1 ...
R_2 ...	φ_2 ...
R_3 ...	φ_3 ...
R_4 ...	φ_4 ...
R_5 ...	φ_5 ...
R_6 ...	φ_6 ...

Bei Polarkoordinatenbemaßung werden die Bearbeitungspunkte durch einen Leitstrahl R und einen Polarwinkel angegeben.

Der Polarwinkel wird von der positiven X-Achse ausgehend angegeben und verläuft im Gegenuhrzeigersinn durch die Quadranten des Koordinatensystems. Bild 9 zeigt die Bemaßung durch Polarkoordinaten.

1.5.4 Bemaßung mit Hilfe von Tabellen

Bei umfangreichen Werkstückgeometrien wird die erforderliche Bemaßung aus der Fertigungszeichnung herausgezogen.

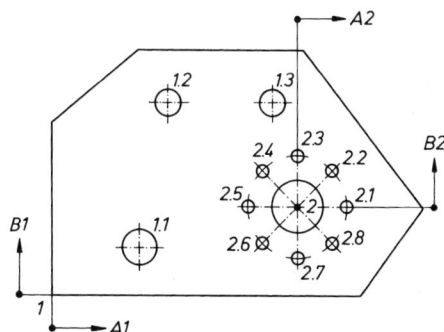

Bild 10. Bemaßung mit Hilfe von Tabellen

Bemaßungstabelle

Koordinaten-Nullpunkt	Koordinatentabelle					
	Nr.	A	B	R	φ	$\varnothing$
1	1	0	0			
1	1.1	15	15			10 H7
1	1.2	36	55			8 H7
1	1.3	65	55			8 H7
2	2	70	25			20
2	2.1			20	0	4
2	2.2			20	45	4
2	2.3			20	90	4
2	2.4			20	135	4
2	2.5			20	180	4
2	2.6			20	225	4
2	2.7			20	270	4
2	2.8			20	315	4

1: Kartesische Koordinaten   2: Polarkoordinaten

Die Maßeintragung erfolgt in einer Bemaßungstabelle, in der alle erforderlichen Koordinaten angegeben sind.
Bei der Bemaßung in Tabellen werden auch unterschiedliche Bemaßungssysteme und verschieden positionierte Koordinatensysteme verwendet. In Bild 10 ist die Möglichkeit der Bemaßung mit kartesischen und polaren Koordinaten dargestellt.

2 Informationsfluss bei der Fertigung

2.1 Informationsverarbeitung und Informationsträger

Bei der Fertigung mit CNC-Werkzeugmaschinen muss der Programmierer alle Informationen zur Herstellung des Werkstückes in einem Programmblatt festhalten.

Programmierung bedeutet das Erstellen und die Eingabe eines Teileprogramms in eine Steuerung nach bestimmten Regeln. Für die Programmierung sind die Informationsquellen und damit auch die Informationsträger von Bedeutung.

In einem CNC-Programm werden nicht nur geometrische und technologische Daten, sondern auch Zusatzdaten wie Werkzeugkenngrößen, Korrekturwerte, Maschineneinrichtdaten und Werkzeugbefehle festgehalten. Hierzu ist die Programmieranleitung des jeweiligen Steuerungsherstellers zu beachten, da die Programmiernorm DIN 66025 einen Spielraum für steuerungsabhängige Programmiertechniken zulässt.

Bei der manuellen Programmierung werden alle Informationen in Buchstaben, Zahlen und Sonderzeichen ausgedrückt und in derart verschlüsselter Form in die Steuerung der Werkzeugmaschine eingegeben. Eine Möglichkeit, der Steuerung ein Fertigungsprogramm zu übermitteln, ist die Handeingabe über eine Dateneingabeeinheit. Diese Möglichkeit wird als Werkstattprogrammierung bezeichnet.

In der Steuerung findet eine Informationsverarbeitung statt, die die Schaltinformationen an Schaltelemente und Weginformationen an die Stellglieder weiterleitet.

Ein **Soll-Istwert-Vergleicher** überwacht, ob die eingelesenen Wegbedingungen von der Werkzeugmaschine exakt ausgeführt werden und eine entsprechende Lageregelung durchgeführt wird. Bild 1 stellt den Informationsfluss bei der Fertigung mit CNC-Werkzeugmaschinen dar.

Als Informationsträger zur Datenübertragung können Lochstreifen, Magnetbänder oder Disketten verwendet werden. In der Werkstatt wird vorzugsweise ein Einmallochstreifen aus Papier eingesetzt.

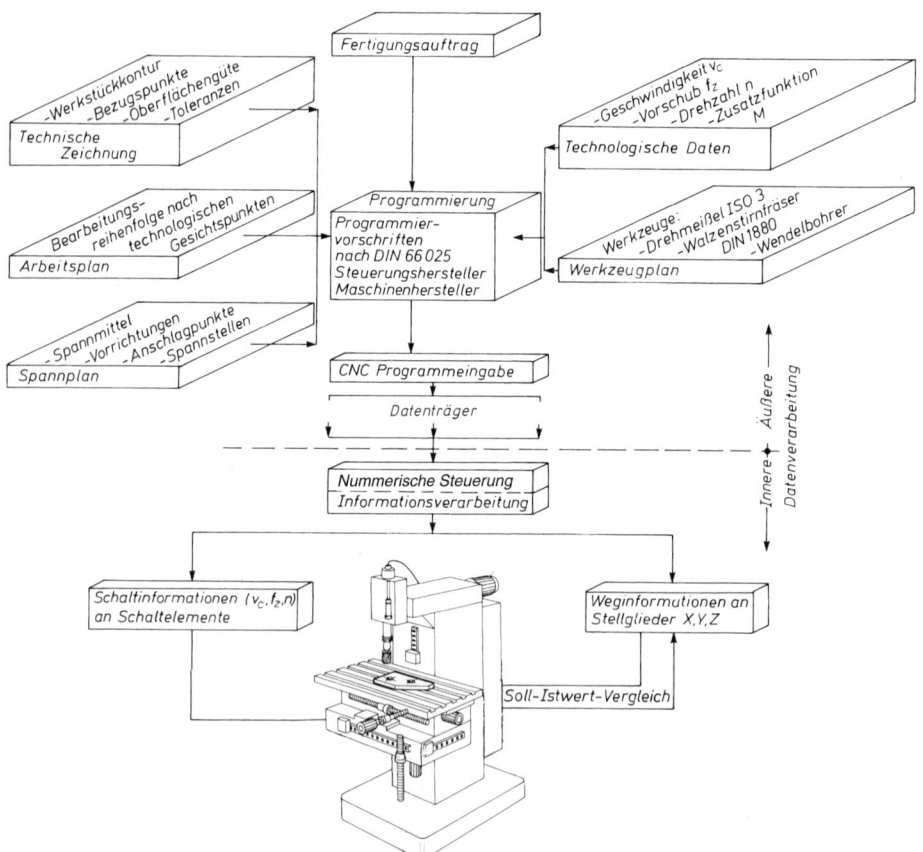

Bild 1. Informationsfluss bei der Fertigung mit CNC-Werkzeugmaschinen

2.2 Informationsquellen

Als Informationsquellen werden die technische Zeichnung, der Bearbeitungsplan, die technologischen **Daten** (Bedienungsanleitung der Werkzeugmaschine), der Werkzeugplan und die Spannmittelkartei bezeichnet. Die technische Zeichnung beschreibt die Geometrie des Werkstückes. Ihr können außerdem Werkstoffangaben und die geforderte Oberflächenqualität sowie alle Toleranzangaben entnommen werden.

Der Bearbeitungsplan beschreibt die nach technologischen und betriebswirtschaftlichen Gesichtspunkten sinnvolle Bearbeitungsreihenfolge unter Beachtung der Herstellungsfaktoren Werkzeugmaschine, Werkzeug und Werkstoff. Die einzusetzenden Werkzeuge werden in einem Werkzeugplan genau beschrieben, um Standzeitbedingungen und somit die Fertigungsqualität festzulegen. Er enthält außerdem Informationen über die Reihenfolge der einzusetzenden Werkzeuge, über die voreingestellten Maße zum Werkzeugträger sowie erforderliche Zerspandaten.

Aus der Geometrie des Werkstückes und den geplanten Werkzeugverfahrwegen können sich Kollisionsmöglichkeiten zwischen Werkstück(en), Werkzeug und Spannmittel ergeben. Verhindert wird dies durch einen Spannplan, mit dessen Hilfe der Programmierer optimale Verfahrwege festlegen kann.

Die technologischen Daten wie Geschwindigkeiten, Vorschübe, Drehzahlen und andere Spannungsgrößen können Tabellen entnommen werden.

3 Steuerungsarten und Interpolationsmöglichkeiten

In der zerspanenden Fertigung lassen sich die meisten Bearbeitungsprobleme aus den drei Geometrieelementen Punkt, Gerade und Kreis darstellen.

Tabelle 1. Einteilung der Steuerungsarten

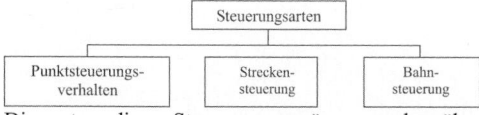

Die notwendigen Steuerungsvorgänge über das Teileprogramm durch die Werkzeugmaschinensteuerung den Antriebselementen übermittelt. Dazu bedient man sich bestimmter Steuerungsgrundelemente, die in Tabelle 1 dargestellt sind.

3.1 Punktsteuerungsverhalten

Beim Punktsteuerungsverhalten wird das Werkzeug im Eilgang vom Startpunkt an den entsprechenden Zielpunkt gefahren, ohne dabei im Eingriff zu sein. Die Weginformation für das Verfahren im Eilgang außerhalb der Werkstückgeometrie wird im Teileprogramm mit G00 angegeben. Das Bewegen an den Zielpunkt kann je nach Steuerung in jeder Achse

allein nacheinander erfolgen oder in allen Achsen gleichzeitig.

Wird bei der Bearbeitung ein Positionieren im Eilgang notwendig und besitzt die Werkzeugmaschine eine Bahnsteuerung, so wird das Werkzeug bei einigen Steuerungen unter einem Winkel von 45° bis zum Auftreffen auf eine Achse verfahren, um dann achsparallel den definierten Punkt zu erreichen. Eine Bearbeitung findet erst am definierten Punkt statt.

Das Punktsteuerungsverhalten wird hauptsächlich beim Bohren und seinen Folgeverfahren, beim Punktschweißen und Stanzen angewandt. Bild 1 zeigt das Punktsteuerungsverhalten am Beispiel eines Bohrbildes.

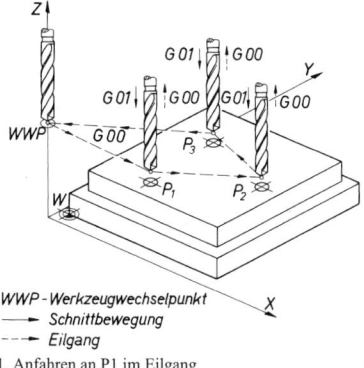

WWP - Werkzeugwechselpunkt
—— Schnittbewegung
--- Eilgang

1. Anfahren an P1 im Eilgang   (WWP – → P1)
2. Bohren von P1 und Auftauchen aus der Kontur
3. Anfahren an P2 im Eilgang   (P1 – → P2)
4. Bearbeiten P2 und Auftauchen aus der Kontur
5. Anfahren an P3 im Eilgang   (P2 – → P3)
6. Bearbeiten an P3 und Auftauchen aus der Kontur
7. Anfahren des WWP im Eilgang   (P3 – → WWP)

Bild 1. Punktsteuerungsverhalten beim Bohren

3.2 Streckensteuerung

Bei der Streckensteuerung befindet sich das eingesetzte Werkzeug beim Verfahren ständig im Eingriff. Es lassen sich nur achsparallele Konturen erzeugen. Bei der Bearbeitung in einer Achsrichtung befinden sich die anderen Achsen in Ruhestellung.

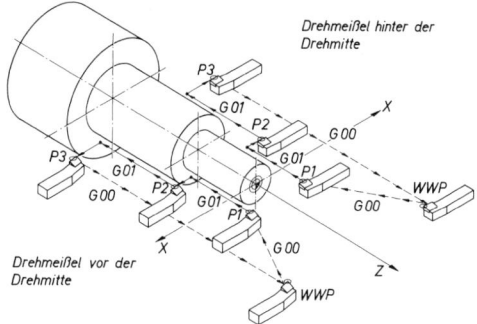

Bild 2. Streckensteuerung beim Drehen

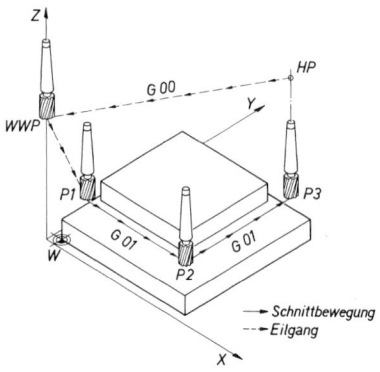

1. Anfahren an die Kontur im Eilgang   (WWP – → P1)
2. Schnittbewegung parallel zur X-Achse   (P1 → P2)
3. Schnittbewegung parallel zur Y-Achse   (P2 → P3)
4. Heraufahren aus der Kontur im Eilgang   (P3 – → HP)
5. Anfahren des WWP im Eilgang   (HP   › WWP)

Bild 3. Streckensteuerung beim Fräsen

Das Anfahren an die Kontur erfolgt wiederum im Eilgang. Eine Schnittbewegung zur Erzeugung einer achsparallelen Gerade muss der Steuerung mit dem Wegbefehl G01 mitgeteilt werden. Das Prinzip der Streckensteuerung beim Drehen und Fräsen wird in den Bildern 2 und 3 dargestellt.

3.3 Bahnsteuerung

Wenn die Geometrie eines Werkstückes eine Bearbeitung in zwei oder mehr Achsen erfordert, sind die Tisch- und Werkzeugbewegungen nur durch eine Bahnsteuerung möglich. Hierbei sind für jede Achse getrennte Antriebsmotoren notwendig, wobei jeweils ein eigener Lageregelkreis vorhanden sein muss.
Die Bewegungen innerhalb der Achsrichtungen werden relativ zueinander gesteuert. Damit kann jede beliebige Bahnkurve hergestellt werden.
Bild 4 zeigt die Bahnsteuerung bei Drehmaschinen mit Flachbett- und Schrägbettführung. Die Bilder 5 und 6 stellen die Bahnsteuerung beim Fräsen einer Gerade und einer beliebigen Kreisbahn dar.

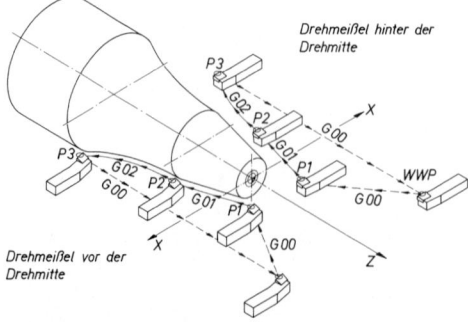

Bild 4. Bahnsteuerung beim Drehen

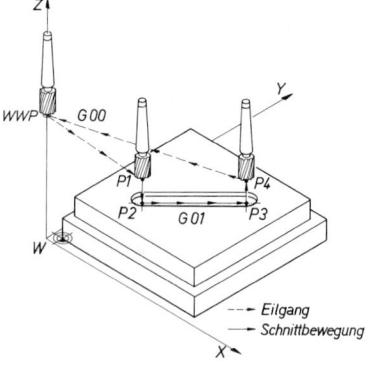

1. Anfahren an die zu erzeugende Kontur im Eilgang (WWP – → P1)
2. Eintauchen in die Kontur   (P1 → P2)
3. Schnittbewegung gleichzeitig in X- und Y-Achse   (P2 → P3)
4. Auftauchen aus der Kontur   (P3 → P4)
5. Anfahren des WWP im Eilgang   (P4 – → WWP)

Bild 5. Bahnsteuerung beim Fräsen

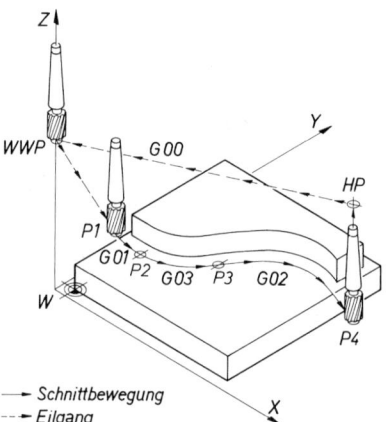

1. Anfahren an die Kontur im Eilgang   (WWP - → P1)
2. Schnittbewegung parallel zur X-Achse (G01)   (P1 → P2)
3. Schnittbewegung im Gegenuhrzeigersinn (G03)   (P2 ⤳ P3)
4. Schnittbewegung im Uhrzeigersinn (G02)   (P3 ⤳ P4)
5. Auftauchen aus der Kontur auf HP   (P4 → HP)
6. Anfahren des WWP im Eilgang   (HP - - → WWP)

Bild 6. Bahnsteuerung beim Fräsen

Nach der Anzahl der gleichzeitig in einem Funktionszusammenhang stehenden Achsen unterscheidet man die 2-Achsen-Bahnsteuerung, die 2- aus 3-Achsen-Bahnsteuerung, die 3-Achsen-Bahnsteuerung und die 5-Achsen-Bahnsteuerung (s. Tabelle 2).
Da bei einer Bahnsteuerung jeder Achse ständig neue Positionswerte vorgegeben werden, ist eine programmierbare Rechenschaltung (Interpolator) notwendig, die alle Achsbewegungen über einen Geschwindigkeitsregler der Antriebsmotoren so koordiniert, dass die gewünschte Bahn erzeugt wird.

Tabelle 2. Bearbeitungsmöglichkeiten der Bahnsteuerung

2-Achsen-Bahnsteuerung	Bei Bearbeitung gleichzeitig in 2 Achsen können beliebige Bahnen in einer Ebene (X/Y, X/Z, Y/Z) hergestellt werden.
2- aus 3-Achsen-Bahnsteuerung	Zusätzlich zu der Möglichkeit, beliebige Bahnkurven in einer Ebene herzustellen, ist eine lineare Zustellung der 3. Achse möglich.
3-Achsen-Bahnsteuerung	Es besteht ein ständiger Funktionszusammenhang zwischen den drei Achsen. Es kann eine räumliche Bahn erzeugt werden.
5-Achsen-Bahnsteuerung	Es kann jede beliebige räumliche Bahn hergestellt werden. Der Werkzeughalter und Werkstückträger sind schwenkbar.

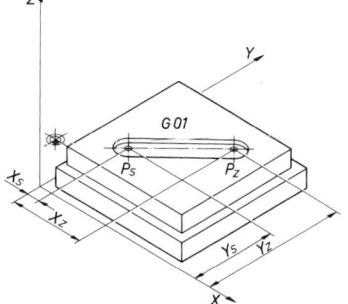

P_s = Startpunkt
P_z = Zielpunkt
Nach DIN 66025 wird die Linearinterpolation mit der Wegbedingung G01 angegeben

Bild 7. Die Linearinterpolation

3.4 Interpolationsarten

Da auf numerisch gesteuerten Dreh- und Fräsmaschinen gefertigte Werkstücke selten ausschließlich achsparallele Konturen aufweisen, hat der Interpolator die Aufgabe, einem Lageregelkreis den für die Konturerzeugung erforderlichen Lagesollwert vorzugeben.
Die Antriebsmotoren für die Vorschubbewegung der Achsschlitten werden über einen Geschwindigkeitsregler so koordiniert, dass eine programmierte Bahn möglichst fehlerfrei nachgefahren wird. Neue Werkzeugmaschinensteuerungen beinhalten Interpolatoren, die eine Linear- und Zirkularinterpolation ermöglichen.
Wird die Zirkularinterpolation in einer Hauptebene mit einer senkrecht zu dieser Ebene verlaufenden Linearinterpolation verknüpft, handelt es sich um die Schraubenlinieninterpolation.

3.4.1 Linearinterpolation

Bei der Linearinterpolation wird eine Gerade durch das Verfahren einer oder mehrerer Achsen gleichzeitig in einer Arbeitsebene hergestellt. Nach DIN 66025 wird die Linearinterpolation (Bild 7) mit dem Wegbefehl G01 gekennzeichnet.
Die Bilder 8 und 9 zeigen die Linearinterpolation am Beispiel eines Drehteiles und eines Fräswerkstückes.

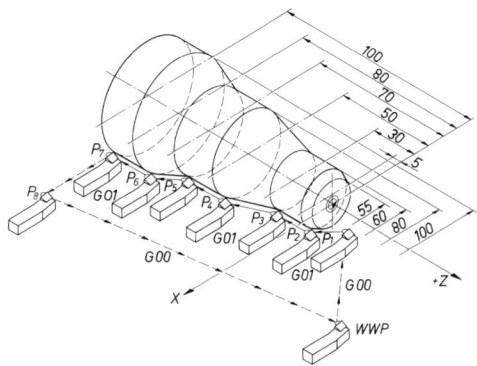

Bild 8a. Beispiel zur Linearinterpolation

Aufgabe: Beschreibung der dargestellten Kontur in Absolutmaßprogrammierung (ϕ-Programmierung). Der Drehmeißel befindet sich im WWP und soll im Eilgang auf W/P0 fahren. Nach erzeugter Kontur soll der Drehmeißel im Eilgang zum WWP zurückfahren.

Satz-Nr. N	Wegbe-dingung G	Koordinaten		Erklärung
		X	Z	
N10	G90			Absolutmaß-programmierung
N20	G00	X 0	Z 0	Eingang WWp $\longrightarrow$ P0
N30	G01	X 55	(Z 0)	Vorschub P0 $\rightarrow$ P_1
N40	G01	X 60	Z-5	Vorschub $P_1 \rightarrow P_2$
N50	G01	(X 60)	Z-30	Vorschub $P_2 \rightarrow P_3$
N60	G01	X 80	Z-50	Vorschub $P_3 \rightarrow P_4$
N70	G01	(X 80)	Z-70	Vorschub $P_4 \rightarrow P_5$
N80	G01	X 100	Z-80	Vorschub $P_5 \rightarrow P_6$
N90	G01	X 100	Z-100	Vorschub $P_6 \rightarrow P_7$
N100	G00	X 120	(Z-100)	Eilgang $P_7 \longrightarrow P_8$
N110	G00	(X120)	Z + 40	Eilgang $P_8 \longrightarrow$ WWP

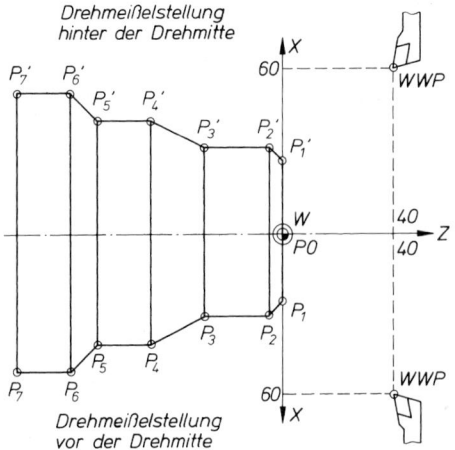

Bild 8b. Beispiel zur Linearinterpolation *Drehen*

Satz-Nr. N	Weg-bedingung G	Koordinaten		Erklärung
		X	Y	
N10	G17			Anwählen der x/y-Ebene
N20	G90			(Absolutmaß-eingabe) Absolutprogram-mierung (-bemaßung)
N30	G00	X-55	Y-35	Eilgang P0 → Startpunkt P1
N40	G01	(X-55)	Y 15	Vorschub P1 → P2
N50	G01	X-30	Y 35	Vorschub P2 → P3
N60	G01	X 20	(Y 35)	Vorschub P3 → P4
N70	G01	X 55	Y-10	Vorschub P4 → P5
N80	G01	X 35	Y-35	Vorschub P5 → P6
N90	G01	X-55	(Y-35)	Vorschub P6 → Zielpunkt P7
N100	G00	X 0	Y 0	Eilgang P7 – → P0

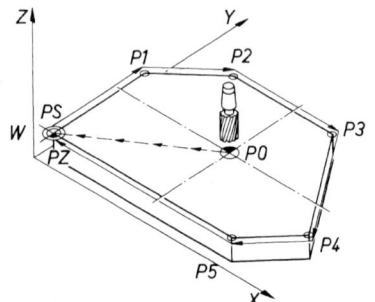

W = Werkstücknullpunkt
P0 = Programmnullpunkt
PS = Startpunkt
PZ = Zielpunkt

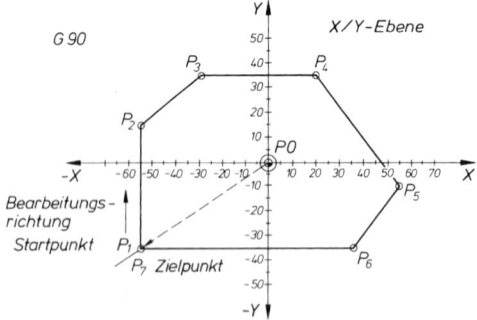

Aufgabe: Beschreibung der dargestellten Kontur in Absolutmaßprogrammierung

Bild 9a. Beispiel zur Linearinterpolation

Definition der dargestellten Kontur über die Punkte $P_1 - P_7$. Das Werkzeug befindet sich in P0 und soll im Eilgang zur Startpunkt P1 fahren. Nach erzeugter Kontur soll das Werkzeug zum Nullpunkt P0 im Eilgang zurückfahren.

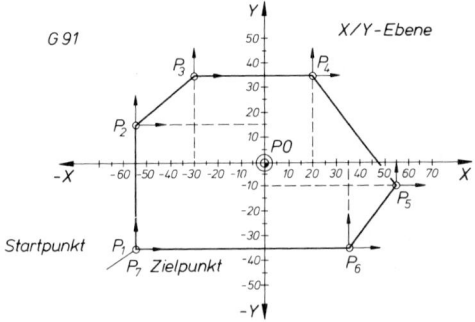

Aufgabe: Beschreibung der dargestellten Kontur in Relativprogrammierung (Inkrementalbemaßung).

Bild 9b. Beispiel zur Linearinterpolation

Definition der dargestellten Kontur über die Punkte $P_1 - P_7$. Das Werkzeug befindet sich in P0 und soll im Eilgang zur Startpunkt P_1 fahren. Nach erzeugter Kontur soll das Werkzeug zum Nullpunkt P0 im Eilgang zurückfahren.

Satz-Nr. N	Wegbe-dingung G	Koordinaten		Erklärung
		X	Y	
N10	G17			Anwählen der x/y-Ebene
N20	G91			Relativprogram-mierung (-maßeingabe)
N30	G00	X-55	Y-35	Eilgang P0 – → P1 (Startpunkt)
N40	G01	(X 0)	Y 50	Vorschub $P_1 → P_2$
N50	G01	X 25	Y 20	Vorschub $P_2 → P_3$
N60	G01	X 50	(Y 0)	Vorschub $P_3 → P_4$
N70	G01	X 35	Y-45	Vorschub $P_4 → P_5$

Satz-Nr. N	Wegbe-dingung G	Koordinaten		Erklärung
		X	Y	
N80	G01	X-20	Y-25	Vorschub $P_5 \rightarrow P_6$
N90	G01	X-90	(Y 0)	Vorschub $P_6 \rightarrow$ P_7 (Zielpunkt)
N100	G00	X 55	Y 35	Eilgang P_7 (Zielpunkt) $- \rightarrow$ P0

3.4.2 Zirkularinterpolation

Mithilfe der Linearinterpolation lassen sich theoretisch beliebige Kreisbahnen programmieren. Durch die Bestimmung von Anfangs- und Endpunkten eines Polygonzuges kann durch eine dichte Punktefolge eine Annäherung an die gewünschte Bahn erfolgen. Das erfordert hohen Programmieraufwand und wird durch die Zirkularinterpolation (Kreisinterpolation) ersetzt.

Unter Zirkularinterpolation versteht man das Verfahren eines Werkzeuges auf einer kreisförmigen Bahn.

Um eine Kreisbahn in einem zweidimensionalen Koordinatensystem festlegen zu können, ist der Kreismittelpunkt durch entsprechende Koordinaten zu definieren. Diese Koordinaten werden als Kreisinterpolationsparameter I, J, und K bezeichnet. Zusätzlich ist innerhalb einer Geometrie der Start- und Zielpunkt der Kreisbahn festzulegen. Außerdem muss der Steuerung die Bearbeitungsrichtung mitgeteilt werden.

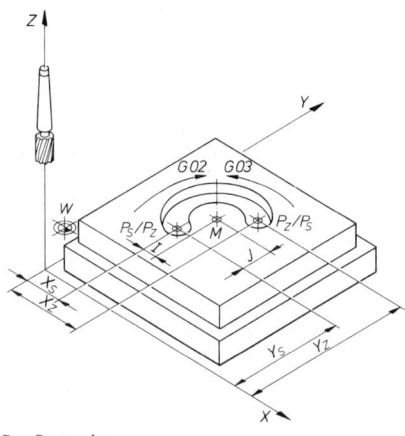

P_s = Startpunkt
P_z = Zielpunkt

Definition des Start- und Zielpunktes:
P_s (X_s/Y_s)
P_z (X_z/Y_z)

Hilfsparameter nach DIN 66025:
I   = Kreismittelpunkt in X-Richtung
J   = Kreismittelpunkt in Y-Richtung
K   = Kreismittelpunkt in Z-Richtung

Bearbeitungsrichtung:
G02 = Zirkularinterpolation im Uhrzeigersinn

Bild 10. Die Zirkularinterpolation beim Fräsen

Eine Schnittbewegung im Uhrzeigersinn wird über den Wegbefehl G02 und eine Schnittbewegung im Gegenuhrzeigersinn über G03 festgelegt.

Hierzu schaut man immer aus Richtung einer positiven Hauptachse senkrecht auf diejenige Hauptebene, in der die Arbeitsbewegung stattfinden soll. Sowohl die Bewegungsrichtungen als auch die Hilfsparameter sind in DIN 66 025 festgelegt. Bild 10 zeigt das Prinzip der Zirkularinterpolation.

Im Regelfall werden Interpolationsparameter inkremental vom Anfangspunkt der Kreisbahn aus angegeben. Eine Absolutprogrammierung der Hilfsparameter ist nach DIN 66 025 auch möglich.

Bei Drehmaschinen ist für die korrekte Festlegung der Wegbedingungen zu unterscheiden, ob das Werkzeug *vor* der Drehmitte (Drehmaschine mit Flachbett) oder *hinter* der Drehmitte (Drehmaschine mit Schrägbett) liegt.

Die Bilder 11 und 12 zeigen das Prinzip der Zirkularinterpolation beim Drehen für Drehmaschinen mit Flach- und Schrägbett.

Die Bilder 13 und 14 beschreiben die Kontur eines Drehteiles und eines Fräswerkstückes mithilfe der Linear- und Zirkularinterpolation in Absolut- und Relativmaßprogrammierung.

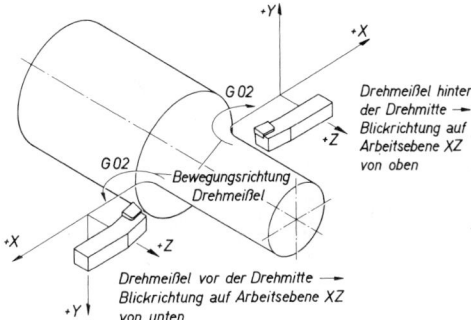

Bild 11. Zirkularinterpolation im Uhrzeigersinn beim Drehen – Wegbedingung G02

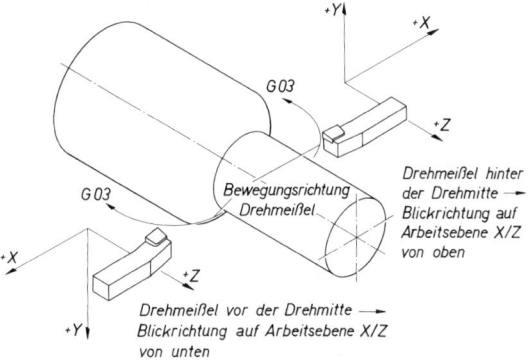

Bild 12. Zirkularinterpolation im Gegenuhrzeigersinn – Wegbedingung G03

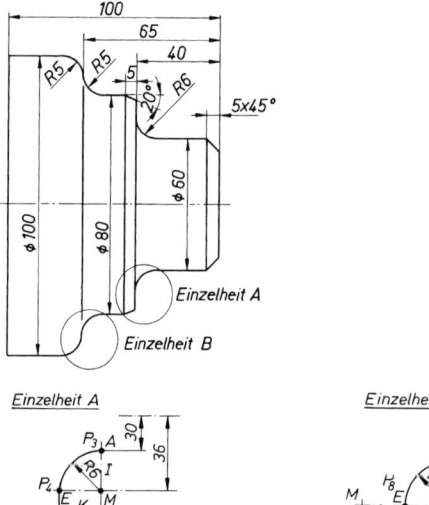

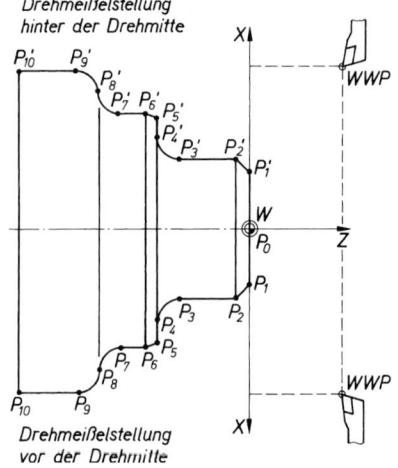

Bild 13. Beispiel zur Zirkularinterpolation Drehen

Aufgabe: Beschreibung der dargestellten Kontur in Absolutmaßprogrammierung. Der Drehmeißel befindet sich im WWP und soll im Eilgang auf W/PO fahren. Nach erzeugter Kontur soll er im Eilgang zum WWP zurückfahren.

Beispiel Drehen/Zirkularinterpolation

Satz-Nr.	Wegbedingung	Koordinaten		Interpolations- parameter		Erläuterung
N	G	X	Z	I	K	
N10	G90					Absolutmaß- programmierung
N20	G00	X0	Z0			Eilgang (WWP--→P0)
N30	G01	X50	Z0			Schnittbewegung P0→P1
N40	G01	X60	Z-5			Schnittbewegung P1→P2
N50	G01	X60	Z-34			Schnittbewegung P2→P3
N60	G02	X72	Z-40	I6	K0	Zirkularinterpolation im Uhr- zeigersinn P3⌒P4
N70	G01	X76.36	Z-40			Schnittbewegung P4→P5
N80	G01	X80	Z-45			Schnittbewegung P5→P6
N90	G01	X80	Z-60			Schnittbewegung P6→P7
N100	G02	X90	Z-65	I5	K0	Zirkularinterpolation im Uhr- zeigersinn P7⌒P8
N110	G03	X100	Z-70	I0	K-5	Zirkularinterpolation im Gegenuhrzeigersinn P8⌒P9
N120	G01	X100	Z-100			Schnittbewegung P9→P10
N130	G00	X120	Z40			Eilgang (P10--→WWP)

Aufgabe: Beschreibung der dargestellten Kontur in Relativmaßprogrammierung. Der Drehmeißel befindet sich im WWP und soll im Eilgang auf W/PO fahren. Nach erzeugter Kontur soll das Werkzeug im Eilgang zum WWP zurückfahren.

Beispiel Drehen/Zirkularinterpolation/Relativ-/Inkrementalmaßprogrammierung

Satz-Nr.	Wegbedingung	Koordinaten		Interpolations-parameter		Erläuterung
N	G	X	K	I	K	
N10	G91					Relativmaßprogrammierung
N20	G00	X0	Z0			Eilgang WWP−→P0
N30	G01	X25	Z0			Schnittbewegung P0→P1
N40	G01	X5	Z-5			Schnittbewegung P1→P2
N50	G01	X0	Z-29			Schnittbewegung P2→P3
N60	G02	X6	Z-6	I6	K0	Zirkularinterpolation im Uhr-zeigersinn P3⌒P4
N70	G01	X2.18	Z0			Schnittbewegung P4→P5
N80	G01	X1.82	Z-5			Schnittbewegung P5→P6
N90	G01	X0	Z-15			Schnittbewegung P6→P7
N100	G02	X5	Z-5	I5	K0	Zirkularinterpolation im Uhr-zeigersinn P7⌒P8
N110	G03	X5	Z-5	I0	K-5	Zirkularinterpolation im Gegenuhrzeigersinn P8⌒P9
N120	G01	X0	Z-30			Schnittbewegung P9→P10
N130	G00	X10	Z140			Eilgang P10−→WWP

Definition der dargestellten Kontur (Fräsmittelpunktsweg) über die Punkte $P_1 - P_{11}$. Das Werkzeug befindet sich in P0 und soll im Eilgang zur Startpunkt P_1 fahren. Nach erzeugter Kontur soll das Werkzeug zum Nullpunkt P0 im Eilgang zurückfahren.

Satz-Nr.	Wegbedingung	Koordinaten		Interpolations-parameter		Erklärung
N	G	X	Y	I	J	
N10	G17					Ebenenauswahl (x/y-Ebene)
N20	G90					Absolutmaßeingabe
N30	G00	X-55	Y-35			Eilgang P −→ Startpunkt P_1
N40	G01	(X-55)	Y-20			Vorschub $P_1 → P_2$
N50	G01	X-45	Y 5			Vorschub $P_2 → P_3$
N60	G01	X-30	(Y 5)			Vorschub $P_3 → P_4$
N70	G03	X-20	Y 15	I0	J 10	Vorschub, Kreisinterpolation im Gegenuhrzeigersinn $P_4⌒P_5$
N80	G01	X-20	Y 35	I0	J-15	Vorschub $P_5 → P_6$
N90	G01	X 40	(Y 35)			Vorschub $P_6 → P_7$
N100	G02	X 55	Y 20			Vorschub, Kreisinterpolation im Uhrzeigersinn $P_7⌒P_8$
N110	G01	(X 55)	Y-15			Vorschub $P_8 → P_9$
N120	G02	X 35	Y-35	I-20	J 0	Vorschub, Kreisinterpolation im Uhrzeigersinn $P_9⌒P_{10}$
N130	G01	X-55	Y-35			Vorschub $P_{10} −$ Zielpunkt P_{11}
N140	G00	X 0	Y 0			Eilgang $P_{11} −→$ P0

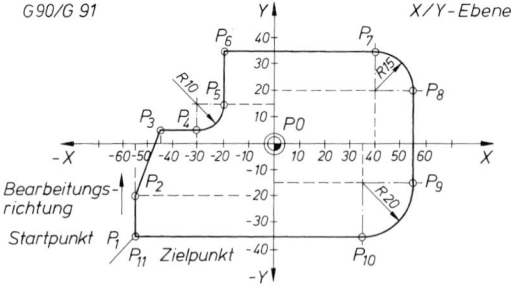

Aufgabe: Beschreibung der Kontur einer Fräsmittelpunktsbahn in Absolutmaß- und Relativmaßprogrammierung

Bild 14.
Beispiel zur Zirkularinterpolation

Definition der dargestellten Kontur (Fräsmittelpunktsweg) über die Punkte $P_1 - P_{11}$. Das Werkzeug befindet sich in P0 und soll im Eilgang zur Startpunkt P_1 fahren. Nach erzeugter Kontur soll das Werkzeug zum Nullpunkt P0 im Eilgang zurückfahren.

Satz-Nr.	Wegbedingung	Koordinaten		Interpolations-parameter		Erklärung
N	G	X	y	I	J	
N10	G17					Ebenenauswahl (x/y-Ebene)
N20	G91					Relativmaßeingabe
N30	G00	X-55	Y-35			Eilgang P0 − → Startpunkt P_1
N40	G01	X 0	Y 15			Vorschub $P_1 \rightarrow P_2$
N50	G01	X 10	Y 25			Vorschub $P_2 \rightarrow P_3$
N60	G01	X 15	Y 0			Vorschub $P_3 \rightarrow P_4$
N70	G03	X 10	Y 10	I 0	J 10	Vorschub $P_4 \rightarrow P_5$ Zirkularinterpolation im Gegenuhrzeigersinn
N80	G01	X 0	Y 20			Vorschub $P_5 \rightarrow P_6$
N90	G01	X 60	Y 0			Vorschub $P_6 \rightarrow P_7$
N100	G02	X 15	Y-15	I 0	J-15	Vorschub $P_7 \rightarrow P_8$ Zirkularinterpolation im Uhrzeigersinn
N110	G01	X 0	Y-35			Vorschub $P_8 \rightarrow P_9$
N120	G02	X-20	Y-20	I-20	J 0	Vorschub $P_9 \rightarrow P_{10}$ Zirkularinterpolation im Uhrzeigersinn
N130	G01	X-90	Y 0			Vorschub $P_{10} \rightarrow P_{11}$
N140	G00	X 55	Y 35			Eilgang P_{11} Zielpunkt − → P0

3.5 Ebenenauswahl

In einem CNC-Teileprogramm muss neben den Angaben wie Absolut- oder Relativbemaßung und Eilgang- oder Schnittbewegung die Hauptebene, in der die Bearbeitung erfolgt, festgelegt werden.

Die X/Y-Ebene wird mit G17, die X/Z-Ebene mit G18 und die Y/Z-Ebene mit G19 programmiert. Bild 15 zeigt die Auswahl der Bearbeitungsebenen beim Fräsen.

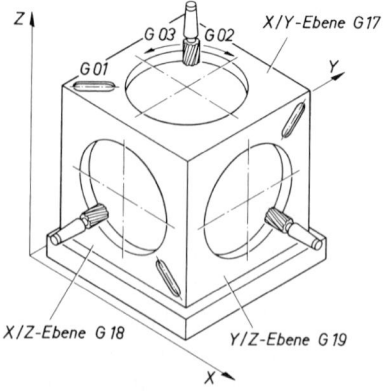

Bild 15. Auswahl der Bearbeitungsebenen beim Fräsen

4 Manuelles Programmieren

4.1 Kurzbeschreibung

Bei der manuellen Programmierung werden von einem Teileprogrammierer auf einem Programmierblatt von Hand (manuell) alle für die Maschinensteuerung erforderlichen Anweisungen (Steuerungsbefehle) niedergeschrieben.

Die Anweisungen werden in Einzelschritte untergliedert um den fertigungsgerechten Ablauf der Werkstückherstellung sicherzustellen. Die Anweisungen bestehen aus geometrischen und technologischen Daten (Werkstückmaße. Schnittgeschwindigkeit, Vorschub usw.). Das so erarbeitete CNC-Steuerungsprogramm wird auch Teileprogramm genannt.

4.2 Aufbau eines CNC-Programms

Der Programmaufbau numerisch gesteuerter Werkzeugmaschinen ist genormt in DIN 66025, Teil Die Hauptbestandteile eines CNC-Steuerungsprogramms sind;
– der Programmanfang mit einer Programmnummer oder einem Programmnamen
– eine Folge von Sätzen mit den Fertigungsanweisungen und
– das Programmende

4.2.1 Programmanfang

Der Programmanfang ist durch das Prozentzeichen (%) zu kennzeichen. Hinter das Programmanfangzeichen kann eine Programmnummer oder ein Programmname geschrieben werden. Programmnummer oder Programmname werden aus alphanumerischen Zeichen (A, B, C,...0, 1, 2,...) zusammengesetzt.

■ **Beispiel:**
  %49O3O6 oder %PROGFRAES003

4.2.2 Programmende

Das Programmende wird der Steuerung anhand von Hilfsfunktionen mitgeteilt. Die beiden Hilfsfunktionen für „Programmende" sind die Anweisungen M02 oder M30. Die Programmende-Anweisung muss im letzten Satz als letzte Anweisung stehen.

4.2.2.1 Unterschied M02-M30

Programmende-Anweisung M02 bedeutet, dass die Maschine und die Zusatzfunktionen (Spindeldrehung, Kühlschmierung usw.) abgeschaltet werden. Die Maschine wird abschließend in ihren Ausgangzustand, der vor Bearbeitungsbeginn bestand, zurückgesetzt, Programmende-Anweisung M30 hat dieselbe Wirkung wie M02. Zusätzlich wird das gesamte Programm an den Programmanfang zurückgesetzt.

■ **Beispiel:**
  N24 G00 X130 Z90 M02 LF oder N24 G00 X130 Z90 M30 LF

4.3 Gliederung eines CNC-Programms

Das CNC-Steuerungsprogramm besteht aus einer Folge von Sätzen (Programmsätze, Programmzeilen oder Blöcke), die in fertigungstechnisch richtiger Reihenfolge die erforderlichen Bearbeitungsangaben für die Steuerung enthalten.

Die Sätze bestehen wiederum aus Wörtern. Ein Wort setzt sich aus Adresse und Adresswert zusammen. Bild 1 zeigt den Zusammenhang von Programm-, Satz- und Wortaufbau.

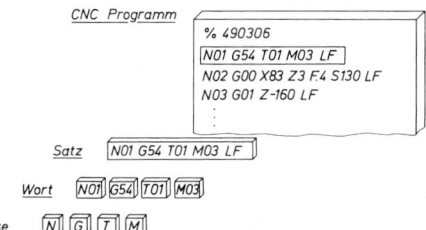

Bild 1. Zusammenhang Programm – Satz – Wort

4.3.1 Satz (Programmsatz)

Programmsätze beginnen mit dem Adressbuchstaben N und einer zugeordneten Zahl, der Satznummer.

■ **Beispiel:**
  N12 G03 X40 Z-I0 10 K-10 LF

4.3.2 Ausblendsatz

Je nach Bearbeitungsaufgabe kann es sinnvoll sein, speziell gekennzeichnete Sätze im Programm vorzusehen. Es handelt sich hierbei um Ausblendsätze. Die Steuerung erkennt einen Ausblendsatz durch einen dem Adressbuchstaben N vorangestellten Schrägstrich (/).

■ **Beispiel:**
  /N60 G00 X350 Z450 M00 LF

Ein Programm darf mehrere Ausblendsätze enthalten. Das Ausblenden (gleichbedeutend mit Überlesen) eines Satzes geschieht nur dann, wenn vor dem Programmstart die Bedienfeldtaste „Satz überlesen" an der Steuerungskonsole aktiviert wird. Ausblendsätze werden dann programmiert, wenn bestimmte Fertigungsschritte einmalig oder nicht bei jedem Werkstück vorgesehen sind.

4.3.3 Programmkommentare

Zur Dokumentation eines CNC-Steuerungsprogramms kann es sinnvoll sein, einzelne Programmschritte mit Klartext-Erläuterungen zu versehen. Diese Erläuterungen müssen in Klammern gesetzt am Ende des zu kommentierenden Satzes noch vor dem Satzendezeichen eingefügt werden.

■ **Beispiel:**
   N60 M00 (Programmstop zum Nachmessen) LF

4.4 Satzaufbau

Ein Satz (Programmzeile oder Block) besteht aus einer Folge von Anweisungen, den Wörtern, die wiederum die Teilinformationen für die CNC-Steuerung enthalten. Diese Teilinformationen enthalten:

– programmtechnische : Satzanfang oder -ende
  Informationen
– Fahranweisungen   : lineare oder kreisförmige
                       Verfahrwege
– geometrische Informa-: Koordinaten, Winkel
  tionen
– Hilfsparameter   : Kreismittelpunktkoordi-
                       naten, ...
– Korrekturen   : Nullpunkte, Werkzeug-
                       abmessungen
– Schaltinformationen : Vorschub, Drehzahl
– Zusatzfunktionen   : Kühlschmierstoff
                       EIN/AUS, Spindeldreh-
                       sinn

Korrekturen, Schaltinformationen sowie Zusatzfunktionen werden auch technologische Informationen genannt.
Die Anzahl der Teilinformationen ist von Satz zu Satz unterschiedlich, die Satzlänge somit variabel. Wie beim Programm besteht ein einzelner Satz ebenfalls aus Satzanfang- und Satzendezeichen.

4.4.1 Satzanfang

Der Satzanfang wird durch den Buchstaben N und die Satznummer definiert.

■ **Beispiel:**
   N10 ... LF

4.4.2 Satzende

Das Satzende wird durch das Satzendezeichen LF (= line feed) definiert.

■ **Beispiel:**
   N10 G54 X120 LF

4.4.3 Wortaufbau

Die kleinste Informationseinheit in einem CNC-Programm ist das Wort. Ein Wort besteht immer aus einer Adresse (Adressbuchstabe) und dem Adresswert (Zahlenwert).

■ **Beispiel:**

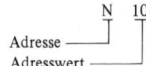

Die Adresse legt fest, welche Funktion der Steuerung aufgerufen wird, der Adresswert gibt den von der Steuerung zu verarbeitenden Zahlenwert vor.
Bei den Adresswerten ist nochmals zu unterscheiden in direkt oder verschlüsselt zu programmierende Zahlen.

4.4.3.1 Schlüsselzahlen

Schlüsselzahlen können nochmals unterschieden werden in frei verschlüsselte Zahlen sowie mathematisch definierte Schlüsselzahlen. Den frei verschlüsselten Zahlen sind willkürlich bestimmte Funktionen zugeordnet worden.

■ **Beispiel:**
   M03 bedeutet Spindeldrehung im Uhrzeigersinn

Die mathematisch definierten Schlüsselzahlen werden nur im Zusammenhang mit gestuften Drehzahlen und Vorschüben benutzt.
Dabei wird jeweils einer Schlüsselzahl (erste Schlüsselzahl: 00, letzte Schlüsselzahl: 99) ein bestimmter Zahlenwert der Normzahlreihe R20 zugeordnet (siehe Kapitel Maschinenelemente, Normzahlen).

■ **Beispiel:**
   S70 bedeutet, dass der zugeordnete Zahlenwert zur Schlüsselzahl 70 n = 315 1/min ist. Schlüsselzahlen werden bei modernen CNC-Steuerungen kaum noch verwendet.

4.4.3.2 Direkt programmierte Zahlen

Koordinaten, Winkel, Drehzahlen und Vorschübe sind direkt zu programmierende Zahlenwerte. Je nach Steuerungsfabrikat werden dezimale Zahlenwerte entweder mit Dezimalpunkt oder als Festkommazahl eingegeben.
Bei den Koordinaten- und Winkelwerten ist die Verfahr- oder Drehrichtung eventuell durch ein positives oder negatives Vorzeichen anzugeben. Dies kann auch für die Spindeldrehzahl zutreffen, wobei ein positives Vorzeichen Rechtsdrehung, ein negatives Vorzeichen Linksdrehung festlegt.

Dezimalpunkteingabe

Bei der Dezimalpunkteingabe können in der Regel nachlaufende und führende Nullen weggelassen werden.

■ **Beispiele:**
   X300
   Y.751
   Z24.9

Festkomma-Eingabe

Bei der Festkomma-Eingabe hängt die Zahl der einzugebenden Stellen von der Eingabeeinheit der Steuerung sowie von der maximal zulässigen Stellenzahl
ab.

■ **Beispiel:**

Eingabeeinheit 1/1000 mm (= 1 μm = 1 Mikrometer), maximale
Dezimalstellenzahl sechs

0.001 mm	= 1 μm
100 mm	= 100000
845.132 mm	= 845132

Vorzeichen bei Koordinaten und Winkeln

Bei positiven Koordinaten oder Winkeln kann ein
positives Vorzeichen zwischen Adresse und Adresswert geschrieben werden (Angabe optional).
Bei negativen Koordinaten oder Winkeln muss ein
negatives Vorzeichen zwischen Adresse und Adresswert geschrieben werden.
Ein positives Vorzeichen bei Winkeln bedeutet eine
Winkeldrehung gegen den Uhrzeigersinn, ein negatives
Vorzeichen eine Winkeldrehung im Uhrzeigersinn.

■ **Beispiele:**

Koordinaten
X42.75 oder X+42.75
Z-103.8
Winkel
A45 oderA+45
B-60

4.4.4 Satzformat

Unter dem Begriff Satzformat ist die in DIN 66025
festgelegte Vereinbarung zu verstehen die Adressen
(Adressbuchstaben) immer in einer feststehenden
Reihenfolge im Satz anzuordnen. Die Reihenfolge ist
dabei wie folgt festgelegt:

N	– Satznummer (N = number)
G	– Wegbedingung (G = go)
X, Y, Z	
U,V,W	– Koordinaten
R	
A, B, C	– Winkel
I, J, K	– Interpolationsparameter
F	– Vorschub (F = feed rate)
S	– Spindeldrehzahl (S = spindle speed)
T, D	– Werkzeugnummer und -korrekturen
M	– (T = tool, D = diameter) Zusatzfunktion (M = miscellaneous functions)

Nicht aufgeführten Buchstaben werden steuerungsspezifisch von den Herstellern unterschiedliche Funktionen zugeordnet. Hierauf wird in den Programmier-
beispielen eingegangen.

Tabelle 1. Bedeutung der Adressen nach DIN 66025

A	Drehbewegung um die X-Achse
B	Drehbewegung um die Y-Achse
C	Drehbewegung um die Z-Achse
D	Werkzeugkorrekturspeicher (*)
E	zweiter Vorschub (*)
F	Vorschub
G	Wegbedingung
H	(*)
I	Interpolationsparameter oder Gewindesteigung parallel zur X-Achse
J	Interpolationsparameter oder Gewindesteigung parallel zur Y-Achse
K	Interpolationsparameter oder Gewindesteigung parallel zur Z-Achse
L	(*)
M	Zusatzfunktion
N	Satznummer
O	(*)
P	dritte Bewegung parallel zur X-Achse (*)
Q	dritte Bewegung parallel zur Y-Achse (*)
R	dritte Bewegung parallel zur Z-Achse oder Bewegung im Eilgang in Richtung der Z-Achse (*)
S	Spindeldrehzahl
T	Werkzeugspeicher
U	zweite Bewegung parallel zur X-Achse (*)
V	zweite Bewegung parallel zur Y-Achse (*)
W	zweite Bewegung parallel zur Z-Achse (*)
X	Bewegung in Richtung der X-Achse
Y	Bewegung in Richtung der Y-Achse
Z	Bewegung in Richtung der Z-Achse

Mit Sternchen (*) versehene Adressen sind frei belegbar oder können mit einer anderen als der vorgesehenen Funktion belegt werden.

Bei einigen Steuerungsfabrikaten besteht die Möglichkeit, Adressen mehrfach in einem Satz zu verwenden. Dies trifft vornehmlich auf Wegbedingungen, Zusatzfunktionen oder Werkzeugspeicher zu.
Aus Gründen der Übersichtlichkeit bei der Programmierung sollte darauf verzichtet werden. Die meisten
Wegbedingungen (Adresse G) und Zusatzfunktionen
(Adresse M) bleiben – einmal programmiert – so
lange wirksam, wie sie nicht geändert werden. Diese
Eigenschaft wird modal (selbsthaltend) genannt.
Einige wenige Wegbedingungen und Zusatzfunktionen sind jedoch nur in dem Satz wirksam, in welchem
sie programmiert sind. Diese Eigenschaft wird
„satzweise wirksam" genannt.

4.4.4.1 Satznummer N

Die Satznummer wird mit der Adresse N programmiert. Der Zweck ist die übersichtliche Gestaltung
eines CNC-Programms (Bild 1).

■ **Beispiel:**

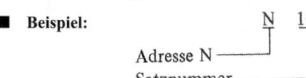

Adresse N ──────
Satznummer ──────

Bei der Satznummerierung ist Folgendes zu beachten: CNC-Steuerungen besitzen für das Editieren (Verändern) eines im Programmspeicher stehenden CNC-Programms einen Einfügemodus. Das Programm kann in diesem Fall beginnend mit der Satznummer N1 fortlaufend in 1er-Schritten nummeriert werden.

Wenn nachträglich ein Satz mit der Nummer N4 in das Programm eingefügt werden soll, wird der im Programmspeicher stehende Satz N4 automatisch zum Satz N5, und die nachfolgenden Sätze werden ebenfalls um eins hochnummeriert.

Ist die zuvor beschriebene Funktion der automatischen Zeilennummerierung nicht gegeben, so sollte die Zeilennummerierung in 10er-Sprüngen vorgenommen werden. Zwischen jeweils zwei im Speicher vorhandene Sätze können dann je nach Erfordernis bis zu neun weitere Sätze zusätzlich eingefügt werden.

Bei einigen Steuerungen ist die Satznummer ohne Einfluss auf die Abarbeitungsfolge der Programmsätze. Das Einfügen oder Löschen von Programmsätzen erfolgt bei diesen Steuerungen über den Editor.

4.4.4.2 Wegbedingung G

Die Wegbedingung wird mit der Adresse G programmiert. Bei den Adresswerten handelt es sich um zweistellige, freiverschlüsselte Zahlen, denen Funktionen zugeordnet sind (Tabelle 2).

Die Wörter für die Wegbedingungen legen zusammen mit den Wegbefehlen, also den Koordinaten- oder Winkelwerten, im wesentlichen die geometrischen Informationen im Steuerungsprogramm fest.

Die Wegbedingungen G umfassen verschiedene Funktionsarten. Im einzelnen werden damit folgende Funktionsgruppen festgelegt:

– Interpolationsarten	:	GOO-G03, G06, G33-G35
– Ebenenauswahlen	:	G17-G19
– Werkzeugkorrekturen	:	G40-G44
– Nullpunkt-Verschiebungen	:	G53-G59
– Arbeitszyklen	:	G80-G89
– Vermassungsangaben	:	G90, G91
– Vorschubvereinbarungen	:	G93-G95
– Spindeldrehzahl-Vereinbarungen	:	G96, G97
– Maßeinheiten	:	G70, G71

Zusätzlich gibt es Wegbedingungen, deren Belegung vorläufig oder auf Dauer freigestellt ist. Für diese Wegbedingungen können die Steuerungshersteller frei Funktionen festlegen. Tabelle 2 zeigt alle in DIN 66025, Teil 2 genormten Verschlüsselungen der Wegbedingungen G.

Tabelle 2. Wegbedingungen G und zugeordnete Funktionen

Wegbedingung		Funktion
G00		Steuerung von Punkt zu Punkt im Eilgang
G01		Linear-Interpolation
G02		Kreis-Interpolation im Uhrzeigersinn
G03		Kreis-Interpolation im Gegenuhrzeigersinn
G04	*	programmierbare Verweilzeit
G05	v	
G06		Parabel-Interpolation
G07	v	
G08	*	Geschwindigkeitszunahme
G09	*	Geschwindigkeitsabnahme
G10–G16	v	
G17		Hauptebene X/Y
G18		Hauptebene X/Z
G19		Hauptebene Y/Z
G20–G24	v	
G25–G29	s	
G30–G32	v	
G33		Gewindeschneiden mit konstanter Steigung
G34		Gewindeschneiden mit konstant zunehmender Steigung
G35		Gewindeschneiden mit konstant abnehmender Steigung
G36–G39	s	
G40		Aufheben der Werkzeugkorrektur
G41		Werkzeugbahnkorrektur in Vorschubrichtung links von der Kontur
G42		Werkzeugbahnkorrektur in Vorschubrichtung rechts von der Kontur
G43		Werkzeugkorrektur in Richtung der positiven Koordinatenachsen
G44		Werkzeugkorrektur in Richtung der negativen Koordinatenachsen
G45–G52	v	
G53		Aufheben aller programmierten Nullpunktverschiebungen
G54–G59		6 Speicherplätze für programmierte Nullpunktverschiebungen
G60–G62	v	
G63	*	Gewindebohren
G64–G69	v	
G70		Maßangaben in Zoll (inch)
G71		Maßangaben in Millimeter
G72–G73	v	
G74	*	Anfahren des Referenzpunktes
G75–G79	v	
G80		Aufheben aller Arbeitszyklen
G81–G89		9 Arbeitszyklen
G90		Maßangaben absolut
G91		Maßangaben inkremental
G92	*	Speicher setzen oder ändern
G93		zeitreziproke Vorschubverschlüsselung
G94		Vorschubgeschwindigkeit in mm/min oder inch/min
G95		Vorschub in mm/Umdrehung oder inch/Umdrehung
G96		konstante Schnittgeschwindigkeit
G97		Angabe der Spindeldrehzahl in l/min
G98–G99	v	

4.4.4.3 Koordinaten X, Y, Z/U, V, W/P, Q, R

Zur Beschreibung der Relativbewegungen zwischen Werkzeug und Werkstück dienen die Adressen X, Y, Z/U, V, W/P, Q, R.

X, Y und Z sind die Hauptachsen eines räumlichen rechtwinkligen Koordinatensystems. Die Angabe einer Koordinatenachse zusammen mit einem Koordinatenwert bedeutet, dass eine Bewegung parallel zur Achse um den angegebenen Weg erfolgt. Zusätzlich muss der Steuerung mitgeteilt werden, welche Maßangabe gelten oder welche Fahranweisung ausgeführt werden soll.

Als Maßangabe sind absolute Maße (G90) oder inkrementale Maße (G91) programmierbar. Ms Fahranweisungen können z.B. lineares Verfahren im Eilgang (GOO), lineares Verfahren mit definiertem Vorschub (GO1) oder kreisförmige Bewegungen (G02, G03) programmiert werden.

■ **Beispiel:**
G90 -+ Einschaltzustand der Steuerung N60 G00 X100 LF
lineares Verfahren im Eilgang auf die Position X100 bezogen auf den Werkstücknullpunkt

Die Achsen U, V, W sowie P, Q, R sind zusätzliche Achsen, die je nach Werkzeugmaschinenbauart als parallele Achsen zu den Hauptachsen programmiert werden können.

■ **Beispiel:**
Senkrecht-Konsolfräsmaschine

4.4.4.4 Winkel A, B, C

Zur Beschreibung der Drehbewegungen von Werkzeug- oder Werkstückträgern werden die Adressen A, B und C benutzt.

Die Drehbewegung wird durch Winkelmaße, der Drehsinn durch positive oder negative Vorzeichen festgelegt. Angegeben werden die Winkelmaße als Dezimalzahlen mit der Einheit Grad oder als dezimale Bruchteile einer Umdrehung.

■ **Beispiele:**
A75 oder A + 75 → Drehung um X-Achse im Uhrzeigersinn
B-102 → Drehung um Y-Achse im Gegenuhrzeigersinn
C317.4 → Drehung um Z-Achse im Uhrzeigersinn

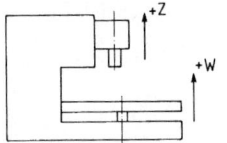

4.4.4.5 Kreisinterpolationsparameter I, J, K

Bei der Programmierung von Vollkreisen oder Kreisbögen ist neben der Angabe der Wegbedingung (G02 oder G03) die Angabe der Mittelpunktkoordinaten notwendig. Die Adressen der Kreisinterpolationsparameter sind I, J und K. Sie werden auch Hilfskoordinaten genannt.

Die Koordinate I bezieht sich auf die X-Achse, J auf die Y-Achse und K auf die Z-Achse.

Die Koordinatenwerte für I, J und K können absolut oder inkremental programmiert werden. In der Praxis ist jedoch von fast allen Steuerungsherstellern die inkrementale Maßangabe festgelegt.

a) I, J, K inkremental programmiert
Zur eindeutigen geometrischen Beschreibung eines Kreises oder Kreisbogens sind der Startpunkt PS, der Zielpunkt PZ sowie der Mittelpunkt M erforderlich. Bei einem Vollkreis fallen Anfangs- und Endpunkt zusammen.

I legt den inkrementalen Koordinatenwert vom Kreisanfangspunkt zum Kreismittelpunkt in X-Richtung fest.

J legt den inkrementalen Koordinatenwert vom Kreisanfangspunkt zum Kreismittelpunkt in Y-Richtung fest.

K legt den inkrementalen Koordinatenwert vom Kreisanfangspunkt zum Kreismittelpunkt in Z-Richtung fest.

Das Vorzeichen für I, J und K ergibt sich aus der Lage des Kreisanfangspunktes zum Kreismittelpunkt. Wird vom Kreisanfangspunkt jeweils in positiver Achsrichtung zum Kreismittelpunkt gegangen, so erhält der entsprechende Interpolationsparameter ein positives Vorzeichen, wird in negativer Achsrichtung gegangen, so erhält der Interpolationsparameter ein negatives Vorzeichen.

Für einen Kreis oder Kreisbogen in einer Hauptebene sind jeweils nur zwei Interpolationsparameter zur Angabe des Kreismittelpunktes erforderlich.

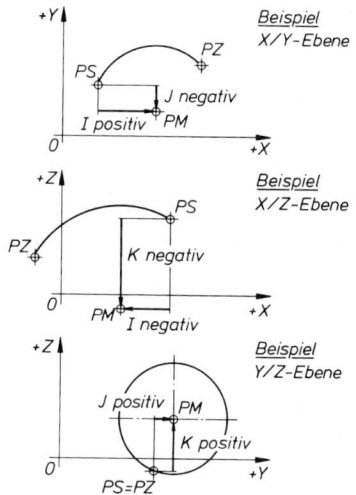

PS : Startpunkt
PZ : Zielpunkt } Kreisbogen
PM : Kreis(-bogen)mittelpunkt

Bild 2. Kreisinterpolationsparameter – inkremental

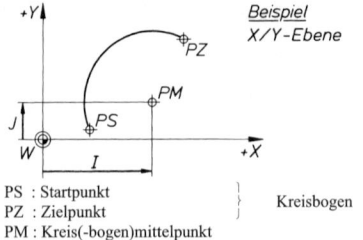

PS : Startpunkt }
PZ : Zielpunkt } Kreisbogen
PM : Kreis(-bogen)mittelpunkt

Bild 3. Kreisinterpolationsparameter – absolut

Bild 2 zeigt das Prinzip zur vorzeichengerechten Ermittlung der Interpolationsparameter I, J und K. Zu beachten ist, dass die Kreisinterpolationsparameter nur im jeweils programmierten Satz wirksam sind.

b) I, J, K absolut programmiert
Seltener angewandt wird die absolute Programmierung der Kreisinterpolationsparameter I, J und K. Alle Kreismittelpunkte werden in diesem Fall vom Werkstücknullpunkt aus bemaßt. Bild 3 zeigt das Prinzip der absoluten Programmierung der Kreisinterpolationsparameter.
Zu beachten ist in diesem Zusammenhang, dass eine programmierte Maßangabe (G90, Absolutbemaßung oder G91, Inkrementalbemaßung) keinen Einfluss auf die Maßangabe der Interpolationsparameter hat. Die für die Kreisinterpolationsparameter 1, J und K steuerungsintern festgelegte Maßangabe bleibt stets gültig. Außer der beschriebenen Kreisdefinition kann ein Kreis oder Kreisbogen auch durch seinen Radius sowie Anfangs- und Endwinkel des Kreisbogens beschrieben werden.

4.4.4.6 Vorschub F

Der Vorschub wird mit der Adresse F programmiert. Der Zahlenwert für den Vorschub kann entweder mathematisch verschlüsselt angegeben oder direkt programmiert werden. Bei der direkten Programmierung des Vorschubes gibt es drei Möglichkeiten:
a) Zeitreziproke Vorschubverschlüsselung, festgelegt durch die Wegbedingung G93.
b) Direkte Angabe des Vorschubes in mm/min oder inch/min, festgelegt durch die Wegbedingung G94.
c) Direkte Angabe des Vorschubes in mm/U oder inch/U, festgelegt durch die Wegbedingung G95.

■ **Beispiele:**
mathematische Verschlüsselung
F46 → Vorschub 20 mm/min
direkt programmierter Vorschub
F0.8 → Vorschub 0.8 mm/U

4.4.4.7 Spindeldrehzahl S

Die Spindeldrehzahl wird mit der Adresse S programmiert. Der Zahlenwert für die Spindeldrehzahl kann entweder mathematisch verschlüsselt angegeben

oder direkt programmiert werden. Bei der direkten Programmierung gibt es zwei Möglichkeiten:
a) Programmierung einer konstanten Schnittgeschwindigkeit in m/min oder ft/min, festgelegt durch die Wegbedingung G96.
b) Direkte Programmierung der Spindeldrehzahl in 1/min, festgelegt durch die Wegbedingung G97.

■ **Beispiele:**
konstante Schnittgeschwindigkeit
S12.5 → Schnittgeschwindigkeit 12.5 m/min
direkte Programmierung der Spindeldrehzahl
S1000 → Spindeldrehzahl 1000 1/min

4.4.4.8 Werkzeugaufruf und Werkzeugkorrekturen T, D

Die Adresse für das Werkzeug ist der Buchstabe T, für die Werkzeugkorrektur der Buchstabe D. Als Adressen für Korrekturen werden von den Steuerungsherstellern häufig auch andere oder zusätzliche Adressen verwendet, z.B. H, P, Q oder R.
Adresswert ist die Nummer eines Werkzeugs oder Werkzeugspeichers oder eines Korrekturspeicherplatzes. Die Anzahl der speicherbaren Werkzeuge und Werkzeugkorrekturen ist abhängig von den reservierten Speicherplätzen. Üblich sind 16 oder 32 Speicherplätze für Werkzeuge und Werkzeugkorrekturen. Grundsätzlich können mit den Adressen T und D zwei Möglichkeiten unterschieden werden:
a) Verwendung nur von T oder
b) Verwendung von T *und* D.

a) Werkzeugaufruf T
Die Werkzeugnummer legt das Werkzeug fest.

■ **Beispiel:**
T03 → ruft z.B. einen Schaftfräser mit Durchmesser 10 mm und Länge 60 mm auf

Automatischer Werkzeugwechsel
Besitzt die Werkzeugmaschine einen Werkzeugspeicher (Werkzeugmagazin) mit einer Werkzeugwechseleinrichtung, so wird bei Aufruf eines Werkzeugs das Werkzeug automatisch dem Magazin entnommen und der Werkzeugaufnahme zugeführt.

Manueller Werkzeugwechsel
Besitzt die Werkzeugmaschine kein Werkzeugmagazin, so muss bei Aufruf eines Werkzeugs das der Werkzeugnummer zugeordnete Werkzeug von Hand der Werkzeugaufnahme zugeführt werden. Im Werkzeugspeicher sind außerdem Korrekturangaben zur Werkzeuglänge und zum Werkzeugdurchmesser (Bohren/Fräsen) oder zum Schneidenradius (Drehen) abgespeichert. Bei einigen Steuerungen wird an die Werkzeugnummer zusätzlich eine zweistellige Nummer für den Korrekturspeicher angehängt. Werkzeugnummer und Korrekturspeicher müssen nicht identisch sein.

■ **Beispiel:** T0205

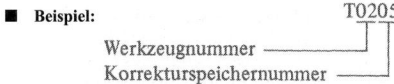

Werkzeugnummer

Korrekturspeichernummer

b) Werkzeugaufruf T und Werkzeugkorrektur D
Der Werkzeugspeicher (T) legt das Werkzeug fest,
der Werkzeugkorrekturspeicher (D) enthält die Korrekturdaten (Länge, Durchmesser, Schneidenradius).

■ **Beispiel:** T03 D03

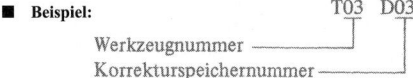

Werkzeugnummer

Korrekturspeichernummer

4.4.4.9 Zusatzfunktionen M

Die Zusatzfunktionen werden mit der Adresse M
programmiert. Bei den Adresswerten handelt es sich
um zweistellige frei verschlüsselte Zahlen, denen frei
Funktionen zugeordnet sind.
Die Zusatzfunktionen enthalten vorwiegend techno-
logische Informationen, sofern diese nicht unter den
Adressen F, S oder T programmierbar sind.
Tabelle 3 zeigt alle in DIN 66025, Teil 2 genormten
Verschlüsselungen der Zusatzfunktionen M.

Tabelle 3. Zusatzfunktionen M und zugeordnete
Funktionen

M00	*, e	Programmierter Halt
M01	*, e	Wahlweiser Halt
M02	*, e	Programmende
M03	m, a	Spindeldrehung im Uhrzeigersinn
M04	m, a	Spindeldrehung im Gegenuhrzei-gersinn
M05	m, e	Spindel Halt
M06	*	Werkzeugwechsel
M07	m, a	Kühlschmiermittel Nr. 2 EIN
M08	m, a	Kühlschmiermittel Nr. 1 EIN
M09	m, e	Kühlschmiermittel AUS
M10	m	Klemmen
M11	m	Lösen
M12–M18	v	
M19	m, e	Spindel Halt mit definierter End-stellung
M20–M29	s	
M30	*, e	Programmende mit Rücksetzen zum Programmanfang
M31	*	Aufhebung einer Verriegelung
M32–M39	v	
M40–M45	v	
M46–M47	v	
M48	m, e	Überlagerungen wirksam
M49	m, a	Überlagerungen unwirksam
M50–M57	v	
M58	m, a	Konstante Spindeldrehzahl AUS
M59	m, a	Konstante Spindeldrehzahl EIN
M60	*, e	Werkstückwechsel
M61–M89	v	
M90–M99	s	

m:	modal (selbsthaltend)	
*:	satzweise wirksam	
a:	sofort wirksam	frei verfügbar
e:	am Satzende wirksam	
v:	vorläufig	
s:	ständig	

4.5 Kreisprogrammierung beim Drehen und Fräsen

Der gängige Satzaufbau für die Kreis(-bogen) programmierung sowohl beim Drehen als auch beim
Fräsen enthält die Angaben:

Satznummer	(N ...)
Wegbedingung	(G ...)
Koordinaten des Kreis (-bogen)-Zielpunktes	(X ..., Y ..., Z ...)
Kreisinterpolationsparameter	(I ..., J ..., K ...)
evtl. technologische Angaben	(F ..., S ..., T ..., M ...)

Vor dem Programmieren von Kreisen oder Kreisbögen muss festgelegt werden, ob das Werkzeug im
Uhrzeigersinn (G02) oder im Gegenuhrzeigersinn
(G03) fahren soll. Hierzu schaut man immer aus
Richtung einer positiven Hauptachse senkrecht auf
diejenige Hauptebene, in der die Arbeitsbewegung
stattfindet.

4.5.1 Kreisprogrammierung beim Drehen

Der Satzaufbau für die Kreisprogrammierung beim
Drehen enthält die Adressen:
    N... G... X... Z... I... K

4.5.1.1 Wegbedingungen G02 und G03

Für die korrekte Festlegung der Wegbedingung bei
der Kreisinterpolation ist zu unterscheiden, ob das
Werkzeug *vor* der Drehmitte oder *hinter* der Drehmitte liegt.

4.5.1.2 Koordinaten des Kreisbogen-Zielpunktes Pz

Nach der Wegbedingung werden die Koordinaten des
Kreisbogen-Zielpunktes PZ programmiert. Als Koordinatenwert in X-Richtung wird bei Absolutbemaßung (G90) bei fast allen Drehmaschinensteuerungen
der *Durchmesser* programmiert, bei Inkrementalbemaßung (G91) dagegen die Maßänderung des *Radius*.
Der Koordinatenwert in Z-Richtung wird bei Absolutbemaßung immer auf den Werkstücknullpunkt
bezogen programmiert, bei Inkrementalbemaßung
dagegen als Relativmaß.

4.5.1.3 Kreisinterpolationsparameter

Nach den Koordinaten des Kreisbogen-Endpunktes
werden die Kreisbogeninterpolationsparameter I und
K programmiert, mit denen der Kreismittelpunkt auf

den Kreisanfangspunkt bezogen festgelegt wird, siehe Abschnitt 5.4.4.5, Kreisinterpolationsparameter.
Bilder 4 und 5 zeigen die Kreisprogrammierung beim Drehen im Uhrzeigersinn und im Gegenuhrzeigersinn.

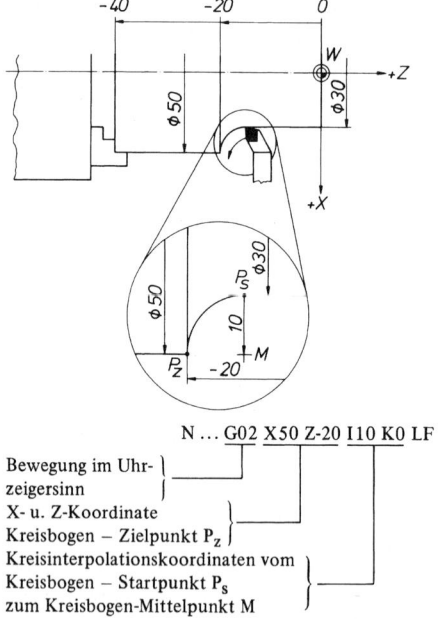

N ... G02 X50 Z-20 I10 K0 LF

Bewegung im Uhr- ⎫
zeigersinn   ⎬
X- u. Z-Koordinate
Kreisbogen – Zielpunkt P$_z$
Kreisinterpolationskoordinaten vom
Kreisbogen – Startpunkt P$_s$
zum Kreisbogen-Mittelpunkt M

Bild 4. Kreisprogrammierung im Uhrzeigersinn (G02) beim Drehen. Bemaßung absolut (G90)

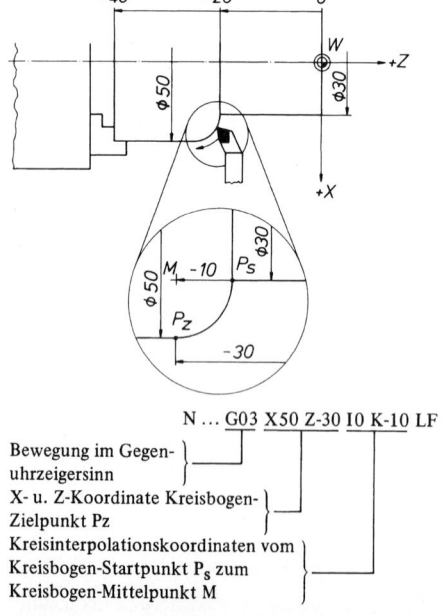

N ... G03 X50 Z-30 I0 K-10 LF

Bewegung im Gegen- ⎫
uhrzeigersinn   ⎬
X- u. Z-Koordinate Kreisbogen-
Zielpunkt Pz
Kreisinterpolationskoordinaten vom
Kreisbogen-Startpunkt P$_s$ zum
Kreisbogen-Mittelpunkt M

Bild 5. Kreisprogrammierung im Gegenuhrzeigersinn (G03) beim Drehen. Bemaßung absolut (G90)

4.5.2 Kreisprogrammierung beim Fräsen

Die Wahl der Adressen und damit der Satzaufbau hängt beim Fräsen davon ab, in welcher Hauptebene die Kreisinterpolation erfolgen soll, sofern die Steuerung eine 2 aus 3 D- oder 3 D-Interpolation erlaubt.
In diesem Fall muss beim Fräsen im Gegensatz zum Drehen zusätzlich diejenige der drei Hauptebenen programmiert werden, in der ein Kreis(-bogen) gefahren werden soll.
Programmiert wird die Ebenenauswahl der Hauptebene X/Y durch die Wegbedingung G17, die der Hauptebene X/Z durch G 18 und die der Hauptebene Y/Z durch G 19.
Damit ergeben sich für die Kreisprogrammierung beim Fräsen drei Möglichkeiten des Satzaufbaus.
a) Kreis(bogen) in der X/Y-Ebene (G17)
    N ... G ... X ... Y ... I ... J ...
b) Kreis (bogen) in der X/Z-Ebene (G18)
    N ... G ... X ... Z ... I ... K ...
c) Kreis (bogen) in der Y/Z-Ebene (G19)
    N ... G ... Y ... Z ... J ... K ...

4.5.2.1 Wegbedingungen G02 und G03

Blickt man aus Richtung einer positiven Hauptachse senkrecht auf eine Hauptebene, so gilt für alle drei Hauptebenen:

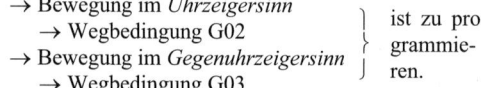

→ Bewegung im *Uhrzeigersinn*   ⎫
  → Wegbedingung G02   ⎬ ist zu pro-
→ Bewegung im *Gegenuhrzeigersinn*   ⎬ grammie-
  → Wegbedingung G03   ⎭ ren.

4.5.2.2 Koordinaten des Kreisbogen-Zielpunktes Pz

Nach der Wegbedingung werden die Koordinaten des Kreisbogen-Zielpunktes Pz programmiert.
Die Koordinaten ergeben sich aus der Hauptebene, in der der Kreisbogen gefahren wird. Alle Koordinatenwerte werden absolut oder inkremental auf den Werkstücknullpunkt bezogen programmiert.

4.5.2.3 Kreisinterpolationsparameter

Nach den Koordinaten des Kreisbogen-Endpunktes werden die Kreisinterpolationsparameter I/J, I/K oder J/K programmiert, mit denen der Kreismittelpunkt auf den Kreisanfangspunkt bezogen festgelegt wird.
Bilder 6 und 7 zeigen die Kreisprogrammierung beim Fräsen im Uhrzeigersinn und im Gegenuhrzeigersinn.

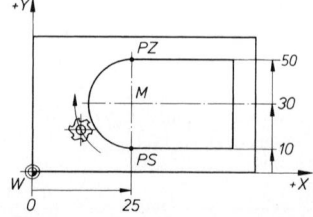

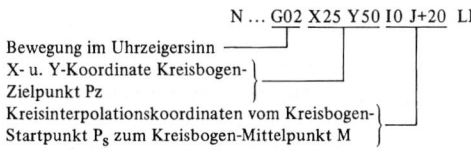

Bemaßung absolut (G90)
Hauptebene X/Y (G17)

Bild 6. Kreisprogrammierung im Uhrzeigersinn (G03) beim Fräsen.

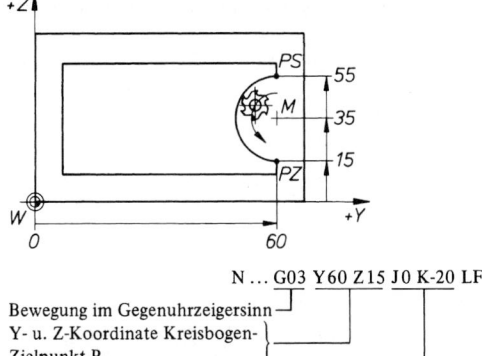

Bemaßung absolut (G90)
Hauptebene Y/Z (G19)

Bild 7. Kreisprogrammierung im Gegenuhrzeigersinn (G03) beim Fräsen.

4.6 Werkzeugkorrekturen beim Drehen und Fräsen

Moderne CNC-Steuerungen enthalten Funktionen, die es gestatten, Werkzeugkorrekturen zu programmieren.

Unter Werkzeugkorrektur ist das automatische Verrechnen von Werkzeuglängen, -durchmessern oder -radien mit der Teilegeometrie zu verstehen.

Dies bedeutet für die Programmierung, dass im Teileprogramm nur die Geometriedaten für die Fertigkontur stehen (so genannte Konturprogrammierung).

Die Korrekturangaben für die Werkzeuge werden gesondert an die CNC-Steuerung übergeben.

Hierzu stehen meist zwei Eingabemöglichkeiten zur Wahl.

a) Manuelle Eingabe der Korrekturdaten

Der Maschinenbediener gibt die Korrekturdaten über die Steuerungstastatur unmittelbar an der Maschine in den Werkzeugspeicher der Steuerung ein.

b) Automatisches Einlesen der Korrekturdaten

Die Korrekturdaten werden von einem Korrekturdatenträger (Lochstreifen, Magnetband usw.) über ein geeignetes Eingabegerät oder aus einem Datenspeicher in den Werkzeugspeicher der CNC-Steuerung eingespielt.

Es ist auch möglich, die Daten über Datenleitungen aus größeren Entfernungen in die Maschinensteuerung zu überspielen.

Das Trennen der Teilegeometrie von der Werkzeuggeometrie hat betriebsorganisatorische Gründe. Änderungen der Werkzeugmaße durch Verschleiß oder Werkzeugbruch können somit unmittelbar an der Maschine in den Werkzeugspeicher eingegeben werden, ohne zeitaufwändige Programmänderungen vornehmen zu müssen.

Die vom Maschinenbediener direkt an der Steuerungskonsole in den Werkzeugkorrekturspeicher einzugebenden Maße werden in aller Regel einem Werkzeugkarteiblatt entnommen (Bild 8). Daneben bieten einige Steuerungen die Möglichkeit, Werkzeugkorrekturdaten unmittelbar in das Teileprogramm zu schreiben.

4.6.1 Werkzeuglängenkorrektur beim Bohren und Fräsen

Der Korrekturwert für die Werkzeuglängenkorrektur (Bohrer- oder Fräserlänge) liegt bei Senkrechtkonsolfräsmaschinen in Z-Richtung. Das voreingestellte Längenmaß ist dabei das Maß von der Anschlagfläche der Werkzeugaufnahme an die Spindelnase bis zur Werkzeugspitze (Bild 9). Das ermittelte Längenmaß wird z. B. unter der Adresse H und einem gewählten Speicherplatz, z.B. 02, abgespeichert. Der Speicher muss vor Eingabe der Werkzeuglänge auf null gesetzt werden.

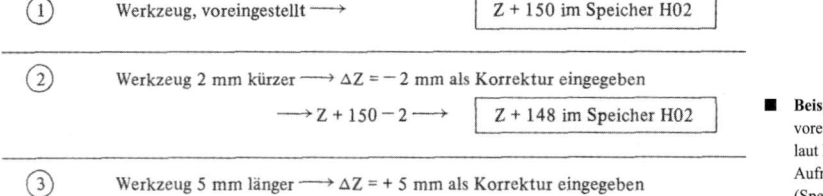

■ **Beispiel:**
voreingestellte Werkzeuglänge laut Karteiblatt → 150 mm
Aufruf des Speichers H02
(Speicher vorher auf null gesetzt)
Eingabe von Z + 150

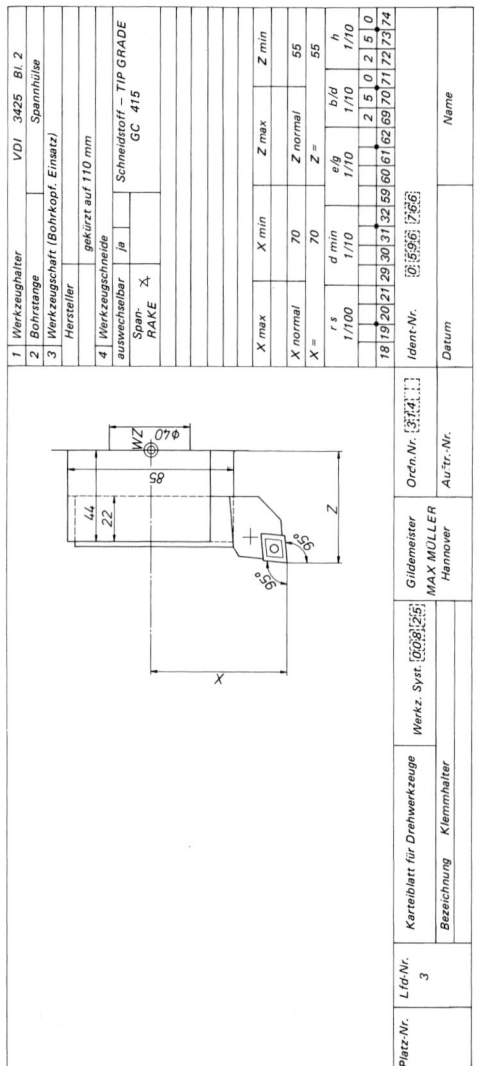

Bild 8. Werkzeugkarteiblatt für Drehmeißel

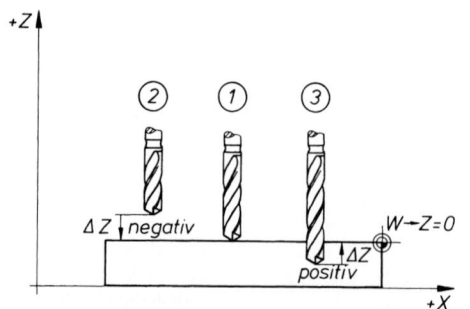

Bild 9. Werkzeuglängenkorrektur beim Bohren und Fräsen

Wird durch das Programm die Werkzeuglängenkorrektur aufgerufen, so erfolgt steuerungsintern das automatische Verrechnen der voreingestellten Werkzeuglänge (Z + 150) mit den programmierten Z-Werten.

Würde keine Längenkorrektur erfolgen, so käme es bei Anfahren des Werkstücknullpunktes in Z-Richtung zwangsläufig zum Werkzeugbruch, da die Maschine versuchen würde, bis zur Spindelnase zu verfahren.

4.6.1.1 Veränderung der Werkzeuglänge

Ändert sich die voreingestellte Werkzeuglänge durch Nachschleifen oder weil ein neues Werkzeug eingesetzt wurde, so kann die Längenänderung als Korrekturwert ΔZ in den Speicher eingegeben werden. Der Korrekturwert wird zu dem im Speicher stehenden Längenwert Z addiert oder von ihm subtrahiert.

4.6.2 Fräser-Radiuskorrektur

Soll eine Werkstückkontur gefräst werden, so muss der Werkzeugmittelpunkt auf einer Bahn verlaufen, die um den Radius des Werkzeuges versetzt neben der Werkstückkontur liegt (Bild 10).

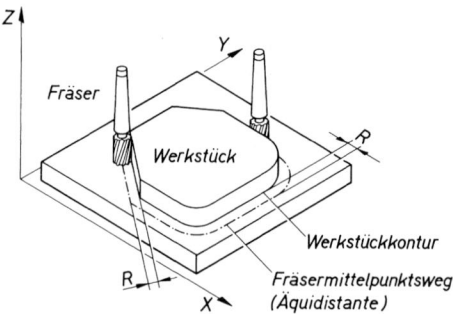

R = Korrekturwert —→ Versatz um Fräserradius R

Bild 10. Fräser-Radiuskorrektur

Die Fräsermittelpunktsbahn, auch *Äquidistante* genannt, muss bei Steuerungen ohne Fräser-Radiuskorrektur unter Berücksichtigung des Werkzeugradius errechnet werden. Das Errechnen erfordert umso höheren Aufwand, je mehr Kreisbögen oder nichtachsparallele Strecken die Kontur enthält.

Bei der Fräser-Radiuskorrektur gibt es nach Norm den Unterschied zwischen der (einfachen) achsparallelen Korrektur (Streckensteuerung) und der komfortablen Bahnkorrektur.

Steuerungen mit 2 aus 3 D- oder 3 D-Interpolation enthalten generell die Bahnkorrektur, welche die achsparallele Korrektur mit einschließt.

4.6.2.1 Bahnkorrektur

Bei der Fräser-Bahnkorrektur ermittelt die CNC-Steuerung durch Verrechnen des Fräserradius mit der programmierten Kontur selbsttätig die Fräsermittelpunktsbahn (Äquidistante), wodurch z.B. automatisch Hilfsschnittpunkte berechnet oder Hilfskreise an Konturübergängen in die Fräsermittelpunktsbahn eingefügt werden. Hierdurch wird es möglich, beliebige Konturverläufe zu zerspanen.

Wie bei der achsparallelen Korrektur gibt es bei der Bahnkorrektur zwei Korrekturlagen des Werkzeuges:

→ *links*   von der Kontur oder

→ *rechts*   von der Kontur.

Links von der Kontur bedeutet:
       von der Hauptspindel aus gesehen bewegt sich das Werkzeug in Vorschubrichtung *links* von der Kontur.

Rechts von der Kontur bedeutet:
       von der Hauptspindel aus gesehen bewegt sich das Werkzeug in Vorschubrichtung *rechts* von der Kontur.

Beide Fräser-Radiuskorrekturen werden durch G-Wörter aufgerufen:

→ Fräser-Radiuskorrektur *links*   durch G41,

→ Fräser-Radiuskorrektur *rechts*   durch G42.

Das Löschen der modal wirksamen Fräser-Radiuskorrekturen erfolgt durch G40.

Vor Aufruf der Fräserbahnkorrektur muss gegebenenfalls die Hauptebene adressiert werden, in der die Korrektur erfolgen soll.

Bild 11 zeigt die Vorschubrichtung und die Werkzeuglage zur Kontur bei G41 und G42. Nach Start eines CNC-Programmes kann eine Fräser-Radiuskorrektur nur dann wirksam werden, wenn mit Aufruf der Wegbedingungen G41 oder G42 auch der Korrekturspeicher mit dem Werkzeugradius aufgerufen wird.

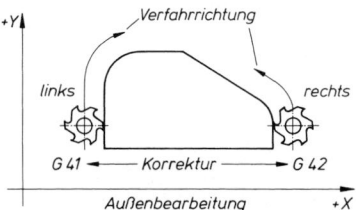

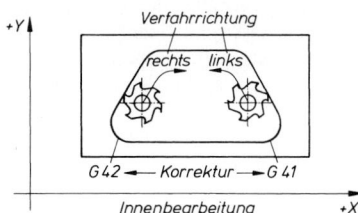

Bild 11. Fräser-Bahnkorrektur

■ **Beispiel:**
N ... G41 X10 .... D02 LF
G41 ruft Korrekturwert
(z. B. R = 5 mm) aus Speicher D02 ab

4.6.2.2 Anfahren zur Kontur und Abfahren von der Kontur unter Berücksichtigung der Bahnkorrektur

Die Werkzeugradiuskorrektur sollte immer vor dem Anfahren an die Kontur aktiviert werden, da es andernfalls zu Konturzerstörungen oder Kollisionen kommen kann. Entsprechend sollte das Aufheben einer Werkzeugradiuskorrektur erst dann erfolgen, wenn die Kontur verlassen wurde.

Wird eine Kontur mit aktivierter Werkzeugradiuskorrektur unter einem Anfahrwinkel kleiner als 180° angefahren oder unter einem Abfahrwinkel kleiner als 180° verlassen, so wird die Kontur nicht vollständig bearbeitet.

Eine vollständige Konturbearbeitung ist dann sichergestellt, wenn sowohl der Anfahr- als auch Abfahrwinkel größer als 180° ist (Bild 12).

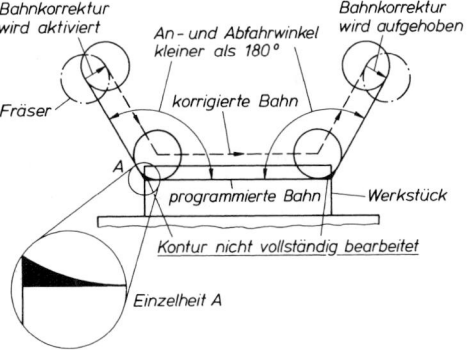

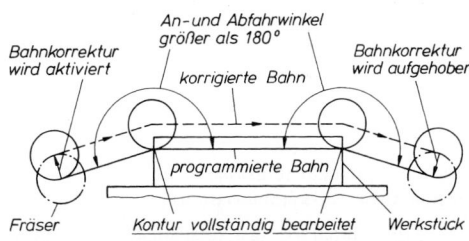

Bild 12. Anfahren zur Kontur und Abfahren von der Kontur unter Berücksichtigung der Fräser-Bahnkorrektur

4.6.3 Werkzeugkorrekturen beim Drehen

Folgende Angaben sind für die Werkzeugkorrektur beim Drehen erforderlich:

→ Werkzeuglängenmaße

→ Schneidenradiuskorrektur

→ und je nach Steuerungsfabrikat die Werkzeug-Einstellposition.

Die Korrekturdaten können wie beim Fräsen/Bohren manuell oder über eine Datenleitung in den Korrekturspeicher eingespielt werden.

4.6.3.1 Werkzeuglängenmaße

Die Werkzeuglängenmaße sind die Abstände der Schneidenecke in X- und Z-Richtung bezogen auf den Werkzeugbezugspunkt (WZ). Der Werkzeugbezugspunkt liegt vorbestimmt am Werkzeugträger und ist Bezugspunkt für alle eingesetzten Werkzeuge (Bild 13).

Die Bemaßung der Werkzeugschneide bezieht sich meist nur auf eine theoretische (spitze) Schneidenecke P, da diese in der Praxis aus technologischen Gründen abgerundet wird (Bild 13).

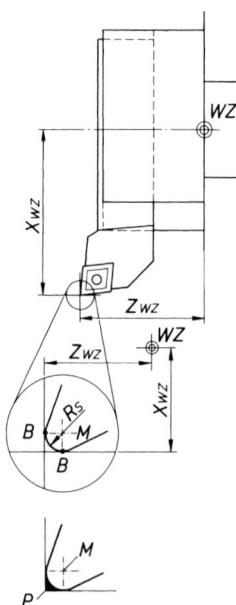

Bild 13. Bezugspunktvermassung der Werkzeugabmessungen

4.6.3.2 Schneidenradiuskorrektur (Schneidenradiuskompensation)

Durch die Abrundung der Schneidenecke ist zu beachten, dass je nach Lage der Werkzeugschneide an der zu zerspanenden Kontur die konturerzeugende Tangente durch den Berührpunkt B nicht mehr durch die theoretische Schneidenecke P läuft.

Die theoretische Schneidenecke P und die konturerzeugende Tangente durch B liegen nur dann auf einer gemeinsamen Geraden, wenn diese parallel zur X- oder Z-Achse liegt (Zerspanung längs oder plan).

Bei nicht-achsparalleler Vorschubrichtung kommt es *ohne* Schneidenradiuskorrektur, auch Schneidenradiuskompensation genannt, zu mehr oder weniger großen Maßabweichungen von der Sollkontur, also zu Konturverzerrungen (Bild 14).

Die Größe der (maximalen) Konturabweichung beim Drehen ohne Schneidenradiuskorrektur lässt sich rechnerisch bestimmen (Bild 15).

Konturverzerrung tritt nicht auf ⟶ Istkontur = Sollkontur

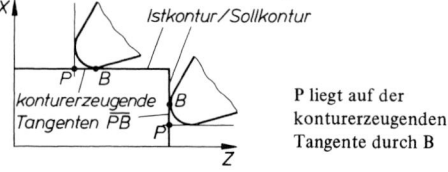

P liegt auf der konturerzeugenden Tangente durch B

Konturverzerrung tritt auf ⟶ Istkontur ≠ Sollkontur

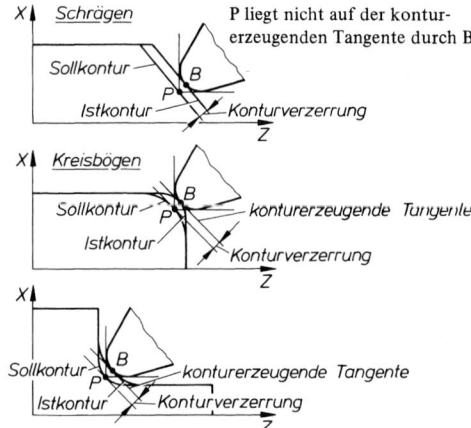

Bild 14. Drehen ohne Schneidenradiuskorrektur

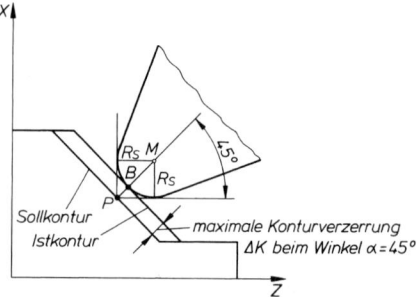

Bild 15. Drehen ohne Schneidenradiuskorrektur

Beim Drehen *mit* Schneidenradiuskorrektur erfolgt die steuerungsinterne Berechnung der Werkzeugbahn im Prinzip wie beim Fräsen mit Bahnkorrektur. Die Äquidistante ist in diesem Fall die Mittelpunktsbahn des Mittelpunktes M der abgerundeten Schneidenecke (Bild 16).

Es gibt zwei Korrekturlagen des Werkzeuges:
→ *links* von der Kontur oder
→ *rechts* von der Kontur.

Zusätzlich zur Korrekturlage ist anzugeben, ob das Werkzeug *vor* oder *hinter* der Drehmitte steht.

a) Werkzeug hinter der Drehmitte:

Links von der Kontur bedeutet: Das Werkzeug liegt in Vorschubrichtung *links* von der Kontur.

Rechts von der Kontur bedeutet: Das Werkzeug liegt in Vorschubrichtung *rechts* von der Kontur.

Schneidenradius = Abstand zwischen Äquidistante und Kontur

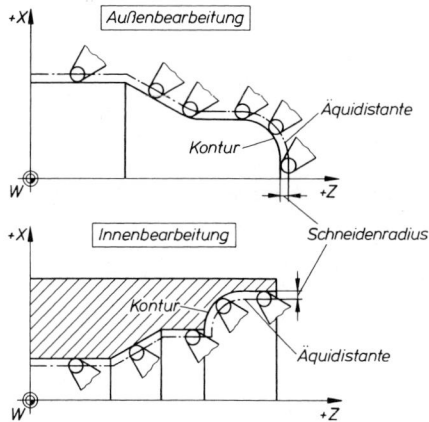

Bild 16. Drehen mit Schneidenradiuskorrektur

b) Werkzeug vor der Drehmitte:
Wie schon bei der Kreisinterpolation muss *von unten* auf die XZ-Ebene geschaut werden. Dadurch wird *links* und rechts *im* Gegensatz zur Werkzeuglage „hinter der Drehmitte" vertauscht. Programmiert wird die Schneidenradiuskorrektur durch die Wegbedingungen:

G41 → Schneidenradiuskorrektur *links* von der Kontur,

G42 → Schneidenradiuskorrektur *rechts* von der Kontur.

Das Löschen erfolgt durch die Wegbedingung G40.
Bild 17 zeigt die Werkzeuglage zur Kontur unter zusätzlicher Berücksichtigung, ob das Werkzeug *vor* oder *hinter* der Drehmitte liegt.
Die Eingabe des Schneidenradius R_s erfolgt entweder manuell unmittelbar an der Steuerung, mittels Datenträger oder über Datenleitungen.

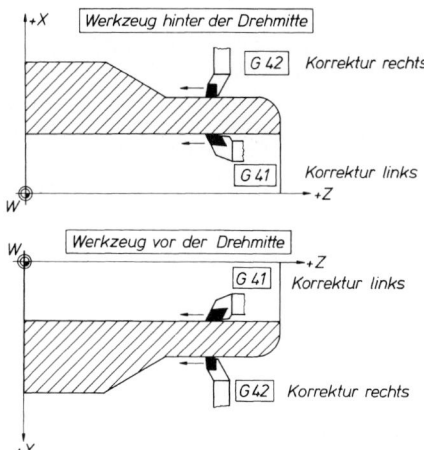

Bild 17. Unterscheidung der Werkzeugkorrekturen rechts und links bei der Schneidenradiuskorrektur

4.6.3.3 Werkzeug-Einstellposition

Je nach Einstellposition des Werkzeuges haben die theoretischen Schneidenecke P und der Mittelpunkt M der abgerundeten Schneidenecke unterschiedliche Lagen zueinander.
In Bild 18 ist dargestellt, dass die Istkontur (erzeugt durch Berührpunkt B) und die Sollkontur (erzeugt durch die theoretische Schneidenecke P) je nach Lage der theoretischen Schneidenecke in unterschiedlicher Richtung voneinander abweichen.

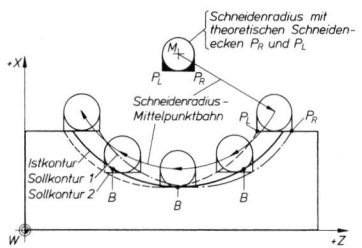

Istkontur: Bahn der Berührpunkte B
Sollkontur: Bahn der Schneidenecke P_R
Sollkontur: Bahn der Schneidenecke P_L

Bild 18. Zusammenhang zwischen der Ist- und der Sollkontur unter Berücksichtigung der Werkzeug-Einstellposition

Neben den Werkzeugabmessungen und der Schneidenradiuskorrektur muss deshalb bei einigen Steuerungen zusätzlich die Einstellposition der Werkzeugschneide als Korrekturangabe eingegeben werden.
Ein Prinzip zur Beschreibung der Einstellposition ist die Angabe von Einstellpositionsziffern. Es werden acht unterschiedliche Lagen der Werkzeugschneide im Arbeitsraum festgelegt. Bild 19 zeigt die Zuordnung der Einstellpositionsziffern 1 ... 8 in Abhängigkeit von der Werkzeugorientierung und unter Berücksichtigung der positiven X-Achse.
Ein weiteres Prinzip ist die Lagebeschreibung der theoretischen Schneidenecke P zum Mittelpunkt M über die Parameter I und K, für die je nach Schneidenlage entweder null oder die Größe des Schneidenradius vorzeichenrichtig eingesetzt werden muss (Bild 19).

4.7 Programmierbeispiel

4.7.1 Grundsätze für das manuelle Programmieren

Zuerst sollte ein Arbeitsplan als Grundlage für die Programmerstellung aufgestellt werden. Anstelle eines Arbeitsplanes kann auch eine Skizze des zu fertigenden Werkstücks erstellt werden, in der z.B. Bezugspunkte, Verfahrwege und -richtungen sowie technologische Angaben eingetragen werden.
Tabelle 4 zeigt eine tabellarische Ablaufplanung.

Werkzeug hinter der Drehmitte

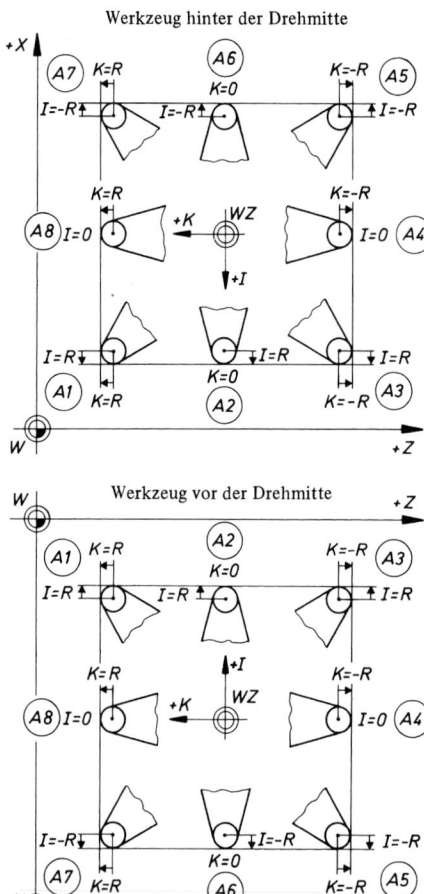

Beispiel: Werkzeugkorrektur beim Drehen (Datenein-
gabe manuell)

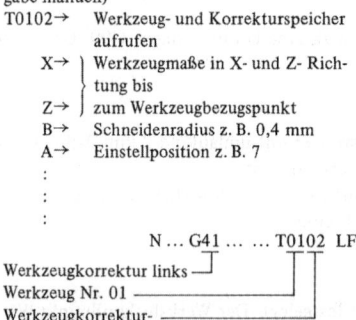

T0102→   Werkzeug- und Korrekturspeicher
          aufrufen

X→ ⎫   Werkzeugmaße in X- und Z- Rich-
     ⎬   tung bis
Z→ ⎭   zum Werkzeugbezugspunkt
B→   Schneidenradius z. B. 0,4 mm
A→   Einstellposition z. B. 7
⋮
⋮
⋮

                    N ... G41 ... ... T0102 LF

Werkzeugkorrektur links ─┘
Werkzeug Nr. 01 ─────────
Werkzeugkorrektur- ──────
speicherplatz 02

Bild 19. Korrekturangaben der Werkzeugeinstell-
position

4.7.2 Steuerungsfunktionen im Einschaltzustand

Bei der Inbetriebnahme einer CNC-Steuerung werden
bestimmte G-Funktionen selbstständig von der Steuerung voreingestellt (initialisiert).

Es handelt sich dabei meist um folgende, modal wirksame G-Funktionen: G00, G17, G40, G53, G 90 sowie G94.

Tabelle 4. Vorgehensweise bei der manuellen Programmerstellung

1	Werkstück-Nullpunkt festlegen

2	Geometrische Angaben festlegen
	– Programmierung in Absolut- oder Inkremental-
	   bemaßung
	– Nullpunktverschiebung z.B. bei Unterprogram-
	   men

3	Arbeitsplan erstellen
	– Anfahrpunkt(e) an die Kontur (wichtig für
	   Werkzeugradiuskorrektur und Einfahrkreise)
	– Richtung der Verfahrwege (wichtig für Werk-
	   zeugradiuskorrektur)
	– Spindeldrehzahl
	– Vorschub
	– Werkzeug
	– Kühlschmierung

4	Programm schreiben
	– Arbeitsschritte DIN-gerecht und unter Berück-
	   sichtigung der steuerungsspezifischen Abwand-
	   lungen in die Programmiersprache übersetzen

5	Programm-Eingabe – unmittelbar an der Steuerungskonsole – über Teletype – über Programmiergerät/Personalcomputer
6	Programm-Test – Zeichnungsplot der Kontur und Verfahrwege – grafisch-dynamische Simulation
7	Programm-Korrektur oder -Optimierung
8	Programm abarbeiten

4.7.3 Programmierbeispiel Fräsen/Bohren

Bei dem Werkstück handelt es sich um einen Auswerfer mit umlaufend 2 mm Aufmaß, wobei die Kontur mit einer Tiefenzustellung von 15 mm zu zerspanen ist.
Weiterhin ist eine Rechtecktasche 10 mm tief auszu-
räumen. Zusätzlich ist ein Lochkreis mit vier Durchgangsbohrungen von 6 mm Durchmesser zu bohren.
Bild 20 zeigt das vollständig bemaßte Werkstück.

a) Werkstücknullpunkt W
Am Werkstück werden zwei Werkstücknullpunkte
festgelegt. Der Werkstücknullpunkt W1 wird im
Einrichtbetrieb bestimmt. Er liegt in der linken unteren Werkstückecke an der Werkstückoberkante.
Vom Werkstücknullpunkt W1 aus ist die Außenkontur sowie die Rechtecktasche bemaßt. Der Werkstücknullpunkt W2 ist unter der Adresse G59 gespeichert. Er liegt in der Mitte des Lochkreises. Die Maß-
programmierung des Lochkreises bezieht sich auf den
Werkstücknullpunkt W2.

b) Geometrische Angaben

Alle Maße werden absolut programmiert; G90 ist Einschaltzustand der Steuerung.

c) Arbeitsplan aufstellen

Bild 21 zeigt die Verfahrwege der Werkzeuge in Einzelschritte zerlegt. Die Kontur wird im Uhrzeigersinn umfahren, die Rechtecktasche wird wegen Beibehaltung der Radiuskorrektur im Gegenuhrzeigersinn ausgeräumt.

Arbeitsebene ist die X/Y-Ebene, G17 ist Einschaltzustand der Steuerung.

a) Zerspanung Kontur und Rechtecktasche
   Vorschub s = 120 mm/min
   Schnittgeschwindigkeit v_c = 170 m/min
   Werkzeug Schaftfräser 8 mm Durchmesser
b) Bohren der vier Bohrungen ∅ 6 mm
   Vorschub s = 45 mm
   Schnittgeschwindigkeit
   v_c = 20 m/min
   Werkzeug Wendelbohrer, Typ N, ∅ 6 mm

c) Programm schreiben

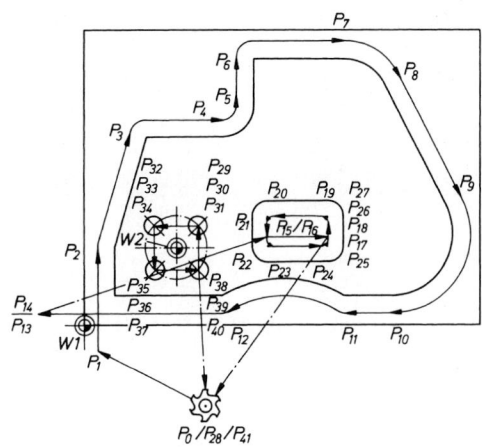

Bild 21. Auswerfer

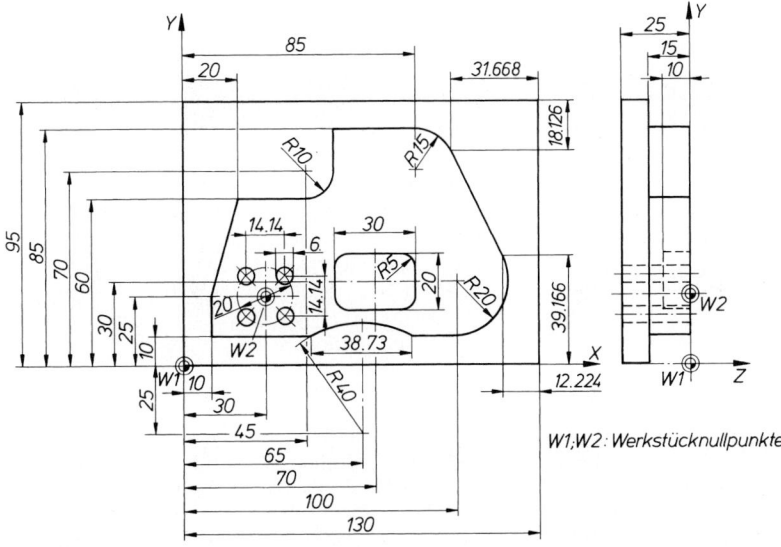

W1;W2: Werkstücknullpunkte

Bild 20. Auswerfer

4.7.3.1 Programmliste zum Programmierbeispiel Fräsen/Bohren

```
% 490306
N0  G00                       Z200
N1        X 30     Y-25                                       T0101  M06
N2                            Z-15              F120 S170             M03
N3  G41   X 10     Y-10
N4  G01            Y 25
N5        X 20     Y 60
N6        X 45
N7  G03   X 55     Y 70             I0        J10
N8  G01            Y 85
N9        X 85
N10 G02   X 98.332 Y 76.874         I0        J-15
N11 G01   X117.776 Y 39.166
N12 G02   X100     Y 10             I-17.8    J-9.07
N13 G01   X 84.365
N14 G03   X 45.635                  I-19.365  J-35
N15 G01   X  0
N16 G40
N17 G00                       Z2
N18       X 59     Y 30
N19 G01                       Z-10
N20 G41   X 76     Y 26
N21 G03   X 85     Y 35             I0        J9
N22 G03   X 80     Y 40             I-5       J0
N23 G01   X 60
N24 G03   X 55     Y 35             I0        J-5
N25 G01            Y 25
N26 G03   X 60     Y 20             I5        J0
N27 G01   X 80
N28 G03   X 85     Y 25             I0        J5
N29 G01            Y 35
N30 G40                                                              M05
N31 G00                       Z200
N32       X 30     Y-25                                       T0202  M06
N33 G59
N34 G95                       Z 2              F.45 S 20             M03
N35 G00   X 7.07   Y 7.07
N36 G01                       Z- 28
N37 G00                       Z 2
N38       X-7.07
N39 G01                       Z- 28
N40 G00                       Z 2
N41                Y-7.07
N42 G01                       Z- 28
N43 G00                       Z 2
N44       X 7.07
N45 G01                       Z- 28
N46 G00                       Z200
N47       X30      Y-25
N48                                                                  M30
```

4.7.3.2 Programmerläuterung zum Programmierbeispiel Fräsen/Bohren

%490306	Programmanfangszeichen und Programmnummer	Konturpunkt
N0		
G00	Eilgang	
Z200	Werkzeugwechselposition in Z-Achse	
N1	Werkzeugwechselposition	
X30	Aufruf Werkzeug Nr. 01 und Werkzeugspeicher 01	
Y–25	Werkzeugwechsel ausführen	P0
T0101		
M06		

%490306	Programmanfangszeichen und Programmnummer	Konturpunkt
N2 Z–15 F120 S170 M03	Zustellung auf Frästiefe 15 mm Vorschub 120 mm/min Schnittgeschwindigkeit 170 m/min Spindeldrehung im Uhrzeigersinn	
N3 G41 X10 Y–10	Werkzeugradiuskorrektur links Anfahrpunkt an die Kontur	P1
N4 G01 Y25	Linearinterpolation Linearbewegung achsparallel	P2
N5 X20 Y60	Linearbewegung	P3
N6 X45	Linearbewegung achsparallel	P4
N7 G03 X55 Y70 I0 J10	Kreisinterpolation im Gegenuhrzeigersinn Endpunkt Kreisbogen im Radius R10 Kreismittelpunkt	P5
N8 G01 Y85	Linearinterpolation Linearbewegung achsparallel	P6
N9 X85	Linearbewegung achsparallel	P7
N10 G02 X98.332 Y76.874 I0 J–15	Kreisinterpolation im Uhrzeigersinn Endpunkt Kreisbogen mit Radius R15 Kreismittelpunkt	P8
N11 G01 X117.776 Y39.166	Linearinterpolation Linearbewegung	P9
N12 G02 X100 Y10 I–17.8 J–9.07	Kreisinterpolation im Uhrzeigersinn Endpunkt Kreisbogen mit Radius R20 Kreismittelpunkt	P10
N13 G01 X84.365	Linearinterpolation Linearbewegung achsparallel	P11
N14 G03 X45.635 I–19.365 J–35	Kreisinterpolation im Gegenuhrzeigersinn Endpunkt Kreisbogen mit Radius R40 Kreismittelpunkt	P12
N15 G01 X0	Linearinterpolation Linearbewegung achsparallel	P13
N16 G40	Werkzeugradiuskorrektur AUS	P13
N17 G00 Z2	Eilgang Linearbewegung achsparallel	P14

%490306	Programmanfangszeichen und Programmnummer	Konturpunkt
N18 X59 Y30 }	Positionierung über Rechtecktasche	P15
N19 G01 Z–10	Linearinterpolation Zustellung auf Frästiefe 10 mm	P16
N20 G41 X76 Y26 }	Werkzeugradiuskorrektur links Position innerhalb Kreistasche	P17
N21 G03 X85 Y35 I0 J9 }	Einfahrweis im Uhrzeigersinn an Taschenkontur innen	P18
N22 G03 X80 Y40 I–5 J0 }	Kreisinterpolation im Gegenuhrzeigersinn Endpunkt Kreisbogen mit Radius R5 Kreismittelpunkt	P19
N23 G01 X60	Linearinterpolation Linearbewegung achsparallel	P20
N24 G03 X55 Y35 I0 J–5 }	Kreisinterpolation im Gegenuhrzeigersinn Endpunkt Kreisbogen mit Radius R5 Kreismittelpunkt	P21
N25 G01 Y25	Linearinterpolation Linearbewegung achsparallel	P22
N26 G03 X60 Y20 I5 J0 }	Kreisinterpolation im Gegenuhrzeigersinn Endpunkt Kreisbogen mit Radius R5 Kreismittelpunkt	P23
N27 G01 X80	Linearinterpolation Linearbewegung achsparallel	P24
N28 G03 X85 Y25 I0 J5 }	Kreisinterpolation im Gegenuhrzeigersinn Endpunkt Kreisbogen mit Radius R5 Kreismittelpunkt	P25
N29 G01 Y35	Linearinterpolation Linearbewegung achsparallel	P26
N30 G40 M05	Werkzeugradiuskorrektur AUS Spindeldrehung AUS	P27
N31 G00 Z200	Eilgang Werkzeugwechselposition in Z-Achse	P27

%490306	Programmanfangszeichen und Programmnummer	Konturpunkt
N32 X30 Y–25 T0202 M06	Werkzeugwechselposition Aufruf Werkzeug Nr. 02 und Werkzeugspeicher 02 Werkzeugwechsel ausführen	P28
N33 G59	Aufruf der gespeicherten Nullpunktverschiebung W2	
N34 G95 Z2 F.45 S20 M03	Vorschub in mm/U Sicherheitsabstand Vorschub 0.45 mm/U Schnittgeschwindigkeit 20 m/min Spindeldrehung im Uhrzeigersinn	
N35 G00 X7.07 Y7.07	Eilgang Positionierung über Bohrung 1	P29
N36 G01 Z–28	Linearinterpolation Linearbewegung auf Bohrtiefe	P30
N37 G00 Z2	Eilgang Linearbewegung auf Sicherheitsabstand	P31
N38 X–7.07	Positionierung über Bohrung 2	P32
N39 G01 Z–28	Linearinterpolation Linearbewegung auf Bohrtiefe	P33
N40 G00 Z2	Eilgang Linearbewegung auf Sicherheitsabstand	P34
N41 Y–7.07	Positionierung über Bohrung 3	P35
N42 G01 Z–28	Linearinterpolation Linearbewegung auf Bohrtiefe	P36
N43 G00 Z2	Eilgang Linearbewegung auf Sicherheitsabstand	P37
N44 X7.07	Positionierung über Bohrung 3	P38
N45 G01 Z–28	Linearinterpolation Linearbewegung auf Bohrtiefe	P39
N46 G00 Z200		P40
N47 X30 Y–25	Werkzeugwechselposition	P41
N48 M30	Programmende mit Rücksetzen der Steuerung in Anfangszustand	

4.8 Besondere Programmierfunktionen für das Bohren, Fräsen und Drehen

Komfortable CNC-Steuerungen bieten ergänzend zur DIN 66025 dem Programmierer Steuerungsfunktionen, die das Erstellen vieler Programme erheblich vereinfachen. Als besondere Programmierfunktionen oder -techniken sind Zyklen, Unterprogramme, Programmschleifen sowie Koordinatentransformationen, Spiegeln von Konturen oder Variablenprogrammierung zu nennen.

Bei der Behandlung von Beispielen geschieht dies steuerungsspezifisch. Dargestellte Wegbedingungen sind in der Regel nach Norm frei belegbar und damit abhängig vom Steuerungsfabrikat mit unterschiedlichen Funktionen belegt.

4.8.1 Zyklen

Bei den Zyklen handelt es sich um vorprogrammierte Funktionen, die jederzeit abrufbar in einer Steuerung abgespeichert sind.

Zyklen vereinfachen den Programmieraufwand für häufig vorkommende Fertigungsabläufe wie beispielsweise Nutenfräsen, Bohren oder achsparalleles Drehen, da meist nur wenige Bearbeitungswerte für komplexe Arbeitsgänge programmiert werden müssen.

Für die wichtigen Bearbeitungsverfahren Bohren, Fräsen und Drehen gibt es eine Vielzahl von Bearbeitungszyklen, von denen allerdings nur die Bohrzyklen genormt sind.

Allgemein werden die Zyklen über G-Wörter adressiert. Abweichend davon erfolgt bei einigen Steuerungsfabrikaten die Adressierung der Zyklen durch L-Wörter oder durch Klartexteingabe. Der Satzaufbau bei den dargestellten Bearbeitungszyklen ist ebenfalls steuerungsspezifisch unterschiedlich.

4.8.1.1 Bohrzyklen

In DIN 66025 sind insgesamt neun Bohrzyklen genormt. Mit den genormten Bohrzyklen stehen Funktionen für das Bohren, Tieflochbohren, Zentrieren, Senken, Reiben sowie Gewindeschneiden zur Verfügung, sofern diese in einer Steuerung gespeichert sind.

Tabelle 5 zeigt die Zuordnung der Funktionen zu den jeweiligen Bohrzyklen. Der Aufruf der Bohrzyklen erfolgt durch die Wegbedingungen G81 bis G89. Aufgehoben werden die Bohrzyklen G81 bis G89 durch die Wegbedingung G80.

Im Folgenden wird der Bohrzyklus G81 anhand der Steuerung Sinumerik 3M näher beschrieben. Die Maßangaben werden Parametern (R02, R03) zugewiesen (Bild 22).

■ **Beispiel:**
Programmsatz mit Bohrzyklus G81, Bohrachse ist die Z-Achse

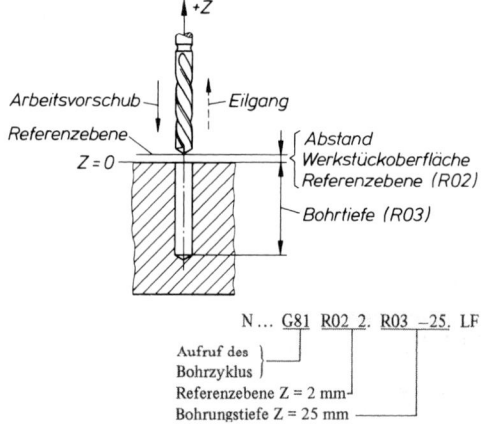

Bild 22. Bohrzyklus G81, Bohren/Zentrieren

Tabelle 5. Bohrzyklen und zugeordnete Funktionen

Arbeitszyklus		Arbeitsbewegung	auf Tiefe		Rückzugsbewegung	Anwendungsbeispiel
Nr.	Wegbedingung	ab Vorschub-Startpunkt	verweilen	Spindel	bis Vorschub-Start-punkt	
1		mit Arbeitsvorschub	–	–	mit Eilgang	Bohren, Zentrieren
2		mit Arbeitsvorschub	ja	–	mit Eilgang	Bohren, Plansenken
3		mit unterbrochenem Arbeitsvorschub	–	–	mit Eilgang	Tieflochbohren, Spänebrechen
4		Vorwärtsdrehung mit Arbeitsvorschub	–	umkehren	mit Arbeitsvorschub	Gewindebohren
5		mit Arbeitsvorschub	–	–	mit Arbeitsvorschub	Ausbohren 1, Reiben
6		Spindel ein, mit Arbeitsvorschub	–	Halt	mit Eilgang	Ausbohren 2
7		Spindel ein, mit Arbeitsvorschub	–	Halt	mit Handbedienung	Ausbohren 3
8		Spindel ein, mit Arbeitsvorschub	ja	Halt	mit Handbedienung	Ausbohren 4
9		mit Arbeitsvorschub	ja	–	mit Arbeitsvorschub	Ausbohren 5

4.8.1.2 Fräszyklen

Sofern eine Steuerung Fräszyklen anbietet, sind diese nicht genormten Zyklen für Standardbearbeitungen wie
- Lochkreise
- Nuten
- Rechtecktaschen
- oder Kreistaschen vorbereitet.

Die Fräszyklen werden meist über G-Wörter adressiert, die nach Norm ständig frei verfügbar sind oder die vom Steuerungshersteller nicht mit genormten Funktionen belegt wurden (Tabelle 2). In Abhängigkeit vom Steuerungsfabrikat werden gleiche Fräszyklen mit unterschiedlichen Adresswerten programmiert.

Nachfolgend wird ein Fräszyklus zum Ausräumen von Rechecktaschen durch Schruppen im Gegenlauf anhand der Deckel Dialogsteuerung 2 beschrieben.

Der Fräszyklus wird durch G71 aufgerufen. Maßangaben werden bei der Steuerung in Mikrometer, Vorschübe in mm/min und Drehzahlen in 1/min programmiert (Bild 23).

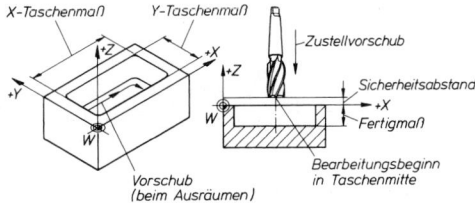

Bild 23. Rechtecktaschen – Fräszyklus G71

■ **Beispiel:**
Programmsatz mit Fräszyklus

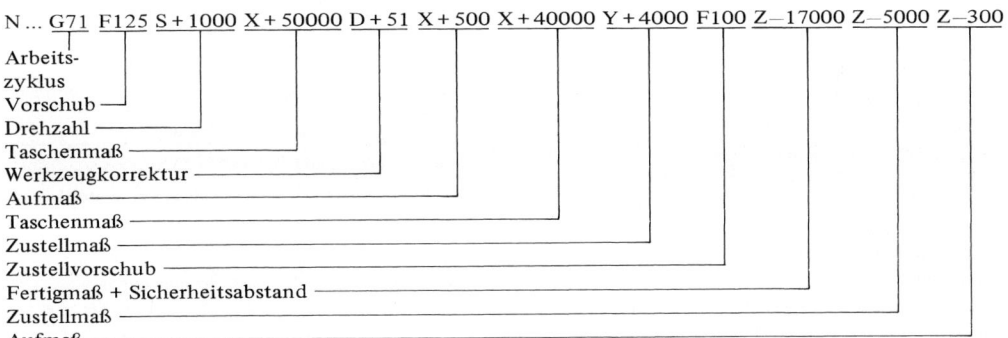

4.8.1.3 Drehzyklen

Sofern eine Steuerung Drehzyklen anbietet, sind diese nicht genormten Zyklen für häufig vorkommende Bearbeitungen wie
- Längs- oder Planschruppen
- Abspanen längs einer beliebigen Kontur
- Gewindedrehen
- Drehen radialer oder axialer Einstiche
- Drehen von Freistichen gemäß Norm
- Drehen von Fasen
- sowie automatisches Ausmessen von Werkzeugen vorbereitet.

Die Drehzyklen werden meist durch G-Wörter adressiert. Wie die Fräszyklen werden auch die Drehzyklen steuerungsspezifisch mit unterschiedlichen Adresswerten programmiert. Nachfolgend wird ein Drehzyklus zum Längsdrehen mit anschließendem Konturschnitt anhand der Gildemeister EPL-Steuerung näher beschrieben.
Der Drehzyklus wird durch G81 und G37 aufgerufen. Es handelt sich dabei um zwei in einem Satz geschriebene Arbeitszyklen.

Der Drehzyklus G81 ist ein Schruppzyklus, der den programmierten Konturzug mit vorgegebener Zustellung achsparallel zerspant. An Konturübergängen wie Radien oder Schrägen bleiben durch die schrittweise Zustellung Stufen stehen. Diese Stufen werden mit dem Drehzyklus G37 abschließend in einem Schnitt entlang der programmierten Kontur abgespant (Bild 24).
Maßangaben werden bei der Steuerung in Millimeter angegeben.

■ **Beispiel:**
Programmsatz mit Drehzyklen G81 und G37

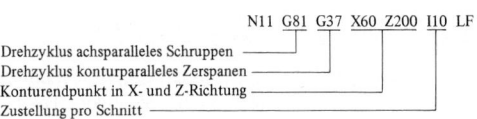

Zur vollständigen Beschreibung des Arbeitszyklus gehört der nachfolgende Programmausschnitt.

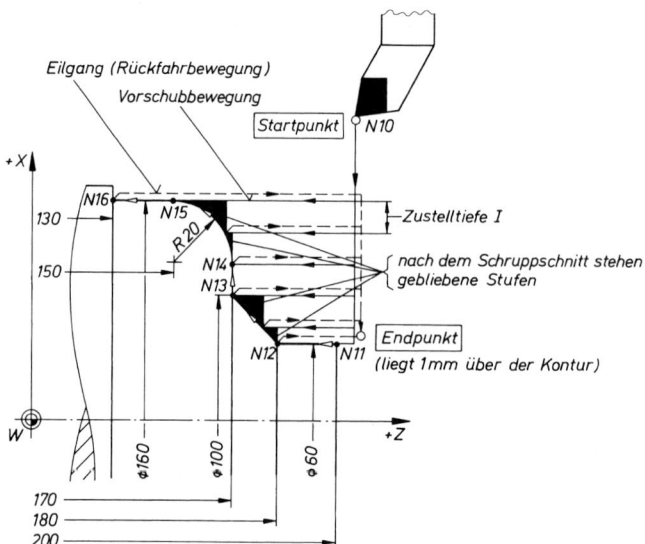

Bild 24.
Arbeitszyklus Längsdrehen G81 mit
konturparallelem Schnitt G37

N ...					vorangehende Programmsätze
N9 ...					Angaben zu Werkzeug und Technologie
N10 G 00	X200	Z205		LF	Startpunkt im Eilgang anfahren
N11 G81 G37	X 60	Z200	I10	LF	Arbeitszyklus aufrufen mit Angabe des Konturend- punktes
N12 G01	Z180			LF	Konturbeschreibung der zu spanenden Kontur
N13 G01	X100	Z170		LF	
N14 G01	X120			LF	
N15 G03	X160	Z150	I 0 K–20	LF	
N16 G01	Z130			LF	
N17 G80				LF	Ende Abspanzyklus G81/G37
N18 ...					weitere Programmsätze

4.8.2 Unterprogrammtechnik

Unterprogramme sind Programmteile, die nur einmal
programmiert werden und im Hauptprogramm mehrfach aufgerufen werden können. Zweckmäßig ist dies
immer dann, wenn auf einem Werkstück beispielsweise mehrfach wiederkehrende, gleiche Konturab-
schnitte zerspant werden müssen. Dadurch wird die
Programmlänge erheblich verkürzt.

4.8.2.1 Aufbau eines Unterprogramms

Der formale Aufbau eines Unterprogramms unterscheidet sich in der Regel nicht von einem Hauptprogramm. Das Unterprogramm beginnt mit dem
Programmanfangszeichen und einer Programmnummer, das Programmende wird im letzten Unterpro-
grammsatz durch M02 gekennzeichnet. Die Unter-
programmsätze werden mit Satznummern nummeriert.

4.8.2.2 Aufruf eines Unterprogramms

Aufgerufen wird ein Unterprogramm vom Hauptprogramm aus durch eine Adresse und die dahinter angegebene Programmnummer. Nach DIN 66 025 sollte
zur Adressierung von Unterprogrammen die Adresse
L benutzt werden. In Abweichung von der Norm
werden beispielsweise auch die Adressen A, M, U
oder Q benutzt.

Von Unterprogrammen aus können je nach Steuerungsfabrikat weitere Unterprogramme aufgerufen
werden. Die Anzahl der ineinander schachtelbaren
Unterprogramme ist ebenfalls steuerungsabhängig.
Bild 25 zeigt schematisch den Programmlauf durch
ein Hauptprogramm mit geschachtelten Unterprogrammen. Der Rücksprung vom Unterprogramm
zum Hauptprogramm oder von Unterprogramm zu
Unterprogramm erfolgt immer in dem Satz, der dem
Unterprogramm-Aufrufsatz nachfolgt.

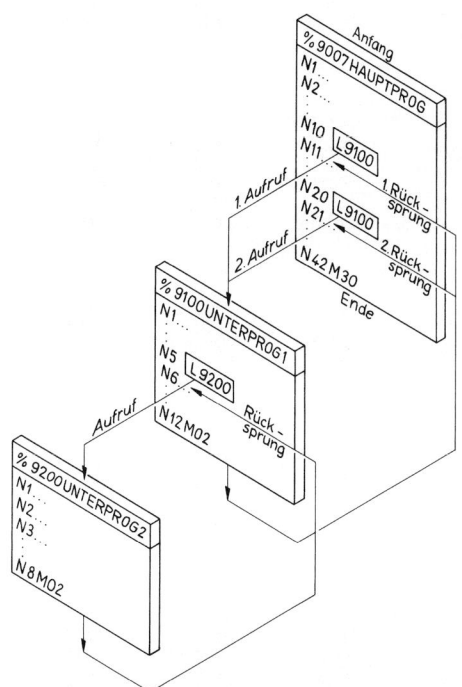

Bild 25. Unterprogrammtechnik

4.8.3 Programmteilwiederholungen (Programmschleifen)

Programmteilwiederholungen oder Programmschleifen sind Programmteile, die bereits abgearbeitet wurden und von nachfolgenden Programmsätzen aus nochmals aufgerufen und abgearbeitet werden.

Im Prinzip stellen die in einer Programmteilwiederholung durchlaufenen Sätze ein Unterprogramm dar, das in das Hauptprogramm eingebettet ist.

Vorteil: Verkürzung der Programmlänge

4.8.3.1 Aufruf einer Programmteilwiederholung

Eine Programmteilwiederholung wird durch einen Programmsatz aufgerufen. Im aufrufenden Satz steht die Satznummer des Programmteil-Anfangs (N...) und des Programmteil-Endes (N...) oder auch nur die Satznummer eines Einzelsatzes.

Je nach Steuerungsfabrikat kann zusätzlich die Anzahl (L ...) der Programmteilwiederholungen programmiert werden, sodass die Programmschleife mehrfach durchlaufen wird.

Nach Abarbeitung des wiederholten Programmteiles wird das Programm in dem die Programmteilwiederholung aufrufenden Satz fortgesetzt.

Bild 26 zeigt schematisch den Ablauf eines Programms mit einer Programmteilwiederholung. Weiterhin kann je nach Steuerungsfabrikat die Möglichkeit bestehen, innerhalb einer Programmteilwiederho-

lung eine andere Programmteilwiederholung aufzurufen, was einer Schachtelung von Programmteilwiederholungen entspricht.

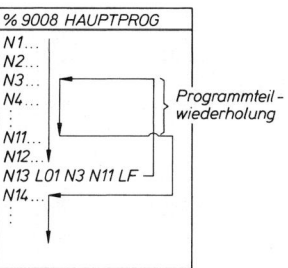

L01:   Aufruf (L) und Zahl (01) der Programmteilwiederholungen
N3 N11: erster (N3) und letzter Satz (N11) des wiederholten Programmteils

Bild 26. Programmteilwiederholung (Programmschleife)

4.8.4 Änderungen der Werkstückabmessungen und Lageänderungen von Konturen

Zusätzlicher Programmkomfort wird bei einer Reihe von Dreh- oder Fräsmaschinen-Steuerungen dadurch geboten, dass Änderungen der Werkstückabmessungen oder verschiedene Lagen mehrerer identischer Konturzüge auf einem Werkstück durch einfache Funktionen programmiert werden können. Neben den in DIN 66 025 vorgesehenen programmierbaren Nullpunktverschiebungen (G54 bis G59) sind dies nicht genormte Funktionen beispielsweise zur Programmierung

– der Drehung des Koordinatensystems
– des Spiegelns an einer oder zwei Hauptachsen oder
– von Adresswerten über Variablen (Variablenprogrammierung).

Mit der Steigerung des Programmierkomforts geht meistens eine erhebliche Verringerung des Programmieraufwandes einher, da wiederkehrende Konturen oder Bohrbilder bei gleichzeitiger Anwendung der Unterprogrammtechnik oder Programmteilwiederholung nur einmal beschrieben zu werden brauchen.

4.8.4.1 Variablenprogrammierung

Werden in einem Fertigungsbetrieb häufig Teile mit geometrisch ähnlicher Kontur oder im Rahmen von Teilefamilien durch Dreh- oder Fräsbearbeitung gefertigt, so ist dafür die Variablenprogrammierung die geeignete Funktion. Variablenprogrammierung bedeutet, dass den Adressen anstelle fester Zahlenwerte in einem Teileprogramm Variablen zugeordnet werden. Belegt wird eine Variable mit einem Zahlenwert entweder in einem vom Teileprogramm getrennten (Unter-) Programm oder durch Handeingabe an der Steuerungstastatur.

Hieraus folgt, dass Teileprogramme mit Variablen erst dann lauffähig sind, wenn den Variablen *zuvor* Zahlenwerte zugewiesen wurden.

Variablenkennzeichnung

Die Variablen werden bei einer Reihe von Dreh- und Fräsmaschinensteuerungen mit dem Buchstaben R und mit einer Nummer von eins bis neunundneunzig bezeichnet.

Damit stehen 99 Variablen zur Benutzung frei. Mit Ausnahme der Adresse N können allen übrigen Adressen Variablen zugeordnet werden.

```
  %500814 LF
 ⎧ R1 = 250 LF
 ⎪ R2 = 145 LF
 ⎨ R3 =  30 LF
 ⎩ R4 = 200 LF
   N1   M30 LF

   Hauptprogramm
   %510412
   N1 G00   G92   X315   Z65   I0.8   K0.8           T1       LF
   N2 L500814                                                 LF
   N3 G01        XR1   ZR2              FR3   SR4   M03 M41 LF
   ⋮
   N10                                              M30  LF
```

Das Hauptprogramm ruft in Satz N2 durch L500814 das Unterprogramm für die Zahlenwertzuweisung auf. Damit erlangen die Variablenwerte R1 bis R4 Gültigkeit für das Hauptprogramm.

Bild 27 zeigt, wie drei unterschiedliche Werkstücke einer Teilefamilie durch Anwendung der Variablenprogrammierung mit einem Hauptprogramm gefertigt werden können. Das Drehteil wird durch Variablen bemaßt. In einer Tabelle ist die Zuordnung der unterschiedlichen Werkstückmaße der drei Werkstückvarianten zu den Variablen R1 bis R19 angegeben. Anhand der Variablentabelle werden dann nacheinander drei Unterprogramme beispielsweise durch Handeingabe an der Steuerungskonsole erstellt.

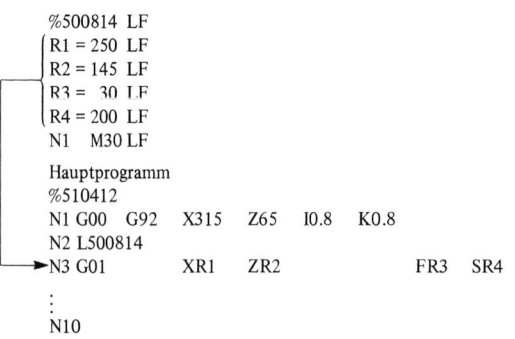

Bild 27. Praxisbeispiel Variablenprogrammierung „Drehteile-Familie" (Gildemeister EPL-Steuerung)

■ **Beispiel:**

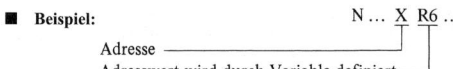

N ... X R6 ...

Adresse ⎯⎯⎯⎯⎯⎯⎯⎯⎯⎯⎯⎯⎯⎯⎯⎯
Adresswert wird durch Variable definiert ⎯⎯

Zahlenwertzuweisung zu den Variablen

Die Zahlenwertzuweisung zu den Variablen sowie die Variablen selbst werden in getrennten Programmen programmiert.

Meistens stehen die Variablen im Hauptprogramm und die Zahlenwertzuweisung zu den Variablen erfolgt dann in einem gesonderten Unterprogramm.

■ **Beispiel:**
  Zahlenwertzuweisung zu den Variablen in einem Unterprogramm

Zeichnung des Werkstücks mit allgemeingültiger Vermaßung mit Variablen

Variable	Werkstück 1	Werkstück 2	Werkstück 3	Bemerkung
R1	⌀ 200	⌀ 290		
R2	⌀ 145	⌀ 200		
R3	⌀ 120	⌀ 150		
R4	⌀ 90		⌀ 110	
R5	⌀ 60		⌀ 95	
R6	⌀ 30		⌀ 23	
R7	⌀ 20			
R8	⌀ 190	⌀ 270		
R9	20	35		
R97	25	10		
R98	⌀ 120			
R99	105			
R10	80			
R11	90			
R12	150			
R13	220	190		
R14	100		180	
R15	190	150	200	
R16	225			
R17	45°	75°	15°	Gradzahl
R18	2			Steigung Außengew.
R19	15			Steigung Innengew.

Tabelle mit den vom Bediener einzugebenden Variablen

1. Normen

DIN 406, Teil 4: *Maßeintragung in Zeichnungen, Bemaßung für die maschinelle Programmierun.*, 1980

DIN 406, Teil 10: *Maßeintragung, Begriffe, allgemeine Grundlagen.* 1992

DIN 406, Teil 11: *Maßeintragung, Grundlagen der Anwendung, Koordinatenbemaßung, Rohmaße.*1992

DIN 55003, Teil 3: *Bildzeichen, Numerisch gesteuerte Werkzeugmaschinen.* 1981

DIN 66025, Teil 1: *Programmaufbau für numerisch gesteuerte Arbeitsmaschinen, Allgemeines.* 1983

DIN 66215, Blatt 1: *Programmierung numerisch gesteuerter Arbeitsmaschinen, CLDATA, Allgemeiner Aufbau und Satztypen.* 1974

DIN 66215, Teil 2: *Programmierung numerisch gesteuerter Arbeitsmaschinen, CLDATA, Nebenteile des Satztyps 2000.* 1982

DIN 66217: *Koordinatenachsen und Bewegungsrichtungen für numerisch gesteuerte Arbeitsmaschinen.* 1975

DIN 66246, Teil 1: *Programmierung numerisch gesteuerter Arbeitsmaschinen, Processor-Eingabesprache, Grundlagen und mögliche Geometriedefinitions- und Ausführungsanweisungen.* 1983

DIN 66257: *Numerisch gesteuerte Arbeitsmaschinen, Begriffe.* 1983

Q Steuerungstechnik

Werner Thrun

1 Steuerungstechnische Grundlagen

Steuerungen werden in der Fertigungs-, Montage- und Transporttechnik eingesetzt, wenn der aufgabengemäß zu beeinflussende Teil der Anlage stabil ist und nur erfassbare Störgrößen auftreten. Allgemeine Grundbegriffe zur Planung, für den Aufbau, die Prüfung und den Betrieb von technischen Steuerungen sind genormt [1].

Bei der Projektierung von Steuerungsaufgaben lässt sich nicht immer von vornherein sagen, ob ein pneumatisches, hydraulisches oder elektrisches / elektronisches System am besten zur Lösung des Steuerungsproblems geeignet ist. In dem Bestreben, den Bauaufwand, die Betriebssicherheit und die technische Vollkommenheit für die jeweilige Aufgabe zu optimieren, müssen häufig zwei oder mehr Steuerungs- und Antriebsmedien miteinander verknüpft werden. Neben den technischen sind häufig auch ökonomische und ökologische Gesichtspunkte zu beachten.

1.1 Grundbegriffe der Steuerungstechnik

In der DIN 19226 (T1 und T4) wird Steuerung wie folgt definiert:

„Das **Steuern**, die Steuerung, ist der Vorgang in einem System, bei dem eine oder mehrere Größen als Eingangsgrößen andere Größen als Ausgangsgrößen auf Grund der dem System eigentümlichen Gesetzmäßigkeit beeinflussen. Kennzeichen für das Steuern ist der offene Wirkungsweg oder ein geschlossener Wirkungsweg, bei dem die durch die Eingangsgrößen beeinflussten Ausgangsgrößen nicht fortlaufend und nicht wieder über dieselben Eingangsgrößen auf sich selbst wirken."

Folgendes Beispiel einer Verknüpfungssteuerung dient der Einführung in die Begrifflichkeit der Steuerungstechnik:

Ein Werkzeug zum Biegen von Werkstücken wird durch einen einfach wirkenden Zylinder bewegt. Der Biegevorgang darf nur stattfinden, wenn der Werkstoffstreifen zugeführt ist, das Schutzgitter geschlossen ist und beide Handtaster betätigt werden.

Die Signalgeber zur Erzeugung der Eingangsgrößen für das System sind:

- ein durch Taststift betätigtes Ventil zur Erkennung des Werkstücks (1S3),

- ein rollenbetätigtes Ventil zur Erkennung des geschlossenen Schutzgitters (1S4),
- zwei handbetätigte Ventile zur Erzeugung des Startsignals (1S1 und 1S2).

Ausgangsgröße des Systems ist der Wirkweg des Biegewerkzeugs.

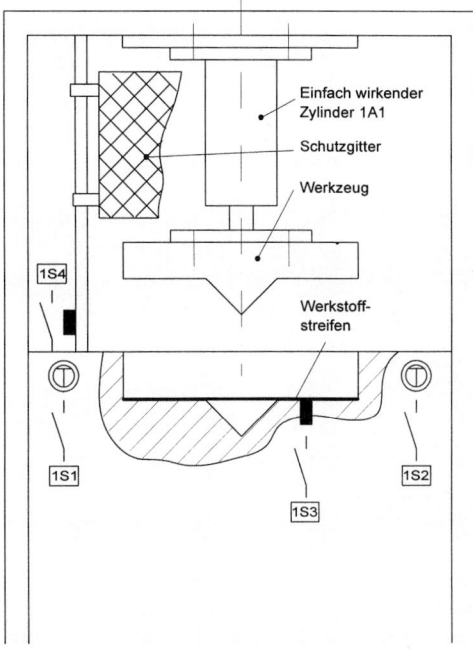

Bild 1. Technologieschema eines Biegewerkzeugs

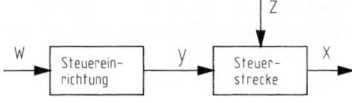

Bild 2. Wirkungsplan der Steuerung

Die **Signalgeber** erzeugen die Eingangsgrößen; sie bilden also die **Führungsgröße** w der Steuerung, die der Steuerkette von außen zugeführt wird und der die Ausgangsgröße der Steuerung in vorgegebener Abhängigkeit folgen soll. Die Eingangsgrößen wirken auf die Steuereinrichtung.

---

[1] Wichtige Normen sind: DIN 19226; DIN EN 60848; T9; DIN ISO 1219 - 1,2; IEC 61131-3;

Die **Steuereinrichtung** ist derjenige Teil des Wirkungswegs, der die aufgabengemäße Beeinflussung der Strecke über das Stellglied bewirkt, d.h. die Steuereinrichtung beinhaltet die dem System eigentümliche Gesetzmäßigkeit. Diese Gesetzmäßigkeit kann z.B. durch ein Steuerprogramm oder eine entsprechende Schaltung erzeugt werden. Erfüllen die Eingangsgrößen jene von der Schaltung oder dem Steuerprogramm abgefragten Bedingungen, so gibt die Steuereinrichtung als Ausgangsgröße die **Stellgröße** y an das Stellglied.

Das **Stellglied** überträgt die steuernde Wirkung auf die Strecke. Das Stellglied ist eine am Eingang der Steuerstrecke angeordnete Funktionseinheit, die in den Energiefluss eingreift.
Die **Steuerstrecke** ist der Teil des Systems, der aufgabengemäß zu beeinflussen ist. Die zu beeinflussende Größe (Steuergröße x im Wirkungsplan) der Steuerstrecke soll der Führungsgröße w folgen. Diese zu steuernde Größe ist der Weg des Werkzeugs.

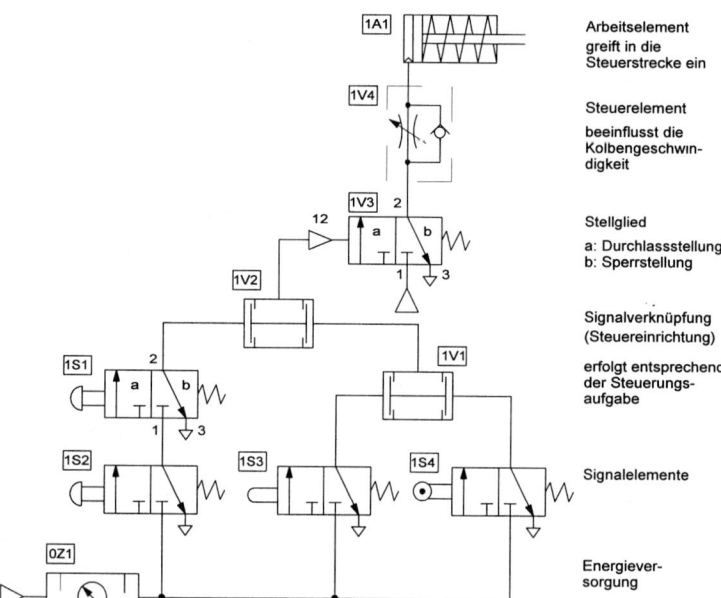

Bild 3.
Aufbau der Steuerkette
(Biegewerkzeug)

Technisch kann die Steuerkette entsprechend Bild 3 realisiert werden. Die Steuerstrecke wird aufgabengemäß beeinflusst, wenn die Stellgröße y über den Steuereingang 12 das Stellglied 1V3 in die Schaltstellung a schaltet. Der Energiefluss (Druckluft) zum Arbeitselement (Zylinder 1A1) wird frei gegeben Der Kolben des Zylinders verrichtet im physikalischen Sinn die Arbeit $W = F \cdot s$ längs eines Weges. Der Wirkweg s entspricht der zu beeinflussenden Größe x.
Kennzeichen der Steuerung ist ein offener Wirkungsweg, d.h. es findet keine Rückwirkung der zu steuernden Größe auf die Führungsgröße statt. Gleichwohl kann die Steuerstrecke durch von außen wirkende Größen beeinflusst werden. Diese Größen werden in der Steuerungstechnik als **Störgrößen** (z) bezeichnet.
Störgrößen werden vielfach durch die Belastung der Strecke oder durch Druckabfall im System bewirkt. Ist die Störgröße erfassbar, so kann sie der Steuereinrichtung als Eingangsgröße zugeführt werden. Man nennt dies eine **Störgrößenaufschaltung.**

Sind die Störgrößen nicht direkt erfassbar, dann ist zur Lösung der Aufgabenstellung eine Regelung erforderlich.

Wird die Steuerung durch ein Schaltwerk, z.B. eine Ablaufsteuerung, realisiert, so enthält sie eine **Speicherfunktion**. Die Strecke wird dann durch die Setzbedingung für den Speicher so lange beeinflusst, bis der Speicher durch die Rücksetzbedingung, dies kann das Signal eines Grenzsignalgliedes sein, rückgesetzt wird.

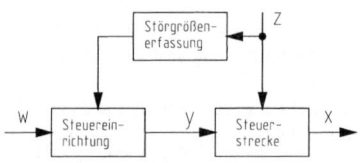

Bild 4. Wirkungsplan einer Steuerung mit Störgrößenaufschaltung

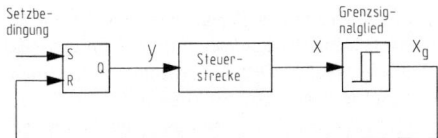

Bild 5. Wirkungsplan einer Steuerung mit Rücksetzkreis

Obwohl hier eine Steuerung mit geschlossenem Wirkungsweg vorliegt, handelt es sich nicht um eine Regelung. Die Ausgangsgröße wird nicht fortlaufend erfasst und wirkt nicht über dieselben Eingangsgrößen auf sich selbst zurück.

1.2 Unterscheidungsmerkmale für Steuerungen

Informationsdarstellung

Die **Eingangsgrößen** der Steuerung sind Signale, die bestimmte Informationen aus dem Prozess oder aus dem Betriebsartenteil geben. Nach der Art der Signaldarstellung kann zwischen analogen, digitalen und binären Steuerungen unterschieden werden.
Ein **analoges Signal** ist im Idealfall ein stetes Abbild der zu verarbeitenden Größe. Die meisten physikalischen Größen ändern sich stetig und werden deshalb analog dargestellt. Die Verarbeitung analoger Signale kann mit stetig wirkenden Funktionsgliedern (z. B. analoge Sensoren, Proportionalventile) erfolgen. Häufig werden die analogen Signale mittels Analog-Digital-Umsetzer in abzählbare Einheiten zerlegt und binär codiert der digital arbeitenden Steuereinrichtung zugeführt.
Digitale Steuerungen arbeiten vorwiegend mit zahlenmäßig dargestellten Informationen. Der Wertebereich eines solchen Signals ist ein Vielfaches der kleinsten Einheit des Informationsparameters (Weg, Spannung). Die Signalverarbeitung erfolgt vorwiegend mit Funktionseinheiten wie Zähler, Register, Speicher und Rechenwerk.
Es gibt aber auch Signale, die nur zwei Werte oder Zustände annehmen können. Solche **binären Signale** werden z. B. von einem Schalter (Ein/Aus) oder von einem Relais (Kontakt geschlossen/geöffnet) abgegeben. Die Steuerung verarbeitet die binären (zweiwertigen) Eingangssignale mit Verknüpfungs-, Speicher- und Zeitgliedern zu binären Ausgangssignalen.

Signalverarbeitung

Bei den digitalen und binären Steuerungen unterscheidet man nach der Art der Signalverarbeitung synchrone und asynchrone Steuerungen sowie Verknüpfungssteuerungen (DIN 19226, T5).
Bei **synchronen Steuerungen** erfolgt die Signalverarbeitung synchron zu einem Taktsignal. **Asynchrone Steuerungen** arbeiten taktunabhängig. Eine Signaländerung erfolgt nur in Abhängigkeit von der Änderung der Eingangssignale.

Eine **Verknüpfungssteuerung** ordnet den Zuständen der Eingangssignale durch eine Verknüpfungsfunktion bestimmte Zustände der Ausgangssignale zu. Eine Verknüpfungsfunktion ist eine Schaltfunktion für binäre Schaltgrößen. Sie kann durch die Boolesche Algebra beschrieben werden.
Auch Steuerungen mit Speicher- und Zeitfunktionen ohne zwangsläufig schrittweisen Ablauf werden Verknüpfungssteuerungen genannt.

Steuerungsablauf

Ablaufsteuerungen sind Steuerungen mit zwangsläufig schrittweisem Ablauf. Das Weiterschalten von einem Schritt zum programmgemäß folgenden Schritt erfolgt in Abhängigkeit von Transitionsbedingungen. Transitionsbedingungen sind die Voraussetzungen für den programmgemäß folgenden Schritt. Die Schrittfolge kann jedoch auch mit Sprüngen, Schleifen und Verzweigungen programmiert werden.
Bei **prozessabhängigen** Ablaufsteuerungen sind die Transitionsbedingungen vorwiegend von Signalen aus der gesteuerten Anlage abhängig. Bei **zeitgeführten** Ablaufsteuerungen sind die Transitionsbedingungen nur von der Zeit abhängig.

Programmverwirklichung

Hinsichtlich der Programmverwirklichung unterscheidet man zwischen verbindungs- und speicherprogrammierten Steuerungen. Als **Programm** einer Steuerung gilt grundsätzlich die Gesamtheit aller Steuerungsanweisungen und Vereinbarungen für die Signalverarbeitung einer Steuerung, durch die die Ausgangsgröße aufgabengemäß beeinflusst wird (DIN 19226, T5).
Bei **verbindungsprogrammierten Steuerungen** bestimmen die Funktionseinheiten und deren Verbindung (Verdrahtung/Verschlauchung) den Programmablauf.
Speicherprogrammierbare Steuerungen enthalten einen Programmspeicher, in dem das Steuerprogramm gespeichert wird. Der **Speicher** ist eine Funktionseinheit, die Programme und andere Daten in digitaler Darstellung aufnimmt und abrufbar bereit hält. Die Art des Speichers bestimmt Umfang und Art der Änderungsmöglichkeiten für das Steuerprogramm.
Eine speicherprogrammierbare Steuerung, die einen Nur-Lese-Speicher als Programmspeicher enthält, der nur durch Eingriff in die Steuereinrichtung ausgetauscht werden kann, wird als **austauschprogrammierbare** Steuerung bezeichnet.
Eine speicherprogrammierbare Steuerung, die einen Schreib-Lese-Speicher als Programmspeicher enthält, welcher beliebig verändert werden kann, wird als **freiprogrammierbar** bezeichnet.

1.3 Grafische Darstellung von Steuerungsabläufen

Schaltpläne

Ein **Schaltplan** ist die zeichnerische Darstellung von Betriebsmitteln durch Schaltzeichen. Er zeigt die Art, in der verschiedene Betriebsmittel zueinander in Beziehung stehen und miteinander verbunden sind. Schaltpläne können ergänzt werden durch andere Schaltungsunterlagen, wie Diagramme, Tabellen und Beschreibungen.

Ein **Diagramm** ist die grafische Darstellung von Beziehungen zwischen verschiedenen Vorgängen und Vorgängen und ihrer Zeitabhängigkeit, Vorgängen und physikalischen Größen und Zuständen mehrerer Betriebsmittel. Diagramme sollen Wesentliches herausstellen und dadurch Vorgänge leicht fasslich und einprägsam darstellen.

Eine **Tabelle** ist eine systematisch angeordnete Übersicht, die ohne erläuternden Text verständlich sein soll.

a) Schaltpläne für fluidische Steuerungen

In fluidtechnischen Systemen wird Energie durch flüssige oder gasförmige Medien, die unter Druck stehen, innerhalb eines Schaltkreises übertragen, gesteuert oder geregelt. Die Schaltpläne erleichtern das Verständnis für die fluidtechnische Anlage und vermeiden Unklarheiten und Missverständnisse bei der Planung, Herstellung und Instandhaltung der Anlage. Die Schaltzeichen nach DIN ISO 1219 für pneumatische und hydraulische Betriebsmittel sind funktionell zu deuten. Die Symbole sind weder maßstäblich noch für irgendeine bestimmte Lage festgelegt. Sie sollen jedoch der Vorgabe der Norm entsprechen.

Der Aufbau der Schaltpläne ermöglicht es, allen Bewegungs- und Steuerungsschaltkreisen während der verschiedenen Schritte des Arbeitsablaufs zu folgen. Die räumliche Darstellung der Anlage muss nicht berücksichtigt werden.

In den Schaltplänen geben die Symbole normalerweise Geräte im unbetätigten Zustand an. Jeder andere Zustand kann jedoch dargestellt werden, wenn er klar bestimmt ist. Die folgenden pneumatischen und hydraulischen Schaltpläne werden in ihrer Ausgangslage gezeichnet. Dabei ist die Energie zugeschaltet und die Bauglieder nehmen festgelegte Zustände ein. Besteht die Steuerung aus mehreren Schaltkreisen oder Steuerketten, wird sie in nebeneinander liegende Schaltkreise unterteilt, entsprechend der Reihenfolge des Funktionsablaufs. Gleichartige Bauglieder sollen innerhalb eines Schaltkreises in gleicher Lage dargestellt werden. Bauelemente, die durch Antriebe betätigt werden, z.B. Grenztaster oder Ventile, werden an der Betätigungsstelle durch einen Markierungsstrich mit ihrer Kennzeichnung dargestellt. Die Bauglieder der Steuerkette werden ausgehend von der Energieversorgung in Richtung des Energieflusses angeordnet und gekennzeichnet.

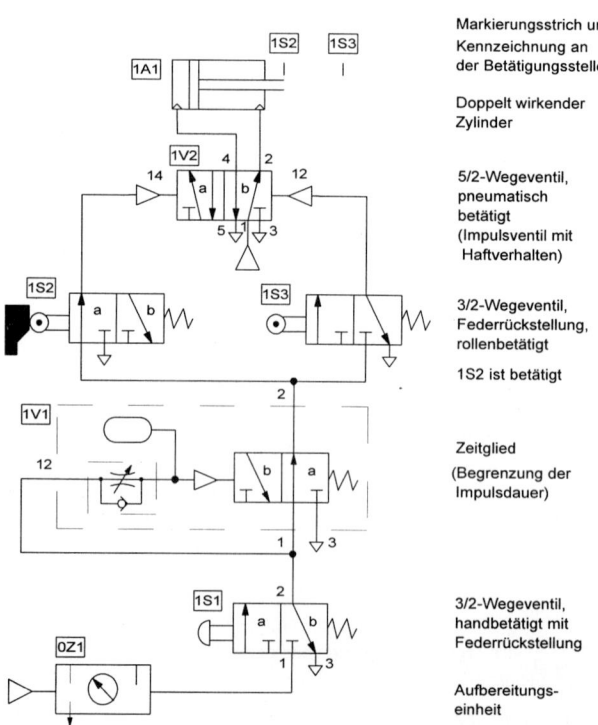

Markierungsstrich und Kennzeichnung an der Betätigungsstelle

Doppelt wirkender Zylinder

5/2-Wegeventil, pneumatisch betätigt (Impulsventil mit Haftverhalten)

3/2-Wegeventil, Federrückstellung, rollenbetätigt

1S2 ist betätigt

Zeitglied

(Begrenzung der Impulsdauer)

3/2-Wegeventil, handbetätigt mit Federrückstellung

Aufbereitungseinheit

Bild 6.
Aufbau fluidischer Schaltpläne

Die **Kennzeichnung der Bauteile** ist wie folgt aufgebaut:

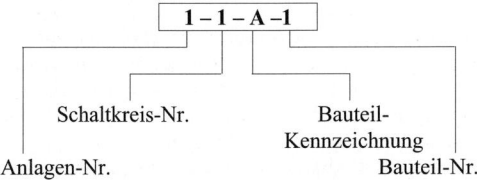

Die Anlagen-Nr. wird nur dann angegeben, wenn der Schaltplan aus mehreren Anlagen besteht. Jeder Schaltkreis oder Steuerkette erhält eine Nummer. Bauelemente, die für mehrere Schaltkreise eine Funktion erfüllen, z.B. Versorgungsglieder und Hauptschalter, werden vorzugsweise mit der Nr. 0 bezeichnet. Im vorliegenden Schaltplan ist dies die Aufbereitungseinheit 0Z1.

Für die Bauteilkennzeichnung gelten folgende Buchstaben:

- P: Pumpen und Kompressoren
- A: Antriebe
- M: Antriebsmotore
- S: Signalgeber
- V: Ventile
- Z: Jedes andere Bauteil

Alle Bauteile innerhalb einer Steuerkette erhalten eine fortlaufende Bauteil-Nummerierung, beginnend mit der Ziffer 1.

b) Schaltpläne für elektrische Steuerungen

Elektrische Schaltpläne werden als Übersichtsschaltpläne, Installationspläne und Stromlaufpläne ausgeführt; sie zeigen die Arbeitsweise und die Verbindungen von elektrischen Einrichtungen. In der Steuerungstechnik werden überwiegend **Stromlaufpläne** verwendet. Sie geben insbesondere Einsicht in die Arbeitsweise der Steuerkette.

Jedes elektrische Betriebsmittel wird in einem senkrecht gezeichneten Stromweg dargestellt. Die Stromwege werden von links nach rechts durchnummeriert. Sie werden vorzugsweise so angeordnet, dass die Wirkungsweise bzw. die Signalflussrichtung berücksichtigt wird. Die räumliche Lage der Betriebsmittel und der mechanische Zusammenhang wird nicht berücksichtigt; dies ist den Kennzeichnungen zu entnehmen. Die Stromversorgung kann gekennzeichnet werden durch $+, -/L_1, L_2$ und andere Zeichen.

Der Steuerstromkreis enthält die Bauelemente für die Signaleingabe und -verarbeitung, der Hauptstromkreis enthält die für die Betätigung der Arbeitselemente erforderlichen Stellglieder.

Der Zweck dieser Anordnung ist:

- Leichtes Lesen des Schaltplans
- Erkennen der Wirkungsweise eines Betriebsmittels oder einer Teilanlage
- Erleichterung der Prüfung, Wartung und Fehlersuche

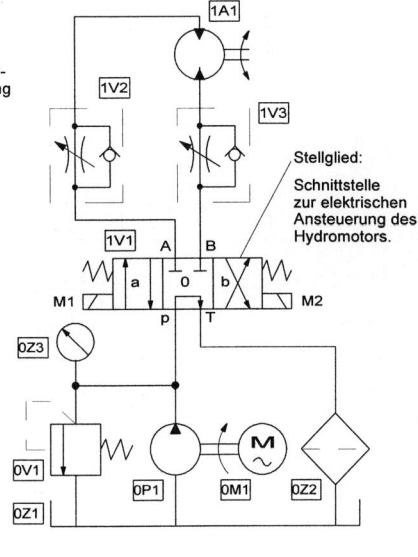

Bild 7. Elektrohydraulischer Schaltplan

Die Kennzeichnungen für die Art der Betriebsmittel sind den einschlägigen Normen zu entnehmen. Einige häufig verkommende Kennbuchstaben sind in der Tabelle 1 zusammengestellt. Neben den Kennbuchstaben erhalten die elektrischen Betriebsmittel noch eine fortlaufende Zählnummer. Die Kennzeichnung des Betriebsmittels kann noch ergänzt werden durch einen Kennbuchstaben für die Funktion des jeweiligen Betriebsmittels; der Taster S1 im Stromlaufplan in Bild 7 könnte noch durch den Buchstaben H = Halt ergänzt werden, also S1H. Einzutragen sind auch die Kontaktbezeichnungen und die Spulenanschlüsse.

Aufgelöst dargestellte Betriebsmittel, z.B. das Relais K1, werden an der Relaisspule und an den Nebenkontakten mit der gleichen Kennziffer bezeichnet. Zum besseren Verständnis des Stromlaufplans dienen die Schaltgliedertabellen unterhalb der Relaisspulen in den Stromwegen 1 und 3. Im obigen Schaltplan dient der 1. Nebenkontakt im 2. Stromweg zur Selbsthaltung des Schützes, der 3. Nebenkontakt im 3. Stromweg zur Verriegelung des Schützes K2 für die entgegengesetzte Drehrichtung.

Tabelle 1. Kennzeichnung von Betriebsmitteln

Kennbuchstabe	Art des Betriebsmittels	Beispiel
B	Umsetzer	Sensor
C	Kapazität	Kondensator
F	Schutzeinrichtung	Überstromauslöser
P	Meldeeinrichtung	Signalleuchte, Hupe
K	Schütz, Relais	Zeitrelais
M	Motor, Elektromech. Einrichtung	Drehstrommotor, Spule am Magnetventil
S	Schalter	Taster

Alle Betriebsmittel werden in der Steuerungs- und Regelungstechnik im spannungs- oder stromlosen Zustand oder ohne Einwirkung einer Betätigungskraft dargestellt. Abweichungen hiervon werden besonders gekennzeichnet.

Werden fluidische Arbeitselemente elektrisch gesteuert, gibt es zwischen den verschiedenen energetischen Systemen Schnittstellen. In dem elektrohydraulischen Schaltplan in Bild 7 ist das 4/3-Wegeventil 1V1 im Hydraulikplan eine solche Schnittstelle.[2]

Elektrische Arbeitselemente liegen im Arbeitsstromkreis an höheren Spannungen. Zur Steuerung genügen kleine Spannungen; dies sorgt für eine hohe Betriebssicherheit. Zwischen den beiden unterschiedlichen Stromkreisen bilden Schütze die Schnittstelle.

Allgemein ist eine **Schnittstelle** ein System von Vereinbarungen, die den Informationsaustausch zwischen miteinander kommunizierenden Systemen ermöglicht. Die hier angesprochene Hardware-Schnittstelle dient zur Realisierung folgender Aufgaben:

- Energetische Signalanpassung
- Leistungsverstärkung
- Energiewandlung

Funktionsdiagramm

In **Funktionsdiagrammen**[3] werden die Zustände und Zustandsänderungen von Arbeitsmaschinen und Fertigungsanlagen grafisch dargestellt.

Funktionsdiagramme zeigen das Zusammenwirken der einzelnen Bauglieder und Arbeitseinheiten einer Arbeitsmaschine oder Fertigungsanlage. Die Darstellungsgrundsätze und Sinnbilder sollen in allen Fällen gleich sein, um das Lesen und Verstehen des Funktionsablaufs zu gewährleisten. Es genügt die einfachste Darstellung, die den Arbeitsablauf eindeutig kennzeichnet.

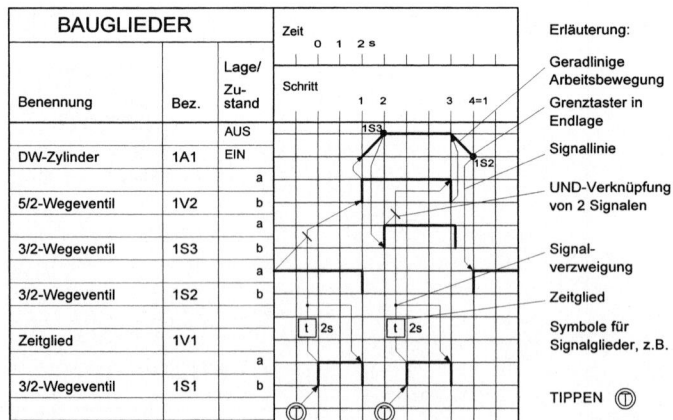

Bild 8.
Funktionsdiagramm für die Zylindersteuerung aus Bild 6

---

[2]   Siehe Bild 17: Schaltplan für einen Drehstrommotor, Abschnitt 3

[3]   Die VDI-Richtlinie 3260 „Funktionsdiagramme von Arbeitsmaschinen und Fertigungsanlagen" wurde zurückgezogen. Der VDI empfiehlt die Darstellung entsprechend DIN EN 60848. Die VDI-Richtlinie wird hier verwendet, da sie besonders für die Darstellung linearer Bewegungen geeignet ist.

Funktionsdiagramme werden unterteilt in Wegdiagramm und Zustandsdiagramm. Im **Wegdiagramm** werden die Wege eines Arbeitsgliedes durch Bildzeichen dargestellt. Im **Zustandsdiagramm** werden die Funktionsfolgen der Arbeitseinheiten und die steuerungstechnische Verknüpfung der zugehörigen Bauglieder dargestellt. Auf der Ordinate wird der Zustand, z.B. Weg, Druck, Winkel, auf der Abszisse werden die Schritte und/oder Zeiten aufgetragen.

Die Bauglieder sind in der Lage dargestellt, die sie im unbetätigten Zustand einnehmen, also auch durch Einwirken einer Feder- oder Kolbenkraft. Dabei ist die Energie zugeschaltet. Der Arbeitsablauf des doppelt wirkenden Zylinders wird in Schritte aufgeteilt. Schritte werden durch Zustandsänderungen eingeleitet. Eine solche Zustandsänderung wird im vorliegenden Beispiel durch die Betätigung des 3/2-Wegeventil 1S1 eingeleitet, wenn der Kolben des Zylinders eingefahren ist und den Grenztaster 1S2 betätigt. Das Zeitglied, Ventil 1V1 im pneumatischen Schaltplan, bewirkt eine Begrenzung der Signaldauer bei Betätigung von 1S1. Bei zu langer Signaldauer besteht die Gefahr, dass der Kolben nach Erreichen der vorderen Endlage sofort wieder einfährt, wenn er das Ventil 1S3 betätigt. Der Bereich zwischen diesen beiden Zuständen wird als Schritt bezeichnet.

Die Schrittangabe kann durch eine Zeitangabe ergänzt werden. Im vorliegenden Beispiel werden die Startvoraussetzungen zur Einleitung des 1. Schrittes in ihrer zeitlichen Abfolge dargestellt. Die Abhängigkeiten der Bauglieder untereinander können durch Signallinien dargestellt werden. Die Signallinie hat ihren Anfang am Signalglied und endet an der Stelle, wo das Signal eine Zustandsänderung einleitet.

Funktionsplan

Die DIN EN 60848 – Spezifikationssprache für **Funktionspläne** (kurz GRAFCET) dient zur prozessorientierten Beschreibung und Darstellung von Steuerungsabläufen. Sie beschreibt die Funktion und das Verhalten der Steuerung unabhängig von der technischen Realisierung. Die Darstellung unterscheidet Struktur und Wirkungteil. Die Struktur zeigt mögliche Abläufe zwischen den Situationen der Steuerung. Sie enthält folgende Bestandteile:

• Schritte
• Transitionen
• Wirkverbindungen

Die **Schritte** charakterisieren das stationäre Verhalten des Systems; sie werden durch Rechtecke mit einer den Schritt kennzeichnenden Ziffer dargestellt. Ein Schritt ist entweder aktiv oder inaktiv.
Eine **Transition** ist eine Aktivität zwischen den Schritten, die zum Auslösen des Folgeschrittes führt.
Eine **Wirkverbindung** verbindet zwei oder mehrere Schritte mit einer Transition.

Im Wirkungteil werden folgende Elemente angewendet:

• Transitionsbedingungen
• Aktionen

Mit der Transition ist eine **Transitionsbedingung**, häufig ein logischer Ausdruck, verknüpft.
Die **Aktion** zeigt in einem Rechteck an, was mit einer Ausgangsvariablen geschehen soll. Die Aktion kann durch Zuweisung oder durch Zuordnung ausgelöst werden. Die Zuordnung ist eine gespeichert wirkende Aktion.

Die Anfangssituation wird durch den zu diesem Zeitpunkt aktiven Schritt beschrieben. Die Auswahl dieses Schrittes ist vom betrachteten System abhängig. Die Anfangssituation für die Steuerung des Hydromotors ist gegeben, wenn die Hydraulikpumpe eingeschaltet ist. Um den zweiten Schritt einzuleiten, muss die Transitionsbedingung zwischen den beiden Schritten erfüllt werden. Die Transition wird symbolisch durch einen kurzen Strich dargestellt. Bei eingeschalteter Hydraulikanlage wird der 2. Schritt durch die Erfüllung der Transitionsbedingung, Betätigung des Tasters S2, ausgelöst. Ist ein Schritt aktiv, wird die zugehörige Aktion ausgeführt. Ist der zweite Schritt im Beispiel aktiv, wird die Aktion „Rechtslauf des Hydromotors einschalten" durch Zuordnung der Variablen M1 := 1 ausgeführt. Der Hydromotor wird durch das Umschalten des Stellglieds in den Rechtslauf versetzt. Aufgrund der Zuordnung wird die Aktion gespeichert. Dies wird durch den aufwärts gerichteten Pfeil am Rechteck der Aktion gekennzeichnet. Erfolgt keine ausdrückliche Kennzeichnung der Aktion als gespeicherte Aktion, so handelt es sich um eine kontinuierlich wirkende Aktion. Die Ausgangsvariable der kontinuierlich wirkenden Aktion wird verbal in dem allgemeinen Rechteck für die Aktion benannt, z.B. Öffne Ventil, Aktiviere Spule.

Die beiden zusammengehörenden Schritte sind durch Wirkverbindungen gekennzeichnet. Die Wirkverbindungslinien verlaufen senkrecht oder waagerecht. Verläuft die Wirkverbindung von unten nach oben, so ist dies durch einen Pfeil anzuzeigen. Die Aktion ist rechts neben dem Schritt anzuordnen. Ein Schritt kann eine oder mehrere Aktionen bewirken. Mehrere Aktionen können unter- oder nebeneinander angeordnet werden.

Wird eine Aktion deaktiviert, so handelt es sich auch um eine gespeichert wirkende Aktion. Sie wird durch einen abwärts gerichteten Pfeil am Rechteck der Aktion gekennzeichnet. Im Beispiel des Hydromotors wird durch die Betätigung des Tasters S1 (Öffner) die Transitionsbedingung erfüllt und der Motor in den Stillstand versetzt; der Variablen M1 wird der Zustand 0 zugeordnet.
Als Transitionsbedingungen können ebenfalls logische Verknüpfungen von Signalen, Werte von Zählern oder eine Zeit verwendet werden. Aktionen können zeitlich verzögert oder zeitlich begrenzt werden.

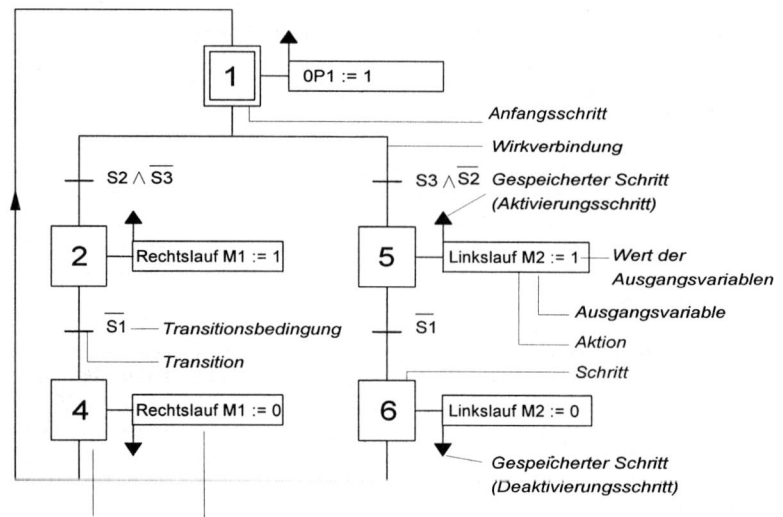

STRUKTUR   WIRKUNGSTEIL

Bild 9.
Funktionsplan zur
Hydromotorsteuerung
aus Bild 7

Transitionsbedingungen zwischen den einzelnen Schritten des Funktionsplans können auch textuell beschrieben werden. Ist die Transitionsbedingung immer erfüllt, erhält sie den Wert TRUE (1).

Grafische Darstellung von Ablaufstrukturen
Für die Erstellung von Funktionsplänen oder GRAFCET-Plänen stehen verschiedene charakteristische Strukturen zur Verfügung, die strikten Bildungsregeln unterliegen bezüglich des Wechsels von Schritten und Transitionen. Die Grundstruktur ist eine Folge von Schritten, eine lineare **Ablaufkette**. Jeder Schritt hat eine nachfolgende Transition. Die Transition ist freigegeben, wenn der vorhergehende Schritt und die Transitionsbedingung erfüllt ist.
Neben dem Ablauf einer Anzahl von Schritten, die nacheinander gesetzt werden, kann auch eine Auswahl aus mehreren Ablaufmöglichkeiten getroffen werden. Der Funktionsplan in Bild 9 zeigt eine **Ablaufauswahl** mit den Alternativen Rechtslauf oder Linkslauf des Hydromotors. Diese Struktur ist durch zwei oder mehrere gleichzeitig freigegebene Transitionen gekennzeichnet. Die Auswahl einer Ablaufkette ist exklusiv, d.h. es kann nur ein Ablauf gewählt werden. Die exklusive Aktivierung muss vom Anwender sichergestellt werden, sie ist nicht strukturell garantiert! Sie erfolgt bei der Steuerung des Hydromotor in Bild 9 durch die negierte Abfrage des Tasters für die jeweils entgegengesetzte Drehrichtung. Die Transitionsbedingungen werden für jeden Ablauf unterhalb der waagerechten Linie eingetragen. Oberhalb dieser Linie ist ein Übergangssymbol nicht zulässig.
In besonderen Fällen können auch Schritte übersprungen werden oder es kann ein Rückführsprung stattfinden.

Die Aktivierung paralleler Ablaufketten erfolgt gleichzeitig. Die Darstellung **paralleler Abläufe** noch einer Transition erfolgt durch das Synchronisationssymbol, eine Doppellinie.

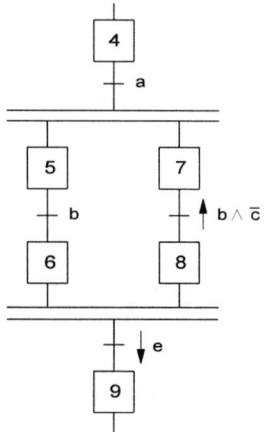

Bild 10. Parallelbetrieb

Nach der gleichzeitigen Aktivierung wird der Ablauf der aktiven Schritte in jeder Ablaufkette voneinander unabhängig. Der Übergang von Schritt 4 zu den Schritten 5 und 6 sowie 7 und 8 findet nur statt, wenn der Schritt 4 aktiv und die der gemeinsamen Transition zugeordnete Transitionsbedingung a erfüllt ist. Die Zusammenführung der parallelen, unabhängigen Ablaufketten wird durch das Synchronisationssymbol dargestellt. Die Transition zum Schritt 9 steht unterhalb dieser Linie; sie wird nur freigegeben, wenn die Schritte 6 und 8 gesetzt sind und die gemeinsame Transitionsbedingung, die fallende Flanke des binären Signals e, erfüllt ist.

Struktogramm

Eine weitere grafische Darstellungsmethode für Steuerungsaufgaben, deren Lösung auf der Anwendung eines Algorithmus beruht, ist das Struktogramm. Der Algorithmus zählt die auszuführenden Schritte auf und legt die Reihenfolge fest. Ein Struktogramm wird mit den Sinnbildern nach Nassi-Shneiderman (DIN 66261) dargestellt und mit Texten erläutert. Die Sinnbilder, sogenannte Strukturblöcke, stehen für Programmkonstrukte, deren innere logische Struktur in Steuerungsanweisungen überführt werden muss. Ein Strukturblock ist eine abgeschlossene Einheit mit einem Ein- und Ausgang, zur Erfüllung einer bestimmten Aufgabe. Der Steuerfluss verläuft immer von oben nach unten. Neben einfachen Strukturblöcken zur Beschreibung einer Aktionen oder einer Folge von Aktionen gibt es Strukturblöcke zur Auswahl von alternativer Verarbeitungen in Abhängigkeit von einem logischen Ausdruck oder einem Vergleichsausdruck. Unterschieden wird zwischen Einfach- und Zweifachauswahl oder einer Fallunterscheidung. Mit dem Strukturblock Wiederholung wird ein Verarbeitungsteil solange wiederholt, wie es der Steuerteil vorgibt. Ziel des Struktogramms ist eine von der Programmiersprache unabhängige, übersichtlich strukturierte Darstellung der Steuerungsaufgabe. Einzelne Strukturblöcke können beliebig miteinander verknüpft werden.

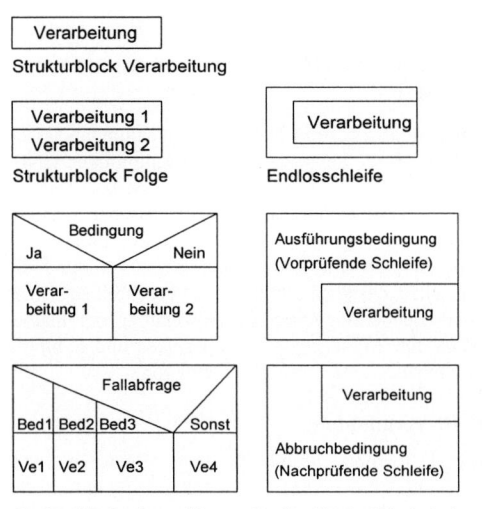

Bild 11. Strukturblöcke des Struktogramms

2 Signalverarbeitung in Steuerungen

2.1 Signalarten

Ein **Signal** ist die Darstellung von Information. Die Darstellung erfolgt durch den Wert (digital) oder Werteverlauf (analog) einer physikalischen Größe (DIN 19226, T5). Als **Informationsparameter** des Signals gilt diejenige Größe, deren Wert oder Werteverlauf Informationen zur Verarbeitung in einer Steuereinrichtung enthält.

Kontinuierlich veränderliche physikalische Größen, z.B. Temperatur, Druck liefern **analoge Signale**. Diese können innerhalb gewisser Grenzen jeden beliebigen Wert annehmen. Bei analogen Signalen ist dem kontinuierlichen Werteverlauf des Informationsparameters Punkt für Punkt unterschiedliche Information zugeordnet. Aus Bild 1 ist ersichtlich, dass zu jedem beliebigen Zeitpunkt dem Informationsparameter Druck (p) ein Wert (eine Information) zugeordnet werden kann.

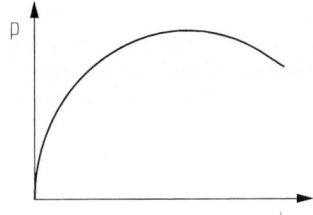

Bild 1. Analogsignal

Digitale Signale sind diskrete Signale, deren Informationsparameter innerhalb bestimmter Grenzen nur eine endliche Zahl von Wertebereichen annehmen kann. Der Wertebereich des Informationsparameters ist ein ganzzahliges Vielfaches der kleinsten Einheit (E).

Ein digitales Signal kann man sich auch als die Zusammenfassung mehrerer Binärstellen, also mehrerer zweiwertiger Größen vorstellen. So lassen sich z.B. Dezimalzahlen leicht als digitale Informationen darstellen.

Werden Informationen von analogen Signalen in digital arbeitenden Systemen genutzt, dann muss die analoge Darstellung der Information durch Analog-Digital-Umsetzer in abzählbare codierte Einheiten zerlegt werden. Der Analog-Digital-Umsetzer liefert eine dem digitalen Wert proportionale physikalische Größe, die umso genauer ist, je besser das Auflösungsvermögen des Umsetzers ist.

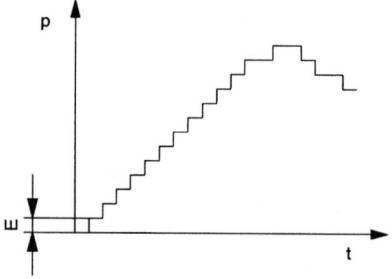

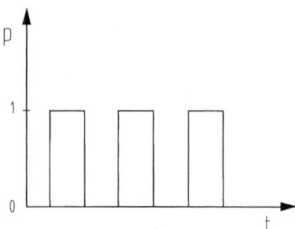

Bild 2. Darstellung digitaler Informationen

Dezimal-zahl	Digitale Darstellung (Dualzahl)			
	Bit	4	3	2	1
	Wert	8	4	2	1
0	0	0	0	0
1	0	0	0	1
2	0	0	1	0
3	0	0	1	1
4	0	1	0	0
5	0	1	0	1
6	0	1	1	0
7	0	1	1	1
8	1	0	0	0

Signale, die nur zwei Informationszustände darstellen können, nennt man **binäre Signale**. Ein Binärsignal ist ein einparametrisches Signal mit nur zwei Wertebereichen des Informationsparameters.

Bild 3. Binärsignal

Wertebereiche eines einparametrischen Signals können sein: Druck EIN/Druck AUS, Ventil geöffnet/Ventil geschlossen oder 1/0. Die Verarbeitung solcher Informationszustände ist als Bitverarbeitung bekannt. Für die Darstellung im Zweier-System werden in der Mathematik zwei Symbole, nämlich die logischen Zustände 0 und 1, verwendet:

0 wird beschrieben mit $0 \cdot 2^0 = 0$
1 wird beschrieben mit $1 \cdot 2^0 = 1$

Den logischen Zuständen (0, 1) des Informationsparameters wird technisch ein entsprechender Signalpegel (H, L) zugeordnet werden. Zwischen dem oberen und dem unteren Bereich des Signalpegels muss ein Sicherheitsbereich liegen. Der obere Bereich des Signalpegels (H) entspricht dem Zustand „logisch 1", d.h. ein Schaltkontakt ist geschlossen oder ein Wegeventil ist in Durchlassstellung geschaltet worden. Der

untere Bereich des Signalpegels (L) entspricht dem Zustand „logisch 0", d.h. ein Schaltkontakt ist geöffnet oder ein Wegeventil ist in Sperrstellung geschaltet worden.

Tabelle 1. Bauelemente zur Signalverarbeitung

Eingangssignale	
Berührende Sensoren	Berührungslose Sensoren
Schalter, Taster, Grenztaster, Piezoaufnehmer	Optische, induktive, kapazitive Näherungsschalter, Thermoelemente

Ausgangssignale	
Stellglieder	Aktoren
Ventile, Schütze, Leistungstransistor, Leistungsthyristor	Meldeeinrichtungen, Motoren, Zylinder, Beleuchtungsanlagen, Heizelemente

Signale von Signalgebern werden mit einem vorgeschriebenen Signalpegel als Eingangssignale an die Eingabeeinheit einer SPS oder in eine verbindungsprogrammierte Steuerung gegeben. Die eingehenden Signale werden durch die Steuereinheit entsprechend dem Anwenderprogramm oder der Schaltung verarbeitet. Als Ergebnis der Verarbeitung beeinflussen sie als **Ausgangsgrößen** über Stellglieder oder Aktoren die Steuerstrecke.

2.2 Logische Grundverknüpfung binärer Signale

Viele fluidische und elektrische Schaltungen lassen sich durch die logischen Grundverknüpfungen UND, ODER und NICHT in ihrem Verhalten beschreiben. Die Zustände binärer Sensoren, elektrischer Schalter, fluidischer Wegeventile sowie fluidischer und elektrischer Stellelemente und Aktoren lassen sich durch die logischen Zustände „0" bzw. „1" beschreiben. Diese Analogien ermöglichen die Anwendung der mathematischen Aussagenlogik zur Analyse und Synthese von binären Verknüpfungssteuerungen.

UND-Verknüpfung

Eine UND-Verknüpfung liegt immer dann vor, wenn das Eintreten der Ausgangsbedingung von der gleichzeitigen Erfüllung aller Eingangsbedingungen abhängig ist. Anders gesagt: Das Ausgangssignal hat nur dann den logischen Zustand „1", wenn alle Eingangssignale den logischen Zustand „1" haben.
Bei der Darstellung der Grundverknüpfungen beschränkt man sich auf 2 Signalgeber.
Als Signalgeber fungieren die von Hand betätigten 3/2-Wegeventile (1S1 und 1S2) bzw. die elektrischen Taster (S1 und S2). Sie erzeugen die Signale a und b. Bei betätigtem Wegeventil (Schaltstellung a) bzw. bei einem geschlossenem Kontakt des Taster ist der Sig-

nalzustand des Signalgebers jeweils a = 1; bei geöffnetem Kontakt bzw. in der Schaltstellung b des Wegeventils ist der jeweilige Signalzustand a = 0.

Werden beide Signalgeber zur gleichen Zeit betätigt, kann der Kolben ausfahren oder das Relais den Nebenkontakt schließen. Die Signale a, b der beiden Signalgeber werden durch ein logisches UND verknüpft und der Variablen y zugewiesen. Die abhängige Variable y hat dann den logischen Zustand „1". Das Stellsignal y ermöglicht das Eingreifen in die Steuerstrecke.

Die Reihenschaltung der beiden Wegeventile kann in der Fluidtechnik auch durch ein Zweidruckventil (1V1) realisiert werden. Das Zweidruckventil ist ein Sperrventil. Die Druckluft kann nur durchfließen, wenn beide Signale (a und b) auf die Steuereingänge 12 und 14 am Zweidruckventil wirken. Liegt nur Druck an einem Signaleingang an, dann ist der Durchfluss gesperrt. Sind die beiden Signale a, b zeitlich versetzt, gelangt das zuletzt ankommende Signal zum Stellglied 1V2 und schaltet es in Durchlassstellung.

ODER-Verknüpfung

Eine ODER-Verknüpfung liegt vor, wenn das Eintreten der Ausgangsbedingung von der Erfüllung einer unabhängigen Eingangsbedingung abhängt. Technisch wird die ODER-Verknüpfung durch eine Parallelschaltung erreicht.

Wird ein Signalgeber bei der Parallelschaltung betätigt, so genügt dies zur Ansteuerung des Relais oder des Zylinders. Das 1-Signal der Variablen a oder b führt also zu „logisch 1" bei der abhängigen Variablen y. Auch die gleichzeitige Betätigung beider Signalgeber führt zur Aktivierung des Aktors.

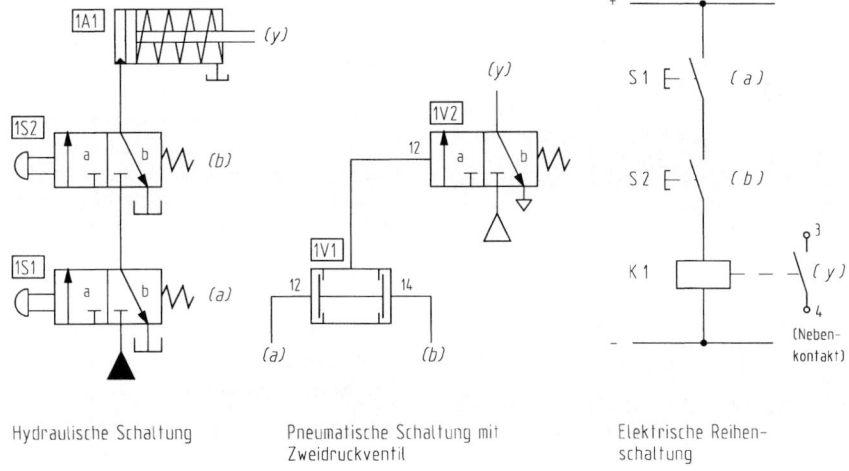

Hydraulische Schaltung   Pneumatische Schaltung mit   Elektrische Reihen-
                              Zweidruckventil   schaltung

Bild 4. Reihenschaltungen (UND-Verknüpfung) von 2 Signalgebern

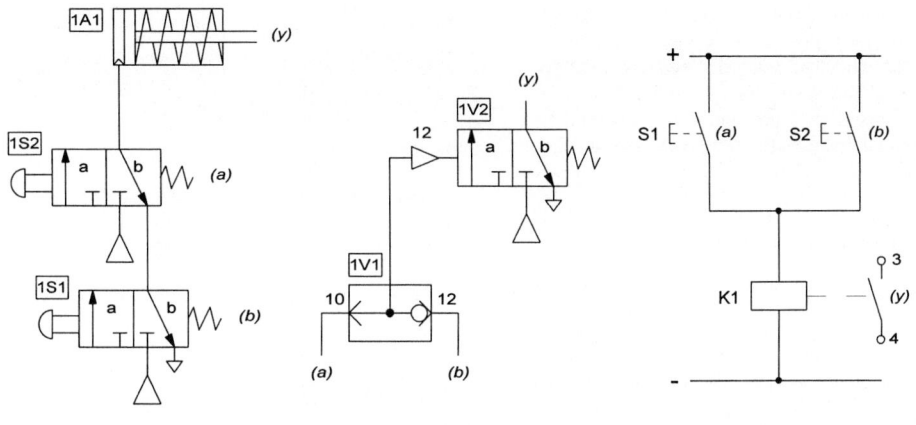

Pneumatische Schaltung   Schaltung mit Wechselventil   Elektrische Parallel-
                                                                schaltung

Bild 5. Parallelschaltungen (ODER-Verknüpfung) von 2 Signalgebern

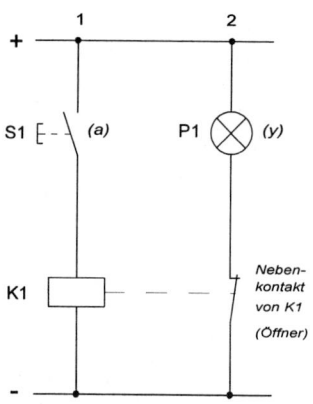

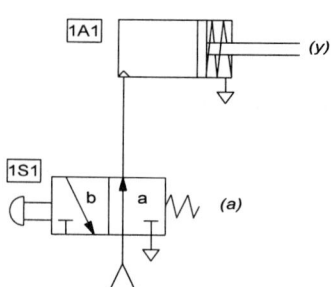

Bild 6.
Schaltung mit Öffner-
kontakt

In der Fluidtechnik kann die Parallelschaltung der beiden Ventile durch ein Wechselventil (1V1) ersetzt werden. Das Wechselventil ist auch ein Sperrventil und erfüllt die ODER-Funktion. Die Signale a oder b müssen jeweils von einem geeigneten Signalgeber erzeugt werden. Das Wechselventil verbindet den Steueranschluss mit dem höheren Druck mit dem Steueranschluss (12) am Stellglied 1V2. Wird nur ein Steueranschluss mit Druckluft beaufschlagt, dann verhindert das Ventil durch den Kugelsitz, dass die beaufschlagte Steuerleitung durch ein parallel ge-schaltetes Signalglied entlüftet wird.

NICHT-Funktion

Die NICHT-Funktion invertiert durch Negation den Signalwert einer Variablen, d.h. der Ausgangswert der NICHT-Funktion ist „1", wenn der Eingangswert der Variablen „0" ist.

Aus dem elektrischen Schaltplan ist ersichtlich, dass die Signalleuchte P1 ohne Betätigung des Tasters S1 leuchtet, da der Stromweg 2 geschlossen ist. Wird der Taster S1 geschlossen, erlischt die Signalleuchte; das 1-Signal der Eingangsvariablen a bewirkt das 0-Sig-nal der abhängigen Variable y. Die Ursache liegt in der Unterbrechung des 2. Stromweges durch den Nebenkontakt, einem Öffner, der durch das erregte Relais K1 geschaltet wird.

Bei der pneumatischen Schaltung sind die Durchlass- und die Sperrstellung vertauscht worden. Das 3/2-Wegeventil hat also ebenfalls eine Öffnerfunktion.

Bei Betätigung von 1S1 wird der Druckluftstrom unterbrochen und die Rückstellfeder im einfach wir-kenden Zylinder bewirkt das Einfahren des Kolbens.

Darstellung der Grundverknüpfungen durch Programmierung

Durch Programmiersprachen werden Steuerungsauf-gaben für Automatisierungsgeräte beschrieben. Für die Programmierung von speicherprogrammierbaren Steuerungen gilt heute als Standard die IEC 1131-3. Anhand der Programmiersprachen Anweisungsliste (AWL), Funktionsbausteinsprache (FBS), Kontakt-plan (KOP) und Strukturierter Text (ST) werden die Grundfunktionen nachstehend dargestellt.

2.3 Grundlagen und Anwendung der Schaltalgebra

Regeln für die Grundverknüpfungen

In einer schaltalgebraischen Gleichung können die Ausgangsgröße (y) und die Eingangsgrößen (a, b, ...) als Variable nur zwei Werte, nämlich 0 und 1 annehmen:

$$y = f(a, b, ...)$$

Für eine Eingangsvariable gilt: $y = a$,
dabei ist $y = 1$, wenn $a = 1$ ist,
und $y = 0$, wenn $a = 0$ ist.

Funktionsbaustein- sprache	Kontaktplan	Anweisungs- liste	Strukturierter Text
E1 ─┐ │ & ├─ A1 E2 ─┘	E1 E2 A1 ─┤├─┤├─────( )─	U E1 U E2 = A1	A1:=E1 AND E2
E1 ─┐ │ ≥1├─ A1 E2 ─┘	E1 A1 ─┤├────────( )─ E2 ─┤├─	O E1 = E2 = A1	A1:=E1 OR E2
E1 ─┤ 1 ├o─ A1	E1 A1 ─┤/├────────( )─	UN E1 = A1	A1:=NOT E1

Bild 7.
Logische Grundverknüpfun-
gen in Steuerprogrammen

Für die **UND**-Verknüpfung von 2 Eingangsvariablen (a, b) gilt:

$$y = a \wedge b \qquad\qquad (\wedge: \text{UND})$$

Die **Verknüpfungsfunktion** (Schaltfunktion) beschreibt mit den Operationen der Booleschen Algebra den funktionellen Zusammenhang zwischen den Werten/Zuständen der Eingangssignale (a, b) und denen des Ausgangssignals (y). Die Anzahl der Verknüpfungsmöglichkeiten ergibt sich mit:

$$m = 2^n$$

m: Anzahl der Kombinationsmöglichkeiten
n: Anzahl der Signalgeber.

Dies ergibt bei n = 2 Variablen 4 Kombinationsmöglichkeiten. Diese können in einer Schalttabelle dargestellt werden. **Schalttabellen** beinhalten die Zusammenstellung aller Wertekombinationen der Eingangsgrößen und der ihnen zugeordneten Werte der Ausgangsgröße der Schaltfunktion (DIN 19226, T3).

Schalttabelle

a	b	a∧b	y
0	0	0∧0	0
0	1	0∧1	0
1	0	1∧0	0
1	1	1∧1	1

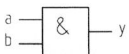

Bild 8. UND-Schaltzeichen

Für die **ODER**-Verknüpfung von 2 Eingangsvariablen (a, b) gilt:

$$y = a \vee b \qquad\qquad (\vee: \text{ODER})$$

Schalttabelle

a	b	a∨b	y
0	0	0∨0	0
0	1	0∨1	1
1	0	1∨0	1
1	1	1∨1	1

Bild 9. ODER-Schaltzeichen

Für die **NICHT**-Funktion (Negation) gilt:

$$\overline{a} = y \qquad\qquad (^{-}: \text{Negation})$$

Schalttabelle

a	$\overline{a}$	y
0	1	1
1	0	0

Bild 10. NICHT-Schaltzeichen

Nachfolgend sind in einer Tabelle wichtige Theoreme zusammengestellt, die zur Vereinfachung von Schaltfunktionen genutzt werden können.

Tabelle 2. Zusammenstellung von Theoremen der Schaltalgebra

$a \wedge 0 = 0$	$a \vee 0 = a$	Netz mit offenem Kontakt
$a \wedge 1 = a$	$a \vee 1 = 1$	Netz mit geschlossenem Kontakt
$a \wedge a = a$	$a \vee a = a$	Gesetze der Idempotenz
$a \wedge \overline{a} = 0$	$a \vee \overline{a} = 1$	Gesetz des Komplements
$\overline{\overline{a}} = a$		Doppeltes Komplement

Regeln für gemischte Schaltungen

UND-, ODER - Verknüpfungen und Negationen lassen sich in größeren Schaltungen kombinieren und mit den Regeln der Booleschen Algebra beschreiben.

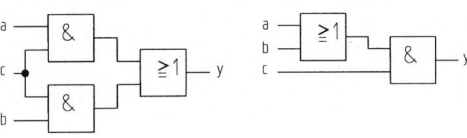

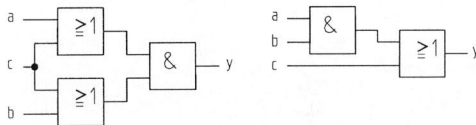

Bild 11. Gemischte Schaltungen

Die beiden gemischten Schaltungen lassen sich durch Verknüpfungsgleichungen wie folgt darstellen. Die Gleichung für die 1. Schaltung lautet:
$a \wedge c \vee b \wedge c = y$. Diese Gleichung kann durch die Anwendung des Distributiv-Gesetzes vereinfacht werden: $(a \vee b) \wedge c = y$
Für die 2. Schaltung gilt: $(a \vee c) \wedge (c \vee b) = a \wedge b \vee c$

Tabelle 3. Gesetze der Schaltalgebra

$a \wedge b = b \wedge a$	$a \vee b = b \vee a$	Kommutativ-Gesetz
$(a \wedge b) \wedge c = a \wedge (b \wedge c) = a \wedge b \wedge c$		1. Assoziativ-Gesetz
$(a \vee b) \vee c = a \vee (b \vee c) = a \vee b \vee c$		2. Assoziativ-Gesetz
$a \wedge c \vee b \wedge c = (a \vee b) \wedge c$		1. Distributiv-Gesetz
$a \vee c \wedge b \vee c = a \wedge b \vee c$		2. Distributiv-Gesetz
$\overline{a \wedge b} = \overline{a} \vee \overline{b}$		1. Gesetz von de Morgan
$\overline{a \vee b} = \overline{a} \wedge \overline{b}$		2. Gesetz von de Morgan

$a \wedge (a \vee b) = a$	Absorptionsgesetz
$a \vee (a \wedge b) = a$	Absorptionsgesetz

Folgende **Bindungsregeln** sind bei der Anwendung schaltalgebraischer Gesetze zu beachten:

* Die UND-Verknüpfung hat Vorrang vor der ODER-Verknüpfung, wenn durch Klammern nichts anderes vorgeschrieben wird.

$$a \wedge b \vee c = (a \wedge b) \vee c$$

* Kommt in einer gemischten Schaltung eine Negation vor, so ist diese zuerst auszuführen.

$$a \wedge \overline{b} \vee c = y$$

■ **Beispiel:**
Wenn die Variablen für die obige Verknüpfungsgleichung die nachfolgend aufgeführten Werte annehmen: a = 1, b = 0, c = 0, führt dies zu folgendem Lösungsweg:

$1 \wedge \overline{0} \vee 0 = y$
$1 \wedge 1 \vee 0 = y$
$1 \vee 0 = y$
$1 = y$

Wird der UND- bzw. der ODER-Verknüpfung ein NICHT-Element (Negation) nachgeschaltet, dann spricht man von einer NAND- bzw. NOR-Funktion.

NAND-Element   NOR-Element

Bild 12. Darstellung der NAND-, NOR-Verknüpfung

Das Ergebnis einer NAND-Verknüpfung lässt sich auch durch die disjunktive Verknüpfung zweier Variablen erreichen, wenn die beiden Eingänge einer ODER-Verknüpfung negiert werden.

$$\overline{a \wedge b} = \overline{a} \vee \overline{b} \qquad \textbf{(1. Gesetz von de Morgan)}$$

Nachweis durch Schalttabelle

a	b	$\overline{a}$	$\overline{b}$	$\overline{a \wedge b}$	$\overline{a} \vee \overline{b}$
0	0	1	1	1	1
0	1	1	0	1	1
1	0	0	1	1	1
1	1	0	0	0	0

Eine NOR-Verknüpfung kann durch eine konjunktive Verknüpfung zweier Variablen erreicht werden, wenn beide Eingänge der UND-Verknüpfung negiert werden.

$$\overline{a \vee b} = \overline{a} \wedge \overline{b} \qquad \textbf{(2. Gesetz von de Morgan)}$$

Mit Hilfe weiterer **Inversionsgesetze** lassen sich UND- in ODER-Verknüpfungen und ODER- in UND-Verknüpfungen umwandeln.

$a \wedge b = y$		$(a \vee b = y)$
$(\overline{a}\ \overline{b})$	1. Negation der beiden Variablen	$(\overline{a}\ \overline{b})$
$(\overline{\overline{a}\ \overline{b}})$	2. Negation des Klammerausdrucks	$(\overline{\overline{a}\ \overline{b}})$
$(\overline{\overline{a} \vee \overline{b}}) = y$	3. Umwandlung der Verknüpfung	$(\overline{\overline{a} \wedge \overline{b}}) = y$
$(\overline{\overline{a} \vee \overline{b}}) = (a \wedge b)$	4. Gleichsetzen	$(\overline{\overline{a} \wedge \overline{b}}) = a \vee b$

Nachweis durch Schalttabelle

a	b	$u \wedge b$	$\overline{a}$	$\overline{b}$	$(\overline{a} \vee \overline{b})$	$\overline{\overline{a} \vee \overline{b}}$
0	0	0	1	1	1	0
0	1	0	1	0	1	0
1	0	0	0	1	1	0
1	1	1	0	0	0	1

Die obige Umwandlungen gelten auch für 3 oder mehr Variable:

$$(a \wedge b \wedge c) = (\overline{\overline{a} \vee \overline{b} \vee \overline{c}}) \quad \text{bzw.} \quad (\overline{\overline{a} \wedge \overline{b} \wedge \overline{c}}) = a \vee b \vee c$$

Ermittlung von Verknüpfungsfunktionen aus Schalttabellen

Möglicherweise sind von einer Verknüpfungssteuerung nur die Eingangsgrößen und die Ausgangsgrößen bekannt; die Schaltung aber nicht. Die Bedingungen, die zur Erfüllung der Schaltfunktion (y = 1) führen, können dann mit Hilfe einer Schalttabelle ermittelt werden. Eine solche Schalttabelle ist nachstehend dargestellt.

Schalttabelle

Zeile	A	b	y
1	0	0	0
2	0	1	1
3	1	0	1
4	1	1	0

Aus dieser Schalttabelle soll eine Verknüpfungsgleichung ermittelt werden, die zur Entwicklung einer Schaltung dient. Grundsätzlich gibt es 2 Möglichkeiten dieses Problem zu lösen:

a) Die disjunktive Normalform
In der Schalttabelle liefern zwei Zeilen für die Ausgangsgröße y den Wert 1. In diesen Zeilen haben die Eingangsgrößen folgende Signalzustände:

Zeile 2: a = 0 und b = 1

oder
Zeile 3: a = 1 und b = 0

Verknüpft man die Variablen in den Zeilen 2 und 3 mit UND, so ist die Verknüpfung für die Zeile 2 nur dann für y = 1 erfüllt, wenn der Wert der Variablen a negiert wird. Für die 3. Zeile ist die Bedingung y = 1 nur erfüllt, wenn die Variable b negiert wird. Werden die beiden Konjunkte anschließend disjunktiv verknüpft, erhält man die disjunktive Normalform der Verknüpfungsgleichung:

$$\bar{a} \wedge b \vee a \wedge \bar{b} = y$$

Werden in diese Gleichung die Werte der Zeile 2 und 3 eingesetzt, dann ist die Bedingung y = 1 erfüllt; werden die Werte der Zeilen 1 und 4 eingesetzt, dann ergibt sich: y = 0!

In der disjunktiven Normalform der Verknüpfungs- oder Schaltgleichung werden alle Konjunktionen der Eingangsgrößen, welche für y = 1 liefern, disjunktiv verknüpft. Den konjunktiven Term nennt man den MINTERM, da nur eine Verknüpfung aller Eingangsvariablen für die Ausgangsgröße den Wert 1 liefert.

b) Die konjunktive Normalform
Die Zeilen 1 und 4 der Schalttabelle liefern für die Ausgangsgröße y den Wert 0. Die variablen Eingangsgrößen in diesen Zeilen müssen durch ein ODER verknüpft werden. Eine ODER-Verknüpfung der Eingänge liefert nur dann den Wert 0 als Ausgangssignal, wenn alle Eingangssignale den Wert 0 haben. Alle anderen Eingangssignalkombinationen liefern 1 als Ausgangssignal. Den disjunktiven Term nennt man deshalb den MAXTERM. Für die 1. Zeile gilt:

a = 0 oder b = 0 führt zu y = 0.

Eine ODER-Verknüpfung der Eingangsvariablen in der Zeile 4 führt nicht zu y = 0. Um diese Bedingung zu erreichen, müssen beide Eingangsvariablen negiert werden, also:

$$\bar{a} \vee \bar{b} = y$$

Die konjunktive Normalform der Verknüpfungsglei- chung lautet somit:

$$(a \vee b) \wedge (\bar{a} \vee \bar{b}) = y$$

Sie ist nur erfüllt, wenn beide Disjunkte 1 liefern. Dies ist der Fall, wenn die Werte der Eingangsgrößen in den Zeilen 2 oder 3 auftreten. Für die Zeile 2 gilt:

$$(0 \vee 1) \wedge (\bar{0} \vee \bar{1}) = 1 \wedge 1 = 1$$

Die beiden hier gefundenen Gleichungen zur Be- schreibung des in der Schalttabelle vorgegebenen Verhaltens der abhängigen Variablen y werden auch durch ein Antivalenz-Glied, dem **Exklusiv-ODER**, erfüllt.

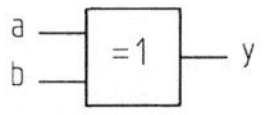

Bild 13. Exklusiv-ODER (XOR)

Vereinfachung von Verknüpfungsfunktionen

In der Praxis ist man bestrebt, Schaltungen mit weni- gen Bauelementen oder geringem Programmieraufwand zu entwickeln. Dies erreicht man durch Mini- mierung der Verknüpfungsfunktion. Eine geringere Anzahl von Bauteilen bedeutet einen Kostenvorteil und eine Verringerung der Reparaturanfälligkeit. Steuerprogramme werden dadurch übersichtlicher, schneller und fehlerärmer.

■ **Beispiel: Schaltungsvereinfachung**
Gegeben sei folgende Verknüpfungsgleichung:

$$(a \wedge b) \vee (a \wedge \bar{b}) \vee (a \vee b) \wedge (\overline{a \wedge b}) = y$$

Anwendung der de Morgan-Gesetze auf den letzten Term der Gleichung ergibt:

$$\overline{a \wedge b} = \bar{a} \vee \bar{b}$$

Einsetzen in die Gleichung ergibt:

$$(a \wedge b) \vee (a \wedge \bar{b}) \vee (a \vee b) \wedge (\bar{a} \vee \bar{b}) = y$$

Umformen der durch UND verknüpften Terme mittels des Distri- butivgesetzes ergibt:

$$(a \wedge b) \vee (a \wedge \bar{b}) \vee (a \wedge \bar{a}) \vee (a \wedge \bar{b}) \vee (b \wedge \bar{a}) \vee (b \wedge \bar{b}) = y$$

Die Terme $a \wedge \bar{a}$ sowie $b \wedge \bar{b}$ ergeben 0 (Gesetz des Komple- ments) und können entfallen, da sie keine Schaltfunktion haben. Entsprechend dem Gesetz der Idempotenz gilt:

$$(a \wedge \bar{b}) \vee (a \wedge \bar{b}) = a \wedge \bar{b}$$

Dies führt zu folgender Schaltungsvereinfachung:

$$(a \wedge b) \vee (\bar{a} \wedge b) \vee (a \wedge \bar{b}) = y$$

$$[b \wedge (a \vee \bar{a})] \vee (a \wedge \bar{b}) = y$$

$$b \vee (a \wedge \bar{b}) = y$$

$$(a \vee b) \wedge (b \vee \bar{b}) = y$$

$$(a \vee b) = y$$

2.4 Das Karnaugh-Veitch-Diagramm

Eine grafische Möglichkeit zur Vereinfachung von Schaltungen stellt das von Karnaugh entwickelte **KV- Diagramm** dar. Der Umfang des KV-Diagramms richtet sich nach der Anzahl der in einer Gleichung vorkommenden Variablen. Ein solches Diagramm entsteht durch wiederholtes Spiegeln der Felder. Es enthält immer so viele Felder, dass alle möglichen Vollkonjunktionen in das Diagramm eingebracht werden können. Eine Vollkonjunktion ist eine UND- Verknüpfung, die alle vorkommenden Variablen der Verknüpfungsgleichung oder Schaltfunktion enthält. Für jede hinzukommende Eingangsgröße wird das ursprüngliche Feld um ein neues Feld erweitert. Im ursprünglichen Feld hat die neue Eingangsgröße den Wert 0; im neuen Feld hat sie den Wert 1.

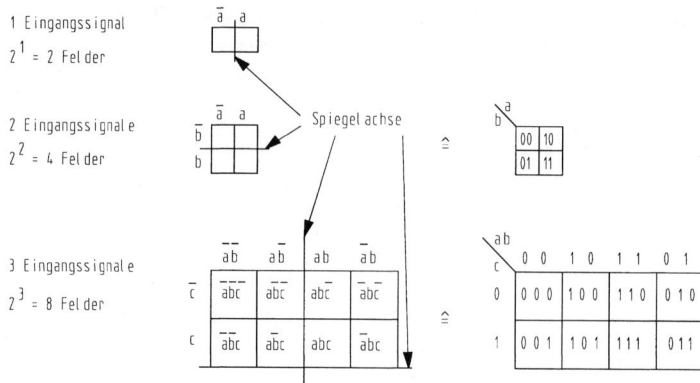

Bild 14.
Entwicklung des KV-Diagramms

Die Variablen der Eingangsgrößen werden an den Rand des KV-Diagramms geschrieben. In die Felder des KV-Diagramms wird eingetragen, wie die Ausgangsgröße auf die Kombinationen der Zustände der Eingangsgrößen reagiert. Das Vorgehen entspricht der Erstellung einer Schalttabelle.

Folgende **Regeln** gelten zur Vereinfachung mit dem KV-Diagramm:

- Es können einzelne oder mehrere Felder, die symmetrisch zu einer horizontalen oder vertikalen Spiegellinie liegen, zur Vereinfachung zu Blöcken zusammengefasst werden. Die Zahl der Felder in einem Block muss eine Potenz von 2 sein.
- Ändert sich eine Variable innerhalb eines Blocks beim Übergang von einem Feld zum anderen, so wird diese nicht gelesen.

■ **Beispiel: Term ohne Vollkonjunktion**

Gegeben sei folgende Verknüpfungsgleichung:

$$\left(\overline{a} \wedge b \wedge c \wedge \overline{d}\right) \vee \left(\overline{a} \wedge \overline{c} \wedge \overline{d}\right) = y$$

Um diese Gleichung mit Hilfe des KV-Diagramms zu vereinfachen, muss der letzte Term in der vorstehenden Gleichung zunächst zu einer Vollkonjunktion „erweitert" werden. Dazu wird der Ausdruck $b \vee \overline{b}$ verwendet.

$$\left(\overline{a} \wedge \overline{c} \wedge \overline{d}\right) \wedge \left(b \vee \overline{b}\right)$$

$$\left(\overline{a} \wedge \overline{c} \wedge \overline{d} \wedge b\right) \vee \left(\overline{a} \wedge \overline{c} \wedge \overline{d} \wedge \overline{b}\right)$$

Die komplette Gleichung lautet dann:

$$\left(\overline{a} \wedge b \wedge c \wedge \overline{d}\right) \vee \left(\overline{a} \wedge \overline{c} \wedge \overline{d} \wedge b\right) \vee \left(\overline{a} \wedge \overline{c} \wedge \overline{d} \wedge \overline{b}\right) = y$$

Sie wird in ein KV-Diagramm übertragen, wobei die 3 Felder mit den obigen Konjunktionen mit 1 belegt werden.

Jedes Feld, das eine „1" enthält, entspricht einem MINTERM. Dies sind die Felder 00, 04, und 06. Im KV-Diagramm lassen sich nun leicht Terme finden, die sich nur in einer Variablen unterscheiden. Sofern symmetrische Felder mit einer „1" belegt sind, können sie zusammengefasst werden. Die sich ändernde Variable wird eliminiert. Im Beispiel lassen sich 2 Blöcke zusammenfassen: Block I ergibt sich aus den Feldern 00 und 04, der Block II resultiert aus den Feldern 04 und 06.

Block I: $\overline{a} \wedge \overline{b} \wedge \overline{c} \wedge \overline{d}$ und $\overline{a} \wedge b \wedge \overline{c} \wedge \overline{d}$

Im ersten Block ändert sich die Variable b; dies führt zu:

$$\overline{a} \wedge \overline{c} \wedge \overline{d} = 1 \, .$$

Block II: $\overline{a} \wedge b \wedge \overline{c} \wedge \overline{d}$ und $\overline{a} \wedge b \wedge c \wedge \overline{d}$

Im zweiten Block ändert sich die Variable c; dies führt zu:

$$\overline{a} \wedge b \wedge \overline{d} = 1 \, .$$

Die beiden Terme werden zusammengefasst; dabei kann $\overline{a} \wedge \overline{d}$ ausgeklammert werden. Die minimierte Verknüpfungsgleichung lautet: $\overline{a} \wedge \overline{d} \wedge \left(b \vee \overline{c}\right) = y$

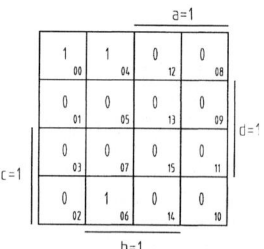

Belegung der Felder des KV-Diagramm

Bild 15. KV-Diagramm

2.5 Die Speicherfunktion

Wenn ein Startsignal auf den Eingang einer digitalen Steuereinrichtung gegeben wird, dann geschieht dies oft in Form eines kurzen Impulses. Der Zustand „logisch 1" ist nur für die kurze Betätigungszeit des Signalgebers vorhanden. Soll ein Signal für längere Zeit gespeichert werden, so ist eine Steuerung mit Speicherfähigkeit erforderlich.

Entstehung des Speicherverhaltens

Speicher haben die Aufgabe, Informationen bis auf Widerruf zu speichern. Ein binärer Speicher kann zwei Schaltzustände annehmen: Er ist gesetzt, d.h. er hat einen inneren Zustand „logisch 1" oder er ist rückgesetzt, d.h. er hat den inneren Zustand „logisch 0". Während bei kombinatorischen Steuerschaltungen der Wert der Ausgangssignale nur von der augenblicklichen Kombination der Eingangssignale abhängt, ist bei Steuerungen mit Speichern der Zustand der Ausgänge zusätzlich abhängig vom inneren Zustand der Speicher. Soll beispielsweise ein Gerät (A) dauerhaft durch ein kurzes Tippen auf einen Taster EIN (S) eingeschaltet und durch ein kurzes Tippen auf einen Taster AUS (R) ausgeschaltet werden, kann der Wert des Ausgangssignals nicht mehr nur durch die Kombination der Eingangswerte angegeben werden. Es ist zusätzlich zu beachten, welchen inneren Zustand (Q) der Speicher hat (siehe Schalttabelle).

Schalttabelle

Zeile	Q	R	S	A
1	0	0	0	0
2	0	0	1	1
3	0	1	0	0
4	0	1	1	0
5	1	0	0	1
6	1	0	1	1
7	1	1	0	0
8	1	1	1	0

S: Taster EIN (Setzen)
R: Taster AUS (Rücksetzen)
Q: Innerer Zustand des Speichers
A: Stellglied am Gerät (Ausgang)

Festlegung der Dominanz:
Werden S und R gleichzeitig gedrückt, soll das Ausgangssignal A „0-Wert" haben.

In den Zeilen 1-4 ist der innere Zustand Q des Speichers 0. Der Wert des Ausgangssignals ist abhängig von den Eingangssignalen der Taster. In Zeile 5 hat das Ausgangssignal (A) den Wert 1, weil der innere Wert des Speichers (Q) 1 ist. Daraus ist ersichtlich, dass der logische Zustand des Ausgangs abhängig ist vom inneren Zustand des Speichers Q. Durch das 1-Signal des Tasters S in Zeile 6 verändert sich dieser Zustand nicht. In der Folgezeile 7 wird das Ausgangssignal durch R auf 0-Wert gesetzt. Dieser bleibt in der letzten Zeile aufgrund der Dominanz bestehen. Aus der Schalttabelle ergibt sich folgende Verknüpfungsgleichung (DNF):

$$\left(\overline{Q}\wedge\overline{R}\wedge S\right)\vee\left(Q\wedge\overline{R}\wedge\overline{S}\right)\vee\left(Q\wedge\overline{R}\wedge S\right)=A$$

$$\overline{R}\wedge\left[\left(\overline{Q}\wedge S\right)\vee\left(Q\wedge\overline{S}\right)\vee\left(Q\wedge S\right)\right]=A$$

$$\overline{R}\wedge\left[\left(\overline{Q}\wedge S\right)\vee\left\{Q\wedge\left(\overline{S}\vee S\right)\right\}\right]=A$$

$$\overline{R}\wedge\left[\left(\overline{Q}\wedge S\right)\vee\left\{Q\wedge1\right\}\right]=A$$

$$\overline{R}\wedge\left[\left(\overline{Q}\wedge S\right)\vee Q\right]=A$$

$$\overline{R}\wedge\left[\left(\overline{Q}\vee Q\right)\wedge\left(S\vee Q\right)\right]=A$$

$$\overline{R}\wedge\left[1\wedge\left(S\vee Q\right)\right]=A$$

$$\overline{R}\wedge\left(S\vee Q\right)=A$$

Aus der vereinfachten Gleichung ist zu erkennen, dass der Signalwert am Ausgang abhängig ist von der Eingangsvariablen R und der Setzvariablen S oder dem inneren Zustand Q des Speichers. Wird die Verknüpfungsgleichung grafisch als digitale Schaltung dargestellt, erkennt man sofort, dass eine Rückführung des inneren Speicherzustandes Q, welcher dem Zustand des Ausgangs entspricht, zur Speicherfunktion führt.

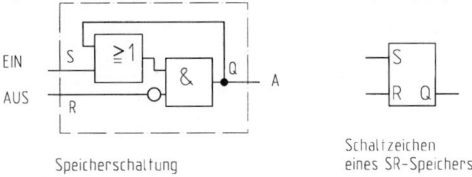

Bild 16. Speicherverhalten, dominierend Rücksetzen

Aus der Darstellung ist ersichtlich, dass der Speicher nach einem kurzzeitigen Signal EIN auf den Eingang S Signalwert „1" hat. Wenn der Tastimpuls von EIN nicht mehr auf den Eingang S wirkt, bleibt die ODER-Verknüpfung weiter erfüllt, da nun der rückgeführte innere Zustand Q die ODER-Verknüpfung erfüllt. Das 1-Signal aus der ODER-Verknüpfung ergibt in Verbindung mit der negierten Abfrage des Signals AUS am Eingang R den inneren Speicherzustandes Q = 1. Die Speicherfunktion ist erfüllt. Wird in der Folge ein kurzer Impuls auf den Eingang R gegeben, ist aufgrund der Negation am Eingang R die UND-Verknüpfung nicht mehr erfüllt. Das gespeicherte 1-Signal ist aufgehoben und der Ausgangssignalwert wird „0".

Unabhängig von der Möglichkeit, durch eine Schaltung Speicherverhalten zu erzeugen, bieten speicherprogrammierbare Steuerungen (SPS) spezielle Funktionsbausteine als Speicherelemente zur Bitspeicherung: SR- und RS-Flipflop.

Der SR-Speicher wird über den Setzeingang S auf den Signalzustand Q = 1 gesetzt. Rücksetzen erfolgt über den Rücksetzeingang R. Wenn gleichzeitig am Setz- und Rücksetzeingang ein Signal anliegt, dominiert das Signal am Rücksetzeingang. Da ein Programm immer zyklisch abgearbeitet wird, hat der zuletzt gelesene Befehl Dominanz. Dies ist im Fall des SR-Speichers der Rücksetzeingang R.

Wird der Setzeingang zuletzt abgefragt, liegt dominierendes Setzen des Speichers vor.

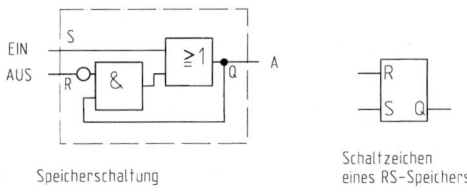

Bild 17. Speicherverhalten, dominierend Setzen

Verriegelung von Speichern

Verriegelung bedeutet Blockieren eines Signals oder eines Befehls durch bestimmte Signale, die Verriegelungssignale, solange mindestens noch eines davon ansteht (DIN 19226, T5). Das gegenseitige Verriegeln von Signalen ist in der Steuerungstechnik ein immer wiederkehrendes Prinzip. Sei es die Verhinderung des direkten Umschaltens eines Motors vom Rechts- in den Linkslauf oder die Verriegelung eines Folgeschrittes in einer Ablaufsteuerung, solange bestimmte Bedingungen nicht erfüllt sind.

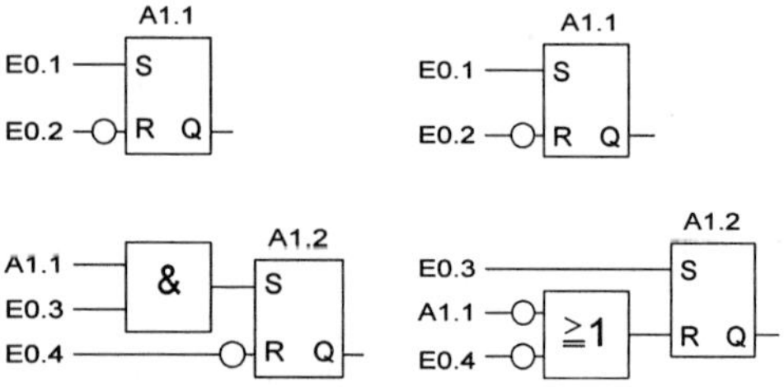

Verriegelung über den Setzeingang

Verriegelung über den Rücksetzeingang

Bild 18. Reihenfolgen-Verriegelung

Elektrische und pneumatische Signalspeicherung

Eine Signalspeicherung ist auch durch geeignete mechanische Befehlsgeber möglich, z.B. mechanische Stellschalter oder Ventile mit einer Raste. Sollen Schaltbefehle an leistungsstarken Anlagen oder Maschinen gespeichert werden, verwendet man in der Elektrotechnik eine Signalspeicherung durch **Selbsthaltung**.

a) Elektrische Signalspeicherung

Das Einschalten eines Stromkreises erfolgt durch einen Schließerkontakt, das Ausschalten erfolgt durch einen Öffnerkontakt (DIN VDE 0113). Haltbefehle müssen Vorrang vor zugeordneten Startbefehlen haben.

Nach Betätigung des Tasters S2 betätigt (b = 1) ist der Stromweg 1 zum Relais K1 geschlossen (y = 1). Die Relaisspule wird erregt und erzeugt ein Magnetfeld.

Dadurch wird der Anker vom Kern angezogen und der Nebenkontakt schließt den Stromweg 2 zur Relaisspule. Nach dem Loslassen des Tasters S2 bleibt die Relaisspule über diesen Nebenkontakt erregt und „hält" sich selbst an Spannung (Selbsthaltung). Die Selbsthaltung oder Signalspeicherung kann nur durch Unterbrechung des die Stromversorgung sichernden Stromweges aufgehoben werden. Hierzu dient ein Öffner. Wird der Taster S1 betätigt, wird die Relaisspule stromlos und der Nebenkontakt fällt durch die Federkraft der Rückstellfeder ab (s. auch Bild 10, Abschnitt 3).

Betrachtet man die Funktion dieser Selbsthaltung bei gleichzeitiger Betätigung beider Taster, so erkennt man, dass der Vorrang des Haltbefehls erfüllt ist.

Liegen die beiden Signalgeber parallel zueinander, dann dominiert bei gleichzeitiger Betätigung beider Taster das Signal von S2. Er schließt den Stromweg 1 zum Relais K1. Bei dieser Schaltung ist also das Einschalten dominierend.

b) Pneumatische Signalspeicherung

Die **pneumatische Selbsthaltung** ist der elektrischen Selbsthaltung nachempfunden. Dazu sind zwei 3/2-Wegeventile in Reihe geschaltet. Das Ventil 1S1 ist in Ruhestellung gesperrt (Schließer); das Ventil 1S2 hat in Ruhestellung Durchlass (Öffner). Aufgrund der Reihenschaltung dominiert die Ausschaltung durch das Ventil 1S2.

In der Praxis ist es eher üblich pneumatische Wegeventile mit Haftverhalten als Signalspeicher zu verwenden. Solche Ventile werden durch Druckluftimpulse gesteuert und verharren in der jeweiligen Schaltstellung. Bild 20 zeigt ein 5/2-Wege-Impulsventil mit einer dominierenden Schaltstellung b. Die Dominanz dieser Schaltstellung erreicht man durch unterschiedliche Querschnitte an den Anschlüssen des Steuerschiebers. Abgeleitet aus der allgemeinen Druckgleich ergibt sich an der Stelle des größten Querschnitts eine größere Kraft zum Verschieben des Steuerschiebers im Ventil: $F = p \cdot A$.

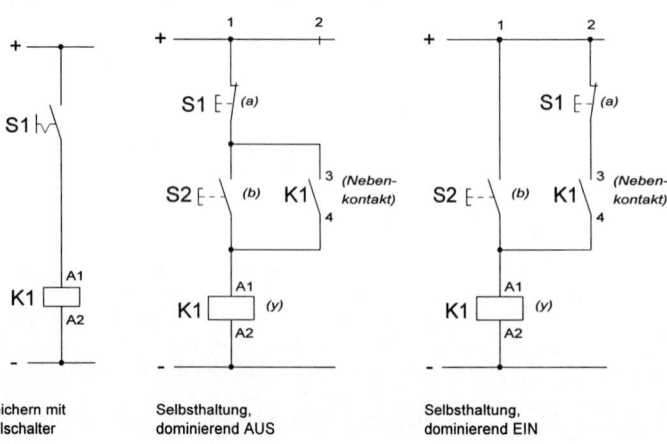

Speichern mit Stellschalter

Selbsthaltung, dominierend AUS

Selbsthaltung, dominierend EIN

Bild 19. Elektrische Signalspeicherung

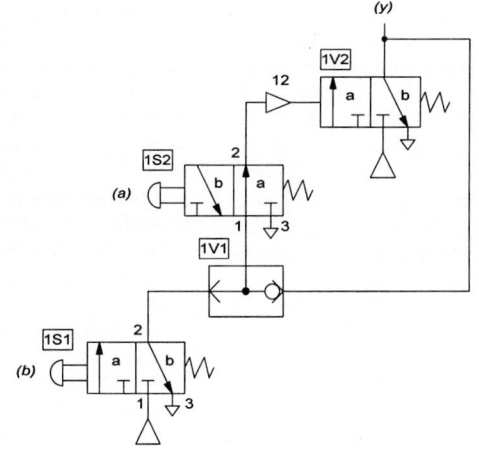

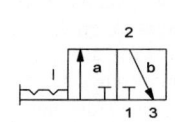

3/2-Wegeventil mit
Raste

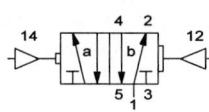

5/2-Wegeimpulsventil mit
dominierender Schaltstellung b

Pneumatische Signalspeicherung, dominierend AUS

Bild 20.
Pneumatische Signal-
speicherung

2.6 Zeitelemente und Zähler in Steuerungen

Zeitelemente in verbindungsprogrammierten Steuerungen

In verbindungsprogrammierten Steuerungen werden für Zeitfunktionen Zeitrelais und geeignete Ventile verwendet. Zeitrelais haben die Aufgabe, nach Ablauf einer vorher eingestellten Zeit einen oder mehrere Nebenkontakte zu betätigen.

Relais mit Anzugsverzögerung

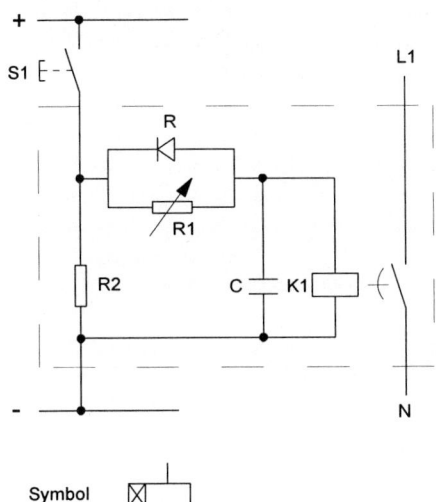

Symbol

Bei einem Relais mit **Anzugsverzögerung** beginnt der Zeitablauf mit dem Schließen eines Tasters. E-lektrisch wird die zeitliche Verzögerung durch RC-Glieder bewirkt. Sobald der Taster S1 betätigt wird, fließt über den einstellbaren Widerstand R1 der Strom zum Kondensator C. Die parallel geschaltete

Diode sperrt. Der Kondensator wird aufgeladen. Der Widerstand R2 verhindert nach dem Schließen des Tasters einen Kurzschluss. Beim Aufladen des Kondensators steigt die Spannung am Relais K1 langsam an. Ist die Schaltspannung erreicht, schaltet K1. Die Anzugsverzögerung wird am Widerstand R1 eingestellt.

Relais mit Abfallverzögerung

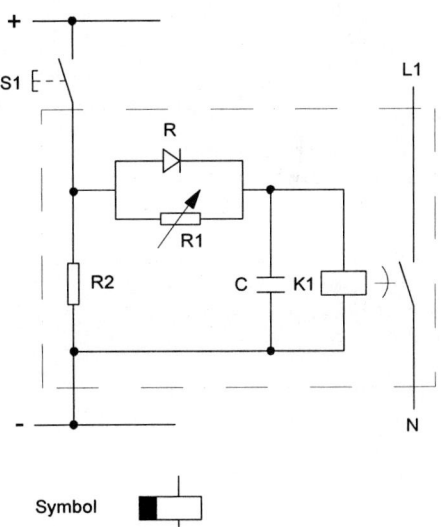

Symbol

Bild 21. Zeitrelais

Ein großer Widerstand bedeutet eine große Verzögerungszeit. Bei einem kleineren Widerstand fließt ein größerer Strom, was eine geringere Verzögerungszeit zur Folge hat. Sobald das Signal des Tasters abfällt, entlädt sich der Kondensator über die Diode R und den Widerstand R2 sehr schnell.

Bei einem Relais mit **Abfallverzögerung** beginnt der Zeitablauf mit dem Öffnen des Tasters. Nach Betätigung von S1 fließt der Strom über die in Durchlassrichtung geschaltete Diode zum Kondensator und zum Relais. Das Relais schaltet unmittelbar. Nach dem Spannungsabfall durch das Loslassen des Tasters entlädt sich der Kondensator über die in Reihe liegenden Widerstände und über die Spule des Relais K1. Ist R1 groß eingestellt, so fließt dort nur ein kleiner Strom. Für die Spule am Relais ist dann noch ein ausreichender Teilstrom vorhanden. Der Anker am Relais fällt verzögert ab und mit ihm die Kontakte.

In pneumatischen Ventilen wird eine Verzögerungszeit durch Drossel und Luftspeicher erreicht. Eingestellt wird die zeitliche Verzögerung durch eine Dros-

sel. Sie verlangsamt den Druckaufbau im Speicher oder verzögert den Druckabfall im Speicher.
Das 3/2-Wegeventils schaltet in Durchlassstellung (a), wenn der aufgebrachte Luftdruck größer ist als die Federkraft (Anzugsverzögerung). Fällt das Steuersignal (12) ab, kann die Steuerluft sehr schnell über das Sperrventil (Rückschlagventil) abfließen. Die Kombination aus Drossel und Sperrventil wird als Drosselrückschlagventil bezeichnet.
Bei der Abfallverzögerung wird das Ventil unmittelbar über die parallele Leitung zur Drossel in Durchlassstellung geschaltet. Das Umschalten des Ventils in die Sperrstellung (b) verzögert sich durch den verlangsamten Abfluss der Luft aus dem Luftspeicher über die Drossel. Der Bypass ist durch das Sperrventil verschlossen.

Anzugsverzögerung

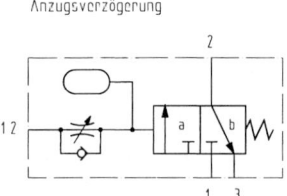

Abfallverzögerung

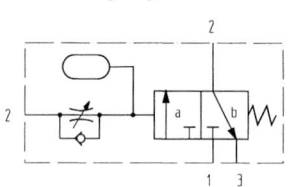

Bild 22.
Ventile mit Zeitelementen

Zeitoperationen mit speicherprogrammierbaren Steuerungen

Programmierbare Zeitglieder haben die Aufgabe, zwischen einem Eingangssignal und dem Ausgangssignal des Zeitglieds eine bestimmte zeitlogische Beziehung herzustellen. Zeitglieder von speicherprogrammierbaren Steuerungen können sowohl grafisch als Funktionsbausteine oder auch alphanumerisch editiert werden. IEC-Zeitfunktionen sind: SFB 3 TP zur Impulsbildung, SFB 4 TON als Einschaltverzögerung und SFB 5 TOF als Ausschaltverzögerung.

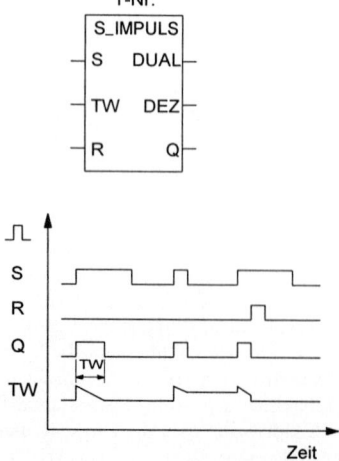

Bild 23. Zeit als Impuls (STEP 7)

Zeiten haben in der S7-CPU einen reservierten Speicherbereich vom Datentyp WORD; der Timer (Parameter: T-Nr.) hat den Datentyp TIMER. Das Zeitelement „Zeit als Impuls" begrenzt die Laufzeit eines Signals, wenn es länger ansteht, als die im Timerwort (TW) eingetragene Zeit. Die eingetragene Zeit wird durch ein Signal auf den Setzeingang (S) gestartet. Der Timerausgang Q des Zeitgliedes wird unmittelbar auf „1" gesetzt; nach Ablauf der eingetragenen Zeit fällt der Ausgang Q wieder auf „0" ab. Über den Rücksetzeingang (R) kann das Zeitglied jederzeit dominierend rückgesetzt werden. Am Ausgang DUAL steht der aktuelle Zeitwert (Restzeit) dualcodiert und am Ausgang DEZ im BCD-Format zur Verfügung.

Zähler in speicherprogrammierbaren Steuerungen

Zähler dienen in Verbindung mit einer SPS u.a. zur Erfassung von Stückzahlen, Flüssigkeitsmengen, Mengendifferenzen und Gewichten. Dabei werden die einer Teilmenge entsprechenden Impulse einem Zähler zugeführt, der die Summe der eintreffenden Impulse bildet. Der Zählerstand entspricht der erfassten Menge. Einrichtungszähler beginnen die Zählung bei Null oder zählen als Rückwärtszähler von einem programmierten Zählerstand nach Null.
Zähler haben einen reservierten Speicherbereich vom Datentyp WORD; der Parameter Z-Nr. hat den Datentyp COUNTER. Dargestellt werden die Zahlen von 0 bis 999. Durch Vor- und Rückwärtszähler kann der Zählerwert innerhalb dieses Bereichs verändert

werden. Der eingetragene Zählerwert ZW – Datentyp WORD – wird gesetzt, wenn der Signalzustand am Eingang S von „0" auf „1" wechselt. Jeder Impuls auf den Eingang ZV erhöht den Zählerstand um 1, jeder Impuls auf den Eingang ZR verringert den Zählerstand um 1. Wechselt der Signalzustand am Eingang R, wird der Zählerwert auf 0 gesetzt. Ein ständiges 0-Signal hält den Zählerstand auf 0. Der Ausgang Q führt 1-Signal, wenn der Zählerwert größer ist als 0. Im Ausgang DUAL steht der aktuelle Zählerwert dual codiert und im Ausgang DEZ im BCD-Format zur Verfügung. Beide Ausgänge haben den Datentyp WORD und können z.B. für Vergleichsfunktionen abgefragt werden.

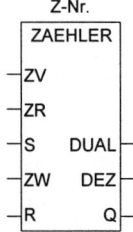

Bild 24. Zähler (STEP 7)

3 Steuerungsmittel

3.1 Mechanische Steuerungen und Speicher

Mechanische Steuereinrichtungen erreichen mit großen Stellgeschwindigkeiten sehr genaue Verstellwege. Sie bestehen aus Getrieben, Kupplungen, Kurvenscheiben und Hebeln. Die Antriebsenergie wird durch elektrische Antriebe bereitgestellt. Anwendung finden diese Steuerungsmittel vorwiegend im Werkzeugmaschinenbau.

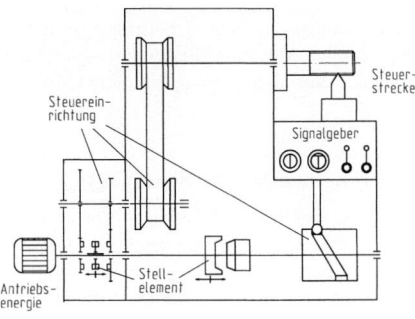

Bild 1. Mechanische Maschinensteuerung

Getriebe beeinflussen als Steuereinrichtungen die Steuerstrecke durch eine Änderung von Drehzahl, Drehmoment, Drehrichtung oder der Bewegungsart. Die Eingangssignale können von geeigneten mechanischen, elektrischen oder fluidischen Signalgebern

erzeugt werden. Die Steuereinrichtung „Getriebe" wirkt über geeignete Stellelemente auf die Steuergrößen Verfahrweg, Drehzahl und Geschwindigkeit zur Beeinflussung der Steuerstrecke ein.

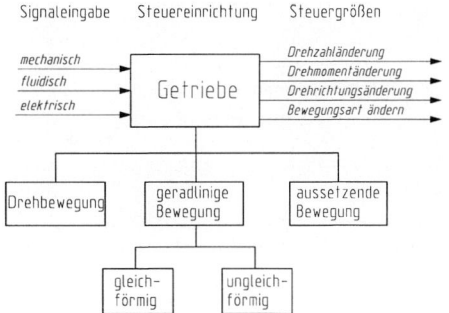

Bild 2. Prinzip mechanischer Steuerungen

3.1.1 Steuerung von Drehbewegungen

Drehbewegungen können mit Stufengetrieben und stufenlos verstellbaren Getrieben übertragen werden. Dabei werden die Drehzahl, die Drehrichtung und das Drehmoment gesteuert.
Die Antriebswelle wird in den meisten Fällen mit einer konstanten Antriebsleistung beaufschlagt. Mit einer Änderung der Drehzahl wird auch das Drehmoment verändert. Bei konstanter Leistung steht das Drehmoment M in umgekehrtem Verhältnis zur Drehzahl n (M ~ 1/n).

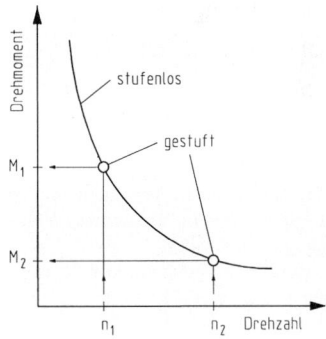

Bild 3. Kennlinie verstellbarer Getriebe

Die Kennlinie ist eine Hyperbel. Bei einem Stufengetriebe werden entsprechend der Anzahl der Drehzahlstufen Punkte der Hyperbel belegt; bei schlupffreien, stufenlos verstellbaren Getrieben entspricht die Kennlinie dem geschlossenen Kurvenzug.
Gestufte Getriebe werden als Stufenrädergetriebe und Stufenscheibengetriebe ausgeführt. Zur Kraftübertragung dienen Zahnräder oder Riemenscheiben und Riemen. Drehzahl und Drehrichtung werden bei automatischen Stufengetrieben durch Kupplungen verstellt.

Stufenlos verstellbare Getriebe werden ausgeführt als Umschlingungsgetriebe, Reibradgetriebe und Wälzgetriebe.

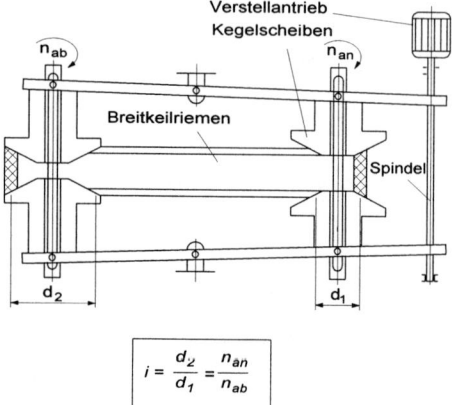

$$i = \frac{d_2}{d_1} = \frac{n_{an}}{n_{ab}}$$

Bild 4. Umschlingungsgetriebe

Umschlingungsgetriebe sind Stufenscheibengetriebe, bei denen die Scheiben aus 2 kegelförmigen Teilen bestehen. Die beiden Scheibenhälften lassen sich axial auf ihrer Welle verschieben. Dadurch werden die Laufradien/Durchmesser für das Zugmittel verstellt, was wiederum eine Änderung der Abtriebsdrehzahl und des Drehmoments zur Folge hat.
Die Zugmittel werden in Abhängigkeit von den auftretenden Zugkräften und der Lebensdauer des Getriebes ausgewählt. Neben dem Breitkeilriemen werden Lamellenketten und Rollenketten verwendet.

3.1.2 Steuerung geradliniger Bewegungen

Bei vielen Arbeitsmaschinen wird die Umwandlung der Drehbewegung in eine geradlinige Bewegung verlangt. Hierzu müssen zusätzliche Getriebe verwendet werden.
Zur Erzeugung gleichförmiger Bewegungen dienen Zahnrad und Zahnstange oder bei modernen Werkzeugmaschinen Kugelgewindetriebe.
Ungleichförmige Bewegungen können durch Kurbel- oder Kurvengetriebe erzeugt werden.

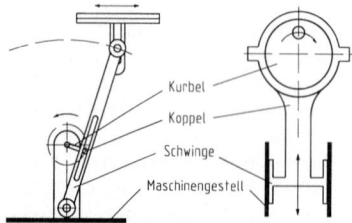

Bild 5. Kurbelgetriebe

Bei der Kurbelschleife ist die Schwinge am Maschinengestell befestigt. Durch die sich drehende Kurbel mit der Koppel wird die Schwinge in eine hin- und

hergehende Bewegung versetzt. Schubkurbelgetriebe werden zur Umwandlung von Dreh- in Längsbewegungen bei Pressen verwendet.

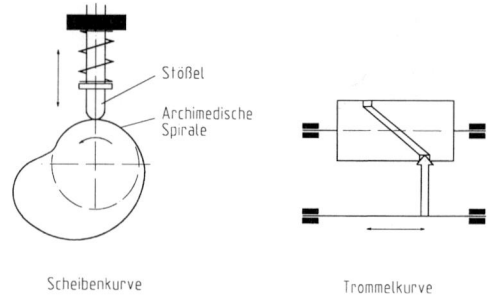

Bild 6. Kurvengetriebe

Zur Verwirklichung ungleichförmiger Bewegungen bei Zustell- und Vorschubbewegungen an Werkzeugmaschinen werden Kurvengetriebe verwendet. Die Bewegungsgesetze (Weg- und Geschwindigkeitsverläufe) werden durch die Kurvenform festgelegt. Das als Scheiben- oder Trommelkurve ausgeführte Maschinenelement ist ein **Programmspeicher**. Durch die Steigung der Kurve ist eine bestimmte Geschwindigkeit vorgegeben; der Weg wird von einer unteren bis zu einer oberen Raststellung von der Kurve abgenommen. Die Kurve ist also Speicher für Wege und Geschwindigkeiten. Sie überträgt die gesamte am Stellglied benötigte Leistung. Diese Leistung ist gekennzeichnet durch das Drehmoment an der Kurvenscheibe und die zugehörige Winkelgeschwindigkeit, die der Kraft und der Geschwindigkeit am Stellglied entsprechen. Der Übertragungsmechanismus besteht aus weiteren mechanischen Elementen wie Rolle, Hebel, Zahnstange und Ritzel oder Zahnsegment. Eine solche Steuerung ist einfach und wenig störungsanfällig. Eine Übertragung größerer Kräfte über längere Strecken ist jedoch aufgrund von Spiel und Verformungen in den Übertragungsgliedern ungünstig. Erhöhte Massenkräfte wirken sich zudem ungünstig auf das dynamische Verhalten solcher Systeme aus.

3.1.3 Steuerung aussetzender Bewegungen

Für Transportbänder, Rundschalttische, Werkzeugrevolver werden aussetzende Bewegungen verlangt. Getriebe zur Erzeugung aussetzender Bewegungen sind: Malteserkreuzgetriebe, Sternradgetriebe und Getriebe mit sich kreuzenden Wellen.

Das Malteserkreuzgetriebe besteht aus einer sich mit gleichbleibender Geschwindigkeit drehenden Scheibe mit einer Rolle und dem Malteserkreuz, welches mit unterschiedlich vielen Schlitzen ausgeführt werden kann. Die Rolle an der treibenden Scheibe greift bei jeder Umdrehung in einen Schlitz des Malteserkreuzes ein und dreht es weiter. Der Drehwinkel ist von der Anzahl der Schlitze des Malteserkreuzes abhängig.

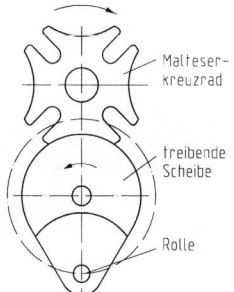

Bild 7. Malteserkreuzgetriebe

3.2 Elektrische Steuerungen

3.2.1 Bauelemente elektrischer Steuerungen

Elektrotechnische Bauelemente zeichnen sich hinsichtlich leichter Energieversorgung, hoher Lebensdauer und Wartungsfreundlichkeit aus. In jeder elektrischen Steuerung werden elektromechanische Schaltkontakte benötigt, die als Signalgeber verwendet werden. Man unterscheidet bei den Schaltkontakten zwischen Schließerkontakten und Öffnerkontakten. Schließerkontakte schließen bei Betätigung einen Stromweg, Öffnerkontakte unterbrechen bei Betätigung einen Stromweg. Schließerkontakte dienen zum Einschalten von Maschinen und Anlagen. Ausgeschaltet wird mit Hilfe von Öffnerkontakten. Im Sinne der Digitaltechnik können sowohl Schließer als auch Öffner nur 2 Zustände annehmen: Sie schließen (1) oder unterbrechen (0) einen Stromweg. Nach der Art ihrer Betätigung unterscheidet man zwischen Tastschaltern (Taster) und Stellschaltern (Schalter).

Taster wirken für die Dauer ihrer Betätigung. Der Kontakt oder die Kontaktunterbrechung erfolgt über bewegliche Schaltstücke. Die Betätigung kann von Hand oder durch Schaltnocken erfolgen. Eine Feder sorgt im Allgemeinen dafür, dass die Ausgangsstellung nach Rücknahme der Krafteinwirkung wieder erreicht wird. Tastschalter verfügen häufig über mehrere Schaltkontakte, die durchnummeriert werden.

Grenztaster werden durch Schaltnocken betätigt. Sie signalisieren das Erreichen von Endlagen oder verriegeln Bewegungsrichtungen. Sie sind mit Sprungschaltern ausgerüstet, damit bei langsamer Betätigung sprunghaft ein Kontakt geschlossen oder unterbrochen wird.

Stellschalter verharren in jener Schaltstellung, in der sie durch Betätigung versetzt werden. Sie werden ausgeführt als Kippschalter oder Wahlschalter für Betriebsarten mit mehreren Schaltstellungen.

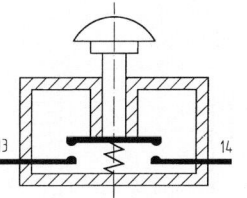

Konstruktionsprinzip

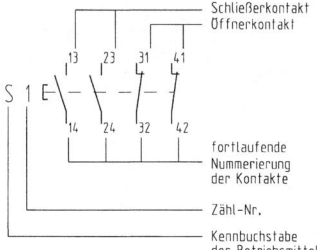

Taster mit 4 Kontakten

Bild 8. Tastschalter

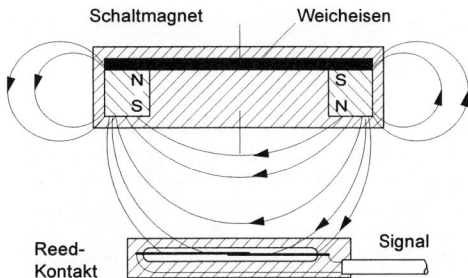

Bild 9. Reed-Kontakt

Reed-Kontakte sind berührungslos betätigte Näherungsschalter. Die Kontakte sind zum Schutz gegen Staub und Feuchtigkeit in einem Gehäuse angeordnet. Bei Annäherung eines Permanentmagneten werden die Kontaktzungen geschlossen. Das Signal kann zur Kontrolle von Endlagen oder zur Erfassung von Zählimpulsen für Stückzahlen verwendet werden. Die Schaltzeit ist kleiner *2 ms*; die Schaltfrequenz *500 Hz*. Die Fernbedienung von Schaltkontakten erfolgt über Relais oder Schütze. **Relais** sind kleine elektromagnetisch angetriebene Schalter, die bevorzugt im Steuerstromkreis eingesetzt werden zum Schalten kleiner Leistungen.

Schütze sind elektromagnetisch angetriebene Schalter, die mit kleiner Steuerleistung große Arbeitsleistungen (*1 bis 500 kW*) schalten. Die Kontakte werden geschlossen, wenn die Spule erregt wird und den Anker anzieht. Die Schützspule wird entweder von Wechselstrom (Wechselstromschütz) oder Gleichstrom (Gleichstromschütz) durchflossen.

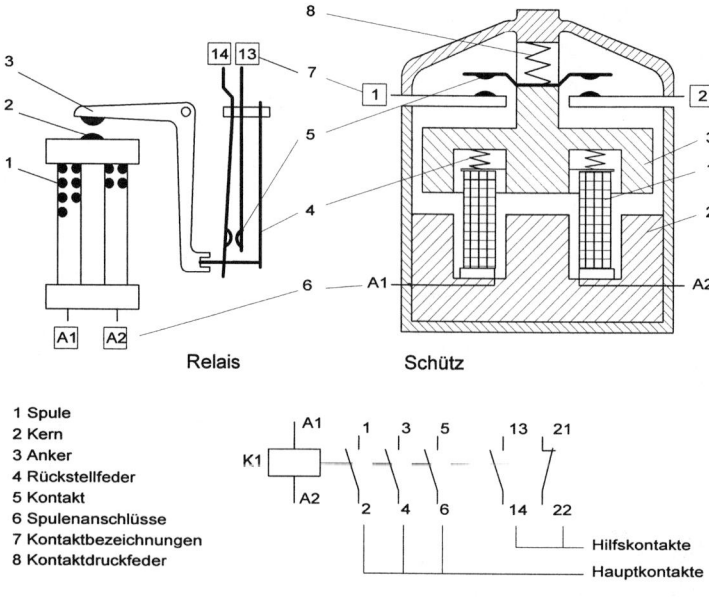

1 Spule
2 Kern
3 Anker
4 Rückstellfeder
5 Kontakt
6 Spulenanschlüsse
7 Kontaktbezeichnungen
8 Kontaktdruckfeder

Schaltzeichen eines Schützes mit Hilfskontakten

Bild 10.
Relais und
Leistungsschütz

Nach dem Abfall der Steuerspannung wird der Anker durch Federkraft rückgestellt. Zusätzliche Hilfskontakte dienen zur Schützüberwachung. Relais und Schütze sind weitgehend wartungsfrei und sorgen für eine galvanische Trennung von Steuer- und Arbeitsstromkreis. Nachteilig sind der Kontaktabrieb, Schaltgeräusche und begrenzte Schaltgeschwindigkeiten.

Will man in Fertigungsprozessen den bedienenden und überwachenden Menschen weitgehend ersetzen, müssen Kenngrößen des zu automatisierenden Prozesses durch Sensoren messtechnisch erfasst und aufbereitet werden. Ein **Sensor** ist eine in sich abgeschlossene Steuerungskomponente, die an ihrem Eingang durch einen geeigneten Messfühler mit der Messgröße in Verbindung steht und diese in ein elektrisches Signal umformt. Der Anwender unterscheidet die Sensoren nach der zu erfassenden Messgröße, dem Messverfahren und nach der Art des Sensorausgangs: binär oder multivalent. Binäre Sensoren kennen nur zwei Zustände: Ein oder Aus, entsprechend den logischen Zuständen 1/0. Multivalente Sensoren sind analoge oder digitale Sensoren.

Um eine beliebige physikalische Größe in ein elektrisches Signal umzuformen, bedarf es eines Messfühlers (engl. Sensor element), der mittels eines geeigneten physikalischen Prinzips diese Umformung erreicht.

Als physikalisches Prinzip zur Erfassung einer Temperatur kann die Temperaturabhängigkeit des ohmschen Widerstandes eines Metalls genutzt werden. Der Widerstand wird mit einem konstanten

Strom gespeist. Ändert sich die Temperatur des Messobjekts, z.B. einer Flüssigkeit, kann die veränderte Messgröße (Temperatur) über ein proportionales Messsignal erfasst werden. Sensoren beinhalten prinzipiell einen geeigneten Messfühler und eine Anpasselektronik zur Verstärkung und/oder Umformung des elektrischen Signals. Die Anpasselektronik kann aus wenigen passiven Bauteilen bestehen oder aus einer komplexen Elektronik einschließlich eines Mikroprozessors für Selbstdiagnose und zur Aufbereitung eines genormten Ausgangssignals:

- $0 ... 10\,V$ oder $0 ... \pm 10\,V$
- $0 ... 20\,mA$ oder $4 ... 20\,mA$
- $5 ... 25\,Hz$

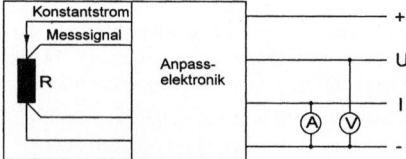

+, -: Spannungsversorgung
U, I: Ausgangssignal

Bild 11. Messwertaufnehmer

Wichtige physikalische Messgrößen sind: Länge/Weg, Dehnung, Geschwindigkeit, Winkelgeschwindigkeit, Kraft, Druck, Temperatur, Feuchtigkeit, Beleuchtungsstärke.

Die Messfühler können in zwei Hauptkategorien aufgeteilt werden:

Aktive Messfühler sind Energiewandler. Sie formen die zu messende nichtelektrische Größe direkt in ein Signal um. Wichtige aktive Sensorelemente sind elektromagnetische, kapazitive und piezoelektrische Fühler, Thermoelemente, Fotoelemente und pH-Sonde.

In vielen Bereichen der Automation reichen einfache Abfragen: Wird eine bestimmte Distanz über-/unterschritten, eine bestimmte Füllhöhe über-/unterschritten, Bohrer gebrochen/nicht gebrochen usw. Für solche Informationen werden binäre Sensoren verwendet. Bis auf den mechanischen Grenztaster arbeiten alle Sensoren berührungslos. Mechanisch arbeitende Schalter sind jedoch nach wie vor sehr wichtig. Ihre Vorteile sind: robust, preisgünstig, sehr kleine Abmessungen, für kleine und große Schaltleistungen erhältlich und sicher im Einsatz. Die binären elektrischen Sensoren sind mit einem Schwellwertschalter (Trigger) aufgebaut. Erreicht die Messgröße die Einschaltschwelle, dann wird eingeschaltet. Bei Unterschreitung der Ausschaltschwelle wird das Signal ausgeschaltet.

Tabelle 1. Binäre Sensoren

Sensortyp	Messgröße	Physikalisches Prinzip
Grenztaster	Distanz über-/unterschritten, Druck, Kraft über-/unterschritten, Niveau über-/unterschritten	Kontaktbetätigung über ein Hebelsystem (taktil)
Lichtschranke	Objekte im Raum detektieren, Objektdistanz über-/unterschritten, Niveau über-/unterschritten	Lichtstrahl wird unterbrochen Reflektiertes Licht wird erfasst Winkel des vom Objekt zurückgeworfenen Lichtstrahls wird detektiert
Induktiver Sensor	Objektdistanz über-/unterschritten	Sensor erzeugt magnetisches Feld. In elektrisch leitendem Material im Feld werden Wirbelströme erzeugt.
Kapazitiver Sensor	Objekt im Raum detektieren, Objektdistanz über-/unterschritten	Sensor erzeugt elektrisches Feld. Objekt im Feld erhöht die Kapazität des Sensors.
Ultraschall	Objekt im Raum detektieren, Objektdistanz über-/unterschritten, Niveau über-/unterschritten	Sensor sendet Schallimpuls aus, der vom Objekt zurückgeworfen wird. Durch Messung der Laufzeit kann die Objektdistanz bestimmt werden.

Als Kriterien für die Auswahl geeigneter Sensoren sind zu beachten:

- Materialabhängigkeit
- Reichweite
- Wiederholgenauigkeit
- Schmutzempfindlichkeit
- Feuchteempfindlichkeit
- Temperaturbereich
- Schwingungsempfindlichkeit
- Schaltspielzahl
- Kosten
- Wartungsfreundlichkeit
- Selbstdiagnose

Mit analogen Sensoren werden physikalische Größen erfasst und in analoge elektrische Spannungs- oder Stromsignale umgewandelt. Durch Kalibrierung können sie auch als Messwertgeber in digitalen Steuerungen eingesetzt werden. Analoge Sensoren dienen zur

- Erfassung von Wegen, Winkeln, Abständen und Dicken
- Geschwindigkeitsmessung
- Erfassung von Dehnungen, Kräften, Kraftmomenten und Drücken
- Erfassung von Beschleunigungen (Schwingungen)
- Messung von Temperaturen.

Passive Messfühler sind Impedanzen (ohmscher Widerstand, Induktivität, Kapazität), die durch die physikalische Messgröße verändert werden. Damit ein elektrisches Signal entsteht, wird eine Hilfsenergie benötigt. Wichtige passive Sensorelemente sind das Potentiometer, der Dehnungsmessstreifen (DMS), induktive und kapazitive Fühler sowie temperaturabhängige Widerstände (NTC, PTC, Pt 100).

Der ohmsche Widerstand R eines Körpers (einer Widerstandsbahn) mit gleichbleibendem Querschnitt hat den Wert:

$$R = \frac{\rho \cdot l}{A}.$$

Der Leiterwiderstand R kann sich durch eine Veränderung des spezifischen Widerstandes ρ infolge einer Temperaturänderung oder durch die Veränderung der mechanischen Spannung in einem Bauteil ändern. Auch die Änderung der Leiterlänge l oder des Querschnitts A führt zu einer Veränderung des Leiterwiderstandes. Diese Zusammenhänge werden in ohmschen Widerstandssensoren genutzt. Messpotentiometer dienen zur Schließwinkelerfassung von Ventilen oder zur Messung des Verfahrweges eines Schlittens aufgrund veränderter Potentiometerspannungen. Potentiometer liefern eine winkel- bzw. wegproportionale Spannung.

$$\frac{R_x}{R_o} = \frac{s}{s_o} \Rightarrow R_x = \frac{s}{s_o} \cdot R_o \quad \text{bzw.}$$

$$\frac{U_x}{U_o} = \frac{s}{s_o} \Rightarrow U_x = \frac{s}{s_o} \cdot U_o$$

Die Linearitätsabweichung bei Potentiometern nimmt zu, wenn die Teilspannung R_x gegenüber der Gesamtspannung sehr klein wird. Die Abweichung liegen jedoch weit unter 1 %.

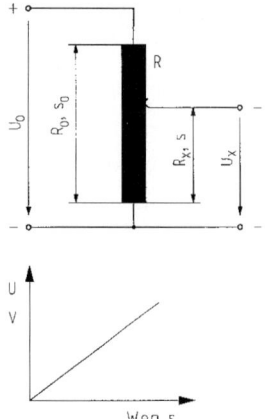

Bild 12. Prinzip eines analogen Sensors

Zum zahlenmäßigen Erfassen von Messgrößen wie Wegstrecken oder Zeitspannen werden digitale Sensoren verwendet. Wichtige digitale Sensoren im Maschinenbau sind inkrementale Wegsensoren, Codemaßstäbe und Winkelcodierer zur Erfassung von Verfahrwegen oder Drehbewegungen an Werkzeugmaschinen.

Wichtige **Aktorelemente** in der Steuerungstechnik sind Elektromagnete. Sie werden häufig zur Betätigung von Ventilen und Kupplungen verwendet. Im Prinzip bestehen sie aus einer Spule mit Eisenkern und einem beweglichen Eisenkern, dem Anker. Wird die Magnetspule von Strom durchflossen, wird der bewegliche Anker angezogen. Er stellt sich so ein, dass der Widerstand für die magnetischen Flusslinien möglichst klein wird. Man unterscheidet zwischen Hub- und Drehmagneten.

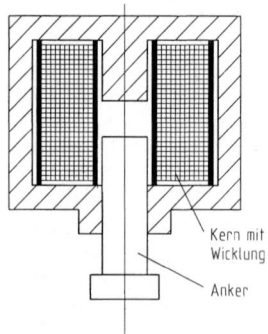

Bild 13. Hubmagnet

Wichtige elektrische Antriebe zur Erzeugung von Drehbewegungen sind der Gleich- und der Drehstrommotor. Lineare Bewegungen werden von Linearmotoren erzeugt. Beim Linearmotor bewirkt ein magnetische Wanderfeld eine Kraft und bewegt je nach technischer Ausführung den Induktor oder den Anker in linearer Richtung des Feldes. Line-

armotoren werden in Förderanlagen, für den Werkstofftransport und für Schnellbahnen verwendet.

Gleich- und Drehstromantriebe benötigen einen hohen Anlaufstrom im Moment des Einschaltens, deshalb dürfen nur kleine elektrische Motoren direkt eingeschaltet werden. Gleichstrommotoren werden heute über Stromrichterschaltungen angelassen und betrieben. Auch für Drehstrommotoren gibt es eine Vielzahl von Anlassschaltungen, u.a. die Stern-Dreieckschaltung. Während der Hochlaufphase verringert sich der Anlaufstrom bis zum Bemessungsstrom.

Je nach Bauart werden Gleichstrommotoren als Antriebe für Werkzeugmaschinen, Förderanlagen, Lüfter, Pumpen und Bahnen eingesetzt. Drehstrommaschinen finden u.a. Verwendung zum Antrieb von Werkzeugmaschinen, Ventilatoren, Wasserpumpen und Gebläsen. Die Auswahl des Antriebs richtet sich nach der Betriebsart und dem Drehzahlverhalten in Abhängigkeit vom Motordrehmoment.

Die wichtigsten **elektronischen Bauelemente** für Schaltungen in der Steuerungstechnik sind Dioden, Transistoren und Thyristoren. Sie werden aus den chemisch 4-wertigen Grundwerkstoffen Silizium und Germanium gefertigt. Beide Stoffe haben im reinen Zustand nur eine begrenzte Leitfähigkeit. Bei der Herstellung der Halbleiterbauelemente werden die Grundwerkstoffe geringfügig durch die 3-wertigen Elemente Indium (P-Dotierung) oder 5-wertigen Elemente Antimon (N-Dotierung) verunreinigt. Bei P-Dotierung beruht der physikalische Leitungsmechanismus auf einem Mangel an Elektronen, bei der N-Dotierung auf einem Überschuss an Elektronen. Fügt man nun P- und N-dotierte Halbleiter aneinander, dann ist diese Anordnung leitend, sobald eine Spannung angelegt wird: Minuspol an der N-Dotierung, Pluspol an der P-Dotierung. Die überschüssigen Elektronen des N-dotierten Halbleitermaterials wandern in die Fehlstellen des P-dotierten Halbleitermaterials. Man spricht von einem PN-Übergang in Durchlassrichtung. Wird die Polung umgetauscht, findet kein Elektronenfluss statt. Die überschüssigen Elektronen des N-dotierten Materials werden zum hier anliegenden Pluspol getrieben. Aus dem Bereich des Elektronenmangels können keine Elektronen abfließen. Dieser PN-Übergang sperrt.

Halbleiterdioden sind Bauelemente mit einem PN-Übergang. Die Diode lässt in Pfeilrichtung den Strom fließen und sperrt in entgegengesetzter Richtung. Dioden werden zur Gleichrichtung von Wechselströmen, zur Trennung elektrischer Geräte von bestimmten Stromwegen und zur Verknüpfung von Signalen eingesetzt.

Transistoren bestehen aus 3 Halbleiterschichten mit der Dotierungsfolge PNP oder NPN.

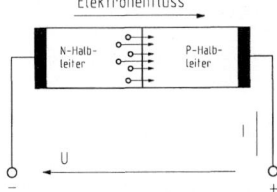

PN-Übergang

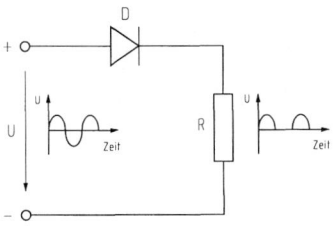

Einweg-Gleichrichterschaltung

Bild 14. Diode

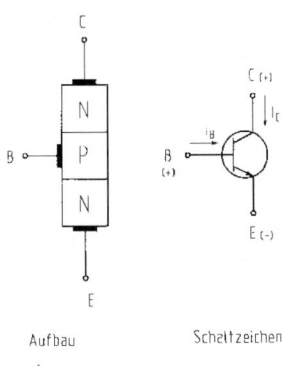

Aufbau   Schaltzeichen

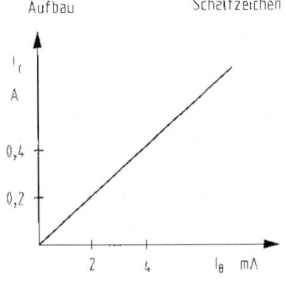

Strom-Steuerkennlinie

Bild 15. NPN-Transistor

Die Basis des Transistor (B) dient zur Steuerung des Stromes. Liegt an der Basis des Transistors keine Steuerspannung, ist der Durchgang Emitter-Kollektor gesperrt, da ein PN-Übergang immer in Sperrrichtung arbeitet. Liegt an der Basis eine Spannung, bewirkt der Basisstrom eine Aufhebung dieser Sperrwirkung des PN-Übergangs; der Strom

fließt zwischen Kollektor (C) und Emitter (E). Der Basisstrom I_B ist wesentlich kleiner als der gesteuerte Strom I_c, so können auf einfache Weise kleine Eingangsleistungen elektronisch verstärkt werden.

Ein **Thyristor** ist ein steuerbarer Halbleiterbaustein mit mehreren P- und N-Bereichen. Im ungesteuerten Fall sperrt der Thyristor den Strom in beiden Richtungen. Durch einen Stromimpuls über eine Steuerelektrode wird der Thyristor leitend, wenn eine positive Spannung zwischen Anode und Katode anliegt. Solange die Spannung anliegt, bleibt der Thyristor leitend. Wird der durchfließende Strom Null, sperrt der Thyristor, bis er durch einen erneuten Impuls angesteuert wird. Mit Thyristoren können steuerbare Gleichstromquellen für Antriebe aufgebaut werden.

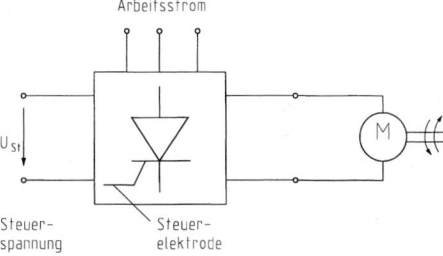

Bild 16. Steuerung mit Thyristor

3.2.2 Elektrische Schaltungstechnik

Elektrische Schaltungen werden durch Schaltpläne dargestellt. Sie erläutern die Arbeitsweise, die Anordnung und das Zusammenwirken der Betriebsmittel.

■ **Beispiel: Drehrichtungssteuerung**
Die Ständerwicklung eines kleinen Drehstrommotors mit einer Leistung von *1 kW* für einen Lüfter soll in Sternschaltung durch einen handbetätigten Motorschutzschalter an ein Drehstromnetz angeschlossen werden. Der **Motorschutzschalter** Q1 wird als Hauptschalter an der Netzschaltstelle zur Dauereinschaltung verwendet. Er vereint die Schaltfunktionen und Überlast- sowie Kurzschlussschutz. Nach Betätigung ist der Arbeitsstromkreis an das Drehstromnetz angeschlossen; ein Hilfskontakt schaltet den Steuerstromkreis betriebsbereit.
Die Leitungen werden durch zusätzliche Schmelzsicherungen geschützt. Rechts- und Linkslauf werden durch zwei Taster geschaltet, die gegenseitig zu verriegeln sind. Eine direkte Umschaltung der Drehrichtung soll nicht möglich sein. Zum Anhalten dient ein Taster mit Öffnerkontakt.
Anmerkungen zum Schaltplan:
Die Steuerung des Drehstrommotors erfolgt indirekt durch Trennung des Stromlaufplans in einen Steuer- und einen Arbeitsstromkreis. Die Ansteuerung des Motors erfolgt über die Schütze K1 und K2. Die Spulenanschlüsse liegen im Steuerstromkreis an einer kleinen Steuerspannung; die Hauptkontakte schalten im Hauptstromkreis den Arbeitsstrom. Hierdurch ergeben sich wesentliche Vorteile:
- Geringe Steuerspannungen schalten hohe Arbeitsströme (Sicherheit)
- Galvanische Trennung von Steuer- und Arbeitsstromkreis

Hauptstromkreis

400 V∿50 Hz

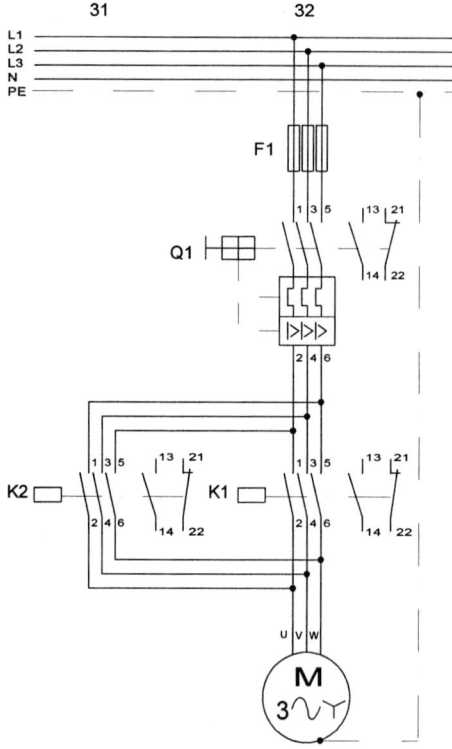

Steuerstromkreis

24 VAC

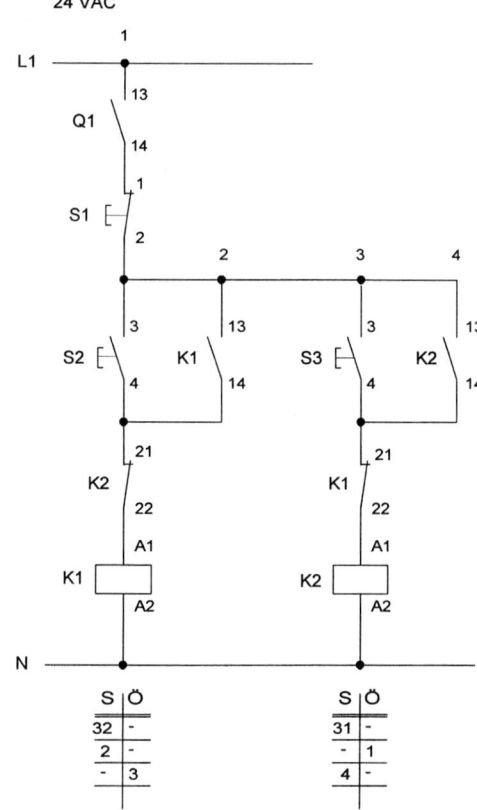

Bild 17. Schaltplan für einen Drehstrommotor

- Die übersichtliche Darstellung der Steuerung erleichtert die Fehlersuche
- Fernbedienung der Antriebe
  Wird der Taster S2 betätigt, schließt sich der Stromweg 1 für das Schütz K1. Über den 1. Nebenkontakt des Hilfsschützes im 2. Stromweg geht das Schütz in Selbsthaltung. Der 2. Nebenkontakt unterbricht den 3. Stromweg zum Schütz K2. Rechts- und Linkslauf sind gegeneinander verriegelt. **Verriegelungen** sollen unerwünschte Schaltzustände verhindern. Diese können verursacht werden durch:
- Fehlbedienung
- Durch fehlerhafte Befehlsgeräte und Schütze (Verschweißen oder Klemmen der Kontakte)
- Zu große Rückfallzeiten eines Schützkontaktes gegenüber der Anzugszeit eines anderen Schützes
  Der Hauptkontakt des Schützes schließt im Stromweg 32 die 3 Strombahnen des Drehstromnetzes und der Motor läuft hoch. Eine direkte Umschaltung des Motors in den Linkslauf ist wegen der Schützverriegelung nicht möglich. Eine Umschaltung in den Linkslauf setzt zunächst die Betätigung des Tasters S1 voraus. Alle Kontakte des Schützes K1 fallen ab:
- Die Selbsthaltung wird unterbrochen
- Der Motor liegt nicht mehr am Drehstromnetz
- Die Verriegelung des Schützes K2 ist aufgehoben
  Durch eine Betätigung des Tasters S3 wird der Linkslauf gestartet, die Selbsthaltung realisiert und das Schütz K1 verriegelt.

Löst der Motorschutzschalter infolge Überlastung oder Kurzschluss aus, nimmt das Schaltschloss die Schaltstellung „Ausgelöst" ein. Eine mechanische Wiedereinschaltsperre verhindert ein selbsttätiges Anlaufen des Motors, z.B. nach Abkühlung.

3.3 Fluidische Steuerungen

3.3.1 Vergleich fluidischer Steuerungen

Fluidische Steuerungen nutzen zur Leistungsübertragung die Wandlung von mechanischer Energie in Druckenergie in strömenden Flüssigkeiten und Gasen. Die einfach steuer- und regelbaren Flüssigkeits- und Gasströme gestatten vielfältige Anwendungsmöglichkeiten. Aufgrund der hohen Leistungsdichte (Druck) lassen sich große Kräfte bei geradlinigen und rotierenden Bewegungen mit relativ kleinen Maschinen erzeugen. Dadurch ergibt sich ein günstiges Leistungsgewicht, dass hohe Umschaltgeschwindigkeiten zulässt. Druckerzeuger, Steuerelemente und Antriebe sind in einem Kreislauf geschaltet. Innerhalb eines Steuerkreises können je nach Zusammenstellung

Antriebe mit kreisendem, schwenkendem oder schiebendem Abtrieb verwendet werden. Die Stellelemente für die Antriebe können direkt oder indirekt betätigt werden; in Verbindung mit elektrischen/elektronischen Steuerungsmitteln besteht eine gute Fernbedienbarkeit. Der Transport des Druckmittels in Leitungen ermöglicht eine hohe Freizügigkeit in der räumlichen Anordnung der Bauelemente.

Tabelle 2. Prinzip fluidischer Steuerungen

Energiefluss	Bauelemente
Sekundäre Energiewandlung: Wandlung der pneumatischen oder hydraulischen Energie in mechanische Arbeit	Zylinder, Hydro- oder Druckluftmotor, Schwenkmotor
Energiesteuerung: Erfolgt durch direkte oder indirekte Betätigung von Ventilen, die die Wirkungsrichtung, die Durchflussmenge und den Druck beeinflussen	Wege-, Druck-, Strom- und Sperrventile
Energietransport: Erfolgt durch Flüssigkeiten oder Gase	Leitungen, Leitungsverbindungen, Sperrventile, Filter, Trockner, Kühler
Energiebevorratung:	Tank, Hydraulikspeicher, Druckluftspeicher, Manometer
Primäre Energiewandlung: Wandlung mechanischer in pneumatische oder hydraulische Energie	Elektromotor und Pumpe oder Verdichter

Die Pneumatik findet vornehmlich Anwendung bei
- Linearantrieben zum Zuführen, Verschieben, Spannen und Auswerfen
- Rotierenden Antrieben zum Schrauben, Bohren und Schleifen
- Schlagenden Antrieben zum Meißeln, Schneiden, Nieten und Pressen
- Düsen zum Auswerfen von Werkstücken und Reinigen von Spänen
- Sandstrahl- und Farbspritztechniken und
- der Vakuumtechnik

Bevorzugte Anwendungsbereiche der Hydraulik sind:
- Werkzeugmaschinen-, Hütten- und Walzwerkindustrie
- Straßenfahrzeuge, Bau- und Landmaschinen
- Kunststoffverarbeitung
- Schiffsbau und
- Flugzeughydraulik

Tabelle 3. Vor- und Nachteile fluidischer Antriebe

Eigenschaft	Pneumatik	Hydraulik
Druckmedium	Luft ist kompressibel, Arbeitsdruck < 10 bar	Öl ist nahezu inkompressibel Arbeitsdruck 30 ... 400 bar
Temperaturverhalten	Unempfindlich gegen Temperaturschwankungen	Viskosität verändert sich, höhere Leckverluste
Weggenauigkeit	Weniger gut	Sehr gut
Steuer- und Regelbarkeit	Sehr gut	Sehr gut
Signalverknüpfung mit anderen Systemen	Vorwiegend elektromagnetische Ventile	Vorwiegend elektromagnetische Ventile
Wirkungsgrad	Weniger gut aufgrund volumetrischer- und Reibungsverluste	Weniger gut aufgrund volumetrischer und Reibungsverluste
Überlastsicherheit	Ja	Ja, durch Druckbegrenzung
Leistungsdichte	Weniger gut aufgrund der Kompressibilität der Luft, geringere Kolbenkräfte	Sehr gut aufgrund hoher Betriebsdrücke und kleiner Bauelemente

3.3.2 Bauelemente in fluidischen Steuerungen

Signale in pneumatischen und hydraulischen Steuerungen werden häufig von Wegeventilen gegeben. **Wegeventile** beeinflussen die Steuerung durch Veränderung ihrer Schaltstellung, indem sie die Durchflussrichtung des Druckmittels sperren oder freigeben.

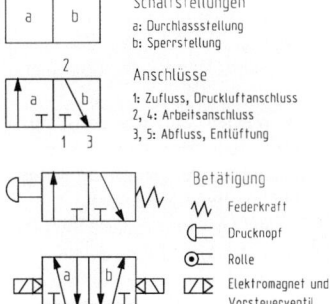

Bild 18. Wegeventile

Die Schaltstellungen a und b werden durch Rechtecke dargestellt. Die Anzahl der Felder entspricht der Anzahl der Schaltstellungen. Die Ventile haben Anschlüsse für den Zufluss des Druckmittels, für die Arbeitsleitungen und die Entlüftung. Die Ausgangsstellung ist jene, die ein Ventil nach dem Einschalten der Druckquelle einnimmt und mit der das Steuerprogramm beginnt. Ist das Druckmittel in der Ausgangsstellung gesperrt, spricht man von der Sperr-Nullstellung; strömt das Druckmittel in der Ausgangsstellung durch das Ventil, so spricht man von der Durchfluss-Nullstellung. Die Anschlüsse müssen in den verschiedenen Schaltstellungen an genau dieselbe Stelle gesetzt werden, damit sich die Leitungsanschlüsse in den verschiedenen Schaltstellungen überdecken. Die Bezeichnung eines Wegeventils ergibt sich aus der Anzahl der Anschlüsse und der Anzahl der Schaltstellungen, z.B. 3/2-Wegeventil.

Ventile, die keine definierte Ausgangsstellung haben, werden als Impulsventile bezeichnet. Ein solches Ventil ist im Bild 18 das 5/2-Wegeventil. Wird das Ventil durch einen Impuls kurzzeitig angesteuert, dann nimmt es eine neue Schaltstellung ein und behält diese solange bei, bis es durch einen Gegenimpuls wieder umgesteuert wird. Das Ventil hat Haftverhalten, d.h. es speichert den jeweiligen Schaltzustand. Die Ventile können auch durch Handhilfsbetätigung umgeschaltet werden. Im Gegensatz zu den bistabilen Impulsventilen haben Ventile mit Federrückstellung eine definierte Ausgangsstellung; sie sind monostabil.

Die Betätigung der Ventile erfolgt durch Muskelkraft (Knopf, Hebel, Pedal), mechanisch durch Stößel, Feder, Rolle oder durch Elektromagnete. Die Betätigungsarten sind genormt und werden außerhalb der Ventile angeordnet (DIN ISO 1219). Die Auswahl der Wegeventile erfolgt entsprechend dem Verwendungszweck und der geforderten Funktion. Nach ihrem Konstruktionsprinzip unterteilt man sie in Sitz- und Schieberventile. Sitzventile haben Schließelemente wie Kugel, Kegel oder Teller. Das 3/2-Wegeventil ist ein Tellersitzventil. Es hat einen kurzen Betätigungsweg. Bei größeren Ventilen werden häufig größere Betätigungskräfte erforderlich. Man verwendet dann vorgesteuerte Ventile, bei denen elektromagnetisch besteuerte Ventile das Hauptventil öffnen.

Bei Schieberventilen werden die Ventilanschlüsse durch eine axiale Bewegung des Steuerkolbens im Ventil gesteuert. Schieberventile kennzeichnen größere Schaltwege und kleine Betätigungskräfte.

Sperrventile sperren den Durchfluss des Druckmittels in einer Richtung und geben ihn in entgegengesetzter Richtung frei. Zu dieser Gruppe von Ventilen gehören das Rückschlag-, das Schnellentlüftungs-, das Wechsel- und Zweidruckventil. Schnellentlüftungsventile ermöglichen die direkte Entlüftung des Zylinders.

Wechsel- und Zweidruckventil dienen auch zur logischen Verknüpfung von binären Signalen. Das Wech-selventil entspricht einem logischen ODER und das Zweidruckventil einem logischen UND [4].

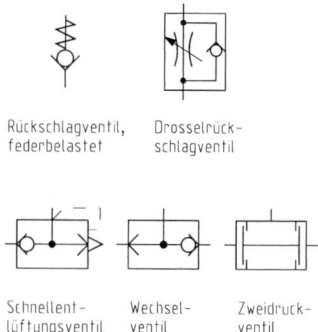

Rückschlagventil, federbelastet   Drosselrückschlagventil

Schnellentlüftungsventil   Wechselventil   Zweidruckventil

Bild 19. Sperrventile

Stromventile steuern durch Verstellen des Durchflussquerschnitts die Menge des durchfließenden Mediums. Dadurch wird die Geschwindigkeit des Zylinders oder die Drehzahl eines Motors gesteuert. In pneumatischen Steuerungen werden vorwiegend Drosselventile zur Veränderung des Leitungsquerschnitts eingesetzt. Die Drosselventile sind häufig mit Rückschlagventilen gekoppelt, genannt Drosselrückschlagventile. In einer Richtung wird die Durchflussmenge gedrosselt, die parallele Leitung sperrt. Bei Umkehrung der Durchflussrichtung ermöglicht das Rückschlagventil den freien Durchfluss.

Bei Drosselventilen besteht an der Drosselstelle vor und hinter der Drossel ein Druckgefälle Δp. Mit zunehmender Druckdifferenz wird der Öl- oder Luftstrom größer. Der Druck p_1 im Zulauf wird im Allgemeinen konstant gehalten. Der Druck p_2 ist abhängig vom Arbeitswiderstand. Ändert sich dieser, ändert sich auch der Druck p_2. Einfache Drosselventile werden dort eingesetzt, wo die Belastungsdrücke sich wenig ändern.

Bei einer Blende ist die Drosselstrecke besonders klein; sie ist annähernd Null und damit viskositätsunabhängig.

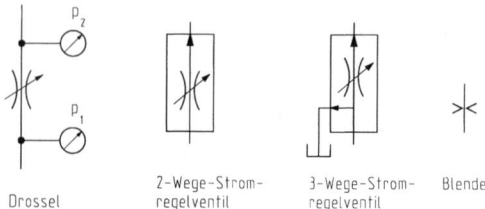

Drossel   2-Wege-Stromregelventil   3-Wege-Stromregelventil   Blende

Bild 20. Stromventile

[4]   Schaltungen mit Zweidruck- und Wechselventilen sind in den Abschnitten 1 und 2 dargestellt.

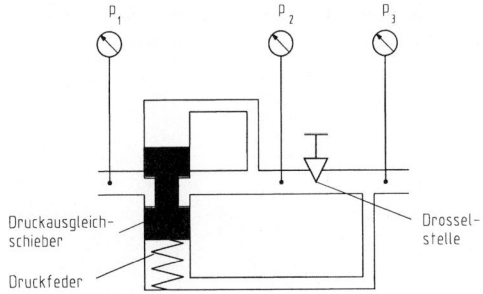

Bild 21. Schema eines 2-Wege-Stromregelventils

Sind weitgehend konstante Drücke erforderlich, bietet sich die Verwendung eines 2-Wege-Stromregelventils an. Es besteht aus einer Drossel mit veränderlichem Querschnitt und einem Druckausgleichschieber.
Der Druckausgleichschieber wird an den gleichgroßen Stirnflächen mit dem Druck p_2 vor der Drossel und dem Druck p_3 hinter der Drosselstelle beaufschlagt. Da der Druck hinter der Drosselstelle kleiner ist, muss der Druckausgleichschieber ständig durch eine Feder unterstützt werden. Diese Feder ist maßgebend für die Druckdifferenz an der Drosselstelle. Das Gleichgewicht drückt sich in folgender Gleichung aus:

$$\Delta p_{2,3} = \frac{F_F}{A} = \text{const.}$$

Tritt eine Erhöhung der Last auf, dann steigt p_3 an. Der erhöhte Druck p_3 verändert die Lage des Druckausgleichschiebers so, dass sich der Zuflussquerschnitt weiter öffnet. Dadurch wird der Druck p_2 erhöht und $\Delta_{p2,3}$ wird auf den konstanten Wert korrigiert.

Druckventile dienen zur Druckbegrenzung, zum Zu- und Abschalten des Drucks und zur Konstanthaltung des Arbeitsdrucks. **Druckbegrenzungsventile** begrenzen die Höhe des Systemdrucks (Sicherheitsventil) in hydraulischen Anlagen. Sie öffnen bei Überschreitung des durch eine Feder eingestellten Systemdrucks. Bei der Auswahl des Ventils muss auf den maximalen Druck und die maximale Durchflussmenge geachtet werden. Für große Volumenströme oder hohe Anforderungen an die Genauigkeit des eingestellten Drucks müssen vorgesteuerte Druckbegrenzungsventile verwendet werden. Solche Ventile setzen sich aus einem kleinen Kegelsitz zur Drucksteuerung und einem großen Hauptventil zur Förderstromsteuerung zusammen.

Folgeventile geben druckabhängig den Ölstrom frei oder sperren ihn bei Druckabfall.

Druckregelventile halten den Druck in einem nachgeordneten System nach oben konstant, unabhängig vom Hauptkreis.

Antriebselemente verändern die Lage oder den Zustand des Arbeitselements. Dabei wird pneumatische

oder hydraulische Energie in mechanische Energie umgewandelt.

Bild 22. Druckventile

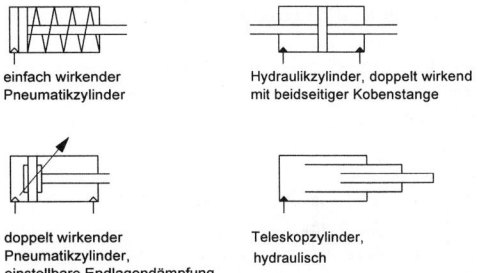

Bild 23. Zylinder

Zylinder dienen zur Realisierung geradliniger Bewegungen. Einfach wirkende Zylinder werden nur von einer Seite mit Druckluft beaufschlagt. Sie verrichten beim Ausfahren mechanische Arbeit. Der Rückhub erfolgt durch die eingebaute Rückstellfeder. Beim Ausfahren wird die Kolbenkraft durch die Rückstellfeder in Abhängigkeit vom Kolbenhub beeinflusst. Die Kolbenkraft verringert sich beim Vorhub entsprechend der Federkennlinie. Eine weitere Verringerung der Kolbenkraft resultiert aus der Reibung, bedingt durch Dichtungselemente, Oberflächengüte und Schmierung. Die tatsächliche Kolbenkraft ergibt sich mit $F = A \cdot p_e - F_R - F_F$.
Doppelt wirkende Zylinder werden zum Aus- und Einfahren der Kolbenstange wechselseitig mit Druckluft beaufschlagt. Sie verrichten in beiden Bewegungsrichtungen Arbeit. Es ist jedoch zu beachten, dass die Rückzugskraft geringer ist als die Kraft beim Vorhub: $F = A \cdot p_e \cdot \eta$.
Beim Ausfahren wirkt die Druckluft auf die gesamte Kolbenfläche; beim Rückhub ist der Querschnitt der Kolbenstange zu berücksichtigen. Dadurch ist die Dauer des Rückhubs etwas geringer. Werden mit Zylindern größere Massen bewegt, so wird ein hartes Anschlagen in den Endlagen durch Endlagendämpfung verhindert. Zur berührungsfreien Betätigung von Signalgebern (z.B. Reed-Kontakte) in den Endlagen werden in die Kolben Ringmagnete eingebaut, die mit ihrem Kraftfeld die am Zylinder montierten Magnetschalter betätigen.
Zylinder mit zweiseitiger Kolbenstange bewegen sich in beiden Hubrichtungen mit gleicher Geschwindig-

keit und die Kräfte beim Vor- und Rückhub sind gleich groß. Aufgrund der beidseitigen Lagerung der Kolbenstange können sie größere Querkräfte aufnehmen.

Daneben gibt es viele Sonderbauformen von Zylindern: Teleskopzylinder, Zylinder ohne Kolbenstange u.a.

Bei den **Druckluftmotoren** sind Drehzahl, Drehmoment und Leistung durch den Arbeitsdruck und die Luftmenge verstellbar. Sie haben ein geringes Leistungsgewicht, sind leicht zu handhaben und dienen als Antriebe für verschiedene Werkzeuge. Nachteilig ist die Lastabhängigkeit der Drehzahl, die bis zu *30000 min^{-1}* erreicht.

Pneumatische **Schwenkmotoren** eignen sich zum Öffnen und Schließen von Klappen, Drehschiebern und für Schwenk- und Wendevorrichtungen. In ihrer Bauart gleichen sie dem Prinzip Zahnstange und Ritzel. Durch das Ritzel wird ein Schwenkarm angetrieben.

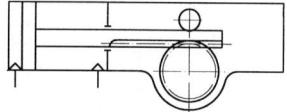

Bild 24. Prinzip des Schwenkmotors

Hydraulische Schwenkmotoren haben einen Schwenkbereich von *50°* bis *360°* und übertragen auf kleinem Raum unabhängig vom Drehwinkel große Drehmomente. Sie werden für Schließ- und Öffnungsvorgänge an Ventilen, für Transportbewegungen und für Spannvorgänge eingesetzt.

Hydraulikmotoren sind die Umkehrung der Pumpen. Wird der Motor von der Hydraulikflüssigkeit beaufschlagt, entsteht an der Motorwelle ein Drehmoment. Schnell laufende Hydromotoren liegen im Drehzahlbereich zwischen *750 min^{-1}* und *3000 min^{-1}*.

Langsam laufende Hydromotoren decken den Drehzahlbereich zwischen 0,1 min^{-1} bis 750 min^{-1} ab.

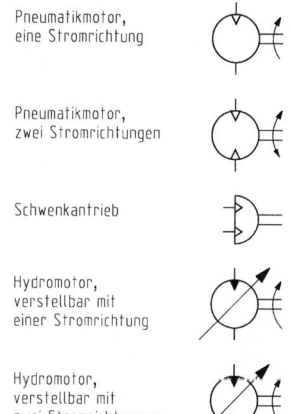

Pneumatikmotor, eine Stromrichtung

Pneumatikmotor, zwei Stromrichtungen

Schwenkantrieb

Hydromotor, verstellbar mit einer Stromrichtung

Hydromotor, verstellbar mit zwei Stromrichtungen

Bild 25. Drehantriebe

3.3.3 Pneumatische Steuerungen

Als **Pneumatik** bezeichnet man die Verwendung der Druckluft zum Antrieb und zur Steuerung von Maschinen. Pneumatikanlagen bestehen aus der Verdichteranlage, der Druckluftaufbereitung und der eigentlichen pneumatischen Steuerung.

In pneumatischen Anlagen benötigte Luft wird durch Kompressoren verdichtet und in Behältern gespeichert. Sie enthält in Abhängigkeit von ihrem Volumen und der Temperatur eine nicht sichtbare Menge Wasserdampf. Nach Verdichtung ist das Volumen geringer geworden. Die relative Feuchtigkeit ist dadurch höher als in der angesaugten Luft. Die Druckaufbereitungsanlage ist deshalb mit Nachkühler, Kondensatableiter und Trockner auszustatten.

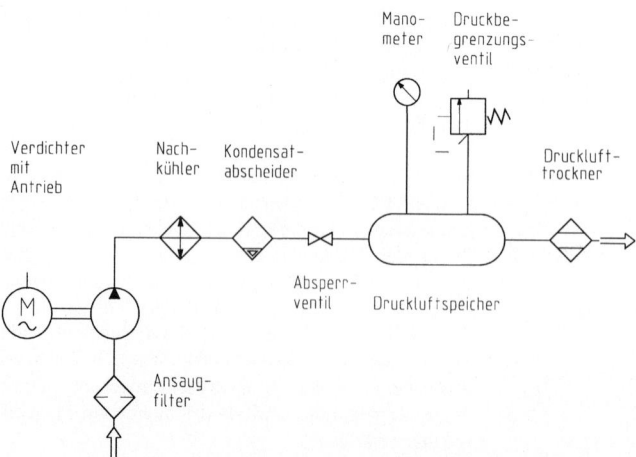

Bild 26.
Drucklufterzeugung

Die Druckluft im Speicher und in den Leitungen ist zu 100 % mit Wasserdampf gesättigt. Fällt der Druck im Speicher infolge von Wärmeabstrahlung ab, wird der Taupunkt der zu 100 % gesättigten Druckluft unterschritten. Es fällt Kondensat an. Kondenswasser in der Druckluft wäscht bei Werkzeugen, Ventilen und Zylindern den Schmierfilm aus. Dies führt zu höherem Verschleiß und bewirkt Korrosion.

Durch ein Rohrleitungsnetz fließt die Druckluft zu den Verbrauchern. Rostteilchen, die auf dem Weg zum Verbraucher aus dem Rohrleitungsnetz mitgerissen werden, können in der Steuerung zu Betriebsstörungen führen. Sie müssen aus der Druckluft gefiltert werden. Zur Schmierung der pneumatischen Bauelemente wird die Druckluft mit einem Ölnebel angereichert. Durch einen Regler werden die Arbeitselemente mit einem konstanten Arbeitsdruck versorgt. Diese letztgenannten Aufgaben erfüllt die **Aufbereitungseinheit**, die in der Regel Filter, Öler und Druckregelventil vereint.

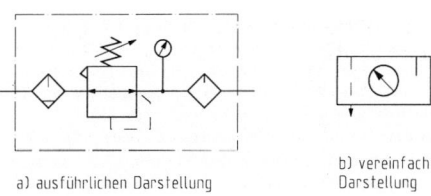

a) ausführlichen Darstellung   b) vereinfachte Darstellung

Bild 27. Aufbereitungseinheit

Pneumatische Steuerungen werden eingesetzt, wenn man mit einer geringen Anzahl von Verknüpfungsbedingungen auskommt, wenn Explosionsgefahr besteht oder andere ungünstige Bedingungen für den Einsatz elektrischer/elektronischer Steuereinrichtungen bestehen. Bei Verwendung elektrotechnischer Steuereinrichtungen werden pneumatische Bauelemente als Antriebe und als Ventile zur Beeinflussung der Druckluft sowie zur Aufbereitung und Speicherung der Druckluft verwendet. Die Signalverknüpfung erfolgt durch elektrische Bauelemente.[5]

Anordnung der Signalgeber an den Zylindern

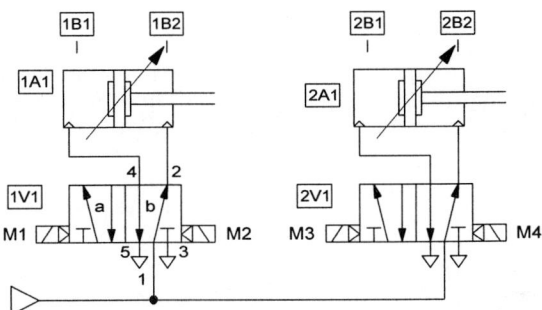

Funktionsdiagramm

Bauglieder			Zeit	0				
Benennung	Bez.	Zu-stand	Schritt	1	2	3	4	5=1
DW-Zylinder	1A1	1	S5 ⓣ		1B2			1B2=1
		0		1B1				1B1=1
DW-Zylinder	2A1	1				2B2		2B2=1
		0					2B1	2B1=1

Betätigte Signalgeber:	1B1	1B2	1B2	1B2
	2B1	2B1	2B2	2B1

Bild 28. Funktionsdiagramm mit Anordnung der Signalgeber

---

[5] Schaltpläne für pneumatische Verknüpfungsschaltungen sind im Abschnitt 1 dargestellt.

■ Beispiel: Elektropneumatische Steuerung von Zylindern

Für den Bewegungsablauf von zwei doppelt wirkenden pneumatischen Zylindern soll entsprechend dem Funktionsdiagramm in Bild 28 ein Stromlaufplan zur Steuerung des Bewegungsablauf entwickelt werden. Als #Stellelemente für die beiden Zylinder dienen 5/2-Wege-Magnetimpulsventile. Die Zylinderendlagen werden durch Reed-Kontakte kontrolliert. Die Energie wird durch ein 3/2-Wegeventil mit Raste freigegeben bzw. abgeschaltet.

Die in den jeweiligen Schritten der Ablaufkette betätigten Signalgeber sind im Funktionsdiagramm aufgeführt. Betrachtet man die Signalkombinationen der betätigten Sensoren, dann stellt man fest, dass diese nicht zur folgerichtigen Ansteuerung der Zylinder genügen. In den Schritten 2 und 4 stehen für das Einfahren des Zylinders 1A1 und das Ausfahren des Zylinders 2A1 die Signalkombination $1B2 \wedge 2B1 = 1$ zur Verfügung. Dies führt zu einem Fehlverhalten im Bewegungsablauf der Ablaufkette. Um dies zu vermeiden, ist ein zusätzliches Unterscheidungsmerkmal erforderlich. Durch einen weiteren Speicher, auch Hilfsspeicher genannt, wird zusätzlich ein Signal von der verbindungsprogrammierten Steuereinrichtung bereit-

gestellt, das eine Unterscheidung in den Schritten der Ablaufkette ermöglicht.

Die sich bei 2 Arbeitselementen aus den betätigten Sensoren ergebenden 4 Kombinationen sind in einem KV-Diagramm dargestellt. Sind 3 Arbeitselemente vorhanden, ergeben sich $2^3 = 8$ Kombinationen. Die Größe des Diagramms richtet sich nach der möglichen Anzahl von Signalverknüpfungen durch die betätigten Kontakte in den Endlagen der Zylinder und den erforderlichen Hilfsspeichern, die in das Diagramm aufgenommen werden müssen.

Die Kombinationen der betätigten Sensoren sind waagerecht und der Hilfsspeicher x ist senkrecht eingetragen worden. Der Hilfsspeicher x wird durch das Signal des Näherungsschalters 2B2 im 3. Schritt gesetzt: $x = 1$. Er wird nach Durchlaufen der Ablaufkette im 1. Schritt durch den Signalgeber 1B1 rückgesetzt: $x = 0$. Das Signal des rückgesetzten Hilfsspeichers (K02) steuert im 2. Schritt das Ausfahren des Kolbens von Zylinder 2A1 und das 1-Signal steuert im 4. Schritt das Einfahren des Kolbens von Zylinder 1A1.

Treten in einer Ablaufkette mehrere Ablaufschritte auf, die sich nicht durch die jeweils auftretenden Signalkombinationen unterscheiden, dann ist für jeden Schritt ein Hilfsspeicher erforderlich.

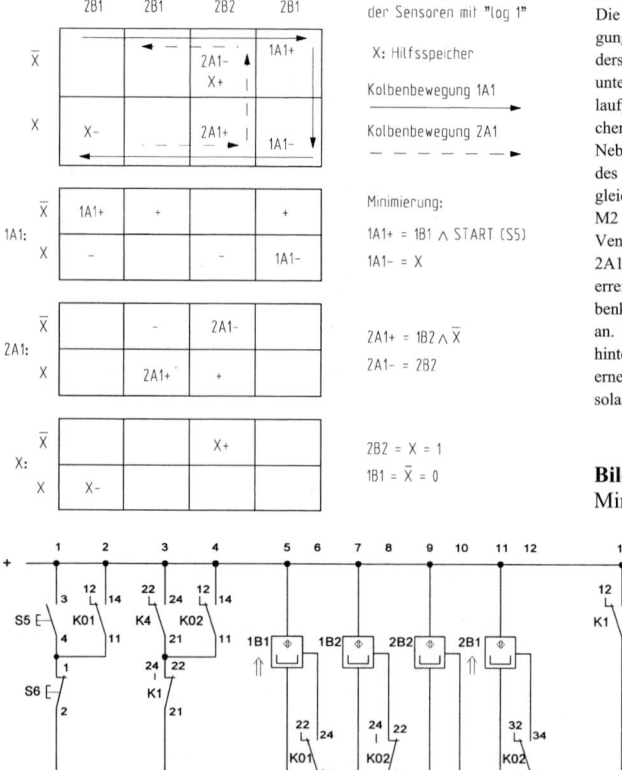

Anmerkungen zum Stromlaufplan:

Die Ablaufkette für die beiden Zylinder wird durch Betätigung des Tasters S5 gestartet, wenn der Kolben des Zylinders 1A1 sich in der hinteren Endlage befindet. Sie wird unterbrochen durch Betätigung des Tasters S6. Im Stromlaufplan dient das Relais K02 im 3. Stromweg als Hilfsspeicher. Ist die Selbsthaltung unterbrochen, ermöglicht der 2. Nebenkontakt, ein Öffner, im 8. Stromweg die Ansteuerung des Relais K2 für den 2. Schritt in der Ablaufkette. Der gleichzeitig unterbrochene Stromweg 12 macht die Spule M2 stromlos, eine Voraussetzung für das Umschalten des Ventils 1V1. Wenn der ausgefahrene Kolben des Zylinders 2A1 in der vorderen Endlage den Näherungsschalter 2B2 erreicht, geht das Relais K02 in Selbsthaltung, der 2. Nebenkontakt im 12. Stromweg schließt und Relais K3 zieht an. Der Kolben des 1. Zylinders fährt ein, betätigt in der hinteren Endlage 1B1 und unterbricht die Selbsthaltung. Ein erneuter Durchlauf der Ablaufkette beginnt automatisch, solange S6 nicht betätigt wird.

Bild 29.
Minimierung mit dem KV-Diagramm

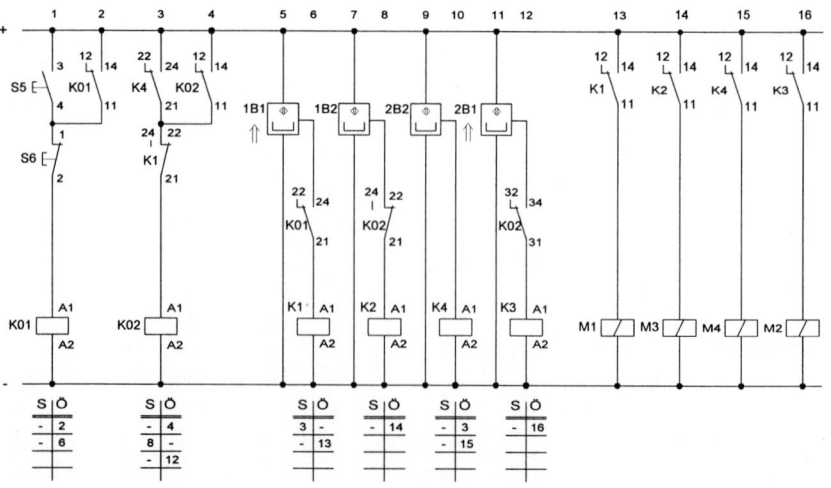

Bild 30. Stromlaufplan

3.3.4 Hydraulische Steuerungen

Im technischen Sinne umfasst **Hydraulik** Antriebs-, Steuer- und Regeleinrichtungen, deren Kräfte und Bewegungen mit Hilfe des Druckes von Flüssigkeiten erzeugt werden. Hydraulikanlagen arbeiten entweder nach dem hydrostatischen oder dem hydrodynamischen Prinzip. Die Hydrostatik nutzt die erzeugte Druckenergie, die durch die Hydraulikflüssigkeit in Arbeit umgesetzt wird, für Steuer- und Regeleinrichtungen, Kupplungen u.a. Das hydrodynamische Prinzip nutzt die Strömungsenergie zur Kraftübertragung etwa bei Drehmomentenwandlern im Fahrzeugbau.

In der Hydraulik unterscheidet man nach der Art des Kreislaufs zwischen Systemen mit offenen und geschlossenen Ölkreisläufen.

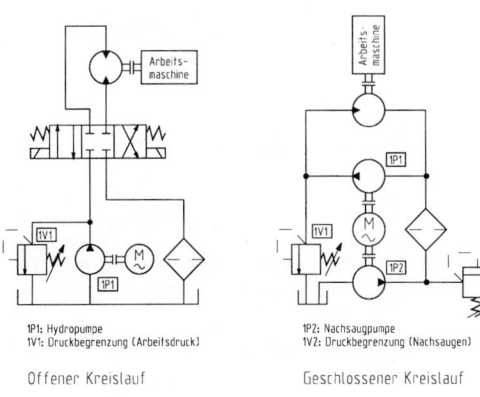

1P1: Hydropumpe
1V1: Druckbegrenzung (Arbeitsdruck)

1P2: Nachsaugpumpe
1V2: Druckbegrenzung (Nachsaugen)

Offener Kreislauf   Geschlossener Kreislauf

Bild 31. Ölkreisläufe

Offene Kreisläufe werden in der Industriehydraulik bevorzugt, weil die thermische Belastung des Öls geringer ist. Hydrostatische Antriebe haben bevorzugt geschlossene Kreisläufe, da sie eine schnelle Umsteuerung über die Pumpenverstellung ermöglichen. Zur Ergänzung des nicht vermeidbaren Lecköls ist entweder eine zusätzliche Speisepumpe oder ein Nachsaugventil erforderlich.

Die **Hydraulikflüssigkeit** ist der Energieträger des Systems. Sie schmiert aufeinander gleitende Teile, gewährt den Korrosionsschutz der benetzten Oberflächen und führt die Wärme, den Abtrieb und andere Schmutzpartikelchen, die von außen in die Hydraulikflüssigkeit gelangen, ab. Hydrauliköle gibt es entsprechend den auftretenden Betriebsdrücken.

In hydraulischen Anlagen wirken im allgemeinen hohe Drücke. Der Druck p entsteht, wenn eine äußere Kraft F auf einen Teil der abgesperrten Hydraulikflüssigkeit über einen Kolben mit der Fläche A wirkt.

$$p = \frac{F}{A}$$

Der Druck breitet sich in Flüssigkeiten in einem geschlossenen System allseitig in gleicher Stärke aus und kann infolge der Inkompressibilität der Hydraulikflüssigkeiten technisch genutzt werden. Die Fortpflanzung des Druckes erfolgt auch in bewegten Flüssigkeiten. Flüssigkeiten lassen sich leicht verschieben, da sie die Form der umgebenden Gefäße annehmen. Für den Volumenstrom q_V gilt:

$$q_V = v \cdot A$$

Die Energie oder das Arbeitsvermögen W einer Hydraulikanlage, z.B. eines Hubzylinders ist abhängig von der Kolbenkraft und dem Kolbenweg. Es ergibt sich aus: $W = p \cdot V$.

Die Leistung ergibt sich unter Beachtung der obigen Zusammenhänge aus: $P = p \cdot q_V$.

■ **Beispiel: Elektrohydraulische Steuerung**

Eine hydraulische Spannvorrichtung soll zur Aufnahme unterschiedlicher Werkstücke zwei unterschiedliche Spannkräfte anbieten. Das Umschalten zwischen beiden Spannkräften erfolgt durch einen Taster. Als Stellelement für den doppelt wirkenden hydraulischen Zylinder dient ein 4/3-Wegeventil mit Federzentrierung. Die Vorschubgeschwindigkeit des Kolbens soll durch ein Drosselrückschlagventil einstellbar sein. Spannen und Entspannen der Werkstücke erfolgt durch zwei Taster.

Anmerkungen zum Schaltplan:

Der Spannvorgang wird nach Betätigung des Tasters S1 ausgelöst. Aufgrund der Federzentrierung des Stellglieds 1V5 ist eine Selbsthaltung erforderlich. Über das Drosselrückschlagventil 1V6 kann die Vorschubgeschwindigkeit eingestellt werden. Der Rückhub erfolgt ungedrosselt über das parallel geschaltete Rückschlagventil. Die größere Spannkraft wird über das direkt beaufschlagte Druckbegrenzungsventil 1V2 ermöglicht. Eine geringere Spannkraft kann nach dem Umschalten des 2/2-Wegeventils 1V4 durch den Taster S3 in die Schaltstellung b eingestellt werden. Das nachgeschaltete Druckbegrenzungsventil 1V3 ist für einen geringeren Druck ausgelegt. Wird dieser Druck erreicht, dann öffnet das Ventil und das Hydrauliköl fließt über den Filter in den Tank zurück. Nach Betätigung von S2 fährt der Kolben in die Endlage zurück und die vorgewählte Spannkraft wird wieder auf den Druck p_1 eingestellt. Der Taster muss allerdings bis zum Erreichen der Endlage betätigt werden, weil keine Selbsthaltung vorhanden ist und die Federzentrierung das Ventil sofort wieder in die mittlere Umlaufstellung (0) schalten würde.

Der Höchstdruck im System wird durch das Druckbegrenzungsventil V1 im Hydraulikaggregat begrenzt und ist am Manometer Z3 abzulesen. Die Blende V2 schützt das Manometer vor Druckstößen. Tank Z1 und Filter Z2 dienen der Reinhaltung des Hydrauliköls, zur Luftabscheidung und dem Abbau von Strömungsturbulenzen.

Hydraulischer Schaltplan

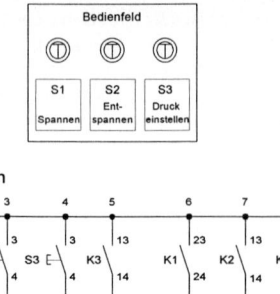

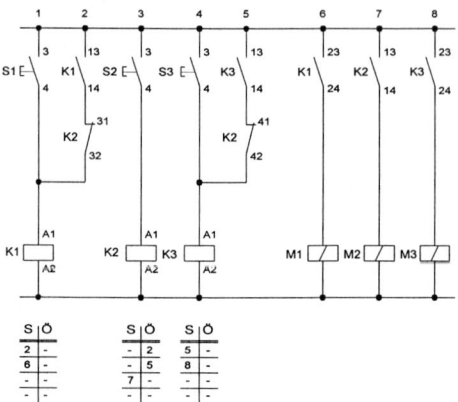

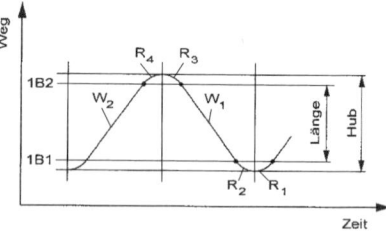

Bild 32. Elektrohydraulischer Schaltplan

3.3.5 Proportionalhydraulik

In elektrohydraulischen Schaltplänen können Durchflussweg und Durchflussrichtung während des Betriebes verändert werden, indem die Wegeventile elektrisch betätigt werden. Druck und Durchflussmenge sind durch die Federkraft vorgegeben bzw. werden bei der Inbetriebnahme mit Einstellschrauben eingestellt. Zunehmende Automatisierung macht es bei immer mehr hydraulischen Anlagen erforderlich, den Druck und die Durchflussmenge während des Betriebes zu verstellen. Zur Erfüllung dieser Forderungen sind Proportionalventile erforderlich. Sie werden von einer elektrischen Steuerung durch ein elektrisches Signal verstellt. Dadurch ist es während des Betriebes möglich, den Druck in Phasen geringer Belastung mit einem Proportional-Druckbegrenzungsventil abzusenken und Energie einzusparen und/oder mit Proportional-Wegeventilen einen Schlitten sanft anzufahren und abzubremsen.

■ **Beispiel: Steuern der Bewegungsumkehr mittels Proportional-Wegeventil**

Um Druckspitzen und Erschütterungen und damit Materialbelastungen zu vermeiden, müssen massebehaftete Antriebe auf kurzem Weg kontrolliert beschleunigt und abgebremst werden, z.B. bei Schleif- oder Honmaschinen. Die Werkstückenden werden der Steuerung von Signalgebern zur Einleitung des Umkehrvorganges signalisiert.

Die Sollwerte (W) und Rampen (R) zur Steuerung des Bewegungsablaufs für den Maschinentisch werden an der Sollwertkarte und an der Proportionalverstärkerkarte eingestellt. Die Sollwerte können im Spannungsbereich zwischen ±10 V in Schritten von 100 mV eingestellt werden. Die voreingestellten Sollwerte (Spannungssignale) werden durch die Verstärkerkarte in einen Magnetstrom zur Steuerung der Magnete in den Proportionalventilen umgewandelt. Der Durchfluss durch das Proportionalventil verändert sich entsprechend dem Magnetstrom. Die externe Ansteuerung der eingestellten Sollwerte erfolgt über die Eingänge (I_1, I_2, I_3) der Sollwertkarte. Das Bitmuster 000 an den Eingängen der Sollwertkarte ruft den Sollwert W1, das Bitmuster 100 den Sollwert W2 ab.

Die Rampen werden als Steigungsparameter auf der Sollwertkarte zwischen 0 bis 10,0 s/V eingestellt. Die 4 verschiedenen Rampen werden in den 4 Quadranten des kartesischen Koordinatensystems definiert:

- 1. Quadrant: positive Steigung von *0 V*
- 2. Quadrant: negative Steigung bis *0 V*
- 3. Quadrant: negative Steigung von *0 V*
- 4. Quadrant: positive Steigung bis *0 V*

Bild 33. Weg-Zeit-Diagramm eines Maschinentisches

Durch das Zuschalten einer Rampe wird die Anfahrgeschwindigkeit des Kolbens beim Aus- und Einfahren verringert (R_1, R_3) und der Abbremsvorgang verzögert (R_2, R_4). Die Rampenzeiten beeinflussen das Ansteigen des Sollwerts und damit die Veränderung des Magnetstroms. Eine langsame Zunahme des Magnetstroms sorgt für ein langsames Öffnen des Proportionalventils und damit für einen geringen Durchfluss des Druckmediums durch das Ventil, was eine Verringerung der Kolbengeschwindigkeit zur Folge hat.

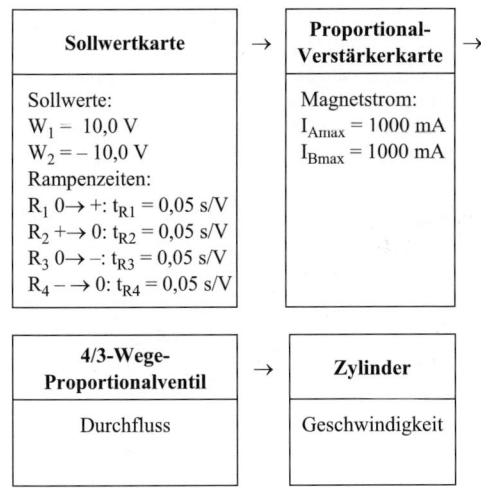

Sind die Magnete am 4/3-Wege-Proportionalventil stromlos, wird der Ventilkolben durch Federn in der Mittelstellung (0) gehalten. Durch die Ansteuerung eines Magneten entsteht eine Kraft, die über einen Stößel den Ventilkolben gegen die gegenüberliegende Druckfeder verschiebt. Die Kraft des Magneten ist proportional zum elektrischen Strom. Im Zusammenwirken mit der Feder stellt sich ein Kräftegleichgewicht entsprechend der Federkennlinie ein. Die Auslenkung des Kolbens ist um so größer, je größer der Magnetstrom ist. Beim Verfahren des Ventilkolbens wird ein Spalt von P nach A und B nach T geöffnet. Diese Spalte werden von den Steuerkanten am Ventilkolben geöffnet. Die Form der Steuerkante beeinflusst die Durchflusscharakteristik des Ventils. Der Volumenstrom ist abhängig vom Drosselspalt, dem Differenzdruck und der Viskosität des Druckmediums.

Anmerkungen zum Schaltplan:
Die Steuerung erlaubt bei geöffnetem Betriebsartenschalter S2 die Einstellung Handbetrieb. **Hand** ist eine Betriebsart, in der die Stellelemente unter Berücksichtigung gegebenenfalls vorhandener Verriegelungen durch Bedienungseingriff gesteuert werden können. Wird der Betriebsartenschalter S2 geschlossen, kann die Steuerung im Automatikbetrieb nach Betätigung des Tasters S1 gestartet werden. Die rollenbetätigten Signalgeber 1B1 (Schließer) und 1B2 (Öffner) sind Grenztaster, die nach Betätigung durch den Kolben die Sollwerte zur Steuerung des Proportionalventils abrufen. In den Endlagen wird der Kolben weich umgesteuert entsprechend den eingestellten Rampenwerten R_1 bis R_4.

Hydraulikplan

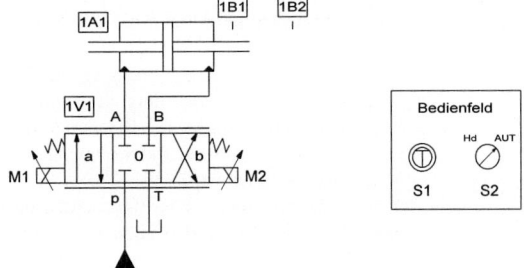

Stromlaufplan

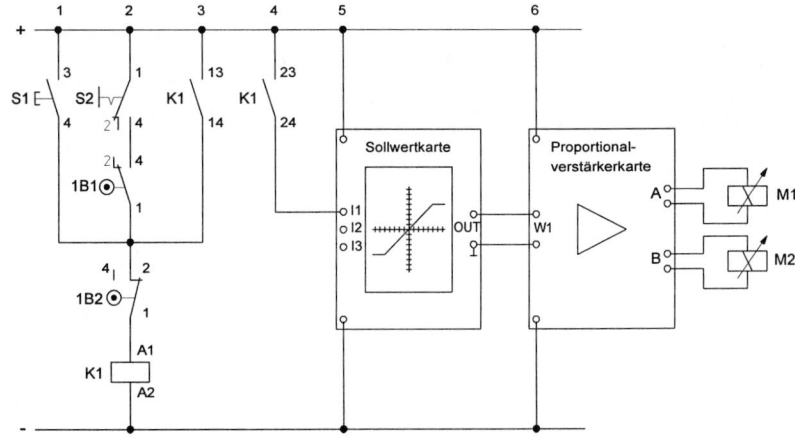

Bild 34. Schaltplan zur Proportionalhydraulik

4 Speicherprogrammierbare Steuerungen

4.1 Das Automatisierungssystem

Automatisieren bedeutet den Einsatz künstlicher Mittel, um einen technischen Prozess selbsttätig ablaufen zu lassen. Die Steuerung der technischen Abläufe erfolgt vorwiegend durch speicherprogrammierbare Steuerungen, weil der zu beeinflussende Teil der Anlage stabil ist und nur erfassbare Störgrößen auftreten. Die Eingangsgrößen der Steuerung kommen aus der zu steuernden Anlage oder erfolgen als Bedieneingriff durch den Menschen. Art und Umfang der Bedieneingriffe werden durch die Betriebsart festgelegt. Mögliche Bedieneingriffe sind Start- oder Stoppsignale. Meldungen aus dem Betriebsartenteil oder aus dem zu steuernden Prozess signalisieren den Zustand oder Zustandsänderungen im Automatisierungssystem. Durch technische Systeme zu automatisierende Funktionen sind u.a. das Speichern, Vereinzeln, Identifizieren, Positionieren, Spannen und Zusammenfügen von Maschinenelementen. Bei der Realisierung von Automatisierungssystemen sind einfache, möglichst lineare Bewegungen zu bevorzugen.

Speicherprogrammierbare Steuerungen weisen in der Automatisierungstechnik gegenüber verbindungsprogrammierten Steuerungen viele Vorteile auf, u.a.:

- Programme können schnell und problemlos verändert und auf modifizierte Aufgaben zugeschnitten werden (hohe Flexibilität)

- Problemlose Speicherung der Programme

- Großer Funktionsumfang einschließlich der Verarbeitung digitaler und analoger Daten

- Geringe Betriebskosten

- Maßnahmen zur Fehlererkennung und -ortung sind programmierbar.

Nachteilig sind ihre höhere Komplexität und der Einfluss systematischer Fehler in der Software.
Der Hardwareaufbau, der für die nachfolgenden Beispiele verwendeten Simatic S7, ist in der Tabelle 1 dargestellt.

Tabelle 1. Konfiguration der Steuerung

Pos.	Steck-platz	Bezeichnung	Adresse
1	1	Stromversorgung PS 307 2A	Entfällt
2	2	Zentralbaugruppe CPU 315-2 DP	MPI (1)
3	3	Reserviert für eine Erweiterungs-baugruppe	
4	4	Digitale Ein-/Ausgabebaugruppe	E0.0 - E0.7, E1.0 - E1.7 A0.0 - A0.7, A1.0 - A1.7
5	5	Analoge Ein-/Ausgabebaugruppe	PEW272 – PEW 278 PAW272, PAW274

Grundsätzlich ist eine Konfiguration der Steuerungshardware zu empfehlen; dies erleichtert die Ermittlung der jeweiligen Adressen der Ein- und Ausgänge einer Steuerung. **Konfigurieren** bedeutet die softwaremäßige Anordnung von Baugruppen in einer Konfigurationstabelle entsprechend dem tatsächlichen physikalischen Aufbau. STEP 7 ordnet den Baugruppen dann automatisch Adressen zu, die einsehbar sind. Die Zuordnung erfolgt durch Aktivierung der Simatic 300-Station im angelegten Projekt. Nach dem Öffnen des Hardware-Katalogs werden in der Reihenfolge des tatsächlichen physikalischen Aufbaus zunächst die Profilschiene, dann die Stromversorgung PS 307 2A, die verwendete CPU und anschließend die erforderlichen Signalbaugruppen eingefügt. Abschließend muss die Hardwarekonfiguration gespeichert werden.

Die **Eingabebaugruppe** hat die Aufgabe, die eingehenden Steuersignale an die Verarbeitungseinheit zu übergeben. In dieser Baugruppe erfolgt die Entstörung, die Pegelumwandlung (5V), die Codierung und die galvanische Trennung der Signale zum Schutz der CPU. Dem positiven oder höheren Potenzial wird der Signalzustand „1" und dem Bezugs- oder Massepotenzial der Signalzustand „0" zugeordnet. Ein offener Eingang oder ein Drahtbruch bedeutet ebenfalls Signalzustand „0".

Die **Ausgabebaugruppe** bereitet die von der Verarbeitungseinheit gelieferten Signale auf. Liefert der Ausgang den Signalzustand „1", dann wird die an den Ausgang gelegte Spannung durchgeschaltet. Das Durchschalten kann entweder mit Relais oder mittels Transistor erfolgen, wobei auch hier eine galvanische Trennung vorgenommen wird.

In der **Verarbeitungseinheit** (CPU) werden die aus der Eingabeeinheit kommenden Signale entsprechend dem Programm des Anwenders, also den Erfordernissen der zu steuernden Anlage folgend, verarbeitet.

Ein **Programm** ist eine nach den Regeln der verwendeten Sprache festgelegte syntaktische Einheit aus Anweisungen und Vereinbarungen, welche die zur Lösung einer Aufgabe notwendigen Elemente umfasst (DIN 19226, T5). Neben den logischen Grundfunktionen erfolgt die Signalverarbeitung im Anwenderprogramm durch Zuweisungen, Zeit- Zähl-, Speicher-, Rechen-, Vergleichs- und vielen anderen Funktionen. Technisch besteht die Verarbeitungseinheit der SPS im Wesentlichen aus dem Programmspeicher und der Zentraleinheit. Verbunden sind die Einheiten durch ein Bussystem, welches die digitalen Signale nacheinander zwischen den einzelnen Komponenten der Verarbeitungseinheit transferiert. Ein Anwenderprogramm wird in der Reihenfolge abgearbeitet, in der es im Programmspeicher abgelegt ist. Die Zeit für einen Programmdurchlauf nennt man **Zykluszeit**. Zu Beginn eines jeden Zyklus fragt das Steuerwerk die Signalzustände an den Eingängen der Steuerung nacheinander ab und setzt im Prozessabbild für die Eingänge die jedem Eingang zugeordnete Speicherzelle auf „0" oder „1".

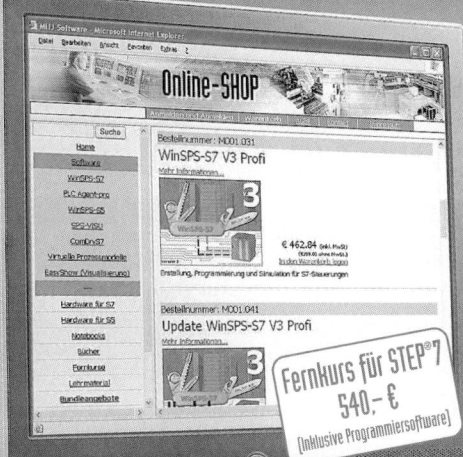

Titel zur Automatisierungstechnik

Schnell, Gerhard / Wiedemann, Bernhard (Hrsg.)
Bussysteme in der Automatisierungs- und Prozesstechnik
Grundlagen, Systeme und Trends der industriellen Kommunikation
6., überarb. u. akt. Aufl. 2006. XII, 414 S. Mit 252 Abb.
(Vieweg Praxiswissen) Geb. € 44,90   ISBN 3-8348-0045-7

Das Fachbuch behandelt die wichtigsten in der Automatisierung eingesetzten
Bussysteme. Im Vordergrund stehen die Feldbussysteme, seien es master/slave- oder
multimaster-Systeme. Den Netzwerkhierarchien unter CIM und der internationalen
Feldbusnormung sind eigene Kapitel gewidmet. Im zweiten Teil werden die verschiede-
nen Bussysteme ausführlich beschrieben. Die 6. Auflage ist um das Thema
Peripheriebusse am PC (USB und Firewire) ergänzt.

Wellenreuther, Günter / Zastrow, Dieter
Automatisieren mit SPS Theorie und Praxis
Programmierung: IEC 61131-3, STEP 7-Lehrgang, Systematische Lösungsverfahren,
Bausteinbibliothek. SPS-Anwendung: Steuerungen, Regelungen, Sicherheit. Kommu-
nikation: AS-i-Bus, PROFIBUS, PROFINET, Ethernet-TCP/IP, Web-Technolgien, OPC
3., überarb. u. erg. Aufl. 2005. XX, 801 S. mit mehr als 800 Abb., 101
Steuerungsbeisp. u. 6 Projektierungen Geb. € 36,90   ISBN 3-528-23910-7

Das Buch vermittelt die Grundlagen des Lehr- und Studienfachs Automatisierungstechnik hinsichtlich der Programmierung von Automatisierungsystemen und der Kommunikation dieser Geräte über industrielle Bussysteme sowie die Grundlagen der Steue-
rungssicherheit.

Wellenreuther, Günter / Zastrow, Dieter
Automatisieren mit SPS - Übersichten und Übungsaufgaben
Von Grundverknüpfungen bis Ablaufsteuerungen: STEP7-Programmierung,
Lösungsmethoden, Lernaufgaben, Kontrollaufgaben, Lösungen, Beispiele zur
Anlagensimulation
2., überarb. u. erg. Aufl. 2005. XII, 256 S. mit 10 Einführungsbsp., 51 projekthaften
Lernaufg., 47 prüf. Kontr.aufg. m. all. Lös. u. vielen Abb. sowie CD-ROM. Br. € 23,90
                                                         ISBN 3-528-03960-4

Das Buch ergänzt das Lehrbuch um den Übungsteil und enthält knappe Zusammenfas-
sungen der SPS-Programmiergrundlagen und unterschiedliche Typen von Übungsaufga-
ben (Lernaufgaben und Kontrollaufgaben) sowie die Lösungen der Lernaufgaben.

vieweg

Abraham-Lincoln-Straße 46
65189 Wiesbaden
Fax 0611.7878-420
www.vieweg.de

Stand Juli 2006.
Änderungen vorbehalten.
Erhältlich im Buchhandel oder im Verlag.

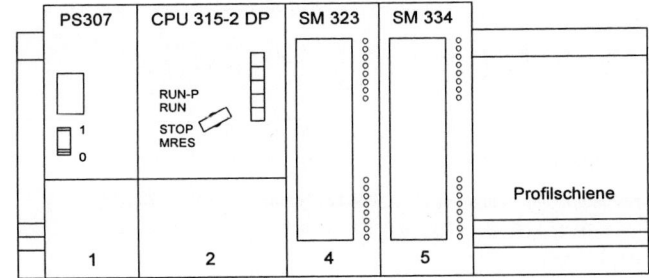

Bild 1.
Hardwareaufbau Simatic S7

Der Prozessor des Steuerwerks greift während der Programmbearbeitung auf dieses Prozessabbild zurück und bearbeitet abhängig davon die im Programmspeicher stehenden Steueranweisungen. Dazu liest er die Signalzustände in sein Rechenwerk und verknüpft bestimmte Signale miteinander, z.B. entsprechend den logischen Grundfunktionen (UND, ODER). Am Ende eines Programmzyklus überträgt das Steuerwerk das Prozessabbild aus den internen Speichern über die Ausgabeeinheit auf die Stellglieder. Ein Ausgangssignal wirkt also erst am Zyklusende. Nach Erreichen des Programmendes beginnt ein erneuter Programmdurchlauf.

An die mehrpunktfähige Schnittstelle MPI (Multi Point Interface) können bis zu 32 Geräte angeschlossen werden, die miteinander kommunizieren, z.B.

- Automatisierungssysteme
- Programmiergeräte
- Bedien- und Beobachtungssysteme

Die Teilnehmeradressen der CPU und der Ausbau des MPI-Netzes werden durch die Parametrierung festgelegt.

Um ein S7-Programm anzulegen, muss zunächst der SIMATIC Manager geöffnet und ein neues Projekt angelegt werden. Projekte dienen der geordneten Ablage aller Daten und Programme, die beim Lösen einer Automatisierungsaufgabe anfallen. Der Einstieg in die Programmierung erfolgt durch das Öffnen des angelegten Projekts im SIMATIC Manager. In das markierte Projekt wird eine SIMATIC 300-Station eingefügt. Ein Doppelklick auf das Symbol SIMATIC 300-Station stellt den Hardware Katalog zur Verfügung, der durch einen Doppelklick zu öffnen ist. Nun kann die Konfiguration entsprechend der Tabelle 1 durchgeführt werden. Nach dem Speichern zeigt der SIMATIC Manager die Objekthierarchie des STEP 7-Projekts an. Durch das Öffnen der Objekte erscheinen unter der Station SIMATIC 300(1) das Symbol CPU 315-2 DP und der Container S7-Programme. Ein Doppelklick auf CPU 315-2 DP lässt die Symbole, S7-Programm und Verbindungen erscheinen. Ein Doppelklick auf das Symbol S7-Bausteine öffnet den Ordner „Quellen", „Symbole" und „Bausteine". Ein Klick auf den Ordner Bausteine stellt den OB1 bereit. Ein Anwenderprogramm wird

in eine Funktion (FC) oder einen Funktionsbaustein (FB) geschrieben.

Vorgehensweise

Ordner Bausteine markieren und über das ICON „Einfügen" wird S7-Bausteine > Funktion oder Funktionsbaustein ausgewählt. In der Einstellmaske wird die Programmiersprache ausgewählt und die Eingabe mit OK bestätigt. Ein Doppelklick auf FC1/FB1 öffnet den Baustein und er kann editiert werden.

In einer CPU laufen zwei verschiedene Programme ab:

- das Betriebssystem und
- das Anwenderprogramm

Das **Betriebssystem** ist in jeder CPU enthalten und organisiert alle Funktionen und Abläufe der CPU, die nicht mit einer spezifischen Steuerungsaufgabe verbunden sind. Das **Anwenderprogramm** wird zur Bearbeitung einer spezifischen Automatisierungsaufgabe vom Anwender erstellt. Es ist vorteilhaft, Anwenderprogramme in einzelne in sich geschlossene Programmschritte zu unterteilen. Hieraus ergeben sich folgende Vorteile:

- umfangreiche Programme werden übersichtlicher
- einzelne Programmteile können standardisiert werden
- Änderungen lassen sich leichter durchführen
- der Programmtest wird vereinfacht, weil er abschnittsweise erfolgen kann.

Ein Anwenderprogramm besteht aus Bausteinen, Operationen und Operanden. Es enthält alle Anweisungen und Deklarationen sowie Daten für die Signalverarbeitung, durch die eine Anlage oder ein Prozess gesteuert werden kann. Es ist einer programmierbaren Baugruppe (CPU) zugeordnet und wird in verschiedene Bausteine gegliedert. Der **Organisationsbaustein** (OB1) ist die Schnittstelle zwischen dem Betriebssystem der S7 und dem Anwenderprogramm; er legt die Reihenfolge fest, mit der das Anwenderprogramm abgearbeitet wird. Zusammengehörende Programmteile mit in sich abgeschlossenen anwendungsorientierten Funktionen werden in Codebausteinen programmiert. Zu den **Codebausteinen** gehören die Funktion (FC), Funktionsbausteine (FB), Systemfunktionen (SFC) und Systemfunktionsbausteine (SFB).

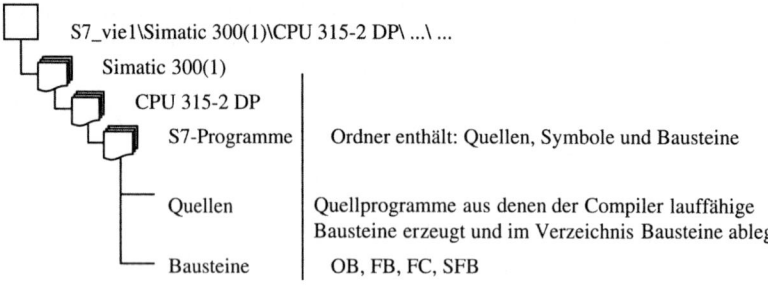

S7_vie1\Simatic 300(1)\CPU 315-2 DP\ ...\ ...	
Simatic 300(1)	
CPU 315-2 DP	
S7-Programme	Ordner enthält: Quellen, Symbole und Bausteine
Quellen	Quellprogramme aus denen der Compiler lauffähige Bausteine erzeugt und im Verzeichnis Bausteine ablegt
Bausteine	OB, FB, FC, SFB

Funktionen sind hierarchisch die niedrigste Programmorganisationseinheit. Sie dienen zur Aufnahme häufig verwendeter mathematischer und logischer Funktionen. In **Funktionsbausteinen** werden aufgabenspezifische, möglichst bibliotheksfähige Unterprogramme geschrieben. Ihnen ist immer ein **Instanz-Datenbaustein** zugeordnet, er stellt das Gedächtnis des Bausteins dar. In globalen **Datenbausteinen** (DB) werden Anwenderdaten gespeichert, auf die von allen Codebausteinen aus zugegriffen werden kann. Funktionen und Funktionsbausteine sind parametrierbar und verfügen über temporäre Lokaldaten. Temporäre Lokaldaten bleiben nur innerhalb des Bausteins erhalten und können nur hier verwendet werden. In Funktionsbausteinen können zusätzlich statische Lokaldaten deklariert werden. Diese Daten sind bausteinintern gültig und werden über den aktuellen Bausteinaufruf hinaus gespeichert (Gedächtnisfunktion).

Zu den **Lokaldaten** eines Bausteins gehören Formalparameter und Variable, die in einer Variablendeklarationstabelle angegeben werden. Die **Variablendeklaration** umfasst die Angabe eines symbolischen Namens und des Datentyps. Zusätzlich kann ein Kommentar eingefügt werden. Folgende Formalparameter können deklariert werden:

- **(in)** – Eingangsparameter werden innerhalb des Bausteins abgefragt
- **(out)** – Ausgangsparameter werden innerhalb des Bausteins beschrieben
- **(in_out)** – Durchgangsparameter können abgefragt und beschrieben werden

Die Deklaration stat und temp gehören nicht zu den Formalparametern.

- **(stat)** – Interne Zustandsvariable, wird im Instanz Datenbaustein gespeichert (nur FB)
- **(temp)** – temporäre Variable zur Aufnahme von Zwischenergebnisse während der Bausteinbearbeitung

Bei Aufruf des Bausteins durch ein Anwenderprogramm werden die Formalparameter mit Aktualparametern, z.B. E, A, MW, MD versehen (parametriert). Aufgerufen werden die Codebausteine durch den Organisationsbaustein OB1. Dieser wird seinerseits zyklisch vom Betriebssystem der S7 aufgerufen.

Bei STEP 7 werden zunächst die aufgerufen und danach die aufrufenden Bausteine programmiert.

Der **Datentyp** der Variablen hat einen bestimmenden Einfluss auf den möglichen Wertebereich der Daten und auf die zulässigen Operationen, die mit den Variablen durchgeführt werden können. Die Festlegung des Datentyps erfolgt durch Schlüsselwörter (Bit, Byte, Word), die auch den Speicherplatz für die Variable im Anwenderprogramm festlegen. Nachfolgend sind wichtige elementare Datentypen zusammengestellt. Elementare Datentypen sind unveränderbar; die Obergrenze für die Speicherplatzgröße beträgt 32 Bit.

Tabelle 2. Elementare Datentypen

Datentyp	Größe	Schreibweise und Wertebereich
BOOL	1 Bit	False (0), True (1)
BYTE	8 Bit	(B#)16# 0 ... FF
WORD	16 Bit	(W#)16# 0000 ... FFFF
DWORD	32 Bit	(DW#)16# 0000_0000 ... FFFF_FFFF
INT	16 Bit	-32768 bis +32767
DINT	32 Bit	L#-2147483648 bis +2147483647
REAL	32 Bit	Dezimalzahl oder Exponentialdarstellung
S5Time	16 Bit	S5T#0ms bis 9990s
TIME	32 Bit	TIME#-24d20h31m bis +24d20h31m

Zahlen sind eine wichtige Teilmenge der in Automatisierungsgeräten zu verarbeitenden Daten. Kenntnisse von der **Darstellungen der Zahlen** unterstützen das Verständnis für die entsprechenden Datentypen. Das Dualzahlensystem kennt nur die Ziffern 0 und 1. Kennzeichen der dualen Zahlendarstellung ist es, dass die aufsteigenden Stellenwerte Potenzen der Basis 2 sind. Der darstellbare Zahlenumfang ist abhängig von der Wortlänge der Dualzahlen. Der Zusammenhang zwischen einer Dualzahl im Format 8 Bit = 1 Byte und einer Dezimalzahl wird in der Tabelle 3 dargestellt:

Tabelle 3. Wertigkeit der Stellen der Dualzahlen

Wertigkeit	2^7	2^6	2^5	2^4	2^3	2^2	2^1	2^0
Byte	1	0	0	1	1	0	0	1
Stellenwert der Bits	128	0	0	16	8	0	0	1

Unabhängig von der Wortlänge steht links das höchstwertige Bit (MSB: Most Significant Bit) und rechts das niedrigwertigste Bit (LSB: Least Significant Bit). Das Byte oder auch Merkerbyte in der obigen Tabelle entspricht der Dezimalzahl 153. Haben alle 8 Bit den Wert 1, ergibt sich die zugehörige Dezimalzahl 255.

Tabelle 4. Aufbau von Ganzzahlen

Bit	15	14	13	13	11	10	9	8	7	6	5	4	3	2	1	0
	VZ	2^{14}	2^{13}	2^{12}	2^{11}	2^{10}	2^9	2^8	2^7	2^6	2^5	2^4	2^3	2^2	2^1	2^0

Gleitpunktzahlen sind gebrochene, mit einem Vorzeichen versehene Zahlen und haben den Datentyp REAL. Sie bestehen intern aus dem Vorzeichen VZ, dem 8 Bit-Exponenten Exp zur Basis 2 mit einem Abzugsfaktor 127 und einer 23 Bit-Mantisse. Die Mantisse stellt den gebrochenen Anteil der Zahl dar. Der ganzzahlige Anteil der Mantisse ist immer 1, er wird nicht gespeichert. Die Codierung der Gleitpunktzahl umfasst 32 Bit; Bit 31 ist das Vorzeichen.

Tabelle 5. Aufbau einer Gleitpunktzahl

Bit	31	30	23	22	0
	0/1	2^7	2^0	2^{-1}	2^{-23}
	VZ	Exponent		Mantisse	

Der Wert einer Gleitpunktzahl wird errechnet aus:

$$\text{Wert} = (\text{VZ}) \cdot (1.\,\text{Mantisse}) \cdot \left(2^{(\text{Exp}-127)}\right)$$

4.2 Grundlagen der Programmierung nach IEC 1131-3

Steuerungsaufgaben werden durch Programmiersprachen beschrieben. Für die Programmierung von speicherprogrammierbaren Steuerungen gilt heute als Standard die IEC 1131-3. Folgende Programmiersprachen wurden in dieser Norm festgelegt:

- Anweisungsliste (AWL) bzw. Instruction List (IL)
- Funktionsbausprache (FBS) bzw. Function Block Diagram (FBD)
- Kontaktplan (KOP) bzw. Ladder Diagram (LD)
- Strukturierter Text (ST) bzw. Structured Control Language (SCL)
- Ablaufsprache (AS) bzw. Sequential Funktion Chart (SFC)

Eine Folge von 16 Binärzeichen wird als Wort bezeichnet. Als Dualzahl ist sie eine **Ganzzahl** vom Datentyp INTEGER (INT), das Bit Nr. 15 (MSB) enthält das Vorzeichen (VZ). Die Vorzeichenregel für Ganzzahlen der Datentypen INT und DINT und die Gleitpunktzahl lautet:
VZ: 0 bedeutet positive Zahl, VZ: 1 bedeutet negative Zahl.
Daraus ergibt sich ein positiver Zahlenbereich von +32767 bis 0 und ein negativer Zahlenbereich von −1 bis −32768. Eine Bitkette von 32 Bit ergibt ein Doppelwort vom Datentyp DOPPELINTEGER (DINT), das Bit 31 enthält das Vorzeichen.

Die **Funktionsbausteinsprache** und der Kontaktplan sind grafisch orientierte Sprachen, die den Steuerungsablauf bildhaft darstellen. Sie sind übersichtlich und sowohl für den Anwender als auch den Informatiker leicht zu lesen. Die Funktionsbausteinsprache entspricht dem Funktionsplan (FUP) von STEP 7. Der **Kontaktplan** ist dem Stromlaufplan vergleichbar.
Die **Anweisungsliste** verwendet mnemotechnische Abkürzungen oder mathematische Symbole für die zu programmierenden Funktionen. **Strukturierter Text** (ST) ist eine der Hochsprache PASCAL vergleichbare Programmiersprache mit SPS-spezifischen Erweiterungen und dient vornehmlich für die Programmierung mathematischer Funktionen. Die **Ablaufsprache** verfügt über sprachliche und grafische Elemente zur Programmierung von Ablaufsteuerungen.

Tabelle 6. Aufbau von Steueranweisungen (Globaldaten)

Adressierung	Marke	Operation	Operand/ Variable	Kommentar
Absolut	M001:	U	E0.5	//Taster
Symbolisch		L	Ana_Wert1	//Analogwert laden

Eine **Steueranweisung** ist die kleinste selbstständige Einheit eines Steuerprogramms. Sie stellt die Arbeitsanweisung für die Zentraleinheit dar. Der **Operationsteil** ist derjenige Teil der Steueranweisung, der die auszuführende Operation beschreibt; der **Operandenteil** ist derjenige Teil der Steueranweisung, der die für die Ausführung der Operation notwendigen Daten enthält. Das Operandenkennzeichen (E) gibt die Art des Operanden an, der zugehörige Parameter (0.5) die Adresse. Der Operand kann sowohl absolut oder symbolisch als Variable (Ana_Wert1) adressiert werden. Sprungmarke und Kommentar sind optional. Die Sprungmarke besteht aus 4 Zeichen und wird mit einem Doppelpunkt abgeschlossen, der Kommentar beginnt mit zwei Schrägstrichen und endet am Zeilenende.

Sollen absolute Adressen (E0.5) in allen Anwenderbausteinen mit symbolischen Bezeichnungen angesprochen werden, wird eine **Symboltabelle** angelegt. Der Symbol-Editor dient zur Deklaration globaler Variablen. Ein Symbol ist ein vom Anwender definierter Name, der ein Programm häufig leichter lesbar macht. Die Symboltabelle wird durch einen Doppelklick auf den Ordner Symbole oder im Programmeditor in der Menüzeile **Extras > Symboltabelle** geöffnet und anschließend beschrieben.

a) Textorientierte Sprachen

Anwenderprogramme können inkrementell oder quellorientiert erstellt werden. Bei der **inkrementellen Programmierung** überprüft der AWL-Editor jede abgeschlossene Zeile auf Syntaxfehler. Nur syntaktisch korrekte Bausteine lassen sich speichern. Bei der **quellorientierte Programmierung** muss eine Quelle angelegt werden.

■ **Beispiel: Steuerung einer Presse**
Der Kolben einer Presse darf nur dann einen Arbeitshub ausführen, wenn folgende Bedingungen erfüllt sind:

- Das Werkstück (B1) eingelegt wurde
- Das Schutzgitter (S3) geschlossen ist und
- Der Hand- oder Fußtaster (S1 ∨ S2) betätigt wird. Das Startsignal wird gespeichert und der Kolben fährt gedrosselt aus.

- Der Rückhub des Kolbens soll mit hoher Geschwindigkeit erfolgen; er wird durch einen Handtaster mit Öffnerkontakt (S4) eingeleitet.

Vorüberlegung:
Das geschlossene Schutzgitter ist eine Bedingung für den Beginn des Arbeitsablaufs. Diese Bedingung wird aus Sicherheitsgründen am Rücksetzeingang des SR-Speichers abgefragt. Ein Öffnen des Schutzgitters muss zur Unterbrechung des Arbeitsablaufs führen. Dies ist nur möglich, wenn das Signal auf den Rücksetzeingang wirkt. Infolge der Dominanz des Rücksetzeingang erübrigt sich die Abfrage des Signalgebers am Setzeingang.
Die Pressensteuerung ist eine Verknüpfungssteuerung mit Speicherfunktion, dies wird durch die interne Zustandsvariable Q des Speichers abgebildet. Es gilt:

Arbeitshub: $\left[(S1 \vee S2) \wedge B1\right] \vee Q = A1.0 = 1$

Rückhub: $\overline{S3} \vee \overline{S4} = \overline{Q} \Rightarrow A1.0 = 0$

Die Signalgeber zur Steuerung der Presse werden an die Spannungsquelle (L+) der SPS gelegt und wirken auf die digitalen Eingänge der SPS. Die Stellelemente werden durch die digitalen Ausgänge der SPS geschaltet, der Minuspol wird auf die Bezugs- oder Masseklemme (M) der SPS gelegt. Die an den Eingängen der SPS anliegenden Signalzustände (0/1) der Signalgeber werden erfasst, durch das Anwenderprogramm verarbeitet und als Verknüpfungsergebnis an die Ausgänge der SPS gegeben. Die verwendeten Betriebsmittel für die Beschaltung sind in der Belegungsliste zusammengestellt und den Ein- und Ausgängen der SPS zugeordnet worden.

Belegungsliste

Betriebsmittel	Bez.	Operand
Handtaster Arbeitshub	S1	E0.0
Fußtaster Arbeitshub	S2	E0.1
Grenztaster für das Schutzgitter	S3	E0.2
Induktiver Sensor zur Werkstückerkennung	B1	E0.3
Handtaster Rückhub (Öffner)	S4	E0.4
3/2-Wegeventil mit Federrückstellung und Spule	1V1, M1	A1.0

Pneumatikplan: **SPS-Beschaltung:**

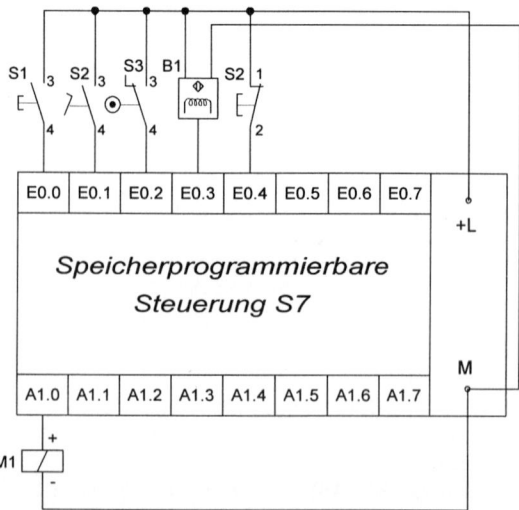

Bild 2. Schaltplan zur Steuerung einer Presse

```
Baustein: FC1    Pressensteuerung
```

```
Netzwerk: 1        Signalverknüpfungen zur Steuerung des Stellglieds
```

```
    U(
    O      E      0.0    //Handtaster ODER
    O      E      0.1    //Fußtaster
    )
    U      E      0.3    //Werkstückabfrage
    S      M      1.0    //SR-Speicher setzen
    U(
    ON     E      0.2    //Schutzgitterabfrage
    ON     E      0.4    //Einfahrsignal (Öffner)
    )
    R      M      1.0    //SR-Speicher rücksetzen
    U      M      1.0
    =      A      1.0    //Zuweisung des Speichersignals
```

Programmerläuterung

Erkennt die SPS an den Eingängen E0.0 oder E0.1 und am Eingang E0.3 1-Signal, wird der RS-Speicher gesetzt (Q=1), wenn auch das Schutzgitter geschlossen wurde und der Eingang E0.2 auch 1-Signal meldet. Das Signal „Schutzgitter geschlossen" wird am Rücksetzeingang negiert abgefragt und ist aus Sicherheitsgründen dominierend. Das geöffnete Schutzgitter meldet 0-Signal und führt aufgrund der negierten Abfrage des Signalgebers immer zum Rückhub des Kolbens.

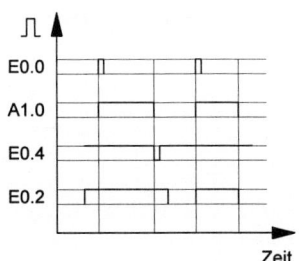

Bild 3. Signaldiagramm zur Pressensteuerung

Der Ausgang A1.0 kann also nur bei geschlossenem Schutzgitter durchgeschaltet werden. Die Spule M1 am 3/2-Wegeventil 1V1 wird erregt und der Kolben fährt aus. Der Rückhub erfolgt im Regelfall, wenn der Öffner S4 nach Betätigung 0-Signal gibt. Der SR-Speicher wird rückgesetzt (Q=0); das 0-Signal wird dem Ausgang A1.0 zugewiesen. Die Spule liegt dann nicht mehr an Spannung und die Feder stellt das 3/2-Wegeventil zurück; der Kolben fährt ein. Dabei entlüftet er direkt über das Schnellentlüftungsventil. Der beim Entlüftungsvorgang am Anschluss 2 anstehende Druck schaltet das Ventil derart, dass die Entlüftung 3 geöffnet und 1 gesperrt wird.

Bei der **quellorientierten Programmierung** wird das Anwenderprogramm als ASCII-Textdatei in eine AWL- oder SCL-Quelle geschrieben.

Vorgehensweise

S7-Programme > Quellen > Einfügen > S7-Software > AWL-Quelle/SCL-Quelle

Die AWL-Quelle wird durch Doppelklick auf das Symbol geöffnet und editiert. Dabei müssen bestimmte Regeln und Schlüsselwörter beachtet werden. Im Bausteinkopf wird die Bausteinart festgelegt, hier durch das Schlüsselwort FUNCTION und die Angabe FC1, dem Baustein in dem das übersetzte Programm abgelegt wird. Im Deklarationsteil werden die erforderlichen Schlüsselwörter für die bausteinlokalen Variablen angegeben. Im Beispiel sind dies für die Eingangsvariablen: VAR_INPUT, END_VAR, für die Ausgangsvariable: VAR_OUTPUT, END_VAR und für die temporäre Variable des Speichers: VAR_TEMP, END_VAR. Dazwischen stehen die Bezeichnungen für die Variablen. Die Reihenfolge für die Deklaration der Variablen ist unbedingt einzuhalten. Zuerst die Formalparameter in der Reihenfolge in, out, in_out und danach folgen die Lokaldaten; in einer Funktion sind dies die temporären Variablen. Nach dem Schlüsselwort BEGIN wird der Anweisungsteil des Programms geschrieben. Die Unterteilung in Netzwerke (NETWORK) ist nicht erforderlich, sie dient nur zur Gliederung und Kommentierung des Programms. Es gelten die Operationen wie bei der inkrementellen Programmierung. Das Programm endet mit dem Schlüsselwort END_FUNCTION. Nach Fertigstellung wird die Datei übersetzt. Die bei der Übersetzung der Datei erkannten Fehler müssen korrigiert werden, erst danach wird die Datei im Verzeichnis Bausteine unter FC1 abgelegt.

Nach dem Aufruf der Funktion im OB1 müssen die im Deklarationsteil aufgeführten Formalparameter mit absoluten Adressen versorgt werden. Die temporären Variablen sind Lokaldaten und werden nur intern beschrieben. Anschließend kann das Anwenderprogramm getestet und ausgeführt werden.

Tabelle 7. Schlüsselwörter zur quellorientierten Programmierung in AWL und ST

Bausteintyp	Funktion (FC)	Funktionsbaustein (FB)
Bausteinkop	FUNCTION	FUNCTION_BLOCK
	VAR_INPUT END_VAR	VAR_INPUT END_VAR
	VAR_OUTPUT END_VAR	VAR_OUTPUT END_VAR
	VAR_IN_OUT END_VAR	VAR_IN_OUT END_VAR
		VAR_STAT END_VAR
	VAR_TEMP END_VAR	VAR_TEMP END_VAR
Anweisungsteil	BEGIN NETWORK	BEGIN NETWORK
Bausteinende	END_FUNCTION	END_FUNCTION _BLOCK

```
FUNCTION FC1 : VOID

VAR_INPUT
Hand_S1, Fuss_S2, Grzt_S3,
Sen_B1, Hand_S4 : BOOL;
END_VAR

VAR_OUTPUT
Spule_M1 : BOOL;
END_VAR

VAR_TEMP
Merk1 : BOOL;
END_VAR

BEGIN
U(;
O       Hand_S1;
O       Fuss_S2;
);
U       Sen_B1;
S       Merk1;
ON      Grzt_S3;
ON      Hand_S4;
R       Merk1;
U       Merk1;
=       Spule_M1;
END_FUNCTION
```

```
Baustein: OB1    "Hauptprogramm"
```

```
Netzwerk: 1      Aufruf und Parametrierung der Funktion
```

```
        CALL  FC    1
        Hand_S1 :=E0.0
        Fuss_S2 :=E0.1
        Grzt_S3 :=E0.2
        Sen_B1  :=E0.3
        Hand_S4 :=E0.4
        Spule_M1:=A1.0
```

Die Programmierung in der neuen Programmiersprache **Strukturierter Text** (ST) kann für die Programmierung mathematischer aber auch logischer Funktionen verwendet werden. Zur Einführung in diese Programmiersprache wird ebenfalls der Lösungsalgorithmus für das Lehrbeispiel Pressensteuerung entwickelt. Dazu muss zunächst eine SCL-Quelldatei im SIMATIC Manager wie oben beschrieben angelegt werden. Das weitere Vorgehen entspricht im Wesentlichen der quellorientierten Programmierung in AWL. Im Bausteinkopf wird die Bausteinart durch das Schlüsselwort FUNCTION festgelegt. Danach werden im Deklarationsteil die Variablen, vergleichbar der quellorientierten Programmierung in Anweisungsliste, definiert. Die Schlüsselwörter BEGIN und END_FUNCTION begrenzen den Anweisungsteil. Die wichtigsten Operatoren und Kontrollanweisungen sind der nachstehenden Tabelle zu entnehmen. Kontrollanweisungen dienen zur wiederholten Ausführung von Steueranweisungen (Schleifen) oder zur

Ausführung lösungsbedingter Anweisungen (Alternativen).
Nach Fertigstellung wird die Quelle übersetzt und in der Funktion FC1 abgelegt. Die Quelle wird nach dem Aufruf im OB1 entsprechend der AWL-Quelle parametriert. Die Parameter sind Schnittstellen nach außen zur Übergabe der Daten.

Tabelle 8. Ausgewählte Sprachelemente Strukturierter Text

Operatoren		Kontrollanweisungen	Aufgabe
AND	Logisches UND	FOR-Schleife	Wiederholung von Programmteilen bis zur festgelegten Zahl der Schleifendurchläufe.
OR	Logisches ODER	WHILE-Schleife	Durchlaufen einer Schleife bis zur Erfüllung der Durchführungsbedingungen
NOT	Negation eines logischen Operanden	REPEAT-Schleife	Ausführen der Schleife bis zur Erfüllung der Abbruchbedingung
XOR	Logisches Exklusiv-ODER	IF-Anweisung	Ausführen einer Anweisung in Abhängigkeit von einer Bedingung
< >	Kleiner Größer	CASE-Anweisung	Dient zur 1 aus n Auswahl von Programmteilen
<= >=	Kleiner oder Gleich Größer oder Gleich	CONTINUE-Anweisung	Möglichkeit zum Abbruch des momentanen Schleifendurchlaufs
== <>	Gleich Ungleich	EXIT-Anweisung	Dient zum Verlassen von Schleifen
:=	Zuweisung	GOTO-Anweisung	Veranlasst einen Sprung zu der angegebenen Sprungmarke
( )	Klammerung	RETURN-Anweisung	Veranlasst einen Rücksprung in den aufrufenden Baustein oder ins Betriebssystem

```
 1 FUNCTION    FC1  :  VOID
 2
 3 VAR_INPUT
 4     Hand_S1,  Fuss_S2,  Grzt_S3,  Sen_B1,  Hand_S4  :  BOOL ;
 5 END_VAR
 6
 7 VAR_OUTPUT
 8     Spule_M1  :  BOOL ;
 9 END_VAR
10
11 BEGIN
12 IF  Hand_S1  OR Fuss_S2  AND Sen_B1 = 1 THEN   Spule_M1  := 1; END_IF ;
13 IF  NOT Grzt_S3  OR NOT Hand_S4 = 1 THEN   Spule_M1  := 0; END_IF ;
14     END_FUNCTION
```

b) Grafische Programmiersprachen

Die Funktionsbausteinsprache und der Kontaktplan sind grafisch orientierte Programmiersprachen. Sie sind übersichtlich und gut lesbar. Exemplarisch soll an zwei Beispielen die Programmierung mit grafischen Programmelementen dargestellt werden.

■ **Beispiel 1: Heizkessel mit Temperaturüberwachung**
Die Temperatur in einem Heizkessel soll von einem Temperatursensor, der bei einem eingestellten Grenzwert der Temperatur anspricht, überwacht werden. Bei überhöhter Temperatur soll eine Meldung durch die Signalleuchte P1 erfolgen. Ist die Temperatur nach 20 Sekunden noch nicht abgefallen, soll zusätzlich ein akustisches Signal P2 ausgelöst werden. Das akustische Warnsignal kann durch einen Taster S1 abgeschaltet werden.

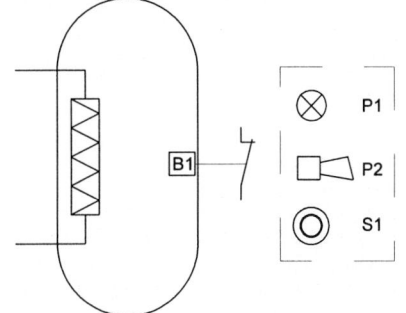

Bild 4. Heizkesselüberwachung

Symbol	Adresse	Datentyp	Kommentar
LM_P1	A 1.1	BOOL	Signalleuchte: Überhöhte Temperatur
Hupe_P2	A 1.2	BOOL	Akustische Warnmeldung
TempS_B1	E 0.1	BOOL	Der Temperatursensor steuert einen Öffner
Tast S1	E 0.2	BOOL	Drucktaster zum Abschalten des Hupsignals

Baustein: FC1   Heizkesselüberwachung

Netzwerk: 1   Steuerung der Signalgeber

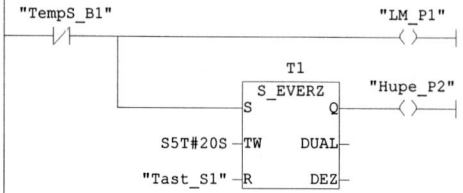

Programmerläuterung

Das Anwenderprogramm zur Heizkesselüberwachung ist als Kontaktplan editiert worden. Der **Kontaktplan** orientiert sich am Stromlaufplan. Er verfügt nur über wenige grafische Symbole und verwendet
viele Elemente der Funktionsbausteinsprache. Im vorliegenden Beispiel werden die absoluten Adressen durch symbolische Bezeichnungen ersetzt. Dazu ist eine Symboltabelle angelegt worden. Die Symboltabelle kann im Programmeditor in der Menüzeile **Extras > Symboltabelle** geöffnet und anschließend beschrieben werden.
Unterbricht der Sensor den Öffnerkontakt zur Meldung einer überhöh-
ten Temperatur, wird unmittelbar die Signalleuchte P1 angesteuert.
Gleichzeitig wird der Timer T1 durch das Sensorsignal beaufschlagt.
Der Timer schaltet durch, wenn die am Eingang TW eingetragene
Verzögerungszeit von 20 Sekunden abgelaufen ist. Der Timerausgang
Q führt 1-Signal und die Hupe P2 ertönt. Fällt das Signal des Sensors
ab, führt der Timerausgang Q 0-Signal, die Hupe schaltet ab. Ge-
schieht dies nicht, kann die Hupe über den Rücksetzeingang des
Timers abgeschaltet werden.

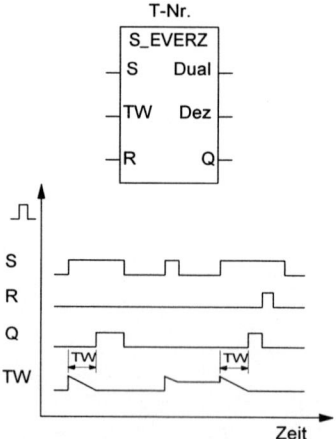

Bild 5. Signaldiagramm: Zeit als Einschaltverzögerung

- **Beispiel 2: Steuerung eines Reinigungsprozesses**
Ein Korb mit kleinen Bauelementen, deren Oberfläche infolge der
Bearbeitung eine Ölschicht hat, soll in ein Reinigungsbad abge-
senkt werden, dort 30 Sekunden bleiben, angehoben werden und
nach dem Abtropfen (*5 s*) wieder in das Bad abgesenkt werden.
Der Vorgang soll 3-mal wiederholt werden.

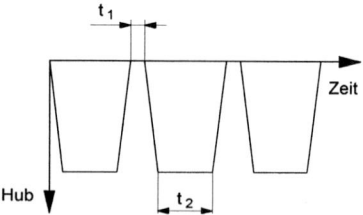

Bild 6. Prozessablauf:
Automatischer Reinigungszyklus

Der automatische Reinigungsvorgang soll auch unabhängig durch
Handsteuerung des doppelt wirkenden Zylinders durchgeführt werden
können. Als Stellglied zur Steuerung des Zylinders dient ein 5/2-Wege-
Magnetimpulsventil. Die Endlagen des Kolbens werden durch die Reed-
Kontakte B1 und B2 kontrolliert. Der Arbeitszyklus wird durch einen
Taster (S1) gestartet und nach drei Reinigungsbädern automatisch
unterbrochen. Wird der Prozess von Hand gesteuert, erfolgt die Steuerung des Zylinders durch die Taster S2 und S3. Die Umschaltung Auto-
matik-/Handbetrieb erfolgt durch einen Stellschalter (S0).

Technologieschema

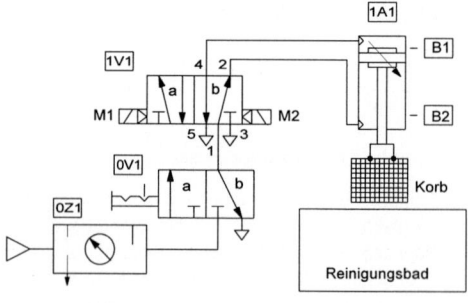

Bedienfeld

Bild 7. Technologieschema mit Bedienfeld

Adresse	Deklaration	Name	Typ	Anfangswert	Kommentar
0.0	in	Start_A	BOOL	FALSE	Automatischer Reinigungszyklus
0.1	in	Reed_B1	BOOL	FALSE	Reedkontakt B1
0.2	in	Reed_B2	BOOL	FALSE	Reedkontakt B2
2.0	in	TA1	S5TIME	S5T#0MS	Zeitvorgabe Abstropfen
4.0	in	TA2	S5TIME	S5T#0MS	Zeitvorgabe Reinigen
6.0	in	ANZ	WORD	W#16#0	Anzahl der Reinigungszyklen
8.0	out	Spule_M1	BOOL	FALSE	Spule am Magnetventil
8.1	out	Spule_M2	BOOL	FALSE	Spule am Magnetventil
	in_out				
	stat				
	temp				

Baustein: FB1   Automatische Zylindersteuerung für einen Reinigungsprozess

---

Netzwerk: 1   Kolben ausfahren

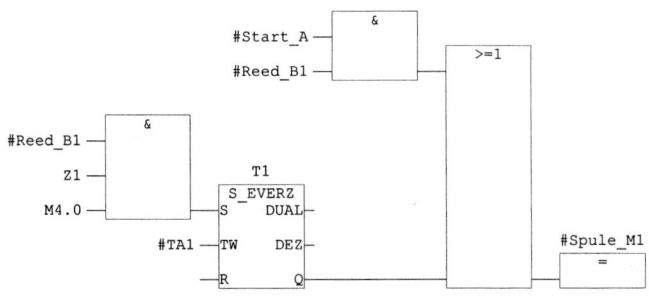

Netzwerk: 2   Kolben einfahren

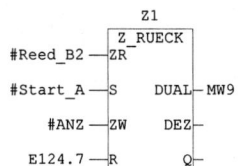

Netzwerk: 3   Zählen der Arbeitszyklen

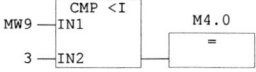

Netzwerk: 4   Vergleich Zählerwert mit einer Konstanten

Adresse	Deklaration	Name	Typ	Anfangswert	Kommentar
0.0	in	AusF_S2	BOOL		Ausfahren Hand
0.1	in	EinF_S3	BOOL		Einfahren Hand
0.2	in	Reed_B1	BOOL		Kolben eingefahren
0.3	in	Reed_B2	BOOL		Kolben ausgefahren
2.0	out	Spule_M1	BOOL		Spule am Magnetventil
2.1	out	Spule_M2	BOOL		Spule am Magnetventil
	in_out				
	temp				

Baustein: FC1   Handbetrieb

Netzwerk: 1   Kolben ausfahren

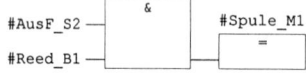

Netzwerk: 2   Kolben einfahren

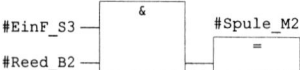

Baustein: OB1   Aufruf und Parametrierung der Codebausteine

Netzwerk: 1   Automatischer Betriebsablauf

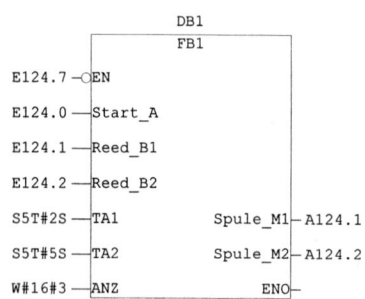

Netzwerk: 2   Handbetrieb

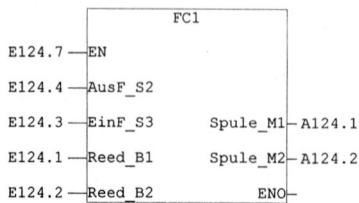

Programmerläuterung

Das Anwenderprogramm zur Steuerung der Reinigung von Bauteilen ist in zwei Codebausteinen geschrieben worden. Der Funktionsbaustein FB1 enthält den Programmteil zur automatischen Steuerung des Reinigungsvorgangs. Er wird **bedingt** aufgerufen, wenn auf den Freigabeeingang EN das 1-Signal des Steuerungseingangs E0.7 wirkt. Der Freigabeausgang wird hier nicht beschaltet, er kann zur Signalisierung von Fehlern bei der Bearbeitung des Codebausteins genutzt werden. Nach Aufruf führt der Funktionsbaustein den Programmzyklus aus. Mit dem Startsignal fährt der Kolben unmittelbar aus. Gleichzeitig wird der Rückwärtszähler Z1 gesetzt. Der Rückhub erfolgt nach Ablauf der eingestellten Verzögerungszeit am Timer T2. Der Zeitablauf wird gestartet, sobald am Setzeingang S durch den Reed-Kontakt B2 ein 1-Signal ansteht. Dieses Signal muss während der gesamten Laufzeit des Timers anstehen. Nach Ablauf der Zeit schaltet der Ausgang Q des Timers die Spule M2 am Magnetventil. Der Kolben fährt ein. Der Reed-Kontakt B1 startet in Verbindung mit dem Merker M4.0, der nun 1-Signal führt infolge der erfüllten Vergleichsbedingung, eine kurze Verzögerungszeit (t_1). Mit einem **Vergleicher** werden die Werte zweier Operanden des gleichen Datentyps (INT/DINT/REAL) verglichen. Das Vergleichsergebnis steht als boolscher Wert zur Verfügung. Nach Ablauf fährt der Kolben wieder aus, bis der Rückwärtszähler auf Null gezählt hat. Der Zähler blockiert einen weiteren Arbeitszyklus.

Soll der Kolben von Hand gesteuert werden, muss der Signalgeber auf den Eingang E0.7 0-Signal liefern. Dann wird die Funktion FC1 aufgerufen. Unter Umgehung des Zählers und der Zeitglieder kann der Korb beliebig abgesenkt und gehoben werden.

Für beide Codebausteine sind in der **Variablendeklarationstabelle** die Formalparameter eingetragen worden. Die Variablendeklaration umfasst die Zuordnung der Deklaration, die Angabe eines symbolischen Namens und eines Datentyps; der Kommentar ist optional. Die deklarierten Eingangsparameter (in) sind die Eingangssignale der Taster und die Signale der Reed-Kontakte, die Vorgabezeiten für die Timer und die Vorgabe des Zählerwerts. Die Ausgangsparameter (out) sind die Signale zur Ansteuerung der Magnetspulen M1 und M2. Ein Formalparameter ist ein Platzhalter für den tatsächlichen Parameter. Er übergibt seinen Wert bei Aufruf an einen Aktualparameter; solche Aktualparameter sind z.B. E0.0 oder A1.0. Merker oder Merkerwort als globale Speicheradressen der CPU erfordern keine Deklaration. Weitere globale Speicheradressen sind Zähler Z und Timer T.

Variable, die in Anwenderprogrammen verarbeitet werden, können verschiedene **Datentypen** haben. Mit Hilfe eines Datentyps wird festgelegt, wie der Wert einer Variablen oder Konstanten im Anwenderprogramm verwendet werden soll. In der Deklarationstabelle verwendete Datentypen sind BOOL, WORD und TIME. Boolesche Werte sind True oder False bzw. 1/0, sie belegen 1 Bit. Der Datentyp Word ist eine 16-Bit-Bolge, S5Time dient der Darstellung einer Zeit zwischen 0ms und 9990s.

Beide Codebausteine werden im OB1 aufgerufen und parametriert, d.h. den Formalparametern wird ein Aktualparameter zugeordnet.

c) Ablaufsprache

Die Ablaufsprache verfügt über sprachliche und grafische Elemente zur Programmierung von Ablaufsteuerungen. STEP 7 stellt dafür das Optionspaket S7-GRAPH zur Verfügung. Seine Funktionalität wird anhand einer linearen Ablaufkette für einen doppelt wirkenden Zylinder, dessen Kolben nach einem Startimpuls durch einen Taster (S1) ausfährt und zeitverzögert wieder einfährt, erläutert. Als Stellglied dient ein 5/2-Wege-Magnetimpulsventil, dessen Spulen 50 ms angesteuert werden. Die Endlagen des Zylinders

werden durch die Reed-Kontakte B1 und B2 kontrolliert. Nach Betätigung des Starttasters S1 soll eine Signalleuchte den Start der Ablaufkette signalisieren; nach Erreichen der Ausgangssituation erlischt diese Signalleuchte.

Belegungsliste

Betriebsmittel	Bez	Operand
Taster	S1	E0.0
Reed-Kontakt	B1	E0.1
Reed-Kontakt	B2	E0.2
Magnetimpulsventil mit Spule	M1	A1.1
Magnetimpulsventil mit Spule	M2	A1.2
Signalleuchte (Initialisierung)	P1	A1.0
Signalleuchte (Automatik)	P2	A1.3

Um das Anwenderprogramm zu editieren, muss zunächst ein Funktionsbaustein (FB) erzeugt, als Sprache GRAPH eingestellt und der Graph-Editor durch Doppelklick auf den FB geöffnet werden.

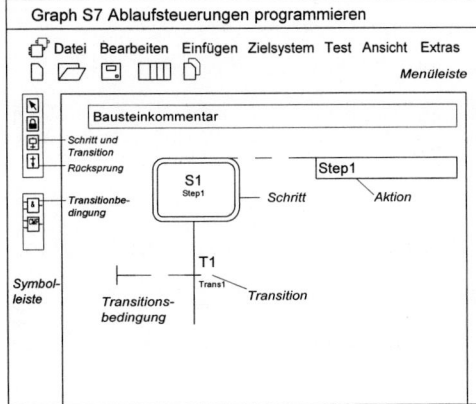

Bild 8. Graph-Editor

Der Editor bietet den Initialisierungsschritt und eine Aktion sowie die erste Transition an. Das weitere Vorgehen kann wie folgt erfolgen:

- Einfügen > Schritt und Transition über die Menüleiste oder identifizieren der Einfügeposition mit dem Cursor und anklicken des Icons in der Symbolleiste
- Sind die erforderlichen Schritt eingefügt, wird der Rücksprung zum Schritt 1 eingefügt
- Die Aktionen können nach einem Klick in den Aktionsrahmen textuell eingefügt werden
- Die Transitionsbedingungen werden nach Identifizierung der Einfügeposition als KOP- oder FUP-Box eingefügt und beschrieben
- Der Parametersatz des FB wird über Extras > Baustein-Einstellungen > Minimal (weil nur Automatikbetrieb vorliegt) gewählt
- Datei speichern, FB aufrufen, parametrieren und den Datenbaustein erzeugen

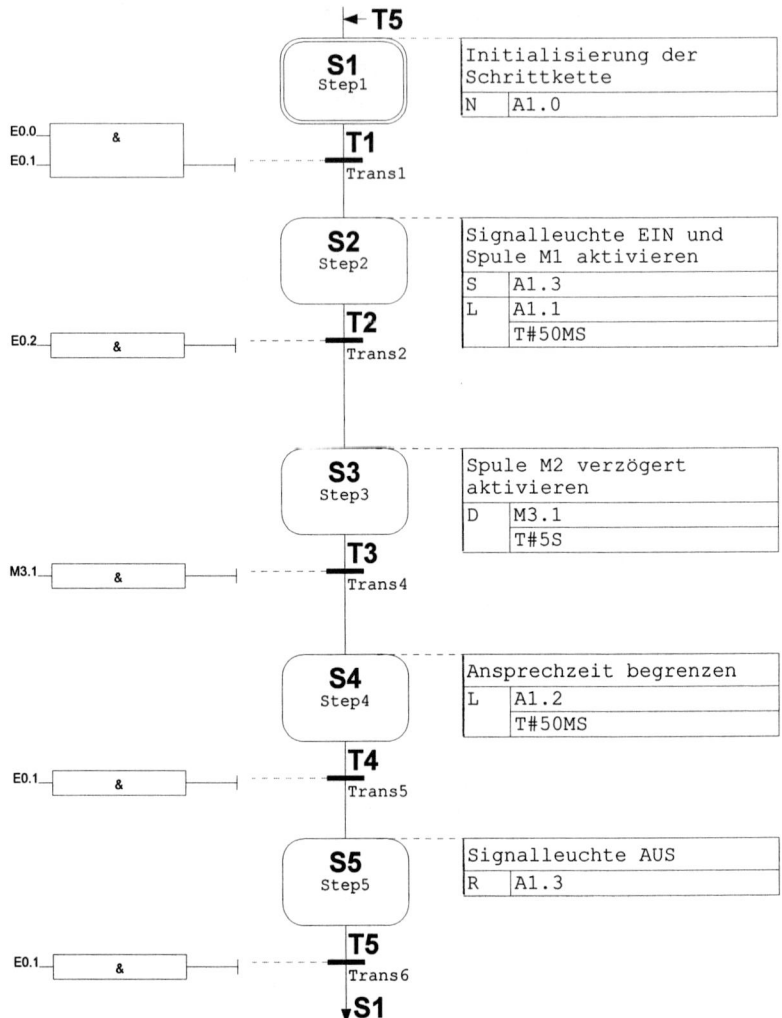

Erläuterung

Nach dem Aufruf des Anwenderprogramms ist der Initialisierungsschritt aktiv (Anzeige A1.0). Die Aktion ist kontinuierlich wirkend (N). Um die Ablaufkette einmal zu durchlaufen, muss sich der Zylinder in der Grundstellung befinden (B1) und das Signal des Tasters S1 (E0.0) muss gegeben werden. Das Signal des Initialisierungsschritt erlischt. Schritt 2 ist aktiv und die Aktionen werden ausgeführt: Der Ausgang A1.1 meldet speichernd (S) den Start der Ablaufkette und die Spule M1 wird über den Ausgang A1.2 *50 ms* aktiviert. Erreicht der Kolben die vordere Endlage, gibt der Reed-Kontakt B2 (E0.2) die Transition T2 frei. Schritt 3 wird aktiv. Die Spule M2 wird *5 s* verzögert (D) für *50 ms* (L) über den Ausgang A1.3 aktiviert. Der Kolben fährt ein, betätigt den Reed-Kontakt B1 (E0.1), die Signalleuchte für den automatischen Ablauf erlischt und es erfolgt der

Rücksprung zum Schritt 1. Der Zyklus kann erneut gestartet werden.

In S7-Graph sind die Ablaufkette und die Befehlsausgabe in einem Funktionsbaustein zusammengefasst. Sind verschiedene Betriebsarten für eine Steuerungsaufgabe erforderlich, so können im Funktionsbaustein FB1 die erforderlichen Parametersätze eingestellt werden unter Extras > Baustein-Einstellungen > Übersetzen/Speichern. Der Parametersatz Standard stellt u.a. die Betriebsarten Automatik, Tippen und Hand zur Verfügung.

4.3 Bibliotheksfähige Programmbausteine

STEP 7 stellt dem Programmierer vorgefertigte Systemfunktionen (SFC) und Systemfunktionsbausteine (SFB) in einer Bibliothek zur Verfügung. Diese können in Anwenderprogrammen aufgerufen und parametriert werden. Für den Anwender besteht auch die Möglichkeit für seine Bedürfnisse bibliotheksfähige Bausteine selber zu erzeugen und in einer Bibliothek abzulegen. Dazu bieten sich häufig wiederkehrende mathematische und logische Funktion oder Programmteile an. Die in der Bibliothek als parametrierbare Bausteine abgelegten Bausteine können bei Bedarf aufgerufen und in Anwenderprogramme einbezogen werden.

a) Blinktaktgeber

Ein Blinktaktgeber für eine beliebige Blinkfrequenz kann mit Hilfe der Zeitfunktionen von STEP 7 programmiert und in Anwenderprogrammen genutzt werden. Nutzt man ein Blinktakt-Pause-Verhältnis von 1:1, genügt eine Zeitfunktion.

Zunächst muss unter Bibliothek ein Ordner zur Ablage der Programmbausteine angelegt werden.

Vorgehensweise

Datei > Neu > Bibliothek > Namen angeben: z.B. FC-Bausteine

ÖFFNEN		
Anwenderprojekte	Bibliothek	Beispielprojekte
Name	Ablagepfad	
FC-Bausteine	C:\Siemens\Step 7\S7 libs\FC-Bausteine	
FB-Bausteine	C:\Siemens\Step 7\S7 libs\FB-Bausteine	
Standard Library	C:\Siemens\Step 7\S7 libs\StdLib30	

Anschließend wird der Ordner FC-Bausteine geöffnet und eine Funktion erzeugt.

Vorgehensweise

Doppelklick auf S7-Programme > Bausteine > Einfügen > S7-Bausteine > Funktion

Anschließend wird die Funktion geöffnet, editiert und in der Bibliothek gespeichert.

Adresse	Deklaration	Name	Typ	Anfangswert	Kommentar
0.0	in	T_Zeit	S5TIME		Vorgabe der Taktzeit
2.0	in	Z_Glied	TIMER		Zeitglied
4.0	out	BL_TA	BOOL		Blinksignal
	in_out				
0.0	temp	MERK	BOOL		Speicher für das Blinksignal
0.1	temp	ZE_OP	BOOL		Zeitoperand

```
Baustein: FC100   Blinktaktgeber
```

```
Netzwerk: 1       Steueranweisungen für das Zeitelement
```

```
    UN    #ZE_OP
    L     #T_Zeit
    SE    #Z_Glied
    U     #Z_Glied
    =     #ZE_OP
    U     #ZE_OP
    S     #MERK
    U     #BL_TA
    U     #ZE_OP
    R     #MERK
    U     #MERK
    =     #BL_TA
    BE
```

Erläuterung

Um die Funktion beliebig verwenden zu können, muss sie parametrierbar sein. Dazu werden in der Variablendeklarationstabelle die Lokaldaten des Bausteins deklariert. Dies sind die Formalparameter mit den Deklarationen in und out und zwei temporäre Variable. Die Variable ZE_OP wird negiert abgefragt und startet die vorzugebende Laufzeit des Timers. Nach Ablauf der Zeit hat der Timer (Z_Glied) einen Zyklus lang 1-Signal. Mit diesem Signal des Zeitoperanden ZE_OP wird die temporäre Variable MERK auf „1" gesetzt bis die Laufzeit des Timers erneut abgelaufen ist. Das Signal für den Blinktakt BL_TA und der Zeitoperand ZE_OP, der wieder 1-Signal hat, setzen die Variable MERK auf „0". Der Wert der Variablen MERK wird dem Formalparameter BL_TA zugewiesen.

Die Funktion wird später im Beispiel zur Drehstrommotorsteuerung aufgerufen und parametriert.

b) Messwertkontrolle

Von einem Messgeber eingehende Messwerte sollen mit dem oberen und unteren Grenzwert verglichen werden. Liegt der Messwert innerhalb der Toleranz, soll das Messergebnis als GUT (1-Signal) ausgegeben werden. Ist der Messwert größer als der obere Grenzwert soll Nacharbeit angezeigt werden, ist er kleiner als der untere Grenzwert soll Ausschuss angezeigt werden.

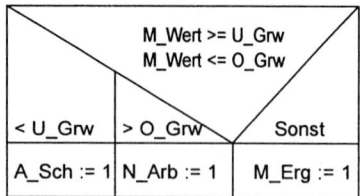

Tabelle 9.
Struktogramm zur Messwertanalyse

```
 1  FUNCTION    FC110  :  BOOL                 //Funktion mit Rückgabewert
 2
 3  VAR_INPUT                                   //Variablendeklaration
 4      M_Wert,  O_Grw,  U_Grw  :  REAL ;
 5  END_VAR
 6
 7  VAR_OUTPUT
 8      M_Erg,  A_Sch,  N_Arb  :  BOOL ;
 9  END_VAR
10
11  BEGIN
12  IF  M_Wert  <  U_Grw  THEN   A_Sch  := TRUE ; N_Arb  := FALSE ; M_Erg  := FALSE ;
13  ElSIF  M_Wert  >  O_Grw  THEN  N_Arb  := TRUE ; A_Sch  := FALSE ; M_Erg  := FALSE ;
14  ELSE  M_Erg  := TRUE ; N_Arb  := FALSE ; A_Sch  := FALSE ; END_IF ;
15  FC110  := M_Erg;                            //Rückgabewert
16      END_FUNCTION
```

```
Baustein: OB1    "Hauptprogamm"
```

```
Netzwerk: 1       Aufruf ohne Parametrierung
```

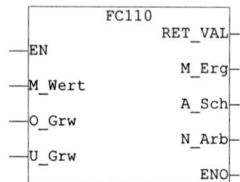

Erläuterung

Struktogramme haben das Ziel, den Algorithmus einer Steuerungsaufgabe durch Texte und Sinnbilder nach Nassi-Shneiderman grafisch anschaulich darzustellen. Die Messwertkontrolle kann zu verschiedenen Ergebnissen führen: Messergebnis liegt innerhalb der Grenzen, Messwert zu groß (Nacharbeit) oder Messwert zu klein (Ausschuss). Das Struktogramm enthält deshalb eine Mehrfachauswahl, die im Anwenderprogramm verarbeitet wird.

Der Funktionswert der Funktion ist mit dem Datentyp BOOL deklariert worden. Er wird im Programm als Ausgangsparameter behandelt. Im Beispiel wird ihm das innerhalb der Grenzwerte liegende Messergebnis als Boolscher Wert zugewiesen. Wird der erwartete Messwert nicht eingehalten, werden die nicht akzep-

tierten Abweichungen als Ausschuss oder Nacharbeit angezeigt.
Nach Aufruf kann die Funktion parametriert und für Prüfaufgaben in Steuerprogrammen verwendet werden.

c) Betriebsartenbaustein

Durch Betriebsarten wird Art und Umfang des Eingriffs in den Ablauf einer Steuerung festgelegt. Dies gilt für Verknüpfungssteuerungen ebenso wie für Ablaufsteuerungen. Es ist deshalb sinnvoll für solche Routinen ebenfalls Untergrogramme zu entwickeln und in einer Bibliothek abzulegen. Für die Betriebsarten Automatik, Tippen und Hand liegt eine digitale Schaltung vor, die als Funktionsbaustein zu programmieren ist. Als Bedieneingriffe sind die Signale Start, Stopp und Halt und Energie Ein ausgewiesen.

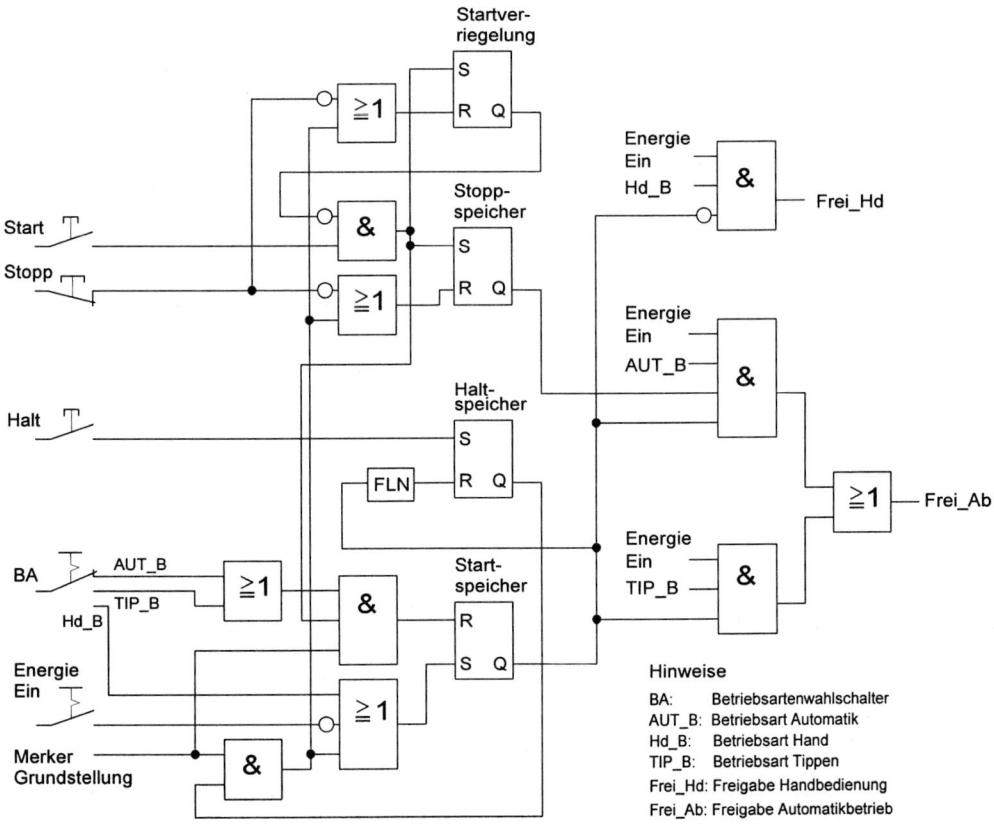

Bild 9. Digitale Schaltung für die Betriebsarten Automatik, Tippen und Hand

Adresse	Deklaration	Name	Typ	Anfangswert	Kommentar
0.0	in	Start	BOOL	FALSE	Start Automatikbetrieb
0.1	in	Stopp	BOOL	FALSE	Stopp im aktuellen Schritt
0.2	in	Halt	BOOL	FALSE	Halt in Grundstellung
0.3	in	AUT_B	BOOL	FALSE	Betriebsart Automatik
0.4	in	TIP_B	BOOL	FALSE	Betriebsart Tippen
0.5	in	Hd_B	BOOL	FALSE	Betriebsart Hand
0.6	in	E_Ein	BOOL	FALSE	Energieschaltung für die Anlage
0.7	in	Grd_St	BOOL	FALSE	Anlage in Grundstellung
2.0	out	Frei_Ab	BOOL	FALSE	Freigabe der Ablaufkette
2.1	out	Frei_Hd	BOOL	FALSE	Freigabe Handsteuerung
	in_out				
	stat				
0.0	temp	Merk1	BOOL		Zwischenspeicher
0.1	temp	Merk2	BOOL		Zwischenspeicher
0.2	temp	Merk3	BOOL		Zwischenspeicher
0.3	temp	Merk4	BOOL		Zwischenspeicher
0.4	temp	FLM1	BOOL		Flankenmerker
0.5	temp	FLM2	BOOL		Flankenmerker
0.6	temp	FLM3	BOOL		Flankenmerker

Baustein: FB205   Betriebsarten Automatik, Tippen, Hand

Netzwerk: 1   Startverriegelung

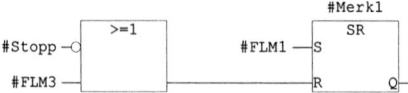

Netzwerk: 2   Stoppspeicher

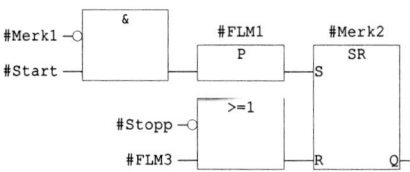

Netzwerk: 3   Haltspeicher

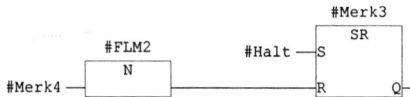

Netzwerk: 4   Startspeicher

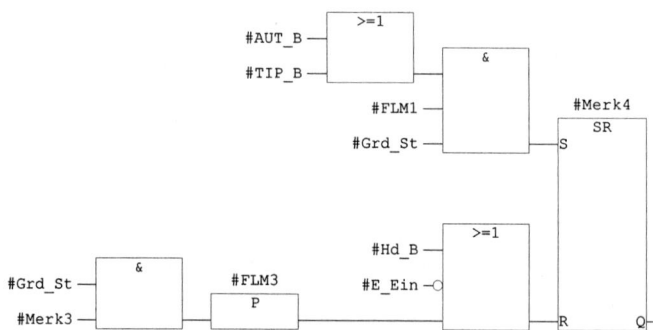

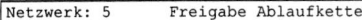

Netzwerk: 5   Freigabe Ablaufkette

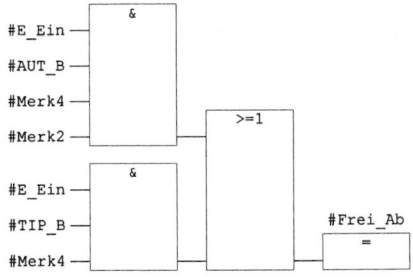

```
#E_Ein ──┐ &
#AUT_B ──┤
#Merk4 ──┤
#Merk2 ──┘      ┌─ >=1
                │
#E_Ein ──┐ &    │         #Frei_Ab
#TIP_B ──┤      │           =
#Merk4 ──┘      │
```

Netzwerk: 6   Freigabe Handbetrieb

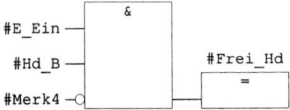

```
#E_Ein ──┐ &
#Hd_B ───┤      #Frei_Hd
#Merk4 ──○        =
```

Erläuterung

Die digitale Schaltung wird in der Funktionsbaustein-sprache als Programmbaustein in sechs Netzwerke aufgeteilt. Diese enthalten in den ersten vier Netzwerken die Abfragen für die deklarierten Formalparameter der Eingänge, erforderliche Verriegelungen und temporäre Variable zur Zwischenspeicherung von Signalen. Die beiden letzten Netzwerke beinhalten die erforderlichen Signalverknüpfungen für die Freigabesignale zur Steuerung der Ablaufkette. Die Signalverknüpfungen werden den deklarierten Formalparametern für die Ausgangssignale zugeordnet.

4.4 Verknüpfungssteuerung für einen Drehstrommotor

Drehstrommotoren sind die wichtigsten elektrischen Antriebe. Sie werden u.a. zum Antrieb von Lüftern, Pumpen und Werkzeugmaschinen verwendet.
Wird der Drehstrommotor in Sternschaltung betrieben, werden nach dem Einschalten des Netzschalters und dem Schließen der Hauptkontakte eines Schützes die Enden der Ständerwicklung u, v, w durch die drei Hauptleiter L1, L2 und L3 mit dem Drehstromnetz verbunden. Am Sternpunkt ist der Mittelleiter angeschlossen. Der Motor läuft in Sternschaltung; an jeder Wicklung liegt $400V / \sqrt{3} = 230V$.

Die Umsteuerung der Drehrichtung erfolgt durch Vertauschen von zwei Außenleitern mit Hilfe des zweiten Schützes, das bei Drehrichtungswechsel angesteuert wird. Die Schütze dienen als elektromagnetisch betätigte Schalter, die durch die SPS angesteuert werden. Die Hilfskontakte des Schützes werden für Überwachungs- und Meldefunktionen genutzt.

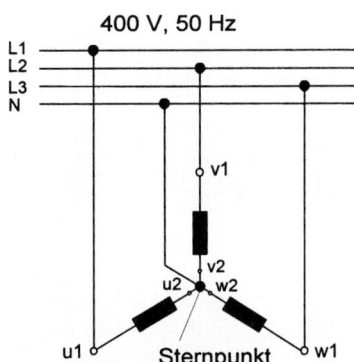

Bild 10. Ständerwicklung in Sternschaltung

■ **Anforderungen an die Steuerungsaufgabe:**

- Leitungsschutz durch Schmelzsicherungen
- Bereitschaltung durch einen Netzschalter
- Ein Motorschutzrelais schützt den Motor vor Überlast
- Wahl zwischen Tippbetrieb und Dauerlauf des Motors
- Verriegelung von Rechts- und Linkslauf über Taster und Schütze
- Die Umschaltung der Drehrichtung im Dauerbetrieb erfolgt zeitlich verzögert
- Die Meldekontakte der Schütze, des Motorschutzrelais und des Netzschalters werden für Verriegelungs-, Überwachungs- und Meldefunktionen genutzt
- Eine Störmeldung soll blinkend angezeigt werden

Hauptstromkreis

400 V∿50 Hz

SPS-Beschaltung

24 VAC

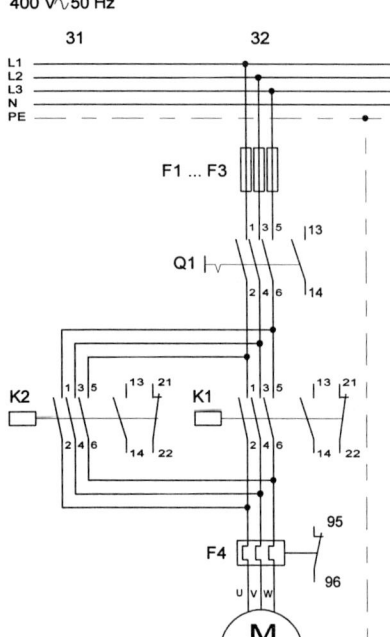

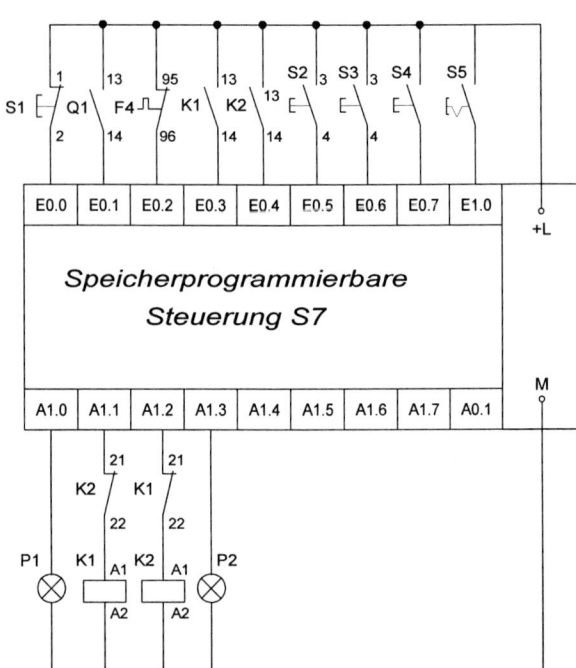

Bild 11. Schaltplan des Drehstromantriebs

Adresse	Deklaration	Name	Typ	Anfangswert	Kommentar
0.0	in	Tast_RL	BOOL	FALSE	Taster Rechtslauf
0.1	in	Tast_LL	BOOL	FALSE	Taster Linkslauf
0.2	in	Stopp	BOOL	FALSE	Stopp bei Dauerlauf des Motors
0.3	in	Netz_Sch	BOOL	FALSE	Meldung Netzschalter
0.4	in	Meld_RL	BOOL	FALSE	Meldekontakt Rechtslauf
0.5	in	Meld_LL	BOOL	FALSE	Meldekontakt Linkslauf
0.6	in	M_Schu	BOOL	FALSE	Motorschutzrelais
0.7	in	Reset	BOOL	FALSE	Rücksetzen nach Störung
2.0	in	ZE_GL1	TIMER		Zeitglied Umschaltverzögerung
4.0	in	Z_UMS	S5TIME	S5T#0MS	Laufzeit des Zeitglied Umschaltverzögerung
6.0	in	ZE_GL2	TIMER		Zeitglied Umschaltverzögerung
8.0	in	ZE_GL3	TIMER		Zeitglied Meldeverzögerung
10.0	in	Z_MVerz	S5TIME	S5T#0MS	Laufzeit des Zeitglieds
12.0	out	Schuetz_R	BOOL	FALSE	Schütz Rechtslauf
12.1	out	Schuetz_L	BOOL	FALSE	Schütz Linkslauf
12.2	out	St_Meld	BOOL	FALSE	Störungsmeldung
12.3	out	D_Zyk	BOOL	FALSE	Dauerbetrieb des Motors
14.0	in_out	Tipp_BE	BOOL	FALSE	Stellschalter für den Tippbetrieb
14.1	in_out	M_Frei	BOOL	FALSE	Freigabe Motorbetrieb
16.0	stat	Ueberwach	BOOL	FALSE	Motorüberwachung
	temp				

Baustein: FB1   Motorsteuerung und -überwachung

Netzwerk: 1   Freigabe des Motorbetriebs

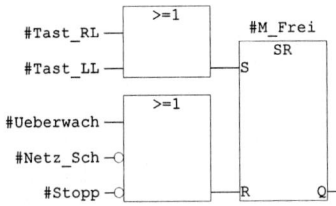

Netzwerk: 2   Tippbetrieb

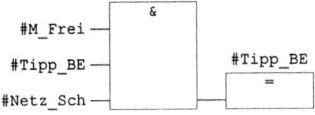

Netzwerk: 3   Dauerlauf

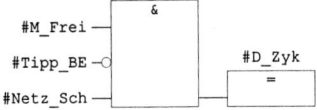

Netzwerk: 4   Signalverknüpfungen für den Rechtslauf

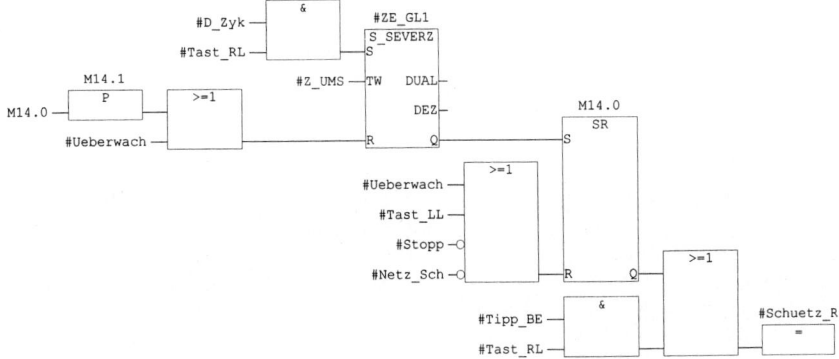

Netzwerk: 5   Signalverknüpfungen für den Linkslauf

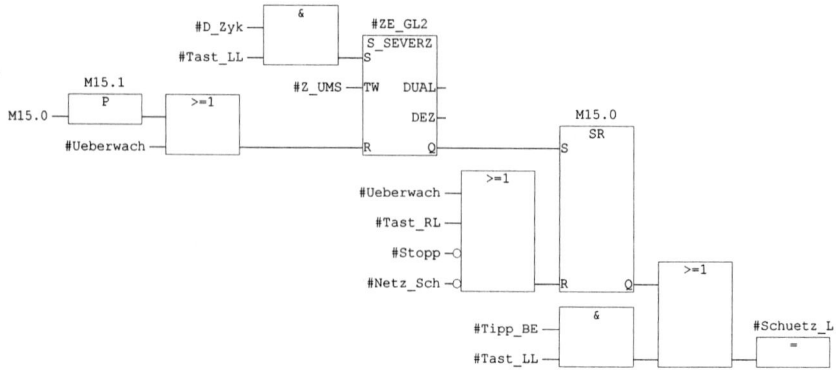

Netzwerk: 6   Motorüberwachung

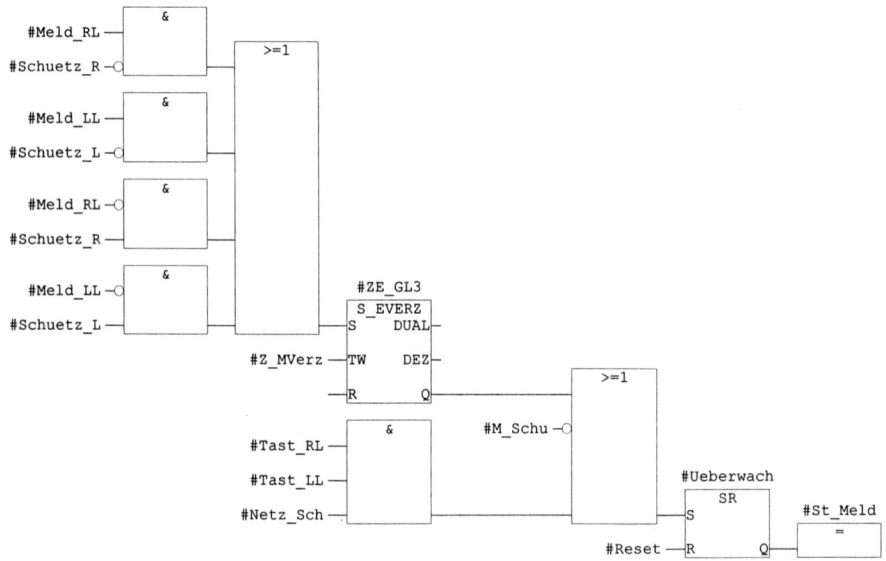

Programmerläuterung

In der Variablendeklarationstabelle sind die Namen der Variablen, ihre Deklaration, der Datentyp und ein kurzer Kommentar zum besseren Lesen des Programms aufgeführt. In den Netzwerken 1 bis 3 des Funktionsbausteins FB1 erfolgt die Freigabe des Motors und der Aufruf des Tipp- oder Dauerbetriebs. Die beiden folgenden Netzwerke enthalten die Signalverknüpfungen zur Steuerung der Drehrichtungen. Die Motorüberwachung im Netzwerk 6 kontrolliert die Funktion der Schütze durch Vergleich der Schützmeldungen mit den Zuständen der SPS-Ausgänge. Die Meldung wird aufgrund der Verzögerungszeit beim Umschalten der Drehrichtung zeitlich verzögert. Spricht das Motorschutzrelais an, wird die Überwachungsfunktion sofort ausgelöst, ebenso durch die gleichzeitige Betätigung der Taster für den Rechts- und Linkslauf, um einen größeren Motorschaden zu vermeiden. Die Variable für die Störungsmeldung (Ueberwach) ist als statische Variable deklariert. Sie wird als lokale Variable intern bearbeitet. Die Störung wird im Datenbaustein (DB1) gespeichert; nach Behebung der Störung kann der Speicher normiert werden. Die Störung wird der Variablen „St_Meld" zugewiesen und dient zum Aufruf des Blinktaktgebers FC100 im OB1. Eine Störung wird durch die Signalleuchte P1 angezeigt. P2 signalisiert über den Ausgang A1.3 Dauerbetrieb.

Auf den Aufruf und die Parametrierung der Bausteine wird hier verzichtet. Die Zuordnung der Signalgeber und Aktoren ist aus dem Schaltplan ersichtlich!

4.5 Ablaufsteuerungen

4.5.1 Struktur einer Ablaufsteuerung

Ablaufsteuerungen sind Steuerungen mit zwangsläufig schrittweisem Ablauf. Bei prozessabhängigen Ablaufsteuerungen ergeben sich die Bedingungen für das Weiterschalten von einem Ablaufschritt zum nächsten Ablaufschritt durch prozessabhängige Signale aus der gesteuerten Anlage. Bei zeitabhängigen Ablaufsteuerungen sind die Transitionsbedingungen zwischen den Ablaufschritten von der Zeit abhängig. In der Steuerungspraxis ist der Ablauf sowohl von der Zeit als auch von den Signalen aus dem Prozess abhängig.

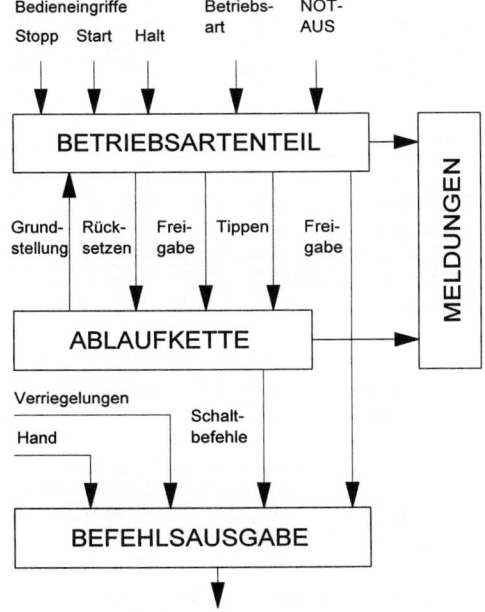

Bild 12. Struktur einer Ablaufsteuerung

a) Betriebsarten

Art und Umfang des Eingriffs in die Steuerung durch den Bediener wird durch die **Betriebsart** bestimmt (DIN 19226, T5). Neben den Betriebsarten Automatik, Teilautomatik, Hand und Einrichten nennt die Norm für Ablaufsteuerungen die Betriebsarten Schrittsetzen und Tippen. In der Betriebsart **Automatik** arbeitet die Leiteinrichtung programmgemäß ohne Bedienungseingriff in den Wirkungsablauf. In der Betriebsart **Schrittsetzen** kann die Ablaufkette durch Bedienungseingriff auf einen beliebigen Schritt gesetzt werden; die Betriebsart **Tippen** ermöglicht das Weiterschalten der Ablaufkette auf den jeweils nächsten Schritt durch einen Bedieneingriff. Der Bedieneingriff wird über einen Signalgeber vorgenommen, der für die gesamte Ablaufsteuerung nur einmal für diesen Zweck vorhanden ist. In der Betriebsart **Hand**

arbeitet die Leiteinrichtung nur durch Bedienungsgriffe in Abhängigkeit von gegebenenfalls vorhandenen Verriegelungen. Die Ablaufkette wird beim Umschalten in diese Betriebsart rückgesetzt, die Handsteuerung wirkt direkt auf die Befehlsausgabe ein. Die Betriebsart **Einrichten** ermöglicht die Steuerung der Stellgeräte einzeln unter Umgehung vorhandener Verriegelungen durch Bedieneingriff.

b) Ablaufkette

Kernstück der Ablaufsteuerung ist die **Ablaufkette**. Hier ist die Schrittfolge für den schrittweisen Funktionsablauf der Steuerung festgelegt. Die Ablaufkette lässt sich weitgehend standardisieren, da die einzelnen Schritte einen vergleichbaren Aufbau haben. Die innere Struktur eines Schrittes lässt sich wie folgt beschreiben:

- Ein Schritt hat speicherndes Verhalten.
- Die Schritte werden nacheinander durchlaufen.
- Der nachfolgende Schritt erfordert das Setzen des vorhergehenden Schrittes und die Erfüllung der Transition für den nachfolgenden Schritt.
- Die Schritte einer Ablaufkette können durch übergeordnete Freigabe- und Rücksetzbedingungen beeinflusst werden.

c) Meldungen

Durch **Meldungen** können Zustände oder Zustandsänderungen angezeigt werden. Meldesignale dienen vorwiegend zur Information des Menschen. Leuchtmelder oder akustische Signale signalisieren u.a. die eingestellte Betriebsart, die Grundstellung einer Anlage, Störungen oder auch die Auslösung eines Not-Aus-Tasters.

d) Befehlsausgabe

Die **Befehlsausgabe** verknüpft die Befehle der einzelnen Schritte der Ablaufkette mit den Freigabesignalen und ggf. mit den erforderlichen Verriegelungssignalen aus dem Prozess oder die Signale von Bedieneingriffen wirken z.B. im Handbetrieb auf bestimmte Stellelemente ein. Da an die Befehlsausgabe sehr unterschiedliche Anforderungen gestellt werden, ist eine Standardisierung kaum möglich. Es ist jedoch sinnvoll für die Befehlsausgabe einen Baustein zu programmieren, um dem Gesamtprogramm eine übersichtliche Struktur zu geben.

4.5.2 Entwicklung einer Ablaufsteuerung

Wichtige Aufgaben in der Automatisierungstechnik sind die Vereinzelung und das Positionieren von Bauteilen. Anhand einer solchen Station wird eine Ablaufsteuerung mit den erforderlichen Codebausteinen entwickelt.

■ **Aufgabenbeschreibung**

Die Bauteile werden mit einem doppelt wirkenden Zylinder aus einem Stapelmagazin ausgeschoben und von einem pneumatischen Schwenkantrieb mit Vakuumsauger und Venturidüse positioniert. Die Endlagen des Zylinders werden durch zwei Reed-Kontakte (1B1, 1B2) kontrolliert, die Endpositionen des Schwenkarms durch zwei induktive Sensoren (2B1, 2B2). Im Magazin vorhandene Werkstücke werden durch einen kapazitiven Sensor (1B3) identifiziert. Dieser Sensor ist in den Ausschiebeschuh integriert; er löst im Automatikbetrieb einen Arbeitszyklus aus, wenn Teile im Magazin vorhanden sind.

Anforderungen an die Lösung der Automatisierungsaufgabe:

- Die Anlage soll die Betriebsarten Automatik, Tippen und Hand ermöglichen.
- Als Bedieneingriffe stehen neben dem Haupt- und Betriebsartenschalter Signalgeber für Start, Stopp und Halt zur Verfügung.
- Voraussetzung für den Start in der Betriebsart Automatik ist die Grundstellung der Anlage sowie das geöffnete Hauptventil für die Druckluftversorgung.
- Zustände und Zustandsänderungen in der Steuerung sollen durch optische Meldungen angezeigt werden.

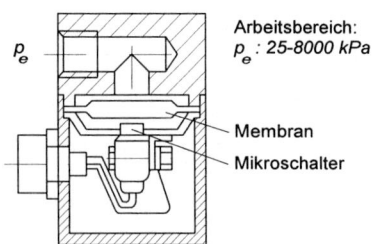

Bild 13. PE-Wandler

Die Meldung „Druckluft Ein" erfolgt durch einen PE-Wandler. Der PE-Wandler setzt das pneumatische Signal in ein elektrisches Signal für die Steuerung um. Wenn die Membran mit Druckluft beaufschlagt wird, wölbt sie sich und betätigt den Mikroschalter. Unterschreitet der Druck einen einstellbaren Mindestwert, öffnet der Mikroschalter den elektrischen Stromkreis. Dies führt zur Ausbildung der binären Signale 0/1.

Bedienfeld

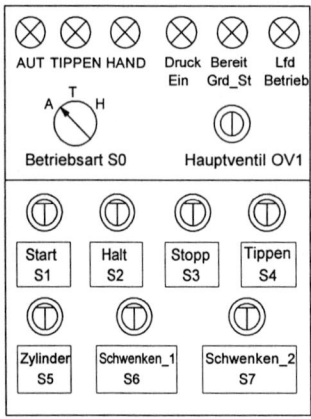

Technologieschema

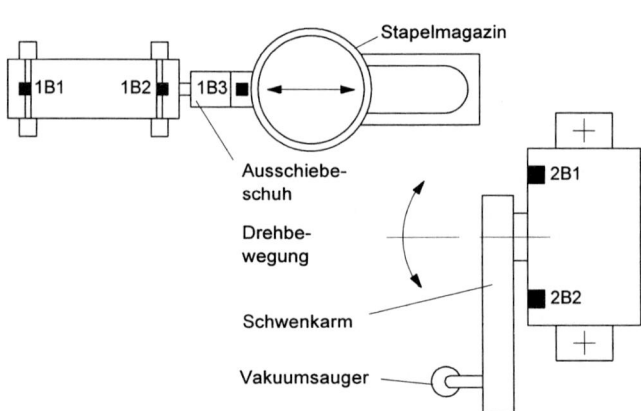

Bild 14. Technologieschema der gesteuerten Station mit Bedienfeld

Zur Realisierung der Betriebsarten wird der Betriebsartenbaustein FB205 aus der Bibliothek verwendet. In der Betriebsart AUTOMATIK wird durch den Signalgeber „Start" der automatische Ablauf der Station ausgelöst. Er kann durch den Signalgeber „Halt" in der Grundstellung unterbrochen werden. Der Signalgeber „Stopp" unterbricht den Ablauf in jedem beliebigen Schritt; der Kontakt dieses Signalgebers ist ein Öffner. Ein erneutes Betätigen des Signalgebers für „Start" ermöglicht die Fortführung des automatischen Ablaufs im letzten aktiven Schritt. In der Betriebsart TIPPEN kann die Ablaufkette durch Betätigung eines Signalgebers auf den jeweils nächsten Schritt weitergeschaltet werden. Dies erleichtert die Prüfung und Einstellung bei Inbetriebnahme der Anlage. Wird die Betriebsart HAND geschaltet, erfolgt ein Rück-

setzen der Ablaufkette. Die Stellgeräte können nach Betätigung geeigneter Signalgeber unter Berücksichtigung vorhandener Verriegelungen einzeln angesteuert werden. Der Funktionsbaustein FB205 wird im OB1 aufgerufen und parametriert.

Die Ablaufkette für den Automatikbetrieb der Station ist dem Funktionsplan zu entnehmen. Das Anwenderprogramm für die Ablaufkette ist in der Funktion FC1 programmiert. Im ersten Schritt wird die Grundstellung abgefragt und im Betriebsartenbaustein als Startbedingung für die Ablaufkette verarbeitet. Ist die Ablaufkette freigegeben (M35.1) und der kapazitive Sensor erkennt Teile im Magazin, dann wird die Ablaufkette entsprechend der gewählten Betriebsart im Automatik- oder Tippbetrieb durchlaufen. Die SR-Speicher M2.1, M3.1 und M4.1 zur Ansteuerung der Magnetspulen an

den Ventilen werden durch die aus dem Funktionsplan ersichtlichen Transitionsbedingungen gesetzt
und rückgesetzt. Ein Haltbefehl wird im Automatikbetrieb nach Durchlaufen der Schrittkette wirksam. Da die Transitionsbedingungen zwischen den
Schritten mit dem Freigabesignal (Frei_Ab) aus
dem Betriebsartenteil verknüpft sind, kann ein
Stoppsignal den automatischen Ablauf in jedem
Schritt unterbrechen. Ein erneutes Startsignal gibt
die Ablaufkette wieder frei. Das Freigabesignal für
den Handbetrieb (Frei_Hd) setzt den Signalspeicher für die Ablaufkette zurück, verriegelt den
automatischen Ablauf und gibt die Betriebsart
Hand frei. Mit Hilfe geeigneter Signalgeber können
die Stellelemente unter Berücksichtigung der Verriegelungssignale (Endlagen, Magazinkontrolle)
angesteuert werden.

Die Befehlsausgabe erfolgt in der Funktion FC2.
Hier wird in den Betriebsarten AUTOMATIK und
TIPPEN das Freigabesignal mit den Signalen der
Programmschritte aus der Ablaufkette verknüpft
und über die Ausgänge der SPS auf die Spulen der
Magnetventile übertragen. Ist die Betriebsart
HAND geschaltet, können die Stellglieder durch
die gewählten Signalgeber unter Beachtung der
Verriegelungen angesteuert werden.

Die Überwachung der gesteuerten Anlage erfolgt
durch eine Funktion (FC120). Sie signalisiert folgende Meldungen:

- Betriebsbereitschaft in der Grundstellung
- Laufender Automatikbetrieb
- Eingestellte Betriebsart
- Druck Ein (Hauptschalter)

Die Funktion FC120 (Meldungen) wird im Organi-
sationsbaustein aufgerufen und parametriert.
Auf die Darstellung des Anwenderprogramms
„Meldungen" wird hier verzichtet.

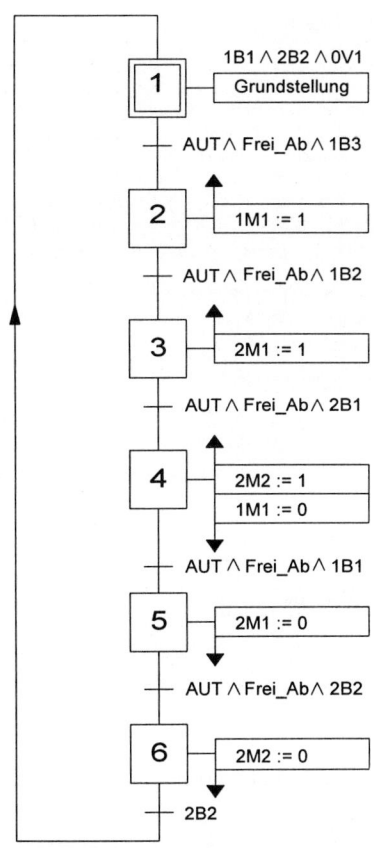

Bild 15. Funktionsplan der Ablaufkette für den
Automatikbetrieb

Pneumatikplan:

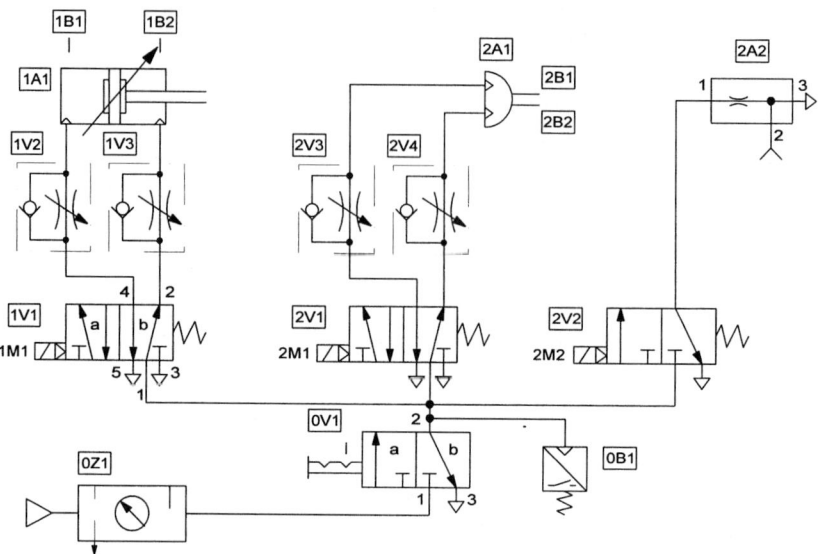

SPS-Beschaltung:

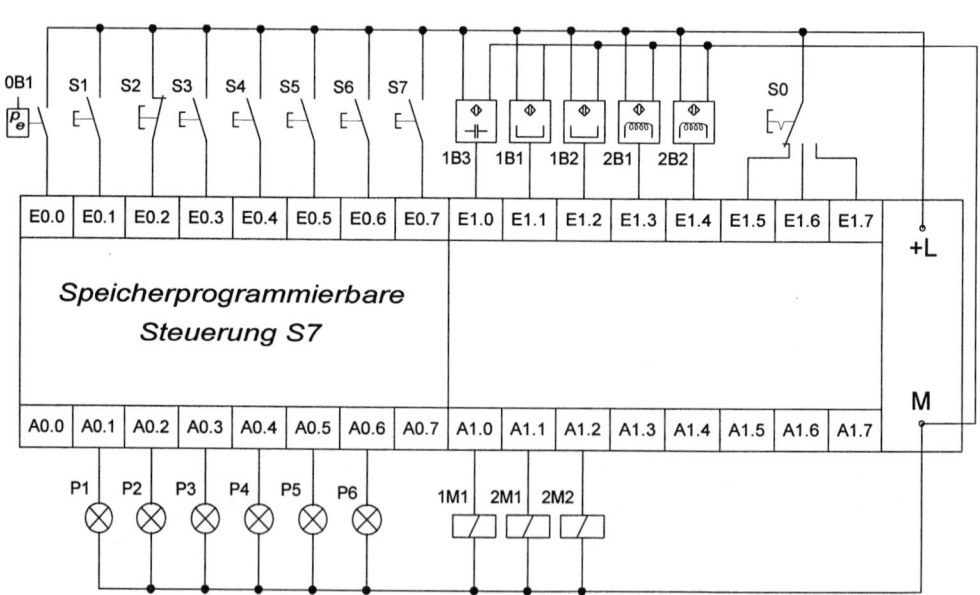

Bild 16. Schaltplan der Station

Symbol	Adresse		Datentyp	Kommentar
Druck_P1	A	0.1	BOOL	Druckluft eingeschaltet
AUT_P2	A	0.2	BOOL	Automatikbetrieb geschaltet
TIP_P3	A	0.3	BOOL	Tippbetrieb geschaltet
Hd_P4	A	0.4	BOOL	Handbetrieb geschaltet
Grd_P5	A	0.5	BOOL	Anlage in Grundstellung
LB_P6	A	0.6	BOOL	Laufender Automatikbetrieb
Sp_1M1	A	1.0	BOOL	5/2-Wegeventil 1V1
Sp_2M1	A	1.1	BOOL	5/2-Wegeventil 2V1
SP_2M2	A	1.2	BOOL	5/2-Wegeventil 2V2
Vent_0B1	E	0.0	BOOL	Hauptventil Luft
S1	E	0.1	BOOL	Starttaster
S2	E	0.2	BOOL	Stopptaster (Öffner)
S3	E	0.3	BOOL	Halttaster
S4	E	0.4	BOOL	Taster Einzelschritt (Tippen)
S5	E	0.5	BOOL	Handsteuerung des Zylinder
S6	E	0.6	BOOL	Handsteuerung Schwenkarm: Teil holen
S7	E	0.7	BOOL	Handsteuerung Schwenkarm: Teil absetzen
Kap_1B3	E	1.0	BOOL	Kapazitiver Sensor
R_1B1	E	1.1	BOOL	Reed-Kontakt Zylinder
R_1B2	E	1.2	BOOL	Reed-kontakt Zylinder
Ind_2B1	E	1.3	BOOL	Induktiver Sensor Schwenkarm
Ind_2B2	E	1.4	BOOL	Induktiver Sensor Schwenkarm
S0_AUT	E	1.5	BOOL	Automatikbetrieb
S0_TIP	E	1.6	BOOL	Tippbetrieb
S0_Hd	E	1.7	BOOL	Handbetrieb

Baustein: OB1   „Main Programm Sweep (Cycle)"

Netzwerk: 1   Aufruf und Parametrierung FB205

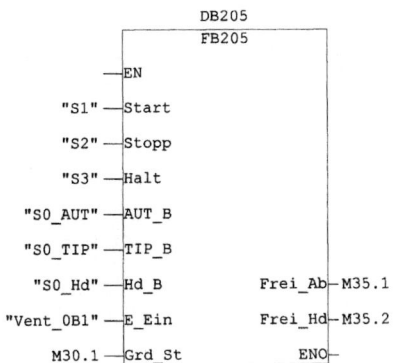

```
                            DB205
                            FB205
              ──EN

       "S1" ──Start

       "S2" ──Stopp

       "S3" ──Halt

   "S0_AUT" ──AUT_B

   "S0_TIP" ──TIP_B

    "S0_Hd" ──Hd_B      Frei_Ab──M35.1

 "Vent_0B1" ──E_Ein     Frei_Hd──M35.2

      M30.1 ──Grd_St        ENO──
```

Netzwerk: 2   Aufruf und Parametrierung Meldungen

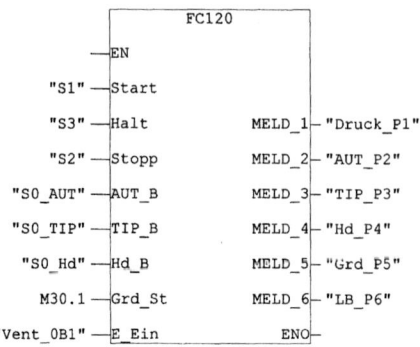

```
                        FC120
             —EN
    "S1" —Start
    "S3" —Halt          MELD_1— "Druck_P1"
    "S2" —Stopp         MELD_2— "AUT_P2"
"S0_AUT" —AUT_B         MELD_3— "TIP_P3"
"S0_TIP" —TIP_B         MELD_4— "Hd_P4"
 "S0_Hd" —Hd_B          MELD_5— "Grd_P5"
   M30.1 —Grd_St        MELD_6— "LB_P6"
"Vent_0B1" —E_Ein          ENO—
```

Baustein: FC1   Ablaufkette

Netzwerk: 1   Grundstellung abfragen

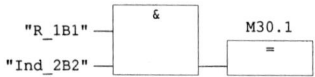

```
         ┌──&──┐
"R_1B1" —┤     │      M30.1
         │     │     ┌──=──┐
"Ind_2B2"—┤     │─────┤     │
         └─────┘     └─────┘
```

Netzwerk: 2   Signalverknüpfungen Zylinder 1A1

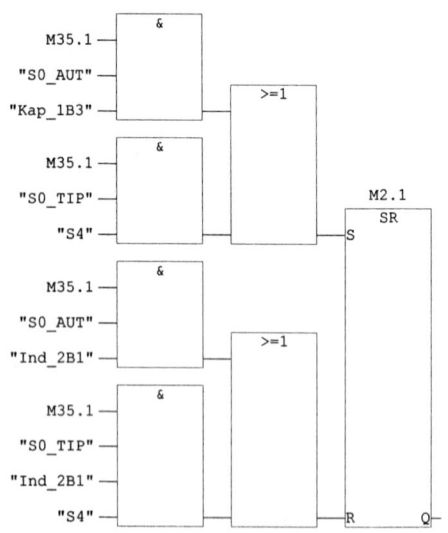

Netzwerk: 3   Signalverknüpfungen Schwenkantrieb 2A1

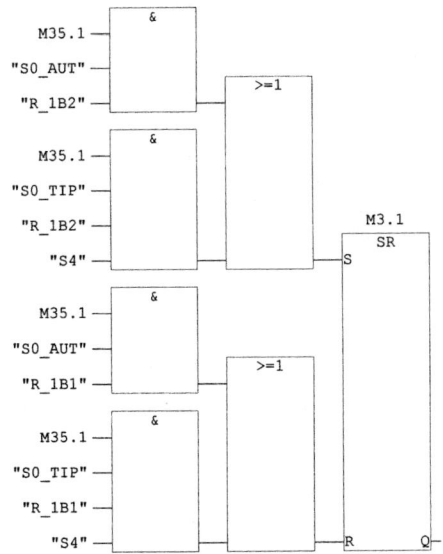

Netzwerk: 4   Signalverknüpfungen Venturidüse 2A2

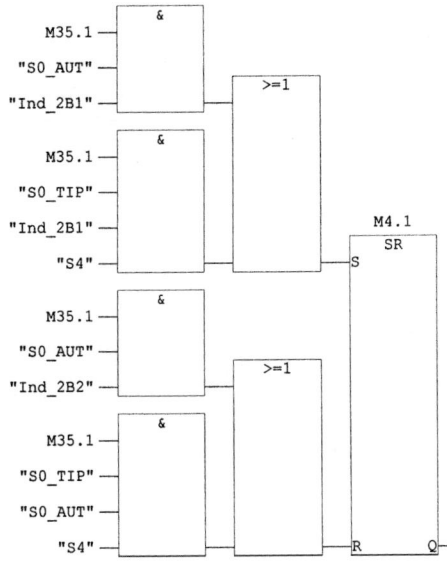

```
Baustein: FC2   Befehlsausgabe
```

```
Netzwerk: 1        Stellglied Zylinder 1A1
```

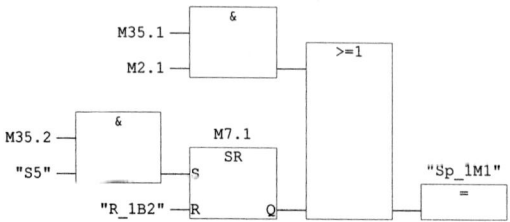

```
Netzwerk: 2        Stellglied Schwenkantrieb 2A1
```

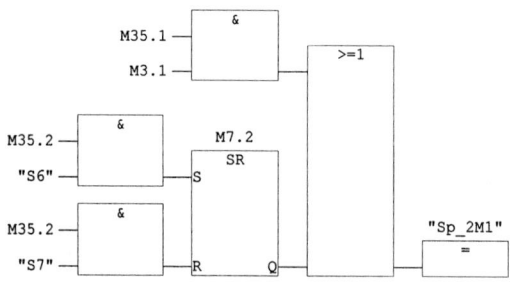

```
Netzwerk: 3        Venturidüse 2A2
```

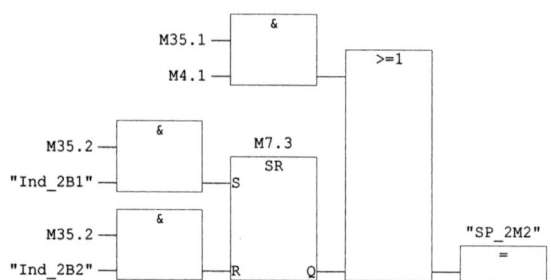

Die Bausteine des Anwenderprogramms werden nach Aufruf durch den OB1 zyklisch bearbeitet. Beim Aufruf des Funktionsbausteins werden vor der eigentlich Abarbeitung der Anweisungen die aktuellen Eingangsparameter in den Instanz-Datenbaustein kopiert: Für den Formalparameter „Start" ist dies die Adresse E0.1, symbolisch adressiert mit „S1". Nach der Bearbeitung des Funktionsbausteins werden die aktuellen Werte der Ausgangsparameter zurückgegeben. Bedingung für die Verwendung standardisierter Code-Bausteine ist die Möglichkeit der Parameterübergabe, um den Baustein an beliebiger Stelle mit Aktualparametern versorgen zu können.

4.5.3 Ablaufkette mit Hilfsspeicher

Bei bestimmten Arbeitsabläufen können in verschiedenen Ablaufschritten aufgrund der notwendigen Kolbenbewegungen gleiche Signalkombinationen auftreten. Da die Signale aus dem Prozess bei Ablaufsteuerungen als Transitionsbedingung für den Folgeschritt verwendet werden, kann dies zu einem Abweichen vom dem für den Prozess erforderlichen Bewegungsablauf in der Ablaufkette führen. Das Problem soll anhand des folgenden Bewegungsablaufs zweier doppelt wirkender Zylinder untersucht werden.

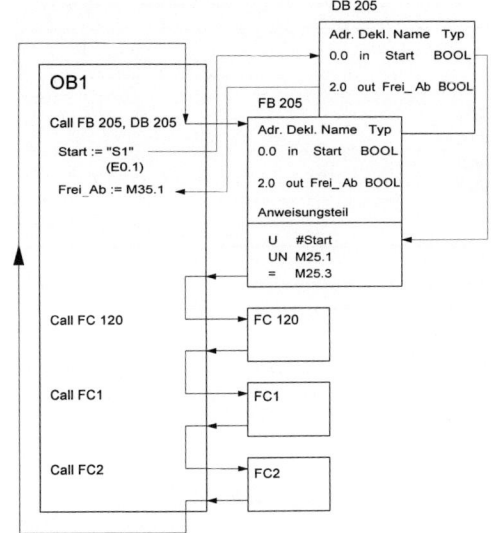

Bild 17. Programmbearbeitung

Aus dem Funktionsdiagramm sind die in den jeweiligen Schritten der Ablaufkette betätigten Sensoren zu ersehen. Betrachtet man die Signalkombinationen der betätigten Näherungsschalter, dann stellt man fest, für das Ausfahren der Zylinder 1A1 und 2A1 stehen die Signalkombination $B1 \wedge B3 = 1$ zur Verfügung. Da beide Zylinder bei dieser Signalkombination ausfahren würden, käme es zu einem Fehlverhalten im Bewegungsablauf der Zylinder. Durch ein zusätzliches Unterscheidungsmerkmal, einen weiteren Speicher, auch Hilfsspeicher genannt, wird ein Signal von der Steuereinrichtung zur Unterscheidung der Schritte der Ablaufkette bereitgestellt. Treten in einer Ablaufkette mehrere Ablaufschritte auf, die sich nicht durch die jeweils auftretenden Signalkombinationen für die Transitionsbedingungen unterscheiden, dann sind mehrere Hilfsspeicher erforderlich.

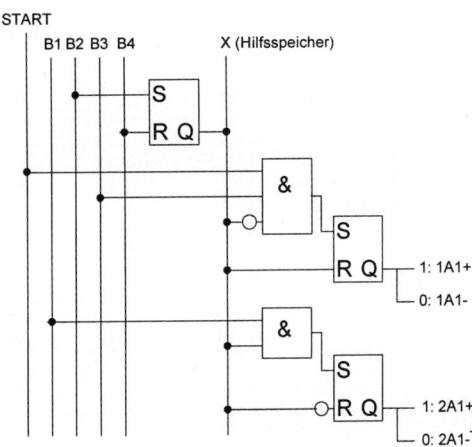

Bild 19. Digitale Schaltung mit Hilfsspeicher

Das Anwenderprogramm für die Ablaufkette ist nachfolgend dargestellt.

Aktorelemente

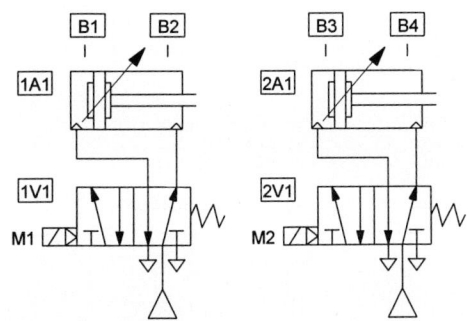

Funktionsdiagramm

Baugliedern			Zeit 0					
Benennung	Bez.	Zu-stand	Schritt 1	2	3	4	5=1	
DW-Zylinder	1A1	1		B2			B2=1	
		0	B1				B1=1	
DW-Zylinder	2A1	1			B4		B4=1	
		0		B3			B3=1	

Betätigte Reed-Kontakte:

B1	B2	B1	B1
B3	B3	B3	B4

Bild 18. Aktorik mit Funktionsdiagramm

Symbol	Adresse		Datentyp	Kommentar
Spule_M1	A	1.1	BOOL	Stellglied für Zylinder 1A1
Spule_M3	A	1.3	BOOL	Stellglied für Zylinder 2A1
Start	E	0.0	BOOL	Startsignal
B1	E	0.1	BOOL	Reed-Kontakt: 1A1 eingefahren
B2	E	0.2	BOOL	Reed-Kontakt: 1A1 ausgefahren
B3	E	0.3	BOOL	Reed-Kontakt: 2A1 eingefahren
B4	E	0.4	BOOL	Reed-Kontakt: 2A1 ausgefahren
T_Richt	E	0.5	BOOL	Taster für Richtimpuls
H_Speich	M	20.0	BOOL	Hilfsspeicher

Baustein: FC1   Ablaufkette mit Hilfsspeicher

Netzwerk: 1   Hilfsspeicher

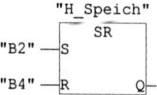

Netzwerk: 2   Steuerung des Zylinders 1A1

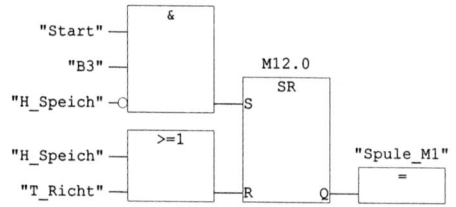

Netzwerk: 3   Steuerung des Zylinders 2A1

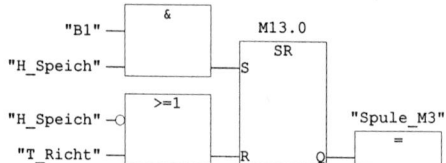

4.5.4 Ablaufkette als Schrittkette

Für die Entwicklung der Schrittkette gilt der Bewegungsablauf entsprechend dem Funktionsdiagramm in Bild 19. Für die Arbeitsweise der Schrittkette gilt Folgendes:

- Die Schritte der Ablaufkette werden nacheinander durchlaufen
- In der linearen Ablaufkette ist immer ein Schritt aktiv
- Der Folgeschritt wird geschaltet, wenn der vorangehende Schritt aktiv ist und die Transitionsbedingung erfüllt ist

- Sobald der Folgeschritt aktiv ist, wird der vorhergehende ausgeschaltet

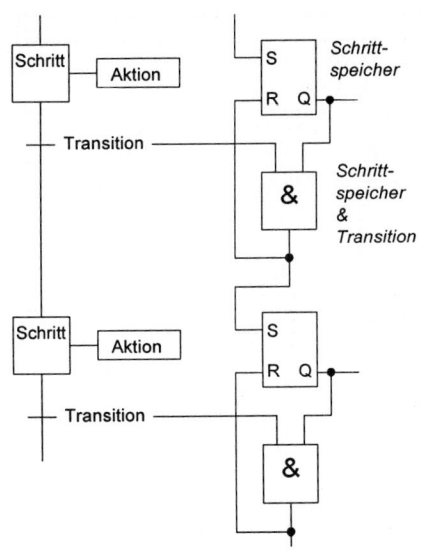

Die Anwendung des Schrittkettenprinzips ermöglicht für eine lineare Ablaufkette eine weitgehend standardisierte Lösung. Als Setzbedingung für den Schritt dient die Abfrage des vorhergehenden Schrittes, ggf. die Abfrage der eingestellten Betriebsart und die Transition für den Folgeschritt. Der aktive Schritt übergibt mit Hilfe der MOVE-Box die Schrittnummer, die am Eingang IN angegeben ist, an den Ausgang OUT. Die Schrittnummer wird dann im Ausgangsparameter Ab_Schr mit dem Datentyp INT abgelegt. Dieser variable Ausgangsparameter wird in der Befehlsausgabe mit dem geforderten Schritt zur Ansteuerung des Aktors verglichen. Ist die Bedingung erfüllt, wird der Schritt von der Befehlsausgabe ausgegeben und die Aktion ausgeführt. Dies kann als nicht gespeicherte Aktion, gespeicherte Aktion (im aktuellen Anwenderprogramm) oder zeitlich begrenzt bzw. verzögert erfolgen.

Die Programmierung mit S7-Graph, IEC Ablaufsprache, entspricht der Entwicklung einer Schrittkette.

Bild 20. Prinzip einer Schrittkette

Adresse	Deklaration	Name	Typ	Anfangswert	Kommentar
0.0	in	BA_Sig	BOOL		Signal aus dem Betriebsartenteil
0.1	in	Trans_1	BOOL		Transitionsbedingungen aus der Ablaufkette
0.2	in	Trans_2	BOOL		(kann beliebig erweitert werden
0.3	in	Trans_3	BOOL		für komplexere Ablaufketten; nicht benötigte)
0.4	in	Trans_4	BOOL		Transitionen erhalten den Wert TRUE)
0.5	in	R_Imp	BOOL		Normieren der Ablaufkette
2.0	out	Ab_Schr	INT		Ablaufschritt Nr.
4.0	in_out	Grd_St	BOOL		Grundstellung der Schrittkette
0.0	temp	Schr_SP1	BOOL		Schrittspeicher 1
0.1	temp	Schr_SP2	BOOL		Schrittspeicher 2
0.2	temp	Schr_SP3	BOOL		(erweiterbar für die geforderte
0.3	temp	Schr_SP4	BOOL		Anzahl von Schritten)
0.4	temp	Schr_SP5	BOOL		Speicher Ablaufkette durchlaufen
0.5	temp	FLM1	BOOL		Flankenmerker

```
Baustein: FC31   Schrittkette
```

```
Netzwerk: 1       Grundstellungsabfrage
```

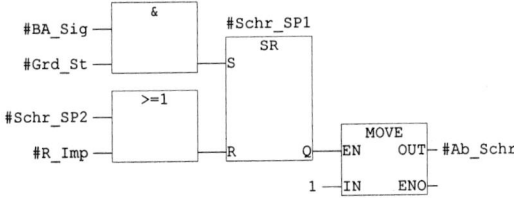

```
Netzwerk: 2       Ablaufschritt 1 (1A1 ausfahren)
```

Netzwerk: 3   Ablaufschritt 2 (Einfahren 1A1)

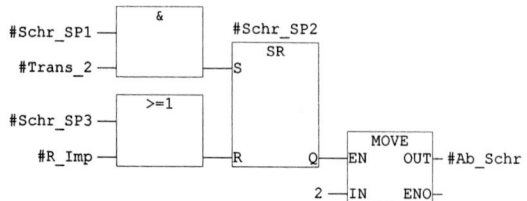

Netzwerk: 4   Ablaufschritt 3 (Ausfahren 2A1)

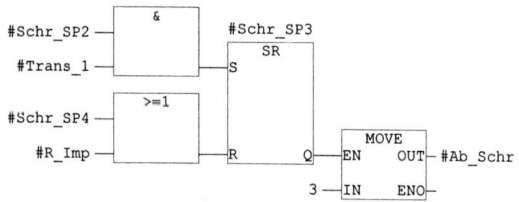

Netzwerk: 5   Ablaufschritt 4 (Einfahren 2A1)

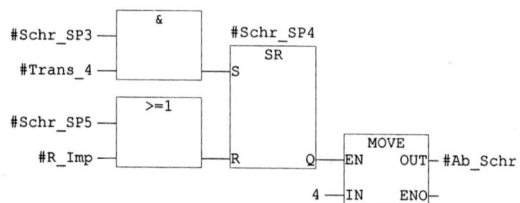

Netzwerk: 6   Schrittspeicher auf 0 setzen

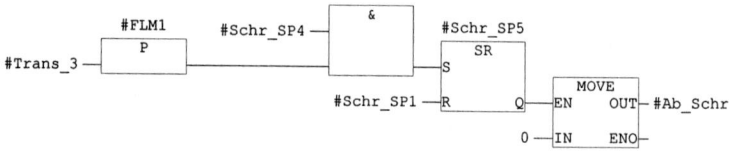

```
Baustein: OB1     Hauptprogramm
```

```
Netzwerk: 1       Aufruf und Parametrierung der Funktion
```

```
                          FC31
                   ──EN
        M35.1  ────BA_Sig
         "B1"  ────Trans_1
         "B2"  ────Trans_2
         "B3"  ────Trans_3
         "B4"  ────Trans_4
      "T_Richt" ──R_Imp        Ab_Schr──MW32
        M30.1  ────Grd_St           ENO──
```

```
Netzwerk: 2       Befehlsausgabe: Steuerung des Zylinders 1A1
```

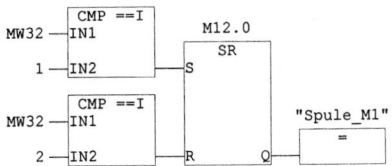

```
Netzwerk: 3       Befehlsausgabe: Steuerung des Zylinders 2A1
```

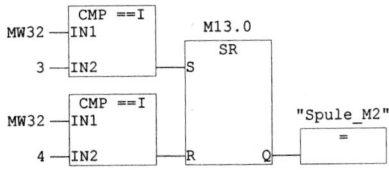

4.6 Analoge Signale in digitalen Steuerungen

Speicherprogrammierbare Steuerungen können neben binären Signalen auch digitale Signale verarbeiten. Ein binäres Signal hat nur zwei Wertebereiche. Digitale Signale sind durch mehrstellige Bitketten gekennzeichnet, sie können viele Wertebereiche annehmen. Jeder Wertebereich erhält durch Codierung eine festgelegte Bedeutung, z.B. als Zahlenwert. Eine Bitkette mit acht Binärstellen wird als ein Byte, eine Bitkette mit sechzehn Binärstellen als ein Wort bezeichnet. Je größer die Anzahl der Binärstellen, desto größer ist die Anzahl der Wertebereiche. Die Verarbeitung digitaler Signale erfolgt mit Digitalfunktionen wie Vergleichen, Umwandlungs- und Schiebe-

funktionen sowie arithmetischen und mathematischen Funktionen.

Häufig muss die digitale Steuerung Signale von analogen Sensoren verarbeiten. Der analoge Sensor stellt den Werteverlauf der gemessenen physikalischen Größe (z.B. Druck, Abstand) kontinuierlich als elektrisches Signal in Form einer Spannung oder eines Stromes der digitalen Steuerung zur Verfügung. Durch entsprechende Analog-Digital-Umsetzer werden diese Signale in digitale Signale, z.B. als Zahlenwert umgewandelt. Die Weiterverarbeitung durch die Steuerung erfolgt digital. Das Ergebnis kann einem Verbraucher sowohl digital als auch in analoger Form zur Verfügung gestellt werden.

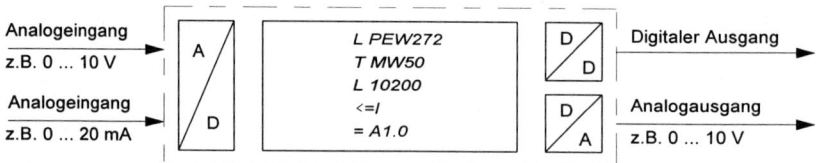

Bild 21. Analogwertverarbeitung mit SPS

Allgemeines zur Darstellung analoger Signale

Übliche Auflösungen bei den Analogbaugruppen der S7-300-Reihe sind 8 Bit bis 15 Bit plus Vorzeichen. Eine 8-Bit-Auflösung für den analogen Signalausgang eines Sensors bedeutet bei einer Signalspannung von *0* bis *10 V*, das der Analogbereich mit $2^8 = 256$ unterschiedlichen Werten dargestellt werden kann. Die Stufung beträgt dann·

$$\frac{10\ V}{256} = 0,0390625\ V = 39,0625\ mV$$

Bei einem Signalstrom von *20 mA* ergibt sich:

$$\frac{20\ mA}{256} = 0,078125\ mA$$

Für das Vorzeichen (VZ) gilt: „0" steht für ein positives, „1" für ein negatives Vorzeichen.

Die rechte Spalte gibt den Abstand der Digitalwerte an, mit dem die Analogwerte dargestellt werden können. Beträgt die Auflösung einer Baugruppe weniger als 15 Bit, wird der Analogwert durch den Ladebefehl linksbündig in die Bits 0 bis 15 des Akkumulators eingetragen. Die nicht besetzten niederwertigen Stellen werden mit „0" beschrieben. Hieraus ergibt sich,

dass der sich ändernde Analogwert bei einer 12-Bit-Auflösung mit Sprüngen von 8 im Digitalwert dargestellt wird. Unabhängig von der Wortlänge ist immer das rechts stehende Binärzeichen das niedrigstwertige (LSB), links steht das höchstwertige Binärzeichen (MSB).

■ **Beispiel:**

Ein analoger Temperatursensor mit einem Messbereich von 0 bis 100 °C und einer Signalspannung von 0 bis 10 V misst eine Temperatur von 52 °C. Zur Verfügung steht eine Baugruppe mit einer 8-Bit-Auflösung. Der Nennbereich des Digitalwerts für die Signalspannung liegt zwischen 0 und 27648.
Infolge der 8-Bit-Auflösung der verwendeten Baugruppe kann für die Temperatur 52 °C kein exakter Digitalwert zugeordnet werden. Die Analog-Digital-Umsetzung ergibt für den gemessenen Temperaturwert den Zahlenwert:

$$\text{dig\_Ana} = \frac{\text{Dig\_wert}}{\text{Mess\_ber}} \cdot T = \frac{27648}{100\ °C} \cdot 52\ °C = 14376,96$$

Dieser Wert ist infolge der Auflösung der Baugruppe nicht darstellbar, möglich sind nur die folgenden Sprünge im digitalen Raster:
14208 – 14336 – 14464 usw.
Für Vergleichszwecke kann hier die codierte Ganzzahl (INT) **00**11100000000000 (entsprechend 14336) verwendet werden.

Tabelle 10. Bitmuster zur Darstellung der Auflösung (Auszug) [6]

Auflösung	Zahlendarstellung von Analogwerten															
Bitnummer	15	14	13	12	11	10	9	8	7	6	5	4	3	2	1	0
Wertigkeit	VZ	2^{14}	2^{13}	2^{12}	2^{11}	2^{10}	2^9	2^8	2^7	2^6	2^5	2^4	2^3	2^2	2^1	2^0
15-Bit-Darstellung	0/1	0/1	0/1	0/1	0/1	0/1	0/1	0/1	0/1	0/1	0/1	0/1	0/1	0/1	0/1	1
12-Bit-Darstellung	0/1	0/1	0/1	0/1	0/1	0/1	0/1	0/1	0/1	0/1	0/1	0/1	0	0	0	8
8-Bit-Darstellung	0/1	0/1	0/1	0/1	0/1	0/1	0/1	0/1	0	0	0	0	0	0	0	128

Tabelle 11. Codierung der Analogwerte

Bitnummer	15	14	13	12	11	10	9	8	7	6	5	4	3	2	1	0
Wertigkeit	VZ	2^{14}	2^{13}	2^{12}	2^{11}	2^{10}	2^9	2^8	2^7	2^6	2^5	2^4	2^3	2^2	2^1	2^0
14208	0	0	1	1	0	1	1	1	1	0	0	0	0	0	0	0
14336	0	0	1	1	1	0	0	0	0	0	0	0	0	0	0	0
14464	0	0	1	1	1	0	0	0	1	0	0	0	0	0	0	0

[6] Siemens: Automatisierungssystem S7-300 – Baugruppendaten, Nürnberg 1998

Allgemeines zum Datenaustausch bei Digitalfunktionen

Voraussetzung für die Verwendung von Digitalfunktionen (Vergleichen, Arithmetische Funktionen, Schiebefunktionen) sind das **Laden (L)** und das **Transferieren (T)** der Digitalwerte. Die Ladefunktion dient zum Füllen von Akkumulatoren (Rechenregistern), um anschließend die Werte digital zu verarbeiten, z.B. Vergleichen oder Rechnen. Die Transferfunktion überträgt die Ergebnisse aus dem Akkumulator in die Speicherbereiche der CPU, etwa in den Merkerbereich. Ladefunktionen werden auch benötigt um Anfangswerte für Zeit- oder Zählfunktionen vorzugeben oder die aktuellen Zeit- und Zählwerte zu verarbeiten. Die Ladefunktion besteht aus der Operation (Laden) und einem Operanden. Ein Digitaloperand kann ein Byte, ein Wort oder Doppelwort sein. Ein **Byte** steht für 8 Binärzeichen Ein Byte kann als Merkerbyte (MB), als Eingangsbyte (EB), als Ausgangsbyte (AB) oder beim Laden aus dem Peripheriebereich als Peripheriebyte (PEB) geladen werden. Eine Folge von 16 Binärzeichen wird als ein **Merkerwort (MW)** bezeichnet. Ein **Merkerdoppelwort (MD)** ist 32 Bit breit. Merker, Merkerbyte, Merkerwort und Merkerdoppelwort gehören zum Speicherbereich der CPU, sie können Informationen entsprechend ihrer Bitbreite aufnehmen. Ein- und Ausgänge können auch als Eingangswort (EW) und als Eingangsdoppelwort (ED) sowie als Ausgangswort (AW) und Ausgangsdoppelwort (AD) geladen werden.

Greift das Anwenderprogramm direkt auf die Eingabebaugruppen zu, so erfolgt dies in der Regel über das **Peripherieeingangswort (PEW)**. Das PEW ist ein Leseregister des Signalspeichers, in dem der Betrag der am Analogeingang angelegten Spannung oder Stromstärke abgelegt wird, andere Bereiche sind das Peripherieeingangsbyte (PEB) und das Peripherieeingangsdoppelwort (PED). Eingabebaugruppen werden in der Regel durch das PEW angesprochen. Mit der Operation Lade (L) wird der Operand, z.B. PEW 272 in das Verknüpfungsregister geladen.

Das **Peripherieausgangswort (PAW)** ist ein Bereich, in dem der am Analogausgang auszugebende Betrag der Spannung oder Stromstärke abgelegt ist. Durch das PAW werden in der Regel die Ausgabebaugruppen angesprochen. Daneben gibt es noch das Peripherieausgangsbyte (PAB) und das Peripherieausgangsdoppelwort (PAD).

Die Transferfunktion besteht aus der Transferoperation und einem Digitaloperanden. Der Digitaloperand kann ebenfalls byte-, wort- oder doppelwortbreit sein. Transferiert wird zu den Ein- und Ausgängen, zur Peripherie und zu den Merkern. Nachfolgenden sind zwei Beispiele für das Programmieren mit analogen Signalen aufgeführt.

■ **Beispiel 1: Laden und Transferieren**

```
Baustein: OB1    Hauptprogramm


Netzwerk: 1        Analogwertverarbeitung


        L     15        // Zahl 15 laden
        T     AB    1   // Transferieren nach Ausgangsbyte 1
        L     EB    0   // Laden Eingangsbyte 0
        T     MW    10  // Transferieren nach Merkerwort 10
        L     AB    1
        L     MW    10
        ==I             // Gleichheit von AB1 und MW10 prüfen
        =     M     1.0 // Bit zum Aufrufen des Blinktaktgebers


Netzwerk: 2        Aufruf und Parametrierung des Blinktaktgebers
```

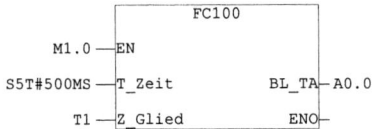

■ **Beispiel 2: Grenzwertmeldung**

In einem Kessel soll das Produkt aus Druck p und Volumen V eines Gases einen bestimmten oberen Wert nicht überschreiten und einen unteren Grenzwert nicht unterschreiten.

Liegt das Produkt $p \cdot V$ innerhalb der Grenzen, die durch Vergleichszahlen bestimmt werden, meldet dies die Signalleuchte P1. Wird die obere Grenze verletzt, meldet dies die Signalleuchte P2 und ein Sicherheitsventil wird geöffnet. Die Unterschreitung des unteren Grenzwerts meldet die Signalleuchte P3.

```
Baustein: FC1   Grenzwertmeldung
```

```
Netzwerk: 1        Verarbeitung analoger Signale
```

```
    L    PEW   272    // Druck im Kessel
    L    2             // Volumen
    *I
    T    MW    10     // Digitalisierter Analogwert
    L    MW    10
    L    20000
    >I                  // Vergleich oberer Grenzwert
    =    M     1.2
    U    M     1.2
    =    A     1.2    // Signalleuchte P2
    U    M     1.2
    =    A     0.0    // Sicherheitsventil
    L    MW    10
    L    15000
    <I                  // Vergleich unterer Grenzwert
    =    M     1.3
    U    M     1.3
    =    A     1.3    // Signalleuchte P3
    L    MW    10
    L    20000
    <I
    =    M     1.0
    L    MW    10
    L    15000
    >I
    =    M     1.1
    U    M     1.0
    U    M     1.1
    =    A     1.1    // Signalleuchte P1 (Prozess stabil)
```

Verarbeitung analoger Weginformationen

Induktive Analogaufnehmer erfassen die Position von metallischen Objekten innerhalb des gesamten Arbeitsbereiches und geben den Messwert annähernd proportional zum Abstand in Form eines Strom- oder Spannungssignals aus. Sie haben eine Abweichung in der Linearität von etwa ± 2% bezogen auf den Endwert. Wichtiger als eine vollständige Linearität ist eine gute Reproduzierbarkeit der Messwerte. Sie liegt in der Größenordnung von 2 Promille vom Endwert. Auf den jeweiligen Arbeitsbereich umgerechnet erhält man eine Wiederholgenauigkeit von ca. *5* bis *14 µm*. Technisch interessante Anwendungen ergeben sich bei der Steuerung einer Roboterhand, der Lageprüfung von Bauteilen und zur Ermittlung von Geometriedaten.

Für den induktiven Sensor gelten die nachfolgenden Daten, die bei der Verarbeitung des Sensorsignals als Messwert im Anwenderprogramm zu berücksichtigen sind. Ferner muss der Zusammenhang zwischen dem analogen Sensorsignal und dem digitalisierten Analogwert bekannt sein, er ist den Handbüchern des Steuerungsherstellers (Siemens) zu entnehmen.

Tabelle 12. Sensordaten[7]

| Betriebs- | Signalausgang | | Mess- |
spannung	Spannung	Strom	bereich
15 – 30 VDC	0 – 10 V	0 – 20 mA	3 – 8 mm

[7] Festo Didactic, Datenblatt Sensoreinheit D.ER-SIEA-M30

Tabelle 13. Spannungs- und Strommessbereiche (Auszug Siemens-Handbuch)

± 10 V	± 20 mA	Digitalwert	Bemerkung
10,000	20,000	27648	
0	0	0	Nenn-bereich
-10,000	-20,000	-27648	

Für die Lagemessung ergibt sich aufgrund der Analog-Digital-Umsetzung der digitalisierte Analogwert (dig_Ana) aus nachfolgender Formel:

$$\text{dig\_Ana} = \frac{\text{Dig\_wert}}{\text{Mess\_ber}} \cdot s = \frac{27648}{8} \cdot s$$

Möchte man nicht die digitalisierten Analogwerte verarbeiten, sondern die ursprünglichen Messwerte (norm_Wert), so ergeben sich diese aus:

$$\text{norm\_Wert}(s) = \frac{\text{Mess\_ber}}{\text{Dig\_wert}} \cdot \text{dig\_Ana}.$$

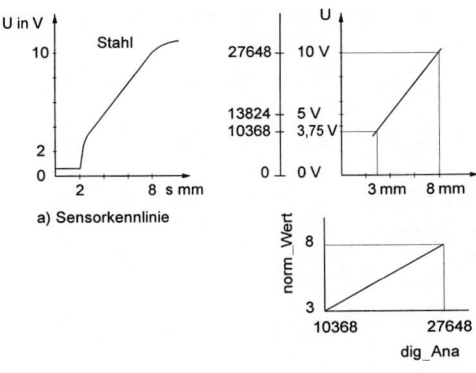

a) Sensorkennlinie

b) Normierung der Kennlinie

Bild 22. Sensorkennlinie

■ **Beispiel: Lageprüfung eines Bauteils**
Zwei analog arbeitende induktive Wegsensoren werden zur Lageprüfung eines Bauteils vor der Montage verwendet. Die Lage des Bauteils ist hinreichend genau, wenn es sich innerhalb einer Toleranzzone von ±75 μm befindet. Die Messwerte werden von einer SPS verarbeitet. Die richtige Lage des Bauteils wird durch eine Signalleuchte (P1) angezeigt; eine fehlerhafte Lage soll zu einem Auswurf des Teils führen.

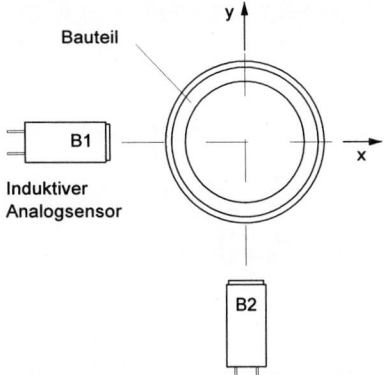

Bild 23. Lageskizze

Der Zusammenhang zwischen den Spannungs- bzw. Stromwerten ist den einschlägigen Tabellen in den Siemens-Handbüchern zu entnehmen. Bei Umrechnungen ist stets der Maximalwert bzw. der Minimalwert des jeweiligen Nennbereichs zu berücksichtigen Bei der Lageprüfung handelt es sich um eine Abstandmessung mit positiven Zahlenwerten. Dem größten Wert des Messbereichs (*8 mm*) entspricht der Spannungswert *10 V*, dem kleinsten Wert des Messbereiches (*3 mm*) entspricht eine Spannung von *3,75 V*. Die zugehörigen Digitalwerte sind der Tabelle zu entnehmen. Dem Abstand *5 mm* entspricht die Spannung *6,25 V*. Der zugehörige digitalisierte Analogwert (dig_Ana) errechnet sich aus:

$$dig\_Ana = \frac{Dig\_wert}{Mess\_ber} \cdot norm\_Wert = \frac{27648}{10V} \cdot 6,25 = 17280$$

Steht eine Analogeingabebaugruppe mit 8-Bit-Darstellung + VZ zu Verfügung, so wird der Analogwert mit Sprüngen von 128 im digitalen Raster dargestellt: 17152, 17280, 17408 usw.

Da im vorliegenden Beispiel eine Toleranzzone von *±75 µm* eingeräumt wurde, ergeben sich die in der Tabelle angegebenen Grenzwerte zur Lagebestimmung der Teile. Die Digitalwerte entsprechen dem Raster einer 8-Bit-Auflösung der analogen Baugruppe (rechnerisch ergibt sich für den Grenzwert *5,075 mm* ein Digitalwert von 17539).

Grenzwerte zur Lagebestimmung

Grenzwert	Abstand	Analogsignal	Digitalwert
Max_Wert	5,075 mm	6,34375 V	17536
Min_Wert	4,925 mm	6,15625 V	17024

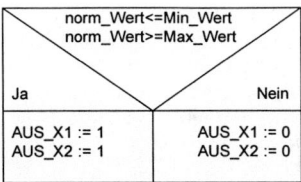

Tabelle 14. Struktogramm zur Lageprüfung

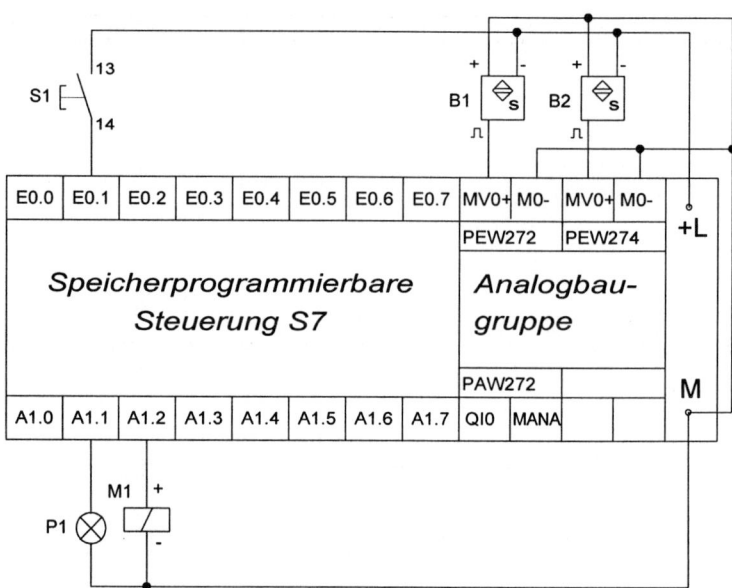

Bild 24. Schaltplan zur Lageprüfung von Bauteilen

```
1  FUNCTION_BLOCK      FB250
2
3  VAR_INPUT
4      Max_Wert,   Min_Wert,   Mess_Ber,   Dig_Wert  : REAL ;
5      dig_Ana  : INT ;
6  END_VAR
7
8  VAR_OUTPUT
9      norm_Wert  : REAL ;
10     AUS_X1,  AUS_X2  : BOOL ;
11 END_VAR
12
13 BEGIN
14 norm_Wert  := (dig_Ana * (Mess_Ber  / Dig_Wert));
15 IF  norm_Wert  <= Min_Wert  THEN  AUS_X1 := 1; ELSE  AUS_X1  := 0; END_IF ;
16 IF  norm_Wert  >= Max_Wert  THEN  AUS_X2 := 1; ELSE  AUS_X2  := 0; END_IF ;
17     END_FUNCTION_BLOCK
```

```
Baustein: OB1    Aufruf der Funktion und Parametrierung des Funktionsbausteins
```

```
Netzwerk: 1       Verarbeitung der Messwerte des Sensors B1 (X_Achse)
```

```
        CALL  FB   250 , DB250
        Max_Wert :=5.075000e+000
        Min_Wert :=4.925000e+000
        Mess_Ber :=8.000000e+000
        Dig_Wert :=2.764800e+000
        dig_Ana  :="AnaS_B1"
        norm_Wert:=MD20
        AUS_X1   :=M10.1
        AUS_X2   :=M10.2
```

```
Netzwerk: 2        Verarbeitung der Messwerte des Sensors B2 (Y_Achse)


        CALL  FB   250 , DB251
         Max_Wert :=5.075000e+000
         Min_Wert :=4.925000e+000
         Mess_Ber :=8.000000e+000
         Dig_Wert :=2.764800e+000
         dig_Ana  :="AnaS_B2"
         norm_Wert:=MD40
         AUS_X1   :=M12.1
         AUS_X2   :=M12.2
```

```
Netzwerk: 3      Auswertung der Messergebnisse


        CALL  FC    1
```

```
Baustein: FC1  Lageprüfung für ein Bauteil
```

```
Netzwerk: 1        Richtige Lage des Bauteils für die Montage
```

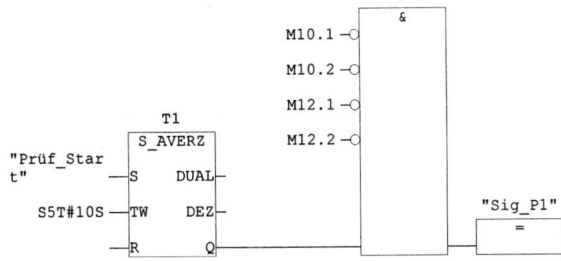

```
Netzwerk: 2      Fehlerhafte Lage - Auswurf
```

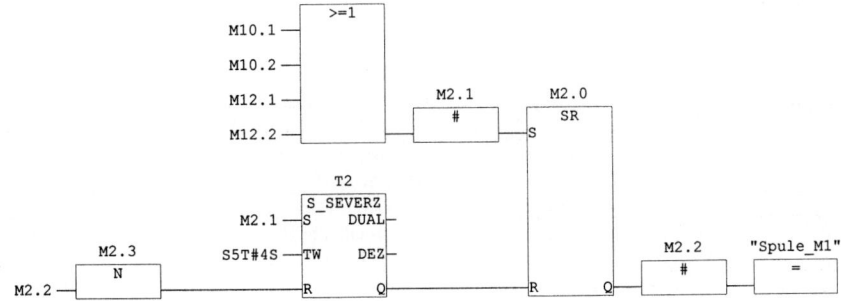

Programmerläuterung

FB250: Der in den Peripherieeingangsworten (PEW272 bzw. 274) abgelegte Betrag der Spannung der analogen Induktivgeber B1 und B2 wird durch die Analogbaugruppe in einen Digitalwert zur weiteren Verarbeitung umgewandelt und durch das in eine SCL-Quelle geschriebene Anwenderprogramm des FB 250 normiert. Der Funktionsbaustein wird im OB1 in den Netzwerken 1 und 2 aufgerufen und mit den notwendigen Aktualwerten bzw. Aktualparametern versorgt. Werden die definierten Grenzwerte nicht über- oder unterschritten, ist

die Lage für den folgenden Fügevorgang richtig. Meldet ein Analoggeber eine Abweichung von der vorgegebenen Toleranzzone, wird dieses Signal einem Merker (Formalparameter AUS_X1 oder AUS_X2) zugewiesen. Die Signale der Merker werden in der Funktion FC1 ausgewertet.

FC1: Haben alle Merker den Signalzustand „0“, ist die Lage des Bauteils für den Fügevorgang richtig. Wenn der Taster („Prüf_Start“) betätigt wurde, meldet eine Signalleuchte 10 Sekunden optisch: „Richtige Lage“. Der Fügevorgang kann ausgelöst werden. Ist die

Lage des Bauteils in einer Achse fehlerhaft, dann erfolgt die Ansteuerung der Spule M1 am Magnetventil für die Auswurfdüse. Durch den Luftstrom wird das geprüfte Teil ausgeworfen. Die Düse schließt nach 4 Sekunden automatisch.

Die Programmstruktur ist die eines strukturierten Anwenderprogramms, da das Unterprogramm zur Lageprüfung des Bauteils (FB205) mehrfach aufgerufen wird. Grundsätzlich müssen solche Unterprogramme parametrierbar sein. Der vorliegende Funktionsbaustein wird zweimal im Hauptprogramm (OB1) aufgerufen und mit verschiedenen Aktualparametern (PEW272 bzw. PEW274) versehen.

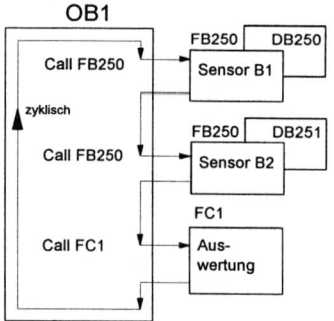

Bild 25. Strukturiertes Programm

4.7 Busankopplung der speicherprogrammierbaren Steuerung

4.7.1 Bussysteme in der Feldebene

Zwischen den einzelnen Komponenten eines Automatisierungssystems werden in der Regel Informationen ausgetauscht. Diese Informationen sind Signale von Sensoren, die in das Automatisierungssystem gelangen oder von dort zu den Aktoren; andere Informationen sind Messwerte und Diagnosemeldungen. Weitere Daten werden zwischen der Fertigungs- und der Büroebene ausgetauscht. Wären für alle diese Kommunikationsbeziehungen Punkt zu Punkt-Verbindungen erforderlich, würde dies einen enormen Verdrahtungsaufwand bedeuten. Moderne Automatisierungsgeräte übertragen Informationen digital über geeignete Bussysteme in Form serieller Zweidrahtverbindungen. Der Informationsaustausch erfolgt mit Telegrammen, die aus Nutzdaten, Sende- und Empfangsadressen gebildet werden. Bussysteme verringern die Kosten für die Verdrahtung und die sonst erforderlichen Schaltschränke. Mehrere dezentrale intelligente Steuerungseinheiten bewältigen komplexe Steuerungsaufgaben, was in der Folge zu

Kosteneinsparungen bei der Softwareentwicklung und der Wartung führt. Schließlich ermöglicht die Vernetzung die Durchlässigkeit von Daten zwischen dem Fertigungsnetz und dem Büronetz. Dies macht betriebliche Abläufe transparenter, verbessert die Auftragsabwicklung und ermöglicht die Fernwartung von Maschinen und Anlagen.

Zwei für die Prozess- oder Feldebene wichtige Bussysteme sind der AS-i-Bus und der PROFIBUS. Sie dienen zur Anbindung von Sensoren/Aktoren und fertigungsnahen Ein- und Ausgabegruppen. Der Datenaustausch zwischen der Peripherie und dem Prozessabbild des Automatisierungsgerätes erfolgt meistens zyklisch nach dem Master-Slave-Verfahren. Slaves sind Buskomponenten, die Eingangs- und Ausgangssignale der Anlage erfassen bzw. ausgeben. Die Master-Station holt die Daten von den Eingängen des Slaves und versorgt die Ausgänge der Slaves zyklisch mit Steuerdaten. Die Steuerdaten werden vom Steuerungsprogramm zur Verfügung gestellt.

Die Kommunikation zwischen speicherprogrammierbaren Steuerungen oder mit dem Programmiersystem erfolgt meistens azyklisch durch Steuerbefehle aus dem Anwenderprogramm über Ethernet. Ethernet ist ein robustes Netz in der mittleren Kommunikationsebene zur Verbindung von Personalcomputern zu lokalen Netzen.

Der Informationsaustausch im Bürobereich erfolgt auf der Grundlage des TCP/IP-Konzepts. Die Nutzung dieses Netzes für den Automatisierungsbereich befindet sich im Anfangsstadium.

Der **AS-i-Bus** dient zur Ankopplung von Aktoren und Sensoren an die Steuerung. Aktoren und Sensoren sind Buskomponenten, die überwiegend Bit-Signale aus dem Prozess liefern oder fordern. Die Abkürzung steht für **A**ktor-**S**ensor-**I**nterface. Neben der Ankopplung von Buskomponenten mit integrierten Aktoren und Sensoren besteht die Möglichkeit, externe Aktoren und Sensoren anzuschließen. Die Verbindung zwischen den Buskomponenten erfolgt über eine Zweidrahtleitung, die von einem Netzteil mit einer spezifizierten Gleichspannung versorgt wird. Bei der Konfiguration der Hardware mit DP/AS-i-Links wird automatisch eine Konfigurationstabelle von STEP 7 eingeblendet, in die AS-i-Slaves aus dem Hardware Katalog platziert werden können. Jeder AS-i-Bus-Slave hat 2 Adressen: die AS-i-Teilnehmeradresse und eine E/A-Adresse in der SPS. Möchte man auch in höheren Ebenen der Automatisierungshierarchie über die Daten der Sensoren und Aktoren verfügen, dann sind Netzübergänge erforderlich. Den hierfür erforderlichen Buskoppler nennt man Gateway.

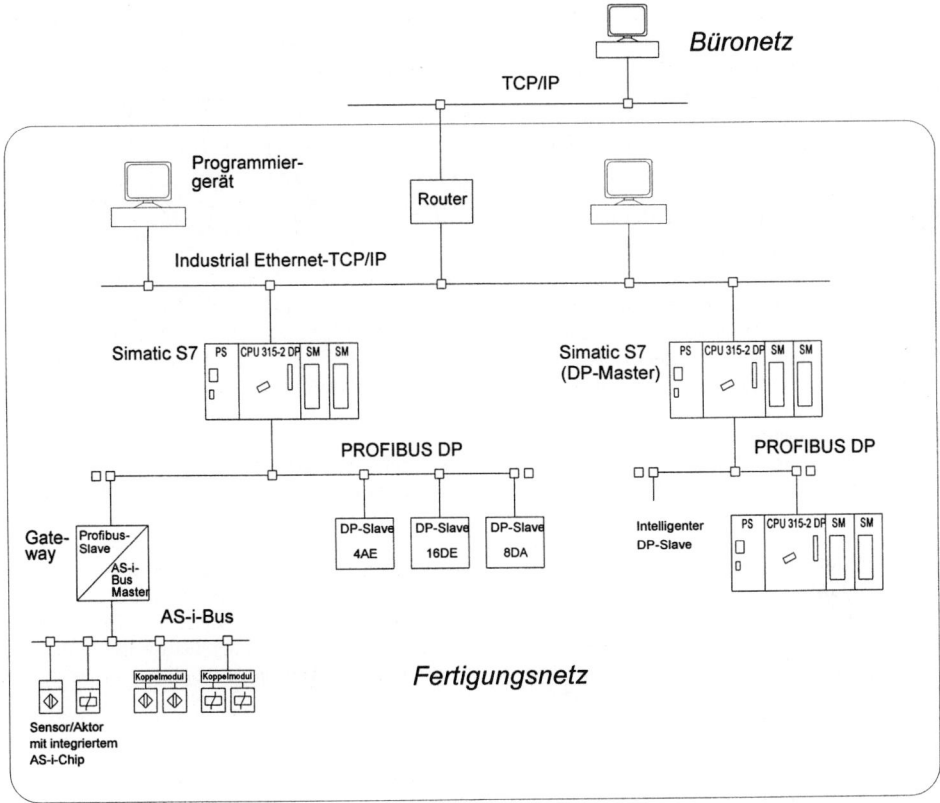

Bild 26. Bussysteme in der Feldebene

Die Profibus-Familie stellt für die allgemeine Automatisierung den Profibus FMS und für die Prozessautomatisierung branchenorientiert den Profibus PA zur Verfügung. Die Abkürzung steht für Process Field Bus. Er ist europäisch genormt in der EN 50170. Die am häufigsten eingesetzte Variante des Feldbussystems ist der **Profibus-DP**, optimiert für den schnellen Datenaustausch hauptsächlich in der Fertigungstechnik. Schnell ist der Datenaustausch, wenn während der Zykluszeit des Programms mindestens einmal aktualisierte Daten über den Bus kommen. Der Zusatz DP steht für dezentrale Peripherie. Die Anschlussmodule (DP-Slaves) werden möglichst nahe an die Anlage gebracht und untereinander mit der zentralen Steuerung über das serielle Bussystem verbunden. Die erforderliche Anzahl von DP-Slaves mit digitalen Eingängen (DE), digitalen Ausgängen (DA) sowie ggf. analogen Eingängen (AE) und analogen Ausgängen (AA) wird über die Profibus-Leitung mit der zentralen SPS verbunden. Der DP-Master ist das Bindeglied zwischen der Steuerungs-CPU und dezentralen Peripheriegeräten. Er führt den Datenaustausch mit seinen DP-Slaves durch und überwacht den Profibus-DP. Aus der Sicht des Steuerungsprogramms ist kein Unterschied zu erkennen, ob die verwendeten

Geräte zentral mit der Steuerung verbunden sind oder dezentral über ein Bussystem. Neben den DP-Slaves können über den Profibus DP auch intelligente Slaves mit der zentralen CPU kommunizieren. Merkmal eines intelligenten DP-Slaves ist, dass die Ein-/Ausgangsdaten dem DP-Master von einer „vorverarbeitenden CPU" zur Verfügung gestellt werden. Die zentrale CPU greift also nicht auf die dezentralen Ein-/Ausgänge der „vorverarbeitenden CPU" zu. Das Anwenderprogramm der „vorverarbeitenden CPU" muss für den Austausch der Daten zwischen Operandenbereich und Ein-/Ausgängen sorgen. Ein intelligenter DP-Slave kann nicht gleichzeitig DP-Master für andere Slaves sein.

Beide Feldbussysteme, AS-i-Bus und Profibus DP sind offene Systeme der industriellen Kommunikation, die mit einem geringen Protokollaufwand arbeiten; sie kommen mit 3 Schichten des ISO/OSI-Referenzmodells[8] aus.

---

[8] Unter dem Namen „Open Systems Interconnection (OSI)" wurde ein Referenzmodell zur Beschreibung der Kommunikation zwischen Rechnern herausgegeben. Verbunden hiermit ist die Schaffung von Standardprotokollen für die Informationstechnik.

Zu jedem System gehört ein Programmiergerät zur Erstellung des Anwenderprogramms und für Diagnoseaufgaben. Dies ist in der Regel ein PC.

Der Router ist die Verbindungskomponente zu großen Netzen (WAN). Unter Routing versteht man die Wegsteuerung einer Nachricht durch das Netzwerk.

4.7.2 Projektierung mit dezentraler Peripherie

Als dezentrale Peripherie werden Mastersysteme bestehend aus DP-Master und DP-Slave bezeichnet, die über ein Buskabel verbunden sind und über das Protokoll Profibus-DP kommunizieren. Physikalisch ist der Profibus-DP entweder ein elektrisches Netz auf der Basis einer geschirmten Zweidrahtleitung oder auf der Basis eines Lichtwellenleiters. Das Netzwerk zur Übertragung der elektrischen Signale beim Profibus-DP ist in Linienstruktur ausgeführt, Abweichungen sind jedoch möglich. Die Linientopologie bezeichnet man auch als serielles Bussystem, in dem der Anschluss der Teilnehmer quasiparallel über installierte Busterminals erfolgt. In einem Netz können auch mehrere Master mit ihnen zugeordneten DP-Slaves vorhanden sein. Aus Sicherheitsgründen darf ein DP-Slave nur von einem Master beschrieben werden, von dem er parametriert und konfiguriert wird. Für die Kommunikation im Netz ist der physikalischen Struktur eine logische Struktur übergeordnet. Zu einem bestimmten Zeitpunkt darf nur das Protokoll (Nachricht) eines Teilnehmers auf dem Bus sein. Ein solches Protokoll, ein Token, kann nur ein aktiver Teilnehmer (SPS) senden Die Slaves sind passive Teilnehmer, sie werden durch das Master-Slave-Verfahren angesprochen. Sind mehrere Master im Netz, darf immer derjenige senden, der das Token besitzt. Die Reihenfolge ist durch die Busadresse geregelt. Die DP-Slaves werden mit einem zyklischen Polling von ihrem Master angesprochen, wenn dieser das Token erhalten hat. Dabei arbeitet der Master eine sog. Poll-Liste ab, in der die von ihm konfigurierten DP-Slaves mit ihrer Profibusadresse aufgeführt sind. Ist nur ein Master im Netz, entfällt das Token-Passing. Hauptvorteile des Token-Passing, Master-Slave-Verfahrens sind die Echtzeitfähigkeit des Systems infolge der Tokenumlaufzeit und der Ausschluss von Zufälligkeiten.

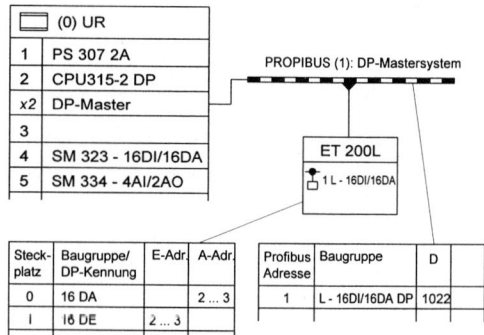

Bild 27. Profibus-DP-System (Master-Slave)

Die Busankopplung kann mittels Kommunikationsbaugruppen oder durch eine integrierte Profibus-DP-Schnittstelle erfolgen. Bei der Projektierung von DP-Slaves ist zu unterscheiden zwischen kompakten und intelligenten Slaves. Als kompakter Slave kann z.B. das Peripheriegerät SIMATIC ET 200L genutzt werden. Für eine CPU mit integrierter Schnittstelle ist folgende grundsätzliche Vorgehensweise für die Konfigurierung eines DP-Slaves möglich:

1. DP-Master auswählen und anordnen
   - z.B. CPU 315-2 DP aus dem „Hardware Katalog" wählen und auf dem Baugruppenträger positionieren
   - Im Dialogfeld „Eigenschaften" Profibus-DP einstellen und die Adresse des DP-Masters (z.B. 2) festlegen
   - Es erscheint das BUS-Symbol im oberen Teil des Stationsfensters

2. DP-Slave auswählen und anordnen
   - DP-Slave aus dem Fenster „Hardware Katalog" unter PROFIBUS-DP wählen und per drag & drop auf das BUS-Symbol des DP-Masters-Systems ziehen
   - Im Dialogfeld Eigenschaften einstellen und Profibus-Adresse des DP-Slaves vergeben
   - Slave-Symbol erscheint am DP-Mastersystem. Im unteren Teil des Stationsfensters erscheint der Peripherieausbau des kompakten Slaves

Hinweis: Die Eigenschaften der Teilnehmer (Adresse, Betriebsart) können auch eingestellt werden über BEARBEITEN > Objekteigenschaften. Zuvor muss der gewünschte Teilnehmer (z.B. X2) im Stationsfenster markiert werden.

```
Baustein: FC1    Testprogramm
```

```
Netzwerk: 1       Vergleichen

    L     EB    124    //Eingangsbyte am Mastersystem
    T     MB    30
    L     EB    125    //Eingangsbyte am Mastersystem
    T     MB    32
    L     MB    30
    L     MB    32
    ==I                //Gleichheit abfragen
    =     M     7.7
```

```
Netzwerk: 2       Anzeige am Peripherieblock
```

```
                    FC100
                ┌───────────────┐
    M7.7 ───────┤EN             │
                │               │
 S5T#500MS ─────┤T_Zeit   BL_TA ├── A2.1
                │               │
    T1 ─────────┤Z_Glied    ENO ├─
                └───────────────┘
```

Am kompakten Peripheriegerät ET 200L muss die bei der Konfigurierung vergebene Profibus-Adresse einstellt werden. Über die integrierte Schnittstelle wird das Peripheriegerät über das Profibuskabel mit dem Master verbunden, zusätzlich ist die Spannungsversorgung nötig. Das ET 200L ist als Blockperipherie nicht erweiterbar. Auf die Ein- und Ausgänge des DP-Slave wird vom Anwenderprogramm in der SPS direkt zugegriffen; sie werden wie Ein- und Ausgänge des Zentralgerätes behandelt. Die Kommunikation über das Bussystem wird vollständig von der Master-Anschaltung im Zentralgerät und der integrierten Profibus-DP-Schnitttstelle im ET 200L übernommen.

Bei einem DP-Mastersystem mit einem **Intelligenten Slave** greift der DP-Master auf einen Übergabebereich in Ein-/Ausgangsadressraum der vorverarbeitenden SPS zu. Für den Austausch der Daten zwischen dem Operandenbereich und den Ein- und Ausgängen sorgt das Anwenderprogramm der vorverarbeitenden SPS. Als DP-Master kann eine CPU mit integrierter Schnittstelle (CPU 315-2 DP) verwendet werden, als Intelligenter Slave z.B. die CPU 314C-2 DP. Die Konfigurierung eines solchen System erfolgt in mehreren Schritten:

1. In einem Projekt werden zwei SIMATIC 300-Stationen in bekannter Weise mit Hilfe des „Hardware Katalogs" konfiguriert

2. Öffnen der Hardware der Station SIMATIC 300(1) und das DP-Mastersystem anlegen
- Teilnehmer (Zeile x2) DP-Master markieren und über BEARBEITEN > Objekteigenschaften wählen
- Eigenschaften einstellen: Profibus-Netz wählen und Profibus Adressen vergeben, Profibus Adresse des DP-Masters vergeben (z.B. 1) und Betriebsart DP-Master einstellen
- Im Stationsfenster erscheint das Symbols des Profibus-DP

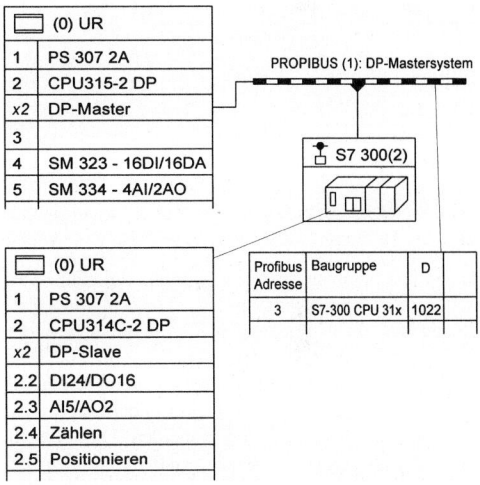

Bild 28. Profibus-DP-System (Intelligenter Slave)

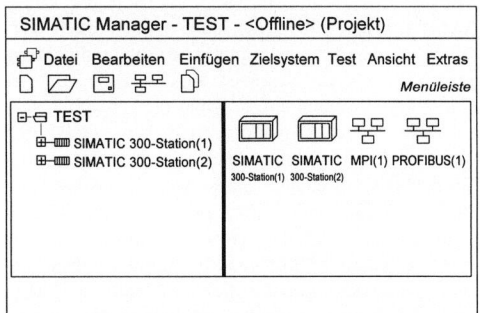

Bild 29. Projekt-Übersicht (SIMATIC Manager)

3. Konfigurieren des Intelligenten DP-Slaves

- Aus dem Hardware Katalog unter PROFIBUS-DP den Ordner **bereits projektierte Stationen** öffnen und per drag & drop die Station CDU 31x-2 DP auf das Symbol des Profibus-DP ziehen
- Im Fenster DP-Slave Eigenschaften einstellen:
- Register Kopplung wählen und auf die Schaltfläche Koppeln klicken
- Register Konfiguration wählen und über die Schaltfläche NEU die Adressen für den Datenaustausch Master-Slave (MS) zuordnen

Hinweis: Die Eigenschaften der Teilnehmer (Adresse, Betriebsart) können auch eingestellt werden über BEARBEITEN > Objekteigenschaften. Zuvor muss der gewünschte Teilnehmer (z.B. X2) im Stationsfenster markiert werden.

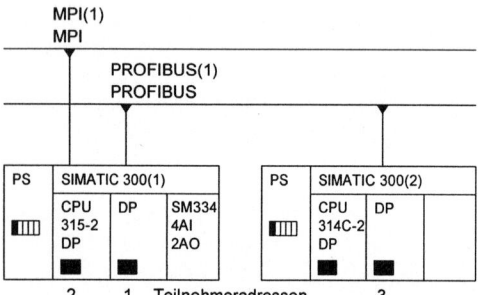

Bild 30. Profibus-DP-Netz

5 Sicherheitsanforderungen an Steuerungen

Technische Systeme sind für eine begrenzte Zeit brauchbar, vorausgesetzt, sie werden innerhalb vorgegebener Grenzen beansprucht. Dazu gehören mechanische Beanspruchungen, Umweltbedingungen und eine einwandfreie Instandhaltung. Im Fehlerfall dürfen von automatisierten Anlagen keine Gefahren für Personen ausgehen. Die technische Anlage muss ebenfalls vor Schäden bewahrt werden. Da Fehler in jeder Anlage auftreten können, sind die Auswirkungen der Fehler entscheidend.

Tritt irrtümlich in der Steuerung an einem Ausgang zum Stellglied ein 1-Signal auf, so kann dadurch ein Antrieb eingeschaltet werden. Dies kann gefährliche Auswirkungen haben. Es kann jedoch auch versehentlich durch dieses Signal eine Gefahrenmeldung ausgelöst werden. Dieses ist ungefährlich. Tritt irrtümlich ein 0-Signal auf, so kann dies ebenfalls sehr unterschiedliche Auswirkungen haben. Gefährlich wäre die Unterdrückung einer Fehleranzeige; ungefährlich das Abschalten eines Antriebs. Allgemeingültige Lösungen für Sicherheitsanforderungen kann es nicht geben, da jede steuerungstechnische Lösung eines technischen Problems bestimmten, technologisch bedingten, funktionellen Abläufen unterliegt. Für jedes Problem muss deshalb entschieden werden, welche sicherheitstechnischen Maßnahmen erforderlich sind, um Schäden für Personen und Anlagen zu

vermeiden. Nachfolgend sind einige Sicherheitsmaßnahmen erläutert:

1. Verriegelungen
Stellelemente (K1, K2), die einander entgegengesetzte Bewegungen steuern, dürfen nie gleichzeitig wirksam sein, da dies schwerwiegende Auswirkungen haben kann. Solche Bewegungen sind z.B. der Rechts- und Linkslauf von Motoren.

2. Sicherheitsgrenztaster
Endlagen von Maschinentischen, Hebebühnen, Transportbewegungen und anderen technischen Einrichtungen können von Grenztastern (S3, S4) kontrolliert werden. Bei Überfahren unterbrechen Öffnerkontakte unmittelbar die Energieversorgung der Antriebe.

3. Drahtbruchsicherheit
In Verbindung mit übergeordneten Sicherheitsschaltungen sollte beim Einsatz speicherprogrammierbarer Steuerungen immer die Forderungen nach drahtbruchsicherem Programmieren berücksichtigt werden. Dies bedeutet:

- Signalgeber, mit denen Antriebe eingeschaltet werden, müssen bei Betätigung 1-Signal auslösen (Schließerkontakte).
- Signalgeber, die Antriebe abschalten, müssen bei Betätigung ein 0-Signal am Eingang der SPS abgeben (Öffnerkontakte).
- Gefahrenmeldungen sollen ebenfalls bei Auslösung ein 0-Signal abgeben.

4. Not-Aus-Einrichtungen
Not-Aus-Signale müssen direkt alle Antriebe abschalten, durch die eine Gefährdung ausgeht. Über die beweglichen Anlagenteile hinaus muss ggf. auch die Energieversorgung (Druckluft, Öl, Spannung) betrachtet werden. Einrichtungen, durch deren Abschalten Menschen oder Geräte gefährdet werden (Spannvorrichtungen, Meldeeinrichtungen) dürfen nicht abgeschaltet werden. Das Entriegeln der Einrichtung darf nicht zu einem Wiederanlaufen einer Anlage oder Teilen einer Anlage führen. Die Anlage wird im energielosen Zustand in die Stellung versetzt, aus der sie nach dem Entriegeln der -Einrichtung wieder gestartet werden soll.
Bei pneumatischen Anlagen sind die Gefahrenmomente wegen der Kompressibilität der Luft und der fehlenden Selbsthemmung der Linearbewegungen für jedes Arbeitselement zu untersuchen und Sicherheitsbedingung festzulegen.
Elektrische Sicherheitsschaltungen werden häufig redundant aufgebaut. Dies bedeutet, dass zur Realisierung der Abschaltung mehr als die erforderlichen technischen Mittel verwendet werden, um ein Höchstmaß an Zuverlässigkeit zu erreichen.

5. Anmerkungen zur Not-Aus-Schaltung bei Verwendung einer SPS

Aus dem Technologieschema (Bild 1) sind die Sicherheitsgrenztaster ersichtlich, die ein Überfahren der Endlagen verhindern. Dazu unterbrechen die Öffnerkontakte unmittelbar die Energieversorgung für den Antrieb. Die Kontakte können zusätzlich für optische Meldungen genutzt werden.

Technologieschema

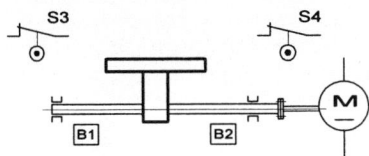

Bedienfeld

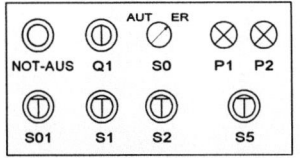

Erläuterungen:
S01: Not-Aus-Kontrolltaster
Q1: Netzschalter
SO: Betriebsartenschalter
S1: Rechtslauf
S2: Linkslauf
S3: Sicherheitsgrenztaster
S4: Sicherheitsgrenztaster
S5: Stopp Motorlauf

Bild 1. Technologieschema und Bedienfeld

Die Verriegelung der Schütze zur Steuerung des Rechts- und Linkslauf erfolgt durch die Öffner der Hilfskontakte (Bild 3). Diese übergeordnete Sicherheitsschaltung sollte beim Einsatz speicherprogrammierbarer Steuerungen durch die Abfrage der Speicher für die jeweils entgegengesetzte Drehrichtung im Anwenderprogramm unterstützt werden. Eine Verriegelung der Taster für den Rechts- und Linkslauf erhöht die Sicherheit. Weiterhin sind die aufgeführten Forderungen bezüglich des drahtbruchsicheren Programmierens zu berücksichtigen.

Die Not-Aus-Signale müssen direkt alle Antriebe abschalten, durch die eine Gefährdung ausgeht. Im Schaltplan ist eine redundante Gefahrenabschaltung für die Steuerung des Gleichstrommotors für einen Maschinentisch dargestellt.

Bei Betätigung des Tasters S01 wird über den Öffner 51/52 des Relais K02 kontrolliert, ob sich das Relais K02 für die -Abschaltung tatsächlich in Ruhestellung befindet. K01 zieht an und schließt über den 2. Nebenkontakt den Stromweg 3 zur Spannungsversorgung für K02. Durch den 1. Nebenkontakt wird solange eine Selbsthaltung erzeugt, bis das Relais K02 angezogen hat und über den Öffner 61/62 das Relais K01 spannungslos macht. Jetzt werden die Stromwege zu den Schützen K1 und K2 für die Motoransteuerung freigegeben. Der 4. Nebenkontakt meldet dies über den Eingang E1.0 der Steuerung.

Bei einer Betätigung des Not-Aus-Schalters fällt dieser Kontakt ab und die Steuerung erkennt das Not-Aus-Signal. Im Anwenderprogramm muss dieses Signal zum Rücksetzen der Speicher für die jeweilige Drehrichtung des Motors verwendet werden. Die Nebenkontakte von K02 in den Stromwegen zwischen den SPS-Ausgängen und den Schützen K1 bzw. K2 fallen ab. und unterbrechen unmittelbar die Stromwege. Die Hauptkontakte der Schütze im Arbeitsstromkreis fallen ab und der Antriebsmotor liegt nicht mehr an Spannung.

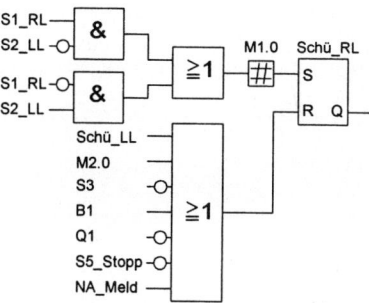

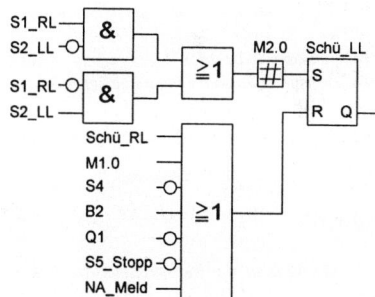

Bild 2. Software-Verriegelungen

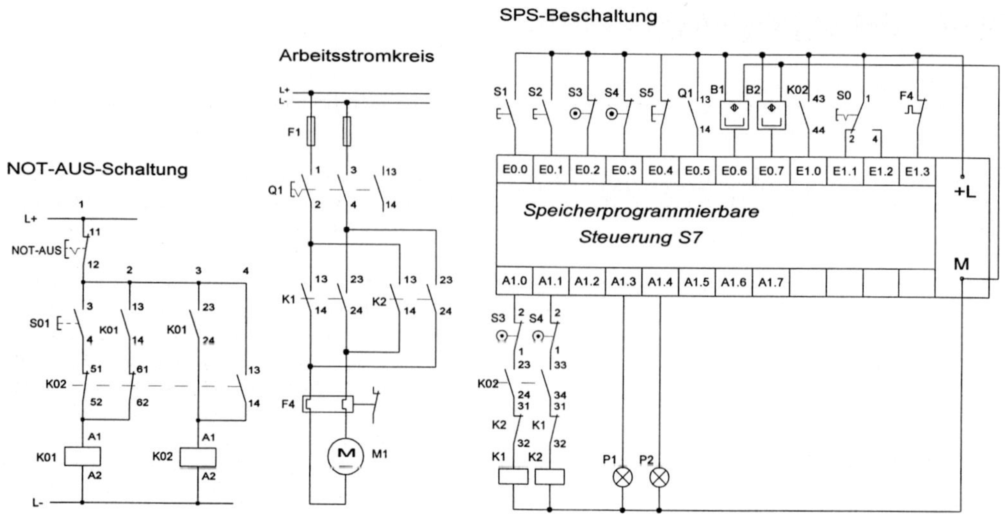

Bild 3. Schaltplan mit Not-Aus-Beschaltung

Normen

DIN 19226:   *Leittechnik; Regelungstechnik und Steuerungstechnik*

  T1 Allgemeine Grundbegriffe
  T3 Begriffe zum Verhalten von Schaltsystemen
  T4 Begriffe für Regelungs- und Steuerungssysteme
  T5 Funktionelle Begriffe
  T6 Begriffe zu Funktions- und Baueinheiten

EN 60848:   *GRAFCET (Spezifikationssprache für Funktionspläne und Ablaufsteuerungen)*

EN 60617:   *Graphische Symbole für Schaltpläne*

EN 61082:   *Schaltpläne*

EN 61346:   *T2 Kennbuchstaben von Betriebsmitteln in Schaltplänen*

DIN 19235:   *Meldung von Betriebszuständen*

DINISO 1219: *Graphische Symbole und Schaltpläne*
  T1 Graphische Symbole
  T2 Schaltpläne

EN 61131-3:   *Speicherprogrammierbare Steuerungen*
  T3 Programmiersprachen (IEC 1131-3)

VDI 3260:   *Funktionsdiagramme von Arbeitsmaschinen und Fertigungsanlagen (zurückgezogen)*

DIN 66261:   *Sinnbilder für Struktogramme nach Nassi-Shneiderman*

Literatur

Braun, W.: *Speicherprogrammierbare Steuerungen in der Praxis.* Wiesbaden: Vieweg Verlag, 3. Auflage 2005

Siemens: *Automatisierungssystem S7-300, M7 – Baugruppen,* Nürnberg: 1998

Siemens: *SIMATIC Software, Programmierhandbuch,* Nürnberg: 1996

R Regelungstechnik

Berthold Heinrich

Die Kernaufgabe in der Regelungstechnik besteht darin, für eine bestimmte Regelungsaufgabe den geeigneten Regler auszuwählen und die Parameter anzupassen.

In diesem Kapitel werden zunächst Begriffe im Zusammenhang mit Regelkreisen erläutert. Danach werden Regler und Strecken getrennt betrachtet, um im dritten Teil in ihrem Zusammenwirken untersucht zu werden.

1 Grundlagen

1.1 Grundbegriffe

Die Regelungstechnik bildet in zweierlei Hinsicht eine Ausweitung der Steuerungstechnik. Zum einen fließen Informationen zurück. Aus der Steuerkette wird ein Regelkreis. Zum anderen spielt das Zeitverhalten der Elemente des Regelkreises eine entscheidende Rolle (Bild 1).

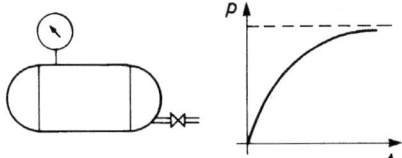

Bild 1. Druckverlauf in einem Druckluftspeicher

Regelung

DIN 19226 definiert: Das **Regeln** (die Regelung) ist ein Vorgang, bei dem eine Größe, die **Regelgröße**, fortlaufend erfasst, mit einer zweiten Größe, der **Führungsgröße**, verglichen und im Sinne der Angleichung an die Führungsgröße beeinflusst wird. Der sich daraus ergebende **Wirkungsablauf** findet im so genannten **Regelkreis** statt (Bild 2).

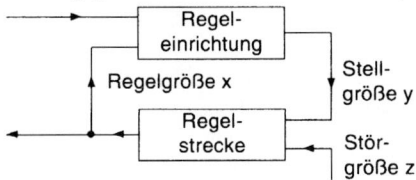

Bild 2. Regelkreis im Wirkungsplan

Unter *Größen* werden hier physikalische Größen wie elektrischer Widerstand, Spannung, Dichte, Druck,

Temperatur verstanden. Das *Erfassen* des Istwertes der Regelgröße geschieht durch Fühler (Bild 3) oder Sensoren, *fortlaufend* muss dabei nicht kontinuierlich sein, es reicht auch die hinreichend häufige Abtastung. Die Führungsgröße *w* ist eine von der Regelung nicht beeinflusste Größe, die von außen zugeführt wird und der die Ausgangsgröße der Regelung in vorgegebener Abhängigkeit folgen soll. Die Führungsgröße ist nicht notwendig konstant. In vielen Fällen ist sie zeitlich veränderlich. Die Angleichung der Regelgröße an die Führungsgröße ist die eigentliche Regelaufgabe. Dabei bedeutet Angleichung nicht notwendig Deckungsgleichheit. Entsprechend der Regelaufgabe werden Abweichungen in festgelegten Grenzen zugelassen. Auf Grund der ermittelten Abweichung zwischen Regelgröße und Führungsgröße bildet die Regeleinrichtung die Stellgröße.

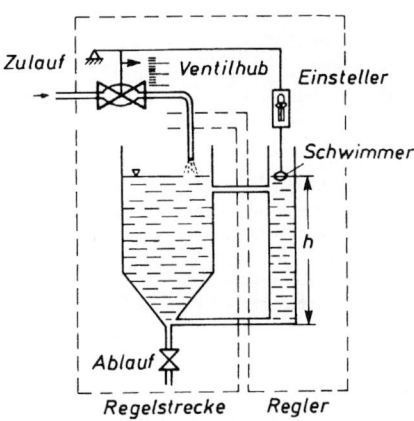

Bild 3. Wasserstandsregelung

Regelgröße	Füllhöhe
Führungsgröße	Sollhöhe (Einsteller)
Stellgröße	Ventilhub
Störgröße	Ablauf, Wasserdruck
Regelstrecke	Behälter
Regeleinrichtung	Hebelgestänge mit Ventil und Schwimmer

Diese Stellgröße muss so gewählt werden, dass sich die Regelgröße der Führungsgröße annähert. Auf den Regelkreis wirken auch nichtplanbare Störungen ein, die man zu einer Störgröße zusammenfasst, die auf die Strecke einwirkt. Auch diesen Einfluss muss der Regelkreis ‚ausregeln'.

Regeln ist demnach ein Kreisprozess aus
- fortlaufendem Messen der Regelgröße,
- ständigem Vergleichen mit der Führungsgröße,

• Angleichen der Regelgröße an die Führungsgröße.

Regelstrecke

Laut DIN 19226 ist die **Regelstrecke** der aufgabengemäß zu beeinflussende Teil des Systems. Ein System ist dabei eine abgegrenzte Anordnung von Gebilden, die miteinander in Beziehung stehen. Ein solches System kann ein Glühofen sein (Bild 4), der durch eine Regelung auf einer konstante Temperatur gehalten wird. Die Gebilde darin sind u.a. der Brenner, der Temperaturfühler, das Stellventil, der Regler. Dieses System wechselwirkt nur über bestimmte Größen mit der Umgebung. Eingegeben werden in dieses System die Solltemperatur (Führungsgröße), sowie (teilweise unbeeinflussbar) Störungen wie beispielsweise eine sich ändernde Umgebungstemperatur oder kaltes Glühgut.

Der Wirkungsweg ist in dieser Definition der Weg, auf dem die Größen verändert werden. Die Richtung wird im Wirkungsplan (Bild 2) durch Pfeile verdeutlicht. Weg und Richtung der Wirkungen müssen nicht unbedingt mit Weg und Richtung zugehöriger Energieflüsse und Massenströme übereinstimmen.

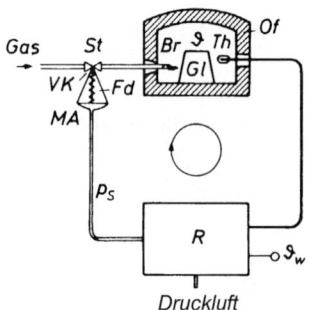

Bild 4. Temperaturregelung eines gasbeheizten Ofens
Of Ofen, *Gl* Glühgut, *Th* Thermometer, *Br* Brenner, *St* Stellgerät, *VK* Ventilkörper. *MA* Membran-Antrieb, *Fd* Feder, *R* Regler, ϑ Temperatur als Regelgröße, ϑ_w Führungsgröße, p_s Stelldruck als Stellgröße

Eine aufgabengemäße Beeinflussung bedeutet, dass die Einflussnahme der Regelung im Dienst des zu lösenden Problems steht. In einem Glühofen ist aufgabengemäß die Innentemperatur konstant zu halten. Dazu wird dem Ofen eine sich jeweils ändernde Gasmenge pro Zeit zugeführt. Im Ofen wird die Regelgröße Temperatur beeinflusst, also ist der Ofen die Regelstrecke.

Nach der Art der die Strecke durchlaufenden Regelgröße unterscheidet man z.B. **Temperatur-**, **Druck-**, **Durchfluss-**, **Niveau-** oder Drehzahlregelstrecken. Beispiele für Regelstrecken sind z.B. ein Durchlauf-Temperofen, ein Härteofen, der Kühlraum eines Kühlgerätes, ein klimatisierter Raum, ein Silo für

Schüttgüter, der Behälter eines Heißwasserbereiters, ein Mischkessel oder eine rotierende Maschine mit konstanter Drehzahl.

Regelgröße, Aufgabengröße, Rückführungsgröße

DIN 19226 definiert: Die **Regelgröße** *x* ist die Größe in der **Regelstrecke**, die zum Zweck des Regelns erfasst und über die Messeinrichtung der **Regeleinrichtung** zugeführt wird. Sie ist die Ausgangsgröße der Regelstrecke und Eingangsgröße der Messeinrichtung.

Die physikalische Größe, die von der Regelung beeinflusst wird, durchläuft die Regelstrecke. Der Zustand dieser Regelgröße wird an einem Punkt der Strecke, der **Messort** genannt wird, erfasst und einem zweiten Teil des Systems, der **Regeleinrichtung**, zugeführt. Die von der Messeinrichtung aufgenommene Regelgröße heißt **Rückführungsgröße** *r*. Den Bereich, innerhalb dessen die Regelgröße eingestellt werden kann, nennt man Regelbereich X_h.

Von der Regelgröße wird die **Aufgabengröße** x_A unterschieden. Dieses ist die Größe, die zu beeinflussen Aufgabe der Regelung ist. Sie muss mit der Regelgröße wirkungsmäßig verknüpft sein, braucht aber nicht dem Regelkreis anzugehören. Unterschied zwischen Regelgröße und Aufgabengröße: Bei der Regelung der Zusammensetzung eines Gemischs kann die Aufgabengröße, die Zusammensetzung, nicht immer unmittelbar erfasst werden. Als Regelgröße wird eine von der Zusammensetzung des Gemischs abhängige Eigenschaft (z.B. pH-Wert, Dichte, Trübung, elektrische Leitfähigkeit) verwendet.

Beispiele für typische Regelgrößen:
Im Maschinenbau: Kraft, Druck, Drehmoment, Drehzahl, Geschwindigkeit
In der Verfahrenstechnik: Temperatur, Druck, Masse, Durchfluss, pH-Wert, Heizwert

Stellgröße, Stellort

Die **Stellgröße** *y* ist die Ausgangsgröße der Regeleinrichtung und zugleich Eingangsgröße der Strecke. Sie überträgt die steuernde Wirkung der Einrichtung auf die Strecke.

Der Angriffspunkt der Stellgröße im Regelkreis wird **Stellort** genannt. Der Bereich, innerhalb dessen die Stellgröße einstellbar ist, heißt **Stellbereich** Y_h.

Führungsgröße, Arten der Regelung

Die **Führungsgröße** *w* einer Regelung ist eine von der betreffenden Regelung nicht beeinflusste Größe, die dem Regelkreis von außen zugeführt wird und der die Ausgangsgröße der Regelung in vorgegebener Abhängigkeit folgen soll.

Der Regler hat keinen rückwirkenden Einfluss auf die Führungsgröße. Sie wird von außen dem Regelkreis als Größe zugeführt. Das kann auf zwei Arten geschehen: die Führungsgröße kann entweder zeitlich konstant sein oder sich mit der Zeit verändern.

Ist die Führungsgröße auf einen festen Wert eingestellt, spricht man von einer **Festwertregelung** (Bild
5). Dieser feste Wert wird auch oft **Sollwert** genannt.
Verändert sich der Wert der Führungsgröße und folgt
die Regelgröße während der Regelung diesen veränderten Werten, so wird von einer **Folgeregelung**
gesprochen. Ist diese Veränderung der Führungsgröße
zeitabhängig, ist sie also durch einen Zeitplan vorgegeben, so liegt eine **Zeitplanregelung** (Bild 6) vor.
Beim Einsatz eines Computers zur Regelung kann der
zeitliche Verlauf auch durch eine Funktionsgleichung
oder durch eine Funktionstabelle eingegeben werden.

Beispiel für Festwertregelung

Raumtemperatur 22 °C, relative Luftfeuchtigkeit
55%, Speicherdruck 9,5 bar, Durchfluss 7,2 m³/h

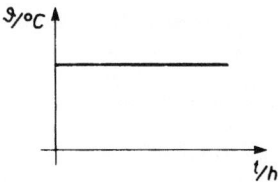

Bild 5. Festwert für die Führungsgröße

Beispiel für Zeitplanregelung

Temperatur der Lauge in einem Waschautomaten,
Nachtabsenkung bei einer Hausheizungsanlage

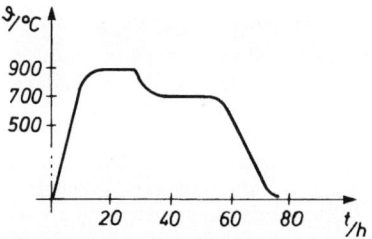

Bild 6. Zeitplan für die Temperatur eines Durchlauf-
ofens zur Wärmebehandlung von Gusseisen

Der **Führungsbereich** W_h ist der Bereich, innerhalb
dessen die Führungsgröße liegen kann. So kann z.B.
an einem Gefrierschrank die gewünschte Temperatur
in einem Bereich zwischen -18°C und -25°C eingestellt werden.

Regeldifferenz, Reglerausgangsgröße

Die **Regeldifferenz** e ist die Differenz zwischen der
Führungsgröße w und der Rückführungsgröße r.
Dabei wird berücksichtigt, dass der Vergleich der
Führungsgröße mit der Regelgröße selbst in der Pra-
xis selten möglich ist, sondern nur der Vergleich mit
der von der Messeinrichtung gelieferten Rückfüh-

rungsgröße. Wenn es nicht zu Missverständnissen
führt, wird aber hier

$$e = w - x \qquad (1)$$

angesetzt, wobei x die Regelgröße ist.

Störgröße

Eine **Störgröße** z in einer Regelung ist eine von außen wirkende Größe, die die beabsichtigte Beeinflussung in der Regelung beeinträchtigt.
Störgrößen können nicht nur das Verhalten der Strecke, sondern auch das des Reglers beeinflussen.
Manchmal unterscheidet man diese beiden Arten der
Störung. In erster Näherung kann jedoch angenommen werden, dass die Störung erst am Messort durch
die messtechnische Erfassung der Regelgröße im
Regelkreis registriert wird. Weiterhin kann man in
erster Näherung alle Störgrößen zu einer zusammenfassen und sie am Eingang der Strecke, am **Störort**,
wirken lassen.
Der **Störbereich** Z_h ist der Bereich, innerhalb dessen
die Störgröße liegen darf, ohne dass die vereinbarte
größte Sollwertabweichung der Regelung überschritten wird. Die Abschätzung des Störbereichs setzt
Erfahrung und Kenntnis über mögliche Störeinflüsse
voraus. Mit dieser Sichtweise für den Störbereich
haben diese Grenzen den Charakter von Toleranzgrenzen.

Beispiele typischer Störgrößen

- Temperaturschwankungen im Außenklima
- Spannungsschwankungen im Versorgungsnetz
- Schwankungen der Wasserzulauftemperatur

Regeleinrichtung

Die **Regeleinrichtung** ist neben der Strecke der zweite Block im Regelkreis. Sie ist derjenige Teil des
Wirkungsweges, der die aufgabengemäße Beeinflussung der Strecke über das Stellglied bewirkt und
enthält einen Regler und einen **Steller**. Letzterer ist
eine Funktionseinheit, in der aus der Reglerausgangsgröße y_R die zur Aussteuerung des Stellgliedes erforderliche Stellgröße y gebildet wird.
Bei einer Regeleinrichtung (Bild 7) für einen Druck
(Regelgröße x) verstellt eine Membran (1) als Messwerk über einen Differenzialhebel (2) ein Strahlrohr
(3); dessen Stellung bestimmt den Zufluss zu dem
Stellantrieb (4) für die Öffnung des Stellgliedes. Der
Stellkolben erhält einen der Auslenkung des Strahl-
rohres proportionalen Ölstrom und damit eine entsprechende Stellgeschwindigkeit.

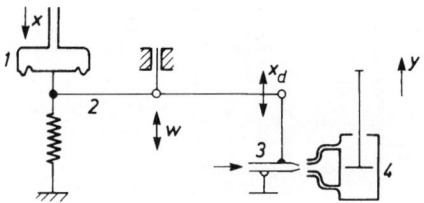

Bild 7. Druck-Regeleinrichtung

Messeinrichtung

Die Regelgröße wird durch eine Messeinrichtung erfasst. Diese Größe wird dem Vergleicher zugeführt. In vielen Fällen ist der vom Sensor unmittelbar aufgenommene Wert in der vorliegenden Form als Informationseingang am Regler noch nicht geeignet.

- Ist die Form der Größe nicht geeignet, wird zwischen Sensor und Vergleichglied ein Messumformer geschaltet. Dieser hat die Aufgabe, die Regelgröße, die vom Sensor in einer bestimmten Form geliefert wird (z.B. als Druck) in eine andere Form (z.B. elektrische Spannung), die vom Vergleichsglied benötigt wird, umzuwandeln.

- Oft reicht die vom Sensor gelieferte Leistung nicht aus, um einen Regelvorgang auszulösen. Dann wird zwischen Sensor und Vergleichsglied noch ein Messverstärker geschaltet, der den vom Sensor gelieferten Messwert auf ein höheres Energieniveau anhebt.

Regler

Der Regler (Bild 8) ist das Kernstück der Regeleinrichtung. Er besteht aus Vergleichsglied und Regelglied. Das **Vergleichsglied** bildet die Regeldifferenz e aus der Führungsgröße w und der Rückführgröße r. Wie in Gleichung (1) beschrieben, nimmt man für prinzipielle Überlegungen oft statt der Rückführgröße r die Regelgröße x.

Das **Regelglied** ist eine Funktionseinheit (Bild 9), in der aus der Regeldifferenz die Reglerausgangsgröße y_R so gebildet wird, dass im Regelkreis die Regelgröße, auch beim Auftreten von Störgrößen, der Führungsgröße so schnell und genau wie möglich nachgeführt wird. In der Praxis wird aber häufig ein Gerät als Regler bezeichnet, wenn es die Funktionsblöcke

- Führungsgrößeneinsteller
- Messumformer
- Vergleicher
- Regelglied
- Regelverstärker

enthält.

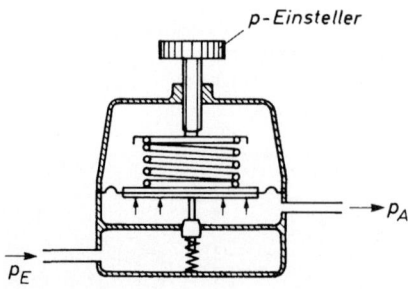

Bild 8. Druckregler

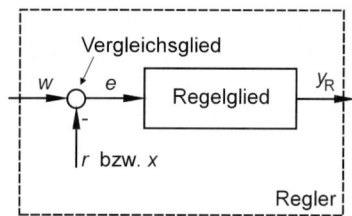

Regeldifferenz $e = w - x$

Bild 9. Funktionsblöcke eines Reglers

Stellglied

Das **Stellglied** ist die am Eingang der Strecke angeordnete, zur Regelstrecke gehörende Funktionseinheit, die in den Massenstrom oder Energiefluss eingreift. Ihre Eingangsgröße ist die Stellgröße.

Typische Stellglieder für Massenströme sind Ventile, Schieber und Klappen. Typische Stellglieder für den Energiefluss sind elektrische Schalter, elektronische Schalter, pneumatische Schalter und Stellwiderstände.

1.2 Grafische Darstellung von Regelkreisen mithilfe des Wirkungsplans

Der **Wirkungsplan** ist die sinnbildliche Darstellung der Gesamtheit aller Wirkungen in einem System. An ihm lassen sich die logischen Abhängigkeiten einfach erkennen.

Darstellung der Glieder

Die Glieder des Regelkreises wandeln Eingangssignale in Ausgangssignale um. Dieses wird hier sinnbildlich in einem Rechteck, Block genannt, dargestellt (Bild 10). Die wirkungsmäßige Abhängigkeit wird in diesem Block entweder durch eine arithmetische Anweisung, durch eine boolesche Verknüpfung, durch eine Übertragungsfunktion, durch eine Übergangsfunktion, eine Kennlinie, ein Kennlinienfeld oder durch eine Schaltfunktion angegeben. Oft findet man auch eine Benennung des Gliedes. Die Ein- und Ausgangssignale werden durch Wirkungslinien dargestellt, deren Pfeilspitzen die Wirkungsrichtung angeben.

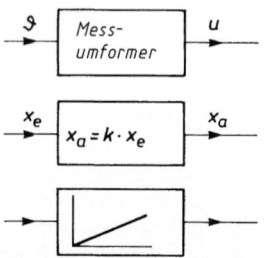

Bild 10. Blockdarstellung

Darstellung der Verzweigung (Bild 11)

In Regelkreisen findet häufig eine Verzweigung der Wirkung statt. Typisch ist hier das Abspalten eines Messzweiges vom Hauptzweig. Solche Verzweigungsstellen werden durch einen Punkt auf dem Verzweigungsknoten dargestellt.

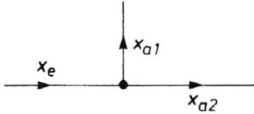

Verzweigung $x_{a2} = x_{a1} = x_e$

Bild 11. Darstellung der Verzweigung

Darstellung der Addition (Parallelschaltung)

Ist an einer Stelle das Ausgangssignal die algebraische Summe der Eingangssignale, so wird statt eines Blocks ein Kreis gezeichnet. Durch entsprechende Vorzeichen kann damit auch die Umkehrung des Wirkungssinns beschrieben werden (Bild 12).

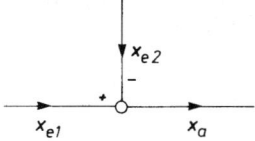

Addition $x_a = x_{e1} - x_{e2}$

Bild 12. Darstellung der Addition

Blockstrukturen

Blöcke in offener Kettenstruktur (Bild 13)
Die Reihung der Blöcke in der linearen Wirkungsrichtung ist typisch für alle Steuerungsvorgänge. Hintereinander liegende Glieder werden wie in einer elektrischen Reihenschaltung dargestellt.

Bild 13. Darstellung der Kettenstruktur

Blöcke in Parallelstruktur (Bild 14)
Eine Parallelstruktur ist der Parallelschaltung der Elektrotechnik vergleichbar. Der Signalfluss wird verzweigt. Dabei ist festzuhalten, dass die Parallelstruktur trotz der geometrischen Ähnlichkeit kein Kreisprozess ist.

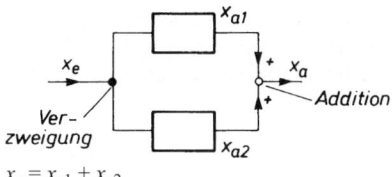

$x_a = x_{a1} + x_{a2}$

Bild 14. Darstellung der Parallelstruktur

Blöcke in Kreisstruktur (Bild 15)
Beim Zusammenwirken der Blöcke in einer Kreisstruktur erfolgt stets eine Rückwirkung des Ausganges auf den Eingang. Dieser zielgerichtete Eingriff des Ausgangs auf den Eingang heißt auch Rückkopplung. Der Wirkungsweg erhält bei der Kreisstruktur die Form einer geschlossenen Schleife.

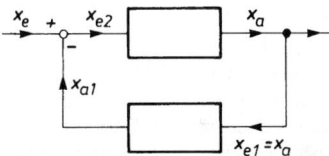

Bild 15. Darstellung der Kreisstruktur

Übersicht: Typischer Wirkungsplan eines Regelkreises

In dem Wirkungsplan in Bild 16 sind alle hier behandelten Teile eines Regelkreises in ihrem funktionellen Zusammenhang dargestellt.

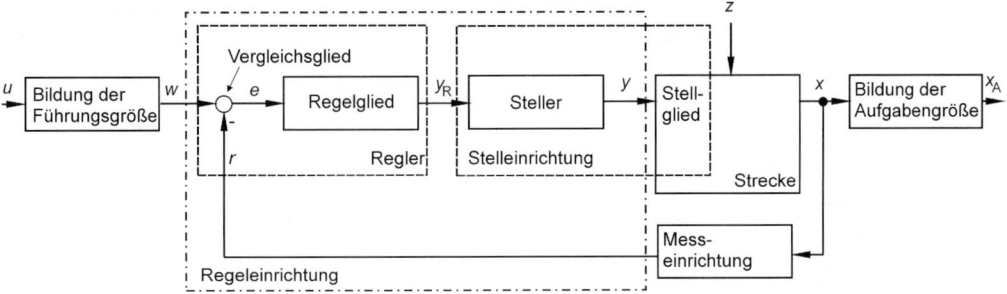

Bild 16. Wirkungsplan eines Regelkreises

■ **Beispiel:**

für den Aufbau eines elektro-hydraulischen Regelkreises

Anhand eines elektro-hydraulischen Regelkreises Bild 17 sollen die Grundbegriffe erläutert werden.

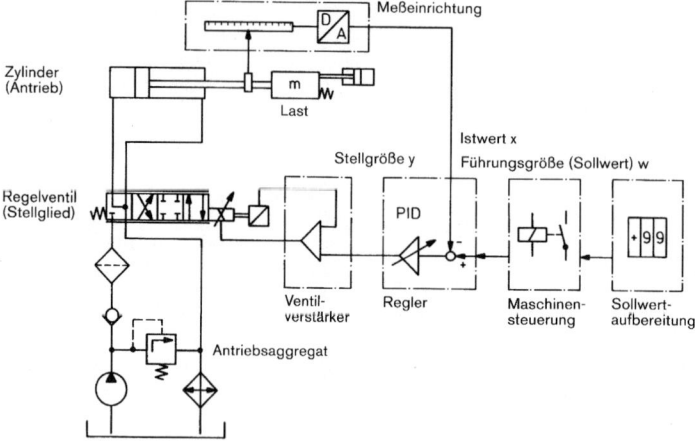

Bild 17. Elektro-hydraulischer Regelkreis (Bosch)

Lösung:

Der hydraulische Leistungsstrang besteht aus Antriebsaggregat, dem Regelventil als Stellglied und dem Hydromotor bzw. Zylinder als Antriebsglied für die Last. Die Eingabe der Führungsgröße (Sollwert) erfolgt im Allgemeinen als analoges elektrisches Gleichspannungssignal und kann verschiedenen Quellen entstammen. Häufig sind dies Potenziometer, Funktionsgeneratoren, numerische Steuerungen oder Signale, die von anderen Antriebssystemen der Maschine kommen.
Der Istwert der Regelgröße wird von der Messeinrichtung erfasst und in ein ebenfalls analoges Gleichspannungssignal gewandelt. Als Messumformer kommen je nach Regelgröße (Lage, Geschwindigkeit, Kraft usw.) verschiedene Geräte wie Potenziometer, Inkrementalmessstäbe, Tachogeneratoren, Druckmessdosen usw. in Betracht.
Im elektronischen Regelverstärker erfolgt der Soll/Ist-Vergleich d.h., es wird die Regeldifferenz gebildet. Diese wird verstärkt, mit einem bestimmten Übertragungsverhalten versehen und als Stellgröße dem Regelventil zugeführt.
Zwischen Regler und Ventil liegt noch der Leistungsverstärker des Regelventils. Dieses „Interface" wandelt die Stellgrößen-Spannung in einen Magnetstrom und enthält auch das Lageregelsystem des Ventils.

■ **Beispiel:**

für die Regelung einer Förderleistung

Das Bunkerabzugsband in Bild 18 wird von einem Vibrationsförderer beladen. Die Förderleistung in *t* / h soll konstant gehalten werden. Zur Istwerterfassung kann eine Bandwaage unter dem tragenden Turm eingebaut werden.
Der Regelkreis soll skizziert werden, Strecke, Messort, Stellort, Stellglied, Stellgröße, Reglereingänge und Reglerausgang sollen benannt werden! Welche Störgrößen könnten auftreten?

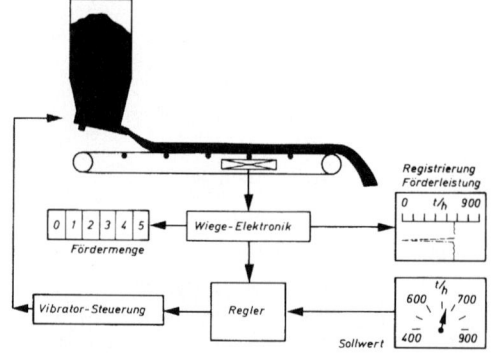

Bild 18. Regelung einer Förderleistung

Lösung:

Die Strecke ist die Bandlänge zwischen Aufgabestelle und Bandwaage. Der Messort (Bild 19) ist die Einbaustelle der Bandwaage und der Stellort ist der Austritt der Vibrationsrinne.

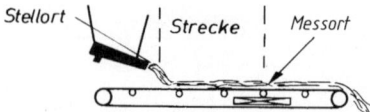

Bild 19. Stellort und Messort

Das Stellglied ist der Vibrator, dessen Vibrationsfrequenz die Stellgröße ist. Die beiden Reglereingänge (Bild 20) sind der von der Bandwaage erfasste Istwert der Regelgröße Förderleistung und der eingegebene Sollwert der Förderleistung. Der Reglerausgang ist die Stellgröße Vibrationsfrequenz. Die Aufgabe der Wiege-Elektronik ist die reglergerechte Umformung des von der Bandwaage erfassten Istwertes in eine geeignete elektrische Größe.

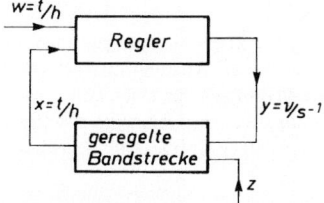

Bild 20. Regelkreis

Mögliche Störgrößen sind Veränderungen im Fördergut durch Feuchteeinfluss und Spannungsschwankungen in der Energieversorgung des Vibrators.

1.3 Beschreibung des Verhaltens von Regelkreisgliedern

Ein Regelkreis setzt sich aus vielen Komponenten zusammen, deren Zusammenwirken die Eigenschaften und die Wirkung des Regelkreises ausmachen. Unabhängig vom Detail ist es wichtig zu wissen, wie der Regelkreis als Gesamtheit auf veränderte Eingangsgrößen reagiert, um ggf. ungewollte Effekte beseitigen zu können oder auch nur, um sein Verhalten beschreiben zu können.

Meist ist der Regelkreis zu komplex, um sein Gesamtverhalten geeignet vorhersagen und einstellen zu können. Deshalb wird methodisch so vorgegangen, dass zunächst das Verhalten der Komponenten untersucht und beschrieben wird. Aus deren Kenntnis lässt sich dann vieles über das Zusammenwirken in einem Kreisprozess aussagen.

Es ist sinnvoll, bei diesen Untersuchungen nicht von Regel-, Stell-, Führungs- und Störgrößen zu sprechen, sondern allgemein von Eingangs- und Ausgangsgrößen. Diese werden mit u und v bezeichnet.

Statisches Verhalten

Das statische Verhalten von Regelkreisgliedern wird durch **Kennlinien** beschrieben. Eine Kennlinie beschreibt im Beharrungszustand die Abhängigkeit der Ausgangsgröße v von der Eingangsgröße u.

Als **Beharrungszustand** eines Gliedes gilt derjenige beliebig lange aufrechtzuerhaltende Zustand, der sich bei zeitlicher Konstanz der Eingangssignale nach Ablauf aller Einschwingungsvorgänge ergibt.

Hat ein Glied mehrere Eingangsgrößen, so ergibt sich ein **Kennlinienfeld**. Dabei trägt man das Ausgangssignal in Abhängigkeit einer einzigen Eingangsgröße auf. Die übrigen Eingangsgrößen fasst man als Parameter auf. Bild 21 zeigt die Klemmspannung U eines Stromkreises (als Ausgangsgröße v). Diese wird in Abhängigkeit von der durch die Lage x des Abgriffkontaktes (als Eingangsgröße u_1) gekennzeichneten Einstellung eines Widerstandes aufgetragen. Die im Kreis wirksame Spannung U_e (als Eingangsgröße u_2) und der Belastungsstrom I (als Eingangsgröße u_3) sind hier die Parameter.

Kennlinie: $U = U(x, I, U_e)$

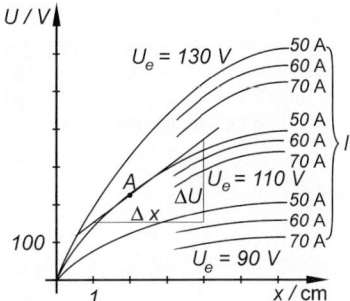

Bild 21. Kennlinienfeld

Meist sind Kennlinien gekrümmt. Sie werden vielfach, vor allem zur Berechnung, durch Geraden ersetzt. Man spricht hierbei von Linearisieren. Dabei wird im Arbeitspunkt eine Tangente an die Kennlinie gelegt. Aus der Steigung ergibt sich der sog. **Übertragungsbeiwert** K.

$$K = \frac{\Delta v}{\Delta u} \tag{2}$$

Im Bild 21 wurde der Arbeitspunkt bei $x = 2$ cm, $U_e = 110$ V und $I = 50$ A gewählt. An der Geraden liest man ab:

$$K = \frac{\Delta v}{\Delta u} = \frac{\Delta e}{\Delta x} = \frac{200\,\text{V}}{3\,\text{cm}} = 66{,}7\,\frac{\text{V}}{\text{cm}}.$$

Zeitverhalten

Das Zeitverhalten der Regelkreisglieder wird dadurch untersucht, dass man die jeweiligen Eingangsgrößen typisch ändert und zwar

- sprunghaft,
- ansteigend,
- impulsförmig oder
- sinusförmig.

Das Übergangsverhalten beschreibt dann den zeitlichen Verlauf des Ausgangssignals bei Aufschaltung charakteristischer zeitlicher Verläufe des Eingangssignals.

Sprungantwort

Viele Regelvorgänge verhalten sich so, dass die Eingangsgröße u sich **sprunghaft** ändert von einem Anfangswert u_0 auf einen festen Endwert u_1. Die Reaktion der Ausgangsgröße darauf wird hier **Sprungantwort** genannt. Diese kann sehr unterschiedlich ausfallen. Die Sprungantwort kann schlagartig erfolgen, sie kann sich langsam und gleichmäßig ihrem Endwert nähern, oder sie kann erst über den Endwert hinauswandern, um sich ihm dann schwingend zu nähern.

Die Aufschaltung eines Sprunges ist – zumindest bei theoretischen Betrachtungen – eine häufig angewandte Testmethode bei der Untersuchung von Regelkreisgliedern. Um aus der Funktionsgleichung den Einfluss der konstanten Eingangssprunghöhe u zu eliminieren, führt die DIN eine neue Funktion $h(t)$ ein, die Übergangsfunktion genannt wird.

$$h(t) = \frac{v(t)}{u(t)} \qquad (3)$$

Für große t und stabiles Verhalten gilt

$$h(t) = K \qquad (4)$$

wobei K der Übertragungsbeiwert aus (2) ist.

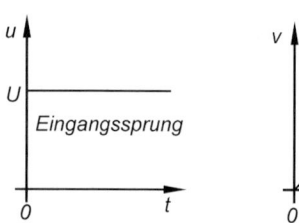 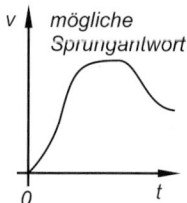

Bild 22. Sprungantwort

■ **Beispiel:**
für die Berechnung eines Übertragungsbeiwertes

Der Übertragungsbeiwert des Zahnradpaares aus Bild 23 soll berechnet werden.

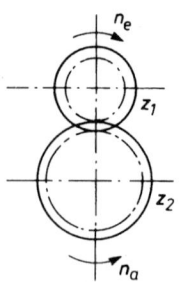

Bild 23. Übergangsfunktion am Zahnradpaar

Lösung:

Das obere Zahnrad mit der Zähnezahl z_1 drehe mit der konstanten Drehzahl n_e. Dieses ist die Eingangsgröße $u(t)$. Die Ausgangsgröße $v(t)$ ist die sich einstellende konstante Drehzahl n_a. Für die Übergangsfunktion $h(t)$ gilt nach (3)

$$h(t) = \frac{v(t)}{u(t)} .$$

Für die Übersetzung an einem Zahnradpaar gilt

$$\frac{n_a}{n_e} = \frac{z_1}{z_2} \qquad (5)$$

Also ist die Übergangsfunktion $h(t) = \frac{z_1}{z_2}$. Laut (4) ist $h(t) = K$, also ist der Übertragungsbeiwert hier das umgekehrte Übersetzungsverhältnis.

Anstiegsantwort

Steigt die Eingangsgröße linear an, so nennt man die Reaktion des Gliedes darauf **Anstiegsantwort** (Bild 24). Diese kann wiederum sehr unterschiedlich sein, steigt sie überproportional, nennt man ihren Verlauf progressiv, steigt sie weniger als linear an, degressiv.

$$u(t) = \begin{cases} 0 & \text{für } t \leq 0 \\ K \cdot t & \text{für } t > 0 \end{cases} \qquad (6)$$

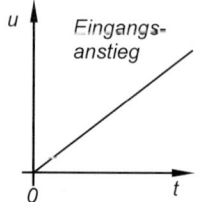 

Bild 24. Anstiegsantwort

Impulsantwort

Ein Impuls (Bild 25) ist eine sprunghafte, jedoch zeitlich begrenzte Änderung Ein kurzzeitig steil hoch schnellender Impuls heißt Nadelimpuls. Das Übergangsverhalten bei einem impulsförmigen Eingangssignal heißt entsprechend **Impulsantwort**.

$$u(t) = \begin{cases} 0 & \text{für } t \neq 0 \\ \infty & \text{für } t = 0 \end{cases} \qquad (7)$$

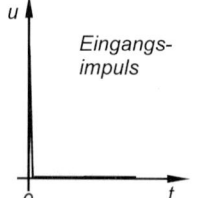 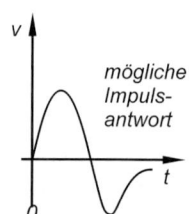

Bild 25. Impulsantwort

Frequenzantwort

Neben den oben beschriebenen Arten kann das Zeitverhalten eindeutig auch durch die Zuordnung des Ausgangssignals zu einer sinusförmigen Änderung des Eingangssignals beschrieben werden. Dabei muss das Eingangssignal alle Frequenzen zwischen Null und Unendlich durchlaufen.

Ein sinusförmiges Eingangssignal kann beschrieben werden durch

$$u(t) = A \cdot \sin(\omega t), \qquad (8)$$

wobei A die Amplitude und $\omega = 2\pi f$ die Kreisfrequenz ist (Bild 26).

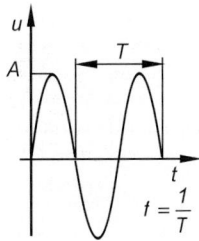

Bild 26. Funktionsgraf bei reeller Darstellung

Die folgenden Rechnungen werden erheblich einfacher, wenn man diese Schwingung mittels komplexer Zahlen beschreibt.

$$\underline{u}(t) = A \cdot (\cos(\omega t) + j \cdot \sin(\omega t)), \tag{9}$$

oder in Exponentialform

$$\underline{u}(t) = A \cdot e^{j\omega t} \tag{10}$$

Die Zusammenhänge sind in Bild 27 dargestellt.

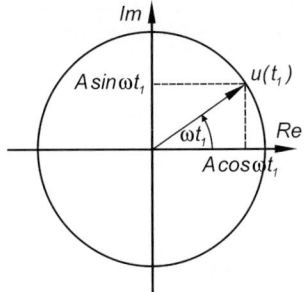

Bild 27. Funktionsgraf bei komplexer Darstellung (heißt hier Ortskurve)

Für die hier betrachteten linearen Systeme kann man zeigen, dass die Ausgangsgröße $v(t)$ im eingeschwungenen Zustand auch einen sinusförmigen Verlauf mit gleicher Frequenz hat. Allerdings ist sie meist phasenverschoben. Damit gilt

$$\underline{v}(t) = B \cdot e^{j(\omega t + \varphi)} \tag{11}$$

Der Verlauf der Ausgangsgröße wird auch **Frequenzantwort** genannt. In Bild 28 sind die Zusammenhänge in reeller Darstellung, in Bild 29 in komplexer Darstellung aufgeführt.
Bildet man den Quotienten

$$\frac{\underline{v}(t)}{\underline{u}(t)}$$

so erhält man

$$\frac{\underline{v}(t)}{\underline{u}(t)} = \frac{B \cdot e^{j(\omega t + \varphi)}}{A \cdot e^{j(\omega t)}} = \frac{B \cdot e^{j(\omega t)} \cdot e^{j(\varphi)}}{A \cdot e^{j(\omega t)}} = \frac{B}{A} \cdot e^{j(\varphi)}.$$

Dieses Verhältnis, das von t unabhängig ist, nennt man **Frequenzgang** und bezeichnet es mit $\underline{G}(j\omega)$. Es gilt also

$$\underline{G}(j\omega): = \frac{\underline{v}(t)}{\underline{u}(t)} = \frac{B}{A} \cdot e^{j(\varphi)}. \tag{12}$$

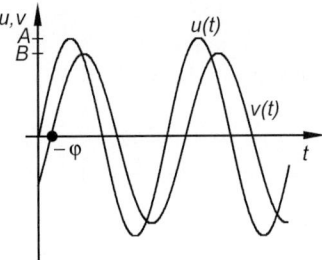

Bild 28. Funktionsgraf der Frequenzantwort in reeller Darstellung

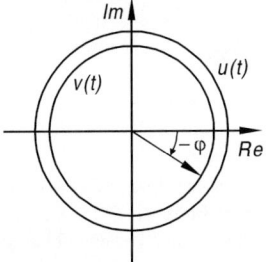

Bild 29. Ortskurve der Frequenzantwort bei komplexer Darstellung

Darstellung des Frequenzganges

Der Frequenzgang $\underline{G}(j\omega)$ ist eine komplexe Funktion der Frequenz ω. Der Wert einer komplexen Funktion bei einem bestimmten ω-Wert wird durch einen **Zeiger** dargestellt. Zeichnet man die Zeiger zu verschiedenen Frequenzen in ein Koordinatensystem und verbindet die Endpunkte der Zeiger, so entsteht eine Kurve, die **Ortskurve des Frequenzgangs** (Bild 30).

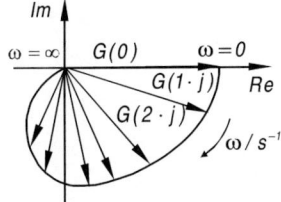

Bild 30. Ortskurve

Tabelle 1. Beschreibung des Verhaltens von Regelkreisgliedern

statisches Verhalten	Zeitverhalten				
$u_1, u_2, u_3, \dots$	Sprung	Anstieg	Impuls	period. Funktion	
	$u(t) = \begin{cases} A & \text{für } t \geq 0 \\ 0 & \text{für } t < 0 \end{cases}$	$u(t) = K \cdot t$	$u(t) = \begin{cases} \infty & \text{für } t \geq 0 \\ 0 & \text{sonst} \end{cases}$	$u(t) = A \cdot e^{j\omega t}$	Eingangs-größe
—	Sprungantwort	Anstiegs-antwort	Impulsantwort	Frequenzantwort	Ausgangs-größe
	$v(t) = f\left(u(t)\right)$			$v(t) = B \cdot e^{j(\omega t + \varphi)}$	
$v(u)$ nach $t \to \infty$	Übergangsfunktion	—	—	Frequenzgang	beschreibende Funktion
	$h(t) = \dfrac{v(t)}{u(t)}$	—	—	$\underline{G}(j\omega) = \dfrac{v(t)}{\underline{u}(t)}$	
Kennlinienfeld	Graf der Übergangsfunktion	Graf der An-stiegsantwort	Graf der Impulsantwort	Ortskurve Bode-Diagramm	grafische Darstellung
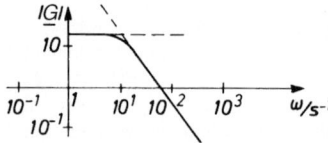					

Eine andere Darstellung bildet das **Bode-Diagramm**. Dort wird von der komplexen Funktion $\underline{G}(j\omega)$ einmal der Betrag $|\underline{G}(j\omega)|$, zum anderen der Phasenwinkel φ in Abhängigkeit von der Frequenz ω gezeichnet (Amplitudengang (Bild 31), bzw. Phasengang (Bild 32)).

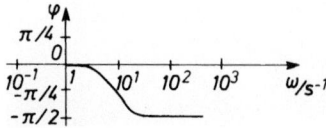

Bild 31. Amplitudengang

Charakteristisch ist, dass der Betrag des Frequenzganges $|\underline{G}(j\omega)|$ und die Frequenz ω im logarithmischen Maßstab, der Phasenwinkel φ im linearen Maßstab aufgetragen werden.

Bild 32. Phasengang

2 Regelstrecken

Laut DIN 19226 gilt: Die **Regelstrecke** ist derjenige Teil des Wirkungsweges, welcher den aufgabengemäß zu beeinflussenden Teil der Anlage darstellt.

Die regelungstechnische und auch mathematische Behandlung von Regelstrecken gibt in zweierlei Hinsicht Probleme auf. Einerseits ist die Art der Strecke oft durch das zu regelnde Problem vorgegeben und in ihren Parametern nur wenig veränderbar. Andererseits sind die Kenngrößen der Strecken fast immer unbekannt, sie werden meist nicht – wie bei Reglern – von den Händlern mitgeliefert und müssen zunächst entweder durch physikalische Gesetzmäßigkeiten oder experimentell ermittelt werden.

Es interessiert hierbei sowohl das Zeitverhalten als auch das statische Verhalten. Das **statische Verhalten** dient in erster Linie zur Beurteilung der generellen Eignung, d.h., ob der Stellbereich überhaupt sinnvoll durch die Strecke abgedeckt werden kann. Diese Information kann aus dem Kennlinienfeld nach Wahl des Arbeitspunktes ermittelt werden. Das **Zeitverhalten** dient zur Beurteilung der Frage, ob eine gegebene Strecke im Zusammenwirken mit den anderen Teilen des Regelkreises sinnvolle Ergebnisse liefert. Notwendig dafür ist stets eine mathematische Beschreibung des dynamischen Verhaltens der Strecke. Die

Ergebnisse dieser Berechnungen werden meist grafisch dargestellt. Aus diesen Diagrammen kann der Praktiker vor Ort dann wichtige Informationen gewinnen.

Das unterschiedliche dynamische Verhalten bildet auch die Grundlage für eine Systematisierung der unterschiedlichen Streckentypen. Diese erfolgt nicht nach der zu regelnden physikalischen Große, sondern nach dem Zeitverhalten der Strecke.

2.1 Einteilung der Strecken

Strecken mit und ohne Ausgleich

Ein Unterscheidungsmerkmal ist die Frage nach dem so genannten **Ausgleich**. Der Ausgleich verleiht der Strecke die Eigenschaft der Selbstbegrenzung und wirkt damit stabilisierend. Solche Strecken streben einem Beharrungswert zu.

Strecke ohne Ausgleich

Eine Strecke ohne Ausgleich ist z.B. ein Flüssigkeitsbehälter (Bild 1). Öffnet man den Zufluss, so steigt der Flüssigkeitsstand, ohne einem Beharrungswert zuzustreben.

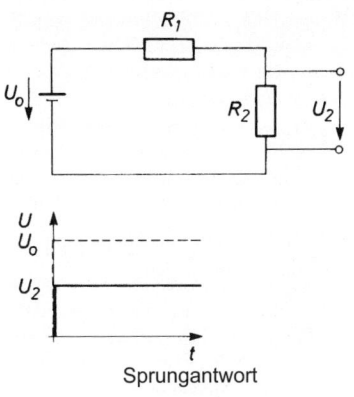

Bild 1. Strecke ohne Ausgleich

Strecke mit Ausgleich

Legt man an den Spannungsteiler in Bild 2 eine konstante Spannung U_0 an, so kann man am Widerstand R_2 eine konstante Spannung U_2 abgreifen. Die Spannung U_2 erreicht einen Beharrungswert.

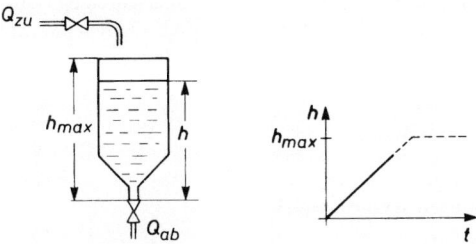

Sprungantwort

Bild 2. Strecke mit Ausgleich

Strecken mit und ohne Verzögerung

Ein zweiter Gesichtspunkt ist die **Verzögerung**, mit der die Strecke einer Stellgrößenänderung folgt. Selten erfolgt die Antwort der Strecke sofort mit voller Stärke. Meist reagiert die Strecke mit einer Trägheit. Strecken mit Verzögerung enthalten Speicherelemente, welche die träge Reaktion bewirken. Die Anzahl der Speicherelemente gibt die Ordnungszahl an. Je höher die Ordnungszahl, desto schwieriger wird die Regelbarkeit.

Strecke ohne Verzögerung

Legt man an den Spannungsteiler in Bild 3 eine Spannung an, so kann man sofort am Widerstand R_2 ein konstante Spannung U_R abgreifen.

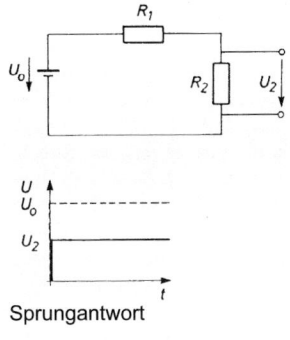

Sprungantwort

Bild 3. Strecke ohne Verzögerung

Strecke mit Verzögerung

Legt man an den Kondensator in Bild 4 eine konstante Spannung an, so baut sich die am Kondensator abfallende Spannung erst allmählich auf.

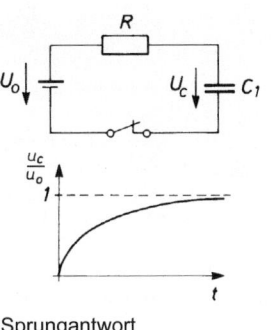

Sprungantwort

Bild 4. Strecke mit Verzögerung

Strecke mit Verzögerung höherer Ordnung

Mehrere hintereinander geschaltete RC-Glieder wie in Bild 5 ergeben eine Strecke höherer Ordnung.

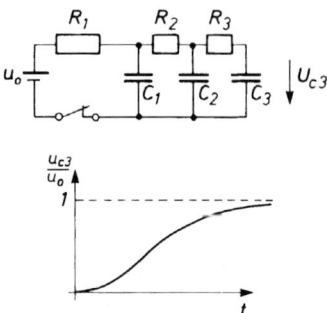

Sprunganlwort

Bild 5. Strecke mit Verzögerung höherer Ordnung

Strecken mit und ohne Totzeit

Die **Totzeit** ist die Zeit, die vergeht, bis eine Strecke reagiert.

Strecke ohne Totzeit

Legt man an den Spannungsteiler in Bild 6 eine Spannung an, so kann man am Widerstand R_2 ein konstante Spannung U_R abgreifen.

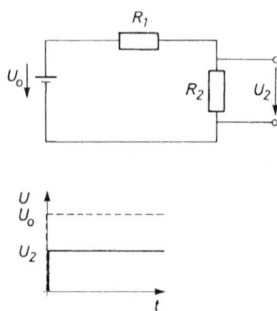

Sprungantwort

Bild 6. Strecke ohne Totzeit

Strecke mit Totzeit

Verändert man die Füllmenge des Förderbandes in Bild 7, so wird sich die Abwurfmenge erst nach einer gewissen Zeit verändern, nämlich dann, wenn die Stellfront an der Abwurfstelle angekommen ist.

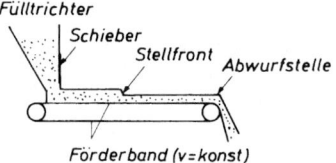

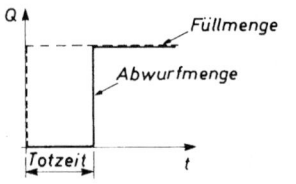

Bild 7. Strecke mit Totzeit

2.2 Regelstrecken mit Ausgleich (P-Strecken)

Die mathematisch und meist auch technisch einfachste Strecke besitzt eine Regelgröße x, die sich mit dem Proportionalitätsfaktor K_{PS} proportional zur Stellgröße y verhält.

$$x = K_{PS} \cdot y \tag{13}$$

Übertragungsbeiwert

Der Proportionalitätsfaktor K_{PS} ist der Übertragungsbeiwert (Index P für P-Verhalten, S für Strecke). Er kann – wie oben beschrieben – aus der Steigung der Kennlinie (Bild 8) im Arbeitspunkt bestimmt werden.

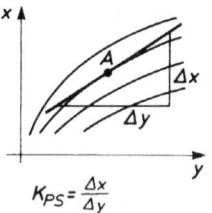

Bild 8. Kennlinienfeld

Blocksymbol

Als Blocksymbol für den Wirkungsplan sind die Darstellungen aus Bild 9 gebräuchlich.

Bild 9. Blocksymbole für P-Strecken

Sprungantwort

Auf Grund des einfachen mathematischen Zusammenhangs lässt sich die Sprungantwort einer solchen Strecke leicht angeben (Bild 10).

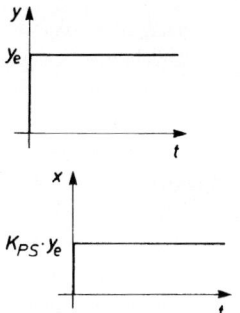

Bild 10. Sprungantwort einer P-Strecke

Frequenzgang

Es lässt sich zeigen, dass für den Frequenzgang einer P-Strecke gilt

$$\underline{G}(\mathrm{j}\,\omega) = K_{\mathrm{PS}}$$

Damit ergibt sich die Ortskurve (Bild 11). Sie ist zu einem Punkt entartet.

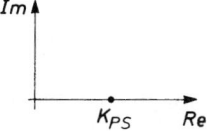

Bild 11. Ortskurve einer P-Strecke

Bode-Diagramm

Mit dem Betrag des Frequenzganges $|\underline{G}| = K_{\mathrm{PS}}$ und der Phasenverschiebung $\varphi = 0$ ergibt sich das Bode-Diagramm aus Bild 12.

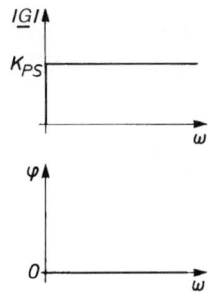

Bild 12. Bode-Diagramm einer P-Strecke

■ **Beispiel:**

für eine Berechnung

Für den Spannungsteiler aus Bild 13 als P-Strecke werden die charakterisierenden Größen und Diagramme erstellt.

($R_1 = 200\,\Omega$ $R_2 = 500\,\Omega$ $U_0 = 12\,\mathrm{V}$)

Die Spannung U_0 steige zum Zeitpunkt $t = 0$ sprunghaft von 0 V auf 12 V.

Bestimmt werden soll

- die Ausgangsspannung U_2 (nach dem ohmschen Gesetz)
- der Übertragungsbeiwert K_{PS}
- die Sprungantwort
- die Übergangsfunktion
- die Ortskurve

das Bode-Diagramm

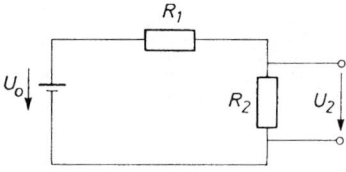

Bild 13. Spannungsteiler

Lösung:

Nach dem ohmschen Gesetz in Verbindung mit der Maschenregel liefert die Beziehung zwischen der Eingangsgröße $U_0(= x_e)$ und der Ausgangsgröße $U_2(x_a)$

$$U_2 = \underbrace{\frac{R_2}{R_1 + R_2}}_{K_{\mathrm{PS}}} \cdot U_0 = \frac{500\,\Omega}{200\,\Omega + 500\,\Omega} \cdot 12\,\mathrm{V} = 0{,}714 \cdot 12\,\mathrm{V} = 8{,}6\,\mathrm{V}\ .$$

Somit ist der Übertragungsbeiwert $K_{\mathrm{PS}} = 0{,}714$ und die Ausgangsspannung $U_2 = 8{,}6$. Damit ergeben sich folgende Diagramme (Bild 14-Bild 17).

Sprungantwort

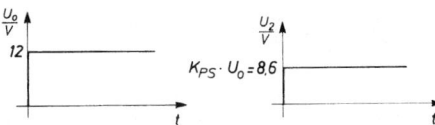

Bild 14. Sprungantwort des Spannungsteilers

Übergangsfunktion

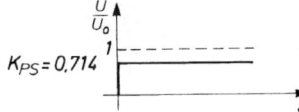

Bild 15. Übergangsfunktion des Spannungsteilers

Ortskurve

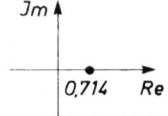

Bild 16. Ortskurve des Spannungsteilers

Bode-Diagramm

Wegen Betrag des Frequenzganges $|\underline{G}| = K_{PS} = 0{,}714$ und auch Phasenverschiebung $= 0$ ergeben sich folgende Ortskurve und folgendes Bode-Diagramm

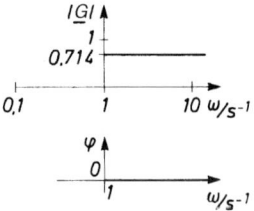

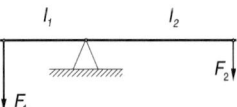

Bild 17. Bode-Diagramm des Spannungsteilers

Hebel

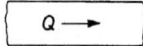

Bild 18. Der Hebel als P-Strecke

Nach dem Hebelgesetz gilt für die Kräfte F_1, F_2 und die Hebelarme l_1, l_2:

$F_2 \cdot l_2 = F_1 \cdot l_1$, also ist $F_2 = \dfrac{l_1}{l_2} F_1$ und damit

$$K_{PS} = \frac{l_1}{l_2}.$$

Gasleitung

Bild 19. Die Gasleitung als P-Strecke

Nach der Zustandsgleichung für ideale Gase gilt bei konstanter Temperatur für die Drücke p_1, p_2 und die Volumenströme Q_1, Q_2:

$p_2 \cdot Q_2 = p_1 \cdot Q_1$, also ist $p_2 = \dfrac{Q_1}{Q_2} p_1$ und damit

$$K_{PS} = \frac{Q_1}{Q_2}.$$

2.3 Regelstrecken ohne Ausgleich (I-Strecken)

Bei einen I-Glied ist die Sprungantwort $x(t)$ eine linear mit der Zeit ansteigende Gerade.

$$x(t) = K_{IS} \cdot t \cdot y \tag{14}$$

Übertragungsbeiwert

Der Faktor $K_{IS} \cdot t$ ist der Übertragungsbeiwert (Index I für I-Verhalten, S für Strecke) Er kann aus der Stei-

gung der Kennlinie der Änderungs*geschwindigkeit* im Arbeitspunkt bestimmt werden. $K_{IS} \cdot t$ wächst über alle Grenzen.

Blocksymbol

Als Blocksymbol für den Wirkungsplan sind die Darstellungen aus Bild 20 gebräuchlich.

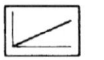

Bild 20. Blocksymbole für I-Strecken

Sprungantwort

Auf Grund des einfachen mathematischen Zusammenhangs lässt sich die Sprungantwort einer solchen Strecke leicht angeben (Bild 21).

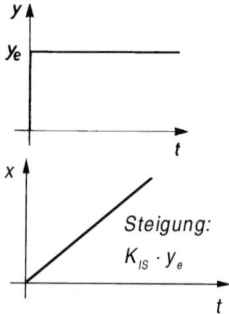

Bild 21. Sprungantwort einer I-Strecke

Frequenzgang

Es lässt sich zeigen, dass für den Frequenzgang $\underline{G}(j\omega)$ einer I-Strecke gilt

$$\underline{G}(j\omega) = \frac{K_{IS}}{j\omega} = -j\frac{K_{IS}}{\omega} \tag{15}$$

Damit ergibt sich die Ortskurve aus Bild 22. Sie ist rein imaginär.

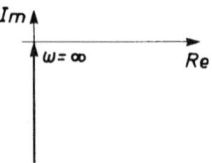

Bild 22. Ortskurve einer I-Strecke

Bode-Diagramm

Da für den Betrag des Frequenzganges $|\underline{G}| = \dfrac{K_{IS}}{\omega}$

und für die Phasenverschiebung

$$\tan(\varphi) = \frac{\text{Im}(G)}{\text{Re}(G)} \to \infty, \text{ d.h. } \varphi = \frac{\pi}{2}$$

gilt, ergibt sich das Bode-Diagramm aus Bild 23.

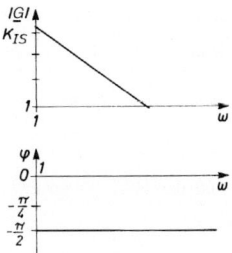

Bild 23. Bode-Diagramm einer I-Strecke

Regelstrecken ohne Ausgleich sind regeltechnisch labil. Ihre Regelung ist schwierig durchzuführen.

■ **Beispiel:**

der Berechnung für eine Niveauregelstrecke

Für die Niveauregelstrecke in Bild 24 werden die charakteristischen Größen und Diagramme ermittelt.
Behälterdurchmesser $d = 0{,}3$ m
Stellgröße $Q_{zu} = 3$ l/s
Regelgröße h: Füllhöhe

Wasserbehälter

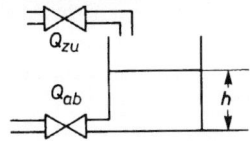

Bild 24. Niveauregelstrecke

Lösung:

Da hier über die Geometrie der Strecke der funktionelle Zusammenhang zwischen der Regelgröße h und der Stellgröße Q_{zu} bestimmbar ist, kann K_{IS} berechnet werden.

$$h = \frac{V}{A} = \frac{Q_{zu} \cdot t}{A} = \frac{1}{\pi \cdot \left(\frac{d}{2}\right)^2} \cdot Q_{zu} \cdot t =$$

$$= \frac{1}{\pi \cdot \left(\frac{0{,}3\,\text{m}}{2}\right)^2} \cdot Q_{zu} \cdot t = \underbrace{14{,}15\,\frac{1}{\text{m}^2}}_{K_{IS}} \cdot Q_{zu} \cdot t$$

Als Sprungantwort (Bild 25) ergibt sich damit

$$h(t) = K_{IS} \cdot Q_{zu} \cdot t = 14{,}15\,\frac{1}{\text{m}^2} \cdot 3 \cdot 10^{-3}\,\frac{\text{m}^3}{\text{s}} \cdot t =$$

$$= 0{,}042\,\frac{\text{m}}{\text{s}} \cdot t = 4{,}2\,\frac{\text{cm}}{\text{s}} \cdot t$$

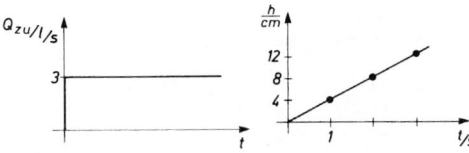

Bild 25. Sprungantwort der Niveauregelstrecke

Weitere Beispiele für I-Strecken

Motorgetriebene Spindel

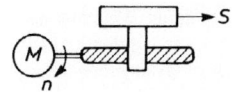

Bild 26. Motorgetriebene Spindel als I-Strecke

Eine motorgetriebenes Gewinde (Bild 26) bewegt einen Tisch.

Schlingenbahn

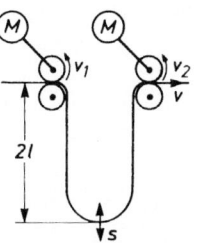

Bild 27. Schlingenbahn als I-Strecke

Schlingenregelung (Bild 27) von elastischen Stoffbahnen mit großem Durchhang.

2.4 Regelstrecken mit Verzögerung (PT$_n$-Strecken)

Die Antwort einer Strecke auf Veränderungen der Stellgröße verlaufen nur in Ausnahmefällen verzögerungsfrei. Ursache dafür sind Glieder, welche die Eigenschaft der Speicherung besitzen. Sie sorgen dafür, dass z.B. bei P-Strecken der neue Beharrungswert nicht sofort nach Änderung der Eingangsgröße voll erreicht wird, sondern dass sich die Regelgröße erst allmählich diesem Wert annähert.
Der Druckluftspeicher aus Bild 28 ist ein typisches Glied mit Verzögerungsverhalten. Der Druck im Behälter zeigt ein degressives Anstiegsverhalten. Die Ursache liegt in dem sich aufbauenden Gegendruck im Behälterinneren. Eingangsdruck und Innendruck gelangen ins Gleichgewicht.

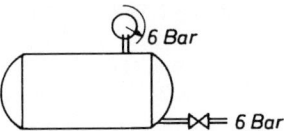

Bild 28. Druckluftspeicher

PT$_1$-Strecken

Strecken, die P-Verhalten zeigen und *ein* Speicherelement besitzen, werden als PT$_1$-Strecken bezeichnet. Ihre Sprungantwort $x(t)$ hat den Verlauf einer Exponentialfunktion und wird beschrieben durch

$$x(t) = K_{PS} \cdot y \cdot \left(1 - e^{\frac{t}{T_1}}\right) \qquad (16)$$

Dabei ist T_1 eine Zeitkonstante, deren Wert aus dem Grafen der Sprungantwort abgelesen werden kann. T_1 ist die Zeit, nach der die Ursprungstangente an $x(t)$ den Beharrungswert $K_{PS} \cdot y$ erreicht.

Blocksymbol

Als Blocksymbol für den Wirkungsplan ist die Darstellung aus Bild 29 gebräuchlich.

Bild 29. Blocksymbol für PT$_1$-Strecken

Sprungantwort

Die Sprungantwort hat einen Verlauf, wie in Bild 30 dargestellt.

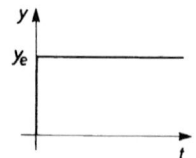

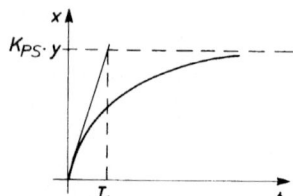

Bild 30. Sprungantwort einer PT$_1$-Strecke

Frequenzgang

Es lässt sich zeigen, dass für den Frequenzgang einer PT$_1$-Strecke gilt

$$\underline{G}(j\omega) = \frac{K_{PS}}{1 + j\,\omega T_1} \qquad (17)$$

Damit ergibt sich die Ortskurve (Bild 31).

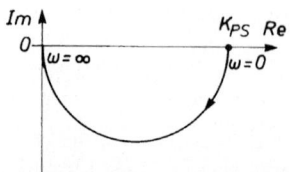

Bild 31. Ortskurve einer PT$_1$-Strecke

Bode-Diagramm

Mit dem Betrag des Frequenzganges

$$|\underline{G}| = \frac{|K_{PS}|}{\sqrt{1 + \omega^2\,T_1^2}} \quad \text{und der Phasenverschiebung}$$

$$\varphi = \arctan\left(-\frac{1}{\omega T_1}\right) \quad \text{ergibt sich das Bode-Diagramm}$$

(Bild 32).

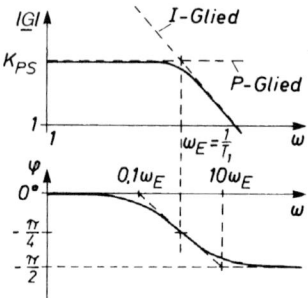

Bild 32. Bode-Diagramm einer PT$_1$-Strecke

■ **Beispiel**

für die Berechnung bei der Aufladung eines Kondensators

Für den Ladevorgang beim Kondensator sollen die charakteristischen Größen berechnet werden.

Lösung

Der Ladevorgang eines Kondensators (Bild 33) an Gleichspannung zeigt PT$_1$-Verhalten

$$U_C = U_0 \left(1 - e^{-\frac{t}{RC}}\right) \qquad (18)$$

Man sieht, dass der Übertragungsbeiwert K$_{PS}$ in diesem Falle gleich 1 ist. Die Zeitkonstante T_1 ist gleich RC. In der Elektrotechnik wird diese Zeitkonstante oft mit τ abgekürzt.

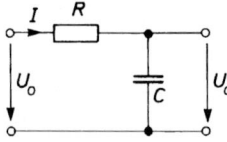

Bild 33. Ladevorgang beim Kondensator
$$K_{PS} = 1$$
$$T_1 = \tau = RC$$

Für $C = 5\ \mu F$, $R = 20\ k\Omega$, $U_0 = 100$ V erhält man
$$T_1 = RC = 20\ k\Omega \cdot 5\ \mu F = 20 \cdot 10^3\ \Omega \cdot 5 \cdot 10^{-6}\ F = 0.1\ s$$
Wird eine sinusförmige Eingangsspannung
$$U_0 = \hat{U}_0 \sin(\omega t)$$
angelegt, so wird er Frequenzgang

$$\underline{G}(j\omega) = \frac{1}{1 + j\omega T_1} = \frac{1}{1 + j\omega \cdot 0{,}1s} = \frac{1 - j\omega \cdot 0{,}1s}{1 + \omega^2 \cdot 0{,}01s^2} =$$

$$= \frac{1}{1 + \omega^2 \cdot 0{,}01s^2} - \frac{\omega \cdot 0{,}1s}{1 + \omega^2 \cdot 0{,}01s^2}$$

also $\operatorname{Re}(\underline{G}) = \dfrac{1}{1+\omega^2 \cdot 0,01 \mathrm{s}^2}$

$\operatorname{Im}(\underline{G}) = \dfrac{\omega \cdot 0,1 \mathrm{s}}{1+\omega^2 \cdot 0,01 \mathrm{s}^2}$

Damit lässt sich die Ortskurve in Bild 35 konstruieren. Um das Bode-Diagramm zeichnen zu können, wird der Betrag und der Winkel benötigt:

$|\underline{G}| = \sqrt{[\operatorname{Re}(\underline{G})]^2 + [\operatorname{Im}(\underline{G})]^2}$

$= \sqrt{\left[\dfrac{1}{1+\omega^2 \cdot 0,01 \mathrm{s}^2}\right]^2 + \left[\dfrac{\omega \cdot 0,1 \mathrm{s}}{1+\omega^2 \cdot 0,01 \mathrm{s}^2}\right]^2}$

$= \dfrac{1}{\sqrt{1+\omega^2 \cdot 0,01 \mathrm{s}^2}}$

$\varphi = -\arctan(\omega \cdot 0,1 \mathrm{s})$

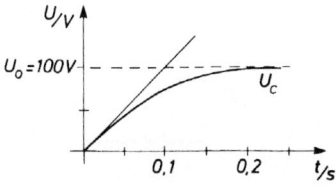

Bild 34. Sprungantwort bei der Kondensatoraufladung

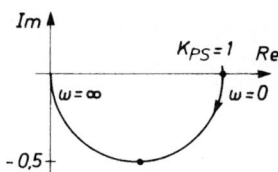

Bild 35. Ortskurve bei der Kondensatoraufladung

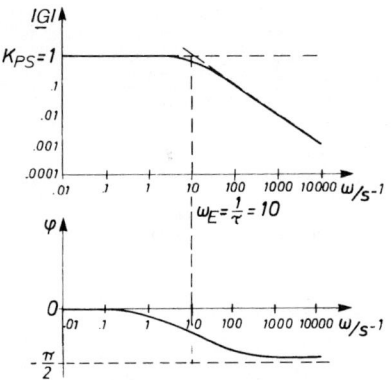

Bild 36. Bode-Diagramm bei der Kondensatoraufladung

Weitere Beispiele für PT$_1$-Strecken

Feder mit Dämpfung (ohne Masse)

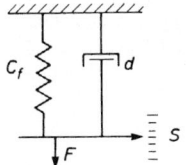

Bild 37. Feder-Dämpfungs-System als Beispiel für eine PT$_1$-Strecke

Feder mit Dämpfung und vernachlässigbar kleiner Masse (Bild 37).

$$s = \frac{F}{c_f}\left(1 - \mathrm{e}^{-t \cdot T_1}\right) \text{ mit } T_1 = \frac{d}{c_f}$$

Stoffbahn

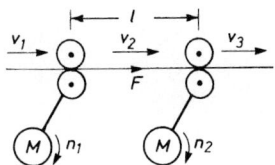

Bild 38. Bandzug einer Stoffbahn als Beispiel für eine PT$_1$-Strecke

Bei der Regelung des Bandzuges einer Stoffbahn (Bild 38) zwischen zwei angetriebenen Klemmstellen baut sich die Kraft F bedingt durch die Elastizität des Materials nicht verzögerungsfrei auf.

PT$_2$-Strecken

Schalten wir zwei Speicherglieder in Reihe hintereinander, so ändert sich die Sprungantwort in grundlegender Weise (Bild 39). Die Strecke reagiert nun mit einem zunächst schwachen, dann zunehmend steiler werdenden Anstieg ihrer Ausgangsgröße im Zeitverlauf. Sie zeigt in dieser ersten Phase einen *progressiven Anstieg*. Nach einem Abschnitt des Steilanstiegs jedoch kehrt sich die Tendenz um.

Die Funktion gewinnt zwar weiterhin an Höhe, sie steigt noch an, jedoch der Anstieg flacht ab, wird *degressiv*.

Der Punkt der Tendenzwende vom progressiven zum degressiven Verlauf heißt *Wendepunkt*, die durch ihn gelegte Tangente *Wendetangente*.

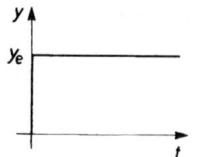

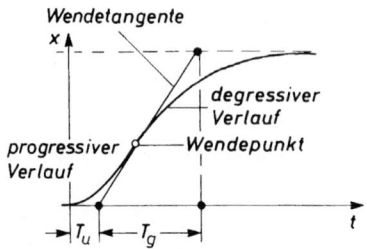

Bild 39. Sprungantwort bei einer PT$_2$-Strecke (T_u heißt *Verzugszeit*, T_g heißt *Ausgleichzeit*)

Als Blocksymbol für den Wirkungsplan ist die Darstellung aus Bild 40 gebräuchlich.

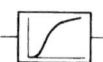

Bild 40. Blocksymbol für PT$_2$-Strecken

Beispiele für PT$_2$-Strecken

In Bild 41 - Bild 43 findet man weitere Beispiele für PT$_2$-Strecken.

Mechanisches System

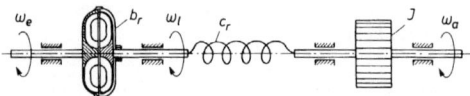

Bild 41. Mechanisches System als Beispiel für eine PT$_2$-Strecke

Druckspeicher

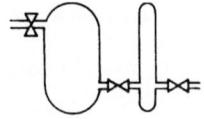

Bild 42. Druckspeicher als Beispiel für eine PT$_2$-Strecke

RLC-Kreis

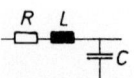

Bild 43. RLC-Glied als Beispiel für eine PT$_2$-Strecke

2.5 Regelstrecken mit Totzeit (T$_t$-Strecken)

Bei einem Totzeitglied ist die Sprungantwort x um die Totzeit T_t gegenüber dem Eingangssprung y verschoben.

$$x(t) = \begin{cases} 0 & \text{für } t \leq T_t \\ K_s \cdot y & \text{für } t > T_t \end{cases} \qquad (19)$$

Bild 44. Blocksymbol einer T$_t$-Strecke

Als Blocksymbol für den Wirkungsplan ist die Darstellung aus Bild 44 gebräuchlich.

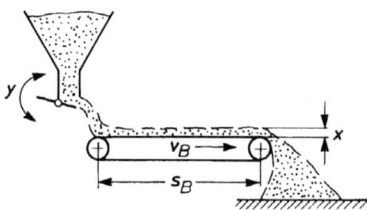

Bild 45. PT$_t$-Strecke

Sprungantwort

Die Sprungantwort hat einen Verlauf, wie in Bild 46 dargestellt.

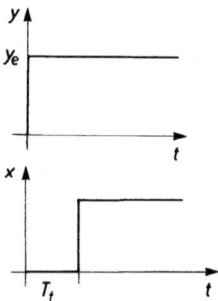

Bild 46. Sprungantwort bei einer PT$_t$-Strecke

Frequenzgang

Es lässt sich zeigen, dass für den Frequenzgang gilt
$$\underline{G}(j\omega) = e^{-j\omega T_t}$$
Damit ergibt sich die Ortskurve (Bild 47).

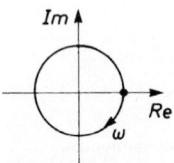

Bild 47. Ortskurve einer T$_t$-Strecke

Bode-Diagramm

Mit dem Betrag des Frequenzganges $|\underline{G}| = 1$ und der Phasenverschiebung $\varphi = -\omega T_t$ ergibt sich das Bode-Diagramm (Bild 48).

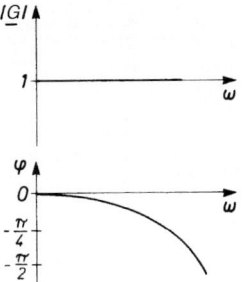

Bild 48. Bode-Diagramm einer T_t-Strecke

Ordnungszahl und Regelbarkeit

Das entscheidende Kriterium für die Regelbarkeit von Strecken höherer Ordnung ist das Verhältnis

$$\frac{\text{Ausgleichszeit}}{\text{Verzugszeit}} = \frac{T_g}{T_u} \qquad (20)$$

Je größer dieses Verhältnis ist, desto besser ist die Strecke regelbar. Generell gilt:

$$T_g / T_u \begin{cases} > 5 & \text{gut regelbar} \\ 2,5...5 & \text{mäßig regelbar} \\ 1,2...2,5 & \text{schlecht regelbar} \\ < 1,2 & \text{sehr schlecht regelbar} \end{cases} \qquad (21)$$

Von der Formulierung her gelten diese Regeln nur für PT_n-Strecken, denn nur dort tauchen die Parameter T_g und T_u auf. Eine PT_0-Strecke lässt sich aber als Grenzfall einer PT_n-Strecke auffassen, dann erhält man $T_g = 0$ und $T_u = 0$. Eine PT_1-Strecke ist ebenfalls als Grenzfall mit $T_g = 0$ und $T_u = T_1$. Damit sind diese beiden Strecken sehr gut regelbar. Bei einer PT_t-Strecke kann die dort auftretende Totzeit und die Verzugszeit zu T_u zusammengefasst werden. Damit gelten die Formeln auch für diesen Fall.

Diagnose der Regelstrecke

Das Studium der zu regelnden Anlage (Bild 49) ist sowohl für den Regeltechniker als auch für den Anwender eine besonders wichtige Aufgabe.

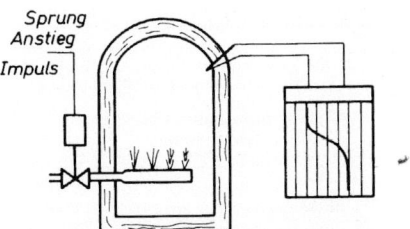

Bild 49. Die Aufnahme der Sprungantwort liefert die Diagnose

Folgende Fragen helfen, die richtige Diagnose zu finden:

1. Wie antwortet die Strecke auf einen Eingangssprung, einen Eingangsanstieg und einen Eingangsimpuls?

2. Sind Totzeiten vorhanden, und wie können diese gegebenenfalls verringert werden? Ist es beispielsweise möglich, den Abstand zwischen Messglied und Stellglied klein zu halten? Können Messglieder mit kleinen Ansprechzeiten eingesetzt werden?

3. Strebt die Regelgröße nach der Eingangsänderung einem neuen Beharrungswert zu, und hat die Strecke somit einen selbstregulierenden Charakter?

4. Neigt die Strecke zur Instabilität oder gar zur Schwingung?

■ **Beispiel:**
für die Analyse einer Regelstrecke

Die Regelstrecke im Bild 17 auf Seite R6 soll exemplarisch analysiert werden.

Lösung:

Zur klassischen Regelstrecke von Bild 17 auf Seite R6 gehören das Regelventil (Nenngröße, theoretische Regelqualität), die Leitungen zum Zylinder (Querschnitt, Länge, Elastizitätsmodul der Schläuche), der Zylinder (Hub, Durchmesser, Befestigung, Elastizitätsmodul). Jedoch haben auch die anderen Komponenten Einfluss auf das Verhalten der Strecke:

- Versorgung (Aggregattyp, Speicheranlage, verwendetes Öl)
- Rohrleitungen zum Hydraulikventil
- Messsystem (Rückführung, Druck, Lage, Qualität der Messung)
- Elektronischer Regler selbst
- Werkstück (Art der Gegenkraft, äußere Störungen)

Die Gruppe der Parameter, auf die Einfluss genommen werden kann, wird in die Art der Strecke aufgenommen. Die anderen werden zu einer Störgröße zusammengefasst, und nur der Störbereich wird berücksichtigt.

Tabelle 1. Übersicht Regelstrecken

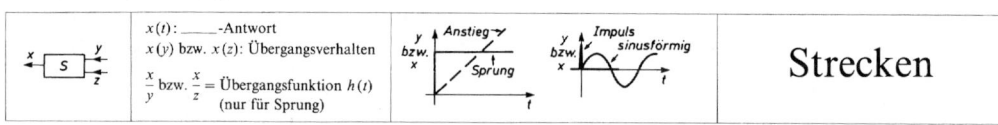

| | $x(t):$ ___ -Antwort $\quad$ $x(y)$ bzw. $x(z)$: Übergangsverhalten $\quad$ $\frac{x}{y}$ bzw. $\frac{x}{z}$ = Übergangsfunktion $h(t)$ (nur für Sprung) | | Anstieg / Sprung $\quad$ Impuls sinusförmig | Strecken |

		Strecken ohne Totzeit				Strecke mit Totzeit
	Strecke ohne Ausgl.	Strecken mit Ausgleich				
	Strecken ohne Verzögerung		Strecken mit Verzögerung			
	I	PT_0	PT_1	PT_2	PT_n	$PT_2 \, T_t \,(\text{z. B.})$
Beispiel					n Speicher	–
Sprung-antwort (z. B. vom x-t-Schreiber)						
Sprung-antwort	$x = K_{IS} \cdot t \cdot y$ $(x = K_{IS} \cdot \int y \, dt)$	$x = K_{PS} \cdot y$	$x = K_{PS} \cdot y \left(1 - e^{-\frac{t}{T_1}}\right)$	kompliziert bis unbrauchbar		
Kennzeich-nende Parameter	$K_{TS} \cdot t \to \infty$ $\underbrace{\qquad}$ Übertragungsbeiwert		Übertragungsbeiwert K_{PS} Zeitkonstante T_1 jeder Speicher erhöht die Ordnungszahl	Verzugszeit $\quad T_u$ Ausgleichszeit T_g		Totzeit T_t
Regelbar-keit	–	$T_u = 0$ $T_g = 0$	$T_u = 0$ $T_g \leftarrow T_1$	$\dfrac{T_g}{T_u} \begin{cases} >5 & \text{gut} \\ 2,5..5 & \text{mäßig} \\ 1,2..2,5 & \text{schlecht} \\ <1,2 & \text{sehr schlecht} \end{cases}$		$T_u \leftarrow T_u' + T_t$
Block-symbol						
Kenn-linien	$K_{IS} = \frac{\Delta \dot{x}}{\Delta y}$		$K_{PS} = \frac{\Delta x}{\Delta y}$			
Bemer-kungen	$IT_0 \ IT_1 \ IT_2$		schwingendes Verhalten möglich			
Frequenz-gang	$\underline{G}(j\omega) = -j\dfrac{K_{IS}}{\omega}$	$\underline{G}(j\omega) = K_{PS}$	$\underline{G}(j\omega) = \dfrac{K_{PS}}{1 + j\omega T_1}$	kompliziert bis unbrauchbar		
Orts-kurve						
Bode-Diagramm						

3 Regler

In einer Analogie kann man die Strecke als „Patient"
und den Regelungstechniker als „Arzt" ansehen. Die
„Diagnose" in Form der Klassifizierung und Parame-
teridentifizierung der Strecke ist geschehen. Nun
interessiert die Frage, welche Mittel zur „Therapie"
zur Verfügung stehen. Oder: Welche Typen von Reglern gibt es?

Streng genommen muss zwischen dem Regler und
dem Regelglied getrennt werden (Bild 1). In den
allermeisten Fällen bilden jedoch Regelglied und
Vergleicher eine Einheit, sodass man vom Reglerverhalten sprechen kann, obwohl eigentlich nur das des
Regelgliedes gemeint ist.

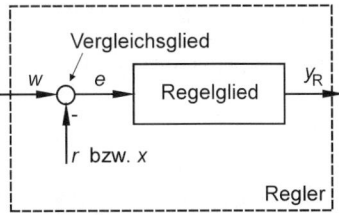

Regeldifferenz $e=w\text{-}x$

Bild 1. Funktionsblöcke eines Reglers

3.1 Einteilung der Regler

Die Übersicht in Bild 2 beschreibt nur eine mögliche
Einteilung der Grundtypen. Weitere Klassifizierungs-
merkmale sind möglich und auch üblich. Beeinflusst
die Regelabweichung die Stellgröße direkt, so handelt
es sich um einen Regler ohne Hilfsenergie. Diese
kostengünstige Anordnung ist nur für kleine Stellleis-
tungen, -kräfte und -geschwindigkeiten geeignet.

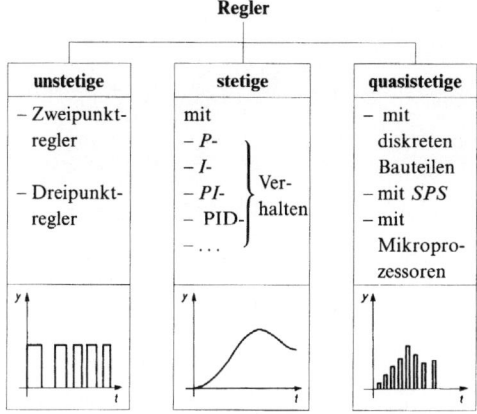

Bild 2. Einteilung von Reglern

Unstetige Regler üben die Stellfunktion in einer
Folge von Energieimpulsen, von Einwirkzeiten mit

festliegender Energiehöhe jedoch begrenzter Einwirkdauer aus. Sie werden auch schaltende Regler
genannt und im technischen Alltag sehr häufig eingesetzt.

Unstetige Regler sind normalerweise weniger aufwändig im Aufbau und in der Wartung als stetige.
Stetigkeit im allgemeinen Sinne kennzeichnet den
kontinuierlichen Verlauf eines Prozesses, einer
Handlung, einer Änderung. Unstetigkeit dagegen
kennzeichnet einen Verlauf, der sich in Schritten
vollzieht.

3.2 Unstetige Regler am Beispiel des Zweipunktreglers

Die in der Hausgeräte- und Heizungstechnik dominierenden Zweipunktregler weisen nur zwei Werte der
Stellgröße auf, die Werte *Ein* und *Aus*. Kennzeichnend für ein derartiges Stellverhalten sind die Stellglieder Kontaktschalter und Magnetventil. Unter den
Sammelbegriff Kontaktschalter fallen hier Grenzsig-
nalgeber, Relais und Schaltschütze. Sie alle haben
eine Gemeinsamkeit, sie operieren nicht mit Zwi-
schenstellungen. Zweipunktregler (Bild 3 und Bild 4)
sind billig und anspruchslos. Nachteilig ist der stoßartige Betrieb mit dem sprunghaften Einschalten der
vollen Höhe der Stellenenergie sowie das unvermeidbare Schwanken des Istwertes um den Sollwert. Der
Zweipunktregler schaltet nicht zum selben Wert der
Regelgröße ein oder aus. Die Differenz der Werte der
Eingangsgröße, bei denen sich die Ausgangsgröße
ändert, nennt man **Schaltdifferenz** x_{sd}.

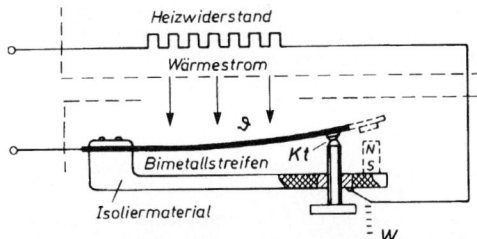

Bild 3. Bimetallschalter als Zweipunktregler

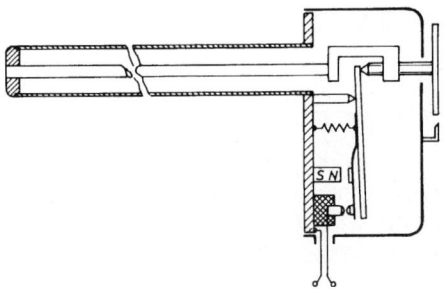

Bild 4. Stab-Temperaturregler

Trägheit und Beharrungsvermögen führen bei umkehrbaren Vorgängen oft dazu, dass zwischen dem zurückschreitenden und dem vorwärts schreitenden Teil des Gesamtvorganges eine Differenz entsteht, obwohl der geometrische Verlauf zumindest Ähnlichkeit aufweist.

Das bekannteste Beispiel hierfür ist der Ummagnetisierungsvorgang mit der Richtungsumkehr im Wechselstrom. Dabei ist der Hystereseverlust durch die Größe der umschriebenen Fläche gekennzeichnet (Bild 5).

Bei unstetigen Reglern entsteht die Hysterese durch die Umkehr des Schaltvorganges. Sie ist die richtungsbedingte Differenz der Eingangssignale, bei denen das Ausgangssignal von Ein nach Aus und von Aus nach Ein springt.

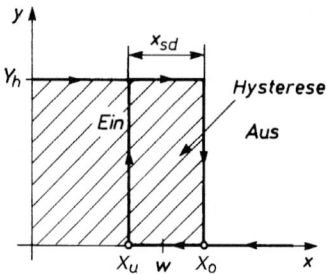

Bild 5. Kennlinie eines Zweipunktreglers

Je größer die geregelte Last ist, umso stärker wirkt sich beim Ein-Aus-Verfahren der stoßartige Betrieb aus. Für die Schalteinrichtung bedeutet das ein häufiges Einschalten der vollen Last und für die Regelgröße eine große Schwankungsbreite.

Bei großen Anlagen ist es vorteilhaft, nur den für die Lastschwankung vorausschaubar in Betracht kommenden Anteil im Zweipunktverfahren zu regeln und den größten Anteil der Last als Grundlast einfach durchlaufen zu lassen (Bild 6).

Wichtig ist dabei die Wahl des Anteils der Grundlast. Wählt man diesen Anteil zu groß, so können größere Störungen nicht mehr ausgeregelt werden. Bei zu kleiner Grundlast entfällt weitgehend der beabsichtigte Effekt.

Als Blocksymbol für den Wirkungsplan ist die Darstellung aus Bild 7 gebräuchlich.

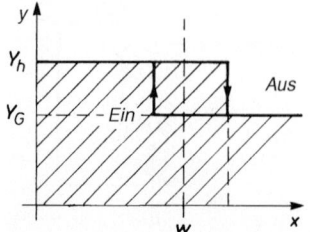

Bild 6. Zweipunktregler mit Grundlast

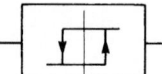

Bild 7. Blocksymbol eines Zweipunktreglers

3.3 Stetige Regler

Praktische Technik ist stets ein Kompromiss zwischen der Forderung nach höchster Präzision in der Erfüllung der gegebenen Aufgabe und dem wirtschaftlich vertretbaren Maß des Aufwands. Die Anwendung einer unstetigen Regelung ist immer eine derartige Kompromisslösung. Die Schwankungsbreite wird innerhalb der vertretbaren Grenzen hingenommen.

Nach der Art des regelnden Eingreifens unterscheiden sich die stetigen Regler in grundlegender Weise. Da gibt es zum Beispiel eine Gruppe, die sehr schnell auf jede Änderung in der Strecke reagiert, dabei jedoch keine höchste Präzision in der Erreichung des Sollwertes erzielt. Eine andere Gruppe benötigt eine verhältnismäßig große Operationszeit, um dann aber auch ein sehr genaues Resultat zu bringen. Optimale Ergebnisse lassen sich oft nur durch die Kombination der Arten unter Inkaufnahme eines beträchtlichen gerätetechnischen Aufwandes erzielen.

Regler mit P-Verhalten

Der mathematisch einfachste Regler besitzt eine Stellgröße y, die mit dem Proportionalitätsfaktor K_{PR} proportional zur Regeldifferenz e ist:

$$y = K_{PR} \cdot e. \tag{22}$$

Übertragungsbeiwert

Der Proportionalitätsfaktor K_{PR} ist der Übertragungsbeiwert. Er kann aus der Steigung der Kennlinie bestimmt werden.

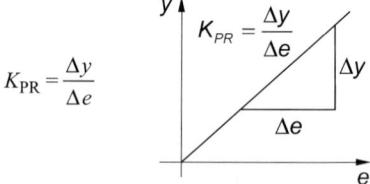

Bild 8. Kennlinie eines P-Reglers

Blocksymbol

Als Blocksymbol für den Wirkungsplan sind die Darstellungen aus Bild 9 gebräuchlich.

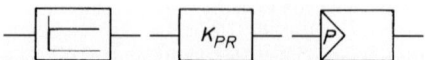

Bild 9. Blocksymbole für P-Regler

Sprungantwort

Auf Grund des einfachen mathematischen Zusammenhangs lässt sich die Sprungantwort eines P-Reglers leicht angeben (Bild 10).

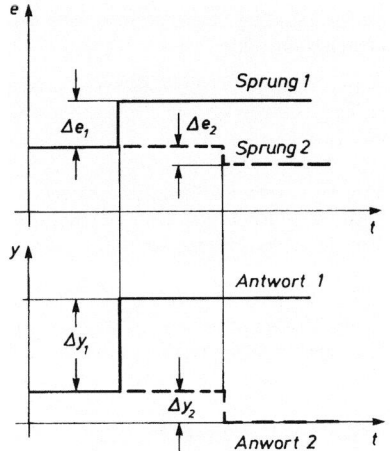

$$K_{PR} = \frac{\Delta y_1}{\Delta e_1} = \frac{\Delta y_2}{\Delta e_2}$$

Bild 10. Sprungantwort eines P-Reglers

Frequenzgang

Es lässt sich zeigen, dass für den Frequenzgang einer P-Strecke gilt

$$\underline{G}(j\omega) = K_{PR} .\tag{23}$$

Damit ergibt sich die Ortskurve (Bild 11). Sie ist zu einem Punkt entartet.

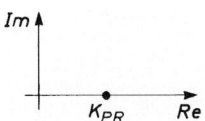

Bild 11. Ortskurve einer P-Strecke

Bode-Diagramm

Weil für den Betrag der Frequenzantwort $|\underline{G}| = K_{PR}$ und für die Phasenverschiebung $\varphi = 0$ gilt, ergibt sich das Bode-Diagramm (Bild 12).

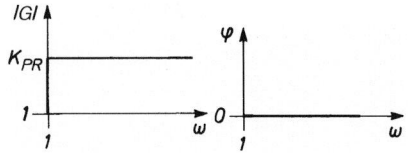

Bild 12. Bode-Diagramm einer P-Strecke

Der klassische Regler mit P-Verhalten ist der von *James Watt* zuerst angewendete Fliehkraftregler. Die Regelgröße ist die geradlinige Hubbewegung der Gleithülse. Zwischen beiden besteht eine feste Beziehung. Jeder Wellendrehzahl entspricht eine bestimmte Lage der Fliehkraftpendel und dieser wiederum eine ganz bestimmte Stellung der Gleithülse.

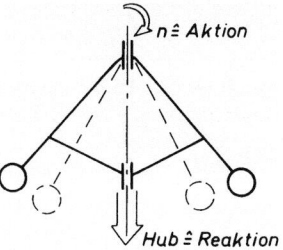

Bild 13. P-Regler von James-Watt

Proportionalbereich / Stellbereich

Jeder P-Regler arbeitet nur in einem gewissen Bereich proportional. Dies wird deutlich bei der Niveauregelung (Bild 14 und Bild 15).

Der Bereich des Niveaustandes, der durchfahren werden muss, um den Schieber zwischen den Stellungen *geschlossen* und *voll geöffnet* zu bewegen, ist der Proportionalbereich X_p. Innerhalb dieses Bereiches ändert sich die Stellgröße (Stellbereich Y_h) proportional zur Änderung der Regelgröße.

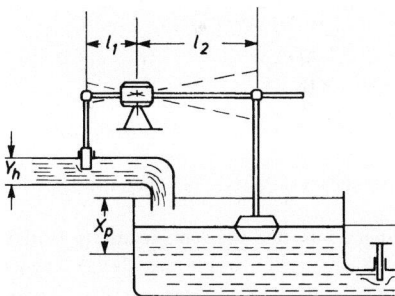

Bild 14. Niveauregelung mit großem Proportionalbereich

Bei großem Proportionalbereich greift der Regler schwach ein.

Bei kleinem Proportionalbereich greift der Regler stark ein.

Sind der Proportionalbereich X_p bzw. der Stellbereich Y_h bekannt bzw. durch die Regelaufgabe vorgegeben, so kann der Übertragungsbeiwert K_{PR} berechnet werden durch

$$K_{PR} = \frac{Y_h}{X_p} .\tag{24}$$

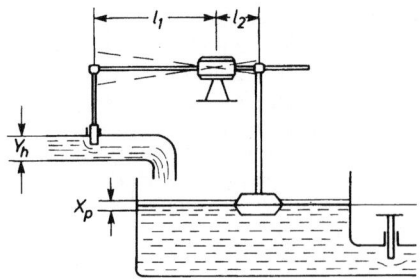

Bild 15. Niveauregelung mit kleinem Proportionalbereich

Weitere Beispiele für P-Regler

In Bild 16 und Bild 17 findet man weitere Beispiele für P-Regler.

Elektronisch

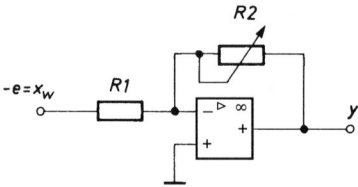

Bild 16. Operationsverstärker als Beispiel für einen P-Regler

Mechanisch

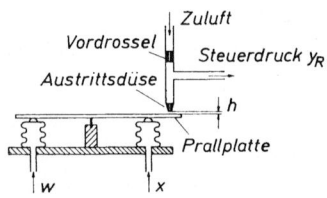

Bild 17. Prallplatte als Beispiel für einen P-Regler

Abweichungen von der idealen Kennlinie in der Praxis

In der Praxis weichen die Regler von den idealen Kennlinien (Bild 18) ab. Das wird u.a. an dem Druckbegrenzungsventil, welches zur Regelung des Drucks (vgl. Bild 17 auf Seite R6) eingesetzt wird, deutlich.

Der Öffnungsdruck eines Druckbegrenzungsventils sollte möglichst unabhängig vom jeweiligen Durchfluss-Strom konstant bleiben. Ideal wäre also eine waagerechte Kennlinie. Allerdings werden mit steigendem Durchfluss Widerstände wirksam, die sich zum Einstelldruck addieren und die Regelkennlinie steigen lassen. Das Ventil kommt schließlich in den Sättigungsbereich ③, in dem es nicht eingesetzt werden sollte. Vorgesteuerte Druckbegrenzungsventile haben einen flacheren Verlauf der Kennlinien ① als direkt gesteuerte Ventile ②. Erkauft wird dies mit

einem höheren minimalen Ansprechdruck bei den vorgesteuerten Ventilen durch die Federspannung der Hauptstufe. In Anlagen, in denen keine großen Volumenströme und große Druckschwankungen zu erwarten sind, reicht der Einsatz eines nicht vorgesteuerten Druckbegrenzungsventil, da man stets den Proportionalbereich auswählen kann.

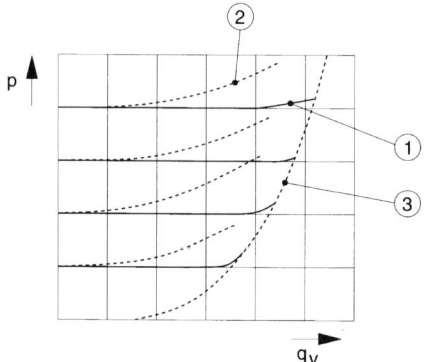

Bild 18. Kennlinien von Druckbegrenzungsventilen

Regler mit I-Verhalten

Beim Regler mit I-Verhalten ist die Stellgröße proportional zur Fläche, welche die Regeldifferenz e in einer bestimmten Zeitspanne t bildet. Diese Fläche wird in der Mathematik mit $\int e\,dt$ bezeichnet. Deshalb gilt:

$$y = K_{IR} \int e\,dt\ .$$

Für konstante Regeldifferenzen gilt die vereinfachte Formel

$$y = K_{IR} \cdot e \cdot t \tag{25}$$

$K_{IR} \cdot t$ ist der Übertragungsbeiwert K. Er wächst für $t \to \infty$ über alle Grenzen. Als Sprungantwort erhält man daher Bild 19.

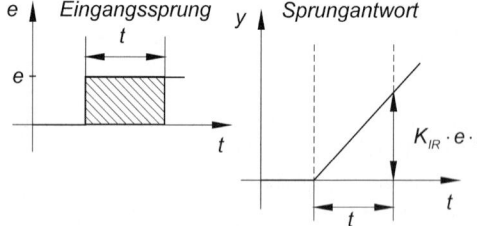

Bild 19. Sprungantwort eines I-Reglers

Frequenzgang

Es lässt sich zeigen, dass für den Frequenzgang des I-Reglers gilt

$$\underline{G}(j\omega) = \frac{K_{IR}}{j\omega} = -j\frac{K_{IR}}{\omega} \tag{26}$$

Die Funktion ist rein imaginär, d.h. die Ortskurve sieht wie Bild 20 aus.

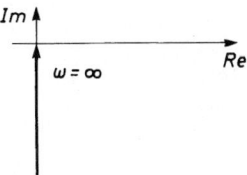

Bild 20. Frequenzgang eines I-Reglers

Bode-Diagramm

Mit dem Betrag des Frequenzganges

$$|G| = \frac{K_{IR}}{\omega}$$

und der Phasenverschiebung φ mit

$$\tan(\varphi) = \frac{\text{Im}(\underline{G})}{\text{Re}(\underline{G})} \to -\infty$$

$$\Rightarrow \varphi = \frac{\pi}{2}$$

ergibt sich das Bode-Diagramm (Bild 21).

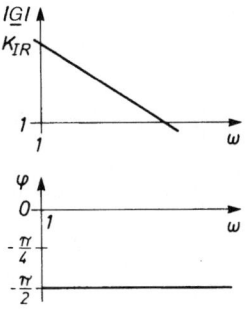

Bild 21. Bode-Diagramm eines I-Reglers

Blocksymbol

Als Blocksymbol für den Wirkungsplan ist die Darstellung aus Bild 22 gebräuchlich.

Bild 22. Blocksymbol für I-Regler

Beispiele für I-Regler

In Bild 23 und Bild 24 findet man Beispiele für I-Regler.

Elektronisch

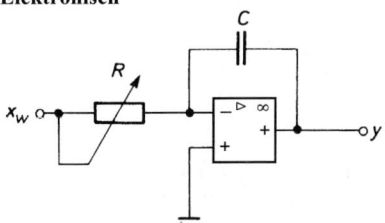

Bild 23. Operationsverstärker als Beispiel für einen I-Regler

Motorgetriebenes Ventil

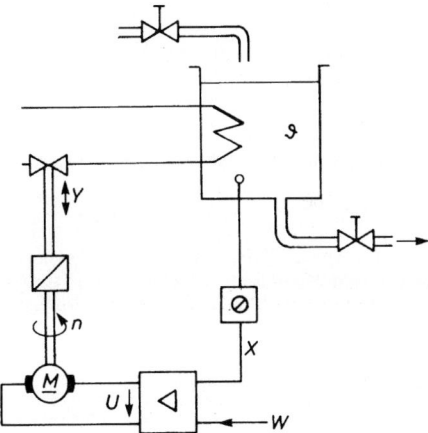

Bild 24. Motorgetriebenes Ventil als Beispiel für einen I-Regler

Regler mit D-Verhalten

Beim Regler mit D-Verhalten ist die Stellgröße proportional zur *Änderungsgeschwindigkeit* v_e der Regeldifferenz e. Für diese Geschwindigkeit gilt $v_e = \Delta e/\Delta t$. Deshalb gilt:

$$y = K_{DR} \cdot \frac{\Delta e}{\Delta t} \tag{27}$$

wobei K_{DR} der Übertragungsbeiwert ist.

Bei einem Eingangssprung ist die Änderungsgeschwindigkeit nur bei $t = 0$ von Null verschieden, d.h., es ergibt sich die *ideale* Sprungantwort (Bild 25) als Impuls der Breite 0.

In der Realität ergibt sich aber immer eine „abgerundete" Kurve (Bild 26). Ein Maß für die Steilheit des Abfalls ist die Zeitkonstante T_D. Im idealen Falle gilt für die Zeitkonstante $T_D = 0$.

Der Vorteil des D-Anteils liegt im schnellen Reagieren, da er änderungsgeschwindigkeitsabhängig ist.

Bild 25. Ideale Sprungantwort bei D-Verhalten

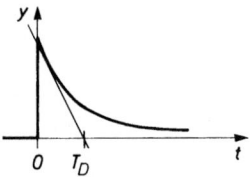

Bild 26. Reale Sprungantwort bei D-Verhalten

Frequenzgang

Es lässt sich zeigen, dass für den Frequenzgang des D-Gliedes gilt

$$\underline{G}(\mathrm{j}\omega) = \mathrm{j} \cdot \omega \cdot K_{DR}. \qquad (28)$$

Die Funktion ist rein imaginär, d.h. die Ortskurve sieht wie in Bild 27 aus.

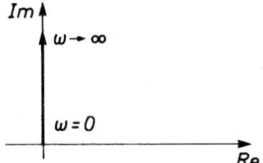

Bild 27. Frequenzgang eines D-Gliedes

Bode-Diagramm

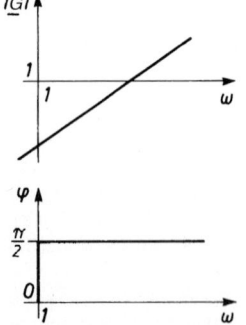

Bild 28. Bode-Diagramm eines D- Gliedes

Mit dem Betrag des Frequenzganges

$$|\underline{G}| = \omega \cdot K_{DR}$$

und der Phasenverschiebung φ mit

$$\tan(\varphi) = \frac{\mathrm{Im}(\underline{G})}{\mathrm{Re}(\underline{G})} = \frac{\omega \cdot K_{DR}}{0} \to -\infty$$

$$\Rightarrow \varphi = \frac{\pi}{2}$$

ergibt sich das Bode-Diagramm (Bild 28).

Blocksymbol

Als Blocksymbol für den Wirkungsplan ist die Darstellung aus Bild 29 gebräuchlich.

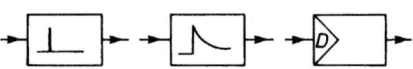

Bild 29. Blocksymbol für D-Regler

Regler mit PID-Verhalten

Regler mit PID-Verhalten vereinigen die Vorteile des P-Gliedes (Genauigkeit), des I-Gliedes (keine bleibende Regelabweichung) und des D-Gliedes (Schnelligkeit). Sie sind aber schwerer zu handhaben. Der PID-Regler wird gebildet aus einer Parallelschaltung von P-, I- und D-Regler (Bild 30).

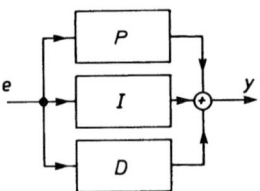

Bild 30. PID-Regler als Parallelschaltung

Die Gleichung für die Sprungantwort lässt sich mit den Formeln (22), (25) und (27) herleiten aus

$$y = y_p + y_1 + y_D = K_{PR} \cdot e + K_{IR} \cdot \int e\, dt + K_{DR} \cdot$$

$$\cdot \frac{\Delta e}{\Delta t} = K_{PR} \cdot \left[1 + \frac{K_{IR}}{K_{PR}} \int e\, dt + \frac{K_{DR}}{K_{PR}} \cdot \frac{\Delta e}{\Delta t}\right] \qquad (29)$$

mit den Abkürzungen

$$\frac{K_{PR}}{K_{IR}} = T_n \quad \text{und} \quad \frac{K_{DR}}{K_{PR}} = T_v \qquad (30) \text{ und } (31)$$

gilt

$$y = K_{PR} \cdot \left[1 + \frac{1}{T_n} \int e\, dt + T_v \cdot \frac{\Delta e}{\Delta t}\right]. \qquad (32)$$

T_n wird Nachstellzeit und T_v wird Vorhaltezeit genannt.

Dabei ist T_n diejenige Zeitspanne (Bild 31), welche bei der Sprungantwort benötigt wird, um auf Grund der I-Wirkung eine gleich große Stellgrößenänderung zu erreichen, wie sie infolge des P-Anteils entsteht. Und T_v ist diejenige Zeitspanne, um welche die Anstiegsantwort eines PD-Reglers einen bestimmten Wert der Stellgröße früher erreicht, als er infolge seines P-Anteils alleine erreichen würde.

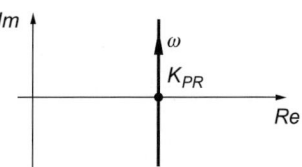

Bild 32. Frequenzgang eines PID-Reglers

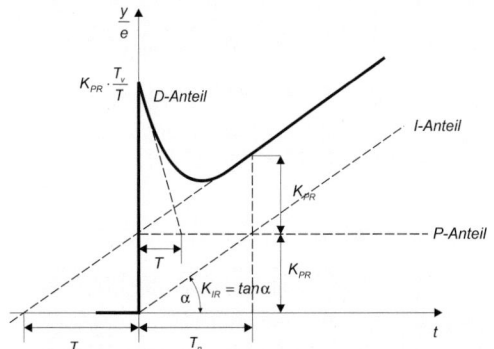

Bild 31. Übergangsfunktion eines PID-Reglers (real)

Frequenzgang

Es lässt sich zeigen, dass für den Frequenzgang des PID-Reglers gilt

$$\underline{G}(\mathrm{j}\omega) = \underline{G}_P + \underline{G}_I + \underline{G}_D$$

$$= K_{PR} - \mathrm{j}\,\frac{K_{IR}}{\omega} + \mathrm{j}\,\omega K_{DR}$$

$$= K_{PR}\left[1 + \mathrm{j}\left(\frac{K_{DR}}{K_{PR}}\,\omega - \frac{K_{IR}}{K_{PR}}\cdot\frac{1}{\omega}\right)\right]$$

Und mit den Abkürzungen von oben gilt

$$\underline{G}(\mathrm{j}\omega) = K_{PR}\left[1 + \mathrm{j}\left(T_v\omega - \frac{1}{T_n\omega}\right)\right]. \qquad (33)$$

Da der Realteil konstant ist, ergibt sich eine Parallele zur *Im*-Achse als Ortskurve (Bild 32), welche die *Re*-Achse bei K_{PR} schneidet.

Bode-Diagramm

Mit dem Betrag des Frequenzganges

$$|\underline{G}(\mathrm{j}\omega)| = K_{PR}\sqrt{\left[1 + \left(T_v\omega - \frac{1}{T_n\omega}\right)\right]^2}$$

und Phasenverschiebung φ mit

$$\tan(\varphi) = \frac{\mathrm{Im}(\underline{G})}{\mathrm{Re}(\underline{G})} = T_v\omega - \frac{1}{T_n\omega} \qquad (34)$$

$$\Rightarrow \varphi = \arctan\left(T_v\omega - \frac{1}{T_n\omega}\right)$$

ergibt sich das Bode-Diagramm (Bild 33).

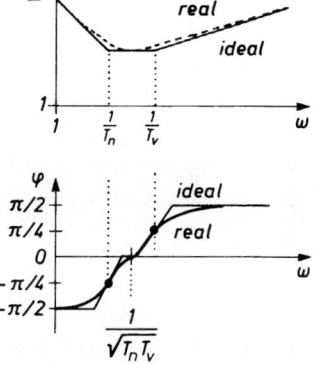

Bild 33. Bode-Diagramm eines PID-Reglers

Blocksymbol

Als Blocksymbol für den Wirkungsplan ist die Darstellung aus Bild 34 gebräuchlich.

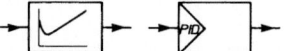

Bild 34. Blocksymbol für PID-Regler

Beispiele für PID-Regler

In Bild 35 und Bild 36 findet man Beispiele für PID-Regler.

Elektronisch

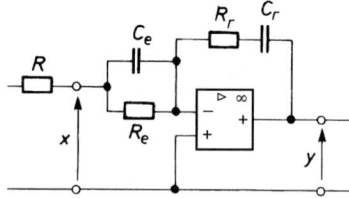

Bild 35. Operationsverstärker als Beispiel für einen PID-Regler

$$K_{PR} = \frac{R_r}{R_e}$$

$$T_n = R_r \cdot C_r$$

$$T_v = R_r \cdot C_e$$

Motorgetriebenes Ventil

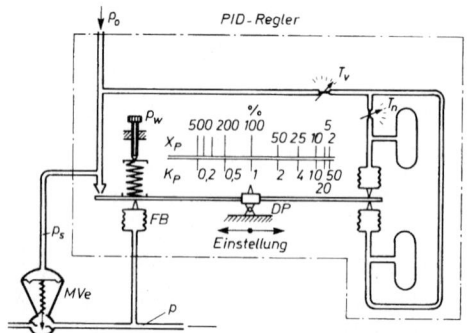

Bild 36. Pneumatischer Druckregler mit verzögerter und nachgebender Rückführung zum Erzeugen des PID-Verhaltens.

■ **Beispiel:**

für die Berechnung der Kenngrößen eines PID-Reglers

Ein PID-Regler hat die Konstanten $K_{PR} = 0{,}225$, $K_{IR} = 5$ s⁻¹, $K_{DR} = 1{,}25$ ms. Die zugehörigen Kenngrößen sollen berechnet werden.

Lösung:

$$\text{Mit } T_v = \frac{K_{DR}}{K_{PR}} = \frac{1{,}25 \text{ ms}}{0{,}225} = 5{,}56 \text{ ms und}$$

$$T_n = \frac{K_{PR}}{K_{IR}} = \frac{0{,}225 \text{ s}}{5} = 45 \text{ ms erhält man.}$$

- für die Übergangsfunktion *h(t)* mit Formel (32):

$$h(t) = \frac{y}{e} = K_{PR}\left[1 + \frac{1}{T_n} \cdot t + \frac{T_v}{t}\right] = 0{,}225 \cdot \left[1 + \frac{1}{45 \text{ ms}} \cdot t + \frac{5{,}56 \text{ ms}}{t}\right].$$

- für den Frequenzgang $\underline{G}(j\omega)$ mit Formel (33):

$$\underline{G}(j\omega) = K_{PR}\left[1 + j\left(T_v\omega - \frac{1}{T_n\omega}\right)\right] =$$

$$= 5\left[1 + j\left(5{,}56 \text{ ms} \cdot \omega - \frac{1}{45 \text{ ms} \cdot \omega}\right)\right].$$

- für den Realteil des Frequenzgangs Re($\underline{G}(j\omega)$) mit Formel (33):

$$\text{Re}(\underline{G}(j\omega)) = K_{PR} \cdot 1 = 0{,}225$$

- für den Imaginärteil Im($\underline{G}(j\omega)$) des Frequenzgangs nach Formel (33):

$$\text{Im}(\underline{G}(j\omega)) = K_{PR} \cdot \left(T_v\omega - \frac{1}{T_n\omega}\right) = 50{,}22\left(5{,}56 \text{ ms} \cdot \omega - \frac{1}{45 \text{ ms} \cdot \omega}\right)$$

- für die Phasenverschiebung φ nach Formel (34):

$$\tan(\varphi) = \frac{\text{Im}(\underline{G})}{\text{Re}(\underline{G})} = \frac{0{,}225 \cdot \left(5{,}56 \text{ ms} \cdot \omega - \frac{1}{45 \text{ ms} \cdot \omega}\right)}{0{,}225} =$$

$$= 5{,}56 \text{ ms} \cdot \omega - \frac{1}{45 \text{ ms} \cdot \omega}$$

Tabelle 1. Regler

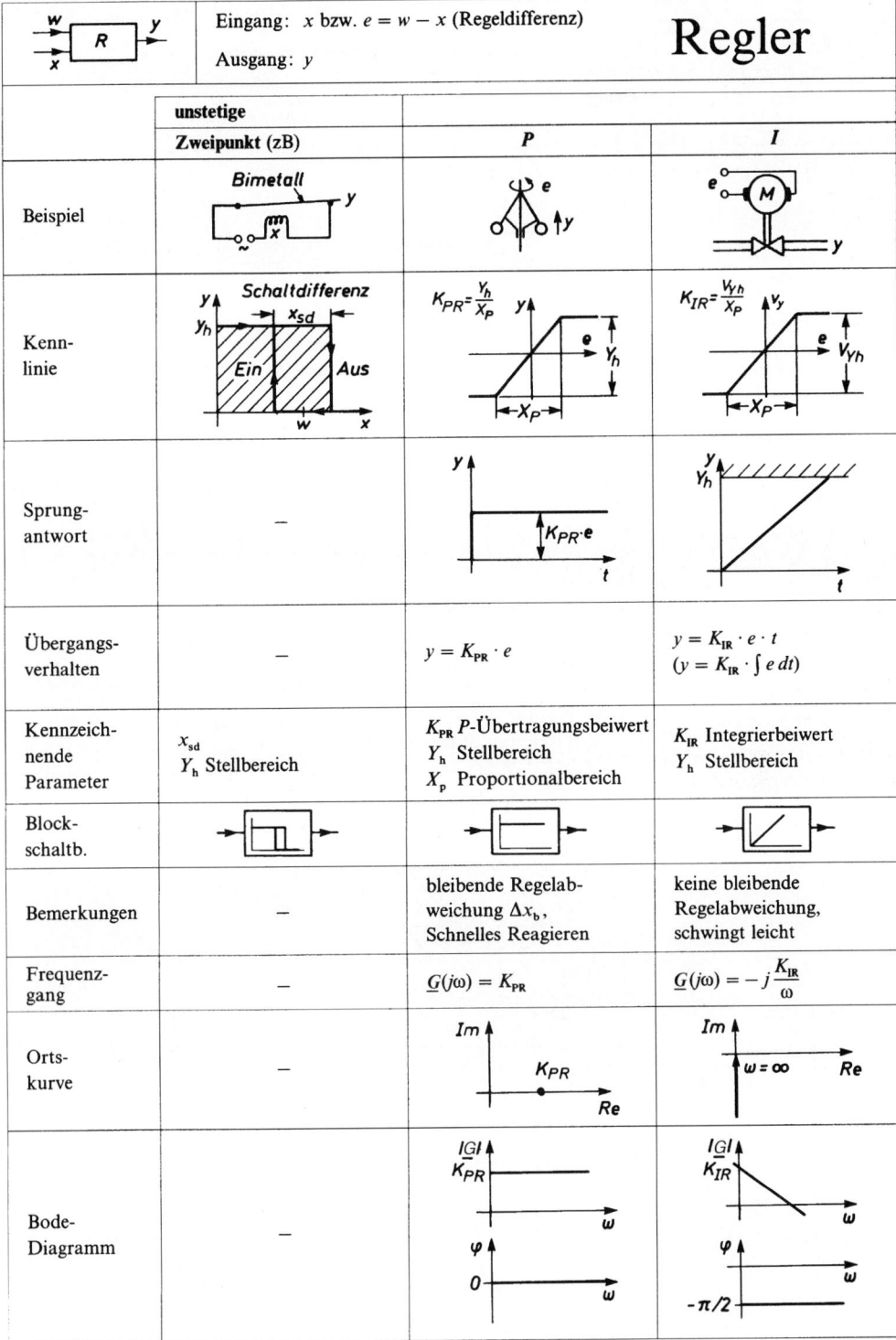

	unstetige			
	Zweipunkt (zB)	**P**	**I**
Beispiel	*Bimetall*	e	
Kenn-linie	*Schaltdifferenz* x_{sd}, Ein / Aus	$K_{PR} = \dfrac{Y_h}{X_P}$	$K_{IR} = \dfrac{V_{Yh}}{X_P}$
Sprung-antwort	–	$K_{PR} \cdot e$	
Übergangs-verhalten	–	$y = K_{PR} \cdot e$	$y = K_{IR} \cdot e \cdot t$ $(y = K_{IR} \cdot \int e\, dt)$
Kennzeich-nende Parameter	x_{sd} Y_h Stellbereich	K_{PR} P-Übertragungsbeiwert Y_h Stellbereich X_p Proportionalbereich	K_{IR} Integrierbeiwert Y_h Stellbereich
Block-schaltb.			
Bemerkungen	–	bleibende Regelab-weichung Δx_b, Schnelles Reagieren	keine bleibende Regelabweichung, schwingt leicht
Frequenz-gang	–	$\underline{G}(j\omega) = K_{PR}$	$\underline{G}(j\omega) = -j\dfrac{K_{IR}}{\omega}$
Orts-kurve	–	Im, K_{PR}, Re	Im, $\omega = \infty$, Re
Bode-Diagramm	–	$\dfrac{|\underline{G}|}{K_{PR}}$, ω; φ, 0, ω	$\dfrac{|\underline{G}|}{K_{IR}}$, ω; φ, $-\pi/2$, ω

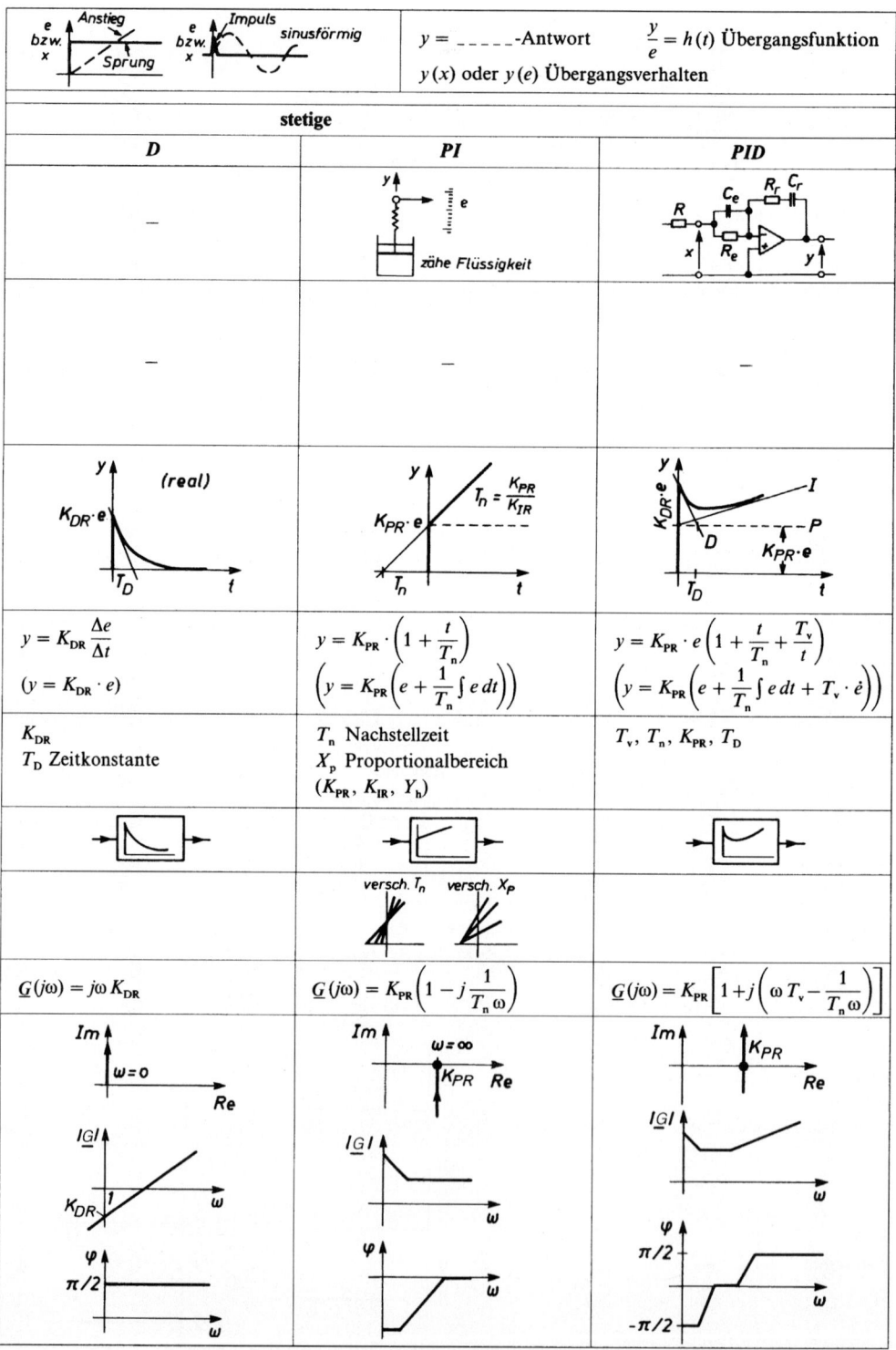

	D	PI	PID
	—	zähe Flüssigkeit	
	—	—	—
	$y = K_{DR}\dfrac{\Delta e}{\Delta t}$ $(y = K_{DR}\cdot e)$	$y = K_{PR}\cdot\left(1+\dfrac{t}{T_n}\right)$ $\left(y = K_{PR}\left(e+\dfrac{1}{T_n}\int e\,dt\right)\right)$	$y = K_{PR}\,e\left(1+\dfrac{t}{T_n}+\dfrac{T_v}{t}\right)$ $\left(y = K_{PR}\left(e+\dfrac{1}{T_n}\int e\,dt + T_v\cdot \dot e\right)\right)$
	K_{DR} T_D Zeitkonstante	T_n Nachstellzeit X_p Proportionalbereich $(K_{PR},\ K_{IR},\ Y_h)$	$T_v,\ T_n,\ K_{PR},\ T_D$
	$\underline{G}(j\omega) = j\omega\, K_{DR}$	$\underline{G}(j\omega) = K_{PR}\left(1-j\dfrac{1}{T_n\,\omega}\right)$	$\underline{G}(j\omega) = K_{PR}\left[1+j\left(\omega\,T_v-\dfrac{1}{T_n\,\omega}\right)\right]$

stetige

3.4 Quasistetige Regler

Bisher wurden analoge Regler vorgestellt. Eine Ausnahme bildeten die *Zwei-* bzw. Dreipunkt-Regler. Eine andere Gruppe von Reglern wird als digitale oder quasistetige Regler bezeichnet (Bild 37). Hierbei wird der Regler durch eine elektronische Schaltung, einen Mikroprozessor, eine SPS oder einen Computer ersetzt. Das Verhalten des Reglers bestimmt ein Programm. Dadurch ergeben sich eine Reihe von Vorteilen. Durch die Programmsteuerung ist das Reglerverhalten beliebig einstellbar. Es lässt sich sogar zu verschiedenen Regelphasen ein jeweils unterschiedliches Programm fahren, das z.B. in der Anfahrphase den I-Anteil erhöht, um möglichst schnell zur Führungsgröße zu gelangen.

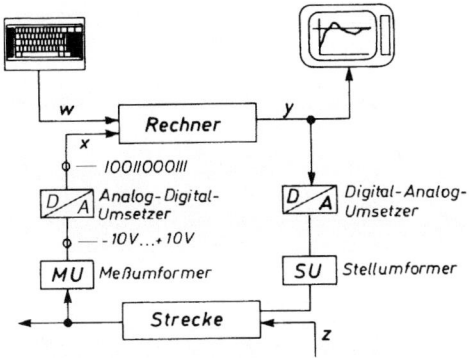

Bild 37. Computergesteuerte Regelung

Auch ist ein beliebiger Verlauf der Regelgröße einstellbar, welcher der Regelaufgabe angemessener ist. Dadurch, dass das Reglerverhalten als Software vorliegt, ist es leicht änderbar, da einfach nur das Programm ausgetauscht werden muss. Umbauarbeiten entfallen.

Durch den Einsatz von Computern ist die Möglichkeit der Vernetzung gegeben, sodass die Prozesse bzw. Daten von Ferne abgefragt oder beeinflusst werden können. Auch die Verbindung und gegenseitige Beeinflussung von Regelkreisläufen wie sie z.B. bei chemischen Prozessen oft auftreten, ist jetzt möglich. Die oft hohen Investitionskosten verlieren gegenüber den Vorteilen ständig an Bedeutung.

Idee der Programmierung

Über den Analog-Digital-Umsetzer bekommt der Rechner eine Folge von Ist-Werten *x(kT),* dabei ist *k* die Nummer des Wertes und *T* die Abtastzeit. Im Rechner gespeichert ist die Formel für die Führungsgröße *W(kT).* Im einfachsten Fall ist diese eine Konstante, aber auch Funktionen sind möglich. Daraus kann für jeden Zeitpunkt die Regeldifferenz

$$e(kT) = w(kT) - x(kT) \qquad (35)$$

gebildet werden. Anhand eines im Rechner gespeicherten Programmteils, dem Regelalgorithmus (Bild 38), kann nun die Stellgrößenfolge *y(kT)* berechnet werden. Im Folgenden soll kurz die Berechnung der Stellgrößenfolge für einen PID-Regler vorgestellt werden.

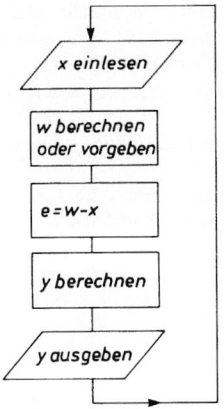

Bild 38. Regelalgorithmus

Der Übergang vom stetigen Regler zum quasistetigen wird dadurch vollzogen, dass der I-Anteil durch eine Summe und die D-Anteil durch den Differenzenquotienten ersetzt wird. So erhält man mit Formel (32):

$$y(k) = K_{PR} \cdot \left[e(k) + \frac{T}{T_{n}} \sum_{i=0}^{k-1} e(k) - e(k-1) \right] \qquad (36)$$

Diese Formel kann mittels eines Unterprogramms ausgewertet werden. Die Grundstruktur eines PID-Algorithmus ist in Bild 39 abgebildet. P-, I-, PI- und PD-Regler werden durch Weglassen von Programmteilen gebildet.

Durch die Darstellung der Formel für die Stellgröße als Programm lässt sich ein Regler durch einen Rechner ersetzen.

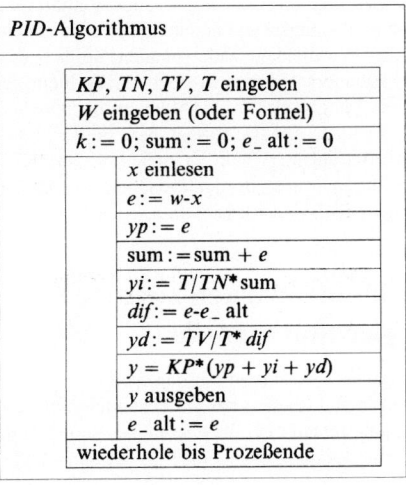

Bild 39. PID-Regelalgorithmus

Idee der Simulation (Bild 40)

Der Einsatz von Rechnern in der modernen Regelungstechnik zeigt sich an weiteren Anwendungsfällen. Nicht bei allen Regelstrecken ist es nämlich möglich, die Stellgröße sprunghaft zu ändern, um den Verlauf der Ausgangsgröße aufzuzeichnen, damit man die Kenngrößen der Strecke ermitteln kann. Auch die direkte Untersuchung von vermaschten technischen Anlagen ist meist nicht durchführbar. Oft sind aber die Gleichungen, die diesen Prozessen zu Grunde liegen, bekannt. Diese lassen sich wiederum als Programm in einem Rechner darstellen und bearbeiten.

Am Rechner lassen sich viele Versuche durchführen, aus denen dann das Verhalten der Regelstrecke und ihre Kenngrößen ermittelt werden können. Sogar Störungen, die in der Wirklichkeit nur sehr schwer oder gar nicht dargestellt werden könnten, sind hier simulierbar.

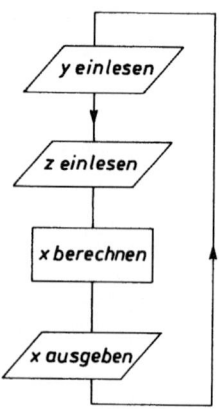

Bild 40. Simulation einer Regelstrecke

Die Güte der Simulation hängt entscheidend von der Güte der Beschreibung der tatsächlichen Verhältnisse durch die mathematischen Gleichungen ab. Je genauer diese die Wirklichkeit widerspiegeln, desto besser ist die Simulation. Und hierin liegt das Problem der Simulation. Man ist sich in vielen Fällen nicht sicher, ob man wirklich alle Einflussgrößen in den Gleichungen berücksichtigt hat, ob nicht die Vereinfachungen, die man notgedrungen machen musste, die Wirklichkeit doch zu stark verzerren.

4 Zusammenwirken zwischen Regler und Strecke

In den vorigen Abschnitten wurden die Grundglieder von Strecken und Reglern einzeln behandelt. Aufgabe der Regelungstechnik ist, für eine meist vorgegebene Strecke ein der Aufgabe gemäß passenden Regler auszuwählen und seine Parameter für ein optimales Regelverhalten einzustellen.

Oft ist eine Strecke gegeben. Ihre Kennwerte müssen aber meist erst empirisch ermittelt werden. Die Ergebnisse werden entweder als Frequenzgang, im Bode-Diagramm oder in der Ortskurve dargestellt.

Folgende Fragen sind zu klären:

- Welche Aufgaben gibt es für den Regelkreis?
- Wie findet man einen zur Strecke passenden Regler?
- Welche Güte- oder Beurteilungskriterien gibt es für einen Regelkreis?
- Wie kann man das Verhalten des Regelkreises beschreiben (Bild 1 und Bild 2)?
- Was heißt ‚optimales' Verhalten?
- Wie kann man die dazu gehörenden Parameter ermitteln?

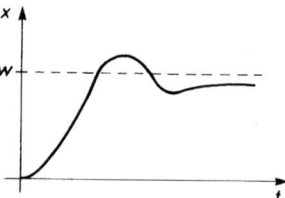

Bild 1. Schlechtes Regelverhalten

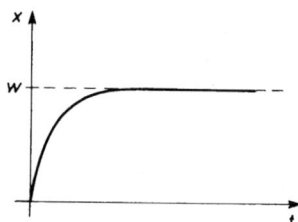

Bild 2. Gutes Regelverhalten

4.1 Beurteilungskriterien

Die Aufgaben und Einsatzgebiete von Regelkreisen sind vielfältig, jedoch müssen von **jedem** Kreis drei unterschiedliche Aufgaben bewältigt werden.

- Anfahrverhalten (Bild 3)

Die Regelgröße x soll nach dem Einschalten den Sollwert erreichen.

Dies kann auf unterschiedliche Art und Weise geschehen. So ist es bei der einen Regelaufgabe zulässig, dass der Sollwert auch kurzfristig überschritten wird (z.B. Temperaturregelung), bei einer Drehmaschine ist dies sicherlich unerwünscht. In einem anderen Fall kann es darauf ankommen, den Sollwert möglichst schnell zu erreichen.

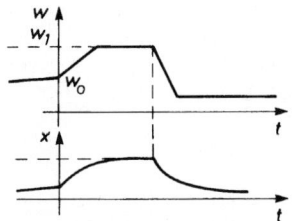

Bild 3. Anfahrverhalten bei einem Stellsprung

- Führungsverhalten (Bild 4)

Der Regelkreis muss auf eine Veränderung der Führungsgröße w mit einer Änderung der Regelgröße x reagieren. Vom Einfluss einer Störgröße wird hier im Allgemeinen abgesehen.

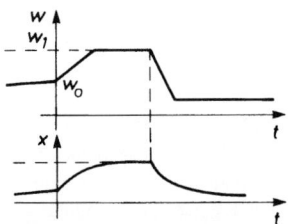

Bild 4. Führungsverhalten

- Störverhalten (Bild 5)

Tritt eine Störung z auf, so soll die Regelgröße x möglichst schnell und fehlerfrei den alten Wert annehmen, den sie vor der Störung hatte. Hierbei wird meist von einer konstanten Führungsgröße ausgegangen.

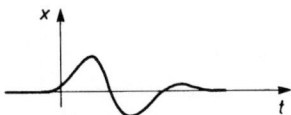

Bild 5. Störverhalten

Zu diesen allgemeinen Aufgaben kommt noch ein weiterer Begriff, der zur Beurteilung des Regelkreises wichtig ist.

- Stabilität (Bild 5)

Damit ist die Eigenschaft eines Regelkreises gemeint, aus einem schwingenden Verhalten nach einer gewissen Zeit zu einem stabilen Zustand zu gelangen, d.h., falls eine Schwingung vorliegt, muss sie eine abklingende Amplitude aufweisen.

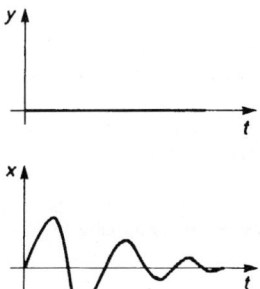

Bild 6. Stabilität

4.2 Regelung mit stetigen Reglern

Mathematische Grundlagen

Regler und Strecke (Bild 7) sind im Wirkungsplan in ihrem Zusammenhang durch Angabe des Frequenzganges darstellbar. Daraus lässt sich dann eine Gleichung für die Regelgröße x aufstellen.

$$\left[\underbrace{\overset{e}{\overbrace{(w-x)}}\cdot\underline{G}_R+z}_{y}\right]\cdot\underline{G}_S=x \tag{37}$$

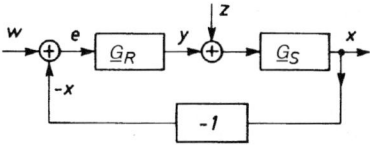

Bild 7. Regelkreis mit $\underline{G}_R$ und $\underline{G}_S$

Nach x aufgelöst ergibt sich

$$x=\frac{\underline{G}_R\,\underline{G}_S}{1+\underline{G}_R\,\underline{G}_S}w+\frac{\underline{G}_S}{1+\underline{G}_R\,\underline{G}_S}z\;. \tag{38}$$

Hieraus lässt sich eine Gleichung für das Führungs- und Störverhalten ableiten:

Führungsverhalten ($z=0$)

$$\frac{x}{w}=\frac{1}{1+\underline{G}_R\,\underline{G}_S}\underline{G}_R\,\underline{G}_S \tag{39}$$

Störverhalten ($w=0$)

$$\frac{x}{z}=\frac{1}{1+\underline{G}_R\,\underline{G}_S}\underline{G}_S \tag{40}$$

Ebenso lässt sich hieraus eine Gleichung für die bleibende Regelabweichung (Bild 8) ermitteln.

$$e = w - x = w - \left(\frac{\underline{G}_R \underline{G}_S}{1 + \underline{G}_R \underline{G}_S} w + \frac{\underline{G}_S}{1 + \underline{G}_R \underline{G}_S} z \right) =$$

$$= \frac{1}{1 + \underline{G}_R \underline{G}_S} w - \frac{1}{1 + \underline{G}_R \underline{G}_S} \underline{G}_S \cdot z \qquad (41)$$

Für $z = 0$, also für den Fall, dass keine Störung vorliegt, ergibt sich eine bleibende Regelabweichung Δx_b.

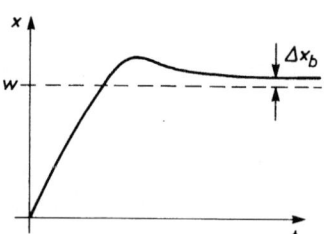

Bild 8. Bleibende Regelabweichung

$$\Delta x_b = \frac{1}{1 + \underline{G}_R \underline{G}_S} w \qquad (42)$$

Die Größe $\dfrac{1}{1 + \underline{G}_R \underline{G}_S}$ wird Regelfaktor R genannt. Er kommt in der Gleichung für die bleibende Regelabweichung und in denen für das Stör- und Führungsverhalten vor.

Stabilitätsuntersuchungen

Ein Regelkreis hat dann seine *Stabilitätsgrenze* (Bild 9) erreicht, wenn bei sinusförmigem Eingang $y(t)$ für die Regelgröße $x(t)$ gilt

$$x(t) = y(t), \qquad (43)$$

d.h. insbesondere für die Amplituden $\hat{y}$, $\hat{x}$ und den Phasenwinkel φ

$$V_0 = \frac{\hat{y}}{\hat{x}} = 1 \quad \text{und} \quad \varphi = n \cdot 2\pi \qquad (44)$$

denn in diesem Fall schwingt die Regelgröße genau wie die Stellgröße und zwar amplituden- und phasengleich, d.h. es findet bei der Regelgröße weder ein Abklingen noch ein Aufschwingen statt. Die Bedingungen

$$\frac{\hat{y}}{\hat{x}} = 1 \quad \text{und} \quad \varphi = n \cdot 2\pi \qquad (45)$$

nennt man Stabilitätsbedingungen.

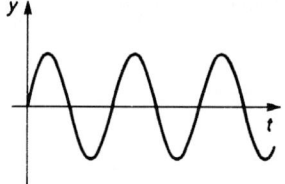

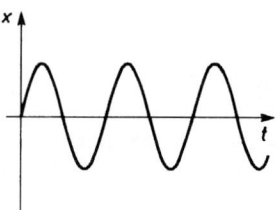

Bild 9. Regelkreis an der Stabilitätsgrenze

Stabilitätsuntersuchung mit der Ortskurve

In der Ortskurve (Bild 10) ist +1 auf der reellen Achse der Punkt, an dem die beiden Stabilitätsbedingungen erfüllt sind. Schneidet nun der Frequenzgang

$$\underline{G}_0 = - \underline{G}_R \underline{G}_S \qquad (46)$$

die reelle Achse **links** von dem Punkt, so ist der Regelkreis **stabil**, **rechts** davon ist er **instabil**. Dieses Kriterium wird das vereinfachte **Nyquist-Kriterium** genannt.

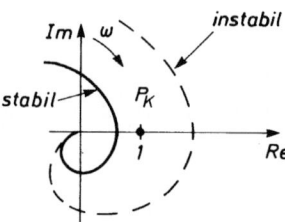

Bild 10. Stabilitätskriterien bei der Ortskurve

Stabilitätsuntersuchung mit dem Bode-Diagramm

Addiert man nämlich grafisch der Frequenzgangsbeträge $|\underline{G}_R|$ und $|\underline{G}_S|$ (das entspricht wegen der logarithmischen Teilung einer Multiplikation), so erhält man $- \underline{G}_0$. Addiert man die Phasenverschiebungen φ_R und φ_S und realisiert die Vorzeichenumkehr durch Addition von π, so erhält man φ_0 (Bild 11). Der kritische Punkt P_K ist nun der Punkt, bei dem der Phasengang φ_0 die ω-Achse schneidet ($\varphi = 0$). Im Frequenzgang wird nun nachgesehen, welchen Wert $|\underline{G}_0|$ hat. Ist dieser Wert < 1, so ist der Regelkreis stabil, ist er > 1, instabil.

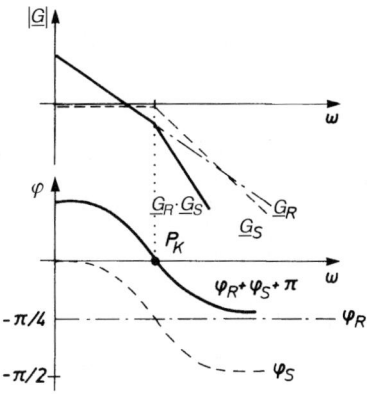

Bild 11. Stabilität im Bode-Diagramm

Weitere Parameter
Weitere, oft bei der Beurteilung eines Regelkreises herangezogene Werte sind

- Anregelzeit T_{an}
- Ausregelzeit T_{aus}
- Überschwingweite $x_{\ddot{u}}$

An- und Ausregelzeit (Bild 12) beginnen, wenn der Wert der Regelgröße nach einem Eingangssprung einen vorgegebenen Toleranzbereich der Regelgröße verlässt. Die Anregelzeit endet, wenn der Wert in diesen Bereich erstmals wieder eintritt, die Ausregelzeit, wenn er in diesen Bereich dauerhaft wieder eintritt. Die Überschwingweite ist die größte vorübergehende Sollwertabweichung.

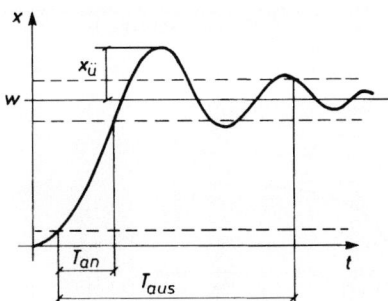

Bild 12. An- und Ausregelzeit, Überschwingweite

■ **Beispiel:**
für eine Berechnung an einer PT₁-Strecke

Gegeben ist eine PT₁-Strecke, für die der dimensionslose Proportionalbeiwert K_{PS} und die Zeitkonstante T_1 durch Messungen bekannt sind: $K_{PS} = 2$, $T_1 = 0,2$ s. Diese Strecke soll mit einem P-Regler, der auf $K_{PS} = 2,5$ eingestellt ist, geregelt werden. Der Sollwert soll 100 betragen. Es soll eine Aussage zur Stabilität gemacht werden.

Lösung:
a) Untersuchung der Stabilität mithilfe des Bode-Diagramms (Bild 13)

Für die PT₁-Strecke gilt nach Formel (17):

$$\underline{G}_S = \frac{K_{PS}}{1 + j\omega T_1} = \frac{2}{1 + j\omega \cdot 0,2\,s}$$

sowie daraus

$$|\underline{G}_S| = \frac{2}{\sqrt{1 + \omega^2 \cdot 0,04\,s^2}}$$

und

$$\varphi = \arctan\left(-\frac{1}{0,2\,s \cdot \omega}\right)$$

Für den Regler gilt nach Formel (23):

und damit $|\underline{G}_R| = 2,5$ und $\varphi = 0$.
Offensichtlich ist der Schwingkreis strukturstabil, da er Phasengang die ω-Achse nirgends schneidet.

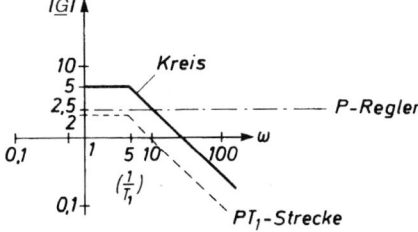

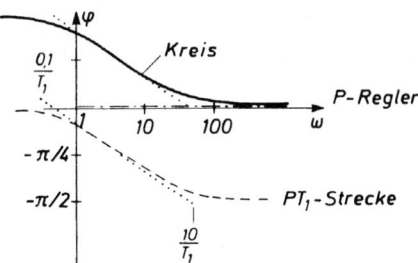

Bild 13. Bode-Diagramm

b) Untersuchung der Stabilität mithilfe des Nyquist-Kriteriums
Mit den Herleitungen von a) gilt nach Formel (46) für den Frequenzgang des Regelkreises:

$$\underline{G}_0 = -\underline{G}_R\underline{G}_S = -2,5 \cdot \frac{2}{1 + j\omega \cdot 0,2} = \frac{5}{1 + j\omega \cdot 0,2} =$$

$$= \frac{-5}{1 + j\omega^2 \cdot 0,04^2} + j\frac{\omega}{1 + j\omega^2 \cdot 0,04\,s^2}$$

Damit ergibt sich die Ortskurve in Bild 14, woraus ersichtlich wird, dass der Regelkreis strukturstabil ist, denn die Ortskurve schneidet die Re-Achse links von +1.

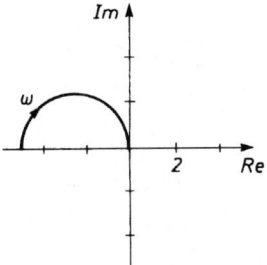

Bild 14. Ortskurve

Kriterien für die Reglerauswahl

Nachdem nun in den vorhergehenden Kapiteln die Komponenten eines Regelkreises vorgestellt und die Beurteilungskriterien für die Güte und die Stabilität angesprochen wurden, ist es nun möglich, die zu einzelnen Strecken geeigneten Regler zu suchen und Richtlinien für deren Einstellung zu finden. Dabei sollen die Vor- und Nachteile der einzelnen Kombinationen deutlich werden. Der Prozess der Reglerauswahl geschieht meist nach dem Schema in Bild 15. Aus den regelungstechnischen Anforderungen des technologischen Prozesses und den – zu ermittelnden – Kenndaten der Strecke wird der für diese Aufgabe geeignete Regler ausgewählt Die Parameter dieses Reglers werden dann zunächst grob und in der Optimierungsphase fein eingestellt.

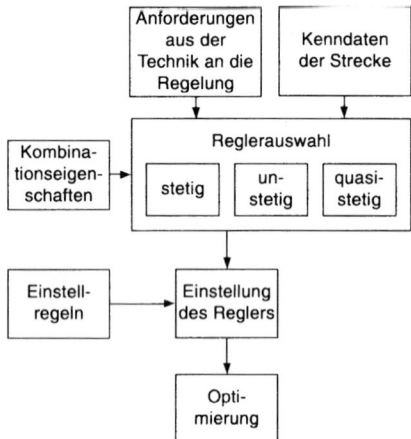

Bild 15. Auswahl und Einstellung eines Reglers

Im ersten Schritt muss also ermittelt werden, welcher Regler zu welcher Strecke passt und welche Eigenschaften diese Kombination hat. Eine Übersicht zeigt die Tabelle 3.

■ **Beispiel:**
für die Herleitung eines Feldes

Für eine Kombination aus I-Strecke und P-Regler (Bild 16) aus Tabelle 3 soll hier exemplarisch ihr Inhalt hergeleitet werden.

Lösung:

In diesem Falle gilt mit Formel (23) ($\underline{G}_R = K_{PR}$), (15) ($\underline{G}_S = \dfrac{K_{IS}}{j\omega}$)

und Formel (41)
also

$$x = \frac{K_{PR}K_{IS}}{j\omega\left(1+\dfrac{K_{PR}K_{IS}}{j\omega}\right)}\cdot w + \frac{K_{IS}}{j\omega\left(1+\dfrac{K_{PR}K_{IS}}{j\omega}\right)}\cdot z =$$

$$= \frac{1}{1+j\omega\dfrac{1}{K_{PR}K_{IS}}}\cdot w + \frac{\dfrac{1}{K_{PR}}}{1+j\omega\dfrac{1}{K_{PR}K_{IS}}}\cdot z$$

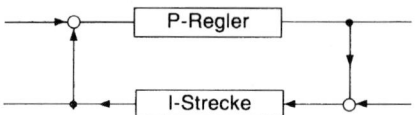

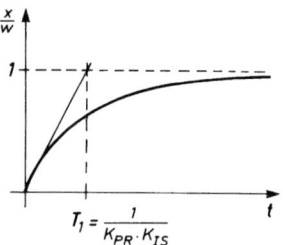

Bild 16. I-Strecke und P-Regler

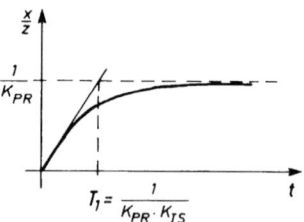

Bild 17. Führungsverhalten

Das Führungsverhalten (Bild 17) zeigt T_1-Verhalten (vgl. Formel (39)(39))

$$\frac{x}{w} = \frac{1}{1+j\omega\dfrac{1}{K_{PR}K_{IS}}} \quad \text{mit } T_1 = \frac{1}{K_{PR}K_{IS}}.$$

Es strebt mit einer abklingenden e-Funktion $\left(1-e^{-\frac{T_1}{2}}\right)$ der Führungsgröße zu. T_1 kann verkleinert werden, wenn K_{PR} größer gewählt wird. Eine bleibende Regelabweichung tritt nicht auf.
Für das Störverhalten (Bild 18) gilt nach Formel (40)

$$\frac{x}{z} = \frac{\dfrac{1}{K_{PR}}}{1+j\omega\dfrac{1}{K_{PR}K_{IS}}}$$

Auch hier liegt wieder T_1- Verhalten vor, wobei der Einfluss der Störgröße mit $1/K_{PR}$ reduziert wird, d.h. mit ausreichend großem K_{PR} kann man den Einfluss der Störung beliebig klein halten, aber nicht ganz ausregeln.

Bild 18. Störverhalten

Stabilität
Da

$$\underline{G}_0 = -\underline{G}_R\underline{G}_S =$$
$$= -K_{PR}\cdot\frac{K_{IS}}{j\omega} = j\cdot\frac{K_{PR}\cdot K_{IS}}{\omega}$$

gilt, die Ortskurve (Bild 19) sich also auf der imaginären Achse befindet, ist das System strukturstabil. Also kann man die oben gestellte Forderung, dass K_{PR} groß gewählt werden muss, ohne Stabilitätsprobleme erfüllen.

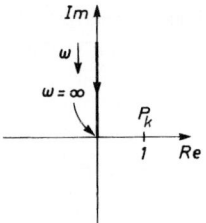

Bild 19. Ortskurve

In Tabelle 1 sind die Eigenschaften einiger wichtiger Kombinationen aufgeführt. Die Angaben in den Zeilen sind von links nach rechts zu lesen, da man in den meisten Fällen versuchen wird, einen möglichst einfachen Regler zu finden. Erst wenn dieser die Regelaufgabe nicht befriedigend löst, wird man einen anderen Regler wählen.

Tabelle 1. Kombination von Regler und Strecke

Strecke	typisches Auftreten	P	I	PI	PD	PID
I		gut, wenn K_{PR} hoch genug ist	ungeeignet	sehr gut geeignet	keine Verbesserung	keine Verbesserung
PT_0		+ immer stabil bedingt geeignet, falls Regelstrecke unbegrenzten Proportionalbereich besitzt	− große kurzzeitige Regelabweichung möglich bei einer Störung; − Ausregelzeit groß; + immer stabil; + $\Delta x_b = 0$	+ mögliche große kurze Regelabweichung fällt weg; − Ausregelzeit noch größer	keine Verbesserung	keine Verbesserung
PT_1	Drehzahl	+ immer stabil gut, wenn K_{PR} hoch genug ist	− macht Regelkreis instabil	gut, falls K_{PR} und K_{IR} richtig gewählt	keine Verbesserung	keine Verbesserung
PT_2	Temperatur	− Δx_b wählt man K_{PR} größer, würde Δx_b kleiner; gleichzeitig aber auch die Dämpfung und damit die Schwinggefahr	+ $\Delta x_b = 0$; − neigt zur Instabilität; − starkes Überschwingen möglich; − lange Regelzeit wenig geeignet	+ $\Delta x_b = 0$; + schneller als I-Regler; − Überschwingweite und Regelzeit schlechter als P; − kann instabil werden	− Δx_b; + keine Stabilitätsprobleme	+ optimal; − kompliziert einzustellen
PT_n		+ schnell; − Δx_b	− sehr langsam; + $\Delta x_b = 0$	+ $\Delta x_b = 0$; + schneller als I; + einfach einzustellen	+ große K_R möglich ohne Instabilität; − Δx_b aber: kleiner als beim P-Regler; + bei langsamer Änderung regelt er schneller als P	+ schneller als PI; + D-Anteil erlaubt größeres K_I ohne Stabilitätsprobleme, daher schneller; + I-Anteil erlaubt größeres K_D, daher reagiert er bei langsamer Änderung schneller; − optimale Einstellung schwierig
T_t					keine Verbesserung	keine Verbesserung

Einstellregeln

Sind die Kenngrößen der Strecke unbekannt oder ist der mathematische Aufwand für die exakte Betrachtung zu groß, gibt es ein **experimentelles Näherungsverfahren von Ziegler und Nichols,** das es gestattet, die Reglereinstellung zu ermitteln.

Voraussetzung ist, dass der Kreis zu Schwingungen angeregt werden kann. Dann verfährt man nach dem im Bild 20 beschrieben Verfahren in Verbindung mit der Tabelle 2.

Tabelle 2. Einstellregeln

Regler	Kenngrößen
P-Regler	$K_{PR} = 0,5\ K_{PR_{krit}}$
PD-Regler	$K_{PR} = 0,8\ K_{PR_{krit}}$ $T_v = 0,12\ T_{kritt}$
PI-Regler	$K_{PR} = 0,45\ K_{PR_{krit}}$ $T_n = 0,83\ T_{kritt}$
PID-Regler	$K_{PR} = 0,6\ K_{PR_{krit}}$ $T_n = 0,5\ T_{kritt}$ $T_v = 0,125\ T_{kritt}$

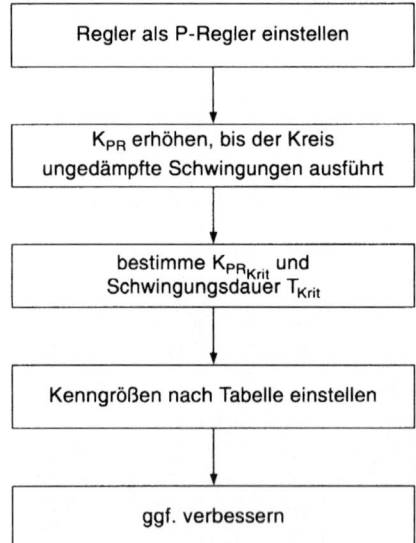

Bild 20. Verfahren nach Ziegler und Nichols

Der Vorteil dieses Verfahrens ist leicht einzusehen, der mathematische Aufwand ist sehr gering. Jedoch sind die erzielten Ergebnisse nur als Näherungswerte

zu verstehen. Die Reglereinstellung ist den Anforderungen der Aufgabe entsprechend noch zu verbessern.

4.3 Regelung mit Zweipunktreglern
(Bild 21)

Die Auslegung von Zweipunktreglern erfolgt prinzipiell nach den gleichen Gesichtspunkten. Der Zweipunktregler ist mit einem P- Regler vergleichbar. Um den Verlauf der Regelgröße zu bestimmen, kann man jedoch in einfachen Fällen ein grafisches Verfahren anwenden. Aus der Kurve können dann auch die Kenngrößen abgelesen werden.

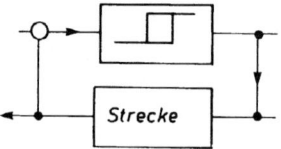

Bild 21. Regelung mit Zweipunktregler

Ausgangspunkt ist die – experimentell aufgenommene – Sprungantwort der Strecke. Links daneben zeichnet man, um –90° gedreht, die Kennlinie des Reglers. Unter die Sprungantwort zeichnet man ein Koordinatensystem für die Stellgröße. Dann lässt sich der Verlauf der Regelgröße konstruieren, indem man die Kennlinie mit der Sprungantwort kombiniert.

■ **Beispiel:**

für die Ermittlung des Verlaufs der Regelgröße für einen Zweipunktregler an einer PT$_1$-Strecke mit Totzeit (Bild 22)

PT$_1$-Strecke mit Totzeit T_t; Zweipunktregler mit Schaltdifferenz x_{sd}.

Lösung:

Ohne Regler würde die Regelgröße x nach dem Einschalten verzögert nach einer e-Funktion mit der Zeitkonstanten T_1 auf den Endwert x_{max} ansteigen. Wird der Sollwert auf w eingestellt, so ist nach dem Einschalten zunächst $x = 0$ und $e = w - x = w$. Daher schaltet der Zweipunktregler ein und die Regelgröße steigt gemäß der Einschaltkurve an.
Infolge der Schalthysterese schaltet der Zweipunktregler bei Erreichen von w noch nicht ab, sondern erst bei $x = x_{ob}$. Wegen der Totzeit reagiert die Strecke nicht sofort, sondern erst nach Verlauf von T_t. Nach dieser Zeit fällt die Regelgröße entsprechend der Ausschaltkurve (die übrigens nicht die gleiche Zeitkonstante haben muss wie die Einschaltkurve, hier wird aber davon ausgegangen) bis auf $x = x_u$. Dann wird der Regler wieder eingeschaltet. Wiederum reagiert die Strecke erst nach T_t.

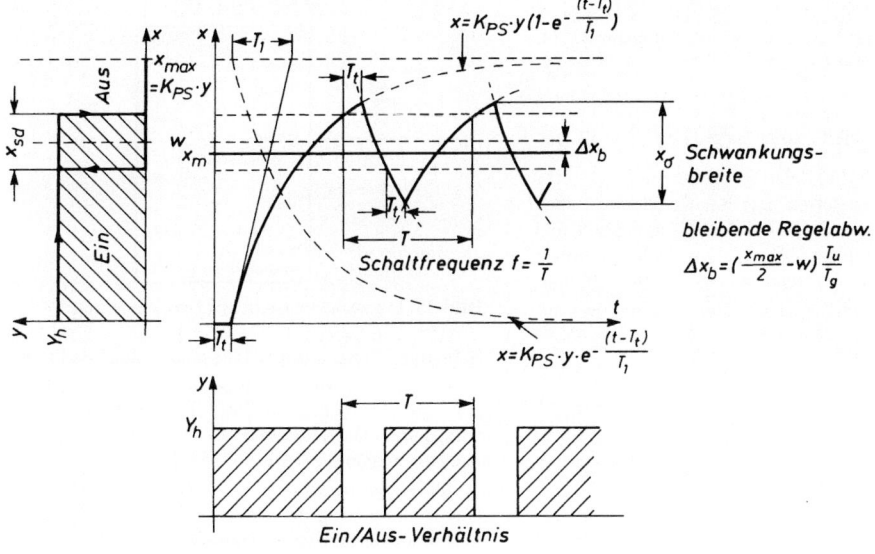

Bild 22. Ermittlung des Regelgrößenverlaufs

Aus dem sich ergebenden Verlauf der Regelgröße lassen sich einige allgemeine Hinweise für den Einsatz von Zweipunktreglern ableiten:

- Eine Verkleinerung der Schaltdifferenz x_{sd} erzeugt auch eine kleinere Schwankungsbreite, was häufig erwünscht ist. Damit wird aber eine höhere Schaltfrequenz in Kauf genommen und damit eine kürzere Lebensdauer des Reglers.
- Eine Verkleinerung der Zeitkonstante T_1 bringt nur eine Verringerung der Periodendauer und damit der Frequenz.
- Die Verkleinerung der Totzeit hat ebenfalls direkten Einfluss auf die Schwingungsweite und die Schaltfrequenz.

Die Lage des Sollwerts – und das ist neu hier – hat ebenfalls Einfluss auf die Schaltfrequenz. In Bild 23 ist der Verlauf der Regelgröße für verschiedene Sollwerte w eingezeichnet. Man sieht, dass für $w = 0,5$ x_{max} die höchste Schaltfrequenz auftritt. Wird w vergrößert oder verkleinert, wird die Schaltfrequenz jeweils kleiner. Zu sehen ist auch, dass die Anfahrphase bei großem w wesentlich länger dauert als bei kleinem. Aber etwas anderes ist entscheidender. Wenn w 50 % von x_{max} beträgt, ist keine bleibende Regelabweichung vorhanden. Das ist der große Vorteil dieser speziellen Lage. Diese lässt sich durch Einführung einer sog. Grundlast erreichen. Soll w bei 70 % von x_{max} liegen und die Schwankungsbreite ± 10 % von x_{max} betragen, so wird man eine Grundlast so auslegen, dass der ungeregelte Teil des Kreises 40 % von x_{max} beträgt.

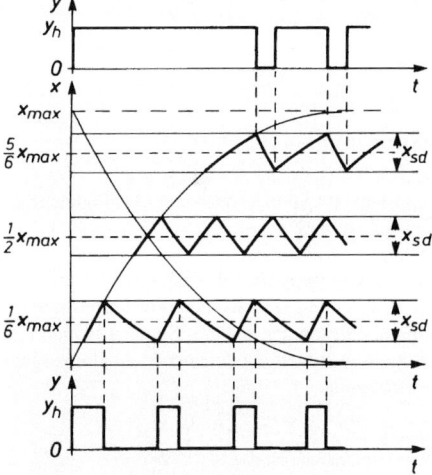

Bild 23. Lage des Sollwertes

Dann liegt nämlich der Sollwert in der Mitte des geregelten Bereichs. Dadurch wird erreicht, dass sich neben anderen Vorteilen keine bleibende Regelabweichung einstellt und die stoßweise Belastung des Kreises merklich kleiner wird. Großer Nachteil ist aber das ungünstige Störverhalten. Die Grundlast schränkt den Wirkungsbereich des Reglers ein. Sie muss auch bei jeder Änderung der Führungsgröße neu eingestellt werden.

Auch die Rückführung verbessert das Verhalten des Zweipunktreglers. Die Idee dabei ist, dass man den Regler bereits vor Erreichen des Sollwertes abschaltet bzw. wieder einschaltet. Durch geeignete Bemessung der Rückführung wird die Schwankungsbreite oft erheblich reduziert.

4.4 Regelung mit einer SPS (Bild 24)

Als Sonderfall der digitalen Regelung kann man eine SPS als Regler einsetzen. Die Regelgröße wird auch hier in bestimmten Zeitabständen T_A abgetastet und in Form eines Zahlenwertes bis zur nächsten Abtastung gespeichert. Als Konsequenz ergibt sich hier, dass auch die vom Regler ermittelte Stellgröße y für die Dauer der Abtastzeit auf dem gleichen Wert bleiben muss.

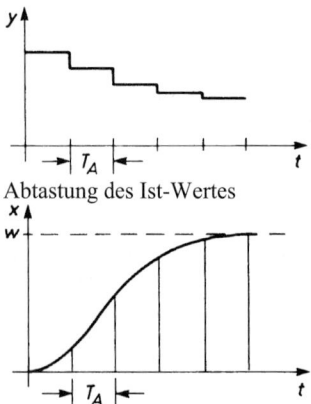

Abtastung des Ist-Wertes

Bild 24. Regelung mit einer SPS

Soll- und Istwerte können über eine Analogbaugruppe abgefragt werden.

Mit einer SPS können sowohl stetige Regler als auch unstetige Regler realisiert werden. Für unstetige Regler stehen die bekannten binären Signalausgänge und für stetige Regelungen entsprechende Analogausgänge zur Verfügung.

■ **Beispiel**
für eine Druckregelung mit einer SPS als Zweipunktregler
In der Anlage soll der Druck am Presszylinder zur Erhöhung der Zuverlässigkeit auf einen Wert von 300 bar ± 10% eingestellt werden. Dieses soll zusätzlich zur Druckregelung im Hydraulikaggregat durch eine SPS realisiert werden.

Lösung
Der einzusetzende Funktionsbaustein hat folgende Ein- und Ausgänge (Bild 25):

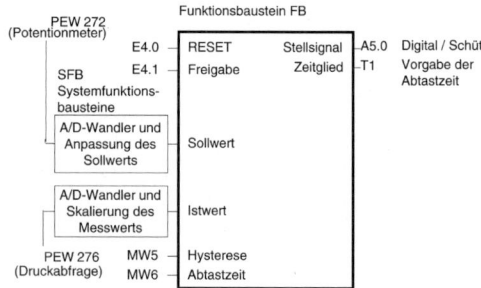

Bild 25. Funktionsbaustein zur Druckregelung

Soll- und Istwert werden über die Analogbaugruppen PEW 272 und PEW 276 abgefragt. Der Ausgang A5.0 gibt das Stellsignal, das z.B. die Pumpe ein- und ausschaltet. Die Hysterese von hier 60 bar und die Abtastzeit von hier z.B. 5 s werden als Merkerwerte (digital) abgespeichert.

Damit lautet der grundlegende Gedanke des Regelalgorithmus für den Zweipunktregler (Bild 26):
Ist der Istwert der Regelgröße x kleiner als die festgelegte untere Schaltschwelle, dann muss die Stellgröße $y = 1$ werden. Ist der Istwert der Regelgröße x größer als die festgelegte obere Schaltschwelle, dann muss die Stellgröße $y = 0$ werden. Liegt der Istwert der Regelgröße x zwischen der unteren und der oberen Schaltschwelle, dann bleibt die Stellgröße y unverändert.

Das zugehörige SPS-Programm ist stark hardwareabhängig und wird deshalb hier nicht aufgeführt.

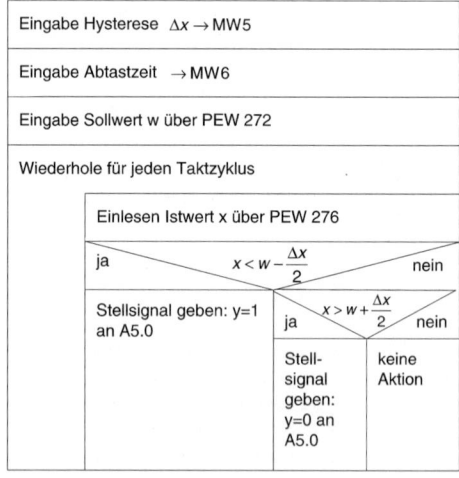

Bild 26. Regelalgorithmus

5 Fuzzy-Regelung

Neben der klassischen Regelungstechnik gewinnt heute eine andere Art der Herangehensweise an Regelungsaufgaben Bedeutung, die mit vermeintlich unscharfen (engl.: *fuzzy*) Begriffen wie ‚Temperatur ist viel zu hoch', ‚Laufkatze ist weit weg', ‚Ventil wird weit geöffnet' arbeitet. Zufällig oder unscharf ist diese Art der Regelung nicht, sondern sie führt über ein präzises Regelwerk zu genau determinierten Ergebnissen.

Dieses Regelwerk in Verbindung mit den ‚unscharfen' Begriffen gestattet es, durch vorhandenes Expertenwissen Prozesse zu verbessern, die mit klassischer Regelungstechnik nur aufwändiger und weniger ‚elegant' zu lösen wären. Insbesondere in Fällen, in der die Regelungsaufgabe nicht durch ein mathematisches Modell zu beschreiben ist, hat Regelung mit Fuzzy-Methoden deutliche Vorteile. Sie findet deshalb auch in den oft durch viele Störgrößen gekennzeichneten Alltagsproblemen zunehmend Einsatz. Beispiele sind die Regelung der Wassermenge, der Waschmittelmenge und der Wassertemperatur in einer Haushaltswaschmaschine, die Regelung der Saugleistung in einem Haushaltsstaubsauger, die Regelung der Raumtemperatur in einer Wohnung.

Die Ermittlung der Stellgröße y aus den Eingangsgrößen $x_1...x_n$ geschieht nach der im Bild 1 dargestellten dreistufigen Struktur, bei der in der ersten Phase die Eingangsgrößen in Zugehörigkeitsfunktionswerte umgewandelt werden. Diese werden über das Regelwerk in der zweiten Phase verknüpft und bei der Defuzzifizierung in der dritten Phase in Stellgrößen umgewandelt.

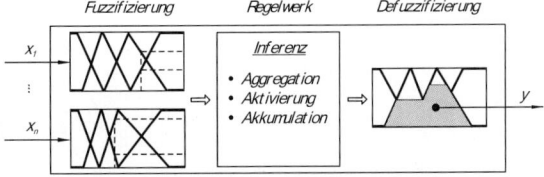

Bild 1. Struktur eines Fuzzy-Controllers

Für die Erläuterung der Begriffe und Vorgehensweise wird für dieses Kapitel ein Standardbeispiel gewählt, an dem ein Regelzyklus durchlaufen werden soll. Dieses wird hier schon vorgestellt, um ein Modell vor Augen zu haben; später wird darauf Bezug genommen.
In der Situation von Bild 2 soll die Bremskraft eines Fahrzeuges in Abhängigkeit von der eigenen Geschwindigkeit und dem Abstand zum voraus fahrenden Fahrzeug geregelt werden.

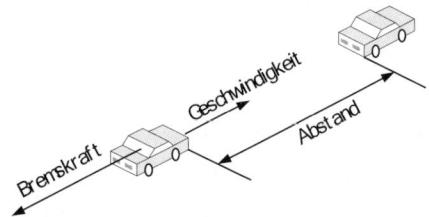

Bild 2. Bremskraftregelung in Abhängigkeit von eigener Geschwindigkeit und Abstand zum vorausfahrenden Fahrzeug. Die Bremskraft muss umso stärker sein, je dichter das Fahrzeug auffährt und je höher die Geschwindigkeit ist

5.1 Fuzzy-Mengen

Die theoretische Basis bildet die Fuzzy-Logik (*Fuzzy Logic*), die es in der Mathematik neben der zweiwertigen Logik ({wahr, falsch}, {TRUE, FALSE}, {0,1}) gibt. Deren Anwendung auf die Leittechnik wird als **Fuzzy-Control**, auch Fuzzy-Regelung, bezeichnet.
Fuzzy-Logik verwendet **linguistische Terme** (*linguistic term*) wie „niedrig", „mittel", „hoch" oder „ganz offen", „halb offen", „ganz zu" für die Beschreibung physikalischer Größen wie „Temperatur" oder „Wärmeenergie". Diese heißen hier **linguistische Variable** (*linguistic variable*). Jeder linguistische Term wird durch die Angabe einer Grundmenge G und einer **Zugehörigkeitsfunktion** (*membership function*) μ definiert. Die Zugehörigkeitsfunktion ist eine abschnittsweise lineare Funktion. Dadurch wird dann eine **Fuzzy-Menge** M beschrieben. In den folgenden Beispielen werden die Begriffe erläutert.

Beispiel: Beschreibung von Temperatur und Wärmezufuhr eines Wasserbades
Ein Wasserbad soll auf einer konstanten Temperatur gehalten werden. Dazu wird in Abhängigkeit von der Wassertemperatur mehr oder weniger Wärmeenergie zugeführt.

Lösung:
Die linguistische Variable ‚Wassertemperatur' kann als eine von vielen Möglichkeiten durch die linguistischen Terme ‚sehr niedrig', ‚niedrig', ‚mittel', ‚hoch' und ‚sehr hoch' beschrieben werden. Die Grundmenge G besteht hier aus Temperaturwerten aus dem Intervall [0 °C; 100 °C].

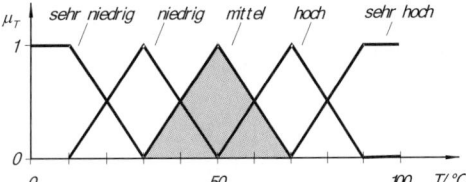

Die Zugehörigkeit z.B. zum Term ‚mittel' wird durch eine Funktion beschrieben, die für $T < 30$ °C den

Wert 0 hat, dann linear bis zum Wert 1 bei $T = 50\ °C$ ansteigt und dann wieder linear abfällt und für $T > 70\ °C$ den Wert 0 hat.

Also lautet die entsprechende Zugehörigkeitsfunktion als abschnittsweise definierte Funktion:

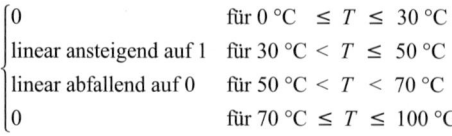

$\mu_{T,\ \text{mittel}} =$

$$\begin{cases} 0 & \text{für } 0\ °C\ \le T \le\ 30\ °C \\ \text{linear ansteigend auf 1} & \text{für } 30\ °C < T \le\ 50\ °C \\ \text{linear abfallend auf 0} & \text{für } 50\ °C < T\ <\ 70\ °C \\ 0 & \text{für } 70\ °C \le T \le\ 100\ °C \end{cases}$$

Sie kann aber auch durch Punkte beschrieben werden, an denen der Graf gültig, d.h. größer als 0 ist, also hier (30;0), (50,1), (70,0).

Die einzelnen Fuzzy-Mengen müssen nicht notwendigerweise symmetrisch sein. Durch Erfahrung kann es auch sinnvoll sein, andere Einteilungen vorzunehmen. So kann z.B. die linguistische Variable ‚Geschwindigkeit' des hinteren Fahrzeugs aus Bild 2 durch linguistische Terme nach Bild 3 beschrieben werden.

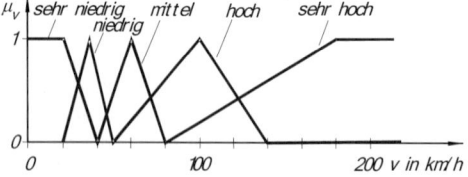

Bild 3. Beschreibung der Geschwindigkeit eines Fahrzeugs. Die niedrigen Geschwindigkeiten sind feiner gegliedert als die hohen.

Die Zugehörigkeitsfunktionen müssen nicht notwendigerweise Dreiecksgestalt haben. Weitere typische Formen sind in Bild 4 dargestellt.

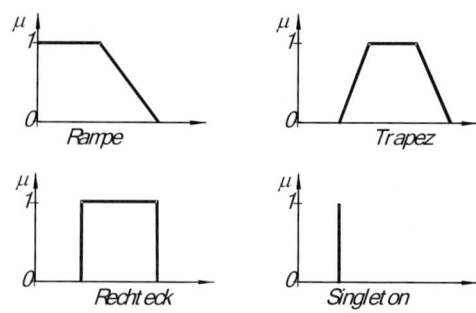

Bild 4. Gebräuchliche Formen von Zugehörigkeitsfunktionen

Wenn mit Simulationssoftware gearbeitet wird, haben sich folgende Skalen durchgesetzt:

Skala 1: negativ groß (NG), negativ klein (NK), Null (N), positiv klein (PK) und positiv groß (PG)

Skala 2: sehr klein (SK), klein (K), mittel (M), groß (G) und sehr groß (SG)

Die Zugehörigkeitsfunktion kann auch durch Angabe der Eckpunkte beschrieben werden. Die meisten Programme liefern beide Möglichkeiten. Im Programm fuzzyTECH (www.fuzzytech.com) sieht der Bildschirm mit der so erzeugten Zugehörigkeitsfunktion wie in Bild 5 aus. Die Eckpunkte lassen sich durch Verschieben und durch Eingabe der Koordinaten manipulieren.

Die Bilder 5 und 6 zeigen zwei Realisierungen von Zugehörigkeitsfunktionen mit der Software.

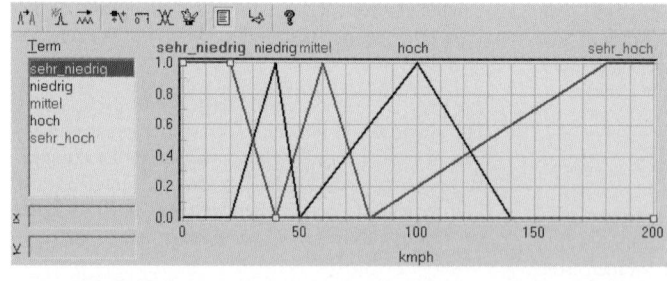

Bild 5. Zugehörigkeitsfunktionen für eine Geschwindigkeit in fuzzyTECH

Bild 6. Zugehörigkeitsfunktionen für einen Fahrzeugabstand in fuzzyTECH

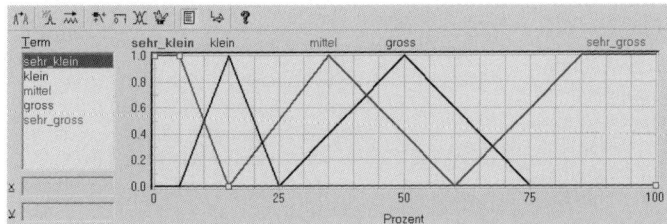

Bild 7.
Zugehörigkeitsfunktionen
für eine Bremskraft in
fuzzyTECH

Auch die Ausgangsgrößen werden durch Fuzzy-Mengen beschrieben (siehe Bild 7).

5.2 Fuzzifizierung

Nach DIN 61131-7 wird beim **Fuzzifizieren** ermittelt, wie die Eingangsvariablen zu den linguistischen Termen passen. Dazu wird der aktuelle Zugehörigkeitsgrad von Eingangsvariablen für jeden linguistischen Term der entsprechenden linguistischen Variablen bestimmt. Dies ermittelt die Software aus den Zugehörigkeitsfunktionen.

Dieser Vorgang soll anhand eines konkreten Beispiels beschrieben werden:

In Fortführung des Fahrzeug-Beispiels soll eine Geschwindigkeit $v = 110$ km/h und ein Abstand $a = 45$ m fuzzifiziert werden.

Der Wert 110 km/h der linguistischen Variable ‚Geschwindigkeit' hat damit folgende Zugehörigkeitsgrade (Bilder 8 und 9):

$$\mu_{hoch}(110 \text{ km/h}) = 0,75$$

$$\mu_{sehr\ hoch}(110 \text{ km/h}) = 0,30$$

Begründung: Die Zugehörigkeitsfunktion für ‚hoch' fällt im Intervall [100 km/h; 140 km/h] linear von 1 auf 0. Deshalb hat sie bei 110 km/h den Wert 0,75 erreicht. Die Zugehörigkeitsfunktion für ‚sehr hoch' steigt im Intervall [80 km/h; 180 km/h] linear von 0 auf 1. Deshalb hat sie bei 110 km/h den Wert 0,30 erreicht.

Auf gleiche Weise wird ein Abstand $a = 45$ m fuzzifiziert (Bilder 10 und 11).

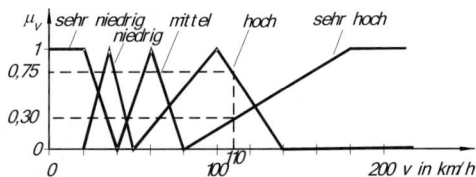

Bild 8. Fuzzifizierung der Geschwindigkeit
$v = 110$ km/h

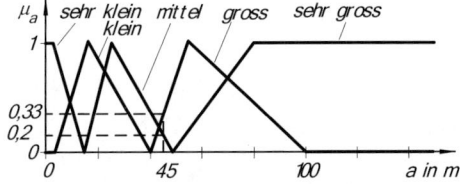

Bild 10. Fuzzifizierung des Abstandes $a = 45$ m

Der Wert 45 m der linguistischen Variable ‚Abstand' hat damit folgende Zugehörigkeitsgrade:

$$\mu_{mittel}(45 \text{ m}) = 0,20$$

$$\mu_{gross}(45 \text{ m}) = 0,33$$

Begründung: Die Zugehörigkeitsfunktion für ‚mittel' fällt im Intervall [25 m; 50 m] linear von 1 auf 0. Deshalb hat sie bei 45 m den Wert 0,2 erreicht. Die Zugehörigkeitsfunktion für ‚gross' steigt im Intervall [40 m; 55 m] linear von 0 auf 1. Deshalb hat sie bei 45 m den Wert 0,33 erreicht.

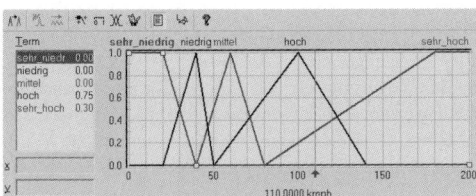

Bild 9. Fuzzifizierung der Geschwindigkeit
$v = 110$ km/h in fuzzyTECH

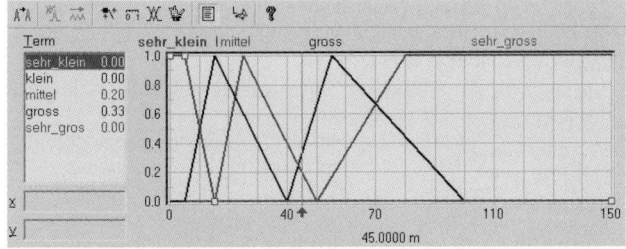

Bild 11.
Fuzzifizierung des Abstandes
$a = 45$ m in fuzzyTECH

5.3 Regelwerk und Inferenz

In der **Inferenz** (Bearbeitung) des Fuzzy-Algorithmus wird beschrieben, wie die Eingangsgrößen logisch verbunden sind. Diese Anhängigkeiten werden in einem oder mehreren Regelblöcken dargestellt. Zum richtigen Hantieren und um die Möglichkeit zu bieten, das **Regelwerk** (*rule base*) in verschiedene Module aufzuteilen, ist die Verwendung von mehreren Regelblöcken erlaubt. Diese so genannten **linguistischen Regeln** (*linguistic rule*) haben die Struktur:

R_k: Wenn *Bedingung* P_k erfüllt ist, dann ist die *Konklusion* C_k auszuführen.

Hier umfasst die *Bedingung* jeder Regel eine linguistische Aussage oder eine Kombination von Aussagen durch die Eingangsvariablen, während die Konklusion die Ausgangsvariablen im Sinne einer Handlungsanweisung bestimmt.

#	WENN		DANN	
	Abstand	Geschwindigkeit	DoS	Bremskraft
1	sehr_klein	sehr_niedrig	1.00	klein
2	sehr_klein	niedrig	1.00	gross
3	sehr_klein	mittel	1.00	sehr_gross
4	sehr_klein	hoch	1.00	sehr_gross
5	sehr_klein	sehr_hoch	1.00	sehr_gross
6	klein	sehr_niedrig	1.00	sehr_klein
7	klein	niedrig	1.00	sehr_klein
8	klein	mittel	1.00	mittel
9	klein	hoch	1.00	gross
10	klein	sehr_hoch	1.00	sehr_gross
11	mittel	sehr_niedrig	1.00	sehr_klein
12	mittel	niedrig	1.00	sehr_klein
13	mittel	mittel	1.00	sehr_klein
14	mittel	hoch	1.00	sehr_klein
15	mittel	sehr_hoch	1.00	klein
16	gross	sehr_niedrig	1.00	sehr_klein
17	gross	niedrig	1.00	sehr_klein
18	gross	mittel	1.00	sehr_klein
19	gross	hoch	1.00	sehr_klein
20	gross	sehr_hoch	1.00	klein
21	sehr_gross	sehr_niedrig	1.00	sehr_klein
22	sehr_gross	niedrig	1.00	sehr_klein
23	sehr_gross	mittel	1.00	sehr_klein
24	sehr_gross	hoch	1.00	sehr_klein
25	sehr_gross	sehr_hoch	1.00	sehr_klein

Bild 12. Regelwerk als Tabelle
In der Tabelle kann auch noch ein Wichtungsfaktor (*weighting factor*) angegeben werden. Hier wird er auf 1.00 belassen.

Das Regelwerk erhält Erfahrungswissen über den Ablauf eines bestimmten Prozesses, der betrachtet wird. Man verwendet linguistische Regeln, um das Wissen darzustellen. Die Formulierung der Regeln fordert das fachliche Können des Entwicklers. Charakteristisch ist dabei das Überlappen der einzelnen Fuzzy-Mengen.
Liegen zwei Eingangsgrößen und nur eine Ausgangsgröße vor, wie im Fahrzeug-Beispiel, und sind die

zwei Eingangsvariablen AND-verknüpft, formuliert man z.B. die Regeln folgendermaßen:

Regel 1:   WENN Abstand = sehr klein UND
                   Geschwindigkeit = sehr niedrig,
                   DANN Bremskraft = klein.
Regel 2:   WENN Abstand = sehr klein UND
                   Geschwindigkeit = niedrig,
                   DANN Bremskraft = groß. usw.

Die so gestalteten Regeln werden in Form einer Tabelle (Bild 12) oder einer Matrix (Bild 13) angegeben. Bei der Matrix werden dabei die Werte der Eingangsvariablen den Zeilen bzw. Spalten zugeordnet. Die Werte der Ausgangsvariablen werden in die Matrixfelder eingetragen.

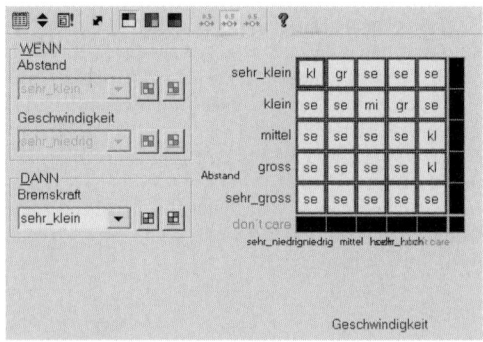

Bild 13. Regelwerk als Matrix

Auswertung
Alle Regeln mit einem Erfüllungsgrad größer null (sog. ‚aktive' Regeln) werden zunächst getrennt voneinander ausgewertet. Dazu wird für jede aktive Regel der Aggregatwert bestimmt. In Abhängigkeit von diesem Wert wird für jede Regel die Fuzzy-Menge im Schlussfolgerungsteil der Regel in der Höhe des Erfüllungsgrads abgeschnitten. Jede aktive Regel ergibt also zunächst eine 'geköpfte' Fuzzy-Menge als Schlussfolgerung für die Ausgangsgröße. Anschließend werden die Schlussfolgerungen kombiniert und zu einem exakten Steuerwert zusammengefasst.
Liegen mehrere Eingangsgrößen vor, werden zunächst in einer Unterfunktion der Inferenz, der sog. **Aggregation** (*aggregation*), die verknüpften Eingangsaussagen zu einer Gesamtaussage zusammengefasst. Für die Umsetzung der AND-Verknüpfung gibt es mehrere Möglichkeiten. Gebräuchlich ist die Umsetzung durch den Min-Operator umgesetzt, d.h. es wird jeweils das Minimum an die nächste Funktion übergeben:
Der Abstand $a = 45$ m gehört zu den Fuzzy-Mengen der Terme

sehr klein	mit dem Zugehörigkeitsgrad 0
klein	mit dem Zugehörigkeitsgrad 0
mittel	mit dem Zugehörigkeitsgrad 0,2
groß	mit dem Zugehörigkeitsgrad 0,33
sehr groß	mit dem Zugehörigkeitsgrad 0

Die Geschwindigkeit v = 110 km/h gehört zu den Fuzzy-Mengen der Terme

sehr niedrig   mit dem Zugehörigkeitsgrad 0
niedrig   mit dem Zugehörigkeitsgrad 0
mittel   mit dem Zugehörigkeitsgrad 0
hoch   mit dem Zugehörigkeitsgrad 0,75
sehr hoch   mit dem Zugehörigkeitsgrad 0,3

Damit sind folgende Regeln aktiv:
Regel 14:
Abstand = mittel   UND Geschwindigkeit = hoch
Regel 15:
Abstand = mittel   UND Geschwindigkeit = sehr hoch
Regel 19:
Abstand = groß   UND Geschwindigkeit = hoch
Regel 20:
Abstand = groß   UND Geschwindigkeit = sehr hoch

Für jede dieser Regeln wird die Aggregation P_i bestimmt. Hier wird der Min-Operator gewählt:

$$P_i = \text{Min}\left(\mu_{a,i}; \mu_{v,i}\right), \text{ also}$$

$$P_{14} = \text{Min}\left(\mu_{a,\text{mittel}}\left(45\text{ m}\right); \mu_{v,\text{hoch}}\left(110\text{ km/h}\right)\right) =$$
$$= \text{Min}\left(0,2; 0,75\right) = 0,2$$

$$P_{15} = \text{Min}\left(\mu_{a,\text{mittel}}\left(45\text{ m}\right); \mu_{v,\text{sehr hoch}}\left(110\text{ km/h}\right)\right) =$$
$$= \text{Min}\left(0,2; 0,3\right) = 0,2$$

$$P_{19} = \text{Min}\left(\mu_{a,\text{groß}}\left(45\text{ m}\right); \mu_{v,\text{hoch}}\left(110\text{ km/h}\right)\right) =$$
$$= \text{Min}\left(0,33; 0,75\right) = 0,33$$

$$P_{20} = \text{Min}\left(\mu_{a,\text{groß}}\left(45\text{ m}\right); \mu_{v,\text{sehr hoch}}\left(110\text{ km/h}\right)\right) =$$
$$= \text{Min}\left(0,33; 0,3\right) = 0,3$$

Regel 14

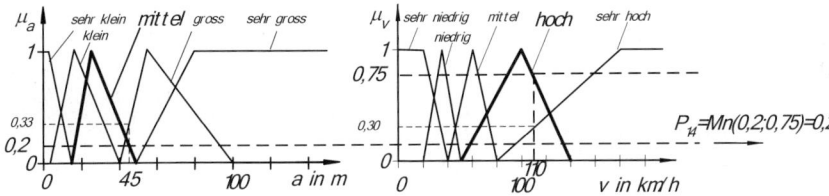

Regel 15

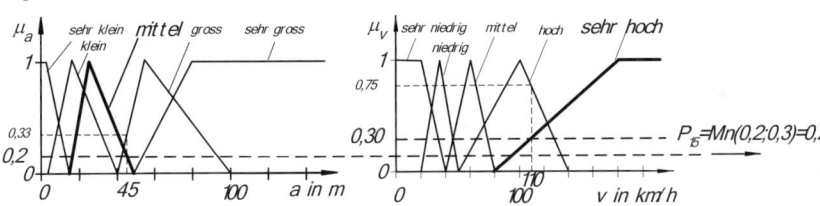

Regel 19

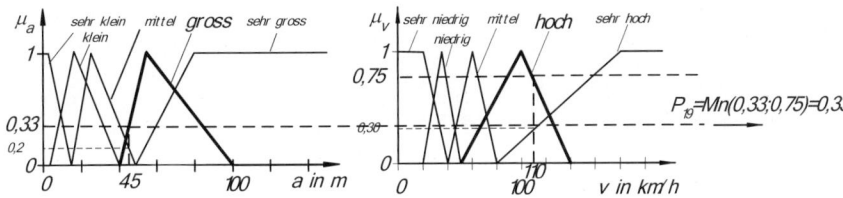

Regel 20

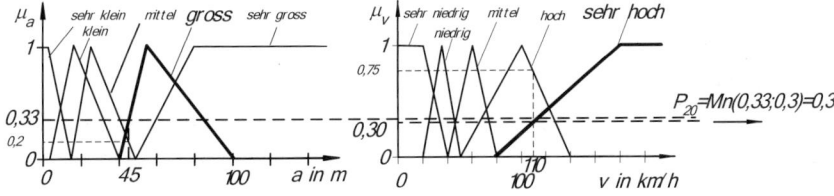

Bild 14. Grafische Darstellung des Ergebnisses der Aggregation.

In der Unterfunktion **Aktivierung** (*activation*) wird die WENN-DANN-Konklusion umgewandelt. Die Struktur dabei ist

Regel i: WENN Bedingung P_i DANN Konklusion C_i

für alle aktiven Regeln.

In Abhängigkeit von P_i wird die Fuzzy-Menge der Konklusion ‚abgeschnitten' (Bild 15).

Im Fahrzeug-Beispiel heißt das (Bild 16):

Im letzten Schritt der Inferenz, in der Unterfunktion **Akkumulation** (*accumulation*), werden die einzelnen ‚geköpften' Fuzzy-Mengen zu einem Gesamtergebnis verknüpft. Auch hier gibt es verschiedene Möglichkeiten. Für das behandelte Beispiel ist der Max-Operator sinnvoll. In den einzelnen linguistischen Termen wird jeweils der Größte genommen und diese Funktionen werden dann zusammengefasst.

Im Beispiel heißt dies (Bilder 17 und 18):

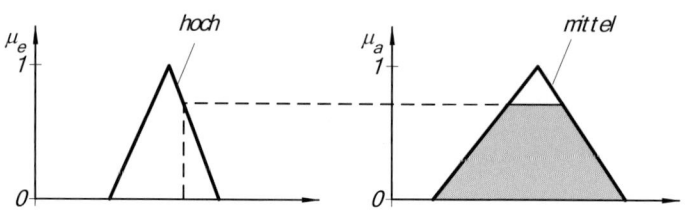

Bild 15.
Auswertung einer Regel

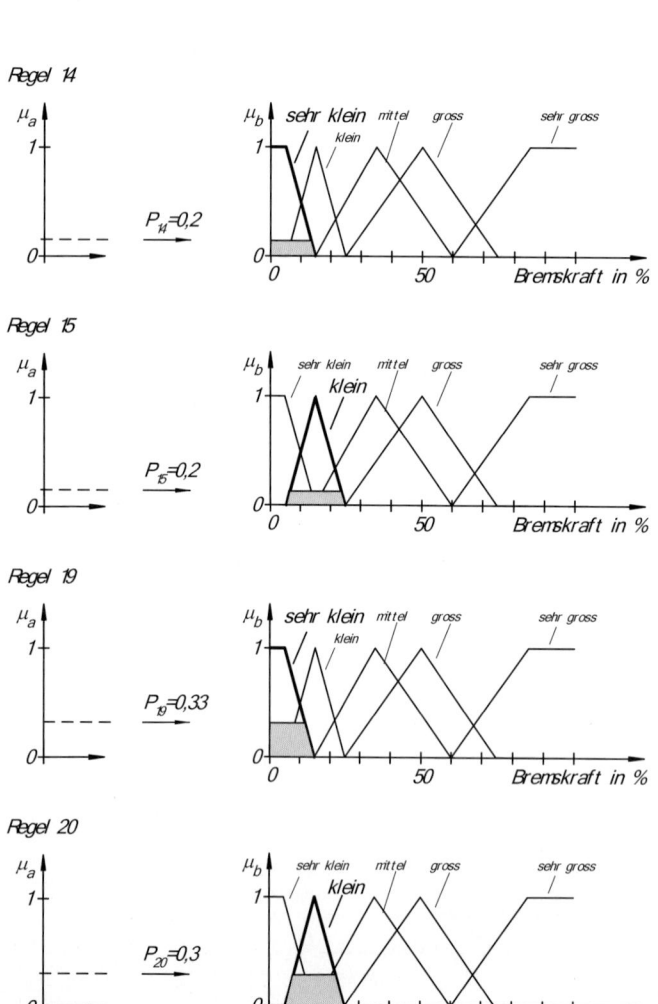

Bild 16.
Aktivierung

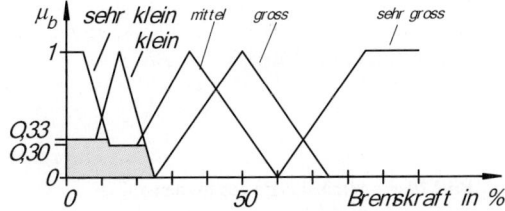

Bild 17.
Akkumulation der Bremskraft

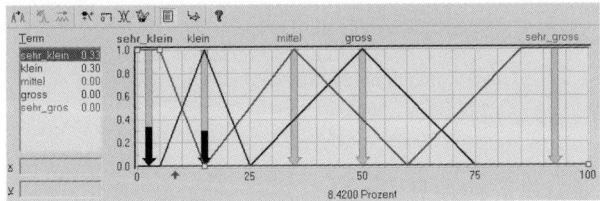

Bild 18.
Akkumulation der Bremskraft mit
fuzzyTECH

5.4 Defuzzifizierung

Die durch Akkumulation gewonnene Fuzzy-Menge
muss im letzten Schritt in einen scharfen Zahlenwert
für die anzuwendende Ausgangsgröße – hier die
Bremskraft – umgewandelt werden. In der Defuzzifizierung wird die Frage beantwortet, mit welcher Kraft
in der konkreten Situation gebremst werden muss. Es
muss ein Verfahren gefunden werden, das die Information der Ergebnismenge möglichst gut abbildet.
Die am häufigsten verwendete Defuzzifizierungs-
methode ist die sog. Schwerpunktmethode (Center of
Area, CoA). Hierbei wird der Schwerpunkt der resultierenden Ergebnis-FuzzyMenge ermittelt und sein
Abszissenwert als scharfe Ausgangsgröße gewählt.

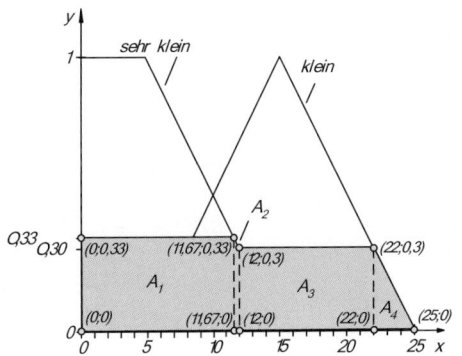

Bild 19. Defuzzifizierung

Zur Berechnung des Flächenschwerpunkts wurden
der interessierende Ausschnitt gewählt und die Achsen mit x und y bezeichnet (Bild 19). Gesucht ist die
x-Komponente des Schwerpunkts.
Mit dem Momentsatz für Flächen gilt:

$$x_S = \frac{A_1 \cdot x_{S1} + A_2 \cdot x_{S2} + A_3 \cdot x_{S3} + A_4 \cdot x_{S4}}{A_1 + A_2 + A_3 + A_4}$$

wobei die x_{Si} die Schwerpunkte der einzelnen Flächen sind.

Rechteck: $A_1 = l \cdot b = 11,67 \cdot 0,33 = 3,8511$

$$x_{S1} = \frac{l}{2} = 11,67/2 = 5,835$$

Trapez:
$$A_2 = \frac{1}{2}(a+b) \cdot h = \frac{1}{2}(0,33+0,3) \cdot 0,33$$
$$= 0,10395$$

$$x_{S2} = \frac{h \cdot (a+2b)}{3 \cdot (a+b)} + 11,67 =$$

$$= \frac{0,33 \cdot (0,33+2 \cdot 0,3)}{3 \cdot (0,33+0,3)} + 11,67 =$$

$$= 11,8324$$

Rechteck: $A_3 = l \cdot b = 10 \cdot 0,3 = 3$

$$x_{S3} = 12 + \frac{l}{2} = 12 + 10/2 = 17$$

Dreieck:
$$A_4 = \frac{1}{2}g \cdot h = \frac{1}{2} \cdot 3 \cdot 0,3 = 0,45$$

$$x_{S4} = \frac{1}{3}(x_1 + x_2 + x_3) = \frac{1}{3}(22+22+25) =$$
$$= 23$$

Damit
$$x_S = \frac{3,8511 \cdot 5,835 + 0,10395 \cdot 11,8324 + 3 \cdot 17 + 0,45 \cdot 23}{3,8511 + 0,10395 + 3 + 0,45}$$

$$x_S = 11,4856$$

Dieses CoA-Verfahren zu Echtzeitbedingungen über-
fordert eine S5-Steuerung. Deshalb wird in fuzzy-
TECH an dieser Stelle ein Kompromiss-Verfahren
eingesetzt, das CoM (Center of Maximum)-Ver-
fahren. Es rechnet jeweils mit der x-Komponente des
Maximums (bei einem ausgedehnten Maximum wird
der mittlere x-Wert genommen)

$$x_s = \frac{\mu_{sehr\_klein} \cdot x_{Max(sehr\_klein)} + \mu_{klein} \cdot x_{Max(klein)}}{\mu_{sehr\_klein} + \mu_{klein}}$$

$$= \frac{0,33 \cdot 2,5 + 0,3 \cdot 15}{0,33 + 0,3}$$

$$= 8,45238$$

Das ist auch der Wert, den fuzzyTECH berechnet (Bild 20).

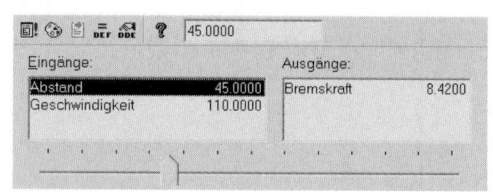

Bild 20. Ergebnis der Defuzzifizierung

Ursache der Abweichung zu 8,45238 ist die 8-bit-Verschlüsselung der Daten.
Dieser Wert wird als Stellgröße an die Bremse gelie-fert. Damit ist ein Regelzyklus abgeschlossen.

S Betriebswirtschaft

Jürgen Bauer

Teil A: Betriebswirtschaftliche Grundlagen

1 Aufgaben und Zielsetzungen

1.1 Anwendungsgebiete der Betriebswirtschaft im technischen Umfeld

Die technisch orientierte Betriebswirtschaft unterstützt den Techniker und Ingenieur bei der
- Planung und Realisierung wirtschaftlicher Prozesse (Fertigungsprozesse, Entwicklungsprozesse im F+E-Bereich, Vertriebsprozesse, Beschaffungsprozesse),
- Überwachung der Wirtschaftlichkeit,
- Führung und Management von Abteilungen, Teams, Mitarbeitern und
- Entwicklung und Vermarktung kundenorientierter und marktgerechter Produkte.

1.2 Hauptaufgaben

Eine technisch orientierte Betriebswirtschaft konzentriert sich auf
- die Unternehmensplanung und Unternehmensorganisation als Bestimmungsgrößen jeder ingenieurmässigen Aktivität,
- die Kostenrechnung und die Wirtschaftlichkeitsrechnung als Basis vieler Entscheidungen in Produktion, Entwicklung, Materialwirtschaft, Vertrieb, also die Bereiche, in denen Ingenieure und Techniker bevorzugt tätig sind,
- das Projektmanagement als unverzichtbares Instrument zur effizienten Durchführung von großen Planungsvorhaben in allen Bereichen,
- die betriebswirtschaftliche Seite der Produktplanung und das Marketing von Produkten.

1.3 Betriebswirtschaftliche Ziele und Erfolgsfaktoren

Unternehmen müssen sich Ziele setzen, an denen die Aktivitäten auszurichten sind. Diese Ziele sind anzustreben, wenn sich das Unternehmen langfristig im Wettbewerb behaupten will. Als traditionelle betriebswirtschaftliche Zielgrößen gelten Gewinn, Produktivität und Wirtschaftlichkeit.
Gewinnmaximierung beinhaltet den Gewinn, z.B. als:

$$\text{Gewinn = Erlös – Kosten}$$

oder in Verbindung mit dem Kapitaleinsatz:

$$\text{Rendite = 100 * Gewinn aus dem Kapitaleinsatz / Kapitaleinsatz}$$

Die Produktivität stellt den Output eines Unternehmens (z.B. in produzierten Stückzahlen) dem Input (z.B. in aufgewandten Personalstunden) gegenüber, z.B. in der Automobilindustrie als

$$\text{Produktivität = produzierte PKW pro Jahr / Anwesenheitsstunden der Mitarbeiter pro Jahr}$$

Häufig wird er abgewandelt als der reziproke Wert der Montagestunden pro PKW.
Die Wirtschaftlichkeit stellt den Output einem Input gegenüber. Beispielsweise als Wirtschaftlichkeit des Materialeinsatzes:

$$\text{Wirtschaftlichkeit = Materialverbrauch / Produktionsmenge}$$

Hier kann das Minimalprinzip (minimaler Verbrauch pro Produkt) oder das Maximalprinzip (maximaler Output aus einer gegebenen Materialmenge) angestrebt werden.
Ein minimaler verbrauch bei maximaler Ausbringung ist allerdings eine Nonsensdefinition, da nicht realisierbar.
Angesichts der Komplexität der Unternehmen und des Marktes reichen diese traditionellen Zielsetzungen nicht mehr aus. Erforderlich sind aus der Unternehmensstrategie abgeleitete mehrdimensionale Zielgrößen. Das Unternehmen ist dazu aus der Sicht der Anteilseigner, der Kunden, der Geschäftsprozesse und der Innovationsfähigkeit zu betrachten, wie sie von Kaplan und Norton im Ansatz der *Balanced Scorecard* vorgeschlagen wird. Für jede Perspektive werden Ziele formuliert (Bild 1). Sie werden wegen Ihrer Auswirkung auf den Unternehmenserfolg auch als *Erfolgsfaktoren* bezeichnet.
Dominierendes Ziel der Finanzperspektive ist der Return on Investment (ROI) als Gewinn bezogen auf das eingesetzte Kapital (siehe auch 3.3). Der ROI ermittelt den Gewinn durch das eingesetzte Kapital (z.B. Unternehmensgewinn) und stellt ihn dem Kapitaleinsatz (z.B. gebundenes Kapital im Unternehmen) gegenüber. *Beispiel: In einem Unternehmen sind 100 Millionen € investiert. Es macht einen Gewinn von 5 Mio € /Jahr. Der ROI beträgt hier 5 % (siehe auch 3.3).*
Die *finanzielle Unabhängigkeit* ist Ergebnis eines geringen Schuldenanteils (Fremdkapital bezogen au das Gesamtkapital).

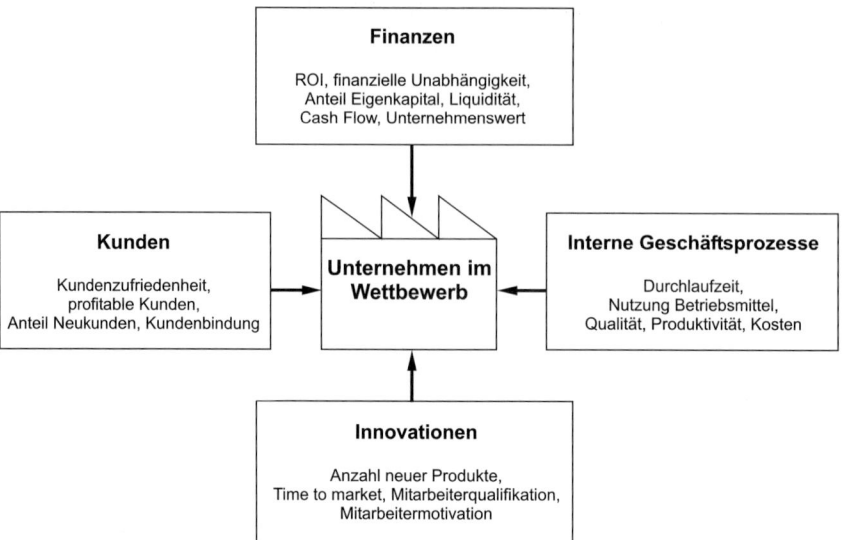

Bild 1. Unternehmensziele und Erfolgsfaktoren

Der *Unternehmenswert* wird durch die Fähigkeit bestimmt, auch in Zukunft Zahlungsströme (Cash Flow) durch Gewinne zu generieren (siehe 3.3) bei gleichzeitig geringen Schulden sowie der immateriallen Werte im Unternehmen in Form von Patenten, Markenwerten und know how.

Aus *Kundensicht* zählt die Gewinnung ausgabebereiter, profitabler Kunden, die auch eine enge Bindung an das Unternehmen haben, zu den bevorzugten Zielen. Zu nennen ist hier auch die Gewinnung neuer Kunden, ohne die bestehenden zu vernachlässigen, ferner die Kundenzufriedenheit.

Die originären Ziele in der *Prozesssicht* sind die Durchlaufzeit der Aufträge, die Termintreue, die hohe Auslastung der Betriebsmittel, und die Prozessqualität. Sie werden im Qualitätsmanagement und in der Produktionslogistik näher behandelt. Aus der Finanzperspektive vom ROI abgeleitete Ziele sind eine geringe Kapitalbindung durch geringe Lagerbestände und geringe Fertigungskosten. Eine häufig verwendete Kennzahl ist die Produktivität als Verhältnis von produzierter Menge zu den dafür eingesetzten Arbeitsstunden.

Aus der *Innovationsperspektive* gesehen geht es vor allem darum, neue Produkte schnell zur Marktreife zu bringen (time to market), ferner Rahmenbedingungen zu schaffen, dass die Mitarbeiter motiviert und kreativ sind. Eine zunehmende Bedeutung erhält das Informationswesen im Unternehmen in Form effizienter Systeme zur Unternehmenssteuerung und Ressourcenverwaltung (ERP-Systeme). Da sich die Auftragsabwicklung mit Kunden und Lieferanten immer mehr auf die Informationstechnik verlagert, wird die überbetriebliche Kommunikation im Rahmen von Business to Business-Lösungen immer wichtiger für den Unternehmenserfolg.

1.4 Kennzahlen

Die Ziele werden im Rahmen der Unternehmensstrategie in *Kennzahlen* transformiert, die dann als Leistungsmaßstab – sogenannte Key Performance Indicators (KPI) dienen. Kennzahlen dienen als Vorgabe für die Unternehmensinstanzen und als Vergleichsgrößen (benchmarks). Sie sollen zudem die Prozessverantwortlichen motivieren. Kennzahlen sollten die Unternehmensziele unterstützen, branchenüblich und leicht zu ermitteln sein. Im Regelfall kommt ein Unternehmen mit insgesamt 15 Schüsselkennzahlen aus.

1.5 Wertschöpfungskette des Unternehmens

Die betriebliche Leistungserstellung lässt sich nach Porter in primäre und unterstützende Wertaktivitäten untergliedern. *Primäre Aktivitäten* sind Entwicklung, Beschaffung, Produktion, Absatz. *Unterstützende Funktionen* dagegen sind Aktivitäten des Führungssystems, der Logistik, des Controllings und die Infrastruktur (Bild 2). Primäre und unterstützende Aktivitäten haben ihren Beitrag zur Wertschöpfung zu erbringen, ausgedrückt als Kundennutzen der jeweiligen Aktivität. Dem werden die Kosten der Aktivitäten gegenübergestellt. Erfolgreiche Aktivitäten können identifiziert und gefördert, erfolglose rationalisiert oder outgesourct werden.

Die Wertschöpfung findet primär in den Funktionen Entwickeln, Produzieren und Absetzen statt. An der Wertschöpfung beteiligt sind ferner die Querschnittsfunktionen Logistik, Unternehmensführung, Controlling.

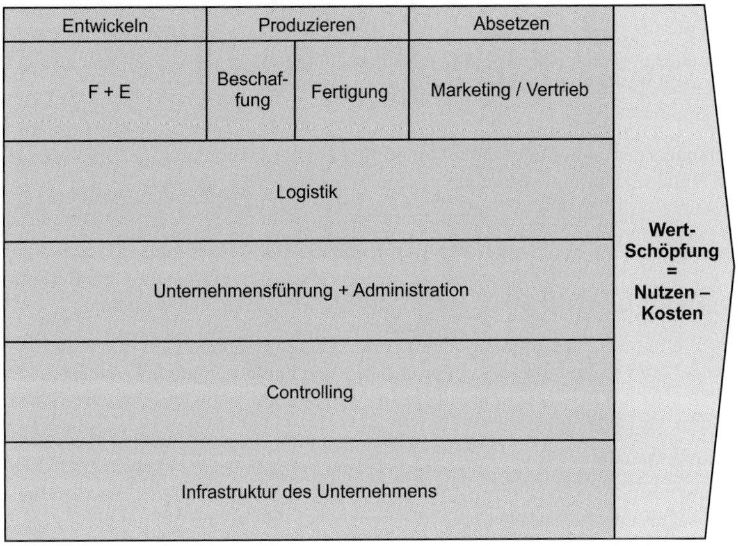

Entwickeln	Produzieren		Absetzen
F + E	Beschaffung	Fertigung	Marketing / Vertrieb

Logistik

Unternehmensführung + Administration

Controlling

Infrastruktur des Unternehmens

Wert-Schöpfung = Nutzen – Kosten

Bild 2.
Wertketten des
Unternehmens

Die *Logistik* beinhaltet alle mit der Materialbeschaffung, Materiallagerung und Materialverteilung verbundenen Prozesse. Sie wird im Rahmen der Produktionslogistik behandelt (siehe Abschnitt C).

Das *Controlling* hat als Stabsfunktion (siehe 2.3) die Informationsversorgung aller betrieblichen Bereiche mit Reports als zentrale Aufgabe. Daneben ist es für die Unternehmensplanung, die Strategieentwicklung und die Überwachung in allen 4 Perspektiven im Bild 1 verantwortlich. Zur Unterstützung dieser Aufgaben sind den Unternehmensbereichen Controllingstellen zugeordnet (Logistikcontrolling, Produktionscontrolling, Vertriebscontrolling, F+E-Controlling).

Die *Unternehmensführung* bestimmt die Aufbau- und Ablauforganisation und wählt geeignete Strategien für das Unternehmen (siehe 2).

Einen wesentlichen Beitrag zur Wertschöpfung liefert die Infrastrukur des Unternehmens. Motivierte, gut ausgebildete und mit entsprechenden Kompetenzen ausgestattete Mitarbeiter sind die Basis für die Wertschöpfung in den primären Aktivitäten. Zunehmend gewinnt auch die Informationstechnik (IT) an Bedeutung: Die interne und externe elektronische Kommunikation mit Geschäftspartnern ist heute in allen Wertschöpfungsketten, aber vor allem in der Logistik unverzichtbar (siehe auch Abschnitt C).

2 Unternehmensplanung und Unternehmensorganisation

2.1 Unternehmensstrategie

Die Unternehmensplanung hat die Aufgabe, eine dauerhafte, nachhaltige Strategie für das Unternehmen zu entwickeln, alle Aktivitäten auf diese Strategie auszurichten und in die Planungen der einzelnen Unternehmensbereiche einzubringen.

Die Entwicklung einer Unternehmensstrategie beginnt mit der Formulierung der *Mission* des Unternehmens (*was sind wir, wie stellen wir uns nach außen und innen dar, was sind unsere Grundsätze?*). Eine vorbildliche Mission hat der Motorenhersteller Deutz erstellt (Bild 3).

Das Unternehmen kann sich bei der Entwicklung einer Strategie an sogenannten *Normstrategien* (Bild 4) orientieren:

- Häufig konzentriert sich das Unternehmen darauf, seine *Kernkompetenzen* (das, was man gut kann) auszubauen. *Beispiel: Ein Hersteller von Dieselmotoren für Schiffe wird sich auf diese Technologie konzentrieren. Die Herstellung von LKWs gehört nicht zu seinen Kernkompetenzen, die Entwicklungsabteilung wird ihre Aktivitäten auf Schiffsmotoren beschränken.*

- Eine mögliche Strategie besteht in der *Differenzierung* der Produkte. Man versucht, für jeden Kundenwunsch die technische Lösung zu liefern. Das Lieferprogramm wird systematisch ausgeweitet. *Beispiel: Der Motorenhersteller wird auch die Fertigung von Werkzeugmaschinen in das Programm aufnehmen, wenn die Kundennachfrage besteht.*

- Das Unternehmen konzentriert sich darauf, sein Programm zu möglichst geringen Kosten herzustellen. Man behauptet sich auf dem Markt als *Kostenführer*. Technische Lösungen, die sich nicht zu minimalen Kosten herstellen lassen, werden verworfen.

Die Wahl der richtigen Strategie hat eine große Bedeutung für den Erfolg und die Wettbewerbsstärke des Unternehmens. Kostenführerschaft kann auf Kosten der Qualität gehen. Mehrere Konkurrenten mit dieser Strategie können einen Preisrutsch hervorrufen, den keiner überlebt. Produktdifferenzierung als Strategie birgt die Gefahr steigender Kosten und ungenügender Ergebnisse in sich.

---

1. Spezialist in Motorentechnik

Wir streben nach technisch führenden, qualitativ erstklassigen und umweltgerechten Produkten mit hohem Nutzen für unsere Kunden. Dies ist die Basis für unseren dauerhaften Geschäftserfolg

2. Kundenorientierung

Wir sind unseren Kunden ein kompetenter und verlässlicher Partner. Wir orientieren uns an seinen Zielen und Herausforderungen. Wir spüren Kundenbedürfnisse durch aktive Kommunikation frühzeitig auf.

3. Leistung für Zukunft

Motivierte, engagierte und qualifizierte Mitarbeiter mit Unternehmergeist sind die Träger unseres Geschäftserfolges. Wir sorgen für ein leistungsförderndes Klima und belohnen hervorragende Leistungen. Wir fördern die berufliche und persönliche Entwicklung unserer Mitarbeiter im Sinne unserer Unternehmensziele.

4. Innovation stärkt Erfolg

Wir stellen herkömmliche Ansätze und Prozesse immer wieder in Frage und entwickeln neue Lösungen und Produkte zum Nutzen unserer Kunden. Unser Handeln orientieren wir an den international führenden Standards und unsere Ressourcen setzen wir bestmöglich ein.

5. Wertsteigerung durch Gewinnerzielung

Gewinnerzielung ist Voraussetzung für die Zukunft von DEUTZ, die Sicherung unserer Arbeitsplätze und die Umsetzung unserer Strategien und Visionen. Kontinuierliche Wertsteigerung durch Profitabilität sichert das notwendige Vertrauen unserer Kapitalgeber. Wir richten alle unsere Entscheidungen daran aus.

6. Internationalität der Firmenkultur

Wir bekennen uns zu unserer Tradition als international operierendes Unternehmen und wollen diese erfolgreich fortschreiben. Wir fördern eine internationale Firmenkultur, die durch Offenheit und Fairness, Ehrlichkeit und Verlässlichkeit sowie Achtung unterschiedlicher kultureller Wertvorstellungen bestimmt ist. Zur Ausschöpfung unserer Marktpotentiale fördern wir internationalen Erfahrungsaustausch und sind offen für strategische Partnerschaften.

Bild 3. Beispiel für Mission (Quelle Deutz AG)

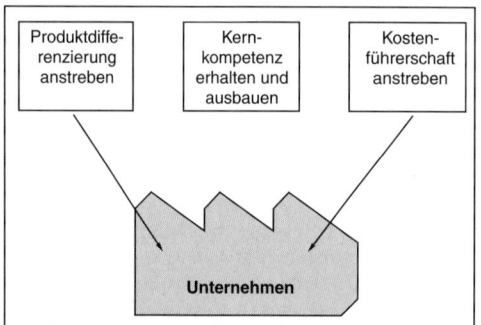

Bild 4. Normstrategien

Die Unternehmensstrategie wird durch Unternehmenspläne realisiert. Der langfristig wichtigste Plan ist der *Produktplan*. In ihm werden unter anderem die neu zu entwickelnden Produkte mit Zeitpunkt der Marktreife geplant. Im *Absatzplan* werden die Produkte mit den zugehörigen Mengen pro Jahr bzw. Monat prognostiziert und festgeschrieben und die Marketingmaßnahmen geplant (siehe 5). Im *Produktionsplan* erfolgt die Mengenplanung und die Planung der einzusetzenden Betriebsmittel, detailliert beschrieben im Abschnitt Produktionslogistik. Mit Hilfe des *Beschaffungsplans* erfolgt die Lieferantenauswahl, die Lieferplanung und die Preisfestlegung. Im *Investitionsplan* werden die Investitionsanträge der einzelnen Bereiche zusammengeführt und auf Wirtschaftlichkeit und Machbarkeit überprüft. Die geplanten Beschaffungen für Maschinen, Einrichtungen, Materialien, Gebäude usw. sind Inputgrößen für den *Finanzplan*. Einnahmen und Ausgaben sind hier so zu planen, dass zu keinem Zeitpunkt ein Liquiditätsengpass entsteht, eine Situation, die für das Unternehmen immer eine Bedrohung darstellt. Neben diesen Plänen existieren noch weitere Pläne, auf die hier nicht eingegangen wird.

2.2 Die Wettbewerbsfähigkeit des Unternehmens im Markt

Die Unternehmensstrategie wird wesentlich von der Wettbewerbsfähigkeit bestimmt. Dort, wo der Markt mit seinen Gegebenheiten auf die interne Wettbewerbsstärke des Unternehmens trifft, entscheidet sich langfristig der Erfolg des Unternehmens. Zunächst sind die Merkmale eines *attraktiven Marktes* zu bestimmen:

- die aktivierbare finanzielle Potenz der Kunden (Kundenprofit),
- die Intensität der Konkurrenz,
- das erwartete Marktwachstum,
- Markteintritts- und -austrittsbarrieren,
- Serviceanforderungen,
- Regulierungshemmnisse (z.B. nationale Normen).

Merkmale der *Wettbewerbsfähigkeit* des Unternehmens sind insbesondere
- die finanziellen Ressourcen des Unternehmens (verfügbares Kapital),
- Produktqualität und Markenimage,
- personelle Ressourcen,
- IT-Infrastruktur,
- Standortfaktoren des Unternehmens (Lohnniveau, Verkehrsanbindung, Zulieferanten),
- Produktionspotential,
- Rendite- und Kostenvorteile gegenüber der Konkurrenz,
- technisches und organisatorisches Know How.

Die Beurteilung der Marktstellung des Unternehmens erfolgt mit dem *Marktattraktivitäts-Wettbewerbsstärke-Portfolio* (Bild 5). In diesem 9-Felder-Portfolio wird für jedes Produkt bestimmt, wie attraktiv der betreffende Markt ist und welche Stärke das Unternehmen bei diesem Produkt hat. Dazu wird für jede Achse eine Einteilung in 3 Teile vorgenommen (0-3 gering, 3-6 mittel, 6-9 gut).

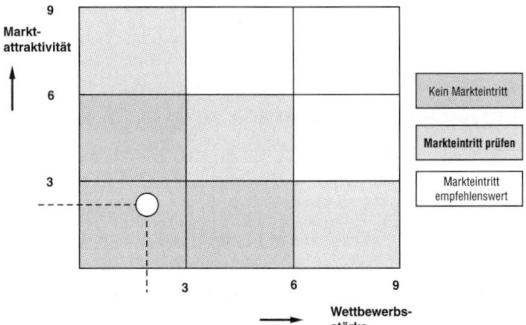

Bild 5. Marktattraktivitäts-Wettbewerbsstärke-Portfolio

Beispiel: Ein Hersteller von Oberklasse-PKW beabsichtigt, in die Kleinwagenproduktion einzusteigen. Das Unternehmen ist eine Aktiengesellschaft mit 10000 Beschäftigten mit einer begrenzten Finanzkraft, technisch hochstehenden Produkten und fundiertem know how in der Oberklasse und hoher Produktqualität. Die Erfahrungen in der Kleinwagensparte sind dagegen gering.

Wegen der mangelnden Erfahrung in der Kleinwagenproduktion und -entwicklung, der begrenzten finanziellen Ressourcen, aber der hohen Produktqualität ist zusammengefasst eine eher geringe Wettbewerbsstärke vorzuschlagen (Bild 5).

Der Markt für Kleinwagen ist hart umkämpft, die Kunden sehr preisbewusst und finanziell zugeknöpft. Die Markteintrittsbarrieren sind hoch (Beispiel: teure Serviceeinrichtungen), gleichfalls die Austrittsbarrieren (lange Serviceverpflichtungen nach Produktionsende). Insgesamt ein eher unattraktiver Markt (Bild 5).

Aus dem Portfolio lassen sich Handlungsstrategien für das Unternehmen ableiten: Bei den *dunkel markierten Feldern* ist ein Markteintritt nicht empfehlenswert. Ist man in diesem Markt bereits präsent, sollte man den Marktaustritt , die Fusion mit anderen Unternehmen oder grundsätzliche Produktverbesserungen erwägen, da man langfristig kaum erfolgreich sein kann. In den *helleren Feldern* ist eine selektive Vorgehensweise angesagt: Der Markteintritt neuer Produkte ist hier sorgfältig abzusichern. In den *weißen Feldern* ist ein Markteintritt gerechtfertigt, bei bestehenden Produkten ist ein Ausbau der Marktposition mit den notwendigen Investitionen vertretbar.

Bei bestehenden Produkten zeigt das Portfolio, welche Maßnahmen (Ausstieg, Ausbauen) sich empfehlen.

2.3 Die Aufbauorganisation des Unternehmens

Die Aufbauorganisation befasst sich mit der Abteilungs- und Stellengliederung und deren hierarchischer Einordnung. In der traditionellen Unternehmensgliederung, der Stab-Linienorganisation, wird unterschieden zwischen
- Linienstellen
- Stabstellen
- Teams.

Linienstellen befassen sich vorrangig mit der Auftragsabwicklung im Unternehmen. Beispiele dafür sind Meister in der Produktion, Werksleiter, Einkäufer, Vertriebssachbearbeiter.

Stabstellen haben vorrangig beratende und kontrollierende Funktion. Beispiele dazu sind Meister in der Qualitätsprüfung, Sicherheitsingenieure, Assistenten des Werksleiters, Controllingmitarbeiter, Normenstellen.

Die Stab-Linienorganisation ist durch Weisungskonflikte zwischen Stab und Linie und durch die häufig schwierige Verantwortungszuordnung belastet. Häufigste Ursache solcher Konflikte sind disziplinarische Weisungen durch Stabsmitarbeiter gegenüber Linienstellen. Sie wird deshalb zunehmend durch flexiblere Formen ersetzt bzw. ergänzt. Hier kommt den Teams eine besondere Rolle zu. Mitarbeiter aus verschiedenen Funktionsbereichen bilden sogenannte crossfunktionale, interdisziplinäre Teams, die das Wissen der einzelnen Funktionsbereiche ohne starre Regelungen einbringen und nutzen. Beispiele dazu bilden *Wertanalyseteams*, in denen Entwickler, Produktionsfachleute, Beschaffer, Vertriebsmitarbeiter und Controller gemeinsam nach neuen Produktlösungen suchen (siehe 5.5). Zunehmend kommen auch Teams zur Auftragsabwicklung zum Einsatz, die alle mit einem Kundenauftrag verbundenen Aktivitäten im Team ohne lange Kommunikationswege koordinieren.

Eine *erfolgreiche Teamarbeit* ist geprägt durch
- Entsendung je eines Mitarbeiters der involvierten Funktionsbereiche in das Team

- Verzicht auf eine Hierarchie im Team, auch wenn die Teammitglieder in ihren Bereichen unterschiedlichen Managementebenen angehören.
- Koordinierung der Teamarbeit und Vertretung des Teams nach außen durch einen Teamsprecher.
- Straffe Planung der Teamarbeit als Projekt mit Termin- und Kostenüberwachung sowie Ergebnisdokumentation (siehe 2.5).
- Mitglieder, die der Teamarbeit aufgeschlossen gegenüberstehen, Konflikte vermeiden und kreativ sind.
- Vermeiden von Betriebsblindheit durch Einbeziehen auch fachfremder Mitarbeiter.
- Verwendung von speziellen Techniken zur Kreativitätsverbesserung und zur Ideenfindung (z.B. Brainstorming, Kaizen).

Die Stellengliederung und damit die grobe Aufgabenverteilung kommt im *Organigramm* (Organisationsplan) des Unternehmens zum Ausdruck. Im Un-

ternehmen mit homogener Produktstruktur werden die Abteilungen nach Tätigkeitsgebieten gegliedert. Man spricht von einer Funktionsgliederung (Bild 6).

Die Linienstellen (Rechteckdarstellung) werden durch Stabstellen (Ellipsendarstellung) beraten bzw. unterstützt. Stabstellen haben fachliche Weisungsbefugnisse im Rahmen ihrer Aufgabe. *Beispiel: Ein Sicherheitsingenieur gibt Weisungen zur Unfallvermeidung an einen Fertigungsmitarbeiter.* Geben Stabsstellen disziplinarische Weisungen an Linienstellen, entstehen unerwünschte Stab-Linienkonflikte, vom Stab wird deshalb ein kooperatives Verhalten verlangt.

Bei heterogenen Produkten wird sich das Unternehmen eher für eine Produktgliederung entscheiden. Hier werden die produktspezifischen Funktionen (Entwicklung, Produktion, Vertrieb, Materialwirtschaft) nach Produktgruppen (Divisions) getrennt (Bild 7).

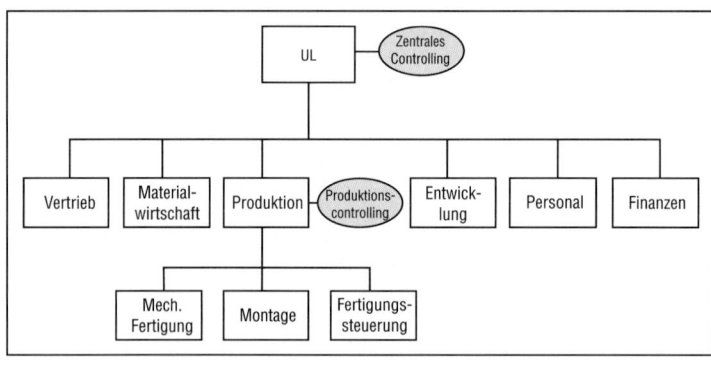

Bild 6.
Organigramm mit Funktionsgliederng (Produktion detailliert), UL = Unternehmensleitung

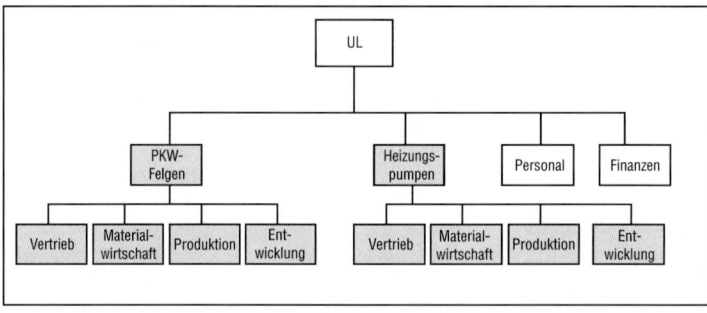

Bild 7.
Produktgliederung

Die Produktgruppen sind dunkel markiert. Jeder Produktgruppe steht ein Produktmanager vor. Bei dieser Gliederungsform können sich die Mitarbeiter besser auf die speziellen Produktbelange konzentrieren. Marktchancen und neue technische Lösungen können schneller erkannt und realisiert werden, die Motivation für das Produkt ist höher. Nachteilig sind u. U. Doppelentwicklungen in den Produktgruppen oder Egoismen der Produktgruppenverantwortlichen. *Beispiel: Beschaffung unterschiedlicher CAD-Systeme in beiden Produktgruppen, ohne dass dies durch Vorteile in einer Produktgruppe gerechtfertigt ist.*

Die Funktionsbereiche (Abteilungen) Personal und Finanzen unterscheiden sich wenig im Hinblick auf die Produkte, sie sind deshalb nicht nach Produkten getrennt.

Bei Großunternehmen werden in horizontaler Richtung zusätzliche Querschnittsbereiche wie eine zentrale Technik, zentrale Beschaffung usw. installiert, die fachliche Weisungen gegenüber den Produktgruppen geben können. Hier wird dann von einer *Matrixorganisation* gesprochen.

Verbreitetes Hilfsmittel zur Durchsetzung der Aufbauorganisation ist neben dem dargestellten Organigramm die *Stellenbeschreibung*. Sie wird vom Vorgesetzten gemeinsam mit dem Mitarbeiter erstellt. Sie enthält die Bezeichnung der Stelle, deren Inhalte, die Ziele, die unterstellten Mitarbeiter, die Informationspflichten gegenüber übergeordneten Instanzen, die Kompetenzen, die Verantwortlichkeiten und die Regelung der Stellvertretung. Die Stellenbeschreibung erleichtert ferner die Personalauswahl.

2.4 Prozessorganisation

Die Auftragsabwicklung im Unternehmen ist Gegenstand der Ablauforganisation. Diese wird durch Geschäftsprozesse realisiert. Zu nennen sind hier:

- die Entwicklung
- die Beschaffung von Material
- das Fertigen
- das Verkaufen.

Die Optimierung dieser Prozesse erfolgt mit Hilfe des *Business Process Reengineering*. Hier werden bestehende Geschaftsprozesse von Zeit zu Zeit völlig neu gestaltet (Neuaufwurf).

Weniger grundlegend ist die evolutionäre Verbesserung der Prozesse, auch als *Business Process Improvement* bezeichnet. Hier werden nur die Schwachstellen des Prozesses beseitigt. In der Betriebspraxis wird diese Form bevorzugt.

Die Prozessoptimierung strebt schlanke Prozesse an,

- die am Kunden orientiert sind,
- die eine kurze Durchlaufzeit benötigen,
- die einen geringen Material- und Kapitalbedarf haben,
- die Medienbrüche vermeiden,
- die eine gleichmässige Ressourcenauslastung zeigen.

Typische Medienbrüche ergeben sich, wenn Aufträge in ein Formular geschrieben werden, das anschließend in den Rechner eingegeben wird.

Im Produktionsbereich wird dieses *Lean Management* durch Kanban, Kaizen, just in time realisiert (siehe Abschnitt C). Eine führende Rolle bei der Realisierung schlanker Produktionsprozesse spielte und spielt die Firma Toyota. Hier wurde frühzeitig den Mitarbeitern am Fließband die Verantwortung für den Materialnachschub und die Qualität zugestanden.

Hilfsmittel bei der Suche nach schlanken Prozessen ist ein Prozessvergleich (Benchmarking). Damit sollen Schwachstellen erkannt und der Optimalzustand in Form des *best in practice-Prozesses* gefunden werden. Dieser Prozessvergleich kann intern oder auch mit anderen Unternehmen – auch Konkurrenzunternehmen – praktiziert werden. Der Vergleich erfolgt mit Hilfe der Erfolgsfaktoren und Kennzahlen der Prozessperspektive (siehe Bild 1).

Beispiel: Der typische Reparaturprozess bei Werkzeugmaschinenhersteller A wird mit dem Prozess des PKW-Herstellers B verglichen. Maßstab ist die stö-

rungsbedingte Stillstandszeit der Maschine und die Reparaturkosten.

2.5 Führungsorganisation

Gegenstand der Führungsorganisation ist die Anwendung geeigneter Führungsstile und Führungstechniken als Basis der Motivation, Leistungserbringung und Arbeitszufriedenheit. Die wichtigsten sind

- der autoritäre,
- der kooperative und
- der passive (laissez faire) Führungsstil.

Der autoritäre Führungsstil ist durch zentralisierte Entscheidungen geprägt (der Vorgesetzte entscheidet). Das Potential der Mitarbeiter – insbesondere deren Kreativität – wird nur unzureichend aktiviert, die Motivation ist gering. Der passive Führungsstil vermag das Leistungspotential und die Motivation der Mitarbeiter gleichfalls nicht zu aktivieren. Informelle Vorgesetzte sind ein typisches Symptom dieses Führungsstiles. Beim kooperativen Führungsstil wird der Mitarbeiter zu selbständigem Handeln angeregt. Er bringt seine Fähigkeiten in die Entscheidungen ein, auch wenn der Vorgesetzte letztlich die Verantwortung behält. Er ist der bevorzugte Führungsstil im modernen Unternehmen.

Konkrete Unterstützung erhält der Vorgesetzte durch das Führungsgitter nach Blake/Mouton. Darin wird ein Führungsverhalten empfohlen, das sich sowohl an den Mitarbeiterbedürfnissen wie auch an der geforderten Leistung des Mitarbeiters orientiert (Bild 8 oben rechts). Der Vorgesetzte legt Wert auf eine angemessene Leistung des Mitarbeiters, ist aber auch bei persönlichen Problemen des Mitarbeiters ansprechbar. Nicht anzustreben ist eine rein leistungsorientierte Führung (unten rechts), eine rein personenorientierte Führung (Kumpeltyp). Eine passive Führung ist gleichfalls abzulehnen. Zur weiteren Unterscheidung wird eine Skalierung von 0 bis 9 vorgenommen.

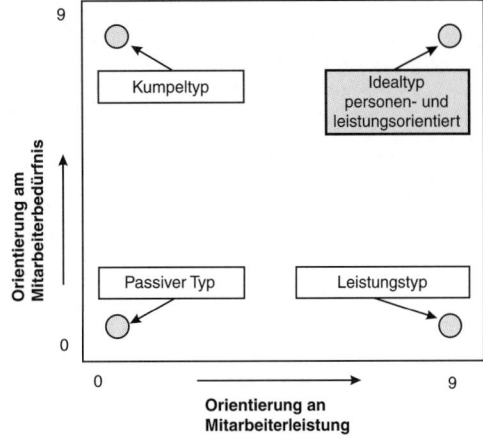

Bild 8. Führungsverhalten nach Blake und Mouton

2.6 Projektmanagement

Projekte sind umfangreiche Planungsvorhaben im Unternehmen.
Beispiele:

- Entwicklung eines neuen Produkts
- Bau eines neuen Werks
- Einführung eines CAD-Systems
- Beschaffung und Installation eines Fertigungssystems.

Vor allem in der Entwicklung sind Projekte die bevorzugte Form zur Abwicklung von Entwicklungsaufträgen. Ein wirksames Projektmanagement bildet den Schlüssel zur erfolgreichen Unternehmensführung.

Projekte bergen enorme Risiken für das Unternehmen. Zu nennen sind hier

- Finanzierungsrisiken und Liquiditätsprobleme,
- Verluste von Marktanteilen durch Überschreiten des Markteintrittstermins neuer Produkte,
- Verschlechterung der finanziellen Situation des Unternehmens,
- Ressourcenentzug (Finanzmittel, Personal, Betriebsmittel) zu Lasten anderer, Erfolg versprechender Projekte.

Chancen ergeben sich aus erfolgreichen Projekten durch:

- Rechtzeitige Vermarktung ausgereifter, neuer Produkte.
- Termingerechte Inbetriebnahme neuer Werke, Maschinen und Anlagen.
- Erkennen des Verbesserungspotentials für Nachfolgeprojekte.
- Vermitteln von Kostenbewusstsein.

- Durchsetzung einer teamorientierten Arbeitsweise.

Die Aufgaben des Projektmanagements bestehen in Planung und Überwachung von

- Terminen,
- Kapazitätauslastungen,
- Kosten.

Projekte werden üblicherweise im Projektteam bearbeitet. Ausgangspunkt ist eine Liste der zu bearbeitenden Vorgänge, deren Reihenfolge, Zeiten und beanspruchten Ressourcen (Personen, Maschinen usw.)

Zur Planung und Überwachung der Projekte wird heute eine Projektsteuerungssoftware eingesetzt. Nach Eingabe der Vorgänge erzeugt das System einen Terminplan in Form eines Balkenplanes (Bild 9) oder eines Netzplanes (Bild 10). Im Netzplan und im Balkenplan ist der Endtermin des Projektes ablesbar, hier der 6.3. Er muss mit dem Kunden auf Akzeptanz abgestimmt werden.

Aufgabe des Projektmanagers ist es, die Termine anhand des Balken- und des Netzplanes zu überwachen. Dazu konzentriert er sich vor allem auf den kritischen Pfad (umrandete Knoten in Bild 6). Er wird gebildet durch die Vorgänge Vorentwurf, Konstruktion Mechanik, Angebot erstellen. Dieser ist definiert als zeitlängster Weg, Verzögerungen dieser kritischen Vorgänge führen sofort zu einer Verlängerung des Projektendtermins (Liefertermins), im Anlagenbau regelmäßig auch zu Konventionalstrafen. Der nichtkritische Vorgang *Konstruktion Elektrik* hat gegenüber dem kritischen Pfad über Konstruktion Mechanik eine um 1 Tag kürzere Dauer, also einen Puffer von 1 Tag. Er ermittelt sich aus

$$P = SEZ - FAZ - t$$

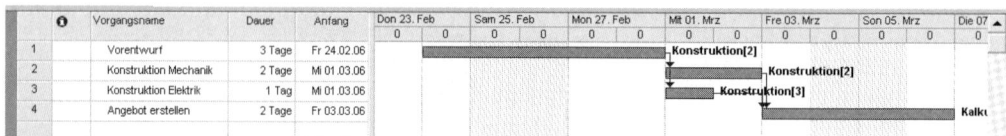

Bild 9. Balkenplan (MS-Project)

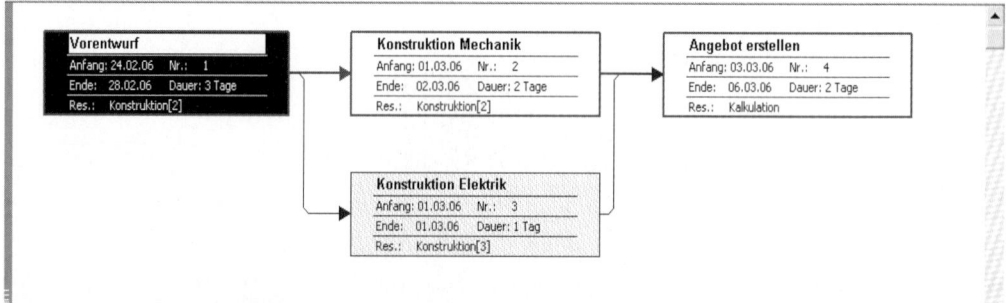

Bild 10. Auswertungen Terminplanung (MS Project)

des betreffenden Vorganges. SEZ ist der späteste Endzeitpunkt des Vorganges Konstruktion Elektrik (Freitag, 3.3., an diesem Tag muss die Angebotserstellung beginnen), FEZ der früheste Anfangszeitpunkt (1.3.). Die Vorgangsdauer t beträgt 1 Tag. Es ergibt sich somit ein Puffer von 1 Tag.

Im Rahmen dieses Puffers können Verzögerungen (z.B. durch Krankheit, Lieferverzögerungen) aufgefangen werden, ohne daß kostenintensive Maßnahmen zur Beschleunigung ergriffen werden müssen, wie z.B. verlängerte Arbeitszeit der Mitarbeiter oder Einsatz zusätzlicher Ressourcen (Maschinen, Subunternehmer). Die Kenntnis des Puffers eines Vorganges ist somit der Schlüssel zum wirtschaftlichen Ressourceneinsatz und damit zur Projektkostensenkung.

In der Kapazitätsplanung und -überwachung gilt es, Überlast abzubauen. In Bild 11 zeigt sich eine Überlastung der Konstruktion um 1 Mitarbeiter. Sie ist vom Projektmanager abzubauen durch Überstunden, Verlängerung eines Vorganges im Rahmen seines Puffers oder durch Verlängerung des Vorganges auf Kosten des Projektendtermins.

Aus Bild 12 entnimmt der Projektmanager die geplanten Projektkosten, ermittelt als Summe der Vorgangskosten:

$$K = \Sigma \ (t_i \cdot KS_j)$$

Hier wird für jeden Vorgang i dessen Dauer t mit dem Kostensatz (Tagessatz) der vom Vorgang belegten Abteilung j (z.B. Konstruktion) multipliziert. Die Summe über alle Vorgänge ergibt die Projektkosten.

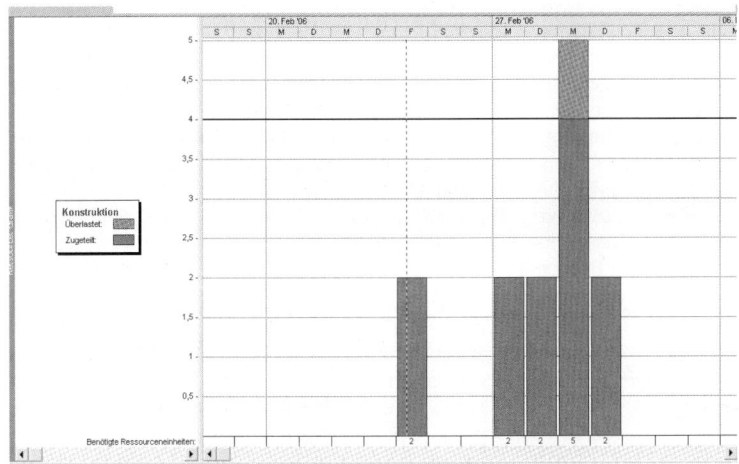

Bild 11.
Kapazitätsüberwachung

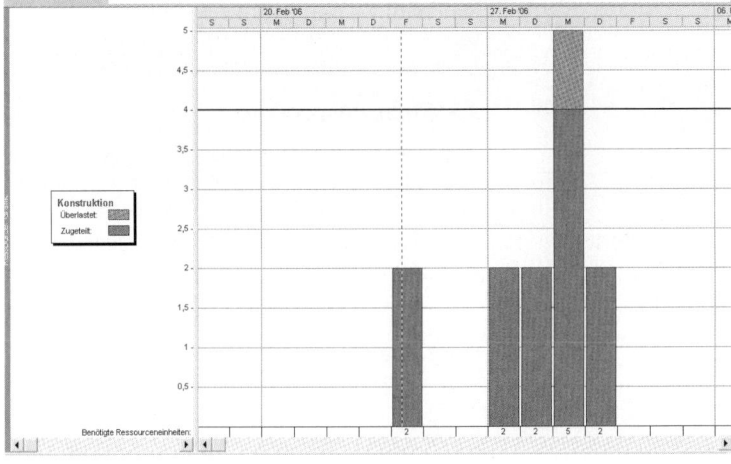

Bild 12.
Kostenermittlung im Projekt

3 Finanzierung

3.1 Aufgaben der Finanzierung

Die Durchführung der Wertschöpfungsprozesse erfordert umfangreiche Finanzmittel, die durch die Finanzplanung bereitzustellen sind. Bleiben Lücken in der Finanzierng von Geschäftsaktivitäten, droht im schlimmsten Fall die Illiquidität (Zahlungsunfähigkeit) und das Ende der Geschäftstätigkeit.

Der Erfolg der Finanzplanung zeigt sich u. a. in der *Bilanz* des Unternehmens (Bild 13). Sie unterscheidet Aktiva und Passiva.

Unter Aktiva ist das Umlaufvermögen, bestehend u. a. aus Finanzmitteln und Materialbeständen und das Anlagevermögen, bestehend u. a. aus Gebäuden, Anlagen und Maschinen aufgeführt.

Die Passiva zeigen die Mittelherkunft: Die Einlagen der Eigner bzw. der Aktionäre, die im Unternehmen erarbeiteten Rücklagen und der erzielte Gewinn werden zum Eigenkapital zusammengefaßt. Das Fremdkapital besteht aus den Verbindlichkeiten, die dem Unternehmen in Form von Krediten von Kapitalgebern und Lieferanten (Schulden) gewährt werden. Kurzfristige Verbindlichkeiten sind noch nicht bezahlte Lieferantenrechnungen, Kontokorrentkredite und sonstige kurzfristig fällige Schulden. Langfristige Verbindlichkeiten sind u. a. vom Unternehmen emittierte Anleihen, langfristig fällige Kredite bei Banken und auch Rückstellungen für Pensionen der Mitarbeiter.

Maschinenbau AG	*Bilanz Mio €*
Aktiva (Vermögen)	2005
Immaterielle Vermögenswerte	0,67
Sachanlagen	15,30
Finanzanlagen	2,31
Anlagevermögen	*18,28*
Vorräte	19,20
Forderungen	2,55
Liquide Mittel	1,54
Umlaufvermögen	*23,29*
Bilanzsumme	41,57
Passiva (Kapital)	
Gezeichnetes Aktienkapital	23,20
Rücklagen	5,50
Bilanzgewinn	2,40
Eigenkapital	*31,10*
Verbindlichkeiten kurzfristig	7,07
Verbindlichkeiten sonstige	3,40
Fremdkapital	*10,47*
Bilanzsumme	*41,57*

Bild 13. Bilanz

Der Bilanzgewinn (Jahresüberschuß) ermittelt sich aus der Gewinn- und Verlustrechnung, die alle Erträge und Aufwendungen des Geschäftsjahres gegenüberstellt (Bild 14).

Gewinn- und Verlustrechnung Mio €/Jahr	*2005*
Umsatzerlöse	94,31
Bestandsveränderungen (Zunahme)	3,2
aktivierte Eigenleistungen	1,85
Gesamtleistung	*99,36*
Materialaufwand	46,3
Personalaufwand	28,45
Abschreibungen	3,2
sonstige betr. Aufwendungen	1,6
betriebliche Aufwendungen	*79,55*
operatives Ergebnis	19,81
Zinsen	0,8
Steuern	16,61
Jahresüberschuss	2,4

Bild 14. G+V-Rechnung

3.2 Finanzierungsarten

Die Finanzierung kann durch Fremdkapital (Fremdfinanzierung) oder durch Eigenkapital (Eigenfinanzierung) erfolgen.

Beispiele für die *Fremdfinanzierung* sind Kredite durch Kapitalgeber, verzögerte Bezahlung von Lieferantenrechnungen (Lieferantenkredite), Anzahlungen von Kunden oder Unternehmensanleihen. In Großunternehmen werden auch Pensionsrückstellungen zur Finanzierung herangezogen. Fremdkapital zur Fremdfinanzierung verringert die finanzielle Unabhängigkeit.

Beispiele für die *Eigenfinanzierung* sind Beteiligungen durch Eigner, Aktionäre und Gesellschafter. Ferner die Finanzierung durch Rücklagen. Eine wichtige Rolle spielt die Finanzierung aus Abschreibungen. Das Unternehmen bildet Abschreibungskosten, die durch die Umsatzerlöse gedeckt sind. Da diesen Abschreibungen kein Zahlungsabfluß gegenübersteht, können die Beträge zur Finanzierung herangezogen werden. Eigenfinanzierung stärkt die finanzielle Unabhängigkeit des Unternehmens.

3.3 Finanzkennzahlen

Ausdruck für die finanzielle Unabhängigkeit des Unternehmens ist der *Eigenkapitalanteil* des Unternehmens. Er ist aus der Bilanz (Bild 13) ablesbar.

EK-Anteil = 100 · Eigenkapital / Gesamtkapital

Er beträgt im Beispiel $100 \cdot 31,1 \cdot 10^6 / 41, 57 \cdot 10^6 = 74,8$ %, ein für Industrieunternehmen sehr guter Wert.

Die Ertragsstärke wird durch den *Return on Investment* ausgedrückt. Er beträgt laut Bilanz (Bild 13) 5,77%:

ROI = 100 · Jahresüberschuss / (Eigenkapital + Fremdkapital)

Der ROI ist im Beispiel relativ gering.

Der *Cash Flow* zeigt die flüssigen Mittel (Zahlungsmittel, Kassenfluss), den das Unternehmen erwirtschaftet hat. Er ist der Gewinn zuzüglich der Abschreibung, beides ablesbar aus der G+V-Rechnung (Bild 14). Der Cash Flow ist ein Indikator für die finanzielle Stärke des Unternehmens. Aus ihm wird das Wachstum finanziert, Investitionen bezahlt und Schulden abgebaut.

CF = 100 · Jahresüberschuss + Abschreibungen

Der Cash Flow beträgt hier $(2,4 + 3,2) \cdot 10^6 = 5,6 \cdot 10^6$ €/Jahr. Diesen Betrag kann das Unternehmen für Investitionen und weiteres Wachstum verwenden, ohne auf Kreditgeber zugreifen zu müssen.

Die *Liquidität 1. Grades* (Barliquidität) zeigt als wichtigstes Liquiditätsmaß die Zahlungsfähigkeit des Unternehmens. Sie ermittelt sich aus:

LQ1 = Liquide Mittel / kurzfr. Verbindlichkeiten

Der Wert beträgt im Beispiel 1,54 / 7,07 = 0,22. Kurzfristige Schulden sind also nur zu etwa einem Fünftel durch liquide Mittel gedeckt, eine unbefriedigende und riskante Situation.

4 Industrielle Kosten- und Wirtschaftlichkeitsrechnung

4.1 Aufgaben

Die Kosten- und die Wirtschaftlichkeitsrechnung als Hauptinhalt des internen Rechnungswesens stellt den technischen Bereichen die Entscheidungsinformationen zur Verfügung um

- die Produktkosten zu beeinflussen und die Preisfindung abzusichern (Produktkalkulation)
- die Wirtschaftlichkeit betrieblicher Maßnahmen zu bestimmen (Wirtschaftlichkeitsrechnung)
- Auswahlentscheidungen in Entwicklung, Produktion und Logistik zu treffen (Produktkalkulation).

4.2 Kostenplanung

Kosten sind das Produkt aus Verbrauch und Preis / Verbrauchseinheit.

K = V · p

Beispiel: Der Stromverbrauch einer Maschine beträgt jährlich 4000 Kilowattstunden (Kwh). Das E-Werk verlangt 0,10 € pro Kwh. Die Stromkosten betragen somit 400 €/Jahr.

Diese Kostenermittlung wird für alle relevanten Kostenarten (Lohnkosten, Instandhaltung usw.) einer Kostenstelle (Werk, Maschine, Meisterbereich, Kraftwerk, Flugzeug usw.) praktiziert. Man spricht dann von Kostenplanung, das Ergebnis sind Plankosten.

In der Kostenrechnung werden variable und fixe Kosten unterschieden. *Variable Kosten* sind von der Auslastung (T) der betreffenden Kostenstelle bzw. der produzierten Stückzahl abhängig. In der Kosten-

rechnung wird dabei ein linearer Zusammenhang unterstellt.

$$Kvar = f(T)$$

Beispiel sind die oben erwähnten Stromkosten. Dagegen entstehen *fixe Kosten* unabhängig von der Auslastung bzw. Ausbringung. Beispiel dazu sind Gehälter für Ingenieure oder Meister.

Der *Prozess der Kostenplanung* beginnt mit der Auswahl und Abgrenzung der Kostenstelle als Verrechnungs- und Verantwortungsobjekt. Anschließend erfolgt die Auswahl geeigneter Beschäftigungs- bzw. Auslastungsgrößen als Maßstab der Kostenverursachung der variablen Kosten, so z.B. Lohnstunden, Rüststunden, gefertigte Stückzahlen. Die Kostenplanung technischer Einrichtungen erfolgt in Anlehnung an die Regeln in Bild 15.

Kostenart	Berechnung bzw Einflussgrößen
Abschreibung	Wiederbeschaffungswert / wirtschaftliche Nutzdauer
Zinsen	0,5 · Anschaffungwert · Zinssatz / 100
Stromkosten	Installierte Leistung · Nutzgrad · Strompreis · Planauslastung
Raumkosten	Bruttoplatzbedarf · Raumkostensatz/Jahr
Instandhaltung	Instandhaltungsfaktor · Wiederbeschaffungswert / 100
Lohnkosten	Effektiv bezahlter Stundenlohn · Planauslastung
Lohnnebenkosten bzw. Sozialaufwand	Nebenkostenzuschlag · Lohnkosten / 100

Bild 15. Formeln zur Ermittlung der Plankosten

Die *Abschreibung* wird aus der betriebswirtschaftlich sinnvollen Nutzungsdauer und dem Wiederbeschaffungswert (aktueller Kaufpreis einer Anlage im Planungsjahr) errechnet. Das Kostenverhalten der Abschreibung ist vorwiegend fix, d. h. Wertverlust findet auch dann statt, wenn ein Gerät (Maschine, Gabelstapler, Computer) nicht benutzt wird (Zeitverschleiß). Nur bei einfachen Geräten überwiegt der variable Gebrauchsverschleiß.

Die *kalkulatorischen Zinsen* werden auf das in der Kostenstelle investierte Kapital (Anschaffungswert) gerechnet. Es wird von einem linear-stetigen Tilgungsmodell ausgegangen, das ausgehend vom Anschaffungswert über die Nutzungsdauer in Jahren eine jährlich gleich bleibende Tilgung vorsieht. Im Durchschnitt ist also jährlich der halbe Anschaffungswert zu verzinsen.

Die *Stromkosten* ermitteln sich aus der in den Betriebsmitteln installierten Leistungen. Diese Maximalleistung wird nicht über die gesamte Nutzungsdauer abgerufen, sondern nur zu einem Anteil (Nutzgrad) von ca. 0,6 bis 0,8. Multipliziert mit dem zu zahlenden Strompreis und der Planauslastung ergeben sich die Jahresstromkosten.

Die *Raumkosten* sind Ergebnis der Bruttofläche der Kostenstelle, bestehend aus Grund- und Nebenflächen sowie des Raumkostensatzes, der erfahrungsgemäß ca. 60-100 €/qm im Jahr beträgt.

Die *Instandhaltung* kann in Betriebsmitteln in der Metallindustrie in erster Näherung mit jährlich ca. 3-4 % (Instandhaltungsfaktor) vom Wiederbeschaffungswert geplant werden.

Der Nebenkostenzuschlag in den *Lohnnebenkosten* beinhaltet alle Aufwendungen, die zum bezahlten Effektivlohn dazukommen. Lohnnebenkosten berücksichtigen u. a. Urlaubsgeld, Urlaubslohn, Arbeitgeberbeiträge zu den Versicherungen, freiwillige Sozialleistungen. Erfahrungswert in der Metallindustrie ca. 70-80 %.

Die *Restgemeinkosten* beinhalten sonstige Kosten, die im Umfeld der Maschine anfallen, also Meistergehälter, CNC-Programmierkosten, Kosten der Arbeitsvorbereitung usw.

Die Ergebnisse der Planung werden im Kostenplan des Zielobjektes zusammengeführt. Anschließend werden die Kostensätze pro Ausbringungseinheit bzw. Auslastungseinheit (z.B. Maschinenstunde, kwh, km) errechnet:

PKSfix = geplante Fixkosten / Planauslastung
PKSvar = variable Kosten / Planauslastung
PKSges = Gesamtkosten / Planauslastung

Beispiel: Eine Produktionsanlage hat die in der Tabelle dargestellten Daten. Es wird eine Planauslastung von 1500 Stunden/Jahr erwartet. Die Maschine wurde zum Anschaffungswert beschafft. Ihr heutiger Kaufpreis (Wiederbeschaffungswert) ist höher. Für die Restgemeinkosten wird pro Laufstunde ein Satz von 10 € erwartet. Die installierte Leistung wird zu 60 % genutzt.

Anschaffungswert	1390000 €
Wiederbeschaffungswert	1420000 €
Instandhaltungsfaktor	3 %
Werkzeugkostensatz	3 €/Std
Planauslastung	1500 Std/J

Lohnsatz	18 €/Std
Restgemeinkosten	10 €/Std
Zinssatz	5 %
Fläche brutto	18 qm
Leistung installiert	6,2 kw
Nutzgrad Strom	0,6 %
Nutzdauer	6 Jahre
Strompreis	0,1 €/Kwh
Lohnnebenkosten	70 %
Raumkostensatz	100 €/qm

Die Kostenplanung anhand der in Bild 15 formulierten Regeln zeigt Plankosten von 381775. Von der Auslastung abhängig sind 93558. Bei jeder Auslastung vorhanden sind die fixen Kosten von 288217 €. Die Division der Plankosten durch die Planauslastung ergibt die Kostensätze pro Auslastungseinheit (Maschinenstunde).

Die Kostenplanung kann bei allen technischen Objekten angewandt werden, so z.B.

- bei Kraftwerken (Auslastungsmaßstab: produzierte Megawattstunden)
- bei Flugzeugen (Auslastungsmaßstab Passagierkilometer)
- bei Montagewerken in der Automobilindustrie (Auslastungsmaßstab: Montagestunden)
- bei Konstruktionsabteilungen (Auslastungsmaßstab: Konstruktionsstunden).

Der Ingenieur verfügt damit über ein Instrument zur Kostenbeurteilung unterschiedlichster Einrichtungen. Gleichzeitig liefert die Kostenplanung die Daten für alle mit der Produktkalkulation zusammenhängenden Planungsmaßnahmen. Aus der Kostenplanung ergibt sich das Kostendiagramm. Es ist definiert durch die Kostenfunktion

$$Kges = Kfix + T \cdot PKSvar$$

Im Beispiel ergibt sich $Kges = 288217 + T \cdot 62{,}37$ für jede beliebige Auslastung T. Stellt sich z.B. nach einem Jahr heraus, dass die Auslastung auf 1000 Std/Jahr gesunken ist, so betragen die Gesamtkosten $= 288217 + 1000 \cdot 62{,}37 = 350587$ € (Bild 17).

Instandhaltung	42600	42600	
Strom	558	558	
Raum	1800		1800
Werkzeuge	4500	4500	
Lohn	27000	27000	
Lohnnebenkosten	18900	18900	
Restgemeinkosten	15000		15000
Summe Plankosten	**381775**	**93558**	**288217**
Kostensätze	**254,52**	**62,37**	**192,14**

Bild 16.
Plankosten einer Produktionsanlage

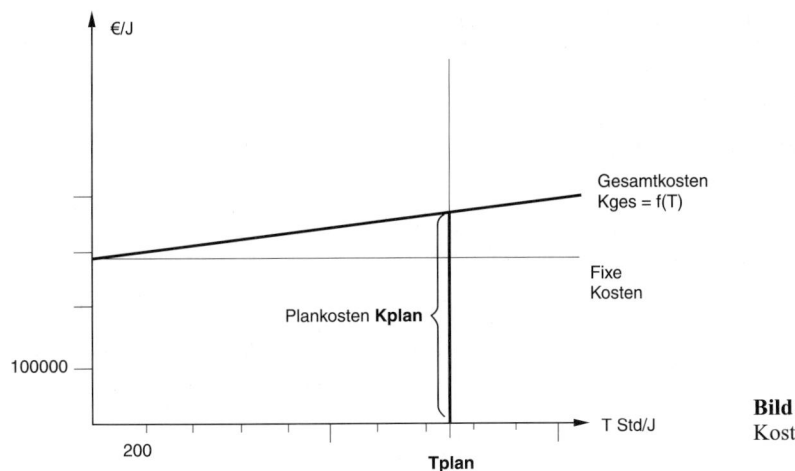

Bild 17.
Kostendiagramm

4.3 Produktkalkulation

Die Produktkalkulation, auch als *Kostenträgerstück-rechnung* bezeichnet, errechnet die Selbstkosten pro Stück bzw. Produkteinheit. Die industriell übliche *Zuschlagskalkulation* ermittelt zunächst die *Einzel-kosten* eines Produktes, d. h. die Kosten, die problem-los für ein Produkt errechnet werden können. Dazu zählen die Kosten für Zukaufmaterial. Die Ferti-gungskosten werden durch Multiplikation der Bele-gungszeit/Stück mit dem Kostensatz aus der Kosten-planung errechnet (Platzkostenkalkulation). *Gemein-kosten* werden als prozentualer Zuschlag berechnet (deshalb der Begriff Zuschlagskalkulation). Gemein-kosten sind dabei Kosten, die nur allgemein auf die Produkte verteilt werden können. Die Zuschlagskal-kulation hat die in Bild 18 dargestellte Grundstruktur. Sie orientiert sich am Wertschöpfungsprozess (nicht chronologisch). Jeder Funktionsbereich ist durch entsprechende Kostenarten repräsentiert.
Die Materialgemeinkosten errechnen sich prozentual vom beschafften Material, die Gemeinkosten für

Entwicklung, Verwaltung und Vertrieb prozentual von den Herstellkosten.

Beispiel für eine Produktkalkulation:
Die Maschinenbau GmbH produziert PKW-Felgen auf der in Bild 16 geplanten Produktionsmaschine. Die Belegungszeit (Fertigungszeit) beträgt 3 min/Stück incl. anteiliges Rüsten. Der Materialauf-wand beträgt 10 €/Stück. Die Gemeinkostensätze seien

- *Materialgemeinkosten 10%*
- *Entwicklungsgemeinkosten 8%*
- *Verwaltungsgemeinkosten 20%*
- *Vertriebgemeinkosten 12%*

Sondereinzelkosten für die Fertigung und den Ver-trieb fallen nicht an. Bei den Fertigungskosten sind die Kostensätze der Maschine aus Bild 16 heranzu-ziehen.

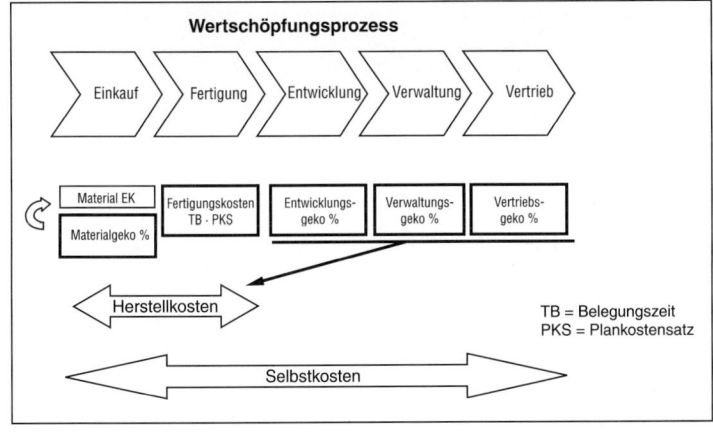

Bild 18.
Wertschöpfung und Kalkulation

Produktkalkulation	PKW-Felge	€/Stück	
		gesamt	variabel
Materialeinzelkosten		10,00	10,00
Materialgeko	10%	1,00	
Fertigungskosten	3min*254,52/60	12,73	3,12
Herstellkosten		**23,73**	
Entwicklungsgeko	8%	1,90	
Verwaltungsgeko	20%	4,75	
Vertriebsgeko	12%	2,85	
Selbstkosten		**33,22**	**13,12**

Bild 19.
Beispiel Produktkalkulation

Die dem Unternehmen entstehenden Kosten betragen 33,22 €/Stück. Die variablen Kosten ergeben sich mit 13,12 €/Stück. Variabel als Jahreskosten sind dabei generell die Materialeinzelkosten (wenn mehr produziert wird, steigt auch die Jahresrechnung für Material). Die variablen Fertigungskosten ergeben sich aus Belegungszeit/Stück multipliziert mit dem variablen Kostensatz der Maschine aus Bild 16.

Die variablen Kosten/Stück werden vereinfacht auch als Grenzkosten bezeichnet, die Kalkulation als *Grenzkostenkalkulation*.

4.4 Kostenstellenrechnung

Die Ermittlung der Zuschlagsätze für die Gemeinkosten erfolgt häufig im BAB (Betriebsabrechnungsbogen). Der BAB ist ein Rechenschema, bei dem die einem Produkt nicht direkt zurechenbaren Kosten (Gemeinkosten) nach den in 4.3 dargestellten Regeln geplant oder aus Vergangenheitswerten fortgeschrieben (Bild 20, Schritt 2) werden. Anschließend erfolgt

die Verteilung auf die einzelnen Funktionsbereiche, d. h. Kostenstellen (Bild 19, Schritt 3).

Die Kosten der vorgelagerten Kostenstellen (Raum, Energieversorgung) werden dann auf die am Wertschöpfungsbereich beteiligten Stellen umgelegt (Schritt 4). Anschließend erfolgt die Ermittlung der Gemeinkostensätze (Schritt 5).

Einen typischen BAB eines Kleinbetriebes zeigt Bild 21.

Bild 22 zeigt eine auf den Sätzen des BAB aufbauende Produktkalkulation.

Für genaue Kalkulationen in der Produktion sind die Zuschlagsätze aus dem BAB nur bedingt geeignet: Ein einheitlicher Zuschlagsatz für die Fertigungsgemeinkosten nivelliert teure und billige Maschinen. Produktkalkulationen auf teuren Maschinen werden zu niedrig, auf billigen Maschinen zu teuer kalkuliert. Hier empfiehlt sich die Kalkulation mit Maschinenstundensätzen, wie in Bild 19 dargestellt (Maschinenstundensatzkalkulation).

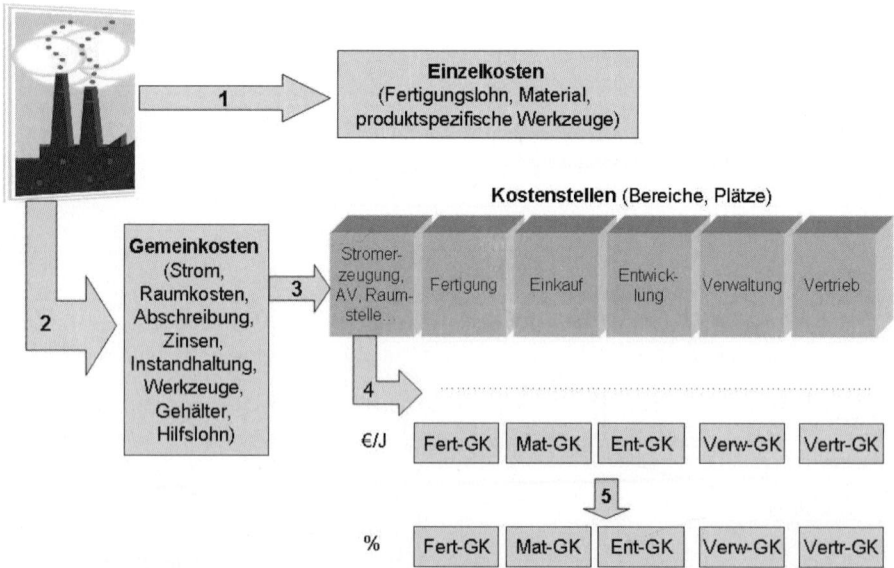

Bild 20. Schema Betriebsabrechnung

Plan-BAB		Jahr: 2006		Maschinenbau GmbH					
Statistische Zahlen:									
Materialeinzelkosten	(Mater.EK)	400000 €/Jahr							
Fertigungslohn/Jahr	(LohnEK)	200000 €/Jahr							
1.Gemeinkosten/Jahr	**Betrag**	**Raum**	**Energie**	**Fertigung**	**Einkauf**	**Konstrukt.**	**Verwaltung**	**Vertrieb**	
Abschreibung	**190000**	19000	38000	95000	4750	4750	26600	1900	
Zinsen	**43750**	8750	4375	26250	1.094	1093,75	1750	437,5	
Hilfslohn	**10000**	200	1000	7000	200	200	1300	100	
Lohnnebenkosten	**300000**	3000	3000	210000	6000	6000	69000	3000	
Instandhaltung	**20000**	2000	4000	12000	400	400	800	400	
Werkzeuge	**20000**	1000	3000	12000	2500	500	800	200	
Gehalt	**750000**	7500	15000	412500	7500	82500	172500	52500	
Gehaltsnebenkosten	**122000**	6100	18300	73200	1220	3660	17080	2440	
Strombezug	**18000**	900	1800	10800	900	360	2700	540	
DV-Kosten	**110000**	5500	5500	22000	5500	18700	29700	23100	
Sonstige Kosten	**50000**	2500	2500	30000	6250	1250	2000	5500	
2.Verteilung Raum	Summe Raum	56450	2822,5	39515	2822,5	2822,5	5645	2822,5	
3.Verteilung Energie		Summe Energie	99297,5	85395,85	1985,95	1985,95	5957,85	3971,9	
4. Summe Gemeinkosten				1035661	41122,2	124222,2	335832,85	96911,9	
5. Bezugsbasis				200000	400000	1676783,1	1676783,05	1676783,05	
				LohnEK	MaterEK	Herstellk.	Herstellk.	Herstellk.	
6. Gemeinkostensätze in %				517,8	10,3	7,4	20,0	5,8	

Bild 21.
Beispiel-BAB

6. Gemeinkostensätze in %			517,8	10,3	7,4	20,0	5,8
7. Zuschlagskalkulation mit Verwendung der BAB-Zuschlagssätze (Beispiel)							
Kostenart	**%-Wert aus BAB**	**€/Stück**					
Materialeinzelkosten		10,00					
Materialgemeinkosten	10,3	1,03					
Fertigungslohn		2,00					
Fertigungsgemeinkosten	517,8	10,36					
Herstellkosten		**23,38**					
Konstruktionsgemeinkosten	7,4	1,73					
Verwaltungsgemeinkosten	20,0	4,68					
Vertriebsgemeinkosten	5,8	1,35					
Sondereinzelkosten Vertrieb		8,00					
Selbstkosten		**39,15**					

Bild 22.
Zuschlagskal-
kulation mit
BAB-Daten

Die Gemeinkostensätze werden wie folgt errechnet:

$$\text{MatGK\%} = 100 \cdot \text{MaterialGK} / \text{MaterialEK}$$
$$\text{FertGK\%} = 100 \cdot \text{FertigungsGK} / \text{Fertigungslohn}$$
$$\text{EntGK} = 100 \cdot \text{EntwicklungsGK} / \text{Herstellkosten}$$
$$\text{VerwGK} = 100 \cdot \text{VerwaltungsGK} / \text{Herstellkosten}$$
$$\text{VertrGK} = 100 \cdot \text{VertriebsGK} / \text{Herstellkosten}$$

4.5 Deckungsbeitragsrechnung

Die variablen Kosten in Bild 19 betragen 13,12 €/Stück. Nimmt man einen Verkaufspreis p von 30 €/Felge an, so lässt sich der Deckungsbeitrag des Produkts errechnen:

$$\text{db} = \text{p} - \text{ksvar}$$

Im Beispiel ergibt sich ein db von 30 − 13,12 = 16,88 €/Stück. Jede verkaufte Felge trägt mit ihrem db zur Deckung der fixen Kosten des Unternehmens bei. Der Preis liegt unter den kalkulierten Selbstkosten, ist somit ein Kampfpreis, der gewisse Risiken beinhaltet, aber bei starker Konkurrenz nicht unüblich ist.

Der Deckungsbeitrag ist eine wichtige Entscheidungsgröße in Vertrieb, Entwicklung und Produktion. Es gilt:

- Je höher der db, desto erfolgreicher ist das Produkt in mittelfristiger Sicht. Beispielsweise beurteilt die Porsche AG ihre Fahrzeugtypen u. a. nach dem Deckungsbeitrag pro Typ: Die Deckungsbeiträge beim Cayenne sind etwas geringer als bei den Sportwagen (Porsche-Vorstand Härter, 2006). Der Deckungsbeitrag ist somit ein wichtiges Kriterium für die Produktentwicklung. Da der Deckungsbeitrag über den erzielbaren Verkaufspreis auch die Produkteigenschaften berücksichtigt, ist er aussagefähiger als eine reine Kostenbetrachtung.

- Der Vertrieb konzentriert seine Verkaufsaktivitäten auf die Produkte mit hohem Deckungsbeitrag.

- Besteht in der Produktion (z.B. Montage) ein Engpaß, so wird das Produkt bevorzugt gefertigt, das pro Engpassstunde den höheren db erbringt.

Beispiel: Auf der Produktionsanlage besteht eine Engpaßsituation, d. h. nicht alle Aufträge (Lose) können in der Planungsperiode (z.B. Woche) gefertigt werden. Vor der Anlage liegen 2 Aufträge mit Felge A mit einem db = 16,88 €/Stück und einer Belegungszeit von 3 min/Stück und Felge B mit einem db von 18 €/Stück bei einer Belegungszeit von 6 min/Stück.
Maßgebend ist der spezifische (relative) Deckungsbeitrag pro Engpaßminute:

$$\textbf{dbspez = db /Tb} \text{ €/min Engpaßbelegung}$$

Er beträgt 16,88/3 = 5,63 (A) und 18/6 = 3 €/min (B). Felge A erhält Vorrang, B wird teilweise in die nächste Periode verschoben. Diese Entscheidung gilt allerdings nur, wenn nicht weitere Faktoren (z.B. Konventionalstrafen) zu berücksichtigen sind.

Der Deckungsbeitrag unterstützt die *Preisfindung*, auch wenn diese vorrangig am Markt orientiert sein sollte. Hier gilt:

- Wenn der Preis nicht mindestens die variablen Kosten des Produktes deckt, der Deckungsbeitrag also 0 oder negativ ist, sollte das Produkt nicht produziert und verkauft werden. (Ausnahme: lukrative Folgeaufträge sind möglich) Die variablen Kosten (hier 13,12) werden deshalb als absolute Preisuntergrenze bezeichnet.
- Der *normale Verkaufspreis* ist üblicherweise in Höhe der Selbstkosten zuzüglich einem branchenüblichen Gewinnzuschlag von z.B. 10 % vorzusehen. Hier also 13,12 + 1,31 = 14,43 €/Stück. Diese Situation ist typisch bei etablierten Anbietern mit mittlerem bis hohem Marktanteil. Bei scharfer Konkurrenz kann dagegen durchaus auch ein Preis unterhalb der Selbstkosten von 13,12 angenommen werden, wenn die fehlenden Deckungsbeiträge durch andere Produkte ausgeglichen werden *Beispiel: Verkauf von Druckern zu variablen Kosten,*

die geringen Deckungsbeiträge der Drucker werden durch die der Druckerpatronen ausgeglichen.

- Bei Markführerschaft und Alleinstellung auf dem Markt (bahnbrechenden Innovationen) kann durchaus auch ein Preis verlangt werden, der wesentlich über den Selbstkosten liegt (Abschöpfungspreis). Der Anreiz für potentielle Konkurrenten ist dann allerdings gross, vergleichbare Produkte zu entwickeln.

4.6 Break Even-Analyse

Die Break Even-Analyse zeigt, bei welcher Stückzahl ein bestehendes oder geplantes Werk seine Gewinnschwelle erreicht. Sie kann als Istbetrachtung (ex post) wie auch als Prognoserechnung (ex ante) eingesetzt werden. Kosten und Erlöse werden dazu in einer Jahresbetrachtung dargestellt.
Beispiel: Der Hersteller der PKW-Felgen plant für die kalkulierte Felge ein neues Werk zur Erschließung des Auslandsmarktes. Die voraussichtlichen Fixkosten des Werkes in €/Jahr:

Abschreibung Gebäude und Einrichtungen	600 000
Zinsen Fremdkapital	150 000
Gehälter	300 000
Sonstige Fixkosten	50 000
Summe Fixkosten Kfix	**1 100 000**

Der Felgentyp wird für p = 30 €/Stück verkauft. Variable Selbstkosten ksvar = 13,12 €/Stück. Geplant ist eine Jahresstückzahl von m = 80 000. Erreicht das Werk die Gewinnzone?

Die grafische Darstellung zeigt den Kostenverlauf über der Jahresausbringung, ergänzt durch den Erlös (Umsatz) (Bild 23).

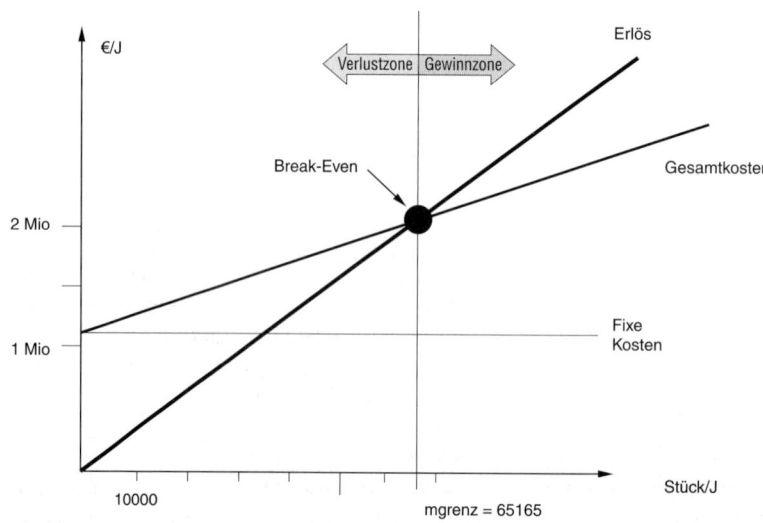

Bild 23.
Break Even-Analyse

Für den Break Even-Punkt gilt:

Erlöse = Gesamtkosten

Damit gilt:

m · p = Kfix + m · ksvar und damit

m – Kfix / (p- ksvar)

Der Klammerausdruck steht jedoch für den De-ckungsbeitrag /Stück. Also gilt:

mgrenz = Kfix / db

Der Break Even-Punkt ist dann erreicht, wenn die Jahresfixkosten durch die kumulierten Stück-Deckungsbeiträge gedeckt sind.

Für das zu errichtende Werk gilt:

mprognose > mgrenz → Gewinnzone erreicht

Das ist hier der Fall.

4.7 Betriebsergebnis und Absatzsegment-rechnung

Das Betriebsergebnis – auch als Kostenträgerzeit-rechnung bezeichnet – zeigt den Gewinn eines Berei-ches (Unternehmen, Werk, Produktgruppe). Es wird mitlaufend über das Geschäftsjahr oder am Jahresen-de nach folgendem Schema ermittelt, gerechnet mit den Zahlen unseres Produktes und einer Jahresstück-zahl von 80000 (Bild 24):

Umsatzerlöse	m · p	80000 · 30= 2 400 000
– variable Kosten	m · ksvar	80000 · 13,12 = 1 049 600
= Deckungsbeitrag	DB	= 1 350 400
– fixe Jahreskosten	Kfix	– 1 100 000
= Betriebsergebnis	**BE** €/Jahr	**= 250 400**

Bild 24. Betriebsergebnis

Das Werk erzielt damit einen Überschuß (operatives Ergebnis) von 250400 €/Jahr.

Werden im Unternehmen mehrere Produktgruppen produziert, so interessiert das Ergebnis pro Produkt-gruppe (Produktsegment, strategische Geschäftsein-heit). Dazu dient die mehrstufige Deckungsbeitrags-rechnung in Form der *stufenweisen Fixkostenrech-nung*. Sie wird zur mittelfristigen Beurteilung von Produkten, Produktgruppen, strategischen Geschäfts-einheiten eingesetzt, wobei jeweils ein entsprechen-des Stufenergebnis ausgewiesen wird.

Beispiel: Das Unternehmen stellt die Produktgruppen (SGE) PKW-Felgen und Heizungspumpen her. Die Daten der Produkte sind in Bild 25 dargestellt. In der Produktgruppe Felgen werden Standardfelgen und Sportfelgen produziert mit den angegebenen Preisen und Kosten, in der Pumpengruppe die Typen A und B.

Absatzsegmentrechnung	- Stufenweise Fixkostenrechnung					
SGE		**PKW-Felgen**		**Pumpen**		
Produkt	Standardfelge		Sportfelge	Pumpe A		Pumpe B
Preis ab Werk	41		55	60		80 €/Stück
Menge verkauft /Jahr	80000		20000	4000		5000 Stück/Jah
Erlös	3280000		1100000	240000		400000 €/Jahr
variable Selbstkosten	28		32	37		45 €/Stück
DB1	**1040000**		**460000**	**92000**		**175000** €/Jahr
erzeugnisfixe Kosten	750000		140000	60000		40000 €/Jahr
DB2	290000		320000	32000		135000 €/Jahr
erzeugnisgruppenfixe Kosten		210000			185000	€/Jahr
DB3		**400000**			**-18000**	€/Jahr
unternehmensfixe Kosten		332000				€/Jahr
DB4		**50000**				€/Jahr

Bild 25. Mehrstufige Deckungsbeitragsrechnung

Zunächst wird aus verkaufter Menge und Preis der jeweilige Erlös ermittelt. Durch Abzug der variablen Selbstkosten (Materialeinzelkosten, Fertigungslohn, variable Fertigungsgemeinkosten, Sondereinzelkosten der Fertigung, Sondereinzelkosten Vertrieb) ergibt sich der jährliche Deckungsbeitrag pro Produkt (DB1).Er entspricht dem in 4.5 beschriebenen Dec-kungsbeitrag. Dieser erlaubt Aussagen über den kurzfristigen Erfolgsbeitrag des jeweiligen Produktes bei gegebenen Fixkosten. Erfolgreichstes Produkt ist hier die Standardfelge mit dem höchsten DB1.

Vom DB1 werden die erzeugnisfixen Kosten jedes Produktes abgezogen, beispielsweise Vertriebsge-meinkosten, die nur für das Produkt anfallen, oder auch Kosten des Entwicklungspersonals, das nur für das spezifische Produkt arbeitet. Man erhält den DB2. Er zeigt das Ergebnis eines jeden Produktes nach Abzug der von ihm verursachten Fixkosten. Bei negativem DB2 werden Marktaustrittsüberlegungen für ein Produkt angestoßen, allerdings unter Berück-sichtigung weiterer Überlegungen (Substitutionswir-kungen der Produkte, strategische Überlegungen,

Möglichkeit eines Relaunch, d.h. Produkterneuerung).

Nach Abzug erzeugnisgruppenfixer Kosten (z.B. Abschreibung eines Werkes, das nur für die Produktgruppe Felgen arbeitet oder fixe Kosten einer Versuchsabteilung für Pumpen) ergibt sich der DB3. Er erlaubt die Beurteilung einer Produktgruppe bzw. einer strategischen Geschäftseinheit bis hin zu Marktaustrittsentscheidungen, für die wiederum die oben getroffenen Prämissen gelten. Der in der Bild gezeigte negative DB3 der Pumpen legt eine nähere Analyse einer solchen Entscheidung nahe. Ein Marktaustritt aus dem Pumpensegment deutet auf eine Ergebnisverbesserung hin, allerdings wieder unter dem Primat strategischer Überlegungen.

Der Abzug der unternehmensfixen Kosten (z.B. Fixkosten der zentralen Personalabteilung) führt zum Betriebsergebnis DB4. Hier werden ggfs. Überlegungen zur Stilllegung des Unternehmens eingeleitet.

4.8 Wirtschaftlichkeits- und Investitionsrechnung

Gegenstand der Wirtschaftlichkeitsrechnung sind die täglich zu treffenden Entscheidungen in der Auftragsabwicklung. Sie basieren im wesentlichen auf einer *vorgegebenen Maschinenkapaziät.* Demgegenüber befasst sich die Investitionsrechnung mit der optimalen *Beschaffung von Maschinen und Anlagen.* Diese Entscheidungen sind langfristiger Natur.

In der *Verfahrenswahl* geht es um die Belegung der kostenminimalen Maschine, wobei mehrere alternative Maschinen in der Fertigung zur Verfügung stehen. Basis der Entscheidung sind die aus der Kostenplanung (siehe 4.2) ermittelten Kostensätze und Belegungszeiten pro Stück bzw. pro Los. Da die Maschinen vorhanden sind, werden die fixen Kosten durch die Verfahrensentscheidung nicht beeinflusst. Es wird der *variable Kostensatz* herangezogen.

Beispiel: Ein Drehteil kann auf 2 alternativen, vorhandenen Maschinen gefertigt werden. Die variablen Plankostensätze betragen 90 €/Stunde für Maschine A (Bild 26, links) bzw. 75 €/Stunde für Maschine B (rechts). Die Belegungszeit pro Stück betrage 2 min (A) bzw. 4 min (B). Der Vergleich der variablen Fertigungskosten spricht für Maschine A.

Bei zu beschaffenden Maschinen ist ein Kostenvergleich mit dem vollen Plankostensatz durchzuführen.

Im Rahmen der Auftragsabwicklung besteht häufig die Möglichkeit, einzelne Fertigungsstufen oder ganze Fertigungsfolgen an Fremdlieferanten auszulagern (sogenannte verlängerte Werkbank). Diese *make or buy-Entscheidung* vergleicht die variablen Kosten bei Eigenfertigung mit dem Preis des Fremdlieferanten.

Beispiel: Für den Auftrag auf Maschine A steht alternativ ein Fremdlieferant zur Verfügung. Dessen

Preis liegt bei 2 €/Stück. Für den erhöhten Aufwand zur Auftragsabwicklung bei Fremdbezug werden 10 % des Einstandspreises angesetzt (erhöhte Fixkosten). Der Vergleich spricht für den Fremdbezug (Bild 27), sofern nichtökonomische Gründe (Termineinhaltung, Qualität, know how-Verlust) nicht dagegen sprechen.

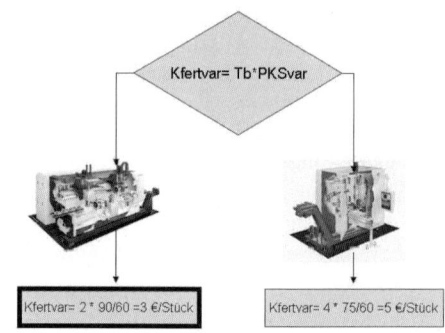

Bild 26. Verfahrenswahl (Bilder: Hessap)

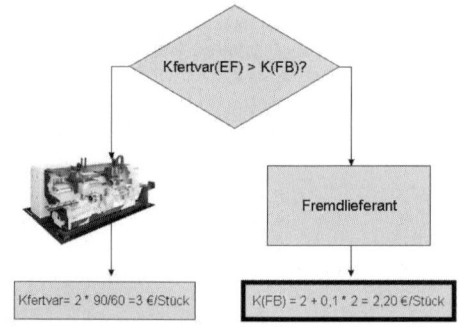

Bild 27. Make or buy-Vergleich

Im Rahmen der Maschinen- und Anlagenbeschaffung fallen *Investitionsentscheidungen* an. Anlaß zu Investitionen sind

- die Steigerung des Ausstoßes (Erweiterungsinvestitionen)
- die Kostensenkung (Rationalisierungsinvestitionen)
- Ersatzinvestitionen vorhandener Anlagen durch gleichartige.

Investitionen beinhalten Chancen. Sie generieren die zukünftigen Unternehmensgewinne. Sie bergen aber auch enorme Risiken in sich. Kaum ein Unternehmen kann sich Fehlinvestitionen leisten. Deshalb empfiehlt sich ein wirksames Projektmanagement für Investitionen mit

- Fachabteilung und Controlling im Projektteam,
- sorgfältiger Erhebung wirtschaftlicher und technischer Daten,
- Investitionsrechnungen zur Sicherung der Wirtschaftlichkeit,

- Bereitstellung eines ausreichenden Investitions-budgets durch die Unternehmensleitung,
- Beantragung der Investitionen durch die Fachabteilung,
- Termin- und Kostenplanung von Investitionsprojekten (Balkenplan, Netzplan).

Die Auswahl geeigneter Investitionen erfolgt aufgrund der von der Fachabteilung in Zusammenarbeit mit dem Controlling erhobenen Prozessinformationen. Die wertmäßige Beurteilung der Investitionen erfolgt durch eine *Investitionsrechnung*.

Die *statischen Verfahren* zur Investitionsrechnung vernachlässigen den Zeitbezug der Zahlungen (was bringt die Investition?) und sind vorzugsweise für die Vorbeurteilung von Investitionen geeignet. Gebräuchlich ist hier die *Amortisationsrechnung*. Sie ermittelt die Amortisationsdauer (TA) eines Investitionsbetrages I_0:

$$TA = I_0 / R$$

mit R = Rückfluss bzw. Cash Flow/Jahr, I_0 = Investitionsbetrag (Kapitaleinsatz)
Der Rückfluss errechnet sich aus den durch die Investition verursachten Zahlungsströmen (Cash Flows). Sie werden ermittelt aus der laufenden Kostensenkung zuzüglich der Umsatzsteigerung durch die Investition. Die Kostensenkung wird ohne die Abschreibung gerechnet.

Beispiel: An einer vorhandenen Produktionsmaschine könnte eine verbesserte Steuerung angebaut werden. Kaufpreis 48 000 €. Die Jahreskosten der nicht verbesserten Maschine (Maschine bisher) betragen aufgrund einer Kostenplanung entsprechend der Vorgehensweise in 42 353 830 €, nach Einbau der Steuerung 35 3085 €. Die in den Kosten enthaltene Abschreibung betrage 17 7000 (alte Maschine) bzw. 19 3000 (Maschine mit neuer Steuerung = Maschine neu). Die Abschreibung ist nicht zahlungswirksam, d. h. der Wertverlust einer Maschine ist nicht von einem Zahlungsstrom (Cash Flow) begleitet. Die Abschreibung ist deshalb beim Rückfluss immer

herauszurechnen. Erlöse werden durch die Investition hier nicht beeinflusst.
Die zugehörige Amortisationsrechnung ist in Bild 28 dargestellt. Ohne die Abschreibungen ergeben sich Kosten von 17 6830 bzw. 160 085 €/Jahr. Die Differenz ist der Rückfluss der Steuerung (16 745 €/Jahr).
Die Amortisationsdauer errechnet sich aus

TA = 48000 / 16745 = 2,87 Jahre

Als grobe *Orientierung* gilt: Die Amortisationsdauer sollte bei Produktionsmaschinen mit einer wirtschaftlichen Nutzdauer von ca. 5 bis 6 Jahren nicht mehr als 3 Jahre betragen. Gründe für diese kurze Zeitspanne sind Risiken wie Produktänderungen, Marktveränderungen, technische Probleme usw.

Die *Rentabilitätsrechnung* ermittelt den ROI einer Investition. Der ROI ermittelt sich aus dem Gewinnzuwachs durch das Invest, dividiert durch die Investitionssumme, hier

ROI = 100 * (353830 – 353085) / 48000 = 1,55 %.

Da der Gewinn sämtliche Kosten berücksichtigt, werden hier auch die Abschreibungen mit einbezogen. Weil die Erlöse beider Alternativen gleich sind, ist der Gewinn gleich der Kostendifferenz.

Dynamische Verfahren berücksichtigen den Zeitpunkt einer Zahlung (Einsparung, Kaufpreiszahlung) und die daraus entstehenden Zinseffekte. Beispielsweise ist eine Einsparung, die ein Investitionsobjekt aufgrund von Kinderkrankheiten erst in einigen Jahren erbringt, weniger wert als ein frühzeitiger Return. Gebräuchlich ist hier die *Kapitalwertmethode*. Zunächst wird hier die geforderte Mindestverzinsung für Investitionskapital ik von der Unternehmensleitung vorgegeben. Ein angemessener Wert: 15- 20%, in einer Reihe von Großunternehmen größenmäßig angewandt, was einer Rendite von ca. 7-10% nach Steuern entspricht, wobei das Investitionsrisiko beinhaltet ist. Diese Rendite erwartet ein privatwirtschaftlicher Investor von einer Investition.

Investitionsobjekt:	Steuerung FFS		
Planauslastung		h/Jahr	
Kaufpreis brutto (Invest)	48000 €		
Hersteller: FANUC	Nutzdauer Jahre	5	

Vergleich der zahlungswirksamen Kosten und Erlöse

	Maschine bisher	Maschine neu	
Plankosten aus MPKR (Modul CO)	353830	353085	€/Jahr
- Abschreibung aus MPKR	177000	193000	€/Jahr
= zahlungswirksame Kosten	176830	160085	€/Jahr
+ Erlöse aus Investition	0	0	€/Jahr
Summe	176830	160085	€/Jahr
Rückfluss (cash flow)		16745	€/Jahr
Amortisationsdauer		2,87	Jahre

Bild 28.
Beispiel für Amortisationsrechnung

Grundlage der Berechnung ist die Entwicklung eines heute angelegten Barbetrages BW in n Jahren bei einem Zinssatz von ik

$$E_n = BW \, (1 + ik / 100)^n$$

Beispiel: Aus einem heute zu 5 % angelegten Betrag von 1 000 € wird in 4 Jahren ein Betrag von E4 = 1 000 (1 + 5 / 100)⁴ = 1 215 €.

Löst man nach BW auf, hat ein in n Jahren erwarteter Betrag, den eine Investition bringt, auf heute bezogen den Wert

$$BW = En / (1 + ik / 100)^n$$

Eine Einsparung, die eine Maschine in n Jahren erbringt, ist auf heute bezogen weniger wert.

Setzt man für die Beträge den Rückfluss R ein, so gilt für den Barwert aller Maschinenrückflüsse

$$BW = R_1 /(1 + ik / 100) + R_2 /(1 + ik / 100)^2 + ...$$
$$+ R_n / (1 + ik / 100)^n$$

Mit dem Barwert der Rückflüsse sollte das Invest I_0 (im wesentlichen Kaufpreis + Aufstellungskosten) beglichen werden. Der dann noch verbleibende Überschuss ist der *Kapitalwert C*:

$$C = BW - I_0$$

Bei positivem Kapitalwert ist die Investition absolut gesehen wirtschaftlich, d. h. sie wird in das Investitionsprogramm aufgenommen.

Beispiel: Die Investition nach Bild 28 wird mit der Kapitalwertmethode beurteilt: Dazu ist zunächst eine im Unternehmen geforderte Mindestverzinsung festzulegen, hier mit ik = 10 %. Die Lebensdauer der Steuerung wird mit 4 Jahren angenommen.

Der Barwert aller Einsparungen ergibt sich dann mit

$$BW = 16\,745 / 1,10 + 16\,745 / 1,10^2 + ...$$
$$+ 16\,745 / 1,10^4$$

Es ergibt sich ein Barwert von 53 079 €. Von diesem Barwert wird der Kaufpreis der Steuerung beglichen. Der verbleibende Rest ist der Kapitalwert (Überschuss)

$$C = 53\,079 - 48\,000 = 5\,079 \, €$$

Der Kauf ist noch lohnend. Nach Bezahlung des Kaufpreises und der Zinsen bleibt noch ein Überschuss von 5 079 €. Bei einer Mindestverzinsung von 20 % verringert sich der Überschuss entsprechend.

5 Produktmarketing und marktorientierte Produktgestaltung

Mit der Wandlung vom Verkäufer- zum Käufermarkt, der zunehmenden Konkurrenz und der häufig identischen Produkte wird das Marketing zur Voraussetzung für den Unternehmenserfolg. Marketing wird dabei als Ausrichtung des Unternehmens auf den Markt. und den Kunden definiert. Diese Marktausrichtung betrifft alle Funktionen der Wertschöp-

fungskette in Bild 2, insbesondere den Vertrieb und die Entwicklung.

5.1 Marketing-Instrumente

Die Ausrichtung auf den Markt erfolgt durch das Marketing-Mix als Paket von Methoden, bestehend aus

- Produkt- und Programmpolitik
- Kommunikationspolitik (Werbung)
- Preispolitik (Kontrahierungpolitik)
- Distributionspolitik.

Im Fokus der *Produkt- und Programmgestaltung* steht die Entwicklung neuer Produkte mit einem aus der Sicht des Käufers hohen Gebrauchs- und Geltungsnutzen. Den Gebrauchsnutzen erkennt der Käufer im Gebrauch des Produktes. Dazu gehören z.B. hohe Leistung, geringe Wartungskosten, Sicherheit und Umweltfreundlichkeit im Gebrauch des Produkts. Der Geltungsnutzen wird vom Käufer als Prestigezuwachs empfunden. Er wird durch das Design, Verpackung, Trendnutzen, Markenimage bestimmt.

Von Bedeutung ist die Schaffung eines *Alleinstellungsmerkmales* (USP = Unique Selling Proposition, einzigartiger Verkaufsvorteil). Damit soll das Produkt eine unter den Konkurrenzprodukten herausragende Stellung erhalten.

Beispiel: Der Smart hat durch seine Produkteigenschaften (variables Farb-Design, geringer Parkraumbedarf) einen USP gegenüber Konkurrenzprodukten.

Beispiel: Der luftgekühlte Boxermotor war ein USP des VW-Käfers.

Zu den Aufgaben der Programm- und Produktpolitik gehört ferner die Beobachtung der *Lebenskurve eines Produktes*. Mit der Markpräsenz beginnt üblicherweise ein Anstieg der Absatzstückzahlen. Nach einer Phase der Marktsättigung geht die Stückzahl zurück. Hier sollte ein Relaunch des Produktes oder die Einstellung der Produktlinie erwogen werden.

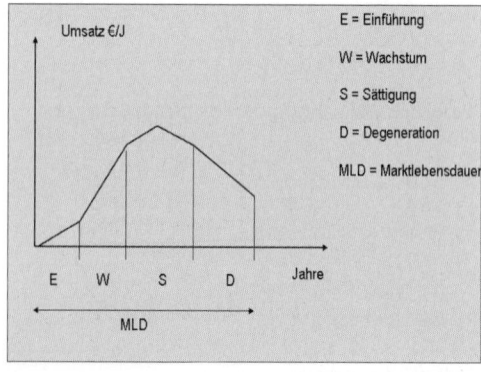

Bild 29. Produktlebenskurve

Die Produktlebenskurve hat eine Signalfunktion für das Unternehmen: Sie fordert Entwicklung und Vertrieb auf, rechtzeitig Nachfolgeprodukte aufzulegen und durch Produktverfeinerung den Rückgang der Stückzahlen abzuschwächen.

Das *Marktanteil-Marktwachstum-Portfolio* stellt den relativen Marktanteil dem erwarteten Marktwachstum gegenüber.

Der relative Marktanteil errechnet sich aus dem Produktumsatz:

$$\textbf{MArel = eigener Umsatz /}$$
$$\textbf{Umsatz des Hauptkonkurrenten}$$

Relative Marktanteile < 1 werden als niedrig bezeichnet.

Beispiel: Ein Nutzfahrzeughersteller hat folgende Fahrzeuge im Programm:

Produkt	Umsatz €/J	Umsatz Haupt- konkurrent	Erwartetes Marktwachs- tum pro Jahr
Leicht-LKW	0,8 Mrd	2,4 Mrd	6 % (niedrig)
Schwer-LKW	36 Mrd	18 Mrd	15 % (hoch)
Omnibusse	24 Mrd	20 Mrd	7 % (niedrig)
Kommunalfahrzeuge	2,4 Mrd	1,6 Mrd	14 % (hoch)

Das entsprechende Portfolio ist in Bild 30 dargestellt. Hier erfolgt die Einordnung der Produkte in die 4 Felder. Produkte mit hohem Marktanteil und hohem Marktwachstum zu schaffen, ist das Bestreben jeder Entwicklungsabteilung. Sie werden als Starprodukte bezeichnet. Ein niedriger Marktanteil, aber hohes Wachstum ist typisch für Produkte, die gerade neu auf den Markt gekommen sind. Wegen der Unsicherheit über die weitere Entwicklung werden sie als Question Marks bezeichnet. Ausgereifte Produkte mit hohem Marktanteil sind die Basis der finanziellen Stärke des Unternehmens. Sie sind die Cash Cows. Produkte am Ende ihrer Marktlebensdauer sind die typischen Poor Dogs.

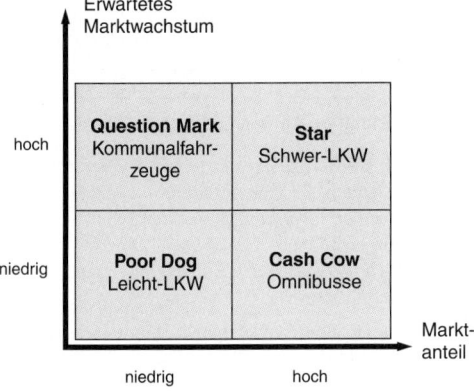

Bild 30. Marktwachstum-Marktanteil-Portfolio (4-Felder-Portfolio)

Für die Weiterentwicklung der Produkte bieten sich folgende Maßnahmen an:
- Fördern der Star-Produkte (Investieren, Ausbauen) → Schwer-LKW
- Selektives Fördern der Question Mark-Produkte (dort investieren, wo eine Weiterentwicklung zum Star-Produkt zu erwarten ist) → Kommunalfahrzeuge.
- Ernten bei Cash Cow-Produkten (Kostensenkung, Erhaltungsinvestitionen) → Omnibusse
- Marktaustritt bei Poor Dogs prüfen (ggfs. Lizenzvergabe mit Produktionsverlagerung) → Leicht-LKW

Bei Leicht-LKW sollte nur noch in den Ersatz bestehender Anlagen investiert werden. Die Beschaffung neuer Anlagen ist nur in Ausnahmefällen sinnvoll.

Die *Kommunikationspolitik* befasst sich mit der Werbung für ein Produkt, mit der Öffentlichkeitsarbeit und der Verkaufsförderung. Instrumente sind u. a. die Printwerbung, Messen, Sponsoring von Ereignissen und das Product Placement z.B. in Film oder Fernsehen Dem Kaufinteressenten wird eine Nutzenbotschaft (welchen Nutzen bringt das Produkt = consumer benefit) vermittelt, die in der Werbung zu begründen ist (reason why).

Gegenstand der *Kontrahierungspolitik* ist die Preisgestaltung und alle damit verbundenen Entscheidungen. Im Anlagenbau erhält dabei die Kreditgewährung durch den Lieferanten eine herausragende Rolle.

Die *Distributionspolitik* gestaltet die Absatzwege (Absatzkanäle) des Produktes zum Kunden. Neue Absatzkanäle z.B. über das Internet gewinnen dabei auch im Maschinenbau an Bedeutung. Hier ist ferner zu entscheiden, ob Absatzmittler in Form des Grosshandels oder Einzelhandels einzuschalten sind oder der Direktverkauf bevorzugt wird.

5.2 Marktforschung

Unter Marktforschung werden alle Aktivitäten gebündelt, die der Informationsgewinnung über Kaufmotive der Kunden, Marktgegebenheiten, Trends, Konkurrenzprodukte usw. dienen.

Das Unternehmen kann dabei u. a. auf Informationen von Marktforschungsinstituten zurückgreifen, die in regelmässigen Abständen eine gleichbleibende Käufergruppe auf ihr Verhalten untersucht, um Trends festzustellen. Diese als Panel bezeichneten Erhebungen werden auch für Industriekunden durchgeführt (Unternehmenspanel).

5.3 Marketingstrategien

Für das Unternehmen eröffnen sich 4 grundsätzliche Marketingstrategien. Bei bestehenden Märkten (Kunden) und vorhandenen Produkten ist eine Marktdurchdringung möglich. Hier wird durch aggressive Preispolitik und intensive Werbung versucht, Marktanteile zu gewinnen (Bild 31).

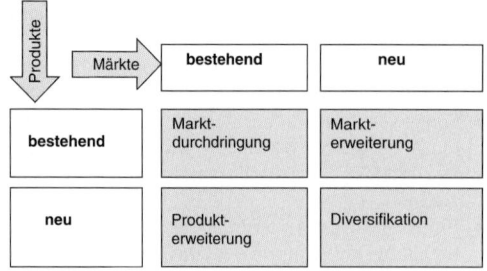

Bild 31. Marketingstrategien nach Ansoff

Für bestehende Produkte können neue Märkte erschlossen werden, bezeichnet als *Markterweiterung*. *Beispiel: Ein Hersteller von Industrierobotern erschließt neue Einsatzfelder im Handelsbereich.*
Bei der Produkterweiterung werden neue Produkte für bestehende Märkte eingesetzt. *Beispiel: Ein Hersteller von Werkzeugmaschinen entwickelt und liefert zusätzlich Späneaufbereitungsanlagen.*
Bei der *Diversifikationsstrategie* geht das Unternehmen mit neuen Produkten auf neue Märkte. *Beispiel: Ein Hersteller von PKWs stellt zukünftig auch Nutzfahrzeuge her.* Statt der aufwendigen Eigenentwicklung neuer Produkte kann dabei auf Lizenzen ausgewichen werden. Ferner können neue Produkte durch Zusammenschluss mit anderen Unternehmen marktreif gemacht werden.   ist diese Marketingstrategie risikoreich.
Die Wahl der Marketingstrategie hängt wesentlich von der Position des Produktes im 9-Felder-Portfolio (Bild 5) ab.

5.4 Target Costing

Das Target Costing (TC), auch als Zielkostenrechnung bezeichnet, berücksichtigt die Wettbewerbskomponente in der Produktkostenrechnung. Die eigenen Produktkosten sollen sich an denen der Konkurrenz orientieren. Das Verfahren ist insbesondere in der Automobilindustrie verbreitet.
Anhand von Konkurrenzprodukten werden Zielpreise (pz) z.B. für einen PKW-Typ oder eine Baugruppe der Konkurrenz erhoben. Durch Subtraktion eines mutmaßlichen Zielgewinnes (gz) werden dann Target Costs (tc), auch als allowable Costs bezeichnet, als Vorgabe für die eigene Produktentwicklung definiert.

$$tc = pz - gz$$

Hauptanliegen der Zielkostenrechnung ist die Ausrichtung der eigenen Produktkosten (Drifting Costs) am Wettbewerb. Übersteigen diese die Zielkosten, werden die Kostenüberschreitungen durch *Kosten kneten* verringert, bis die Zielkosten der Konkurrenz erreicht sind. Bei zusammengesetzten (mehrstufigen) Produkten entsteht ein Problem: Die Zielkosten eines Produktes müssen auf dessen Einzelteile heruntergebrochen werden, so daß Zielvorgaben für die Komponenten entstehen.

Ein Lösungsweg besteht in der Orientierung an den Produktfunktionen, wie sie in der Wertanalyse als Methode zur technisch-wirtschaftlichen Optimierung von Produkten und Verfahren verwendet werden. Es gilt der Grundsatz: Je größer der Funktionsbeitrag einer Komponente (Baugruppe, Einzelteil), desto höher sind deren erlaubte Kosten.

Beispiel: Der Hersteller von PKW-Felgen, bestehend aus Felge einzeln und 4 Befestigungsschrauben, ermittelt die eigenen Produktkosten eines Typs mit 60 €/Stück. Die Konkurrenz bietet die Felgen zu einem Verkaufspreis von 58 € an. Bei einem angenommenen Zielgewinn des Konkurrenten von 10 % ergeben sich Zielkosten von 58/1,1 = 52,73 €/Stück für das eigene Produkt. Die eigenen Selbstkosten einer kompletten Felge sollen also 52,73 € nicht überschreiten. Der Knetbetrag beträgt 60 − 52,73 − 7,27 €/Felge komplett.
Wie hoch sind die Zielkosten für die einzelne Felge und die 4 Schrauben? Dazu wird eine Funktionsanalyse durchgeführt. Die Funktionserfüllung wird als Beitrag der Einzelteile mit Werten zwischen 0 und 1 ausgedrückt. Betrachtet man die Funktion Fahreigenschaften verbessern, so leistet die Felge einen Funktionsbeitrag von ca. 0,7 und die Befestigungsschrauben von ca. 0,3 (Bild 32). Der Anteil der Felge an der Funktionserfüllung beträgt 6,8/10 · 100 = 68 %, der der 4 Schrauben 32 %. Aus diesem Funktionsbeitrag werden die Zielkosten abgeleitet:

Funktion aus Käufersicht	Felge	Schrauben	Summe
Fahreigenschaften verbessern	0,7	0,3	1
Kräfte aufnehmen	0,5	0,5	1
Montage erleichtern	0,4	0,6	1
Demontage erleichtern	0,4	0,6	1
Lebensdauer gewährleisten	0,7	0,3	1
Umweltbelastung verringern	0,9	0,1	1
Fahrsicherheit gewährleisten	0,9	0,1	1
Wartung vereinfachen	0,5	0,5	1
Aussehen verbessern	0,9	0,1	1
Käuferimage erhöhen	0,9	0,1	1
Summe	**6,8**	**3,2**	**10**

Bild 32. Funktionsbeitrag der Einzelteile

Der Felge werden Zielkosten von 68% der Produktzielkosten von 52,73, also 35,86 €/Stück zugestanden. Die Schrauben erhalten Zielkosten von 32% von 52,73, also 16,87 €/4 Schrauben. Durch Vergleich mit den Produktkosten der Einzelteile ergibt sich der betreffende Knetbetrag.

Erkennbar ist eine Schwachstelle beim Herunterbrechen der Zielkosten auf Einzelteile, Produktionsverfahren, Baugruppen. Die Zuordnung des Funktionsbeitrages ist subjektiv. Dennoch zeigt die Diskussion der Zielkosten den Entwicklern, Material- und Produktionsmanagern Rationalisierungsschwerpunkte auf. Das Target Costing wird insbesondere in der Automotive- und Elektro-Industrie eingesetzt.

5.5 Wertanalyse

Die Wertanalyse hat sich als effektives Instrument einer marktorientierten und wirtschaftlichen Produktgestaltung in vielen Unternehmen etabliert. Durch Einbindung aller an der Wertschöpfung im Unternehmen beteiligten Stellen aktiviert sie deren Ideenpotential. Kennzeichen der Wertanalyse sind

- die Orientierung der Produktgestaltung an den Käuferwünschen
- die Orientierung an den vom Käufer gestellten Aufgaben (Funktionen)
- die Ableitung von Funktionskosten
- die Ideenfindung im interdisziplinären (crossfunktionalen) Team
- der Einsatz des Brainstormings und weiterer Techniken zur Ideenfindung
- die Orientierung an einem vorgegebenen Arbeitsplan.

Die *Funktionen* werden aus der Sicht des Käufers als Gebrauchs- und Geltungsfunktionen definiert. Die Leitfrage *was tut das Produkt?* führt dabei zu den Hauptfunktionen. Ihre Erfüllung aus Käufersicht bestimmt den Produkterfolg. Die Frage *wie wird die Hauptfunktion erfüllt?* zeigt den technischen Lösungsweg. Er wird in den Nebenfunktionen definiert. Überflüssige Funktionen sind zu vermeiden. Funktionsmängel sind offen zu legen und zu eliminieren. Dies führt zur Verbesserung des Gebrauchs- und Geltungsnutzens.

Funktionen mit geringer Bedeutung für den Käufer, aber hohen *Funktionskosten* sind Anlaß für Kostensenkungsmaßnahmen in Beschaffung, Produktion und Vertrieb. Das Target Costing liefert hier zusätzliche Kosteninformationen.

Die *Ideenfindung* ist der Produktentwicklung vorgelagert. In der bevorzugten Methode des Brainstormings werden im Team Ideen genannt und erfasst. Diese Ideensuche erfolgt zunächst ohne Kritik und

möglichst spontan. Auch unkonventionelle Ideen sind erwünscht. Eine Brainstorming-Sitzung dauert ca. 1 bis 2 Stunden und wird mehrmals wiederholt. Nach Abschluß des Brainstormings erfolgt die Kritik und Auswahl der Ideen.

Die Wertanalyse eines Produktes wird als Projekt geplant (siehe 2.5). Der Ablauf orientiert sich an dem in DIN 69910 definierten Arbeitsplan (Bild 33).

Vorbereitung	Auswählen Objekt bzw. Produkt
Erfassen Istdaten	Funktionsanalyse, Funktionskosten
Funktionskritik	Überflüssige Funktionen eliminieren, Funktionsdefizite beseitigen
Ideenfindung	u. a. Brainstorming
Ideenkritik	Auswahl geeigneter Lösungen
Präsentation	Vorschlag und Konkretisierung der Lösungen durch das Team

Bild 33. Arbeitsplan der Wertanalyse (in Anlehnung an DIN 69910)

Literatur

Bauer, J.; Hayessen, E.: *Controlling für Industriebetriebe*. Wiesbaden: 2006

Coenenberg, A.G.: *Kostenrechnung und Kostenalalyse*. Landsberg/Lech: 2003

Däumler, K.D.: *Grundlagen der Investitions- und Wirtschaftlichkeitsrechnung*. Herne: 2003

Friedag, H.R.; Schmidt, W.: *Balanced Scorecard*. Freiburg: 2004

EN 1325-1 (1996): *Value Management, Wertanalyse, Funktionenanalyse Wörterbuch – Teil 1: Wertanalyse und Funktionenanalyse*, Berlin: Beuth Verlag

Hammer, M.: *Das prozesszentrierte Unternehmen*. Frankfurt/M: 1999

Härdter, J. (Hrsg.): *Betriebswirtschaftslehre für Ingenieure*. Leipzig: 2003

Kaplan, R.; Norton, D.: *Balanced Scorecard*, Boston: 1996

Pepels, W. (Hrsg.): *Marketing-Management für Ingenieure und Informatiker* Köln: 2000

Porter, M.: *Wettbewerbsstrategie*. Frankfurt/M: 1992

Schreyögg, G.: *Organisation. Grundlagen moderner Organisationsgestaltung. Mit Fallstudien*. Wiesbaden: 2003

VDI: *Wertanalyse, Methode, Idee, System*. Düsseldorf: 1995

Vollmuth, H.J.: *Kennzahlen*. Freiburg: 2004

Wiendahl, H.P.: *Betriebsorganisation für Ingenieure*. München-Wien: 1997

Witt, J.: *Produktinnovation*. München: 1996

Teil B: Arbeitswissenschaft

Klaus-Dieter Arndt

1 Arbeitswissenschaft im technischen Umfeld

Die Arbeit spielt im Leben des Menschen eine beherrschende Rolle. Er ist hier einer Vielzahl von Einflüssen ausgesetzt, die die Gesundheit und das Wohlbefinden beeinflussen und die weit in die übrigen Lebensbereiche hineinwirken. Aus diesem Grunde beschäftigt man sich seit Menschengedenken mit den Veränderungen im Arbeitsleben und in der Arbeitswelt.

1.1 Aufgaben und Zweck der Arbeitswissenschaft

Die **Gesellschaft für Arbeitswissenschaft (GfA)** definiert die **Arbeitswissenschaft** wie folgt:

> **Inhalt der Arbeitswissenschaft ist die Analyse und Gestaltung von Arbeitssystemen und Arbeitsmitteln, wobei der arbeitende Mensch in seinen individuellen und sozialen Beziehungen zu den übrigen Elementen des Arbeitssystems Ausgang und Ziel der Betrachtung ist.**

Die Arbeitswissenschaft ist daher die Wissenschaft von
- der menschlichen Arbeit, speziell unter den Gesichtspunkten der Zusammenarbeit von Menschen und des Zusammenwirkens von Menschen und Arbeitsmitteln bzw. Arbeitsgegenständen,
- den Voraussetzungen und Bedingungen, unter denen die Arbeit sich vollzieht,
- den Wirkungen und Folgen, die sie auf Menschen, ihr Verhalten und damit auch auf ihre Leistungsfähigkeit hat sowie
- den Faktoren, durch die die Arbeit, ihre Bedingungen und Wirkungen menschengerecht beeinflusst werden können.

Die Gestaltung der Arbeit nach arbeitswissenschaftlichen Erkenntnissen umfasst damit alle Maßnahmen, durch die das System Mensch und Arbeit menschengerecht, d. h. gemessen am Maßstab Mensch und seinen Eigenschaften, beeinflusst werden kann.

Diese vielfältigen und vielseitigen Aufgaben können nur durch das Zusammenwirken einschlägiger Wissenschaftsbereiche gelöst werden, insbesondere durch die auf die menschliche Arbeit bezogenen Erkenntnisse

- der **Medizin**, besonders in **physiologischer, hygienischer** und **toxikologischer** Hinsicht,
- der **Sozialwissenschaften**, speziell der **Psychologie**, der **Soziologie** und der **Pädagogik**,
- der **technischen Wissenschaften**,
- der **Wirtschaftswissenschaften** und
- der **Rechtswissenschaften**.

Diese Ausführungen umreißen in ausführlicher Weise auch gleichzeitig die Aufgabengebiete der Arbeitswissenschaft und ihre Grundlagenbereiche (Bild 1).

1.2 Ziele der Arbeitswissenschaft

Die wechselseitig erforderliche Anpassung von Mensch und Arbeitssystem hat den Menschen in seinen individuellen und sozialen Bindungen als Teil des Arbeitssystems zu sehen. Maßnahmen der Arbeitsgestaltung richten sich deswegen vor allem auf die Verwirklichung der Ziele des individuellen Gesundheitsschutzes, der sozialen Angemessenheit der Arbeit und der technisch wirtschaftlichen Rationalität.

Diese Ziele laufen nur zum Teil in die gleiche Richtung. In vielen Fällen führen sie zu einem Interessenkonflikt, sodass der in der Arbeitswissenschaft angestrebte optimale Ausgleich nicht über die Maximierung eines der Ziele, sondern über das Optimieren aller drei Teilziele zu erreichen ist.

Zusammenfassend kann gesagt werden, dass das Wirken der Arbeitswissenschaft unter den drei Teilzielen

- **individueller Gesundheitsschutz**
- **soziale Angemessenheit der Arbeit**
- **technisch wirtschaftliche Rationalität**

zu sehen ist.

1.3 Rechtliche Vorschriften

Eine Vielzahl rechtlicher Bestimmungen, Verordnungen und Vorschriften fordern arbeitsgestaltende Maßnahmen. Zu den Wesentlichen gehören:
- die **Gewerbeordnung (GewO)**
- das **Betriebsverfassungsgesetz (BetrVG)**
- das **Gesetz über technische Arbeitsmittel und Verbraucherprodukte (Geräte- und Produktsicherheitsgesetz – GPSG)**
- das **Gesetz über Betriebsärzte, Sicherheitsingenieure und andere Fachkräfte für Arbeitssicherheit (ASiG)**
- das **Arbeitschutzgesetz (ArbSchG)**
- die **Verordnung über Arbeitstätten (ArbStättV)**
- die **Verordnung über gefährliche Arbeitsstoffe** (Arbeitsstoffverordnung **ArbStoffV**)
- das **Unfallversicherungs-Einordnungsgesetz (UVEG)** und
- die **Unfallverhütungsvorschriften (UVV)** der Berufsgenossenschaften **(BG)**

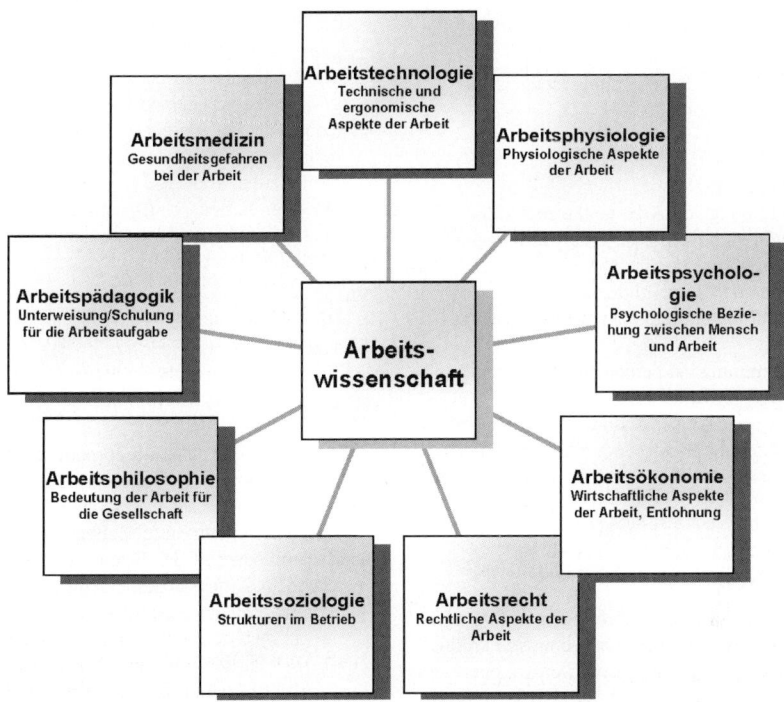

Bild 1. Bereiche der Arbeitswissenschaft (Luczak)

Darüber hinaus gibt es einschlägige Richtlinien und Normen (**VDI-Richtlinien, DIN-Normen**), die bei der Planung und Gestaltung von Arbeitsplätzen/Arbeitssystemen zu berücksichtigen sind.

1.3.1 Gewerbeordnung (GewO)

Die erste Fassung der Gewerbeordnung wurde am 21. Juni 1869 in Kraft gesetzt. Die Staatl. Gewerbeaufsichtsämter wachen über die Einhaltung der GewO. Bei Nichtbefolgen können erhebliche Geldbußen ausgesprochen bzw. der Betrieb oder Betriebsteile stillgesetzt werden. Den Gewerbeaufsichtsbeamten muss der Zugang zum Betrieb jederzeit gestattet werden; es bedarf keiner vorherigen Anmeldung. Darüber hinaus sind die Gewerbeaufsichtsämter für die Genehmigung von Sonn- und Feiertagsarbeiten, Mehrarbeit sowie Betriebsgenehmigungen von Anlagen und Verfahren usw. zuständig. Der **§ 120a**, der sich mit dem Thema **Arbeitssicherheit** befasste, ist aus der GewO entfernt worden. Die Anforderungen dieses Paragrafen sind 1996 weitestgehend im **Arbeitsschutzgesetz** übernommen bzw. aufgrund neuerer Erkenntnisse angepasst worden.

1.3.2 Betriebsverfassungsgesetz (BetrVG)

Im Betriebsverfassungsgesetz von 1972 wurde der Katalog der mitbestimmungspflichtigen sozialen Angelegenheiten gegenüber dem Gesetz von 1952 erheblich ausgebaut und erweitert (§ 87).

Erstmals erhält der Betriebsrat Mitbestimmungs- und Mitwirkungsrechte bei der Gestaltung von Arbeitsplatz, Arbeitsablauf und Arbeitsumgebung. Zu den wesentlichen Paragrafen gehören:

Mitwirkung und Mitbestimmung der Arbeitnehmer

§ 74   Grundsätze für die Zusammenarbeit
§ 75   Grundsätze für die Behandlung der Betriebsangehörigen
§ 76   Einigungsstelle
§ 80   Allgemeine Aufgaben

Mitwirkungs- und Beschwerderecht des Arbeitnehmers

§ 81   Unterrichtungs- und Erörterungspflicht des Arbeitgebers
§ 82   Anhörungs- und Erörterungsrecht des Arbeitnehmers
§ 83   Einsicht in die Personalakte
§ 84   Beschwerderecht
§ 85   Behandlung von Beschwerden durch den Betriebsrat

Soziale Angelegenheiten

§ 87   Mitbestimmungsrechte
§ 88   Freiwillige Betriebsvereinbarungen
§ 89   Arbeits- und betrieblicher Umweltschutz

Gestaltung von Arbeitsplatz, Arbeitsablauf und Arbeitsumgebung

§ 90 Unterrichtungs- und Beratungsrechte
§ 91 Mitbestimmungsrecht

Personelle Angelegenheiten

§ 92 Personalplanung
§ 93 Ausschreibung von Arbeitsplätzen
§ 94 Personalfragebogen, Beurteilungsgrundsätze
§ 95 Auswahlrichtlinien
§ 96 Förderung der Berufsbildung
§ 98 Durchführung betrieblicher Bildungsmaßnahmen
§ 99 Mitbestimmung bei personellen Einzelmaßnahmen
§ 102 Mitbestimmung bei Kündigungen
§ 104 Entfernung betriebsstörender Arbeitnehmer
§ 105 Leitende Angestellte

1.3.3 Gesetz über technische Arbeitsmittel und Verbraucherprodukte (Geräte- und Produktsicherheitsgesetz – GPSG)

Das Gesetz gilt für das Inverkehrbringen und Ausstellen von Produkten. Es gilt nicht für gebrauchte Produkte, die als Antiquitäten überlassen werden oder vor ihrer Verwendung instand gesetzt oder wieder aufgearbeitet werden müssen, sofern derjenige der sie erwirbt oder nutzt ausreichend darüber unterrichtet wurde. Darüber hinaus werden Arbeitsmittel ausgeschlossen, die ausschließlich militärischen Zwecken dienen. Der Anwendungsbereich gilt auch für die Errichtung und den Betrieb überwachungsbedürftiger Anlagen (Ausnahmen sind im Gesetzestext beschrieben).
Die Vorschriften des Gesetzes gelten nicht, wenn in anderen Rechtsvorschriften entsprechende oder weitergehende Anforderungen an die Gewährleistung von Sicherheit und Gesundheit vorgesehen sind. Rechtsvorschriften, die die Gewährleistung von Sicherheit und Gesundheit bei der Verwendung von Produkten dienen, bleiben unberührt, dies gilt insbesondere für Vorschriften, die den Arbeitgeber dazu verpflichten.
Im § 2 „Begriffsbestimmungen" wird ausgeführt, was unter Produkte, technische Arbeitsmittel und Verbraucherprodukte zu verstehen ist. In den weiteren Paragrafen wird festgelegt, wer Rechtsvorschriften erlassen darf, wie das Inverkehrbringen, das Kennzeichnen (CE-, GS-Kennzeichnung) und die Überwachung von Produkten zu erfolgen hat.

1.3.4 Gesetz über Betriebsärzte, Sicherheitsingenieure und andere Fachkräfte für Arbeitssicherheit (ASiG)

Im § 1 des Gesetzes ist festgelegt:
Der Arbeitgeber hat nach Maßgabe dieses Gesetzes Betriebsärzte und Fachkräfte für Arbeitssicherheit zu bestellen. Diese sollen ihn beim Arbeitsschutz und bei der Unfallverhütung unterstützen. Damit soll erreicht werden, dass

1. die dem Arbeitsschutz und der Unfallverhütung dienenden Vorschriften den besonderen Betriebsverhältnissen entsprechend angewandt werden,
2. gesicherte arbeitsmedizinische und sicherheitstechnische Erkenntnisse zur Verbesserung des Arbeitsschutzes und der Unfallverhütung verwirklicht werden können,
3. die dem Arbeitsschutz und der Unfallverhütung dienenden Maßnahmen einen möglichst hohen Wirkungsgrad erreichen.

Weiter ist festgelegt:
– Bestellung von Betriebsärzten (§ 2)
– Aufgaben der Betriebsärzte (§ 3)
– Anforderungen an die Betriebsärzte (§ 4)
– Bestellung von Fachkräften für Arbeitssicherheit (§ 5)
  Aufgaben der Fachkräfte für Arbeitssicherheit (§ 6)
– Anforderungen an Fachkräfte für Arbeitssicherheit (§ 7)
– Zusammenarbeit mit dem Betriebsrat (§ 9)
– Zusammenarbeit der Betriebsärzte und der Fachkräfte für Arbeitssicherheit (§§ 10)
– Arbeitsschutzausschuss (§ 11)

1.3.5 Gesetz über die Durchführung von Maßnahmen des Arbeitsschutzes zur Verbesserung der Sicherheit und des Gesundheitsschutzes der Beschäftigten bei der Arbeit (Arbeitsschutzgesetz – ArbSchG)

Dieses Gesetz dient dazu, Sicherheit und Gesundheit der Beschäftigten bei der Arbeit durch Maßnahmen des Arbeitsschutzes zu sichern und zu verbessern. Es gilt in allen Tätigkeitsbereichen (§ 1).
§ 4 enthält allgemeine Grundsätze, danach hat der Arbeitgeber:

1. Die Arbeit so zu gestalten, dass eine Gefährdung für Leben und Gesundheit möglichst vermieden und die verbleibende Gefährdung möglichst gering gehalten wird;
2. Gefahren sind an ihrer Quelle zu bekämpfen;
3. bei den Maßnahmen sind Stand der Technik, Arbeitsmedizin und Hygiene sowie sonstige gesicherte arbeitswissenschaftliche Erkenntnisse zu berücksichtigen;
4. Maßnahmen sind mit dem Ziel zu planen, Technik, Arbeitsorganisation, sonstige Arbeitsbedingungen, soziale Beziehungen und Einfluss der Umwelt auf den Arbeitsplatz sachgerecht zu verknüpfen;
5. individuelle Schutzmaßnahmen sind nachrangig zu anderen Maßnahmen;
6. spezielle Gefahren für besonders schutzbedürftige Beschäftigungsgruppen sind zu berücksichtigen;
7. den Beschäftigten sind geeignete Anweisungen zu erteilen;
8. mittelbar oder unmittelbar geschlechtsspezifische wirkende Regelungen sind nur zulässig, wenn dies aus biologischen Gründen zwingend geboten ist.

1.3.6 Verordnung über Arbeitsstätten (Arbeitsstättenverordnung – ArbStättV)

Die Verordnung gilt für Arbeitsstätten in Betrieben, in denen das **Arbeitsschutzgesetz** Anwendung findet. Sie gilt nicht für Arbeitsstätten:

1. im Reiseverkehr und Marktverkehr,
2. in Straßen-, Schienen- und Luftfahrzeugen im öffentlichen Verkehr,
3. in Betrieben, die dem Bundesbergbaugesetz unterliegen,
4. auf See- und Binnenschiffen.

Sie enthält Anforderungen an Arbeitsräume in Gebäuden, Arbeitsplätze im Freien, Baustellen, Verkaufsstellen im Freien, Wasserfahrzeuge und schwimmende Anlagen auf Binnengewässern. Zur Arbeitsstätte gehören:

1. Verkehrswege, Fluchtwege, Notausgänge
2. Lager-, Maschinen- und Nebenräume
3. Pausen-, Bereitschafts-, Liegeräume und Räume für körperliche Ausgleichsübungen
4. Umkleide-, Wasch- und Toilettenräume (Sanitärräume)
5. Sanitätsräume und Unterkünfte.

Die Verordnung gilt für bestehende Arbeitsstätten und geplante Betriebe. Bei Neuerrichtungen sind alle Vorschriften anzuwenden. Bei vorhandenen Arbeitsräumen oder Betrieben können einzelne Vorschriften entfallen, wenn dadurch erhebliche Umbauten oder Umorganisationen erforderlich werden.

Die zu genehmigende Behörde (Gewerbeaufsicht) kann jedoch verlangen, dass die Forderungen der Verordnung in bereits bestehenden Betrieben vollständig umgesetzt werden, wenn

– Gefahren für Leben und Gesundheit der Beschäftigten zu befürchten sind oder
– die Arbeitsstätten oder die Betriebseinrichtungen ohnehin wesentlich erweitert oder
– umgebaut bzw. die Arbeitsverfahren oder Arbeitsabläufe wesentlich umgestaltet werden
– oder die Nutzung der Arbeitsstätte wesentlich geändert wird.

Ausnahmen sind möglich, sie müssen jedoch genehmigt werden.

Die Arbeitsstättenverordnung ist Grundlage für die Aufgaben der Betriebsärzte und den Fachkräften für Arbeitssicherheit. Darüber hinaus ist sie für die Aufgaben des Betriebsrates von großer Bedeutung.

Die Verordnung wird durch die **Arbeitsstätten-Richtlinien (ASR)** ergänzt. Die Richtlinien basieren auf Erfahrungen der Praxis, vorhandenen Regeln und arbeitswissenschaftlichen Erkenntnissen.

1.3.7 Unfallversicherungs-Einordnungsgesetz (UVEG)

§ 1 Prävention, Rehabilitation, Entschädigung

Aufgabe der Unfallversicherung ist es, nach Maßgabe der Vorschriften

1. mit allen geeigneten Mitteln Arbeitsunfälle und Berufskrankheiten sowie arbeitsbedingte Gesundheitsgefahren zu verhüten,
2. nach Eintritt von Arbeitsunfällen oder Berufskrankheiten die Gesundheit und die Leistungsfähigkeit der Versicherten mit allen geeigneten Mitteln wieder herzustellen und sie oder ihre Hinterbliebenen durch Geldleistungen zu entschädigen.

§ 14 Grundsatz

(1) Die Unfallversicherungsträger haben mit allen geeigneten Mitteln für die Verhütung von Arbeitsunfällen, Berufskrankheiten und arbeitsbedingten Gesundheitsgefahren und für eine wirksame Erste Hilfe zu sorgen. Sie sollen dabei auch den Ursachen von arbeitsbedingten Gefahren für Leben und Gesundheit nachgehen.

§ 15 Unfallverhütungsvorschriften

(1) Die Unfallversicherungsträger erlassen als autonomes Recht Unfallverhütungsvorschriften (UVV) über

1. Einrichtungen, Anordnungen und Maßnahmen, welche die Unternehmer zur Verhütung von Arbeitsunfällen, Berufskrankheiten und arbeitsbedingten Gesundheitsgefahren zu treffen haben sowie die Form der Übertragung dieser Aufgaben auf andere Personen,
2. das Verhalten der Versicherten zur Verhütung von Arbeitsunfällen, Berufskrankheiten und arbeitsbedingte Gesundheitsgefahren,
3. vom Unternehmer zu veranlassende arbeitsmedizinische Untersuchungen und sonstige arbeitsmedizinische Maßnahmen vor, während und nach der Verrichtung von Arbeiten, die für Versicherte oder Dritte mit arbeitsbedingten Gefahren für Leben und Gesundheit verbunden sind,
4. Voraussetzungen, die der Arzt, der mit Untersuchungen oder Maßnahmen nach Nummer 3 beauftragt ist, zu erfüllen hat, sofern die ärztliche Untersuchung nicht durch eine staatliche Rechtsvorschrift vorgesehen ist,
5. die Sicherstellung einer wirksamen Ersten Hilfe durch den Unternehmer,
6. die Maßnahmen, die der Unternehmer zur Erfüllung der sich aus dem Gesetz über Betriebsärzte, Sicherheitsingenieure und andere Fachkräfte für Arbeitssicherheit zu treffen hat,
7. die Zahl der Sicherheitsbeauftragten, die nach § 22 unter Berücksichtigung der in den Unternehmen für Leben und Gesundheit der Versicherten bestehenden arbeitsbedingten Gefahren und der Zahl der Beschäftigten zu bestellen sind.

Die Unfallverhütungsvorschriften sind von der Wertigkeit einem Gesetz gleich. Die Vorschriften werden von den einzelnen Berufsgenossenschaften erlassen.

Die Berufsgenossenschaften (BG) sind im Hauptverband der gewerblichen Berufsgenossenschaften zusammengeschlossen.

Als beispielhafte Unfallverhütungsvorschriften sind zu nennen:

– UVV 1.0 Allgemeine Vorschriften
– UVV 1.2 Lärm
– UVV 1.4 Sicherheitsingenieure und andere Fachkräfte für Arbeitssicherheit
– UVV 1.5 Betriebsärzte

Die Überwachung der UVV sowie die Beratung in Fragen der Unfallverhütung erfolgt durch die technischen Aufsichtsbeamten (TAB) der Berufsgenossenschaften. Sie können die Arbeitgeber veranlassen, sofortige Maßnahmen einzuleiten bzw. im Gefahrenfall Anlagen stilllegen.

Der TAB ist genau wie der Gewerbeaufsichtsbeamte jederzeit ohne vorherige Anmeldung auf das Betriebsgelände zu lassen.

2 Grundlagen des Arbeitsstudiums

Nach REFA (Verband für Arbeitsgestaltung, Betriebsorganisation und Unternehmensentwicklung e.V) besteht das Arbeitsstudium in der Anwendung von Methoden und Erfahrungen zur Untersuchung und Gestaltung von Arbeitssystemen mit dem Ziel, unter Beachtung der Leistungsfähigkeit und der Bedürfnisse des arbeitenden Menschen, die Wirtschaftlichkeit des Betriebes zu verbessern. Dabei wirken in Arbeitssystemen Menschen und Betriebsmittel zusammen, um Arbeitsaufgaben zu erfüllen.

Das REFA-Arbeitsstudium beinhaltet nicht nur – wie fälschlicherweise oft angenommen – eine Methodenlehre zur Vorgabezeitermittlung, sondern umfasst nahezu alle Bereiche, die mit der menschlichen Arbeit zusammenhängen.

Zu den Schwerpunkten des Arbeitsstudiums gehören:

1. Datenermittlung
Daten sind vor allem Zeiten sowie Bezugsmengen und Einflussgrößen für Arbeitsabläufe oder -ablaufabschnitte als Grundlage für die Planung, Steuerung und Kontrolle der betrieblichen Vorgänge und als Unterlage für die Entlohnung.

2. Arbeitsgestaltung
Schaffung eines aufgabengerechten, optimalen Zusammenwirkens der im Betrieb eingesetzten Mitarbeiter, Betriebsmittel und Arbeitsgegenständen durch zweckmäßige Organisation von Arbeitssystemen, d. h. Gestaltung des Arbeitsablaufes durch:

• Unterteilung der einzelnen Arbeitsvorgänge
• Festlegung des zeitlichen Ablaufes der Arbeitsvorgänge
• räumliche Anordnung der erforderlichen Arbeitsplätze und
• Wahl der Fördermittel

3. Arbeitsbewertung, Leistungsbewertung
Beschreiben, beurteilen und bewerten von Daten, die die Anforderungen einer bestimmten Arbeit an den Menschen und seine Aufgaben kennzeichnen als Unterlagen für die Entlohnung, die Planung und die Steuerung von Arbeitssystemen sowie für das Personalwesen (z. B. Personaleinsatz, Stellenbeschreibung).

4. Arbeitsunterweisung
Vermittlung von Kenntnissen und Fertigkeiten an Mitarbeiter für die ordnungsgemäße Ausführung von Arbeitsabläufen (Aus- und Weiterbildung sowie die Qualifizierung des Personals).

Das Vorgehen im Arbeitsstudium hängt vom Zweck der jeweiligen Maßnahme ab.

REFA schlägt zur Lösung von Problemen die **Sechs-Stufen-Methode** vor.

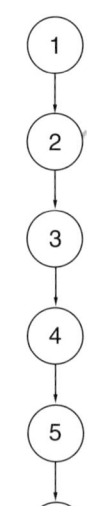

1 **Ziele setzen:** z.B. Kostenreduzierung, Gewinnmaximierung

2 **Aufgabe abgrenzen:** z.B. Einzel-, Gruppen-, Teamarbeit

3 **Ideale Lösungen suchen: Ideenfindungsmethoden,** z.B. Brainstorming, 6-3-5-Methode

4 **Daten sammeln und praktikable Lösungen entwickeln**

5 **Optimale Lösung aussuchen im Hinblick auf:** – technische Machbarkeit – wirtschaftliche Machbarkeit – Gesetzeskonformität

6 **Lösung einführen und mit Zielvorstellung kontrollieren (Soll-Ist-Vergleich)**

Bild 2. Sechs-Stufen-Methode nach REFA

Diese Vorgehensweise kann in der Produktion, im Dienstleistungsbereich und der Verwaltung für die Gestaltung einfacher und komplexer Arbeitssysteme sowie für die Lösung betrieblicher Probleme jeder Art angewendet werden.

Definition:	Arbeitsstudium besteht in der Untersuchung und Gestaltung von Arbeitssystemen.
Ziele:	Verbesserung der Wirtschaftlichkeit der Prozesse, Sicherung menschengerechter Arbeitsabläufe und Arbeitsbedingungen.
Grundlagen:	Ergonomie, Betriebswirtschaftslehre, Statistik, Sozial- und Rechtswissenschaften, Technologie.
Schwerpunkte und Methoden:	**Datenermittlung:** Ermittlung von Vorgabezeiten bei Einzel-, Gruppen- und Mehrstellenarbeit, Systeme vorbestimmter Zeiten, Zeitaufnahmen, Multimomentaufnahme, Vergleichen und Schätzen, Zeitklassenverfahren, Berechnen von Prozess-

zeiten, Selbstaufschreiben, analytisches Verfahren zur Erholungszeitermittlung, Ermittlung von Planzeiten und Kennzahlen
Kostenrechnung: Selbstkostenrechnung (Divisions- und Zuschlagskalkulation, Maschinenkostenrechnung), Kostenvergleichsrechnung, Deckungsbeitragsrechnung, Plankostenrechnung.
Arbeitsgestaltung: 6-Stufen-Methode der Systemgestaltung; Gestaltungsprinzipien, Methoden zur Ideenfindung, Prüflisten; Ablaufanalyse, Funktionsanalyse, Materialflussanalyse; Bewegungsstudium, Betriebsmittelnutzung; Ablaufprinzipien; Leistungsabstimmung; Sicherheitsstudie und andere mehr.
Anforderungsermittlung: Arbeitsbeschreibung, Anforderungsanalyse, Quantifizierung der Anforderungen, Anforderungsprofile.
Anforderungs- und leistungsabhängige Lohndifferenzierung: Summarische und analytische Arbeitsbewertung; Akkordlohn, Prämienlohn und andere Formen leistungsabhängiger Lohndifferenzierung; Zeitlohn mit Leistungsbewertung.
Arbeitsunterweisung: Lernen und Unterweisen; Lernziele im Verstandes-, Bewegungs- und Verantwortungsbereich; Lehrmethoden (Vier-Stufen-Methode), Unterricht, Lehrgespräch, programmiertes Lernen; Unterrichtsmedien; Lernkontrolle.

Tabelle 1. Übersicht über das Arbeitsstudium (REFA)

2.1 Das Arbeitssystem

Der technischwissenschaftliche und wirtschaftliche Wandel führt u. a. dazu, dass die zu lösenden Probleme in Technik, Wirtschaft und Gesellschaft immer umfassender und komplexer werden. Die Systemwissenschaften bieten hier eine wertvolle Hilfe bei der Untersuchung, Verallgemeinerung (Abstraktion) und Ordnung (Strukturierung, Systematisierung) komplexer Probleme.

Die Systembetrachtung ermöglicht eine klar abgegrenzte Beschreibung, Einordnung, Gestaltung und Kontrolle der jeweils vorgefundenen bzw. geplanten Situation (speziell: Arbeitssituation). Mithilfe der Systembetrachtung lässt sich übersichtlich und schnell feststellen, ob alle wesentlichen Gesichtspunkte des untersuchten Systems (speziell: Arbeitssystem) erfasst sind.

Bei der Produktion von Gütern und Dienstleistungen unterscheidet man 3 Arten von Systemen:

– technische Systeme (Maschinen-System)
– soziale Systeme (Systeme von Menschen)
– soziotechnische Systeme (Mensch-Maschine-Material-Mitwelt-Systeme)

Ein Betrieb bildet ein soziotechnisches System. Die Gestaltung menschlicher Arbeit in Betrieben läuft ebenfalls in soziotechnischen Systemen (Mensch-Maschine-Material-Mitwelt-Systeme) ab. Diese soziotechnischen Systeme menschlicher Arbeit nennt man Arbeitssysteme. In Arbeitssystemen wirken Menschen und Betriebsmittel unter Umwelteinflüssen zusammen, um Arbeitsaufgaben zu erfüllen, wie Rohstoffe zu produzieren, Waren zu fertigen, Informationen zu verarbeiten usw.

Art des Systems	Elemente, die in Beziehung zueinander stehen	Beispiele	
		Systembezeichnung	Systemzweck
Technische Systeme (Maschinensysteme)	Betriebsmittel und Werkzeuge	Automat, Transferstraße	Zylinderkopfherstellung
Soziale Systeme (Systeme von Menschen)	Menschen	Betriebsversammlung, Stabsstelle	informieren, koordinieren
Soziotechnische Systeme	Menschen, Betriebsmittel, Material, Mitwelt	Maschinenarbeitsplatz, Krankanzel, Fließband, Produktionsstätte und Verwaltung	Herstellen eines Drehteiles, Rechnung buchen

Tabelle 2. Systemarten (REFA)

2.1.1 Beschreibung des Arbeitssystems

Das Arbeitssystem nach REFA besteht aus folgenden sieben Systemelementen:

1. Arbeitsaufgabe
2. Arbeitsablauf
3. Eingabe
4. Ausgabe
5. Mensch
6. Betriebsmittel
7. Umwelteinflüsse

Damit ergibt sich folgendes Bild des Arbeitssystems:

Arbeitssystem
Mikrosystem Einzelarbeitsplatz
Arbeitssystem nach REFA, bestehend aus
7 Systemelementen:
1. Arbeitsaufgabe, z. B. Drehen eines Bolzens
2. Arbeitsablauf = räumlich und zeitliche Folge
3. Eingabe, z. B. Stangenmaterial
4. Ausgabe der Bolzen

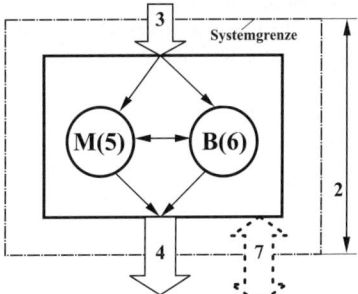

5. Mensch = Kapazität des Systems
6. Betriebsmittel, Drehmaschine
7. Umwelteinflüsse, z. B. Stäube, Gase, Dämpfe, Lärm, Schwingungen, Vibrationen

Bild 3. Arbeitssystem (REFA)

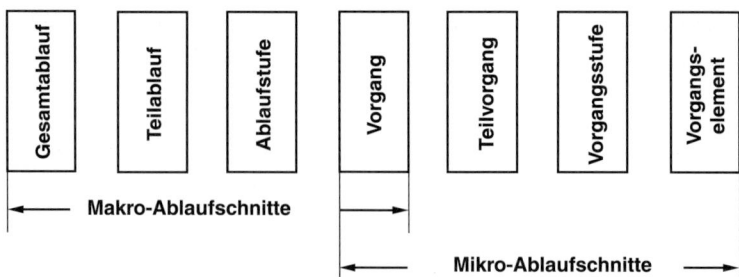

Bild 4. Ablaufabschnitte(REFA)

Die **Arbeitsaufgabe (1)** kennzeichnet den Zweck des Arbeitssystems.

■ **Beispiele:** Rechnungen, Briefe schreiben, Paletten transportieren, Motor einbauen, Bolzen drehen, Hydraulikzylinder reparieren usw.

Der **Arbeitsablauf (2)** ist die räumliche und zeitliche Folge des Zusammenwirkens von Mensch und Betriebsmittel mit der Eingabe, diese gemäß der Arbeitsaufgabe zu verändern oder zu verwenden. Der Arbeitsablauf wird auch als Prozess oder Zeitverhalten des Systems bezeichnet.

Arbeitsabläufe lassen sich nur dann eindeutig beschreiben, wenn das **Arbeitsverfahren, die Arbeitsmethode** und die **Arbeitsweise** und deren Verknüpfung untereinander ausreichend genau berücksichtigt werden.

Im **Arbeitsablauf** wird erfasst,

wer

wo   (z.B. in welcher Abteilung und an welchem Arbeitsplatz)

wann (in welcher zeitlichen Aufeinanderfolge)

womit (z.B. mit welchen Menschen und Betriebsmitteln)

die Eingabe gemäß der Arbeitsaufgabe verändert oder verwendet wird.

Zur Beschreibung des Ablaufes ist es erforderlich, ihn in Ablaufabschnitte zu zerlegen.

Man hat dabei die Begriffe
1. Makro-Ablaufabschnitte
2. Mikro-Ablaufabschnitt
gewählt, die wie folgt weiter untergliedert werden:

Vorgangselemente sind Teile einer **Vorgangsstufe**, die weder in ihrer Beschreibung noch in ihrer zeitlichen Erfassung weiter unterteilt werden können (Zeitdauer etwa 0,001 ... 0,01 min).

Vorgangselemente unterscheidet man nach:
1. Bewegungselementen und
2. Prozesselementen.

Bewegungselemente sind von Menschen ausgeführte Grundbewegungen, wie z.B.
– Hinlangen zu einer Hülse
– Greifen der Hülse
– Montieren der Hülse auf einen Bolzen
– Loslassen der Hülse

Zu den Bewegungselementen werden auch geistige Vorgänge gezählt, wie z.B. prüfen, entscheiden usw. Bewegungselemente werden bei den Systemen vorbestimmter Zeiten (SvZ) verwandt.

Prozesselemente sind von Maschinen ausgeführte Vorgänge wie z.B.
– Hub beim Pressen
– Punktschweißvorgang
– mechanischer Anstellvorgang

Vorgangsstufen sind Abschnitte eines Teilvorganges, die eine in sich abgeschlossene Folge von Vorgangselementen umfassen (Dauer etwa zwischen 0,01 und 0,1 min).

Das Montieren einer Hülse auf einen Bolzen ist eine Vorgangsstufe.

Ein **Teilvorgang** besteht aus mehreren Vorgangsstufen, die wegen der besseren Überschaubarkeit als Teil der Arbeitsaufgabe zusammengefasst werden (Dauer oft länger als 0,1 min).

■ **Beispiele:** Werkstück einspannen und ausrichten; Maschine an mehreren Schmierstellen ölen; Werkstücke in Karton verpacken.

Mit **Vorgang** wird der Abschnitt eines Arbeitsablaufes bezeichnet, der in der Ausführung an einer Mengeneinheit besteht. Der Vorgang wiederholt sich bei der Ausführung eines Auftrages m mal. Ein Vorgang besteht im Allgemeinen aus mehreren Teilvorgängen, manchmal aber nur aus einer oder mehreren Vorgangsstufen. Wiederholt sich ein Vorgang innerhalb eines Auftrages, dann spricht man auch vom Zyklus.

Für die Makro-Abschnitte ergeben sich den Mikro-Abschnitten entsprechende Definitionen:

Der **Vorgang** ist das kleinste Element des Gesamtablaufes. Die **Ablaufstufe** besteht aus einer Folge von Vorgängen, die zur Herstellung z. B. eines Einzelteiles erforderlich sind. Ein **Teilablauf** besteht aus mehreren Ablaufstufen (z. B. Herstellung eines Teilerzeugnisses).

Unter einem **Gesamtablauf** wird der gesamte Arbeitsablauf verstanden, der zur Herstellung eines Erzeugnisses mit einem, weniger oder vielen Einzelteilen oder zur Durchführung eines sonstigen größeren Vorhabens erforderlich ist.

Die Begriffe **Arbeitsverfahren**, **Arbeitsmethode** und **Arbeitsweise** beziehen sich auf die nähere Beschreibung des Arbeitsablaufes innerhalb eines Arbeitsabschnittes.

Unter **Arbeitsverfahren** wird die Technologie verstanden, die zur Veränderung des Arbeitsgegenstandes im Sinne der Arbeitsaufgabe angewendet wird. Hierzu zählen z. B. im Maschinenbau Verfahren der spanlosen und spanabhebenden Formung, der elektroerosiven Bearbeitung, der thermischen Behandlung, der Oberflächenbehandlung usw.

Die **Arbeitsmethode** betrifft die Ausführung des Arbeitsablaufes durch den Menschen bei einem bestimmten Arbeitsverfahren (Soll).

Die **Arbeitsweise** ist die individuelle Ausführung des Arbeitsablaufes, um den durch die Arbeitsmethode vorgeschriebenen Arbeitsablauf zu erreichen (Ist).

Die **Eingabe (3)** (Input) eines Arbeitssystems besteht im Allgemeinen aus Arbeitsgegenständen (z. B. Rohstoffe, Halbfabrikate, Datenträger); aber auch Menschen, Informationen (z. B. Arbeitsanweisungen, Zeichnungen, Arbeitspläne usw.) und Energie (Strom, Druckluft, Gas, Hydrauliköl, Wasser), die im Sinne der Arbeitsaufgabe in ihrem Zustand, ihrer Form oder ihrer Lage verändert oder verwendet werden sollen, gehören dazu.

Eingabe können aber auch Lebewesen, verderbliche Güter oder defekte Betriebsmittel sein (Beispiele: Fahrgäste, Paletten, zu verpackende Geräte und Packmaterial).

Die **Ausgabe (4)** (Output) eines Arbeitssystems besteht im Allgemeinen aus Arbeitsgegenständen, Menschen und Informationen, die im Sinne der Arbeitsaufgabe verändert oder eingesetzt werden.

■ **Beispiele:** Transportierte Menschen, verpackte Computer, Strom, Pressluft, gebuchte Rechnungen, gestapelte Paletten, eine Auskunft erteilen usw.

Der **Mensch (5)** ist eine Kapazität des Arbeitssystems, die gem. der Arbeitsaufgabe im Zusammenwirken mit den Betriebsmitteln die Eingabe in die Ausgabe verändert.

Als **Betriebsmittel (6)** im weitesten Sinne gelten Geräte und Maschinen, die in irgendeiner Weise in einem Arbeitssystem daran beteiligt sind, die Arbeitsaufgabe zu erfüllen.

■ **Beispiele:** Arbeitsräume, Einrichtungsgegenstände, Werkbänke, Rohrleitungen, Maschinen, EDV-Anlagen, chemische Anlagen, Apparate, Vorrichtungen, Werkzeuge, Messgeräte.

Mensch und Betriebsmittel sind also die Kapazitäten des Arbeitssystems, die gem. der Arbeitsaufgabe die Eingabe in die Ausgabe verändern.

Die **Umwelteinflüsse (7)** unterteilt man in physikalische (chemische, biologische) (z.B. Licht, Klima, Lärm, Gase, Staub, Dämpfe) und organisatorische (Pausenregelung, Arbeitszeitregelung, Bereitstellung von Material) sowie soziale Einflüsse (Betriebsklima, Entlohnung (Zeitlohn, Akkordlohn), Leistungsprämien, Beratung der Mitarbeiter in Steuer-, Renten- und sozialen Angelegenheiten). Die physikalischen (und chemischen) Einflüsse werden häufig auch als Umgebungseinflüsse verstanden.

Diese vorstehende Beschreibung des Arbeitssystems nach REFA ist eine mögliche Vorgehensweise.

Eine weitere Kennzeichnung des Arbeitssystems kann in der Form Zweck, Bedingungen und Elemente vorgenommen werden (Bild 5).

Ein Vergleich mit REFA macht jedoch eine weitgehende Übereinstimmung deutlich.

Arbeitssysteme können sehr unterschiedliche Größen haben. Als kleinstes Arbeitssystem gilt der Einzelarbeitsplatz (Mikro-System, Bild 6).

Arbeitssystem
Einteilung in Makro- und Mikrosystem

Makrosystem Unternehmen/Betrieb
Produktionshallen, Büros, Lager, Sozialräume

Systemgrenze

Roh-,
Hilfs-,
Betriebs-
stoffe

Produkte

Werk-
stoffe

Vorpro-
dukte

Unternehmen

Bild 6. Arbeitssystem (REFA)

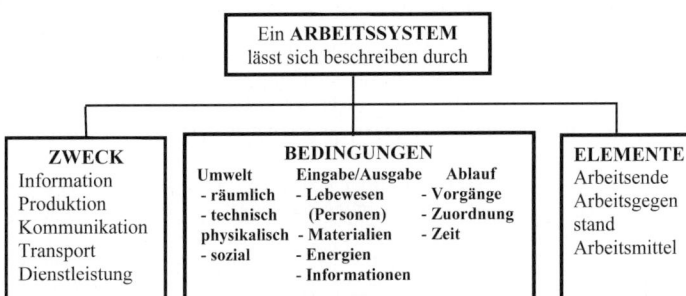

Ein **ARBEITSSYSTEM**
lässt sich beschreiben durch

ZWECK	**BEDINGUNGEN**			**ELEMENTE**
Information	Umwelt	Eingabe/Ausgabe	Ablauf	Arbeitsende
Produktion	- räumlich	- Lebewesen	- Vorgänge	Arbeitsgegen
Kommunikation	- technisch	(Personen)	- Zuordnung	stand
Transport	physikalisch	- Materialien	- Zeit	Arbeitsmittel
Dienstleistung	- sozial	- Energien		
		- Informationen		

Bild 5. Einteilung des Arbeitssystems (REFA)

2.2 Der Mensch im Arbeitssystem

Menschliches Denken und Handeln verläuft meist in Regelkreisprozessen. Insofern kann das Arbeitssystem (als Arbeitsprozess) ebenfalls als Regelkreis betrachtet werden. In diesem Regelkreis werden zwischen Mensch und Betriebsmittel verschiedene Signale bzw. Informationen ausgetauscht, die bestimmte Reaktionen auslösen.

Diese Reaktionen können zur Steuerung der Arbeitshandlungen (Vorgänge) führen.

Dieses Schema lässt sich auf die gesamte Skala menschlicher Arbeit anwenden, z. B.

bei **körperlicher Arbeit**, d.h. Erzeugung bzw. Verarbeitung von Arbeitsgegenständen mit Hilfe von Energie und Informationen aufgrund von Arbeitsanweisungen bzw. Unterweisungen durch Arbeitspläne und Zeichnungen (z.B. Verformung eines Bleches, Gewindeschneiden an einer Bohrmaschine)

bei **geistiger Arbeit**, d. h. die Erzeugung von Informationen durch Verwendung und Verbindung anderer Informationen (z.B. Aufstellen eines Arbeitsplanes, Netzplanes, Programmieren in der EDV).

Bei allen Formen menschlicher Arbeit ist der arbeitende Mensch in seinen individuellen und sozialen Beziehungen zu den übrigen Elementen des Arbeitssystems Ausgang und Ziel der Betrachtungen.

2.3 Arbeitsleistung

Die Leistung eines Arbeitssystems ist wie folgt definiert:

Die Arbeitsleistung ist die Ausgabe bzw. das Arbeitsergebnis des Arbeitssystems, bezogen auf eine bestimmte Zeit:

$$\text{Arbeitsleistung} = \frac{\text{Ausgabe}}{\text{Zeit}} = \frac{\text{Arbeitsergebnis}}{\text{Zeit}}$$

Falls das Arbeitsergebnis eine Menge ist, entspricht die Arbeitsleistung der **Mengenleistung**:

$$\text{Mengenleistung} = \frac{\text{Menge}}{\text{Zeit}}$$

Der Kehrwert dieser Gleichung wird auch als **Stückzeit** oder allgemein als Zeit je Mengeneinheit bezeichnet:

$$\text{Stückzeit} = \frac{\text{Zeit}}{\text{Stück}}$$

2.4 Arbeitsteilung

Die Arbeitsteilung ist die Verteilung eines Arbeitsauftrages nach Menge und Art auf mehrere Menschen/Betiebsmittel.

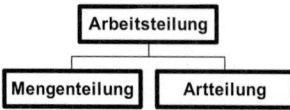

Mengenteilung ist die Verteilung eines Arbeitsauftrages auf mehrere Menschen/Betriebsmittel derart, dass jeder den gesamten Ablauf an einer Teilmenge ausführt. Ziel der Mengenteilung ist es, einen Arbeitsauftrag durch Teilung in kürzester Zeit fertig stellen zu können. Diese Art der Arbeitsteilung wird fast immer dann angewandt, wenn es sich um die Erledigung eines Arbeitsauftrages mit einfachem und kurzem Arbeitsablauf handelt.

Artteilung (Ablaufteilung) ist die Verteilung eines Arbeitsauftrages auf mehrere Menschen/Betriebsmittel, wobei an jedem Arbeitsplatz ein bestimmter Ablaufabschnitt an der Gesamtmenge des Auftrages erledigt wird.

Ziel der Artteilung ist es, durch eine dem jeweiligen Ablaufabschnitt angepasste Gestaltung des Arbeitsplatzes und der Betriebsmittel sowie durch eine damit mögliche Spezialisierung des Menschen eine effektive Fertigung zu erzielen. Diese Art der Arbeitsteilung wird immer dann angewandt, wenn die Arbeitsaufgabe mit einem längeren Arbeitsablauf verbunden ist.

2.5 Einzel-, Gruppen- und Mehrstellenarbeit

Je nachdem, wie viele Menschen und Betriebsmittel in einem Arbeitssystem zusammenarbeiten, unterscheidet man zwischen **Einzel-, Gruppen-** und **Mehrstellenarbeit**:

	ein Mensch	mehrere Menschen
ein Betriebsmittel	einstellige Einzelarbeit	einstellige Gruppenarbeit
mehrere Betriebsmittel (ein- und mehrstellige)	mehrstellige Einzelarbeit	mehrstellige Gruppenarbeit

Bei **Einzelarbeit** wird die Arbeitsaufgabe von einer Arbeitsperson ausgeführt.

Bei **Gruppenarbeit** wird die Arbeitsaufgabe teilweise oder ganz durch 2 oder mehrere Arbeitspersonen ausgeführt.

■ **Beispiel:** Reparaturarbeiten durch mehrere Personen, die Hand in Hand arbeiten; 2 Mann-Bedienung an einer Formmaschine; Handtransporte schwerer Güter, Teamarbeit, teilautonome oder autonome Gruppen.

Bei **Mehrstellenarbeit** wird die Arbeitsaufgabe mithilfe mehrerer gleichzeitig eingesetzter Betriebsmittel oder mehrerer Stellen eines Betriebsmittels erfüllt, wobei dies durch eine Person oder bei mehrstelliger Gruppenarbeit durch mehrere Personen geschieht. Mehrstellenarbeit wird auch mit Mehrmaschinenbedienung bezeichnet.

■ **Beispiel:** Bedienung mehrerer Strick- oder Webmaschinen; Mehrstellenarbeit an einer Mehrfarben-Druckmaschine (Rollen einlegen, Farbe nachfüllen, Viskosität der Farbe überprüfen, Druck überwachen, bedruckte Rollen entnehmen); Bedienung von 2 bis 3 Drehautomaten.

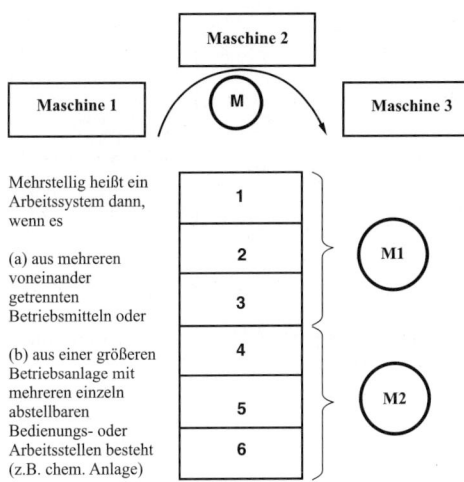

Mehrstellig heißt ein Arbeitssystem dann, wenn es

(a) aus mehreren voneinander getrennten Betriebsmitteln oder

(b) aus einer größeren Betriebsanlage mit mehreren einzeln abstellbaren Bedienungs- oder Arbeitsstellen besteht (z.B. chem. Anlage)

Bild 7. Mehrstellenarbeit (REFA)

2.6 Fertigungsarten

Bei der Gestaltung des Arbeitsablaufes mit mehreren Ablaufabschnitten, die auch an mehreren Arbeitsplätzen bewältigt werden, sind folgende Ziele anzustreben:

- den Durchlauf des Arbeitsgegenstandes flüssig und schnell zu gestalten (Verkürzung der Durchlaufzeit)
- die Betriebsmittel wirtschaftlich zu nutzen
- die fachliche Kapazität des Menschen rationell und sinnvoll einzusetzen.

Eine Übersicht der Einflussfaktoren auf die Organisationsform eines Produktionsunternehmens unterteilt in technische, wirtschaftliche und marktseitige Einflüsse zeigt Bild 8. In der Produktion gibt es eine Vielzahl von Organisationstypen, in denen jeweils die wesentlichen Komponenten Werkstück, Mensch und Betriebsmittel einander zugeordnet sind. Zur Unterscheidung der Organisationstypen dienen für die Fertigung u.a. die räumliche Struktur sowie die zeitliche und die organisatorische Struktur. Eine praxisnahe Einteilung der Organisationstypen ergibt sich aus der Betrachtung der räumlichen Struktur von Fertigungsprinzipien; aus Bild 9 sind die wesentlichen Prinzipien mit ihren Ordnungskriterien und häufigen Beispielen zu entnehmen. Die Fertigung nach dem Verrichtungsprinzip (Werkstättenfertigung) und nach dem Fließprinzip (Erzeugnisprinzip) sind die häufigsten Organisationsformen in der industriellen Fertigung.

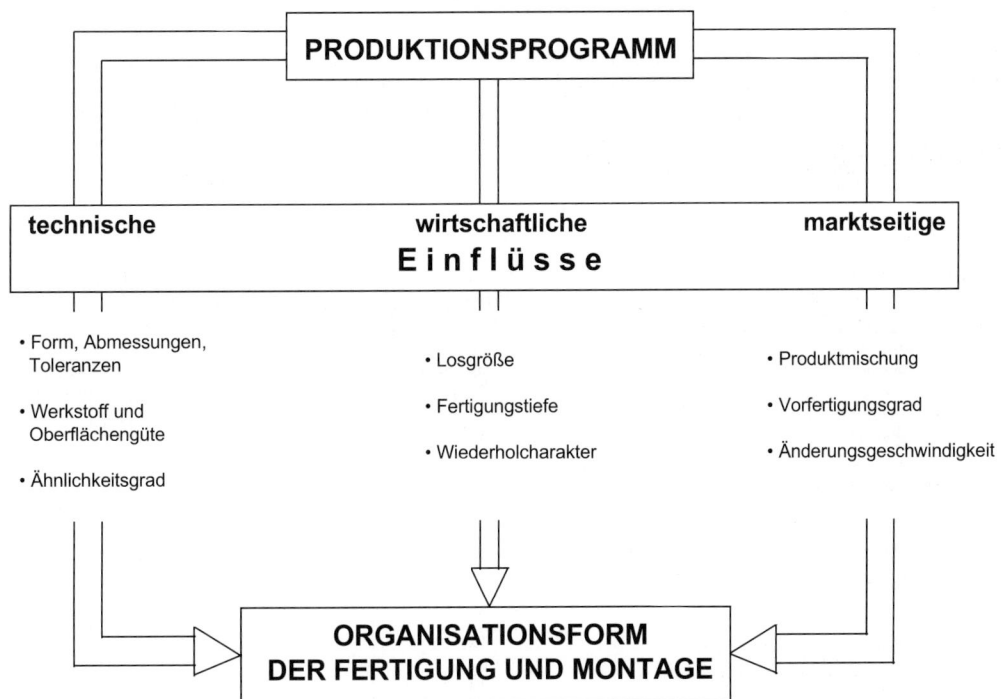

Bild 8. Einflussfaktoren des Produktionsprogramms auf die Organisationsform der Fertigung (Wiendahl)

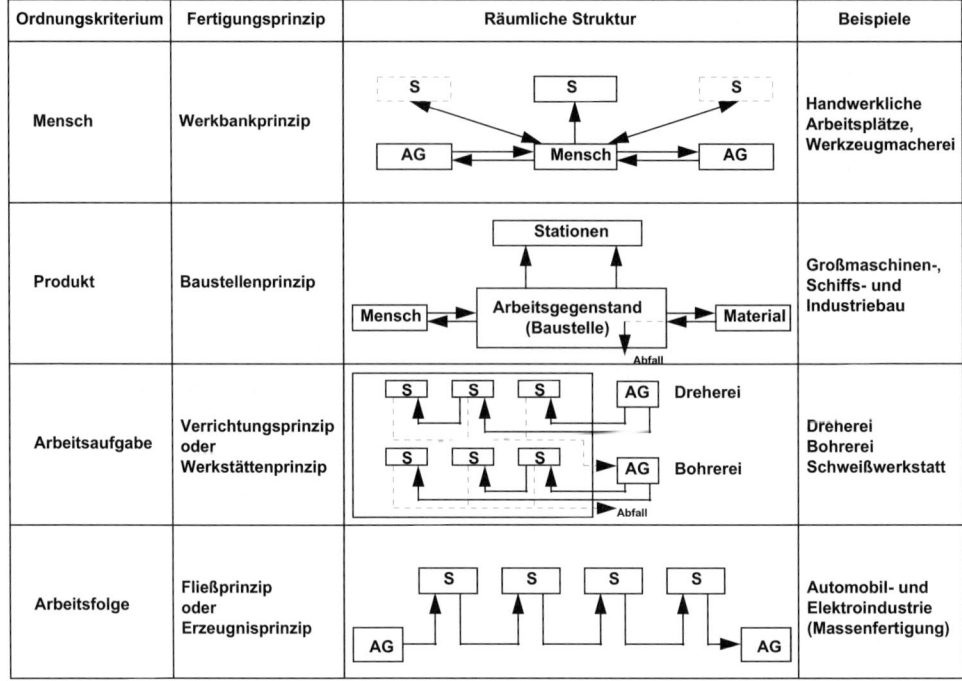

Ordnungskriterium	Fertigungsprinzip	Räumliche Struktur	Beispiele
Mensch	Werkbankprinzip		Handwerkliche Arbeitsplätze, Werkzeugmacherei
Produkt	Baustellenprinzip		Großmaschinen-, Schiffs- und Industriebau
Arbeitsaufgabe	Verrichtungsprinzip oder Werkstättenprinzip		Dreherei Bohrerei Schweißwerkstatt
Arbeitsfolge	Fließprinzip oder Erzeugnisprinzip		Automobil- und Elektroindustrie (Massenfertigung)

S = Station (Maschine, Arbeitsplatz)   AG = Arbeitsgegenstand (Werkstück, Material)

Bild 9. Ordnungskriterien für die räumliche Struktur industrieller Fertigungsprinzipien (Wiendahl)

Im Wesentlichen werden folgende Fertigungsarten unterschieden:

2.6.1 Werkbankfertigung

Die Werkbankfertigung ist das einfachste Arbeitsablaufprinzip. Es handelt sich dabei um eine ein- oder mehrstellige Einzelarbeit an einem ortsgebundenen Arbeitsplatz, bei der ein Arbeitsobjekt in der Regel komplett bis zur Fertigstellung bearbeitet wird.

Charakteristische Merkmale der Werkbankfertigung sind:

Niedriger Mechanisierungsgrad, niedrige Arbeitsplatz- und geringe Investitionskosten, aber meist hohe Anforderung an Qualifikation und Vielseitigkeit des Menschen.

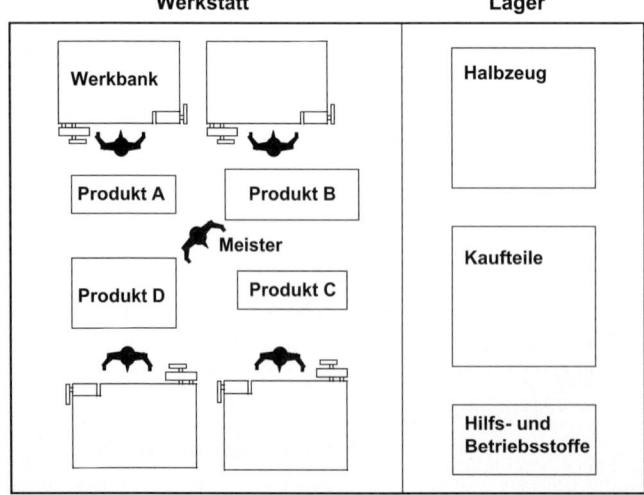

Bild 10.
Werkbankfertigung (Ihme)

2.6.2 Werkstättenfertigung

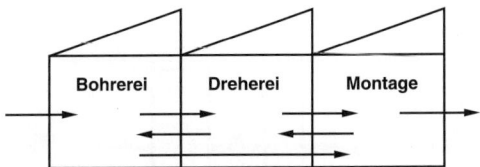

Bild 11. Prinzip der Werkstättenfertigung

Die Werkstättenfertigung ist eine verfahrensgebundene Anordnung von Arbeitsplätzen im Betrieb, an denen gleiche oder ähnliche Arbeitsaufgaben räumlich zusammenhängend gelöst werden. Die Werkstücke werden einzeln oder in Losen von Bearbeitung zu Bearbeitung transportiert. Die Werkstättenfertigung besitzt hohe Flexibilität bezüglich unterschiedlicher Werkstücke und Arbeitsfolgen; der Anteil der Liege- und Transportzeiten an der Durchlaufzeit ist jedoch sehr hoch, da die Werkstücke losweise an den Einzelmaschinen bearbeitet werden (Rüstkosten zwingen zur Zusammenfassung von Auftragsbedarfen von Losen). Der Materialfluss innerhalb der Werkstättenfertigung ist ungerichtet. Da Lose vor und nach der Bearbeitung warten müssen, kommt es zu langen Durchlaufzeiten.

2.6.3 Reihen- und Fließfertigung

Bei dieser Fertigungsart sind Arbeitsplätze und/oder Betriebsmittel entsprechend dem Arbeitsablauf räumlich hintereinander angeordnet, um einen gleichmäßigen Durchlauf des Arbeitsgegenstandes zu erreichen. Bei der **Reihenfertigung** besteht im Ablauf keine direkte zeitliche Bindung zwischen den einzelnen Arbeitsplätzen oder Betriebsmitteln. Die einzelnen Arbeitsabläufe werden durch entsprechende Vorratspuffer zu einem kontinuierlichen Durchlauf verbunden (Bild 13, 14).

Bei der **Fließfertigung** besteht eine direkte räumliche und zeitliche Verbindung zwischen den einzelnen Arbeitsplätzen und/oder Betriebsmitteln, sodass die einzelnen Arbeitsabläufe zeitlich aufeinander abgestimmt werden müssen. Daraus entsteht die sog. Taktzeit. Bei der Fließfertigung sind zwar die Teildurchlaufzeiten sehr kurz, jedoch ist die Anlage immer auf ein bestimmtes Werkstück eingerichtet (Bild 15).

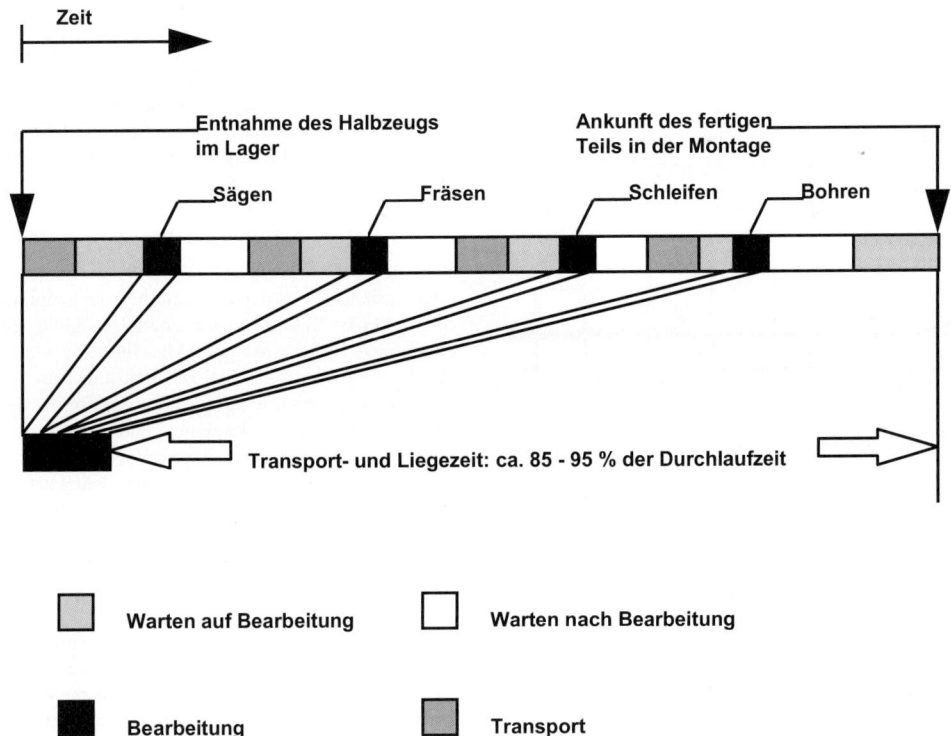

Bild 12. Durchlaufzeit in der Werkstättenfertigung (Ihme)

Technische Änderungen (Produktvarianten) sind demzufolge mit hohem Aufwand für Umrüstungen verbunden; eine ausreichende Auslastung der Anlage muss außerdem wegen der meist hohen Investitionen sichergestellt werden. Um für die Einzel- und Kleinserienfertigung die hohe Flexibilität einer Werkstättenfertigung mit der kurzen Durchlaufzeit einer Fließfertigung zu verknüpfen, wurden neue Fertigungsprinzipien entwickelt. Voraussetzung hierfür ist die Bildung von Teilefamilien mit ähnlichem Arbeitsablauf (Beispiel für Teilefamilie: Bolzen mit Kopf; Blechgehäuse; Kurbelwellen). Außerdem mussten Maschinen mit minimierter Rüstzeit (automatischer Werkzeugwechsel) entwickelt werden.

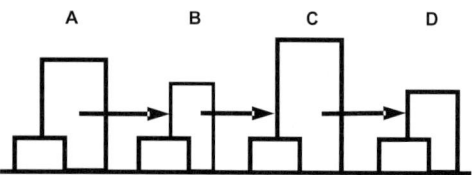

Bild13. Reihenfolge des Arbeitsablaufes, Transport zwischen den Werkstätten entfällt

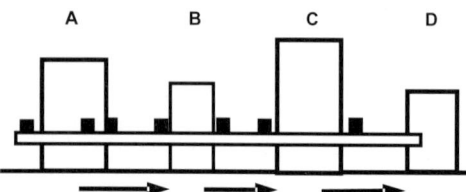

Bild 14. Arbeitsplatzverbindung mittels Fördereinrichtung, begrenzte Zwischenlagerung

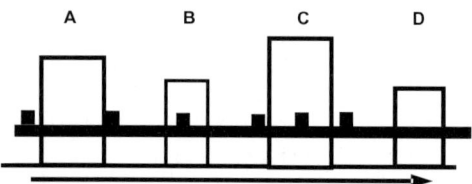

Bild 15. Taktgebundene Fließfertigung mit begrenzter Puffermöglichkeit

2.6.4 Automatisierte Fertigung

Die automatisierte Fertigung ist eine Fertigungsart, bei der die Arbeitsoperationen von den Betriebsmitteln ausgeführt werden, wobei sich die Aufgaben des Menschen je nach Automatisierungsgrad auf das Einrichten, Beschicken, Warten und Überwachen beschränken. Dieses Prinzip kann sich auf einzelne Betriebsmittel (Einzelautomat), auf mehrere Betriebsmittel (Verbundautomat) oder unter Einbeziehung von automatischen Steuer- und Kontrolleinrichtungen auf eine komplette Fertigungsstraße (Transferstraße) beziehen.

Diese Fertigungseinrichtung kann als die höchste Stufe im Verlauf der technischen Entwicklung bezeichnet werden.

Bild 16. Fließbandtätigkeit und zeitliche Bindung entfallen für den Menschen, Überwachungsfunktionen

2.6.5 Neuere Fertigungsprinzipien

2.6.5.1 Flexible Fertigungszelle

Die flexible Fertigungszelle (Bild 17) besteht aus Ausführungssystemen, Bereitstellungssystem und Steuerungssystem. Eine flexible Fertigungszelle führt die einzelnen Bearbeitungen durch, nimmt den Werkstückwechsel vor und prüft automatisch die Werkstückabmessungen mit entsprechender Werkzeugnachführung.

2.6.5.2 Flexible Fertigungsstraße

Die flexible Fertigungsstraße (Bild 18) hat zusätzlich zu den Funktionen einer Fertigungszelle auch das Transportieren und Lagern (Puffern) der Werkstücke im System integriert. Dieses System ist hauptsächlich für hohe Stückzahlen bei starker Teileähnlichkeit geeignet. Verzweigungen zwischen den Bearbeitungsstationen sind möglich, Zwischenpuffer können kurzfristige Störungen ausgleichen.

2.6.5.3 Flexible Fertigungssysteme

Flexible Fertigungssysteme (Bild 19) werden in ein- oder mehrstufige Systeme unterteilt. Eine Kombination aus beiden Systemen ist zusätzlich möglich. Beim einstufigen System hat jede Maschine die gleichen Bearbeitungsfunktionen und ist direkt mit dem Lager verbunden. Dadurch wird eine hohe Flexibilität durch höhere Investitionen (Maschinen sind „Alleskönner") erreicht. Im mehrstufigen System herrscht eine Arbeitsteilung zwischen den Maschinen. Nach erfolgter Bearbeitung auf einer Maschine wird das Werkstück entweder an die nächste Maschine weitergeleitet oder im Zentrallager zwischengelagert. Je nach Teilemix und den dabei erforderlichen Arbeitsgängen können einzelne Maschinen überlastet oder eine schlechte Auslastung haben. Das kombinierte System erreicht durch Kombination von Bearbeitungszentren mit Ein-Verfahren-Maschinen eine hohe Kapazitätsauslastung sowie durch den Einsatz „einfacherer" Maschinen geringere Investitionen gegenüber dem einstufigen System.

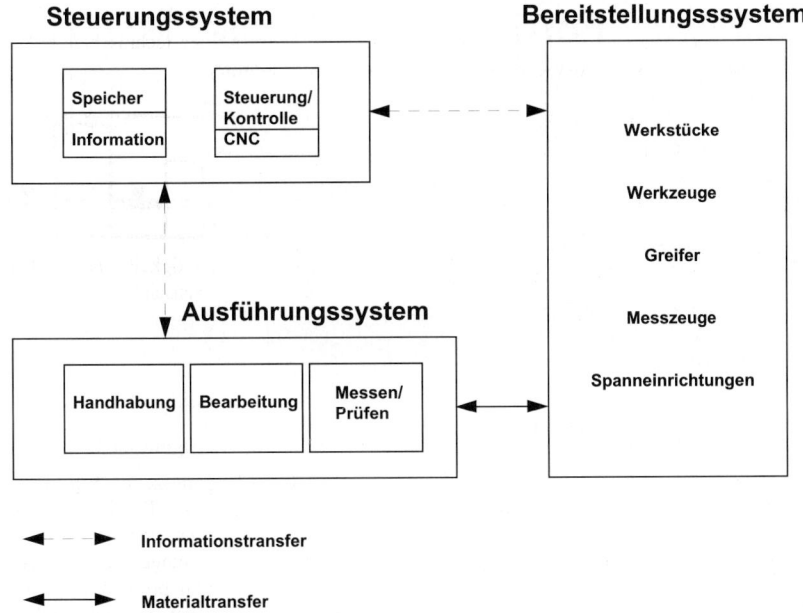

Bild 17. Komponenten und Grundkonzeption einer flexiblen Fertigungszelle (Wiendahl)

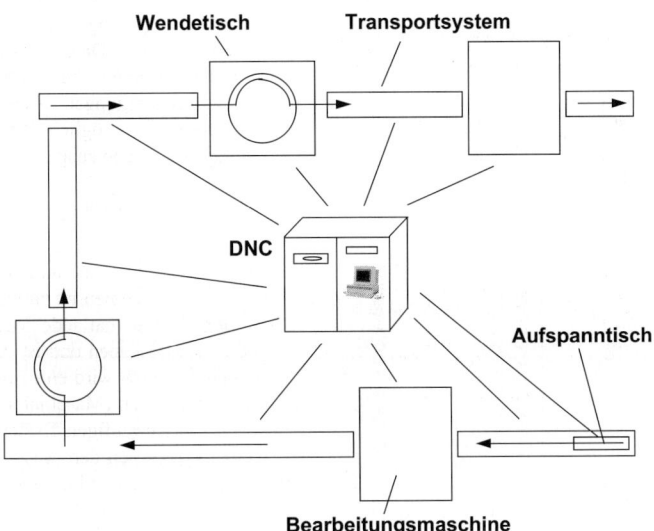

Bild 18. Komponenten und Grundkonzeption einer flexiblen Fertigungsstraße (Wiendahl)

Flexible Fertigungssysteme beinhalten zusätzlich zu den Bearbeitungs- und Hilfsstationen auch Werkstück- und Werkzeuglager, sh. Bild 20. Die Steuerung aller Stationen erfolgt zentral durch einen Zellenrechner, der von einem übergeordneten Betriebsrechner mit Informationen (Aufträge, Teileinformationen, Werkzeuginformationen) versorgt wird. Erledigte Aufträge, Werkzeug- und Materialanforderungen sowie Störungen werden vom Zellenrechner an den Betriebsrechner gegeben.

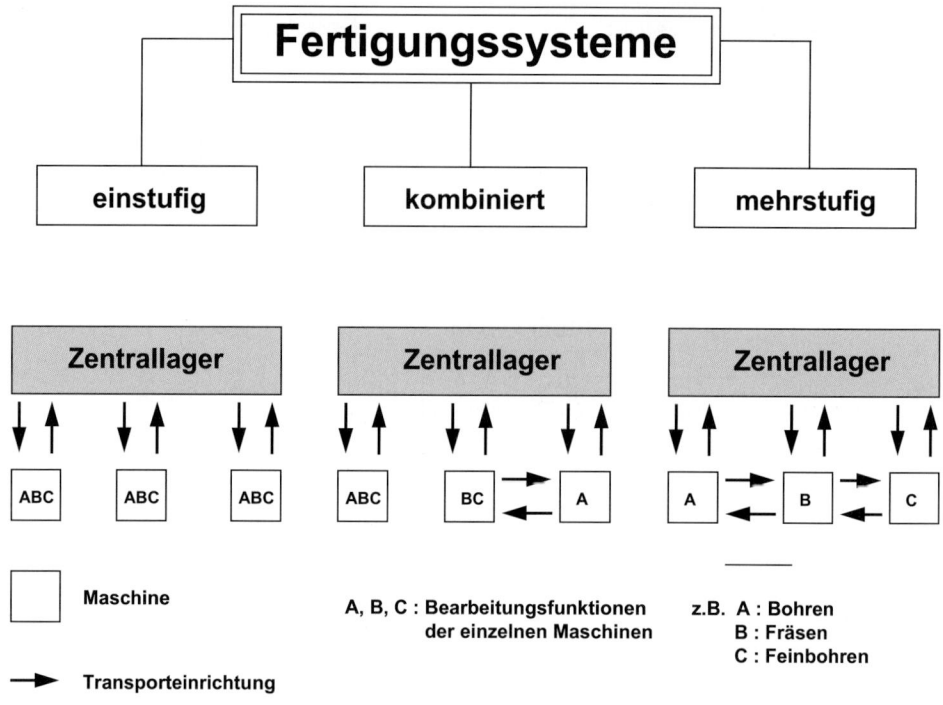

Bild 19. Grundkonzeption flexibler Fertigungssysteme (Wiendahl)

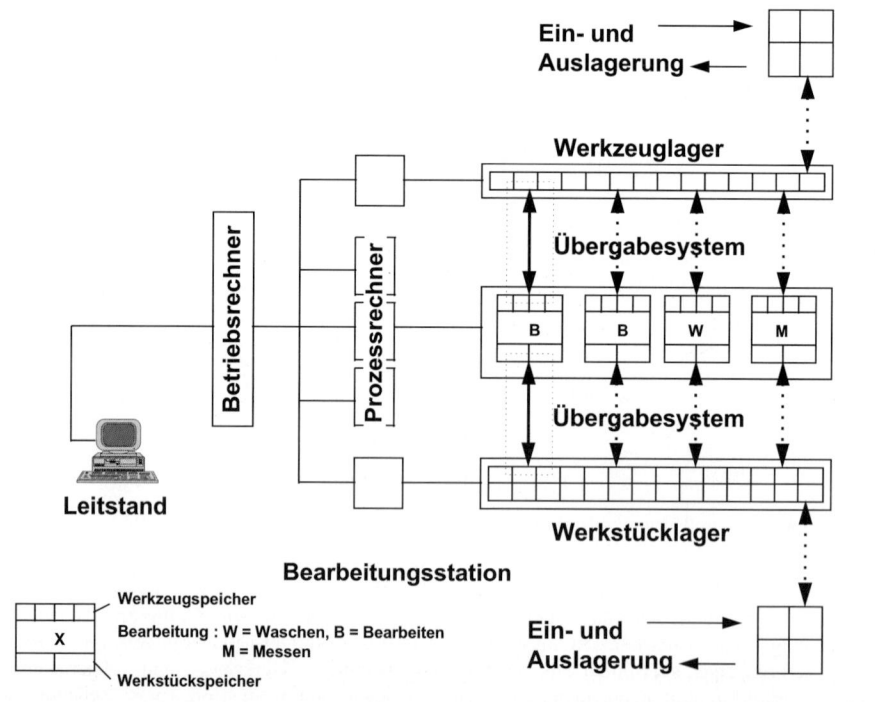

Bild 20. Prinzip eines flexiblen Fertigungssystems (Wiendahl)

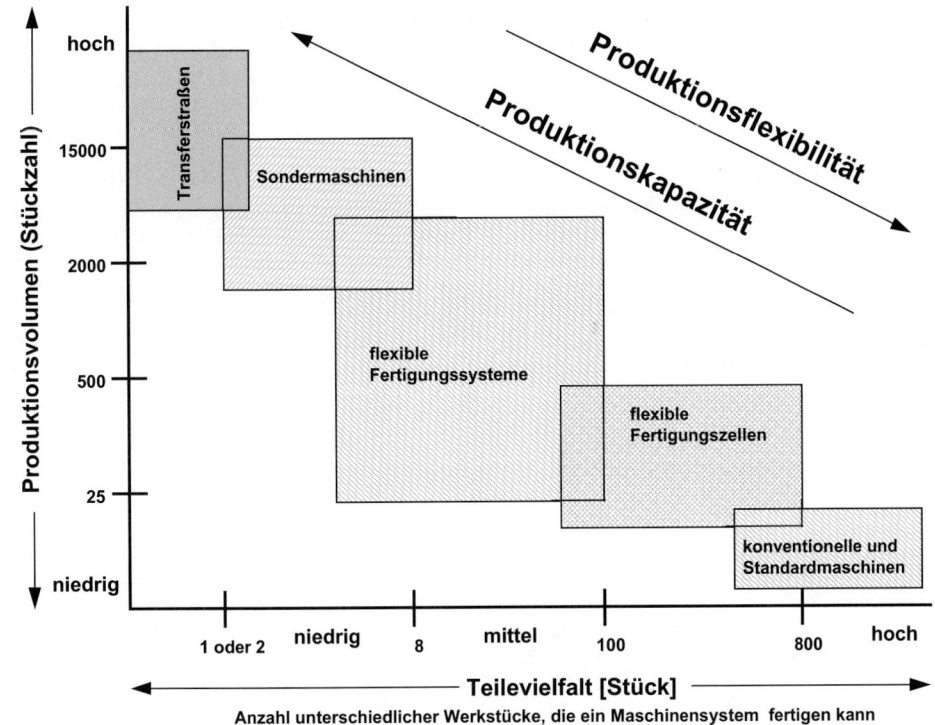

Bild 21. Einsatzmöglichkeiten unterschiedlicher Fertigungssysteme (Ihme)

Bild 22. Integration von Funktionen der indirekten Bereiche in der Fertigungsinsel (Ihme)

Eine Übersicht der verschiedenen automatisierten Fertigungskonzepte zeigt Bild 21. Als Kriterien dienen dabei die Teilevielfalt (Anzahl der Varianten) und das Produktionsvolumen (die Stückzahl). Mit hoher Anzahl der Varianten muss die Flexibilität der eingesetzten Systeme steigen. Zu bedenken ist, dass heute in allen Branchen aufgrund von Kundenanforderungen die Anzahl der Produktvarianten zunimmt.

Eine weitere inzwischen in Unternehmen mit Einzel- und Kleinserienfertigung angewendete Organisationsform der Fertigung (und auch der Montage) ist die Fertigungsinsel (bzw. Montageinsel). Ausgehend von einem gewissen Teilespektrum bzw. von einer Teilefamilie werden alle notwendigen Bearbeitungsstationen räumlich zusammengefasst. Die Fertigungsinsel übernimmt zusätzlich (Bild 22) auch Funktionen der Arbeitsplanung, der Qualitätssicherung, der Logistik und Disposition sowie der Wartung.

Dadurch kann ein wesentlicher Teil der sonst erforderlichen übergeordneten Planung und Steuerung eingespart werden. Durch die Komplettbearbeitung wird die Durchlaufzeit eines Auftrages entscheidend verkürzt. Fertigungsinseln erfordern durch den erweiterten Aufgabenumfang qualifizierte Mitarbeiter.

Die Einrichtung von Fertigungsinseln erfordert nicht unbedingt hohe Investitionen (nicht zwangsläufig automatisierte Betriebsmittel), sodass eine schrittweise Realisierung auch mit konventionellen (CNC-) Maschinen möglich ist (Bild 23).

In der Tabelle 3 sind Struktur und Merkmale der behandelten flexiblen Fertigungskonzepte noch einmal zusammengefasst.

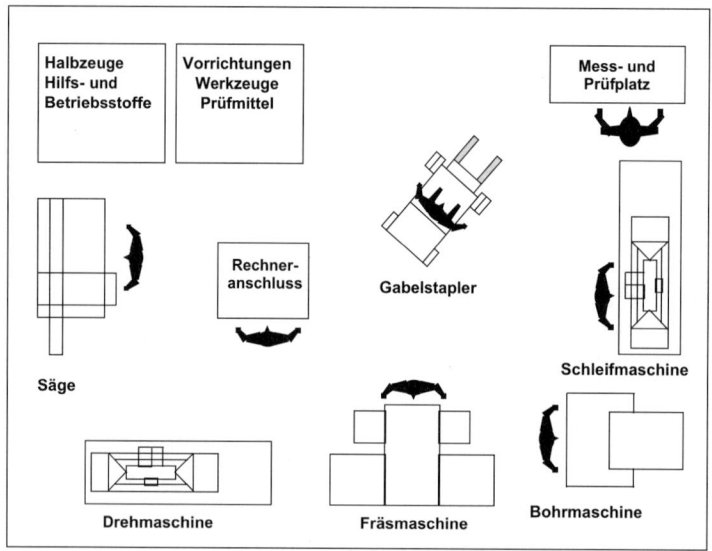

Bild 23. Layout einer Fertigungsinsel (Ihme)

Merkmale	Struktur			
	Flexible Transferstraße	Flexibles Fertigungssystem	Flexible Fertigungszelle	Flexible Fertigungsinsel
Verkettung	Innenverkettung von NC- und DNC-Bearbeitungsstationen	Außenverkettung mehrerer NC-Bearbeitungstationen	Einzelmaschine mit vollautomatisierter Ver- und Entsorgung	mehrere Einzelmaschinen unverkettet; NC-Maschinen durch konventionelle Arbeitsplätze ergänzt
Bearbeitungsstufen	Mehrstufige Bearbeitung	Mehrstufige Bearbeitung	Einstufige Bearbeitung	Mehrstufige Bearbeitung
Materialfluß	Transport getaktet	Transport ungetaktet	Automatische Maschinenbeschickung	Transport ungetaktet; manuell oder automatisch
	Materialfluß gerichtet	Materialfluß ungerichtet	Versorgung aus Pufferplatz oder aus Werkstückspeicher	Materialfluß ungerichtet
Informationsfluß	voll integriert/automatisiert	voll integriert/automatisiert	voll integriert	voll integriert/automatisiert
Flexibilität/ Automatisierungsgrad	begrenzte Anpassungsfähigkeit an verschiedene Aufgaben bei kurzer Rüstzeit; hoher Automatisierungsgrad	kein manuelles Rüsten für begrenztes Teilespektrum; hoher Automatisierungsgrad	geringer Rüstaufwand für umfangreiches Teilespektrum, hoher Automatisierungsgrad	hohe Anpassungsgenauigkeit an große Werkstückvielfalt; mittlerer bis hoher Automatisierungsgrad
Autonomiegrad	keine Dispositionsautonomie	geringe Dispositionsautonomie	mittlere bis hohe Dispositionsautonomie	hohe Dispositionsautonomie
Kapitaleinsatz	hoch	hoch	mittelgroß	gering bis mittelgroß; schrittweise realisierbar

Tabelle 3. Ausprägungsformen flexibel automatisierter Fertigungseinrichtungen (Ihme)

2.6.6 Baustellenfertigung

Die Baustellenfertigung unterscheidet sich von den genannten Arbeitsablaufprinzipien grundsätzlich dadurch, dass der Arbeitsgegenstand ortsgebunden ist und dass Betriebsmittel sowie Menschen und Material gleichzeitig oder in zeitlicher Folge an den Arbeitsgegenstand oder das Projekt herangebracht werden müssen.

Als Varianten der Baustellenfertigung können das Wanderfertigungsprinzip (z. B. Gleisbauarbeiten, Kabelverlegen, Abbau von Kohle oder Erz, Straßenbau) und das Förderprinzip (z. B. Transporte mittels Fördermitteln einschl. Be- und Entladen) definiert werden.

3 Arbeitsvorbereitung und Arbeitsplanung

Die Arbeitsvorbereitung im klassischen Sinn bezieht sich auf den Bereich der Fertigung und Montage. Die Aufgaben der Arbeitsvorbereitung werden in Bild 24 beschrieben. Das Ziel besteht darin, ein bestmögliches wirtschaftliches Arbeitsergebnis zu erreichen.

Die Realisierung erfolgt grundsätzlich in zwei meist auch organisatorisch getrennten Aufgabenbereichen, die als Arbeitsplanung und Arbeitssteuerung (auch Produktionsplanung und -steuerung (PPS) oder Fertigungsplanung und -steuerung genannt) bezeichnet werden.

Die Aufgaben der Arbeitsplanung werden gemäß Bild 25 in Funktionen und Unterfunktionen gegliedert. In der Arbeitsablaufplanung wird für jedes einzelne Element der Erzeugnisgliederung die Reihenfolge der Arbeitsvorgänge festgelegt. Bei häufig wiederkehrenden Arbeitsvorgängen werden in der Methodenplanung technologische Verfahren und organisatorische Abläufe festgelegt bzw. entwickelt.

Die Arbeitsstättenplanung reicht von der Planung einer Fabrik über die Werkstättenplanung bis hin zur Gestaltung einzelner Arbeitsplätze. Die Arbeitsstättenplanung kann organisatorisch auch parallel zur Arbeitsvorbereitung angeordnet sein, wobei ihr dann oft die Instandhaltung übertragen ist.

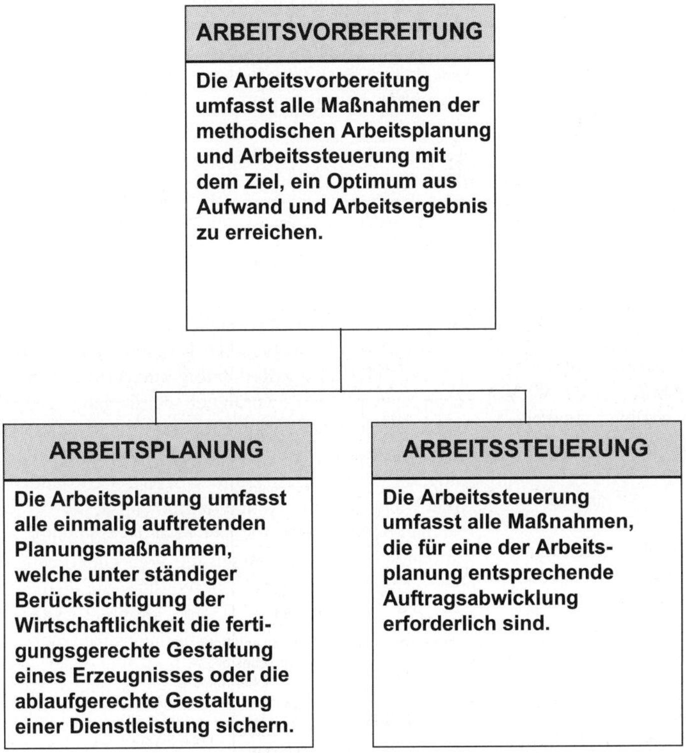

ARBEITSVORBEREITUNG

Die Arbeitsvorbereitung umfasst alle Maßnahmen der methodischen Arbeitsplanung und Arbeitssteuerung mit dem Ziel, ein Optimum aus Aufwand und Arbeitsergebnis zu erreichen.

ARBEITSPLANUNG

Die Arbeitsplanung umfasst alle einmalig auftretenden Planungsmaßnahmen, welche unter ständiger Berücksichtigung der Wirtschaftlichkeit die fertigungsgerechte Gestaltung eines Erzeugnisses oder die ablaufgerechte Gestaltung einer Dienstleistung sichern.

ARBEITSSTEUERUNG

Die Arbeitssteuerung umfasst alle Maßnahmen, die für eine der Arbeitsplanung entsprechende Auftragsabwicklung erforderlich sind.

Bild 24.
Definition der Arbeitsvorbereitung und ihre Bestandteile (REFA)

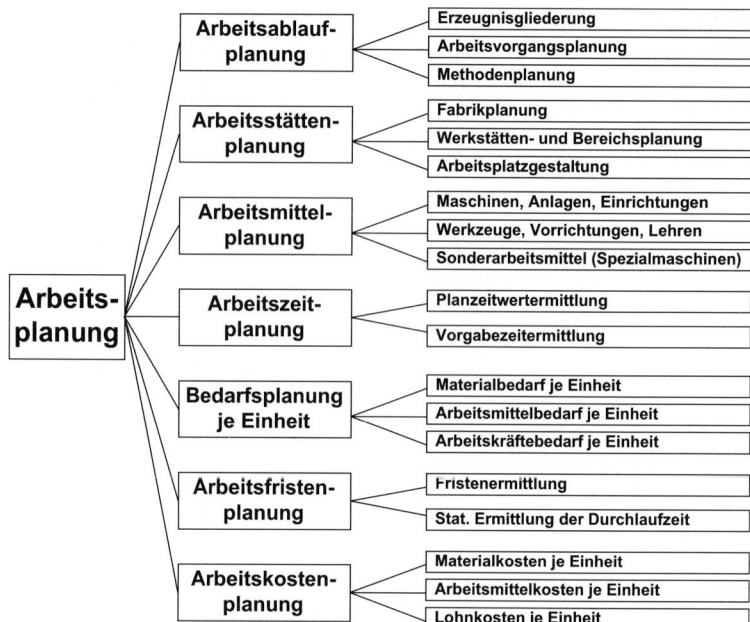

Bild 25. Aufgliederung der Arbeitsplanung in Funktionen und Unterfunktionen (REFA)

Im Funktionsbereich **Arbeitsmittelplanung** werden für jedes Werkstück die jeweiligen Arbeitsmittel bestimmt. Dies beinhaltet sowohl Maschinen und Anlagen, als auch Lager und Transporteinrichtungen. Zusätzlich werden Werkzeuge, Vorrichtungen, Lehren, Schablonen, Gesenke, (Guss- und Spritz-) Formen sowie eventuelle Spezialmaschinen festgelegt.

In der **Arbeitszeitplanung** werden die Zeiten für die Ausführung der einzelnen Arbeitsschritte ermittelt. Die Planzeiten betreffen nicht genau zu planende Arbeiten, wie z. B. Reparaturen oder Montagearbeiten an großen Objekten. Im Gegensatz dazu bezieht sich die Vorgabezeit auf gut zu berechnende Arbeitsgänge. Der gesamte Arbeitsvorgang wird dabei in Arbeitselemente oder Arbeitsabläufe zerlegt, woraus auch die Arbeitsbewertung erfolgen kann.

Die **Bedarfsplanung je Einheit** hat die Aufgabe, Material, Arbeitsmittel und Arbeitskräfte nach Art und Menge zu bestimmen. Hierbei gilt es, für diese drei Bereiche die jeweils wirtschaftlich günstigen Lösungen zu ermitteln.

Die **Arbeitsfristenplanung** dient als Bindeglied zur Arbeitssteuerung. Hierbei wird aus statistischen Erhebungen die Durchlaufzeit für Werkstücke, Baugruppen und Erzeugnisse zur Angebots- und Auftragsterminplanung ermittelt.

In der **Arbeitskostenplanung** werden aus den Kosten für Material, Arbeitsmitteln und Arbeitskräften entsprechend der Bedarfsplanung die Herstellkosten ermittelt.

Das Ergebnis der Arbeitsplanung wird im Arbeitsplan dokumentiert. Man unterscheidet dabei zwischen Basis- oder Stamm-Arbeitsplan (auftragsunabhängig, auch neutraler Arbeitsplan genannt) und Auftrags-Arbeitsplan (auftragsabhängig). Der Auftrags-Arbeitsplan enthält zusätzliche Auftragsdaten, wie Stückzahl, Auftragsnummer (und oder Kunde), Fertigstellungstermin und Prioritätskennziffer. Die Arbeitsplanung erstellt jedoch nur den Basis-Arbeitsplan.

3.1 Arbeitsplanerstellung

Bild 26 zeigt den Grobablauf bei einer konventionellen Arbeitsplanerstellung ohne Einsatz eines DV-Systems. Ausgehend von Zeichnungen und zugehörigen Stücklisten wird zuerst das Rohmaterial bestimmt und anschließend die Reihenfolge der erforderlichen Fertigungsverfahren. Zusätzlich wird dabei jedem Arbeitsvorgang die entsprechende Fertigungseinrichtung (Maschine, Anlage, Arbeitsplatz) zugeordnet sowie die Vorgabezeit ermittelt. Der so entstandene Arbeitsplan ist auftrags- und terminneutral.

Um die kostengünstigste Lösung bei der Rohmaterialfestlegung zu finden, müssen die vom Unternehmen beherrschten Fertigungsverfahren und die geplante Stückzahl herangezogen werden. Alternative Ausgangsmaterialien mit den erforderlichen Bearbeitungen zeigt Bild 27. Daran anschließend erfolgt eine Gegenüberstellung der in Frage kommenden Rohteilformen, bezüglich der Herstellkosten in Abhängigkeit von der Stückzahl. Aus Bild 28 ergibt sich, dass das Gussstück für die Planstückzahl die niedrigsten Herstellkosten hat.

Zur Bestimmung der *Arbeitsvorgangsfolge* (Bild 30) werden das Rohteil und das Fertigteil gegenübergestellt und die einzusetzenden Fertigungsverfahren ermittelt. Dabei richtet sich der Arbeitsplaner nach Arbeitsplänen ähnlicher Werkstücke, nach im Unternehmen vorhandenen Richtlinien, und er geht aufgrund seiner Erfahrung aus Planungsvorgängen der Vergangenheit vor. Um aus den alternativen Fertigungsverfahren das Kostengünstige zu ermitteln, wird in der Praxis häufig auf Relativkostenkataloge zurückgegriffen. Außerdem werden die im Unternehmen vorhandenen Maschinen berücksichtigt, wobei auch Aufstellungsort und technische Eigenschaften bei Maschinen gleicher Funktion unterschieden werden. Im Anschluss erfolgt dann die Festlegung der Reihenfolge der Arbeitsvorgänge.

Wichtige Angaben im Arbeitsplan bei jedem Arbeitsgang:
1) Arbeitsgangbeschreibung (-text)
2) Arbeitsplatz/Maschinengruppe
3) Rüstzeit t_r
4) Zeit je Einheit t_e
5) Lohngruppe
6) Betriebsmittel (Vorrichtungen, Schablonen, Prüfmittel)

Wichtige Angaben im Arbeitsplankopf:
1) Teile-Nummer/Zeichnungsnummer und Positions-Nummer
2) Teilebenennung
3) Halbzeug

Zusätzliche Angaben im Auftragsarbeitsplan:
1) Auftrags-Nummer/Kunde
2) Losmenge
3) Solltermin

Zeichnungen Stücklisten (Konstruktion)

| Rohmaterialbestimmung | → | Halbzeug |

| Arbeitsvorgangsfolgeermittlung | → | - Sägen, - Drehen, - Fräsen, - Schleifen |

| Fertigungsmittelzuordnung | → | Maschinengruppe (MGR) 3814, 2918, 4713 |

| Vorgabezeitermittlung | → | $T < \begin{cases} t_r \\ t_a = m \times t_e \end{cases}$ |

Arbeitsplanung

Arbeitsplan

4713	Nr.	10	Stück	X/XX	Termin	⟩ Fertigteil
S235J	Wst		⌀ 30	4713	Nr.	⟩ Rohmaterial
AG	MGR		t_r	t_e		
1	3814					⟩ Arbeitsgänge
2						
3						

Bild 26. Ablauf einer Arbeitsplanerstellung (Wiendahl)

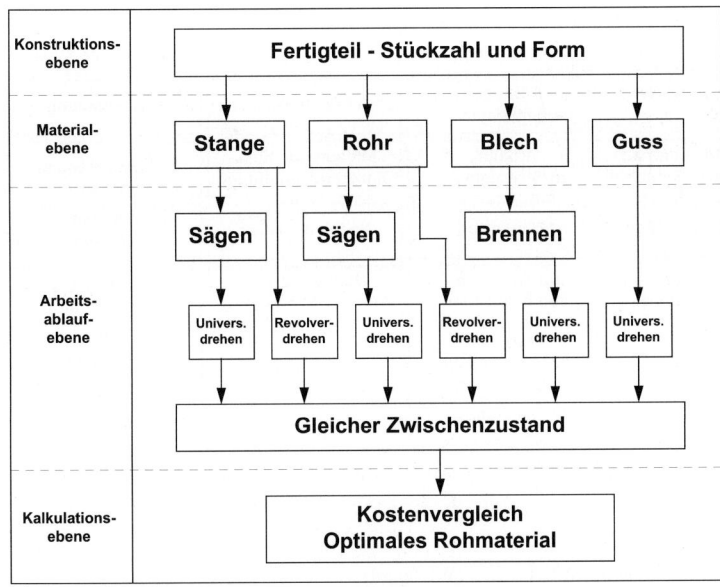

Bild 27. Einflussbereiche der Rohmaterialbestimmung (Wiendahl)

Herstell-
kosten/
Stück
Guss
Blech
Stange
1
Planstückzahl
geplante
Stückzahl

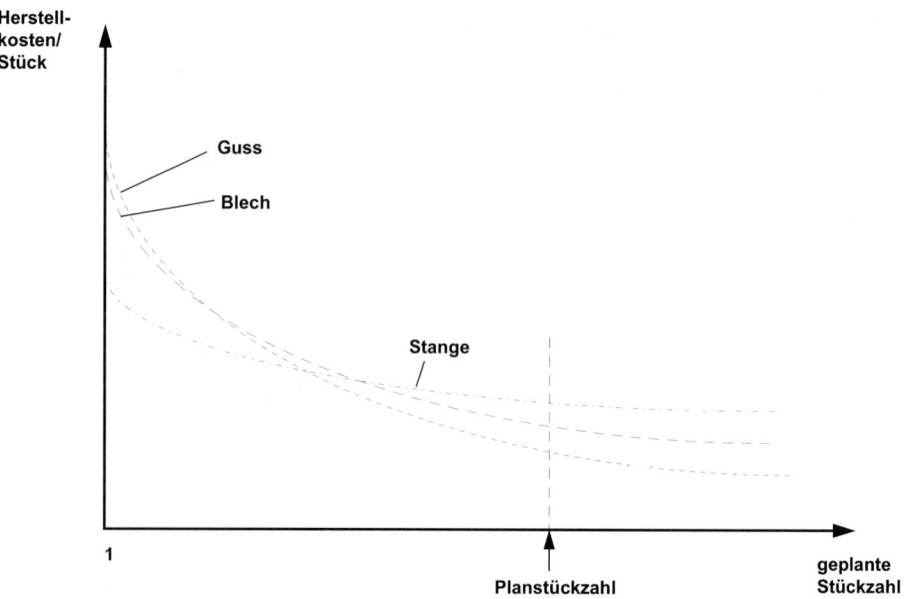

Bild 28. Qualitativer Verlauf der Herstellkosten/Stück bei Verwendung verschiedener Rohmaterialien (Wiendahl)

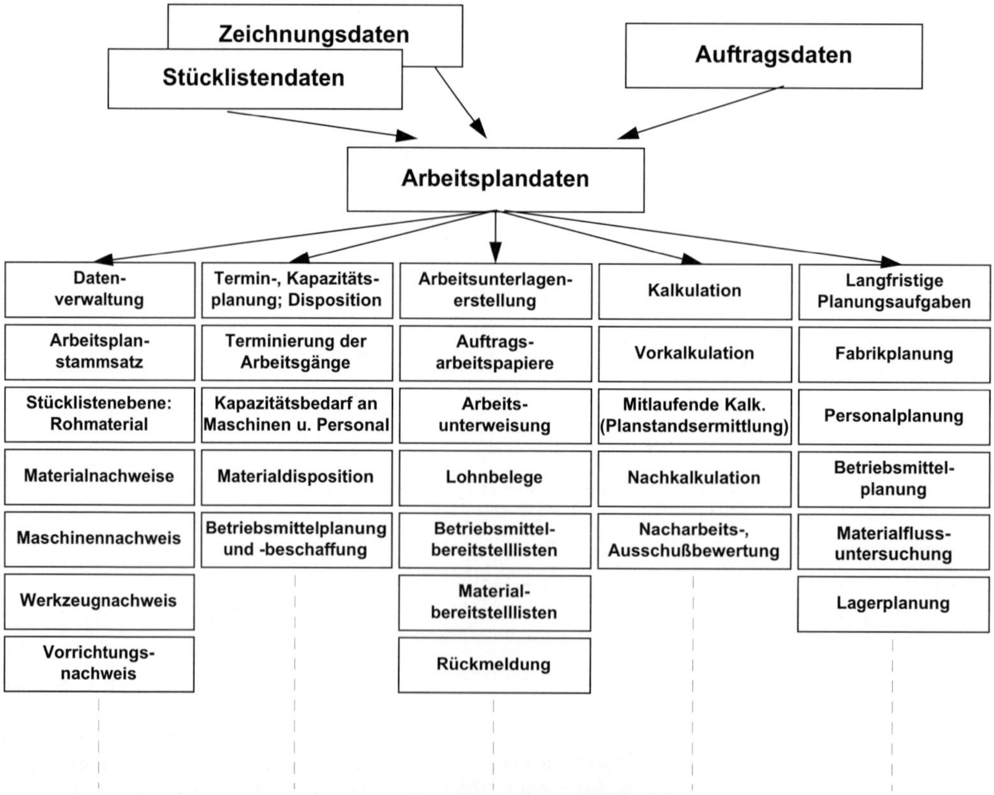

Zeichnungsdaten
Stücklistendaten
Auftragsdaten
Arbeitsplandaten
Daten-
verwaltung
Arbeitsplan-
stammsatz
Stücklistenebene:
Rohmaterial
Materialnachweise
Maschinennachweis
Werkzeugnachweis
Vorrichtungs-
nachweis
Termin-, Kapazitäts-
planung; Disposition
Terminierung der
Arbeitsgänge
Kapazitätsbedarf an
Maschinen u. Personal
Materialdisposition
Betriebsmittelplanung
und -beschaffung
Arbeitsunterlagen-
erstellung
Auftrags-
arbeitspapiere
Arbeits-
unterweisung
Lohnbelege
Betriebsmittel-
bereitstelllisten
Material-
bereitstelllisten
Rückmeldung
Kalkulation
Vorkalkulation
Mitlaufende Kalk.
(Planstandsermittlung)
Nachkalkulation
Nacharbeits-,
Ausschußbewertung
Langfristige
Planungsaufgaben
Fabrikplanung
Personalplanung
Betriebsmittel-
planung
Materialfluss-
untersuchung
Lagerplanung

Bild 29. Verwendung Arbeitsplandaten in anderen Bereichen (Wiendahl)

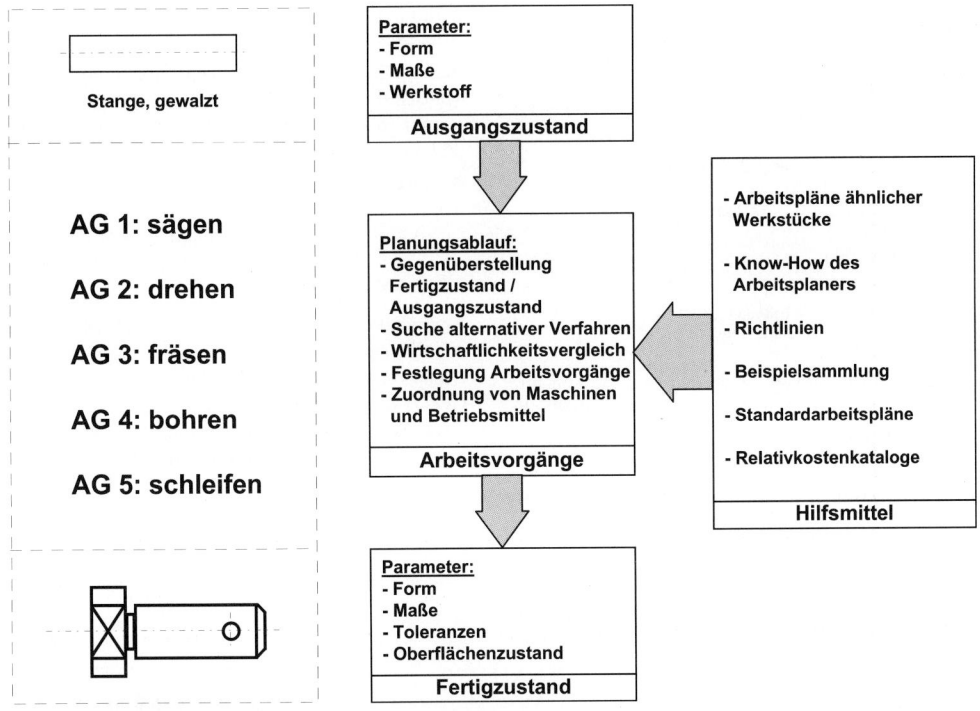

Bild 30. Ablauf und Hilfsmittel zur Ermittlung der Arbeitsgangfolge (Wiendahl)

3.2 Datenermittlung

Wenn im Arbeitsstudium von Daten gesprochen wird, so sind damit
1. Zeiten für Ablaufabschnitte,
2. Einflussgrößen, von denen die Zeiten für Ablaufabschnitte abhängen,
3. Bezugsmengen, auf die sich die Zeit bezieht und
4. Daten für Arbeitsbedingungen
gemeint.

Die Zeit für die Ausführung eines bestimmten Ablaufabschnittes hängt von der Person, vom Arbeitsverfahren, von der Arbeitsmethode und von den Arbeitsbedingungen ab. Mathematisch ausgedrückt ist die Zeit eine Funktion der Einflussgrößen.

$$\text{Zeit} = \text{f (Einflussgrößen)}$$

Die Ermittlung von Daten sollte unter Berücksichtigung folgender Gesichtspunkte erfolgen:

1. der **Verwendungszweck**
2. die **Reproduzierbarkeit**

Der Verwendungszweck bestimmt, welche und wie viele Daten mit welcher Genauigkeit erfasst werden müssen. Im Arbeitsstudium wird hauptsächlich nach 4 Verwendungszwecken unterschieden:

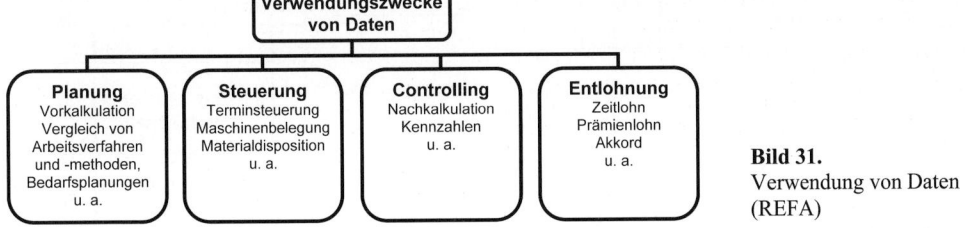

Bild 31.
Verwendung von Daten
(REFA)

■ **Beispiele:** Auftrag annehmen; Auftrag lesen; Zeichnung lesen; Maschine einrichten und einstellen; Proben und Muster anfertigen; Werkzeuge und Vorrichtungen abbauen.

Die Reproduzierbarkeit ist ein Merkmal für das Wiederverwenden von Daten.

Beim Ausführen wird die Eingabe im Sinne der Arbeitsaufgabe des Arbeitssystems verändert. (Zeit, die die Arbeiten an den Einheiten des Auftrages insgesamt erfordern.)

3.2.1 Ablaufabschnitte

3.2.1.1 Beeinflussbare und unbeeinflussbare Ablaufabschnitte

Eine weitere Unterscheidung ist Folgende:

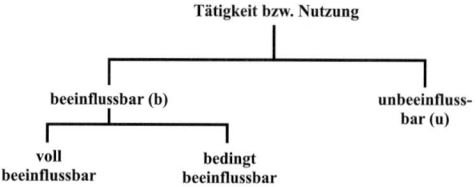

Bei **voll beeinflussbaren** Abläufen hängt die Zeit für das Ausführen des Arbeitsablaufes ausschließlich vom Menschen ab.

■ **Beispiele:** Montieren, Rad wechseln, Zeichnung lesen.

Bei **unbeeinflussbaren** Abläufen kann der Mensch die Zeit des Arbeitsablaufes nicht beeinflussen, wenn er die Daten des vorgeschriebenen Arbeitsverfahrens und die Arbeitsmethode einhält.

■ **Beispiele:** Instrumente überwachen, automatisierter Vorschub, gesteuerte Prozesse

Bei **bedingt beeinflussbaren** Abläufen kann der Mensch die Zeit für das Ausführen des Arbeitsablaufes nur soweit beeinflussen, wie das Arbeitsverfahren und die Arbeitsmethode einen Spielraum zulassen.

■ **Beispiele:** Löten, Schweißen, Drehen mit Handvorschub, Autofahren.

3.2.2 Ablaufarten des Menschen

Es sind alle Ereignisse gemeint, die auftreten können, solange der Mensch im Rahmen eines Arbeits- oder Dienstverhältnisses und der Arbeitszeitordnung (AZO) dem Unternehmen zur Verfügung steht, und zwar unter Einbeziehung der gesetzlichen und vertraglich geregelten Pausen. Für den Menschen gelten folgende Ablaufarten:

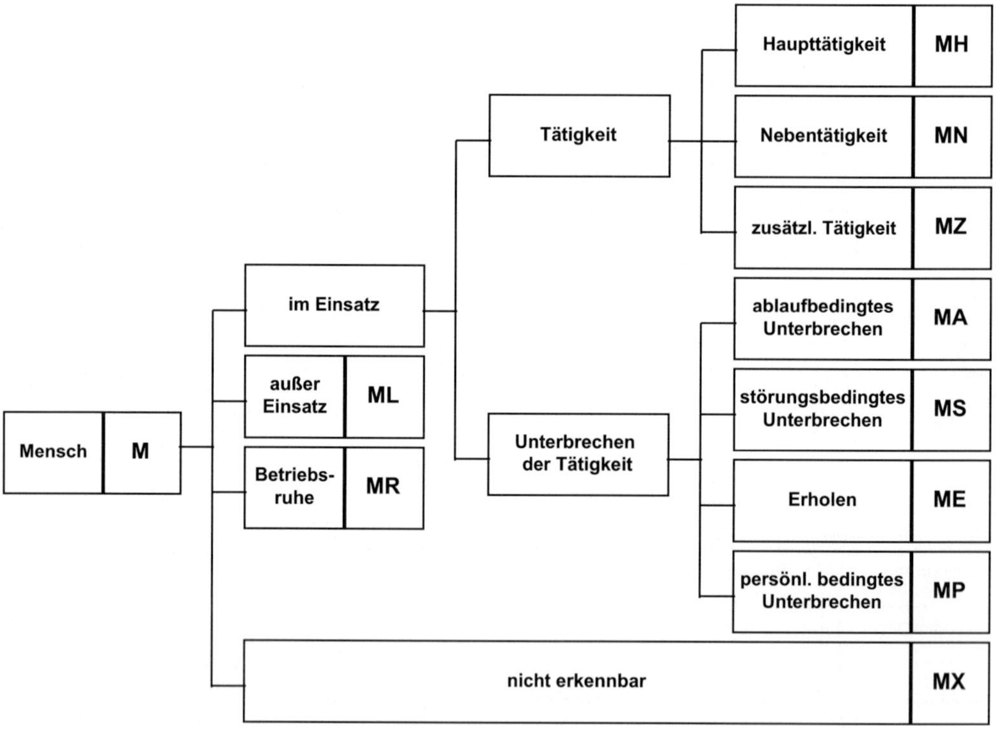

Bild 32. Ablaufarten für den Menschen (REFA)

Begriff	Bedeutung
1. Im Einsatz	wenn er während der festgelegten Arbeitszeit Arbeitsaufgaben ausführt.
2. Außer Einsatz	wenn er zur Ausführung von Arbeitsaufgaben nicht zur Verfügung steht (z. B. Auftragsmangel, Krankheit, Kur, Urlaub, länger anhaltende Störungen).
3. Betriebsruhe	hierunter fallen die gesetzlich, tariflich oder betrieblich geregelten Arbeitspausen (z. B. Betriebsversammlungen, Feiertage)
4. Nicht erkennbar	es kommt vor, dass die Zeit einzelner Ablaufabschnitte nicht erkennbar ist; insbesondere bei der Durchführung von Multimomentaufnahmen ist es nützlich, diese Ablaufart vorzusehen
5. Haupttätigkeit	ist eine planmäßige, unmittelbar der Erfüllung der Arbeitsaufgabe dienende Tätigkeit (z. B. Werkstück bearbeiten; selbsttätig ablaufenden Drehvorgang beobachten, Montage durchführen, Kfz-Reparatur durchführen)
6. Nebentätigkeit	ist eine planmäßige, nur mittelbar der Erfüllung der Arbeitsaufgabe dienende Tätigkeit (z. B. Werkstück holen, Arbeitsanweisung lesen, Werkstück einspannen, Drehzahl und Vorschub umstellen, prüfen und messen)
7. Zusätzliche Tätigkeit	können weder im Vorkommen noch im Ablauf vorausbestimmt werden (z. B. Werkstück nacharbeiten, Roboter neu kalibrieren, Ersatzteile bei Fehllieferung neu bestellen)
8. Ablaufbedingtes Unterbrechen	ist ein planmäßiges Warten des Menschen auf das Ende von Ablaufabschnitten, die beim Betriebsmittel oder beim Arbeitsgegenstand selbstständig ablaufen (z. B. warten auf das Auskühlen einer Form; warten bei Fließarbeit auf das nächste Stück, automatischer Werkzeugwechsel, Trocknung nach der Lackierung)
9. Störungsbedingtes Unterbrechen	ist ein zusätzliches Warten des Menschen infolge von technischen und organisatorischen Störungen sowie Mangel an Informationen (z. B. warten auf Material, warten auf Arbeitsauftrag, warten wegen Energieausfall, warten auf Instandhaltungspersonal)
10. Erholen	Erholen ist ein Unterbrechen der Tätigkeit, um die infolge der Tätigkeit aufgetretene Ermüdung abzubauen (Ausruhen nach dem Schmieden eines Rohlings am Arbeitsplatz mit Hitzebelastung)
11. Persönlich bedingtes Unterbrechen	liegt vor, wenn der Mensch seine Tätigkeit aus persönlichen Gründen unterbricht (z. B. Zigaretten holen, Gang zur Toilette oder Kaffeeautomat, verspäteter Arbeitsbeginn)

Tabelle 4. Ablaufarten für den Menschen (REFA)

Neben den unter 5, 6 und 7 genannten Tätigkeiten ist es aus ergonomischer Sicht auch möglich, folgende Aufteilung vorzunehmen:

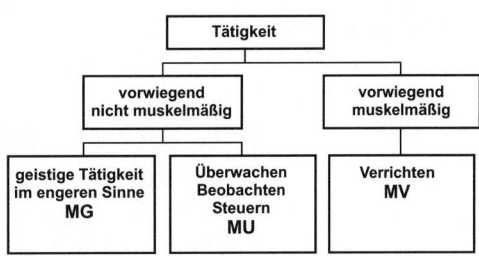

Bild 33. Tätigkeiten aus ergonomischer Sicht (REFA)

3.2.3 Ablaufarten des Betriebsmittels

Sie umfassen alle Ereignisse, die beim Zusammenwirken der Systemelemente in Erfüllung einer Arbeitsaufgabe anfallen und darüber hinaus außerhalb des Zusammenwirkens liegen. Für das Betriebsmittel gelten folgende Ablaufarten:

Begriff	Bedeutung
1. Im Einsatz	wenn es dem Betrieb zur Ausführung von Arbeitsaufgaben zur Verfügung steht und durch Aufträge belegt ist.
2. Außer Einsatz	wenn es längerfristig nicht zur Verfügung steht oder durch Aufträge längerfristig nicht belegt werden kann.
3. Betriebsruhe	hierunter fallen die offiziellen Pausen und sonstige Arbeitsunterbrechungen (z. B. Betriebsruhe wegen Ein- oder Zwei-Schicht-Betrieb, Katastrophen).
4. Nutzung	es wird genutzt, wenn es am Zusammenwirken der Systemelemente eines Arbeitssystems beteiligt ist.
5. Hauptnutzung	ist eine planmäßige, unmittelbare Nutzung im Sinne seiner Zweckbestimmung (z. B. Spanabnahme an der Drehmaschine, Sägevorgang an einer Kreissäge, lackieren eines Bauteils).
6. Nebennutzung	ist eine mittelbare Nutzung, wobei es planmäßig zur Hauptnutzung vorbereitet, beschickt, entleert bzw. in den ursprünglichen Zustand zurückversetzt wird oder wobei es stillsteht, um den Arbeitsgegenstand innerhalb des Betriebsmittels prüfen zu können (z. B. Rücklauf des Drehmeißels, Ein- und Ausspannen).
7. Zusätzliche Nutzung	ist die Haupt- und Nebennutzung des Betriebsmittels, deren Vorkommen oder Ablauf nicht vorausbestimmt werden kann (z. B. zusätzliche Reinigung).
8. Ablaufbedingtes Unterbrechen	wartet das Betriebsmittel planmäßig auf eine Tätigkeit des Menschen, auf eine Veränderung von Arbeitsgegenständen oder auf das Ende bestimmter Ablaufabschnitte an anderen Betriebsmitteln (z. B. auf Kran warten).
9. Störungsbedingtes Unterbrechen	ist ein zusätzliches Warten infolge von technischen und organisatorischen Störungen (z. B. Energieausfall).
10. Erholungsbedingtes Unterbrechen	der Mensch unterbricht infolge des Erholens die Nutzung des Betriebsmittels.
11. persönlich bedingtes Unterbrechen	ist ein Unterbrechen der Nutzung, verursacht durch den Menschen.

Tabelle 5. Ablaufarten für das Betriebsmittel (REFA)

Für nicht erkennbar gelten die entsprechenden Aussagen wie beim Menschen.

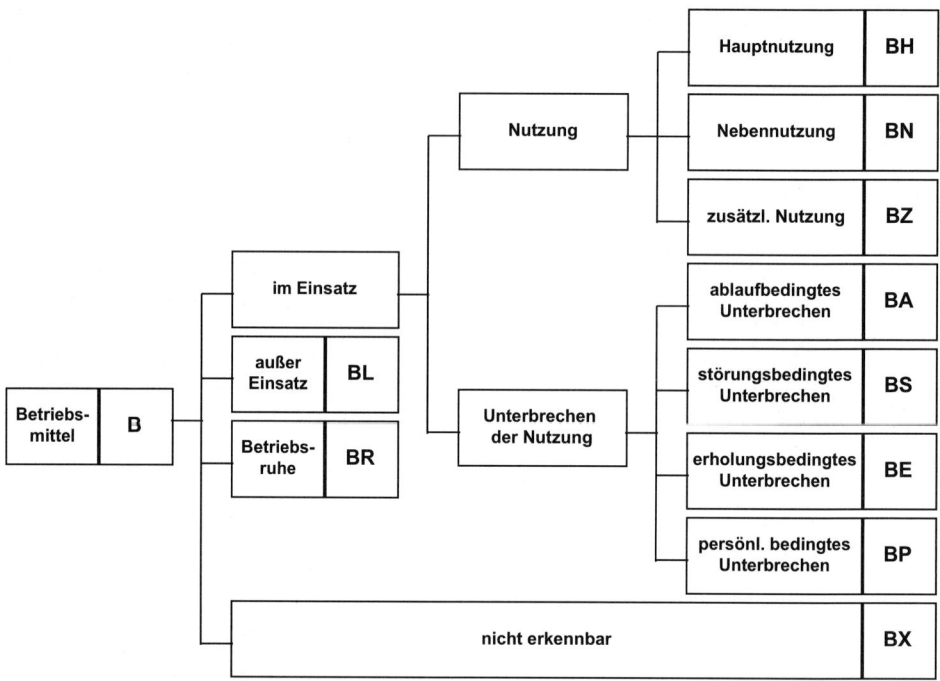

Bild 34. Ablaufarten für das Betriebsmittel (REFA)

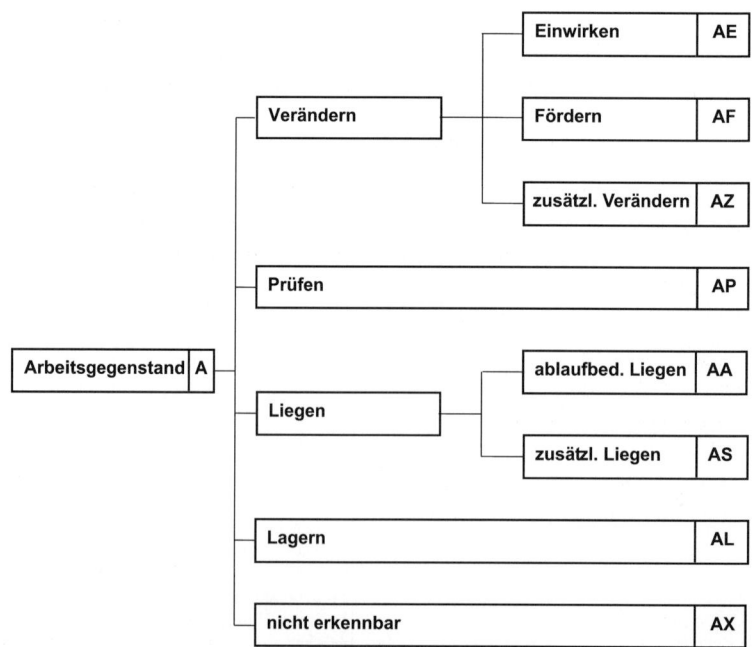

Bild 35. Ablaufarten für den Arbeitsgegenstand (REFA)

3.2.4 Ablaufarten des Arbeitsgegenstandes

Sie berücksichtigen neben allen Ereignissen, die beim Zusammenwirken von Mensch, Betriebsmittel und Arbeitsgegenstand vorkommen, auch das Liegen und Lagern. Den Ablauf der Arbeitsgegenstände von der Ankunft bis zum Verlassen des Betriebes bezeichnet man als Durchlauf oder Materialfluss.

Begriff	Bedeutung
1. Verändern	besteht in einer Zustands-, Form-, Lage- oder Ortsveränderung eines Arbeitsgegenstandes (Formveränderung: z. B. Zerspanen; Zustandsveränderung: z. B. Abbinden d. Beton).
2. Einwirken	besteht in einer Formveränderung von Arbeitsgegenständen oder in einer Zustandsveränderung.
3. Fördern	ist das Verändern von Arbeitsgegenständen nach Lage oder Ort.
4. Zusätzliches Verändern	besteht in Einwirken und Fördern, deren Vorkommen nicht vorausbestimmt werden kann (z. B. unvorhergesehene Nacharbeit).
5. Prüfen	ist das Kontrollieren von Arbeitsgegenständen im Materialfluss.
6. Liegen	entsteht, wenn das Verändern und Prüfen des Arbeitsgegenstandes ablaufbedingt (z. B. Bereitstellung) oder störungsbedingt (z. B. infolge Reparaturen an Betriebsmitteln) unterbrochen wird ist.
7. Lagern	ist das Liegen von Arbeitsgegenständen im Lagerbereich

Tabelle 6. Ablaufarten für den Arbeitsgegenstand (REFA)

3.2.5 Anwendungsbeispiele

1. Bohren eines Loches

Nr.	Ablaufabschnitt	Ablaufart		
		M	B	A
1	Werkstück aus Behälter nehmen und in Bohrvorrichtung einlegen	MN	BN	AF
2	Maschine einschalten	MN	BN	AA
3	Loch in Werkstück bohren	MH	BH	AE
4	Kontrollieren des Durchmessers mittels Messschieber	MN	BN	AP
5	Maschine ausschalten	MN	BN	AA
6	Werkstück aus Bohrvorrichtung nehmen und in Behälter legen	MN	BN	AF

2. Teile mit einem Schneidbrenner aus einer Tafel ausbrennen

Nr.	Ablaufabschnitte	Ablaufart		
		M	B	A
1	Platte auf Schweißtisch legen	MN	BA	AF
2	Teil ausbrennen	MH	BH	AE
3	Kontrollieren durch Messen	MN	BA	AP
4	Teil in Transportbehälter legen	MN	BA	AF

3.3 Vorgabezeitermittlung (Synthese)

Nach der Analyse der Arbeitsabläufe für Mensch, Betriebsmittel und Arbeitsgegenstand können für jeden der einzelnen Ablaufabschnitte die Daten (Bezugsmengen, Einflussgrößen, Arbeitsbedingungen und insbesondere die Zeiten) festgelegt bzw. ermittelt werden.

Aus der Synthese aller Zeiten für die Ablaufabschnitte erhält man schließlich die Vorgabezeiten.

Vorgabezeiten sind **Sollzeiten** für von Mensch und Betriebsmittel ausgeführte Arbeitsabläufe. Bezogen auf den **Menschen** enthalten sie **Grund-, Erholungs-** und **Verteilzeiten**, auf das **Betriebsmittel** bezogen nur **Grund-** und **Verteilzeiten**.

Die **Vorgabezeit** für den **Menschen** wird als **Auftragszeit T**, die **Vorgabezeit** für **Betriebsmittel** wird als **Belegungszeit T_{bB}** bezeichnet.

Im Wesentlichen werden zwei Arten von Vorgabezeiten unterschieden:

1. Auftragsabhängige Vorgabezeiten

Sie beziehen sich auf einen Auftrag mit einer bestimmten vorgegebenen Stückzahl.

2. Auftragsunabhängige Vorgabezeiten

Sie beziehen sich auf eine bestimmte Mengeneinheit (z. B. 1, 100 oder 1000 Stück).

3.3.1 Vorgabezeiten für den Menschen (Auftragszeit T)

Die **Auftragszeit** ist wie folgt gegliedert:

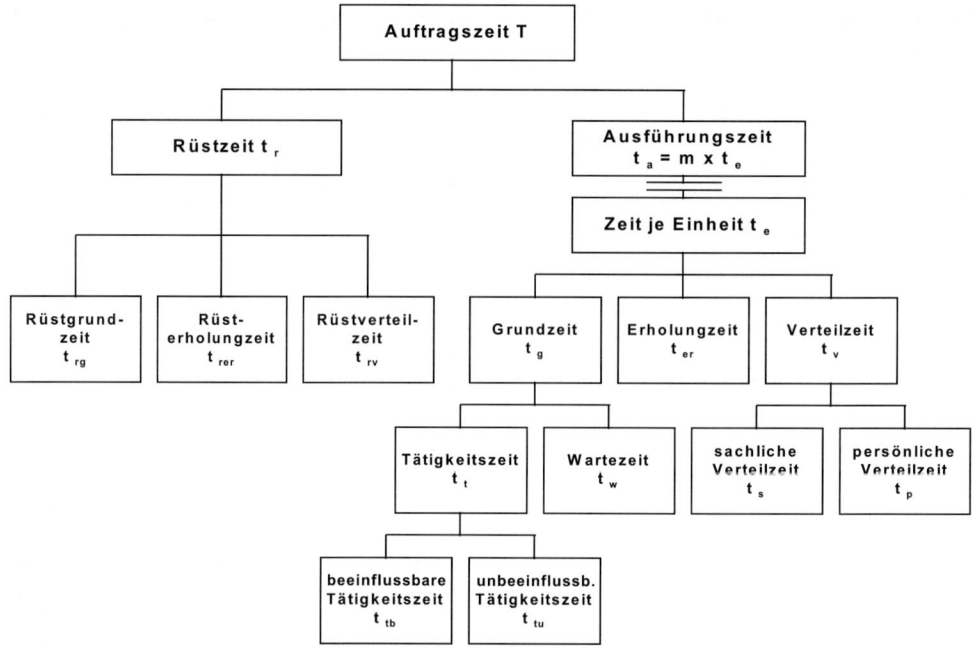

Bild 36. Gliederung der Auftragszeit T für den Menschen (REFA)

3.3.1.1 Grundzeit

Die **Grundzeit** für das **Rüsten** setzt sich wie folgt zusammen:

Rüstgrundzeit $t_{rg} = \Sigma\, t_{MHR} + \Sigma\, t_{MNR} + \Sigma\, t_{MAR}$

Mit
MHR = Haupttätigkeit beim Rüsten,
MNR = Nebentätigkeit beim Rüsten,
MAR = ablaufbedingtes Unterbrechen beim Rüsten.

Die **Grundzeit** beim **Ausführen**:
Grundzeit t_g = **Tätigkeitszeit** t_t + **Wartezeit** t_W
$$t_g = t_t + t_w$$
$$t_t = \Sigma\, t_{MH} + \Sigma\, t_{MN}$$
$$t_w = \Sigma\, t_{MA}$$
$$t_g = t_t + t_w = \Sigma\, t_{MH} + \Sigma\, t_{MN} + \Sigma\, t_{MA}$$

Mit MH = Haupttätigkeit,
      MN = Nebentätigkeit und
      MA = ablaufbedingtes Unterbrechen.

Die Zeiten für einzelne Ablaufabschnitte werden durch große Buchstaben (z. B. t_{MA}) und die Summe der Zeiten für alle Ablaufabschnitte der Mengeneinheit 1 durch kleine Buchstaben (z. B: t_W) gekennzeichnet.
Es kann zweckmäßig sein, die Tätigkeitszeit in einen beeinflussbaren und einen unbeeinflussbaren Anteil aufzuspalten:

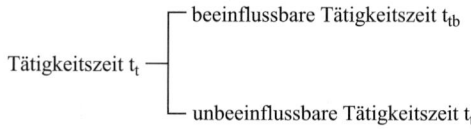

3.3.1.2 Erholungszeiten

Die Erholungszeit für das Rüsten ist:
Rüsterholungszeit $t_{rer} = \Sigma\, t_{MER}$, sie kann auch als prozentualer Zuschlag zur Rüstgrundzeit angegeben werden:

$$t_{rer} = t_{rg} \cdot \frac{z_{rer}}{100\,\%}$$

z_{rer} = Rüsterholzeitzuschlag oder -prozentsatz.
Für die Erholungszeit beim Ausführen gilt:
Erholungszeit $t_{er} = \Sigma\, t_{ME}$ oder

$$t_{er} = t_g \cdot \frac{z_{er}}{100\,\%}$$

3.3.1.3 Verteilzeit

Für den Menschen lässt sich die **Verteilzeit** gemäß Bild 36 entsprechend für das **Rüsten** und **Ausführen** ableiten:

Rüstverteilzeit t_{rv}

$$t_{rv} = t_{rg} \cdot \frac{z_{rv}}{100\,\%}$$

mit z_{rv} = Rüstverteilzeitzuschlag oder -prozentsatz
und Verteilzeit t_v = sächliche Verteilzeit t_s + persönliche Verteilzeit t_p

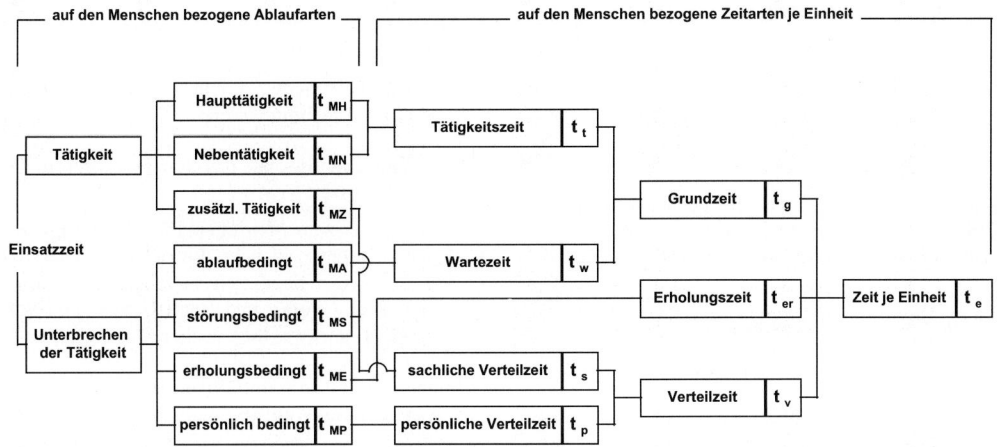

Bild 37. Gliederung der Zeitarten des Menschen, bezogen auf eine Einheit eines Auftrages (REFA)

$$t_v = t_s + t_p = \Sigma\ t_{MZ} + \Sigma\ t_{MS} + \Sigma\ t_{MP}$$

$$t_v = t_g \cdot \frac{z_v}{100\%}$$

Rüsten	*Ausführen*	Rüsten

← ——————— **Auftragszeit** ——————— →

Mit MZ = zusätzliche Tätigkeit,
     MS = störungsbedingtes Unterbrechen,
     MP = persönlich bedingtes Unterbrechen,
     z_v = Verteilzeitzuschlag oder -prozent-
         satz.

3.3.1.4 Zeit je Einheit

Für die Mengeneinheit 1 gilt:

$$t_e = t_g + t_{er} + t_v = t_t + t_w + t_{er} + t_p + t_s$$

Unter Einbeziehung der Erhol- und Verteilzeitprozentsätze ist:

$$t_e = t_g + t_g \cdot \frac{z_{er} + z_v}{100\%} = t_g \left(1 + \frac{z_{er} + z_v}{100\%} \right)$$

Mit
t_g = Grundzeit,
t_{er} = Erholzeit,
t_v = Verteilzeit,
t_t = Tätigkeitszeit,
t_w = Wartezeit,
t_p = persönliche Verteilzeit,
t_s = sächliche Verteilzeit,
z_{er} = Erholzeitprozentsatz und z_v = Verteilzeitprozentsatz.

3.3.1.5 Rüstzeit

Das Rüsten enthält alle Zeiten, für vorbereitende und nachbereitende Tätigkeiten. Es tritt im Allgemeinen am Anfang und am Ende eines Auftrages auf und erfolgt je Auftrag einmal. Wird ein großer Auftrag auf Teilaufträge (Lose) aufgeteilt, dann tritt das Rüsten für jeden Teilauftrag auf.

Das Rüsten kann wie folgt unterteilt werden:

1. **Vorbereitende Tätigkeiten**, dazu zählen:

   Auftrag empfangen (Zeichnung, Stücklisten, Arbeitspläne, Materialentnahmescheine, Transportbegleitscheine, Lohnscheine usw.), lesen, Papiere ausfüllen und abgeben.

2. **Beschaffung von Werkzeugen, Messmittel, Vorrichtungen, Lehren, Material** usw., dazu gehören: Gang zur Ausgabestelle, Wartezeit an der Ausgabestelle, Aus- und Abgabezeiten für Werkzeuge, Vorrichtungen und Messmittel.

3. **Einstelltätigkeiten am Arbeitsplatz / Betriebsmittel,** dazu zählen: Programmieren/Programm einlesen; Vorschub, Drehzahl oder andere Parameter einstellen; Vorrichtungen aufbauen, ausrichten und abbauen; Schneidwerkzeuge einstellen, einsetzen, ausrichten und ausbauen; Probeschnitte / Probe- oder Musterstück herstellen, prüfen und eventuell Maschineneinstellwerte korrigieren usw.

4. **Rückversetzen des Arbeitsplatzes/Betriebsmittel in den ursprünglichen Zustand,** dazu zählen das Reinigen der Maschine und Tätigkeiten, die bereits unter 1 ... 3 aufgezählt wurden.

Die Rüstzeit setzt sich wie folgt zusammen:

$$t_r = t_{rg} + t_{rer} + t_{rv} = t_{rg} + t_{rg} \cdot \frac{z_{rer} + z_{rv}}{100\%} =$$

$$= t_{rg} \left(1 + \frac{z_{rer} + z_{rv}}{100\ \%} \right)$$

mit t_{rg} = Rüstgrundzeit,
 t_{rer} = Rüsterholzeit,
 t_{rv} = Rüstverteilzeit,
 z_{rer} = Rüsterholzeitzuschlag und z_{rv} = Rüstverteilzeitzuschlag.

3.3.1.6 Auftragszeit

Die **Auftragszeit** lässt sich aus der **Rüstzeit** und der **Zeit** für das **Ausführen** wie folgt bestimmen:
Auftragszeit T = Rüstzeit t_r + Ausführungszeit t_a

$$T = t_r + t_a = t_r + m\, t_e$$

Mit **m = Auftrags-** oder **Losgröße**.

■ **Beispiel**

Für das Fräsen eines Werkstückes hat die Ablaufanalyse Folgendes ergeben:

Nr.	Ablaufabschnitt	Soll-zeit in min	Ablauf-art M
1	Arbeitspapiere besorgen, lesen und abgeben	18	MNR
2	Werkzeuge u. Messmittel aus der Ausgabe holen und abgeben	12	MNR
3	Werkzeuge ausrichten, einspannen und ausspannen	8	MNR
4	Vorschub und Drehzahl einstellen	5	MNR
5	Probeteil aus Behälter nehmen und einspannen	0,8	MNR
6	Maschine einschalten	0,1	MNR
7	Probestück fräsen	10,6	MHR
8	Maschine ausschalten und Probestück ausspannen	0,6	MNR
9	Probestück vermessen und Maschineneinstellwerte korrigieren	14,9	MNR
10	Teil aus Behälter nehmen und einspannen	0,1	MN
11	Maschine ein- und ausschalten	0,2	MN
12	Teil fräsen	8,8	MH
13	Teil ausspannen und in Behälter legen	0,15	MN
14	Maschine reinigen	12	MNR

Die **Auftragszeit T** ist zu berechnen, wenn **m = 806 Stück** (inklusiv einem Probestück) herzustellen sind und z_{rer} = z_{er} = 3 % sowie z_{rv} = z_v = 7 % ist.

Rüstgrundzeit $t_{rg} = \Sigma\, t_{MHR} + \Sigma\, t_{MNR} + \Sigma\, \cancel{t}_{MAR} = 10,6$ min + 71,4 min = __82 min__

$$\text{Rüstzeit } t_r = t_{rg} + t_{rer} + t\,_{rv} = t_{rg}\left(1 + \frac{z_{rer} + z_{rv}}{100\%}\right)$$

$$= 82\,\text{min}\left(1 + \frac{3\% + 7\%}{100\%}\right) = 90,2\,\text{min} \approx 90\,\text{min}$$

Grundzeit $t_g = \Sigma\, t_{MH} + \Sigma\, t_{MN} + \Sigma\, \cancel{t}_{MA} = 8,8$ min + 0,45 min = __9,25 min__

$$\text{Zeit je Einheit } t_e = t_g + t_{er} + t_v = t_g\left(1 + \frac{z_{er} + z_v}{100\%}\right)$$

$$= 9,25\,\text{min}\left(1 + \frac{3\% + 7\%}{100\%}\right) = \underline{\underline{10,18\,\text{min}}}$$

Auftragszeit $T = t_r + t_a = t_r + m\, t_e = 90\,\text{min} + 805 \cdot 10,18\,\text{min} = \underline{\underline{8285\,\text{min}}}$

3.3.2 Vorgabezeiten für das Betriebsmittel (Belegungszeit T_{bB})

Im Gegensatz zum **Menschen [M]**, der **Tätigkeiten** ausführt, spricht man beim **Betriebsmittel [B]** von einer **Nutzung**. Die **Zeiten** für das **Betriebsmittel** enthalten nur **Grund-** und **Verteilzeiten**. Die **Belegungszeit T_{bB}** ist wie folgt gegliedert (Bild 38):

Belegungszeit T_{bB} = Betriebsmittelrüstzeit t_{rB} + Betriebsmittelausführungszeit t_{aB}

$$T_{bB} = t_{rB} + t_{aB} = t_{rB} + m \cdot t_{eB}$$

Mit **Betriebsmittelrüstzeit t_{rB} = Betriebsmittelrüstgrundzeit t_{rgB} + Betriebsmittelrüstverteilzeit t_{rvB}**.
Die **Betriebsmittelrüstgrundzeit t_{rgB}** setzt sich folgendermaßen zusammen:

$$t_{rgB} = \Sigma\, t_{BHR} + \Sigma\, t_{BNR} + \Sigma\, t_{BAR} + \Sigma t_{BER}$$

Darin bedeutet:
BHR = Hauptnutzung beim Rüsten,
BNR = Nebennutzung beim Rüsten,
BAR = Ablaufbedingtes Unterbrechen beim Rüsten,
BER = Erholungsbedingtes Unterbrechen beim Rüsten, dies ist die Zeit, der der Mitarbeiter für das Erholen beim Rüsten bekommt, nicht das Betriebsmittel!

Die **Betriebsmittelrüstverteilzeit t_{rvB}** bezieht sich wie beim Menschen auf die Grundzeit, nur das hier die erholungsbedingte Brachzeit $\Sigma\, t_{BER}$ abzuziehen ist:

$$t_{rvB} = \left(t_{rgB} - \Sigma\, t_{BER}\right) \cdot \frac{z_{rv}}{100\%}$$

Damit wird:

$$t_{rB} = t_{rgB} + t_{rvB} = t_{rgB} + \left(t_{rgB} - \Sigma\, t_{BER}\right) \cdot \frac{z_{rv}}{100\%}$$

$$t_{rB} = t_{rgB}\left(1 + \frac{z_{rv}}{100\%}\right) - \Sigma\, t_{BER} \cdot \frac{z_{rv}}{100\%}$$

Die **Betriebsmittelgrundzeit**

$$t_{bB} = \Sigma\, t_{BH} + \Sigma\, t_{BN} + \Sigma\, t_{BA} + \Sigma\, t_{BE}$$

Mit BH = Hauptnutzung,
 BN = Nebennutzung,
 BA = ablaufbedingtes Unterbrechen,
 BE = erholungsbedingtes Unterbrechen **(Erholzeit für den Menschen)**.

$\Sigma\, t_{BH} = t_h$ = Hauptnutzungszeit
$\Sigma\, t_{BN} = t_n$ = Nebennutzungszeit

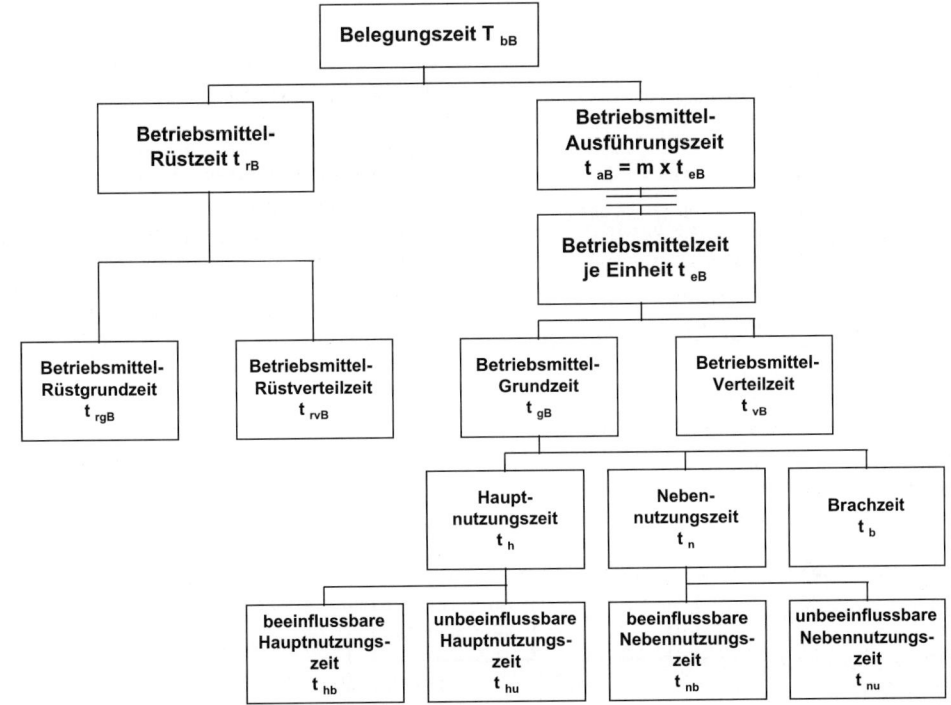

Bild 38. Gliederung der Belegungszeit für Betriebsmittel (REFA)

$\Sigma\, t_{BA} + \Sigma\, t_{BE} = t_b$ = Brachzeit

$$t_{gB} = t_h + t_n + t_b$$

Die Betriebsmittelverteilzeit

$$t_{vB} = \Sigma\, t_{BZ} + \Sigma\, t_{BS} + \Sigma\, t_{BP}$$

Soll t_{vB} mittels z_v errechnet werden, dann muss bei den Zeitanteilen die erholungsbedingte Brachzeit $\Sigma\, t_{BE}$ abgezogen werden:

$$t_{vB} = \frac{z_v}{100\,\%} \cdot \left(t_{gB} - \Sigma\, t_{BE} \right) =$$

$$= \frac{z_v}{100\,\%} \cdot \left(\Sigma\, t_{BH} + \Sigma\, t_{BN} + \Sigma\, t_{BA} \right)$$

Die Betriebsmittelzeit je Einheit t_{eB} = Betriebsmittelgrundzeit t_{gB} + Betriebsmittelverteilzeit t_{vB}

$$t_{eB} = t_{gB} + t_{vB} = t_{gB} \left(1 + \frac{z_v}{100\,\%} \right) - \frac{z_v}{100\,\%} \Sigma\, t_{BE}$$

■ **Beispiel**

Auf einer Drehmaschine sind m = 470 Teile zu fertigen, wobei von einer Ausschussquote von 2 % (in der Stückzahl mit enthalten) auszugehen ist. Beim Rüsten wird eine Erholzeit von 10 min gewährt, beim Ausführen werden insgesamt 20 min für Erholen vergütet. Der Verteilzeitprozentsatz beträgt $z_{rv} = z_v = 5\,\%$.

Nr.	Ablaufabschnitt	Soll-zeit in min	Ab-laufart B
1	Arbeitspapiere holen, lesen und abgeben	13	BAR
2	Werkzeuge, Vorrichtung aus der Ausgabe holen und abgeben	15	BAR
3	Maschine einrichten, Vorschub, Drehzahl einstellen	9	BNR
4	Teil aus Behälter nehmen und einspannen	0,2	BN
5	Kühlung und Maschine einschalten	0,2	BN
6	Werkstück drehen	12,6	BH
7	Support im Eilgang zurückfahren	0,4	BN
8	Kühlung und Maschine ausschalten	0,2	BN
9	Teil ausspannen, kontrollieren und in Behälter legen	0,3	BN
10	Vorrichtung und Werkzeuge ausbauen	5	BNR
11	Reinigen der Maschine	10	BNR

Den **Ablaufabschnitten** ist die **Ablaufart B** zuzuordnen!

Welche **Belegungszeit** liegt vor?

Wie lange benötigt der Auftrag, wenn **2-schichtig** mit einer **Schichtzeit** von **7 h** gerechnet wird?

Betriebsmittelrüstgrundzeit $t_{rgB} = \Sigma\, \cancel{t}_{BHR} + \Sigma\, t_{BNR} +$
$+ \Sigma\, t_{BAR} + \Sigma\, t_{BER}$

$t_{rgB} = 24\ min + 28\ min + 10\ min = \underline{62\ min}$

Betriebsmittelrüstzeit $t_{rB} = t_{rgB} + t_{rvB} =$

$$t_{rgB}\left(1 + \frac{z_{rv}}{100\%}\right) - \frac{z_{rv}}{100\%}\sum t_{BER}$$

$$= 62\ min\left(1 + \frac{5\%}{100\%}\right) - \frac{5\%}{100\%}\,10\ min =$$

$$= 65{,}1\ min - 0{,}5\ min = 64{,}6\ min \approx \underline{65\ min}$$

Betriebsmittelgrundzeit $t_{eB} = \sum t_{BH} + \sum t_{BN} + \sum \cancel{t}_{BA} +$

$\sum t_{BE} = 12{,}6\ min + 1{,}3\ min + \dfrac{20\ min}{470} = \underline{13{,}94\ min}$

Betriebsmittelzeit je Einheit $t_{gB} = t_{gB} + t_{vB} =$

$$t_{gB}\left(1 + \frac{z_v}{100\%}\right) - \frac{z_v}{100\%}\sum t_{BE}$$

$$= 13{,}94\ min\left(1 + \frac{5\%}{100\%}\right) - \frac{5\%}{100\%}\,\frac{20\ min}{470} =$$

$$= 14{,}637\ min - 0{,}002\ min = \underline{14{,}64}$$

Belegungszeit $T_{bB} = t_{rB} + t_{aB} = t_{rB} + m\ t_{eB} = 65\ min + 470 \cdot 14{,}64\ min = \underline{6945{,}8\ min}$

$$T_{bB} = \frac{6945{,}8\ min}{60\,\dfrac{min}{h}\cdot 2\cdot 7\,\dfrac{h}{d}} = \underline{\underline{8{,}3\ d}}$$

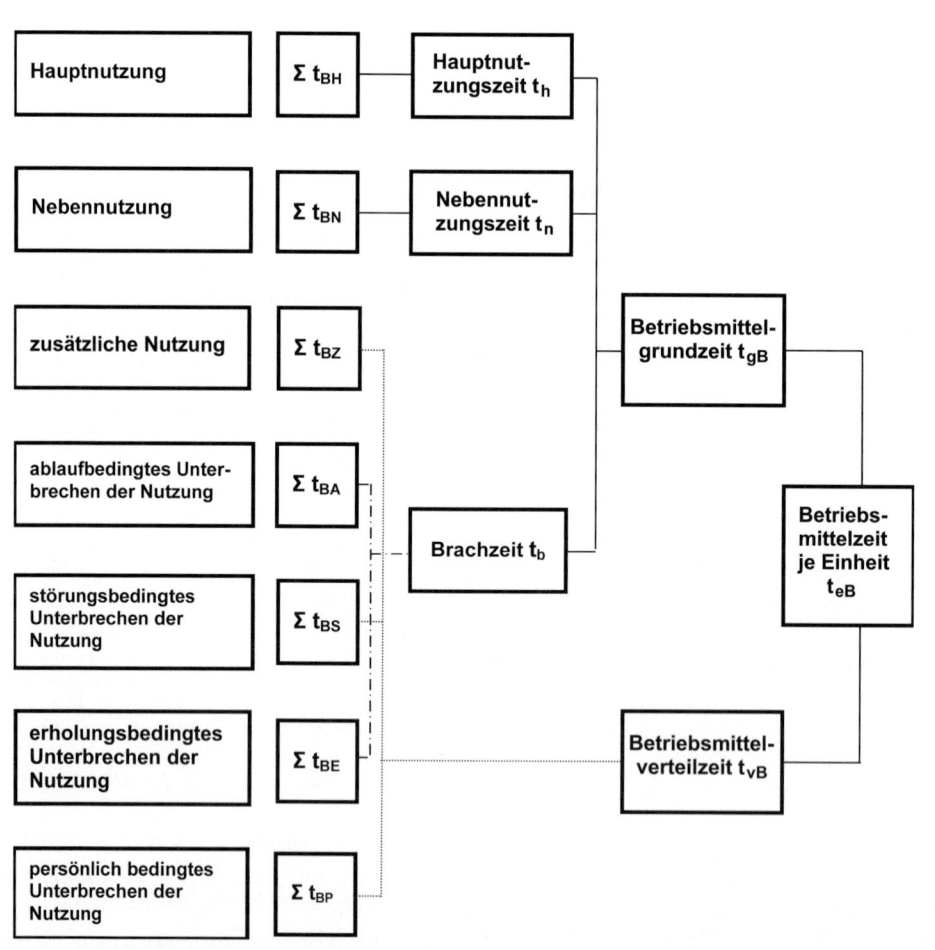

Bild 39. Zuordnung zur Betriebsmittelzeit je Einheit (REFA)

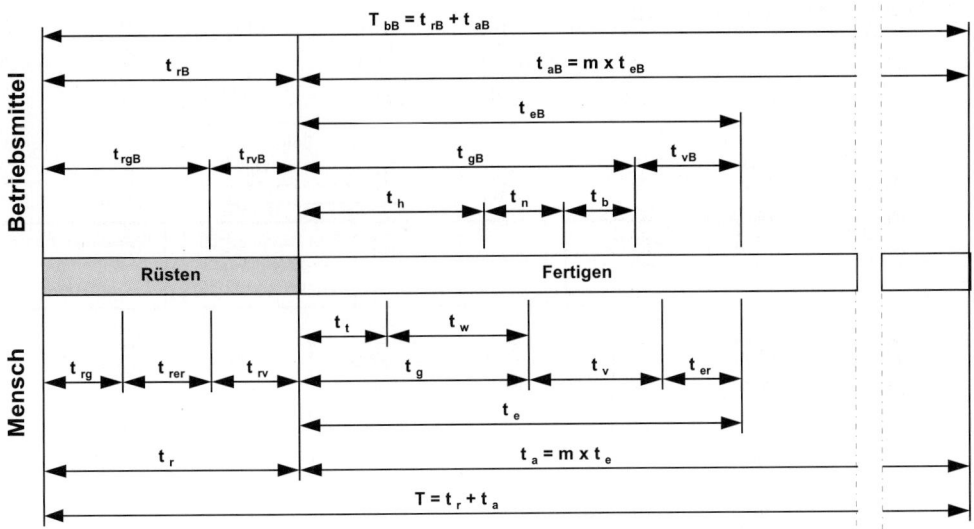

Bild 40. Zusammenfassung der Vorgabezeiten für die Auftragszeit T und Belegungszeit T_{bB}

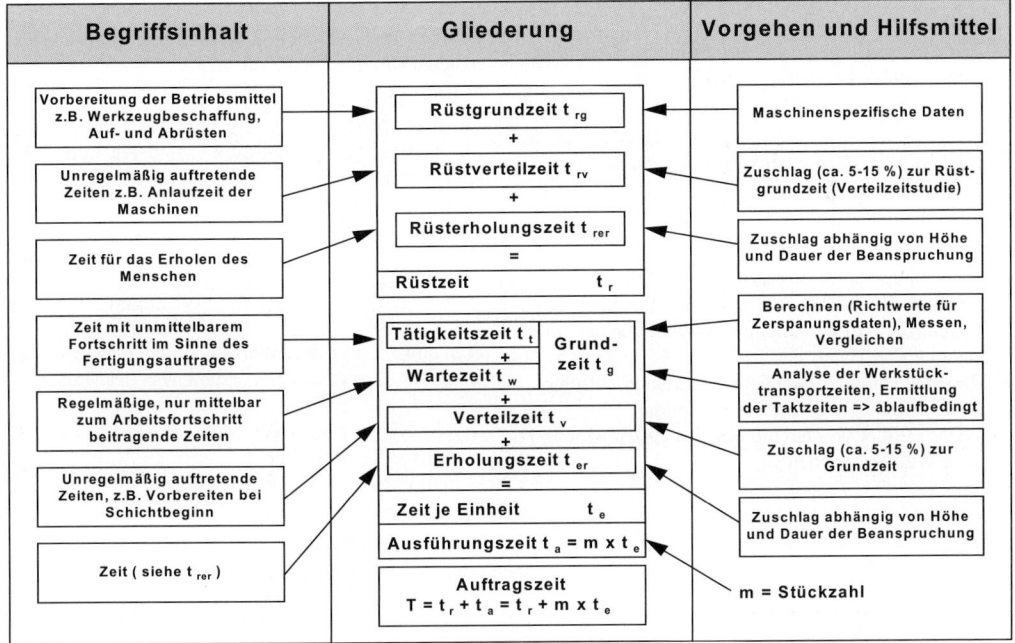

Bild 41. Aufbau und Ermittlung der Vorgabezeiten (Wiendahl)

3.4 Methoden der Zeitermittlung

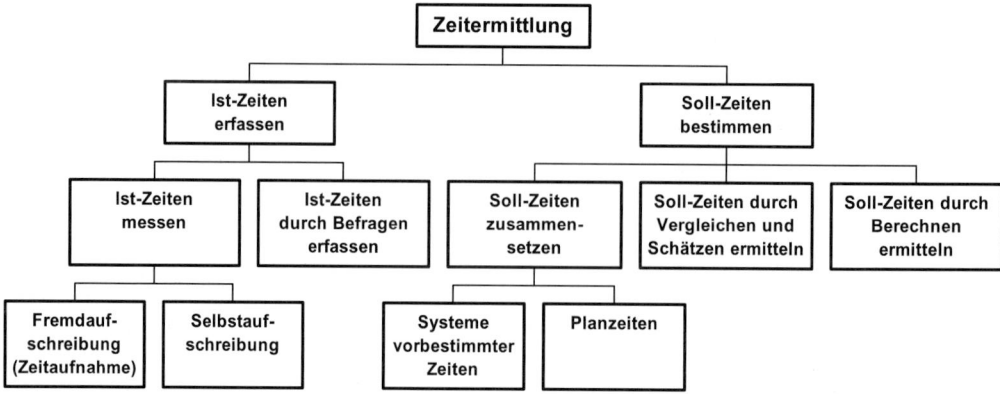

Bild 42. Methoden der Zeitermittlung (REFA)

Die Erfassung von Ist-Zeiten wird auch heute noch ebenso häufig angewandt wie die „Systeme vorbestimmter Zeiten (SvZ: Work Factor, MTM)". Ist-Zeiten sind dadurch gekennzeichnet, dass der Buchstabe t den Index i erhält; t_i ist eine Ist-Zeit. Soll-Zeiten dagegen erhalten keinen Index.

Bei den Methoden der Zeitermittlung ist Folgendes zu beachten:

1. Vorgabezeiten benötigt man nicht nur für die Entlohnung, sondern auch für die Termin- und Kapazitätsrechnung, für die Planung, Steuerung und Kontrolle der betrieblichen Prozesse.

2. Welches Verfahren der Zeitermittlung angewandt wird, ist ausschließlich eine Frage der Wirtschaftlichkeit, der erforderlichen Genauigkeit und gegebenenfalls des Tarifvertrages oder von Betriebsvereinbarungen.

3. Es ist sinnlos, die Zeit mithilfe einer Stoppuhr (oder mehrerer Stoppuhren) sehr genau zu erfassen und den Ablauf und seine Bedingungen nur ungenügend zu beschreiben. Nur bei genauer Erfassung aller Daten sind

a) die Ergebnisse reproduzierbar und kann entschieden werden, ob das in der Ablaufstudie

b) erfasste Arbeitssystem mit einem anderen Arbeitssystem zu vergleichen ist.

3.4.1 Schätzen

Man unterscheidet:

1. Schätzen nach Erinnerung
Gröbste Art der Zeitermittlung. Setzt große Erfahrung voraus und wird meist angewandt für Handarbeit.

2. Schätzen nach betriebseigenen Aufzeichnungen
Gegenüber 1. eine verbesserte Zeitermittlung mit genügender Genauigkeit. Anwendung meist in kleineren Betrieben.

3.4.2 Vergleichen

Beim Vergleichen erfolgt eine Arbeitszeitermittlung mit bereits bekanntem Zeitaufwand für gleichartige, jedoch in der Größe verschiedene Werkstücke. Die Arbeitszeit darf nicht geschätzt, sondern muss genau ermittelt sein. Nur anwendbar, wenn der Zeitaufwand den Arbeitswegen verhältnisgleich ist.

3.4.3 Rechnen

Bei der rechnerischen Zeitermittlung unterscheidet man nach folgenden 3 Kriterien:

1. Überschlägiges Rechnen
Es ist ein grobes Verfahren. Die Durchschnittswerte für die Schnittgeschwindigkeit v_c und den Vorschub f sind jeweils in einer für jeden Werkstoff charakteristischen Zahl zusammengefasst.

Für das Drehen errechnet sich die **Hauptnutzungszeit t_h**:

$$t_h = \frac{L \cdot i}{f \cdot n} = \frac{D \cdot L \cdot \pi \cdot i}{f \cdot v_c \cdot 1000} \text{ in min}$$

D in mm   = größter Werkstückdurchmesser
L in mm   = gesamter Vorschubweg des Drehmeißels
i   = Anzahl der Schnitte
f in mm   = Vorschub
v_c in m/min = Schnittgeschwindigkeit
Nebenzeiten werden geschätzt.

2. Genaueres Rechnen
Für Vorschub und Schnittgeschwindigkeit werden für jeden Bearbeitungsfall Richtwerte (aus Tabellen) eingesetzt. Die Hauptnutzungszeit errechnet sich nach den Formeln des **Abschnittes N**. Nebenzeiten werden aus Richtwerttabellen entnommen.
Diese Rechenart eignet sich für die Serienfertigung.

3. Genauestes Rechnen
Hier wird die Eigenart der verwendeten Werkzeugmaschinen berücksichtigt. Voraussetzung ist das Vor-

liegen von Unterlagen, aus denen die an der Maschine einstellbaren Bewegungsgrößen (v_c, f, n) entnommen werden können. Formeln wie beim genaueren Rechnen.

Nebenzeiten werden ebenfalls den Richtwerttabellen entnommen. Genauestes Rechnen wird bei größeren Serien und bei der Massenfertigung angewandt. Voraussetzung ist jedoch, dass die Maschinenbelegung bekannt ist.

3.4.4 Vorgabezeit und Stücklohn

Die rechnerisch bzw. durch Beobachtung ermittelte Stückzahl ist die Vorgabezeit, d. h. die für die Entlohnung des Arbeiters und die Planung maßgebende Zeit.

REFA empfiehlt, den beabsichtigten unterschiedlichen Mehrverdienst der einzelnen Arbeiter durch Festsetzen so genannter Geldfaktoren zu erzielen, mit denen die Vorgabezeit multipliziert wird.

**Vorgabezeit in min x Geldfaktor in
€/min = Stücklohn in €**

Die Höhe des Geldfaktors berücksichtigt den mit der Ausführung der Arbeiten verbundenen unterschiedlichen Schwierigkeitsgrad, die Verantwortung und Anstrengung. (Arbeitswertzahlen nach der Methode der analytischen Arbeitsplatzbewertung oder betrieblicher Vereinbarungen).

3.5 Leistungsgrad

Die Zeit für das Ausführen einer bestimmten Arbeitsaufgabe kann auch bei gleicher Arbeitsmethode, gleichen Arbeitsverfahren und bei Verwendung gleicher Betriebsmittel und Werkstoffe und bei sonst gleichen Arbeitsbedingungen für verschiedene Menschen unterschiedlich sein. Aufgrund der Streuung der menschlichen Leistung von Arbeitspersonen können durchschnittliche Ist-Zeiten bzw. Ist-Leistungen einer Arbeitsperson nur bedingt als Soll-Zeiten verwendet werden.

Die menschliche Leistung ist von folgenden Faktoren abhängig:
1. körperlich geistige Eignung
2. geistig seelische Verfassung
3. Grad der Ermüdung
4. unterschiedliche Bewegungsformen
5. Leistungsbereitschaft

Sachlich gesehen sind dabei zu klären
1. das Grifffeld (unterschiedliche Lage der Arbeitsgegenstände)
2. Veränderung der Arbeitsmittel bei der Bearbeitung
3. die Umgebungseinflüsse
4. die fortschrittliche Tätigkeit bei der Arbeitsausführung

Um die Ist-Zeit auf eine Zeit bestimmter Bezugsleistung umrechnen zu können, ist die Kenntnis des Leistungsgrades erforderlich, der der Ist-Zeit zugrunde liegt.

Definition:
Die einer **Soll-Zeit** zugrunde liegende **Leistung** wird als **Bezugsleistung** bezeichnet. Im Allgemeinen erhält die **Bezugsleistung** den **Leistungsgrad 100 %** zugeordnet.

$$\text{Leistungsgrad} = \frac{\text{beobachtete Ist-Leistung}}{\text{vorgestellte Bezugsleistung}} 100\% =$$

$$= \frac{\text{Soll-Zeit}}{\text{Ist-Zeit}} 100\%$$

Der Leistungsgrad drückt das Verhältnis einer beobachteten Ist-Leistung zu einer Bezugsleistung aus. Bezugsleistungen können die Durchschnittsleistung, eine Standardleistung (im Zusammenhang mit SvZ) oder die REFA-Normalleistung sein.

Die **Normalleistung** ist eine allgemeine unveränderliche und feststehende Größe, die unter genau beschriebenen Verhältnissen einem bestimmten Arbeitsergebnis entspricht. Nach REFA:
Die **Normalleistung** ist diejenige **menschliche Leistung**, die immerhin den **wirksamsten Kräfteeinsatz** und damit den **größten Wirkungsgrad** erreicht.
Durchschnittsleistung:
Sie ist im Gegensatz zur Normalleistung eine veränderliche rechnerisch zu ermittelnde Größe, die immer über der Normalleistung liegt.

Man unterscheidet darüber hinaus:
Soll-Leistung, sie gilt als Ziel.
Dauerleistung, sie ist diejenige Leistung, die auf Dauer erreicht und gehalten wird.
Höchstleistung, hierunter versteht man die maximale Leistungsfähigkeit bei verlustfreiem Arbeitsablauf während eines bestimmten Zeitabschnittes.
Soweit Vorgabezeiten, denen definitionsgemäß eine bestimmte Bezugsleistung zugrunde liegt, zur Entlohnung verwendet werden, wird die Bezugsleistung von den Vertragsparteien im Tarifvertrag oder durch eine Betriebsvereinbarung festgelegt.

3.5.1 Leistungsgradbeurteilung

Das Leistungsgradbeurteilen besteht darin, dass man das Erscheinungsbild des Bewegungsablaufes beobachtet und mit dem Bild des vorgestellten Bewegungsablaufes vergleicht, um aus diesem Vergleich einen Schluss auf die mutmaßlich erreichte Mengenleistung im Verhältnis zur Bezugsmengenleistung zu ziehen.

Somit ist die Leistungsgradbeurteilung ein empirisches, subjektives Verfahren, wobei angestrebt wird, dass durch Eignung, Schulung und Erfahrung des Beobachters die subjektiven Einflüsse beim Beurteilungsvorgang ausgeglichen und die Beurteilung möglichst objektiviert wird.

Der **Leistungsgrad** ist ein **Maß** für die
− Intensität und die

– Wirksamkeit
der menschlichen Arbeit beim Bewegungsablauf.
Die **Intensität** äußert sich in der Bewegungsgeschwindigkeit und in der Kraftanspannung der Bewegungsausführung.
Die **Wirksamkeit** ist ein Ausdruck für die Beherrschung des Arbeitsvorganges, daran zu erkennen, wie geläufig, zügig, beherrscht, harmonisch, sicher, unbewusst, ruhig, zielsicher, rhythmisch, locker gearbeitet wird.

3.6 Prozesszeiten

Unter **Prozesszeiten** sind **unbeeinflussbare Haupt-** und **Nebennutzungszeiten** von **Betriebsmitteln** (t_{BHu} und t_{BNu} oder auch t_{hu} und t_{nu}) zu verstehen.
Das mit dem Betriebsmittel erzielte Ergebnis hängt im Wesentlichen von der gewählten Arbeitsgeschwindigkeit ab. Die Arbeitsgeschwindigkeit kann während eines unbeeinflussbaren Ablaufabschnittes vom Menschen nicht oder nur in einem sehr engen Bereich verändert werden. Dem Menschen verbleibt während dieser Zeit nur das Überwachen oder ein ablaufbedingtes Unterbrechen.
Zu diesen mechanisch bzw. automatisch ablaufenden Abschnitten gehören das Drehen, Bohren, Fräsen, Hobeln, Stoßen, Schleifen und Räumen.
Aber auch das Löten, Schweißen, Walzen, Stanzen und Montieren kann mithilfe geeigneter Betriebsmittel ganz oder teilweise von Menschen unbeeinflussbar ablaufen.
Prozesszeiten können mit Hilfe von Zeitaufnahmen gemessen oder durch selbstschreibende Geräte ermittelt werden. Das Verfahren ist weniger aufwendig, wenn die Zeiten rechnerisch ermittelt werden können.
Die Hauptnutzungszeit lässt sich nach folgender Beziehung berechnen:

$$t_{hu} = \frac{\text{Maß des zu bearbeitenden Arbeitsgegenstandes}}{\text{Arbeitsgeschwindigkeit der Werkzeuge des Betriebsmittels}}$$

3.6.1 Zeitermittlung beim Drehen

3.6.1.1 Langdrehen

Die Hauptnutzungszeit t_{hu} wird nach den Formeln des **Abschnitts N 1.5** ermittelt:
Richtwerte für die Schnittgeschwindigkeit v_c sind der Tabelle 4 (N10) zu entnehmen.

Richtwerte für den Vorschub f (soweit nicht anders vorgegeben!)
Vorarbeiten (Schruppen):   f = 0,4 mm
Feinbearbeitung (Schlichten):   f = 0,1 mm

Anzahl der Schnitte i: $i = \dfrac{D - d}{a}$

(Zustellung a bezogen auf den Ø)

Richtwerte für die Standzeit T in min
Schneidwerkstoff
HSS = 60 min
HML = 240 min (HML = Hartmetall gelötet)
HMW = 15 min (HMW = Wendeschneidplatte)

3.6.1.2 Plandrehen

Allgemein wird von einem Ausgangsdurchmesser D_a auf einen Innendurchmesser D_i gedreht. Wird die gesamte Planfläche überdreht, dann ist $D_i = 0$. Die Hauptnutzungszeit errechnet sich nach den Formeln des **Abschnitts N 1.5**.

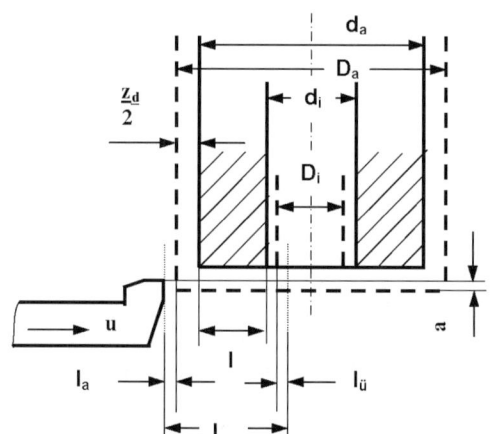

Bild 43. Plandrehen

$$L = \frac{D_a - D_i}{2} + l_a + l_{\ddot{u}}$$

3.6.1.3 Richtwerte für Bearbeitungszugaben

Längenzugaben:

Nennmaßbereich		Länge l							
für a, b, d		bis 400 mm		400 ... 1000 mm		1000 ... 2500 mm		2500 ... 4000 mm	
über	bis	z_l	$2z_l$	z_l	$2z_l$	z_l	$2z_l$	z_l	$2z_l$
	16	1	1,5	-	-	-	-	-	-
16	40	1,5	2,5	2	3	2,5	4	-	-
40	100	2,5	4	3	5	4	7	5	8
100	250	4	7	5	8	6	9	7	10

z_l = einseitig, $2z_l$ = zweiseitig

Durchmesserzugaben:

Nennmaßbereich für a, b ,d		Länge des Fertigteils l in mm							
		bis 160	160-250	250-400	400-630	630-1000	1000-1600	1600-2500	2500-4000
über	bis	Bearbeitungszugabe z in mm							
	10	1,5	1,5	1,5	-	-	-	-	-
10	16	1,5	2	2	2,5	-	-	-	-
16	25	2	2,5	2,5	3	3	4	-	-
25	40	3	3	3	4	4	5	5	6
40	60	3	4	4	5	5	6	6	7
60	80	4	4	5	5	6	6	7	8
80	100	4	5	5	6	6	7	8	9
100	125	5	5	6	6	7	8	9	10
125	160	5	6	7	7	8	9	10	11
160	200	6	7	7	8	9	10	11	12

$$z = z_d$$

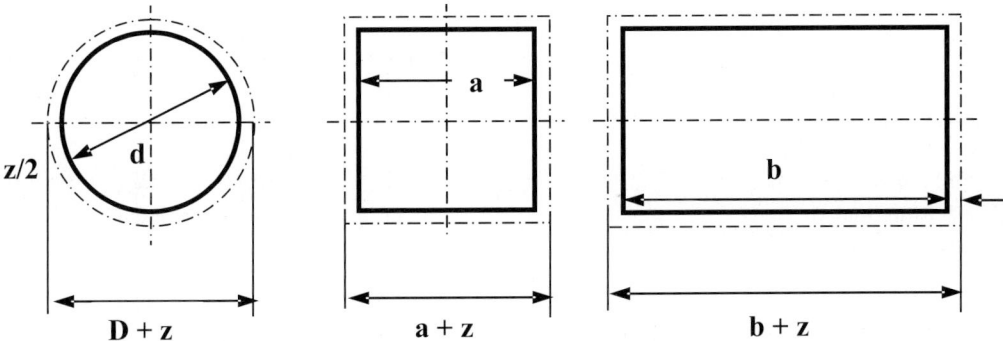

Tabelle 7. Bearbeitungszugaben (Degner)

3.6.1.4 Nebennutzungszeit

Zur Nebennutzungszeit gehören Vorgänge, wie die Werkstückwechselzeit t_{WS}, die Werkzeugwechselzeit t_{WZ}, die Mess- und die Anstellzeiten.

Bei automatisch ablaufenden Vorgängen ist zur Anstellzeit noch die Eilgangs- oder Positionierzeit t_{uE} mit zu berücksichtigen (der Betriebsanleitung oder den Maschinenunterlagen zu entnehmen).

t_{WZ} ist bei automatisch ablaufenden Vorgängen die Werkzeugwechselzeit, die aufgrund einer Werkzeugwechseleinrichtung (Magazin, Trommel usw.) auftritt, nicht durch das Standzeitende.

Die Werkzeugwechselzeit, die infolge des Standzeitendes auftritt, wird mit t_{WZT} bezeichnet. Die Standzeit T ist abhängig von der Schnittgeschwindigkeit v_c

und dem Vorschub f [T = f (v_c, f)]. Oftmals arbeitet man auch mit der Standzahl m_T, sie gibt an, wie oft das Werkzeug infolge Standzeitende innerhalb der Hauptnutzungszeit t_{hu} gewechselt werden muss.

$$\text{Standzahl } m_T = \frac{t_{hu}}{T}$$

Die **Nebennutzungszeit** kann nach der **Methode** des „**Vergleichens**" ermittelt werden. Die in Tabelle 8 enthaltenen **Nebennutzungszeiten** sind **Anhaltswerte** und daher nicht allgemein verbindlich bzw. auch nur beispielhaft!

	Masse in kg bis			
Vorgang	5	10	25	50
Auf- und abspannen				
• Dreibackenfutter, grob ausrichten	0,9	1,3	1,5	
• Spitzenarbeit mit Drehherz	0,7	0,9	1,5	4,2
• Spannzange (Spannpatrone)	0,3			
• Planscheibe mit Spanneisen	5	6	8	12
umspannen = 0,8 · Aufspannzeit				

	Gr. Serie		Kl. Serie		Einzelfert.	
Arbeitsweg in mm bis	**50**	**250**	**50**	**250**	**50**	**250**
Anstellen und messen						
– Schruppen	0,2	0,2	0,4	0,4	0,8	0,9
– Drehen zum Schleifen	0,2	0,3	0,4	0,5	0,9	1
– Schlichten	0,2	0,3	0,7	0,8	1,3	1,5
– Schlichten IT 9 – 10	0,6	0,8	1,3	1,5	1,8	2
– Schlichten IT 7 – 8	0,7	0,9	1,9	2,1	2,4	2,6
Spitzenhöhe in mm		**250**			**500**	
Bettschlitten rückstellen, längs		0,30			0,40	
Quersupport rückstellen, plan		0,15			0,22	
Support ein- und ausschalten		0,07			0,10	
Drehzahl ändern bzw. einstellen		0,10			0,20	
Vorschub ändern		0,10			0,20	
Pinole im Reitstock verschieben		0,15			0,60	
Spannschraube befestigen und lösen		0,18			0,18	
Einstellen des Support nach Skala (Nonius)		0,08			0,15	
Schruppmeißel einstellen und spannen (t_{WZ})		0,80			2,00	
Schlichtmeißel einstellen und spannen (t_{WZ})		1,20			2,60	

t_{nb} = Nebennutzungszeit (beeinflussbar)

Tabelle 8. Nebennutzungszeit beim Drehen in min (REFA)

3.6.1.5 Rüstgrundzeit

Innerhalb der **Rüstzeit** werden folgende **Vorgänge**:
– Arbeitsplan, Zeichnung, Materialentnahmescheine, Transportbegleitscheine, Lohnscheine entgegennehmen, lesen, ausfüllen und abgeben,
– Werkzeuge, Messmittel, Vorrichtungen holen und abgeben,
– Programmieren/Programmeinlesen, Maschine einrichten, z. B. Einspannen der Werkzeuge, Ausführen von Probeschnitten, deren Prüfung und usw. sowie
– das Zurückversetzen der Maschine in den ursprünglichen Zustand
durchgeführt.

Richtwerte für das Rüsten sind der Tabelle 9 zu entnehmen, die keine Allgemeinverbindlichkeit besitzen!

Drehmaschine		**Spitzendr.**		**Revolverdr.**	
Vorgang Spitzenhöhe in mm Durchlass bis		**250**	**500**	**Ø 25**	**Ø 50**
Lohnschein, Zeichn. besorgen, lesen, ausfüllen, abgeben		10	15	10	12
Maschine vorrichten:					
• Dornarbeit gewöhnlich		2	3		
• dt. genau, inkl. Dornlauf prüfen		4	5		
• Spitzenarbeit gewöhnlich		2	3		
• dt. genau, inkl. Spitzenlauf prüfen		3	4		
• Planscheibe inkl. Backen einstellen		8	10		
• 3-Backen- oder Klemmfutter einrichten		2,5	4	2,5	4
• Mitnehmerscheibe, inkl. -bolzen einrichten		2	3		
• Lünette, feststehende		4	5		
Kegeldrehen inkl. Probeschnitt		12	14		
Wechselräder für Gewindeschneiden		8	10		
Schleifsupport einspannen, einstellen, ausspannen		7	8		
Schruppmeißel " " "		2	2,5	2	2,5
Schlichtmeißel " " "		2,5	3	2,5	3
Gewindemeißel " " "		4	4,5		
Abstechmeißel " " "		3	3,5	3	3,5

Drehmaschine				Spitzendr.		Revolverdr.	
	Spitzenhöhe in mm			250	500		
Vorgang	**Durchlass bis**					Ø 25	Ø 50
Zentrierbohrer	"	"	"	2		2	2
Bohrer	"	"	"	2		2	2
Reibahle, fest	"	"	"	3		3	3
Reibahle, verst.	"	"	"	5	5,5	5	5,5
1 Spanneisen setzen				1	1,5		
1 Werkstoffanschlag einstellen						1,5	2
Gewindekopf						2,5	3
Kloben an Planscheibe umdrehen				13	15		
Backen an 3-Backenfutter wechseln				14			
Ausgabezeit für 1 Werkzeug oder 1 Lehre inkl. Abgabe				2	2,5	2	2,5

Tabelle 9. Rüstgrundzeiten beim Drehen in min (REFA)

Anzahl der für den Auftrag/Losgröße benötigten Meißel i_W:

$$i_W = \frac{m \Sigma t_{hu}}{T}$$

Auftrags-/Losgröße m in Stück
Hauptnutzungszeit t_{hu} in min
Standzeit T in min

■ **Beispiel**
Auf einer Drehmaschine sind **Cr-Ni-Rohlinge (R_m = 900 N/mm²)** mit den Abmessungen **Ø 80 x 256** wie folgt zu bearbeiten:

1. **Drehen der Planflächen, R_t = 20 µm**
2. **Drehen Ø 75 x 250, R_t = 25 µm**
3. **Drehen der Ansätze Ø 50 x 50 , R_t = 20 µm**
Die **Leistung** der Maschine lässt eine **Schnitttiefe a_P = 5 mm** zu.
Zum Einsatz kommen **HM(W)-Meißel** mit κ = 90 °.
Zu bestimmen sind:
a) die **Hauptnutzungszeit** für eine **Planfläche**,
b) die **Hauptnutzungszeit** für das **Langdrehen**,
c) die **Hauptnutzungszeit** für das Drehen eines **Ansatzes**,
d) die **Anzahl** der **Schneiden**, wenn **m = 250** Werkstücke herzustellen sind.

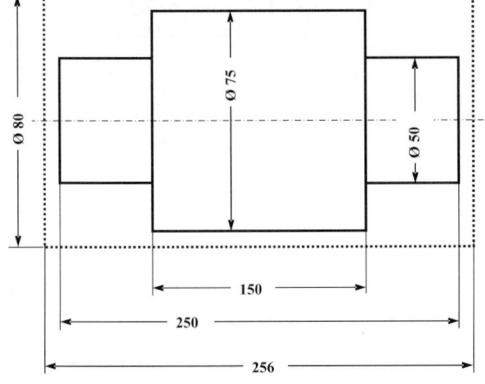

a) Plandrehen

$$t_{hu} = \frac{L \cdot D \cdot \pi \cdot i}{f \cdot v_c \cdot 1000}$$

$$L = \frac{D-d}{2} + l_a + l_ü = \frac{256\ mm + 0\ mm}{2} +$$
$$+ 2\ mm + 2\ mm = 132\ mm$$

$a_P = a = 3mm$; $R_t = 20$ µm $\Rightarrow$ 1.) 1 Schnitt mit f = 0,4 mm und a_P = a = 2,5 mm und 2.) 1 Schnitt mit f = 0,1 mm und a_P = a = 0,5 mm

1.) $v_c = 0,8\ v_{c\ Tab} = 0,8 * 85$ m/min = 68 m/min ($a_P \geq 2,24$ mm; HMW; κ = 90°; f = 0,4 mm)

2.) v_c = 170 m/min (HMW; κ = 90°; f = 0,1 mm)

$$t_{hu} = \frac{132\ mm \cdot 80\ mm \cdot \pi \cdot 1}{0,4\ mm \cdot 68\ \frac{m}{min} \cdot 1000\ \frac{mm}{m}} +$$
$$+ \frac{132\ mm \cdot 80\ mm \cdot \pi \cdot 1}{0,1\ mm \cdot 170\ \frac{m}{min} \cdot 1000\ \frac{mm}{m}} =$$
$$= 1,22\ min + 1,95\ min = 3,17\ min$$

b) Langdrehen (zwischen Spitzen, D = 80 mm $\Rightarrow$ d = 75 mm)
$L = 1 + 2 \not{l}_1 + l_a + l_ü = 250\ mm + 1\ mm + 1\ mm = \underline{252\ mm}$
1 Schnitt mit a_p = 2,5 mm $\Rightarrow$ a = 5 mm; f = 0,1 mm; HMW; κ = 90°; $\Rightarrow$ $v_c = 0,8\ v_{c\ Tab} = 0,8 * 170$ m/min = 136 m/min

$$t_{hu} = \frac{L \cdot D \cdot \pi \cdot i}{f \cdot v_c \cdot 1000} = \frac{252\ mm \cdot 80\ mm \cdot \pi \cdot 1}{0,1\ mm \cdot 136\ \frac{m}{min} \cdot 1000\ \frac{mm}{m}} = \underline{\underline{4,66\ min}}$$

c) Drehen des Ansatzes
D = 75 mm $\Rightarrow$ d = 50 mm; $a_{p\ max}$ = 5 mm $\Rightarrow$ a_{max} = 10 mm

1.) 2 Schnitte mit a = 10 mm; f = 0,4 mm $\Rightarrow$ $v_c = 0,8 * v_{c\ Tab} = 0,8 * 85$ m/min = 68 m/min; L = 1 – 0,5 mm + l_a = 50 mm – 0,5 mm + 1 mm = 50,5 mm und

2.) 1 Schnitt mit a = 5mm; f = 0,1 mm $\Rightarrow$ $v_c = 0,8 * v_{c\ Tab} = 08 * 170$ m/min = 136 m/min; L = 1 + l_a + $\frac{D-d}{2}$ + $l_ü$ = 50 mm +

$1\ mm + \frac{75\ mm - 50\ mm}{2} + 1\ mm = 64,5\ mm$

$$t_{hu} = \frac{50,5\ mm \cdot 75\ mm \cdot \pi \cdot 2}{0,4\ mm \cdot 68\ \frac{m}{min} \cdot 1000\ \frac{mm}{m}} + \frac{64,5\ mm \cdot 55\ mm \cdot \pi \cdot 1}{0,1\ mm \cdot 136\ \frac{m}{min} \cdot 1000\ \frac{mm}{m}} =$$

$$= 0,87\ min + 0,82\ min = \underline{1,69\ min}$$

d) Anzahl der Schneiden (HMW $\Rightarrow$ T = 15 min)

$$i_W = \frac{m \Sigma t_{hu}}{T} = \frac{250(2 \cdot 3,17\ min + 4,66\ min + 2 \cdot 1,69\ min)}{15\ min} =$$

$$= \frac{250\ Stück \cdot 14,38\ min}{15\ min} = \underline{\underline{240\ Schneiden}}$$

3.6.2 Zeitermittlung beim Bohren, Reiben, Senken

Die allgemeine Beziehung für die Hauptnutzungszeit t_{hu} (N 5.5) gilt für das **Bohren**, **Senken** und **Reiben**. Die drei Verfahren unterscheiden sich lediglich in der Ermittlung des Gesamtweges, der sich folgendermaßen zusammensetzt:

$$L = l + l_a + l_ü \text{ mit}$$

$$l_ü = 2 + \frac{D}{2} \cot \frac{\sigma}{2}$$

D   in mm   Bohrdurchmesser
σ   in Grad   Spitzenwinkel
L   in mm   Gesamtbohrweg
l_a in mm   Anlaufweg = 1 … 2 mm
$l_ü$ in mm   Überlaufweg = 2 mm
l_{Sp} Länge der Bohrerspitze

Bei **Grundbohrungen** ist $l_ü = 0$.
Überschlägig kann bei Bohrern zur Stahl- und Gussbearbeitung (**σ = 118 °**) für

$$\frac{D}{2} \cdot \cot \frac{\sigma}{2} = 0,3\,D$$

gesetzt werden.

Durchgangsbohrungen:

$$L = l + l_a + l_ü + l_{Sp} = l + (3...4 \text{ mm}) + \frac{D}{2} \cdot \cot \frac{\sigma}{2} =$$

$$= l + (3...4 \text{ mm}) + 0,3\,D$$

Grundbohrungen:

$$L = l + l + \frac{D}{2} \cdot \cot \frac{\sigma}{2}$$

Für das Aufbohren gelten dieselben Gleichungen, wobei sich der Überlaufweg verkürzt und somit gilt:

$$l_ü = 2 \text{ mm} + \frac{D - d}{2} \cot \frac{\sigma}{2}$$

Beim **Senken** setzt man $l_a = l_ü ≈$ **3mm**, der Gesamtweg L ergibt sich zu:

$$L = l + l_a + l_ü = l + 6 \text{ mm (Senken)}$$

Für **Kopf-** und **Halssenker** wird l_a = 2 mm, $l_ü$ = 0 gesetzt:

$$L = l + 2 \text{ mm (Kopf- und Halssenker)}$$

Für das **Reiben** setzt man $l_a + l_ü ≈$ **D**, mit D = **Durchmesser** der **Reibahle**

$$L = l + D \text{ (Reiben)}$$

3.6.2.1 Nebennutzungszeit

Es wird die Methode des „Vergleichens" angewendet. Zur Nebennutzungszeit zählen Ein-, Um- und Ausspannen, Drehzahlen und Vorschub umstellen, Vorschub ein- und ausrücken, Bohrer lüften und von Spänen säubern, Werkzeuge umtauschen bzw. schärfen, Maschine von Spänen säubern und schmieren, Messen.
Richtwerte sind der **Tabelle 10** zu entnehmen.
Bei tiefen Löchern ist es notwendig, dass der Bohrer zwecks Ausspänen zurückgenommen wird, weil die Förderschneckenwirkung der Spiralnuten nicht mehr ausreicht, um die Späne aus dem Bohrloch zu entfernen. Die Zahl der Spanauswürfe n_a ist daher zeitlich zu berücksichtigen; sie ist von der Bohrlochlänge l abhängig.
Erstmaliges Ausspänen ist nach einer **Länge ab 2,5 D** erforderlich, jedes Weitere nach je einer **Bohrlänge von 1 D**:

$$n_a = \frac{l}{D} - 2,5$$

Richtwert für einmaliges Ausspänen $t_l ≈$ **0,04 - 0,15 min**; damit gilt für die Ausspänzeit

$$t_{nl} = n_a \cdot t_l = \left(\frac{l}{D} - 2,5 \right) \cdot t_l$$

Anzahl der Bohrer i_w

$$i_w = \frac{n \cdot l}{l_T}$$

Anzahl der Bohrungen n je Auftrag/Los
Standlänge l_T l_T = **2000 mm für HSS**
                  l_T = **5000 mm für HM**

	Masse in kg			
Vorgang	**2,5**	**5**	**10**	**50**
Auf- und ablegen auf Tisch (Prisma), mit ausrichten	0,3	0,4	0,5	1,5
Auf- und abspannen im Maschinenschraubstock, ausrichten desgleichen	0,4	0,5	0,6	1,3
jedes weitere Werkstück	0,3	0,4	0,5	0,9
Auf-und abspannen im Maschinenschraubstock, mit ausricht. desgleichen	1,2	1,4	1,6	2,6
jedes weitere Werkstück	0,9	1,0	1,1	1,8
Auf-und abspannen mit 2 Spanneisen, mit ausrichten	1,7	2,0	2,5	6,0
Auf-und abspannen in einfacher Vorrichtung	1,1	1,4	1,7	4,0
desgleichen dann wenden	0,4	0,5	0,6	1,3
Auf-und abspannen in Schnellvorrichtung	0,2	0,2	0,3	0,3
Spanneinrichtung säubern mit Besen oder Druckluft	0,2	0,3	0,4	0,7

Verfahrstrecke in mm bis	200	300	400	600
Verfahren von Loch zu Loch	0,12	0,12	0,17	0,21
Werkzeugdurchmesser in mm bis	**10**	**20**	**35**	**50**
Löcher mit Druckluft ausblasen	0,06	0,10	0,12	0,15
Messen mit Tiefenmaß	0,50	0,55	0,60	0,70
Messen mit Grenzlehrdorn	0,40	0,45	0,55	0,60
Werkzeugwechsel in Schnellspannfutter	0,08	0,10	0,15	0,25
Werkzeugwechsel mit Keiltreiber	0,40	0,50	0,70	1,00
Bohrbuchse einsetzen und herausnehmen	0,03	0,05	0,08	0,10
Drehzahl und Vorschub einstellen	0,08	0,08	0,10	0,12
Anstellen des Werkzeuges und herausnehmen	0,10	0,20	0,25	0,25
Werkzeug ausheben Bohrtiefe bis 50 mm (ausspänen)	0,09	0,05	-	-
Werkzeug ausheben Bohrtiefe bis 100 mm (ausspänen)	0,15	0,10	0,08	-
Werkzeug ausheben Bohrtiefe bis 150 mm (ausspänen)	0,40	0,22	0,10	0,07

Tabelle 10. Nebennutzungszeiten beim Bohren in min (REFA)

3.6.2.2 Rüstgrundzeit t_{rg}

Hierzu zählen Werkzeuge für Schnellwechselfutter einrichten, Werkzeug einspannen, ferner Tischbohrbock, Maschinenschraubstock, Vorrichtung, Spanneisen, Spannschrauben, Bohrfutter, Bohrbüchsen einrichten bzw. einspannen, Drehzahlen und Vorschub einstellen, Programmieren, Programm einlesen. Es wird ebenfalls die Methode des **„Vergleichens"** angewandt. Die angegebenen Richtwerte besitzen keine allgemeine Gültigkeit und sind nur beispielhaft.

■ **Beispiel**

Auf einer CNC-Bohrmaschine sollen **25 mm** dicke Platten aus **E 335** in der angegebenen Reihenfolge nach Programm gebohrt werden.
Die Eilgang- oder Positioniergeschwindigkeit beträgt $u_E = 2000$ mm/min. Nach Beendigung des Bohrvorganges wird der Bohrer im Eilgang zurückgefahren. Die Zeit für einen Werkzeugwechsel beträgt $t_{wz} = 3$ s. Es kommen HSS-Bohrer ($\sigma = 118$ °) zur Anwendung.

Berechnen Sie

a) Die **Bohrlänge** für die **8 mm**, **15 mm**, **20 mm** und **50 mm** Bohrung.

b) Welche v_c, **f-Werte** sind in Abhängigkeit vom Durchmesser und dem Werkstoff zu programmieren?

c) Wie groß ist die **Positionierzeit** von **0-1**, **1-2**, **2-3**, **3-4**, **4-5**, **5-6**, **6-7**, **7-8**, **8-9** und **9-0**? Desgleichen die Zeit des Bohrers zum Herausfahren aus der Bohrung. Aus Kollisionsgründen ist jeweils beim Werkzeugwechsel der Bohrer 40 mm über die Platte herauszufahren. Rechnen Sie insgesamt mit einem Mittelwert.

d) Wie groß ist die **Hauptnutzungszeit** zum Bohren einer **8**, **15**, **20** und **50 mm** Bohrung?

e) Wie groß ist die Zeit für den **gesamten Zyklus** t_{zyl} unter Einbeziehung der Positionier- und Werkzeugwechselzeiten?

Bohrmaschine	Schnellb.	Säulenb.	Radialb.
Loch-∅ bis mm	**12**	**40**	**60**
Vorgang			
Lohnschein, Zeichnung besorgen, lesen, ausfüllen, abgeben	8	10	13
Maschine herrichten:			
Maschinenschraubstock auf-und abnehmen	1,5	2	
Kleine Bohrvorrichtung auf- und abnehmen	1,5	2,5	
Bohrwinkel, inkl. Spanneisen herrichten und abnehmen	3	7	9
1 Bohrer einspannen, ausspannen, säubern	0,7	0,8	0,8
1 Bohrstange einspannen, ausspannen, säubern	-	1	1
1 Bohrmeißel einspannen, ausspannen, säubern	-	2	2,5
1 Reibahle ... ∅ 18 einspannen, ausspan., säubern	-	2,5	2,5
1 Reibahle > ∅ 18 einspannen, ausspan., säubern	-	4	4
1 Gewindekopf einspannen, ausspannen, säubern	-	2	2
Ausgabezeit für 1 Werkzeug inkl. Abgabe	1,5	2	2
Ausgabezeit für 1 Vorrichtung inkl. Abgabe	1,5	... 2	... 3,5
Schnittgeschwindigkeit ändern bzw. einstellen (Riemen)	0,4	0,5	0,5
Vorbereitung des Bohrvorganges je Bohrung	0,1	0,2	0,4

Tabelle 11. Rüstgrundzeit beim Bohren in min (REFA)

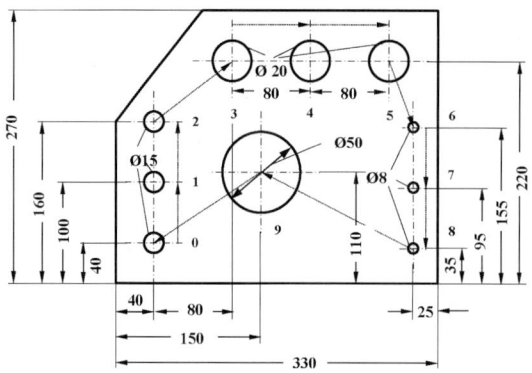

a) $L_i = 1 + l_a + l_{\ddot u} + 0,3 \cdot D_i = 25\,mm + 2\,mm + 2\,mm + 0,3 \cdot D_i =$
$= 29\,mm + 0,3 \cdot D_i$

D_i in mm	8	15	20	50
L_i in mm	31,4	33,5	35	44

b) v_c und f aus Tabelle 1 (N 29):

D_i in mm	8	15	20	50
v_c in m/min	27,5	27	26,5	25,5
f in mm	0,14	0,2	0,22	0,36

c) Positionierzeiten $t_{P\,ij}$

$$t_{Pij} = \frac{s_{ij}}{u_E}$$

ij	01	12	23	34	45	56	67	78	89	90
s_{ij} in mm	60	60	100	80	80	69,6	60	60	172,2	130,4
t_{ij} in min	0,03	0,03	0,05	0,04	0,04	0,035	0,03	0,03	0,09	0,065

$$\bar t = \frac{\bar L}{u_E} = \frac{3 \times 31,4\,mm + 3 \times 33,5\,mm + 3 \times 35\,mm + 44\,mm + 4 \times 40\,mm}{10 \times 2000\,\dfrac{mm}{min}} =$$

$$= \frac{50,37\,mm}{2000\,\dfrac{mm}{min}} = \underline{\underline{0,025\,min}}$$

d) Hauptnutzungszeit $t_{hu\,i}$

$$t_{hui} = \frac{L_i \cdot D_i \cdot \pi \cdot i}{f_i \cdot v_{c\,i} \cdot 1000}$$

D_i in mm	8	15	20	50
L_i in mm	31,4	33,5	35	44
f in mm	0,14	0,2	0,22	0,36
v_c in m/min	27,5	27	26,5	25,5
$t_{hu\,i}$ in min	0,205	0,29	0,38	0,75

e) Zykluszeit t_{Zyl} für das Bohren einer Platte

$$t_{Zyl} = \sum t_{hui} + \sum t_{Pij} + 10 \cdot \bar t + 4 \cdot t_{WZ}$$
$$= 3 \cdot 0,205\,min + 3 \cdot 0,29\,min + 3 \cdot 0,38\,min + 0,75\,min +$$
$$+ 4 \cdot 0,03\,min + 2 \cdot 0,04\,min + 0,05\,min + 0,035\,min +$$
$$+ 0,09\,min + 0,065\,min + 10 \cdot 0,025\,min +$$
$$+ 4 \cdot \frac{3\,s}{60\,\dfrac{s}{min}} = \underline{\underline{4,265\,min \approx 4,3\,min}}$$

3.7 Rationalisierung der Zeitermittlung

Wegen des hohen Zeitaufwandes für die Arbeitsplanerstellung und der dabei eingesetzten qualifizierten (und teuren Fachkräfte) wird versucht, diesen Vorgang zu systematisieren und zu automatisieren. Zur Rationalisierung der Arbeitsplanerstellung ist vorab eine genaue Analyse des tatsächlichen Ablaufes erforderlich.

Wesentliche Rationalisierungen sind durch den Einsatz von computergestützten Arbeitsplanungssystemen zu erzielen. Die möglichen Automatisierungsstufen, die sich daraus ergeben, zeigt Bild 44.

	Arbeitsplan-verwaltung	Anpassungs-planung	Varianten-planung	Neuplanung mit	
				Arbeitsvorgangs-beschreibung	vollständiger Werkstückbeschrbg.
Eingabe	Auftragsdaten (Termin, Los-größe, Arbeits-plannummer/ Teilenummer	Auftragsdaten, angenäherte Werkstück-beschreibung, Änderung des Ähnlichkeitsplans	Auftragsdaten, Grundtyp-nummer, variable Werk-stückdaten	Auftragsdaten, arbeitsvorgangs-beschreibungen	Auftragsdaten, Beschreibung des Roh- und Fertigteils (aus CAD-System)
DV-System	Speichern, Verwalten und Ausgeben von Arbeitsplänen; Einfügen aktueller Auftragsdaten	Auswählen des Ähnlichkeits-arbeitsplans, Einfügen bzw. Löschen von Arbeitsschritten, einfache Berechnungen	Auswählen des Standard-arbeitsplans, Berechnungen aufgrund eingegebener Parameter	Ermittlung von technologischen Daten, Betriebsmitteln, Vorgabezeiten	Ermittlung von Arbeitsvorgängen aus der Werk-stückgeometrie, technologischen Daten, Betriebsmitteln, Vorgabezeiten
Ausgabe			**Arbeitsplan**		

Bild 44. Automatisierungsstufen in der Arbeitsplanung mittels DV-Systemen und CAP (Computer Aided Planning) (Wiendahl)

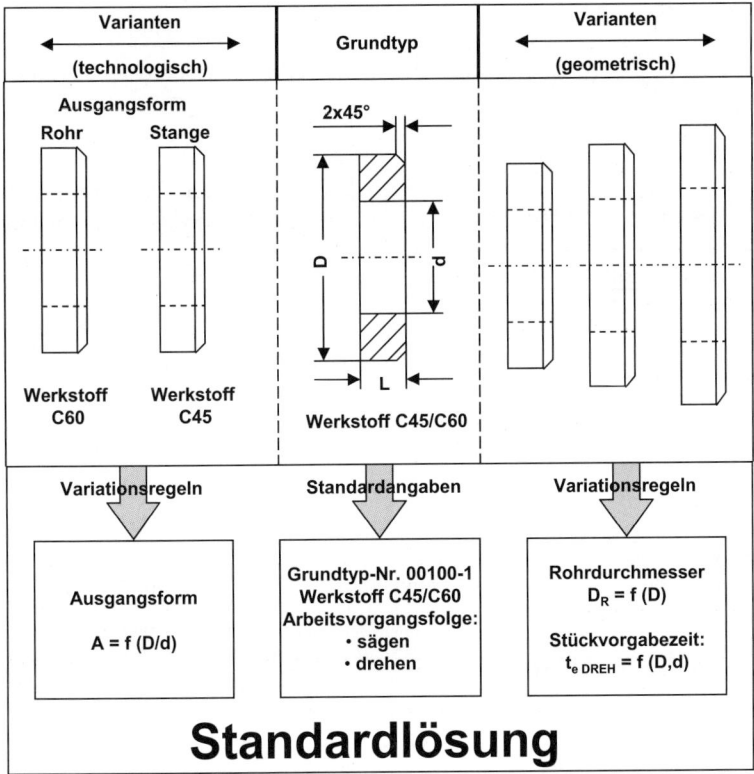

Bild 45. Ähnlichkeitsplanung

Einfachste Stufe ist hierbei die maschinelle Speicherung manuell erstellter Arbeitspläne. Der Zugriff auf bereits geplante Werkstücke (Suchhilfen, Kopier- und Editierfunktionen) sowie die einfache und komfortable Änderungsmöglichkeit ergeben erste Rationalisierungen.

Bei einer **Anpassungsplanung** wird ein gefundener Arbeitsplan durch Einfügen oder Löschen von Arbeitsschritten abgeändert und evtl. einfacher Berechnungen (z.B. Ermittlung der Haupt- und Nebenzeiten für veränderte Werkstückabmaße) durchgeführt. Dieser Vorgang ist bei manueller Arbeitsplanung auch möglich, hier jedoch wesentlich schneller.

Bei der **Ähnlichkeits- oder Variantenplanung** besteht für den Grundtyp einer Werkstückgruppe eine Standardlösung, von der für die zulässigen Variationen der jeweilige Einzelplan abgeleitet wird. Ein einfaches Beispiel dafür zeigt Bild 45. Bei zunehmender Anzahl von Varianten ist jedoch ein System nach dem Prinzip **Neuplanung** vorzuziehen.

Die Charakterisierung der Neuplanung verdeutlicht das **Neuplanungsprinzip** (Bild 46) am gleichen Beispiel wie die der Ähnlichkeitsplanung (Bild 45). Nach der Werkstückbeschreibung wird zuerst das Rohmaterial bestimmt und dann nach alternativen Bearbeitungsverfahren gesucht. Diese Auswahl kann nach einem vorgegebenen Optimierungsziel (Kosten / Zeit) erfolgen, anschließend wird das gewählte Verfahren detailliert durchgeplant.

Bild 47 gibt eine Übersicht über die Entwicklung sog. „Computer Aided Planning" (CAP-) Systeme. Hierbei wird von der neuesten Generation derartiger Systeme, ausgehend vom CAD-Modell des Werkstücks und des Rohteils bzw. Rohmaterials, vom System die Arbeitsvorgangsfolge weitgehend selbstständig festgelegt und die jeweilige Einzelzeit und Rüstzeit bestimmt.

Diese Systeme gehören in den Bereich der KI-Systeme („Künstliche Intelligenz", Expertensysteme). Hiermit ist ein personenunabhängiges Abspeichern des Arbeitsplanungs-Know-hows in einer rechnergestützten „Wissensbasis" möglich. Nachteil ist heute noch der enorme Aufwand zur Erstellung dieser unternehmensspezifischen Wissensbasis, sodass derartige Systeme in der Praxis bisher nicht sehr zahlreich eingesetzt werden.

Mit derartigen Systemen wird in Zukunft eine weitgehend automatische Erstellung von Arbeitsplänen möglich sein, wenn eine mathematische Beschreibung des Werkstücks („CAD-Datensatz") vorliegt.

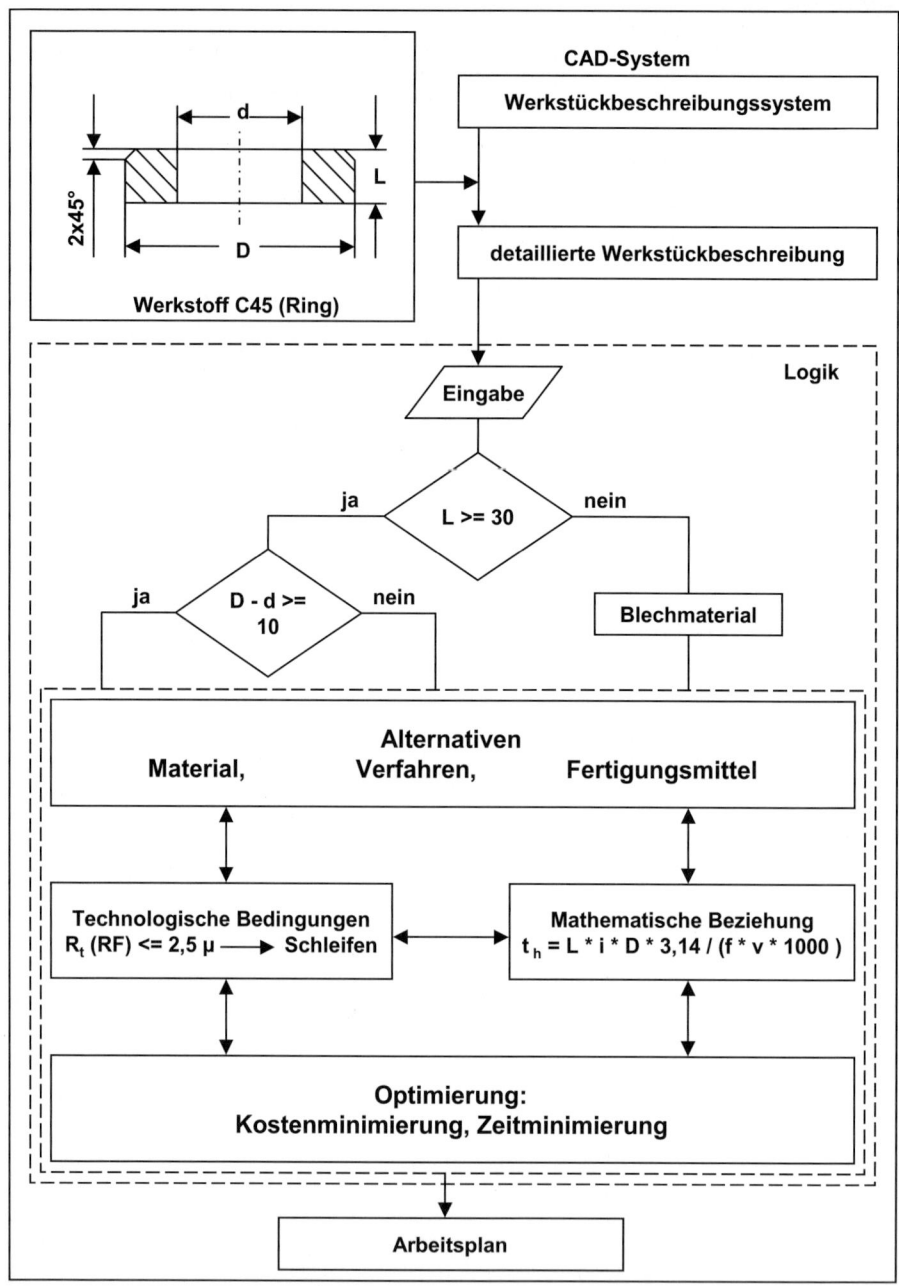

Bild 46. Neuplanung

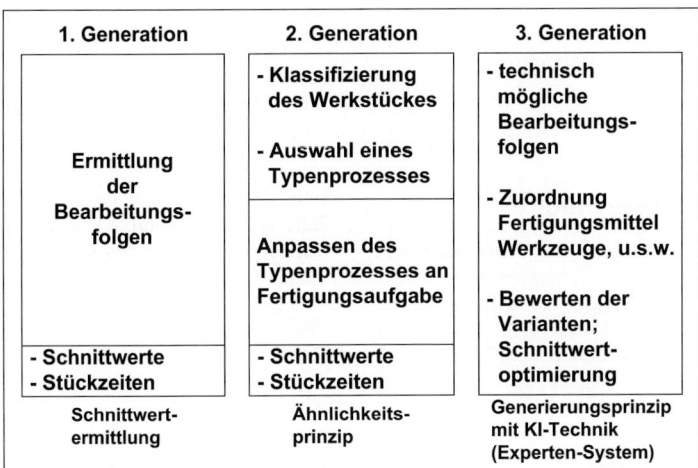

Bild 47. Entwicklung von CAP- (Computer Aided Planning-) Systemen

Literatur

BECK-TEXTE: *Gewerbeordnung*. DTV, 2005
Degner/Lutz/Smejkal: *Spanende Formung*. München-Wien:
    Verlag Carl Hanser, 2000
Ihme: *Logistik im Automobilbau*. München Wien: Carl Hanser Verlag,
    2006
Luczak: *Arbeitswissenschaft*. Berlin: Springer Verlag, 1998
Opfermann/Streit: *Arbeitsstätten*. Heidelberg: Forkel Verlag, 2000
REFA – Methodenlehre des Arbeitsstudiums: Carl Hanser Verlag,
    München Wien
Teil 1: Grundlagen
Teil 2: Datenermittlung

Teil 3: Kostenrechnung, Arbeitsgestaltung
REFA – Verband für Arbeitsstudien und Betriebsorganisation,
    Methodenlehre der Betriebsorganisation, Planung und Steuerung,
    Teil 1- 6, Carl Hanser Verlag, München Wien, 1991
REFA: *Ausgewählte Methoden des Arbeitsstudiums* München Wien:
    Carl Hanser Verlag, 1993
REFA: *Ausgewählte Methoden zur prozessorientierten Arbeitsorgani-
    sation*. Darmstadt: 2002
Taschenbuch Mensch und Arbeit 1977. München: Verlag Mensch und
    Arbeit, 1977
Wiendahl: *Betriebsorganisation für Ingenieure*. München-Wien:
    Carl Hanser Verlag, 2005

Teil C: Qualitätsmanagement

Klaus-Dieter Arndt

1 Qualitätsmanagement

Die zunehmende Komplexität von Produkten und Dienstleistungen sowie die veränderten Kundenanforderungen haben die Fragen der Qualität immer mehr in den Vordergrund des unternehmerischen Handelns gerückt. Qualität ist vom lateinischen „qualitas" abgeleitet und bedeutet soviel wie Güte, Beschaffenheit, Brauchbarkeit, Eigenart. Qualität dient den Bedürfnissen der Verbraucher und wird durch den Nutzer wahrgenommen.

Der Kunde verbindet mit hochwertigen Produkten und Prozessen eine hohe technische Zuverlässigkeit. Diese Zuverlässigkeit ist verknüpft mit einer Minimierung des Ausfallrisikos und führt zu einer Verringerung der Produkthaftung.

Kriterien wie Qualität, Preis und Termin-/Liefertreue sind heute die Faktoren des Erfolgs eines Unternehmens.

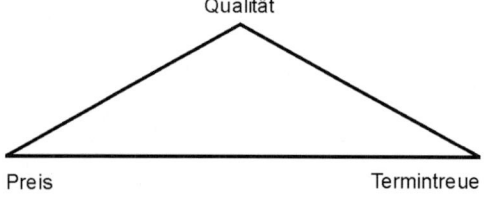

Qualitäts-Preis-Termintreue-Dreieck

Der Erfolg eines Unternehmens wird also im Wesentlichen durch die Produkt- und Prozessqualität bestimmt. Ziel eines Unternehmens es ist, den beabsichtigten Erfolg mit möglichst geringem Aufwand (ökonomisches Prinzip) zu erreichen. Treten jedoch Ausfälle oder Fehler auf, so verursachen diese oftmals erhebliche Kosten. Diese Kosten sind umso höher, je später die Fehler im Produktionsablauf bzw. während der Lebensdauer eines Produktes erkannt werden. Aus diesem Grunde sind Verfahren des präventiven Qualitätsmanagement besonders wichtig.

Die Erwartungshaltung der Kunden im Hinblick auf die Qualität der Produkte und Dienstleistungen nimmt zu. Es werden besondere Anforderungen an die Zuverlässigkeit, Haltbarkeit, Funktionalität, Design, einfache Inbetriebnahme, Wartung und den Service gestellt. Darüber hinaus legt der Kunde immer mehr Wert auf gute Beratung und Unterstützung bei der Wahl und Anwendung der Produkte und Dienstleistungen.

Daher ist die Qualität ein wesentlicher Wettbewerbsfaktor, der über den langfristigen Unternehmenserfolg entscheidet.

1.1 Entwicklung des Qualitätsmanagements

Der Qualitätsgedanke und die Erzeugung von qualitätsgerechten Produkten/Dienstleistungen können bis ins Altertum zurückverfolgt werden. Im Laufe der Entwicklung haben sich viele Persönlichkeiten und Institutionen mit der Definition von Qualität befasst. Der nachfolgende Überblick zeigt die Entwicklung des Qualitätsmanagements im 20. Jahrhundert:

1920	Taylorismus	Arbeitsteilung, sortierende Prüfung
1940	Shewhart	Qualitätsregelkarten, Stichprobensysteme
1952	AWF	Ausschuss für Technische Statistik
1955	Juran	Qualitätsmanagement
1960	Deming	Qualitätsmanagement
	Crosby	Null-Fehler-Analyse
	Feigenbaum	Total Quality Control
	Ishikawa	Präventive Qualitätssicherung
1962	Taguchi	Design of Experiment
1972	DGQ	Gründung aus dem Ausschuss Technische Statistik des AWF
1980	Masing	Prozessübergreifendes Qualitätsmanagement/Qualitätskreis
1985	Ishikawa	Company Wide Quality Control
1986	Hofmann	Integration Messtechnik und Qualitätssicherung
	ISO 9000 ff.	1. Weltstandards zum QM
1987	General Motors	Fähigkeit von Messeinrichtungen
	Malcom Baldrige National Award	Amerikanischer Qualitätspreis
1988	European Foundation for Quality Management	Gründung der EFQM

1989	Ford Motor Company	FMEA, SPC, Prozessfähigkeitsanalyse
1990	Bosch GmbH	Fähigkeit von Messeinrichtungen
	DIN EN ISO 9000 ff.	1. Revision der Norm
1994	Seghezzi	Integriertes Qualitätsmanagement
	QS-9000	Forderungen der amerikanischen Automobilindustrie
	DIN EN ISO 9000 ff.	2. Revision der Norm
1995	Zink	Total Quality Management TQM
1996	VDA 6.1/6.2	Forderungen der deutschen Automobilindustrie
	Pfeiffer	Prozessübergreifendes QM
	Kamiske	QM/Total Quality
1997	Ludwig-Ehrhard-Preis	Deutscher Qualitätspreis
1999	TS 16949	Forderungen der internationalen Automobilindustrie
2000	DIN EN ISO 9000 ff.	3. Revision der Norm

1.2 Begriffe des Qualitätsmanagements

Das Qualitätsmanagement ist ein interdisziplinärer Fachbereich, das Begriffe aus verschiedenen Wissensgebieten nutzt. Die deutschen und internationalen Normengremien haben begleitend zu den QM-Normen Begriffserklärungen gegeben, diese sind in **DIN ISO 8402:** Quality-Vocabulary (Begriffe zur Qualität) und **DIN 55 350:** Begriffe der Qualitätssicherung und Statistik enthalten.

■ **Beispiele:**
Einheit: Materieller oder immaterieller Gegenstand der Betrachtung (nach Geiger)
Einheiten werden zugeordnet:
Tätigkeiten
Produkte
Systeme
Personen
sonstige Einheiten

Zur Beschreibung der Einheiten wird der Begriff der Beschaffenheit verwandt:
Beschaffenheit: Gesamtheit der Merkmale und Merkmalswerte, die zur Einheit selbst gehören (nach Geiger)
Merkmal: Eigenschaft zum Erkennen oder zum Unterscheiden von Einheiten.
An Einheiten werden bestimmte Forderungen gestellt, z. B. Qualitätsforderungen:
Qualitätsforderungen: Gesamtheit der betrachteten Einzelforderungen an die Beschaffenheit in der betrachteten Konkretisierungsstufe der Einzelforderungen (nach Geiger).
Das Verhältnis zwischen der vorhandenen Beschaffenheit der Einheit und der geforderten Beschaffenheit wird als Qualität verstanden:
Qualität: Beschaffenheit einer Einheit bezüglich ihrer Eignung, festgelegte und vorausgesetzte Forderungen zu erfüllen.
Unter dem Begriff „Management" wird die koordinierende Tätigkeit zur Erreichung von Zielen verstanden:
Qualitätsmanagement: Gesamtheit der qualitätsbezogenen Tätigkeiten und Zielsetzungen (nach Geiger).
Qualitätsmanagementsystem: Managementsystem zum Leiten und Lenken einer Organisation bezüglich der Qualität.
Die Bezeichnung Qualitätssicherung wurde 1994 durch den Begriff Qualitätsmanagement (QM) ersetzt. Qualitätssicherung soll nur noch in Verbindung mit dem QM-Begriff erfolgen:
Qualitätssicherung: Teil des QM, der auf das Erzeugen von Vertrauen gerichtet ist, dass Qualitätsanforderungen erfüllt werden.

Mit dem Qualitätswesen werden die Organisationsstrukturen im Unternehmen bezeichnet:
Qualitätswesen: Organisatorische Einheit, die sich mit dem Qualitätsmanagement befasst (nach Geiger).

1.3 Normen für Qualitätsmanagementsysteme

Die weltweite Weiterentwicklung des Qualitätsmanagements hat dazu geführt, die Normenreihe ISO 9000:1994 ff. anzupassen.

Struktur der DIN EN ISO 9000:1994

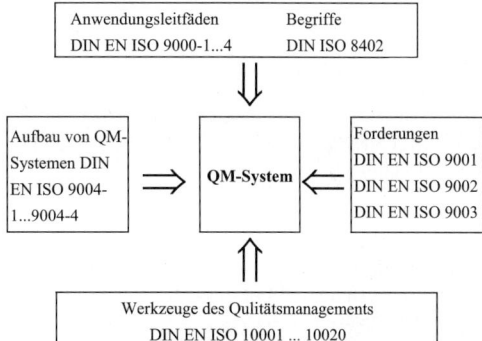

Daraus ist die Normenreihe ISO 9000:2000 ff. entstanden. Wichtige Änderungen gegenüber der Fassung von 1994 sind die Prozessorientierung, die Kundenorientierung und die Einbeziehung des kontinuierlichen Verbesserungsprozesses (KVP).
Darüber hinaus wurden die Qualitätselemente von 20 (DIN EN ISO 9000:1994 ff.) auf 4 (DIN EN ISO 9001:2000 (siehe 1.5)) gesenkt.

1.4 Normenreihe DIN EN ISO 9000:2000 ff.

Die im Jahr 2000 verabschiedete Normenreihe DIN EN ISO 9000:2000 ff. besteht aus folgenden vier Normen: DIN EN ISO 9000 – Grundlagen und Begriffe, DIN EN ISO 9000 – Forderungen, DIN EN ISO 9004 – Leitfaden zur Verbesserung, DIN EN ISO 19011 – Leitfaden für Audits von QM- und/oder Umweltmanagement-Systemen.

Der Aufbau des QM-Systems nach DIN EN ISO 9000:2000 ff. erfordert die Umsetzung der Forderungen dieser Norm. Anleitungen dazu gibt die DIN EN ISO 9004: 2000, die über die Forderungen der DIN EN ISO 9000:2000 hinausgeht.

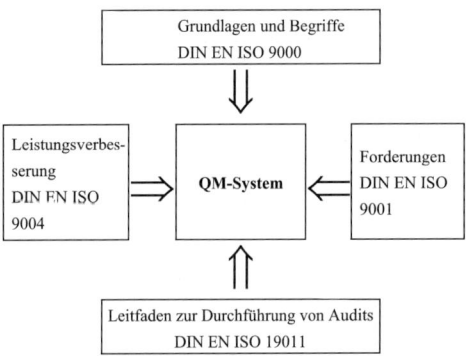

Struktur der DIN EN ISO 9000 : 2000

Mit der Überarbeitung der Normen wurden einheitlich acht Grundsätze formuliert:

1. **Kundenorientierung** – Kundenforderungen erfüllen und danach streben, die Erwartungen der Kunden zu übertreffen
2. **Führung** – Zielsetzung und Schaffung eines entsprechenden Umfelds
3. **Personal** – Einbeziehung aller Mitarbeiter
4. **Prozessorientierung** – Lenkung aller Abläufe und Tätigkeiten
5. **Management** – als systemorientierter Ansatz
6. **Ständige Verbesserung** – als permanentes Ziel des Unternehmens
7. **Entscheidungsfindung** – durch Analysen und Informationen
8. **Lieferantenbeziehungen** – zum gegenseitigen Nutzen und zur Förderung der Wertschöpfung auf beiden Seiten

1.5 Forderungen an QM-Systeme der DIN EN ISO 9000:2000

Die Gliederung der DIN EN ISO 9001:2000 sieht wie folgt aus:

0 Einleitung
1 Anwendungsbereich
2 Verweise auf andere Normen
3 Begriffe
4 Qualitätsmanagementsystem
5 Verantwortung der Leitung
6 Management von Ressourcen
7 Produktrealisierung
8 Messung, Analyse und Verbesserung

Anhang
Die Elemente 5 ... 8 sind die vier Qualitätselemente.

1.5.1 Qualitätsmanagementsystem

Im Folgenden wird die DIN EN ISO 9001:2000 auszugsweise wiedergegeben.

1. Allgemeine Anforderungen

Die oberste Leitung muss ein QM-System
– aufbauen
– dokumentieren
– erfüllen
– aufrechterhalten und
– kontinuierlich verbessern.

Das Prozessmanagement hat zu umfassen:
– Identifikation und Management der Prozesse
– Festlegen der Reihenfolge und Wechselwirkung der Prozesse
– Festlegen der Kriterien und Methoden zur Durchführung und Lenkung der Prozesse
– Sicherstellung der Verfügbarkeit von Ressourcen zur Durchführung von Prozessen
– Messung, Überwachung und Analyse der Prozesse
– Maßnahmen zum Erreichen von Zielen und zur kontinuierlichen Verbesserung von Prozessen
– Lenkung von ausgegliederten Prozessen, die die Produktqualität beeinflussen, z. B. Lohnarbeiten, Fremdvergabe

2. Dokumentationsanforderungen

2.1 Allgemeines

Die Dokumentation zum QM-System muss enthalten:
• Aussagen zur Qualitätspolitik und zu den Qualitätszielen (dokumentiert),
• ein QM-Handbuch (QMH),
• dokumentierte Verfahren (von der Norm gefordert),
• Dokumente, die die Organisation zur wirksamen Planung, Durchführung und Lenkung ihrer Prozesse benötigt,
• Qualitätsaufzeichnungen (von der Norm gefordert).

Der Umfang der Dokumentation richtet sich nach:
• Art und Größe der Organisation
• Komplexität der Prozesse
• Qualifikation des Personals.
Die Darstellung der Dokumentation kann beliebig sein (Papier, Datei, etc.).

2.2 Qualitätsmanagementhandbuch

Das QM-Handbuch muss enthalten:
• Anwendungsbereich des QM-Systems

- Begründungen für jegliche Ausschlüsse von Anforderungen dieser Norm,
- die für das QM-System erstellten dokumentierten Verfahren oder ggf. Verweise darauf und
- eine Beschreibung des Zusammenwirkens der Prozesse (Reihenfolge und Wechselwirkung) des QM-System.

2.3 Lenkung von Dokumenten

Ein dokumentiertes Verfahren zur Festlegung der Lenkungsmaßnahmen von Dokumenten mit folgenden Inhalten muss festgelegt werden:
- Prüfung und Genehmigung von Dokumenten vor Herausgabe bezüglich ihrer Angemessenheit,
- Bewertung, Aktualisierung, ggf. erneute Genehmigung nach Änderungen,
- Kennzeichnung des aktuellen Überarbeitungsstatus,
- Verfügbarkeit gültiger und zutreffender Dokumente an den Einsatzorten, einschließlich Lesbarkeit, Erkennbarkeit und Wiederauffindbarkeit
- Kennzeichnung und Lenkung externer Dokumente sowie
- Verhinderung der Verwendung veralteter Dokumente durch geeignete Aufbewahrung und Kennzeichnung.

2.4 Lenkung von Qualitätsaufzeichnungen
Qualitätsaufzeichnungen dienen dem Nachweis der Konformität mit den Anforderungen eines wirksamen QM-Systems. Ein Verfahren muss eingerichtet werden zur:
- Lesbarkeit, Erkennbarkeit und Wiederauffindbarkeit
- Kennzeichnung, dem Schutz und der Festlegung der Aufbewahrungsfrist sowie
- der Beseitigung der Aufzeichnungen.

3. Verantwortung der Leitung

3.1 Verpflichtung der Leitung

Zur Entwicklung, Verwirklichung und ständigen Verbesserung des QM-Systems muss die oberste Leitung:
- die Bedeutung der Erfüllung der Kunden-, gesetzlichen und behördlichen Anforderungen vermitteln
- die Qualitätspolitik und die Qualitätsziele festlegen
- Managementbewertungen durchführen
- die Verfügbarkeit der Ressourcen sicherstellen.

3.2 Kundenorientierung
Die oberste Leitung muss sicherstellen, dass
- Kundenbedürfnisse und Erwartungen ermittelt
- in Anforderungen umgewandelt und
- mit dem Ziel der Erhöhung der Kundenzufriedenheit erfüllt werden.

3.3 Qualitätspolitik

Die oberste Leitung muss festlegen und sicherstellen, dass die Qualitätspolitik:
- für den Unternehmenszweck geeignet ist
- die Verpflichtung zur Erfüllung von Anforderungen und kontinuierlicher Verbesserung gegeben ist
- einen Rahmen zum Festlegen und Bewerten der Qualitätsziele bietet
- in der gesamten Organisation vermittelt, verstanden und umgesetzt wird und
- auf ihre fortdauernde Angemessenheit bewertet wird.

3.4 Planung

3.4.1 Qualitätsziele

Die oberste Leitung muss sicherstellen, dass Qualitätsziele:
- für alle Ebenen und Funktionen festgelegt werden
- mit der Qualitätspolitik in Übereinstimmung und messbar sind sowie
- die Erfüllung von Anforderungen an Produkte mit umfassen.

3.4.2 Planung des Qualitätsmanagementsystems

Die oberste Leitung muss sicherstellen, dass:
- die Planung des QM-Systems erfolgt, um die allgemeinen Anforderungen an QM-Systeme zu erfüllen und
- die Integrität des QM-Systems erhalten bleibt, wenn Änderungen am QM-System geplant und durchgeführt werden.

3.5 Verantwortung, Befugnis und Kommunikation

3.5.1 Verantwortung und Befugnis

Die oberste Leitung stellt sicher, dass Verantwortung und Befugnisse und ihre Wechselbeziehungen festgelegt und bekannt gegeben werden mit dem Ziel eines wirksamen Qualitätsmanagements.

3.5.2 Beauftragter der obersten Leitung

Ein von der obersten Leitung zu benennendes unabhängiges Leitungsmitglied hat folgende Aufgaben zu übernehmen:
- Sicherstellen des Betreibens von Prozessen zum QM-System
- Berichterstattung über die Leistung und den Verbesserungsbedarf des QM-Systems und
- Förderung des Bewusstseins von Kundenanforderungen.

3.5.3 Interne Kommunikation

Es müssen geeignete Prozesse zur Kommunikation innerhalb der Organisation eingeführt werden. Eine

Kommunikation zur Wirksamkeit des QM-Systems muss stattfinden.

3.6 Managementbewertung

3.6.1 Allgemeines

Das QM-System ist in geplanten Abständen zu bewerten. Die Bewertung dient der Sicherstellung der fortdauernden
- Eignung
- Angemessenheit und
- Wirksamkeit des QM-Systems.

Bei der Bewertung sind zu ermitteln:
- Verbesserungsmöglichkeiten
- Änderungsbedarf des QM-Systems, der Qualitätspolitik und der Qualitätsziele

Die Aufzeichnungen über die Managementbewertung sind entsprechend zu lenken.

3.6.2 Eingaben für die Bewertung

Eingaben für die Managementbewertung müssen Folgendes enthalten:
- Auditergebnisse
- Rückmeldungen von Kunden
- Prozessleistung und Konformität der Produkte
- Status der Vorbeugungs- und Korrekturmaßnahmen
- Folgemaßnahmen vorangegangener Managementbewertungen
- Änderungen, die das QM-System beeinflussen könnten und
- Empfehlungen für Verbesserungen.

3.6.3 Ergebnisse der Bewertung

Ergebnisse der Managementbewertung müssen Maßnahmen zu Folgendem enthalten:
- Verbesserung der Wirksamkeit des QM-Systems
- Verbesserung der Prozesse im QM-System
- Verbesserung der Produkte in Bezug auf Kundenanforderungen und
- Verbesserung des Umgangs mit Ressourcen.

4. Management der Ressourcen

4.1 Bereitstellung von Ressourcen

Ressourcen dienen zur
- Verwirklichung des QM-Systems
- Aufrechterhaltung und Verbesserung des QM-Systems
- Erfüllung der Kundenwünsche.

Die erforderlichen Ressourcen sind daher
- zu ermitteln und
- bereitzustellen.

4.2 Personelle Ressourcen

4.2.1 Allgemeines

Das Personal muss auf der Grundlage von
- Ausbildung,
- Schulung,
- Fertigkeiten und
- Erfahrungen

bezüglich produktbeeinflussender Tätigkeiten qualifiziert sein.

4.2.2 Fähigkeit, Bewusstsein und Schulung

Die Organisation muss:
- notwendige Fähigkeiten des Personals ermitteln
- Schulungen und andere geeignete Maßnahmen bedarfsgerecht anbieten
- die Wirksamkeit der Schulungen und Maßnahmen beurteilen
- Aufzeichnungen zu Ausbildung, Schulung, Fertigkeiten und Erfahrung führen und
- sicherstellen, dass die Mitarbeiter sich der Bedeutung und Wichtigkeit ihrer Tätigkeit bewusst sind und wissen, wie sie zur Erreichung der Qualitätsziele beitragen können.

4.3 Infrastruktur

Die Organisation muss den erforderlichen Bedarf an Infrastruktur
- ermitteln,
- bereitstellen und
- aufrechterhalten.

Zur Infrastruktur gehören:
- Gebäude, Arbeitsort mit entsprechenden Einrichtungen
- Ausrüstungen, Hardware, Software und
- unterstützende Dienstleistungen (z.B. Transport und Kommunikation).

4.4 Arbeitsumgebung

Die Organisation muss
- die Erfordernisse der Arbeitsumgebung ermitteln,
- die Arbeitsumgebung in geeigneter Weise bereitstellen und
- aufrechterhalten.

5. Produktrealisierung

5.1 Planung der Produktrealisierung

Die Organisation muss folgendes festlegen:
- Qualitätsziele und Anforderungen für das Produkt
- Prozesse, Dokumentationsumfang, bedarfsgerechte Bereitstellung der Ressourcen
- produktspezifische Maßnahmen zur Verifizierung, Validierung, Überwachung und Prüfung
- Produktannahmekriterien
- erforderliche Aufzeichnungen zum Nachweis fähiger Realisierungsprozesse.

Als **Qualitätsmanagementplan** kann das Dokument bezeichnet werden, das die Prozesse des QM-Systems und die Ressourcen festlegt, die auf ein bestimmtes Produkt, Projekt oder auf einen bestimmten Vertrag anzuwenden sind.

5.2 Kundenbezogene Prozesse

5.2.1 Ermittlung der Anforderungen an das Produkt

Kundenanforderungen sind in folgendem Umfang zu ermitteln:
- Anforderungen zum Produkt
- Lieferung und Tätigkeiten nach der Lieferung
- Anforderungen, die für den Gebrauch notwendig sind
- gesetzliche und behördliche Vorgaben und
- allen weiteren von der Organisation festgelegten Anforderungen.

5.2.2 Bewertung der Anforderungen in Bezug auf das Produkt

Die Organisation hat vor Abschluss einer Lieferverpflichtung, z.B. Abgabe von Angeboten, Annahme von Verträgen/Aufträgen, usw. sicherzustellen, dass
- die Produktanforderungen vorliegen und festgelegt sind
- Widersprüche zwischen den Anforderungen im Vertrag bzw. Auftrag und früher niedergelegten Anforderungen nicht mehr bestehen und
- die Fähigkeit gegeben ist, diese Anforderungen zu erfüllen.

Wenn sich die Anforderungen ändern, ist zu gewährleisten, dass
- die zutreffende Dokumentation geändert wird und
- das Personal sich über die geänderten Anforderungen bewusst ist.

5.2.3 Kommunikation mit dem Kunden

Die Organisation muss für die Kommunikation mit dem Kunden wirksame Regelungen festlegen und umsetzen. Das betrifft insbesondere
- Informationen über das Produkt
- Anfragen, Verträge oder Auftragsbestätigung einschließlich Änderungen
- Reaktionen der Kunden einschließlich Kundenreklamationen.

Ziel ist das Erfüllen des Kundenwunsches!

5.3 Entwicklung

5.3.1 Entwicklungsplanung

Die Organisation muss einschließlich aller Entwicklungsstufen alle erforderlichen
- Bewertungs-, Verifizierungs- und Validierungsmaßnahmen durchführen. Weiterhin sind alle

- Verantwortlichkeiten, Zuständigkeiten und Planungsaktivitäten festzulegen.
- Die Schnittstellen im Gesamtprozess müssen zur Sicherstellung
- einer effektiven Kommunikation und
- cindeutiger Verantwortlichkeiten

entsprechend organisiert werden.

Die Planung ist entsprechend dem Entwicklungsfortschritt zu aktualisieren.

5.3.2 Entwicklungseingaben

Festlegen und Aufzeichnen der Eingaben bezüglich der Produktanforderungen im Hinblick auf:
- Funktions- und Leistungsanforderungen
- betreffende gesetzliche und behördliche Anforderungen
- Informationen von ähnlichen und früheren Entwicklungen und
- alle anderen Anforderungen, die für die Entwicklung relevant sind.

Die Eingaben müssen dokumentiert und auf Angemessenheit bewertet werden. Unvollständige, mehrdeutige oder einander widersprechende Anforderungen sind auszuschließen.

5.3.3 Entwicklungsergebnisse

Entwicklungsergebnisse müssen:
- in einer Form bereitgestellt werden, dass eine Verifizierung gegenüber den Entwicklungseingaben ermöglicht wird und
- vor der Freigabe genehmigt werden.

Entwicklungsergebnisse müssen:
- die Entwicklungsvorgaben erfüllen
- Informationen für die Beschaffung, Produktion und Dienstleistungserbringung bereitstellen
- Annahmekriterien für das Produkt enthalten oder darauf verweisen und die
- Merkmale für den sicherheits- und ordnungsgemäßen Gebrauch des Produktes festlegen.

5.3.4 Entwicklungsbewertung

Um die Fähigkeit der Entwicklungsergebnisse zur Erfüllung von Anforderungen zu beurteilen und Probleme sowie mögliche Folgemaßnahmen zu erkennen, müssen zu den Entwicklungsphasen systematische Bewertungen (Reviews) durchgeführt werden. An diesen Bewertungen sind auch verantwortliche Vertreter jener Bereiche zu beteiligen, die die Entwicklung in der jeweiligen Entwicklungsphase betreffen.

5.3.5 Entwicklungsverifizierung

Die Verifizierung dient der Sicherstellung, dass das Entwicklungsergebnis die Entwicklungsvorgaben erfüllt.

Zu dokumentieren sind:

- die Ergebnisse der Verifizierung und
- etwaige Maßnahmen.

5.3.6 Entwicklungsvalidierung

Die Entwicklungsvalidierung dient der Sicherstellung, ob das entwickelte Produkt in der Lage ist, die Anforderungen für den festgelegten oder beabsichtigten Gebrauch zu erfüllen.

Wenn möglich, muss diese Validierung vor Auslieferung oder Einführung/Inbetriebnahme des Produkts abgeschlossen sein.

Die Ergebnisse der Validierung und entsprechende Maßnahmen sind zu dokumentieren.

5.3.7 Lenkung von Entwicklungsänderungen

Entwicklungsänderungen sind zu:
- ermitteln
- dokumentieren
- bewerten, verifizieren und zu validieren sowie
- vor ihrer Verwirklichung zu genehmigen.

Die Beurteilung der Auswirkungen der Änderungen auf:
- wesentliche Bestandteile und
- gelieferte Produkte

muss in die Bewertung der Entwicklungsänderung mit einbezogen werden.

5.4 Beschaffung

5.4.1 Beschaffungsprozess

Die Organisation muss sicherstellen, dass eine Übereinstimmung der beschafften Produkte mit den Beschaffungsanforderungen besteht.

Dazu sind Art und Umfang der Lenkungsmethoden von Beschaffungsprozessen in Abhängigkeit vom Einfluss des beschafften Produkts/der Dienstleistung zur Erfüllung der organisationsspezifischen Anforderungen festzulegen.

Lieferanten sind auf Grund ihrer Fähigkeiten, den Anforderungen entsprechende Produkte/Dienstleistungen zu liefern, zu bewerten und auszuwählen. Es sind festzulegen:
- Auswahl von Lieferanten
- Kriterien für die Bewertung und Neubewertung.

Die Ergebnisse von Beurteilungen und notwendigen Maßnahmen sind aufzuzeichnen.

5.4.2 Beschaffungsangaben

Beschaffungsdokumente müssen Informationen enthalten, die das zu beschaffende Produkt beschreiben. Folgende Anforderungen sind im Allgemeinen davon betroffen:
- die Genehmigung von Produkten, Verfahren, Prozessen und Ausrüstung
- die Qualifikation des Personals und
- das Qualitätsmanagementsystem.

Vor der Freigabe der Beschaffungsdokumente muss deren Angemessenheit für die spezifizierten Anforderungen sichergestellt sein.

5.4.3 Verifizierung von beschafften Produkten

Zur Verifizierung der beschafften Produkte müssen die notwendigen Maßnahmen festgelegt und umgesetzt werden.

Schlägt die Organisation oder ihr Kunde Verifizierungstätigkeiten beim Lieferanten vor, muss die Organisation die Verifizierungsvereinbarungen und Methoden zur Freigabe der Produkte in den Beschaffungsangaben festlegen.

5.5 Produktion und Dienstleistungserbringung

5.5.1 Lenkung der Produktion und Dienstleistungserbringung

Die Organisation muss die Erbringung von Leistungen unter beherrschten Bedingungen planen und durchführen.

Beherrschte Bedingungen enthalten:
- Vorliegen von Informationen, welche die Merkmale des Produkts beschreiben
- Vorliegen von Arbeitsanweisungen
- Einsetzen geeigneter Ausrüstungen
- Einsetzen von geeigneten Mess- und Prüfmitteln
- Einführen von Überwachungen und Messungen
- Verwirklichung von Freigabe- und Liefertätigkeiten und Tätigkeiten nach der Lieferung.

5.5.2 Validierung der Prozesse zur Produktion und zur Dienstleistungserbringung

Prozesse müssen validiert werden:
- deren Ergebnis nicht auf einfache bzw. wirtschaftliche Weise durch nachfolgende Überwachung oder Prüfung verifiziert werden kann
- bei denen sich Mängel erst bei Gebrauch des Produkts bzw. nach Erbringung der Dienstleistung erkennen lassen

Für die Validierung ist festzulegen:
- Kriterien zur Bewertung und Genehmigung der Prozesse
- Genehmigung der Ausrüstung und der Qualifizierung des Personals
- Anwendung spezieller Methoden, Verfahren und Aufzeichnungen
- Wiederholungsvalidierung.

5.5.3 Kennzeichnung und Rückverfolgbarkeit

Das Produkt ist während der Produktrealisierung mit geeigneten Mitteln zu kennzeichnen:
- das Produkt selbst und
- den Produktstatus in Bezug auf Überwachungs- und Messanforderungen – Prüfstatus.

Wird die Rückverfolgbarkeit gefordert, muss die Organisation die eindeutige Kennzeichnung des Produktes gewährleisten und aufzeichnen.

5.5.4 Eigentum des Kunden

Zum Kundeneigentum zählen:
- materielle Produkte
- immaterielle Produkte (geistiges Eigentum, vertraulich übermittelte Informationen).

Die Organisation hat sorgfältig mit dem Eigentum des Kunden umzugehen, solange es sich unter der Aufsicht der Organisation befindet oder von ihr benutzt wird.

Für Kundeneigentum ist sicherzustellen:
- Kennzeichnung
- Verifizierung
- Schutz.

Verlorengegangenes, beschädigtes oder anderweitig für unbrauchbar befundenes Kundeneigentum muss dem Kunden gemeldet und dokumentiert werden.

5.5.5 Produkterhaltung

Die Konformität des Produkts ist während der internen Verarbeitung und der Auslieferung bis zum Bestimmungsort zu erhalten. Dies bezieht sich auf:
- Kennzeichnung
- Handhabung
- Verpackung
- Lagerung
- Schutz.

Gleiches gilt auch für die Bestandteile des Produktes.

5.6 Lenkung von Überwachungs- und Messmitteln

Die Organisation muss Prozesse einführen, damit Überwachungen und Messungen in geeigneter Weise durchgeführt werden. Messmittel sind:
- in festgelegten Abständen zu kalibrieren und zu verifizieren
- bei der Kalibrierung auf internationale und nationale Normale zu beziehen – über die verwendeten Grundlagen der Kalibrierung sind Aufzeichnungen zu erstellen.
- in geeigneter Weise zu justieren/nachzujustieren
- mit dem Kalibrierstatus zu kennzeichnen
- gegen Verstellung zu sichern, die die Kalibrierung ungültig machen würde
- vor Beschädigung und Beeinträchtigung während der Handhabung, Instandhaltung und Lagerung zu bewahren.

Wenn Messmittel die Anforderungen nicht erfüllen, ist die Gültigkeit früherer Messungen neu zu bewerten. Bei Einsatz von Software muss die Erfüllung festgelegter Anforderungen für die Anwendung bestätigt werden.

6. Messung, Analyse und Verbesserung

6.1 Allgemeines

Die Organisation muss die Überwachungs-, Prüf-, Analyse- und Verbesserungsprozesse
- planen und
- umsetzen,

zur
- Darlegung der Konformität der Prozesse
- Sicherstellung der Konformität des QM-Systems
- ständigen Verbesserung der Wirksamkeit des QM-Systems.

Das beinhaltet die Ermittlung des Bedarfs und den Gebrauch von anwendbaren statistischen Methoden und anderen Verfahren.

6.2 Überwachung und Messung

6.2.1 Kundenzufriedenheit

Die Kundenzufriedenheit ist eine Messgröße für die Leistung des QM-Systems. Die Organisation muss Angaben zur Kundenwahrnehmung überwachen.

Die Methoden
- zur Erhebung und
- zum Gebrauch

dieser Informationen sind festzulegen.

6.2.2 Internes Audit

Die Organisation muss *periodisch geplante* interne Audits durchführen, um zu ermitteln, ob das QM-System
- die geplanten Regelungen
- die Anforderungen der Norm und
- die festgelegten Anforderungen an das QM-System

erfüllt. Es muss ein *Auditprogramm* geplant werden, wobei zu berücksichtigen ist:
- der Status und die Bedeutung der zu auditierenden Prozesse und Bereiche
- die Ergebnisse früherer Audits sind einzubeziehen.

Es müssen festgelegt und dokumentiert werden:
- Auditkriterien
- Auditumfang
- Audithäufigkeit
- Auditmethoden
- Verantwortlichkeiten und Anforderungen zur Planung, Durchführung, Berichterstattung, Führung von Aufzeichnungen.

Die Objektivität und Unparteilichkeit des Auditprozesses muss sichergestellt sein durch:
- geeignete Durchführung der Audits
- geeignete Auswahl der Auditoren (Auditoren dürfen nicht ihre eigene Tätigkeit auditieren).

6.2.3 Überwachung und Messung von Prozessen

Es sind geeignete Methoden für die
- Überwachung und
- Messung

der Prozesse des QM-Systems anzuwenden.

Diese Methoden müssen die Fähigkeit der Prozesse, die geplanten Ergebnisse zu erreichen, darlegen. Wenn erforderlich, sind Korrekturmaßnahmen zu ergreifen.

6.2.4 Überwachung und Messung des Produkts

Die Organisation muss die Produktmerkmale überwachen, messen und nachprüfen, ob die Anforderungen an das Produkt erfüllt werden. Dies muss
- in geeigneten Prozessphasen und
- in Übereinstimmung mit den geplanten Tätigkeiten

durchgeführt werden. Als Nachweis über die Konformität, in Verbindung mit den anzuwendenden Annahmekriterien, sind Aufzeichnungen zu führen.

6.3 Lenkung fehlerhafter Produkte

Die Organisation hat sicherzustellen, dass ein Produkt, das die Anforderungen *nicht* erfüllt
- gekennzeichnet und
- gelenkt

wird, um unbeabsichtigten Gebrauch oder eine Auslieferung zu vermeiden. Es sind festzulegen:
- Lenkungsmaßnahmen sowie
- Verantwortlichkeiten und Befugnisse.

Die Regelungen sind zu dokumentieren. Treten fehlerhafte Produkte auf, sind
- Maßnahmen zu ergreifen, um den festgestellten Fehler zu beseitigen
- Genehmigungen zum Gebrauch, zur Freigabe oder Annahme nach Sonderfreigabe (ggf. durch den Kunden) zu erteilen
- Maßnahmen zu ergreifen, um den ursprünglich beabsichtigten Gebrauch/Anwendung auszuschließen
- Aufzeichnungen über die Art der Fehler, die Folgemaßnahmen und Sonderfreigaben zu erstellen.

Bei Nachbesserungen ist das Produkt erneut zu verifizieren. Maßnahmen sind bei fehlerhaften Produkten zu ergreifen, die nach der Auslieferung oder im Gebrauch entdeckt wurden.

6.4 Datenanalyse

Die Unternehmen müssen entsprechende Daten zur Bestimmung der Wirksamkeit und der Eignung des Qualitätsmanagementsystems
- ermitteln,
- erfassen und
- analysieren.

Des Weiteren ist die ständige Verbesserung des QM-Systems zu beurteilen.

Heranzuziehen sind Daten, die durch Prüftätigkeiten und aus anderen relevanten Quellen gewonnen wurden.

Die Datenanalyse muss Angaben liefern über:
- Kundenzufriedenheit
- Einhaltung der Produktanforderungen
- Prozess- und Produktmerkmale einschließlich deren Trends, Möglichkeiten für vorbeugende Maßnahmen
- Lieferanten.

6.5 Verbesserung

6.5.1 Ständige Verbesserung

Die Wirksamkeit des QM-Systems ist kontinuierlich durch Einbeziehung der
- Qualitätspolitik
- Qualitätsziele
- Auditergebnisse
- Datenanalyse
- Korrektur- und Vorbeugungsmaßnahmen und
- Managementbewertung

zu verbessern.

6.5.2 Korrekturmaßnahmen

Die Organisation muss Korrekturmaßnahmen ergreifen, zur
- Beseitigung von Fehlerursachen und
- Verhinderung des erneuten Auftretens.

Die Maßnahmen müssen den Auswirkungen eines auftretenden Fehlers angemessen sein.

Ein dokumentiertes Verfahren muss festlegen:
- Fehlerbewertung einschließlich Kundenreklamationen und Ermittlung der Ursachen
- Beurteilung des Handlungsbedarfs zur Fehlervermeidung
- Aufzeichnung und Ergebnisse der durchgeführten Maßnahmen
- Bewertung der ergriffenen Maßnahmen.

6.5.3 Vorbeugungsmaßnahmen

Die Organisation muss Maßnahmen festlegen und dokumentieren zur
- Beseitigung von Ursachen möglicher Fehler
- Verhinderung des Auftretens von Fehlern.

Diese Maßnahmen müssen den Auswirkungen eines auftretenden Fehlers angemessen sein. Sie müssen Festlegungen enthalten über:
- Ermitteln potenzieller Fehler und ihrer Ursachen
- Beurteilen des Handlungsbedarfs zur Fehlervermeidung
- Festlegen und Umsetzen der erforderlichen Vorbeugungsmaßnahmen
- Aufzeichnen der Ergebnisse der eingeleiteten Vorbeugungsmaßnahmen
- Bewerten der eingeleiteten Vorbeugungsmaßnahmen.

1.6 European Foundation for Quality Management (EFQM)

Die EFQM wurde 1988 von vierzehn führenden europäischen Unternehmen gegründet. Das EFQM-Modell will eine nachhaltige Excellence in Europa (Mission) erreichen und strebt an, europäischen Institutionen und Unternehmen zu einer überragenden Stellung zu verhelfen (Vision). Die EFQM hat zu diesem Zweck das Modell für Excellence entwickelt und organisiert den Europäischen Qualitätspreis, der einmal jährlich verliehen wird. Das EFQM-Modell ist ein geeignetes Instrument zum Aufbau eines Managementsystems, das den zukünftigen Erfolg gewährleistet. Es lassen sich exzellente Ergebnisse in Bezug auf Leistung, Kunden, Mitarbeiter und Gesellschaft durch eine gute Führung erzielen, wenn sie die Politik und Strategie, Mitarbeiter, Partnerschaften und Ressourcen sowie Prozesse auf einem hohen Niveau voranbringt.

Das EFQM-Modell basiert auf einem Selbstbewertungsprozess, der aus fünf Befähiger- und vier Ergebniskriterien besteht. Die Befähigerkriterien beziehen sich darauf, was ein Unternehmen macht. Die Ergebniskriterien befassen sich mit den Leistungen, die ein Unternehmen erzielt. Ergebnisse sind auf Befähiger zurück zuführen.

Die Kriterien haben folgende Gewichtung:

■ **Befähigerkriterien**
– Führung   10 %
– Mitarbeiter   9 %
– Politik und Strategie   8 %
– Partnerschaften und Resourcen   9 %
– Prozesse   14 %

■ **Ergebniskriterien**
– Mitarbeiterbezogen Ergebnisse   9 %
– Kundenbezogene Ergebnisse   20 %
– Gesellschaftsbezogene Ergebnisse   6 %
– Schlüsselergebnisse   15 %

Durch Innovation und Lernen kommt es auf der Befähigerseite zu Verbesserungen, was wiederum zu einer Verbesserung der Ergebnisse führt.

Die neun Kriterien bestehen aus einer Reihe von Teilkriterien, die im Verlauf der Bewertung berücksichtigt werden sollen. Ein Teilkriterium enthält Ansatzpunkte, die die Bedeutung des jeweiligen Teilkriteriums noch detaillierter hervorheben.

EFQM – Kriterium 1: Führung

Teilkriterium 1a – „Führungskräfte entwickeln die Vision, Mission, Werte und ethischen Grundsätze und sind Vorbilder für die Kultur der Excellence"

Verankern des Qualitätsbewusstseins durch:
■ Erarbeitung von Mission und Vision des Unternehmens und Vorleben von Ethik und Werten zur Prägung der Unternehmenskultur
■ Überprüfen und Verbessern der Wirksamkeit des eigenen Führungsverhaltens, Reaktion auf zukünftige Anforderungen an die Führung
■ Mitwirkung an Verbesserungsaktivitäten
■ Ermutigung zur Ermächtigung, Kreativität und Innovation
■ Unterstützung lernorientierter Aktivitäten
■ Setzen von Prioritäten für Verbesserungsmaßnahmen
■ Förderung von Zusammenarbeit im Unternehmen

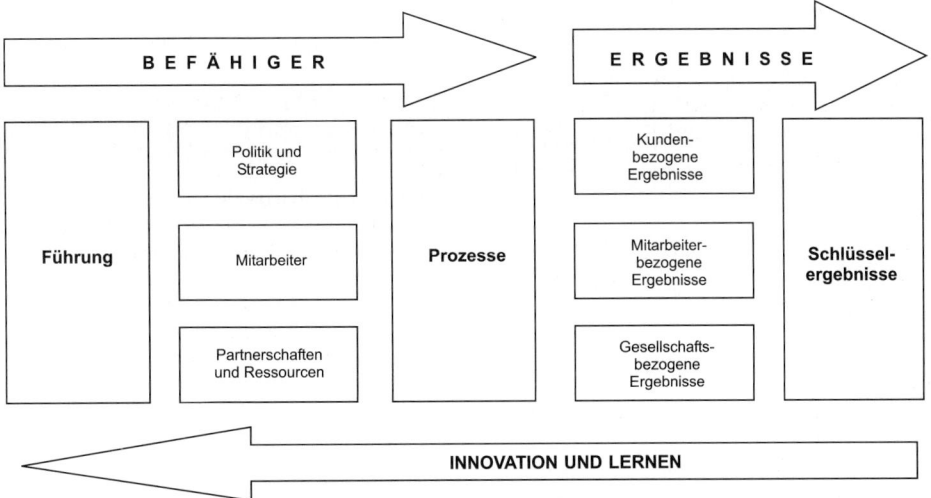

Grundstruktur des EFQM-Modells mit fünf „Befähiger"- und vier „Ergebnis"-Kriterien

Bild 1. EFQM-Modell

Teilkriterium 1b – „Führungskräfte sichern durch ihre persönliche Mitwirkung die Entwicklung, Umsetzung und kontinuierliche Verbesserung des Managementsystems der Organisation"

Verankern des Qualitätsbewusstseins durch:

- Ausrichtung der Organisationsstruktur zur Unterstützung von Politik und Strategie
- Einführung eines Systems für das Prozessmanagement
- Erarbeitung und Einführung eines Prozesses für das Erarbeiten, Umsetzen und Nachführen von Politik und Strategie
- Erarbeitung und Einführung eines Prozesses für die Messung, Überprüfung und Verbesserung von wichtigen Ergebnissen
- Gestaltung von Verbesserungsprozessen durch kreative, innovative und lernorientierte Aktivitäten

Teilkriterium 1c – „Führungskräfte arbeiten mit Kunden, Partnern und Vertretern der Gesellschaft zusammen"

Verankern des Qualitätsbewusstseins durch:

- Verstehen der Bedürfnisse und Erwartungen von Kunden, Partnern und Vertretern der Gesellschaft und das „darauf eingehen"
- Aufbau partnerschaftlicher Beziehungen und Mitwirkung in ihnen
- Realisierung gemeinsamer Verbesserungsmaßnahmen und Mitwirkung in ihnen
- Auszeichnungen einzelner Interessenvertreter für ihren Einsatz für das Unternehmen und für ihre Loyalität
- Mitwirkung in Berufsverbänden, Konferenzen und Seminaren und insbesondere Verbreitung und Unterstützung des Excellence-Gedankens
- Unterstützung und Einsatz dafür, dass Umweltaktivitäten und Beiträge des Unternehmens für das Unternehmen und die Gesellschaft erfolgreich sind und bekannt werden

Teilkriterium 1d – „Führungskräfte verankern zusammen mit den Mitarbeitern eine Kultur der Excellence"

Verankern des Qualitätsbewusstseins durch:

- Persönlich kommunizieren die **Führungskräfte** die Mission, Vision, Werte, Politik und Strategie sowie Pläne, Ziele und Teilziele des Unternehmens.
- **Sie** sind für die Mitarbeiter ansprechbar.
- **Sie** hören ihnen aktiv zu.
- **Sie** begeistern ihre Mitarbeiter und gehen auf sie ein.
- **Sie** helfen den Mitarbeitern und unterstützen sie dabei, ihre Pläne zu realisieren und ihre Ziele zu erreichen.

- **Sie** ermutigen ihre Mitarbeiter dazu, an Verbesserungsaktivitäten mitzuwirken
- **Sie** befähigen ihre Mitarbeiter dazu, die Bemühungen von Teams und von Einzelnen anzuerkennen

Teilkriterium 1e – „Führungskräfte erkennen und meistern den Wandel der Organisation"

Verankern des Qualitätsbewusstseins durch:

- **Erkennen der internen und externen Kräfte des Wandels**
- **Identifizieren und Modellieren der nötigen Veränderungen in Bezug auf das Geschäftsmodell sowie die externen Verbindungen**
- **Persönliches Führen der Erarbeitung von Veränderungsplänen**
- Sicherstellen, dass die erforderlichen finanziellen Mittel sowie weitere Ressourcen zur Verfügung stehen
- Sicherstellen ihrer Unterstützung für den Veränderungsprozess
- **Organisieren der Umsetzung der Veränderungspläne**
- Tragen des Risikos der Umsetzung und Management des Prozesses
- Einbeziehen der Interessengruppen und Sicherstellen der Umsetzung
- **Informieren und Diskutieren mit den Mitarbeitern und anderen Interessengruppen über die Veränderungen und die hierfür maßgeblichen Gründe**
- **Unterstützung Ihrer Mitarbeiter dabei, mit dem Wandel umzugehen**
- **Messen der Wirksamkeit der Veränderungen und ihre Bewertung**
- Teilen der im Veränderungsprozess erworbenen Erfahrungen mit Anderen

EFQM – Kriterium 2: Politik und Strategie

Teilkriterium 2a – „Politik und Strategie beruhen auf den gegenwärtigen/zukünftigen Bedürfnissen und Erwartungen der Interessengruppen"

Verankerung des Qualitätsbewusstseins durch:

- Sammeln und Verstehen von Informationen, um derzeitige und zukünftige Märkte und Marktsegmente des Unternehmens zu kennen
- Verstehen und Vorwegnehmen von Bedürfnissen und Erwartungen von Kunden, Mitarbeitern und Partnern, der Gesellschaft sowie von Aktionären
- Verstehen und Vorwegnehmen von Entwicklungstrends auf dem Markt einschließlich der Aktivitäten der Konkurrenz

Teilkriterium 2b – „Politik und Strategie beruhen auf Informationen aus Leistungsmessung, Unter-

suchungen, lernorientierten und nach außen gerichteten Aktivitäten"

Verankerung des Qualitätsbewusstseins durch:

- Sammeln und Verstehen des Outputs von **internen Leistungsindikatoren**
- Sammeln und Verstehen des Outputs von **lernorientierten Aktivitäten**
- Analyse der **Leistungen von Wettbewerbern**
  und „best of class"-Unternehmen
- Verstehen der **sozialen, umweltbezogenen und
  gesetzlichen Belange**
- Identifizieren und Verstehen der **wirtschaftlichen und demographischen Indikatoren**
- Verstehen der **Auswirkungen neuer Technologien**
- Analysieren und Verwenden **der Ideen von Interessengruppen**

**Teilkriterium 2c – „Politik und Strategie werden
entwickelt, bewertet und aktualisiert"**

Verankerung des Qualitätsbewusstseins durch:

- Entwickeln von Politik und Strategie im **Ein-
  klang mit der Mission, Vision und den Werten**
  des Unternehmens
- Abwägen der **Erwartungen von Interessen-
  gruppen** gegeneinander
- Abwägen kurz- und **langfristiger Zwänge und
  Anforderungen** gegeneinander
- Entwickeln von **Alternativszenarios** und **Plänen
  für den Notfall**, um Risiken abzudecken
- Identifizieren gegenwärtiger und zukünftiger
  Wettbewerbsvorteile
- Widerspiegeln der grundlegenden **Konzepte der
  Excellence in Politik und Strategie**
- Untersuchen der **Relevanz und Effektivität der
  Politik und Strategie**
- Identifizieren von **kritischen Erfolgsfaktoren**
- Überprüfen und Nachführen von **Politik und
  Strategie**

**Teilkriterium 2d – „Politik und Strategie werden
kommuniziert und durch ein Netzwerk von
Schlüsselprozessen umgesetzt"**

Verankerung des Qualitätsbewusstseins durch:

- Aufbau einer Struktur von Schlüsselprozessen
  zur Gestaltung und Kommunizierung von Politik
  und Strategie
- Kommunizierung von Politik und Strategie und
  deren stufenweises Herunterbrechen
- Verwendung der Politik und Strategie als Grundlage für die Maßnahmenplanung und die Festlegung von Zielen und Teilzielen
- Abstimmen, Priorisieren, Vereinbaren und Kommunizieren der Pläne, Ziele und Teilziele
- Untersuchung des Wissens über und des Bewusstseins bezüglich Politik und Strategie

- Identifizierung und Erarbeitung der Struktur von
  Schlüsselprozessen, welche zur Realisierung der
  Politik und Strategie benötigt werden
- Festlegung einer klaren Eigentümerschaft für die
  Schlüsselprozesse
- Definieren der Schlüsselprozesse und der zuge-
  hörigen Interessengruppen

EFQM – Kriterium 3: Mitarbeiter

**Teilkriterium 3a – „Mitarbeiterressourcen werden
geplant, gemanagt und verbessert"**

Verankerung des Qualitätsbewusstseins durch:

- Entwicklung von **Personalpolitik, -strategien
  und -plänen**
- Beteiligung der **Mitarbeiter und ihrer Vertre-
  tungen** an der Entwicklung von Personalpolitik,
  -strategien und -plänen
- **Abstimmen der Personalpläne** mit der Politik
  und Strategie, der Unternehmensstruktur und der
  Struktur der Schlüsselprozesse
- Managen der **Personalbeschaffung und der
  Karriereentwicklung**
- Sicherstellen von **Fairness** bei allen Anstellungs-
  bedingungen einschließlich **Chancengleichheit**
- Einsatz von **Mitarbeiterumfragen** und anderer
  Formen von **Mitarbeiter-Feed-back**, um Perso-
  nalpolitik, -strategien und -pläne zu verbessern
- Verwendung **innovativer Organisationsmetho-
  den**, um die Arbeitsweise zu verbessern

**Teilkriterium 3b – „Das Wissen/die Kompetenzen
der Mitarbeiter werden ermittelt, ausgebaut und
aufrechterhalten"**

Verankerung des Qualitätsbewusstseins durch:

- Ermittlung und Klassifizierung von **Wissen und
  Kompetenzen der Mitarbeiter**, um beides mit
  den Bedürfnissen des Unternehmens in Einklang
  bringen
- Erstellung und Realisierung von **Schulungs- und
  Entwicklungsplänen**
- Mitarbeiter zur Mithilfe bei der **Realisierung
  und dem Abrufen seiner gesamten Fähigkeiten**
  entwickeln und trainieren
- Schaffung und Propagierung von Möglichkeiten,
  bei denen Einzelne, Teams und das Unternehmen
  lernen können
- Weiterentwicklung der Mitarbeiter durch **Erfah-
  rung bei der Arbeit**
- Entwicklung von Fähigkeiten zur **Teamarbeit**
- Abstimmung der **Ziele von Einzelnen und
  Teams** mit den Unternehmenszielen
- Überprüfung und Fortschreibung der **Ziele von
  Einzelnen und Teams**
- Beurteilung der Mitarbeiter und Hilfe dabei, ihre
  Leistung zu verbessern

Teilkriterium 3c – „Mitarbeiter werden beteiligt und zu selbstständigem Handeln ermächtigt"

Verankerung des Qualitätsbewusstseins durch:
- Ermutigung und Unterstützung von Einzelnen und Teams bei der Mitwirkung an **Verbesserungsaktivitäten**
- Einbindung der Mitarbeiter fördern und verstärken durch interne **Veranstaltungen und Zeremonien**
- Bieten von Gelegenheiten zur Beteiligung und Förderung von **innovativem und kreativem Verhalten**
- Anleitung der Führungskräfte zum Vorbereiten und Umsetzen der Ermächtigung der Mitarbeiter zu **eigenständigem Handeln**
- Ermutigung von Mitarbeitern zur **Zusammenarbeit in Teams**

Teilkriterium 3d – „Die Mitarbeiter und die Organisation führen einen Dialog"

Verankerung des Qualitätsbewusstseins durch:
- Identifizieren der **Kommunikationsbedürfnisse**
- Entwickeln von **Politik, Strategie und Plänen** für die Kommunikation aufgrund der Kommunikationsbedürfnisse
- Schaffen und Nutzen von **Kommunikationskanälen**, welche eine Kommunikation in alle Richtungen ermöglichen
- Schaffen von Möglichkeiten, um beste **Praktiken und Wissen miteinander zu teilen**

Teilkriterium 3e – „Mitarbeiter werden belohnt, anerkannt und betreut"

Verankerung des Qualitätsbewusstseins durch:
- Abstimmung von **Entlohnung, Versetzung, Entlassung** und anderer Beschäftigungsaspekte gemäß Politik und Strategie
- Bezeugung von **Anerkennung gegenüber Mitarbeitern**, um deren Beteiligung und Ermächtigung aufrechtzuerhalten
- Förderung des **(Qualitäts-)Bewusstseins** bzgl. Gesundheit, Sicherheit, Umwelt und sozialer Verantwortung
- Festlegung des **Niveaus der Sozialleistungen**
- Förderung **sozialer und kultureller Aktivitäten**
- Zur-Verfügung-Stellen von **Einrichtungen und Dienstleistungen** (z.B. flexible Arbeitszeit)

EFQM – Kriterium 4: Partnerschaften und Ressourcen

Teilkriterium 4a – „Externe Partnerschaften werden gemanagt"

Verankerung des Qualitätsbewusstseins durch:
- Identifizieren von **Schlüsselpartnern** und Möglichkeiten für **strategische Partnerschaften** in

Übereinstimmung mit Politik, Strategie und Mission
- Strukturieren von **partnerschaftlichen Beziehungen**, um Wertschöpfung zu erzielen und zu maximieren
- Eingehen **wertschöpfender Partnerschaften** entlang der Lieferkette
- Sicherstellen der **kulturellen Verträglichkeit** und des **Wissensaustauschs** mit Partnerunternehmen
- Erkennen der **Kernkompetenzen von Partnern**, wirksamer Einsatz derselben und gegenseitige Unterstützung bei der gemeinsamen Weiterentwicklung
- Entwickeln und Unterstützen **innovativer und kreativer Denkprozesse** mittels Partnerschaften
- Erzielung von **Synergieeffekten** bei der Zusammenarbeit zwecks Prozessverbesserung/Wertschöpfung in der Kunden-/Lieferanten-Kette

Teilkriterium 4b – „Finanzen werden gemanagt"

Verankerung des Qualitätsbewusstseins durch:
- Entwickeln und Einführen **finanzieller Strategien** und Prozesse zur Nutzung finanzieller Ressourcen, um die übergeordnete Politik und Strategie zu unterstützen
- Gestalten von **Finanzplanung und Berichterstattung**, um die Erwartungen der finanziellen Interessengruppen zu vermitteln
- Einführen einer Berichterstattung
- Bewerten von **Investitionen** in materiellen und immateriellen Vermögenswerten
- Verwenden finanzieller Mechanismen und Parameter, um einen effizienten und effektiven **Mitteleinsatz sicherzustellen**
- Managen von **Risiken** bei den finanziellen Mitteln
- Betreibung **von Kern-Kontrollprozessen** in den entsprechenden Ebenen des Unternehmens

Teilkriterium 4c – „Gebäude, Einrichtungen und Material werden gemanagt"

Verankerung des Qualitätsbewusstseins durch:
- Bewirtschaften von **Vermögenswerten** (Gebäude, Einrichtungen, Material) zur Unterstützung von Politik und Strategie
- Managen von **Wartung und Nutzung des Anlagevermögens**, um dessen gesamte Lebenszyklusleistung zu verbessern
- Managen der **Sicherheit des Anlagevermögens**
- Messen und Managen von **Beeinträchtigungen des Anlagevermögens** für die Gemeinschaft und die Mitarbeiter, einschließlich Arbeitsplatzergonomie, Sicherheit und Gesundheit
- Einsetzen der Ressourcen in **umweltschonender Weise** über den gesamten Lebenszyklus der Produkte hinweg

- Optimierung der **Lagerbestände**
- Reduzieren und Wiederverwerten von **Abfällen**
- Verringerung **schädlicher globaler Beeinträchtigungen** durch Produkte und Dienstleistungen
- Optimieren des Verbrauchs durch **Transporte**

Teilkriterium 4d – „Technologie wird gemanagt"

Verankerung des Qualitätsbewusstseins durch:
- Entwickeln einer Strategie zum **Managen von Technologien**
- Identifizieren und Untersuchen der Auswirkungen von **alternativer und kommender Technologie** auf die Geschäftsaktivitäten und die Gesellschaft
- Managen des **Technologieportfolios**
- Nutzen vorhandener Technologien in optimaler Weise
- Entwickeln von **innovativen und umweltfreundlichen Technologien**
- Nutzen von **Informations- und Kommunikationstechnologie**, um Verbesserungen zu unterstützen
- Identifizieren und Ersetzen **„veralteter" Technologien**

Teilkriterium 4e – „Information und Wissen werden gemanagt"

Verankerung des Qualitätsbewusstseins durch:
- Sammeln, Strukturieren und Managen von **Informationen und Wissen**
- Ermöglichen des **geeigneten Zugriffs** für interne und auch externe Benutzer
- Nutzen der Informationstechnologie für die **interne Kommunikation**, für die Information und für das Wissensmanagement
- Sicherstellen und Verbessern der **Validität, Integrität** und des **Schutzes der Informationen**
- Pflegen, Entwickeln und Schützen des **einzigartigen intellektuellen Eigentums**, um die Wertschöpfung für die Kunden zu maximieren
- Effektiven Erwerb, Vermehrung und Nutzung von Wissen
- Auslösen von **innovativen und kreativen Denkprozessen** durch das Nutzen relevanter Informations- und Wissensressourcen

EFQM – Kriterium 5: Prozesse

Teilkriterium 5a – „Prozesse werden systematisch gestaltet und gemanagt"

Verankerung des Qualitätsbewusstseins durch:
- Gestaltung der Prozesse des Unternehmens, insbesondere der **Schlüsselprozesse**
- Management der **Schnittstellenprobleme** innerhalb des Unternehmens und mit externen Partnern

- Festlegung des zu verwendenden **Prozessmanagementsystems** und Einführung desselben
- Anwendung von **Systemnormen**, wie z. B. Qualitätsmanagement-, Umweltmanagement- und andere Systeme
- Einführen von **Prozessmessgrößen** und Festlegung von **Leistungszielen**
- Bereinigung von **Schnittstellenproblemen**, um Prozesse vom Kunden bis zum Kunden effektiv zu managen

Teilkriterium 5b – „Prozesse werden mit Hilfe von Innovationen verbessert, um Kunden/Interessengruppen voll zufrieden zu stellen und die Wertschöpfung für sie zu steigern"

Verankerung des Qualitätsbewusstseins durch:
- Identifizieren und Priorisieren von sowohl schrittweisen als auch grundlegenden **Verbesserungsmöglichkeiten/Veränderungen**
- Verwendung von **Ergebnissen** bezüglich Leistungen, um zu priorisieren und Ziele festzulegen für Verbesserungen/verbesserte Arbeitsweisen
- Stimulierung der **kreativen und innovativen Talente** von Kunden, Partnern und Mitarbeitern bei Verbesserungen
- Entdecken und Einsetzen **neuer Prozessmodellierungen** sowie Betriebsphilosophien und befähigender Technologien
- Festlegung geeigneter **Methoden zur Einführung von Änderungen**
- Bekanntmachung von Prozessänderungen an alle davon Betroffenen
- **Schulung von Mitarbeitern** in der Abwicklung von neuen oder geänderten Prozessen
- Sicherstellen, dass Prozessänderungen **geplante Ergebnisse erzielen**

Teilkriterium 5c – „Produkte und Dienstleistungen werden auf Basis der Bedürfnisse/Erwartungen der Kunden entworfen und entwickelt"

Verankerung des Qualitätsbewusstseins durch:
- **Bestimmung der Bedürfnisse und Erwartungen an Produkte und Dienstleistungen** durch Marktforschung, Kundenumfragen usw.
- **Vorausschauendes Einführen von Verbesserungen**, die den Bedürfnissen und Erwartungen der Kunden auch in Zukunft besser Rechnung tragen
- Entwicklung neuer Dienstleistungen und Produkte in Zusammenarbeit mit Kunden und Partnern, um deren Bedürfnissen und Erwartungen vor allem bei der Wertschöpfung zu entsprechen
- Einbeziehen von **Kreativität und Innovation der Mitarbeiter** und externer Partner, um wettbewerbsfähige Produkte und Dienstleistungen zu entwickeln
- Entwicklung neuer Produkte für vorhandene und für **zukünftige Märkte**

Teilkriterium 5d – „Produkte/Dienstleistungen werden hergestellt, vermarktet und betreut"

Verankerung des Qualitätsbewusstseins durch:

- Herstellung oder Erwerb von Produkten und Dienstleistungen gemäß **Design und Entwicklung**
- Bekanntmachen und Verkaufen von Produkten und Dienstleistungen an bestehende oder potenzielle Kunden
- Kommunizieren des **Unternehmenswertversprechens**
- Lieferung von Produkten und Dienstleistungen an Kunden
- **Betreuung** der Produkte und Dienstleistungen

Teilkriterium 5e: „Kundenbeziehungen werden gemanagt und vertieft"

Verankerung des Qualitätsbewusstseins durch:

- Ermittlung der **Bedürfnisse von Kunden** bei den täglichen Kontakten
- Bearbeiten von **Feedback/Beschwerden** aus Tagesgeschäftskontakten
- **Aktive Zusammenarbeit mit Kunden**, um deren Bedürfnisse, Erwartungen/Bedenken zu besprechen und sich darum zu kümmern
- Verfolgung der Kontakte bei Verkaufs-, Wartungs- und anderen Aktivitäten, Bestimmung des **Zufriedenheitsgrads der Kunden**
- Aufrechterhaltung von **Kreativität und Innovation** in der Verkaufs- und Kundendienstbeziehung
- **Verbesserung der Wertschöpfung** innerhalb der Lieferkette durch das Bilden von Partnerschaften mit den Kunden
- Einleitung von Maßnahmen zur **Steigerung der Kundenzufriedenheit** (Basis: regelmäßige Umfragen bzw. andere Datenerhebungen)
- **Kundenberatung** im verantwortungsvollen Umgang mit den Produkten

EFQM – Kriterium 6: Kundenbezogene Ergebnisse

Teilkriterium 6a – „Messergebnisse über die Wahrnehmung durch die Kunden"

Verankerung des Qualitätsbewusstseins durch:

- Image
- Produkte/Dienstleistungen
- Verkaufs- und Kundendienstleistungen
- Loyalität

Teilkriterium 6b – „Leistungsindikatoren"

Verankerung des Qualitätsbewusstseins durch:

- Imagepflege
- Produkte/Dienstleistungen
- Verkaufs-/Kundendienstleistungen
- Loyalität

EFQM – Kriterium 7: Mitarbeiterbezogene Ergebnisse

Teilkriterium 7a – „Messergebnisse über die Wahrnehmung durch die Mitarbeiter"

Verankerung des Qualitätsbewusstseins durch:

- Motivation
- Zufriedenheit

Teilkriterium 7b – „Leistungsindikatoren"

Verankerung des Qualitätsbewusstseins durch:

- Erreichte Leistungen
- Motivation und Beteiligung
- Zufriedenheit
- Dienstleistungen für die Mitarbeiter der Organisation

EFQM – Kriterium 8: Gesellschaftsbezogene Ergebnisse

Teilkriterium 8a – „Messergebnisse über die Wahrnehmung durch die Gesellschaft"

Verankerung des Qualitätsbewusstseins durch:

- Image
- Verhalten als verantwortungsbewusster Mitbürger
- Mitwirkung in den Kommunen des Standorts
- Maßnahmen, um Belästigungen und Schäden zu vermindern und zu vermeiden
- Maßnahmen, die zur Schonung und zum nachhaltigen Bewahren der Ressourcen beitragen

Teilkriterium 8b – „Leistungsindikatoren"

Verankerung des Qualitätsbewusstseins durch:

- Handhabung von Veränderungen bei der Beschäftigtenzahl
- Umgang mit Behörden
- Verliehene Preise und Auszeichnungen

EFQM – Kriterium 9: Schlüsselergebnisse

Teilkriterium 9a – „Folgeergebnisse der Schlüsselleistungen"

Verankerung des Qualitätsbewusstseins durch:

- **Finanzielle Ergebnisse**, wie z. B. Umsätze, Aktienkurs, Gewinn, Rentabilität, Budgeteinhaltung
- **Nichtfinanzielle Ergebnisse**, wie z. B. Marktanteile, Entwicklungszeit bis zur Markteinführung, Erfolgsraten, Mengen, Prozessleistung

Teilkriterium 9b – „Schlüsselleistungsindikatoren"

Verankerung des Qualitätsbewusstseins durch:

- **Finanzielle Aspekte**, wie z. B. Abschreibungen, Instandhaltungskosten, Projektkosten, Einstufung der Kreditwürdigkeit
- **Nichtfinanzielle Aspekte**, wie z. B. Prozesse (Durchlaufzeiten, Qualitätslage …), externe Ressourcen (Lieferantenleistung, Einkaufspreise, …), Gebäude, Anlagen/Einrichtungen, Technologie, Information und Wissen

2 Qualitätsmanagementmethoden

Die Qualitätsmanagementmethoden dienen der Überwachung und Verfolgung von Prozessen. Die statistische Prozessregelung SPC (Statistical Process Control) ist in diesem Zusammenhang ein wichtiges Werkzeug.

2.1 Statistische Prozessregelung (SPC)

Das Ziel der statistische Prozessregelung ist einen optimierten Prozess durch kontinuierliche Beobachtung und durch erforderliche Korrekturen zu bekommen.

Die SPC hat im Gegensatz zur Statistischen Qualitätsüberwachung (SQÜ), die Regelung des Prozesses zum Ziel.

2.2 Grundlagen der Statistik

Beim anwenden der statistischen Verfahren wird davon ausgegangen, dass sowohl beim herstellen als auch beim vermessen der Produkte Unterschiede

hinsichtlich der betrachteten Merkmale auftreten. Das Abweichungsverhalten eines Merkmalwertes vom Sollwert wird als Streuung bezeichnet. Als wichtigste Messgrößen dafür dienen die **Standardabweichung** s, die **Spannweite R**, die **Stichprobengröße n** und der **Mittelwert** $\bar{x}$ einer Stichprobe:

Arithmetischer Mittelwert $\bar{x} = \dfrac{1}{n} \sum\limits_{i=1}^{n} x_i$

Eine weitere wichtige Kenngröße ist der Medianwert: Medianwert (oder Zentralwert $\tilde{x}$ ist derjenige Wert, für den die relative Häufigkeitssumme genau 50% beträgt.

$\tilde{x} = \bar{x}$ bei geradzahliger Stichprobe;

Median (Zentralwert)

$\tilde{x} = \dfrac{n+1}{2}$ bei ungeradzahliger Stichprobe

Spannweite $R = x_{max} - x_{min}$

Standardabweichung $s = \sqrt{\dfrac{1}{n-1} \sum\limits_{i=1}^{n} \left(x_i - \bar{x} \right)^2}$

Varianz $s^2 = \dfrac{1}{n-1} \sum\limits_{i=1}^{n} \left(x_i - \bar{x} \right)^2$

Für das Auftreten von Streuungen können zufällige und systematische Einflüsse die Ursache sein. Grundlage für eine Unterscheidung in zufällige und systematische Einflüsse bildet die natürliche Streuung, die auf zufälligen Einflüssen beruht und zu einem kontrollierten und gleichmäßigen Prozessverlauf führt.

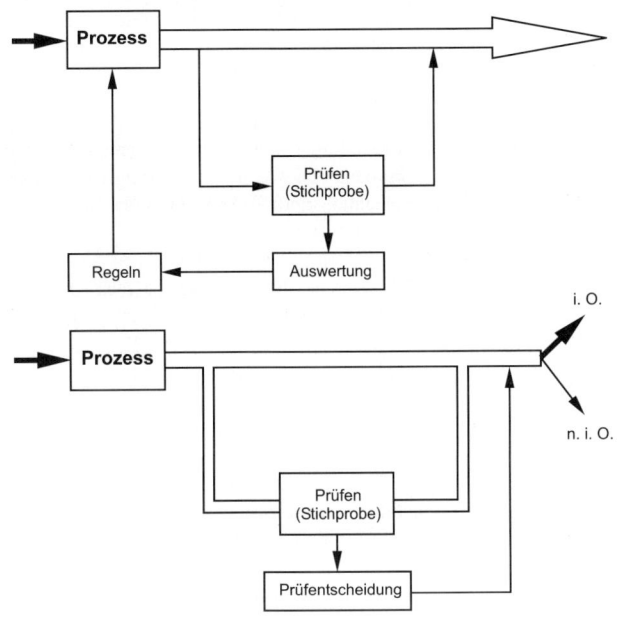

Bild 2.
Statistische Prozessregelung (SPC) und Statistische Qualitätsüberwachung (SQÜ) (Brunner/Wagner)

In diesem Zusammenhanghang wird von der standardisierten Normalverteilung, benannt nach dem Mathematiker Gauß, auch von der Gauß'schen Verteilung gesprochen.

Für die Funktion der standardisierten Verteilung gilt:

$$f(x) = \frac{1}{\sigma\sqrt{2\pi}}\, e^{\frac{(x-\mu)^2}{2\sigma^2}}$$

Darin sind μ der Mittelwert der Grundgesamtheit und σ die Standardabweichung der Funktion. Bei einer normal verteilten Stichprobe kann von der Stichprobe auf den Anteil der Grundgesamtheit, der innerhalb eines bestimmten Zufallsstreubereichs liegt, geschlossen werden.

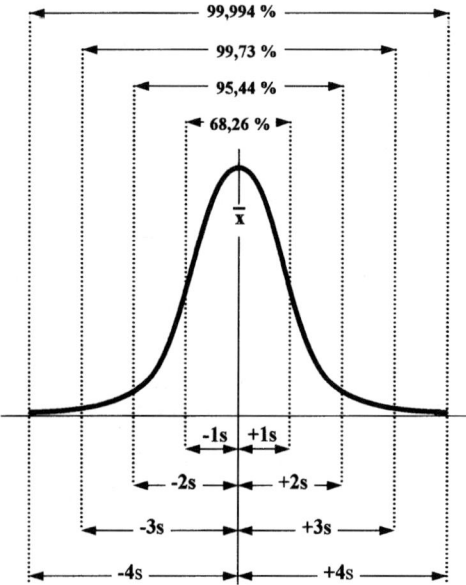

Bild 3. Standardisierte Normalverteilung (WEKA)

2.3 Qualitätsregelkarten (QRK)

Die Regelkartentechnik wurde von Walter Shewhart begründet. Sie basiert darauf, dass Mittelwerte nach dem zentralen Grenzwertsatz der Statistik auch dann annähernd normal verteilt sind, wenn die Einzelwerte keine gute Näherung an die Normalverteilung haben. Voraussetzung ist jedoch, dass der Stichprobenumfang $n \geq 5$ ist.

Bei den Regelkarten wird unterschieden nach attributiven und variablen Daten.

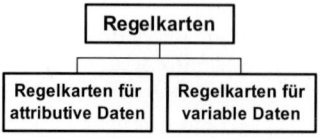

2.3.1 Qualitätsregelkarten für attributive Daten

Attributive Merkmale sind **Zähldaten** von **Fehlern** oder von **fehlerhaften Einheiten**. Man unter scheidet dabei lediglich zwischen folgenden qualitativen Angaben: gut/schlecht, brauchbar/nicht brauchbar, vorhanden/nicht vorhanden usw. Ermittelt wird jedoch die Streuung zwischen den Stichproben. Die Anwendung dieser Regelkarten ist sinnvoll, wenn keine Daten wie Länge, Durchmesser, Höhe, Masse usw. gemessen werden können. Zu dieser Art von Regelkarten zählen:

p-Karte: **Anteil der Fehler**
np-Karte: **Anzahl der fehlerhaften Teile**
c-Karte: **Anzahl der Fehler**
u-Karte: **Anzahl Fehler je Teil**

2.3.2 Qualitätsregelkarten für variable Daten

Variable Daten sind **Messdaten**. Hier werden Daten wie Länge, Höhe, Durchmesser, Masse oder Gewicht usw. erfasst und ausgewertet. Man verwendet oftmals zwei Karten und spricht deshalb von **zweispurigen Karten**. Zu diesen Regelkarten gehören:

$\bar{x}$- **R-Karte:**   **Mittelwert + Spannweite**
$\bar{x}$- **s-Karte:**   **Mittelwert + Standardabweichung**
$\tilde{x}$- **R-Karte:**   **Zentralwert + Spannweite**
X-R_m-Karte: **Einzelwert + veränderliche Spannweite (auch Urwert + gleitende Spannweite)**

In der oberen Spur werden **Durchschnittswerte** $\bar{x}$, **Zentralwerte** $\tilde{x}$ oder **Einzelwerte** X dargestellt. In der unteren Spur werden die **Spannweite** R oder die **Standardabweichung** s aufgetragen.

Für die Darstellung und Auswertung von variablen Merkmalen, die in Form von Messwerten vorliegen, sind die vorstehend genannten Qualitätsregelkarten gebräuchlich. Als Näherung an den wahren Prozessmittelwert dient hier der Median oder Zentralwert. Aus einem Vorlauf, der sich aufgrund von längeren Prozessbeobachtungen ergibt, wird der Mittelwert der Karten ermittelt. Die Warn- und Eingriffsgrenzen können berechnet, grafisch ermittelt oder aus Tabellen entnommen werden.

2.3.3 Regelkarten für Verfahrenstechnik und chemische Industrie

In der Verfahrenstechnik sind die Stichproben homogener (kleine Streuung), es können jedoch aber dafür größere Streuungen zwischen den Chargen auftreten. Deshalb müssen hier Regelkarten zur Anwendung kommen, die die Streuung zwischen den Stichproben (Chargen) zur Bestimmung der Einflussgrenzen berücksichtigen. Die Einzelwert-gleitende Spannweitenkarte $X - R_m$ nimmt hierauf Bezug. Dabei ist

$$R_m = \left| X_{i+1} - X_i \right| \text{ und } \overline{R_m} = \frac{(R_1 + R_2 + ... + R_{k-1})}{k-1}$$

und hat mit der üblichen Spannweite einer Einzelprobe nichts zu tun.

2.3.4 Cusum-Karte

Der Begriff Cusum ist die Abkürzung von kumulierten Summen. Cusum-Karten reagieren sehr empfindlich auf Schwankungen der Mittelwerte und werden eingesetzt, wenn bereits kleine Änderungen der Prozesslage wichtig sind.

2.3.5 Berechnung der Mittellinie, der Warn- und Eingriffgrenzen

Die Mittellinie, die Warn- und Eingriffsgrenzen können anhand von Tabellen, Diagrammen oder der den QRK zugrunde liegenden mathematischen Beziehungen berechnet werden.

Am Beispiel der Mittelwert/Spannweiten-Karte soll auf die prinzipielle Vorgehensweise eingegangen werden.

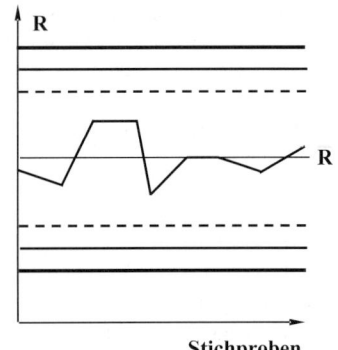

Bild 4. Mittelwert-Spannweite-Karte (WEKA)

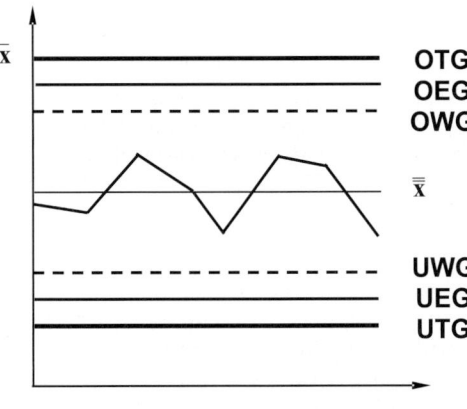

OTG:	obere Toleranzgrenze	UTG:	untere Toleranzgrenze
OEG:	obere Eingriffsgrenze	UEG:	untere Eingriffsgrenze
OWG:	obere Warngrenze	UWG:	untere Warngrenze

Die **Eingriffsgrenzen** sind **Regelgrenzen**. Kommt es zum Überschreiten der Eingriffsgrenzen, so muss korrigierend in den Prozess eingegriffen werden, um systematische Prozesseinflüsse auszuschalten bzw. entgegen zu wirken. Die innerhalb der Eingriffsgrenzen angeordneten **Warngrenzen**, die im Abstand ± 2σ vom Prozessmittelwert vereinfachend angenommen werden können, ergeben eine weitere Überwachungsmöglichkeit. Der Prozess muss beim Überschreiten der Warngrenzen genau beobachtet werden. Die Warngrenzen können, müssen aber nicht eingetragen werden; mitunter wird auf sie ganz verzichtet.

Die Berechnung von **Mittellinie** und **Eingriffsgrenzen** für **variable Daten** ist der Tabelle zu entnehmen.

Für die Berechnung der **Eingriffslinien** werden **Konstante** verwendet, die von der **Stichprobengröße** abhängig sind. Die **Konstanten** sind der **Tabelle** zu entnehmen.

Tabelle 1. Berechnung der Eingriffsgrenzen für variable Daten (WEKA)

Regelkarte	Stichproben-umfang	Mittellinie	Eingriffsgrenzen
$\bar{x}$-R-Karte	< 10 normalerweise 3 ... 5	$\bar{\bar{x}} = \dfrac{\left(\overline{x_1} + \overline{x_2} + ... + \overline{x_k}\right)}{k}$ $\bar{R} = \dfrac{\left(R_1 + R_2 + ... + R_k\right)}{k}$	$OEG_{\bar{x}} = \bar{\bar{x}} + A_2\bar{R}$ $UEG_{\bar{x}} = \bar{\bar{x}} - A_2\bar{R}$ $OEG_R = D_4\bar{R}$ $UEG_R = D_3\bar{R}$
$\bar{x}$-s-Karte	≥ 10	$\bar{\bar{x}} = \dfrac{\left(\overline{x_1} + \overline{x_2} + ... + \overline{x_k}\right)}{k}$ $\bar{s} = \dfrac{\left(s_1 + s_2 + ... + s_k\right)}{k}$	$OEG_{\bar{x}} = \bar{\bar{x}} + A_3\bar{s}$ $UEG_{\bar{x}} = \bar{\bar{x}} - A_3\bar{s}$ $OEG_s = B_4\bar{s}$ $UEG_s = B_3\bar{s}$

Regelkarte	Stichproben-umfang	Mittellinie	Eingriffsgrenzen
$\tilde{x}$ -R-Karte	< 10 normalerweise 3 ... 5	$$\bar{\tilde{x}} = \frac{\left(\tilde{x}_1 + \tilde{x}_2 + ... + \tilde{x}_k\right)}{k}$$ $$\bar{R} = \frac{\left(R_1 + R_2 + ... + R_k\right)}{k}$$	$OEG_{\bar{\tilde{x}}} = \bar{\tilde{x}} + A_4\,\bar{R}$ $UEG_{\bar{\tilde{x}}} = \bar{\tilde{x}} - A_4\,\bar{R}$ $OEG_R = D_6\,\bar{R}$ $UEG_R = D_5\,\bar{R}$
X-R_m-Karte	1	$$\bar{X} = \frac{\left(X_1 + X_2 + ... + X_k\right)}{k}$$ $$R_m = \left|\left(X_{i+1} - X_i\right)\right|;$$ $$R_m = \frac{\left(R_1 + R_2 + ... + R_{k-1}\right)}{k-1}$$	$OEG_X = \bar{X} + A_5\,\bar{R}_m$ $UEG_X = \bar{X} - A_5\,\bar{R}_m$ $OEG_{R_m} = B_6\,\bar{R}_m$ $UEG_{R_m} = B_5\,\bar{R}_m$

Tabelle 2. Konstanten für variable Daten (WEKA)

Stichproben-umfang n	$\bar{x}$ -R-Karte			$\bar{x}$ -s-Karte			
	A_2	D_3	D_4	A_3	B_3	B_4	C_4^*
2	1,880	0	3,267	2,659	0	3,267	0,7979
3	1,023	0	2,574	1,954	0	2,568	0,8862
4	0,729	0	2,282	1,628	0	2,266	0,9213
5	0,577	0	2,114	1,427	0	2,089	0,9400
6	0,483	0	2,004	1,287	0,030	1,970	0,9515
7	0,419	0,076	1,924	1,182	0,118	1,882	0,9594
8	0,373	0,136	1,864	1,099	0,185	1,815	0,9650
9	0,337	0,184	1,816	1,032	0,239	1,761	0,9693
10	0,308	0,223	1,777	0,975	0,284	1,716	0,9727

Stichproben umfang n	$\tilde{x}$ -R-Karte			X-R_m-Karte			
	A_4	D_5	D_6	A_5	B_5	B_6	C_5^*
2	-	0	3,267	2,659	0	3,267	1,128
3	1,187	0	2,574	1,772	0	2,574	1,693
4	-	0	2,282	1,457	0	2,282	2,059
5	0,691	0	2,114	1,290	0	2,114	2,326
6	-	0	2,004	1,184	0	2,004	2,534
7	0,509	0,076	1,924	1,109	0,076	1,924	2,704
8	-	0,136	1,864	1,054	0,136	1,864	2,847
9	0,412	0,184	1,816	1,010	0,184	1,816	2,970
10	-	0,223	1,777	0,975	0,223	1,777	3,078

* Die Werte C_4 und C_5 sind bei der Schätzung der Standardabweichung $\hat{\sigma}$ des Prozesses von Nutzen.

Zur Berechnung der **Mittellinie** und der **Eingriffsgrenzen** bei **Regelkarten** für **attributive Daten** gelten folgende Formeln:

Tabelle 3. Berechnung der Eingriffsgrenzen für attributive Daten (WEKA)

Regelkarte	Stichproben-umfang	Mittellinie	Eingriffsgrenzen
p-Karte	Variable normalerweise ≥ 50	Für jede Untergruppe $$p = \frac{n\,p}{n}$$ Für alle Untergruppen $$\bar{p} = \frac{n\,p}{n}$$	$$OEG_p = \bar{p} + 3\sqrt{\frac{\bar{p}(1-\bar{p})}{n}}$$ $$UEG_p = \bar{p} - 3\sqrt{\frac{\bar{p}(1-\bar{p})}{n}}$$
np-Karte	Konstant normalw. ≥ 50	Für jede Untergruppe np = Anzahl der Fehler Für alle Untergruppen $$n\bar{p} = \frac{n\,p}{k}$$	$$OEG_{np} = n\bar{p} + 3\sqrt{n\,p\,(1-\bar{p})}$$ $$UEG_{np} = n\bar{p} - 3\sqrt{n\,p\,(1-\bar{p})}$$
c-Karte	Konstant, $\bar{c} > 5$	Für jede Untergruppe $\bar{c}$ = Anzahl der Fehler Für alle Untergruppen $$\bar{c} = \frac{c}{k}$$	$$OEG_c = \bar{c} + 3\sqrt{\bar{c}}$$ $$UEG_c = \bar{c} - 3\sqrt{\bar{c}}$$
u-Karte	Variabel	Für jede Untergruppe $$u = \frac{c}{n}$$ Für alle Untergruppen $$\bar{u} = \frac{c}{n}$$	$$OEG_u = \bar{u} + 3\sqrt{\frac{\bar{u}}{n}}$$ $$UEG_u = \bar{u} - 3\sqrt{\frac{\bar{u}}{n}}$$

np = Anzahl fehlerhafter Teile n = Stichprobenumfang in jeder Untergruppe
c = Anzahl Fehler k = Anzahl der Untergruppen

2.3.6 Analyse von QRK

Die Qualitätsregelkarte stellt zwar den Prozessverlauf dar, aber der Verlauf muss noch interpretiert werden, um eine Aussage treffen zu können. Dies geschieht mithilfe vorgegebener Muster.

Tritt eine einseitige Häufung mit einer Folge von sieben Werten unterhalb bzw. oberhalb des Mittelwertes (Run) auf, so kann man davon ausgehen, dass ein systematischer Einfluss vorliegt. Gleiches gilt für Werte, die in eine Richtung laufen (Trend).

Der Prozess ist genau zu beobachten, wenn Werte außerhalb der Warngrenzen liegen, insbesondere dann, wenn sich die Werte auf die Eingriffsgrenzen weiter zu bewegen. Liegt nun ein Wert außerhalb der Eingriffsgrenzen, ist sofort einzugreifen, da sonst der Prozess nicht mehr beherrscht ist. In diesem Fall sind die systematischen Streuungseinflüsse abzustellen und die Eingriffsgrenzen neu festzulegen.

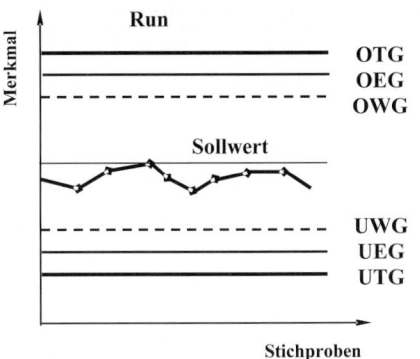

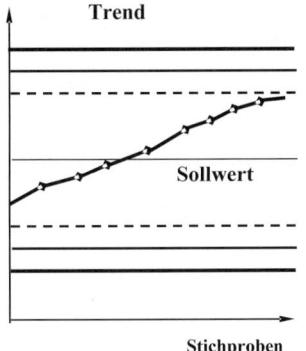

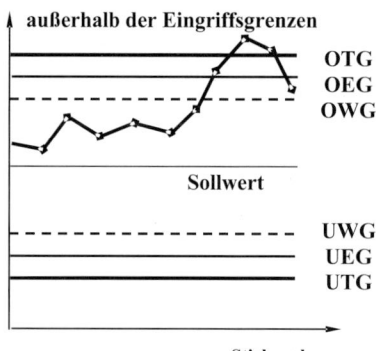

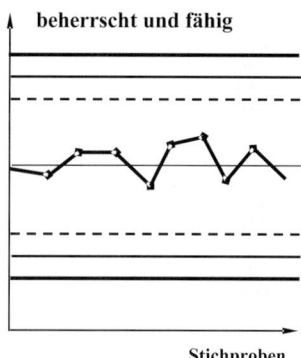

Bild 5. Grundmuster für QRK (Brunner/Wagner)

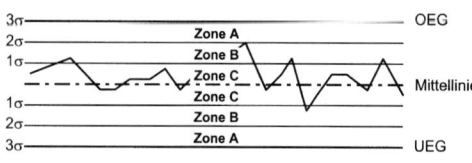

Ein **Prozess** wird als „**beherrscht**" bezeichnet, wenn
- die Eingriffsgrenzen nicht über- bzw. unterschritten werden und
- keine auffälligen Muster auftreten, wie sie nachfolgend dargestellt werden.

Nicht beherrschte Prozesse

Ausreißer
Punkt außerhalb der Eingriffslinien

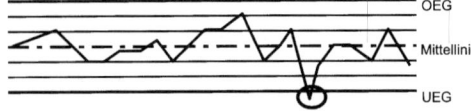

Lauf
Mindestens 8 aufeinander folgende Punkte auf der gleichen Seite

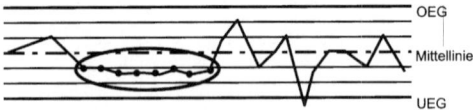

4er Lauf
4 von 5 aufeinander folgende Punkte liegen auf einer Seite der Mittellinie

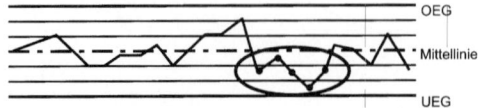

2er-Lauf im Außenbereich
2 von 3 aufeinander folgenden Punkten liegen in Zone A einer Seite

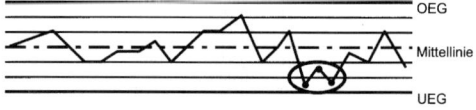

Innenbereich
15 Punkte in Reihe oder mehr als 68 % aller Punkte liegen in Zone C

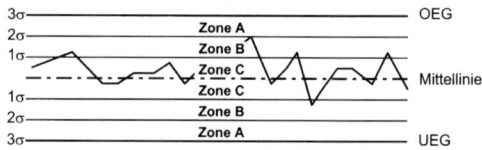

Trend
Sechs aufeinander folgende Punkte fallen bzw. steigen

Alternation
Zwischen 14 aufeinander folgende Punkte findet abwechselnd Steigen und Fallen statt

Zyklus
wiederkehrende Folge

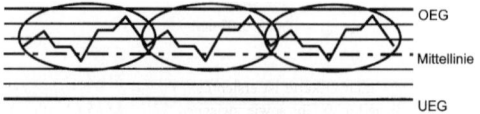

Bild 6. Muster für QRK (WEKA)

■ **Beispiel**

Ein Maschinenbauunternehmen verlangt vertraglich von seinem Zulieferer, dass die Produkte einer Qualitätskontrolle unterzogen werden. Bei der letzten Überprüfung wird festgelegt, dass der Schaftdurchmesser eines Bolzens Ø 50 ± 0,08 mm mithilfe der SPC überwacht werden soll. Als Bezugswerte für die Regelkarten und die Ermittlung der Eingriffsgrenzen wurden die Toleranzmitte als Sollwert und eine maximale Standardabweichung $s = 0,02$ mm festgelegt. Die Stichproben sollen halbstündlich mit einer Stichprobenzahl $n = 5$ entnommen werden. Die SPC hat Folgendes ergeben:

Werten Sie das Ergebnis in Form einer **Mittelwert-/Standardabweichungskarte** aus. Die **Eingriffsgrenzen** sind zu berechnen.

Zeit	Stichproben				
7.00	50,019	50,002	50,005	50,008	50,008
7.30	50,005	50,016	50,009	50,015	50,008
8.00	50,015	50,015	50,009	50,016	50,009
8.30	50,016	50,013	50,012	50,009	50,012
9.00	50,005	50,008	50,013	50,006	50,008
9.30	49,986	49,988	49,990	49,992	49,995
10.00	50,016	50,012	50,006	50,009	50,008
10.30	50,018	50,002	50,016	50,015	50,009
11.00	50,019	50,016	50,015	50,009	50,008
11.30	50,019	50,015	50,018	50,021	50,016
12.00	49,990	49,989	49,987	49,993	49,997
12.30	50,018	50,024	50,025	50,026	50,026
13.00	50,023	50,025	50,025	50,023	50,023
13.30	50,034	50,036	50,028	50,038	50,045
14.00	50,056	50,046	50,043	50,039	50,042

Zeit	Stichproben							
	m_i	n_1	n_2	n_3	n_4	n_5	$\overline{x}_{m_i}$	s_{mi}
7.00	1	50,019	50,002	50,005	50,008	50,008	50,008	0,0064
7.30	2	50,005	50,016	50,009	50,015	50,008	50,011	0,0047
8.00	3	50,015	50,015	50,009	50,016	50,009	50,013	0,0035
8.30	4	50,016	50,013	50,012	50,009	50,012	50,012	0,0025
9.00	5	50,005	50,008	50,013	50,006	50,008	50,008	0,0031
9.30	6	49,986	49,988	49,990	49,992	49,995	49,990	0,0035
10.00	7	50,016	50,012	50,006	50,009	50,008	50,010	0,0039
10.30	8	50,018	50,002	50,016	50,015	50,009	50,012	0,0065
11.00	9	50,019	50,016	50,015	50,009	50,008	50,013	0,0047
11.30	10	50,019	50,015	50,018	50,021	50,016	50,018	0,0024
12.00	11	49,990	49,989	49,987	49,993	49,997	49,991	0,0039
12.30	12	50,012	50,018	50,021	50,022	50,025	50,020	0,0049
13.00	13	50,023	50,025	50,025	50,023	50,023	50,024	0,0011
13.30	14	50,034	50,036	50,028	50,038	50,045	50,036	0,0062
14.00	15	50,056	50,046	50,043	50,039	50,042	50,045	0,0065
							$\overline{\overline{x}} = 50,014$	$\overline{s} = 0,0043$

Berechnung von $\overline{x}_{m_i} = \dfrac{\sum_{i=1}^{5} n_i}{5} = \dfrac{n_1 + n_2 + n_3 + n_4 + n_5}{5}$

Berechnung von $\overline{\overline{x}} = \dfrac{1}{15} \sum_{i=1}^{15} \overline{x}_{m_i}$

Standardabweichung $s_{m_i} = \sqrt{\dfrac{1}{n-1} \sum_{i=1}^{5} \left(x_{m_i} - \overline{x}_{m_i}\right)^2}$

Mittelwert der Standardabweichung $\overline{s} = \dfrac{1}{15} \sum_{i=1}^{15} s_{m_i}$

Berechnung der Eingriffsgrenzen

Toleranzmitte TM = 50,00 mm entspricht $\overline{\overline{x}}_{\text{Vorlauf}}$

Standardabweichung s = 0,02 mm entspricht $\overline{s}_{\text{Vorlauf}}$

Konstanten gemäß Tabelle 2 für $n = 5$:
$A_3 = 1,427; B_3 = 0; B_4 = 2,089$

$OEG_{\overline{x}} = \overline{\overline{x}}_{\text{Vorlauf}} + A_3 \cdot \overline{s}_{\text{Vorlauf}} = 50,00\,\text{mm} +$
$+ 1,427 \cdot 0,02\,\text{mm} = \underline{\underline{50,0285\,\text{mm}}}$

$UEG_{\overline{x}} = \overline{\overline{x}}_{\text{Vorlauf}} - A_3 \cdot \overline{s}_{\text{Vorlauf}} = 50,00\,\text{mm} -$
$- 1,427 \cdot 0,02\,\text{mm} = \underline{\underline{49,9715\,\text{mm}}}$

$OEG_s = B_4 \cdot \overline{s}_{\text{Vorlauf}} = 2,089 \cdot 0,02\,\text{mm} = \underline{\underline{0,0418\,\text{mm}}}$

$UEG_s = 0$

Aus der Mittelwertkarte ist ersichtlich, dass die Werte zwischen 7.00 Uhr und 9.30 Uhr sowie zwischen 9.30 Uhr und 12.00 Uhr zyklisch verlaufen. Danach ist ein Trend festzustellen, wobei die letzten beiden Werte die obere Eingriffsgrenze überschritten ha-

ben. Es ist rechtzeitig einzugreifen. Die Standardabweichungskarte hingegen zeigt keine Auffälligkeiten.

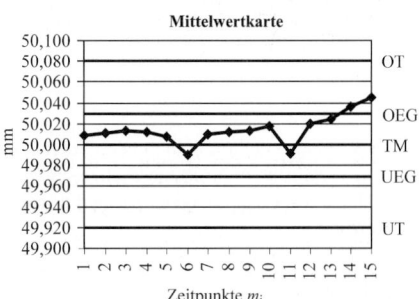

Mittelwertkarte

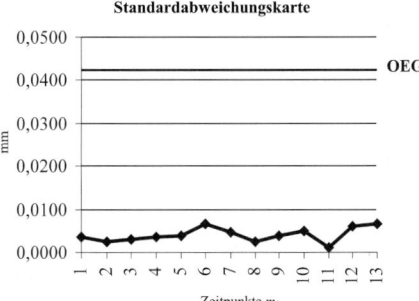

Standardabweichungskarte

2.4 Prozessfähigkeitsuntersuchung PFU

Ein Produkt soll die geforderten Qualitätsansprüche erfüllen. Mithilfe der **Prozessfähigkeit** und der daraus ermittelten Kennzahlen können die Eigenschaften eines Prozesses beurteilt werden. Die Kennzahlen geben an, mit welcher Sicherheit der Prozess Teile erzeugt, die innerhalb der geforderten Spezifikation liegen. Die **Prozessbeherrschung** ist jedoch Voraussetzung für die Ermittlung der Fähigkeitskennzahlen. Einen Prozess bezeichnet man als beherrscht, wenn er einen zufallsverteilten Verlauf besitzt und keine besonderen oder systematischen Einflüsse auftreten. Festgestellt wird dies bei einer **Prozessvorlaufuntersuchung** anhand einer Stichprobenprüfung (10 Stichproben a 5 Teile, Prüfung auf Normalverteilung). Es ergibt sich folgender prinzipieller Zusammenhang:

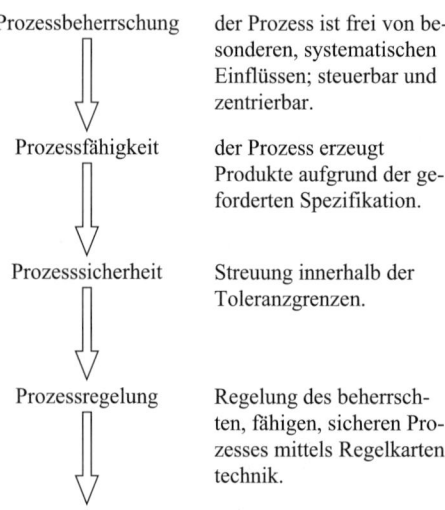

Prozessbeherrschung	der Prozess ist frei von besonderen, systematischen Einflüssen; steuerbar und zentrierbar.
Prozessfähigkeit	der Prozess erzeugt Produkte aufgrund der geforderten Spezifikation.
Prozesssicherheit	Streuung innerhalb der Toleranzgrenzen.
Prozessregelung	Regelung des beherrschten, fähigen, sicheren Prozesses mittels Regelkartentechnik.

Der Einsatz einer gut funktionierenden Regelkartentechnik zur Ermittlung von Prozessbeherrschung und Prozessfähigkeit im Unternehmen ist eine unbedingte Voraussetzung.

2.4.1 Fähigkeitsuntersuchung

Es gibt vier Möglichkeiten von Fähigkeitsuntersuchungen:

1. Kurzzeitfähigkeitsuntersuchung oder **Maschinenfähigkeitsuntersuchung,**

2. Vorläufige Prozessfähigkeitsuntersuchung.
Durchgeführt werden beide bei der Abnahme von Maschinen und Anlagen, Prozessvorläufen, Pilot- und Vorserien.

3. Langzeitprozessfähigkeitsuntersuchung, sie wird unter normalen Serien- und Prozessbedingungen durchgeführt.

4. Prüfmittelfähigkeitsuntersuchung.
Die Vorgehensweise und Berechnung ist bei den Fähigkeitsuntersuchungen gleich. Unterschiede bestehen lediglich in der Anzahl der zu untersuchenden Teile, dem Untersuchungszeitraum sowie dem Erfüllungsgrad.

Die Kurzzeitfähigkeits- oder Maschinenfähigkeitsuntersuchung liefert eine erste Aussage über die Eignung von Maschinen und Anlagen, sie sollte direkt beim Hersteller durchgeführt werden.

Die vorläufige Prozessfähigkeitsuntersuchung verfolgt zwei Ziele. Erstens dient sie als **Verlaufsuntersuchung** zur Feststellung der Prozessbeherrschbarkeit. Zweitens, nach der Beseitigung aufgetretener systematischer Einflüsse wird sie zur Abschätzung der zu erwartenden Langzeit-Prozessfähigkeit herangezogen. Die **Qualitätsregelkartentechnik** beginnt mit der Vorlaufuntersuchung.

Zur Beurteilung des laufenden Prozesses dient die Langzeit-Prozessfähigkeitsuntersuchung, die sich über einen definierten Zeitraum erstreckt, um alle Streuungseinflüsse des Prozesses zu erfassen.

2.4.1.1 Ermittlung der Kennwerte

Zur Ermittlung der Prozessfähigkeit müssen aus genügend vielen Einzelstichproben die Mittelwerte und Spannweiten erfasst und daraus die Prozesskennwerte $\overline{\overline{x}}, \overline{R}, \overline{s}$ berechnet werden. Der Schätzwert der Streuung der Grundgesamtheit – also der Prozessstreuung – ist aus den Standardabweichungen der Stichproben $\overline{s}$, wie folgt zu ermitteln:

$$\hat{\sigma} = \sqrt{\overline{s}^2}$$

Bei einem Einzelstichprobenumfang von fünf Messwerten gilt mit hinreichender Genauigkeit für die Prozessstreuung die Beziehung

$$\hat{\sigma} = 0,4\,\overline{R}$$

mit $\overline{R}$ = mittlere Spannweite aller Einzelstichproben. Die **Prozessfähigkeit** c_p lässt sich als Verhältnis der vorgegebenen Toleranzbreite zur Prozessstreuung ermitteln.

$$\hat{\sigma} = \frac{T}{6\,\hat{\sigma}} = \frac{OGW - UGW}{6\,\hat{\sigma}}$$

Die Lage des Mittelwertes aller Einzelstichproben gegenüber den vorgegebenen Toleranzgrenzen berücksichtigt der **Prozessfähigkeitskennwert** c_{pk}.

$$c_{pk} = \frac{Z_{krit}}{3\,\hat{\sigma}}$$

Z_{krit} = kleinster Abstand von der Toleranzgrenze zu $\overline{\overline{x}}$.

Grundlagen zur Ermittlung der Prozessfähigkeitskennwerte:

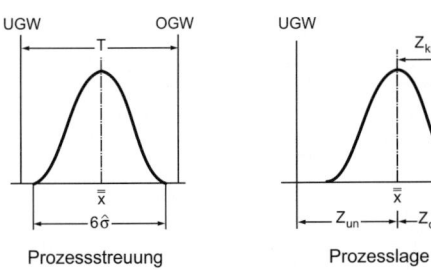

Bild 7. Ermittlung der Prozessfähigkeitskennwerte (Brunner/Wagner)

Prozessfähigkeit (capability process) c_p
$c_p = \dfrac{\text{vorgegebene Toleranz}}{\text{Prozessstreuung}}$
$c_p = \dfrac{T}{6\sigma} \quad T = OGW - UGW$
Prozessfähigkeitskennwert c_{pk}
$c_{pk} = \dfrac{\text{kleinster Abstand von } \overline{\overline{x}} \text{ zur Toleranzgrenze}}{\text{halbe Prozessstreuung}}$
$c_{pk} = \dfrac{Z_{krit}}{3\sigma}$
$Z_{krit} \triangleq \text{kleinster Wert aus} \begin{Bmatrix} Z_{ob} = OGW - \overline{\overline{x}} \\ Z_{un} = \overline{\overline{x}} - UGW \end{Bmatrix}$

2.4.1.2 Durchführung der Prozessfähigkeitsuntersuchung (PFU)

Schritte der PFU

- Merkmale und Messmittel auswählen
- Vorlaufuntersuchung durchführen
- Systematische oder spezielle Einflüsse abstellen
- Test auf Normalverteilung
- Stichprobenplanung und -durchführung
- $\overline{x}$, s, R, $\overline{\overline{x}}$, $\overline{s}$, $\overline{R}$, $\hat{\sigma}$ ermitteln
- Fähigkeitsindizes c_p, c_{pk} berechnen
- $c_p \geq 1{,}33$; $c_{pk} \geq 1{,}33$: Prozess ist fähig
- $c_p \geq 1{,}33$; $c_{pk} < 1{,}33$: Prozess zentrieren und damit fähig machen

Die Vorgehensweise ist bei allen drei Prozessfähigkeitsuntersuchungen mit Ausnahme der Stichprobenplanung gleich.
Die Fähigkeitsindizes haben jedoch unterschiedliche Bezeichnungen.

Kurzzeitfähigkeit: c_m, c_{mk}
vorläufige Prozessfähigkeit: p_p, p_{pk}
Langzeit-Prozessfähigkeit: c_p, c_{pk}

2.4.1.3 Stichprobenumfang und Vertrauensbereich

Die Kurzzeit- oder Maschinenfähigkeitsuntersuchung umfasst 50 hintereinander gefertigte Teile die auf

zehn Stichproben aufgeteilt, zeitlich nacheinander bearbeitet werden.
Bei einer vorläufigen Prozessfähigkeitsuntersuchung sind 20 Stichproben mit mindestens drei Teilen in zeitlich gleichmäßigen Abständen zu bearbeiten.
Die Langzeit-Prozessfähigkeitsuntersuchung soll sich auf einen Beobachtungszeitraum von mindestens 20 Produktionstagen beziehen und 25 Stichproben zu je fünf Teilen umfassen. Darüber hinaus sollen sie in einem Abstand von ein bis zwei Monaten regelmäßig wiederholt werden, dabei können auch Daten aus laufenden Regelkarten zur Fähigkeitsermittlung herangezogen werden.
Da Mittelwert und Standardabweichung der Prozessstreuung nur Schätzwerte sind, gilt dies auch für die Prozessfähigkeitskennzahlen c_p und c_{pk}. Die wahren Werte unterliegen einer Zufallsstreuung.
Daher ist ein Vertrauensbereich festzulegen, der mit einer Aussagewahrscheinlichkeit von 99 % die wahren Werte von c_p bzw. c_{pk} ergibt.

Stichprobe	99%-Vertrauensbereich
1 Stichprobe des Umfangs $n = 50$:	$0{,}75\, c_m \leq c_m \leq 1{,}26\, c_m$
25 Stichproben des Umfangs $n = 5$:	$0{,}82\, c_p \leq c_p \leq 1{,}18\, c_p$

Tabelle 5. Zufallsstreuung von c_m bzw. c_p bei 99%-Vertrauensbereich (Brunner/Wagner)

Die Vertrauensbereiche für c_{mk} bzw. c_{pk} sind sogar noch etwas größer!
Daraus leitet sich die Erkenntnis ab, dass $c_{pk} \geq 1{,}33$ eine Minimalforderung ist, wenn der Prozess als fähig beurteilt werden soll, und dass der Gesamtstichprobenumfang einer Langzeit-Prozessfähigkeitsuntersuchung nicht unter 125 Teilen liegen soll.

■ **Beispiel**

Im Rahmen einer Maschinenfähigkeitsuntersuchung an einer Drehmaschine wurden für die Fertigung von Bolzen aus E 360 folgende Werte gemessen:

Zeit	Stichproben				
7.00	50,019	50,002	50,005	50,008	50,008
8.00	50,005	50,016	50,009	50,015	50,008
9.00	50,015	50,015	50,009	50,016	50,009
10.00	50,016	50,013	50,012	50,009	50,012
11.00	50,005	50,008	50,013	50,006	50,011
12.00	50,016	50,018	50,015	50,002	50,016
13.00	50,016	50,012	50,006	50,009	50,008
14.00	50,018	50,002	50,016	50,015	50,009
15.00	50,019	50,016	50,015	50,009	50,008
16.00	50,019	50,023	50,018	50,021	50,016

Sollwerte 50 ± 0,05 mm; TM = 50,00 mm; OT = 50,05 mm; UT = 49,95 mm

Weitere Daten:
Maschinenbezeichnung: CNC-Drehmaschine 008
Schneidwerkstoff: HMW, $\kappa = 70°$
Werkstoff: E 360
Einstellwerte: $v_c = 212$ m/min
$\qquad\qquad\quad\; f = 0{,}25$ mm

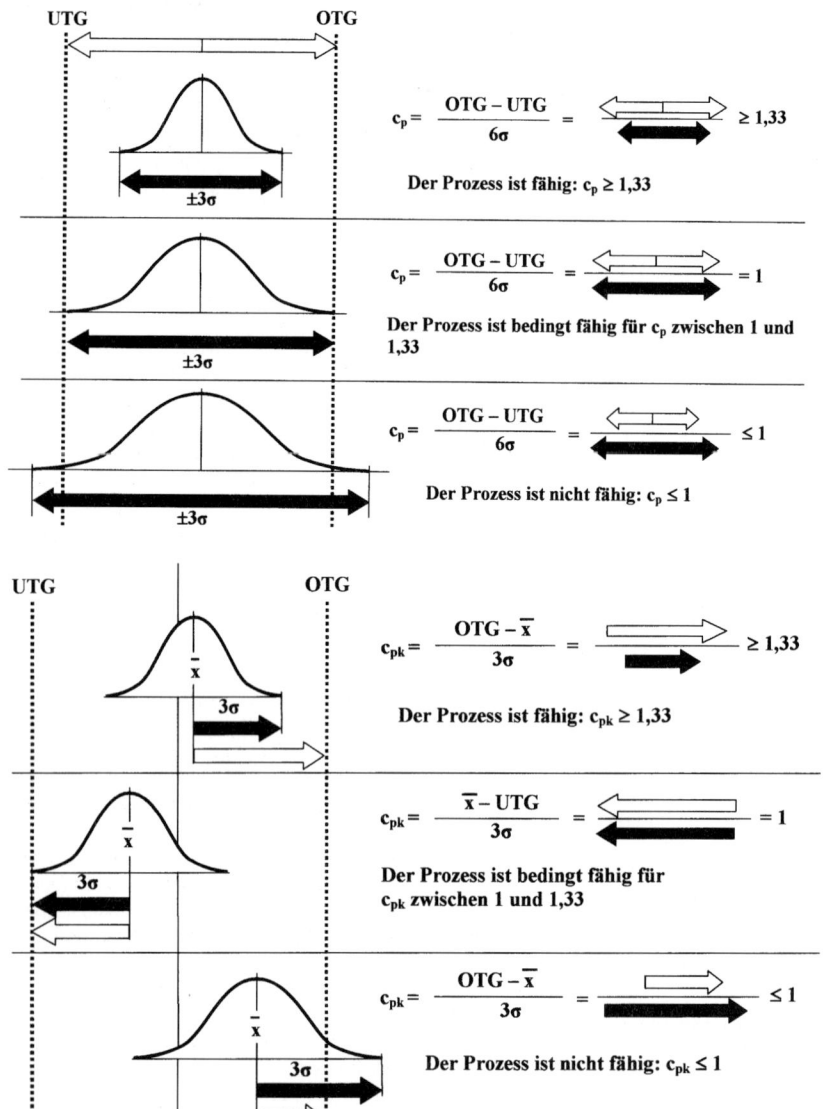

Bild 8. Darstellung und Beurteilung verschiedener PFU-Kennzahlen (WEKA)

Zeit	Stichproben						$\overline{x}_{m_i}$	s_{mi}
	m_i	n_1	n_2	n_3	n_4	n_5		
7.00	1	50,019	50,002	50,005	50,008	50,008	50,0084	0,00643
8.00	2	50,005	50,016	50,009	50,015	50,008	50,0106	0,00472
9.00	3	50,015	50,015	50,009	50,016	50,009	50,0128	0,00349
10.00	4	50,016	50,013	50,012	50,009	49,997	50,0094	0,00737
11.00	5	50,005	50,008	50,013	49,999	50,008	50,0066	0,00513
12.00	6	49,998	50,002	50,008	50,012	50,016	50,0072	0,00729
13.00	7	50,016	50,012	50,006	50,009	50,008	50,0102	0,00390
14.00	8	50,018	50,002	50,016	50,015	50,009	50,0120	0,00652
15.00	9	50,019	50,016	50,015	50,009	50,008	50,0134	0,00472
16.00	10	50,019	50,015	49,996	49,999	50,016	50,0090	0,01065
							$\overline{\overline{x}} = 50,010$	$\overline{s} = 0,00602$

Soll-Werte:

UGW:	49,95	OGW:	50,05	T:	0,1	TM:	50,00

Berechnung der Maschinenfähigkeitskennzahlen:

$$c_m = \frac{T}{6 \cdot s} = \frac{OGW - UGW}{6 \cdot s} = \frac{50,05 - 49,95}{6 \cdot 0,00602} = 2,77 \geq 1,33$$

$$c_{mk1} = \frac{\overline{x} - UGW}{3 \cdot s} = \frac{50,01 - 49,95}{3 \cdot 0,00602} = \frac{0,06}{3 \cdot 0,00602} = 3,32 \geq 1,33$$

$$c_{mk2} = \frac{OGW - \overline{x}}{3 \cdot s} = \frac{50,05 - 50,01}{3 \cdot 0,00602} = \frac{0,04}{3 \cdot 0,00602} = 2,21 \geq 1,33$$

Ist-Werte:

Mittelwert $\overline{x}$	50,010	s	0,00602
x_{min}	49,996	x_{max}	5,019
Spannweite R		0,23	
6σ-Bereich von	49,992	bis	50,028
Maschinenfähigkeit c_m	2,77	c_{mk1}	3,32	c_{mk2}	2,21

Ergebnis: Die Maschinenfähigkeit ist gegeben!

2.4.1.4 Sichere, stabile Null-Fehler-Fertigung

Beherrschte und fähige Prozesse mit einem gründlichen Nachweis der Beherrschbarkeit der Prozessfähigkeit können als sichere, stabile Prozesse gelten. Aus diesem Grund werden folgende Richtwerte – ausgehend von der Automobil- und Elektronikindustrie – gefordert:

Fähigkeitskennzahlen	Prozessstreuung innerhalb der Toleranz
Maschinenfähigkeit $c_{mk} \geq 1,67$	$\pm 5\sigma$
Vorläufige Prozessfähigkeit $p_{pk} \geq 1,67$	$\pm 5\sigma$
Langzeit-Prozessfähigkeit $p_{pk} \geq 1,33$	$\pm 4\sigma$
Null-Fehlerfertigung $c_{pk} \geq 2$	$\pm 6\sigma$

Tabelle 6. Richtwerte für Fähigkeitskennzahlen (Brunner/Wagner)

Die höheren Werte für c_{mk} und p_{pk} leiten sich von den geringeren Stichprobenumfängen und Betrachtungszeiträumen ab. Eine sichere Null-Fehler-Fertigung wird mit dem **Sechs-Sigma-Management** angestrebt.

2.4.2 Null-Fehler- oder Sechs-Sigma-Management

Ein Null-Fehler-Management bedeutet, die Fehler drastisch zu minimieren um möglichst nahe an die Zielwerte heranzukommen. Für ein Null-Fehler-Management gelten folgende Voraussetzungen:

1. Die konsequente, durchgehende Anwendung des innerbetrieblichen Kunden-Lieferanten-Prinzips von Bereich zu Bereich. Dieses soll Prinzip gewährleisten, dass jeder Bereich dem nachfolgenden Bereich die richtige Menge zum richtigen Zeitpunkt mit Null-Fehler anliefert.
2. Ein zuverlässig verfügbarer und fähiger Maschinen- und Anlagenbestand.
3. Ein konsequent in allen Bereichen durchgeführtes Qualitätsmanagementsystem.

Auf der Grundlage dieser Voraussetzungen sollte jeder Mitarbeiter zusätzlich motiviert sein, kleine Fehlerquellen in seinem Arbeitsbereich zu eliminieren. Darüber hinaus sind für typische Wiederholfehlhandlungen Vermeidungsmechanismen (**Poka Yoke**) einzuführen, um einen Null-Fehleranteil von unter 40 ppm zu erreichen. Die Vorarbeit zu einem Null-Fehler-Management kann mit einem umfangreichen Ursache-Wirkung-Diagramm (Ishiwaka-Diagramm) zur Erfassung von Fehlerquellen erfolgen.

Mittlerweile wurde ein weiterer Schritt vollzogen, in dem eine Verbesserung über die Null-Fehler hinaus angestrebt wird. Das heißt, man gibt sich nicht mit der Einhaltung der Toleranzgrenzen zufrieden – was nach dem bisherigen Verständnis Null-Fehler bedeutet –, sondern innerhalb der Toleranzgrenzen sind die Zielwerte zu erreichen.

Das von Motorola entwickelte 6 Sigma-Management geht einen ähnlichen Weg in Richtung Null-Fehler und der Streuungsminimierung um den Zielwert. Die hier zugrunde gelegte Normalverteilung soll die Toleranzgrenzen erst bei 6 Sigma erreichen. Der rechnerische Fehleranteil liegt dann bei 0,002 ppm. Selbst bei gut zentrierten Prozessen treten laufend Schwankungen um den Mittelwert auf. Der Fehleranteil erhöht sich auf 3,4 ppm, wenn die Schwankungsausschläge mit 1,5 Sigma angenommen werden. Für eine praktische Fehlerfreiheit ist daher ein Prozess mit 6 Sigma Gutanteil innerhalb der Toleranzbreite (was einer Prozessfähigkeit von $c_{pk} = 2$ entspricht) notwendig. Das eigentliche Null-Fehler-Management beginnt bei $c_{pk} = 2$ und wird erst bei Werten darüber sicher. Das Qualitätsmanagement spielt sich, wie schon gesagt, innerhalb der Toleranzgrenzen ab! Das Null-Fehler-Management ist heute die Standardforderung gegenüber den Zulieferanten!

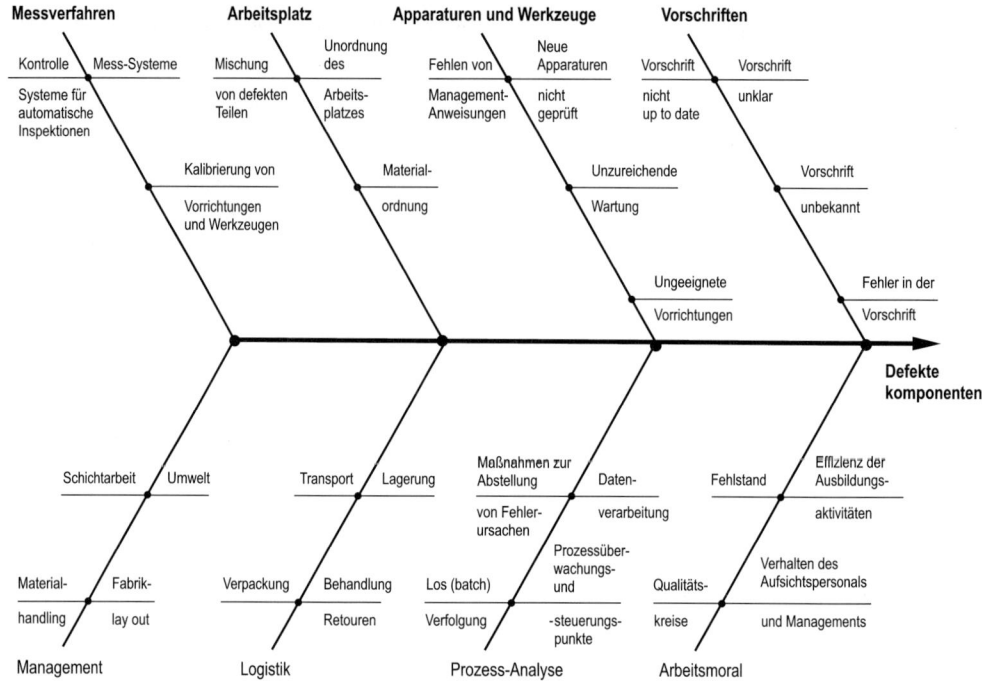

Bild 9. Ishikawa-Diagramm für ein Null-Fehler-Ziel (Brunner/Wagner)

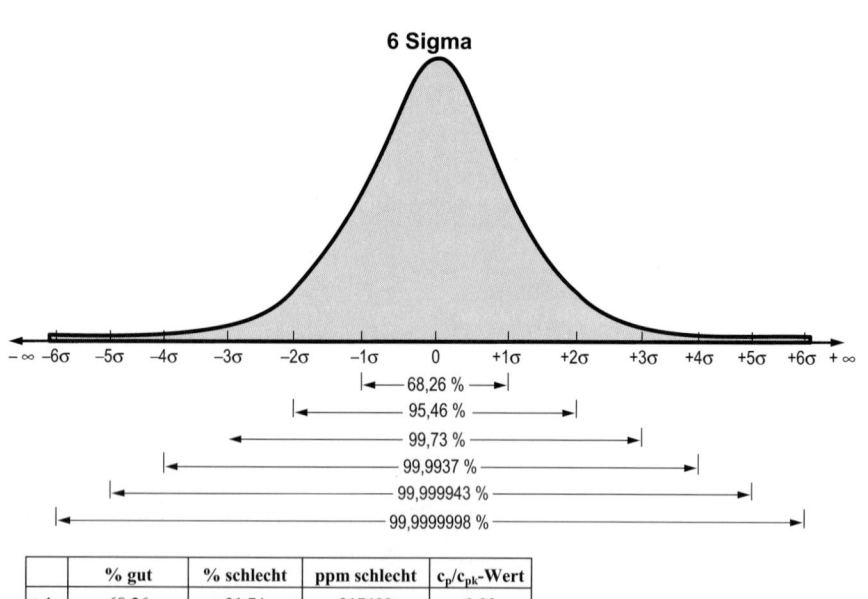

	% gut	% schlecht	ppm schlecht	c_p/c_{pk}-Wert
± 1σ	68,26	31,74	317400	0,33
± 2σ	95,46	4,54	45400	0,67
± 3σ	99,73	0,27	2700	1,00
± 4σ	99,9937	0,0063	63	1,33
± 5σ	99,99943	0,000057	0,57	1,67
± 6σ	99,9999998	0,0000002	0,002	2,00

$c_p/c_{pk} = 1{,}33$ (DGQ)
$c_p/c_{pk} = 1{,}67$ (Q 101, Ford)
$c_p/c_{pk} = 2{,}00$ (Motorola)

Bild 10. Streungsmaß Sigma, Schlechtanteile und c_p/c_{pk}-Wert (Brunner/Wagner)

Das Sechs-Sigma-Management ist ein langfristig angelegtes, strategisches Verbesserungskonzept für alle Unternehmensbereiche, mit deren Hilfe sich die Kosten und Umsätze verbessern lassen.

Literatur

Brunner/Wagner: *Taschenbuch Qualitätsmanagement.* München Wien: Carl Hanser Verlag , 2004

Dietrich/Schulze: *Statistische Verfahren zur Maschinen- und Prozessqualifikation.* München Wien: Carl Hanser Verlag, 2005

Geiger H./Kotte: *Handbuch Qualität.* Wiesbaden: Vieweg Verlag, 2005

Gaefen/Richter: *Lernziel Qualität.* Berlin: Cornelsen Girardet, 1997

Hering/Triemel/Blank: *Qualitätsmanagement für Ingenieure.* Berlin: Springer, 2003

Kamiske/Umbreit: *Qualitätsmanagement.* Fachbuchverlag Leipzig, 2001

Masing: *Handbuch Qualitätsmanagement.* München Wien: Carl Hanser Verlag, 1994

Linss: *Qualitätsmanagement für Ingenieure.* Fachbuchverlag Leipzig, 2002

Linss: *Training Qualitätsmanagement.* Fachbuchverlag Leipzig, 2003

Linss: *Statistiktraining im Qualitätsmanagement.* Fachbuchverlag Leipzig, 2006

Pfeifer: *Qualitätsmanagement.* München Wien: Carl Hanser Verlag, 2001

Voigt: *Qualitätssicherung – Qualitätsmanagement.* Hamburg: Handwerk und Technik, 2001

WEKA: *Schulungspaket ISO 9000:2000.* Augsburg, 2003

WEKA: *Schulungspaket QM-Methoden.* Augsburg, 2003

T Produktionslogistik

Jürgen Bauer

1 Grundlagen der Produktionslogistik

1.1 Strategische Bedeutung

Die Produktionslogistik befasst sich mit der Planung und Steuerung der Waren- und Informationsflüsse im Unternehmen. Sie ist eingebettet in eine umfassende Lieferkette (Supply Chain), bestehend aus Beschaffungs-, Produktions- und Vertriebslogistik. (Bild 1).

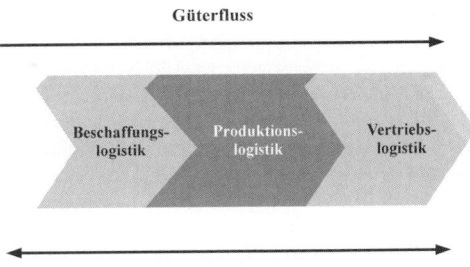

Güterfluss

Informationsfluss

Bild 1. Produktionslogistik in der Lieferkette

Die Produktionslogistik ist eine wesentliche Voraussetzung für den Unternehmenserfolg. Aus der **Finanzperspektive** (vgl. Kaplan/Norton 1996) des Unternehmens fördert eine effektive Produktionslogistik wichtige Erfolgsgrößen im Unternehmen wie

- Unternehmensgewinn
- Kapitalrendite
- Liquidität.

Aus der **Kundenperspektive** beeinflusst sie die Erfolgsgrößen

- Kundenbindung
- Kundenzufriedenheit
- Neukundengewinnung.

Aus der Sicht der am **Produktionsprozess** beteiligten Mitarbeiter und Mitarbeiterinnen hat sie wesentlichen Einfluss auf die

- Arbeitszufriedenheit
- Motivation.

Es ist das Bestreben der Produktionslogistik, diesen Erfolgsbeitrag durch effiziente Steuerung und Kontrolle der Abläufe zu sichern. Eine Schlüsselrolle kommt dabei der betrieblichen Informationstechnik, insbesondere den Softwaresystemen zur Produktionslogistik zu.

1.2 Hauptaufgaben und Ziele der Produktionslogistik

Welches sind die Hauptaufgaben der Produktionslogistik? (Bild 2).

Bild 2. Hauptaufgaben der Produktionslogistik

Die **Programmplanung** stellt aus einem gegebenen Produktsortiment die monatlich bzw. jährlich zu fertigenden Produktmengen zusammen. Dies erfolgt in enger Zusammenarbeit mit dem Vertrieb. Die **Materialplanung** sorgt für die Lagerung und Bereitstellung der benötigten Materialien (Baugruppen, Einzelteile, Rohstoffe). Die **Terminplanung** ermittelt Liefer- und Fertigungstermine im Produktionsvollzug. Aufgabe der **Kapazitätsplanung** ist die Verwaltung und Abstimmung der Kapazitätsbelegung der Betriebsmittel. Die **Rückmeldung** der Betriebsdaten dient der laufenden Werkstattsteuerung durch Betriebsdatenerfassung (BDE) und sorgt für die Transparenz des Betriebsgeschehens und der Fertigungsprozesse. **Logistikcontrolling** befasst sich mit der Planung und Überwachung der Produktionsabläufe im Hinblick auf deren Optimierungsziele.

Die Aufgaben werden in Kapitel 2 näher beschrieben.

Der geforderte Erfolgsbeitrag der Produktionslogistik aus Finanz-, Kunden- und Prozesssicht erfordert handhabbare Ziele für die Logistiker und Produktionsmitarbeiter vor Ort, die einerseits prozessgeeignet, andererseits auch strategisch kompatibel (verträglich) sind.

Eine effektive, an den genannten Erfolgsfaktoren ausgerichtete Produktionslogistik strebt ein Bündel von Zielen an, die sich in Zeit-, Mengen- und Finanzziele strukturieren lassen (Bild 3):

Wegen der fundamentalen Bedeutung für den Unternehmensbestand haben Finanzziele Vorrang vor den Zeit- und Mengenzielen. *Beispiel: Massnahmen zur*

Termineinhaltung für einen kleineren Kunden sind dann nicht sinnvoll, wenn dabei unangemessen hohe Kosten, z. B. durch hohe Überstundenzuschläge entstehen, die in keinem Verhältnis zum Kundenprofit stehen. Oder die Lieferfähigkeit wird durch einen sehr hohen Lagerbestand erkauft, dessen Kosten auf dem Markt nicht zurückverdient werden.

Ziele der Produktionslogistik		
Zeit	**Mengen**	**Finanzen**
Durchlaufzeit reduzieren	Bestände reduzieren	Kapitalrendite erhöhen
Termineinhaltung gewährleisten	Servicegrad erhöhen	Deckungsbeitrag erhöhen
Nutzungszeiten vergrößern	Ausbringung steigern	Fertigungskosten senken
		Lagerkosten senken
		Liquidität verbessern

Bild 3. Ziele der Produktionslogistik

Die Zielgrößen werden im Rahmen der Teilprozesse der Produktionslogistik näher erläutert.

Bei der Zielverfolgung wird der Produktionslogistiker mit dem **Dilemma der Materialwirtschaft** konfrontiert:

Verfolgt die Logistik im Unternehmen eine hohe Lieferbereitschaft des Lagers (Servicegrad) mit Hilfe von hohen Lagerbeständen, so sind die Nachfrager (Verbraucher) zufrieden, die Liquidität nimmt jedoch ab bei gleichzeitig steigenden Lagerkosten. Umgekehrt führt eine Politik der knappen Bestände unter Umständen zu verschlechtertem Servicegrad und unzufriedenen Kunden. Es ist Aufgabe der Logistik, dieses Dilemma durch geeignete Massnahmen (z.B. just in time, verbesserte Logistiksteuerung) zu vermeiden bzw. abzumildern.

1.3 Organisationstypen der Produktionslogistik

Die Aufgaben der Produktionslogistik werden wesentlich durch ihre Organisationstypen bestimmt. Einflussgrößen sind

- die Fertigungsart
- die Dispositionsart
- das Fertigungssystem
- die Produktart (Bild 4).

Die Auftragsabwicklung kann als Einmalauftrag in Einzelfertigung erfolgen. Diese ist gekennzeichnet durch einen hohen Grad an Improvisation. Der Einsatz von ERP-Systemen ist wegen der Variabilität und oft auch Unvollständigkeit der Daten schwierig zu bewerkstelligen. Bei Losfertigung werden gleichbleibende bzw. variierende Produkte in Losen, verteilt über den Bedarfszeitraum (Jahr, Quartal) immer wieder gefertigt. Dies ist die im Maschinenbau vorherrschende Auftragsart. Bei Massenfertigung sind grosse Stückzahlen an ähnlichen Produkten auf speziellen Einrichtungen zu fertigen. Hier ist eine grosse Stetigkeit der Daten und der Fertigungsprozesse gegeben, der ERP-Einsatz einfacher zu bewerkstelligen als bei Einzelfertigung.

Die Disposition, d. h. die Deckung des Mengenbedarfs, kann kundenbezogen (der Auftrag wird speziell für den Kunden gefertigt) oder kundenanonym erfolgen. Im letzteren Fall wird auf Lager gefertigt oder es wird ein Vertriebsprogramm ohne Ausweisung der Kunden gedeckt. Der Kunde erhält dann seine Produkte vom Vertriebslager, das zuvor aufzufüllen ist. Kundenbezogene Fertigung wird als make to order, kundenanonyme Fertigung als make to stock bezeichnet.

Die Produktion erfolgt je nach Fertigungssystem im Layoutprinzip

- der Werkstatt- bzw. Verrichtungsfertigung
- der Inselfertigung
- oder der Linienfertigung.

Im **Werkstattprinzip** werden dabei gleichartige Einzelmaschinen (z.B. Fräsmaschinen, Drehmaschinen) zu Gruppen zusammengestellt. Die Art der Maschine (Fräsmaschine, Drehmaschine ...) bestimmt deren Anordnung in der Fertigung (layout by machine). Da die Maschinenaufstellung wenig Rücksicht auf den Teiledurchlauf nimmt, ergeben sich lange Durchlaufzeiten der Aufträge, die Fertigungssteuerung ist insgesamt schwierig durchzuführen. Zu finden ist diese Layoutform vorwiegend im Anlagenbau und überall dort, wo Kleinserienfertigung vorherrscht.

Fertigungsart	Einzelfertigung (z.B. Anlagenbau)	Losfertigung (z.B. Werkzeugmaschinenbau)	Massenfertigung (z.B. PKW-Montage)	
Dispositionsart	Kundenauftrag erfüllen (make to order)	Lagerbestand auffüllen (make to stock)	Programmplanung Vertrieb erfüllen	
Fertigungssystem	Einzelmaschinen	Fertigungssegment Fertigungszelle FFS, AS	Fertigungslinie	**Bild 4.**
Produktart	Diskret einstufig (z.B. Motorenteile)	Diskret mehrstufig (z.B. Flugzeugbau)	Stetige Produkte (z.B. Chemieprodukte)	Organisationstypen der Produktionslogistik

Die **Inselfertigung** kann auf 3 Arten erfolgen:

- Als sogenanntes **Flexibles Fertigungssystem** (FFS), bei dem mehrere CNC-Maschinen zusammengestellt, durch ein automatisches Transportsystem (Palettenfördersystem oder fahrerloses Transportsystem) mit Rüstplätzen und Messplätzen verknüpft und durch einen Leitrechner gesteuert werden (Bild 5). Für die Produktionslogistik bedeutet dies geringe Durchlaufzeiten und in der Regel eine hohe Ausbringung, da die Produktionsmaschinen von nicht wertschöpfenden Rüstvorgängen entlastet sind. Flexible Fertigungssysteme können darüber hinaus als sehr kundenfreundlich klassifiziert werden, da sie auf produktbezogene Kundenwünsche schnell reagieren können.
- Als **Fertigungszelle**, bestehend aus CNC-gesteuerten typisierten Maschinen, die rasch vervielfacht, aber auch in andere Abteilungen umgesetzt werden können. Wegen dieser Eigenschaft werden sie auch als Agile Fertigungssysteme (AS) bezeichnet.
- Als **Fertigungssegment**, bei dem die Maschinen einer Teilegruppe (z.B. Getriebewellen) zu relativ autonomen Fertigungsinseln zusammengestellt werden. Diesen Fertigungssegmenten wird dann Kostenverantwortung (Cost Center) oder sogar Ergebnisverantwortung (Profit Center) zugestanden. Sie sind in der Lage, den Arbeitsablauf und die Materialversorgung selbst zu planen (Selbstdisposition) und sowohl Produkte als auch die Wirtschaftlichkeit selbst zu kontrollieren (Selbstkontrolle). Die Mitarbeiter im Fertigungssegment übernehmen eine Reihe von Aufgaben der Produktionslogistik.

Bild 5. Flexibles Fertigungssystem
(Waldrich Coburg)

Stetige Fertigung beschreibt die ununterbrochene Produktion eine Artikels, z.B. in der Form der Linien- bzw. Fliessbandfertigung (z.B. PKW-Fertigung), aber auch in der chemischen Industrie als kontinuierlicher Output von Kosmetika, Pharmaprodukten usw.
Neben dem klassischen Fliessband (Montageband) zählt auch die Transferstrasse zur stetigen Fertigung. Eine neuere Form der diskreten Fertigung stellen

Agile Fertigungssysteme dar. Fertigungszellen übernehmen die kontinuierliche Produktion von Werkstücken. Die Agilität wird dabei durch Anbau weiterer Fertigungszellen reagiert. Beispielhaft für diese Form ist die Fertigung von Motorblöcken in der Automobilindustrie (Bild 6). Hier steht ein möglichst hoher Ausstoss im Vordergrund. Durch flexiblen Anbau weiterer Produktionssysteme kann schnell auf steigende Produktionszahlen reagiert werden.

Bild 6. Agiles Fertigungssystem
(Hüller-Hille GmbH)

Nach der Produktart kann unterschieden werden in diskrete (stückbezogene) und stetige Produkte. Einstufige diskrete Produkte sind Teile ohne Komponenten, vertreten z. B. in der Zulieferindustrie (Kurbelwellen, Zahnräder usw.). Mehrstufige Produkte dominieren wiederum im Maschinen- oder auch im Flugzeugbau. Sie stellen aufgrund der Komplexität hohe Anforderungen an die Produktionslogistik, insbesondere an die Terminplanung. Die Fertigung stetiger Produkte ist inbesondere in der Chemie und Verfahrenstechik zu finden. Hier erfolgt die Produktion durch Mischung von nicht stückbezogenen Eingangsstoffen auf speziellen Anlagen. Die Probleme in der stetigen Fertigung liegen eher in der produktionssynchronen Materialplanung und -bereitstellung.
Im folgenden wird deshalb die Losfertigung mehrstufiger Produkte zur Lagerdeckung in den Mittelpunkt gestellt. Sie ist der in der Metall- und Elektroindustrie dominierende Logistiktyp.

1.4 ERP-Systeme

Die Steuerung und Überwachung der Produktionsabläufe mit den verbundenen material- und produktionswirtschaftlichen Entscheidungen würde eine manuelle Organisation bei weitem überfordern. ERP-Systeme (Enterprise-Resource-Planning) bilden deshalb das Rückgrat der Produktionslogistik.

1.4.1 Module

ERP-Systeme finden ihr Einsatzgebiet in der umfassenden Planung und Überwachung der Ressourcen
- Material
- Maschine
- Mensch
- Finanzen
- Information.

Gegenüber den in der Praxis noch anzutreffenden PPS-Systemen (Produktionsplanungs und -steuerungssystemen), deren Aufgabe vorwiegend auf die Planung der Ressourcen *Material und Maschine* begrenzt ist, haben sie den entscheidenden Vorteil einer Integration aller Prozesse des Unternehmens.

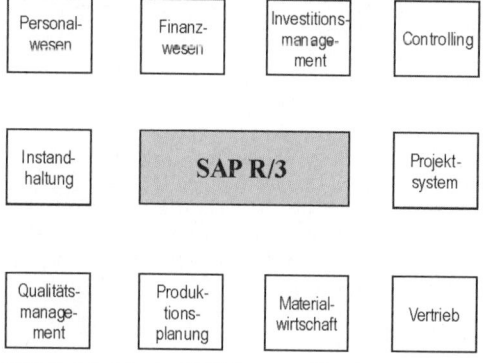

Bild 7. Module des ERP-Systems SAP® R/3®

Demzufolge verfügen ERP-Systeme über eine Vielzahl von Softwaremodulen für jeden denkbaren Funktionsbereich im Unternehmen, dargestellt am Beispiel des ERP-Systems SAP R/3 (Bild 7): ERP-Systeme sind mittlerweile in allen Branchen vom Maschinenbau über die Autoindustrie, Pharmaunternehmen, Elektroindustrie bis zu Dienstleistungs- und Gesundheitsunternehmen im Einsatz. Ihr Verbreitungsgrad in größeren Industrieunternehmen ab ca. 1000 Beschäftigten liegt bei nahezu 100 %. Für den Produktions- und Materialmanager gehören sie zum täglichen Arbeitswerkzeug.

1.4.2 Informationstechnik zur Produktionslogistik

ERP-Systeme bedürfen einer leistungsfähigen Vernetzung der Rechner in Produktion und Verwaltung (Bild 8). In der Planungsebene erfolgt die Auftragsverwaltung. In der Leitebene wird der Fertigungsablauf koordiniert und überwacht. In der shop-floor-Ebene erfolgt die Steuerung der Maschinen. Zwischen allen Ebenen ist ein zeitaktueller Informationsaustausch gewährleistet.

1.4.3 Datenbasis

Die einzelnen Module des ERP-Systems greifen auf einen umfangreichen Datenbestand zu, bestehend aus Stammdaten und Bewegungsdaten. Erst mit einem aktuellen und möglichst vollständigen Datenbestand ist das ERP-System arbeitsfähig. Der Pflege dieser Daten kommt deshalb eine besondere Bedeutung für die Qualität der Produktionslogistik zu.

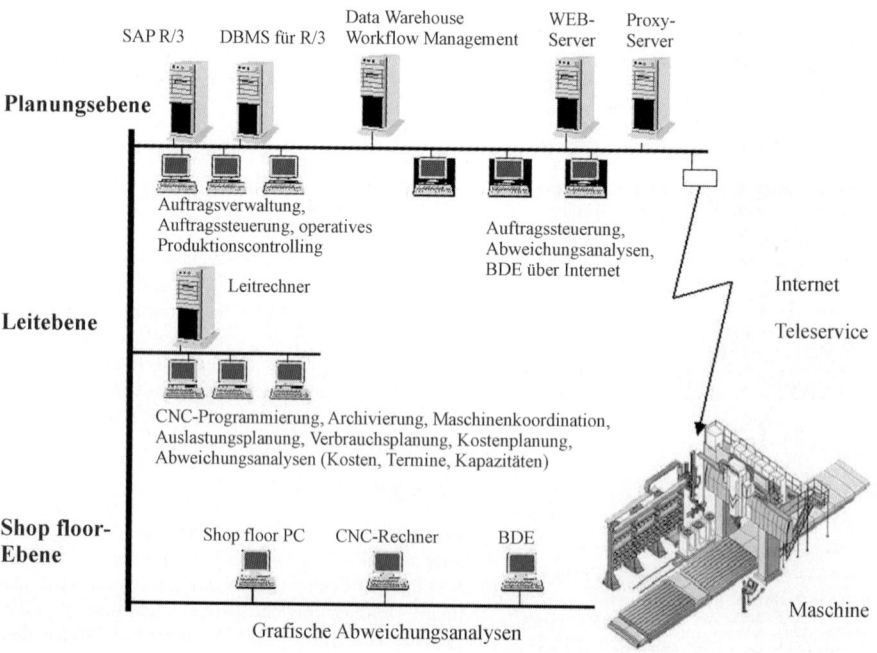

Bild 8. Informationstechnik in der Produktionslogistik (Bauer, 2003)

Zu den **Stammdaten** der Produktionslogistik gehören (Bild 9).

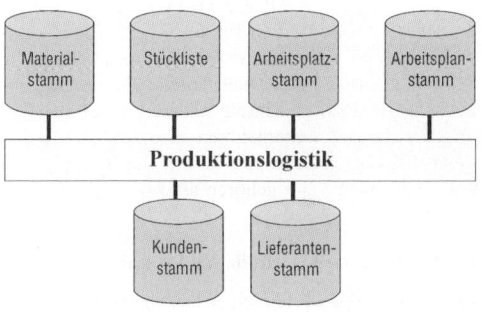

Bild 9. Stammdaten der Produktionslogistik

Lieferanten- und Kundenstamm sind für die Produktionslogistik Stammdaten im weiteren Sinne. Sie erhalten ihre Bedeutung insbesondere bei kundenbezogener Fertigung und bei Fremdbevergabe von Produktionsleistungen.

Der **Artikelstamm** (Materialstamm, Teilestamm) enthält die Daten der Endprodukte, Baugruppen, Einzelteile und Werkstoffe. Beispiele sind die Teilenummer, Bezeichnung, DIN-Nummer, Lagerplatz, Bestandsdaten, Kalkulationsdaten, bevorzugte Losgröße (Bild 10).

Der Artikelstamm ist die wichtigste Stammdatei. Alle betrieblichen Funktionsbereiche greifen darauf zu.

Die **Stückliste** (bei chemischer Produktion als Rezeptur bezeichnet) zeigt den Aufbau einer Baugruppe. Sie hat neben der Funktion als Datenträger in der Konstruktion auch zentrale Bedeutung für die Materialplanung (Beschaffung und Disposition) und die Montage. Bild 11 zeigt eine Beispielstückliste für ein Komplettrad, bestehend aus Felgen, Reifen und Schrauben. Die Stücklisten werden bis auf die Einzelteile ausgedehnt, bestehend dann aus dem Ausgangs-

werkstoff. Bild 12 zeigt dazu die Stückliste für die Felge, bestehend aus dem Bandstahl S420MC.

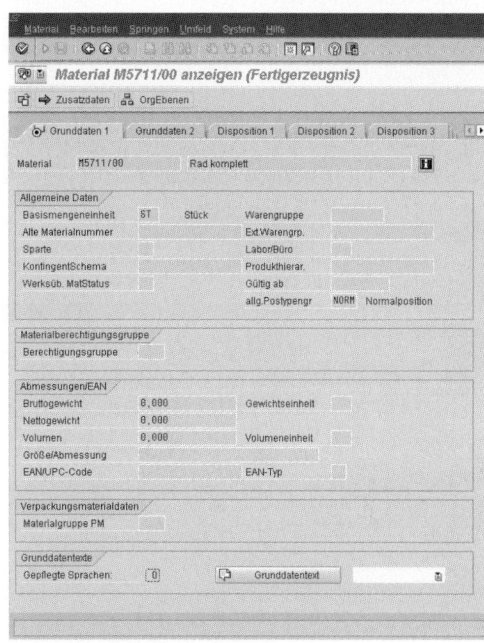

Bild 10. Artikelstamm (SAP R/3)

Der **Arbeitsplatz** enthält vor allem die Daten eines Arbeitsplatzes (Handarbeitsplatz, Maschine), beispielsweise die Kapazitätsdaten, aber auch Angaben über zu verwendende Werkzeuge, die Lohnart und die betreffende Kostenstelle. Im Arbeistplatzstamm legt der Planungsmitarbeiter ferner die verfügbare Kapazität in Form der Arbeitszeit fest (Bild 12).

Materialstückliste Bearbeiten Springen Zusätze Umfeld Einstellungen System Hilfe

Materialstückliste anzeigen: Positionsübersicht Allgemein

Unterpos. | Neue Einträge | Kopf | Gültigkeit

Material	M5711/00	Rad komplett
Werk	0001 Werk 0001	
Alternative	1	

Material | Dokument | Allgemein

Pos.	P...	Komponente	Komponentenbezeichn...	Menge	ME	BGr	U...	Gültig ab	Gültig bis	Änderungsnr.	
0010	L	M5712/00	Felge	1	ST			12.07.2002	31.12.9999		
0020	L	M5713/00	Reifen	1	ST			12.07.2002	31.12.9999		
0030	L	M5714/00	Schrauben M14*20	4	ST			12.07.2002	31.12.9999		

Bild 11. Baugruppenstückliste Fertigerzeugnis (SAP R/3)

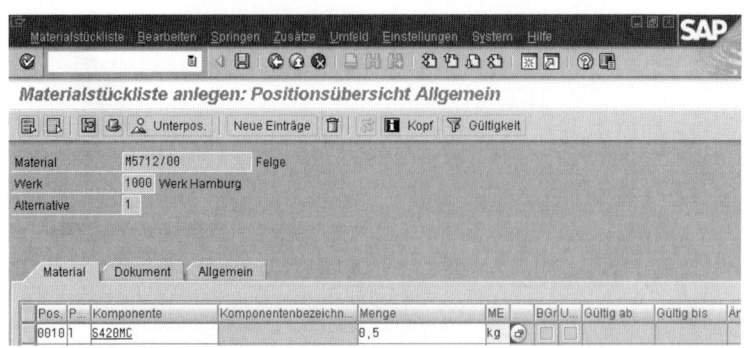

Bild 12.
Rohstoffstückliste
Einzelteil

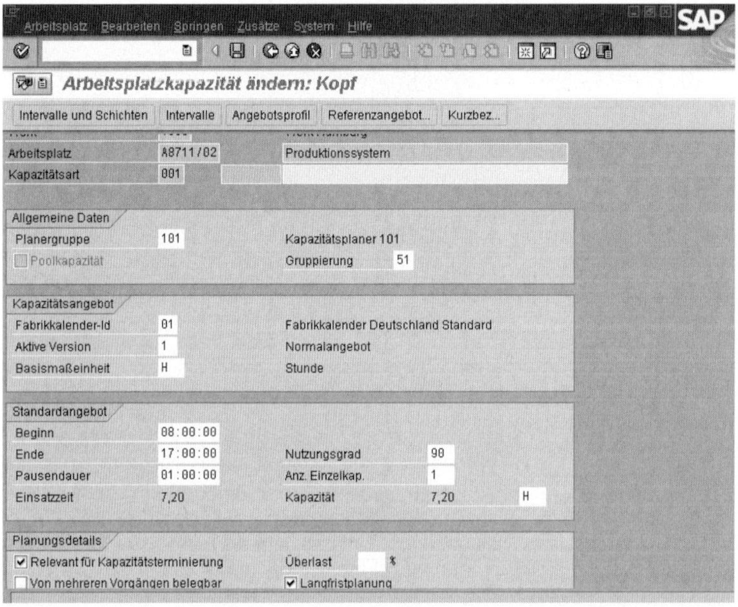

Bild 13.
Arbeitsplatzstamm

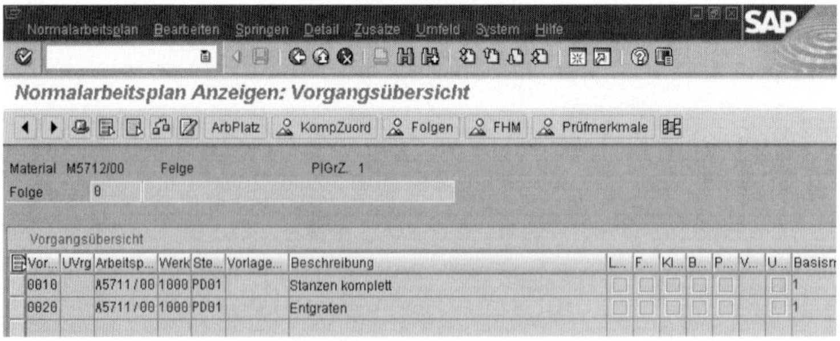

Bild 14.
Arbeitsplan mit Vor-
gängen (SAP R/3)

Hier wird auch der Nutzungsgrad der Maschine eingestellt, der wegen Reparaturen und weiterer Störungen hier 90 % beträgt.
Der **Arbeitsplan** ist die Fertigungsvorschrift einer
eigengefertigten Baugruppe bzw. Teiles (Bild 14).
Arbeitsgangweise sind hier der belegte Arbeitsplatz

(A5711/00) und die Bezeichnungen der Arbeitsgänge
festgehalten.
Die Rüstzeit und die Fertigungszeit/Stück (Maschinenzeit) wird in einer weiteren Maske (Bild 15) eingegeben, ferner der Beschäftigungsmaßstab, hier die
Maschinenstunden (SAP-Abkürzung 1420).

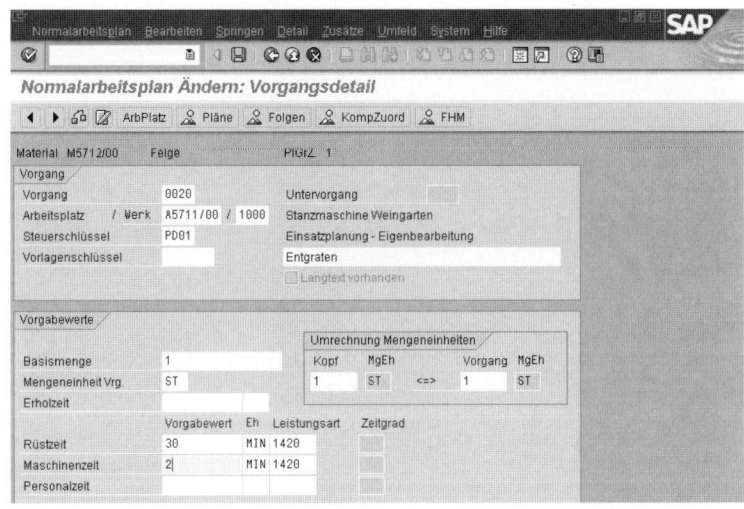

Bild 15.
Arbeitsplan mit
Fertigungszeiten

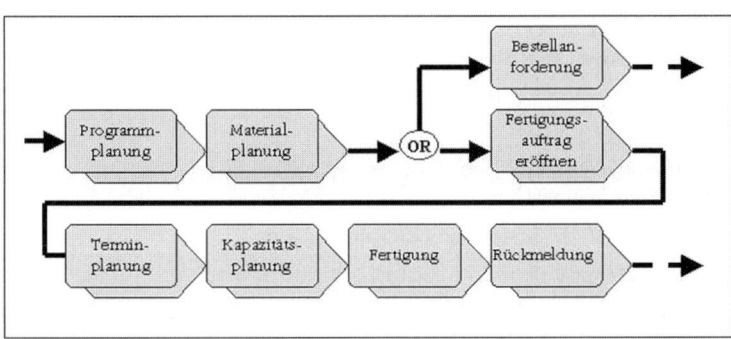

Bild 16.
Prozesse der Produktionslogistik
(OR=Oder-Verzweigung zwischen Kauf- und Eigenfertigungsteilen)

Von den Stammdaten zu unterscheiden sind die **Bewegungsdaten** im ERP-System, d.h. Daten, die einer häufigen Veränderung unterworfen sind. Hier sind zu nennen:

- Kundenaufträge
- Fertigungsaufträge (siehe Bild 29)
- Bestellungen an Lieferanten

Sie werden vom System generiert und nach Abwicklung und Archivierung wieder gelöscht.

1.5 Prozesse in der Produktionslogistik

Üblicherweise wird die Produktionslogistik aus Prozesssicht betrachtet. Diese Prozesse charakterisieren die operativen Aufgaben der Produktionslogistik im Verlauf der Auftragsabwicklung (Bild 16).

Bei Fremdbezugsteilen erfolgt nach der Bedarfsermittlung die Übergabe an den Einkauf in Form von Bestellanforderungen für die Kaufteile.

2 Produktionslogistik mit ERP-Systemen

Im folgenden werden die Teilprozesse der Produktionslogistik bei Eigenfertigung unter Einsatz des

ERP-Systems SAP R/3 beschrieben. Dabei wird die häufigste Fertigungsart, die kundenanonyme Losfertigung, zugrundegelegt.

2.1 Programmplanung

Ausgangspunkt für die Programmplanung ist der Absatzplan, erstellt aufgrund der eingegangenen Kundenaufträge für die verkaufsfähigen Produkte, dem sogenannten **Primärbedarf**. Sind die Kundenaufträge zum Zeitpunkt der Programmplanung noch nicht bekannt bzw. wird generell ohne Kundenbezug und ab Lager geliefert (kundenanonyme Fertigung), so tritt an die Stelle des Kundenbedarfs ein Absatzplan mit den pro Planungsperiode (Tag, Woche, Monat) geplanten Stückzahlen pro Produkt. Im Anschluss an diesen Absatzplan wird – gemeinsam von Vertrieb und Produktion – das **Produktionsprogramm** geplant. Es enthält die zu produzierenden, verkaufsfähigen Produkte.

Beispiel: Der Radhersteller plant entsprechend den Abatzerwartungen 2000 Räder komplett entsprechend Bild 17 ein.

In dem Bild ist das Endprodukt Rad komplett mit der Materialnummer (linke Spalte) und den Stückzahlen 2000, lieferbar zum 30.1.2006, eingeplant.

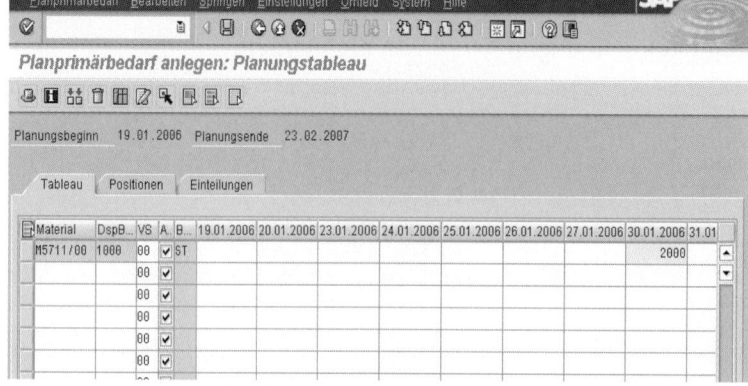

Bild 17.
Programmplanung
(SAP R/3)

2.2 Materialplanung

Im Rahmen der Materialplanung sind die Lagerbestände zu planen und zu überwachen und der Materialbedarf (Baugruppen und Einzelteile) für die in der Programmplanung festgelegten verkaufsfähigen Produkte zu errechnen.

2.2.1 Bestandsplanung

Läger haben im Produktionsablauf vorrangig die Funktion des Ausgleichs zwischen Angebot und Nachfrage, also eine Pufferfunktion. Läger sind positioniert als Wareneingangslager, als Zwischenlager (z.B. zwischen Teilefertigung und Montage) und als Fertiglager am Ende der Montage. Grundsätzlich können 2 Organisationsformen der Lagerung unterschieden werden:

- die systematische Lagerung mit festem Lagerort pro Teil
- die chaotische Lagerung mit wechselndem Lagerort pro Teil.

Die chaotische Lagerung erlaubt eine gute Platzausnutzung, bedarf aber einer Lagerortverwaltung mit EDV, wie sie z.B. in ERP-Systemen enthalten ist.

Grundlage der **Bestandsplanung** ist das Bestandsdiagramm für einen Artikel. Es zeigt die Bestandssituation eines Lagerplatzes. Im Beispiel aus der Sicht des PKW-Herstellers:

Vor der Endmontage von PKWs liegen im Teilelager 2000 Räder komplett (jeweils bestehend aus Reifen, Felgen, 4 Radmuttern). Täglich sollen Vtag = 500 Räder montiert werden bei 5 Arbeitstagen/Woche. Der Mindestbestand, reserviert für Lieferstörungen aller Art, betrage 2 Tagesproduktionen, also Bmin = 1000 Räder. Es soll zunächst wöchentlich nachbestellt werden. Der Wert pro Rad komplett beträgt p = 50 €. Das Bestandsdiagramm (Bild 18):
Der Höchstbestand im Lager beträgt (zum Zeitpunkt der Auffüllung) 3500 Stück. Der Mindestbestand wird unmittelbar vor dem Wiederauffüllen des Lagers erreicht (1000 Stück). Die Bestellmenge Bbestell = 2500 Stück.

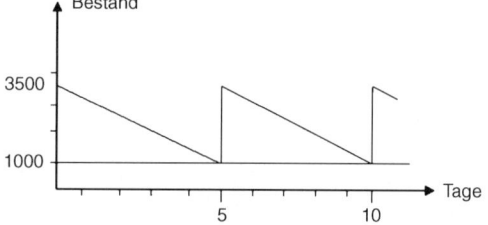

Bild 18. Bestandsdiagramm

Im Durchschnitt sind am Lager:

$$B_{durch} = B_{min} + B_{bestell_l}/2$$

Im Beispiel also 1000 + 2500/2 = 2250 Stück
Das durchschnittlich gebundene Kapital beträgt

$$K_{durch} = B_{durch} \cdot p$$

Im Beispiel also 2250 · 50 € = 112500 €
Üblicherweise geht man von einem Lagerkostensatz von L = 15-20 % pro Jahr aus, enthaltend die Zinskosten, Personalkosten, Kosten für Lagereinrichtung usw. Die Lagerkosten pro Jahr betragen damit

$$K_{lager} = K_{durch} \cdot L/100$$

Im Beispiel ergeben sich dann bei 20% Lagerkostensatz jährliche Lagerkosten von

$$K_{lager} = 112500 \cdot 20/100 = 22500 \text{ €/Jahr}$$

Eine weitere wichtige Kennzahl zur Beurteilung der Bestandsführung ist die Umschlagshäufigkeit U :

$$U = V_{tag} \cdot N_{tag} / B_{durch}$$

Mit Vtag = Tagesverbrauch, Ntag = Anzahl Verbrauchstage im Jahr.
Im Beispiel ergibt sich bei angenommenen 250 Verbrauchstagen eine Umschlagshäufigkeit von
$$U = 500 * 250/ 2250 = 56$$
Eine hohe Umschlagshäufigkeit ist Kennzeichen einer rationellen Bestandsführung. Bei sogenannten Lagerhütern geht der Verbrauch bis auf Null zurück, die Umschlagshäufigkeit geht gegen Null.
Die bevorzugte Massnahme für eine rationelle Bestandsführung ist die **just in time-Anlieferung** (JIT). Dazu wird ein jährliches Liefervolumen vereinbart

(Vorteil: Grossmengenrabatte bleiben erhalten) und dann z.B. täglich oder halbtägig beim Lieferanten abgerufen (Bild 19). Die Kosteneinsparung im Beispiel:

Der durchschnittliche Bestand sinkt durch JIT mit täglichem Aufruf im Beispiel auf
    1000 + 500/2 = 1250 Stück
Das gebundene Kapital nun:
    1250 · 50 €= 62500 Euro
und die Lagerkosten/Jahr betragen
    62500 · 20/100 = 12500 €/Jahr

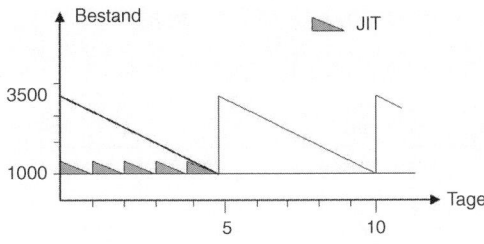

Bild 19. Bestandsdiagramm, JIT-Bestände dunkel

Das Unternehmen benötigt in der Folge weniger Kapital, die finanzielle Abhängigkeit wird verringert und die Kosten gesenkt. Dies erklärt die weite Verbreitung von JIT, auch wenn dem ein erhöhter Transportaufwand und eine größere Störanfälligkeit gegenübersteht.

Neben der im Lagerdiagramm dargestellten festen Bestellmenge und Bestellrhythmus sind weitere Bestellstrategien mit variabler Bestellmenge bzw. variablem Bestellrhythmus möglich, beinhalten allerdings einen erhöhten Planungsaufwand. Sie werden hier nicht behandelt.

Die Überwachung und Verbuchung der Lagerzugänge, Lagerabgänge und die Bestandsauswertungen erfolgen mit dem ERP-System.

2.2.2 Bedarfsermittlung

In der **Bedarfsermittlung** werden die in der Programmplanung erstellten Bedarfszahlen der Endprodukte herangezogen (Bruttoprimärbedarf). Anschliessend wird der verfügbare Lagerbestand an Endprodukten abgezogen. Die dann noch zu produzierende Menge an Endprodukten wird als Nettoprimärbedarf bezeichnet. Nun erfolgt die sogenannte Stücklistenauflösung. Entsprechend der Angabe in der Stückliste wird für jede Komponente (Einzelteil, untergeordnete Baugruppe) die erforderliche Bruttomenge errechnet. Nach Abzug des jeweiligen verfügbaren Lagerbestandes erhält man die Nettomenge an Einzelteilen und Baugruppen, die dann noch zu fertigen bzw. zu beschaffen sind (Nettosekundärbedarf). Die so ermittelten Stückzahlen gehen als Bestellanforderungen an den Einkauf (bei Fremdbezugsteilen) bzw. als Fertigungsauftrag an die Produktion (Bild 20).

Beispiel: Werden laut Programmplanung am 30.1.06 2000 Räder komplett benötigt und sind von den kompletten Rädern ab Lager noch 1000 Stück verfügbar, zudem 200 Felgen, 300 Reifen, 800 Schrauben, so ergibt sich folgender Teilebedarf (Sekundärbedarf):

Position	Bedarf brutto	Verfügbarer Bestand	Bedarf netto	Fertigen bzw. kaufen
Rad komplett	2000	1000	1000	1000
Felge	1000	200	800	800
Reifen	1000	300	700	700
Schrauben	4000	800	3200	3200

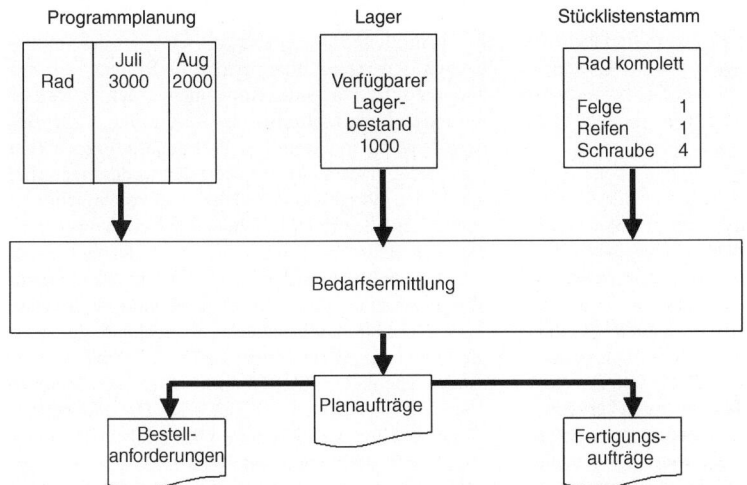

Bild 20.
Bedarfsplanung mit Stücklistenauflösung

Es sind somit 1000 Räder komplett zu montieren, 800 Felgen und 700 Reifen zu fertigen und 3200 Schrauben zu beschaffen. Die ermittelten Mengen werden allerdings mit den wirtschaftlichen Losgrößen bzw. Bestellmengen abgestimmt (Zusammenfassung mit anderen Bedarfszahlen).

Die Losgrößen bzw. Bestellmengen können dazu im Artikelstamm eingegeben werden (Standardlösgrößen), aber auch mit den üblichen Losgrößenverfahren ermittelt werden (z.B. nach der Andlerschen Formel oder nach der gleitenden wirtschaftlichen Losgröße).

Im Rahmen der Bedarfsermittlung erfolgt gleichzeitig eine sogenannte **Bedarfsterminierung**. Das ERP-System nimmt dazu den Liefertermin aus der Programmtabelle und rechnet von diesem aus rückwärts über die Komponenten laut Stücklistenstruktur. Dazu werden die im Materialstamm pro Teil hinterlegten Planlieferzeiten (Wiederbeschaffungszeiten) herangezogen.

Beipiel: Die Lieferung eines Loses an Kompletträdern soll am Freitag abend erfolgen, damit der Bedarfstermin laut Bild 17 am 30.1.06 (Montag früh) erfüllt wird. Die Planlieferzeiten:

Rad Komplett (Montage)	2 Tage
Reifen (Fertigung)	2 Tag
Felgen (Fertigung)	3 Tage
Schrauben (Beschaffung)	1 Tag

Die errechneten Bedarfstermine (Bild 21):

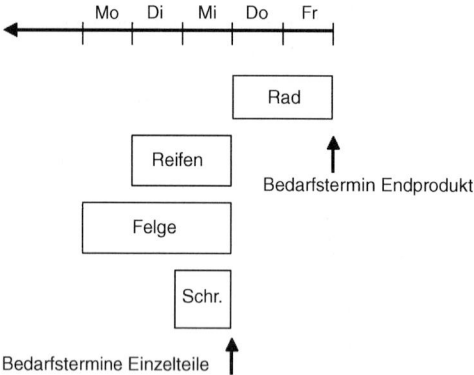

Bild 21. Balkendiagramm

Die Felge (terminkritisch) muss am Montag früh begonnen und am Mittwoch abend fertiggestellt sein (Bedarfstermin). Dies ist auch der späteste Bedarfstermin für die Reifen und die Schrauben.

Die Termine sind Start- bzw. Endzeitpunkte für die aus der Bedarfsermittlung abgeleiteten Fertigungsaufträge bzw. Bestellanforderungen. Da sie auf den geschätzten Planlieferzeiten im Materialstamm beruhen, die Kapazitätssituation in der Produktion und beim Lieferanten nicht berücksichtigen, werden sie auch als Grobtermine, das Verfahren als **Grobterminierung** bezeichnet. Eine genauere Terminierung (Fein-

terminierung) erfolgt dann bei der Termin- und Kapazitätsplanung des Fertigungsauftrages (siehe 2.3 und 2.4).

Die im Balkendiagramm dargestellte Terminierung ist auch im Netzplan durchführbar (Bild 22). Die Fertigung bzw. Beschaffung eines Teils wird dabei als Knoten dargestellt. Links über den Knoten steht dabei der früheste Start des Vorganges, wenn zum Zeitpunkt 0 begonnen wird. Die Auftragsdauer wird durch Vorwärtsaddition der Einzeldauern des längsten Pfades (kritischer Pfad) errechnet und beträgt im Beispiel 5 Tage.

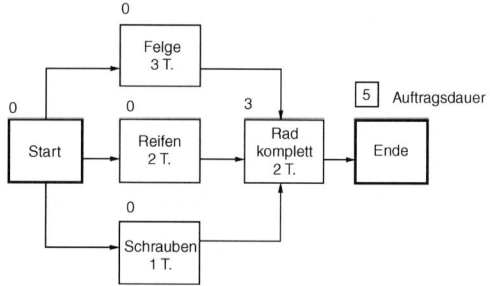

Bild 22. Auftragsnetzplan

Wird also am Montag morgen begonnen, ist der Auftrag am Freitag abend lieferbar (frühester Liefertermin = FLT). Dieser Termin wird mit dem Wunschtermin des Kunden verglichen (spätester Liefertermin = SLT). Liegt dieser z.B. am Dienstag morgen, dann hat der Auftrag einen Puffer von 1 Arbeitstag. Es gilt also

Puffer = SLT – FLT.

Liegt der späteste vor dem frühesten Liefertermin, ist der Auftrag im Verzug.

Wegen der exakten Ergebnisse der ermittelten Mengen wird das Verfahren zur Bedarfsplanung auch als **deterministische oder plangesteuerte Disposition** bezeichnet.

Die Ermittlung des Teilebedarfs nach der deterministischen Bedarfsermittlung erfolgt im System SAP R/3 automatisch. Für jede Komponente der Stückliste wird der Bedarf ermittelt und Vorschläge zur Bedarfsdeckung in Form von Fertigungsaufträgen (bei Eigenfertigungsteilen) oder Bestellanforderungen (bei Kaufteilen) vorgeschlagen. Hier wird vereinfacht von einem Lagerbestand von 0 bei allen Teilen ausgegangen. Der Bedarf an Reifen wird in den letzten beiden Zeilen in Bild 23 aufgeführt mit jeweils 1000 Stück, also insgesamt 2000. Der Lagerbestand ist 0 (erste Zeile). Zur Bedarfsdeckung entsprechend der Programmplanung (Bild 17) sind somit 2 Bestellanforderungen (2. und 3. Zeile) notwendig. Das Material muss am 26.1. früh verfügbar sein. Die 2 Anforderungen erklären sich aus der im Materialstamm eingetragenen Bestellmenge von 1000. Hier wird der Einkäufer natürlich beide Anforderungen zusammenfassen.

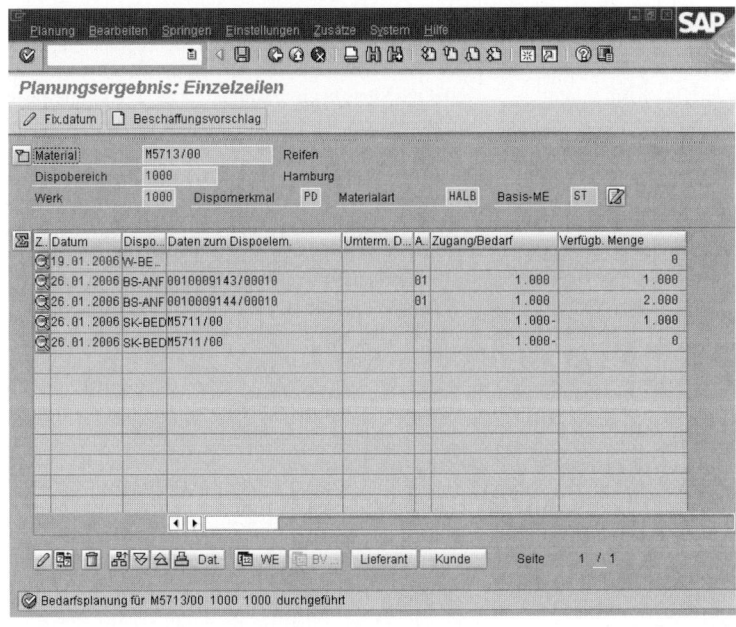

Bild 23.
Bedarfsermittlung
Einzelteil

Die deterministische Bedarfsermittlung wird überall dort angewandt, wo eine genaue Materialdisposition angezeigt ist, also bei A- und B-Teilen, d.h. Teilen grossen und mittleren Wertes und/oder langer Beschaffungszeit. Die Klassifizierung der Teile erfolgt dabei mit der ABC-Analyse, ergänzt durch die XYZ-Analyse.

Beispiel für die ABC-Analyse: Will man die Teile nach dem jährlichen, wertmässigen Bedarfsvolumen klassifizieren, so ermittelt man für jede Teileposition den Jahresverbrauch und den Wert/Stück.

Teil	Bedarf/ Jahr	Wert/ Stück €	Beschaffungswert/ Jahr €
Reifen	80000	50 €	4 000 000
Felgen	80000	120	9 600 000
Schrauben	320000	0,5	160 000

Der Jahresbeschaffungswert ist in der rechten Spalte ermittelt. Man bringt die Teile in eine Reihenfolge nach dem Beschaffungswert/Jahr:

Teil	Bedarf/ Jahr	Wert/ Stück €	Beschaffungswert/ Jahr €
Felgen	80000	120	9 600 000
Reifen	80000	50	4 000 000
Schrauben	320000	0,5	160 000
		Summe	13 760 000

Dann werden 80 % des Jahresbeschaffungswertes errechnet: 80 % von 13 760 000 = 11 008 000 €. Die Jahresbeschaffungswerte werden von oben abgezählt,

bis die 11 008 000 € in etwa erreicht sind, dies sind die A-Teile. Im Beispiel erfüllen die Felgen nahezu diesen Wert, sie sind die A-Teile.

Anschliessend werden 95 % des Jahresbeschaffungswertes abgezählt. Man erhält 13 072 000 €, sie stehen für die A- und B-Teile. Reifen und Felgen zusammen ergeben ungefähr diesen Wert (13 600 000), sie sind A- und B-Teile, die Reifen werden als B-Teil klassifiziert. Der Rest umfasst die C-Teile, die 5 % des Jahresvolumens umfassen, in diesem Fall die Schrauben. Die Teilezahl wurde bewusst klein gehalten, weshalb die Einteilung relativ grob ist. Dies tut dem Zweck der ABC-Analyse, die wichtigen Teile zu bestimmen und die Aktivitäten zu bündeln, keinen Abbruch.

Die XYZ-Analyse teilt die Teile nach ihrem Verbrauchsverhalten und ihrer Prognostizierbarkeit ein in

- X-Teile, d.h. Teile mit konstantem Verbrauch und guter Prognostizierbarkeit
- Y-Teile mit schwankendem Verbrauch, aber guter Prognostizierbarkeit und
- Z-Teile mit schwankendem Verbrauch und schlechter Prognostizierbarkeit

Beispiele sind Sommerreifen für PKWs (X-Teile), Reifen für Motorräder (Y-Teile, da saisonabhängig) und Reifen, die möglicherweise bei einer größeren Rückrufaktion wegen Qualitätsmängel benötigt werden (Z-Teile).

Bei C-Teilen mit X- oder Y-Verhalten wird vielfach die sogenannte **verbrauchsgesteuerte Disposition** angewandt, bei der aufgrund des Verbrauchs der Vergangenheit der zukünftige Teilebedarf prognostiziert wird.

Denkbar für C-Teile ist ferner das sogenannte **Be-stellpunktverfahren,** bei dem ein Meldebestand Bmelde im Lagerdiagramm festgelegt und im Materialstamm des ERP-Systems hinterlegt wird. Unterschreitet der aktuelle Bestand diesen Meldebestand, erzeugt das ERP-System automatisch einen Planauftrag, der dann vom Arbeitsvorbereiter in einen Fertigungsauftrag oder vom Einkäufer in eine Bestellanforderung umgesetzt wird. Der Meldebestand wird dabei ermittelt, indem man vom Anlieferungszeitpunkt mit der geschätzten Wiedereindeckungszeit rückwärts und dann nach oben zur Verbrauchslinie geht (Bild 24).

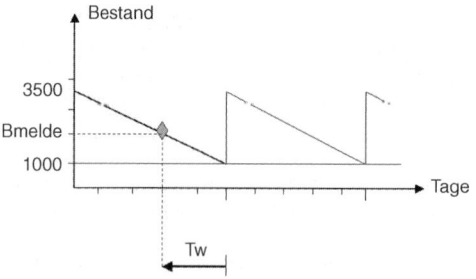

Bild 24. Bestellpunktverfahren

Die Wiedereindeckungszeit umfasst bei Kaufteilen die Zeiten für Bestellung, Herstellung, Lieferung, Wareneingangsprüfung, Einlagerung.
Beispiel: Beträgt die Wiedereindeckungszeit Tw = 2 Tage, so ermittelt sich der Meldebestand Bmelde mit 1000 + 2 · 500 = 2000 Stück.
Die Anwendung der Formel setzt voraus, dass Bestellung und Lieferung in derselben Periode erfolgen.
Die **Materialversorgung** der Produktion, also die Auslösung des Nachschubimpulses, kann prinzipiell im Bring- oder im Holprinzip erfolgen.
Beim **Bringprinzip** hat die Disposition die Aufgabe, die aufgrund der Bedarfsermittlung errechneten Materialmengen (z.B. Schrauben) dem Nachfrager (z.B. Montage) bereitzustellen und zu liefern.
Beim **Holprinzip** löst der Nachfrager einen Impuls über benötigte Teile aus, entweder mit einer Karte,

seit dem erstmaligen Einsatz bei der Firma Toyota auch als **KANBAN-Verfahren** bezeichnet oder mit einer Anzeigelampe in der Disposition, auch als **ANDON-Verfahren** bekannt. Die Funktionsweise des weit verbreiteten KANBAN-Verfahrens zeigt Bild 25:
Die KANBAN-Karte enthält die Teilenummer, die anfordernde Stelle (z.B. Montage), die liefernde Stelle (z.B. Kleinteilelager) und die angeforderte Menge (vgl. Wildemann 1997 und Geiger 2000). Die erfolgreiche Einführung von KANBAN ist im allgemeinen an folgende Voraussetzungen und Regeln gekoppelt:

• Es darf nur angefordert werden, was benötigt wird (keine Vorratsbildung).
• Keine Weitergabe von Ausschuss, sonst droht ein Abreissen der KANBAN-Kette.
• Die Menge der im Versorgungskreis kursierenden Behälter Behälter bestimmt die Materialmenge. Durch schrittweises Reduzieren der Behälterzahl in der Einfahrphase versucht man, den Bestand an Teilen zu reduzieren.
• Die Mitarbeiter müssen gegenüber dem Bringprinzip mehr Verantwortung übernehmen.
• KANBAN erfordert im Regelfall relativ konstante Materialströme, wie sie in der Fertigung größerer Serien gegeben sind. Neuere Anwendungen zeigen allerdings zunehmend die Eignung des KANBAN-Prinzips auch bei Kleinserienfertigung.

Eine moderne Form des KANBAN-Verfahrens lässt sich mit dem **elektronischen KANBAN** im System SAP R/3 realisieren. Anstelle der Karte wird dabei eine Bildschirmtafel mit Behältersymbolen verwendet. Auf die Tafel kann über das betriebsinterne Netz oder über das Internet zugegriffen werden (vgl. Bauer 2003).
KANBAN führt zu wesentlich geringeren Beständen im Lager und in der Fertigung. Ferner werden die Durchlaufzeiten verkürzt. Dies erklärt den weitverbreiteten Einsatz in der Industrie. Auf den Einsatz in der Auftragssteuerung zwischen den einzelnen Maschinen wird in Abschnitt 4.2 eingegangen.

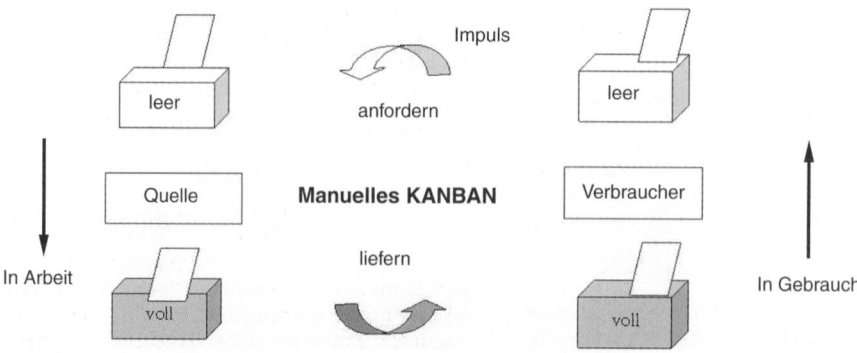

Bild 25. Kanban-Prinzip

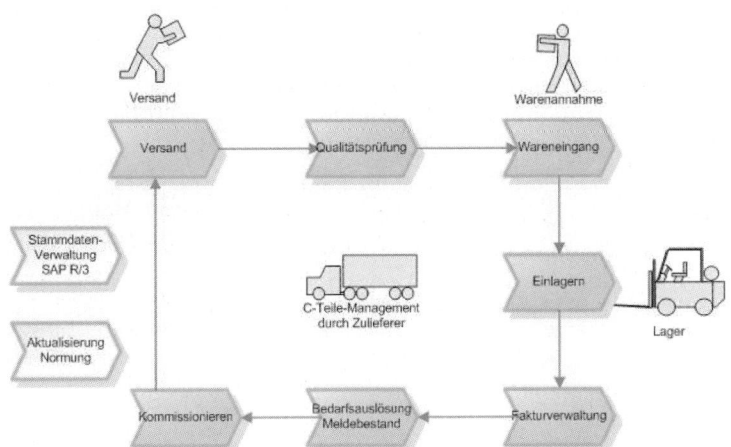

Bild 26.
C-Teile-Management
(Fa. Würth)

Die Lagerung von C-Teilen kann dem Zulieferanten anvertraut werden. Dieser betreibt das Lager beim Kunden und sorgt für den rechtzeitigen Nachschub des Materials. Sobald der Mindestbestand im Lager erreicht wird, wird wieder aufgefüllt (Bild 26).

Der Kunde (Verbraucher) der C-Teile wird von laufenden Bestellungen entlastet, der Verwaltungsaufwand im Bestellwesen entfällt weitgehend. Dafür entrichtet der Verbraucher einen etwas höheren Kaufpreis für die C-Teile. Weitere Vorteile ergeben sich durch die vom Lieferanten vorgenommene Stammdatenpflege und Aktualisierung bei Normänderungen. Diese Form der Materialbelieferung wird als **C-Teile-Management** bezeichnet.

2.3 Terminplanung

Die Einhaltung der dem internen oder externen Kunden zugesagten Termine, auch bezeichnet als OTD (On Time Delivery), ist eine zentrale Forderung an die Produktionslogistik. Sie beeinflusst sowohl die Kundenzufriedenheit als auch finanzielle Größen im Unternehmen wie z. B. die Liquidität, die Finanzierung und die Ertragsstärke.

Im Rahmen der Terminplanung werden die Liefertermine aus der Bedarfsermittlung in genaue Starttermine bzw. Endtermine für die einzelnen Arbeitsgänge umgesetzt. Zuvor werden die in der Bedarfsermittlung errechneten Mengen für alle beteiligten Produkte durch Fertigungsaufträge repräsentiert.

Beispiel: Der Hersteller der Kompletträder wird je einen Fertigungsauftrag eröffnen für die Montage der kompletten Räder, die Fertigung der Felgen und die Fertigung der Reifen. (Die Schrauben benötigen keinen Fertigungsauftrag, sondern eine Bestellanforderung, da sie beschafft werden).

Bei der Eröffnung eines Fertigungsauftrages im Organisationstyp der diskreten Fertigung ist die **Losgröße** festzulegen:

Das am häufigsten eingesetzte Verfahren ist die Andler'sche Losgrößenformel. Die optimale Losgröße ergibt sich demnach aus dem Jahresbedarf Bjahr, den Kosten eines Rüstvorganges pro Los Kr, dem Teilewert zum Fertigungszeitpunkt P und dem Lagerkostensatz L% in % pro Jahr mit

$$LOSGRopt = \sqrt{200 \cdot Bjahr \cdot Kr / P \cdot L\%}$$

Das Ergebnis ist die kostenminimale Losgröße eines Auftrages, d.h. die Losgröße, bei der die Summe aus Rüstkosten/Jahr und Lagerkosten pro Jahr ein Minimum annimmt. Die so ermittelte Losgröße wird in den Teilestammsatz übernommen und steht dann als Standardlosgröße für die Fertigung und Disposition zur Verfügung.

Beispiel: Fertigung von Felgen auf einer Stanzanlage. Jahresbedarf 80 000 Stück. Rüstkosten 200 €/Los. Teilewert zum Fertigungszeitpunkt 30 €. Lagerkostensatz 20 %. Die optimale Losgröße

$$LOSGRopt = \sqrt{200 \cdot 80000 \cdot 200 / 30 \cdot 20} = 2309$$

Zur Vereinfachung werden die errechneten Losgrößen auf- oder abgerundet, damit sich glatte Zahlen ergeben, wobei insbesondere Abweichungen nach oben nur eine vernachlässigbare Kostensteigerung ergeben. Wirtschaftlich wäre hier beispielsweise eine Losgröße von 2500.

Der Lagerkostensatz wird wieder mit ca. 15 – 20 % pro Jahr angenommen. Er errechnet sich aus den Jahreskosten Klager des Lagers inclusive der Zinsen, bezogen auf das durchschnittlich im Lager gebundene Kapital Kdurch

$$L\% = Klager \cdot 100 / Kdurch$$

Durchläuft das Los mehrere Arbeitsgänge (Fertigungsstufen), so ergibt sich aufgrund der Einflusswerte jeweils eine andere Losgröße. Da jedoch unterschiedliche Losgrößen pro Arbeitsgang kaum praktikabel sind, muss ein Durchschnittswert der Losgröße ermittlet werden (z.B. am mittleren Arbeitsgang). Bessere Ergebnisse erhält man mit der Methode der gleitenden wirtschaftlichen Losgröße oder mit Hilfe von Simulationsverfahren. Grundlage der Terminierung ist das Durchlaufzeitmodell der Fertigung.

Beispiel: Werden 5 Teile eines Loses gefertigt, so liegt der Auftrag zunächst vor der Maschine, bis diese frei wird. (Bild 27). Diese Vorliegezeit ist also durch die Warteschlange verursacht. Sie wird üblicherweise geschätzt. Sobald die Maschine frei ist, wird sie für den Auftrag vorbereitet (Aufrüsten). Anschliessend werden die 5 Felgen gefertigt. Nach dem Abrüsten liegt der Auftrag, bis der Weitertransport zum nächsten Arbeitsgang (z.B. Montage) erfolgt.

Fasst man die Zeiten für Auf- und Abrüsten zur sogenannten Rüstzeit Tr zusammen und nimmt man für die Fertigungszeiten pro Stück die Variable Te (Zeit/Einheit), so errechnet sich die Durchlaufzeit Td für den Arbeitsgang und die Losgröße LOSGR mit

$$Td = Tvor + Tr + LOSGR \cdot Te + Tnach +$$
$$+ Ttrans \ min \ / \ Los$$

Die Vor- und Nachliegezeiten und die Transportzeiten sind im Arbeitsplatzstamm hinterlegt, die Rüst- und Fertigungszeiten im Arbeitsplan. Die Terminierung erfolgt in Anlehnung an die Methode der Netzplantechnik. Wegen der nun im Vergleich zur Bedarfsterminierung detaillierten Zeitbestandteile wird das Verfahren auch als Feinterminierung bezeichnet.

Beispiel: Ein Auftrag, bestehend aus 5 Werkstücken (Losgröße = 5) durchläuft 4 Arbeitsgänge. Die Zeitdaten laut Arbeitsplan:

AG	Te Min	Tr Min	Tvor Min	Tnach Min	Ttrans Min	Td Std
10	30	30	240	120	60	10
20	10	70	180	120	120	9
30	20	20	240	60	120	9
40	8	20	240	120	60	8
					Summe	36

Die gesamte Auftragsdurchlaufzeit beträgt 36 Stunden. Nimmt man vereinfacht eine verfügbare Kapazität von 8 Stunden pro Tag an (einschichtig, 1 Ar-

beitsplatz), so erhält man eine Auftragsdurchlaufzeit von 4,5 Arbeitstagen. Ein Beginn am Montag bedeutet dann den Freitag als frühesten Liefertermin. Dieser muss mit dem Wunschtermin (Solltermin) des internen (z.B. Montage) oder externen Kunden abgestimmt werden.

Liegt der Liefertermin später als der vom Kunden gewünschte Solltermin, so sind **Massnahmen zur Verkürzung der Durchlaufzeit** angezeigt. Es bieten sich an:

Lossplitting:
Die Auftragsstückzahl (Losgröße) wird auf mehrere Maschinen aufgeteilt und somit parallel bearbeitet. Nachteilig sind die nun entstehenden zusätzlichen Rüstkosten.

Überlappende Fertigung:
Der nachfolgende Arbeitsgang beginnt bereits, wenn der Vorgänger noch nicht abgeschlossen ist. Nachteilig ist der organisatorische Aufwand in der Fertigung.

Reduzierung der Vor- und Nachliegezeiten:
Ein dringender Auftrag erhält eine hohe Priorität durch Vergabe einer Prioritätsziffer, beispielsweise von Priorität 0 (geringste Priorität) bis Priorität 9 (höchste Priorität). Er erhält dann Vorrang vor den anderen in der Warteschlange liegenden Aufträgen. Zur Vergabe von Prioritäten sind verschiedene Verfahren im Einsatz. Diese Massnahme wird auch als Übergangszeitreduzierung bezeichnet. Da die Gefahr einer zu freigiebigen Prioritätsvergabe durch das Planungspersonal besteht, was Prioritäten grundsätzlich unwirksam macht, wird die höchste Priorität nur in Ausnahmefällen vergeben (Chefpriorität).

Erhöhung der Kapazität
durch Überstunden, Schichtzahlerhöhung, aber auch durch Fremdvergabe. Die Massnahme ist in der Regel mit Kosten verbunden (Schichtzuschläge, Überstundenzuschläge).
Wirtschaftlichste Massnahme zur Durchlaufzeitreduzierung ist die Reduzierung der Übergangszeit durch Prioritätsvergabe. Erst wenn diese nicht ausreicht, ist an Lossplitting, überlappende Fertigung und Kapazitätserhöhung zu denken.

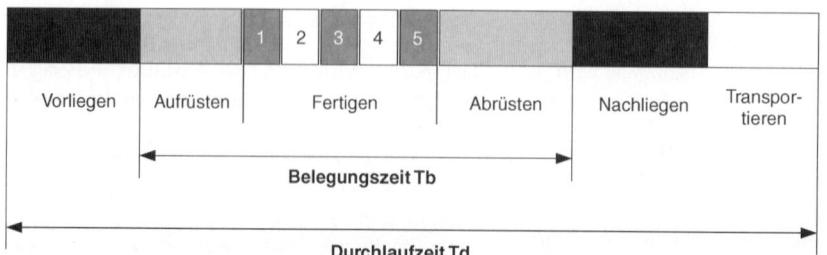

Bild 27. Durchlaufzeitmodell der Fertigung

Flexible Arbeitszeitmodelle mit Zeitkonten – man spricht dann von der atmenden Fabrik – machen allerdings auch die Kapazitätserhöhung wirtschaftlich.

Die auf dieser Basis errechneten Termine werden vom ERP-System errechnet und im Fertigungsauftrag ausgewiesen. Dazu wird ein Auftrag angelegt, mit der Losgröße versehen und entweder der Liefertermin eingegeben und der Starttermin errechnet (Rückwärtsterminierung) oder der Starttermin eingegeben und der Liefertermin bestimmt (Vorwärtsterminierung). Hier wird Rückwärtsterminierung eingestellt (Bild 28).

Das System SAP R/3 ermittelt anschliessend den spätesten Starttermin im Feld *Endtermine Start* (Bild 29).

Am Beispiel der Felge: Der Auftrag startet am 19.1., kommt am gleichen Tag um 8 Uhr auf die Maschine (Terminiert Start) und verlässt die Maschine am 26.1. um 13.53 Uhr. Er steht dann am nächsten Morgen zur Lieferung an das Lager zu anschliessenden Montage bereit. Generell kann zum Beginn des Auftrages eine Reservezeit (Vorgriffszeit) und am Ende eine Sicherheitszeit eingerechnet werden, hier allerdings nicht erfolgt, da der Liefertermin sehr kurzfristig liegt.

In einem Balkendiagramm (GANTT-Grafik) kann der Durchlauf eines Produktes durch die einzelnen Arbeitsplätze übersichtlich dargestellt werden (Bild 30).

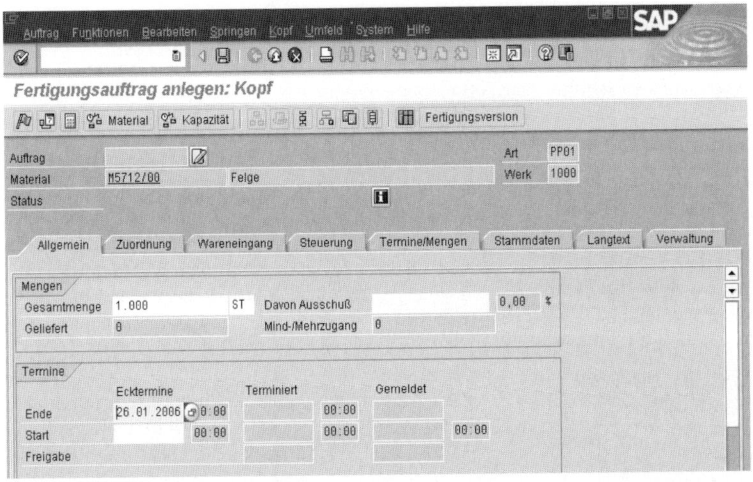

Bild 28. Liefertermin eingegeben

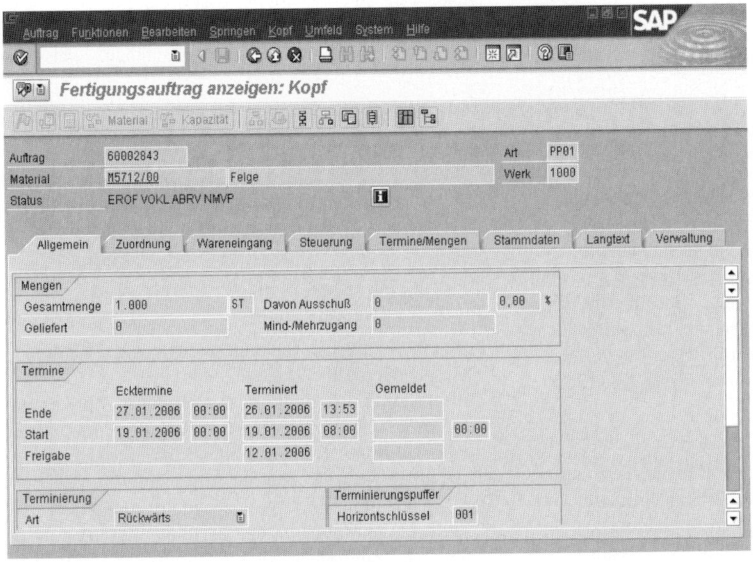

Bild 29. Terminierter Fertigungsauftrag

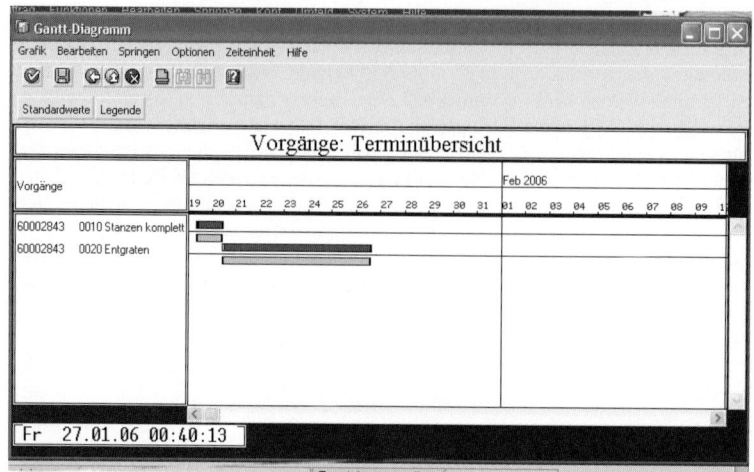

Bild 30.
GANTT-Grafik eines
Auftragsdurchlaufs
(SAP R/3)

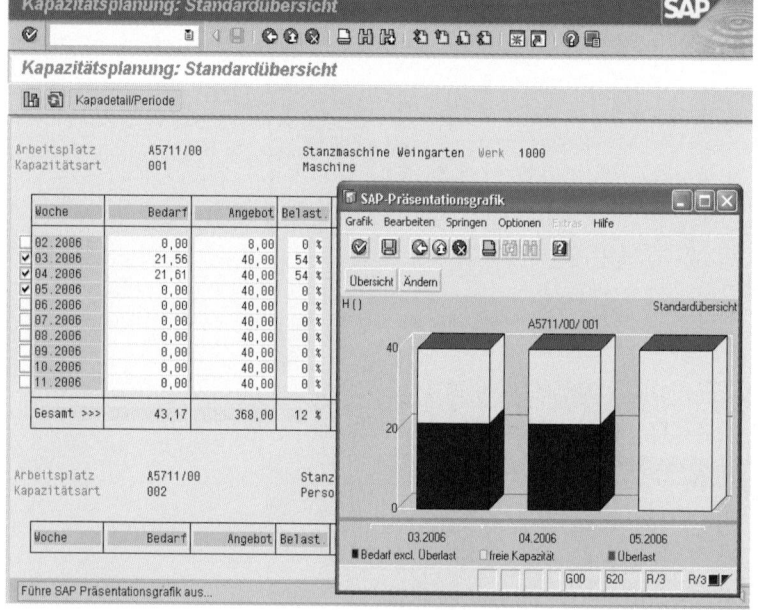

Bild 31.
Kapazitätsauslastung
einer Maschine
(SAP R/3)

Am Beispiel der Felge ist der zeitliche Durchlauf als spätester (oberer, dunkler Balken) bzw. frühester (unterer) Zeitstrahl dargestellt. In der Zeitskala sind die Tage eingestellt, bei Bedarf kann hier bis in den Minutenbereich aufgelöst werden. Eine übertriebene Genauigkeit ist allerdings angesichts der Störgrößen in einer Produktion nicht sinnvoll. Erkennbar ist wiederum der Fertigstellungstermin im Verlauf des 26.1.

2.4 Kapazitätsplanung

Die im vorigen Abschnitt beschriebene Terminplanung erfolgt zunächst ohne Berücksichtigung von Kapazitätsgrenzen, d.h. die Terminplanung erfolgt gegen unbegrenzte Kapazität. Sind die Arbeitsgangtermine in Einklang mit den Sollterminen des Kun-

den, erfolgt die Einlastung der Belegungszeiten zum Arbeitsgangstart (alternativ zum Arbeitsgangende) in den betreffenden Arbeitsplatz (Maschine) mit

$$Tb = Tr + LOSGR \cdot Te \ min / Los$$

Die Kapazitätsplanung (wie auch die Kalkulation) verwendet also die Belegungszeiten, die Terminplanung dagegen die Durchlaufzeiten.

Die Produktionslogistik muss nun prüfen, ob Kapazitätsengpässe auftreten. Hinweise dazu gibt das Kapazitätsdiagramm der betreffenden Maschine (Bild 31). Es zeigt für jede Woche die Auslastung (dunkle Balken im Diagramm), freie Kapazitäten (hellgrau) und Überlastungen (grau) in den einzelnen Perioden (Wochen). Beispielsweise ist die Maschine A5711/00 in der 3. Woche mit 54% ausgelastet, gleichfalls in der

4. Woche bei einer Gesamtkapazität von jeweils 40 Stunden/Woche. In den übrigen Wochen ist noch keine Kapazitätsbelegung erfolgt.

Für die Produktionslogistik beginnt jetzt der Prozess der **Kapazitätsfeinplanung**, d.h. der Anpassung von Kapazitätsangebot der Maschine an den Kapazitätsbedarf aus den Fertigungsaufträgen, auch als Glätten des Kapazitätsgebirges bezeichnet. Geeignete Massnahmen:

- **Verschieben von Aufträgen** mit geringer Priorität nach hinten in Kapazitätstäler.
- **Erhöhen des Kapazitätsangebotes** durch Überstunden, zusätzliche Schichten, Fremdvergabe (vgl. 2.3).
- **Ausweichen auf andere Maschinen** innerhalb des Unternehmens oder auf Fremdvergabe (vgl. 2.3).

Die erste Massnahme ist, wie bei der Durchlaufzeitverkürzung, auch hier die wirtschaftlichste Alternative. Erhöhen der Kapazität einer Maschine ist dagegen mit Zuschlägen verbunden und deshalb kostenintensiv. Das Ausweichen auf andere Maschinen führt u.U. zu höheren Fertigungs- und Verwaltungskosten.

Ein Hilfsmittel bei der Durchsetzung der Kapazitätsfeinplanung ist der elektronische Leitstand (vgl Bauer 2003).

2.5 Rückmeldung und Betriebsdatenerfassung

Aufgabe der Betriebsdatenerfassung (BDE) ist die zeitgerechte Rückmeldung von Betriebsdaten an das ERP-System. Mit dieser Rückmeldung kann die Produktionslogistik rasch auf Störgrößen (Maschinenausfälle, Ausschuss, Terminüberschreitungen) reagieren. Die Produktionssteuerung wird so zur Produktionsregelung.

Zurückgemeldet werden folgende Betriebsdaten:

- Auftragsdaten: Auftragsnummer, Beginn oder Ende eines Auftrages, Gutstückzahl bzw. Ausschuss.
- Arbeitsgangdaten: Beginn bzw. Ende, Gutmenge, Ausschuss, Ausschussursachen
- Maschinendaten: Maschinennummer, Ausfall bzw. Inbetriebnahme
- Personaldaten: Werkernummer, Ausfall bzw. Wiederantritt.

Die Rückmeldung kann direkt im ERP-System erfolgen (Bild 32).

Beispiel: Die Istzeiten betragen 1 Stunde für das Rüsten (geplant: 0,5 Std) und 30 Stunden für das Fertigen (geplant 33,33 Std).

Durch spezielle BDE-Terminals (Bild 33), platziert in der Produktion, lässt sich die Eingabe vereinfachen. Dazu wird die Auftragsnummer auf dem Arbeitsplan (Laufkarte) als Barcode aufgedruckt und kann dann mit einem Barcodeleser im BDE-Terminal automatisch gelesen werden. Die Werkernummer wird vom Firmenausweis abgelesen, die Stückzahlen dagegen über die Tastatur eingegeben. Diese vereinfachte Bedienung wird allerdings mit erhöhten Investitionen für die BDE-Terminals und deren Vernetzung erkauft.

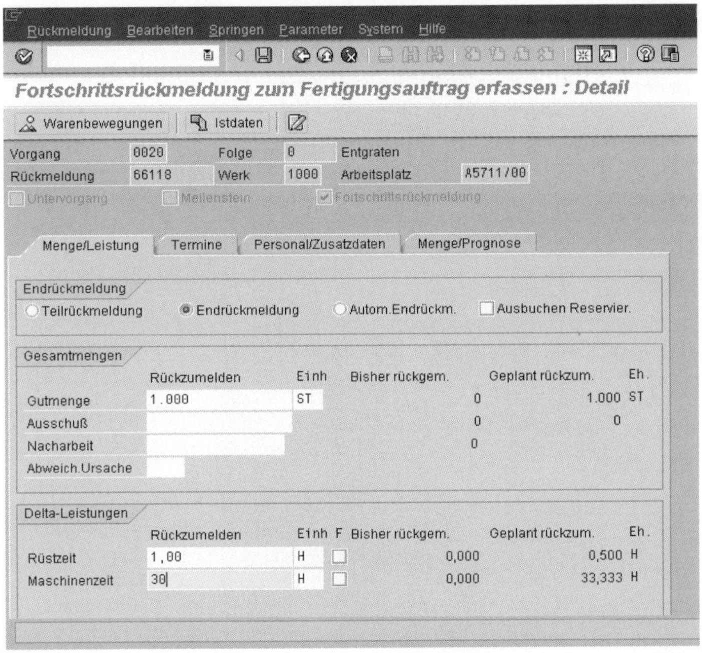

Bild 32.
Rückmeldung im ERP-System (SAP® R/3®)

Bild 33. BDE-Terminal (Kaba-Benzing)

2.6 Materialfluss im Fertigungsprozess

Verbunden mit der Auftragsabwicklung finden lagerwirtschaftliche Prozesse statt. So sind nach Frei-

gabe des Fertigungsauftrages die benötigten Inputmaterialien aus dem Lager zu entnehmen.

Beispiel: Für die Fertigung von 1000 Felgen auf der Stanzmaschine wird laut Stückliste in Bild 12 500 kg Bandstahl benötigt.

Die Entnahme erfolgt im System R/3 mit dem Modul MM (Material Management) oder im Modul PP (Production Planning). Dazu wird die benötigte Menge auf die Auftragsnummer verbucht (Bild 34).

Nach Rückmeldung des Auftrages erfolgt die Verbuchung der Teile als Wareneingang im Lager (Bild 35).

Die korrekte Verbuchung der Materialentnahmen und – zugänge ist Voraussetzung für aktuelle Lagerbestände. Undokumentierte Entnahmen oder Zugänge sind eine Hauptursache von Störungen in der Auftragsabwicklung. Ferner hängt die Zusage von Lieferterminen an Kunden von der Lieferfähigkeit des Lagers ab.

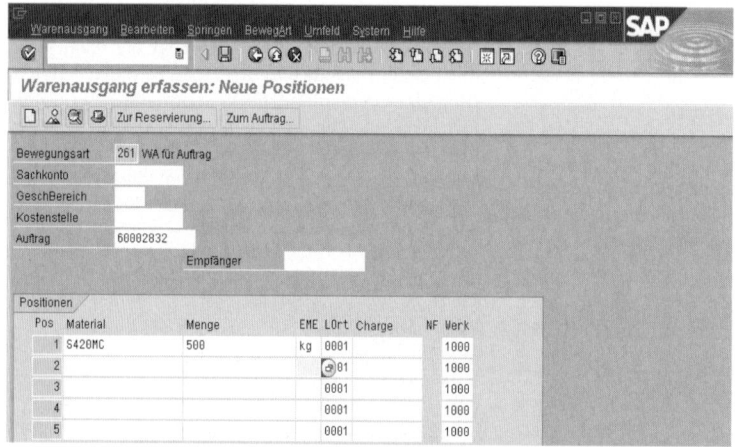

Bild 34.
Materialentnahme für Auftrag

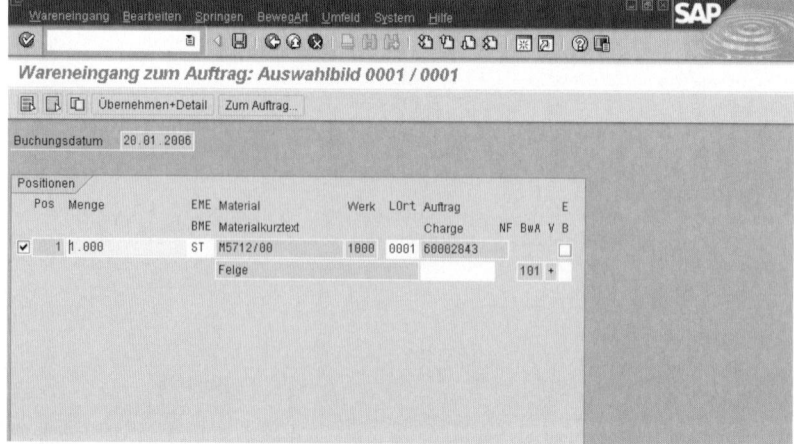

Bild 35.
Wareneingang im Lager

3 Supply Chain Management

Die Produktionslogistik hat im Rahmen der Material-beschaffung und der Belieferung von externen Kunden vielfältige Beziehungen zu Lieferanten und Kunden. Im Ansatz des Supply Chain Managements (Lieferkettenmanagement), kurz auch als SCM bezeichnet, versucht man, sowohl Lieferanten als auch Kunden in die gesamte Logistikplanung zu integrieren. SCM umfasst dabei vor allem folgende Aufgaben:

- **Bedarfs- und Bestandsplanung** der Materialien entlang der Lieferkette
- **Kapazitäts- und Terminplanung** für alle in der Lieferkette vorhandenen Arbeitsplätze
- **Transportplanung** für die Lieferkette
- **Prüfung der Verfügbarkeit** eines vom Kunden angefragten Materials in der gesamten Lieferkette (ATP = available to promise)

Beipiele für die Arbeitsweise im SCM:
Die beim PKW-Hersteller vorhandenen Lagerbestände an Kompletträdern werden sowohl dem Radhersteller als auch dem Lieferanten der Radmuttern ohne Zeitverzug mitgeteilt bzw. verfügbar gemacht. Letztere können ihre Programmplanung zeitaktuell darauf abstimmen.
Der Lieferant der Schrauben und der Hersteller der Kompletträder haben Zugriff auf die Absatzplanung des PKW-Herstellers. Steigert dieser seine Absatzstückzahlen, können die anderen Beteiligten in der Lieferkette sofort reagieren.
Hat der PKW-Hersteller einen kurzfristigen Bedarf an Kompletträdern, kann innerhalb der Lieferkette in allen Lägern nach Teilen gesucht werden, um den Bedarf zu decken. Das am nächsten liegende Lager deckt dann den Bedarf.
Ein Transport vom Lager A des Radherstellers zum PKW-Hersteller kann mit einem Transport z.B. des Lieferanten der Schrauben zusammengelegt werden. So lassen sich Transportkosten einsparen.

Die Unternehmen in der Lieferkette werden wie ein virtuelles (scheinbares) Gesamtunternehmen behandelt und gesteuert. Die in 1.2 genannten Funktionen beziehen sich in gleicher Weise auch auf dieses virtuelle Unternehmen. Unterstützt wird dies durch spezielle SCM-Software, beispielsweise die SCM-Software APO (Advanced Planner and Optimizer) der SAP AG. Die Planungsergebnisse werden allen Beteiligten zeitaktuell zugänglich gemacht. Allerdings erfolgt die Planung in der Lieferkette mit gröberen Daten als im ERP-System. Statt einzelner Produkte werden in der Lieferkette Produktgruppen, statt einzelner Maschinen Maschinengruppen bzw. Werke beplant.
Die Ergebnisse der Lieferkettenplanung gehen dann als Informationen in die ERP-Systeme des Lieferanten, des Herstellers und des Kunden ein und werden dort auf den einzelnen Betrieb heruntergebrochen.

Grundvoraussetzung für das Funktionieren von SCM ist eine leistungsfähige Internetanbindung der Unternehmen und die Bereitschaft, seine innerbetrieblichen Planungsdaten offenzulegen.
Die Hauptvorteile von SCM :

- Kürzere Durchlaufzeiten
- Bessere Termineinhaltung
- Geringere Bestände und Lagerkosten
- Bessere Kapazitätsausnutzung
- Geringere Transportkosten.

SCM erfordert allerdings stabile und verlässliche Beziehungen zu Lieferanten und Kunden. Unzuverlässige Lieferanten werden abgelehnt, was letztlich zu einer Konzentration auf wenige Hauptlieferanten führt (Lieferantenkonzentration).

4 Spezielle Steuerungsmethoden in der Produktionslogistik

4.1 KANBAN-Fertigung

Die in der Materialversorgung dargestellte KANBAN-Steuerung kann gleichermassen zur Auftragssteuerung innerhalb der Fertigung angewandt werden.
Zwischen Vorgänger- und Nachfolgerarbeitsplatz (das können auch ganze Arbeitsplatzgruppen sein) wird dazu ein KANBAN-Regelkreis eingerichtet. Der Nachfolgerarbeitsplatz fordert die benötigten Teile, wie bereits in 2.2.2 beschrieben, mit der KANBAN-Karte an. Der Nachfrageimpuls beginnt dabei im Versandlager (Bild 36, rechts). Von dort geht eine KANBAN-Karte mit leerem Behälter (Nummer 1) an die Montage, dieser wird aufgefüllt und wieder an den Absender transportiert. Die Montage fordert ihrerseits Teile von den vorhergehenden Arbeitsplätzen an (Regelkreis 2). Der Versand zieht also die geforderte Menge aus der Fertigung. Hieraus erklärt sich die Bezeichnung **Pull-Prinzip**.
Da der Impuls zur Fertigung einer Serie vom Vertrieb bzw. vom Kunden ausgeht, bezeichnet man dies auch als **production on demand** (Fertigung auf Anforderung).
Die Nummern in den Behältersymbolen stehen für den jeweiligen Regelkreis.

4.2 Belastungsorientierte Auftragsfreigabe

Der Grundgedanke der **belastungsorientierte Auftragsfreigabe** (BOA) geht von der Erkenntnis aus, in die lange Warteschlange einer stark belegten Maschine nicht noch weitere Aufträge einzureihen (vgl. Wiendahl 1992). Dazu legt man vorher pro Maschine eine Belastungsgrenze fest. Überschreiten die Belegungszeiten der wartenden Aufträge und des gerade bearbeiteten diese Belastungsgrenze, werden keine neuen Aufträge freigegeben, sie verbleiben quasi im Planungsbestand (*in der Schublade*) des Logistikers.

BOA führt zu einer Reduzierung der Durchlaufzeit (die ja mit dem Eintreffen in der Warteschlange beginnt) und schont die liquiden Mittel durch späteren Kauf von Material, Vorfinanzierung der Löhne und weiterer Kosten. Zur Festlegung der Belastungsgrenze siehe z.B. Wiendahl 1992 und Bauer 2003.

4.3 Steuerung mit Fortschrittszahlen

Die Steuerung mit Fortschrittszahlen ist ein vereinfachtes Steuerungsverfahren, das insbesondere zwischen PKW-Herstellern und ihren Zulieferanten verwendet wird. Beide Partner führen ein Fortschrittszahlendiagramm, in dem der Lieferant seine gefertigten Stückzahlen kumuliert (Iststückzahl). Die vom PKW-Hersteller bestellten Stückzahlen werden gleichfalls kumuliert eingetragen. Zwischen beiden Partnern wird ein fester Mengenrückstand vereinbart (Abstand zwischen Soll- und Iststückzahl), der möglichst eingehalten werden soll. Wird der Abstand zwischen Soll- und Istzahl größer, reagiert das Lieferunternehmen mit einer Erhöhung der Produktionsstückzahl und umgekehrt.

Beispiel: Der PKW-Hersteller (Kunde) ruft folgende Mengen ab:

	Bestellt (Soll)	Gefertigt (Ist)
Montag	1000	0
Dienstag	500	500
Mittwoch	1000	500
Donnerstag	1100	1000
Freitag	400	600

Die kumulierten Stückzahlen ergeben die Sollfortschrittszahlen (Bild 37). Die produzierten und gelieferten Stückzahlen werden mit einem Tag Zeitrückstand laut Istfortschrittszahlenkurve erfasst. Der Mengenrückstand wird laufend überwacht, die gefertigte Stückzahl gegebenenfalls angepasst.

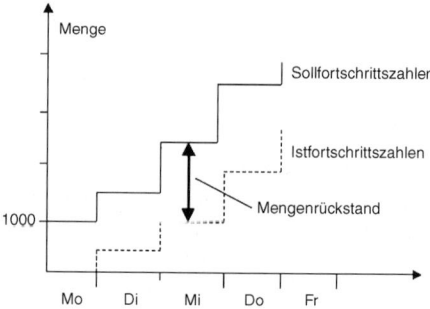

Bild 37. Fortschrittszahlensteuerung

Anstatt eines Mengenrückstandes kann auch ein Mengenvorlauf (Istmenge liegt über Sollmenge) vereinbart werden.
Der Hauptvorteil der Fortschrittszahlensteuerung liegt in der einfachen Auftragssteuerung beim Lieferanten. Das Verfahren setzt allerdings möglichst gleichmässige Mengenströme und verlässliche Beziehungen zwischen Lieferant und Besteller voraus, wie sie in der Automobilindustrie gegeben sind.

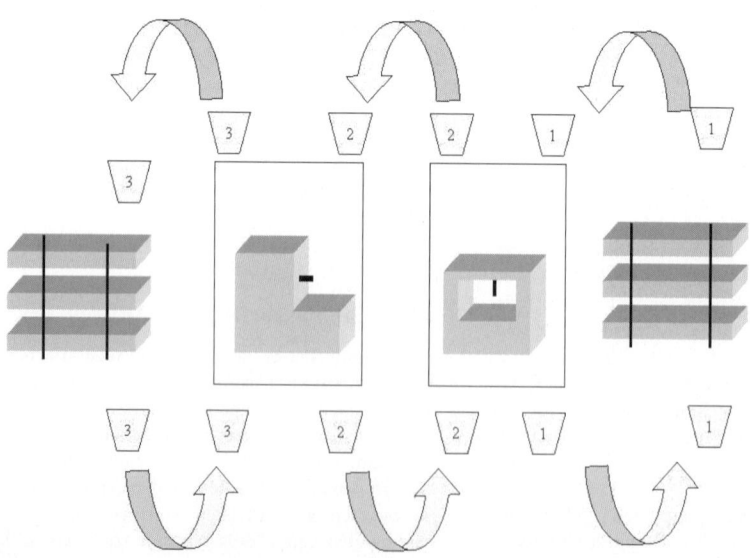

Bild 36. KANBAN-Fertigung

5 Kostenüberwachung und Wirtschaftlichkeitsrechnung

5.1 Produktkalkulation

Die ERP-Produktkalkulation erfolgt auf der Basis des Mengen- und Wertgerüsts der Produktionsprozesse. Sie greift dabei auf die Stammdaten (Materialstamm, Arbeitsplätze, Arbeitspläne, Stücklisten) zu. Basis ist

die übliche Industriekalkulation in der Form einer Zuschlagskalkulation, ergänzt durch Platzkostensätze der Maschinen und Arbeitsplätze (siehe Abschnitt S). Die für die Kalkulation verwendeten Platzkostensätze (Tarife) sind Ergebnis der Kostenplanung, die hier nicht behandelt wird (siehe Abschnitt S). Die Kaufteile gehen mit dem im Materialstamm festgelegten Standardpreis in die Kalkulation ein (Bild 38).

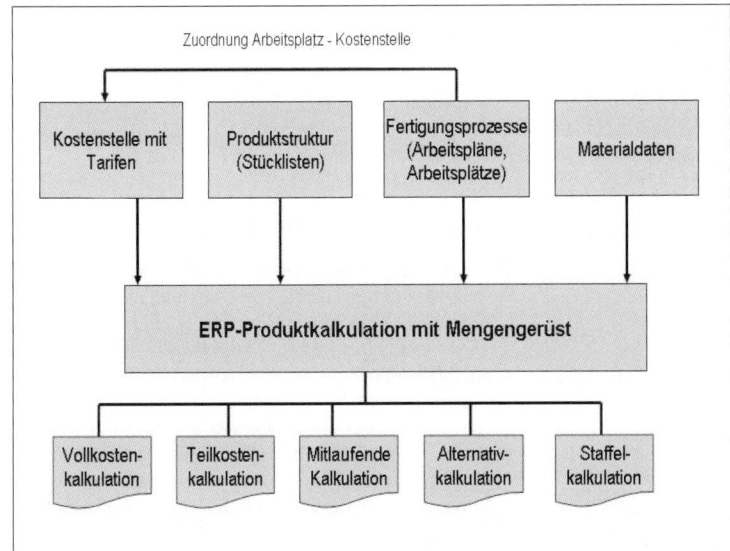

Bild 38.
Mengengerüst der
Produktkalkulation
mit ERP

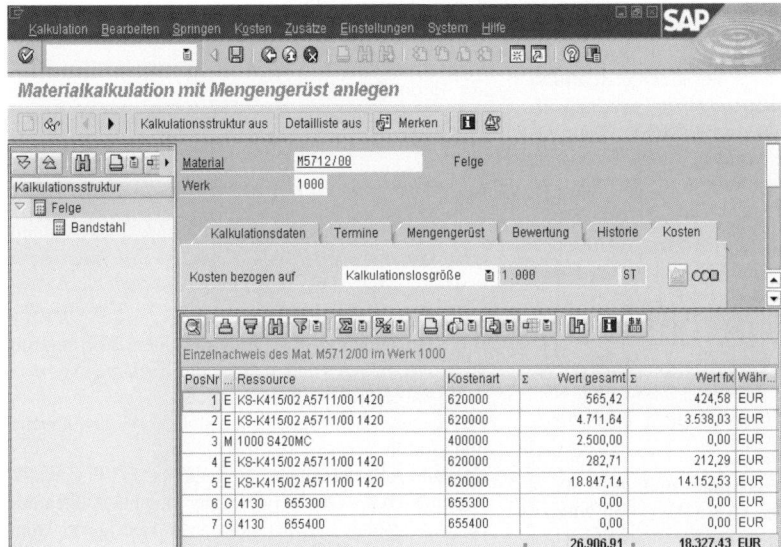

Bild 39. Produktkalkulation Felge

Die Ausgabe kann in Form unterschiedlicher Kalkulationen erfolgen. So sind Vollkosten-, Teilkosten-, Alternativ- und Staffelkalkulationen mit demselben Ausgangsdatenbestand möglich. Mitlaufende Kalkulationen werden während der Entstehungszeit von größeren Anlagen durchgeführt, um die Kosten laufend zu überwachen.

Die Produktkalkulation mit Mengengerüst liefert die Plankosten des Produktes.

Beispiel: Es soll die Felge kalkuliert werden. Die Herstellkosten bei einer Fertigung von 1000 Stück (Losgröße) betragen 26906 €/Los, d. h. ca. 26,91 €/Stück (Bild 39, Summenzeile). Die Herstellkosten setzen sich zusammen aus:

- *Position 1 bewertet für Arbeitsgang 1 die Rüstzeit aus dem Arbeitsplan mit dem Stundensatz des Arbeitsplatzes.*
- *Position 2 ergibt sich aus der Maschinenzeit (Fertigungszeit) des Arbeitsganges 1 und dem Stundensatz, gerechnet für die Losgröße von 1000.*
- *Position 3 betrifft die Kosten für das Stahlblech in der Menge aus der Stückliste multipliziert mit dem kg-Preis.*
- *Position 4 und 5 sind die Kosten des Arbeitsganges 2 (siehe Arbeitsplan).*

5.2 Wirtschaftlichkeitsrechnung

Die Produktkalkulation liefert die Entscheidungsdaten für die optimale Verfahrenswahl, für die optimale Losgröße und für make or buy-Entscheidungen (siehe Bauer, 2003).

Bestehen werksintern Alternativen zum bestehenden Produktionsverfahren, so kann die Herstellkostenkalkulation zur Verfahrensoptimierung eingesetzt werden (siehe auch Abschnitt S).

*Beispiel: Kann die Felge auch auf einer **gleichfalls vorhanden** Laserschneidanlage gefertigt werden und betragen die Fertigungskosten laut SAP-Kalkulation in den ersten beiden Zeilen zusammen 5400 €/Los bei gleicher Losgröße und davon 4300 € als fixe Kosten, so erfolgt ein Vergleich der variablen Kosten:*

Kvar (Laseranlage) = Kges – Kfix = 5400 – 4300 = 1100 €/Los

Kvar (Stanzmaschine) = (565,42 + 4711,64) – (424,50 + 3538) = 1305 €/Los

Die Fertigung auf der Laseranlage ist somit wirtschaftlicher. Dabei gilt die Prämisse, dass durch den Verfahrensvergleich die Fixkosten nicht beeinflusst werden.

Bei **zu beschaffenden Maschinen** sind die vollen Kosten zu vergleichen (siehe Bauer/Hayessen, 2006). Müssten also beide Maschinen erst beschafft werden, so werden durch die Verfahrenswahl auch fixe Kosten (Abschreibung, Zinsen usw.) beeinflusst.

Dann gilt im Beispiel:
Kges (Laseranlage) = 5400 und Kges (Stanzmaschine) = 5277 €/Los. Die Stanzmaschine wäre wirtschaftlicher und damit zu beschaffen, sofern nur solche Produkte mit vergleichbarer Kostenstruktur gefertigt werden.

Zu erwähnen ist, dass die Beschaffung von Maschinen auch durch eine Investitionsrechnung abzusichern wäre (siehe Abschnitt A)

Neben der Verfahrenswahl ist häufig auch die Frage **Eigenfertigung oder Fremdbezug** zu entscheiden. Bleiben die Fixkosten bei Fremdvergabe unbeeinflusst, muss der Fremdlieferant unsere variablen Kosten unterbieten, um den Zuschlag zu erhalten. Er müsste also günstiger anbieten als 1305 €/Los entsprechend 1,3 €/Stück.

In allen Entscheidungsfällen erweist sich die ERP-Kalkulation als unverzichtbares Hilfsmittel.

6 Logistikcontrolling

Der Produktionsvollzug in Form der Auftragsabwicklung ist zu überwachen, eine Aufgabe, die im engeren Sinne als Logistikcontrolling bezeichnet werden kann Dazu wird eine Instanz *Produktionscontrolling* z.B. als Stabstelle bei der Produktionsleitung oder beim Controlling des Unternehmens geschaffen. Das Controlling ist dabei keinesfalls nur als Kontrolle zu verstehen. Vielmehr ist diese Stelle aktiv an der Planung optimaler Abläufe in der Produktion beteiligt.

Folgende Aufgaben werden dem Produktionscontrolling zugewiesen:

- Termin- und Durchlaufzeitcontrolling.
- Kapazitätscontrolling.
- Bestandscontrolling.
- Kosten- und Wirtschaftlichkeitscontrolling.

Leistungsfähige ERP-Systeme stellen Informationen zur Beurteilung der Auftragsabwicklung zur Verfügung. Beispiel hierfür ist das Produktionsinformationssystem im ERP-System R/3 von SAP *(Bauer 2003)*.

6.1 Durchlaufzeitcontrolling

Beispiel: Für Werk Hamburg und Monat 01/06 soll eine Statistik über die Soll- uns Ist-Durchlaufzeiten erstellt werden. Die Statistik soll zusätzlich die Auslastung des Werkes enthalten.

Die Kennzahlen werden dazu aus einem Vorrat (Bild 40 rechts) ausgewählt und in die geplante Auswertung (Tabelle Mitte) übernommen.

Das gewünschte Ergebnis zeigt Bild 41 als Tabelle und Grafik.

Es ergibt sich eine Unterschreitung der Soll-Durchlaufzeiten (S-DLZ). Der Vergleich der Durchlaufzeiten mit der Auslastung, die hier noch sehr niedrig ist, kann durchaus sinnvoll sein: Bei hoher Auslastung steigen die Wartezeiten vor den Maschinen, somit auch die Ist-Durchlaufzeiten und umgekehrt.

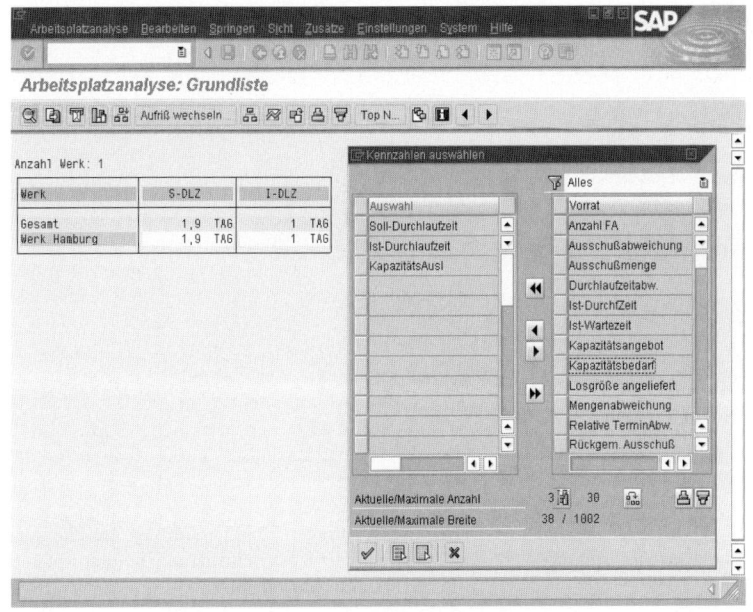

Bild 40.
Auswahl Kennzahlen

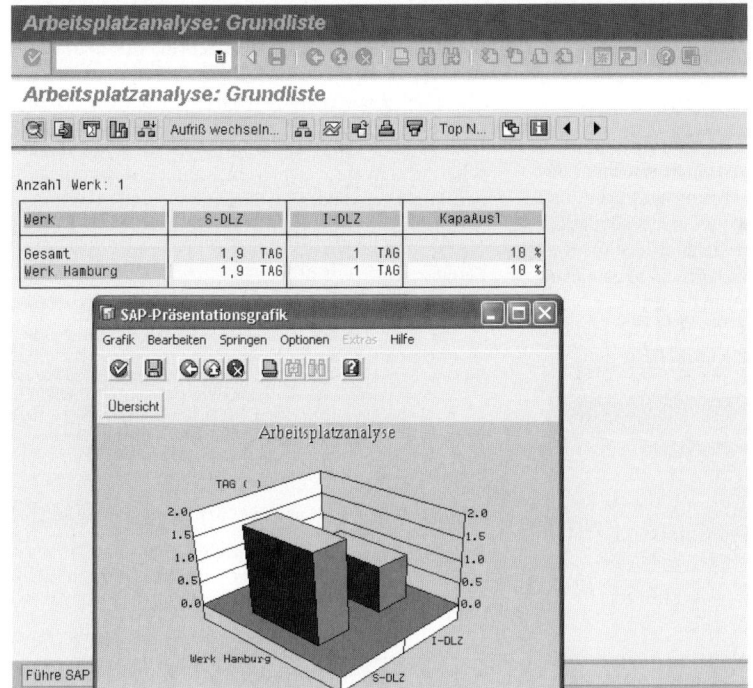

Bild 41.
Durchlaufzeitanalyse

Das Fertigungsinformationssystem in SAP R/3 ist Teil eines umfassenden Logistikinformationssystem (LIS). Damit erhält die Unternehmensleitung ein wirksames Instrument zur Unternehmensführung und zur Rationalisierung der betrieblichen Logistik (vgl. Bauer/Hayessen, 2006).

6.2 Lagercontrolling

Im LIS enthalten ist das Bestandsinformationssystem. Damit kann die Bestandsführung in den Lägern auf Effektivität überprüft werden.

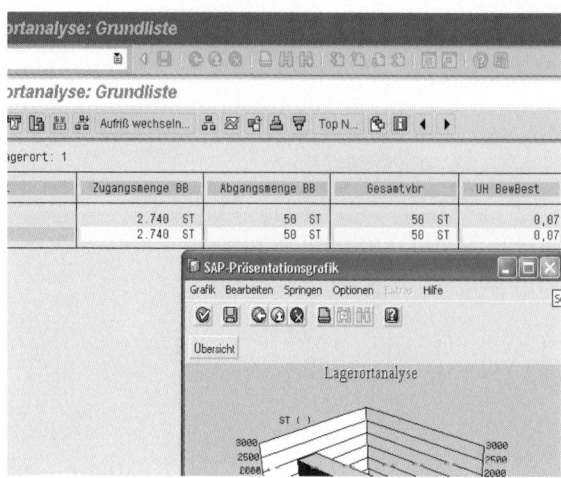

Bild 42.
Bestandsanalyse

Beispiel: Die Bestände im Lager 0001 sollen nach den Kennzahlen Zugang, Abgang, Umschlagshäufigkeit analysiert werden.

Die Ergebnisliste zeigt einen im Verhältnis zum Zugang geringen Verbrauch und eine sehr niedrige Umschlagshäufigkeit von 0,07. Letzte gibt Anlass für kritische Fragen an die Produktions- und Materialwirtschaft (Bild 42).

6.3 Auftragskontrolle

Mit Hilfe der rückgemeldeten Istzeiten errechnet das System die Istkosten des Fertigungsauftrages und vergleicht diese mit den Plankosten laut Kalkulation. Die Fertigungsleitung erkennt anhand der Abweichungen, ob der Auftrag wirtschaftlich abgewickelt wurde.
Beispiel: Die Rückmeldungen in Bild 32 ergeben insgesamt eine Kosteneinsparung (Bild 43).

Gruppenbezeichnung	Zelleninhalt
Kostenart	620000
Vorgang	Rückmeldungen
Herkunftstyp	KL
Herkunft	KS-K415/02/1420
Herkunft (Text)	Fertigungssystem / Mas...
Plankosten gesamt	24.406,91
Kostenstelle	KS-K415/02
Istkosten gesamt	22.805,08
Leistungsart	1420
Plan/Ist-Abweichung	1.601,83-
Kostenstelle/Leistungsart	KS-K415/02/1420
Plan/Ist-Kostenabw.(%)	6,56-
Währung	EUR
Belastungskennzeichen	Belastung
Kostenelement	50

Bild 43. Kostenkontrolle Auftrag

Die Istkosten betragen 22805 €/Auftrag, die Plankosten 24407 €. Die Kosteneinsparung beträgt 1601 € (Bild 43, Plan-Ist-Abweichung).

SAP®, R/3®, LIS®, MM®, PP®, CO® und APO® sind geschützte Markenzeichen der SAP AG, Walldorf. Für sämtliche Screenshots und Hardcopies gilt: Copyright SAP AG. Der Herausgeber bedankt sich für die freundliche Genehmigung der SAP Aktiengesellschaft, das Warenzeichen im Rahmen des vorliegenden Titels verwenden zu dürfen.

Literatur

Bauer, J.: *Produktionscontrolling mit SAP®-Systemen – Effizientes Controlling, Logistik- und Kostenmanagement moderner Produktionssysteme.* Wiesbaden 2003
Bauer, J.: *Shop-Floor-Controlling, Prozessorientiertes Controlling zur Sicherung einer wettbewerbsfähigen Produktion.* In: Zeitschrift für Unternehmensentwicklung und Industrial Engineering, 1/2002
Bauer, J.; Hayessen, E.: *Controlling für Industriebetriebe, eine Einführung für Management und Studium,* Wiesbaden 2006
Geiger, G.; Hering, E.,Kummer, R.: *Kanban. Optimale Steuerung von Prozessen.* München, 2000
Glaser, H., Geiger, W., Rohde, V.: *PPS-Produktionsplanung und -steuerung,.* Wiebaden 1991
Hahn, D.; Lassmann, G.: *Produktionswirtschaft, Controlling industrieller Produktion, Bd. 1 u. 2.* Heidelberg, 1999
Kaplan, R.; Norton, D.: *Balanced Scorecard.* Boston, 1996
Porter, M.: *Wettbewerbsstrategie.* Frankfurt/M, 1992
Teufel, T.; Röhricht,J., Willems, P.: *SAP®-Prozesse: Planung, Beschaffung und Produktion.* München 2000
Wiendahl, H.P. (Hrsg.): *Anwendung der Belastungsorientierten Fertigungssteuerung.* München, 1992
Wildemann, H: *Flexible Werkstattsteuerung, Computergestütztes Produktionsmanagement.* München 1984
Wildemann, H.: *Produktionscontrolling, Systemorientiertes Controlling schlanker Unternehmensstrukturen.* München 1997

Sachwortverzeichnis

Aus dem Programm Mechanik

Berger, Joachim

Klausurentrainer
Technische Mechanik

Aufgaben und ausführliche Lösungen
zu Statik, Festigkeitslehre und Dynamik
2005. XII, 328 S. mit 281 Abb. (Viewegs
Fachbücher der Technik) Br. € 23,90
ISBN 3-528-03970-1

Böswirth, Leopold

Technische Strömungslehre

Lehr- u. Übungsbuch
6., überarb. u. akt. Aufl. 2005.
XII, 320 S. mit 237 Abb. u. 30 Tab.
Br. € 29,90
ISBN 3-528-54925-4

Langeheinecke, Klaus / Jany, Peter /
Thieleke, Gerd

Thermodynamik für
Ingenieure

Ein Lehr- und Arbeitsbuch für das
Studium
6., vollst. überarb. u. erw. Aufl. 2006.
XIV, 354 S. (Viewegs Fachbücher der
Technik) Br. mit CD € 27,90
ISBN 3-8348-0103-8

Oertel, Herbert / Böhle, Martin /
Dohrmann, Ulrich

Übungsbuch
Strömungsmechanik

Analytische und Numerische
Lösungsmethoden, Softwarebeispiele
5., überarb. u. erw. Aufl. 2006.
VIII, 330 S. mit 166 Abb. Br. € 21,90
ISBN 3-8348-0122-4

Richard, Hans Albert / Sander, Manuela

Technische Mechanik.
Statik

Lehrbuch mit Praxisbeispielen,
Klausuraufgaben und Lösungen
2005. X, 214 S. mit 231 Abb. (Viewegs
Fachbücher der Technik) Br. € 18,90
ISBN 3-528-03983-3

Richard, Hans Albert /
Sander, Manuela

Technische Mechanik.
Festigkeitslehre

Lehrbuch mit Praxisbeispielen,
Klausuraufgaben und Lösungen
2006. X, 205 S. mit 180 Abb. (Viewegs
Fachbücher der Technik) Br. € 19,90
ISBN 3-528-03984-1

vieweg

Abraham-Lincoln-Straße 46
65189 Wiesbaden
Fax 0611.7878-420
www.vieweg.de

Stand Juli 2006.
Änderungen vorbehalten.
Erhältlich im Buchhandel oder im Verlag.

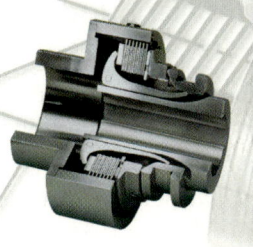

Standardlehrwerke des Maschinenbaus

Alfred Böge
Technische Mechanik
Statik - Dynamik -
Fluidmechanik – Festigkeitslehre
27., überarb. Aufl. 2006.
XXII, 426 S. (Viewegs Fachbücher
der Technik) Geb. ca. € 26,00
ISBN 3-8348-0115-1

Alfred Böge /
Walter Schlemmer
**Aufgabensammlung
Technische Mechanik**
18., korr. u. erw. Aufl. 2006. XII,
232 S. mit 521 Abb.939 Aufgaben
(Viewegs Fachbücher der Technik)
Br. € 22,90
ISBN 3-8348-0150-X

Weißbach, Wolfgang
**Werkstoffkunde und
Werkstoffprüfung**
Ein Lehr- und Arbeitsbuch
für das Studium
15., überarb. u. erw. Aufl. 2004.
XVI, 430 S. mit über 300 Abb. u.
300 Taf. (Viewegs Fachbücher der
Technik). Br. € 28,90
ISBN 3-528-11119-4

Böge, Alfred / Schlemmer, Walter
**Lösungen zur Aufgabensamm-
lung Technische Mechanik**
Fragen - Antworten
13., durchges. Aufl. 2006. IV, 202 S.
mit 746 Abb. Br. € 20,90
(Viewegs Fachbücher der Technik)
Diese Aufl. ist abgestimmt auf die 18. Aufl.
der Aufgabensammlung Technische Mechanik
ISBN 3-8348-0151-8

Weißbach, Wolfgang /
Dahms, Michael
**Aufgabensammlung
Werkstoffkunde und
Werkstoffprüfung**
Fragen - Antworten
7., akt. u. erg. Aufl. 2006. XII, 146
S. (Viewegs Fachbücher der
Technik) Br. € 19,90
ISBN 3-8348-0121-6

vieweg

Abraham-Lincoln-Straße 46
65189 Wiesbaden
Fax 0611.7878-420
www.vieweg.de

Stand Juli 2006.
Änderungen vorbehalten.
Erhältlich im Buchhandel oder im Verlag.